DEUXIÈME SUPPLÉMENT

AU

DICTIONNAIRE DE CHIMIE

PURE ET APPLIQUÉE

60 579. — PARIS, IMPRIMERIE LAHURE
9, rue de Fleurus, 9

DEUXIÈME SUPPLÉMENT

AU

DICTIONNAIRE DE CHIMIE

PURE ET APPLIQUÉE

DE AD. WURTZ

PUBLIÉ SOUS LA DIRECTION

DE

CH. FRIEDEL	C. CHABRIÉ
Membre de l'Institut Académie des Sciences (Lettres **A** à **H**)	Chargé de cours à la Faculté des Sciences de l'Université de Paris (Lettres **H** à **Z**)

AVEC LA COLLABORATION DE MM.

V. Auger — E. Baud — G. Baume — M. Billy — A. Binet du Jassonneix — G. Blanc —
A. Bouchonnet — L. Bourgeois — A. Bouzat — R. Cambier — P. Carré — Mme C. Chabrié — L. P. Clerc —
G. Darier — E. Defacqz — M. Delacre — M. Delépine — A. Ditte (de l'Institut) — H. Duval —
A. Fernbach — H. Fonzes-Diacon — R. de Forcrand — P. Freundler — G. Friedel
J. Friedel — A. Gautier (de l'Institut) — H. Girau — A. de Gramont — A. Granger — M. Guichard —
Ph.-A. Guye — A. Haller (de l'Institut) — J. Hamonet — A. Hébert — E. Lambling — Ch. Lauth —
J. Lavaux — P. Lebeau — G. Lemoine (de l'Institut) — P. Lemoult — L. Lindet — A. et F. Lumière —
A. Mailhe — F. March — Ch. Marie — R. Marquis — C. Martine — C. Matignon — R. Metzner —
H. Moissan (de l'Institut) — M. Moniotte — Ch. Moureu — A. Müntz (de l'Institut) — A. Rigaut —
P. Sabatier — J.-B. Senderens — A. Seyewetz — V. Thomas — M. Tiffeneau — L. Troost (de l'Institut)
G. Urbain — A. Valeur — E. Vigouroux — A. Wahl — R. Wurtz.

E. RENGADE, Secrétaire de la Rédaction

TOME SIXIÈME

I—PLU.

PARIS

LIBRAIRIE HACHETTE ET Cie

79, BOULEVARD SAINT-GERMAIN, 79

—

1907

DICTIONNAIRE

DE CHIMIE

PURE ET APPLIQUÉE

DEUXIÈME SUPPLÉMENT

I

IBOGAÏNE, $C^{52}H^{66}Az^{6}O^{2}$. — MM. Dybowsky et Landrin ont donné ce nom à un alcaloïde qu'ils ont extrait des racines de l'Iboga, dont les indigènes du Congo utilisent les propriétés excitantes.

La racine pulvérisée est traitée par un lait de chaux, la masse séchée est reprise par l'éther, et celui-ci épuisé par de l'acide sulfurique au 1/10. En neutralisant cette solution par la soude on précipite un mélange de deux alcaloïdes, l'un cristallisé, qui est l'ibogaïne, l'autre amorphe, que l'on sépare par l'alcool où il est beaucoup plus soluble. Le rendement est de 6 à 10 grammes par kilogramme d'Iboga.

L'ibogaïne cristallise en prismes orthorhombiques très nets, de couleur légèrement ambrée, de saveur styptique, fondant à 152° ; elle est très soluble dans l'alcool et la plupart des solvants, presque insoluble dans l'eau. Pouvoir rotatoire en solution alcoolique $[\alpha]_D = -48°,32'$.

Sa composition correspond à la formule

$$C^{52}H^{66}Az^{6}O^{2}.$$

Elle s'oxyde à l'air en se colorant en brun. Ses solutions salines précipitent par les réactifs ordinaires des alcaloïdes. Les acides azotique, sulfurique, acétique, benzoïque donnent des sels neutres incristallisables ; le chlorhydrate cristallise parfaitement.

L'ibogaïne exerce une action énergique sur le système bulborachidien, produisant à petite dose l'excitation, et à dose massive des effets comparables à ceux de l'alcool absorbé en excès [Dybowski et Landrin, *C. R.*, **133**, 748 et 913, 1901].

On trouve dans le commerce le chlorhydrate d'ibogaïne sous le nom d'Ibogaïnum hydrochloricum [*Pharm. Zeit.*, **50**, 308, 1905].

Avril 1906. E. Rengade.

IBOGINE, $C^{26}H^{32}Az^{2}O^{2}$. — Cet alcaloïde a été extrait par MM. Haller et Heckel [*C. R.*, **133**, 850, 1901] des racines, tiges ou feuilles d'une Iboga du Congo semblant avoir une origine différente de celle de la plante étudiée par MM. Dybowsky et Landrin (voyez *Ibogaïne*).

L'alcaloïde est déplacé par la magnésie, extrait à l'éther et combiné à l'acide sulfurique ; on sature la solution sulfurique par une base, et on extrait une dernière fois à l'éther.

L'ibogine est en cristaux blancs orthorhombiques, fondant à 152°, insolubles dans l'eau, solubles dans la plupart des solvants organiques. Chauffée quelque temps à l'air au sein de ces dissolvants, elle donne une modification incristallisable. Elle est lévogyre : $[\alpha]_D = -12°,88$ dans le benzène à 16°.

Ce corps n'est pas un glucoside. Il possède toutes les réactions des alcaloïdes ; la cryoscopie dans le benzène donne comme poids moléculaire 313 à 320 au lieu de 404 qu'exige la formule proposée. L'ébullioscopie donne des chiffres extrêmement variables, suivant la concentration.

En plus de l'ibogine, les écorces de tiges d'Iboga renferment en très petite quantité un produit cristallisé soluble dans l'éther, fondant à 206-207°.

Les propriétés physiologiques de l'ibogine ont été étudiées par MM. Lambert et Heckel [*C. R.*, **133**, 1236]. Avril 1906. E. Rengade.

ICHTALBINE. — Voyez Ichtyol.

ICHTIDINE. — Voyez Ichtuline.

ICHTILÉPIDINE. — Nom donné par M. Th. Mörner [*Zeit. physiol. Chem.*, **24**, 125, 1897] à la substance organique fondamentale des écailles de poissons. Ce corps contient en moyenne 15,98 0/0 d'azote et 1,09 0/0 de soufre et se rapproche par sa réaction de l'élastine.

1er janvier 1906. E. Lambling.

ICHTULINE. — (Voy. Dict., **2**, p. 96) — G. Walter [*Zeit. f. physiol. Chem.*, **15**, 477] a isolé une ichtuline des œufs de carpe. Ceux-ci sont broyés avec du sable et de l'eau de façon à former une bouillie qui est filtrée sur toile. La solution est agitée avec un quart à un sixième de son volume d'éther, puis abandonnée au repos. On filtre au bout de quelque temps, on étend d'eau fortement et on précipite l'ichtuline par un courant d'acide carbonique. Elle est lavée à l'eau, puis à l'alcool et finalement à l'éther.

L'ichtuline ainsi préparée a pour composition : carbone 53,33-53,52, hydrogène 7,56-7,71, azote 15,63, soufre 0,41, phosphore 0,43, fer 0,10; elle appartient à la série de la vitelline; elle se dissout dans les alcalis ou les acides dilués ou dans les solutions salines faibles, mais elle est précipitée de ces dernières solutions, soit lorsqu'on dilue fortement, soit au contraire lorsqu'on les sature du sel qu'elles contiennent. La pepsine transforme, en solution chlorhydrique, l'ichtuline en paranucléine, acides gras et acide phosphorique. La paranucléine obtenue, hydrolysée par l'acide sulfurique, donne une substance réductrice.

P. A. Levenne [*Zeit. f. physiol. Chem.*, **32**, 280] a extrait des œufs de cabillaud une ichtuline qui ne paraît pas être identique à la précédente. Les œufs, broyés avec du sable, sont délayés dans une solution de chlorhydrate d'ammoniaque à 5 0/0. On épuise le tout par de l'éther, on laisse déposer et on précipite le liquide aqueux, décanté et filtré, par 20 volumes d'eau. La même série d'opérations est recommencée avec le précipité que, finalement, on lave à l'alcool bouillant, puis froid, et enfin à l'alcool absolu et à l'éther.

L'ichtuline du cabillaud a la même composition que celle de carpe, mais elle en diffère par ce fait qu'elle ne donne pas de substance réductrice par hydrolyse et que, d'autre part, elle donne en présence des alcalis un acide paranucléïque, l'*acide ichtulique*, dont la composition centésimale est la suivante : carbone 32,56, hydrogène 6,00, azote 14,03, soufre 0,146, phosphore 10.34.

Mars 1906. R. Marquis.

ICHTULIQUE (ACIDE). — Voyez NUCLÉOPROTÉIDES.

ICHTYNE. — Voyez l'art. PROTÉINE.

ICHTYOL. — La matière première de l'ichtyol a été trouvée dans les produits de la distillation d'une roche bitumineuse de la région de Seefeld en Tyrol. A raison des empreintes rencontrées sur cette roche, M. Fritzsch a supposé qu'elle contenait les restes de poissons antédiluviens; de là, évidemment, le nom d'ichtyol donné au produit qui en dérive.

Lorsqu'on soumet cette roche à la distillation sèche on obtient, en même temps qu'un goudron épais, une huile fluide qui, rectifiée, fournit un liquide incolore à fluorescence verte contenant environ 2.5 0/0 de soufre [R. Schröter, *Mon. f. pr. Dermat.*, **1**, 233]. Traité par l'acide sulfurique concentré, ce liquide se transforme, avec dégagement d'acide sulfureux, en un dérivé sulfoné qui constitue l'ichtyol ou acide ichtyolsulfonique.

Le nom d'ichtyol, d'ailleurs, disons-le en passant, paraît avoir été employé indifféremment pour désigner soit le produit même de la distillation sèche de la roche, soit l'acide sulfoné qui en dérive, soit même les sels de ce dernier.

D'après Baumann et Schotten [*Mon. f. pr. Dermat.*, **2**, 257; *D. chem. G.*, **17**, R. 176] la portion de l'huile du schiste de Seefeld bouillant entre 100 et 255° constitue l'ichtyol. C'est un liquide de densité 0,865, possédant une odeur particulière et désagréable, contenant seulement une faible quantité de bases pyridiques et d'acides organiques.

Sa composition élémentaire est la suivante : carbone 77,25-77,94 0/0, hydrogène 10,5 0/0, soufre 10,72 0/0, azote 1,1 0/0.

L'acide ichtyolsulfonique contient non seulement le soufre du groupement sulfoné, mais encore du soufre lié directement au carbone; son sel de sodium sec a la composition suivante : carbone, 55,05 0/0, hydrogène 6,06 0/0, soufre 15,27 0/0, sodium 7,78 0/0, oxygène 15,83 0/0; il est complètement soluble dans l'eau; de cette solution, les acides minéraux précipitent l'acide ichtyolsulfonique sous forme d'une masse résineuse, complètement soluble dans l'eau pure.

Rudolf Schröter donne le procédé suivant pour préparer l'acide ichtyolsulfonique (D. R. P. 35 216): L'huile minérale de Seefeld, contenant 10 0/0 de soufre, est mélangée de 2 p. d'acide sulfurique concentré. Après refroidissement, on traite par l'eau On obtient alors une émulsion qui se sépare en trois couches : l'huile inattaquée, l'acide ichtyolsulfonique formant une masse noire, visqueuse, s'étirant en fils, puis un liquide rouge. La couche intermédiaire est dissoute dans beaucoup d'eau, puis additionnée de chlorure de sodium qui précipite l'acide ichtyolsulfonique en flocons.

D'après O. Helmers (D. R. P. 76 128) et Messel (D. R. P. 72 049) le produit de la sulfonation de l'ichtyol est un mélange d'acides sulfonés et de sulfones. On peut séparer ces dernières en extrayant à l'éther le produit brut de la sulfonation neutralisé par le carbonate de sodium ou bien encore en épuisant ce produit brut par l'alcool qui dissout seulement les acides sulfonés.

Comme on le voit par ce qui précède, l'ichtyol est un composé fort peu défini au point de vue chimique. Son intérêt résulte surtout de son emploi en thérapeutique. Il a donné des résultats dans le traitement des dermatoses (psoriaris, eczéma, etc.); c'est un vasoconstricteur décongestionnant et un antiseptique de grande valeur. Il est administré sous forme d'ichtyolsulfonates de soude ou d'ammoniaque; malheureusement, l'odeur répugnante de ces produits constitue un obstacle à leur emploi. On a décrit sous le nom d'*ichtalbine* une combinaison d'acide ichtyolsulfonique et d'albumine contenant 40 0/0 d'acide ichtyolsulfonique, qui ne possède aucune odeur et dont l'emploi est par suite plus agréable. [*J. Pharm. et Ch.*, (6), **6**, 64].

Succédanés de l'ichtyol. — On a donné le nom d'*anytines*, à des sulfosels de thiocarbures artificiels, analogues aux ichtyolsulfonates et pouvant remplacer ceux-ci dans la pratique thérapeutique. On les obtient de la façon suivante :

Sur 100 grammes d'huile de lignite de densité 0,78, contenant environ 40 0/0 de carbures non saturés, on fait agir à 215° et peu à peu, 10 grammes de soufre. La masse obtenue est extraite à l'alcool, celui-ci est ensuite distillé, 1 partie du résidu est traitée par 1 partie d'acide sulfurique de densité 1,844, le tout est versé dans l'eau. La masse résineuse qui se sépare est alors malaxée avec de l'eau pour enlever l'excès d'acide. On la dissout ensuite dans un excès d'eau, on neutralise par l'ammoniaque et on enlève les graisses minérales non sulfonées par agitation à la ligroïne. L'acide thiolsulfonique est enfin précipité par addition de sel marin ou de sulfate de soude. Pour le purifier, on le dissout dans un peu d'eau et on le soumet à la dialyse. Séché à 70° dans le vide; il constitue une masse brun noir, amorphe, soluble dans l'eau [E. Jacobsen, D. R. P. 38416 et 54501]. Mars 1906. R. Marquis.

ICONOGÈNE (Acide amino-β-naphtol sulfonique 6. — Voyez l'art. NAPHTOL-β.

IDITES, $CH^2OH-(CHOH)^4-CH^2OH$. — Formules de constitution (voyez Glucose, p. 735).

D-IDITE ou *hexanehexol* $1 . \frac{2.4}{3.5} . 6$. — La d-idite a été obtenue par Fischer et Fay [*D. chem. G.*, **28**, 1975, 1895] en réduisant la lactone d-idonique par l'amalgame de sodium; la réduction doit se faire tout d'abord en liqueur légèrement sulfurique, afin d'éviter la formation d'idonate de sodium irréductible; on termine en liqueur légèrement alcaline. Quand le mélange n'est plus réducteur, on extrait par l'alcool absolu bouillant; le résidu de cette solution alcoolique traité par l'aldéhyde benzoïque en présence d'HCl (D = 1,19) a fourni l'acétal benzoïque de la d-idite; mais ce dernier a été obtenu en quantité trop faible pour en régénérer la d-idite.

Diformal, fusible à 262°, $[\alpha]_D = -8°$, en solution chloroformique à 0,2 0/0 [L. de Bruyn et V. Ekenstein, *Rec. des Pays-Bas*, **19**, 1, 1900].

L-IDITE, ou *hexanehexol* $1.\frac{3.5}{2.4}.6$. — On prépare comme précédemment l'acétal benzoïque correspondant, à partir de la lactone l-idonique.

La l-idite régénérée est un sirop incolore, très soluble dans l'eau.

L'acétal-tribenzoïque, $C^6H^8O^6(C^7H^6)^3$, cristallise dans l'acétone en fines aiguilles, qui se ramolissent à 215° et sont fondues vers 224-228°; il est beaucoup moins soluble dans les solvants usuels que l'acétal mannitique [Fischer et Fay, *loc. cit.*].

Le diformal a été obtenu par L. de Bruyn et V. Ekenstein [*Rec. des Pays-Bas*, **19**, 1, 1900], à partir des produits de réduction du l-sorbose

1er janvier 1906. P. Carré.

IDONIQUES (ACIDES),

$$CO^2H-(CHOH)^4-CH^2OH.$$

— Ces acides ont été obtenus par Fischer et Fay [*D. chem. G.*, **28**, 1975]; ils résultent de la transposition moléculaire des lactones guloniques.

ACIDE D-IDONIQUE, ou *acide hexanepentoloïque*, $\frac{2.4}{3.5}6$. — Pour le préparer, on chauffe pendant 3 heures à 140° 40 grammes de lactone d-gulonique avec 28 grammes de pyridine et 160 grammes d'eau; on neutralise par la baryte et chasse la pyridine par un courant de vapeur d'eau; on décompose le sel de baryum par SO^4H^2, décolore au noir animal, et concentre à sirop. Après un certain temps la lactone gulonique non transformée cristallise; on sépare le sirop restant et le transforme en sel de brucine qu'on précipite par l'alcool; on lave le précipité à l'alcool, et on le traite par la baryte pour le transformer en idonate de baryum. La décomposition de ce dernier par SO^4H^2 fournit l'acide d-idonique, qui après concentration forme un sirop dextrogyre, mélange d'acide libre et de lactone [Fischer, *loc. cit.*].

Le *d-bromoidonate de cadmium*,

$$(C^6H^{11}O^7)^2Cd + CdBr^2 + H^2O,$$

a été obtenu cristallisé: $[\alpha]_D = +3°,4$. — Le *sel de brucine* se décompose vers 190-195°.

ACIDE L-IDONIQUE, ou *acide hexanepentoloïque* $\frac{3.5}{2.4}.6$. — Il peut s'obtenir comme le précédent, à partir de l'acide l-gulonique. On l'obtient mélangé d'acide l-gulonique, quand on saponifie le nitrile obtenu par l'action de l'acide cyanhydrique sur le xylose; on l'isole comme précédemment par l'intermédiaire de son sel de brucine.

Sirop très soluble dans l'eau, peu soluble dans l'alcool, insoluble dans l'éther; la pyridine à 140° le ramène en partie à l'état d'acide l-gulonique.

Le *l-bromoidonate de cadmium* forme de fines aiguilles, $[\alpha]_D = -3°,25$; les sels neutres de calcium, baryum, cadmium et plomb, sont très solubles dans l'eau et incristallisables. Le *sel de brucine*, fusible à 185-190°, est très soluble dans l'eau. La *phénylhydrazide* est amorphe, très soluble dans l'eau. P. Carré.

IDOSACCHARIQUES (ACIDES),

$$CO^2H-(CHOH)^4-CO^2H.$$

— Ces acides se forment par oxydation des acides idoniques.

ACIDE D-ISOSACCHARIQUE, ou *acide hexanetétroldioïque* $\frac{2.4}{3.5}$. — On oxyde l'acide d-idonique par AzO^3H (D = 1,2); on le précipite sous forme d'idosaccharate de calcium, qui, par double décomposition avec l'azotate de cuivre, fournit l'*idosaccharate cuivrique*, $C^6H^8O^8Cu + 2H^2O$.

L'acide, mis en liberté au moyen de l'hydrogène sulfuré, se présente sous la forme d'un sirop incristallisable, fortement dextrogyre, $[\alpha]_D > +100°$ [Fischer et Fay, *D. chem. G.*, **28**, 1975].

ACIDE L-IDOSACCHARIQUE, ou *acide hexanetétroldioïque* $\frac{3.5}{2.4}$. — Il s'obtient comme le précédent, à partir de l'acide l-idonique.

Il se présente également sous la forme d'un sirop très soluble, fortement lévogyre,

$$[\alpha]_D < -100°.$$

Le *sel de cuivre*, $C^6H^8O^8Cu + 2H^2O$ cristallise en petits prismes bleu clair [Fischer et Fay, *loc. cit.*].

P. Carré.

IDOSES, $CHO-(CHOH)^4-CH^2OH$. — Les idoses se forment par réduction des lactones idoniques correspondantes, au moyen de l'amalgame de sodium, en ayant soin de maintenir la liqueur toujours légèrement acide par SO^4H^2 [Fischer et Fay, *D. chem. G.*, **28**, 1975].

Le *d-idose*, ou *hexanepentolal* $\frac{2.4}{3.5}6$, est un sirop incolore; il est très soluble dans l'eau, il ne fermente pas; l'hydrogène naissant le transforme lentement en d-idite; son *osazone* est identique à la *d-phénylgulosazone*.

Le *l-idose*, ou *hexanepentolal* $\frac{3.5}{2.4}6$, est comme le précédent un sirop incolore, infermentescible, transformé en l-idite par réduction.

Son *osazone* est identique à la *l-phénylgulosazone* [Fischer, *loc. cit.*].

1er janvier 1906. P. Carré.

IDRIALINE. — (Voir Dict., 2, 87, et 1er supp., 940).

IDRIZITE (Min.) (Schrauf). — Sulfate basique d'aluminium, fer, magnésium,

$$SO^4[Mg, Fe], S^2O^9[Al, Fe]^2 + 16H^2O,$$

voisin du botryogène, en nodules ou stalactites gris jaunâtre, à Idria. Dureté = 3. Densité = 1,829.

IDRYLE. — (Voir 1er suppl., 940).

IGELSTRÖMITE (Min.). — Variété de knébelite, où le fer prédomine par rapport au manganèse, $SiO^4[Fe, Mn]^2$.

IGNOTINE. — Voyez MUSCULAIRE (TISSU).

IHLÉITE (Min.) (Schrauf). — Sulfate ferrique hydraté normal, $(SO^4)^3Fe^2, 12H^2O$, en efflorescences orangées sur graphite, provenant de la pyrite de Mugrau, Bohême. Densité = 1,812. Identique avec le sel artificiel.

IIWAARITE (Min.). — Voyez IWAARITE et SCHORLOMITE, Dict., 2, 164 et 1454.

ILÉSITE (Min.) (Jannovsky). — Sulfate manganeux hydraté, avec un peu de fer et de zinc, $SO^4Mn.4H^2O$, de Hall Valley, comté de Park, Colorado.

L. Bourgeois.

ILICIQUE (ALCOOL), $C^{25}H^{44}O$ ou $C^{22}H^{38}O$. — L'alcool ilicique existe, à l'état d'éther, dans la glu de houx (Ilex aquifolium). Il a été découvert par Personne. Pour le préparer, on commence par purifier la glu par un traitement au chloroforme ou à l'éther de pétrole pour la débarrasser des matières étrangères, parmi lesquelles l'oxalate de calcium figure pour 60 0/0. On évapore le solvant et on sèche à 120°.

Le résidu est saponifié par la potasse alcoolique. L'opération est longue ; il se dépose une matière élastique semblable au caoutchouc, soluble dans le chloroforme. La solution alcoolique est versée dans l'eau ; il se sépare une masse gélatineuse qu'on filtre et qu'on lave successivement avec de l'eau, de l'acide acétique dilué et enfin de l'eau pure ; on passe ensuite à la presse. Le gâteau solide, presque blanc, est cristallisé dans l'alcool à 90 0/0 bouillant ; par refroidissement, il se forme des aiguilles groupées en houppes qui sont de nouveau cristallisées dans l'alcool afin de séparer un produit peu soluble qui accompagne l'alcool ilicique.

Ce dernier est insoluble dans l'eau froide, soluble dans l'alcool à 90 0/0 et l'éther de pétrole bouillants, soluble dans le chloroforme, l'éther. Il fond à 175° et se sublime à 115° sous 100 millimètres. Il bout au-dessus de 350° en émettant des vapeurs d'une odeur aromatique.

Son *éther acétique* fond à 204°-206° [J. Personne, *Bull. Soc. Chim.*, [2], **42**, 150].

Divers et Kawakita ont trouvé, dans la glu du Japon, un alcool $C^{22}H^{38}O$ fondant à 172°, probablement identique à celui de Personne ; il est modérément soluble dans l'alcool à 85-90 0/0, insoluble dans l'alcool à 80 0/0. R. Marquis.

ILLINCRIQUE (ACIDE). — Acide extrait des baumes d'Illyrie et de Copaïva (voir l'art. Résines, *Copahu*). A. Hébert.

ILMÉNORUTILE (Min.). — Variété de rutile des monts Ilmen, contenant jusqu'à 10 0/0 d'oxyde ferrique. L. Bourgeois.

IMABENZILE. — Voyez Benzile, 2e suppl., **1**, 499.

IMÉSATINE. — Produit obtenu en faisant réagir l'ammoniaque ou les amines primaires sur l'isatine et qui, traité par l'acide sulfurique à chaud, se dédouble en ses composants ; il en est de même pour l'anilido-isatine (Geigy, DRP. 113 979) ; la formule de ces corps est :

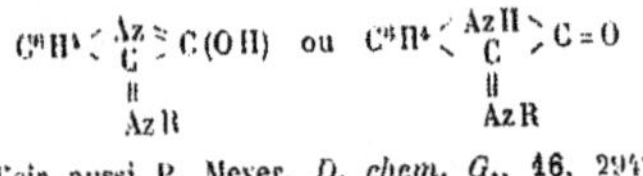

$$C^6H^4\left\langle\begin{matrix}Az\\ \overset{\Vert}{C}\end{matrix}\right\rangle C(OH) \quad \text{ou} \quad C^6H^4\left\langle\begin{matrix}AzH\\ C\end{matrix}\right\rangle C=O$$
$$\qquad\quad \Vert \qquad\qquad\qquad\qquad\qquad \Vert$$
$$\qquad\quad AzR \qquad\qquad\qquad\qquad\quad AzR$$

Voir aussi P. Meyer, *D. chem. G.*, **16**, 2942, 1883, et l'article Indophénazine. P. Lemoult.

IMIDAZOLS, IMIDAZOLONES. — Voyez l'art. Pyrazols.

IMIDES. Les imides dérivent des acides bibasiques et possèdent la constitution

$$R\left\langle\begin{matrix}CO\\CO\end{matrix}\right\rangle AzH.$$

On peut les considérer comme le produit de déshydratation d'un acide à fonction amide :

$$R\left\langle\begin{matrix}CO-AzH^2\\CO-OH\end{matrix}\right. = H^2O + R\left\langle\begin{matrix}CO\\CO\end{matrix}\right\rangle AzH.$$

Tous les acides bibasiques ne sont pas susceptibles, cependant, de fournir des imides. Les acides oxalique, malonique, n'en donnent pas. L'acide succinique au contraire donne une imide avec facilité ; il en est de même pour tous les acides bibasiques saturés ou non dont les carboxyles sont en position 1.4. Dans la série aromatique, cette disposition existe dans l'acide o-phtalique, qui engendre très facilement la phtalimide. Les diacides 1.5, par exemple l'acide glutarique, donnent aussi des imides.

L'acide carbonique peut aussi, à la vérité, fournir une imide $CO=AzH$ qui dérive de l'urée par perte de AzH^3, mais ce corps, connu sous le nom d'acide isocyanique, possède des propriétés toutes spéciales qui le mettent à part de la classe de corps qui nous occupe.

Préparation. — Les imides se préparent soit en chauffant le sel ammoniacal de l'acide bibasique, ou sa diamide, soit en traitant à une température convenable l'anhydride de l'acide par le gaz ammoniac sec jusqu'à refus :

$$R\left\langle\begin{matrix}CO\\CO\end{matrix}\right\rangle O + AzH^3 = H^2O + R\left\langle\begin{matrix}CO\\CO\end{matrix}\right\rangle AzH$$

Propriétés. — Les imides sont des corps solides, généralement distillables sans décomposition, dont l'hydrogène imidique, grâce au voisinage immédiat des deux groupements CO, possède des propriétés acides bien marquées. Ainsi cet hydrogène peut être aisément remplacé par du sodium ou du potassium pour donner des dérivés sodés ou potassés non décomposés par l'eau. Ces dérivés potassés réagissent avec les dérivés halogénés aliphatiques en formant des imides substituées à l'azote.

Les imides étant facilement hydrolysées par les acides bouillants en acide et ammoniaque ou ammoniaque substituée, il découle de l'ensemble des réactions précédentes une méthode générale d'obtention des corps aminés primaires, méthode qui est surtout appliquée en partant de la phtalimide [Gabriel, *D. chem. G.*, **24**, 3104, 1891 ; le lecteur trouvera à cette place la bibliographie complète de cette question. — Voyez aussi : Sörensen, *Bull. Soc. Chim.*, **33**, 1042, 1905].

L'action des alcools sur les imides a été étudiée par Hoogewerff et Doorp [*Rec. trav. chim. Pays-Bas*, **17**, 197, 1898 ; **18**, 358, 1899]. En opérant, suivant les circonstances, avec de l'alcool méthylique seul ou contenant de l'acide chlorhydrique, ces auteurs ont pu réaliser la transformation des imides en amides-éthers.

Dans certains cas, la réaction est réversible.

$$R\left\langle\begin{matrix}CO\\CO\end{matrix}\right\rangle AzH + CH^3OH = R\left\langle\begin{matrix}CO-AzH^2\\COOCH^3\end{matrix}\right.$$

Nous avons dit tout à l'heure que les imides étaient hydrolysées par les acides bouillants en acide et ammoniaque ; les alcalis à froid ne réalisent que partiellement cette hydrolyse en donnant des acides amides :

$$R\left\langle\begin{matrix}CO\\CO\end{matrix}\right\rangle AzH + NaOH = R\left\langle\begin{matrix}CO-AzH^2\\COONa\end{matrix}\right.$$

La vitesse de cette réaction a été déterminée pour un certain nombre d'imides par M. Miolati [*R. C. d. Lincei*, 1894, 1er sem., 515 et 597 ; 1895, 1er sem., 351 ; 1896, 1er sem., 85].

Les bases primaires agissent d'une manière analogue [Anschütz, *D. chem. G.*, **20**, 3214, 1887].

Chauffées avec la poudre de zinc, les imides sont réduites :

$$\begin{matrix}CH^2-CO\\ \vert\\ CH^2-CO\end{matrix}\!\!\Big\rangle AzH + 2Zn = 2ZnO + \begin{matrix}CH=CH\\ \vert\\ CH=CH\end{matrix}\!\!\Big\rangle AzH$$

Cette réaction, qui ne paraît pas avoir été généralisée, a été appliquée à la succinimide par Bell [*D. chem. G.*, **13**, 877, 1880] et à la glutarimide par Bernheimer [*Gazz.*, **12**, 281, 1883].

L'action du perchlorure de phosphore sur les imides a été étudiée par Anschütz et ses élèves [*Lieb. Ann.*, **263**, 156, 1891; **295**, 29, 1897; *D. chem. G.*, **28**, 57, 1895]. Mars 1906. R. Marquis.

IMIDO-DICARBONIQUE (ACIDE). — L'acide imido-dicarbonique

$$AzH\left\langle\begin{array}{l}CO^2H\\ CO^2H\end{array}\right.$$

n'est pas connu à l'état de liberté, mais ses éthers ont été préparés depuis longtemps. Ils résultent, d'une façon générale, de la condensation des éthers chloroformiques avec les uréthanes ou les uréthanes sodés :

$$CO\left\langle\begin{array}{l}AzH^2\\ OR\end{array}\right. + Cl.CO.OR'$$
$$= HCl + AzH\left\langle\begin{array}{l}COOR'\\ COOR\end{array}\right.$$

On peut, bien entendu, faire intervenir dans cette réaction des uréthanes monosubstitués.

Un autre mode de formation consiste à faire réagir les alcools sur le cyanate de carboxéthyle [Wurtz et Henninger, *Ann. Ph. et Ch.*, **7**, 128, 1884] :

$$Az\left\langle\begin{array}{l}CO\\ CO^2C^2H^5\end{array}\right. + C^2H^5OH = AzH\left\langle\begin{array}{l}CO^2C^2H^5\\ CO^2C^2H^5\end{array}\right.$$

Enfin, récemment, M. O. Diels a obtenu les imido-dicarbonates par saponification partielle des éthers nitrilo-tricarboniques :

$$Az\begin{array}{l}\diagup CO^2R\\ -CO^2R\\ \diagdown CO^2R\end{array} + H^2O = CO^2 + ROH + AzH\left\langle\begin{array}{l}CO^2R\\ CO^2R\end{array}\right.$$

[*D. chem. G.*, **36**, 743, 1903 et **37**, 3672, 1904].

Ether diméthylique. — Il a été préparé par Franchimont et Klobbie [*Rec. trav. chim. Pays-Bas*, **8**, 294, 1889] en chauffant un mélange de carbamate méthylique et de chlorocarbonate de méthyle dissous dans 4 parties de toluène avec 2 atomes de sodium. Le précipité obtenu est décomposé par l'acide sulfurique étendu. Il cristallise dans l'éther en aiguilles brillantes fusibles à 134°, très solubles dans l'eau, l'alcool, l'acétone, le chloroforme, peu solubles dans l'éther, insolubles dans la ligroïne. Ce corps n'est pas attaqué par l'acide azotique.

Ether méthyléthylique. — Il résulte soit de la saponification du nitrilo-tricarbonate diméthyléthylique, soit de la condensation de l'uréthane avec le chlorocarbonate de méthyle [Diels, *D. chem. G.*, **37**, 3673, 1904]. Il cristallise dans le mélange d'éther et d'éther de pétrole en aiguilles soyeuses fondant à 73° après ramollissement à 68°, bouillant à 122° sous 11 millimètres. Il donne avec la potasse concentrée un *sel* cristallisé en aiguilles.

Ether diéthylique. — Il a été préparé par Wurtz et Henninger comme il est dit plus haut, par Krafft [*D. chem. G.*, **23**, 2786, 1890] au moyen de l'uréthane sodé et du chlorocarbonate d'éthyle, par Diels [*loc. cit.*], à partir du nitrilo-tricarbonate triéthylique. Il cristallise en longs prismes fusibles à 49-50°, bouillant à 144-145° sous 20 millimètres (K.), à 132-133° sous 12 millimètres (D.), à 226° sous 760 millimètres (W. et H.).

Il forme un *sel d'Argent* cristallisé en cubes. L'ammoniaque à 100° le scinde en alcool et biuret (W. et H.).

Le dérivé potassique de cet éther, condensé avec le chlorocarbonate d'éthyle, fournit l'éther nitrilo-tricarbonique.

Amides. — La monoamide de l'acide imido-dicarbonique n'est autre que l'acide allophanique (voyez ce mot). Sa diamide est le biuret.

ETHERS IMIDO-DICARBONIQUES AZ-PHÉNYLÉS [Diels, *D. chem. G.*, **37**, 3681, 1904].

L'*éther diéthylique* résulte de la condensation du phényluréthane sodé avec le chlorocarbonate d'éthyle. Il cristallise dans le mélange d'acétone et d'éther de pétrole en prismes fusibles à 68°, insolubles dans l'eau, solubles dans les solvants organiques. L'*éther méthyléthylique* fond à 69°. L'*éther diméthylique* cristallise en paillettes fusibles à 142-143°. Il est sublimable.

Mars 1906. R. Marquis.

IMIDOFORMYLE. — D'après M. Nef [*Lieb. Ann.*, **287**, 265, 1895] le produit obtenu en dirigeant de l'acide chlorhydrique dans un mélange d'acide cyanhydrique, d'alcool et d'éther est un mélange de plusieurs corps, parmi lesquels le chlorhydrate du dialcoolate de cyanure d'imidoformyle

$$AzH = C(OC^2H^5) - CH(OC^2H^5).AzH^2, 2HCl.$$

En traitant ce mélange par un alcali pulvérisé, au sein de l'éther, et distillant le produit résultant, on peut isoler le *cyanure d'imidoformyle* : $Az \equiv C - CH = AzH$. Celui-ci fond à 87° et bout à 120-125°, il est soluble dans l'eau, très volatil.

Les acides et les alcalis le scindent à froid en ammoniaque et acide formique.

L'eau à 100° le transforme en formiate de formamidine. Le chlorure de benzoyle et la soude donnent la dibenzoylformamidine. Traité par l'acide chlorhydrique en solution éthérée, le cyanure d'imidoformyle donne un précipité cristallin qui est identique au sel $2CAzH, 3HCl$ obtenu au moyen de l'acide cyanhydrique et de l'acide chlorhydrique et auquel l'auteur assigne la constitution $AzH^2 - CHCl - CCl^2 - AzH^2$ ou

$$AzH = CCl - CHCl - AzH^2, HCl.$$

M. Nef a encore obtenu un dérivé de l'imidoformyle en traitant la phénylcarbylamine par l'acide chlorhydrique [*Lieb. Ann.*, **270**, 267, 1892].

Le *chlorhydrate de chlorure de phénylimidoformyle* formé dans ces conditions

$$(C^6H^5 - Az = CHCl)^2HCl$$

est incolore, hygroscopique et décomposable par l'eau en diphénylformamidine et formamidine.

Mars 1906. R. Marquis.

IMIDOTRITHIODICARBONIQUE (ACIDE)

$$AzH\left\langle\begin{array}{l}CSSH\\ COSH\end{array}\right.$$

— L'éther benzilique de cet acide a été obtenu par Fromm et Junius [*D. chem. G.*, **28**, 1102 et 1935, 1895] en décomposant par l'acide chlorhydrique concentré le phénylméthyldithiomonobenzyldi-C-méthylkéturet

$$\begin{array}{l}C^6H^5\\ CH^3\end{array}\!\!\Big\rangle Az - CS - Az - \overset{\displaystyle SC^7H^7}{\overset{|}{C}} = Az \quad \text{(cycle fermé par } C(CH^3)^2\text{)}$$

ou bien en chauffant le monobenzylalduret

$$C^6H^5 - AzH - CS - Az - \overset{\displaystyle SC^7H^7}{\overset{|}{C}} = Az \quad \text{(cycle fermé par } CH.C^6H^5\text{)}$$

avec du benzylmercaptan et de l'acide chlorhydrique concentré. Cet éther cristallise dans l'alcool en aiguilles prismatiques jaunâtres fondant à 144-145°.

L'ammoniaque alcoolique le scinde en mercaptan benzylique et monothiobiuret :

$$AzH \begin{cases} CSAzH^2 \\ COAzH^2 \end{cases}$$

Mars 1906. R. Marquis.

IMINES. — Les imines dérivent des aldéhydes, des cétones ou des quinones par remplacement de l'oxygène typique par le groupe AzH ou AzR.

Imines simples. — M. Delépine [*Bull. Soc. Chim.*, **19**, 15, 1898 et **21**, 58, 1899] a étudié l'éthylidène-imine, résultant de la déshydratation de l'aldéhydate d'ammoniaque, et a montré qu'elle avait la constitution d'un trimère de la formule simple $CH^3 - CH = AzH$ et devait être représentée par une formule cyclique.

En ce qui concerne les imines des quinones, on connaît depuis longtemps le dérivé monochloré de la quinone-imine [Krause, *D. chem. G.*, **12**, 47, 1879] et le dérivé dichloré de la quinonediimine [Hursch, *D. chem. G.*, **13**, 1903, 1880; — Schmitt et Bennewitz, *Journ. f. prakt. Ch.*, **7**, 1, 1875].

Récemment, la quinone-diimine a été isolée par Willstaetter et Meyer en réduisant la quinonedichlorimide par HCl sec [*D. chem. G.*, **37**, 1494, 1904] et par Erdmann en oxydant la p-phénylènediamine par PbO^2 [*D. chem. G.*, **37**, 2906, 1904. — Voyez aussi Willstaetter et Pfannenstbiel, *D. chem. G.*, **37**, 4605, 1904].

La quinone-imine a été obtenue aussi en oxydant le p-aminophénol par Ag^2O [Willstaetter et Pfannenstiehl, *loc. cit.*].

Imines substituées dérivées des aldéhydes. — Les imines substituées dérivées des aldéhydes sont connues sous le nom de *bases de Schiff*. Le composé le plus important de la série, la benzylidène-aniline, a été obtenu par Laurent et Gerhardt [*C. R. des trav. de Chim.*, 1850, 117]. On prépare ces corps par union directe des aldéhydes et des bases primaires [Schiff, *Lieb. Ann.*, Suppl. **3**, 343; **140**, 92, 1866; **148**, 330, 1869; **210**, 114, 1881. — Miller et Plöchl, *D. chem. G.*, **25**, 2020, 1892. — Henry, *C. R.*, **120**, 837, 1895. — Eibner, *Lieb. Ann.*, **316**, 89, 1901; **328**, 121, 1903].

Les bases de Schiff répondent à la formule générale $R - CH = AzR'$. Celles dérivées des aldéhydes et des amines grasses sont plus ou moins polymérisées. La plus simple : $CH^2 = Az . CH^3$, l'est totalement ; c'est un trimère de cette formule [Cambier et Brochet, *C. R.*, **120**, 449, 1895]. Henry [*loc. cit.*], a montré que l'aptitude à la polymérisation dépendait du poids moléculaire et surtout du poids moléculaire du radical aldéhydique : plus ce poids est faible plus la base est polymérisée.

Les bases de Schiff aromatiques ont généralement la formule simple.

Les propriétés des bases de Schiff découlent surtout de leur caractère non saturé. Elles additionnent le brome et l'iode [Hantzsch, *D. chem. G.*, **23**, 2773, 1890], l'acide sulfureux et les bisulfites alcalins [Eibner, *loc. cit.* — Knœvenagel, *D. chem. G.*, **37**, 4080, 1904], se combinent avec l'acide cyanhydrique [Haarmann, *D. chem. G.*, **6**, 348, 1873. — Cech, *D. chem. G.*, **11**, 246, 1878. — Miller et Plöchl, *loc. cit.* — Delépine, *Bull. Soc. Chim.*, **29**, 1182 et 1198, 1903].

Elles sont hydrogénées par l'amalgame de sodium en donnant les amines secondaires correspondantes [O. Fischer, *Lieb. Ann.*, **241**, 328, 1887].

Les bases de Schiff se combinent avec les cétones et les éthers cétoniques [Mayer, *Bull. Soc. Chim.*, **31**, 953 et 985, 1904; **33**, 157, 395, 498, 958. — R. Schiff, *D. chem. G.*, **31**, 205, 601, 1390, 1898 et **35**, 4325, 1902. — Rabe, *D. chem. G.*, **35**, 3947, 1902. — Francis, *Chem. Soc.*, **75**, 865, 1899; **77**, 1191, 1900; **81**, 441, 956, 1902 et *D. chem. G.*, **36**, 937, 1903. — Taylor, *D. chem. G.*, **36**, 941, 1903. — Morell et Bellars, *Chem. Soc.*, **83**, 1292, 1903], avec le nitrométhane [Mayer, *Bull. Soc. Chim.*, **33**, 395, 1904]. Elles réagissent sur les dérivés organomagnésiens en donnant des amines secondaires de la forme

$$R - Az - CH \begin{cases} R \\ R'' \end{cases}$$

[Busch, *D. chem. G.*, **37**, 2691, 1904; **38**, 1761, 1905].

La nitration des bases de Schiff a été étudiée par Schwalbe [*Zeit. f. Farb.-und Textilh.*, **1**, 628, 1902].

Se fondant sur l'analogie de constitution des imines avec les oximes, Hantzsch [*loc. cit.*], a cherché à mettre en évidence des formes isomères des bases de Schiff, mais sans y parvenir.

Imines substituées dérivées des cétones et des quinones. — Les corps les plus intéressants de cette catégorie appartiennent aux séries des auramines d'une part, des indophénols, des indoanilines et des indamines d'autre part. Nous renvoyons le lecteur à ces articles.

Mars 1906. R. Marquis.

IMINOACÉTONITRILE. — Voyez FORMIQUE (ALDÉHYDE), 2ᵉ Suppl., **4**, 288.

IMINODIAZOLS. — Voyez PYRRODIAZOLS.

IMINOÉTHERS. — Les iminoéthers, ou éthers imidés, sont des composés dont la constitution peut être représentée par la formule générale suivante

$$R - C \begin{cases} AzR' \\ OR'' \end{cases}$$

dans laquelle R' et R'' sont des radicaux alcooliques ou phénoliques et R un reste monovalent quelconque, le plus souvent un reste hydrocarboné comme R' et R''.

Ces deux derniers radicaux, R' et R'', peuvent faire partie de la même chaîne carbonée, comme dans le composé suivant :

$$CH^3 - C \begin{cases} Az - CH^2 \\ \quad\;\, | \\ O - CH^2 \end{cases}$$

Les iminoéthers ainsi constitués ont reçu le nom d'OXAZOLINES. Ils ont été décrits à l'article β-FURAZOLS [2ᵉ Supp., **4**, 381].

Comme leur nom l'indique, on peut, théoriquement du moins, considérer les iminoéthers comme des éthers sels dans lesquels l'oxygène du CO serait remplacé par le groupement bivalent $= AzR'$.

On connaît d'ailleurs des composés de ce type, dérivés des thiol-éthers, dans lesquels l'oxygène de OR'' est remplacé par du soufre. Ce sont les *iminothioéthers*.

$$R - C \begin{cases} AzR' \\ SR'' \end{cases}$$

Les iminoéthers ont été découverts par M. Pinner qui a fait, avec ses élèves, une étude fort étendue de cette classe de composés (*Die Imidoäther und ihre Derivate*, Berlin, 1892).

IMINOÉTHERS PROPREMENT DITS.

MODES GÉNÉRAUX DE PRÉPARATION. — Les iminoéthers non substitués à l'azote, s'obtiennent en condensant un nitrile avec un alcool :

$$R - C \equiv Az + R'OH = R - C \begin{cases} AzH \\ OR' \end{cases}$$

Cette condensation s'effectue sous l'influence de l'acide chorhydrique, de sorte que l'on obtient, non pas l'iminoéther libre, mais son chlorhydrate.

On opère en dirigeant, dans un mélange équimoléculaire de nitrile et d'alcool, une molécule d'acide chlorhydrique gazeux, en ayant soin de se mettre à l'abri de toute trace d'humidité et de refroidir. Si le nitrile est peu soluble, on ajoute à la masse une certaine quantité d'éther ou de benzène secs. Une fois la saturation terminée, on abandonne le mélange à lui-même dans un endroit sec. Le sel d'iminoéther cristallise peu à peu et totalement.

D'après M. Pinner, cette réaction s'effectuerait en deux phases. La première correspondrait à la formation d'un produit d'addition :

$$\mathrm{R-C\equiv Az + R'OH + 2HCl = R-C\begin{matrix}\nearrow AzH^2.HCl\\ -OR'\\ \searrow Cl\end{matrix}}$$

qui, fort instable, se décomposerait rapidement, déjà en solution, en acide chlorhydrique et en chlorhydrate de l'iminoéther :

$$\mathrm{R-C\begin{matrix}\nearrow AzH^2.HCl\\ -OR'\\ \searrow Cl\end{matrix} = HCl + R-C\begin{matrix}\nearrow\!\!\!\nearrow AzH.HCl\\ \searrow OR'\end{matrix}}$$

Si l'on admet avec M. J. Stieglitz [*Am. Chem. Journ.*, **16**, 76 et **21**, 101] et avec MM. Wheeler et Sanders [*Journ. Am. Soc.*, **23**, 365] que les sels des iminoéthers renferment l'azote à l'état trivalent, on doit écrire la réaction en une seule phase :

$$\mathrm{R-C\equiv Az + R'OH + HCl = R-C\begin{matrix}\nearrow AzH^2\\ -Cl\\ \searrow OR'\end{matrix}}$$

Tous les nitriles ont pu être transformés en iminoéthers par ce procédé, à l'exception toutefois des cyanures d'acides (cyanure d'acétyle), et des nitriles aromatiques dans lesquels le groupement CAz se trouve en position 1.2 par rapport à une chaîne latérale hydrocarbonée, cyclique ou acyclique, comme cela a lieu pour les nitriles o-toluique, α-naphtoïque, xyliques 1.3.4 et 1.4.3. Il en est de même des nitriles o-amido-p-toluique et o-nitro-p-toluique.

Pour isoler l'iminoéther à l'état de liberté, on introduit le chlorhydrate finement pulvérisé dans une solution refroidie de carbonate de potassium à 33 0/0. La couche huileuse qui se sépare est rassemblée au moyen d'éther.

D'autres méthodes de préparation ont été proposées, qui permettent d'obtenir des iminoéthers substitués à l'azote. La plupart de ces méthodes reposent sur l'action des iodures alcooliques sur les dérivés argentiques des amides.

J. Tafel et Enoch [*D. chem. G.*, **23**, 104, 1890] signalèrent les premiers que l'action de l'iodure d'éthyle à froid sur la benzamide argentique donne naissance à l'iminobenzoate d'éthyle. Peu après, la même réaction fut observée par W. Comstock [*D. chem. G.*, **23**, 2274] sur la formanilide argentique, puis par Comstock et L. Wheeler [*Am. Chem. Journ.*, **13**, 514] et Comstock et Clapp [*Am. Chem. Journ.*, **13**, 525, 1895] sur d'autres amides.

Cette réaction, qui semble d'autant plus anormale que les dérivés sodés des amides donnent avec les iodures alcooliques des amides substituées à l'azote, ne peut s'expliquer qu'en admettant que les dérivés argentiques ont la constitution suivante

$$\mathrm{R-C\begin{matrix}\nearrow\!\!\!\nearrow AzR'\\ \searrow OAg\end{matrix}}$$

avec la benzamide, par exemple, on aura

$$\mathrm{C^6H^5-C\begin{matrix}\nearrow\!\!\!\nearrow AzH\\ \searrow OAg\end{matrix} + C^2H^5I = C^6H^5\cdot C\begin{matrix}\nearrow\!\!\!\nearrow AzH\\ \searrow OC^2H^5\end{matrix} + AgI}$$

avec la formanilide, on obtiendra un iminoéther Az-substitué :

$$\mathrm{H-C\begin{matrix}\nearrow\!\!\!\nearrow Az.C^6H^5\\ \searrow OAg\end{matrix} + C^2H^5I = H-C\begin{matrix}\nearrow\!\!\!\nearrow AzC^6H^5\\ \searrow OC^2H^5\end{matrix} + AgI}$$

Nous verrons tout à l'heure pourquoi cette réaction ne peut être effectuée qu'à froid.

M. Druce Lander [*Chem. Soc.*, **77**, 729, 1900] a préparé les iminoéthers par un procédé un peu différent du précédent et qui consiste à traiter les amides, simples ou substituées, par l'oxyde d'argent sec et un iodure alcoolique. L'opération se fait soit à froid, soit à 100°, et donne des résultats variables suivant qu'on emploie l'iodure de méthyle et l'iodure d'éthyle. Avec le premier de ces iodures, on obtient en général un mélange de l'iminoéther cherché et de l'amide substituée isomérique ; ainsi, l'acétanilide donne en quantités presque égales :

$$\mathrm{C^6H^5-Az\begin{matrix}\nearrow CH^3\\ \searrow CO.CH^3\end{matrix} \quad et \quad Az.C^6H^5=C\begin{matrix}\nearrow OCH^3\\ \searrow CH^3\end{matrix}}$$

avec l'iodure d'éthyle, au contraire, on obtient presque exclusivement l'iminoéther cherché [Lander, *Chem. Soc.*, **79**, 690, 701 et 729, 1901 ; **83**, 406, 1903].

Cette méthode donne de mauvais résultats avec les amides aromatiques orthosubstituées ; c'est ainsi que l'orthotolylamide traitée par l'iodure d'éthyle et l'oxyde d'argent soit à sec, soit en solution alcoolique, donne un rendement de 13,6 0/0 seulement en iminoéther, alors que la paratotylamide donne un rendement de 70 0/0. Le produit principal de la réaction est alors un nitrile. L'auteur présume que la présence du groupement en ortho favorise la décomposition en nitrile et alcool de l'iminoéther formé :

$$\mathrm{C^7H^7-C\begin{matrix}\nearrow OC^2H^5\\ \searrow\!\!\!\searrow AzH\end{matrix} = C^7H^7-C\equiv Az + C^2H^5.OH}$$

[*Chem. Soc.* **83**, 766].

M. Druce Lander a donné une autre méthode de préparation des iminoéthers substitués à l'azote, qui consiste à traiter une chlorimide par un alcoolate alcalin [*Chem. Soc.*, **81**, 591 et **83**, 320] :

$$\mathrm{C^6H^5-CCl=AzC^2H^5 + C^2H^5OH}$$
$$\mathrm{= C^6H^5-C\begin{matrix}\nearrow OC^2H^5\\ \searrow AzC^2H^5\end{matrix} + NaCl}$$

Propriétés générales. — Les iminoéthers sont des tautomères des amides substituées :

$$\mathrm{R-C\begin{matrix}\nearrow\!\!\!\nearrow AzR'\\ \searrow OH\end{matrix} \longrightarrow R-CO-AzHR'.}$$

Ils se transforment d'ailleurs avec la plus grande facilité dans ces amides, et l'étude de cette transformation a fait l'objet d'un grand nombre de travaux de la part de MM. H. L. Wheeler, Wislicenus et Druce Lander. H. L. Wheeler et Johnson [*Am. Chem. Journ.*, **21**, 185, et *D. chem. G.*, **32**, 35, 1899], appliquant la réaction de J. Tafel et Enoch à la formanilide argentique, obtinrent à froid, avec l'iodure d'éthyle, l'iminoéther cherché ; mais à 100° ils obtinrent surtout de l'éthylformanilide. Ils en conclurent que l'iminoéther s'était transposé à 100° sous l'influence de l'iodure d'éthyle. L'étude de cette réaction conduisit M. Wheeler aux conclusions suivantes [*Am. Chem. Journ.*, **23**, 35, 1900] : Quand on chauffe un iminoéther avec un iodure alcoolique de faible poids moléculaire, on observe trois réactions principales :

1° Formation d'une amide substituée par transport du radical alcoolique de l'oxygène à l'azote :

$$C^6H^5-C\begin{smallmatrix}\nearrow AzH\\ \searrow OC^4H^9\end{smallmatrix} + CH^3I$$
$$= C^4H^9I + C^6H^5-C\begin{smallmatrix}\nearrow AzHCH^3\\ \searrow O\end{smallmatrix}$$

2° Formation d'acide iodhydrique qui réagit sur l'iminoéther pour donner une amide non substituée :

$$C^6H^5-C\begin{smallmatrix}\nearrow AzH\\ \searrow OC^4H^9\end{smallmatrix}+HI = C^6H^5-C\begin{smallmatrix}\nearrow AzH^2\\ \searrow O\end{smallmatrix}+C^4H^9I$$

3° Décomposition de l'iminoéther en alcool et nitrile ou polynitrile :

$$C^6H^5-C\begin{smallmatrix}\nearrow AzH\\ \searrow OC^4H^9\end{smallmatrix} = C^4H^9OH + C^6H^5-C\equiv Az$$

De ces trois réactions, la première qui constitue la transposition moléculaire est prépondérante.

D'après Bruce Lander [*Chem. Soc.*, **83**, 406] la transposition de Wheeler se fait mieux avec les éthers méthyliques qu'avec les éthers éthyliques. A 100°, ces derniers ne sont presque pas transformés. La transposition serait plus facile avec les éthers p-tolylés à l'azote qu'avec les éthers o-tolylés.

W. Wislicenus et H. Goldschmidt [*D. chem. G.*, **33**, 1467, 1900] ont observé la transposition d'un iminoéther en amide sous l'influence de la chaleur. Quand on chauffe, par exemple, le phényliminoformiate de méthyle à 240° pendant 8 heures, il se fait 40 0/0 de méthylformanilide ; de même l'éther éthylique a donné 65 0/0 d'éthylformanilide et le phényliminobenzoate de méthyle a donné 35 0/0 de méthylbenzanilide. Au contraire, l'iminobenzoate de méthyle ne s'est pas transposé. L'isomérisation sous l'influence de la chaleur seule ne paraît donc possible que si l'iminoéther est substitué à l'azote.

L'iodure alcoolique joue donc, dans la réaction de Wheeler, un rôle particulier qui serait le suivant. Il y aurait d'abord formation d'un produit d'addition :

$$R-C\begin{smallmatrix}\nearrow AzH\\ \searrow OR'\end{smallmatrix} + IR'' = R-C\begin{smallmatrix}\nearrow AzHR''\\ -I\\ \searrow OR'\end{smallmatrix}$$

qui perdrait une molécule d'iodure en se transformant en amide :

$$R-C\begin{smallmatrix}\nearrow AzHR''\\ -I\\ \searrow OR'\end{smallmatrix} = IR' + RC\begin{smallmatrix}\nearrow AzHR''\\ \searrow O\end{smallmatrix}$$

Les *iminoéthers libres* se présentent sous forme de liquides, quelquefois de solides fusibles à basse température. Ils sont doués de propriétés fortement basiques et d'une odeur de base pyridique ou d'alcaloïde. Ils distillent en général sans décomposition, soit à la pression ordinaire, soit dans le vide et à une température toujours inférieure au point d'ébullition des amides substituées isomériques. Cependant les iminoéthers de poids moléculaire élevé sont décomposés par la chaleur en régénérant l'alcool et le nitrile dont ils dérivent.

Les iminoéthers sont solubles dans tous les solvants organiques et insolubles dans l'eau, qui ne décompose pas, au moins à la température ordinaire, les iminoéthers non substitués.

Les *sels* des iminoéthers sont en général bien cristallisés. Ils sont peu stables et se décomposent, lentement à froid, rapidement à chaud en chlorure alcoolique (s'il s'agit d'un chlorhydrate) et en amide.

D'après M. Stieglitz (*loc. cit.*) ces sels ne contiennent pas l'azote à l'état pentavalent tel que :

$$R-C\begin{smallmatrix}\nearrow\!\!\!\nearrow Az\begin{smallmatrix}\nearrow R''\\ -H\\ \searrow Cl\end{smallmatrix}\\ \searrow OR'\end{smallmatrix}$$

mais renferment l'azote trivalent, la double liaison étant saturée :

$$R-C\begin{smallmatrix}\nearrow AzR''H\\ -Cl\\ \searrow OR'\end{smallmatrix}$$

Dans ce cas, la décomposition par la chaleur s'interprète facilement :

$$R-C\begin{smallmatrix}\nearrow AzHR''\\ -Cl\\ \searrow OR'\end{smallmatrix} = R'Cl + R-C\begin{smallmatrix}\nearrow AzHR''\\ \searrow O\end{smallmatrix}$$

L'eau dédouble les iminoéthers, quelquefois à froid, le plus souvent à chaud, en donnant en général une amine et l'éther sel correspondant au nitrile dont on est parti. Cette décomposition est très rapide lorsque l'iminoéther est à l'état de sel. Dans quelques cas, lorsque l'iminoéther est à l'état libre, il est dédoublé par l'eau en alcool et amide (Pinner, *loc. cit.*, p. 67). M. Stieglitz [*Am. Chem. Journ.*, **21**, 101, 1899] admet qu'il se forme tout d'abord un produit d'addition qui peut se dédoubler suivant deux voies différentes :

$$R-C\begin{smallmatrix}\nearrow AzR'\\ \searrow OR''\end{smallmatrix} + H^2O$$

$$= R-C\begin{smallmatrix}\nearrow AzHR'\\ -OH\\ \searrow OR''\end{smallmatrix} \begin{cases} \nearrow R-C\begin{smallmatrix}\nearrow AzHR'\\ \searrow O\end{smallmatrix} + R''OH \\ \searrow R-C\begin{smallmatrix}\nearrow O\\ \searrow OR''\end{smallmatrix} + AzH^2R' \end{cases}$$

Cette décomposition commence déjà au contact de l'air humide, de sorte que les sels qui sont préparés depuis longtemps sont notablement altérés.

L'*alcool* agit sensiblement comme l'eau, quoique moins énergiquement. Dans les cas des formiminoéthers, par contre, la réaction s'effectue dans un autre sens et donne naissance aux éthers orthoformiques correspondants :

$$R.C\begin{smallmatrix}\nearrow AzH.HCl\\ \searrow OC^2H^5\end{smallmatrix} + 2C^2H^5OH$$
$$= AzH^4Cl + R.C(OC^2H^5)^3.$$

Les *anhydrides d'acides* décomposent les iminoéthers en donnant naissance aux amides substituées renfermant un groupement acide :

$$R.C\begin{smallmatrix}\nearrow AzH\\ \searrow OC^2H^5\end{smallmatrix} + (CH^3CO)^2O$$
$$= R.C\begin{smallmatrix}\nearrow AzH\\ \searrow O.COCH^3\end{smallmatrix} + CH^3CO^2C^2H^5$$

ou $$R.C\begin{smallmatrix}\nearrow AzH.COCH^3\\ \searrow O\end{smallmatrix}$$

Les *chlorures d'acides* agissent différemment selon qu'on leur oppose un iminoéther substitué ou non substitué [H. L. Wheeler et P. T. Walden, *Am. Chem. Journ.*, **19**, 129, 1898].

Dans le premier cas, leur action est analogue à celle des anhydrides ; il se forme une diacidylamide par le mécanisme suivant :

I. $$C^6H^5-C\begin{smallmatrix}\nearrow AzC^6H^5\\ \searrow OCH^3\end{smallmatrix} + ClOC^6H^5$$

$$= C^6H^5-C\begin{smallmatrix}\nearrow Az\begin{smallmatrix}\nearrow C^6H^5\\ \searrow COC^6H^5\end{smallmatrix}\\ -Cl\\ \searrow OCH^3\end{smallmatrix}$$

II. $$C^6H^5-C\begin{matrix}\nearrow Az\begin{matrix}\nearrow C^6H^5\\ \searrow COC^6H^5\end{matrix}\\ -Cl\\ \searrow OCH^3\end{matrix}$$

$$= CH^3Cl + C^6H^5-C\begin{matrix}\nearrow Az\begin{matrix}\nearrow C^6H^5\\ \searrow COC^6H^5\end{matrix}\\ \searrow O\end{matrix}$$

Dans le cas d'un iminoéther non substitué, il y a simplement formation du dérivé acylé de cet éther :

$$C^6H^5-C\begin{matrix}\nearrow AzH\\ \searrow OC^2H^5\end{matrix} + Cl.CO.C^6H^5$$

$$= HCl + C^6H^5-C\begin{matrix}\nearrow Az-COC^6H^5\\ \searrow OC^2H^5\end{matrix}$$

L'action de l'*ammoniaque* sur les iminoéthers donne naissance aux amidines non substituées :

$$R.C\begin{matrix}\nearrow OC^2H^5\\ \searrow AzH\end{matrix} + AzH^3 = R.C\begin{matrix}\nearrow AzH\\ \searrow AzH^2\end{matrix} + C^2H^5OH.$$

Avec les amines monosubstituées, on obtient tantôt des amidines substituées, tantôt des iminoéthers substitués : D'après M. Pinner (*loc. cit.*, p. 10) et M. Stieglitz (*loc. cit.*) ces réactions comportent la formation intermédiaire d'un produit d'addition :

$$R-C\begin{matrix}\nearrow AzH\\ \searrow OC^2H^5\end{matrix} + R'AzH^2 = R-C\begin{matrix}\nearrow AzH^2\\ -AzHR'\\ \searrow OC^2H^5\end{matrix}$$

$$R-C\begin{matrix}\nearrow AzH^2\\ -AzHR'\\ \searrow OC^2H^5\end{matrix}\begin{matrix}\nearrow R-C\begin{matrix}\nearrow AzH^2\\ \searrow AzR'\end{matrix} + C^2H^5OH\\ \searrow R-C\begin{matrix}\nearrow AzR'\\ \searrow OC^2H^5\end{matrix} + AzH^3\end{matrix}$$

Avec les *amines secondaires*, grasses ou aromatiques, on obtient les amidines disubstituées dissymétriques correspondantes :

$$R.C\begin{matrix}\nearrow AzH^2\\ \searrow OC^2H^5\end{matrix} + AzH.R'^2 = R.C\begin{matrix}\nearrow AzH^2\\ \searrow AzR'^2\end{matrix} + C^2H^5OH$$

Les iminoéthers acidylés réagissent sur l'ammoniaque d'une manière inattendue [H. L. Wheeler et Walden. *Am. Chem. Journ.*, 20, 568]. Il se forme, non pas l'amidine substituée à l'azote imidique comme on pourrait le croire, mais l'amidine substituée au groupe AzH^2. Cette réaction s'explique très facilement en supposant une addition préalable :

$$C^6H^5-C\begin{matrix}\nearrow Az.CO-R'\\ \searrow OR\end{matrix} + AzH^3$$

$$= C^6H^5-C\begin{matrix}\nearrow AzHCOR'\\ -AzHH\\ \searrow OR\end{matrix} = ROH + C^6H^5-C\begin{matrix}\nearrow AzHCOR'\\ \searrow AzH\end{matrix}$$

L'*hydroxylamine* se comporte comme l'ammoniaque et donne naissance tantôt à des amidoximes, tantôt aux acides hydroxamiques substitués correspondants :

$$R.C\begin{matrix}\nearrow AzH\\ \searrow OC^2H^5\end{matrix} + AzH^2.OH$$

$$= R.C\begin{matrix}\nearrow AzH^2\\ \searrow Az.OH\end{matrix} + C^2H^5OH.$$

$$R.C\begin{matrix}\nearrow AzH\\ \searrow OC^2H^5\end{matrix} + AzH^2.OH$$

$$= R.C\begin{matrix}\nearrow Az.OH\\ \searrow OC^2H^5\end{matrix} + AzH^3.$$

En faisant réagir les β-hydroxylamines sur les iminoéthers substitués, M. H. Ley [*D. chem. G.*, 35, 1451, 1902] a obtenu des oxyamidines :

$$C^6H^5.AzHOH + CH\begin{matrix}\nearrow Az.C^6H^5\\ \searrow OCH^3\end{matrix}$$

$$= CH\begin{matrix}\nearrow AzC^6H^5\\ \searrow Az(OH)C^6H^5\end{matrix} + CH^3OH.$$

Les *hydrazines* se combinent aux iminoéthers en donnant naissance aux hydrazines correspondantes ou aux hydrazidoéthers (voyez l'art. HYDRAZIDINES). Les iminoéthers se combinent à l'isocyanate de phényle [H. L. Wheeler et Sanders, *J. Am. Chem. Soc.*, 22, 365] pour donner des éthers carbamidoimidiques :

$$C^6H^5-C\begin{matrix}\nearrow AzH\\ \searrow OR\end{matrix} + COAzC^6H^5$$

$$= C^6H^5-C\begin{matrix}\nearrow Az-CO-AzC^6H^5\\ \searrow OR\end{matrix};$$

ceux-ci sont transformés par l'acide chlorhydrique en acidylurées. Une réaction identique a lieu avec l'isosulfocyanate de phényle. Le sulfocyanate de potassium fait, avec les chlorhydrates d'iminoéthers, simplement une double décomposition, par exemple, avec le chlorhydrate d'iminobenzoate d'isobutyle :

$$C^6H^5-\begin{matrix}\nearrow AzH^2\\ -Cl\\ \searrow OC^4H^9\end{matrix} + CAzSK = KCl + C^6H^5-\begin{matrix}\nearrow AzH^2\\ -SCAz\\ \searrow OC^4H^9\end{matrix}$$

La *réduction* des sels d'iminoéthers a été étudiée par M. F. Henle [*D. chem. G.*, 35, 3039] qui a obtenu des aldéhydes :

$$C^6H^5-C\begin{matrix}\nearrow AzH.HCl\\ \searrow OC^2H^5\end{matrix} + H^2 + H^2O$$

$$= C^6H^5CHO + C^2H^5OH + AzH^4Cl.$$

M. Marquis [*C. R.*, 142, 711, 1906] a étudié l'action des iminoéthers sur les dérivés organomagnésiens.

ÉTHERS IMINOFORMIQUES.

Les éthers iminoformiques non substitués se préparent par la méthode générale de M. Pinner. La réaction étant assez violente, il est nécessaire d'opérer de la façon suivante : On dissout 1 molécule d'acide cyanhydrique anhydre dans 1 molécule d'alcool rigoureusement absolu, puis on ajoute 3 à 4 volumes d'éther anhydre, et l'on fait absorber au mélange un peu plus de 1 molécule de gaz chlorhydrique sec en refroidissant énergiquement au moyen de glace et de sel, et en agitant constamment. Si l'on néglige ces précautions, ou si l'on emploie un excès d'alcool, il peut y avoir explosion.

Lorsque la saturation est terminée, on continue à agiter le mélange dans de l'eau glacée jusqu'à ce que tout le sel se soit déposé ; on essore ensuite ce dernier, on le lave avec un peu d'éther anhydre et on le sèche dans le vide sur de l'acide sulfurique ou de la soude caustique.

L'alcool réagit assez énergiquement sur les sels des formiminoéthers en donnant naissance aux orthoformiates correspondants. Si le sel renferme un excès d'hydracide, on obtient une certaine quantité de formiate alcoolique.

IMINOFORMIATE DE MÉTHYLE. — Le *chlorhydrate*,

$$CH\begin{matrix}\nearrow AzH.HCl\\ \searrow OCH^3\end{matrix}$$

cristallise en prismes courts extrêmement instables. L'anhydride acétique le transforme en acétylformamide $H.CO.AzHCOCH^3$, fusible à 70°.

IMINOFORMIATE D'ÉTHYLE. — Le *chlorhydrate*,

$$CH \lessgtr^{AzH.HCl}_{OC^2H^5}$$

se présente également sous la forme de prismes qui se décomposent lorsqu'on les chauffe en donnant un mélange de chlorure et de formiate d'éthyle, de formamidine et de chlorure d'ammonium :

$$2CH \lessgtr^{AzH\ \ HCl}_{OC^2H^5}$$

$$= C^2H^5Cl + H.CO^2C^2H^5 + CH \lessgtr^{AzH}_{AzH^2}.HCl$$

L'alcool et l'eau dissolvent ce sel en le décomposant presque instantanément. Dans le premier cas on obtient de l'orthoformiate, et dans le second cas du formiate d'éthyle.

L'éther lui-même est peu stable. Il se précipite sous la forme d'une huile bouillant à 80° lorsqu'on décompose le chlorhydrate par la potasse, mais la plus grande partie du sel est complètement décomposée.

L'ammoniaque alcoolique transforme le chlorhydrate de l'éther formiminoéthylique en un mélange de chlorure d'ammonium et de formamidine, et la diméthylamine en diméthylformamidine $\alpha\alpha$. Avec la méthylaniline et la phénylhydrazine, on obtient respectivement de la méthylformanilide et de la méthénylhydrazidine :

$$CH \lessgtr^{AzH.HCl}_{OC^2H^5} + C^6H^5.AzH.AzH^2$$

$$= H^2O + C^2H^5Cl + CH \lessgtr^{AzH}_{AzH-AzHC^6H^5},$$

tandis que l'action de la diéthylamine donne naissance à un produit basique plus complexe répondant à la formule $C^{10}H^{21}Az^3$ [Pinner, *D. chem. G.*, **16**, 354, 1644, 1883].

D'après MM. Schrœter et Peschkes [*D. chem. G.*, **33**, 1975, 1900], le chlorhydrate d'éther iminoformique, agité en solution alcoolique avec les hydroxylamines α-alcoylées, donne les dérivés dialcoylés de la formhydroxamoxime :

$$CH \lessgtr^{AzH.HCl}_{OC^2H^5} + 2H^2Az.OR$$

$$= CH \lessgtr^{Az.OR}_{AzH.OR} + AzH^4Cl + C^2H^5OH.$$

Le chlorhydrate de l'iminoformiate d'éthyle a été employé par M. L. Claisen [*D. chem. G.*, **31**, 1010, 1898] à la préparation des acétals. Il réagit en effet, en solution alcoolique, sur les aldéhydes et les cétones en fournissant avec un bon rendement les acétals correspondants. On opère en dissolvant 1 molécule de cétone dans 5 molécules d'alcool, on refroidit et on ajoute 1 molécule et quart de chlorhydrate d'éther iminoformique. On laisse reposer quelque temps à 0° puis 4 à 8 jours à la température ordinaire. Le liquide est alors additionné d'éther, filtré pour séparer le chlorure d'ammonium et lavé à l'eau glacée additionnée d'une goutte ou deux d'ammoniaque. On sèche alors sur du carbonate de potasse et on fractionne.

Dans cette opération, il se forme d'abord de l'orthoformiate d'éthyle qui réagit sur l'acétone ou l'aldéhyde selon l'équation :

$$\begin{matrix}CH^3\\CH^3\end{matrix}\!\!>CO + (C^2H^5O)^2CH.OC^2H^5$$

$$= \begin{matrix}CH^3\\CH^3\end{matrix}\!\!>C=(OC^2H^5)^2 + HCO^2C^2H^5.$$

Ce procédé est surtout précieux pour préparer les acétals des cétones, que la méthode de Fischer ne permet pas d'obtenir.

Chloromercurate du chlorhydrate d'iminoformiate d'éthyle,

$$HCl.AzH=C \lessgtr^{H}_{OC^2H^5}.HgCl^2$$

— MM. H. B. Hill et Black [*Am. Chem. Journ.*, **31**, 207, 1904] préparent ce sel double en mélangeant 20 grammes de cyanure de mercure pulvérisé, 21gr,6 de chlorure mercurique, 7gr,3 d'alcool absolu et 7 volumes d'éther, puis refroidissant ce mélange dans l'eau glacée et traitant par l'acide chlorhydrique sec jusqu'à dissolution du cyanure mercureux. En laissant ensuite reposer, le sel double se sépare en paillettes blanches. Il est assez stable et peut remplacer le chlorhydrate pour la préparation des acétals.

IMINOFORMIATE DE PROPYLE

$$CH \lessgtr^{AzH.HCl}_{OC^3H^7}$$

— Le chlorhydrate cristallise en prismes solubles dans l'éther.

Les chlorhydrates des *iminoformiates d'isobutyle* et *d'isoamyle* se présentent sous la forme de paillettes blanches, également solubles dans l'éther.

L'éther formiminobenzylique,

$$CH \lessgtr^{AzH.HCl}_{OCH^2.C^6H^5}$$

se prépare d'une façon analogue. Il cristallise en paillettes nacrées.

IMINOFORMIATE DU GLYCOL,

$$CH \lessgtr^{AzH.HCl}_{OCH^2}\text{———}^{HCl.AzH}_{CH^2O} \gtrless CH.$$

— Pour préparer le chlorhydrate de cet éther, on sature de gaz chlorhydrique une solution éthérée de glycol et d'acide cyanhydrique, en prenant toutes les précautions indiquées pour l'éther méthylique. On l'obtient sous la forme de prismes solubles dans l'éther.

Lorsque, dans la préparation des composés précédents, on emploie un excès d'alcool, on obtient une série de produits accessoires qui sont : le chlorure d'éthyle, le formiate d'éthyle, et un mélange d'éther et d'amide de l'acide diéthylglyoxylique $CH(OC^2H^5)^2.CO^2H$, ou d'un de ses homologues. La formation de ces derniers composés peut s'expliquer si l'on admet la production intermédiaire d'iminoacétonitrile :

$$2CAzH = CH \lessgtr^{AzH}_{CN}$$

$$CH \lessgtr^{AzH}_{CAz} + 3C^2H^5OH + H^2O$$

$$= CH \lessgtr^{(OC^2H^5)^2}_{CO^2C^2H^5} + 2AzH^3.$$

ÉTHERS IMINOFORMIQUES SUBSTITUÉS. — *Phényliminoformiate de méthyle,*

$$CH \lessgtr^{AzC^6H^5}_{OCH^3}$$

— On l'obtient en traitant la formanilide argentique, en suspension dans l'éther anhydre, par l'iodure de méthyle. La réaction se fait à la température ordinaire et est achevée au bout de 24 heures environ. L'évaporation de l'éther laisse un liquide huileux bouillant à 196-198° [Comstock et Kleeberg, *Am. chem. Journ.*, **12**, 493, 1895].

Phényliminoformiate d'éthyle. — Il a été préparé par M. Claisen [*Ann. Chem.*, **287**, 360, 1895] en chauffant 75 grammes d'éther ortho-formique avec 45 grammes d'aniline. Le tout se prend en une masse contenant de la diphénylformamidine. On extrait l'éther iminé au moyen de la ligroïne. Il est liquide et bout à 212° sous la pression atmosphérique, à 128° sous 40 millimètres; sa densité à 15° est 1,09. Chauffé à 230-240° il se transpose et fournit 65 0/0 d'éthylformanilide [Wislicenus et Goldschmidt, *loc. cit.*].

m-Nitrophénylíminoformiate de méthyle,

$$CH \begin{matrix} \nearrow AzC^6H^4 - AzO^2 \\ \searrow OCH^3 \end{matrix}$$

— Il se prépare au moyen de la formyl-m-nitraniline argentique [Comstock et Wheeler, *Am. chem. Journ.*, **13**, 514, 1895]. Il forme des aiguilles jaunes fondant à 45° et distillant à 172-173°.

o-Tolyliminoformiate de méthyle. — Il est liquide et bout à 211-213° [Comstock et Clapp, *Am. chem. Journ.*, **13**, 526].

o-Tolyliminoformiate d'éthyle. — Il bout à 101° sous 12 millimètres [Wheeler et Boltwood, *Am. chem. Journ.*, **18**, 389, 1898].

p-Tolyliminoformiate de méthyle. — Il bout à 216-218° (Comstock et Clapp).

p-Tolyliminoformiate d'éthyle. — Il a été obtenu par Smith [*Am. chem. Journ.*, **16**, 377] en condensant la p-tolylcarbylamine avec l'éthylate de sodium en solution dans l'alcool absolu, et par Wheeler et Johnson [*D. chem. G.*, **32**, 37, 1899] au moyen de la formyl-p-toluidine et de l'iodure d'éthyle. Il fond à 8° et bout à 231-232° sous 743 millimètres.

α-Naphtyliminoformiate de méthyle,

$$CH \begin{matrix} \nearrow AzC^{10}H^7 \\ \searrow OCH^3 \end{matrix}$$

— C'est une huile à odeur de poisson bouillant à 306-308° [Comstock et Wheeler, *loc. cit.*].

Éthers iminoacétiques. — Ces éthers et leurs sels se préparent comme les précédents, mais en partant de l'acétonitrile. La réaction est ici moins violente.

L'*iminoacétate d'éthyle*,

$$CH^3 - C \begin{matrix} \nearrow AzH \\ \searrow OC^2H^5 \end{matrix}$$

s'obtient en décomposant le chlorhydrate par une solution concentrée de carbonate de potassium, et en épuisant ensuite la liqueur par l'éther. Il se présente sous la forme d'un liquide doué d'une odeur âcre, qui bout vers 92-95°; il se dissout facilement dans les dissolvants organiques, mais difficilement dans l'eau.

Le *chlorhydrate* cristallise en prismes ou en paillettes rhombiques qui se ramollissent vers 85°, et qui se décomposent complètement vers 100° en acétamide et en chlorure d'éthyle.

Le *chlorhydrate de l'éther acétiminométhylique* se présente sous la forme de prismes brillants. Il se décompose vers 99-101°.

Le *dérivé propylique* se décompose à la même température. L'éther lui-même se présente sous la forme d'un liquide doué d'une odeur basique, qui bout vers 117° [Pinner, *loc. cit.*].

Iminoacétate de β-chloréthyle,

$$CH^3 - C \begin{matrix} \nearrow AzH \\ \searrow O - CH^2 - CH^2Cl \end{matrix}$$

— Son *chlorhydrate* s'obtient en saturant de gaz chlorhydrique un mélange à molécules égales d'acétonitrile et de chlorhydrine du glycol. Son *picrate* cristallise en paillettes hexagonales, jaune d'or, fondant à 106-107°. Le chlorhydrate, traité par une solution de carbonate de sodium, donne la μ-méthyloxazoline

$$CH^3 - C \begin{matrix} \nearrow Az - CH^2 \\ \qquad\quad | \\ \searrow O - CH^2 \end{matrix}$$

[Gabriel et Neumann, *D. chem. G.*, **25**, 2387].

Éthers iminoacétiques substitués. — Ces éthers ont été obtenus par M. Bruce Lander, en traitant les acétanilides par l'oxyde d'argent sec et l'iodure de méthyle ou d'éthyle [*Chem. Soc.*, **79**, 690].

Phényliminoacétate de méthyle,

$$CH^3 - C \begin{matrix} \nearrow AzC^6H^5 \\ \searrow OCH^3 \end{matrix}$$

— Il est liquide et bout à 197°.

Phényliminoacétate d'éthyle. — Liquide bouillant à 207-208°. Il est décomposé par l'acide chlorhydrique en aniline, acide acétique et alcool.

o-Tolyliminoacétate d'éthyle. — Huile bouillant à 222° sous 740 millimètres; son *chlorhydrate* fond à 90-91° en dégageant du chlorure d'éthyle; son *chloroplatinate* fond à 171° en se décomposant.

o-Tolyliminoacétate de méthyle. — Bout à 210-214°.

p-Tolyliminoacétate d'éthyle. — Bout à 232° à la pression ordinaire, à 125-130° sous 12 millimètres.

α-Naphtyliminoacétate d'éthyle. — Bout à 175° sous 12 millimètres, son *chlorydrate* fond à 111° en se décomposant.

β-Naphtyliminoacétate d'éthyle. — Bout à 176°,5 sous 12 millimètres.

Éthers iminopropioniques,

$$CH^3 . CH^2 . C \begin{matrix} \nearrow AzH \\ \searrow OR \end{matrix}$$

— Le *chlorhydrate de l'éther éthylique* cristallise difficilement en prismes assez altérables. Il fond vers 90-92° en se décomposant.

Le *dérivé isobutylique* n'a pas été obtenu à l'état solide.

Éthers iminobutyriques,

$$C^3H^7 . C \begin{matrix} \nearrow AzH \\ \searrow OR \end{matrix}$$

— Le *chlorhydrate de l'éther méthylique* se décompose très rapidement à la température ordinaire en chlorure de méthyle et en butyramide. Il en est de même de la plupart des homologues supérieurs.

L'*éther isoamylique* par contre est plus stable. Son chlorhydrate cristallise en aiguilles solubles dans l'alcool, insolubles dans l'éther. Il fond vers 98° en se décomposant. L'éther lui-même est liquide et se dédouble très rapidement en alcool et en nitrile butyrique.

Éthers iminoisobutyriques. — Ces composés sont à peine plus stables que les précédents.

Le *chlorhydrate de l'éther isoamylique* cristallise en paillettes solubles dans l'alcool et dans l'éther.

Éthers iminoisocaproïques,

$$C^5H^{11} . C \begin{matrix} \nearrow AzH \\ \searrow OC^2H^5 \end{matrix}$$

— Le *chlorhydrate* s'obtient par le procédé général à partir du cyanure d'isoamyle. Il est cristallisé et soluble avec décomposition dans l'alcool et dans l'eau.

L'éther lui-même bout à 168°. Il est peu soluble dans l'eau, et se décompose spontanément et peu à peu en donnant de l'amide isocaproïque.

ÉTHERS IMINOHEXYLIQUES.

$$C^6H^{13}.C\begin{smallmatrix}\nearrow AzH\\ \searrow OR\end{smallmatrix}$$

— Ces éthers ont été préparés à partir du cyanure d'hexyle normal [Pinner et Sommerfeld, *D. chem. G.*, **28**, 473, 1895].

Le *chlorhydrate de l'éther méthylique* cristallise en paillettes brillantes fondant à 88°.

Les *chlorhydrates* des éthers *éthylique* et *propylique* forment également des paillettes fondant respectivement à 67 et à 70°.

L'iminoéther libre n'a pas pu être isolé à cause de sa grande instabilité.

IMINOSTÉARATE D'ÉTHYLE.

$$C^{17}H^{35}.C\begin{smallmatrix}\nearrow AzH\\ \searrow OC^2H^5\end{smallmatrix}, HCl.$$

— Le *chlorhydrate* cristallise en paillettes blanches, solubles dans l'alcool, le chloroforme et le benzène bouillant, insolubles dans l'eau, l'éther et la ligroïne. Il fond vers 85° en se décomposant en chlorure d'éthyle et en amide stéarique.

IMINOTRIMÉTHYLACÉTATE D'ÉTHYLE.

$$(CH^3)^3\equiv C.C\begin{smallmatrix}\nearrow AzH\\ \searrow OC^2C^5\end{smallmatrix}$$

— Le *chlorhydrate* se présente sous la forme de petites aiguilles fusibles vers 114-115° [Freund, Leuze, *D. chem. G.*, **24**, 2155, 1891].

IMINOCHLOROBUTYRATE D'ÉTHYLE.

$$CH^3.CHCl.CH^2.C\begin{smallmatrix}\nearrow AzH\\ \searrow OC^2H^5\end{smallmatrix}$$

Le *chlorhydrate* de cet éther a été obtenu en saturant de gaz chlorhydrique une solution de cyanure d'allyle dans l'alcool absolu. Il cristallise en grands prismes solubles sans décomposition dans l'alcool froid.

L'eau le détruit rapidement en le transformant en β-chlorobutyrate d'éthyle. L'action de la potasse donne naissance à de l'acide crotonique.

ÉTHERS IMINOLACTIQUES.

$$CH^3.CHOH.C\begin{smallmatrix}\nearrow AzH\\ \searrow OR\end{smallmatrix}$$

— Les dérivés méthylique et éthylique n'ont pas pu être obtenus à l'état de pureté à cause de leur instabilité.

Le *chlorhydrate de l'éther propylique* se présente sous la forme d'aiguilles incolores, peu stables, qui fondent en se décomposant vers 68-69°.

Le *dérivé isoamylique* est plus stable. Il fond vers 69° en se dédoublant en lactamide et en chlorure d'isoamyle.

ÉTHERS IMINO-β-OXYISOBUTYRIQUES.

$$\begin{smallmatrix}CH^3\searrow\\ CH^3\nearrow\end{smallmatrix}C(OH).C\begin{smallmatrix}\nearrow AzH\\ \searrow OR\end{smallmatrix}$$

— Ces éthers ont été obtenus à partir de la cyanhydrine de l'acétone.

Le *chlorhydrate de l'éther éthylique* constitue une masse radiée assez stable que l'eau ne décompose qu'à chaud.

L'éther lui-même se présente sous la forme d'un liquide visqueux qui se décompose lorsqu'on cherche à le distiller, même sous pression réduite, en donnant de l'oxy-isobutyramide et de l'alcool :

$$(CH^3)^2=C(OH).C\begin{smallmatrix}\nearrow AzH\\ \searrow OC^2H^5\end{smallmatrix}+H^2O$$
$$=C^2H^5OH+(CH^3)^2=C(OH).COAzH^2.$$

ÉTHERS IMINOTRICHLOROLACTIQUES.

$$CCl^3.CHOH.C\begin{smallmatrix}\nearrow AzH\\ \searrow OR\end{smallmatrix}$$

— Ces éthers ont été préparés à partir de la cyanhydrine du chloral.

Le *chlorhydrate du dérivé éthylique* cristallise en paillettes fusibles avec décomposition à 122°. L'eau le dissout en le décomposant immédiatement.

Le *dérivé isobutylique* présente des propriétés analogues.

ÉTHER IMINOTRICHLOROVALÉRIQUE.

$$CH^3.CHCl.CCl^2.CHOH.C\begin{smallmatrix}\nearrow AzH\\ \searrow OC^2H^5\end{smallmatrix}$$

— Le *chlorhydrate* s'obtient en saturant de gaz chlorhydrique une solution alcoolique de la cyanhydrine de l'aldéhyde trichloro-2.2.3-butyrique. Il cristallise en prismes très instables.

Si l'on dissout ce sel dans de l'acide sulfurique concentré et qu'on abandonne la liqueur à elle-même, celle-ci laisse déposer peu à peu des cristaux prismatiques qui constituent le sulfate acide :

$$CH^3.CHCl.CCl^2.CHOH.C\begin{smallmatrix}\nearrow AzH.SO^4H^2\\ \searrow OC^2H^5\end{smallmatrix}$$

ÉTHERS IMINOCARBONIQUES.

$$C\begin{smallmatrix}\nearrow AzR'\\ \searrow (OR)^2\end{smallmatrix}$$

— Ce sujet a été traité à l'article CARBONE (2ᵉ Suppl., **2**, 998). Nous le compléterons ici.

L'*iminocarbonate d'éthyle* a été obtenu par M. Nef [*Ann. Chem.*, **287**, 288, 1895] en traitant l'éthylate de sodium par le chlorure ou le bromure de cyanogène à —8° —10°, et par M. Druce Lander [*Chem. Soc.*, **79**, 701, 1901] en faisant réagir, sur l'uréthane, l'iodure d'argent sec et l'iodure d'éthyle en présence d'éther sec. D'après MM. Hantzsch et Mai [*D. chem. G.*, **28**, 2469, 1895] l'iminocarbonate d'éthyle est très stable; quand il est bien sec et pur, on peut le distiller sans décomposition sur la baryte. Il bout à 141° (corrigé) sous 744 millimètres, à 77° sous 80 millimètres, à 62° sous 36 millimètres. Sa densité $D_4^{18,2}=0,9637$, sa réfraction moléculaire $=30,53$ [Brühl, *Zeit. phys. Chem.*, **22**, 273]; $D_{23}=0,948$ (Nef).

Une solution aqueuse, même étendue, d'iminocarbonate d'éthyle donne, avec une solution d'hypobromite alcalin, un précipité de *brominiminocarbonate d'éthyle*

$$C\begin{smallmatrix}\nearrow AzBr\\ \searrow (OC^2H^5)^2\end{smallmatrix}$$

qui cristallise facilement dans l'éther en prismes fusibles à 43° (Hantzsch et Mai).

L'*iminocarbonate de phényle* $AzH=C(OC^6H^5)^2$ a été obtenu par M. Nef [*loc. cit.*], et MM. Hantzsch et Mai en traitant le phénolate de sodium par le chlorure de cyanogène. Il cristallise dans la ligroïne en aiguilles fusibles à 54°, bouillant vers 120° sous 18 millimètres. Il se transforme très facilement, même à la température ordinaire, en phénol et cyanurate d'éthyle.

L'*iminocarbonate de p-bromophényle* (H. et M.) fond à 129°, il est peu soluble dans l'éther et l'alcool froid. Il est beaucoup plus stable que le précédent.

ÉTHERS PHÉNYLIMINOCARBONIQUES.

$$C^6H^5-Az=C(OR)^2.$$

— Ils ont été obtenus par MM. Hantzsch et Mai

[*D. chem. G.*, **28**, 977, 1895], et Smith, [*Am. chem. Journ.*, **16**, 389, 1896], en faisant réagir les phénolates ou les alcoolates sodés sur le chlorure $C^6H^5Az = CCl^2$:

$$2NaOC^6H^5 + C^6H^5Az = CCl^2$$
$$= 2NaCl + C^6H^5Az = C(OC^6H^5)^2$$

L'*éther diéthylique* est un liquide huileux bouillant à 245°, stable vis-à-vis des alcalis.

L'*éther diphénylique* forme des cristaux cubiques fondant à 136°. Il est insoluble dans l'eau, assez peu soluble dans l'éther et l'alcool froid, et peut être cristallisé dans l'alcool bouillant. Il est stable vis-à-vis des alcalis, décomposé au contraire par l'acide chlorhydrique en carbonate de phényle et aniline.

L'*éther di-p-bromophénylique* cristallise dans l'alcool bouillant et fond à 106°.

L'*éther phényl-p-bromophénylique*,

$$C^6H^5 - Az = C \genfrac{}{}{0pt}{}{\diagup OC^6H^5}{\diagdown OC^6H^4Br}$$

se forme en traitant le phényliminochlorocarbonate de phényle (voyez ci-dessous) par le bromophénolate de sodium ; il fond à 83°.

Éthers phényliminochlorocarboniques,

$$C^6H^5 - Az = C \genfrac{}{}{0pt}{}{\diagup Cl}{\diagdown OR}$$

— Ils prennent naissance en traitant le chlorure $C^6H^5 - Az = Cl^2$ par une seule molécule d'alcoolate ou de phénolate de sodium.

L'*éther éthylique* a été préparé par MM. Lengfeld et Stieglitz [*Am. chem. Journ.*, **16**, 70], et W. R. Smith [*Am. chem. Journ.*, **16**, 388, 1896]. Il bout à 105° sous 12 millimètres; sa densité est 1,144 à 12°. Il est stable vis-à-vis des alcalis. L'acide chlorhydrique sec le transforme en chlorure d'éthyle et chloroformanilide.

L'*éther méthylique* est également liquide; il bout à 215° sous la pression atmosphérique et à 104° sous 15 millimètres.

L'*éther phénylique* [H. et M., *loc. cit.*] fond à 42-45°. Il bout à 180° sous 15 millimètres, et à 199-200° sous 22 millimètres. Traité par l'alcool étendu, il donne le phényluréthane phénylique. Chauffé avec 2 molécules d'aniline il forme l'α-triphénylguanidine.

L'*éther p-bromophénolique* fond à 45° et bout, en se décomposant un peu, à 227° sous 23 millimètres, et à 223° (corr.) sous 22 millimètres.

Éther iminocyanocarbonique. — M. Nef [*loc. cit.*] a étudié l'action de l'hypochlorite d'éthyle sur le cyanure de potassium en solution aqueuse, et constaté la formation de l'*iminocyanocarbonate d'éthyle*; le mécanisme de la réaction est le suivant :

$$\text{I.} \quad C^2H^5OCl + KAzC = KAz = C \genfrac{}{}{0pt}{}{\diagup Cl}{\diagdown OC^2H^5}$$

$$\text{II.} \quad KAz = C \genfrac{}{}{0pt}{}{\diagup Cl}{\diagdown OC^2H^5} + KAzC = \begin{array}{l} Cl \,.\, C = AzK \\ \quad | \\ KAz = C \,.\, OC^2H^5 \end{array}$$

$$\text{III.} \quad \begin{array}{l} Cl - C = AzK \\ \quad | \\ KAz = C - OC^2H^5 \end{array} + H^2O$$
$$= KOH + KCl + AzH = C \genfrac{}{}{0pt}{}{\diagup CAz}{\diagdown OC^2H^5}$$

Ce même iminocyanocarbonate se forme dans la réaction du chlorure de cyanogène sur le cyanure de potassium en présence d'eau et d'alcool :

$$\text{I.} \quad KAzC + Cl \,.\, CAz = KAz = C \genfrac{}{}{0pt}{}{\diagup Cl}{\diagdown CAz}$$

$$\text{II.} \quad KAz = C \genfrac{}{}{0pt}{}{\diagup Cl}{\diagdown CAz} + C^2H^5OH$$
$$= HAz = C \genfrac{}{}{0pt}{}{\diagup CAz}{\diagdown OC^2H^5} + KCl$$

L'iminocyanocarbonate d'éthyle est un liquide incolore, d'une odeur piquante, bouillant à 133° sous 760 millimètres en se décomposant un peu, à 60° sous 60 millimètres, à 50° sous 30 millimètres, à 42° sous 20 millimètres. L'acide chlorhydrique étendu le transforme en cyanocarbonate d'éthyle. Les alcalis étendus le transforment en diminooxalate d'éthyle (voyez plus bas).

Éthers iminocarbamiques (iso-urées).

$$R \,.\, AzHC \genfrac{}{}{0pt}{}{\lessgtr AzH}{\diagdown OR'}$$

— Ces éthers sont les isomères des urées substituées :

$$CO \genfrac{}{}{0pt}{}{\diagup AzHR}{\diagdown AzHR'}$$

Ils offrent cette particularité intéressante de posséder à la fois le groupement iminoéther et le groupement amidine. Ils ont été étudiés surtout par M. Stieglitz et ses collaborateurs.

On les obtient : 1° en traitant les carbodiimides par l'alcool à 180° [*Am. chem. Journ.*, **17**, 98, 1897] :

$$\begin{array}{l} C^6H^5 - Az \\ C^6H^5 - Az \end{array} \gtreqless C + C^2H^5OH$$
$$= \begin{array}{l} C^6H^5 - AzH \\ C^6H^5 - Az \end{array} \gtreqless C \,.\, OC^2H^5 + H^2O\,;$$

on peut employer aussi le chlorhydrate de la carbodiimide sur lequel on fait agir l'éthylate de sodium ;

2° En condensant les cyanamides substituées avec l'alcool :

$$C^6H^5 - AzH - CAz + C^2H^5OH = C^6H^5AzH - C \genfrac{}{}{0pt}{}{\lessgtr AzH}{\diagdown OC^2H^5}$$

Cette réaction est, en somme, un cas particulier de la réaction générale de M. Pinner. La condensation se fait sous l'influence de l'acide chlorhydrique ou de l'éthylate de sodium, selon que l'on traite une cyanamide à caractère acide ou à caractère basique [Stieglitz et Mac Kee, *D. chem. G.*, 33, 807, 1900].

M. H. L. Wheeler a obtenu les iminocarbamates acidylés

$$AzH^2 \,.\, C \genfrac{}{}{0pt}{}{\lessgtr COR'}{\diagdown OR''}$$

en faisant réagir l'ammoniaque sur un acidylthiocarbamate :

$$R \,.\, CO - AzH - CS - OR' + AzH^3$$
$$= R \,.\, CO - AzH - C \genfrac{}{}{0pt}{}{\diagup SH}{\genfrac{}{}{0pt}{}{- AzH^2}{\diagdown OR'}} = H^2S + RCO \,.\, Az = C \genfrac{}{}{0pt}{}{\diagup AzH^2}{\diagdown OR'}$$

ou une amine sur un acidylaminothiocarbonate :

$$R - CO - Az = C \genfrac{}{}{0pt}{}{\diagup SR''}{\diagdown OR'} + AzH(C^2H^5)^2$$
$$= R - CO - Az = C \genfrac{}{}{0pt}{}{\diagup Az(C^2H^5)^2}{\diagdown OR'} + R''SH$$

[*Am. chem. Journ.*, **24**, 189].

Enfin, on connaît quelques éthers iminocarbamiques cycliques tels que

$$\begin{array}{l} CH^2 - O \\ \;| \\ CH^2 - Az \end{array} \gtreqless C - AzHC^6H^5$$

(*phényléthylène pseudo-urée*) qui ont été obtenus en chauffant les β-chloréthylurées [Gabriel et Stelzner, *D. chem. G.*, **28**, 2937, 1895. — Menne, *D. chem. G.*, **33**, 657, 1900].

Les iminocarbamates substitués sont transformés par l'acide chlorhydrique sec dans les urées correspondantes.

Iminocarbamate de méthyle (*méthyliso-urée*)

$$AzH^2-C\begin{matrix}\nearrow AzH\\ \searrow OCH^3\end{matrix}$$

On l'obtient avec un rendement quantitatif en ajoutant 8gr,7 d'acide chlorhydrique sec à une dissolution de 10gr,5 de cyanamide anhydre dans 200 grammes d'alcool méthylique absolu. Après deux jours on distille dans le vide, et on abandonne le résidu au-dessus de l'acide sulfurique et de la potasse. La base libre est isolée en mélangeant 3gr,2 du chlorhydrate avec 20 centimètres cubes d'éther refroidi à — 10°, et ajoutant un excès de potasse en poudre. L'évaporation de l'éther laisse une masse blanche cristalline fondant à 44-45°, bouillant à 82° sous 9 millimètres.

Son *chlorhydrate* forme des prismes quadratiques qui fondent à 130° en se dédoublant en chlorure de méthyle et urée; son *chloroplatinate* cristallise en aiguilles jaune citron solubles dans l'eau, l'alcool et l'acétone, qui fondent à 178° en se décomposant. Son *dérivé benzoylé*

$$C^6H^5-CO-AzH-C\begin{matrix}\nearrow AzH\\ \searrow OCH^3\end{matrix}$$

obtenu par la méthode de Schotten Baumann, cristallise dans l'alcool dilué en prismes orthorhombiques fondant à 76°,5, solubles dans l'éther, les acides et les alcalis. Le *dérivé benzoylé*

$$AzH^2-C\begin{matrix}\nearrow AzCOC^6H^5\\ \searrow OCH^3\end{matrix}$$

a été préparé par MM. Wheeler et Johnson [*Am. chem. Journ.*, **24**, 189, 1900] en traitant le benzoyliminothiocarbonate de méthyle par l'ammoniaque, il fond à 77°.

Iminocarbamate d'éthyle (*éthyliso-urée*). — Il se prépare comme l'éther méthylique. Il fond à 82° et bout à 95-96° sous 15 millimètres; son *chlorhydrate* fond à 123-124°; son *chloroplatinate* fond à 178°,5 [Stieglitz et Mac Kee, *D. chem. G.*, **33**, 1517, 1900; Mac Kee, *Am. chem. Journ.*, **26**, 209, 1901]. Son *dérivé benzoylé*

$$AzH^2-C\begin{matrix}\nearrow AzCOC^6H^5\\ \searrow OC^2H^5\end{matrix}$$

a été obtenu en traitant le benzoylthiocarbamate d'éthyle par l'ammoniaque alcoolique; il forme des prismes fusibles à 77° que l'acide chlorhydrique chaud transforme en benzoylurée; le chloroaurate $C^{10}H^{12}Az^2O^2.HCl.AuCl^3$ est en fines aiguilles jaunes, fusibles vers 140°.

Iminophénylcarbamate d'éthyle (*éthylisophénylurée*)

$$C^6H^5AzH-C\begin{matrix}\nearrow AzH\\ \searrow OC^2H^5\end{matrix}$$

— On le prépare en condensant à 0° la cyananilide (1 molécule) avec l'alcool absolu (8 à 10 molécules), en présence de gaz chlorhydrique (2 molécules). Au bout de 2 jours on sursature par la soude, on sèche et on distille. L'iminophénylcarbamate d'éthyle bout à 138°,5 sous 19 millimètres; son indice de réfraction est $n_D = 1,5575$ à 23°. Il se dissout un peu dans l'eau, la solution a une réaction alcaline. L'acide chlorhydrique sec le décompose vers 800° en chlorure d'éthyle et phénylurée. Son *chloroplatinate* est en cristaux jaune foncé, peu solubles dans l'eau, assez solubles dans l'alcool [Stieglitz et Mac Kee, *D. chem. G.*, **32**, 1494, 1899].

Iminométhylphénylcarbamate de méthyle (*méthylphényliso-urée*),

$$\begin{matrix}C^6H^5\\ CH^3\end{matrix}\!\!>Az-C\begin{matrix}\nearrow AzH\\ \searrow OCH^3\end{matrix}$$

— Il s'obtient en traitant la méthylphénylcyanamide par le méthylate de sodium, puis après 2 jours, par l'acide carbonique humide. On précipite par l'eau. Liquide bouillant à 120° sous 11 millimètres. *L'éther éthylique*, préparé de la même façon, bout à 137° sous 21 millimètres; l'acide chlorhydrique sec le transforme à 54° en méthylphénylurée dissymétrique; son *chloroplatinate* est en cristaux brunâtres fondant vers 160°.

Iminoéthylphénylcarbamate de méthyle (*éthylphénylméthyliso-urée*),

$$\begin{matrix}C^6H^5\\ C^2H^5\end{matrix}\!\!>Az-C\begin{matrix}\nearrow AzH\\ \searrow OCH^3\end{matrix}$$

— Il est liquide et bout à 126° sous 15 millimètres; son *chlorhydrate* fond à 107° en se décomposant en chlorure de méthyle et phényléthylurée dissymétrique.

Phényliminocarbamate de méthyle (*phénylméthyliso-urée*),

$$AzH^2-C\begin{matrix}\nearrow AzC^6H^5\\ \searrow OC^2H^5\end{matrix}$$

— C'est une masse cristalline blanche fusible à 46°,5, distillant à 124° sous 10 millimètres, à 133° sous 15 millimètres et à 140° sous 43 millimètres; son *chlorhydrate* se décompose à 90°; son *sulfate* fond à 139°.

O-tolyliminocarbamate d'éthyle (*o-tolyléthyliso-urée*). — C'est un liquide incolore bouillant à 144° sous 19 millimètres; son *chloroplatinate* fond à 177° en se décomposant [Mac Kee, *Am. chem. Journ.*, **26**, 209, 1901].

Phényliminophénylcarbamate d'éthyle,

$$C^6H^5-AzH-C\begin{matrix}\nearrow AzC^6H^5\\ \searrow OC^2H^5\end{matrix}$$

— On l'obtient en partant de la carbodiphénylimide, sous forme d'un liquide incolore, mobile, bouillant à 182° sous 10 millimètres, $n_D = 1,6028$ à 20° [Stieglitz, *D. chem. G.*, **28**, 573, 1895]. Son *chlorhydrate* fond vers 60-80°.

O-tolylimino-o-tolylcarbamate de méthyle. — Il a été préparé comme le précédent en partant de la carbodi-o-tolylimide. Il cristallise en aiguilles fondant à 48°,5, bouillant à 199° sous 11 millimètres, à 225° sous 32 millimètres; $n_D = 1,592$. Son *chlorhydrate* est facilement décomposable en chlorure de méthyle et o-ditolylurée; son *chloroplatinate* fond à 155° en se décomposant. *L'éther éthylique* est liquide, il bout à 215°,5 sous 24 millimètres, $n_D = 1,606$. *L'éther propylique* bout à 212-214° sous 14 millimètres. *L'éther isobutylique* bout à 218° sous 18 millimètres. *L'éther isoamylique* bout à 206° sous 10 millimètres, $n_D = 1572$.

P-tolylimino-p-tolylcarbamate de méthyle. — Il bout à 221-223° sous 29 millimètres. *L'éther propylique* bout à 222° sous 16 millimètres. *L'éther isoamylique* bout à 210° sous 15 millimètres, $n_D = 1,591$.

Carbéthoxylimino-carbéthoxycarbamate d'éthyle,

$$C^2H^5-CO^2-AzH-C\begin{matrix}\nearrow AzCO^2C^2H^5\\ \searrow OC^2H^5\end{matrix}$$

— S'obtient en traitant par l'iodure d'éthyle le dérivé sodé du carbonyldiuréthane. C'est un liquide incolore, non volatil sans décomposition [Dains, *J. Am. Soc.*, **21**, 136].

ÉTHERS IMINO-OXALIQUES,

$$\begin{matrix} C \lessgtr {AzH \atop OR} \\ | \\ C \lessgtr {AzH \atop OR} \end{matrix}$$

— Les chlorhydrates de ces éthers prennent naissance lorsqu'on sature de gaz chlorhydrique sec une solution de cyanogène dans l'alcool absolu. Ils se déposent peu à peu sous la forme de poudres cristallines assez altérables à l'air humide. On peut également faire passer un courant lent de cyanogène dans de l'alcool absolu renfermant un peu plus que la quantité théorique de gaz chlorhydrique. Il se forme en outre dans cette réaction une certaine quantité d'uréthane.

$$(CAz)^2 + HCl + 2C^2H^5OH + 2H^2O$$
$$= CO \lessgtr {AzH^2 \atop OC^2H^5} + HCO^2C^2H^5 + AzH^4Cl.$$

L'eau décompose ce chlorhydrate en donnant de l'éther oxalique; l'ammoniaque le transforme en oxamide. La potasse le détruit partiellement en mettant en liberté l'*imino-oxalate d'éthyle* correspondant, qui cristallise dans l'éther en prismes jaunes très altérables à l'air humide. Cet éther fond à 25° et distille sans décomposition apparente vers 170° (Pinner).

D'après M. Nef (*loc. cit.*) qui a obtenu l'imino-oxalate d'éthyle par l'action des alcalis étendus sur le cyanocarbonate d'éthyle, cet éther fond à 38°, il bout à 172° sous 760 millimètres, à 100° sous 82 millimètres, à 80° sous 32 millimètres, à 69° sous 18 millimètres.

Le *monoiminooxalate d'éthyle*,

$$\begin{matrix} C \lessgtr {AzH \atop OC^2H^5} \\ | \\ CO^2C^2H^5 \end{matrix}$$

se forme quand on traite le cyanocarbonate d'éthyle par l'acide chlorhydrique étendu (Nef). M. Druce Lander [*Chem. Soc.*, **79**, 701, 1901], l'a obtenu en faisant réagir l'iodure d'éthyle et l'oxyde d'argent sec sur l'oxamate d'éthyle. Il bout à 73° sous 18 millimètres (N.) à 75-77° sous 25 millimètres (L.).

Semi-phényliminooxalate de méthyle,

$$\begin{matrix} C \lessgtr {AzC^6H^5 \atop OCH^3} \\ | \\ CO^2CH^3 \end{matrix}$$

— Anschütz et Stiepel [*D. chem. G.*, **28**, 61, 1895], l'ont obtenu en traitant le dichloroxalate de méthyle par l'aniline au sein du toluène bouillant. Il forme des cristaux fondant à 111°, solubles dans l'alcool et l'éther. L'*éther diéthylique* a été préparé par Druce Lander en traitant l'oxanilate d'éthyle par l'iodure d'éthyle et l'oxyde d'argent [*loc. cit.*, p. 690]. Il est liquide et bout à 152-155° sous 12 millimètres.

Le *di-phényliminooxalate d'éthyle*,

$$\begin{matrix} C \lessgtr {AzC^6H^5 \atop OC^2H^5} \\ | \\ C \lessgtr {OC^2H^5 \atop AzC^6H^5} \end{matrix}$$

résulte de l'action de l'iodure d'éthyle et de l'oxyde d'argent sur l'oxanilide. Il bout à 205° sous 12 millimètres.

L'*iminooxalate d'isobutyle* cristallise en paillettes jaunes solubles dans l'éther. Son chlorhydrate se présente sous la forme d'une poudre cristalline blanche extrêmement instable.

IMINOMALONATE D'ÉTHYLE,

$$CH^2 \lessgtr {CO^2C^2H^5 \atop C \lessgtr {AzH \atop OC^2H^5}}$$

— Il a été obtenu par la méthode de Pinner à partir de l'éther cyanacétique [Carl Oppenheim, *D. chem. G.*, **28**, 478, 1895. — Hessler, *Am. Chem. Journ.*, **22**, 169, 1899] C'est une huile non distillable même sous pression réduite. Son chlorhydrate se ramollit à 95° et fond à 102°.

IMINOSUCCINATE DE MÉTHYLE,

$$\begin{matrix} CH^2 . C \lessgtr {AzH \atop OC^2H^5} \\ | \\ CH^2 . C \lessgtr {AzH \atop OC^2H^5} \end{matrix}$$

— L'éther lui-même est soluble dans l'eau et n'a pu être isolé.

Son *chlorhydrate* cristallise en aiguilles peu solubles dans l'alcool et dans l'éther. Il fond vers 112-115° en se décomposant totalement.

MM. Comstock et H.-L. Wheeler [*Am. Chem. Journ.*, **13**, 520], en traitant la succinimide argentique par l'iodure d'éthyle à froid en solution chloroformique pendant plusieurs semaines ont obtenu l'*éther*

$$\begin{matrix} CH^2 - CO \\ | \qquad\quad \searrow \\ \qquad\qquad Az \\ | \qquad\quad \nearrow \\ CH^2 - C \lessgtr OC^2H^5 \end{matrix}$$

sous forme d'une huile incolore bouillant à 144-146° sous 20 millimètres. Le *dérivé propylique* bout à 153-154° sous 19 millimètres.

ÉTHERS IMINOGLUTARIQUES,

$$\begin{matrix} CH^2 . C \lessgtr {AzH \atop OR} \\ | \\ CH^2 \\ | \\ CH^2 . C \lessgtr {AzH \atop OR} \end{matrix}$$

— Ces éthers ont été préparés au moyen du cyanure de triméthylène. La réaction est assez violente et nécessite l'adjonction d'une certaine quantité d'éther.

Les *dérivés méthylique* et *éthylique* sont très instables.

Le *chlorhydrate de l'éther isobutylique* cristallise en paillettes solubles sans décomposition immédiate dans l'alcool et dans l'eau. Il fond vers 110° en se décomposant en chlorure d'isobutyle, en ammoniaque et en glutarimide :

$$C^3H^6\left(C \lessgtr {AzH . HCl \atop OC^4H^9}\right)^2$$
$$= C^3H^6 \lessgtr {CO \atop CO} > AzH + 2C^4H^9Cl + AzH^3.$$

ÉTHERS IMINOPYROMUCIQUES,

$$\begin{matrix} CH = CH \\ CH \quad C - C \lessgtr {AzH \atop OR} \\ \diagdown \; O \; \diagup \end{matrix}$$

L'*éther éthylique* a été obtenu par le procédé général à partir du nitrile pyromucique. On le prépare également, quoique plus difficilement, en faisant agir le gaz chlorhydrique sec sur une solution bien refroidie de furfuramide dans l'alcool absolu.

L'éther lui-même se présente sous la forme

d'un liquide bouillant à 180-181°, soluble dans l'alcool et dans l'éther, insoluble dans l'eau. Il est doué d'une saveur amère.

Son *chlorhydrate* cristallise en paillettes fusibles avec décomposition vers 106°. Il est soluble dans l'alcool et insoluble dans l'éther (Pinner).

L'éther méthylique [Wheeler et Atwater, *Am. Chem. Journ.*, **23**, 135] est un liquide incolore bouillant à 52-57° sous 8 millimètres, à 169-172° sous 762 millimètres. Traité par l'iodure de méthyle à 100°, il donne la méthylpyromucamide.

Éthers iminobenzoïques.

$$C^6H^5 . C \lessgtr {AzR \atop OR'}$$

— Ces éthers ont été préparés, soit par la méthode de M. Pinner, soit par celles de Tafel et Enoch ou de Lander.

L'*iminobenzoate de méthyle* est une huile jaune clair non solidifiable à — 30°. Il se décompose peu à peu en donnant de la cyaphénine. Traité en solution acide par l'o-aminophénol, il donne le benzényl-o-aminophénol,

$$C^6H^5C \lessgtr {Az \atop O} \gtrless C^6H^4$$

de même avec l'o-phénylènediamine, on a la benzénylphénylène-diamine,

$$C^6H^5 - C \lessgtr {Az \atop AzH} \gtrless C^6H^4$$

Le *picrate* de cet iminoéther cristallise en prismes jaunes fondant à 163°. Son *dérivé benzoylé* bout à 210-212° sous 12 millimètres. Son *dérivé carbéthoxylé*,

$$C^6H^5C \lessgtr {AzCO^2C^2H^5 \atop OCH^3}$$

bout à 192° sous 14 millimètres. Son *dérivé oxalylé* bout à 192° sous 14 millimètres ; l'air humide le transforme en oxaméthane et benzoate d'éthyle [Wheeler, Walden et Metcalf, *Am. Chem. Journ.*, **20**, 64, 1898]. Son *dérivé acétylé* bout à 139° sous 15 millimètres.

Le *bromiminobenzoate de méthyle*,

$$C^6H^5 - C \lessgtr {AzBr \atop OCH^3}$$

est une huile indistillable [Wheeler et Walden, *Am. Chem. Journ.*, **19**, 129, 1898].

Iminobenzoate d'éthyle.

$$C^6H^5 - C \lessgtr {AzH \atop OC^2H^5}$$

— M. Pinner l'a obtenu en partant du benzonitrile. D'après M. Lander on le prépare en dissolvant à chaud 12 grammes de benzamide dans 62 grammes d'iodure d'éthyle et ajoutant 46 grammes d'oxyde d'argent sec. C'est un liquide huileux d'une odeur pénétrante. Son chlorhydrate cristallise en grands prismes qui se décomposent sans fondre à 125°. Il forme un chloromercurate $C^9H^{11}OAz . HCl . HgCl^2$ cristallisé en aiguilles blanches solubles dans l'éther.

Le *dérivé acétylé* de l'iminobenzoate d'éthyle bout à 156° sous 17 millimètres ; le *dérivé propionylé* bout à 162° sous 17 millimètres ; le *dérivé butyrylé* bout à 167° sous 16 millimètres. Le *dérivé benzoylé* s'obtient, soit en traitant la dibenzamide argentique par l'iodure d'éthyle, soit en faisant réagir en solution éthérée 1 molécule de chlorure de benzoyle sur 2 molécules d'iminoéther et évaporant la solution filtrée : il forme des aiguilles blanches fondant à 65°, stables vis-à-vis des alcalis [Wheeler, Walden et Metcalf, *loc. cit.*].

Le *chloriminobenzoate d'éthyle*,

$$C^6H^5 . C \lessgtr {AzCl \atop OC^2H^5}$$

a été obtenu en traitant le chlorhydrate de l'iminoéther par de l'hypochlorite de soude. C'est un liquide incristallisable bouillant à 130-132° sous 16 millimètres. Chauffé à la pression atmosphérique, il se décompose en benzonitrile, benzamide, chlorure d'éthyle et acide chlorhydrique.

L'éther bromiminé est un liquide jaune peu stable [Stieglitz, *Am. Chem. Journ.*, **18**, 755, 1896].

Iminobenzoate de β-chloréthyle,

$$C^6H^5 - C \lessgtr {AzH \atop OCH^2 - CH^2Cl}$$

Gabriel et Neumann [*loc. cit.*], l'ont préparé par la méthode de Pinner au moyen du benzonitrile et de la chlorhydrine du glycol. Le *chlorhydrate* fond à 147-148° ; le *picrate* est en aiguilles jaunes ; le *chloroplatinate* forme des écailles jaune orangé fondant à 180° en se décomposant. L'éther libre est un liquide huileux qui se décompose facilement. En solution éthérée, à froid, il se transforme en phényloxazoline :

$$2C^6H^5 - C \lessgtr {AzH \atop OC^2H^4Cl}$$

$$= C^6H^5 - C \lessgtr {AzH . HCl \atop OC^2H^4Cl} + C^6H^5 . C \lessgtr {Az - CH^2 \atop O - CH^2}$$

A chaud il donne de la chloréthylbenzamide par suite d'un phénomène analogue à la transposition de Wheeler [Wislicenus et Körber, *D. chem. G.*, **35**, 164, 1902].

Iminobenzoate de propyle. — Il bout à 115°,5 sous 12 millimètres, à 232° sous 765°. Son *chlorhydrate* fond à 245° en se décomposant, son *picrate* cristallise en prismes jaune citron fusibles à 261°. Son *dérivé acétylé* bout à 153° sous 13 millimètres. Son *dérivé benzoylé* bout à 232°,5 sous 17 millimètres (W. W. et M.).

Iminobenzoate d'isobutyle. — Obtenu en décomposant le chlorhydrate par l'ammoniaque alcoolique. Il constitue un liquide doué d'une odeur intense, soluble dans les dissolvants organiques, presque insoluble dans l'eau. Il bout à 117-120° sous 9 millimètres à 248-250° sous la pression normale.

Le *chlorhydrate* cristallise en prismes et se décompose en fondant entre 135 et 141°. Il est soluble sans décomposition immédiate dans l'eau, l'alcool et le benzène, et insoluble dans l'éther et dans la ligroïne.

Le *chloroplatinate*, $(C^{11}H^{15}AzO, HCl)^2, PtCl^4$, a été obtenu en ajoutant du chlorure de platine à une solution aqueuse fraîchement préparée du chlorhydrate. Il cristallise en prismes orangés, solubles dans l'alcool et dans l'eau. Mais ces deux solutions se décomposent peu à peu en donnant du chloroplatinate d'ammonium et du benzoate d'éthyle.

Le *sulfate acide*,

$$C^6H^5 . C \lessgtr {AzH . SO^4H^2 \atop OC^4H^9}$$

s'obtient en dissolvant le chlorhydrate dans de l'acide sulfurique concentré. Il cristallise en aiguilles blanches, solubles dans l'eau qui le décompose peu à peu.

Dans le cas de l'iminobenzoate d'isobutyle, le produit d'addition intermédiaire

$$C^6H^5 . C \begin{matrix} \nearrow AzH^2 . HCl \\ - Cl \\ \searrow OC^4H^9 \end{matrix}$$

a pu être isolé. Il se présente sous la forme de grands prismes qui perdent rapidement une molécule d'acide chlorhydrique, même à l'air sec (Pinner).

Le *dérivé benzoylé* de l'iminobenzoate d'isobutyle fond à 54°,5 et bout à 228-235° sous 15 millimètres.

MÉTHYLIMINOBENZOATE DE MÉTHYLE,

$$C^6H^5 - C \begin{matrix} \nearrow AzCH^3 \\ \searrow OCH^3 \end{matrix}$$

— Il s'obtient en traitant par le méthylate de sodium le chlorure $C^6H^5 - CCl = Az - CH^3$ préparé lui-même par l'action du pentachlorure de phosphore sur la méthylbenzamide. Cet éther est liquide et bout à 203-206°, à 94-95° sous 12 millimètres. Traité par l'acide chlorhydrique, en solution éthérée il forme un *chlorhydrate* impur fondant à 65-70° en même temps qu'il se forme du chlorure de méthyle et de la méthylbenzamide.

L'*éther éthylique* a été obtenu à l'état impur ; il bout à 214-217°, à 103-105° sous 14 millimètres [Lander, *Chem. Soc.*, **83**, 320, 1903].

Ethyliminobenzoate de méthyle. — Il est liquide et bout à 209-210°, à 97-100° sous 11 millimètres.

L'*éther éthylique* bout à 211-213°, à 106-109° sous 12 millimètres.

PHÉNYLIMINOBENZOATE D'ÉTHYLE,

$$C^6H^5 - C \begin{matrix} \nearrow AzC^6H^5 \\ \searrow OC^2H^5 \end{matrix}$$

— M. Lander le prépare en traitant la benzanilide-chlorimide $C^6H^5CCl = AzC^6H^5$ par l'éthylate de sodium [*Chem. Soc.*, **81**, 591, 1902]. Il bout à 175-177° sous 16 millimètres, 172° sous 15 millimètres, 168-170° sous 14 millimètres, 220-230° sous 20 à 30 millimètres.

L'*éther méthylique* bout à 157-158° sous 12 millimètres ; 145-150° sous 8 millimètres [Wislicenus et Goldschmidt, *D. chem. G.*, **33**, 1471, 1900]. L'*éther propylique* bout à 180-182° sous 13 millimètres, à 177-179° sous 11 millimètres.

Ces éthers sont hydrolysés par l'acide chlorhydrique dilué en aniline et benzoates alcooliques.

O-tolyliminobenzoate de méthyle. — Il bout à 173° sous 15 millimètres. L'*éther éthylique* à 179-180° sous 15 millimètres.

P-tolyliminobenzoate de méthyle. — Il bout à 177° sous 12 millimètres. L'*éther éthylique* bout à 178° sous 11 millimètres.

Benzyliminobenzoate de méthyle,

$$C^6H^5 - C \begin{matrix} \nearrow Az - CH^2 - C^6H^5 \\ \searrow OCH^3 \end{matrix}$$

— On l'obtient en traitant le chlorure

$$C^6H^5 - CCl = Az - CH^2 - C^6H^5$$

par le méthylate de sodium. Il bout à 178-180° sous 11 millimètres. Il est oxydé par l'oxygène atmosphérique avec formation de dibenzamide [Lander, *Chem. Soc.*, **83**, 320, 1903].

IMINO-O-CHLOROBENZOATE DE MÉTHYLE,

$$Cl - C^6H^4 - C \begin{matrix} \nearrow AzH \\ \searrow OCH^3 \end{matrix}$$

— Il se forme, avec un mauvais rendement, quand on traite l'o-chlorobenzamide par l'iodure de méthyle et l'oxyde d'argent [Lander et Jewson, *Chem. Soc.*, **83**, 766]. Son *chlorhydrate* se décompose vers 110°.

Le *chlorhydrate* de l'*éther éthylique* se décompose vers 105°.

IMINO-M-NITROBENZOATE DE MÉTHYLE,

$$AzO^2 - C^6H^4 - C \begin{matrix} \nearrow AzH \\ \searrow OC^2H^5 \end{matrix}$$

— Tafel et Enoch [*D. chem. G.*, **23**, 1550, 1890] l'ont préparé en éthylant la m-nitrobenzamide argentique par l'iodure d'éthyle. C'est une huile épaisse incristallisable. Son *chlorhydrate* est une masse blanche indistinctement cristalline, soluble dans l'eau et l'alcool ; la solution aqueuse, chauffée, laisse précipiter du m-nitrobenzoate d'éthyle. Son *oxalate*, formé en ajoutant une solution alcoolique d'acide oxalique à une solution éthérée de l'iminoéther, est bien cristallisé, il fond à 132° en se décomposant.

Le *chlorimino-m-nitrobenzoate d'éthyle* se prépare en traitant le chlorhydrate de l'iminoéther par un excès d'hypochlorite à 30°. Il forme des aiguilles blanches fondant à 61°. L'*éther bromiminé* cristallise en aiguilles blanches fondant à 71° [Slosson, *Am. Chem. Journ.*, **29**, 289, 1904].

Le *chlorimino-m-nitrobenzoate de méthyle*, existe sous deux formes [Stieglitz et Earle, *Am. Chem. Journ.*, **30**, 399]. La forme α se produit seule quand on méthyle la m-nitrobenzochloramide par le diazométhane. Elle constitue de longs prismes ou des plaques rectangulaires fusibles à 86°,5-87°, très solubles dans le chloroforme, le benzène, l'acétone, solubles dans l'éther et la ligroïne bouillante. L'acide chlorhydrique gazeux la transforme en chlore et iminonitrobenzoate de méthyle.

Par l'action d'un excès d'hypochlorite sur l'iminoéther, on obtient les deux formes α et β qu'on sépare en profitant de la plus grande solubilité de la dernière dans la ligroïne. La forme β fond à 81-82°. Le mélange des deux fond vers 63-70°. Ces deux formes correspondent vraisemblablement aux schémas suivants :

$$\begin{matrix} AzO^2 - C^6H^4 - C - OCH^3 \\ \Vert \\ Cl - Az \end{matrix} \qquad \begin{matrix} AzO^2 - C^6H^4 - C - OCH^3 \\ \Vert \\ AzCl \end{matrix}$$

IMINOMÉTHOXYBENZOATE D'ÉTHYLE,

$$CH^3O - C^6H^4 - C \begin{matrix} \nearrow AzH \\ \searrow OC^2H^5 \end{matrix}$$

— L'isomère para a été préparé en traitant l'anisamide argentique par l'iodure d'éthyle (T. et E.). Il forme des aiguilles incolores fusibles à 30°, bouillant à 165° dans le vide. Le *chlorhydrate* fond à 130° en reformant de l'anisamide, il est soluble dans l'eau et l'alcool, insoluble dans l'éther. L'*oxalate* $(C^{10}H^{13}O^2Az)C^2H^2O^4$ cristallise en aiguilles pointues fondant à 136°, solubles dans l'eau et l'alcool. Le *chloroplatinate* est en aiguilles jaunes solubles dans l'eau bouillante avec décomposition partielle.

IMINOÉTHOXYBENZOATE D'ÉTHYLE,

$$C^2H^5O \,.\, C^6H^4 \,.\, C \begin{matrix} \nearrow AzH \\ \searrow OC^2H^5 \end{matrix}$$

— Le *chlorhydrate du dérivé ortho* n'a pu être obtenu tout à fait pur ; il cristallise en aiguilles blanches qui se décomposent très rapidement déjà à la température ordinaire.

L'*isomère para* est un peu plus stable. Il se présente sous la forme de paillettes blanches.

ÉTHERS IMINOTOLUIQUES,

$$CH^3 - C^6H^4 - C \begin{matrix} \nearrow AzH \\ \searrow OR \end{matrix}$$

— Le *chlorhydrate* de l'*imino-o-toluate de méthyle* formé à partir de l'o-tolylamide au moyen de l'oxyde d'argent et de l'iodure de méthyle se décompose vers 110-115° [Lander, *Chem. Soc.*, **83**, 766, 1903]. Le *chlorhydrate* de l'éther éthylique se décompose vers 105-106°.

Imino-p-toluate d'éthyle. — Pour préparer le chlorhydrate de cet éther, on sature de gaz chlorhydrique un mélange de nitrile p-toluique (150 gr.), d'alcool (65 gr.) et d'éther anhydre (40 gr.). On obtient ainsi des prismes vitreux, solubles dans l'eau et dans l'alcool, peu solubles dans l'éther et dans le benzène, qui fondent vers 161° en se décomposant (Pinner), à 130-131° (Lander).

Le *chloroplatinate*,

$$\left(C^7H^7 \lessgtr {AzH . HCl \atop OC^2H^5}\right)^2 PtCl^4 . 2H^2O,$$

se présente sous la forme d'un précipité cristallin, jaune, assez instable.

L'éther libre est une huile bouillant à 116-118° sous 21 millimètres (Lander), qui se décompose quand on la chauffe à la pression ordinaire en donnant de l'alcool et du nitrile p-toluique; tandis que si on l'abandonne pendant un certain temps à elle-même, elle se transforme partiellement en paracyatoline ($C^8H^7Az)^3$.

L'anhydride acétique réagit à chaud sur l'éther tolénylliminoéthylique en donnant naissance quantitativement à l'acétyl-p-toluylamide.

ETHERS IMINOPHÉNYLACÉTIQUES,

$$C^6H^5 . CH^2 . C \lessgtr {AzH \atop OR}$$

— Ils ont été obtenus soit par la méthode de M. Pinner, soit par celle de M. Lander. *L'éther éthylique* est un liquide d'une odeur agréable bouillant à 116° sous 15 millimètres. Chauffé à la pression ordinaire, il se décompose en cyanure de benzyle et alcool. A froid, la décomposition s'effectue un peu différemment car on obtient de la phénylacétamide :

$$C^6H^5 - CH^2 - C \lessgtr {AzH \atop OC^2H^5} + H^2O$$
$$= C^6H^5 - CH^2 - CO - AzH^2 + C^2H^5OH.$$

Le *chlorhydrate* cristallise en aiguilles blanches, solubles dans l'alcool et dans l'eau, presque insolubles dans l'éther et dans le benzène. Il est hygroscopique. Le *dérivé benzoylé* bout à 215-216° sous 13 millimètres.

L'éther méthylique bout à 114-115° sous 16 millimètres. Son chlorhydrate forme des aiguilles blanches. Il est transformé par l'anhydride acétique en acétate de méthyle et acétylphénylacétamide.

ETHER IMINOPHÉNYLGLYCOLIQUE,

$$C^6H^5 - CH(OH) - C \lessgtr {AzH \atop OC^2H^5}$$

— Le *chlorhydrate* de cet éther se prépare en traitant par le gaz chlorhydrique une solution alcoolique de la cyanhydrine de l'aldéhyde benzoïque [Beyer, *J. prakt. Chem.*, **28**, 190]. Il forme de petites aiguilles fusibles à 121°. L'eau le décompose en chlorhydrate d'ammoniaque et phénylglycolate d'éthyle.

ETHERS IMINO-β-NAPHTOÏQUES. — Le nitrile α-naphtoïque n'a pas pu être transformé en iminoéther par le procédé de M. Pinner, pas plus d'ailleurs que les nitriles xylyliques 1.3.4 et 1.4.3.

Le *chlorhydrate de l'imino β-naphtoate d'éthyle*,

$$C^{10}H^7 . C \lessgtr {AzH . HCl \atop OC^2H^5}$$

cristallise en paillettes blanches solubles dans l'alcool et dans l'eau. L'action de la chaleur le décompose quantitativement en amide β-naphtoïque et en chlorure d'éthyle.

L'éther lui-même s'obtient en décomposant le sel précédent par de l'ammoniaque aqueuse. C'est un liquide visqueux, peu stable, qui se dissout dans les liquides organiques, mais non dans l'eau.

Le *chlorimino-β-naphtoate d'éthyle*,

$$C^{10}H^7 - C \lessgtr {AzCl \atop OC^2H^5}$$

obtenu en traitant l'éther par le chlorure de chaux, forme des aiguilles fusibles à 71°. *L'éther bromiminé* fond à 76,5-77° [Slosson, *loc. cit.*].

L'imino β-naphtoate d'isobutyle cristallise dans l'éther en longues aiguilles blanches qui fondent à 38° et qui brunissent rapidement à l'air et à la lumière.

Le *chlorhydrate* se présente sous la forme de prismes. Il se décompose vers 140°.

ETHERS IMINOPHTALIQUES. — Tandis que les nitriles méta et paraphtaliques peuvent être facilement transformés en les diiminoéthers correspondants, dans le cas du nitrile o-phtalique et du nitrile p-méthyl-o-phtalique, un seul des radicaux CAz est éthérifié, de telle sorte qu'on obtient un iminoéther du type

$$CAz . C^6H^4 . C \lessgtr {AzH \atop OR},$$

La préparation du *chlorhydrate de l'imino-m-phtalate d'éthyle*,

$$C_6H_4 \left\{ {C \lessgtr {AzH . HCl \atop OC^2H^5} \atop C \lessgtr {AzH . HCl \atop OC^2H^5}} \right.$$

s'effectue plus facilement en présence d'un excès de benzène. Ce sel se présente sous la forme d'une masse cristalline hygroscopique qui se décompose déjà à 100°. Il est soluble dans l'eau, peu soluble dans l'alcool et dans l'éther.

L'éther lui-même cristallise en petites aiguilles fusibles à 66°. Il est soluble dans l'alcool et dans l'éther, et peu soluble dans l'eau. Il se décompose vers 120°.

L'éther méthylique fond vers 59-62°. Il se présente également sous la forme de fines aiguilles. Son *chlorhydrate* est tout à fait analogue au précédent.

Lorsqu'on sature de gaz chlorhydrique une solution de nitrile p-méthyl-o-phtalique dans l'alcool et dans le benzène, on obtient *l'iminocyanotoluate d'éthyle*,

$$CH^3 . (CAz) . C^6H^3 . C \lessgtr {AzH \atop OC^2H^5}$$

dont le *chlorhydrate* cristallise en prismes fusibles avec décomposition vers 199°.

P-PHÉNYLÈNE-DIIMINOACÉTATE D'ÉTHYLE,

$$C^6H^4 \left< {CH^2 . C \lessgtr {AzH \atop OC^2H^5} \atop CH^2 . C \lessgtr {AzH \atop OC^2H^5}} \right.$$

— Cet éther s'obtient par le procédé général, en partant du cyanure de p-xylylène.

Le *chlorhydrate* cristallise en aiguilles brillantes, solubles dans l'eau et dans l'alcool, insolubles dans l'éther et dans le benzène. Il se décompose au-dessous de 190°.

Le *chloroplatinate* correspondant est huileux.

ETHER IMINOCAMPHOLÉNIQUE,

$$C^9H^{15} . C \lessgtr {AzH \atop OC^2H^5}$$

— Cet éther n'a pu être isolé à l'état de pureté

complète. Lorsqu'on le chauffe, il se transforme en isocamphoroxime.

ÉTHERS IMINOFERROCYANHYDRIQUES. — Ces composés ont été décrits dans le Supplément (I, 1540). MM. Baeyer et Villiger [*D. chem. G.*, **34**, 2679] ont fait voir depuis que ces soi-disant iminoéthers étaient simplement des sels doubles, tels que $FeCy^2H^4 . 6C^2H^5OH . 2HCl$, dans lesquels l'alcool joue le rôle de base.

IMINOTHIOÉTHERS.

Les iminothioéthers, dont la formule générale est

$$R-C\begin{matrix}\leqslant AzR' \\ \diagdown SR''\end{matrix}$$

se préparent par des méthodes analogues à celles qui permettent d'obtenir les iminoéthers :

1° Condensation d'un nitrile avec un mercaptan sous l'influence du gaz chlorhydrique [Pinner et Klein, *D. chem. G.*, **11**, 1825, 1878] :

$$R'SH + R-C\equiv Az + HCl = R-C\begin{matrix}\leqslant AzH . HCl \\ \diagdown SR'\end{matrix}$$

2° Action d'un iodure alcoolique sur le dérivé sodé d'une thioamide [Wallach, *D. chem. G.*, **11**, 1590; **12**, 1061 et **16**, 144, 1883. — Bernthsen, *Ann. Chem.*, **197**, 343] :

$$CH^3-CS-AzHC^6H^5 + NaOC^2H^5$$
$$= C^2H^5OH + CH^3-C\begin{matrix}\leqslant SNa \\ \diagdown AzC^6H^5\end{matrix}.$$

$$CH^3-C\begin{matrix}\leqslant SNa \\ \diagdown AzC^6H^5\end{matrix} + RI = NaI + CH^3-C\begin{matrix}\leqslant SR \\ \diagdown AzC^6H^5\end{matrix}$$

Il est à remarquer que l'alcoylation des thioamides sodées conduit aux iminothioéthers, alors que l'alcoylation d'une amide sodée conduit toujours au dérivé alcoylé à l'azote.

Cette méthode permet d'obtenir des iminothioéthers de toute nature, et l'on peut dire en général que l'action d'un iodure alcoolique sur un groupement $-CS-AzH-$ avec ou sans l'intermédiaire du dérivé sodé, suivant les cas, conduit toujours à un groupement iminothioéther

$$-C\begin{matrix}\leqslant SR' \\ \diagdown Az\cdot R\end{matrix}$$

Ainsi, en partant d'une thio-urée

$$RAzH-CS-AzH^2,$$

on arrive à un iminothiocarbamate :

$$C^6H^5-AzH-CS-AzH^2 + CH^3I$$
$$= C^6H^5-Az=C\begin{matrix}\diagup AzH^2 . HI \\ \diagdown SCH^3\end{matrix}$$

En partant d'un thiosulfocarbamate on obtient un iminodithiocarbonate :

$$R-AzH-CS-SR' + CH^3I = R . Az=C\begin{matrix}\diagup SCH^3 \\ \diagdown SR'\end{matrix} \cdot HI$$

Enfin, au moyen d'un thiocarbamate

$$R-AzH-CS . OR'$$

on peut, par l'intermédiaire du sel de sodium, préparer l'iminothiocarbamate correspondant

$$R-Az=C\begin{matrix}\diagup SR' \\ \diagdown OR''\end{matrix}$$

Les propriétés générales des iminothioéthers non substitués sont très voisines de celles des iminoéthers. Ce sont en général des bases assez fortes donnant des sels bien cristallisés, mais peu stables. Les iminothioéthers eux-mêmes sont très peu stables à l'état libre, et se dédoublent spontanément en nitrile et mercaptan.

Les iminothioéthers substitués sont plus stables et peuvent être distillés. Par hydrolyse chlorhydrique ils sont dédoublés en thioacide et amine [Wallach et Bleibtreu, *D. chem. G.*, **12**, 1061, 1879] :

$$R-C\begin{matrix}\leqslant SR' \\ \diagdown AzR''\end{matrix} + H^2O + HCl$$
$$= R . C\begin{matrix}\leqslant SR' \\ O\end{matrix} + AzH^2 . R'' . HCl$$

Avec les amines, l'aniline, par exemple, ils donnent des amidines avec élimination de mercaptan :

$$CH^3-C\begin{matrix}\leqslant SC^2H^5 \\ \diagdown AzC^6H^5\end{matrix} + AzH^2C^6H^5$$
$$= CH^3-C\begin{matrix}\leqslant AzHC^6H^5 \\ \diagdown AzC^6H^5\end{matrix} + SHC^2H^5.$$

ÉTHERS IMINOTHIOFORMIQUES. — *L'éther phénylique*

$$CH\begin{matrix}\leqslant AzH \\ \diagdown SC^6H^5\end{matrix}$$

a été préparé à l'état de *chlorhydrate* par W. Autenrieth et Brüning [*D. chem. G.*, **36**, 3464, 1903], en traitant par l'acide chlorhydrique un mélange d'acide cyanhydrique et de thiophénol. Ce chlorhydrate est extrêmement peu stable.

Phényliminothioformiate d'éthyle,

$$CH\begin{matrix}\leqslant SC^2H^5 \\ \diagdown AzC^6H^5\end{matrix}$$

— Il s'obtient facilement en traitant la thioformanilide sodée par le bromure d'éthyle en solution alcoolique [Wallach et Wüster, *D. chem. G.*, **16**, 144, 1883]. C'est une huile bouillant à 230-240°.

p-Tolyliminothioformiate d'éthyle. — Il se prépare par la méthode de Pinner au moyen du cyanure p-toluique et du mercaptan éthylique. C'est un liquide huileux, jaune clair, bouillant à 250-252° [W. R. Smith, *Am. chem. Journ.*, **16**, 372].

ÉTHERS IMINOTHIOACÉTIQUES. — *Iminothioacétate de phényle,*

$$CH^3-C\begin{matrix}\leqslant AzH \\ \diagdown SC^6H^5\end{matrix}$$

— Son chlorhydrate se forme en traitant par l'acide chlorhydrique un mélange d'acétonitrile et de thiophénol. Il fond à 120°. La base libre n'a été isolée que sous forme d'un sirop [Autenrieth et Brüning, *loc. cit.*].

Phényliminothioacétate de méthyle,

$$CH^3-C\begin{matrix}\leqslant SCH^3 \\ \diagdown AzC^6H^5\end{matrix}$$

— Il se forme en traitant la thioacétanilide sodée par l'iodure de méthyle. C'est un liquide huileux bouillant à 244-246°. L'iodure de méthyle à 100° le transforme en un produit d'addition que l'eau décompose en thioacétate de méthyle et iodhydrate de méthylaniline :

$$CH^3-C\begin{matrix}\leqslant SCH^3 \\ \diagdown AzC^6H^5\end{matrix} + CH^3I = CH^3-C\begin{matrix}\diagup SCH^3 \\ -I \\ \diagdown Az\begin{matrix}\diagup CH^3 \\ \diagdown C^6H^5\end{matrix}\end{matrix}$$

$$CH^3-C\begin{matrix}\diagup SCH^3 \\ -I \\ \diagdown Az\begin{matrix}\diagup CH^3 \\ \diagdown C^6H^5\end{matrix}\end{matrix} + H^2O$$
$$= CH^3COSCH^3 + AzH\begin{matrix}\diagup CH^3 \\ \diagdown C^6H^5\end{matrix} \cdot HI$$

On voit qu'ici l'iodure de méthyle ne provoque pas de transposition moléculaire comme dans le cas des iminoéthers.

L'*éther éthylique* est également liquide. Il bout à 255-257°. L'acide chlorhydrique dilué le décompose en aniline et thioacétate d'éthyle.

L'*éther propylique* bout à 270-273°. L'*éther allylique* bout au-dessous de 260° en se décomposant partiellement. Enfin, l'*éther isobutylique* est indistillable sous la pression ordinaire. [Wallbach et Bleibtreu, *loc. cit.*].

L'*o-tolyliminoacétate d'éthyle*,

$$CH^3-C\left\langle\begin{matrix}SC^2H^5\\ C^6H^4-CH^3\end{matrix}\right.$$

se prépare comme les éthers précédents en partant de la thioacéto-o-toluide. C'est une huile jaunâtre, d'une odeur aromatique, insoluble dans l'eau, bouillant à 261-262°. Le *dérivé p-tolylé* bout à 271-273° [Wallach et Wüster, *loc. cit.*].

Iminothiopropionate de phényle. — La condensation du thiophénol avec le propionitrile s'effectue difficilement et avec de mauvais rendements. Le *chlorhydrate* est très soluble.

Éthers iminothiocarboniques. — Nous considérerons successivement les iminothiocarbonates

$$R\cdot Az=C\left\langle\begin{matrix}SR'\\ OR''\end{matrix}\right.$$

et les iminodithiocarbonates

$$R-Az=C\left\langle\begin{matrix}SR'\\ SR''\end{matrix}\right.$$

Parmi les *iminothiocarbonates* les seuls connus sont les *phényliminothiocarbonates*

$$C^6H^5-Az=C\left\langle\begin{matrix}SR\\ OR'\end{matrix}\right.$$

qui s'obtiennent en traitant les phénylthio-uréthanes, ou plutôt leurs dérivés sodés ou argentiques, par un iodure alcoolique :

$$C^6H^5-AzH-CS-OR+NaOH$$
$$=H^2O+C^6H^5-Az=C\left\langle\begin{matrix}SNa\\ OR\end{matrix}\right.;$$

$$C^6H^5-Az=C\left\langle\begin{matrix}SNa\\ OR\end{matrix}\right.+R'I$$
$$=NaI+C^6H^5-Az=C\left\langle\begin{matrix}SR'\\ OR\end{matrix}\right.$$

[Liebermann, *D. chem. G.*, **13**, 880. — Wheeler et Dustin, *Am. chem. Journ.*, **24**, 424].

On connaît, en outre, les dérivés acylés des iminothiocarbonates non substitués. Ils ont été obtenus par MM. Wheeler et Johnson [*Am. chem. Journ.*, **24**, 189, 1900] en faisant agir les iodures alcooliques sur les sels de soude des acylthiocarbamates. La réaction est en tous points analogue à la précédente.

Les *phényliminothiocarbonates* sont des corps d'une assez grande stabilité.

L'aniline ne réagit que vers 200° en donnant de la diphénylurée, de l'alcool et du mercaptan.

L'acide sulfurique étendu les dédouble nettement en aniline et éther thiocarbonique (L.) :

$$C^6H^5-Az=C\left\langle\begin{matrix}SR\\ OR'\end{matrix}\right.+H^2O$$
$$=C^6H^5-AzH^2+CO\left\langle\begin{matrix}SR\\ SR'\end{matrix}\right..$$

L'acide chlorhydrique sec les décompose, au contraire, en chlorure alcoolique et éther thiocarbamique (W. et J.) :

$$C^6H^5-Az=C\left\langle\begin{matrix}SR\\ OR'\end{matrix}\right.+HCl$$
$$=RCl+C^6H^5-AzH-CO-SR'.$$

Le chlorure de benzoyle réagit péniblement vers 140° pour donner le dérivé benzoylé d'un thiocarbamate :

$$C^6H^5-Az=C\left\langle\begin{matrix}SR\\ OR'\end{matrix}\right.+C^6H^5COCl$$
$$=\begin{matrix}C^6H^5\\ C^6H^5-CO\end{matrix}\Big\rangle Az-CO-SCH^3+CH^3Cl.$$

Les *acyliminothiocarbonates* sont beaucoup moins stables que les corps précédents. Chauffés avec de l'eau ils sont décomposés totalement en amide, alcool, mercaptan et acide carbonique, suivant l'équation :

$$R-CO-Az=C\left\langle\begin{matrix}SR''\\ OR'\end{matrix}\right.+2H^2O$$
$$R-CO-AzH^2+CO^2+R'OH+R''SH.$$

L'hydrogène sulfuré, à 100°, les transforme en mercaptan et éther acylthiocarbamique :

$$R-CO-Az=C\left\langle\begin{matrix}SR''\\ OR'\end{matrix}\right.+H^2S=R-CO-Az-C\begin{matrix}\diagup SR''\\ -SH\\ \diagdown OR\end{matrix}$$
$$=R''SH+R-CO-AzH\cdot CS-OR'.$$

Le gaz chlorhydrique réagit d'une façon analogue en donnant, tantôt un thioéther et le chlorure R''Cl, tantôt un thioléther et le chlorure R'Cl.

Avec les amines, on obtient quantitativement un mercaptan et un acyliminocarbamate :

$$R-CO-Az=C\left\langle\begin{matrix}SR''\\ OR'\end{matrix}\right.+AzH(C^2H^5)^2$$
$$=R-CO-Az=C\left\langle\begin{matrix}Az(C^2H^5)^2\\ OR'\end{matrix}\right.+R''SH.$$

Benzoyliminothiocarbonate diéthylique,

$$C^6H^5-CO-Az=C\left\langle\begin{matrix}SC^2H^5\\ OC^2H^5\end{matrix}\right.$$

— C'est un liquide insoluble dans l'eau, doué d'une faible odeur, bouillant à 209-212° sous 12 millimètres.

L'*éther diméthylique* est analogue au précédent.

Benzoyliminothiocarbonate méthyléthylique. — Il est liquide et bout à 210° sous 20 millimètres.

Les *éthers méthylisopropylique*, *méthylisobutylique* et *méthylisoamylique* sont huileux.

Phényliminothiocarbonate diméthylique.

$$C^6H^5-Az=C\left\langle\begin{matrix}SCH^3\\ OCH^3\end{matrix}\right.$$

— C'est un liquide jaunâtre, d'une odeur spéciale, bouillant à 133° sous 17 millimètres.

L'*éther diéthylique* forme des cristaux fondant à 29°,5-30°,5 et bouillant vers 275° (L.), à 157-160° sous 21 millimètres (W. et D.).

L'*éther méthyléthylique* bout à 260-265°.

M. Natanson [*D. chem. G.*, **13**, 1575] a préparé aussi les o- et p-tolyliminothiocarbonates diéthylique et méthyléthylique, mais il n'en indique pas les constantes physiques.

Les *iminodithiocarbonates*

$$R-Az=C\left\langle\begin{matrix}SR'\\ SR''\end{matrix}\right.$$

ont été étudiés par M. Delépine [*C. R.*, **132**, 1901, 1416 ; *Bull. Soc. Chim.*, **27**, 48, 57, 585, 809, 1902 ; **29**, 53, 59, 1903], qui les prépare en faisant réagir un iodure alcoolique sur le thiosulfocarbamate d'une amine primaire grasse ou aromatique en solution alcoolique. La réaction se fait en deux phases. que l'on peut séparer ou non à sa volonté. Dans la première il y a formation d'un dithio-uréthane :

$$\mathrm{S{=}C}\left\langle\begin{matrix}\mathrm{AzHR}\\ \mathrm{S(AzH^3R)}\end{matrix}\right. + \mathrm{R'I}$$

$$= \mathrm{S{=}C}\left\langle\begin{matrix}\mathrm{AzHR}\\ \mathrm{SR'}\end{matrix}\right. + \mathrm{AzH^3.R.HI.}$$

Dans la seconde phase, une deuxième molécule d'iodure entre en réaction; cette deuxième molécule peut être identique à la première, ou bien différente, ce qui conduit à un éther mixte :

$$\mathrm{S{=}C}\left\langle\begin{matrix}\mathrm{AzHR}\\ \mathrm{SR'}\end{matrix}\right. + \mathrm{R''I} = \mathrm{R''S{-}C}\left\langle\begin{matrix}\mathrm{AzR}\\ \mathrm{SR'}\end{matrix}\right.\mathrm{HI.}$$

Cette seconde réaction suit une marche moins simple lorsque R est un radical aromatique, à cause du peu de basicité du produit final. On obtient alors de bons résultats en opérant en solution alcaline, suivant la méthode employée par MM. Fromm et Bloch [*D. chem. G.*, **32**, 2212, 1899] pour préparer le phényliminodithiocarbonate de benzyle.

La méthode de M. Delépine permet aussi d'obtenir des iminodithiocarbonates non substitués en partant du thiosulfocarbamate d'ammoniaque.

Propriétés. — Les iminodithiocarbonates non substitués

$$\mathrm{AzH{=}C}\left\langle\begin{matrix}\mathrm{SR'}\\ \mathrm{SR''}\end{matrix}\right.$$

sont des bases qui donnent des iodhydrates bien cristallisés et stables. Ces bases sont des liquides doués d'une odeur forte; elles sont fort instables et se décomposent très facilement à chaud en sulfocyanurate et mercaptan :

$$\mathrm{AzH{=}C(SCH^3)^2} = \tfrac{1}{3}\mathrm{(Az{\equiv}CSCH^3)^3 + SH.CH^3.}$$

L'action prolongée des alcalis les décompose tout d'abord de la même façon, mais le sulfocyanate est transformé à son tour en sulfure alcoolique, cyanure et carbonate alcalin, de sorte que la réaction totale est :

$$\mathrm{2Az{=}C(SR)^2 + 5KOH}$$
$$= \mathrm{2R.SK + RS.SR + AzH^3 + CAzK}$$
$$+ \mathrm{CO^3K^2 + 2H^2O.}$$

Les *iodhydrates* de ces iminodithiocarbonates sont hydrolysés en solution aqueuse chaude suivant l'équation :

$$\mathrm{AzH{=}C(SR)^2.HI + H^2O = AzH^4I + CO(SR)^2}$$

L'action de l'anhydride acétique sur ces iodhydrates conduit à un acétyldithio-uréthane :

$$\mathrm{AzH{=}C(SR)^2.HI + (CH^3CO)^2O}$$
$$= \mathrm{CH^3CO.AzH.CS.SR + RI + CH^3CO^2H.}$$

Les *chlorhydrates* des iminodithiocarbonates donnent, avec l'acide azoteux, des dérivés nitrosés $\mathrm{OAz{-}Az{=}C(SR)^2}$ bleus très instables.

Les iminodithiocarbonates substitués sont beaucoup plus stables que les précédents. Ce sont, en général, des liquides distillables à point fixe. Ce sont des bases faibles dont le premier terme seul $\mathrm{CH^3{-}Az{=}C(SCH^3)^2}$ donne des sels à acides minéraux cristallisés. Les picrates de ces bases se forment au contraire facilement. Les chloromercurates sont aussi cristallisés, sauf pour quelques termes; ces chloromercurates sont détruits à chaud, en solution alcoolique, suivant l'équation :

$$\mathrm{R.Az{=}C(SR')^2 + 2HgCl^2 + H^2O}$$
$$= \mathrm{RAz{=}CO + 2HCl + 2R'SHgCl.}$$

L'azotate d'argent provoque immédiatement une réaction semblable, sans former préalablement de sel double.

L'oxydation nitrique des iminodithiocarbonates substitués a lieu quantitativement, suivant l'équation :

$$\mathrm{R{-}Az{=}C(SR')^2 + 2H^2O + 6O}$$
$$= \mathrm{RAzH^2 + 2R'SO^3H + CO^2.}$$

Il se forme l'acide sulfonique correspondant à l'iodure alcoolique employé.

L'hydrogénation par le sodium en solution alcoolique transforme l'iminodithiocarbonate en une amine secondaire contenant le radical R' et en mercaptide de sodium :

$$\mathrm{R{-}Az{=}C(SR')^2 + 2H^2 + 2Na}$$
$$= \mathrm{RAzHR' + 2NaSR'.}$$

Les *dérivés acylés* des iminodithiocarbonates ont été préparés par MM. Wheeler et Merriam [*Journ. Am. chem. Soc.*, **23**, 283. — Voyez aussi Wheeler et Johnson, **26**, 185], en faisant agir un iodure ou un bromure alcoolique sur un acyldithiocarbamate, ou plutôt sur le dérivé sodé de ce dernier :

$$\mathrm{CH^3{-}CO{-}AzH{-}CS.SCH^3 + C^2H^5Br}$$
$$= \mathrm{CH^3CO{-}Az{=}C}\left\langle\begin{matrix}\mathrm{SCH^3}\\ \mathrm{SC^2H^5}\end{matrix}\right.\mathrm{HBr.}$$

Ces dérivés acylés se transforment en acyliminothiocarbamates par l'action des bases organiques ou de l'ammoniaque :

$$\mathrm{R{-}CO{-}Az{=}C}\left\langle\begin{matrix}\mathrm{SCH^3}\\ \mathrm{SCH^3}\end{matrix}\right. + \mathrm{R'AzH^2}$$
$$= \mathrm{RCO{-}Az{=}C}\left\langle\begin{matrix}\mathrm{SCH^3}\\ \mathrm{AzH.R'}\end{matrix}\right. + \mathrm{CH^3SH.}$$

L'hydrolyse acide les transforme en mercaptan et acylthiocarbamate :

$$\mathrm{R{-}CO{-}Az{=}C}\left\langle\begin{matrix}\mathrm{SCH^3}\\ \mathrm{SCH^3}\end{matrix}\right. + \mathrm{H^2O}$$
$$= \mathrm{R{-}CO{-}AzH{-}CO{-}SCH^3 + CH^3SH.}$$

Iminodithiocarbonate diméthylique. — Son *iodhydrate* $\mathrm{AzH{=}C(SCH^3)^2HI}$ cristallise en prismes incolores qui fondent mal vers 130° (Delépine). Son *dérivé acétylé* est une huile jaune clair bouillant à 142-144° sous 20 millimètres [Wheeler et Johnson, *loc. cit.*]. Son *dérivé benzoylé* cristallise dans l'alcool en prismes fusibles à 46° [Wheler et Merrian, *loc. cit.*].

Iminodithiocarbonate méthyléthylique. — Son *dérivé benzoylé* est liquide et bout à 224-225°,5 sous 20 millimètres (W. et J.).

Iminodithiocarbonate diéthylique. — Son *iodhydrate* cristallise difficilement, il fond mal vers 80-90° et bouillonne à 130-140° (D.). Son *dérivé benzoylé* est liquide et bout à 220-221° sous 17 millimètres (W. et M.).

Iminodithiocarbonate dipropylique. — Son *dérivé benzoylé* bout à 238-239° sous 20 millimètres.

Iminodithiocarbonate diisoamylique. — Son *dérivé acétylé* est liquide et bout à 198-200° sous 20 millimètres.

Iminodithiocarbonate éthylbenzylique. — Son *dérivé benzoylé* est huileux.

Iminodithiocarbonate dibenzylique. — Son *dérivé benzoylé* cristallise en aiguilles soyeuses fondant à 97°, solubles dans l'alcool.

Iminodithiocarbonate benzyl-p-nitrodibenzylique. — Son *dérivé benzoylé* cristallise dans l'alcool en aiguilles fusibles à 84-85°.

Iminodithiocarbonate benzyl-m-xylylique. — Son *dérivé benzoylé* fond à 97-98°.

Iminodithiocarbonate di-m-xylylique. — Son *dérivé benzoylé* cristallise dans l'alcool en prismes fusibles à 89°,5-90°.

Iminodithiocarbonate benzylmésitylique. — Son *dérivé benzoylé* cristallise dans l'alcool en prismes fusibles à 117°,5 (W. et J.).

Méthyliminodithiocarbonate diméthylique, $CH^3-Az=C(SCH^3)^2$. — Pour préparer cet éther, aussi bien que ses homologues, on dissout 2 molécules d'amine primaire dans deux ou trois fois leur poids d'alcool absolu; on y ajoute peu à peu une molecule de sulfure de carbone; la réaction a lieu aussitôt avec un dégagement de chaleur qu'on modère par refroidissement. Le plus souvent le thiosulfocarbamate cristallise. Sans en tenir compte, on ajoute 2 molécules d'iodure alcoolique, ce qui détermine un nouveau dégagement de chaleur. Au bout d'une heure la réaction est terminée. On étend de 4 à 5 volumes d'eau, et on extrait à l'éther des produits secondaires, formés surtout avec les termes supérieurs. La solution aqueuse, traitée par un alcali, laisse déposer l'éther qu'on rassemble à l'éther et qu'on distille après dessiccation sur le chlorure de calcium [Delépine, *Bull. Soc. Chim.*, **27**, 58, 1902].

L'*éther diméthylique* est un liquide incolore bouillant à 192°. Sa densité $d_4^0 = 1,13827$, $d_4^{11} = 1,12831$. L'*iodhydrate* cristallise dans l'alcool en prismes incolores fusibles à 142°. Le sulfate acide $C^4H^9AzS^2 . SO^4H^2$ cristallise en prismes à quatre pans, apointés, fusibles à 144°. Le *picrate* forme des cristaux jaunes rectangulaires ou hexagonaux fusibles à 118-122°. — Le *chloromercurate* $C^4H^9AzS . HCl^2 . HgCl^2$ est en prismes blancs fondant à 122°. Le *sel*

$$C^4H^9AzS^2 . HCl . 3HgCl^2$$

fond à 154°. L'*iodomercurate* est en aiguilles prismatiques jaune d'or fusibles à 134-135°, insolubles dans l'eau, solubles dans l'alcool bouillant. Le *chloroplatinate* fond à 180°.

Méthyliminodithiocarbonate diéthylique. — C'est un liquide incolore bouillant à 216°;

$$d_4^0 = 1,0594, \quad d_4^{12} = 1,0489.$$

Son *picrate* cristallise en aiguilles jaunes fusibles à 79-81°. L'*iodomercurate* est en cristaux jaunes fusibles à 64°. Le *chloroplatinate* est en cristaux orangé pâle fusibles à 161°, en moussant.

Méthyliminodithiocarbonate méthyléthylique.

$$CH^3-Az=C \begin{matrix} \diagup SCH^3 \\ \diagdown SC^2H^5 \end{matrix}$$

— Pour le préparer, on ajoute au thiosulfocarbamate de méthylamine une molécule d'iodure d'éthyle, puis on précipite par l'eau le dithio-uréthane formé. On extrait ce dithio-uréthane, puis on le met en solution éthérée avec une molécule d'iodure de méthyle. Le sel de la base mixte cristallise bientôt. Cette *base* est liquide et bout à 205-207°; $d_4^0 = 1,0906$, $d_4^{20} = 1,0741$. L'*iodhydrate* est en cristaux incolores fusibles à 75-77°, très solubles dans l'eau, solubles dans l'alcool absolu, insolubles dans l'éther.

Le *picrate* est en prismes allongés fusibles à 103°. Le *chloroplatinate* fond à 163° en bouillonnant. L'*iodomercurate* est en aiguilles jaunes fondant à 100°.

Méthyliminodithiocarbonate méthylbenzylique. — Liquide distillant vers 300° en s'altérant. L'*iodhydrate* est en cristaux incolores, rougissant à l'air, fusibles à 106°. Le *picrate* fond entre 110-112°. Le *chloro-* et l'*iodomercurate* sont huileux. Le chloroplatinate est une poudre orangée, cristalline, fusible vers 140°.

Éthyliminodithiocarbonate diméthylique.

$$C^2H^5-Az=C(SCH^3)^2.$$

— Liquide incolore bouillant à 201°;

$$d_4^0 = 1,08477 \quad d_4^{18,5} = 1,0671.$$

Le *picrate* forme, dans l'alcool, des aiguilles ou des prismes fusibles à 130°. Le *chloromercurate* $C^5H^{11}AzS^2 . HCl . HgCl^2$, forme des cristaux aiguillés fusibles à 112-113°. Le *sel*

$$C^5H^{11}AzS^2 . HCl . 3HgCl^2$$

fond à 114-115°. L'*iodomercurate* est en aiguilles jaunes fusibles à 134°. Le *chloroplatinate* fond à 150°.

Éthyliminodithiocarbonate diéthylique. — Il est liquide et bout à 223-224°; $d_4^0 = 1,02905$, $d_4^{19,2} = 1,01248$. Le *picrate* fond à 101°. Le *chloroplatinate* fond à 133°.

Propyliminodithiocarbonate diméthylique. — Liquide incolore bouillant à 219°; $d_4^0 = 1,0597$, $d_4^{18,5} = 1,0451$. Le *picrate* est en gros cristaux fusibles à 96°. Le *chloromercurate* fond à 92°, le *sel* $C^6H^{13}AzS^2 . HCl . 2HgCl^2$ fond à 87-88°. L'*iodomercurate* est en aiguilles jaunes fondant à 90°. Le *chloroplatinate* fond à 151°.

Allyliminodithiocarbonate diméthylique. — Huile incolore bouillant à 220-222°, se colorant à la longue; $d_4^0 = 1,10093$, $d_4^{21} = 1,08273$. Le *picrate* est en gros prismes orangés fondant à 72°.

L'*iodomercurate* fond à 103-104°. Le *chloroplatinate* fond à 145°

Isobutyliminodithiocarbonate diméthylique. — Liquide incolore bouillant à 225°; $d_4^0 = 1,0262$, $d_4^{19} = 1,0126$. Le *picrate* est huileux. Le *chloromercurate* fond à 119°. Le *chloroplatinate* fond à 132°.

Isoamyliminodithiocarbonate diméthylique. — Liquide un peu jaunâtre, d'odeur amylique, bouillant à 242-245°; $d_4^0 = 1,0137$, $d_4^{10} = 1,0008$. Le *picrate*, le *chloromercurate* et l'*iodomercurate* sont huileux. Le *chloroplatinate* fond à 146°.

Isoamyliminodithiocarbonate diéthylique. — Liquide bouillant à 260°, à 175-180° sous 77 millimètres; $d_4^0 = 0,97906$, $d_4^{18} = 0,9648$. Le *chloroplatinate* fond à 123°.

Phényliminodithiocarbonate diméthylique, $C^6H^5Az=C(SCH^3)^2$. — Il bout à 300° et se solidifie par refroidissement. Il cristallise dans l'alcool en prismes allongés fusibles à 36°.

L'*iodhydrate* fond mal vers 110-120°. Le *picrate* est visqueux.

Phényliminodithiocarbonate dibenzylique [Fromm et Bloch, *loc. cit.*]. — Il forme des cristaux incolores, solubles dans l'alcool chaud, insolubles dans l'eau, fusibles à 64-65°.

p-Tolyliminodithiocarbonate diméthylique — Il bout à 315° et ne cristallise pas.

ÉTHERS IMINOTHIOCARBAMIQUES (*isothiourées, pseudothiourées*)

$$R-Az=C \begin{matrix} \diagup AzR'R'' \\ \diagdown SR''' \end{matrix}$$

Les iminothiocarbamates résultent de l'action des iodures alcooliques sur les thiourées. Il se forme alors l'iodhydrate de l'éther :

$$RAzH . CS-AzHR' + R''I = RAz=C \begin{matrix} \diagup AzHR' \\ \diagdown SR'' \end{matrix} . HI$$

[Claus, *D. chem. G.*, **7**, 236 et **8**, 41, 1875; — Bernthsen, *D. chem. G.*, **11**, 492, 1878, **12**, 574, 1879 et **15**, 563, 1882; — Rathke, *D. chem. G.*,

14, 1776 : — Will, *D. chem. G.*, **14**, 1485 et **15**, 338 et 1309 ; — Reimarus, *D. chem. G.*, **19**, 2348, 1886 ; — Noah, *D. chem. G.*, **23**, 2195 ; — Bertram, *D. chem. G.*, **25**, 48, 1892 ; — Werner, *Chem. Soc.*, **1**, 283].

Les iminothiocarbamates sont des bases faibles dont les sels sont en général bien cristallisés. Leurs propriétés générales les éloignent un peu des iminoéthers proprement dits en ce sens qu'ils sont beaucoup plus stables, au moins lorsqu'ils sont substitués.

L'hydrolyse acide les décompose en amine et éther thiolcarbamique,

$$\mathrm{R-Az=C}<\begin{matrix}\mathrm{Az\,R'R''}\\ \mathrm{SR'''}\end{matrix} + \mathrm{H^2O}$$

$$= \mathrm{RAzH^2} + \begin{matrix}\mathrm{R'}\\ \mathrm{R''}\end{matrix}>\mathrm{Az-CO-SR'''}.$$

L'ammoniaque ou les amines primaires les transforment en guanidines.

Les dérivés acylés des iminothiocarbamates,

$$\mathrm{RCO-Az=C}<\begin{matrix}\mathrm{Az\,R'R''}\\ \mathrm{SR'''}\end{matrix}$$

ont été obtenus par MM. Wheeler et Johnson [*Am. Chem. Journ.*, **26**, 408, 1902] dans l'action des amines sur les acyliminodithiocarbonates (voyez plus haut).

Ces dérivés acylés n'ont plus de propriétés basiques. Ceux provenant des amines primaires se laissent distiller sans décomposition. Ceux provenant des amines secondaires se décomposent par la chaleur en mercaptan et amide substituée et autres produits. L'hydrolyse les décompose en acylthiolcarbamate et amine :

$$\mathrm{C^6H^5-CO-Az=C}<\begin{matrix}\mathrm{SC^2H^5}\\ \mathrm{AzH\,C^6H^5}\end{matrix} + \mathrm{H^2O}$$

$$= \mathrm{C^6H^5-CO-AzH-CO-SC^2H^5} + \mathrm{C^6H^5-AzH}.$$

La phénylhydrazine réagit sur eux en donnant des dialcoylaminotriazols 1.5 :

$$\mathrm{C^6H^5-CO-Az=C}<\begin{matrix}\mathrm{SCH^3}\\ \mathrm{Az\,RR'}\end{matrix} + \mathrm{C^6H^5-AzH-AzH^2}$$

$$= \begin{array}{l}\mathrm{C^6H^5-C=Az-C-Az\,RR'}\\ \qquad\quad | \qquad\qquad \| \\ \mathrm{C^6H^5-Az} \text{——} \mathrm{Az}\end{array} + \mathrm{CH^3SH} + \mathrm{H^2O}$$

[Wheeler et Beardsley, *Am. Chem. Journ.*, **29**, 73, 1903].

Iminothiocarbamate de méthyle (pseudométhylthiourée),

$$\mathrm{AzH=C}<\begin{matrix}\mathrm{AzH^2}\\ \mathrm{SCH^3}\end{matrix}$$

— Son *iodhydrate* est une poudre insoluble dans l'éther. Le *bromhydrate* de l'*éther éthylique* est en cristaux fondant à 88° environ [Wheeler et Merriam, *Am. Chem. Journ.*, **29**, 478]. Son *dérivé benzoylé*,

$$\mathrm{C^6H^5-CO-Az=C}<\begin{matrix}\mathrm{AzH^2}\\ \mathrm{SCH^3}\end{matrix}$$

fond à 111-112° [W. et M., *J. Am. Chem. Soc.*, **23**, 283].

Iminothiocarbamate d'allyle,

$$\mathrm{AzH=C}<\begin{matrix}\mathrm{AzH^2}\\ \mathrm{SC^3H^5}\end{matrix}$$

— Son *bromhydrate* se forme dans l'action du bromure d'allyle sur la thiourée ; il fond à 84-85°. Traité par l'acide sulfurique à 20 0/0, il donne du disulfure d'allyle [Werner, *loc. cit.*].

Iminothiocarbamate de benzyle,

$$\mathrm{AzH=C}<\begin{matrix}\mathrm{AzH^2}\\ \mathrm{SC^7H^7}\end{matrix}$$

— Son *chlorhydrate* fond à 174°. Une solution à 1 0/0 de ce chlorhydrate, additionnée de la quantité calculée de potasse, donne la *base libre* en cristaux fusibles à 88° (Werner). Son *dérivé benzoylé* forme des lamelles fusibles à 161°, insolubles dans l'éther et le benzène (W. et B.).

Iminophénylthiocarbamate de méthyle,

$$\mathrm{AzH=C}<\begin{matrix}\mathrm{AzH\,C^6H^5}\\ \mathrm{SCH^3}\end{matrix}$$

— Son *iodhydrate* se forme quand on mélange une molécule de monophénylthiourée avec une molécule d'iodure d'éthyle. Il forme dans l'alcool des cristaux incolores fusibles à 147°. La *base* libre est en cristaux très réfringents, monosymétriques, fusibles à 71°. Le *sulfate acide* fond à 171°, le *sulfate neutre* fond à la même température. Le *nitrate* est une poudre blanche, cristalline, fondant à 113°. L'*acétate* fond à 115°. Le *picrate* est en paillettes rectangulaires fusibles à 175°. Le *chloroplatinate* fond à 184° en se décomposant.

L'iodure de méthyle réagit sur cet iminothiocarbamate en donnant le *dérivé méthylé*,

$$\mathrm{AzH=C}<\begin{matrix}\mathrm{SCH^3}\\ \mathrm{Az}<\begin{matrix}\mathrm{C^6H^5}\\ \mathrm{CH^3}\end{matrix}\end{matrix}$$

huileux, dont l'*iodhydrate* fond à 184°, le *dérivé benzoylé* à 113°. Par une nouvelle méthylation, on obtient le *dérivé diméthylé*,

$$\mathrm{CH^3.Az=C}<\begin{matrix}\mathrm{SCH^3}\\ \mathrm{Az}<\begin{matrix}\mathrm{C^6H^5}\\ \mathrm{CH^3}\end{matrix}\end{matrix}$$

bouillant à 265°.

L'*iodhydrate* fond vers 184°. Le *picrate*, jaune citron, fond à 126°. Le *chloroplatinate* fond à 174° [Bertram, *loc. cit.*].

Le *dérivé acétylé* de l'iminophénylthiocarbamate de méthyle cristallise dans l'alcool étendu en aiguilles fondant à 82-83°. Son *dérivé benzoylé* forme des plaques incolores fusibles à 104-105°.

Iminophénylthiocarbamate d'éthyle. — Liquide incolore et inodore, peu stable. Le *picrate* cristallise dans l'alcool étendu. Il fond à 190°. Par éthylations successives, on obtient d'abord le *dérivé*,

$$\mathrm{AzH-C}<\begin{matrix}\mathrm{SC^2H^5}\\ \mathrm{Az}<\begin{matrix}\mathrm{C^2H^5}\\ \mathrm{C^6H^5}\end{matrix}\end{matrix}$$

dont le *picrate* fond à 170° et le *chloroplatinate* à 148° ; puis le *dérivé*

$$\mathrm{C^2H^5-Az=C}<\begin{matrix}\mathrm{SC^2H^5}\\ \mathrm{Az}<\begin{matrix}\mathrm{C^2H^5}\\ \mathrm{C^6H^5}\end{matrix}\end{matrix}$$

liquide bouillant à 273°, dont le *picrate* fond vers 96° et le *chloroplatinate* à 135° (Bertram).

Le *dérivé benzoylé* de l'iminophénylthiocarbamate d'éthyle cristallise dans l'alcool en prismes fondant à 87-88° (W. et M.).

Iminophénylthiocarbamate de benzyle,

$$\mathrm{AzH=C}<\begin{matrix}\mathrm{AzH\,C^6H^5}\\ \mathrm{SCH^2C^6H^5}\end{matrix}$$

— Il fond à 81-82°. Son *chlorhydrate* fond à 112° ; par l'acide sulfurique à 20 0/0 il donne de l'ammoniaque et du phénylthiolcarbamate de benzyle (Werner). Le *dérivé benzoylé* est en prismes fusibles à 116-117° [Wheeler et Johnson, *Am. Chem. Journ.*, **26**, 408].

Iminophénylthiocarbamate de propyle. — Son *dérivé benzoylé*,

$$C^6H^5CO-Az=C\left\langle\begin{matrix}SC^3H^7\\AzHC^6H^5\end{matrix}\right.$$

cristallise dans l'alcool en prismes fusibles à 78-79°.

Iminophénylthiocarbamate de m-xylyle. — Son *dérivé benzoylé*,

$$C^6H^5CO-Az-C\left\langle\begin{matrix}SCH^2-C^6H^3-CH^3\\AzHC^6H^5\end{matrix}\right.$$

forme des prismes fusibles à 133°.

Imino-m-chlorophénylthiocarbamate de propyle. — Son *dérivé benzoylé*,

$$C^6H^5CO-Az=C\left\langle\begin{matrix}SC^3H^7\\AzHC^6H^4Cl\end{matrix}\right.$$

est en prismes incolores fondant à 59-59°,5.

Imino-m-nitrophénylthiocarbamate de méthyle. — Son *dérivé benzoylé*,

$$C^6H^5CO-Az=C\left\langle\begin{matrix}SCH^3\\AzHC^6H^4AzO^2\end{matrix}\right.$$

cristallise en prismes aiguillés fondant à 71-72°.

Imino-p-anisylthiocarbamate d'éthyle. — Son *dérivé benzoylé*,

$$C^6H^5CO-Az=C\left\langle\begin{matrix}SC^2H^5\\AzH.C^6H^4.OCH^3\end{matrix}\right.$$

cristallise dans l'alcool en prismes aiguillés fusibles à 99-100°.

Imino-p-tolylthiocarbamate de méthyle. — Son *dérivé benzoylé*,

$$C^6H^5CO-Az=C\left\langle\begin{matrix}SCH^3\\AzH.C^6H^4.CH^3\end{matrix}\right.$$

est en prismes fusibles à 130°. Le *dérivé benzoylé* de l'*éther éthylique* fond à 93°. Celui de l'*éther propylique* fond à 81-81°,5.

Imino-pseudocumylthiocarbamate d'éthyle. — Son *dérivé benzoylé*,

$$C^6H^5CO-Az=C\left\langle\begin{matrix}SCH^3\\AzH-C^6H^2(CH^3)^3\end{matrix}\right.$$

cristallise dans l'alcool en fines aiguilles fondant à 83-84°.

Imino-α-naphtylthiocarbamate de méthyle. — Son *dérivé benzoylé*,

$$C^6H^5CO-Az=C\left\langle\begin{matrix}SCH^3\\AzH-C^{10}H^7\end{matrix}\right.$$

fond à 124°. Le *dérivé benzoylé* de l'*éther m-xylylique* est en prismes fondant à 133°.

Iminométhyléthylthiocarbamate d'éthyle. — Son *dérivé acétylé*,

$$CH^3CO-Az=C\left\langle\begin{matrix}SC^2H^5\\Az\left\langle\begin{matrix}CH^3\\C^2H^5\end{matrix}\right.\end{matrix}\right.$$

cristallise dans l'éther de pétrole en prismes fusibles à 66°.

Iminodiéthylthiocarbamate d'éthyle. — Son *dérivé acétylé*,

$$CH^3CO-Az=C\left\langle\begin{matrix}SC^2H^5\\Az(C^2H^5)^2\end{matrix}\right.$$

est une huile jaune bouillant à 162-164° sous 21 millimètres. Son *dérivé benzoylé* est en prismes rectangulaires fondant à 70°.

Iminodipropylthiocarbamate d'éthyle. — Son *dérivé benzoylé*,

$$C^6H^5CO-Az=C\left\langle\begin{matrix}SC^2H^5\\Az(C^3H^7)^2\end{matrix}\right.$$

est une huile jaune bouillant à 226-229° sous 21 millimètres.

Iminodiisobutylthiocarbamate de méthyle. — Son *dérivé acétylé*,

$$CH^3CO-Az=C\left\langle\begin{matrix}Az(C^4H^9)^2\\SCH^3\end{matrix}\right.$$

est une huile bouillant à 175-177° sous 22 millimètres. Le *dérivé benzoylé* de l'*éther éthylique* bout à 234-236° sous 13 millimètres.

Iminodiphénylthiocarbamate d'éthyle. — Son *dérivé benzoylé*,

$$C^6H^5CO-Az=C\left\langle\begin{matrix}SC^2H^5\\Az(C^6H^5)^2\end{matrix}\right.$$

cristallise, dans un mélange de benzène et d'éther de pétrole en prismes fusibles à 142° (Wheeler et Johnson).

Iminodiphénylthiocarbamate de benzyle,

$$AzH=C\left\langle\begin{matrix}SCH^2C^6H^5\\Az(C^6H^5)^2\end{matrix}\right.$$

— Son *chlorhydrate* se forme dans l'action du chlorure de benzyle sur la diphénylthiourée dissymétrique; il fond à 182-183° [Werner, *Proc. Chem. Soc.*, 1892, 95].

Ethyliminoéthylthiocarbamates,

$$C^2H^5-Az=C\left\langle\begin{matrix}AzHC^2H^5\\SR\end{matrix}\right.$$

— Leurs iodhydrates se forment en traitant la diéthylsulfourée par les iodures correspondants. L'*éther éthylique* est un liquide huileux d'une odeur désagréable, se congelant dans un mélange réfrigérant; l'ammoniaque le transforme en diphénylguanidine et mercaptan. Le *picrate* fond à 116°.

Le *picrate* de l'*éther éthylique* est en rhombes fusibles à 72°. Celui de l'*éther propylique* est en tables rhombiques fusibles à 65-66°. Le *chlorhydrate* de l'*éther benzylique* est en aiguilles fondant à 73-75° [Noah, *loc. cit.*].

Phényliminophénylthiocarbamates,

$$C^6H^5-Az=C\left\langle\begin{matrix}SR\\AzHC^6H^5\end{matrix}\right.$$

L'*iodhydrate* de l'*éther méthylique* se forme par l'action de l'iodure de méthyle sur la diphénylsulfourée symétrique. Il fond à 157°,5 [Bernthsen et Friese, *D. chem. G.*, **15**, 563, 1882]. L'éther lui-même fond à 110°, il se décompose à la distillation en carbodiphénylimide et mercaptan (Will) :

$$C^6H^5-Az=C\left\langle\begin{matrix}AzHC^6H^5\\SCH^3\end{matrix}\right.=C\left\langle\begin{matrix}AzC^6H^5\\AzC^6H^5\end{matrix}\right.+CH^3SH.$$

L'*éther éthylique* cristallise dans l'alcool étendu en aiguilles incolores fusibles à 73° (Rathke), à 79° (Will). Le *chlorhydrate* est très soluble dans l'eau, le *bromhydrate* est moins soluble et l'*iodhydrate* encore moins. L'action de la potasse décompose ces éthers en mercaptans et diphénylurée. L'action de l'acide sulfurique étendu les décompose en aniline et phénylthiolcarbamates.

L'hydrolyse peut donc avoir lieu selon les deux directions suivantes :

$$C^6H^5-Az=C<{AzH\,C^6H^5 \atop SR} + H^2O$$

$$\ldots \nearrow CO<{AzH\,C^6H^5 \atop AzH\,C^6H^5} + RSH$$

$$\searrow CO<{AzH\,C^6H^5 \atop SR} + C^6H^5AzH^2.$$

L'*éther allylique* fond à 71-78° ; son *bromhydrate* fond à 170-171° (Werner).

L'*éther benzylique* est huileux ; son *chlorhydrate* fond à 152-153° (Werner).

Benzyliminobenzylthiocarbamates,

$$C^6H^5-CH^2-Az=C<{SR \atop AzH\,CH^2C^6H^5}$$

[Reimarus, *loc. cit.*].

Le *sulfate* de l'*éther méthylique* est en aiguilles solubles dans l'eau et dans l'alcool, fusibles à 145°. Le *chlorhydrate* est en grandes tables rhombiques quadrangulaires fusibles à 125°, solubles dans l'eau. L'*iodhydrate* est en octaèdres fondant à 99°.

L'*iodhydrate* de l'*éther éthylique* est en prismes monocliniques fondant à 93°, solubles dans l'alcool, peu solubles dans l'eau. Le *sulfate* cristallise en tables rhombiques solubles dans l'eau et dans l'alcool.

P-tolylimino-p-tolylthiocarbamates,

$$CH^3-C^6H^4-Az=C<{SR \atop Az-C^6H^4CH^3}$$

— L'*éther éthylique* est en aiguilles fusibles à 128°, insolubles dans l'eau. Son *chlorhydrate* fond à 173°. Son *sulfate* fond à 155-156°.

L'*éther ethylique* est en aiguilles incolores fusibles à 87°. Son *chlorhydrate* fond à 180° [Will et Bielschowski, *D. chem. G.*, **15**, 1309].

ETHERS IMINOTHIOSUCCINIQUES. — En condensant le cyanure d'éthylène avec le mercaptan éthylénique en présence d'acide chlorhydrique, on obtient le *chlorhydrate* de l'*iminosuccinate diéthylénique*,

$$\begin{array}{l} CH^2-C<{AzH \atop CH^2} \\ \;| \qquad\quad\;\; | \\ CH^2-C<{CH^2 \atop AzH} \end{array}$$

— Ce sel constitue une poudre vert foncé, soluble dans l'eau froide. Cette solution se trouble par l'ébullition en déposant des flocons jaunes et dégageant l'odeur du mercaptan éthylénique. Elle teint la laine et la soie en vert.

Le *chlorhydrate* de l'*iminothiosuccinate diphénylique* est assez stable, il fond à 145° [Autenrieth et Brüning, *loc. cit.*].

ETHERS IMINOTHIOBENZOÏQUES. — *Iminothiobenzoate d'éthyle*,

$$C^6H^5-C<{AzH \atop SC^2H^5}$$

— Son *iodhydrate* se forme quand on chauffe la thiobenzamide avec de l'iodure d'éthyle à 100°. Il cristallise en longs prismes jaunes qui peuvent être recristallisés dans l'eau tiède ; ils fondent à 142°. Son *chlorhydrate* a été préparé par la méthode de Pinner en partant du benzonitrile et du mercaptan éthylique. Il fond à 188°, est très soluble dans l'eau, soluble dans l'alcool ; il est assez stable.

La *base* libre est une huile d'une odeur pénétrante qui se décompose facilement en benzonitrile et mercaptan [Bernthsen, *loc. cit.*].

L'*iminothiobenzoate d'amyle*,

$$C^6H^5-C<{AzH \atop SC^5H^{11}}$$

a été obtenu à l'état de *chlorhydrate* (Pinner). Ce sel cristallise en paillettes blanches qui sont relativement stables vis-à-vis de l'eau et de l'alcool.

Di-iminothiobenzoate d'éthylène,

$$\begin{array}{l} C^6H^5-C<{AzH \atop S-CH^2} \\ \qquad\qquad\quad\;\; | \\ C^6H^5-C<{S-CH^2 \atop AzH} \end{array}$$

— Il se forme quand on chauffe au bain-marie 10 grammes de thiobenzamide et 100 grammes de bromure d'éthylène. La masse épaisse qui se forme est lavée à l'alcool absolu. Le résidu blanc constitue le *bromhydrate* de la base. Il fond à 233°. Il se dissout facilement dans l'eau, mais, à l'ébullition, la solution est décomposée en bromhydrate d'ammoniaque et thiobenzoate éthylénique. Il se forme en même temps un peu de mercaptan éthylénique et de benzamide [Gabriel et Heymann, *D. chem. G.*, **24**, 783, 1891].

Iminothiobenzoate de phényle,

$$C^6H^5-C<{AzH \atop SC^6H^5}$$

— Son *chlorhydrate* se forme dans la condensation du benzonitrile avec le thiophénol sous l'influence du gaz chlorhydrique ; il fond à 178° en se décomposant. La *base* libre cristallise en prismes fondant à 48° et se décomposant spontanément au bout de quelques jours en thiophénol et cyaphénine (A. et B.).

Iminothiobenzoate de benzyle. — Son *chlorhydrate* a été préparé soit par la méthode de Pinner, au moyen du benzonitrile et du sulfhydrate de benzyle, soit en traitant la thiobenzamide par le chlorure de benzyle. Il cristallise en tables blanches fusibles à 181°, assez peu solubles dans l'eau. La *base* libre est extrêmement instable (Bernthsen).

ETHERS IMINOTHIOPHÉNYLACÉTIQUES. — *Iminophénylacétate de méthyle*,

$$C^6H^5-CH^2-C<{AzH \atop SCH^3}$$

— Son *iodhydrate* prend naissance quand on chauffe la phénylthioacétamide avec l'iodure de méthyle à 100° ; il fond à 138-139°. La *base* libre est une huile qui perd spontanément du mercaptan. Son *chloroplatinate* $(C^9H^{12}AzSCl)^2PtCl^4$ forme des paillettes jaunes.

Iminothiophénylacétate d'éthyle. — Son *iodhydrate*, préparé comme celui de l'éther méthylique, forme de longs prismes bruns fondant à 115-116°, très solubles dans l'eau, solubles dans l'alcool, insolubles dans l'éther. La solution aqueuse se décompose assez rapidement. La *base* libre est très peu stable. Son *chloroplatinate* forme des paillettes rhombiques fondant à 130°. Son *chlorhydrate*, obtenu par la méthode de Pinner, cristallise en prismes incolores fusibles à 118-121° (Bernthsen).

Iminothiophénylacétate de phényle,

$$C^6H^5-CH^2-C<{AzH \atop SC^6H^5}$$

— Son *chlorhydrate* se forme dans la condensation chlorhydrique du thiophénol avec l'acétonitrile ; il fond à 120°. La *base* libre forme des aiguilles qui se décomposent immédiatement en acétonitrile et thiophénol (A. et B.).

Iminothio-m-phtalate d'éthyle. — Son *chlorhydrate*,

$$C^6H^4 \left\langle \begin{array}{l} C \lessgtr {AzH.HCl \atop SC^2H^5} \\ C \lessgtr {SC^2H^5 \atop AzH.HCl} \end{array} \right. + 1{,}5H^2O,$$

se dépose de l'éther acétique en mamelons cristallins très hygroscopiques, solubles dans l'alcool et dans l'eau, insolubles dans l'éther. La solution aqueuse se décompose très rapidement. La *base* libre se dépose, quand on agite le chlorhydrate avec de la soude, sous forme d'une huile qui cristallise bientôt, mais qui se décompose très rapidement en mercaptan et nitrile.

DÉRIVÉS DES IMINOÉTHERS.

Les iminoéthers sont susceptibles de former de nombreux et intéressants dérivés, parmi lesquels il convient de citer surtout ceux qui résultent du remplacement du groupement éther par un reste amino plus ou moins modifié. Ainsi prennent naissance les amidines, les amidoximes et les hydrazines. Ces composés ont déjà fait l'objet d'articles spéciaux dans cet ouvrage. Il nous paraît cependant que, depuis la publication de l'article amidines, les travaux publiés sur cette classe de corps sont assez nombreux et assez intéressants pour qu'il soit nécessaire de les mentionner ici.

AMIDINES.

Les amidines prennent naissance par l'action de l'ammoniaque, des amines primaires et des amines secondaires sur les iminoéthers. Il existe également d'autres procédés de préparation de ces composés, mais ces derniers sont moins généraux, et ils seront indiqués simplement, le cas échéant, à propos de chaque amidine.

L'action de l'ammoniaque sur les iminoéthers donne naissance uniquement aux amidines non substituées (Voir 1er suppl., 114).

Les amines primaires réagissent sur les iminoéthers en donnant naissance à trois produits différents suivant la durée de la réaction et la proportion de base employée.

A la température ordinaire, il se forme d'abord un mélange d'iminoéther substitué et d'amidine monosubstituée :

$$C^6H^5.C \lessgtr {AzH \atop OC^2H^5} + C^6H^5.AzH^2$$
$$= C^6H^5.C \lessgtr {Az.C^6H^5 \atop OC^2H^5} + AzH^3,$$

$$C^6H^5.C \lessgtr {AzH \atop OC^2H^5} + C^6H^5.AzH^2$$
$$= C^6H^5.C \lessgtr {Az.C^6H^5 \atop AzH^2} + C^2H^5.OH.$$

Si l'action de l'amine primaire se prolonge, et si elle a lieu à chaud, elle donne naissance à une amidine disubstituée :

$$C^6H^5.C \lessgtr {AzH \atop OC^2H^5} + 2C^6H^5.AzH^2$$
$$= C^6H^5.C \lessgtr {Az.C^6H^5 \atop AzH.C^6H^5} + C^2H^5OH + AzH^3.$$

Enfin les amines secondaires réagissent sur les iminoéthers en donnant naissance aux amidines disubstituées dissymétriques correspondantes :

$$R.C \lessgtr {AzH \atop OC^2H^5} + AzH.(C^6H^5)^2$$
$$= R.C \lessgtr {AzH \atop Az(C^6H^5)^2} + C^2H^5OH.$$

Les amines tertiaires sont sans action sur les iminoéthers, même à chaud [Pinner, *loc. cit.*].

Les amidines se forment aussi, en petite quantité, par ébulition des acides organiques avec les amines [Kowalski et Niementowski, *D. chem. G.*, **30**, 1187, 1897].

PROPRIÉTÉS GÉNÉRALES DES AMIDINES. — Les *amidines non substituées*,

$$R.C \lessgtr {AzH \atop AzH^2}$$

sont des bases fortes qui déplacent l'ammoniaque de ses sels. Elles sont malgré cela excessivement peu stables à l'état libre, du moins les amidines grasses se décomposent-elles presque toutes immédiatement, en donnant naissance à un amide s'il y a de l'eau en présence, et à un nitrile dans le cas inverse :

$$R.C \lessgtr {AzH \atop AzH^2} + H^2O = R.CO.AzH^2 + AzH^3,$$

$$RC \lessgtr {AzH \atop AzH^2} = R.CAz + AzH^3.$$

Les amidines non substituées dans les groupements azotés peuvent donner, par l'action de l'acide azoteux, des acides dioxytétrazotiques :

$$R-C \lessgtr {Az-AzO \atop Az=AzOH}$$

[Lossen, *Ann Chem.*, **265**, 129-178, 1891].

Elles donnent avec les iodures alcooliques des dérivés d'addition qui, suivant Wheeler [*Am. Chem. Journ.*, **20**, 481, 1898], doivent être représentés par la formule :

$$R.C \lessgtr {AzH^2 \atop AzH} \quad \text{(avec R, I fixés sur AzH)}$$

L'anhydride acétique réagit sur les amidines non substituées de la série grasse en leur enlevant de l'ammoniaque et en les transformant en nitrile, ce dernier pouvant ensuite se condenser davantage pour donner des aminopyrimidines substituées :

$$3CH^3.C \lessgtr {AzH \atop AzH^2}$$
$$= 3AzH^3 + CH^3.CH \left\langle {Az - C-CH^3 \atop AzH = CH} \right\rangle C.AzH.$$

Dans le cas des amidines aromatiques non substituées, la réaction s'effectue différemment. Il s'élimine 1 molécule d'ammoniaque entre 2 molécules d'amidine, et le produit de condensation résultant s'unit à un radical acétyle pour former une cyanidine :

$$2C^6H^5.C \lessgtr {AzH \atop AzH^2}$$
$$= C^6H^5.C \left\langle {Az - C.C^6H^5 \atop AzH^2} \right. \gtrless AzH + AzH^3,$$

$$C^6H^5.C \left\langle {Az - C.C^6H^5 \atop AzH^2} \right. \gtrless AzH + (CH^3.CO)^2O$$
$$= C^6H^5.C \left\langle {Az - C \;\; C^6H^5 \atop Az = C.CH^3} \right\rangle Az + CH^3.CO^2H.$$

L'éther chlorocarbonique transforme les amidines en amidyluréthanes :

$$R.C \lessgtr {AzH \atop AzH^2} + Cl.CO^2C^2H^5$$
$$= HCl + R.C \lessgtr {AzH \atop AzH.CO^2C^2H^5}.$$

tandis que l'oxychlorure de carbone lui-même donne naissance à des urées substituées. Celles-ci perdent ensuite de l'ammoniaque en se transformant en oxycyanidines :

$$2R.C \left\langle \begin{matrix} AzH \\ AzH^2 \end{matrix} \right. + COCl^2$$

$$= 2HCl + CO \left\langle \begin{matrix} AzH - C \left\langle \begin{matrix} AzH \\ R \end{matrix} \right. \\ AzH - C \left\langle \begin{matrix} R \\ AzH \end{matrix} \right. \end{matrix} \right.$$

$$CO \left\langle \begin{matrix} AzH - C \left\langle \begin{matrix} R \\ AzH \end{matrix} \right. \\ AzH - C \left\langle \begin{matrix} AzH \\ R \end{matrix} \right. \end{matrix} \right.$$

$$= AzH^3 + CO \left\langle \begin{matrix} AzH - C.R \\ \geqslant Az. \\ Az = C.R \end{matrix} \right.$$

Ceci ne s'applique qu'aux amidines aromatiques. Avec les amidines grasses, on n'obtient en effet que des produits mal définis.

Le cyanate de phényle s'unit aux amidines en donnant d'abord des diuréides, mais celles-ci sont peu stables : elles se dédoublent avec la plus grande facilité en phénylurée et en uréide :

$$R.C \left\langle \begin{matrix} AzH \\ AzH^2 \end{matrix} \right. + 2C^6H^5AzCO$$

$$= R.C \left\langle \begin{matrix} Az - CO - AzH.C^6H^5 \\ AzH - CO - AzH.C^6H^5 \end{matrix} \right.$$

$$R.C \left\langle \begin{matrix} Az.CO - AzH.C^6H^5 \\ AzH - CO - AzH.C^6H^5 \end{matrix} \right. + H^2O$$

$$= R.CO.AzH.CO.AzH.C^6H^5$$

$$+ AzH^2.CO.AzH.C^6H^5.$$

L'isocyanate de phényle s'unit molécule à molécule aux amidines en donnant naissance aux urées correspondantes :

$$R - C \left\langle \begin{matrix} AzH \\ AzH^2 \end{matrix} \right. + C^6H^5.AzCO$$

$$= R - C \left\langle \begin{matrix} AzH \\ AzH - CO - AzH - C^6H^5 \end{matrix} \right.$$

Si le groupement AzH^2 est substitué, on obtient des urées de la forme :

$$R - C \left\langle \begin{matrix} Az - COAzH.C^6H^5 \\ Az \left\langle \begin{matrix} R_1 \\ R_2 \end{matrix} \right. \end{matrix} \right.$$

[Wheeler, *Am. Chem. Journ.*, 4, 1901, 1890].

L'isosulfocyanate de phényle donne naissance aux thio-urées correspondantes :

$$R.C \left\langle \begin{matrix} AzH \\ AzH^2 \end{matrix} \right. + C^6H^5AzCS$$

$$= R.C \left\langle \begin{matrix} AzH \\ AzH.CS.AzH.C^6H^5 \end{matrix} \right.$$

L'hydroxylamine transforme les amidines en amidoximes :

$$R.C \left\langle \begin{matrix} AzH \\ AzH^2 \end{matrix} \right. + AzH^2.OH = R.C \left\langle \begin{matrix} AzOH \\ AzH^2 \end{matrix} \right. + AzH^3.$$

Les aldéhydes se combinent en général aux amidines avec élimination d'eau ; mais les produits de ces condensations sont peu stables et encore mal étudiés.

Les diazoïques réagissent sur les amidines comme sur les amines primaires, en donnant naissance à des diazoamidés qui sont décomposables par l'eau bouillante :

$$R.C \left\langle \begin{matrix} AzH \\ AzH^2 \end{matrix} \right. + R'Az^2Cl$$

$$= HCl + R.C \left\langle \begin{matrix} AzH \\ AzH \quad Az - AzR' \end{matrix} \right.$$

La condensation des amidines avec l'éther acétylacétique et avec les éthers β-cétoniques de la série grasse donne naissance aux oxypyrimidines correspondantes :

$$R.C \left\langle \begin{matrix} AzH \\ AzH^2 \end{matrix} \right. + \begin{matrix} CO - CH^3 \\ | \\ CH^2.CO^2C^2H^5 \end{matrix}$$

$$= R.C \left\langle \begin{matrix} Az - C - CH^3 \\ \geqslant CH \\ Az = C(OH) \end{matrix} \right. + C^2H^5OH.$$

Avec les éthers cétoniques de la série aromatique, la réaction s'effectue entre 2 molécules d'amidine et 1 molécule de l'éther, et l'on obtient des composés de constitution analogue à celle de la cyaphénine.

Pour caractériser les amidines sans les décomposer en acide et ammoniaque, Dickmann, [*D. chem. G.*, **25**, 546, 1892] les transforme en picrates. Il suffit pour cela d'ajouter une solution aqueuse d'acide picrique à la solution du chlorhydrate d'amidine ; le picrate se précipite et cristallise facilement dans l'eau.

Les amidines monosubstituées et les amidines disubstituées possèdent des propriétés générales analogues à celles qui viennent d'être décrites. Elles sont cependant un peu plus stables à l'état libre.

Tandis que les amidines non substituées donnent des azotites stables, les amidines substituées se comportent de diverses manières ; par exemple les dérivés éthylés donnent des azotites stables, les dérivés phénylés donnent des azotites instables [Lossen, *Ann. Chem.*, **265**, 170-178, 1891].

La phénylhydrazine réagit sur les amidines substituées pour donner de nouvelles amidines substituées qui résultent du remplacement du radical fixé sur le groupement AzH^2 par le radical $AzHC^6H^5$. C'est ainsi que la diphénylformamidine,

$$CH \left\langle \begin{matrix} AzC^6H^5 \\ AzHC^6H^5 \end{matrix} \right.$$

est transformée en l'amidine suivante :

$$CH \left\langle \begin{matrix} AzC^6H^5 \\ AzH - AzHC^6H^5 \end{matrix} \right.$$

en même temps qu'il se forme de l'aniline [Walter, *J. prakt. Chem.* **53**, 433].

Les amidines disubstituées mixtes du type

$$R.C \left\langle \begin{matrix} AzX \\ AzHY \end{matrix} \right.$$

présentent, suivant Pechmann [*D. chem. G.*, **27**, 1699 ; **28**, 869, et 2362, 1895], le phénomène de tautomérie, c'est-à-dire qu'on ne connaît qu'un seul dérivé correspondant à la formule ci-dessus, ou à celle dans laquelle on a inversé X et Y :

$$R.C \left\langle \begin{matrix} AzY \\ AzHX \end{matrix} \right.$$

Lorsque X et Y sont tous deux des radicaux aromatiques, on obtient deux dérivés différents par méthylation du produit primitif, de sorte qu'on peut admettre que ce dernier renferme deux produits, identiques par leurs propriétés. Si X représente les radicaux suivants :

$$H, \quad CH^3, \quad AzHC^6H^5, \quad CH^2C^6H^5$$

et Y un radical aromatique, on obtient un seul dérivé méthylé qui répond toujours à la formule :

$$R - C \left\langle \begin{matrix} AzX \\ Az(CH^3)Y \end{matrix} \right.$$

de sorte qu'on peut admettre pour les amidines du deuxième type la constitution suivante :

$$R-C\begin{matrix}\lessgtr AzX\\ AzHY\end{matrix}$$

Y étant seul un radical aromatique.

Pechmann propose de ce fait l'interprétation suivante :

Ces amidines sont obtenues en faisant réagir une amine AzH^2Y sur une imide chlorée

$$R-C\begin{matrix}\lessgtr AzX\\ Cl\end{matrix};$$

il se ferait immédiatement une addition donnant :

$$R-C(Cl)\begin{matrix}< AzHX\\ AzHY\end{matrix}$$

suivie d'un départ d'acide chlorhydrique. Le produit intermédiaire est le même, que le groupe X soit introduit par l'imide ou par l'amide. Si les groupes X et Y sont peu différents, le départ d'acide chlorhydrique se fera indifféremment aux dépens de l'hydrogène du groupe AzHX ou AzHY, et par suite le produit obtenu est un mélange de deux isomères de propriétés très voisines, mais dont les dérivés diffèrent sensiblement. Si par contre les radicaux X et Y se ressemblent très peu, l'hydrogène n'est pas pris indifféremment aux deux groupes et l'on n'obtient qu'un seul corps.

Quelque temps après Walter [*Journ. f. prakt. Chem.*, 55, 41] décrivit deux amidines isomères répondant aux formules :

$$CH\begin{matrix}\lessgtr AzC^6H^5\\ AzHC^6H^4CH^3\end{matrix} \quad \text{et} \quad CH\begin{matrix}\lessgtr AzC^6H^4CH^3\\ AzHC^6H^5\end{matrix}$$

L'une de ces amidines fondait à 98° et donnait un chloroplatinate fusible à 207°; l'autre fondait à 102° et donnait un chloroplatinate fusible à 218°.

Wheeler et Johnson [*D. chem. G.*, 32, 35, 1899], surpris de ces résultats en contradiction avec les recherches de Pechmann, ont repris les expériences de Walter et ont montré que ces deux composés étaient constitués par des mélanges, dus à l'emploi de matières premières impures; avec des matières premières purifiées ils n'ont obtenu qu'une seule amidine.

Enfin les recherches de Marckwald [*Ann. Chem.*, 386, 343-368] confirment les résultats de Pechmann, et montrent que les amidines disubstituées du type ci-dessus présentent des phénomènes de tautomérie et non d'isomérie.

Les *oxyamidines* disubstituées présentent l'isomérie. Les composés

$$R-C\begin{matrix}\lessgtr AzX\\ Az(OH)Y\end{matrix} \quad \text{et} \quad R-C\begin{matrix}\lessgtr AzY\\ Az(OH)X\end{matrix}$$

sont réellement isomères. C'est ainsi que l'oxyamidine obtenue à partir de la p-tolylhydroxylamine et de l'iminochlorure de la benzanilide est nettement différente de celle obtenue au moyen de la phénylhydroxylamine et de l'iminochlorure de la benzoyl-p-toluidine. La réduction de deux oxyamidines isomères conduit à la même amidine.

Les amidines disubstituées dissymétriques présentent la particularité de perdre une molécule d'ammoniaque lorsqu'on les chauffe, et de donner naissance à des sortes de dérivés cycliques d'un acide iminoglyoxylique :

$$2CH\begin{matrix}\lessgtr AzH\\ AzR^2\end{matrix} = AzH^3 + \begin{matrix}C-\lessgtr AzR^2\\ |\quad\quad Az\\ CH\cdot\ AzR^2\end{matrix}$$

La description rapide des amidines sera effectuée dans l'ordre de grandeur croissant du radical R.

Pour nommer les amidines substituées nous écrirons tout d'abord le radical substituant du groupe AzH^2, en l'affectant de l'indice *a*, puis le radical substituant du groupe AzH en l'affectant de l'indice *b*, et enfin nous ferons suivre du nom de l'amidine substituée. Dans le cas des amidines substituées symétriques, pour lesquelles on peut donner deux formules, nous écrirons indifféremment l'une ou l'autre de ces formules, puisqu'elles représentent des substances tautomères.

Nous ne décrirons pas dans ce chapitre les composés de la forme

$$R-C\begin{matrix}\lessgtr Az\\ AzH\end{matrix}\!\!>R'$$

qui sont parfois regardés comme des amidines substituées, mais qui en diffèrent par leurs modes de préparation et par leurs propriétés.

FORMAMIDINE,

$$CH\begin{matrix}\lessgtr AzH\\ AzH^2\end{matrix}$$

— La formamidine prend naissance par action du chlorhydrate d'acide cyanhydrique sur les amines primaires (directement ou en solution benzénique). Il se forme une molécule de formamidine et une molécule de formamidine substituée [Dains, *D. chem. G.*, 35, 2496-2511, 1902].

$$CH\begin{matrix}\lessgtr AzH\\ AzH-CHCl^2\end{matrix}, HCl + 2RAzH^2$$
$$= CH\begin{matrix}\lessgtr AzH\\ AzH^2\end{matrix}.HCl + CH\begin{matrix}\lessgtr AzR\\ AzHR\end{matrix} + HCl.$$

La diphénylamine, la benzidine, l'o-phénylènediamine, la phénylhydrazine donnent des réactions différentes.

Cette réaction confirme la formule attribuée au chlorhydrate d'acide cyanhydrique par MM. Gattermann et Schnitzspahn, qui l'envisagent comme la *dichlorométhylformamidine*. Cette manière de voir est d'ailleurs conforme aux autres propriétés de ce composé, entre autres les suivantes [Gattermann et Schnitzspahn, *D. chem. G.*, 31, 1770, 1898]; sa décomposition par l'alcool :

$$CH\begin{matrix}\lessgtr AzH\\ AzH.CHCl^2\end{matrix}.HCl + 2C^2H^5OH$$
$$= 2C^2H^5Cl + CH^2O^2 + CH\begin{matrix}\lessgtr AzH\\ AzH^2\end{matrix}, HCl;$$

Son action sur le benzène en présence du chlorure d'aluminium :

$$CH\begin{matrix}\lessgtr AzH\\ AzH.CHCl^2\end{matrix}, HCl + 2C^6H^6$$
$$= 2HCl + CH\begin{matrix}\lessgtr AzH\\ AzH-CH\begin{matrix}< C^6H^5\\ C^6H^5\end{matrix}\end{matrix}, HCl.$$

La formamidine libre se décompose spontanément en ammoniaque et en acide cyanhydrique. Son picrate fond à 248°. Chauffée avec de l'anhydride acétique en présence d'acétate de sodium, elle se transforme en un mélange de *méthényltriacétamide*

$$CH(AzHCOCH^3)^3$$

et de *triacétylglyoxylimidine*.

La méthényltriacétamide cristallise en prismes aigus, peu solubles dans l'eau et dans l'alcool. Elle se sublime sans fondre à haute température.

La *triacétylglyoxylimidine*,

$$\begin{matrix}CH=Az.COCH^3\\ |\\ C\begin{matrix}\lessgtr Az.COCH^3\\ AzH.COCH^3\end{matrix}\end{matrix}$$

se présente sous la forme de prismes fusibles à 224°. Elle est soluble dans l'eau bouillante, peu soluble dans l'eau froide. Les acides minéraux la décomposent facilement.

La formamidine se comporte d'une façon tout à fait spéciale vis-à-vis de l'éther acétylacétique; tandis que les autres amidines donnent naissance en pareil cas à une pyrimidine, la formamidine s'unit à une molécule d'éther en perdant de l'ammoniaque et de l'eau et en donnant de l'éther β-cyanocrotonique :

$$CH \lessgtr \begin{matrix} AzH \\ AzH^2 \end{matrix} + \begin{matrix} CO.CH^3 \\ | \\ CH^2.CO^2C^2H^5 \end{matrix}$$
$$= H^2O + CH^3.C(CAz)=CH.CO^2C^2H^5 + AzH^3.$$

L'éther β-cyanocrotonique cristallise en aiguilles brillantes, fusibles à 70-71°, solubles dans l'alcool, l'éther et le benzène, peu solubles dans l'eau, les acides et les alcalis.

Les formamidines substituées réagissent vers 150° sur les composés qui renferment un groupement CH^2 acide, en donnant naissance aux dérivés amino-méthyléniques correspondants :

$$CH \lessgtr \begin{matrix} AzC^6H^5 \\ AzHC^6H^5 \end{matrix} + CH^2 \lessgtr \begin{matrix} COCH^3 \\ COCH^3 \end{matrix}$$
$$= C^6H^5AzH^2 + C^6H^5-AzH-CH=C \lessgtr \begin{matrix} COCH^3 \\ COCH^3 \end{matrix}$$

S'il y a un groupe carboxéthyle, celui-ci est transformé en groupement amidé [Dains, *D. chem. G.*, **35**, 2196, 1902].

Diéthylformamidine a.b. — Le chlorhydrate de cette base se prépare en traitant le chlorhydrate de l'éther formiminoéthylique par une solution d'éthylamine dans l'alcool absolu. Il se présente sous la forme de paillettes blanches très solubles dans l'eau.

Le *chloroplatinate*,

$$\left(CH \lessgtr \begin{matrix} Az.C^2H^5 \\ AzH.C^2H^5 \end{matrix}, HCl\right)^2, PtCl^4,$$

se présente sous la forme de prismes rouges clinorhombiques, qui fondent à 197-198°.

La méthylphénylformamidine ne peut être préparée par le même procédé, car si l'on fait agir la méthylaniline sur l'éther formiminoéthylique, on obtient uniquement de la méthylformanilide :

$$CH \lessgtr \begin{matrix} AzH.HCl \\ OC^2H^5 \end{matrix} + C^6H^5AzH.CH^3$$
$$= CH \lessgtr \begin{matrix} AzH.HCl \\ Az(CH^3).C^6H^5 \end{matrix} + C^2H^5OH,$$
$$CH \lessgtr \begin{matrix} AzH.HCl \\ Az(CH^3).C^6H^5 \end{matrix} + H^2O$$
$$= AzH^4Cl + C^6H^5Az(CH^3).CHO.$$

Éthoxyformamidine b.

$$CH \lessgtr \begin{matrix} AzOC^2H^5 \\ AzH^2 \end{matrix}$$

— Elle se forme quand on chauffe 4 heures au réfrigérant ascendant de l'isurétine en solution alcoolique avec de l'éthylate de sodium et de l'iodure d'éthyle.

Elle se présente sous la forme d'une huile, faiblement basique, soluble dans l'eau, qui bout sans décomposition à 170-175°.

Le chloroplatinate fond à 153°.

Avec l'α-benzylhydroxylamine elle donne une α-benzylcarbyloxime en très faible quantité [Nef, *Ann. Chem.*, **280**, 340, 342, 1893].

Formamido-diazoaminoformamidine,

$$AzH^2-COAz=Az-AzH-C \lessgtr \begin{matrix} AzH \\ AzH^2 \end{matrix} + H^2O.$$

— Ce composé s'obtient en faisant agir les acides minéraux sur le cyanure :

$$CAz-Az=Az-AzH-C \lessgtr \begin{matrix} AzH \\ AzH^2 \end{matrix}$$

lequel résulte de l'action du cyanure de potassium sur le nitrate de diazoguanidine.

La formamido-diazoaminoformamidine se présente en aiguilles jaunes détonant à 140°.

Le chlorhydrate se décompose à 141°.

L'éther

$$C^6H^5CO^2Az=Az-AzH-C \lessgtr \begin{matrix} AzH^2 \\ AzH \end{matrix}$$

cristallise en aiguilles jaunes fusibles à 162° [Thiele et Osborne, *D. chem. G.*, **30**, 2867, 1897].

Allylformamidine (disulfure). — L'allylsulfo-urée oxydée par l'eau oxygénée en solution sulfurique est transformée en disulfure d'allylformamidine :

$$\begin{matrix} S-C \lessgtr \begin{matrix} AzHC^3H^5 \\ AzH \end{matrix} \\ | \\ S-C \lessgtr \begin{matrix} AzHC^3H^5 \\ AzH \end{matrix} \end{matrix}$$

Ce composé est isolé par concentration de la liqueur préalablement privée d'acide sulfurique.

Il se présente sous la forme d'une huile incolore, qui devient vitreuse; il est soluble dans l'eau bouillante, l'alcool, peu soluble dans l'éther et dans l'eau froide, insoluble dans le chloroforme et le benzène.

C'est une base diacide dont les sels sont très solubles dans l'eau.

Le *sulfate*, $C^8H^{14}Az^4S^2.SO^4H^2.H^2O$ est une masse blanche, visqueuse, incristallisable.

Le *picrate*, $C^8H^{14}Az^4S^2.2C^6H^3O^7$, cristallise dans l'eau bouillante en petits grains jaunes fusibles à 178°-180°.

Le *chloroplatinate*:

$$C^8H^{14}Az^4S^2.2HClPtCl^4.2H^2O,$$

est une masse solide d'un brun rougeâtre. Le *chloromercurate*, $C^8H^{14}Az^4S^2.4HgCl^2$, est une poudre cristalline blanche fusible à 171°-172°, insoluble dans l'acide acétique.

Diphénylformamidine a.b.

$$CH \lessgtr \begin{matrix} AzC^6H^5 \\ AzHC^6H^5 \end{matrix}$$

— Indépendamment des procédés déjà indiqués (1er supp., 115), la diphénylformamidine prend naissance :

1° Lorsqu'on décompose le chlorure de phénylimidopyruvyle

$$C^6H^5-Az=C \lessgtr \begin{matrix} Cl \\ COCH^3 \end{matrix}$$

par l'eau [Nef, *Ann. Chem.*, **270**, 330, 1892].

2° Par l'action du chlorhydrate d'acide cyanhydrique sur l'aniline [Dains, *loc. cit.*].

Claisen [*Ann. Chim.*, **287**, 360, 371], puis Walther [*J. prakt. Chem.*, **52**, 429] ont en outre étudié les conditions de la préparation de la diphénylformamidine au moyen de l'éther orthoformique et de l'aniline, préparation déjà indiquée par Wichelhaus.

Le chlorhydrate est soluble dans l'eau; il se décompose facilement en formanilide et anilide.

Diphénylchloroformamidine,

$$ClC \lessgtr \begin{matrix} AzC^6H^5 \\ AzHC^6H^5 \end{matrix}$$

— Elle résulte de la fixation de l'acide chlorhydrique sur la carbodiphénylimide $(C^6H^5Az)^2C$.

Elle fond à 92°-95°. L'éthylate de sodium la transforme en *éthylisocarbanilide*,

$$C^2H^5O\,C \lessgtr {AzC^6H^5 \atop AzHC^6H^5}$$

liquide mobile, qui distille vers 205-206° sous 25 millimètres [Lengfeld et Stieglitz, *Am. Chem. J.*, **17**, 98, 1897].

2.4. *Dichlorophényl-phénylformamidine a.b.*

$$CH \lessgtr {AzC^6H^5 \atop AzHC^6H^3Cl^2}$$

— Elle se forme lorsqu'on fait réagir la dichloraniline 2.4. sur l'éthylisoformanilide. Elle se présente en lamelles fusibles à 159° [Wheeler et Boltwood, *Am. Chem. J.*, **18**, 381, 1897].

Le dérivé dibromé correspondant fond à 135° [Walter, *loc. cit.*].

Nitrodiphénylformamidines. — Ces composés ont été obtenus par Dains [*loc. cit.*] en faisant agir le chlorhydrate d'acide cyanhydrique sur les anilines mononitrées m. et p., puis par Walter [*loc. cit.*] en faisant réagir les anilines mononitrées o. m. et p. sur l'éther orthoformique.

L'*orthonitrodiphénylformamidine* fond à 124-125°.

La *métanitrodiphénylformamidine* fond à 199-200°.

La *paranitrodiphénylformamidine* fond à 236-237°.

Walter a ensuite préparé une *tribromodiphénylformamidine* fusible à 78°.

La *di-p-tolyl-a.b-formamidine* s'obtient en chauffant la p-toluidine avec la p-tolylcarbylamine à 200°. Elle fond à 140° d'après Smith [*Am. Chem. Journ.*, **16**, 372, 1896], à 117° d'après Walther [*loc. cit.*]. Ce dernier a en outre préparé la *di-o-tolylformamidine a.b*, qui fond à 149°, en faisant réagir l'orthotoluidine sur l'éther orthoformique.

Dains [*loc. cit.*], en faisant agir le chlorhydrate d'acide cyanhydrique sur différentes amines, a préparé les dérivés suivants de la formamidine :

La *di-m-xylylformamidine a.b*, qui forme des aiguilles fusibles à 131° ; son chlorhydrate fond en se décomposant à 243° ; le chloroplatinate fond à 201° et le picrate à 228°.

La *dipseudocumylformamidine*, qui se présente en aiguilles soyeuses, fusibles à 160° ; son chlorhydrate fond à 236°.

La *di-β-naphtylformamidine*, formant des aiguilles fusibles à 186°.

Comstock et Wheeler [*Am. Chem. Journ.*, **13**, 514, 1896], en faisant agir différentes amines sur les iminoéthers substitués, ont préparé un certain nombre de formamidines substituées :

La *dinitrodiphénylformamidine* (métanitraniline et isoformanilide), qui fond à 195-196°.

La *di-α-naphtylformamidine* (α-naphtylamine et isoformo-α naphtalide), fusible à 199°.

La *phényl-α-naphtylformamidine* (aniline et méthylène-isoformo-α-naphtalide), qui fond à 142°.

La *phénylbenzylformamidine*, fusible à 80°.

La *cyanophénylformamidine a.b*,

$$CH \lessgtr {AzC^6H^5 \atop AzHCAz}$$

(cyanamide et méthylisoformanilide), qui fond à 138°.

La *cyanoparatoluylformamidine*, fusible à 176-177°.

La *diéthylphénylformamidine a b*,

$$CH \lessgtr {AzC^6H^5 \atop Az(C^2H^5)^2}$$

(méthylisoformanilide et diéthylamine). C'est une substance incolore, inodore, qui bout à 273-275°. Son *chloraurate*, $C^{11}H^{16}Az^2,HCl,AuCl^3$, est insoluble dans l'eau, il fond à 147°.

La *méthylphénylformamidine a.b*,

$$CH \lessgtr {AzC^6H^5 \atop Az(CH^3)(C^6H^5)}$$

bout à 214° sous 22 millimètres. Son *chloraurate* cristallise dans l'alcool en aiguilles jaunes fusibles à 145°.

La *triphénylchloroamidine*,

$$(C^6H^5)^2 = CCl = AzC^6H^5,$$

obtenue par action du pentachlorure de phosphore sur la triphénylurée, fond à 91° et bout à 240-250° sous 24 millimètres [Steindorff, *D. chem. G.*, **37**, 963, 1904].

La *diphényl-p-chloramidine*,

$$(C^6H^5)^2 = CCl = AzC^6H^4\ CH^3,$$

fond à 105-107° et bout à 240-250° sous 30 millimètres [Steindorff, *loc. cit.*].

ACÉTAMIDINE,

$$CH^3.C \lessgtr {AzH \atop AzH^2}$$

— Le *chlorhydrate d'acétamidine* se prépare comme celui de la formamidine en faisant réagir l'ammoniaque alcoolique sur le chlorhydrate de l'éther acétiminoéthylique. Il cristallise en prismes brillants, déliquescents, fusibles 166-167°.

Le *picrate* d'acétamidine fond à 245°.

Le cyanate de phényle se combine à l'acétamidine en solution alcaline en donnant naissance à la *diuréide* correspondante :

$$CH^3.C \lessgtr {AzH \atop AzH^2} + 2C^6H^5AzCO$$

$$= CH^3.C \lessgtr {Az.CO.AzH.C^6H^5 \atop AzH.CO.AzH.C^6H^5}.$$

Celle-ci se présente sous la forme de fines aiguilles fusibles à 169°, solubles dans l'alcool, l'éther et l'acétone bouillante. Les acides la dédoublent facilement en *phénylurée* et en *acétylphénylurée* :

$$CH^3.C \lessgtr {AzH.CO.AzH.C^6H^5 \atop Az.CO.AzH.C^6H^5}$$

$$= CH^3.CO.AzH.CO.AzH.C^6H^5$$

$$+ AzH^2.CO.AzH.C^6H^5.$$

[Pinner, *loc. cit.*].

L'acétamidine s'unit facilement à froid aux éthers pyridoylacétiques sodés, pour donner naissance à la méthyl-α-pyridyloxypyrimidine,

$$CH^3-C \lessgtr {Az=C-C^5H^4Az \atop Az-C(OH)} \gtrless CH$$

composé fusible à 270°, soluble dans l'alcool [Pinner, *D. chem. G.*, **34**, 4242, 1901].

Méthylacétamidine a,

$$CH^3.C \lessgtr {AzH \atop AzH.CH^3}$$

— Le *chlorhydrate* de cette base cristallise en tables solubles dans l'eau, peu solubles dans l'alcool. Il fond vers 218°.

Ethylacétamidines. — L'éthylamine réagit à froid en solution aqueuse sur le chlorhydrate de l'éther acétiminoéthylique, en donnant naissance à un mélange de *monoéthyl* et de *diéthylacétamidine a b*,

$$CH^3.C \lessgtr {Az.C^2H^5 \atop AzH^2} \qquad CH^3.C \lessgtr {Az.C^2H^5 \atop AzH.C^2H^5}$$

Le *chlorhydrate de monoéthylacétamidine* cristallise en prismes incolores, solubles dans l'alcool et dans l'acétone.

Celui de *diéthylacétamidine* est sirupeux. La base elle-même est liquide, soluble dans l'alcool et dans l'eau, peu soluble dans la soude et dans l'éther. Elle bout à 162-163°.

Le *chlorhydrate de dipropylacétamidine a a*,

$$CH^3 . C \lesssim^{AzH}_{Az(C^3H^7)^2} , HCl,$$

cristallise en prismes fusibles à 171°, solubles dans l'eau et dans la plupart des dissolvants organiques.

Di-p-tolylacétamidine a b,

$$CH^3 - C \lesssim^{AzC^7H^7}_{AzHC^7H^7}$$

— MM. Wallach et Wüsten (*Bull. Soc. Chim.*, **40**, 20) avaient obtenu, suivant qu'ils préparaient ce corps par l'action de la thiacétotoluide sur le chlorhydrate d'aniline ou par l'action de la thiacétanilide sur le chlorhydrate de p-toluidine, deux acétamidines fusibles, la première à 142-143°, la seconde à 140°.

Pechmann d'une part [*D. chem. G.*, **27**, 1679-1693, 1894], et Marckwald d'autre part [*Ann. Chem.*, **286**, 363-368, 1894], en répétant ces opérations n'obtinrent qu'une seule amidine fusible à 144-145°. Dans le deuxième cas, la seule différence réside dans la lenteur de la réaction.

Di-p-tolylbromoacétamidine a b,

$$CH^2Br - CH \lesssim^{AzC^7H^7}_{AzHC^7H^7}$$

— Ce composé a été préparé en faisant agir la potasse alcoolique sur la bromovinylidène-p-oxalotoluide :

$$\begin{array}{l} CO - Az(C^7H^7) \\ | \\ CO - Az(C^7H^7) \end{array} \Big> C = CHBr + 2H^2O$$

$$= CO^2H - CO^2H + CH^2Br - CH \lesssim^{AzC^7H^7}_{AzHC^7H^7}$$

Il se présente en lamelles brillantes qui deviennent brunes à 160° et fondent à 166-167°. Le picrate fond à 148° [Pechmann et Ansel, *D. chem. G.*, **33**, 613, 1900].

PROPIONAMIDINE,

$$C^2H^5 . C \lesssim^{AzH}_{AzH^2}$$

— La propionamidine libre est un liquide qui bout à 185°. Elle se décompose déjà à l'air humide en propionamide et en ammoniaque. Elle est soluble dans l'eau et dans l'alcool.

L'azotite de propionamidine, $C^3H^8Az^2, AzO^2H$ se présente en cristaux fusibles à 116°, solubles dans l'eau et dans l'alcool.

L'action du cyanate de phényle sur la propionamidine fournit la diuréide correspondante

$$C^2H^5 . C \lesssim^{Az . CO . AzH . C^6H^5}_{AzH . CO . AzH . C^6H^5}$$

qui cristallise dans l'acétone en fines aiguilles fusibles à 170°, solubles dans l'alcool et dans l'éther. Elle se dédouble déjà sous l'influence de l'alcool bouillant en propionylphénylène et en phénylurée [Pinner, *loc. cit.*].

L'action de l'éthylamine sur l'éther propioniminoéthylique donne naissance à un mélange d'*éthylpropionamidine* et de *diéthylpropionamidine a b*, qui bout vers 173-175°.

La *diéthylpropionamidine a a*,

$$C^2H^5 . C \lesssim^{AzH}_{Az(C^2H^5)^2}$$

constitue un liquide caustique, soluble dans l'eau, l'alcool et l'éther, qui bout vers 182-183°.

Le *chlorhydrate* se présente sous la forme d'une masse cristalline très hygroscopique.

La *dipropylpropionamidine a a* est également liquide. Elle bout vers 203-204° et possède des propriétés basiques très accentuées.

La *diphénylpropionamidine a. b*,

$$C^2H^5 - C \lesssim^{AzC^6H^5}_{AzHC^6H^5}$$

se forme lorsqu'on fait agir la potasse alcoolique sur la méthyléthylène-oxanilide. Elle fond à 105° [Pechmann et Ansel, *D. chem. G.*, **33**, 613].

BUTYRAMIDINES,

$$C^3H^7 . C \lesssim^{AzH}_{AzH^2}$$

La *n-butyramidine* se présente sous la forme d'un liquide huileux extrêmement peu stable. Elle se décompose en nitrile butyrique et en acétamide lorsqu'on la traite par l'anhydride acétique.

Le *chlorhydrate* cristallise en paillettes hygroscopiques solubles dans l'eau, l'alcool et le benzène, insolubles dans l'éther. Il fond vers 94-96°.

Le *chloroplatinate*, $(C^4H^{10}Az^2 . HCl)^2 PtCl^4$, fond vers 204° en se décomposant. Il se présente sous la forme d'aiguilles rouges qui sont assez solubles dans l'eau.

L'*azotate*, $C^4H^{10}Az^2$, AzO^3H, cristallise en tables rhombiques, fusibles à 153°, solubles dans l'alcool et dans l'eau.

L'isocyanate de phényle transforme la butyramidine dans la *diuréide* correspondante, qui cristallise en aiguilles solubles dans l'acétone, l'alcool et le benzène, et qui fond à 169°.

Avec l'isosulfocyanate de phényle, on obtient la *phénylthio-urée*,

$$C^3H^7 . C \lesssim^{AzH}_{AzH . CS . AzH . C^6H^5},$$

sous la forme de prismes jaunâtres, fusibles à 74°, solubles dans les dissolvants organiques et insolubles dans l'eau.

La butyramidine se combine au chlorure de diazobenzène en solution alcaline, en donnant naissance à la combinaison suivante :

$$C^3H^7 . C \lesssim^{AzH}_{AzH . Az = Az . C^6H^5}.$$

Celle-ci cristallise en paillettes jaunes, solubles dans les dissolvants organiques, peu solubles dans l'eau. Elle fond à 254° en se décomposant.

La *diméthylbutyramidine a b*,

$$C^3H^7 . C \lesssim^{Az . CH^3}_{AzH . CH^3}$$

se présente sous la forme d'un liquide caustique assez instable.

Le *chloroplatinate* cristallise en aiguilles rougeâtres, solubles dans l'alcool et dans l'eau. Il fond vers 196° en se décomposant.

La *diméthylbutyramidine a a*,

$$C^3H^7 . C \lesssim^{AzH}_{Az(CH^3)^2}$$

bout à 160°. Elle perd spontanément de l'ammoniaque à l'air humide.

Le *chlorhydrate* cristallise en aiguilles blanches déliquescentes, fusibles à 126°, solubles dans la plupart des dissolvants organiques.

Isobutyramidine. — La base libre est constituée par un liquide peu stable.

Le *chlorhydrate*, $C^4H^{10}Az^2 . HCl$, cristallise en tables déliquescentes, fusibles à 161°.

Le *chloroplatinate* se présente sous la forme d'aiguilles rougeâtres, solubles dans l'alcool et dans l'eau. Il fond vers 197°.

Le *nitrate* fond à 116°. Il est cristallisé en larges aiguilles très solubles dans l'alcool et dans l'eau.

La *diuréide*,

$$(CH^3)^2{=}CH . C \begin{matrix} \nearrow Az . CO . AzH . C^6H^5 \\ \searrow AzH \; CO . AzH . C^6H^5 \end{matrix}$$

cristallise en fines aiguilles fusibles à 161°. L'acide acétique bouillant la dédouble en isobutyrylphénylurée, fusible à 140°, et en phénylurée.

L'*isobutyramidine-phénylthio-urée*,

$$C^3H^7 . C \begin{matrix} \nearrow AzH \\ \searrow AzH . CS . AzH . C^6H^5, \end{matrix}$$

se présente sous la forme de paillettes nacrées, fusibles à 104°. Elle est soluble dans les dissolvants organiques, mais non dans l'eau qui la décompose à chaud.

La *diméthylisobutyramidine aa*,

$$(CH^3)^2{=}CH . C \begin{matrix} \nearrow AzH \\ \searrow Az(CH^3)^2 \end{matrix}$$

n'a pas été isolée. Son *chlorhydrate* cristallise en octaèdres déliquescents, solubles dans l'acétone. Il fond à 192°.

La *diéthylisobutyramidine ab* est très instable. Le *chloroplatinate* correspondant se présente sous la forme d'aiguilles rouges, fusibles à 179° en se décomposant. Il est soluble dans l'alcool et dans l'eau [Pinner *loc. cit.*].

La *diphénylisobutyramidine a.b*,

$$(CH^3)^2{=}CH - C \begin{matrix} \nearrow AzC^6H^5 \\ \searrow AzHC^6H^5 \end{matrix}$$

résulte de l'action de la potasse alcoolique sur la diméthyléthylène-oxanilide. Elle fond à 90-91° [Pechmann et Ansel, *loc. cit.*].

L'acide cyanhydrique réagit sur la nitrosoisobutyramidine pour donner un composé appelé *porphyroxine* par Piloty et Vogel [*D. chem. G.*, 36, 1283-1304, 1903]:

$$HCAz + \begin{matrix} (CH^3)^2 = C - AzO \\ | \\ AzH = C - AzH^2 \end{matrix}$$

$$= \begin{matrix} (CH^3)^2 = C — Az - OH \\ \quad | \qquad\quad | \\ {}^{AzH^2 \searrow}_{AzC \nearrow} C — AzH \\ \text{I.} \end{matrix} \quad \text{ou} \quad \begin{matrix} (CH^3)^2 C — AzOH \\ | \qquad\quad > C = AzH \\ AzH = C — AzH \\ \text{II.} \end{matrix}$$

La formule I doit être rejetée, parce que l'acide cyanhydrique ne réagit pas sur les amidines (acétamidine, benzamidine). La porphyroxine est donc une *oxydiiminodiméthylhydantoïne*.

Capronamidine,

$$C^5H^{11} . C \begin{matrix} \nearrow AzH \\ \searrow AzH^2 \end{matrix}$$

— La *base* libre est liquide et possède une odeur désagréable.

Le *chlorhydrate*, $C^6H^{14}Az^2 . HCl$, cristallise dans l'alcool en paillettes fusibles à 107°.

Le *chloroplatinate*, $(C^6H^{14}Az^2 . HCl)^2PtCl^4$, se présente sous la forme de paillettes orangées, solubles dans l'eau bouillante. Il fond vers 199° en se décomposant.

L'action de l'anhydride acétique bouillant sur la capronamidine donne naissance à un mélange de nitrile et d'acide caproïque.

En faisant agir l'oxychlorure de carbone sur une solution alcaline de capronamidine, on obtient le *biuret*

$$C^5H^{11} . C \begin{matrix} \nearrow AzH \\ \searrow AzH - CO - AzH - CO - AzH \end{matrix} \begin{matrix} AzH \searrow \\ \nearrow \end{matrix} C . C^5H^{11}$$

sous la forme de fines aiguilles blanches, solubles dans l'alcool, peu solubles dans l'eau, qui fondent vers 236° en se décomposant.

Sébacinamidine,

$$C^9H^{21} . C \begin{matrix} \nearrow AzH \\ \searrow AzH^2 \end{matrix}$$

— Le *chlorhydrate* de cette amidine, ainsi que ceux des amidines grasses qui suivent, a été préparé [Eitner Wetz, *D. chem. G.*, 26, 2840, 1893] en faisant agir sur le chlorhydrate de l'iminoéther correspondant une solution alcoolique d'ammoniaque.

Il fond à 166-167°, et ne se décompose pas a 200°. Il est assez soluble dans l'eau, soluble dans l'alcool, insoluble dans l'éther.

Il forme un *chloroplatinate*,

$$(C^{10}H^{24}Az^2HCl)^2PtCl^4.$$

Lauramidine,

$$C^{11}H^{24} - C \begin{matrix} \nearrow AzH \\ \searrow AzH^2 \end{matrix}$$

— Le *chlorhydrate* fond à 128-129°; il n'est pas décomposé à 180°. Il est peu soluble dans l'eau, dans laquelle il cristallise en feuilles brillantes; il est insoluble dans l'éther.

Il fournit un *chloroplatinate*,

$$C^{12}H^{27}Az^2HCl)^2PtCl^4.$$

Myristamidine,

$$C^{13}H^{28} - C \begin{matrix} \nearrow AzH \\ \searrow AzH^2 \end{matrix}$$

— Le *chlorhydrate* se ramollit à 135°; à une température plus élevée il devient visqueux, puis prend l'aspect d'un liquide trouble qui devient clair à 176-177°. Il est peu soluble dans l'eau, dans laquelle il ne peut cristalliser. *Chloroplatinate*, $(C^{14}H^{31}Az^2HCl)^2PtCl^4$.

Palmitamidine,

$$C^{15}H^{32} - C \begin{matrix} \nearrow AzH \\ \searrow AzH^2 \end{matrix}$$

— Le *chlorhydrate* se ramollit à 136°, et devient complètement liquide à 217° en se décomposant faiblement. *Chloroplatinate*,

$$(C^{16}H^{15}Az^2HCl)^2PtCl^4.$$

Pour isoler la *base* on traite le chlorhydrate par la quantité calculée d'alcoolate de sodium.

La palmitamidine est très soluble dans l'alcool, dans lequel elle peut cristalliser en lamelles brillantes fusibles à 86°, peu solubles dans l'éther.

Par distillation dans le vide, la majeure partie passe à 134° sous 13 millimètres sans décomposition, une petite quantité se décompose en nitrile et ammoniaque.

Stéaramidine,

$$C^{17}H^{35} . C \begin{matrix} \nearrow AzH \\ \searrow AzH^2 \end{matrix}$$

— Le *chlorhydrate* se présente sous la forme d'une masse cristalline, soluble dans les dissolvants organiques, à l'exception de l'éther et du benzène, insoluble dans l'eau. Il fond vers 220°.

La *base* libre fond vers 85° en se décomposant. Elle est soluble à chaud dans les dissolvants organiques et insoluble dans l'eau.

Le *chloroplatinate* se présente sous la forme d'aiguilles jaunes, peu solubles dans l'alcool et insolubles dans l'eau. Il se décompose sans fondre au-dessous de 200°. Sa composition, qui est tout à fait anormale, peut être sensiblement représentée par la formule

$$(\mathrm{C^{18}H^{38}Az^2 . HCl})^2 . \mathrm{PtCl^5} + \mathrm{C^{18}H^{38}Az^2 . 2HCl . PtCl^4}.$$

L'*azotate*, $\mathrm{C^{18}H^{38}Az^2 . AzO^3H}$, cristallise dans l'alcool en paillettes nacrées, solubles dans l'alcool et dans l'acétone, insolubles dans l'eau. Il fond vers 80°.

L'isocyanate de phényle réagit sur la stéaramidine en solution chloroformique, mais le produit se décompose lorsqu'on cherche à l'isoler, et on n'obtient que de la stéarylphénylurée fusible à 92°.

LACTAMIDINE,

$$\mathrm{CH^3 . CHOH . C}\Big\langle\begin{array}{l}\mathrm{AzH}\\ \mathrm{AzH^2}\end{array}$$

— Le *chlorhydrate* cristallise en aiguilles incolores aplaties, fusibles à 171°, solubles dans l'eau et dans l'alcool bouillant. Il est peu stable.

L'*azotate*, $\mathrm{C^3H^8Az^2O . AzO^3H}$, se présente sous la forme de grandes tables solubles dans l'alcool et dans l'eau. Il fond à 84°.

Le *chlorhydrate de diméthyllactamidine ab*,

$$\mathrm{CH^3 . CHOH . C}\Big\langle\begin{array}{l}\mathrm{Az . CH^3}\\ \mathrm{AzH . CH^3}\end{array}, \mathrm{HCl},$$

cristallise dans l'alcool en prismes rhombiques, solubles dans l'alcool et dans l'eau. Il fond vers 215°.

L'*amidine*

$$\mathrm{CH^3 - CO - C}\Big\langle\begin{array}{l}\mathrm{Az_{(2)}C^6H^4CO^2H_{(1)}}\\ \mathrm{AzH_{(2)}C^6H^4CO^2H_{(1)}}\end{array}$$

résulte de l'action de l'acide pyruvique sur l'acide anthranilique. Elle se présente en aiguilles jaunâtres qui deviennent gris vert à la lumière [Kowalski et Niementowski, *D. chem. G.*, 30, 1186].

OXY-ISOBUTYRAMIDINE,

$$(\mathrm{CH^3})^2 = \mathrm{C(OH) . C}\Big\langle\begin{array}{l}\mathrm{AzH}\\ \mathrm{AzH^2}\end{array}$$

Le *chlorhydrate de diméthyloxyisobutyramidine ab* constitue une masse cristalline blanche, très hygroscopique, soluble dans l'alcool et dans l'eau.

La *base* libre est visqueuse et peu stable.

L'*éthoxyisobutyramidine*,

$$(\mathrm{CH^3})^2 = \mathrm{C(OH) . C}\Big\langle\begin{array}{l}\mathrm{AzH}\\ \mathrm{AzH^2}\end{array}$$

s'obtient en faisant agir l'éthylamine à froid sur l'éther éthoxyisobutyriminoéthylique. Elle se présente sous la forme d'une masse cristalline blanche, très hygroscopique.

La *dipropyloxyisobutyramidine a a* possède des propriétés analogues.

OXALAMIDINE,

$$\begin{array}{l}\mathrm{AzH}\\ \mathrm{AzH^2}\end{array}\Big\rangle\mathrm{C - C}\Big\langle\begin{array}{l}\mathrm{AzH}\\ \mathrm{AzH^2}\end{array}$$

L'action de l'ammoniaque alcoolique sur l'éther oxaliminoéthylique est loin d'être quantitative. On n'obtient qu'une faible portion de *chlorhydrate d'oxalamidine*,

$$\mathrm{C^2H^6Az^4, HCl, H^2O};$$

celui-ci cristallise en grandes paillettes solubles dans l'eau, peu solubles dans l'alcool. Les solutions aqueuses se décomposent très rapidement.

M. Vorländer [*D. chem., G.*, **24**, 803, 826, 1891], à la suite de longues considérations théoriques, admet que les amidines disubstituées de l'acide oxalique présentent une triple tautomérie, et que leur constitution peut répondre à l'une ou l'autre des 3 formules suivantes :

$$\begin{array}{l}\mathrm{C}\Big\langle\begin{array}{l}\mathrm{AzHR}\\ \mathrm{AzH}\end{array}\\ \ |\\ \mathrm{C}\Big\langle\begin{array}{l}\mathrm{AzHR}\\ \mathrm{AzH}\end{array}\end{array}\qquad\begin{array}{l}\mathrm{C}\Big\langle\begin{array}{l}\mathrm{AzHR}\\ \mathrm{AzH}\end{array}\\ \ |\\ \mathrm{C}\Big\langle\begin{array}{l}\mathrm{AzH^2}\\ \mathrm{AzR}\end{array}\end{array}\qquad\begin{array}{l}\mathrm{C}\Big\langle\begin{array}{l}\mathrm{AzH^2}\\ \mathrm{AzR}\end{array}\\ \ |\\ \mathrm{C}\Big\langle\begin{array}{l}\mathrm{AzH^2}\\ \mathrm{AzR}\end{array}\end{array}$$

SUCCINAMIDINE. — Le *chlorhydrate*,

$$\begin{array}{l}\mathrm{CH^2 . C}\Big\langle\begin{array}{l}\mathrm{AzH}\\ \mathrm{AzH^2}\end{array}\\ \ |\\ \mathrm{CH^2 . C}\Big\langle\begin{array}{l}\mathrm{AzH}\\ \mathrm{AzH^2}\end{array}\end{array}, \mathrm{2HCl},$$

se présente sous la forme d'aiguilles assez peu stables, solubles dans l'alcool. Il est décomposé par l'eau, qui le transforme en *chlorhydrate de succinimidine* et en chlorure d'ammonium :

$$\begin{array}{l}\mathrm{CH^2 - C}\Big\langle\begin{array}{l}\mathrm{AzH}\\ \end{array}\\ \ |\qquad\quad\Big\rangle\mathrm{AzH}, \mathrm{HCl}\\ \mathrm{CH^2 - C}\Big\langle\begin{array}{l}\mathrm{AzH}\end{array}\end{array}\quad \text{ou}\quad \begin{array}{l}\mathrm{CH = C}\Big\langle\mathrm{AzH^2}\\ \ |\qquad\quad\Big\rangle\mathrm{AzH}, \mathrm{HCl}.\\ \mathrm{CH = C}\Big\langle\mathrm{AzH^2}\end{array}$$

M. Pinner attribue à la succinimidine la seconde de ces constitutions ; il se base sur deux faits qui paraissent concluants, à savoir que la succinimidine fournit *un seul dérivé argentique monosubstitué*, et que l'action de la diméthylamine et celle de la diéthylamine sur l'éther succiniminoéthylique donnent naissance à des imidines tétrasubstituées dont la constitution ne peut être que la suivante :

$$\begin{array}{l}\mathrm{CH = C}\Big\langle\mathrm{AzR^2}\\ \ |\qquad\quad\Big\rangle\mathrm{AzH}\\ \mathrm{CH = C}\Big\langle\mathrm{AzR^2}\end{array}$$

La *succinimidine argentique*, $\mathrm{C^4H^6Az^3Ag}$, constitue un précipité blanc, soluble dans l'acide azotique, presque insoluble dans l'eau et dans l'ammoniaque.

Le chlorure de platine décompose immédiatement la succinimidine en acide succinique et en ammoniaque :

$$\begin{array}{l}\mathrm{C^4H^7Az^3 . HCl + 4H^2O + 2HCl}\\ \quad = \mathrm{3AzH^4Cl + C^4H^6O^4}.\end{array}$$

La *diméthylsuccinimidine* constitue le produit immédiat de l'action de la méthylamine sur l'éther succiniminoéthylique. L'amidine n'a pu être isolée.

Le *chlorhydrate*, $\mathrm{C^4H^5(CH^3)^2Az^3 . HCl}$, cristallise en prismes brillants, solubles dans l'eau, peu solubles dans l'alcool. Il fond vers 248° en se décomposant.

Le *chlorhydrate de tétréthylsuccinimidine*, $\mathrm{C^{12}H^{23}Az^3 . HCl}$, se présente sous la forme de prismes blancs, solubles dans l'alcool.

Le *chloroplatinate* cristallise en aiguilles orangées, solubles dans l'eau. Il fond à 202°.

Celui de *tétrapropylsuccinimidine*,

$$(\mathrm{C^{16}H^{31}Az^3 . HCl})^2\mathrm{PtCl^4},$$

se présente sous la forme de cristaux jaunâtres,

fusibles à 174°. Il est soluble sans décomposition dans l'eau bouillante.

Le *nitrate acide*, $C^{16}H^{31}Az^{3}.2AzO^{3}H$, est bien cristallisé. Il fond à 53° et se dissout facilement dans l'eau, l'alcool et l'acide azotique dilué.

La succinimidine et l'éther acétylacétique s'unissent à froid en solution alcaline pour donner naissance à un composé $C^{8}H^{11}Az^{3}O^{2}$, auquel M. Pinner attribue la constitution

$$\begin{array}{l} CH = C \langle \begin{array}{l} Az = C \langle \begin{array}{l} CH^{3} \\ CH^{2}.CO^{2}H \end{array} \\ \quad > AzH \end{array} \\ | \\ CH = C \langle \; AzH^{2} \end{array}$$

Glutaramidine,

$$CH^{2} \langle \begin{array}{l} CH^{2} - C \lessgtr \begin{array}{l} AzH \\ AzH^{2} \end{array} \\ CH^{2} - C \lessgtr \begin{array}{l} AzH^{2} \\ AzH \end{array} \end{array}$$

— La glutaramidine s'obtient difficilement à l'état de pureté, car elle se transforme partiellement en glutarimidine dès qu'on cherche à la purifier.

Le *chlorhydrate*, $C^{5}H^{12}Az^{4}.2HCl,2H^{2}O$, cristallise dans l'eau en grands prismes qui fondent à 79°. Le sel anhydre fond à 180°. Il est très soluble dans l'alcool.

Le *chloroplatinate* se présente sous la forme de prismes jaunes, solubles dans l'eau, peu solubles dans l'alcool.

L'anhydride acétique réagit sur la glutaramidine en donnant de la diacétylglutaramide fusible à 210°.

L'éthylamine réagit sur l'éther glutariminoéthylique en solution alcoolique en donnant naissance à la *diéthylglutarimidine*, dont le *chloroplatinate*, $(C^{9}H^{17}Az^{3},HCl)^{2},PtCl^{4}$, cristallise en paillettes rougeâtres, solubles dans l'alcool et dans l'eau, fusibles avec décomposition vers 180°.

La *tétraméthylglutarimidine*,

$$CH^{2} \langle \begin{array}{l} CH = C \langle \; Az(CH^{3})^{2} \\ \qquad\qquad > AzH \\ CH = C \langle \; Az(CH^{3})^{2} \end{array} , HCl,$$

s'obtient d'une façon analogue au moyen de la diméthylamine.

Le *chloroplatinate* cristallise en prismes cubiques d'un rouge sombre, qui se décomposent complètement vers 200°, et qui sont solubles dans l'eau et peu solubles dans l'alcool.

Le *chloroplatinate de la tétréthylglutarimidine*, $(C^{13}H^{25}Az^{3},HCl)^{2},PtCl^{4}$, se présente sous la forme de prismes rouges, fusibles à 141°.

Celui de la *tétrapropylglutarimidine* fond à 178° et possède des propriétés analogues.

Si l'on traite la solution aqueuse du chlorhydrate par le brome, on obtient un précipité jaune qui cristallise dans l'alcool en aiguilles fusibles à 86°, et qui constitue un *perbromure de bromhydrate*, $C^{17}H^{33}Az^{3},HBr,Br^{2}$. Ce perbromure est peu soluble dans l'eau.

Furfuramidine,

$$C^{4}H^{3}O.C \lessgtr \begin{array}{l} AzH \\ AzH^{2} \end{array}$$

— Le *chlorhydrate*, $C^{4}H^{3}O,CAz^{2}H^{3},HCl,H^{2}O$, cristallise en grands prismes réfringents, solubles dans l'alcool et dans l'eau, insolubles dans l'éther, qui fondent à 72° en se déshydratant. La furfuramidine elle-même n'est pas stable, car elle se transforme spontanément en pyronineamide.

L'anhydride acétique bouillant réagit sur la furfuramidine en présence d'acétate de sodium, en donnant naissance à la *difurfurylméthylcyanidine* :

$$2C^{4}H^{3}O.C \lessgtr \begin{array}{l} AzH \\ AzH^{2} \end{array} + (CH^{3}.CO)^{2}O$$

$$= C^{4}H^{3}O.C \langle \begin{array}{l} Az - C.C^{4}H^{3}O \\ \qquad\quad \geqslant Az \\ Az = C.CH^{3} \end{array} + CH^{3}.CO^{2}AzH^{4}$$

$$+ 2H^{2}O.$$

La difurfurylméthylcyanidine cristallise en aiguilles soyeuses, fusibles à 138°, solubles dans l'alcool, peu solubles dans l'eau. Son *chloroplatinate* se présente sous la forme de paillettes rougeâtres.

L'oxychlorure de carbone réagit sur la furfuramidine en présence d'un alcali, en donnant naissance à la *difurfuryloxycyanidine* :

$$2C^{4}H^{3}O.C \lessgtr \begin{array}{l} AzH \\ AzH^{2} \end{array} + COCl^{2}$$

$$= HCl + AzH^{4}Cl + CH^{3}O.C \langle \begin{array}{l} Az - C.C^{4}H^{3}O \\ \qquad\quad \geqslant Az \\ Az = C(OH) \end{array}$$

[Pinner, *loc. cit.*].

Dicyanodiamidine,

$$\begin{array}{c} AzH^{2} - C = AzH \\ | \\ AzH \\ | \\ O = C - AzH^{2} \end{array}$$

Lorsqu'on chauffe un mélange équimoléculaire de carbonate de guanidine et d'urée, il se forme d'abord de la dicyanodiamidine qui perd ensuite une molécule d'ammoniaque pour donner du *biuret dicyanodiamidine* :

$$2C^{2}H^{6}Az^{4}O = AzH^{3} + C^{4}H^{9}Az^{7}O^{2}.$$

Si l'on emploie un excès d'urée, la dicyanodiamidine réagit sur cet excès d'urée pour donner de l'acide mélanurique :

$$C^{2}H^{6}Az^{4}O + CO(AzH^{2})^{2} = 2AzH^{3} + C^{3}H^{4}Az^{4}O^{2}$$

[Smolka, *Mon. f. Chem.*,].

Le chlorhydrate de dicyanodiamidine réagit sur le chlorhydrate basique d'hydrazine pour donner l'*imidurazol*,

$$AzH^{2} - AzH^{2} + \begin{array}{c} AzH^{2}C = AzH \\ | \\ AzH \\ | \\ AzH^{2} - CO \end{array}$$

$$= 2AzH^{3} + \begin{array}{l} AzH - C = AzH \\ | \qquad\qquad > AzH \\ AzH - CO \end{array}$$

lequel fond à 285°.

Avec la phénylhydrazine on obtient le *phénylimidurazol*, aiguilles incolores fusibles à 272°.

Le chlorhydrate de guanazol fournit le *guanazo-guanazol*, dont le picrate fond au-dessus de 280°.

L'urazol conduit à l'*urazo-guanazol* [Pellizari et Roucagliori, *Gazz. Chim. ital.*, 31, 477, 513].

Benzamidine,

$$C^{6}H^{5}.C \lessgtr \begin{array}{l} AzH \\ AzH^{2} \end{array}$$

— Le *chlorhydrate*, $C^{7}H^{8}Az^{2}.HCl,2H^{2}O$, cristallise en grands prismes solubles dans l'alcool et dans l'eau chaude, presque insolubles dans l'éther et dans le benzène. Le sel anhydre fond à 72° et le sel hydraté à 169°.

Le *chloroplatinate*,

$$(C^7H^8Az^2 . HCl)^2PtCl^4 . 2H^2O,$$

se présente sous la forme d'aiguilles jaunes qui deviennent anhydres à 120°, et qui fondent vers 210° en se décomposant.

Le chlorhydrate de benzamidine réduit par l'amalgame de sodium fournit de la benzylamine [Henle, *D. chem. G.*, **35**, 3044, 1902].

La benzamidine n'est pas altérée par son passage dans l'organisme, tandis que les amides sont décomposées [Pommerenig, *Beit. Chem. Phys. u. Path.*, **1**, 560].

Suivant Pinner [*loc. cit.*] la benzamidine réagit sur les aldéhydes aromatiques d'une façon variable. Suivant Kunckell et Bauer [*D. chem. G.*, **34**, 3024] elle réagit en solution chloroformique pour donner naissance à des dérivés de substitution dans le groupement AzH^2, avec élimination d'eau.

Les aldéhydes de la série grasse réagissent de façon différente. L'aldéhyde acétique donne naissance à un produit $C^{13}H^{18}Az^2O^2$, suivant l'équation

$$C^7H^8Az^2 + 3C^2H^4O = C^{13}H^{18}Az^2O^2 + H^2O,$$

c'est-à-dire à un dérivé de la paraldéhyde auquel on pourrait attribuer la constitution

```
              O
            /   \
CH³ . CH           CH . CH³
      |             |
      O - CH - Az . C ≤ AzH
          |           ≥ C⁶H⁵
          CH³
```

Ce corps se présente sous la forme d'une masse vitreuse, fusible au-dessous de 100° ; il est soluble dans les acides et dans les dissolvants organiques, sauf dans la ligroïne, et insoluble dans l'eau. Il se décompose vers 130°.

Le *chloroplatinate* est amorphe et fond vers 108°.

L'action de l'aldéhyde formique sur la benzamidine donne naissance à un mélange de cyaphénine et de méthylène-dibenzamide

$$CH^2(AzH . COC^6H^5)^2.$$

La benzamidine et le benzile s'unissent en présence de soude alcoolique pour donner naissance à la combinaison

$$C^6H^5 . C \genfrac{}{}{0pt}{}{\lessgtr AzH}{\diagdown Az = C} \genfrac{}{}{0pt}{}{\diagup C^6H^5}{\diagdown CO . C^6H^5}$$

qui cristallise en prismes fusibles à 232°, solubles dans l'alcool bouillant, peu solubles ou insolubles dans l'eau, les alcalis dilués et l'acide sulfurique concentré.

La benzamidine s'unit directement à l'oxyde de mésityle au bain-marie pour donner naissance à la *triméthylphényldihydropyrimidine*,

$$C^6H^5 - C \genfrac{}{}{0pt}{}{\lessgtr AzH}{\diagdown AzH^2} + CH^3 - CO - CH = C(CH^3)^2$$

$$= C^6H^5 . C \genfrac{}{}{0pt}{}{\diagup Az - C(CH^3)^2}{\diagdown Az = C - CH^3} > CH^2$$

composé qui forme des cristaux blancs fusibles à 91°.

Avec la phorone elle donne deux corps qu'on sépare au moyen de l'alcool absolu froid :

1° La *triacétonedibenzamidine*.

```
(CH³)² = C - CH² - CO - CH² - C = (CH³)²
         |                     |
C⁶H⁵ - C ⟨ AzH —— HAz ⟩ C - C⁶H⁵
           AzH²   H²Az
```

masse cristalline incolore fusible à 160°.

2° La *benzoylamino-isobutyl-diméthylphényldihydropyrimidine*, dont la formation serait représentée par l'équation :

$$(CH^3)^2 = C = CH - CO - CH = C(CH^3)^2$$

$$+ 2C^6H^5 - C \genfrac{}{}{0pt}{}{\lessgtr AzH}{\diagdown AzH^2}$$

```
                        (CH³)²
                          ‖
                          C
                     HAz / \ CH
= H²O + AzH³ + C⁶H⁵-C |   | C-CH²-C-AzHCOC⁶H⁵
                        \ /        ‖
                        Az        (CH³)²
```

Cette substance fond à 212°, elle est très peu soluble dans l'alcool [Traube et Schwarz, *D. chem. G.*, **32**, 3163-3174, 1899].

La benzamidine réagit sur les cétones halogénées avec formation d'*imidazols* [Kunckell, *D. chem. G.*, **34**, 637-642, 1901]. C'est ainsi que la bromoacétophénone donne naissance au μ-α-diphénylimidazol,

$$C^6H^5 - C \genfrac{}{}{0pt}{}{\lessgtr AzH}{\diagdown AzH^2} + \genfrac{}{}{0pt}{}{COC^6H^5}{BrCH^2}$$

$$= H^2O + HBr + C^6H^5 - C \genfrac{}{}{0pt}{}{\diagup\!\!\diagup Az - C - C^6H^5}{\diagdown AzH - CH}$$

qui cristallise dans l'alcool en longues aiguilles fusibles à 193° ; le chlorhydrate fond à 264° ; ce composé fournit un sel d'argent.

D'une façon analogue : la chloro-méthyl-p-tolylcétone fournit le μ *phényl-α-p-tolylimidazol*, fusible à 138°.

L'α-bromopropiophénone donne le *μ-α-diphényl-β-méthylimidazol* fusible à 213°.

La β-bromo-ω-benzylacétophénone donne la *triphényl* 2.4.6-*dihydro* 1.4-*pyrimidine*, aiguilles fusibles à 186-187°, solubles dans le chloroforme.

La dibromoacétophénone donne naissance à l'*acétophénone-benzamidine*,

$$C^6H^5 - C \genfrac{}{}{0pt}{}{\lessgtr AzH}{\diagdown Az = CH - COC^6H^5}$$

aiguilles fusibles à 224° ; le chlorhydrate fond à 310°, le sulfate à 193°, la phénylhydrazone à 181° [Kunckell, *loc. cit.*].

Les acides mucobromique et mucochlorique s'unissent à la benzamidine (en excès) en solution chloroformique pour donner naissance aux *acides bromo-* et *chloro-phényl* 2.*pyrimidine-carbonique*, ou plutôt à leurs sels de benzamidine :

```
     CBr - CHO
      ‖              HAz ⟩
CO²H - CBr       +  H²Az ⟩ C - C⁶H⁵

                              CBr   CH
                             5    4
= H²O + HBr + CO²H · C ⟨6        3⟩ Az
                             1    2
                             Az   C - C⁶H⁵
```

[Kunckell et Lumbosch, *D. chem. G.*, **35**, 3164-3168, 1902].

La benzamidine réagit sur les éthers, en présence d'éthylate de sodium, pour donner naissance à des produits assez complexes, en général des *pyrimidines*.

Avec le propionate d'éthyle, le chlorhydrate de

benzamidine donne la *benzalphénylglyoxalidone*,

$$\begin{array}{l} C^6H^5-CH=C-CO \\ \qquad\qquad\quad | \qquad \geqslant Az \\ \qquad\quad H-Az-C-C^6H^5 \end{array}$$

ou

$$\begin{array}{l} C^6H^5-CH=C-CO \\ \qquad\qquad\quad | \qquad > AzH \\ \qquad\qquad Az=C-(C^6H^5) \end{array}$$

fusible à 274° [Ruhemann et Cunnington, *Chem. Soc.*, **75**, 954, 1899].

Avec le phénylpropiolate d'éthyle, en présence d'éthylate de sodium, le chlorhydrate de benzamidine donne à froid de la benzalphénylglyoxalidone, et au bain-marie pendant 2 à 3 heures un isomère de ce corps, la *diphénylpyrimidone*, aiguilles jaunâtres, fusibles à 284°. On sépare ces deux substances par un traitement à l'acide nitrique fumant qui se combine au premier de ces corps et détruit le second [Ruhemann et Stapleton, *Chem. Soc.*, **77**, 239 et 804, 1900].

La benzamidine, condensée avec l'acétylènedicarbonate d'éthyle ou avec le chlorofumarate d'éthyle, fournit une substance $C^{18}H^{11}Az^4O^2$ nommée *rouge de glyoxaline*, par Ruhemann et Stapleton [*loc. cit.*].

Avec l'éther dicarboxylglutaconique la benzamidine donne naissance au *phénylpyrimidonocarbonate d'éthyle*,

$$C^6H^5-C \begin{array}{l} \nearrow Az \;-\; CO \searrow \\ \searrow AzH-CH \nearrow \end{array} C-CO^2C^2H^5$$

aiguilles incolores, fusibles à 214° [Ruhemann, *loc. cit.*].

La benzamidine réagit sur les acides benzylidène-benzoylacétique, métanitrobenzylidène-acétoacétique et métanitro-benzylidène-benzoylacétique, pour donner la *dihydrodiphénylpyrimidone* ou son dérivé nitré,

$$CH^2 \begin{array}{l} \nearrow CH(C^6H^4AzO^2) \searrow AzH \\ \searrow CO - Az = C - C^6H^5 \end{array}$$

fusible à 192-193°.

Dans le cas du benzylidène-benzoylacétate d'éthyle le groupe benzoyle n'est que partiellement éliminé et outre la *dihydrodiphénylpyrimidone* on obtient son dérivé benzoylé,

$$C^6H^5-CO-CH \begin{array}{l} \nearrow CH(C^6H^5) \searrow AzH \\ \searrow CO-Az=C-C^6H^5 \end{array}$$

fusible à 241-242°.

Le benzylidène-malonate d'éthyle conduit au *dihydrodiphénylpyrimidonecarboxylate d'éthyle*,

$$C^6H^5-CH \begin{array}{l} \nearrow CH(CO^2C^2H^5)-CO \\ \qquad\qquad\qquad\qquad \geqslant Az \\ \searrow AzH \text{———} C-C^6H^5 \end{array}$$

fusible à 188°.

Le métanitrobenzylidène-malonate d'éthyle fournit le dérivé nitré du corps précédent; ce dérivé nitré fond à 181-182°.

Le chloromalonate d'éthyle fournit la benzamidine de l'acide chloromalonique,

$$CHCl \begin{array}{l} \nearrow CO-AzH \searrow \\ \searrow CO-AzH \nearrow \end{array} C-C^6H^5$$

insoluble dans l'eau et dans les solvants organiques, infusible à 320° [Ruhemann, *Chem. Soc.*, **83**, 374, 380; 717-734, 1903].

Le benzoylacétylacétate d'éthyle donne avec le chlorhydrate de benzamidine, la pyrimidine suivante :

$$C^6H^5-Az=Az-C \begin{array}{l} \nearrow C(C^6H^5)=Az \searrow \\ \searrow C(OH)-Az \nearrow \end{array} C-C^6H^5$$

qui se présente en aiguilles soyeuses, jaune d'or, fusibles à 138-139° [Hulow et Hailer, *D. chem. G.*, **35**, 915, 1902].

L'éther oxalacétique réagit sur le chlorhydrate de benzamidine, en présence de soude diluée pour donner naissance à deux composés, l'un soluble dans l'acétone, qui fond à 180° en se décomposant, c'est l'*éthoxalylacétylbenzamidine*,

$$C^6H^5-C \begin{array}{l} \nearrow AzH-CO-CH^2-COCO^2C^2H^5 \\ \searrow AzH \end{array}$$

l'autre insoluble dans l'acétone, fondant à 263°, c'est la benzamidine de l'acide phényloxypyrimidinecarbonique,

$$\begin{array}{ccccc} & Az & C-CO-AzH-C-C^6H^5 & & \\ C^6H^5-C & & & CH & \qquad \| \\ & Az & OH & & \qquad AzH \end{array}$$

L'éther acétomalonique donne une *phénylméthyloxypyrimidine*,

$$\begin{array}{cccc} & Az & C-CH^3 & \\ C^6H^5-C & & & CH \\ & Az & C-OH & \end{array}$$

L'éther acétylsuccinique fournit : 1° de la *succinibenzimidide*,

$$\begin{array}{l} CH^2-CO \searrow \qquad \nearrow C-C^6H^5 \\ | \qquad\qquad\quad Az \qquad \| \\ CH^2-CO \nearrow \qquad \searrow AzH \end{array}$$

ou

$$\begin{array}{l} CH^2-CO-AzH \searrow \\ | \qquad\qquad\qquad\quad C-C^6H^5 \\ CH^2-CO-Az \nearrow \end{array}$$

fusible à 212°;

2° de l'*éther phénylméthyloxypyrimidinacétique*.

$$\begin{array}{cccc} & Az & C-CH^3 & \\ C^6H^5-C & & & C-CH^2-CO^2C^2H^5 \\ & Az & C-OH & \end{array}$$

fusible à 178°.

L'éther acétylglutarique conduit à l'éther *phénylméthyloxypyrimidinecarbonique*.

L'éther succinylsuccinique fournit deux produits, suivant que réagissent sur cet éther 1 ou 2 molécules de benzamidine.

Il se forme avec 1 molécule de benzamidine la *tétrahydrophényloxycétoquinazoline*, fusible à 271°. Avec 2 molécules il se forme la *dihydrodiphényldioxytétrazine* [Pinner, *D. chem. G.*, **23**, 1600, 1890].

La benzamidine réagit sur les éthers des orthooxyacides aromatiques en donnant naissance en petite quantité à des produits complexes auxquels M. Pinner a donné le nom générique de *cyanones* et la constitution

$$\begin{array}{c} O \\ R-C-AzH-CR' \\ \| \qquad\qquad | \\ Az-CR'=Az \end{array}$$

Ainsi, avec l'éther salicylique on obtient de la *diphénylsalicylcyanone* suivant l'équation :

$$C^6H^4 \begin{array}{l} \nearrow OH \\ \searrow CO^2C^2H^5 \end{array} + C^6H^5 . C \begin{array}{l} \nearrow AzH \\ \searrow AzH^2 \end{array}$$

$$= C^6H^4 \begin{array}{l} \nearrow OH \\ \searrow CO-AzH-C \end{array} \begin{array}{l} \nearrow AzH \\ \searrow C^6H^5 \end{array} + C^2H^5OH.$$

$$C^6H^4 \begin{array}{l} \diagup AzH \\ \diagdown CO - AzH - C \begin{array}{l} \diagup AzH \\ \diagdown C^6H^5 \end{array} \end{array} + C^6H^5 . C \begin{array}{l} \diagup AzH^2 \\ \diagdown AzH \end{array}$$

$$= C^6H^4 \begin{array}{l} \diagup OH \\ \diagdown C - AzH - C \begin{array}{l} \diagup AzH \\ \diagdown C^6H^5 \end{array} \\ \quad \| \\ \quad Az - C \begin{array}{l} \diagup AzH \\ \diagdown C^6H^5 \end{array} \end{array} + H^2O,$$

$$C^6H^4 \begin{array}{l} \diagup OH \\ \diagdown C - AzH - C \begin{array}{l} \diagup AzH \\ \diagdown C^6H^5 \end{array} \\ \quad \| \\ \quad Az - C \begin{array}{l} \diagup AzH \\ \diagdown C^6H^5 \end{array} \end{array}$$

$$= \begin{array}{c} \overbrace{\qquad\qquad O \qquad\qquad} \\ C^6H^4 . C - AzH - C . C^6H^5 \\ \| \qquad\qquad\quad | \\ Az - C = Az \\ | \\ C^6H^5 \end{array} + AzH^3.$$

La réaction s'effectue en présence de soude diluée. Elle donne naissance également à une petite quantité de salicylbenzamide et de salicylate de benzamidine.

La diphénylsalicylcyanone, $C^{21}H^{15}Az^3O$, cristallise en aiguilles soyeuses jaunes, solubles dans les dissolvants organiques bouillants, insolubles dans les acides, les alcalis et l'eau. Elle se dissout également dans l'acide sulfurique concentré avec une coloration rouge. Elle fond à 246°.

Le *dérivé acétylé*, $C^{21}H^{14}Az^3O . C^2H^3O$, se présente sous la forme de petits prismes blancs, fusibles à 141°, solubles dans l'alcool bouillant.

Les *diphénylcrésylcyanones*,

$$\begin{array}{c} \overbrace{\qquad\qquad\qquad O \qquad\qquad\qquad} \\ C^6H^3(CH^3) - C - AzH - C - C^6H^5 \\ \| \qquad\qquad\quad | \\ Az - C = Az \\ | \\ C^6H^5 \end{array}$$

ont été préparées d'une façon analogue.

Le *dérivé ortho* fond à 214°, le *dérivé méta* à 235° et le *dérivé para* à 202°.

La benzamidine réagit sur la benzylidènebenzoylacétone $C^6H^5 - CO - C(C^2H^3O) = CH - C^6H^5$, à la température ordinaire, pour former un composé d'addition fusible à 132°, de constitution,

$$C^6H^5 - C \begin{array}{l} \diagup AzH \\ \diagdown AzH - C(OH)(C^6H^5) - C(C^2H^3O) = CHC^6H^5 \end{array}$$

ce produit en effet est décomposable par l'acide chlorhydrique dilué avec production de dibenzamide. Des produits d'addition similaires sont formés avec les autres β-dicétones oléfiniques; mais ils changent quand leurs solutions sont chauffées au bain-marie. Ainsi l'éthylate de sodium et la benzylidène-acétylacétone réagissent à 100° sur la benzamidine pour donner naissance au composé $C^{17}H^{16}Az^2$, fusible à 149-150°, et qui est vraisemblablement la *dihydrodiphénylméthylpyrimidine*.

La benzamidine et la m-nitrobenzylidène-acétylacétone réagissent différemment en donnant de la *m-nitrophénylméthylpyrimidine*, fondant à 137-138°, au lieu de la dihydropyrimidine correspondante.

La benzylidène-désoxybenzoïne ne se condense pas avec la benzamidine [Ruhemann, *Chem., Soc.*, **83**, 1371-1378, 1903].

Nitrobenzamidines. — 1° La *p-nitrobenzamidine*,

$$AzO^2_{(4)}C^6H^4 - C_{(1)} \begin{array}{l} \diagup AzH \\ \diagdown AzH^2 \end{array}$$

obtenue par l'action de l'ammoniaque sur l'éther imino-p-nitrobenzoïque, forme des aiguilles fusibles à 215° [Pinner et Gradowitz, *D. Chem. G.*, **29**, 221-271].

Le chlorhydrate de paranitrobenzamidine condensé avec l'éther acétylacétique fournit la μ-p-*nitrophényl* 1-*méthyl* 3-*oxypyrimidine*,

$$AzO^2 - C^6H^4 - C \begin{array}{l} \diagup Az = C - CH^3 \\ \qquad\qquad \geqslant CH \\ \diagdown\!\!\diagdown Az - COH \end{array}$$

fines aiguilles fusibles à 290°.

L'éther oxalacétique donne un mélange d'*éthoxalylparanitrobenzamidine*, fusible à 205° avec décomposition, et de paranitrobenzamidide de l'acide μ-paranitrophényl 3-oxypyrimidine 1-carbonique.

Chauffée à l'ébullition avec l'anhydride acétique la paranitrobenzamidine donne la *bis-p-nitrophénylméthylcyanidine*,

$$AzO^2 - C^6H^4 - C \begin{array}{l} \diagup Az = C - C^6H^4AzO^2 \\ \qquad\qquad \geqslant Az \\ \diagdown\!\!\diagdown Az - C - CH^3 \end{array}$$

qui se présente en aiguilles jaunes, peu solubles dans l'alcool, solubles dans le chloroforme, fusibles à 280°. Il se fait aussi un peu d'acétylparanitrobenzamide, fusible à 221° [Rappeport, *D. chem. G.*, **34**, 1983, 1901].

2° La *m-nitrobenzamidine*, obtenue d'une façon analogue à l'état de *chlorhydrate*, fond à 240° [Tafel et Enoch, *D. chem G.*, **23**, 1550, 1890].

L'oxychlorure de carbone, en présence des alcalis, réagit sur les benzamidines nitrées pour donner tout d'abord une urée; la *di-p-nitrobenzamidine-urée*,

$$AzO^2_{(4)}C^6H^4 - C_{(1)} \begin{array}{l} \diagup AzH \\ \diagdown AzH - CO - AzH \end{array} \begin{array}{l} AzH \diagdown \\ \quad \diagup \end{array} C_{(1)}C^6H^4AzO^2_{(4)}$$

forme des paillettes quadrangulaires fondant à 284°. Cette urée, chauffée, et même simplement fondue, perd de l'ammoniaque et fournit la *dinitrophényloxycyanidine*,

$$AzO^2C^6H^4 - C \begin{array}{l} \diagup\!\!\diagup Az - C - C^6H^4AzO^2 \\ \qquad\qquad \geqslant Az \\ \diagdown Az = C . OH \end{array}$$

aiguilles jaunes fusibles au-dessus de 305° [Pinner et Kunge, *D. chem. G.*, **28**, 473, 1895; — Rappeport, *loc. cit.*].

Lorsqu'on fait tomber le chlorhydrate de benzamidine nitré dans une solution de chlorure de zinc faite dans l'acide chlorhydrique concentré et chaud, on obtient le chlorhydrate d'*aminobenzamidine*,

$$AzH^2 - C^6H^4 . C \begin{array}{l} \diagup AzH \\ \diagdown AzH^2 \end{array} . 2HCl . H^2O$$

qui fond à 260° en se décomposant [Pinner et Kunge, *loc. cit.*].

Anisamidine,

$$(OCH^3) . C^6H^4 - C \begin{array}{l} \diagup AzH \\ \diagdown AzH^2 \end{array}$$

Le chlorhydrate, obtenu au moyen de l'iminoéther correspondant, se présente en cristaux blancs, solubles dans l'eau et dans l'alcool, qui se décomposent à 220°; la base libre est une masse cristalline blanche, déliquescente, le chloroplatinate se présente en aiguilles jaunes [Tafel et Enoch, *D. chem. G.*, **23**, 103, 1890].

Méthylbenzamidine α,

$$C^6H^5 - C \begin{array}{l} \diagup AzH \\ \diagdown AzHCH^3 \end{array}$$

Le chlorhydrate s'obtient par la méthode générale (iminobenzoate éthylique sur méthylamine);

il se présente en aiguilles incolores solubles dans l'eau [Wheeler, *Am. Chem. Journ.*, **20**, 490, 1898].

Benzylbenzamidine a.

$$C^6H^5-C\begin{array}{l}\nearrow AzH\\ \searrow AzH-CH^2C^6H^5\end{array}$$

— L'action de l'iode sur la thiobenzamide donne de la dibenzénylazosulfine

$$C^6H^5-C\begin{array}{l}\nearrow AzH\\ \searrow SH\end{array}+\begin{array}{l}HS\searrow\\ HAz\nearrow\end{array}C-C^6H^5+I^4$$

$$=4HI+S+C^6H^5-C\begin{array}{l}\nearrow Az-O\searrow\\ \searrow Az\quad\ \nearrow\end{array}C-C^6H^5$$

laquelle par réduction donne la benzylbenzamidine

$$C^6H^5-C\begin{array}{l}\nearrow Az-O\searrow\\ \searrow Az\quad\ \nearrow\end{array}C-C^6H^5+H^6$$

$$=H^2S+C^6H^5-C\begin{array}{l}\nearrow AzH\\ \searrow AzH-CH^2C^6H^5\end{array}$$

identique au produit de l'action de la benzylamine sur l'éther iminobenzoïque. La benzylbenzamidine fond à 77-78°; le chlorhydrate fond à 222-225°. [Hofmann et Gabriel, *D. chem. G.*, **25**, 1578, 1902].

Benzylidène-benzamidine a.

$$C^6H^5-C\begin{array}{l}\nearrow AzH\\ \searrow Az=CHC^6H^5\end{array}$$

— Suivant Pinner l'aldéhyde benzoïque réagit sur la benzamidine, en présence de carbonate de potassium, pour donner une petite quantité de lophine ainsi qu'une substance cristallisée en prismes, qui répond sensiblement à la formule $C^{14}H^{10}Az^2$. Cette substance fond à 175°; elle est soluble dans l'éther et se décompose vers 250-260° en donnant du nitrile benzoïque et de la cyaphénine. M. Pinner lui attribue la constitution

$$C^6H^5.C\begin{array}{l}\nearrow Az\searrow\\ \searrow Az\nearrow\end{array}C.C^6H^5.$$

Kunckell et Bauer [*D. chem. G.*, **34**, 3024, 1901], étudiant l'action des aldéhydes aromatiques sur la benzamidine, en solution chloroformique, ont obtenu avec l'aldéhyde benzoïque la benzylidène-benzamidine, qui se présente en aiguilles fusibles à 175°. Le chlorhydrate fond à 274°.

Avec les aldéhydes salicylique, le phényléthanonal et le p-tolyléthanonal, ils ont obtenu les dérivés suivants :

La *salicylidène-benzamidine a.*

$$C^6H^5-C\begin{array}{l}\nearrow AzH\\ \searrow C=CHC^6H^4OH\end{array}$$

qui forme des cristaux blancs fusibles à 115°; le chlorhydrate fond à 155° et le chloroplatinate à 215°.

La *phénacalbenzamidine a.*

$$C^6H^5-C\begin{array}{l}\nearrow AzH\\ \searrow Az=CH-COC^6H^5\end{array}$$

qui fond à 224°; son chlorhydrate fond à 310°, et sa phénylhydrazine à 181°.

La *p-tolacalbenzamidine a.*

$$C^6H^5-C\begin{array}{l}\nearrow AzH\\ \searrow Az=CH-CO_{(4)}C^6H^4CH^3_{(1)}\end{array}$$

qui se présente en paillettes blanches, fusibles à 254°; le chlorhydrate fond à 316°, la phénylhydrazine à 176°, et l'iodométhylate à 218°.

Phénylméthylbenzamidine a.b,

$$C^6H^5-C\begin{array}{l}\nearrow AzCH^3\\ \searrow AzHC^6H^5\end{array}$$

— Elle s'obtient par l'action de l'aniline sur la méthylbenzamidimide chlorée, ou de la méthylaniline sur la benzanilidimide chlorée. Cette base fond à 134°, son *picrate* fond à 169°. Le *dérivé méthylé* fond à 56° et l'*isomère* de ce dernier

$$C^6H^5-C\begin{array}{l}\nearrow AzC^6H^5\\ \searrow Az(CH^3)^2\end{array}$$

fond à 73° [Pechmann, *D. chem. G.*, **23**, 2362, 1890].

Phényléthylbenzamidine a.b,

$$C^6H^5-C\begin{array}{l}\nearrow AzC^2H^5\\ \searrow AzHC^6H^5\end{array}$$

— Elle résulte de l'action de l'aniline sur le phényléthyliminochlorométhane. L'*iodhydrate* forme des aiguilles incolores fusibles à 74-76°. Le *chloroplatinate*,]

$$(C^{15}H^{16}Az^2)^2.2HCl,PtCl^4.+2H^2O$$

se présente en prismes jaunes se décomposant à 204° [Lander, *Chem. Soc.*, **83**, 320-329, 1903].

Diphénylbenzamidine a.b,

$$C^6H^5-C\begin{array}{l}\nearrow AzC^6H^5\\ \searrow AzHC^6H^5\end{array}$$

— On l'obtient en faisant agir un excès d'aniline sur une solution alcoolique du chlorhydrate de l'éther iminobenzoïque. Elle fond à 144°, son *chlorhydrate*, est stable jusqu'à 310°, puis il perd de l'acide chlorhydrique, tandis que la base devenue libre ne se décompose que lentement [Lossen, *Ann. Chem.*, **265**, 120, 1891].

La *m-nitrophénylphénylbenzamidine a.b.*

$$C^6H^5-C\begin{array}{l}\nearrow AzC^6H^5\\ \searrow AzH_{(1)}C^6H^4AzO^2_{(3)}\end{array}$$

ou

$$C^6H^5-C\begin{array}{l}\nearrow AzC^6H^4AzO^2\\ \searrow AzHC^6H^5\end{array}$$

forme des prismes jaune citron, fusibles à 118°; elle fournit deux *dérivés méthylés*, l'un fondant à 107°,5, l'autre à 97°,5 [Pechmann et Henze, *D. chem. G.*, **30**, 1783, 1897].

La *phénylbenzylbenzamidine a.b,*

$$C^6H^5-C\begin{array}{l}\nearrow AzCH^2C^6H^5\\ \searrow AzHC^6H^5\end{array}$$

obtenue une première fois par Beckmann et Fellroth [*Ann. Chem.* **273**, 1, 1893], a été préparée de nouveau par Pechmann et Heinze [*loc. cit.*] au moyen de la benzylamine et de l'iminoéther. Le *dérivé méthylé* fond à 67°.

La *benzyloxy-a-phényl-b-benzamidine*,

$$C^6H^5-C\begin{array}{l}\nearrow AzC^6H^5\\ \searrow Az(OH)-CH^2-C^6H^5\end{array}$$

se forme lorsqu'on fait réagir, à froid, en solution alcoolique éthérée la β-benzylhydroxylamine sur les chlorimides :

$$C^6H^5-CCl=AzC^6H^5+C^6H^5-CH^2AzHOH$$

$$=HCl+C^6H^5-C\begin{array}{l}\nearrow Az-C^6H^5\\ \searrow Az(OH)-CH^2-C^6H^5\end{array}$$

Elle fond à 150°, le *chlorhydrate* fond à 194°, l'*éther benzylique* à 99°. Ainsi que toutes les oxyamidines, elle est réductrice, très faiblement basique, presque insoluble dans les alcalis, et enfin donne en solution alcoolique une coloration rouge avec le perchlorure de fer.

Le *dérivé nitré* (méta) forme des aiguilles dorées fusibles à 171° [Ley, *D. chem. G.*, **34**, 2020, 1901].

L'isomère du composé précédent, c'est-à-dire la *phénylоxy-a-benzyl-b-benzamidine*,

$$C^6H^5-C \begin{smallmatrix} \nearrow Az-CH^2C^6H^5 \\ \searrow Az(OH)C^6H^5 \end{smallmatrix}$$

a été préparée à l'état de *chlorhydrate*, lequel se présente en aiguilles brillantes fusibles à 195° [Ley et Holzweisig, *D. chem. G.*, **36**, 184, 1903].

Phényltolylbenzamidine a.b,

$$C^6H^5-C \begin{smallmatrix} \nearrow Az_{(4)}-C^6H^4-CH^3_{(1)} \\ \searrow AzH\,C^6H^5 \end{smallmatrix}$$

Elle a été obtenue par Pechmann [*D. chem. G.*, 27, 1679, 1894], puis par Marckwald [*Ann. Chem.*, **286**, 350]; en faisant réagir la paratoluidine sur le chlorure de benzanilidimide, ou bien l'aniline sur le chlorure de benzo-p-toluidimide.

Elle fond à 133°, le *chlorhydrate* fond vers 237°, le *nitrate* à 144°, le *picrate* à 195°. Traitée par le chlorure de benzoyle elle fournit un dérivé benzoylé fusible à 442°.

L'imino-chlorure de la benzanilide

$$C^6H^5-CCl=AzC^7H^7$$

réagit sur la p-tolylhydroxylamine pour donner la *phénylоxy-a-tolyl-b-benzamidine*,

$$C^6H^5\cdot C \begin{smallmatrix} \nearrow AzC^6H^4CH^3 \\ \searrow Az(OH)C^6H^5 \end{smallmatrix}$$

L'imino-chlorure de la benzoyl-p-toluidine réagit sur la phénylhydroxylamine pour donner l'oxyamidine isomérique de la précédente, la *tolyloxy-a-phényl-b-benzamidine*

$$C^6H^5-C \begin{smallmatrix} \nearrow AzC^6H^5 \\ \searrow Az(OH)C^6H^4CH^3 \end{smallmatrix}$$

La première se présente en aiguilles jaune vert clair, fondant à 175°, le chlorhydrate fond à 185°.

La seconde forme des aiguilles jaune vert, fusibles à 191°, le chlorhydrate fond à 201-202°.

Ces deux oxyamidines donnent par réduction la phényltolylbenzamidine [Ley et Holzweissig, *D. chem. G.*, **36**, 18, 1903].

Phényl-β-naphtylbenzamidine a.b,

$$C^6H^5-C \begin{smallmatrix} \nearrow AzC^6H^5 \\ \searrow AzHC^{10}H^7 \end{smallmatrix}$$

— Elle s'obtient indifféremment en chauffant des solutions éthérées de chloramidobenzanilide et de β-naphtylamine, ou de chloro-amidobenzoylnaphtylamine et d'aniline.

Elle se présente en prismes fusibles à 147°. Chauffée avec l'iodure de méthyle on obtient deux dérivés isomères : l'un

$$C^6H^5-C \begin{smallmatrix} \nearrow AzC^6H^5 \\ \searrow Az(CH^3)(C^{10}H^7) \end{smallmatrix}$$

qui forme des prismes jaunes fusibles à 110°, l'autre

$$C^6H^5-C \begin{smallmatrix} \nearrow AzC^{10}H^7 \\ \searrow Az(CH^3)(C^6H^5) \end{smallmatrix}$$

qui fond à 84° [Pechmann et Heinze, *D. chem. G.*, **30**, 1783, 1897].

L'oxyamidine correspondante, c'est-à-dire la *phényl-β-naphtyloxybenzamidine* a été préparée par Ley [*loc. cit.*] d'une façon analogue à la phényl-benzyloxybenzamidine; elle se présente en aiguilles jaunâtres fusibles à 150°.

p-Tolénylamidine. — L'anhydride acétique bouillant réagit sur la tolénylamidine en donnant naissance à la *ditolylméthylcyanidine*.

$$C^7H^7.C \begin{smallmatrix} \nearrow Az-C.C^7H^7 \\ \geqslant Az \\ \searrow Az=C.CH^3 \end{smallmatrix}$$

Celle-ci cristallise en aiguilles solubles dans l'alcool et fusibles à 156°.

L'oxychlorure de carbone s'unit à la tolénylamidine en solution alcaline en donnant de la *ditolyloxycyanidine*

$$CH^3.C^6H^4.C \begin{smallmatrix} \nearrow Az-C.C^6H^4.CH^3 \\ \geqslant Az \\ \searrow Az=C(OH) \end{smallmatrix}$$

Celle-ci se présente sous la forme de longues aiguilles, peu solubles dans l'alcool, insolubles dans l'eau, qui fondent au-dessus de 290°.

Lorsqu'on fait agir l'acide azotique à 63 0/0 sur un mélange de chlorhydrate de tolénylamidine et d'azotite de potassium, on obtient le p-tolénydioxytétrazoate de tolénylamidine :

$$C^7H^7-C \begin{smallmatrix} \nearrow Az = AzO \\ \searrow Az-AzOH \end{smallmatrix} \Big\} C^8H^{10}Az^2$$

Ce sel détone à 190°; il paraît dimorphe. Le *sel d'ammonium* détone vers 130° [Lossen, Hess. Schneider, *Ann. Chem.*, **297**, 349, 1896].

Le *chloroplatinate de diméthyltolénylamidine a.b*,

$$(C^{10}H^{14}Az^2.HCl)^2.PtCl^4.2H^2O,$$

cristallise en tables quadratiques fusibles à 95°.

Le *chlorhydrate de monoéthyltolénylamidine a*,

$$C^7H^7.C \begin{smallmatrix} \nearrow AzH \\ \searrow AzH.C^2H^5 \end{smallmatrix}, HCl,$$

cristallise en longues aiguilles soyeuses, fusibles à 212°, solubles dans l'alcool et dans l'eau.

Le *chloroplatinate*,

$$(C^{10}H^{14}Az^2.HCl)^2PtCl^4.4H^2O,$$

fond à 65° et se présente sous la forme d'aiguilles jaunes.

L'action des aldéhydes-cétones ($C^6H^5-CO-CHO$ et $CH^3-C^6H^4-CO-CHO$) sur la p-tolénylamidine a fourni à MM. Kunckell et Bauer [*loc. cit.*] les dérivés suivants :

La *phénacal-p-tolénylamidine*, fusible à 220°; son chlorhydrate fond à 110°.

Le *p-tolacal-p-tolénylamidine* qui fond à 240°.

Phénylacétamidine,

$$C^6H^5.CH^2.C \begin{smallmatrix} \nearrow AzH \\ \searrow AzH^2 \end{smallmatrix}$$

— Le *chlorhydrate* se présente sous la forme de longues aiguilles blanches renfermant une molécule d'eau.

L'*amidine* libre cristallise en paillettes brillantes, solubles dans l'eau et dans la plupart des dissolvants organiques. Elle fond à 112° et possède une saveur alcaline.

Le *chloroplatinate*, $(C^8H^{10}Az^2.HCl)^2PtCl^4$, cristallise en paillettes ou en aiguilles jaunes, solubles dans l'eau chaude.

L'anhydride acétique bouillant transforme la phénylacétamidine en acétylphénylacétamide, fusible à 129°, lorsqu'on part du chlorhydrate de la base. Si au contraire on opère à froid, et qu'on dissolve la phénylacétamidine dans l'anhydride acétique, on obtient le *dérivé diacétylé*

$$C^6H^5.CH^2.C \begin{smallmatrix} \nearrow Az.COCH^3 \\ \searrow AzH.COCH^3 \end{smallmatrix}$$

sous la forme de tables quadratiques brillantes, fusibles à 173°, peu solubles dans l'eau, l'alcool et l'éther.

Le *chlorhydrate de phénoxyacétamidine*,

$$C^6H^5 . CHOH . C \lessgtr {}^{AzH}_{AzH^2} , HCl$$

a été décrit par M. C. Reyer [*J. prakt. Chem.*, (2), **34**, 313].

L'anhydride acétique le transforme en un *dérivé diacétylé*, qui cristallise en paillettes fusibles à 170°, solubles dans le benzène et dans l'alcool bouillant, peu solubles dans l'éther et dans la ligroïne.

Avec l'éther acétylacétique il donne de longues aiguilles fusibles à 216°. Le dérivé benzoylé fond à 205-208°, [Pinner, *loc. cit.*].

Le *chlorhydrate d'o-éthoxybenzamidine*,

$$C^2H^5O . C^6H^4 . C \lessgtr {}^{AzH}_{AzH^2}$$

se présente sous la forme de prismes courts, fusibles à 218°. Il est soluble dans l'alcool et dans l'éther.

Celui de *p-éthoxybenzamidine* cristallise en prismes peu solubles dans l'eau, solubles dans l'alcool. Il fond à 260°. La soude, même diluée, le décompose en p-éthoxybenzamide.

ISOPHTALAMIDINE,

$$C^6H^4 \begin{cases} C \lessgtr {}^{AzH}_{AzH^2} \\ C \lessgtr {}^{AzH}_{AzH^2} \end{cases}$$

L'anhydride acétique bouillant réagit sur l'isophtalamidine en donnant naissance à la *diisophtalaminométhylcyamidine*,

$$AzH^2 . CO . C^6H^4 . C \begin{cases} Az - C . C^6H^4 . CO . AzH^2 \\ \gtrless Az \\ Az = C . CH^3 \end{cases}$$

sous la forme d'une poudre blanche, qui se décompose lorsqu'on la chauffe avec de l'acide chlorhydrique ou avec de la potasse à 150°, en donnant de l'ammoniaque et de l'acide isophtalique.

β-NAPHTAMIDINE,

$$C^{10}H^7 . C \lessgtr {}^{AzH}_{AzH^2}$$

L'anhydride acétique réagit sur la naphtamidine en présence d'acétate de sodium pour donner la *dinaphtylméthylcyamidine*,

$$C^{10}H^7 . C \begin{cases} Az - C . C^{10}H^7 \\ \gtrless Az \\ Az = C . CH^3 \end{cases}$$

Celle-ci fond à 195°. Elle se présente sous la forme de prismes courts, solubles dans le benzène bouillant, peu solubles dans les autres dissolvants organiques et insolubles dans l'eau.

Il se forme dans la même réaction une certaine quantité d'acétylnaphtamide et d'amide naphtoïque.

L'oxychlorure de carbone transforme la β-naphtamidine dans l'*urée* correspondante,

$$C^{10}H^7 . C \lessgtr {}^{AzH}_{AzH - COAzH} \; {}^{HAz}_{} \gtrless C . C^{10}H^7,$$

qui se présente sous la forme de grains cristallins, peu solubles dans l'eau et difficilement fusibles.

Dérivés divers de la naphtamidine : voyez Meldola et Lane [*Chem. Soc.*, **85**, 1592, 1904].

CAMPHOLÈNE-AMIDINE,

$$C^9H^{15} . C \lessgtr {}^{AzH}_{AzH^2}$$

— Le *chlorhydrate* de cette base cristallise en grands prismes rhombiques, solubles dans l'eau et dans l'alcool, insolubles dans l'éther et dans le chloroforme. L'amidine libre est instable et se transforme presque instantanément en campholène-amide.

Le *chloroplatinate* cristallise en aiguilles jaunes qui se décomposent sans fondre à 230°.

L'isocyanate de phényle réagit sur la campholène-amidine en donnant naissance à de la diphénylurée et à la *diuréide*,

$$C^9H^{15} . C \lessgtr {}^{Az . CO . AzH . C^6H^5}_{AzH . CO . AzH . C^6H^5}$$

Celle-ci se présente sous la forme de prismes incolores qui fondent à 176° ; elle est peu soluble dans l'alcool et dans l'acétone et insoluble dans l'eau.

L'isosulfocyanate de phényle réagit également sur la campholène-amidine en donnant la *thiourée* correspondante,

$$C^9H^{15} . C \lessgtr {}^{AzH}_{AzH . CS . AzH . C^6H^5}$$

Celle-ci cristallise en paillettes jaunâtres, fusibles à 119°, solubles dans l'alcool chaud et dans l'éther, insolubles dans l'eau.

DÉRIVÉS ACIDYLÉS DES AMIDINES. — Les dérivés acidylés des amidines peuvent être obtenus en faisant agir le gaz ammoniac sec ou les amines sur les dérivés acidylés des imino-éthers :

$$R-C \lessgtr {}^{AzCOR}_{OR} + AzH^3 = ROH + R-C \lessgtr {}^{AzCOR}_{AzH^2}$$

ou son tautomère

$$R-C \lessgtr {}^{AzH}_{AzHCOR}$$

[Wheeler et Walden, *Am. Chem. J.*, **20**, 568, 1897].

Ils peuvent encore être préparés par l'action du gaz ammoniac ou des amines sur la solution benzénique des chlorures de monoximes d'α-dicétones :

$$\begin{matrix} R-C-CO-R \\ \| \\ AzCl \end{matrix} + 2AzH^3$$

$$= AzH^4Cl + R-C \lessgtr {}^{AzCOR}_{AzH^2}$$

[Beckmann et Sandel, *Ann. Chem.*, **296**, 279].

BENZOYLBENZAMIDINE,

$$C^6H^5-C \lessgtr {}^{AzH}_{AzHCOC^6H^5}$$

— Elle résulte de l'action de l'ammoniac sur le benzoyliminobenzoate de propyle, ou bien sur le chlorure d'α-benzylmonoxime. Elle se présente en cristaux fusibles à 98°. Le *chlorhydrate* fond à 190° et le *chloroplatinate* fond à 240° en se décomposant.

MM. Wheeler et Walden [*loc. cit.*] en faisant agir différentes amines sur quelques imino-éthers ont préparé les composés suivants :

La *propionylbenzamidine* fusible à 138°.
L'*acétylphénylbenzamidine* fusible à 138°,5.
L'*acétyl-m-chlorophénylbenzamidine* fusible à 129°.
La *butyrylphénylbenzamidine* fusible à 137°.
L'*acétyl-p-tolylbenzamidine* fusible à 13°.
L'*acétyl-β-naphtylbenzamidine* fusible à 137°.
La *benzoyléthylbenzamidine* fusible à 88°.

MM. Beckmann et Sandel [*loc. cit.*], par la réaction de l'aniline et de la benzylamine sur le chlorure d'α-benzylmonoxime, ont obtenu la *benzoylphénylbenzamidine*, qui fond à 143°, et la *benzoylbenzylbenzamidine*.

Wheeler et Johnson [*Am. Chem. J.*, **29**, 24, 1903] ont préparé les dérivés benzoylés de la diméthyl et de la diphénylbenzamidine.

La *benzoyldiméthylbenzamidine*,

$$C^6H^5-C \begin{smallmatrix} \nearrow AzCH^3 \\ \searrow Az(CH^3)COC^6H^5 \end{smallmatrix}$$

fond à 116-117°; son chloroplatinate se décompose à 184-185°.

La *benzoyldiéthylbenzamidine* obtenue par Lander [*Chem. Soc.*, **83**, 320, 1903] fond à 90-91° en se décomposant. Son chloroplatinate se décompose à 151°.

La *benzoyldiphénylbenzamidine*, fond à 171°. Chauffée avec un peu d'alcool elle donne la benzoylphénylbenzamidine (cette décomposition n'est pas générale). Juin 1906. R. Marquis.

IMINOPYRINES. — Voyez PYRAZOLS.

IMPÉRIALINE $C^{35}H^{60}AzO^4$(?). — Retirée des bulbes de Fritillaria imperialis (0,08 à 0,12 0/0). Aiguilles fusibles à 254°, solubles dans l'alcool et le chloroforme, insolubles dans l'eau.

1er janvier 1906. M. Delacre.

INACTOSE. — Ce nom a été donné par E.-J. Maumené à une substance sucrée, sans action sur la lumière polarisée, obtenue en chauffant jusqu'à 140° une solution concentrée, à poids égaux, de sucre et de nitrate d'argent.

Cette substance n'a pu être reproduite par E. Lippmann [*D. chem. G.*, **13**, 1822, 1880].

Maumené, revenant sur ce composé, indique que l'expérience réussit seulement dans des conditions tout à fait particulières, avec un sucre légèrement alcalin [Maumené, *Bull. Soc. Chim.*, **48**, 775, 1887] P. Carré.

INDACÈNE. — On a donné le nom d'*indacène* au noyau :

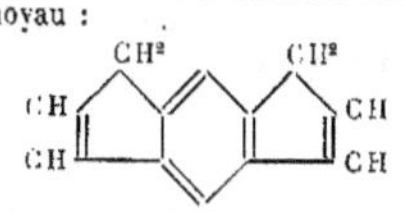

CH² CH²
CH CH
CH CH

à cause de son analogie avec l'indène d'une part, et l'anthracène de l'autre. Le noyau hydrogéné :

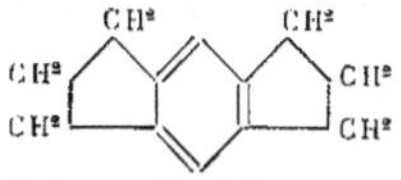

CH² CH²
CH² CH²
CH² CH²

sera l'*hydrindacène* [Fr. Ephraïm, *D. chem. G.*, **34**, 2779, 1901].

Les dérivés de ce noyau peuvent s'obtenir en soumettant les acides benzène-tétracarboniques ayant deux groupes de $2CO^2H$ en ortho- (l'acide pyromellique, par exemple), à la réaction qui a fourni les dérivés de l'hydrindène à Wislicenus et Kötzle :

$$\begin{matrix} C^2H^5.CO^2 \searrow \\ C^2H^5.CO^2 \nearrow \end{matrix} C^6H^2 \begin{matrix} \nearrow CO^2.C^2H^5 \\ \searrow CO^2.C^2H^5 \end{matrix}$$
$$+ 2CH^3.CO^2.C^2H^5 + 2Na$$
$$= 4C^2H^5OH$$
$$+ C^2H^5.CO^2.NaC \begin{matrix} \swarrow CO \searrow \\ \searrow CO \swarrow \end{matrix} C^6H^2 \begin{matrix} \swarrow CO \searrow \\ \searrow CO \swarrow \end{matrix} CNa.CO^2.C^2H^5.$$

On peut encore les préparer en déshydratant l'éther m-xylylène-diacétylacétique :

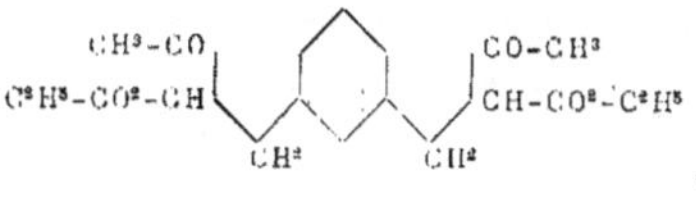

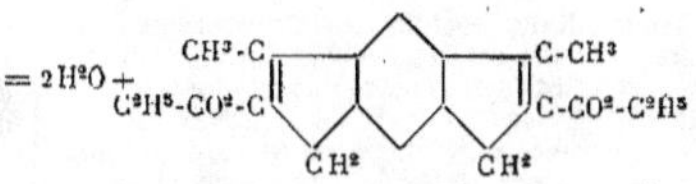

CH³-CO CO-CH³
C²H⁵-CO²-CH CH-CO²-C²H⁵
CH² CH²

= 2H²O +
CH³-C C-CH³
C²H⁵-CO²-C C-CO²-C²H⁵
CH² CH²

Le *tétracétohydrindacène-dicarbonate d'éthyle*

$$C^2H^5.CO^2-C \begin{matrix} \swarrow CO \searrow \\ \searrow CO \swarrow \end{matrix} C^6H^2 \begin{matrix} \swarrow CO \searrow \\ \searrow CO \swarrow \end{matrix} C-CO^2.C^2H^5$$

est une poudre rouge.

L'*éther monoéthylique de l'acide diméthylindacène-dicarbonique*,

C-CH³ C-CH³
CO²H-C C⁶H² C-CO².C²H⁵
CH² CH²

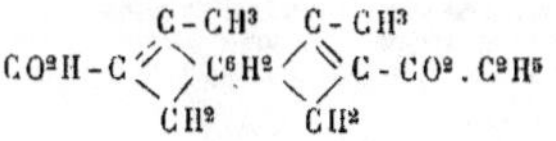

cristallise dans l'eau en aiguilles microscopiques, fusibles à 165-166°, solubles dans l'alcool, l'acide acétique.

L'*acide diméthylène-indacène-dicarbonique*, est une poudre jaune soluble dans l'alcool, fusible au-dessus de 300°, donnant un *tétrabromure* non fondu à 300°; par distillation sèche il fournit le *diméthylindacène*, huile jaune, se résinifiant à l'air. 1er Janvier 1906. P. Carré.

INDACONINE. — Voy. INDACONITINE.

INDACONITINE. $C^{34}H^{47}O^{10}Az$. — Alcaloïde extrait par Dunstan et Andrews de l'aconitum chasmanthum de l'Inde, en traitant la racine pulvérisée par un mélange d'alcools méthylique et amylique. Il cristallise en aiguilles ou en prismes fondant à 202-203°, solubles dans les principaux solvants organiques, insolubles dans l'eau et la ligroïne. Pouvoir rotatoire en solution alcoolique à 2,2 0/0 $[\alpha]_D^{24} = 18°,17$.

Le *chlorhydrate* (In) $HCl + 3H^2O$, fond anhydre à 166-171°; $[\alpha]_D^{20} = 15°,50$ en solution aqueuse à 1,92 0/0. — Le *bromhydrate* cristallisé dans l'eau fond à 183-187°; dans l'alcool ou l'éther, à 217-218°; $[\alpha]_D$ 17,16. — Le *chloraurate* (In) $AuCl^3$, HCl cristallise dans le chloroforme avec une molécule de ce solvant et fond à 147-152°. — L'*azotate* fond à 202-203° avec décomposition.

L'indaconitine contient 4 groupes méthoxy. Chauffée à 125-130° pendant 6 heures en solution aqueuse, elle s'hydrolyse et élimine une molécule d'acide acétique en donnant de l'*Indbenzaconine* $C^{32}H^{45}O^9Az$.

La soude alcoolique réalise l'hydrolyse complète avec mise en liberté d'acides acétique et benzoïque:

$$C^{34}H^{47}O^{10}Az + 2H^2O$$
$$= C^2H^4O^2 + C^7H^6O^2 + C^{25}H^{41}O^8Az$$

L'*indaconine* ainsi formée est identique à la pseudoaconine dérivée de la pseudoaconitine.

Quant à l'*indbenzaconine*, précipitée de sa solution au moyen de l'ammoniaque, elle est amorphe et fond à 130-133°. Cristallisée dans un mélange d'éther et de pétrole elle fond à 215-217°. Pouvoir rotatoire $[\alpha]_D^{22} = 33°,35$ dans l'alcool.

Le chlorhydrate fond anhydre à 242-244°; le chloraurate, à 180-182°, le bromhydrate cristallise avec $2H^2O$.

L'indaconitine, chauffée à son point de fusion, se transforme avec élimination d'une molécule d'acide acétique en *α-pyroindaconitine* $C^{32}H^{43}O^8Az$ base amorphe, $[\alpha]_D^{20} = +91°,55$, dont le *bromhydrate* fond à 194-198°. — Le *chloraurate* est soluble dans l'alcool et le chloroforme.

L'action de la chaleur sur le chlorhydrate d'indaconitine conduit à la *β-pyroindaconitine* dont le pouvoir rotatoire n'est que $[\alpha]_D^{20} = 58°55$. . . .

L'indaconitine, acétylbenzoylpseudaconine, se rapproche donc de la pseudoaconitine, qui est une acétylvératroylpseudaconine et dont la formule doit par suite s'écrire $C^{36}H^{51}O^{12}Az$.

Les propriétés physiologiques de l'indaconitine sont analogues à celles de l'aconitine et de la pseudoaconitine.

L'indbenzaconine est peu toxique, comme la benzaconine. Avril 1906. E. Rengade.

INDAMINES. Voyez aussi Colorantes (matières) (2e Suppl., 2 1276). — Ce sont des matières colorantes bleues, vertes ou violettes, sans aucun intérêt technique. Elles ont été découvertes par Nietzki [*D. chem. G.*, **10**, 1157] dans l'oxydation d'un mélange de paradiamines et de monoamines. L'oxydation ménagée du mélange paraphénylène-diamine aniline conduit, par exemple, au composé

$$AzH = \langle\;\rangle = Az - \langle\;\rangle - AzH^2$$

qui peut être considéré comme le type le plus simple des indamines.

Par réduction les indamines fournissent des leuco qui ne sont autres que des diamidodiphénylamines. Par oxydation, en présence d'amines, elles se transforment en safranines; toutefois la réaction n'est pas générale [Khardine, *Journ. Soc. phys. chim. russe*, **32**, 309, 1900]; en présence d'hydrogène sulfuré, elles donnent des thiazines.

Les indamines sont très sensibles à l'action des acides qui les dédoublent avec fixation d'eau et formation de quinone et de diamine :

$$AzH = C^6H^4 - Az - C^6H^4 - AzH^2 + 2H^2O$$
$$= C^6H^4 \begin{matrix} \lessgtr O \\ \lessgtr O \end{matrix} + C^6H^4 \begin{matrix} < AzH^2 \\ < AzH^2 \end{matrix} + AzH^3.$$

Les alcalis réagissent le plus souvent avec élimination d'ammoniaque. Plus rarement, il y a séparation d'amine et formation d'indophénol.

Les réactions qui donnent naissance aux indamines sont :

1° *Réaction de Nietzki.* — Oxydation d'un mélange de paradiamines et de monoamines.

2° *Réaction de Nietzki et Ernst.* — Oxydation des dérivés de la p-diamidophénylamine. Exemple : la triamidodiphénylamine 1.2.4 donne par oxydation une indamine aminée [*D. chem. G.*, **23**, 1852, 1890].

3° *Réaction de Witt.* — Action des amines p-nitrosées disubstituées sur les amines simples ou substituées [*Mon. Scient.*, 1882, 491].

4° *Réaction de Witt.* — Action des quinones chlorimines sur les amines.

Les indamines donnent facilement des sels doubles de zinc, de mercure et de platine. L'iodure de potassium transforme les chlorhydrates en iodhydrates solubles dans l'eau, mais insolubles en général dans les solutions d'iodure de potassium.

Indamine

$$AzH = \langle\;\rangle = Az - \langle\;\rangle - AzH^2 + HCl$$

Bleu phénylène.

— Par oxydation, en présence d'un sel d'aniline, elle fournit la phénosafranine [Nietzki, *D. chem. G.*, **16**, 464, 1883].

Indamine diméthylée. — Obtenue par oxydation d'un mélange de p-phénylène-diamine et de diméthylaniline. En substituant à la p-phénylène-diamine son dérivé thiosulfonique, on obtient le dérivé thiosulfonique de l'indamine diméthylée, matière noire se transforment par ébullition avec de l'eau en une couleur bleu violet. On obtient une indamine isomère de la précédente par oxydation d'un mélange de diméthyl-p-phénylène-diamine et d'aniline :

$$AzH = \langle\;\rangle = Az - \langle\;\rangle - Az(CH^3)^2 + HCl$$

$$\underset{\underset{Cl}{|}}{\overset{\overset{(CH^3)^2}{\|}}{Az}} = \langle\;\rangle = Az - \langle\;\rangle - AzH^2$$

Le dérivé thiosulfo de cette dernière indamine est une poudre verte insoluble dans l'eau; il correspond à la formule

$$\begin{matrix}(CH^3)^2 \\ Cl\end{matrix} \gtrless Az = \underset{SO^3H}{\langle\;\rangle} = Az - \langle\;\rangle - AzH^2$$

[Nietzki et Otto, *D. chem. G.*, **21**, 1736, 1888].

Indamine tétraméthylée ou vert de Bindschedler. — Obtenue en partant d'un mélange de diméthyl-p-phénylène-diamine et de diméthylaniline. Son sel de zinc $(In)^2ZnCl^2$ est soluble dans l'eau. Les alcalis le transforment successivement en bleu de phénol, puis en di-p-oxydiphénylamine.

Le sel mercurique $(In)^2HgCl^2$, fournit facilement par l'hydrogène sulfuré le leucodérivé en petites tables fondant à 119°.

Traité par l'hydrogène sulfuré et le chlorure ferrique, le vert de Bindschedler se transforme en bleu méthylène.

Son dérivé thiosulfonique est en aiguilles vertes à reflets jaunes, très peu solubles dans l'eau. Le sulfure correspondant, qui du reste n'a été isolé que sous forme de chlorozincate, est une poudre vert bleu foncé à reflets rouges, et constitue le *vert solide au soufre.*

Le composé

$$(CH^3)^2ClAz = \underset{S-SO^3H}{\langle\;\rangle} = Az - \langle\;\rangle Az(C^2H^5)^2$$

forme une masse résineuse jaune brun; le dérivé isomérique correspondant cristallise au contraire en belles aiguilles bronzées. Le thiosulfonate de l'indamine tétraéthylée se présente sous forme d'une masse mordorée. Son sulfure a de même un éclat bronzé.

Indamine aminée. — On l'obtient en partant de la triamidodiphénylamine.

Le 2e groupe AzH^2 se trouve en ortho par rapport à l'azote central, mais on ne sait pas dans quel noyau il est placé.

Benzotoluindamines. — Ce sont des indamines dans lesquels le reste aniline $-C^6H^4.AzH^2$ est remplacé par un reste toluidine

$$-(C^6H^3)(CH^3)AzH^2.$$

On les obtient comme les benzindamines ci-dessus.

Benzo-ortho-toluindamine diméthylée. — Le dérivé sulfonique

$$Cl(CH^3)^2Az = \overset{S-SO^3H}{\langle\;\rangle} = Az - \overset{CH^3}{\langle\;\rangle} AzH^2$$

et le sulfure correspondant constituent des poudres vert bleuâtre.

L'indamine diéthylique isolée à l'état de thiosulfonate et de sulfure a des propriétés semblables.

L'indamine aminée

$$C_6H_2(CH^3)(AzH^2)(AzH^2)\text{—}$$

se transforme très rapidement en azine par ébullition avec l'eau.

Ont été également signalés : le composé

$$Cl(CH^3)^2Az{=}C_6H_4{=}Az\text{-}C_6H_2(CH^3)(AzH^2)AzH^2\,;$$

— L'indamine aminée de même formule, mais dérivant de l'orthotoluidine m-aminée, et constituant le *bleu de toluylène*, indamine obtenue par Witt, en cristaux brun cuivré. On l'obtient par l'action du chlorhydrate de nitroso-diméthylaniline sur la p-crésylène-diamine. Son chlorhydrate est en aiguilles solubles en bleu dans l'eau.

Les sels neutres sont roses et solubles dans l'eau. Par ébullition, ce composé se transforme en rouge de toluylène et en leucodérivé du bleu.

— Le violet de toluylène, obtenu en chauffant 3 molécules de bleu avec 2 molécules de crésylène-diamine.

Nöhlau a signalé également la formation de benzonaphtindamine sans toutefois pouvoir l'isoler.

Lauth a mentionné aussi l'existence d'une indamine hydroxylée : celle-ci prend naissance par oxydation d'un mélange de p-aminodiméthylaniline et de diéthyl-m-amidophénol.

Les indamines 3R et 6R signalés par Nœtzel appartiennent à la classe des indulines.

1er janvier 1906. V. Thomas.

INDANE. — Voyez HYDRINDÈNE, 2e Suppl., 5, 430.

INDANTHRÈNES. — On donne le nom d'indanthrènes à des matières colorantes bleues récemment découvertes par R. Bohn et obtenues en chauffant avec la soude caustique la β-aminoanthraquinone. Il se forme dans ces conditions un leucodérivé, qui par l'action de l'air se transforme en une matière colorante bleue se fixant sur fibre de coton et résistant très bien à la lumière, à la lessive et aux acides (Brevet français 309 503, 2 juillet 1901 et addition du 12 novembre).

L'étude de ces nouvelles matières colorantes a été entreprise par Kaufler [*D. chem. G.*, 390, 1903] et par Scholl et Berbingler [*ibid.*, 3410 et 3427, 1903].

En opérant, d'après les indications du brevet, vers 200-300°, il se forme deux matières colorantes, l'une l'*indanthrène A*, la plus importante au point de vue teinture ; la seconde, *indanthrène B*, n'ayant qu'un intérêt beaucoup moindre. On parvient facilement à les séparer en utilisant les différences de solubilité dans la quinoléine, l'aniline ou le nitrobenzène bouillant, ou mieux encore en se basant sur la solubilité dans l'eau des sels alcalins de leurs dérivés hydrogénés. En présence d'oxydant (AzO^3K) on obtient surtout de l'indanthrène A ; en présence de réducteur et à basse température, on obtient surtout l'indanthrène B.

Si on opère à très haute température, vers 330-350°, il se forme une matière colorante jaune, le *flavanthrène*.

L'analyse conduit pour l'indanthrène à la formule brute $C^{14}H^7O^2Az$.

La détermination du poids moléculaire par ébullioscopie dans la quinoléine indique que l'indanthrène est en C^{28}.

Oxydé par l'acide nitrique, il se transforme en anthraquinone azhydrine :

$$\left[C^6H^4\left\langle{CO \atop CO}\right\rangle C^6H^2\left\langle{AzH \atop Az}\right\rangle C^6H^2\left\langle{CO \atop CO}\right\rangle C^6H^4\right]^2$$

Ce composé forme une poudre verte se transformant lui-même partiellement au sein des dissolvants en indanthrène. L'acide chlorhydrique donne un mélange équimoléculaire d'indanthrène et de monochloroindanthrène.

Une oxydation plus énergique par le nitrate de potasse transforme l'indanthrène en anthraquinone-azine

$$C^6H^4\left\langle{CO \atop CO}\right\rangle C^6H^2 \lessgtr {Az \atop Az} \gtrless C^6H^2\left\langle{CO \atop CO}\right\rangle C^6H^4$$

prismes microscopiques verts, base puissante dont les sels sont dissociés par l'eau. Les réducteurs la transforment suivant leur pouvoir réducteur en azhydrine ou en indanthrène. L'acide chlorhydrique donne l'indanthrène monochloré, susceptible de s'oxyder en azine chlorée. Celle-ci traitée à son tour par l'hydracide donne de l'indanthrène dichloré.

L'anthraquinone-azine, en qualité d'azine, est susceptible de se condenser avec l'ammoniaque, l'aniline.

L'acide bromhydrique réagit à la façon de HCl. L'acide iodhydrique à 150-160° réduit l'indanthrène à l'état de dihydroanthracène-azine

$$\left[C^6H^4\left\langle{CH \atop {| \atop COH}}\right\rangle C^6H^2\left\langle{AzH \atop }\right.\right]^2$$

Chauffé à 331-344°, ce composé perd H^2 et donne l'anthranone-azine, facilement énolisée par les alcalis en anthranol-azine.

Réduit dans le vide par la poudre de zinc, il donne le carbure fondamental, l'anthrazine.

Toutes ces propriétés de l'indanthrène concordent bien avec la formule proposée par R. Scholl et H. Berblinger.

[Formule développée : CO, CO, AzH, AzH, CO, CO]

Ces auteurs ont décrit l'amine et l'anilide en position 1.

L'*indanthrène C* du commerce est un mélange de dibromo et de tribromo-indanthrène.

En teinture, l'indanthrène s'emploie à la façon de l'indigo. Comme celui-ci, il est ramené à l'état de leuco par les agents réducteurs (hydrosulfite). Par oxydation à l'air, le leuco s'oxyde et l'indanthrène régénéré se fixe sur la fibre.

1er janvier 1906. V. Thomas.

INDAZINE. — Voyez l'art. DIAZINES, 2e Suppl., 3, 142.

INDAZOLS. — GÉNÉRALITÉS. — On donne le nom générique d'*indazols* aux composés qui renferment le noyau

[Noyau : CH (3), AzH (2), Az (1), positions 4, 5, 6, 7]

Les dérivés indazoliques ou indazyliques constituent un groupe aussi bien caractérisé que celui de la pyridine ou de l'acridine; ce sont des corps très stables, doués de propriétés basiques faibles, et dont les sels sont dissociables par l'eau.

Aux dérivés indazyliques on rattache généralement les *isindazols*, caractérisés par le noyau :

CH (3), Az (2), AzH (1) ; noyau benzénique numéroté 4, 5, 6, 7

Les dérivés isindazyliques sont des corps peu stables, qui s'hydrolysent assez facilement en donnant naissance à des oximes d'amino-aldéhydes ou d'amino-cétones.

I. — DÉRIVÉS INDAZILIQUES.

Les dérivés indazyliques peuvent être divisés en 2 catégories : les *indazols proprement dits* dans lesquels l'atome d'hydrogène du groupe AzH (2) est conservé ou remplacé par un radical gras ou non carboné, et les *aryl-indazols* dans lesquels cet atome d'hydrogène est substitué par un radical aromatique. Cette division correspond à des modes de formation assez différents.

La numérotation du noyau se fait comme il a été indiqué ci-dessus; d'autre part, on désigne souvent le noyau benzénique par Bz et le noyau indazylique par Iz pour mieux fixer la place des substitutions.

Constitution du noyau indazylique. — Cette constitution a été établie par M. E. Fischer sur les données expérimentales suivantes :

L'indazol s'obtient par décomposition de l'acide o-hydrazino-cinnamique. Cet indazol, traité par l'eau de brome, fournit un dérivé dibromé, fusible à 239-240°.

D'autre part, lorsqu'on diazote l'o-amino-acétophénone, qu'on traite le diazoïque par le sulfite de soude, et qu'on décompose ensuite l'hydrazinosulfonate de soude ainsi obtenu par l'acide chlorhydrique concentré, on obtient un dérivé sulfoné de l'homologue supérieur de l'indazol, le méthylindazol :

$$C^6H^4 \begin{cases} CO.CH^3 \\ AzH-AzH.SO^3Na \end{cases}$$

$$= C^6H^4 \langle C.CH^3, Az, AzSO^3Na \rangle + H^2O.$$

La constitution de ce sulfoné ne comporte aucun doute.

Lorsqu'on chauffe l'acide méthyl-3-indazolsulfonique-2 avec de l'acide chlorhydrique, on le dédouble en acide sulfurique et en méthyl-3-indazol

$$C^6H^4 \langle C-CH^3, Az, AzH \rangle,$$

Ce dernier se forme également lorsqu'on chauffe vers 250°, l'acide indazylacétique

$$C^6H^4 \langle C.CH^2.CO^2H, Az, AzH \rangle$$

dont la constitution est par là même fixée.

Or cet acide indazylacétique peut être facilement transformé en un dérivé monobromé; celui-ci, étant oxydé par l'acide chromique, fournit un acide bromindazolcarbonique

$$C^6H^3Br \langle C.CO^2H, Az, AzH \rangle$$

que l'eau sous pression dédouble vers 200° en acide carbonique et bromindazol; or la bromuration de ce bromindazol donne naissance au dibromindazol fusible à 239-240°, qui a été obtenu déjà à partir de l'indazol.

Il résulte de là que l'indazol est constitué sur le même type que le méthyl-3-indazol et que sa formule est bien celle qui est figurée ci-dessus.

Quant aux arylindazols, leur constitution découle, d'une part, de l'analogie de propriétés qu'ils présentent avec les autres indazols, et d'autre part, de leur mode de formation à partir des azoïques ortho-substitués. Ainsi, le phényl-2-indazol s'obtient par simple chauffage de l'alcool benzène-o-azobenzylique :

$$C^6H^4 \begin{cases} CH^2OH \\ Az=Az-C^6H^5 \end{cases}$$

$$= H^2O + C^6H^4 \langle CH, Az, Az.C^6H^5 \rangle.$$

A. — INDAZOLS PROPREMENT DITS.

INDAZOL

$$C^6H^4 \langle CH, Az, AzH \rangle$$

— *Préparation.* — L'indazol se forme lorsqu'on chauffe l'acide o-hydrazinocinnamique au-dessus de son point de fusion. Il se forme en même temps de l'acide acétique :

$$C^6H^4 \begin{cases} CH=CH-CO^2H \\ AzH-AzH^2 \end{cases}$$

$$= CH^3-CO^2H + C^6H^4 \langle CH, Az, AzH \rangle$$

[E. Fischer, Kuzel, *Ann. Chem.*, **221**, 280].

On en obtient également par réduction, diazotation, puis décomposition des nitro-6-, amino-6- et diazo-6-indazol, le nitro-indazol lui-même étant préparé par décomposition en solution sulfurique chaude du diazo-2-p-nitrotoluène :

$$AzO^2-C^6H^3 \begin{cases} CH^3 \\ Az=Az.SO^4H \end{cases} + H^2O$$

$$= AzO^2-C^6H^3 \langle CH, Az, AzH \rangle + SO^4H^2$$

Cette dernière méthode est générale, et s'applique à presque tous les diazoïques o-méthylés dans le noyau desquels se trouve en plus un groupement nitré. M. Noelting a étudié en collaboration avec ses élèves l'influence qu'exercent un certain nombre de groupements sur la transformation de ces nitrodiazoïques en nitro-indazols [Noelting, Witt, Grandmougin, etc., *D. chem. G.*, **23**, 3642 (1890); **26**, 2349 (1893); *ibid.*, **37**, 2556 (1904)].

On peut aussi transformer les diazoïques orthométhylés en indazols, et notamment l'o-diazotoluène en indazol, en faisant réagir un alcali sur la solution dudit diazoïque. Il n'est pas nécessaire dans ce cas qu'il y ait un groupement nitré dans la molécule [E. Bamberger, *Ann. Chem.*, **305**, 289 (1899)].

L'indazol a encore été obtenu en chauffant l'ortho-diazo-amino-toluène avec de l'anhydride acétique et du benzène :

$$C^6H^4(CH^3)-Az=Az-AzH-C^6H^4(CH^3) + (CH^3CO)^2O$$
$$= C^6H^4\langle{}^{CH}_{Az}\rangle AzH + CH^3.C^6H^4\,AzH.CO.CH^3 + C^2H^4O^2$$

[Heusler, *D. chem. G.*, **24**, 4161 (1891)].

L'indazol se forme également lorsqu'on chauffe l'acide indazolcarbonique au-dessus de son point de fusion [Schad, *D. chem. G.*, **26**, 217 (1893)].

Enfin, MM. E. Fischer et Seuffert ont décrit récemment un procédé plus avantageux que les précédents, qui consiste à chauffer l'acide o-hydrazino-benzoïque (ou son chlorhydrate) à 120° avec de l'oxychlorure de phosphore, et à réduire en suite, par le zinc et l'acide chlorhydrique, le chloro-3-indazol ainsi obtenu :

$$3C^6H^4\langle{}^{CO^2H}_{AzH\,.\,AzH^2} + POCl^3$$
$$= C^6H^4\langle{}^{CCl}_{Az}\rangle AzH + PO^4H^3$$

$$C^6H^4\langle{}^{CCl}_{Az}\rangle AzH + H^2 = HCl + C^6H^4\langle{}^{CH}_{Az}\rangle AzH$$

[*D. chem. G.*, **34**, 795 (1901)].

Propriétés et dérivés. — L'indazol se présente sous la forme d'aiguilles blanches, fusibles à 146°,5, solubles dans l'eau chaude et la plupart des dissolvants organiques, peu solubles dans l'eau froide et dans les alcalis. Il bout sans décomposition vers 269-270° sous 743 millimètres et se sublime déjà vers 100°.

L'indazol est soluble dans les acides moyennement concentrés, et forme des sels bien cristallisés mais dissociables par l'eau [E. Fischer et Tafel, *Ann. Chem.*, **221**, 280 (1883); *ibid.*, **227**, 309 (1885)]. Il se combine également aux oxydes d'argent et de mercure, et résiste à l'action des réducteurs et de la liqueur de Fehling.

Le *chloro-3-indazol*, dont la préparation a été indiquée plus haut, fond à 89-90°; son *dérivé méthylé* est liquide et bout à 268° [Fischer, Seuffert, *loc. cit.*].

Le *bromindazol*, obtenu en chauffant l'acide bromindazolcarbonique à 200° avec de l'eau, cristallise en aiguilles fusibles à 124°, peu solubles dans l'eau froide, solubles dans l'eau chaude.

Le *dibromindazol*, dont la préparation a été indiquée plus haut, fond à 239-240° et cristallise en aiguilles solubles dans les liquides organiques. Il régénère l'indazol lorsqu'on le traite par l'amalgame de sodium. Le *nitroso-2-indazol* fond à 73-74°; aiguilles jaune d'or, solubles dans la ligroïne.

L'*iodo-3-indazol* fond à 139-140° (aiguilles).

Nitro-indazols. — Les dérivés mononitrés 4, 5, 6 et 7 ont été préparés par MM. Witt et Noelting [*loc. cit.*], en partant des toluidines nitrées correspondantes (5, 4 et 3).

Le *nitro-4-indazol*, obtenu en très faible quantité, fond à 203°; son *dérivé méthylé* fond à 81-82° et son *dérivé benzoylé* à 162-163°.

Le *nitro-5-indazol* fond à 208° (aiguilles solubles dans les liquides organiques sauf la ligroïne); son *dérivé az-acétylé-2* fond à 158-159°, et son *dérivé az-méthylé-2* à 128-129°. — Le *nitro-6-indazol* cristallise en aiguilles fusibles à 181°, solubles dans les alcalis comme ses isomères; son *chlorhydrate* $(C^7H^5Az^3O^2)^2HCl$ fond à 168°,5-169°,5, son *dérivé az-méthylé* à 35° (paillettes solubles dans l'eau), le *dérivé az-benzylé* à 111-112° (aiguilles), le *dérivé benzoylé* à 165-165°,5. — Le *nitro-7-indazol* fond à 186°,5-187°,5, son *dérivé acétylé* à 131-132° et son *dérivé az-méthylé* à 144-145°.

Dans la préparation de ces indazols, il se forme toujours en même temps des quantités variables des nitrocrésols et des produits de copulation des indazols avec les diazoïques primitifs. Ces corps sont décrits dans le Mémoire de M. Noelting.

Amino-indazols. — Les amino-indazols ont été préparés par réduction des dérivés nitrés correspondants, soit au moyen du sulfate ferreux et de la soude, soit au moyen du sulfure d'ammonium ou encore de l'étain et de l'acide chlorhydrique. Avec le chlorure stanneux on obtient, dans certains cas, en même temps des produits chlorés. Ainsi, le nitro-5-indazol fournit dans ces conditions un *chloro-amino-5-indazol* fusible à 172-173°; le nitro-7-indazol se comporte de la même façon, tandis qu'avec l'isomère-6 on obtient uniquement de l'*amino-6-indazol*; ce dernier cristallise en aiguilles fusibles à 210°, solubles dans l'alcool; son *dérivé-p-nitrobenzylidénique* fond à 215-216°, son *dérivé acétylé* à 184-185°, son *dérivé dinitrophénylé* à 161° et son *dérivé trinitro-phénylé* à 240-250°. — Enfin, l'*amino-7-indazol* cristallise en paillettes blanches fusibles à 155-156°; son *diacétate* fond à 160°,5-161°,5 et son *dérivé p-nitro-benzylidénique* à 227-229° [Noelting, Witt, etc., *loc. cit.*; Gabriel, Stelzner, *D. chem. G.*, **29**, 307 (1896)].

L'*amino-3-indazol*

$$C^6H^4\langle{}^{C.AzH^2}_{Az}\rangle AzH$$

a été obtenu d'une façon particulière en réduisant par le sulfure d'ammonium et l'alcool l'*o-toluène-azo-indazol*

$$C^6H^4\langle{}^{C-Az=Az.C^6H^4.CH^3}_{Az}\rangle AzH$$

(aiguilles orangées fusibles à 211-211°,5); ce dernier se forme en même temps que l'indazol lorsqu'on traite par la soude le diazoïque de l'o-toluidine.

L'amino-3-indazol oxydé par le permanganate ou l'eau oxygénée se transforme en *oxy-β-phènetriazine* :

$$C^6H^4\langle{}^{C.AzH^2}_{Az}\rangle AzH + O^2 = C^6H^4\langle{}^{C.OH}_{Az}\rangle\!\!{}^{Az}_{Az} + H^2O$$

Ces dernières réactions sont générales et ont été appliquées aux homologues supérieurs méthylé et diméthylé [Bamberger, *loc. cit.*].

L'*oxy-6-indazol* fond à 215-216°.

Le *benzylidène-di-indazol* fond à 140-141° (Fischer, Seuffert)

BENZYL-2-INDAZOL

$$C^6H^4 \left\langle \begin{matrix} CH \\ | \\ Az \end{matrix} \right\rangle Az\,.\,CH^2\,.\,C^6H^5$$

— Ce composé a été obtenu par réduction de son *dérivé chloré-3* (aiguilles fusibles à 47°,5); ce dernier résulte lui-même de l'action de l'oxychlorure de phosphore sur l'acide benzylhydrazinobenzoïque à 120° (voyez INDAZOL). Le benzylindazol fond à 73° et son picrate à 167° [E. Fischer, Blochmann, *D. chem. G.*, **34**, 2315 (1901)].

MÉTHYL-3-INDAZOL

$$C^6H^4 \left\langle \begin{matrix} C\,.\,CH^3 \\ | \\ Az \end{matrix} \right\rangle AzH$$

— Ce composé se forme à partir de l'acide indazylacétique ou de l'acide méthylindazolsulfonique par les procédés indiqués plus haut. On peut aussi l'obtenir directement à partir du chlorhydrate d'o-amino-acétophénone; il suffit de diazoter ce dernier sel, de verser la solution du diazoïque dans du sulfite de soude concentré, et de réduire ensuite la liqueur par l'amalgame de sodium en maintenant une réaction constamment acide. On ajoute ensuite un excès d'acide chlorhydrique et on chauffe à l'ébullition, puis on alcalinise et l'on extrait le produit par l'éther. Le méthyl-3-indazol cristallise en aiguilles fusibles à 113°, solubles dans l'eau chaude et les liquides organiques; il bout à 280-281° sous 736 millimètres. Le *chlorhydrate* fond à 177°; aiguilles solubles dans l'alcool, insolubles dans l'éther. Le *dérivé nitrosé-2* fond à 60°,5 (aiguilles jaunes), le *dérivé méthylé-2* à 79-80° (paillettes) et le *dérivé acétylé-2* à 72° (aiguilles); le *dérivé éthylé-2* est liquide. L'*acide méthyl-3-indazol-sulfonique-2* (voyez plus haut) forme un sel de sodium en paillettes blanches solubles dans l'eau froide [Fischer et Tafel, *Ann. Chem.*, **227**, 316 (1885); Auwers, Meyenburg, *D. chem. G.*, **24**, 2380 (1891)].

MÉTHYL-4-INDAZOL

CH^3 — CH — AzH — Az

— Ce composé n'a pas été obtenu lui-même; mais ses dérivés nitrés-5, 6 et 7 ont été préparés respectivement par décomposition des nitrodiazo-3-o-xylènes correspondants; le *dérivé nitré-5* cristallise en aiguilles blanches fusibles à 259°; l'*isomère-6* fond à 177-178° et l'*isomère-7* à 180-181° (aiguilles jaune d'or) [Noelting, Grandmougin, etc., *loc. cit.*].

MÉTHYL-5-INDAZOL

CH^3 — CH — AzH — Az

L'action des alcalis sur le diazoïque de la m-xylidine asymétrique conduit au méthyl-5-indazol qui fond à 114-115° [Bamberger, *Ann. Chem.*, **305**, 289 (1899). Son *dérivé nitré-4* fond à 198-199°; l'*isomère-6* à 173-174° (*dérivé acétylé-2* fusible à 182-183°], l'*isomère-7* à 192°,5, le *dérivé dinitré-4.6* à 190-191°, le *dérivé nitrosé-2* à 61° et le *dérivé aminé-7* à 172° [Noelting, *loc. cit.*; Gabriel, Stelzner, *D. chem. G.*, 29, 308 (1896)].

MÉTHYL-6-INDAZOL

CH^3 — CH — AzH — Az

— Le *dérivé nitré-7* préparé à partir de la nitro-6-p-xylidine fond à 206-207°; le *dérivé nitré-5* fond à 231-232°, son *acétate* à 203-204 et le *dérivé aminé-7* à 162° [Noelting, *loc. cit.*].

MÉTHYL-7-INDAZOL. — Les *dérivés nitrés-4*, *nitrés-6* et *dinitrés-4.6* fondent respectivement à 175-176°, 222°,5 et à 200°.

DIMÉTHYL-5.7-INDAZOL.

CH^3 — CH — AzH — Az — CH^3

— Ce composé a été préparé à partir du diazomésitylène; il fond à 133-134°. Ses dérivés *nitrés-4* et *dinitré-4.6* fondent à 180-181° et à 247 [Bamberger, Noelting, *loc. cit.*], son *dérivé acétylé* à 116-117°, et son *dérivé aminé-3* à 150-151°.

DIMÉTHYL-5-6-INDAZOL. — Les dérivés nitrés-4 et 7 et dinitrés-4-7 ont été obtenus par les mêmes procédés en partant des nitro-pseudocumidines correspondantes; ils fondent à 201°, 180°,5-181°,5 et 221-222° (Noelting).

PHÉNYL-3-INDAZOL

$$C^6H^4 \left\langle \begin{matrix} C\,.\,C^6H^5 \\ | \\ Az \end{matrix} \right\rangle AzH$$

— Ce composé a été obtenu par réduction de son *dérivé hydroxylé-2*; ce dernier prend lui-même naissance dans la diazotation de l'o-aminobenzophénone :

$$C^6H^4 \begin{matrix} \diagup CO\,.\,C^6H^5 \\ \diagdown AzH^2 \end{matrix} + AzO^2H$$

$$= 2H^2O + C^6H^4 \left\langle \begin{matrix} C\,.\,C^6H^5 \\ | \\ Az \end{matrix} \right\rangle AzOH$$

Il cristallise en tables brillantes ou en prismes fusibles à 125-126°, se décomposant à chaud en azote et benzophénone. Traité par le carbonate de soude à chaud, il se transforme en un *isomère* cristallisé en paillettes fusibles à 212°, dont le dérivé acétylé fond à 90-91°.

Le phénylindazol se présente sous 2 modifications qui cristallisent l'une à 107-108°, l'autre à 115-116°; il est soluble dans les acides concentrés en formant des sels très facilement dissociables. Son *picrate* est en prismes rhombiques et son *dérivé nitrosé* est très instable [Auwers, *D. chem. G.*, 29, 1265 (1896)].

ACIDE INDAZOL-CARBONIQUE-3

$$C^6H^4 \left\langle \begin{matrix} C\,.\,CO^2H \\ | \\ Az \end{matrix} \right\rangle AzH$$

— Cet acide a été obtenu en traitant l'isatine par l'acide nitreux, saturant ensuite de gaz sulfureux et réduisant finalement la liqueur par le chlorure stanneux. Il cristallise en tables rhombiques fusibles à 258-259° en se décomposant en indazol et acide carbonique; le *sel de sodium* renferme 1.5 molécules d'eau. Son *dérivé monobromé* obtenu par oxydation de l'acide bromindazylacétique (voyez plus haut), se décompose vers 240°. L'*acide méthyl-5-indazolcarbonique*, préparé de la même façon en partant de la p-méthylisatine, fond en se décomposant vers 285-286° [Fischer, Tafel, *loc. cit.*; Schad, *D. chem. G.*, **26**, 218 (1893)].

ACIDE INDAZOL-ACÉTIQUE 3.

$$C_6H_4 \langle C(CH^2-CO^2H) \cdot AzH \cdot Az \rangle$$

— Ce composé se prépare à partir de l'acide o-hydrazino-cinnamique ou du diazosulfoné de l'acide cinnamique (voyez plus haut); il cristallise en aiguilles jaunâtres et fond en se décomposant vers 168-170°; son sel de cuivre renferme 2 molécules d'eau. Le *dérivé nitrosé* (aiguilles jaunes) se décompose à 123°, et le *dérivé bromé* à 200°.

INDAZOLTRIAZOLÈNES. — Les diazoïques de l'amino 3-indazol et de ses homologues supérieurs présentent des caractères très spéciaux. Leurs hydrates sont assez stables, et se présentent sous la forme de poudres jaunâtres qui se décomposent à une température déterminée (130° pour l'hydrate de diazo-indazol, etc.).

Si l'on abandonne ces hydrates en présence de l'eau, ou si on les traite par de l'acide chlorhydrique, ils se transforment par déshydratation en composés tétracycliques auxquels M. Bamberger a donné le nom d'*indazoltriazolènes* :

$$C^6H^4 \langle C-Az=Az.OH ; AzH ; Az \rangle$$

$$= H^2O + C^6H^4 \langle C ; Az ; Az ; Az ; Az \rangle$$

Ces triazolènes se comportent à la fois comme des bases et comme des diazoïques. Ainsi, ils forment des sels stables; ils se copulent énergiquement avec les phénols, les amines, etc.; traités par l'acide iodhydrique, ils se transforment en iodo-3-indazols.

L'*indazoltriazolène* cristallise en aiguilles jaune d'or, fusibles à 106°; il détone lorsqu'on le surchauffe; son *chlorhydrate* et son *chloromercurate* fondent à 201°,5 et à 170-171° en se décomposant. Le *méthyl 5-indazoltriazolène* fond à 105-106°, et le dérivé *diméthylé* 5-7 à 80-81°. Pour les autres dérivés on se reportera au mémoire original.

Il est cependant nécessaire de signaler que les produits de copulation de ces triazolènes avec le β-naphtol sont encore susceptibles de se déshydrater en se transformant en composés hexacycliques. Tel est le cas, par exemple, de l'*indazolyl-azo-β-naphtol* (aiguilles orangées fusibles vers 250°), dont l'*anhydride* fond à 249° :

[Formule : C, Az, Az ; AzH ; HO ; Az]

[Formule : = H²O + C, Az, Az ; Az ; Az]

L'*anhydride diméthylé* fond à 267° [Bamberger, *D. chem. G.*, **32**, 1773 et 1797, 1899].

B. — INDAZOLS AROMATIQUES (ARYL-2-INDAZOLS).

Les arylindazols, dont le représentant le plus simple est le phénylindazol, sont comme les indazols proprement dits des corps très stables, faiblement basiques; ils diffèrent toutefois des précédents par leurs modes de formation et par leur manière de se comporter vis-à-vis des oxydants et des réducteurs.

PHÉNYL-2-INDAZOL,

$$C^6H^4 \langle {CH \atop Az} \rangle Az.C^6H^5$$

— Ce composé a été préparé d'abord par M. Paal, en réduisant par l'étain et l'alcool chlorhydrique l'o-nitrobenzylaniline :

$$C^6H^4(CH^2-AzH.C^6H^5)(AzO^2) + H^2 = C^6H^4 \langle {CH \atop Az} \rangle Az.C^6H^5 + 2H^2O$$

[Paal, Krecke, *D. chem. G.*, **23**, 2640 (1890); *ibid.*, **26**, 961 (1891). — Paal et Fritzweiler, *ibid.*, **25**, 3169 (1892). — Paal et Lücker, *ibid.*, **27**, 49 (1894)].

M. Busch a appliqué le même procédé à l'o-nitrobenzyl-az-nitroso-aniline

$$C^6H^4 \langle {CH^2 \atop AzO^2} \rangle Az(AzO).C^6H^5$$

[*D. chem. G.*, **27**, 2899 (1894); *J. prakt. Chem.*, (2), **51**, 273; **52**, 378, 1895].

Le phénylindazol se forme à peu près quantitativement lorsqu'on cherche à distiller l'alcool benzène-azo-o-benzylique ou l'un de ses dérivés, éther-oxyde ou éther-sel; ou, encore, lorsqu'on chauffe ceux-ci avec de l'acide sulfurique dilué au bain-marie :

$$C^6H^4(CH^2O.CO.CH^3)-Az{=}Az-C^6H^5$$

$$= CH^3.CO^2H + C^6H^4 \langle {CH \atop Az} \rangle Az-C^6H^5$$

Cette condensation singulière s'effectue encore plus facilement lorsque le 2ᵉ noyau benzénique est affecté lui-même d'une substitution en position ortho [Freundler, *Bull. Soc. Chim.*, (3), **29**, 742 (1903); **31**, 868, 871 (1904)].

Enfin, ce phénylindazol prend naissance en petite quantité par décomposition pyrogénée de l'acide indazyl-o-benzoïque (voyez plus loin).

Propriétés. — Le phénylindazol cristallise en aiguilles blanches fusibles à 82°; il est très soluble dans tous les liquides organiques, sauf dans l'éther de pétrole, peu soluble dans l'eau chaude, mais soluble dans les acides concentrés chauds en formant des sels dissociables. Il bout sans décomposition à 344-345° sous la pression ordinaire, et à 212-216° sous 19 millimètres. Le *picrate* fond à 93 94°, le *chloroplatinate* à 187-188°, l'*iodométhylate* à 211°; le *sulfate* est fort peu soluble.

Lorsqu'on réduit le phénylindazol par le sodium et l'alcool absolu, on obtient du *phényldihydro-indazol*

$$C^6H^4 \left\langle \begin{matrix} CH^2 \\ AzH \end{matrix} \right\rangle Az \,.\, C^6H^5$$

Ce dernier cristallise en paillettes solubles dans l'alcool; il fond vers 98° et s'oxyde facilement sous l'influence du chlorure ferrique, par exemple, pour régénérer le phénylindazol (Paal).

L'oxydation du phénylindazol par l'acide chromique en solution acétique, ou par l'acide nitrique dilué bouillant, fournit de l'acide benzène-o-azobenzoïque :

$$C^6H^4 \left\langle \begin{matrix} CH \\ Az \end{matrix} \right\rangle Az \,.\, C^6H^5 + O^2 = C^6H^4 \left\langle \begin{matrix} CO^2H \\ Az = Az \end{matrix} \right. C^6H^5$$

Cette réaction est générale et s'applique à tous les arylindazols.

Le phénylindazol forme avec l'azobenzène une combinaison moléculaire qui cristallise en prismes jaunes fusibles à 76°, et qui n'est stable qu'entre certaines limites de température. Cette combinaison a pour formule $2C^{13}H^{10}Az^2 \,.\, C^{12}H^{10}Az^2$ [Freundler, *Bull. Soc. Chim.*,(3), 33, 80, (1905)].

Dérivés. — Le *m-chlorophénylindazol*,

$$C^6H^4 \left\langle \begin{matrix} Az \\ CH \end{matrix} \right\rangle Az \,.\, C^6H^4Cl$$

préparé en réduisant l'o-nitrobenzyl-m-chloraniline, cristallise en paillettes fusibles à 110°, peu solubles dans l'alcool. Le *dérivé p-chloré*, obtenu de la même façon, fond à 138°; paillettes brillantes solubles dans l'alcool.

Chloroxyphénylindazol. — On connaît actuellement un phénylindazol oxychloré, dans lequel le groupement OH se trouve en position 3, et le chlore probablement en position 5 ou 7, mais en tous cas, dans le noyau Bz. Ce composé se forme d'une façon très singulière lorsqu'on fait agir le perchlorure de phosphore, ou mieux le chlorure de thionyle à 0° sur l'acide benzène o-azobenzoïque :

$$C^6H^4 \left\langle \begin{matrix} Az = Az \\ CO^2H \end{matrix} \right. C^6H^5 + SOCl^2$$

$$= SO^2 + HCl + C^6H^3Cl \left\langle \begin{matrix} Az \\ COH \end{matrix} \right\rangle Az \,.\, C^6H^5$$

Cette réaction rappelle la transformation de l'acide o-hydrazinobenzoïque en indazol (voyez plus haut); mais la formation du noyau indazylique nécessite la substitution, dans le noyau, d'un atome de chlore. L'azoïque se comporte donc ici comme une quinone.

L'oxy-3-chlorindazol en question cristallise en petites paillettes solubles dans l'acide acétique bouillant, presque insolubles dans l'alcool et le chloroforme. Il fond à 265° et se transforme en acide chlorobenzène-azobenzoïque lorsqu'on le chauffe avec de l'acide nitrique dilué [Freundler, *C. R.*, **142**, 1153 (1906)].

Le *p-bromophénylindazol* provenant de l'o-nitrobenzyl-p-bromaniline fond à 147°. La bromuration du phénylindazol lui-même fournit un autre *dérivé monobromé* en aiguilles fusibles à 147°, ainsi qu'un *dérivé tribromé* en aiguilles fusibles à 204°.

Nitrophénylindazols. — L'action de l'acide nitrique fumant sur le phénylindazol à froid, fournit un mélange de deux dérivés nitrés, dont l'un cristallise en paillettes jaune d'or fusibles à 184°, tandis que l'autre est en aiguilles fusibles à 174°.

La sulfonation du phénylindazol conduit également à deux *acides sulfonés* qu'on peut séparer par des cristallisations dans l'eau.

p-Oxyphénylindazol. — Ce composé a été obtenu en chauffant avec de l'acide iodhydrique son *éther-oxyde éthylique*, qui résulte lui-même de la réduction de l'o-nitrobenzyl-p-phénétidine. Le phénol fond à 195° (prismes), et son éther éthylique à 118° (paillettes) [Paal, *loc. cit.*].

TOLYLINDAZOLS,

$$C^6H^4 \left\langle \begin{matrix} CH \\ Az \end{matrix} \right\rangle Az \,.\, C^6H^4 \,.\, CH^3.$$

— Le dérivé ortho a été obtenu en réduisant l'o-nitrobenzyl-o-toluidine; il cristallise en aiguilles fusibles à 80-81° [Busch, *loc. cit.*]. L'*isomère para* préparé d'une façon analogue, fond à 105°; on l'obtient aussi par déshydratation de l'alcool p-toluène-azo-o-benzylique [Freundler, *loc. cit.*].

ALCOOL INDAZYL-O-BENZYLIQUE. — Ce composé prend naissance par déshydratation spontanée en solution alcoolique, à froid, de l'alcool o-azobenzylique qui paraît être un corps instable :

$$C^6H^4 \left\langle \begin{matrix} Az = \!\!= Az \\ CH^2OH \quad CH^2OH \end{matrix} \right\rangle C^6H^4 = H^2O + C^6H^4 \left\langle \begin{matrix} Az \\ CH \end{matrix} \right\rangle Az \,.\, C^6H^4 \,.\, CH^2OH$$

Il se forme par suite dans la réduction alcaline de l'alcool o-nitrobenzylique, réaction dans laquelle l'alcool azoïque précédent doit prendre d'abord naissance. L'alcool indazylbenzylique cristallise en petits prismes fusibles à 57°,5-58°, très solubles dans l'alcool et l'éther, insolubles dans l'eau et la ligroïne; il distille sans décomposition à 245-250° sous 20 à 25 mm., mais le produit distillé ne cristallise plus par refroidissement et prend l'état résineux. L'*éther benzoïque* fond à 87°,5. L'*éther oxyde méthylique*, obtenu en chauffant à 150° dans le vide le di-éther-oxyde de l'alcool azobenzylique, est liquide.

ALDÉHYDE INDAZYL-O-BENZOÏQUE. — Cette aldéhyde prend naissance par saponification de l'acétal o-hydrazobenzoïque au moyen de l'acide sulfurique dilué : .

$$C^6H^4 \left\langle \begin{matrix} AzH = \!\!= AzH \\ CH(OCH^3)^2 \quad (CH^3O)^2CH \end{matrix} \right\rangle C^6H^4 + H^2O$$

$= 4CH^3OH +$ Az, Az —, CH, CHO

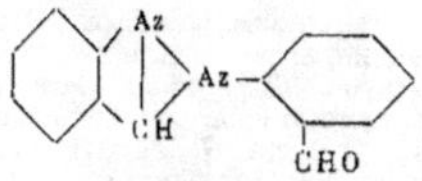

L'aldéhyde o-hydrazobenzoïque est donc également instable.

L'aldéhyde indazylique cristallise dans l'éther en aiguilles fusibles à 95°, assez solubles dans les liquides organiques. Traitée par l'oxyde d'argent ammoniacal, elle se transforme en l'acide correspondant. L'*oxime* fond à 223°, la *semicarbazone* à 252-255°, et l'*hydrazone* à 195° en se décomposant (Freundler).

Acide indazyl-o-benzoïque. — Cet acide prend naissance :

1° Par déshydratation spontanée de l'acide alcool o-azobenzoïque, ou par saponification de l'éther méthylique correspondant :

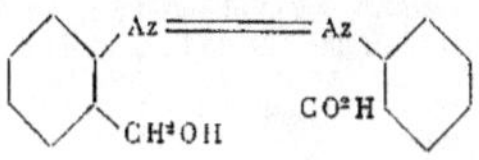

Az ═══ Az, CH^2OH, CO^2H

$= H^2O +$ Az, Az, CH, CO^2H

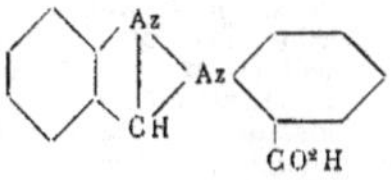

2° Dans la réduction alcaline de l'alcool o-nitrobenzylique, grâce à un processus analogue;

3° Par saponification de l'acétal o-azobenzoïque. Dans ce dernier cas, il faut admettre que l'un des groupements aldéhydiques réduit la liaison azoïque en se transformant lui-même en carboxyle :

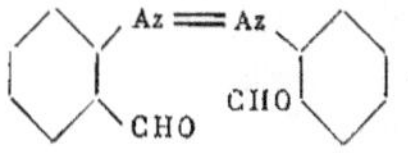

Az ═══ Az, CHO, CHO $+ H^2O$

$=$ AzH — AzH, CO^2H, CHO

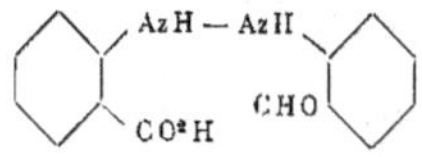

Puis le second groupement aldéhydique se condense à son tour suivant le processus indiqué plus haut, en donnant naissance à l'acide indazylique :

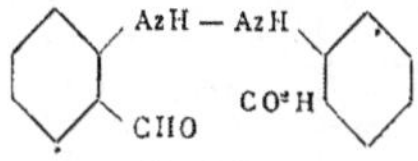

AzH — AzH, CHO, CO^2H

$= H^2O +$ Az, Az, CH, CO^2H

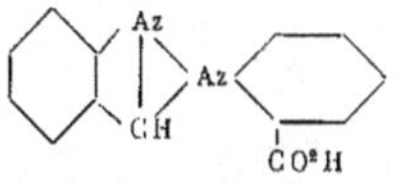

L'acide indazyl-o-benzoïque cristallise en paillettes blanches fusibles à 205°, solubles dans l'alcool et les acides minéraux concentrés. Il fournit par oxydation de l'acide o-azobenzoïque. Son *éther méthylique* fond à 73°.

Acide oxy 3-indazylbenzoïque. — La lactone de cet oxy-acide se forme en petite quantité dans la réduction de l'alcool o-nitrobenzylique par la soude, l'alcool et la poudre de zinc. On en obtient aussi en chauffant l'acide o-azobenzoïque et l'acide hydrazobenzoïque à une température assez élevée :

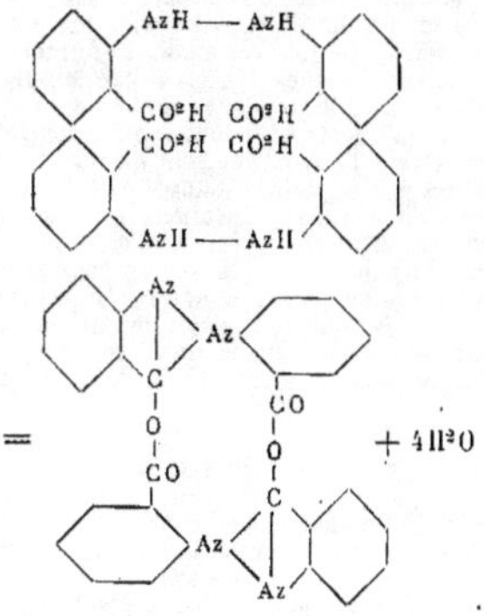

AzH —— AzH, CO^2H CO^2H

CO^2H CO^2H, AzH —— AzH

$=$ Az, Az, C, O, CO / CO, O, C, Az, Az $+ 4H^2O$

Elle cristallise en petites paillettes jaunâtres, fusibles vers 295°, presque insolubles dans la plupart des dissolvants; on peut la sublimer presque sans altération. Par hydrolyse de ce composé, on obtient l'acide oxy-3-indazylbenzoïque sous la forme de paillettes blanches, fusibles à 228° [Carré, *C. R.*, **143**, 54 (1906)].

Les dérivés chlorés de cet acide oxy-indazylbenzoïque, ou plutôt de sa monolactone, ont été obtenus par un procédé analogue à celui qui a conduit au chloroxyphénylindazol (voyez plus haut).

Lorsqu'on chauffe avec du perchlorure de phosphore une solution chloroformique d'acide o-azobenzoïque, et qu'on traite ensuite le produit par l'eau, on obtient un mélange d'au moins deux lactones chlorées isomériques, dont une seule a pu être isolée à l'état pur, et fond à 241°. Le mélange distille sans décomposition dans le vide. La réaction peut être représentée par les équations :

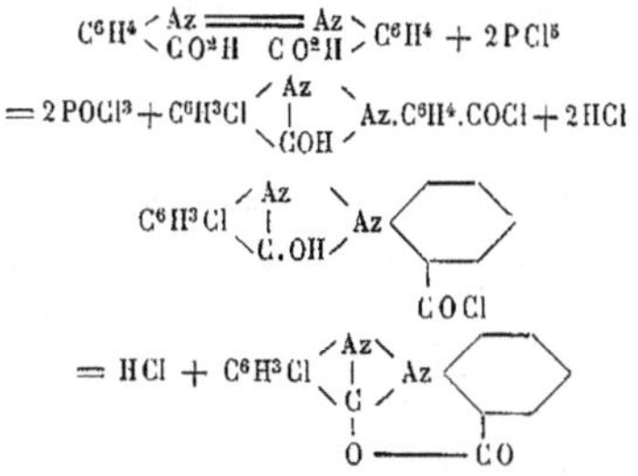

$$C^6H^4 \left< \begin{matrix} Az ═══ Az \\ CO^2H \quad CO^2H \end{matrix} \right> C^6H^4 + 2PCl^5$$

$$= 2POCl^3 + C^6H^3Cl \left< \begin{matrix} Az \\ | \\ COH \end{matrix} \right> Az.C^6H^4.COCl + 2HCl$$

$$C^6H^3Cl \left< \begin{matrix} Az \\ | \\ C.OH \end{matrix} \right> Az —C^6H^4— COCl$$

$$= HCl + C^6H^3Cl \left< \begin{matrix} Az \\ | \\ C \end{matrix} \right> Az —C^6H^4— CO, \quad C—O——CO$$

L'oxydation de ces lactones par l'acide nitrique dilué bouillant conduit aux acides chloro-o-azobenzoïques correspondants. Toutefois, la position du chlore dans le noyau Bz n'a pas encore été déterminée (Freundler, *loc. cit.*).

Acide indazyl-m-benzoïque,

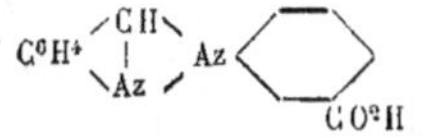

$$C^6H^4 \left< \begin{matrix} CH \\ | \\ Az \end{matrix} \right> Az —C^6H^4— CO^2H$$

— Cet acide a été obtenu par réduction de l'acide o-nitrobenzyl-m-aminobenzoïque; il cristallise en aiguilles fusibles à 211°, et fournit par oxydation de l'acide azobenzène-dicarbonique 2-3'. Son *sel de sodium* est en aiguilles, et son *éther éthylique* fond à 92° [Paal, Fritzweiler, *loc. cit.*].

Remarque. — De tous ces modes de formation des dérivés indazyliques, il ressort que le noyau de l'indazol a une tendance extrême à se former, et qu'il présente, tout comme celui de l'acridine et de l'anthracène, un maximum de stabilité très remarquable. D'autre part, on doit constater qu'il existe des relations très étroites entre les o-azoïques et les arylindazols, de même qu'il en existe entre les o-diazoïques et les indazols proprement dits. Chaque fois que cela est possible, l'azoïque se transforme en indazol, même au prix de réactions que l'on n'est pas habitué à rencontrer, dans la série aromatique surtout.

II. — DÉRIVÉS ISINDAZILIQUES.

Les dérivés isindazyliques sont bien moins nombreux que leurs isomères. Ils s'en distinguent par leur stabilité beaucoup plus faible vis-à-vis des alcalis qui les hydrolysent, et des oxydants qui les détruisent complètement.

Constitution du noyau. — Les deux types de synthèses des isindazols et leur mode d'hydrolyse suffisent à établir leur constitution.

Le premier isindazol a été obtenu par MM. Fischer et Kuzel en réduisant l'acide nitroso-o-éthylaminocinnamique :

$$C^6H^4 \begin{cases} CH = CH . CO^2H \\ Az \begin{cases} AzO \\ C^2H^5 \end{cases} \end{cases} + H^2$$

$$= H^2O + C^6H^4 \begin{cases} C \begin{cases} CH^2 . CO^2H \\ \end{cases} \\ \quad \quad Az \\ Az \begin{cases} \\ C^2H^5 \end{cases} \end{cases}$$

L'acide éthylisindazolacétique ainsi obtenu fournit un dérivé bromé qui perd de l'acide carbonique lorsqu'on le chauffe, et se transforme en az-éthylméthyl-3-isindazol bromé : ce dernier étant oxydé peut être transformé en acide az-éthylbromisindazolcarbonique, puis en bromèthylisindazol

$$C^6H^3Br \begin{cases} CH \\ \quad \gtreqless Az \\ Az . C^2H^5 \end{cases}$$

ce qui démontre la constitution du noyau.

D'autre part, le dérivé acétylé du méthyl 3-isindazol a été obtenu par déshydratation de l'o-amino-acétophénone-oxime ou de son acétate :

$$C^6H^4 \begin{cases} C \begin{cases} CH^3 \\ Az . OH \end{cases} \\ AzH(C^2H^3O) \end{cases} = H^2O + C^6H^4 \begin{cases} C . CH^3 \\ \quad \gtreqless Az \\ Az . C^2H^3O \end{cases}$$

Inversement cet acétylméthylisindazol régénère l'oxime primitive sous l'influence de la soude diluée. Toutes ces réactions confirment pleinement la constitution adoptée pour ces corps.

Pendant un certain temps, les isindazols ont également reçu le nom de *quinazols*.

Isindazol. — L'isindazol lui-même n'est pas connu, mais son *dérivé acétylé* 1 a été obtenu en déshydratant l'o-aminobenzaldoxime par un mélange de gaz chlorhydrique, d'acide et d'anhydride acétiques :

$$C^6H^4 \begin{cases} CH = Az . OH \\ AzH^2 \end{cases} + (CH^3CO)^2O$$

$$= C^6H^4 \begin{cases} CH \\ \quad \gtreqless Az \\ Az . COCH^3 \end{cases} + CH^3 . CO^2H + H^2O$$

Aiguilles solubles dans l'eau, l'alcool et l'éther, peu solubles dans le benzène, le chloroforme, la ligroïne, solubles en rouge foncé dans la soude qui régénère peu à peu l'aminobenzaldoxime [Auwers, *D. chem. G.*, 29, 1261 (1896)].

Le *bromèthyl-1-isindazol*,

$$C^6H^3Br \begin{cases} CH \\ \quad \gtreqless Az \\ Az . C^2H^5 \end{cases}$$

résulte de la décomposition par la chaleur de l'acide bromèthylisindazolcarbonique. Il fond à 48°, distille sans décomposition, et se dissout dans l'alcool et l'éther.

Méthyl 3-isindazol,

$$C^6H^4 \begin{cases} C . CH^3 \\ \quad \gtreqless Az \\ AzH \end{cases}$$

— Le *dérivé acétylé* 1 a été obtenu comme il a été dit plus haut, en partant de l'oxime de l'o-amino-acétophénone (Auwers, Meyenburg). On peut également traiter directement l'o-acétamino-acétophénone par l'hydroxylamine en solution alcoolique à froid [Bischler, *D. chem. G.*, 26, 1902 (1893)]. Aiguilles fusibles à 103°. Il existe une modification cristallisant avec 1 molécule d'eau et fondant à 62°.

Le *dérivé méthylé* 1 s'obtient en réduisant la nitrosométhylamino-acétophénone ; il fond à 36°,5 et forme des sels bien cristallisés. Le *dérivé éthylé* 1 fond à 30° et bout à 234-235° sous 741 mm.; son *chloroplatinate* cristallise en prismes orangés, son *sulfate* en aiguilles et son *iodométhylate* en aiguilles qui fondent à 192° en se décomposant.

Phényl 3-isindazol. — Le dérivé acétylé de ce composé a été obtenu par déshydratation de l'oxime de l'o-aminobenzophénone; paillettes fusibles à 185°, solubles dans l'alcool et l'eau chaude (Auwers).

Acide éthylisindazolcarbonique 3 bromé,

$$C^6H^3Br \begin{cases} C . CO^2H \\ \quad \gtreqless Az \\ Az - C^2H^5 \end{cases}$$

— Cet acide prend naissance par oxydation de l'acide bromèthylisindazolacétique au moyen du mélange sulfochromique ; il cristallise en aiguilles fusibles à 210°, presque insolubles dans l'eau, et se décompose au-dessus de 210° en bromoéthyl 1-isindazol.

Si l'oxydation précédente est faite d'une façon plus ménagée, on obtient l'*aldéhyde* correspondante sous la forme de prismes fusibles à 88°, distillant sans décomposition.

Acide éthyl 1-isindazolacétique. — Cet acide a été préparé en réduisant par la poudre de zinc et l'acide acétique l'acide o-nitrosoéthylaminocinnamique (voyez plus haut). Il cristallise en paillettes fusibles à 126° ou en prismes fusibles à 131°, et se décompose au-dessus de 160° en acide carbonique et éthylméthylisindazol. Les réducteurs ne l'attaquent pas. Ses sels avec les acides sont dissociés par l'eau. L'action du brome le transforme, selon les conditions, en un *dérivé bromé* fusible à 173°, et en un *dérivé dibromé* fusible à 196° [Fischer, Kuzel, *loc. cit.*].

III. — INDAZOLONES ET ISINDAZOLONES.

D'après H. Rupe, la condensation de l'éther m-nitro-o-chlorobenzoïque avec la phénylhydrazine, fournirait une *nitro 5-phényl 2-indazolone* en aiguilles verdâtres décomposables vers 260° :

$$AzO^2\text{-}C^6H^3(CO^2C^2H^5)(Cl) + H^2Az.AzH.C^6H^4$$

$$= HCl + C^2H^5OH + AzO^2\text{-}C^6H^3\left\langle\begin{matrix}CO\\AzH\end{matrix}\right\rangle Az.C^6H^5$$

[D. chem. G., **30**, 1097 (1897)].

D'autre part, en chauffant le dérivé nitrosé de l'o-aminobenzoylphénylhydrazine, on obtient une *α₂-phényl* 1-*isindazolone* fusible à 209° :

$$C^6H^4\left\langle\begin{matrix}CO.AzH.AzC^6H^5\\ \quad\quad\quad\quad /\\AzH^2 \quad AzO\end{matrix}\right.$$

$$= C^6H^4\left\langle\begin{matrix}CO\\ \end{matrix}\right\rangle AzH + Az^2 + H^2O$$
$$\quad\quad Az-C^6H^5$$

[A. Kœnig et A. Reissert, *D. chem. G.*, **32**, 782 (1899)].
25 mai 1906. P. Freundler.

INDBENZACONINE. — Voy. INDACONITINE.

INDÈNE. — (Syn. Indonaphtène, cyclopropénephène),

$$C^6H^4\left\langle\begin{matrix}CH^2\\CH\end{matrix}\right\rangle CH$$

(Formule développée : noyau benzénique numéroté 4, 5, 6, 7, accolé au cycle pentagonal CH^2 (1), CH (2), CH (3).)

[Constitution, voyez Kanonnikow, *Centr. Blatt.*, 860, 1899].

L'indène existe dans les huiles légères du goudron de houille (fraction 176-182°). On peut l'en retirer par l'intermédiaire de sa combinaison picrique ; la quantité d'acide picrique à ajouter est déterminée par un dosage des carbures non saturés au moyen du brome ; le picrate obtenu est décomposé par la vapeur d'eau [Krämer et Spilker, *D. chem. G.*, **23**, 3276, 1890].

Il se prépare en distillant le chlorhydrate d'hydrindamine [Kipping, *Chem. Soc.*, **79**, 370, 1901].

Il se forme dans la distillation sèche de l'hydrindène-carbonate de baryum [Perkin. Révay, *D. chem. G.*, **26**, 2251, 1893 ; — Kipping, Hall, *Chem. Soc.*, **77**, 469, 1900] ; et de l'iodure de triméthylhydrindamine [Kipping et Hall, *loc. cit.*].

Propriétés. — L'indène est une huile qui bout à 179,5-180°,5 D = 1,04 à 15°, 1,02 à 25° [Perkin, *Chem. Soc.*, **60**, 249, 1894].

Il absorbe rapidement l'oxygène de l'air et se polymérise facilement sous l'action de la chaleur ; la distillation le scinde partiellement en hydrindène et en truxène [Weger et Billmann, *D. chem. G.*, **36**, 640, 1903] ; quand on fait passer sa vapeur dans un tube chauffé au rouge, il se transforme en chrysène $C^{18}H^{12}$. Une solution à 5 0/0 dans l'éther agitée avec SO^4H^2 ou avec Al^2Cl^6, fournit du *para-indène* $(C^9H^8)^n$, masse blanche fusible à 210°, qui distille vers 290-340° en régénérant l'indène (50 0/0) mêlé d'hydrindène [Krämer et Spilker, *D. chem. G.*, **33**, 2260, 1900] ; quand on prolonge le contact avec SO^4H^2 on obtient un éther sulfurique : sel de baryum :

$$C^6H^4\left\langle\begin{matrix}CH-SO^4Ba\\ \quad >CH^2\\CH^2\end{matrix}\right.$$

L'acide nitrique oxyde l'indène en donnant de l'acide o-phtalique [Krämer et Spilker, *D. chem. G.*, **23**, 3276] ; le permanganate le transforme tout d'abord en hydrindène-glycol, puis en acide homophtalique [Heusler, Schieffer, *D. chem. G.*, **32**, 29, 1899].

Les vapeurs nitreuses fournissent avec l'indène un *α-indène-nitrosite*, $C^9H^8O^3N^2$, poudre cristalline blanche, fusible à 107-109°, insoluble dans l'alcool, transformée par ébullition avec l'alcool absolu en *β-indène-nitrosite*, fusible à 136-137°, soluble dans l'alcool ; en même temps que l'α-indène-nitrosite, il se forme un corps blanc fusible à 153° et une substance $C^9H^7O^2N$, fusible à 141° [Dennstedt et Ahrens, *D. chem. G.*, **28**, 1331, 1894]. L'indène réagit sur l'aldéhyde benzoïque pour donner, suivant les conditions, du benzylidène-indène, ou de l'oxy-benzylbenzylidène-indène [Thiele, *D. chem. G.*, **33**, 3395, 1900]. L'éther oxalique, en présence d'éthylate de sodium fournit des éthers oxaliques [Thiele, *D. chem. G.*, **23**, 851].

Dichloro-indène, $C^9H^6Cl^2$; action de PCl^5 sur l'hydrindone, fondue [Hausmann, *D. chem. G.*, **22**, 2025, 1889]. Prismes brillants fusibles à 29°. L'acide iodhydrique, à 200°, le transforme en un carbure, $C^{27}H^{18}$.

Perchloro-indène, C^9Cl^8, perchloro-indénone (1 gramme) sur PCl^5 (0gr,7) [Zincke et Günther, *Ann. Chem.*, **272**, 270, 1892]. Aiguilles fusibles à 85°, sublimables sans décomposition.

Dibromure d'indène, ou *dibromo-hydrindène*, $C^9H^8Br^2$; *monobromo-indène*, C^9H^7Br, *oxychlorure* (voyez hydrindène, 431).

Oxybromure, C^9H^9BrO, ébullition du dibromure d'indène avec 50 parties d'alcool à 10 0/0 [Krämer et Spilker, *D. chem. G.*, **23**, 3280] ; fond à 130-131° ; donne avec AzH^3 les corps C^9H^9AzO et $C^{18}H^{19}AzO^2$.

Acide indène-carbonique,

$$C^6H^4\left\langle\begin{matrix}CH^2\\CH\end{matrix}\right\rangle C-CO^2H.$$

— Cet acide s'obtient en chauffant 4gr,5 d'acide hydrindène-carbonique, dissous dans 20 centimètres cubes de $CHCl^3$ avec 4gr,1 de brome sec à 100° [Perkin et Revay, *Chem. Soc.*, **61**, 238, 1894] fusible vers 230°, sublimable.

α-MÉTHYLINDÈNE 1, *méthylindène*,

$$C^6H^4\left\langle\begin{matrix}CH-CH^3\\ \quad\geq CH\\CH\end{matrix}\right.$$

— Il se forme quand on fait réagir l'iodure de méthyle sur l'indène, en présence des alcalis [Marckwald, *D. chem. G.*, **33**, 1504, 1900]. Liquide plus léger que l'eau, bout à 197-200°.

γ-méthylindène,

$$C^6H^4\left\langle\begin{matrix}CH^2\\ \quad\geq CH\\C-CH^3\end{matrix}\right.$$

— La benzylacétone, chauffée avec SO^4H^2, est déshydratée et transformée en γ-méthylindène, qui bout à 206°.

α-Benzylindène, bout à 230-235°.

1er Janvier 1906. P. Carré.

INDÉNIGO [Syn. *Diphtalyléthène*]. — Kaufmann a donné ce nom à une substance exempte d'azote, mais dont la constitution, ainsi d'ailleurs que les principales propriétés, rappellent celles de l'indigotine. Ce corps

$$C^6H^4\left\langle\begin{matrix}CO\\CO\end{matrix}\right\rangle C=C\left\langle\begin{matrix}CO\\CO\end{matrix}\right\rangle C^6H^4$$

s'obtient en traitant le dicétohydrindène (ou indanedione) de Wislicenus et Kötzle [*Ann.* 252, 72] par de la potasse, et se forme surtout en présence d'un oxydant : eau oxygénée ou persulfate; le rendement peut atteindre 10 0/0. Peu soluble dans l'eau alcaline, soluble dans l'aniline, soluble dans l'acide sulfurique avec une coloration éosine, ce composé très stable se sublime à 200° en donnant des vapeurs rouges. Il est facilement sulfoné par l'acide à 48 0/0 d'anhydride. A côté de lui se forment le diphtalyléthane, l'indanetrione ou tricétohydrindène

$$C^6H^4 \langle {CO \atop CO} \rangle CO$$

et l'acide phénétylonique 2-méthylique 1

$$C^6H^4 \langle {CO-CO^2H \atop COH^2}$$

[*D. chem. G.*, **30**, 382, 1897; ou *Bull. Soc. Chim.* (3), **18**, 708, 1897.] Mars 1906. P. Lemoult.

INDÉNONE 1 (*indone*),

$$C^6H^4 \langle {CO \atop CH} \rangle CH.$$

L'indénone proprement dite n'a pas été isolée; on en connaît les dérivés suivants :

DICHLORO 2.3-INDÉNONE 1,

$$C^6H^4 \langle {CO \atop CCl} \rangle CCl.$$

— Ce composé s'obtient, quand on oxyde une solution étendue d'acide phénylène-glycoldichloracétique par CrO^3 [Zincke, *D. chem. G.*, **20**, 1269, 1887]; quand on chauffe la tétrachloro-α-oxyhydrindène-carbonamide avec l'eau à 120° [Zincke et Kost, *Ann. Chem.*, **267**, 340, 1892], l'anhydride $C^{10}H^5Cl^3O^3$, de l'acide $C^{10}H^7Cl^3O^4$, conduit au même résultat [Zincke et Engelhardt, *Ann. Chem.*, **283**, 359, 1894]; l'acide dichlorocinnamique traité par SO^4H^2 fournit aussi la dichloro 2.3-indénone 1 [Roser et Haselhoff, *Ann. Chem.*, **247**, 146, 1888].

Il forme des aiguilles jaune d'or, fusibles à 90-91°, volatils avec la vapeur d'eau et avec la vapeur d'alcool. Il fixe 2 atomes de brome ou de chlore; il cède facilement 1 atome de chlore aux bases. *Oxime*, fusible à 120°, soluble dans les alcalis [Zincke, *D. chem. G.*, **20**, 1270].

Par ébullition avec une solution alcoolique de bromure de potassium il fournit la *chloro 2-bromo 3-indénone* 1,

$$C^6H^4 \langle {CO \atop CBr} \rangle CCl,$$

fusible à 105° [Roser et Haselhoff, *Ann. Chem.*, **247**, 148, 1888]. Les amines en solution alcoolique ont donné les corps suivants : *méthylamino 3-chloro 2-indénone* 1,

$$C^6H^4 \langle {CO \atop C(AzH-CH^3)} \rangle CCl,$$

fusible à 185°; *diméthylamino 3-chloro 2-indénone* 1, fusible à 140° [Zincke, *D. chem. G.*, **20**, 1270, 2895, 1887]; *anilino 3-chloro 2-indénone*, fusible à 203-204° [Zincke, Roser et Haselhoff, *Ann. Chem.*, **247**, 148]; *éthylamino 3-chloro 2-indénone* 1, décomposable à 188° [Lanser et Wiedemann, *D. chem. G.*, **23**, 2422]; *benzylamino 3-chloro 2-indénone*, décomposable à 182°.

Avec l'éther malonique sodé, la dichloroindénone en solution alcoolique fournit le corps $C^{25}H^{14}O^5$, aiguilles jaunes orangées fusibles à 194° [Roser et Haselhoff, *Ann. Chem.*, **247**, 151].

HEXACHLOROINDÉNONE,

$$C^6Cl^4 \langle {CO \atop CCl} \rangle CCl.$$

— Zincke et Günther [*Ann. Chem.*, **272**, 253, 1892] l'obtiennent en chauffant 8 heures 30 grammes d'acide βγ-hexachloro-oxypentène-carbonique avec 250-300 grammes d'eau.

$$2C^6H^2Cl^6O^3 + H^2O = C^9Cl^6O + 3CO^2 + 6HCl.$$

Le composé $CHCl^2-CO-CCl=CCl-CCl^2CO^2H$, en solution dans la soude, se transforme avec le temps en hexachloroindénone [Zincke et Fuchs, *D. chem. G.*, **26**, 521, 1893].

Aiguilles dorées, fusibles à 148-149°, fixant 2 atomes de chlore à 180°; transformées par PCl^5 en perchloroindène C^9Cl^8. L'aniline et la toluidine fournissent : l'*anilino 3-pentachloroindénone*, fusible à 236-237°, et la *toluido 3-pentachloroindénone*, fusible à 243° [Zincke et Günther, *Ann. Chem.*, **272**, 266, 1892].

BROMO 3-INDÉNONE 1, ou *γ-bromoindone*,

$$C^6H^4 \langle {CO \atop CBr} \rangle CH.$$

Meldola et Hughes [*Chem. Soc.*, **57**, 396, 1890] pensaient avoir obtenu ce composé par dissolution de 20 grammes de dibromo 2.4-α naphtol dans 150 centimètres cubes d'acide azotique (D = 1,5); Liebermann et Schlossberg ont montré qu'il se formait en réalité la bromo 2-α-naphtoquinone [*D. chem. G.*, **32**, 548, 2095; voyez aussi Meldola, 869, 1899].

On l'obtient en distillant 4 grammes d'acide phénylpropionique hydrobromé avec 5 grammes d'anhydride phosphorique sous 19 millimètres [Schlossberg, *D. chem. G.*, **33**, 2426, 1900].

Aiguilles jaunes d'or, fusibles à 64°, se résinifiant facilement; le bromo donne la dibromo 2.3-indénone. *Oxime*, fusible à 98°. Le mélange nitrosulfurique à froid la transforme en β.β-dibromo-α.γ-dicétohydrindène; avec l'éther malonique sodé on obtient l'acide diindone-acétique, et avec l'éther acétylacétique sodé, la diindone-acétone.

L'action de l'aniline et de la benzylamine a fourni l'*anilino 3-indénone*,

$$C^6H^4 \langle {CO \atop C(AzHC^6H^5)} \rangle CH,$$

fusible à 204-205°, et la *benzylamino 3-indénone*, fusible à 164° [Schlossberg, *D. chem. G.*, **33**, 2427, 1900].

DIBROMO 2.3-INDÉNONE (1),

$$C^6H^4 \langle {CO \atop CBr} \rangle CBr.$$

— Se produit quand on dissout l'acide β-dibromo $1^1.1^2$-cinnamique dans SO^4H^2 [Roser et Haselhoff, *Ann. Chem.*, **247**, 140, 1888]; quand on distille dans le vide l'acide α-dibromo $1^1.1^2$-cinnamique sur P^2O^5 [Lanser, *D. chem. G.*, **32**, 2477, 1899].

Aiguilles jaunes orangées, fusibles à 123°, volatiles avec la vapeur d'eau. *Oxime* fusible à 198°; cette oxime traitée par le brome donne la *tribromoindénone-oxime*,

$$C^6H^3Br \langle {C=Az-OH \atop {\geq Br \atop CBr}}$$

fusible à 217-218° [Roser, *loc. cit.*]. L'action des amines a fourni : l'*éthylamino 3-bromo 2 indénone*, fusible à 151° [Lanser et Wiedemann, *D. chem. G.*, **33**, 2423, 1900]; l'*anilino 3-bromo 2-indénone*, fusible à 170° [Roser et Haselhoff, *loc. cit.*]; la *benzylamino 3-bromo 2-indénone*, fusible à 153° [Schlossberg, *D. chem. G.*, **33**, 2428; voyez aussi Meldola et Hughes, *Chem. Soc.*, **57**, 403; Liebermann et Schlossberg, *D. chem. G.*, **22**, 2096, 2099, 2102].

Chauffée en solution alcoolique avec l'iodure de potassium et l'iode, elle se transforme en *bromo 2-iodo 3-indénone*,

$$C^6H^4 \lesssim {CO \atop CI} \gtrless CBr,$$

fusible à 163°. Action de l'éther malonique sodé, voyez Wiedermann [*D. chem. G.*, **33**, 2423 et Liebermann, **31**, 2082].

Chloro 2-indénol 3-one 1,

$$C^6H^4 < {CO \atop C(OH)} \geqslant CCl.$$

— Action de la soude alcoolique froide sur la dichloroindénone [Roser et Haselhoff, *Ann. Chem.*, **247**, 149, 1888]; action de HCl sur la solution alcoolique de la méthylamino 3-chloro 2-indénone, ou autre dérivé aminé semblable [Zincke, *D. chem. G.*, **20**, 1171, 1889]; action de la lessive de soude sur l'acide dichlorocétoxy-hydrindène-carbonique $C^{10}H^6Cl^2O^4$, ou sur l'acide chlorobromé correspondant [Zincke et Gerland, *D. chem. G.*, **21**, 2384].

Aiguilles fusibles à 114°, solubles en rouge dans les alcalis.

Éther résorcylique,

$$C^6H^4 {\diagup CO \atop \diagdown CO - C^6H^4OH} \geqslant CCl$$

fusible à 163-164°; son *dérivé acétylé*,

$$C^9H^4OCl.O.C^6H^4.O.CO-CH^3,$$

fond à 97-98° [Liebermann, *D. chem. G.*, **32**, 922, 1899].

Pentachloroindénol 3-one 1,

$$C^6Cl^4 < {CO \atop C(OH)} \geqslant CCl.$$

— Action de la soude alcoolique sur l'hexachloroindénone (donne l'hydrate), ou de SO^4H^2 sur l'anilinopentachloroindénone [Zincke et Günther, *Ann. Chem.*, **272**, 257, 1892].

Aiguilles fusibles à 177°; lorsqu'il est fraîchement préparé il fixe 1 molécule d'eau pour donner un *hydrate*, le *pentachloroindène-triol*,

$$C^6Cl^4 < {C(OH)^2 \atop C(OH)} > CCl,$$

qui perd H^2O à 110°. *Le sel d'aniline*,

$$C^9HCl^5O^2C^6H^7Az,$$

fond à 205°.

Éther méthylique (de l'hydrate),

$$C^9H^2Cl^5O^3CH^3,$$

perd CH^3OH au-dessus de 110°.

Acétate, $C^9Cl^5O^2.C^2H^3O$, fusible à 178-179° [Zincke et Günther, *Ann. Chem.*, **272**, 261, 1892].

Bromo 2-indénol 3-one 1,

$$C^6H^4 < {CO \atop C(OH)} \geqslant CBr.$$

— Soude alcoolique sur dibromoindénone, à froid [Roser et Haselhoff, *Ann. Chem.*, **247**, 149, 1888]; dissolution de la dicétone,

$$C^6H^4 < {CO \atop CO} > CBr$$

ou de l'acide

$$C^6H^4 {\diagup C-(OH)-CO^2H \atop \diagdown CO} > CBr^2$$

dans la lessive de soude [Zincke et Gerland, *D. chem. G.*, **21**, 2395, 1888]; ébullition, en solution alcoolique du bromo 2-diacéto 1.3-hydrindène-carbonate d'éthyle avec la quantité d'eau calculée [Flatow, *D. chem. G.*, **34**, 2146].

Fines aiguilles fusibles à 119-120°.

Éther résorcylique,

$$C^6H^4 {\diagup CO \atop \diagdown CO - C^6H^4OH} \geqslant CBr$$

fusible à 171°; *dérivé acétylé*,

$$C^9H^4OBr.O.C^6H^4.O.COCH^3,$$

fusible à 105° [Lanser et Wiedermann, *D. chem. G.*, **33**, 2421].

Acide diindénone-acétique,

$$C^6H^4 {\diagup CO \atop \diagdown C} \geqslant CH \quad HC \leqslant {CO \diagdown \atop C \diagup} C^6H^4.$$
$$C - CH(CO^2H) - C$$

— Action du malonate d'éthyle en présence d'éthylate de soude sur la bromo 3-indénone [Schlossberg, *D. chem. G.*, **33**, 2429]; ou sur la dichloro 2.3-indénone [Lanser et Wiedermann, *D. chem. G.*, **33**, 2420 1900].

Aiguilles jaune clair, fusibles à 192°; le sel de sodium est un précipité orangé.

Acide méthylindénone-acétique,

$$C^6H^4 < {C(CH^3) \atop CO} \geqslant C - CH^2 - CO^2H.$$

Il se forme en même temps que l'acide γ-méthyl-γ-oxyhydrindone acétique, quand on traite l'acide γ-phényl-γ-méthylisoitaconique par SO^4H^2 pur à 0°. Prismes jaunes, fusibles à 179°,5; *semicarbazone*, décomposable à 258-259° [Stobbe, *D. chem. G.*, **37**, 1619, 1904].

Indénones nitrées dans le noyau benzénique,

$$C^6H^3(AzO^2) < {CO \atop CH} \geqslant CH.$$

— Elles s'obtiennent en déshydratant les acides nitrophénylcinnamiques par P^2O^5. Le dérivé p-nitré fond à 115-117°; le dérivé méta, à 194-205°; le dérivé ortho, à 139° [Bakounine, *Gazz. chim. ital.*, **30**, 340, 1900].

1er Janvier 1906. P. Carré.

INDIANAÏTE (Min.). — Variété d'halloysite du comté de Lawrence, Indiana, États-Unis.

INDICAN (voir Dict., II, 1re partie, 89). — L'indican dont il s'agit ici est l'indican végétal, l'indican urinaire formant le sujet d'un article particulier (voir Urine). Hoogewerff et H. Ter Meulen [*Rec. Tr. Chim. des Pays-Bas*, **19**, 166; 1900], en partant du *Polygonum tinctorium* et de l'*Indigofera leptostachya*, ont obtenu l'indican cristallisé sous forme de petites lancettes probablement orthorhombiques, contenant 3 H^2O et fondant à 51°; anhydre, il fond à 100-102°. Il est plus ou moins soluble dans la plupart des solvants organiques, et lévogyre. Les auteurs confirment la formule de Marchlewski pour l'indican anhydre $C^{14}H^{17}AzO^6$.

D'après Schunck et Rœmer [*D. chem. G.*, **12**, 2311; 1879] il ne se forme ni indigo bleu, ni indigo blanc par action de l'acide chlorhydrique sur l'indican dans le vide; au contraire, il se fait de l'indigo bleu quand on opère en présence de chlorure ferrique.

Bréaudat a étudié spécialement les fonctions diastasiques des plantes indigofères [*C. R.*, **127**, 769; 1898; **128**, 1478; 1899] et a constaté qu'elles renfermaient toutes le même glucoside; elles contiennent une diastase hydratante dédoublant l'indican en indigo blanc et indiglucine et une oxydase transformant l'indigo blanc en indigo bleu à la faveur d'un alcali ou des carbonates alcalins ou alcalino-terreux.

Baumann et Tiemann, étudiant la constitution de l'indigo [*D. chem. G.*, **12**, 1098 et 1192, 1879] ont montré que l'indican végétal différait de l'indican urinaire. A. Hébert.

INDICATEURS. — On donne le nom d'indicateurs aux corps qui servent dans les dosages acidimétriques ou alcalimétriques à déterminer par un changement de teinte (*virage*) le moment où la saturation est atteinte. Au tournesol uniquement employé d'abord (Dict., t. **1**, p. 253, article ANALYSE) sont venus s'ajouter un grand nombre de substances possédant chacune des qualités spéciales pour un dosage donné.

Ces différents indicateurs diffèrent entre eux par leur *sensibilité* relative et leur aptitude à servir pour une classe déterminée d'acides ou de bases plutôt que pour une autre. A ce point de vue nous pouvons les classer de la manière suivante (Glaser) :

1er GROUPE. — Les indicateurs de ce groupe sont sensibles pour les alcalis et peu sensibles pour les titrages d'acides. On ne peut titrer avec ces corps que les acides minéraux forts; les acides comme PO^3H^3, SO^3H^2, les acides organiques ne donnent pas de virages nets. Les sels des acides faibles BO^3H^3, CrO^4H^2, H^2S, As^2O^3, CO^2 peuvent au contraire être titrés en présence de ces indicateurs; leur alcali se conduit en effet comme complètement libre.

Pour les bases comme l'ammoniaque et les amines (méthylamine, éthylamine, etc.), ces indicateurs conviennent particulièrement.

Les indicateurs de ces groupes, classés par ordre de sensibilité croissante aux acides et de sensibilité décroissante aux bases, sont les suivants :

IODÉOSINE (*Tétraiodofluoresceine* = érythrosine, pyrosine, dianthine) : titrages d'alcaloïdes.

TROPÉOLINE 00 (*Sel de Na de l'acide phénylamidoazobenzène sulfonique* = orangé IV, diphénylorange, orangé de diphénylamine, jaune acide), indicateur peu sensible.

MÉTHYLORANGE (*Sel de Na de l'acide p-diméthylamidoazobenzène sulfonique* = hélianthine, orangé III, tropéoline D, orangé Poirrier III, orangé de diméthylaniline, etc.).

C'est le seul indicateur de ce groupe employé en pratique générale. Il sert pour les acides minéraux forts, les bases minérales, l'ammoniaque et les amines. Il est jaune en solution alcaline, rouge en solution acide. On l'emploi en solution à 0gr,5 par litre.

L'α-HÉLIANTHINE représente l'acide du sel précédent; elle a les mêmes emplois.

ÉTHYLORANGE. — C'est le dérivé éthylé correspondant au méthylorange; il a les mêmes emplois mais est un peu moins sensible.

DIMÉTHYLAMIDOAZOBENZÈNE. — C'est le corps dont le méthylorange est le dérivé sulfoné. Il a sensiblement les mêmes propriétés.

ROUGE CONGO

$$\begin{array}{l} C^6H^4 - Az = Az - C^{10}H^5\overset{\alpha}{Az}H^2\overset{\alpha}{S}O^3Na \\ | \\ C^6H^4 - Az = Az - C^{10}H^5\underset{\alpha}{Az}H^2\underset{\alpha}{S}O^3Na \end{array}$$

— Rouge en solution neutre, bleu en solution acide étendue.

Il sert particulièrement pour titrer les solutions étendues d'acides minéraux.

On emploie la solution de 0gr,5 dans un mélange de 90 parties d'eau et 10 parties d'alcool à 90 0/0.

BENZOPURPURINE B. — C'est l'homologue supérieur diméthylé du précédent, auquel il ressemble dans ses propriétés générales.

COCHENILLE. — La matière colorante est l'acide CARMINIQUE $C^{17}H^{16}O^{10}$. Indicateur peu employé.

LACMOÏDE OU BLEU DE RÉSORCINE $C^{12}H^9O^3Az$. — C'est un dérivé de la résorcine de constitution encore incertaine. En solution acide il est rouge pelure d'oignon et bleu en solution alcaline. On l'emploie en solution alcoolique à 0,2 0/0 pour titrer les acides minéraux (AzO^3H, SO^4H^2, HCl) et les bases fortes [$NaOH$, KOH, $Ca(OH)^2$, $Ba(OH)^2$, AzH^3].

2e GROUPE. — Les indicateurs de ce groupe sont plus sensibles aux acides et moins sensibles aux alcalis que ceux du groupe précédent.

FLUORESCÉINE (*Tétraoxyphtalophénone* = phtaléine de la résorcine). — Elle est jaune en solution acide et neutre; en solution alcaline elle donne une fluorescence jaune verdâtre. On peut l'employer particulièrement dans les cas où la coloration même du liquide à titrer empêche l'emploi des autres indicateurs; par contre elle exige des solutions parfaitement limpides pour que la fluorescence soit nette.

A ce groupe appartiennent encore les indicateurs suivants qui sont peu employés : PHÉNACÉTOLINE, ALIZARINESULFONATE DE SODIUM OU ALIZARINE S, HÉMATOXYLINE, GALLÉINE, ALIZARINE, ORSEILLE, PARANITROPHÉNOL.

Ces indicateurs sont comme précédemment rangés par ordre de sensibilité décroissante aux alcalis et croissante aux acides; on trouve ensuite dans ce groupe :

Le TOURNESOL dont la matière colorante, de constitution d'ailleurs inconnue, est l'AZOLITHMINE. Celle-ci peut s'obtenir par différents procédés dont le plus simple est le suivant : le tournesol en pains est extrait à l'eau, et la solution amenée au même poids que le tournesol primitif. On additionne la solution de trois fois son poids d'alcool à 90 0/0, on acidule fortement avec HCl et on laisse déposer deux jours. On ajoute alors un peu de papier à filtre ou d'asbeste et on agite; le précipité d'azolithmine adhère au papier ou à l'amiante et peut être alors filtré. On le lave à l'eau acidulée bouillante jusqu'à ce que le liquide additionné d'ammoniaque soit bleu pur. On redissout alors dans l'eau pure la matière colorante et on ramène la solution au poids primitif (Glaser, p. 82).

L'azolithmine ainsi préparée donne des virages plus nets que la teinture ordinaire.

Le tournesol est encore le plus employé des indicateurs; il se prête particulièrement au titrage des acides forts et des bases fortes et, grâce à la netteté du virage, il peut être mis entre les mains les plus inexpérimentées; cette particularité explique son emploi considérable dans les titrages industriels.

3e GROUPE. — Indicateurs peu sensibles aux alcalis et très sensibles aux acides.

ACIDE ROSOLIQUE = coralline,

$$\begin{array}{l} C^6H^3(OH)(CH^3) \\ C^6H^4(OH) \end{array} \Big> C = C^6H^4 = O.$$

Cet indicateur est jaune en solution neutre ou acide, rouge en solution alcaline; il convient particulièrement pour titrer les acides faibles, comme SO^2 et les acides organiques.

TROPÉOLINE 000 (*acide azobenzol α-naphtol sulfonique* = orangé I). — Les solutions neutres ou acides sont jaune orangé, les solutions alcalines roses; la tropéoline 000 se prête au dosage des acides forts, des bases fortes et faibles.

CURCUMA. — La matière colorante naturelle est peu employée sauf à l'état de papier réactif pour l'acide borique. Comme indicateur elle est avantageusement remplacée par la CURCUMINE W ou JAUNE BRILLANT, qui s'obtient par copulation du phénol sur le dérivé diazoté de l'acide diamidostilbène disulfonique : la curcumine est jaune verdâtre en solution neutre ou acide et rouge en solution alcaline.

A ce groupe appartiennent encore des indicateurs peu employés comme la FLAVEXINE et l'α-NAPHTOLBENZOÏNE.

PHÉNOLPHTALÉINE. — Cette substance se rattache également au 3e groupe; avec le tournesol et le méthylorange elle représente un des indicateurs le plus employés. Elle est rouge en solution alcaline, incolore en solution acide, et le virage est l'un des plus sensibles de tous. Elle se prête particulièrement bien au titrage des bases fortes; pour l'ammoniaque et les bases faibles elle donne des résultats moins nets.

Il existe un grand nombre d'autres indicateurs (cyanine, lutéol, bleu Poirrier, Perézol, salicylate ferrique, etc., etc.), pour lesquels nous ne pouvons que renvoyer à la Monographie de Glaser.

Théorie des indicateurs. — On a donné pour expliquer les propriétés des indicateurs un certain nombre de théories qui peuvent en fait se ramener à deux. Nous raisonnerons sur le cas de la phénolphtaléine. D'après une première théorie (Ostwald), la solution acide ne contient sensiblement que des molécules de phtaléine $PhCO^2H$ *incolores*; quand on passe en solution alcaline, le sel de la phtaléine se forme; comme il est fortement dissocié l'ion $(PhCO^2)'$ coloré en rouge apparaît et c'est à lui qu'est dû le virage.

Suivant la seconde théorie, les corps contenus dans la solution acide et dans la solution alcaline ne seraient pas les mêmes.

En solution acide on aurait une lactone

$$C \begin{cases} (C^6H^4-OH)^2 \\ C^6H^4C \begin{matrix} \nearrow O \\ \searrow O \end{matrix} \end{cases}$$

incolore et en solution alcaline le sel d'un acide coloré quinonique

$$C \begin{cases} C^6H^4OH \\ C^6H^4=O \\ C^6H^4CO^2H \end{cases} \quad \text{(Stieglitz).}$$

D'après cette théorie, la phtaléine serait un pseudo-acide (voir ce mot). Il en serait de même d'ailleurs pour la plupart des autres indicateurs; pour l'hélianthine et les corps analogues, la coloration en solution alcaline serait due au groupe *chromophore* AzO, Az=Az– et en solution acide à un groupement quinonique : pour l'hélianthine on aurait ainsi en solution alcaline l'ion *jaune*,

$$[(CH^3)^2AzC^6H^4Az=AzC^6H^4SO^3]',$$

et en solution acide le sulfonate d'une phénylhydrazone,

$$(CH^3)^2=Az=C^6H^4=Az.AzH.C^6H^4SO^3,$$

dont le groupement coloré serait le groupe

$$=C^6H^4=$$

(Küster, Stieglitz).

Quoiqu'il en soit, ionisation simple, ou isomérisation et ionisation, on peut, en se reportant au phénomène de la neutralisation et aux conditions dans lesquelles le changement de teinte s'effectue, faire les remarques générales suivantes :

Au moment du virage l'indicateur (à fonction acide ou alcaline) est en concurrence avec le corps qui sert au titrage (exemple : dans une solution alcaline à titrer en présence de phtaléine, l'acide que l'on ajoute doit *déplacer* la phtaléine), par suite, pour que le virage soit net, il faut que l'indicateur soit toujours beaucoup plus faible que le plus faible des électrolytes en présence. On a ainsi une limite supérieure.

D'autre part, étant donnée la dilution moléculaire considérable par rapport à l'indicateur (au moins 10 000 litres en général), l'hydrolyse (voir ce mot) intervient; pour que le virage soit net il faut que son action soit pratiquement négligeable, on a ainsi une limite inférieure pour la *force* de la fonction alcaline ou acide de l'indicateur.

En outre, on en déduit que, pour diminuer l'hydrolyse le plus possible, il faudra avec un *indicateur alcalin faible* employer pour le titrage un acide fort, avec un *indicateur acide faible* employer une base forte; il est évident de plus que pour éviter l'hydrolyse du sel qui se forme dans la neutralisation il faut employer un acide fort pour titrer une base faible, une base forte pour titrer un acide faible.

On tire de ces remarques les conclusions pratiques suivantes :

1° Pour titrer un acide faible il faut employer une base forte (NaOH, KOH, $Ba(OH)^2$) et un indicateur acide faible comme la phénolphtaléine;

2° Pour titrer une base faible il faut employer un acide fort (HCl, AzO^3H, etc.) et un indicateur, base très faible, comme le méthylorange. (Il est à peu près démontré, en effet, que dans le méthylorange et les autres azoïques sulfonés, le groupe SO^3H ne joue aucun rôle dans le phénomène qui nous intéresse; c'est le groupe $(CH^3)^2Az$– qui intervient.) C. MARIE.

BIBLIOGRAPHIE. — 1° Articles généraux : F. Glaser, *Indikatoren der Acidimetrie und Alkalimetrie*, Wiesbaden, 1901. — W. Ostwald, *Les principes scientifiques de la chimie analytique*, Traduction française, A. Holland, 1903. — W. Nernst, *Theoretische-Chemie*, 4e édit., 517, 1903. — R. Engel, Art. Acidimétrie dans le *Traité de Chimie minérale* de H. Moissan, 3, 494, 1904. — 2° Mémoires : Küster, *Zeit. f. anorg. Chem.*, 13, 135, 1897; J. Waddell, *J. of Phys. chem.*, 2, 171, 1898; Bredig, *Z. f. El.*, 6, 33, 1899; G. S. Fraps, *Am. Chem. Journ.*, 24, 271, 1900; J. Wagner, *Z. f. anorg. Chem.*, 27, 138, 1901; Stieglitz, *Am. chem. Soc.*, 24, 588, 1902 et 25, 1112, 1903; L. J. Simon, *C. R.*, 135, 437, 1902; Vaillant, *C. R.*, 137, 949, 1903; Friedenthal, *Z. f. El.*, 10, 113, 1904; Salessky, *idem.*, 10, 204, 1904; Fels, *Z. f. El.*, 10, 208, 1904; Salm, *Z. f. El.*, 10, 341, 1904; Scholtz, *Z. f. El.*, 10, 549, 1904.

INDIGO (V. Suppl. 2, 941). — Depuis les recherches déjà classiques (1865-1883) de Baeyer et de ses élèves, on admettait pour l'indigotine, matière colorante la plus importante de l'indigo naturel, et pour l'indirubine qui l'y accompagne, les formules suivantes :

$$C^6H^4 \begin{matrix} \diagup CO \diagdown \\ \diagdown AzH \diagup \end{matrix} C=C \begin{matrix} \diagup CO \diagdown \\ \diagdown AzH \diagup \end{matrix} C^6H^4$$

Indigotine.

$$C^6H^4 \begin{matrix} \diagup CO \diagdown \\ \diagdown AzH \diagup \end{matrix} C=C \begin{matrix} \diagup C^6H^4 \diagdown \\ \diagdown CO \diagup \end{matrix} AzH$$

Indirubine.

Tout récemment on a émis au sujet de ces formules quelques objections dont il sera question plus loin; mais elles ne sont pas encore définitivement remplacées. D'autre part, elles rendent compte de presque toute l'histoire chimique de l'indigotine et des substances qui s'y rattachent; nous les conserverons donc dans cet exposé.

Les principales substances qui se rattachent à l'indigotine sont les suivantes :

Indigo blanc,

$$C^6H^4 \left\langle \begin{array}{c} C(OH) \\ AzH \end{array} \right\rangle C - C \left\langle \begin{array}{c} C(OH) \\ AzH \end{array} \right\rangle C^6H^4,$$

premier terme d'une réduction ménagée par les sels ferreux, les hydrosulfites, etc., c'est un produit soluble dans les alcalis qui se fixe sur les fibres et s'oxyde spontanément sous l'action de l'oxygène atmosphérique en donnant l'indigotine insoluble : ces deux réactions sont le pivot de la teinture en indigo (cuve d'indigo).

Isatine,

$$C^6H^4 \left\langle \begin{array}{c} CO \\ Az \end{array} \right\rangle C(OH),$$

produit d'oxydation de l'indigotine [Erdmann, *J. Prakt. chem.*, **24**, 11, 1841, et Laurent, *idem*, **25**, 434, 1842].

Dioxindol,

$$C^6H^4 \left\langle \begin{array}{c} CH(OH) \\ Az \end{array} \right\rangle C(OH),$$

terme de réduction ménagée du précédent [Baeyer et Knop, *Annal.*, **140**, 29, 1866].

Oxindol,

$$C^6H^4 \left\langle \begin{array}{c} CH^2 \\ Az \end{array} \right\rangle C(OH),$$

terme plus réduit encore qui dérive du dioxindol sous l'action de l'étain et de l'acide chlorhydrique [Baeyer et Knop, *loc. cit.*, et Baeyer et Comstock, *D. chem. G.*, **16**, 1704, 1883].

Indol,

$$C^6H^4 \left\langle \begin{array}{c} CH^2 \\ Az \end{array} \right\rangle CH,$$

dernier terme de cette série de composés de réduction, substance mère de toutes les précédentes et que l'on obtient par une action énergique de la poudre de zinc.

Il convient d'ajouter à cette énumération les dérivés les plus importants de quelques-uns des corps qui précèdent, tels que :

1° L'*acide indoxylique,*

$$C^6H^4 \left\langle \begin{array}{c} C(OH) \\ AzH \end{array} \right\rangle C - CO^2H,$$

obtenu d'abord sous forme d'éther par la réduction de l'o-nitro-phénylpropiolate d'éthyle [Baeyer, *D. chem. G.*, **14**, 1741, 1882], puis sous forme libre ;

2° L'*indoxyle,*

$$C^6H^4 \left\langle \begin{array}{c} C(OH) \\ AzH \end{array} \right\rangle CH,$$

obtenu par l'action de la chaleur (perte de CO^2) sur le précédent [Baeyer, *D. chem. G.*, *loc. cit.*] ; c'est un isomère de l'oxindol ;

3° Le *diisatogène,*

$$C^6H^4 \left\langle \begin{array}{c} CO \\ Az \end{array} \right\rangle \underset{\diagdown O \diagup}{C \cdot C} \left\langle \begin{array}{c} CO \\ Az \end{array} \right\rangle C^6H^4$$

[Baeyer, *D. chem. G.*, **15**, 50, 746 1882] ;

4° L'*acide isatogénique* et ses éthers,

$$C^6H^4 \left\langle \begin{array}{c} CO \\ Az \end{array} \right\rangle \underset{\diagdown O}{C} - CO^2C^2H^5$$

[Baeyer, *D. chem. G.*, **14**, 1741, 1881, et **15**, 50, 746, 1882] ;

5° L'*acide isatique* (ou isatinique, ou o-amidophénylglyoxylique : $AzH^2 . C^6H^4 - CO - OH$), obtenu tout d'abord en chauffant l'isatine avec des lessives alcalines concentrées [Claisen et Shadwell, *D. chem. G.*, **12**, 350, 1879] ou par réduction du nitro correspondant.

A côté de ces composés en nombre déjà considérable qui compliquent singulièrement l'étude de cette série, s'en placent d'autres qui ont à peu près les mêmes propriétés et qui en sont les tautomères. A l'isatine, à l'indoxyle et à l'acide indoxylique sous la forme indiquée plus haut, doivent être adjoints des composés correspondants dont les formules constitutionnelles sont dépourvues des doubles liaisons entre C et Az ou entre atomes de carbone : ce sont les dérivés pseudo peu stables (Baeyer).

Pseudoisatine,

$$C^6H^4 \left\langle \begin{array}{c} CO \\ AzH \end{array} \right\rangle CO.$$

Pseudoindoxyle,

$$C^6H^4 \left\langle \begin{array}{c} CO \\ AzH \end{array} \right\rangle CH^2.$$

Acide pseudoindoxylique,

$$C^6H^4 \left\langle \begin{array}{c} CO \\ AzH \end{array} \right\rangle CH - CO^2H.$$

CONSTITUTION DE L'INDIGOTINE, DE L'INDIRUBINE ET DU CARMIN D'INDIGO.

C'est en 1883, que Baeyer publia un important mémoire sur les composés du groupe de l'indigo [*D. chem. G.*, **16**, 2188, 1883] où il décrit les dérivés pseudo et où il donne en terminant la formule de l'indigotine qui était acceptée jusqu'à ces dernières années. Comme le dit l'auteur, « ce travail a pour but d'établir quelle est la place dans l'indigotine de l'un des atomes d'hydrogène non liés au noyau benzénique ». Après beaucoup d'efforts, il y est enfin parvenu et, par suite, « la place de chacun des atomes constituants de la molécule colorante a été établie expérimentalement ». L'indigotine porte en effet cet atome d'hydrogène par l'intermédiaire d'un atome d'azote et, par suite, c'est un composé imidé.

Les principaux arguments donnés par Baeyer en faveur de la formule de l'indigotine ont été fort bien groupés par Nietzki [*Chem. d. org. Farbstoffe*, 282] à qui sont empruntés les raisonnements qui suivent :

La formule de l'indol dérive de sa synthèse à partir de l'acide o-cinnamique ; celle de l'isatine se déduit de sa préparation par Claisen et Shadwell à partir de l'acide o-amidoglyoxylique dont elle est l'anhydride ; entre les deux formules :

$$\underset{\text{I.}}{C^6H^4 \left\langle \begin{array}{c} CO \\ AzH \end{array} \right\rangle CO} \qquad \underset{\text{II.}}{C^6H^4 \left\langle \begin{array}{c} CO \\ Az \end{array} \right\rangle C(OH)}$$

il faut choisir la seconde car Baeyer a démontré que l'isatine contient un groupe hydroxyle.

L'oxindol, anhydride de l'acide o-amidophénylacétique, a pour formule :

$$\underset{\text{I.}}{C^6H^4 \left\langle \begin{array}{c} CH^2 \\ AzH \end{array} \right\rangle CO} \quad \text{ou} \quad \underset{\text{II.}}{C^6H^4 \left\langle \begin{array}{c} CH^2 \\ Az \end{array} \right\rangle C(OH)} ;$$

d'autre part, la réduction de l'isatine donnant le dioxindol, puis l'oxindol, ce dernier corps doit, en raison de sa nouvelle provenance, avoir la formule II et, par suite, le dioxindol, premier intermédiaire entre les deux autres, sera représenté par

$$C^6H^4 \left\langle \begin{array}{c} CH(OH) \\ Az \end{array} \right\rangle C(OH).$$

Quant à l'indoxyle, isomère de l'oxindol, sa formation à partir de l'acide indoxylique lui donne la formule IV, dans laquelle l'hydroxyle est fixé au carbone voisin du noyau, et non III :

$$C^6H^4 \lt \begin{matrix} CO \\ AzH \end{matrix} \gt CH^2 \qquad C^6H^4 \lt \begin{matrix} C(OH) \\ AzH \end{matrix} \geqq CH$$

III. IV.

Baeyer a montré [*D. chem. G.*, 16, 2188, 1883] que les corps II et IV peuvent se transformer en isomères I et III au moment où ils entrent dans les molécules du groupe de l'indigotine. Ces isomères ou pseudo ne sont pas stables à l'état de liberté. Leur instabilité est due à la mobilité de l'atome d'hydrogène, puisqu'elle disparait quand celui-ci est remplacé par un autre groupe; par exemple :

1° $C^6H^4 \lt \begin{matrix} CO \\ Az \end{matrix} \geqq C(OH)$ — Isatine (stable). $C^6H^4 \lt \begin{matrix} CO \\ AzH \end{matrix} \gt CO$ — Pseudoisatine (instable).

$$C^6H^4 \lt \begin{matrix} CO \\ Az \end{matrix} \gt CO \quad (Az - C^2H^5)$$

Éthylpseudoisatine (stable).

2° $C^6H^4 \lt \begin{matrix} C(OH) \\ AzH \end{matrix} \geqq CH$ — Indoxyle (stable). $C^6H^4 \lt \begin{matrix} CO \\ AzH \end{matrix} \gt CH^2$ — Pseudoindoxyle (instable).

$$C^6H^4 \lt \begin{matrix} CO \\ AzH \end{matrix} \gt C = CHC^6H^5$$

Benzylidène pseudoindoxyle (stable).

La suite des déductions repose sur la considération du reste bivalent du pseudoindoxyle

$$C^6H^4 \lt \begin{matrix} CO \\ AzH \end{matrix} \gt C = ;$$

ce groupe est l'*indogène* et ses dérivés, obtenus en fixant ce reste à la place d'un atome d'oxygène emprunté à une autre molécule, sont les *indogénides*. Ceux-ci sont très nombreux et faciles à obtenir; il suffit par exemple de faire agir l'acide indoxylique sur des aldéhydes ou des cétones en milieu acide pour obtenir dès la température de 60°, par exemple, l'indogénide de la benzaldéhyde

$$C^6H^4 \lt \begin{matrix} CO \\ AzH \end{matrix} \gt C = CHC^6H^5,$$

celui de la p-nitrobenzaldéhyde, celui de l'acide pyruvique, etc.

Parmi ces indogénides, sont particulièrement intéressants ceux qui résultent d'un composé cétonique dérivé de l'indol lui-même, par exemple celui que Baeyer a obtenu en associant l'indoxyle et l'isatine : c'est l'*indirubine*, que l'auteur formule

$$C^6H^4 \lt \begin{matrix} CO \\ AzH \end{matrix} \gt C = C \lt \begin{matrix} C(OH) \\ C^6H^4 \end{matrix} \geqq Az$$

admettant ainsi une transposition moléculaire de l'indoxyle en pseudo.

Baeyer appuie sa manière de voir sur la considération très importante de l'action de l'acide nitreux sur l'indoxyle. Quand on nitrose l'indoxyle en acidulant une solution aqueuse de ce corps et de nitrite de sodium, il se forme de fines aiguilles jaunes qui peuvent être :

$$C^6H^4 \lt \begin{matrix} C(OH) \\ Az \end{matrix} \geqq CH \quad (Az - AzO) \qquad \text{ou} \qquad C^6H^4 \lt \begin{matrix} CO \\ AzH \end{matrix} \gt C = Az(OH)$$

Or ce composé se transforme par réduction en indigotine. D'autre part, l'action de l'acide nitreux sur l'acide éthylindoxylique donne un isomère qui possède les caractères des dérivés isonitrosés, et qui donne par réduction et oxydation ultérieure de l'isatine; ceci montre qu'il y a eu au cours de la transformation une migration moléculaire, et que ce second dérivé nitrosé avait pour formule

$$C^6H^4 \lt \begin{matrix} CO \\ AzH \end{matrix} \gt C = AzOH$$

et devait être considéré comme étant la pseudoisatine-oxime ou l'isonitroso-pseudoindoxyle; le premier nitrosé était donc une nitrosamine, dont la facile transformation en indigotine atteste le caractère imidé de cette matière colorante.

L'éthérification du dérivé isonitrosopseudoindoxyle produit d'abord un monoéther, qui donne facilement de l'isatine; donc il n'est pas éthérifié à l'azote. De plus cet éther résiste à la saponification par HCl et par suite, le groupe éther ne se trouve pas dans l'hydroxyle, ce qui d'ailleurs eût empêché la formation d'isatine. Il ne reste plus qu'une hypothèse, à savoir que ce corps a pour formule :

$$C^6H^4 \lt \begin{matrix} CO \\ AzH \end{matrix} \gt C = AzOC^2H^5,$$

éthyl-α-oxime de la pseudoisatine.

Une éthérification plus profonde donne un diéther qui par réduction et oxydation ultérieure donne non pas de l'isatine, mais l'éthylpseudoisatine, isomère de l'éthylisatine, à savoir :

$$C^6H^4 \lt \begin{matrix} CO \\ Az \end{matrix} \gt CO \quad (Az - C^2H^5)$$

beaucoup plus difficile à saponifier que le dérivé de l'isatine.

Par les alcalis ce corps est transformé en acide éthylisatique

$$C^6H^4 \lt \begin{matrix} CO - CO^2H \\ AzHC^2H^5 \end{matrix}$$

et par l'hydroxylamine en β-oxime de l'éthylpseudoisatine

$$C^6H^4 \lt \begin{matrix} C = Az(OH) \\ AzC^2H^5 \end{matrix} \gt CO$$

Cette éthylpseudoisatine a d'ailleurs des propriétés cétoniques, car elle se condense avec l'indoxyle en donnant un indogénide. Au sujet de cet indogénide il n'y a qu'une seule indécision, c'est de savoir lequel des deux groupements CO est entré en condensation; or, dans les réactions qui précèdent, c'est celui qui est voisin du noyau benzénique; on peut donc supposer que lui encore a été atteint par la nouvelle réaction, ce qui a donné le corps

$$C^6H^4 \lt \begin{matrix} CO \\ AzH \end{matrix} \gt C = C \lt \begin{matrix} CO \\ C^6H^4 \end{matrix} \gt AzC^2H^5$$

qui a les propriétés générales des indogénides et donne des teintures par le procédé à la cuve. Mais ce corps diffère de l'indigotine; donc il y avait lieu de supposer que dans la réaction qui engendre cette indigotine, celui des groupes CO qui intervient est celui qui est le plus éloigné du noyau, d'où résulterait la formule habituelle.

Cette conception est vérifiée par l'expérience; en effet le dérivé diéthéré de l'α-oxime de la pseudoisatine peut être facilement transformé par une réduction peu énergique en diéthylindigotine, comme dans les mêmes conditions la pseudoisatinoxime est transformée en indigotine. Dans cette réaction, l'éthyl du groupe nitroso est éliminé avec ce groupe, tandis que l'autre reste dans la molécule, et par suite la diéthylindigotine doit s'écrire :

$$C^6H^4 \left< \begin{matrix} CO \\ Az \\ | \\ C^2H^5 \end{matrix} \right> C = C \left< \begin{matrix} CO \\ Az \\ | \\ C^2H^5 \end{matrix} \right> C^6H^4$$

d'où résulte pour l'indigotine elle-même la formule donnée au début, qui en fait l'α-indogénide du pseudoindoxyle et de la pseudoisatine :

$$C^6H^4 \left< \begin{matrix} CO \\ AzH \end{matrix} \right> C \boxed{H^2 \quad O} C \left< \begin{matrix} CO \\ AzH \end{matrix} \right> C^6H^4.$$

Ces raisonnements paraissent à l'abri de toute critique, mais il ne faut pas oublier que la synthèse finale de l'indigotine par une réaction unique (déshydratation) entre les deux molécules qui la constituent, n'a pas pu être réalisée en raison de l'instabilité propre de chacune de ces deux molécules [Baeyer, *D. chem. Ges.*, **15**, 782, 1882 et **16**, 2188, 1888].

D'ailleurs cette formule de Baeyer n'était pas adoptée sans conteste car P. Alexeyeff [*Journ. Soc. phys. chim. russe*, 1884 (1), 147 ou *D. chem. G.*, **17**, 172, 1884] propose la suivante :

$$C^6H^4 \left< \begin{matrix} C(OH) = C = C = C(OH) \\ Az \underline{\qquad\qquad\qquad\qquad} Az \end{matrix} \right> C^6H^4$$

qui fait du colorant en question, un dérivé azoïque; à son avis, elle cadre avec les synthèses à partir de l'acide o-nitrophénylpropiolique, du dinitro-diphényl-diacétylène ou du chlorure d'isatine. Dans le cas du premier de ces corps il se ferait d'abord de l'acide isatogénique, puis par réduction l'acide indoxylique qui, à la manière de l'indoxyle, se transforme par oxydation énergique en indigotine.

Rouges d'indigo ; identité et constitution. — La littérature fait mention de 3 isomères rouges de l'indigotine dont un dérivé du produit naturel et les deux autres ont été obtenus artificiellement. Le produit naturel a été nommé *indirubine* par Schunk; le produit obtenu par Baeyer [*D. chem. G.*, **12**, 456, 1879] par la réduction du chlorure d'isatine fut appelé *indipurpurine*, tandis que celui obtenu par l'indoxyle et l'isatine fut appelé *indirubine* [*D. chem. G.* **14**, 1745, 1881].

Schunck montra qu'il y a une grande ressemblance entre l'indirubine naturelle et l'indipurpurine artificielle [*D. chem. G.*, **12**, 1220, 1879]; puis Schunk et Marchlewski [*D. chem. G.*, **28**, 540, 1895] montrèrent l'identité de ces deux colorants entre eux et avec l'indirubine artificielle par la comparaison de leurs propriétés physiques et chimiques.

Tous trois cristallisés dans l'aniline forment des aiguilles chocolat à aspect métallique et dissous dans les solvants organiques donnent la même liqueur rouge cerise ; parfois la nuance est un peu violette (indirubine naturelle et indipurpurine), mais cela tient à une impureté, sans doute l'indigotine, et le reflet bleu disparaît avec la purification. Les trois liqueurs ont le même spectre d'absorption avec une même bande qui se trouve dans la région verte et jaune. Les solutions dans l'acide sulfurique concentré sont d'abord violet brun sale, mais leur couleur s'avive peu à peu, à chaud ces solutions sont claires, rouge cerise, et si on les verse dans l'eau on a le dérivé sulfoné qui reste dissous. Dans les alcalis, ces corps sont insolubles : si on ajoute un alcali à leurs solutions alcooliques, la couleur ne change pas d'abord, puis peu à peu devient rouge cerise, et brune; enfin elle pâlit et disparaît entièrement : les corps sont alors oxydés et transformés en isatine qu'on caractérise par sa phénylhydrazone. L'oxydation est rapide si on emploie l'eau oxygénée.

Enfin l'identité des trois corps est encore démontrée par l'identité des trois produits de réduction, les *indileucines* décrites par Forrer [*D. chem. G.*, **17**, 978, 1884]. Il obtint dans les trois cas des aiguilles blanches brillantes, très peu solubles, fondant à 258° avec décomposition, se colorant en jaune par Fe^2Cl^6; ayant toutes la même teneur en azote.

Enfin [*D. chem. G.*, **28**, 2525, 1895], ces trois substances donnent un seul et même produit quand on les soumet à une réduction avec acétylation : Il se produit une décoloration complète ; on coule dans l'eau, et le précipité est cristallisé dans l'acide acétique en aiguilles rosées, brillantes fondant à 204°; ce corps est assez éloigné de l'indirubine qu'il ne régénère pas par les alcalis; c'est un dérivé de l'indileucine monoacétylé qui se laisse facilement saponifier et qui en solution acétique se colore par chlorure ferrique en vert clair, par le nitrite en orangé. Sa constitution est :

$$C^6H^4 \left< \begin{matrix} AzH \\ C \\ | \\ O-CO.CH^3 \end{matrix} \right> C —— C \left< \begin{matrix} AzH \\ CH \end{matrix} \right> C^6H^4$$

[Voir pour le corps correspondant dans le cas de l'indigotine : Lieberman et Dichkuth, *D. chem. G.*, **24**, 4130, 1891].

Quant à la formule de l'indirubine, on peut choisir entre celle de Baeyer :

$$C^6H^4 \left< \begin{matrix} CO \\ AzH \end{matrix} \right> C = C \left< \begin{matrix} C(OH) \\ C^6H^4 \end{matrix} \right> Az$$

ou :

$$C^6H^4 \left< \begin{matrix} CO \\ AzH \end{matrix} \right> C = C \left< \begin{matrix} CO \\ C^6H^4 \end{matrix} \right> AzH$$

[Forrer, *D. chem. G.*, **17**, 978, 1884].

Enfin, on peut prendre une formule stéréoisomère de celle de l'indigotine, à savoir :

$$\begin{matrix} \searrow AzH \swarrow C = C \searrow AzH \swarrow & \qquad & \searrow AzH \swarrow C = C \nearrow AzH \searrow \\ \text{Indigotine.} & & \text{Indirubine.} \end{matrix}$$

cette dernière supposition n'est pas admissible puisqu'on sait que l'indigotine peut se transformer en indirubine et que la transformation inverse par l'intermédiaire de l'indican n'est pas absolument invraisemblable; mais néanmoins elle ne suffit pas à expliquer les différences entre ces deux corps. On sait en effet que O. Neill [*Mem. Manchester litter. philos. Soc.*, **14**, 220, 1892) a obtenu par l'acide acétique et le permanganate un composé qui est l'oxyacétindigotine, tandis que dans ces conditions l'indirubine ne donne pas de dérivé oxyacétylé.

Restent les deux premières formules dont la première n'est pas vraisemblable, vu l'insolubilité dans les alcalis et l'impossibilité d'acétyler directement. On accepte donc la formule Forrer.

La *constitution du carmin d'indigo* (disulfoindigotine) a été déterminée par Vorländer et Schubart [*D. chem. G.*, **34**, 1860, 1901]; les deux SO^3H sont sur deux noyaux différents, en para par rapport au groupe AzH. Pour le démontrer, ces auteurs ont transformé en indigotine les deux amidotoluènes sulfonés :

$$C^6H^3(CH^3)(AzH^2)(SO^3H) \quad 1.2.4 \text{ et } 1.2.5$$

par la méthode à l'acide chloracétique (voir plus

loin); le produit provenant de 1.2.4 n'est pas précipité par les sels de plomb et de baryum, tandis que l'autre l'est: la solution du premier absorbe presque entièrement les radiations rouges, tandis que le second les laisse presque entièrement passer entre B et C comme le carmin d'indigo.

Nouvelles recherches sur la constitution de l'indigotine. — Vaubel traitant l'indigotine en présence d'alcool et à l'abri de l'air par du zinc et un alcali, obtint une solution rouge intense, puis une solution jaune clair fluorescente d'indigo blanc, et retrouva par oxydation les mêmes apparences en sens inverse. Il y a donc un composé rouge intermédiaire entre l'indigotine et l'indigo blanc.

Par la cryoscopie de l'indigotine solide, il constata, en se servant de p-toluidine et de phénol comme solvants, que le poids moléculaire est au moins égal à 524, tandis qu'à l'état gazeux il n'atteint que la moitié.

Dans l'aniline, la cryoscopie donne également à la molécule la formule $C^{16}H^{10}Az^2O^2$.

Les mêmes observations se retrouvent pour l'indirubine qui elle aussi se réduit en donnant un composé intermédiaire, et qui dans la p-toluidine a un poids moléculaire de 524. L'auteur modifie alors les formules données par Baeyer et propose d'adopter les deux suivantes pour les 2 colorants :

Bleu

$$\begin{array}{ccc} C^6H^4 \left\langle {}^{CO}_{AzH} \right\rangle C & — & C \left\langle {}^{CO}_{AzH} \right\rangle C^6H^4 \\ | & & | \\ C^6H^4 \left\langle {}^{CO}_{AzH} \right\rangle \underset{1}{C} & — & \underset{2}{C} \left\langle {}^{CO}_{AzH} \right\rangle C^6H^4 \end{array}$$

Rouge

$$\begin{array}{ccc} CO \left\langle {}^{C^6H^4}_{AzH} \right\rangle C & — & C \left\langle {}^{C^6H^4}_{AzH} \right\rangle CO \\ | & & | \\ CO \left\langle {}^{C^6H^4}_{AzH} \right\rangle \underset{1}{C} & — & \underset{2}{C} \left\langle {}^{C^6H^4}_{AzH} \right\rangle CO \end{array}$$

Pour les produits intermédiaires, la formule s'obtient en remplaçant les C 1 et 2 par des CH [*Chem. Zeit.*, **25**, 725, 26 août 1901, ou *Zeits. f. Farb. u. Textil Ind.*, **1**, 39].

Il faut rapprocher de ces observations, celles de Binz [*J. prakt. Chem.*, (2), **63**, 497, 1901] qui réduisant l'indigotine par la poudre de zinc ou l'amalgame de Zn en présence de naphtaline bouillante et à l'abri de l'air obtint une substance rouge amaranthe. Si on extrait par la naphtaline, elle se colore d'abord en vert foncé, puis devient incolore, mais elle contient toujours une substance transformable en indigotine par l'air. L'auteur pense que le composé zincique de l'indigo blanc est le principal produit de cette réduction de l'indigotine.

D'autre part, L. Maillard a constaté que l'oxydation des composés indoxyliques de l'urine donne à volonté des colorants bleu, rouge ou brun. Il obtient de l'indigotine quand l'oxydation est rapide, et de l'indirubine, quand elle est lente. Il en conclut tout d'abord que toutes les méthodes d'évaluation des composés indoxyliques dans l'urine par dosage de l'indigotine sont inexactes, et qu'en outre les deux colorants bleu et rouge de l'indigo se forment à partir d'une même matière première [*C. R.*, **132**, 990, 1901], qu'il réussit d'ailleurs à obtenir; en outre, l'indigotine obtenue par oxydation de cette substance en milieu chloroformique n'est pas identique à l'indigotine ordinaire, tant qu'elle n'a pas cristallisé, mais lui devient identique par cristallisation; auparavant, elle en différait aussi bien par une plus grande solubilité dans le chloroforme que par sa transformation rapide, en présence des acides, en indirubine, identique au produit ordinaire. Ceci s'explique très bien, en admettant pour le colorant indigotine une formule double de celle de Baeyer, comme le propose Vaubel. Les essais pour transformer l'indirubine en indigotine en solution alcaline n'ont pas réussi, mais Maillard a constaté que l'indirubine produite par l'oxydation lente de l'indoxyle n'est pas le composé habituel, mais son bimère, la bisindirubine : $C^{32}H^{20}O^4Az^4$ [*C. R.*, **134**, 470, 1902]. Il admet que la variété d'indigotine non cristallisée, trouvée par lui (hémiindigotine), doit être représentée par l'ancienne formule de l'indigotine cristallisée (Baeyer), tandis que l'indigotine cristallisée et l'indirubine doivent être respectivement représentées par les schémas I et II.

Si on supposait l'existence de 2 hémiindigotines, on concevrait 9 isomères possibles pour l'indigotine; or, jusqu'ici on n'en connaît que deux, et ce nombre correspond à une seule hémiindigotine; la différence entre l'indigotine et l'indirubine se trouverait donc dans l'orientation respective des divers groupes.

$$\begin{array}{ccc} C^6H^4 \left\langle {}^{CO}_{AzH} \right\rangle C & — & C \left\langle {}^{CO}_{AzH} \right\rangle C^6H^4 \\ | & & | \\ C^6H^4 \left\langle {}^{CO}_{AzH} \right\rangle C & — & C \left\langle {}^{CO}_{AzH} \right\rangle C^6H^4 \end{array}$$

Indigotine (I).

$$\begin{array}{ccc} C^6H^4 \left\langle {}^{CO}_{AzH} \right\rangle C & — & C \left\langle {}^{CO}_{AzH} \right\rangle C^6H^4 \\ | & & | \\ C^6H^4 \left\langle {}^{AzH}_{CO} \right\rangle C & — & C \left\langle {}^{AzH}_{CO} \right\rangle C^6H^4 \end{array}$$

Indirubine (II).

THERMOCHIMIE. — Les déterminations thermiques ont été faites par M. d'Aladern [*C. R.*, **116**, 1457, 1893] et par MM. Berthelot et André [*C. R.*, **128**, 959, 1899]; en voici les résultats :

Produits. —	Chaleur de combustion.	Chaleur de formation.	
Oxindol	950cal,45	43cal,1	960
Dioxindol...........	915 ,7	80 ,2	915
Isatine.............	867 ,8	59 ,0.	874 ou 860
Isathyde............	1 777 ,8	145 ,0	1 775
Indigotine ($p_m = 262$).	1 812 ,6	41 ,0	»

Les nombres de la troisième colonne sont ceux qui ont été calculés d'après la méthode de M. Lemoult [*Ann. Chim. Phys.*, (8), **4**, 25, 1905], ceux qui sont relatifs à l'oxindol et au dioxindol ne présentent aucune particularité; celui qui est relatif à l'isathyde confirme la démonstration de G. Heller, puisqu'il est la somme des valeurs correspondant à 1 molécule de dioxindol et à 1 molécule d'isatine pseudo. Les deux valeurs indiquées pour l'isatine sont obtenues, l'une avec la formule lactime Az = C(OH) : 874, l'autre avec la formule lactame AzH - CO (pseudo) : 860 calories; on voit qu'elles sont également distantes de la valeur mesurée.

Le calcul donne pour l'indigotine (formule Baeyer) la valeur 1846 Cal sensiblement trop élevée; avec la formule Vaubel ou la formule Maillard l'accord est déjà plus satisfaisant : 2×1830 Calories. Enfin, si on admettait pour l'indigotine une formule analogue à celle que Vaubel attribue à l'indirubine, et comprenant des groupes amides, le calcul donnerait alors un résultat identique à celui qu'a donné l'expérience, à savoir : 2×1810 Calories. C'est une considération dont il faudra peut-être tenir compte quand on fixera la formule constitutionnelle de l'indigotine.

PRÉPARATION ET SYNTHÈSES DE L'INDIGOTINE.

Au moment où parut dans le 1er Suppl., l'article Indigo (page 941), la question était peu avancée, et on admettait pour l'indigotine la formule provisoire :

$$C^6H^4 \begin{matrix} \diagup C \diagdown \\ | \\ \diagdown Az \diagup \end{matrix} CH - CH \begin{matrix} \diagup C \diagdown \\ | \\ \diagdown Az \diagup \end{matrix} C^6H^4. \quad (\text{les deux C unis par } O - O)$$

On pouvait alors préparer ce corps, soit par le dédoublement de l'indican effectué par Schunck [*Jahresb. d. Chem.*, 1855, 659; — 1857, 564 et 1858, 465); soit par la réduction de l'isatine, du dioxindol ou de la dinitronaphtaline, au moyen du PCl^3 et d'un peu de phosphore en présence de CH^3COCl [Baeyer et Emmerling, *D. chem. G.*, 3, 514, 1870).

On en avait déjà fait la synthèse de plusieurs manières :

1° Action de la chaux sodée et de la poudre de zinc sur l'o-nitroacétophénoone [Engler et Emmerling, *D. chem. G.*, 3, 885, 1870]; l'indigotine était alors un azoïque :

$$\begin{matrix} Az - C^6H^4 - CO - CH \\ \| \qquad\qquad\qquad \| \\ Az - C^6H^4 - CO - CH \end{matrix}$$

Cette synthèse contestée par H. Wichelhaus [*D. chem. G.*, 9, 1106, 1876], a été confirmée à nouveau en 1895 par Engler [*D. chem. G.*, 28, 309]; le rendement est très faible.

Au cours des recherches faites par C. Engler et K. Dorant sur ce sujet, ils remarquèrent que la benzylidène-o-nitroacétophénone

$$C^6H^4 \begin{matrix} \diagup AzO^2 \\ \diagdown CO - CH = CH - C^6H^5 \end{matrix}$$

donne de l'indigotine par une oxydation intramoléculaire sous l'influence de la lumière solaire; ce corps se colore assez rapidement en bleu et donne de la benzaldéhyde et de l'acide benzoïque; la transformation, nulle pour la lumière rouge, faible pour la jaune, est très active pour la bleue; l'oxydation a lieu en tubes fermés pleins de gaz carbonique. De tels phénomènes ont été signalés pour les acides o nitrophényloxyacrylique [*D chem. G.*, 13, 2262, 1880], o-nitrocinnamylformique et pour l'o-nitrophényl-lactique-méthylcétone [Baeyer et Drewsen, *D. chem. G.*, 15, 2856, 1882].

La benzylidène-o-amidoacétophénone ne donne ce phénomène qu'aux dépens de l'oxygène atmosphérique [*D. chem. G.*, 28, 2498, 1895].

Rudolf Camps [*Arch. Pharm.*, 240, 423] ayant remarqué que la réduction de l'o-nitroacétophénone avec le zinc et l'acide chlorhydrique concentré donne une huile odorante transformable par chauffage en indigotine [*D. chem. G.*, 32, 3232, 1899] pensa que cette réaction avait quelque parenté avec celle d'Engler-Emmerling (*loc. cit.*).

Cette huile, considérée d'abord comme étant de l'o-acétophénylhydroxylamine, parut être l'hydrazobenzol diacétylé dans le noyau, et la réaction Engler-Emmerling comprenait sans doute : 1° une réduction qui donne le diacétylhydrazobenzol, et 2° une oxydation intramoléculaire.

Bamberger et Elger montrèrent que ce soi-disant o-o-diacétylhydrazobenzol n'est autre que le méthylanthranile de formule C^8H^7OAz ou

$$C^6H^4 \begin{matrix} \diagup C \diagdown^{CH^3} \\ | \quad O \\ \diagdown Az \diagup \end{matrix}$$

Il n'a plus l'odeur d'anthranile, mais il forme comme lui une combinaison peu stable avec $HgCl^2$. Chauffé, il se transforme en indoxyle par transposition moléculaire, puis donne de l'indigotine.

Le produit obtenu par Camps a été reconnu être un composé d'addition $C^8H^7OAzCl^2$; il oxyde l'iodure de potassium en liqueur acétique en se transformant en dérivé monochloré dans le noyau

$$C^6H^3Cl \begin{matrix} \diagup C \diagdown^{CH^3} \\ | \quad O \\ \diagdown Az \diagup \end{matrix}$$

[*D. chem. G.*, 36, 1611, 1903.]

En 1883, la Badische obtenait le brevet pour la transformation des dérivés de l'o-amidoacétophénone et du phénylacétylène en colorants de la série de l'indigo [DRP. 21592 et DRP. 23785]; cette o-amidoacétophénone était la matière première de la synthèse selon Engler et Emmerling, car l'un des effets de la poudre de zinc sur l'o-nitroacétophénone était la formation du dérivé amidé [*D. chem. G.*, 28, 309, 1895], lequel s'obtenait également par fixation d'eau, au moyen d'acide sulfurique dilué sur le phénylacétylène o-amidé. Acétylée, puis traitée par le brome, cette amido-acétophénone se transforme en produit bromé que l'on soumet à une ébullition prolongée avec les alcalis aqueux étendus, puis à l'action de l'air; on obtient de l'isatine. Si on acidule avant l'oxydation il se dépose de l'indirubine. Quand l'action du brome a atteint le noyau benzénique, cas habituel, on obtient des isatine et indirubine bromées.

Cette réaction a été expliquée par Baeyer et Blaem [*D. chem. G.*, 17, 963, 1884], qui admettent la formation d'indoxyle et d'isatine sodée; en liqueur alcaline, l'oxydation atteint l'indoxyle seul, qui donne de l'indigotine; en liqueur acide l'isatine libérée réagit sur l'indoxyle et donne l'indirubine.

2° Action de l'ozone sur l'indol par Nencki [*D. chem. G.*, 7, 1593, 1874; 8, 727, 1875 et 9, 299, 1876]; c'est une synthèse totale, puisque Baeyer et Emmerling avaient fait celle de l'indol [*D. chem. G.*, 2, 679, 1869]; on peut employer dans ce but soit l'oxygène actif (DRP. 130629), soit encore l'acide monopersulfurique de Caro (DRP. 132405, Badische);

3° A partir de l'acide phénylacétique qu'on nitre, il se fait les dérivés ortho et para; on réduit le tout et on transforme en sel de baryum; seul le para se forme, l'ortho s'étant anhydrisé au cours de la préparation sous forme d'oxindol [Baeyer, *D. chem. G.*, 11, 582, 1878]. La transformation de cet oxindol en isatine a été particulièrement difficile; il faut passer par l'intermédiaire du composé amidé obtenu par réduction du dérivé nitrosé et qu'on oxyde soit par Fe^2Cl^6, soit par $CuCl^2$, soit par AzO^3H [Baeyer, *D. chem. G.*, 11, 1228, 1296, 1878 et 12, 456, 1879]; il s'est fait en même temps de l'indigo-purpurine (1er Suppl., p. 956);

4° Au cours de ses recherches sur les cyanures d'acides, Claisen [*D. chem. G.*, 10, 431, 1877] avait préparé le composé $AzH^2 - C^6H^4 - CO - CO^2H$ qui traité par HCl donne de l'isatine :

$$AzH^2 - C^6H^4CO - CO^2K \longrightarrow C^6H^4 \begin{matrix} \diagup CO \diagdown \\ \diagdown Az \diagup \end{matrix} C(OH)$$

[Claisen et Shadwell *D. chem. G.*, 12, 350, 1879].

Ces résultats justifient une hypothèse déjà ancienne de Kékulé [*D. chem. G.*, 2, 748, 1869] qui considérait l'isatine comme l'anhydride interne de l'acide o-amidophénylglyoxylique, l'oxindol comme celui de l'acide o-amidophénylacétique, et le dioxindol comme celui de l'acide o-amidophénylglycolique (voir à ce sujet C. Böttinger, *D. chem. G.*, **10**, 269, 1877], et l'idée qu'il avait eue de considérer l'acide formique et la benzaldéhyde o-amidée comme générateurs de l'isatine.

5° En 1880, Baeyer publia une nouvelle synthèse à partir de l'acide o-nitrophénylpropiolique $AzO^2 - C^6H^4 - C \equiv C - CO^2H$ (pf^{on} 155-166°); cet acide soumis à l'ébullition en solution alcaline donne de suite de l'isatine (rendement 86 0/0); si on opère en présence d'une petite quantité de glucose, la solution se colore en bleu, puis par additions ménagées de ce réducteur dépose de l'indigotine (rendement 40 0/0); il se fait simultanément de l'isatine (DRP. 19266, Badische), (DRP. 25136, F.-F. Baeyer) [Baeyer, *D. chem. G.*, **13**, 2254, 1880].

A. Michael [*J. prakt. Chem.*, **35**, 254, 1887] explique le mécanisme de cette réaction.

6° En même temps, Baeyer annonçait une autre synthèse à partir de l'acide o-nitrocinnamique qu'il traite par le chlore en solution alcaline, ce qui donne l'acide o-nitrophénylchlorolactique

$$AzO^2 - C^6H^4 - CHCl - CH(OH) - CO^2H;$$

celui-ci, traité par les alcalis, donne un dérivé de l'acide oxyacrylique qui fond au voisinage de 110° en se transformant en indigotine (rendement très faible) [*D. chem. G.*, **13**, 2260, 1880].

Ces réactions permettent de préparer directement le colorant sur fibre (Baeyer, DRP. 11858, addition au DRP. 11857 du 19 mars 1880).

La Badische a fait breveter (DRP. 17656), une variante de ce procédé, consistant à employer les éthers de l'acide o-nitrophénylpropiolique, et à isoler au cours de la préparation les produits intermédiaires : éthers indogéniques

$$C^8H^6AzO(CO^2C^2H^5).$$

Ceux-ci, leur acide générateur ou le corps que donne celui-ci en perdant CO^2 (par fusion) et qui est l'indogène, C^8H^7AzO, se transforment facilement en indigotine ou en indirubine (quand on ajoute de l'isatine).

D'autre part, Baeyer se réservait par le DRP. 12601, 2° addition au DRP. 11857 le procédé de préparation des homologues et analogues de l'indigotine, à partir des dérivés de l'acide o-nitrocinnamique [*D. chem. G.*, **14**, 125, 1881].

7° En 1882, Baeyer et OEkonomides, au cours d'un travail sur les dérivés de l'isatine, signalent la formation d'indigotine, à partir des éthers de l'isatine [*D. chem. G.*, **15**, 2101, 1883].

8° La même année Baeyer et Drewsen [*D. chem. G.*, **15**, 2856, 1882] font connaître une synthèse, entièrement nouvelle et qui devait prendre en ces dernières années une grande importance puisqu'elle est le point de départ d'une préparation industrielle de l'indigotine : c'est l'action de l'eau, puis d'un alcali sur une solution d'o-nitrobenzaldéhyde dans l'acétone : la liqueur se colore en jaune, puis en vert et laisse déposer au bout de peu de temps de l'indigotine; on peut remplacer l'acétone par l'acide pyruvique, par l'acétaldéhyde ou par l'acétophénone, mais les résultats sont moins bons (DRP. 19768, Badische).

La réaction de la benzaldéhyde o-nitrée est générale, car Konovaloff [*Journ. Soc. phys. chim. russe*, **30**, 960] a ainsi obtenu avec les aldéhydes appropriées, des isomères de l'indigotine, entre autres la diparadiméthyl, la tétraméthyl et la diméthyldiisobutylindigotine. De même, en employant la p-chloronitrobenzaldéhyde, la Badische (DRP. 128727) a préparé la p-chloro-o-nitrophényllactylméthylcétone et finalement la dichlorindigotine. De même, l'o-nitrobenzaldéhyde et l'α-pyridylméthylcétone se condensent facilement et le composé obtenu donne facilement de l'indigotine [C. et A. Engler, *D. Chem. G.*, **35**, 4061, 1902].

Ce procédé peut être très légèrement modifié; c'est ainsi que les Farbwerke, vorm. Meister, Lucius et Brüning ont breveté l'emploi de l'o-nitrobenzylidènacétone (DRP. 20255, mars 1882); le produit o-nitré est traité par la soude alcoolique à froid. Ce procédé utilise sous le nom d'o-nitrobenzylidène-acétone le même composé que Baeyer, sous le nom d'o-nitrocinnamylméthylcétone, avait à tort considéré comme impropre à la fabrication de l'indigotine.

Cette variante de la réaction de Baeyer-Drewsen est générale et s'applique aux dérivés de substitution de l'o-nitrocinnamylméthylcétone : par exemple, A. Baeyer et Wirth [*Ann. Chem.*, **284**, 154, 1895], employant le dérivé m-bromé (pf^{on} 165°,5-166°), obtiennent la m-dibromoindigotine; de même pour la dichlorindigotine.

9° P. Meyer a fait connaître un nouveau procédé de synthèse de l'indigotine consistant à employer comme matières premières l'aniline et l'acide dichloracétique ou ses amides et à les faire réagir à haute température; il se fait le chlorhydrate de l'amine et un composé qu'il appelle la phénylimésatine $C^{14}H^{10}Az^2O$, et celui-ci traité par des acides forts ou des bases forme de l'isatine en régénérant de l'aniline.

Cette réaction se prête facilement à l'obtention des homologues supérieurs [DRP. 25136 ou *D. chem. G.*, **16**, 2942, 1883].

10° En 1890, W. Flimm [*D. chem. G.*, **23**, 57, 1890] annonça la formation d'indigotine à l'aide de la monobromacétanilide; fondue avec les alcalis secs, elle donne un produit dont la solution dans l'eau est bleue et dépose de l'indigotine; ce même produit de fusion donne avec Fe^2Cl^6 et HCl aqueux de l'indigotine. L'auteur admet la formation d'indoxyle ou de pseudoindoxyle par suite de la production d'acide bromhydrique : l'oxydation le transforme en matière colorante; il rapproche cette synthèse de celle qui se produit quand on emploie le dérivé bromé dans la chaîne de l'o-amidoacétophénone [Baeyer et Bloem, *D. chem. G.*, **17**, 968, 1884]; toutefois, il ne pense pas que ces deux réactions se ramènent à une seule par suite de transpositions. Flimm a employé les monobromacétylnaphtalides α et β qui ne donnent pas de colorant, pas plus que les dérivés correspondants de la diphénylamine, ou de l'otoluidine, tandis que celui qui correspond à la p-toluidine donne la diméthylindigotine. La dibromacétanilide ne donne pas non plus de colorant, mais beaucoup de cyanure de phényle.

Kahura et Chikashigé pensent [*Am. Chem. Journ.*, **24**, 167] que dans la synthèse de Flimm (*loc. cit*) le produit intermédiaire est la diphényldicétopipérazine et non le pseudoindoxyle. Pour vérifier leur hypothèse, ils remarquent que les acétanilides halogénées substituées à l'azote sont incapables de fournir un noyau pipérazique et ne doivent pas donner d'indigo, tandis que rien n'empêche la formation du pseudoindoxyle. En fait la méthylchloracétanilide ne donne pas de diméthylindigotine.

Au contraire, les dérivés chloracétylés des o-m-p-toluidines et les dicétopipérazines correspondantes, donnent des diméthylindigotines; avec les m-xylidine, pseudocumidine, on a les tétra et hexaindigotines.

Par traitement de la diphényldicétopipérazine avec de la potasse alcoolique, Hausdörfer [*D. chem. G.*, **22**, 1802, 1889] avait obtenu du phénylglycocolle; les auteurs ayant obtenu de même l'o-tolylglycocolle à partir de la di-o-tolyldicétopipérazine, croient que dans l'action de la potasse fondue sur les diaryldicétopipérazines se forment aussi comme produits intermédiaires les glycocolles correspondants qui se transforment ensuite, comme dans la synthèse d'Heumann, en indigotines.

Les auteurs décrivent, outre les produits intermédiaires, les composés :

6.6'-diméthylindigotine, plus soluble que l'indigotine et dont les solutions sont violet-rouge, vertes ou bleues.

5.5'-diméthylindigotine.

4.4'-diméthylindigotine.

4.6.4'.6'-tétraméthylindigotine.

3.4.6.3'.4'.6'-hexaméthylindigotine.

(Les noyaux sont numérotés 1 à l'azote, 2 au CO, voir formule de l'indigotine).

[Flimm, *D. chem. G.*, 23, 59, 1890. — Eckenroth, *D. chem. G.*, 24, 693, 1891. — Kunckell, *D. chem. G.*, 33, 2648, 1900].

Ils publient de plus les chiffres relatifs aux solubilités et aux spectres d'absorption de ces diverses indigotines [*Am. chem. Journ.*, 27, 1].

1er procédé Heumann (phénylglycines) — En 1890, K. Heumann fit une découverte qui devait être le signal d'un grand nombre de recherches et qui amena l'installation de deux procédés pratiques pour l'obtention de l'indigotine artificielle [*D. chem. G.*, 23, 3043, 1890 ou *J. prakt. Chem.*, 43, 520, et 43, 111, 1891]. L'acide anilidoacétique (phénylglycocolle), chauffé à 260° à l'abri de l'air avec 2 parties d'alcali caustique, donne d'abord une masse jaune, puis orangée qui se forme plus facilement encore quand on élève la température; un échantillon de cette masse dissous dans l'eau donne rapidement un dépôt bleu formé d'indigotine; c'est une réaction de cours. Si la solution est maintenue à l'abri de l'air elle reste jaune, en présence d'oxygène, il se forme de l'indigotine. L'auteur admet qu'il s'est formé du pseudoindoxyle :

$$C^6H^4 - AzH - CH^2 - CO^2H \longrightarrow C^6H^4 \begin{matrix} \diagup CO \diagdown \\ \diagdown AzH \diagup \end{matrix} CH^2$$

$$\longrightarrow 1/2 \left[C^6H^4 \begin{matrix} \diagup CO \diagdown \\ \diagdown AzH \diagup \end{matrix} C \right]^2.$$

Le rendement de la fusion du phénylglycocolle est toujours très faible; il atteint 11,5 0/0 quand on emploie la potasse et 8,5 0/0 seulement quand on emploie la chaux potassée. Heumann donnait comme schéma de l'indigotine le suivant :

$$C^6H^4 \begin{matrix} \diagup AzH - C = C - AzH \diagdown \\ \quad | \qquad\qquad\quad | \\ \diagdown CO \qquad\qquad CO \diagup \end{matrix} C^6H^4$$

et W Hentschell, cherchant expérimentalement des arguments pour modifier cette formule, constata que la plus importante portion de la matière première échappe à la réaction, mais qu'on peut la récupérer et l'utiliser à nouveau pour produire l'indigotine [*J. prakt. Chem.* (2), 57, 198, 1898].

Les brevets correspondant à cette préparation, demandés en mai-juin 1890, furent transférés à la Badische (DRP. 54 626) qui se réserva également l'emploi des homologues et des produits de substitution de la phénylglycine, entre autres les o-tolyl, méthyl, et éthylglycines, m-xylyl, éthylortho et éthyl-p-tolylglycines qui donnent des indigotines substituées; elle se réservait également les produits de sulfonation de ces corps (DRP. 58 276, août 1890).

Au lieu d'employer le phénylglycocolle, Biedermann et Lepetit emploient le mélange de ses matières premières; il se dégage de l'eau, de l'aniline, du gaz carbonique et de l'hydrogène [*D. chem. G.*, 23, 3289, 1890]; leurs essais étaient en cours au moment où Heumann publia sa découverte. Voir également à ce sujet, Lederer [*J. prakt. Chem.*, 42, 383, 1890].

La réaction d'Heumann est très générale : par exemple, la Badische [DRP. 123 368, 1900] montra qu'en fondant les carbonates des éthers anthraniliques, on obtient les mêmes phases intermédiaires, puis les mêmes produits qu'avec la phénylglycine.

H. Wichelhaus réussit à obtenir des naphtalinindigotines en chauffant de l'α ou de la β-naphtylamine à 175°-185° avec 2 parties d'acétate de sodium et 0,7 partie d'acide chloracétique, puis en ajoutant au bout de quelques instants 2 parties de soude et élevant la température à 285-290°; les deux variétés α et β sont insolubles dans l'eau, peu solubles dans les solvants organiques, mais cristallisables et sulfonables; α donne des nuances vert bleuâtre et β des nuances vertes [*D. chem. G.*, 26, R. 916. 1893 ou DRP 69636, 1892].

Les Farbwerke (Meister, Lucius et Brüning) chauffent un mélange formé d'acide benzoïque o-halogéné (Cl ou Br) et de glycocolle avec un excès d'alcali (ou d'alcalino-terreux); on obtient une masse jaune orangé qui par oxydation donne de l'indigotine. Si on remplace le glycocolle par ses produits de substitution à l'azote, on obtient les indigotines substituées à l'azote déjà signalées par Baeyer : [DRP. 120 000, année 1901].

La formation de l'indigotine dans ces réactions est basée au début sur une déshydratation, que les alcalis réalisent avec un faible rendement. La Deutsche Gold und Silber Scheide Anstalt a fait breveter un procédé qui consiste à remplacer les alcalis par l'amidure de sodium : ce corps présente l'avantage d'agir beaucoup plus énergiquement, au point même qu'il faut souvent modérer son action par l'addition d'alcali, et en outre de fondre à une température de 120° qui favorise le mélange des substances réagissantes et augmente le rendement (DRP. 137 955, du 15 janvier 1901, transféré aux Farbwerke).

Ce même agent de transformation réagit sur tous les composés analogues, en particulier sur le phénylglycine-phénylglycide et donne de l'indoxyle avec un bon rendement; la formation de ce corps commence à la fusion de l'amidure et devient rapide à 125° (Deutsche Gold und Silber-Scheide Anstalt, D R P. 141 749).

2e procédé Heumann (phénylglycines-o-carboxylées). — Afin de vérifier la formule de constitution de l'indigotine et surtout pour voir si la condensation de la chaîne latérale de la phénylglycine se fait avec le noyau en ortho de l'azote, Heumann fut conduit à essayer la fusion alcaline sur la phénylglycine orthocarboxylée. [Mauthner et Suida, *Sitz. Wien.*, 27, 2, 783, 1888]; en chauffant le sel de calcium de ce diacide, il doit se produire, par une réaction analogue à celle qui engendre les cétones, le pseudo-indoxyle instable, qui se transformera en indoxyle et celui-ci en indigotine. En effet l'opération réussit très bien, et quand on opère au contact de l'air la masse d'abord jaune, puis rougeâtre se colore à la surface en bleu indigo; dans une atmosphère d'hydrogène, il ne se fait pas de colorant, mais le produit mis ultérieurement en contact avec l'oxygène donne de l'indigotine, surtout en présence d'alcali. Les meilleures conditions de réaction sont 1 partie de phénylglycine o-carbonique, 3 parties d'alcali caustique et 1 d'eau qu'on chauffe en agitant continuellement; la coloration apparaît dès 200° et on chauffe quelques instants; la masse est dissoute dans l'eau puis soumise à un courant d'air jusqu'à précipi-

Fried. Bayer et Cie, à Elberfeld, DRP. décembre 1891). Voir à ce sujet R. Knietsch [*D. chem. G.*, **24**, 2086, 1891].

D. Vorlander ayant obtenu l'acide dianilidosuccinique essaya de le transformer en indigotine au moyen de déshydratants, mais sans y parvenir quoique cependant il semble que ce composé :

$$C^6H^4 \diagup AzH \diagdown \underset{\diagup\ CO^2H}{CH} - \underset{\diagdown\ CO^2H}{CH} \diagup AzH \diagdown C^6H^5$$

doive se comporter comme l'acide anilidoacétique; avec de l'acide sulfurique concentré (procédé Heymann) il ne se forma jamais d'indigotine; par la fusion alcaline (procédé Heumann) il réussit à 3 reprises différentes sur 40 ou 50 à obtenir le colorant cherché, mais sans parvenir à saisir les conditions de cette formation accidentelle [*D. chem. G.*, **27**, 1605, 1894].

13° En 1896, A. Reissert apporta un nouvel argument en faveur de la formule de l'indigotine en faisant la synthèse du corps à partir de l'acide pr 2-indolcarbonique : on le dissout dans l'acide sulfurique et maintient la solution à température ordinaire pendant 1 ou 2 jours jusqu'à ce qu'un échantillon de la liqueur ne donne plus avec l'acide azotique une coloration rouge; on coule dans l'eau qui prend une coloration vert clair, puis on neutralise par l'ammoniaque; il se dépose de l'indigotine, et il se fait, en même temps, quoiqu'en faible quantité, de l'indoxine [*D. chem. G.*, **29**, 639, 1896].

14° Au cours du même travail, l'auteur [*loc. cit.*, 1038] avait obtenu de l'isatine à partir de l'acide o-nitrophénylpyruvique; en dissolvant ce corps dans une lessive de soude étendue, puis en soumettant à un courant de vapeur d'eau, il obtint une huile entraînée qui était de l'o-nitrotoluol et une liqueur qui contenait de l'isatine; celle-ci fut isolée sous forme d'isatine-phénylhydrazone, pf[on] 210°.

En vue d'apporter une confirmation à la formule de Baeyer, Frankel et Spiro [*D. chem. G.*, **28**, 1685, 1895] cherchèrent à transformer en indigotine l'acide éthylène-dianthranilique :

$$C^6H^4 \begin{matrix} \diagup AzH - CH^2 - CH^2 - AzH \diagdown \\ \diagdown CO^2H \qquad\qquad\quad CO^2H \diagup \end{matrix} C^6H^4$$

en recourant au procédé Heumann à l'abri de l'air, ils obtinrent un leucodérivé qui dissous dans l'eau donna de l'indigotine; tout en estimant qu'il s'est fait de l'indoxyle au cours de la réaction, ils ne donnent à ce sujet aucune indication précise (DRP. 83056).

15° *Procédé Sandmeyer.* — Ce procédé [*Zeits. f. Farben u. Textil Chem.*, **1**, 129], objet des DRP. 113848, 113981, 113169, 113978, 113979, 113980 déposés le 18 juillet 1899 par la maison Geigy et Cie de Bâle, est basé sur la réaction que subissent en présence d'acide sulfurique les deux corps suivants :

$$\begin{matrix} C^6H^5 - Az = C - AzHC^6H^5 \\ | \\ H - C = Az(OH) \end{matrix}$$

I. Isonitrosoéthényldiphénylamidine.

$$\begin{matrix} C^6H^5 - Az = C - AzHC^6H^5 \\ | \\ AzH^2 - C = S \end{matrix}$$

II. Thioamide de l'acide carbodiphénylimide hydrocarbonique ou son nitrile (III).

$$\begin{matrix} C^6H^5 - Az = C - AzHC^6H^5 \\ | \\ C \equiv Az \end{matrix}$$

III.

auxquels on peut substituer d'une part l'amide correspondant à (II) et d'autre part les divers homologues de (I) et (II) obtenus en remplaçant l'aniline par les autres amines cycliques.

Le premier de ces corps se dissout très facilement dans l'acide sulfurique en donnant une liqueur jaune rougeâtre qui vire vers 50-60° au violet brunâtre, puis vers 110° au rouge-jaune. Si après refroidissement on coule dans l'eau on a une liqueur de même nuance que les alcalis font virer au bleu puis qui se décolore en déposant un composé basique cristallisé jaune brunâtre : c'est l'anilido-isatine (pf[on] 120°) que les acides minéraux scindent en isatine et aniline :

$$\begin{matrix} C^6H^5 - Az = C - AzHC^6H^5 \\ | \\ H - C = Az(OH) \end{matrix}$$

$$= AzH^3 + \left(\begin{matrix} \diagup Az \diagdown\!\!\diagdown \\ \diagdown CO \diagup \end{matrix} \right) C - AzHC^6H^5$$

Le second de ces corps subit une réaction analogue : Laubenheimer avait constaté que ce thioamide dissous dans l'acide sulfurique concentré et chaud donne une liqueur limpide rouge que l'eau ne trouble pas [*D. chem. G.*, **13**, 2155, 1880]. Sandmeyer guidé par l'analogie de ces apparences et de celles que donne le composé I, eut l'idée de traiter par la soude la liqueur rouge ainsi obtenue ; elle vira au bleu puis déposa de l'anilido-isatine, et cette réaction est presque quantitative :

$$\begin{matrix} C^6H^5 - Az = C = AzHC^6H^5 \\ | \\ AzH^2 - C = S \end{matrix} + 2SO^4H^2$$

$$= SO^4H(AzH^4) + SO^2 + H^2O + S + \left(\begin{matrix} \diagup Az \diagdown\!\!\diagdown \\ \diagdown CO \diagup \end{matrix} \right) C - AzHC^6H^5$$

Ici encore il se fait de l'ammoniaque et en outre un dépôt de soufre et un dégagement de SO^2 dû à la transformation du groupe C=S en C=O.

Les deux réactions Sandmeyer sont loin de présenter le même intérêt pratique en raison des deux matières premières très différentes qu'elles exigent.

L'isonitrosoéthényldiphénylamidine s'obtient en chauffant à 100° un mélange de 90 parties d'aniline, 14 de chlorhydrate d'hydroxylamine et 32 de chloral (DRP. 113848); on sait que le chloral et l'aniline donnent

$$CCl^3 - CH(AzHC^6H^5)^2$$

[Wallach, *D. chem. G.*, **5**, 251, 1872] que l'hydroxylamine et le chloral donnent l'oxime

$$CCl^3 - CH = Az(OH)$$

[V. Meyer, *Ann. Chem*, **264**, 118, 1891], ou la monochlorglyoxime

$$Az(OH) = CCl - CH = Az(OH)$$

[Naegeli, *D. chem. G.*, **16**, 499, 1883]; l'action simultanée des trois réactifs donne donc une réaction toute différente quoique calquée sur le même type; mais cette réaction ne paraît pas réalisable économiquement.

La production de la thioamide est au contraire beaucoup plus abordable, et Sandmeyer la réalise en traitant d'abord de l'aniline par du sulfure de carbone, ce qui donne la thiodiphénylurée symétrique; celle-ci, mise en suspension ou en solution dans un liquide, est traitée à 50-60° pendant quelques heures par un cyanure alcalin en présence d'oxyde de plomb ou d'un sel basique de plomb, ce qui donne lieu à la précipitation de PbS (par suite de la formation de KHS aux dépens du métal du cyanure) :

$$\begin{array}{l} C^6H^5AzH - CS - AzHC^6H^5 + KCAz \\ = KHS + C^6H^5 - Az = \underset{\underset{CAz}{|}}{C} - AzHC^6H^5 \end{array}$$

et d'hydrocyancarbodiphénylimide que Laubenheimer [*D. chem. G.*, **13**, 2155, 1880] avait obtenue auparavant, soit par action d'HCAz sur la carbodiphénylimide $C^6H^5 - Az = C = Az - C^6H^5$ [Weith, *D. chem. G.*, 7, 1306, 1874] soit par action prolongée du cyanure de mercure sur la thiodiphénylurée. Le dérivé cyané est saponifié par une solution de soufre dans l'ammoniaque [Bernthsen, *Ann.*, **184**, 192, 1886 ; — Gabriel et Ph. Heumann, *D. chem. G.*, **23**, 157, 1898], ce qui donne la thioamide qui cristallise dans l'alcool en prismes jaune d'or fondant à 161-162°, solubles dans les acides minéraux et les alcalis chauds. Il faut avoir soin pour cette saponification d'employer une solution ancienne de sulfure d'ammonium ; atténuée alors par l'oxydation elle contient $AzH^4 - S - S - AzH^4$, sans cela il se fait comme avec H^2S de l'aniline et le composé

$$C^6H^5 - AzH - \underset{\underset{S}{\|}}{C} - \underset{\underset{S}{\|}}{C} - AzH^2$$

La thioamide est traitée ensuite par l'acide sulfurique, l'eau et les alcalis.

D'autre part, au lieu de dédoubler l'isatineanilide par un acide, on peut la dédoubler par un réducteur comme le sulfhydrate d'ammonium récent qui donne de l'aniline et de l'indigo blanc.

Dans le cas des homologues, la réaction est exactement la même [Lemoult, *Revue générale des sciences*, 13e année, n° 16, 759].

On peut obtenir l'indigotine pure en réduisant l'α-anilidoisatine (Geigy, DRP. 113890) ; mais si au cours de la réduction avec le sulfure d'ammonium, on ajoute des quantités variables d'isatine, il se forme de l'indirubine qui vient modifier la nuance obtenue avec l'échantillon ainsi préparé [Geigy et Cie, DRP. 119280, 1901].

16° Rubin Blank [*D. chem. G.*, **31**, 1812, 1898], en utilisant les dérivés arylaminés de l'éther malonique, réalisa une synthèse nouvelle et générale des colorants de l'indigo ; les matières premières :

$$(R : \text{aromatique})\ R - AzH - CH = (CO^2R^2)^2,$$

qu'on obtient facilement au moyen des amines aromatiques et des dérivés halogénés des éthers maloniques, sont chauffées à 200° ; elles donnent alors les éthers de l'acide indoxylcarbonique, qui, bouillis avec les alcalis, perdent CO^2 et donnent l'indoxyle puis l'indigotine. C'est ainsi que l'anilidomalonate d'éthyle (pf^on 45°), le p-toluylmalonate d'éthyle (55°), le β-naphtylaminomalonate d'éthyle (88°) donnent respectivement [Baeyer, *D. chem. G.*, **14**, 1742, 1881] le p-tolylindoxylate d'éthyle (155-156°), l'o-tolylindoxylate (140°), le m-xylylindoxylate (154°), l'α- (198°) et le β-naphtylindoxylate d'éthyle (156°) et, finalement, l'indigotine, la p- et l'o-diméthyl, la xylyl, l'α- et la β-naphtalinindigotine [Wichelhaus, *D. chem. G.*, **26**, 2547, 1893 ou DRP. 69636 — DRP. 109416, Cassella et Cie] ; il se produit en même temps, comme produits accessoires, des substances à point de fusion élevé qui sont des dérivés de la diacipipérazine (brevet français 282083, Badische).

$$2\,C^6H^5 \diagup \begin{array}{l} AzH - CH - CO^2R \\ \qquad\quad\ \ | \\ \qquad\ \ CO - OR \end{array}$$

$$\longrightarrow \begin{array}{ccc} C^6H^4 \left\langle \begin{array}{c} CO \\ Az \end{array} \right\rangle CH \diagdown & CO & \\ | & | & \\ OC \diagdown CH \left\langle \begin{array}{c} Az \\ CO \end{array} \right\rangle C^6H^4 & & \end{array}$$

Par exemple, quand on chauffe sous 37 millimètres l'anilidomalonate de méthyle, la première partie de la réaction a lieu jusqu'à 180° ; entre 220 et 240° l'anilido-éther non transformé distille, et du résidu on peut extraire l'indoxylate de méthyle $C^{10}H^9O^3Az$ (pf^on 155°) par le benzène, tandis que le dérivé de la diacipipérazine reste insoluble ; c'est l'anhydride di-indoxylique infusible à 190° ; on a obtenu de même les di-p-tolyl et le di-β-naphtylindoxyanhydrides [Conrad et Reinbach, *D. chem. G.*, **35**, 511, 1902].

17° Les dérivés aromatiques de l'hydantoïne donnent, quand on les chauffe avec des alcalis caustiques ou les amidures alcalins, des produits jaune orangé solubles dans l'eau et que l'oxygène transforme en indigotine ; l'action des alcalis commence à 230-280°, tandis que celle des amidures commence beaucoup plus bas, et devient très rapide vers 200°. En employant les tolylhydantoïnes, on obtient les indigotines méthylées :

$$CO \begin{array}{l} \diagup AzH - CO \\ \qquad\qquad\ | \\ \diagdown \underset{\underset{C^6H^5}{|}}{Az} - CH^2 \end{array} \longrightarrow \left[C^6H^4 \left\langle \begin{array}{c} AzH \\ CO \end{array} \right\rangle C \right]^2$$

[Farbwerke, DRP. 132477, 1902]. Cette synthèse, la dernière en date, suscite une remarque historique assez curieuse, car les premières recherches de Baeyer sur l'isatine, qui devaient le conduire aux résultats qu'on a vus, lui furent inspirées par la comparaison de ce corps avec l'alloxane ou la mésoxalyluréide, qui ont de nombreuses analogies avec l'hydantoïne.

PRÉPARATIONS INDUSTRIELLES DE L'INDIGOTINE.

[Voyez à ce sujet Haller, *Rapport du Jury international de l'Exposition de* 1900, classe 87, **2**, 122].

Parmi les nombreuses synthèses qui viennent d'être signalées, quelques-unes ont été l'objet d'applications industrielles d'une importance exceptionnelle, puisqu'elles ont permis d'abord de concurrencer l'indigo naturel, puis, après une lutte de quelques années, d'en restreindre considérablement la production, et cela en dépit des très nombreux efforts et très scientifiques qui ont été faits en faveur du produit naturel [voyez à ce sujet Brevet français 300826, Calmette, et Brevet français n° 302169, de MM. Guegner et Valette].

La première en date de ces synthèses industrielles est basée sur l'emploi d'acide o-nitrophénylpropiolique ; déposé sur le tissu puis soumis à l'action du xanthate de soude, il est transformé en indigotine : le prix de la matière première était un obstacle à la diffusion de ce procédé.

Le procédé à l'o-nitrobenzaldéhyde (Baeyer, Drewsen) paraît à première vue beaucoup plus économique, et il fut en effet utilisé par l'industrie. L'o-nitrophénylactylméthylcétone est insoluble dans l'eau, mais se solubilise par combinaison avec le bisulfite ; il a été employé sous le nom de *sel de Kalle* ou *sel d'indigo*, pour produire en impression des nuances bleu d'indigo.

Mais ce procédé ne menaçait pas l'indigo naturel; il est en effet très difficile d'obtenir l'aldéhyde o-nitrobenzoïque. Sa production à bon compte était la clef de la réalisation industrielle de la belle synthèse de Baeyer-Drewsen. La question a été résolue, il y a cinq ans, par la Société chimique des Usines du Rhône (Monnet, Gillard, Cartier et Cie, à Lyon); le procédé consiste à oxyder à froid par le bioxyde de manganèse, en présence d'acide sulfurique, l'o-nitrotoluène. Le rendement est assez faible, mais il ne reste à côté de l'o-nitrobenzaldéhyde que la matière première initiale qu'on récupère et qui revient en traitement (Brevet français).

Cette réaction a été étendue aux homologues de l'o-nitrotoluène, par exemple aux xylidines nitrées qui donnent des aldéhydes o-nitrées toluyliques. La transformation en indigotine et en ses homologues marques R et B ne présente pas de difficultés spéciales.

La plus importante et la première des fabrications synthétiques basée sur la réaction d'Heumann a été réalisée au prix de nombreux efforts ininterrompus par la Badische-Anilin-und Soda-Fabrik, à Ludwigshafen. La solution du problème comportait la production économique de l'acide anthranilique, qu'on réalise aujourd'hui par le processus suivant : la naphtaline, matière première abondante et de peu de valeur, est oxydée au moyen d'anhydride sulfurique (obtenu par la Badische en combinant l'anhydride sulfureux des fours à pyrite avec l'oxygène atmosphérique au moyen des procédés de contact); cette oxydation donne l'anhydride phtalique et régénère SO^2 qui est récupéré et rentre en fabrication. L'anhydride phtalique donne la phtalimide, que l'on transforme en acide anthranilique par la réaction Hofmann : oxydation à l'aide d'hypochlorite ou d'hypobromite alcalin [*D. chem. G.*, **14**, 2725, 1881 et **15**, 407, 752 et 762, 1882].

Le dernier, par l'action de l'acide chloracétique, donne le phénylglycocolle-o-carboxylé; ici apparaît une nouvelle difficulté, qui est la production économique du chlore nécessaire à la fabrication de l'acide chloré, et on doit aux progrès de l'électrochimie l'abaissement du prix du chlore nécessaire à la réalisation de cette phase. La fusion avec la soude ne présente pas de grosses difficultés, quoiqu'elle soit assez délicate à régler; la précipitation et la purification de l'indigotine se font facilement.

On voit que l'enchaînement des réactions est assez compliqué; il a exigé pour sa mise en pratique des perfectionnements extrêmement remarquables dans l'industrie de deux des produits chimiques les plus importants : anhydrique sulfurique et chlore. La production de l'indigotine synthétique B. A. S. F. qui en résulte a occasionné, en 1899, la récupération et la remise en service de 35 à 40 000 tonnes d'anhydride sulfureux, ainsi que la production d'acide monochloracétique correspondant à 2 millions de kilogrammes d'acide acétique.

Le produit intermédiaire, acide indoxylique, peut être isolé; il est employé en impression sous le nom d'*indophore*, comme le sel de Kalle.

A côté de ce procédé, il convient de signaler, comme étant beaucoup plus simple, celui de la Gold und Silber Scheide Anstalt, exploité par les Farbwerke (Meister, Lucius et Brüning et Cie, à Höchst am Mein); lui aussi est lié à la production économique du chlore, puisqu'il utilise l'acide chloracétique, mais l'acide anthranilique y est remplacé par l'aniline, et il n'est pas besoin d'insister sur l'importance fondamentale de cette substitution; il est vrai qu'il faut ici de notables quantités de sodium nécessaires à la fabrication de l'amidure de sodium, mais si on réfléchit qu'il suffit en théorie de 23 grammes de sodium pour obtenir 131 grammes d'indigotine, on voit que ce procédé présente sur le précédent de notables avantages, dont le moindre n'est pas son extrême simplicité.

Le procédé Sandmeyer de la maison Geigy et Cie, de Bâle, n'exige que des matières premières courantes : aniline, sulfure de carbone, sels de plomb, cyanures alcalins et sulfhydrate d'ammoniaque dont les cyanures seuls peuvent être considérés comme étant d'un emploi onéreux; cette circonstance, jointe à la complexité relative du procédé qui comporte cinq réactions successives, sont les seuls inconvénients qu'on puisse signaler à son égard.

Ces quatre procédés, dont il est difficile, sinon impossible, de prédire maintenant la destinée respective, ont commencé par supplanter l'indigo naturel dont la culture décroît très rapidement. On sait que la fabrication d'indigotine est presque monopolisée en Allemagne; aussi les chiffres suivants donneront-ils une idée des progrès accomplis aux dépens de la culture par la nouvelle industrie.

Dans le 1er semestre 1900, l'importation en Allemagne d'indigo naturel est tombée à 436 300 kilogrammes, au lieu de 797 300 kilogrammes pour la période correspondante de 1899, soit 45 0/0 en moins; dans le même laps de temps, l'exportation allemande passa de 536 300 kilogrammes à 938 300 kilogrammes, soit 75 0/0 en plus (indigotine pure).

D'autre part, l'exportation d'indigo naturel des provinces de Calcutta et de Madras (teneur moyenne en indigotine 45 à 55 0/0) se chiffre de la manière suivante :

7 760 000kg en 1895-1896,
4 400 000kg en 1899-1900, soit 43 0/0 en moins.

[J.-M. Mathews, *Journ. Soc. Chem. Ind.*, 20, 551, New-York].

Voyez pour l'Indigo naturel : culture, améliorations, rendement, statistique : Haller, *loc. cit.*, 98

PROPRIÉTÉS DE L'INDIGOTINE.

Propriétés physiques. — La température de sublimation de l'indigotine dans le vide cathodique a été déterminée par Krafft et Weilandt et fixée à 156-158°; elle ne s'accompagne d'aucune décomposition [*D. chem. G.*, **29**, 2242, 1896].

La diaminoindigotine présente dans le rouge orangé une bande d'absorption qui se rétrécit plus vite du côté du vert et bleu que du côté du rouge quand on augmente la concentration; le maximum de l'absorption correspond à $\lambda = 623\ \mu\mu$.

La tétrazoindigotine, obtenue en diazotant le composé précédent, présente 2 bandes d'absorption, une dans le jaune, dont le maximum est à $\lambda = 565\ \mu\mu$, et l'autre dans le vert correspondant à $\lambda = 517\ \mu\mu$.

Une solution d'indigotine-disulfonate de Na, préparée à partir d'indigotine pure, montre une bande d'absorption dans l'orangé; le milieu est à $\lambda = 615\ \mu\mu$; si la concentration augmente, la bande se rétrécit plus lentement vers le rouge que vers le bleu; on peut faire la recherche quantitative de ces trois substances, et par suite de l'indigotine, par l'analyse spectrale [M. Eder, *Sitz. Wien.*, **92**, 1885].

Sels. — Les sels de l'indigotine, chlorhydrate, bromhydrate et sulfate, ont été obtenus par Binz et Kufferath [*Ann. Chem.*, **325**, 196, 1902]. Le premier, en faisant passer HCl gazeux dans une solution d'indigotine (1 gramme) dans l'acide acétique (400 centimètres cubes) et en abandonnant la solution quelques jours, ou en lui ajoutant de l'éther à l'abri de l'humidité; le bromhydrate s'obtient de même; quant à l'acide iodhydrique, il donne une réduction. Ces auteurs ont obtenu également un chloroplatinate,

$$(C^{16}H^{10}Az^2O^2, HCl)^2PtCl^4,$$

aiguilles noir bleuâtre. Le sulfate s'obtient par digestion au bain-marie d'une solution acétique d'acide sulfurique et d'indigotine; la liqueur bleue filtrée dépose des aiguilles cristallines bleues, $C^{16}H^{10}Az^2O^2, SO^4H^2$; on connait aussi un disulfate [D.R.P. 121450, Badische].

Tri et tétrasulfos. — P. Juillard a obtenu, en traitant l'indigotine par de l'acide sulfurique fumant à 30 0/0 d'anhydride (25 parties) et en laissant en contact pendant 24 heures, une liqueur rouge qui, précipitée par l'eau salée, donne le tri et tétrasulfonate d'indigotine,

$$C^{16}H^6Az^2O^2(SO^3Na)^4, 10H^2O,$$

différent du carmin d'indigo, plus soluble que lui dans l'eau [*Bull. Soc. Chim.*, (3), **7**, 619].

Acétylindigotine. — Ch. O'Neill montra que l'on pouvait acétyler l'indigotine [*Chem. News*, **65**, 124, 1892; *D. chem. G.*, **25** R., 461, 1892]; en ajoutant peu à peu du permanganate de potassium à de l'indigotine pure en suspension dans l'acide acétique (20 à 30 parties), il constata qu'il se forme, par fixation d'oxygène et d'acide acétique, des cristaux blancs microscopiques qu'il appela oxyacétindigotine; traité par l'eau bouillante, ce composé se transforme en indigotine, isatine, acide acétique et un autre corps jaune que la chaleur décompose en acide acétique, indigotine et une résine rouge; avec la soude, on obtient toujours de l'indigotine et en même temps le sel d'un acide que les acides minéraux précipitent sous forme de cristaux solubles dans l'alcool que la chaleur décompose au delà de 240° en donnant de l'aniline. Enfin, chauffé avec de l'acide acétique, l'oxyacétindigotine donne de l'indigotine et de belles aiguilles jaunes C^8AzH^3O.

Marchlewski et Radcliffe [*J. prakt. Chem.*, (2), **58**, 102, 1898] étudièrent de plus près cette réaction. Le composé $C^{20}H^{16}Az^2O^6$ ci-dessus s'obtient quand on ajoute peu à peu, à de l'indigotine finement pulvérisée en suspension dans 30 parties d'acide acétique, du permanganate finement pulvérisé; le produit est lavé à l'acide acétique, puis à l'acide sulfureux, puis à l'acide sulfurique jusqu'à ce qu'il soit incolore; il est formé de feuilles rhomboédriques incolores, insolubles dans tous les solvants; c'est la diacétyldioxyindigotine dont les auteurs expliquent ainsi la formation :

```
    C⁶H⁴               C⁶H⁴                  C⁶H⁴
CO<    >AzH        CO<    >AzH           CO<    >AzH
     C                 C-OH                  C-O-CO-CH³
     ‖      ───>       |         ───>        |
     C                 C-OH                  C-O-CO-CH³
CO<    >AzH        CO<    >AzH           CO<    >AzH
    C⁶H⁴               C⁶H⁴                  C⁶H⁴
```

ce corps est saponifié par l'eau qui le décompose en isatine et indigotine. La soude à froid et par un contact prolongé le transforme en un composé non cristallisé, l'acide diisatinique hydraté, $C^{16}H^{10}Az^2O^4, 2H^2O$, qui fond à 226-227°.

Ces auteurs comparent le dérivé diacétylé à l'indican, auquel ils donnent la formule :

```
½ CH²(OH)-[CH(OH)]³-CH-CH-O-C<CO  >C⁶H⁴
                      \  /        AzH
                       O
```

au lieu de

```
CH²(OH)-[CH(OH)]⁴-CH=C<CO  >C⁶H⁴
                       AzH
```

[*Journ. Soc. Chim.*, **17**, 430].

Benzoylindigotine. — G. Heller a réussi à benzoyler l'indigotine, en la mettant en suspension dans la pyridine en présence de chlorure de benzoyle et chauffant à 100°; on obtient le tétrabenzoylindigo blanc :

```
C⁶H⁴<CO>C ─────────── C<CO>C⁶H⁴
     Az   |            |  Az
     |    COCH³   CH³CO   |
     COCH³                COCH³
```

petites aiguilles incolores, point de fusion 217-218°; facilement solubles dans le benzène, la pyridine et l'alcool, difficilement dans la ligroïne, décomposées par la soude en donnant de l'indigotine [*D. chem. G.*, **36**, 2762, 1902].

Méthylène-indigotine. — G. Heller a obtenu la méthylène-indigotine en condensant d'abord la formaldéhyde avec l'acide anthranilique, éthérifiant ensuite, puis chauffant avec de la soude. La méthylène-indigotine est plus verte que l'indigotine et plus difficile à sulfoner.

La *benzylidène-indigotine* s'obtient de même [*Zeit. f. Farben u. Textil Chem.*, **2**, 329].

Oxime et imide de l'indigotine. — L'oxime a été obtenue par J. Thiele et R.-H. Pickard [*D. chem. G.*, **31**, 1252, 1898] en mettant en suspension dans de la soude chauffée au bain-marie à l'abri de l'air de l'indigotine finement pulvérisée et en ajoutant du chlorhydrate d'hydroxylamine; toute l'indigotine se dissout. Si on acidule la liqueur filtrée, elle dépose l'oxime sous forme d'aiguilles cuivrées brun-violet, fondant à 205°; la dioxime ne se produit pas. Mais si on réduit l'oxime ci-dessus par le zinc et la soude, ce qui donne vraisemblablement l'imide correspondante, puis qu'on traite à nouveau par l'hydroxylamine, on obtient une nouvelle oxime.

Quant à l'indigotine-oxime, si on la traite par l'acétate de soude, la poudre de zinc et l'anhydride acétique, on obtient sous forme d'une poudre cristalline jaune paille, un corps fondant à 176°, puis se décomposant à 180°, insoluble dans l'acétone, le benzène et l'acide acétique et donnant sous l'action de la soude de l'indigo blanc; ce corps est le pentaacétyloxyamido-indigotyle :

```
           O-COCH³           Az(COCH³)²
          /                 /
C⁶H⁴ < C  > C ──── C ≤ C  > C⁶H⁴
       Az                Az
       |                 |
       CO-CH³            CO-CH³
```

La *diméthylindirubine* a été obtenue par Schunck et Marchlewski [*D. chem. G.*, **28**, 2526, 1895] en réduisant la p-méthylchlorisatine en solution acétique par Zn; elle se produit en même temps que la diméthylindigotine. Elle cristallise dans l'aniline en aiguilles chocolat.

Diindigotine (dérivée de la benzidine).

J. Moir donne ce nom au composé de formule suivante :

```
   AzH   ⬡──────⬡   AzH
  /       \      /    \
 C        CO    CO     C
 ‖        CO    CO     ‖
 C       /      \      C
  \   AzH ⬡──────⬡ AzH /
```

qu'il prépara en vue d'obtenir une indigotine dérivée du diphényle et de voir l'influence sur la coloration du groupement ainsi introduit; ce composé ne fut obtenu qu'en très faible rendement par le procédé suivant : la 4.4′-benzidine 3.3′-dicarbonique,

$$\begin{array}{c} AzH^2-C^6H^3-C^6H^3-AzH^2 \\ \diagup \qquad \diagdown \\ CO^2H \qquad CO^2H \end{array}$$

traitée par l'acide chloracétique, donne une biphénylglycine o-carboxylée; en chauffant avec de l'anhydride acétique et de l'acétate de sodium, il se forme un composé pseudo indoxylique,

$$\begin{array}{c} CH^3-CO-Az - C^6H^3 - C^6H^3 - Az-COCH^3 \\ | \qquad\quad | \qquad\quad | \qquad\quad | \\ CH^2-CO \qquad CO - CH^2 \end{array}$$

qui, dissous dans la soude et oxydé, donna la diindigotine vert olive.

Ce même composé fut obtenu par le procédé Rubin Blank; le composé intermédiaire benzidine-dimalonate d'éthyle fond à 138°.

Dosage de l'indigotine. — Pour la détermination quantitative de l'indigotine, Donath et Strasser [*Zeits. f. Chem.*, 1894, 11 et 47] recommandent, au lieu de titrer cette substance par dosage d'azote (Voeller), de la mettre en solution sulfurique et de la titrer par oxydation au permanganate; il faut seulement avoir soin d'enlever l'indirubine et les gommes; le brun d'indigo n'étant pas attaqué par le permanganate, on peut se dispenser de l'éliminer. Pour les gommes, on extrait à l'acide chlorhydrique dilué et, pour le rouge, par un mélange d'alcool et d'éther (4 et 1 parties); on sulfone ensuite le produit purifié et fait agir l'oxydant.

J. Schneider [*Zeits. Ann. Chem.*, **34**, 347] préconise l'emploi de la naphtaline que l'on fait agir à l'ébullition sur l'échantillon finement pulvérisé et dilué par un corps inerte (laine de verre); l'indigotine dissoute est ensuite séparée à l'éther; il y a à faire une légère correction qu'on détermine expérimentalement.

Pour évaluer l'indigotine sur fibre, A. Renard [*Bull. Soc. Chim.*, **47**, 41, 1887] met 10 grammes de l'étoffe teinte dans une cornue avec 200 centimètres cubes d'une solution neutre d'hydrosulfite de soude et un lait de chaux; on chauffe au bain-marie vers 60-70° jusqu'à décoloration; on fait alors passer un courant de gaz d'éclairage et on décante dans une éprouvette; on acidule et on abandonne 12 heures, puis on recueille le colorant sur un filtre et on le dissout dans environ 10 centimètres cubes d'acide sulfurique concentré pour le doser par la méthode d'oxydation.

Le plus souvent l'indigotine se trouve fixée sur tissu à côté d'autres colorants de séries différentes, le campêche p. ex.; Lewy [*Zeits. anal. Chem.*, **26**, 530] a fait connaître une série de méthodes pour reconnaître l'indigo à côté du campêche.

INDIGO BLANC ET DÉRIVÉS. — Bing et Rung ont réussi à obtenir l'indigo blanc sous forme cristalline [*Zeit. f. Chem.*, 1900, 412] en saturant une cuve d'indigo à l'hydrosulfite par le minimum de soude; il se dépose un corps blanc cristallisé, exempt d'hydrosulfite.

La réduction de l'indigotine en indigo blanc peut être obtenue par électrolyse d'une solution chaude de sulfite tenant en suspension le colorant; il se fait de l'hydrosulfite qui opère la réduction [Farbwerke vorm. Meister, Lucius et Brüning DRP. 139567].

La transformation de l'indigo-blanc en indigotine par oxydation a été étudiée par Manchot et Herzog [*Ann. Chem.*, **316**, 318, 1901]; Schönbein avait déjà remarqué en 1860 la production d'eau oxygénée dans cette réaction. En présence d'eau de baryte il se produit du bioxyde de baryum; si on emploie les alcalis dont les peroxydes sont solubles, il se produit une réaction secondaire, à savoir la réaction de ce peroxyde sur le leucodérivé resté en présence, et cette oxydation est d'autant plus sensible que l'on prolonge plus longtemps l'action du peroxyde.

Parmi les nombreux moyens qui permettent de transformer en colorant, les dérivés leucos de l'indigotine, comme l'indoxyle, l'acide indoxylique, l'indigo blanc, etc., la Badische signale le soufre en solution neutre ou en solution faiblement alcaline. Comme on sait que le soufre se fixe facilement sur la laine, cette propriété peut être démontrée en introduisant dans une cuve de la laine ordinaire et de la laine soufrée : au bout d'un même nombre d'immersions et d'aérations, la seconde est beaucoup plus colorée. Le soufre joue ici non pas le rôle d'un fixateur mécanique comme pour le vert malachite, mais celui d'un oxydant indirect par l'aptitude qu'il possède de fixer l'hydrogène pour former H^2S, facilitant ainsi la transformation des leucos en colorants. Le même phénomène se passe avec le coton et peut être utilisé pour obtenir des nuances bleues d'inégales intensités par une seule teinture (DRP 122739, 1900).

Méthylène-Indigo blanc. — En traitant l'indigo blanc mis en solution ou en suspension dans un milieu neutre par la formaldéhyde, la Badische obtient une combinaison stable vis-à-vis de l'oxygène atmosphérique et qui pouvant régénérer l'indigo blanc, se prête très bien à la formation de l'indigotine sur fibre en impression. Ce composé est soluble dans l'eau et l'alcool, insoluble dans l'éther, le benzène et le xylène; très soluble dans l'acétone et l'acide acétique; on l'obtient sous forme de petits feuillets jaune clair qui commencent à se colorer à l'air vers 215° et donnent alors de l'indigotine par décomposition (DRP 120318, 1901).

Éthers de l'indigo blanc carbonique. — La Badische les a obtenus en traitant l'indigo blanc par du phosgène ou par les éthers chloro-carboniques; ils sont stables vis-à-vis de l'air et peuvent être desséchés au bain-marie; mais ils sont facilement saponifiés par la soude et se prêtent par conséquent très bien au montage des cuves d'indigo et à l'impression. Si on traite par de l'alcool le produit de l'action du chlorocarbonate d'éthyle avec l'indigo blanc, il reste un éther ayant l'aspect de l'amiante, qui cristallise dans l'acétone et fond à 257-259°; de la solution alcoolique se dépose un deuxième éther fondant à 110-112°, et en outre un corps amorphe coloré en rouge qui n'a pu être obtenu ni cristallisé ni incolore (DRP 121866). P. Lemoult.

INDILEUCINE. — **INDIPURPURINE.** — Voyez l'art. *Indigo*, p. 58.

INDIRÉTINE, $C^{16}H^{16}Az^2O^4$. — Produit dérivé de l'isatine par réduction au moyen d'étain et d'acide chlorhydrique; après élimination du métal, on neutralise et extrait à l'éther; le corps ainsi obtenu mis en solution alcoolique est décoloré au noir animal puis repris par l'éther. On le prépare encore en traitant par la potasse alcoolique à 130° l'isatane, $C^{32}H^{20}Az^4O^{??}$, produit de réduction de l'isatine par l'amalgame de sodium en milieu faiblement acide. Ce composé est soluble dans les alcalis, insoluble dans les acides; soluble dans l'éther et l'alcool; peu soluble dans l'eau, sa solution s'oxyde lentement et donne avec l'azotate d'argent ammoniacal le composé : $C^{16}H^{14}Ag^2Az^2O^4$ [Knop, *Journ. f. prakt. Chem.*, **97**, 65, ou *Bull. Soc. Chim.*, **151**, 1866]. Mars 1906. P. Lemoult.

INDIRUBINE. — Voyez l'art. *Indigo*, p. 58.

INDIUM (1er Supl., 2, 943). — *État naturel.* — *Minerais.* — En 1896, Hoppe-Seyler a signalé la présence de l'indium dans la wolframite de Zinnwald. Guidé par cette observation, E.-A. Atkinson a étudié les minerais de Zinnwald et de Cornwall, la hubnérite de Colorado, la scheelite de la Nouvelle-Zélande et de Bohême, mais n'a trouvé de l'indium que dans le premier de ces minerais : il pense, d'accord avec Hoppe-Seyler, que l'origine de l'indium est la blende mélangée à la wolframite [*Am. hem. Soc.*, **20**, 797, 1898].

L'indium existe, comme l'a montré Rimatori, dans un certain nombre de blendes : celle de Riu Planu Castangias en contient environ 0,1231 0/0. On en trouve également de très faibles quantités dans les blendes de Montevecchio et de Bena de Padru [*Att. Ac. Lincei*, (5), **13**-1, 277, 1904].

Jungfleisch a indiqué un procédé simple pour retirer des blendes l'indium et le gallium qui y sont toujours en faible quantité; on obtient ces métaux sous forme de sulfures avec du sulfure de zinc [*Bull. Soc. Chim.*, (2), **31**, 50, 1879].

Purification. — Dennis et Geer [*D. chem. G.*, **37**, 961, 1904] purifient l'indium commercial en le dissolvant dans l'acide chlorhydrique et en évaporant; on reprend ensuite par l'alcool absolu et on ajoute de la pyridine; le précipité lavé à l'alcool, puis à l'eau, est de l'hydrate pur; le fer et l'aluminium restent en solution. On peut faire la précipitation par l'hydroxylamine, mais il faut éviter la présence du chlorhydrate de cette base.

INDIUM MÉTALLIQUE. — Cl. Winckler, en réduisant le sesquioxyde d'indium par du magnésium, a trouvé que le mélange $In^2O^3 + Mg$ donne un mélange d'oxyde et de métal, tandis que $In^2O^3 + Mg^3$ ne paraît pas donner le métal; dans les deux cas la réaction est violente [*J. prakt. Chem.*, **102**, 273, 1867].

Le métal peut être facilement précipité par un courant électrique de ses solutions chlorhydrique ou azotique en présence de pyridine, d'hydroxylamine ou d'acide formique; en présence d'acide oxalique libre ou de ses sels, la séparation est incomplète; avec une liqueur acétique le précipité est grisâtre et spongieux. Le mieux est d'opérer dans les conditions suivantes : à une solution de sesquioxyde d'indium jaune dans la quantité calculée d'acide sulfurique, on ajoute 25 centimètres cubes d'une solution d'acide formique de densité 1,2 et 5 centimètres cubes d'ammoniaque ($d = 0,908$), on étend à 200 centimètres cubes d'eau et on fait passer un courant de 9 à 12 ampères. Le précipité blanc, brillant, compact, est cristallin et insensible à l'action de l'air; la cathode en platine n'est pas attaquée, tandis qu'elle le serait en l'absence d'acide formique [Thiel, *D. chem. G.*, **37**, 175, 1904; *Am. Chem. Soc.*, **26**, 437 et Dennis et Geer (*loc. cit.*)].

La couleur du métal de provenance électrolytique est intermédiaire entre celle de l'argent et celle du platine; sa densité à 4° est 7,12 et son point de fusion 155°; même à 1450° la densité de vapeur n'a pu être mesurée (Thiel).

Alliages. — Les alliages avec le gallium : In^2Ga (pfon 76-80°), $InGa$ (pfon 68-80°), $InGa^2$, $InGa^4$ (pfon 50°) ont été étudiés par Lecoq de Boisbaudran, [*C. R.*, **100**, 701, 1885].

Poids atomique. — Les expériences de M. L. Benoist [*C. R.*, **132**, 772, 1901] ont montré que l'indium a pour poids atomique 113,4; on sait que la méthode consiste à évaluer la transparence des éléments ou de leurs composés pour les rayons X; l'auteur a employé l'acétylacétonate d'indium et l'indium métallique et a trouvé pour l'équivalent de transparence de ce métal sous ces deux formes les valeurs 1,05 et 1,10 qui correspondent à $In = 113,4$.

Thiel emploie le chlorure et le bromure préparés et sublimés à l'abri de l'eau (l'oxyde donnerait moins de garanties en raison de la facilité avec laquelle il attire l'humidité) : il donne d'abord comme résultats de ses expériences la valeur $115,08 \pm 0,03$, puis revient sur sa conclusion et propose une valeur inférieure à la première : $114,81 \pm 0,07$ [*Zeit. anorg. Chem.*, **40**, 280, 1904].

Atomicité. — Après les travaux de Bunsen (voyez 1er Suppl.) modifiant les formules primitivement attribuées aux composés de l'indium et conduisant au poids atomique 113,4, la question se posait de savoir si le chlorure, par exemple, doit s'écrire In^2Cl^6 (comme Al^2Cl^6 ou Fe^2Cl^6) ou bien $InCl^3$, ce qui revient à savoir si l'atome est tétravalent ou trivalent. La plupart des travaux relatifs à l'indium ont été faits en vue de trouver la solution de cette question.

V. et C. Meyer [*D. chem. G.*, **12**, 612, 1879] ont étudié la densité de vapeur du chlorure obtenu par le métal et le chlore à chaud, et trouvé la valeur 7,87, qui correspond à la formule $InCl^3$ (théorie 7,60 et théorie pour In^2Cl^6, 15,20); il ne se fait pas de chlore libre au cours de l'opération, et la conclusion de ces essais parut d'autant plus fondée qu'on ne connaissait à cette époque qu'une seule série de sels de l'indium, comme pour l'aluminium.

Biltz [*D. chem. G.*, **21**, 2766, 1888] a repris les mesures relatives au chlorure d'indium $InCl^3$. Celui-ci était enfermé dans un matras en porcelaine rempli de chlore et chauffé au four Perrot; l'opération effectuée avec 0gr,0218 de corps a donné pour densité au rouge clair 7,565 (théorie 7,60).

Nilson et Pettersson [*C. R.*, **107**, 500, et *D. chem. G.*, **21**, 691, 1888] ont montré que la densité de vapeur des chlorures $InCl^3$ et $InCl^2$ diminue quand la température s'élève (voir plus loin).

Place de l'indium dans la classification. — A côté de l'alun d'indium et d'ammonium, découvert par Rœssler [Suppl., 943] sont venus se placer les aluns d'indium et de cœsium et d'indium et de rubidium [Chabrié et Rengade, *Bull. Soc. Chim.*, (3), **25**, 566, 1901], comme une nouvelle preuve de l'analogie de l'indium avec les métaux à sesquioxydes.

L'étude de l'acétylacétonate d'indium [Chabrié et Rengade, *C. R.*, **131**, 1300, 1900 et **132**, 472, 1901] a montré que ce corps a pour formule $[(CH^3-CO)^2=CH]^3In$, analogue à celle du composé ferrique correspondant, et ceci confirme l'analogie signalée ci-dessus; cette formule n'a pu être établie par la mesure de la densité de vapeur, le corps se décomposant à 260°, mais elle l'a été par l'ébullioscopie dans le bromure d'éthylène qui donne comme poids moléculaire 410 (théorie : 405).

Nilson et Pettersson ont déterminé, à l'aide des méthodes qu'ils ont imaginées [*D. chem. G.*, **13**, 1461, 1880], le poids spécifique, puis, par la méthode du calorimètre à glace, la chaleur spécifique [*Wiedm. Ann.*, **4**, 554] et par suite la chaleur et le volume moléculaires de l'oxyde d'indium et de quelques sels de ce métal :

	In^2O^3	$(SO^4)^3In^2$
Poids spécifique	7,179	3,438
Chaleur spécifique	0,0807	0,1290
Chaleur moléculaire	22,17	66,41
Volume moléculaire	38,28	149,77.

La valeur 66,41 pour la chaleur moléculaire du sulfate d'indium reste la même pour les sulfates de didyme, lanthane, cérium, chrome et fer.

De l'étude de la chaleur spécifique de l'indium, Sachs a conclu que cet élément est trivalent et appartient au groupe de l'aluminium; dans des agrégats de cristaux d'indium d'origine électrolytique, il a pu déterminer des octaèdres; comme d'après Rinne, les cristaux d'aluminium dérivent du même type, il se trouve que l'analogie entre les deux métaux est confirmée par une grande similitude de leurs propriétés cristallographiques [*Zeits. f. Krist.*, 38, 495].

Toutefois, il convient de remarquer que l'indium se rapproche du zinc par sa facile amalgamation [Chabrié et Rengade, *C. R.* 132, 472, 1901].

Dérivés halogénés. — Le *fluorure hydraté*, $InF^3, 9H^2O$ forme des cristaux décomposables par l'eau bouillante et par l'oxygène au rouge [Chabrié et Bouchonnet, *C. R.*, 140, 90; 1905].

Chlorures. — Nilson et Pettersson (*loc. cit.*) ont préparé trois chlorures d'indium différents et stables à l'état gazeux.

1° Le *trichlorure*, seul connu avant eux, s'obtient en chauffant le dichlorure dans un courant de chlore; on l'obtient encore [V. et C. Meyer, *loc. cit.*] en chauffant le métal dans un courant de chlore. Il est formé de feuilles blanches légères, sublimables vers 530°, hygroscopiques et solubles dans l'eau. Moins volatil que les composés correspondants de fer ou d'aluminium, sa densité de vapeur varie de 8,15 à 7,39 entre 606 et 805° (théorie : 7,58); elle est de 6,23 vers 1100-1200°, ce qui indique un commencement de dissociation : la formule est donc $InCl^3$ à chaud et In^2Cl^6 à température ordinaire comme pour Al^2Cl^6 [Voyez à ce sujet : Dammer, *Handb. An. Chem.*, 3, 227].

2° Le *dichlorure* $InCl^2$ s'obtient en chauffant le métal dans un courant d'acide chlorhydrique; c'est un liquide jaune ambré qui se solidifie en une masse cristalline; il se décompose au contact de l'eau en $InCl^3$ et en indium métallique. La densité de vapeur est 7,67 à 958°, 6,54 à 1167°, 6,43 entre 1300 et 1400° (théorie pour $InCl^2$: 6,36).

3° Le *monochlorure* $InCl$ s'obtient en réduisant $InCl^3$ par l'indium; à chaud c'est un liquide rouge sang, qui se solidifie en une masse rougeâtre comme l'hématite. L'eau le décompose en $InCl^3$ et indium. La formule $InCl$ est confirmée par la valeur de la densité de vapeur qui est de 5,5 à 5,3 entre 1100 et 1400° (théorie 5,14).

C. Winkler [*J. prakt. Chem.*, 102, 273, 1867] avait du reste entrevu l'existence d'un chlorure inférieur à $InCl^3$ sous forme d'un composé brun fusible qui se produit au début de la chloruration du métal.

Il faut rapprocher de l'existence de ces trois chlorures les observations de Willegerodt [*J. prakt. Chem.*, 35, 142, 1887] relatives à l'action favorable exercée par la présence de l'indium dans les chlorurations de composés organiques.

L'*oxychlorure* $InOCl$ est en poudre blanche peu soluble dans l'eau.

Sels doubles. — Dennis et Geer [*loc. cit.*] ont obtenu un dérivé ammoniacal de $InCl^3$, il est cristallisé et volatil.

Renz [*Zeit. anorg. Chem.*, 36, 100, 1904] a préparé des combinaisons de $InCl^3$ avec des bases organiques ou leurs sels.

$InCl^3(C^5H^5Az)^3$, aiguilles blanches.

$InCl^3[C^6H^5Az, HCl]$, cristaux blancs.

$InCl^3[C^9H^7Az, HCl]$, petites aiguilles blanches.

Bromures. — Les deux bromures connus, $InBr^3$ et $InBr$, sont analogues aux chlorures correspondants (Thiel).

Oxyde d'indium. — Renz a trouvé que l'oxyde In^2O^3 analogue à Al^2O^3 se présente sous diverses formes; au lieu de la poudre habituelle amorphe, jaune, infusible, soluble dans les acides étendus, et dont l'hydrate est insoluble dans AzH^3 et AzH^4Cl, l'auteur a obtenu par la chaleur une poudre grise partiellement insoluble dans les acides étendus, et un hydrate en partie soluble dans AzH^3; celui-ci, précipité par neutralisation de la base dissolvante, donne par calcination un oxyde blanc-grisâtre.

Ces diverses modifications se comportent de même à l'examen microscopique [*D. chem. G.*, 36, 1847, 1903].

L'oxyde d'indium est plus difficilement fusible encore que l'alumine; il ne se modifie nullement, soit à la flamme du mélange tonnant, soit au four électrique, alors que Al^2O^3 est nettement fondu; cependant il se fait parfois une couche superficielle que Renz considère comme l'oxyde cristallisé.

Dennis et Geer ont réduit In^2O^3 par l'ammoniac vers 200-300°. Armstrong a remarqué que cet oxyde est diamagnétique.

L'hydrate d'indium, comme ceux de zinc, magnésium, cuivre, est totalement précipité de ses solutions salines par des bases organiques, comme la diméthylaniline, la guanidine, la pipéridine; le précipité obtenu à chaud se rassemble facilement, et sa calcination donne In^2O^3 [Renz, *loc. cit.*, 36, 2751]. En présence de certaines amines cet hydrate d'indium a une solubilité différente de celle de l'alumine, et se rapprochant de celle de l'hydrate ferrique; dans la diméthylamine ou l'éthylamine à 33 0/0 il est peu soluble, et devient insoluble en présence de leurs chlorhydrates. L'hydroxylamine précipite également l'hydrate.

Les solutions salines d'indium sont très fortement hydrolysées et, d'après les mesures de potentiel, la tension de dissolution de l'ion In est si élevée que cet élément se classe à cet égard, entre le plomb et le fer; la parenté avec l'aluminium est attestée par un caractère physiologique, la similitude de la saveur des solutions salines.

Acide méta-indique et ses sels. — L'hydrate d'indium donne avec les bases des sels dérivant d'un acide méta-indique $InO(OH)$; par exemple, le sel de magnésium $(InO^2)^2Mg, 3H^2O$, poudre blanche obtenue en faisant bouillir une liqueur aqueuse de $InCl^3$ et $MgCl^2$ [Renk, *D. chem. G.*, 34, 2765, 1901].

Sulfures. — In^2S^3 est une poudre brillante, métallique, rouge écarlate.

In^2S est généralement en poudre brun noir, parfois en cristaux microscopiques brun jaune.

Azotate d'indium. — Il donne avec l'azotate d'ammonium un sel double bien cristallisé.

Aluns d'indium. — Très importants au point de vue de l'atomicité de l'indium, ces corps dont on avait nié l'existence, ont été obtenus par Rœssler et par Chabrié et Rengade; ce sont des sels bien cristallisés, solubles dans l'eau, mais décomposés par elle à chaud en donnant l'hydrate d'indium :

1° $(SO^4)^3In^2, SO^4(AzH^4)^2, 24H^2O$. — [Rœssler, voyez Suppl., p. 943.]

2° $(SO^4)^3In^2, SO^4Rb^2, 24H^2O$ [Chabrié et Rengade, *Bull. Soc. Chim.*, (3), 25, 566, 1901]. — Octaèdres réguliers dont 3gr,04 se dissolvent à 16°,5 dans 100 d'eau;

3° $(SO^4)^3In^2, SO^4Rb^2, 24H^2O$ (Chabrié et Rengade). — Octaèdres fondant à 42° (Locke). Solubles à 15° à raison de 48gr,28 dans 100.

Molybdate d'indium $(MoO^4)^3In, 2H^2O$. — Obtenu par le molybdate d'ammonium et un sel d'indium; masse blanche, volumineuse, cornée après dessiccation, qui a été proposée, mais à tort, pour séparer le zinc de l'indium. Les tungstate, uranate, vanadate de sodium donnent des composés analogues [Renz, *D. chem. G.*, 34, 2763, 1901 et 36, 4394, 1903].

Platinocyanure $(PtCy^4)^3In^2, 2H^2O$ (?). — Composé hygroscopique obtenu par double décomposition, qui se colore en jaune par un chauffage intense [Renz, *loc. cit.*].

Acétylacétonate d'indium. $[(CH^3-CO)^2=CH]^3In$. — Obtenu avec l'hydrate d'indium et l'acétylacétone: cristallisé dans l'alcool en prismes hexagonaux fondant à 183°, se vaporisant à 260-280°, se décomposant à 280°. Insoluble dans l'eau pure, soluble en présence d'alcool ou d'acide. Le poids moléculaire déterminé par ébullioscopie dans le bromure d'éthylène a donné la valeur 405 (théorie pour $In[CH=(CO-CH^3)^2]^3$: 410), ce qui montre que l'indium est trivalent à la température de l'opération.

Réactifs et dosage. — Huysse a fait connaître quelques réactions microscopiques pour caractériser l'indium; elles sont basées sur la formation de l'alun de cœsium-indium ou du fluorure d'indium, ou de l'oxalate de ce métal (distinction d'avec le zinc), ou du composé incolore et insoluble que donnent les sels d'indium (comme ceux de fer, cuivre, cadmium, zinc et cobalt) avec le sulfocyanate de mercure-ammonium [*Zeit. anal. Chem.*, **39**, 9 (1900) ou *Central Blatt.* (1900-1901), 317].

Pour doser l'indium, on dissout la substance dans la plus petite quantité possible d'acide chlorhydrique étendu, on neutralise presque totalement par l'ammoniaque, on ajoute du chlorhydrate d'ammoniaque et on précipite par la diméthylamine; on recueille l'hydrate et on le transforme par calcination en oxyde [Renz, *D. chem. G.*, **34**, 2763, 1901]. P. Lemoult.

INDOGÉNIDES. — Nœlting étudiant les indogénides des aldéhydes aromatiques, obtenus suivant la méthode de Baeyer (voyez Indigo, p. 57), constata que ce sont des corps rouges, mais n'obtint de véritables colorants qu'en employant des aldéhydes ayant des groupes auxochromes.

L'aldéhyde protocatéchique donne une indogénide qui se dissout en violet dans la soude et teint la soie non mordancée en brun-jaune, en rouge si la soie est mordancée à l'alumine.

Le pipéronal donne un produit fondant à 221°, soluble en rouge bordeaux dans SO^4H^2.

La p-diméthylamidobenzaldéhyde donne des aiguilles brun-rouge fondant à 226-227°, teignant la soie et le coton tanné en rouge.

La p-aminobenzaldéhyde donne un produit qui teint en rouge saumon [*Bull. Soc. Chim.*, **27**, 236, 1902]. P. Lemoult.

INDOL ET SES DÉRIVÉS (1er Suppl., 2, 944). — L'indol est le premier terme et le type d'une série très importante de bases azotées dont on connaît un très grand nombre de dérivés: sa composition C^8H^7Az correspond à la formule générale :

$$C^nH^{2n-9}Az$$

des bases de ce groupe.

La présence d'un groupe AzH dans l'indol a été démontrée par E. Fischer en étudiant les produits de l'action de l'acide acétique, et on représente habituellement ce composé par une formule analogue à celle du pyrrol :

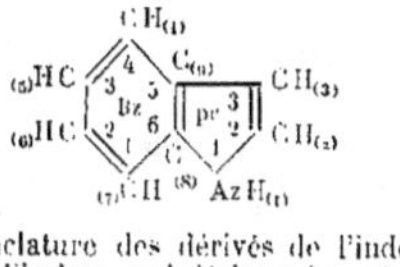

```
                CH(4)
        (5)HC  /4\  C(9)——— CH(3)
        (6)HC |3 Bz 5| |pr 3|  CH(2)
               \2 1 6/ \ 1 2/
          (7)CH   (8)C  AzH(1)
```

La nomenclature des dérivés de l'indol a été établie par Fischer, qui désigne les atomes de carbone du noyau pyrrolique par le symbole pr 1, 2, 3, comme l'indique la figure, et ceux du noyau benzénique par Bz et les chiffres 1, 2, 3, 4, 5, 6; on emploie parfois aussi une autre nomenclature qui consiste à donner à chaque sommet un numéro indiqué ici par le chiffre extérieur entre parenthèses, et à indiquer la position de chaque substitution en la faisant précéder du numéro du sommet qu'elle occupe (dans ce cas, les symboles pr et Bz disparaissent). Autrefois, les deux positions les plus importantes pr 2 et pr 3 étaient désignées respectivement par α et β; la position pr 1 par Az.

Le nombre des dérivés de l'indol est considérable; mais ils peuvent être classés en diverses catégories peu nombreuses :

1° Dérivés de l'indol proprement dit; ce sont les composés où les noyaux de l'indol se retrouvent intacts à cela près, que les H sont remplacés par des substitutions comme des restes alcoylés, des restes acidylés, etc., soit dans le pr, soit dans le Bz; parmi cette catégorie figurent les trois homologues les plus importants de l'indol :

Pr.az 1 Méthylindol.

Pr 2 ou α Méthylindol ou méthylcétol.

Pr 3 ou β Méthylindol ou scatol.

Elle comprend aussi les tolyl, xylyl... indols;

2° Dérivés de l'indol hydrogénés ou hydrindols; ils s'obtiennent par l'hydrogénation des précédents et peuvent être considérés comme dérivant de l'hydrindol

$$C^6H^4 \begin{matrix} < CH^2 > \\ < AzH > \end{matrix} CH^2.$$

3° Bases dérivées de l'indol par l'action des alcoyl-halogénés.

Ces bases forment trois catégories de composés :

a) Indolines, de formule générale :

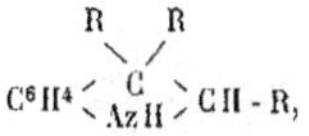

$$C^6H^4 \begin{matrix} < \overset{R\ \ R}{\underset{}{C}} > \\ < AzH > \end{matrix} CH-R,$$

et qui par suite sont des dérivés de substitution en pr 2 et pr 3 de l'hydrindol.

b) Alcoylène-indolines, isomères des précédents et dont la formule est :

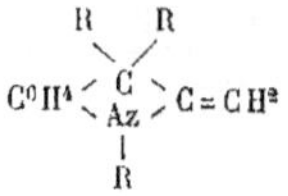

$$C^6H^4 \begin{matrix} < \overset{R\ \ R}{C} > \\ < \underset{|\ R}{Az} > \end{matrix} C=CH^2$$

c) Indolénines, corps dont la réduction engendre les indolines et qui, ayant pour formule générale

$$C^6H^4 \begin{matrix} < \overset{R\ \ R}{C} > \\ < Az \geqslant \end{matrix} C-R$$

peuvent être considérées comme des dérivés d'un isoindol :

$$C^6H^4 \begin{matrix} < CH^2 > \\ < Az \geqslant \end{matrix} CH.$$

4° Indolinones, composés cétoniques qui se rattachent aux précédents en ce qu'ils s'obtiennent par oxydation des alcoylène-indolines, et qui ont pour formule générale

$$C^6H^4 \begin{matrix} < \overset{R\ \ R}{C} > \\ < \underset{|\ R}{Az} > \end{matrix} C=O.$$

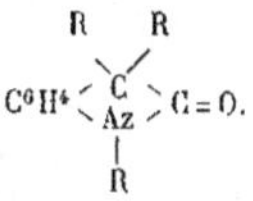

En raison des relations évidentes que présentent entre eux les composés des groupes 1 et 2 d'une part, puis ceux des groupes 3 et 4 d'autre part, nous les étudierons ensemble dans cet ordre.

Dans chaque cas, l'étude particulière de chaque corps sera donnée à propos du procédé de synthèse ou de préparation qui l'a fait découvrir, mais un tableau général des composés donnera, avec les constantes physiques, une idée de l'ensemble des composés connus dans chacun des groupes.

Thermochimie. — La chaleur de combustion de l'indol et de ses dérivés a été déterminée, au moyen de la bombe calorimétrique, par MM. Berthelot et André [*C. R.*, **128**, 959, 1899].

La molécule d'indol brûle en dégageant 1021^{Cal},8 (vol. const.) et 1022,5 (press. const.); par suite sa chaleur de formation est de —26^{Cal}, presque la même que celle du phénylacétonitrile (—27,9) et pas très éloignée de celle de l'o-tolunitrile (—34,8).

Pour le scatol, ces mêmes quantités ont pour valeurs :

1 169^{Cal},7 1 170^{Cal},7 —11^{Cal},5.

Pour l'α méthylindol, elles sont respectivement :

1 167^{Cal},9 1 168^{Cal},9 — 9^{Cal},7.

Ces deux composés ont donc les mêmes constantes thermiques et leur chaleur de combustion diffère de celle de l'indol de 147^{Cal} seulement, au lieu de 157^{Cal}, nombre habituel.

Pour l'oxindol, les valeurs thermiques sont :

950^{Cal},45 950^{Cal},8 45^{Cal},1.

Ces nombres ont permis à M. Lemoult [*Ann. Chim. Phys.*, (8), **4**, 25, 1905] de formuler quelques conclusions relatives à la formule de constitution de l'indol et de ses dérivés.

État naturel; formation biologique. — A. Hesse, étudiant les composants principaux de l'essence de jasmin, y trouva deux composés azotés, l'indol et l'anthranilate de méthyle, ainsi qu'une cétone $C^{11}H^{16}O$ qui est la jasmone.

Le procédé d'extraction de l'indol consiste à le combiner à l'acide picrique, à précipiter par l'éther de pétrole le sel obtenu et à le décomposer par AzH^3; l'essence en contient environ 2,5 0/0.

A. Hesse a constaté également la présence d'indol dans les extraits de jasmin obtenus par enfleurage; mais les résultats obtenus sont assez variables, et l'auteur pense que l'indol est probablement engagé dans une combinaison comme un glucoside que l'hydrolyse détruit plus ou moins rapidement [*D. chem. G.*, **34**, 2916, 1901 et **37**, 1457, 1904; *Journ. Pharm. Chim.*, (6), **18**, 369].

J. Bœs a signalé la présence d'une très faible quantité d'indol dans la mélasse, et fait connaître un procédé pour l'extraire [*Pharm. Zeit.*, **47**, 131].

Goldschmidt [*D. chem. G.*, **15**, 1977, 1882], en distillant la strychnine avec 10 fois son poids de potasse et un peu d'eau, a obtenu une huile qui se solidifie par refroidissement et d'où il a pu extraire par les acides un corps présentant les réactions de l'indol.

Tappeiner a déterminé le lieu de formation de l'indol et du scatol dans le tube digestif des herbivores [*D. chem. G.*, **14**, 2382, 1882]; chez le bœuf, on les trouve en faible quantité dans les deux intestins gros et grêle; le scatol seul se trouve dans la panse. Chez le cheval, on trouve l'indol dans l'intestin grêle et le cæcum; le scatol dans le côlon. Les dérivés sulfoniques de l'indoxyle et du scatol se trouvent dans les urines des mêmes animaux avec des composés phénoliques.

A. Ellinger [*Zeits. physiol. Chem.*, **39**, 44] a démontré, contrairement à l'opinion de Blumenthal et Rosenfeld, l'existence certaine de l'indol dans les fèces des chats.

Rosenfeld [*Beitr. z. chem. Physiol. und Pathol.*, **5**, 83, ou *Central. Bl.* 1904, **1**, 470] n'a pu, à l'aide du réactif si sensible de P. Ehrlich, qui donne la réaction de l'indol au moyen de la diméthylamido benzaldéhyde, reconnaître la présence d'indol dans le contenu intestinal de chats en alimentation normale ou carnivore.

Nencki [*J. prakt. Chem.*, (2), **20**, 466, 1879] prépare du scatol en abandonnant dans l'eau pendant cinq mois du pancréas frais, de la viande sans graisse et finement divisée; la température varie de 3°,5 à 27°,5. Les produits formés sont extraits par distillation; on obtient du scatol et pas d'indol; le scatol est isolé sous forme de picrate.

Dans cette putréfaction, il se forme de l'ammoniaque, de l'acide carbonique, des acides gras, une substance sirupeuse soluble dans l'éther et non définie; mais il ne se forme ni tyrosine, ni leucine et le scatol n'apparaît qu'au quatrième mois.

E. et H. Salkowski [*D. chem. G.*, **13**, 189, et 2217, 1880] ont montré que la matière première du scatol est l'acide scatolcarbonique, qu'ils ont isolé des produits de putréfaction des albuminoïdes; 8 kilos de fibrine humide soit, 1^{k},9 à l'état sec, leur ont donné 1^{gr},6 de scatol [voir sur ce sujet Baumann, *D. chem. G.*, **13**, 279, 1880].

F. G. Hopkins et S. W. Cole ont montré que l'action des bactéries sur la tryptophane donne de l'indol, du scatol, de l'acide scatolcarbonique et de l'acide scatolacétique. La tryptophane cristallisée, de formule $C^{11}H^{12}Az^2O^2$, est incorporée à de la gélatine, qui ne peut donner d'indol, et l'ensemble des bactéries ordinaires de la putréfaction donne de l'indol, du scatol et de l'acide scatolcarbonique, tandis que le bacille coli donne par culture anaérobie de l'acide scatolacétique. Les auteurs en concluent que la tryptophane, qui a des caractères acides et qui néanmoins donne un chlorhydrate, doit avoir la constitution d'un acide aminoscatolacétique, ce qui est d'accord avec la formation d'ammoniaque, d'acide oxalique et d'acide glyoxylique quand on fond ce corps avec les alcalis. Si la putréfaction est bien conduite, le scatol peut atteindre 65 0/0 de la quantité théorique [*J. of Physiology*, **27**, 418; **29**, 451]. Voir : Porcher, *Rapports de la Caisse des Recherches scientifiques*, 114, 1905.

Usages. — De nombreuses recherches [A. Hesse et O. Zeitschel, *J. prakt. Chem.*, **64**, 245, 1901, et **66**, 481, 1-02; — Walbaum, *ibid.*, **59**, 350, 1899; — Erdmann, *D. chem. G.*, **32**, 1213, 1899 et Schimmel et Cie, octobre 1902; — von Soden, *J. prakt. Chem*, (2), **69**, 256, 1904], ayant montré qu'un certain nombre d'huiles éthérées d'un grand emploi et d'une grande valeur en parfumerie, comme l'essence de fleurs de jasmin et l'essence de néroli, contiennent comme constituant azoté de l'indol (environ 0,1 0/0), et que ce corps contribue au parfum agréable de ces essences, on a employé l'indol mélangé avec d'autres parfums en solution dans des solvants neutres; ainsi, par exemple, on a obtenu l'essence de jasmin artificielle en mélangeant l'acétate de benzyle, la jasmone, l'acétate de linalyle, le linalol, l'anthranilate de méthyle et l'alcool benzylique avec de l'indol; de même l'essence de fleur d'oranger en associant à 0,30 0/0 d'indol, le limonène, le linalol, le géranial, l'acétate de linalyle, l'anthranilate de méthyle et l'alcool phényléthylique [Heine et Cie, DRP. 139 822, 1903]. On peut d'ailleurs remplacer en tout ou en partie cet indol par ses dérivés odorants comme le méthylcétol, le méthylindol, le scatol, le propyldiméthylindol, le propyléthylindol, le benzylméthylindol, l'allylméthylindol [Heine, DRP. 139 869].

MODES DE PRODUCTION. — SYNTHÈSES. — PRÉPARATIONS. — 1° La formule donnée par Baeyer pour l'indol fait de ce corps l'anhydride de l'alcool o-amidophényl-vinylique

$$C^6H^4 <\begin{matrix} AzH^2 \\ CH = CH(OH) \end{matrix}$$

Lipp a donné une vérification indirecte de cette opinion en réduisant l'o-nitrochlorostyrol

$$AzO^2C^6H^4 - CH = CHCl$$

(point de fusion 58-59°), et en chauffant vers 160-170° en tubes scellés avec de l'alcool sodé l'amine obtenue; il se forme de l'indol [*D. chem. G.*, **17**, 1607, 1884].

En appliquant la même réaction au méthyl-o-amidochlorostyrol, l'auteur a obtenu un méthylindol, substitué à l'azote.

La réaction comprend une phase intermédiaire :

$$CH^3 - AzH - C^6H^4 - CH = CHCl + C^2H^5ONa$$

$$\longrightarrow C^6H^4 <\begin{matrix} AzH(CH^3) \\ CH = CH(OC^2H^5) \end{matrix} \longrightarrow C^6H^4 \begin{matrix} Az(CH^3) \\ \diagup \quad \diagdown \\ \qquad CH \\ \diagdown \quad \diagup \\ CH \end{matrix}$$

le produit ainsi obtenu est le az-méthylindol dont le picrate, cristallisé en prismes rouge foncé, fond à 149-150° [*D. chem. G.*, **17**, 2507, 1884].

2° Thiele et Dimroth [*D. chem. G.*, **28**, 1411, 1895] en chauffant l'o-diamidostilbène et son chlorhydrate anhydre ont observé la formation d'indol et d'aniline, dès 175° :

$$\text{(noyau benzénique)} \begin{matrix} CH \\ \| \\ CH \\ | \\ C^6H^4 - AzH^2 \\ AzH^2 \end{matrix}$$

$$\longrightarrow \text{(noyau benzénique)} \begin{matrix} CH \\ \diagdown\!\!\diagdown \\ CH \\ \diagup \\ AzH \end{matrix} + C^6H^5AzH^2$$

la réaction donne un rendement quantitatif et peut être considérée comme la meilleure préparation de l'indol.

3° Poliker [*D. chem. G.*, **24**, 2954, 1891] a réalisé la synthèse de l'indol au moyen de l'acide tartrique et de l'aniline. La tartranilide chauffée au delà de son point de fusion : 250°, se décompose en donnant de l'eau, de l'aniline, de l'indol et de la dianilidosuccinanilide ; il en est de même en présence de $ZnCl^2$ à 270-280° ou bien si on chauffe l'acide tartrique, l'aniline et le chlorure de zinc vers 300°. Le rendement n'est que de 1 0/0 de la tartranilide employée. La dianilidosuccinanilide donne également de l'indol par chauffage et n'est par suite qu'un produit intermédiaire.

4° Mauthner et Suida [*Sitz. Wien.*, **93**, (2), 970, 1886] ont préparé l'indol au moyen des dérivés de l'o-toluidine, comme par exemple, l'éthylène-dicrésyldiamine

$$[CH^3_{(2)} - C^6H^4 - AzH_{(1)} - CH^2 -]^2$$

qui, distillée avec la poudre de zinc, donne de l'indol ; de même l'oxalotoluide ou son sel de baryum.

5° Fileti a montré que l'indol se forme quand on fait passer des vapeurs de scatol dans un tube plein de fragments de porcelaine et chauffé au rouge, mais il est préférable de faire agir le bioxyde de plomb au rouge sur la cumidine; il se dégage des gaz et un liquide noir d'où on extrait l'indol par l'acide picrique ; le rendement est faible [*Gazz. chim. ital.*, **13**, 378, 1883].

6° Berlinerblau [*Sitz. Wien.*, **95**, (2), 507, 1887] a obtenu l'indol par l'action de l'aldéhyde monochlorée sur l'aniline en chauffant dans un appareil à reflux ; on distille l'eau formée et on chauffe ensuite vers 200-230° ; la masse fondue donne avec la vapeur d'eau de l'indol qu'on caractérise par le picrate :

$$C^6H^5 - AzH^2 + CH^2Cl - COH$$
$$= H^2O + HCl + C^8H^7Az.$$

L'éther bichloré, pouvant donner en présence d'eau l'aldéhyde chlorée, peut servir à la même synthèse ; on fait bouillir les 2 réactifs avec un peu d'eau, puis on distille les parties volatiles, on chauffe à 200-230° et on entraîne à la vapeur d'eau : il se fait des produits intermédiaires qu'on a pu isoler [Berlinerblau et Polikiew, *Sitz. Wien.*, **95**, (2), 514, 1887], la formation d'indol s'explique par les réactions :

$$R - Az = CH - CH^2Cl$$
$$\downarrow$$
$$R - Az = CH - CH^2(AzHR)$$
$$\downarrow$$
$$\begin{matrix} R(-H) - AzH \\ | \qquad\quad | \\ CH = CH \end{matrix}$$

7° En s'inspirant de la méthode de préparation de l'indol de A. V. Baeyer par distillation de l'indigotine avec la poudre de zinc [*Ann. Chem.*, **7**, 56], Vorländer et Apelt [*D. chem. G.*, **37**, 1134, 1904] préparent cet indol par la réduction en milieu alcoolique de l'acide indoxylique ou de l'indoxyle. On chauffe à l'ébullition une solution de 10 grammes d'indoxylate de soude dans 100 centimètres cubes d'eau à l'abri de l'air pour transformer l'acide en indoxyle et on porte dans la solution refroidie vers 60-70° de l'amalgame de sodium. On sature ensuite par CO^2 et on distille avec la vapeur d'eau dans un courant de ce gaz, ce qui donne l'indol en partie cristallisé, en partie dissous. La réduction de l'indoxyle a lieu de la même manière en introduisant de la poudre de zinc dans la solution alcaline bouillante d'acide indoxylique.

L'acide az-méthyl-indoxylique donne par une réduction analogue le az-méthylindol.

8° L'α-naphtylindol s'obtient par la distillation sèche d'un mélange d'α-naphtylglycocolle calcique et de formiate de calcium ; le produit obtenu forme de belles lamelles incolores fondant à 153° [Mauthner et Suida, *Mon. f. Chem.*, **11**, 373].

9° Bamberger et Kitschelt ont obtenu du scatol, à côté de quinoléine, d'aniline et d'une base secondaire, en faisant réagir la dichlorhydrine de la glycérine sur la formanilide sodée, saponifiant par la potasse et traitant par P^2O^5 :

$$\begin{matrix} C^6H^5 - Az - CO - H \\ \quad\;\; | \\ \quad\;\; Na \end{matrix} + CH^2Cl - CH(OH) - CH^2Cl$$

$$\longrightarrow C^6H^5 \diagdown \begin{matrix} CH^2Cl \\ | \\ CH(OH) \\ | \\ CH^2 \\ \diagup \\ Az \\ | \\ H - CO \end{matrix}$$

$$\rightarrow C^6H^5 \left\langle \begin{array}{l} CH^2Cl \\ CH(OH) \\ CH^2 \\ AzH \end{array} \right.$$

$$\rightarrow C^6H^4 \left\langle \begin{array}{l} CH^2 \\ CH \\ \| \\ CH \\ AzH \end{array} \right. \begin{array}{l} \rightarrow C^6H^4 \left\langle \begin{array}{l} CH-CH \\ \quad \| \\ Az-CH \end{array} \right. \\ \rightarrow C^6H^4 \left\langle \begin{array}{l} C(CH^3) \\ \quad \backslash\backslash CH \\ AzH \end{array} \right. \end{array}$$

Le rendement en scatol est minime [*D. chem. G.*, **27**, 3421, 1894].

10° Le méthylcétol a été obtenu synthétiquement par Baeyer et Jackson [*D. chem. G.*, **13**, 187, 1880], à partir de l'acétone benzylméthylique $C^6H^5-CH^2-CO-CH^3$; ce corps est nitré, puis réduit par l'ammoniaque et la poudre de zinc; après 2 heures de réduction au réfrigérant ascendant, on distille à la vapeur d'eau; le liquide trouble laisse déposer des lamelles incolores qu'on fait cristalliser dans l'eau bouillante; c'est

$$C^6H^4 < \begin{array}{l} CH^2 \\ Az \end{array} > C \cdot CH^3$$

fondant à 59°; le picrate est en aiguilles jaune rouge.

Le rendement est d'environ 10 0/0 de la cétone primitive.

11° Le procédé de synthèse le plus important de l'indol et de ses dérivés est celui de Fischer [*D. chem. G.*, **19**, 1563, ou Hegel, *Ann. Chem.*, **232**, 214 et Fischer, **236**, 116, 1886]. Il consiste à traiter par H Cl ou par $ZnCl^2$, les phénylhydrazones des aldéhydes et des cétones; il y a départ d'une molécule d'ammoniac.

Par exemple, la phénylhydrazone de l'acétaldéhyde donne l'indol :

$$C^6H^4 \left\{ \begin{array}{l} H \quad H-CH^2 \\ \qquad\quad CH \\ AzH-Az \end{array} \right. \rightarrow C^6H^4 \left\{ \begin{array}{l} CH \\ \| \\ CH \\ AzH \end{array} \right. + AzH^3$$

La réaction s'applique aux phénylhydrazones substituées soit dans leur noyau cyclique, soit à l'azote en donnant les homologues de l'indol; par exemple, la méthylphénylhydrazone de la méthyléthylcétone donne le pr az-1.2.3 triméthylindol :

$$C^6H^4 \left\{ \begin{array}{l} H \quad CH^2-CH^3 \\ \qquad\quad C-CH^3 \\ Az-Az \\ \;\, CH^3 \end{array} \right. \rightarrow C^6H^4 \left\{ \begin{array}{l} C-CH^3 \\ \| \\ C-CH^3 \\ Az \\ CH^3 \end{array} \right. + AzH^3$$

Elle s'applique également aux hydrazones substituées ou non des cétones carboxylées : dans ce cas il se fait, par le même mécanisme, des indols carboxylés qui à leur température de fusion perdent CO^2 en donnant des indols. Par exemple, la phénylhydrazone de l'acide pyruvique donne l'*acide indolcarbonique*, en aiguilles soyeuses, fondant à 200° :

$$C^6H^4 \left\{ \begin{array}{l} H \quad CH^3 \\ \qquad\quad C-CO^2H \\ AzH-Az \end{array} \right. \rightarrow C^6H^4 \left\{ \begin{array}{l} CH \\ \| \\ C-CO^2H \\ AzH \end{array} \right.$$

La phénylhydrazone de l'acide lévulique donne l'*acide α méthylindol-β acétique* quand on la fond à 135-140° avec $ZnCl^2$, de manière à éviter la formation d'un anhydride de cette hydrazone qui se fait vers 170°, et qui est sans doute

$$C^6H^5 \left\langle \begin{array}{l} Az=C-CH^3 \\ \qquad\quad > CH^2 \\ CO-CH^2 \end{array} \right.$$

La réaction régulière est la suivante :

$$C^6H^4 \left\{ \begin{array}{l} H \quad CH^2-CH^2-CO^2H \\ \qquad\quad C-CH^3 \\ AzH-Az \end{array} \right. \rightarrow C^6H^4 \left\{ \begin{array}{l} C-CH^2-CO^2H \\ \| \\ C-CH^3 \\ AzH \end{array} \right. \rightarrow C^6H^4 \left\{ \begin{array}{l} C-CH^3 \\ \| \\ C-CH^3 \\ AzH \end{array} \right.$$

Le rendement varie de 30 à 60 0/0, et la réaction exige quelques minutes; toutefois, avec l'acide acétylacétique la préparation des indols est plus difficile, mais elle présente néanmoins les mêmes caractères; exemple :

$$C^6H^4 \left\{ \begin{array}{l} H \quad CH^2-CO^2C^2H^5 \\ \qquad\quad C-CH^3 \\ Az-Az \\ CH^3 \end{array} \right. \rightarrow C^6H^4 \left\{ \begin{array}{l} C-CO^2C^2H^5 \\ \| \\ C-CH^3 \\ Az \\ CH^3 \end{array} \right. \rightarrow \textit{Acide Pr 1.2 diméthylindol pr 3 carbonique.}$$

Point de fusion 95°. — Point de fusion 185°.

[Degen, *Am. Chem.*, **236**, 151, 1886].

Le *pr 2 méthyl-pr 3 oxéthylindol*,

$$C^6H^4 \left\langle \begin{array}{l} C-OC^2H^5 \\ \quad \backslash\backslash C-CH^3 \\ AzH \end{array} \right.$$

ou

$$C^6H^4 < \begin{array}{l} CH \\ AzH \end{array} > C-CH^2-OC^2H^5,$$

a été obtenu par Erlenbach [*Ann. Chem.*, **269**, 14, 1892] en chauffant à 60° avec de la phénylhydrazine et de l'alcool à 60 0/0, ou à 90° en présence d'eau et d'alcool, la phénazone

$$CH^3-C \lessgtr \begin{array}{l} Az-AzHC^6H^5 \\ CH^2-OC^2H^5 \end{array}$$

obtenu par l'action de la phénylhydrazine sur $CH^3-CO-CH^2(OC^2H^5)$.

Cet indol est en prismes orthorhombiques fondant à 143°,5.

En employant les naphtylhydrazones au lieu des dérivés phénylés, la réaction suit le même cours et donne des indols à noyau naphtalénique, par exemple, l'α-méthylnaphtindol, corps huileux distillable dans le vide sans décomposition.

Malgré la généralité de la réaction de Fischer, il convient de signaler que les hydrazones des aldéhydes non saturées, comme l'acroléine, font exception à la règle générale; elles ne donnent pas d'indols, mais probablement des pyrazols :

$$\begin{array}{c} C^6H^5 - Az - Az \\ | \qquad \| \\ CH \quad CH \\ \diagdown \diagup \\ CH^2 \end{array}$$

[Jackson, *Bull. Soc. Chim.*, (2), **37**, 71, 1882].

La réaction ne s'applique pas non plus aux hydrazones nitrées [Bamberger et Sternitski, *D. chem. G.*, **26**, 1285, 1893. — Hyde, **32**, 1810, 1899]. Quoi qu'il en soit de ces exceptions, cette transformation facile a fait connaître beaucoup de dérivés indoliques dont voici le tableau avec les indications bibliographiques (p. 76-77). Le plus souvent, les produits formés sont purifiés en dissolvant dans le benzène et traitant par l'acide picrique, qui donne des picrates cristallisés et souvent colorés, d'où on retire facilement les indols. Dans un grand nombre de cas, on a pu obtenir par l'action de l'alcoolate de sodium et du nitrite d'amyle des dérivés nitrosés qui sont mentionnés également dans ce tableau.

12° Bischler [*D. chem. G.*, **25**, 2860, 1892] a obtenu quelques dérivés de l'indol en faisant bouillir avec les amines primaires le phénacétyleanilide de Möhlau $C^6H^5 - CO - CH^2 - AzH C^6H^5$. On admet que la série des réactions est la suivante :

$$C^6H^5 - CO - CH^2 - AzH\,C^6H^5$$

$$\longrightarrow C^6H^5 - C = CH - AzH\,C^6H^5 \quad (\text{avec } AzH\,C^6H^5 \text{ sur } C)$$

$$\longrightarrow \begin{array}{c} C^6H^5 - C = CH \\ | \qquad | \\ HAz - C^6H^4 \end{array} + C^6H^5AzH^2$$

cette réaction donne le *pr 2-phénylindol* de Möhlau : il se forme également au moyen d'aniline et du dérivé phénylacétyl o-toluide.

Si on remplace l'aniline par l'o-toluidine, on a le *pr 2-o-toluylindol*.

L'action de la p-toluidine sur la phénacétylanilide donne le *pr 2-phényl-p-toluindol*.

On obtient de même des produits chlorés au noyau benzénique, par exemple le *pr 2 phénylchloroindol* au moyen d'une phénacylamine et de la m-chloraniline.

13° Bischler et Fireman [*D. chem. G.*, **26**, 1336, 1893] ont obtenu quelques diphénylindols substitués par l'action de deux molécules d'amine sur le bromodésyle alcoolique :

$$C^6H^5 \;\; CO - CH Br - C^6H^5$$

Bromodésyle.

$$\longrightarrow C^6H^5 - CO - CH - C^6H^5 \quad (\text{avec } AzHR \text{ sur } CH)$$

Désylaniline (si $R = C^6H^5$).

$$\longrightarrow C^6H^4 \!\left\langle \begin{array}{c} C - C^6H^5 \\ \| \\ C - C^6H^5 \end{array} \right. \!\!\!\!\! \text{ (cycle par } AzH)$$

Par ce procédé l'auteur a obtenu, le *pr 2.3-diphényl-p-toluindol*, le *pr 2.3-diphényl-o-toluindol*, le *pr 1-méthyl 2.3-diphénylindol*, le *pr 2.3-diphénylindol*, ce dernier soluble dans l'alcool avec fluorescence bleue, et le *pr 2.3-diphényl-β-naphtindol*.

14° Murray et Japp [*D. chem. G.*, **26**, 2638, 1893] ont obtenu le *pr 2.3-diphénylindol* en chauffant jusqu'à ébullition de l'aniline, de la benzoïne et du chlorure de zinc :

$$C^6H^5 - AzH^2 + \begin{array}{l} CO - C^6H^5 \\ | \\ CH(OH) - C^6H^5 \end{array}$$

$$= C^6H^4 \left\langle \begin{array}{c} C - C^6H^5 \\ \\ AzH \end{array} \right\rangle C - C^6H^5 + 2H^2O$$

le produit est le même que celui de Fischer, et en variant les matières premières, les auteurs ont obtenu le *pr 2.3-diphénylindol*, le *pr 2.3-diphényl-o-toluindol*, composé trimorphe (points de fusion 102°, 128°, 136°), le *pr 2.3-diphényl-p-toluindol*, le *pr 2.3-diphényl-β-naphtindol*.

Tous ces corps se dissolvent dans SO^4H^2 et se colorent en vert par AzO^3H; ils donnent tous des combinaisons avec l'acétone et ses homologues et prennent des colorations caractéristiques quand on les chauffe à 100° avec le phénylchloroforme et $ZnCl^2$; les colorants correspondants teignent la soie [*Chem. Soc.*, **65**, 889, 1894].

Une variante du procédé consiste à faire agir à froid le bromure de benzoïne sur une amine aromatique. Les divers produits cristallisent dans l'acétone, avec une molécule de solvant.

Lachowicz [*D. chem. G.*, **26**, R. 699, 1893] obtient le *pr 2.3 diphénylindol* en faisant agir le chlorhydrate d'aniline sur la benzoïnanilide, ce qui montre que ce dernier corps est

$$C^6H^5 - CH - CO - C^6H^5 \quad (\text{avec } AzH\,C^6H^5 \text{ sur } CH)$$

et non

$$C^6H^5 - CH(OH) - C - C^6H^5 \quad (\text{avec } \| \, AzC^6H^5 \text{ sur } C)$$

De même, il obtient le *pr 2.3-diphényl-p-toluindol*.

15° Dennstedt [*D. chem. G.*, **21**, 3429, 1888] a réalisé la transformation des composés pyrroliques en composés indoliques : en faisant passer HCl sec dans une solution éthérée de pyrrol ou de diisopyrrol, il a obtenu les combinaisons

$$(C^4H^5Az)^3HCl \qquad (C^7H^{14}Az)^2HCl.$$

Du second de ces corps, l'auteur a extrait par SO^4H^2 et la vapeur d'eau une substance indolique qu'il considère comme étant le *Bz 3-pr 3-dipropylindol*.

$$C^3H^7 - [\text{noyau benzénique}] \left\langle \begin{array}{c} C - C^3H^7 \\ \| \\ CH \end{array} \right. \text{ (cycle par } AzH)$$

Ce corps fond à 65° et bout à 295-300°; la potasse fondue le transforme en un acide indolcarbonique qui fond à 240°; les aldéhydes benzoïque et m-nitrobenzoïque donnent des produits de condensation fondant à 163° et 185°, l'anhydride phtalique donne une combinaison solide rouge foncé; l'anhydride acétique un dérivé acétylé fondant à 185-186°. L'iodure de méthyle en tube scellé donne par la réaction habituelle la soi-disant diisopropylméthyldihydroquinoléine (voir plus loin).

Traité de même l'α-méthylpyrrol donne une huile distillant vers 275°, cristallisable et dont le picrate fond à 155°; le β-méthylpyrrol donne une huile bouillant à 270° dont le picrate fond à 149°.

Ce procédé pour transformer les pyrrols en indols ne donne qu'un très faible rendement.

Noyau pr. 1 az (n).	2 (α).	3 (β).	Noyau Bz.	Point de fusion.	Point d'ébullition.	Picrate point de fusion.	Nitroso point de fusion.	Index bibliographique.
»	»	»	»	52°	153-154°	Connu	171-172°	39,41,42,51.
CH^3	»	»	»	»	240-241° (720^{mm})	239°	»	1,27,31,35,36.
CH^3	Cl	Cl	»	58-59°	252°	»	»	6, 42, 43.
C^2H^5	»	»	»	»	247°	105°	»	6, 9.
C^3H^5(allyl)	»	»	»	»	252°	»	»	21.
C^6H^5	»	»	»	176°	326-327°	»	»	6, 19.
$C^6H^4-CH^2$	»	»	»	44°,5	»	Connu	»	7.
»	CH^3	»	»	59-60°	272° (750^{mm})	Connu	»	1, 48.
»	CH^3	»	dibromo	195°	»	»	»	
»	»	»	dinitro	»	»	»	»	
allyl	CH^3	»	»	»	»	»	»	21.
»	»	CH^3	»	95°	265-266° (756^{mm})	Connu	»	1,3,33,47,48,58
CH^3	CH^3	»	»	56°	»	»	»	1, 4.
CH^3 et C^2H^5 indéterminés.			»	»	287-288° (755^{mm})	145-146°	»	
allyl	CH^3	»	»	»	»	»	»	
CH^3	»	CH^3	»	»	230-255°	»	»	4.
»	»	»	Bz 3. CH^3	58°,5	»	151°	»	17.
CH^3	»	»	Bz 3. CH^3	»	242-245°	Connu	»	5.
C^2H^5	»	»	Bz 3. CH^3	»	253-255°	»	»	
»	»	C^2H^5	»	»	282-284°	»	»	
»	CH^3	CH^3	»	106°	285° (750^{mm})	157°	61-62°	1, 24.
CH^3	CH^3	CH^3	»	18°	280°	150°	»	4.
C^2H^5	CH^3	CH^3	»	»	280-282°	105°	»	25.
»	CH^3	»	Bz 1 : CH^3	114-115°	»	155°	»	17, 58.
»	»	$CH(CH^3)^2$	»	»	287-288° (752^{mm}) ou 244° (262)	98-99°	»	22.
»	CH^3	C^2H^5	»	»	291-293° (750^{mm})	»	»	1.
»	CH^3	CH^3	Bz 3 : CH^3	121°,5	297°	189°	73°	25.
»	CH^3	CH^3	Bz 1 : CH^3	79°	282-283°	152°	»	25.
»	CH^3	CH^3	Bz 4 et Pz 3 : CH^3	»	285°	100°	»	
»	»	C^5H^{11}	»	»	345-347° (758^{mm}) ou 277° (170)	Connu	»	22.
»	»	C^3H^7 (iso)	Bz 3 : C^3H^7 (iso)	65°	295-300°	115°	»	26.
CH^3	C^6H^5	»	»	101-102°	»	»	»	1, 4, 10.
»	C^6H^5	»	»	»	»	127°	247-248°	1, 2, 28.
C^2H^5	CH^3	»	»	»	287-288°	145°	»	20.
»	C^6H^5	»	Bz 1 . CH^3	118-119°	»	126°	232°	28.
»	C^6H^5	»	Bz 3 . CH^3	213°	»	135°	267°	28.
»	Cl	»	»	181-182°	»	127°	228°	28.
»	C^6H^5	C^6H^5	»	123°	291-296° (10^{mm})	158°	»	29, 31.
»	C^6H^5	C^6H^5	Bz 1 . CH^3	155°	»	»	»	31.
2 groupes éthyl en position indéterminée.				»	»	»	»	26.
»	$C^6H^4-CH^3_{(o)}$	»	»	118-119°	»	126°	232°	28.
»	C^6H^5	»	Bz 3 . CH^3	213°	»	135°	262°	28.
»	C^6H^5	»	Bz 2 . Cl	181°	»	127°	228°	28.
»	C^6H^5	(6 Br, position inconnue).		259°	»	»	»	52.
»	CH^3	(4 Br, position inconnue).		195°	»	»	»	52.
C^2H^5	CH^3	»	Bz : CH^3	470°	»	»	»	53.
CH^3	CH^3	»	Bz : CH^3	56°	»	»	»	53.
C^6H^5-CO	CH^3	»	»	82°	»	»	»	15.
»	naphtyl	»	Bromé ou non.	196°	»	179°	243°	23.
»	C^6H^5	»	Bz 1 . CH^3	118-119°	»	126°	232°	28.
»	C^6H^5	C^6H^5	»	122-122°	291-296° (10^{mm})	158°	»	1, 30, 31, 29.
CH^3	»	»	Bz 1 : HC^3	»	»	Connu	»	5.
»	isobutyl	»	»	73°	276-279°	133°	233°	8.
C^3H^7 (norm)	»	»	»	»	265°	67°	»	9.
C^3H^7 (iso)	»	»	»	»	250°	76°	»	9.
isobutyl	»	»	»	»	260°	Connu	»	9.
isoamyl	»	»	»	»	276°	»	»	9.
»	»	C^6H^5	»	89°	»	105°	60-61°	10, 18, 37, 38.
CH^3	»	C^6H^5	»	64-65°	»	90°	»	10.
»	diphénylène		»	188-189°	»	»	»	
»	CH^3	»	Bz 2 : CO^2H	150°	»	»	»	12.
»	»	»	Bz 3 : CH^3	58°,5	»	151°	»	
C^6H^5	C^6H^5	»	»	»	> 300°	»	»	
»	CH^3	C^6H^5	»	59-60°	»	141°	Connu	22.
»	$C^6H^5-CH^2$	C^6H^5	»	100-101°	»	»	»	22.
»	$C^{10}H^7$ α	»	»	196°	»	179°	248°	23.
»	»	C^3H^7 (norm)	Bz 3 : C^3H^7 (n)	65°	295-300°	98-100°	»	26.
»	C^6H^4Cl	»	»	181-182°	»	127°	228°	
»	C^6H^5	C^6H^5	Bz 3 : CH^3	153°	270-285° (10^{mm})	»	»	29, 31, 30.
»	C^6H^5	C^6H^5	Bz 1 : CH^3	128°	180° (10^{mm})	173°	»	29, 31, 30.
CH^3	C^6H^5	C^6H^5	»	139°	»	»	»	29.

Dérivés de l'α-naphtindol.			Index bibliographique.
	pr 1 n-éthyl	point de fusion 73°	32.
	α-naphtindol	— 174°; picrate	16, 35.
	pr 2 méthyl	— 132°; picrate 167-168°	16.
	pr 2.3 diméthyl	— 150°	25.
	pr 2.3 diphényl	— 140-141°	
	pr 2 carbonique	— 202° (éth. éthyl 170°)	16.

Dérivés du β-naphtindol..	pr 3 méthyl-2 acétique.....	— 110°....................	11.
	β-naphtindol	point d'ébullition 228° sous 18mm; picrate..	13.
	pr 2 méthyl..............	— 314-320° (223mm)........	13, 14.
	pr 3 phényl..............	point de fusion 211°; picrate 119°.........	10.
	pr 2.3 diméthyl...........	— 126°; nitroso-picrate 175°..	11, 25.
	pr 2.3 diphényl...........	— 153-158°; picrate 155°......	20, 31, 30.
	pr 2 carbonique...........	— 226°......................	13.
	pr 2 phényl	— 129°; picrate 165°..........	15.
Dérivés acidylés.........	pr 2 acétyl...............	—	55, 54.
	pr 1 acétyl-3 methyl	—	56.
	pr 1 éthyl	— 73°......................	32.
	pr 2 phényl...............	— 129-130°; picrate 165°......	10.
	pr 1 az acétyl	point d'ebullition 152-153° sous 14mm (déc.).	54.
	pr 1 az acétyl-pr 2 méthyl...	— 200-210° — 40mm......	56.
	pr 1 az benzoyl-pr 2 méthyl..	point de fusion 82°...................	15.
	pr 2 propionyl.............	— 136°.....................	
	pr 3 acétyl...............	— 188-189°; picrate 183°; oxime 145°	51, 54, 57.
	pr 1.3 diacétyl............	— 150-151°.................	57.
	pr 3 méthyl-2 acetyl........	— 147-148°; picrate 156-157°..	56.
	pr 2 méthyl-3 acétyl........	— 195-196°.................	56.
	pr 2 acétyl-pr 3 bz 3-dimethyl	— 215-217°.................	
	pr 1 az 2 diacétyl..........	—	54.

Noyau pr.			Noyau Bz.	Point de fusion.	Point d'ébullition.	Èther CH^3	Éther C^2H^5	Index bibliographique.
1 az.	2.	3.						
»	»	CH^2-CO^2H	»	163°	»	»	133°	45,46,47,60.
»	CO^2H	»	»	200-203°	»	151°	»	1,40,49,50,51.
CH^3	CO^2H	»	»	202°	»	»	»	6, 50.
C^2H^5	CO^2H	»	»	183°	»	»	»	6, 9.
C^3H^5	CO^2H	»	»	182°	»	»	»	
C^6H^5	CO^2H	»	»	173-176°	»	»	»	
C^6H^5-CH^2	CO^2H	»	»	195°	»	»	»	7.
»	»	CO^2H	»	218°	»	141-148°	»	49.
»	CH^3	CO^2H	»	»	»	»	131°	24, 48.
CH^3	CH^3	CO^2H	»	185°,200°	»	»	95°	1, 4.
allyl	CH^3	CO^2H	»	167-168°	»	»	Connu	21.
»	CO^2H	CH^3	»	164-165°	»	»	133-134°	48, 59, 60.
»	CO^2H	»	»	164°	»	»	»	
»	CO^2H	»	Bz 3 : CH^3	227-228°	»	»	158-160°	15.
CH^3	CO^2H	»	Bz 3 : CH^3	221°	»	»	»	5.
C^2H^5	CO^2H	»	Bz 3 : CH^3	202°	»	»	»	5.
»	CO^2H	»	Bz 2 : CH^3	217°	»	»	»	
»	CO^2H	»	Bz 1 : CH^3	170-171°	»	»	»	
CH^3	CO^2H	»	Bz 1 : CH^3	209-210°	»	»	»	5.
»	CH^3	CH^2-CO^2H	»	195-200°	»	»	»	1.
CH^3	CH^3	CH^2-CO^2H	»	188°	»	»	»	1, 4.
»	CH^2-CO^2H	CH^3	»	134°	»	»	»	
»	CH^3	CO^2H	Bz 3 : CH^3	»	»	»	163°	
»	CH^3	CO^2H	Bz 1 : CH^3	170°	»	»	173°	17.
»	CO^2H	»	CO^2H	250°	»	250° (déc.)	»	12.
C^3H^7 (iso)	CO^2H	»	»	183°	»	»	»	9.
isobutyl	CO^2H	»	»	152°	»	»	»	9.
isoamyl	CO^2H	»	»	122°	»	»	»	9.
CH^3	β-naphtyl	CH^2-CO^2H	»	110°	»	»	»	
C^3H^7 (norm.)	CO^2H	»	»	170°	»	»	»	9.
allyl	CO^2H	»	»	182°	»	»	»	21.
β naphtindol carbonique..............				226°	»	»	»	13.
α naphtindol carbonique..............				202°	»	»	170°	16.
3 methyl-β naphtindol-2 acétique				110°	»	»	»	

Index bibliographique :

1. Fischer, *D. chem. G.*, **19**, 1563, ou *Ann. Chem.*, **232**, 214 et **236**, 116.
2. Pictet, *Bull. Soc. Chim.*, **47**, 230.
3. Jackson, *Bull. Soc. Chim.*, **37**, 71.
4. Degen, *Ann. Chem.*, **236**, 151.
5. Hegel, *Ann. Chem.*, **232**, 214.
6. Fischer et Hess, *D. chem. G.*, **17**, 559.
7. Antrick, *Ann. Chem.*, **277**, 360.
8. Plancher et Forghieri, *Att. Ac. Lincei*, (5), **11**, 182.
9. Michaelis, *D. chem. G.*, **30**, 2809.
10. W. Ince, *Ann. Chem.*, **253**, 35.
11. Steche, *Ann. Chem.*, **242**, 367.
12. Roder, *Ann. Chem.*, **236**, 164.
13. Schlieper, *Ann. Chem.*, **236**, 174.
14. Fischer, *Bull. Soc. Chim.*, **47**; 226.
15. Fischer et Wagner, *D. chem. G.*, **20**, 815.
16. Schlieper, *Ann. Chem.*, **239**, 229.
17. Raschen, *Ann. Chem.*, **239**, 223.
18. Fischer et Schmidt, *D. chem. G.*, **21**, 1811.
19. Pfüll, *Ann. Chem.*, **239**, 220.
20. Fischer et Sleche, *Ann. Chem.*, **242**, 248.
21. Michaelis et Luxembourg, *D. chem. G.*, **26**, 2670.
22. Bruno Trenkler, *Ann. Chem.*, **248**, 106.
23. Brunck, *Ann. Chem.*, **272**, 201.
24. Walker, *Am. chem. Journ.*, **16**, 430.
25. Wolf, *D. chem. G.*, **21**, 3360.
26. Dennstedt, *D. chem. G.*, **21**, 3429 et **25**, 3636, et *D. R. P.*, 125439. — Dennstedt et Neigtlaender *D. chem. G.*, **27**, 476.
28. Bischler, *D. chem. G.*, **25**, 2860.
29. Bischler et Firemann, *D. chem. G.*, **26**, 1336.
30. Murray et Japp, *Chem. Soc.*, **65**, 889.
31. Lachowicz, *D. chem. G.*, **26**, 2638.
32. Hinsberg et Rosenzweig, *D. chem. G.*, **27**, 3253.
33. Bamberger et Kitschelt, *D. chem. G.*, **27**, 3421.
34. Thiele et Dimroth, *D. chem. G.*, **28**, 1411.
35. Mauthner et Suida, *Monat. f. Chem.*, **11**, 373 et **7**, 230.
36. Fileti, *Gazz. chim. ital.*, **13**, 378.

37. Wolff, *D. chem. G.*, 15, 2490.
38. Möhlau, *D. chem. G.*, 21, 10.
39. Berlinerblau, *Mon. f. Chem.*, 3, 180.
40. Reissert, *D. chem. G.*, 29, 639.
41. Widmann.
42. Vorländer et Apelt, *D. chem. G.*, 37, 1184.
43. Lipp, *D. chem. G.*, 17, 2510.
44. Berlinerblau et Politeiew, *Mon. f. Chem.*, 8, 187.
45. Wislicenus et Arnold, *Ann. Chem.*, 246, 334, 1886.
46. A. Ellinger, *D. chem. G.*, 37, 1801.
47. Arnold, *Ann. Chem.*, 246, 329, 1886.
48. Ciamician et Magnanini, *D. chem. G.*, 21, 1932.
49. Ciamician et Zatti, *D. chem. G.*, 21, 1929.
50. Reissert, *D. chem. G.*, 30, 1030.
51. Zatti et Ferratini, *D. chem. G.*, 23, 2296.
52. Brunck, *Ann. Chem.*, 272, 201.
53. Farbenfabriken, *D. R. P.*, 137117, 1902 et *D. R. P.*, 141, 354, 1903.
54. Baeyer, *D. chem. G.*, 12, 1309.
55. Zatti et Ferratini, *D. chem. G.*, 23, 1859.
56. Magnanini, *D. chem. G.*, 21, 1836.
57. Zatti, *D. chem. G.*, 22, 661.
58. Wenzing, *Ann. Chem.*, 239, 219.
59. E. et H. Salkowski, *D. chem. G.*, 13, 189, 2217.
60. Hopkins et Cole, *J. of Physiol.*, 27, 418 et 29, 451.

Dennstedt a trouvé (D. R. P. 125489) que la réaction va beaucoup mieux quand elle a lieu en présence d'alcalis en excès. On dissout donc les pyrrols dans SO^4H^2 ou HCl concentrés, on sature la solution par un alcali, dont on ajoute un excès, et on distille à la vapeur d'eau.

Le brevet décrit la transformation du pyrrol en indol et celle de l'éthylpyrrol en diéthylindol; ce corps est une huile peu fluide d'odeur fécale qui ne cristallise pas, se dissout dans HCl concentré, mais est reprécipité par l'eau.

16° *Indolshydroxylés à l'azote ou Indoxines.* — En saponifiant l'éther o-nitrobenzylmalonique par un excès de soude, à 33 0/0 Reissert [*D. chem. G.*, **29**, 639, 1896] a obtenu un dérivé de l'indol, qui est un oxyacide; sa réduction donne l'acide pr 2-indolcarbonique, son oxydation par MnO^4K l'acide azoxybenzoïque, et son oxydation par l'acide chromique, l'isatine; pour ces raisons l'auteur représente le composé par la formule

$$C^6H^4 \left\langle \begin{matrix} CH \\ Az \\ | \\ OH \end{matrix} \right\rangle C - CO^2H$$

(*Acide az oxy pr 2 indolcarbonique*). — Cristallisé dans l'acétone, il fond à 159°,5, il présente la propriété caractéristique de se dissoudre en rouge cerise dans AzO^3H, en bleu foncé dans l'acide sulfurique, le chlorure de chaux, le perchlorure de fer, tandis qu'il donne une coloration rouge avec le permanganate, l'acide chromique et le ferricyanure; il réduit la liqueur de Fehling et donne les sels peu stables (Ca, Ba, Fe, Cu, Ag, Hg).

Éther méthylique fond à 100-101°; éthylique à 65°; dérivé benzoylé, à 151°.

L'anhydride acétique à froid donne deux produits que l'auteur représente par

$$C^6H^4 \left\langle \begin{matrix} CH \\ Az \\ | \\ OH \end{matrix} \right\rangle C - CO^2 - COCH^3$$

point de fusion 107°

$$C^6H^4 \left\langle \begin{matrix} CH \\ \\ Az - O - CO - CH^3 \end{matrix} \right\rangle C - CO^2H$$

point de fusion 161°

le premier insoluble, le second soluble dans les bicarbonates alcalins.

L'*acide pr 1 az méthoxy-2 indolcarbonique*, s'obtient à l'aide du composé précédent qu'on traite par le méthylate de sodium alcoolique et CH^3I; il fond à 185°, donne des sels cristallisés de Ca, AzH^4, Al, Hg, Ag, Pb, Cu et Fe; son éther méthylique fond à 68°. Le chlorure de cet acide obtenu par l'action de PCl^5 et $POCl^3$ cristallise dans la ligroïne et fond à 61°; l'amide fond à 108° et donne un dérivé bromé fondant à 175°. L'acide lui-même donne un dérivé monobromé en pr 3 qui fond à 189°.

La réduction de cet acide a donné l'acide pr 2-indolcarbonique décrit par Fischer, Ciamician et Zatti; l'oxydation chromique de l'éther pr 1.az-méthoxy-2-indolcarbonique donne une isatine en aiguilles rouges fondant à 110° dont la phénylhydrazone fond à 128-129° c'est l'*az méthoxypseudoisatine* :

$$C^6H^4 \left\langle \begin{matrix} CO \\ Az \\ | \\ O - CH^3 \end{matrix} \right\rangle CO$$

L'acide az-oxyindolcarbonique traité en solution tiède par H^2O^2 à 3 0/0 donne un précipité cristallin bleu foncé à reflet cuivré fondant à 223°, insoluble dans tous les solvants organiques, dans les alcalis et leurs carbonates. L'auteur lui a donné le nom d'*indoxine* : sa formule est $C^{18}H^{12}Az^2O^4$:

$$2\,C^9H^7AzO^3 + H^2 = C^{18}H^{12}Az^2O^4 + 2\,H^2O.$$

on l'obtient aussi par l'action de la soude à 33 0/0 sur le dérivé diacétylé à 107°.

L'action du nitrite de sodium en solution chlorhydrique donne l'*acide pr 1 az nitro-indolcarbonique* fondant à 189°, doué de propriétés réductrices; la nitrosation de l'éther méthylique donne un composé analogue fondant à 224-225°.

Dérivés sulfurés. — Les dérivés sulfurés de l'indol ont été obtenus par Brunck [*Ann. Chem.*, **272**, 201, 1893] en appliquant la méthode de synthèse (hydrazone et $ZnCl^2$) aux hydrazones des acétones sulfurées.

DÉRIVÉS CARBOXYLÉS. — 1° Synthèse de l'*acide scatolcarbonique* ou *β indolacétique*

$$C^6H^4 \left\langle \begin{matrix} C - CH^2 - CO^2H \\ \| \\ CH \\ AzH \end{matrix} \right.$$

On a vu que la matière première initiale à laquelle on doit attribuer dans la putréfaction des albuminoïdes la présence des dérivés de l'indol est regardée par Nencki et Salkowsky comme étant l'acide aminoscatolacétique; ce corps a été obtenu par Hopkins et Cole, par putréfaction par la trypsine, et il est identique à la tryptophane connue depuis longtemps. D'autre part, Hopkins et Cole, ainsi que Ellinger et Gentzen ont trouvé que la putréfaction de la tryptophane donne en effet de l'indol, mais peu de scatol.

On admet que la matière première du scatol est l'acide scatolcarbonique de E. et H. Salkowski, auquel on donne à tort la formule I. Mais l'acide obtenu par Wislicenus et Arnol [*Ann. Chem.*, **246**, 334, (1888)] dont on connaît la constitution, n'est pas identique au composé de Salkowski. A. Ellinger a démontré [*D. chem. G.*, **37**, 1801, 1904] que l'acide obtenu par putréfaction (celui de E. et H. Salkowski) est identique avec l'acide indol-pr 3-acétique (formule II), isomère du composé I.

$$\text{I.}\quad C^6H^4 \left\langle \begin{matrix} C - CH^3 \\ \| \\ AzH \end{matrix} \right\rangle C - CO^2H \qquad \text{II.}\quad C^6H^4 \left\langle \begin{matrix} C - CH^2 - CO^2H \\ \| \\ AzH \end{matrix} \right\rangle CH$$

Ce composé II s'obtient synthétiquement par la méthode de Fischer au moyen de la phénylhydrazone de l'aldéhyde correspondante à l'acide succinique mono-éthérifié :

$$C^6H^5-AzH-Az=CH-CH^2-CH^2-CO^2R$$

$$= AzH^3 + C^6H^4 \begin{array}{c} C-CH^2-CO^2R \\ \diagup \quad \diagdown\!\!\diagdown \\ \qquad CH \\ \diagdown \quad \diagup \\ AzH \end{array}$$

La modification de la formule de l'acide scatolcarbonique entraine donc une modification correspondante pour la tryptophane.

La partie expérimentale de la synthèse de l'acide indol-pr 3-acétique repose sur la préparation de l'aldéhyde en question d'après les données de Unger Sternberg, en se servant de l'acide aconique : celui-ci est mis à bouillir 12 heures au réfrigérant ascendant avec 30 fois son poids d'eau, puis on évapore à consistance sirupeuse ; il se dépose par cristallisation la demi-aldéhyde de l'acide succinique :

$$\begin{array}{ll} CH = & C-CO^2H \\ | & | \\ O-OC- & CH^2 \end{array} + H^2O$$

$$\longrightarrow \begin{array}{c} OH-CH=C-CO^2H \\ | \\ CO^2H-CH^2 \end{array} - CO^2$$

$$\longrightarrow \begin{array}{c} OH-CH=CH \\ | \\ CO^2H-CH^2 \end{array} \longrightarrow \begin{array}{c} COH-CH^2 \\ | \\ CO^2H-CH^2 \end{array}$$

dont on fait le sel d'argent, puis l'éther méthylique et enfin la phénylhydrazone qu'on fait bouillir 5 heures avec l'acide sulfurique alcoolique ; on dilue avec de l'eau et on a une huile qu'on saponifie par la potasse ; la solution étant acidulée par SO^4H^2 abandonne à l'éther l'acide scatolcarbonique ou indolacétique fondant à 165°, décomposé par la chaleur en CO^2 et scatol et donnant toutes les réactions de l'acide de Salkowski.

L'acide propionylformique donne une phénylhydrazone fondant à 144-145° dont l'éther se transforme, d'après la réaction générale en acide scatolcarbonique par $ZnCl^2$ [Arnold, *Ann. Chem.*, **246**, 329, 1888].

L'éther éthylique fond à 133° ; l'acide fond à 163-164° et cristallise dans l'eau bouillante ; il perd facilement CO^2 et se transforme en scatol ; ce corps est différent de celui qui a été décrit par Salkowski.

2° Les acides carboxylés des méthylindols ont été obtenus par Ciamician et Magnanini [*D. chem. G.*, **21**, 1925, 1888], et par Zatti et Ferratini, [*D. chem. G.*, **23**, 2296, 1890] en chauffant dans un courant de gaz carbonique les dérivés potassés des indols, comme on le fait pour ceux du pyrrol ; la réaction va mieux encore et il suffit de chauffer l'indol avec la quantité théorique de sodium.

Ils ont ainsi obtenu l'*acide pr 2.3-méthylindolcarbonique*, qui cristallise dans l'acétone et se combine avec elle, et perd CO^2 à 170°, l'*acide pr 3.2-méthylindolcarbonique* (scatolcarbonique.

3° Ciamician et Zatti [*D. chem. G.*, **21**, 1929, 1888] ont obtenu des acides indolcarboniques en oxydant les dérivés de l'indol au moyen de potasse fondante, par exemple l'acide α-indolcarbonique à l'aide du pr 2-méthylindol. Traité par l'anhydride acétique, il donne un composé formé d'aiguilles insolubles dans les solvants organiques, fondant à 315° ; sa formule est sans doute :

$$C^8H^5 \lesssim \begin{array}{c} CO-Az \\ Az-CO \end{array} \gtrsim C^8H^5$$

ce corps se dissout dans la potasse et régénère l'acide générateur.

De même l'acide pr 3-indolcarbonique a été obtenu avec le scatol, et sa solution ammoniacale se décompose à l'ébullition en donnant de l'indol.

4° Reissert [*D. chem. G.*, **30**, 1030, 1897] a constaté que la réduction par les agents actifs de l'acide o-nitrophénylpyruvique donne les acides pr 2 indol-carbonique et pr 1 az-méthyl-2-indol-carboniques.

Par l'action de l'amalgame de sodium en présence d'eau, il se fait l'acide pr 1 az 2-oxindolcarbonique avec un assez bon rendement ; dans l'action de SO^4H^2 sur ce corps, il se fait un indigo sulfonique qui par action d'acide nitreux à froid donne après neutralisation de l'indigotine.

Dérivés acétylés. — *Acétylindol*, $C^8H^6Az-C^2H^3O$. Voy. 1er Suppl. 945.

En faisant bouillir l'indol avec l'anhydride acétique au réfrigérant descendant, il se produit un mélange du dérivé pr 1.az-acétylé et de pr 1 az 2-diacétylé qu'on peut séparer par entraînement à la vapeur d'eau, le premier seul passant à la distillation ; mais cette opération décompose le second en pr 2-acétylindol non entraînable. Il vaut mieux extraire le dérivé pr 1.az par l'éther ; il bout à 152-153°, donne la coloration caractéristique avec le bois de pin et se dédouble par les alcalis en indol et acide acétique.

Le pr 2-acétylindol se combine à la benzaldéhyde en présence d'alcali en donnant le β-cinnamylindol fondant à 229-231° [Zatti et Ferratini, *D. chem. G.*, **23**, 1359, 1890].

Magnanini [*D. chem. G.*, **21**, 1936, 1888], a préparé quelques dérivés acétylés à l'azote.

Le pr 2-méthylindol lui a donné le *pr 2.3-méthylacétylindol* de Jackson et le *pr 1 az 2-acétylméthylindol*, ce corps est entièrement saponifié par la potasse tandis que pr 2.3-méthylacétylindol ne l'est pas.

L'*acétylscatol* (pr 2.3-acétylméthylindol) s'obtient à partir du scatol et de CH^3COCl ; il n'est pas saponifié par la potasse, mais l'est par l'acide chlorhydrique ; il donne une oxime cristallisée fondant à 119° ; il se produit dans la réaction génératrice une huile entraînable à la vapeur d'eau et qui est peut-être le *pr 1.az.3-acétylméthylindol*.

L'action de l'anhydride acétique sur les acides indolcarboniques a été étudiée par Zatti [*D. chem. G*, **22**, 661, 1889] ; on sait que l'action de ce réactif sur l'indol a donné à Baeyer l'acétylindol.

Avec l'acide pr-3-indolcarbonique, il se forme à l'ébullition un anhydride interne

$$C^8H^5 \begin{array}{l} \diagup CO \\ \quad | \\ \diagdown Az \end{array}$$

[*Bull. Soc. Chim.*, **50**, 715, 1888] ou mieux

$$C^8H^5 \lesssim \begin{array}{c} CO-Az \\ Az-CO \end{array} \gtrsim C^8H^5.$$

A la température de 220°, il se fait le *pr 3-acétylindol*. En même temps que ce corps s'en forme un autre qu'on précipite par le pétrole ; c'est le *pr 1.az.3-diacétylindol*.

G. Magnanini [*D. chem. G.*, **22**, 2501, 1889] a déterminé par la méthode Raoult la grandeur moléculaire de l'anhydride interne de l'acide indolcarbonique et a trouvé qu'il faut adopter la formule double proposée déjà par lui.

Le *benzoyl-pr 2-méthylindol* a été obtenu par Fischer et Wagner (*D. chem. G.*, **20**, 815, 1887] comme produit intermédiaire de la préparation du roso-indol (action de C^6H^5COCl sur le pr

2-méthylindol); Il est insoluble dans l'eau et cristallise dans l'alcool en lamelles brillantes fondant à 82°.

DÉRIVÉS SULFONÉS. — 1° Les Farbenfabriken (vorm. Freid. Bayer et Cie) ont montré que l'on peut obtenir à l'aide des agents de sulfonation des dérivés sulfonés de l'indol dans lesquels, le groupe acide est fixé sur le noyau benzénique; on emploie comme matières premières soit le pr 2 méthylindol soit les Bz-pr 2-diméthylindols et aussi les composés alcoylés à l'azote. Les nouveaux indols sulfonés ont la propriété de donner par condensation avec les cétones du type de la p-diamidobenzophénone des matières colorantes genre auramine; de même ils donnent avec les diazoïques des colorants azoïques et la copulation a lieu en présence d'un grand excès d'acide minéral.

Ces composés sont facilement solubles dans l'eau et les acides minéraux et on les isole en passant par l'intermédiaire de leurs sels de Ca ou de Ba qui sont très solubles dans l'eau bouillante et qui, par évaporation de leurs solutions, se séparent sous forme cristalline; dans l'ordre de solubilité décroissante les sels de baryum de ces acides sulfonés se rangent de la manière suivante :

Pr 2 méthylindol, très soluble; pr az-éthyl-pr 2-méthylindol; bz pr3-diméthylindol, peu solubles; bz-méthyl-pr az-éthyl-2-méthylindol, encore moins soluble; de même pour les sels de sodium; les sels sont plus difficilement solubles quand ils dérivent de composés méthylés à l'azote, et ceux des dérivés indoliques substitués en bz sont plus facilement sulfonables que les autres; ce procédé de préparation de dérivés sulfonés fait l'objet du DRP. 137117, 1902 et ce brevet contient le mode de préparation du bz-méthyl-pr az-éthyl-2-méthylindol.

Parmi les colorants dérivés de ces indols sulfonés, il convient de signaler ceux qui résultent de leur copulation avec les diazoïques d'amines cycliques non sulfonées; ils teignent la laine en bain acide en donnant des tons jaunes, orangés ou bruns, solides à la lumière, très unis; on peut également employer, au lieu d'amines non sulfonées, les amines sulfonées dont les produits sont tout à fait comparables aux précédents; la copulation par exemple avec les dérivés sulfonés du pr 2-méthylindol ou du bz-chlor du pr 2-méthylindol ou de leurs dérivés alcoylés à l'azote se fait en milieu très acide par un acide minéral (Farbenfabriken : DRP. 141354, 1903).

2° Hinsberg et Rosenzweig [*D. chem. G.*, **27**, 3253, 1894] ont montré [*loc. cit.*, **21**, 110, 1888 et **25**, 2545, 1892] que le dérivé bisulfitique du glyoxal réagit sur les amines secondaires en donnant suivant les cas un indol sulfoné ou un dérivé du glycocolle; parmi les indols, ces auteurs ont obtenu :

L'acide pr az éthyl β-naphtindolsulfonique, obtenu par l'éthyl-β-naphtylamine d'après :

$$\mathrm{NaSO^3 \atop OH}{>}\mathrm{CH-CH}{<}{\mathrm{SO^3Na} \atop \mathrm{OH}} + \mathrm{C^{10}H^7AzHC^2H^5}$$

$$= \mathrm{C^{10}H^6}\langle\ {\mathrm{CH} \atop \mathrm{Az}(\mathrm{C^2H^5})}\ \rangle\mathrm{C-SO^3Na} + 2\mathrm{H^2O} + \mathrm{SO^3NaH};$$

Le *pr az éthyl-β naphtindol*, en faisant bouillir le précédent avec HCl, ce qui donne un dégagement de SO^2; ce corps fond à 73°; il se fait en même temps une huile que les auteurs croient être l'éthyl-β naphtoxindol;

L'acide pr az 2-méthylindolsulfonique sous forme de sel de Na avec la méthylaniline; il cristallise en feuillets blancs ne fondant pas et ne se décomposant pas à 300°.

Le *pr az méthyloxindol* s'obtient par ébullition du précédent avec HCl; aiguilles fusibles à 89°, la solution aqueuse a l'odeur de fleur d'oranger.

Les dérivés du glycocolle se forment accessoirement dans la réaction génératrice, par exemple

$$\mathrm{C^6H^5-Az(CH^3)-CH^2-CO^2H}$$

dans le cas de la méthylaniline.

Isomérisation. — On sait [Fischer et Schmidt, *D. chem. G.*, **21**, 1811, 1888] que le pr 3-phénylindol traité par $ZnCl^2$ se transforme en dérivé pr 2; afin de généraliser cette observation, W. Ince [*Ann. Chem.*, **253**, 35, 1889] a étudié le pr az 3-méthylphénylindol, sur lequel il a observé la migration en 2 du groupe C^6H^5 antérieurement en 3, il a obtenu en effet, le pr az 2-méthylphénylindol; de même aussi, le pr 3-phényl-β-naphtindol se transforme à 170° avec $ZnCl^2$ en pr 2-phényl-β-naphtindol. Cette transposition explique la formation du pr 2-phénylindol par l'aniline et la bromacétophénone.

Il convient de remarquer que la formule du β-naphtindol est indécise entre les deux schémas :

[Deux formules développées : naphtalène portant –CH=CH– et –AzH–, reliés ; naphtalène portant –AzH– et –CH=CH–, reliés]

INDOLS DIVERS. — 1° Le *pr 2.3 diphényl-indol* dérivé du biphényle $C^6H^5-C^6H^5$ a été obtenu par Japp et Findlay en faisant réagir à 200° la phénanthrone sur la phénylhydrazine (*Chem. Soc.*, **71**, 1116, 1897]; il y a élimination d'AzH^3 et le composé formé

$$\begin{array}{l}\mathrm{C^6H^4} \text{———} \mathrm{C-C^6H^4} \\ \quad\diagdown \qquad\quad \| \quad | \\ \quad \mathrm{AzH-C-C^6H^4}\end{array}$$

fond à 188-189°; cette réaction montre que la phénanthrone peut réagir comme une cétone et comme elle se comporte parfois comme un naphtol, elle existe donc sous deux formes tautomères.

2° *Thiénylindol.* — La phénylhydrazone de l'acétothiénone a été chauffée au bain-marie avec $ZnCl^2$, puis pendant quelques minutes à 180°; la ligroïne bouillante extrait le composé

$$\mathrm{C^6H^4}{<}{\mathrm{CH} \atop \mathrm{AzH}}{>}\mathrm{C-C^4H^3S}$$

aiguilles jaune clair, fondant à 162°, donnant un picrate fusible à 137°, un nitroso rouge brique fondant à 240° et un dérivé benzylidénique fondant à 245° (Brunck, *loc. cit.*).

L'action du brome donne un dérivé hexabromé d'addition et de substitution fondant à 278°.

3° Sous le nom de *diphényldiiso-indol*, Möhlau [*D. chem. G.*, **15**, 2480, 1882] avait décrit un composé jaune, soluble dans l'alcool et formé de lamelles cristallines fondant à 181° dont la composition se représente par $C^{14}H^{11}Az$; il lui attribuait la formule

$$\mathrm{C^6H^5-C\equiv C-AzHC^6H^5}$$

ou

$$\mathrm{C^6H^5-C}{<}{\mathrm{CH} \atop \mathrm{Az-C^6H^5}}$$

puis ayant trouvé pour poids moléculaire la valeur correspondant à $(C^{28}H^{22}Az)^2$ et remarqué la résislance du corps en question aux réducteurs les plus énergiques, il proposa la formule

$$\begin{array}{ccccc} & & C^6H^5 & & \\ & & / & & \\ & \nearrow CH = C \searrow & & & \\ C^6H^5-Az & & & Az-C^6H^5 & \\ & \searrow CH = C \nearrow & & & \\ & / & & & \\ C^6H^5 & & & & \end{array}$$

qui en fait la az diphényldihydro αγ diphénylpyrazine.

E. Wolf ayant été amené à penser que ce composé, obtenu en chauffant la ω bromacétophénone avec l'aniline, doit être le pr 3-phénylindol [*D. chem. G.*, **21**, 123, 1888], Möhlau montra que le produit de condensation pyrogénée de la phénylacylaniline

$$C^6H^5-CO-CH^2-AzH-C^6H^5,$$

est en effet le pr 3-phénylindol, avec une densité de vapeur conforme à la formule $C^{14}H^{11}Az$, et il reconnut que les résultats contraires antérieurs étaient imputables à des erreurs expérimentales [*D. chem. G.*, **21**, 510, 1888]. En outre, cette manière d'envisager le corps en question est d'accord avec les propriétés que lui avaient trouvées Möhlau : formation d'un picrate, d'un chlorhydrate, d'un nitrate, d'un nitrosé (pf^{on} 244°), combinaison avec les diazoïques pour donner des colorants pour laine et soie [*D. chem. G.*, **18**, 163, 1885].

Cette synthèse d'indols a été reprise par Bischler (voir MODES DE PRODUCTION, n° 13, ci-dessus).

Condensation avec le trinitrobenzène. — Le trinitrobenzène 1.3.5 se combine à l'indol en solution alcoolique et donne des aiguilles jaune d'or fusibles à 187° dont la formule est :

$$C^8H^7Az + C^6H^3(AzO^2)^3 :$$

la combinaison n'est pas décomposée par HCl.

Avec le scatol, la combinaison de même nature est en aiguilles rouges fondant à 183° [Van Romburgh, *Rec. des Pays-Bas*, **14**, 65, 1895].

PRODUITS DE CONDENSATION AVEC LES ALDÉHYDES, LES ANHYDRIDES ET LES DIAZOÏQUES. — Fischer, en se basant sur l'analogie de l'indol et du pyrrol, a étudié l'action des aldéhydes, des anhydrides d'acides et des diazoïques sur les 3 méthylindols [*Ann. chem.*, **242**, 372, 1887].

Le pr 2-méthylindol donne avec la benzaldéhyde le composé $C^6H^5-CH(C^9H^8Az)^2$, *benzylidène-di-pr 2-méthylindol*,

$$C^6H^5-CH\left(\begin{array}{c} C \\ \| \\ C \\ / \quad \searrow \\ CH^3 \quad AzH \end{array}\right)^2$$

corps solide fondant à 246° en se colorant en rouge, comme sous l'action de Fe^2Cl^6. Le dérivé de l'aldéhyde m-nitrobenzoïque fond à 163° et donne facilement le dérivé amidé correspondant. L'aldéhyde éthylique fournit un composé fondant à 191°, distillable et soluble dans l'acide chlorhydrique.

Le pr 1.az-méthylindol donne difficilement, à moins d'opérer en présence de $ZnCl^2$, un corps solide fondant à 197°.

Le scatol donne un produit résineux qui cristallise dans l'alcool et dont la formation est assez difficile.

Les acétones réagissent également mais plus difficilement encore.

Les anhydrides et chlorures d'acides donnent des produits de substitution ; Jackson, étudiant le produit acétylé du pr 2-méthylindol [*Bull. Soc. Chim.*, (2), **37**, 71, 1882], admettait que le $CO.CH^3$ est fixé à l'azote ; mais comme le pr az méthylindol donne dans les mêmes conditions un produit analogue à celui qui dérive de pr 2, il y a lieu d'admettre que dans ce cas le groupe $CO.CH^3$ s'est fixé en pr 3 ; ce corps donne avec la phénylhydrazine un dérivé fondant à 134-138° (Fischer).

Les anhydrides d'acides bibasiques, comme l'anhydride o-phtalique, se combinent molécule à molécule avec les indols. Par exemple le pr 3-méthylindol donne un corps cristallisé soluble dans l'alcool et les acides, fondant à 200° avec décomposition. Le pr az méthylindol donne un composé insoluble dans les alcalis et dont la formule est vraisemblablement $C^9H^8Az-CO-C^6H^4-CO^2H$ [Fischer, *Ann. Chem.*, **242**, 372, 1887].

E. Fischer ayant montré (voir plus haut) que les aldéhydes se condensent avec 2 molécules de pr 2-méthylindol pour donner un leucodérivé (formule I) dont l'oxydation donne des matières colorantes analogues à la rosaniline, Freund et Lebach ont tenté d'obtenir une condensation des mêmes substances, molécule à molécule : ils ont ainsi réalisé les composés formule II, qui, par une faible oxydation, donnent des colorants ; par l'union avec une seconde molécule de l'indol employé, ces composés nouveaux donnent les produits de Fischer.

$$\begin{array}{ccccc} & & R & & \\ C & \text{———} & CH & \text{———} & C \\ C^6H^4 \langle\rangle C-CH^3 & & & & CH^3-C \langle\rangle C^6H^4 \\ AzH & & & & AzH \end{array}$$

I.

$$\begin{array}{c} H \quad R \\ \searrow \; / \\ C-C-(OH) \\ C^6H^4 \langle\rangle C-CH^3 \\ AzH \end{array}$$

II.

Voici quelques-uns des corps ainsi obtenus :

Avec 1 molécule de pr 2-méthylindol :

Aldéhydes.	Aspect.	Fusion.
o-Nitrobenzaldéhyde ..	feuilles brun clair.	
p-Nitrobenzaldéhyde ..	cristaux brun jaune.	
o-Chlorbenzaldéhyde ..	houppes jaune brun...	194-195°
m-Oxybenzaldéhyde ...	houppes brun jaunâtre	222°
o-Chlor-p-diméthylamidobenzaldéhyde.....	brun jaune crist......	282°
p-Diméthylamidobenzaldéhyde...........	brun jaune amorphe.	

Avec 2 molécules de pr 2-méthylindol :

Aldéhydes.	Aspect.	Fusion.
o-Nitrobenzaldéhyde ..	jaune	244°
p-Nitrobenzaldéhyde ..	jaune clair..........	238°
o-Chlorbenzaldéhyde ..	aiguilles............	240°
m-Oxybenzaldéhyde ...	jaunâtre.............	222°
o-Chlor-p-diméthylamidobenzaldéhyde.....	blanc	236°
p-Diméthylamidobenzaldéhyde..........	blanc	226°

[*D. chem. G.*, **36**, 308, 1903 et **38**, 2640, 1905].

Dans la suite ces deux réactions furent reprises et on obtint un grand nombre de composés de ce genre par la condensation des aldéhydes et du pr 2-méthylindol. Par exemple, ceux qui ont été préparés et décrits par Renz et Loew [*D. chem. G.*, **36**, 4326, 1903] :

Produits avec 2 molécules pr 2-methylindol.	Point de fusion.
Propionaldehyde	180°
Isobutyraldehyde	207°
Furfurol	220°
p-Toluylaldéhyde	217-218°
o-Nitrobenzaldéhyde	230°
p-Nitrobenzaldehyde	233°
Salicylaldéhyde	230-231°
Anisaldéhyde	111-112°
Aldéhyde cinnamique	206°
p-Isopropylbenzaldehyde	218-219°
Pipéronal	213°

D'autre part Freund a obtenu également quelques composés de cette série qu'il décrit dans les *D. chem. G.*, **37**, 322, 1904, par exemple :

Produits.	Fusion.
Iodomethylate de la p-dimethylamidobenzylidène-di-pr 2-méthylindol	181-182°
o-Oxybenzaldéhyde et 2 mol. pr 2-methylindol	230-231°
— et 1 mol. pr 2-methylindol (chlorhydrate)	202°
o-Nitrobenzaldehyde et 2 mol. de az éthyl-pr 2-méthylindol	220-221°
o-Oxybenzaldéhyde et 2 mol. de az éthyl-pr 2-méthylindol	229°
o-Chlor-p-dimethylamidobenzaldehyde et 2 mol. de az éthyl-pr 2-méthylindol	219°
Valéraldéhyde et 2 mol. de pr 2-méthylindol	157°
Pipéronal et 2 mol. de pr 2-méthylindol	213°
— et 1 mol. de pr 2-méthylindol (chlorhydrate)	194°
— et 2 mol. de az éthyl-pr 2-méthylindol	175°

Fischer a constaté que le chlorure de diazobenzène copule avec le pr 3-méthylindol en donnant le composé $C^6H^5Az = Az - C^9H^8Az$, cristallisé en aiguilles fondant à 115-116° ; la réduction le scinde en aniline et amido-pr 3-méthylindol [*D. Chem. G.*, **19**, 2988, 1886].

D'autre part Plancher et Soncini [*Gazz. chim. ital.*, **32**, (2), 447, 1902 ou *Att. Ac. Lincei*, (5), **10**, 299, 1901], faisant réagir le chlorure de diazobenzène sur les dérivés de l'indol, constatèrent que l'indol lui-même et le scatol réagissent à peine, tandis que le pr 2-méthyl et le pr 2-phénylindol réagissent bien.

P. ex., le pr 2-phénylindol donne en présence d'acétate de sodium le *benzolazo-pr 2-phénylindol* fondant à 166°, qui, comme le *benzolazo-pr 2-méthylindol* (point de fusion 115°) obtenu de même, est sans action sur l'isocyanate de phényle.

$C - Az = Az\,C^6H^5$
$C^6H^4 \langle\rangle C - C^6H^5$
AzH

$C - Az = Az\,C^6H^5$
$C^6H^4 \langle\rangle C - CH^3$
AzH

Wagner [*Ann. Chem.*, **242**, 383, 1887] a étudié également les produits de réaction du chlorure de diazobenzène sur le pr 2-méthylindol ; la copulation se fait très bien en solution chlorhydrique et le produit, précipité par l'eau, cristallise, fond à 115° et distille en se décomposant ; les réducteurs le dédoublent en aniline et amidométhylindol, base fusible à 112°, soluble dans l'eau bouillante et se transformant à la longue en AzH^3 et dihydrométhylindol ; l'auteur en conclut que le groupe AzH^2 est dans le noyau pyrrolique et donne à ce corps la formule d'un pr 2.3-méthylamidoindol, différente par conséquent de celle qui figure ci-dessus.

Dérivés nitrés. — A. Angeli et F. Angelico et Calvello ayant montré [*Att. Ac. Lincei* (5), **11**-2, 16, 1902] que le pyrrol donne avec le nitrate d'éthyle en présence d'éthylate de sodium ou de sodium métallique le sel de l'acide pyrrolnitrosique (formule I), étendent cette réaction aux dérivés pyrroliques ou indoliques qui ont au moins un atome d'hydrogène libre en pr 3. Ainsi par exemple le pr 2-méthylindol donne par ce traitement en solution éthérée, avec un rendement de 50 0/0, le sel de Na d'un acide nitronique dont la formule est II ou III. L'acide lui-même formé de grosses houppes jaunes est identique au composé obtenu antérieurement en oxydant le nitroso-pr 2-méthylindol par MnO^4K en solution alcaline et donne avec un peu d'acide nitrique étendu dans beaucoup d'acide acétique le dinitrométhylindol de Zatti (formule IV).

$CH - C = AzO^2H$
$HC \quad CH$
Az
I.

$C = AzO^2H$
$C^6H^4 \langle\rangle C - CH^3$
Az
II.

$C - AzO^2$
$C^6H^4 \langle\rangle C - CH^3$
AzH
III.

$C - AzO^2$
$(AzO^2)C^6H^3 \langle\rangle C - CH^3$
AzH
IV.

Ceci montre que le produit obtenu avec le nitrate d'éthyle a la constitution d'un véritable dérivé nitré (formule III) ; ses sels donnent avec les iodures alcoylés les éthers correspondants très stables.

Les éthers nitriques réagissent comme les éthers des acides carboxylés [*Att. Ac. Lincei*, (5), **12**-1, 344, 1903].

Comme conséquence des recherches de Angeli, Angelico et Calvello [*Att. Ac. Lincei*, (5), **11**, 16, 1902], Angelico et Velardi ont préparé le *β-nitroindol* (formule I ou II ci-dessous) en mettant dans une solution éthérée de 1 molécule d'indol, 1 atome de sodium en fils, 1 molécule de nitrate d'éthyle et quelques gouttes d'alcool ; il est formé d'aiguilles jaunes fondant à 210°. De même ils ont obtenu le *β-nitrométhylindol* $C^9H^8Az^2O^2$ (formule III), belles houppes jaunes à reflet métallique violet fondant à 248° ; ce dernier est identique au corps obtenu par Angeli et Angelico à partir du nitrosométhylindol.

$C - AzO^2$
$C^6H^4 \langle\rangle CH$
AzH
I.

$C = AzO^2H$
$C^6H^4 \langle\rangle CH$
Az
II.

$C - AzO^2$
$C^6H^4 \langle\rangle C - CH^3$
AzH
III.

$C - AzO^2$
$C^6H^4 \langle\rangle C - CO^2H$
AzH
IV.

La nature de véritable composé nitré attribuée à ce corps, résulte de ce que le nitrométhylindol qu'on peut obtenir par oxydation du nitroso : 1° donne avec AzO^3H le dinitrométhylindol de Zatti [*Gazz. chim. ital.*, **19**-2, 261, 1889], et 2° donne avec MnO^4K l'acide *nitroindolcarbonique* (formule IV), formé d'aiguilles jaunes fondant à 280° avec décomposition et donnant à 240° le nitroindol (point de fusion 210°).

Le tableau suivant résume ces diverses transformations :

Indol ⟶ β-Nitroindol ⟵ Nitroindol carbonique
↑
Méthylindol → β-nitrosométhylindol ← β-nitrométhylindol
↘ ↓ ↙
Dinitrométhylindol.

Action de l'éther diazoacétique. — Piccinini a étudié l'action de l'éther diazoacétique sur quelques dérivés de l'indol, en particulier le praz-méthylindol et le pr 2 méthylindol [*Att. Ac. Lincei*, (5) **8**-1, 312, 1899]. Avec le second il a obtenu l'acide pr 2-méthyl-pr 3-indolacétique déjà connu, fondant à 204° et dont le picrate fond à 193-194°.

Avec le premier il a obtenu à 200° un composé $C^{11}H^{11}AzO^2$, fondant à 128-129°, soluble dans le benzène, son sel d'argent et son picrate fondant à 173-174°. Ce composé est l'acide praz-méthylindolacétique, car vers 200-220°, il perd CO^2 et se transforme en praz 2-diméthylindol dont le picrate fond à 143-144°.

Hydrazide, azide et uréthane. — Piccinini et Salmoni, reprenant la réaction de Curtius [*D. chem. G.*, **29**, 182, 1896], pour remplacer le groupe carboxyle de l'acide pr 3-indolmonocarbonique par un groupe amide, ont obtenu les termes intermédiaires, hydrazide, azide et uréthane, sans toutefois pouvoir préparer de cette manière l'aminoindol instable.

1° *Hydrazide*. — S'obtient en chauffant pendant quelque temps l'éther méthylique de l'acide indolcarbonique avec une solution d'hydrate d'hydrazine: forme des feuilles brillantes, légères, fondant à 241°, peu solubles dans l'eau, l'alcool, les acides chlorhydrique et acétique, douées de propriétés réductrices à l'égard d'une solution d'azotate d'argent. Leur formule est :

$$C^9H^9OAz^3 \quad \text{ou} \quad C^6H^4 \left\langle \begin{array}{c} C - CO - AzH - AzH^2 \\ \| \\ CH \\ AzH \end{array} \right.$$

2° *Azide*. — S'obtient en traitant par un nitrite alcalin, le composé précédent mis en suspension dans l'eau chlorhydrique: feuilles incolores fondant à 140° (avec décomposition).

$$C^6H^4 \left\langle \begin{array}{c} C - COAz^3 \\ \| \\ CH \\ AzH \end{array} \right.$$

3° *Uréthane*. — S'obtient en réduisant le précédent par le zinc et l'acide acétique et traitant le produit obtenu par de l'alcool absolu bouillant : il se dégage de l'azote et on obtient

$$C^6H^4 \left\langle \begin{array}{c} C - CAzHCO^2C^2H^5 \\ \| \\ CH \\ AzH \end{array} \right.$$

prismes compacts incolores cristallisant dans l'éther de pétrole, fondant à 110° en donnant par suite de décomposition un corps se colorant fortement en violet. Ce composé donne avec l'acide nitreux un dérivé nitrosé, et se décompose soit avec les acides, soit avec les bases, en perdant de l'ammoniaque [*Gazz. chim. ital.*, **32**, 246, 1902].

Réactifs des indols :

1° J. Gnezda a fait connaître des réactions nouvelles pour les composés indoliques [*C. R.*, **128**, 1584, 1899 ou *Bull. Soc. Chim.*, (3), **21**, 1091, 1899]. En fondant 0gr,5 d'acide oxalique avec une trace d'indol, on obtient un sublimé et une masse d'une belle couleur rouge qui est à peine modifiée par les alcalis.

Le pr 2-méthylindol, le scatol et l'acide praz-méthylindolcarbonique se comportent d'une façon analogue, tandis que le pr 2-phénylindol donne un sublimé jaune verdâtre passant au noir.

2° Les trois acides phtaliques donnent avec les premiers de ces indols un sublimé légèrement violacé; tandis que le phénylindol se colore en vert avec l'acide o-phtalique, en violet avec l'acide téréphtalique et ne donne aucune coloration avec l'acide isophtalique.

3° Les acides malonique, succinique et glutarique donnent avec les indol, scatol, pr 2-méthylindol et acide praz-méthylindolcarbonique un produit faiblement coloré en rouge: au fur et à mesure que le nombre des CH^2 dans la molécule de ces acides va en s'accroissant, l'intensité de la couleur augmente.

4° Le scatol, l'acide praz-méthylindolcarbonique et une solution alcoolique d'indol donnent par addition d'HF une coloration orange, tandis que le pr 2-méthylindol donne un jaune faible et le pr 3-méthylindol du violet. Une solution concentrée de SiF^4 réagit à chaud d'une manière analogue sur ces composés.

L'albumine, la peptone et la gélatine donnant par fusion avec l'acide oxalique des sublimés colorés en rose et avec SiF^4 des colorations rouges durables, alors que les autres substances animales, sauf l'alloxanthine, donnent des colorations différentes, l'auteur pense que, par l'action des acides sur l'albumine, il se fait des bases indoliques: il se propose de vérifier cette supposition.

5° Ad. Schmidt [*Münch. med. Wochensch.*, **50**, n° 17] indique comment on peut reconnaître et doser l'indol dans les fèces au moyen de la réaction à la diméthylamidobenzaldéhyde de Ehrlich. Les fèces donnent avec l'alcool fortement étendu et le réactif une coloration rouge en présence d'HCl; elle est due à l'indol; avec le scatol on obtient une coloration bleue; la première coloration est due à une substance qui se dissout dans le chloroforme et qui est caractérisée par son spectre d'absorption. Lorsqu'on ajoute goutte à goutte à 10 centimètres cubes du réactif 1 centimètre cube d'HCl concentré étendu dans 20 parties d'alcool, puis qu'on agite, on obtient la coloration due à l'indol et la quantité de ce corps peut être évaluée par examen spectroscopique, alors que l'examen colorimétrique est insuffisant.

6° Ciamician et Zatti [*D. chem. G.*, **22**, 1976, 1889] caractérisent l'indol par les réactions suivantes; ce corps en solution sulfurique donne avec :

L'isatine, une coloration rouge cramoisi ;
L'alloxane, une coloration vert émeraude ;
Le benzile, une coloration jaune-brun.

7° L'indol agité avec une solution de bisulfite de sodium donne un composé qui cristallise dans l'alcool méthylique sous forme de feuillets incolores, inodores, que les alcalis décomposent en indol et bisulfite [A. Hesse, *loc. cit.*].

8° Les indols donnent généralement avec un copeau de sapin, en présence d'acide chlorhydrique, des colorations variées, mais quand les deux atomes d'hydrogène des carbones pr 2 et pr 3 sont remplacés par des alcoyles ou par des CO^2H, la coloration ne se produit plus.

Dérivés hydrogénés : hydrindols.

Hydroscatol $C^9H^{11}Az$, produit de réduction par Zn et HCl alcoolique: la base est déplacée par la soude, épuisée par l'éther. C'est un liquide peu coloré, à odeur de quinoléine, bouillant à 231-232° sous 744 millimètres, qui réduit le nitrate d'argent. Son chlorhydrate est très soluble, son oxalate fond à 125-126°, son picrate à 149-150°; le chloroplatinate est en aiguilles jaunes peu solubles dans l'eau; il se combine avec le phénylsénévol en donnant un corps fondant à 124-125°.

L'*hydro pr 2-méthylindol*, obtenu avec le pr 2-méthylindol, bout à 227-228° sous 742 millimètres, l'oxalate fond à 130-131° et le picrate, prismes jaunes, à 150-151°. Son dérivé nitrosé, décrit par Jackson, peut être transformé en hydrazine

$C^{10}H^{12}Az^2$; base solide fondant à 41-42°, donnant des sels avec HCl et SO^4H^2, tous deux cristallisés, et une hydrazone avec l'acide pyruvique. L'hydrométhylindol s'unit au phénylsénévol en donnant un composé $C^{16}H^{16}AzS$, fondant à 100-101°.

L'*hydro-pr az-méthylindol*, obtenu avec le praz-méthylindol, est une base bouillant à 216° sous 728 millimètres, donnant un chloroplatinate jaune cristallisé, un oxalate fondant à 103-105° et un picrate en lamelles jaunes fondant à 155°.

Le pr 3-isopropylindol donne par réduction l'hydrindol correspondant, soluble dans les acides étendus, bouillant à 260° [Bruno Trenkler, *Ann. Chem.*, **248**, 106, 1888].

L'α-naphtindol donne de même une base qui se solidifie difficilement mais qui donne des sels cristallisés, entre autres l'oxalate : point de fusion 166° [Schlieper, *loc. cit.*].

BASES DÉRIVÉES DES INDOLS PAR ALCOYLATION.

INDOLINES, ALCOYLÈNE-INDOLINES, INDOLÉNINES ET INDOLINONES. — Les premiers de ces composés ont été obtenus par Fischer et Steche [*D. chem. G.*, **20**, 818, 1887] et considérés par eux comme des dérivés alcoylés de la dihydroquinoléine, c'est ainsi par exemple que CH^3I et le pr 2-méthylindol donnaient d'après ces auteurs la diméthyldihydroquinoléine par l'ouverture du noyau pyrrolique suivant le schéma :

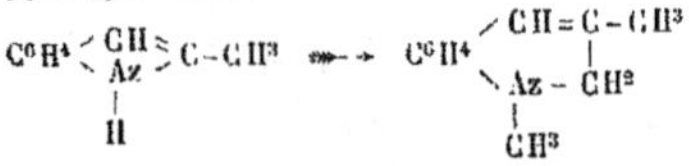

$$C^6H^4\begin{matrix}\diagup CH \diagdown \\ \diagdown Az \diagup\end{matrix}C-CH^3 \;(Az-H) \longrightarrow C^6H^4\begin{matrix}\diagup CH=C-CH^3 \\ \diagdown Az - CH^2 \\ \quad | \\ \quad CH^3\end{matrix}$$

la méthylation ayant lieu à l'azote. Ce composé et ses congénères se réduisent facilement en donnant des substances que l'on considérait comme des tétrahydroquinoléines substituées, mais un certain nombre de composés obtenus par Fischer et Steche, Magnanini, Zatti et Ferratini, Ciamician et Zatti, Fischer et Meyer, qui ont été décrits sous les noms d'alcoyldihydroquinoléines, alcoyltétrahydroquinoléines, doivent être nommés maintenant d'une manière différente.

De nombreux faits avaient permis d'élever des doutes sur l'opinion de Fischer et Steche, particulièrement l'impossibilité où l'on se trouvait d'identifier les soi-disant quinoléines dérivées d'indols avec les quinoléines authentiques. Mais c'est aux recherches de Ciamician et Bœris, de Brunner, de Plancher, qu'il faut reporter le mérite d'avoir élucidé la question.

Brunner a montré en effet [*D. chem. G.*, **31**, 612, 1898] que la base Fischer dérivée de l'indol et de l'iodure de méthyle (soi-disant diméthyldihydroquinoléine) est une base indol ; cette base est en effet identique au composé indolique obtenu par la synthèse générale au moyen des hydrazones (Fischer), en prenant comme point de départ la méthylisopropylméthylphénylhydrazone (I)

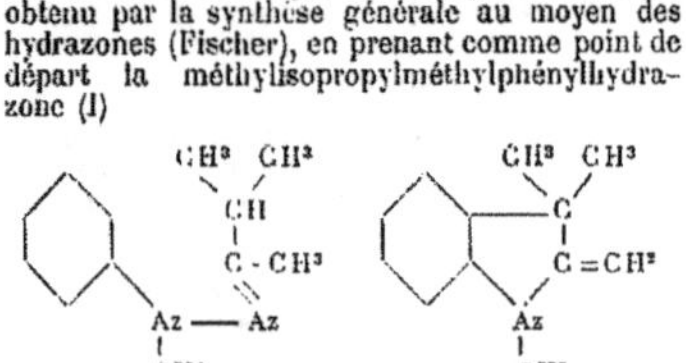

I. (noyau benzénique — CH(CH³)(CH³) — C-CH³ ⫽ Az — Az — CH³)   II. (noyau benzénique — C(CH³)(CH³) — C=CH² — Az — CH³)

ce qui donne à cette base la formule (II) et en fait la pr 1.33-triméthylméthylène-indoline.

L'hydrogénation de ce composé fait disparaître la double liaison et le transforme en une indoline (anciennement alcoyltétrahydroquinoléine), la pr 1.2.3.3-tétraméthylindoline (formule III); l'oxydation par le permanganate des nouveaux composés de ce genre, non alcoylés à l'azote, rétablit la double liaison, mais cette fois entre Az et C, et donne une indolénine (formule IV), ici la pr 2-méthyl-3.3-diéthylindolénine :

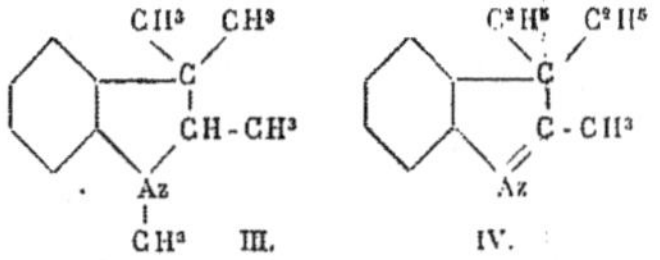

III. (noyau benzénique — C(CH³)(CH³) — CH-CH³ — Az — CH³)   IV. (noyau benzénique — C(C²H⁵)(C²H⁵) — C-CH³ ⫽ Az)

Ces indolénines s'obtiennent d'ailleurs par le procédé synthétique général des indols de Fischer ; par exemple en chauffant avec $ZnCl^2$ la phénylhydrazone de la méthylisopropylcétone, on obtient la pr. 2.3.3-triméthylindolénine (V).

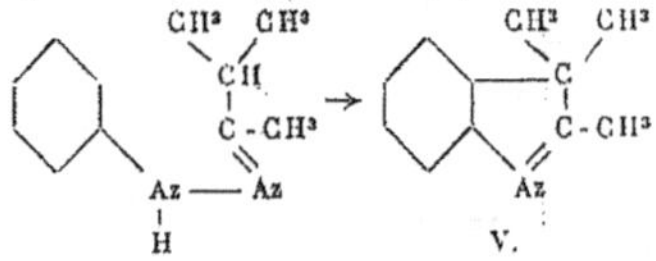

(noyau benzénique — CH(CH³)(CH³) — C-CH³ ⫽ Az — Az — H) → V. (noyau benzénique — C(CH³)(CH³) — C-CH³ ⫽ Az)

Ces derniers faits, hydrogénation des alcoylène-indolines, oxydation des indolines ainsi obtenues pour les transformer en indolénines, et synthèse directe des indolénines, découverts par Plancher [*D. chem. G.*, **31**, 1488, 1898], sont venus compléter et parfois rectifier les vues de Brunner et fixer l'histoire de ce groupe de corps.

Les indolinones, produits d'oxydation des alcoylène-indolines (Brunner), peuvent être également obtenues par une extension de la synthèse de Fischer, en employant les hydrazides au lieu des hydrazones ; par exemple, avec la méthylphénylhydrazide de l'acide isobutyrique on obtient la pr 1.3.3-triméthylindolinone [Brunner, *Mon. f. Chem.*, **17**, 479]. Le schéma p. 85 indique les relations entre ces divers composés.

Voici le détail des recherches relatives à ces différents corps :

Fischer et Steche [*D. chem. G.*, **20**, 818, 1887], en chauffant en vase clos au bain-marie pendant 15 heures du pr 2-méthylindol avec CH^3I, ont obtenu la *pr 1.3.3 triméthylméthylène-indoline*, considérée par les auteurs comme une diméthyldihydroquinoléine.

Fischer et Steche, ayant constaté que cette base donne par réduction une diméthyltétrahydroquinoléine (?) différente de la diméthyltétrahydroquinoléine de Dœbner et Miller obtenue par méthylation de la tétrahydroquinaldine et ayant pour formule

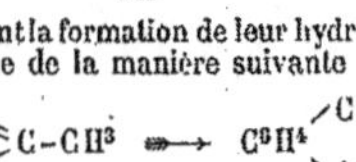

$$\begin{matrix}C^6H^4 - CH^2 - CH^2 \\ \diagdown \qquad\quad | \\ Az - CH - CH^3 \\ | \\ CH^3\end{matrix}$$

interprétèrent la formation de leur hydroquinoléine hypothétique de la manière suivante :

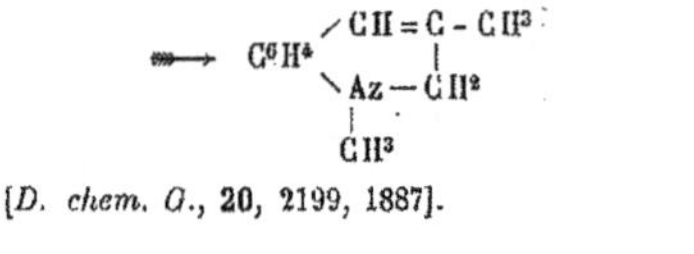

$$C^6H^4\begin{matrix}\diagup CH \diagdown \\ \diagdown AzH \diagup\end{matrix}C-CH^3 \longrightarrow C^6H^4\begin{matrix}\diagup CH=C-CH^3 \\ \diagdown AzH-CH^2\end{matrix}$$

$$\longrightarrow C^6H^4\begin{matrix}\diagup CH=C-CH^3 \\ \diagdown Az-CH^2 \\ | \\ CH^3\end{matrix}$$

[*D. chem. G.*, **20**, 2199, 1887].

Indols + RI → Alcoylène-Indolines : → $C(R_1)(R_2)$, $C=CH.R_4$, AzR_3

Réduction.

Synthèse directe → Indolines. → $C(R_1)(R_2)$, $CH-CH\ R_4$, AzR_3

Oxydation dans les cas où $R^3 = H$

Synthèse directe → Indolénines. → $C(R_1)(R_2)$, $C-CH^2R_4$, Az

Oxydation.

Indolinones.
Synthèse directe (Brunner) par Hydrazides. → $C(R_1)(R_2)$, $C=O$, $Az-R_3$.

(Pour le détail et les constantes, voir le tableau p. 87).

Fischer et Steche ont généralisé la réaction qui engendre les soi-disant hydroquinoléines [*Ann. Chem.*, **242**, 348, 1887]; ils la rapprochent de la réaction de Ciamician et Silber qui transforme les pyrrols en pyridines; mais ici, d'après eux, le nouvel atome de carbone se placerait en ortho au lieu de se placer en para et les dérivés obtenus seraient des hydroquinoléines. Parmi ces dérivés, citons, en employant la nomenclature actuelle :

1° *Pr* 1.3.3-*triméthylméthylène-indoline* (anciennement diméthyldihydroquinoléine) par pr 2-méthylindol et CH^3I ou bien par pr 2.3-diméthylindol et CH^3I; dans le premier cas, il se fait à 100° un peu d'oxyde de méthyle, et l'iodhydrate de la base (rendement 80 0/0); pour les constantes, voir le tableau. Sulfate : paillettes hexagonales, iodhydrate, sels doubles avec $HgCl^2$, Fe^2Cl^6. CH^3I (point de fusion 146°), et combinaison avec l'acide nitreux. La réduction donne la 1.2.3.3-tétraméthylindoline (anciennement diméthyltétrahydroquinoléine), nouvelle base dont on connaît les chlorhydrate, sulfate, picrate, chloroplatinate, iodomercurate et la combinaison avec Fe^2Cl^6;

2° *Pr* 1-*méthyl-méthylène-indoline*, accompagne la précédente, donne un nitroso;

3° *Pr* 1.3-*diéthylméthylène-indoline* (anciennement éthyldiméthyldihydroquinoléine) par pr 2-méthylindol et C^2H^5I; iodométhylate;

4° *Pr* 1-*éthyl* 3-*méthylméthylène-indoline*, par pr 1-az-éthyl 2-méthylindol et CH^3I; chloroplatinate, combinaison orangée avec Fe^2Cl^6;

5° *Pr* 1.3-*diméthylméthylène-naphtindoline*, par CH^3I et pr 2.3-diméthylnaphtindol.

Entre la conception initiale de Fischer et la conception actuelle, on a publié un nombre considérable de travaux dont les résultats paraissaient souvent inconciliables avec d'autres données antérieures :

C'est ainsi que E. Fischer et Meyer [*D. chem. G.*, **23**, 2628, 1890] obtiennent par l'action de l'iodure de méthyle sur le scatol, ou le méthylcétol, ou le pr 2.3-diméthylindol, non pas une base diméthylée, mais une base triméthylée dont l'iodhydrate fond à 253° en se décomposant. Réduite, cette base donne un produit considéré comme étant la triméthyltétrahydroquinoléine dont tous les CH^3 sont dans le noyau azoté, et qui cependant ne s'identifie ni avec l'une ni avec l'autre des triméthyltétrahydraquinoléines authentiques obtenues à partir des diméthylquinoléines $\alpha\gamma$ et $\beta\gamma$ et dont les sels avec HI fondent respectivement à 215° et 205°.

De même, Zatti et Ferratini [*D. chem. G.*, **23**, 2302, 1890] observent que l'iodure de méthyle et l'indol donnent une base triméthylée et non pas diméthylée; une action prolongée donne l'iodhydrate fondant à 169° d'une base pentaméthylée de formule $C^{14}H^{19}Az$ [*Gazz. chim. ital.*, **21**, (2), 236, 1891].

Ferratini [*D. chem. G.*, **26**, 1811, 1893], faisant agir HI + P sur la soi-disant triméthyldihydroquinoléine, puis réduisant à la poudre de zinc, obtient du pr 2.3-diméthylindol et un corps qu'il envisage comme la α-γ-diméthylquinoléine, mais qui cependant n'est pas identique au produit de synthèse ainsi nommé par Baeyer.

Magnanini [*D. chem. G.*, **20**, 2608, 1887], en traitant le pr 2-méthylindol par de l'alcoolate de sodium et du chloroforme ou du bromoforme, obtient des corps fondant le premier à 71-72° (le chloroplatinate fondant à 220°), le second à 78°, et qu'il considère respectivement comme des chloro- et bromoquinaldine. De même le scatol donne des soi-disant 3 chloro et 3 bromo-2 lépidine; et ces produits ne s'identifient pas avec ceux de Knorr ou de Conrad et Limpach (Cl_2, CH^3_4 ou Cl_4, CH^3_2).

Ciamician et Piccinini [*Att. dei Lincei*, **5**, (2), 50, 1896], se proposant de fixer la position de la double liaison dans la soi-disant dihydroquinoléine obtenue par l'indol et CH^3I, obtiennent en oxydant cette base diméthylée un composé $C^{11}H^{13}AzO$ fondant à 55-56°; celui-ci hydrogéné fond à 97-98°, et a pour formule $C^{11}H^{13}AzO$; la réduction complète de ce dernier donne une base $C^{12}H^{15}Az$. Cette série de transformations, interprétée à l'aide des formules quinoléiques, conduit comme terme ultime à la az-méthyltétrahydrolépidine ou la az-méthyltétrahydroquinaldine. Or, ce terme ultime ne s'identifie ni avec l'une ni avec l'autre de ces deux substances.

Enfin. Ciamician et Bœris [*Att. dei Lincei*, (5), **2**, 155, 1896 et *D. chem. G.*, **29**, 2472, 1896] ont obtenu, en distillant dans le vide l'iodhydrate de la soi-disant dihydrotriméthylquinoléine, une huile jaunâtre identique au pr 1 az 2.3 triméthylindol (rendement 40 grammes pour 150 grammes de sel primitif), et une base tertiaire (5 grammes) qui bout à 120-125° et qui, traitée par l'iodure de méthyle, donne l'iodhydrate de la dihydrotriméthylquinoléine fondant à 250°, et l'iodométhylate d'une triméthyltétrahydroquinoléine qui a été identifiée par son chloroplatinate fondant à 208°.

Le pr 1-az 2.3-triméthylindol et l'iodure de méthyle leur ont donné une base $C^{13}H^{17}Az$ sous forme d'iodhydrate, pf^{on} 229°; les diverses formules de constitution quinoléiques que l'on peut essayer pour la représenter ne sont pas satisfaisantes.

Ils en concluent que dans ces réactions, l'action des iodures alcooliques sur le triméthylindol n'est pas la cause déterminante de la transformation du noyau pyrrolique en noyau quinoléique; il faut dès lors abandonner la formule de Fischer pour représenter ces bases alcoylées.

Brunner [*D. chem. G.*, **31**, 612, 1898; et *Mon. f. Chem.*, **21**, 56] a montré que la base de E. Fischer dérivée de l'iodure de méthyle et de l'indol n'appartient pas à la série quinoléique, mais est une base indolinium; il en a réalisé la synthèse au moyen de la méthylisopropyl-méthylphénylhydrazone et du chlorure de zinc : il se fait un sel double que la potasse décompose en donnant une base identique à celle de Fischer :

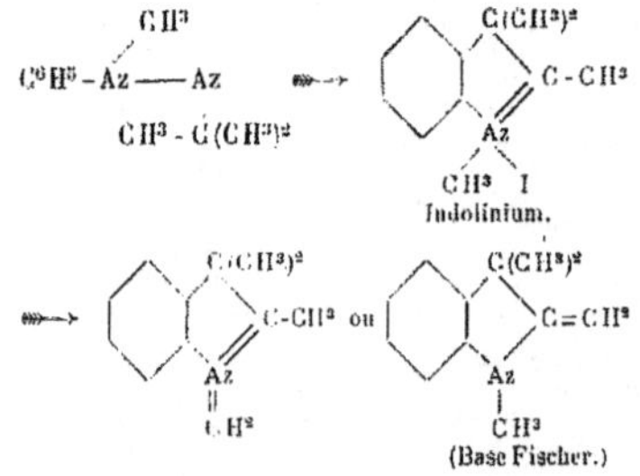

CH^3 / C^6H^5 - Az —— Az / CH^3 - C$(CH^3)^2$ → C_6H_4 [C$(CH^3)^2$, C - CH^3, Az, CH^3 I]

Indolinium.

→ C_6H_4 [C$(CH^3)^2$, C-CH^3, Az = CH^2] ou C_6H_4 [C$(CH^3)^2$, C = CH^2, Az - CH^3]

(Base Fischer.)

La réaction de Brunner, extension de la réaction synthétique de Fischer pour les indols, peut être généralisée : elle a donné entre autres :

1° La *pr 1-phényl 3.3-diméthyl 2-méthylène-indoline*, par la diphénylhydrazone de l'isopropylméthylcétone; celle-ci par simple contact à 40-50° avec HI donne l'iodhydrate de la base, tandis que par $ZnCl^2$ et HCl elle donne un sel zincique. La base est une huile incolore, insoluble dans l'eau : elle forme un picrate, un iodhydrate, un chloroplatinate et des combinaisons avec $SnCl^2$ (f. 121°), $HgCl^2$ (189°) et Fe^2Cl^6 (162°) (voir le tableau).

Son oxydation donne la pr 1-phényl 3.3-diméthylindolinone (voir plus bas).

Sa réduction donne la *pr 1-phényl 3.3-diméthylindoline* qu'on obtient aussi par synthèse : L'hydrazone de l'aldéhyde isobutyrique et la diphénylhydrazine donnent avec $ZnCl^2$ et HCl un sel zincique d'où l'on peut séparer la base. En solution acide, elle est très sensible aux oxydants et donne une coloration violette intense; elle peut servir à reconnaître des traces d'acide nitreux dans les eaux de source, car elle ne réagit pas avec l'acide nitrique. En chauffant sa solution alcoolique avec de l'azotate d'argent ammoniacal, il se produit la *pr 1-phényl-3.3-diméthylindolinone* qui bout à 210-212° sous 30 millimètres, fond à 72°, et qui est soluble dans l'alcool et l'éther, peu dans l'éther de pétrole et insoluble dans l'eau; ce corps n'a aucune propriété basique et ne donne pas de sels doubles.

La *pr 1-phényl-2.3-diméthylindoline* s'obtient en chauffant la solution chlorhydrique du corps précédent, il s'élimine HCl et un groupe CH^3 migre.

L'auteur n'a pas réussi à obtenir les bases indolines de la phényl et de la méthylphénylhydrazone de l'acétaldéhyde et de l'acétone.

G. Plancher [*Att. Ac. Lincei*, (5), **7**, 275-316, 1898 ou *D. chem. G.*, **31**, 1488, 1899; *Bull. Soc. chim.*, (2), **20**, 876, 1898; *Gazz. chim. ital.*, **28**, 438, 1898] s'est également proposé d'étudier la constitution des bases Fischer; il aborde la question par l'étude des produits d'oxydation, et arrive à conclure que ces bases ne dérivent pas de la quinoléine; toutefois, il donne aux alcoylène-indolines une formule constitutionnelle différente de celle de Brunner : le groupe CH^2 est fixé à l'azote.

L'oxydation de la pr 3.3.2-diéthylméthylindoline (formule I) ou γγ-diéthyltétrahydroquinoléine (formule II) au moyen du permanganate à froid donne la *pr 3.3.2-diéthylméthylindolénine* (formule III) [*D. chem. G.*, **29**, 2478, 1896]; le même oxydant à chaud donne un acide $C^{13}H^{15}AzO^2$ (formule IV) qui en perdant CO^2 donne une base $C^{12}H^{15}Az$ (formule V).

De la même manière, à partir de la pr 3.3.2-triméthylindoline (formule VI), anciennement γγ diméthyltétrahydroquinoléine, on obtient la *pr 3.3.2-triméthylindolénine* (formule VII) ou γγ-diméthyldihydroquinoléine, base incolore, d'une odeur piquante, qui brunit à l'air et qui est stable vis-à-vis du permanganate de potassium. Cette même base peut être obtenue en faisant bouillir dans l'alcool absolu avec $ZnCl^2$ la phénylhydrazone de la méthylisopropylcétone, elle se combine au chlorure de zinc ainsi qu'à CH^3I dès la température ordinaire pour donner le corps $C^{12}H^{16}AzI$, identique à celui que Fischer et Steche considèrent comme l'iodhydrate de la triméthyldihydroquinoléine [*Ann. Chem.*, **242**, 355, 1887].

La base $C^{12}H^{15}Az$, obtenue par l'action de la potasse sur le composé $C^{12}H^{16}AzI$, fut également préparée à partir de la méthylphénylhydrazone de la même cétone [Brunner, *loc. cit.*]; elle est par suite la *pr 1-az 3.3-triméthylméthylène-indoline* (formule VIII), tandis que le composé $C^{12}H^{16}AzI$ doit être regardé comme l'iodométhylate de la *pr 1-az 3.3-triméthylindoline*.

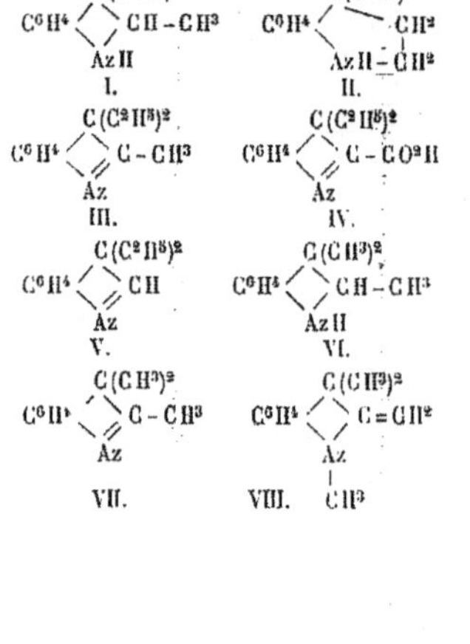

I. C^6H^4 < C$(C^2H^5)^2$, CH - CH^3, AzH >

II. C^6H^4 < C$(C^2H^5)^2$ - CH^2, AzH - CH^2 >

III. C^6H^4 < C$(C^2H^5)^2$, C - CH^3, Az >

IV. C^6H^4 < C$(C^2H^5)^2$, C - CO^2H, Az >

V. C^6H^4 < C$(C^2H^5)^2$, CH, Az >

VI. C^6H^4 < C$(CH^3)^2$, CH - CH^3, AzH >

VII. C^6H^4 < C$(CH^3)^2$, C - CH^3, Az >

VIII. C^6H^4 < C$(CH^3)^2$, C = CH^2, Az - CH^3 >

Index bibliographique.	pr 1.	pr 2.	pr 3.	Point de fusion.	Point d'ébullition.	Observations.
			Alcoylène-Indolines.			
3. 2. 1.	CH^3	$= CH^2$	$2\, CH^3$	»	243-244°	Sels avec HI 253°; avec SO^4H^2; picrate 148°.
1.	CH^3	$= CH^2$	CH^3	115°	»	Noyau naphtalénique.
1.	C^2H^5	$= CH^2$	C^2H^5	»	»	Iodométhylate 89°.
1.	CH^3	$= CH^2$	»	»	»	
1.	C^2H^5	$= CH^2$	CH^3	»	»	Chloroplatinate.
2.	C^6H^5	$= CH^2$	$2\, CH^3$	»	208° (52mm)	Picrate 206°, iodhydrate 192°, chloroplatinate 198°, sels doubles.
4. 3.	CH^3	$C(CH^3)^2$	$2\, CH^3$	»	»	
3.	C^2H^5	$= CH^2$	$2\, C^2H^5$	»	205° (760mm)	
3.	CH^3	$= CH^2$	$2\, C^2H^5$	»	147° (25mm)	
3.	CH^3	$= CH^2$	CH^3, C^2H^5	»	248° (150mm)	Iodhydrate 237°, picrate 113°, benzoylé 119°, sel zincique 201°
	CH^3	$= CH^2$	C^6H^5, CH^3	104°	»	Iodhydrate, 226°, chloroplatinate 224°, acétyle, benzoylé 141°.
	CH^3	$= C(CH^3)^2$	$2\, CH^3$	»	»	Iodhydrate 185°, picrate 128°, chloro-aurate 150°,
	CH^3	$= CH(CH^3)$	$2\, CH^3$	»	257°	Chloro-aurate 127°, iodhydrate 185°.
			Indolines.			
1.	CH^3	CH^3	$2\, CH^3$	»	»	Picrate 161°, iodomercurate 250°.
2.	C^6H^5	»	$2\, CH^3$	125°	»	Chloromercurate 124°, sels doubles.
2.	C^6H^5	CH^3	CH^3	»	229° (60mm)	Picrate 131°.
3.	»	CH^3	$2\, CH^3$	»	»	
3. 4.	CH^3	$C(CH^3)^2$	$2\, CH^3$	80°	»	
3.	CH^3	OH	$2\, C^2H^5$	55°	»	Picrate 158°, sel avec $ZnCl^2$ 225°.
3.	»	»	C^2H^5	»	»	Picrate 189-190°.
3.	C^2H^5	CH^3	$2\, C^2H^5$	»	274°	Picrate 243°.
3.	CH^3	CH^3	$2\, C^2H^5$	»	156° (25mm)	Chloroplatinate 200°.
3.	»	CH^3	$2\, C^2H^5$	217°	»	Picrate 138°.
3.	CH^3	CH^3	CH^3, C^6H^5	»	»	Iodhydrate 227-228°.
3.	CH^3	C^2H^5	$2\, CH^3$	»	141° (21mm)	Picrate 185°.
	»	»	$2\, CH^3$	350°	»	Chloroplatinate 200°, oxalate 139°, nitroso 66°.
			Indolénines.			
3.	»	C^2H^5	$2\, C^2H^5$	»	»	Picrate 119-120°.
3.	»	CO^2H	$2\, C^2H^5$	125°	»	
3.	»	»	$2\, C^2H^5$	»	134° (30mm)	Iodométhylate 132°.
3.	»	CH^3	$2\, C^2H^5$	»	»	Dérivé acétyle à l'azote, bout à 185-187° (25mm); au carbone α, point de fusion 113-114°.
3.	»	CH^3	$2\, CH^3$	»	228° (744mm)	Picrate 157°, benzoylé 183°, oxime 156°, nitrile bout à 150° (30mm).
3.	»	CAz	$2\, C^2H^5$	»	163° (27mm)	
	»	CO^2H	$2\, C^2H^5$	125-126°		
	»	$C(CH^3)^2$	$2\, CH^3$	80°	250°	
	»	CH^3	CH^3, C^6H^5	»	242°	Picrate 152°, oxime 158°.
2.	»	C^2H^5	$2\, CH^3$	52°	129° (25mm)	Picrate 137°, iodhydrate 186°, oxime 175°.
			Indolinones.			
3.	»	»	$2\, C^2H^5$	157°	»	Dérivé bibromé 171°.
3.	CH^3	»	CH^3, C^2H^5	»	»	Dérivé bibromé 121°.
2. 3.	»	»	$2\, CH^3$	151°	302°,5 (759°)	Sel d'argent 240-245°. Éther méthylique 62°, acétylé 105°, nitrosé 252°. Dérivé bibromé 181°.
	»	»	$C(CH^3)^2$	»	»	
6. 2.	CH^3	»	$2\, CH^3$	47°	264°	Combinaison avec $HgCl^2$ 123°; $AuCl^3$ 148°.
2.	CH^3	»	CH^3	23°	197° (93mm)	Chloromercurate 118°, tribromo 160°.
5.	»	»	$CH, (CH^3)^2$	106°	»	Sel d'argent 163°, acétylé 104°, Ethers CH^3 82° et 96°, dibromo 142°.
2.	»	»	CH^3	123°	»	Acétylé 79°, dibromo 171°.
2.	»	»	C^2H^5	102°,5	»	Acétylé 45°, dibromo 150°, dinitro 184°.
2.	CH^3	»	C^2H^5	»	280-285°	
2.	»	»	C^6H^5	189°	»	Acétylé 109°, monobromo 191°.

1. Fischer et Steche, *D. chem. G.*, **20**, 818, et 2199; ou *Ann. Chem.*, **242**, 348.
2. Brunner, *D. chem. G.*, **31**, 612, ou *Mon. f. Chem.*, **21**, 56; **17**, 479; **13**, 93 et 527.
3. Plancher, *Att. Ac. Lincei*, (6), 7, 273 et 316; *D. chem. G.*, **31**, 1488; *Bull. Soc. Chim.*, (3), **20**, 876 et *Gazz. chim. ital.*, **28**, 438 et 233.
4. Zatti et Ferratini, *Gazz. chim. ital.*, **21**, 326.
5. Schwarz, *Mon. f. Chem.*, **24**, 568.
6. Piccinini, *Att. Ac. Lincei*, (5), **7**, 358, ou *Gazz. chim. ital.*, **28**, 40.

La base $C^{14}H^{19}Az$, obtenue par Zatti et Ferratini [*Gazz. chim. ital.*, 21, (2), 326, 1891] en méthylant la soi-disant triméthyldihydroquinoléine de Fischer, et regardée comme la pentaméthyldihydroquinoléine (formule X), est vraisemblablement la *pr* 1-*az* 3.3-*triméthylisopropylidène-indoline* (formule XI), car elle se produit par l'action de la potasse sur le composé obtenu par CH^3I et la pr 3.3-diméthyl pr 2-isopropylindolénine (formule XII).

$$C^6H^4 \langle C(CH^3)^2 \rangle C - CH^3, \; Az(CH^3)(I)(CH^3) \quad \text{IX.}$$

$$C^6H^4 - C(CH^3)^2 - C - CH^3 = C - Az, \; (CH^3)(CH^3) \quad \text{X.}$$

$$C^6H^4 \langle C(CH^3)^2 \rangle C = C(CH^3)^2, \; Az - CH^3 \quad \text{XI.}$$

$$C^6H^4 \langle C(CH^3)^2 \rangle C - CH(CH^3)^2, \; Az \quad \text{XII.}$$

Quant à la *pr* 1-*az* 3.3-*triméthylisopropylidène-indoline* résistant au permanganate, il faut probablement la représenter par la formule XI, puisqu'elle a été obtenue également par l'action du $ZnCl^2$ sur la phénylhydrazone de la diisopropylcétone

$$(CH^3)^2CH - C - CH(CH^3)^2$$
$$\| \; Az - AzH\,C^6H^5$$

et qu'il est à peine permis de supposer que pendant cette réaction un groupe CH^3 ait migré d'un complexe $CH(CH^3)^2$ pour entrer dans le noyau azoté d'une quinoléine.

Voici d'après Plancher quelques exemples d'enchainement des différents corps de la série qui nous occupe :

L'action de l'iodure d'éthyle sur le pr 2-méthylindol donne les composés I, II et IV, le meilleur rendement en II correspondant à une température de 85-95°; les deux composés I et II se séparent l'un de l'autre par leur picrate. La *pr* 3.3.1 *az-triéthylméthylène-indoline* (IV), qui bout à 205° sous 760 millimètres, peut être réduite par l'étain et HCl en donnant la *pr* 1-*az* 3.3-*triéthyl* 2-*méthylindoline* dont le picrate s'oxyde facilement en reproduisant celui de la base IV.

Le composé II donne avec CH^3I la *pr* 3.3-*diéthyl-pr az-méthylméthylène-indoline* qui, réduit par le sodium et l'alcool, devient la *pr* 3.3-*diéthyl-pr az-pr 2-diméthylindoline* $C^{14}H^{21}Az$.

$$C^6H^4 \langle C - C^2H^5 \rangle C \cdot CH^3, \; Az - H \quad \text{(I)}$$

$$C^6H^4 \langle C(C^2H^5)^2 \rangle C - CH^3, \; Az \quad \text{(II)}$$

$$C^6H^4 \langle C(C^2H^5)^2 \rangle C = CH^2, \; Az - CH^3 \quad \text{(III)}$$

$$C^6H^4 \langle C(C^2H^5)^2 \rangle C = CH^2, \; Az - C^2H^5 \quad \text{(IV)}$$

$$C^6H^4 \langle C(C^2H^5)^2 \rangle CO, \; Az - CH^3 \quad \text{(V)}$$

$$C^6H^4 \langle C(CH^3)^2 \rangle C - CH^3, \; Az \quad \text{(VI)}$$

Ce produit de réduction, traité par le phosphore et l'acide iodhydrique, donne la *pr* 3.3-*diéthyl-pr* 2-*méthylindoline*, $C^{12}H^{19}Az$; cette même indoline, qui s'obtient par la réduction du composé II, donne deux dérivés acétylés, un liquide et un solide, et son oxydation par le permanganate donne l'acide pr 3.3-diéthylindolénine 2-carbonique, qui perd facilement CO^2 en donnant la *pr* 3.3-*diéthylindolénine*.

Oxydé par le permanganate à froid, le composé III donne l'indolinone (formule V), qui est difficile à isoler, mais qui, traitée par le brome en solution acétique, donne la *dibromodiéthylméthylindolinone* cristallisée, fondant à 92-93°.

L'oxydation de la pr 3.3-diéthyl-pr 2-méthylindoline en solution alcaline au moyen de permanganate donne la *pr* 3.3-*diéthyl-pr* 2-*méthylindolénine* (formule II); de même la *pr* 3.3.2-*triméthylindolénine* (VI) s'obtient en oxydant la pr 3.3.2-triméthylindoline.

A la base tertiaire de Ciamician et Bœris (*loc. cit.*), Plancher donne la formule d'une *pr* 3-*diméthyl-pr* 3.1-*az-méthylène-indoline* parce que ce corps s'obtient également par l'action de CH^3I sur le pr 2-méthyl-pr 3-éthylindol ou par éthylation du triméthylindol. Traité par le permanganate en solution alcaline glacée, il donne l'indolinone correspondante.

Le pr 2-phénylindol (formule I) [*Gazz. chim. ital.*, 28-2, 391, 1898], sous l'action de CH^3I à 120°, donne l'iodhydrate de la *pr* 3-*phényl-pr* 3.1-*az-méthylène-indoline* (formule II) : on admet que le groupe phényl change de place. Sous l'action réductrice de l'étain et de l'acide chlorhydrique, le composé II donne la *pr* 1-*az* 2.3-*triméthyl-pr* 3-*phénylindoline*.

$$C^6H^4 \langle CH \rangle C - C^6H^5, \; AzH \quad \text{I.}$$

$$C^6H^4 \langle C <^{CH^3}_{C^6H^5} \rangle C = CH^2, \; Az - CH^3 \quad \text{II.}$$

G. Plancher a étudié l'action de l'acide nitreux sur quelques indolénines, en particulier sur le composé de Fischer et Steche, la pr 3.3-diéthyl-pr 2-méthylindolénine [*Gazz. chim. ital.*, 28-2, 405, 1898]; ce corps mis en solution acétique donne avec AzO^2Na un dérivé qui est la *pr* 3.3-*diéthylindolénine-α-formoxime* (formule I), fondant à 169°, soluble dans les alcalis en jaune. Cette formoxime peut être benzoylée et acétylée; quand on la chauffe légèrement, elle donne le composé II fondant à 100°; mais si on chauffe vers 150° pendant 3 heures, on obtient le *pr* 3.3-*diéthylindolényl-pr* 2-*nitrile* (formule III), que l'hydroxylamine réagissant à 50-60° pendant 20 heures transforme en *pr* 3.3-*diéthylindolényl-pr* 2-*formamidoxime* (formule IV), fondant à 121°.

Si l'on saponifie le nitrile par la potasse alcoolique, il se forme deux produits : l'un, non entraînable par la vapeur d'eau, qui s'identifie avec l'acide *pr* 3.3-*diéthylindolénine-pr* 2-*carbonique* (formule V), et l'autre, entraînable, qui est la *pr* 3.3-*diéthylindolinone* (formule VI ou VII).

L'obtention de la formoxime à partir de l'indolénine n'est pas sans analogie : elle peut être comparée à ce qui se passe dans l'action de l'acide azoteux sur l'acétone par suite de la présence dans les indolénines du groupe

$$\diagdown Az \gtrless C - CH^3,$$

qui ressemble à celui des cétones

$$O \gtrless C - CH^3.$$

$$C^6H^4 \langle \overset{C(C^2H^5)^2}{\underset{Az}{\diagdown\diagup}} \rangle C-CH=Az(OH)$$

I.

$$C^6H^4 \langle \overset{C(C^2H^5)^2}{\underset{Az}{}} \rangle C-CH=AzO-CO \cdot CH^3 \qquad C^6H^4 \langle \overset{C(C^2H^5)^2}{\underset{Az}{}} \rangle C-CAz$$

II. III.

$$C^6H^4 \langle \overset{C(C^2H^5)^2}{\underset{Az}{}} \rangle C-C \langle {Az(OH) \atop AzH^2} \qquad C^6H^4 \langle \overset{C(C^2H^5)^2}{\underset{Az}{}} \rangle C-CO^2H$$

IV. V.

$$C^6H^4 \langle \overset{C(C^2H^5)^2}{\underset{AzH}{}} \rangle CO \qquad C^6H^4 \langle \overset{C(C^2H^5)^2}{\underset{Az}{}} \rangle C-OH$$

VI. VII.

G. Plancher, en collaboration avec Bonavia [*Gazz. chim. ital.*, **32-2**, 414, 1902, ou *Att. Ac. Lincei*, (5), **9-1**, 115, 1900], a obtenu et décrit l'*oxime* de l'*α-éthyl-ββ-diméthylindolénine*, $C^{12}A^{15}AzO^2$, en prismes ou aiguilles monocliniques fondant à 175-176°, solubles dans le benzène bouillant, et qui donne avec le chlorure de benzoyle le dérivé benzoylé correspondant, en aiguilles incolores fondant à 77-78°; avec l'anhydride acétique, le dérivé acétylé, $C^{12}H^{13}AzO^2(COCH^3)$, prismes incolores fondant à 149°, insolubles dans les alcalis.

Au cours de ses importantes recherches Plancher a observé, relativement aux migrations, que les radicaux lourds ont une tendance très accentuée à passer d'α en β, sans que cependant une telle modification empêche la transformation des indols en indolines.

Ainsi le pr 1-az-pr 3-diméthyl-pr 2-éthylindol, chauffé 12 heures au bain-marie, en tube scellé, donne, sans transposition, la pr 3.3-az-triméthyl-pr 2-éthylidène-indoline (formation d'indoline), tandis que le pr 3-méthyl-pr 2-isopropylindol donne un isomère de la pr 3.3-az-triméthyl-pr 2-isopropylidène-indoline; ce que l'auteur explique en observant que la pr 3.3-az-triméthyl-pr 2-isopropylidène-indoline (pf[on] 185-186°), chauffée 10 minutes à 180-190°, se transforme en iodhydrate de méthylisopropylindol (pf[on] 232°) [*Att. dei Lincei*, (5), **9**, 115, 1900 et (5), **11**, 182, 1902].

Indolinones. — Elles se forment : 1° par synthèse directe; 2° par oxydation des alcoylène-indolines.

1° Brunner a obtenu [*Mon. f. Chem.*, **17**, 479; **18**, 95 et 527, ou *Centralbl.*, **96-2**, 732; **97-1**, 1123; **97-2**, 1024] la *pr 3-isopropylindolinone* et la *pr 1-az-méthylisopropylindolinone* ainsi qu'une série de dérivés de ces deux composés.

La *pr 2.3 diméthylindolinone*, obtenue [*Mon. f. Chem.*, **18**, 95] en chauffant avec de la chaux la propionyl ou l'isobutyrylphénylhydrazide (rendement 80 0/0), ne se combine ni aux acides, ni aux chlorures d'or ou de platine. C'est une base secondaire, dont la réduction en indoline est assez difficile à réaliser, mais on y parvient avec l'alcool amylique et le sodium; on obtient la pr 2.3-diméthylindoline.

Le sel d'argent de la pr 2.3-diméthylindolinone, chauffé avec CH^3I, donne un éther méthylique à odeur de fleurs fondant à 62°, tandis que le sel de potassium fournit dans les mêmes conditions un isomère qui fond à 128°, et qui est identique à la triméthylindolinone dérivée de l'isobutyrylméthylphénylhydrazide, c'est-à-dire probablement la *pr 1-az 3.3-triméthylindolinone*, obtenue par Brünner [*loc. cit.*, **17**, 479] en traitant l'isobutyrylméthylphénylhydrazide par 6 fois son poids de chaux à 250°, ce qui lui enlève AzH^3 et forme l'indolinone correspondante; on l'entraîne par un violent courant de vapeur d'eau, puis on extrait à l'éther :

$$C^6H^4\text{-}Az(CH^3)\text{-}AzH\text{-}CO\text{-}CH(CH^3)^2 \longrightarrow AzH^3 + C^6H^4 \langle {C(CH^3)^2 \atop Az(CH^3)} \rangle CO$$

Sa solution sulfurique se colore en rouge par le bichromate.

L'acétylméthylphénylhydrazine donne une petite quantité de cristaux fondant à 84° et qui constituent sans doute le *pr 1-az-méthyloxindol*.

La propionylméthylphénylhydrazide traitée de même donne la *pr 1-az-méthyl-3-méthyl-2-indolinone*.

Schwarz [*Mon. f. Chem.*, **24**, 568; ou *Centralbl.*, 1903, **2**, 887] prépare la *pr 3-isopropylindolinone*,

$$C^6H^4 \langle \overset{CH-CH(CH^3)^2}{\underset{Az}{}} \rangle C(OH)$$

en chauffant 2 heures et demie à 125-135° la la phénylhydrazine avec l'acide isopropylacétique.

Brunner, en décomposant à 200-220° l'acétylphénylhydrazine, obtient une indolinone fondant à 123°; c'est le composé (I)

$$C^6H^5\text{-}AzH\text{-}AzH\text{-}CO\text{-}CH^3 \longrightarrow AzH^3 + C^6H^4 \langle {CH^2 \atop AzH} \rangle CO$$

I.

qui est identique à l'oxindol.

La propionylphénylhydrazine lui a fourni la *3-méthylindolinone* sous 2 formes énantiomorphes.

La butyrylphénylhydrazine donne une *3 éthylindolinone* que la méthylation transforme en un dérivé pr 1-az-méthylé, liquide bouillant à 280-285°.

La phénylhydrazide de l'acide phénylacétique donne une *phénylindolinone*.

2° Piccinini [*Att. Ac. Lincei* (5), **7**, 358, 1899], étudiant les produits d'oxydation de la base préparée par lui en méthylant la pr 3.3-az-triméthylméthylène-indoline ou soi-disant triméthyldihydroquinoléine [*Gaz. chim. ital.*, **28**, 187, 1898], montre qu'ils contiennent : 1° la *pr 3.3-diméthyl-az-méthylindolinone* et 2° un composé $C^{24}H^{30}Az^2O^2$ (point de fusion 124°) qu'il obtient aussi par oxydation de la pentaméthyldihydroquinoléine. Étant donné que la triméthyldihydroquinoléine donne par oxydation l'indolinone (I), l'auteur donne à sa matière première la formule II, au tétraméthyl la formule III, et au pentaméthyl la formule IV :

$$C^6H^4 \langle {C(CH^3)^2 \atop Az(CH^3)} \rangle CO \qquad C^6H^4 \langle {C(CH^3)^2 \atop Az(CH^3)} \rangle C=CH^2$$

I. II.

$$C^6H^4 \left< \begin{array}{c} C(CH^3)(CH^3) \\ Az(CH^3) \end{array} \right> C{=}CHCH^3 \quad \text{III.} \qquad C^6H^4 \left< \begin{array}{c} C(CH^3)(CH^3) \\ Az(CH^3) \end{array} \right> C{=}C(CH^3)^2 \quad \text{IV.}$$

formules conformes aux vues de Brunner et de Plancher. P. Lemoult.

INDOLÉNINES, INDOLINES, INDOLINONES. — Voyez Indol.

INDOLINE (de Schutzenberger), $C^{16}H^{14}Az^2$. — [1er Suppl., 1945.]

Giraud a essayé d'obtenir la matière intermédiaire entre l'indigotine et l'indoline. Pour cela, il chauffe 48 heures à 175-180° 50 grammes d'indigo, 1 litre d'hydrosulfite concentré et de la soude pour que la liqueur soit très alcaline; on obtient une liqueur brune, verdissant à l'air en donnant un dépôt rouge qui se dissout dans l'alcool en laissant de l'indigotine et qui a pour formule $C^{32}H^{22}Az^4O^4$. Ce corps est soluble en vert dans les alcalis, et les liqueurs jaunissent à l'ébullition par suite de la formation d'un composé acide, elles sont en effet précipitées par les acides minéraux en donnant un corps $C^{32}H^{23}Az^4O^4$ que l'auteur rattache au premier comme on rattache l'acide isatique à l'isatine; c'est lui qui engendre l'indoline, car avec la poudre de zinc il fournit ce composé; l'indoline paraît être identique à la flavindine de Laurent et s'obtient en une seule opération en chauffant à 180° l'indigo, l'hydrosulfite et un alcali [*C. R.*, **89**, 104, 1879].

Schutzenberger [*C. R.*, **85**, 147, 1877] avait obtenu, par l'oxydation de la liqueur que surnageait le précipité d'indoline, un corps rouge analogue sinon identique à celui que Baeyer avait signalé dans la réduction de l'indigotine par Sn et HCl; ce composé est soluble en rouge dans HCl dilué et dans l'alcool et insoluble dans l'ammoniaque. L'analyse lui donne pour formule $C^{16}H^{12}Az^2O$, ce qui le place entre l'indigotine et l'indoline; les deux composés $C^{16}H^{12}Az^2O$ et $C^{16}H^{14}Az^2$ dérivent de l'indigotine par substitution de H^2 et H^4 à O et à O^2.

Le corps nommé par Schutzenberger indoline est considéré par Lubavine comme étant un diindol de formule

$$C^6H^4 \left< \begin{array}{c} CH{=}CH-AzH \\ AzH-CH{=}CH \end{array} \right> C^6H^4;$$

à cette époque on considérait l'indigotine et l'indigo blanc comme des dérivés de cette formule [*Journ. Soc. phys. chim. russe*, 12 novembre 1881]. Mars 1906. P. Lemoult.

INDONAPHTÈNE. — Voyez Indène.

INDONE. — Voyez Indénone.

INDONES. — Voyez 2e Suppl., Diazines, 3, 115, et Eurrhodines, 3, 680.

INDOPHÉNAZINE. — Marchlewski et Schunck ont donné ce nom au composé que l'on obtient en faisant réagir en solution acétique l'isatine sur l'o-phénylène-diamine; l'acétyl-ps-isatine ne réagit qu'avec un seul groupe AzH^2 et forme un corps $C^{16}H^{13}Az^3O^2$ qui par saponification se transforme en o-aminophénimésatine [*D. chem. G.*, **28**, 2525, 1895 et **29**, 197, 1896]. Le premier est un dérivé de l'isatine (lactime), le second de la pseudo-isatine (lactame) qui ne contient qu'un seul groupe CO.

Dans l'eau bouillante, en présence d'un peu d'acide acétique, l'isatine réagit sous ses deux formes tautomères et donne un mélange d'indophénazine et de o-aminophénimésatine (point de fusion 260-261°). Dans l'acide acétique à 50 0/0, au contraire, il se fait presque uniquement de l'indophénazine; toutefois l'imésatine ne se transforme pas en présence des acides bouillants en phénazine [*J. prakt. Chem.*, (2), **60**, 407, 1899].

En condensant l'isatine, qui dans ce cas se comporte comme une monocétone hydroxylée, avec les aryldiamines monoalcoylées [*D. chem. G.*, **32**, 1869, 1899], dans l'acide acétique, il se fait des composés analogues à la ps-indophénazine (Marchlewski et Radclife):

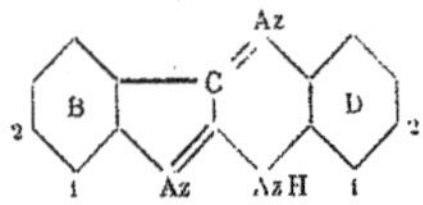

$$\text{[B]}-C(=Az-[D])-\ \ \text{(formule : noyau B, } C, Az, AzH, \text{ noyau D; positions 1, 2)}$$

Par exemple, avec la monoéthyl-o-toluylène-diamine on obtient la az-éthyl-d 3-méthyl-ps-indophénazine qui forme des aiguilles brillantes fondant à 213°, très solubles dans tous les solvants organiques; ses solutions se colorent par les acides et donnent des sels, par exemple le chlorhydrate $C^{17}H^{15}Az^3, HCl$, que la chaleur dissocie [*D. chem. G.*, **34**, 1113, 1901]. P. Lemoult.

INDOPHÉNINE. — [Suppl., 1, 946.]

V. Meyer ayant montré que la coloration obtenue en traitant le benzène par l'isatine est due à la présence de thiophène et ne se forme pas avec le benzène pur, A. Baeyer et Lazarus ont repris l'étude de l'indophénine et montré que ce corps est sulfuré et a pour formule $C^{12}H^7AzOS$. On l'obtient au moyen d'une solution de 1 0/0 de thiophène pur dans le benzène pur et d'une solution sulfurique d'isatine qu'on mélange à froid; la liqueur bleue est coulée dans l'eau et le précipité formé est lavé à l'eau, à l'acide acétique, puis à l'alcool. La condensation a lieu molécule à molécule.

Dibromindophénine. — Obtenue de même avec la dibromoisatine, elle a pour formule $C^{12}H^5Br^2AzOS$ [*D. chem. G.*, **18**, 2637, 1875].

INDOPHÉNOLS [1er Suppl., **2**, 946] (*Indoanilines ou Indaminols et Indophénols vrais*). — On désigne sous le nom d'indophénols deux catégories de matières colorantes différentes, mais dont les caractères principaux sont extrêmement voisins; ces corps, en effet, donnent par réduction des dérivés leucos qui sont des diphénylamines ayant en para dans un noyau une substitution OH et dans l'autre une substitution OH ou AzH^2 [ou leurs dérivés OR, Az (R_1, R_2)].

Si les deux substitutions sont des OH, les colorants correspondants sont des indophénols vrais; dans le cas contraire, ce sont des indoanilines qu'il serait préférable d'appeler indaminols (voir indamines). On passe des leucos aux colorants par une oxydation et on attribue à ces corps les formules quinoniques dont les types sont les suivants:

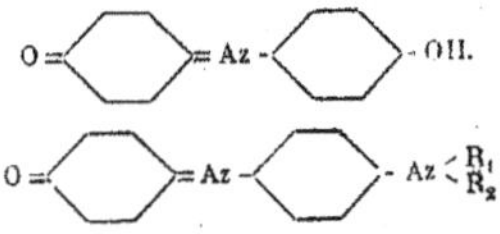

$$O{=}C_6H_4{=}Az-C_6H_4-OH.$$

$$O{=}C_6H_4{=}Az-C_6H_4-Az \left< \begin{array}{l} R_1 \\ R_2 \end{array} \right.$$

[Nietzki et C. Simon, *D. chem. G.*, **28**, 2969, 1895; Gnehm, *Bull. Soc. Chim.*, **30**, 246, 1893; Nietzki, *D. chem. G.*, **16**, 464, 1883; Nietzki et Otto, *D. chem. G.*, **21**, 1736, 1888 ou *Bull. Soc. Chim.*, **50**, 574, 1888]; ces formules font dériver tous les indophénols de la quinone imine inconnue

$$O=\langle C^6H^4 \rangle=AzH.$$

Modes de formation et préparation. — On obtient ces corps :

1° Par oxydation d'une para diamine en présence d'un phénol (ou naphtol); la diamine peut être substituée dans le noyau ou dans l'un des groupes AzH^2, mais il est nécessaire qu'elle possède un AzH^2 intact; le phénol doit avoir sa position para libre. Il y a sans doute d'abord quinonisation de la diamine, puis copulation avec le phénol, et on admet que la quinonisation se porte ensuite sur le groupe phénolique, car on donne aux indaminols la formule (I) de préférence à la formule (II).

(I) $O=C^6H^4=Az-C^6H^4-AzH^2$

(II) $OH-C^6H^4-Az=C^6H^4=AzH$

[Nietzki, *D. chem. G.*, **10**, 1157, 1877; Bamberger et Tschirner, *D. chem. G.*, **31**, 1525, 1898; Bernthsen, *Ann.*, **251**, 1097, 1889; ou *Bull. Soc. Chim.*, (3), **3**, 224, 1890; Bindschedler, *D. chem. G.*, **13**, 207, 1880 et **16**, 865, 1883; Möhlau, *D. chem. G.*, **16**, 2845, 1883]. Ce procédé se prête très bien à la fabrication industrielle des indaminols comme l'a montré Bayrac [*Bull. Soc. Chim.*, (3), **11**, 1131, 1894; **13**, 896, 1895; et 7, 97, 1892]; on obtient des rendements très satisfaisants en faisant l'oxydation en milieu acétique aqueux au moyen de bichromate : si par exemple on emploie comme diamine la p. amidodiméthylaniline, il est avantageux de la préparer en nitrosant la diméthylaniline, réduisant le nitroso, puis oxydant après avoir ajouté à la liqueur ainsi obtenue le phénol, crésol, etc..., qui doit entrer en réaction. [Voir aussi Pabst, *Bull. Soc. Chim.*, (3), **38**, 161, 1882; Kœchlin et Witt, *D. P. R.*, 15915, 1881, ou *Mon. Scient.*, 327, 1882.]

2° Par action des amines p. nitrosées sur les phénols ou naphtols; ces derniers doivent avoir leur position para libre : p. ex. la nitrosodiméthylaniline et le phénol donnent :

$$(CH^3)^2AzC^6H^4-AzO + C^6H^5(OH)$$

$$= (CH^3)^2Az-\langle C^6H^4 \rangle-Az=\langle C^6H^4 \rangle=O + H^2O$$

[Kœchlin et Witt, *loc. cit.*; — Nœlting et Thesmar, *D. chem. G.*, **35** 628, 1902, ou *Bull. Soc. Chim.*, **28**, 795, 1902]; ce procédé n'exige pas l'intervention d'un oxydant extérieur, puisque l'oxygène du nitroso entre en réaction, mais il donne, malgré sa simplicité apparente, des résultats beaucoup moins bons que le procédé précédent; il réussit assez bien avec l'α-naphtol.

3° Par action des quinones chlorimides

$$O=C^6H^4=AzCl$$

sur les monamines simples ou substituées ou sur les phénols; ces quinones chlorimides étant les produits d'oxydation par le chlorure de chaux ou les hypochlorites alcalins du p. amidophénol ou de ses homologues, ce procédé se rattache étroitement au procédé n° 1 [Schmitt et Andressen, *Journ. f. prakt. Chem.*, (2), **24**, 435, 1881; Hirsch, *D. chem. G.*, **13**, 1903, 1880].

4° Par oxydation des diphénylamines (ou phénylnaphtylamines) diparasubstituées par des groupes OH ou AzH^2, mais avec au moins un OH; p. ex. la diparadioxydiphénylamine donne l'indophénol vrai $O=C^6H^4=Az-C^6H^4-OH$ et la para-amido-p-oxydiphénylamine donne l'indaminol le plus simple : $O=C^6H^4=Az-C^6H^4-AzH^2$. Cette oxydation se fait d'elle-même dès que la diphénylamine est en contact avec l'air en milieu alcalin, et ce procédé paraît être le meilleur pour obtenir les indophénols vrais [Nietzki et C. Simon, *D. chem. G.*, **28**, 2969, 1885, ou *Bull. Soc. Chim.*, **16**, 385, 1896; Decker et Solonina, *Bull. Soc. Chim.*, **32**, 1039, 1904; Schneider, *D. chem. G.*, **32**, 689, 1899, ou *Bull. Soc. Chim.*, (3), **22**, 463, 1899]. L'étude détaillée de cette réaction dans le cas de la dithymolamine diparahydroxylée a montré que la réaction de Liebermann : coloration bleue des phénols en solution sulfurique par l'acide nitreux, est due à la formation d'un indophénol vrai, lequel en milieu acide concentré se dissout en bleu pour virer au rouge en solution étendue (Decker et Solonina).

5° Par action des alcalis sur les indamines; l'un des groupes azotés est éliminé et remplacé par un groupe hydroxyle, tandis qu'il se dégage de l'ammoniaque ou une amine; p. ex. le chlorhydrate de tétraméthylindamine donne de la diméthylamine et le diméthylindaminol :

$$(CH^3)^2Az-C^6H^4-Az=C^6H^4=Az(CH^3)^2 \quad \text{— Cl}$$

$$\longrightarrow (CH^3)Az-C^6H^4-Az=C^6H^4=O;$$

l'action peut être plus complète et conduire à l'indophénol vrai [Möhlau, *D. chem. G.*, **18**, 2913, 1885] par perte d'une 2e molécule de diméthylamine.

Voici le tableau des principaux indophénols connus, supposés obtenus par le procédé n° 1, ce qui permet, pour abréger, de les représenter par les deux constituants qui les forment :

Indaminols :

		Point de fusion.		
p-Amidodiméthylaniline	+ phénol (Möhlau, Goehm, Bayrac)...	133-134°	Cristaux tricliniques,	
—	+ o-crésol	123°	solution dans eau	bleu.
—	+ m-crésol	117-118°	— éther	violet.
—	+ p-xylenol ($C.H^3_1.CH^3_4OH_2$)	125-136°	— C^6H^6	bleu violacé.
—	+ o-éthylphényl	83-84°	— alcool	beau bleu.
—	— éthylméthylphénol	77°	— ligroïne	bleu violacé.
—	+ thymol	69°,5	— ac. acétique	bleu verdâtre.
—	+ carvacrol	87-88°		
	α naphtol (bleu Java ou indophénol).			

Triamidobenzène 1.3.4 + phénol (Nietzki), crist. avec $2H^2O$ [*D. chem. G.*, 28, 2969, 1895].

Xylylène-diamine : $CH^3.CH^3$ 1.2 avec $AzH^2.AzH^2$ en 4.5, — 3.5, — 3.6 ; $CH^3.CH^3$ 1.3 avec $AzH^2.AzH^2$ en 2.5 } α-naphtol (Noelting-Thesmar).

Trichlorquinone chlorimide + diméthylaniline (Schmitt et Andressen).

Oxydation de la 4.2 diamido-4' oxydiphénylamine : aiguilles soyeuses avec $2H^2O$.

Indophénols :

Oxydation de la pp-dioxydiphénylamine.

— de l'éther diéthylique de la dioxydithymolamine (Decker-Solonina), pf[ce] 97°, cristaux rouge sombre tricliniques.

Propriétés. — Les indophénols sont en général peu solubles dans l'eau qu'il colorent en bleu, mais très solubles dans les solvants organiques, avec des nuances variables suivant le dissolvant (voir ci-dessus) [Camichel et Bayrac *C. R.*, **122**, 193, 1896].

Ce sont des corps peu stables : très sensibles à l'action des réducteurs qui les transforment en diphénylamines substituées (leuco-indophénols), ils le sont plus encore à l'action des acides minéraux étendus et chauds : les liqueurs ne tardent pas à se décolorer : il y a hydrolyse et la fixation des éléments de l'eau donne toujours une paraquinone, et, suivant qu'il s'agit d'un indaminol ou d'un indophénol, une paradiamine ou un p. amidophénol substitués ou non :

$$O = C^6H^4 = Az\,C^6H^3 \left\{ \begin{array}{l} Az(R_1R_2) \\ OH \end{array} \right.$$

$$\longrightarrow \; O = C^6H^4 = O + AzH^2 - C^6H^3 \left\{ \begin{array}{l} Az(R_1R_2) \\ OH \end{array} \right.$$

Cette réaction, signalée par Möhlau [*D. chem. G.*, **16**, 2845, 1883] et étudiée surtout par Bayrac, constitue un mode de préparation souvent très avantageux des p. quinones substituées dans le noyau et des hydroquinones qui leur correspondent [*Bull. Soc. Chim.*, (3), 7, 97, 1892; **11**, 1129, 1894; **13**, 896, 1895]; le rendement varie entre 65 et 80 0/0.

Sous l'action des alcoylants, les indophénols sont transformés en colorants de nuances différentes, en général plus vertes que les nuances initiales [Fr. Bayer, *D. chem. G.*, **21**, R, 72, 1888].

Les indaminols n'ont aucune propriété acide, mais ils ont au contraire de faibles propriétés basiques; ils se combinent aux acides et donnent des sels doubles avec les sels de zinc, de mercure et de platine.

Spectres d'absorption. — En observant au spectroscope, à dilution moléculaire constante et dans un même solvant, une série d'indaminols dérivés tous de diméthylaniline para amidée et de divers phénols (voir le tableau ci-dessus), Camichel et Bayrac [*C. R.*, **122**, 193, 1896; et **131**, 1001, 1900] ont montré que les spectres d'absorption présentent tous une même bande lumineuse dans le rouge, fixe quand on passe d'un phénol à un autre. La fixité de cette bande est due à l'uniformité du type constitutionnel des colorants examinés, car si on observe, dans des conditions identiques, les indaminols correspondants dérivés de la p.phénylènediamine, c'est-à-dire ayant un groupe AzH^2 au lieu de $Az(CH^3)^2$, la bande rouge se modifie dans ses dimensions et dans sa position moyenne [Lemoult, *C. R.*, **132**, 142, 1901]; Voir aussi Camichel et Bayrac [*C. R.*, **132**, 338., 1901].

Applications. — Dans la fabrication des matières colorantes, les indophénols sont parfois utilisés comme termes intermédiaires, mais rarement, pour obtenir des substances se rattachant aux groupes des thiazines, oxazines et azines.

En teinture, bien que les indophénols teignent le coton mordancé au tanin en belles nuances bleues solides à la lumière et au savon, mais non aux acides, on n'emploie qu'un seul d'entre eux, l'indophénol ou bleu Java [Kœchlin et Witt, *loc. cit*; Möhlau, *D. chem. G.* **18**, 2913, 1885; **16**, 2845, 1883; Durand et Huguenin, *Brev. franç.*, **14**, 1843, 1881; Witt, *D. chem. G.*, **17**, 76, 1884]. Ce corps résultant de l'α.naphtol et de la p. amido diméthylaniline est un indaminol phéno-naphtalénique qui cristallise dans le benzène en aiguilles vert-mordoré et se dissout avec destruction dans les acides (α.naphtoquinone et p.amido diméthylaniline). Son emploi tient à ce qu'il peut être utilisé à côté de l'indigo pour le montage des cuves; réduit comme l'indigotine, il se fixe sur les tissus sous forme de leuco et s'oxyde ensuite en donnant des tons plus rouges que l'indigotine; en associant les deux colorants, on peut obtenir une gamme de nuances variées et en outre on réalise une économie importante qui peut atteindre 25 0/0 [Nœlting, *Bull. Soc. Chim.*, **2**, 479, 1889, et 3, 584, 1890. — Kertesz, *Bull. Soc. Chim.*, (3), **3**, 583, 1890]. La présence de ce corps à côté de l'indigo est facilement décelée par l'alcool (Nœlting) ou par la soude (Kertesz) [voir aussi Leent, *Bull. Soc. Chim.*, **26**, 444, 1901].

En impression, le bleu Java ne peut pas être employé directement, car le vaporisage le détruit, mais on l'utilise en le formant sur fibre soit en imprégnant celle-ci avec un mélange de p. amidodiméthylaniline et d'α.naphtol qu'on oxyde ensuite, soit en la teignant en α.naphtolate de sodium et en imprimant aux endroits voulus un mélange de p. nitroso diméthylaniline et de glucose; on vaporise pour la réduction, puis on oxyde pour former le colorant [Pabst, *Bull. Soc. Chim.* (2), **38**, 61, 1882]. Le rongeage se fait par l'action d'un acide minéral chaud et étendu d'eau. Mars 1906. P. Lemoult.

INDOPHORE. — Voyez Indigo, p. 66.

INDOPHTALONE. — E. Fischer [*Ann. Chem.*, **242**, 381, 1887] a obtenu au moyen de l'anhydride phtalique et du pr 2-méthylindol un acide cétonique $C^9H^8Az-CO-C^6H^4-CO^2H$, tandis qu'il obtenait avec le pr az-méthylindol le phtalylméthylindol incolore. C. Renz a montré [*D. chem. G.*, **37**, 1221] qu'en condensant le chlorure de phtalyle et le pr 2-méthylindol, ou ce corps avec 1/2 molécule d'anhydride phtalique, on obtenait une matière colorante rouge qu'il a appelée l'indophtalone.

On chauffe au bain de sable à 150-160° 2 molécules de pr 2-méthylindol avec 1 molécule de chlorure de phtalyle en présence de benzène; quand celui-ci est éliminé, il reste le chlorhydrate de l'indophtalone $C^{26}H^{20}O^2Az^2, HCl$, masse verte, brillante, qui par ébullition avec l'éther se transforme en une poudre rouge; elle fond à 272-273°, est soluble dans l'alcool, l'acide acétique, le chloroforme, un peu soluble dans l'eau et l'acide chlorhydrique, insoluble dans l'éther et le benzène.

L'indophtalone libre est rouge brique, elle fond à 212° et se dissout dans l'alcool, le chloroforme et l'acide acétique; cette dernière solution est décolorée par le zinc. Son sel de potassium, formé de feuilles jaunes brillantes, donne une poudre rouge.

Quand on chauffe en tube fermé à 150°, 2 molécules de pr 2-méthylindol avec 1 molécule d'anhydride phtalique, il se produit le composé de Fischer, la pr 2-méthylindolide phtalique $C^{17}H^{13}O^3Az$ (prismes fondant à 200°); mais quand on chauffe le mélange dans une cornue ouverte, les deux substances fondent vers 100°, puis la surface commence à se solidifier vers 165°, et à 185° il se dégage de l'eau; si on continue à chauffer quelques heures à 185-190°, on obtient une masse qui se dissout partiellement dans l'éther bouillant, en le colorant en brun avec fluorescence verte; un courant de gaz chlorhydrique traversant la solution précipite des flocons fondant à 265-266°, de composition $C^{26}H^{20}O^2Az^2, HCl$, dont on isole la base au moyen de soude; c'est une poudre rouge-brun. Le rendement de cette dernière préparation étant très faible, il y a lieu de se demander si les deux composés $C^{26}H^{20}Az^2O^2$ sont identiques. Si, comme la pyro et la quinophtalone de Huber [*D. chem. G.*, **36**, 1653, 1903], l'indophtalone pouvait exister sous deux formes isomères, le corps obtenu avec le chlorure de phtalyle serait l'isoindophtalone. P. Lemoult.

INDOXAZÈNE. — Voyez Phénofurazols.

INDOXINE. — Voyez Indol p. 78.

INDOXYLE et **ACIDE INDOXYLIQUE** (Voy. 1er Suppl., II, 946). — Modes de préparation. — L'indoxyle et l'acide indoxylique qui se forment au cours de la fusion alcaline de la phényl-glycine o-carboxylée, peuvent être isolés [Badische. DRP. 85071 ; *D. chem. G.*, **29**. 251. 1896] en arrêtant la fusion à 200° quand elle a une coloration jaune citron et en traitant le produit par un acide minéral étendu ; l'acide indoxylique s'obtient sous forme d'un précipité blanc, légèrement verdâtre. Si la fusion a lieu à l'abri de l'air, il se fait surtout de l'indoxyle potassé avec de l'indoxylate de potassium ; on les sépare en neutralisant par CO^2 et en extrayant le premier par l'éther. Ces deux substances peuvent être facilement transformées en indigotine [Badische, DRP. 85494 ou *D. chem. G.*, **29**. 323, 1398].

W. Hentschel, étudiant la réaction de l'indigotine vis-à-vis des alcalis en fusion [*J. prakt. Chem.*, (2), **60**, 577, 1899], fait remarquer qu'on ne peut trouver quand on emploie une lessive de potasse, à la fois l'isatine et l'indoxyle [v. Beilstein. *Handb.*, (3), 2e édit., 1619], puisque dans ces conditions ces composés donneraient de l'indirubine ; quant à la production d'indigo blanc, elle a déjà été contestée par Heumann et Bachofen ; le produit principal est l'indoxyle [*D. chem. G.*, **26**, 225, 1893]. Quand on chauffe avec les alcalis vers 200-300°, la réaction est très probablement une hydrolyse donnant de l'indoxyle

$$2\,C^{16}H^{10}Az^2O^2 + 3\,H^2O$$
$$= C^{16}H^{12}Az^2O^4 + 2\,C^8H^7Az^2O,$$

qui reste stable jusqu'à 300° ; si on prolonge l'action on trouve de l'acide anthranilique, mais on ne trouve ni acide formique (Köttinger), ni acide glycolique.

L'acide anthranile-diacétique, qui fond à 215°, se transforme en dérivé de l'indoxyle, quand on chauffe sa solution aqueuse avec les alcalis, oxydes alcalino-terreux, etc. ; il se fait probablement l'acide pr 3-oxyindol-pr az-acétique [Badische DRP. 128 955, 1900].

Propriétés. Cristallisation. — L'indoxyle, qui depuis sa découverte était considéré comme une huile instable, se résinifiant facilement, et n'avait pu être analysé, a été obtenu sous forme cristalline par Vorländer et Drescher [*D. chem. G.*, **35**, 1701, 1902] en décomposant l'acide indoxylique par l'eau chaude dans un courant de gaz d'éclairage. Il forme de beaux cristaux jaunes fondant à 85°, solubles dans l'eau, l'acétone, l'alcool, l'éther, donnant des liqueurs fluorescentes qui perdent cette propriété en présence de potasse ou d'acide chlorhydrique. Ce corps n'est pas distillable dans le vide, mais il est volatil et entraînable par la vapeur d'eau ; sa vapeur a une odeur fécale ; il a été analysé et son poids moléculaire a été fixé à 133.

Dérivés chlorés. — Tandis que l'indoxyle donne avec les halogènes en solution alcaline de l'isatine (DRP. 107 719), et par bromuration de la tribromisatine [*D. chem. G.*, **12**, 1192, 1879], on obtient de nouveaux produits de substitution halogénés lorsqu'on traite l'indoxyle ou les corps qui le fournissent facilement par les halogènes en milieu neutre ou acide : la substitution est vraisemblablement dans le noyau du pyrrol, mais peut être aussi dans le noyau benzénique.

On connaît les chlor, brom et iodindoxyle ; le premier et le dernier donnent par chauffage en solution chlorhydrique, par ébullition avec une liqueur d'acétate de sodium ou par oxydation, de l'indigotine, tandis que le second donne une indigotine bromée [Badische, DRP. 131 401, 1902].

Dérivés acidylés (acétyl, propionyl, benzoyl). — Les dérivés acidylés de l'indoxyle et de l'acide indoxylique ont été étudiés par Vorländer et Drescher [*D. chem. G.*, **34**, 1854, 1901]. En traitant une solution alcaline d'éther indoxylique ou cet éther sec par de l'anhydride acétique, on obtient un dérivé monoacétylé que l'on peut représenter par (I) ou (II). L'éther méthylique fond à 143-144° ; l'éther éthylique à 136° ; tous deux traités par l'acétate de sodium et l'anhydride acétique donnent des composés diacétylés (III), qui fondent respectivement à 83-84° et à 82° ; ces corps ne donnent que difficilement de l'indigotine avec les alcalis. Le monobenzoylindoxylate de méthyle fond à 160°, celui d'éthyle à 163°. L'action du cyanate de phényle sur l'éther éthylindoxylique donne un composé fondant à 187-189°, qui par ébullition avec l'alcool régénère l'éther employé, et qui a vraisemblablement la formule IV :

$$C^6H^4\left\langle\begin{matrix}AzH\\ \underset{\displaystyle O_{(acyl)}}{\underset{|}{C}}\end{matrix}\right\rangle C-CO^2R \quad \text{I.} \qquad C^6H^4\left\langle\begin{matrix}Az_{(acyl)}\\ -CO-\end{matrix}\right\rangle CH-CO^2R \quad \text{II.}$$

$$C^6H^4\left\langle\begin{matrix}Az_{(acyl)}\\ CO_{(acyl)}\end{matrix}\right\rangle C-CO^2R \quad \text{III.}$$

$$C^6H^4\left\langle\begin{matrix}AzH\text{———————}\\ C(O-CO\,AzH\,C^6H^5)\end{matrix}\right\rangle CH-CO^2R \quad \text{IV.}$$

Pour l'acide indoxylique, les dérivés monoacidylés obtenus par action directe sont probablement substitués à l'azote. Le composé acétylé fond à 175° en se décomposant ; il est coloré en rouge sale par Fe^2Cl^6 ; traité par l'anhydride ou le chlorure acétique, il perd CO^2 et donne le diacétylindoxyle. Le monopropionyl fond à 163°, le monobenzoyl à 196°. Ces composés sont plus intéressants que leurs éthers en raison de leur stabilité moindre et de la facilité avec laquelle ils donnent de l'indigotine.

Quant à l'indoxyle, il donne suivant le procédé employé deux monosubstitués différents ; l'Az-acétylindoxyle s'obtient en laissant en contact l'indoxyle et l'anhydride ; il cristallise dans l'eau et fond à 136° ; l'oxacétyl, obtenu par l'action d'une solution aqueuse alcaline d'indoxyle sur l'anhydride, fond à 120° ; le Az-nitroso-oxacétyl fond à 83°. Tous deux sont facilement transformés en diacétylindoxyle.

Avec l'indigo blanc, par action directe de l'anhydride sur le composé sec ou par l'action sur une solution aqueuse alcaline, les mêmes auteurs obtinrent le dérivé diacétylé $C^{20}H^{16}Az^2O^4$ déjà décrit par Liebermann et Dickhuth [*D. chem. G.*, **24**, 4130, 1891], puis par action ultérieure le dérivé tétracétylé $C^{24}H^{20}O^6Az^2$, fondant à 258°.

Le dérivé dipropionylé fond avec décomposition à 218°, le dibenzoylé à 240° (DRP. 131400).

Mars 1906. P. Lemoult.

INDULINES. — Voyez 2e Suppl., Colorantes (Matières), **2**. 1360 ; Diazines, **3**, 115, et Eurhodines, **3**, 680.

INESITE (Min.) (A. Schneider). [Syn. *Rhodotilite.*] — Silicate de manganèse et de calcium hydraté, $SiO^3[Mn, Ca] + \frac{2}{3}H^2O$. Masses fibreuses rose chair, avec rhodonite et autres minerais de manganèse, à Nanzenbach, près Dillenburg, et à Jakobsberg, Wermland, Suède.

Très voisin de l'hydrorhodonite, sinon identique avec elle. Dureté = 6. Densité = 3,029.

Forme cristalline. — Prisme anorthique :

$$a : b : c = 0,9753 : 1 : 1,3208 ; \quad \alpha = 92° 18' ;$$
$$\beta = 132° 56' ; \quad \gamma = 93° 51'.$$

Faces : $g^1 h^1 m e^1 i^1 a^1 p o^1 o^{1/2} a^{2/3} (e^1 b^{1/4} h^1)$ $(e^{1/3} f^{1/11} h^{1}{}_{7})$.

Clivages : g^1 parfait, h^1 moins facile.

L. Bourgeois.

INFRACAMPHOLÉNIQUE (ACIDE)

$C^9H^{14}O^2$.

— Cet acide, isomère des acides α et β-campholytiques, doit posséder une constitution extrêmement proche de ces derniers car, sous l'action des acides, il se transforme, comme l'acide α-campholytique, en acide β-campholytique (isolauronolique). Il s'obtient à partir du camphre, par une série de réactions fort obscures dont nous essayerons plus loin de donner le mécanisme.

Lorsque l'on traite la camphoroxime par l'hypobromite de sodium [Forster, *Chem. Soc.*, **75**, 1141, 1899], il se produit un nouveau dérivé de formule $C^{10}H^{16}BrAzO^2$:

$$C^{10}H^{17}AzO + 2BrOK$$
$$= KBr + KOH + C^{10}H^{16}BrAzO^2.$$

Celui-ci est déshydraté par l'acide sulfurique concentré avec production d'un corps de formule

$$C^{10}H^{14}BrAzO,$$

lequel, porté à l'ébullition avec de la potasse, est dédoublé en nitrile infracampholénique, acide bromhydrique et acide formique :

$$C^{10}H^{14}BrAzO + 2KOH$$
$$= C^9H^{13}Az + KBr + HCO^2H + H^2O.$$

Voici quelques détails sur les différentes phases de la production de l'acide infracampholénique :

Bromonitrocamphane

$$C^8H^{14}\begin{cases} CH^2 \\ \vert \\ C \begin{cases} Br \\ AzO^2 \end{cases} \end{cases}$$

— C'est le produit de l'action de l'hypobromite sur la camphoroxime, dans l'hypothèse que le *camphane* serait le carbure hypothétique $C^{10}H^{18}$. Pour l'obtenir, on prépare une solution d'hypobromite avec 600 grammes de potasse, 1000 centimètres cubes d'eau et 400 grammes de brome en refroidissant constamment avec de la glace. On ajoute à cette solution 100 grammes de camphoroxime finement pulvérisée, et triturée avec 200 grammes de potasse et 700 grammes d'eau, le tout également refroidi avec de la glace. Après 24 heures on obtient une masse compacte que l'on sépare et qu'on lave soigneusement à l'eau.

Purifié par cristallisation dans l'alcool, le bromonitrocamphane est un solide blanc, présentant l'aspect de feuilles de fougère, fondant à 220°. Il donne la réaction de Liebermann, cependant ce n'est pas un dérivé nitrosé [Forster, *Chem. Soc.*, **77**, 251]. Il est actif $[\alpha]_D = -65°,6$. La potasse alcoolique bouillante le réduit en un nouveau composé, le nitrocamphane $C^{10}H^{17}$-AzO^2. La poudre de zinc et l'acide acétique donnent la camphoroxime.

Dérivé $C^{10}H^{14}AzO$. — Le bromonitrocamphane finement pulvérisé (100 grammes) est ajouté par petites portions et en agitant constamment à de l'acide sulfurique concentré (300 centimètres cubes) refroidi à l'aide d'un mélange réfrigérant. On verse le tout sur de la glace et on sépare un solide qui, après lavage et essorage sur des plaques poreuses, est purifié par cristallisation dans l'alcool bouillant.

Il n'a pas de point de fusion défini, mais noircit vers 210° et se charbonne complètement à 220°. Il ne donne pas la réaction de Liebermann, n'absorbe point le brome, mais décolore le permanganate en liqueur acide. Il est inactif. L'acide chlorhydrique concentré le convertit en un composé isomère, fusible à 140°, se comportant comme un corps saturé et donnant un dérivé benzoylé fondant à 174-176°.

Nitrile infracampholénique $C^9H^{13}Az$. — 100 grammes du dérivé précédent ou de son isomère sont chauffés à reflux avec 40 grammes de soude et 300 centimètres cubes d'eau. Au bout d'une heure environ, on entraîne le nitrile par un courant de vapeur d'eau. Le contenu de l'appareil distillatoire renferme environ 6 grammes d'amide et l'on recueille 50 grammes de nitrile.

Celui-ci bout à 198-199° ; $D_{24} = 0,9038$.

Il est optiquement inactif. Réduit par le sodium et l'alcool bouillant, il est transformé en α-aminocampholène [G. Blanc, *Bull. Soc. Chim.*, **23**, 695]. L'hydrolyse au moyen de la potasse alcoolique le convertit en une amide $C^8H^{13}COAzH^2$ fusible à 90°. L'acide chlorhydrique concentré et chaud transforme cette amide en amide isolauronolique fusible à 129-130°. Il se produit en même temps un peu d'acide isolauronolique.

Oxydée par une solution très étendue de permanganate, elle est transformée en un dérivé dihydroxylé $C^9H^{17}O^3Az + H^2O$ fusible vers 110° et qui, desséché préalablement à 90°, fond nettement à 170°.

L'*hydrobromure* $C^9H^{16}OAzBr$ s'obtient facilement en faisant agir l'acide bromhydrique en solution à 48 0/0 sur l'amide. Il cristallise dans l'éther acétique en cristaux plats fondant à 144° en se décomposant.

L'hypobromite de soude convertit l'infracampholénamide en une base $C^8H^{13}AzH^2$, l'*inframinocampholène*, qui bout à 158-160°. Sa densité à 14° est de 0,8770, son indice de réfraction à 90°, $N_D = 1,4748$. Son chlorhydrate fond à 213°, le picrate à 213°, le dérivé benzoylé à 105°, l'urée à 182°, la phénylurée à 180° [Forster, *Chem. Soc.*, **79**, 119].

Acide infracampholénique $C^8H^{13}CO^2H$. — L'hydratation de l'amide infracampholénique est particulièrement difficile à obtenir et exige un temps fort long. On chauffe à reflux pendant 200 heures l'amide (20 grammes) avec 25 grammes de potasse dissoute dans 100 grammes d'alcool.

L'acide infracampholénique est un liquide huileux ayant une légère odeur assez désagréable. Il bout à :

145° sous	24	millimètres de	pression.
170° —	60	—	—
180° —	105	—	—
239° —	758	—	—

Il est inactif. Sa densité est de 1,0146 à 16°. Son indice de réfraction $N_D = 1,4660$ à 19°. L'acide sulfurique étendu le convertit rapidement à chaud en acide isolauronolique.

Certains sels de l'acide infracampholénique sont bien définis ; les sels de *magnésium*, de *calcium* et de *baryum* sont solubles dans l'eau ; le *sel mercurique* est en aiguilles blanches peu solubles ; le *sel de cuivre* est insoluble dans l'eau, soluble dans l'alcool ; le *sel de plomb*, insoluble dans l'eau froide, cristallise bien dans l'eau chaude; enfin le *sel d'argent* est soluble dans l'eau chaude, d'où il est susceptible de cristalliser [Forster. *Chem. Soc.*, **79**, 108].

Si l'on fait agir le brome en solution sulfocarbonique (7 grammes Br, 20 centimètres cubes CS^2) sur l'acide infracampholénique (5 grammes) dissous dans le sulfure de carbone (20 centimètres cubes), on obtient un composé de formule $C^9H^{13}O^2Br^3$ fusible entre 178° et 187° (suivant la pureté) : le carbonate de soude le convertit en un bromure $C^8H^{11}Br$.

Si on veut éviter la substitution du 3e atome de brome, il convient d'opérer en solution beaucoup plus étendue, et mieux refroidie.

On obtient alors le *dérivé dibromé* $C^9H^{14}O^2Br^2$ fusible à 125°.

CONSTITUTION DE L'ACIDE INFRACAMPHOLÉNIQUE. — L'acide infracampholénique n'a pas été l'objet de travaux aussi étendus et d'aussi patientes investigations que les acides α et β-campholytique : aussi sa constitution n'est pas absolument certaine : du reste son mode de formation est fort difficile à expliquer. On pourrait par exemple admettre que le bromonitrocamphane subit, sous l'influence de l'acide sulfurique concentré, la migration :

```
CH² —— CH —— CH²
|   CH³-C-CH³   |
|       |       |
CH² —— C ——— C < AzO²
        |         Br
       CH³

   CH² —— CH —— CH
→  |  CH³-C-CH³  \
   |      |       > AzO
   CH == C      //
          |     C.Br
         CH³

   CH² —— CH —— C
→  |  CH³-C-CH³ |\
   |      |     | > AzO
   CH == C      CH.Br
          |
         CH³
```

La séparation sous l'action de la potasse de l'atome de carbone situé entre les éléments électronégatifs Br et AzO se comprend dès lors assez aisément :

```
CH² —— CH —— C
|  CH³-C-CH³ |\
|      |     | > AzO
CH == C      CH.Br
       |
      CH³

                    CH² —— CH —— CAz
                    |       |
= CO + BrH +        |  CH³-C-CH³
                    |       |
                    CH == C
                            |
                           CH³
```

Nous ne donnons, du reste, cette explication de la formation du nitrile infracampholénique que sous toutes réserves, l'action de l'acide sulfurique concentré pouvant provoquer les migrations les plus inattendues. Dans tous les cas, il est aisé de voir que le schéma ci-dessus, représentant le nitrile infracampholénique, est en réalité celui du nitrile α-campholytique, et nous avons de sérieuses raisons pour conserver à l'acide α-campholytique la formule de constitution

```
        CH³  CH³
          \ /
           C
          / \
CO²H.CH      C-CH³        (I)
      |      ||
     CH² ——  CH
```

et nous adopterons, malgré l'opinion de M. Forster [*Chem. Soc.*, 79, 180], la formule suivante pour l'acide infracampholénique :

```
       CH³  CH³
         \ /
          C
         / \
CO²H.C       CH-CH³       (II)
     ||      |
     CH —— CH²
```

Il est vrai que la réduction par le sodium dans l'alcool bouillant du nitrile de ce dernier acide conduit à l'α-aminocampholène, dans lequel la double liaison est très vraisemblablement à la même place que dans l'acide α-campholytique; mais on peut objecter que, sous l'influence de l'éthylate de soude, celle-ci a fort bien pu se déplacer. Il est donc possible que la conclusion tirée de cette expérience ne soit pas absolument justifiée. D'autre part, le schéma ci-dessus (II), quoiqu'expliquant bien la transformation de l'acide infracampholénique en acide β-campholytique (isolauronolique), n'est pas absolument satisfaisant et ne peut rendre compte de la formation d'un dérivé tribromé. Le schéma (I) conviendrait peut-être mieux à certains égards [Forster, *loc. cit.*], mais il se rapporte mieux à l'acide campholytique que le schéma (II).

En tout cas la question n'est pas complètement résolue. L'étude des produits d'oxydation de l'acide infracampholénique l'éluciderait très certainement. Mais elle n'a pas été faite.

Avril 1906. G. Blanc.

INOSIQUE (ACIDE). — Voyez MUSCULAIRE (TISSU).

INOSITES. 1er Suppl., 949. — Les inosites sont des cyclohexanehexols répondant à la constitution :

```
        CHOH
       /    \
   CHOH      CHOH
     |        |
   CHOH      CHOH
       \    /
        CHOH
```

Cette formule admet 9 isomères stéréochimiques, 7 inactifs et 2 actifs inverses l'un de l'autre [Maquenne, *Les sucres*, 1900, 190]. On ne connaît que 3 de ces isomères : les *d-* et *l-inosites*, la *i-inosite* inactive et indédoublable, et aussi une inosite racémique ou *r-inosite*.

Constitution. — Les inosites se distinguent nettement des glucoses avec lesquels elles sont isomériques. Physiquement, elles ne présentent point, quand elles sont actives, le phénomène de la birotation. Chimiquement, elles ne sont ni aldéhydes ni cétones [E. Fischer, *D. chem. G.*, **17**, 579, 1884] et partant non réductrices. Ce sont des alcools hexatomiques saturés, renfermant 2 atomes d'hydrogène de moins que la mannite et la dulcite. Leur nature cyclique et leur constitution sont démontrées par les faits suivants [Maquenne, *Ann. Chm. Phys.*, (6), **12**, 80, 1887] : 1° traitées par HI à 150° en présence de phosphore rouge, les inosites fournissent du phénol, du triiodophénol symétrique et du benzène; 2° l'oxydation des inosites par l'acide azotique ordinaire au bain-marie produit des oxyquinones (acide rhodizonique et tétraoxyquinones).

On n'a pu jusqu'ici transformer les inosites actives en i-inosite ou inversement.

Toutes les inosites donnent la réaction de Scherer (Dict., **2**, I, 113). Formes cristallines des inosites [Wyrouboff, *Bull. Soc. Min.*, **25**, 165, 1902]. Chaleurs de combustion, de dissolution, de formation [Berthelot, *Ann. Chim. Phys.*, (6), **21**, 416, 1890; Berthelot et Matignon, *ibid.*, 409; Berthelot et Recoura, *Ann. Chim. Phys.*, (6), **13**, 340, 1881; Stohmann et Langbein, *J. prakt. Chem.*, **45**, 305, 1892].

D-INOSITE $C^6H^{12}O^6$ $\left(\text{cyclohexanehexol } \frac{1.2.5}{3.4.6} \text{ ou } \frac{1.2.4}{3.5.6}\right)$.

— La d-inosite a été découverte par A. Girard [*C. R.*, **77**, 995, 1873], qui la prépara en traitant la *matézite* par l'acide iodhydrique bouillant, et la décrivit sous le nom de *matézodambose*. Maquenne [*Ann. Chim. Phys.*, (6), **22**, 264, 1891] l'a obtenue, en appliquant la même méthode à la *pinite* extraite du *Pinus lambertiana* de Californie et l'appela d'abord *β-inosite*. La d-inosite cristallise dans l'eau ou l'alcool étendu en petits tétraèdres irréguliers anhydres se ramollissant à 210° et fondant à 247-248° (corr.); elle forme un hydrate $C^6H^{12}O^6 + 2H^2O$ en cristaux prismatiques.

La d-inosite anhydre est plus soluble dans l'eau que l'inosite hydratée; elle est peu soluble dans l'alcool, insoluble dans l'éther; $[\alpha]_D = +65°$ en solution aqueuse à 12 0/0.

Hexacétyl-d-inosite $C^6H^6(C^2H^3O^2)^6$;

$$[\alpha]_D = +9°,75$$

fond amorphe vers 52° et cristallisée à 96° [Tanret, *Bull. Soc. Chim.*, **13**, 454 et 514, 1895].

Hexabenzoyl-d-inosite $C^6H^6(O-CO-C^6H^5)^6$, petites aiguilles fondant à 253° [Maquenne, *loc. cit.*].

MÉTHYL-D-INOSITE (*pinite*, *matézite*, *sennite*). $C^6H^6(OH)^5(OCH^3)$ (Dict., **2**, II, 1027 et 1er Suppl., **2**, 1285].

La matézite extraite par A. Girard [*loc. cit.*] du suc des lianes à caoutchouc de Madagascar, *Mateza roritana*, est identique à la pinite de Berthelot [Ch. Combes, *C. R.*, **110**, 46, 1890; A. Girard, *C. R.*, **110**, 84, 1890; Maquenne, *loc. cit.*]. La *cathartomannite* des follicules de séné [Dragendorff et Kubly, *Zeits. Chem.*, 1865, 411] et la *sennite* de Seidel (Dissert. Dorpat) sont également identiques à la méthyl-d-inosite. La nature de la pinite a été établie par Maquenne [*loc. cit.*]. La pinite fond à 186° (corr.) et donne en solution aqueuse $[\alpha]_D = 65°51$. L'acide iodhydrique la déméthyle au-dessous de 100°, avec formation de CH^3I et de d-inosite. L'acide azotique la transforme partiellement en tétraoxyquinone.

L-INOSITE $\left(\text{cyclohexanehexol } \frac{1.2.4}{3.5.6} \text{ ou } \frac{1.2.5}{3.4.6}\right)$ — Obtenue par Tanret [*C. R.*, **109**, 908, 1889] dans la déméthylation de la *québrachite* par l'acide iodhydrique, l'inosite gauche cristallise soit anhydre, soit avec $2H^2O$; anhydre, elle se ramollit vers 210° et fond à 247°; son pouvoir rotatoire est de $[\alpha]_D = -65°$; comme pour la d-inosite, le corps anhydre est plus soluble dans l'eau que l'hydrate. Les chaleurs de combustion et de dissolution sont identiques à celles de l'inosite droite. Ses éthers *hexacétique et hexabenzoïque* fondent aux mêmes points que les éthers correspondants de l'isomère dextrogyre [Maquenne et Tanret, *C. R.*, **110**, 86, 1890; Tanret, *Bull. Soc. Chim.*, **13**, 454 et 514, 1895].

L-MÉTHYLINOSITE (québrachite)

$$C^6H^6(OCH^3)(OH)^5.$$

— Extraite par Tanret [*loc. cit.*] de l'écorce de québracho. La québrachite fond à 186-187°; son pouvoir rotatoire $[\alpha]_D = -80°$ ne correspond pas à celui de la pinite.

R-INOSITE. — L'inosite racémique s'obtient par l'union des d- et l-inosites [Maquenne et Tanret, *loc. cit.*]. Cette combinaison s'effectue avec un dégagement de 3cal,6 [Berthelot, *loc. cit.*]. La r-inosite est moins soluble dans l'eau que les deux inosites qui la composent. Elle n'est point dédoublée par le *Penicillium glaucum* mais l'est partiellement par l'*Aspergillus niger* [Tanret, *loc. cit.*]; *dérivé hexacétylé* fusible à 111° (cristallisé) et 60° (amorphe); *dérivé hexabenzoylé*, fusible à 217°.

I-INOSITE (Dict., **2**, 1, 113 et 1er Suppl., **2**, 949). — L'inosite a été extraite de divers organes d'animaux [Lumpricht, *Lieb. Annal.*, **133**, 293, 1865] et de différents végétaux [Neubauer, *Zeits. anal. Chem.*, **12**, 45; Fick et Robert, *Chem. Zeit.*, 676, 1887; Winterstein, *D. chem. G.*, **30**, 2299, 1897; Van der March, *Arch. Pharm.*, **239**, 96, 1901; Posternak, *C. R.*, **137**, 439, 1903]. Maquenne [*Ann. Chim. Phys.*, (6), **12**, 566, 1887] a démontré l'identité de l'inosite avec le *dambose* (voyez Dict., (2), **1**, 1131). Le même auteur [*Ann. Chim. Phys.*, (6), **12**, 86, 1887] a perfectionné le mode de préparation de Tanret et Villiers.

L'inosite anhydre fond à 224° et bout vers 320° dans le vide (Maquenne). Elle est inactive même en présence du borax [Lambert, *C. R.*, **108**, 1016, 1889] et n'est point dédoublable par le *Penicillium glaucum*. L'inosite ne semble pas pouvoir être convertie en hexachlorure de benzène par l'action du perchlorure de phosphore à 150° : il se produit en effet une réaction très complexe avec formation d'éthers phosphoriques visqueux qui paraissent être dérivés de polyphénols.

L'acide nitrique étendu de son volume d'eau n'agit pas sur l'inosite même après plusieurs heures d'ébullition. L'acide concentré l'oxyde au contraire rapidement; si l'on opère vers 123° on obtient uniquement de l'acide oxalique; mais si on ménage l'action en chauffant au bain-marie, on obtient, comme l'a montré Maquenne, avec un rendement de 10 0/0, la tétraoxyquinone $C^6H^4O^6$, composé d'un noir opaque qui, en solution concentrée, précipite les alcalis, leurs carbonates et la plupart des sels métalliques, en donnant des combinaisons insolubles ou peu solubles d'une coloration brune ou violacée fort intense. Ces précipités forment l'une des matières colorantes de la réaction de Scherer.

Le permanganate de potassium, en solution neutre ou légèrement acide, oxyde l'inosite en donnant seulement CO^2 et H^2O. Il en est de même du mélange chromique.

L'eau de brome est sans action à la température ordinaire, mais en tubes scellés à 100° il se forme des produits à reflets verts qui paraissent dérivés des rhodizonates.

La fusion de l'inosite avec la potasse donne surtout de l'acide oxalique.

Hexacétylinosite $C^6H^6(C^2H^3O^2)^6$ [Tanret, *Bull. Soc. Chim.*, (3), **13**, 261, 1895].

Hexabenzoylinosite $C^6H^6(C^7H^5O^2)^6$, fusible à 258° [Maquenne, *loc. cit.*].

DIMÉTHYL-I-INOSITE (*Dambonite*)

$$C^6H^6(OH)^4(OCH^3)^2$$

(Dict., **1**, II, 1131 et Suppl., **2**, 610).

La dambonite existe à l'état de glucoside dans le lait du *Castilloa elastica* [Webert, *D. chem.*

G., 3108, 1903]. *Dérivé tétracétylé*, fusible à 193°; *dérivé tétrabenzoylé*, fusible à 250°.

Nitrodambonite. — La substance décrite sous ce nom par Champion (1er Suppl., 1, 610), constitue vraisemblablement la dambonite tétranitrique $C^8H^{12}O^2(AzO^3)^4$ (Maquenne).

1er janvier 1906. Amand Valeur.

INTESTINAL (SUC). — Le suc intestinal est le produit de sécrétion des premières portions de l'intestin grêle (duodénum et partie supérieure du jéjunum); l'intestin inférieur ne fournit qu'une sécrétion très peu abondante. C'est un mélange de liquides fournis par les glandes de Brunner, les glandes de Lieberkühn et sans doute aussi les follicules, et il est très difficile de démêler la part qui revient à chacun de ces organes. On obtient ce suc chez les animaux à l'aide des fistules dites de Thiry ou de Thiry-Vella; chez l'homme on a pu l'étudier dans des cas d'interventions chirurgicales aboutissant à isoler complètement un segment d'intestin de longueur variable, dont le produit de sécrétion, pur de tout mélange avec des aliments ou d'autres sucs digestifs, s'écoulait au dehors par une fistule.

Composition. — Le suc intestinal de l'homme est un liquide opalescent, tenant en suspension des éléments figurés et surtout des leucocytes, fortement alcalin au tournesol et faisant effervescence avec les acides. Sa composition est variable avec le segment d'intestin interrogé et sans doute aussi avec la nature de l'excitant de la sécrétion. Sa densité est d'environ 1007, et le poids de matériaux solides s'élève à 10-14 grammes 0/00, dont 2,2 0/00 de carbonate de sodium et 5,8 à 6,7 de chlorure de sodium. Le point de congélation est à — 0°,62 [Demant, *Arch. de Virchow*, **75**, 419, 1879; Turby et Manning, *Centralbl. med. Wiss.*, 1892, 945; Hamburger et Hekma, *Journ. de physiol. et pathol. génér.*, 1902, 805 et 1904, 40]. Chez les animaux le poids des matériaux solides est plus élevé (12,2 à 24,1 0/00 chez le chien, 29,8 chez le mouton) et l'alcalinité plus forte (4 à 5 0/00 en CO^3Na^2 chez le chien, 4,54 chez le mouton). Les matières organiques sont représentées surtout par des protéiques [Gumilewski, *Arch. de Pflüger*, **39**, 556, 1886; Röhmann, *ibid.*, **41**, 411; F. Pregl, *ibid.*, **61**, 359, 1895]. Ce suc contient en outre de nombreuses diastases, à savoir deux diastases intervenant dans la digestion des protéiques, l'*érepsine* et l'*entérokinase*, une diastase *stéatolytique*, une *sucrase* ou invertine et une *maltase*.

Action du suc intestinal sur les aliments. — On a considéré pendant longtemps le suc intestinal comme une sécrétion digestive ne jouant qu'un rôle tout à fait subordonné. La seule action digestive qu'on lui attribuait, était l'inversion du sucre de canne (Cl. Bernard), et quelques auteurs, dont Hoppe-Seyler, allaient même jusqu'à soutenir que l'on n'avait jamais étudié sous le nom de suc intestinal qu'un liquide de transsudation séreuse, produit de l'irritation anormale de la muqueuse. Puis une série de recherches toutes récentes ont montré que le suc intestinal, et en général la muqueuse intestinale par divers produits, joue un rôle capital dans la digestion.

Intervention du suc intestinal dans la digestion des protéiques. — Le suc intestinal intervient dans la digestion des protéiques par une diastase spéciale, l'*érepsine* (de ἐρείπω, je brise) découverte par Cohnheim dans les extraits de muqueuse, et que Hamburger et Hekma ont retrouvée dans le suc. L'érepsine diffère de la trypsine en ce qu'elle n'attaque pas les matières albuminoïdes primitives (sauf la caséine), tandis qu'elle dédouble rapidement toutes les albumoses et les peptones avec production de corps abiurétiques (c'est-à-dire ne donnant plus la réaction du biuret), leucine, tyrosine, ammoniaque, lysine, arginine, histidine. Les macérations de muqueuse produisent cette action bien plus puissamment que le suc et celle-ci n'est pas due à la trypsine demeurée adhérente à la muqueuse, ainsi qu'on l'a objecté tout d'abord, car on peut obtenir des solutions d'érepsine qui sont à la fois sans action sur la fibrine et douées d'un actif pouvoir de dédoublement vis-à-vis des peptones. Nakayama a montré de plus que l'érepsine dédouble les acides nucléiques avec production de bases puriques, ce que ne fait pas la trypsine. Mais Sachs a objecté ici que les extraits dont s'est servi Nakayama contenaient peut-être la diastase spéciale aux acides nucléiques, la nucléase [Cohnheim, *Zeit. physiol. Chem.*, **33**, 451, 1901; **35**, 139; **36**, 13, 1902; Salaskin, *ibid.*, **35**, 419; Hamburger et Hekma, *Journ. de Physiol. et de Pathol. générale*, 1904, 43; Nakayama, *Zeit. physiol. Chem.*, **41**, 348, 1904; Sachs, *ibid.*, **46**, 337, 1905]. Quoi qu'il en soit la discussion ne porte plus aujourd'hui sur l'existence de l'érepsine, mais sur l'importance de son rôle physiologique, comparé à celui de la trypsine. Kutscher et Seemann n'admettent pas que l'érepsine intervienne grandement *in vivo*, tandis que Cohnheim lui attribue, au contraire, une action considérable, surtout pendant le passage des albumoses et des peptones à travers la paroi intestinale [Kutscher et Seemann, *ibid.*, **34**, 528 et **35**, 432].

Le suc intestinal intervient encore indirectement dans la digestion des protéiques par une diastase spéciale, l'*entérokinase* de Pawlow, qui a la propriété de conférer au suc pancréatique, lequel est primitivement inactif, l'activité protéolytique. Le mécanisme de cette intervention sera étudié avec le suc pancréatique. Cette diastase, qui est détruite à 67°, serait d'après Delezenne d'origine leucocytaire. Elle est, en effet, très abondante dans les extraits de muqueuse jéjuno-iléale, où siègent les plaques de Peyer. Les glandes lymphatiques, les globules blancs du sang, les abcès aseptiques provoqués par injection sous-cutanée d'essence de térébenthine, les cultures d'un grand nombre de microbes contiennent une kinase. Notons que le suc intestinal frais, filtré aussitôt sur bougie, est actif quoique stérile, ce qui prouve que sa kinase n'est pas d'origine microbienne. Cette théorie, qui se présente avec un grand degré de vraisemblance, a cependant été combattue par Bayliss et Starling [Pawlow, *Le travail des glandes digestives*, Paris, 1899, 255; Delezenne, *Soc. de Biol.*, **53**, 1161, 1901; Camus et Gley, *ibid.*, **54**, 241 et 434; Delezenne, *ibid.*, **54**, 281, 283, 590, 890, 893; Bayliss et Starling, *Journ. of Physiol.*, **30**, 61, 1903].

Action du suc intestinal sur les hydrates de carbone et sur les graisses. — Le suc intestinal contient une invertine ou sucrase qui dédouble énergiquement le sucre de canne en sucre interverti (Cl. Bernard). Avec le suc intestinal de l'homme, cette action est très nette et très rapide, mais on n'a trouvé dans ce suc ni amylase, ni lactase [Hamburger et Hekma, *loc. cit.*]. La lactase manque aussi dans le suc du chien, mais elle existe dans la muqueuse intestinale [Dastre, *Arch. de Physiol.*, 1890, 103; Bierry et G. Salazar, *Soc. de Biol.*, **57**, 181, 1904]. Enfin le suc et la muqueuse contiennent une maltase [Bourquelot, *Journ. de Chim. et de Pharm.*, (6), **2**, 97].

On considère en général le suc intestinal comme dénué de toute action sur les graisses. Cependant Boldirew a annoncé récemment que par le moyen d'une diastase le suc de chien dédouble activement les graisses préalablement émulsionnées, et il explique ainsi l'absorption d'une forte proportion des graisses ingérées (jusqu'à 50 0/0) chez les chiens auxquels on a supprimé le suc pancréatique [Boldirew, *Biochem. Centralbl.*, 1, 715, 1903].

Notons que la muqueuse intestinale intervient encore dans la digestion par divers produits. *sécrétine, saporrinine*, qui seront étudiées avec le suc pancréatique. E. Lambling.

INULASE. — Voyez les articles DIASTASES et INULINE.

INULINE. —(Dict., 2, 1, 144 et 1er Suppl., 2, 960).

Ch. Tanret [*C. R.*, 116, 515, 1893; *Bull. Soc. Chim.*, (3), 9, 200, 227, 1893; 13, 261, 1895] a indique un procédé de préparation de l'inuline pure en partant du jus de topinambours.

L'inuline sèche a pour densité 1,539. Elle fond à 178° en se décomposant (Ch. Tanret); d'après Béchamp [*Bull. Soc. Chim.*, (3), 9, 212, 1893], elle fond à 230-235° ou à 154° suivant qu'elle est chauffée rapidement ou lentement. Presque insoluble dans l'eau froide, l'inuline se dissout abondamment dans l'eau bouillante. Son pouvoir rotatoire est de $[\alpha]_D = -39°5$ (Tanret), $-40°$ [Düll et Lintner, *Chem. Zeit.*, 1895, 216]. Chaleur de combustion : $Q = 678^{cal},8$ rapportée à $C^6H^{10}O^5$ [Berthelot et Vieille, *Ann. Chim. Phys.*, (6), 10, 455, 1887]; $Q = 4092$ calories pour $C^{36}H^{62}O^{31}$ [Stohmann et Langbein, *J. prakt. Chem.*, (2), 45, 305, 1892]. Le poids moléculaire de l'inuline déterminé par la cryoscopie correspond à la formule $(C^6H^{10}O^5)^{30}H^2O$ [Ch. Tanret; cf. Brown et Morris, *Proceed. Chem. Soc.*, 1889, 96].

L'inuline, chauffée avec de l'eau, fournit des produits (*métinuline, lévinuline*) analogues aux dextrines [Hönig et Schubert, *Mon. f. Chem.*, 8, 529, 1887]. L'hydrolyse complète fournit du lévulose et du glucose, ce dernier sucre dans la proportion de $\frac{1}{12}$ seulement du mélange (Ch. Tanret). Cette hydratation est également réalisée par l'*inulase*, ferment soluble que l'on rencontre chez certaines synanthérées [Green, *Ann. of Bot.*, 1, 1888] et chez *Aspergillus niger* [Bourquelot, *C. R.*, 116, 1143, 1893], mais non par la diastase ni l'invertine [Fischer, *D. chem. G.*, 27, 2985, 1894].

L'inuline précipite par un excès d'eau de baryte en donnant le *composé* $C^{36}H^{62}O^{31}, 3BaO$; cette réaction est très sensible (Ch. Tanret).

Dérivés acétylés de l'inuline. — [Schützenberger, *Ann. Chim. Phys.*, (4), 21, 235, 1890; Schützenberger et Naudin, *Bull. Soc. Chim.*, (2), 12, 107; Dean, *Am. Chem. Journ.*, 32, 69, 1904; G. Teyxeira, *Boll. Chem. Farm.*, 43, 605, 1904; Behrend. Wolfs et Grotowsky, *J. f. Landw.*, 52, 127, 1904].

La digestion de l'inuline s'opère chez les animaux supérieurs par le seul fait de l'acidité du suc gastrique [A. Richaud, *Thèse Paris*, 1900; Bieri et Portier, *C. R. Soc. Biol.*, 123, 1900; H. Bieri, *ibid.*, 256, 1905; Mendel et Mitchell, *Am. J. Physiol.*, 14, 239, 1905].

PSEUDO-INULINE $(C^6H^{10}O^5)^{16}H^2O$. — Découverte par Ch. Tanret [*loc. cit.*] dans les eaux-mères de préparation de l'inuline, ce composé se sépare de ses solutions aqueuses en granules insolubles à chaud dans l'eau et l'alcool faible; $[\alpha]_D = -32°,2$, fond à 175° (décomposition). La pseudo-inuline n'est pas hydrolysée par les diastases; par l'action des acides étendus, elle fournit un mélange de glucose et de lévulose, de pouvoir rotatoire $[\alpha]_D = -85°,6$. Elle ne se colore point par l'iode. Sa formule

$$(C^6H^{10}O^5)^{16}H^2O$$

a été déterminée par la cryoscopie (Ch. Tanret).

Traitée par l'eau de baryte en excès, la pseudo-inuline fournit un *composé barytique* $(C^6H^{10}O^5)^{16}(BaO)^6H^2O$ et en présence d'alcool, la *combinaison* $(C^6H^{10}O^5)^{16}(BaO)^8H^2O$.

1er janvier 1906. Amand Valeur.

INULÉNINE $(C^6H^{10}O^5)^{10}2H^2O$. — Extraite par Ch. Tanret [*loc. cit.*] du jus de topinambours, l'inulénine cristallise en aiguilles solubles dans 8 p. d'eau; $[\alpha]_D = -29°,6$. Elle ne se colore point par l'iode et n'est pas précipitée par l'eau de baryte froide, mais l'est par les solutions tièdes et concentrées. Elle fournit également des combinaisons barytique et plombique.

INULOÏDE. — (Voyez 1er Suppl., 2, 950). Ch. Tanret [*Bull. Soc. Chim.*, (3), 9, 622, 1893], considère l'inuloïde de Pepp comme un mélange d'inulénine et de pseudo-inuline.

1er janvier 1906. Amand Valeur.

INVERARITE (Min.) (Heddle). — Variété de pyrrhotine renfermant 11 0/0 de nickel, du château d'Inverary, comté d'Argyle, Ecosse.

L. Bourgeois.

INVERTINE. — Voyez l'art. DIASTASES.

IODAL. — L'aldéhyde triiodacétique n'a pas encore été préparée [Voir : Bertrand, *Jarhesbericht*, 1881, 588, et Mulder, *Rec. tr. ch. des Pays-Bas*, 7, 322]. R. Marquis.

IODALBUMINES. — Nous réunirons sous ce titre tous les protéiques iodés naturels ou artificiels actuellement connus. Ce que l'on sait sur la facile fixation de l'iode par les matières protéiques et d'autre part sur l'extrême diffusion de l'iode dans les tissus végétaux et animaux permet de supposer que la variété des protéiques iodés naturels doit être très considérable et que le plus petit nombre d'entre eux seulement nous est connu (la bibliographie sur la répartition de l'iode dans les organismes se trouve dans A. Gautier, *L'alimentation et les régimes*, etc., 2e édit., Paris, 1904, 393; Bourcet, *Thèse de la Fac. de Méd. de Paris*, 1900; R. Quinton, *L'eau de mer, milieu organique*, Paris, 1904, 270). Le rôle physiologique ou l'action thérapeutique de ces corps sera étudié à l'article THYROÏDE (glande).

PROTÉIQUES IODÉS NATURELS. — THYRÉO-IODO-GLOBULINE. — La purée obtenue en écrasant des glandes thyroïdes avec du sable ou du verre pilé est abandonnée pendant 12 heures à la glacière avec une solution physiologique de sel marin. On passe ensuite à travers un linge et on additionne le filtrat d'un égal volume d'une solution saturée de sulfate d'ammonium. Le précipité, qui emporte avec lui tout l'iode de la glande, est lavé avec la même solution, puis redissous dans l'eau, et la solution filtrée est reprécipitée de même. Finalement le précipité, redissous dans l'eau, est dialysé jusqu'à disparition de la réaction des sulfates et reprécipité par l'alcool. Le corps ainsi obtenu présente les réactions générales des globulines. Il renferme (chez le porc) C : 52,21; H : 6,83; Az : 16,59; I : 1,66; S : 1,86; O : 20,85 et présente donc la composition d'une matière albuminoïde, mais la teneur en iode est variable d'un animal à l'autre (0,86 0/0 chez le bœuf et 0,34 0/0 chez l'homme) ou chez le même animal selon l'alimentation. L'ingestion d'iodures augmente la proportion d'iode dans toute la glande et dans la globuline en question. Bouillie avec de l'acide sulfurique à 10 0/0, elle fournit l'iodothyrine [A. Oswald, *Zeit. physiol. Chem.*, 27, 14, 1899].

IODOTHYRINE. — C'est la première substance organique iodée retirée de la glande thyroïde et étudiée quant à son action thérapeutique. Baumann l'a obtenue en faisant bouillir la glande pendant 3 jours avec de l'acide sulfurique à 10 0/0. La majeure partie de l'iodothyrine reste insoluble. C'est une masse amorphe, brune, presque insoluble dans l'eau, soluble dans les alcalis et reprécipitée par les acides. Sa teneur en iode (jusqu'à 9.30 0/0) est variable; elle est beaucoup plus forte (14.29 0/0) lorsqu'on part, dans cette préparation, de l'iodoglobuline ci-dessus. Aussi est-il difficile de considérer ce corps comme un individu défini. Ce n'est plus un protéique, mais le produit d'une hydrolyse sans doute assez profonde [Baumann, *Zeit. physiol. Chem.*, **21**. 319. 1895: Baumann et Loos, *ibid.*, 481: Oswald, *ibid.*. **27**. 45. 1899]. Ce corps a pris aussi le nom commercial de *thyro-iodine*.

IODOSPONGINE (de Harnack). — Des éponges ordinaires (qui contiennent de 1.5 à 1.6 d'iode pour 100 de substance sèche) sont abandonnées pendant 8 jours avec de l'acide sulfurique à 38 0/0. Tout se dissout, sauf un dépôt floconneux que l'on redissout dans de la soude et que l'on précipite à plusieurs reprises par un acide. C'est une masse brune, amorphe, présentant quelques-unes des réactions des protéiques et contenant C: 45 01; H: 5.95; Az: 9,62; S: 4,54; I. 8,20 0/0 [Hundeshagen. *Zeit. f. angew. Chem.*, 1895, 473; Harnack. *Zeit. physiol. Chem.*, **24**. 412. 1898].

GORGONINE. — Drechsel a donné ce nom à une albuminoïde iodée, appartenant au groupe des cornéines et qui constitue le squelette d'un polypier (*Gorgonia Cavolinii*). Elle est pauvre en carbone (41,5 0/0), mais riche en azote (14,5 0/0) et plus encore en iode (7,79 0/0). Hydrolysée par la baryte bouillante, elle fournit de l'acide iodogorgonique (voyez ce mot) [Drechsel, *Zeit. f. Biol.*, **33**, 90, 1896].

Hydrolysée par les acides, elle fournit les acides aminés habituels aux protéiques [Henze, *Zeit. physiol. Chem.*, **38**. 60. 1903].

Harnack a fait une étude d'ensemble des préparations iodées d'origine animale ou végétale (coquilles d'huître, *fucus vesiculosus*, *quercus marina*, helmintho-corton, algues diverses, etc.), autrefois employées en thérapeutique et qui vraisemblablement contiennent aussi des protéiques iodés [Harnack, *Münch. med. Woch.*, **43**. 196, 1894].

PROTÉIQUES IODÉS ARTIFICIELS. — Les succès obtenus par l'emploi de l'iodothyrine dans le traitement du goitre ou de la cachexie strumiprive ont provoqué l'étude et la préparation industrielle de divers protéiques iodés. D'ailleurs l'action des halogènes sur les protéiques est intéressante aussi au point de vue de la constitution de ces composés. On peut soit faire agir directement l'iode, soit lui substituer le mélange d'iodure, d'iodate et d'acide sulfurique. Selon le procédé employé, la température, la durée de l'action, on obtient des produits plus ou moins riches en iode, mais d'une teneur constante pour des conditions identiques.

Ainsi en traitant le lait par de l'iode jusqu'à ce que le chloroforme indique un excès du métalloïde, puis précipitant après 24 heures par l'acide acétique, Lépinois a obtenu une caséine contenant en moyenne 21,6 0/0 d'iode fortement combiné [Lépinois, *Journ. Pharm. et Chim.*, (6), **5**. 561. 1897. Voyez aussi Rénault, cité par Lépinois]. Des combinaisons analogues ont été obtenues avec la caséine par Liebrecht (17,8 et 5.7 d'iode), avec l'ovalbumine par Hopkins (6.2 0/0), avec l'ovalbumine cristallisée (8,9 et 8.5 0/0) et la serumalbumine (12.3 0/0) par Hofmeister, Kurajeff et par d'autres observateurs [Liebrecht, *D. chem. G.*, **30**, 1824. 1897; Hopkins *ibid.*, **30**, 1860; Hopkins et Pinkus, *ibid.*, **31**. 1312; Hofmeister. *Zeit. physiol. Chem.*, **24**, 159, 1898; Kurajeff. *ibid.*, **26**. 462. et **31**, 527. 1901; Blum et Vaubel, *J. prakt. Chem.*, nouv. suite, **57**, 365. 1898; C.-H.-L. Schmidt, *Zeit. physiol. Chem.*, **35**. 386; **36**, 343; **37**. 350, 1903; Oswald, *Beitr. chem. Physiol. u. Pathol.*, **3**, 391, 1903]. Pendant la fixation d'iode, il se produit un continuel départ d'acides amidés avec des phénomènes d'oxydation [Schmidt, *loc. cit.*]. En outre le protéique iodé ne contient plus de soufre labile vis-à-vis des alcalis: il ne donne plus la réaction de Millon et son hydrolyse ne fournit plus de tyrosine. On a donc admis que c'est le groupe tyrosine qui retient l'iode, mais l'étude de la fixation de l'iode par diverses albumoses n'a pas confirmé cette manière de voir [Oswald, *loc. cit.*].

1er janvier 1906. E. Lambling.

IODE. — (1er sup., 950). ÉTAT NATUREL. — Les nouvelles recherches sur le rôle physiologique de l'iode et les importants travaux d'Armand Gautier sur la présence de ce métalloïde dans l'eau de la mer et dans l'air atmosphérique ont appelé de nouveau l'attention sur la dissémination de cet élément dans la nature. Nous réunissons ici les documents les plus importants sur ce sujet.

Iode dans les minéraux. — L'iode libre a été signalé dans une eau de Woodhall Spa (comté de Lincoln) par Wanklyn [*Chem. News*, **54**, 300, 1886]. Dans une mine à Broken Hill (Nouvelle Galles du Sud), Marsh et Liverdsidge ont trouvé de l'iodure cuivreux [*Zeit. Krist.*, **24**, 207, 1895, et **30**, 91, 1899]. L'iode existe encore dans certains minerais de cuivre, comme l'ont indiqué Autenrieth [*Zeit. f. physiol. Chem.*, **22**, 508, 1896], Dieseldorff [*Zeit. prakt. Geol.*, p. 321; 1899], Ochsenius [*Chem. Zeit.*, p. 66, 1899] pour des cuprites et des malachites d'Australie où cependant on n'a pu décéler ni le brome, ni le chlore, ni l'argent. L'iode ne dépassait pas un kilogramme à la tonne de minerai. La présence de l'iode en faible quantité a encore été signalée dans des minerais de zinc, des dolomies, des calcaires, des schistes argileux ou bitumineux, des houilles, et dans un très grand nombre d'espèces minérales. Les laves du Vésuve donnent des efflorescences salines iodées [Ricciardi, *J. chem. Soc.*, **52**, 643, 1887]. Pour les minéraux iodés dont le nombre est relativement très restreint, nous renverrons le lecteur au traité de Minéralogie de Dana [*Descriptiv Mineralogy*, 6e édit., 1903]. En 1905, Blacke a signalé la présence de l'iodobromite sur une quartzite calcaire de l'Arizona [*Am. J. Science*, (4) **19**, 230, 1905].

Iode dans l'eau de la mer. — L'iode existe d'une façon certaine dans l'eau de la mer, cependant sa présence, niée ou affirmée tour à tour par divers expérimentateurs, n'a été bien mise en évidence qu'à la suite des travaux récents d'Armand Gautier. En opérant sur cinq litres d'eau de mer, ce savant ne put tout d'abord retrouver l'iode; ceci l'amena à supposer que l'iode n'y existait pas à l'état d'iodure minéral, mais vraisemblablement sous la forme de composés organiques dans lesquels il se trouvait masqué. En modifiant la méthode analytique, Armand Gautier put retrouver en moyenne 2,4 milligrammes d'iode par litre d'eau de mer. Sur cette quantité 1,8 milligramme était à l'état dissous, et 0,6 milligramme à l'état insoluble dans une matière restée sur les parois d'un filtre en porcelaine et dont le poids ne dépassait pas 10 milligrammes par litre [Armand Gautier, *C. R.*, **128**, 1069, 1899]. L'eau de la mer Méditerranée renferme 2,25 milligrammes d'iode alors que l'eau de l'océan Atlantique en contient 2,24 milligrammes; en outre l'iode est en quantité sensiblement constante quelle que soit la hauteur où l'eau est puisée. Dans le voisinage de la surface il n'y a pas d'iodures minéraux; la totalité est à l'état organique et le cinquième environ à l'état organisé, fixé sur des êtres microscopiques, zooglées, algues, spongiaires vivant jusqu'à une certaine profondeur et constituant le *plankton* de la haute mer. A mesure que la profondeur augmente, cet iode organique et organisé disparaît progressivement, l'iode minéral apparaît à côté de l'iode organique soluble, trouvé partout en quantité sensiblement constante [A. Gautier, *C. R.*, **129**, 9, 1899].

Iode dans les eaux salées et les eaux minérales. — L'iode a été rencontré dans de nombreuses eaux minéralisées. Glaser et Kahlmann [*Zeit. angew. Chem.*, 457, 1893] ont signalé la présence d'iodure de magnésium dans l'eau de Roy (Silésie); Dambergis, celle des iodures dans l'eau d'Euboa pris d'OEdepsos [*D. chem. G.*, 99, 1892]; Ludwig dans celles de Wels [*Klin. Wochenschr. Wien.*, **10**, 56, 1897]. Lipp [*D. chem. G.*, 309, 1897] a analysé l'eau de la source Jussen (Algau Bavarois); Rospletz celle d'une eau de Tolz [*Sitz. Bayer. Akad.*, **27**, 65, 1901]. Duboin a signalé de plus la présence de l'iode à l'état organique dans les eaux de Royat [*C. R.*, **128**, 1469, 1899].

Armand Gautier a pu déceler d'ailleurs la présence de minimes quantités d'iode dans les eaux de la Seine et de la Marne.

Iode dans l'atmosphère. — L'iode, dont la présence dans l'air atmosphérique avait été constatée par Chatin et d'autres savants, a été l'objet de la part d'Armand Gautier de recherches minutieuses. L'air recueilli en divers lieux et séparé sur place des matières en suspension ne permet pas de constater l'existence en quantité sensible de gaz iodés. Il n'y a pas davantage d'iode sous forme soluble, iodure, iodates ou autres dans les poussières en suspension : mais au contraire on trouve toujours dans l'air une petite quantité d'iode insoluble dans l'eau et sous forme de particules organisées. Cette trace d'iode, de l'ordre du millième de milligramme par mètre cube d'air à Paris, est 12 fois plus considérable dans l'air du bord de la mer, son origine marine est donc mise en évidence très nettement [A. Gautier, *C. R.*, **128**, 643, 1899].

Iode dans les végétaux. — L'iode a été décelé en proportion plus ou moins grande dans les végétaux marins, les végétaux d'eaux douces et les espèces terrestres. Les champignons, les algues, les microbes (bacille du tétanos) renferment des traces d'iode [*C. R.*, **129**, 189, 1899]. De l'analyse de plantes récoltées sur un même terrain, on a pu constater que certaines absorbent et retiennent beaucoup d'iode, tandis que d'autres n'en assimilent pas sensiblement [Bourcet, *C. R.*, **129**, 193, 1899].

Iode dans les animaux. — Depuis quelques années, il a été établi que l'iode existe normalement dans les organes d'un grand nombre d'espèces animales. Baumann [*Zeit. physiol. Chem.*, **21**, 319, 1896] a reconnu la présence de l'iode dans la glande thyroïde de l'homme, du mouton et du porc, mais il n'a pu le constater dans la caséine, la corne, l'acide nucléinique. La teneur en iode de la glande thyroïde varie et oscille entre 0,2 et 0,3 milligramme par gramme de glande fraîche [*Zeit. physiol. Chem.*, **21**, 481, 1896]. Suivant les conditions de l'alimentation, Weiss et Ostwald [*ibid.*, **23**, 265, 1897] trouvèrent de grandes différences dans la teneur en iode du corps thyroïde humain (en moyenne 4 milligrammes pour 7 grammes de glande sèche). Bourcet a constaté la présence de l'iode dans les poissons, les mollusques, les crustacés marins ou d'eau douce [*C. R.*, **128**, 1120, 1899].

Gley et Bourcet ont montré que l'iode existe normalement dans le sérum du sang où il est combiné à des matières protéiques [*C. R.*, **130**, 1722, 1900]. Enfin Bourcet et Stassano le trouvent localisé exclusivement dans les leucocytes [*C. R.*, **132**, 1587, 1901]. Les variations de l'iode dans le sang ont été données par Gley et Bourcet [*C. R.*, **135**, 185, 1902].

Les recherches de Bourcet ont en outre montré que la localisation de l'iode dans le sang et le corps thyroïde [Monery, *J. Pharm. Chem.*, (6), **19**, 288, 1904] n'empêche pas cet élément d'être disséminé, mais à des doses plus faibles, dans tout l'organisme animal qui le reçoit par l'alimentation (*L'iode normal de l'organisme*, par Bourcet, Paris, 1900).

L'élimination de l'iode se produirait par la peau et ses annexes, par le sang menstruel (Gautier), la sueur et l'urine [Kellermann, *Zeit. für exper. Pathol. Therap.*, **1**, 186, 1905 : Sophie Lifschitz, *Arch. für Derm. Syphilis*, **72**. cahiers 2 et 3, 1905] dans le cas d'absorption d'iodures ou d'iode.

Extraction. — L'électrolyse des solutions d'iodures a été tentée pour l'extraction de l'iode. Un vase est divisé par une cloison poreuse en deux compartiments, l'un contient une cathode en fer plongeant dans une solution de soude caustique, l'autre une anode en métal inattaquable plongeant dans la solution d'iodure moyennement concentrée et faiblement acidulée par l'acide chlorhydrique ou sulfurique; on additionne d'un sulfate soluble tel celui de magnésium ou de sodium. L'iode obtenu est lavé, puis desséché dans un courant d'air chaud [*Journ. of Chem. Ind.*, **8**. 817; *Pat. anglaise*, 11 479, août 1888].

L'extraction de l'iode des eaux mères des nitrates de soude pourrait en fournir une très grande quantité si on ne limitait pas la production afin de maintenir un prix artificiel. Les eaux mères qui ne contiennent que 0,3 0/0 d'iode sont évaporées sur place, les sels mélangés avec 15 parties de poudre de charbon pour 85 parties de sel. La masse est chauffée et elle brûle. Le sel de soude restant est dissous dans l'eau; la solution, saturée d'acide sulfureux jusqu'à formation de bisulfite alcalin, est alors mélangée avec trois parties d'eaux mères non traitées. Le bisulfite agit sur l'iodate qu'elles contiennent et l'acide iodhydrique mis en liberté réagit également sur une autre portion d'iodate. Il faut beaucoup d'habileté pour obtenir ainsi tout l'iode des eaux mères, par suite des variations de la concentration en iodure et iodate dissous. L'iode obtenu est lavé, pressé, puis sublimé dans une cornue de fonte; on le recueille dans un récipient de terre. Il titre 99,8 0/0 [W. Newton, *Journ. of Chem. Ind.*, **22**, 469, 1904; consulter également Buchanan, *Berg. Hütt. Zeit.*, **53**, 257, 1894].

Les gaz des hauts fourneaux de la Lorraine, lavés pour leur utilisation comme gaz pauvres, abandonnent des poussières dont une partie est soluble dans l'eau. L'analyse a montré que, pour 100 tonnes de fonte, on peut extraire de ces produits de lavage 1kg,900 d'iodure de potassium [Arth, *Bull. Soc. Chim.*, **13**, 155, 1895].

Purification. — La sublimation de l'iode brut est insuffisante pour obtenir de l'iode pur, même en la renouvelant à plusieurs reprises. Hertkorn a décrit un appareil simple pour faire la sublimation dans de bonnes conditions [*Chem. Zeit.*, **16**, 795, 1882]. Stas a donné d'excellentes méthodes pour la purification de l'iode (voir Dict. **2**, 117). Gross modifie les proportions d'iodure et d'eau pour obtenir la solution d'iodure iodurée qu'on précipite par l'eau [*Jour. of Amer. Soc.*, **25**, 987, 1903]. D'autres auteurs ont indiqué des procédés nouveaux pour l'obtention de l'iode chimiquement pur : Musset [*Pharm. Centralhalle*, N. F., **11**, 230, 1891] fond l'iode à purifier sous une couche d'iodure de potassium en solution concentrée; mais d'après Meinecke (*Chem. Zeit.*,

16, 1219, 1892], cette méthode peu économique ne permet pas la séparation du cyanogène, du brome et du chlore. Il préfère fondre l'iode sous une solution de chlorure de calcium [D = 1,35] contenant quelques grammes d'iodure de potassium dissous. En acidifiant par quelques gouttes d'acide chlorhydrique, l'iodure de cyanogène fournira de l'iodure de potassium. La purification est satisfaisante lorsqu'on sublime l'iode, lavé et séché, en présence de baryte caustique. On doit ajouter 1 centimètre cube d'acide chlorhydrique à 20 0/0 pour 20 centimètres cubes de solution de chlorure de calcium contenant 4 grammes d'iodure de potassium et servant à la purification par fusion de 25 grammes d'iode.

Meinecke indique en outre un procédé simple et rapide pour obtenir de l'iode comparable à l'iode normal de Stas. L'iodure et l'iodate de potassium sont des sels faciles à obtenir purs par recristallisation. Dans une solution contenant poids égaux de chacun de ces sels l'addition d'acide sulfurique étendu et pur précipite quantitativement tout l'iode en flocons denses, qu'il suffit de laver à fond jusqu'à ne plus trouver d'acide sulfurique dans l'eau de lavage. L'iode séché sur porcelaine poreuse en présence d'acide sulfurique est sublimé deux fois sur de la baryte caustique.

L'iodate de potassium pourrait être remplacé sans nuire à la pureté de l'iode par les acides chromique, bromique, permanganique.

L. de Koninck [*Bull. Assoc. Belge des chimistes*, **17**, 14, 1903]; Andrews [*Amer. Chem. J.*, **30**, 428, 1903] utilisent l'action du bichromate de potassium sur l'iodure de potassium en petit excès par rapport à l'équation :

$$5 K^2Cr^2O^7 + 6 KI = 8 K^2CrO^4 + Cr^2O^3 + 6 I$$

Le mélange des deux sels est chauffé et on recueille l'iode qui se sublime. Les bromures alcalins en petite quantité ne réagissent pas en présence de chromate neutre de potassium [*Bull. Assoc. Belge des chimistes*, **17**, 157, 1903].

Baubigny et Rivals transforment tout l'iodure en iodate en ajoutant du permanganate de potassium à la liqueur légèrement alcalinisée. En employant les réactions analytiques (voir Analyse) qui leur ont permis d'éliminer totalement le chlore et le brome d'une telle liqueur, ils obtiennent une solution d'iodate parfaitement pur dont les 5/6, étant réduits par l'acide sulfureux ou un sulfite alcalin neutre, réagiront sur le reste pour donner de l'iode pur [*C. R.*, **137**, 753 et 927, 1903].

Whatmough prépare de l'iodure cuivreux par action de l'iodure de potassium sur une solution à 100 grammes par litre de sulfate de cuivre et d'autant de sulfate ferreux. Le précipité est lavé avec une solution d'acide sulfureux, qui dissout facilement le chlorure et le bromure cuivreux s'il y en avait. L'iodure, séché et fondu dans l'acide carbonique, est ensuite traité par un courant d'air à 240°. L'iode distille absolument pur [*Chem. Soc.*, **73**, 148, 1898].

Ladenburg prépare de l'iodure d'argent au moyen d'iodure de potassium pur. Cet iodure d'argent est agité pendant 24 heures avec une solution concentrée d'ammoniaque, sa solubilité dans l'ammoniaque devient constante. On le réduit à froid par le zinc et l'acide sulfurique et on décompose l'iodure de zinc par l'acide nitreux. L'iode séparé est lavé et desséché sur du chlorure de calcium, après avoir subi une distillation dans la vapeur d'eau [*D. chem. G.*, **35**, 1256, 1902].

Propriétés physiques. — La densité de l'iode à 4° prise comparativement à celle de l'eau bouillie est en moyenne de 4,933 (Ladenburg). Ramsay et Drugmann trouvent 3,706 à 148°,5. Ils en déduisent le volume spécifique 26,98 concordant avec les déterminations antérieures de Schalfejehn [*Jahreber.*, **1**, 47, 1885; *Chem. Soc.*, **77**, 1228, 1900].

La compressibilité moyenne entre 100 et 200 atmosphères à 20° est de $0,013 \times 10^{-4}$ [Richards et Stull, *J. Amer. Soc.*, **26**, 399, 1904].

Le coefficient de dilatation moyen, entre — 188° et + 17° est de $4,8943 \times 10^{-7}$ à 98°,85 [Dewar, *Chem. News*, **91**, 216, 1905].

L'iode n'est pas hygroscopique : l'iode sec ne prend pas plus de 0,1 0/0 d'eau qu'il abandonne d'ailleurs sur l'acide sulfurique [Meinecke, *Chem. Zeit.*, **16**, 1126, 1892].

L'iode se dissout dans 6582 parties d'eau à 6°,3, mais Wernecke fait remarquer que le dissolvant et le corps dissous présentent à la température ordinaire une tension de vapeur appréciable ; il se produit dès lors un entraînement et l'iode peut se volatiliser de cette solution même dans l'atmosphère limitée d'un tube scellé. Il n'y a pas de point de saturation à chaque température [*Natur. Wochenschr.*, **4**, 141, 1889].

Ditze indique une solubilité de 1/3750 à 15°, de 1/3500 si l'eau a d'abord été chauffée et 1/2200 à 30° [*Pharm. Zeit.*, **43**, 290, 1898].

La solubilité de l'iode augmente lorsque l'eau tient simultanément en solution certains corps solubles, acide ou sels. Il y a souvent lieu de remarquer en même temps une certaine combinaison entre l'iode et le corps soluble. Les iodures alcalins permettent de dissoudre dans l'eau une quantité considérable d'iode [Gore, *Proc. Roy. Soc.*, **45**, 440, 1899 ; Noyes et Sleidensticke, *Am. Chem. Soc.*, **21**, 217] ; mais d'après les observations de Jakowkin [*Zeit. physik. Chem.*, **13**, 529 et **20**, 14, 1893], et de Dawson, [*Chem. Soc.*, **79**, 238, 1901 et **80**, 796, 1904], qui étudièrent la répartition d'une quantité connue d'iode dans deux dissolvants, le sulfure de carbone et une solution diluée d'iodure de potassium, cette solubilité correspond à la formation d'un triiodure de potassium, sel normal dissocié suivant les mêmes lois que les sels binaires. Burgess et Chapman arrivent d'ailleurs a une conclusion semblable par la mesure de la vitesse relative des ions I' et I'³ par deux méthodes indépendantes [*Proc. Chem. Soc.*, **20**, 62, 1904].

Dawson et Gawler décrivent la curieuse solubilité suivante : si on agite une solution aqueuse d'iodure de potassium ioduré avec du nitrobenzène, une partie de l'iode et de l'iodure de potassium passe dans le nitrobenzène et cela suivant la concentration. On peut obtenir une solution de 240 grammes d'iodure de potassium et 700 grammes d'iode par litre de nitrobenzène, bien que l'iode seul ne se dissolve qu'à 50 grammes par litre et que l'iodure de potassium soit insoluble. Il existerait ici un polyiodure KI^9 soluble dans ce dissolvant [*J. Chem. Soc.*, **81**, 524, 1902].

Mac Lauchlan n'a pu donner de règles précises sur l'influence des sels dans la solubilité de l'iode [*Zeit. physiol., Chem.*, **44**, 600, 1903].

Quelques chaleurs de dissolution de l'iode ont été déterminées :

I^2 sol + n KI étendu = 260 cal. [Berthelot, *Thermochimie*, 57, 1897].

I^2 sol + $n\, C^6H^6$ = 6100 cal. [Pickering, *J. Chem. Soc.*, **53**, 865, 1888].

L'iode est soluble dans le chloroforme [Duncan, *J. Chem. Soc.*, 769, 1892], dans les huiles grasses, 20 % pour l'huile de ricin, l'huile d'olive [Greuel, *Arch. der Pharm.*, (2), **23**, 431, 1885].

Les vapeurs de sulfure de carbone peuvent être absorbées par l'iode solide [Eilsart, *Chem. N.*, **52**, 184, 1885]. Les gaz comprimés ou liquéfiés dissolvent également l'iode [Villard, *Ann. Chim.*

Phys. (7), **10**, 409, 1897; Brown, *Proc. Roy. Soc.*, 244, 1898]. 100 centimètres cubes d'hydrogène sulfuré liquéfié dissolvent 1^{gr},14 d'iode en donnant une solution rouge foncé que l'eau décompose en mettant du soufre en liberté [Antoni et Magri, *Gazz. chim. ital.*, **35**, I, 200, 1905].

La courbe de solubilité de l'iode dans le sulfure de carbone présente un certain nombre de points singuliers qui indiquent une action chimique des deux corps. A — 94°, 100 grammes de solution sulfocarbonique ne contiennent que 0^{gr},378 d'iode dissous [Arctowski, *Zeit. anorg. Chem.*, **6**, 392; *C. R.*, **121**, 123, 1895]. La solubilité dans un mélange de dissolvants tels que les couples benzène et chloroforme, eau et alcool, est toujours plus petite que la solubilité donnée suivant la règle des mélanges des composants [Bruner, *Zeit. physik. Chem.*, **26**, 145, 1898].

Des recherches nombreuses ont été effectuées sur la réfraction de la lumière par les solutions d'iode [Gladstone, *Proc. Roy. Soc.*, **42**, 401, 1888; Zecchini, *Gazz. chim. ital.*, **22**, II, 592, 1892; Edwards, *Am. Chem. Journ.*, **17**, 473, 1895; Traube, *D. chem. G.*, **30**, I, 42, 1897; Sullivan, *Zeit. phys. Chem.*, **28**, 523, 1899; Hurion, *Ann. Sc. École normale* (3), **6**, 367, 1877]. On sait qu'on a les formules :

$$R = \frac{N-1}{D} M - \frac{n-1}{d} m$$

et

$$R_2 = \frac{N_2-1}{N_2+2} \frac{M}{D} - \frac{n_2-1}{n_2+2} \frac{m}{d}$$

dans lesquelles R et R_2 sont les réfractions moléculaires de la substance dissoute, N et n les indices par rapport à l'air des solutions et du dissolvant, M et m les poids moléculaires des solutions et du dissolvant, enfin D et d les densités des solutions et du dissolvant. Pour l'iode la réfraction atomique pour les lignes C et D de l'hydrogène et du sodium, calculée d'après ces formules, donne 25,9 dans l'iodure de benzène, 27,9 dans le diphényliodonium et il semble que pour les iodates le pouvoir réfringent soit plus faible et seulement de 22,9 [Sullivan, *Zeit. phys. Chem.*, **28**, 523, 1899].

Le spectre des dissolutions d'iode varie un peu suivant la nature du dissolvant. Le spectre d'absorption des solutions violettes montre une bande dans le bleu, pendant que les solutions brunes possèdent seulement la faculté d'absorber le violet. Concentrées, les solutions violettes ne laissent passer que la lumière rouge et bleue, les brunes rien que le rouge [Vaubel, *J. prakt. Chem.*, (2), **63**, 281, 1901]. Il faut remarquer d'ailleurs que les variations du spectre d'absorption sont continues, et que les dissolvants contenant de l'oxygène ou de l'azote dans leur molécule, tels les alcools, les glycols, les acides et les éthers gras, les acétones, les aldéhydes, les amines, les dérivés nitrés, la pyridine, l'eau, semblent capables de fixer l'iode par addition. Ils produisent en même temps la disparition de la bande bleue présentée par les dissolutions violettes de l'iode dans les carbures saturés ou dans leurs dérivés halogénés; le minimum du spectre d'absorption de l'iode dans le benzène, $\lambda = 510\ \mu$, revient vers le violet quand on emploie comme dissolvant un carbure homologue [Rigollot, *C. R.*, **112**, 38, 1891]. Dans le sulfure de carbone, l'iode dissous présente deux bandes d'absorption, pendant que le spectre de la vapeur d'iode présente un grand nombre de lignes fines. Wood, qui a étudié la variation du spectre de la solution sulfocarbonique en tube scellé en même temps que celui du mélange gazeux jusqu'au point critique du dissolvant, a vu qu'à chaque valeur de δ (densité gazeuse des vapeurs) correspond une certaine proportion d'iode dissous dans la vapeur de CS^2 au delà de laquelle on aperçoit les lignes de l'iode dans le spectre d'absorption [*Zeit. phys. Chem.*, **19**, 689, 1896].

Ramsay et Young ont indiqué les tensions de la vapeur de l'iode solide [*J. Chem. Soc.*, **49**, 453, 1886]. Wiedmann et Niederschulte ont également déterminé ces valeurs [*Verh. der Deutsch. phys. Gesell.*, **3**, 159, 1905] de 10 à 50° :

Température.	H en millimètres de mercure.	Température.	H en millimètres de mercure.
10°	0,06	75°,2	11,5
20°	0,25	80°,4	15,15
30°	0,60	91°,8	28,95
50°	2,35	96°,8	37,8
58°,1	4,90	102°,7	50,65
66°,3	6,25	113°,8	87,0

L'iode fond à 114°,2 (Ramsay et Young); à 116°,1 d'après Ladenburg, en opérant dans un tube de Roth sur de l'iode purifié d'après sa méthode [Ladenburg, *D. chem. G.*, **35**, 1256, 1902]. La tension de vapeur de l'iode liquide à son point de fusion est de 90 millimètres [Richter, *D. chem. G.*, 1057 et 1398, 1886].

Le point d'ébullition de l'iode est de 184°,35 d'après Ramsay et Young; 183°,05 d'après Ladenburg. La température critique de l'iode est au-dessus de 400° [Nadéjkin, *Jahrb.*, **1**, 158, 1885]. Pour mesurer la tension de sublimation de la vapeur d'iode, Arctowsky s'est servi d'une méthode basée sur la vitesse d'évaporation. La pression extérieure a une grande influence et la rapidité de la sublimation est plus faible quand la densité de l'atmosphère s'élève, elle atteint 12 fois la valeur qu'elle a à la pression atmosphérique lorsque celle-ci n'est plus que de 12 à 14 millimètres [*Zeit. anorg. Chem.*, **12**, 427, 1896].

La couleur de la vapeur d'iode, d'après Dewar, est d'autant moins intense qu'elle est placée dans un vide meilleur; l'humidité, l'acide iodhydrique sont sans influence mais il ne peut être conclu que la tension de la vapeur d'iode soit plus faible dans le vide. Les calculs ont donné une différence de 0,22 % seulement, alors que la différence de colorations est très considérable. Le phénomène peut être considéré comme en relation avec la dissolution d'iode solide dans le gaz, cependant on n'observe pas de différence de coloration due à l'emploi de divers gaz.

Le spectre de dissociation des sels fondus a été étudié par A. de Grammont [*Bull. soc. chim.*, 1897, 17, 1900 et *Ann. Chim. Phys.*, (7), 10 février 1897]. Le spectre de l'iode est plus riche en lignes que ceux du chlore et du brome, surtout dans le rouge orangé, cependant la sensibilité spectrale ne diffère pas sensiblement dans les mêmes conditions. Le spectre d'incandescence a été étudié par Nasini et Anderlini [*Atti. Ac. Lincei*, (5), **13**, II, 59, 1904], et par Puccianti [*ibid.*, (5), **14**, I, 84, 1905]. Les bandes du spectre semblent correspondre au spectre d'absorption de la vapeur; quelquefois il se fait un spectre brillant qui n'a pu être mesuré. D'après Friedrichs, qui a étudié le spectre sous faible dispersion et dans un vase de quartz, le spectre de bandes est dû à la molécule I^2 [*Zeit. für wissent. Photogr.*, **3**, 154, 1905].

La densité théorique de la vapeur d'iode est 8,79. Les nombres trouvés entre 250 et 600° sont compris entre 8,70 et 8,89. Ils correspondent à

I^2 et ne varient pas, mais de 600 à 1500° la densité décroît et tend vers une valeur moitié moindre. La molécule d'iode serait donc dissociable par la chaleur [E. Thiele, *Zeit. anorg. Chem.*, **1**, 277, 1892]. Cependant la décharge électrique maintenue 15 minutes n'augmente pas la dissociation d'après Perman [*Proceed. Roy. Soc.*, 45, 1890], quoique Thomson pense le contraire [*Chem. News*, **75**, 252, 1897]. De plus les mesures de la densité de la vapeur d'iode dans la vapeur d'eau, le chloroforme, ne permettent pas de reconnaître une accélération de la dissociation de la molécule (Thiele). Les mesures effectuées avec l'éther ne donnent que des résultats peu concluants par suite d'actions chimiques possibles.

Chaleur de dissociation de l'iode : 28,5 [Dewar, *Proc. Roy. Soc.*, 241, 1898], correspondant avec les nombres de Sperber [*Zeit. anorg. Chem.*, **15**, 281, 1897] et les valeurs tirées par Boltzmann d'une formule $e = \frac{A}{W} = C^{te} = 0{,}3046 \times 10^{-3}$. [*Sitz. Akad. Wien.*, (2) 88, 896].

États allotropiques. — On ne connaît pas de modifications allotropiques proprement dites de l'iode. Cependant il résulte des travaux de nombreux expérimentateurs que l'iode possède dans ses diverses solutions une condensation moléculaire différente. Nous avons déjà mentionné précédemment la variation du spectre d'absorption de ces solutions, spectre lié à la coloration, variant du violet au brun, des solutions. Le poids moléculaire de l'iode varie également, et dans un sens analogue. Les déterminations cryoscopiques de Paterni et Nasini [*Gazz. chim. ital.*, **18**, 179, 1888] donnent pour l'iode dissous dans le benzène ou l'acide acétique une valeur intermédiaire entre I et I^2 ; il faut remarquer que l'iode est peu soluble dans l'acide acétique, et pourrait peut-être donner des solutions solides avec le benzène.

Lœb trouve des nombres variant avec l'élévation de la concentration [*Zeit. physik. Chem.*, **2**, 212, 1888]. La cryoscopie des solutions rouge foncé dans le naphtalène donne une valeur correspondante à I^2 ; il en serait de même, d'après Krüss et Thiele, pour l'iode dissous dans le sulfure de carbone, le benzène, le chloroforme, l'éther et l'acide acétique [*Zeit. physik. Chem.*, **6**, 358, 1890, et *Zeit. anorg. Chem.*, **7**, 52, 1894]. D'après Beckmann et Stock, la dépression observée par la cryoscopie de l'iode dans le benzène est trop faible par suite de la séparation du corps dissous sous forme de solution solide ; mais, même dans ce cas, on trouve I^2 [*Zeit. physik. Chem.*, **17**, 106, 1895]. L'ébullioscopie fournit également pour les solutions rouges ou violettes des indications conduisant à une molécule semblable à celle de la vapeur, c'est-à-dire I^2, sauf pour le sulfure de carbone et le tétrachlorure de carbone. La solution d'iode dans l'acide sulfurique à 83 0/0 d'H^2SO^4 est violette ; si on la dilue, elle devient jaune, puis brune. H. Gautier et G. Charpy, en opérant sur 15 solvants divers, donnent le poids moléculaire I^2 pour les solutions violettes, I^4 pour les solutions brunes [*C. R.*, **110**, 189 et **111**, 645, 1890]. D'après Krüss et Thiele [*loc. cit.*], il y a formation de complexes moléculaires (I^2) dans les solutions brunes. Les colorations des solutions sont seulement brunes ou violettes si on emploie des corps absolument purs, les solutions brunes tendent à devenir violettes sous l'action de la chaleur [Lachmann, *Journ. Amer. Chem. Soc.*, **25**, 50, 1903] et les solutions violettes d'iode dans le sulfure de carbone tendent à devenir brunes quand on les refroidit [Wiedmann, *Pogg. An.*, (2), **41**, 299, 1890].

Strömholm a confirmé les résultats cités de Beckmann [*Zeit. physik. Chem.*, **44**, 721, 1904] et nous ne pouvons que citer les recherches physicochimiques de Leblanc et Noyes [*Zeit. physik. Chem.*, **6**, 385, 1890], de Paterno et Peratoner [*Gazz. chim. ital.*, **21**, 110, 1891], de Welmans [*Zeit. anal. Chem.*, **33**, 457, 1894], de Thiele [*Zeit. physik. Chem.*, **16**, 147, 1895], d'Ackroyd [*Chem. News*, **67**, 111, 1893], d'Oddo et Serra [*Gazz. chim. ital.*, **29**, 343, 1899], de Nernst [*Zeit. phys. Chem.*, **6**, 16, 1890] sur ce sujet intéressant. Nous mentionnerons encore que De Forcrand, en appliquant à l'iode le principe d'après lequel, dans tout phénomène physique ou chimique, la chaleur de solidification d'une molécule quelconque est proportionnelle à la température absolue d'ébullition sous la pression atmosphérique, ce qui permet de calculer M. trouve I^2 d'après la chaleur de volatilisation donnée par Fabre et Silbermann [*C. R.*, **133**, 368, 1901]. L'iode suit la loi de Trouton

$$\frac{mc}{T} = 20{,}63$$

(m étant le poids moléculaire à l'état liquide, c, la chaleur de vaporisation au point d'ébullition normal T). On doit en conclure que le poids moléculaire ne varie pas pendant le changement d'état et qu'à son point d'ébullition, l'iode est diatomique.

Henry Gautier et Charpy ont en outre observé qu'à ces différences d'état moléculaire de l'iode en solution, correspondait une modification dans les actions chimiques de l'iode. Une solution brune d'iode agitée avec de l'amalgame de plomb donne un précipité jaune d'iodure de plomb, tant qu'il existe du plomb combiné au mercure, tandis qu'une solution violette fournit avec le même amalgame un précipité vert d'iodure mercureux. En outre, les solutions brunes tendent à donner immédiatement avec le mercure de l'iodure mercurique, les solutions violettes de l'iodure mercureux.

Propriétés chimiques. — L'iode et l'hydrogène se combinent seulement au-dessus de 200°. L'iode brûle au contact du fluor en donnant le composé IF^5 [Moissan, *Ann. Phys. Chim.* (6) **24**, 240, 1891]. La combinaison entre l'oxygène et l'iode est très lente sous l'influence des décharges électriques [Luedking, *Chem. News*, **16**, 1] ; elle peut cependant être totale. Merz et Holtzmann [*D. chem. G.*, **22**, 867, 1889] ne trouvent pas d'action de l'iode sur le sodium vers 360°. L'or divisé se combine entre 50 et 110° en donnant de l'iodure aureux [Meyer, *C. R.*, **139**, 733, 1901]. Le cuivre ne réagit sur l'iode que s'il est en couche suffisamment épaisse : Houllevigue a vu que le cuivre ne se transforme pas en iodure s'il est en couche d'une épaisseur de 40 μμ [*C. R.*, **137**, 47, 1904]. Le bore pur n'est pas attaqué par l'iode, même à 1200°. Au contraire, le bore impur fournit une petite quantité d'iodure de bore (Moissan). L'iode est sans action sur les hydracides gazeux des métalloïdes de la première famille, mais il se dissout en petites quantités dans ces gaz liquéfiés en donnant des solutions violettes. Les autres composés hydrogénés des métalloïdes, sauf les carbures d'hydrogène, sont décomposés par l'iode avec formation d'acide iodhydrique et séparation du métalloïde ou de son iodure. L'ammoniac liquéfié dissout l'iode en un liquide jaune qui, évaporé, fournit suivant la température divers composés ammoniacaux de l'iodure d'azote [Hugot, *Ann. Phys. Chim.*, (7), **21**, 5, 1900]. Le composé avec une seule molécule d'ammoniac, AzH^3AzI^3, semble d'ailleurs prendre également naissance dans l'action de l'iode sur une solution d'ammoniac.

L'iode réagit sur les composés oxygénés du

chlore: L'acide chlorique le transforme en acide iodique; l'anhydride perchlorique Cl^2O^7 donne un corps solide blanc qui se décompose vers 380° en iode et oxygène : c'est de l'anhydride iodique, et il ne se forme pas d'anhydride periodique, comme l'avaient pensé Michael et Conn [*Am. Journ.*, **23**, 444, et **25**, 89, 1901]. L'iode est sans action sur l'acide sulfureux gazeux, mais il se dissout dans ce gaz liquéfié en donnant une solution violette. En présence de l'eau, l'iode se comporte comme un oxydant : les sulfites sont transformés en sulfates, les hyposulfites en tétrathionates, et le trithionate ne peut être que le résultat d'une action secondaire sur le mélange de sulfite et d'hyposulfite [Colefax, *Chem. Soc.*, **61**, 1083, 1895]; action du bisulfite de soude, voir Spring et Bourgeois [*Bull. Soc. Chim.*, **6**. 920, 1891].

L'iode réagit énergiquement sur le chlorure de sulfuryle [O Ruff, *D. chem. G.*, **34**, 1749, 1901]. En agissant sur les hydrates alcalins ou alcalino-terreux dissous, l'iode s'oxyde partiellement. Péchard [*C. R.*, **128**, 1453, 1899] montre que, lorsqu'on mélange de la soude et de l'iode dissous dans une solution d'iodure de potassium, l'iode se divise en trois parties, correspondant à la formation d'iodure et d'hypoiodite, d'iodure et d'iodate, enfin d'iode libre et bleuissant l'amidon. Van Deventer [*Chemisch. Weekblad*, **2**, 135, 1905] trouve que la quantité d'iode resté libre est telle que pour 0gr,5 d'iode agissant sur 0gr,4 de potasse en solution dans 12 centimètres cubes d'eau, il ne reste plus que 1 milligramme d'iode libre. Taylor a étudié l'action d'une solution décinormale d'iode dans l'iodure de potassium sur une solution alcaline. L'iode, dans ces conditions, forme de l'hypoiodite et de l'iodate, mais l'hypoiodite se décompose plus ou moins vite suivant la concentration en iodate et iodure [*J. Chem. Soc.*, **77**, 725, 1900].

L'iode réagit avec violence sur les arséniates et les nitrates chauffés en tubes scellés [Smith et Meyer, *Amer. Chem. J.*, **17**, 735, 1896]. Avec le chlorate de potassium il se fait du chlore, de l'anhydride iodique et du trichlorure d'iode ; la réaction principale est plus simple et correspond exactement au déplacement du chlore. On peut réaliser cette réaction simple en n'élevant pas la température [Thorpe et Perry, *Chem. Soc.*, **61**, 925, 1893]. Bassett n'avait pas observé de chlore libre [*Chem. Soc.*, **57**, 760, 1890]. La vitesse de la réaction a été étudiée par Schlundt [*Am. Chem. J.*, **17**, 754, 1896]. L'iode oxyde les ferro et ferricyanure de potassium avec séparation d'un corps bleu qui contient autant de fer que le bleu de Prusse, mais qui est insoluble dans l'acide oxalique ou le tartrate d'ammonium [Matuschek, *Ch. Ztg.*, **27**, 1000, 1903]. L'action de l'iode sur le nitrite d'argent donne du peroxyde d'azote ordinaire et non le biazotyle $O^2Az—AzO^2$ comme le supposait Neelmeyer [*D. chem. G.*, **37**, 1386, 1904].

Damour a montré [*C. R.*, **43**, 976, 1857] que l'acétate de lanthane précipité par l'ammoniaque fournit un hydrate qui se colore en bleu, comme l'amidon, lorsqu'on le met en présence d'iode libre. Biltz montre qu'il y a là un simple phénomène d'absorption [Ostwald, *D. chem. G.*, **37**, 719, 1906]. D'ailleurs Rettie indique que la magnésie ou l'oxyde de zinc précipités par un léger excès de potasse en présence d'iodure ioduré de potassium donnent un précipité foncé contenant de l'iode en proportions variables mais voisines de poids égaux I et Mg. Il semble se produire un laquage d'où l'iode, facilement extrait par ses dissolvants à chaud, ne l'est que lentement et partiellement par ces mêmes dissolvants à froid [*Am. Chem. Soc.*, **19**, 333, 1897].

Meinecke [*Ch. Ztg.*, **18**, 157, 1894], étudiant la réaction de l'iode libre sur l'empois d'amidon, a observé que les sels minéraux influent notablement sur la sensibilité et la rapidité de la coloration. Les sulfates de magnésie et de potassium l'augmentent beaucoup, mais par contre les borates la diminuent. L'iodure de potassium ne semble pas faire partie de l'iodure d'amidon qui renferme 18,5 0/0 d'iode d'après Toth [*Chem. Ztg.*, **15**, 1523]; ce nombre correspond à celui de Seyfert pour la formule $C^{24}H^{40}O^{20}I^7$. Rouvier, qui étudia en détail l'iodure d'amidon, arrive également à une teneur en iode indépendante de la concentration des solutions iodées, mais dépendant de la nature de l'amidon employé [*C. R.*, **114**, 129, 749, 1892; **117**, 461, 1893; **118**, 743, 1894; **120**, 1179, 1895]. Voyez de même Kuster [*Ann. Chem.*, **282**, 360, 1894].

La coloration bleue de l'empois d'amidon disparait en présence d'acide iodique ou de nitrate d'argent : mais, dans ce dernier cas, l'addition d'acide chlorhydrique la fait réapparaître si l'iodure d'argent n'a pas été séparé de la liqueur. Robert admet que l'acide iodhydrique est nécessaire à la formation de l'iodure d'amidon [*Sill.*, (3), **47**, 422, 1894]. L'iodure d'amidon a encore été envisagé comme une solution solide d'iode dans l'amidon [*D. chem. G.*, **28**, 783, 1895]. La sensibilité dépend également de la température, la coloration disparaissant à chaud [Tchirikoff, *Pharm. Ztg. für Russland*, **30**, 802, 1891].

Poids atomique. — En 1886, Van der Platts trouva 126,857 pour $O = 15,96$ [*An. Chim. Phys.*, (6), **7**, 499, 1886]; Clarke a donné 126,848 [*Phil. Mag.*, (5), **12**, 101, 1881]; Thomsen, 126,856 pour $O = 16$ [*Z. Phys. Chem.*, **13**, 726, 1894]; Leduc, 125,96 pour $O = 15,88$ [*C. R.*, **116**, 383, 1896].

Tout récemment le poids atomique de l'iode a fait l'objet de nouvelles recherches. Par analyse Kötner et Auer trouvent toujours un nombre plus faible que par synthèse. En déterminant le rapport $\frac{AgI}{AgCl}$ ils déduisent les valeurs 126,936 pour $O = 16$, 125,984 pour $H = 1$ [*D. chem. G.*, **37**, 2536, 1904].

L'iode pur de l'iodure d'éthyle leur donne 126,926, soit 125,978 pour $H = 1$. Enfin par combustion de l'argent dans la vapeur d'iode ils obtiennent 126,963, soit 126,011 pour $H = 1$. Baxter par cette dernière méthode a obtenu 126,975 [*J. Am. Chem. Soc.*, **26**, 1577, 1904 et **27**, 876, 1905].

D'une moyenne de 41 déterminations récentes de Scott, de Ladenburg, de Baxter, de Kötner et Auer, ces derniers auteurs admettent 126,970, soit 126,010 pour $H = 1$.

Applications. — En dehors des applications nombreuses et variées de l'iode et des iodures en pharmacie, en photographie, nous signalerons seulement le rôle que cet élément est susceptible de jouer dans les phénomènes de la végétation (engrais catalyseur de Bertrand). Dans cette voie il n'y a eu jusqu'ici qu'un travail d'Azo et Suzuki [*Bull. of collage of the agr. Tokio*, **6**, 159, 1904] montrant une augmentation de la production du riz sous l'influence de minimes quantités d'iodures en présence de fluorure de potassium.

Acide iodhydrique. — Le gaz iodhydrique libre n'a pu être caractérisé jusqu'ici que dans les produits gazeux des fumerolles du Vésuve, lors de l'éruption de 1895-1899 [Matteuci, *C. R.*, **129**, 66, 1899].

La préparation de l'acide gazeux se fait facilement en laissant agir l'iode sur le colophène, carbure obtenu en maintenant plusieurs heures à l'ébullition, dans un ballon relié à un réfrigérant à reflux, un mélange d'essence de térébenthine et d'acide sulfurique étendu de son volume d'eau. On sépare, puis on distille en recueillant le liquide qui passe au-dessus de 300° [Moissan et Etard [*Bull. Soc. Chim.*, (2), **34**, 69, 1880]. Kastle et Bullock chauffent un mélange de résine, de sable et d'iode [*Am. Chem. J.*, **18**, 105, 1896]. En employant la méthode ordinaire de préparation par l'iode et le phosphore, et en purifiant le gaz dans deux tubes simplement refroidis à — 32°, on peut condenser dans un troisième tube maintenu à — 60° l'acide iodhydrique gazeux, qui se solidifiera à cette température en un corps blanc sur lequel on peut faire le vide avec facilité. Le gaz qui se dégagera lorsqu'on laisse la température s'élever est absolument pur [Moissan, *Bull. Soc. Chim.*, (3), **31**, 715, 1904].

Pour obtenir l'acide en solution aqueuse, Bodroux ajoute 50 grammes d'iode, par portions de 4 à 5 grammes, à 60 grammes de bioxyde de baryum délayé dans 100 centimètres cubes d'eau. On filtre après décoloration, et dans la solution on dissout à nouveau 50 grammes d'iode et on fait passer un courant d'acide sulfureux à décoloration. On filtre, concentre et distille. On obtient ainsi rapidement 140 grammes d'acide blanc bouillant à 127°. Sans distillation la concentration serait moins grande, car il est nécessaire de diluer pour obtenir l'oxydation de l'acide sulfureux par l'iode ajouté [*C. R.*, **142**, 279, 1906].

Propriétés physiques. — Point de fusion de l'acide iodhydrique anhydre : — 50°,8 sous 735 millimètres [Estreicher, *Z. Phys. Chem.*, **20**, 605, 1896]; — 51° sous 735 millimètres [Norris et Cottrell, *Am. Chem. J.*, **18**, 96, 1896]; — 51°,3 [Ladenburg et Krügel, *D. chem. G.*, **33**, **1**, 638, 1900]; — 50°,8 [Intosh et Steele, *Proc. Roy. Soc.*, **73**, 450, 1904].

Point d'ébullition : — 34°,12 sous 739mm,8 (Estreicher); — 36°,7 sous 751mm,7 (Ladenburg et Krügel; — 37°,7 (Instosh et Steele).

Température critique : 150°,7 (Estreicher). La densité du liquide à son point d'ébullition est de 2,799 (Intosh et Steelle) et son indice de réfraction pour la raie D est $n_D = 1{,}466$ à 16°,5 [Bleckrode, *Recueil des Pays-Bas*, **4**, 77, 1885].

L'acide iodhydrique liquéfié ne conduit pas le courant électrique [Hittorf, *An. Chem. Wiedmann*, (4), 379, 1878], mais les solutions aqueuses d'acide iodhydrique sont conductrices, et Ostwald [*Handb. der anorg. Chem. Dammer*, **1**, 556, 1892] a déterminé la conductibilité moléculaire M des solutions aqueuses renfermant 1 molécule gramme d'acide dissous dans V litres d'eau :

V	M	V	M
2	80,5	123	89,4
4	83,2	256	89,7
8	84,9	512	89,7
16	86,4	1024	89,3
32	87,6	2048	89,0
64	88,7		

D'après Kohlrausch [*Münch. Akad. Ber.*, 1875, (3), 287], la conductibilité moléculaire d'une solution aqueuse d'acide iodhydrique à 5 0/0 et à 18° est 10^{-8} fois la conductibilité du mercure à 0°. La variation de ce coefficient pour 1° entre 18° et 26° est de 0,0158.

Propriétés chimiques. — La dissociation de l'acide iodhydrique gazeux est complète à la lumière solaire et à la température ordinaire. Elle ne donne d'ailleurs lieu à aucune espèce d'équilibre, la réaction inverse n'ayant pas lieu. La vitesse de la dissociation est indépendante de la pression et tout se passe comme si chaque molécule était isolée [Bodenstein, *Z. physik. Chem.*, **22**, 1, 33, 1897]. Les radiations efficaces sont bien celles comprises entre le bleu et le violet comme l'avait déjà indiqué Lemoine.

La décomposition, nulle à l'obscurité, très faible à la lumière diffuse, atteint déjà 3 0/0 après 2 heures d'insolation directe. Elle fut complète après 52 jours d'exposition intermittente à la lumière solaire : $HI_{gaz} = H + I_{solide} + 6^{cal},4$ [Berthelot, *C. R.*, **127**, 143, 1898].

L'action de la chaleur sur le gaz iodhydrique a également été étudiée. Des ampoules scellées et remplies d'acide iodhydrique, obtenu par union directe de H et de I, ne se sont décomposées que de 0,4 0/0 après 180 heures de chauffe à 180°. A 448° on a 21,5 0/0 du gaz décomposé après 4 heures, 19,57 0/0 après 30 heures à 394° et 17,31 0/0 avec 240 heures de chauffe à 250°. En chauffant à une température voisine de celle pour laquelle la chaleur de formation de HI est nulle (dans la vapeur de diphénylamine), l'équilibre est beaucoup plus long à atteindre et on ne trouve que 16,69 0/0 du gaz décomposé [Bodenstein et Meyer, *D. chem. G.*, **26**, 1146, 2603, 1893; *Zeit. physik. Chem.*, **13**, 56, 1894].

L'acide iodhydrique anhydre et liquéfié n'attaque pas le plomb, le bismuth, le cadmium, l'arsenic, le bore, l'antimoine, le magnésium, le silicium, le thorium, les carbonates de soude et de calcium, le sulfure de carbone. Il dissout au contraire le fer, le mercure, le cuivre, l'aluminium, le sodium, le potassium. L'eau ne se mêle pas à l'acide liquéfié, l'oxyde de cuivre est dissous et le bioxyde de manganèse réagit avec mise en liberté d'iode. Le chlore réagit violemment, l'acide sulfureux également en donnant du soufre mou [Norris et Cottrell, *Am. Chem. J.*, **18**, 96, 1896].

L'étude du point de congélation des solutions aqueuses d'acide iodhydrique met en évidence l'existence de plusieurs hydrates caractérisés par leur point de congélation, $HI.2H^2O$; $HI.3H^2O$; $HI.4H^2O$. L'hydrate $HI.17H^2O$ semble également exister [Spencer, Umfreville, Pickering, *D. chem. G.*, **26**, 2307, 1893]. Le fluor décompose le gaz iodhydrique avec mise en liberté d'iode [Moissan *An. Phys. Chim.*, (6), **12**, 1887; **24**, 224, 1891]. L'oxygène réagit sur l'acide iodhydrique gazeux; Berthelot a donné les constantes thermochimiques de la réaction [*C. R.*, **109**, 592, 1889]. Dans l'action du phosphore sur l'acide iodhydrique, il se fait de l'iodure de phosphonium et du biiodure de phosphore. En présence de l'eau, l'iodure de phosphore disparaît et donne naissance à de l'acide phosphoreux [Damoiseau *C. R.*, **91**, 883, 1880; — Richardson, *J. Ch. Soc.*, 805, 1887].

Les hydrures métalliques, en présence de l'acide iodhydrique gazeux, donnent de l'hydrogène et des iodures métalliques [Moissan, *An. Phys. Chim.*, (7), **18**, 289, 1899]. Les carbures métalliques, en agissant sur le gaz iodhydrique, fournissent un moyen précieux de préparation des iodures dont le métal est difficile à obtenir pur (Moissan). Lebeau a utilisé cette réaction pour obtenir l'iodure de glucinium [*An. Phys. Chim.*, (7), **16**, 457, 1899].

Besson a étudié l'action du gaz iodhydrique sec sur les chlorures de thionyle et de sulfuryle. La réaction est énergique même dans la glace. Il y a dégagement d'iode et d'acide chlorhydrique [*C. R.*, **123**, 884, 1897]. Sur le chlorure de thiophosphoryle l'action est analogue [*C. R.*, **122**, 1200, 1896]; avec l'oxychlorure de carbone il ne se forme pas de dérivés iodés du carbonyle, mais seulement de l'oxyde de carbone et de l'acide chlorhydrique, en même temps qu'il se sépare de l'iode [Besson, *C. R.*, **122**, 140, 1896]. L'acide iodhydrique en solution concentrée, chauffé avec des quantités équivalentes de tétrachlorure de carbone et en tubes scellés à 130°, donne de l'iodoforme, de l'iode et de l'acide chlorhydrique [Walfisz. *Bull. Soc. Chim.*. (7). 257, 1892].

La couleur des iodures métalliques a fait l'objet de diverses études tendant à établir une relation avec leur composition chimique. La coloration varierait du blanc vers le noir avec l'augmentation du poids moléculaire [Idda Smedley, *Chem. News*, **86**, 188, 1902 et W. Ackroyd. *ibid.*. **88**, 217, 1903.].

Pentafluorure d'iode. — Moissan a obtenu ce corps par action directe du fluor et de l'iode. Ils se combinent en produisant une flamme peu éclairante, et en donnant naissance à un liquide incolore qui, en présence d'un excès de fluor, est un pentafluorure IF^5 solidifiable à + 8° en une masse ayant l'apparence du camphre. Il bout à 97° et distille sans altération: sa vapeur se décompose entre 400 et 500° en donnant des vapeurs d'iode. Il peut être distillé dans l'hydrogène; le chlore et le brome s'y dissolvent à froid, mais ce dernier, lorsqu'on chauffe le mélange, donne naissance à du bromure d'iode et du fluorure de brome. L'iode et le fluor sont très solubles dans ce fluorure.

D'une manière générale, ce composé est très actif vis-à-vis des métalloïdes (même le carbone et le silicium), des métaux et des corps composés. L'action de l'eau peut se représenter par la formation d'acide iodique et d'acide fluorhydrique. [*Ann. Chim. Phys.*, (6), **24**, 240, 1891].

Protochlorure d'iode. — Stortenbecker a montré que le protochlorure d'iode existe sous deux formes isomères cristallisées : l'une ICl α. stable, fondant à 27°,2. l'autre ICl β, plus labile, et fusible à 13°,3 [*Zeit. physik. Chem.*. **3**, 11, 1888; *Rec. Pays-Bas*, **7**, 152, 1888]. La forme β revient facilement à la forme α, tandis qu'il faut chauffer le chlorure α à 40°, le maintenir en surfusion et le refroidir à — 10° pour obtenir le chlorure β. Tanatar a observé qu'il fallait éviter toute trace d'acide chlorhydrique pour être dans les meilleures conditions pour préparer ICl β [*Journ. Soc. phys. chim. russe*, n° 2, 1893]. Le chlorure α est en prismes rouge rubis, β est en tablettes rouge brun. La chaleur de transformation de ICl β en ICl α est de 0^{cal},273 par molécule: ICl α fondu donne ICl α solide avec dégagement de 2^{cal}.319. chaleur presque égale à celle de la transformation de ICl β fondu en ICl α solide, soit 3^{cal},22. Il en résulte qu'à l'état liquide il n'y a qu'une seule variété de protochlorure d'iode, leur densité est la même [G. Oddo, *Gazz. chim. ital.*, **31**, 11 et 146, 1901]. Le chlorure d'iode est donc monotrope et énantiomorphe [Bruni et Callegri, *Atti Ac. Lincei*, (5), **15**, 481, 1904].

La chaleur dissocie le protochlorure d'iode en iode et trichlorure d'iode. Thorpe et Perry [*Chem. Soc.*, **64**, 925, 1893] ont néanmoins constaté que ce corps subsiste inaltéré en solution sulfocarbonique ou chloroformique. Schering [*Polyt. J. Dinglers*, **256**, 323, 1885] a obtenu le composé ICl . HCl en faisant passer un courant de chlore à saturation sur 4 parties d'iode en présence de 12 parties d'eau. En chimie organique, le protochlorure d'iode peut donner naissance à des dérivés chloroiodés [Bigot, *Ann. Chim. Phys.*, (6). **22**, 464, 1891).

Trichlorure d'iode. — Le trichlorure d'iode a été préconisé comme antiseptique par Langenbuch. Riedel [*Gesundheitsamte* (2), 146, 1887] indique qu'en solution à une très grande dilution il détruit rapidement les germes. Une solution à 0,1 0/0 équivaudrait à une solution phéniquée à 2 0/0. Behring a également constaté ces propriétés précieuses [*Zeit. f. Hygiene.*, 9 452, 1890, et **12**, 10 et 45, 1892].

D'après Tavel et Tchirsch [*Arch. Pharm.*, **230**. 331, 1892], le trichlorure d'iode se dissout dans l'eau en se décomposant aussitôt en monochlorure, et elle contient alors I et Cl libres en même temps que HCl et $ICl O^3$, qu'on prenne la solution récente ou ancienne.

V. Thomas [*Bull. Soc. Chim.*, **15**, 1090, 1896] a indiqué que le trichlorure d'iode se formait dans l'action de l'iode sur le chlorure stanneux en présence de sulfure de carbone. La solution évaporée laisse un résidu qui, traité par l'eau, précipite le trichlorure d'iode par l'acide sulfurique.

Le trichlorure d'iode s'unit au chlorure de soufre, d'après O. Ruff et Fischer [*D. chem. G.*, **27**, 4513, 1904].

Bromure d'iode. — L'équilibre entre le brome et l'iode, étudié par la courbe de refroidissement du mélange du solide et du liquide, ne donne que des mélanges cristallins. Entre le brome et la vapeur d'iode, on peut conclure à la présence de IBr très dissocié à l'état de vapeur [Meerum Terwogt, *Zeit. anorg. Chem.*, **47**, 203, 1905].

La conductibilité de l'iodure de brome dans l'acide sulfureux liquéfié est presque égale à celle d'un sel vrai [Walden, *Zeit. physik. Chem.*, **43**, 385, 1903].

Juin 1906. P. Lebeau et M. Moniotte.

IODE (COMPOSÉS OXYGÉNÉS). — Acide hypoiodeux. — D'après Lunge et Schoch, l'iode agit à froid sur la chaux hydratée pour donner un iodure de chaux assimilable à un mélange d'iodure et d'hypoiodite. Il se forme en même temps beaucoup d'iodate [*D. chem. G.* **15**, 1883, 1882].

L'action de l'oxyde mercurique, récemment précipité, sur une solution alcoolique d'iode fournit une petite dose d'acide hypoiodeux instable [Köne, Lippmann, Orton et Blackmann, *Proc. Chem. Soc.*, **16**, 103, 1900] ; mais exercée très rapidement sur de l'iode précipité, elle peut fournir une liqueur contenant jusqu'à 95 0/0 de l'iode à l'état d'acide hypoiodeux [Taylor, *Proc. Chem. Soc.*, **18**, 72, 1902].

On en obtient aussi à côté d'acide iodique, en oxydant l'acide iodhydrique par l'acide azoteux, ou par d'autres oxydants [Raschig, *Chem. Centralbl.*, (2), 1482, 1904; — Skrabal, *Chem. Zeit.*, **29**, 550, 1905].

Les solutions d'acide hypoiodeux ont une coloration qui va du vert jaunâtre au brun. Diluées, elles ont une odeur d'iodoforme; concentrées, elles ont l'odeur d'iode à cause de leur destruction rapide en iode et iodate (Skrabal).

La réaction :

$$I^2 \text{ solide} + O + H^2O + \text{eau} = 2\, IOH \text{ diss.}$$

dégage — 9000 calories [Berthelot, *Ann. Chim. Phys.*, (5), **13**, 24, 1878].

L'acide hypoiodeux paraît être un acide plus faible que l'acide hypochloreux [Förster et Gyr. *Zeits. Elektr.*, **9**, 1].

Selivanoff regarde les iodures d'azote, comme les dérivés amidés hypoiodeux [*D. chem. G.*, **27**, 1012, 1894].

Anhydride iodique. — L'oxygène et l'iode n'en fournissent pas par union directe en présence de mousse de platine [Wehsarg, *D. chem. G.*, **17**, 2896, 1884]. Au contraire il s'en produit quand de l'iode est volatilisé dans une flamme d'hydrogène [Salet, *C. R.*, **80**, 884, 1875].

On en obtient par l'action de l'anhydride hypochloreux, gazeux ou dissous dans le chlorure de carbone, sur le trichlorure d'iode : le chlore est éliminé à l'état libre [Basset et Fielding, *Chem. News*, **53**, 205, 1886].

Sa chaleur de formation I^2 sol $+ O^5 = I^2O^5$ sol., est : — 48000 cal. [Berthelot, *Ann. Chim. Phys.*, (5), **13**, 24, 1878] ; + 45020 cal. [Thomsen, *Therm. Unters.*, **2**, 164, 1882].

L'anhydride iodique n'oxyde pas encore le méthane à 80° ; mais il oxyde l'acétylène dès 35°. L'oxyde de carbone, même dilué de 30000 fois son volume d'air, est totalement oxydé à 65°-70°, ce qui permet de le doser dans l'air [A. Gautier, *C. R.*, **126**, 931, 1898 ; — Nicloux, *C. R.*, **126**, 746, 1898].

Acide iodique. — Dans la préparation de l'iodate de potassium par l'action de l'iode sur le chlorate de potassium, en présence d'un peu d'acide azotique, il peut y avoir production de chlorure d'iode [Kämmerer, *J. prakt. Chem.*, **83**, 65, 1861]. D'après Bassett [*J. Chem. Soc.*, **57**, 760], elle aurait toujours lieu. Au contraire, Schlötter a indiqué que le chlorure d'iode ne se forme que lorsque l'iode et le chlorate de potasse sont à molécules égales [*Z. anorg. Chem.*, **45**, 270, 1905].

On peut préparer de l'iodate de potassium en chauffant l'iodure avec une solution de persulfate d'ammoniaque, acidulée d'acide azotique, et additionnée d'azotate d'argent [Dittrich et Bollenbach, *D. chem. G.*, **38**, 747, 1905].

D'après Lescœur [*Bull. Soc. Chim.*, (3), **1**, 563, 1889], les solutions d'acide iodique dans l'acide nitrique concentré l'abandonnent par refroidissement en cristaux trapézoïdes IO^3H : les solutions dans l'acide dilué fournissent des cristaux hexagonaux de l'hydrate $IO^3H.H^2O$.

D'après Groschuff [*Z. anorg. Chem.*, **47**, 331, 1905], l'acide IO^3H subit vers 110° une fusion partielle, qui confirme l'existence de l'hydrate $3I^2O^5,H^2O$, de Millon, contestée par Ditte.

D'après Thomsen [*D. chem. G.*, **7**, 71, 1874] le volume moléculaire pour une solution

$$IO^3H + nH^2O$$

est représenté à 17° par la formule

$$V_n = 18n + 39,1 - \frac{n}{18+n} 13,1.$$

La tension maxima de la solution saturée d'acide iodique à 20° est $11^{mm},6$ [Lescœur, *C. R.*, 1260, 1886].

D'après les recherches d'Ostwald sur les conductibilités moléculaires de ses dissolutions (2 l. à 4096 l. par molécule), son ionisation est moindre que celle de l'acide iodhydrique, ce qui le différencie nettement de l'acide chlorique [*J. prakt. Chem.*, (2), **31**, 433, 1885].

Sa chaleur de formation :

$$I \text{ sol.} + O^3 + H = IO^3H \text{ solide},$$

est de 60400 cal. [Berthelot, *Ann. Chim. Phys.*, (5), **13**, 24, 1878]. On a :

$$I^2O^5 \text{ sol.} + H^2O \text{ sol.} = 2IO^3H \text{ sol.} \ldots + 2180 \text{ cal.}$$

Chrétien a étudié les composés que Millon avait déjà obtenus en chauffant la dissolution d'acide iodique dans l'acide sulfurique concentré. Il y a dégagement d'oxygène, et dépôt successif de feuillets jaunes $2SO^4H^2.3I^2O^4$, puis d'aiguilles jaunes $SO^4H^2,I^2O^4,12I^2O^5$, et enfin, à la suite de perte d'iode, du composé $2SO^4H^2.2I^2O^4.I^2O^5$, etc. [*Ann. Chim. Phys.*, (7), **15**, 348, 1898]. Le même auteur a obtenu avec l'acide phosphorique le composé prismatique $2PO^4H^3.18I^2O^5,H^2O$, destructible par l'eau, et avec l'acide molybdique, le corps cristallisé $2IO^3H.2MoO^3.H^2O$ soluble.

Berthelot a mesuré [*loc. cit.*] les chaleurs de de neutralisation de l'acide iodique, à 13° :

IO^3H dilué $+$ KOH dilué .... $+ 14\,300^{cal}$
— $+ 4KOH$ dilué ... $+ 14\,860^{cal}$
— $+ IO^3K$ dilué ..... $+ 200^{cal}$

Ces résultats indiquent une certaine tendance à la production de sels basiques et aussi de sels acides : quelques sels acides ont en effet été décrits.

Les iodates sont réduits très facilement par le sulfate d'hydrazine en solution alcaline. L'acide formique en solution aqueuse les réduit quantitativement avec séparation d'iode. Le sulfate d'hydroxylamine en liqueur acide les réduit encore plus aisément en iode libre [Jannasch et Jahn, *D. chem. G.*, **38**, 1576, 1905].

La cryoscopie des solutions aqueuses d'acide iodique conduit à y admettre la présence de molécules doubles, plus nombreuses quand on diminue la dilution, ce qui confirme les vues de Thomsen [Groschuff, *loc. cit.*].

Acide periodique. — On peut préparer le periodate de sodium en faisant un mélange intime d'iode et de bioxyde de sodium et portant un point à l'incandescence, qui se propage dans toute la masse. Un lessivage à l'eau fournit du periodate avec un rendement de 65 0/0 [Hœhnel, *Arch. Pharm.*, **232**, 222, 1894].

Dans l'électrolyse des solutions alcalines d'iodates, on obtient des periodates : le rendement, moins bon à chaud, est meilleur avec des anodes de platine ou de bioxyde de plomb [E. Müller, *Z. Elektroch.*, **10**, 49, 1904]. D'après Lamb [*Am. Chem. Journ.*, **27**, 134, 1902], l'acide IO^6H^5, chauffé sous pression réduite à 12 millimètres, passe dès 100° à l'état d'acide métaperiodique IO^4H. A 138° on a déjà beaucoup d'anhydride iodique. Sous la pression ordinaire la destruction commence à 110°.

La chaleur de dissolution de l'acide IO^6H^5 est — 1380 cal. [Thomsen, *An. Ph. Chem. Pogg.*, **134**, 534, 1868].

La solution d'acide periodique vire à l'hélianthine par une seule molécule de soude, mais elle est encore acide à la phtaléine et au tournesol, ce qui indique que l'acide est au moins bibasique [Astruc et Murco, *Bull. Soc. Chim.*, (3), **27**, 929, 1900 ; — Grolitti, *Att. Ac. Lincei* (5), **14**, 217, 1905].

Sur la basicité de l'acide periodique, voir aussi Thomsen, *Therm. Unters.*, **1**, 246, 1882 ; — Ostwald, *J. prakt. Chem.*, (2), 300, 1885].

Juillet 1906. Paul Sabatier.

IODE (ANALYSE). (1er sup., 953). — La recherche spectroscopique de l'iode dans les minéraux peut être effectuée de la manière suivante [Jovan Panaotovic, *Chem. Centralbl.*, **2**, 1342, 1902] : Le précipité sec fourni par le nitrate d'argent est additionné de deux fois son poids d'oxyde de cuivre. On le chauffe dans un tube et on fait passer un courant d'hydrogène qu'on enflamme. Le spectre est d'abord celui du chlore, puis celui du brome, enfin celui de l'iode.

Par voie sèche l'iode peut être recherché facilement au moyen du persulfate de potassium, du bichromate de potassium et des oxydants [Bernhard Merck, *Pharm. Ztg.*, **50**, 1022, 1905].

Weiss a constaté que dans le *fucus vesiculosus* l'iode est sous forme organique, et que la recherche se fait bien par fusion avec le salpètre et la potasse [*Zeit. osterreicher. Apotek. Ver.*, **41**, 429, 1903 ; consulter encore Cuniasse, *Ann. Chim. Anal. appl.*, **5**, 513, 1900]. De minimes quantités d'iode peuvent être décelées en employant comme réactif les aldéhydes oxydées par exposition à l'air, leur action sur les iodures est très sensible [Ludwig, *D. chem. G.*, **29**, 1454, 1896], ou bien la paraldéhyde [Wachhusen, *Apot. Ztg.*, 374, 1897].

Le dichlorure de benzène-sulfamide

$C^6H^5 . SO^2 . AzH^2 . Cl^2$

(fusible à 70°) a la propriété singulière de déplacer le brome et l'iode des bromures et iodures métalliques. Il pourrait constituer un réactif de ces éléments soit seul, soit employé en présence du sulfure de carbone [Kastle, *Am. Chem. Journ.*, **17**, 704, 1896]. La recherche de l'iode peut encore se faire au moyen du peroxyde de baryum et de l'acide chlorhydrique [Riegler, *Pharm. Centralblatt*, **44**, 565, 1903], méthode qui est également applicable à la recherche de l'iode dans l'urine [Sandlund, *Arch. Pharm.*, **232**, 177, 1894]; consulter pour cette dernière recherche A. Hefter [*Zeit. f. exper. Pathol. Therap.*, **2**, 433, 1905], et aussi Guerbet [*J. Pharm. Chim.*, (6), **13**, 313, 1903].

Pour déterminer de 0,1 à 1 0/0 de chlore ou de brome dans l'iode, Tatlock et Thomson emploient la méthode suivante [*J. Soc. Chem. Ind.*, **24**, 187, 1905]: A 5 ou 10 grammes de la matière dans 100 centimètres cubes d'eau on ajoute du zinc en poudre en évitant l'échauffement. On filtre et lave lorsque l'iode est bien dissous, puis on introduit de 3 à 7 grammes de nitrite de soude pur et on acidifie prudemment par l'acide sulfurique dilué. L'iode est filtré, la liqueur agitée avec du benzène, du chloroforme ou du sulfure de carbone, puis le liquide séparé est chauffé pour enlever le dissolvant. On précipite ensuite le chlore et le brome qu'on dose comme sel d'argent.

Pour la recherche particulière du brome, Corminbœuf dissout l'iode en présence de fer réduit ou rend neutre la solution des iodures à examiner. Il précipite l'iode par un excès de chlorure ferrique, filtre sur coton de verre, et la liqueur, bouillie pour chasser l'iode en solution, est précipitée par la soude. Dans le filtrat le brome est décelé par le chlorate de potassium, l'acide sulfurique et le chloroforme [*Ann. Chim. an. appl.*, **10**, 145, 1905].

D'après le « Arzeinbuch für das Deutsch. Reich » on peut rechercher le cyanogène dans l'iode en pulvérisant 5 grammes de matière avec 20 centimètres cubes d'eau; on réduit par l'acide sulfureux, ajoute du sulfate ferreux et ferrique et introduit dans un excès de lessive de potasse. On chauffe et acidifie. La formation de bleu de Prusse est caractéristique.

Meinecke [*Zeit. anorg. Chem.*, **2**, 157, 1892] caractérise et dose le cyanogène au moyen du thiosulfate de soude : 3 molécules d'iodure de cyanogène réagissent, en effet, sur 6 molécules d'hyposulfite de soude en solution acide, et sur 5 en solution neutre. Il se forme une quantité de sulfate correspondante. Mais il faut obtenir pour cela de l'hyposulfite exempt de sulfate ou en déterminer exactement la quantité préexistante dans ce réactif.

Milbauer et Hac déterminent plus simplement le cyanogène en chauffant l'iode pulvérisé avec de l'acide sulfurique et de l'eau. Tout l'azote est retenu, et on termine comme dans le dosage de Kjeldahl [*Zeit. anal. Chem.*, **44**, 286, 1905].

Volhard a montré que dans la réaction de l'iode sur l'acide sulfureux, suivant le procédé de titration de Bunsen, on peut se servir de solutions assez concentrées si on a soin de verser la solution sulfureuse dans la solution d'iode [*Liebig. Ann.*, **242**, 93, 1889]. Le chlorure d'iode peut perturber les dosages volumétriques en présence d'iodure de sodium [voyez Dupré, *Zeit. angew. Chem.*, **17**, 815, 1904; — Hennecke, *Pharm. Ztg.*, **49**, 957 et 1095, 1904, puis Frerichs, *Apoth. Ztg.*, **20**, 13, 1905; — Junker, *Pharm. Ztg.*, **49**, 1040, 1904].

L'hyposulfite de soude peut être remplacé avantageusement par l'hyposulfite de baryum [Plumpton et Chorley, *Chem. Soc.*, **67**, 314 1895].

La réaction quantitative des iodures sur les iodates alcalins en présence d'acide est d'une application pratique pour les dosages volumétriques [Ditz et Margosches, *Chem. Ztg.*, **28**, 271 et 1191].

Une solution d'iodate de potassium, additionnée d'acide acétique, permet de doser l'iode des iodures en titrant ensuite avec l'hyposulfite de soude, après agitation avec le sulfure de carbone. Le liquide débarrassé de l'iode contient le chlore qu'on peut rechercher et doser [Bénédict et Snell, *J. Am. Chem. Soc.*, **25**, 1038, 1903].

L'emploi de l'eau oxygénée a permis une détermination alcalimétrique de l'iode, basée sur les propriétés des iodures vis-à-vis des alcalis et de l'eau oxygénée [voyez Lunge, *D. chem. G.*, **16**, 868; — Förster et Gyr, *Zeit. Electrochem.*, **9**, 1, 1903]: A 30 centimètres cubes de soude décinormale on ajoute, dans un ballon de 200 centimètres cubes, 30 centimètres cubes d'eau oxygénée à 1 0/0 et 25 centimètres cubes de la solution d'iode. On chauffe quelques minutes à 100° et on titre avec l'acide sulfurique décinormal et le méthylorange. On obtient ainsi l'iode combiné à l'alcali, et, en multipliant par 3,1655, le poids de l'iode dans 25 centimètres cubes de solution [Barbieri, *Bull. Chim. Pharm.*, **44**, 6, 1905]. L'addition d'un sel d'argent à une liqueur contenant des chlorures, des bromures et des iodures précipite l'iode d'abord, et complètement. En suivant la précipitation au moyen de touches sur un papier imbibé d'une solution de chlorure de palladium, l'iode donnera une tache brune tant qu'il en reste dans la solution, il est facile de titrer un iodure soluble avec une simple solution décime de nitrate d'argent.

Pour déterminer le titre d'un iode ou d'un iodure cuivreux, on les met avec de l'eau et de la poudre de zinc pour les dissoudre, et on titre avec la liqueur d'argent [Thilo, *Chem. Ztg.*, **28**, 866, 1904].

Johnstone [*Chem. News*, **62**, 152, 1892] avait déjà préconisé l'emploi d'une goutte de nitrate d'argent ammoniacal pour déceler, par une coloration jaune, une quantité même très faible d'iode dans beaucoup de chlorure.

Schierholz employait également les sels d'argent pour titrer l'iode en présence de chlore et de brome, mais d'une façon moins simple que précédemment [*Mon. f. Chem.*, **13**, 139, 1892].

Dans une solution, le chlorure ou le bromure mercureux permettent de séparer la moindre trace d'iode. La sensibilité est plus forte que pour tous les autres réactifs, car elle permet de déceler $0^{mmg},5$ dans un volume de liquide d'un litre. Elle peut, de plus, être employée quantitativement [O. Wentzki, *Zeit. anorg. Chem.*, **18**, 696, 1905]. En employant une solution de bichlorure de mercure à $8^{gr},163$ par litre, il est facile de titrer l'iode dans l'urine; les touches se font avec de l'empois d'amidon acidifié par l'acide azotique [*Ann. Chim. anal. appl.*, **7**, 306, 1902].

Villiers et Fayolle ont modifié le procédé de Duflos : l'iode déplacé par le perchlorure de fer est épuisé dans la liqueur par le sulfure de carbone, dans une ampoule à robinet graissé à la glycérine. L'avantage réside dans la suppression de la perte qui peut provenir de l'entraînement de l'iode par distillation [*Bull. Soc. Chim.*, **11**, 554, 1894]. — Carnot [*C. R.*, **126**, 187, 1898; *Bull. Soc. Chim.*, **19**, 251] indique que dans un mélange de sels halogènes, les vapeurs nitreuses et l'acide sulfurique déplacent à froid tout l'iode sans agir sur les bromures et les chlorures; par épuisement au sulfure de carbone on peut enlever l'iode. L'emploi de l'acide chromique et de l'acide sulfurique permet également la séparation de l'iode seul, à froid. En portant à 100°, le brome est alors déplacé [Imbert et Compan, *Bull. Sciences Pharm. du Sud-Ouest*, 1899; *Ann. Chim. analyt. appl.*, **4**, 195, 1899].

L'emploi de l'eau oxygénée et de l'acide acétique permet le dosage de l'iode dans un mélange d'halogènes [Jannash et Zimmermann, *D. chem. G.*, **29**, 196, 1906]. Cette méthode est applicable à la recherche de l'iode dans les eaux [Percy et Richards, *Chem. News*, **75**, 293, 1897]. Kreider emploie également une méthode de séparation de l'iode des iodures basée sur l'électrolyse [*Am. J. Science Sill.*, (4), **20**, 1, 1905].

Pour séparer complètement l'iode à l'état d'iodure cuivreux, Baubigny et Rivals [*C. R.*, **137**, 753, 1903] ont constaté qu'au mélange d'iodure cuivreux et d'iode formé par l'addition de sulfate de cuivre, on doit ajouter successivement un arséniate et un sel ferreux (qui réduit l'iodure cuivrique). La réaction se fait à froid. Le précipité cuivreux est redissous dans l'ammoniaque, oxydé par l'eau oxygénée, acidifié par l'acide azotique, et on précipite l'iode par le nitrate d'argent.

Macnair observe que si on chauffe un iodure avec de l'acide sulfurique et du bichromate de potassium, il se fait de l'iode libre, mais dans le cas de l'iodure d'argent il se forme de l'iodate pendant que tout le brome et le chlore sont volatilisés. Les sels d'argent précipités et pesés sont chauffés avec 2 grammes de bichromate et 15 grammes d'acide sulfurique. L'iodate obtenu est redissous dans l'eau chaude et réduit par l'acide sulfureux. Il est alors reprécipité à l'état d'iodure d'argent, sans traces de brome ou de chlore qui ont été volatilisés [*Chem. Soc.*, **63**, 1051, 1894]; consulter sur cette méthode Baubigny et Rivals [*C. R.*, **127**, 1219, 1898, et **128**, 51, 1899].

L'acide borique pur, et à froid, déplace l'acide iodhydrique des iodures, mais il n'agit qu'à chaud sur les bromures et les chlorures. En faisant intervenir en même temps un oxydant peu énergique tel que l'hydrate de bioxyde de manganèse, obtenu en réduisant le permanganate de potassium par l'alcool, on volatilise l'iode qu'il est facile de recueillir dans la soude additionnée de sulfite de soude. On emploie de $0^{gr},2$ à $0^{gr},5$ d'acide borique pour $0^{gr},1$ à $0^{gr},2$ d'iode (calculé comme iodure d'argent, il ne faut pas ajouter une trop forte proportion d'oxydant à cause de l'oxydabilité de l'iode) [Baubigny et Rivals, *C. R.*, **137**, 650, 1903]. Une autre méthode des mêmes auteurs [*C. R.*, **137**, 927, 1903] est basée sur le déplacement du chlore et du brome dans la solution, par addition de permanganate de potassium et d'un sel cuivrique d'abord en solution neutre, ce qui élimine seulement le brome, puis acide pour enlever le chlore. Dans la solution l'iode reste totalement à l'état d'iodate.

V. Thomas a proposé de doser l'iode volumétriquement au moyen d'un excès de sel thallique en solution diluée. Tout l'iode est mis en liberté sans formation d'iodure thalleux. On le chasse de la liqueur par ébullition et on titre l'excès de sel thallique non réduit par l'iodure de potassium [*C. R.*, **134**, 1141, 1902].

L'iode peut être dosé dans les composés organiques par la méthode générale de combustion dans la bombe calorimétique [Berthelot, *C. R.*, **129**, 1002, 1899].

Le dosage de l'iode dans les matières organiques, les organes, peut être effectué en calcinant la matière avec de la potasse et du nitre. Reboul indique l'emploi de cette méthode pour le dosage d'iode dans l'huile de foie de morue. L'huile est saponifiée au reflux par son poids de potasse alcoolique à 40 0/0. On ajoute ensuite 10 grammes de nitre, et on évapore et calcine la masse qui brûle facilement [*Bull. Pharm. du Sud-Est*, 1898; *Ann. Chim. analyt. appl.*, **3**, 312, 1898].

Nous décrirons encore, avec quelques détails, la recherche de l'iode dans les eaux par la méthode précise d'Armand Gautier [*C. R.*, **128**, 1070, 1899]. L'eau est additionnée de carbonate de potasse neutre et pur tant qu'elle se trouble, puis de $0^{gr},2$ à $0^{gr},4$ de potasse caustique par litre. Elle est évaporée sans filtrer jusqu'à cristallisation sur les bords, en la maintenant toujours alcaline, car elle tend à s'acidifier. Le résidu encore bien liquide est mélangé avant refroidissement complet et agité avec de l'alcool à 83°. Ce dissolvant élimine en grande partie les sels. Le magma salin alcoolique contenant les iodures est jeté sur filtre sans pli, essoré à la trompe, et le filtrat évaporé. Ce second résidu est neutralisé par l'acide sulfurique, réalcalinisé par une goutte de potasse et repris par de l'alcool à 90°. Quand cet alcool est évaporé, on fritte légèrement la matière pour détruire un peu de substance organique, on reprend par l'eau et filtre une dernière fois. La liqueur contient alors sous un petit volume la totalité du brome et de l'iode. Pour en séparer l'iode on recourt à la méthode de Dechan, qui consiste à distiller la liqueur iodobromée avec une solution très concentrée de bichromate de potassium. L'iode, seul, passe avec la vapeur d'eau et on le reçoit dans la potasse pure. Quand on a distillé 10 à 15 centimètres cubes, on sursature la liqueur par de l'acide sulfurique étendu, et on y dose l'iode colorimétriquement, d'après Nicloux et Rabourdin [voir *C. R.*, **128**, 644, 1899].

Bourcet [*C. R.*, **128**, 1120, 1899], pour la recherche de l'iode dans une matière organique, l'humecte avec de la potasse, dessèche à 100°, pulvérise la masse et la fond au creuset de nickel avec de la potasse. On traite par l'eau, ajoute de l'acide sulfurique au cinquième en évitant tout échauffement, puis on réalcalinise avec quelques gouttes de potasse et additionne la liqueur de son volume d'alcool à 90°. Le sulfate de potasse s'élimine en grande partie. La liqueur filtrée (le sulfate de potasse étant lavé avec de l'alcool à 30°), est évaporée au tiers, additionnée d'alcool à 95°, et en répétant cette opération on finit par éliminer complètement le sulfate de potasse, alors que l'iode reste toujours dans la liqueur alcaline. On évapore à sec, fritte légèrement, reprend par l'eau, filtre et déplace l'iode dans les quelques centimètres cubes de liqueur par addition de vapeurs nitreuses et d'acide sulfurique en présence de sulfure de carbone. Cette méthode est également celle que Gautier a utilisé pour ses belles recherches de l'iode dans l'atmosphère. Elle permet de recueillir et d'apprécier 1/300 de milligramme d'iode dissous dans 1 centimètre cube de sulfure de carbone.

Juin 1906. P. Lebeau et M. Moniotte.

IODOCASÉINE. — Voyez IODALBUMINES.

IODOBROMITE (Min.) (von Lasaulx). — Mélange isomorphe de chlorure, bromure et iodure d'argent, Ag(Cl, Br, I), en petits cristaux jaune de soufre ou vert olive, dans les fentes d'un quartzite ferrugineux à Schöne-Aussicht, près Dernbach, Nassau. Densité = 5,713.

Forme cristalline. — Octaèdre régulier et cubo-octaèdre. Trace de clivage a^1.

L. Bourgeois.

IODOFORME, CHI^3 (Dict., 2, 125). — L'iodoforme se produit quand on chauffe le chloroforme avec de l'iodure de calcium à 100° [Spindler, *Ann. Chem.*, **231**, 263, 1885]: par ébullition de la glucamine avec la teinture d'iode [Maquenne et Roux, *Bull. Soc. Chim.*, **25**, 590, 1901]; dans l'action de l'iode sur la solution alcaline de pinacoline [Denigès, *Bull. Soc. Chim.*, **29**, 598, 1903].

On le prépare en faisant réagir un hypoiodite alcalin sur l'acétone. Le mécanisme de la réaction est le même que pour le chloroforme; mais comme les hypoiodites sont des corps instables à la température ordinaire, on fait intervenir les éléments de leur formation, l'iode et la soude, par exemple.

Dans un grand baquet muni d'un agitateur mécanique on met 4p,5 d'acétone, 200 p. d'eau et 20 p. d'iode, et on verse peu à peu en agitant 28 p. de lessive de soude à 30 0/0 de NaOH.

La soude agit sur l'iode pour le transformer moitié en hypoiodite, moitié en iodure; l'hypoiodite réagit quantitativement sur l'acétone pour donner de l'iodoforme; dans cette première phase 50 0/0 d'iode passeront donc à l'état d'iodoforme et 50 0/0 à l'état d'iodure. On ajoute alors 600 p. d'eau et on verse peu à peu, toujours en agitant, une solution d'hypochlorite de soude jusqu'à ce qu'il ne se précipite plus d'iodoforme.

L'hypochlorite produit avec l'iodure de sodium une double décomposition, et l'hypoiodite naissant achève la transformation de l'iode en iodoforme. Le précipité d'iodoforme est lavé, filtré et séché; une cristallisation dans l'alcool le donne tout à fait pur. Le rendement est de 97 à 98 0/0 du rendement théorique. L'iode est parfois remplacé par les solutions résiduelles qui proviennent de la cristallisation des iodures (Suilliot et Raynaud).

La préparation de l'iodoforme se fait aussi par électrolyse de la solution aqueuse d'iodures alcalins, en présence d'alcool ou d'acétone [Schering, *D. R. P.* 29771; — Foister et Meves, *J. prakt. Chem.*, **56**, 534, 1897: — Elbs et Herz, *Zeit. f. Electrochem.*, **4**, 113, 1897: — Abbott, *Phys. Chem.*, **7**, 84, 1903].

Propriétés. — L'iodoforme cristallise dans l'acétone en tables hexagonales [Pope, *Chem. Soc.*, **75**, 46, 1899]. $D^{17} = 4{,}008$ [Beyerinck, *Chem. Zeit.*, **21**, 853]. Solubilité dans l'alcool [Vulpius, *D. chem. G.*, **26**, 327, 1893], dans l'acide acétique [Klobukow, *Zeit. physiol. Chem.*, **3**, 353, 1889]. Sa chaleur de combustion à volume constant est de 161cal,8 [Berthelot, *C. R.*, **130**, 1094, 1900]. Le point cryohydratique du mélange naphtalène-iodoforme est 67°,5 (79 molécules $C^{10}H^8$ pour 21 molécules CHI^3) [Guertchik, *J. Soc. phys. chim. russe*, **34**, 844, 1902]. Il se décompose à la lumière [Daccomo, *Gazz. chim. ital.*, **16**, 251, 1886; — Kremers et Koche, *Centr. Bl.*, 1280, 1898 (2)]. Il n'est pas décomposé à — 187° par le fluor [Moissan et Dewar, *Bull. Soc. Chim.*, **29**, 431, 1903]. Action de l'argent pulvérulent [Fleury, *Centr. Bl.*, 613, 1897, (2)].

Il est décomposé par la solution aqueuse concentrée de nitrate d'argent avec dégagement d'oxyde de carbone et formation d'iodure d'argent [Greshoff, *Rec. des Pays-Bas*, **7**, 342, 1888; — Stubenrauch, *Centr. Bl.*, 1285, 1898, (2)]. Action des métaux pulvérulents [Cazeneuve, *Bull. Soc. Chim.*, **41**, 107, 1884]: du sulfure d'argent à 180° [Russell et Smith, *Chem. Soc.*, **81**, 1538, 1902]; de l'albumine [Knoll et Cie, *D. R. P.*, 95580; *Centr. Bl.*, 812, 1898, (1)].

Sur le dosage de l'iodoforme, voyez Richmond [*D. chem. G.*, **25**, 130, 1892]: Greshoff [*Zeit. anal. Chem.*, **29**, 209; **32**, 361, 1893]: Schacherl [*Centr. Bl.*, (1), 568, 1897].

1er janvier 1906. P. Carré.

IODOGLOBULINE. — Voyez Iodalbumines.

IODOGORGONIQUE (ACIDE). — C'est la première combinaison iodée bien définie qui ait été retirée d'un tissu vivant. Drechsel l'a obtenue en faisant bouillir le squelette d'un polypier (*Gorgonia Cavolinii*) avec de l'eau de baryte, et en précipitant le filtrat par un sel d'argent. Ce sont de petits cristaux tabulaires ou en forme de meules, peu solubles dans l'eau froide, solubles dans les alcalis, reprécipités par les acides et fondant à 205°. HCl donne un chlorhydrate bien cristallisé que l'eau décompose aussitôt. Le corps contient $C^4H^8AzIO^2$: il serait non pas comme le pensait Drechsel, un acide amino-iodobutyrique, mais un acide aromatique, car il donne la réaction xanthoprotéique [Drechsel, *Zeit. f. Biol.*, **33**, 85, 1896; — M. Henze, *Zeit. physiol. Chem.*, **38**, 60, 1903]. En traitant par de l'iode en excès et à la température ordinaire une solution de *l*-tyrosine dans 2 molécules de soude ou de potasse, H.-L. Wheeler et G.-S. Jamieson [*Am. Chem. Journ.*, **33**, 365, 1905] ont obtenu une *di-iodotyrosine*, où la chaîne carboxylée est en 1, OH en 4 et les 2 atomes d'iode en 3 et 5, et qui aurait toutes les propriétés de l'acide gorgonique.

1er janvier 1906 E. Lambling.

IODOL (syn. Tétraiodopyrrol). — Voyez Pyrrol.

IODONIUM (GÉNÉRALITÉS). — On donne le nom de dérivés de l'iodonium à un ensemble de composés organiques iodés dans lesquels l'iode joue le rôle d'élément trivalent. Ces composés peuvent être ramenés à 3 types qui sont : 1° les *dérivés iodosés*, proprement dits, dont la formule générale est R.IO et leurs sels; 2° les *dérivés oxy-iodosés* ou *iodylés*, $R.I.O^2$; 3° les *bases iodonium* ou *iodinium*

$$\begin{matrix} R \searrow \\ R' \nearrow \end{matrix} I-OH$$

et leurs sels.

On peut passer de l'un à l'autre de ces types par des réactions simples et quantitatives.

Les dérivés iodosés sont comparables, dans une certaine mesure, aux protoxydes de manganèse ou de plomb : ce sont des bases assez fortes, susceptibles de former des sels stables, tels que $RICl^2$, $RI(OCOCH^3)^2$ etc. En revanche, ils sont très endothermiques, par conséquent explosifs, et ils constituent des oxydants énergiques en raison de leur tendance à se transformer en dérivés iodés RI.

Les dérivés iodylés sont généralement plus stables; ils ont quelque analogie avec les bioxydes de plomb et de manganèse, en ce qui concerne notamment leur action sur l'acide chlorhydrique :

$$R.IO^2 + 4HCl = RICl^2 + 2H^2O + Cl^2$$

Quant aux bases iodonium ou iodinium, elles se rangent tout naturellement à la suite des bases ammonium, sulfinium, etc. :

$$AzR^4.OH \quad SR^3.OH \quad IR^2.OH$$

Les sels correspondant à ces hydrates sont absolument stables.

La découverte de ces dérivés de l'iodonium a été faite à peu près simultanément par M. Willgerodt (chloro-iodures) et par V. Meyer (dérivés iodosés). La plupart appartiennent à la série aromatique.

1. Dérivés iodosés.

Procédés généraux de préparation. — Les *dérivés iodosés* peuvent s'obtenir par oxydation directe des dérivés iodés correspondants. Cette oxydation peut se faire, soit au moyen de l'ozone [Harries, *D. chem. G.*, **36**, 2996, 1903], soit au moyen du permanganate ou de l'acide nitrique, comme dans le cas des acides aromatiques o-iodés (V. Meyer).

Toutefois, le procédé de préparation le plus général consiste à transformer les dérivés iodés en dichlorures, $RICl^2$ (voyez plus loin), et à décomposer ensuite ceux-ci par un alcali, un carbonate alcalin ou même simplement par l'eau seule ou en présence de pyridine [G. Ortoleva, *Scienze Naturali*, Palermo, **23**, 1900; *Gazz. chim. ital.*, **30**, II, 1, 1900] :

$$C^6H^5ICl^2 + 2KOH = C^6H^5IO + H^2O + 2KCl.$$

Cette réaction est souvent accompagnée d'une réduction plus complète en dérivé iodé :

$$C^6H^5ICl^2 + 2KOH = C^6H^5I + H^2O + KCl + KClO.$$

Quant aux *dichlorures*, on les obtient le plus généralement en faisant agir le chlore sec sur le dérivé iodé correspondant, préalablement dissous dans du chloroforme ou du tétrachlorure de carbone. Ils se forment également dans l'action de l'acide chlorhydrique sur les dérivés iodosés ou iodylés (voyez plus haut).

Propriétés générales. — Les dérivés iodosés constituent pour la plupart des poudres amorphes incolores ou peu colorées, insolubles dans l'eau et dans la plupart des liquides organiques sauf dans l'acide acétique. Ils sont doués d'une odeur intense très particulière, et se décomposent avec plus ou moins de violence à des températures variables.

Les dérivés iodosés sont réduits par l'alcool, par les amines grasses et aromatiques, et par les iodures. Dans ce dernier cas, la réaction peut être représentée quantitativement par l'équation :

$$R.IO + 2KI + H^2O = RI + KOH + I^2.$$

Si l'on opère en solution acétique, chaque molécule de dérivé iodosé met en liberté 2 atomes d'iode.

Les agents d'oxydation énergiques (acide hypochloreux, chlorure de chaux, eau de brome, etc.), transforment ces dérivés iodosés en dérivés iodylés :

$$RIO + O = RIO^2.$$

Enfin, si l'on abandonne pendant un certain temps au contact de l'eau de l'iodosobenzène, celui-ci se transforme en un mélange de benzène iodé et d'iodylobenzène :

$$2C^6H^5IO = C^6H^5I + C^6H^5IO^2.$$

Les sels des dérivés iodosés sont en général des corps cristallisés, dissociables par l'eau, solubles dans les liquides organiques; quelques-uns fondent en se dissociant, d'autres détonent à une température déterminée. Les dichlorures réagissent sur l'iodure de potassium suivant l'équation :

$$RICl^2 + 2KI = RI + 2KCl + I^2.$$

L'eau les décompose d'une façon limitée en dérivé iodé et en *dérivé iodosé*, l'acide chlorhydrique formé arrêtant la réaction au bout d'un certain temps :

$$2C^6H^5ICl^2 + 2H^2O = C^6H^5I + C^6H^5IO + 3HCl + ClOH$$

[Willgerodt, *D. chem. G.*, **26**, 377, 1893].

Les dibromures, di-iodures et difluorures correspondant aux dichlorures n'ont pas pu être préparés; en revanche, on a décrit des acétates, des chromates, des butyrates, etc.

Quant au radical R, il peut être substitué de toutes les façons possibles; ainsi on connaît des iodosophénols, des bromo-iodosobenzènes, des iodosonaphtalènes, des aldéhydes iodosobenzoïques, des acides iodosobenzoïques, etc. Tous ces composés sont doués à la fois des propriétés fonctionnelles correspondantes et des propriétés caractéristiques du groupement iodosé.

Principaux dérivés iodosés. — Quelques dérivés iodosés appartiennent à la série grasse. Ainsi l'acide *chloro-iodofumarique* fournit, lorsqu'on le traite par le chlore en présence d'eau, un *iodosochlorure* décomposable à 119-120° :

$$\begin{array}{c} Cl.C-CO^2H \\ \| \\ CO^2H.C-I \end{array} + Cl^2 = \begin{array}{c} Cl.C-CO \\ \| \qquad >O \\ CO^2H.C-I\diagdown_{Cl} \end{array} + HCl.$$

Cet iodosochlorure est transformé par l'alcool froid, d'abord en *iodosochlorure chloracrylique* (I), puis en *acide iodoso-chloracrylique* (II)

$$\begin{array}{ccccc} \begin{array}{c} Cl-C-CO \\ \| \qquad >O \\ H-C-I\diagdown_{Cl} \end{array} & & \begin{array}{c} Cl-C-CO \\ \| \qquad >O \\ H-C-I\diagdown_{OH} \end{array} & \text{ou} & \begin{array}{c} Cl-C-CO^2H \\ \| \\ H-C-IO \end{array} \\ \text{I.} & & \text{II.} & & \text{III.} \end{array}$$

L'iodure de méthyle lui-même fixe du chlore vers — 80° : 80° en se transformant en un composé jaunâtre, amorphe, décomposable à 28°, et qui paraît être un iodochlorure CH^3ICl^2 [J. Thiele et W. Peter, *D. chem. G.*, **38**, 2842, 1905].

L'*iodosobenzène* C^6H^5IO, se présente sous la forme d'une poudre grisâtre, insoluble dans les liquides organiques sauf l'alcool. Il se décompose violemment vers 210-215°. Le *dichlorure*, $C^6H^5ICl^2$, cristallise en aiguilles jaunes dissociables vers 80° et se transforme à la lumière en *p*-iodochlorobenzène [Kepples, *D. chem. G.*, **31**, 1136, 1898]. L'*acétate* fond à 156-157°, le *propionate* à 64° (aiguilles), et le *butyrate* à 68-69°; le *nitrate* (prismes) se décompose violemment vers 105-106°, et le *chromate* détone à 66-67°. Le sulfate et le fluorure n'ont pas pu être obtenus.

L'*o-iodosophénol* n'a pas été isolé en nature; son *dichlorure* a été obtenu sous la forme d'une poudre cristalline très instable.

Les *aldéhydes iodosobenzoïques*, obtenues par les procédés généraux, se décomposent au-dessus de 100°. Quant aux *acides iodosobenzoïques*, seuls les dérivés orthosubstitués ont pu être obtenus par oxydation directe des dérivés iodés. V. Meyer leur assigne une constitution spéciale telle que :

```
  / \ /CO
 |   |    \
 |   |     O
  \ / \   /
       I
        \OH
```

Tous ces composés, ainsi que ceux qui dérivent du toluène, du xylène, etc., ne peuvent être décrits ici ; il en sera simplement fait mention dans l'index bibliographique qui terminera cet article.

II. Dérivés iodylés.

Procédés généraux de préparation. — Les dérivés iodylés s'obtiennent :

1° Par oxydation des dérivés iodosés correspondants :

$$RIO + O = R.IO^2.$$

Cette oxydation s'effectue soit au moyen d'un lait de chlorure de chaux saturé de gaz carbonique, soit au moyen de l'hypochlorite de soude.

2° Par oxydation directe des dérivés iodés. Ceux-ci sont traités alternativement par un courant de chlore et par de la soude concentrée. On peut également chlorer une solution pyridique du dérivé iodé en présence d'un peu d'eau [Ortoleva, *loc. cit.*] ou encore traiter ce même dérivé iodé par le réactif de Caro [E. Bamberger et A. Hill, *D. chem. G.*, 33, 533, 1900].

Propriétés générales. — Les dérivés iodylés sont des corps neutres, plus stables que les dérivés iodosés ; ils cristallisent assez facilement et se dissolvent dans l'eau bouillante et les acides organiques. Ils ne décomposent pas l'iodure de potassium en liqueur neutre ; mais en solution acide, chaque molécule déplace 4 atomes d'iode :

$$RIO^2 + 4HI = RI + 4I + 2H^2O.$$

Les alcalis bouillants les transforment en carbures et en iodate :

$$RIO^2 + NaOH = RH + NaIO^3.$$

L'acide chlorhydrique réagit comme il a été dit en donnant du chlore et un iodochlorure. L'acide sulfurique concentré les fait détoner. Avec le perchlorure de phosphore, la réaction est également explosive :

$$RIO^2 + PCl^5 = RIO + POCl^3 + Cl^2.$$

Les acides iodylés forment des sels stables, mais ils ne peuvent être éthérifiés par aucun procédé sans régénérer l'acide iodé.

Principaux dérivés iodylés. — *L'iodylobenzène*, $C^6H^5IO^2$, cristallise en aiguilles solubles dans les acides acétique et formique, insolubles dans le benzène, l'acétone et le chloroforme. Il détone vers 233° et décompose l'eau oxygénée suivant l'équation :

$$C^6H^5IO^2 + 2H^2O^2 = C^6H^5I + 2H^2O + 4O$$

L'*o-iodylotoluène* détone vers 210°, l'*o-iodylopseudocumène* vers 312° ; l'*aldéhyde* p-*iodylobenzoïque* se décompose à 216° et l'*acide o-iodylobenzoïque* déflagre violemment à 233°. Les autres dérivés iodylés possèdent des propriétés analogues.

On connaît également des dérivés *fluo-iodylés*, du type $RIOF^2$, qu'on obtient en faisant agir l'acide fluorhydrique sur les dérivés iodylés correspondants [Weinland et Stille, *D. chem. G.*, 34, 2631, 1901 ; *Ann. Chem.*, 328, 132, 1904].

III. Bases iodonium.

Les bases iodonium, qui ont été découvertes par V. Meyer, se préparent par plusieurs procédés :

1° On fait agir l'oxyde d'argent humide ou un alcali sur un mélange de dérivé iodosé et de dérivé iodylé :

$$RIO + R.IO^2 + AgOH = AgIO^3 + R^2I.OH.$$

2° On peut chauffer les dérivés iodylés avec de l'iodure de potassium :

$$2RIO^2 + 2KI + H^2O = R^2I.OH + KIO^3 + KOH + I^2.$$

3° Les sels des bases iodoniées peuvent être préparés dans certains cas en faisant agir les dérivés organo-métalliques sur les chlorures iodosés :

$$R^2Hg + RICl^2 = RHgCl + R^2I.Cl.$$

4° Enfin l'action de l'acide sulfurique sur les dérivés iodosés donne naissance aux sulfates d'iodonium mono-iodés. C'est ainsi que V. Meyer a préparé le premier corps de cette catégorie :

$$2C^6H^5IO + SO^4H^2 = \begin{matrix} IC^6H^4 \\ C^6H^5 \end{matrix}\!>I.SO^4H + H^2O.$$

Propriétés générales. — Les bases iodoniées rappellent quelque peu par leurs propriétés l'hydrate thalleux ; cette analogie se révèle surtout chez leurs sels (iodures insolubles, carbonates solubles). Les bases elles-mêmes ne sont connues qu'en solution ; on les isole généralement à l'état d'iodures. Ceux-ci sont décomposés par la chaleur en dérivé iodé :

$$R^2I.I = 2RI.$$

Les réducteurs alcalins réagissent suivant l'équation :

$$2R^2I.OH + 4H = R^2I.I + 2R.H + 2H^2O.$$

Si l'on poursuit la réduction on obtient finalement (avec le dérivé benzénique) du benzène, du phénol et du benzène iodé.

Les bases iodoniées forment des chloroplatinates et des chloromercurates bien caractérisés. Elles sont précipitées par les sulfures alcalins comme le sont les sels de plomb et d'antimoine ; en revanche, elles précipitent les métaux lourds de leurs solutions.

Au point de vue physiologique, l'analogie est encore frappante avec les dérivés plombiques et thalliques ; les injections sous-cutanées de ces bases provoquent une paralysie des muscles cardiaques.

Principaux dérivés. — Le *chlorure de diphényl-iodonium* $(C^6H^5)^2I.Cl$, cristallise en aiguilles blanches décomposables vers 230° ; le *chloroplatinate* fond vers 184-185° et l'*iodure* vers 176° (aiguilles jaunâtres). L'*azotate*, fond à 153-154° et l'*acétate*, à 120° ; le *sulfure* est orangé et instable au-dessus de 0°.

L'*iodure de* p-*iododiphényliodonium* (V. Meyer) se présente sous la forme d'un précipité floconneux jaunâtre qui se décompose vers 144° suivant l'équation :

$$\begin{matrix} C^6H^5 \\ IC^6H^5 \end{matrix}\!>I.I = C^6H^5I + C^6H^4I^2.$$

Le *chlorure d'o-ditolyliodonium* fond à 162°,5 ; l'*isomère para* cristallise en aiguilles blanches fusibles à 179°, solubles dans l'eau.

On connaît également un certain nombre de bases iodoniées à radicaux gras. Celles-ci s'obtiennent en faisant agir le chloracétylure d'argent sur un iodochlorure en présence d'eau :

$$C^6H^5ICl^2 + CH{\equiv}CAg.AgCl = \begin{matrix} CH{\equiv}C \\ C^6H^5 \end{matrix}\!>ICl + 2AgCl.$$

Le composé acétylénique ainsi formé, se trouvant en présence d'acide chlorhydrique, se transforme en dérivé du *phényl-dichloréthyliodonium* :

$$\begin{matrix} CH \equiv C \\ C^6H^5 \end{matrix} > I.Cl + 2HCl = \begin{matrix} CHCl^2.CHCl \\ C^6H^5 \end{matrix} > ICl$$

Le chlorure en question cristallise en prismes aciculaires, qui fondent en se décomposant vers 182-183°; le *chloroplatinate* est en prismes orangés.

M. Willgerodt a préparé par la même méthode un nombre assez considérable de dérivés mixtes du type précédent.

Les bases iodonium asymétriques du type

$$\begin{matrix} R \\ R' \end{matrix} > I.OH$$

ne paraissent pas susceptibles de posséder le pouvoir rotatoire. M. H. Peters a essayé vainement de dédoubler l'hydrate de phényl-*p*-tolyl-iodonium au moyen de l'acide bromocamphre-sulfonique-*d* [*Chem. Soc.*, **81**. 1350, 1902].

IV. Bibliographie.

1892. — V. Meyer et Wachter. *D. chem. G.*, **25**, 2632 (Acides iodosobenzoïques). — Willgerodt, *D. chem. G.*, **25**, 3494 (Iodosobenzène. iodylobenzène et dérivés).

1893. — R. Otto, *D. chem. G.*, **26**, 305 (Iodosobenzène). Willgerodt, *ibid.*, **26**, 357 (Iodosotoluène, iodylonaphtalène, chloro- et bromo-iodylobenzènes); *ibid.*, **26**, 377, 1307 (Iodoso- et iodylobenzènes). — V. Meyer et Askenasy, *ibid.*, **26**. 1354 (Iodosobenzène, acide iodosobenzoïque et dérivés nitrés). — V. Meyer et Hartmann, *ibid.*, **26**, 1727 (Anhydride iodosobenzoïque, acide iodylobenzoïque). — Klœppel, *ibid.*, **26**, 1733 (Acides iodosotoluiques). — Allen, *ibid.*, **26**, 1739. — Willgerodt, *ibid.*, **26**, 1802 (Acides nitro-o-iodoso- et nitro-o-iodylobenzoïques). — Willgerodt, *ibid.*, **26**. 1948 (Dérivés iodosés et iodylés des benzènes o-, m- et p-chlorés, m-bromés, tri-bromés, p-iodé, tri-iodé et nitrés). — V. Meyer, *ibid.*, **26**, 2119 (Acides iodosobenzoïques). — Grümbel, *ibid.*, **26**, 2474 (Acide nitro-o-iodosobenzoïque). — Tohl, *ibid.*, **26**, 2949 (Iodosonaphtalène). — Abbes, *ibid.*, **26**, 2951 (Acides iodosophtaliques). — Willgerodt, *J. prakt. Chem.*, (2), **33**, 154 (Généralités, iodosobenzène et dérivés).

1894. — V. Meyer et Hartmann, *D. chem. G.*, **27**, 427, 501 (Bases iodonium). — Willgerodt, *ibid.*, **27**, 590 (Iodosonaphtalene). — V. Meyer, *ibid.*, **27**, 1592, 1600 (Acides iodosobenzoïques, bases iodonium). — Willgerodt, *ibid.*, **27**, 1790, 1826 (Dérivés iodosés et iodylés halogénés); *ibid.*, **27**, 1903 (Dérivés du pseudocumène et du naphtalène); *ibid.*, **27**, 2326 (Acides iodoso- et iodylobenzoïques). — Petterson, *Chem. Soc.*, **69**, 1002 (Aldéhydes iodoso- et iodylobenzoïques).

1895. — Langmuir, *D. chem. G.*, **28**, 50 (Acides iodosobenzène-sulfoniques). — Grahl, *ibid.*, **28**, 83. (Acides iodosotoluiques, iodosophtaliques). — Mac Cræe, *ibid.*, **28**, 97 (Bases iodonium dérivés du p-toluène iodé). — Wilkinson, *ibid.*, **28**. 99 (Bases idonium chlorées). — Heilbronner, *ibid.*, **28**. 1814 (Bases tolyliodonium). — Willgerodt, *ibid.*, **28**, 2110 (Bases dichloréthyl iodonium mixtes).

1896. — Willgerodt, *D. chem. G.*, **29**, 1567 (Dérivés iodylohalogénés du benzène et du naphtalène; bases iodonium); *ibid.*, **29**, 2008 (Bases phényliodonium).

1897. Willgerodt, *D. chem. G.*, **30**, 56 (Bases iodonium). — Lachmann, *ibid.*, **30**, 887 (Préparation des bases iodonium). — A. Nayes et Hapgood, *Zeit. phys. Chem.*, **22**, 464 (Isomorphisme des sels de diphényliodonium et de thallium). — H. Kretzer, *D. chem. G.*, **30**, 1943 (Acides iodosobenzoïques di-iodé et chloro-di-iodé).

1898. — Willgerodt, *D. chem. G.*, **31**, 915 (Bases iodonium phénylées, o- et p-tolylées, β-naphtylées, dichloréthylées). — Keppler, *ibid.*, **31**, 1136 (Chloroiodure de phényle). — Mac Cræe, *Chem. Soc.*, **73**, 691 (Dérivés iodosés et iodylés du toluène iodonitré-2.5, iodo-dibromé-2.3.5. et du tribromoiodobenzène symétrique).

1899. Willgerodt et Waldeyer, *J. prakt. Chem.*, (2), **59**, 194 (Dérivés de la di- p-iododiphénylsulfone). — Willgerodt, *ibid.*, (2), **59**, 198 (Généralités). — Sullivan, *Zeit. phys. Chem.*, **28**, 523 (Hydrate de diphényliodonium et chloro-iodure de phényle).

1900. G. Ortoleva, *Soc. di Scienze natur.*, Palermo, **23**; *Gaz. ital. chim.*, **30**. II, 1 (Préparation des dérivés iodosés et iodylés en présence de pyridine; dérivés du benzène iodé, des toluènes o-, m- et p-iodés, du m-xylène, de l'α-naphtalène: acides iodosobenzoïques). — Bamberger et Hill, *D. chem. G.*, **33**, 533 (Préparation des dérivés iodylés au moyen du réactif de Caro). — Kipping et Peters, *Proc. Chem. Soc.*, **16**, 62 (Bases iodonium mixtes du benzène et du toluène). — Willgerodt et Schlœsser, *D. chem. G.*, **33**, 692 (Dérivés α-naphtylés, α'α'-dinaphtylés, et α-naphtylphénylés). — Willgerodt et Howells, *ibid.*, **33**, 841, 853 (Dérivés m-xylylés, m-xylyl-p-tolylés, m-xylyldichloréthylés). — Willgerodt et Roggatz, *J. prakt. Chem.*, (2), **61**, 423 (Dérivés du mésitylène, du phénylmésitylène, du dichloréthylmésitylène).

1901. Willgerodt et Ernst, *D. chem. G.*, **34**, 3406 (Dérivés du di-iodonitrobenzène-1.3,5; dérivés mixtes α-naphtylés et m-iodonitrophénylés). — Willgerodt et Rampacher, *ibid.*, **34**, 3664 (Dérivés du p-butylbenzène tertiaire, dérivés mixtes). — Willgerodt et Dammann, *ibid.*, **34**, 3678 (Dérivés du p-iso-amylbenzène tertiaire, dérivés mixtes α-naphtylés).

1902. Klages, *J. prakt. Chem.*, (2), **65**, 564, (Iodochlorures dérivés de l'éthylbenzène, du butylbenzène tertiaire, de l'isobutylbenzène, du cétylbenzène, du cymène). — Peters, *Chem. Soc.*, **81**, 1350 (Hydrate de phényl- et de p-tolyliodonium).

1903. Willgerodt et Umbach, *Ann. Chem.*, **327**, 269 (Dérivés du m-iodotoluène; dérivés mixtes phénylés, o- et p-tolylés, dichloréthylés). — Willgerodt et Bergdolt, *ibid.*, **327**, 286 (Dérivés du p-iodo-éthylbenzène; dérivés mixtes phénylé, o-tolylé, α-naphtylé, dichloréthylé). — Willgerodt et Sckerl, *ibid.*, **327**, 301 (Dérivés du p-iodopropylbenzène; dérivés mixtes). — Harries, *D. chem. G.*, **36**, 2996 (Préparation de l'iodosobenzène au moyen de l'ozone).

1904. Weinland et Stille, *Ann. Chem.*, **328**, 132 (Dérivés fluo-iodylés du benzène, du bromobenzène et du toluène). — Willgerodt, *Chem. Zeitung.*, **27**, 1132 (Généralités). — Willgerodt et Desaga, *D. chem. G.*, **37**, 1301 (Derivés du di-iodobenzène-1.3). — Willgerodt et Mac Phail Smith, *ibid.*, **37**, 1311 (Dérivés du p-iodo-azobenzène et du m-chloro-iodobenzène). — Willgerodt et Lewino, *J. prakt. Chem.*, (2), **69**. 321 (Dérivés du m-o-azotoluène p-iodé et du m-bromo-iodobenzène; dérivés mixtes p-tolylé, α-naphtylé). — Willgerodt et Brand, *ibid.*, (2), **69**, 433 (Dérivés du méthyl-1-éthyl-3-iodo-4-benzène; dérivés mixtes o-tolylés).

1905. — Willgerodt et Schmierer, *D. chem. G.*, **38**, 1472 (Dérivés de l'iodo-5-m-xylène; dérivés mixtes). — Willgerodt et Rieke, *ibid.*, **38**, 1478 (Dérivés des aldehydes o-, m- et p-iodobenzoïques). — Willgerodt et Landenberg, *J. prakt. Chem.*, (2), **71**, 540 (Dérivés du p-dichloro-iodobenzène, du p-dibromo-iodobenzène, du m-dibromo-iodo-2-benzène). — Mascarelli, *Atti dei Lincei*, **14**, II, 199. (Sels doubles des dérivés iodylés du benzène, du toluène, du naphtalène et des benzènes chloré, bromé et nitré). — J. Thielle et Peter, *D. chem. G.*, **38**, 2842 (Iodochlorures et dérivés iodosés gras). — Willgerodt et Bogel, *ibid.*, **38**, 3446 (Bases iodonium de l'aldéhyde p-iodobenzoïque); *ibid.*, **38**, 3451 (Dérivés de la p-iodobenzophénone).

1906. — Willegerodt et Simonis, *D. chem. G.*, **39**, 269 (Dérivés du m-nitro-p-iodotoluène, du m-amino-p-iodotoluène et du m-p-di-iodotoluène).

Brevets. — n°s 68574, 69384, 71346, 76349 et 77320 (Cl. 12), pris par Meister Lucius pour l'emploi des dérivés iodosés comme antiseptiques et médicaments.

Juillet 1906. P. Freundler.

IODOSPONGINE. — Voyez Iodalbumines.

IODOTHYRINE. — Voyez Iodalbumines.

IODYRITE (Min.). — Voyez Iodargyre, Dict., **2**, 115.

IONÈNE $C^{13}H^{18}$. — L'ionène se prépare en chauffant l'α ou la β-ionone avec de l'acide iodhydrique :

$$C^{13}H^{20}O = C^{13}H^{18} + H^2O.$$

L'ionène est un liquide incolore, bouillant à 106-107° (H = 10 mm.). Sa densité à 20° est 0,9338, son indice $n_D = 1,5224$. C'est un corps très altérable qui se résinifie à l'air. Il fixe le brome en solution acétique.

Constitution de l'ionène. — La constitution de l'ionène se déduit de celle de l'ionone, et elle est appuyée par l'étude des produits de dégradation. La discussion de cette partie importante de l'histoire de l'ionone et de l'ionène ne peut trouver place ici, nous la résumerons succinctement. Le passage de l'ionone à l'ionène est un simple phénomène de déshydratation, que nous exprimerons ainsi :

α Ionone. → Ionène.

Cette formule de constitution n'est pas absolument certaine, parce que d'une part la β-ionone fournit le même ionène et que, d'autre part, les produits de dégradation ne correspondent pas à ce carbure mais à un carbure hypothétique, le déhydroionène

qui prendrait naissance au cours de l'oxydation.

Celle-ci fournit les acides ionogénogonique, ionogénone dicarbonique, la ionégénalide, les acides ionégène dicarbonique, ionirégène tricarbonique et diméthylhomophtalique comme le montre le schéma :

Déhydroionène. → Acide ionogénogonique. → Ac. ionégénone dicarbonique. → Ionégénalide. → Ac. ionégène dicarbonique. → Ac. ionirégène tricarbonique. → Acide diméthylhomophtatique.

L'acide *ionégénogonique* $C^{13}H^{14}O^{3}$ se présente sous la forme d'aiguilles fusibles à 237°; une oxydation plus avancée le convertit en acides ionirégène tricarbonique, ionégène dicarbonique et ionégénone dicarbonique.

L'acide *ionégène dicarbonique* $C^{12}H^{14}O^{4}$ fond à 130-131°. Si on le chauffe lentement, il fond un peu plus bas à cause de la formation préalable d'anhydride. La distillation de son sel de chaux fournit le p-isopropylméthylbenzène.

L'*ionégénalide* $C^{12}H^{14}O^{3}$ est une lactone qui fond à 175°.

L'acide *ionirégène tricarbonique* $C^{12}H^{12}O^{6}$ est le produit final de l'oxydation ; chauffé à 150°, il se transforme en anhydride fusible à 214°. Son éther triméthylique fond à 93° (voyez Irène).

L'acide *ionégénone dicarbonique* $C^{12}H^{14}O^{5}$ fond à 227°.

Tous ces acides se retirent du produit de l'oxydation manganique de l'ionène par cristallisation fractionnée et par fractionnement de leurs sels de chaux. Quant à l'acide *diméthylhomophtalique*, on l'obtient à l'état d'imide en distillant dans un courant d'acide carbonique le sel argentique de l'acide imidé correspondant à l'acide ionirégène tricarbonique [Tiemann et Krüger, *D. chem. G.*, 26, 2693, 1893].

Traité par le brome, l'ionène donne des dérivés du naphtalène [Bæyer et Villiger, *D. chem. G.*, 32, 2432, 1899] comme l'explique le schéma :

Ionène. → Dérivé bromé. → Triméthylnaphtalène. → Alcool. → Acide. → Diméthylnaphtalène. → Diméthyl 2.6-naphtoquinone. → Ac. trimellitique.

Mars 1906. G. Blanc.

IONISATION. — Dans cet article nous ne dirons que quelques mots sur l'ionisation dans les gaz ; l'ionisation dans les solutions d'électrolytes a été vue à l'article Dissociation électrolytique (2e Suppl., 3, 286).

L'étude de la condensation de la vapeur d'eau sursaturée montre qu'il existe dans l'air ordinaire des centres chargés électriquement (Wilson) ; ces centres dont on peut augmenter le nombre par divers moyens (rayons de Rœntgen, corps radioactifs, etc) se confondent avec les centres de condensation de la vapeur d'eau ; ces centres ne sont pas autre chose que des *ions*.

L'expérience montre (Wilson) que ces ions sont de deux sortes : ils sont positifs ou négatifs, mais les charges électriques qu'ils portent sont égales. Il convient en passant de faire remarquer que ces ions sont bien différents des ions de l'électrolyse.

On a pu déterminer le nombre de ces ions dans un volume donné; on a trouvé que ce nombre est très faible vis-à-vis du nombre total (4.10[19] dans 1 cm³ d'hydrogène) des molécules du gaz ionisé. Quant à la charge de ces ions elle est la même pour tous les ions des gaz et elle correspond à la charge d'un atome quelconque dans l'électrolyse.

On peut constater cette ionisation des gaz dans un grand nombre de circonstances parmi lesquelles les plus intéressantes au point de vue chimique correspondent à l'ionisation des flammes, particulièrement des flammes contenant des vapeurs salines (Arrhenius, Wilson, Moreau, etc.). Les déterminations effectuées montrent que des dissolutions étendues d'un même métal, à la même concentration (rapportée à l'équivalent gramme), communiquent à une flamme la même conductibilité.

L'ionisation de l'air apparaît encore sous l'influence de l'oxydation lente du phosphore (Bloch); les gaz récemment préparés, l'hydrogène par Zn et HCl, CO^2 par CO^3Ca et HCl, etc., manifestent également les mêmes propriétés.

Tous ces gaz contiennent des ions qui se distinguent les uns des autres par leur masse et leur mobilité; étant donné le caractère plus particulièrement physique de ces recherches, nous ne pouvons que renvoyer ici aux monographies et aux mémoires spéciaux [J.-J. Thomson, *Conduction of Electricity through gases*, Cambridge, 1903; — P. Langevin, *Thèse*, Paris, 1902; *Ann. Chim. et Phys.*, (7), **28**, 1903; — E. Bloch, *Thèse*, Paris, 1904; *Ann. Chim. et Phys.*, (8), **4**, 1904; — C.-T.-R. Wilson, *Phil. Trans.*, **189**, 265, 1897; — G. Moreau, *Ann. Chim. et Phys.*, (7), **30**, 1903, etc., etc.].

On trouvera de plus un exposé très complet de ces recherches dans Bouty, *Cours de physique*, 3ᵉ *Suppl.*, 203-267, Paris, 1906, et une bibliographie méthodiquement classée dans les deux volumes de mémoires réunis et publiés par H. Abraham et P. Langevin sous le titre: *Les quantités élémentaires d'électricité : ions, électrons, corpuscules*, Paris, 1905. C. Marie.

Juillet 1906.

IONONE $C^{13}H^{20}O$. — On donne ce nom au produit commercial, utilisé en parfumerie, constitué par le mélange de deux isomères α et β. Ces deux isomères peuvent s'obtenir, soit séparément, soit simultanément à partir de la pseudo-ionone, obtenue elle-même par condensation du citral avec l'acétone.

PSEUDO-IONONE. — Lorsqu'on condense le citral et l'acétone en présence d'alcalis, on obtient la pseudo-ionone :

$$\begin{matrix}CH^3\\CH^3\end{matrix}\!>C=CH-CH^2-CH^2-\underset{\displaystyle CH^3}{\underset{|}{C}}=CH-CHO+\begin{matrix}CH^3\\CH^3\end{matrix}\!>CO$$

$$=\begin{matrix}CH^3\\CH^3\end{matrix}\!>C=CH-CH^2-CH^2-\underset{\displaystyle CH^3}{\underset{|}{C}}=CH-CH=CH-CO-CH^3$$

$$+H^2O$$

L'alcali généralement employé est la baryte : les proportions usitées industriellement sont les suivantes : 2ᵏᵍ,750 de citral, 2ᵏᵍ,750 d'acétone et 50 litres d'eau de baryte à 4 0/0 d'hydrate. On agite pendant 24 heures. Le produit de condensation est fractionné, on sépare ainsi la méthylhepténone (provenant de l'hydratation du citral), le citral non condensé, et la pseudo-ionone qui a pris naissance.

La pseudo-ionone constitue un liquide jaune clair un peu huileux, d'une odeur faible, bouillant à 141-142° (H = 10ᵐᵐ,5) (échantillon purifié par la méthode au bisulfite) ou 146-148° (H = 12 mm.) (pseudo-ionone provenant de la semicarbazone). En réalité, ce produit est constitué par le mélange des isomères optiques correspondants aux citrals *a* et *b*. Cette isomérie optique disparaît dans le passage à l'ionone α ou β, comme nous le verrons tout à l'heure.

Sa densité à 20° = 0,9025, son indice de réfraction n_D = 1,5318.

La pseudo-ionone peut se combiner au bisulfite : la solution neutralisée avec précaution par la soude à froid régénère la cétone. Si au contraire on traite par l'acide sulfurique, il peut y avoir isomérisation en ionone. Les alcalis altèrent rapidement la pseudo-ionone en la résinifiant.

L'*oxime* et l'*hydrazone* de la pseudo-ionone sont incristallisables. La *parabromophénylhydrazone* caractéristique fond à 102-104°. C'est un corps instable qui s'altère rapidement à l'air.

La *semicarbazone*, peu soluble dans l'alcool, fond après plusieurs cristallisations à 142° (Voyez aussi GÉRANIAL, 2ᵉ Suppl., **4**, 681).

Traitée par les acides dans diverses conditions, la pseudo-ionone se transforme en ionone en fermant sa chaîne.

α ET β-IONONES. — Les α et β-ionones correspondent aux dérivés α et β-cyclogéraniques correspondants (voyez ce mot) et leur obtention à partir de la pseudo-ionone s'explique aisément :

```
           CH³  CH³
             \ /
              C
            //
        CH       CH-CH=CH-CO.CH³
        |        ||
        CH²      C-CH³
          \     /
            CH²

          ↙            ↘

     CH³  CH³              CH³  CH³
       \ /                   \ /
        C                     C
      /   \                 /   \
  CH²      CH-CH=CH-COCH³  CH²    C-CH=CH-COCH³
   |        |               |     ||
  CH²      C-CH³           CH²    C-CH³
      \   //                  \   /
        CH                     CH²
    α Ionone.               β Ionone.
```

Suivant les conditions expérimentales, on obtient l'un ou l'autre isomère, ou le mélange des deux.

α-ionone. — Cette cétone s'obtient par l'isomérisation de la pseudo-ionone par les acides oxalique, phosphorique, etc. L'acide sulfurique étendu donne toujours naissance au mélange des deux isomères. Dans ce cas on opère comme suit :

On chauffe pendant 16 heures, 20 parties de pseudo-ionone, 100 parties d'eau, 100 parties de glycérine et 2ᵖ,5 d'acide sulfurique. Le produit de l'opération est ensuite fractionné dans le vide. On peut aussi faire bouillir un mélange de pseudo-ionone, d'acide sulfurique étendu et de sulfate de soude, ou de pseudo-ionone avec une solution de chlorure ferrique très étendue.

L'ionone brute ainsi obtenue peut être purifiée, et débarrassée des substances résineuses qui se forment en même temps, en passant par l'intermédiaire des combinaisons soit avec l'hydroxylamine, soit avec la semicarbazide, soit avec le bisulfite, soit enfin avec l'acide hydrazinebenzène sulfonique (phénylhydrazine sulfonique).

Quant à la séparation de l'α et de la β-ionone, elle s'effectue comme suit :

On dissout l'ionone brute dans une solution de bisulfite préalablement neutralisée par la soude, par un chauffage prolongé au réfrigérant ascendant en présence d'alcool.

On épuise à l'éther pour enlever les matières résineuses et non cétoniques, puis on entraîne par un fort courant de vapeur d'eau. L'ionone β est entraînée. On ajoute ensuite de la soude à la solution refroidie et l'on fait a nouveau passer la vapeur ; on recueille l'α-ionone.

L'α-ionone est un liquide légèrement visqueux, incolore ou légèrement jaunâtre, bouillant à 128-129° (H = 10 mm.).

Son indice de réfraction $n_D = 1,507$, sa densité 0,9340 à 22°. Son odeur est celle de la violette fraîche.

L'*oxime* de l'α-ionone se prépare par la méthode connue et fond à 87°, la *semicarbazone* s'obtient cristallisée avec beaucoup de difficultés et fond à 107-108°. La *parabromophénylhydrazone* fond à 143-144°. Chauffée avec de l'acide iodhydrique, l'α-ionone est transformée en ionène $C^{13}H^{18}$ (voyez ce mot).

β-*ionone*. — Cette cétone, dont on a vu plus haut le mode de séparation d'avec son isomère α, se prépare en exécutant l'isomérisation de la pseudo-ionone au moyen de l'acide sulfurique :

On laisse tomber goutte à goutte en agitant 1 partie de pseudo-ionone dans 5 parties d'acide sulfurique concentré fortement refroidi ; on laisse ensuite la solution revenir à la température ordinaire, on la verse dans l'eau, on épuise à l'éther et l'on fractionne.

La β-ionone présente sensiblement les mêmes caractères que l'α-ionone ; son odeur est toutefois légèrement différente et moins estimée en parfumerie. La β-ionone bout à 130° (H = 10 mm.), sa densité est de 0,946 à 17°, son indice $n_D = 1,521$.

La β-*ionone semicarbazone*, qui se prépare très facilement, fond à 148-149°. La *parabromophénylhydrazone* fond à 115-116°, l'*hydrazone* à 104-105°.

La β-*ionone oxime* est huileuse, mais l'*acide* β-*ionone oximacétique*

$$C^{13}H^{20} = Az - O\,CH^2 - CO^2H$$

est cristallisé et fond à 103°.

Traitée par l'acide iodhydrique, la β-ionone donne le même ionène $C^{13}H^{18}$ que son isomère α.

USAGES. — L'ionone est largement utilisée en parfumerie et en confiserie, et sa fabrication est protégée par de nombreux brevets ; la confusion provoquée par l'existence de deux modifications a été néanmoins, avant l'éclaircissement complet de cette question, la cause de maint procès en contrefaçon.

CONSTITUTION DE L'α ET DE LA β-IONONE. — L'α et la β-ionone donnent, quand on les oxyde par le permanganate, les produits correspondants aux séries α et β-cyclogéraniques auxquelles elles appartiennent, et qui fixent avec certitude leur constitution.

1° α-*ionone*. — Les produits de l'oxydation sont l'oxyionolactone, l'acide isogéronique (semicarbazone fusible à 198°), l'acide ββ-diméthyladipique (fusible à 87°), l'acide αα-diméthylglutarique (fusible à 85°) et l'acide αα-diméthylsuccinique (fusible à 142°), ce que nous exprimerons comme suit :

```
      CH³  CH³                                  CH³  CH³
        \ /                                       \ /
         C                                         C
       /   \                                     /   \
  CH²       CH-CH=CH-COCH³                  CH²  CO-  CH
   |         |                    →          |    |    |    / OH
  CH²       C-CH³                           CH²   O   C <
       \   //                                    \ |  /     \ CH³
         CH                                        CH
   α Ionone.                                Oxyionolactone.
```

```
      CH³  CH³                          CH³  CH³
        \ /                               \ /
         C                                 C
       /   \                             /   \
→ CH²       CH-CO²H         →       CH²       CH²
   |         |                       |         |
  CH²       C-CH³                   CH²       CO-CH³
       \                                 \
        CO²H                              CO²H
Ac. β cétonique hypothétique.       Acide isogéronique.

      CH³  CH³                          CH³  CH³
        \ /                               \ /
         C                                 C
       /   \                             /   \
  CH²       CH²             →       CH²       CO²H
   |         |                       |
  CH²       CO²H                    CH²
   |                                 |
  CO²H                              CO²H
Ac. ββ diméthyladipique.        Ac. αα diméthylglutarique.

              CH³  CH³
                \ /
                 C
               /   \
       →   CH²       CO²H
            |
          CO²H
   Acide αα diméthylsuccinique.
```

[Voyez CYCLOGÉRANIQUES (acides), 2e Suppl., 700].

β-*ionone*. — La β-ionone fournit à l'oxydation des produits essentiellement différents. Ce sont : l'acide géronique (semicarbazone fusible à 164°) et l'acide αα-diméthyladipique (fusible à 87°) :

```
      CH³  CH³                                CH³  CH³
        \ /                                     \ /
         C                                       C
       /   \                                   /   \
  CH²       C.CH=CH.COCH³       →         CH²       CO²H
   |         ||                            |
  CH²       C-CH³                         CH²       CO-CH³
       \   /                                   \   /
        CH²                                     CH²
   β Ionone.                              Acide géronique.

      CH³  CH³                          CH³  CH³
        \ /                               \ /
         C                                 C
       /   \                             /   \
  CH²       CO²H            →       CH²       CO²H
   |         |                       |
  CH²       CO²H                    CH²
       \   /                              \
        CH²                                CO²H
Acide αα diméthyladipique.

              CH³  CH³
                \ /
                 C
               /   \
           CH²       CO²H
            |
          CO²H
```

BIBLIOGRAPHIE. — Tiemann et Krüger, *D. chem. G.*, 26, 2691, et *Bull. Soc. Chim.*, (3), 9, 978 ; 1893 ; *D. chem. G.*, 28, 1754, et *Bull. Soc. Chim.*, (3), 16, 503 ; 1895. — F. Tiemann, *D. chem. G.*, 31, 808 et *Bull. Soc. Chim.*, (3), 19, 521, 621 et 837 et 20, 765 ; *D. chem. G.*, 32, 2300 et *Bull. Soc. Chim.*, 19, 843. — Ed. de Laire, *D. chem. G.*, 31, 867. — F. Tiemann. *D. chem. G.*, 33, 3703, 3719, 3709, 3713, 3726. — Barbier et Bouveault, *Bull. Soc. Chim.*, (3), 15, 1002. — G. Blanc, *Bull. Soc. Chim.*, (3), 23, 273, et 33, 879.

Mars 1906. G. Blanc.

IPÉCACUANHIQUE (ACIDE), $C^{14}H^{18}O^7$. — Ce composé a été extrait par Willigk [*Jahresbericht*, 1850, 390] des racines d'Ipéca (Cephaelis ipecacuanha). C'est un corps amorphe, brun rougeâtre, soluble dans l'eau, l'alcool, l'éther ; il donne une coloration verte avec le chlorure ferrique, réduit les sels d'argent et de mercure, précipite par l'acétate de plomb.

Il est précipitable par le sulfate d'ammoniaque [Kobert, *Beiträge für Kenntniss der Saponinsubstanzen*, Stuttgart, 1904].

Juin 1906. E. Rengade.

IPOHINE. — Ce nom a été donné par Hartwich et Geiger [*Arch. Pharm.*, **239**, 497, 1901]. à un alcaloïde extrait de certains échantillons de poisons pour flèches, où il se trouvait à côté de l'antiarine, de la strychnine et de la brucine. Les auteurs n'ont pas eu une quantité suffisante de ce corps pour en étudier la composition. Ils n'ont pu que constater sa teneur en azote et sa facile précipitation par l'iodure de potassium ioduré, le réactif de Meyer et l'acide tannique. C'est un poison extrêmement violent, agissant à la façon de la digitoxine, mais plus énergiquement; distinct par conséquent de l'antiarine dont les propriétés toxiques sont bien différentes.

Juin 1906. E. Rengade.

IRÈNE $C^{13}H^{18}$. — On obtient l'irène en chauffant à l'ébullition l'irone (30 parties) avec 100 parties d'acide iodhydrique de densité 1,7, 75 parties d'eau et 2,3 parties de phosphore rouge :

$$C^{13}H^{20}O = C^{13}H^{18} + H^2O.$$

L'irène est un liquide huileux, incolore, bouillant à 113-115° (H = 9 millimètres). Densité à 20° = 0,9402; indice de réfraction $n_D = 1,5274$.

Il se résinifie rapidement à l'air et absorbe directement le brome. Sa constitution, très voisine de celle de l'ionène, est représentée par la formule

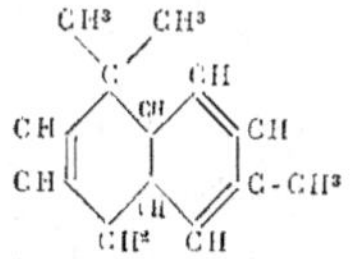

Il y a lieu ici de faire les mêmes réserves que pour l'ionène, car les produits d'oxydation ne correspondent pas à ce carbure, mais à un carbure hypothétique, le déhydroirène, correspondant au déhydroionène (voyez IONÈNE) qui prendrait d'abord naissance au cours de l'oxydation :

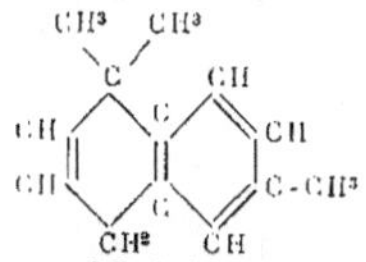 $= C^{13}H^{18} - H^2$

Déhydroirène.

Si l'on traite l'irène par une dissolution d'acide chromique dans l'acide acétique on obtient une lactone, le *trioxydéhydroirène* $C^{13}H^{16}O^3$. L'oxydation manganique de ce trioxydéhydroirène conduit aux acides *irégénone di* et *tricarbonique* et finalement à l'acide *ionirégène tricarbonique* $C^{12}H^{12}O^6$, le même que l'on obtient en partant de l'ionène. La constitution de ce dernier est clairement prouvée par sa transformation en l'acide *diméthylhomophtalique* de Gabriel :

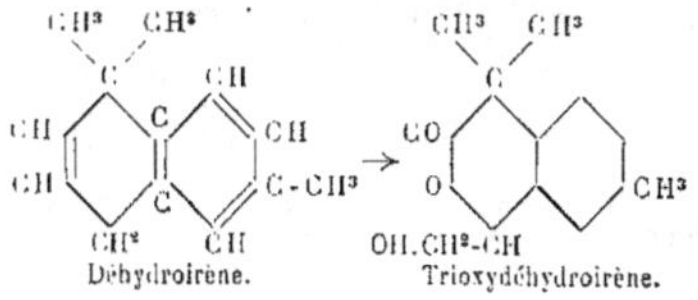

Déhydroirène. Trioxydéhydroirène.

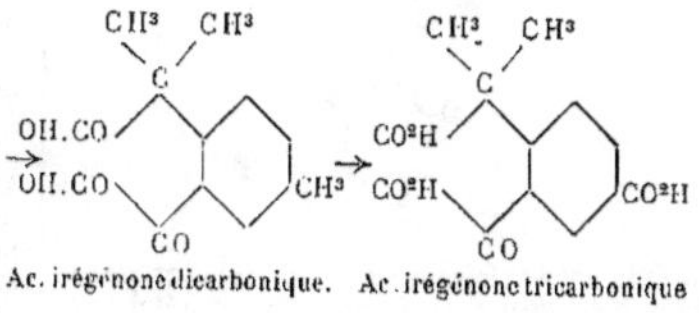

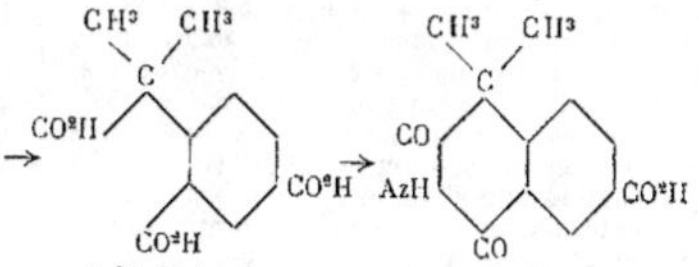

Acide ionirégène tricarbonique. Imide de l'acide ionirégène tricarbonique.

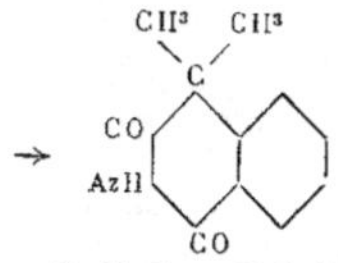

Diméthylhomophtalimide.

Le *trioxydéhydroirène* (*déhydroirène oxylactone*) est une lactone qui cristallise dans le benzène en prismes fusibles à 154-155°.

L'acide *irégénone dicarbonique* $C^{13}H^{14}O^5$ fond à 227°. L'acide *irégénone tricarbonique* fond à 227°; son éther triméthylique fond à 127-128°.

L'acide *ionirégène tricarbonique* (voyez IONÈNE) $C^{12}H^{12}O^6$ perd facilement une molécule d'eau en fournissant un anhydride fusible à 214°. Son sel ammoniacal distillé dans un courant d'acide carbonique se transforme en acide imidé, dont le sel argentique soumis à la distillation sèche fournit la diméthylhomophtalimide de Gabriel [Tiemann et Krüger, *D. chem. G.*, **26**, 2684 et suivantes, 1893; — Gabriel, *ibid.*, **20**, 1198, 1887]. Mars 1906 G. Blanc.

IRÉTOL. — Ether 2.méthylique du 1.2.3.5 phène tétrol

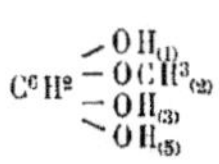

On l'obtient en même temps que l'acide iridique et de l'acide formique en chauffant l'iridine avec de la soude [voyez IRIDIQUE (ACIDE)]. Toutes les manipulations doivent être faites dans un courant d'hydrogène, l'irétol étant très altérable à l'air, en présence des alcalis [De Laire, Tiemann, *D. chem. G.*, **26**, 2015].

L'irétol cristallise dans un mélange de chloroforme et d'éther acétique en aiguilles fondant à 186°, peu solubles dans les dissolvants usuels. L'amalgame de sodium le convertit en phloroglucine, l'eau de brome en hexabromacétone. L'action de l'acide nitreux donne un dérivé dinitrosé $CH^3O \cdot C^6(AzO)^2(OH)^3$.

Ether diméthylique $(CH^3O)^2C^6H^2(OH)^2$. — Il s'obtient par l'action du gaz chlorhydrique et de l'alcool méthylique sur l'irétol; fond à 87° [De Laire, Tiemann, *loc. cit.*].

Tétraméthylirétol $C^{11}H^{16}O^4 + H^2O$. — Ce corps possède la constitution probable

$$
\begin{array}{c}
(CH^3)^2 \\
C \\
CO \diagup \quad \diagdown CO \\
CH^3.O.C \quad\quad C(CH^3)^2 \\
\diagdown \quad \diagup \\
C.OH
\end{array}
$$

On l'obtient en faisant agir une solution dans l'alcool méthylique de 5 grammes d'irétol sur 20 grammes d'iodure de méthyle et 3 grammes de sodium dissous dans l'alcool méthylique. Aiguilles brillantes fusibles à 97°. Privée de son eau de cristallisation, la substance fond à 104°. Ce composé est peu soluble dans les dissolvants usuels. Le sel de sodium $NaC^{11}H^{15}O^4 + 3H^2O$ est peu soluble dans l'eau et l'alcool. Fondu avec de la soude, on obtient les acides formique, isobutyrique et diméthylmalonique, ce qui s'accorde avec sa constitution.

Dihydrotétraméthylirétol $C^{11}H^{18}O^4$. — S'obtient en réduisant le précédent par l'amalgame de sodium. Il fond à 107°, anhydre à 139°. Il est peu soluble dans les solvants ordinaires.

Déhydrobistétraméthylirétol $C^{22}H^{30}O^8$. — On l'obtient en oxydant par le chlorure ferrique une solution aqueuse du sel de sodium du tétraméthylirétol. Il fond à 133°.

Pentaméthylirétol. — Pour l'obtenir on chauffe à 100° un mélange de tétraméthylirétol, d'iodure de méthyle et de méthylate de soude en solution méthylique [de Laire, Tiemann, *D. chem. G.*, 26, 2035, 1893]. Il fond à 62° et bout à 240°; il se sublime facilement dès la température ordinaire. Sa constitution est :

$$
\begin{array}{c}
CH^3.O.C.CH^3 \\
CO \diagup \quad \diagdown CO \\
(CH^3)^2.C \quad\quad C(CH^3)^2 \\
\diagdown \quad \diagup \\
CO
\end{array}
$$

Tétréthylirétol $C^{15}H^{24}O^4$. — On le prépare comme le dérivé méthylé. Il fond à 168-169°.

Mars 1906. G. Blanc.

IRIDINE $C^{24}H^{26}O^{13}$. — L'iridine est un glucoside que l'on trouve dans la racine d'Iris de Florence. Pour l'en extraire on épuise la racine pulvérisée par l'alcool, et on ajoute à l'extrait de l'eau et un mélange d'acétone et de chloroforme qui dissout les résines; le glucoside précipite au sein de la solution aqueuse; on le recueille et on le lave à l'eau, à l'éther et à la ligroïne.

L'iridine cristallise dans un mélange d'eau et d'alcool en petites aiguilles peu solubles dans l'eau, l'acétone, le chloroforme, l'éther, le benzène.

Chauffée en solution alcoolique avec de l'acide sulfurique étendu, elle se dédouble en d-glucose et en irigénine $C^{18}H^{16}O^8$ (voyez plus bas). Traitée par l'éthylate de potassium, ou par l'éthylate de sodium en solution alcoolique elle donne, suivant les cas les sels $Na^2C^{24}H^{26}O^{14}$, $Na^3C^{24}H^{25}O^{14}$, $K^2C^{24}H^{26}O^{14}$ et $K^3C^{24}H^{25}O^{14}$ [de Laire et Tiemann, *D. chem. G.*, 26, 2011 et 2039, 1893].

Mars 1906. G. Blanc.

IRIDIQUE (ACIDE)

$$
C^6H^2 \begin{cases} CH^2.CO^2H_{(1)} \\ OH_{(3)} \\ OCH^3_{(4)} \\ OCH^3_{(5)} \end{cases}
$$

— On l'obtient en même temps que l'irétol et de l'acide formique en hydrolysant l'irigénine. On chauffe 5 à 6 heures à 100°, dans une atmosphère d'hydrogène, un mélange de 15 grammes d'irigénine, 30 grammes d'eau et 90 grammes d'une solution de soude (D = 1,33), on acidule en refroidissant, avec un mélange de 30 grammes d'acide sulfurique et 60 grammes d'eau. On extrait à l'éther 10 à 12 fois; le résidu de l'extraction est traité par un excès de baryte et l'excès précipité par l'acide carbonique. Une extraction à l'éther enlève l'irétol. On décompose ensuite la solution par la quantité voulue d'acide sulfurique, on filtre et on épuise à l'éther qui enlève l'acide [De Laire, Tiemann, *D. chem. G.*, 26, 2015, 1893]. L'acide iridique cristallise en prismes fusibles à 118°, solubles dans le benzène, insolubles dans la ligroïne. Chauffé au-dessus de son point de fusion il se décompose en CO^2, et iridol (voyez ce mot). Son *sel de baryte* cristallise avec $5H^2O$.

Les éthers *méthylique* et *éthylique* sont des liquides huileux.

Le *dérivé acétylé*

$$(CH^3O)^2.C^6H^2.(O.C^2H^3O)CH^2.CO^2H,$$

fond à 125°. Il est peu soluble dans les dissolvants usuels, insoluble dans la ligroïne.

Le *dérivé benzoylé*

$$(CH^3.O)^2C^6H^2(O.C^7H^5O)CH^2.CO^2H,$$

fond à 131°.

Le *dérivé méthylé* $(CH^3O)^3C^6H^2.CH^2.CO^2H$, fond à 120°; il est peu soluble dans les dissolvants usuels, insoluble dans la ligroïne. L'oxydation manganique le convertit en acide triméthylgallique.

Le brome fournit un dérivé dibromé de formule $(CH^3O)^3C^6Br^2CH^2-CO^2H$ fusible à 152°. L'acide nitrique (D. 1.2) oxyde ce composé en donnant l'acide dibromotriméthylgallique.

Mars 1906. G. Blanc.

IRIDIUM. — ÉTAT NATUREL. — La présence de l'iridium a été constatée dans certaines météorites [Davison, *Am. Journ. of Sc.*, (4), 7, 4, 1898].

PRÉPARATION. — Leidié a indiqué une méthode générale de séparation des métaux de la mine du platine. Cette méthode comprend d'abord l'élimination des métaux étrangers et la transformation des métaux du platine en azotites doubles de sodium, puis la séparation des métaux du platine : l'osmium et le ruthénium ayant été éliminés à l'état de peroxydes volatils, l'iridium et le rhodium sont précipités à l'état d'azotites doubles d'ammonium tandis que le platine et le palladium restent dans la liqueur. L'iridium est séparé du rhodium. On l'obtient à l'état métallique, pur, en réduisant le chloroiridate d'ammonium dans l'hydrogène au rouge sombre [Joly et Leidié, *C. R.* 112, 1259, 1891. Leidié, *C. R.*, 131, 888, 1900; *Bull. Soc. Chim.*, (3), 25, 9, 1901; *C. R.*, 129, 214, 1899; — Quenessen, *C. R.*, 141, 258, 1505].

Le procédé de dosage de l'iridium dans la mine de platine indiqué par Leidié peut être simplifié dans certains cas [Leidié et Quenessen, *Bull. Soc. Chim.*, (3), 25, 840, 1901].

Pour analyser les osmiures d'iridium, le meilleur procédé consiste à les attaquer par le bioxyde de sodium : on sépare l'osmium et le ruthénium, puis l'iridium [Leidié et Quenessen, *Bull. Soc. Chim.*, (3), 29, 801, 1903].

Wilm [*D. Chem. Gesell.*, 18, 2536, 1885] et Mylius et Dietz [*D. Chem. Gesell.*, 31, 3187, 1898] ont indiqué des méthodes d'analyse de la mine de platine.

PROPRIÉTÉS PHYSIQUES. — W. Printz, ayant examiné un échantillon d'iridium, lui a reconnu diverses formes dérivant toutes de l'octaèdre régulier. L'examen de cet échantillon ne lui a pas paru montrer le dimorphisme généralement admis de l'iridium [*C. R.*, **116**, 392, 1893].

Chauffé au four électrique avec un courant de 500 ampères sous 110 volts, l'iridium fond, puis distille. On recueille sur un tube froid une couche métallique de couleur bleue, formée de gouttelettes et de cristaux microscopiques [Moissan, *C. R.*, **142**, 189, 1906].

L'iridium a été obtenu à l'état colloïdal comme les autres métaux du groupe du platine : pour cela on a fait agir sur le tétrachlorure d'iridium le lysalbate de sodium et l'amalgame de sodium [Paal et Amberger, *D. Chem. Gesell.* **37**, 124, 1904]. On a encore obtenu l'iridium colloïdal en réduisant le chlorure d'iridium par l'hydrate d'hydrazine [Gutbier et Hoffmeier, *Journ. prakt. Chem.*, (2), 71, 452, 1905].

La mousse d'iridium absorbe les gaz comme la mousse de platine; avec deux masses d'iridium chargées l'une d'hydrogène, l'autre d'oxygène, on peut former une pile à gaz condensés [Cailletet et Collardeau, *C. R.*, **119**, 830, 1894].

Propriétés chimiques. — Le fluor n'attaque pas l'iridium à froid, mais il l'attaque vivement au-dessous du rouge sombre avec dégagement de vapeurs de fluorure d'iridium [Moissan, *Ann. Ch. Ph.* (6), **24**, 249, 1891; *Le fluor et ses composés*, 226, 1900].

Chauffé à 240° dans un mélange à volumes égaux de chlore et d'oxyde de carbone, l'iridium ne donne pas comme le platine de combinaison volatile [Antony, *Zeit. anorg. Chem.*, **3**, 389, 1893; *Gazz. chim. ital.*, **22**[1], 275, 1892 et **22**[2], 547, 1892].

L'iridium mis en contact avec une solution d'acide chlorhydrique en présence de l'air n'est pas attaqué à froid. Mais il est nettement attaqué quand on le chauffe à 150° en tube scellé avec de l'acide chlorhydrique et de l'oxygène [Matignon, *C. R.*, **137**, 1051, 1903].

Poids atomique. — Joly a déterminé le poids atomique de l'iridium par l'analyse des chloroiridites de potassium et d'ammonium. Il a proposé le nombre 192,75 (H = 1) [*C. R.*, **110**, 1131, 1890].

Seubert a proposé le nombre 192,80 [*Ann. Chem. Pharm. Liebig*, **261**, 272, 1891].

La commission internationale des poids atomiques a adopté 193 (O = 16) [Clarke, Moissan, Seubert et Thorpe, *Bull. Soc. Chim.*, **35**, 1, 1906].

Applications. — L'emploi des fils d'iridium a été essayé pour les filaments des lampes à incandescence [Brevet français n° 145 456, 1903].

Alliages d'iridium. — *Iridium et étain.* — En fondant de l'iridium pulvérisé avec 50 fois son poids d'étain et traitant la masse après refroidissement par l'acide chlorhydrique dilué et refroidi à 0°, Debray a obtenu l'alliage $IrSn^3$ cristallisé en octaèdres réguliers [*C. R.*, **104**, 1470 et 1577, 1887].

Chlorures d'iridium. — *Bichlorure* $IrCl^2$. — Les analyses sont trop incertaines pour qu'on puisse considérer ce corps comme un composé défini [Palmaer, *Zeit. anorg. Chem.*, **10**, 322, 1895].

Sesquichlorure Ir^2Cl^6. — Le meilleur procédé de préparation consiste à chauffer le sel double $IrCl^4 2AzH^4Cl$ à 440° dans un courant de chlore sec; il se décompose et laisse comme résidu le sesquichlorure anhydre Ir^2Cl^6 qu'on laisse refroidir dans le chlore, puis dans un courant de gaz carbonique sec. C'est une matière vert noirâtre dont la poudre est vert olive. Il est insoluble dans l'eau, les acides et les alcalis [Leidié, *C. R.*, **129**, 1249, 1899].

Tétrachlorure $IrCl^4$. — Le chloroplatinate de potassium est facilement réduit en chloroplatinite par l'oxalate de potassium si l'on ajoute une petite quantité de tétrachlorure d'iridium [P. Klason, *D. Chem. Gesell.*, **37**, 1360, 1904].

Oxydes d'iridium. — *Bioxyde anhydre* IrO^2. — Il se forme quand on chauffe au rouge vif de l'iridium au contact de l'air. — En chauffant de l'iridium avec de la potasse et du salpêtre, on obtient une masse cristalline dont une partie insoluble dans l'eau est un iridate de potassium, qui, chauffé avec un mélange de chlorure et de bromure de potassium, se transforme en aiguilles microscopiques de bioxyde d'iridium anhydre [Geisenheimer, *C. R.*, **110**, 855, 1890; *Thèse de doctorat*, Paris, 1891].

Bioxyde hydraté $IrO^2, 2H^2O$. — Il se forme quand on précipite par un alcali le sulfate double d'iridium et de potassium [Lecoq de Boisbaudran, *C. R.*, **96**, 1406 et 1551, 1883].

On l'obtient rapidement en additionnant de chlorure d'ammonium la liqueur bleue qui se forme quand on traite par l'eau le produit de l'attaque de l'iridium par la potasse et le salpêtre. La précipitation est immédiate à l'ébullition.

Il se précipite quand on attaque l'iridium par la soude et l'azotate de sodium et qu'on traite la masse refroidie par l'eau [Geisenheimer, *loc. cit.*]

Oxybromure $(HBr^4)^2IrO^2$. — On l'obtient en chauffant à 300° en vase clos pendant 24 heures un mélange de bioxyde d'iridium hydraté avec 2 à 3 fois son poids de brome [Geisenheimer, *Thèse de doctorat*, Paris, 1891].

Iridites et iridates. — *Hexairidite de potassium* $K^2O, 6IrO^2$. — Quand on chauffe à 440° dans le vide l'azotite double $(AzO^2)^6Ir^2, 6AzO^2K$, on obtient un résidu qui traité par l'eau laisse une poudre noire insoluble. Cette poudre séchée à 100-105° a pour composition $K^2O, 6IrO^2$.

Dodécairidite de potassium $K^2O, 12IrO^2$. — En chauffant le même azotite double jusqu'au rouge naissant et en opérant comme pour l'hexairidite, on obtient une poudre noire de composition $K^2O, 12IrO^2$ [Joly et Leidié, *C. R.*, **120**, 1341, 1895].

Iridate de sodium. — Traité par le bioxyde de sodium, l'iridium se transforme en iridate basique de sodium, $IrO^3 4Na^2O$ [Leidié et Quenessen, *Bull. Soc. Chim.*, **27**, 279, 1902].

Bisulfure IrS^2. — On l'obtient sous forme d'une poudre brune par l'action de l'hydrogène sulfuré sur le chloroiridate de lithium [Antony, *Zeit. anorg. Chem.*, **4**, 395, 1893].

Sesquiséléniure Ir^2Se^3. — Il se forme par l'action de l'hydrogène sélénié sur un sel d'iridium [Chabrié et Bouchonnet, *C. R.*, **137**, 1059, 1903].

Phosphure. — Le composé obtenu en projetant du phosphore sur de l'iridium chauffé au rouge a pour formule Ir^2P [Clarke et Joslin, *Am. chemic. Journ.*, 5, 231, 1883].

En chauffant ce phosphure d'abord au rouge blanc, puis dans un creuset de chaux au four électrique, on peut lui enlever le phosphore [Holland, *Chem. Centr. Blatt.*, 334, 1882; Matthey, *Chem. News*, **51**, 71, 1885].

Iridium et carbone. — L'iridium dissout le carbone avec facilité à la température du four électrique. Mais par refroidissement, il l'abandonne avant la solidification sous forme de graphite. L'iridium ne se combine pas au carbone [Moissan, *C. R.*, **123**, 16, 1896; *Bull. Soc. Chim.*, (3), **15**, 1292, 1896].

Chlorure d'iridium et de phosphore

$$Ir^2Cl^6, 3PCl^3, 3PCl^5.$$

— On a obtenu ce composé en chauffant en tubes scellés à 150-175° du bioxyde d'iridium avec un mélange de pentachlorure et de trichlorure de phosphore. On ouvre les tubes pour laisser échapper l'acide chlorhydrique, puis on chauffe à 275-300°. Le liquide se partage en deux couches qui se solidifient par refroidissement. La couche inférieure est chauffée en tubes, scellés, à 250° avec de l'oxychlorure de phosphore; par refroidissement, il se dépose des cristaux jaune clair du sel $Ir^2Cl^6, 3PCl^3, 3PCl^5$.

$Ir^2Cl^6, 6PCl^3$. — Il se forme quand on chauffe le chlorure précédent à 125° dans un courant de chlore, ou quand on le chauffe à 250° en vase clos avec du trichlorure de phosphore ou encore quand on le dissout dans du sulfure de carbone.

$Ir^2Cl^6, 4PCl^3$. — On l'obtient en traitant le chlorure $Ir^2Cl^6 3PCl^3 3PCl^5$ par le chloroforme à 160°.

$IrCl^4, 2PCl^3$. — Le chlorure

$$Ir^2Cl^6, 3PCl^3, 3PCl^5,$$

chauffé brusquement, fond, laisse dégager du pentachlorure de phosphore et se solidifie. En reprenant le résidu par le chloroforme, on obtient des cristaux de composition $IrCl^4, 2PCl^3$.

Bromures d'iridium et de phosphore

$$Ir^2Br^6, 6PBr^3.$$

— On chauffe en tube scellé à 150° pendant 2 heures un mélange de bioxyde d'iridium hydraté avec du tribromure de phosphore et du brome; on ouvre le tube pour laisser dégager l'acide bromhydrique; puis on chauffe en tube scellé à 200-275° pendant 36 heures. Par refroidissement il se forme des cristaux que l'on purifie par recristallisation dans le sulfure de carbone.

$Ir^2Br^6, 4PBr^3$. — On dissout le bromure précédent dans le tribromure de phosphore et on chauffe la dissolution à 300°. Les cristaux se déposent par refroidissement.

$IrBr^4 2PCl^3$. — On chauffe à 275° en tube scellé pendant 12 heures un mélange de bromure $Ir^2Br^6, 6PBr^3$, de pentabromure et de trichlorure de phosphore.

$Ir^2Cl^6, 4PCl^3, 4SCl^2$.

$Ir^2Cl^6, 3PCl^3, 3PCl^5, 5AsCl^3$.

$Ir^2Cl^6, 4PCl^3, 4AsCl^3$.

Acide chlorophosphoiridique

$$Ir^2Cl^6, 3PO^3H^3, 3PO^4H^3.$$

— Il se forme quand on traite par l'eau le chlorure $IrCl^6, 3PCl^3, 3PCl^5$. Certains de ses sels et de ses éthers ont été étudiés [Geisenheimer, *C. R.*, **110**, 1004, 1336, 1890; *C. R.*, **111**, 40, 1890; *Thèse de doctorat*, Paris, n° 710, 1891].

Iridosulfates. — Delépine a obtenu les sels ammoniacaux de deux acides iridosulfuriques, l'un vert, l'autre bleu. Dans ces sels, l'acide sulfurique est masqué. Le sulfate double d'iridium et de potassium obtenu par Lecoq de Boisbaudran [*C. R.*, **96**, 1336, 1406 et 1551, 1883] est également d'après Delépine un sel d'acide complexe. Il existe ainsi trois sortes de sels iridosulfuriques présentant des caractères distincts [Delépine, *C. R.*, **142**, 631, 1906].

Sels doubles d'iridium et de potassium. — Voyez Potassium.

Sels doubles d'iridium et d'ammonium. — *Cloroiridite d'ammonium* $Ir^2Cl^6, 6AzH^4Cl, 3H^2O$. — Détermination cristallographique [Dufet, *Bull. Soc. fr. Min.*, **13**, 207, 1890].

Sulfure d'iridium et d'ammonium

$$Ir(S^5AzH^4)^5.$$

Il se forme quand on abandonne pendant plusieurs mois un mélange de chlorure Ir^2Cl^6 avec le polysulfure d'ammonium [Hoffmann et Höchtlen *D. Chem. Gesell.*, **36**, 3090, 1903].

Azotite d'iridium et d'ammonium

$$Ir^2(AzH^4)^6(AzO^2)^{12}.$$

— On l'obtient en saturant de sulfate d'ammonium une solution d'azotite double d'iridium et de sodium [Leidié. *C. R.*, **134**, 1582, 1902].

Aluns d'iridium. — On obtient les aluns d'iridium en mélangeant les sulfates alcalins au sulfate d'iridium à l'abri de l'air. On a préparé les aluns d'iridium et de potassium, ammonium, cæsium, rubidium, et thallium [Marino, *Zeit. anorg. Chem.*, **42**, 213, 1904].

Sels doubles d'iridium et de sodium. — Voyez Sodium.

Chloronitrites doubles d'iridium

$$IrCl^4(AzO^2)^2Cs^2;$$
$$IrCl^4(AzO^2)^2Ag^2;$$
$$[IrCl^4(AzO^2)^2]Pb^2 + 2Pb(OH)^2;$$
$$Ir^2Cl^4(AzO^2)^2Tl^3$$
$$[IrCl^4(AzO^2)^2]^2Ag^3.$$

— [Miolati et Gialdini, *Atti Accad. Lincei*, (5), **11** 2, 151, 1902].

Leidié n'a pu arriver, au moyen des chlorures d'iridium et des azotites de baryum, de mercure, d'argent, à reproduire exactement les composés décrits par Lang, ni ceux décrits par Gibbs [*C. R.*, **134**, 1582, 1902].

Chloroiridates d'amines. — On les obtient en mélangeant des solutions concentrées et bouillantes de chlorure d'iridium et de chlorhydrate de mono, di ou triméthylamine [Vincent, *Bull. Soc. Chim.*, (2), **43**, 153, 1885; *C. R.*, **100**, 112, 1885].

Les chloroiridates de pyridine et de quinoléine ont été obtenus par Carl Renz [*Zeit. anorg. Chem.*, **36**, 100, 1903].

Composés ammoniés de l'iridium.

La constitution des nombreux composés de l'iridium a été élucidée par Palmaër. On distingue :

1° Les composés tétraminiridiques

$$(M^4 . Ir^2 . 8AzH^3)X^2;$$

2° Les composés pentaminiridiques

$$(M^2 . Ir^2 . 10AzH^3)X^4;$$

3° Les composés aquopentaminiridiques

$$(Ir^2 . 10AzH^3 . 2H^2O)X^6;$$

4° Les composés hexaminiridiques

$$(Ir^2 . 12AzH^3)X^6.$$

M et X représentant des éléments ou des radicaux monovalents.

1° *Composés tétraminiridiques*. — Ils n'ont pas d'analogues parmi les dérivés ammoniés du chrome, du cobalt et du rhodium. Les deux seuls représentants de cette classe sont :

Le chlorure chlorotétraminiridique

$$(Cl^4 . Ir^2 . 8AzH^3)Cl^2 + 2H^2O$$

et le sulfate chlorotétraminiridique

$$(Cl^4 . Ir^2 . 8AzH^3)SO^4 + 2H^2O.$$

L'eau que contiennent ces composés n'est peut-être pas de l'eau de cristallisation, mais de l'eau de constitution; ils seraient alors des dérivés aquotétraminés.

Quand on soumet à une ébullition prolongée du sesquichlorure ou du tétrachlorure d'iridium avec un grand excès d'ammoniaque concentrée, et qu'on filtre pour séparer le sesquioxyde d'iridium formé, la liqueur saturée par l'acide chlorhydrique contient plusieurs composés ammoniés, parmi lesquels se trouve le chlorure chlorotétraminiridique qu'on peut isoler.

Le sulfate chlorotétraminiridique s'obtient par l'action de l'acide sulfurique sur le chlorure.

Les sels d'argent enlèvent au chlorure chlorotétraminiridique le tiers seulement du chlore qu'il contient.

La détermination cristallographique du chlorure chlorotétraminiridique a été faite par Bäckström [*Groth's Zeit.*, **28**, 312, 1897].

2° *Composés pentaminiridiques.* — Ils correspondent aux sels purpuréochromiques, purpuréocobaltiques et purpuréorhodiques.

Ils se subdivisent en :

A Composés chloropentaminiridiques

$(Cl^2 . Ir^2 . 10 Az H^3) X^4$;

B Composés bromopentaminiridiques

$(Br^2 Ir^2 10 Az H^3) X^4$;

C Composés iodopentaminiridiques

$(I^2 . Ir^2 . 10 Az H^3) X^4$;

D Composés nitratopentaminiridiques

$[(Az O^3)^2 Ir^2 . 10 Az H^3] X^4$.

A Les composés chloropentaminiridiques se préparent à partir du chlorure. Pour obtenir celui-ci, on chauffe à 100° dans un autoclave pendant 10 heures un mélange de sesquichlorure d'iridium avec un grand excès d'ammoniaque concentrée. On filtre pour séparer le sesquioxyde d'iridium formé. Le rendement en chlorure chloropentaminiridique est environ les 3/4 du rendement théorique; on le purifie par une série d'opérations.

On a décrit le chloroiridite, le bromure, l'iodure, le sulfate, le sulfate acide, l'azotite, l'azotate, le dithionate, l'oxalate.

L'azotate d'argent ne précipite à froid que 4 atomes de chlore du chlorure chloropentaminiridique.

B Les composés bromopentaminiridiques se préparent à partir du bromure bromopentaminiridique qui s'obtient lui-même en chauffant le bromure aquopentaminiridique. On a décrit le bromure, l'azotite, le sulfate.

C Le seul composé iodopentaminiridique décrit est l'iodure, que l'on obtient en chauffant l'iodure aquopentaminiridique.

D Le seul composé nitratopentaminiridique décrit est l'azotate, qu'on obtient en chauffant l'azotate aquopentaminiridique.

3° *Composés aquopentaminiridiques.* — Ils correspondent aux sels roséochromiques, roséocobaltiques, roséorhodiques. On les prépare en saturant par les acides à basse température l'hydrate aquopentaminiridique, que l'on obtient lui-même par l'action de la potasse sur le chlorure chloropentaminiridique. — Le nitrate d'argent enlève à froid les 6 atomes de chlore du chlorure aquopentaminiridique. On a décrit le chlorure, le chloroiridite, le bromure, l'iodure, l'azotate.

4° *Composés hexaminiridiques.* — Ils correspondent aux dérivés lutéochromiques, lutéocobaltiques et lutéorhodiques.

On les prépare tous à partir de l'azotate hexaminiridique. — Les 6 atomes de chlore du chlorure sont précipités par l'azotate d'argent à froid.

On a décrit le chlorure, le chloroiridite de chlorure, le bromure, l'iodure, l'azotate, le ferricyanure [Palmaër, *Zeit. anorg. Chem.*, **10**, 320. 1895 : **13**, 211, 1897].

Mars 1906. A. Bouzat.

IRIDOL

$$C^6H^2 \begin{cases} CH^3_{(1)} \\ OH_{(3)} \\ OCH^3_{(4)} \\ OCH^3_{(5)} \end{cases}$$

— On l'obtient par la distillation sèche de l'acide iridique [De Laire, Tiemann, *D. chem. G.*, **26**, 2018, 1893].

Cristaux volumineux fusibles à 57°, bouillant à 239°; peu solubles dans les dissolvants usuels.

Le *dérivé méthylé* est une huile bouillant à 326-327°, que le permanganate oxyde en acide triméthylgallique. Mars 1908. G. Blanc.

IRIGÉNINE — Pour l'obtenir, on chauffe 6 heures en tubes scellés 30 parties d'iridine avec 3 parties d'acide sulfurique, 35 parties d'eau et 45 parties d'alcool. L'irigénine cristallise dans l'alcool étendu en rhomboèdres fusibles à 186°, très peu solubles dans l'eau, insolubles dans l'éther et la ligroïne. Elle donne avec le perchlorure de fer une coloration violacée. Chauffée avec les solutions alcalines concentrées dans une atmosphère d'hydrogène, elle se décompose en acide iridique, irétol (voyez ces mots) et acide formique. D'après cela, sa constitution probable paraît être

[Formule développée : $CH^3.O$, $CH^3.O$, OH sur un noyau benzénique — $CH^2.C.CO$ — noyau avec O, O, OCH^3, OH]

[De Laire, Tiemann, *D. chem. G.*, **26**, 2011, 1893].

Son dérivé *monoacétylé* s'obtient en saponifiant partiellement le dérivé diacétylé. Il fond à 169°.

Le dérivé *diacétylé* est une poudre cristalline fusible à 122°, susceptible de cristalliser du chloroforme avec plusieurs molécules de ce solvant pour donner des écailles fusibles à 82°.

Le dérivé *dibenzoylé* fond à 123-126°.

Mars 1906. G. Blanc.

IRISINE $C^{36}H^{62}O^{31}$. — L'irisine extraite par Wallach [*Ann. Chem.*, **234**, 364, 1886] des rhizomes de l'*Iris pseudo-acorus* est vraisemblablement identique à la graminine (2ᵉ Suppl., **4**, 911); [Ekstrand et Johanson, *D. chem. G.*, **30**, 3311, 1897]. Amand Valeur.

IRONE $C^{13}H^{20}O$. — L'irone est le principe odorant de la racine d'iris d'où on peut l'isoler de la façon suivante : l'extrait obtenu en épuisant la racine d'iris au moyen de l'éther de pétrole est distillé dans un violent courant de vapeur d'eau qui entraîne, outre l'irone, des acides gras, des éthers méthyliques de ces acides, des traces d'aldéhydes et de produits neutres. Le produit est traité par la potasse alcoolique, et soumis de nouveau à l'entraînement. Finalement on purifie le produit par un traitement à l'oxyde d'argent qui détruit les aldéhydes, ou par transformation en hydrazone et décomposition de celle-ci par l'acide sulfurique dilué.

L'irone bout à 144° (H = 16 mm.). Sa densité à 20° est 0,939, son indice de réfraction

$$n_D = 1,50113;$$

pouvoir rotatoire $[\alpha]_D = +40°$.

L'*ironoxime* fond à 121°,5. La *phénylhydra-*

zone est huileuse, la semicarbazone est incristallisable, la p-bromophénylhydrazone fond à 140-145°.

L'oxydation de l'irone par différents agents ne donne pas de produits susceptibles d'éclairer sa constitution. Celle-ci, que nous représentons par le schéma

```
      CH³   CH³
        \  /
         C
       /   \
  CH  /     \ CH-CH=CH-CO-CH³,
     ||      |
  CH  \      / CH-CH³
       \   /
        CH²
```

présente les plus grandes analogies avec celle de l'ionone et se déduit de celle de l'irène $C^{13}H^{18}$, carbure obtenu en chauffant l'irone avec de l'acide iodhydrique (voyez Irène).

Bibliographie. — Tiemann et Kruger, *D. chem. G.*, 26, 2675, 1893; 28, 1754, 1895. — Tiemann et de Laire, *Ibid*, 26, 2010, 1893. — Tiemann, *Ibid*, 31, 808, 1898. — Harmnann et Reimer, *Ibid*, 27, Ref. 282, 1894.

Mars 1906. G. Blanc.

ISANIQUE (ACIDE). — Hébert a signalé [*Bull. Soc. Chim.*, (3), **15**. 978; *C. R.*, **122**, 1550; 1896], dans les graines oléagineuses d'Ungueko ou d'I'Sano du Congo français, la présence d'un nouvel acide qu'il a appelé acide isanique, et qui existe dans l'huile de ces graines dans la proportion de 10 0/0 environ.

Cet acide a été isolé par fractionnement des sels de baryum des acides gras de l'huile d'I'Sano. Il se présente en magnifiques cristaux feuilletés, fondant à 41°, très solubles dans les solvants habituels des corps gras et dans les alcalis en formant des sels qu'on peut faire cristalliser. Ce nouvel acide possède une odeur spéciale; il est d'une altérabilité extrême et, au contact de l'air, prend une couleur rose de plus en plus foncée en absorbant de l'oxygène; la lumière semble également intervenir dans cette altération. Les sels de cet acide (potassium, ammonium, baryum, argent, plomb) sont également très altérables.

D'après les analyses et les déterminations cryoscopiques, ce nouveau composé aurait pour formule $C^{14}H^{20}O^2$ et ferait partie de la série peu connue des acides de formule générale

$$C^nH^{2n-8}O^2.$$

Sa capacité d'absorption pour le brome correspond sensiblement à 2 molécules.

L'acide isanique est peu ou pas entraînable par la vapeur d'eau et distille dans le vide en se décomposant partiellement. Son pouvoir rotatoire est nul. Janvier 1906. A. Hébert.

ISAPHÉNIQUE (ACIDE). — Voyez l'art. Isatine, p. 126.

ISATHYDE (Voy. 1er Suppl., II, 955). — On sait que l'isatine libre ou en liqueur acide correspond à la formule I, tandis qu'en liqueur alcaline et dans ses sels elle a la formule II [Baeyer, *D. chem. G.*, **33**, 51, 1900]. La couleur rouge-bleu de la solution de son sel de sodium à l'azote se transforme rapidement quand on chauffe, ou lentement à froid en coloration jaune du sel de sodium à l'oxygène [Friedländer et Ostermeyer, *D. chem. G.*, **14**, 1921, 1881]. De même en acidulant la solution alcaline d'isatine, la couleur change lentement et l'isatine cristallise peu à peu. Par l'amalgame de sodium, Baeyer et Knop [*Ann. Chem.*, **140**, 1, 1866] avaient réduit l'isatine en dioxindol (III); avec AzH^4HS O. L. Erdmann [*J. prakt. Chem.*, (2), **24**, 15, 1841] avait obtenu une substance qu'il appela isathyde, à laquelle Laurent donna la formule $C^{16}H^{12}O^4Az^2$ [*J. prakt. Chem.*, (1), **25**, 436, 1842]. Baeyer obtint le même composé en réduisant l'isatine en milieu acide aqueux, tandis qu'il obtenait l'hydroisatine, qu'il désigna par la formule IV, en agitant une solution acétique d'isatine avec de la poudre de zinc. G. Heller a montré récemment que l'hydroisatine et l'isathyde sont identiques et que c'est un produit d'addition de dioxindol et d'isatine auquel correspond par suite la formule V.

```
C⁶H⁴ < CO   > CO        C⁶H⁴ < CO > C(OH)
       AzH                     Az
       I.                      II.

        CH-OH                  C-OH
      /      \               /      \
C⁶H⁴          CO       C⁶H⁴          C-OH
      \      /               \      //
        AzH                     Az
       III.                    IV.

        CH-OH     O — O
      /      \  /        \
C⁶H⁴          C ——————————  C < CO  > C⁶H⁴.
      \      /                 AzH
        AzH         V.
```

On prépare l'isathyde par réduction de l'isatine en milieu acétique, par la poudre de zinc jusqu'à décoloration; on précipite par l'eau la liqueur filtrée à l'abri de l'air. On l'obtient aussi synthétiquement en chauffant pendant 24 heures des solutions aqueuses concentrées équimoléculaires d'isatine et de dioxindol; elle forme des aiguilles fondant à 245° en se décomposant, s'oxydant facilement avec coloration jaune et formation d'isatine. Ce corps donne avec la phénylhydrazine une phénylhydrazone, il donne également des dérivés acétylés dont l'un fond à 226-227°.

Az az-diacétylisathyde. — En traitant par la poudre de zinc l'acétylisatine, on obtient la diacétylisathyde qui fond à 195° et se décompose à 198°.

La *az az-dibenzoylisathyde* cristallise dans l'alcool et fond à 186° [Heller, *D. chem. G.*, **37**, 938, 1904]. P. Lemoult.

ISATINE ET DÉRIVÉS (Voy. 1er Suppl., II, 956). — Formation. — Lorsque au lieu d'éviter, comme on le fait pour obtenir les leucodérivés et ensuite l'indigotine (v. Indigo), l'accès de l'air pendant la fusion des glycines aromatiques avec les alcalis, on fait cette fusion vers 200° en présence d'air, il se produit de l'isatine ou ses dérivés métalliques qu'on sépare facilement par l'eau; les propriétés des o-méthyl et xylylisatines obtenues par ce procédé (Badische) sont très voisines de celles de l'isatine ordinaire.

La Badische a constaté également que, contrairement à ce qu'on avait observé jusque-là, à savoir la possibilité de transformer en isatine seulement les dérivés de l'indoxyle qui étaient amidés en ortho de l'hydroxyle [*D. chem. G.*, **15**, 784, 1882], on pouvait obtenir de même l'isatine, ses homologues et ses analogues, en oxydant, au moyen de bichromate, nitrate de plomb, nitrate de mercure, acide nitrique, permanganates, persulfates, ferricyanure, bioxyde de manganèse, etc., l'indoxyle, l'acide indoxylique, et leurs dérivés alcoylés, leurs homologues même quand ils ne sont pas amidés dans le noyau indolique, par exemple les éthers de l'acide acétylindoxylique, de l'acide p-méthylindoxylique, de l'acide β-naphtylindoxylique, ce qui donne des isatines de la série du benzène ou du naphtalène (DRP. 107719).

Acétylpseudoisatine : aiguilles jaune clair

fondant à 193-194° [Marchlewski et Schunk, *D. chem. G.*, **28**, 544, 1895].

Pseudobenzoylisatine [Heller, *D. chem. G.*, **36**, 2762, 1903].

ANILIDOISATINE. — (Voir synthèse de l'indigotine, procédé Sandmeyer).

Le *chlorhydrate d'α-anilidoisatine* s'obtient sous forme d'aiguilles cristallines rougeâtres, d'après Geigy et Cie (DRP. 123887), en faisant arriver la solution sulfurique concentrée d'α-anilidoisatine dans une solution de chlorure de sodium refroidie par de la glace.

Le *sulfite* de l'α-anilidoisatine s'obtient en faisant arriver un courant d'anhydride sulfureux dans une solution aquo-alcoolique de ce corps; elle s'échauffe et se colore en brun, puis dépose sous forme de poudre blanc jaunâtre, cristalline, soluble dans l'eau et les acides, la combinaison moléculaire d'acide sulfureux et d'α-anilidoisatine; celle-ci se décompose à chaud (DRP. 125916).

ACTION SUR LES AMINES. — On sait que l'isatine réagit sur l'ammoniaque en donnant, suivant les conditions, divers produits formés par perte d'eau [Suppl., p. 957]; les amines primaires donnent les composés $C^8H^5AzO(AzR)$ (voir IMÉSATINE); les amines secondaires, $C^8H^5AzO(RAzHR')^2$ [Schiff, *Ann. Chem.*, **45**; — [Engelhardt, *D. chem. G.*, 1855, **541**] et les amines tertiaires, qui n'agissent qu'en présence de chlorure de zinc, donnent également ces derniers composés [Baeyer et Lazarus, *D. chem. G.*, **18**, 2642, 1885].

C. Schotten a étudié l'action de la pipéridine; ce corps donne avec l'isatine au bain-marie de beaux cristaux incolores solubles dans l'alcool et l'éther, mais peu solubles dans le benzène et le chloroforme: c'est le composé $C^8H^5AzO(C^5H^{10}Az)^2$, *dipipéridylisatine*, qu'aurait donné une amine secondaire, peu stable et qui se décompose sous l'action des acides, des alcalis ou de la chaleur; dans ce dernier cas, la perte en pipéridine varie avec les conditions de l'expérience, en particulier avec la vitesse de chauffe, mais en donnant toujours des produits bleus qui se forment plus facilement quand on chauffe la matière première avec les anhydrides d'acides. Le produit obtenu, *bleu d'isatine*, est une poudre bleu noir faiblement brillante, cristallisée et possédant le dichroïsme jaune d'or et bleu profond. Elle se dissout dans l'acide acétique, l'alcool et l'éther, qu'elle colore en bleu; la solution acétique montre une bande d'absorption entre 655 et 628 μμ et si la liqueur se concentre, le spectre entier disparait, sauf dans le rouge vers 655 μμ; il diffère de celui de l'indigotine: cette solution acétique vire au rouge avec le temps, mais rapidement si on fait bouillir.

Cette matière colorante, peu stable vis-à-vis des acides minéraux, parait se former par élimination de 3 molécules de pipéridine entre 2 molécules de dipipéridylisatine et avoir pour formule

$$C^8H^4AzO(C^5H^9Az)C^8H^4AzO.$$

Schmidt pense qu'elle pourrait avoir quelque analogie avec les colorants signalés par V. Meyer [*D. chem. G.*, **16**, 2974, 1883; — V. Meyer et Stadler, *D. chem. G.*, **17**, 1034, 1884; — Ciamician et Silber, *D. chem. G.*, **17**, 142, 1884].

HYDRAZONES ET SEMICARBAZONES. — Th. Curtius [*D. chem. G.*, **22**, 2161, 1889] en faisant réagir l'hydrazine sur les dicétones et en particulier sur l'isatine, a obtenu l'*hydrazoisatine*, fondant à 219°, douée de propriétés basique et acides:

$$C^6H^4\langle\begin{matrix}C(Az^2H^2)\\ \diagdown\diagup\\ Az\end{matrix}\rangle C(OH)$$

Comme les corps analogues, elle perd son azote hydrazoïque à la distillation, ce qui donne dans le cas actuel l'oxindol ou le pseudooxindol; cette hydrazone, sous l'action de l'oxyde de mercure, perd de l'hydrogène et se transforme en un composé azoïque non complètement étudié mais qui doit avoir pour formule :

$$C^6H^4\langle\begin{matrix}C\!\begin{matrix}\diagup Az\\ \| \\ \diagdown Az\end{matrix}\\ \\ Az\end{matrix}\rangle C-OH$$

[voir Curtius et Thun, *J. prakt. Chem.*, **44**, 187, 1891].

La *phénylhydrazone* de l'isatine a été obtenue par E. Fischer par l'union directe des réactifs; on la représente par la formule

$$C^6H^4\langle\begin{matrix}C=Az-AzHC^6H^5\\ \\ Az\end{matrix}\rangle C-OH$$

qui explique pourquoi le composé est soluble, quoique peu, dans les alcalis, et pourquoi il résiste aux alcalis; enfin le fait que le corps peut être acétylé facilement est d'accord avec la présence d'un groupe lactime.

Les autres dérivés hydrazoniques de l'isatine ont été préparés par Schunk et Marchlewski [*D. chem. G.*, **28**, 540, et 2527, 1895] par union directe. Citons parmi eux :

Acétylphénylhydrazone, point de fusion 131°:

$$C^6H^4\langle\begin{matrix}C=Az-AzHC^6H^5\\ \\ Az\end{matrix}\rangle C-O.CO.CH^3$$

Phénylhydrazone obtenue en traitant la précédente par un alcali, 211°.

o-Tolylhydrazone, 240-241°. — *o-Tolylacétylhydrazone*, 167°. — *p-Tolylhydrazone*, 233°. — *Méthylphénylhydrazone*, 172-173°. — *β-Naphtylhydrazone*, 284°.

Avec la m-chlorisatine, ces auteurs ont préparé :

Phénylhydrazone, 271-272°. — *o-Tolylhydrazone*, 273°. — *p-Tolylhydrazone*, 253°.

Avec la bromisatine : *phénylhydrazone*, 271-272°; *acétylphénylhydrazone*, 224°.

Avec la nitrosoisatine : *phénylhydrazone*, 284°; *o-* et *p-tolylhydrazones*, 290 et 274-275°.

On obtient encore l'hydrazone de l'isatine en réduisant dans l'alcool par le chlorure d'étain l'une ou l'autre des 2 hydrazones isomères que donne l'acide o-nitrophénylglyoxylique [Fehrlin, *D. chem. G.*, **23**, 1574, 1890], l'une directement (165-166°), l'autre par traitement alcalin (188-189°); le produit est précipité par l'eau, puis cristallisé dans l'alcool ou l'acide acétique :

$$C^6H^4\langle\begin{matrix}AzO^2\\ C=Az-AzHC^6H^5\\ |\\ CO^2H\end{matrix} \rightarrow C^6H^4\langle\begin{matrix}AzH^2\\ CO^2H\\ C=Az-AzHC^6H^5\end{matrix}$$

$$\rightarrow C^6H^4\langle\begin{matrix}Az\\ C\end{matrix}\rangle C(OH)$$
$$\qquad\| $$
$$Az-AzHC^6H^5$$

Semicarbazone de l'isatine. — Elle se produit après quelques minutes d'ébullition des réactifs mis en solution alcoolique ou acétique avec de l'acétate de sodium. Aiguilles jaunes, solubles dans l'alcool et l'eau bouillante, difficilement solubles dans l'éther, le benzène et le chloroforme, solubles dans les acides et les alcalis; une solution ammoniacale donne avec AzO^3Ag un précipité rouge brun soluble à chaud. La fusion de la semicarbazone, qui commence à 220°, est totale à 260° [Marchlewski et Schunck, *D. chem. G.*, **29**, 194, 1896].

Semicarbazone de la p-chlorisatine. — Obtenue comme la précédente, possède des propriétés acides plus énergiques; peu soluble, sauf dans l'eau chaude; brunit sans fondre à 230° [*loc. cit.*, 134].

Semicarbazone de la nitroisatine. — Obtenue également par action directe dans l'acide acétique bouillant; on la fait recristalliser dans l'eau; mêmes propriétés que la première [*loc. cit.*, 134].

Hydrazones sulfonées. — En condensant les dérivés sulfonés des hydrazines aromatiques avec l'isatine, ou la méthylisatine, l'Aktiengesellschaft für Anilin Fabrikation (DRP. 40 746, 1887) a obtenu une série de colorants cristallisés qui teignent la laine en jaune; parmi eux signalons ceux qu'on obtient avec les hydrazones correspondant aux acides p et m-sulfaniliques, o-toluidine p-sulfonique, p-toluidine o-sulfonique, β-naphtylamine δ-sulfonique, benzidine disulfonique, α et β-naphtylamines sulfoniques.

L'isatine se condense également, comme les cétones et les aldéhydes, avec les hydrazines correspondant aux amines dont les azoïques teignent directement le coton (benzidine, tolidine, dianisidine, diamidostilbène et sulfones) et donne des colorants qui teignent directement la laine ou le coton non tanné en bain de sulfate de soude (Aktienges., DRP. 46 321, 1888; ce brevet donne la préparation de quelques-unes de ces hydrazines).

Oximes. — *L'acétylpseudoisatine dioxime* a été obtenue par Schunk et Marchlewski [*loc. cit.*] en traitant une solution alcoolique d'acétylpseudoisatine par 2 molécules d'hydroxylamine. Si la solution est concentrée, elle dépose après 24 heures une masse cristalline blanche confuse, qu'on fait cristalliser à nouveau dans l'alcool et l'acide acétique. Elle fond à 240° en dégageant un gaz à odeur d'acétamide. Elle est insoluble dans l'eau, soluble dans le benzène, l'éther, les alcalis, mais dans ce dernier cas il se produit à la longue une altération.

La *β-oxime de la m-chlorisatine* a été préparée en solution alcoolique; corps blanc fondant à 252° et soluble dans les alcalis [*D. chem. G.*, **28**, 539, 1895].

Action du cyanate de phényle. — Elle a été étudiée par Gumpert (*J. prakt. Chem.*, (2), **32**, 283, 1885] qui a obtenu la *carbanilidoisatine* $C^{15}H^{10}Az^2O^3$ que les alcalis tranforment en *acide carbanilidoisatique* $C^{15}H^{12}Az^2O^4$. Goldschmidt et Massler [*D. chem. G.*, **28**, 278, 1895], ayant répété et confirmé ces expériences, pensent que la carbanilidoisatine doit être regardée comme un dérivé de la ps-isatine et lui donnent la formule

$$C^6H^4 {<_{Az}^{CO}>} CO \qquad (Az-CO\,AzH\,C^6H^5)$$

qui se prête très bien à la formation de l'acide carbanilidoisatique

$$C^6H^4 {<_{AzH-CO\,AzH\,C^6H^5}^{CO-CO^2H}}$$

et qui donne à l'isatine la formule d'une lactame ou pseudo $AzH-CO$, car il est difficile de supposer que l'isocyanate de phényle a provoqué une transposition. On sait d'ailleurs que les prétendues preuves en faveur de la formule lactime $Az=C(OH)$, en particulier l'obtention d'un éther à partir du sel d'argent [Michael, *J. prakt. Chem.*, (2), **37**, 513, 1888] s'accordent tout aussi bien avec la formule lactame.

Action des diamines aromatiques et formule constitutionnelle de l'isatine. — Cette étude est due surtout à Marchlewski en collaboration avec Schunk, Sosnowski et Radcliffe.

En faisant réagir l'o-phénylène-diamine sur l'isatine, ces auteurs ont obtenu l'*isatomonohydrophénazine*, déjà obtenue par Hinzberg [*D. chem. G.*, **19**, 487], et que l'on peut représenter par les deux formules

$$\text{I.}\quad C^6H^4 {<_{Az}^{C}>} C-AzH \text{ (avec } C=Az \text{, noyau benzénique)} \qquad \text{II.}\quad C^6H^4 {<_{AzH}^{C}>} C=Az \text{ (avec } C=Az \text{, noyau benzénique)}$$

Ce corps fond à 285-287° et se dissout dans les acides minéraux et dans l'alcool; cette solution donne avec l'azotate d'argent ammoniacal un précipité qui est un sel d'argent. On obtient facilement :

Acétylisatomonohydrophénazine fondant à 202°.

m-Chlorisatomonohydrophénazine (ne fond pas à 300°) et son dérivé acétylé (215°).

Marchlewski et Schunck [*D. chem. G.*, **29**, 134] ont montré que dans l'action de l'o-phénylène-diamine sur l'isatine, ce dernier corps se comporte comme ayant la formule pseudo; cette conclusion est adoptée par Hinsberg. Dans beaucoup de cas, l'isatine se comporte en effet comme une dicétone : on sait qu'elle ne donne ni une diphénylhydrazone, ni une dioxime, mais ceci n'est pas une raison suffisante pour exclure la formule dicétonique puisque l'anthraquinone, par exemple, ne donne pas non plus ces composés. D'autre part ces mêmes auteurs ont obtenu la dioxime de l'acétyl-ps-isatine, et ils admettent par suite la possibilité d'une tautomérisation qui ferait passer le composé I à la formule II, par exemple en présence d'acide acétique

$$C^6H^4 {<_{Az}^{C=Az(OH)}>} C(OH) \qquad C^6H^4 {<_{AzH}^{C=Az(OH)}>} CO$$

et qui par suite rendrait possible la formation d'une dioxime dans un tel milieu.

En effet, quand on traite à l'ébullition l'isatine ou son oxime, en solution acétique, par plus de 2 molécules d'hydroxylamine en présence d'acétate de sodium, la coloration brun-rouge sombre disparait et fait place à une coloration jaune clair; à froid se déposent des cristaux fondant à 202°, et dont le sel d'argent fournit avec l'iodure d'éthyle un éther fondant à 138° : c'est la monoxime. Donc l'isatinoxime ne se laisse pas transposer de cette manière en pseudo-isatine-oxime.

L. Marchlewski a étudié l'action de la semicarbazide sur l'isatine; on sait que les dicétones donnent avec la semicarbazide la réaction des o-diamines [Thiele et Stange, *Ann. Chem.*, 283, 1, 1894], en donnant une oxytriazine.

Pour l'isatine deux hypothèses sont possibles : ou bien c'est une dicétone, et alors on aura une indoxytriazine, ou bien elle ne réagit qu'avec un AzH^2 de la semicarbazide (avec celui du groupe hydrazine, vraisemblablement) et alors le noyau isatinique sera rendu stable comme par l'introduction d'un groupe oximido ou d'un groupe phénylhydrazinique. L'expérience tranche la question en faveur de cette seconde supposition et la réaction en milieu alcoolique ou acétique a lieu suivant le schéma :

$$C^6H^4 \langle {CO \atop Az} \rangle C-OH + AzH^2-AzH-CO-AzH^2$$

$$= C^6H^4 \langle {C=Az-AzHCO-AzH^2 \atop Az} \rangle C(OH)$$

Par suite, on peut conclure que l'introduction d'un groupe Az(OH) ou AzH-AzR dans la molécule sollicite la pseudoforme à se transformer en forme normale.

Marchlewski et Sosnowski [*D. chem. G.*, **34**, 1108, 1901] ont constaté que la saponification du produit de condensation de l'isatine avec la p-phénylène-diamine donne, non pas comme l'avaient d'abord pensé Schunck et Marchlewski [*D. chem. G.*, **29**, 200, 1996] de l'o-amidophénimésatine (I), mais de l'*o-amidophénylo.cyquinoxaline* (II), car le produit en question donne avec Az^2O^3 dans l'alcool non pas la phénimésatine mais la *coumarophénazine* (III) ; ce composé, analogue à l'indophénazine (IV), doit être regardé comme l'azine de l'anhydride de l'acide o-oxybenzoylformique (V).

Par une action plus prolongée des alcalis, on obtient l'*o-oxyphénylоxyquinoxaline* (VI) beaucoup plus stable que la précédente et qui ne se transforme pas en indophénazine.

I. $C^6H^4 \langle {C=AzC^6H^4AzH^2 \atop AzH} \rangle CO$

II. $C^6H^4 \langle {C \atop OH} \rangle$ … $C(\langle Az \rangle C^6H^3) = C=Az$, AzH^2

III. $C^6H^4 \langle {C \atop O} \rangle C=Az$, $C \langle Az \rangle C^6H^4$

IV. $C^6H^4 \langle {C \atop AzH} \rangle C=Az$, $C \langle Az \rangle C^6H^4$

V. $C^6H^4 \langle {CO-CO^2H \atop OH} \rangle$

VI (fus. 296°). $C^6H^4 \langle {C \atop OH} \rangle$, $C \langle {Az-C^6H^4 \atop C=Az} \rangle$, OH

Ce dernier composé donne avec l'acide sulfurique concentré un dérivé sulfoné fondant à 300°.

A partir de l'acétylisatine et de l'o-toluylène-diamine, on obtient l'*o-amidophénylоxyméthylquinoxaline* (VII) qui sous l'action d'Az^2O^3 se transforme en *méthylcoumarophénazine* (VIII), masse cristalline blanche fondant à 133-134° et donnant des solutions fluorescentes, comme le composé (III) ; l'action prolongée des alcalis donne un composé méthylé tout à fait analogue à VI (point de fusion 261°).

VII. C^6H^4 — C(=Az) … CH^3 ; AzH^2, C(OH), Az

VIII. C^6H^4 — C(=Az) … $C^6H^3(CH^3)$; O — C = Az

Ces mêmes auteurs ont réussi à faire la synthèse de l'*o-oxyphénylоxyquinoxaline* de la manière suivante : l'isatine, bouillie avec une lessive de soude, donne l'acide isatinique

$$C^6H^4 \langle {CO-CO^2H \atop AzH^2} \rangle$$

qui par diazotation donne le dérivé hydroxylé correspondant (acide o-oxybenzoylformique) ; le sel de sodium condensé avec la p-phénylène-diamine donne le corps cherché (VI). La *coumarophénazine* forme des cristaux blancs fondant à 173°,5.

De même l'*o-amidophénylоxéthoxyquinoxaline* [Marchlewski et Radcliffe, *D. chem. G.*, **32**, 1869, 1899] fut transformée en l'*éthoxycoumarophénazine* 162°,5 soluble dans le chloroforme avec une fluorescence bleue [Marchlewski et Sosnowski, *D. chem. G.*, **34**, 2294, 1901].

Marchlewski et Radcliffe [*D. chem G.*, **34**, 1113, 1901], en condensant en milieu acétique les arylamines monoalcoylées avec l'isatine, qui réagit ici comme oxymonocétone, obtinrent des composés analogues à la pseudoindophénazine : par exemple avec la monoéthyl-o-toluylène-diamine, ils obtinrent un corps fondant à 213° que l'acide sulfurique colore en jaune, et dont on a isolé le chlorhydrate dissociable par la chaleur :

C^6H^4 —— C(=Az) ; $C^6H^3-CH^3$; Az = C — AzH

Isatine-méthyluréthane. — Quand on oxyde, entre autres par le permanganate de potasse à l'ébullition, la tétrahydroquinoléine-méthyluréthane $C^9H^{10}Az-CO-OCH^3$, on obtient des aiguilles rouges fondant à 175°, donnant la réaction des indophénines ; c'est l'isatine dont l'atome d'H du groupe imidé est remplacé par $CO-OCH^3$:

$$C^6H^4 \langle {CH^2-CH^2 \atop Az-CH^2} \rangle CH^2 \longrightarrow C^6H^4 \langle {CO \atop AzH} \rangle CO^2H \quad (COOCH^3)$$

$$\longrightarrow C^6H^4 \langle {CO \atop Az} \rangle CO, \quad Az-CO-OCH^3$$

[C. Schotten et W. Schlömann, *D. chem. G.*, **24**, 3687, 1891].

Isatine-pyrogallol. — L'anhydroglycopyrrogallol [Friedländer et Rüdt, *D. chem. G.*, **29**, 878, 1896] réagit sur l'isatine, lorsqu'on chauffe ces deux corps en solution chlorhydrique concentrée ; le composé amorphe qui se forme cristallise dans l'alcool ; il est soluble dans les alcalis, teint la laine chromée en violet-brun et donne un dérivé triacétylé fondant à 227°. Cette réaction fixe la formule de l'anhydroglycopyrrogallol (I) et en fait un composé analogue à l'indoxyle, qui partage avec lui la propriété de fixer l'isatine ; le corps formé (analogue par sa formation à l'indirubine) a la formule (II).

I. (OH)(OH)C^6H — O, CO — CH^2

II. (OH)(OH)C^6H — O, CO — C=C $\langle C^6H^4, AzH, CO \rangle$

Acide isaphénique. — G. Gysac [*D. chem. G.*, **26**, 2484, 1893] faisant réagir l'acide phénylacétique sur l'isatine à 200-220° en présence d'acétate de sodium, a obtenu, par suite d'anhydrisation sans perte de CO^2, un corps blanc cristallisable dans l'acide acétique, soluble dans le nitrobenzène et l'alcool, fondant à 294-296°, ayant pour formule

$$\begin{array}{c} C = C \begin{array}{l} \diagup C^6H^5 \\ \diagdown CO^2H \end{array} \\ C^6H^4 \begin{array}{l}\diagup \quad \diagdown \\ \diagdown \quad /\!/ \end{array} C(OH) \\ Az \end{array}$$

qu'il a appelé l'acide isaphénique; ce corps est soluble dans les alcalis, donne des sels cristallisés (plomb, ammonium, argent), un dérivé monobromé (F. 310°), un produit chloré (220°) et se transforme par l'amalgame de sodium en acide hydroisaphénique (202°). L'isatine peut donc se condenser, comme les anhydrides d'acides bibasiques, avec l'acide phénylacétique.

Thioisatine. — Quand on fait réagir sur une solution acide d'α-anilidoisatine de l'hydrogène sulfuré, il se produit à côté d'aniline un composé sulfuré, presque complètement insoluble dans l'eau, qui est la thioisatine :

$$C^6H^4 < \begin{matrix} AzH \\ CO \end{matrix} > CS \quad \text{ou} \quad C^6H^4 < \begin{matrix} CO \\ Az \end{matrix} \geqslant C(SH).$$

Elle se décompose quand on la lave ou qu'on la sèche en donnant du soufre et de l'indigotine. Comme l'isatine, qui en présence d'alcalis caustiques donne un sel rouge violet que l'eau transforme avec décoloration en sel de l'acide isatique, la thioisatine donne avec les alcalis en solution aqueuse ou alcoolique des colorations bleu-violet intenses qui disparaissent rapidement; mais il ne se forme pas d'acide thioisatique, il se dépose du soufre et de l'indigotine. Si on chauffe la thioisatine avec une solution alcaline d'oxyde de plomb, le soufre est éliminé et on obtient de l'isatine ordinaire par acidulation. Condensée avec les hydrazines, la thioisatine donne aussi, comme l'isatine, des colorants.

Sa transformation en indigotine a lieu sous les influences alcalines les plus faibles, comme par exemple celle de la magnésie; dans cette réaction on remarque la présence d'hydrogène sulfuré libre et d'un hydrosulfite, ce qui s'explique peut-être par ce fait que, avant la transformation en indigotine, la thioisatine donne un produit de réduction qui se change en colorant par perte d'H^2S, suivant les formules :

$$C^6H^4 < \begin{matrix} CO \\ AzH \end{matrix} > CS + H^2S$$
$$= C^6H^4 < \begin{matrix} CO \\ AzH \end{matrix} > C < \begin{matrix} H \\ SH \end{matrix} + S.$$

$$C^6H^4 < \begin{matrix} AzH \\ CO \end{matrix} > C \begin{matrix} \diagup \boxed{H \qquad SH} \diagdown \\ + \\ \diagdown \boxed{SH \qquad H} \diagup \end{matrix} C < \begin{matrix} AzH \\ CO \end{matrix} > C^6H^4$$

$$= 2\,H^2S + \text{Indigotine}.$$

Le soufre formé peut être séparé par le sulfure de carbone ou par le sulfite de sodium (Geigy et Cie, DRP. 131 934, 1901). P. Lemoult.

ISATIQUE (ACIDE). (1er suppl. II, 959). — Pfitzinger, ayant cherché à obtenir l'acide cinchonique et ses dérivés par la condensation de l'acide isatique avec les aldéhydes [*J. prakt. Chem.*, (2), **56**, 283, 1897], n'y réussit pas avec l'acétaldéhyde, parce que le composé formé d'après l'équation :

$$C^6H^4 < \begin{matrix} AzH^2 \\ CO-CO^2H \end{matrix} + CH^3-COH$$

$$= 2\,H^2O + C^6H^4 \begin{array}{l} \qquad\quad CO^2H \\ \qquad\quad / \\ \diagup C = CH \\ \qquad\quad | \\ \diagdown Az = CH \end{array}$$

se résinifie sous l'action de l'alcali concentré qu'on doit employer. La réaction réussit au contraire très bien avec l'acétoxime [*J. prakt. Chem.*, (2), **66**, 263, 1902].

L'*acide acétylnitro-isatique*

$$AzO^2C^6H^3 < \begin{matrix} CO-CO^2H \\ AzH-CO-CH^3 \end{matrix}$$

se produit par l'action de l'eau sur l'acétylpseudonitroisatine et s'extrait de la liqueur acidulée par l'éther; il cristallise dans le benzène, par ébullition avec les acides, il reproduit la nitroisatine [Schunk et Marchlewski, *D. chem. G.*, **28**, 546, 1895]. P. Lemoult.

ISATOCYANINE. — Marchlewski a donné ce nom à un composé qu'il a extrait des feuilles de l'isatis tinctoria; on sait qu'en chauffant avec une solution d'isatine l'extrait de feuilles fraîches, on obtient de l'indirubine. L'extrait de feuilles sèches se comporte autrement; bouilli avec de l'isatine, il donne au bout de quelque temps un précipité que l'on purifie par lavage à l'eau, dissolution dans le phénol et précipitation par l'éther. Ce corps se dissout en bleu dans l'acide acétique et en jaune dans l'acide sulfurique, et cette liqueur bleuit à la longue; il se distingue nettement de l'indirubine par ses propriétés et son spectre d'absorption (*Anz. Akad Wiss. Cracovie*, 1902, 227); celui-ci présente une bande dans la partie jaune et orangée du spectre P. Lemoult.

ISATOÏQUE (ACIDE) OU ANHYDRIDE ISATOÏQUE. — L'acide isatoïque obtenu par Kolbe [*J. prakt. Chem.*, (2), **30**, 84 et 467] en oxydant l'isatine par l'acide chromique, fut considéré par E. von Meyer comme ayant la formule I, mais E. Erdmann a montré [*D. chem. G.*, **32**, 2159, 1899] que l'on doit lui substituer la formule II, qui avait déjà été proposée par Niementowski et Rozanski [*D. chem. G.*, **22**, 1673, 1889].

$$C^6H^4 \begin{array}{l} \diagup Az-CO^2H \\ \quad | \\ \diagdown CO \end{array} \qquad\qquad C^6H^4 \begin{array}{l} \diagup AzH-CO \\ \qquad\quad | \\ \diagdown CO-O \end{array}$$

$$\text{I.} \qquad\qquad\qquad\qquad \text{II.}$$

En effet, le chlorocarbonate de méthyle donne avec l'acide anthranilique une phényluréthane carboxylée $CO^2H-C^6H^4-AzH-CO^2CH^3$, qui constitue le principal produit de l'action de l'alcool méthylique sur l'acide isatoïque; le même chlorocarbonate donne, avec l'éther anthranilique, un di-éther neutre fondant à 61°, et d'autre part, le phosgène donne avec l'acide anthranilique le composé

$$C^6H^4 \begin{array}{l} \diagup AzH-CO \\ \qquad\quad | \\ \diagdown CO-O \end{array}$$

Or, l'acide isatoïque se comporte non pas comme un acide, mais comme un anhydride; en outre, sa formation à partir de l'anthranile et des éthers chlorocarboniques [Friedlander et Wleugel, *D. chem. G.*, **16**, 2227, 1883] s'explique très bien par la formation d'un produit d'addition qui donne ensuite un dégagement de chlorure alcoylé.

```
      ⁄ AzH                     ⁄ AzH - CO²C²H⁵
C⁶H⁴   |      ——→   C⁶H⁴ <
      ⁄ CO                      ⁄ CO - Cl
 Anthranile.

                 ⁄ AzH - CO
   ——→   C⁶H⁴          |
                 ⁄ CO — O
```

par suite, l'acide isatoïque vrai serait un acide dicarboxylé $CO^2H - C^6H^4 - AzH - CO^2H$ hypothétique, et le composé de Kolbe doit s'appeler anhydride isatoïque.

Il se forme au moyen de l'acide anthranilique et de chlorocarbonate de méthyle, qu'on fait bouillir ensemble pendant 24 heures, ou mieux encore par l'action du phosgène sur le sel de sodium. Il fond à 240°, se dissout dans la soude et est reprécipité par les acides, mais l'action prolongée de la soude le transforme en acide carbonique et en urée diphénylcarboxylée $CO(AzHC^6H^4 - CO^2H)^2$, pf[re] 165°. Chauffé avec de l'alcool méthylique, il ne se comporte pas comme le dit G. Schmidt [*J. prakt. Chem.*, (2), **36**, 374, 1887], mais donne surtout l'acide phényluréthane-carbonique (voyez ci-dessus) et des produits huileux où on trouve de l'acide anthranilique, de l'éther méthylique et de l'isatoate diméthylique (61°) qu'on peut préparer directement (DRP. 110577).

Reprenant cette réaction, Schmidt [*J. prakt. Chem.*, (2), **36**, 370, 1887] a confirmé ces résultats, et étudié quelques-uns des composés formés, entre autres :

Anthranilméthyluréthane, fondant à 176°.

Anthranyléthyluréthane, fondant à 126°.

Le phénol réagit comme les alcools et donne une phényluréthane; l'anhydride acétique donne l'acide acétylanthranilique et l'acide acétique un produit non déterminé, $C^{36}H^{27}Az^5O^6$.

L'anhydride isatoïque a été obtenu par les Fabwerke (Meister Lucius et Brüning) en faisant réagir en présence d'alcalis les hypochlorites sur la phtalimide; on sait que quand l'alcali est en trop grand excès, il se fait de l'acide anthranilique (DRP. 127138).

Les Farbenfabriken préparent l'anhydride isatoïque avec un rendement presque quantitatif en traitant par le chlorure d'acétyle les phényluréthanes o-carboxylées (DRP. 112976).

Au lieu d'employer ce procédé, Bredt et Hof chauffent avec du chlorure d'acétyle les éthers carboxanthraniliques

$$CO^2H - C^6H^4 - AzH - CO^2R,$$

obtenus eux-mêmes en traitant les alcoolates de sodium par les dérivés halogénés de la phtalimide

$$C^6H^4 \langle {CO \atop CO} \rangle AzX$$

(ceux-ci s'obtiennent par action directe des halogènes à froid sur la phtalimide; point de fusion 185°, si X = Cl et 206-207° si X = Br).

Par exemple, le composé

$$CO^2H - C^6H^4 - AzH - CO^2 - C^2H^5,$$

chauffé avec 4 parties de chlorure d'acétyle, donne l'anhydride cherché [*D. chem. G.*, **33**, 21, 1900].

P. Lemoult.

ISATROPIQUES (ACIDES α et β). (1er Suppl., 2, 960). — On attribue à ces acides, décrits par Fittig [*D. chem. G.*, **28**, 137], l'une des constitutions suivantes :

```
        CH² - CH²                     C⁶H⁴
        |      |                     ⁄   ⁄
C⁶H⁵ - C  —   C - C⁶H⁵     C⁶H⁵ ⁄ C       C ⁄ H
        |      |           CO²H ⁄ |       | ⁄ CO²H
      CO²H   CO²H                 CH² — CH²
```

D'une façon générale, Liebermann prépare les éthers par l'action du gaz chlorhydrique sur la solution de l'acide dans l'alcool; sous pression ordinaire il se forme l'éther acide, en vase clos l'éther neutre.

Ether diéthylique α, $C^{16}H^{14}(CO^2C^2H^5)^2$, fusible à 78-79° [Liebermann, *D. chem. G.*, **28**, 139], fusible à 180-181° (Fittig). Très soluble dans tous les dissolvants organiques. Difficilement attaqué par la potasse aqueuse; la potasse alcoolique donne un mélange d'acides isatropiques α et β.

L'éther monoéthylique α

$$C^{16}H^{14}(CO^2H)(CO^2C^2H^5),$$

fusible à 186°, cristallise dans l'alcool. La saponification donne aussi un mélange d'acide α et β.

Les éthers de l'acide isatropique β régénèrent par saponification l'acide β.

ACIDES ISATROPIQUES γ, δ, ε et ζ. — Ces acides sont identiques respectivement aux acides truxilliques α, β, γ et δ qui ont été décrits à la fin de l'article *Hydrindène* (2e Suppl., 5, 450).

Janvier 1906. M. Delacre.

ISÉTHIONIQUE (ACIDE). — Voyez l'art. ÉTHYLE (*dérivés sulfurés*), 2e Suppl., **3**, 609.

ISINDAZOLS. — Voyez INDAZOLS.

ISO.... — Pour les mots qui ne se trouvent pas ici à leur place alphabétique, voyez le mot qui suit ce préfixe.

ISOACONITINE. — Voyez PICROACONITINE.

ISOACÉTOPHÉNONE, $C^6H^5 - C(OH) = CH^2$ (forme énolique de l'acétophénone). — Son *éther éthylique* a été obtenu par Claisen [*D. chem. G.*, **29**, 1005 et 2931, 1896], en étudiant l'action des éthers orthoformiques sur les acétones : l'acétophénone lui a fourni l'éther $C^6H^5C(OC^2H^5)^2 - CH^3$, liquide qui bout à 100° sous 17 millimètres, mais qui se décompose sous la pression normale, avec perte d'alcool, pour donner l'*oxéthylisoacétophénone*, $C^6H^5 - C(OC^2H^5) = CH^2$; liquide huileux, D = 0,973 à 15°, bout à 209-210°. Cet éther éthylique se forme également quand on chauffe l'acide β-éthoxycinnamique, $C^6H^5 - C(OC^2H^5) = CH - CO^2H$, au-dessus de son point de fusion. Chauffée au-dessus de son point d'ébullition, sous une pression de 2 atmosphères, l'oxéthylisoacétophénone se transforme en phénylpropylcétone :

```
         O - C²H⁵              O    C²H⁵
         |                     ||   |
C⁶H⁵ - C = CH²     =    C⁶H⁵ - C  - CH²
```

La phényléthylcétone et la phénylbutylcétone ont été préparées de même façon [Claisen, *loc. cit.*]. 1er Janvier 1906. P. Carré.

ISOADIPIQUE. — Voyez l'art. (PARA) DIMÉTHYLSUCCINIQUE, 2e Suppl., 3, 211.

ISOŒNANTHYLIQUE. — Voyez HEPTYLIQUE, 2e Suppl., 5, 96, et DIMÉTHYLPROPYLACÉTIQUE, *ibid.*, 3, 206.

ISOALLITURIQUE (ACIDE). — La réaction du brome (1 molécule) sur l'hydantoïne (2 molécules) fournit un acide $C^6H^6O^4Az^4$:

$$2C^3H^4Az^2O^2 + Br^2 = C^6H^6O^4Az^4 + 2HBr,$$

qui est isomère avec l'acide allituríque de Schlieper.

Cet *acide isoallituríque* cristallise dans l'eau chaude en prismes brillants qui brunissent vers 250° et fondent vers 258-260°.

Sa formule de constitution probable est

```
AzH - CH - CH - AzH          AzH - CH - Az — CH²
|      |    |    |            |     |    |     |
CO     |    |    CO     ou    CO    |    CO    |
|      |    |    |            |     |    |     |
AzH - CO   CO - AzH          AzH   CO   AzH - CO
```

L'acide azotique, en présence de l'anhydride phosphorique, le transforme en *acide nitroisoalliturique*, $C^6H^5O^4Az^4(AzO^2)$, poudre amorphe blanche qui fond entre 170 et 195°. L'anhydride acétique réagit sur l'acide isoalliturique pour donner un produit sirupeux qui n'a pu être purifié.

ACIDE αα-DIMÉTHYLISOALLITURIQUE, $C^8H^{10}O^4Az^4$. — Cet acide a été obtenu d'une façon analogue au précédent, en faisant réagir le brome sur l'α-méthylhydantoïne.

Il cristallise en lamelles fusibles à 208-210°. L'*acide nitro-αα-diméthylisoalliturique*, fond entre 170 et 190°. L'*acide acétyl-αα-diméthylisoalliturique*, fond à 193-194° [L. Liemonsen, *Lieb. Ann. Chem.*, **333**, 101, 1904].

1er Janvier 1906. P. Carre.

ISOALSTONINE. — L'isoalstonine a été retirée par Sack et Tallens [*D. chem. G.*, **37**, 4110, 1904] du bresk de Bornéo, matière analogue à la gutta-percha, résultant de la coagulation du suc laiteux de l'Alstonia costulata. Cette masse, chauffée à 70° avec de l'alcool, se dissout en partie; la solution alcoolique laisse déposer tout d'abord une substance gélatineuse que les auteurs appellent *isoalstonine*, et qui cristallise après redissolution dans l'éther ou le chloroforme en lamelles fondant à 163°, de formule $C^{14}H^{22}O$ ou $C^{15}H^{24}O$, $[\alpha]_D = +65°,5$. Les cristaux qui se déposent ensuite, purifiés par un traitement prolongé à la potasse alcoolique bouillante, constituent l'*alstol* $C^{24}H^{38}O$, aiguilles fondant à 162° (cor.), de pouvoir rotatoire

$$[\alpha]_D = +56°,4,$$

et dont on a préparé les dérivés acétylé (fusible à 200°), benzoylé (254°) et le dibromure (135°). L'alstol se rapproche de la cholestérine et de l'isocholestérine, sans être cependant identique à aucune des cholestérines déjà décrites.

Quant à la portion insoluble dans l'alcool à 75°, son traitement par l'alcool à 95° permet d'en extraire de l'*alstonine* $C^{14}H^{22}O$, prismes fondant à +49°, de pouvoir rotatoire

$$[\alpha]_D = +40°.$$

Juin 1906. E. Rengade.

ISOAMYGDALINE, $C^{20}H^{27}O^{11}Az$. — Ce nom a été donné par H. Drysdale Dakin à un isomère de l'amygdaline, obtenu en traitant cette substance par l'eau de baryte froide, pendant 15 minutes. On précipite la baryte par l'acide carbonique, évapore la solution au bain-marie et purifie le corps obtenu en le lavant avec de l'acétate d'éthyle.

La composition et les réactions de l'*isoamygdaline* ainsi obtenue, ressemblent de très près à celles de la substance mère, comme pourrait le faire prévoir une isomérie optique.

L'isoamygdaline cristallise avec 2 molécules d'eau, qu'elle abandonne aux environs de 100°. Anhydre, elle fond entre 125 et 140°; elle est très soluble dans l'eau et l'alcool aqueux, presque insoluble dans l'éther acétique. Elle est lévogyre ($[\alpha]_D^{16°} = -47°,6$).

Chauffée avec les alcalis, elle donne de l'ammoniaque et de l'acide amygdalique. L'hydrolyse au moyen des acides concentrés la transforme en glucose, ammoniaque et acide mandélique : celui-ci (pour l'hydrolyse complète) est dextrogyre, tandis que l'amygdaline donne dans les mêmes conditions de l'acide mandélique lévogyre. Au contraire, avec l'émulsine ou le maltose les deux glucosides se comportent de la même façon.

On obtient encore vraisemblablement de l'isoamygdaline en chauffant à 230° l'amygdaline ordinaire [*Chem. Soc.*, **85**, 1512, 1904].

Juin 1906. E. Rengade.

ISOANÉTHOL. — Voyez ESTRAGOL.

ISOANILIDES. — Voyez IMINO-ÉTHERS.

ISOARTÉMISINE. — Voyez SANTONINE.

ISOBORNÉOL. — Voy. CAMPHÈNE et CAMPHOLS.

ISOCAMPHOLACTONE. — Voy. LAURONOLIQUES (ACIDES).

ISOCAMPHOLIQUE (ACIDE) $C^{10}H^{18}O^2$. — Cet acide se rencontre dans les résidus de la préparation de l'acide campholique [Guerbet, *C. R.*, **119**, 278, 1894 et *Bull. Soc. Chim.*, (3), **13**, 769, 1895]. Pour le séparer de ce dernier on se fonde sur la propriété que possède seul l'acide campholique de précipiter par l'acide carbonique de son sel de sodium.

L'acide isocampholique est une huile d'une odeur d'acide valérique qui bout à 256-257° en se décomposant partiellement ou à 180-181° (H = 65 mm.) $[\alpha]_D = +24°38'$. Son *éther méthylique* bout à 216-218°; son *éther éthylique* à 228-229°.

Cet acide est très vraisemblablement identique avec l'acide *α-dihydrocampholénique* de Mahla et Tiemann [*D. chem G.*, **33**, 1932, 1900] qui bout à 258° et qui possède le pouvoir rotatoire $[\alpha]_D = 28°26'$. Son *éther éthylique* bout à 230°, son amide fond à 143°; d'après cela sa constitution sera :

```
   CH3   CH3                               CH3   CH3
      \ /                                     \ /
       C                                       C
     /   \                                   /   \
CH          C-CH3      CO2H.CH2-CH                 CH-CH3
|   \     /  |     →                 |             |
|  CH2-CO    |                       |             |
CH2 -------- CH2                 CH2 ------------- CH2
   Camphre.                      Acide isocampholique
                              et α-dihydrocampholénique.
```

L'identité des deux acides n'a toutefois pas été établie. Mars 1906. G. Blanc.

ISOCAMPHORIQUES (ACIDES) $C^{10}H^{16}O^4$. — (Voy. Dict., 2e Suppl., 880). Les acides d-isocamphorique, g-isocamphorique et r-isocamphorique sont les formes trans des acides α-camphorique (acides cis) à cette différence que l'acide d-isocamphorique correspond à l'acide g-α-camphorique et inversement. Effectivement on passe facilement de la forme trans à la forme cis par l'intermédiaire des anhydrides, les acides trans se changeant sous l'influence d'une température de 230-240° en anhydrides cis.

Nous aurons donc pour symboles des formes cis et trans :

```
            CH3  CH3                          CH3  CH3
              \ /                               \ /
               C                                 C
 CO2H \      /   \      / CH3       H   \      /   \      / CO2H
 H    / C            C  \ CO2H      CO2H/ C            C  \ CH3
        |            |                    |            |
       CH2 -------- CH2                  CH2 -------- CH2
   Acide d-camphorique cis.          Acide g-camphorique cis.

            CH3  CH3                          CH3  CH3
              \ /                               \ /
               C                                 C
 CO2H \      /   \      / CO2H      H   \      /   \      / CH3
 H    / C            C  \ CH3       CO2H/ C            C  \ CO2H
        |            |                    |            |
       CH2 -------- CH2                  CH2 -------- CH2
   Acide d-isocamphorique.           Acide g-isocamphorique.
```

Acide g-isocamphorique. — L'étude de cet acide a été reprise par Aschan [*D. chem. G.*, **27**, 2003, 1894]. On l'obtient par réduction de l'anhydride chloro ou bromocamphorique par la poudre de zinc et l'acide acétique, ou mieux en chauffant un mélange de 15 grammes d'acide camphorique ordinaire, 45 centimètres cubes d'acide acétique et 45 centimètres cubes d'acide chlorhydrique à 170-180° pendant 5 heures.

Il s'en produit également dans la fusion de l'acide camphorique avec les alcalis [Mahla, Tiemann, *D. chem. G.*, **28**, 2153, 1895].

Il fond à 171-172°. Sa densité est de 1,243.

Constante d'affinité K = 0,00174. 100 parties d'eau à 20° en dissolvent 0,337 [Aschan et Walden, *D. chem. G.*, **29**, 1701, 1896].

Son pouvoir rotatoire est de — 47°,1 dans l'alcool, — 52°,4 dans l'acétone (Aschan).

L'éther éthylique neutre est une huile qui bout à 165° (H = 25-28 mm). $[\alpha]_D = -49{,}8$ [Walker et Wood, *Chem. Soc.*, **77**, 388, 1900].

L'éther éthylique acide allo est une huile épaisse bouillant à 176° (H = 12 mm.)

$$[\alpha]_D = -22°,9.$$

L'éther éthylique acide ortho fond à 73°,5

$$[\alpha]_D = -49°,6.$$

Acide d-isocamphorique. — On le prépare comme son isomère gauche en partant de l'acide cis-camphorique gauche. Il fond à 171-172°. D = 1,243. Constante d'affinité K = 0,00174; 100 parties d'eau à 20° en dissolvent 0,357 (Aschan et Walden) $[\alpha]_D = +48°,6$ (dans l'alcool).

Acide r-isocamphorique. — On l'obtient comme les précédents en partant de l'acide racémocis-camphorique.

Il fond à 191° (Aschan) D = 1,249.

Sa constante d'affinité K = 0,00174.

100 parties d'eau à 20° en dissolvent 0,203 [Aschan et Walden, *D. chem. G.*, **29**, 1801, 1896].

Mars 1906. G. Blanc.

Isocamphorone, $C^9H^{14}O$. — Cette cétone, isomère de l'isophorone, s'obtient au cours de l'oxydation de l'acide β-campholénique. Lorsqu'on oxyde cet acide par le permanganate, on obtient normalement l'acide dioxydihydro-β-campholénique qui, par oxydation ultérieure, se transforme en acide dioxy, lequel, traité par l'acide sulfurique étendu, fournit l'isocamphorone avec perte de CO^2 [F. Tiemann, *D. chem. G.*, **30**, 249, 1897].

```
      CH³  CH³                      CH³  CH³
        \ /                           \ /
         C                             C
  CH² /     \ C-CH³          CH² /     \ C<CH³
                       →                    OH
  CH² \_____/ CH-CH²-CO²H    CH² \_____/ C<OH
                                            CH²-CO²H

      CH³  CH                       CH³  CH³
        \ /                           \ /
         C                             C
  CH² /     \ CO-CH³          CH² /     \ C-CH³
                        →
  CH² \     / CH²-CO²H        CH² \     / C-CO²H
         CO                            CO

                   CH³  CH³
                     \ /
                      C
               CH² /     \ C-CH³
  →  CO² +
               CH² \     // CH
                      CO
```

L'isocamphorone est un liquide d'une odeur de menthone qui bout à 217°. $D_{20} = 0{,}9424$.

Sa semicarbazone fond à 211°. L'hydroxylamine en milieu alcoolique la convertit en oxaminoxime

$$C^9H^{15} \begin{matrix} \nearrow AzOH \\ \searrow AzH.OH \end{matrix}$$

qui fond à 150°. L'isocamphorone absorbe le brome et décolore le permanganate. L'oxydation la convertit en acide diméthylhexanonoïque qui, lui-même, traité par le brome et la soude, fournit l'acide αα-diméthylglutarique :

```
              CH³  CH³
                \ /
                 C
         CH² /      \ C-CH³
         CH² \      // CH
                 CO

      CH³  CH³                  CH³  CH³
        \ /                       \ /
         C                         C
  → CH² /    \ CO.CH³       CH² /     \ CO²H
                        →
    CH² |_____ CO²H         CH² |______ CO²H
```

Avril 1906. G. Blanc.

Isocamphoronique (Acide). — Voy. Pinène.

Isocamphre, $C^{10}H^{16}O$ [Syn. : Isofénone]. — L'isocamphre s'obtient en introduisant par petites portions le pernitrosocamphre ou nitrimine camphorique (10 grammes) dans l'acide sulfurique concentré et refroidi (120 grammes):

$$\underset{\text{Camphoroxime.}}{C^9H^{16} = C = AzOH} \longrightarrow \underset{\text{Pernitrosocamphre.}}{C^9H^{16} = C = Az.AzO^2}$$

$$\longrightarrow C^{10}H^{16}O + Az^2O.$$

Le produit de la réaction est versé dans une grande quantité d'eau, épuisé à l'éther et purifié par entraînement à la vapeur d'eau et fractionnement dans le vide [Angeli et Rimini, *D. chem. G.*, **26**, 36, 1893; *Gazz. chim. ital.*, **26**, 2, 34, 1896. — Rimini, *Centralbl.*, 1900, **1**, 857. — Spica, *Ibid.*, 1901, **2**, 1160. — Mahla et Tiemann, *D. chem. G.*, **29**, 2816, 1896].

La pernitrosofénone donne le même résultat.

L'isocamphre bout à 216°, 95-105° (H = 20-30 millimètres), les alcalis le résinifient; il ne se combine pas au bisulfite et ne donne pas de dérivé benzylidénique. Son oxime fond à 106° et sa semicarbazone à 215°. L'oxydation le convertit en acide α-isopropylglutarique. La réduction fournit un alcool saturé, le tétrahydroisocamphre $C^{10}H^{20}O$.

Dihydroisocamphre, $C^{10}H^{18}O$. — C'est une cétone saturée que l'on obtient en réduisant d'abord l'isocamphre en tétrahydroisocamphre (voyez plus bas), puis en oxydant avec précaution ce dernier au moyen du mélange chromique (Angeli et Rimini). Il bout à 203°, il est stable en présence du permanganate et se combine au bisulfite de soude.

Sa semicarbazone fond à 162°. Il se combine à la benzaldéhyde en présence des alcalis en donnant un composé benzylidénique fusible à 217°.

Tétrahydroisocamphre, $C^{10}H^{20}O$. — Le tétrahydroisocamphre se prépare en réduisant l'isocamphre par le sodium et l'alcool. On l'obtient encore en traitant par l'acide nitreux l'amine $C^{10}H^{21}Az$, provenant de la réduction de l'isocamphoroxime.

C'est un liquide huileux entraînable par la vapeur d'eau; la distillation à l'air l'altère. L'oxydation chromique le convertit en dihydroisocamphre.

Constitution de l'isocamphre. — D'après ce qu'il vient d'être dit, il est facile de déterminer la constitution de l'isocamphre; son oxydation en acide α-isopropylglutarique, l'impossibilité qu'il a de donner un dérivé benzylidénique, qui s'obtient au contraire avec le dihydroisocamphre, lui assignent la formule

```
           CH³
           |
           C
         /   \\
     CO       
     CH²      CH-C³H⁷
         \   /
          CH²
```

qui en fait un dérivé du métacymène.

Son obtention à partir du camphre ne peut se comprendre que par une transposition moléculaire, dont le mécanisme paraît avoir quelque analogie avec celui de la transformation de la carvone en carvestrène (voyez *Terpènes*).

Avril 1906. G. Blanc.

ISOCARBOSTYRILE. — Voyez Quinoléine.

ISOCÉDROL. — Voy. Terpénique (Série).

ISOCÉTOCAMPHORIQUE (ACIDE). — Voy. Pinène.

ISOCÉTOCAMPHORONIQUE (ACIDE). — Voy. Pinène.

ISOCHOLESTÉRINE. — (Voyez 1er Suppl., 480). — Pour la préparation et la purification de l'isocholestérine, voyez en outre les mémoires de Schulze et Barbieri [*Journ. f. Landw.*, 1879, 125 et *J. prakt. Chem.*, **25**, 168]. En solution éthérée (à $7^{gr},344$ dans 100 centimètres cubes)

$$[\alpha]_D = + 0,60.$$

Ce corps ne présente pas la réaction de Salkowski (coloration rouge avec $CHCl^3 + SO^4H^2$) [Schulze et Barbieri, *J. prakt. Chem.*, **25**, 458, 1882]. Dissous dans beaucoup d'anhydride acétique, puis additionné d'acide sulfurique, il donne une coloration jaune, puis jaune rougeâtre avec fluorescence verte [Schulze, *Zeit. physiol. Chem.*, **14**, 522, 1890]. Avec l'acide acétique et l'acide sulfurique on obtient une coloration jaune rouge, qui devient verte et qui présente un spectre caractéristique [Darmstaedter et Lifschutz, *D. chem. G.*, **31**, 1122, 1898]. Les parties molles (Weichfett) des graisses de suint contiennent une cholestérine peut-être identique à l'isocholestérine, de formule $C^{26}H^{44}O + {}^1/_2H^2O$, fusible à l'état sec à 120-121°, ne donnant pas la réaction de Salkowski et présentant après traitement par l'acide acétique et l'acide sulfurique une coloration avec spectre d'absorption caractéristique [Darmstaedter et Lifschutz, *loc. cit.*; Schulze *ibid.*, 1200]. 1er Janvier 1906. E. Lambling.

ISOCHRYSOFLUORÈNE $C^{17}H^{12}$. — Ce carbure a été obtenu par Graebe en dirigeant des vapeurs d'α-benzylnaphtalène dans un tube chauffé au rouge [*D. chem. G.*, **27**, 953, 1894]. La fraction des produits formés bouillant entre 360° et 400° est purifiée par l'intermédiaire du picrate. L'isochrysofluorène fond à 76°, il est peu soluble dans l'alcool froid, plus soluble à chaud. Son picrate $C^{17}H^{12}.C^6H^3O^7Az^3$ fond à 122°,5.

Mars 1906. R. Marquis.

ISOCLASE (Min.) (Sandberger). — Phosphate basique de calcium hydraté, $4CaO, P^2O^5 + 4H^2O$ ou $PO^4Ca(CaOH), 2H^2O$, en cristaux incolores, provenant de Joachimsthal.

Prisme clinorhombique de 136° 50'.

L. Bourgeois.

ISOCONIINE (isoconicine) $C^8H^{17}Az$. — En distillant le chlorhydrate de coniine avec un peu de poudre de zinc, Ladenburg [*D. chem. G.*, **26**, 854, 1893; *Bull. Soc. Chim.*, (3), **10**, 769] obtient, à côté de la conyrine et de la coniine régénérée, une base nouvelle, l'isoconicine. Le produit distillé à la vapeur d'eau est acidifié et traité par l'éther pour enlever un peu de carbure. Le chlorhydrate restant est transformé en nitrosamine, et celle-ci extraite par l'éther en solution fortement acide. Le chlorhydrate, dissous autant que possible dans l'acide chlorhydrique fumant, est décomposé à une légère chaleur par un courant de gaz chlorhydrique.

Le chlorhydrate séché est transformé en sel de platine, et celui-ci lavé avec un mélange de 1 volume d'alcool et 2 volumes d'éther.

La base bout à 167°,2 (corr.), densité à 0° 0,8595, à 20° 0,8425; pouvoir rotatoire $[\alpha]_D = 8,19$. Le chlorhydrate fond à 216-217°.

Description cristallographique du chloroplatinate [*D. chem. G.*, **27**, 859, 1894].

Cette base est une α-isopropylpipéridine, et Ladenburg met sur le compte de la stéréoisomérie de l'azote la différence existant entre elle et les coniines.

Wolfenstein [*D. chem. G.*, **29**, 1956, 1897] a isolé de l'un des sels platiniques de l'isoconicine le chloroplatinate de coniine *d*; le même et Ladenburg [*D. chem. G.*, **29**, 2706, 1896] ont retiré indépendamment un chloroplatinate de la base racémique. Dans ces conditions, Wolfenstein en conclut que l'isoconiine n'existe pas.

Ladenburg a réuni les raisons pour appuyer ses premières conclusions [*D. chem. G.*, **29**, 2706, et **34**, 3416, 1901]. Les expériences de Ahrens [*D. chem. G.*, **35**, 1330, 1902] semblent confirmer l'existence de l'isoconiine. Voyez aussi Ladenburg [*D. chem. G.*, **36**, 3694, 1903].

Janvier 1906. M. Delacre.

ISOCOPELLIDINE. — Voyez l'art. Pipéridine.

ISOCORYBULBINE. — La corybulbine et l'isocorybulbine sont des alcaloïdes qui se trouvent dans les racines du Corydalis cava, à côté d'un assez grand nombre d'autres bases.

Lorsqu'on agite l'extrait ammoniacal de Corydalis avec l'éther, on isole : 1° des bases cristallisables; elles sont séparées par ébullition du résidu éthéré avec de l'alcool, et forment la série : *corydaline, bulbocarpine, corycavine, corybulbine*; 2° un mélange de bases amorphes (*corydine* de Merck), qui sont séparées par salification fractionnée; on obtient alors la série suivante commençant par les bases les plus faibles, : α) bases cristallisables : *corydaline, corybulbine. isocorybulbine* (bases faibles), *corycavamine, corycavine* (bases moyennement fortes), *corydine, bulbocarpine* (bases fortes), enfin, une base fusible à 135° différente de la corydaline; β) bases amorphes : un alcaloïde amorphe dont le chlorhydrate cristallise facilement, un alcaloïde dont les sels sont amorphes, et qui paraît être encore un mélange de plusieurs bases. De ce qui est insoluble dans l'éther et provenant de l'extrait ammoniacal, on sépare, au moyen du chloroforme, la *corytubérine*. On peut donc retirer au moins 11 alcaloïdes des racines du Corydalis cava.

Les alcaloïdes cristallisés du Corydalis peuvent être, d'après leur caractère propre, divisés en 3 groupes : 1° Le groupe de la corydaline, bases faibles, qui se transforment par oxydation avec une solution alcoolique d'iode en bases analogues à la berbérine; à ce groupe se rattachent la corybulbine et l'isocorybulbine; 2° le groupe de la corycavine, bases moyennement fortes, corycavine et corycavamine; 3° le groupe de la bulbocarpine, bases très fortes par rapport aux précédentes, qui s'oxydent bien par la solution alcoolique d'iode, mais qui, sans doute à cause de la présence d'hydroxyles libres dans leur molécule, n'ont pas donné jusqu'ici de produits d'oxydation bien caractérisés; ce sont la bulbocarpine, la corydine et la corytubérine.

De tous ces alcaloïdes nous n'étudierons ici que la corybulbine et l'isocorybulbine.

Corybulbine, $C^{21}H^{25}O^4Az$. — La corybulbine se présente en cristaux insolubles dans l'alcool, solubles dans le chloroforme, fusibles à 237-238°; $[\alpha]_D = + 303°,3$.

Son *chlorhydrate*, $C^{21}H^{25}O^4Az, HCl$, fond à 245-250°; son *chloroaurate* et son *chloroplatinate* sont des précipités amorphes.

Déhydrocorybulbine, $C^{21}H^{21}O^4Az + 5H^2O$. — La corybulbine (1 gramme) chauffée à l'ascendant avec 3 grammes d'iode et 50 centimètres cubes d'alcool, fournit un produit qui, réduit par le gaz sulfureux, donne l'*iodhydrate de déhydrocorybulbine*, $C^{21}H^{21}O^4Az, HI$, fusible à 210-211°. Ce dernier, décomposé par les alcalis, abandonne la *déhydrocorybulbine*

$$C^{21}H^{21}O^4Az + 5H^2O,$$

qui cristallise en aiguilles rouge-violettes, fondant à 175-178°. La déhydrocorybulbine répond probablement à l'une des formules de constitution suivantes :

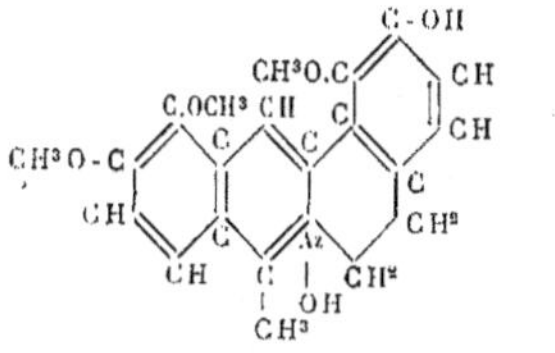

I.

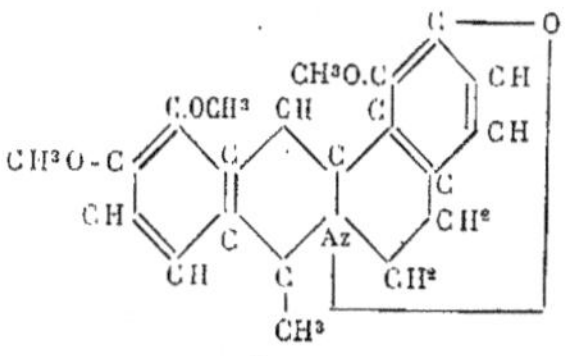

II.

Elle perd $4H^2O$ à froid dans le vide sulfurique, et la cinquième à 95° dans le vide.

Son *chlorhydrate* fond à 225-227°. Son *dérivé benzoylé* cristallise en aiguilles jaunes qui se ramollissent à 140° et sont fondues à 173-174°.

La réduction de la déhydrocorybulbine par le zinc et l'acide sulfurique fournit une *corybulbine inactive*, fusible à 220-222°; dont le *nitrate* fond à 207-208° et le *chloroplatinate* fond à 223°.

Isocorybulbine. — L'isocorybulbine soumise à l'action de la solution alcoolique d'iode a fourni, après réduction par le gaz sulfureux, l'*iodhydrate de déhydroisocorybulbine*

$$C^{21}H^{21}O^4Az, HI,$$

aiguilles jaune brun, non fondues à 260°. Ce dernier, traité par les alcalis, abandonne la *déhydroisocorybulbine*, masse cristalline brune.

La réduction de la déhydroisocorybulbine par le zinc et l'acide sulfurique fournit l'*isocorybulbine inactive*, aiguilles blanches fondant à 165-167°.

L'isomérie de la corybulbine et de l'isocorybulbine tient fort probablement à des positions différentes des groupes méthoxy et de l'oxhydrile; car la déméthylation de ces deux produits fournit la même *apocorydaline*, dont l'*iodhydrate*, $C^{18}H^{19}O^4Az, HI$, se décompose vers 250-260° [Gadamer, *Arch. d. Pharm.*, **234**, 492; **236**, 214; **239**, 39; **240**, 19, 81; **241**, 634, 1902].

1er Janvier 1906. P. Carré.

ISOCOUMARILIQUE (ACIDE). — Græbe a donné le nom d'*acide isocoumarilique* au noyau hypothétique :

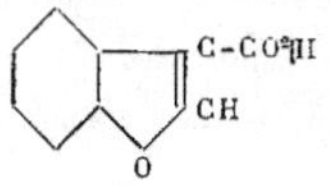

C-CO²H
CH
O

Ce noyau est appelé acide benzofurfurane-β-carbonique par Ikuta [*J. prakt. Chem.*, **45**, 80, 1892].

On en connait les dérivés suivants :

L'*acide oxydiméthylisocoumarilique*,

$$\begin{matrix} CH^3 \\ OH \end{matrix} > C^6H^2 < \begin{matrix} C(CO^2H) \\ O \end{matrix} \geqslant C - CH^3,$$

dont l'*éther éthylique* se forme par condensation de la toluquinone avec l'éther acétylacétique, en présence du chlorure de zinc. Cet acide cristallise dans l'acide acétique dilué (50 0/0) en aiguilles, qui se subliment facilement et se décomposent vers 280°. Son *éther méthylique* $C^{11}H^9O^4 . CH^3$ fond à 185°. Son *éther éthylique* fond à 173°; le *dérivé acétylé* de ce dernier, $C^2H^3O . C^{11}H^8O^4 . C^2H^5$, fond à 96°, et le *dérivé benzoylé* fond à 94-95° [Graebe et Lévy, *Ann. Chem.*, **283**, 252, 1894].

L'*acide dichloroxydiméthylisocoumarilique*,

$$\begin{matrix} CH^3 \\ OH \end{matrix} > C^6Cl^2 < \begin{matrix} C(CO^2H) \\ O \end{matrix} \geqslant C - CH^3,$$

se décompose vers 260-270°; son *éther éthylique* fond à 134-135°, et le *dérivé acétylé* de ce dernier fond à 139°.

L'*acide trichloroxydiméthylisocoumarilique*,

$$\begin{matrix} CH^3 \\ O \end{matrix} \geqslant C^6Cl^3 < \begin{matrix} C(CO^2H) \\ O \end{matrix} \geqslant C - CH^3,$$

a été obtenu à l'état d'*éther éthylique*, fusible à 103°, en traitant par le chlore l'éther éthylique de l'acide oxydiméthylisocoumarilique.

L'*éther éthylique de la chlorodiméthylisocoumaryl-o-quinone-α-carbonique*,

$$\begin{matrix} O \\ O \end{matrix} \geqslant C^6(CH^3)Cl < \begin{matrix} C(CO^2C^2H^5) \\ O \end{matrix} \geqslant C - CH^3,$$

obtenu en traitant les dérivés chlorés précédents par l'acide azotique (D = 1,4), fond à 118-119°. Réduit par l'acide sulfureux il conduit à l'*acide chlorodioxydiméthylisocoumarilique*,

$$\begin{matrix} CH^3 \\ (OH)^2 \end{matrix} \geqslant C^6Cl < \begin{matrix} C(CO^2H) \\ O \end{matrix} \geqslant C - CH^3,$$

dont l'*éther éthylique* fond à 170-171° [Græbe et Lévy, *loc. cit.*].

Les *dérivés bromés* ont été préparés d'une façon analogue. Janvier 1906. P. Carré.

ISOCOUMARINE,

$$C^6H^4 \begin{matrix} \diagup CO - O \\ \quad | \\ \diagdown CH = CH \end{matrix}$$

— L'isocoumarine peut être regardée comme l'anhydride de l'acide éthénol 2-phènométhyloïque, $CHOH = CH - C^6H^4 - CO^2H$, hypothétique.

On l'obtient dans la distillation sèche de 1 partie d'isocoumarine-carbonate d'argent, mélangé de 2 parties de porcelaine pulvérisée; la substance obtenue est purifiée par agitation de sa solution éthérée avec la soude, puis avec une solution de SO^3NaH [Bamberger et Frew, *D. chem. G.*, **27**, 207, 1894]. L'isocoumarine se forme aussi dans la réduction du nitrométhylène-phtalide par le phosphore et l'acide iodhydrique [Gabriel, *D. chem. G.*, **35**, 570, 1903].

L'isocoumarine cristallise dans le benzène en tables brillantes, fusibles à 47°; elle bout sans décomposition à 285-286° sous 719 millimètres; facilement volatile avec la vapeur d'eau. Une solution de 14 parties d'isocoumarine dans le CS^2, additionnée de 16 parties de brome fournit, après une heure de contact, le *dibromure d'isocoumarine*,

$$C^6H^4 \begin{matrix} \diagup CO — O \\ \quad | \\ \diagdown CHBr - CHBr \end{matrix}$$

pyramides microscopiques, brillantes, fusibles à 135° [Bamberger, *loc. cit.*]. L'isocoumarine, chauffée avec une solution alcoolique d'AzH^3, est transformée en isocarbostyrol; chauffée avec la soude elle donne l'*acide anhydro-o-oxyvinylbenzoïque*,

$$CO^2H - C^6H^4 - CH = CH - O - CH = CH - C^6H^5,$$

qui cristallise dans l'alcool en aiguilles microscopiques, et dans un mélange d'alcool et de benzène en tables, fusibles à 183-184°; très solubles dans l'alcool, peu solubles dans le benzène; il réduit à chaud la liqueur de Fehling; le MnO^4K le transforme en acide phtalique; chauffé avec HCl, à 150°, il donne l'*anhydride* $C^{18}H^{12}O^4$, aiguilles (dans l'alcool) fusibles à 234-235°; fondu avec KOH, il conduit à un acide $C^{14}H^{10}CO^2H$; *sel de plomb*, précipité floconneux; *sels de cuivre et d'argent*, précipités cristallins. L'anhydride $C^{18}H^{12}O^4$, chauffé plusieurs heures à 170°, avec une solution alcoolique d'AzH^3 donne une imide,

$$O \begin{matrix} \diagup CH = CH - C^6H^4 - CO \diagdown \\ \diagdown CH = CH - C^6H^4 - CO \diagup \end{matrix} AzH$$

qui cristallise dans l'alcool en fines aiguilles fusibles à 285°; *sel d'argent* $C^{18}H^{12}AzO^3Ag$, précipité jaune citron [Bamberger, *loc. cit.*].

Éthoxy-6 (ou 7) *phényl*-3 *dihydro-isocoumarine*,

$$C^2H^5O.C^6H^3 \begin{matrix} \diagup CH^2 - CH - C^6H^5 \\ \quad | \\ \diagdown CO — O \end{matrix}$$

— Ce composé résulte de la déshydratation spontanée de l'acide éthoxyhydrotoluylène-carbonique, qui prend naissance par réduction de la benzylidène-β-éthoxyphtalide; il fond à 83-84°. L'AzH^3 à 100° le transforme en *éthoxy*- 6 (ou 7) *phényl*-3 *isocarbostyrile*,

$$C^2H^5O - C^6H^3 \begin{matrix} \diagup CO . AzH \\ \quad | \\ \diagdown CH = C - C^6H^5 \end{matrix}$$

fusible à 161°; ce dernier chauffé avec $POCl^3$ fournit la *chloro*-1 *éthoxy*-6 (ou 7) *phénylène*-3 *quinoléine* [P. Onnerty, *D. chem. G.*, **34**, 5735, 1901].

Éthoxy-6 (ou 7) *bromo*-4-*phényldihydro-isocoumarine*,

$$C^2H^5O \begin{matrix} \diagup CO — O \\ \quad | \\ \diagdown CHBr - CH - C^6H^5 \end{matrix}$$

— Préparée par l'action du brome sur l'acide benzylidène-β-éthoxyphtalique,

$$C^2H^5O - C^6H^3 \begin{matrix} \diagup CO \\ > O \\ \diagdown C = CH - C^6H^5 \end{matrix}$$

elle fond à 103° [P. Onnerty, *loc. cit.*].

ISOCOUMARINE-CARBONIQUE (*acide*),

$$C^6H^4 \begin{matrix} \diagup CO - O \\ \quad | \\ \diagdown CH = C - CO^2H \end{matrix}$$

— Cet acide peut être considéré comme l'anhydride de l'acide α-oxy-cinnamique-o-carbonique, $CO^2H - C^6H^4 - CH = C(OH) - CO^2H$, décrit par Bamberger et Kitschelt [*D. chem. G.*, **25**, 1142, 896; Zincke, *D. chem. G.*, **25**, 1882].

L'acide isocoumarine-carbonique s'obtient en chauffant plusieurs heures, à 160°, l'anhydride de l'acide o-phénylglycérine-carbonique avec HCl [Bamberger et Kitschelt, *D. chem. G.*, **25**, 1495].

Il cristallise dans l'alcool méthylique en lamelles brillantes, fusibles à 237°, sublimables; il est légèrement soluble dans l'eau chaude, facilement dans l'alcool, l'acide acétique et l'acétone, difficilement dans l'éther, le chloroforme et le benzène. La lessive de soude (à 40 0/0) le décompose à l'ébullition en acide o-méthylbenzoïque et acide oxalique [Bamberger, *Ann. Chem.*, **288**, 135, 1895]; l'ammoniaque le transforme en acide isocarbostyrilcarbonique, $C^{10}H^7AzO^3$; il réagit sur les amines primaires avec élimination d'eau, mais il est sans action sur les amines secondaires.

Le sel d'argent, $C^{10}H^5O^4Ag$, est un précipité insoluble, décomposé par la chaleur avec formation d'isocoumarine.

L'*éther méthylique*, $C^{10}H^5O^4 - CH^3$, cristallise dans l'alcool méthylique en aiguilles brillantes, fusibles à 172-173° [Zincke, *D. chem. G.*, **25**, 1496, 1882]. 1er Janvier 1906. P. Carré.

ISOCRÉATININE. — Cette substance, retirée de la chair de poisson par Thesen, est en réalité identique avec la créatinine ordinaire, ainsi que l'ont clairement établi Poulsson et Korndörfer [Thesen, *Zeit. physiol. Chem.*, **24**, 1, 1897; Poulsson, *Arch. exp. Pathol.*, **51**, 227, 1904; Korndörfer, *Arch. Pharm.*, **242**, 373, 1904].

1er Janvier 1906. E. Lambling.

ISOCROTONIQUE (ACIDE) (Syn. β-crotonique, allocrotonique, quarténylique)

$$\begin{matrix} CH^3 - C - H \\ \| \\ H - C - CO^2H \end{matrix}$$

(voyez 2e Suppl., **2**, 1463 et 1464).

Sur la constitution, voyez Autenrieth et Pretzell, *D. chem. G.*, **38**, 2534, 1905 et Bruni et Gorni, *Gazz. chim. ital.*, **30**, 55, 1900].

L'acide isocrotonique prend naissance dans l'action de la potasse sur la dibromométhyléthylcétone [Semenoff, *Bull. Soc. Chim.*, **22**, 573, 1899]. Il se forme également par distillation dans le vide de l'acide β-oxyglutarique [Fichter et Krafft, *Chem. Central.*, 1898, **2**, 1011].

Morell et Bellars [*Chem. Soc.*, 85, 345, 1904]

séparent les acides α et β-crotoniques, en utilisant les différences de solubilité dans l'eau de leurs sels de brucine et de quinine.

L'acide isocrotonique cristallise en aiguilles ou en prismes, fondant à 15°,5; $D_{4^\circ}^{15^\circ} = 1,0312$. Il bout à 169° sous 760 millimètres et 70-72° sous 12-14 millimètres. Il est soluble dans 2g,5 d'eau [Wislicenus, *Chem. Centr.*, **2**, 259, 1897]. Chauffé seul ou en présence d'iode, il se transforme en acide crotonique.

L'acide isocrotonique fixe ClOH et BrOH en donnant des acides oxybutyriques halogénés [Melikoff, *Journ. Soc. phys. chim. russe*, **32**, 358, 1900].

L'hypoazotide, agissant sur l'acide isocrotonique, en solution éthérée, l'isomérise en acide crotonique avec lequel il s'unit en donnant un acide nitro-oxybutyrique [Egorof, *Journ. Soc. phys. chim. russe*, **33**, 57, 1901 et **35**, 462, 1903].

Le diazométhane transforme l'acide isocrotonique, comme d'ailleurs aussi l'acide crotonique, en acide méthylpyrrazoline-carbonique [v. Pechmann et Burkard, *D. chem. G.*, **33**, 3590, 1901].

DÉRIVÉS HALOGÉNÉS. — *Acide β-chloro-isocrotonique*,

$$\begin{matrix} CH^3-C-Cl \\ \Vert \\ H-C-CO^2H \end{matrix}$$

Cet acide se forme, en même temps que l'acide β-chloro-crotonique, dans la réduction par le zinc de l'acide αββ-trichlorobutyrique [Szenic et Taggesell, *D. chem. G.*, **28**, 2665, 1895].

L'acide β-chloro-isocrotonique se combine au chlorure de benzyle et à l'alcool thiobenzylique sodé, en donnant des produits différents de ceux que l'on obtient en faisant agir les mêmes composés sur l'acide β-chloro-crotonique; au contraire, avec les alcools gras et aromatiques, on obtient avec les deux acides des substances identiques [Autenrieth, *D. chem. G.*, **29**, 1639 et 1653].

Par action de AzH^3 en solution alcoolique, sur les β-chloro-isocrotonates de méthyle ou d'éthyle, on obtient les *α-amino-β-chloro-isocrotonates méthylique* ou *éthylique* [Thomas Mamert, *Bull. Soc. Chim.*, **13**, 68, 1898].

Le phénolate de sodium réagit sur les β-chloro-isocrotonate et β-chlorocrotonate d'éthyle, en donnant naissance, dans les deux cas, au β-phénoxycrotonate

$$CH^3-C(OC^6H^5)=CH-CO^2C^2H^5$$

[Ruhemann et Wragg, *Chem. Soc.*, **79**, 1185, 1901].

Acide αβ-dichloro-isocrotonique

$$CH^3-CCl=CCl-CO^2H$$

[Szenic et Taggesell, *loc. cit.*].

Acide αβ-dibromo-isocrotonique

$$CH^3-CBr=CBr-CO^2H$$

[Clutterbuck, *Ann. Chem.*, **268**, 102, 1892; Pinner, *D. chem. G.*, **28**, 1878, 1895].

Acide tribromo-isocrotonique

$$CH^2Br-CBr=CBr-CO^2H$$

[Pinner, *loc. cit.*].

Acide tétrabromo-isocrotonique

$$CHBr^2-CBr=CBr-CO^2H$$

[Pinner, *loc. cit.*]. Amand Valeur.

ISOCROTYLAMINE

$$CH^2=CH-CH^2-CH^2Az^2.$$

— Ce composé est, en réalité, la vinylamine. A. Luchmann [*D. chem. G.*, **29**, 1420, 1896] paraît l'avoir obtenue en décomposant la γ-chlorobutylamine par la potasse alcoolique en tubes scellés à 180°. Cette base bout à 80-90°; son *chloroplatinate* $(C^4H^7AzH^2)^2H^2PtCl^6$ cristallise en feuillets jaunes fusibles à 240°.

1er Janvier 1906. Amand Valeur.

ISOCYANURIQUE (ACIDE). — Voyez FULMINURIQUE, 2e Suppl., **4**, 349.

ISODÉHYDROCAMPHORIQUE (ACIDE), $C^{10}H^{14}O^4$. — Lorsqu'on chauffe l'éther diphénylique de l'acide α-chlorocamphorique avec de la quinoléine, on obtient l'éther correspondant de l'acide *déhydrocamphorique* [Bredt, Houben et Lévy, *D. chem. G.*, **35**, 1286, 1902]. Cet acide soumis à la distillation fournit, en même temps que l'acide allocampholytique (voyez *Lauronolique*), l'anhydride de l'acide isodéhydrocamphorique, dont l'hydratation fournit l'acide. Celui-ci fond à 178-179°; son anhydride à 182-183°.

L'oxydation de l'acide *déhydro* donnant l'acide camphoronique, sa constitution et celle de l'acide *iso* seraient représentées par les formules

```
       CH³   CH³                    CH³   CH³
         \   /                        \   /
           C                            C
         /   \                        /   \
CO²H.C  /     \ C < CH³    CO²H.CH  /     \ C < CO²H
       ‖       |    CO²H           |       |    CH³
      CH ------ CH²                CH ===== CH²
```

Ac. déhydrocamphorique. Ac. isodéhydrocamphorique.

Avril 1906. G. Blanc.

ISODIALDANE. — Voyez l'art. ALDOL, 2e Suppl., **1**, 67.

ISODIPYRIDINE (Nicotyrine). — Voyez l'art. NICOTINE.

ISODULCITE. — Voyez RHAMNOSE.

ISODYPNOPINACOLINES. — Ces corps appartiennent à la famille de la dypnopinacone dont les dérivés ont servi à Delacre pour exécuter la synthèse *graduelle* de la chaîne benzénique. L'acétophénone C^8H^8O se transforme sous l'influence de l'acide chlorhydrique sec en *dypnone* $C^{16}H^{14}O$ [*Bull. Acad. Belg.* (3), **20**, 464, 1890] analogue à l'oxyde de mésityle. La dypnone, sous l'influence du zinc éthyle notamment, se polymérise en *dypnopinacone* $C^{32}H^{28}O^2$ (fusible à 161°), laquelle donne naissance à plusieurs dypnopinacolines. A côté de la dypnopinacone se classent l'*homodypnopinacone* et ses dérivés; puis viennent les *isodypnopinacolines* qui semblent ne correspondre à aucune pinacone.

ISODYPNOPINACOLINE α $C^{32}H^{26}O$. — On l'obtient en rendements qui semblent pouvoir atteindre la théorie par l'action de 1 partie de potasse solide, 10 parties de dypnopinacone pure et 100 parties d'alcool [Delacre, *Bull. Acad. Belg.*, (3), **22**, 495, 1891; *ibid.*, (3), **29**, 855, 1895]. L'isodypnopinacoline se forme également dans des solutions ne contenant que 1 ‰ de potasse; lorsqu'on abaisse encore le titre on obtient l'homodypnopinacone. Deux collaborateurs de Delacre ont amélioré cette préparation : Gesché [*Bull. Acad. Belg.*, cl. de sciences, 1900, 301] agite fortement dans un ballon bouché parties égales de dypnone et d'alcool *saturé* de potasse et homogène. On opère à la température ordinaire et on traite par l'eau le lendemain. Terlinck [*Bull. Acad. Belg.*, cl. des sciences, 1904, 1055] chauffe simplement 1 partie d'acétophénone avec 3 parties de soude caustique en poudre fine à 50-60° pendant 24 heures. Pendant les premières heures on brasse avec une cuiller en fer; on enlève l'alcali par l'acide sulfurique à 30 0/0, on lave et on fait cristalliser dans l'acide acétique, auquel on ajoute ensuite son volume d'alcool méthylique. Pour enlever l'homodypnopinacoline on fait bouillir avec de l'alcool contenant 3 0/0 de potasse, on laisse cristalliser et on redissout dans l'acide acétique.

Indépendamment de cette direction de travaux, Eykman [*Centralbl.*, 1904, I, 1258] étudiant l'action de l'acétophénone sur l'éther malonique en présence d'alcoolate de sodium, a isolé l'isodypnopinacoline α; le malonate est évidemment superflu.

L'isodypnopinacoline α se présente en prismes orthorhombiques [Cesàro, *Bull. Acad. Belg.*, (3), 29, 843, 1895]. Les cristaux qui se déposent lentement affectent généralement la forme de tables fusibles à 131° (non corr.) distillant sans décomposition dans le vide. Le produit pur fond, d'après Terlink, à 136° (corr.). Soluble à chaud dans l'acide acétique et l'alcool, presque insoluble à froid. Sans action sur l'hydroxylamine et la phénylhydrazine. Par la potasse alcoolique à reflux à 180° il se scinde :

$$C^{32}H^{26}O = C^{25}H^{22} + C^7H^6O.$$

Fusible à 94°. — Aldéhyde benzoïque.

En tube scellé, par KOH, le carbure $C^{25}H^{22}$ devient $C^{25}H^{24}$ (fusible à 145°).

L'acide nitrique donne $C^{32}H^{24}O$.

Par la chaleur l'isodypnopinacoline se scinde par une réaction qui n'a pas été encore bien étudiée, en une résine, des produits volatils et pyro-dypnopinacoline $C^{32}H^{22}O$ (*Bull. Acad. Belg.*, cl. de sciences, 1902, p. 251).

ISODYPNOPINACOLÈNES $C^{32}H^{24}$. — Par l'acide chlorhydrique acétique sur l'isodypnopinacoline [*ibid.*, 29, 865, 1895 et 1904, 1065]. Ils existent sous deux formes isomères. L'isomère α fond à 175°,5 (corr.). L'isomère β à 171° (corr.).

L'isomère α distille sans décomposition dans le vide et sous la pression ordinaire, il paraît sans action sur la potasse à 200°, il n'est pas réduit par l'amalgame de sodium. L'acide nitrique en solution acétique donne $C^{32}H^{23}AzO^2$, qui cristallise dans le nitrobenzène.

La bromuration en milieu sulfocarbonique donne $C^{32}H^{23}Br$ fusible à 199-200°, qui cristallise dans un mélange de benzène et de ligroïne.

En milieu chloroformique on obtient un autre bromure fusible à 192°.

La bromuration en l'absence de tout dissolvant mais en présence de fer donne, après cristallisation dans le chloroforme et l'alcool méthylique, de beaux cristaux $C^{32}H^{14}Br^{10}$ qui se résinifient facilement par la chaleur. Il n'est pas possible d'en prendre le point de fusion.

Tous ces bromures ont été étudiés par Terlinck [*Bull. Acad. Belg.*, cl. des sciences, 1904, 1065].

ALCOOLS (?) DE L'ISODYPNOPINACOLINE α. — Etudiés sous la direction de Delacre par Daels [*Bull. Acad. Belg.*, cl. des sciences, 1905, 585]. A 1 partie d'isodypnopinacoline α dans 46 parties d'acide acétique, on ajoute 1/2 partie de poudre de zinc. Après réduction à chaud, on précipite par l'eau et on fait cristalliser dans l'alcool. Rendement 30 0/0 en alcool fusible à 184°.

Alcool fusible à 184°, $C^{32}H^{28}O$. — Ce corps est décomposé par la chaleur à 150°; sans action sur l'hydroxylamine et la phénylhydrazine, il se dissout dans l'acide sulfurique fumant, il résiste à l'oxydation. Par la chaleur il donne du triphénylbenzène, de l'aldéhyde benzoïque et des produits volatils. L'acide acétique chlorhydrique donne $C^{32}H^{26}$, aiguilles jaunes fusibles à 180°, qui distillent en grande partie sans décomposition dans le vide.

Il existe de cet alcool 3 autres isomères, l'un fusible à 178°, un second fusible à 156° et un troisième fusible à 162°, celui-ci s'obtenant nettement par l'action de la potasse diluée sur l'isomère fondant à 184° et donnant par déshydratation $C^{32}H^{26}$ identique au précédent.

ISODYPNOPINACOLINE β $C^{32}H^{26}O$ [Delacre, *Bull. Acad. Belg.*, (3), 32, 95, 1896]. — Une solution d'isodypnopinacoline α dans l'alcool, 50 grammes dans 11 kilogrammes d'alcool à 93°, soumise à l'action des rayons solaires directs, se transforme, avec des rendements presque théoriques, en β. Si la radiation est insuffisante et qu'il se dépose des cristaux vitreux, on décante pour les séparer; il se dépose ensuite de longues aiguilles que l'on recueille par filtration après suffisante exposition; le produit nouveau forme un feutre sur le filtre. Dans la solution filtrée on introduit une nouvelle portion d'isomère α.

Fines aiguilles très légères d'une blancheur éclatante, fusibles à 196°, très peu solubles dans l'alcool froid, plus solubles à chaud; cristallisant sans altération dans l'acide acétique.

Alcool isodypnopinacolique β $C^{32}H^{28}O$. — Par l'action du zinc-éthyle sur le précédent; cristaux vitreux fusibles à 164°.

ISODYPNOPINACOLINE γ $C^{32}H^{26}O$. — Une insolation insuffisante de la solution d'isodypnopinacoline α donne par concentration et cristallisation lente d'énormes cristaux que la lévigation permet de débarrasser de l'isomère β.

L'évaporation de la solution éthérée donne de beaux cristaux fusibles à 179-180°. Cet isomère se transforme en β par insolation et en isomère ε par la potasse.

ISODYPNOPINACOLINE δ $C^{32}H^{26}O$. — Elle s'obtient par l'action d'une solution alcoolique très diluée de potasse sur l'isomère β.

Magnifiques cristaux vitreux isolés, fusibles à 169-170°, cristallisant sans altération dans le chlorure d'acétyle.

ISODYPNOPINACOLINE ε $C^{32}H^{26}O$. — On fait bouillir 1 partie d'isomère β avec 1 partie de potasse dans 100 parties d'alcool.

Cristaux vitreux incolores, fusibles à 139°,5, formant des faisceaux. Par la potasse alcoolique en tube scellé à 200°, ce corps se scinde avec difficulté en acide benzoïque et un produit fondant à 183-185°. Traité par le chlorure d'acétyle il donne par refroidissement des aiguilles jaunes fusibles à 198° répondant à la composition d'un biacétate $C^{32}H^{24}O(C^2H^3O)_2$ et par filtration des cristaux micacés blancs fusibles à 178° répondant à un monoacétate

$$C^{32}H^{25}O(C^2H^3O).$$

Avril 1906. M. Delacre.

ISOÉMODINE. — Voyez RHUBARBERONE.

ISOGÉRANIQUE ET ISOGÉRONIQUE. — Voy. GÉRANIOL ET IONONE.

ISOFÉNONE. — V. ISOCAMPHRE.

ISOGLYCIDIQUE (ACIDE β-MÉTHYL),

$$CH^3-\overset{\ulcorner O \urcorner}{CH-CH}-CO^2H.$$

— Cet isomère des acides α et β-méthylglycidiques s'obtient en mélangeant une solution chaude de potasse dans l'alcool absolu avec une solution de l'acide α-chloro-β-oxybutyrique, également dans l'alcool absolu [Melikow et Petrenko, *Ann. Chem.*, 266, 365, 1891]. Liquide se combinant à l'acide chlorhydrique pour donner l'acide β-chloro-α-oxybutyrique. H. Duval.

ISOINDOL C^8H^7Az. — On doit réserver ce nom à un isomère de l'indol dans lequel l'atome d'azote du noyau pyrrolique n'est pas lié directement au noyau cyclique, c'est-à-dire au composé

$$C^6H^4 \lt \begin{matrix} CH^2 \\ CH \end{matrix} \gt Az \quad \text{ou} \quad C^6H^4 \lt \begin{matrix} CH \\ | \\ CH \end{matrix} \gt AzH$$

la première formule étant préférable puisqu'elle rappelle davantage celle de l'indol.

Bien que la littérature chimique fasse mention de l'isoindol, ce corps n'est pas connu et cette dénomination s'applique parfois à un composé, obtenu à l'aide de l'ammoniaque et de la ω-bromacétophénone, qui est la diphénylpyrazine ou diphénylaldine (Voir 2e Sup. **3**, 110, α.β'.diphényl γ.diazine et ses dérivés). Mais si l'isoindol vrai n'est pas connu, on a préparé d'une part le méthylisoindol, d'autre part le dihydroisoindol et un grand nombre de ses dérivés par substitution, et en outre quelques composés oxygénés se rapportant à la formule signalée plus haut : isoindolones et isoindolinones.

Métylisoindol. — La réduction soit par l'acide iodhydrique et le phosphore, soit de préférence par $Zn + HCl$, de la 1.4 méthylchlorophtalazine :

$$C^6H^4 \lt \begin{matrix} C(CH^3) \\ C \\ | \\ Cl \end{matrix} \gt Az^2$$

donne une liqueur rouge foncé qu'on décolore par un excès d'acide et du noir animal, s'il y a lieu, et qui dépose à froid des aiguilles cristallines d'un sel zincique : $(C^9H^9Az)^2, 2HCl, ZnCl^2$ soluble dans l'eau, donnant avec le chlorure de platine un *chloroplatinate*

$$(C^9H^9Az)^2 2HCl, PtCl^4, H^2O$$

en aiguilles jaunes se déshydratant à 100° avant de se décomposer; ce sel zincique donne également un *picrate* de la base C^9H^9Az. Il est donc formé, non par la base $C^9H^{11}Az$ comme on pourrait s'y attendre d'après ce qui se passe avec la 1. chlorphtalazine (voir plus loin), mais par une base plus pauvre de $2H$; c'est le méthylisoindol qu'on peut représenter par l'une des formules

$$C^6H^4 \lt \begin{matrix} C(CH^3) \\ CH^2 \end{matrix} \gt Az \qquad C^6H^4 \lt \begin{matrix} CH(CH^3) \\ CH \end{matrix} \gt Az \qquad C^6H^4 \lt \begin{matrix} C-CH^3 \\ CH \end{matrix} \gt AzH$$

parmi lesquelles les auteurs [S. Gabriel et Neumann, *D. chem. G.*, **26**, 710, 1893] préfèrent la première. C'est une huile incolore à odeur quinoléique, dont la saveur d'abord quinoléique devient rapidement amère. En présence d'eau cette huile, d'abord incolore, jaunit et brunit, mais sans perdre son caractère basique, car elle se dissout dans HCl, toutefois avec une coloration jaune que la solution initiale ne présentait pas. Cette base ne donne aucune coloration avec un copeau de pin, mais se colore en rouge avec les alcalis à l'ébullition, ce qui la différencie des indols.

Hydroisoindol (Syn. O-xylylène-imine),

$$C^6H^4 \lt \begin{matrix} CH^2 \\ CH^2 \end{matrix} \gt AzH = C^8H^9Az$$

— Ce composé, qui a avec l'isoindol les mêmes relations que l'hydrindol avec l'indol, a été obtenu par S. Gabriel et Neumann (*D. chem. G.*, **26**, 527, 710, 2212, 1893 ou *Bull. Soc. Chim.*, (3), **10**, 900, 901, 1893) en réduisant par le zinc et l'acide chlorhydrique la 4. chlorphtalazine

$$C^6H^4 \lt \begin{matrix} CH = Az \\ | \\ C.Cl = Az \end{matrix}$$

On sépare le zinc inattaqué, alcalinise et entraîne à la vapeur d'eau; le distillat acidulé et concentré donne le chlorhydrate de l'hydroisoindol fondant à 255-256°, d'où on extrait facilement la base qui bout à 213° sous 762 milimètres; celle-ci absorbe l'acide carbonique de l'air et donne facilement un *chloroplatinate*

$$(C^8H^9Az)^2, 2HCl, PtCl^4$$

en aiguilles jaune orangé et une *nitrosamine* $C^8H^8Az-AzO$, cristallisée, fondant à 96-97° et dégageant, une fois chauffée, l'odeur d'anis.

Antérieurement, Scholtz avait obtenu une base (o-xylylène imine) de formule $[C^8H^9Az]^2$ fondant à 79-80° qui doit être l'hydroisoindol [*D. chem. G.*, **24**, 240, 1891]; peut-être pourrait-on préparer ce corps d'après Strassmann [*D. chem. G.*, **21**, 580, 1888] à partir de l'ω.chloro.o.xylylamine : $Cl-CH^2-C^6H^4-CH^2-AzH^2$.

En tout cas S. Gabriel et Pinkus [*D. chem. G.*, **26**, 2212, 1893 ou *Bull. Soc. Chim.*, (3), **12**-494, 1894] l'ont obtenu au moyen de l'o.xylylènediamine

$$C^6H^4 \lt \begin{matrix} CH^2-AzH^2 \\ CH^2-AzH^2 \end{matrix}$$

produit de réduction de

$$C^6H^4 \lt \begin{matrix} CH = Az \\ | \\ CO-Az \end{matrix}$$

et l'ont isolé sous forme de nitrosamine (p. fus 95-97°); d'autre part Frz. During [*D. chem. G.*, **28**, 600, 1895 ou *Bull. Soc. Chim.*, **14**, 1309, 1895] l'a préparé également au moyen de l'o.xylylènediamine et du chlorure de thionyle.

Hydroisoindols substitués à l'azote. — Scholtz [*D. chem. G.*, **31**, 414, 627 et 1707, 1898 ou *Bull. Soc. Chim.*, (3), **20**, 438, 597 et 772, 1898] étudiant l'action des amines sur le bromure d'o.xylylène

$$C^6H^4 \lt \begin{matrix} CH^2-Br \\ CH^2-Br \end{matrix}$$

a obtenu des hydroisoindols substitués à l'azote par les divers groupements suivants : phényl : paillettes de p.fus 165° : — m.tolyl : aiguilles : 115°; p-tolyl : paillettes soyeuses : 106°; — anisyl : paillettes : 214°; — benzyl : aiguilles : 198°; — m-bromophényl : 112°; — p-bromophényl : 184°; — m-chloro et p-chlorophényl : 101° et 170°; — m.carboxyphényl : 246° (donne des sels); — p-nitrophényl. Avec la pipéridine il a obtenu le composé :

$$C^6H^4 \lt \begin{matrix} CH^2 \\ CH^2 \end{matrix} \gt \underset{\underset{Br}{|}}{Az} \lt \begin{matrix} CH^2-CH^2 \\ CH^2-CH^2 \end{matrix} \gt CH^2$$

qui fond à 234° et donne avec Ag^2O une base dont on connaît le chloroplatinate, le chloroaurate et le periodure en I^6.

De même avec le diissobutylamine, il a préparé le corps :

$$C^6H^4 \lt \begin{matrix} CH^2 \\ CH^2 \end{matrix} \gt \underset{\underset{Br}{|}}{Az}(C^4H^9)^2$$

Pfus 273°; donne un perbromure, un periodure

un chloroaurate (129°) et un chloroplatinate (208°).

Méthylhydroisoindol,

$$C^6H^4 \langle \begin{matrix} CHCH^3 \\ CH^2 \end{matrix} \rangle AzH$$

Il a été obtenu par S. Gabriel et Neumann (*loc. cit.*) en réduisant énergiquement par Zn + HCl la 1.4 chlorométhylphtalazine ou son produit de réduction, le méthylisoindol.

La base formée est mise en liberté, entraînée par la vapeur d'eau, purifiée sous forme de chlorhydrate et finalement isolée: c'est une huile bouillant à 213° sous 758 millimètres; elle cristallise dans l'alcool en fines aiguilles fondant à 170° en se colorant en violet; analogue à l'hydroisoindol, cette base se dissout dans l'eau qu'elle colore lentement en rouge framboise, absorbe CO^2, et donne une nitrosamine fondant à 98°, soluble dans l'eau chaude, cristallisant à froid, soluble dans l'alcool et se colorant en bleu vert par l'acide sulfurique et le phénol.

Isoindolinones et isoindolones. — Sachs et Ludwig [*D. chem. G.*, **37**, 385, 1904 ou *Bull. Soc. Chim.*, (3), **31**, 828, 1904], en faisant réagir les organo-magnésiens sur les dérivés alcoylés de la phtalimide, ont obtenu ce qu'ils appellent les isoindolinones substituées : p.ex.

$$C^6H^4 \langle \begin{matrix} CO \\ C \end{matrix} \rangle Az-C^2H^5 \qquad C \begin{matrix} OH \\ CH^3 \end{matrix}$$

D'autre part, C. Béis [*C. R.*, **138**, 987 et **139**, 61, 1904] a obtenu par les mêmes réactifs agissant sur la phtalimide, des composés qu'il appelle isoindolones, (formule I ou II, l'auteur préfère la première).

Éthylisoindolone,

$$C^6H^4 \langle \begin{matrix} CO \\ C \end{matrix} \rangle AzH \quad \text{ou} \quad C^6H^4 \langle \begin{matrix} CO \\ C \end{matrix} \rangle Az$$

$$\text{(I).} \; C{=}CH-CH^3 \qquad \text{(II).} \; C-C^2H^5$$

Isobutylisoindolone fondant à 180° et *isoamylisoindolone*, fondant à 115°. Ces composés sont insolubles dans l'eau, solubles dans les solvants organiques; ils ne donnent ni semicarbazones, ni phénylhydrazones, ni les réactions colorées des cétones, ce qui écarte pour leur constitution l'hypothèse de nitriles-cétones : R-CO-C^6H^4-CAz. Ils ne sont réduits ni par l'alcool et le sodium, ni par le zinc et l'acide acétique.

Avec la phénylphtalimide, le même auteur a obtenu la 2. phényl. 3.3. oxy-éthylisoindolinone :

$$C^6H^4 \langle \begin{matrix} CO \\ C \end{matrix} \rangle AzC^6H^5 \qquad C \begin{matrix} OH \\ C^2H^5 \end{matrix}$$

Ces divers composés sont des produits de substitution de la phtalimidine

$$C^6H^4 \langle \begin{matrix} CO \\ CH^2 \end{matrix} \rangle AzH.$$

Mars 1906. P. Lemoult.

Isoindophtalone. — C. Renz étudiant (*D. chem. G.*, **37**, 1221, 1904) l'action du pr. 2 méthylindol sur l'anhydrique ou le chlorure phtaliques et ayant obtenu deux composés différents : $C^{20}H^{20}Az^2O^2$, mais avec des rendements très variables suivant le composé phtalique employé, pense qu'il pourrait y avoir, comme pour les pyro et quinophtalones [Hubert, *D. chem. G.*, 36, 1653, 1903], deux isomères dont l'un serait l'isoindophtalone; les points de fusion des deux chlorhydrates étant : 265-266° (iso) et 272-273° (la base correspondante fondant à 212°).

Mars 1906. P. Lemoult.

Isolaurolène. — Voyez *Isolauronolique (acide)*.

Isolauronamine. — Voyez *Isolauronolique (acide)*.

Isolauronique. — Voyez *Isolauronolique (acide)*.

Isolauronolide. — Voyez *Isolauronolique (acide)*.

Isolauronolique (acide), $C^9H^{14}O^2$. — Lorsqu'on enlève à l'acide camphorique les éléments de l'eau et de l'oxyde de carbone, ces éléments étant empruntés au carboxyle faible ou carboxyle β, on peut, suivant les circonstances, obtenir deux acides monobasiques non saturés différents. Si l'opération se fait en milieu sensiblement neutre, on obtient un acide qui a reçu le nom d'*α-campholytique*; si elle se fait en milieu acide, on trouve un acide isomère de celui-là, l'acide *β-campholytique* ou *isolauronolique* qu'on obtient d'ailleurs en traitant aussi l'acide α-campholytique par les acides dilués, et qui n'est qu'un produit de transposition comme il sera montré plus loin :

$$C^{10}H^{16}O^4 = CO + H^2O + C^9H^{14}O^2.$$

L'histoire de ces deux acides étant inséparable l'une de l'autre, nous les étudierons tous deux en commençant par le premier, produit de dégradation normal de l'acide camphorique.

Acide α-campholytique (ancien cis-trans campholytique). — [Walker et Henderson, *Chem. Soc.*, **67**, 337 et 69, 748. — Walker, *D. chem. G.*, **26**, 461; *Chem. Soc.*, **63**, 495. — Walker et Cormack, *Chem. Soc.*, **77**, 374. — W.-A. Noyes, *Am. Chem. Journ.*, **16**, 500; *Ibid.*, **17**, 421. — W.-A. Noyes et E. Philipps, *Am. Chem. Journ.*, **18**, 290. — G. Blanc, *Bull. Soc. Chim.*, (3), **23**, 693, 1900, et **25**, 48, 1901. — F. Tiemann, *D. chem. G.*, **33**, 2935, 1900. — W.-H. Perkin Jun., *Chem. Soc.*, **83**, 835, 1903. — W.-H. Perkin Jun et J.-P. Thorpe, *Ibid.*, **83**, 61, 1903].

On obtient l'acide α-campholytique :

1° Par électrolyse de l'éther o-méthylcamphorique (Walker et Henderson) :

$$\underset{CH^2\text{—}CH^2}{CH^3.CO^2.CH \diagup C(CH^3)_2 \diagdown C \langle \begin{matrix} CH^3 \\ CO^2Na \end{matrix}} \longrightarrow \underset{CH^2\text{—}CH}{CO^2H.CH \diagup C(CH^3)_2 \diagdown C\text{-}CH^3}$$

On obtient en même temps un peu d'éther β-campholytique.

2° En partant de l'acide β-camphoramique.

Lorsqu'on traite cet acide par le brome et la soude on obtient l'acide dihydroaminocampholytique (Noyes) :

$$\underset{CH^2\text{—}CH^2}{CO^2H.CH \diagup C(CH^3)_2 \diagdown C \langle \begin{matrix} CH^3 \\ COAzH^2 \end{matrix}} \longrightarrow \underset{CH^2\text{—}CH^2}{CO^2H.CH \diagup C(CH^3)_2 \diagdown C \langle \begin{matrix} CH^3 \\ AzH^2 \end{matrix}}$$

L'acide libre, peu soluble, se sépare facilement du produit de la réaction après neutralisation par l'acide chlorhydrique (on ajoute de l'acide jusqu'à ce qu'une prise d'essai ne se colore plus par la phtaléine à chaud).

Le chlorhydrate fond à 261-262°, le nitrate à 212-213°. Distillé avec de la chaux, l'acide dihydroaminocampholytique fournit la lactame

$$C^8H^{14}\begin{cases}CO\\ |\\ AzH\end{cases}$$

qui fond à 188° et qui bout à 285-287° (Noyes).

Traité par le nitrite de soude et l'acide sulfurique, il est converti en acide campholytique, acide dihydrohydroxycampholytique ; on obtient en même temps une lactone, la campholytolactone, et une petite quantité d'isolaurolène C^8H^{14} (F. Tiemann) :

CH³ CH³ / C / CO²H.CH, CH², CH², C<CH³ AzH² → CH³ CH³ / C / CO²H.CH, CH², CH², C.CH³ OH → CH³ CH³ / C / CO²H.CH, CH², CH, C.CH³

3° En traitant par les alcalis étendus le bromhydrate d'acide α-campholytique (voyez plus loin) (Walker et Cormack).

Il se forme en même temps de l'isolaurolène, de l'acide dihydrohydroxycampholytique et, en outre, de notables quantités de campholytolactone (G. Blanc) :

CH³ CH³ / C / CH², CH², C-CH³, C-CO²H → CH³ CH³ / C / CH², CH², C<CH³ Br, CH-CO²H

Acide isolauronolique. Hydrobromure isolauronolique.

→ CH³ CH³ / C / CO²H-CH, CH², CH², C<CH³ Br → CH³ CH³ / C / CO²H-CH, CH², CH, C-CH³

Hydrobromure α-campholytique. Ac. α-campholytique.

4° Par réduction au moyen de l'amalgame de sodium à 100° de l'acide α-camphylique (W.-H. Perkin). (Voyez *Sulfocamphylique acide* p. 140).

L'acide α-campholytique est une huile légèrement jaunâtre, bouillant à 240° en se transformant partiellement en campholytolactone (G. Blanc).

Sa densité est 1,0166 à 13°,2 (Noyes). $[\alpha]_D = -60°,4$ (Noyes). La distillation sous pression réduite le racémise partiellement (Noyes).

L'acide racémique provenant de la transformation de l'acide isolauronolique présente les mêmes propriétés, au pouvoir rotatoire près.

Les acides minéraux dilués convertissent quantitativement l'acide α-campholytique en acide isolauronolique, par un mécanisme calqué sur celui de la transformation de la pinacone en pinacoline (Blanc).

L'*éther méthylique* $C^8H^{13}CO^2CH^3$ bout à 200°, l'*éther éthylique* $C^8H^{13}CO^2C^2H^5$ bout à 212-213°. Son *amide* $C^8H^{13}COAzH^2$ fond à 103° (Blanc).

Le *dibromure* $C^9H^{14}Br^2O^2$ fond à 113-114°.

Traité par la soude, il se décompose en fournissant un dérivé bromé correspondant vraisemblablement à l'isolaurolène (Walker) :

$$C^8H^{13}Br^2CO^2Na = CO^2 + NaBr + C^8H^{13}Br.$$

L'acide α-campholytique fournit, lorsqu'on le traite par l'acide bromhydrique fumant, un *hydrobromure* fusible à 98-100° (Noyes), identique avec celui qu'on obtient à partir de l'acide β-campholytique (voyez plus haut).

Cet hydrobromure se transforme à la longue au sein de l'acide bromhydrique en hydrobromure isolauronolique par la réaction inverse.

L'oxydation de l'acide α-campholytique donne principalement l'acide diméthyltricarballylique (F. Tiemann, G. Blanc).

L'acide *hydroxydihydrocampholytique* s'obtient en traitant l'hydrobromure correspondant par les alcalis. Il se forme en même temps de la campholytolactone et de l'acide campholytique. On l'obtient aussi en traitant par l'acide nitreux l'acide dihydroaminocampholytique. Il fond à 132° (Noyes) et ne donne pas de lactone quand on le chauffe ou qu'on le traite par les acides minéraux. Ces derniers le convertissent en acide isolauronolique :

CH³ CH³ / C / CO²H.CH, CH², CH², C<CH³ OH → CH³ CH³ / C / CH², CH², C-CH³, C-CO²H

Cet acide hydroxy est donc un acide *trans*.

Campholytolactone. — Cette lactone se forme, comme il a été dit plus haut, en même temps que les acides α-campholytique et hydroxydihydrocampholytique. Elle fond à 116° (F. Tiemann, G. Blanc). L'oxyacide correspondant fond à 121°, et sous l'action des acides se transforme en acide isolauronolique. Cet oxyacide n'est pas identique avec le précédent.

SYNTHÈSE DE L'ACIDE α-CAMPHOLYTIQUE. — [W.-H. Perkin Jun. et J.-F. Thorpe, *Chem. Soc.*, **85**, 128, 1904].

Cette synthèse a été réalisée de la manière suivante : la condensation de l'éther cyanodiméthylsuccinique sodé avec l'éther β-iodopropionique fournit l'éther β-cyano-αα-diméthylbutane-αβδ-tricarbonique :

CH³ CH³ / C / C²H⁵.CO², CH.Na, CAz + CH²I.CH².CO²C²H⁵

= NaI + CH³ CH³ / C / C²H⁵.CO², C²H⁵.CO².CH², CH.CAz, CH²

Cet éther bout à 210° (20 millimètres). L'hydrolyse par l'acide chlorhydrique le convertit en acide αα-diméthylbutane-αβδ-tricarbonique qui fond à 155-157°. Le sel de sodium de celui-ci, traité par l'anhydride acétique, fournit l'acide diméthylcyclopentanone-carbonique-2.2.3 :

CH³ CH³ / C / CO²H, CO²H.CH², CH.CO²H, CH² = CO² + CH³ CH³ / C / CO, CH², CH.CO²H, CH²

Ce dernier acide fond à 109-110°. Son oxime

fond à 195°, sa semi-carbazone à 217°. Son éther éthylique, traité par l'iodure de méthylmagnésium, fournit une lactone, l'*isocampholactone* ou *α-campholactone* :

```
      CH³  CH³                          CH³  CH³
        \ /                               \ /
         C                                 C
        / \                               /  \     CH³
CO²H.CH    CO                    CO²H.CH      C <
        |   |  + MgICH³ =                |    |    OMgI
      CH²——CH²                         CH²——CH²

      CH³  CH³                          CH³  CH³
        \ /                               \ /
         C                                 C
        / \     CH³                       / \
CO²H.CH    C <                          CH    C.CH³
        |   |   OH        →              | CO-O |
      CH²——CH²                         CH²——CH²
```

Cette lactone est un liquide mobile, d'odeur camphrée, bouillant à 156-157° (60 millimètres).

L'oxyacide correspondant est assez stable et se transforme en lactone sous l'influence des acides minéraux. C'est probablement l'isomère *cis* correspondant à l'acide *hydroxydihydrocampholytique* qui, sous l'influence des acides, donne, non pas une lactone, mais l'acide β-campholytique par transposition moléculaire.

L'acide bromhydrique convertit l'α-campholactone en acide γ-bromé identique à l'acide bromhydrocampholytique (voyez plus haut), qui fond à 98-100°.

Cet acide γ-bromé, traité par les alcalis, donne l'acide campholytique :

```
      CH³  CH³                          CH³  CH³
        \ /                               \ /
         C                                 C
        / \                               /  \     CH³
      CH    C.CH³                CO²H.CH      C <
       | CO-O |          →              |    |     Br
     CH²——CH²                         CH²——CH²

                     CH³  CH³
                       \ /
                        C
                       / \
          →    CO²H.CH    C-CH³
                      |    ||
                    CH²——CH
```

Acide β-campholytique (acide isolauronolique cis-campholytique, camphothétique). — [Walker, *Chem. Soc.*, **63**, 510 ; — Kœnigs et Hœrlin, *D. chem. G.*, **26**, 814, et **37**, 3465 ; — W.-A. Noyes, *Am. Chem. Journ.*, **27**, 421 ; *D. chem. G.*, **65**, 917, et **67**, 549 ; *Am. Chem. Journ.*, **32**, 256 ; — W.-H. Perkin Jun., *Chem. Soc.*, **73**, 796 ; — G. Blanc, *Bull. Soc. Chim.*, (3), **15**, 1191 ; **19**, 277, 350, 533, 699 ; **21**, 830, et **25**, 68 ; *Thèses Paris*, 1899.

Cet acide est l'isomère du précédent, et en provient par le fait d'une transposition moléculaire qui s'accomplit en milieu acide, et qui est l'analogue de la transformation de la pinacone en pinacoline (B.) :

```
      CH³  CH³                          CH³
        \ /                              |
         C                               C
        / \                             // \      CH³
CO²H.CH    C-CH³         →       CO²H.C      C <
       |    ||                         |     |    CH³
     CH²——CH                         CH²——CH²
Acide α-campholytique.          Acide β-campholytique.
```

On l'obtient :

1° En distillant à sec l'acide sulfocamphylique (P.), ou bien en le distillant avec de la vapeur d'eau surchauffée (K. et H.) ;

2° En électrolysant l'o-éthylcamphorate de sodium. Il se forme principalement l'éther α-campholytique ;

3° En traitant par un acide minéral l'acide α-campholytique ;

4° En fondant dans un vase de fer l'acide sulfocamphylique avec de la potasse.

Dans ce procédé, l'acide sulfocamphylique est transformé en les acides α et β-camphyliques (voyez plus loin), et ceux-ci sont réduits par le fer en acide β-campholytique (P.) ;

5° On prépare commodément cet acide en traitant l'anhydride camphorique en solution chloroformique par le chlorure d'aluminium (B.) :

$$C^8H^{14}\begin{matrix}\diagup CO \diagdown \\ \diagdown CO \diagup\end{matrix}O = CO + C^8H^{13}CO^2H.$$

Il se forme intermédiairement une combinaison chloroaluminique que l'on détruit par l'eau acidulée ; après purification on obtient l'acide β-campholytique sous forme de prismes tantôt orthorhombiques, tantôt tricliniques, fondant à 132-133° (B.), bouillant à 247-249° (B.), soluble dans tous les solvants organiques et dans 8000 parties d'eau à 15° ; il est inactif et se comporte vis-à-vis des oxydants et du brome comme un corps non saturé ; le *dérivé bibromé* $C^9H^{14}O^2Br^2$ fond à 138-140° (N, Bl.), l'*éther éthylique bibromé* $C^9H^{13}O^2C^2H^5Br^2$ bout à 140° (25 millimètres), l'*hydrobromure* fond à 124-125° (N.) et se transforme en hydrobromure α-campholytique au contact de l'acide bromhydrique concentré.

La transposition est réversible, c'est-à-dire que dans l'action de l'acide bromhydrique moins concentré, celui-ci retourne à l'état d'acide hydrobromo-β-campholytique.

Chauffé à 300°, il se transforme en isolaurolène (B.).

L'acide sulfurique concentré le convertit à chaud en acide sulfocamphylique (B.).

L'oxydation nitrique donne l'acide αα-diméthylglutarique, et l'oxydation chromique l'acide diméthylhexanonoïque :

```
                                      CH³  CH³
                                        \ /
                                         C
                                        / \
      CH³  CH³                       CH²   CO²H
        \ /                       ↗   |
         C                           CH²——CO²H
        / \
     CH²   C-CH³
      |    ||                         CH³  CH³
     CH²——C.CO²H                  ↘     \ /
                                         C
                                        / \
                                     CH²   CO.CH³
                                      |
                                     CH²——CO²H
```

L'oxydation manganique fournit l'acide isolauronique (voyez plus loin).

La réduction par le sodium et l'alcool amylique donne l'acide dihydro-β-campholytique (voyez plus loin). L'acide β-campholytique donne des sels dont la plupart ont été décrits (B.), et qui ne présentent pas d'intérêt particulier.

L'*éther méthylique* $C^8H^{13}CO.OCH^3$ bout à 203-204°, l'*éther éthylique* $C^8H^{13}CO.OC^2H^5$ à 214°, l'*éther propylique* $C^8H^{13}CO.OC^3H^7$ à 232-233°, l'*éther isobutylique* à 241-243°, l'*éther amylique* à 260°, l'*éther phénolique* à 300° (B.).

Les *éthers* α et β-*naphtoïques* fondent à 82° (B.). Le *chlorure d'isolauronolyle* bout à 103° (20 millimètres), l'*anhydride* $(C^8H^{13}CO)^2O$ bout à 210-215° (13 millimètres). L'*amide* β-*campholytique* $C^8H^{13}CONH^2$ fond à 129-130°, l'*anilide* à 104°, le *nitrile* $C^8H^{13}CAz$ bout à 205°. Soumis à la réduction, il donne une base saturée

$$C^8H^{15}CH^2AzH^2$$

qui bout à 184°, et dont les sels sont bien définis (B.). Cette base (dihydroisolauronamine) est identique avec le dihydroaminocampholène-β dérivé de l'acide β-campholénique en soumettant l'amide β-campholénique à l'action de l'hypobromite de soude.

ALDÉHYDE ISOLAURONOLIQUE, $C^8H^{13}CHO$. — Elle s'obtient en distillant un mélange de β-campholytate et de formiate de calcium (B.).

Elle bout à 170°; sa semicarbazone fond à 212°.

ACIDE PHÉNYLDIHYDRO-β-CAMPHOLYTIQUE,

$$C^8H^{14}.(C^6H^5).CO^2H.$$

— On l'obtient en traitant l'anhydride camphorique par le chlorure d'aluminium en solution benzénique [Burcker, *Bull. Soc. Chim.*, **13**, 901; — Bl., *loc. cit.*]. Cet acide fond à 142° (Bl.). il est actif, $[\alpha]_D = 6°,56$ à 20° en solution alcoolique. Son éther méthylique fond à 93-94°. Son éther isobutylique fond à 71-72°.

ACIDE DIHYDRO-β-CAMPHOLYTIQUE, $C^9H^{16}O^2$. — On l'obtient en réduisant l'acide isolauronolique par l'alcool amylique et le sodium [Noyes, *Am. Chem. Journ.*, **18**, 689; — W.-H. Perkin Jun., *Chem. Soc.*, **73**, 863].

C'est une huile incolore bouillant à 144° (22 millimètres) ou 244° à la pression ordinaire; le permanganate ne l'attaque pas. Son amide $C^9H^{15}OAzH^2$ fond à 161° (Noyes). Cet acide, traité par le brome, donne un acide α-bromé dont l'éther méthylique $C^8H^{14}.Br.CO^2CH^3$ bout à 123-126° sous 30 millimètres (Perkin).

Cet éther, traité par la potasse, fournit à nouveau l'acide β-campholytique (isolauronolique):

```
      CH³  CH³                      CH³  CH³
        \ /                           \ /
         C                             C
CH² /     \ CH-CH³          CH² /     \ C-CH³
                      →
CH² ———— C < Br             CH² ———— C.CO²H
             CO²CH³
```

ISOLAUROLÈNE, C^8H^{14}. — [Moitessier, *Jarhber.*, 1866; — Wreden, *ibid.*; — Damsky, *D. chem. G.*, **20**, 2959; — Kœnigs et Meyer, *D. chem. G.*, **27**, 3470; — Zelinsky et Lepeschkin, *Lieb. Ann.*, **319**, 307; — Crossley et Renouf, **89**, 26; — G. Blanc, *Bull. Soc. Chim.*, (3), **19**, 699; *Thèse Paris*, 1899; *C. R.*, **142**, 1].

Ce carbure s'obtient en chauffant l'acide β-campholytique en tubes scellés à 300° (B.), ou en chauffant simplement ce dernier avec de l'anthracène (C. et R.):

$$C^8H^{13}CO^2H = CO^2 + C^8H^{14}.$$

C'est un liquide mobile bouillant à 108°,2 (C. et R.), 108°,5 (B.); sa densité à 15° = 0,7944 (B.), $D_4^4 = 0{,}7953$ (C. et R.). Il donne un *dérivé bibromé* qui fond à 98° (B.); l'*hydroiodure* bout à 101°,5 (33 millimètres), (C. et R.), ou 75-80° (15-17 millimètres), (Z. et L.). La réduction de ce dernier donne le *dihydroisolaurolène*, liquide bouillant à 113-113°,5 (C. et R.), différent du dihydrolaurolène, contrairement à l'opinion de Zelinsky et Lepeschkin, et dont l'oxydation nitrique fournit l'acide αα-diméthylglutarique.

L'oxydation de l'isolaurolène par le permanganate fournit l'acide diméthylhexanonoïque, ce qui, conjointement avec la synthèse, détermine sa constitution (B.).

```
      CH³  CH³                      CH³  CH³
        \ /                           \ /
         C                             C
CH² /     \ C-CH³           CH² /     \ CO.CH³
                      →
CH² ———— CH                 CH² ———— CO²H
```

Synthèse de l'isolaurolène (B.). — L'anhydride diméthylsuccinique est réduit en une lactone bouillant à 200° sous l'action du sodium et de l'alcool; cette lactone, la 2.2-diméthylbutyrolactone fournit, quand on la traite successivement par le pentabromure de phosphore et l'alcool, un éther γ-bromé bouillant à 100° (10 millimètres):

```
    CH³  CH³                 CH³  CH³
      \ /                      \ /
       C                        C
CH² /   \ CO            CH² /    \ CO
                   →
   CO ——— O             CH² ——— O

          CH³  CH³
            \ /
             C
→     CH² /    \ CO²C²H⁵
   CH².Br
```

Cet éther γ-bromé se condense avec l'éther malonique sodé en fournissant un éther tricarboné, dont l'hydrolyse donne l'acide αα-diméthyladipique:

```
      CH³  CH³
        \ /
         C
  CH² /    \ CO²C²H⁵              CO²C²H⁵
                         + NaCH <
CH².Br                            CO²C²H⁵

      CH³  CH³                        CH³  CH³
        \ /                             \ /
         C                               C
  CH² /    \ CO²C²H⁵             CH² /    \ CO²H
→                               →
  CH² ———— CH < CO²C²H⁵          CH² ———— CH²-CO²H
                CO²C²H⁵
```

L'acide αα-diméthyladipique traité par l'anhydride acétique fournit un anhydride, que la distillation transforme en diméthyl-2.2-cyclopentanone (ébullition à 143°). Cette cétone se condense aisément avec l'iodure de méthylmagnésium en donnant un alcool tertiaire, dont la déshydratation conduit à l'isolaurolène.

```
      CH³  CH³                      CH³  CH³
        \ /                           \ /
         C                             C
CH² /     \ CO²H            CH² /     \ CO
                      →
CH² ———— CH²-CO²H           CH² ———— CH²

      CH³  CH³                      CH³  CH³
        \ /                           \ /
         C                             C
  CH² /     \ C < CH³        CH² /     \ C-CH³
→                OH     →
  CH² ———— CH²               CH² ———— CH
```

ACIDE ISOLAURONIQUE, $C^9H^{12}O^3$. — [Kœnigs et Meyer, *D. chem. G.*, **27**, 3467; — Carl. Meyer, *Inaug. Diss. Munich*, 1895; — W.-H. Perkin Jun., *Chem. Soc.*, **73**, 802; — G. Blanc, *Bull. Soc. Chim.*, (3), **19**, 281; **21**, 830, et **23**, 273].

L'acide isolauronique est le produit de l'oxydation de l'acide isolauronolique (β-campholytique) par le permanganate en solution alcaline à basse température.

Dans ces conditions la migration suivante se produit (Bl.):

```
      CH³  CH³                      CH³  CH³
        \ /                           \ /
         C                             C
CH² /     \ C-CH³           CH  /     \ CO.CH³
                      →
CH² ———— C-CO²H             CH² ———— CO.CO²H
```

```
        CH³  CH³
          \ /
           C
         /   \
→    CH²       CO
     CH²       CH
         \   //
           C
           |
          CO²H
```

L'acide isolauronique se présente en aiguilles jaune clair fusibles à 133-134°, solubles dans l'eau chaude.

Sa *semicarbazone* fond à 248-249°, son *oxime* à 230° (Bl.). Chauffé avec de l'acide sulfurique, l'acide isolauronique est transformé en acide p-xylique.

Traité par l'amalgame de sodium, il est changé en *acide dihydroisolauronique*, par simple saturation de la double liaison (Bl.).

Ce nouvel acide $C^9H^{14}O^3$ fond à 89°; son oxime fond à 210°, sa semicarbazone fond à 229°. L'oxydation par l'hypobromite de soude le convertit en acide αα-diméthyladipique, ce qui démontre sa constitution (Bl.) :

```
    CH³  CH³                 CH³  CH³
      \ /                      \ /
       C                        C
     /   \                    /   \
 CH²       CO           CH²       CO²H
 CH²       CH²    →     CH²       CO²H
     \   /                    \   /
      CH                       CH
      |                        |
     CO²H                     CO²H

            CH³  CH³
              \ /
               C
             /   \
    →    CH²       CO²H
         CH²       CO²H
             \   /
              CH²
```

L'acide dihydroisolauronique soumis à une nouvelle réduction par le sodium et l'alcool fournit un acide alcool γ $C^9H^{16}O^3$, fusible à 142-143°, l'acide *tétrahydroisolauronique*, qui peut être facilement transformé en une lactone, l'*isolauronolide* $C^9H^{14}O^2$, fusible à 53-54° (Bl.).

ACIDE SULFOCAMPHYLIQUE,

$$C^9H^{13}O^2SO^3H + 3H^2O$$

(ancien sulfocamphorique). — (Voy. 2ᵉ Suppl., 2, 889).

[Kœnigs et Hœrlin, *D. chem. G.*, **26**, 811; — Kœnigs et Meyer, *D. chem. G.*, **27**, 3465; — W.-H. Perkin Jun., *Chem. Soc.*, **73**, 799; — G. Blanc, *Thèses Paris*, 1899; *C. R.*, **124**, 1361, et *Bull. Soc. Chim.*, (3), **17**, 844, et **21**, 861; — W. Perkin Jun., *Chem. Soc.*, **75**, 175, et **83**, 835].

L'acide sulfocamphylique peut être obtenu en chauffant l'acide isolauronolique avec de l'acide sulfurique (Bl.).

Il est même extrêmement probable que cette réaction n'est qu'une phase de la réaction de l'acide sulfurique sur l'anhydride camphorique, qui est d'abord converti en acide isolauronolique (Bl.).

Pour préparer l'acide sulfocamphylique on peut simplement chauffer l'acide camphorique avec l'acide sulfurique jusqu'à ce que le dégagement d'oxyde de carbone ait cessé (P.).

Il cristallise avec 3 molécules d'eau, dont deux peuvent être éliminées à 100°, et la troisième à 110° (K. et M., Bl.).

C'est un acide bibasique qui peut donner deux séries de sels. Son *éther méthylique*,

$$C^8H^{12}(SO^3CH^3)(CO^2CH^3)$$

fond à 72° (K. et M., Bl.).

Le sel acide de potassium $C^8H^{12}CO^2H.SO^3K$, traité par le pentachlorure ou le pentabromure de phosphore, est converti en *sulfochlorure* ou *sulfobromure d'acide*, $C^8H^{12}(SO^2Cl)CO^2H$ ou $C^8H^{12}(SO^2Br)CO^2H$.

Le sulfochlorure fond à 168°, le sulfobromure fond à 150° (P.).

Ces deux corps chauffés au-dessus de leur point de fusion perdent de l'acide sulfureux en fournissant respectivement les acides chloro et bromodihydrocamphyliques, que la potasse décompose en chlorure et bromure de potassium et acide β-*camphylique* (voyez ce mot) (P.) :

$$\left.\begin{array}{l} C^8H^{12}(SO^2Cl)CO^2H \rightarrow C^8H^{12}.Cl.CO^2H \searrow \\ C^8H^{12}(SO^2Br)CO^2H \rightarrow C^8H^{12}.Br.CO^2H \nearrow \end{array}\right. C^8H^{11}CO^2H$$

L'oxydation nitrique de l'acide sulfocamphylique donne l'acide sulfoisopropylsuccinique (K. et H.), qui se décompose facilement en acide sulfureux, eau et acide térébique, par pyrogénation :

```
(CH³)². C . CH < CO²H
        |        CH² . CO²H
       SO³H

                              CO²H
                               |
= H²O + SO² + CH³ > C - CH - CH²
              CH³   |         |
                    O ——————— CO
```

L'oxydation nitrique fournit aussi de petites quantités d'acide diméthylmalonique (K. et H.).

L'oxydation manganique fournit un acide $C^{18}H^{24}O^6$, appelé *dicamphérylique* par Perkin, et dont la constitution est inconnue.

Chauffé fortement, l'acide sulfocamphylique se décompose en acide sulfurique et acide isolauronolique, la même réaction se produit sous l'action de la vapeur d'eau chauffée (K. et H, P.) :

$$C^9H^{14}SO^6, H^2O = C^8H^{13}CO.OH + H^2SO^4.$$

La fusion alcaline dans un vase de nickel le transforme en acides α et β-camphyliques $C^8H^{11}CO^2H$. Si la fusion est faite dans un vase de fer, il y a en même temps hydrogénation et formation d'acide isolauronolique (P.) :

$$C^8H^{12} < {CO^2H \atop SO^3H} + 3NaOH$$

$$= C^8H^{11}CO^2Na + Na^2SO^3 + 3H^2O$$

$$C^8H^{11}CO^2Na + H^2 = C^8H^{13}CO^2Na$$

Constitution de l'acide sulfocamphylique. — La constitution de l'acide sulfocamphylique est liée à celle de l'acide isolauronolique, dont il dérive comme on vient de le voir.

Les deux constitutions suivantes ont été proposées, et il n'est pas possible de se prononcer définitivement,

```
        CH³  CH³
          \ /
           C
         /   \
    CH²       C-CH³
    CH² ————— C-CO²H
```

Acide isolauronolique.

↙ ↘

```
     CH³  CH³                    CH³  CH³
       \ /                         \ /
        C                           C
      /   \     CH³               /   \     CH³
CH²         C <                CH         C <
     |       \  SO³H               | \     \ SO³H
CH ═══════ C-CO²H             CH² ─────── C-CO²H
```

Formule Perkin. Formule Blanc.

la différence entre une double liaison et une liaison triméthylénique étant des plus difficiles à mettre en évidence dans un tel assemblage moléculaire.

ACIDES α ET β-CAMPHYLIQUES, $C^9H^{12}O^2$ (P.). —

```
     CH³  CH³                    CH³  CH³
       \ /                         \ /
        C                           C
      /   \                       /   \
CH          C-CH³            CH²        C-CH³
     |                            | /
CH ═══════ C-CO²H            C ═══════ C-CO²H
```

Acide α-camphylique. Acide β-camphylique.

On les obtient tous deux en fondant l'acide sulfocamphylique avec de la potasse dans un vase de nickel; on les sépare en se fondant sur la dissociation inégale de leurs sels d'ammonium par la chaleur (P.).

On obtient aussi l'acide α-camphylique en traitant l'éther dibromisolauronolique par la diéthylaniline.

L'acide α-camphylique fond à 148°, l'acide β fond à 104°. On peut obtenir ce dernier seul, à partir du sulfochlorure décrit précédemment (voyez *Sulfocamphylique*). La réduction de l'acide α-camphylique donne l'acide α-campholytique.

L'oxydation des deux acides α et β-camphyliques ne fournit aucune donnée précise, quant à leur constitution. Avril 1906. G. Blanc.

ISOMALIQUE (ACIDE), (2e suppl., 965). — I. ACIDE α-ISOMALIQUE,

$$CH^3-COH{<}^{CO^2H}_{CO^2H}$$

— On le prépare en chauffant doucement l'acide bromisosuccinique avec l'eau de baryte [Pusch, *Arch. Pharm.*, 232, 199, 1894]. On l'obtient également en chauffant à 100° le diacétyldicyamide avec de l'acide chlorhydrique en solution saturée à 0° [Brunner, *Monath.*, **13**, 835, 1892], ou par saponification de l'acide α-cyanolactique au moyen de l'acide chlorhydrique concentré bouillant [Pommerehne, *Arch. Pharm.*, **237**, 116, 1899].

Facilement soluble dans l'eau, l'alcool, l'éther, il fond vers 140° et se décompose à 160° en acide carbonique et acide lactique.

Sels, $BaC^4O^5 + 2H^2O$. — Soluble dans 100 p. d'eau, d'où il cristallise en tables quadrangulaires: il perd 1 molécule d'eau sur le chlorure de calcium, et la seconde seulement à 180° (Brunner), à 130° (Pommerehne). $PbC^4H^4O^5$ est amorphe, et $Ag^2C^4H^4O^5$ cristallisé en aiguilles.

Acide éthylisomalique, $C^2H^5OC(CH^3)(CO^2H)^2$. — On l'obtient au moyen de l'acide bromisosuccinique et de la potasse alcoolique [Tanatar, *J. Soc. phys. chim. russe*, **21**, 559, 1889; **22**, 313, 1890; *Ann. Chem.*, **273**, 41, 1893]. Aiguilles facilement solubles dans l'eau et l'éther, fondant à 110°.

Ether diéthylique, $C^2H^5OC(CH^3)(CO^2C^2H^5)^2$. — Huile bouillant vers 110 [Wislicenus et Munzesheimer, *D. chem. G.*, **31**, 533, 1898].

II. ACIDE β-ISOMALIQUE,

$$CH^2OH-CH{<}^{CO^2H}_{CO^2H}$$

— On obtient l'éther de cet acide parmi les produits de réaction de l'iodure de méthylène sur l'éther malonique et l'éthylate de sodium [Tanatar, *J. Soc. phys. chim. russe*, **22**, 33, 1890; *Lieb. Ann. Chem.*, **273**, 44, 1893], ou par l'action du chlorure d'éthyltrioxyméthylène sur le malonate d'éthyle sodé [Coops, *Rec. tr. chim. Pays-Bas*, 1901, 430]. Acide sirupeux, décomposé par l'acide iodhydrique à 150° en iodure d'éthyle et acide oxyisosuccinique; la chaleur le transforme en acide β-oxypropionique, puis en acide acrylique [Coops, *Rec. tr. chim. Pays-Bas*, 353, 1904]. Mars 1906. Duval.

ISOMÉLAMINES. — Ces combinaisons répondent au type I; mais il peut exister aussi des composés asymétriques comme II (2e Suppl., **2**, 1532).

```
      ╱ C = (AzH) - AzR
RAz                    > C = AzH
      ╲ C = (AzH) - AzR
```

I. Isomélamine.

```
         ╱ C = (AzH) —— Az . C⁶H⁵
C⁶H⁵Az                             > C = (AzH)
         ╲ C (AzHC⁶H⁵) = Az
```

II. Triphénylmélamine asymétrique.

Le composé II a été obtenu dans des conditions spéciales [A. Hofmann, *D. chem. G.*, **18**, 3217; 1885]. Les premiers s'obtiennent par chauffage des cyanamides monosubstituées [A. W. Hofmann, *ibid.*, **2**, 602, 1869; **3**, 266, 1870, etc.] ou par perte d'azote et de soufre en faisant bouillir les triazosulfols [M. Freund et H. Schwarz, *ibid.*, **29**, 2491; 1896]. Cette dernière réaction est :

```
        Az —— Az
        ‖      ‖
3  RAzH . C      Az
          ╲    ╱
            S
```

$$= [-RAz . C=(AzH)-]^3 + 3Az^2 + 3S.$$

La réaction la plus caractéristique des isomélamines est de donner des tricarbonimides (éthers isocyanuriques) et de l'ammoniaque par action des acides; il peut toutefois se faire intermédiairement des acides mélanuréniques :

$$RAz{<}^{CO-AzR}_{CO-AzR}{>}CO$$

Tricarbonimide.

et

```
      ╱ C = (AzH) - AzR
RAz                    > CO
      ╲ CO ———————— AzR
```

Acide mélanurénique.

Triméthylisomélamine $[-C:(AzH)-AzCH^3-]^3$. — Chauffée rapidement, elle fond à 123-124° (M. Freund et H. Schwarz); lentement, à 179° [Hofmann, *D. chem. G.*, **3**, 264, 1870; **18**, 2784, 1885]. On connaît $B.2HCl.PtCl^4$; $B.2HCl.AuCl^3$ (Hofmann) et $B.2HCl.PtCl^4.3H^2O$ [Baumann, *ibid.*, **6**, 1372, 1873].

Triéthylisomélamine $[-C(:AzH)-AzC^2H^5-]^3$. — Cristallise en aiguilles avec $4H^2O$ [Hofmann, *D. chem. G.*, **2**, 602, 1869; **3**, 266, 1870; **18**, 2788, 1885]; fusibles à 90-92° (M. Freund et H. Schwarz).

On connaît $B.PtCl^6H^2$ et $B.2HCl.AuCl^3$.

L'*isotriisoamylmélamine* est visqueuse et

fournit B . $PtCl^6H^2$ cristallisé [Hofmann, *ibid.*, 3, 264 ; 1870].

L'*isotriphénylmélamine*, a été décrite au 2e Suppl., *loc. cit.*] Août 1906. M. Delépine.

ISOMÉRIE. — On désigne sous le nom d'isomères des substances chimiques définies, qui possèdent la même composition centésimale et la même grandeur moléculaire, et qui diffèrent néanmoins par une ou plusieurs propriétés chimiques ou physiques.

La comparaison de la grandeur moléculaire de deux composés ne peut être effectuée avec des garanties suffisantes et d'une façon absolue que lorsqu'il s'agit de corps liquides ou gazeux. Autrement dit, l'isomérie de deux composés doit persister lorsqu'on les vaporise ou du moins lorsqu'on les dissout. Il en résulte que jusqu'à nouvel ordre, on ne pourra pas considérer comme isomères, deux sels de même composition centésimale, mais cristallisant avec des quantités variables de dissolvant. *A fortiori*, le dimorphisme en général ne sera pas non plus de l'isomérie, bien qu'on puisse se demander si ce phénomène de dimorphisme si fréquent chez les corps azotés n'a pas pour origine une isomérie qui disparaît lorsque le corps est dissous ou fondu.

Il résulte de ce qui précède que l'isomérie est caractérisée avec une extrême facilité chez les corps organiques, tandis que le problème est infiniment plus délicat lorsqu'il s'agit des composés minéraux.

I. ISOMÉRIE DES COMPOSÉS ORGANIQUES.

Généralités. — On rencontre chez les composés organiques deux sortes d'isoméries bien caractérisées; la première espèce, à laquelle on a donné le nom de *métamérie*, correspond à des enchaînements différents des mêmes atomes dans les molécules correspondantes. C'est le cas par exemple, des deux alcools propyliques, primaire et secondaire, de l'acétone et de l'aldéhyde propionique, de l'anthracène et du phénanthrène. Ce phénomène d'isomérie constitutive a été étudié avec beaucoup de détails dans le Dictionnaire (II, 142), de sorte que nous n'aurons pas à y revenir dans cet article.

Il existe également un autre type de composés isomériques; dans ceux-ci, le mode de liaison ou d'enchaînement des atomes est le même. On a été amené en conséquence à supposer qu'il devait y avoir des différences plus ou moins accentuées dans l'arrangement des atomes ou groupements monovalents autour des atomes polyvalents; de là le nom de *stéréo-isomérie* qui a été donné à ce genre de phénomène.

On sait que, parmi les stéréo-isomères, on distingue les *isomères physiques*, qui sont caractérisés par l'existence d'un ou plusieurs carbones asymétriques, c'est-à-dire d'atomes de carbone dont les 4 valences sont saturées par des radicaux différents. L'étude de cette isomérie physique sera faite d'une façon détaillée à l'article Pouvoir rotatoire.

On connaît également des *isomères géométriques* qui sont caractérisés par la présence dans la molécule d'une liaison éthylénique ou d'une chaîne fermée, et qui, jusqu'à présent, ne possèdent dans aucun cas le pouvoir rotatoire, en l'absence, bien entendu, de tout carbone asymétrique.

L'isomérie géométrique se rencontre non seulement chez les composés carbonés, mais aussi chez les corps azotés tels que les oximes, les diazoïques, etc., et il est vraisemblable qu'elle sera corrélative de l'existence d'une double liaison entre 2 atomes plurivalents quelconques.

A. Carbone.

Représentation des stéréo-isomères et spécialement des isomères géométriques. — Nous rappellerons brièvement les considérations qui servent de base aux notations stéréochimiques.

L'existence d'un nombre déterminé d'isomères correspondant à un mode d'enchaînement déterminé, a conduit à exclure, d'une part, l'hypothèse d'un état chaotique et, d'autre part, celle d'une configuration plane de la molécule. On a été amené au contraire, à concevoir pour un groupement tel que $CR_1R_2R_3R_4$, l'existence de deux positions d'équilibre, symétriques l'une de l'autre par rapport à un plan; le schéma tétraédrique a été adopté comme la plus simple des configurations possibles, mais il est bien entendu qu'aucune hypothèse ne peut être faite sur la forme même du tétraèdre. Il reste seulement établi que deux radicaux ne peuvent changer de place sans qu'il y ait isomérisation.

Quant aux chaînes carbonées saturées, on les représentera par une succession de tétraèdres liés respectivement les uns aux autres par l'intermédiaire d'un sommet commun; l'existence d'un composé unique du type $CR_1{}^2R_2 . CR_3{}^2R_4$ implique la libre rotation d'un des carbones par rapport à l'autre; c'est ce que Wislicenus a exprimé sous le nom de *principe de la liaison mobile*. Il en résulte que, théoriquement, les chaînes carbonées saturées ne sont nullement rigides. Toutefois on rencontre dans les séries homologues une certaine périodicité qui tendrait à prouver qu'il n'en est pas absolument ainsi. Par exemple, les acides bibasiques n'ont pas tous la faculté de former des anhydrides monomoléculaires internes; certains anhydrides supérieurs, notamment, sont dimoléculaires, d'après les recherches de M. Blaise.

Pour représenter un composé éthylénique, il suffit de relier respectivement 2 sommets de chaque tétraèdre, de façon à obtenir des schémas analogues à ceux qui sont représentés à l'article Élaïdique (2e Suppl., III, 379); tandis qu'un composé acétylénique sera schématisé par une double pyramide triangulaire.

L'existence de 2 isomères du type

$$CR_1R_2 = CR_1R_2$$

oblige d'admettre de nouveau que 2 groupements rattachés au même carbone ne peuvent permuter sans qu'il y ait isomérisation; cela revient à considérer la liaison éthylénique comme étant rigide et non pas mobile. Il en est de même dans le cas des chaînes fermées, telles que celles que l'on rencontre dans la molécule des acides hexahydrophtaliques $C^6H^{10}(CO^2H)^2$, qui existent, comme on le sait, sous deux modifications stéréo-isomériques :

```
     H   H                     H   H
     |   |                     |   |
     C — C                     C — C
H  / |   | \  H         H   /  |   | \   CO²H
| /  H   H  \ |         |  /   H   H  \   |
C            C         C                C
| \  H   H  / |         |  \   H   H  /   |
H  \ |   | /  CO²H      H   \  |   | /    H
     C — C                     C — C
     |   |                     |   |
     H  CO²H                   H  CO²H
      Cis.                    Cis-trans.
```

Si l'on considère que les divers atomes d'hydrogène et les groupes CO^2H se trouvent au-dessus ou au-dessous du plan horizontal qui renferme les 6 atomes de carbone, on concevra de suite l'existence d'une paire d'isomères dans chaque cas, toute permutation de groupements étant naturellement exclue.

L'isomérie des hexachlorures de benzène est du même ordre (2e Suppl., I, 456).

Ce mode de représentation des composés éthyléniques et cycliques a permis non seulement de schématiser d'une façon méthodique et homogène les différentes isoméries géométriques actuellement connues (voy. les articles Benzène, 2e Suppl., I, 456 : Fumarique, 2e Suppl., IV, 352), mais il a été utilisé aussi dans certains cas pour expliquer, sinon pour prévoir des transformations chimiques ou des isomérisations en apparence anormales (voy. Elaïdique, 2e Suppl., III, 379).

Nous devons mentionner toutefois, que dans ces derniers temps, M. Erlenmeyer a signalé des faits extrêmement singuliers, qui, s'ils ne sont pas infirmés, obligeraient à modifier profondément le mode de représentation des isomères géométriques. Ces faits se rapportent à l'aldéhyde cinnamique et aux acides cinnamiques, allocinnamiques et isocinnamiques.

Tous les acides éthyléniques du type

$$R.CH = CH.CO^2H$$

sont connus à l'heure actuelle sous deux modifications stéréo-isomériques qu'on a l'habitude de représenter par les schémas :

$$\begin{array}{ccc} R-C-H & & R-C-H \\ \| & \text{et} & \| \\ H-C-CO^2H & & CO^2H-C-H \\ \text{I.} & & \text{II.} \end{array}$$

On a assigné à l'acide cinnamique, pour diverses raisons qui ne peuvent être discutées ici, une configuration dérivant du type II, tandis que l'acide isocinnamique serait représenté par la formule I. L'existence de l'acide allocinnamique n'était déjà plus compatible avec la notation précédente quand, à ce fait isolé, est venue s'ajouter la découverte de nouvelles modifications de l'acide cinnamique ordinaire. En effet, l'acide synthétique s'unit avec la brucine pour former un sel dont le pouvoir rotatoire est égal à + 0°,83 et qui fond à 113°. L'acide naturel du styrax, au contraire, forme un sel fusible à 135° et dont le pouvoir rotatoire est égal à + 10°.83. De plus, on peut par des cristallisations fractionnées, retirer du sel de l'acide synthétique, le sel de l'acide naturel, tandis que les eaux mères contiennent un 3e sel fusible à 107° et de pouvoir rotatoire nul[1].

Il résulte de là que l'acide cinnamique de synthèse paraît se comporter comme une sorte de racémique, constitué par un mélange d'acide naturel et d'un isomère. Toutefois, aucun de ces acides n'est doué du pouvoir rotatoire lorsqu'il est isolé. En revanche, leurs formes cristallines et leurs points de fusion sont notablement différents : l'acide de synthèse fondrait à 131°, l'acide naturel à 134-135° et son isomère à 132-133°.

Ces isomères singuliers ont été retrouvés, quoique d'une façon un peu moins nette, chez les autres acides cinnamiques et chez l'aldéhyde correspondante. Leur étude n'est point encore assez avancée pour qu'on puisse essayer de les schématiser, mais il faut d'ores et déjà reconnaître que les théories stéréochimiques sont impuissantes ou insuffisantes pour expliquer l'existence de ces nouveaux isomères géométriques [Erlenmeyer jun., *D. chem. G.*, 38, 2562 et 3496, 1905; *ibid.*, 39, 1570, 1906; *Ann. Chem.*, 337, 329, 1904][1].

1. Les valeurs précédentes de $[\alpha]_D$ se rapportent à des solutions alcooliques à 5 0/0.

II. Isomérie de l'azote.

Les composés azotés présentent également deux sortes d'isoméries stéréochimiques : en premier lieu, celles qui résultent de la présence d'un atome d'azote asymétrique, tel que

$$AzR_1R_2R_3R_4Cl.$$

On sait que tout corps qui renferme un pareil groupement peut être dédoublé en deux inverses soit par les bactéries [Le Bel, *C. R.*, 112, 724, 1891], soit par les acides actifs du camphre [Pope, *Chem. Soc.*, 75, 1127, 1899] (voy. Pouvoir rotatoire).

En revanche, il ne paraît pas exister d'isomères de configuration inactifs du type précédent. M. Wedekind a cru isoler 2 modifications inactives des sels de benzylallylphénylméthylammonium, obtenues en intervertissant l'ordre d'introduction des radicaux dans la molécule. Tout récemment, M. Jones a démontré que l'un seulement des sels obtenus par M. Wedekind, répondait à la formule

$$Az(CH^3)(C^3H^5)(C^6H^5)(C^7H^7)X;$$

l'autre était un dérivé diméthylé du type

$$Az(CH^3)^2(C^6H^5)(C^7H^7)X,$$

qui s'était formé par suite de déplacements réciproques des radicaux hydrocarbonés. Il semble donc démontré provisoirement, qu'un système tel que $AzR_1R_2R_3R_4X$ ne possède qu'une position d'équilibre stable (ainsi que la position symétrique), quel que soit son processus de formation [E. Wedekind, *D. chem. G.*, 32, 511, 517, 1899, — Jones, *Chem. Soc.*, 87, 1721, 1905].

Quant à l'azote trivalent, il ne paraît pas jusqu'ici susceptible d'isomérie, sauf dans le cas de l'existence de doubles liaisons, cas qui va être envisagé de suite. Cependant les nombreux cas de dimorphisme cristallin des composés azotés du type $AzR_1R_2R_3$, pourraient peut-être correspondre à des positions d'équilibre rendues stables par la solidification.

L'influence spécifique des dissolvants sur la stabilité des diverses modifications, en l'absence de toute combinaison moléculaire, trouverait dans cette supposition une explication toute naturelle.

Dans tous les cas, la dissymétrie d'un pareil système paraît être insuffisante pour produire l'activité optique chez le composé en question.

Beaucoup plus nombreuses sont les isoméries des corps azotés à doubles liaisons. Parmi celles-ci, les plus étudiées et les mieux déterminées sont celles des *oximes* et des *diazoïques*.

On sait que les monoximes non symétriques sont susceptibles d'exister sous deux modifications, l'une stable et l'autre instable, qui peuvent être transformées l'une dans l'autre. Pour représenter cette isomérie MM. Werner et Hantzsch ont supposé que lorsque l'atome d'azote était doublement relié à un autre atome, la 3e valence pouvait être orientée dans deux directions opposées, selon les attractions ou les répulsions exer-

1. M. Marckwald, dans un mémoire qui vient de paraître, explique d'une façon toute différente l'existence des cinnamates de brucine décrits par M. Erlenmeyer. Il a obtenu en effet un sel fusible à 135° dans lequel 1 molécule de base est unie à 2 molécules d'acide ; il suppose en conséquence que les soi-disant isomères de M. Erlenmeyer sont constitués par le cinnamate de brucine normal, par le sel à 2 molécules d'acide ou par le mélange des deux sels (*D. chem. G.*, 39, 2598, 1906).

cées sur le groupement qui sature cette valence, par les groupements situés d'autre part. Ainsi les modifications de l'oxime d'une aldéhyde

$$R.CH=Az.OH,$$

seraient représentées de la façon suivante :

$$\begin{array}{cc} R-C-H & R-C-H \\ \| & \| \\ Az-OH & HO-Az \\ \text{(Syn.)} & \text{(Anti.)} \end{array}$$

La première est désignée par le préfixe *syn*, la seconde par le préfixe *anti*.

En général, l'isomère *anti* est moins stable, il se forme en solution alcaline, tandis que l'isomère *syn* est régénéré en solution chlorhydrique. La configuration des deux oximes est déterminée par le fait que le dérivé anti fournit un acétate dans les conditions où le dérivé *syn* se déshydrate et se transforme en nitrile $R.C\equiv Az$. On trouvera à l'article HYDROXYLAMINE d'autres détails intéressant les propriétés de ces oximes.

Il faut remarquer toutefois que les oximes de quelques aldéhydes et cétones, notamment dans la série grasse, ne sont connues que sous une seule forme. Ce fait, qui peut être dû à une instabilité extraordinaire, ne constitue pas un argument sérieux que l'on puisse opposer à l'interprétation stéréochimique de MM. Hantzsch et Werner; il n'est pas plus compatible avec une isomérie d'ordre purement chimique [Beckmann, *D. chem. G.*, **20**, 2766, 1887; **22**, 429-531, 1889; — Auwers, *ibid.*, **22**, 1985, 1889; — Hantzsch, Werner, *ibid.*, **23**, 14, 1890.

Le même mode de représentation a été appliqué aux *diazoïques*. On admet aujourd'hui à peu près unanimement qu'il existe en dehors des nitrosamines $R.AzH.AzO$, trois espèces de composés diazoïques : 1° les *sels de diazonium*, comparables par leur dissociation électrolytique aux sels alcalins et d'ammonium ; 2° les *diazotates syn* ou *labiles*, résultant de l'action immédiate des alcalis sur les sels de diazonium, et doués de la faculté de se copuler instantanément avec les phénols; 3° les *diazotates anti* ou *stables* qui prennent naissance lorsqu'on conserve les précédents pendant un certain temps au sein de leurs solutions alcalines; ces derniers sont dépourvus de la faculté de copulation, mais ils peuvent la récupérer indirectement : il suffit pour cela de les transformer en sels de diazonium par addition d'un acide minéral, puis en diazotates syn copulables au moyen d'un alcali.

La constitution de ces diazoïques a fait l'objet d'un nombre incommensurable de travaux de la part de MM. Blomstrand, von Pechmann, Hantzsch et Bamberger. L'hypothèse la plus plausible est celle de M. Hantzsch, qui consiste à attribuer aux sels de diazonium une constitution spéciale telle que

$$\begin{array}{c} R-Az-X \\ \||| \\ Az \end{array}$$

(R étant un radical aromatique et X un atome d'halogène, un résidu d'acide, etc.); les diazotates *syn* et *anti*, au contraire, seraient comparés aux oximes *syn* et *anti*, et on les représenterait par les schémas suivants :

$$\begin{array}{cc} R-Az & R-Az \\ \| & \| \\ (NaO)HO-Az & Az-OH(ONa) \\ \text{(Syn.)} & \text{(Anti.)} \end{array}$$

La nature stéréochimique de l'isomérie de ces corps est confirmée par le fait que l'un et l'autre sont dissociés hydrolytiquement (à l'état de sels), tout comme les acides organiques faibles.

On trouvera une étude approfondie de la question dans une brochure publiée par M. Hantzsch en 1902 [*Die Diazoverbindungen*, F. Enke, Stuttgart].

III. ISOMÉRIE DES AUTRES ÉLÉMENTS.

Le carbone et l'azote ne sont pas les seuls éléments susceptibles d'engendrer des isomères stéréochimiques. On connaît par exemple, des dérivés du soufre tétravalent et de l'étain tétravalent tels que

$$\begin{matrix}R_3\\X\end{matrix}>S<\begin{matrix}R_1\\R_2\end{matrix} \quad \text{et} \quad \begin{matrix}R_3\\X\end{matrix}>Sn<\begin{matrix}R_1\\R_2\end{matrix}$$

qui peuvent être dédoublés en inverses actifs par combinaison avec les acides *d* ou *l* camphre-sulfoniques. Toutefois les sels binaires correspondants paraissent être extrêmement instables, et ils se racémisent rapidement aussitôt qu'ils sont soustraits à l'influence asymétrique du milieu dans lequel ils ont été engendrés. Ces composés de l'étain et du soufre seront décrits à l'article POUVOIR ROTATOIRE.

Octobre 1906. P. FREUNDLER.

II. ISOMÉRIE DES COMPOSÉS INORGANIQUES

Le mot *isomérique* a été créé par Berzélius pour qualifier la manière d'être de deux composés qui possèdent des propriétés bien distinctes, quoique ayant la même composition centésimale [*Jahresbericht von Berzelius* de 1830, **11**, 44, et *Ann. Chim. et Phys.*, (2), **46**, 136; 1831. Voyez ensuite pour la distinction entre les isomères, polymères, métamères, le *Jahresbericht von Berzelius* de 1832, **12**, 63].

On sait la fortune qu'a eue, depuis, la notion d'isomérie en chimie organique, alors qu'en chimie minérale elle a été longtemps à peu près délaissée. C'est à peine si on la mentionne dans notre enseignement officiel.

Les combinaisons minérales peuvent pourtant présenter l'isomérie et la polymérie, mais alors qu'en chimie organique la limite des deux domaines est bien nette, en chimie minérale, il y a souvent incertitude, pour ne pas dire ignorance, sur le degré de complexité des corps. On sait, par exemple que la molécule de phosphore blanc est P^4, celle du chlorure mercurique $HgCl^2$, etc., mais on ne connaît pas la grandeur moléculaire du phosphore rouge, ni celle des oxydes de mercure, etc.

Nous ne parlerons pas ici de l'*allotropie*, isomérie spéciale des corps simples présentée par presque tous les métalloïdes, ni de celles de certains métaux, fer, étain, métaux du groupe du platine (mousses comparées aux métaux compacts, parfois une fois et demie plus denses). Nous ne nous occuperons que de l'isomérie des corps composés.

L'isomérie des composés minéraux est recherchée ou attestée, soit par l'étude des propriétés chimiques, soit par celle des propriétés physiques.

Par exemple, dans le premier cas, on peut constater des acidités ou basicités différentes (acides stannique et métastannique), des dédoublements différents (phosphite d'ammonium comparé à hypophosphite d'hydroxylamine).

Dans le second, on mesure les poids moléculaires (anhydrides sulfurique et disulfurique), les solubilités (sulfures rouge et noir de mercure), les chaleurs de formation (iodures de mercure rouge et jaune), les densités (oxydes de plomb), les points de fusion ou de sublimation, la couleur, les propriétés cristallographiques, la conductibilité électrique, etc. Il est rare qu'on ne puisse invoquer plusieurs caractères différentiels concordants pour attester l'existence de l'isomérie.

D'une façon générale, en considérant les formules bien établies, on peut envisager un certain nombre de cas fondamentaux :

A. *Isomérie proprement dite* résultant :

1° De l'association des mêmes composants dans un ordre différent, comme les chlorures de platosamine $PtCl^2 . (AzH^3)^2$ asymétrique et symétrique, résultant de l'union du chlorure platineux avec 2 molécules d'ammoniac;

2° De l'association de deux composants (ou plus) inversement différents, l'un présentant vis-à-vis de l'autre une différence qui se compense dans la molécule composée: tel est le cas du phosphite monoammonique $PO^3H^3 . AzH^3$, comparé à l'hypophosphite d'hydroxylamine

$$PO^2H^3 . AzH^3O,$$

ou celui du cobalticyanure de chromihexamine $Co(CAz)^6 \equiv Cr(AzH^3)^6$, comparé au chromicyanure de cobaltihexamine $Cr(CAz)^6 \equiv Co(AzH^3)^6$.

B. *Polymérie* résultant :

3° De l'association répétée d'un seul composant binaire, ternaire... comme dans l'anhydride disulfurique S^2O^6, comparé à l'anhydride monosulfurique SO^3;

4° De l'association de divers composants, dont la somme est fortuitement le multiple d'une combinaison plus simple; ainsi il existe un *dimère* des chlorures de platosamine *a* et *s*, $PtCl^2Az^2H^6$, le chloroplatinite de platosotétramine $Pt(AzH^3)^4, PtCl^4$ ou $Pt^2Cl^4Az^4H^{12}$; un *trimère*, le trichloroplatosaminate de platosotétramine $Pt(AzH^3)^4, [PtCl^3(AzH^3)]^2$ ou $Pt^3Cl^6Az^6H^{18}$.

Il y a ainsi des compositions centésimales identiques de corps ayant la mono-, la di-, la tri-, la tétra- et la pentamérie, parfois avec plusieurs représentants pour chaque degré de polymérie. Pour ces exemples, ainsi que pour nombre des considérations qui suivent, nous renvoyons au livre de M. A. Werner : *Neuere Anschauungen auf dem Gebiete der anorganischen Chemie*, Braunschweig, 1905; à sa conférence publiée dans la *Revue générale des Sciences pures et appliquées*, 17e année, p. 538 (n° 12). 1906; enfin, au résumé des mémoires sur la constitution des combinaisons inorganiques publié au *Bull. Soc. Chim.*, (3), **18**, 1292; 1897.

Nous pourrions développer successivement chacun des points précédents, mais il nous paraît préférable de rappeler d'abord quelques cas simples d'isomérie minérale facilement explicables avec les notions courantes, pour en étudier ensuite de plus compliqués où les auteurs ont cru devoir imaginer des systèmes numériques faisant appel à d'autres notions. La bibliographie se trouve naturellement à la description des corps dans chacun des articles qui s'y rapportent. Ainsi les magnésies, les sulfures de mercure, etc., se trouvent à MAGNÉSIUM, MERCURE, etc.

PREMIÈRE PARTIE. — *Isoméries expliquées par les notions ordinaires des valences ou des saturations salines.*

Il est très rare de rencontrer l'isomérie dans des combinaisons d'un élément monovalent avec un autre élément monovalent ou plurivalent. On ne conçoit en effet qu'un mode d'association des éléments monovalents entre eux, A'-B', ou avec un élément polyvalent, A^n-B'^n; toutefois, il est possible, si les éléments B sont différents, d'avoir des isoméries; tel serait le cas du carbone asymétrique supportant les 4 halogènes, par exemple.

On peut pourtant citer les deux chlorures d'iode ICl, l'un rouge rubis, fusible à 27°,2, l'autre rouge brun, fusible à 13°,9. Les deux iodures mercuriques HgI^2, rouge et jaune, sont un autre exemple; mais dans ce cas-ci, il convient de remarquer que les deux états sont consécutifs dans l'échelle de température, et ne se présentent simultanément qu'en faux équilibre.

Quoi qu'il en soit, cette isomérie n'est présentée que par les combinaisons du seul métalloïde halogène qui présente l'allotropie à la température ordinaire; on sait que l'iode en solution forme des molécules I^2 à I^4; l'existence de ces dernières ne peut s'expliquer qu'en attribuant à l'iode une valence supérieure à l'unité; si on rapporte les isoméries précédentes à la même cause, elles deviennent explicables au même titre que celles des composés d'éléments plurivalents.

L'isomérie d'un composé de formule brute M″ X″ peut être attribuée à un état de polymérisation plus ou moins avancé :

$$M''X' \quad — \quad M^2X^2 \quad \text{ou} \quad M\genfrac{}{}{0pt}{}{\diagup X \diagdown}{\diagdown X \diagup}M$$

$$M^3X^3 \quad \text{ou} \quad M\genfrac{}{}{0pt}{}{\diagup X - M \diagdown}{\diagdown X - M \diagup}X \quad \ldots., \quad \text{etc.}$$

Si on met en jeu des éléments tri-, tétravalents, etc., on peut avoir semblablement des polymères, tels que :

$$M'''O(OH) \quad — \quad M^2O^4H^2 \text{ ou } HO . M\genfrac{}{}{0pt}{}{\diagup O \diagdown}{\diagdown O \diagup}M . OH$$

$$M^3O^6H^3 \quad \text{ou} \quad HO . M\genfrac{}{}{0pt}{}{\diagup O - M . OH}{\diagdown O - M . OH}{>}O \quad \ldots., \text{ etc.}$$

$$SO^3 \text{ ou } \genfrac{}{}{0pt}{}{O}{O}{\geqq} S^{VI} = O; \quad S^2O^6 \text{ ou } \genfrac{}{}{0pt}{}{O}{O}{\geqq} S\genfrac{}{}{0pt}{}{\diagup O \diagdown}{\diagdown O \diagup}S \leqq \genfrac{}{}{0pt}{}{O}{O}$$

Dans d'autres cas, l'isomérie résulte d'une distribution différente des atomes, comme dans la nitramide $O^2 \equiv Az - Az = H^2$, comparée à l'acide hypoazoteux $HO . Az = Az . OH$; d'une salification compensée par les différences inverses de l'acide et de la base, comme dans l'hypophosphite d'hydroxylamine PO^2H^3, AzH^3O, comparé au phosphite mono-ammonique PO^3H^3, AzH^3, etc.

Dans aucun de ces derniers cas, on n'éprouve le besoin de faire appel à de nouvelles notions pour se faire une idée de l'isomérie.

Nous citons ci-dessous divers exemples d'isomérie, en commençant par les isoméries salines par compensation, très faciles à saisir.

1° *Isoméries salines par compensation* :

$SO^4Az^2H^6$. {
SO^4H^2, Az^2H^4
Sulfate d'hydrazine.
$AzH^2 - SO^3H, AzH^3O$
Aminosulfonate d'hydroxylamine.
$OH . AzH . SO^3H, AzH^3$
Oxyaminosulfonate d'ammonium.

PO^3AzH^6. . {
PO^3H^3, AzH^3
Phosphite monoammonique.
PO^2H^3, AzH^3O
Hypophosphite d'hydroxylamine.

$S^2O^8Az^2H^8$. {
$S^2O^8(AzH^4)^2$
Persulfate d'ammonium.
$S^2O^6(AzH^4O)^2$
Dithionate d'hydroxylamine.

$PO^3Az^2H^7$. {
PO^3H^3, Az^2H^4
Phosphite d'hydrazine.
$AzH^2 . PO^3H^2, AzH^3$
Aminophosphate monoammonique.

$PO^4Az^2H^7$.	PO^4H^3, Az^2H^4	Phosphate d'hydrazine.
	$AzH^2 . PO^3H^2 , AzH^3O$	Aminophosphate d'hydroxylamine.
$P^2O^6Az^2H^{10}$	$(PO^3H^3)^2, Az^2H^4$	Phosphite acide d'hydrazine.
	$P^2O^6H^4(AzH^3)^2$	Hypophosphate d'ammonium.
$P^2O^8Az^2H^{10}$	$(PO^4H^3)^2Az^2H^4$	Phosphate acide d'hydrazine.
	$P^2O^6H^4(AzH^3O)^2$	Hypophosphate d'hydroxylamine.
SO^4Hg^2 ...	$SO^4 = Hg^2$	Sulfate mercureux.
	$SO^2 . 2HgO$	Sulfite basique de mercure.

Sabanéieff s'est particulièrement occupé de ce genre d'isomérie.

2° *Polymérie saline.* — On peut de même avoir des polymèries fortuites comme dans les exemples suivants :

SO^3AzH^3 ...	$AzH^2 . SO^3H$	Acide aminosulfonique.
$S^2O^6Az^2H^6$ ..	$Az^2H^4, S^2O^6H^2$	Dithionate d'hydrazine.
PO^3AzH^4 ...	PO^3H, AzH^3	Métaphosphate d'ammonium.
$P^2O^6Az^2H^8$ ..	$P^2O^6H^4, Az^2H^4$	Hypophosphate d'hydrazine.
SO^3Hg		Sulfite mercurique.
$S^2O^6Hg^2$....		Dithionate mercureux.
Az^4H^4	$Az^3H . AzH^3$	Azoture d'ammonium.
Az^5H^5	Az^3H, Az^2H^4	Azoture d'hydrazine.

3° *Isomérie et polymérie non salines.* — On peut citer, parmi les corps présentant une isomérie ou une polymérie ne résultant pas de l'association d'acides et de bases :

La nitramide $AzH^2 . AzO^2$ et l'acide hypoazoteux $OH . Az = Az . OH$.

Les anhydrides sulfurique SO^3 et disulfurique S^2O^6.

Le peroxyde d'azote gazeux AzO^2 et liquide Az^2O^4 ou gazeux à basse température).

Les chlorosulfures d'azote Az^2S^3Cl (aiguilles cuivrées), et $Az^4S^6Cl^2$ (poudre noire à reflets verts).

Les anhydrides phosphoriques $(P^2O^5)^n$: cristallisé, amorphe et vitreux, de poids moléculaires inconnus.

Les acides métaphosphoriques $(PO^3H)^n$ (et leurs sels).

Les chloroazotures de phosphore $(PAzCl^2)^n$ et les phosphimides correspondantes ($n = 3$ à 11).

Les anhydrides arsénieux amorphe et cristallisé.

Les silices cristallisées et amorphe $(SiO^2)^n$.

Les acides stanniques correspondant l'un aux formules SnO^3H^2, H^2O, après dessiccation à l'air, ou SnO^3H^2 dans le vide, et l'autre aux formules $Sn^5O^{11}H^2, 9H^2O$ après dessiccation à l'air, ou $Sn^5O^{11}H^2, 4H^2O$ après dessiccation dans le vide.

Les sulfures d'antimoine noir et rouge, ou lilas.

La série considérable des oxydes métalliques se présentant sous des couleurs, des densités ou des propriétés chimiques différentes, comme :

Les chaux, d allant de 3,15 à 3,40.

Les magnésies, d allant de 3,20 à 3,65.

Les oxydes de zinc, d compris entre 5,47 et 6.20.

Les oxydes de cadmium en aiguilles noires ou en cubes rouges, avec d compris entre 6,95 et 8,11.

Les alumines amorphe et cristallisée, d allant de 3,75-3,90 à 3,6-4,18.

Les oxydes ferriques et chromiques amorphes et cristallisés.

Les oxydes de plomb PbO, jaune ($d = 9,2$), rouge ($d = 9,1$) et jaune brun ($d = 9,9$).

Les oxydes jaune et rouge de mercure (identiques, d'après certains auteurs, différents d'après d'autres).

Quelques sulfures se présentent également sous plusieurs aspects comme :

Les sulfures de cadmium, CdS α jaune-citron ($d = 3,9$) et β rouge minium ($d = 4,5$).

Les sulfures de manganèse $(MnS)^n$ rose ($d = 3,25$ à $3,55$) et vert ($d = 3,74$).

Les sulfures de mercure HgS noir amorphe ($d = 7,7$) et rouge cristallisé ($d = 8,1$).

Enfin, la plupart des oxychlorures de mercure se présentent sous plusieurs aspects ; on connaît deux oxychlorures $HgCl^2 . 2HgO$, l'un rouge rubis, l'autre en paillettes noires ; trois oxychlorures $HgCl^2 . 3HgO$ rouge brique, jaune citron, jaune clair ; deux oxychlorures $HgCl^2, 4HgO$, l'un cristallisé brun, l'autre noir cristallin.

Mais, tandis que dans les cas d'isomérie et de polymérie des sels il est facile de dévoiler la cause de l'isomérie par des dédoublements appropriés, il n'en est pas de même dans les cas, où les corps ne présentent nullement le caractère d'être dédoublables, et n'ont que très exceptionnellement la propriété d'engendrer des composés différents. Ainsi les anhydrides sulfurique et disulfurique conduisent au même acide sulfurique, les chaux de densités différentes donnent les mêmes sels, etc.

Dans la plupart des exemples qui viennent d'être cités les grandeurs moléculaires sont inconnues, et il est assez rare que l'on puisse étayer l'isomérie par l'existence de propriétés chimiques distinctes, et encore moins par la persistance de l'isomérie dans les produits qui en dérivent. Il y a pourtant quelques exemples.

Ainsi, du nitrate de plomb AzO^6Pb^3H ou $AzO^3 . Pb . O . Pb . O . Pb . OH$, on peut passer par perte d'eau à 170° au nitrate $Az^2O^{11}Pb^6$ ou $(AzO^3 . Pb . O . Pb . O . Pb)^2O$. Or, par la soude, le premier donne une litharge jaune, tandis que le second donne une litharge rouge. Il semble alors logique de considérer le premier oxyde comme

$$O \begin{matrix} \diagup Pb - O \diagdown \\ \diagdown Pb - O \diagup \end{matrix} Pb$$

et le second, comme ayant une formule double

$$O \begin{matrix} \diagup Pb - O - Pb - O - Pb \diagdown \\ \diagdown Pb - O - Pb - O - Pb \diagup \end{matrix} O.$$

L'isomérie des hydroxydes stanniques a été représentée par les schémas

$$O = Sn \begin{matrix} \diagup OH \\ \diagdown OH \end{matrix}$$

$$\text{et} \quad (OH)^2Sn \begin{matrix} \diagup O - Sn(OH)^2 - O - Sn(OH)^2 \\ > O \\ \diagdown O - Sn(OH)^2 - O - Sn(OH)^2 \end{matrix}$$

mais tandis que l'on se rend bien compte de la bi-acidité du premier hydroxyde, on voit mal pourquoi le second n'est aussi que bi-acide ; aussi écrit-on plus souvent ces formules SnO^3H^2 et $Sn^5O^{11}H^2, 4H^2O$. Ajoutons enfin que, séchés seulement à l'air, les corps précédents ont aussi des formules polymères

$$SnO^2, 2H^2O \quad \text{et} \quad Sn^5O^{11}H^2, 9H^2O.$$

Ici, l'isomérie est accompagnée de la formation possible de dérivés différents ayant gardé la structure primitive. Nous retrouverons des cas semblables pour les combinaisons métalaminées, où l'isomérie persiste généralement à travers plusieurs réactions chimiques.

Deuxième partie. — *Isoméries expliquées par des théories spéciales.*

Pour rendre compte des combinaisons complexes antérieurement citées, comme les chlorures de platosamine *a* et *s*, des chlorures de platinamines, etc., et des isomères plus ou moins compliqués qui s'y rattachent, on a imaginé, surtout en dehors de la science française, des systèmes de représentations nouvelles, intéressants parce qu'ils ont provoqué de nombreuses expériences destinées à les vérifier; enfin ils marquaient la volonté bien nette de ne plus se contenter de ces formules routinières qui expriment depuis si longtemps la composition de substances qui n'ont parfois aucune des propriétés que ces formules laisseraient supposer. Tel est le cas des chorosels qu'on exprime invariablement par le schéma $aMCl^m$, bM_1Cl^n; il faut pourtant dire qu'on se complaît généralement à distinguer plusieurs catégories de cyanures doubles, mais cette classe de corps semble avoir absorbé toute l'attention et tout l'effort possibles.

Schutzenberger, dans son *Traité de chimie générale*, t. 7 (1894), avait déjà protesté contre cette négligence de laisser sans représentation des composés définis, bien cristallisés, stables, comme, par exemple, l'acide chloroplatinique, acide plus puissant que l'acide chlorhydrique lui-même, formant une série de sels aussi étendue qu'on peut l'imaginer, et il avait proposé un système de fractionnement des valences qui permettait de les schématiser en des formules unitaires sans fausser les valences admises. Exemple :

$$Pt \begin{array}{l} \diagup Cl \diagdown {}^1/_3 \\ \diagup Cl - H \\ - Cl \diagup \\ - Cl \diagdown \\ \diagdown Cl - H \\ {}^2/_3 \diagdown Cl \diagup \end{array}$$

Chaque atome de chlore échange ²/₃ de valence avec le platine et ¹/₃ avec l'hydrogène (ou le métal dans les chloroplatinates).

Il avait aussi proposé des formules développées pour expliquer les isoméries des amines du platine (voir l'ouvrage cité) en s'appuyant en partie sur ces notions.

Un autre système proposé par Blomstrand consiste à admettre que, dans un halogénosel, les deux molécules s'unissent par des atomes d'halogènes dont la valence s'élève de 1 à 3, ou plus simplement que les halogènes servent de point de raccord. Exemple :

$$\begin{array}{l} Cl \diagdown \\ Cl \diagup \end{array} Pt^{IV} \begin{array}{l} \diagup Cl = ClH \\ \diagdown Cl = ClH \end{array} \quad \text{ou} \quad \begin{array}{l} Cl \diagdown \\ Cl \diagup \end{array} Pt \begin{array}{l} \diagup Cl^2H \\ \diagdown Cl^2H \end{array}$$

Acide chloroplatinique.

On remarquera que ce système suffit à exprimer tous les sels doubles dans lesquels le nombre total d'atomes d'halogène des molécules du sel à métal le plus électropositif ne surpasse pas le nombre des atomes d'halogènes de l'autre sel. On aura :

$$Ir \begin{array}{l} \diagup Cl^2 . M \\ - Cl^2 . M \\ \diagdown Cl \end{array} \qquad Ir \begin{array}{l} \diagup Cl^2 . M \\ - Cl^2 . M \\ \diagdown Cl^2 . M \end{array} \quad \text{etc.,}$$

pour représenter les chloroiridites ordinairement écrits $Ir^2Cl^6, 4MCl$ et $Ir^2Cl^6, 6MCl$.

Blomstrand avait utilisé antérieurement cette notation pour les dérivés nitrés, cyanés, sulfocyanés, etc. [*D. chem. G.*, 2, 202; 1869].

D'autre part, Blomstrand représente les métalamines par l'intercalation plus ou moins répétée de l'ammoniaque entre le métal et le métalloïde, la valence d'Az s'exaltant de 3 à 5 [*D. chem. G.*, 2, 202; 1869; 4, 40, 639; 1871]. Avec ces deux modes de représentation, d'ailleurs déjà utilisés dans le dictionnaire sous une forme à peine différente, 2, 1052, nous concevons avec facilité une multitude d'isoméries :

Les chlorures de platosamines sont :

$$Cl - Pt^{II} - AzH^3 - AzH^3 - Cl$$

et

$$Cl - AzH^3 - Pt - AzH^3 - Cl.$$

Les chlorures de dichloro-, dibromo... platinamines sont :

$$\begin{array}{c} Cl^2 \\ \| \\ Cl - Pt^{IV} - AzH^3 - AzH^3 - Cl \end{array}$$

et

$$Cl - AzH^3 - PtCl^2 - AzH^3 - Cl, \quad \text{etc.}$$

Les chlorures de platoso-dipyrido-diamine sont :

$$Cl - C^5H^5Az - AzH^3 - Pt - AzH^3 - C^5H^5Az - Cl$$

et

$$Cl - C^5H^5Az - C^5H^5Az - Pt - AzH^3 - AzH^3 - Cl, \quad \text{etc.}$$

Les polyméries suivantes n'ont pas besoin d'explication plus détaillée :

$$PtCl^2Az^2H^6. \qquad Cl . Pt . AzH^3 . AzH^3 . Cl \quad \text{et} \quad Cl . AzH^3 . Pt . AzH^3 . Cl.$$

$$Pt^2Cl^4Az^4H^{12} \qquad Pt \begin{array}{l} \diagup AzH^3 - AzH^3 - Cl = Cl \diagdown \\ \diagdown AzH^3 - AzH^3 - Cl = Cl \diagup \end{array} Pt$$

Chloroplatinite de platosotétramine.
Sel vert de Magnus.

$$Pt^3Cl^6Az^6H^{18} \qquad \begin{array}{l} Cl - AzH^3 . Pt . AzH^3 . AzH^3 . Cl = Cl \diagdown \\ Cl - AzH^3 . Pt . AzH^3 . AzH^3 . Cl = Cl \diagup \end{array} Pt$$

Chloroplatinite de chlorplatosotriamine.
Sel brun de Peyrone.

Il existe de même la série

$$PtCl^4Az^2H^6, \quad Pt^2Cl^8Az^4H^{12}, \quad Pt^3Cl^{12}Az^6H^{18}$$

qui ne diffère de la précédente qu'en ce que chaque atome Pt est rendu tétravalent par addition de Cl^2.

Le même mode de représentation s'étend d'ailleurs aux combinaisons aminées des métaux plus communs, cuivre, zinc, et permet d'expliquer l'isomérie des sels de Buckton et de Thomsen :

$$PtZnCl^4Az^4H^{12} \quad \left\{ \begin{array}{l} Pt \begin{array}{l} \diagup AzH^3 - AzH^3 - Cl = Cl \diagdown \\ \diagdown AzH^3 - AzH^3 - Cl = Cl \diagup \end{array} Zn \\ \text{Chlorozincate de platosotétramine.} \\ Zn \begin{array}{l} \diagup AzH^3 - AzH^3 - Cl = Cl \diagdown \\ \diagdown AzH^3 - AzH^3 - Cl = Cl \diagup \end{array} Pt \\ \text{Chloroplatinite de zincotétramine.} \end{array} \right.$$

Si maintenant on veut se rappeler que dans les sels de platine tétravalent, les éléments fixés sur le métal ne font pas de double décomposition, on concevra des isomères tels que :

$$Br^2 = Pt \begin{array}{l} \diagup AzH^3 - AzH^3 . Cl \\ \diagdown AzH^3 - AzH^3 . Cl \end{array}$$

et

$$Cl^2 = Pt \begin{array}{l} \diagup AzH^3 - AzH^3 . Br \\ \diagdown AzH^3 - AzH^3 . Br \end{array}$$

qui se distinguent en ce que l'azotate d'argent

les changera respectivement en les deux sels différents :

$$Br^2 : Pt(AzH^3 . AzH^3 . O . AzO^2)^2$$

et

$$Cl^2 : Pt(AzH^3 . AzH^3 . O . AzO^2)^2.$$

Enfin plusieurs sortes d'isoméries peuvent coexister dans une seule molécule comme dans :

$$Pt \begin{matrix} \diagup AzH^3 - AzH^3 - Cl = Cl \diagdown \\ \diagdown AzH^3 - AzH^3 - Cl = Cl \diagup \end{matrix} PtCl^2$$

et

$$Cl^2 = Pt \begin{matrix} \diagup AzH^3 - AzH^3 . Cl = Cl \diagdown \\ \diagdown AzH^3 - AzH^3 . Cl = Cl \diagup \end{matrix} Pt.$$

Les notations précédentes ont été étendues par Jörgensen aux métalamines dérivées du cobalt, du chrome, du rhodium, etc. ; et, pour exprimer les radicaux dissimulés dans ces combinaisons, il les figure directement unis au métal ; ceux qui y sont reliés intermédiairement par l'ammoniaque sont des ions ordinaires. Exemples :

$$Co \begin{matrix} \diagup Cl \\ - AzH^3 . AzH^3 . AzH^3 . AzH^3 . Cl \\ \diagdown AzH^3 . Cl \end{matrix} \qquad \begin{matrix} \text{1 at. Cl dissimulé.} \\ \text{2 at. Cl ions.} \end{matrix}$$

$$Co \begin{matrix} \diagup AzH^3 . Cl \\ - AzH^3 . AzH^3 . AzH^3 . AzH^3 . Cl \\ \diagdown AzH^3 . Cl \end{matrix} \qquad \begin{matrix} \text{3 at. Cl ions} \\ \text{précipitables.} \end{matrix}$$

Cette représentation se trouve en défaut en quelques circonstances. Pour la corriger, A. Werner a imaginé un système qui englobe à la fois tous les faits précédents et qu'il est nécessaire d'exposer en quelques lignes pour l'étude des cas d'isomérie.

M. A. Werner conteste à la théorie des valences, la prétention de représenter certaines combinaisons d'addition dont le caractère complexe est bien défini ; il faut fausser le sens de la notion des valences, soit en les fractionnant, comme Schutzenberger, soit, au contraire, en les augmentant d'un certain nombre d'unités comme Blomstrand.

Repoussant ces fonctionnements exceptionels des valences, M. Werner suppose comme propriétés presque constantes des atomes celle de faire valoir, après saturation des valences principales au sens ordinaire, des restes d'affinité chimique, c'est-à-dire de mettre en jeu des valences supplémentaires ou secondaires (Nebenvalenzen). Il résulte de l'application de ces notions que les valences principales unissent des atomes ou des radicaux et les valences secondaires, des molecules (presque toujours saturées). Pour plus de détails sur les arguments développés par M. Werner à l'appui de son système, voir son livre.

On peut invoquer ces notions aussi facilement pour les cas embarrassants que pour les cas résolus par le fonctionnement ordinaire des valences.

Les cas résolus sont tous ceux où interviennent des atomes plurivalents en quantité suffisante, comme dans les réactions :

$$\begin{matrix} O \\ O \end{matrix} \geqslant S = O + HCl \;=\; \begin{matrix} O \\ O \end{matrix} \geqslant S \begin{matrix} \diagup OH \\ \diagdown Cl \end{matrix}$$

$$(SO^4)^3Al^2 + SO^4K^2 \;=\; 2SO^4 = Al - SO^4 - K$$

ou bien ceux dans lesquels on peut manifestement faire intervenir une variation de valence admise en d'autres circonstances comme dans la fixation de l'ammoniac, des amines, des sulfures alcooliques, etc. Mais ce mécanisme, déjà arbitraire dans les derniers cas, suivant M. Werner, ne peut être utilisé pour unir des molécules sans doubles liaisons comme

$$\begin{matrix} Cl \\ Cl \end{matrix} > Pt \begin{matrix} \diagup Cl \\ \diagdown Cl \end{matrix} \quad \text{et} \quad K\text{-}Cl$$

Pour faire tomber ces différences, M. Werner suppose la mise en action des valences secondaires et il indique la réunion des molécules par des lignes pointillées qui figurent ces restes d'affinités ou valences secondaires.

On a alors

$$\begin{matrix} Cl \\ Cl \\ Cl \\ Cl \end{matrix} > Pt \begin{matrix} \cdot\cdot\, Cl - H \\ \cdot\cdot\, Cl - H \end{matrix} \quad \text{aussi bien que} \quad \begin{matrix} O \\ O \end{matrix} \geqslant S = O \,\text{-\,-}\, Cl - H$$

Quand on emploie cette notation qui s'applique naturellement aux composés les plus extraordinairement divers, comme :

$$F^4Si \begin{matrix} \cdot\cdot\, F - K \\ \cdot\cdot\, F - K \end{matrix} ; \quad Cl^3Cr \equiv\equiv (AzH^3)^6 ; \quad Cl^3Cr \equiv\equiv (AzH^3)^5 ;$$

$$Cl^3Cr^3 \equiv\equiv (AzH^3)^3 ; \quad Cl^4Pt \begin{matrix} \cdot\cdot\, Cl - K \\ \cdot\cdot\, Cl - K \end{matrix} ;$$

$$Cl^4Pt \equiv\equiv (AzH^3)^4 ; \quad (AzO)Cl^3Ru \equiv\equiv (AzH^3)^4 ;$$

$$Cl^3Au \,\text{-\,-}\, Cl - K ; \quad Cl^2Pt^{u} \begin{matrix} \cdot\cdot\, CO \\ \cdot\cdot\, CO \end{matrix} ; \quad Cl^2Pt \begin{matrix} \cdot\cdot\, AzH^3 \\ \cdot\cdot\, AzH^3 \end{matrix} ;$$

$$Cl^2Pt \equiv\equiv (AzH^3)^4 ; \quad \text{etc., etc.}$$

on arrive à des constatations fort intéressantes : si l'on met en évidence entre parenthèses la partie complexe de ces molécules et hors parenthèses les ions ordinaires, on aura :

$$(SiF^6)K^2 ; \quad [Cr(AzH^3)^6]Cl^3 ; \quad \left[Cr \begin{matrix} Cl \\ (AzH^3)^5 \end{matrix}\right] Cl^2 ;$$

$$\left[Cr \begin{matrix} Cl^3 \\ (AzH^3)^3 \end{matrix}\right] ; \quad (PtCl^6)K^2 ; \quad \left[Pt \begin{matrix} Cl^2 \\ (AzH^3)^4 \end{matrix}\right] Cl^2 ;$$

$$\left[Ru \begin{matrix} Cl \\ AzO \\ (AzH^3)^4 \end{matrix}\right] Cl^2 ; \quad [AuCl^4]K ; \quad \left[Pt \begin{matrix} (CO)^2 \\ Cl^2 \end{matrix}\right] ;$$

$$\left[Pt \begin{matrix} (AzH^3)^2 \\ Cl^2 \end{matrix}\right] ; \quad [Pt(AzH^3)^4]Cl^2.$$

On observe que la partie entre parenthèses se compose de l'élément principal Si, Cr, Pt, Ru, Au, associé à *six* ou à *quatre* éléments ou groupes d'éléments. A ce nombre, 4 ou 6, qui est le même pour de nombreuses combinaisons d'un élément donné avec des éléments différents, M. A. Werner donne le nom d'*indice de coordination*. Comme ce savant admet que les groupements ainsi englobés dans l'ion complexe sont reliés directement au métal, il en résulte que cet indice représente la limite supérieure de l'aptitude des atomes à se combiner avec des radicaux simples ou composés pour former des complexes où leurs propriétés sont dissimulées. Ce qui est hors la parenthèse est constitué par des ions normaux.

Dès lors dans une combinaison complexe quelconque il y a lieu de considérer plusieurs grandeurs : la valence V du métal ou métalloïde fondamental, l'indice de coordination I, la valence i du radical complexe, capable dès lors de fixer un nombre i d'ions extraradicaux de propriétés inverses, électronégatifs si cette valence est positive, électropositifs si cette valence est négative. On doit avoir en outre dans le radical complexe un nombre m de molécules saturées, telles que AzH^3, H^2O, PCl^3, $(CH^3)^2S$, etc., et un nombre d'éléments acides i_1 tels que

$$m + i_1 = I ;$$

on aura donc pour i, puisque $i + i_1 = V$, la valeur suivante :

$$i = m - (I - V) = m - K.$$

Pour chaque sorte de combinaisons I et V étant fixes, on voit que i sera positif, nul ou négatif suivant la valeur de m. Effectivement, en envisageant les nitro-cobaltamines où $I=6$ et $V=3$, soit $K=3$, on peut avoir les termes :

$$[Co(AzH^3)^6]Cl^3; \qquad \left[Co\begin{matrix}(AzO^2)^2\\(AzH^3)^4\end{matrix}\right]Cl;$$
$$i=6-3=3. \qquad i=4-3=1.$$
$$\left[Co\begin{matrix}(AzO^2)^4\\(AzH^3)^2\end{matrix}\right]K; \qquad [Co(AzO^2)^6]K^3; \quad \text{etc.}$$
$$i=2-3=-1. \qquad i=0-3=-3.$$

Dans les dérivés tétravalents du platine

$$K=6-4=2.$$
$$[PtCl^6]K^2; \qquad \left[Pt\begin{matrix}Cl^2\\(AzH^3)^4\end{matrix}\right]Cl^2; \quad \text{etc.}$$
$$i=0-2=-2. \qquad i=4-2=2.$$

On voit que le nombre et la nature même, électropositive ou négative, des ions extraradicaux, sont fixés par le signe de i, c'est-à-dire par le nombre m de molécules saturées introduites dans la combinaison considérée, m variant de 0 à 6 ou de 0 à 4, i varie de 3 à -3 ou de 2 à -2.

En écrivant $i=V-i$, on arrive directement aux mêmes conclusions : i se montre ainsi indépendant de m ; mais c'est une apparence, puisque le nombre de radicaux acides admis à la formation du complexe dépend du nombre des molécules existant déjà dans ce complexe.

Cette valeur de i détermine le nombre de valences de nature inverse nécessaires pour saturer le radical complexe ; on constate facilement ci-dessus que la somme des valences électropositives du radical complexe et des valences électronégatives des ions extraradicaux (ou réciproquement) est nulle. Cette condition définit la neutralité de la combinaison considérée.

Ces règles établies, les isoméries s'expriment alors simplement. On peut considérer plusieurs cas.

Polymérie. — Elle résulte de l'association variée de complexes électropositifs ou électronégatifs, telle que le total soit nul, c'est-à-dire la combinaison neutre :

$$Co\begin{matrix}(AzO^2)^3\\(AzH^3)^3\end{matrix}; \qquad [Co(AzO^2)^6][Co(AzH^3)^6];$$
$$i=0. \qquad i=-3. \quad i=+3.$$
$$\left[Co\begin{matrix}(AzO^2)^4\\(AzH^3)^2\end{matrix}\right]\left[Co\begin{matrix}(AzO^2)^2\\(AzH^3)^4\end{matrix}\right];$$
$$i=-1. \qquad i=+1.$$
$$\left[Co\begin{matrix}(AzO^2)^4\\(AzH^3)^2\end{matrix}\right]^2\left[Co\begin{matrix}(AzO^2)\\(AzH^3)^5\end{matrix}\right]; \quad \text{etc.}$$
$$2(i=-1)=-2. \qquad i=2.$$

On connait une multitude de ces cas auxquels on pourra rattacher sans difficulté ceux qui ont été cités : on se rappellera que pour les sels platineux $K=I-V=4-2=2$, et pour les sels platiniques, 2 également.

Isomérie de coordination. — C'est celle des corps ayant des radicaux inversement différents comme

$$[Pt(AzH^3)^4][CuCl^4] \text{ et } [Cu(AzH^3)^4][PtCl^4];$$
$$[Cr(CAz)^6][Co(AzH^3)^6] \text{ et } [Co(CAz)^6][Cr(AzH^3)^6]$$

Les radicaux peuvent même appartenir à des séries d'indices de coordination inversement différents, comme :

$$[Pt(AzH^3)^4][PtCl^6] \quad \text{et} \quad \left[Pt\begin{matrix}Cl^2\\(AzH^3)^4\end{matrix}\right][PtCl^4].$$

Isomérie d'ionisation. — Il y a permutation des parties ionisées avec des parties différentes du complexe, comme dans $[PtCl^2(AzH^3)^4]Br^2$ et $[PtBr^2(AzH^3)^4]Cl^2$.

Isomérie d'hydratation. — Ici on considère souvent comme isomères des corps qui diffèrent par la nature de l'eau qui s'y introduit soit à titre d'eau de cristallisation, soit à titre d'eau de constitution. Tels sont :

$$\left[Co\begin{matrix}(AzH^3)^4\\Cl^2\end{matrix}\right]Cl+H^2O \quad \text{et} \quad \left[\begin{matrix}H^2O\\Co\,Cl\\(AzH^3)^4\end{matrix}\right]Cl^2.$$

On y rattache aussi les sels de chrome hydratés dont il est question plus loin et qui sont sujets à la même critique de n'être pas de véritables isomères.

Isomérie saline. — Elle résulte de l'existence de formes tautomères ; comme elle n'a été constatée que dans des combinaisons sulfocyaniques ou cyanuriques, elle appartient plutôt au domaine organique qu'au domaine inorganique.

Isomérie stéréochimique. — C'est celle que présentent les sels de platosamine $X^2Pt(AzH^3)^2$, et de platinamine $X^4Pt(AzH^3)^2$ résultant de la fixation de X^2 sur les précédents, les séries crocéo et flavocobaltiques des types $X^3M(AzH^3)^4$, etc.

M. Werner a expliqué ce genre d'isomérie par la structure du complexe dans l'espace.

Dans les sels platineux où $I=4$, il admet que les 4 groupements coordonnés sont dans un même plan aux angles d'un carré, ce qui donne les 2 figures possibles :

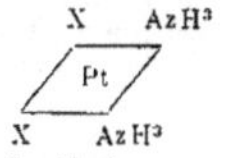

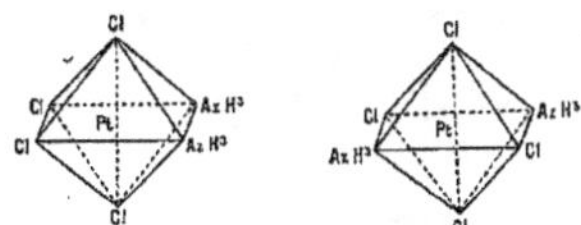

Combinaisons platososemidiaminiques ou platosamine cis. 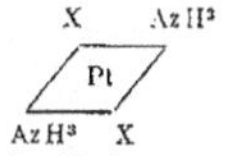 — Combinaisons platosaminiques ou platosamine trans.

Dans les sels platiniques où $I=6$, la cause de l'isomérie est à peine différente ; si on fixe Cl^2 sur les précédentes, on peut se figurer le métal au centre d'un octaèdre et avoir également deux combinaisons et seulement deux :

Les deux octaèdres diffèrent en ce que les deux AzH^3 sont ou contigus ou séparés.

Dans les deux exemples ci-dessus, la molécule ne contient rien en dehors des éléments de coordination, mais il existe aussi des isomères contenant des ions normaux.

Tel est le cas des combinaisons platoso-dipyridine-diammoniques $[Pt(AzH^3)^2(C^5H^5Az)^2]X^2$, dans lesquelles l'on peut supposer les AzH^3 et les C^5H^5Az voisins deux à deux ou alternatifs aux angles du carré — et celui des combinaisons

$$\left[Co\begin{matrix}(AzO^2)^2\\(AzH^3)^4\end{matrix}\right]X$$

auxquelles on peut attribuer les constitutions suivantes qui ne diffèrent qu'en ce que les deux AzO^2 sont voisins ou séparés :

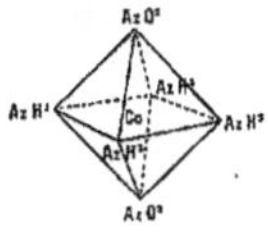

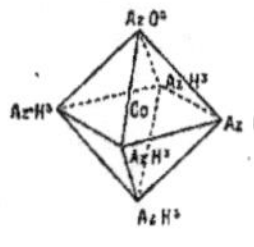

Ajoutons enfin que, dans ces corps aminés, une molécule de diamine peut se substituer à $2 AzH^3$.

Avec l'éthylène-diamine on a pu constater une isomérie stéréochimique très étendue dans les sels de cobalt et en avoir quelques exemples dans les sels de chrome. Enfin, au lieu d'ammoniaque ou d'amines, on peut avoir de l'eau, du trichlorure de phosphore, du sulfure d'éthyle, etc.

Sels de chrome. — Fort souvent, certaines combinaisons du chrome, chlorures, sulfates, sels complexes dérivés de ces sulfates ont été présentées comme isomères (voyez Chrome). On néglige alors fréquemment les différences de teneur en eau de constitution; c'est une licence qui permettrait en chimie organique de confondre dans une même isomérie, un sel ammoniacal, un amide et un nitrile ou encore une lactone et un acide-alcool, etc.; cette façon d'appeler les corps étant encore courante, nous nous conformerons à ce mauvais usage.

Les isomères en question se distinguent par leur couleur, leur solubilité, leurs doubles décompositions (voyez Chrome). On sait que la plupart d'entre eux ne laissent percevoir aux réactifs qu'une partie de leurs constituants, le chrome et les éléments acides y étant dissimulés d'une façon plus ou moins parfaite.

D'après des recherches postérieures à celles de M. Recoura, à qui nous devons la découverte de ces phénomènes, on aurait par exemple des combinaisons telles que les suivantes dans la notation de M. Werner :

$$[Cr(OH^2)^6]^3Cl; \qquad \left[Cr \begin{matrix} Cl^2 \\ (OH^2)^4 \end{matrix} + 2H^2O\right]Cl:$$

Chlorure violet. — Chlorure vert.

$$\left[Cr(H^2O)^6\right]\begin{matrix} SO^4 \\ Cl \end{matrix}; \qquad \left[Cr \begin{matrix} (H^2O)^5 \\ Cl \end{matrix}\right]SO^4;$$

Chlorosulfate violet. — Chlorosulfate vert.

d'après les conductibilités électriques [Weinland et Krebs, *Zeits. anorg. Chem.*, 49, 161, 1906]. Mais ces formules deviennent les suivantes :

$$\left[Cr \begin{matrix} SO^4 \\ (H^2O)^6 \end{matrix} + 2H^2O\right]Cl; \qquad \left[Cr \begin{matrix} \diagup Cl \\ - SO^4 \\ \diagdown (H^2O)^5 \end{matrix}\right] + 3H^2O.$$

Chlorosulfate violet. — Chlorosulfate vert.

si on les établit d'après les propriétés chimiques et la cryoscopie [*ibid.*, 48, 251, 1906. Voyez aussi Recoura, *Bull. Soc. Chim.*, (3), 27, 1155; 1902].

Pour les deux premiers corps, M. Recoura avait donné les formules brutes $CrCl^6, 6H^2O$; pour les deux derniers

$$Cr.SO^4.Cl, 6H^2O \text{ et } Cr.SO^4.Cl.5H^2O.$$

Le sulfate de chrome chauffé donne aussi des produits modifiés qui ont été étudiés par MM. Recoura, Colson, Wyrouboff. Chacun de ces auteurs a adopté une notation dont nous ne pouvons indiquer les principes ici, car le cas du chrome seul y a été envisagé. Nous signalerons seulement que M. Wyrouboff a préparé de véritables isomères ayant même composition centésimale, y compris l'eau de constitution. Ces corps sont des sels de chrome d'acides auxquels nous pouvons attribuer une formule générale

$$nCr(SO^4H)^3 - m(SO^4H^2)$$

dans lesquels chaque H serait susceptible de saturer un oxhydrile de l'oxyde. En effet, quels que soient n et m, le sel sera

$$nCr(SO^4H)^3 - m(SO^4H^2) + \frac{3n - 2m}{3}Cr(OH)^3,$$

si nous adoptons une conception de M. Wyrouboff qui consiste essentiellement à admettre que les sels résultent de la juxtaposition de l'acide et de la base (les sels complexes se forment lorsqu'il y a élimination d'eau). On aura toujours le rapport

$$\frac{Cr}{SO^4} = \frac{n + \frac{3n - 2m}{3}}{3n - m} = 2/3.$$

Donc ces corps auront aussi le rapport $Cr : SO^4$ du sulfate de chrome et de ses modifications. Nous donnons ci-dessous les formules que M. Wyrouboff [*Bull. Soc. Chim.*, (3), 27, 719; 1902] a attribuées aux sels isomères qu'il a découverts :

$$[Cr^2O^2(OH)^4(SO^2)^4O^2(OH)^2]^3Cr^2(OH)^6$$

Sulfochromate de chrome.

$$= Cr^8(SO^4)^{12}O^{12}H^{24}.$$

$$[Cr^2O^2(OH)^4(SO^2)^4O^3Cr^2O^2(OH)^2(SO^2)^3(OH)^6]^3Cr(OH)^6$$

Chromosulfochromate de chrome.

$$= Cr^{14}(SO^4)^{21}O^{21}H^{42}.$$

$$[Cr^2O^2(OH)^4(SO^2)^4O^3]^2Cr^2O(OH)^2(SO^2)^3(OH)^6(OH)^2]^3[Cr^2(OH)^6]^2$$

Chromodisulfochromate de chrome.

$$= Cr^{22}(SO^4)^{33}O^{33}H^{66}.$$

Nous ferons remarquer que ces formules deviennent très simplement des termes de notre expression générale citée plus haut :

$$\tfrac{1}{2}Cr^8(SO^4)^{12}O^{12}H^{24} = [Cr(SO^4)^2H]^3, Cr(OH)^3$$
$$Cr^{14}(SO^4)^{21}O^{21}H^{42} = [Cr^4(SO^4)^7H^2]^3, 2Cr(OH)^3$$
$$Cr^{22}(SO^4)^{33}O^{33}H^{66} = [Cr^6(SO^4)^{11}H^4]^3, 4Cr(OH)^3$$

Il serait alors très facile d'imaginer les formules des acides d'après les notations ordinaires; on aurait, par exemple :

$$SO^4{=}Cr{-}SO^4H = Cr(SO^4)^2H$$

$$SO^4 \begin{matrix} \diagup Cr(SO^4H) - SO^4 - Cr = SO^4 \\ \diagdown Cr(SO^4H) - SO^4 - Cr = SO^4 \end{matrix} = Cr^4(SO^4)^7H^2$$

$$SO^4[Cr(SO^4H) - SO^4 - Cr(SO^4H) - SO^4 - Cr = SO^4]^2$$
$$= Cr^6(SO^4)^{11}H^4.$$

avec possibilité d'allonger indéfiniment et de concevoir des termes différents provenant d'une perte nouvelle de SO^4H^2. Ces formules sont d'ailleurs conformes à la règle d'élimination d'eau dans les corps complexes, formulée par M. Wyrouboff.

Tel est l'aperçu bref que nous avons voulu donner de l'isomérie inorganique. On voit que c'est seulement chez les corps à caractère complexe que l'on a pu établir des théories applicables dans un domaine quelque peu étendu; comme le nombre de ces combinaisons complexes s'accroît chaque jour, la nécessité de les grouper sous des lois communes devient de plus en plus impérieuse. Il paraît fort probable que ces lois modifieront par contre-coup celles que la chimie minérale avait adoptées depuis son origine. Les essais de Blomstrand, de Jörgensen, de Werner, de Wyrouboff et de tant d'autres marquent une intention formelle d'élargir les cadres trop étroits des anciennes notations chimiques; ce résultat seul montre toute la portée de l'étude de l'isomérie sur l'évolution de la chimie minérale.

Août 1906. M. Delépine.

ISOMORPHISME. (Dict., 2, 152). — Depuis la première édition de cet ouvrage, les faits rassemblés relativement à l'isomorphisme ont été nombreux. Ils tendent de plus en plus à lui ôter ce caractère d'un critérium absolu de l'identité de constitution chimique qu'on avait cru pouvoir lui attribuer, et à le remettre à sa vraie place à côté des autres propriétés physiques.

Le temps n'est pas encore éloigné où tout le monde considérait la formule de constitution chimique comme une vérité existante par elle-même, à découvrir sans doute sous des phénomènes qui la manifestaient plus ou moins clairement, mais enfin existante et unique. On ne pouvait admettre, par conséquent, qu'il y eût contradiction entre les divers phénomènes qui la révélaient. Chaleurs spécifiques, densités de vapeur, isomorphisme, etc...., tous érigés en critères absolus, n'étaient que diverses manifestations d'une même vérité que l'on supposait si simple qu'elle devait pouvoir s'exprimer par un assemblage de quelques lettres. De cette illusion, que chaque science tour à tour se décide si difficilement à perdre et dont la chimie moderne est encore alourdie, est né le terme d'isomorphisme tel qu'on l'a entendu depuis Mitscherlich. Son triple sens a alimenté la science d'innombrables malentendus.

Aujourd'hui que l'on commence à comprendre enfin que la formule chimique, comme toutes les autres formules du langage humain, n'est qu'un schéma excessivement simplifié destiné à réunir le mieux possible un ensemble de faits connus, sans prétendre atteindre une vérité fondamentale inaccessible, qu'en un mot, comme l'a dit M. Poincaré des axiomes de la géométrie, une formule de constitution n'est pas vraie ou fausse, mais plus ou moins commode ou incommode, plus ou moins féconde ou stérile, on ne peut plus s'étonner des contradictions. Il devient oiseux de désigner par un seul mot trois phénomènes bien distincts et de décréter arbitrairement qu'on ne devra leur attribuer d'importance que lorsqu'ils seront réunis.

On sait que deux corps sont dits isomorphes lorsque :

1°) Ils présentent une quasi identité de formes cristallines (*Homéomorphisme*).

2°) Ils peuvent concourir, en des proportions variables d'une manière continue, à la construction d'un même édifice cristallin d'apparence homogène (*Syncristallisation*).

3°) Ils ont la même formule de constitution chimique, sauf remplacement d'un élément par un autre de même valence et de rôle chimique analogue. Ceci est, dans une certaine mesure, une définition; mais c'est aussi un fait, puisque la formule n'est pas déduite seulement de l'existence des deux premières propriétés, mais avant tout de l'analyse et en second lieu, quant au choix des multiples, de diverses propriétés physiques autres que l'homéomorphisme et la syncristallisation. L'ancien dogme affirmait que lorsque existaient les deux premières propriétés, la troisième devait exister aussi, sans contradiction avec les autres critères de la constitution chimique.

On connaît aujourd'hui nombre d'exemples du contraire. Plus nombreux encore sont les cas d'homéomorphisme sans syncristallisation quoique avec identité de constitution chimique, ce qui tend à diminuer considérablement, pour le chimiste, l'intérêt de la syncristallisation; ou sans identité de constitution, ce qui tend à atténuer pour le cristallographe le prestige de la formule chimique. Il va sans dire que la coexistence très fréquente des trois phénomènes reste un fait des plus intéressants, et qui a rendu de grands services à la chimie. Mais ces phénomènes ne sont pas nécessairement connexes, et ils ne cessent pas d'être intéressants quand ils ne sont pas réunis. Notamment pour le chimiste il n'existe plus aucune raison quelconque de se refuser à attribuer à l'homéomorphisme seul autant de valeur qu'à la syncristallisation. Il importe donc aujourd'hui d'étudier tous les faits, sans en éliminer arbitrairement et sans s'embarrasser du mot trop complexe et trop restrictif d'isomorphisme.

Exemples d'homéomorphisme et syncristallisation sans identité de constitution chimique.

Dès l'origine on a connu, dans cet ordre d'idées, le cas des sels d'ammonium et de potassium. Considérer comme appartenant au même type deux formules telles que SO^4K^2 et $SO^4Az^2H^8$, c'était déjà interpréter largement. Mais une foule de faits d'ordre purement chimique venaient à l'appui de cette interprétation, et son extrême fécondité la justifia. On put croire que la considération de radicaux complexes tels que AzH^4.CAz, etc., jouant le rôle de corps simples, suffirait à assurer l'identité de constitution chimique à tous les groupes de composés homéomorphes et syncristallisables.

D'autres cas se montrèrent ensuite moins clairs. Tel celui, signalé par Marignac, des fluostannates et fluotitanates d'une part, des fluoxyniobates, fluoxymolybdates et fluoxytungstates de l'autre, où l'on était contraint, pour sauver le principe de l'isomorphisme, d'admettre le remplacement des groupes TiF^2 ou SnF^2 par NbOF, MoO^2 ou WO^2. Exemples :

$SnF^6Zn . 6H^2O$		$TiF^6K^2 . H^2O$
$NbOF^5Zn . 6H^2O$	ou encore	$NbOF^5K^2 . H^2O$
$MoO^2F^4Zn . 6H^2O$		$WO^2F^4K^2 . H^2O$

M. Wyrouboff a récemment fait connaître d'autres cas où apparaissent de véritables contradictions : M. Boedman obtenait la syncristallisation en toutes proportions du nitrate de bismuth avec les nitrates des métaux de la cérite, et MM. Urbain et Lacombe signalaient l'homéomorphisme du composé $Bi^2O^3 . 3Az^2O^5 . 3MgOAz^2O^5 . 24H^2O$ avec les sels $M^2O^3 . 3Az^2O^5 . 3MgOAz^2O^5 . 24H^2O$ (où M = Ce, La, Di, etc.), dont M. Wyrouboff obtenait ensuite la syncristallisation. La conclusion, selon la loi de l'isomorphisme, était que les terres rares doivent être considérées comme sesquioxydes, conformément à la convention généralement adoptée. Mais d'autre part M. Wyrouboff, ayant constaté l'homéomorphisme des silicotungstates neutres à 27 H^2O des métaux cériques avec ceux du calcium et du strontium, en obtenait également la syncristallisation en toutes proportions. D'où la conclusion, selon le même principe, que les terres cériques sont des protoxydes. Pour qui admet en dogme que la formule chimique exprime une vérité absolue et unique, la contradiction est insoluble : homéomorphisme et syncristallisation ne sont donc pas nécessairement liés à l'identité de formules. Ils perdent leur intérêt chimique. C'est la conclusion de M. Wyrouboff, très légitime si l'on admet le dogme fondamental. Non moins légitime et peut-être plus féconde serait la suivante : un homéomorphisme aussi net et la syncristallisation indiquent une parenté étroite, et par suite on doit considérer les terres rares comme participant à la fois, dans ce qui détermine la structure des cristaux, des propriétés des sesquioxydes et de celles des protoxydes. Puisque l'infirmité des symboles chimiques actuels exige que nous attribuions à ces terres une formule unique pour tous les cas, et que cela ne peut se faire en exprimant ainsi à la fois toutes leurs propriétés intéressantes, nous choisirons cette formule de façon qu'elle exprime le plus grand nombre et les plus intéressantes des analogies constatées. Mais il serait vain de chercher à tout dire en deux lettres munies de deux coefficients, et fâcheux de rejeter comme dépourvu d'intérêt chimique, sous le prétexte d'une contradiction logique qui n'existe en réalité que dans l'insuffisance des conventions de langage, tout ce qui ne peut être exprimé dans ce langage si excessivement concis.

On connaît un certain nombre de cas où deux corps, cristallisant ensemble, prennent dans le mélange une hydratation commune, alors que, séparés, leur degré d'hydratation est différent. M. Copaux a fait connaître le cas contraire du silicomolybdate de baryum et de l'acide silicomolybdique. Isolés, ils ont pour formules

$$SiO^2 . 12 MoO^3 . 2 BaO + 22 H^2O$$

et

$$SiO^2 . 12 MoO^3 . 2 H^2O + 31 H^2O,$$

mais l'acide silicomolybdique présente aussi un hydrate à $24 H^2O$, difficile à obtenir isolé et paraissant rhomboédrique comme le silicomolybdate de baryum. Dans le mélange, c'est cet hydrate qui se produit, et l'on voit ainsi cristalliser ensemble les composés

$$SiO^2 . 12 MoO^3 . 2 BaO + 22 H^2O$$

et

$$SiO^2 . 12 MoO^3 . 2 H^2O + 24 H^2O.$$

De même encore la syncristallisation se produit entre

$$SiO^2 . 12 WO^3 . 2 BaO + 24 H^2O$$

et

$$SiO^2 . 12 MoO^3 . 2 BaO + 22 H^2O.$$

A des exemples de ce genre, on a objecté ce que l'on a appelé l'*isomorphisme de masse*. Les composés étudiés par Marignac et surtout les silicotungstates et silicomolybdates ont une molécule lourde, dans laquelle la masse constante, prépondérante, déterminerait l'homéomorphisme et la syncristallisation, les substitutions ou additions portant sur une masse trop faible pour influer notablement sur la structure cristalline ou pour s'opposer à la syncristallisation. En ce qui concerne seulement la syncristallisation, nous verrons qu'il y a là véritablement l'expression d'un fait, dont la considération des volumes moléculaires rend parfaitement compte. En ce qui concerne l'homéomorphisme, au contraire, l'isomorphisme de masse n'est qu'un expédient de mots.

Mais il est des cas où cet expédient ne s'applique même plus. L'un des plus remarquables est celui des feldspaths plagioclases, albite Si^3O^8AlNa et anorthite $Si^2O^8Al^2Ca$, dont l'homéomorphisme, malgré la dissemblance de leurs formules, est d'autant plus remarquable que ces composés cristallisent dans le système anorthique, en sorte qu'il paraît impossible de considérer comme accidentelle la quasi-identité de leurs 5 paramètres indépendants, et qui se mélangent en toutes proportions en constituant une des séries de mixtes isomorphes les plus certaines et les mieux étudiées (Tschermak.).

Un autre, moins généralement connu, mais peut-être plus décisif encore parce qu'il porte sur des composés très simples, est celui de l'orthosilicate de glucinium (phénakite) SiO^4Gl^2 et du bisilicate de lithium SiO^3Li^2, tous deux rhomboédriques, parahémièdres, remarquablement homéomorphes dans leurs angles, dans le développement de leurs faces principales, dans leurs propriétés optiques même, et dont la syncristallisation a été réalisée (G. Friedel).

Il est hors de doute, par conséquent, que l'identité de constitution chimique, telle que sont capables de l'exprimer les symboles chimiques actuels, ne peut être maintenue comme liée toujours à l'homéomorphisme accompagné de syncristallisation. Elle l'est dans la majorité des cas, mais non toujours.

Homéomorphisme sans syncristallisation et sans identité de formules. — Les cas où l'homéomorphisme, sans être accompagné de syncristallisation, *et tout en correspondant à des analogies chimiques indéniables*, ne comporte pas l'identité de formules, sont beaucoup trop nombreux pour être énumérés ici. Nous ne citerons que quelques exemples. Les silicates en offrent un grand nombre.

Dans les micas, on voit, sans changement notable des propriétés cristallographiques si caractéristiques de cette espèce, Mg^3 ou Fe^3 remplacés par AlK ou AlH. La substitution est même graduelle et la syncristallisation probable.

De même, dans la série pyroxénique, en passant du diopside Si^2O^6CaMg au triphane Si^2O^6AlLi, le réseau ne change que fort peu. Il reste plus remarquablement constant encore du diopside à l'acmite Si^2O^6FeNa; et partout se retrouve cette même substitution. Cela est à rapprocher des résultats de M. Wyrouboff relativement aux terres rares. Dira-t-on que Al ou Fe,Na ou Li, remplacent Ca,Mg ou Fe? ou conclura-t-on que l'homéomorphisme si remarquable de ces composés peut être considéré par le chimiste comme un fait de hasard, sans intérêt pour lui? L'une et l'autre conclusion seraient trop radicales. Celle qui, semble-t-il, s'impose, est la suivante : ces homéomorphismes révèlent une analogie fort intéressante et qui est à noter, mais qui ne s'accorde pas, dans le langage chimique actuel, avec les autres propriétés, jugées plus importantes, des métaux en question, et ne suffit pas à nous engager à en modifier les poids atomiques.

Dans d'autres cas, on entrevoit une interprétation chimique :

La leucite Si^2O^6AlK et l'analcime

$$Si^2O^6AlNa + H^2O$$

ont même forme cristalline quadratique pseudocubique, mêmes groupements en leucitoèdres d'apparence cubique, mêmes propriétés optiques, en un mot elles sont remarquablement homéomorphes. Mais ici l'eau de l'analcime, bien que, à l'état saturé, elle soit rigoureusement en proportion moléculaire simple avec le silicate, peut être éliminée graduellement ou réintroduite sans que le minéral perde rien de sa structure cristalline.

Partiellement éliminée, elle laisse le minéral homogène et constituant une phase unique, ainsi que le démontre le mode de dissociation. Elle peut même être remplacée par un fluide quelconque, à peu près comme l'eau dans une éponge. Pour toutes ces raisons, elle ne joue manifestement aucun rôle dans la partie de la molécule chimique qui détermine la structure du cristal. C'est cette partie qui, pour les deux espèces, a même formule. L'homéomorphisme accompagne ici une véritable identité de constitution chimique, masquée par l'addition dans l'analcime d'une molécule d'eau qui est, pour ainsi dire, à peine combinée, beaucoup moins que celle des sels hydratés, et n'intervient évidemment pas dans la structure cristalline puisque cette structure subsiste quand l'eau s'échappe.

Le mode de combinaison particulier de cette eau « zéolithique », étrangère à la molécule chimique, peut être mis en évidence pour l'eau, grâce à sa volatilité. Mais il semble bien que des groupes saturés fixes, et notamment SiO^2 dans beaucoup de silicates, Al^2O^3 dans certains pyroxènes et amphiboles, dont la proportion varie sans loi connue et sans altération de la forme cristalline, doivent être considérés comme jouant un rôle analogue et permettre de donner de beaucoup de cas d'homéomorphisme sans identité de formules une interprétation semblable, conciliant, pour ces cas particuliers, le point de vue purement chimique et le point de vue cristallographique.

Peut-être analogue encore serait le cas si remarquable de la série de la néphéline, comprenant plusieurs substances hexagonales homéomorphes de la néphéline $Si^2O^8Al^2Na^2$, telles que la cancrinite $3Si^2O^8Al^2R^2 + CO^3R^2 + 2H^2O$ (avec $R^2 = Ca$ ou Na^2), le produit artificiel $3Si^2O^8Al^2Na^2 + SO^4Na^2 + 2H^2O$, la microsommite où CO^3Na^2 et SO^4Na^2 sont en partie remplacés par $2NaCl$. La structure cristalline est évidemment imposée ici par la seule molécule de la néphéline, à laquelle s'ajoutent, sans influence notable sur le réseau, les groupes si différents $CO^3R^2, SO^4R^2, 2RCl$. Dans la série, très voisine, de la sodalithe, à ces mêmes groupes s'ajoutent encore des sulfures.

Dans la plupart des cas, aucune interprétation de ce genre n'est possible. Il suffit de rappeler comme bien singulier et instructif l'homéomorphisme connu de AzO^3Na avec le spath CO^3Ca, homéomorphisme encore accentué par l'orientation mutuelle des cristaux des deux sels et par l'homéomorphisme du nitre AzO^3K et de l'aragonite, et qui met en évidence un rapprochement étrange et bien intéressant entre deux formules d'apparence identique et qui cependant, selon la doctrine de la valence, seraient chimiquement très dissemblables.

Dans la série organique, on peut citer entre autres, avec Groth, les nombreux cas d'homéomorphisme par substitution du groupe $-SO^3H$ au groupe $-CO^2H$, ou du groupe $=CH^2$ au groupe $=AzH$, ou encore l'homéomorphisme remarquable des composés

$$\begin{array}{ccc} CH^2 . C^6H^5 & CH . C^6H^5 & C . C^6H^5 \\ | & \| & ||| \\ CH^2 . C^6H^5 & CH . C^6H^5 & C . C^6H^5. \end{array}$$

Bien entendu, ces exemples et beaucoup d'autres analogues ne doivent pas faire oublier les cas plus nombreux où l'homéomorphisme, accompagné ou non de syncristallisation, correspond à l'identité des formules. Mais ils montrent avec évidence, d'une part, que cette identité n'est pas nécessaire; d'autre part, que lors même qu'elle n'existe pas l'homéomorphisme correspond cependant très souvent, sinon toujours, à des analogies chimiques évidentes et que l'on aurait tort de négliger; enfin, que la syncristallisation n'est pas à ce point de vue plus décisive pour le chimiste que le simple homéomorphisme.

Homéomorphisme et identité de formules sans syncristallisation. — Les cas de ce genre sont nombreux. Il suffit de citer comme caractéristique celui des chlorures $NaCl, KCl$[1], $LiCl$, tous trois cubiques du mode hexaédral, tous trois solubles et cristallisant aisément dans la même solution, et qui cependant ne se mélangent pas dans leurs cristaux. De tels exemples démontrent que la syncristallisation qui, nous l'avons vu, n'a qu'un lien indirect et non nécessaire avec la formule chimique, n'est pas déterminée non plus uniquement par la structure cristalline, même quand l'homologie chimique est complète. Il intervient en effet, nous allons le voir, une autre condition, qui est la quasi-identité des volumes moléculaires.

Syncristallisation sans homéomorphisme. — Ces cas, très intéressants, sont encore peu connus et mal étudiés. D'une part en effet, quand un tel phénomène se présente, il est toujours aisé de sauver les apparences en imaginant un dimorphisme de l'un des deux corps, dont une forme, celle qui se mélange à l'autre corps, serait inconnue à l'état isolé. Cela est parfois légitime, et dans tous les cas conforme à ce que nous savons du polymorphisme. Car dans de tels cas il existe toujours dans le réseau de l'une des substances un réseau « multiple » homéomorphe du réseau simple de l'autre. C'est là une loi qui, jusqu'ici, est sans exception, et qui est fondamentale au point de vue de la théorie cristallographique de la syncristallisation.

D'autre part, la détermination correcte des réseaux, fondée sur la loi de Bravais, date d'hier, et depuis Mallard on a toujours considéré comme légitime la multiplication arbitraire par des coefficients relativement simples des paramètres cristallins. On a été conduit ainsi à considérer comme homéomorphes des cristaux qui ne le sont nullement.

On verra plus loin l'exemple caractéristique des azotates AzO^3K, AzO^3Rb. Nous citerons ici seulement celui des chlorates de sodium et de potassium, qui cristallisent ensemble en toutes proportions. Le premier a un réseau cubique, ou pseudo-cubique très approché, du type hexaédral. Le second, un réseau clinorhombique du mode octaédral à face p (001) centrée, avec les paramètres :

$$a : b : c = 0,8256 : 1 : 1,2236, \quad \beta = 70°,4'.$$

On a remarqué que ces paramètres approchent de $0,8165 : 1 : 1,2247$, c'est-à-dire

$$\frac{2}{3}\sqrt{\frac{3}{2}} : 1 : \sqrt{\frac{3}{2}},$$

alors que les paramètres du cube rapporté à deux axes ternaires a, c et à l'axe binaire perpendiculaire b sont : $\sqrt{\frac{3}{2}} : 1 : \sqrt{\frac{3}{2}}$, $\beta = 70°,31'$.

Mais il ne s'ensuit pas qu'on ait le droit de multiplier par 3/2 le paramètre a, que la loi de Bravais fixe ici sans ambiguïté, ainsi que le mode du réseau. Les deux formes isolément connues de ClO^3Na et ClO^3K ne sont donc pas du tout homéomorphes. Mais elles ont entre elles ces relations simples approchées de paramètres que l'on retrouve toujours entre deux formes d'un même composé polymorphe. Elles doivent probablement être considérées comme ayant même « réseau matériel » (voyez *Polymorphisme*). Il n'y a donc rien d'*invraisemblable* dans la supposition que ces deux corps sont isodimorphes, et qu'il existe une variété clinorhombique du ClO^3Na, homéomorphe du ClO^3K, et qui ne se produirait que dans les conditions ordinaires qu'à la faveur du mélange avec celui-ci. Toutefois, cette interprétation n'est imaginée, à défaut de preuves, que pour sauver cette idée que la syncristallisation exige l'homéophormisme. L'exemple de AzO^3K et AzO^3Rb montre qu'elle est parfois contraire aux faits. Enfin, l'extrême analogie entre la syncristallisation, les macles et les groupements d'espèces différentes la rend complètement inutile. Mieux vaut constater tel quel le fait qui s'énonce ainsi :

Première condition de la syncristallisation. — La syncristallisation ne se produit qu'entre cristaux dont les réseaux ont des formes quasi identiques, ou sont tels que l'un d'eux est quasi identique à un multiple simple de l'autre.

Mais cette condition n'est pas la seule.

Seconde condition et théorie de la syncristallisation. — La théorie cristallographique nous conduit d'une manière presque nécessaire

1. KCl possède l'hémiédrie holoaxe, que l'on n'a pas mise en évidence pour $NaCl$ et $LiCl$. Mais les réseaux sont du même type.

à cette seconde condition. Dès longtemps signalée par divers auteurs, parmi lesquels il convient de citer surtout Mallard, elle n'a été mise en pleine lumière que depuis que l'on comprend mieux combien est générale l'étroite parenté qui lie la syncristallisation aux groupements d'espèces différentes, et par là aux macles (voyez ce mot).

La théorie des macles nous montre la stabilité de l'édifice cristallin complexe soumise à cette seule condition connue que les analogues de *certains points particuliers* du milieu cristallisé soient répartis périodiquement, c'est-à-dire aux sommets d'un réseau de parallélépipèdes, comme le sont, dans le cristal homogène, les analogues de *tous les points* du milieu. Ce réseau de parallélépipèdes peut être identique au rés au simple du cristal homogène, ou bien être un de ses multiples simples. Il peut se prolonger rigoureusement à travers toute la masse du cristal maclé, ou seulement à peu près, et la tolérance qui se manifeste à ce sujet est du même ordre de grandeur que les différences d'angles constatées entre les substances syncristallisables. En d'autres termes, dans le cristal maclé, un même réseau se prolonge (exactement, ou à peu près exactement) à travers toute la masse. Mais la matière qui remplit les mailles de ce réseau (motif cristallin) a deux ou plusieurs orientations possibles, qui peuvent concourir à la construction d'un même cristal ; de même que des pierres de forme extérieure cubique, mais dont la symétrie intérieure serait moindre, pourraient servir à l'édification d'un même mur continu, tout en ayant dans ce mur deux ou plusieurs orientations possibles. Dès longtemps, Mallard, qui avait établi cette loi pour une partie des macles (macles par mériédrie et pseudo-mériédrie), a fait remarquer combien cela est proche de la syncristallisation, où l'on voit deux mailles quasi identiques de forme, mais de nature chimique différente, se substituer l'une à l'autre dans l'édification d'un même cristal complexe. La considération des mailles multiples, imposée par l'étude des groupements (macles par mériédrie réticulaire), permet aujourd'hui d'étendre cette remarque à toutes les macles, et aussi, d'après la première condition de syncristallisation, à toutes les syncristallisations. L'analogie des deux phénomènes est générale.

Or, dans les macles, deux mailles identiques ou quasi identiques de formes, qui se substituent l'une à l'autre, ne sont que deux orientations d'une même maille. Elles ont donc nécessairement même volume. Mais dans la syncristallisation il n'en est plus de même. Et cependant, si la cause de la syncristallisation est, comme pour les macles, la prolongation approchée d'un même réseau à travers tout l'édifice, il faut que les deux mailles capables de se remplacer aient à peu près même volume. On est conduit ainsi à prévoir que le mélange cristallin ne sera possible que si les mailles des deux réseaux sont non seulement homéomorphes, c'est à-dire géométriquement semblables, mais encore de même dimensions ou à peu près.

C'est ce que confirme d'une manière frappante l'étude d'un autre phénomène, à peine distinct des macles d'une part, à peine distinct de la syncristallisation de l'autre, et qui complète entre ces deux ordres de faits un lien intime. Ce sont les groupements réguliers d'espèces différentes.

Leur analogie extrême avec les macles est évidente. Et, d'autre part, il n'y a aucune limite entre les groupements de ce genre et la syncristallisation. Un cristal d'alun de chrome s'accroît dans une solution d'alumine : c'est un groupement d'espèces différentes. Il s'accroît dans une solution mixte des deux sels : c'est un mélange isomorphe. Un feldspath zoné dans lequel les limites des zones sont tranchées est un groupement d'espèces différentes. Le cristal d'à côté, homogène, ou dans lequel les zones se fondent sans limite précise, est un mélange isomorphe. L'étroite parenté des deux phénomènes saute aux yeux.

Dans ces groupements, complètement indépendants, en général, de toute condition chimique, sans rapport non plus avec la symétrie ou la structure cristallines, on voit souvent s'accoler entre eux les cristaux les plus dissemblables à tous points de vue (rutile et oligiste, calcite et quartz, mica et magnétite, mica et iodure de potassium, aragonite et gypse, etc...), mais présentant cette seule particularité, dont le caractère accidentel ressort sur une foule d'exemples, d'avoir chacun, parmi les plans réticulaires à grande densité qui les limitent, un plan dont le réseau est quasi identique de forme à celui de l'autre, ou à un de ses multiples très simples. Ici encore, la condition optima de stabilité est dans le placement de ces deux réseaux plans en prolongement exact ou approché. Quand elle se trouve remplie pour plusieurs plans, les réseaux sont homéomorphes, du moins par un de leurs multiples simples, et l'accolement peut se faire suivant différents plans. Tous les détails du phénomène confirment cette interprétation ; elle conduit, on le voit, à considérer les deux mailles planes qui s'accolent comme devant être non seulement quasi semblables, mais aussi quasi identiques en dimensions absolues. Elle conduit encore, par conséquent, à connaître le volume relatif approché des deux mailles des substances accolées, et par là, les densités étant connues, le poids relatif des deux motifs cristallins. Or, l'un étant connu, on trouve toujours ainsi pour l'autre un nombre qui approche beaucoup d'un multiple simple du poids moléculaire déterminé d'une manière complètement indépendante par l'analyse chimique. Il y a là un moyen de connaître la grandeur moléculaire relative des motifs des espèces cristallines qui s'accolent entre elles ; et en même temps une confirmation remarquable de la théorie des macles, de celle des groupements d'espèces différentes, ainsi que de leur lien intime avec celle de la syncristallisation. Les trois théories n'en sont en réalité qu'une seule, et montrent comme n'en faisant en quelque sorte qu'un seul les trois phénomènes qu'elles synthétisent[1].

On retrouve, en effet, dans la syncristallisation la quasi identité de volume des mailles, ou ce qui revient au même celle des paramètres absolus (paramètres rapportés au volume moléculaire). Elle constitue la seconde condition de la syncristallisation,

En général, cette condition est remplie d'une manière très évidente, l'identité de formule chimique, qui se présente le plus souvent, ne permettant pas d'hésiter sur les multiples de la formule brute qui sont à comparer entre eux. Dans les cas de non identité de formules, la condition permet de fixer, comme dans les accolements d'espèces différentes, la grandeur moléculaire relative des deux motifs cristallins.

Quelques exemples des divers cas :

1° Isomorphisme proprement dit, syncristallisation avec homéomorphisme et formules iden-

1. Cf. Tschermak, *Lehrbuch d. Min.*, 1884, 248 : « Les mélanges isomorphes s'expliquent entièrement si on les considère comme des groupements parallèles intimes. »

tiques. Carbonates spathiques, réseau rhomboédrique :

Formule.	Poids moléculaire.	Densité.	Volume moléculaire.	Angle du rhomboèdre primitif.	Paramètre absolu de l'arête.
CO^3Mg	84	3,00	28,0	107°34'	2,88
CO^3Fe	116	3,85	30,2	107°0'	2,95
CO^3Mn	115	3,45	33,3	107°0'	3,05
CO^3Zn	125	4,45	28,1	107°40'	2,88
CO^3Ca	100	2,72	36,8	105°5'	3,16

La syncristallisation, qui se fait en toutes proportions pour les quatre premières espèces, dont les angles et les paramètres absolus sont très voisins, a tendance, lorsque intervient CO^3Ca, pour lequel les différences sont plus grandes, à donner sinon des composés définis, du moins des composés dont la formule s'écarte peu du type $CO^3Ca + CO^3Mg$ de la dolomie. Cette sorte d'isomorphisme imparfait, tendant à un arrangement régulier des mailles, et par suite à une formule définie, se retrouve dans d'autres composés du calcium et du magnésium ou du fer, notamment des silicates, tels que les pyroxènes, les amphiboles, les péridots (monticellite), et tend à faire considérer ces silicates comme des mélanges de molécules chimiquement saturées et indépendantes, mélanges très voisins de ceux que produit la syncristallisation isomorphe, même lorsqu'ils s'écartent peu de la loi des proportions définies. La même particularité s'observe encore, par exemple, pour FeS^2 et $FeAs^2$ dans le mispickel.

2° Syncristallisation avec homéomorphisme, sans identité de formules.

Feldspaths plagioclases, réseau anorthique avec paramètres très voisins :

		Poids moléculaire.	Densité.	Volume moléculaire.
Albite...	Si^3O^8AlNa.	524	2,62	200
Anorthite	$Si^2O^8Al^2Ca$	556	2,76	201

Ce qui établit que les grandeurs relatives de deux motifs et, d'après l'identité probable de structure, les grandeurs relatives des molécules chimiques, sont bien celles que représentent ces formules, et non les formules souvent employées où la molécule de l'albite est doublée. Ce qui tend par suite à établir entre les groupes $\overset{IV}{Si}\,\overset{I}{Na}$ et $\overset{III}{Al}\,\overset{II}{Ca}$ une analogie du même genre que celle que d'autres silicates révèlent entre $\overset{II}{Mg}{}^2$ et $\overset{III}{Al}\,\overset{I}{Na}$.

Autre exemple : phénakite et silicate de lithium, réseaux rhomboédriques et cristaux homéomorphes jusque dans leur hémiédrie et leurs propriétés optiques :

		Poids moléculaire.	Densité.	Volume moléculaire.	Angle du primitif.
Phénakite...	SiO^4Gl^2	110	2,98	37	116°36'
Silicate de Li	SiO^3Li^2	90	2,53	36	116°7'

Les grandeurs relatives des deux molécules sont bien celles qu'expriment les formules.

3° Syncristallisation sans homéomorphisme, avec formules identiques. Chlorates de sodium et potassium (voyez ci-dessus). Réseaux tout différents, mais voisins d'être multiple simple l'un de l'autre.

	Réseau.	Poids moléculaire.	Densité.	Volume moléculaire.
ClO^3Na	Pseudo-cubique hexaédral.	106,4	2,289	46,5
ClO^3K	Clinorhombique octaédral.	122,5	2,31	53,0

Les paramètres absolus sont pour ClO^3K :

$$a : b : c = 3,15 : 3,82 : 4,68.$$

Pour ClO^3Na, le volume à comparer avec celui de ClO^3K est les 3/2 de 46,5, soit 69,75. Ce qui donne, suivant les rangées du réseau cubique correspondant aux axes $a\ b\ c$ du ClO^3K, les paramètres absolus : 4,49 : 3,67 : 4,49. Et en prenant les 2/3 du premier, pour la comparaison : 3,00 : 3,67 : 4,49. Dès lors, il est aisé de voir que si l'on suppose quasi identiques de dimensions les réseaux des plans (100), qui sont quasi identiques de formes, les formules $4ClO^3Na$ et $3ClO^3K$ expriment les grandeurs moléculaires relatives des mailles simples des deux espèces ; les mailles des réseaux matériels, probablement identiques, ayant les grandeurs relatives ClO^3Na, ClO^3K.

4° Pas de syncristallisation, malgré l'homéomorphisme et l'identité de formules. Exemple : KCl, NaCl, LiCl, cubiques du mode hexaédral :

	Poids moléculaire.	Densité.	Volume moléculaire.	Paramètre absolu.
KCl.......	74,5	1,977	37,7	3,35
NaCl......	58,4	2,135	27,4	3,01
LiCl.......	42,4	2,04	20,8	2,75

La différence des paramètres absolus est trop grande pour que la syncristallisation soit possible.

Le même fait se présente pour la plupart des combinaisons simples de ces métaux, tandis qu'en général les combinaisons compliquées du potassium et du sodium, dans lesquelles le métal alcalin n'entre que pour une faible masse, présentent la quasi identité de volumes moléculaires et en même temps la syncristallisation. Dans ce sens particulier, la notion d'isomorphisme de masse (voyez ci-dessus) est parfaitement justifiée. Exemple :

	Poids moléculaire.	Densité.	Volume moléculaire.	Paramètre absolu.
Alun de Na..	458	1,60	286	6,59
Alun de K...	474,1	1,72	275	6,50

En résumé, la syncristallisation n'a qu'un rapport indirect avec la constitution chimique. En général, l'homéomorphisme est un indice remarquable d'analogies chimiques. La structure cristalline est donc en rapport évident avec la constitution chimique, et le nombre des structures possibles pour un cristal étant presque infini, il est bien rare qu'une analogie complète, portant à la fois sur les paramètres, le mode du réseau, les propriétés optiques, soit purement accidentelle. Mais la syncristallisation n'indique rien de plus. Elle n'est qu'un résultat de la structure cristalline, et se produit (pour autant que les deux corps soient capables de cristalliser dans les mêmes conditions) toutes les fois que : 1° les réseaux sont suffisamment voisins de formes, soit par eux-mêmes, soit par un de leurs multiples simples ; et qu'en même temps : 2° les volumes moléculaires sont à peu près les mêmes. Toutes les fois, en un mot, que les mailles, pour une raison quelconque, ont à peu près même forme et même dimension. Une différence de 9 à 10 0/0 dans les paramètres absolus (calcite et giobertite ou löllingite et marcasite par exemple), paraît voisine de la limite prohibitive, et tend à donner des mélanges à proportions peu variables comme la dolomie ou le mispickel. Dans les cas de syncristallisation en toutes proportions, ces différences atteignent couramment 5 à 6 0/0.

Il n'est pas nécessaire, pour que la syncristallisation se produise, que les deux cristaux, ni même les deux réseaux, aient même symétrie. Mais nécessairement, d'après la première condition, l'un deux (ou l'un de ses multiples simples) présente la symétrie de l'autre à titre de symétrie approchée. Tel est le cas étudié par M. Wallerant, des azotates de potassium et de rubidium. Le premier est orthorhombique à froid, et a un réseau multiple simple pseudo-sénaire; à plus haute température, il devient ternaire. Le second est ternaire à froid, puis cubique à plus haute température. Les mélanges sont orthorhombiques ou ternaires selon les conditions de cristallisation. Les mélanges ternaires peuvent s'interpréter comme mélanges des deux formes ternaires. Mais les orthorhombiques, qui deviennent graduellement uniaxes lorsque la proportion de AzO^3K tend vers zéro, paraissent donc bien être des mélanges de AzO^3K orthorhombique avec AzO^3Rb ternaire. Ce fait intéressant confirme la possibilité de la syncristallisation de deux corps dont les réseaux n'ont pas même symétrie; et en même temps, de deux corps dont les réseaux, tout différents, sont cependant multiple simple approché l'un de l'autre.

Isopolymorphisme. — On voit que la syncristallisation, en elle-même, semble devoir perdre beaucoup de son intérêt pour le chimiste. Mais en revanche, l'homéomorphisme, auquel on avait convenu par décret de n'attacher d'importance que s'il s'accompagnait de ce phénomène parasite, n'en prend que plus de relief. Il est tout particulièrement significatif lorsque les corps à comparer affectent plusieurs formes cristallines passant de l'une à l'autre selon les conditions de température, et que les formes successives de l'une sont, chacune à chacune, homéomorphes de celles de l'autre. Les exemples connus en ont été multipliés dans ces dernières années, surtout grâce à l'étude microscopique des transformations sous l'action des variations de température (Lehmann, Wyrouboff). On a reconnu l'homéomorphisme de beaucoup de corps qui, dans les conditions ordinaires de température, possèdent des formes cristallines très différentes. Les limites de température entre lesquelles les deux formes homéomorphes de deux corps chimiquement différents sont stables, sont en effet, en général, très différentes. En sorte que souvent la forme stable à la température ordinaire pour l'un des corps ne correspond pas à celle qui est stable dans les mêmes conditions pour l'autre. L'accord apparaît au contraire quand on fait varier la température et observe toute la série des formes polymorphes. On peut dire, d'une manière générale quoique non absolue, qu'une substitution qui a pour effet d'élever le point de fusion, comme le fait habituellement par exemple celle de l'iode au brome, ou du brome au chlore, a pour effet aussi d'élever les températures de transformation. C'est ainsi, par exemple, que $AgCl$ et $AgBr$, cubiques à froid, semblent très différents, par leur forme cristalline, de AgI, sénaire (avec réseau multiple pseudo-cubique). Mais une élévation de température transforme AgI en une forme cubique, homéomorphe de $AgCl$ et $AgBr$, et non stable à froid. De même, pour $HgBr^2$, orthorhombique, et HgI^2 rouge, quadratique à froid, mais passant à 127° à une variété jaune orthorhombique, homéomorphe de $HgBr^2$. Les deux sels sont d'ailleurs syncristallisables. Dans les mélanges, à mesure que la proportion de $HgBr^2$ augmente, la température de transformation s'abaisse très rapidement, en sorte que la forme quadratique ne peut exister, si ce n'est peut-être à des températures excessivement basses, pour les mélanges riches en $HgBr^2$ ou pour $HgBr^2$ lui-même.

Propriétés physiques des mélanges isomorphes. — Si la syncristallisation a perdu de son prestige au point de vue de la détermination des formules chimiques, elle reste très intéressante pour le cristallographe. Mais pour le chimiste lui-même, la connaissance des caractères physiques des mélanges isomorphes reste aussi fort importante, car le problème se pose souvent de savoir si tel composé cristallin est un mélange isomorphe ou une combinaison.

Le caractère essentiel du mélange isomorphe, bien conforme à la théorie, est que certaines de ses constantes physiques peuvent être prévues *approximativement* connaissant celles des cristaux simples constituants et les proportions de ceux-ci existant dans le mélange.

Densité. — La quasi égalité des volumes moléculaires des composants, jointe à l'analogie avec les macles, nous a fait considérer les mélanges isomorphes comme dus à la substitution de la maille de l'un des corps à celle de l'autre, en position de quasi prolongement. Il suit de là que le volume moléculaire moyen v'' des cristaux mixtes doit être à peu près une moyenne des volumes moléculaires v et v', très voisins l'un de l'autre, des constituants. En sorte que si n et n' sont les proportions *moléculaires* relatives de ces constituants on doit avoir à peu près :

$$v'' = \frac{nv + n'v'}{n + n'}.$$

D'autre part, le poids moléculaire moyen p'' du mélange est :

$$p'' = \frac{np + n'p'}{n + n'}.$$

La densité du cristal mixte sera donc à peu près :

$$d'' = \frac{np + n'p'}{nv + n'v'} = \frac{np + n'p'}{n\frac{p}{d} + n'\frac{p'}{d'}}.$$

Les vérifications, notamment celles de Retgers, sur plusieurs séries de sulfates, ont confirmé ce résultat de la théorie.

On remarquera toutefois que la théorie ne saurait prévoir cette valeur de d'' que comme approximative. Car nous ignorons absolument de quelle manière peuvent s'agencer entre eux deux motifs cristallins dont les mailles (c'est-à-dire les formes) ne sont qu'à peu près pareilles. Pour reprendre la comparaison qui nous a servi déjà, nous ne pouvons pas plus calculer *exactement* le volume total occupé par n motifs de l'un des cristaux et n' de l'autre que nous ne pourrions calculer exactement le volume d'un mur dont les pierres seraient de dimensions un peu différentes, à moins de connaître dans le détail la disposition de ces pierres.

En fait, dans les cas étudiés jusqu'ici, la formule se vérifie jusque dans les limites des erreurs de mesure ou tout au moins des petites variations habituelles de la densité d'une même espèce, même lorsque la différence des volumes moléculaires est relativement grande.

Exemple : dolomie. Sella a trouvé 2,83 pour densité d'une dolomie répondant exactement à la formule $CO^3Ca + CO^3Mg$. La différence des volumes moléculaires est relativement énorme, et détermine cet isomorphisme imparfait dont nous avons parlé ci-dessus :

$(d = 2{,}72 \quad d' = 3{,}00 \quad v = 36{,}8 \quad v' = 28{,}0)$.

Malgré cela, le calcul donne pour la densité prévue de la dolomie 2,84. C'est là une des raisons que l'on a de considérer cette espèce comme un mélange. Il en est de même pour le mispickel. Le même argument a été apporté par Tschermak à l'appui de sa théorie du mélange des feldspaths calco-sodiques.

La vérification de cette formule est d'abord une confirmation remarquable de la théorie. Mais sa vérification si exacte, que ne peut prévoir cette théorie, nous enseigne quelque chose de plus. C'est que les choses se passent, pour garder la même comparaison grossière, comme si les pierres du mur ne laissaient entre elles sensiblement aucun vide. Cela se conçoit assez quand les volumes moléculaires sont extrêmement voisins, comme dans les feldspaths par exemple. Mais il semble que dans le cas contraire, pour la dolomie par exemple, cela ne soit guère compatible qu'avec un arrangement régulier systématique des deux motifs constituants. Et l'on comprend ainsi cette tendance à une composition constante et à des proportions moléculaires simples qui caractérise les mélanges de deux corps de volumes moléculaires assez différents.

On s'explique de même que cet arrangement régulier puisse parfois introduire une dissymétrie que ne présentent pas les cristaux homogènes des deux constituants, telle que l'hémiédrie de la dolomie et plusieurs autres analogues.

Paramètres cristallins. — Si le volume moléculaire du cristal mixte peut se calculer par la formule

$$v'' = \frac{nv + n'v'}{n + n'},$$

ou

$$v'' = v + \frac{n'}{n + n'}(v' - v)$$

et si l'on appelle α'' le paramètre absolu du cristal mixte correspondant aux paramètres absolus α et α' des composants, comme les angles sont très peu différents, les v seront sensiblement proportionnels aux cubes des α et l'on aura *à peu près*

$$\alpha''^3 = \alpha^3 + \frac{n'}{n + n'}(\alpha'^3 - \alpha^3).$$

Ce qui, en négligeant $(\alpha' - \alpha)^2$, s'écrit

$$\alpha'' = \alpha \sqrt[3]{1 + \frac{3n'}{n + n'}\left(\frac{\alpha' - \alpha}{\alpha}\right)};$$

$\alpha' - \alpha$ étant petit, cela revient à peu près à

$$\alpha''_1 = \alpha + \frac{n'}{n + n'}(\alpha' - \alpha).$$

La différence entre α'' et α''_1 est faible, même dans les cas de volumes exceptionnellement différents comme celui de CO^3Ca et CO^3Mg, et généralement tout à fait négligeable. Les paramètres absolus du cristal mixte peuvent ainsi être calculés d'*une manière approchée* par la moyenne des paramètres des cristaux simples. Mais quant à la valeur précise de leurs rapports, c'est-à-dire quant aux petites variations des paramètres relatifs, rien dans la théorie de l'isomorphisme ne permet de les prévoir exactement. Dufet a trouvé ces variations sensiblement conformes à la loi des moyennes pour les mélanges de sulfates de Zn et de Mg, mais il s'agissait de différences d'angles de quelques minutes. Groth a constaté au contraire que les mélanges de perchlorates et de permanganates alcalins ne suivent pas cette loi, dont certains auteurs présentent à tort la vérification rigoureuse comme une conséquence de la théorie des mélanges isomorphes. Il est clair d'ailleurs que cette loi, appliquée aux paramètres relatifs, ne saurait être qu'approximative, car sous cette forme elle n'est même pas définie. Pourquoi en effet l'appliquerait-on plutôt au rapport $\frac{a}{b}$ qu'au rapport $\frac{b}{a}$? Et cependant le résultat, quoique peu différent même dans les cas extrêmes, n'est pas rigoureusement le même. Il n'est pas le même non plus si l'on applique la loi (ce qu'il est nécessaire de faire pour lui donner un sens précis) aux paramètres absolus, car on ne peut avoir simultanément (1)

$$\frac{\alpha''}{\beta''} = \frac{n\frac{\alpha}{\beta} + n'\frac{\alpha'}{\beta'}}{n + n'}$$

et (2)

$$\frac{\alpha''}{\beta''} = \frac{n\alpha + n'\alpha'}{n\beta + n'\beta'}.$$

On ne voit d'ailleurs aucune espèce de raison de croire que la relation (1) doive exister pour les paramètres relatifs, si ce n'est comme forme approchée de la relation (2), elle-même approximative aussi bien théoriquement qu'expérimentalement.

Il n'en subsiste pas moins que les paramètres du cristal mixte sont voisins de ceux des composants, et que leur valeur absolue répond *à peu près* à la loi des moyennes.

Exemple : dolomie. Formule des moyennes appliquée aux paramètres absolus sénaires (a, axe binaire; c, axe ternaire) :

		a	c	$c : a$
CO^3Ca	(observé)	3,677	3,142	0,8543
CO^3Mg	—	3,416	2,771	0,8112
$CO^3Ca + CO^3Mg$	(calculé)	3,547	2,956	0.8336

Formule des moyennes appliquée aux paramètres relatifs : dolomie, $c : a = 0{,}8327$.

On voit que la différence est faible, mais non tout à fait négligeable.

Les paramètres absolus observés pour la dolomie sont :

$$a = 3{,}559 \quad c = 2{,}962.$$

Ils sont *à peu près* égaux aux paramètres calculés, et c'est ce qu'on retrouve partout en vertu de la loi des volumes. Mais quant au fait que le paramètre relatif généralement adopté (0,8322) approche plus du second chiffre calculé que du premier, il n'y a rien à en conclure, car ce fait n'est pas général. Les deux chiffres calculés ne sont qu'approximatifs l'un et l'autre.

Propriétés optiques. — La conservation approchée de la réfraction moléculaire même dans les combinaisons chimiques fait prévoir que le caractère additif de cette propriété s'observera avec beaucoup plus d'exactitude encore dans les mélanges isomorphes.

Les observations de Fock et de Soret sur des cristaux cubiques ont confirmé que les indices des cristaux mixtes suivent très exactement la loi des moyennes. Les recherches théoriques de Mallard, les observations de Mallard, Dufet, Lavenir sur divers sels, les études détaillées auxquelles a donné lieu l'importance pétrographique des feldspaths, ont montré que, conformément à la théorie de la syncristallisation, la proportionnalité des variations de l'indice au nombre de molécules de chaque constituant s'étend, dans les cristaux optiquement anisotropes, à chacun des indices. En sorte que peuvent être calculés *a priori*, pour chaque cristal mixte, les valeurs de la biréfringence, de l'angle des axes optiques, etc., en concordance très satisfaisante avec les données de l'observation. C'est là aussi un caractère qui peut servir à distinguer les mélanges isomorphes des combinaisons chimiques proprement dites. Mais ici encore il ne faut pas oublier que ce serait dépasser les conséquences légitimes de la théorie que d'exiger que la loi des moyennes fût applicable en toute rigueur et non comme une simple approximation, quelque exacte que paraisse être jusqu'ici cette approximation.

Juillet 1906. G. Friedel.

ISONITRÉS (DÉRIVÉS). — Les dérivés nitrés aliphatiques $R.CH^2AzO^2$ se dissolvent, comme on sait, dans les alcalis, en formant des sels.

V. Meyer, qui les découvrit, avait admis que ces sels contenaient un atome de métal lié au carbone et leur avait attribué la constitution suivante :

$$R.CHNa.AzO^2$$

[*D. chem. G.*, **5**, 217, 1872; *Ann. Chem.*, **171**, 31, 1874].

Michael, dans un mémoire général sur la constitution des dérivés sodés [*J. prakt. Chem.*, **37**, 507, 1888] critiqua cette opinion et proposa la nouvelle formule,

$$CH^2 = N \begin{matrix} \nearrow O \\ \searrow ONa \end{matrix}$$

Ce point de vue fut repris et développé par Nef [*Ann. Chem.*, **280**, 263, 1894], qui, dans un travail étendu, fit connaître à l'appui de sa conception quelques propriétés nouvelles des sels de dérivés nitrés.

Holleman, d'autre part, à la suite de recherches sur la neutralisation des sels du m-nitrophénylnitrométhane et sur leur conductibilité, fut conduit à admettre que ce corps devait exister sous deux formes, dont une contenait probablement le groupement AzOH [*Rec. Pays-Bas*, **14**, 129, 1895; voyez aussi *D. chem. G.*, **33**, 2913, 1900].

D'après les idées que nous venons d'exposer, les sels des dérivés nitrés seraient, en réalité, des sels de dérivés « *isonitrés* ».

Ces idées furent bientôt appuyées par le fait de la découverte de l'isophénylnitrométhane, isolé à l'état de pureté par Hantzsch et Schultze, [*D. chem. G.*, **29**, 699, 2251, 1895].

Formation. — *Propriétés.* — Les dérivés isonitrés se forment à l'état de sels quand on dissout un dérivé nitré dans un alcali. On peut, dans certains cas, les mettre en liberté de leur solution alcaline par un acide.

Les dérivés isonitrés sont beaucoup moins stables que les dérivés nitrés correspondants, dans lesquels ils se transforment plus ou moins rapidement. Quelques-uns même ne sont stables qu'en solution ; c'est le cas du nitréthane. D'une façon générale, la stabilité d'un isonitré est d'autant plus faible que le radical carboné qui porte le groupement

$$= Az \begin{matrix} \nearrow O \\ \searrow OH \end{matrix}$$

est plus électro-positif. Les isonitrés sont plus solubles que les nitrés vrais. Les recherches de Hollemann [*loc. cit.* et *Rec. Pays-Bas*, **15**, 356, 1896] et de Hantzsch [*D. chem. G.*, **32**, 575, 1899] ont montré que les isonitrés sont des acides vrais, dissociables électrolytiquement. La conductibilité d'un isonitré en solution diminue peu à peu, par suite de sa transformation en nitré vrai ; il en est de même de la réaction acide, qui finit par disparaître complètement.

Les isonitrés s'unissent à l'ammoniaque en l'absence d'eau pour former un sel $R = AzO\,O\,AzH^4$. La présence d'un oxhydrile dans les dérivés isonitrés peut être mise en évidence par un certain nombre de réactions. Ils donnent une coloration rouge avec le chlorure ferrique. Ils réagissent avec le perchlorure de phosphore, avec l'isocyanate de phényle [Hantzsch, Veit, *D. chem. G.*, **32**, 607, 1899].

L'action des acides sur les sels des dérivés isonitrés est assez complexe et variable d'ailleurs suivant les conditions.

D'après Nef, l'acide sulfurique étendu en excès décompose ces sels en protoxyde d'azote et aldéhyde :

$$2R.CH = Az \begin{matrix} \nearrow O \\ \searrow ONa \end{matrix} + 2HCl$$
$$= 2RCHO + Az^2O + 2NaCl + H^2O$$

[voyez aussi Hantzsch et Veit, *loc. cit.*].

D'après V. Meyer [*D. chem. G.*, **28**, 202, 1895], en opérant avec précaution, on met simplement le dérivé nitré en liberté. Il y a évidemment alors formation transitoire d'isonitré.

Enfin Bamberger et Küst [*D. chem. G.*, **35**, 45, 1902] a montré que, en traitant un sel d'isonitré par l'acide chlorhydrique refroidi, on obtient une certaine quantité d'acide hydroxamique, que l'on peut isoler par l'intermédiaire de son sel de cuivre. Il y a là simplement une isomérisation :

$$R - CH = Az \begin{matrix} \nearrow O \\ \searrow OH \end{matrix} \longrightarrow R - C \begin{matrix} \nearrow OH \\ \searrow AzOH \end{matrix}$$

La formation d'acide hydroxamique est précédée de l'apparition d'une coloration bleue très fugace, qui peut faire supposer la formation transitoire du composé

$$R.CH \begin{matrix} \nearrow AzO \\ \searrow OH \end{matrix}$$

La transformation des isonitrés en acides hydroxamiques avait été, d'ailleurs, observée déjà dans d'autres circonstances.

Nef, en faisant agir le chlorure de benzoyle sur le nitréthane sodé, avait obtenu les acides benzoylacéthydroxamique et dibenzhydroxamique [*D. chem. G.*, **29**, 1218, 1895; voyez aussi Kissel, *J. Soc. phys. chim. russe*, **14**, 40, 1882].

La réduction des dérivés isonitrés fournit des oximes ; au moins cette réaction a-t-elle été observée par Hantzsch et Schultze [*D. chem. G.*, **29**, 2252, 1895], dans le cas de l'isophénylnitrométhane :

$$C^6H^5 - CH = AzO.OH + H^2$$
$$= H^2O + C^6H^5 - CH = AzOH.$$

Les sels des dérivés isonitrés réagissent sur les diazoïques. La réaction, fort complexe, a été spécialement étudiée par Bamberger, Schmidt et Levinstein pour le cas de l'isonitrométhane et du diazobenzène [*D. chem. G.*, **83**, 2043, 1900]. Ils ont pu isoler de nombreux produits, parmi lesquels le nitroformazyle, la phénylhydrazone de l'aldéhyde nitroformique, la phénylhydrazone de l'aldéhyde phénylnitroformique, le phénylnitrométhane, le diphénylnitrométhane, le phénylazo-diphénylnitrométhane, le formazylbenzène, le benzène-azo-formazyle.

La formation de ces corps peut être représentée par les schémas suivants :

$$\mathrm{CH^2{=}AzO.OH + C^6H^5{-}Az^2OH}$$
$$\mathrm{= H^2O + CH}\left\langle\begin{matrix}\mathrm{AzO.OH}\\ \mathrm{Az{=}Az{-}C^6H^5}\end{matrix}\right. \rightarrow \mathrm{CH}\left\langle\begin{matrix}\mathrm{AzO^2}\\ \mathrm{Az{-}AzH\,C^6H^5}\end{matrix}\right.$$

Hydrazone de l'aldéhyde nitroformique.

$$\mathrm{CH^2{=}AzO.OH + C^6H^5{-}Az^2.OH}$$
$$\mathrm{= H^2O + Az^2 + CH}\left\langle\begin{matrix}\mathrm{AzO.OH}\\ \mathrm{C^6H^5}\end{matrix}\right. \rightarrow \mathrm{C^6H^5{-}CH^2{-}AzO^2}$$

Phénylnitrométhane.

$$\mathrm{CH}\left\langle\begin{matrix}\mathrm{AzO.OH}\\ \mathrm{Az{=}Az{-}C^6H^5}\end{matrix}\right. \mathrm{+ C^6H^5{-}Az^2.OH}$$
$$\mathrm{= H^2O + AzO^2{-}C}\left\langle\begin{matrix}\mathrm{Az{-}AzH{-}C^6H^5}\\ \mathrm{Az{=}Az{-}C^6H^5}\end{matrix}\right.$$

Nitroformazyle.

$$\mathrm{CH}\left\langle\begin{matrix}\mathrm{AzO{-}OH}\\ \mathrm{Az{=}Az{-}C^6H^5}\end{matrix}\right. \mathrm{+ C^6H^5{-}Az^2OH}$$
$$\mathrm{= Az^2 + H^2O + AzO^2{-}C}\left\langle\begin{matrix}\mathrm{Az{-}AzH.C^6H^5}\\ \mathrm{C^6H^5}\end{matrix}\right.$$

Hydrazone de l'aldéhyde phénylnitroformique.

$$\mathrm{CH}\left\langle\begin{matrix}\mathrm{AzO.OH}\\ \mathrm{C^6H^5}\end{matrix}\right. \mathrm{+ C^6H^5{-}Az^2OH}$$
$$\mathrm{= H^2O + AzO^2{-}C}\left\langle\begin{matrix}\mathrm{Az{-}AzH{-}C^6H^5}\\ \mathrm{C^6H^5}\end{matrix}\right.$$

Hydrazone de l'aldéhyde phénylnitroformique.

$$\mathrm{CH}\left\langle\begin{matrix}\mathrm{AzO.OH}\\ \mathrm{C^6H^5}\end{matrix}\right. \mathrm{+ C^6H^5{-}Az^2OH}$$
$$\mathrm{= Az^2 + H^2O + (C^6H^5)^2{=}CH{-}AzO^2}$$

Diphénylnitrométhane

ou

$$\mathrm{(C^6H^5)^2{=}C{=}AzO.OH}$$

$$\mathrm{(C^6H^5)^2{=}C{=}AzO.OH + C^6H^5{-}Az^2{-}OH}$$
$$\mathrm{= H^2O + AzO^2{-}C}\left\langle\begin{matrix}\mathrm{(C^6H^5)^2}\\ \mathrm{Az{=}Az{-}C^6H^5}\end{matrix}\right.$$

Phénylazodiphénylnitrométhane.

$$\mathrm{OH{-}AzO{=}C}\left\langle\begin{matrix}\mathrm{C^6H^5}\\ \mathrm{Az{=}Az{-}C^6H^5}\end{matrix}\right. \mathrm{+ C^6H^5{-}Az^2OH}$$
$$\mathrm{= C^6H^5{-}C}\left\langle\begin{matrix}\mathrm{Az{-}AzH.C^6H^5}\\ \mathrm{Az{=}Az{-}C^6H^5}\end{matrix}\right.$$

Phénylformazyle.

Janvier 1906. R. Marquis.

ISO-OCTÉNIQUES (ACIDES) et *acides iso-octyliques*.

1° Acide β.γ-iso-octénique.

$$\mathrm{(CH^3)^2{-}CH{-}CH^2{-}CH{=}CH{-}CH^2{-}CO^2H.}$$

— Cet acide se forme quand on distille l'acide isobutylparaconique ; le produit de la distillation est traité par $\mathrm{CO^3Na^2}$, et par l'éther pour enlever l'octolactone ; puis par $\mathrm{SO^4H^2}$ et par un courant de vapeur d'eau ; celle-ci entraîne l'acide β.γ-iso-octénique, en même temps que de l'acide isobutylcitraconique, et laisse l'acide isobutylparaconique inaltéré ainsi que l'acide isobutylitaconique. Pour séparer l'acide iso-octénique de l'acide isobutylcitraconique, on profite de ce que son sel de baryum est plus soluble dans l'eau que le citraconate, et de plus, soluble dans l'alcool qui ne dissout pas du tout ce dernier [Weil et Fittig, *Ann. Chem.*, **283**, 269, 1894].

L'acide β.γ-iso-octénique distille à 232°. Oxydé par $\mathrm{MnO^4K}$ en solution alcaline, il fournit de l'acide oxalique, de l'aldéhyde isovalérique et principalement de l'*oxy-iso-octolactone*,

$$\begin{matrix}\mathrm{(CH^3)^2{=}CH{-}CH^2{-}CH{-}CHOH{-}CH^2}\\ \mathrm{O \longrightarrow CO}\end{matrix}$$

qui cristallise dans un mélange d'éther et de ligroïne en aiguilles fusibles à 33-34°, et qui donne avec les bases fortes les sels de l'*acide β.γ-dioxyiso-octylique*, $\mathrm{C^8H^{16}O^4}$ (*sels* de baryum, de calcium et d'argent). Chauffée brusquement, cette lactone distille en partie inaltérée ; mais par une distillation lente elle perd $\mathrm{H^2O}$ pour donner la *lactone iso-octénique*,

$$\begin{matrix}\mathrm{(CH^3)^2{=}CH{-}CH^2{-}C{=}CH{-}CH^2}\\ \mathrm{O \longrightarrow CO}\end{matrix}$$

cristallisant dans la ligroïne en aiguilles fusibles à 47° (le sel de calcium, cristallise avec $\mathrm{3H^2O}$, le sel de baryum est gommeux, le sel d'argent est en petits cristaux) ; l'eau bouillante la convertit en *acide isopropyllévulinique*,

$$\mathrm{(CH^3)^2{=}CH{-}CH^2{-}CO{-}CH^2{-}CH^2{-}CO^2H.}$$

2° Acide α.β-iso-octénique,

$$\mathrm{(CH^3)^2{=}CH{-}CH^2{-}CH^2{-}CH{=}CH{-}CO^2H.}$$

— On l'obtient, mélangé d'acide β-oxyiso-octylique, par ébullition du sel de sodium du précédent avec la lessive de soude à 15 0/0.

C'est une huile mobile, qui se concrète à — 18°, fond alors à + 3°, et distille à 239-240° ; le sel de calcium, cristallisé avec $\mathrm{H^2O}$, est plus soluble à froid qu'à chaud [Fittig et Weil, *loc. cit.*].

Il fixe le brome, pour donner l'*acide α.β-dibromo-iso-octylique*, $\mathrm{C^8H^{14}Br^2O^2}$, cristallisant dans la ligroïne en aiguilles opaques fusibles à 58-52° ; et l'acide bromhydrique pour former l'*acide β-bromo-iso-octylique*, $\mathrm{C^8H^{15}BrO^2}$, huile incristallisable ; ce dernier par ébullition avec l'eau fournit un mélange d'acides iso-octéniques αβ et βγ et d'*acide β-oxy-iso-octylique*, $\mathrm{(CH^3)^2{=}CH{-}CH^2{-}CH^2{-}CHOH{-}CH^2{-}CO^2H}$, cristallisé dans un mélange de $\mathrm{CS^2}$ et de ligroïne en aiguilles soyeuses fusibles à 36-37° ; *sels* de baryum et de calcium, cristallisés avec 1 molécule d'eau.

L'acide α.β-iso-octénique oxydé par le permanganate fournit principalement de l'*acide α.β-dioxy-iso-octylique*, $\mathrm{C^8H^{16}O^4}$, cristallisant dans le benzène en lamelles fusibles à 106°, solubles dans l'eau ; les sels de baryum et de calcium cristallisent en aiguilles, le sel d'argent en un amas confus de très petits cristaux. Ce dioxyacide ne donne pas de lactone [Fittig et Vos, *Ann. Chem.* **283**, 269. — Voyez aussi Fittig et Scheen, *Ann. Chem.*, **331**, 88, 1904] 1er janvier 1906. P. Carré.

ISOPHANE (Min.). — Voyez Franklinite, Dict., 9415. 1,

ISOPHORONE. — Voyez Phorone de l'acétone.

ISOPRÈNE. — Voy. Dipentène.

ISOPRÉNYLIQUE (ACIDE). — Voy. Triméthyléniques (Dérivés).

ISOPYROÏNE, $\mathrm{C^{28}H^{46}AzO^9}$. — Cet alcaloïde a été extrait par Frankforter des racines de l'isopyrum thalictroïdes, épuisées par l'acide chlorhydrique faible. La solution chlorhydrique est précipitée par l'ammoniaque.

C'est un précipité blanc, cristallisant dans l'alcool en aiguilles fusibles à 160°, et se combinant à l'iodure de méthyle pour donner l'iodométhylate $\mathrm{C^{28}H^{46}(CH^3)AzO^9I}$. Il est complètement différent de l'*isopyrine* et de la *pseudo-isopy-*

rine, autrefois décrites par Hartsen [Frankforter. *Am. Chem. Soc.*, 99, 1903].

Juin 1906. E. Rengade.

ISORHAMNÉTINE. — Voyez l'art. QUERCÉTINE.

ISOSUCCINIQUE (ACIDE) (Syn. Methylmalonique). — Voyez MALONIQUE.

ISOTÉRÉBENTHÈNE. — Voy. DIPENTÈNE.

ISOTHIOCYANIQUES (ÉTHERS). — Voy. THIOCARBIMIDES.

ISOTHIOURÉES. — Voyez l'art. IMINO-ÉTHERS, 2e Suppl., 622.

ISOTHUYONE ET ISOTHUYÈNE.— Voy. TERPÉNIQUE (SÉRIE).

ISOURÉES. — Voyez l'art. IMINOÉTHERS, 2e Suppl., 6, 13.

ISOVALÉROÏNE (*diméthyl-2.7-octanol4-one.5*),

$$(CH^3)^2 = CH - CH^2 - CO - CHOH - CH^2 - CH = (CH^3)^2.$$

— L'isovaléroïne se forme par ébullition de l'isovalérianate de di-isobutylacétylène-glycol avec une solution alcoolique de potasse [Klinger et Schmitz, *D. chem. G.*, 24, 1275, 1891].

Huile, qui bout à 85-90° sous 12 millimètres, $D_{17°} = 0,90$. *Oxime*, cristallise dans l'alcool en lamelles brillantes fusibles à 128° [Klinger, *D. chem. G.*, 31, 1223, 1898]. Pouvoir réfringent [Anderlini, *D. chem. G.*, 25, 129]. P. Carré.

ISOXAZOLS. — Voyez l'art. α-FURAZOLS, 2e Suppl., 4, 372.

ISTARINE. — Ce nom a été donné par J. Leicester [*Chem. News*. 74. 236. 1896] au produit de réduction par le sulfhydrate d'ammoniaque de la dinitro-dianilidoquinone, obtenue en chauffant la benzoquinone avec l'o-nitraniline en solution acétique. L'istarine est une poudre vert sombre, soluble en bleu intense dans l'acide acétique et teignant très solidement la laine et la soie. L'auteur propose pour ce corps la formule

```
              O
   /\        /\        /\
  |  |- HAz -|  |=: Az -|  |
  |  |- Az = |  |- AzH -|  |
   \/        \/        \/
              O
```

Juin 1906. E. Rengade.

ISURÉTINE. (Suppl., 2, 969). — MÉTHYLISURÉTINE,

$$CH^3 . O . Az = CH - AzH^2.$$

— Elle se forme par l'action de l'iodure de méthyle et de la potasse alcoolique sur l'isurétine à froid. Il paraît se former en même temps de la diméthylhydroxylamine.

ETHYLISURÉTINE, $C^2H^5 . O . Az = CH - Az H^2$. — On l'obtient comme la précédente, en remplaçant l'iodure de méthyle par l'iodure d'éthyle. C'est une huile qui distille à 165-167°.

BENZYLISURÉTINE,

$$C^6H^5 . CH^2 . O . Az = CH - AzH^2.$$

— Elle cristallise dans la ligroïne en aiguilles feutrées fusibles à 58° [Biddle, *Lieb. Ann. Chem.*, 310, 1, 1889].

1er Janvier 1906. P. Carré.

ISUVITIQUE (ACIDE). — Voyez HOMOPHTALIQUE, 2e Suppl., 5, 151.

ITACONIQUES (ACIDES) (1er suppl., 970). — Les acides itaconiques présentent d'intéressantes transformations, en leurs isomères citra-, mésa- et paraconiques (et réciproquement).

La soude bouillante détermine la transformation des acides ita- para- citra- et mésaconiques les uns dans les autres; et il s'établit le plus souvent entre les isomères qui ont pris naissance un état d'équilibre qui est le même quel que soit l'acide dont on est parti.

Les homologues supérieurs se comportent un peu différemment : la soude les convertit en acides aticoniques, qui en diffèrent par la place de la double liaison :

```
R-CH²-CH=C-CO²H         R-CH=CH-CH-CO²H
          |        ——→          |
        CH²-CO²H              CH²-CO²H
   Itaconique.              Aticonique.
```

Il est possible que ces deux acides présentent aussi une isomérie géométrique. En effet, ils fixent une molécule de brome pour donner des bromures très instables, qui se transforment avec perte d'HBr en acides lactoniques bromés, puis ces derniers en *dilactones*,

```
R-CHBr-CHBr-CH-CO²H
             |
             CH²-CO²H

         O ———— CO
         |       |
——→ R-CH-CHBr-CH
                 |
                 CH²-CO²H

         O ———— CO
         |       |
——→ R-CH-CH-CH-CH²
            |     |
            O ——— CO
```

transformation qui serait plus facile à comprendre avec la formule :

```
R-CH=CH-CH-CO²H
        |
   CO²H-CH²
```

Ces dilactones fournissent, par ébullition avec l'eau des acides lactoniques non saturés, appelés *acides isaconiques*, lesquels ont pour constitution :

```
  O ——— CO              O ——— CO
  |      |              |      |
R-C=CH-CH       ou    R-CH-CH=C
        |                      |
        CH²-CO²H               CH²-CO²H
```

Les acides HCl, HBr, SO^4H^2 peuvent également provoquer la transformation des acides itaconiques, sauf pour l'acide isopropylitaconique qui est converti en un acide lactonique :

```
(CH³)² = CH - CH = C - CO²H
                   |
                   CH²-CO²H

          O ——— CO
          |      |
——→ (CH³)²=C-CH²-CH
                 |
                 CH²-CO²H
```

Les acides lactoniques de ce type ont été nommés *isoparaconiques* par Fittig; ils se produisent aussi quand on réduit les acides isaconiques par l'amalgame de sodium.

Les isomères ita-, citra-, et mésaconiques peuvent être facilement séparés: les acides citraconiques en solution aqueuse, sont transformés à l'ébullition en leurs anhydrides, facilement entraînés à la vapeur d'eau; les acides ita- et mésaconiques sont séparés par l'intermédiaire de leurs sels de baryum ou de calcium, les itaconates sont très peu solubles, tandis que les mésaconates sont très solubles.

Les acides itaconiques n'ont pas de point de fusion fixe, à cause de leur transformation en anhydrides; ces derniers distillés à la pression ordinaire sont partiellement convertis en leurs isomères citraconiques; ils n'éprouvent pas de modification dans le vide.

Les itaconates alcalino-terreux sont en général plus solubles à froid qu'à chaud.

Acide itaconique.

$$\begin{array}{c} CH^2 = C - CO^2H \\ \quad | \\ \quad CH^2 - CO^2H \end{array}$$

— Pour le préparer on chauffe, 6 à 8 heures à 150°, l'anhydride citraconique avec 2 à 3 volumes d'eau; l'acide itaconique se dépose par refroidissement; si les eaux mères ne cristallisent pas après concentration, on les chauffe de nouveau avec de l'eau [Fittig, *Ann. Chem.*, **188**, 72, — Wilm, *Ann. Chem.*, **141**, 28].

Il se forme en petite quantité, quand on chauffe le citraconate de sodium avec l'eau à 170-190° [Delisle, *Ann. Chem.*, **269**, 82, 1892]; quand on chauffe au bain-marie des quantités équimoléculaires d'acide pyruvique et d'acide malonique avec leur poids d'acide acétique [Gazarolli-Turnlackh, *Mon. f. Chem.*, **20**, 467].

La solution alcoolique de KCy paraît donner avec l'acide β-chlorocrotonique le nitrile itaconique [Claus et Lischke, *D. chem. G.*, **14**, 1090, 1881].

Propriétés. — D = 1,573 [Schröder, *D. chem. G.*, **13**, 1072]. Chaleur de combustion = 477^Cal^,871 [Louguinine, *Ann. Chim. Phys.*, **23**, 194, 1891]; chaleur de dissolution dans l'eau = 5^Cal^,923 à 20°; chaleur de neutralisation par la soude = 29^Cal^,695 [Gal. Werner, *Bull. Soc. Chim.*, **47**, 160, 1887]; pouvoir réfringent [Kannonikow, *J. prakt. Chem.*, **31**, 348, 1885]; conductibilité électrique [Ostwald, *Zeits. phys. Chem.*, **3**, 383, 1889; Stobbe, *Ann. Chem.*, **308**, 67, 1899].

L'acide itaconique n'est pas volatil avec la vapeur d'eau [Fittig et Langworthy, *Ann. Chem.*, **304**, 145, 1899]. Il est plus acide que les acides saturés correspondants [Astruc, *C. R.*, **130**, 253, 1900]; l'acidité des sels acides a été déterminée par Smith [*Zeits. phys. Chem.*, **25**, 195, 1897].

Réduit par l'amalgame de sodium il donne de l'acide pyrotartrique [Fittig et L., *loc. cit.*].

L'oxydation par le permanganate en liqueur alcaline fournit en majeure partie (à basse température) de l'acide oxalacétique et de l'aldéhyde formique, avec une petite quantité d'un acide oxylactonique bibasique; à la température ordinaire, l'acide oxalacétique est lui-même détruit par un excès de permanganate [Fittig, *D. chem. G.*, **33**, 1295, 1900]. En liqueur acide l'oxydation se fait conformément à l'équation :

$$C^5H^6O^4 + 7O = 3CO^2 + 2CH^2O^2 + H^2O$$

[Perdrix, *Bull. Soc. Chim.*, **23**, 650, 1900].

L'itaconate de baryum.

$$C^5H^4O^4Ba + 1,2H^2O$$

est plus soluble à chaud qu'à froid : à 20°, 100 parties de solution renferment 7,61 parties de sel [Fittig et L., *loc. cit.*].

Avec le sulfate de mercure il fournit une combinaison renfermant de l'acide sulfurique, laquelle par ébullition avec l'eau laisse une poudre blanche qui est l'*hydroxymercuriitaconate de mercure*.

$$(HOCH^2\ \overline{C(CO^2 - Hg)} - CH^2 - CO^2)^2Hg . 3H^2O$$

[Billmann, *D. chem. G.*, **35**, 2571, 1902].

Éthers. — L'éther itaconique peut donner des éthers neutres et des éthers acides. Stobbe [*Ann. Chem.*, **308**, 67, 1899] a montré que les éthers acides répondent à la formule :

$$\begin{array}{c} CH^2 = C - CO^2 - R \\ | \\ CH^2 - CO^2H \end{array}$$

Éther monométhylique, $C^5H^5O^4(CH^3)$. — On l'obtient mélangé d'éther diméthylique quand on chauffe très peu de temps l'acide itaconique avec une solution alcoolique d'HCl à 1/2 0/0; ou encore par réaction de l'anhydride itaconique sur l'alcool méthylique [Anschütz et Drugmann, *D. chem. G.*, **30**, 2651, 1897 et **38**, 690, 1905. — Voyez aussi Ilinsky, *Journ. Soc. phys. chim. russe*, **30**, 208, 1898]. Cristaux fusibles à 38°, bouillant à 108° sous 11 millimètres, à 208° sous 760 millimètres.

Éther diméthylique $C^5H^4O^4(CH^3)^2$. — Éthérification de l'acide itaconique par l'alcool méthylique, en présence d'HCl [Anschütz, *D. chem. G.*, 2787, 1881].

Il bout à 210-212°,5. D = 1,399 à 14°,7 [Knops, *Ann. Chem.*, **248**, 200, 1888]. Il se combine avec l'éther diazoacétique pour donner l'éther triméthylique de l'acide pyrazoline-dicarbonique [Buchner, Dessauer, *D. chem. G.*, **27**, 879, 1894].

Éther monoéthylique, $C^5H^5O^4(C^2H^5)$. — On le prépare comme le dérivé méthylique; il fond à 45°, bout à 153° sous 12 millimètres.

Éther diéthylique, $C^5H^4O^4(C^2H^5)^2$. — Il s'obtient comme l'éther diméthylique [Petri, *D. chem. G.*, **14**, 1634; — Anschütz, **14**, 2787, 1881].

Liquide bouillant à 227,7-227°,9; D = 1,0504 à 15° [Perkin, *Chem. Soc.*, **53**, 584, 1888]. Variation de la densité avec la température : Knops [*Ann. Chem.*, **248**, 201, 1888]. Il se polymérise avec le temps pour donner une modification vitreuse, cassante, qui à la distillation se décompose complètement [Anschütz, *loc. cit.* — Knops, *loc. cit.*]; en présence d'une trace d'alcool, il ne se polymérise plus. Avec la benzaldéhyde, en présence d'éthylate de sodium, il fournit l'*isodiphénylheptène-dilactone*, fusible à 234° [Fittig et Boch, *Ann. Chem.*, **331**, 151, 1904].

Éther diamylique, $C^5H^4O^4(C^5H^{11})^2$. — Il bout à 170-172° sous 12 millimètres, $D^{20} = 0,9657$; $n = 1,4485$; $\alpha_D = 4°,97$ [Walden, *Zeits. phys. Chem.*, **20**, 383, 1896].

Chlorure d'itaconyle $C^5H^4O^2Cl^2$. — Action de PCl^5 sur l'anhydride itaconique

Liquide bouillant à 89° sous 17 millimètres [Petri, *D. chem. G.*, **14**, 1635, 1881].

Anhydride itaconique, $C^5H^4O^3$. — L'anhydride itaconique résulte de la déshydratation de l'acide itaconique par la chaleur [Anschütz, *D. chem. G.*, **13**, 1542, 1881]. Le chlorure de thionyle déshydrate aussi l'acide itaconique [Meyer, *Mon. f. Chem.*, **22**, 415, 1901].

Il se forme aussi dans la distillation sèche de l'anhydride aconitique [Anschütz et Bertram, *D. chem. G.*, **37**, 3967, 1904].

Chaleur de combustion = 481^Cal^,8 [Stohmann, *Zeits. phys. Chem.*, **10**, 419, 1892]. Il se combine à l'eau plus énergiquement que l'anhydride citraconique. Il fixe HBr pour donner l'*anhydride bromoitapyrotartrique*, fusible à 55-56° [Ilski, *Journ. Soc. phys. chim. russe*, **37**, 116, 1905].

Anhydride bromoitaconique, $C^5H^3BrO^3$. — Il se forme dans la distillation de l'anhydride itadibromopyrotartrique [Petri, *D. chem. G.*, **14**, 1637]. Cristaux très peu solubles dans l'eau froide, fusibles à 164°. L'eau bouillante et les alcalis le transforment en acide aconique, avec départ d'HBr. Par réduction il fournit l'acide itaconique.

Amide itaconique, $C^5H^8O^2(AzH^2)^2$. — Action d'une solution aqueuse concentrée d'AzH^3 sur l'éther diméthylique, à froid. Cristaux transparents fusibles à 192° [von Strecker, *D. chem. G.*, **15**, 1640, 1882].

ACIDE α-MÉTHYLITACONIQUE.

$$CH^3-CH=C-CO^2H \quad | \quad CH^2\ CO^2H$$

— Il prend naissance, à côté de l'acide méthylcitraconique, quand on chauffe l'acide méthylparaconique à 210–220°, ou bien cet acide additionné d'un peu d'eau à 150° [Fränkel, *Ann. Chem.*, **255**, 36, 1889] : on le rencontre aussi dans les produits de la distillation de l'acide éthylmalique [Fichter et Godhaber, *D. chem. G.*, **37**, 2382, 1904], et dans les produits de décomposition de l'acide méthyltriméthylène-1-tricarbonique-2.3.3 chauffé à 210° avec un peu d'eau [Preisweck, *D. chem. G.*, **36**, 1085, 1903].

Il cristallise dans le chloroforme en prismes fusibles à 166-167°, peu solubles dans l'eau ; il n'est pas volatil avec la vapeur d'eau. Par distillation il est partiellement transformé en acide méthylcitraconique ; une longue ébullition avec la soude le convertit partiellement en acide méthylparaconique [Fittig et Scheen, *Ann Chem.*, **330**, 292, 1904]. Par réduction il donne l'acide éthylsuccinique. Il fixe le brome pour former l'*acide dibromo-méthylitaconique*, $C^6H^8O^4Br^2$, fusible à 174°, décompos. [Fittig et Scheen, *Ann. Chem.*, **331**, 88, 1904]. Le *méthylitaconate de calcium* cristallise avec 1 molécule H^2O ; *sel de baryum*, 1/2 H^2O ; *sel d'argent*, précipité cristallin.

ACIDE β-MÉTHYLITACONIQUE,

$$CH^2=C-CO^2H \quad | \quad CH^3-CH-CO^2H$$

— On l'obtient, à côté de l'acide mésaconique correspondant, quand on chauffe l'anhydride pyrocinchonique [Fittig et Kettner, *Ann. Chem.*, **304**, 166, 1899]. Cristaux monocliniques, fusibles à 150-151° ; les *sels de baryum* et *de calcium* cristallisent avec 1 molécule d'eau.

Anhydride, $C^6H^6O^3$. — Action du chlorure d'acétyle sur l'acide méthylitaconique, à froid. Cristaux fusibles à 62-63° [Fittig et Kettner, *Ann. Chem.*, **304**, 170].

ACIDE α.α-DIMÉTHYLITACONIQUE, *acide téraconique*,

$$(CH^3)^2=C=C-CO^2H \quad | \quad CH^2-CO^2H$$

— On le prépare en condensant l'acétone (80 grammes) avec l'éther succinique neutre (120 grammes) en présence d'éthylate de sodium ($93^{gr},8$) au sein de l'éther absolu, à une température de —18° [Stobbe, *D. chem. G.*, **26**, 2314, 1893 ; **36**, 197, 1903 ; — Petkow, *D. chem. G.*, **35**, 4322, 1902, et *Ann Chem.*, **304**, 208, 1899].

L'acide téraconique se forme : dans la distillation sèche de son isomère l'acide térébique [Geisler, *Ann. Chem.*, **208**, 50, 1881] ; quand on isomérise l'éther monoéthylique de l'acide térébique par le sodium [Roser, *Ann. Chem.*, **208**, 53], ou par l'éthylate de sodium [Roser, *Ann. Chem.*, **220**, 255, 1883] ; quand on chauffe une solution alcoolique d'acide bromopimélique avec un alcali [Schleicher, *Ann. Chem.*, **26**, 130, 1892] ; quand on traite l'acide α-bromo-α-isopropylsuccinique par un excès de soude [Semenow, *Journ. phys. chim. russe*, **31**, 286, 1899] ; quand on chauffe l'anhydride diméthylcitraconique avec l'eau à 140° [Semenow, *Journ. phys. chim. russe*, **30**, 1003, 1899], ou l'acide diméthylaticonique avec la soude [Fittig, Fetkow, *Ann. Chem.*, **304**, 221, 1899].

Il cristallise dans l'éther en gros prismes tricliniques fusibles à 161-163°, facilement solubles dans l'eau. Chaleur de combustion, $796^{cal},1$ [Osipow, *Zeit. f. phys. Chem.*, **4**, 484, 1890]. Acidité des sels acides, voyez Smith [*Zeit. f. phys. Chem.*, **25**, 193, 1898]. Distillé dans le vide, il perd de l'eau et fournit l'anhydride ; à l'air libre il donne l'acide diméthylcitraconique. Chauffé avec l'eau à 190°, ou avec l'acide sulfurique à 20 0/0, à 175°, il donne l'isocaprolactone.

L'acide bromhydrique le transforme lentement en acide térébique, ainsi que HCl et SO^4H^2 à 50 0/0, à une température de 100°. Le brome et le chlore en présence de l'eau (et non en solution dans CS^2) conduisent aux dérivés halogénés de l'acide térébique. L'ébullition avec la soude à 20 0/0 le transforme partiellement en acide diméthylaticonique [Fittig et Petkow, *Ann. Chem.*, **304**, 208, 1899].

Il est difficilement réduit par l'amalgame de sodium en acide isopropylsuccinique [Fittig et Krafft, *Ann. Chem.*, **304**, 196]. Oxydation par MnO^4K : voir Fittig [*Ann. Chem.*, **331**, 88, 1904]. *Sels de calcium*, *de baryum* et *d'argent* [Roser, *Ann. Chem.*, **220**, 255, 1883].

Anhydride téraconique, $C^6H^{10}O^3$. — On chauffe l'acide téraconique à 200° dans le vide, et distille [Fittig et Krafft, *Ann. Chem.*, **304**, 196] ; ou bien on traite à froid 1 partie d'acide téraconique par 2 parties de chlorure d'acétyle [Stobbe, *Ann. Chem.*, **308**, 99, 1899]. Il cristallise dans CS^2 en lamelles fusibles à 44° ; bout à 197° sous 22 millimètres. Il se transforme lentement en acide téraconique au contact de l'eau.

Éther monoéthylique, $C^7H^9O^4(C^2H^5)$. — Il s'obtient par éthérification du mélange d'acide et d'alcool, par HCl. Il cristallise dans l'eau en aiguilles fusibles à 118-120° [Stollé, *J. prakt. Chem.*, **67**, 197, 1903].

Éther diéthylique, $C^7H^8O^4(C^2H^5)^2$; on l'obtient comme le précédent ; liquide bouillant à 254-255° [Frost, *Ann. Chem.*, **226**, 365, 1895].

L'acide *aticonique* correspondant à l'acide α.α-diméthylitaconique,

$$\frac{CH^3}{CH^3}>C-CH-CO^2H \quad | \quad CH^2-CO^2H$$

(pour son obtention, voir acide α.α-diméthylitaconique) cristallise dans l'eau en aiguilles fusibles à 146-147°. Par ébullition avec l'eau il fournit l'isocaprolactone, avec SO^4H^2 étendu, l'acide térébique. Par distillation dans le vide il donne l'*anhydride* correspondant, liquide incolore [Fittig et Petkow, *Ann Chem.*, **304**, 214, 1899]. Avec le brome il fournit l'acide bromoisotérébique [Fittig et Friedmann, *Ann. Chem.*, **330**, 293, 1904].

ACIDE α.γ-DIMÉTHYLITACONIQUE.

$$CH^3-CH=C-CO^2H \quad | \quad CH^3\ CH-CO^2H$$

— Il se forme quand on traite l'acide méthyléthylmalique par la soude ; cristaux décomposés à 148-150° [Fichter et Rudin, *D. chem. G.*, **37**, 1615, 1904].

ACIDE α-ÉTHYLITACONIQUE, $C^7H^{10}O^4$. — Il résulte de la transformation de son isomère citraconique, quand on chauffe celui-ci à 150° avec de l'eau [Semenow, *Journ. phys. chim. russe*, **23**, 440] ; ou de l'action de l'éthylate de sodium sur l'éther paraconique [Fittig et Glaser. *Ann. Chem.*, **304**. 181. 1898].

Il cristallise dans l'eau chaude en prismes fusibles à 162-167°. Par réduction il fournit l'acide propylsuccinique. — *Sels*,

$$C^7H^8O^4Ca + H^2O\ ;\ C^7H^8O^4Ba + 2H^2O\ ;\ C^7H^8O^4Ag^2.$$

ACIDE PROPYLITACONIQUE.

$$CH^3-(CH^2)^2-CH=C-CO^2H$$
$$CH^2-CO^2H$$

— On peut l'obtenir, de façon analogue au précédent, à partir de son isomère citraconique ou de l'éther propylparaconique [Fittig et Fichter, *Ann. Chem.*, **304**. 242, 1899]. Il se rencontre aussi dans les produits de la distillation lente de l'acide propylparaconique [Fittig. *Ann. Chem.*, **255**, 8 ; **256**, 106, 1889-90].

Il cristallise dans l'eau en prismes fusibles à 159-160°, solubles dans l'alcool. L'HCl fumant le transforme, à chaud, en acide propylparaconique ; par distillation il fournit de l'acide propylcitraconique ; par réduction il donne l'acide butylsuccinique. Le brome le convertit en *acide propylaconique*, fusible à 124-125°. — *Sels*,

$$C^8H^{10}O^4Ca \quad et \quad Ba + 1\ 1/2H^2O$$

[Fittig, *loc. cit.*].

ACIDE ISOPROPYLITACONIQUE.

$$(CH^3)^2=CH-CH=C-CO^2H$$
$$CH^2-CO^2H$$

— Il provient de l'action de l'éthylate de sodium sur l'éther isobutylparaconique [Fittig et Burwell. *Ann. Chem.*, **304**. 259, 1899]. Cristallisé dans l'eau, il fond à 189-192°. — *Sels*,

$$C^8H^{10}O^4Ca + H^2O\ ;\ C^8H^{10}O^4Ba + 2H^2O.$$

ACIDE ÉTHYLMÉTHYLITACONIQUE,

$$\begin{matrix}C^2H^5 \\ CH^3\end{matrix}\!>\!C=C-CO^2H$$
$$CH^2-CO^2H$$

— Cet acide se forme en faible quantité, à côté de l'acide méthyléthylidène-pyrotartrique, quand on condense l'éthylméthylcétone avec l'éther succinique en présence d'éthylate de sodium.

Il cristallise dans l'acétone en aiguilles fusibles à 181°. Le brome le transforme en acide *éthylméthylbromoparaconique*, fusible à 163°, décomposé par les alcalis pour donner l'*acide éthylméthylaconique*. — *Ether éthylique*,

$$C^8H^{10}O^4(C^2H^5)^2\ :$$

huile bouillant à 171-177° sous 15 millimètres [Stobbe. Strigel et Myers. *Ann. Chem.*, **321**, 105. 1902].

ACIDE ISOBUTYLITACONIQUE (voyez 2e Suppl. 1, 818]. — Cet acide se forme quand on isomérise l'acide isobutylcitraconique en le chauffant à 160° avec 2 parties d'eau [Fittig et Schumacher, *Ann. Chem.*, **304**. 1898].

Oxydé par MnO^4K il donne de l'acide malonique et de l'aldéhyde valérique [Fittig et Kählbrand. *Ann. Chem.*, **305**. 54. 1899]. L'action du brome conduit à l'*acide isobutylaconique* [Fittig et Scheen, *Ann. Chem.*, **331**. 88, 1904].

L'*acide aticonique* correspondant,

$$(CH^3)^2=CH-CH=CH-CH-CO^2H$$
$$CH^2-CO^2H$$

forme des cristaux prismatiques fusibles à 95°. Les *sels de calcium* et *de baryum* cristallisent anhydres [Fittig et Elenbach, *Ann. Chem.*, **304**, 311, 1899].

ACIDE HEXYLITACONIQUE,

$$C^6H^{13}-CH=C-CO^2H$$
$$CH^2-CO^2H$$

— Il se forme quand on isomérise les acides citra- et mésaconiques correspondants par la lessive de soude, ou l'éther benzylparaconique par l'éthylate de sodium [Fittig et Hoffken, *Ann. Chem.*, **304**, 327, 1899].

Il cristallise dans l'eau en houppes blanches, fusibles à 129-130°. Oxydé par MnO^4K en liqueur alcaline, il donne de l'œnanthol et de l'*acide hexyloxyparaconique* [Fittig et Simon, *Ann. Chem.*, **331**, 88, 1904]. — *Sels*,

$$C^{11}H^{16}O^4Ca + 2H^2O, \quad C^{11}H^{16}O^4Ba.$$

Acide aticonique, isomère du précédent,

$$CH^3-(CH^2)^4-CH=CH-CH-CO^2H$$
$$CH^2-CO^2H$$

— L'acide hexylitaconique, par une ébullition de 10 heures, avec la lessive de soude à 20 0/0, est partiellement transformé en hexylaticonate de sodium. L'acide cristallise dans le benzène en aiguilles fusibles à 78-78°,5. Ses sels de calcium et de baryum cristallisent avec $1/2H^2O$. Oxydé par MnO^4K il fournit un acide bibasique $C^{11}H^{18}O^5$, en aiguilles blanches, fusible à 122°,5-123° (cristallisé dans l'éther) et à 126-127° (cristallisé dans l'eau chaude), et une dilactone, $C^{11}H^{18}O^4$, fusible à 185-186° [Fittig, *loc. cit.*].

ACIDE PHÉNYLITACONIQUE,

$$C^6H^5-CH=C-CO^2H$$
$$CH^2-CO^2H$$

— On le prépare en condensant l'éther succinique neutre avec l'aldéhyde benzoïque, en présence d'éthylate de sodium [Stobbe, Klöppel, *D. chem. G.*, **27**, 2407, 1894. — Hecht, *Mon. f. Chem.*, **24**. 367, 1903]. Il se forme dans l'action de l'éthylate de sodium sur le phénylparaconate d'éthyle [Fittig et Leoni, *Ann. Chem.*, **25**, 665. 1890]; par ébullition de l'acide phénylparaconique avec la lessive de soude [Fichter et Dreyfus, *D. chem. G.*, **33**, 1454, 1900]; quand on chauffe l'acide phénylcitraconique avec l'eau à 150° [Fittig et Brooke, *Ann. Chem.*, **305**, 30, 1899].

Il cristallise dans l'eau en aiguilles fusibles à 171-172°; chauffé à 180-190° il perd de l'eau et donne l'*anhydride phénylitaconique* (fusible à 164-166°), mélangé d'anhydride phénylcitraconique [Fittig et Kohl, *Ann. Chem.*, **305**, 50, 1899]. — *Sels*. $C^{11}H^8O^4Ca$; $C^{11}H^8O^4Ba + 2\,1/2H^2O$; $C^{11}H^8O^4Ag^2$.

Éther diméthylique, $C^{11}H^8O^4(CH^3)^2$. — Liquide épais, bouillant à 186° sous 19 millimètres [Hecht, *Mon. f. Chem.*, **24**. 367. 1903].

Éther diéthylique, $C^{11}H^8O^4(C^2H^5)^2$. — Liquide huileux, bouillant à 315° (Fittig et Leoni)].

Acide phénylaticonique. — Stéréoisomère du précédent, qui se forme quand on isomérise les acides ita-, mésa- ou citraconiques correspondants par la soude à 20/00 [Fittig et Brooke, *Ann. Chem.*, **305**. 35. 1899]. Il fond à 149-151° ; son *anhydride* fond à 138-140°. Il fixe le brome pour donner un *acide phénylbromo-isoparaconique*, fusible à 147°, tandis que l'acide phénylitaconique fournit un dérivé bromé fusible à 144°.

[Fittig et Breslauer, *Ann. Chem.*, **330**, 292, 1904].

ACIDES MÉTHYLPHÉNYLITACONIQUES. — La condensation de l'acétophénone avec le succinate d'éthyle en présence d'éthylate de sodium fournit, en même temps que l'acide méthylphénylsuccinique, deux acides méthylphénylitaconiques isomères, fusibles à 171 et à 183° [Stobbe, *Ann. Chem.*, **282**, 288; **308**, 114. 1899]. L'acide fusible à 171°, traité par SO^4H^2 concentré à 0°, ne donne que l'anhydride correspondant, tandis que l'acide fusible à 183° donne un mélange d'acide méthylindénone-acétique et de lactone de l'acide γ-méthyl-γ-oxyhydrindone-acétique; ces résultats conduisent à représenter l'acide fusible à 171° par la formule cis. et l'acide fusible à 183° par la formule cis-trans [Stobbe, *D. chem. G.*, **37**, 1619, 1904].

$$C^6H^5-C-CH^3 \qquad C^6H^5-C-CH^3$$
$$CO^2H-C-CH^2-CO^2H \qquad CO^2H-CH^2-C-CO^2H$$

fus. à 185° — fus. à 171°

1° *Acide fusible à* 171°. — Acidité des sels acides [Smith, *Zeit. phys. Chem.*, **25**, 193, 895]. Il fixe le brome, ainsi que son isomère, pour donner le même acide dibromoitaconique [Stobbe, *Ann. Chem.*, **308**, 67, 1899]. Réduction. Oxydation [Stobbe, *Ann. Chem.*, **308**, 123].

L'anhydride se forme quand on traite l'acide par le chlorure d'acétyle à froid [Stobbe, *loc. cit.*]; il fond à 114° *Sel.* $C^{10}H^{12}O^4Ba$.

2° *Acide fusible à* 183°. — Il donne un *anhydride* fusible à 138°. — *Sels*, $C^{12}H^{10}O^4Ca + 2H^2O$; $C^{12}H^{10}O^4Ba$.

Éther monoéthylique, fusible à 110-112°.

Éther diéthylique. — Liquide huileux, bouillant à 305-307° [Stobbe, *Ann. Chem.*, **308**. 140].

ACIDES ÉTHYLPHÉNYLITACONIQUES, $C^{13}H^{12}O^4$. — La condensation de la propiophénone avec l'éther succinique fournit, à côté de l'acide éthylidène-phénylpyrotartrique, une faible quantité de deux acides éthylphénylitaconiques, fusibles respectivement à 175-176° et à 184-185° [Stobbe et Niedja, *Ann. Chem.*, **321**, 94, 1902].

ACIDE DIPHÉNYLITACONIQUE,

$$(C^6H^5)^2=C=C-CO^2H$$
$$CH^2-CO^2H$$

— Condensation de la benzophénone avec le succinate d'éthyle [Stobbe, *Ann. Chem.*, **282**, 318; **308**, 94].

Il cristallise dans le benzène avec une molécule de C^6H^6 pour 2 molécules d'acide, et dans l'éther avec 1 molécule $C^4H^{10}O$ pour 1 molécule d'acide. Il fond à 168-169°. Il n'est pas isomérisé par la soude; chauffé sous pression réduite (10 à 12 millimètres), il donne l'*anhydride diphénylitaconique*, fusible à 147-150° [Fittig et Rieche, *Ann. Chem.*, **330**, 292, 1904], avec une faible quantité d'anhydride citraconique. Oxydé par le permanganate en liqueur alcaline, il fournit les acides acétique et oxalique et de la benzophénone [Stobbe, *loc. cit.*]. — *Sels*, $C^{17}H^{12}O^4Ca$; $C^{17}H^{12}O^4Ba$; $C^{17}H^{12}O^4Ag^2$.

Éther monoéthylique, fusible à 125°.

Éther diéthylique, fusible à 44-45°.

L'anhydride diphénylitaconique s'obtient quand on fait agir le chlorure d'acétyle à froid sur l'acide [Kohlmann, *Ann. Chem.*, **308**, 98]. Il est très stable vis-à-vis de l'eau. P. CARRÉ.

ITAMALIQUES (ACIDES). — Les acides itamaliques ne sont connus qu'à l'état de sels, quand on essaye de mettre l'acide en liberté, on obtient les *lactones* correspondantes, ou *acides paraconiques*, lesquels sont isomères des acides ita-, mésa-, et citraconiques.

Les itamalates s'obtiennent en général par ébullition du paraconate correspondant avec un excès de base. La distillation sèche des acides paraconiques fournit des acides monobasiques non saturés, et des acides ita- et citraconiques [Fittig. *Ann. Chem.*, **304**, 117].

ACIDE ITAMALIQUE,

$$CH^2OH-CH-CO^2H$$
$$CO^2H-CH^2$$

— *L'itamalate de calcium* se prépare en chauffant l'acide itachloropyrotartrique avec un excès de CO^3Ca, en suspension dans l'eau [Beer. *Ann. Chem.*, **216**. 88, 1883]; il se forme quand on chauffe l'acide pyrotartrique avec les alcalis [Fittig, *Ann. Chem.*, **188**, 76], ou encore le paraconate de calcium avec un lait de chaux. On connaît les itamalates suivants :

$$C^5H^7O^5,AzH^4;\quad C^5H^6O^5Na^2,C^5H^8O^5;$$
$$C^5H^6O^5Ca+H^2O \text{ et } 3H^2O;\quad C^5H^6O^5Pb;$$
$$C^5H^6O^5Cu;\quad 2C^5H^6O^5Cu+CuO;$$
$$C^5H^6O^5Ag^2+H^2O$$

[Beer, *loc. cit.*].

Acide chloro-itamalique, $C^5H^7ClO^5$. — Ce composé se forme quand on fait passer un courant de chlore dans une solution d'itaconate de sodium [Wilm, *Ann. Chem.*, **141**, 28], ou dans une solution aqueuse d'acide itaconique [Swarts. *Jahr.*, 585, 1873]. Petits cristaux fusibles à 150°. Ses sels sont très instables, ils sont décomposés à l'ébullition en solution aqueuse en chlorure et oxyparaconate $(C^5H^5O^5)^2M$. Par ébullition avec un excès de baryte, il conduit à l'acide oxyitaconique.

ACIDE PARACONIQUE,

$$CH^2 — CH-CO^2H$$
$$O \quad CO-CH^2$$

— Pour préparer cet acide on chauffe l'acide itabromopyrotartrique avec l'oxyde d'argent, et décompose le sel d'argent formé par H^2S [Beer, *loc. cit.*]. Il se forme quand on traite les itamalates par un acide; quand on distille le sel d'ammonium de la monoamide itamalique [Lutz, *D. chem. G.*, **35**, 4369, 1902]; quand on chauffe très longtemps l'acide aconique avec le zinc et l'acide acétique [Reitter, *D. chem. G.*, **31**, 272].

Il fond à 57-58°. Distillé il fournit de l'anhydride citraconique. On ne peut préparer ses sels en le saturant par les bases, car il se forme des itamalates; on les obtient par double décomposition du sel d'argent avec les chlorures, le sel d'argent $C^5H^5O^4Ag$, étant obtenu en neutralisant l'acide par le CO^3Ag^2. — *Sels*, $(C^5H^5O^4)^2Ca + 3H^2O$; $C^5H^5O^4Na$.

ACIDE γ-MÉTHYLPARACONIQUE,

$$CH^3-CH — CH-CO^2H$$
$$O-CO-CH^2$$

— Pour préparer cet acide, on chauffe 12 heures à 100°, puis 24 heures à 115-120°, un mélange de 1 molécule de succinate de sodium sec, 1 molécule 1/2 d'aldéhyde acétique et 1 molécule d'anhydride acétique [Fränkel, *Ann. Chem.*, **255**, 18, 1889]; ou bien on réduit l'acide acétosuccinique par l'amalgame de sodium à 4 0/0 [Fittig et Spenzer, *Ann. Chem.*, **283**, 68, 1894].

Cristallisé dans le benzène, il fond à 78-79°, après fusion il ne fond plus qu'à 83-84°. La distillation le décompose en CO^2, acide éthylidène-propionique, acide γ-oxyvalérianique, acides méthylita- et méthylcitraconiques, et anhydride

$C^5H^8O^2$.

Sels : $(C^6H^7O^3)^2Ca + 2\,1/2\,H^2O$;

$(C^6H^7O^3)^2Ba + 2\ 1/2\ H^2O$; $C^6H^7O^3Ag$.

Par ébullition avec l'eau de baryte il donne le sel de baryum de l'*acide δ-méthylitamalique* ; $C^6H^5O^3Ba + 3H^2O$ [Fränkel, *loc. cit.*).

Le *méthylparaconate d'éthyle*, $C^6H^7O^4, C^2H^5$, liquide épais, bout à 275°, est transformé en méthylitaconate d'éthyle par l'éthylate de sodium, et fournit aussi un peu d'acide oxyéthylsuccinique [Fittig et Scheen, *Ann. Chem.*, **330**, 292, 1904].

Acide trichlorométhylparaconique,

```
CCl³ - CH —— CH - CO²H
       |      |
       O - CO - CH²
```

— Il s'obtient par la condensation du chloral avec le succinate de sodium, en présence d'anhydride acétique [Miller, *Ann. Chem.*, **255**, 43, 1889].

Cristallisé dans l'éther, il fond à 97° ; l'ébullition avec l'eau et CO^3Ca le transforme en *trichlorométhylitamalate de calcium*, chauffé au bain-marie avec l'eau de baryte il donne du *monochlorodiparaconate de calcium* [Myer, *Chem. Soc.*, **71**, 615, 1897]. Réduit par $Zn + CH^3CO^2H$, il fournit l'*acide dichlorométhylparaconique*, fusible à 142° [Miller, *Ann. Chem.*, **255**, 53, 1889]. La réduction par l'amalgame de Na fournit de l'acide *dichlorométhylparaconique* et de l'*acide monochlorodiparaconique*, $C^9H^9ClO^2$, cristaux orangés, fusibles à 126-127° [Myers, *Journ. Am. Soc.*, **24**, 525, 1902]

Acide méthylbromoparaconique,

```
CH³ - CH —— CBr - CO²H
       |      |
       O - CO - CH²
```

— Il résulte de l'action du brome sur l'acide méthylitaconique. Il cristallise dans l'alcool en petits cubes fusibles à 138°. Réduit par l'amalgame, il donne l'acide méthylparaconique. Sa solution aqueuse chauffée 6 heures à l'ébullition fournit l'*acide méthylaconique*

```
CH³ - CH —— C - CO²H
       |     |
       O - CO - CH
```

fusible à 159-160° [Fittig et Scheen, *Ann. Chem.*, **331**, 88, 1904].

ACIDE α-MÉTHYLPARACONIQUE.

```
CH² —— CH - CO²H
 |      |
 O - CO - CH - CH³
```

— Son éther éthylique se produit par réduction du β-oxyméthylène-pyrotartrate d'éthyle ; l'acide libre forme de gros prismes fusibles à 104°. [Fichter et Rudin, *D. chem. G.*, **37**, 1610, 1904].

ACIDE DIMÉTHYLPARACONIQUE, *acide térébique*.

```
(CH³)² = C —— CH - CO²H
         |     |
         O - CO - CH²
```

Préparation. — On fait un mélange équimoléculaire d'acétone et de bromosuccinate d'éthyle, et on ajoute un poids de couple Zn Cu égal à celui de l'éther bromé ; la réaction est terminée après 24 heures environ ; on traite la masse pâteuse obtenue par l'acide sulfurique au 1/10, et laisse la décomposition s'effectuer pendant 24 heures. On épuise à l'éther, saponifie l'extrait éthéré ; l'acide est purifié par l'intermédiaire de son sel de baryum [Blaise, *C. R.*, **126**, 449, 1898].

L'acide térébique se forme aussi : par oxydation de l'essence de térébenthine au moyen de l'acide nitrique de D = 1,18 [Erdmann, *Ann. Chem.*, **228**, 179, 1885 ; Bredt, *Ann. Chem.*, **208**, 37, 1881] ; quand on oxyde l'acide isopropylsuccinique [Lawrence, *Chem. Soc.*, **75**, 531, 1899] ; quand on chauffe dans le vide l'acide sulfoisopropylsuccinique [Königs, Hörlin, *D. chem. G.*, **26**, 2047] ; quand on chauffe 7 à 8 heures l'acide caronique avec un excès d'HBr [Bæyer, *D. chem. G.*, **29**, 2799, 1896] ; quand on chauffe l'acide diméthylaticonique avec l'acide sulfurique étendu [Fittig et Petkow, *Ann. Chem.*, **304**, 220, 1899]. On le rencontre également dans les produits d'oxydation : de l'acide homoterpénylique [Bæyer, *D. chem. G.*, **29**, 2789, 1896 ; Mahla et Tiemann, *D. chem. G.*, **29**, 935, 2622] ; de l'acide α-dioxydihydrocamphorique [Tiemann, *D. chem. G.*, **29**, 3018] ; des huiles qui accompagnent l'acide pinonique [Tiemann et Semmler, *D. chem. G.*, **28**, 1346].

Propriétés. — Il cristallise dans l'alcool en prismes fusibles à 174° ; $D^{24} = 0{,}81548$; pouvoir réfringent [Anderlini, *Gazz. chim. ital.*, **25**, 139, 1865] ; conductibilité électrique [Ostwald, *Zeit. phys. Chem.*, 3, 402, 1889] ; chaleur de combustion, $778^{cal},4$ [Osipow, *Zeit. phys. Chem.*, **3**, 614, et **4**, 580]. Chauffé à 150-170° avec l'eau de baryte concentrée, il donne de l'acétone et de l'acide succinique [Frost, *Ann. Chem.*, **226**, 374, 1885].

Éther éthylique, liquide, $D_{16} = 1{,}111$, bout à 273-275° [Roser, *Ann. Chem.*, **220**, 255, 1884].

Acides chlorotérébiques. — Le pentachlorure de phosphore transforme l'acide térébique en un mélange d'acides α et β chlorés [Roser, *Ann. Chem.*, **220**, 259]. L'*acide α chloré*,

```
(CH³)² = C —— CH - CO²H
         |     |
         O - CO - CHCl
```

fond à 191°.

L'*acide β-chloré*,

```
(CH³)² = C —— CCl - CO²H
         |     |
         O - CO - CH²
```

qui se forme aussi quand on traite l'acide téraconique par l'eau de chlore à froid, fond à 168° [Frost, *Ann. Chem.*, **226**, 368, 1885].

L'*acide β-bromotérébique* fond à 151°, avec décomposition [Frost, *loc. cit.*].

L'ébullition de l'acide térébique avec l'eau de baryte fournit le *diméthylitamalate de baryum*, ou *diatérébate de baryum*.

Acide isotérébique,

```
      CH³
      |
CH² - CH - CH - CO²H
 |          |
 O —— CO —— CH²
```

— Il se forme par réduction de l'acide isotérébilénique au moyen de l'amalgame de sodium [Fittig et Petkow, *Ann. Chem.*, **304**, 238, 1899].

Cristallisé dans le chloroforme, il fond à 77-78°. L'*acide bromoisotérébique*, $C^7H^9O^4Br$, fusible à 130-131°, se forme quand on ajoute la quantité théorique de brome à l'acide diméthylaticonique en solution éthérée [Fittig et Petkow, *Ann. Chem.*, **304**, 222].

L'acide isotérébique soumis à l'ébullition avec

l'eau de baryte fournit l'*isodiatérébate de baryum*, $C^7H^{10}O^5Ba$ [Fittig et Petkow, *Ann. Chem.*, **304**, 250].

ACIDE αγ-DIMÉTHYLPARACONIQUE,

$$\begin{array}{l} CH^3 - CH \text{ —— } CH - CO^2H \\ \qquad\ \ O - CO - CH - CH^3 \end{array}$$

— Il provient de la réduction de l'acétopyrotartrate d'éthyle par l'amalgame de sodium. Il fond à 131° et bout à 195° sous 14 millimètres [Fichter et Rudin, *Ann. Chem.*, **37**, 1615, 1904].

ACIDE ÉTHYLPARACONIQUE (voir 2e Supp., **2**, 658). — Par ébullition avec un lait de chaux, il donne l'*éthylitamalate de calcium*, $C^7H^{10}O^5Ca + 5H^2O$ [Delisle, *Ann. Chem.*, **255**, 59, 1889].

L'*éthylparaconate d'éthyle* est un liquide qui bout à 278-279° [Fittig et Glaser, *Ann. Chem.*, **304**, 178, 1899].

ACIDE PROPYLPARACONIQUE.

$$\begin{array}{l} CH^3 - CH^2 - CH^2 - CH \text{ —— } CH - CO^2H \\ \qquad\qquad\qquad\qquad\ O - CO - CH^2 \end{array}$$

— On l'obtient en condensant l'aldéhyde butyrique avec le succinate de sodium sec, en présence d'anhydrique acétique (Schmidt, *Ann. Chem.*, **255**, 68, 1889].

Il fond à 73°,5; *sel de calcium*,

$$(C^8H^{10}O^4)^2Ca + 2H^2O.$$

— *Éther éthylique*, $C^{10}H^{16}O^4$, liquide bouillant à 211-216° sous 96 millimètres [Fittig et Schmidt, *Ann. Chem.*, **256**, 106]; à 288-289° à la pression ordinaire [Fittig et Fichter, *Ann. Chem.*, **304**, 242, 1899].

Quand on fait bouillir l'acide propylparaconique avec un lait de chaux, on obtient le sel de sodium de l'*acide propylitamalique*,

$$C^8H^{12}O^5Ca + 5H^2O;$$

sel de baryum $C^8H^{12}O^5Ba + 2H^2O$.

ACIDE ISOPROPYLPARACONIQUE,

$$\begin{array}{l} (CH^3)^2 = CH - CH \text{ —— } CH - CO^2H \\ \qquad\qquad\qquad O - CO - CH^2 \end{array}$$

— Il s'obtient de façon analogue au précédent avec l'aldéhyde isobutyrique [Zanner, *Ann. Chem.*, **255**, 89, 1889; Fittig et Femer, *Ann. Chem.*, **283**, 129, 1894].

Il cristallise dans le benzène en lamelles fusibles à 68-69°. — *Sels* $(C^8H^{10}O^4)^2Ca + 2H^2O$;

$$(C^8H^{10}O^4)^2Ba + 3H^2O.$$

— *Isopropylitamalate de baryum*.

$$C^8H^{12}O^5Ba + 2H^2O.$$

ACIDE ISOPROPYLISOPARACONIQUE,

$$\begin{array}{l} \qquad\qquad\quad O \text{ ——— } CO \\ (CH^3)^2 = C - CH^2 - CH \\ \qquad\qquad\quad CO^2H - CH^2 \end{array}$$

— On le prépare en chauffant l'acide isopropylparaconique avec HCl fumant à 135-140° [Fittig et Thron, *Ann. Chem.*, **304**, 281, 1899]. Il se forme aussi quand on chauffe l'acide isopropylitaconique avec HCl ou SO^4H^2 étendu [Fittig et Burwell, *Ann. Chem.*, **304**, 277]; quand on oxyde l'acide isobutylsuccinique par MnO^4K [Fittig et Thron, *loc. cit.*].

Il cristallise dans l'eau en gros prismes fusibles à 143°. *Sels*: $(C^8H^{11}O^4)^2Ca + 3\,1/2\,H^2O$;

$$(C^8H^{11}O^4)^2Ba;\ C^8H^{11}O^4Ag.$$

Par ébullition avec un excès de base il donne les sels de l'acide oxyisobutylsuccinique [Fittig et Burwell, *loc. cit.*]. L'*isopropylisoparaconate d'éthyle*, $C^8H^{11}O^4.C^2H^5$, est un liquide incolore, qui bout à 276° [Fittig, Burwell, *loc. cit.*].

ACIDE MÉTHYLÉTHYLPARACONIQUE.

$$\begin{array}{l} {C^2H^5 \atop CH^3} > C \text{ ——— } CH - CO^2H \\ \qquad\quad O - CO - CH^2 \end{array}$$

— Il se produit quand on isomérise l'acide itaconique correspondant par l'acide sulfurique à 50 0/0 [Stobbe, *Ann. Chem.*, **282**, 313, 1894]. Il cristallise dans le benzène en aiguilles fusibles à 115-126°. — *Acide méthylbromoéthylparaconique*, fusible à 160-161°.

ACIDE ISOBUTYLPARACONIQUE (voyez 2e Suppl., **2**, 819). — On l'obtient en isomérisant l'acide isobutylitaconique par HCl ou HBr [Fittig et Schneegaes, *Ann. Chem.*, **304**, 304, 1899].

Par distillation il fournit les acides ita- et citraconiques correspondants [Fittig et Weil, *Ann. Chem.*, **283**, 279, 1894]. — *Acide isobromobutylparaconique*, fusible à 144-145° [Fittig et Scheen, *Ann. Chem.*, **334**, 88, 1904].

Isobutylitamalate de calcium et de baryum, $C^9H^{14}O^5Ca$ et $C^9H^{14}O^5Ba$. — Précipités floconneux, par l'alcool.

ACIDE ISOBUTYLISOPARACONIQUE.

$$\begin{array}{l} \qquad\qquad\qquad\qquad\quad O \text{ ——— } CO \\ (CH^3)^2 - CH - CH - CH^2 - CH \\ \qquad\qquad\qquad\qquad\quad CO^2H - CH^2 \end{array}$$

— Il se forme quand on réduit, par l'amalgame de sodium, l'acide bromoisobutylisoparaconique (fusible à 126°) ou l'acide isobutylisaconique [Fittig et Erlenbach, *Ann. Chem.*, **304**, 317, 1898].

Il cristallise dans l'éther en aiguilles fusibles à 175°.

Sels, $(C^9H^{12}O^4)^2Ca + 2H^2O$;

$$(C^9H^{12}O^4)^2Ba + H^2O.$$

ACIDES MÉTHYLISOBUTYLPARACONIQUES. — La condensation de l'aldéhyde isovalérique avec le pyrotartrate de sodium, en présence d'anhydride acétique, fournit deux acides méthylisobutylparaconiques isomères [Feist, *Ann. Chem.*, **255**, 108, 1889].

L'*acide* α,

$$\begin{array}{l} (CH^3)^2 = CH - CH^2 - CH \text{ —— } CH - CO^2H \\ \qquad\qquad\qquad\qquad\quad O - CO - CH - CH^3 \end{array}$$

cristallise dans l'eau en aiguilles fusibles à 142°; ses *sels de baryum* et *de calcium* cristallisent avec 2 molécules d'eau; un excès de base les transforme en *α-méthylisobutylitamalates*, également cristallisés avec 2 molécules d'eau.

L'*acide* β,

$$\begin{array}{l} (CH^3)^2 = CH - CH^2 - CH \text{ —— } C(CH^3) - CO^2H \\ \qquad\qquad\qquad\qquad\quad O - CO - CH^2 \end{array}$$

se forme en plus petite quantité que le précédent; il est moins soluble dans l'eau. Prismes monocliniques fusibles à 83°. Les *sels de baryum* et *de calcium* cristallisent avec $2H^2O$.

Les β-*méthylisobutylitamalates de baryum et de calcium* sont insolubles dans l'eau; ils conservent 1 molécule d'eau.

ACIDE HEXYLPARACONIQUE (voyez 2e Sup., **5**, 128). — Il se forme quand on isomérise l'acide hexylitaconique par HCl ou HBr [Fittig et Höffchen, *Ann. Chem.*, **304**, 334, 1899].

Éther éthylique, $C^{11}H^{17}O^{4}C^{2}H^{5}$. — Liquide huileux, bouillant à 325-326°.

ACIDE HEXYLISOPARACONIQUE.

$$\begin{array}{l} \qquad\qquad\qquad O \text{———} CO \\ CH^{3}(CH^{2})^{4}-CH-CH^{2}-CH \\ \qquad\qquad\qquad\quad CO^{2}H-CH^{4} \end{array}$$

— Il se prépare en réduisant l'acide bromohexylisoparaconique (fusible à 145-146°) par l'amalgame de sodium. Il cristallise dans le benzène en lamelles fusibles à 83-84° [Fittig et Subber, *Ann. Chem.*, **301**, 8, 1899].

ACIDES MÉTHYLHEXYLPARACONIQUES. — La condensation de l'œnanthol et du pyrotartrate de sodium fournit deux acides méthylhexylparaconiques isomères [Richelmann, *Ann. Chem.*, **255**, 126]. On les sépare par dissolution dans le sulfure de carbone et addition de ligroïne qui précipite d'abord l'acide α.

L'acide α,

$$\begin{array}{l} C^{6}H^{13}-CH \text{——} CH-CO^{2}H \\ \qquad\quad O-CO-CH-CH^{3} \end{array}$$

cristallise dans un mélange d'éther et de ligroïne en aiguilles fusibles à 101°,5. — *Sels*,

$$(C^{12}H^{19}O^{4})^{2}Ca + 5H^{2}O; \ (C^{12}H^{19}O^{4})^{2}Ba + 3H^{2}O; \ C^{12}H^{19}O^{4}Ag.$$

Un excès de base les transforme en *α-méthylhexylitamalates*,

$$C^{12}H^{20}O^{5}Ca + 2H^{2}O; \ C^{12}H^{20}O^{5}Ba + 2H^{2}O; \ C^{12}H^{20}O^{5}Ag^{2}.$$

L'acide β,

$$\begin{array}{l} C^{6}H^{13}-CH \text{——} C(CH^{3})CO^{2}H \\ \qquad\quad O-CO-CH^{2} \end{array}$$

fond à 83°. — *Sels*,

$$(C^{12}H^{19}O^{4})^{2}Ca + 2H^{2}O; \ (C^{12}H^{19}O^{4})^{2}Ba + 3H^{2}O.$$

β-*méthylhexylitamalates*, $C^{12}H^{20}O^{5}Ca$, précipité pulvérulent: $C^{12}H^{20}O^{5}Ba + H^{2}O$, poudre amorphe; $C^{12}H^{20}O^{5}Ag^{2}$, précipité floconneux.

ACIDES PHÉNYLPARACONIQUES,

$$\begin{array}{l} C^{6}H^{5}-CH \text{——} CH-CO^{2}H \\ \qquad\quad O-CO-CH^{2} \end{array}$$

— La condensation de l'aldéhyde benzoïque et du succinate de sodium donne l'acide phénylparaconique racémique, qui cristallise dans l'eau avec 1/4 molécule $H^{2}O$ en longues aiguilles fusibles à 99°; anhydre il fond à 121° [Fittig, *Ann. Chem.*, **255**, 143, 1889]. Cet acide a été dédoublé en ses deux composants actifs par l'intermédiaire de leurs sels de strychnine [Krentz, *Ann. Chem.*, **321**, 127, 1902].

L'acide gauche fond à 125-131°. $[\alpha]_D = -59°.3$ (*itamalate* de sodium correspondant,

$$[\alpha]_D = -14°.19).$$

L'acide droit fond à 131°; $[\alpha]_D = +56°.9$ (*itamalate* de sodium correspondant,

$$[\alpha]_D = +25°.15).$$

Chaleur de combustion, 1196^Cal,2 [Stohmann, *Zeit. phys. Chem.*, **10**, 420, 1892].

Sels,

$$(C^{11}H^{9}O^{4})^{2}Ca + 2H^{2}O; \ (C^{11}H^{9}O^{4})^{2}Ba + 3H^{2}O.$$

Le *phénylparaconate d'éthyle*, $C^{13}H^{14}O^{4}$, est un liquide huileux qui bout à 241-242° sous 52 millimètres [Stobbe, *Ann. Chem.*, **315**, 237, 1901]; il est transformé par une solution aqueuse étendue d'ammoniaque en *phénylitamalate monoéthylique*, $C^{13}H^{16}O^{5}$ [Erdmann, *D. chem. G.*, **17**, 417, 1884].

Phénylitamalates,

$$C^{11}H^{10}O^{5}Ba + 2H^{2}O; \ C^{11}H^{10}O^{5}Ca; \ C^{11}H^{10}O^{5}Ag^{2}$$

[Jayne, *Ann. Chem.*, **216**, 108, 1883].

ACIDE PHÉNYLISOPARACONIQUE. — L'acide phénylparaconique, chauffé avec la soude, se transforme en acide phénylisoparaconique et réciproquement, jusqu'à ce que le mélange renferme 31 0/0 d'acide iso-. L'*acide racémique* fond à 170°. L'*acide gauche* fond à 182°, et son sel de strychnine à 165-170°. L'*acide droit* fond à 182° et son sel de strychnine à 120-130° [Fittig et Jehl, *Ann. Chem.*, **330**, 292, 1904].

ACIDES CHLOROPHÉNYLPARACONIQUES,

$$\begin{array}{l} C^{6}H^{4}Cl-CH \text{——} CH-CO^{2}H \\ \qquad\quad O-CO-CH^{2} \end{array}$$

— Les aldéhydes benzoïques o-, m- et p-chlorées condensées avec l'anhydride succinique en présence d'acétate de potassium, ont fourni les acides chlorophénylparaconiques : *ortho*, fusible à 147°; *méta*, fusible à 160-161°; *para*, fusible à 11 -120° [Erdmann et Kirchoff, *Ann. Chem.*, **247**, 370, 1888].

ACIDES DICHLOROPHÉNYLPARACONIQUES,

$$C^{6}H^{3}Cl^{2} . C^{5}H^{5}O^{4}.$$

— L'*acide dichloré* 2.4 fond à 165°; l'*acide* 3.4 fond à 136-137° et l'*acide* 2.5 fond à 197-198° [Erdmann et Schwechten, *Ann. Chem.*, **260**, 76, 1890].

ACIDE BROMOPHÉNYLPARACONIQUE,

$$C^{6}H^{4}Br . C^{5}H^{3}O^{4}.$$

— Il fond à 141°,5 [Fittig et Leoni, *Ann. Chem.*, **256**, 86].

ACIDES NITROPHÉNYLPARACONIQUES,

$$C^{6}H^{4}AzO^{2} . C^{5}H^{5}O^{4}.$$

— Ces acides résultent de la condensation des m- et p-nitrobenzaldéhydes avec le succinate de soude en présence d'anhydride acétique, à 125-130° [Salomonson, *Rec. des Pays-Bas*, **6**, 2].

Le *dérivé méta*, cristallisé dans l'eau, fond à 171°; réduit par Sn + HCl, il donne l'*acide m-aminophénylparaconique*, décomposé à 200-205°; *chloroplatinate* $(C^{11}H^{11}AzO^{4}HCl)^{2}PtCl^{4}$.

Le *m-nitrophénylparaconate d'éthyle* est un liquide non solidifié à — 12°.

Le *dérivé para* se forme aussi quand on nitre à froid l'acide phénylparaconique [Erdmann, *D. chem. G.*, **18**, 2742, 1885]. Il fond à 155-163°. Par réduction il donne l'*acide p-aminophénylparaconique*. — Les éthers méthyliques et éthyliques sont liquides.

Les acides nitrophénylparaconiques, soumis à l'ébullition avec une solution étendue d'ammoniaque additionnée de $BaCl^{2}$, fournissent les nitrophénylitamalates de baryum correspondants,

$$C^{11}H^{9}AzO^{7}Ba$$

[Salomonson, *loc. cit.*].

ACIDES MÉTHYLPHÉNYLPARACONIQUES. — Les acides α et β-méthylphénylparaconiques résullent de la condensation de l'aldéhyde benzoïque avec le pyrotartrate de sodium en présence d'anhydride acétique [Penfield, *Ann. Chem.*, **216**, 119, 1883; Liebmann, *Ann. Chem.*, **255**, 257, 1889].

L'acide α.

$$\begin{array}{l} C^6H^5-CH \text{———} CH-CO^2H \\ \quad\quad\ \ | \quad\quad\quad\quad\ \ | \\ \quad\quad\ \ O \quad CO-CH-CH^3 \end{array}$$

cristallisé dans l'eau, fond à 177°. — *Sels*, $(C^{12}H^{11}O^4)^2Ca$; $(C^{12}H^{11}O^4)^2Ba + H^2O$; $C^{12}H^{11}O^4Ag$

α-Méthylphénylitamalates.

$C^{12}H^{12}O^5Ca + 3H^2O$; $C^{12}H^{12}O^5Ba + 2H^2O$.

L'acide β.

$$\begin{array}{l} C^6H^5-CH \text{———} C(CH^3)-CO^2H \\ \quad\quad\ \ | \quad\quad\quad\quad\ \ | \\ \quad\quad\ \ O-CO-CH^2 \end{array}$$

fond à 144°,5.

Sels, $(C^{12}H^{11}O^4)^2Ca + 2H^2O$, $(C^{12}H^{11}O^4)^2Ba$.

β-Méthylphénylitamalates.

$C^{12}H^{12}O^5Ca + H^2O$; $C^{12}H^{12}O^5Ba$

[Liebmann, *Ann. Chem.*, **255**, 267, 1889].

Acide γ-méthylphénylparaconique.

$$\begin{array}{l} \left.\begin{array}{r} C^6H^5 \\ CH^3 \end{array}\right> C \text{———} CH-CO^2H \\ \quad\quad\quad\quad\ \ | \quad\quad\quad\quad |\\ \quad\quad\quad\quad\ \ O-CO-CH^2 \end{array}$$

— Cet acide s'obtient en isomérisant l'acide γ-méthylphénylitaconique par HBr, ou par réduction de l'acide méthylphénylaconique et de l'acide γ-méthylphénylbromoparaconique (fusible à 152-153° [Stobbe, *Ann. Chem.*, **282**, 294, 1894].

Il existe sous deux modifications, fusibles à 161° et à 129° [Stobbe, *Ann. Chem.*, **308**, 129, 1899].

ACIDE BENZYLPARACONIQUE.

$$\begin{array}{l} C^6H^5-CH^2.CH \text{———} CH-CO^2H \\ \quad\quad\quad\quad\quad\ \ | \quad\quad\quad\quad\ | \\ \quad\quad\quad\quad\quad\ \ O-CO-CH^2 \end{array}$$

— Cet acide fond à 93° [Thiele et Meisenheimer, *Ann. Chem.*, **306**, 256, 1899].

P. Carré.

IVIGTITE (Min.) (T. D. Rand). — Variété de Damourite, dans la cryolite du Grœnland.

IXIONOLITE (Min.). — Variété stannifère de tantalite.

L. Bourgeois.

J

JABORINE (1er Suppl., 971). — Les feuilles du jaborandi (pilocarpus pennatifolius) contiennent plusieurs alcaloïdes, parmi lesquels on a caractérisé et isolé la pilocarpine et la pilocarpidine (Hardy), et l'isopilocarpine (Jowett). La jaborine de Harnack et Meyer n'est, selon Jowett, qu'un mélange de ces trois alcaloïdes.

Ch. Moureu.

JACARANDINE. — L'ébène vert, récemment employé dans nos contrées comme matière tinctoriale jaune et qui provient soit de l'*Excœcaria glandulosa*, soit du *Jacaranda ovalifolia*, renferme comme constituants principaux :

1° Un corps fondant à 219-221°, de formule $C^{13}H^{12}O^5$, en aiguilles jaunes douées de propriétés tinctoriales très faibles. A.-G. Perkin et S.-H.-C. Briggs lui ont donné le nom de *excœcarine*. Ce corps fournit facilement un *dérivé tribenzoylé* en aiguilles incolores fondant à 168-171°, un *éther diméthylique* en aiguilles jaunâtres fondant à 117-119° et donnant des solutions fluorescentes. La fusion alcaline oxyde l'excœcarine et fournit de l'hydrotoluquinone [$C^6H^3CH^3(OH)^2$, 1 : 2 : 5] et de l'acide hydroquinone-carboxylique. Le brome agit comme oxydant en présence d'acétate de potasse : on obtient l'*excœcarone* $C^{13}H^{10}O^6$, en aiguilles cuivrées fondant à 250° avec décomposition, et que les réducteurs transforment en excœcarine.

Les solutions alcooliques de quinone donnent un composé $C^6H^4O^2.C^{13}H^{12}O^5$, en feuillets verts fondant à 190° en se décomposant, et qui constitue probablement un dérivé de la quinhydrone;

2° Une substance jaune, cristallisée en tables fondant à 243-245° avec décomposition, se rapprochant de la lutéoline par ses propriétés tinctoriales. C'est la *jacarandine*. Elle donne un *dérivé diacétylé* en aiguilles jaunes fondant à 192-194°, un *dérivé dibenzoylé* en aiguilles jaunes fondant à 167-169°. Avec l'acétate de potasse en solution alcoolique, elle fournit un sel $C^{28}H^{23}H^{10}K$ qui par fusion alcaline donne un acide dérivant de la catéchine;

3° Deux résines de couleur orangée, dont l'une constitue une matière colorante et l'autre est dénuée de propriétés tinctoriales.

L'extraction de l'excœcarine et de la jacarandine se fait facilement au moyen de l'eau bouillante. Cette solution additionnée de sel laisse déposer un précipité visqueux qu'on extrait à l'alcool bouillant. On a là une solution renfermant l'excœcarine et la jacarandine qu'on sépare et purifie ensuite par traitement à l'éther et à l'acétate de plomb [*Chem. Soc.*, **81**, 210, 1902].

Janvier 1906. V. Thomas.

JACOBSITE (Min.) (Damour). — Minéral de la famille des spinelles, [Mn, Mg][Fe, Mn]^{2}O^4, en octaèdres réguliers, ou masses grenues noires, très brillantes, fortement magnétiques, dans le calcaire grenu de Jacobsberg, Wermland (Suède).

Caractères. — Insoluble dans l'acide nitrique ; lentement, mais complètement soluble dans l'acide chlorhydrique. Infusible. Réactions du fer et du manganèse. Dureté : raye le verre. Poussière noir rougeâtre. Densité = 4,75.

L. Bourgeois.

JAFALOÏNE. — Voyez l'art. NATALOÏNE.

JAIPURITE (Min.). — Voyez SYÉPOORITE, Dict., 3, 168.

JALAPINE. $C^{34}H^{56}O^{16}$ (Spirgatis et Meyer.

Poleck). $C^{88}H^{156}O^{42}$ (Kromer) [1er Suppl., 971]. — Le corps constitue la majeure partie de la résine de scammonée. La résine de Jalap contient très peu de jalapine à côté de la convoluline qui en constitue l'élément principal (Poleck. *Zeitschr. des allg. österr. Apoth.ver.*, 1892; — Spirgatis. *Arch. de Pharm.*, **232**. 241, 1894; — Poleck, *ibid.*. **232**. 315; — Votocek et Vondracek; *Central.*. 1903, **1**. 884, 1035).

La résine de scammonée est dissoute dans l'alcool dilué; décolorée par le noir. la solution filtrée est évaporée et le résidu, après avoir été lavé plusieurs fois avec de l'eau bouillante, est dissous dans l'éther. Cette solution par évaporation donne la jalapine, fusible vers 150°.

La jalapine avait été considérée comme l'anhydride de l'acide jalapique $C^{34}H^{60}O^{18}$: on l'hydrate par ébullition avec l'eau de baryte (Poleck). Bouillie avec l'eau de baryte, elle donne d'après Kromer, outre du glucose, deux acides volatils (un acide méthylcrotonique et l'acide méthyl-éthyl-acétique) et deux fractions d'acides fixes, l'une, l'acide jalapinolique, insoluble dans l'éther et l'autre soluble [*Zeitschr. öster. apoth. Ver.*, **49**. 437. ou *Central.*, 1895. **2**. 449].

Les acides solubles dans l'éther, traités par CO^3Ba, donnent 90 0/0 d'un sel cristallisé, difficilement soluble dans l'alcool, et un autre sel amorphe soluble. Le premier est l'acide diméthyl-β-oxybutyrique dont l'éther éthylique $CH^3.CH(OH)CH(CH^3)CO^2C^2H^5$, bouillant 170-180°, donne par PCl^5 l'éther éthylique de l'acide tiglique. L'acide libre à 200° ou par action de H^2SO^4 ou HI donne l'acide tiglique. Le sel barytique insoluble représente le même acide éthérifié par lui-même :

$$CH^3\text{-}CH(OH)\text{-}CH(CH^3)CO\text{-}O\text{-}CH(CH^3)CH(CH^3)COOH$$

[Kromer. *Arch. de pharm.*, **239**, 373. 1901].

L'acide nitrique oxyde la jalapine en acides oxalique, isobutyrique et sébacique. Elle se dissout dans H^2SO^4 concentré en prenant une coloration rouge.

Les acides dilués et l'émulsine donnent

$$\underset{}{C^{34}H^{56}O^{16}} + 5H^2O = \underset{\text{Glucose.}}{3C^6H^{12}O^6} + \underset{\text{Ac. jalapinolique}}{C^{16}H^{30}O^3}.$$

Kromer [*Arch. d. pharm.*, **239**, 384. 1901] considère la jalapine comme le triéther méthyl-éthyl-acétique de l'acide jalapique.

$$C^{34}H^{63}(C^5H^9O)^3O^{20}.$$

Pentacétyl-jalapine

$$C^{34}H^{58}(C^5H^9O)^3(C^2H^3O)^5O^{20}$$

poudre jaune amorphe. analogue à la jalapine.

Janvier 1906. M. Delacre.

JALAPIQUE (ACIDE). $C^{34}H^{60}O^{18}$. — L'acide jalapique est la combinaison de l'acide jalapinolique avec le glucose.

Acide déca-acétyl jalapique.

$$C^{34}H^{50}(C^2H^3O)^{10}O^{20}.$$

JALAPINOLIQUE (ACIDE). $C^{16}H^{32}O^3$.

$$\begin{matrix} C^2H^5 \\ CH^3 \end{matrix} > CH.CH(OH).C^{10}H^{20}.COOH$$

[Kromer. *Journ. f. prakt.*, (2). **57**. 448, 1898], fusible à 67-68°. Par oxydation ce corps donne l'acide méthyléthylacétique.

Son *éther méthylique* fond à 50-51°;

Son *éther éthylique* à 47-48°.

Le *dérivé acétylé de l'éther éthylique*

$$C^{18}H^{30}O(C^2H^3O)CO^2C^2H^5$$

bout à 224-225° sous 50 millimètres.

Action de HBr sur l'acide jalapinolique [Hoehnel. *Arch. de pharm.*, **234**, 647, 1897].

Janvier 1906. M. Delacre.

JAPACONITINE (1e Supp., 971). — L'aconit du Japon contient, à côté d'un produit amorphe, la japaconitine $C^{66}H^{88}Az^2O^{21}$ (Wright et Luff) $C^{29}H^{43}AzO^9$ (Paul et Kingzett); d'après Mandelin, Freund, Lubbe, ce corps serait identique à l'aconitine. $C^{34}H^{49}AzO^{11}$ (Dunstan). — Voir JAPBENZACONINE.

M. Delacre.

JAPACONINE. — D'après Dunstan, la japbenzaconine (v. ce mot) se scinde par les acides ou les alcalis d'après l'équation :

$$\underset{\text{Japbenzaconine.}}{C^{32}H^{47}AzO^{10}} + H^2O = \underset{\text{Japaconine.}}{C^{25}H^{43}AzO^9} + C^7H^6O^2$$

La japaconine est amorphe; ses sels cristallisent difficilement; par fusion elle se transforme en une base cristalline, la pyrojapaconitine $C^{32}H^{45}AzO^9$ qui, par les alcalis, perd de l'acide benzoïque en donnant la pyro-japaconine.

M. Delacre.

JAPBENZACONINE. — D'après Dunstan [*Proc. Chem. Soc.*, **15**, 206, 1899; *ibid.*, **21**, 235, 1905], la japaconitine donne par saponification partielle de l'acide acétique et la japbenzaconine :

$$\underset{\text{Japaconitine.}}{C^{34}H^{49}AzO^{11}} + H^2O = \underset{\text{Japbenzaconine.}}{C^{32}H^{47}AzO^{10}} + C^2H^4O^2$$

Cristaux fusibles à + 182-183°. Son pouvoir rotatoire est environ le double de celui de la benzaconine. Janvier 1906. M. Delacre.

JASMAL. — Voyez l'art. JASMONE.

JASMONE. $C^{11}H^{16}O$. — La jasmone est une cétone qui se trouve en faible quantité dans l'essence de jasmin. dont la composition est la suivante :

Jasmone	3 0/0
Indol	2,5
Anthranilate de méthyle	0,5
Acétate de benzyle	65
Acétate de linalyle	7,5
Alcool benzylique	6
Linalol	15.5
	100,0

La jasmone est un liquide jaunâtre, brunissant à la longue. Elle bout à 257-258° sous 755 millimètres. $D_{15} = 0{,}945$. Son *oxime* fond à 45°. Sa *semicarbazone* fond suivant les cas à 199-201° ou à 200-204°, et même à 204-206°. Elle paraît être constituée par un mélange d'isomères; [Hesse, *D. chem. G.*, **32**, 2611, 1899].

Le mélange des corps ci-dessus dans les proportions indiquées présente bien les caractères de l'essence de jasmin.

Verley considérait le principe odorant de la fleur de jasmin comme étant l'*éther méthylénique du phénylglycol*.

$$\begin{array}{l} C^6H^5\text{-}CH \text{ — } CH^2 \\ \qquad\quad | \qquad\quad | \\ \qquad\ O\text{-}CH^2\text{-}O \end{array}$$

composé qui, préparé synthétiquement à partir du phénylglycol et de l'aldéhyde méthylique, bout à 101° sous 12 millimètres [*Bull. Soc. Chim.*, **21**, 226, 1899]. Il donne à ce principe odorant le nom de *jasmal*. Hesse et Müller ont montré l'absence d'acétal du phénylglycol dans l'essence de jasmin [*D. chem. G.*, **32**, 565, 765; **33**, 1585; — voyez aussi Jeancard et Satie, *Bull. Soc. Chim.*, **23**. 555, 1900; — E. Erdmann, *D. chem. G.*, **35**, 27; — Walbaum, *D. chem. G.*, **33**, 1903, 1900].

Juin 1906. P. Carré.

JAUNE DE CROCÉINE. — C'est le nitro-β-naphtol sulfonique. D'après le Brevet allemand 18027 (18 mars 1881), on l'obtient en traitant le β-naphtol sulfonique de Bayer

SO^3H OH

par de l'acide azotique à 50 0/0. Ses sels, bien cristallisés, teignent en jaune la laine et la soie.

Janvier 1906. V. Thomas.

JAUNE INDIEN NATUREL (syn. *piuri*, *purre* ou *pioury*). — Cette matière constitue le dépôt de l'urine des vaches auxquelles on fait manger des feuilles de manguier. Le centre du commerce du piuri se trouve à Mongkyr (Bengale). Il est importé en Europe sous forme de boules d'un brun plus ou moins sale à l'extérieur, d'un jaune orangé à l'intérieur. Elles ont une odeur urineuse. Une analyse a donné les chiffres suivants :

Acide euxanthique	51,0
Silice et alumine	1,5
Magnésium	4,2
Calcium	3,4
Eau et substances volatiles	39,0

Au lieu d'être constitué environ par moitié d'euxanthate de chaux et de magnésie, le jaune altéré est un mélange d'euxanthone et d'acide euxanthique [*Monit. scient.*, 1890, 279].

Janvier 1906. V. Thomas.

JÉCORINE. — Corps sulfuré et phosphoré encore très mal défini, et que Drechsel a retiré du foie du cheval. On le trouve aussi dans la rate, le muscle, le sang et le cerveau chez d'autres animaux ou chez l'homme. Ce corps, soluble dans l'éther, d'où l'alcool le précipite, réduit la liqueur de Fehling et fournit par dédoublement du glucose qui a été isolé à l'état d'osazone. A cause de ses conditions de solubilité et de sa teneur en phosphore, il a dû certainement vicier un grand nombre de dosages de lécithine dans les tissus [Drechsel, *J. prakt. Chem.*, **33**, 425, 1886; Baldi, *Arch. f. Physiol.*, 1887, tome suppl., 100; Manasse, *Zeit. physiol. Chem.*, **20**, 481, 1895; Bing, *Skand. Arch. f. Physiol.*, **9**, 341, 1899]. Il est vraisemblable que la jécorine telle qu'on l'obtient d'après Drechsel est un mélange de plusieurs corps [Meinertz, *Zeit. physiol. Chem.*, **46**, 376; Siegfried et Mark, *ibid.*, 492]. E. Lambling.

JÉRÉMÉJÉWITE (Min.) (Damour-Websky). — Orthoborate d'aluminium,

$$BoO^3Al \quad \text{ou} \quad Al^2O^3 . Bo^2O^3.$$

Cristaux incolores, transparents, atteignant quelques millimètres, dans une arène granitique des monts Soktoui, contrefort des monts Adountchilon, Sibérie. Ressemble au béryl ou à l'apatite.

Caractères. — Insoluble dans les acides, mais soluble à chaud dans la potasse très concentrée. Au chalumeau, infusible, blanchit, colore la flamme en vert et devient alors attaquable par l'acide sulfurique. Avec le nitrate de cobalt, réaction de l'alumine. Dureté = 6,5. Densité = 3,28.

Forme cristalline. — Prisme hexagonal avec une pyramide, hémiédrie à la façon de l'apatite ou hémimorphisme. $a : c = 1 : 0,6836$. Anomalies optiques fréquentes ; s'expliqueraient, d'après M. Websky, en admettant un prisme rhombique $mm = 122°10'$; $a : b : c = 0,5523 : 1 : 0,5434$.

L. Bourgeois.

JOHNSTONOTITE (Min.) (W. A. Mac-Leod et O. E. White). — Variété de grenat jaune brunâtre en gros trapézoèdres, renfermant fer (FeO), manganèse (MnO), magnésium et calcium, dans le trachyte de Port Cygnet, Tasmanie. L. Bourgeois.

JOHNSTRUPITE (Min.) (Brögger). — Silicate complexe appartenant à la famille de l'épidote, très voisin de la mosandrite ; il renferme : anhydride titanique, zircone, thorine, oxydes de cerium, lanthane, didyme, yttria, alumine, chaux, soude, eau et fluor. Cristaux vert brunâtre, trouvés dans des filons aux environs de Barkevik, Norvège.

Caractères. — Très soluble dans l'acide chlorhydrique étendu. Dans le tube, donne de l'eau. Au chalumeau, assez fusible avec boursouflement en un verre vert brunâtre. Réactions du titane, etc. Poussière vert jaunâtre. Densité = 3,29.

Forme cristalline. — Prisme clinorhombique : $a : b : c = 1,6229 : 1 : 1,3594$; $\beta = 86°55'5$. Faces $h^1 g^1 m h^3 h^{7/3} h^2 h^{5/3} h^{4/3} g^3 o^1 o^{1/2} a^{1/2} o^{1/3} a^{1/3}$. Clivage h^1. Parfaitement isomorphe avec la mosandrite. L. Bourgeois.

JOSEPHINITE (Min.) (W. H. Melville). — Alliage de nickel et de fer, Fe^2Ni^5, en petits cailloux avec serpentine, chromite, magnétite, troïlite, dans des sables provenant des comtés de Joséphine et de Jackson, Orégon. Gris d'acier, magnétique, sectile. Dureté = 5. Densité = 6,204.

L. Bourgeois.

JUGLON (5 oxynaphtoquinone). — Voyez l'art. NAPHTOQUINONE).

JULIANITE (Min.) (Websky). — Variété de tennantite. L. Bourgeois.

JULOL. — Reissert [*D. chem. G.*, **24**, 844, 1891] a donné le nom de *julol* au noyau hypothétique

CH CH
CH C CH
CH C CH²
C Az
CH CH²
CH

Le dérivé dihydrogéné de ce corps

CH CH²
CH C CH²
CH CH²
C Az
CH
CH

serait la *juloline* ; le dérivé tétrahydrogéné

CH CH²
CH C CH²
CH CH²
C Az
CH² CH²
CH²

serait la *julolidine*. On trouvera aux articles JULOLINE et JULOLIDINE la description des dérivés de ces noyaux. La désignation des substitutions aura lieu conformément au schéma suivant :

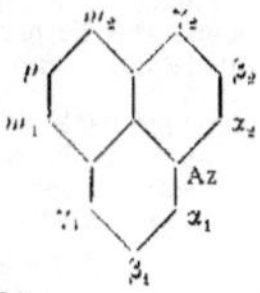

m_2 γ_2 p β_2 m_1 α_2 Az γ_1 α_1 β_1

Janvier 1906. R. Marquis.

JULOLIDINE. — La julolidine (voir l'article JULOL) a été obtenue par Pinkus [*D. chem. G.*, **25** 2798, 1892] en condensant la formanilide avec le chlorobromure de triméthylène. C'est une masse incolore fondant à 40°, distillant, avec décomposition partielle, vers 180°. Son *chlorhydrate* fond à 218°, son *iodhydrate* à 219-222°, son *picrate* à 165°, son *chloroplatinate* à 220°, son *iodométhylate* à 186°. L'oxydation de cette base donne des produits non définis.

La p-*méthyljulolidine* a été obtenue à partir de la formo-p-toluide.

La γ-*méthyljulolidine* s'obtient en réduisant l'α_1-céto-γ_1-méthyljuloline (Voy. JULOLINE) par le sodium et l'alcool [Reissert, *D. chem. G.*, **25**. 118, 1892]. Elle est liquide et bout à 283-287° en se décomposant faiblement; elle possède une odeur caractéristique et désagréable d'alcaloïde. Elle s'altère aisement à l'air. C'est une base forte qui se dissout dans les acides minéraux. Son *picrate* est en aiguilles larges, jaunes, noircissant à 130-140°.

α_1-oxy-γ_1-méthyl-β_1-γ_1-dibromojulolidine. — Elle se forme par addition de brome à l'oxyméthyljuloline; elle se présente en cristaux jaunes fondant vers 141°,5.

L'*α_1-oxy-$\beta_1\beta_1\gamma_1$-tribromo-γ_1-méthyljuloline* se forme par addition de brome à l'oxy-bromométhyljuloline; elle cristallise en aiguilles rouge jaunâtre fondant vers 140°, fort peu stables.

Janvier 1906 R. Marquis.

JULOLINE. — Les dérivés de la juloline ont été obtenus par Reissert [*D. chem. G.*, **24**. 841, 1891; **25**, 108, 1190, 1193, 1892] en condensant la tétrahydroquinoléine, soit avec l'acétylacétate d'éthyle ou ses homologues, soit avec l'éther malonique. Avec l'éther acétylacétique, la réaction se passe en deux phases. Dans la première, on obtient la tétrahydroquinoléide acétylacétique :

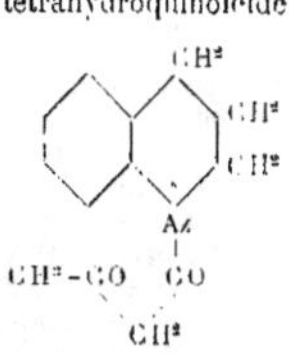

CH^2 CH^2 CH^2 Az CH^2-CO CO CH^2

Cette anilide, traitée par l'acide sulfurique concentré, perd 1 molécule d'eau en se transformant en céto-méthyljuloline :

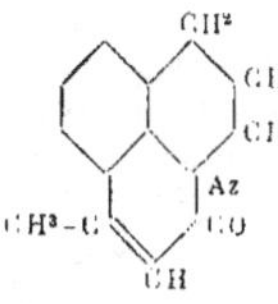

CH^2 CH^2 CH^2 Az CH^3-C CO CH

α_1-céto-γ_1-méthyljuloline.— On chauffe à l'ébullition pendant 2 heures, puis en vase clos, à une température plus élevée, un mélange équimoléculaire de tétrahydroquinoléine et d'éther acétylacétique. L'huile obtenue, qui contient, à côté de la tétrahydroquinoléide formée, une certaine quantité des composants qui n'ont pas réagi, est dissoute dans 2 volumes d'acide sulfurique concentré. On verse alors dans l'eau, on sursature par la soude, puis entraîne à la vapeur pour enlever l'excès de tétrahydroquinoléine. Le produit solide restant est cristallisé dans l'eau ou la ligroïne. Il forme des aiguilles blanches fondant à 129°,8 (corr.), solubles dans l'alcool, le benzène, le chloroforme, solubles aussi dans les acides minéraux concentrés mais reprécipitables par l'eau. Le *chlorhydrate* de ce corps cristallise avec 1/2 H^2O, il est dissocié à 100°; le *chloroplatinate* est en aiguilles jaune orangé clair noircissant à 200° sans fondre.

La céto-méthyljuloline additionne le brome pour donner un *dibromure* fort peu stable, qui perd facilement HBr en se transformant en α_1-*céto-β_1-bromo-γ_1-méthyljuloline.* Ce corps se prépare facilement en traitant par l'eau de brome la cétométhyljuloline dissoute dans l'acide chlorhydrique et faisant bouillir jusqu'à disparition de la coloration jaune : il forme des aiguilles blanches fondant à 178°,5 (corr.). Par un procédé analogue, on peut préparer un *dérivé dibromé*, cristallisant dans l'alcool absolu en rhombes jaunes fusibles à 153° (corr.).

La nitration de la cétométhyljuloline conduit à deux *dérivés mononitrés*, l'un fondant à 223°,8 (corr.), peu soluble dans l'alcool, l'éther, la ligroïne; l'autre fondant à 149°,1 (corr.), plus soluble dans ces solvants.

L'oxydation manganique de la cétométhyljuloline fournit de l'acide α-oxylépidine-*o*-carbonique, ce qui démontre bien sa constitution.

En traitant la cétométhyljuloline par le perchlorure de phosphore, Reisser [*D. chem. G.*, **25**, 119, 1892] a obtenu une matière colorante violette $C^{39}H^{36}Az^3O^3Cl$, se présentant sous forme d'une masse à éclat métallique soluble dans l'eau. Ce corps se transforme, par ébullition avec la soude, en une base $C^{39}H^{35}Az^3O^3$, amorphe, brun noir, insoluble dans l'eau, soluble dans les acides.

α_1-oxy-γ_1-méthyljuloline. — C'est le produit de réduction de la cétométhyljuloline par l'amalgame de sodium et l'alcool [*D. chem. G.*, **25**, 114]. Ce corps fond à 45°, il ne réagit pas avec les réactifs ordinaires de l'oxhydrile.

α_1 α_2-dicéto-γ_1-méthyljulol,

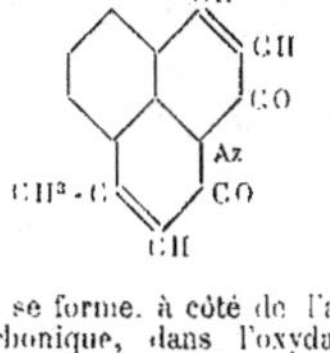

CH CH CO Az CH^3-C CO CH

— Ce corps se forme, à côté de l'acide α-oxylépidine-*o*-carbonique, dans l'oxydation manganique de la cétométhyljuloline. Il cristallise dans l'acide acétique en aiguilles légères, jaunâtres, fondant à 245°.

Bis-α_1-céto-γ_1-méthyljulolidyle $(C^{13}H^{14}AzO)^2$. — Il se forme dans la réduction de la céto-méthyljuloline par l'amalgame de sodium en solution acétique. Il fond à 257°,5 (corr.) [*D. chem. G.*, **25**, 113, 1892].

α_1-céto-β_1-éthyl-γ_1-méthyljuloline [Reissert et Kaiser, *D. chem. G.*, **25**, 1190, 1892]. — Ce corps s'obtient par condensation de la tétrahydroquino-

léine avec l'éther éthylacétylacétique. Il cristallise dans la ligroïne en aiguilles blanches fondant à 80°. Son *dérivé bromé* fond à 140°. Son *dérivé nitré* fond à 168°.

α_1 *céto-γ_1-o-yjutoline*. — Elle se forme par condensation de la tétrahydroquinoléine avec l'éther malonique. Elle cristallise en aiguilles blanches fondant au-dessus de 300°, solubles dans les alcalis et donnant un sel de baryum et un sel de cuivre; le *dérivé benzoylé* fond à 151°, le *dérivé isonitrosé* est en aiguilles rouges fondant à 158°. Traité par le perchlorure de phosphore, ce corps se transforme en *α_1-céto-γ_1-chloroyjutoline*, aiguilles fondant à 135°.

Janvier 1906. R. Marquis.

JUTE. — Voyez, pour la composition et les propriétés chimiques de la fibre; HYDROCELLULOSE, 2e Suppl., 5, 498 LIGNOCELLULOSE). V. Thomas.

K

KAÏNITE (Min.) (Zincken). — Sel double formé de chlorure de potassium et de sulfate de magnésium hydraté, $KCl \cdot SO^4Mg \cdot 3H^2O$. Masses grenues blanches ou teintées de rose plus ou moins foncé, rarement cristaux, avec picromérite, sel gemme et sylvine, à Stassfurt et Aschersleben, couches épaisses à Kalusz, Galicie.

Caractères. — Non déliquescent, très soluble dans l'eau, mais se décompose alors en picromérite et chlorures de potassium et magnésium. Dureté = 2,5-3. Densité = 2.067-2.188.

Forme cristalline. — Prisme clinorhombique :

$$a : b : c = 1,2186 : 1 : 0,5683 ; \quad \beta = 94°54'.$$

Faces : $p h^1 {}_2 d^1 {}_2 h^1 g^1 e^1 {}_2 o^1 {}_2 m h^3 h^2$, etc. Clivages h^1, parfait, m distinct, g^1 imparfait.

KAÏNOSITE (Min.) (Nordenskjöld). — Silicate-carbonate hydraté d'yttrium, erbium et calcium, formant des cristaux pseudo-hexagonaux, translucides, brun jaunâtre, dans la pegmatite d'Hitterö, Norvège. Dureté = 5.5. Densité = 3,413. Orthorhombique : $a : b : c = 0,9517 : 1 : 0,8832$.

L. Bourgeois.

KAÏRINE. — Voyez l'art. QUINOLÉINE.

KAKAOXINE ou **CACAOXINE.** — Corps glucosidique extrait du cacao en épuisant ce dernier par l'alcool à 20 0/0 qui enlève un ferment soluble, par le pétrole léger qui enlève les graisses, et en traitant le résidu par l'alcool à 90 0/0. Ce corps se dédoublerait par les ferments solubles ou par les acides étendus en glucose, théobromine et rouge de cacao $C^{17}H^{12}(OH)^{10}$. Sa formule serait $C^{60}H^{86}Az^4O^{15}$ [Schweitzer, *Chem. Centr.*, 1898; 2, 217; *Pharm. Zeit.*, 43, 380; Hilger, *Pharm., Zeit.*, 38, 511].

1er Janvier 1906. A. Hébert.

KALGOORLITE (Min. (Pittmann). — Tellurure d'argent, or et mercure, $HgAu^2Ag^6Te$ (?), en masses noires à cassure subconchoïdale, dans les filons d'un porphyre quartzifère de Kalgoorlie, Nouvelle-Galles du Sud. Densité = 8,79-9,38.

L. Bourgeois.

KALIBORITE (Min.). — Voyez HEINTZITE, 2e Suppl., 5, 4.

KALICINE (Min.) (Pisani). — Carbonate monopotassique CO^3KH. On n'a encore trouvé à l'état natif qu'un échantillon de cette substance, à Chypis, Valais, sous un tronc d'arbre mort. Agrégats salins de très petits cristaux indistincts, jaunâtres, translucides. Voyez pour le sel artificiel, POTASSIUM. L. Bourgeois.

KALIOPHILITE (Min.) (Mierisch). — Voyez PHACELLITE [2 Suppl.].

KALLILITE (Min.). — Variété d'ulmannite renfermant du bismuth avec un peu d'arsenic, de cobalt et de fer, [Ni, Co, Fe][Sb, Bi, As]S.

KALUSZITE (Min.). — Voyez SYNGÉNITE [2e Suppl.].

KAMALINE. — Voyez ROTTLÉRINE.

KAMARÉZITE (Min.) (Busz). — Sulfate basique de cuivre, $3CuO \cdot SO^3, 8H^2O$. — Petites aiguilles ou masses cristallines vert d'herbe, de Kamareza, Laurium, Grèce. Caractères de la brochantite. Dureté = 3. Densité = 3,98.

Forme cristalline. — Prisme orthorhombique :

$$mm = 120° ; \quad h^1 a^1 = 120° ; \quad h^1 a^1{}_{/2} = 149°.$$

Faces : $a^1 a^1{}_{/2}$. Clivage, h^1 parfait.

L. Bourgeois.

KAMAZITE (Min.). — Voyez CHAMAZITE, Suppl., 1, 447.

KAOLINS. — Voyez POTERIES.

KÄRSUTITE (Min.). — Variété de hornblende, comprenant 7 0/0 d'anhydride titanique et des traces d'anhydride stannique en remplacement partiel de la silice. L. Bourgeois.

KARYINITE (Min.) (Lundström). — Arséniate de plomb, manganèse, calcium et magnésium en masses grenues, brun cannelle, formées de cristaux clinorhombiques, trouvé à Långban, Suède. Dureté = 3 à 3,5. Densité = 4,25.

KARYOCÉRITE (Min.). — Voyez CARYOCÉRITE, 2e Suppl., 2, 1024. L. Bourgeois.

KATINE. — $C^{10}H^{18}OAz^2$ (?). Alcaloïde extrait du *Catha edulis* [Beitter, *Arch. de Pharm.*, 239, 24) dans lequel il est contenu à la teneur de 0.008 0/0. C'est une masse dure, jaune, très amère, très peu soluble dans l'eau, peu soluble dans le chloroforme, l'éther, le pétrole léger, soluble dans l'alcool.

1er Janvier 1906. A. Hébert.

KAUAIITE (Min.) (E. Goldsmith). — Sulfate basique alumino-alcalin.

$$3[K, Na, H]^2O \cdot 2Al^2O^3 \cdot SO^3,$$

renfermant 33,5 0/0 d'eau. Enduits volcaniques formant une poudre blanche ressemblant à de la craie ou des granules amorphes, trouvés à Hawaii. N'est soluble dans les acides qu'après calcination; soluble dans les alcalis caustiques. Densité = 2,566. L. Bourgeois.

KAURINIQUE KAURINOLIQUE, KAUROL. KAURONOLIQUE (ACIDES). — Corps extraits de la résine de Kauri-Busch-Copal; voir l'art. RÉSINES. A. Hébert.

KAWAÏNE. — Voy. MÉTHYSTICINE.

KEATINGITE (Min.) (Shepard). — Minéral très voisin de la fowlérite et de la bustamite, clivable en prismes de 116°, trouvé à Franklin, New-Jersey. L. Bourgeois.

KEHOÉITE (Min.) (W. P. Headden). — Phosphate aluminozincique hydraté, avec un peu de chaux, $3RO . 4Al^2O^3 . 3P^2O^5 . 27H^2O$, où $R = Zn^{3/4}Ca^{1/4}$. Masses blanches amorphes, petites veines avec galène argentifère, blende, pyrite, à la mine Merritt, à Galena, comté de Lawrence, Dacota méridional. Soluble dans les acides forts et dans la potasse; infusible au chalumeau. Densité = 2.34. L. Bourgeois.

KELÈNE. — C'est le chlorure d'éthyle employé comme anesthésique local. — Voyez ÉTHYLIQUES (ÉTHERS), 2e Suppl., **3**, 646.

KENTROLITE (Min.) (vom Rath-Damour). — Minéral de formule

$PbO . MnO^2 . SiO^4$ ou $2PbO . Mn^2O^3 . SiO^2$,

en très petits cristaux brun rougeâtre foncé. Très rare, avec quartz, barytine, apatite, au Chili méridional.

Caractères. — Attaquable par les acides avec dépôt de silice. Fusible au chalumeau en un verre noir; réactions du plomb et du manganèse. Dureté = 5. Poussière brun rouge. Densité = 6.19.

Forme cristalline — Prisme orthorhombique $mm = 115°18'$; $b^{1/2}b^{1/2}$ (sur e^1) $= 125°32'$. Faces $b^{1/2}\,m\,g^1$. Clivage m. L. Bourgeois.

KÉPHIR. — Voyez l'art. LAIT. 2e Suppl., **6**, 207.

KÉRATINE. — Voyez l'art. ALBUMINOÏDES, 2e Suppl. **2**, 137.

KÉROSÈNE. — Voyez PÉTROLES.

KESSYLIQUE (ALCOOL). — J. Bertram et E. Gildemeister ont extrait ce produit [*Arch. d. Pharm.* (3), **28**, 483; 1890] de l'essence de la racine de *valeriana officinalis angustifolia* en la soumettant à la distillation fractionnée. A 300°, il passe un composé que la potasse alcoolique dédouble en acide acétique et alcool kessylique $C^{14}H^{24}O^2$, beaux cristaux orthorhombiques, fusibles à 85°, solubles dans la plupart des solvants organiques, bouillant à 155-156° sous 11 millimètres et à 300-302° sous la pression atmosphérique, déviant à gauche le plan de polarisation en solution alcoolique.

1er Janvier 1906. A. Hébert.

KÉTINES. — Voy. l'art. DIAZINES. 2e Suppl., **3**, 91.

KÉTIPIQUE (ACIDE) (*Acide kétoadipique*). — *L'éther kétipique*,

```
CO - CH² - CO²C²H⁵            CO - CH²   CO²C²H⁵
|                      ou     |
CO - CH² - CO²C²H⁵            CH² - CO   CO²C²H⁵
```

se forme quand on chauffe au bain-marie pendant plusieurs jours, une molécule d'éther oxalique avec 2 molécules d'éther chloracétique et du zinc.

Il se forme une masse brune, composé zincique, qui est décomposée par l'acide sulfurique; on extrait à l'éther; après évaporation de ce dernier on obtient des cristaux d'éther kétipique mélangés d'une grande quantité d'huiles épaisses.

Cet éther fond à 76-77°. Il contient bien deux groupes CO, car il donne une *dihydrazone*, $C^6H^8(Az^2C^6H^6)^2(CO^2C^2H^5)^2$, insoluble dans l'éther.

L'acide kétipique libre est un corps très instable, dont les sels n'ont pu être préparés à l'état de pureté. Fortement chauffé, il perd CO^2 et donne un liquide bouillant à 78-79° [Fittig et Daimler, *D. chem. G.*, **20**, 202, 1887]. P. Carré.

KÉTOLACTONIQUE (ACIDE).

```
CH³ - C — O — CO             CH² = C — O — CO
      ‖       |                    |       |
      C ———— CH        ou          CH ——— CH
              |                    |       |
      CO²H   CH² - CH³            CO²H    CH² - CH³
```

— Le β-éthyl-acétosuccinate d'éthyle se dédouble partiellement à la distillation en alcool et kétolactonate d'éthyle, $C^{10}H^{14}O^4$; ce dernier saponifié par HCl fournit l'acide kétolactonique, $C^8H^{10}O^4$, qui cristallise dans l'eau bouillante en aiguilles incolores fusibles à 186°.

Sels de baryum : $(C^8H^9O^4)^2Ba + 2H^2O$, efflorescent; $C^8H^9O^4Ag$. Il existe aussi un sel diargentique, $C^8H^{10}O^5Ag^2$; le sel de baryum correspondant se décompose facilement en solution, avec précipitation de CO^3Ba et formation d'un acide $C^7H^{12}O^3$ (probablement l'acide éthylacétopropionique) [Fittig, *Ann. Chem.*, **216**, 26, 1883]. P. Carré.

KEWEENAWITE (Min.) (G. A. Kœnig). — Arséniure de cuivre (37,16 0/0) et de nickel (17,06 0/0) avec un peu de cobalt (0,89 0/0), soit $[Cu.Ni.Co]^2As$, masses très finement grenues, ressemblant à la microlite. Dureté = 4. Densité = 7,681.

KIESÉRITE (Min.). — Voyez KILSÉRITE, Dict., **2**, 172.

KINO (Dict., **2**, 172). — On désigne sous le nom de kino le suc épaissi à l'air de certaines plantes. Le kino du commerce provient de la côte de Malabar.

KINO DE MALABAR. — L'arbre qui le produit est le *Pterocarpus marsupium*. On l'extrait par simple incision de l'écorce. Sur le marché, il se présente sous forme de petits morceaux dont la couleur varie du brun au rouge noir.

Cette substance paraît renfermer à l'état libre de la pyrocatéchine qu'on peut extraire par l'éther [Eisfeld, *Ann. Chem.*, **92**, 102]. Par fusion alcaline, elle fournit de grandes quantités de phloroglucine [Hlasiwetz, *ibid.*, **134**, 122] et de l'acide protocatéchique [Stenhouse, *ibid.*, **177**, 187].

En traitant le produit commercial par l'acide chlorhydrique, Etti [*D. chem. G.*, **11**, 1879] a obtenu un résidu insoluble qu'il a désigné sous le nom de rouge de kino. La partie soluble constitue la kinoïne.

La *kinoïne*, débarrassée complètement du rouge de kino par des cristallisations répétées dans l'eau chaude, forme des aiguilles prismatiques incolores, peu solubles dans l'eau froide, plus solubles dans l'eau chaude et l'alcool, moyennement solubles dans l'éther. Les solutions aqueuses stables à l'air se colorent en rouge par le chlorure ferrique. La composition correspond à la formule brute $C^{14}H^{12}O^6$. Chauffée à 120°, la kinoïne perd de l'eau et donne le rouge de kino, $C^{28}H^{22}O^{11}$. Chauffée vers 120-130° avec de l'acide chlorhydrique, la kinoïne fournit du chlorure de méthyle, de la pyrocatéchine et de l'acide gallique. Il est probable que le groupe CH^3 est attaché au noyau pyrocatéchique, ce qui conduirait pour la kinoïne à la formule

```
          OH
         /  \
     OH |    |
     OH |    |— CO - C⁶H³ < OCH³
         \  /                OH
```

Le *rouge de kino* est soluble dans les alcalis. A 160-170° il perd à nouveau de l'eau et donne un anhydride $C^{28}H^{20}O^{10}$. Par distillation sèche, on obtient du phénol, de la pyrocatéchine, du gayacol et de l'anisol.

KINO D'AUSTRALIE. — C'est le suc de différentes sortes d'eucalyptus. Henry-G. Smith a pu en isoler par traitement à l'eau deux substances auxquelles il a donné le nom d'eudesmine et d'aromadendrine.

L'aromadendrine, $C^{20}H^{20}O^{12} + 3H^2O$, est en aiguilles fondant à 216°, se comportant dans un grand nombre de réactions à la façon de la catéchine, mais se distinguant de cette dernière en ce qu'il ne se transforme pas en pyrocatéchine à 230° en présence de glycérine. L'action de la chaleur la transforme en jaune de kino.

L'eudesmine, $C^{26}H^{30}O^8$, forme des cristaux rhomboédriques. Point de fusion, 99° [Meiden et Smith, *Central Blatt.*, (1), 170 et 611, 1897].

KINO DE CROTON TIGLIUM. David Hooper, *Pharm. Journ.*, (4), 24, 179.

KINO DE DIPTERIX ODORATA. — [Édouard Heckel et Fr. Schlagdenhauffen, *C. R.*, 138, 430, 1904].

15 mai 1906. V. Thomas.

KINOÏNE. — Voyez KINO.

KLAPROTHITE (Min.) (Petersen). — Sulfure de cuivre et de bismuth, $3Cu^2S.2Bi^2S^3$, en longs prismes striés gris d'acier, à reflets irisés, trouvé à la mine Daniel, près Wittichen et Eberhard, près Alpirsbach, à Freudenstadt, Bulach, Königswart, vallée de la Murg, Sommerkahl en Spessart. Dureté = 2,5. Poussière noire. Densité = 4,6. Prismes orthorhombiques de 107°. Faces mh^1. Clivages h^1. L. Bourgeois.

KNOPITE (Min.) (Holmquist). — Variété de perowskite renfermant un peu de zircone, du fer, et 5 0/0 environ d'oxyde de cérium, cristaux cubiques ou octaédriques, avec faces a^2 et $b^{\frac{1}{2}}$, présentant des anomalies optiques, dans des calcaires cristallins ou syénites éléolithiques à Alnön, Suède. Dureté = 5,6. Densité = 4,11-4,21.

KNOXVILLITE (Min.) (Melville et Lindgren). — Sulfate basique de fer, chrome, aluminium, magnésium et nickel, hydraté,

$$RO.R^2O^3.\frac{5}{2}SO^3.xH^2O,$$

en minces enduits verts jaunâtre, sur redingtonite, à la mine de mercure de Redington, comté de Knoxville, Californie. Tables rhombiques de 102°. Clivages p parfait, m et h^1 distincts.

KOENENITE (Min.) (F. Rinne). — Oxychlorure de magnésium et d'aluminium,

$$Al^2O^3.3MgO.2MgCl^2,6 \text{ à } 8H^2O.$$

Masses écailleuses, à clivage micacé, flexibles en lame mince, colorées en rouge par un peu d'hématite, avec sel marin, anhydrite et carnallite, dans l'argile des dépôts permiens de Volpriehausen, Sollinger Wald, Hanovre. Décomposable par l'eau à chaud. Densité = 1,98. Rhomboèdre, clivage basique. L. Bourgeois.

KÖHLÉRITE (Min.). — Voyez UNOFRITE, Dict., 2, 613.

KOLANINE. — La kolanine est la combinaison naturelle des alcaloïdes de la noix de Kola. Knox et Prescott [*J. Amer. chem. Soc.*, 19, 63, 1897] pensaient que c'était une combinaison de caféine et de théobromine avec un glucoside tannifère Schweitzer [*Pharm. Zeit.*, 43, 380] a obtenu la kolanine par extraction alcoolique de la noix de Kola et traitement alcalin [voir aussi Hilger, *Pharm. Zeit.*, 38, 511]. Les ferments hydrolytiques et les acides étendus la dédoublent en glucose, caféine, théobromine et rouge de Kola. Elle aurait comme composition $C^{40}H^{56}Az^4O^{21}$.

[Sur la pharmacologie, voir P. Carles, *J. Pharm.*, (6), 4, 104; Dohme et Engelhardt, *Amer. Drugg.*, 1896, 12].

1er janvier 1906. A. Hébert.

KONGSBERGITE (Min.). — Voyez ARQUERITE, Dict., 1, 393.

KONINCKITE (Min.) (G. Cesaro). — Phosphate ferrique hydraté, $(PO^4)^2Fe^2.6H^2O$, en masses fibreuses et arrondies, presque incolores ou blanches, à éclat vitreux, des environs de Visé, Belgique. Soluble dans les acides sulfurique et chlorhydrique à chaud; fusible au chalumeau en un globule noir. Dureté = 3,5. Densité = 2,3. Probablement clinorhombique; clivage perpendiculaire à l'allongement. L. Bourgeois.

KONITE (Min.). — Voyez CONITE. Dict., 1, 969.

KOPPITE (Min.) (A. Knop). — Niobate de calcium, cérium (lanthane et didyme), sodium, potassium, etc., $5RO.2Nb^2O^5$, renfermant un peu de fluor. Cubes transparents bruns, avec apatite et magnoferrite? dans un calcaire grenu à Schelingen et Vogtsburg, au Kaiserstuhl. Densité = 4,45-4,56. Ne diffère du pyrochlore que par l'absence de titane et de thorium. L. Bourgeois.

KORNERUPINE (Min.) (Lorenzen). — Silicate fortement basique d'aluminium et de magnesium, $SiO^6MgAl^2 = MgO.Al^2O^3.SiO^2$, en masses rayonnées, ressemblant à de la sillimanite, avec mica et cordiérite, à Fiskernäs, Groenland. Dureté = 6,5. Densité = 3,273. Prisme orthorhombique : $mm = 89°$. Faces mg^1.

KOSÉINE ou KOSSINE, ou KOUSSINE, ou TAENINE. — Pavesi [*Journ. Pharm. d'Anvers*, 1858, p. 472] et Vée [*Neues Rep. Pharm.*, 8, 325] avaient isolé des fleurs de kousso, ou fleurs femelles d'*Hagenia Abyssinica*, une substance qu'ils avaient appelée kossine ou taeniine. Son étude reprise plus tard a montré que ce corps est une substance cristallisée; on l'a proposée comme vermifuge, mais ses propriétés thérapeutiques ont été démontrées à peu près nulles (Max Leichsenring).

Cet auteur a étudié [*Arch. d. Pharm.*, 232, 50, 1893] la koséine de Merk. Elle cristallise en aiguilles jaune citron, fondant à 142°, peu solubles dans les carbonates alcalins. Par purifications dans l'alcool, on arriverait à la faire fondre à 148°; sa formule serait $C^{23}H^{30}O^7$; elle réduit l'azotate d'argent ammoniacal, et par action de l'acide sulfurique dilué à chaud elle donne de l'acide isobutyrique. La koséine donne un *dérivé acétylé* en poudre blanche cristalline fusible à 82° et un *dérivé benzoylé* fusible à 176°.

Cette koséine n'existerait pas toute formée dans les fleurs de kosso, mais serait un produit de décomposition de la kosotoxine (voir ce mot).

Kondakow et Schatz [*Arch. d. Pharm.*, 237, 493, 1899] ont repris l'étude des fleurs de kousso et ont constaté que leur principe actif, la *koussine*, est amorphe, insoluble dans l'eau, soluble dans l'alcool, l'éther, les alcalis, et réduit la liqueur de Fehling et le nitrate d'argent ammoniacal; dans l'acide acétique, elle dépose après plusieurs jours des cristaux de *kosine*, fusible à 148°, non réductrice, toxique; dissoute dans les alcalis et saturée par le phosphate de sodium, elle donne la kosine amorphe, fusible à 142° et non toxique. Ces deux formes répondent aux formules $C^{22}H^{30}O^7$ ou $C^{22}H^{32}O^7$.

Lobeck [*Arch. d. Pharm.*, 239, 672, 1901] a pu dédoubler la koussine du commerce en deux composés : l'*α-koussine*, physiologiquement inactive, belles aiguilles jaune citron, fusibles à 160°, renfermant deux groupements OCH^3; la *β-koussine*, également inactive, prismes jaunes, fusibels à 120°.

1er janvier 1905. A. Hébert.

KOSIDINE $C^{31}H^{36}O^{11}$. — Lobeck a extrait (*Arch. d. Pharm.*, **239**, 681-683) de la kosine brute cet autre corps se présentant en tables incolores, peu solubles dans les solvants organiques, et réduisant l'azotate d'argent ammoniacal et les solutions alcalines de cuivre.

La kosidine renferme deux groupes méthoxylés.

1er janvier 1906. A. Hébert.

KOSOTOXINE ou Koussotoxine. — En opérant sur les fleurs de kosso des extractions successives à l'éther, à l'eau et au carbonate de sodium et des séparations successives au moyen de l'alcool, de la ligroïne et de la soude caustique, M. Leichsenring [*Arch. d. Pharm.*, **232**, 50, 1893] a isolé deux substances : le protokoséine (voir plus bas) et la kosotoxine. Celle-ci est une poudre jaunâtre, cristallisable, fusible à 80°, de formule $C^{26}H^{34}O^{10}$, réduisant le sulfate de cuivre, mais ne renfermant ni groupement aldéhydique, ni carboxyle. Elle possède des propriétés toxiques. Chauffée avec de l'eau de baryte à 5 p. 100, elle se transforme en koséine (voir ce mot), acides isobutyrique et acétique, et matières résineuses rougeâtres.

Kondakow et Schatz (voyez Koséine) donnent pour la kosotoxine la formule $C^{25}H^{32}O^{9}$ et Lobeck, $C^{52}H^{68}O^{20}$; elle renfermerait aussi deux groupes $CH^{3}O$ et par l'action de la poudre de zinc donnerait la triméthylphoroglucine.

Protokoséine ou Protokoussine. — Cette substance est dépourvue de propriétés physiologiques : elle cristallise dans l'alcool absolu en aiguilles blanches, soyeuses, de formule $C^{29}H^{38}O^{9}$, fusibles à 176°, insolubles dans l'eau, et colorables en rouge par l'acide sulfurique en mettant en liberté de l'acide isobutyrique.

Koussidine. — La protokoussine est toujours accompagnée d'une substance soluble dans l'éther de pétrole, fusible à 178°; c'est la *koussidine* $C^{31}H^{48}O^{11}$, renfermant deux $CH^{3}O$ et douée d'une faible action physiologique.

1er janvier 1906. A. Hébert.

KOUMYS. — Voyez Coumys, 2e Suppl., **2**, 1408.

KOUSSIDINE. — Voyez Kosotoxine.

KOUSSINE, KOUSSOTOXINE. — Voyez Koséine, Kosotoxine.

KRAURITE (Min.) [(L. Breithaupt). Syn. *Grüneisenerz*]. — Voyez Dufrénite, Dict., **1**, 1188.

KRENNÉRITE (Min.) [(vom Rath). Syn. : *Bunsénine* (Krenner)]. — Tellurure d'or et d'argent, $3Ag^{2}Te^{2}, 10AuTe^{2}$, en petits cristaux blanc d'argent de Nagyag (Transylvanie). Densité = 8,35. Orthorhombique : $mm = 93°30'$, $me^{1} = 107°58'5$. Clivage p. L. Bourgeois.

KRÖHNKITE (Min.) (Darapsky). — Sulfate de cuivre et de sodium hydraté, $SO^{4}Na^{2}, SO^{4}Cu, 2H^{2}O$. Cristaux de quelques millimètres, tantôt d'un bleu noirâtre, tantôt d'un vert d'herbe, à cassure conchoïdale, trouvés avec divers sulfates ferriques basiques, à El Cobre de Mejillones et à Incahuasi (Chili). Ce sel est du reste identique avec celui que Graham avait préparé artificiellement (Dict., **1**, 1021, 2e col. dernières lignes); sa vraie couleur est le bleu.

Caractères. — Très soluble dans l'eau, réaction acide : il est alors dissocié en les deux sulfates simples composants. Chauffés, les cristaux décrépitent, puis fondent en une masse verte qui se réduit en poussière par le refroidissement. Dans le tube, donne de l'eau. Réactions du cuivre, du sodium, de l'acide sulfurique, etc. Dureté = 2,5. Densité = 1,98.

Forme cristalline. — Prisme clinorhombique : $a : b : c = 0,4729 : 1 : 0,3072$; $\beta = 115°52'$. Faces : $m c^{1} b^{1/2} g^{1}$. Clivages, $c^{1} m$. L. Bourgeois.

KRYNOSINE. — Voyez Nerveux (tissu).

KRYPTON. — Le krypton a été extrait de l'air atmosphérique par MM. Ramsay et Travers [*C. R.*, **126**, 1610, 1898]. Ayant laissé évaporer 750 centimètres cubes d'air liquide, les 10 centimètres cubes de gaz restant furent débarrassés de l'oxygène par le cuivre et de l'azote par le mélange $CaO + Mg$: on enlevait les dernières traces par l'action de l'étincelle en présence d'oxygène et de soude caustique.

Il resta finalement 26cc,2 de gaz montrant, avec le spectre faible de l'argon un spectre caractéristique possédant 4 raies dans le jaune : $D_1 = 5895$, $D_2 = 5889$, $D_3 = 5875,9$ et $D_4 = 5866,65$ et 2 raies dans le vert, dont une aussi intense que la raie verte de l'hélium et ayant comme longueur d'onde 5566,3. Le nouveau gaz ainsi caractérisé fut nommé *krypton* (caché) avec le symbole Kr.

D'après les déterminations de Ramsay [*Zeit. physik. Ch.*, **44**, 74, 1903), l'air contient 0,000014 0/0 de son poids de krypton, soit 1 partie dans environ 7 millions de parties d'air, ou en volume : 1 partie sur 20 millions.

Le krypton est un gaz incolore, inodore. Sa densité est 40,81 pour O = 16 [Ramsay, *loc. cit.*; — voir aussi Ladenburg et Krugel, *Sitz. Akad., Berlin*, 727, 1900; **16**, 212, 1889]; son indice de réfraction est 1,449 par rapport à l'air [Ramsay et Travers, *Proc. Roy. Soc.*, **64**, 183; **67**, 329; l'argon et ses compagnons, *Rev. gén. des sciences*, 19 déc. 1900]. Le poids de 1 centimètre cube de krypton liquide est de 2gr,155. Le volume moléculaire est de 37,84. Les autres constantes physiques du krypton sont les suivantes [Ramsay, Conf. à la Soc. Chim., de Paris, 1902] :

Point d'ébullition	−151°,7
— de fusion	−169°
Température critique	−62°,5
Pression critique (en mètres de mercure)	41,25

En ce qui concerne le spectre du krypton voir Ramsay et Travers [*Chem. News*, **78**, 154; *C. R.*, **126**, 1610, 1762, 1898; *Zeit. physik. Ch.*, **38**, 641, 1901]; Ladenburg et Krugel [*loc. cit.*]; Liveing et Dewar [*Proc. Roy. Soc.*, **68**, 389]; Baly [*Chem. News.*, **88**, 26, 1903].

D'après Ramsay et Soddy [*Zeit. phys. Chim.*, **47**, 490] le krypton n'est pas radioactif. Le krypton est un gaz monoatomique [Ramsay, *C. R.*, **126**, 1610]. Ses propriétés chimiques sont nulles, il n'a pu être combiné avec aucun corps.

En ce qui concerne sa place dans le système périodique, voir Piccini [*Gazz.*, **29**, 169, 1849]; Howe [*Chem. News*, **80**, 74, 1899]; Ramsay et Travers [*Zeit. physik. Chem.*, **38**, 641, 1901]; Békétof [*Bull. Soc. Chim.*, **30**, 198, 1903]; Wilde [*C. R.*, **134**, 770, 1902]. Janvier 1906. R. Marquis.

KUNZITE (Min.) (G. Kunz). — Variété de triphane, en très gros cristaux transparents, de couleur violette, usités comme pierre précieuse, trouvés à Pala (Californie). L. Bourgeois.

KYLINDRITE (Min.) [(Frenzel). Syn. : *Cylindrite*]. — Sulfure de plomb, d'étain et d'antimoine, $6PbS . Sb^{2}S^{3} . 6SnS^{2}$, trouvé à la mine de Santa-Cruz, près Poopó (Bolivie). Paillettes tordues et feutrées, offrant l'éclat métallique, couleur gris noirâtre, ressemble au graphite. Peu attaquable aux acides à froid, facilement à chaud ; aisément fusible. Dureté = 2,5 - 3. Densité = 5,42.

KYNURÉNIQUE (ACIDE). — [Syn. *cynurénique (acide)*]. Voyez 1er suppl. 608. — *Préparation.* L'urine de chien, traitée par 1/10 de son volume d'acide chlorhydrique concentré et par l'acide phosphotungstique en léger excès, donne un précipité qui contient l'acide cynurénique et un peu de créatinine, et qu'on décompose par la baryte [*Zeit. physiol. Chem.*, **5**, 66, 1881].

Propriétés. — Oxydé par le permanganate de potassium, l'acide cynurénique fournit l'*acide cynurique* ou o-oxalyl-amidobenzoïque (voyez 2e suppl., **1**, 540). Évaporé avec de l'acide chlorhydrique et du chlorate de potassium, il laisse un résidu rougeâtre qui humecté avec de l'ammoniaque devient vert-brun, puis vert émeraude. La réaction est très sensible [Jaffé, *Zeit. physiol. Chem.*, **7**, 399, 1883; — R. Camps, *ibid.*, **33**, 398, 1901].

Dosage. — Cappaldi a modifié de la manière suivante l'ancien procédé de Schmiedeberg et Schultzen et de Jaffé. L'urine est traitée par la moitié de son volume d'une solution de chlorure de baryum à 10 0/0, additionnée de 5 0/0 d'ammoniaque concentrée, et le filtrat, concentré jusqu'au 1/3 du volume d'urine primitif, est traité par 4 0/0 d'acide chlorhydrique concentré. Après 16 à 24 heures, on filtre, on lave avec HCl à 1 0/0, on dissout dans l'ammoniaque dont on chasse l'excès par l'ébullition et on précipite à nouveau par 4 0/0 d'acide chlorhydrique. Le précipité recueilli après 6 heures est lavé par HCl à 1 0/0, séché à 100° et pesé. En ajoutant de l'acide cynurénique à de l'urine de chien exempte de cet acide on a retrouvé ainsi 96,5 à 98, 5 0/0 de la quantité introduite [A. Cappaldi, *Zeit. physiol. Chem.*, **23**, 92, 1897]. Pour la recherche de l'acide cynurénique dans les fèces voyez Solomin [*ibid.*, **23**, 497, 1897].

Synthèse et constitution. — Des nombreux travaux faits en vue d'établir la constitution de l'acide cynurénique, nous ne rappellerons ici que l'obtention de quinoléine par distillation de l'acide (ou de la cynurine) avec de la poudre de zinc, et sa transformation en acide cynurique ou o-oxalyl-amidobenzoïque [Kretschy, *Mon. f. Chem.*, **4**, 156, 1883 et **5**, 16, 1884]. La position de l'oxhydryle et du carboxyle dans le noyau pyridique du complexe quinoléique se trouvait ainsi fixée. Ce résultat a été confirmé par la synthèse de R. Camps qui a obtenu la cynurine ou γ-oxyquinoléine (c'est-à-dire le produit que fournit l'acide cynurénique par perte de CO^2 sous l'influence de la chaleur) en condensant la formyl-o-amino-acétophénone au moyen d'une solution aqueuse alcoolique de soude [R. Camps, *Zeit. physiol. Chem.*, **33**, 390, 1901] :

$$C^6H^4\left\langle\begin{matrix} CO \\ \quad CH^3 \\ \quad COH \\ AzH \end{matrix}\right. = C^6H^4\left\langle\begin{matrix} C(OH) \\ \quad CH \\ \quad | \\ \quad CH \\ Az \end{matrix}\right. + H^2O$$

Pareillement l'éther formyl-o-aminophénylpropiolique fournit dans les mêmes conditions, sans doute avec production d'un terme de passage, l'acide cynurénique ou acide γ-oxy-β-quinoléine-carbonique.

$$C^6H^4\left\langle\begin{matrix} C \equiv C\text{-}CO^2C^2H^5 \\ AzH\text{-}CHO \end{matrix}\right. \longrightarrow C^6H^4\left\langle\begin{matrix} C(OH) \\ \quad C\text{-}COOH \\ \quad | \\ \quad CH \\ Az \end{matrix}\right.$$

Physiologie. — Les expériences méthodiques de Schmidt ont montré nettement que la production d'acide cynurénique chez le chien augmente avec la quantité de viande ingérée, conséquemment que la source de cet acide se trouve dans les produits de désintégration des protéiques [Schmidt, *Dissert. inaug.*, Kœnigsberg, 1889]. On a essayé alors successivement un grand nombre de produits provenant de l'hydrolyse digestive ou de la putréfaction des albumines ou d'autres que l'on supposait préexister dans ces composés, ou que leur constitution rapprochait de l'acide en question [scatol, acide scatolcarbonique, isatine, tyrosine, pyridine, quinoléine], mais sans réussir à provoquer chez le chien par ingestion de ces corps une augmentation de l'acide cynurénique. (Ces travaux sont réunis dans le mémoire de Glaessner et Langstein, cité plus loin). Puis Glaessner et Langstein ont montré que l'acide cynurénique disparaît dans l'urine des chiens dépancréatés, même nourris de viande, ce qui prouve que la substance mère est un produit de la digestion pancréatique — et qu'en faisant avaler à un chien la partie soluble dans l'alcool des produits d'une digestion pancréatique, on provoque une augmentation de l'excrétion de l'acide cynurénique. Enfin Ellinger a fait voir que la substance mère en question est le tryptophane ou acide indol-aminopropionique. Ce corps, en effet, injecté sous la peau ou introduit dans l'intestin du lapin reparaît pour un tiers environ sous la forme d'acide cynurénique. Chez l'homme le tryptophane ingéré ne produit pas cet acide, qui manque aussi dans l'urine du chat nourri de viande et dans celles du loup et du renard [Glaessner et Langstein, *Beitr. chem. Physiol. u. Pathol.*, **1**, 34, 1902; — Ellinger, *Zeit. physiol. Chem.*, **43**, 325, 1904 et *D. chem. G.*, **37**, 1801, 1904].

E. Lambling.

KYNURINE. — [Syn. *cynurine*]. — Voyez 1er suppl., 609 et 2e suppl. au mot *Kynurénique (acide)*. — Ce corps est identique avec la γ-oxyquinoléine.

E. Lambling.

KYNURIQUE (ACIDE). — [Syn. *cynurique (acide)*]. — Voyez le 2e suppl., au mot *Kynurénique (acide)*. Ce corps est identique avec l'acide o-oxalyl-amidobenzoïque [2e Suppl., **1**, 540].

Janvier 1906. E. Lambling.

L

LAB. — Voyez Gastrique (Suc), 2e Suppl., **5**, 489.

LACCAÏQUE (ACIDE). — La matière colorante du lac-dye, employée pour la teinture en rouge et confondue par certains auteurs avec le principe actif de la cochenille [Persoz, *Traité de l'impression des tissus*, **1**, 552], est constituée d'après Schmidt [*D. chem. G.*, **20**, 1285, 188] par une substance de formule $C^{16}H^{12}O^8$.

On l'extrait par traitement du lac dye pulvérisé à l'acide chlorhydrique étendu, puis à l'acide sulfurique. Le résidu, après lavage à l'ammoniaque est repris par une très grande quantité d'eau et la solution filtrée est précipitée par l'acétate de plomb. Le sel de plomb formé est enfin décomposé par l'hydrogène sulfuré et la solution d'acide évaporée à sec. On reprend le résidu par l'alcool et on précipite l'acide par concentration en présence d'éther. Rendement : environ 20 grammes d'acide pour 1 kilogramme de lac-dye.

L'acide laccaïque est une poudre rouge brun, d'apparence rhombique; soluble dans les alcools méthylique, éthylique et amylique, l'acétone, l'acide acétique, très peu soluble dans l'éther, insoluble dans la ligroïne et le benzène; peu soluble dans l'eau. Ses solutions ne réduisent pas la liqueur de Fehling, mais réduisent la liqueur d'azotate d'argent ammoniacal. Elles présentent un spectre tout à fait semblable à celui de l'acide carminique.

Chauffé à 180° il se décompose. Il fournit facilement des dérivés acétylés, mais ceux-ci ne cristallisent pas. Le brome l'attaque facilement, mais des produits de la réaction on ne peut isoler aucun produit cristallisé. L'acide nitrique étendu donne de l'acide picrique.

L'acide chlorhydrique fournit du chlorure de méthyle et un composé microcristallin de formule $C^{20}H^{16}O^{11}$.

La fusion alcaline décompose l'acide laccaïque, en donnant entre autres un produit de formule $C^{10}H^{6}O^{6}$ (ou $C^{10}H^{8}O^{6}$) en petites houppes blanches fondant à 285°, et un corps fondant à 169° que l'analyse montre correspondre à la formule d'un acide oxytoluique $C^{8}H^{8}O^{3}$.

Ont été décrits les sels de potassium et de baryum $C^{16}H^{9}O^{8}K^{3}$(?) et $C^{16}H^{10}O^{8}Ba$(?).

Janvier 1906. V. Thomas.

LACCASE, LACCOL. — Voy. Oxydases.

LACMOÏDE — Voy. Colorantes (Matières). 2e Suppl., 2. 1333.

LACTAMES. — Les lactames sont les anhydrides internes des acides aminés, comme les lactones sont ceux des acides alcools.

On connaît les γ, δ et ε-lactames. Les premiers ont reçu le nom de *pyrrolidones*, les seconds de *pipéridones*, les troisièmes connus depuis peu n'ont pas reçu de nom spécial; on englobe aussi sous le nom général d'*isooximes* les δ et ε-lactames obtenus par l'isomérisation des oximes des cétones cycliques.

Préparation. — On obtient les pyrrolidones et les pipéridones par distillation des amino-acides ou par distillation de leurs chlorhydrates avec de la chaux ou de la baryte :

$$\begin{array}{l} CH^3 \searrow \\ CH^3 \nearrow C-COOH \\ \quad | \\ \quad CH^2-CH^2-AzH^2 \end{array} \rightarrow \begin{array}{l} CH^3 \searrow \\ CH^3 \nearrow C - CO \searrow \\ \quad | \qquad\qquad\quad AzH \\ \quad CH^2-CH^2 \nearrow \end{array}$$

Les pyrrolidones s'obtiennent par réduction des imides des acides de la série succinique :

$$\begin{array}{l} CH^2-CO \searrow \\ | \qquad\qquad AzH \\ CH^2-CO \nearrow \end{array} \rightarrow \begin{array}{l} CH^2-CH^2 \searrow \\ | \qquad\qquad AzH \\ CH^2-CO \nearrow \end{array}$$

On peut substituer à la réduction ordinaire, au moyen du sodium et de l'alcool amylique, la réduction électrolytique [Tafel, *D. chem. G.*, **22**. 1854; — Guerbet, *Bull. Soc. Chim.*, (3), **21**. 778; — Tafel, *D. chem. G.*, **23**. 708; — Baillie et Tafel, *D. chem. G.*, **32**. 68; — Tafel et Stern, *D. chem. G.*, **33**. 2224.]

La décomposition par la chaleur de certains acides pyrrolidine carbonique fournit également des pyrrolidones [Pauly et Hultenschmidt, *D. chem. G.*, **36**. 3351].

Isooximes. — Les isooximes proviennent de la transformation que subissent les oximes des cétones cycliques sous l'influence du pentachlorure de phosphore :

$$\begin{array}{l} -CH^2 \searrow \\ -CH^2 \nearrow CO \end{array} \rightarrow \begin{array}{l} CH^2 \searrow \\ CH^2 \nearrow C=AzOH \end{array} \rightarrow \begin{array}{l} CH^2-CO \\ \qquad | \\ CH^2-AzH \end{array}$$

[Wallach, *Lieb. Ann. Chem.*, **312**, 171 et **324**. 280]. C'est ainsi que la cyclopentanone fournit la pipéridone; la thuyamenthone, une diméthylisopropylpipéridone, etc.

On aura, par exemple, pour la tétrahydrocarvone :

$$\begin{array}{ccc} & CH^3 & \\ & | & \\ & CH & \\ CH^2 & & CO \\ CH^2 & & CH^2 \\ & CH & \\ & | & \\ & CH & \\ CH^3 & & CH^3 \end{array} \rightarrow \begin{array}{ccc} & CH^3 & \\ & | & \\ & CH & \\ CH^2 & & AzH \\ & & | \\ & & CO \\ & & | \\ CH^2 & & CH^2 \\ & CH & \\ & | & \\ & CH & \\ CH^3 & & CH^3 \end{array}$$

La réaction se produit également avec la subérone-oxime, et l'on obtient alors un noyau octogonal azoté.

Les lactames sont des corps neutres, qui, par l'action de l'alcool en présence d'une petite quantité d'acide chlorhydrique, ouvrent leur chaîne en donnant des éthers d'acides aminés, par exemple :

$$\begin{array}{ccc} & CH^3 & \\ & | & \\ & CH & \\ CH^2 & & AzH \\ & & | \\ & & CO \\ & & | \\ CH^2 & & CH^2 \\ & CH & \\ & | & \\ & CH & \\ CH^3 & & CH^3 \end{array}$$

$$\rightarrow \begin{array}{l} CH^3-CH-CH^2-CH^2-CH-CH^2-CO^2H \\ \qquad\;\; | \qquad\qquad\qquad\quad\;\; | \\ \quad\; AzH^2 \qquad\qquad\quad\;\; CH \\ \qquad\qquad\qquad\qquad\quad\; \swarrow \;\; \searrow \\ \qquad\qquad\qquad\qquad\; CH^3 \quad CH^3 \end{array}$$

Les lactames, traitées par l'acide nitreux, fournissent des dérivés nitrosés, qui, par ébullition avec les alcalis, sont convertis en lactones.

$$\begin{array}{l} CH^3 \searrow \\ CH^3 \nearrow C - CO \searrow \\ \quad | \qquad\qquad\quad AzH \\ \quad CH^2-CH^2 \nearrow \end{array} \rightarrow \begin{array}{l} CH^3 \searrow \\ CH^3 \nearrow C - CO \searrow \\ \quad | \qquad\qquad\quad Az-AzO \\ \quad CH^2-CH^2 \nearrow \end{array}$$

$$= Az^2 + \begin{array}{l} CH^3 \searrow \\ CH^3 \nearrow C - CO \searrow \\ \quad | \qquad\qquad\quad O \\ \quad CH^2-CH^2 \nearrow \end{array}$$

L'étude de la réduction des lactames a principalement porté sur les isooximes (Wallach). En général on obtient, à côté de la base cyclique attendue, des produits de réduction divers, qui d'ailleurs sont prévus par la théorie. Ainsi l'on aura :

$$R \begin{array}{l} \nearrow CH^2-CO \\ \qquad\quad | \\ \searrow CH^2-AzH \end{array} \rightarrow R \begin{array}{l} \nearrow CH^2-CH^2 \\ \qquad\quad | \\ \searrow CH^2-AzH \end{array}$$

$$R\begin{cases}CH^2-CO\\ \quad | \\ CH^2-AzH\end{cases} \rightarrow R\begin{cases}CH^2-OH\\ CH^2-AzH^2\end{cases}$$

$$R\begin{cases}CH^2-CO\\ \quad | \\ CH^2-AzH\end{cases} \rightarrow R\begin{cases}CH^2-CH^3\\ CH^2-AzH^2\end{cases}$$

Un nombre considérable de dérivés ont été préparés de cette façon par Wallach et ses élèves.

Mars 1906. G. Blanc.

LACTAMIDINE. — Voyez IMINOETHERS. 2e Suppl., 6, 33.

LACTARIQUE (ACIDE), $C^{15}H^{30}O^2$. — On le rencontre dans les champignons, dans l'agaricus integer [Thörner, *D. chem. G.*, **12**, 1636, 1880], et dans le lactarius piperatus [Chuit, *Bull. Soc. Chim.*, (3), **2**. 153, 1889] d'où on l'extrait. Petites aiguilles, très facilement solubles dans l'éther, le sulfure de carbone, le chloroforme, l'alcool bouillant et l'acide acétique, très difficilement solubles dans la ligroïne, insolubles dans l'eau. *Sels* : (Chuit) $NaC^{15}H^{29}O^2$, se décompose à 250°. — $KC^{15}H^{29}O^2$, se décompose sans fondre à 245°. — $KC^{15}H^{29}O^2 + C^{15}H^{30}O^2$, fond à 110°. — $Ba(C^{15}H^{29}O^2)^2$, est insoluble dans l'eau, l'alcool, l'éther. Le sel (acide) de plomb fond à 114°. *L'éther méthylique* fond à 38°, l'*éther éthylique* à 35°,5, l'*amide* à 108° et la *lactarone* à 81°,5-82°,5.

Avril 1906. H. Duval.

LACTASE. — Diastase dédoublant le lactose en dextrose et galactose, indispensable au fonctionnement des levures qui produisent la fermentation alcoolique du lactose. Entrevue par Beyerinck dans la levure de *Kéfir* [2e Suppl., **4**, 113], elle a été isolée par E. Fischer [*D. chem. G.*, **27**, 2985 et 3479, 1894], qui l'a extraite d'une levure de lactose séchée et broyée et de grains de kéfir. Elle se trouve sans émulsine dans ces grains [Bourquelot et Hérissey, *C. R.*, **137**, 56], alors qu'elle est associée à cette dernière diastase dans les amandes [Bourquelot et Hérissey, *loc. cit.*; *Soc. biol.*, **55**, 219, 1903]. Buchner et Meisenheimer [*Zeit. physiol. Chem.*, **40**, 617] ont démontré l'existence de la lactase dans le suc d'une levure de lactose, n° 496 de la collection de l'Institut des fermentations de Berlin, extraite du *mazun* d'Arménie, ainsi que dans la levure tuée (*Dauerhefe*. Voyez ZYMASE) qu'on peut préparer avec cette levure. Sa production par les levures de lactose a été étudiée par Dienert [*C. R.*, **128**, 569 et 617].

La lactase a été rencontrée, en outre, par Stoklasa dans les organes divers d'animaux et dans les végétaux [*Centralbl. f. Physiol.*, **17**. 465. — Voy. aussi Stoklasa et Czerny, *D. chem. G.*, **36**, 622 et 4058] ; chez divers végétaux supérieurs par Brachin [*J. Pharm. Chim.*, **20**. 195 et 380], qui a indiqué les conditions de la recherche de cette diastase et reconnu qu'elle perd son activité entre 75 et 80° ; chez un Clostridium qui joue un rôle dans le rouissage du chanvre par Behrens [*Centralbl. Bakteriol.*, (2). **8**, 114]. Sa présence dans l'intestin grêle et les organes de divers animaux a été étudiée par Weinland [*Zeit. Biol.*, **38**, 16, et 607 ; **40**, 386], Röhmann et Lappe [*D. chem. G.*, **28**, 2506], Pregl [*Pflüger's Arch.*, **61**, 39], Bierry et Gmo-Salazar [*C. R.*, **139**, 381]. Ces derniers auteurs indiquent que l'action de la diastase est favorisée par les acides et gênée par les alcalis à faible dose. Elle résiste à l'alcool à 10 0/0, d'après Bokorny [*Milch Ztg.*, **32**, 641]. Voyez aussi Bierry [*C. R.* **140**, 1122] ; Bainbridge [*Journ. Physiol.*, **31**, 98] ; Porcher [*C. R.*, **140**, 1406].

En agissant sur un mélange équimoléculaire de dextrose et de galactose, à 35°, la lactase produit à la longue de l'isolactose [Armstrong, *Chem. News*, **86**, 2236, 166 ; Fischer et Armstrong, *D. chem. G.*, **35**, 3144].

1er octobre 1906. A. Fernbach.

LACTIQUE (ACIDE). — I. ACIDE LACTIQUE ou α-OXYPROPIONIQUE, $CH^3-CHOH-CO^2H$ (voy. Dict. **2**, 175 et Supp. **2**. 973). — On le rencontre dans l'opium [Buchanan, *D. chem. G.*, **3**, 182, 1870], dans le tamarin [Adam, *Z. Œsterr. Apoth.*, **43**, 797, 1905], dans la petite centaurée (Habermann, *Chem. Zeit.*, **30**, 40, 1906), dans le vin [Müller, *Bull. Soc. Chim.*, (3), **15**. 1205, 1896 ; — Béchamps, *C. R.*, **54**, 1148, 1862], dans l'organisme des animaux asphyxiés [Saito et Katsuyama, *Zeit. physiol. Chem.*, **32**, 214, 300, 1900], dans les organes animaux [Moriya, *ibid.*, **43**, 397, 1905], dans le leben d'Égypte [Rist et Khaury, *Ann. Inst. Pasteur*, **16**, 65, 1902], dans la coagulation de l'albumine musculaire [Furth, *Beitr. z. Chem. Physiol. u. Path.*, **3**, 543, 568, 1901], dans l'autolyse du foie [Lévy, *ibid.*, **2**, 260, 1902], dans l'urine des épileptiques [Inoye et Saiki, *Zeit. physiol. Chem.*, **37**, 203, 1903] dans le lait fermenté comestible [Rist et Khaury, *Ann. Inst. Pasteur*, **16**, 65, 1902], dans le fromage d'Emmenthal [Winterstein, *Zeit. physiol. Chem.*, **41**, 485, 1904], dans les muscles des invertébrés [Griffiths, *Chem. News*, **91**, 146, 1905]. Il s'en forme dans l'action de l'acide pyruvique sur l'acide cyanhydrique en présence d'un peu d'acide chlorhydrique [Böttinger, *Ann. Chem.*, **188**, 327, 1877], ou par électrolyse de l'acide pyruvique [Tac et Friedrichs, *D. chem. G.*, **37** 3187, 1904] ; en chauffant la dichloracétone avec 20 volumes d'eau à 200° [Linnemann et Zatta, *Ann. Chem.*, **159**, 247, 1871] ; en chauffant à 40° le lactose avec la lessive de potasse [Nencki et Sieber, *J. f. prakt. Chem.*, (2), **24**, 503, 1881] ; par l'action de l'hydrate de calcium sur le sucre interverti [Kiliani, *D. chem. G.*, **15**, 701, 1882] ; par l'action de la lessive de soude ou de baryte sur le lévulose [Sorokin, *Journ. Soc. phys. chim. russe*, **17**. 368, 1886] ; dans l'action de la potasse sur l'arabinose ou le xylose [Katsuyama, *D. chem. G.*, **35**, 669 1902] ; en fondant la glycérine avec la potasse caustique [Herter, *D. chem. G.*, **11**, 1167, 1878] ; en chauffant 55 heures à 190° une solution de propionate de cuivre [Gaud, *C. R.*, **119**, 205, 1894] ; par l'action du bacille de Wurzel sur le glycose [Emmerling, *D. chem. G.*, **30**, 1870, 1897] ; par l'action du ferment mannitique sur divers sucres [Gayon et Dubourg, *Ann. Instit. Pasteur*, **15**, n° 7, 1901] ; par décomposition de l'acide phène-dioxy-α-propionique [Bischoff, *D. chem. G.*, **33**, 1668-1692, 1900] ; par oxydation de l'acétol [Kling, *Bull. Soc. Chim.*, **31**, 1299, 1879] ; par dédoublement de l'acide phénylméthyltétronique [Dimroth et Feuchter, *D. chem. G.*, **36**, 2251, 1903] ; par hydrolysation du lactose par la diastase du pancréas [Simaok, *Central. Bl. f. Physiol.*, 209, 1903] ; par fermentation du lactose [Herzog, *Zeit. physiol. Chem.*, **37**, 381, 1901] ; dans la fermentation du glycose par les schizomycètes [Emmerling, *D. chem. G.*, **33**, 2477, 1900] ; sous l'influence des enzymes [Buchner, Meisenheimer, *D. chem. G.*, **36**, 622, 1903] ; par fermentation de divers sucres [Harden, *Chem. Soc.*, **79**. 610, 1901]. Il prend naissance à côté d'acide formique en chauffant le saccharose avec de la potasse à 205-210° [Herrmann et Tollens, *D chem. G.*, **18**, 1335, 1885] ; à côté de l'acide éthylèno-lactique en chauffant 200 heures à 240° de l'alcool propylique avec une solution de Fehling [Gaud, *C. R.* : **119**, 905, 1894 ; *Bull. Soc. Chim.*, (3), **13**. 159, 1895]. Sur la fermentation lactique, voir Hueppe [*Mitteil. a. d. kaiser. Ges. Amte*, **2**, 309, 371]. Recherche sur la décomposition du lait par les micro-organismes (Kayser, *Ann.*

Inst. Pasteur, **8**, 737, 1894]. Étude de la fermentation lactique [Freudenreich, *Central Blatt. f. Bakter. u. Parasitenk.*, **3**, II]. Recherches bactériologiques sur le kéfir [Claflin, *Central Blatt.*, **2**, 338, 1897]. Fabrication de l'acide lactique [Claflin, *Jour. Soc. chim. Ind.*, **16**, 516, 1897; — Robine et Lenglen, *Rev. chim. pure et app.*, (7), **8**, 185 et 217, 1905]. On peut le préparer en mélangeant 3 parties de sucre de lait avec 1/2 à 3/4 partie de farine riche en gluten, une à deux cuillerées de levure de bière, 6 parties de carbonate de soude cristallisé et 36 parties d'eau; quand la fermentation est en train on ajoute le sucre de canne [Harz, *Jahresb. d. Chem.*, 560, 1871]. On chauffe 500 grammes de sucre de canne, 250 grammes d'eau, avec 10 centimètres cubes d'acide sulfurique (3 parties d'acide concentré, 4 parties d'eau) pendant 3 heures à 50°, on laisse refroidir et ajoute en refroidissant, par portions de 50 centimètres cubes, 400 centimètres cubes de lessive de soude (1 partie de lessive, 1 partie d'eau). On chauffe alors à 60-70° jusqu'à ce que la solution ne réduise plus le Fehling, on refroidit ensuite et ajoute la quantité d'acide sulfurique voulue pour neutraliser la lessive; par refroidissement, agitation et addition d'un cristal de sulfate de soude, on accélère la séparation du sulfate de soude. Après 12 à 24 heures, on précipite tout le sulfate de soude par l'alcool, sature la moitié du liquide par le carbonate de zinc, filtre bouillant et ajoute à la solution filtrée l'autre moitié de la solution alcoolique; après 36 heures de repos, on filtre le précipité de lactate de zinc [Kiliani, *D. chem. G.*, **15**, 136 et 699, 1882]. Dans l'industrie l'acide lactique est obtenu par fermentation. Pour que le ferment lactique puisse accomplir toutes ses fonctions, il lui faut des aliments appropriés et un milieu neutre. La saccharification diastasique du malt fournit les aliments nécessaires et sa stérilisation par ébullition élimine les ferments de toute nature qu'apporte le malt. Le moût ainsi préparé, additionné d'un liquide sucré, est introduit vers 45°C. dans la cuve de fermentation, et reçoit alors un carbonate quelconque destiné à maintenir sa neutralité, puis le ferment lactique pur. La production du ferment à l'état de pureté ne présente aucune difficulté spéciale; pendant la fermentation, on devra maintenir la température à 45° pendant cinq à six jours; on précipite ensuite l'excès des matières albuminoïdes introduit au moyen d'une matière tannante, puis on filtre, concentre, pour faire cristalliser le lactate de chaux [Jacquemin, *Bull. Soc. Chim.*, (3), **5**, 296, 1891]. Purification au moyen du lactate d'aniline [Blumenthal et Chain, *Centr. Bl.*, 1906, I, 1718].

Propriétés. — L'acide pur fond à 18°, distille à 119° sous 12 millimètres; à 82-85° sous 0mm,5 à 1 millimètre; il est très hygroscopique et très déliquescent [Krafft et Dyes, *D. chem. G.*, **28**, 2589, 1895]. La volatilité de l'acide lactique est d'autant plus faible qu'il y a plus d'anhydride; par contre la lactide est plus volatile [Müller, *Bull. Soc. Chim.*, (3), **15**, 1206, 1896].

A t° l'acide exempt d'anhydride nécessite la quantité théorique d'alcali nécessaire à saturer le carboxyle; à 100° il faut 9 0/0 à 12 0/0 d'alcali en plus, vraisemblablement pour saturer, en outre, une partie de l'hydroxyle [Degener, *Festsch. d. Tech. Hochsch. Braunschweig*, 1897]. Elimination d'oxyde de carbone à 130° avec l'acide sulfurique [Bistrzycky et Siemiradzki, *D. chem G.*, **39**, 51, 1906]. Pour la chaleur de dissolution et de neutralisation dans l'alcool, voir Tanatar [*Zeit. f. physik. Chem.*, **27**, 172, 1898]. Constante de dissociation électrolytique : 0,00031 [Goldschmidt et Burkle, *D. chem G.*, **32**, 364, 1899]. Pouvoir rotatoire électrique de l'acide [Ostwald, *Zeit. f. phys. Chem.*, **3**, 191, 1889] et des sels de potassium et de sodium [*Ibid.*, **1**, 100, 1887]. Action sur l'oxyde d'argent, constante thermique [Berthelot, *C. R.*, **133**, 555, 1901]. Force électromotrice dégagée dans l'action de l'acide sur divers bases et sels [Berthelot, *Bull. Soc. Chim.*, **27**, 1133, 1902]. Constante thermique de l'acide et des sels [Berthelot et Delépine, *C. R.*, **129**, 920, 1899]. Luminiscence [Borissow, *Journ. Soc. phys. chim. russe*, 37, 249, 1906]. Acidité à la phtaléine, à l'hélianthine et au bleu Poirier [Imbert et Astruc, *C. R.*, **130**, 35, 1900]. Action sur l'isocyanate de phényle [Lambling, *Bull. Soc. Chim.*, **27**, 449, 1902; **29**, 124, 1903]. Action sur la peptase d'orge [Weiss, *Zeit. phys. Chem.*, **31**, 79, 1900]. Action de l'oxyde de carbone sur la teneur du sang en acide lactique [Kaiki et Wakayama, *ibid.*, **34**, 96, 1901]. Dérivé méthylénique [Bruyn, Lobry et Ekensteïn, *Rec. des Pays-Bas*, **4**, 331, 1901]. Influence sur la saccharification de l'amidon [Mohr, *D. chem. G.*, **35**, 1024, 1902]. Rôle dans la fermentation du sucre [Buchner et Meisenheimer, *ibid.*, **38**, 620, 1905]. Emploi dans la préparation du noir d'aniline [During, *Färberzeit.*, **16**, 119, 1905]. Action sur les plantes [Stracke, *Arch. néer.*, (2), **10**, 8, 1905]; sur la caseine et la paracaséine [Laxa, *Cent. Bl.*, 1906, I, 249].

L'acide lactique du commerce est un mélange d'acide droit et d'acide racémique [Gadamer, *Apoteker Zeit.*, **12**, 642, 1899]; on peut le dédoubler par cristallisation des sels de strychnine [Purdie et Walker, *Chem. Soc.*, **61**, 957, 1892] ou de quinine [Jungfleisch, *C. R.*, **139**, 56, 1904]. Si l'on mélange quantités égales de sel droit et de sel gauche, le racémique moins soluble cristallise [Purdie et Walker, *Chem. Soc.*, **60**, 764, 1892]. Action différente des alcalis sur la *l.* et la *d.* modification [Jungfleisch, *C. R.*, **139**, 203, 1904]. Les oxydes MoO^3 et TuO^3 font varier la valeur du pouvoir rotatoire [Henderson et Prentice, *Chem. Soc.*, **83**, 259 et 267, 1903; — Werner, *Proceedings*, **20**, 186, 1904; *Chem. Soc.*, **85**, 1438, 1904]; de même As^2O^3 et B^2O^3 [Henderson et Prentice, *Chem. Soc.*, **81**, 658, 1902].

A la distillation sèche le sel de calcium donne de l'acide carbonique, de l'éthylène, du propylène [Gassin, *Bull. Soc. Chim.*, **43**, 49, 1885]. En chauffant avec précaution du lactate de calcium avec beaucoup de chaux, il se forme de l'alcool éthylique [Hanriot, *Bull. Soc. Chim.*, **43**, 417, 1885; **45**, 80, 1886]; chauffé rapidement avec un excès de chaux sodée, il donne les acides acétique, propionique, butyrique, caproïque et des acides gras solides; avec 3 parties de potasse à 280°, on obtient les acides formique, acétique, propionique, oxalique, peu d'acide butyrique et d'acide gras solide [Hoppe-Seyler's, *Zeit. f. anal. Chem.*, **3**, 352, 1879-80; — Raper, *J. Physiology*, **32**, 216, 1905]. A peine altéré à 215-220° par la potasse, l'acide lactique donne au-dessus de cette température de l'acide oxalique [Hermann et Tollens, *D. chem. G.*, **18**, 1336, 1885]. Le perchlorure de phosphore agissant sur le lactate de calcium donne le chlorure d'α-chloropropionyle. Par l'action des moisissures prend naissance de l'acide propionique [Fitz, *D. chem. G.*, **11**, 1898, 1878; **12**, 479, 1879]; de l'acide acétique et quelquefois de l'acide valérique normal [Fitz, *ibid.*, **13**, 1310, 1880]. La fermentation du sel de calcium par le bacille de l'œdème malin (dans une atmosphère d'hydrogène) fournit de l'alcool propylique, de l'acide formique et de l'acide butyrique [Kerry et Fränkel, *Monatsheft. f. Chemie*, **12**, 350, 1891]. Au soleil, par action de l'air, le sel de calcium se décompose avec formation d'alcool et d'acétate de calcium; en présence d'un sel de mercure, il se forme un butyrate [Duclaux, *C. R.*, **103**, 881 et 1010, 1886]. L'effluve agissant sur l'acide dans une atmosphère d'azote permet de fixer de ce métalloïde [Berthelot, *C. R.*, **126**, 687, 1898]. Les iodures alcoylés reagissant sur le lactate d'argent donnent naissance a de l'éther lactique $CH^3-CHOH-CO^2R$ et à des éthers alcoyl-lactiques de la forme $CH^3-CHOR-CO^2R$ [Purdie et Lander, *Chem. Soc.*, **73**, 296, 1898]. En présence des sels ferreux, l'eau oxygénée transforme l'acide en acide pyruvique [Fenton et Jones, *Chem. Soc.*, **77**, 69, 1900].

Dosage et recherche. — La méthode de Palm [Frésenius, *Zeit. f. anal. Chemie*, **22**, 223; **26**, 34, 1883] pour le dosage de l'acide lactique n'est pas utilisable; mais on peut y arriver en le transformant en acide oxalique au moyen du permanganate [Ulzer et Seidel, *Mon. f. Chem.*, **18**, 138, 1897]. Analyse de l'acide commercial [Philip, *Cent. Bl.*, 1906, I, 1374]. Recherche dans le suc gastrique [Croner et Cronheim, *Berl. klin. Wochschr.*, **42**, 1080, 1905]; dans le liquide cérébro-spinal pendant l'éclampsie [Futh et Lockemann, *Cent. Bl.*, 1906, I, 1452; Zweifel, *ibid.*, 1503; Lockemann, *ibid.*, 1504].

Sels. — L'acide lactique forme, avec le chlorure et le formiate de calcium, des sels doubles de formules

$$ClCaC^3H^5O^3 + 3H^2O$$

$$\text{et } HCO^2CaC^3H^5O^3 + CaCl^2 + 10H^2O.$$

en longues aiguilles très facilement solubles dans l'eau et l'alcool [Böttinger, *Lieb. An. Chem.*, **188**, 329, 1877]; le *sel de Baryum* $Ba(C^3H^5O^3)^2 + 4H^2O$ cristallisé très lentement en petites aiguilles, devient anhydre à 100° et fond à 130° [H. Meyer, *D. chem. G.*, **19**, 2454, 1886], facilement soluble dans l'eau et la glycérine, insoluble dans l'alcool absolu; chaleur de formation 188^cal^,6 [Tommasi, *Bull. Soc. Chim.* (3), **29**, 859, 1903]. Par un traitement à l'alcool, le *sel de zinc* $Zn(C^3H^5O^3)^2 + 3H^2O$ passe en partie à l'état de $Zn(C^3H^5O^3)^2 + H^2O$, amorphe, se déliquitant en redonnant le sel cristallisé [Klimenko, *Journ. Société phys. chim. russe*, **12**, 98, 1880]. On connaît aussi $Zn(C^3H^5O^3)^2 + 2AzH^3$, $Zn(C^3H^5O^3)^2 + 3AzH^3$ [Lutschak, *D. chem. G.*, **5**, 30, 1872], et le sel double

$$Zn(C^3H^5O^3)^2 + 2NaC^3H^5O^3 + 2H^2O.$$

Le *sel de cadmium* $Cd(C^3H^5O^3)^2$ est soluble dans 10 parties d'eau froide et dans 8 parties d'eau bouillante. Le *lactate mercureux* s'obtient en versant l'acide lactique exempt d'anhydride sur de l'oxyde mercureux préparé au moment même; sel blanc de formule $(C^3H^5O^3)^2Hg + H^2O$; le *sel mercurique* de formule $(C^3H^5O^3)^2Hg$, aiguilles incolores, se prépare d'une façon analogue; la chaleur les décompose [Guerbet, *Bull. Soc. Chim.*, (3), **27**, 803, 1902]. Le *sel d'ytterbium* est une masse gélatineuse qui séchée sur l'acide sulfurique renferme $2H^2O$ [Clève, *Zeit. anorg. Chem.*, **32**, 129, 1902]. L'acide lactique et, en général, les acides alcools dissolvent l'antimoine en présence de l'oxygène de l'air [Moritz et Schneider, *Zeit. physik. Chem.*, **44**, 129, 1903]. Le *sel d'aluminium* $Al(C^3H^5O^3)^3$ forme des octaèdres tricliniques par cristallisation dans l'alcool. Le *sel double* $Al(C^3H^5O^3)^3 + AlNa^3(C^3H^4O^3)^3 + 5H^2O$ forme des prismes et des tables [Meyer, *D. chem. G.*, **19**, 2455, 1886]. Le *sel de cuivre* $CuC^3H^4O^3$, est très difficilement soluble dans l'eau. *Sel d'argent* $AgC^3H^5O^3 + 1/2H^2O$ [Klimenko, *Journ. Soc. phys. chim. russe*, **12**, 97, 1880], aiguilles solubles dans 20 parties d'eau froide, facilement solubles dans l'alcool chaud, insolubles à froid, fondant à 100°. Le sel de zinc fournit un sel double avec le lactate d'ammoniaque : $Zn(C^3H^5O^3)^2 + AzH^4C^3H^5O^3 + 3H^2O$ [Purdie, *Chem. Soc.*, **63**, 1155, 1893]. Le sel d'antimoine avec celui de soude [Bœhringer, *Centr. Blatt*, II, 1231, 1898; voir aussi Moritz, *Zeit. f. angew. Chem.*, **17**, 1143, 1904]. Le composé $MoO^2(C^3H^4O^3K)^2$ forme des cristaux incolores très facilement solubles dans l'eau et l'alcool étendu [Henderson et Whitehead, *Chem. Soc.*, **75**, 554, 1899]. On connaît également $Cu(AzH^3)^2ClC^3H^5O^3$ [Richards et Whitridge, *Am. Chemical Journal* **17**, 151, 1896-97] et $Cu(AzH^3)^2BrC^3H^5O^3$, tous deux en cristaux bleus. L'acide lactique réduit à chaud les nitrates des métaux lourds, mais non ceux des alcalins, des alcalino-terreux et de l'aluminium [Wanino et Hauser, *Zeit. anal. Chem.*, **39**, 506, 1901]. Chauffé quelques instants avec la pyridine, le lactate de fer fournit $Fe(C^3H^5O^3)^2 2Pyr$ [Reitzenstein, *Zeit. anorg. Chem.*, **32**, 298, 1902]. Le lactate d'hydrazine, sirupeux, fournit la lactylhydrazine fondant à 185° [Curtius et Franzen, *D. chem. G.*, **35**, 3239, 1902]. Constante thermique des sels de quinine [Berthelot et Gaudechon, *C. R.*, **136**, 128, 1903] et de baryum [Tommasi, *Bull. Soc. Chim.*, (3), **29**, 859, 1903]. Spectres des sels de néodyme et praséodyme [Mathmann et Stützel, *D. chem. G.*, **32**, 2653, 1899].

Acide lactique droit ou acide paralactique. — On le rencontre dans le sang [Gaglio, *Jahr. d. Tierch.*, 135, 1886; — Berlinerblau, *ibid.*, 145, 1887]. Il s'en forme dans la fermentation du glycose par le microcoque de l'acide paralactique [Nencki et Suber, *Mon. f. Chem.*, **10**, 535, 1889], par l'action prolongée du penicillium glaucum sur le lactate d'ammoniaque [Lewkowitsch, *D. chem. G.*, **16**, 2720, 1883]; au moyen du collibacille [Peré, *Centr. Bl.*, I, 518, 1898, ou des microorganismes [Ulpiani et Condelli, *Gazz. chim. ital.*, **30**, 344, 1900; *Chem. Soc.*, **83**, 424, 1903]. On peut l'obtenir par cristallisation du sel double de zinc et d'ammoniaque [Purdie, *Chem. Soc.*, **63**, 1144, 1892]. On le prépare au moyen de l'extrait de viande [Wislicenus, *Lieb. Ann. Chem.*, **167**, 305, 1873; — Klimenko, *Journ. Soc. phys. chim. russe*, **12**, 17, 1880]. Pouvoir rotatoire [Wislicenus, Purdie et Walker, *Chem. Soc.*, **67**, 630, 1895; — Jungfleisch et Godechot, *C. R.*, **140**, 719, 1905, **142**, 515, 1906]. Chauffé avec de l'acide sulfurique étendu, il se décompose en acide formique et aldéhyde; avec l'acide chromique on a de l'acide carbonique, de l'acide acétique, mais pas d'acide malonique (Wislicenus). *Sels* : $Mg(C^3H^5O^3)^2 + 3,5H^2O$; $Sr(C^3H^5O^3)^2 + 4H^2O$; $Zn(C^3H^5O^3)^2 + 2H^2O$; $Cd(C^3H^5O^3)^2 + 1,5H^2O$; $Ag(C^3H^5O^3) + 1/2H^2O$ [Purdie et Walker, *Chem. Soc.*, **67**, 624, 1895; — Klimenko], $Ca(C^3H^5O^3)^2 + 4,5H^2O$ et $+ 5H^2O$, $Zn(C^3H^5O^3)^2 + 2H^2O$ [Wislicenus]. La solution aqueuse du sel de zinc donne avec l'alcool un précipité $Zn(C^3H^5O^3)^2 + 3H^2O$ (Klimenko). $Zn(C^3H^5O^3)^2 + AzH^4C^3H^5O^3 + 2H^2O$ [Purdie et Walker, *Chem. Soc.*, **61**, 763, 1892].

Acide lactique gauche. — Il s'obtient par fermentation des solutions alcalines de sucre de canne, de raisin ou de lait, ou par la glycérine et le bacille de l'acide lactique gauche en opérant à la température de 36° [Schardinger, *Mon. f. Chem.*, **11**, 551, 1890] ou le bacille typhique [Blachstein, *Jahresb. d. Thierch.*, 660, 1892] ou encore par fermentation du sucre par les vibrions [Kuprianow, *Jahresb. d. Thierch.*, 737, 1894], notamment le bacille du choléra [Gosio, *Jahresb. d. Thierch.*, 739, 1894], ou encore par synthèse [Mac Kenzie, *Chem. Soc.*, **87**, 1373, 1905]. Il s'obtient aussi par fermentation du sel de calcium du racémique [Frankland et Macgregor, *Chem. Soc.*, **63**, 1032, 1893]. Liquide lévogyre soluble dans l'eau, l'alcool, l'éther.

Sels. — Les solutions aqueuses des sels sont dextrogyres. $LiC^3H^5O^3 + \frac{1}{2}H^2O$,

$$Ca(C^3H^5O^3)^2 + 4.5\ H^2O,$$
$$Zn(C^3H^5O^3)^2 + 2H^2O,$$
$$Zn(C^3H^5O^3)^2 + NH^4(C^3H^5O^3)^2 + 2H^2O,$$
$$Ag\,C^3H^5O^3 + \frac{1}{2}H^2O$$

Purdie et Walker, *Chem. Soc.*, **61**, 760, 1892; — **67**, 620, 1895).

ANHYDRIDE,

$$\begin{array}{l} CH^3-CHOH-CO \\ \qquad\qquad\quad | \\ \qquad\qquad\quad O \\ \qquad\qquad\quad | \\ \quad CH^3-CH-CO^2H \end{array}$$

— A froid l'acide lactique se transforme au moins partiellement en anhydride [Wislicenus, *Ann. Chem.*, **164**, 181, 1872]. Masse amorphe jaune pâle à peine soluble dans l'eau, mais facilement soluble dans l'alcool et l'éther; acide monobasique dont les sels sont très instables; le gaz ammoniac dirigé dans la solution éthérée donne un précipité de lactate d'ammoniaque tandis que la lactamide reste en solution.

LACTIDE.

$$\begin{array}{l} CH^3-CH-CO \\ \qquad\quad\ |\quad\ \ | \\ \qquad\quad O\quad O \\ \qquad\quad\ |\quad\ \ | \\ \qquad\ CO-CH-CH^3 \end{array}$$

— On peut l'obtenir en dirigeant un courant d'air sec dans de l'acide lactique chauffé à 150° [Wislicenus, *Ann. Chem.*, **167**, 318, 1873]; il se forme par distillation de l'α-bromopropionate de sodium [Bischoff et Walden, *D. chem. G.*, **26**, 263, 1893; *Ann. Chem.*, **279**, 72, 1894]; en traitant l'anhydride de l'acide α-bromopropionique par le carbonate de potasse [Bischoff et Walden, *D. chem. G.*, **27**, 2940, 1894]. Tables monocliniques fondant à 124°,5 (Wislicenus), à 128° (Bischoff et Walden), bouillant à 255° sous 757 millimètres [Henry, *D. chem. G.*, **7**, 755, 1874]; à 142° sous 8 millimètres (Bischoff et Walden), à peine solubles dans l'eau froide qui les transforme lentement en acide lactique, peu solubles dans l'alcool froid. La densité à 9°,9 est 0,86179 [Anderlini, *Gazz. chim. ital.*, **25**, 2, 137, 1895; — Jungfleisch et Godechot, *C. R.*, **140**, 502, 1905]. Chaleur d'hydratation et de neutralisation [Berthelot et Delépine, *C. R.*, **129**, 920, 1899]. Action du permanganate de potassium [Perdrix, *Bull. Soc. Chim.*, (3), **23**, 658, 1900].

Lactide droit [Jungfleisch et Godechot, *C. R.*, **141**, 111, 1905; **142**, 637, 1906].

Anhydride trilactique,

$$\begin{array}{l} CH^3-CH-COO-CH-CH^3 \\ \qquad\quad\ |\qquad\qquad\ \ | \\ \qquad\quad O\qquad\qquad CO^2H \\ CH^3-CHOH-CO \end{array}$$

— Aiguilles fondant à 39°. Bout à 235-240° sous 20 millimètres [Jungfleisch et Godechot, *C. R.*, **140**, 502, 1905].

ÉTHERS SELS. — ÉTHER MÉTHYLIQUE.

$$CH^3-CHOH-CO^2CH^3.$$

— Il s'en forme dans la décomposition de l'éther α-diazopropionique [Curtius et Müller, *D. chem. G.*, **37**, 1261, 1904]. Il bout à 144°,8 sous 760 millimètres. Densité 1,118 à 0°, 1,0898 à 19°, 1,028 à 80°, 1,0176 à 90° [Schreiner, *Lieb. Ann. Chem.*, **197**, 12, 1879]. Action sur le chlorure de thorium [Rosenheim, Samter et Davidsohn, *Zeitsch. anorg. Chem.*, **35**, 424, 1903].

Éther méthylique droit. — Par le d-lactate de zinc et d'ammoniaque, l'alcool et l'acide sulfurique [Purdie et Irvine, *Chem. Soc.*, **75**, 484, 1899; — Walker, *Chem. Soc.*, **67**, 916, 1895; — Lander, *Chem. Soc.*, **73**, 296, 1898]. Au moyen de l'iodure de méthyle et du sel d'argent de l'acide lactique lévogyre [Walker, *Chem. Soc.*, **67**, 917, 1895]. Il bout à 58° sous 19 millimètres. Pouvoir rotatoire [Purdie et Lander, *Chem. Soc.*, **73**, 296, 1898].

ÉTHER ÉTHYLIQUE, $CH^3-CHOH-CO^2C^2H^5$. — Il se prépare avec de très bons rendements par le procédé indiqué pour l'éther méthylique. Liquide bouillant à 154°,5 sous 760 millimètres. Sa densité 1,0546 à 0° devient 1,0308 à 19°, 0,9854 à 60°, 0,9531 à 91° [Schreiner, *Ann. Chem.*, **197**, 12, 1879]. Chaleur de décomposition moléculaire : 656cal,010 [Lugini, *Ann. Chim. Phys.*, (6), **8**, 136, 1886].

Éther éthylique droit. — On l'obtient en traitant le sel d'argent par l'iodure de méthyle ou en chauffant l'acide paralactique avec l'alcool à 170° [Klimenko, *Journ. Soc. phys. chim. russe*, **12**, 17, 1880]. Il bout à 69°-70° sous 36 millimètres [Purdie et Williamson, *Chem. Soc.*, **69**, 827, 1896. — Purdie et Irvine, *ibid.*, **75**, 45[illegible], 1899]. Pouvoir rotatoire $[\alpha]_D$ = — 14°,19 (Klimenko).

ÉTHER PROPYLIQUE DROIT,

$$CH^3-CHOH-CO^2C^3H^7.$$

— Il bout à 122°-123° sous 150 millimètres (Purdie et Lander; Walker).

ÉTHER ISOPROPYLIQUE, $CH^3-CHOH-CO^2C^3H^7$. — Il bout à 166°-168° [Silva, *Bull. Soc. Chim.*, **17**, 97, 1872].

ÉTHER AMYLIQUE (alcool actif),

$$CH^3-CHOH-CO^2C^5H^{11}.$$

— Il bout à 195° [Simon, *Bull. Soc. Chim.*, (3), **11**, 766, 1894; — Walden, *Zeit. physik. Chem.*, **17**, 721, 1895].

ÉTHER MENTHYLIQUE.

$$CH^3-CHOH-CO^2(C^{10}H^{19}).$$

— Réduction du pyruvate de menthyle par la poudre de zinc et l'acide acétique [Cohen et Whiteley, *Chem. Soc.*, **79**, 1305, 1901]. Racémisation par l'hydrolyse de l'éther actif [Mac Kenzie et Thompson, *Proc. Chem. Soc.*, **21**, 184, 1905; *Chem. Soc.*, **87**, 1004, 1905].

ÉTHER BORNYLIQUE (Mac Kenzie et Thompson).

ÉTHERS-OXYDES. — ACIDE MÉTHYLLACTIQUE, $CH^3-CHOCH^3-CO^2H$. — L'acide libre forme un sirop volatil avec la vapeur d'eau. Le sel d'argent est amorphe et facilement soluble dans l'eau.

Acide méthyllactique gauche. — Par cristallisation fractionnée des sels de morphine [Purdie et Lander, *Chem. Soc.*, **73**, 868, 1898], par saponification de l'éther méthylique [Purdie et Irvine, *Chem. Soc.*, **75**, 486, 1899]. Huile bouillant à 108°-110° sous 30 millimètres. Densité 1,0908 à 20°. Pouvoir rotatoire de l'acide $[\alpha]_D$ = — 75°,47, et des sels (Purdie-Irvine). Le *sel d'argent* cristallise en aiguilles anhydres.

Éther méthylique, $CH^3-CHOCH^3-CO^2CH^3$. — Il bout à 135-138° [Markownikow et Krestownikow, *Lieb. Ann. Chem.*, **208**, 343, 1881].

Éther méthylique gauche. — On l'obtient par le lactate droit de méthyle, l'iodure de méthyle et l'oxyde d'argent [Purdie et Irvine, *Chem. Soc.*,

75, 485, 1899]. Il bout à 45° sous 22 millimètres. Sa densité à 20° est 0,9967 ; son pouvoir rotatoire à 20° est $[\alpha]_D = -95°,53$.

Éther éthylique, $CH^3-CHOCH^3-CO^2C^2H^5$. — On peut l'obtenir par l'α-bromopropionate d'éthyle et l'alcoolate de méthyle [Schreiner. *Lieb. Ann. Chem.*, **197**, 13, 1879]. Sa densité est 0,9551 à 20°, son pouvoir rotatoire à 20° est $[\alpha]_D = -90°,08$ [Purdie et Irvine, *Chem. Soc.*, **75**, 586, 1899].

ACIDE ÉTHYLLACTIQUE, $CH^3-CHOC^2H^5-CO^2H$. — On peut le préparer par distillation de l'acide éthylisomalique [Tanatar, *Ann. Chem.*, **273**, 42, 1892-93]. *Sels* [Markownikow et Kristownikow. *Journ. Soc. phys. chim. russe*, **12**, 454, 1880 ; — *Ann. Chem.*, **208**, 339, 1881]. Pouvoir rotatoire électrique des sels de potassium et de sodium [Ostwald, *Zeit. phys. Chem.*, **1**, 100, 1887]. Le *sel de chaux* $Ca(C^5H^9O^3)^2 + 2H^2O$, prismes aplatis, en agrégats en forme de boule, est anhydre à 100°, facilement soluble dans l'eau. Le *sel de zinc* est gommeux, celui d'*argent* est caractéristique et cristallise en très fines aiguilles soyeuses, assez solubles dans l'eau froide, très solubles dans l'eau chaude. L'acide bout sans décomposition à 131°-133° sous 63 à 68 millimètres [Purdie et Irvine, *Chem. Soc.*, **75**, 487, 1899].

Acide éthyllactique droit. — On l'obtient par cristallisation fractionnée des sels de cinchonine ou de morphine [Purdie et Lander, *Chem. Soc.*, **73**, 863, 1898]. Pouvoir rotatoire à 12° $[\alpha]_D = +56°,96$. Le *sel de calcium*, $Ca(C^5H^9O^3)^2 + 2H^2O$, cristallise en aiguilles; le *sel d'argent*, $AgC^5H^9O^3$, est également en aiguilles et facilement soluble dans l'eau chaude.

Acide éthyllactique gauche. — On saponifie l'éther correspondant au moyen d'une lessive à 10 0/0 [Purdie et Irvine]. Il bout à 105°-106° sous 16 à 19 millimètres. Sa densité à 20° est 1,0395, son pouvoir rotatoire à 20° $[\alpha]_D = -66°,36$. Pouvoir rotatoire moléculaire des sels (Purdie et Irvine).

Éther méthylique gauche.

$$CH^3-CHOC^2H^5-CO^2CH^3.$$

— Il a été obtenu par l'action de l'iodure de méthyle sur l'acide acétoxypropionique gauche [Purdie et Irvine, *Chem. Soc.*, **75**, 487, 1899]. Il bout à 40°-41° sous 10 millimètres. Sa densité est 0,9610 à 20°; son pouvoir rotatoire est à la même température $[\alpha]_D = -81°,6$.

Éther éthylique gauche. — Il s'obtient par l'action de l'iodure d'éthyle et de l'oxyde d'argent sur le lactate droit d'éthyle (Purdie et Irvine). Il bout à 58,5-60° sous 16 à 19 millimètres. Sa densité est 0,9355 à 20°, son pouvoir rotatoire $[\alpha]_D = -79°,69$ à la même température. *Dérivé tétrachloré* [Henry, *Jahresb.*, 1874, 511].

ACIDE PROPYLLACTIQUE.

$$CH^3-CH(OC^3H^7)-CO^2H.$$

— Le racémique s'obtient par saponification de l'éther propylique correspondant [Purdie et Lander, *Chem. Soc.*, **73**, 871, 1898]. Le *sel de calcium* cristallise avec $2H^2O$ en tables assez solubles; le *sel d'argent* anhydre est en aiguilles peu solubles.

Acide propyllactique droit. — On l'obtient par cristallisation des sels de morphine de l'acide racémique [Purdie et Lander]. Pouvoir rotatoire à 10° $[\alpha]_D = 55°,63$.

Éther propylique.

$$CH^3-CH(OC^3H^7)-CO^2C^3H^7.$$

— Il s'obtient dans l'action du propylate de sodium sur l'α-bromopropionate de propyle [Purdie et Lander]. Il bout à 187°-188°.

Éther isopropylique. — On traite le lactate de propyle sodé par l'iodure d'isopropyle [Silva. *Bull. Soc. Chim.*, **17**, 97, 1897]. L'éther isopropylique prend naissance à côté du lactate d'isopropyle lorsque l'on traite le lactate d'argent par l'iodure d'isopropyle [Purdie et Lander, *Chem. Soc.*, **73**, 298, 1898]. Le sel $Ca(C^6H^{11}O^3)^2 + 2H^2O$ cristallise en petites aiguilles et le sel d'argent en fines aiguilles anhydres peu solubles.

NITRATE D'ACIDE LACTIQUE,

$$CH^3-CH(OAzO^2)-CO^2H.$$

— On ajoute peu à peu 20 grammes de lactate de zinc à un mélange de 25 grammes d'acide azotique fumant et de 40 grammes d'acide sulfurique concentré, verse sur la glace, extrait à l'éther, lave, évapore et sèche la solution éthérée [Duval, *Bull. Soc. Chim.*, (3), **29**, 601 et 678, 1903]. Liquide sirupeux, miscible à l'eau, l'alcool, l'éther, le benzène, insoluble dans la ligroïne. Le *sel de calcium* cristallise avec $2H^2O$, le *sel d'argent* en aiguilles anhydres (Duval, Expériences inédites).

Éther éthylique.

$$CH^3-CH(OAzO^2).CO^2C^2H^5.$$

— Il s'obtient au moyen du lactate d'éthyle et des acides sulfurique et nitrique [Henry, *D. chem. G.*, **3**, 532, 1870]. Il bout à 178°. Densité, 1,1534 à 13°.

ACÉTATE D'ACIDE LACTIQUE ou acide acétyllactique. $CH^3-CH(OCOCH^3)CO^2H$. — Composé huileux [Wislicenus, *Ann. Chem.*, **125**, 61, 1863]. Il fond à 166-167° [Siegfried, *D. chem. G.*, **22**, 2711, 1889]. Il fond à 57-60° et bout à 127° sous 11 millimètres [Anschütz et Bertram, *ibid.*, **37**, 3971, 1904]. Il fond à 39-40° et bout à 148-150° sous 50 millimètres [Auger, *C. R.*, **140**, 938, 1905].

Acétate de chlorure de lactyle,

$$CH^3-CH(OCOCH^3)COCl.$$

— Il bout à 150° sous 760 millimètres (avec décomposition partielle) et à 56° sous 11 millimètres (Anschütz et Bertram).

Éther gayacolique,

$$CH^3-CH(OCOCH^3)COO-C^6H^4OCH^3.$$

— Il fond à 71° et bout à 180° sous 13 millimètres (Anschütz et Bertram).

Anilide. $CH^3-CH(OCOCH^3)COAzHC^6H^5$. — Elle fond à 121-122° (Anschütz et Bertram).

Phénétidide,

$$CH^3-CH(OCOCH^3)COAzH\ C^6H^4OC^2H^5$$

— Fond à 129° (Anschütz et Bertram).

Nitrile. $CH^3-CH(OCOCH^3)CAz$. — Il bout à 172-173° sous 760 millimètres et à 73° sous 8 millimètres (Anschütz et Bertram).

DÉRIVÉS HALOGÉNÉS. — ACIDE β-CHLOROLACTIQUE, $CH^2Cl-CHOH-CO^2H$. — On traite pour l'obtenir la combinaison de l'aldéhyde chlorée avec l'aldéhyde cyanée par l'acide chlorhydrique [Glinsky, *Zeit. f. Chem.*, 515, 1870; — Frank, *Ann. Chem.*, **206**, 344, 1881]; on l'obtient encore par action de l'acide chlorhydrique sur l'acide oxyacrylique ou de l'acide hypochloreux sur l'acide acrylique [Melikow, *Journ. Soc. phys. chim. russe*, **13**, 157, 1881; **32**, 368, 1900]; par oxydation de l'épichlorhydrine [Richter, *J. prakt. Chem.*, (2), **20**, 193, 1879] ou de la monochlorhydrine $CH^2Cl-CHOH-CH^2OH$ par l'acide azotique. Cristaux rhombiques brillants [Hanshofer, *Jahr. d. Chem.*, 775, 1880] ou prismes fondant à 78°. Très soluble dans l'eau, l'alcool, l'éther, il n'est ni volatil ni entraînable par la vapeur d'eau. La soude alcoolique le transforme en acide oxyacrylique et l'oxyde d'argent en acide glycérique. Avec l'ammoniaque, il fournit l'acide β-amidolactique. L'eau le décompose à chaud en acide carbonique, aldéhyde, acide chlorhydrique [Erlenmeyer, *D. chem. G.*, **13**, 309, 1880]. L'ébullition d'une solution aqueuse concentrée du sel de sodium le décompose en acétaldéhyde, acide carbonique, chlorure de sodium [Reisse, *Ann. Chem.*, **257**, 337, 1890].

Éther méthylique, $CH^2Cl-CHOH-CO^2CH^3$. — On éthérifie l'acide par l'alcool et l'acide chlorhydrique [Frank, *Ann. Chem.*, **206**, 347, 1881]. Liquide bouillant à 185-187°.

Éther éthylique, $CH^2Cl-CHOH-CO^2C^2H^5$. — On l'obtient de même. Masse cristalline fondant à 37° et bouillant à 205° [Frank, *loc. cit.*, **206**, 347, 1881].

Acide dichlorolactique $CHCl^2-CHOH-CO^2H$. — On l'obtient par l'aldéhyde acétique dichlorée, l'acide cyanhydrique et l'acide chlorhydrique [Grimaud et Adam, *Bull. Soc. Chim.*, **34**, 29, 1880]. Tables déliquescentes fondant à 76.5–77°, très solubles dans l'alcool et l'éther; il réduit la solution ammoniacale d'argent; l'ébullition avec l'eau du sel de soude fournit du chlorure de sodium, de l'acide carbonique et de l'aldéhyde acétique chlorée.

Éther éthylique, $CHCl^2-CHOH-CO^2C^2H^5$. — Par l'acide, l'alcool et l'acide chlorhydrique [Grimaux et Adam, *Bull. Soc. Chim.*, **34**, 36, 1880]. Il prend aussi naissance par l'action du zinc et de l'acide chlorhydrique sur une solution alcoolique d'éther trichlorolactique [Pinner et Bischoff, *Ann. Chem.*, **179**, 887, 1875]. Il bout à 219-222° (Grimaux et Adam) à 205-210° [Rudnow, *Journ. Soc. phys. chim. russe*, **7**, 162, 1877] en se décomposant en partie.

Acide trichlorolactique, $CCl^3-CHOH-CO^2H$. — Il prend naissance à côté d'autres composés par l'action d'un courant de chlore dirigé pendant 60 heures dans un mélange de 100 grammes de glycérine de 1,25 de densité et de 50 grammes d'iode [Zaharia, *Bulet. Soc. Sci. Bucuresci*, **4**, 135, 1895]. Il s'obtient par le chloral, l'acide cyanhydrique et l'acide chlorhydrique [Pinner et Bischoff, *Ann. Chem.*, **179**, 791, 1875; — Pinner, *D. chem. G.*, **17**, 1997, 1884]. Prismes fondant à 105-106° (Pinner et Bischoff), à 115-118° [Anschütz et Haslam, *Ann. Chem.*, **253**, 132, 1889], à 124° (exempts d'eau) (Zaharia). Pouvoir rotatoire électrique [Ostwald, *Zeit. physik. Chem.*, **3**, 194, 1889]. Facilement soluble dans l'eau, l'alcool, l'éther, le chloroforme; il est décomposé par les alcalis en chloral et acide formique. Par l'action des bases azotées il fournit avec l'ammoniac de la glycosine $C^6H^6Az^4$, avec l'hydroxylamine de la glyoxine $C^2H^4Az^2O^2$, avec la phénylhydrazine de la glyoxalphénylhydrazine. Vitesse de cristallisation [Bogojawlensky, *Zeit. f. phys. Chem.*, **27**, 596, 1898]. Action sur l'isocyanate de phényle [Lambling, *Bull. Soc. Chim.*, (3), **29**, 125, 1904]. Dérivé monoformalique et sa phénylhydrazide [Lobry de Bruyn et Ekenstein, *Rec. Pays-Bas*, 310-321, 1902.]. Les sels peuvent seulement s'obtenir à froid; chauffé avec de l'eau, le sel de sodium se décompose en aldéhyde acétique dichlorée, oxyde de carbone et chlorure de sodium.

Sels, $AzH^4C^3H^2Cl^3O^3$, croûtes cristallines. — $KC^3H^2Cl^3O^3$, prismes.

Éther méthylique, $CCl^3-CHOH-CO^2CH^3$. — Liquide bouillant à 98-100° sous 12 millimètres [Anschütz et Haslam, *Ann. Chem.*, **253**, 125, 1889].

Éther éthylique, $CCl^3-CHOH-CO^2C^2H^5$. — On l'obtient en chauffant le chloralide avec de l'alcool [Wallach, *Ann. Chem.*, **193**, 8, 1878]; par l'acide, l'alcool et l'acide chlorhydrique [Pinner et Bischoff, *ibid.*, **179**, 88, 1875]; par le nitrile trichlorolactique, l'alcool et l'acide chlorhydrique [Pinner, *D. chem. G.*, **18**, 754, 1884]. Tables fondant à 66-67°, bouillant à 233-237° sous la pression ordinaire et à 110° sous 12 mm. (Anschütz et Haslam). Insoluble dans l'eau, très facilement soluble dans les lessives alcalines froides d'où l'acide carbonique précipite l'éther [Claisen et Antweiler, *D. chem. G.*, **13**, 1940, 1880]. Chauffé avec du carbonate de soude et de la baryte, il donne de l'acide tartronique et de l'acide dichloracétique; réduit en solution alcoolique par l'acide chlorhydrique et le zinc, il donne les acides chloracrylique et dichlorolactique (Pinner et Bischoff); d'après Rudnew on obtiendrait du chloro et dichlorolactate.

Éther propylique, $CCl^3-CHOH-CO^2C^3H^7$. — Liquide bouillant à 248-250° sous la pression ordinaire et à 115-119° sous 12 millimètres (Anschütz et Haslam).

Éther isobutylique, $CCl^3-CHOH-CO^2C^4H^9$. — Il bout à 236-238° sous 760 millimètres et à 111-112° sous 12 mil. (Anschütz et Haslam).

Éthyltrichlorolactate d'éthyle,

$$CCl^3-CHOC^2H^5-CO^2C^2H^5.$$

— Liquide bouillant à 128-130° sous 12 millimètres [Anschütz et Haslam, *Lieb. Ann. Chem.*, **253**, 134, 1889].

Acide acétyltrichlorolactique,

$$CCl^3-CH(OCOCH^3)-CO^2H.$$

— Cristaux fondant à 65° [Pinner et Fuchs, *D. chem. G.*, **10**, 1061, 1877].

Acétate de trichlorolactate d'éthyle,

$$CCl^3-CH(OCOCH^3)-CO^2C^2H^5.$$

— Il bout à 121°-121°,5 sous 16 millimètres [Iotsitch, *Journ. Soc. phys. chim. russe*, **35**, 428, 1903].

Acide β-bromolactique,

$$CH^2Br-CHOH-CO^2H.$$

— Cristaux fondant à 89-90° [Melikow, *Journ. Soc. phys. chim. russe*, **14**, 223, 1883; *D. chem. G.*, **13**, 958, 1880].

Acide β-bromo-α-éthyllactique,

$$CH^2Br-CH(OC^2H^5)-CO^2H.$$

— Liquide bouillant avec légère décomposition à 202-204° [Michael, *Am. Chem. Journ.*, **9**, 121, 1888-1889].

Acide αβ-dibromolactique,

$$CH^2Br-CBr(OH)-CO^2H.$$

— Cristaux fondant à 98° [Linnemann et Penl, *D. chem. G.*, **8**, 1101, 1875].

Acide ββ-dibromolactique,

$$CHBr^2-CHOH-CO^2H.$$

— Incristallisable [Pinner, *D. chem. G.*, **7**, 1501, 1874].

Acide βββ-tribromolactique,

$$CBr^3-CHOH-CO^2H.$$

— Cristaux fondant à 141-143° [Pinner, *loc. cit.*; — Wallach, *Ann. Chem.*, **193**, 50, 1878].

Tribromolactate d'éthyle,

$$CBr^3-CHOH-CO^2C^2H^5$$

— Prismes fondant à 44-46° [Wallach, *Ann. Chem.*, **193**, 52, 1878].

Acide β-iodolactique, $CH^2I-CHOH-CO^2H$.

— Il fond à 84-85° [Glinsky, *D. chem. G.*, **6**, 1257, 1873].

Dinitrosolactate d'éthyle,

$$\begin{matrix} CH^3-C(AzO)-CO^2CH^3 \\ >O \\ CH^3-C(AzO)-CO^2CH^3 \end{matrix}$$

— Prismes fondant à 64° [Leperq, *Bull. Soc. Chim.*, (3), **11**, 297, 1894].

NITRILE LACTIQUE, $CH^3-CHOH-CAz$. — Il se condense avec la méthylaniline [Sachs et Kraft, *D. chem. G.*, **36**, 757, 1903]; avec la diéthylamine [Klages, *J. prakt. Chem.*, **65**, 188, 1902]. Pouvoir explosif [Brühl, *Zeit. physikal. Chem.*, **16**, 214, 1895]. Chaleur de combustion moléculaire à volume constant 421^cal,15 [Berthelot et André, *C. R.*, **128**, 961, 1899]; constante de dissociation électrolytique et emploi comme milieu d'ionisation [Walden, *Physik. Chem.*, 54, 129; 55, 207, 1906].

Nitrile éthyllactique, $CH^3-CH(OC^2H^5)-CAz$. — On place pendant six mois au soleil un mélange d'éther ordinaire et de chlorure de cyanogène; ou encore on fait réagir le perchlorure de phosphore sur l'éthyllactamide [Colson, *Bull. Soc. Chim.*, (3), **13**, 233, 1895; *Ann. Chim. Phys.*, (7), **12**, 234, 1897]. Liquide bouillant à 131° sous 760 millimètres. Un isomère de ce composé s'obtient au moyen de la première réaction signalée mais en opérant à l'ombre [Colson, *Ann. Chim. Phys.*, (7), **12**, 237, 1897]. Liquide bouillant à 129-130°, sous 760 millimètres.

Acétate de nitrile lactique,

$$CH^3-CH(OC^2H^3O)CAz.$$

— On l'obtient par le nitrile lactique et le chlorure d'acétyle [Henry, *D. chem. G.*, **24**, Refer. 72, 1891; — Colson, *loc. cit.*]. Solide à — 75°, il bout à 167° sous 750 millimètres.

Propionate de nitrile lactique,

$$CH^3-CH(OC^3HO)-CAz.$$

— Liquide bouillant à 181-182° sous 760 millimètres [Colson, *loc. cit.*].

Nitrile trichlorolactique, $CCl^3-CHOH-CAz$. — Il fond à 61°, bout à 215-220° [Pinner et Fuchs, *D. chem. G.*, **10**, 1059, 1877; — Pinner, *ibid.*, **17**, 1997, 1884; — Kaiser et Schaerges, *Jahresb. d. Chem.*, 1519, 1888; — Mescher, *ibid.*, 1520, 1888.

Acétate de nitrile trichlorolactique,

$$CCl^3-CH(OC^2H^3O)-CAz.$$

— Il fond à 31°, bout à 208° [Pinner et Fuchs].

LACTAMIDE, $CH^3-CHOH-COAzH^2$. — Elle donne de l'urée par oxydation [Jolles, *J. prakt. Chem.*, **63**, 316, 1901]. Elle existe sous la forme tautomère

$$CH^3-CHOH-C \lessgtr \begin{matrix} AzH \\ OH \end{matrix}$$

[Hantzsch et Vögelen, *D. chem. G.*, **34**, 3142, 1901].

Lactéthylamide, $CH^3-CHOC^2H^5-COAzH^2$. — On l'obtient par l'addition d'amide bromopropionique à de l'alcoolate de sodium [Blacher, *D. chem. G.*, **28**, 2353, 1895]; l'éthylnitrile lactique, dissous dans l'acide acétique, est saturé à froid par l'acide chlorhydrique et la solution est ensuite fractionnée dans le vide [Colson, *Ann. Chim. Phys.*, (7), **12**, 252, 1897]. Elle fond à 64°.

LACTAMINE,

$$\begin{matrix} CH^3-CH-COO \\ \quad\diagdown \\ \quad AzH^3 \end{matrix}$$

— On l'obtient en chauffant longtemps le lactate d'ammoniaque dans un courant d'ammoniac à 95-105° [Engel, *Bull. Soc. Chim.*, **42**, 265, 1884]. Produit amorphe qui se décompose à 200° sans distiller; l'eau le retransforme en lactate d'ammoniaque.

Acétyllactacétamide,

$$CH^3-CH(O.CO-CH^3)CO-AzHCOCH^3.$$

— On fractionne dans le vide les produits de réaction du chlorure d'acétyle sur le nitrile lactique [Colson, *Bull. Soc. Chim.*, (3), **17**, 55, 1897]. Fond à 73°, bout à 178-180° sous 15 millimètres. Dissous dans 2 parties d'eau chaude, la solution se prend en masse par suite de la formation d'un hydrate.

Diacétyldilactamide,

$$AzH[CO-CH(OCOCH^3)CH^3]^2.$$

— On décompose par l'eau le chlorhydrate du nitrile acétyllactique [Colson, *loc. cit.*]. Aiguilles peu solubles dans l'eau, fondant à 110°; à l'ébullition, l'eau les décompose en ammoniaque, acide lactique et acide acétique.

β-*Éthyllactamide*,

$$C^2H^5O-CH^2-CH^2-COAzH^2.$$

— [Purdie et Marshall, *Chem. Soc.*, **59**, 478, 1891].

Lactanilide, $CH^3-CHOH-CO\ AzH\ C^6H^5$. — Il s'en produit lorsqu'on chauffe à 150-160° la phényluréthane de l'acide lactique avec de l'eau [Lambling, *Bull. Soc. Chim.*, (3), **27**, 449, 1902]. Cristaux incolores fondant à 58° [Leipen, *Mon. f. Chem.*, **9**, 45, 1888]. Le phosphate trilactanilidique $PO(OCH(CH^3)-CO-AzHC^6H^5)^3$ fond à 205° [Bischoff et Walden, *Ann. Chem.*, **279**, 71, 1894].

Phényluréthane,

$$\begin{matrix} CH^3-CHO-CO-AzH-C^6H^5 \\ | \\ O-COAzH-C^6H^5 \end{matrix}$$

— On fait agir 1 molécule d'acide lactique sur 2 molécules d'isocyanate de phényle [Lambling, *Bull. Soc. Chim.*, (3), **29**, 124, 1903].

ACIDE IMINOLACTIQUE ou *Lactiminohydrine*,

$$\begin{matrix} CH^3-CH(OH)-C-OH \\ \| \\ AzH \end{matrix}$$

— Soluble dans 73-74 parties d'alcool à la température ordinaire. Il fond à 135° [Eschweiler, *Centr. Bl.*, 1898, II, 527; *D. R. P.*, 97558, 1897]. La solution aqueuse donne avec le chlorure de zinc un précipité de lactate de zinc. Le *chlorhydrate* fond à 162°, le *sulfate* à 198°.

Hantzsch et Vögelen [*D. chem. G.*, **34**, 3142, 1901] réfutent l'article de Eschweiler.

LACTIMINOÉTHERS. — Voyez IMINOÉTHER.

ACIDE α-THIOLACTIQUE, $CH^3-CHSH-CO^2H$. — On le rencontre dans les produits obtenus en décomposant les substances cornées par les acides étendus [Suter, Hoppe Seyler's, **20**, 577, 1897-98]; il s'en forme dans la décomposition de la cystine et des matières protéiques [Mörner, *Zeit. physiol. Chem.*, **42**, 365, 1904]. Loven, le premier, le prépara à l'état de pureté, en saturant une solution aqueuse d'acide pyruvique par l'hydrogène sulfuré, ajoutant de l'acide chlorhydrique concentré, puis du zinc; on extrait ensuite à l'éther [Loven, *J. prakt. Chem.*, (2), **29**, 367, 1884]. On fait réagir le sulfhydrate d'ammoniaque en excès sur l'acide pyruvique chauffé à 210° [Böttinger, *D. chem. G.*, **18**, 486, 1885]. Il peut être distillé dans le vide. Miscible à l'eau, l'alcool, l'éther; le chlorure ferrique donne une coloration bleue passagère, et un excès de sulfate de cuivre, une coloration violette. La réaction que Friedmann, au moyen du sulfate de cuivre, donne comme spécifique [Friedmann, *Beitr. chem. Physiol. u. Path.*, **3**, 184, 1902], serait aussi donné par l'acide thiomalique [Biilmann, *Ann. Chem.*, **339**, 351, 1905].

Sels. — Consulter Loven [*J. prakt. Chem.*, (2), **29**, 367, 1884].

Éther éthylique, $CH^3-CHSH-CO^2C^2H^5$. — On chauffe l'acide avec de l'alcool et un peu d'acide sulfurique [Loven, *J. prakt. Chem.*, (2), **29**, 372, 1884].

Acide α-dithiodilactique.

$$\begin{array}{l} S-CH(CH^3)-CO^2H \\ | \\ S-CH(CH^3)-CO^2H \end{array}$$

— Il s'obtient par oxydation de l'acide α-thiolactique au moyen de l'iode, du perchlorure de fer ou d'un sel de cuivre [Loven, *J. prakt. Chem.*, (2), **29**, 372, 1884]. Le zinc et l'acide chlorhydrique, ou l'amalgame le transforment en acide α-thiolactique. La solution ammoniacale d'argent le décompose à l'ébullition en acides carbonique et acétique et en hydrogène sulfuré [Böttinger, *D. chem. G.*, **16**, 1047, 1883]. Conductibilité électrique, voyez Loven [*Zeit. physik. Chem.*, **13**, 555, 1894].

Acide thiodilactique.

$$\begin{array}{c} CH^3-CH-CO^2H \\ | \\ S \\ | \\ CH^3-CH-CO^2H \end{array}$$

α-Modification. — Elle s'obtient par action de l'α-chloropropionate de potassium sur l'α-thiolactate basique de potassium [Loven, *J. prakt Chem.*, (2), **29**, 373, 1884). On traite une solution d'acide α-chloropropionique, neutralisée au moyen d'un alcali, par le sulfhydrate de potassium, on précipite par le chlorure de baryum et décompose le précipité par l'acide sulfurique; par cristallisation dans l'eau, on sépare la modification β [Loven, *D. chem. G.*, **29**, 1133, 1896]. Prismes solubles dans l'eau chaude, l'alcool et l'éther, fondant à 125°. Constante de dissociation électrolytique : K = 0,049 [Loven, *Zeit. physik Chem.*, **13**, 552, 1894].

β-Modification. — (Voyez ci-dessus *α-Modification.*) Elle fond à 109° [Loven, *D. chem. G.*, **29**, 1133, 1896].

Sels. — Consulter Loven.

Acide trithiodilactique,

$$\begin{array}{c} CH^3-CH-CO^2H \\ | \\ S^3 \\ | \\ CH^3-CH-CO^2H \end{array}$$

— On sature une solution aqueuse à 50 0/0 d'acide pyruvique, portée a 60-70°, par l'hydrogène sulfuré; on ajoute de l'acide chlorhydrique concentré et abandonne quelques jours [Loven, *J. prakt. Chem*, (2), **29**, 376, 1884; (2), **47**, 174, 1893]. Écailles brillantes fondant à 95°, facilement solubles dans l'eau chaude, l'alcool et l'éther; la lessive de soude en sépare du soufre; le zinc et l'acide chlorhydrique le décomposent en hydrogène sulfuré et acide α-thiolactique; l'eau de brome l'oxyde en le transformant en acide α-sulfopropionique.

Acide α-thiolactylglycolique,

$$CH^3.CH(CO^2H)-S-CH^2-CO^2H$$

— On l'obtient au moyen du thiolactate basique de sodium et du chloracétate de sodium [Loven, *D. chem. G.*, **29**, 1140, 1896]. Il fond à 87-88°; oxydé par le permanganate, il donne l'acide sulfopropionique. Constante de dissociation électrolytique : K = 0,048 [Loven, *Zeit. physik. Chem.*, **13**, 553, 1894].

Acide α-mercaptodilactique,

$$\begin{array}{c} CH^3-C(OH)-CO^2H \\ | \\ S \\ | \\ CH^3-C(OH)-CO^2H \end{array}$$

— Böttinger [*Ann. Chem*, **188**, 325, 1877] l'aurait obtenu le premier; Jong [*Rec. Pays-Bas*, 295, 1903] lui attribue la constitution ci-dessus. Il fond à 94°, il est dissocié par l'eau et l'alcool.

α-Thiodilactamide, $S[CH(CH^3)-CO-AzH^2]^2$.

α-Modification. — Longues aiguilles, solubles dans 19^p^,46 d'eau à 18° [Loven, *D. chem. G.*, **29**, 1134, 1896].

β-Modification. — Prismes courts solubles dans 47^p^,08 d'eau à 16° (Loven).

II. ACIDE β-LACTIQUE (HYDRACRYLIQUE)

$$CH^2OH-CH^2-CO^2H.$$

— On l'obtient en chauffant l'acide β-iodopropionique avec de l'eau [Thomson, *Ann. Chem.*, **200**, 81, 1879-80]; il s'en forme a côté d'acide lactique en chauffant 200 heures à 240° de l'alcool propylique avec la solution de Fehling [Gaud. *Bull. Soc. Chim.*, (3), **13**, 159, 1895].

Chauffé avec l'acide iodhydrique, il se transforme en acide β-iodopropionique; l'acide azotique ou le mélange chromique l'oxydent en donnant de l'acide carbonique et de l'acide oxalique; avec l'oxyde d'argent, on obtient en outre de l'acide glycolique; la fusion avec la potasse donne principalement des acides formique et acétique; l'iode et la potasse ne fournissent pas d'iodoforme (différence avec l'acide lactique). Chauffé avec l'acide chlorhydrique, il se transforme en acide paracrylique; le perchlorure de phosphore donne un chlorure qui avec l'alcool fournit le β-chloropropionate d'éthyle [Klimenko. *Journ. Soc. phys. chim. russe*, **22**, 102, 1890]. Conductibilité électrique, voir Ostwald [*Zeit. physikal. Chem.*, **3**, 191, 1889].

Les *sels de calcium et de zinc* ne cristallisent que dans certaines conditions de concentration.

Éther éthylique, $CH^2OH-CH^2-CO^2C^2H^5$. — On l'obtient en chauffant à 150° 3 grammes d'acide paracrylique avec 6 grammes d'alcool absolu [Klimenko et Rafalowicz, *Journ. Soc. phys. chim. russe*, **26**, 413, 1894]. Il s'en forme en traitant par l'acide azoteux l'éther β-aminopropionique [Curtius et Müller, *D. chem. G.*, **37**, 1261, 1904]. Liquide bouillant à 185-190°.

Acide β-méthyllactique,

$$(CH^3O)CH^2-CH^2-CO^2H.$$

— Il prend naissance en chauffant 10 grammes d'acrylate de méthyle avec 15 grammes d'alcool méthylique et 0^gr^,5 de sodium [Purdie et Marshall. *Chem. Soc.*, **59**, 474, 1891].

Éther méthylique,

$$(CH^3O)CH^2-CH^2-CO(OCH^3).$$

— Liquide bouillant à 140-145° (Purdie et M.).

Acide β-éthyllactique,

$$(C^2H^5O)CH^2-CH^2-CO^2H.$$

— Analogue à l'éther méthyllactique (P. et M.).

Éther éthylique, $(C^2H^5O)CH^2-CH^2CO^2C^2H^5$. — Il s'obtient par action de l'éthylate de sodium sur le β-chloropropionate d'éthyle [Bouveault et Blanc, *Bull. Soc. Chim.*, (3), **31**, 1211, 1904].

ACIDE CHLOROLACTIQUE.

$$CH^2OH - CHCl - CO^2H \text{ ou } CH^2Cl - CHOH - CO^2H.$$

— On chauffe en tubes scellés de la glycérine avec de l'acide chlorhydrique fumant [Werigo et Melikow, *D. chem. G.*, **12**. 178. 1879]. On l'obtient aussi par action de l'acide acrylique sur l'acide hypochloreux, et de l'eau sur l'acide αβ-dichloropropionique [Melikow. *D. chem. G.*, **12** 2227, 1879; *Journ. Soc. phys. chim russe*, **32**. 368, 1900]; on peut aussi traiter l'acide oxyacrylique par l'acide chlorhydrique fumant [Melikow. *D. chem. G.*, **13**, 273. 1880]. Sirop indistillable. facilement soluble dans l'eau. l'alcool, l'éther. L'oxyde d'argent le transforme en acide glycérique: la potasse alcoolique en acide oxyacrylique: l'ammoniaque en acide β-aminolactique l'acide chlorhydrique très concentré donne à 100° l'acide αβ-dichloropropionique; le zinc et l'acide sulfurique. ou l'amalgame de sodium le transforment en acide hydracrylique (Melikow, *Journ. Soc. phys. chim. russe*. **13**. 164. 1881). Les sels sont très instables.

Éther éthylique. $C^3H^4(C^2H^5)ClO^3$. — Il bout à 207–208° avec décomposition partielle [Melikow, *D. chem. G.*, **13**. 166, 2154; *Journ. Soc. phys. chim. russe*, **32**. 368. 1900; *J. prakt. Chem.*, **61**. 554. 1900]. L'électrolyse de l'éthylsuccinate de sodium en fournit de petites quantités [Bouveault. *Bull. Soc. Chim.*, (3), **21**, 452. 1899].

Acide α-bromolactique. $CH^2OH - CHBr - CO^2H$. — On chauffe le αβ-dibromopropionate d'argent avec de l'eau [Beckurts et Otto. *D. chem. G.*. **18**. 236. 1885]. Sirop facilement soluble dans l'eau et l'alcool; chauffé avec de l'eau et de l'oxyde d'argent, il se transforme en acide glycérique.

αβ-*Dibromoacétolactate d'éthyle*.

$$(C^2H^3O^2)CHBr - CHBr - CO^2C^2H^5.$$

— Il s'obtient par l'action du brome sur le β-acétoxyacrylate d'éthyle (Pechmann. *D. chem. G.*. **25**. 1050, 1892). Huile épaisse. bouillant avec légère décomposition à 150° sous 34 millimètres.

αβ-*Dibromo-β-carbéthoxypropionate d'éthyle*.

$$(OCO^2C^2H^5)CHBr - CHBr - CO^2C^2H^5.$$

— On mélange 9g,4 de β-carbéthoxyacrylate d'éthyle avec 8 grammes de brome à — 15° [Nef. *Lieb. Ann. Chem.*, **276**. 216. 1893]. Huile épaisse bouillant à 156–157° sous 13 millimètres.

ACÉTOXYPROPIONITRILE.

$$(C^2H^3O^2)CH^2 - CH^2 - CAz.$$

— Il s'obtient par action du nitrile lactique sur le chlorure d'acétyle [Henry. *Bull. Soc. Chim.*, (2), **46**, 62, 1886]. Liquide bouillant à 205–208°.

ACIDE THIOHYDRACRYLIQUE OU β-THIOLACTIQUE. $CH^2SH - CH^2 - CO^2H$ — Il s'obtient par l'action de l'acide β-iodopropionique sur le sulfhydrate de potassium; on peut l'obtenir pur plus facilement en traitant l'acide β-dithiodilactique par le zinc et l'acide chlorhydrique [Loven. *J. prakt. Chem.*, (2). **29**, 376, 1884]; on peut aussi chauffer l'acide iminocarbamine-β-thiolactique avec l'eau de baryte [Andreasch. *Mon. f. Chem.*, **6**, 835. 1885] ou traiter le chlorure de l'acide β-sulfochloropropionique par l'étain et l'acide chlorhydrique [Rosenthal. *Ann. Chem.*, **233**, 32, 1886]; ou encore décomposer par l'ammoniaque l'acide β-éthylxanthogène-propionique [Holmberg, *J. prakt. Chem.* (2). **71**. 264. 1905]. Liquide miscible à l'eau. l'alcool. l'éther; il s'oxyde à l'air en présence d'un sel de cuivre en donnant les acides thiodihydracrylique et dithiodihydracrylique; il bleuit par le chlorure ferrique et donne un précipité violet par un excès de sulfate de cuivre, précipité qui devient bientôt vert sale.

Sels. — Consulter Loven, Andreasch. Rosenthal aux endroits désignés ci-dessus.

ACIDE β-DITHIODILACTIQUE OU DITHIODIHYDRACRYLIQUE.

$$\begin{array}{l} S - CH^2 - CH^2 - CO^2H \\ | \\ S - CH^2 - CH^2 - CO^2H \end{array}$$

— On l'obtient par oxydation de l'acide β-thiolactique au moyen du perchlorure de fer [Loven, *J. prakt. Chem.*, (2), **29**, 377, 1884; *D. chem. G.*, **29**. 1137, 1896] ou en décomposant par l'ammoniaque l'acide β-éthylxanthogène-propionique [Holmberg, *J. prakt. Chem.*, (2). **71**. 264, 1905]. Il fond à 154-155° [Andreasch, *Mon. f. Chem.*, **6**. 836. 1885]. Presque insoluble dans l'eau froide (1 0/00). Conductibilité électrique. voyez Loven (*Zeit. physik. Chem.*, **13**, 555, 1894).

Acide dichlorodithiodilactique. $C^6H^8Cl^2S^2O^4$. — On l'obtient par action du nitrite de soude sur la cystine en présence d'acide chlorhydrique concentré [Jochem, *Zeit. physik. Chem.*, **31**. 119. 1899]. Réduit par l'étain ou la poudre de zinc et l'acide chlorhydrique, il fournit l'acide β-thiolactique que le perchlorure de fer transforme en acide β-dithiolactique [Friedmann, *Beitr. chem. Phys. u. Path.*, **3**, 1, 1902]. Huile brune non distillable.

ACIDE β-THIODILACTIQUE OU THIODIHYDRACRYLIQUE, $S(CH^2 - CH^2 - CO^2H)^2$. — On fait agir le β-iodopropionate de sodium sur une solution concentrée de sulfure de sodium [Loven, *D. chem. G.*, **29**. 1137. 1896]; il prend aussi naissance à côté de l'acide dithiodihydracrylique par oxydation de l'acide thiohydracrylique [Loven, *J. prakt. Chem.*, (2). **29**, 377, 1884; *D. chem. G.*, **29**. 1137, 1896]. Il fond à 128°. Constante de dissociation électrolytique : K = 0,0078 [Loven, *Zeit. phys. chem.*, **13**. 553, 1894]. L'oxydation par le brome ou le permanganate donne de l'acide β-sulfodipropionique.

Acide thioglycolhydracrylique.

$$CO^2H - CH^2 - S - CH^2 - CO^2H$$

— On ajoute successivement 4 molécules d'amalgame de sodium dans de l'acide dithiodihydracrylique additionné d'un peu d'eau, puis une molécule de chloroacétate de sodium [Loven, *D. chem. G.*, **29**. 1140, 1896]. Il fond à 94°. Constante de dissociation électrolytique : K = 0,025 [Loven, *Zeit. phys. Chem.*, **13**, 554, 1894]. Il est facilement soluble dans l'eau, l'alcool et l'éther. L'oxydation par le permanganate donne de l'acide β-sulfoacétylpropionique.

Acide thio-α-lactylhydracrylique.

$$CO^2H - CH^2 - CH^2 - S - CH(CH^3)CO^2H.$$

— On l'obtient par l'action de l'α-thiolactate basique de sodium sur le β-iodopropionate de sodium [Loven, *D. chem. G.*, **29**, 1141. 1896]. Il fond à 72-73°. Constante de dissociation électrolytique : K = 0,021 [Loven, *Zeit. physik. Chem.*, **13**. 554. 1894]. Oxydé par le permanganate. il donne l'acide α-β-sulfodipropionique.

Avril 1906. H. Duval.

LACTIQUE (ALDÉHYDE). — *Acétal éthoxypropionique*, $CH^3 - CHOC^2H^5CH(OC^2H^5)^2$ ou $CH^2OC^2H^5 - CH^2 - CH(OC^2H^5)^2$. — Il prend naissance en chauffant 5 jours à 50° un volume d'acroléine avec 3 volumes d'alcool absolu [Newbury et Chamot, *Am. Chem. Journ.*, **12**. 522. 1890] ou par addition d'acroléine à une solution alcoolique fortement refroidie de chlorhydrate d'éther formimidique [Claisen, *D. chem. G.*, **31**,

1014, 1898]. Liquide bouillant à 81-82° sous 16 millimètres, à 184-186° sous 760 millimètres, avec légère décomposition. Action de l'ozone : Harries [*D. chem. G.*, **36**, 3658, 1903]. La combinaison

$$CH^3-CH(OC^3H^7)CH(OH)-O-CH^2-CH^2-CH^3$$

bout à 111-114° [Kessler, *J. prakt. Chem.*, (2), **48**, 237, 1893].

Aldéhyde β-oxychloropropionique,

$$CH^2OH-CHCl-CHO.$$

— On l'obtient en chauffant au bain-marie l'acétal correspondant avec de l'acide sulfurique décinormal. Elle bout à 118° sous 30 millimètres en se décomposant; sa p-bromophénylhydrazone fond à 61° [Wohl et Neuberg, *D. chem. G.*, **33**, 3095, 1900].

Acétal oxychloropropionique.

$$CH^2Cl-CHOH-CH(OC^2H^5)^2$$

ou

$$CH^2OH-CHCl-CH(OC^2H^5)^2$$

— On l'obtient au moyen de l'acétal, de l'acroléine et de l'acide hypochloreux en solution aqueuse [Wohl, *D. chem. G.*, **31**, 1799, 1898]. Huile bouillant à 126° sous 32 millimètres.

Acétal éthoxybromopropionique,

$$CH^2Br-CH(OC^2H^5)-CH(OC^2H^5)^2$$

ou

$$CH^2(OC^2H^5)-CHBr-CH(OC^2H^5)^2.$$

— On chauffe à 100° pendant 40 heures l'acroléine dibromée avec de l'acide chlorhydrique alcoolique [Fischer et Grebe, *D. chem. G.*, **30**, 3056, 1897]. Liquide bouillant à 103-104° sous 14 millimètres.

Avril 1906. H. Duval.

LACTOBIONIQUE (ACIDE). — Voyez l'art. Lactose.

LACTOCHOLINE,

$$CH^3-CH\begin{matrix}<OC^2H^4Az(CH^3)^3OH\\ \diagdown CO^2C^2H^4Az(CH^3)^3OH\end{matrix}$$

— On chauffe 24 heures de la choline avec de l'acide lactique [Schmidt, *D. chem. G.*, **24**, Referate, 967, 1891; *Arch. Pharm.*, **232**, 286, 1894]. Facilement soluble dans l'eau, insoluble dans l'alcool, elle fond en se décomposant à 220-221°.

Avril 1906. H. Duval.

LACTOBACILLINE. — Voyez Lait, p. 208.

LACTONES. — (Voy. Dict., 1er Suppl., 973). — (Pour les lactones aromatiques, voy. Coumarines). — Les lactones sont les anhydrides internes d'oxyacides et correspondent à la formule générale :

$$R\begin{matrix}\diagup CO\\ |\\ \diagdown O\end{matrix}$$

Selon la distance respective du carboxyle et de l'oxydrile de l'oxyacide générateur, on les divise en α, β, γ, δ et ε-lactones. Les α et β-lactones sont pour ainsi dire inconnues, et si, dans la littérature chimique il existe de très rares exemples de ces corps, doit-on considérer leurs formules de constitution avec quelque suspicion; il n'est pas de règle, en effet, parmi les très nombreux oxyacides α et β connus, de voir ceux-ci se déshydrater en donnant naissance à une substance neutre, capable par hydratation de redonner l'acide primitif. Les ε-lactones se forment d'une façon indirecte au moyen d'un procédé qui sera décrit plus loin. En somme il n'y a à considérer, en pratique, que les lactones en position γ et δ.

Préparation des lactones. — On obtient les lactones :

1° En traitant les acides γ et δ-bromés par la potasse aqueuse : en acidulant ensuite fortement la solution, l'oxyacide est mis en liberté et passe à l'état lactonique le plus souvent instantanément : dans d'autres cas, il est nécessaire de chauffer plus ou moins longtemps et même de soumettre à la distillation l'oxyacide extrait du produit de la réaction :

$$\begin{matrix}CH^3\\CH^3\end{matrix}\!>\!\underset{\underset{Br}{|}}{C}-CH^2-CH^2-CO^2H$$

$$\rightarrow \begin{matrix}CH^3\\CH^3\end{matrix}\!>\!\underset{\underset{OH}{|}}{C}-CH^2-CH^2-CO^2H$$

$$\rightarrow \begin{matrix}CH^3\\CH^3\end{matrix}\!>\!C-CH^2-CH^2-CO \quad (C \text{ et } CO \text{ reliés par } O)$$

2° En faisant bouillir avec de l'acide sulfurique à 50 0/0 les acides non saturés β γ : on aura par exemple :

$$\begin{matrix}CH^3\\CH^3\end{matrix}\!>\!C=CH-CH^2-CO^2H$$

$$\rightarrow \begin{matrix}CH^3\\CH^3\end{matrix}\!>\!\underset{\underset{OH}{|}}{C}-CH^2-CH^2-CO^2H$$

$$\rightarrow \begin{matrix}CH^3\\CH^3\end{matrix}\!>\!C-CH^2-CH^2-CO \quad (C \text{ et } CO \text{ reliés par } O)$$

3° Par réduction des acides cétoniques γ ou δ :

$$CH^3-CO-CH^2-CH^2-CO^2H$$

$$\rightarrow CH^3-\underset{\underset{OH}{|}}{CH}-CH^2-CH^2-CO^2H$$

$$\rightarrow CH^3-CH-CH^2-CH^2-CO \quad (CH \text{ et } CO \text{ reliés par } O)$$

4° Par réduction des anhydrides d'acides bibasiques, par l'amalgame de sodium ou d'aluminium, ou par le sodium et l'alcool absolu. Dans ce dernier cas, si l'acide est dissymétrique, la réduction porte toujours sur le carboxyle fort. Exemple :

$$\begin{matrix}CH^3\\CH^3\end{matrix}\!>\!C\begin{matrix}-CO\diagdown\\ |\qquad O\\ CH^2-CO\diagup\end{matrix} \rightarrow \begin{matrix}CH^3\\CH^3\end{matrix}\!>\!C\begin{matrix}-CO\diagdown\\ |\qquad O\\ CH^2-CH^2\diagup\end{matrix}$$

5° En faisant agir les dérivés organo-magnésiens sur les éthers γ ou δ cétoniques.

$$CH^3-CO-CH^2-CH^2-CO^2C^2H^5 + MgICH^3$$

$$= CH^3-\overset{\overset{OMgI}{|}}{\underset{\underset{CH^3}{|}}{C}}-CH^2-CH^2-CO^2C^2H^5$$

$$\rightarrow CH^3-\overset{\overset{CH^3}{|}}{\underset{\underset{OH}{|}}{C}}-CH^2-CH^2.CO^2H$$

$$\rightarrow \begin{matrix}CH^3\\CH^3\end{matrix}\!>\!C-CH^2-CH^2-CO \quad (C \text{ et } CO \text{ reliés par } O)$$

6° Les lactames traitées par l'acide nitreux fournissent un dérivé nitrosé, lequel traité à son tour par la potasse aqueuse est converti en lactone :

$$R\begin{cases}AzH\\ CO\end{cases} \rightarrow R\begin{cases}Az-AzO\\ CO\end{cases} \rightarrow R\begin{cases}O\\ CO\end{cases}$$

7° Les lactones se forment également par la distillation des acides lactoniques :

$$\begin{matrix}CH^3\\ CH^3\end{matrix}\!\!>C-\underset{|}{\overset{CO^2H}{\overset{|}{C}}}H-CH^2-CO \quad (C\text{—}O\text{—}CO)$$

$$= CO^2 + \begin{matrix}CH^3\\ CH^3\end{matrix}\!\!>C-CH^2-CH^2-CO \quad (C\text{—}O\text{—}CO)$$

Les ε-lactones se préparent en faisant agir l'acide persulfurique (réactif de Caro) sur les cétones cycliques :

```
CH³  CH³                         CH³
    C                             |
CH²     CH²                       CH
CH²     CO          →         CH²    CH²
    CH                         |      |
    |                         CH²    CO
    CH                         |      |
CH³    CH³                    CH — — O
                               |
                               CH
                            CH³    CH³
```

Propriétés des lactones. — Les lactones de la série grasse sont en général liquides pour les premiers termes, quelquefois solides et fondant à basse température; elles possèdent une odeur spéciale et bouillent sans décomposition.

Les alcalis à l'ébullition fournissent les sels des oxyacides correspondants, acides qui sont, en principe, instables. Les lactones ne sont pas hydrolysées par les carbonates alcalins; toutefois cette règle n'est pas absolue. L'hydrogénation des lactones fournit les glycols :

$$\begin{matrix}CH^3\\ CH^3\end{matrix}\!\!>\underset{CH^2-CH^2}{C}\text{—}CO>O \rightarrow \begin{matrix}CH^3\\ CH^3\end{matrix}\!\!>\underset{CH^2-CH^2-OH}{C}-CH^2-OH$$

Les lactones se combinent avec l'hydrate d'hydrazine pour donner des dérivés cristallisés, par exemple :

$$\begin{matrix}CH^3\\ CH^3\end{matrix}\!\!>\underset{CH^2-CH^2}{C}\text{———}C\begin{cases}OH\\ AzH-AzH^2\\ O\end{cases}$$

Les perchlorure et perbromure de phosphore réagissent sur les lactones en donnant les chlorures et bromures d'acides γ ou δ-chlorés ou bromés correspondants :

$$\begin{matrix}CH^3\\ CH^3\end{matrix}\!\!>\underset{CH^2-CH^2}{C}\text{—}CO>O + PBr^5$$

$$= POBr^3 + \begin{matrix}CH^3\\ CH^3\end{matrix}\!\!>\underset{CH^2-CH^2-Br}{C}-COBr$$

Les lactones traitées par les hydracides en solution alcoolique fournissent les éthers γ bromés d'après la réaction :

$$\begin{matrix}CH^3\\ CH^3\end{matrix}\!\!>C-CH^2-CH^2-CO + HBr + CH^3-CH^2OH \quad (C\text{—}O\text{—}CO)$$

$$= \begin{matrix}CH^3\\ CH^3\end{matrix}\!\!>\underset{Br}{C}-CH^2-CH^2-CO^2C^2H^5 + H^2O$$

Chauffées avec du cyanure de potassium, les lactones donnent des acides cyanés :

$$\begin{matrix}CH^3\\ CH^3\end{matrix}\!\!>\underset{CH^2-CH^2}{C}\text{—}CO>O + CAzK$$

$$= \begin{matrix}CH^3\\ CH^3\end{matrix}\!\!>\underset{CH^2-CH^2-CAz}{C}-CO^2K$$

Lorsque le groupement alcoolique de la lactone est tertiaire, il y a presque toujours transposition; c'est ainsi que l'isocaprolactone fournit non pas le nitrile correspondant à l'acide α.α-diméthylglutarique, mais celui qui correspond à l'acide α-isopropylsuccinique :

$$\begin{matrix}CH^3\\ CH^3\end{matrix}\!\!>C-CH^2-CH^2-CO + CAzK \quad (C\text{—}O\text{—}CO)$$

$$= \begin{matrix}CH^3\\ CH^3\end{matrix}\!\!>CH-\underset{CAz}{CH}-CH^2-CO^2K$$

L'ammoniaque ne réagit pas à froid sur les lactones; à chaud on obtient un oxyamide.

Principaux mémoires consultés. — Fittig, *Lieb. Ann. Chem.*, **256**, 50 à 159 et **267**, 186; — Fichter et Herbrandt, *D. chem. G.*, **29**, 1192; — Fichter et Beswenger, *ibid.*, **37**, 1200; — A. Haller, *C. R.*, **122**, 293; — E. Blaise, *Thèse de Paris*, 1899; — E. Blaise et Luttringer, *C. R.*, **140**, 790; — G. Blanc, *Bull. Soc. Chim.*, (3), **33**, 879.

Mars 1906. G. Blanc.

LACTOSE $C^{12}H^{22}O^{11} + H^2O$ (1er Suppl., **2**, 974) — Formule de constitution [Fischer, *D. chem. G.*, **26**, 2400, 1893] :

$$CHO\text{-}(CHOH)^2\text{-}CH^2\text{-}O\text{-}CH\text{-}(CHOH)^2\text{-}CH\text{-}CHOH\text{-}CH^2OH \quad (CH\text{—}O\text{—}CH)$$

Les sucres retirés du lait des animaux domestiques sont identiques au lactose [Denigès, *J. Pharm. Chim.*, **27**, 413, 1893]; l'existence du lactose a été de nouveau signalée dans le lait de brebis [Trillat et Forestier, *Bull. Soc. Chim.*, **29**, 2-6, 1903] et dans le lait de bufflesse [Porcher, *Bull. Soc. Chim.*, **29**, 830, 1903; voir aussi Rappel et Richmond, *Chem. Soc.*, **57**, 754, 1890]. La présence de ce sucre chez les animaux serait due aux galactanes qui existent dans les plantes fourragères [Müntz, *Ann. Chim. Phys.*, **10**, 566, 1887].

L'expérience de Demole (voir 1er Suppl.) a été contredite par Berthelot [*Bull. Soc. Chim.*, **34**, 82, 1880], et par Herzfeld [*Ann. Chem.*, **220**, 206, 1884].

Propriétés. — Le lactose présente la multirotation. Son pouvoir rotatoire stable est de : $+52°,5$ à 20° [Schmöger, *D. chem. G.*, **13**, 1922, 1880; Tollens, *Ann. Chem.*, **257**, 160, 1890]; $+5t°$ à 15° [Tanret, *Bull. Soc. Chim.*, **15**, 349, 1896]; 54°,7 à 15-18° [Denigès et Bonnans, *J. Pharm. Chim.*, 1888].

Le *lactose* α, ou lactose ordinaire.

$$C^{12}H^{22}O^{11}.H^{2}O,$$

donne en solution fraiche $[\alpha]_D = 82°,9$ [Tollens, *loc. cit.*]. + 88° [Tanret, *loc. cit.*]: en présence d'ammoniaque la rotation redevient immédiatement normale [Urech, *D. chem. G.*, **15**, 2130, 1882].

Le *lactose* β. $C^{12}H^{22}O^{11} + 1/2\, H^{2}O$, obtenu en faisant cristalliser le lactose ordinaire à 85-86°, donne immédiatement après sa dissolution $\alpha_D = +55°$.

Le *lactose* γ, $C^{12}H^{22}O^{11}$, obtenu par cristallisation du lactose ordinaire vers 108°, donne aussitôt après sa dissolution $[\alpha]_D = +34°,5$ [Tanret, *Bull. Soc. Chim.*, **13**, 625; **15**, 349, 1890; Schmöger, *D. chem. G.*, **13**, 2130; **14**, 2121, 1881].

La forme β n'est pas une modification moléculaire au même titre que les modifications α et γ; elle est constituée par un mélange en équilibre de ces modifications [Tanret, *Bull. Soc. Chim.*, **33**, 345, 1905].

La solution de pouvoir rotatoire stable renferme un mélange de lactoses α et γ. Pour le pouvoir rotatoire du lactose, voir aussi: Erdmann [*D. chem. G.*, **13**, 2180, 1880]; Hudson [*Zeit. physical. Chem.*, **44**, 487, 1903]; Roux [*Bull. Assoc. chim. Sucr.*, **22**, 585, 1905]; Morell et Belars [*Proc. Chem. Soc.*, **21**, 79, 1905]; Van Leent [Thèse, Bâle, 1894]; Schmöger [*D. chem. G.*, **25**, 1452, 1892]; Brown et Pickering [*Chem. Soc.*, **71**, 756, 1897]; Perkin [*Chem. Soc.*, **81**, 177, 1902].

Chaleur de combustion : 1345 calories [Stohmann et Langbein, *J. prakt. Chem.*, **45**, 305, 1892]; 1,359^{cal},8 [Berthelot et Vieille, *C. R.*, **102**, 1284, 1886]; 862 calories par gramme [Schlossmann, *Zeit. physical. Chem.*, **37**, 337, 1903]. La cryoscopie donne de bons chiffres [Tollens, *D. chem. G.*, **21**, 1506, 1888; Denigès, *Contribution à l'étude des lactoses*, Paris, 1892; Loomis, *Zeit. physical. Chem.*, **37**, 407, 1901].

L'hydrolyse du lactose fournit du glucose et du galactose [Kent et Tollens, *Ann. chem.*, **227**, 221, 1885]. Pour le dédoubler complètement on le chauffe pendant 4 heures au bain-marie avec 10 0/0 d'acide sulfurique à 2 0/0 [Ost, *D. chem. G.*, **23**, 3003, 1890].

Hydrolyse par la lactase : [Bourquelot, *C. R.*, **136**, 762, 1903; Wroblewski, *Beitr. Chem. Phys. u. Path.*, **1**, 289, 1901; Weinland, *Zeit. f. Biol.*, **38**, 607, 1900]. Action des diastases intestinales: Röhmann et Lappe, *D. chem. G.*, **28**, 2506; Dastre, *C. R.*, **96**, 932, 1883; Simaeck, *Centralbl. f. Phys.*, 209, 1903; Rohemann et Nagano, *Pfluger's Arch. f. Physiol.* **45**, 533, 1903], voir aussi pour l'hydrolyse du lactose: [Armstrong, *Proc. Roy. Soc.*, **73**, 184, 1904; Caldwell, **74**, 184, 1904].

L'oxydation par le chlore ou le brome à froid fournit l'*acide lactobionique*, $C^{12}H^{22}O^{12}$ [Fischer, *D. chem. G.*, **21**, 2631; **22**, 361].

L'eau oxygénée en présence d'un sel ferreux donne un sucre à 11 atomes de carbone [Ruff, *D. chem. G.*, **32**, 550]. La quantité d'*acide mucique* trouvée dans les produits d'oxydation par $AzO^{3}H$ est de 36 à 40 0/0 du poids de lactose [Kent et Tollens, *Ann. Chem.*, **227**, 221, 1885].

L'oxydation par l'acide chromique donne des matières furfurogènes [Cross, Bevan et Beadle, *D. chem. G.*, **26**, 2520].

Le lactose réduit la liqueur cupropotassique moins facilement que le glucose ordinaire [Ruizand, *Bull. Soc. Chim.*, **13**, 665, 1895].

Les acides chlorhydrique et sulfurique concentrés décomposent le lactose à chaud [Rodewald et Tollens, *Ann. Chem.*, **206**, 231, 1881; Conrad et Guthzeit, *D. chem. G.*, **19**, 2575, 1886].

Action des bases : [Kiliani, *D. chem. G.*, **16**, 2625, 1883; Cazeneuve et Haddon, *Bull. Soc. Chim.*, **13**, 737, 1895; Guignet, *C. R.*, **109**, 528, 1889]. Action de $SO^{3}NaH$: [Stewart, *Proc. Chem. Soc.*, **21**, 78, 1905].

La solution de lactose dans l'alcool méthylique saturé d'HCl à — 20° donne l'α-méthylglucoside [Fœrg, *Mon. f. Chem.*, **24**, 357, 1903].

La *nitration* du lactose peut fournir : le *lactose trinitrique*, $C^{12}H^{19}O^{8}(AzO^{3})^{3}$, masse amorphe fusible à 37° [Gé, *D. chem. G.*, **15**, 2238, 1882]; le *lactose tétranitrique* fusible à 80-81°; le *lactose pentanitrique* fusible à 139° [Gé, *loc. cit.*; Sokoloff, *Bull. Soc. Chim.*, **38**, 138, 1882]; le *lactose octonitrique*, fusible à 145-146°, $[\alpha]_D = +74°,2$ [Will et Lenze, *D. chem. G.*, **31**, 68, 1898].

Lactose octoacétique, $C^{12}H^{14}O^{3}(C^{2}H^{3}O^{2})^{8}$. On l'obtient en chauffant le lactose avec l'anhydride acétique et l'acétate de sodium [Hertzfeld, *D. chem. G.*, **13**, 265, 1880; Schmöger, *D. chem. G.*, **25**, 1452, 1892]. Traité par HCl liq. ce composé donne deux *chlorolactoses heptacétiques* isomères [Fischer et Armstrong, *D. chem. G.*, **35**, 833, 1902]; voir aussi : Bodart [*Mon. f. Chem.*, **23**, 1, 1902]; Skraup [*Mon. f. Chem.*, **22**, 375, 1902]; Ditmar [*D. chem. G.*, **35**, 1951, 1902].

Lactose hexabenzoïque, $C^{12}H^{16}O^{5}(C^{7}H^{5}O^{2})^{6}$: fusible à 130-136° [Skraup, *Mon. f. Chem.*, **10**, 389, 1899].

Lactose heptabenzoïque, $C^{12}H^{15}O^{4}(C^{7}H^{5}O^{2})^{7}$, fond à 116-118° [Panormow, *Journ. Phys. Chim. russe*, 375, 1891].

Lactose octobenzoïque [Kueny, *Zeit. f. Physiol.*, **14**, 330].

Le lactose donne avec le mercaptan un *mercaptide* sirupeux [Fischer, *D. chem. G.*, **27**, 673, 1894].

Lactose ammoniaque, $C^{12}H^{22}O^{11}, AzH^{3}$, peu stable, $[\alpha]_D = +39°,5$ [Lobry de Bruyn, *D. chem. G.*, **28**, 3082, 1895].

Uréine, $C^{12}H^{22}O^{10} = Az\text{-}CO\,AzH^{2} + H^{2}O$, se décomposant vers 240°, $[\alpha]_D = 2°,1$ [Schoorl, *Rec. des Pays-Bas*, **22**, 31, 1903].

Semicarbazone, $C^{13}H^{25}Az^{3}O^{11}$, fusible vers 185° [Maquenne et Goodwin, *Bull. Soc. Chim.*, **31**, 1078, 1904].

Sulfate de lactose aminoguanidine,

$$(C^{12}H^{22}O^{10})^{2}(CH^{4}Az^{4})^{2}SO^{4}H^{2} + 7H^{2}O,$$

cristaux devenant anhydres à 135° dans le vide: le *nitrate* fond vers 200° [Wolff, *D. chem. G.*, **28**, 2613, 1895].

L'acide γ diamidobenzoïque donne avec le lactose un corps cristallisé fusible à 206° [Schilling, *D. chem. G.*, **34**, 902, 1901].

Phénylhydrazone, $C^{18}H^{28}Az^{2}O^{10}$, se dédouble sous l'action de HCl concentré en ses deux composants [Fischer et Tafel, *D. chem. G.*, **20**, 2566, 1887]. — *P. nitrophénylhydrazone*, fusible à 258°, décomposée [Hyde, *D. chem. G.*, **32**, 1810, 1899].

Allylphénylhydrazone, fusible à 132°,

$$[\alpha]_D = -14°,6$$

— *Amylphénylhydrazone*, fusible à 123°, $[\alpha]_D = 8°,6$. — *Benzylphénylhydrazone*, fusible à 128°; $[\alpha]_D = -25°,7$. — β-*naphtylhydrazone*, fusible à 203°, $[\alpha]_D = +17°$ [Ekenstein et L. de Bruyn, *Rec. des Pays-Bas*, **15**, 225, 1896].

Phényllactosazone, $C^{24}H^{32}Az^{4}O^{9}$; fusible à 195-200° [Fischer, *D. chem. G.*, **17**, 579; **20**, 821, 1889; Graaff, *Pharm. Weekblad*, **42**, 346, 1905]. L'acide sulfurique à 1/1000 au bain-marie, la transforme en un anhydride, $C^{24}H^{30}Az^{4}O^{8}$ fusible à 224° [Maquenne, *Sucres*, 1900; Porcher,

Bull. Soc. Chim., **29**, 1225, 1903]. L'HCl fumant a transformé en *lactosone*, $C^{12}H^{20}O^{11}$ [Fischer, *D. chem. G.*, **21**, 2631, 1888].

Octophénuluréthane, $C^{12}H^{14}O^{11}(COAzHC^6H^5)^8$, fusible à 275-280° [Maquenne et Goodwin, *Bull. Soc. Chim.*, **31**, 432, 1904].

Le lactose traité par HCAz conduit à l'*acide lactose-carbonique*, $C^{13}H^{24}O^{13}$ [Fischer, *D. chem. G.*, **23**, 930, 1890; Reinbrecht, *Ann. Chem.*, **272**, 197, 1892].

Il ne colore pas la fuchsine sulfureuse [Villiers et Fayolle, *C. R.*, **119**, 75, 1894].

Dosage. — Le lactose est déterminé au polarimètre ou à la liqueur de Fehling. Ost a dressé une table qui indique les poids de cuivre réduit correspondant à des quantités connues de lactose [*D. chem. G.*, **23**, 3003].

Pour la recherche du lactose voyez aussi Gowalowski [*Ann. Chem.*, **38**, 20, 1899]; Rüber [*Zeit. anal. Chem.*, **40**, 97, 1900]; Scheibe [*Zeit. anal. Chem.*, **40**, 1, 1901]; Sieber [*Zeit. phys. Chem.*, **30**, 101, 1900]; Patein [*Journ. Phys. et Chem.*, **20**, 385, 501, 1904].

Fermentation. — Le lactose est difficilement attaqué par la levure [Diévert, *Bull. Soc. Chim.*, **21**, 525 et 1006, 1899; Laborde, *Bull. Soc. Chim.*, **21**, 1006, 1899. — Tullo, *Wochs. f. Brauerei*, **22**, 155, 1905. — Mazé, *Ann. Inst. Past.*, **17**, 15, 1903. — Buchner et Meisenheimer, *Zeit. phys. Chem.*, **40**, 167, 1903].

Fermentation lactique [Herzog, *Zeit. phys. Chem.*, **37**, 381, 1903].

Fermentation mannitique [Gayon et Dubourg, *Ann. Inst. Past.*, **15**, n° 7, 1901].

Fermentation par : le bacillus ethaceticus [Frankland et Fox, *Chem. News*, **60**, 187, 1889] ; le bacillus tartricus [Grimbert, *Bull. Soc. Chim.*, **25**, 415, 1901]; le pneumobacille de Friedländer [Grimbert, *C. R.*, **121**, 698, 1895. — Frankland, *Chem. Soc.*, **59**, 253, 1891] ; le bacille de l'œdème malin [Kerry et Frankel, *Mon. f. Chem.*, **12**, 350]; le colibacille [Péré, *Ann. Inst. Past.*, **12**, 63]; le saccharomyces lebenis [Rist et Khoury, *Ann. Inst. Past.*, **16**, 65, 1902]; les schizomycètes [Emmerling, *D. chem. G.*, **33**, 2477, 1900].

Isolactose. — La diastase du kéfir provoque l'union du glucose et du galactose pour donner un biose nommé isolactose [Fischer et Armstrong, *D. chem. G.*, 35, 3146, 1902. P. Carré.

LACTOSINE. — Corps de nature dextrinique, contenu vraisemblablement dans toutes les caryophyllées, notamment dans le silène vulgaire, où elle est surtout abondante en automne.

On l'extrait des racines de cette dernière plante en traitant le suc par l'alcool fort pour enlever les matières protéiques, puis par un excès d'alcool précipitant la lactosine.

La lactosine purifiée est amorphe et de pouvoir rotatoire $[\alpha]_D = 168°$. Ce pouvoir augmente quand on fait bouillir le produit avec de l'alcool à 80 p. 100. On peut obtenir à la longue de petits cristaux blancs solubles dans l'eau qui abandonne une masse vitreuse quand on l'expose sur l'acide sulfurique; la solution ne réduit pas la liqueur de Fehling.

Les cristaux de lactosine ont pour composition $C^{36}H^{62}O^{31} + H^2O$. L'eau est éliminée à 100°; le pouvoir rotatoire de la lactosine anhydre est

$$[\alpha]_D = +211°,7.$$

L'interversion de cette substance par l'acide sulfurique étendu donne naissance à du lactose et à un sucre incristallisable de pouvoir rotatoire égal à + 17° [Arthur Meyer, *D. Chem. G.*, **17**, 685, 1884].
1er Janvier 1906. A. Hébert.

LACTUCÉRINE. — (Voir Dict., **2**, 189 et Lactone, **2**, 190). Principe extrait du lactucarium d'Allemagne. On laisse cette substance en contact pendant 15 jours avec de l'éther de pétrole qu'on décante et distille. Le résidu est repris par l'alcool bouillant d'où la lactucérine cristallise par refroidissement [O. Hesse, *Lieb. Ann.*, **234**, 243, 1886].

G. Kassner aurait extrait ce corps [*Lieb. Ann.*, **238**, 220, 1887] des résidus de la préparation du lactucarium d'Allemagne, comprenant tout ce que le suc brut de laitue vireuse abandonne au benzène. La lactucérine, purifiée, fondrait à 210° et aurait pour formule $C^{28}H^{44}O^2$; O. Hesse lui attribuait la composition $C^{30}H^{52}O^2$ et le point de fusion 196 à 210°.

D'après Kassner la lactucérine, fondue avec la potasse, fournit un composé fusible à 160-162°, de formule $C^{13}H^{20}O$, en aiguilles solubles dans l'éther et l'alcool, et qu'il a appelé *lactusol*. Ce dernier corps est susceptible de former un *éther acétique*.

D'après Hesse, la lactucérine est un mélange de deux éthers qui, saponifiés par la potasse alcoolique, donnent de l'acétate de potasse et deux alcools isomériques, les lactucérols α et β (voir ce mot). La lactucérine serait un éther acétique de ces alcools. 1er Janvier 1906. A. Hébert.

LACTUCÉROLS. $C^{30}H^{50}O^2$. — Les lactucérols α et β sont deux alcools isomériques obtenus par saponification de la lactucérine (voir ce mot) qui en représente l'éther acétique.

Pour les séparer, on précipite leur solution alcoolique par l'eau et on traite le précipité par une petite quantité d'alcool bouillant; celui-ci enlève le lactucérol, qui cristallise par refroidissement.

Lactucérol α. — Ce corps possède l'aspect de la caféine; il est soluble dans la plupart des solvants organiques, dans l'eau et les alcalis ; son point de fusion varie de 160 à 180° (O. Hesse); son pouvoir rotatoire $[\alpha]_D = +76°,2$ en solution chloroformique.

On en connaît la *mono* et la *diacétine*, l'*éther dibenzoïque* et l'*éther propionique*.

Lactucérol β. — Il cristallise dans l'éther ou le chloroforme en aiguilles argentines, de pouvoir rotatoire $[\alpha]_D = +38°,2$.

Ces alcools seraient isomériques avec l'alcool sycocérylique, dont l'acétate a été retiré, par Warren de la Rue et H. Muller de la résine du *Ficus rubiginosa*.
1er Janvier 1906. A. Hébert

LACTUSOL. — Voyez l'art. Lactucérine.

LACTYLURÉE (1-méthylhydantoïne). — Voyez l'art. Hydantoïnes, 2e Suppl., **5**, 195.

LAGIQUE (ACIDE). — Cet acide, que Bottinger a obtenu parmi les produits de l'oxydation de l'acide gallique par le sulfate de cuivre et la soude caustique, est isolé à l'état de sel de calcium soluble [*Lieb. Ann.*, **260**, 337, 1891]; on n'a pu l'obtenir à l'état cristallin. Il constitue un sirop épais soluble dans l'eau froide et l'éther, insoluble dans le chloroforme, dont la composition répond à la formule $C^4H^4O^3$. On a préparé les sels de calcium, de baryum, de plomb. Chauffé en tube scellé à 100° avec du brome et de l'eau, l'acide lagique est détruit avec formation d'acide carbonique et de bromoforme. Il se combine à la phénylhydrazine en donnant un dérivé cristallin fondant à 108°, soluble dans l'eau, et décomposable par les acides chlorhydrique ou acétique concentrés en ses deux composants.

L'acide lagique est accompagné dans sa préparation par une petite quantité d'un acide cristallisé, indéterminé [*D. chem. G.*, **26**, 2327, 1893].
1er Janvier 1906. A. Hébert.

LAINE. Dict., 2, 190). — La laine constitue, après les céréales, le produit agricole le plus important en raison de ses multiples applications, et de la très grande variété de tissus qu'elle permet de confectionner, soit seule, soit associée à d'autres textiles animaux ou végétaux. Malheureusement son prix toujours élevé fait que les tissus de laine sont de plus en plus concurrencés par ceux que l'on prépare à bien meilleur compte avec d'autres textiles, surtout le coton; d'autre part la place de plus en plus grande que prend dans l'alimentation carnée de l'homme la race bovine au détriment de la race ovine contribue encore à diminuer l'élevage des moutons, et la production de la laine, intimement liée a cet élevage (un bélier dépouille annuellement une moyenne de 10 kilos et une brebis une moyenne de 8 kilos de laine brute), est en diminution marquée.

En Allemagne, par exemple, le nombre de moutons était d'environ 28 millions vers 1861 et il n'est plus aujourd'hui que de 10 millions; en Autriche-Hongrie, le nombre des animaux à laine a diminué de 3 millions en onze années, 1884-1895; en France la diminution est également très sensible.

En revanche, l'Australie, les États-Unis, la Plata et l'Uruguay ont développé leur production d'une manière colossale, et ces pays sont aujourd'hui les principaux fournisseurs du monde entier. En 1860 l'Australie produisait 200 000 quintaux tandis qu'en 1895, avec 120 millions d'animaux, elle a produit 33 millions de quintaux. La Plata et l'Uruguay (13 000 000 de quintaux avec 74 millions de bêtes en 1874) produisirent en 1895, avec 80 millions d'animaux 20 000 000 de quintaux de laine. Cette énorme production ne va pas malheureusement sans une notable diminution de la qualité du produit, puisque les laines fines ne forment plus que 54 0/0 de la totalité importée en Angleterre, au lieu de 70 0 0 il y a dix ans; il en résulte un affaissement énorme des prix, de 2fr,50 le kilo en 1890 à 1fr,95 en 1895 (les laines les plus fines d'Europe, valaient en 1900 jusqu'à 6 et 7 francs le kilo) et par suite la production de la laine devenue moins rémunératrice tend à rétrograder. En 1900, on évaluait comme suit la production des principaux pays :

France	50 000	quintaux.
Russie	200 000	—
Autriche-Hongrie	50 000	—
Pays d'Europe	200 000	—
Amérique du Nord	1 250 000	—
Australie	2 700 000	—
Plata et Uruguay	2 500 000	—

Heuzé, *Rapports de l'Exposition de* 1900. Classe 42, produits agricoles non alimentaires, page 675].

Suivant les pays d'origine, la laine arrive en Europe, soit brute (laine en suint), soit lavée avant la tonte (lavée à dos), soit lavée à chaud après la tonte (laine lavée à l'eau); mais elle retient toujours une grande quantité de matières étrangères, y compris l'eau, qu'il faut déterminer avec soin pour connaître la véritable valeur d'un échantillon; c'est le conditionnement qui se pratique officiellement et par des méthodes rigoureusement scientifiques dans tous les grands centres de l'industrie lainière (en France : Roubaix, Tourcoing, Reims, Mazamet, Rouen, etc.). On admet officiellement que la laine contient 14 0/0 d'eau (c'est le taux légal de la reprise), mais ce taux s'élève d'ordinaire à 17 0/0.

Avant tout travail de filature ou de tissage, la laine doit être purifiée : elle est d'abord triée suivant qualités, puis *désuintée* : à cet effet, elle est traitée par de l'eau tiède (de 35 à 45°) pendant quelques heures d'une manière méthodique à l'aide de plusieurs récipients successifs; il en résulte *l'eau de désuintage*, chargée des produits solubles y compris des sels de potassium qu'on récupère soigneusement [voir POTASSE (INDUSTRIE)].

Elle est ensuite traitée par de l'eau de savon dans laquelle elle est continuellement remuée par des appareils spéciaux (voir la description dans les Ouvrages appropriés, par exemple, Guignet, Dommer et Grandmougin : *Industries textiles*, Gauthier-Villars, 1895); [Thorney, *D. chem. G.*, 29, 739, Ref., 1896; — Eyer, *ibid.*, 26, 654, Ref., 1893; — Lagerie, *ibid.*, 26, 655, Ref., 1893; — Dickfur, *ibid.*, 29, 256, Ref.]; [Raschig, D. R. P. 86 500 ou *D. chem. G.*, 29, 474, Ref., 1896]. Cette opération appelée *lavage* débarrasse la laine des graisses qui s'émulsionnent dans l'eau savonneuse; elle est à la fois très délicate et extrêmement importante au point de vue de la valeur marchande du produit.

Cette pratique du lavage à l'eau, puis à l'eau savonneuse a prévalu dans l'industrie malgré de très nombreuses tentatives qui ont été faites pour l'emploi de solvants divers [Bayer et Herold, D. R. P. 81 423 ou *D. chem. G.*, 28, 709, 1895; — Rohart, D. R. P. 44 732 ou *D. chem. G.*, 21, 870, 1888; — Rhodes, D. R. P. 69 242 ou *D. chem. G.*, 26, 847, 1893; — George, D. R. P. 58 232 ou *D. chem. G.*, 25, 141, 1892; — Holz, D. R. P. 55 801 ou *D. chem. G.*, 29, 475, Ref., 1896; — Plantron, *D. chem. G.*, 11, 527, 1878; — Sowden, Eng. P. 2185 ou *D. chem. G.*, 11, 814, 1878; — Puech, D. R. P. 813 ou *D. chem. G.* 11, 683, 1878; — Braun, D. R. P. 1554 ou *D. chem. G.*, 11, 1391, 1878 et *D. chem. G.*, 9, 652, 1876; — Palmer, *D. chem. G.*, 9, 660, 1876]. Parfois la laine trop dégraissée a besoin, pour être facilement travaillée dans les appareils industriels à grand débit, d'être graissée de nouveau; cette opération est l'*ensimage* [Horwitz, *Dingl. Polyt. Journ.*, 271, 79 ou *B. S. Ch.*, (3), 1, 684, 1899; — Cokshott, *D. chem. G.*, 7, 15 536, 1894].

La composition et les propriétés de la laine sont les mêmes que celles des autres productions épidermiques animales (poils, cheveux, etc.), la laine ne se différenciant que par son état physique auquel elle doit sa finesse, son élasticité et la douceur de son toucher; les principales données relatives à ces propriétés ont été résumées par W. Smith [*Soc. chem. Ind.*, 8, 17 ou *B. Soc. ch.* (3), 2, 696, 1889], et ont été en parties exposées dans ce Dictionnaire : (Art. BLANCHIMENT, 2e Suppl., 2, 775).

L'analyse élémentaire de la laine a donné les nombres suivants : C : 49,250/0 — H : 7,570/0 — Az : 15,860/0 — O : 23,660/0 — S : 3,660/0. Toutefois la teneur en soufre varie de 0,75 à 3,8 0/0; la teneur en matières minérales est toujours faible et oscille entre 0,08 et 0,37 0/0, celles-ci étant formées de phosphates et silicates des métaux suivants : calcium, potassium, fer et magnésium. On sait que la présence du soufre caractérise la laine et se traduit par la formation d'un précipité noir quand on la fait bouillir avec du plombate de sodium.

L'étude de la nature chimique de la laine a été commencée par Schützenberger [*C. R.*, 86, 767, 1878 ou *B. Soc. ch.*, (2), 30, 568, 1878]. 100 grammes de laine de mérinos séchée, dégraissée et purifiée lui ont donné par traitement à la baryte à 150-180° : Az : 5gr,2 sous forme de AzH^3; — CO^2 : 4gr,3; — acide oxalique 5gr,7; — acide acétique 3gr,2; — pyrrol et autres produits volatils : 1 à 1,5; il y avait en outre un résidu fixe contenant 47,85 0/0 de carbone; 7,69 0/0 d'hydrogène et 12,63 0/0 d'azote. De la laine d'Ausralie lui a donné les mêmes résultats, de même que les cheveux, tandis que l'alpaga ou poil de chèvre se comporte sensiblement comme la fibroïne de la soie.

Le résidu fixe signalé plus haut contenait 12 à 15 0/0 de leucine; 3,2 0/0 de tyrosine, leucines butyrique et valérique et leucéines correspondantes, avec un acide sirupeux de formule $C^{10}H^{16}Az^2O^6$ trouvé aussi dans la décomposition des albuminoïdes et dont le sel d'argent est cristallisable $C^{10}H^{14}Az^2O^6Ag^2$.

La composition de la laine se représente sensiblement par la formule :

$$C^{250.5}H^{381}Az^{79}O^{77}S^{6}$$

correspondant à : C : 500,0 — H : 7,00,0 — Az : 17,70,0 — O : 22,00,0 — S : 3,1 0/0. Cette formule permet de représenter la décomposition de la laine par la baryte, et si de la formule du résidu fixe on retranche une molécule de tyrosine il reste pour ce résidu la formule : $C^{199}H^{398}H^{47}O^{100}$ comme dans le cas de l'albumine, avec un léger excès d'oxygène.

Knecht et Appleyard [*J. of Chem. Ind.*, 1889, 457 ou *B. Soc. ch.*, (3), 2, 849, 1889], préparent l'*acide lanuginique*, résultat de l'action des alcalis sur la laine (Champion), en dissolvant la laine dans SO^4H^2 et en neutralisant, ce qui donne un précipité qui une fois séché est amorphe, insoluble dans l'eau, mais soluble dans les alcalis; dissous dans les acides, ce corps donne avec les matières colorantes artificielles à caractère acide les mêmes réactions que la solution sulfurique initiale; il s'altère facilement à l'air et devient insoluble dans les alcalis; ce procédé de préparation d'acide lanuginique paraît plus avantageux que le procédé Champion [*C. R.*, 72, 330, 1871] par la baryte. Cet acide, peu soluble dans l'eau froide, plus à chaud, à peine soluble dans l'alcool et insoluble dans l'éther, donne une fois mis en solution des précipités avec les matières colorantes, avec le tanin et le bichromate de potassium, l'alun, l'alun de chrome, $SnCl^4$, SO^4Cu, $FeCl^3$, SO^4Fe, AzO^3Ag; à 100° il s'agglutine, puis au delà brunit et brûle avec l'odeur de corne; les cendres contiennent CO^3Ba, ce qui montre que de la baryte a été retenue, mais ceci n'a pas grande importance, car le produit obtenu avec la soude a les mêmes propriétés générales.

L'acide lanuginique a les propriétés des matières albuminoïdes à l'égard du réactif de Millon et de l'acide phosphotungstique : l'analyse donne :

C : 41,61 0/0 H : 7,31 0/0 Az : 10,26 0/0
S : 3,35 0/0 O : 34,44 0/0.

Champion a préparé de cet acide les sels de baryum, d'argent (soluble dans l'ammoniaque), de cuivre, d'or, de platine et de plomb : l'analyse de ces sels montre que l'acide a pour formule $C^{38}H^{30}Az^5O^{20}$ (Champion), mais elle est inacceptable, car elle ne tient pas compte du soufre qui correspond à 3 0/0 environ du poids de l'acide.

La forme sous laquelle le soufre se trouve dans la laine est assez complexe : on sait en effet que le traitement de la laine par la chaux fait tomber la teneur en soufre de 2,5 0/0 par exemple à 0,46 0/0 et que la matière ainsi traitée ne noircit plus par une solution d'acétate de plomb; comme l'acide lanuginique, tout en contenant du soufre, ne noircit pas non plus ce réactif, le soufre fait sans doute partie intégrante de cet acide : une laine qui tenait au début 2,36 0/0 de soufre, donna sous forme de sulfure 1,66 0/0 soit 70 0/0 du total; et une autre qui ne tenait 1,45 0/0 au début, abandonna 1,02 0/0 sous forme de sulfure, soit encore 70 0/0 du total.

P. Mohr a étudié par la méthode Carius, la teneur en soufre des substances kératiniques [*D. chem. G.*, 28, 562, 1895].

Dans l'eau chauffée à 200° la laine se dissout presque complètement et la liqueur précipite les matières colorantes et les sels métalliques : $Cr^2O^7K^2$, $(CH^3-CO^2)^2Pb$. Si on chauffe à 230°, en tubes scellés, on a une liqueur et des gaz d'odeur infecte parmi lesquels on trouve de l'ammoniac; la liqueur évaporée laisse un résidu gommeux qui renferme très probablement de l'acide lanuginique.

Ce traitement à la vapeur d'eau sous pression est utilisé pour préparer des matières azotées propres à la fabrication du ferrocyanure (Sanceau).

Le traitement de la laine mise en solution alcaline par du permanganate de potassium a donné à Wanklyn et Cooper [*Chem. Soc.*, 1880, 2, 460 ou *B. Soc. ch.*, 13, 1880] les acides carbonique et oxalique avec de l'ammoniaque quand le poids de MnO^4K est quatre fois celui de la laine; mais si on emploie le double d'oxydant, il se fait au moins deux nouveaux acides dont l'acide cyanopropionique $C^4H^5AzO^2.1,5H^2O$ poudre blanche, facilement soluble dans l'eau, et l'alcool, perdant son eau à 140° et se décomposant au delà en donnant du cyanure d'éthyle : les auteurs ont préparé son sel de baryum avec 3/2 H^2O; celui d'argent avec 1/4 H^2O; celui de plomb avec 1/2 H^2O (presque insoluble dans l'eau) : celui de magnésium avec 3/2 H^2O; celui de potassium avec H^2O à 190° et 5 H^2O à 100° et qui, chauffé avec la potasse, donne à 200-220° de l'éthylamine et de l'oxalate de potassium; celui de calcium avec 2 H^2O, que l'alcool précipite de sa solution aqueuse.

Fabrion, en traitant la laine et une foule de substances d'origine animale par la soude alcoolique chaude, obtient une liqueur qui, débarrassée de l'alcool, laisse un résidu soluble dans l'eau : cette solution ainsi obtenue, acidulée par HCl, dégage CO^2 et H^2S et le résidu évaporé donne une masse incristallisable exempte de soufre, à caractère acide, de composition $C^8H^{16}Az^2O^6$, qui se rapproche de l'acide protéique de Schutzenberger. Cet acide donne des sels de baryum et de calcium solubles dérivant d'un acide monobasique; l'ébullition avec un alcali ou de la magnésie transforme cet acide en un acide bibasique dont le poids moléculaire est voisin de celui du corps générateur, ce qui amène l'auteur à penser que ce composé est une lactone qui devient diacide par hydratation. [*Chem. Ztg.*, 19, 1000 ou *D. chem. G.*, 28, 7 G 1895].

C. Paal et Schilling [*Chem. Ztg.*, 19, 1847 ou *D. chem. G.*, 28, 1016, 189], prétendent que le composé de Fabrion n'est que du chlorhydrate de peptone [voir Paal, *D. chem. G.*, 25, 1230, 1892 et 27, 1827, 1894].

E. et H. Salkowski [*D. chem. G.*, 12, 650, 1889], étudiant les produits de putréfaction de la laine, trouvent après 34 jours de l'acide phénylacétique, 0,6 0/0 de la laine employée, et un autre acide cyclique, $C^8H^8O^3$, cristallisant dans l'eau froide en tables incolores ou en cristaux prismatiques brillants, donnant avec $FeCl^3$ une coloration vert sale faible, fusible à 148° et non entraînable à la vapeur d'eau. Son sel d'argent cristallise dans l'eau en aiguilles microscopiques $C^8H^7O^3Ag$; il ne s'identifie à aucun des acides connus de formule $C^8H^8O^3$ et constitue peut-être l'acide oxyphénylacétique.

L'action du chlore a été étudiée par E. Knecht [*J. Soc. chem. Ind.*, 11, 131 ou *D. chem. G.*, 25, 469, Ref., 1892]; la laine séchée à 100° n'est pas altérée par le chlore sec et son affinité pour les colorants n'est pas modifiée; mais si on la maintient pendant plusieurs heures dans un courant de chlore humide, il se forme de l'acide chlorhydrique et la substance devient soluble dans l'eau en grande partie. Cette solution précipite les matières colorantes et laisse à l'évaporation un résidu brun qui dégage à la combustion l'odeur de corne brûlée et qui contient du soufre; la portion non solubilisée ne contient pas de chlore.

L'absorption par la laine (et par les autres textiles) des acides, des bases et de quelques sels métalliques, phénomène important à connaître au point de vue des théories de la teinture, a été étudiée par E. Knecht et Appleyard [*B. Soc. ch.*, (3), **2**, 846, 852, 855, 1889 ou *J. of chem. Ind.*, **7**, 621] après Chevreul, Belley, Mills et Takamine [*J. chem. Soc.*, 1883, 142 ou *D. chem. G.*, **16**, 973, 1883], d'une part, tandis que Léo Vignon étudiait les mêmes phénomènes par les méthodes calorimétriques au point de vue des quantités de chaleur dégagées [*B. Soc. ch.*, (3), **3**, 851, 1890].

Knecht et Appleyard ont démontré que la laine absorbe, à la température de 100° environ, de petites quantités d'acides qu'elle retient très énergiquement, mais qui ne sont pas proportionnelles à la concentration acide de la liqueur. Par exemple avec l'acide sulfurique dilué, la laine absorbe de 2,3 0/0 à 3,6 0/0, mais une partie peu fixée est enlevée par des lavages à l'eau tandis que le reste est fixé d'une manière permanente; il en est de même pour HCl. Il semble que cela résulte d'une réaction chimique, car on retrouve dans le bain de l'ammoniaque combinée à l'acide; l'acide chromique est sans doute fixé d'une manière analogue.

Avec les alcalis, le phénomène est beaucoup moins net, car la quantité d'alcali fixée d'une manière permanente est à peu près nulle.

Les sels métalliques comme NaCl et $CaCl^2$ se fixent en partie sur la laine; mais le cas le plus curieux est celui de SO^4Mg; une solution aqueuse de ce corps bouillie avec dix fois son poids de laine devient alcaline, probablement par fixation de l'acide sur la fibre; avec l'alun, la laine fixe un sel basique et la liqueur devient acide, mais très faiblement.

Les auteurs pensent que la laine doit renfermer des composés à réaction fortement basique, mais on ne sait si ces composés préexistent dans la fibre ou si au contraire ils se forment par une action lente; les auteurs penchent en faveur de l'hypothèse d'une action lente des acides qui modifie la laine et la rend apte à se combiner aux matières colorantes.

Les phénomènes thermiques qui accompagnent le contact de la laine, avec des solutions aqueuses d'alcalis, d'acides ou de sels divers sont très sensibles et se terminent dans l'intervalle de 4 à 5 minutes : rapportés à 100 grammes de laine sèche, ces phénomènes correspondent à la température de 10-12° à :

	Laine filée non blanchie.	Laine peignée non blanchié.
KOH (= 1 lit.).....	$1^{cal},16$	$1^{cal},37$
NaOH (= 1 lit.)....	$1^{cal},15$	$1^{cal},10$
HCl (= 1 lit.)......	$0^{cal},95$	$1^{cal},00$
SO^4H^2 (= 2 lit.).....	$0^{cal},99$	$1^{cal},05$

l'auteur les rapporte à la molécule supposée : $C^{88}H^{140}Az^{27}O^{27}S$.

Dosage. — En raison des nombreuses transactions auxquelles la laine donne lieu, on a souvent à doser la laine contenue dans un textile brut et surtout dans une étoffe; on a dans ce but préconisé plusieurs méthodes. [Voir Hughes, *Chem. N.*, **42**, 325 ou *D. chem. G.*, **14**, 280, 1881].

W. Smith [*Soc. chem. Ind.*, **8**, 17 ou *B. Soc. ch.* (3), **2**, 696, 1889] donne les moyens suivants :

1° Pour séparer la soie, on traite par une liqueur formée d'eau : 85 parties; chlorure de zinc : 100 parties et oxyde de zinc : 4 parties; celle-ci dissout la soie lentement à froid, plus vite à chaud et n'attaque pas la laine qui est au contraire disssoute par la soude;

2° Pour séparer d'avec les fibres végétales, on traite par l'acide sulfurique étendu et on sèche; celles-ci sont carbonisées, la laine reste intacte;

3° La liqueur de Schweitzer dissout le coton et la soie, mais non la laine : en outre l'addition de sucre ou de gomme à la liqueur obtenue précipite la cellulose et non la soie;

4° Une liqueur formée de 60 parties de SO^4Cu, 150 d'eau, 16 de glycérine et de la soude caustique jusqu'à ce que la liqueur soit limpide, dissout la soie et non la laine.

Remont [*Chem. Ztg.*, **51**, 792, 1881 ou *D. chem. G.*, **15**, 88, 1882] reconnaît la quantité de soie, de laine, de lin et de coton d'un tissu en prélevant 4 portions de 2 grammes chacune; on en met trois avec de l'acide chlorhydrique à 3 0/0 et de ces trois, deux sont traitées par du chlorure de zinc basique [$ZnCl^2$: 100 parties; eau : 850 parties; ZnO : 40 parties], l'autre est traitée par une solution de soude bouillante, puis lavée. Les quatre échantillons séchés et pesés donnent par différence : 1° la quantité d'apprêt et de colorant enlevée par l'acide chlorhydrique; 2° la quantité de soie enlevée par le sel de zinc et 3° la quantité de la laine enlevée par les alcalis. Le reste doit être considéré comme fibres végétales et peut d'ailleurs être déterminé sur le quatrième échantillon par destruction au moyen d'un acide étendu et séchage.

Höhnel [*Ding. polyt. Journ.*, **246**, 465 ou *D. chem. G.*, **19**, 245 *a*, 1883] sépare la laine de la soie en traitant une demi-minute par HCl étendu, puis deux minutes par HCl concentré qui enlève la soie; le résidu est traité par la potasse qui enlève la laine.

Barral et Salvetat [*C. R.*, **81**, 1189, 1875 ou *B. Soc. chim.*, (2), **25**, 425, 1876], en vue d'étudier les conditions de l'*épaillage chimique* ou enlèvement des textiles végétaux par moyens chimiques, montrent que ces textiles sont détruits — sans que la laine soit attaquée — par SO^4H^2, HCl, $AlCl^3$, AzO^3H, $FeCl^3$, $ZnCl^2$, $SnCl^4$, $CuCl^2$, azotates de Cu, Mg, Fe; phosphate de calcium, sulfates de Sn et Al, SO^4HK, alun de chrome, acides borique et oxalique, quand on imbibe, sèche et porte à 140°. Au contraire les chlorures de Na, K, Mg, Ba, Ca, Hg, Am, etc., sont sans action. L'auteur ajoute que le premier effet des agents actifs est d'enlever de l'eau et de carboniser la matière végétale.

L'épaillage est une opération industrielle en vue de laquelle on a imaginé beaucoup de procédés et appareils divers. [Voir Schirp, D. R. P. 74500 ou *D. chem. G.*, **27**, 683, Ref., 1894; — Fettweiss et Dasse, D. R. P. 76406 ou *D. chem. G.*, **27**, 927, Ref., 1894; — Fitton, D. R. P. 44752 ou *D. chem. G.*, **21**, 912, Ref., 1888; — Joly, D. R. P. 9263 ou *D. chem. G.*, **13**, 1043, 1880; — Poulin, *Eng. Pat.*, 1512 ou *D. chem. G.*, **13**, 586, 1880]. La difficulté de ce genre d'opérations est d'éviter la coloration ou le durcissement de la fibre animale; on emploie presque exclusivement l'immersion dans un bain sulfurique à 5° Bé, prolongée pendant un temps variable avec la nature de la marchandise, mais compris entre deux et trois heures; on égoutte, puis on essore, ce qui est une des opérations les plus délicates à cause de la tendance de la laine à feutrer. La carbonisation, également très délicate, se fait dans des fours où circule la marchandise dans un sens déterminé tandis que l'air chaud circule en sens inverse; la température varie de 95 à 110°.

On bat ensuite la laine pour la débarrasser des fibres carbonisées et on lave à l'eau pour enlever l'acide qui imprègne la laine : un bain de savon parfait cette opération.

On remplace parfois l'acide sulfurique par des bains de chlorure d'aluminium ou de magnésium.

Dans certains cas, cet épaillage est employé pour obtenir des tissus à jours : on fait un tissu laine et coton par exemple en contrariant suivant des dessins combinés à volonté les deux sortes de fibres, puis après teinture, on acidifie et épaille ensuite [J. Persoz, *Rapports Exposition de* 1889 : — groupe 6, classe 46, p. 457].

Le crêpage de la laine, opération qui consiste à lui faire subir un rétrécissement local et localisé à volonté, se fait également sous l'action d'acides ou de sels acides en solutions concentrées, dont on combine l'emploi avec celui de la vapeur d'eau ; dans ce but, on emploie les acides citrique et tartrique, le chlorure de zinc, le chlorure stanneux, etc., et surtout les sulfocyanates ; ceux-ci, mis en solution concentrée (1500 grammes de sel de Ca) et épaissie par de la gomme adragante, sont appliqués en bandes parallèles, puis après séchage on vaporise dans un appareil à marche continue.

Enfin, depuis quelques années, on parvient à donner à la laine l'éclat et le craquant de la soie, en la traitant soit par le chlorure de chaux et les acides, soit par de l'hypobromite, soit par du chlore gazeux : la laine ainsi modifiée a, comme le coton mercerisé, plus d'affinité pour les colorants que la laine ordinaire [M. Prudhomme, *Rapports Exposition* 1900, groupe 13, classe 78, p. 154].

SOUS-PRODUITS DU TRAITEMENT DE LA LAINE. — *Eaux de désuintage et graisse de suint.* (Voir Buisine, *Thèse de Doctorat*. Paris, 1887.)

Le suint de mouton comprend deux portions différentes : une formée des produits de sécrétion sudorique solubles dans l'eau, et formant l'eau de désuintage ; l'autre formée des produits de sécrétion sébacée insolubles dans l'eau, mais qui s'émulsionne dans l'eau de savon : c'est la graisse de suint.

Les eaux de désuintage renferment à peu près les mêmes composants que l'urine des herbivores ou après fermentation les mêmes produits de décomposition ; M. Buisine [*C. R.*, **103**, 66, 1886 et **107**, 789, 1888 ou *B. Soc. Chim.*, (2), **46**, 879, 1886 et (2), **48**, 639, 1887 et (3), **1**, 685, 1889] y a trouvé de l'anhydride carbonique et les carbonates d'AzH^3 et de K, puis un grand nombre d'acides de la série acyclique [comme les acides acétique (7 0/0 du résidu sec), propionique (4 0/0), butyrique, et leurs homologues supérieurs, acides stéarique, oléique et cérotique], avec de l'acide benzoïque, des polyacides (oxalique, succinique, propylène dicarbonique, etc.), des acides amidés (glycocolle, leucine, tyrosine) et enfin du phénol.

La teneur en ammoniaque des eaux augmente avec le temps par suite de la décomposition progressive de l'urée : elle s'élève par litre à 0gr,38 au début, à 1gr,55 après 8 jours et à 2gr,4 après 10 mois ; il y a en outre de la monométhylamine (4 0/0) et de la triméthylamine (1 0/0 de la quantité totale d'amines) [Buisine, *C. R.*, **104**, 1292].

A côté de ce dédoublement, les eaux de suint subissent une fermentation qui met en liberté des acides gras liquides ; pour les séparer, on évapore à sec au bout de 8 à 10 jours de fermentation et on extrait à l'alcool qui dissout les sels alcalins ; le dissolvant une fois chassé, on reprend par l'eau, acidule par PO^4H^3 ou par SO^4H^2 et distille : on trouve les divers acides : formique (traces), acétique 60 0/0 ; — propylique 25 0/0 ; — butyrique 5 0/0 ; — valérianique 4 0/0 ; — caprique 3 0/0 ; benzoïque 3 0/0 et enfin des traces de phénol décelables par le brome. La séparation et le dosage des acides se fait par l'intermédiaire de leurs éthers éthyliques [A. et P. Buisine, *C. R.*, **105**, 614, 1887 ; — **106**, 1426, 1888 ; — **107**, 789 et 192 1888], ou bien dans le cas de l'acide caproïque par le sel de baryum. La teneur totale de ces acides correspond, par litre d'eau fermentée, à un titre acide de 16 grammes d'acide sulfurique ; comme l'acide acétique est très abondant, on peut l'isoler des autres en vue de ses applications ordinaires ; pour cela, on sature partiellement par de la chaux ; c'est l'acétate qui se forme de préférence aux sels des autres acides, et ces derniers, restés libres, sont entraînés par la vapeur d'eau qui laisse l'acétate de calcium pur [A. et P. Buisine, *C. R.*, **125**, 777, 1897 ou *Bull. Soc. chim.*, (3), **19**, 941, 1898].

Le mécanisme de la formation du carbonate de potassium et des acides mentionnés ci-dessus, dans les eaux de suint abandonnées à fermentation, comporte deux phases.

La première se fait en quelques jours sous l'influence d'un ferment anaérobie qui décompose l'urée en carbonate d'ammonium, dédouble l'acide hippurique en glycocolle et acide benzoïque, et engendre des sels de potassium à acides volatils et de l'anhydride carbonique : ces acides volatils ne préexistent pas dans les eaux de suint, et n'y existaient que sous des formes complexes que la fermentation a simplifiées.

La deuxième phase, due à des fermentations aérobies qui provoquent la formation d'un voile superficiel, se traduit par une combustion qui donne CO^2 et CO^3K^2 ; les acides volatils diminuent peu à peu ainsi que les polyacides et finissent par disparaître, tandis que les acides acycliques supérieurs et les acides cycliques, comme aussi les produits azotés, résistent plus fortement ; voici à cet égard quelques chiffres.

1re Phase : Acides volatils (en SO^4H^2).

Eau fraîche	2gr,34
Après 8 jours	20gr,81
— 10 mois	20gr,98

2e Phase : Acides volatils

	En SO^4H^2	CO^3Ca.
Mise en fermentation	3gr,18	1gr,47
Après 6 jours	3gr,18	2gr,32
— 12 —	1gr,00	4gr,51
— 20 —	0gr,465	5gr,30
— 6 mois	0gr,258	7gr,31

[A. Buisine, *B. Soc. chim.*, **46**, 497, 1886].

Ces eaux de désuintage sont utilisées pour l'obtention des sels de potassium (voir ce mot) ; on les évapore, ce qui donne une matière résineuse noire contenant une matière grasse et des sels de potassium, formant en tout 20 0/0 du poids de la laine ; on calcine, ce qui donne du charbon et du carbonate de potassium, ce dernier éliminé par lavages à l'eau. Les laines russes donnent en potasse 43,34 0/0 du poids de la masse résineuse, soit environ 8,8 0/0 du poids de la laine ; cette potasse contient 85 0/0 de CO^3K^2 [Flekkel, *B. Soc. ch.*, (2), **34**, 332, 1880].

Une autre application très intéressante est l'utilisation des acides qui se forment par fermentation anaérobie, pour la fabrication des *huiles d'acétone*, mélanges complexes d'acétones acycliques que la sous-commission de la dénaturation avait recommandées et que M. Buisine prépare très économiquement de la manière suivante : les eaux fermentées sont acidulées par SO^4H^2, puis entraînées à la vapeur d'eau ; les acides volatils entraînés sont saturés par un lait de chaux et le mélange des sels de calcium ainsi obtenu est chauffé dans une chaudière plate avec agitateur et tube de dégagement pour les vapeurs que l'on condense au moyen d'un serpentin. Le rendement en huiles d'acétone est d'environ 40 0/0 du poids des sels calcinés et M. Buisine estime qu'à Roubaix et Tourcoing seulement où on produit journellement 500 mètres cubes d'eau de désuintage, on obtiendrait 5000 litres d'huiles d'acétone par an. Ce traitement donnerait en outre du sulfate d'ammoniaque, chargé de sulfates d'amines, du sulfate de potassium, une eau pâteuse contenant du sulfate de potassium et des matières organiques et utilisable pour la fabrication d'engrais composés, et enfin un tourteau gras qui séparé de sa graisse constitue une sorte de poudrette contenant 1,5 0/0 d'azote; cette graisse est formée surtout d'acide oléique, d'acide caprique et des acides voisins [*C. R.*, **105**, 1292, 1887]. (Voir Buisine, *Production industrielle d'huile d'acétone*, imprimerie Henry Lefèvre, Compiègne, 1902; — Neumann, D. R. P. 11 112 ou *D. chem. G.*, **13**, 2246, 1880.)

La *graisse de suint* ou *suintine* ou « Yorkshire grease » provient des eaux savonneuses qui ont lavé la laine brute et s'extrait en traitant par un acide en excès et en égouttant la masse ainsi obtenue; il reste un magma fondant au voisinage de 44° et dont la densité à 15°,5 varie de 0,939 à 0,957. C'est un mélange formé d'acides gras libres (Buisine), d'éthers-sels, de graisses non saponifiables et de matières minérales. On y trouve entre autres les éthers gras de la cholestérine et de l'isocholestérine, mais on n'y rencontre jamais de dérivés de la glycérine.

Buisine [*B. Soc. ch.*, **42**, 201, 1884] y a trouvé du cérotate de céryle en la traitant à 100° par de la potasse alcoolique, chassant l'alcool par distillation, puis l'alcali par lavage à l'eau, transformant les acides en sels de baryum et extrayant d'abord à l'alcool, puis à l'alcool éthéré qui enlève de l'alcool cérylique à côté des cholestérines. L'acide cérotique se trouve parmi les sels de baryum, à côté des stéarate et oléate de ce métal, et peut être facilement extrait.

Cette graisse de suint a reçu d'assez nombreuses applications; on peut par exemple la distiller dans des appareils en fonte, ce qui donne en moyenne 20,75 0/0 d'eau: 4,10 0/0 d'huile légère (spirit oil); 45,5 de graisse et 15,45 0/0 d'huile verte; de la graisse on retire de la stéarine qui donne de mauvais savons ou qui associée à la paraffine fournit un produit pour apprêt.

On peut également [Violette, Vinchon et Buisine, D. R. P. 32 105 ou *D. chem. G.*, **18**, 466, Ref., 1885] préparer des acides gras; pour cela, la graisse est chauffée vers 250-300° à l'abri de l'air avec un alcali ou de la chaux sodée en présence de vapeur d'eau surchauffée. Les acides libres sont d'abord transformés en savons alcalins, puis l'alcali à plus haute température, vers 250 ou 300°, agit sur les éthers neutres qu'il transforme en savons alcalins et alcools (cérylique, cholestérine et isocholestérines); ceux-ci sont alors oxydés par les acides et deviennent des acides puis des sels. Les savons sont extraits par l'eau chaude: ils cristallisent à froid et sont décomposés par un acide minéral, ce qui libère les acides qu'on sépare par fractionnement ou compression. [Voir aussi Shalfeld, D. R. P. 89 603 ou *D. chem. G.*, **29**, 1183, Ref., 1896].

Cette graisse de suint, sous-produit important du traitement de la laine brute, a été l'objet de nombreuses tentatives industrielles que nous nous bornons à signaler [Fayollet, D. R. P. 39 946 ou *D. chem. G.*, **20**, 610, Ref., 1887; — von Rad, D. R. P. 42 172 ou *D. chem. G.*, **21**, 201, 1888; — Feuerlein, D. R. P. 48 803 ou *D. chem. G.*, **22**, 830, Ref., 1889; D. R. P. 55 056 ou *D. chem. G.*, **24**, 419, Ref., 1891 et D. R. P. 55 110 ou *D. chem. G.*, **24**, 420, Ref., 1891; — Roos, D. R. P. 56 868 ou *D. chem. G.*, **24**, 680, Ref., 1891; — Krause, D. R. P. 56 830 et Seibello, D. R. P. 56 491 ou *D. chem. G.*, **24**, 997 et 998, Ref., 1891: — Griffin, D. R. P. 66 754 ou *D. chem. G.*, **26**, 426, Ref., 1893; D. R. P. 69 598 ou *D. chem. G.*, **26**, 911, Ref., 1893; — Motte et Cie (Roubaix), D. R. P. 76 261 ou *D. chem. G*, **27**, 773, Ref., 1894; — Hutchinson, D. R. P. 74 928 ou *D. chem. G.*, **27**, 773, Ref.; — Kleemann, D. R. P. 74 606 et 76 381 ou *D. chem. G.*, **27**, 774, Ref. et 926, Ref.; — Arens, D. R. P. 74 432 ou *D. chem. G.*, **27**, 774, Ref.; — Jaffé, D. R. P. 76 613 ou *D. chem. G.*, **27**, 948, Ref.; — Hutchinson, D. R. P. 77 831 ou *D. chem. G.*, **28**, 127 c, 1895; — Busse, D. R. P. 79 131 ou *D. chem. G.*, **28**, 404, 1895; — Ekenberg, D. R. P. 81 552 ou *D. chem. G.*, **28**, 710, 1895].

La question de savoir si la graisse de suint contient ou non de l'azote a été l'objet de discussions entre Lidof d'une part et Darmstaedter et Lifschutz d'autre part; il semble qu'elle soit résolue dans le sens de l'absence d'azote [Lidof, *J. Soc. Phys. Chim. russe*, **29**, 214, 1897; *ibid.*, **30**, 226, 1898; *Bull. Soc. Chim.*, (3), **18**, 1024, 1897. — Darmstaedter et Lifschutz, *J. Soc. Phys. Chim. russe*, **30**, 126 et 401, 1898; *B. Soc. ch.*, (3), **20**, 895, 1898].

La composition, qui paraît très complexe, de la matière grasse de la laine a été étudiée par Darmstaedter et Lifschütz [*D. chem. G.*, **28**, 3133 et **29**, 618 et 1474 ou *B. Soc. ch.*, (3), **16**, 1735, 1896]; en saponifiant cette matière grasse, ces auteurs ont obtenu des corps qu'ils considèrent d'abord comme des alcools non saturés de formule $C^nH^{2n}O$ avec $n = 10$ et $n = 11$; ce sont les *lanestols*. Le produit en $n = 10$ se présente en fines aiguilles, solubles dans les solvants organiques sauf l'éther, insolubles dans l'eau, les acides et les alcalis; cristallisé dans l'alcool aqueux, il retient 1/2 molécule d'eau et fond à 105-109°; l'anhydride acétique est sans action sur lui, mais l'acide chromique le détruit. Le produit en C^{11} est également en petites aiguilles fondant à 82-87°, solubles dans l'alcool et l'éther.

Des lessives alcalines qui proviennent de la saponification, les auteurs ont extrait de l'acide myristique et un autre acide de composition $C^{24}H^{48}O^3$ fondant à 72-73°, cristallisant dans l'alcool en aiguilles, et qui a été identifié par ses sels de potassium et de plomb avec un acide retiré de la cire de Carnauba par Stürcker [*Lieb. Ann.*, **223**, 306], l'acide carnaubique.

Le reste de la graisse ne contenait ni cholestérine, ni les acides stéarique, palmitique, oléique et cérotique.

Un examen plus approfondi a montré que le composé $C^{10}H^{20}O$ n'est pas un alcool, mais une lactone $C^{30}H^{58}O^3$; de même l'existence de $C^{11}H^{22}O$ est douteuse et la composition de la lanocérine, étudiée à nouveau par saponification à la potasse alcoolique, montre que cette graisse saponifiée s'est transformée en alcools qu'on peut extraire par l'éther de pétrole et qui forment 26 à 30 0/0 du poids de la matière première. Il reste alors une matière savonneuse que l'alcool sépare en deux portions dont une soluble. Le savon insoluble qui représente 35 à 36 0/0 cristallise dans l'alcool aqueux; le corps obtenu est un acide formé de feuillets incolores, presque insolubles dans les alcalis, fondant à 104-105° pour se solidifier de nouveau à 103-101° et dont le sel de potassium montre que le poids moléculaire est 484. Cet acide nommé *lanocérique* est peu stable et se lactonise facilement. Bouilli avec de l'alcool et de l'eau chlorhydrique jusqu'à ce qu'il se forme une huile, il donne un mélange formé d'acide intact, de lactone, et d'une substance neutre soluble dans l'alcool et le benzène (point de fusion 95-97°). L'acide lanocérique pourrait être un poly-oxydiacide $C^{30}H^{60}O^{8}$ anhydrisable de deux manières différentes : chauffé seul, il perdrait $H^{2}O$ par ses OH, les $CO^{2}H$ étant intacts et donnerait $C^{30}H^{58}O^{8}$; en présence d'acides minéraux, il donnerait une olide par perte d'eau entre OH et $CO^{2}H$.

De la saponification de la lanocérine, les auteurs ont obtenu de la cholestérine et de l'alcool cérylique; un troisième composé (point de fusion 66-68°) n'a pas été identifié.

Revenant sur cette même question, Darmstaedter et Lifschutz [*D. chem. G.*, **29**, 2890 et **31**, 97, 1898 ou *B. Soc. ch.*, (3), **18**, 598, 1897 et (3), **20**, 350, 1898] rappellent qu'ils ont obtenu en saponifiant la graisse de suint : 1° un certain nombre d'acides dont ils donnent un moyen de séparation : acides lanocérique, myristique, carnaubique, lanopalmique; 2° un acide liquide analogue à l'acide caproïque et qu'ils appellent l'acide pseudo-caproïque, 3° un acide $C^{27}H^{54}O^{2}$ ressemblant à l'acide cérotique et fondant à 79°, mais différent de celui-ci parce que son sel de magnésium fond à 174-176° (au lieu de 140-145°).

Parmi les alcools obtenus au cours de cette saponification, on trouve deux alcools saturés, un alcool non saturé et de la cholestérine; les auteurs donnent un procédé de séparation de ces corps. Les alcools saturés sont : 1° $C^{24}H^{50}O$, point de fusion 67-68°, en paillettes microscopiques fournissant par oxydation de l'acide carnaubique $C^{24}H^{48}O^{2}$; et 2° $C^{27}H^{56}O + 6H^{2}O$, point de fusion 77-78°, en paillettes blanches, solubles dans les solvants organiques et dont l'oxydation fournit l'acide cérotique et un autre acide qui cristallise en paillettes argentées (point de fusion 69-70°) et dont le sel de Ca est soluble dans l'acétone : il semble donc que des deux alcools, l'un serait l'alcool cérylique. Les auteurs du présent travail paraissaient ignorer que ce dernier résultat a été établi déjà avec certitude par M. Buisine (voir ci-dessus); mais ils reviennent sur ce point en résumant leur travail et en faisant le bilan de la composition de la graisse de suint, ou du moins des substances qu'on en peut extraire par saponification à la potasse alcoolique à 5,6 0/0. Les acides sont les acides carnaubique, myristique et $C^{27}H^{54}O^{2}$. Les alcools sont : carnaubylique, cérylique et l'isocholestérine $C^{26}H^{45}O$, $1/2H^{2}O$.

Mais ce bilan n'est pas encore complet, car les mêmes auteurs ont en outre extrait : un alcool A en petites aiguilles fondant à 77°, différent de la cholestérine; un produit B gélatineux et un résidu visqueux C qui forme les 50 0/0 des alcools de la graisse de suint; ce composé présente quelques réactions de la cholestérine sans avoir le spectre d'absorption, donne avec l'anhydride benzoïque des éthers benzoïques, dont l'un est visqueux et dont l'autre saponifié donne de la cholestérine et de l'isocholestérine. Le premier saponifié régénère l'alcool C; d'autre part, si on le traite par quelques gouttes d'acide sulfurique, puis par l'anhydride acétique, on a encore de la cholestérine et de l'isocholestérine. Inversement, la cholestérine se transforme en alcool C quand on la chauffe avec de la potasse aqueuse ou alcoolique; le rendement est de 25 0/0. D'ailleurs si on chauffe l'isocholestérine avec $SO^{4}H^{2} + ZnCl^{2}$, on a de la cholestérine; l'alcool C serait donc un dérivé hydraté de la cholestérine [*D. chem. G.*, **31**, 1122, 1898 ou *B. Soc. ch.*, (3), **20**, 683, 1898].

Juin 1906. P. Lemoult.

LAIT (Voy. Dict. **2**, 191). — Le lait est une liqueur complexe et très altérable. Sa composition complète est mal connue.

L'analyse est conventionnelle, il n'y a pas de méthode pour le dosage de tous les éléments.

On cherche généralement la matière grasse, la matière albuminoïde, le lactose et les cendres; la quantité de ces substances suffit à caractériser un lait.

Un travail d'ensemble sur les matières albuminoïdes serait nécessaire pour fixer les chimistes sur des éléments aussi importants.

On a indiqué des méthodes de séparation des différentes albumines du lait. Cependant Duclaux croit qu'il n'y en a qu'une seule, la caséine, qui précipite plus ou moins avec les réactifs et suivant les conditions de l'expérience.

On a commencé à étudier ses diastases; déjà on a obtenu des oxydations et des hydrolyses avec du lait frais.

On sait qu'on modifie les propriétés physiologiques du lait en le chauffant à 80°. On ne connaît pas les réactions chimiques correspondantes.

On n'a pas de réaction chimique nette qui puisse différencier le lait d'une vache saine d'avec celui d'une vache malade. Des recherches sont à entreprendre dans cette voie, où le chimiste et le physiologiste doivent collaborer.

EXAMEN QUALITATIF.

Voir Béchamps [*Bl. Soc. chim.* (3), **15**, 426, 1896].

Outre les substances déjà énumérées (voir Dict.) le lait contient des lécithines, de la nucléone, de l'acide citrique.

Une solution légèrement alcalinisée par la soude et colorée en rouge par la phtaléine est neutralisée et décolorée par le lait de chatte, de brebis, de chèvre, de vache; la coloration disparaît plus lentement avec les laits de femme, de jument, d'ânesse, de chienne [Vaudin, *Bull. Soc. Chim.*, (3), **7**, 283, 1892].

On ne rencontre dans le lait que des traces d'arsenic [A. Gauthier, *ibid.*, (3), **23**, 303, 1900].

Dans le lait de vache, on peut déceler une diastase capable de dédoubler la monobutyrine de la glycérine en acide butyrique et glycérine, mais ne dédoublant pas les graisses neutres (tributyrine) [Ch. Gillet, *J. de phys. et de pat. gén.*, **5**, 503, 1903].

Le lait de femme contient un ferment oxydant qui colore en bleu la teinture de gaïac en présence d'eau oxygénée; la réaction disparaît après chauffage à 80° [Ch. Gillet, *J. de phys. et path. gén.*, **4**, 439, 1902]. Il contient également un ferment hydrolysant qui dédouble le salol en acide salicylique et phénol; le lait d'ânesse a la même propriété; mais les laits de vache, de chèvre et de chienne n'en contiennent pas [Nobécourt, P. Merklen, *Soc. de Biologie*, 9 fév. 1901].

La matière grasse augmente du commencement à la fin de la traite; le sérum reste constant [Hardy, *Bl. ass. d. ch. Belges*, **15**, 6, 1901].

Les matières albuminoïdes du lait varient, pour une même vache, de 3 à 6 0/0 du commencement à la fin de la lactation.

On trouve dans la caséine deux matières albuminoïdes, la nucléoalbine et la nucléoprotalbine, la première insoluble, la seconde soluble dans l'alcool chaud où elle donne une réaction acide [Danilewky, *Bull. Soc. Chim.*, (2), **41**, 45, 1884].

Le jaunissement du lait par la chaleur est dû à l'oxydation du lactose. En présence des sels alcalins du lait, il se produit de l'acide formique dont la présence suffit à expliquer la coagulation du lait.

La caséine coagulée dans ces conditions n'est

pas altérée, mais simplement teinte en jaune [Cazeneuve et Haddon, *Bl.* (3), **13**, 737, 1895].

Le lait se coagule par la chaleur à :

100° en 12 heures.	130° en 1 heure.
110° — 5 —	140° — 20 minutes.
120° — 1 h. 1/2	150° — 5 —

[Bordach, M. **18**, 199, 1897 ; — Cazeneuve et Haddon, *C. R.*, **120**, 1272, 1895].

Distinction du lait cuit du lait cru. — 10 centimètres cubes de lait sont additionnés de 4 ou 5 gouttes d'eau oxygénée et de 3 ou 4 gouttes d'une solution de paraphénylène diamine à 2 0/0 (fraîchement préparée). Le lait non chauffé donne une coloration gris bleuâtre, qui passe promptement au bleu indigo. Le lait chauffé au-dessus de 80° reste blanc [Storch, 12e congrès d'hygiène, Bruxelles, 1903].

Le lait frais se colore immédiatement en bleu par la teinture de gaïac ; il ne se colore plus s'il a été chauffé à 80°.

Le lait à examiner est soumis à la coagulation spontanée ; le sérum est porté à l'ébullition : il précipite de l'albumine s'il n'a pas été chauffé à 80° (Storch).

COMPOSITION DE QUELQUES LAITS ET FROMAGES. — Voir aussi Dict., 192-195.

Lait de vache. — Chiffres acceptés par le laboratoire municipal et le conseil d'hygiène pour un bon lait, 1905 :

Composition pour 1 000 gr. de lait	Chiffres accepté par le Labor. Municipal et le Cons. d'hygiène	Chiffres admis par Denigès	Chiffres admis par Blarez
Densité : 1.033			
Caséine	34	33	33,0
Lactose anhydre	50	45	47,5
Beurre	40	40	38,0
Cendres	6	7	6,5
Extrait à 100°	130	130	125,0
Minimum toléré	115	»	110,0

[Denigès, *Chim. Analyt.*, 2e éd., p. 814. — Blarez, *Bl. Soc. Phys.*, Bordeaux, p. 54, 1899]. Au-dessous du minimum on doit refuser le lait, il peut être mouillé ou écrémé, il peut provenir aussi de vaches malades ou mal nourries.

Analyse des éléments minéraux du lait (Dosage des cendres). Pour 1000 gr. de lait :

Éléments minéraux	Femme accouchée de 10 jours	Femme accouchée de 10 mois	Anesse		Jument	Vache	
Cl	0,30	0,4	0,2	0,3	3,00	0,8	1,3
PO^4H^3	0,34	0,2	2,0	1,2	0,80	2,3	1,4
CaO	0,25	0,2	1,8	1,5	0,60	1,8	1,2
MgO	0,03	0,2	—	—	0,03	0,2	0,2
K^2O	0,80	0.5	0,6	0.3	0,30	2,0	2,5
Na^2O	0,60	0,4	0,5	0,9	2,00	0,6	0,5

[Pugès, *Nat. minérale du lait*, Thèse science, Paris, 1904. — Voir aussi Naudin, *Ann. de l'Inst. Pasteur*, juin 1897].

Lait de brebis. — Analyse faite sur 500 centimètres cubes, tirés en 24 heures :

Matières pour 100 gr.	Chevallier et Henri Doyère	Trillat et Forestier
Extrait à 100°	12,4	18,00 à 20,00
Beurre	4,2	4,13 à 9,24
Lactose	4,0	4,60 à 5,50
Caséine	3,7	4,40 à 7,00
Cendres	0,7	0,83 à 1,05

Comparé aux autres laits, celui-ci est très minéralisé [Trillat et Forestier, *Bull. Soc. Chim.*, (3), **29**, 286, 1903].

Composition moyenne du lait de chamelle. — Pour 1000 grammes :

Extrait à 100°	123gr,90
Beurre	73gr,79
Lactose anhydre	32gr,64
Caséine	29gr,78
Matière minérale	7gr,00

[Barthe, *J. prakt. Chem.*, (6), **21**, 386, 1905].

Composition du lait d'éléphant. — Pour 100 grammes de lait :

Eau	67gr,56	69gr,28	66gr,69
Beurre (matière grasse liquide)	17gr,54	19gr,09	22gr,07
Caséine	—	3gr,09	3gr,212
Lactose	—	7gr,26	7gr,39
Cendres	0gr,651	0gr,658	0gr,629

Très agréable au goût, matière grasse jaune clair, liquide à la température ordinaire [A. d'Oremus, *Mon. scient.*, (3), **12**, 68].

Composition du lait de marsouin (cétacé). — Pour 100 grammes de lait :

Extrait sec à 100°	58,89
Eau	41,11
Corps solides autres que les graisses	13,09
Matières albuminoïdes	11,19
Sucre de lait	1,33
Corps gras	45,80
Cendres	0,57

Le corps gras renfermant du blanc de baleine fond à 51°. Les cendres sont riches en phosphate [Prof. Purdie d'Aberdeen, *Chem. News*, 1891].

Nombre de calories fournies par 1 litre de lait ordinaire.

36gr de caséine	147 calories
36gr de graisse	324 —
48gr de sucre	147 —

[Germain Sée, *Ac. de Médecine*, septembre 1892].

GAZ DU LAIT. — Pour 1000 centimètres cubes de lait :

	cc.
CO^2	18,70
Az	13,25
O	1,30 (P. Difflo

Analyses de Fromages anglais. — [A. B. Griffiths, *Bull. Soc. Chim.*, (3), **7**, 282, 1892].

ESSAIS PHYSIQUES DU LAIT.

Toutes les observations physiques faites sur le lait ont eu pour but de déceler les additions d'eau (mouillage).

Des efforts intéressants ont été faits par des physiciens et des chimistes, mais actuellement aucune des méthodes employées n'est assez précise pour remplacer l'analyse chimique, elles donneront seulement des indications.

Densité. — La densité du lait se prend généralement avec un aréomètre qu'on trouve dans le commerce sous le nom de pèse-lait; la densité est indiquée sur la tige graduée (aréomètre Soxhlet).

La densité (ou poids spécifique) du lait complet doit être voisine de 1,029.

Le lait écrémé donne 1,0325 au moins; par addition d'eau on peut ramener la densité au chiffre normal. Une addition de 10 0/0 d'eau abaisse la densité de 0,003 environ. Un dosage de l'extrait ou des cendres indiquera la fraude [Woodmann, *Am. Chem. Soc.*, **21**, 503, 1899]; tout échantillon de lait donnant un sérum dont la densité à 15° est inférieure à 1,027 et dont l'extrait à 100° est inférieur à 67 gr. au litre sera considéré comme mouillé ou de qualité inférieure [Lescœur, *Bull. Soc. Chim.*, **13**, 366, 1895].

Cryoscopie. — L'essai est effectué sur le lait complet : la graisse en suspension n'influe pas sur le résultat : la méthode employée est analogue à toutes les opérations de cryoscopie à l'aide du thermomètre de Beckmann gradué au 1/50e de degré (Voir *Cryoscopie*).

Les résultats observés sur les laits de vache naturels varient de $\Delta = -0,52$ à $-0,59$; en ajoutant 10 0/0 d'eau on élève le point de congélation de 0,05 à 0,065 [Bordas et Genin, *C. R.*, **122**, 387 et 425, 1896; *C. R.*, **124**, 508, 1897; *Bull. Soc. Chim.*, (3), **17**, 1897 ($\Delta = -0°,52$ à $-0°,53$); — A. Gautier, *C. R.*, **121**, 1895; — Winter, *C. R.*, 1895; 1298, 1896, 1897 ($\Delta = -0,54$ à $-0,56$); E. Carlinfante, *G.*, **27**, 460, 1897 ($\Delta = -0,55$ à $-0,59$); — Parmentier, *Presse méd.*, mars 1903 ($\Delta = 0,54$ à $0,57$); — Imbert, *Bull. de ph. du Sud-Ouest*, 1904 ($\Delta = -0,54$ à $-0,56$); — Nencki et Podezaski, *Ann. de ch. analyt.*, 1904, 275 ($\Delta = -0,55$ à $-0,557$); — Ducros, *Constantes physiques du lait*, Thèse d'Université, Montpellier, 1905 ($\Delta = 0,24$ à $0,57$); — Guiraud et Lasserre, *C. R.*, 119, 1894 ($\Delta = -0,55$ et $-0,56$); — Basset, Thèse Bordeaux, 1905 ($\Delta = -0,46$ à $-0,48$); — Ladan-Bockary, *Traité des falsifications de Girard*, 1904; — Hamburger, *Centr. Bl.*, **2**, 1906 ($\Delta = -0,556$ à $-0,574$)].

Des observations ont été faites sur un très grand nombre de laits par Bordas et Genin : ils ont trouvé que le point de congélation des laits naturels varie de $-0,44$ à $-0,56$. Ils ont conclu de leurs travaux que le lait de vache normal a un point de congélation variant entre $-0,512$ et $-0,529$. La cryoscopie peut être employée comme moyen de contrôle, mais ce procédé est très insuffisant. Si on l'adoptait comme criterium de qualité d'un lait, un chimiste fraudeur qui ajouterait au lait une solution qui lui soit isotonique ou de glycérine au 1/1000e ne modifierait pas le point de congélation et pourrait donner du lait mouillé en évitant toutes poursuites.

D'autre part, la cryoscopie n'est pas une opération simple, une densité ou un extrait est plus facile à déterminer qu'un point de congélation.

En ce qui concerne les applications cliniques de la cryoscopie pour l'étude du lait de femme pendant la maladie, Barthe est d'avis d'être très réservé sur les conclusions. [*Ann. phys. chim.*, (6), **15**, 355, 1904].

Réfractométrie. — Le pouvoir réfringent du petit lait varie dans des limites assez rapprochées pour qu'on puisse le considérer comme une constante quand il provient du lait pur.

La déviation du petit-lait varie entre 38 et 45 divisions de l'oléoréfractomètre de F. Jean et Amagat. On peut obtenir le petit-lait à froid en coagulant la caséine soit avec l'alcool, soit par la méthode de Denigès : métaphosphate de soude à 60 gr. par litre associé avec l'acide chlorhydrique à 20 0/0 ou l'acide acétique à 12 0/0.

En réglant le zéro de l'appareil avec de l'eau distillée dans la cuve intérieure et extérieure et en prenant de l'acide acétique dilué donnant 3 divisions on peut calculer la réfraction avec la formule $R = \frac{3}{2}(R' - 1)$, R′ étant la déviation quand la cuve intérieure contient le petit-lait et la cuve extérieure de l'eau distillée.

Un lait ne contenant pas d'eau donne 42°,4 : le même lait avec 10 0/0 d'eau donne 39°,75. Les moyennes des laits consommés à Paris sont assez concordantes parce que ces laits résultent du mélange d'un grand nombre de laits différents [A. Villiers et Bertault, *Bull. Soc. Chim.*, (3), **19**, 305, 1898; — Leach et Lithgoe, *J. Am. Chem. Soc.*, 1195, 1904].

Les laits naturels donnent toujours une déviation supérieure à 39 divisions. La déviation s'abaisse proportionnellement au mouillage.

Les observations du petit-lait au réfractomètre n'ont pas donné les mêmes résultats pour des auteurs différents; la méthode est inférieure à la cryoscopie, mais plus simple [Basset, *Bull. Soc. Chim. Phys. de Bordeaux*, 353, 1904; — Cothereau, Thèse de pharmacie, Paris, 1905].

Résistance électrique. — La manipulation est faite à l'aide de l'appareil d'Ostwald : avec des laits purs on a obtenu des résistances spécifiques de 235 à 265 ohms; un mouillage à 10 0/0 augmente la résistance de 15 à 20 ohms [Dongier et Lesage, *C. R.*, **134**, 1902].

Tension superficielle. — Pour déterminer la tension superficielle du lait on se sert de la méthode du compte-gouttes : une pipette de 5 centimètres cubes environ donnant 100 gouttes d'eau donne 137 à 139 gouttes avec du lait pur, ce qui correspond à une tension superficielle $A = 56,3$ à $56,9$ [Meillère, *Ann. chim. et phys.*, juin 1904].

D'autres auteurs ont trouvé de 126 à 142 gouttes [Helot, *Union méd. de la Seine-Inférieure*, 101, 1884; — Duclaux, *Le lait*, 163, 1894; — Imbert et Ducros, *Bull. des sciences pharm.*, février 1905] : avec 50 0/0 d'eau il y a 7 gouttes de différence.

Le peu de sensibilité de cette méthode la rend très difficile à appliquer.

ANALYSE QUANTITATIVE.

Dans l'analyse chimique du lait on détermine généralement :

La matière grasse.
Les albuminoïdes.
Le lactose.
L'extrait sec et les cendres.
Exceptionnellement, l'acidité, la nucléone, la lécithine, l'acide citrique, les poisons minéraux.

Si l'analyse n'est pas faite aussitôt l'arrivée du lait au laboratoire, on le conservera avec 1/2 gr. de chloroforme au litre.

MÉTHODES GÉNÉRALES.

MÉTHODE D'ADAM. — *Dosage du beurre, de la caséine, de la lactose.* — L'appareil employé est un entonnoir à décanter contenant 40 centimètres cubes environ.

La liqueur d'Adam est préparée avec 110 cc. d'alcool à 75° ammoniacal et 110 cc. d'éther à 65°.

On introduit dans l'appareil 22 cc. de liqueur d'Adam et 10 cc. de lait neutre (s'il ne l'était pas, il faudrait le neutraliser à la soude). On bouche l'appareil, on agite avec soin et on laisse reposer.

Le mélange se sépare en deux couches; la couche éthérée, contenant tout le beurre, est décantée dans une capsule tarée et évaporée au bain-marie. L'augmentation de poids de la capsule moins 1 centigramme donne le poids du beurre.

La couche inférieure est étendue à 100 centimètres cubes, elle est précipitée par 10 gouttes d'acide acétique (on se sert d'extrait de présure pour le lait de femme); on verse sur un filtre sec taré, et on recueille 95 0/0 du liquide clair dans lequel on dose le lactose avec la liqueur de Fehling, le titre de la liqueur est pris avec du lactose pur (5 gr. par litre). Le précipité de caséine est lavé à l'eau chaude, séché à l'étuve et pesé.

Dosage de l'extrait et des cendres. — 10 centimètres cubes de lait sont évaporés à 105° dans une capsule tarée, à poids constant: on pèse le résidu, on a l'extrait (12 à 13 0/0), puis on calcine lentement au rouge naissant pour avoir les cendres; éviter de trop chauffer ce qui volatilise les chlorures et transforme les carbonates en oxydes. Toutes ces opérations demandent 1 h. 1/2 [Adam, *C. R.*, **87**, 290, 1878].

Modification pour les laits fermentés ou condensés. — Entre la couche éthérée et la couche aqueuse, il peut rester une couche de caséine non dissoute. Pour la faire disparaître, on verse dans l'entonnoir à décanter et dans l'ordre 10 cc. de lait, 2 cc. d'ammoniaque à 25°, 25 cc. de la liqueur d'Adam. Quand les liquides sont réunis on agite l'entonnoir.

En hiver une partie de la matière grasse reste en flocons entre les deux couches: il suffira de plonger l'entonnoir dans l'eau à 35° pour que la liqueur éthérée dissolve le beurre précipité.

Quand la couche aqueuse et la couche éthérée sont parfaitement séparées, on continue le dosage comme pour le lait ordinaire: l'excès d'ammoniaque n'a aucune influence sur le dosage du beurre, mais pour précipiter la caséine il faut avoir soin d'ajouter de l'acide trichloracétique jusqu'à réaction acide avec un excès de 1 centimètre cube [Roux, *Monit. scient.*, p. 478, 1891 (5e série)].

MÉTHODE ALLEMANDE. — *Graisse.* — Dosage par la méthode d'Adam ou extraction à l'éther du lait évaporé à sec en présence de matière poreuse (sable, amiante, papier).

Extrait. — Évaporation à sec à 105° sur 10 grammes jusqu'à poids constant, dans une capsule de nickel.

Contrôle par le calcul. Extrait Fleichman (voir p. 202).

Cendres. — Incinérer 10 grammes dans une capsule de platine.

Azote total. — Par la méthode de Kjeldahl (voir AZOTE, 2e Suppl., 402). Poids d'azote × 6,37 = poids des substances azotées.

Albumine totale. — On la précipite à froid par la liqueur de Fehling, la solution est utilisée pour le dosage du *lactose*.

Mouillage. — Le lait est mouillé quand l'extrait sec dégraissé est inférieur à 8 0/0, la densité du lait inférieure à 1.028, la densité du sérum inférieure à 1.026 [*Rev. gén. chim. pure et appl.*, p. 188, 1906].

MÉTHODE OFFICIELLE DES CHIMISTES DES ÉTATS-UNIS (adoptée au Congrès de Chicago). — *Eau.* — On évapore 2 grammes de lait, dans une capsule contenant 20 grammes de sable bien lavé et sec; après 1 heure à 100°, on laisse refroidir au dessicateur et on pèse.

Azote. — On dose l'azote total sur 5 grammes de lait par la méthode Kjeldahl.

Extrait à 100° (Matières solides et beurre). — On prend un cylindre creux de 60 millimètres de long, de 20 millimètres de large; il est perforé latéralement et fermé à une extrémité par un disque de même métal, les trous sont de 7 millimètres. On le remplit d'amiante sans le tasser, on y introduit 5 grammes de lait et on sèche à 100° jusqu'à poids constant.

Une extraction à l'éther pourrait donner le beurre.

Beurre. — On dispose en faisceau des lanières de papier filtre tordues, on les lave bien à l'alcool, à l'éther et on sèche. On imbibe une extrémité avec 5 grammes de lait, on pose sur un verre la partie sèche, puis on fait sécher à 100° pendant 1 heure.

On épuise ensuite à l'éther de pétrole (bouillant à 45°), on distille l'éther, on sèche le résidu dans un courant d'hydrogène et on pèse.

Si c'est du lait aigri on ajoute de l'ammoniaque au début de l'opération.

Sucre. — 50 cc. de lait sont précipités par 1 cc. d'une solution saturée d'acétate de plomb et de litharge. On filtre et on passe au polarimètre; $f = 52,5$ pour le lactose. Voyez LUMIÈRE (APPLICATIONS).

Albumines. — Pour les précipiter on peut opérer comme suit: on verse 60cc,5 de lait dans une fiole graduée spéciale, on ajoute 1 cc. de soluton de nitrate mercurique (obtenue en saturant de mercure l'acide azotique D = 1.6 et en diluant de son volume d'eau). On additionne de 30 cc. de solution d'iodure de mercure (préparée avec 32gr,5 d'iodure de potassium, 13gr,5 de bichlorure de mercure, 20 cc. d'acide acétique, 64 cc. d'eau). Enfin on remplit d'eau jusqu'à 102cc,5. L'albumine précipitée occupe 2cc,4. On filtre 100 cc. du sérum qu'on porte au polarimètre.

Cendres. — 20 cc. de lait additionnés de 6 cc. d'acide azotique sont évaporés à siccité. On calcine au rouge sombre jusqu'à disparition complète du charbon [*Ann. Phys. et Chim.*, (6), **1**, 570, 1895].

DOSAGE DES ÉLÉMENTS DU LAIT PAR LA FORCE CENTRIFUGE. — On introduit dans le tube du centrifugeur taré 25 cc. d'alcool à 65° acidulé par 1/100e d'acide acétique.

On ajoute goutte à goutte 10 centimètres cubes de lait en évitant de remuer le mélange. La caséine en se coagulant entraîne toute la matière grasse. On centrifuge une minute, puis on rend homogène par agitation le liquide surnageant.

Afin que la caséine précipite complètement, on laisse au repos une demi-heure, on centrifuge 10 à 15 minutes et on décante de suite le lactosérum dans une fiole jaugée de 100 cc.

Le coagulum de caséine et de beurre est lavé deux fois au maximum, en le divisant dans 25 cc. d'alcool à 55°. On centrifuge chaque fois et on décante dans la fiole de 100 cc.

Le liquide sert au dosage du *lactose* par la liqueur de Fehling.

Le coagulum resté dans le tube du centrifugeur est épuisé une fois par 20 cc. d'éther mélangé de 10 cc. d'alcool à 96°, puis deux fois avec 20 cc. d'éther pur.

On centrifuge chaque fois pour séparer la caséine du liquide éthéré. L'éther décanté est évaporé dans une capsule tarée. On pèse le *beurre* après dessiccation.

Le tube du centrifugeur taré séché à 105°, donne le poids de *caséine*, on doit en retrancher le poids des cendres ou multiplier le poids de caséine brute par 0.925.

On complète ces dosages par les *cendres* sur 10 centimètres cubes de lait.

Cette méthode très ingénieuse permet d'effectuer en 2 heures l'analyse classique du lait, aucun élément n'est fait par différence, et les appareils sont réduits à leur plus simple expression. Une seule prise d'échantillon de 10 centimètres cubes suffit pour tous les dosages [Bordas et Touplain, *C. R.*, **140**, 1099, 1905].

DOSAGE SÉPARÉ DES ÉLÉMENTS DU LAIT.

DOSAGE RAPIDE DE LA MATIÈRE GRASSE

Dans un ballon de 500 cc. dont le col est gradué en 1/10e de centimètre cube, on introduit 20 cc. de lait, de crème ou de fromage, on ajoute 100 cc. d'*acide chlorhydrique pur*. Après avoir chauffé au bain-marie, en agitant, la matière grasse se décante ; on la fait monter dans le col gradué par addition d'eau chaude, et on lit le volume [Lezé, *C. R.*, **110**, 647, 1890 ; — Lezé et Allard, *C. R.*, **113**, 654, 1891 ; Lezé, *Industries du Lait*, 1904].

Butyromètres. — *Lactobutyromètre de Longi*. C'est un tube cylindrique de 25 mm. de diamètre, composé de deux parties réunies par un tube de 2 mm. de diamètre et divisé en 1/10e de centimètre cube.

On verse dans ce tube 10 cc. de lait, 20 cc. de mélange alcool-éther (alcool à 90°, 500 cc. ; éther, 500 cc., ammoniaque D = 0,92, 5 cc.) coloré à la coccinine 2 B. On agite pour mélanger et on place l'appareil au bain-marie à 39-40°.

Au bout de 20 minutes on lit le volume occupé par la solution éthérée (rouge) ; les divisions indiquent le nombre de grammes de matière grasse par litre de lait [A. Longi, *G.*, **25**, 441, 1895].

Lactobutyromètre de Lindet. — Cet appareil se compose d'un gros tube étiré à une extrémité ; la partie étroite du tube est divisée en dixièmes de centimètre cube.

Le tube effilé, plein de mercure au début de l'opération, est fermé par un tuyau de caoutchouc muni d'une pince. Il est, par conséquent, dirigé vers le bas et on évite ainsi le contact avec la caséine.

On y verse 5 cc. de lait, 5 cc. de solution de résorcine à 50 0/0, 2 cc. de soude à 36° Baumé et 1 goutte de solution alcoolique de matière colorante soluble dans le beurre et insoluble dans l'eau (violet d'aniline).

On bouche l'appareil avec un bouchon de caoutchouc traversé par un agitateur. On retourne l'appareil et on enlève la pince en caoutchouc ; le système est plongé dans l'eau bouillante jusqu'au tube gradué.

Quand la matière grasse est bien décantée on la pousse dans la partie graduée avec l'agitateur. Les résultats sont identiques à ceux du dosage pondéral, mais l'addition de mercure rend la manipulation un peu délicate.

Pour doser la matière grasse dans le fromage, on prend 1 gramme de fromage et 15 centimètres cubes de solution de résorcine à 50 0/0. On continue comme précédemment [Lindet, *Bull. Soc. Chim.*, (3), **22**, 409, 1900].

Centrifugation du lait. — *Acidobutyromètre Gerber*. — Il se compose d'un flacon spécial avec un col très long gradué, portant 90 divisions, et de gros traits tous les 10. Chaque division indique 1 gr. de matière grasse au litre. Dans le flacon on introduit 11 cc. de lait et 1 cc. d'alcool amylique, on agite, puis on ajoute 10 cc. d'acide sulfurique à 90 0/0 d'SO^4H^2, D = 1,83 (on peut prendre un mélange sulfurique azotique). Le flacon est bouché avec des bouchons de caoutchouc, chauffé et agité fortement ; on le laisse ensuite 5 minutes dans la centrifugeuse Gerber (centrifugeuse toupie qui tourne à 3000 tours à la minute).

La matière grasse se sépare. Pour lire on appuie le bouchon sur le pouce et on l'enfonce plus ou moins afin que le niveau supérieur de la matière grasse soit à la hauteur d'une dizaine : on lit la colonne entre les divisions dans la partie mince du tube.

Exemple : la colonne de beurre se trouve entre 74 et 30 (74 — 30 = 44), donc 44 grammes de beurre au litre. Un lait complet donne de 35 à 70 divisions [Frésénius, *Zeit. Chem.*, **36**, 31, 1897].

Ce procédé est employé dans presque toutes les laiteries suisses et françaises ; il est très rapide et les résultats sont très comparables.

Procédé Babcok. — Dans des flacons spéciaux analogues au butyromètre de Gerber, on verse 17cc,6 de lait et 17 cc. d'acide sulfurique de densité 1.83. On chauffe 15 minutes à 60-70° en agitant, puis on centrifuge 10 minutes. On ajoute alors de l'eau bouillante pour faire monter le beurre dans le col gradué jusqu'au trait 0. Enfin on centrifuge 1 minute et on lit la hauteur occupée par le beurre. Employé dans toute l'Amérique du Nord, cet appareil donne des nombres très concordants [Andrewscott, *J. Soc. Chim.*, 710, 1891].

Modification pour les laits condensés. — On dilue 1 vol. de lait avec 3 vol. d'eau, on coagule avec l'acide sulfurique dilué et on centrifuge ; le coagulum va au fond, on décante la solution sucrée et on ajoute de l'eau ; on recommence trois fois pour enlever tout le sucre. On continue ensuite le traitement ordinaire [Parrington, *Am. Journ.*, **24**, 267, 1900].

Modification pour les laits acides. — Pour rendre au lait sa fluidité détruite par la coagulation, on ajoute 5 0/0 d'ammoniaque ordinaire et on continue le dosage des matières grasses comme d'habitude [*Chem. Zeit.*, n° 70].

Les appareils appelés *Contrôleur Fjord* et *Lactocrite de Laval*, sont des centrifugeurs à tubes fins ; on lit la hauteur de la crème comme dans les précédents.

Les méthodes par centrifugation donnent des résultats à 1 ou 2 pour 100 près.

Analyse de la Matière grasse (recherche de la margarine et du beurre de coco). — On prépare une liqueur ammoniacosodée avec 32 cc. de lessive de soude $d = 1.34$ à 15° ; 228 cc. d'ammoniaque $d = 0,93$ à 15°. Cette solution a une densité de 1000 à 15°.

Pour l'analyse on prend 500 cc. de lait à 15° et 8 cc. de liqueur alcaline, on chauffe à 40° au bain-marie et on verse dans une ampoule de 600 cc.

Le lendemain on soutire le lactosérum en le laissant couler goutte à goutte, il reste la matière grasse ; elle est reprise par 250 cc. d'acide chlorhydrique concentré, on décante au bout de 3 heures. On lave à l'eau chaude en agitant, puis on fait écouler les acides gras du beurre dans une capsule tarée tapissée d'une feuille de papier à filtre, on sèche à 95° à poids constant et on pèse.

La matière grasse anhydre ainsi séparée est traitée par 100 cc. de benzine qui dissout toutes les substances étrangères, le beurre n'étant soluble qu'à 2 0/0. La nature de la graisse sera recherchée par la détermination des indices : de réfraction, de Reichert-Meisel, de Koerstorfer, de Hehner. On prendra aussi les points de fusion et de solidification [voyez HUILES ET GRAISSES (ANALYSE), 2e Suppl., 5, 177].

Dans l'analyse d'un beurre ou d'une crème, on cherche la matière grasse anhydre par évaporation et pesée en capsule tarée. la capsule est tapissée de papier à filtre, le beurre est étalé sur le papier, dès qu'il fond l'eau est absorbée par toute la masse du papier, qui offre une grande surface d'évaporation. On déterminera le chlorure de sodium après calcination sur 10 grammes [Quesneville, *Mon. scient.*, 717, 1904; voy. aussi 1902 et 1884].

Le beurre ne doit pas contenir plus de 15 0/0 de matières étrangères (sel, petit lait, caséine).

Indice de réfraction. — Le beurre fondu à 40° est observé au réfractomètre Zeiss Abbe, on fait passer un courant d'eau à 40°, la correction de température est fixée à 0,55 par degré au-dessus de 25°.

Le résultat ramené à 40° donne : beurre — 35 à — 44 div.; margarine — 15; beurre de coco dévie à droite.

Dosage des acides volatils du beurre. — Indice Reichert-Meisel, mod. Leffmann et Beau. On pèse 5 grammes de beurre anhydre dans un ballon de 300 centimètres cubes, on ajoute des morceaux de pierre ponce, 20 cc. de glycérine et 2 cc d'une solution de soude exempte de carbonate.

On chauffe sur un bunsen jusqu'à saponification complète; le savon est dissous dans 90 cc. d'eau bouillante, on ajoute 50 cc. d'acide sulfurique au 1/40e; les acides gras sont mis en liberté; le ballon est relié au réfrigérant et on distille 110 cc. en 30 minutes (entre la première et la dernière goutte). On filtre sur un filtre sec, 100 cc. sont titrés à la soude $n/10$ en présence de phtaléine, le résultat est augmenté de 1/10e. On trouve : beurre 26, margarine 2, beurre de coco 7,4.

Recherche directe de la margarine. — On agite le beurre suspect avec du lait écrémé à 37°,5 : le beurre pur donne facilement une émulsion stable; en présence de margarine, l'émulsion se produit difficilement et ne dure pas, on sépare ainsi des substances grasses étrangères qu'on examine ensuite à l'oléoréfractomètre [C. Beguide, J. Grafbiau, P. Hardy, *Bull. Assoc. Chim. Belge*, **16**, 336, 1902].

En Allemagne, afin de caractériser facilement l'introduction de margarine, le gouvernement oblige les fabricants à la dénaturer à l'huile de sésame, cette dernière est facile à retrouver par sa coloration rouge en présence d'acide chlorhydrique et de furfurol.

DOSAGE DES MATIÈRES ALBUMINOÏDES DU LAIT (caséine et albumines). — On coagule les albumines du lait à froid avec l'acide métaphosphorique.

Dans un matras de 100 cc. on verse successivement 10 cc. de lait, 2cc,5 de solution fraîche de métaphosphate de soude à 5 0/0, 60 cc. d'eau, on agite puis on ajoute 1/2 cc. d'acide chlorhydrique pour le lait de femme ou d'ânesse, et 1/3 cc. d'acide acétique pour le lait de vache, on complète à 100 cc. avec de l'eau, on agite et on filtre le résidu, on sèche et on pèse [Denigès, *Bull. Soc. Chim.*, (3), **7**, 496, 1892].

Dans un entonnoir à décantation on épuise 10 cc. de lait par 25 cc. du mélange éther-alcool ammoniacal préparé selon Adam (p. 199). La matière grasse reste dans la solution éthérée, et la liqueur décantée contient une solution de lactose, de caséine et des sels, en tout 40 à 50 cc.; on y ajoute 2 cc. d'acide trichloracétique à 50 0/0, on agite modérément pour mélanger le liquide et on jette sur un double filtre sec et taré; à l'aide d'un agitateur muni d'un bout de tube de caoutchouc, on détache complètement la caséine adhérente au bécher. Quand les eaux mères sont écoulées on lave la caséine avec 50 cc. d'eau et 1 cc. d'acide trichloracétique à 50 0/0. Le lavage terminé on sépare les deux filtres, on essore entre deux feuilles de papier, on sèche à l'étuve à 110° jusqu'à poids constant, l'opération totale demande 2 ou 3 heures [Roux, *Mon. scient.*, p. 478, 1891].

Le formol précipite complètement les albumines en présence d'acide acétique [Trillat et Sauton, *Bull. Soc. Chim.*, (3), **18**, 907, 1906].

Dosage volumétrique. — On précipite la caséine par une liqueur titrée d'iodure double de mercure et de potassium en présence d'acide acétique. On titre l'excès de sel de mercure avec des liqueurs décinormales de cyanure de potassium et de nitrate d'argent [Denigès, *Bull. Soc. Chim.*, (3), **15**, 1116, 1896].

Au lieu de doser directement la caséine, on préfère quelquefois déterminer l'azote total par la méthode Kjeldahl, le chiffre est de même nature que celui des albuminoïdes (voir Méth. allemande).

Séparation des albumines du lait. — Le lait frais ne contient pas de peptone; traité par l'alun de potassium il précipite de la caséine pure, l'albumine et la globuline passent dans la filtration, on les précipite par le tanin.

Si on emploie le sulfate de magnésium au lieu d'alun, on précipite à la fois la caséine et la globuline, tandis que l'albumine passe dans le filtrat.

Le tanin et l'acide phosphotungstique précipitent toutes les matières albuminoïdes du lait.

Pour le dosage, il suffit de filtrer sur filtre taré, laver et peser [Hoppe Seyler, *Hand. d. phys. Chem. Anal.*, p. 462, 1893. — G. Simon, *Zeit. phys. Chem.*, **33**, 466, 1901. — Sebelien, *Bull. Soc. Chim.*, (3), **3**, 228 et 238, 1890. — Lindet et Amman, *ibid.*, (3), **18**, 688, 1906].

Dosage de l'albumine. — On précipite la caséine seule avec l'acide acétique dilué en chauffant à 40-42°, puis on filtre, la liqueur est portée à l'ébullition pendant 10 minutes, l'albumine précipite, on la filtre, sèche et pèse.

L'azote est dosé par la méthode Kjeldahl, (voyez AZOTE, 2e Suppl., 402), le poids d'azote multiplié par 6,25 donne le poids d'albumine contenu dans l'essai [Van Slyke, *Am. Journ.*, **16**, 712, 1894].

DOSAGE DU SUCRE DE LAIT AU POLARIMÈTRE. — Pour cet examen, on prend de préférence un tube de 50 centimètres de long. (Voir LUMIÈRE, Dict., p. 265.)

Le petit lait observé est préparé de la façon suivante : Dans un matras de 50 cc. on verse successivement 10 cc. de lait, 1cc,5 de solution fraîche de métaphosphate de soude à 5 0/0 et 1/2cc d'acide chlorhydrique pur, on complète les 50 cc. avec de l'eau pure, on agite et on filtre [Denigès, *Bull. Soc. Chim.*, (3), **7**, 496, 1892].

Une simple précipitation de la caséine par l'acide acétique ne suffit pas pour le dosage du lactose, car les matières extractives du lait de vache dévient à droite au polarimètre et réduisent la liqueur de Fehling [Béchamp, *Bull. Soc. Chim.*, (3), **6**, 82, 1891].

Calcul du lactose. — d_1 densité du petit lait; p, poids de lactose pour 100 grammes de lait : $p = 2{,}01\,d_1 - 4{,}02$ [Quesneville, *Monit. scient.*, 1884].

Dosage du saccharose et du lactose dans les laits concentrés. — On titre le mélange avec la liqueur de Fehling avant et après inversion.

Autre méthode. — Dissoudre 30 gr. de lait condensé dans l'eau distillée chaude, laisser refroidir, étendre à 97 cc., ajouter 3 cc. d'une solution de nitrate mercurique au 1/5, la caséine se sépare, filtrer, prendre 10 cc. du filtrat qu'on étend à 100 cc. avec de l'eau distillée.

Ce liquide sert au dosage du sucre de lait à l'aide de la liqueur de Fehling : une partie de la même liqueur diluée est passée au polarimètre, la déviation observée est la somme des déviations du sucre de canne et du sucre de lait, comme on connaît la quantité de sucre de lait il est facile de trouver le second [F. Runland, *J. Chem. Shenstone, Pharm. Zeitsch.*, 1891]. On peut aussi effectuer les analyses sans recourir au polarimètre. On pèse 10 grammes de lait condensé qu'on mélange avec 4 gr. de sulfate de chaux hydraté dans une capsule. On évapore à sec en agitant constamment afin d'obtenir une masse très divisée. On pulvérise la masse desséchée et on la transporte dans l'appareil de Soxhlet où on l'épuise à l'éther. On obtient ainsi une solution des matières grasses, on évapore l'éther et on pèse le résidu.

Le produit épuisé transporté dans un bécher est additionné de 20 cc. d'eau chaude (70°) et de 30 cc. d'alcool à 60°.

On laisse refroidir en agitant, puis on filtre et on lave à l'alcool à 90° jusqu'à ce que le filtratum occupe 120 centimètres cubes.

On partage le liquide en deux parties, l'une est desséchée à 100° dans une capsule de platine tarée. On obtient le poids des matières minérales et le sucre total ; on incinère, on repèse, le poids de cendre obtenu retranché du poids total précédent donne le poids du *sucre total*.

La 2e partie du liquide sert au dosage du *sucre de lait* avec la liqueur de Fehling. La différence entre le sucre total et le sucre de lait donne le *sucre de canne* (John Muter).

Extrait a 105°. — Il est bon d'évaporer dans une capsule contenant de l'amiante pour accélérer l'évaporation et éviter toute décomposition : on emploie aussi dans ce but le sable lavé ou le sulfate de soude. L'extrait total avec beurre est généralement 12 à 13 0/0, l'extrait sans beurre varie de 8,4 à 9,2 0/0.

Pour préparer l'extrait sans beurre on épuise au Soxhlet l'extrait complet. On emploie pour cela l'éther, le chloroforme, la ligroïne ou le sulfure de carbone.

Calcul de l'extrait. — On peut calculer approximativement l'extrait e à 100° par les formules suivantes : ou d = densité du lait, g = poids de la matière grasse pour 100 grammes de lait : e = poids d'extrait pour 100 grammes de lait

1° $$e = \frac{d - 1 + 0.005\,g}{0.004}$$

[R. Boucart, *Bull. Soc. Chim.*, (3), **1**, 24, 1889].

2° $$e = 1^{gr},2 + 2.665 \times \frac{100\,d - 100}{d}$$

ou $$e = \frac{(d + 0.00448\,g) - 1}{0.00378}.$$

(Fleichmann).

3° $$e = 2.75\,d + 1^{gr},06$$

[Quesneville *Moniteur scientifique*, 1884, 1902, 1904].

Dosage des cendres. — Il faut calciner lentement et au rouge sombre seulement afin de ne pas volatiliser les chlorures et de ne pas transformer les carbonates en oxyde. On obtient de 6.50 à 7,20 de cendres par litre.

Dosage des matières minérales dans les cendres. — On évapore 10 centimètres cubes de lait dans une capsule de platine et on incinère le résidu sur le bec Bunsen.

Pour ne pas volatiliser les chlorures, il faut régler la flamme afin qu'elle ne touche pas la capsule, on la déplace de temps en temps quand le charbon a disparu dans les parties les plus chauffées. Les cendres sont blanches, légères, et n'adhèrent pas à la capsule, on les pèse. On les dissout ensuite dans l'acide chlorhydrique très dilué, on verse dans un verre conique et on précipite par l'ammoniaque ; au bout de 24 heures les phosphates sont rassemblés, on les lave à l'eau ammoniacale par décantation, puis on filtre. On relave, on sèche et on pèse.

Dans ces conditions, on trouve que quelle que soit son origine, le lait de vache normal contient de 7 à 8 grammes de cendres par litre, dont 3gr,3 à 4 gr. de phosphates terreux, précipitables à l'ammoniaque, et des phosphates de chaux, de magnésie, de fer.

Les causes des faibles variations observées sont la race et l'alimentation [M. L. Vaudin, *Ann. Inst. Pasteur*, 1897].

Dosage de l'acidité. — On dose l'acidité du lait à la soude titrée $n/4$, la liqueur est préparée pour que chaque division de la burette corresponde à 1 milligramme d'acide lactique. On opère sur 10 cc. de lait avec 5 gouttes de phtaléine.

Le degré d'acidité correspond à 1 milligramme d'acide lactique pour 10 cc. de lait.

Le lait est frais au-dessous de 4° ; il se coagule à l'ébullition de 5° à 7° ; il se coagule spontanément à 30°. Pour la fabrication du beurre, la crème doit indiquer 58° à 65° avant d'être barattée.

L'acidité a une très grande importance dans la fabrication du lait concentré, il faut refuser le lait quand il indique plus de 2°.

Dans les laiteries on emploie des burettes automatiques, une des plus exactes est la burette de Louise (constructeur Berlemont).

Essai de l'acidité à la présure. — On chauffe 100 cc. de lait à 35°, puis on ajoute 1 cc. de présure étendue au 1/10, on note le moment de l'addition de présure, et le moment de la coagulation. Pour un lait normal, le caillé se forme au bout de 3 ou 4 minutes. S'il se produit plus lentement ou plus vite le lait est suspect [Lezé, *Industrie du lait*, 1904].

Dosage de la nucléone dans le lait. — On prend 500 ou 1000 cc. de lait qu'on étend de 5 fois leur volume d'eau, on acidifie à l'acide acétique et on y fait passer un courant d'anhydride carbonique.

La caséine est séparée par filtration, on précipite à l'ébullition les albumines contenues dans le liquide filtré.

Les phosphates sont séparés par précipitation au chlorure de calcium en présence d'ammoniaque. Le filtrat ammoniacal est précipité par le chlorure ferrique.

L'oxyde ferrique contient toute la nucléone, il est lavé à l'eau, à l'alcool, à l'éther, séché et pesé. On y dose l'azote par la méthode Kjeldahl. Le poids de l'azote multiplié par 6,1237, donne celui de la nucléone.

On obtient ainsi : 0,0566 0/0 de nucléone pour le lait de vache ; 0,124 0/0 pour le lait de femme ; 0,110 0/0 pour le lait de chèvre [K. Wittmaack, *Zeit. physiol. Chem.*, **22**, 567, 1897 ; — Slyker et Hart, *Am. Chem. Journ.*, **29**, 150, 1903].

Dosage de la lécithine. — Ce dosage consiste à séparer l'acide glycérophosphorique de la matière grasse du lait et à y doser le phosphore par la méthode de Charles Marie [*C. R.*, **129**, 466, 1899].

On opère de la façon suivante :

Dans un bécher de 500 centimètres cubes on verse 100 cc. d'alcool à 95°, 100 cc. d'eau, 10 gouttes d'acide acétique cristallisable et en agitant constamment 100 cc. du lait à essayer.

Le coagulum formé se sépare par filtration, on lave trois fois avec 50 cc. d'alcool chaud.

L'extrait alcoolique est distillé à sec et repris par un mélange d'alcool et d'éther à parties égales, on filtre et la liqueur filtrée est évaporée à sec : le résidu est saponifié par la potasse, on décompose le savon de potasse obtenu par une solution d'acide azotique au dixième, la liqueur est évaporée à sec au bain-marie.

Le résidu contient le phosphoglycérate de potasse. On ajoute alors 10 cc. d'acide azotique concentré, et on fait tomber dans la liqueur, du permanganate de potassium finement pulvérisé jusqu'à coloration rouge persistante. On dissout ensuite le bioxyde de manganèse formé par une solution concentrée de nitrite de sodium, les vapeurs nitreuses sont chassées à l'ébullition et le phosphore précipite vers 60° par la liqueur molybdique ; le précipité molybdique est dissous dans l'ammoniaque : on reprécipite par la liqueur magnésienne ($MgCl^2$, AmCl, AzH^3). Le produit calciné donne du pyrophosphate de magnésium ; son poids multiplié par 1,5495 donne le chiffre d'acide glycérophosphorique contenu dans 100 cc. de lait [Bordas et Sig. de Raczkowski, *C. R.*, **134**, 1592, 1902.]

Le lait de femme contient 1gr,70 à 1gr,86 de lécithine par litre, le lait de vache en contient 0gr,90 à 1gr,13 [Stoklasa, *Zeit. physiol. Chem.*, **23**, 343, 1897].

Burow a trouvé 5gr,40 de lécithine par litre de lait de femme et 0gr,58 pour le lait de chienne [*Zeit. physiol. Chem.*, **30**, 495, 1900].

Dosage de l'acide citrique dans le lait. — Cet acide se rencontre normalement dans le lait ; pour le mettre en évidence on opère de la façon suivante :

Dans un tube à essai on verse 10 cc. de lait, 2 cc. d'une solution récente de métaphosphate de soude à 5 0/0 et 3 cc. d'une solution saturée de sulfate mercurique. On agite et on filtre. A la moitié du filtrat limpide, on ajoute 1/2 cc. de sul) fate de manganèse à 10 0/0, puis on fait bouillir : pendant l'ébullition on ajoute 4 gouttes d'une solution de permanganate à 2 0/0, après quelques minutes on fait une deuxième addition de permanganate : on arrête l'ébullition et enlever le permanganate en excès avec de l'eau oxygénée.

Suivant la dose d'acide citrique on obtient une opalescence ou un précipité.

Pour le doser on prépare une solution type d'acide citrique contenant 40 grammes de lactose au litre et 1 gr. d'acide citrique. On dispose des tubes à essais contenant 1, 2, 4, 6, 8 dixièmes de centimètre cube de la solution type. On leur fait subir le même traitement que précédemment et on compare les résultats obtenus [Denigès, *Bull. Soc. Chim.*, (3), **27**, 15, 1902].

Pour le dosage en poids, consulter Wohlk [*Zeit. An. Ch.*, **41**, 77, 1902].

Destruction du lait pour les recherches toxicologiques minérales. — A 400 cc. de lait, placés dans une capsule de porcelaine d'un litre, on ajoute 200 cc. d'acide azotique à 40° Baumé et 5 cc. d'une solution de permanganate à 2 0/0. On fait bouillir lentement et on évapore vers 80° après avoir couvert la capsule d'un entonnoir à courte douille. On ajoute à chaud 100 cc. d'acide sulfurique pur (introduits par la douille avec un petit entonnoir).

On évapore l'acide sulfurique pour arriver à un volume de 15 cc., cette liqueur concentrée est étendue d'eau après refroidissement.

Un fil de cuivre immergé pendant 20 heures dans ce liquide met en évidence 1 demi milligramme de mercure ; pour le déceler il suffit de le porter pendant une heure en contact avec du papier au nitrate d'argent ammoniacal [Denigès, *Bl. Soc. chim.* (3), **25**, 949, 1901].

Mouillage. *Formule de Herz.* — M = quantité d'eau ajoutée à 100 parties de lait pur ; n_1 = extrait sec sans graisse, lait normal (de contrôle) ; n_2 = extrait sec sans graisse, lait suspect.

$$M = \frac{100(n_1 - n_2)}{n_1}.$$

Écrémage. *Rapport albuminoïde — graisses* $\frac{alb.}{gr.} = 85$. — Quand il descend au-dessous de 80° il y a écrémage.

La présence de nitrates dans le lait indique aussi le mouillage, on les recherche avec la diphénylamine et l'acide sulfurique [Genin, *C. R.*, **133**, 743].

CONSERVATION DU LAIT. — RECHERCHE DES ANTISEPTIQUES.

Pour retarder l'altération du lait il ne faut employer que la filtration, la réfrigération et la chaleur (pasteurisation ou stérilisation).

Comme ces manipulations sont assez coûteuses, on a cherché à introduire dans le lait des substances chimiques capables d'arrêter les fermentations.

Toutes les méthodes employées sont interdites. On rencontre l'eau oxygénée, l'aldéhyde formique, le bicarbonate de soude, le borax, l'acide salicylique, les fluorures, les benzoates et les chromates alcalins.

Réfrigération. — On conserve le lait par le froid dans des réservoirs à double enveloppe : l'espace entre les deux enveloppes est rempli de glace concassée. On fait aussi des blocs de lait gelé.

Cette précaution permet le voyage du lait pendant plusieurs heures sans altération. Les wagons réservoirs avec enveloppe réfrigérante sont couramment employés [Lezé, *Laiterie*, 6, 26, 1893. — Duclaux, *Ann. de l'Inst. Past.*, 393-402, 1896. — Girard, *Journ. des Agriculteurs*, 1898. — Grandeau, *Laiterie*, **8**, 3, 1898].

Pour la filtration, consultez Lezé [*Laiterie*, **8**, 18, 1898].

Pasteurisation. — Le lait est chauffé à 75° pendant 30 ou 45 minutes dans des marmites spéciales ou dans des flacons.

L'industrie fournit des appareils pour la pasteurisation domestique (appareil Soxhlet) ou la pasteurisation industrielle (appareil Fjord). On construit des appareils continus comme pour la pasteurisation du vin.

Les microbes pathogènes sont détruits (bacille tuberculeux et butyriques), mais les ferments lactiques sont respectés.

Ce lait sera consommé dans les 48 heures, car il ne se conserve pas [Lezé, *Laiterie*, **6**, 26, 1896].

Lait de Dahl. — Le lait frais est réchauffé lentement à l'étuve à fermentation, là les spores deviennent adultes et sensibles à la chaleur, puis on chauffe à 75°, ce qui les tue. On recommence 5 fois de suite cette opération ; le lait ainsi obtenu se conserve plusieurs années sans altération, ce procédé est très coûteux.

Stérilisation. — On conserve le lait avec la plus grande sécurité en le faisant bouillir pendant 15 minutes, le goût est un peu moins agréable que le lait cru, et ses propriétés physiologiques sont modifiées, mais il peut être absorbé sans danger, il ne contient plus de microbe pathogène.

Une chauffe de 98-100° pendant 1 heure suffit à stériliser le lait, ce lait n'a pas jauni et ne prend pas le goût de brûlé ni de peptone [Cazeneuve, *Bl. Soc. chim* (3), **13**, 502. 1895].

Le lait doit se refroidir dans le récipient qui a servi au chauffage [Seemana. *Stérilisation du lait. Thèse de médecine*. Montpellier, 1904].

Le procédé de stérilisation le plus rapide consiste à soumettre le lait à l'autoclave 10 minutes à 110°. il existe des appareils industriels (Vaillard, Hegnette et Timpe, Kuhn, etc.).

Afin que la crème ne se sépare pas du lait par le repos, on rend l'émulsion stable en divisant les globules gras. Les machines à *homogénéisation ou fixation* font passer le lait entier sous une pression de 200 atm., au moins, à travers des fentes aussi fines que possible [*Cosmos*, (2), 540, 1905].

En général, le lait stérilisé est légèrement coloré en jaune, et son goût est un peu différent du lait cru [Cathelineau. *Laits stérilisés*, *Zeit. phys. Chem.*, **28**, 281, 1893]. [G. Duclaux. *Ann. de l'Inst. Past.*, **9**, 281, 1895].

Recherche de l'aldéhyde formique (formol, formaline). — Des expériences très concluantes ont été faites sur des petits chats, pour montrer l'influence toxique du lait formolé [Annett. *Lancet*, **2**, 1282. 1899].

Pour rechercher le formol on saupoudre le lait d'amidophénol. Le lait normal prend une coloration saumon. en présence d'aldéhyde formique il devient jaune serin (sensible au 1/500 000) [Manget et Marion. *C. R.*, **135**, 584, 1902].

L'acide sulfurique concentré et une trace de perchlorure de fer permettent de déceler 1/100 000 de formaldéhyde [Nicolas. *C. R.* **140**, 1123].

L'essai direct doit être confirmé par la méthode suivante : on prend 100 cc. de lait, on en distille 20 cc. Ce distillatum est laissé pendant 12 heures en présence d'une solution de nitrate d'argent ammoniacale et dans l'obscurité. Il se forme un fort dépôt noir [R.-T. Thompson. *Chem. News*., **85**, 247, 1902].

Il suffit de 0gr,130 de la solution ordinaire de formol à 40 0/0 pour conserver 4 litres et demi de lait. A rechercher particulièrement dans les farines lactées.

Recherche du bicarbonate de soude. — L'alcalinité des cendres du lait normal est nulle, et les cendres solubles ne contiennent que des traces d'acide phosphorique.

Si on introduit du bicarbonate de soude, il y a double décomposition avec le phosphate de chaux du lait au moment de l'incinération, et il se produit du carbonate de calcium insoluble et du phosphate neutre de sodium soluble.

Le dosage de l'alcalinité des cendres est donc suffisant pour déceler l'introduction d'alcali dans le lait.

Padé dose le phosphore dans les cendres solubles, et en déduit la quantité de bicarbonate introduite. Le titrage de la liqueur de phosphate provenant du lavage des cendres se fait à l'aide d'une solution acétique d'acétate d'urane à 10 0/0, on prend comme indicateur la touche au ferrocyanure ou la coloration verte de la teinture de cochenille : la liqueur d'urane est titrée au phosphate de soude et d'ammoniaque. 1 centimètre cube est capable de précipiter 0gr,845 de $PO^4.HNa^2$ équivalent à 1 milligramme de CO^3HNa [Padé, *Bull. Soc. Chim.*, (3), **2**. 307-643. 1889].

Recherche de l'acide salicylique. — A 20 cc. de lait on ajoute 2 ou 3 gouttes d'acide sulfurique, on agite énergiquement, et on y verse 2 cc. d'éther. On agite à nouveau. On évapore 10 cc. de l'éther et on reprend le résidu de l'évaporation par 10 cc. d'alcool à 40° bouillant. Après refroidissement on ajoute une solution de perchlorure de fer au 1/100°.

On compare la coloration violette obtenue avec celle qu'on obtient en partant d'un lait salicylé contenant 0gr,100 de salicylate de soude au litre [Remont. *Bull. Soc. Chim.*, (2), **38**, 547. 1882].

Acide borique. Borax. — On fait les cendres, et on essaie par l'acide sulfurique et l'alcool méthylique. on obtient un éther borique qui brûle avec une flamme verte caractéristique.

Recherche de l'eau oxygénée. — Depuis quelque temps on emploie l'eau oxygénée pour la conservation du lait ; appliquée immédiatement après la traite, elle retarde simplement l'altération du lait comme le ferait le froid, mais ne détruit pas les microbes.

On emploie généralement 20 centimètres cubes d'eau oxygénée (à 12 vol.) par litre de lait.

La décomposition est complète au bout de 2 à 3 heures ; à basse température on en trouve encore après 7 ou 8 heures [Nicolle et Duclaux, *Rev. d'hyg. et de police sanitaire*, 101, 1904. — Brevet Renard, *Conservation du lait par l'ozone ou l'eau oxygénée*, juin 1898, n° 278937].

Comme l'eau oxygénée se décompose en oxygène et en eau, il devient impossible de la déceler au bout d'un temps très court.

Si on opère à temps, ou s'il y a un excès, on la mettra en évidence de la manière suivante :

40 ou 50 cc. de lait sont coagulés à l'acide sulfurique dilué, on filtre, le filtrat est agité avec 20 cc. d'éther et quelques gouttes d'acide chromique, l'eau oxygénée provoque une coloration bleue due à l'acide perchromique [D. Renard, *Rev. d'hyg. et de police sanitaire*, 97, 1904. — P. Adam. *J. prakt. Chem.*, **23**, 273, 1906].

Recherche des chromates alcalins. — Le lait est évaporé à sec et calciné, on recherche le chrome sur les cendres.

Une méthode très sensible consiste à faire passer le chrome à l'état de chromate, puis on ajoute à la solution aqueuse quelques gouttes d'acide chlorhydrique et de la diphénylcarbazide en poudre, on agite ; une couleur violette intense se développe, laquelle ne passe pas par agitation dans le benzène. Dans les conditions indiquées aucun métal ne donne cette réaction. L'essai classique de l'acide perchromique est beaucoup moins sensible. On peut déceler un millionième d'acide chromique [Cazeneuve, *Congrès de chimie appliquée* de 1900 (26 juillet)].

LAITS MATERNISÉS.

Un problème d'une importance énorme dans l'alimentation des enfants consiste à remplacer le lait de la mère par l'allaitement artificiel ; or il est impossible de nourrir les enfants au lait stérilisé avant 2 mois.

Après avoir employé le lait d'ânesse et le lait de chèvre, on est arrivé aux laits de vaches maternisés ; trois chimistes ont obtenu de bons résultats par des méthodes différentes.

Laits digérés de Budin et Michel (de Paris). — Le lait de vache est peptonisé de la manière suivante :

1° On stérilise le lait à l'autoclave dans des matras de 2000 cc. Après refroidissement on ajoute 30 cc. d'une solution de pepsine composée de : pepsine extractive, 2 grammes; acide chlorhydrique réel, 6 grammes; eau distillée, 110 grammes;

2° On laisse digérer pendant 8 heures à l'étuve de Roux à 40°, puis on chauffe à 100°, pour arrêter l'action du ferment digestif et coaguler les albuminoïdes non digérées. On neutralise exactement la liqueur au bicarbonate de soude et on filtre sur papier.

Le lait ainsi obtenu est transvasé dans des flacons de 100 ou 200 centimètres cubes et stérilisé au bain-marie. Il est employé dans les 24 heures.

On peut aussi faire digérer le lait avec un extrait de pancréas de veau. La digestion terminée on ajoutera le lactose, le saccharose et les sels minéraux manquant, afin que sa composition se rapproche le plus possible de celle du lait de femme.

L'analyse du lait digéré donne les résultats suivants :

		Lait de femme.
Lactose	46gr,6	60gr
Saccharose	20gr,8	0gr
Beurre	26gr,0	40gr
Matières albuminoïdes	23gr,6	19gr
Sels minéraux	4gr,5	3gr
Eau	880gr,0	881gr

On constate qu'il manque de beurre.

Cette préparation reste un travail de laboratoire, son application industrielle est difficile [*Alim. des enf.*, Obstétriq. II. 1897, p. 97].

Lait humanisé de Vigier (de Paris) (lait décaséiné). — Le lait de vache est décaséiné par le procédé suivant :

1° On dose sommairement la caséine, soit par exemple 40 grammes au litre de lait; il s'agit de la ramener à 20 grammes au litre sans faire perdre au lait ses autres principes;

2° On divise le lait en deux parties égales : une moitié qu'on ne touche pas, A; l'autre moitié B est abandonnée au repos pendant quelques heures; la crème monte, on la décante et on l'ajoute à la première partie. Le lait écrémé est coagulé à la présure et filtré; on enlève ainsi toute sa caséine. Le sérum séparé par filtration est ajouté à la première partie A;

3° Le mélange bien agité est versé dans des flacons de contenances diverses et stérilisé à l'autoclave; on y ajoute quelquefois 20 grammes de lactose par litre.

Par ce procédé on n'a pas élevé le taux du beurre, mais il serait facile d'en ajouter en prenant la crème d'un autre lait [*J. de pharm. et de chim.*, (5). **27**, 243, 1893; — *Répert. de pharm.*, (3). **53**, 1893; — *J. ch. ph.*, (5), **28**. 221. 1893].

Lait gras de Gaertner (de Vienne). — Ce lait est obtenu par de simples manipulations physiques; il a la même composition que le lait de femme.

Pour le préparer on commence par analyser soigneusement le lait de vache (beurre, caséine, lactose), puis on le dilue avec à peu près moitié d'eau bouillie pour ramener la caséine à la teneur de 18 à 22 0/0 au maximum.

On amène ensuite le mélange dans la centrifugeuse qui le sépare en 2 parties, d'un côté le petit-lait et la caséine, d'un autre côté un lait gras concentré. Dans ce dernier le beurre est dosé rapidement à l'aide du butyromètre de Gerber.

Connaissant la richesse de la crème en beurre, on règle les robinets pour obtenir le mélange des deux laits dans des proportions convenables. Dans tous les cas on aura toujours un lait voisin de 20 0/0 de caséine. On augmente la richesse en beurre à volonté, pour obtenir un lait aussi gras que le lait de femme. La quantité de lactose étant de moitié de celle de lait de vache, on ajoute de ce produit 20 à 25 grammes par litre.

Ce lait gras est décanté dans des flacons de 150 à 500 grammes qui sont stérilisés à 105° pendant 25 minutes.

Il sera bon de l'utiliser très rapidement, car le beurre se porte à la surface et on a quelque peine à l'émulsionner à nouveau; on emploiera pour cela le chauffage à 40° et l'agitation; consommé à cette température il est à peu près dans les mêmes conditions que le lait de femme. Ce lait maternisé a une couleur blanc jaunâtre. Sa densité est 1.016 à 1.018. Après introduction du lactose complémentaire on obtient :

	Lait gras de Gaertner (Marfan).		Lait de femme (Koënig).	
Caséine	22gr,0	par litre	22gr,9	par litre
Lactose	60gr,9	—	62gr,1	—
Beurre	35gr,0	—	37gr,8	—
Sels	3gr,0	—	3gr,1	—

L'influence de la présure sur ce lait est la même que pour le lait naturel de femme : il se coagule en petits grumeaux très facilement attaqués par le suc gastrique.

La centrifugeuse débarrasse le lait des particules étrangères telles que poils, débris de fumier, même des microbes pathogènes; ces substances plus denses que le lait sont projetées à la périphérie d'où on les sépare facilement; le lait gras est beaucoup plus pur que le petit-lait.

Ce procédé très simple demande toutefois une installation électrique ou à vapeur pour mettre la turbine centrifugeuse en mouvement. Toutes les laiteries modernes (fabriques de beurre) ont une installation suffisante.

[*Ueber die Erfolge der Fettmilch Nahrund bei gesunder Sauglingen*, Vienne 1896; — *Ueber die Herstellung der Fettmilch*, Vienne 1894]. — [Lait maternisé. Paris, Thèse de médecine de Laurent Six, 1902].

Lait maternisé de Backaus (de Kœnisberg). Le lait est digéré par les ferments de l'estomac, puis enrichi en lactose et en beurre.

Le traitement est appliqué sur le lait stérilisé. Aussitôt refroidi, on l'écrème à la centrifugeuse et le petit-lait sans crème est traité par la présure et la trypsine à 40°.

Au bout de 25 minutes, il y a 50 0/0 de caséine de précipitée en petits grumeaux, le reste se trouve en suspension sous forme de propeptone (caséine digérée). On filtre les grumeaux de caséine. On a donc du lait décaséiné, il en reste environ 18 gr. au litre.

Ce lait est additionné de la crème nécessaire pour correspondre à la composition du lait de femme; on y ajoute 20 à 25 gr. de lactose et on mélange au centrifugeur.

On le verse alors dans des flacons, on les ferme avec des bouchons de caoutchouc et on les stérilise à l'autoclave à 105° pendant 25 minutes.

Le lait de Backaus doit être maternisé dans la demi-heure qui suit la traite; il faut l'employer dans les 24 heures pour éviter la séparation de la crème [*Eine neue Methode die Kuhmilch der Frauers Milchäinhlicher zu gestaeter Gœttingen*, 1896; — *Wochensschrift*, n° 26, 1895].

Des différents laits maternisés employés, celui de Gaertner semble réunir le plus d'avantages : il est de préparation industrielle facile et sa composition est dans les grandes lignes voisine de celle du lait de femme.

Les essais d'alimentation des enfants à partir de 2 mois ont donné d'excellents résultats.

Voir sur ce sujet :

Lait maternisé, Rothschild [*Rev. gén. des sciences*, 503, 1897] ; — Lait humanisé [Dufour, *Union pharm.*, 37, 441, 1896].

LAIT CONCENTRÉ. — La fabrication du lait concentré, malgré sa facilité d'installation, est très peu répandue en France ; c'est en Suède et en Suisse que cette industrie est le plus développée. Dès 1887, une seule usine de Zug (Suisse) expédiait 17 millions de boîtes dans l'année.

Les premiers essais furent faits par Martin de Lignac, ils réussirent parfaitement (1855).

En principe il suffit de distiller le lait pour le réduire au tiers de son volume.

En pratique on rencontre quelques difficultés, l'évaporation simple du lait provoquant souvent la cristallisation du lactose en gros cristaux, ce qu'il faut éviter. Si le lait n'est pas frais ou si l'on chauffe longtemps à la température d'ébullition, il se coagule et ne peut plus se mettre en solution quand on reprend par l'eau.

Pour le condenser, on part d'un lait aussi frais que possible ; il doit être refusé lorsque l'acidité dépasse 2° ; on l'écrème à la centrifugeuse afin qu'il reste environ 2 0/0 de crème, puis il est chauffé à 90° et additionné de *sucre de canne* de telle sorte que le produit final contienne 40 0/0 de saccharose. Cette addition augmente la pression osmotique du milieu et empêche le développement des microbes.

Le lait est introduit tout chaud dans l'appareil à évaporation ; l'opération est automatique, au début on chauffe à 40° sous 40 millimètres de mercure, à la fin à 30° sous 2 milimètres.

L'installation est analogue à celle des sucreries.

L'opération sera très surveillée : quoique la plupart des appareils soient munis de brise-mousse on doit craindre l'emballement du lait et pouvoir ouvrir rapidement le robinet de rentrée d'air. En quelques heures la concentration est suffisante, la prise d'essai finale doit indiquer une densité de 1,300.

Dans certains appareils la chaudière à évaporation a une grande surface et le lait chaud arrive par des pulvérisateurs, il est ainsi évaporé immédiatement à mesure qu'on l'introduit.

Le lait concentré et chaud est assez mobile, il est refroidit pour le couler dans des boîtes de petite ouverture qu'on soude aussitôt. Il n'est pas stérilisé.

Ce produit commercial se présente en pâte blanche fluide comme du miel ; s'il est coloré en jaune, c'est que l'opération a duré trop longtemps ou s'est effectuée à une température trop élevée.

On concentre quelquefois le lait entier sans le sucrer, il est alors beaucoup plus altérable et doit être stérilisé en boîte à 110° ; pour que toute la masse soit chauffée une agitation continue est nécessaire. Sans ces précautions la matière grasse devient rance.

Pour consommer le lait concentré il suffit de l'étendre de deux volumes d'eau chaude ; son prix un peu élevé est le seul obstacle à son emploi. C'est une industrie qui devrait prendre en France la plus grande importance. La première et la plus grande usine installée en France est celle de Neufchâtel en Bray. [Lezé, *Lait condensé. Laiterie*, 7, 89, 97, 123, 1897 ; *Industrie du lait*, 1891 ; — Grandeau et Krames, *J. Ch. et phys.*, 267, 1887 ; — Gerber, *Industrie laitière*, 7, 293. 1882 ; *Journal d'agricult. prat.*, 4, 938, 1894].

Composition des laits condensés.

Eau.....	24,80	à	30,30	0/0
Matières grasses............	4,00	à	11,50	—
Matières protéiques.........	10,65	a	12,60	—
Cendres....................	1,90	à	2,42	—
Sucre de lait	14,20	à	15,75	—
Sucre de canne.............	29,95	a	39,90	—

[S. C. Shenstone, *Ph. Zeit. chim. f. russe*, 1891].

LAIT EN POUDRE. — *Farine de lait.* — Si on pousse la concentration du lait concentré à la limite, on obtient une pâte épaisse qui donne par refroidissement le lait solide.

Si le lait concentré est placé dans un récipient plat, on pourra le dessécher par un courant d'air chaud. Pour obtenir la poudre ce lait sera pulvérisé dans un cylindre contenant des billes de porcelaine.

La farine est soluble dans l'eau. Pour éviter la cristallisation du lactose et l'insolubilisation de la caséine, Ekenberg ajoute du glucose, du phosphate et du citrate de potassium. Dans ces conditions l'évaporation peut se faire jusqu'à 75° et le lait complètement privé d'eau se conserve bien.

Le lait en poudre est généralement écrémé et non sucré. Le lait solide en tablettes est partiellement écrémé, sucré et parfumé de *chocolat*, café, vanille, etc. [Martin Ekenberg (Suède), Brev. allemand 123 622, Brev. français 323 613 ; — J. Campbell (États-Unis), *Journ. d'agr pratique*, 1903 ; Bucka, Grimmalde, Legrip, Hausen, Keller, Backaus, Wimmer, Grimaud, Lewis].

Dans le procédé Just et Hatmacker, la dessiccation du lait est effectuée par deux cylindres de fonte creux chauffés intérieurement à l'aide de la vapeur sous pression de 3 kilogr., qui tournent lentement en sens inverse comme des rouleaux de laminoir. Le lait tombe en pluie sur les deux cylindres, et est desséché presqu'instantanément, une pellicule de lait reste sur chaque cylindre 4 ou 5 secondes ; deux couteaux en contact les détachent et elles tombent sous forme de deux feuilles continues à mesure que les cylindres tournent : elles finissent de se dessécher à l'air. On les réduit en poudre en les faisant passer sur un tamis mobile, puis on met en boîte.

La dessiccation se produisant pendant un temps très court, les éléments du lait sont peu altérés. La température d'environ 120° est capable de détruire tous les microbes du lait.

Le lait en poudre se conserve bien quand il est écrémé (c'est le cas général), mais la dessiccation lui a fait perdre son arôme, c'est pourquoi il est presque toujours parfumé artificiellement.

Le lait complet est difficile à conserver, la matière grasse rancit sous l'influence de la chaleur, ce qui explique qu'on l'additionne souvent d'antiseptiques ; dans l'analyse il sera nécessaire de chercher si on a ajouté un conservateur.

Jusqu'à présent les laits en poudre écrémés sont surtout employés à nourrir les animaux et exportés aux colonies.

Des tentatives intéressantes sont faites sur la préparation des poudres de lait complet pour l'alimentation des enfants.

Cette question n'est pas encore au point. Des études récentes de M. Chassevant permettent de penser que le lait écrémé en poudre occupera bientôt une place importante dans notre alimentation.

	Lait en poudre (complet) (Hatmaker)	Lait écrémé (Hatmaker)	Lait écrémé (Ekenberg)
Caséine	26,92 0/0	37,00 0/0	36,00 0/0
Lactose	36,48	47,00	49,00
Beurre.....	29,20	1,00	1,00
Cendres....	6,00	8,00	7,50
Eau	1,40	7,00	6,50

ACTION DES MICROORGANISMES SUR LE LAIT. — Le lait est un excellent milieu de culture.

D'après Miquel, du lait qui renferme 9 000 bactéries par cc. 2 h. après la traite, en renferme 120 000, 9 h. après, et 5 600 000, 24 h. après.

On rencontre dans le lait les espèces suivantes :

MICROBES NON PATHOGÈNES.

1° *Microbes qui transforment le lactose en acide lactique :*

Vibrion lactique.
Bacillus acidi lactici.
Bacterium lacti aerogenus.
Actinobacter polymorphus.
Thyrothrix claviformis.

2° *Microbes qui scindent la caséine en valérianate d'ammonium, leucine, tyrosine, anhydride carbonique, azote et hydrogène :*

Thyrothrix tennuis.
— distortus.
— geniculatus.
— filiformis.
— virgula.
— scaber.
— turgidus.
— catenula.
— urocephalum.
— claviformis.

3° *Microbes chromogènes :*

Micrococus prodigiosus (lait rouge).
Bacille erythrogenus (—).
— viridis (lait vert).
— cyanogenus (lait bleu).
— synxanthum (lait jaune).
— du lait filant.

4° *Microbes protégeant la pâte à fromage contre l'oxydation, évitant le rancissement :*

Oidium lactis ou Clostridium butyricum.
Penicilium glaucum.
— candidum.
— album.

Dans la crème aigre qui servira à la fabrication du beurre, on trouve aussi le bacillus esterificans qui donnent une odeur de pommes aux beurres de qualité.

MICROBES PATHOGÈNES :

Bacillus lactis aerogenes (entérite des nourrissons)
Streptococus pyogenes aureus.
— citreus.
Bacille de la tuberculose.
— de la diphtérie.
— de la typhoïde.
— du choléra.
— du charbon.
— de la rougeole.
— de la diarrhée verte.
— du ronget des porcs.

[Consulter sur la bactériologie du lait : Duclaux, *Le lait*. Paris, 1894. *Traité de microbiologie*, t. 4 ; — Hueppe. *Journ. de phys. et de chim.*, 266. 1887 ; — Adametz, Lang et Freundenreich, *Ann. de micrographie*, 1894].

L'aigrissement du lait est produit par la transformation progressive du sucre de lait en acide lactique ; ce dernier s'unit à la caséine pour former un mono et un dilactate de caséine insolubles dans l'eau qui se précipitent en produisant la coagulation du lait. Le monolactate est soluble dans le chlorure de sodium à 5 0/0 [Slyke et Hart, *Bl.*. (3), **34**, 1310, 1905].

LAITS FERMENTÉS. — L'usage des laits fermentés remonte à la plus haute antiquité, ils ont servi à l'alimentation de l'homme dans l'Asie centrale et en Afrique : aujourd'hui on en boit couramment en Russie et dans les pays adjacents : depuis quelque temps on les emploie comme médicaments reconstituants en Autriche, en Allemagne et en France.

Les laits fermentés les plus répandus sont : le kéfir, le koumys, le yogourt, le leben, le prostokwacha, le varenetz. Leur préparation est la même que celle qui consiste à ensemencer un moût par une levure.

L'influence physiologique de ces préparations est due surtout aux ferments lactiques qu'ils contiennent, aussi a-t-on récemment préparé des ferments sélectionnés, des cultures pures de ferment lactique, qui tendent à les remplacer comme médicaments capables de modifier la flore intestinale [Elie Metchnikoff, *Lait aigri*. 1905 ; — Brudzinsky, *Jahrb. f. Kinderheilkunde*, **12**, 1900].

KÉFIR. — Dans le haut Caucase on prépare avec du lait de vache ou de chèvre une boisson acide fermentée qu'on appelle kéfir.

Le ferment du kéfir frais et humide se présente en masses solides élastiques, gélatineuses, blanc jaunâtre, sphériques ou elliptiques, de la grosseur d'un pois ; il contient *un ferment lactique*, transformant le lactose en acide lactique ; un ferment alcoolique : le *saccharomyces cerevisia* du mycoderma qui transforme le lactose en alcool, une bactérie, la *dispora caucasica* (Kern) qui secrète une diastase dissolvant la caséine (peptonisation du lait).

Quand on introduit les ferments dans du lait, ils tombent au fond et la fermentation commence bientôt avec dégagement d'anhydride carbonique qui agite la masse. Puis il se forme des flocons de caséine très ténus et des grumeaux de ferments.

Kéfir d'outre. — Méthode primitive. Le lait est placé dans une outre en cuir, il est additionné de vieux kéfir, on agite de temps en temps, à l'ombre et au frais pendant les chaleurs, dans une chambre chaude quand il fait froid.

Au bout de un ou deux jours le kéfir est décanté pour l'usage. De même que pour la fabrication du pain, une partie est conservée qui servira de levain pour une nouvelle opération.

Kéfir de ferment sec. — Le ferment du kéfir se conserve plusieurs mois à l'état sec ; sous cette forme il est vendu dans toutes les pharmacies russes et depuis quelque temps chez les pharmaciens français.

Pour l'utiliser on le fait gonfler dans l'eau tiède pendant cinq ou six heures, puis il est lavé soigneusement à l'eau fraîche et introduit dans du lait frais de vache ou de chèvre. Quelquefois on l'introduit directement dans le lait à 30°. On prendra de préférence du lait bouilli ou stérilisé afin d'avoir des cultures plus pures.

A 30° la fermentation lactique est maximum et entrave les autres. Après 24 heures on filtre sur mousseline et on verse dans des bouteilles qu'on ferme hermétiquement.

Suivant qu'on préfère le kéfir plus ou moins alcoolisé, on le boit du 1er au 3e jour après la mise en bouteille. Le 3e jour on a une boisson gazeuse et forte qui se conserve au frais [Bourquelot, *Journ. phys. chim.*, (5), **13**, 232, 1886 ; *Les fermentations*, 1893 ; — Dinitch, *Le Kéfir*, thèse de Paris, 1888 ; — Duclaux, *Traité de microbiologie*, **4**, 403, 1901]. — Kaiser, Levures du lactose. *Ann. Inst. Pasteur*, 1891. — Fernbach, *Bl. Soc. chim.* (3), **16**, 352, 1896.

Analyse.

	Lait devant être transformé en kéfir.		Kéfir correspondant au bout de deux jours.	
Densité	1028		1026	
Albuminoïdes	48	31,6	38	31,2
Graisse	38	26,6	20	24,7
Lactose	41	41,2	20	14,6
Acide lactique	0	0	9	7,6
Alcool	0	0	8	9,8
Sels et eau	873	900	905	922

(Tuschinsky, Sonnerat.)

LEBEN. — Le leben ou laben est un mets solide aigrelet et sucré consommé principalement en Algérie, en Égypte, en Syrie et dans les pays voisins; il est produit par une fermentation spéciale du lait de vache, de bufflesse ou de chèvre. On le prépare très facilement.

L'étude scientifique de sa fabrication est récente. Le ferment du leben contient le streptobacillus Lebenis, le bacillus Lebenis et le diplococcus Lebenis. Ces trois microbes fabriquent l'acide lactique et secrètent une lactase qui coagule le lait même neutralisé : le saccharomyces Lebenis et le mycoderma Lebenis donnent une invertine qui attaque le lactose avant sa transformation en alcool.

Le lait ensemencé avec ces cinq microorganismes donne un leben analogue au produit égyptien (Rest et Khoury).

En pratique pour le préparer, on ensemence avec du vieux leben du lait bouilli refroidi à 40°. Au bout de six heures le lait se sépare en caillots floconneux et serum. Il est prêt à consommer, on en garde un peu pour la préparation suivante. La composition des lebens est très différente suivant la provenance :

Eau	9?1	à	954	pour 1000
Albuminoïdes pptés	16	à	32	—
— solubles	2,3	à	5,2	—
Beurre	1,4	à	5	—
Lactose	13,5	à	23	—
Acide fixe	3,3	à	8	—
Extrait sec	48	à	58	—

(Arnold.)

[N. Georgiadès, Thèse de Beyrout. Leben de Syrie, 1899; *Journ. de phys. et de chim.*, juin 1899; — Arnold, Thèse de pharmacie de Montpellier. Leben d'Algérie. 1899; — G. Rest et J. Khoury, *Ann. de l'Inst. Past.*, (1). 16. 65. 1902. Leben d'Égypte].

Koumys. — (Voir 2e Suppl., **2**, 1408).

Yoghourt. — C'est un lait caillé solide très employé en Turquie, Grèce et Bulgarie ; il se prépare d'une manière analogue au *leben* et sa flore est semblable. Le bacille bulgare doit être introduit dans du lait stérilisé, concentré, écrémé (Metchnikoff) ou non (Combe).

Les microbes lactiques solubilisent jusqu'à 38 0/0 de caséine en albuminoses et peptones et 68 0/0 du phosphate de chaux du lait.

La digestion de ce composé sera donc très facile.

Composition.

Caséine	7,10
Graisse	7,20
Lactose	8,30 à 9,40
Acide lactique	0,80 à 1,00
Alcool	0,02

(Olaf Jansen.)

[Combes, *Auto-intoxication intestinale*, 1907 ; — Grigoroff et Massol. *Rev. méd. Suisse*, 1905 ; — Metchnikoff, *Lait aigri*. 1905].

La composition des laits aigris précédents n'est pas constante, leur flore est très complexe et on y rencontre souvent des microbes infectieux.

Afin de modifier les putréfactions intestinales, de gêner le développement des bacilles pathogènes par un milieu acide, on remplace les préparations précédentes par une culture pure de ferments lactiques.

Le bacillus acidi paralactici seul ou en symbiose avec le bacillus, bifidus, se développe avec une très grande activité dans une solution de lactose peptonisée ; ce bouillon sera un obstacle aux infections intestinales [Tissier, *Ann. de l'Inst. Pasteur*, 295, 1905].

La *lactobacilline* de Metchnikoff et le *biolactyle* de Fournier sont des cultures lactiques de même nature.

Fromages. — Consulter l'étude très complète de Duclaux dans l'ouvrage *Le lait*, 1894 et Lezé. *Industrie du Lait*, 1904.

INDUSTRIE DU LAIT

Elle prend de plus en plus la forme coopérative aussi bien en France que dans les pays où l'industrie du lait est prospère.

La production moyenne du lait en France de 1892 à 1901 est de 79 226 288 hectolitres et d'une valeur de 1 206 543 945 francs.

La richesse du lait en aliment solide et en matière grasse dépend beaucoup des races et change avec l'alimentation.

La matière grasse peut servir de criterium. *Beurre au litre* (moyenne de l'année).

Race normande	$36^{gr},2$	(Gouin)
Vallée d'Auge	40^{gr}	(Waldman)
Race Durham Mancelle	34^{gr}	(Gouin)
Race Jersiaise	$48^{gr},5$	
Race Parthenaise	41^{gr} à 43^{gr}	
Race Durham	40^{gr}	

Les beurreries doivent payer le lait aux producteurs d'après sa teneur en principe gras. L'emploi général et intense des engrais phosphatés pour la production du fourrage destiné aux vaches laitières donnera les meilleures résultats sur la qualité du lait.

On doit proscrire la traite mécanique par le vide qui enlève les gaz du lait et rend les phosphates insolubles.

On fraude le lait par l'écrémage ; pour soutenir l'analyse on introduit de la matière grasse au lait chauffé de 75° à 80° ; on se sert d'émulseurs rotatifs à brosse ou on oblige le mélange, graisse et lait, à passer par de fines ouvertures pour diviser la masse et éviter dans la suite la séparation rapide de la graisse et du lait (Homogénéisation).

Hygiène. — Il est nécessaire d'essayer la réaction de la tuberculine sur toutes les vaches qui serviront à l'alimentation des enfants.

Tous les sous-produits de laiterie provenant de vache tuberculeuse doivent être stérilisés avant d'être livrés au commerce.

Conservation du lait. — On pasteurisera le lait jusqu'à 25° d'acidité pour pouvoir le transporter pendant les chaleurs, cette opération est pratiquée en grand par plusieurs coopératives.

Le froid modifie le goût du lait et n'a aucune influence sur les microbes et toxines. En Suède et en Danemark, on congèle le lait pour le transporter

Le lait qui doit être conservé plusieurs semaines sera stérilisé en bouteilles et bouché avec des bouchons de liège parafinés. L'emploi des antiseptiques doit être rigoureusement interdit.

Beurre. — L'écrémage du lait se fait surtout à l'aide des centrifugeuses et sur le lait cru. Dans les beurreries ces appareils sont mus à la vapeur ou à la turbine hydraulique.

Les fermiers qui séparent leur crème ont des centrifuges à bras.

La crème reste de 6 à 18 heures à 16° afin que les ferments lactiques et les ferments producteurs d'arome (tyrothrix, bacillus) puissent acidifier la crème.

Le meilleur procédé consiste à ensemencer la crème provenant d'un lait pasteurisé, avec des ferments sélectionnés ou une crème aigrie provenant d'un beurre très réputé.

La crème mure est barattée ; il existe un grand nombre de modèles : barattes rotatives, fixes, oscillantes, toutes sont en bois.

Le barattage sépare la matière grasse du petit lait aigri (babeurre).

On ajoute de l'eau glacée pour laver le beurre dans la baratte (délaitage), puis on malaxe sur une table tournante circulaire concave avec un rouleau qui soude ensemble les grumeaux de beurre : le petit lait tombe au centre et s'écoule dans un seau sous la table, des raclettes ramènent continuellement les mottes de beurre et les dirigent sous le rouleau malaxeur.

La généralisation de cette méthode en partant du lait pasteurisé éviterait toute espèce d'accident et donnerait toujours des produits identiques.

On colore le beurre avec une dissolution de rocou dans l'huile.

Toutes les manipulations et tous les ustensiles doivent être de la plus rigoureuse propreté. Le beurre de crème douce est très facile, mais on peut le préparer d'une façon continue.

On fabrique aussi le beurre en barattant la crème acidifiée, qui monte spontanément quand on abandonne le lait à lui-même pendant plusieurs jours; les résultats sont très différents. Un beurre très agréable au goût et très stable s'obtient également par le barattage de la crème qui monte à la surface du lait, quand on le chauffe lentement jusqu'à 80°.

Suivant la qualité, le beurre peut contenir jusqu'à 25 0/0 de matières étrangères (sels, petit lait, caséine). Les beurres se conservent après fusion à 80° et filtration; de cette façon on élimine toutes les impuretés, mais le goût est un peu modifié.

On emploie la margarine comme succédanée du beurre; les lois (1897) essaient d'étouffer cette industrie en France afin de protéger le beurre. Mais il n'y a aucune raison de santé ou d'hygiène, la margarine proprement préparée est un aliment sain; en pâtisserie, elle est souvent préférée au beurre.

FROMAGES. — Ils se font ordinairement par des méthodes empiriques. Le lait est coagulé par la présure, puis des ferments se développent sur la pâte pour lui donner du goût et solubiliser une partie de la caséine.

On a préparé d'excellents fromages en traitant la caséine précipitée, successivement par l'acide lactique, les phosphates, le sucre de lait et l'ammoniaque [Lezé, *Industrie du Lait*, 1904]. Dans tous les cas, la collaboration du chimiste évitera bien des accidents dans la fromagerie.

En ensemençant une pâte à fromage aseptique avec des cultures sélectionnées on a obtenu d'excellents résultats.

Sous-produits de l'industrie du lait. — Comme résidu de la fabrication du fromage on obtient le lactose, on sait que par fermentation il se transforme en acide lactique; cet acide sera d'application technique assurée (pour le mordançage) le jour où l'on aura diminué son prix de vente (350 francs les 100 kilogrammes en 1905).

La caséine après une transformation spéciale sert à confectionner des isolants pour l'électricité, et une foule de petits objets (boutons, têtes de canne, boutons de porte, etc.), de vente courante.

Pour connaître le mouvement industriel du lait consulter le *Compte rendu des congrès de la laiterie*, 2ᵉ congrès en 1905, 3ᵉ congrès en 1907.

La bibliographie complète du lait sera cherchée dans *Bibliographia Lactaria* et ses suppléments (Rothschild, 1899-1901).

Octobre 1906. Maurice Billy.

LANESTOLS. — Voyez LAINE, p. 195.

LANGBANITE (Min.) (Flink). — Minéral renfermant 64 0/0 d'oxyde manganique Mn^2O^3, 13 0/0 d'oxyde antimonieux Sb^2O^3, 3,5 0/0 d'oxyde ferrique, le reste étant formé de bisilicates de manganèse, calcium et magnésium $MSiO^3$, le tout étant peut-être à l'état de mélange isomorphe. Cristaux trouvés avec braunite et hausmannite à Långban (Suède).

Forme cristalline. — Prisme hexagonal :

$$a : c = 1 : 1,6437.$$

Faces : $b^1 b^2 b^{1/2} a^6 a^{4/3} a^{3/2} a_2 (b^1 b^{1/4} h^{1/0})$.

LANGBEINITE (Min.) (Luckschwerdt et O. Luedecke). — Sulfate potassico-magnésien anhydre, $SO^4K^2 . 2SO^4Mg$. Masses incolores, éclat vitreux, cassure conchoïdale, rarement cristaux, se trouvant parfois en grande quantité dans les dépôts de Stassfurt (Westeregeln, Wilhelmshalle, New-Stassfurt, Solvayhall, etc.).

Caractères. — Lentement décomposable par l'eau, hygroscopique. Dureté = 3-4. Densité = 2,83.

Forme cristalline. — Cubique avec les faces : $p\, a^1 a^2 a^{1/2} b^3 b^2 b^{9/2} b^1$, avec hémiédrie plagièdre, comme dans le chlorate de sodium lévogyre. Les cristaux sont cependant optiquement inactifs.

L. Bourgeois.

LANOCÉRIQUE (ACIDE). — Acide retiré de la lanoline (voir ce mot) par saponification, cristallisant dans l'alcool en feuillets microscopiques, peu solubles dans les alcalis et le benzène, fusibles à 104-105°, et qui serait un dioxyacide $C^{30}H^{60}O^9$. Chauffé seul, il perd de l'eau en donnant *l'anhydride* $C^{30}H^{58}O^8$, l'élimination de l'eau s'effectuant entre les deux oxhydriles et la fonction acide restant intacte; mais chauffé en présence des acides minéraux, il donne l'olide par perte d'eau entre le carboxyle et une des fonctions alcool.

La *lanocérolide* est soluble dans l'alcool, l'éther, l'acétone, l'acide acétique, les carbures; elle fond à 85° [Darmstaedter et Lifschutz, *D. Chem. G.* **29**, 1474, 1896].

1ᵉʳ janvier 1906. A. Hébert.

LANOLINE. — Matière grasse extraite de la laine et dont les produits de saponification renfermeraient :

Parmi les alcools : trois alcools saturés, un alcool non saturé et de la cholestérine. Parmi ces corps, on a pu établir les compositions $C^{24}H^{50}O$ et $C^{27}H^{56}O + 6H^2O$, correspondant à celle de l'alcool cérylique.

Parmi les acides : l'acide lanocérique, l'acide myristique, l'acide lanopalmique (voir ces mots), un acide identique à celui qu'on extrait de la cire de Carnauba, un acide liquide analogue à l'acide caproïque, enfin un acide huileux [Marchetti, *Gazz. chim. ital.*, **25**, 42, 1895; — Darmstaedter et Lifschutz, *D. chem. G.*, **28**, 618 et 3133, 1895; **29**, 618, 1474 et 2890, 1896].

1ᵉʳ janvier 1906. A. Hébert.

LANOLINIQUE (ACIDE). — On l'obtient en oxydant l'alcool lanolinique par l'acide chromique en solution acétique; c'est une poudre blanche, cristalline, insoluble dans l'eau et l'éther de pétrole, soluble dans l'alcool, l'éther, le chloroforme, le benzène, fusible à 75-77° et possédant la composition $C^{12}H^{22}O^3$ [Marchetti, *Gazz. chim. ital.*, **25**, 42, 1895].

1ᵉʳ janvier 1906. A. Hébert.

LANOLINIQUE (ALCOOL). — Alcool retiré de la lanoline (voir ce mot pour la bibliographie) par saponification au moyen de l'éthylate de sodium; le savon est décomposé par l'acide sulfurique dilué; on extrait ensuite à l'éther dans lequel l'alcool lanolinique reste insoluble. Le rendement est de 1 0/0.

L'alcool lanolinique $C^{12}H^{26}O$ constitue une poudre amorphe, blanche, inodore, soluble dans l'alcool, le benzène, le chloroforme, fusible à 102-104°, donnant un *dérivé benzoylé* $C^{12}H^{25}OC^6H^5CO$. 1ᵉʳ janvier 1906. A. Hébert.

LANOPALMIQUE (ACIDE). — Cet acide,

retiré des produits de saponification de la lanoline (voir ce mot), cristallise en paillettes fusibles à 87-88°, insolubles dans l'eau et les alcalis, solubles dans la plupart des solvants organiques ; sa formule est $C^{16}H^{32}O^3$; fondu sous l'eau, il se transforme en une masse spongieuse hydratée qui se déshydrate peu à peu par exposition à l'air [Darmstaedter et Lifschutz, *D. Chem G.* 29, 2890, 1896]. 1er Janvier 1906. A. Hébert.

LANSFORDITE (Min.) (Genth). — Carbonate basique de magnésium hydraté (magnésie blanche), $3CO^3Mg \cdot Mg(OH)^2, 21H^2O$, en stalactites à structure cristalline ressemblant à de la paraffine, dans les mines à anthracite de Landsford près Tamagna, comté de Schuylkyll (Pensylvanie). Dureté = 2,5. Densité = 1,692.

Forme cristalline. — Prisme anorthique :

$$a : b : c = 0,5493 : 1 : 0,5655 ;$$

$$\alpha = 95°22' : \beta = 100°15' : \gamma = 92°28'.$$

Faces :

$$p, g^1, t, m, g^3/_2, {}^2h, {}^1/_3g, i^1/_2, e^1/_2, a^1/_2, f^1/_2, d^1/_2, b^1/_2$$

et beaucoup d'autres facettes pyramidales.

LANTHANE. — Voyez l'art. TERRES RARES.

LANUGINIQUE (ACIDE) (Voyez Dict., 2, 207). — Pour préparer cet acide, Knecht et Appleyard [*Journ. of chem. Ind.*, 1889, p. 457 ; — *Journ. Soc. Dyers and Colourist*, 1889, p. 71] traitent la laine parfaitement nettoyée par une solution de baryte qu'ils précipitent ensuite par un courant de gaz carbonique. Après filtration, on précipite l'acide par l'acétate de plomb ; on décompose enfin le sel de plomb par l'hydrogène sulfuré. Par concentration, on obtient une poudre jaune pâle non déliquescente.

On peut encore obtenir l'acide en se basant sur la propriété qu'il possède d'être précipité par le bleu de nuit sous forme de laques.

L'acide lanuginique est peu soluble dans l'eau et l'alcool, insoluble dans l'éther. Les matières colorantes acides et basiques, le tannin, le bichromate de potassium, l'alun, le sel d'étain, le sulfate de cuivre, le chlorure ferrique, le sulfate ferreux, l'alun de chrome, le nitrate d'argent, sont précipitées par l'acide lanuginique, qui présente toutes les propriétés des matières protéiques.

Sur la théorie de la teinture [et le rôle qu'y joue l'acide lanuginique, voir Knecht [*D. Chem. G.*, 35, 1022, 1902]. 1er janvier 1906. A. Hébert.

LAPACHANE. — Voyez LAPACHOL.

LAPACHIQUE. — Voyez LAPACHOL.

LAPACHOL (Voyez LAPACHOÏQUE, 1er Suppl., 977). — Depuis la publication du 1er supplément, de nombreux travaux sont venus élucider l'histoire du colorant du bois de lapacho. Ce colorant, anciennement acide lapachoïque, est aujourd'hui désigné sous le nom d'acide lapachonique ou mieux sous le nom de lapachol.

Préparation du lapachol. — Le bois de lapacho bien pulvérisé est traité à chaud par une dissolution de carbonate de soude (1 partie de cristaux pour 16 parties d'eau). De la solution ainsi obtenue, le lapachol est précipité par addition d'acide chlorhydrique. On purifie la matière brute en la reprenant par une dissolution de baryte ou un lait de magnésie. Le lapachol se dissout. On le reprécipite par addition d'acide chlorhydrique. Rendement : 5 0/0 du poids du bois [Arnaudon, *C. R.*, 46, 1154 ; — Stein, *J. prakt. Chem.*, 99, 1 ; — Paterno, *Gazz. chim. ital.*, 12, 337 ; — Paterno et Caberti, *ibid.*, 21, 374 ; — Greene et Hooker, *Amer. Chem. J.*, 11, 267].

Propriétés. — Petits prismes monocliniques jaunes [Panebiaco, *Gazz. chim. ital.*, 10, 80]. Point de fusion, 138° (Paterno), 139°,5-140°,5 (Greene et Hooker). Insolubles dans l'eau, facilement solubles dans l'alcool, le benzène, le chloroforme et l'acide acétique ; peu solubles dans l'éther.

Le lapachol fonctionne comme acide faible monobasique et se dissout en rouge brun dans les alcalis libres ou carbonatés, et dans les solutions de bases alcalinoterreuses. Ont été signalés les *sels* suivants :

$C^{15}H^{13}O^3Am$, aiguilles rouge brique, perdant facilement de l'ammoniaque. — $C^{15}H^{13}O^3Na, 5H^2O$, facilement soluble dans l'eau. — $C^{15}H^{13}O^3K, 5H^2O$, plus soluble que le sel sodique. — $(C^{15}H^{13}O^3)^2Ca + 1,5H^2O$, précipité rouge brique amorphe. — $(C^{15}H^{13}O^3)^2Sr + 1,5H^2O$. — $(C^{15}H^{13}O^3)^2Ba + 7H^2O$. $(C^{15}H^{13}O^3)^2Pb$. — $C^{15}H^{13}O^3Ag$.

$C^{15}H^{14}O^3.C^6H^5AzH^2$, aiguilles jaunes, point de fusion 121-122°. — $C^{15}H^{14}O^3 . C^6H^4(CH^3)_{(o)}(AzH^2)_{(1)}$, lamelles jaune orangé, fusibles 129°,5-130°. $C^{15}H^{14}O^3 . C^6H^4(CH^3)_{(p)}(AzH^2)_{(1)}$, lamelles jaunes, point de fusion 135° [Paterno, *loc. cit.*].

Le lapachol contient une double liaison susceptible de se rompre en présence d'hydrogène naissant (poudre de zinc et solution alcaline), de brome et d'acide chlorhydrique. On obtient ainsi l'hydrolapachol, $C^{15}H^{16}O^3$, ou ses dérivés dibromohydrolapachol, monochlorohydrolapachol :

$$C^{15}H^{14}Br^2O^3 \text{ et } C^{15}H^{15}ClO^3.$$

Traité par l'anhydride acétique en présence d'acétate de soude, le lapachol fournit des dérivés acétylés.

Dérivé acétylé, $C^{15}H^{13}O^2(OC^2H^3)$. — Prismes d'un jaune soufre, fondant à 82-83°, insolubles dans l'eau, très facilement solubles dans l'alcool bouillant et l'éther. Ce dérivé fixe le brome avec élimination du groupe acétyle (voyez plus loin). L'acide azotique donne à basse température (0°) un *dérivé nitro-acétylé*, $C^{15}H^{12}(AzO^2)(C^2H^3.O)O^3$, en petites tables de la couleur du minium, fusibles à 166-168°.

Le *dérivé diacétylé*, $C^{15}H^{12}O^3(OCH^3)^2$, est en prismes ou en aiguilles incolores, fusibles à 131-132°, peu solubles dans l'alcool froid et l'éther. Il se dissout bien dans les alcalis ; de cette dissolution les acides précipitent une *hydroisolapachone* s'oxydant immédiatement en isolapachone.

CONSTITUTION DU LAPACHOL. — Cette constitution peut se déduire des données suivantes :

1° Dédoublement par chauffage avec de la poudre de zinc (voyez 1er Suppl.) : on obtient de la naphtaline et de l'isobutylène ; 2° Oxydation par AzO^3H : on obtient de l'acide phtalique : 3° Par réduction au moyen de $HI + P$, le carbure formé n'est pas constitué par du β-isoamylnaphtalène comme croyait Paterno, mais par un mélange de deux carbures de la forme

$$C^{10}H^{16}\begin{cases} C^5H^9 \\ | \\ O \end{cases}$$

auxquels Hooker [*Chem. Soc.*, 69, 1355] a donné le nom de *lapachanes* ; 4° En chauffant en milieu acétique et en présence de HCl de la β-oxy α-naphtoquinone avec de l'aldéhyde isovalérique, Hooker a obtenu un isomère du lapachol :

$$C^6H^4\begin{cases} CO - CH \\ \quad\ \ \| \\ CO - COH \end{cases} + C^4H^9 . CHO$$

$$= C^6H^4\begin{cases} CO - C - \overset{(OH)}{CH} - C^4H^9 \\ \quad\quad\ \ | \\ CO - COH \end{cases}$$

Ce composé perd de l'eau et donne

$$-CH-CH=CH<^{CH^3}_{CH^3}, \quad -OH$$

Isolapachol.

Cet isolapachol ne fournit pas par réduction les mêmes produits que la matière colorante du lapacho. Il en résulte qu'on ne saurait admettre pour le lapachol la formule

$$OH, \quad -CH=CH-CH<^{CH^3}_{CH^3}, \quad =O$$

Il s'en suit que la chaîne grasse ne peut être que de la forme

$$-CH^2-CH=C<^{CH^3}_{CH^3} \quad \text{ou} \quad -CH^2-CH^2-C<^{CH^2}_{CH^3}$$

Or les dérivés du lapachol peuvent être facilement transformés en dérivés de l'isolapachol (voyez plus loin), ce qui exclut immédiatement la 2e formule. On peut donc considérer le lapachol comme répondant à la constitution

$$-CH^2-CH=C<^{CH^3}_{CH^3}, \quad -OH$$

Les lapachanes qui représentent ses produits de réduction doivent donc avoir pour formule :

$$-CH^2-CH^2-C<^{CH^3}_{CH^3}, \quad -O-$$

α-Lapachane.

$$O-, \quad CH^2-CH^2-C<^{CH^3}_{CH^3}$$

β-Lapachane.

Lapachones. — L'action des acides minéraux transforme les lapachols en lapachones. Avec le lapachol, on obtient deux lapachones isomériques :

$$-CH^2-CH^2-C<^{CH^3}_{CH^3}, \quad -O-$$

α-Lapachone.

et

$$O-, \quad CH^2-CH^2-C<^{CH^3}_{CH^3}, \quad =O$$

β-Lapachone.

L'*α-lapachone* résulte de l'action sur le lapachol d'un mélange d'acides chlorhydrique et acétique. Aiguilles d'un jaune clair, fondant à 117° ; insolubles à froid dans les alcalis. A l'ébullition, elle donne de l'oxyhydrolapachol. Elle se dissout dans l'acide sulfurique, mais en se transformant rapidement en β-lapachone [Hooker, *Chem. Soc.*, **61**, 635].

La *β-lapachone* s'obtient par l'action de l'acide sulfurique ou de l'acide azotique froid sur le lapachol. Aiguilles d'un rouge orangé, fondant à 155-156°, insolubles dans l'eau et les alcalis à froid, solubles dans l'alcool bouillant, l'éther, très soluble dans la benzine. Les alcalis à chaud donnent de l'oxyhydrolapachol. L'acide chlorhydrique fournit successivement du chlorohydrolapachol, puis de l'α-lapachone.

Par réduction, ces lapachones donnent les mêmes produits que le lapachol. Traitée par l'anhydride acétique et l'acétate de sodium, la β-lapachone fournit un corps de formule $C^{30}H^{26}O^5$, en tables rouge bronzé [Paterno, *Gazz. chim. ital.*, **12**, 273 ; — Paterno et Minunni, *ibid.*, **19**, 615].

Dérivés halogénés. — *Lapachol monobromé*,

$$C^6H^3Br<^{CO-C-C^5H^9}_{CO-C(OH)}$$

— Obtenu par réduction de la dibromo β-lapachone par le zinc et la soude. Houppes d'un jaune d'or, point de fusion 170-171°.

Hydrolapachol monochloré,

$$-CH^2-CH^2-CCl<^{CH^3}_{CH^3}$$

— Il résulte de l'action de l'acide chlorhydrique sur l'oxyhydrolapachol, la β-lapachone ou le lapachol [Hooker, *loc. cit.*]. Petites tablettes, fusibles à 113°, solubles en rouge orangé dans l'acide sulfurique. Par traitement à l'acide chlorhydrique, ce dérivé conduit à l'α-lapachone.

Hydrolapachol dibromé,

$$-CH^2-CHBr-CBr<^{CH^3}_{CH^3}$$

— Il se forme par l'action du brome sur le lapachol. Il se dépose des solutions alcooliques avec 1/3 de molécule d'alcool de cristallisation. La matière débarrassée de l'alcool de cristallisation fond à 132°. L'acide sulfurique la transforme en β-lapachone, les alcalis (soude diluée) en dioxyhydrolapachol.

α-lapachone monobromée,

$$C^6H^3Br<^{CO-C-CH^2-CH^2-C<^{CH^3}_{CH^3}}_{CO-C-O-}$$

— On l'obtient par isomérisation de la β-lapachone monobromée au moyen de l'acide bromhydrique. Tables jaune pâle, point de fusion 172°,5-173°,5. L'acide sulfurique la transforme en isomère β [Hooker, *Chem. Soc.*, **65**, 19].

β-*lapachone monobromée*. — On l'obtient par l'action de l'acide sulfurique sur l'isomère précédent, le bromolapachol et le bromohydroxyhydrolapachol. Aiguilles d'un rouge orangé, fondant à 205° avec décomposition.

L'isomère,

O
- CH^2 - CHBr - $O(CH^3)^2$
= O
O

s'obtient par l'action du brome sur le lapachol en présence de chloroforme ou d'acide acétique [Paterno, *Gazz. chim. ital.*, **12**, 353 ; — Hooker, *Chem. Soc.*, **61**, 640]. Aiguilles ou tables rouge orangé fusibles à 139-140°, très solubles dans l'alcool bouillant, donnant avec les acides chlorhydrique et bromhydrique des produits d'addition stables. Par traitement à l'anhydride acétique et l'acétate de sodium, on obtient le même composé, $C^{30}H^{26}O^5$, fourni dans les mêmes conditions par la β-lapachone [voyez aussi Paterno et Manuelli, *Gazz. chim. ital.*, **21**, 374].

β-*lapachone dibromée*,

O
- CH^2 - CHBr - C $<^{CH^3}_{CH^3}$
Br
= O
O

— On l'obtient en bromant le lapachol ou le bromolapachol par le brome en présence de chloroforme. Aiguilles d'un rouge orangé, fusibles avec décomposition, difficilement solubles dans l'alcool. La poudre de zinc et la soude les transforment en bromolapachol.

De la dissolution mère de ce dibromo se déposent de fines aiguilles, $C^{15}H^{13}O^3Br^3$. HBr, fusibles à 200° avec décomposition ; très difficilement solubles dans l'alcool [Hooker et Gray, *Chem. Soc.*, **63**, 433].

Dérivés hydroxylés. — *Hydrolapachol : dérivé dihydroxy*.

$$C^6H^4 \begin{cases} CO - C - CH^2 - CH(OH) - C(OH)(CH^3)^2 \\ \qquad \Vert \\ CO - C . OH \end{cases}$$

— On l'obtient en traitant par la soude, soit la lapachone monobromée-β, soit l'oxy-α-lapachone ou son dérivé acétylé. Petits prismes fusibles à 181°-182°. L'acide sulfurique concentré les transforme en isopropylfurane-β naphtoquinone, l'acide étendu donne de l'isopropylfurane-α-naphtoquinone [Hooker, *Chem. Soc.*, **61**, 647 ; **69**, 1374].

En employant un mélange d'acide sulfurique et d'acide acétique, on obtient encore l'isopropylfurane-α-naphtoquinone, mais en même temps se forme de l'acétoxy-α-lapachone et un *anhydride du dioxyhydrolapachol*,

$$C^6H^4 \begin{cases} CO - C - CH^2 - CH - C = (CH^3)^2 \\ \qquad \Vert \qquad\qquad \llcorner O \lrcorner \\ CO - C . OH \end{cases}$$

— Aiguilles jaunâtres solubles dans les alcalis avec une couleur rouge cramoisi. Point de fusion, 190,5-191°.

Dérivé monohydroxy,

$$C^6H^4 \begin{cases} CO - C - CH^2 - CH^2 - COH(CH^3)^2 \\ \qquad \vert \\ CO - C - OH \end{cases}$$

— On l'obtient en traitant la β-lapachone par la potasse. Cristaux jaunes, point de fusion 125°, très solubles dans l'alcool. L'acide chlorhydrique les transforme en hydrolapachol monochloré. Le sel de calcium est en cristaux rouge foncé anhydres. Le sel de baryte cristallise comme celui d'argent avec une molécule de solvant. Le premier est en aiguilles soyeuses orangées, le second en aiguilles rouge brunâtre. En partant non plus de la β-lapachone, mais de l'α ou de la β-lapachone monobromée, on peut obtenir un monohydroxyhydrolapachol monobromé,

$$C^6H^3Br \begin{cases} CO - C - C^5H^{10}(OH) \\ \qquad \Vert \\ CO - C(OH) \end{cases}$$

lamelles fondant à 164°,5-165°,5.

La dibromolapachone-β peut conduire dans des conditions analogues au *dihydroxyhydrolapachol bromé*,

$$C^6H^3Br \begin{cases} CO - C - C^5H^9(OH)^2 \\ \qquad \Vert \\ CO - C(OH) \end{cases}$$

aiguilles soyeuses jaunes.

Lapachone-β. — Dérivé monohydroxy,

O
- CH^2 - CH(OH) - C = $(CH^3)^2$
= O
O

— On l'obtient par l'action de l'acide chlorhydrique sur le dioxyhydrolapachol [Rennie, Hooke, *loc. cit.*]. Aiguilles rouges, point de fusion 201°,5. L'ébullition avec les alcalis les transforme en dioxyhydrolapachol.

Le dérivé bromé s'obtient en traitant par l'acide chlorhydrique le bromodioxyhydrolapachol.

Lapachone-α. — Dérivé monohydroxy,

O
- CH^2 - CH(OH) - C = $(CH^3)^2$
- O
O

— On le prépare en traitant le dérivé acétoxy (voyez ci-dessous) par l'acide sulfurique étendu [Hooke, *Chem. Soc.*, **69**, 1374]. Lamelles jaunes fondant vers 187°, qui par ébullition se transforment en isopropylfurane-α-naphtoquinone.

Le *dérivé acétoxy* $C^{15}H^{13}O^4.(C^2H^3O)$ (voyez ci-dessus dihydroxyhydrolapachol) est en aiguilles fondant à 179°,5.

Oximes du groupe du lapachol. — *Oxime du lapachol* $C^{15}H^{15}AzO^3$. — Tablettes jaunes noircissant au-dessus de 160°, très facilement solubles dans l'alcool. L'acide sulfurique la transforme en oxime de la β-lapachone [Hooke et Wilson, *Chem. Soc.*, **65**, 721 ; — Paterno et Minnuti, *Gazz. chim. ital.*, **19**, 612].

Oxime de l'α-lapachone,

$$C^6H^4 \begin{array}{l} \diagup CO \text{———} C - C^5H^{10} \\ \qquad\qquad\qquad \diagdown \diagup \\ \diagdown C(Az.OH) - CO \end{array}$$

— Tablettes fondant, lorsqu'on les chauffe rapidement, vers 204°, avec décomposition. Son sel de sodium est en tables orangées ou en aiguilles d'un rose saumon. L'acide sulfurique la transforme en oxime de la β-lapachone.

Oxime de la β-lapachone. — Petits prismes soyeux d'un jaune orangé, fusibles à 168,5-169°,5, se distinguant facilement de son isomère par son insolubilité dans les alcalis (soude à 1 0/0). Son *dérivé benzoylé*

$$C^{15}H^{14}O^2 - Az.OC^7H^5O$$

en aiguilles jaune d'or, fond à 180-181°.

Oxime de l'oxyhydrolapachol,

$$C^6H^4 \begin{array}{l} \diagup CO - C - C^5H^{10}(OH) \\ \qquad\quad\;\; \| \\ \diagdown C - C(OH) \\ \quad\; | \\ \;\; AzOH \end{array}$$

— Tablettes en prismes jaunes fondant, par élévation brusque de température, à 165-170°, avec décomposition [Hooke et Wilson, *loc. cit.*]. Elle est très soluble dans l'alcool. L'acide sulfurique fournit un mélange des oximes de la β et de l'α-lapachone.

ISOLAPACHOL. — Pour la préparation de ce corps, voyez plus haut CONSTITUTION DU LAPACHOL. Aiguilles rouge brique fusibles à 120°, très solubles dans l'alcool, solubles en rouge pourpre dans les alcalis, se combinant au brome en solution chloroformique. Son *dérivé acétique* $C^{15}H^{13}O^2(C^2H^3O)$ est en aiguilles jaunes, point de fusion 74° (Hooke).

On passe facilement de la série du lapachol et de ses dérivés à la série de l'isolapachol. Le dihydroxyhydrolapachol traité par l'acide sulfurique concentré conduit, en effet, à l'isopropylfurane-α (ou β) -naphtoquinone, par suite des réactions successives :

$$C^6H^4 \begin{array}{l} \qquad\qquad\qquad\qquad\qquad OH \\ \qquad\qquad\qquad\qquad\qquad\; | \\ \diagup CO - C - CH^2 - CH - C = (CH^3)^2 \\ \qquad\quad\;\; \| \qquad\qquad\quad | \\ \diagdown CO - C - OH \qquad\;\; OH \end{array}$$

Dihydroxyhydrolapachol.

$$\longrightarrow C^6H^4 \begin{array}{l} \diagup CO - C - CH^2 - C = C = (CH^3)^2 \\ \qquad\quad\;\; \| \qquad\qquad\; | \\ \diagdown CO - C - OH \qquad OH \end{array}$$

Non connu.

$$\longrightarrow C^6H^4 \begin{array}{l} \diagup CO - C - CH^2 - CO - CH = (CH^3)^2 \\ \qquad\quad\;\; | \\ \diagdown CO - C = OH \end{array}$$

Non connu.

$$\longrightarrow C^6H^4 \begin{array}{l} \diagup CO - C - CH = C - CH = (CH^3)^2 \\ \qquad\quad\;\; | \qquad\quad\;\; | \\ \diagdown CO - C - OH \quad OH \end{array}$$

Hydroxyisolapachol.

$$\longrightarrow C^6H^4 \begin{array}{l} \diagup CO - C - CH = C - CH = (CH^3)^2 \\ \qquad\quad\;\; | \qquad\quad\;\; | \\ \diagdown CO - C - O \text{——} \end{array}$$

Isopropylfurane-α-naphtoquinone.

ou

$$\begin{array}{l} \qquad O \text{————} \\ [\text{noyau naphtalénique}] - CH = C - CH = (CH^3)^2 \\ \qquad\qquad = O \\ \qquad O \end{array}$$

Isopropylfurane-β-naphtoquinone.

Ces deux dérivés se transforment en isolapachol par traitement à la soude.

Oxyisolapachol. — On connaît les dérivés hydroxy correspondant aux deux schémas :

$$C^6H^4 \begin{array}{l} \diagup CO - C - CH = CH - C(OH) = (CH^3)^2 \\ \qquad\quad\;\; | \\ \diagdown CO - C - OH \end{array}$$

Série du lomatiol ou α-oxy-isolapachol.

$$C^6H^4 \begin{array}{l} \diagup CO - C - CH = C(OH) - CH = (CH^3)^2 \\ \qquad\quad\;\; | \\ \diagdown CO - C - OH \end{array}$$

β-Oxyisolapachol.

Isolapachol, dérivé monohydroxylé-α. — C'est le lomatiol (voyez ce mot). Un dérivé isomérique (stéréo-isomère ?) s'obtient en traitant l'anhydride (voyez ci-dessous) par une solution concentrée de potasse, et acidifiant ensuite la liqueur [Rennie, *Chem. Soc.*, **67**, 786]. Aiguilles jaunes, point de fusion 109-110°. [Voyez aussi Hooker, *Chem. Soc.*, **69**, 1382].

Anhydride. — On l'obtient par l'action de l'acide sulfurique sur les oxylapachols précédents. Aiguilles rouges soyeuses, point de fusion 110-111°.

Isolapachol β-monohydroxylé. — On l'obtient en traitant par la soude l'isopropylfurane-α ou β-naphtoquinone. Fines aiguilles jaunes, fondant à 133,5-134°, très solubles dans l'alcool dilué. L'acide sulfurique le déshydrate et le transforme en un mélange d'isopropylfurane-naphtoquinones.

Isopropylfurane α-naphtoquinone. — On l'obtient en déshydratant le dioxyhydrolapachol par l'acide sulfurique dilué. L'oxylapachone fournit également ce composé par traitement à l'acide sulfurique concentré. Aiguilles d'un jaune canari fondant à 110° [Hooker, *Chem. Soc.*, **69**, 1372].

Isopropylfurane β-naphtoquinone. — Il s'obtient en même temps que l'isomère précédent, mais plus facilement encore en traitant l'oxyisolapachol-β par le zinc et l'acide chlorhydrique et additionnant la liqueur obtenue d'acide chromique. Aiguilles rouges, point de fusion 94-95°. Tandis que le composé α se dissout en rouge cramoisi dans l'acide sulfurique concentré, ce composé s'y dissout en vert bleuâtre.

LAPACHANES. — Les deux isomères (voir la constitution, p. 211) s'obtiennent facilement en partant des lapachones correspondantes. Le *dérivé α* est en aiguilles, point de fusion 112°,5. Il donne un picrate

$$C^{15}H^{16}O \,.\, C^6H^3O^7Az^3$$

en aiguilles rouges, fondant à 140°, moyennement solubles dans l'alcool.

L'*isomère β* est huileux. Son picrate, de même formule que le picrate du dérivé α, fond à 143-144°. Il se dissout en vert bleu dans l'acide sulfurique.

15 mai 1906. V. Thomas.

LAPACHONE. — Voyez LAPACHOL.

LAPACHONONE, $C^{16}H^{16}O^2$. — Par entraînement à la vapeur d'eau, C. Manuelli et F. Crosa ont pu retirer de la sciure de bois de lapacho une matière susceptible de cristalliser, après purification, en rhombes fusibles à 61°,5, et à laquelle ils ont donné le nom de lapachonone. Les cristaux possèdent la curieuse propriété de se colorer à la lumière et de se décolorer ensuite à l'obscurité. Ils sont solubles dans l'alcool et susceptibles de s'unir avec l'acide picrique pour donner les combinaisons :

$C^{16}H^{16}O^2 - C^6H^2(OH)(AzO^2)^3$	PF°ᵃ	145°
$2C^{16}H^{16}O^2 - 3C^6H^2(OH)(AzO^2)^3$	—	155-156°
$C^{16}H^{16}O^2 - 4C^6H^2(OH)(AzO^2)^3$	—	153°

Par oxydation la lapachonone fournit de l'acide o-phtalique. Le perchlorure de phosphore donne un dérivé dichloré $C^{16}H^{12}O^2Cl^2$, point de fusion 108° [*Att. Ac. Lincei*, (5), **4**, (2), 250, 1895].

Par réduction (HI + P), la lapachonone fournit un carbure fondant à 128°. Les acides (SO^4H^2. HCl. HBr. HI) et le chlorure d'acétyle conduisent à un dimère $[C^{16}H^{16}O^2]^2$ fusible à 257°, soluble dans l'acétone et la plupart des solvants organiques. Dans des conditions déterminées, ce corps est accompagné d'un isomère fusible à 163-164°, plus soluble que le précédent dans l'acide acétique. Le trichlorure de phosphore donne les deux dimères isomériques et la dichlorolapachonone. (Fusion, 108°). [Manuelli, *Att. Ac. Lincei*, (5), **2**, 102, 1900].

15 mai 1906. V. Thomas.

LAPODINE. — Matière extraite du *Rumex obtusifolius*, cristallisant dans l'alcool chaud en aiguilles jaunes fusibles à 206°, et qui a pour composition $C^{18}H^{16}O^5$ [O. Hesse, *Lieb. Ann.* **309**, 32, 1899]. 1er janvier 1906. A. Hébert.

LARIXINIQUE (ACIDE). Voyez *maltol*.

LASEROL (voir Dict., **2**, 207). — Substance obtenue par le dédoublement de la laserpitine (voir plus bas).

Le laserol est une résine insoluble dans l'eau et les acides faibles, soluble dans les alcalis, les solvants organiques, l'acide acétique, de formule $C^{20}H^{30}O^5$ et prenant naissance par l'équation :

$$2C^{15}H^{22}O^4 + H^2O = C^{20}H^{30}O^5 + 2C^5H^6O^2$$

[Kulz, *Arch. der Pharm.*, 2e série, **21**, 161, 1883]. 1er janvier 1906. A. Hébert.

LASERPITINE (voir Dict., **2**, 207). — Kulz a préparé ce corps d'après le procédé de Feldmann en substituant l'éther de pétrole à l'alcool à 80 0/0 [*Arch. der Pharm.*, **21**, 161, 1883] et a rectifié sa formule et certaines de ses propriétés.

La laserpitine possède la composition $C^{15}H^{22}O^4$, fond à 118° et cristallise dans le système clinorhombique. Elle donne avec l'acide acétique la combinaison $C^{15}H^{22}O^4 . C^2H^4O^2$ instable; elle forme un *dérivé monoacétylé* $C^{15}H^{21}(C^2H^3O)O^4$ et un *dérivé nitré* $C^{15}H^{20}(AzO^2)^2O^4$. Le brome fournit probablement avec la laserpitine un mélange des corps $C^{15}H^{20}Br^2O^4$ et $C^{15}H^{19}Br^3O^4$.

L'acide chlorhydrique bouillant, la potasse fondante dédoublent la laserpitine en acide méthylcrotonique et laserol; l'acide sulfurique, la potasse alcoolique le décomposent en acide angélique et laserol.

1er janvier 1906. A. Hébert.

LASSALITE (Min.) (G. Friedel). — Silicate d'aluminium et de magnésium hydraté, avec un peu de chaux et de fer,

$$3MgO . 2Al^2O^3 . 12SiO^2 + 8H^2O,$$

matière ayant la consistance du carton minéral ou de l'asbeste, en fibres souples et très tenaces, d'un blanc de neige, dans les filons d'antimoine de Miramont, commune de Souliac (Cantal et Haute-Loire). Plongée dans l'eau, la substance se gonfle, se ramollit et devient visqueuse, elle ressemble alors à de la viande macérée dans l'eau. Par calcination, elle se contracte énormément et s'agglomère en une masse encore légère et poreuse, difficilement fusible en verre bulleux incolore. Difficilement attaquable par l'acide chlorhydrique à chaud. L. Bourgeois.

LAUBANITE (Min.). — Silicate double d'aluminium et de calcium hydraté,

$$2CaO . Al^2O^3 . 5SiO^2 . 6H^2O.$$

Cristaux fibreux et radiés ressemblant à de la stilbite, trouvés avec phillipsite dans un basalte à Lauban (Silésie).

Caractères. — Semblables à ceux de la stilbite. Dureté = 4,5-5. Densité = 2,23.

L. Bourgeois.

LAUDANIDINE. — Hesse [*J. prakt. Chem.*, (2), **65**, 42, 1902] considère la laudanidine comme la *l*-laudanine. M. Delacre.

LAUDANINE, $C^{20}H^{25}AzO^4$. — (Voyez Dict., **2**, 620). D'après Hesse [*J. prakt. Chem.*, (2), **65**, 42, 1902], la laudanine contient trois méthoxyles et un hydroxyle. La laudanosine serait donc son éther méthylique. On a, en effet, obtenu celle-ci à partir de la laudanine de la façon suivante :

Par l'action de la soude concentrée on prépare $C^{20}H^{24}.NaAzO^4 + 4H^2O$ que l'on traite par l'iodure de méthyle en solution méthylique. Après évaporation, puis action de HCl, et en traitant ensuite par l'eau et l'ammoniaque et agitant avec de l'éther, le méthylchlorure reste en solution dans l'eau, tandis que l'éther s'empare de la laudanosine racémique (Rendement : 4 à 6 0/0).

L'éthyl-laudanine se fait avec des rendements de 80 0/0. M. Delacre.

LAUDANOSINE, $C^{21}H^{27}AzO^4$. — (Voyez Dict., **2**, 622). Pictet et Athanasesco [*D. chem. G.*, **33**, 2346, 1900; *C. R.*, **131**, 689, 1900] ont transformé la papavérine en laudanosine; cette réaction fait de celle-ci la *d*-Az-méthyl-tétrahydropapavérine.

L'iodométhylate de papavérine est transformé au moyen du chlorure d'argent en chlorométhylate et celui-ci réduit par l'étain et HCl. On précipite l'étain par H^2S, puis l'alcaloïde nouveau par la soude; c'est la laudanosine racémique, fondant à 115°, et que l'on dédouble par l'acide quinique; la base dextrogyre est identique à la laudanosine naturelle.

Relation entre les spectres d'absorption de la laudanine et de la laudanosine et leur constitution : Dobbie et Lauder [*Proc. Chem. Soc.*, **19**, 9, 1903].

D'après Hesse la laudanosine serait l'éther méthylique de la laudanine (voyez ce mot).

M. Delacre.

LAURÈNE. — Voyez CAMPHRE, 2e Suppl., **2**, 897.

LAURÉNONE. — Voyez LAURONOLIQUES (ACIDES).

LAURIONITE (Min.) (vom Rath). — Oxychlorure de plomb hydraté ou monochlorhydrine de l'hydrate de plomb,

$$PbCl . OH \text{ ou } PbCl^2 . PbO . H^2O.$$

Petits cristaux ressemblant à du gypse, avec cérusite, phosgénite et fiedlérite, sur d'anciennes scories des mines du Laurium, immergées dans l'eau de mer depuis 2000 ans.

Caractères. — Semblables à ceux de la matlockite. Dégage de l'eau au-dessus de 150°. Dureté = 3,5.

Forme cristalline. — Prisme orthorhombique : $a : b : c = 0,3096 : 1 : 1,0062$. Faces : $h^1\ b^1/_2\ a^8\ g^1\ g^{13}/_8\ g^{11}/_7\ g^5/_4$. Clivage : g^1 distinct.

LAURIQUE (ACIDE), $C^{12}H^{24}O^2$ (1er Suppl., **2**, 977). — L'acide laurique a été retiré : du bois de goupia tomentosa [Dunstan et Henry, *Chem. Soc.*, **73**, 226, 1898]; des baies du lindera benzoïne [Caspari, *Am. chem. Journ.*, **27**, 291, 1902]; de la graine d'umbellularia californica [Sillmann, *Am. chem. Journ.*, **28**, 327, 1902]; des glandes coccygiennes [Rœhmann, *Zeitr. f. Chem. Phys. u. Path.*, **5**, 110, 1904]; de l'éponge [Henze, *Zeit. phys. Chem.*, **41**, 109, 1904]. Il se forme aussi : par oxydation de l'acide embélianique [Heffter et Feuerstein [*Arch.*

d. Pharm., **238**, 15, 1900]; par oxydation des acides taririque et cétotaririque [Arnaud, *Bull. Soc. Chim.*, **27**, 486, 492, 1902].

Propriétés. — Chaleur spécifique [Stohmann et Wilsing, *J. prakt. Chem.*, **31**, 89, 1887]. Chaleur de combustion, 1768^{cal},9 [Stohmann et Langbein, *J. prakt. Chem.*, **42**, 374, 1890]; 1759^{cal},72 [Louguinine, *Ann. Chem. Phys.*, **11**, 222, 1887]. L'ébullioscopie de la solution benzénique donne des chiffres anormaux [Mameli, *Gazz. chim. ital.*, **33**, 464, 1903]. Pouvoir réfringent [Tykmann, *Rec. des P.-B.*, **12**, 165, 277].

L'acide laurique bout à 176° sous 15 millimètres, à 102-103° sous 0 millimètre [Krafft et Weilandt, *D. chem. G.*, **29**, 1324, 1896], à 180° sous 16 millimètres [Scheig, *Rec. des P.-B.*, **18**, 186]. La distillation sur la poudre de zinc le décompose en H, CO^2, CO et produits liquides [Hébert, *Bull. Soc. Chim.*, **29**, 326, 1903].

Chlorure de lauryle, $C^{12}H^{23}OCl$ (PCl^5 sur l'acide). — Il bout à 135-140° sous 10 millimètres [Krafft et Bürger, *D. chem. G.*, **17**, 1378, 1884. — Guérin, *Bull. Soc. Chim.*, **29**, 1123, 1903]. La condensation avec l'éther acétylacétique sodé conduit à l'undécylméthylcétone [Guérin, *loc. cit.*]; avec la tétrachloroquinone il fournit une *dilaurotétrachloroquinone* fusible à 83-84°.

Anhydride laurique, $(C^{12}H^{23}O)^2O$. — Il fond à 41°, bout à 146° sous 15 millimètres [Krafft et Rosing, *D. chem. G.*, **35**, 1900].

Amide laurique, $C^{11}H^{23}.COAzH^2$. — Fines aiguilles fusibles à 98-99° [Krafft et Stauffer, *D. chem. G.*, **15**, 1709, 1882. — Blaise et Guérin, *Bull. Soc. Chim.*, **29**, 1209, 1903. — Caspari, *Am. chem. Journ.*, **27**, 291, 1902]. Par réduction elle donne l'alcool dodécylique [Scheubb et Lœbl, *Mon. f. Chem.*, **25**, 341, 1904]. Déshydratée par P^2O^5 à 200°, elle fournit le *lauronitrile*, fusible à + 4°, distillant à 198° sous 100 millimètres [Blaise et Guérin, *loc. cit.*]. Sa solution dans l'alcool méthylique traitée par l'hypobromite de sodium donne l'*uréthane*,

$$C^{11}H^{23}-AzH-CO^2CH^3,$$

fusible à 45-47° [Jeyffreys, *Am. chem. Journ.*, **22**, 14, 1899].

Lauro-anilide. — Fusible à 76°,5 [Caspari, *loc. cit.*].

Lauro-toluidides. — *Ortho-*, fusible à 81°,5 [Caspari, *loc. cit.*]; *para-*, fusible à 82-83° [Guérin, *Bull. Soc. Chim.*, **29**, 1123, 1903].

Laurophénylhydrazide,

$$C^6H^5-AzH-AzH-CO-C^{11}H^{23}.$$

— Fusible à 105° [Guérin, *loc. cit.* — Stollé, *J. prakt. Chem.*, **69**, 503, 1904].

Laurate de méthyle. — Il fond à + 4°, distille à 148° sous 18 millimètres [Guérin, *Bull. Soc. Chim.*, **29**, 1121, 1903].

Laurate d'éthyle. — Sa réduction par la méthode de Bouveault et Blanc fournit l'alcool dodécylique [*Bull. Soc. Chim.*, **29**, 787; **31**, 674, 1904].

Laurate de β-bromoéthyle. — Fusible à 36°, il distille à 124° sous 0 millimètre [Krafft, *D. chem. G.*, **36**, 4340, 1903].

Laurate d'isoamyle. — $[\alpha]_D = 2,03$ [Guye, *Bull. Soc. Chim.*, **25**, 549, 1901].

Dilaurate d'éthylène. — Il fond à 54°, distille à 188° sous 0 millimètre [Krafft, *loc. cit.*]

Monolaurine de la glycérine. — Fusible vers 59°; distille à 142° sous 0 millimètre [Krafft, *loc. cit.*].

Trilaurine, $C^3H^5(C^{12}H^{23}O^2)^3$. — Fusible à 46°,4 [Scheig, *Rec. des P.-B.*, **18**, 195];

$$D^{60} = 0.8944; \quad n_D^{60} = 1.44039.$$

Chaleur de combustion, 5707^{cal},42 [Louguinine, *Ann. Chim. Phys.*, **11**, 226, 1187]; 5697^{cal},4 [Stohmann et Langbein, *J. prakt. Chem.*, **42**, 375, 1890].

Laurate d'o-nitrophénol. — Fusible à 35-36° [Winternitz, *Ann. Chem.*, **332**, 159, 1904].

N. Laurate de l'o-aminophénol. — Fusible à 68-69° [Winternitz, *loc. cit.*].

Laurate de bornyle, gauche. — Liquide distillant vers 250° sous 40 millimètres,

$$[\alpha]^D = -27°,7$$

[Minguin, *Bull. Soc. Chim.*, **27**, 596, 1902].

Acide bromolaurique, $C^{10}H^{21}-CHBr-CO^2H$. — Action du brome sur le chlorure de lauryle, et décomposition par l'eau du chlorure bromé obtenu. Il fond à 32° [Auwers et Bernhardi, *D. chem. G.*, **24**, 2224, 1891. — Guérin, *Bull. Soc. Chim.*, **29**, 1123, 1903].

Acide oxylaurique, $C^{10}H^{21}-CHOH-CO^2H$. — Pour le préparer on décompose le précédent par la potasse [Blaise, *Bull. Soc. Chim.*, **31**, 492, 1904]. On le trouve aussi dans les produits de dédoublement de l'acide purgique [Hœhnel, *Arch. Pharm.*, **234**, 647, 1896. — Kromer, *Arch. Pharm.*, **239**, 389, 1901].

Cristallisé dans le chloroforme, il fond à 73-74°. La chaleur, ainsi que l'oxydation par PbO^2 + SO^4H^2 étendu, le transforment en undécanal [Blaise, *Bull. Soc. Chim.*, **29**, 1202; **31**, 492].

Sel de sodium, $C^{12}H^{23}O^3Na$.

Ether éthylique. — Fusible à 43°.

Dérivé acétylé. — Fusible à 47° [Blaise, *loc. cit.*].

Ether éthylique acétylé. — Liquide distillant à 172-173° sous 13 millimètres [Guérin, *Bull. Soc. Chim.*, **29**, 1126, 1902].

Anilide oxylaurique. — Fusible à 83°; *p-toluidide*, fusible à 100° [Guérin, *loc. cit.*].

Janvier 1906. P. Carré.

LAUROLÈNE. — Voyez Lauronoliques (acides).

LAURONIQUE (ACIDE ISO-). — Voyez Lauronolique (Acide).

LAURONOLIQUES (ACIDES) $C^9H^{14}O^2$. — (Voyez 2e Suppl., 850).

Outre l'acide lauronolique de Fittig et Woringer déjà signalé dans ce dictionnaire (2e Suppl., 850) il a été décrit depuis un certain nombre d'isomères ou soi-disant tels, l'acide allolauronolique et l'acide γ-lauronolique. Tous ces acides dérivent de l'acide camphorique par perte du carboxyle fort ou carboxyle α, avec formation d'une double liaison :

$$C^8H^{14}<\begin{matrix}CO.OH\ \alpha\\ CO.OH\ \beta\end{matrix} \rightarrow C^8H^{13}-CO^2H\ (\beta)$$

Acide lauronolique de Fittig et Woringer. — La préparation de cet acide a été perfectionnée par Aschan [*D. chem. G.*, **27**, 3504, 1894].

On chauffe 100 grammes d'anhydride bromocamphorique avec 300 grammes de soude à 15 0/0; le produit est ensuite neutralisé par 12 grammes d'acide sulfurique étendu de 50 grammes d'eau.

L'acide lauronolique mis en liberté est entraîné par la vapeur. Le résidu contient le sel de sodium de l'acide camphanique, d'où on retire ce dernier en acidulant et extrayant par l'éther.

La distillation de l'acide camphanique dans un courant d'acide carbonique fournit un mélange d'acide lauronolique et de laurolène; l'acide lauronolique provenant de ce traitement est moins pur que le premier.

Son pouvoir rotatoire $[\alpha]_D$ varie entre 110 et 188° [F. Tiemann, *D. chem. G.*, **33**, 2935, 1900].

Sa densité est $D_{10} = 1,0177$: $n_D = 1,471$.

Il bout à 240° sans décomposition notable ou à 128-130° (H = 10 mm.). Son *amide* $C^8H^{13}CO\,AzH^2$ fond à 72°. Son *sel de chaux* caractéristique cristallise avec $3H^2O$.

Le brome transforme l'acide lauronolique en une *bromolactone* fusible à 187° (Aschan); il se forme en même temps un *acide bibromodihydrolauronolique* qui fond à 185° et qui par enlèvement d'une molécule d'HBr se transforme en une *bromolactone isomère* fusible à 94° (Tiemann).

L'acide nitrique convertit l'acide lauronolique en *nitrocampholactone* $C^9H^{13}(AzO^2)O^2$ qui fond à 171°. La réduction de cette dernière donne un *dérivé aminé* $C^9H^{13}(AzH^2)O^2$ fusible à 66° [Schryver, *Chem. Soc.*, 73, 5591, 898; Perkin Jun. et Collinson, *Proc. of the Chem. Soc.*, 1898, 111].

L'oxydation nitrique de l'acide lauronolique fournit principalement de l'acide oxalique. L'oxydation manganique fournit avec de mauvais rendements un acide $C^9H^{16}O^4$ fusible à 153-154°. l'acide *dioxydihydrolauronolique*, et une cétone $C^8H^{12}O$, la *laurénone* (voyez plus loin).

Enfin, l'ébullition avec les acides minéraux étendus convertit l'acide lauronolique en campholactone fusible à 50°.

ACIDE ALLOLAURONOLIQUE ou ALLOCAMPHOLYTIQUE. — On obtient l'éther de cet acide par l'électrolyse de l'alloéthylcamphorate de potassium [Walker et Henderson, *Chem. Soc.*, 67, 337, 1895].

L'éther ainsi obtenu bout à 204°. D'après Bredt, l'acide correspondant est identique avec celui qu'on obtient dans la décomposition de l'acide déhydrocamphorique (voyez ISODÉHYDROCAMPHORIQUE) [Bredt, Houben et Lévy, *D. chem. G.*, 35, 1288, 1902] et que les auteurs nomment *isolauronolique*[1].

Cet acide bout à 233-235°, sa densité $D^{18} = 0,993$, son pouvoir rotatoire $[\alpha]_D = +57°,4$.

L'acide sulfurique étendu le convertit en campholactone ordinaire fusible à 50°. Son sel de chaux cristallise avec 1 molécule d'eau.

L'oxydation fournit l'acide camphoronique, ce qui établit sa constitution (voyez plus loin).

ACIDE γ-LAURONOLIQUE. — L'acide α-camphoramique traité par le brome et la soude est converti en un acide aminé, l'acide *dihydroaminolauronique*. Celui-ci sous l'action de l'acide nitreux donne, en même temps que d'autres produits, l'acide γ-lauronolique [Hoogewerf et van Dorp, *C. R. de l'Ac. des Sciences hollandaise*, 27 janvier 1894; — W.-A. Noyes, *Am. ch. Journ.*, 26, 500, 1895] :

$$C^8H^{14}\left<\begin{matrix}COAzH^2 & (\alpha)\\ CO^2H & (\beta)\end{matrix}\right. \rightarrow C^8H^{14}\left<\begin{matrix}AzH^2 & (\alpha)\\ CO^2H & (\beta)\end{matrix}\right. \rightarrow C^8H^{13}.CO^2H\ (\beta)$$

L'acide dihydroaminolauronique se dépose facilement à l'état de *chlorhydrate* fusible à 303-305°.

L'acide libre fond à 260; il donne un *chloroplatinate* bien défini. Le chlorhydrate distillé avec de la chaux se transforme en une lactame fondant à 203° et dont la formule est

$$C^8H^{14}\left<\begin{matrix}AzH\\ CO\end{matrix}\right>$$

L'acide dihydroaminolauronique, traité par l'acide nitreux, fournit un mélange d'acide γ-lauronolique, de laurolène C^8H^{14} (voyez plus loin) et de campholactone [Tiemann, Noyes, *loc. cit.*].

L'acide γ-lauronolique est une huile jaune clair ne distillant pas sans décomposition à la pression ordinaire, il bout à 130-132° (H = 12 mm.); son pouvoir rotatoire varie entre 118° et 146°; sa densité et son indice de réfraction sont identiques à la densité et à l'indice des acides lauronoliques dérivés de l'acide bromocamphorique. Par cristallisation fractionnée de son sel de chaux, on parvient à isoler le sel de calcium

$$(C^9H^{13}O^2)^2Ca + 3H^2O$$

caractéristique de l'acide de Fittig et Woringer. L'action du brome donne d'ailleurs les mêmes produits qu'avec ce dernier; de même l'acide azotique fournit à côté de l'acide oxalique la nitrocampholactone de Schryver fusible à 171°. Le permanganate le transforme en *laurénone* et les acides dilués à l'ébullition en campholactone ordinaire (Tiemann). Comme d'ailleurs on arrive à isoler, des produit sde l'oxydation, de l'acide camphoronique, il s'ensuit que l'acide γ-lauronolique doit être un mélange d'acide lauronolique ordinaire et d'acide allocampholytique [Bredt, Houben, Lévy, *loc. cit.*].

CAMPHOLACTONE (campholactone ordinaire) $C^9H^{14}O^2$. — Elle se produit par l'ébullition de tous les acides lauronoliques avec les acides étendus; elle cristallise en prismes fusibles à 50° et bouillant à 235-240°. L'oxyacide correspondant, contrairement aux assertions de Fittig et Woringer, est très stable, il fond à 144-145°. L'ébullition avec l'acide chlorhydrique étendu le transforme à nouveau en lactone (Tiemann).

Nous estimons qu'il n'y a pas lieu de retenir le nom d'*isobihydrolaurolactone* donné par Bredt [*loc. cit.*] à la campholactone ordinaire, l'introduction de nouveaux vocables dans cette question déjà si touffue ne pouvant prêter qu'à la confusion.

Bihydrolaurolactone. — Elle s'obtient en traitant la lactame de l'acide dihydroaminolauronique par l'acide nitreux, puis faisant bouillir le produit avec de la soude :

$$C^8H^{14}\left<\begin{matrix}AzH & (\alpha)\\ CO & (\beta)\end{matrix}\right>$$

$$\rightarrow C^8H^{14}\left<\begin{matrix}Az-AzO & (\alpha)\\ | & \\ CO & (\beta)\end{matrix}\right. \rightarrow C^8H^{14}\left<\begin{matrix}O & (\alpha)\\ | & \\ CO & (\beta)\end{matrix}\right.$$

Elle fond à 32° [Bredt, Houben, Lévy, *loc. cit.*].

ψ-Campholactone. — Voyez ISOLAURONOLIQUE (ACIDE).

Isocampholactone. — Voyez ISOLAURONOLIQUE (ACIDE).

Campholytolactone. — Voyez ISOLAURONOLIQUE (ACIDE).

LAURÉNONE, $C^8H^{12}O$. — L'acide lauronolique ordinaire et l'acide γ-lauronolique, soumis à l'oxydation manganique, donnent en petite quantité une cétone $C^8H^{12}O$, que Tiemann [*loc. cit.*] a appelée *laurénone*.

La laurénone bout à 92-95° (H = 16 mm.).

Sa densité $D^{12.5} = 0,9572$, son indice $n_D = 1,48535$. Elle est inactive.

Son *oxime* $C^8H^{12}AzOH$ fond à 105-107°.

Son *oxaminoxime* $C^8H^{13}(AzOH)-AzH.OH$ fond à 159° et se transforme sous l'action de l'acide nitreux en dérivé nitrosé.

LAUROLÈNE, C^8H^{14}. — On donne ce nom au carbure qui prend naissance à partir des acides lauronoliques, camphanique et dihydroaminolauronique [Wreden, *Lieb. Ann.*, 187, 171, 1877; — Heyher, *Inaug. Diss. Leipzig*, 1891; — Aschan,

1. Malgré l'opinion des auteurs il est impossible de conserver ce nom qui appartient à un isomère bien connu et bien étudié (Voy. Isolauronolique). Le nom d'allolauronolique proposé par M. Bouveault *Bull. Soc. Chim.*, 30, 254] nous paraît très acceptable en écartant toute cause de confusion.

Lieb. Ann., **290**, 185, 1896 ; — W.-A. Noyes, *Am. Ch. Journ.*, **17**, 432, 1895 ; — J. Walker et Henderson, *Chem. Soc.*, **69**, 750, 1896 ; — Zelinsky et Lepeschkin, *Lieb. Ann.*, **319**, 311, 1901 : — A.-W. Crossley et N. Renouf, *Chem. Soc.*, **89**, 26, 1906].

On le prépare le plus commodément en distillant l'acide camphanique (Aschan) ; il se forme en même temps de l'acide lauronolique :

$$C^8H^{13} \begin{cases} CO^2H \\ CO \\ O \end{cases} = 2CO^2 + C^8H^{14}$$

Le laurolène bout à 119-122°, son pouvoir rotatoire est extrêmement variable suivant le mode d'obtention, et peut aller de — 29°,2 (W. et H.) à + 22°,9 (Z. et L.). Sa densité est $D^{18}_{18} = 0,8010$ (C. et R.) ; $n_D = (1,44376)$ [Tiemann, *D. chem. G.*, **33**, 2935, 1900].

Il additionne le brome sans donner aucun produit défini ; l'hydrobromure est liquide et bout à 119-121° (H = 33 mm.) (Z. et L. ; C. et R.). Le laurolène ne fournit à l'oxydation manganique et nitrique aucun produit défini en dehors des acides oxalique et acétique.

Dihydrolaurolène. — Il se produit en hydrogénant l'hydroiodure précédent par le couple zinc-palladium (Z. et L.) ou tout simplement par la poudre de zinc en solution acétique.

Il bout à 115°,5-114° ; sa densité est $D^{18}_{18} = 0,7633$; son indice de réfraction $[\alpha]_{n\alpha} = 1,41424$ (C. et R.).

Son oxydation ne fournit point de produits définis ; il est donc absolument différent, malgré l'opinion de Zélinsky, du dihydroisolaurolène (voyez ISOLAURONOLIQUE) qui donne à l'oxydation de l'acide $\alpha\alpha$-diméthylglutarique (C. et R.).

CONSTITUTION DES DÉRIVÉS LAURONOLIQUES. — La constitution de l'acide allolauronolique et de la bihydrolaurolactone ne peut faire de doute par suite de l'obtention d'acide camphoronique dans l'oxydation de celui-ci, on aura :

Acide camphorique. → Acide déhydrocamphorique.

→ Acide allolauronolique. → Acide camphoronique.

On conçoit de même sans difficulté le passage de l'acide dihydroaminolauronique et de l'allo-éthylcamphorate de soude au même acide allolauronolique :

On aura également

Acide dihydroaminolauronique. → Lactame.

→ Dérivé nitrosé. → Bihydrolaurolactone.

Quant à la constitution de l'acide lauronolique de Fittig et Woringer, de la campholactone ordinaire et du laurolène, elles sont l'une et l'autre beaucoup moins sûres parce que l'absence de produits d'oxydation caractéristiques ne permet pas d'être affirmatif.

Les formules de constitution attribuées généralement à l'acide lauronolique

I. II.

nous paraissent toutes deux inexactes ; la première en effet appartient à l'acide allolauronolique ; quant à la seconde elle manque de contrôle.

Si toutefois on remarque que le dihydrolaurolène n'est pas identique au dihydroisolaurolène dont la constitution est certaine (voyez ISOLAURONOLIQUE, ACIDE), il faudra en conclure que l'acide lauronolique possède une constitution plus compliquée et un noyau différent de celui du camphre.

La campholactone dont la constitution est liée à celle de l'acide lauronolique serait, en admettant la formule (II) :

Cette formule rend compte de la transformation lactonique de tous les acides lauronoliques en campholactone ordinaire sous l'influence des acides étendus. Elle est toutefois à vérifier.

Tiemann a admis pour la laurénone le schéma

qui ne repose, comme les précédents, sur aucune preuve absolue.

Enfin, le laurolène devrait correspondre à l'une ou l'autre des formules

```
   CH³  CH³             CH³  CH³
     \  /                 \  /
      C                    C
     / \                  / \
CH  /   \ CH-CH³   CH²  /   \ CH-CH³
CH |_____| CH²      CH  |=====| CH
```

La non-identité du dihydrolaurolène avec le dihydroisolaurolène les rend tout à fait improbables. Mai 1906. G. Blanc.

LAUROTÉTANINE $C^{19}H^{23}O^{5}Az$. — Cet alcaloïde se rencontre dans un certain nombre de lauracées de Java [Greshoff, *D. Chem. G.*, **23**, 3546, 1890]. Il a été étudié par Filippo [*Arch. der Pharm.*, 236, 605, 1898], qui l'a extrait de l'écorce de *Tetranthera citrata*. Il forme des aiguilles jaunâtres, très solubles dans l'alcool, le chloroforme, l'éther acétique, moins dans l'éther et le benzène, très peu dans l'eau, fondant à 134°. C'est une base facilement décomposable et énergiquement réductrice. L'acide sulfurique seul produit une coloration bleue virant au violet si l'on chauffe; en présence d'acide vanadique il donne un bleu indigo. L'acide iodhydrique enlève de l'iodure de méthyle. L'hydroxylamine et la phénylhydrazine sont sans action.

On a décrit les *chlorhydrate*, *bromhydrate*, *iodhydrate*, *sulfate* et *picrate* de cette base.

Chauffée en tubes scellés à 100° avec de l'iodure d'éthyle, elle donne l'*éthyllaurotétanine* $C^{19}H^{22}(C^{2}H^{5})O^{5}Az$, fondant à 127-130°, et dont l'iodhydrate fond à 212°. Avec le chlorure de benzoyle elle donne le *dérivé dibenzoylé* $C^{19}H^{21}O^{5}Az(C^{7}H^{5}O)^{2}$ fusible à 194°. — L'action du phénylsénévol conduit à la *thiourée* $C^{26}H^{28}O^{5}Az^{2}S$ fondant à 211-212°.

Juin 1906. E. Rengade.

LAUTARITE (Min.) (A. Dietze). — Iodate de calcium anhydre, $(IO^{3})^{2}Ca$. Gros cristaux transparents (pesant jusqu'à 20 grammes) ou groupes radiés, incolores ou jaunâtres, accompagnant le nitrate de sodium, le chlorure de calcium, le gypse, etc., à la Pampa del Pique III, Compagnie Lautaro et à la Pampa Grove, Compagnie Catalina.

Caractères. — Très peu soluble dans l'eau; très efflorescent (?); altérable à la lumière avec coloration jaune. Avec l'acide chlorhydrique, dégagement de chlore. Réactions des iodates et des sels de calcium. Densité = 4,59.

Forme cristalline. — Prisme clinorhombique :

$mm = 83°30'; a:b:c = 0{,}6331:1:0{,}6462; \beta = 73°88'$

Faces : m prédominantes, $g^{1} p e^{1} o^{1} a^{1}$. Clivages e^{1}, trace de clivages. a^{1}, m. L. Bourgeois.

LAUTITE (Min.) (Frenzel ?). — Sulfarséniure de cuivre, CuAsS, peut renfermer jusqu'à 12 0/0 d'argent. Petites masses radiées à la mine Rodolphe, à Lauta, près Marienberg (Saxe).

LAVENDULITE (Min.) (Goldschmith). — Variété de trichalcite cobaltifère en très petits cristaux, dans des blocs de minerai de cobalt du Chili. L. Bourgeois.

LAVENITE ou **LOVENITE** (Min.) (Brögger). — Silico-zirconate fluorifère de sodium, calcium, manganèse, fer, renfermant des anhydrides tantalique, niobique et titanique. Cristaux très rares, grains, tantôt jaune vif ou jaune clair, tantôt bruns, souvent altérés, ressemblant à la mosandrite, avec mosandrite, tritomite, catapléite, eucolite, etc., dans des filons de la syénite éléolithique à l'île Låven, près Stökö (Langesundfjord), à l'île Lille-Arö et près de Barkevik (Norvège); à l'île Kassa (Afrique orientale); à la Sierra de Tingua (Brésil); dans les trachytes à sodalite de l'île d'Ischia; dans les phonolites en divers points de la chaîne du Meygal (Haute-Loire).

Caractères. — Attaquable incomplètement par l'acide chlorhydrique. Au chalumeau, assez fusible en masse brune. Dureté = 6. Densité = 3,51-3,54.

Forme cristalline. — Prisme clinorhombique :

$a:b:c = 1{,}0963:1:0{,}7150; \beta = 69°42',5$. Faces :

$h^{1} g^{1} m h^{3} h^{2} o^{1} e^{1} d^{1}/_{2}$. Macles : h^{1}. L. Bourgeois.

LAWRENCITE (Min.) (Daubrée). — Chlorure ferreux anhydre plus ou moins nickélifère,

$$[FeNi]Cl^{2},$$

trouvé dans le fer natif d'Ovifak (Groenland) et dans le fer météorique de Tazewell (Tennessee).

LAWSONITE (Min.) (F.-L. Ransome). — Silicate double d'aluminium et de calcium hydraté $CaO.Al^{2}O^{3}.2SiO^{2},2H^{2}O$. Cristaux transparents bleu pâle ou bleu gris, dichroïques, éclat vitreux ou gras, friables, cassure inégale, dans les schistes à glaucophane et serpentines de la presqu'île Tiburon, comté de Marin et autres localités de la Californie, dans les mêmes roches en divers points des Alpes du Piémont, de la Calabre, de la Corse, de la Nouvelle-Calédonie.

Caractères. — Inattaquable aux acides; après calcination, fait gelée aux acides. Au chalumeau, se trouble, puis fond aisément en verre bulleux. Donne de l'eau dans le tube. Dureté = 8 - 8,85. Densité = 3,084-3,091.

Forme cristalline. — Prisme orthorhombique :

$a:b:c = 0{,}6652:1:0{,}7385$. Faces : $m e^{1} g^{1} p$.

Clivages : g^{1} et p parfaits, m indistinct. Macles : m. L. Bourgeois.

LAXMANNITE (Min.) (Nordenskjöld). — Simple variété, la plus répandue, du reste, de vauquelinite, renfermant du phosphate de plomb, d'après MM. Descloizeaux et de Kokscharow. (Voyez VAUQUELINITE, 2e Suppl.). L. Bourgeois.

LÉCANORIQUE (ACIDE). — Voyez LICHENS.

LÉCITHINE. — (Voyez Dict., 2, 211). — *Etat naturel.* Un grand nombre de recherches ont achevé de démontrer l'extrême diffusion de la lécithine dans les organismes végétaux et animaux. On a trouvé ou dosé la lécithine : dans le cœur, le rein [V. Rubow, *Arch. exp. Path.*, **52**, 173, 1905; — Dunham, *Berl. klin. Woch.*, **1904**, 750]; dans les capsules surrénales [L. Bernard, Bigart et H. Labbé, *Soc. de Biol.*, **55**, 120, 1903]; dans le corps de fœtus ou d'enfants (dosages comparatifs) [D. Siwerzeff, *Jahresb. de Maly*, **33**, 681, 1903]; dans la moelle nerveuse [Kossel et Freitag, *Zeit. physiol. Chem.*, **17**, 433]; dans le cerveau [Zülzer, *ibid.*, **27**, 259]; dans le jaune d'œuf [E. Lawes, *Pharm. Zeit.*, **48**, 814, 1903]; dans le lait de femme, de chien et de vache (dosages comparatifs) [R. Burow, *Zeit. physiol. Chem.*, **30**, 495, 1900]; dans le lait bouilli et non bouilli [Bordas et Raczowski, *C. R.*, **136**, 56, 1903]; dans le beurre [Schmidt Mülheim, *Arch. de Pflüger*, **30**, 379, 1883]; dans un grand nombre de semences [Schulze et Steiger, *Zeit. physiol. Ch.*, **13**, 365; — Schulze et Winterstein, *ibid.*, **40**, 101, 1903]; dans les jeunes plantules se développant à l'obscurité [Stoklasa, *ibid.*, **25**, 398]; dans des productions pathologiques comme la graisse des lipomes [H. Jacklé, *Jahresb. de Maly*, **31**, 71, 1901], des exsudats chyleux [Arcoli et Soleri, *ibid.*, 836] ou des foies pathologiques [A. Chrustschowa, *Jahresb. de Maly*, **31**, 528, 1901; — R. Lépine, *Soc. de Biol.*, **53**. 978, 1901; — Balthazard, *ibid.*, 922 et 1067].

Préparation. — Pour la préparation à partir du jaune d'œuf voyez Gilson [*Zeit. physiol. Ch.*, **12**, 587, 1888] et A. Zuelzer [*ibid.*, **27**, 255, 1899], à partir du cerveau [A. Zuelzer, *loc. cit.*], à partir des semences végétales [Schulze et Likiernik, *D. chem. G.*, **24**, 71, 1891; — Schulze et Winterstein, *ibid.*, **40**, 101, 1903]. Bergell, puis Ulpiani se sont servis, pour la préparation de la lécithine (du jaune d'œuf), de sa combinaison avec le chlorurure de cadmium [P. Bergell, *D. chem. G.*, **33**. 2584, 1900; — Ulpiani, *Gazz. chim. ital.*, **31**. 2. 47, 1901].

Propriétés. — La lécithine (de l'œuf) possède le pouvoir rotatoire [Ulpiani, *loc. cit.*]. Pour la combinaison avec le chlorure de cadmium, $[\alpha]^{24}_D = + 11°41$. Ulpiani explique ce pouvoir rotatoire par la formule I où le carbone médian de la glycérine est asymétrique, en reconnaissant toutefois que dans la formule II, ce même carbone peut être asymétrique si les deux restes d'acides gras sont différents.

CH^2O - ac. phosphor. - choline
|
CHO - reste d'ac. gras
|
CH^2O - reste d'ac. gras

I.

CH^2O - reste d'ac. gras
|
CHO - ac. phosphor. - choline
|
CH^2O - reste d'ac. gras

II.

Il est probable que la formule I doit être préférée, car Willstätter et Lüdecke ont isolé d'après Bergell une lécithine active qui ne contenait guère que de l'acide oléique et, d'autre part, ils ont montré que l'acide glycérophosphorique isolé de la lécithine a le pouvoir rotatoire (gauche pour les sels de Ca et de Ba), ce qui conduit à la formule :

$CH^2O . PO^3H^2$
|
$CHOH$
|
CH^2OH

Il est probable que l'acide synthétique a une autre structure, car il y a entre les sels de Ca et de Ba des deux acides des différences plus grandes que celles que l'on relève d'ordinaire entre un corps actif et son racémique [R. Willstätter et K. Lüdecke. *D. chem. G.*, **37**, 3753; 1904]. Les acides gras des lécithines de l'œuf paraissent être différents selon le procédé de préparation employé et, sans doute aussi, selon l'alimentation de la poule. En outre, c'est à tort que l'on n'admet en général la présence dans ces composés que des seuls acides oléique, stéarique et palmitique. Ils en contiennent certainement d'autres [Hanriques et Hansen, *Skand. Arch. f. Physiol.*, **14**. 390, 1903], et sans doute de l'acide linoléique [Cousin. *Soc. de Biol.*, **55**, 913. 1903 et *C. R.*, **137**. 68. 1903; — Lawes, *Pharm. Zeitung*, **48**. 814. 1903]. La lécithine est dédoublée avec production de choline par la putréfaction. L'autolyse du cerveau la décompose aussi avec production de choline, et cette action est due à une diastase spéciale [I. H. Coriat, *Am. Journ. physiol.*, **12**, 353, 1904]. La pepsine et la trypsine ne l'attaquent pas, mais la stéapsine pancréatique la dédouble rapidement en acides gras, acide glycérophosphorique et choline [Bokay, *Zeit. physiol. Chem.*, **1**, 162, 1877]. Sous l'action des ferments de la vase des fleuves, la lécithine subit la même décomposition, et la choline formée se défait en outre avec production d'ammoniaque, de méthylamine, d'acide carbonique et de gaz des marais [K. Hasebroek, *Ibid.*, **12**, 143, 1888].

Recherche et dosage. — Pour la recherche microchimique de la lécithine dans les coupes voyez G. Loisel [*Soc. de Biol.*, **55**, 703]. Pour le dosage dans le lait, voyez Stoklasa [*Zeit. physiol. Chem.*, **23**, 343, 1897]; Burow [*Ibid.*, **30**, 495, 1900]; Bordas et S. de Raczowski [*C. R.*, **134**, 1592, 1902]; — dans le foie [Balthazard, *Soc. de Biol.*, **53**, 922, 1901]; — dans les plantes [Schulze, *Chem. Zeitung*, 1904, 751].

Physiologie. — Depuis que l'on a observé l'action excitante qu'exerce la lécithine sur le développement des animaux (têtards, jeunes mammifères,...) et sur la nutrition des adultes, il a été fait, dans cette direction, un nombre énorme d'expériences de clinique ou de laboratoire pour lesquelles nous renvoyons le lecteur aux publications spéciales. — Sur les relations qui existent entre l'action hémolysante du venin de cobra et la lécithine des globules, voyez Kyes [*Berl. klin. Wochenschr*, 1902, n°s 38 et 39; — Kyes et Sachs, *ibid.*, 2 à 4, 1903]. E. Lambling.

LÉDÈNE. — Voyez l'art. TERPÈNES.

LEDOUXITE (Min.) (J.-W. Richards). — Voyez MOHAWKITE, 2ᵉ Suppl.

LÉGUMÉLINE. — Osborne et Campbell ont donné ce nom à un protéique contenu dans les pois, les lentilles, les fèves (*vicia faba*), les vesces, la fève de Soja (*glycina hispina*), qui paraît se rapprocher plus des albumines que des globulines et qui contient en moyenne: C 53, 31; H 6, 97; Az 16, 26; S 1, 08; O 22, 38 [*Journ. Am. Chem. Soc.*, **20**, 348, 362, 393, 406, 410 et 419, 1898]. E. Lambling.

LÉGUMINE. — (Voyez, Dict., **1**, 776 et 1ᵉʳ suppl., 65). — Ce protéique constitue la masse la plus importante de la graine des légumineuses. On l'extrait de la graine à l'aide d'une solution de NaCl à 10 0/0 d'où elle est ensuite précipitée par dialyse ou par addition d'acide acétique [Osborne et Campbell, *Journ. Am. Chem. Soc.*, **18**, 583, 1896; **20**, 348, 362, 393, 406, 410, 1898; — Osborne, *Jahresb. de Maly*, **31**, 14, 1901; — Fleurent, *C. R.*, **126**, 1374, 1898; — Wiman, *Jahresb. de Maly*, **27**, 21, 1897]. On la range d'ordinaire parmi les globulines. Wiman en fait, au contraire, une nucléo-albumine. Pour les produits de dédoublement, voyez Fleurent [*C. R.*, **121**, 216, 1896] et Prianischnikow [*Landw. Versuchs-Stat*, **60**, 15, 1904]. E. Lambling.

LÉIOCOME. — Voyez DEXTRINES.

LÉKÈNE. — Voyez PÉTROLES.

LÉMONAL, LÉMONOL, LÉMONIQUE (ACIDE). — Voyez GÉRANIAL, GÉRANIOL, GÉRANIQUE (ACIDE), 2ᵉ Suppl., **4**, 675, 686 et 695.

LÉONITE (Min.) (Naupert et Wense). [Syn. : *Kalibödite, Kaliastrakanite*]. — Sulfate potassico-magnésien, $SO^4K^2 . SO^4Mg, 4H^2O$, correspondant à l'astrakanite, habituellement mélangé mécaniquement de chlorure de potassium (jusqu'à 10 0/0). Cristaux tabulaires épais, incolores, jaunâtres, rougeâtres, grisâtres, parfois jaune vif, cassure conchoïdale, trouvés avec kiésérite, kaïnite, sel gemme, à Westeregeln, Leopoldshalle et Stassfurt. Prismes clinorhombiques avec la base dominante et de nombreuses facettes très petites : $a : b : c = 1,0381 : 1 : 1,2335$; $\beta = 84°50'$. Identique avec le produit artificiel préparé par van der Heide [*D. chem. G.*, 1893, **26**, 414]. L. Bourgeois.

LÉPARGYLIQUE (ACIDE). — Voyez Azélaïque (acide).

LÉPIDÈNE. — Voy. Dict., **2**, 713, et Suppl. I, 1125. La constitution du lépidène ou tétraphénylfurfurane

$$\begin{array}{ccc} C^6H^5-C & — & C-C^6H^5 \\ \| & & \| \\ C^6H^5-C & & C-C^6H^5 \\ & \diagdown\ \diagup & \\ & O & \end{array}$$

et de ses dérivés a été élucidée complètement par les travaux de Magnanini et Angeli [*D. chem. G.*, **22**, 853, 1889] et par ceux de Japp et Klingemann [*D. chem. G.*, **21**, 2934, 1888; **22**, 2880, 1889; **24**, 510, 1891; *Chem. Soc.*, **57**, 662, 1890].

L'oxylépidène de Zinin, en aiguilles fondant à 220°, est identique avec le dibenzoylstilbène

$$\begin{array}{ccc} C^6H^5-C & = & C-C^6H^5 \\ | & & | \\ C^6H^5-CO & & CO-C^6H^5 \end{array}$$

L'hydrooxylépidène n'est autre que le dibenzoyldiphényléthane ou bidésyle

$$\begin{array}{ccc} C^6H^5-CH & — & CH-C^6H^5 \\ | & & | \\ C^6H^5-CO & & CO-C^6H^5 \end{array}$$

Ce dernier corps, chauffé en tubes scellés avec de l'acide chlorhydrique concentré à 130-140°, pendant deux heures, se transforme en lépidène. C'est là une réaction générale des dicétones-1.4.

Quant à l'oxylépidène tabulaire et à l'oxylépidène octaédrique, Japp et Klingemann considèrent le premier de ces corps comme la tétraphénylcrotolactone

$$\begin{array}{ccc} (C^6H^5)^2=C & —— & C-C^6H^5 \\ | & & \| \\ CO & & C-C^6H^5 \\ & \diagdown\ \diagup & \\ & O & \end{array}$$

et le second comme un stéréoisomère (forme trans) du dibenzoylstilbène.

L'*isolépidène* obtenu par Zinin dans la distillation sèche de l'oxylépidène n'est pas, en réalité, un isomère du lépidène, il en diffère par un carbone de moins; sa formule brute est $C^{27}H^{20}O$. Sa formation à partir du dibenzoylstilbène est exprimée par l'équation :

$$C^{28}H^{20}O^2 = C^{27}H^{20}O + CO.$$

La constitution de ce corps n'a pas été établie.
Janvier 1906. R. Marquis.

LÉPIDINE ET SES DÉRIVÉS. — Voyez l'art. Quinoléine.

LÉPIDOPHÉITE (Min.) (Weisbach). — Oxyde de manganèse et de cuivre hydraté voisin de la crednérite. L. Bourgeois.

LÉPRARINE, LÉPRARIQUE (ACIDE). — Voyez Lichens.

LEPTOMINE. — Ce corps existe dans le suc de divers myxomycètes ou champignons (*Cordiceps, Balansia, Agaricus, Polyporus, Dictyophora, Phallus*) d'où on peut le précipiter à l'état de composé plombique [Raciborski, *Ber. Deutsch. botan. Ges.*, **16**, 52 et 119]. Il se présente sous forme d'une poudre amorphe, blanche, assez mal étudiée au point de vue chimique.
1er janvier 1906. A. Hébert.

LERBACHITE (Min.). — Variété plombifère de tiemannite (Hg.Pb)Se (voyez Dict., **3**, 415).

LEUC OU LEUCO. — Pour les mots qui ne se trouvent pas ici à leur place alphabétique, voyez le mot qui suit ce préfixe.

LEUCANILINE. — Voyez Triphénylméthane.

LEUCANISIDINE

$$[AzH^2.C^6H^3.(OCH^3)]^2=CH.C^6H^4(AzH^2).$$

— On l'obtient en réduisant, par le zinc et l'acide chlorhydrique, le produit de condensation de l'aldéhyde p-nitrobenzylique et de l'o-anisidine. Petites lamelles fondant à 182-183°, très peu solubles dans l'eau, très solubles dans l'alcool absolu.

Son chlorhydrate se dissout bien dans l'acide chlorhydrique concentré.

Son chloroplatinate forme un précipité jaune, difficilement soluble dans l'acide chlorhydrique étendu [O. Fischer, *D. chem. G.*, **15**, 680, 1882].
15 mai 1906. V. Thomas.

LEUCAZONE. — V. Meyer et Constans [*Lieb. Ann. Chem.*, **214**, 341] ont donné le nom de leucazones aux composés dérivant des acides azauroliques par perte d'un atome d'azote. Ils prennent naissance par l'action sur ces acides de la chaleur, des acides étendus, de l'hydrogène naissant ou de l'ammoniaque. Le dérivé le mieux étudié est l'*éthylleucazone* $C^4H^7Az^3O$, en cristaux blancs nacrés fusibles à 158-158°,5. Son sulfate, en prismes incolores, fond à 161°,5. Elle donne un dérivé barytique $[C^4H^6Az^3O]^2Ba$ et une combinaison avec le nitrate d'argent $C^4H^7Az^3O.AzO^3Ag$. 15 mai 1906. V. Thomas.

LEUCINES. — (Voyez Dict., **2**, 215; 1er Suppl., 980). Jusqu'en 1891, on a admis en général que la leucine naturelle, c'est-à-dire celle que l'on trouve dans les organismes ou que l'on obtient par hydrolyse des protéiques, est l'*acide α-aminocaproïque normal*,

$$CH^3-(CH^2)^3.CHAzH^2.COOH,$$

identique à celui que Hüfner a obtenu en traitant par l'ammoniaque l'acide α-bromocaproïque dérivant de l'acide caproïque de fermentation ou acide normal. On l'a crue aussi identique à l'acide que Limpricht avait obtenu en saponifiant le cyanhydrate du valéraldéhydate d'ammoniaque (lequel était en réalité l'isovaléraldéhydate) (Voyez Dict., **2**, 316). Et pourtant dès 1870, Hüfner, en comparant la leucine naturelle avec les deux leucines synthétiques ci-dessus, avait noté, à côté de ressemblances très grandes, des différences sensibles en ce qui concerne la solubilité [*Journ. prakt. Chem.*, nouv. suite, **1**, 6, 1870]. Néanmoins l'identité de la leucine naturelle avec l'acide α-aminocaproïque normal continuait à être admise dans la plupart des traités [Voyez Beilstein, *Org. Chem.*, 3e éd., **1**, 1201, 1893]. La question n'a été éclaircie que par les travaux de Schulze et Likiernik et d'E. Fischer (1891-1900).

Schulze et Likiernik [*D. chem. G.*, **24**, 669, 1891] ont montré que la leucine naturelle étant active (gauche), et les deux leucines synthétiques ci-dessus étant au contraire des racémiques, la comparaison avec ces corps ne peut rien apprendre sur la nature de la leucine naturelle. Ils ont donc préparé, par saponification du cyanhydrate de l'isovaléraldéhydate d'ammoniaque, une leucine synthétique inactive, soit l'acide α-amino-isobutylacétique

$$(CH^3)^2=CH-CH^2-CHAzH^2-COOH,$$

et l'ont identifiée avec la leucine naturelle (des matières albuminoïdes), préalablement racémisée par chauffage avec de l'eau de baryte à

160°, d'après Schulze et Barbieri [*Zeit. physiol. Chem.*, **9**, 108, 1886] et Schulze et Bosshard [*Ibid.*, **10**, 135, 1887]. En effet, la solubilité des deux corps est identique. De plus, le racémique de synthèse, dédoublé par le penicillium glaucum, laisse un acide actif (gauche en solution chlorhydrique : voyez plus loin), identique à celui que Schulze et Bosshard [*loc. cit.*] ont obtenu en dédoublant par le même agent le racémique obtenu par racémisation de la leucine naturelle. Enfin, par l'action de l'acide nitreux, les deux acides fournissent le même acide oxycaproïque. Peu après, E. Fischer a de même racémisé la leucine naturelle en la chauffant avec PbO à 165°, et après avoir transformé ce racémique en benzoyl-leucine, il l'a dédoublée à l'aide des sels de cinchonine en benzoyl-*d*-leucine et en benzoyl-*l*-leucine, lesquelles ont fourni respectivement par saponification une leucine droite et une leucine gauche, cette dernière identique à la leucine naturelle [E. Fischer, *D. chem. G.*, **33**, 2370, 1900]. De plus, l'acide α-amino-caproïque normal, obtenu en partant de l'acide caproïque de fermentation, a été transformé en son dérivé benzoylé, puis dédoublé de même à l'aide du sel de cinchonine en acides *l* et *d*-benzoyl-α-aminocaproïques. Or, l'acide gauche diffère nettement de la leucine naturelle [E. Fischer, *loc. cit.*, 2381 ; — E. Fischer et R. Hagenbach, *ibid.*, **34**, 370, 1901].

La leucine naturelle est donc bien l'acide α-amino-isobutylacétique gauche, et il faut, comme le propose E. Fischer, réserver le nom de leucine aux acides de ce type. Comme dans leurs nombreuses recherches sur l'hydrolyse des matières albuminoïdes, E. Fischer et ses élèves n'ont jamais rencontré que l'acide ci-dessus, on doit admettre que les différences signalées à diverses reprises entre des leucines naturelles d'origine différente, tenaient à des impuretés ou à des racémisations partielles, et que la leucine que l'on vient de définir est la seule leucine naturelle. Toutefois cette question demeure ouverte, surtout depuis que F. Ehrlich a isolé des résidus des mélasses de sucrerie, une *isoleucine droite*, différente à la fois de la leucine naturelle et de l'acide α-aminocaproïque normal droit (voyez plus loin) [F. Ehrlich, *D. chem. G.*, **37**, 1809, 1904].

Nous étudierons donc la *leucine naturelle* ou *gauche*, la *leucine droite* et la *leucine racémique* et enfin les *leucines isomères*, telles que l'isoleucine.

Leucine gauche. [Syn. *Leucine naturelle* ou *leucine active*]. — (Voyez Dict., **2**, 215)[1]. — L'hydrolyse des protéiques par les acides bouillants donne des quantités de leucine très variables : avec la caséine, 32 ; avec la gélatine, 1,5 à 2 ; avec l'hémoglobine, 20 ; avec la kératine, 18,3 ; avec la fibroïne 1,5 0/0, etc. [Cohn, *Zeit. physiol. Chem.*, **22**, 166, 1886 ; — Nencki, *J. prakt. Chem.*, nouv. suite, **15**, 390, 1877 ; — E. Abderhalden, *Zeit. physiol. Chem.*, **44**, 33, 1905 ; — Abderhalden et Pregl, *ibidem*, **46**, 24, 1905 ; — Abderhalden et Wells, *ibidem*, 31 ; — Abderhalden et Le Count, *ibidem*, 40].

Préparation. — Par hydrolyse pancréatique de la nutrose (caséinate de sodium du commerce). La leucine brute obtenue par concentration est purifiée par cristallisation du chlorhydrate de l'éther éthylique [Röhmann, *D. chem. G.*, **30**, 1978, 1897]. Il vaut mieux encore éthérifier le produit brut par l'alcool et l'acide chlorhydrique et décomposer le chlorhydrate de la leucine éthylique que l'on obtient ainsi par la soude à basse température, en présence de l'éther qui dissout la leucine éthylique ; le résidu de l'évaporation de l'éther est distillé dans le vide, puis saponifié par l'eau bouillante. Un bon contrôle de la pureté du produit est le pouvoir rotatoire en solution chlorhydrique. Avec ce procédé on peut remplacer la caséine par la corne [E. Fischer, *D. chem. G.*, **34**, 434, 446, 1901 ; — Voyez aussi : Étard, *C. R.*, **133**, 1231, 1901]. Pour la préparation de la leucine gauche de synthèse, par dédoublement du racémique de synthèse, voyez plus loin.

Propriétés. — La leucine gauche est soluble dans 46 parties d'eau à 18° [Schulze, *Zeit. physiol. Chem.*, **9**, 254, 1885 ; **35**, 304, 1902] ; 100 parties d'alcool à 95 0/0 en dissolvent à 17° $0^{gr},06$ [Stutzer, *Zeit. analyt. Chem.*, **31**, 503, 1892]. Sa densité à 18° est de 1,293 [Engel et Vilmain, *Bull. Soc. Chim.*, **24**, 279, 1875], et sa chaleur de combustion moléculaire, de $854^{cal},9$ [Berthelot et André, *ibid.*, (3), **4**, 226, 1890], de $855^{cal},8$ [Stohmann et Langbein, *Journ. prakt. Chem.*, (2), **44**, 380, 1891], de $858^{cal},5$ [E. Fischer et F. Wrede, *Chem. Centr. Bl.*, **1904**, II, 1548.] Elle fond en tube capillaire fermé à 293-295° (chauffe rapide) ; l'ancienne indication de 170° est sûrement inexacte [E. Fischer, *D. chem. G.*, **33**, 2373, 1900]. Elle dévie à gauche en solution aqueuse et à droite en solution acide ou alcaline [Lewkowitsch, *D. chem. G.*, **17**, 1439, 1884 ; — Schulze et Bosshard, *ibid.*, 1610]. En solution dans HCl à 20 0/0 et pour $0^{gr},71$ de leucine dans 15 centimètres cubes, $[\alpha]_D = +17°,3$ [Schulze et Bosshard, *Zeit. physiol. Chem.*, **10**, 140, 1886] et $+17°,86$ pour une solution à 4,48 0/0 dans le même acide [E. Fischer, *D. chem. G.*, **34**, 446, 1901]. Le chauffage à 150-160° avec de l'eau de baryte pendant 3 jours [Schulze et Bossard, *loc. cit.*, 135] ou mieux avec de l'oxyde de plomb [E. Fischer, *D. chem. G.*, **33**, 2372, 1900], mais non pas avec de l'eau, la transforme en leucine racémique.

Chlorhydrate de la l-leucine. — On dissout la leucine brute dans HCl étendu (1 atome d'Az pour 1 molécule d'acide), on concentre au bain-marie et on introduit dans un mélange réfrigérant. Masse cristalline blanche [Röhmann, *D. chem. G.*, **30**, 1980, 1897].

Chlorhydrate de la leucine éthylique. — Par ébullition de la leucine avec de l'alcool contenant 3 à 4 0/0 de HCl. Cristallise du mélange bouillant de ligroïne et d'éther acétique en prismes longs et étroits. Fond à 134° ; $[\alpha]_D = +18°,4$ en solution alcoolique à 5 0/0 ; se racémise par chauffage à 200° [Röhmann, *loc. cit.*].

l-Leucine éthylique. — Pour la préparation, voyez plus haut. Liquide ayant le même point d'ébullition que la leucine éthylique racémique. $[\alpha]_D^{20°} = +13°,1$. — Le *picrate* de cet éther cristallise dans l'eau en aiguilles. Fond à 129°,5 (corr.) [E. Fischer, *D. chem. G.*, **34**, 445, 1901].

Peptides dérivés de la leucine. — Voyez au mot *Peptides*.

Carbimide de la l-leucine éthylique. — Par l'action de $COCl^2$ en solution toluénique sur la leucine éthylique :

$$(CH^3)^2 = CH - CH^2 - \underset{\displaystyle CO^2 - C^2H^5}{\underset{|}{CH}} - AzCO$$

Liquide incolore devenant rouge brun et bouillant à 128-130° sous 18 millimètres. Il se forme

1. Les indications contenues dans cet article du Dict., se rapportent toutes à la leucine naturelle, sauf celles qui sont relatives au produit de synthèse de Hüfner, (p. 216, 2e colonne) et qui s'appliquent à l'acide α-aminocaproïque normal. Quant à la leucine de synthèse de Limpricht citée dans le même article (p. 216, 2e colonne) et faite en réalité avec l'isovaléraldéhyde, elle représente la leucine racémique.

en même temps une urée disubstituée [Hugounenq et Morel, *C. R.*, **140**, 505, 1905]. Par AzH^3 sur cette carbimide et saponification subséquente, on obtient *l'acide leucine-hydantoïque* (voyez plus loin). De même par l'aniline, il se forme *l'urée mixte de la leucine et de l'aniline*

$(CH^3)^2 = CH - CH^2 - CH(CO^2H) - AzH - CO - AzHC^6H^5$,

en aiguilles fondant à 115°, et par l'action de la leucine sodique, *l'urée symétrique de la leucine*, $CO[AzHCH(CO^2H) - CH^2 - CH = (CH^3)^2]^2$, en aiguilles difficilement solubles [Hugounenq et Morel, *C. R.*, **140**, 859, 1905].

Acide l-leucine-hydantoïque,

$(CH^3)^2 = CH - CH^2 - CH(CO^2H) - AzH - CO - AzH^2$.

— Par AzH^3 sur la carbimide de la leucine ou par fusion de la leucine avec de l'urée à 130-135°. Aiguilles blanches fusibles à 200-210° avec décomposition. Donne par $BrO Na$ l'acide leucique. Chauffé au delà de 150°, il fournit *l'hydantoïne de la leucine*, en aiguilles blanches, fusibles à 200-210° :

$$(CH^3)^2 = CH - CH^2 - \underset{\underbrace{\qquad\qquad}_{CO}}{CH - AzH - CO - AzH}$$

[Hugounenq et Morel, *C. R.*, **140**, 150, 1905].

Benzoyl-l-leucine $C^5H^{10}(AzH - C^7H^5O) . CO^2H$. — Par dédoublement de la benzoyl-leucine racémique au moyen du sel de cinchonine. Le sel de la benzoyl-*d*-leucine cristallise d'abord, et celui de la benzoyl-*l*-leucine reste dans les eaux-mères. On le purifie en passant par le sel de quinidine. Cristaux fondant à 105-107° (corr.) $[\alpha]_D^{20°} = + 6°,59$ en solution à 8,79 0/0 dans une lessive alcaline normale. Bien que ce corps soit dextrogyre, E. Fischer l'appelle néanmoins *benzoyl-l-leucine*, car, saponifié à chaud par HCl, il fournit la *l*-leucine, identique à la leucine naturelle. On obtient le même corps en benzoylant la leucine gauche naturelle par le chlorure de benzoyle et la soude [E. Fischer, *D. chem. G.*, **33**, 2371, 1900].

Benzène-sulfo-l-leucine,

$(CH^3)^2 = CH - CH^2 - CH(AzH - SO^2 - C^6H^5) - CO^2H$.

— On dissout 5 grammes de leucine naturelle dans 40 centimètres cubes de soude normale et on ajoute, par petites portions et en agitant, 21 grammes du chlorure de l'acide benzènesulfonique et 60 centimètres cubes de potasse à 22 0/0. Aiguilles fusibles à 119-120° (corr.). $[\alpha]_D^{20} = - 39°,0$ pour une solution alcaline contenant 4 centimètres cubes de soude normale, 1gr,085 de substance dans 10gr,9138 de liquide (donc à 9,94 0/0) [E. Fischer, *D. chem. G.*, **34**, 448, 1901]. Très utile pour caractériser la leucine.

II. Leucine droite. — Par saponification de la benzoyl-*d*-leucine par HCl à 10 0/0 à l'ébullition [E. Fischer, *D. chem. G.*, **33**, 2376, 1900] ou par dédoublement de la leucine racémique au moyen du penicillium glaucum [Schulze et Bosshard, *Zeit. physiol. Chem.*, **10**, 134, 1887]. Dévie à gauche en solution acide. $[\alpha]_D^{20°} = - 16°,91$ pour une solution à 4,73 0/0 dans HCl à 21 0/0 (E. Fischer).

Benzoyl-d-leucine. — Par dédoublement de la benzoyl-leucine racémique (voyez plus haut). Prismes fondant à 105-107° (corr.), solubles dans 120 parties d'eau bouillante. $[\alpha]_D^{20°} = - 6°,39$ pour une solution aqueuse contenant 8,46 0/0 de substance, avec un peu plus d'une molécule de soude.

III. Leucine racémique. — *Préparation.* — Par racémisation de la leucine gauche (voyez plus haut), ou plus commodément par synthèse en saponifiant le cyanhydrate de l'isovaléraldéhydate d'ammoniaque [Schulze et Likiernik, *Zeit. physiol. Chem.*, **17**, 513, 1893] et en terminant l'opération d'après E. Fischer [*D. chem. G.*, **33**, 2372, 1900]; 250 grammes de valéraldéhyde du commerce rectifiés donnent 100 grammes de leucine racémique. D'autres synthèses ont été réalisées encore : 1° par Erlenmeyer junior et Kunlin à partir du produit de condensation de l'aldéhyde isobutyrique avec l'acide hippurique [*Ann. Chem.*, **316**, 145, 1903]; 2° par Bouveault et Locquin à partir de l'éther α-oximino-isobutylacétique que l'on réduit par l'amalgame d'aluminium. Ce dernier produit est sans doute plus pur que celui de Schulze et Likiernik [Bouvault et Locquin, *Bull. Soc. Chim.*, (3), **31**, 1180, 1904].

Propriétés. — Paillettes solubles dans 105 parties d'eau à 13°, dans 102p,4 à 21°, dans 106p,5 à la température ordinaire [Schulze et Likiernik, *D. chem. G.*, **24**, 669; — Schulze et Bosshard, *Zeit. physiol. Chem.*, **9**, 111, 1886; **10**. 136, 1887]. Fond à 293-295° (corr.) en tube capillaire fermé et avec chauffe rapide (E. Fischer), à 290° sur bloc (Bouveault et Locquin).

r-Leucine éthylique. — Se prépare comme la leucine éthylique gauche. Liquide à odeur particulière et désagréable, bouillant à 83°,5 sous 12 millimètres, à 88° sous 18 millimètres, à 196° sous 761 millimètres. $D_{17} = 0,929$. Il est soluble dans 23 parties d'eau à la température ordinaire et est saponifié par l'eau bouillante [E. Fischer, *D. chem. G.*, **34**, 444, 1901]. Son *chlorhydrate* fond à 112° [Röhmann, *ibidem*, **30**, 1978, 1897]. Son *picrate* est en aiguilles fusibles à 136° (corr.), et son *d-tartrate*, en paillettes brillantes fusibles à 145° (corr.) (E. Fischer).

Acétyl-r-leucine. — Aiguilles fusibles à 161° (corr.) (E. Fischer).

Benzoyl-r-leucine. — Par l'action d'un grand excès de chlorure de benzoyle sur la leucine en présence d'un excès de carbonate de sodium. Paillettes rhomboïdales ou prismes fusibles à 137-141° (corr.), solubles dans environ 200 parties d'eau bouillante, très peu solubles à froid. [E. Fischer, *loc. cit.*; Bouveault et Locquin, *loc. cit.*

Benzène-sulfo-r-leucine. — Se prépare comme le produit gauche. Prismes durs, devenant humides à 140° et fondant à 146° (corr.). Donne des sels bien cristallisés. Très utile pour caractériser la leucine [E. Fischer, *loc. cit.*, 2380; — Bouveault et Locquin, *loc. cit.*].

β-Naphtalène-sulfo-r-leucine,

$(CH^3)^2 = CH - CH^2 - CH(AzH . SO^2 . C^{10}H^7) - CO^2H$.

— On dissout la leucine dans la quantité calculée de soude et on agite avec une solution éthérée du chlorure de l'acide β-naphtalènesulfonique. Paillettes brillantes (de l'alcool étendu), fusibles à 145-146° (corr.), solubles dans 100 parties d'eau bouillante. Encore plus précieux que le précédent pour isoler et caractériser la leucine.

Combinaison avec l'isocyanate de phényle. — [Voyez au mot *Hydantoïne*, 2e Suppl., 5, 196].

IV. Leucines isomères. — 1° Si, pour la synthèse de la leucine, on part d'un valéral obtenu en partant de l'alcool amylique de fermentation de Bémont [*C. R.*, **133**, 1222, 1902] et représentant donc la méthyl-éthyl-acétaldéhyde, on arrive par l'action de $AzH^3 + CAzH$ et saponification ultérieure à une leucine racémique de formule :

$$\genfrac{}{}{0pt}{}{C^2H^5}{CH^3}\!>\!CH-CH(AzH^2)-COOH$$

isomère de la leucine ordinaire, mais s'en distinguant par son goût sucré intense et par une plus grande solubilité (5g,8 dans 100 parties d'eau à 15°) (Etard et Vila, *C. R.*, **134**, 122, 1902; Vila et Vallée, *ibid.*, 1594].

2° *Isoleucine droite.* — P. Ehrlich a retiré des mélasses de sucrerie une leucine en paillettes brillantes, fusible en tube capillaire fermé à 280°, soluble à raison de 1 partie dans 25g,8 d'eau à 15°,5, déviant à droite en solution aqueuse ($[\alpha]_D^{20°} = +9°,74$ pour une solution à 3,87 0/0), à droite aussi en solution acide ($[\alpha]_D^{20°} = +36°,80$ en solution à 4,57 0/0 dans HCl à 20 0/0) ou alcaline ($[\alpha]_D^{20°} = +11°,09$ pour une solution à 3,28 0/0 avec un léger excès de soude par rapport à la leucine). Par ses diverses combinaisons (sel de Cu, dérivés benzoylé, benzolsulfoné, combinaison avec l'isocyanate, etc.), ce corps s'éloigne nettement des autres leucines. Sa constitution n'est pas encore connue. Elle accompagne la leucine ordinaire dans les produits de décomposition des protéiques et la séparation des deux corps est très difficile [P. Ehrlich, *D. chem. G.*, **37**, 1809, 1904]. P. Lambling.

LEUCINIMIDE. — (Voyez Dict., **2**, 217).

Formation. — Par l'hydrolyse des protéiques au moyen des acides [Cohn, *Zeit. physiol. Chem.*, **22**, 153, 1897 : — Ritthausen, *D. chem. G.*, **29**, 2109, 1897] ou de la trypsine [Salaskin, *Zeit. physiol. Chem.*, **32**, 592, 1901]. Par décomposition spontanée de l'α-amino-isocaproate d'éthyle [Bouveault et Locquin, *Bull. Soc. Chim.*, (3), **31**, 1180, 1904].

Préparation. — Par chauffage de la leucine éthylique de synthèse en tube scellé à 180-190° pendant 24 heures. Rendement 63 0/0 (E. Fischer, *D. chem. G.*, **34**, 448, 1901).

Propriétés. — Cohn a montré que ce corps, qu'il a d'abord pris pour un dérivé pyridique de formule $C^6H^{11}AzO$, présente une formule double et qu'il représente une pipérazine [Cohn, *Zeit. physiol. Chem.*, **29**, 283], la *3.6-di-isobutyl-2.5-diacipipérazine* (E. Fischer, Bouveault et Locquin).

```
             AzH
           4/   \
   CO  5         3  CH.C⁴H⁹
C⁴H⁹.HC 6         2  CO
           \   1 /
             AzH
```

Cristaux (de l'alcool) fusibles à 271° (corr.) (E. Fischer), 265° au bloc (Bouveault et Locquin). Les produits de Salaskin et de Cohn fondaient à 295-296°. La *3.6-dibutyl-2.5-diacipipérazine*, préparée par chauffage de l'éther éthylique de l'acide α-amino-caproïque normal cristallise dans l'alcool en paillettes fusibles à 268° (corr.) [E. Fischer. E. Lambling.

LEUCITIQUE (ACIDE). — Voyez SILICIUM (COMPOSÉS DU).

LEUCOCHALCITE (Min.) (Sandberger). — Arséniate cuivrique basique hydraté

$$4CuO . As^2O^5, 3H^2O,$$

en fines aiguilles blanches ou verdâtres, à la mine Wilhelmine, près Schölkrippen, en Spessart. L. Bourgeois.

LEUCODRINE. — Principe amer des feuilles du *Leucodendron concinnum*, originaire du Cap. Ce corps, désigné d'abord sous les noms de *protexine* ou *protéacine*, a été nommé par Merk, *leucodrine*, nom auquel s'est aussi rallié O. Hesse, les autres noms convenant à un autre principe retiré du *Protea mellifera*. La leucodrine s'obtient en dissolvant dans l'eau l'extrait éthéré des feuilles, précipitant par l'acétate de plomb la solution dont on enlève l'excès du plomb par l'acide sulfurique, concentrant, épuisant par l'éther et faisant cristalliser le nouvel extrait éthéré dans l'eau, l'alcool ou l'acide acétique. La leucodrine cristallise en prismes incolores, fusibles à 212°, de saveur amère. D'après Merk, elle aurait pour formule $C^{15}H^{16}O^8$, son pouvoir rotatoire $[\alpha]_D$ serait de $-15°,45$ et elle formerait un dérivé octoacétylé $C^{15}H^8O^8(CO.CH^3)^8$. D'après O. Hesse, sa formule serait $C^{18}H^{20}O^9$ et elle donnerait un dérivé triacétylé $C^{18}H^{17}(C^2H^3O)^3O^9$ [*Annales de Merk*, 1895 ; — *Lieb. Ann.* **290**, 314-317, 1895].

1er janvier 1906. A. Hébert.

LEUCOGLYCODRINE. — Glucoside amorphe extrait du *Leucodendron concinnum*; son point de fusion est inconstant; son pouvoir rotatoire $[\alpha]_D = -40°,25$ [*Annales de Merk*, 1895].

1er janvier 1906. A. Hébert.

LEUCOGALLOL. — Voyez PYROGALLOL.

LEUCOMAÏNES. — Voyez PTOMAÏNES et LEUCOMAÏNES.

LEUCONIQUE. — Voyez CROCONIQUE (ACIDE), 2e Suppl., **2**, 1461.

LEUCOPHÉNICITE (Min.) (Penfield et Warren). — Sorte de humite, $Si^3O^{14}R^7H^2$, renfermant 60 0/0 d'oxyde manganeux, masses cristallines rouge pourpre, éclat vitreux, probablement clinorhombique, des mines de zinc de Franklin, New Jersey (États-Unis). En poudre fine, aisément attaquable aux acides; fusible au chalumeau en globule noir brunâtre; donne un peu d'eau dans le tube. Dureté = 5,5-6. Densité = 3,848. L. Bourgeois.

LEUCOSPHÉNITE (Min.) (Flink). — Silicotitanate de baryum et de sodium, un peu de titane est remplacé par du zirconium,

$$2Na^2O . BaO . 2[Ti, Zr]O^2 . 10SiO^2.$$

Petits cristaux blancs très rares.

Décomposé par l'acide fluorhydrique. Au chalumeau, décrépite et fond avec difficulté en globule noirâtre. Dureté = 6,5. Densité = 3,05.

Forme cristalline. — Prisme clinorhombique : $a : b : c = 0,5813 : 1 : 0,8501$; $\beta = 93°23'$. Faces : p prédominante, h^1, g^1, e^1, o^1, m, g^2, d^1, $b^1/_2$, $(d^1/_2\ b^1/^4\ g^1/_3)$ $(d^1/_4\ b^1/_8\ g^1/_3)$, allongement pg^1. Macles p. Clivage g^1 distinct. L. Bourgeois.

LEUCOTHIONINE. — Voyez l'art. DIPHÉNO-Y-DIHYDROTHIAZINE, 2e Suppl., **3**, 253.

LEUCOTURIQUE (ACIDE). — Voyez OXALANTHINE.

LEVERRIÉRITE (Min.) (Termier). — Silicate d'aluminium hydraté, $2Al^2O^3 . 5SiO^2$ voisin de la pholérite. Sorte d'argile cristallisée, se rencontre avec mica noir, surtout très fréquemment dans des argiles houillères des bassins de Rive-de-Gier et du Gard. Petits prismes tordus et vermiformes, de 1 à 4 millimètres de long, en général à clivage transversal parfait; les lames de clivage ressemblent à du mica brun. A été souvent pris pour un organisme fossile (*Bacillarites*). Se trouve aussi dans les porphyres pétrosiliceux interstratifiés au milieu du terrain houiller. Dureté = 1,5. Densité = 2,3-2,4.

Forme cristalline. — Orthorhombique pseudohexagonal. Faces mg^1p. Clivage p parfait. Macles *m*, ou encore à angle droit suivant des lois plus compliquées. L. Bourgeois.

LÉVINULINE. — Voyez Inuline, 2e Suppl., 6, 98.

LÉVOSINE, $(C^6H^{10}O^5)^4$. — La lévosine se trouve dans les grains de seigle, de blé et d'orge. Elle a été retirée de la farine de seigle par Tanret. A cet effet, on épuise la farine de seigle par l'alcool à 50 0/0: l'extrait est additionné d'alcool à 95 0/0 qui précipite des gommes; on distille l'alcool, défèque à l'eau de baryte, et ensuite précipite la lévosine par un grand excès d'eau de baryte. Le précipité est traité par le gaz carbonique qui met la lévosine en liberté.

La lévosine est amorphe: elle se ramollit vers 145° et fond vers 160°. Elle est soluble dans l'eau en toutes proportions, et à peine soluble dans l'alcool fort, $[\alpha]_D = -36°$. Elle ne présente pas la multirotation. Par hydrolyse elle fournit un mélange de sucres dont le pouvoir rotatoire est $[\alpha]_D = -76°$, et qui renferme du lévulose et une autre substance indéterminée.

Avec l'anhydride acétique, en présence d'acétate de sodium, elle forme un acétate, dont la formule probable est $C^{24}H^{28}O^8(C^2H^3O^2)^{12}$, $[\alpha]_D = -18°$; et qui est difficilement saponifié par les alcalis. Si l'on opère en présence de chlorure de zinc on obtient le composé

$$C^{24}H^{24}O^4(C^2H^3O^2)^{16},$$

qui ne régénère pas la lévosine par saponification (Tanret, *C. R.*, **112**, 293; *Bull. Soc. Chim.*, **5**, 724, 1891).

Juin 1906. P. Carré.

LÉVULANE (voir 1er Suppl., 980). — E.-O. de Lippmann avait d'abord indiqué que la lévulane oxydée par l'acide nitrique se transformait en acide mucique; il a constaté ensuite qu'il s'agissait là en réalité d'un mélange d'autres acides organiques parmi lesquels prédomine l'acide oxalique [*D. chem. G.*, **25**, 3216, 1892].

1er janvier 1906. A. Hébert.

LÉVULINE. $(C^6H^{10}O^5)^n$. Voir *Suppl.*, 980. — D'après Tanret, la lévuline est un mélange de saccharose et de différentes lévulosanes, telles que la synanthrine, l'inulénine, l'hélianthénine, dont les pouvoirs rotatoires se compensent approximativement (*Bull. Soc. Chim.*, **9**, 622, 1893).

β-Lévuline (*sécalose*).

$$(C^{12}H^{22}O^{11})^n \quad \text{ou} \quad C^{18}H^{32}O^{16}.$$

— Ce composé a été trouvé par Schulze et Frankfort, dans les tiges du seigle, avant la maturation. Il se présente en prismes microscopiques, très solubles dans l'eau, très peu solubles dans l'alcool. $[\alpha]_D = -28°,7$; il ne réduit pas la liqueur de Fehling. Par hydrolyse il fournit uniquement du lévulose [Schulze et Frankfort, *D. chem. G.*, **27**, 65, 3525, 1894].

P. Carré.

LÉVULIQUE (ACIDE) (Voyez Suppl., 981).

$$CH^3\text{-}CO\text{-}CH^2\text{-}CH^2\text{-}CO^2H.$$

— L'acide lévulique se forme par hydrolyse : des acides nucléiques [Noll, *Zeit. physiol. Chem.*, **25**, 430; — Inouye, **42**, 117, 1904; — Arala, **38**, 98; — Bang, *Beitr. J. Physiol. u. Path.*, **4**, 331, 1903; — Levenne, *Zeit. Physiol. Chem.*, **43**, 199, 1904], de la pseudomucine [Otori, *Zeit. phys. Chem.*, **42**, 453], du méthylstrophantobioside [Feist, *D. chem. G.*, **33**, 2091, 1899], de l'éther β-acétyl-lévulique [March, *C. R.*, **132**, 697, 1901]: par oxydation: du géraniol ou du linalol [Tiemann et Semmler, *D. chem. G.*, **28**, 2129, 1895], de la triméthyldéhydrohexénone [Verley, *Bull. Soc. Chim.*, **17**, 190, 1897], de l'aldéhyde lévulique [Harries, *D. chem. G.*, **31**, 44, 1898], de l'allylacétone et de la méthylhepténone [Harries, *D. chem. G.*, **36**, 1933, 1903: — Wallach, *Lieb. Ann. Chem.*, **319**, 77, 1901: voir Braun et Stechel, *D. chem.* G., **33**, 1472, 1900], du dihydromyrcène [Semmler, *D. chem. G.*, **34**, 3122, 1901], de la méthylcyclohexénone [Béhal, *Bull. Soc. Chim.*, **25**, 243, 1901], de l'acide γ-éthylidène-γ-méthylpyrotartrique [Stobbe, *Lieb. Ann. Chem.*, **321**, 83, 105, 1902], de la menthone [Markovnikoff, *Journ. Soc. phys. chim. russe*, **35**, 226, 1903], du myrcénol [Barlier, *Bull. Soc. Chim.*, **25**, 689, 1901], de l'acide diméthylaticonique [Fittig, *Lieb. Ann. Chem.* **331**, 88, 1904], du caoutchouc, [Harries, *D. chem. G.*, **37**, 2708, 1904]: par distillation de l'acide oxalyllévulique [Wislicenus, Goldstien et Münzesheimer, *D. chem. G.*, **31**, 625, 1898]; à côté de beaucoup d'acide dioxyvalérique, quand on soumet l'acide δγ-dibromovalérique à une longue ébullition avec l'eau [Fittig, *Lieb. Ann. Chem.*, **268**, 64, 1892; **299**, 5, 42, 1898]; quand on chauffe la lactone γ-méthylglutarique avec l'acide sulfurique [Tollens et Black, *D. chem. G.*, **19**, 707, 1886].

Pour la préparation déjà connue de l'acide lévulique à partir du sucre de canne, voyez aussi Conrad et Guthzeit [*D. chem. G.*, **18**, 442, 1885; — Kent et Tollens [*Lieb. Ann. Chem.*, **227**, 229, 1885: — Neugebauer, *ibid.*, **227**, 99; — Leissl, **249**, 275, 1889; — Rischbieth, *D. chem. G.*, **20**, 1774, 1887]. Il se produit aussi de petites quantités d'acide lévulique quand on chauffe, avec les acides étendus, le galactose [Conrad et Guthzeit, *D. chem. G.*, **19**, 2575, 1886: — Kent et Tollens, *Lieb. Ann. Chem.*, **227**, 228] et le sorbose [Smith et Tollens, *D. chem. G.*, **33**, 1285, 1900].

L'acide lévulique peut se préparer synthétiquement par condensation du zinc méthyle avec le chlorure-éther succinique.

$$COCl\text{-}CH^2\text{-}CH^2\text{-}CO^2C^2H^5$$

[Blaise, *Bull. Soc. Chim.*, **21**, 648, 1899].

L'acide lévulique distille à 250-253° à la pression ordinaire, à 148-149° sous 15 millimètres [Michael, *J. prakt. Chem.*, **44**, 114, 1891: — Berthelot et André, *Ann. Chim. Phys.*, **11**, 66, 1897]. Conductibilité électrique [Ostwald, *Zeit. phys. Chem.*, **3**, 193, 1889; — Hantzsch et Vœgelen, *D. chem. G.*, **35**, 1001, 1902]. Pouvoir réfringent: [Eykmann, *Rec. des Pays-Bas*, **12**, 285, 1893: — Brühl, *J. prakt. Chem.*, **50**, 140, 1894]. Chaleur de dissolution et de neutralisation par les bases: [Tanatar, *Journ. Soc. phys. chim. russe*, **23**, 246, 1892; — *Lieb. Ann. Chem.*, **273**, 52. Chaleur de combustion pour 1 gramme, 4975cal,2 [Berthelot et André, *C. R.*, **124**, 645, 1897]. Pouvoir rotatoire magnétique [Perkin *Chem. Soc.*, **61**, 838, 1892]. Action des décharges électriques en présence d'azote : [Berthelot et André, *C. R.*, **124**, 645, 1897].

Quand on distille lentement l'acide lévulique, à la pression ordinaire, il se décompose et fournit deux anhydrides isomères $C^5H^6O^2$, et un produit non volatil fusible à 208° [Wolff, *Lieb. Ann. Chem.*, **229**, 276, 1885]. Lorsque la durée de la distillation est de 3 à 4 heures (pour 15 à 20 gr. d'acide lévulique), on obtient surtout l'*anhydride* α.

$$\begin{array}{l} CH^3\text{-}C{=}CH\text{-}CH^2 \\ \quad\;\; | \qquad\qquad\;\; | \\ \quad\;\; O \text{———} CO \end{array}$$

fusible à 18-18°,5 et distillant sans décomposition

à 167°; il fixe l'acide chlorhydrique pour donner la *chlorovalérolactone*,

$$\begin{array}{l} CH^3 - CCl - CH^2 - CH^2 \\ \quad O \text{———} CO \end{array}$$

distillant à 80-82° sous 10 millimètres, et le brome pour former la *dibromovalérolactone* $C^5H^6Br^2O^2$, fusible à 78-81 [Wolf, *loc. cit.*].

Si la durée de la distillation est seulement de 1 heure et demie à 2 heures (pour 25 à 30 grammes d'acide lévulique), la moitié de l'acide est transformé en *anhydride* β,

$$\begin{array}{l} CH^2 = C - CH^2 - CH^2 \\ \qquad | \qquad\quad | \\ \qquad O \text{———} CO \end{array}$$

huile jaune bouillant à 83-84° sous 25 millimètres; à l'air libre elle distille à 208-209° en se transformant partiellement dans son isomère α. Il fixe le brome plus lentement que l'anhydride α [Wolf, *loc. cit.*]. La chaleur de combustion de l'anhydride $C^5H^6O^2$ est de 6112 calories pour 1 gramme [Berthelot et André, *C. R.*, **129**, 646, 1897].

L'acide lévulique, chauffé avec son poids d'anhydride acétique, fournit un *dérivé acétylé*, dont la formule probable est

$$\begin{array}{l} CH^3 - C(OC^2H^3O) - CH^2 - CH^2 \\ \qquad | \qquad\qquad\qquad\qquad | \\ \qquad O \text{——————} CO \end{array}$$

qui cristallise dans l'alcool en prismes fusibles à 78-79° et distille à 140° sous 15 millimètres; la distillation à l'air libre le décompose en acide acétique et anhydride $C^5H^6O^2$ [Bredt, *Lieb. Ann. Chem.*, **236**, 222; **256**, 321. — Fock, *Lieb. Ann. Chem.*, **256**, 339, 1890].

Sous l'influence de l'éthylate de sodium, l'acide lévulique se condense en donnant un dérivé du cyclopentadiène [Duden et Freydag, *D. chem. G.*, **36**, 944, 1903].

Par condensation avec les dérivés organo-magnésiens, l'acide lévulique fournit des lactones et des glycols bitertiaires. C'est ainsi qu'avec le bromure d'éthyle-magnésium, C^2H^5MgBr, il fournit la *méthyl-4-hexanolide* 1.4,

$$\begin{array}{l} {CH^3 \atop C^2H^5} > C - CH^2 - CH^2 \\ \qquad\quad O \text{———} CO \end{array}$$

liquide distillant à 105-106° sous 18 millimètres, et le *glycol*,

$${CH^3 \atop C^2H^5} > COH - CH^2 - CH^2 - COH < {CH^3 \atop C^2H^5}$$

fusible à 61°, bouillant à 138-140° sous 14 millimètres. Avec le bromure d'amyle-magnésium on obtient la *diméthyl-4.7-octanolide*-1.4, distillant à 133-144° sous 15 millimètres, et un *glycol* qui bout à 205-208° sous 15 millimètres, et dont l'*oxyde* bout à 175-178° sous 20 millimètres. Avec le bromure de phénylmagnésium il se forme la *phényl-4-pentanolide*-1.4, distillant à 168-170° sous 16 millimètres, et l'*oxyde du glycol* bouillant à 245-250° sous 17 millimètres [Grignard, *C. R.*, **135**, 627, 1903].

La condensation de l'acide lévulique avec le bromacétate d'éthyle fournit la *lactone* de l'éther méthyl-2-oxyadipique,

$$\begin{array}{l} CO^2C^2H^5 - CH^2 - C(CH^3) - CH^2 - CH^2 \\ \qquad\qquad\qquad\quad | \qquad\qquad\qquad | \\ \qquad\qquad\qquad\quad O \text{———————} CO \end{array}$$

qui distille à 160-162° sous 15 millimètres [Duden et Freydag, *D. chem. G.*, **36**, 953, 1903]. Condensation avec le bromoisobutyrate d'éthyle [Blaise, *Bull. Soc. Chim.*, **23**, 426, 1900].

Avec l'aldéhyde benzoïque, l'acide lévulique fournit l'*acide benzylidène-α-lévulique*,

$$CH^3 - CO - CH^2 - C(= CH - C^6H^5) - CO^2H,$$

fusible à 121°; l'*acide anisylidène-lévulique*,

$$CH^3 - CO - CH^2 - C(= CH - C^6H^4\ OCH^3) - CO^2H,$$

fond à 119-119°,5 [Lossowe, *Lieb. Ann. Chem.*, **319**, 180, 1901].

L'*acide cinnamylidène-lévulique* fond à 161° [Rupe et Speiser, *D. Chem. G.*, **38**, 1113, 1905].

L'acide lévulique se condense avec les mercaptans pour donner des produits qui seront décrits avec les dérivés de l'acide valérique.

Sels. — *Lévulate de potassium.* — L'électrolyse de ce sel, seul ou mélangé d'acétate et de pyruvate de potassium, a été étudiée par Hofer [*D. chem. G.*, **32**, 650, 1900]. Les *sels de baryum* et de *strontium* cristallisent avec 2 molécules d'eau [Block et Tollens, *Lieb. Ann. Chem.*, **238**, 302, 1887]. Le *lévulate de mercure* cristallise anhydre [Ley, *D. chem. G.*, **33**, 1010, 1900].

Éthers. Spectres d'absorption [Stewart et Baly, *Chem. Soc.*, **89**, 489, 1906]. — *Lévulate d'éthyle*, $C^5H^7O^3 . C^2H^5$. — Il distille à 201° sous la pression atmosphérique, et à 103-104° sous 22 millmètres [Blaise, *Bull. Soc. Chim.*, **21**, 649, 1899]. Constante diélectrique [Drude, *Zeit. physik. Chem.*, **23**, 310, 1897]. Par réduction il fournit des produits très colorés, solubles dans l'eau et non définis [Bouveault et Blanc, *Bull. Soc. Chim*, **31**, 1215, 1904]. Action de l'iodure de méthyle en présence d'alcoolate de sodium [Montemartini, *Gazz. chim. ital.*, **27**, 176, 1897].

Le *lévulate de propyle*, $C^5H^7O^3\ C^3H^7$, distille à 110° sous 13 millimètres [Bouveault et Blanc, *Bull. Soc. Chim.*, **31**, 1213, 1904].

Le *lévulate de menthyle* $C^{15}H^{26}O^3$ est une huile incolore qui distille à 169° sous 12 millimètres [Mac Kenpe, *Chem. Soc.*, **89**, 365, 1906.]

Amide lévulique,

$$CH^3 - CO - CH^2 - CH^2 - COAzH^2.$$

— On l'obtient en faisant réagir une solution aqueuse d'ammoniaque concentrée sur l'anhydride $C^5H^6O^2$; ou bien en chauffant à 100° le lévulate d'éthyle avec une solution alcoolique d'ammoniac. Elle cristallise dans un mélange d'alcool et de chloroforme en lamelles fusibles à 107-108° [Wolf, *Ann. Chem.*, **229**, 260, 1885].

Semicarbazone,

$$CH^3 - C(Az - AzH - COAzH^2) - CH^2 - CH^2 - CO^2H.$$

— Elle cristallise dans l'alcool en aiguilles fusibles à 187° [Blaise, *Bull. Soc. Chim.*, **21**, 649, 1899]. L'*éther éthylique*,

$$CH^3 - C(COAz^3H^3) - CH^2 - CH^2 - CO^2C^2H^5$$

fond à 136° [Montemartini, *Gazz. chim. ital.*, **27**, 176, 1897].

Oxime, *acide γ-oximidovalérique*,

$$CH^3 - C(= Az - OH) - CH^2 - CH^2 - CO^2H.$$

— L'oxime de l'acide lévulique, obtenue en faisant réagir l'hydroxylamine sur l'acide lévulique, forme de gros prismes fusibles à 95-96°, très solubles dans l'eau, moins solubles dans l'alcool et dans l'éther. Réduite par l'étain et l'acide chlorhydrique, elle régénère l'acide lévulique. Le *sel de baryum* cristallise avec deux molécules d'eau [Müller, *D. chem. G.*, **16**, 1618; Rischbiet, *D. chem. G.*, **20**, 2670, 1887]. Conductibilité électrique [Hantzsch et Miolati, *Zeit. physikal. Chem.*, **10**, 23, 1892].

L'*éther éthylique*, $C^5H^8AzO^3 . C^2H^5$, fond à 38-39° [Michael, *J. prakt. Chem.*, **44**, 117, 1891].

L'*acétate*,

$$CH^3 - C(= Az - O . C^2H^3O) - CH^2 - CH^2 - CO^2H,$$

fond à 74-75° [Dollfus, *D. chem. G.*, **25**, 1930, 1892].

PHÉNYLHYDRAZONE,

$$CH^3 - C(= Az - AzH - C^6H^5) - CH^2 - CH^2 - CO^2H.$$

— Elle fond à 108° : sous l'action de la chaleur, elle se transforme en un *anhydride*, $C^{11}H^{12}Az^2O$, fusible à 106-107° et distillant vers 340-350° [Fischer, *Ann. Chem.*, **236**, 146, 1886]. L'*éther éthylique* fond à 110° [Fischer *loc. cit.*]; 106-108° [Michael, *J. prakt. Chem.*, **44**, 115, 1891]. La *phénylhydrazide*, $CH^3 - C(= Az - AzH - C^6H^5) - CH^2 - CH^2 - CO - AzH - AzH - C^6H^5$, fond à 178° [Bredt, *Ann. Chem.*, **256**, 325, 1890]; à 180,5-181°,5 [Volhard, *Ann. Chem.*, **267**, 107, 1892; — Autenrieth, *D. chem. G.*, **20**, 3191, 1887]; oxydée par l'oxyde de mercure elle fournit l'*azoïque* $CH^3 - C(Az^2H . C^6H^5) - CH^2 - CH^2 - CO - Az = Az - C^6H^5$, fusible à 142-142°,5 [Volhard, *loc. cit.*].

La *p-nitrophénylhydrazone*,

$$CH^3 - C(Az^2H . C^6H^4AzO^2) - CH^2 - CH^2 - CO^2H,$$

fond en se décomposant au-dessus de 200° [Fischer et Ach, *Ann. Chem.*, **253**, 59, 1889]; à 174-175° [Feist, *D. chem. G.*, **33**, 2098, 1900]; son *éther éthylique* fond à 156-157° [Fischer, *loc. cit.*]. L'*anhydride*, $C^{11}H^{11} . Az^3O^3$, a été obtenu par nitration de l'anhydride de la phénylhydrazone lévulique [Fischer, *loc. cit.*].

β-*Naphtylhydrazone*,

$$CH^3 - C(Az^2H . C^{10}H^7) - CH^2 - CH^2 - CO^2H.$$

— Elle forme des cristaux instables, que la chaleur transforme en un *anhydride*, fusible à 170-175°; son *éther éthylique* fond à 129-130° [Steche, *Ann. Chem.*, **242**, 367, 1887].

DÉRIVÉS HALOGÉNÉS DE L'ACIDE LÉVULIQUE. *Acide β-chlorolévulique*,

$$CH^3 - CO - CHCl - CH^2 - CO^2H.$$

— Quand on traite l'acide lévulique par le pentachlorure de phosphore, on obtient le chlorure correspondant à cet acide. L'acide β-chlorolévulique est une huile jaune clair, non volatile [Leissl, *Ann. Chem.*, **249**, 282, 1887]. Son *éther éthylique*, $C^5H^6ClO^3 . C^2H^5$, distille à 225-230° [Conrad et Guthzeit, *D. chem. G.*, **17**, 2286, 1884].

Acide dichlorolévulique, $C^5H^6Cl^2O^3$. — On l'obtient en traitant l'acide lévulique par le chlore; il fond à 77° [Leissl, *Ann. Chem.*, **249**, 290]. L'acide sulfurique le transforme en dichloro-2.4-cyclopentène-dione-1.3 [Wolff et Rüdel, *Ann. Chem.*, **294**, 192, 1896].

Acide hexachlorolévulique : l'*amide* de cet acide, $CHCl^2 - CO - CCl^2 - CCl^2 - CO . AzH^2$, s'obtient quand on traite une solution benzénique d'hexachlorocyclopentane-dione-1.3 par un courant de gaz ammoniac [Zincke et Rohde, *Ann. Chem.*, **299**, 380, 1898]. Elle cristallise dans l'eau en aiguilles fusibles à 155-156°.

Acides bromolévuliques. L'*acide* α,

$$CH^3 - CO - CH^2 - CHBr - CO^2H,$$

s'obtient en même temps que l'acide β-dibromé quand on chauffe plusieurs heures à 100° 1 partie d'acide acétylacrylique avec 6 parties d'acide bromhydrique (saturé à 0°). Il cristallise dans le sulfure de carbone en lamelles brillantes, fusibles à 80° [Wolff, *Ann. Chem.*, **264**, 257, 1891].

L'*acide* β, $CH^3 - CO - CHBr - CH^2 - CO^2H$, s'obtient en décomposant la dibromovalérolactone par l'eau, ou par bromuration directe de l'acide lévulique [Wolff, *Ann. Chem.*, **228**, 268; **264**, 233]; il fond à 59°; son *éther éthylique*, $C^5H^6BrO^3 . C^2H^5$ est liquide et distille en se décomposant à 240° [Guthzeit, *D. chem. G.*, **17**, 2285, 1884].

Acides dibromolévuliques. L'*acide* α.β,

$$CH^3 - CO - CHBr - CHBr - CO^2H,$$

s'obtient en fixant le brome sur l'acide acétylacrylique. Il cristallise dans un mélange de sulfure de carbone et de benzène en petites aiguilles fusibles à 108° [Wolff, *Ann. Chem.*, **264**, 254, 1891].

L'*acide*-β.δ, $CH^2Br - CO - CHBr - CH^2 - CO^2H$, peut s'obtenir par bromuration directe de l'acide lévulique à froid [Hell et Kehrer, *D. chem. G.*, **17**, 1981, 1884], ou par fixation du brome sur le produit de réduction de l'acide acétyldibromoacrylique par l'amalgame de sodium [Ciamician et Angeli, *D. chem. G.*, **24**, 1347, 1891]. Il cristallise dans un mélange d'éther et de ligroïne en prismes monocliniques [Linck, *Ann. Chem.*, **260**, 83, 1890], fusibles à 114-115°. La constitution de ce composé qui avait d'abord été regardé comme un acide β-dibromé a été démontrée par Wolf [*D. chem. G.*, **26**, 2216, 1893]. Chauffé avec l'anhydride acétique, il est transformé en un *anhydride* $(C^5H^5Br^2O^2)^2O$, fusible à 138° [Wolff et Rüdel, *Ann. Chem.*, **294**, 204, 1897].

Acide tribromolévulique, $C^5H^5Br^3O^3$. — Il se produit quand on chauffe une solution chloroformique d'acide lévulique avec le brome; il fond à 81°,5-82° [Wolff, *Ann. Chem.*, **229**, 266, 1885].

Acide γ-trichloro-α.β-dibromolévulique,

$$CCl^3 - CO - CHBr - CHBr - CO^2H.$$

— On l'obtient en fixant une molécule de brome sur l'acide trichloracétylacrylique; il fond à 97°,5 [Kekulé et Strecker, *Ann. Chem.*, **223**, 188, 1884].

ACIDE LÉVULIQUE α-CYANÉ. — La *phénylhydrazone* de cet acide est connue à l'état d'*éther méthylique*

$$CH^3 - C(Az^2HC^6H^5) - CH^2 - CH(CAz) - CO^2CH^3,$$

fusible à 137-138°; et à l'état d'*éther éthylique*, fusible à 144° [Klobb, *C. R.*, **12**, 563, 1895].

HOMOLOGUES DE L'ACIDE LÉVULIQUE.

ACIDE δ-MÉTHYLLÉVULIQUE, *acide homolévulique*, $CH^3 - CH^2 - CO - CH^2 - CH^2 - CO^2H$. — Il se forme quand on maintient plusieurs jours à l'ébullition l'acide dibromocapronique avec beaucoup d'eau [Fittig, *Ann. Chem.*, **200**, 5; — Hillert, *Ann. Chem.*, **268**, 69, 1892]; ou encore par ébullition de l'aldoxime

$$C^2H^5 - C(AzOH) - CH^2 - CH^2 - CH(AzOH)$$

avec la lessive de soude [Zanetti, *Gazz. chim. ital.*, **21**, 169, 1891]. Il fond à 32-33°; son sel de calcium cristallise avec $1\frac{1}{2}H^2O$.

ACIDE α-MÉTHYLLÉVULIQUE,

$$CH^3 - CO - CH^2 - CH(CH^3) - CO^2H.$$

— Il se forme par ébullition de l'éther α.β-méthylacétylsuccinique avec l'acide chlorhydrique [Bischoff, *Ann. Chem.*, **206**, 319, 1881]; ou de l'aldoxime α-méthyllévulique avec la lessive de soude [Zanetti, *Gazz. chim. ital.*, **21**, 28, 1891];

et par oxydation de la diméthyl-1.5-cyclohexène-1-one-4 [Béhal, *Bull. Soc. Chim.*, **25**, 245, 1901].

L'acide α-méthyllévulique bout à 153-156° sous 30 millimètres [Bischoff et Walden, *D. chem. G.*, **26**, 1454, 1893]; 165° sous 40 millimètres [Béhal, *loc. cit.*], en ne donnant que très peu de lactone; à la pression ordinaire il fournit de la *méthyl-2-pentanolide*-1.4, $C^6H^{10}O^2$ qui distille à 210-214° [Sprankling, *Chem. Soc.*, **71**, 1163, 1895], à 205-206° [Béhal, *loc. cit.*].

L'*éther éthylique*, $C^6H^9O^3 . C^2H^5$, est un liquide qui distille à 206-208° [Bischoff, *loc. cit.*], 149-151° sous 33 millimètres [March, *C. R.*, **134**, 179, 1902].

La *semicarbazone* fond à 191-192° [Béhal, *loc. cit.*]. La *phénylhydrazone*, fond à 122° [Zanetti, *loc. cit.*].

Acide β-méthyllévulique,

$$CH^3-CO-CH(CH^3)-CH^2-CO^2H.$$

— Cet acide s'obtient en soumettant à l'ébullition l'éther α.α-méthylacétylsuccinique avec l'acide chlorhydrique concentré [Bischoff, *Ann. Chem.*, **206**, 331, 1881; — Blaise, *Bull. Soc. Chim.*, **23**, 920, 1900].

Il cristallise vers — 12° et bout à 241-242°. Par réduction il donne la méthyl-3-pentanolide-1.4 [Blaise, *Bull. Soc. Chim.*, **29**, 335, 1903]. Il fixe l'acide cyanhydrique pour donner les nitriles cis et trans α.β-diméthylglutolactoniques. Sa *semicarbazone* fond à 197° [Blaise, *loc. cit.*]. L'*éther éthylique* bout à 206-208° [Bischoff, *loc. cit.*].

Acide α-éthyllévulique,

$$CH^3-CO-CH^2-CH(C^2H^5)-CO^2H.$$

— On l'obtient comme les précédents à partir de l'éther α.α-éthylacétylsuccinique [Thorne, *Chem. Soc.*, **39**, 340, 1880; — Young, *Ann. Chem.*, **216**, 39, 1883]. Il bout à 250-252°. Par distillation lente il se transforme en *éthyl-2-pentanolide*-1.4, $C^7H^{12}O^2$, liquide distillant à 219° [Thorne, *loc. cit.*; — Sprankling, *Chem. Soc.*, **71**, 1161, 1895]. L'*éther éthylique* bout à 224-226°.

Acide δ-diméthyllévulique,

$$(CH^3)^2=CH-CO-CH^2-CH^2-CO^2H.$$

— Il se forme quand on oxyde : la méthyl-2-heptane-dione-3.6 par l'hypobromite de sodium [Tiemann et Semmler, *D. chem. G.*, **30**, 434, 1897]; la tanacétophorone par le permanganate de potassium [Tiemann et Semmler, *D. chem. G.*, **31**, 2311]; par une longue ébullition du diméthyl-1.1-céto-2-carboxyladipate de méthyle avec l'acide sulfurique étendu [Conrad, *D. chem. G.*, **30**, 865, 1897]. Le sel de baryum s'obtient aussi par ébullition de l'isoheptènelactone avec l'eau de baryte [Fittig et Silberstein, *Ann. Chem.*, **283**, 275, 1894], ou bien à partir de l'acide dibromo-2.4-méthyl-5-hexanoïque [Fittig et Wolff, *Ann. Chem.*, **288**, 183, 1895].

Il cristallise dans la ligroïne en aiguilles fusibles à 42-43°; il bout à 145-146° sous 20 millimètres. Le sel de calcium cristallise avec $3H^2O$.

Acide α.α-diméthyllévulique, *acide mésitonique*, $CH^3-CO-CH^2-C(CH^3)^2-CO^2H$. — (Voyez 1er Suppl., p. 1010.) Il se forme quand on chauffe l'acide mésitylique avec 4 parties d'acide sulfurique, à 150° [Pinner, *D. chem. G.*, **15**, 585, 1882].

Il fond à 74° et bout à 138° sous 15 millimètres [Anschütz et Gillet, *Ann. Chem.*, **247**, 103, 1888]. Par distillation à l'air libre il fournit une *lactone*, $C^7H^{10}O^2$, fusible à 24°, bouillant à 167° [Pinner, *loc. cit.*]. L'*éther éthylique* $C^7H^{10}O^3 . C^2H^5$ bout à 210°.

Acide β.β-diméthyllévulique,

$$CH^3-CO-C(CH^3)^2-CH^2-CO^2H.$$

— Cet acide se forme dans l'oxydation du campholène [Tiemann, *D. chem. G.*, **30**, 597, 1897], de l'acide cétocampholénique et de la dihydrocampholénolactone [Béhal, *Bull. Soc. Chim.*, **27**, 227, 407, 1902]. Pour le préparer on fait réagir le zinc-méthyle sur le chlorure-éther diméthylsuccinique,

$$Cl.CO.C(CH^3)^2-CH^2CO^2C^2H^5$$

[Blaise, *C. R.*, **128**, 183, 1899; *Bull. Soc. Chim.*, **25**, 71, 1901].

Liquide sirupeux, distillant à 151-152° sous 18 millimètres. La *semicarbazone* fond à 190°. L'*éther éthylique* bout à 234-238° (Béhal), 106-107° sous 20 millimètres (Blaise).

Acide α-isopropyllévulique,

$$CH^3-CO-CH^2-CH(C^3H^7)-CO^2H.$$

— On l'obtient par saponification de l'isooctènelactone. Il fond à 47°; le sel de calcium cristallise avec $3H^2O$ [Fittig et Vos, *Ann. Chem.*, **283**, 294, 1894].

Acide β-isopropyllévulique,

$$CH^3-CO-CH(C^3H^7)-CH^2-CO^2H.$$

— Il se forme par oxydation de l'isothuyone [Wallach, *Ann. Chem.*, **333**, 333, 1903], et de la thuyamenthone [Semmler, *D. chem. G.*, **33**, 275, 1900; Wallach, *Lieb. Ann. Chem.*, **336**, 247, 1904]. Il fond à 73-74° et bout à 145° sous 10 millimètres. Son *oxime* fond à 119-120°; sa *semicarbazone* fond à 188-189° et sa *phénylhydrazone* fond à 100-101° [Wallach, *loc. cit.*].

Acide α-isobutyllévulique,

$$CH^3-CO-CH^2-CH(C^4H^9)-CO^2H.$$

On l'obtient en hydrolysant l'acétylisobutyl-succinate d'éthyle par l'acide chlorhydrique concentré. Huile distillant à 190° sous 30 millimètres. La *semicarbazone* fond à 192° [Bentley et Perkin, *Chem. Soc.*, **73**, 52, 1896].

Juin 1906. P. Carré.

LÉVULOSE, d-fructose, hexane-pentol-1-$\frac{4.5}{3}$6-one-2 (Dict., 2, 220; 1er Suppl., 981).

$$\begin{array}{c} \quad\quad\quad\quad\ \ \mathrm{H}\quad \mathrm{OH}\ \ \mathrm{OH} \\ \quad\quad\quad\quad\ \ |\quad\ \ |\quad\ \ | \\ \mathrm{CH^2OH-CO-C-C-C-CH^2OH} \\ \quad\quad\quad\quad\ \ |\quad\ \ |\quad\ \ | \\ \quad\quad\quad\quad\ \ \mathrm{OH}\ \ \mathrm{H}\quad \mathrm{H} \end{array}$$

— Le lévulose a été de nouveau rencontré dans le miel [König et Korsch, *Zeit. anal. Chem.*, **34**, 1, 1895]; dans le moût de figuier [Ulpiani et Sarcoli, *Gazz. chim. ital.*, **31**, 395, 1901]; dans la manne de frêne [Tanret, *Bull. Soc. Chim.*, **27**, 291, 707, 948, 1902]; dans la noix d'ivoire végétal [Baker et Pope, *Chem. Soc.*, **77**, 696, 1900]....

Il a été obtenu par hydrolyse de l'irisine [Wallach, *Lieb. Ann. Chem.*, **234**, 364, 1886]; du gentianose [Bourquelot et Hérissey, *C. R.*, **132**, 571; **135**, 290, 319, 1902]; du galactane [Lindet, *Bull. Soc. Chim.*, **29**, 833, 876, 1903]; du stachyose et des produits extraits par Tanret du topinambour [*Bull. Soc. Chim.*, **5**, 724; **9**, 200, 622; **13**, 261; **29**, 706, 891], du raffinose [Hœdicke et Tollens, *Lieb. Ann. Chem.*, **238**, 308, 1887]....

L'oxydation de la mannite par le noir de platine ou le permanganate de potassium peut donner naissance au lévulose [Dafert, *D. chem. G.*, **17**,

227 ; — Fischer, *D. chem. G.*, **20**, 821, 1887], ainsi que l'oxydation par le mycoderma aceti [Brown, *D. chem. G.*, **19**, 258, 463, 1886 ; — Vincent et Delachanal, *C. R.*, **125**, 716, 1895].

Préparation. — Le levulose se prépare au moyen du sucre interverti ou de l'inuline. La première de ces preparations a déjà été décrite [1er Suppl., 981 ; voyez aussi, Peligot, *C. R.* **90**, 153, 1880 ; — Jungfleisch et Lefranc, *C. R.*, **93**, 547, 1881 ; — Schering, *D. chem. G.*, **28**, 46].

Pour préparer le levulose au moyen de l'inuline, Wohl [*D. chem. G.*, **23**, 2084, 1890] opère de la façon suivante :

Dans une fiole de 500 centimètres cubes on introduit 200 grammes d'inuline avec 60 centimètres cubes d'eau, et une quantité d'acide chlorhydrique égale à 1/1000e du poids de l'inuline, plus la moitié du poids des cendres de l'inuline ; on chauffe une demi-heure en plongeant la fiole dans l'eau bouillante. L'hydrolyse terminée, on sature par le carbonate de chaux et ajoute un litre d'alcool absolu chaud ; on passe au noir animal et après 12 heures de repos, on évapore dans le vide la solution filtrée : le résidu est repris de nouveau par l'alcool absolu et la solution, additionnée d'un peu de lévulose, se met à cristalliser. [Voyez aussi Hönig, Schubert et Gesser, *Mon. f. Chem.*, **8**, 529 ; **9**, 562, 1888 ; — Ost, *D. chem. G.*, **23**, 3003 ; — Dull, *Chem. Zeit.*, 216, 1895 ; — Jungfleisch et Lefranc, *loc. cit.* ; — Kiliani, *Ann. Chem.*, **205**, 145, 1880 : — Herzfeld, *ibid.*, **244**, 277, 1888 ; — Winter, *ibid.*, **244**, 302].

Synthèse et constitution. — Le lévulose ordinaire ou d-fructose a été obtenu au moyen du fructose racémique ou α-acrose, qui résulte de la condensation du glycérose ou de l'aldéhyde formique.

L'α-acrose est d'abord réduite par l'amalgame de sodium, ce qui la transforme en mannite inactive ; celle-ci est oxydée et l'acide mannonique qui en résulte est dédoublé par l'intermédiaire de ses sels de strychnine en ses deux composants actifs. L'acide d-mannonique est converti en d-mannose par la réduction de sa lactone ; et le d-mannose en d-phénylglucosazone. Cette dernière, traitée par l'acide chlorhydrique fumant, fournit la d-glucosone qui, réduite par le zinc et l'acide acétique, conduit au *d-fructose* [Fischer et Tafel, *D. chem. G.*, **19**, 2566 ; Fischer, *ibid.*, **22**, 87 ; **23**, 370, 2114, 1890 ; Neuberg, *ibid.*, **35**, 2626, 1902].

La formule attribuée au lévulose en fait l'α-cétone correspondant à la mannite ou à la sorbite naturelles ; ce rapport de structure est démontré par la réduction du lévulose qui donne un mélange de mannite et de sorbite, et par l'oxydation de la mannite qui fournit du lévulose [Fischer, *D. chem. G.*, **17**, 579, 1884 ; **23**, 3684] ; c'est pourquoi le lévulose, en dépit de son pouvoir rotatoire lévogyre, a été nommé d-fructose par Fischer ; car il appartient au groupe des sucres appelé série droite.

Le lévulose est bien un sucre cétonique et non un sucre aldéhydique ; en effet, il ne colore pas la fuchsine sulfureuse [Villiers et Fayolle, *C. R.*, **119**, 75, 1894] ; et l'oxydation le dédouble en acide oxalique et acide tartrique inactif, sans fournir des composés isomères de l'acide gluconique ou de l'acide saccharique [Fischer, *D. chem. G.*, **24**, 2683 ; — Hönig, *ibid.*, **19**, 171 ; — Herzfeld, *ibid.*, **18**, 3353 ; **19**, 390, 1886].

Enfin la position du groupement cétonique est démontrée par l'étude du nitrile obtenu par la fixation de l'acide cyanhydrique sur le lévulose ; en effet la lactone lévulose-carbonique qui en dérive fournit par réduction au moyen de l'acide iodhydrique un acide heptylique bouillant à 209°,6 identique à l'acide méthyl-2-hexanoïque, $CO^2H-CH(CH^3)-(CH^2)^3-CH^3$ [Kiliani, *D. chem. G.*, **19**, 221, 1886]. Tollens admet, en outre, que la fonction cétonique du lévulose peut, comme la fonction aldéhydique du glucose, se changer en d'autres tautomères, pour donner un éther interne

$$CH^2OH-C(OH)-(CHOH)^2-CH-CH^2OH \quad (\text{pont } O \text{ entre } C(OH) \text{ et } CH)$$

d'un hexane-hexol instable [*D. chem. G.*, **16**, 921, 1883].

Propriétés. — Le lévulose cristallise dans l'alcool en longues aiguilles brillantes fusibles vers 95° ; il peut former les hydrates $C^6H^{12}O^6 + 1/2 H^2O$ [Hönig et Jesser, *Mon. f. Chem.*, **9**, 562, 1888], et $C^6H^{12}O^6 + H^2O$ [Sülz, *Chem. Zeit.*, 99, 1895]. Il est très peu soluble dans l'alcool absolu froid, mais assez soluble dans l'alcool bouillant, ce qui permet de le séparer des autres sucres [Herzfeld et Winter, *D. chem. G.*, **19**, 390 ; Hœdicke et Tollens, *Ann. Chem.*, **238**, 308, 1887]. Il est très soluble dans l'eau, mais il n'est pas déliquescent s'il est bien exempt d'alcool [Ost, *D. chem. G.*, **24**, 1636, 1891 ; — Jungfleisch et Lefranc, *loc. cit.* ; — Winter, *Ann. Chem.*, **244**, 295, 1888]. Densité des solutions de lévulose [Herzfeld et Winter, *ibid.*, **244**, 274, 295, 1888 ; — Brown, Morris et Millar, *Chem. Soc.*, **71**, 275, 1897]. Chaleur de dissolution, — 1cal,9 [Brown et Pickering, *Chem. Soc.*, **71**, 756] ; de dilution [Juettner, *Zeit. f. physikal. Chem.*, **38**, 76, 1901] ; de neutralisation par les alcalis [Madsen, *ibid.*, **36**, 290, 1901 ; — Cohen, *ibid.*, **37**, 69, 1901] ; de combustion sous pression constante, 675cal,9 [Stohmann et Langbein, *J. f. prakt. Chem.*, **45**, 305, 1892]. Cryoscopie [Loomis, *Zeit. f. physikal. Chem.*, **37**, 407, 1901]. Les nombres donnés pour le pouvoir rotatoire du lévulose sont assez divergents ; cela tient à la grande altérabilité du lévulose, qui, en présence des acides servant à sa préparation, se change partiellement en composés plus actifs ; et aussi à ce que ce pouvoir rotatoire varie avec la température et la concentration des liquides : on admet généralement le chiffre donné par Dubrunfaut, $\alpha = -106°$ à 12° [voyez aussi Winter, *D. chem. G.*, **19**, 390, 1886 ; — Parkus et Tollens, *ibid.*, **24**, 2000, 1891 ; Wohl, **23**, 2107 ; — Kannonikow, **24**, 971 ; — Ost, **24**, 1636 ; — O. Sullivan, *Chem. Soc.*, **61**, 408, 1892 ; — Hönig et Jesser, *Mon. f. Chem.*, **9**, 562, 1888, — Jungfleisch et Grimbert, *C. R.*, **107**, 390, 1888 ; **108**, 144 ; — Grossmann, *D. chem. G.*, **38**, 1711, 1905. — Holky, *Physikal Chem.*, 9, 764, 1905]. Le lévulose présente une faible multirotation, qui disparaît très vite si l'on chauffe légèrement ; six minutes après sa dissolution, Parkus et Tollens ont trouvé $\alpha_D = -104°$, et après une demi-heure environ, $\alpha_D = -92°,25$ [*Ann. Chem.*, **257**, 160, 1890 ; voir aussi, Brown et Pickering, *Chem. Soc.*, **71**, 756]. Le lévulose peut donc, comme les aldoses, affecter plusieurs formes tautomères, dont l'une serait stable à l'état solide et l'autre à l'état liquide seulement. Pouvoir rotatoire magnétique [Perkin, *Chem. Soc.*, **81**, 177, 1902].

Le lévulose est plus facilement altérable que le glucose par la chaleur [Jungfleisch, *loc. cit.* ; — Rayman et Sulc, *Centr. Bl.*, 219, (I), 476 ; (II), 1897 ; — Ost, *D. chem. G.*, **24**, 1636, 1891]. Son pouvoir réducteur relativement à la liqueur de Fehling est environ les 0,92 de celui du glucose [Sohxlet, *J. f. prakt. Chem.*, **21**, 227, 1880 ; — Brown, Morris et Millar, *Chem. Soc.*, **71**, 275, 1897]. Les produits de réduction et d'oxydation du lévulose ont été indiqués plus haut, à propos de sa constitution ; lorsqu'on réalise l'oxydation par le brome ou par l'iode en présence d'un carbonate alcalino-terreux, il se produit en même temps des combinaisons de lévulose et du sel alcalino-terreux formé, telles que : $C^6H^{12}O^6 . CaBr^2 . H^2O$; $(C^6H^{12}O^6)^2BaI^2 + 2H^2O$.... [Smith et Tollens, *D. chem. G.*, **33**, 1277, 1900 ; voyez aussi Perdrix, *Bull. Soc. Chim.*, **23** 647, 1900 ; — Morell et Crofts, *Chem. Soc.*, **81**, 666, 1902].

Les acides étendus, à chaud, transforment le lévulose en une substance insoluble dans l'alcool, dont le pouvoir rotatoire est moitié environ de celui du lévulose ; ce composé, qui régénère le lévulose sous l'action des acides forts, a été appelé *lévulosine* par Wohl [*D. chem. G.*, **23**, 2084, 1890]. L'acide chlorhydrique à 9 0/0 convertit le lévulose en acide lévulique, acide formique et produits ulmiques [Conrad et Guthzeit, *D. chem. G.*, **19**, 2569] ; la solution de gaz chlorhydrique dans l'éther fournit de l'ω-*chlorométhylfurfural*,

```
        CH — CH
        ‖     |
ClCH²-C     CH-CHO
        \   /
          O
```

fusible à 37-38° [Fenton et Gostling, *Chem. Soc.*, **79**, 361, 807, 1901]. La destruction du lévulose par l'acide chlorhydrique est beaucoup plus rapide que celle du glucose, et peut servir à le doser dans un mélange de sucres, en comparant le pouvoir rotatoire final au pouvoir rotatoire initial ; il suffit pour cette destruction d'une chauffe de 3 heures à 100° avec de l'acide chlorhydrique à 7 0/0 [Sieben, *Zeit. f. anal. Chem.*, **24**, 138, 1885].

L'acide oxalique peut aussi décomposer le lévulose avec formation d'un composé furfurique et enfin d'acide lévulique [Düll, *Chem. Zeit.*, 216, 1895 ; — Kiermayer, *Chem. Zeit.*, **19**, 1003].

Les acides concentrés et les chlorures d'acides éthérifient le lévulose : le *lévulose trinitrique*, $C^6H^7O^2(AzO^2)^3$, existe sous deux formes isomériques, fusibles à 137-139°, $\alpha_D = + 62°$, et à 48-52°, $\alpha_D = + 20°$ [Will et Lenze, *D. chem. G.*, **31**, 68, 1898] ; le *lévulose pentacétique*,

$$C^6H^7O . (C^2H^3O^2)^5,$$

est une résine incolore soluble dans l'alcool et dans l'éther [Erwig et Königs, *D. chem. G.*, **23**, 672, 1890] ; le *lévulose tétrabenzoïque*,

$$C^6H^8O^2 . (C^7H^5O^2)^4,$$

fond à 108° [Skraup, *Mon. f. Chem.*, **10**, 389, 1889] ; le *lévulose pentabenzoïque*,

$$C^6H^7O(C^7H^5O^2)^5,$$

fond à 78-79° [Panormow, *Journ. phys. chim. russe*, **23**, 375, 1891].

Le lévulose peut donner avec les alcalis, à froid, des lévulosates analogues aux glucosates ; les alcalis chauds l'isomérisent et le détruisent Sorokin, *D. chem. G.*, **18**, 610, 1885, — L. de Bruyn et Ekenstein, *Rec. des Pays-Bas*, **14**, 156, 203 ; **16**, 274, 282, 1897] ; la chaux transforme le lévulose en saccharine [Peligot, *C. R.*, **90**, 1141 ; — Scheibler, *D. chem. G.*, **13**, 2212, 1880]. On a décrit divers lévulosates [voyez Guignet, *C. R.*, **109**, 528, 1889 ; — Herzfeld et Winter, *D. chem. G.*, **19**, 390, 1886 ; *Lieb. Ann. Chem.*, **244**, 295, 1888].

Les alcools et les phénols peuvent se condenser avec le lévulose sous l'influence de l'acide chlorhydrique ; le *lévulose méthylique*,

$$C^6H^{11}O^6(CH^3),$$

est un sirop incristallisable, très soluble dans l'eau et dans l'alcool [Fischer, *D. chem. G.*, **27**, 4379 ; **28**, 1145, 1895 ; Purdie et Irvine, *Chem. Soc.*, **83**, 1021, 1903] ; le *lévulose-phloroglucide*, $C^{36}H^{34}O^{17}$, se décompose sans fondre vers 250° [Councler, *D. chem. G.*, **28**, 24, 1895] ; avec la résorcine et l'acide chlorhydrique le lévulose donne une coloration rouge [Fischer et Jennings, *D. chem. G.*, **27**, 1355, 1894 ; — Ofner, *Mon. f. Chem.*, **25**, 611, 1904]. Avec le bichromate de potassium et le sel ammoniac il donne un précipité jaune (Pinoff, *D. chem. G.*, **38**, 3308, 1905 ; Schoorl et Kalmthout, *D. chem. G.*, **39**, 280, 1906).

Les aldéhydes se condensent aussi avec le lévulose : le *lévulo-formal*, $C^7H^{12}O^6$, fond à 92°, $\alpha_D = - 34°,9$ [L. de Bruyn et Ekenstein, *Rec. des Pays-Bas*, **22**, 159, 1903] ; le *lévulo-chloral*, $C^8H^{11}Cl^3O^6$, fond à 228° [Hanriot, *C. R.*, **122**, 1127, 1896] ; l'*acide lévulose-glyoxylique*,

$$C^6H^{12}O^6 . 2C^2H^2O^3,$$

est une poudre amorphe très altérable [Böttinger, *Arch. d. Pharm.*, **233**, 287] ; le glucose peut former avec le lévulose des combinaisons moléculaires [Berthelot, *C. R.*, **1 3**, 533, 1886 ; — Winter, *Lieb. Ann. Chem.*, **244**, 295, 1888 ; — Wrobleski, *J. f. prakt. Chem.*, **64**, 1, 1901].

L'acétone renfermant 0,2 0/0 de gaz chlorhydrique se condense avec le lévulose pour former la *lévulose-diacétone*, $C^{12}H^{20}O^6$, qui existe sous deux formes isomériques, fusibles à 119-120°, $\alpha_D = - 161°$, et à 97°, $\alpha_D = - 33°,7$ [Fischer, *D. chem. G.*, **28**, 1145, 1895].

La *lévulosamine*, $C^6H^9AzO^4$, obtenue en traitant le lévulose par une solution méthylique d'ammoniac, cristallise en lamelles blanches, qui noircissent à 210-220°, $\alpha_D = - 75°$; son *dérivé tétracétique*, $C^6H^5AzO^4(C^2H^3O)^4$, fond à 174°, $\alpha_D = - 6°,7$ [L. de Bruyn et Franchimont, *Rec. des Pays-Bas*, **12**, 286 ; **18**, 72, 1899].

La *lévulose-oxime*, $C^6H^{12}O^5(AzOH)$, fond vers 118° [Wohl, *D. chem. G.*, **24**, 993]

La *lévulose-semicarbazone* cristallise très lentement [Maquenne et Goodwin, *Bull. Soc. Chim.*, **31**, 1076, 1904].

La *lévulose-anilide*, $C^{12}H^{17}AzO^5$, fond vers 147°, $\alpha_D = - 194°,5$ [Sorokin, *J. f. prakt. Chem.*, **37**, 291, 1888 ; *D. chem. G.*, **19**, 513 ; **20**, 783] ; elle fixe l'acide cyanhydrique pour donner l'*anilido-lévulose nitrile*, $C^{12}H^{17}AzO^5 . CAzH$, fusible à 131° [Miller et Plöchl, *D. chem. G.*, **27**, 1281, 1894 ; voir aussi Marchlewski, *J. f. prakt. Chem.*, **50**, 95, 1894].

La *lévulose-kétazine*, $(C^6H^{12}O^5 = Az -)^2$, est une poudre jaune micro-cristalline [Davidis, *D. chem. G.*, **29**, 2308, 1896].

La *lévulose-p-nitrophénylhydrazone* fond à 176°. La *lévulose-p-dinitrodibenzylhydrazone* fond à 112° [L. de Bruyn et Ekenstein, *Rec. des Pays-Bas*, **22**, 434, 1903].

La phénylhydrazine donne avec le lévulose une *osazone*, identique à celle du glucose, et qui régénère uniquement du lévulose [Fischer, *D. chem. G.*, **17**, 579 ; **22**, 87 ; voyez aussi Neuberg, *Zeit. f. physikal. Chem.*, **29**, 274, 1900 ; — Tanret, *Bull. Soc. Chim.*, **27**, 394, 1902].

La chaleur de formation de cette osazone est de 103,4 cal. (Landrieu, *C. R.*, **142**, 580, 1906) ; celle de l'hydrazone est de 208cal,6.

La méthylphénylhydrazine fournit aussi une *osazone* avec le lévulose, tandis qu'elle donne avec le glucose une hydrazone elle peut donc provoquer l'oxydation du groupe alcoolique primaire, mais elle est impuissante à oxyder le groupe alcoolique secondaire voisin du groupement aldéhydique d'une aldose ; cette réaction peut servir à séparer les aldoses des cétoses

[Neuberg, *D. chem. G.*, **35**, 959, 1902; — Ofner, *Zeit. f. physiol. Chem.*, **45**, 359, 1905].

La *naphtylhydrazone* du lévulose est très soluble dans l'alcool méthylique; on peut utiliser cette solubilité pour séparer le lévulose du dextrose [Hilger et Rothenfusser, *D. chem. G.*, **35**, 4444, 1902].

Fermentation, par le saccharomyces exiguus [Gayon et Dubourg, *C. R.*, **110**, 865, 1890], par le ferment mannitique [Gayon et Dubourg, *Ann. Inst. Past.*, **15**, n° 7, 1901); par le bacterium xylinum [Brown, *Chem. Soc.*, **49**, 172, 432; **51**, 643, 1887]; par le bacillus coli communis [Harden, *Chem. Soc.*, **79**, 610, 1901]; par la zymine [Herzog, *Zeit. f. physiol. Chem.*, **37**, 149, 1902; — Slator, *Chem. Soc.*, **21**, 304, 1906]; par le champignon du muguet [Linossier et Roux, *C. R.*, **110**, 868, 1890]; action du suc de levure filtré [Buchner et Rapp, *D. chem. G.*, **32**, 2086, 1899].

Le lévulose est en général facilement oxydé dans l'organisme, et ne passe pas comme le glucose dans l'urine des diabétiques [Renzi et Reale, *Centr. Bl.*, 717, (I), 1897].

Le *dosage* du lévulose se fait, comme pour le glucose, au polarimètre ou au moyen de la liqueur cupropotassique [Lehmann, *Zeit. Ver. f. Rüb. Ind.*, **34**, 993; — Hönig et Jesser, *Wien. Akad. Ber.*, **97**, 534; — Ost, *D. chem. G.*, **23**, 3006; — Wiley, *Am. Chem. J.*, **18**, 81, 1896; — Heyfeld et Dammüler, *Zeit. Ver. f.* 751, 1888; — Wiechmann, *id.*, 327, 727, 1891].

La séparation d'avec les autres sucres a été étudiée par Browne [*Journ. Amer. Soc.*, **28**, 439, 1906].

i-Fructose, *hexane-pentolone*-1. $\frac{3}{4.5}$6,

$$\begin{array}{c} \quad\quad\quad\quad\quad\quad \text{OH}\;\;\text{H}\;\;\;\text{H} \\ \quad\quad\quad\quad\quad\quad |\quad\;\; |\quad\; | \\ \text{CH}^2\text{OH}-\text{CO}-\text{C}-\text{C}-\text{C}-\text{CH}^2\text{OH}. \\ \quad\quad\quad\quad\quad\quad |\quad\;\; |\quad\; | \\ \quad\quad\quad\quad\quad\quad \text{H}\;\;\text{OH}\;\text{OH} \end{array}$$

— Lorsqu'on soumet l'α-acrose ou i-fructose à la fermentation alcoolique, la liqueur devient fortement dextrogyre, et il reste du l-fructose, non fermentescible; avec la phénylhydrazine, il donne une osazone identique à la *l-phénylglucosazone* [Fischer, *D. chem. G.*, **23**, 370, 1890].

i-Fructose: *α-acrose* (Voyez 2ᵉ Suppl., 105).

Juin 1906. P. Carré.

Lévulose-carbonique (Acide), *acide fructoheptonique*, *acide méthyl-2-hexane-pentoloïque* 2-$\frac{4.5}{3}$-6,

$$\begin{array}{c} \quad\quad\quad\quad\quad\quad\quad\quad \text{H}\;\;\;\text{OH}\;\text{OH} \\ \quad\quad\quad\quad\quad\quad\quad\quad |\quad\;\; |\quad\; | \\ \begin{matrix}\text{CO}^2\text{H}\\ \text{CH}^2\text{OH}\end{matrix}\!\!>\text{C(OH)}-\text{C}-\text{C}-\text{C}-\text{CH}^2\text{OH}. \\ \quad\quad\quad\quad\quad\quad\quad\quad |\quad\;\; |\quad\; | \\ \quad\quad\quad\quad\quad\quad\quad\quad \text{OH}\;\;\text{H}\;\;\;\text{H} \end{array}$$

— Pour le préparer on mélange le lévulose dissous dans 25 à 30 0/0 d'eau avec la quantité équivalente d'acide cyanhydrique à 50 0/0, et on ajoute quelques gouttes d'ammoniaque étendue; il se dépose presque aussitôt des cristaux de *nitrile lévulose-carbonique*, $C^7H^{13}AzO^6$, qui lavés à l'alcool, fondent vers 110-115°. La saponification de ce dernier par deux fois son poids d'acide chlorhydrique saturé, fournit l'acide lévulose-carbonique; la solution de cet acide débarrassée de l'acide chlorhydrique et concentrée a sirop dépose peu à peu des cristaux de lactone lévulose-carbonique, $C^7H^{12}O^7$ [Kiliani, *D. chem. G.*, **18**, 3066; **19**, 1914; — Kiliani et Düll, *ibid.*, **28**, 449, 1890].

La lactone lévulose-carbonique cristallise en petits prismes, fusibles vers 130°. La réduction par l'amalgame de sodium fournit un sucre non encore étudié [Fischer, *D. chem. G.*, **23**, 930, 1890]. Nous avons vu que le phosphore et l'acide iodhydrique la convertissent en acide méthyl-2-hexanoïque. Oxydée par l'acide azotique (D = 1,2), elle fournit un acide tribasique $C^7H^{10}O^{10}$, probablement l'*acide hexane-tétroldioïque-méthyloïque* [Düll, *D. chem. G.*, **24**, 348, 1891].

La *phénylhydrazide lévulose-carbonique* fond à 162° [Kiliani et Düll, *loc. cit.*]. P. Carré.

Lévulosine. — Voyez l'art. Lévulose, p. 229.

Levures. — Voyez les articles Fermentations et Zymase.

Lewisite (Min.) (Hussak et Prior). — Antimoniate-titanate de calcium, $5CaO.3Sb^2O^5.2TiO^2$, ou $3(SbO^3)^2Ca.2TiO^3Ca$, renfermant 4,5-6,8 0/0 d'oxyde ferreux, un peu de manganèse et de sodium. Petits octaèdres (au plus 1 millimètre), jaune de miel à brun clair, vif éclat vitreux ou résineux, dans un sable lourd provenant de la mine de cinabre de Tripuhy, près Ouro-Preto (Brésil), avec cinabre, oligiste, xénotime, monazite, zircon, disthène, tourmaline, rutile, pyrite et or (rare).

Caractères. — Insoluble dans les acides. S'attaque par fusion avec le carbonate de sodium; chauffé au rouge sombre dans l'hydrogène, se réduit partiellement. Au chalumeau, fond assez aisément sur ses bords, en colorant la flamme en bleu verdâtre. Avec le sel de phosphore, caractères du titane. Dureté = 5,5. Poussière jaune brun clair. Densité = 4,95.

Forme cristalline. — Octaèdres réguliers a^1. Clivage a^1 parfait. Macles : a^1. L. Bourgeois.

Libollite (Min.) (J.-P. Gomes). — Sorte d'asphalte voisin de l'albertite provenant de Libollo, province d'Angola. Renferme 0/0 74,74 carbone, 7,83 hydrogène, 8,8 oxygène, 1,71 azote, 6,92 cendres. L. Bourgeois.

Licaréal. — Voyez Géranial, 2ᵉ Suppl., **4**, 675.

Licaréol, Licarhodol. — Voy. Linalol.

Licarique (Acide). — Voyez Géranique, 2ᵉ Suppl., **4**, 695.

Lichénine (Voyez Dict., **2**, 222). — Honing et Schubert [*Mon. f. Chem.*, **8**, 452; 1887] ont constaté qu'à l'état de pureté la lichénine est une substance gélatineuse, peu soluble dans l'eau, insoluble dans l'alcool, donnant avec l'eau bouillante une solution opalescente, ne se colorant pas par l'iode, ne présentant pas de pouvoir rotatoire, ne réduisant pas la liqueur de Fehling, précipitant le tanin et le sous-acétate de plomb. Par ébullition suffisante avec les acides étendus, on obtient du glucose, fait qu'avaient déjà vérifié Klason [*D. chem. G.*, **19**, 2541; 1886] et Bauer [*J. prakt. Chem.*, (2), **34**, 46; 1885]. Enfin les eaux mères de la lichénine renferment un autre hydrate de carbone qui présente les propriétés de l'amidon soluble.

1ᵉʳ Janvier 1906. A. Hébert.

Lichens (Composés des). — Les lichens ont fait dans ces dernières années l'objet de travaux approfondis de la part de divers auteurs, Stenhouse, Groves et Zopf, Paterno et Oglialoro, et surtout O. Hesse, qui ont isolé des diverses espèces ou variétés qu'ils ont étudiées un grand nombre de corps différents qu'il est bien difficile de sérier dans l'état actuel de nos connaissances; aussi nous nous contenterons de donner par ordre alphabétique leur nomenclature, que nous ferons suivre de leurs propriétés et des espèces de lichens dont ils ont été extraits, renvoyant en partie aux articles déjà traités dans ce 2e supplément.

La constitution ou l'étude de plusieurs de ces corps sont d'ailleurs loin d'être définitivement déterminées ou achevées, ce qui justifie, pensons-nous, la méthode d'exposition que nous adoptons ici, quoiqu'elle soit assez défectueuse.

L'extraction des principes immédiats des lichens peut se faire, d'une façon générale, par épuisement avec divers solvants, puis cristallisation des acides contenus par fractionnement, soit à l'état de liberté, soit à l'état de sels de potassium.

Acolique (acide). — Aiguilles à six pans, fusibles à 176°, solubles dans l'éther, le benzène, le chloroforme, contenues dans l'*acolium tigillare* (O. Hesse).

Alectorique (acide). — Fines aiguilles incolores, fusibles à 186°, dont le sel de baryum répond à la formule $C^{28}H^{22}O^{15}Ba$, extraites *de l'Usnea barbata dasypoga* et de l'*Alectoria jubata* (Hesse).

Aspiciline. — Corps neutre fusible à 178°,5 contenu dans l'*Aspicilia calcarea* (Hesse).

Aréolatine. — Aiguilles de formule $C^{12}H^{10}O^7$, fusibles à 270°, décomposables par l'acide iodhydrique en donnant de l'*aréolatol* $C^9H^8O^4$.

Aréoline. — Agrégats sphériques fusibles à 243°, renfermées comme le corps précédent dans le *Pertusaria rupestris* (Hesse).

Aspiciline. — Lamelles fondant à 150°, isolées de l'*Aspicilia gibbosa* (Hesse).

Aspicilique (acide). — Aiguilles incolores fondant à 119°, existant dans l'*Aspicilia gibbosa* (Hesse).

Atranorine, Atranorinique (acide). — Voir 2e Suppl., **3**, 16.

Atranorique (acide), Atrarique (acide). — Voir 2e Suppl., **1**, 384.

Barbatine. — Principe extrait par l'éther de pétrole, en même temps que des matières résineuses et cireuses, de l'*Usnea barbata, var. ceratina*, cristallisant dans l'alcool chaud en sphéroïdes et dans l'acide acétique en aiguilles, insolubles dans le carbonate de potassium, de formule $C^9H^{14}O$ (O. Hesse).

Barbatique (acide). — Voir 2e Suppl. **1**, 407. D'après de nouvelles recherches de Hesse, sa formule serait $C^{19}H^{20}O^7$.

Blasténine. — Substance neutre retirée du *Blastenia arenaria* (Hesse).

Bryopogonique (acide). — Acide soluble en rouge dans la potasse, d'où l'acide chlorhydrique précipite en flocons rouges l'isomère *acide isobryoposonique*. On l'extrait des *Alectoria jubata implexa, cana*, et du *Bryopogon jubatum implexum*.

Calycine. — Voir 2e Suppl., **1**, 849.

Capératique (acide). — On le retire, mélangé en petite quantité avec l'acide *caprarique*, du *Parmelia caperata* ou *Imbricaria caperata*, du *Platysma glaucum* et du *Mycoblastus sanguinarius*. Il cristallise dans l'acide acétique en lamelles satinées, très solubles, fondant à 132°, de formule $C^{21}H^{35}O^7(OCH^3)$, donnant avec l'acide iodhydrique l'*acide norcapératique* et avec l'anhydride acétique l'*anhydride capératique*, lamelles soyeuses fondant à 85°. L'acide capératique est bibasique et l'acide norcapératique est tribasique: ce dernier cristallise avec une molécule d'eau qu'il perd à 110°; desséché, il fond à 138°.

Capéridine. — Prismes courts, de formule $C^{24}H^{40}O^2$, fusibles à 262°, sublimables, peu solubles dans l'éther de pétrole, retirés du *Parmelia caperata* ou *Imbricaria caperata*.

Capérine. — Substance neutre accompagnant la précédente, de composition $C^{36}H^{60}O^3$, en prismes fondant à 243°, formant un hydrate à 1/2 H^2O.

Caprarique (acide). — Petites aiguilles blanches, extraites des mêmes lichens que les matières précédentes, peu solubles dans l'éther, altérables à 260° avant fusion et de formule $C^{24}H^{20}O^{12}$. Cet acide bibasique donne un anhydride par traitement à l'anhydride acétique.

Carbusnique (acide). — Acide de composition $C^{18}H^{16}O^7$ ou $C^{19}H^{16}O^8$ (O. Hesse), retiré des *Usnea barbata florida* et *hirta*.

Cératine. — Cristaux blancs fusibles à 226°, contenus dans l'*Usnea ceratina* (Hesse).

Cératophylline. — Corps identique à l'acide atrarique et à la physcianine; ces corps constituent le betorcinolcarbonate de méthyle (O. Hesse).

Cétrapinique (acide). — Matière de composition $C^{18}H^{12}O^6$, soluble dans l'alcool, l'éther, l'acétone, fondant à 147°, donnant un dérivé acétylé fusible à 155°, extraite du *Cetraria juniperina*.

Cétrariarine. — Ether méthylique de l'acide cétrariarinique, extrait de divers *Cetraria*.

Cétrariarinique (acide). — Acide de composition $C^{18}H^{18}O^9+H^2O$, fondant à 157° après dessiccation.

Cétrarique (acide). — Voir 2e Suppl., **1**, 1039.

Chiodectine. — Prismes jaunes fusibles à 120°.

Chiodectonique (acide). — $C^{14}H^{18}O^8$. — Corps isolé comme le précédent du *Chiodecton sanguineum* (Hesse).

Chitine. — Voir 2e Suppl., **1**, p. 1076.

Chripocétrarique (acide). — Corps de formule $C^{19}H^{14}O^6$ que O. Hesse a extrait du *Calycium flavum*.

Chrysocétrarique (acide). — Acide cristallisable en aiguilles jaunes, fusibles à 198°, de formule $C^{19}H^{14}O^6$; il est monobasique et forme un *sel de potassium* $C^{19}H^{13}O^6K+3H^2O$, en petites aiguilles jaunes, un *éther éthylique* fondant à 146°, un *dérivé acétylé* et un *dérivé benzoylé* fondant respectivement à 163-164°, et à 156°. Il constitue l'*éther méthylique de l'acide oxypulvique* $C^{18}H^{12}O^6+H^2O$, acide bibasique. Sa constitution serait représentée par le schéma :

```
C6H5 - C - CO2H
       ||
       C
     /   \
    O     O
     \   /
       C
       ||
C6H5 - C - CO2CH3
```

Il existe dans le *Cetraria juniperina* ou *Evernia pinastris*, le *Cetraria pinastri*.

Chrysophanique (acide). — Hesse a constaté la présence de ce corps dans le *Parmelia parietina* ou *Physcia parietina* et le *Xanthoria panetrira*.

Cladestrice. — Poudre blanche fondant à 252°, insoluble, isolée par Hesse du *Cladiona destrica*.

Coccinique (acide). — Aiguilles fusibles à 262-264° en se décomposant, de formule $C^{21}H^{16}O^{10}+3H^2O$ contenues dans l'*Hematomma coccineum abortivum* (Hesse).

Cocellique (acide). — Il se présente en prismes pyramidés incolores, fusibles à 178° en se sublimant, insolubles dans l'eau, solubles dans l'acide acétique, l'alcool et l'éther; sa composition $C^{20}H^{22}O^7$ en fait un homologue de l'acide orsellique. Il donne un sel de strontium peu soluble. L'ébullition avec la strontiane le dédouble en carbonate et en un phénol qui doit être la *mésorcine* $C^9H^{12}O^2$. O. Hesse l'a extrait du *Cladonia coccifera*.

Confluentine. — Petits prismes, fusibles à 147-148°, extraits par Zopf du *Lecida confluens*.

Conspersique (acide). Aiguilles fusibles à 252°, extraites du *Parmelia conspersa* (Hesse).

Cuspidatique (*acide*). — Aiguilles fusibles à 218°, renfermant 1 H^2O, solubles dans l'éther, l'acétone et l'alcool, extraites du *Ramalina cuspidata* (Hesse).

Décarbousnique (*acide*) — Acide de composition $C^{18}H^{18}O^8$ obtenu par Paterno en traitant l'*acide α-usnique* par l'alcool à 200° sous pression. O. Hesse n'a pas obtenu cette réaction.

Décarbusnéine. — Ce corps de formule $C^{17}H^{18}O^6$ a été obtenu par Paterno comme le corps précédent et par la même réaction. Il cristallise en petites aiguilles fusibles à 175-178°, fournissant une *acétyldécarbusnéine* $C^{17}H^{17}(C^2H^3O)O^6$ soluble dans l'alcool chaud, fusible à 112°, rougissant au contact de l'air.

Diffusine. — Aiguilles soyeuses, fusibles à 135-136°, extraites par Zopf du *Platysma diffusum*.

Dilichestérinique (*acide*). — Extrait de l'acide lichestérinique brut par précipitation par l'acide acétique. Il fond à 272° et possède la formule $C^{36}H^{60}O^{10}$.

Dipulvique (*acide*). — Aiguilles rouge cinabre, fondant à 211°, de composition $C^{36}H^{22}O^9$, se transformant par ébullition avec l'alcool en *acide éthylpulvique*, et par action de l'anhydride acétique en anhydride pulvique $C^{18}H^{10}O^4$, fondant à 220°. O. Hesse a extrait ce corps du *Candelaria concolor*.

Divaricatique (*acide*). — Acide cristallisé en aiguilles, de composition $C^{21}H^{23}O^6(OCH^3)$, fondant à 129°, presque insoluble dans l'éther de pétrole et donnant un *sel de baryum* $C^{22}H^{24}O^7Ba + 2H^2O$, peu soluble dans l'eau. L'acide est dédoublable en orcine et *acide divaricatinique*. Zopf l'a rencontré dans l'*Evernia divaricata* et l'*Hæmatomma ventosum*.

Erythrine. — Matière peu soluble dans l'éther ordinaire et surtout dans l'éther de pétrole, soluble dans l'acide acétique étendu et bouillant, de formule $C^{20}H^{22}O^{10} + H^2O$, et fondant à 148° après déshydratation. Son dédoublement, observé par de Luynes, en deux molécules d'orcine et une d'érythrite, en fait la *lécanorylérythrite* :

$$C^4H^6(OH)^3-O-CO-C^6H^2(CH^3)(OH)-O-CO.C^6H^2(CH^3)(OH)^2.$$

O. Hesse l'a rencontré dans les *Roccella montagnei, pernensis, cacticola, fruticulosa*.

Erythrinique (*acide*). — Corps de formule $C^{20}H^{24}O^{10}$, extrait de l'*Aspicilia calcarea* (Hesse).

Ethylpulvique ou *Callopismique* (*acide*). — Zopf a extrait cet acide en tables jaunes, fusibles à 127-129° et identiques à l'acide synthétique de Volhard et Schenck [*Ann. Chem.*, **282**, 1 et 21; 1894] du *Physcia medians*, du *Callopisma vitellinum* et du *Gyalolechia aurella*.

Evernique (*acide*). Voir 2e Suppl. **2**, 700.

Evernurique (*acide*). — Aiguilles blanches fusibles à 191-192° en se décomposant, solubles dans la plupart des solvants organiques; c'est un acide monobasique, soluble en jaune dans l'ammoniaque et la potasse, extrait par Hesse de l'*Evernia furfuracea*. Sa formule est $C^{24}H^{26}O^9$; il est dédoublé par la baryte en acide carbonique et *evernurol* $C^{23}H^{26}O^7$.

Fragiline. — Corps jaune, analogue à l'acide chrysophanique, extrait par Zopf du *Sphaerophorus fragilis*.

Fumaroprotocétrarique (*acide*). — Corps résultant de l'union de l'acide fumarique à l'acide protocétrarique et existant dans le *Cetraria islandica* (Hesse).

Furfuracinique (*acide*). — Corps extrait par Hesse de l'*Evernia furfuracea*; il fond à 197°.

Glomelliférine. — Composé cristallisé incolore, fusible à 143-144°, extrait par Zopf du *Parmelia glomellifera*.

Gyrophorique (*acide*). — Acide extrait par Zopf des *Gyrophora hirsuta* et *deusta*, et par Hesse, de l'*Umbilicaria pustulata*; il fond à 200-202° et répond à la formule $C^{16}H^{14}O^7$, qui en fait un isomère de l'acide lécanorique.

Hematomminique (*acide*). — *Hématommique* (*acide*). — Voyez 2e Suppl., 3, 16.

Lécanoral. — Principe extrait par Zopf des *Lecanora atra* et *grumosa*, et répondant à la formule $C^{27}H^{30}O^9 + H^2O$. Ce corps est insoluble dans l'eau, peu soluble dans l'alcool, soluble dans l'acide acétique et le chloroforme, et se présente en lames hexagonales nacrées, fusibles à 90-95°, solubles dans les alcalis. Il est identique avec le composé $C^9H^{10}O^3$, retiré par Paterno et Oglialoro du *Lecanora sulfurea*.

Lécanorique (*acide*). — Acide extrait par O. Hesse du *Roccella tinctoria* et de la *Parmelia perlata* des écorces de quinquina de Java, et répondant à la formule $C^{16}H^{14}O^7$. Il cristallise avec une molécule d'eau et fond à 166°; il se transforme par hydratation en *acide orsellique* : chauffé en tube scellé à 85° avec l'alcool méthylique, il fournit de l'orcine, de l'acide carbonique et de l'orsellate de méthyle, fusible à 138°.

Ronceray a aussi trouvé cet acide dans le *Roccella Montagnei* Hél, et le *Dendographa leucophæa*.

Léprarine. — Principe extrait par Zopf du *Lepraria latebrarum* et cristallisant en lamelles fusibles à 155°, insolubles dans l'eau, solubles dans l'acide acétique, l'alcool, l'éther, colorables en jaune par la potasse. Hesse a caractérisé ce corps comme *acide léprarique*; par action de l'acide iodhydrique, il se transforme en *acide norléprarique*, aiguilles fusibles à 215°.

Lichestérique (*acide*). — Acide extrait du *Cetraria islandica* et du *Platysma cucullatum*. Cristaux blancs, fusibles à 124-125°, de constitution lactonique

```
                    COOH
                     |
C15H27 - CH - CH2 - CH - CO
          |               |
          ─────────────── O   (Bohme).
```

Lichestérinique (*acide*). — Acide monobasique, de formule $C^{18}H^{30}O^5$, obtenu par Schnedermann et Knop, et dont O. Hesse a séparé trois isomères : α, β, γ, en profitant des solubilités différentes de leurs sels d'ammonium et de baryum.

On l'a trouvé dans le *Dendographa leucophæa* et le *Cetraria islandica*.

Lichestrone. — Lactone cristallisée en feuillets fusibles à 83-84°, formée par ébullition de l'acide α lichestérinique avec la baryte par perte d'acide carbonique (O. Hesse).

Lichestronique (*acide*). — Il prend naissance en même temps que le corps précédent. Prismes de formule $C^{17}H^{32}O^4$, fusibles à 80°, solubles dans les solvants organiques; c'est un acide monobasique.

Mésorcine. — Phénol de formule $C^9H^{12}O^2$, cristallisable dans l'éther en aiguilles incolores fusibles à 148°, et provenant du dédoublement de l'*acide roccellique* par la strontiane.

Méthylpulvique ou vulpique (*acide*). — Ether méthylique de l'*acide pulvique* $C^{18}H^{12}O^5$, constituant un corps fusible à 155°, de formule $C^{18}H^{11}O^4(OCH^3)$, donnant un sel de potassium $C^{19}H^{13}O^5K + H^2O$, bien cristallisé.

On rencontre cet acide dans l'*Evernia vulpina*, le *Calycium chlorinum*, Kœrler et Stenhamm, le *Cyphalium chrysocephalum*, le *Parmelia perlata*, le *Citraria juniperina*.

Néphrine. — Corps neutre extrait par O. Hesse

des *Nephronicum arcticum* et *lusitanicum*, en aiguilles blanches fondant à 168°, de formule $C^{20}H^{32} + H^2O$ après dessiccation à l'air, et $C^{20}H^{32}$ après dessiccation à 120° ; c'est un hydrate de diterpène.

Néphromine. — Petites aiguilles de couleur ocreuse, fondant à 193°, se colorant en rouge sous l'action des alcalis, renfermant un atome d'oxygène de plus que la *physcione*. Ce corps a été extrait par O. Hesse du *Nephronicum lusitanicum*.

Norperlatine. — Corps provenant du dédoublement de la perlatine par l'acide iodhydrique ; petites aiguilles blanches, répondant à la formule $C^{19}H^{14}O^5(OH)^2$, se sublimant à partir de 250° et fondant à 274°.

Ocellatique (acide). — Cristaux blancs de formule $C^{20}H^{15}O^{11}(OCH^3)$, fusibles à 208°, extraits par Hesse des *Pertusaria corallina*, *Ocellata β-corallina* et de l'*Isidium corallinum*.

Ochroléchique (acide). — Aiguilles blanches fusibles à 280°, extraites de l'*Ochrolechia pallescens (L.) γ-parella* (Hesse).

Olivacéine. — Paillettes fusibles à 138°, de composition $C^{16}H^{19}O^5 . OCH^3$, extraites du *Parmelia olivacea*.

Olivétorine. — Substance neutre en aiguilles fusibles à 143°.

Olivétorique (acide). — Acide de formule $C^{21}H^{26}O^7$ (Hesse), fusible à 141° ; extrait par Zopf du *Parmelia olivetorum*.

Ombilicarique (acide). — Acide de formule $C^{24}H^{19}O^9(OCH^3)$, fusible à 185-186° et qui, traité par la baryte, donne l'*acide ombilicarinique* $C^{16}H^{13}O^6(OCH^3)$, identique à la *gyrophorine* de Zopf. L'acide ombilicarique a été extrait par Hesse du *Gyrophora polyphylla*.

Ommatinique (acide). — Acide obtenu en chauffant l'acide atranorique avec l'alcool propylique normal ; il fond à 75° et cristallise en prismes déliés (Zopf).

Orbiculatique (acide). — Paillettes blanches, fusibles à 82°, de formule $C^{22}H^{36}O^7$, extraites du *Pertusaria communis β-variolosa* (Hesse).

Oxyrocellique (acide). — Lamelles blanches fusibles à 128°, de formule $C^{17}H^{32}O^5$: chauffé à 160° ce corps donne un anhydride fondant à 121° ; son sel de baryum $C^{17}H^{30}O^5Ba$ est insoluble dans l'eau froide. O. Hesse l'a rencontré dans les *Rocella montagnei*, *pernensis*, *Cacticola fruticosa* et *tinctoria*.

Pannarique (acide). Aiguilles blanches, de formule $C^9H^8O^4$, fusibles à 224°, constituant un acide monobasique, extrait du *Pannaria lanuginosa* (Hesse).

Pannarol. — Aiguilles de formule $C^8H^8O^2$, fusibles à 176°, extraites du même lichen.

Paralichestérinique (acide). — Acide de formule $C^{20}H^{34}O^5$, fusible à 182°, extrait par Hesse du lichen de Brocken.

Parellique (acide). — Acide contenu dans le *Rocella tinctoria*, le *Rhizocarpon* et le *Darbishirella gracillima* (O. Hesse).

Parmatique (acide). — Voyez plus bas *Protocétrarique*.

Parmélialique (acide). — Petites aiguilles fusibles à 165°, presque insolubles dans le benzène, solubles dans l'éther, le chloroforme, se dédoublant par la potasse en donnant de l'orcine. Ce corps a été extrait par Zopf du *Parmelia tiliacea* et de l'*Urceolaria cretacea*.

Parméline. — Principe extrait par Hesse du *Parmelia perlata*, insoluble dans le carbonate de potassium, se présentant en petits cristaux octaédriques fusibles à 187°, peu solubles dans l'éther, l'alcool bouillant, la ligroïne, solubles dans la potasse, répondant à la formule $C^{16}H^{16}O^7$.

Perlatine. — Corps insoluble dans les carbonates alcalins, soluble dans les alcalis, dans l'éther et l'alcool chaud, répondant à la composition $C^{19}H^{14}O^5(OCH^3)$. L'acide iodhydrique lui enlève deux molécules d'iodure de méthyle et le transforme en *norperlatine*. On le rencontre dans un certain nombre de lichens.

Perlatique (acide). — $C^{28}H^{30}O^{10} + 2H^2O$. — Acide fusible à 90-95° existant dans la *Parmelia perlata* (Hesse).

Physcianine. — Voyez 2e Suppl., 3, 16.

Physcihydrone. — Aiguilles déliées jaune pâle, cristallisables dans l'acide acétique, l'alcool, le benzène, fusibles à 180-182°, obtenues en traitant une solution acétique de *physcione* par la poudre de zinc. Le physcihydrone, avec l'acide iodhydrique, fournit la *protophyscihydrone*.

Physciol. — Voir 2e Supp., 3, 16.

Physcione. — Ancien *acide physcique* de Paterno, et ancien *acide chrysophanique* de Rochleder, que O. Hesse a nommé ainsi parce qu'il ne renferme pas de carboxyle, et que c'est un composé à caractère quinonique. A l'état pur, ce corps se présente en aiguilles d'un rouge brique fusibles à 207°, cristallisables dans l'acide acétique, l'alcool, le benzène, répondant à la formule $C^{16}H^{12}O^5$, soluble en rouge dans l'acide sulfurique d'où l'eau le reprécipite, dédoublable par l'acide iodhydrique en iodure de méthyle et *protophyscione*.

La physcione est insipide et sans action sur l'organisme ; elle se dissout à chaud dans les carbonates alcalins et se dépose à froid ; elle est soluble en rouge cerise dans les alcalis. Traitée en solution alcoolique par deux molécules de potasse, elle donne une combinaison bleue amorphe $C^{16}H^{12}O^5, 2KOH$, que l'alcool chaud dissout pour donner ensuite des aiguilles pourpres du composé $C^{16}H^{12}O^5, KOH$.

La physcione ne se combine pas à l'hydroxylamine, mais donne avec la phénylhydrazine un composé micro-cristallin, soluble dans l'alcool. L'anhydride acétique bouillant la convertit en *dérivé diacétylé* $C^{15}H^7O^2(OCH^3)(OC^2H^3O)^2$, cristallisable dans l'alcool en aiguilles fusibles à 183°.

Le *dérivé monobenzoylé* est en aiguilles fusibles à 171°, et le *dérivé dibenzoylé* en aiguilles brunâtres fondant à 230°.

L'acide nitrique fournit avec la physcione des dérivés nitrés. Le *dérivé mononitré* est une poudre cristalline jaune, cristallisant dans l'acide acétique en aiguilles orangées fusibles à 210°. Le *dérivé dinitré*, précipitable par l'eau, fond à 96°, se dissout en rouge dans les alcalis, en pourpre dans l'ammoniaque.

L'acide acétique saturé d'acide chlorhydrique à 100° donne la *physcione déméthylée*, lamelles verdâtres fondant à 198°.

O. Hesse a rencontré la physcione dans la *Parmelia parietina* ou *Physcia parietina*, la *Xanthoria panetrira* et la *Gasparinia elegans*.

Physcionique (acide). — Produit obtenu par fusion de la *physcione* avec la potasse. C'est une poudre d'un noir bleuâtre, infusible, insoluble dans les solvants neutres, soluble dans les alcalis et de formule $C^{13}H^7O^2 . O^2 . CO^2H$.

Physodaline. — Substance neutre retirée par Zopf des *Parmelia physodes* et *P. pertusa*.

Physodalique (acide). — Acide retiré des mêmes lichens que la physodaline.

Physodique (acide). — Aiguilles blanches fusibles à 190-192° en se décomposant, de formule $C^{20}H^{22}O^6$, et perdant de l'acide carbonique quand on les chauffe avec la baryte.

C'est un acide très faible dont les sels sont décomposés par l'acide carbonique ; il ne possède qu'un carboxyle et deux oxhydriles, mis en évidence par un *dérivé diacétylé* fusible à 158°.

Ce corps a été extrait du *Parmelia physodes* par O. Hesse.

Physol. — Huile jaune de formule $C^{20}H^{24}O^{5}$, très soluble dans l'éther, insoluble dans le bicarbonate de sodium, soluble dans le carbonate d'où l'ammoniaque la précipite sous forme résineuse. Elle se trouve dans la *Parmelia physodes* (O. Hesse).

Pinastrique (acide). — Acide auquel est due la couleur jaune du *Cetraria pinastri* se présentant en prismes déliés, de formule $C^{10}H^{8}O^{3}$, de couleur jaune d'or, fusibles à 203-205°, peu solubles dans l'alcool et l'éther, solubles dans le chloroforme, le benzène, les alcalis, déplaçable par l'acide carbonique. Avec l'anhydride acétique, on obtient le corps $C^{10}H^{16}O^{6}$, en aiguilles soyeuses, verdâtres, fondant à 171-173°. On trouve aussi l'acide pinastrique dans le *Lepra flava* (Zopf).

Placodine. — Composé rouge brique cristallisable dans l'alcool en petites tables, rencontré par Zopf principalement dans le *Placodium melanaspis* ou *flavum*.

Placodioline. — Prismes ou tables fusibles à 154-156°, non colorables par le perchlorure de fer et le chlorure de chaux, et que Zopf a extraits du *Placodium chrysoleucum*.

Pléopsidique (acide). — Lamelles incolores, fusibles à 144-145°, solubles dans l'alcool, l'éther et les carbonates alcalins. Ce corps a été rencontré dans le *Pleopsidium chlorophanum* (Zopf).

Plicatique (acide). — Feuillets fusibles à 133°, solubles dans l'alcool, l'acétone, l'éther, insolubles dans la ligroïne et dans l'eau, de formule $C^{20}H^{33}O^{8}.OCH^{3}$, extraits de divers *Usnea* (Hesse).

Porine. — Paillettes jaunâtres, de formule $C^{42}H^{67}O^{9}.OCH^{3}$, fusibles à 166°, donnant par l'acide iodhydrique la *porinine* $(C^{3}H^{6}O)^{n}$.

Porinique (acide). — Aiguilles fusibles à 218°, de formule $C^{11}H^{12}O^{4}$, extraites, comme le corps précédent, du *Pertusaria glomerata* (Hesse).

Protocétrarique ou *parmatique (acide).* — Petites aiguilles blanches, de formule $C^{30}H^{22}O^{15}$, brunissant à 220°, peu solubles dans l'éther, solubles dans l'alcool, le chloroforme, l'acide acétique chauds, insolubles dans la ligroïne et l'eau. Ce corps ne contient pas de groupe méthoxyle et est dédoublé par les alcalis et leurs carbonates en acides cétrarique et fumarique :

$$C^{30}H^{22}O^{15} + H^{2}O = C^{26}H^{20}O^{12} + C^{4}H^{4}O^{4}.$$

On le trouve dans le *Dendographa leucophaea* et le *Cetraria islandica* (O. Hesse).

Proto-α-lichestérinique (acide). $C^{18}H^{30}O^{3}$. — Il existe dans le *Cetraria islandica* (Hesse).

Protophyscihydrone. — Cristaux grenus de formule $C^{15}H^{12}O^{5}$, fusibles à 210°, obtenus en traitant la *physcihydrone* par l'acide iodhydrique (O. Hesse).

Protophyscione. — Aiguilles brunes fondant à 198°, de formule $C^{15}H^{10}O^{5}$, solubles dans l'éther, l'acide acétique, les alcalis, insolubles dans l'alcool, résultant de l'action de l'acide iodhydrique sur la *physcione*.

Psoromique (acide). — Corps fusible à 263-265°, obtenu par cristallisation dans l'alcool absolu de l'extrait chloroformique du *Psoroma crassum* (Spica), du *Rhizocarpon geographicum* (Zopf, Hesse), du *Stereocaulon coralloïdes* (Zopf).

Pulvique (acide). — L'acide pulvique aurait pour constitution

```
C⁶H⁵C = C(OH) - C = C(C⁶H⁵) - CO²H
        |           |
        CO ———————— O
```

La synthèse de son anhydride a été faite par Volhard [*Ann. Chem.*, **282**, 1, 1894], en préparant d'abord son nitrile par action de l'éthylate de sodium sur un mélange d'oxalate d'éthyle et de cyanure de benzyle et en saponifiant ce nitrile. On a transformé ensuite cette lactone en *acide vulpique* ou *méthylpulvique* par le méthanol potassique; on a préparé ses sels de pipéridine, de baryum, de calcium, etc. L'acide pulvique existe à l'état de composés dans divers lichens.

Ramalique (acide). — Ce corps est en aiguilles courtes, fondant à 179°, peu solubles dans l'éther et l'alcool; son sel de potassium est anhydre, mais hygroscopique. Il est isomère de l'*acide évernique*, et l'ébullition avec la baryte en excès le décompose également en acide *éverninique*, orcine et acide carbonique.

L'isomérie des acides évernique et ramalique s'expliquerait par les schémas :

```
        CO ——————————————— CO²H
        |                   |
  OH  /   \  OCH³     O  /    \  OH
     |     |            |      |
      \   /              \    /
       CH³                CH³
```

et

```
        CO ——————————————— CO²H
        |                   |
  OH  /   \  OH       O  /    \  OCH³
     |     |            |      |
      \   /              \    /
       CH³                CH³
```

L'acide ramalique existe dans la *Ramalina pollinaria*.

Rangiformique (acide). — Cet acide se présente en cristaux renfermant $2H^{2}O$, fondant à 84°; desséché il fond à 104-105° et répond à la formule $C^{20}H^{33}O^{5}(OCH^{3})$. Par traitement à l'acide iodhydrique il donne l'*acide norrangiformique* qui contient 1 mol. $H^{2}O$ et fond à 105°; desséché, il fond à 119°. Le premier acide est bibasique et le second, tribasique; ce qui conduit à leur attribuer les constitutions :

$$C^{28}H^{31}\begin{cases} CO^{2}CH^{3} \\ CO^{2}H \\ CO^{2}H \end{cases} \quad \text{et} \quad C^{18}H^{31}(CO^{2}H)^{3}$$

L'acide rangiformique a été extrait de la *Lecanora sulphurea* (Paterno et Croza) et de la *Cladonia rangiformis* (O. Hesse).

Rhizocarpique (acide). — Ce corps cristallise en prismes orthorhombiques, d'un jaune citron, fusibles à 177-179°; il est soluble dans l'alcool, l'éther, le benzène, le chloroforme, le sulfure de carbone, les alcalis et les carbonates alcalins, et n'est pas précipité par l'acide acétique. L'anhydride acétique donne, avec ce corps, suivant les conditions, de l'acide éthylpulvique, acétyléthylpulvique ou pulvique anhydre.

Zopf en avait conclu que l'acide rhizocarpique $C^{26}H^{20}O^{6}$ était peut-être un dérivé résorcinique de l'acide éthylpulvique. O. Hesse a pensé plus tard que l'acide rhizocarpique pouvait être l'*acide éthyldipulvinique* $C^{40}H^{30}O^{9}$ et que l'*acide rhizocarpinique* $C^{38}H^{26}O^{9}$, dans lequel il se transforme en solution aqueuse, serait formé par saponification partielle de cet acide. Enfin plus récemment, le même auteur a constaté que l'acide rhizocarpique répondait à la formule $C^{28}H^{22}O^{7}$ et n'était pas un acide vrai.

On l'a trouvé dans le *Rhizocarpon geographicum*, l'*Acolium tigillare*, les *Gasparina elegans* et *medians*.

Rhizonique (acide). — Ce corps se présente en prismes anhydres, fondant à 185°, répondant à la formule $C^{19}H^{20}O^7$ et décomposables par la baryte en acide carbonique, β-orcine et *acide rhizoninique* $C^8H^7(OH)(OCH^3)CO^2H$, isomère de la *physcianine* $C^8H^7(OH)^2CO^2CH^3$.

Il accompagne les acides parellique et rhizocarpique dans le *Rhizocarpon*.

Roccellarique (*acide*). — Acide solide fondant à 110°, extrait par O. Hesse du *Roccellaria inbricata*.

Roccellinine. — Corps neutre en fines aiguilles, fusibles à 182°, colorant en bleu le perchlorure de fer, contenu dans le *Reinkella lirellina* (O. Hesse).

Roccellique (*acide*). — Belles lamelles fondant à 129-130°, de formule $C^{17}H^{32}O^4$, constituant un acide bibasique dont on a préparé le sel de potassium $C^{17}H^{31}O^4K + 2H^2O$ peu soluble, et le sel de cuivre $(C^{17}H^{31}O^4)^2Cu$ insoluble et cristallisé.

On le rencontre dans le *Lepraria latebrarum*, les *Cladinia coccifera* et *amaurocraea*, les *Roccella pernensis*, *cacticola*, *fruticosa*, *tinctoria*.

Rubidique (*acide*). — Acide rouge de formule $C^{28}H^{24}O^{12}$ contenu dans le *Parmelia acetabulum* (O. Hesse).

Salazinique (*acide*). — Acide renfermé dans les *Parmelia perforata*, *excrescens*, *acetabulum*, *compersa* (Zopf, O. Hesse).

Saxatique (*acide*). — Paillettes fusibles à 115°, de composition $C^{25}H^{40}O^8$, extraites du *Parmelia saxatilis retiruga* (Hesse).

Solarique (*acide*). — Petits cristaux orthorhombiques, fusibles à 199-201°, de formule $C^{15}H^{14}O^5$, insolubles dans l'eau, peu solubles dans l'alcool et l'éther, solubles dans le benzène et le chloroforme. Les solutions sont jaunes ou rouges; l'acide solarique se dissout dans les alcalis en violet, dans les carbonates alcalins en rouge pourpre; il est précipité par l'acide carbonique et donne avec l'anhydride acétique bouillant en *dérivé diacétylé* $C^{19}H^{18}O^7$, en aiguilles orangées, fusibles à 147-148°.

On le rencontre dans le *Solarina crocea* (Zopf).

Sordidine. — Substance extraite de la *Lecanora sulphurea*.

Sphérophorine. *Sphérophorique* (*acide*). — Corps extraits des *Sphærophorus fragilis* et *coralloïdes* (Zopf).

Squamarique (*acide*). — Petites aiguilles fusibles à 262-264°, insolubles dans l'eau, solubles dans l'acide sulfurique en jaune, dans les alcalis en jaune vert; Zopf a isolé ce corps du *Placodium gypsaceum*.

Squamatique (*acide*). — Corps de formule $C^{19}H^{20}O^9$ trouvé par Hesse dans les *Cladonia squamosa*, *ventricosa*, *destricta*.

Stéréocaulique (*acide*). — Cet acide se présente en petites aiguilles incolores, fusibles à 200-201°, peu solubles dans l'alcool, l'éther, le chloroforme, le benzène, solubles dans le carbonate de sodium, de formule $(C^9H^{10}O^3)^n$: Zopf l'a rencontré dans divers lichens, notamment dans le *Stereocaulon alpinum* ou *tomentosum*, le *Lecanoria badia*, les *Parmelia saxatilis* et *aleurites*.

Strictaurine. — Composé cristallisé jaune, fusible à 211-212°, dérivé de l'acide pulvique, donnant par l'alcool bouillant de la calycine et de l'acide éthylpulvique, et peut-être identique à l'acide dipulvique. Zopf l'a extrait du *Stricta aurata*, des *Candellaria vitellina*, *concolor*, du *Gyalolechia aurella*.

Strictinique (*acide*). — Corps extrait par Schnedermann et Knop du *Sticta pulmonaria*, et que O. Hesse a reconnu identique à l'*acide pétrocétrarique*.

Synamatique (*acide*). — Corps fusible à 215°, soluble dans l'acide acétique, extrait du *Cladonia fimbriata synamosa* (Hesse).

Télébrarique (*acide*). — Prismes quadratiques jaunâtres, fusibles à 208°; solubles en rouge orangé dans l'acide sulfurique, d'où l'eau reprécipite de l'*acide télébrarinique*, fusible à 182°. L'acide télébrarique est extrait du *Lepraria latebrarum* (Hesse).

Thamnolique (*acide*). — Corps fusible à 213° de formule $C^{19}H^{15}O^{10}.OCH^3$, donnant avec la baryte l'*acide thamnolinique* $C^{16}H^{20}O^7$, longues aiguilles fusibles à 163°, solubles dans l'alcool, l'éther, l'acide acétique. On extrait l'acide thamnolique du *Thamnolia vermicularis* et du *Cladonia flœrkeana* (Hesse).

Umbilicarique (*acide*). — Acide contenu dans les *Gyrophora polyphylla*, *hyperborea* et *deusta* (Zopf).

Uncinatique (*acide*). — Corps de formule $C^{23}H^{28}O^9$, fusible à 212°, extrait du *Cladonia fabriata uncinata* (Hesse).

Usnarine. — Corps neutre, insipide, cristallisé, fondant à 180°, insoluble dans le carbonate de potassium, extrait par O. Hesse des lichens de l'écorce de quinquina javanaise.

Usnarique (*acide*). — Acide de formule $C^{30}H^{32}O^{15}$, fondant au-dessus de 260°, extrait par O. Hesse des lichens de l'écorce de quinquina javanaise.

Usnéique (*acide*). — Acide de formule $C^{18}H^{16}O^7$, soluble dans un mélange de ligroïne et d'éther, fondant à 196°, donnant un sel de potassium cristallisé et peu soluble dans l'alcool, dont la solution aqueuse est décomposée par l'acide carbonique. Chauffé en tube scellé à 150°, avec de l'alcool méthylique ou éthylique ou de l'acétone, cet acide perd de l'acide carbonique et donne de la *décarbusnéine*.

O. Hesse a rencontré cet acide dans l'*Usnea longissima*, *U. barbata*, *ceratina*, *pumastri*, la *Ramalina pollinaria*, *R. omchis*, les lichens des écorces de quinquina de Java et d'Amérique.

Usnétinique (*acide*). — D'après Hesse, cet acide de formule $C^{24}H^{26}O^8$ serait le même que l'*acide stéréocaulique* de Zopf et donnerait avec la baryte de l'*usnétol* $C^{23}H^{29}O^7$, aiguilles fusibles à 166°.

Usnidique (*acide*). — Obtenu en traitant l'*acide d-usnique* par la potasse à l'ébullition ; ce corps a pour formule $C^{14}H^{14}O^6$, cristallise avec $3H^2O$, est monobasique, fond vers 192° et se décompose par la chaleur en *usnidol* et acide carbonique.

Usniques (*acides*). — Paterno, puis O. Hesse donnent aux acides usniques la formule $C^{18}H^{16}O^7$; l'acide α fond à 203°. L'anhydride acétique, à 85°, donnerait l'*anhydride α-usnique* $C^{36}H^{30}O^{13}$, aiguilles jaunes fusibles à 85°. On a obtenu les sels de potassium et de sodium *d*, *l* et *i*, de baryum, de calcium, de plomb, de cuivre, d'argent.

Avec la phénylhydrazine, l'acide usnique donne une *phénylhydrazone* cristallisant dans l'alcool en octaèdres et prismes orthorhombiques fusibles à 229°, solubles dans l'éther et le benzène et renfermant $C^{30}H^{28}Az^4O^5 + 3H^2O$.

L'acide usnique a été rencontré notamment dans les espèces suivantes :

Hematomma coccineum, *ventosum* : *Lecanora sulphurea* ; *Usnea barbata*, *longissima* ; *Citraria juniperina* ; *Parmelia caperata* ; *Cladonia rangiferina*, *silvatica*, *alpestris*, *amaurocræa* ; *Parmelia compersa* ; *Nephronicum arcticum*.

Usnolique (*acide*). — Prismes jaunes fusibles à 206-208°, moussant fortement à 210° et qui, d'après Hesse, seraient isomères de l'acide usnique, dont ils dérivent par action de l'acide sulfurique.

Zéorine. — Corps cristallisé en doubles pyramides hexagonales, insolubles dans le carbonate de sodium, fondant à 237-239°, et dont la solution alcoolique, bouillie avec l'acide chlorhydrique, abandonne un produit de transformation incolore, fusible à 159-161°, cristallisable en prismes microscopiques.

On a rencontré la zéorine dans le *Lecanora sordida* ou *Zeora sordida*, dans le *Parmelia cæsia*, l'*Hematomma coccineum*, le *Placodium saxicolum*, les *Physcia cæsia* et *endococaïna*, l'*Urceolaria cretacea*, etc.

Zéorique (acide). — Corps extrait par Zopf du *Lecanora sordida* et cristallisé en aiguilles groupées en rosettes, peu solubles dans l'alcool, l'éther, l'acide acétique, fusibles à 235-236°, solubles dans la potasse et en rouge dans l'acide sulfurique : il donne un *dérivé acétylé*, fusible à 166-169°.

En dehors de ces corps spéciaux, les lichens renferment encore d'autres corps, tels que les galactanes, la lichénine, la cellulose, la triméthylamine, la mannite, etc., dont l'étude chimique a été traitée à leur place alphabétique, et des substances encore mal définies et non dénommées pour lesquelles nous sommes obligé de renvoyer aux mémoires originaux.

Bibliographie. — Zopf, *Lieb. Ann. chem.*, **288**, 38, 1895 ; **295**, 257, 1897, **300** 322, 1898. — O. Hesse, *Lieb. Ann. chem.*, **284**, 157, 1894 ; **297**, 271, 1897 : *Journ. prakt. chem.*, **57**, 232 et 409, 1898 ; **62**, 321 et 430, 1900 ; **63**, 522, 1900 ; **65**, 537, 1902 ; **68**, 1, 1903 ; **70**, 449, 1904 ; *D. chem. G.*, **30**, 357, 1897 ; **31** 663, 1898 ; **36**, 4693, 1903. — Paterno et Croza, *Lincei*, 1894, 219. — Bohme, *Arch. d. Pharm.*, **246**, 1, 1903. — Roncerav, *Bull. Soc. Ch.*, (3), **31**, 1097, 1904. — Juillard, *Bull. Soc. Ch.*, (3), **31**, 610, 1904.

1er janvier 1906. A. Hébert.

LICHESTÉRINIQUE, LICHESTÉRIQUE, LICHESTRONIQUE (ACIDES). — Voyez Lichens.

LIGNINE. — Constituant non cellulosique des tissus ayant subi la lignification. Comme ce composé est de nature cétonique, on le désigne aujourd'hui plus couramment sous le nom de lignone (voyez Hydrocellulose, 2e Suppl.).

V. Thomas.

LIGNOCELLULOSES. — Voyez Hydrocellulose, 5, 498.

LIGNOCÉRIQUE (ACIDE) (Voyez 1er Suppl., p. 981). — Ph. Kreiling l'a retrouvé en même temps que l'acide arachidique dans l'huile d'arachides [*D. chem. G.* **21**, 880 ; 1888] ; et H. Stureke a isolé de la cire de Carnauba un isomère de l'acide lignocérique [*Liebigs Annalen*, **223**, 283 ; 1884].

1er janvier 1906. A. Hébert.

LIGNONE. — Constituant non cellulosique des tissus ayant subi une lignification. Son étude a été faite à l'article Hydrocellulose (2e Suppl.).

V. Thomas.

LIGNONE (CÉRU). — C'est le produit d'oxydation par le mélange chromique du pyrogallate diméthylique. Cette cérulignone correspond vraisemblablement à la formule de constitution :

CH^3-O $O-CH^3$

$O=$ (cycle) $=$ (cycle) $=O$

CH^3-O $O-CH^3$

[Voyez à ce sujet, Nietzki et Bernard, *D. chem. G.*, **31**, 1334 ; — J. Herzig et J. Pollak, *Mon. f. Chem.*, **25**, 501, 1904].

On peut employer comme agent oxydant non seulement le bichromate de potasse [Liebermann, *Lieb. Ann. Chem.*, **169**, 231], mais aussi le chlorure ferrique, le chlore, l'iode, l'acide azotique [Hoffmann, *D. chem. G.*, **11**, 335].

La purification peut se faire par réduction du produit pur et oxydation ultérieure de l'hydrocérulignone [Liebermann et Flatau, *D. chem. G.*, **30**, 238]. Aiguilles d'un bleu d'acier foncé, insolubles dans la plupart des solvants usuels, solubles cependant dans le phénol. L'acide sulfurique concentré donne une solution couleur bleuet intense tout à fait caractéristique. L'addition d'eau à cette solution précipite non pas de la cérulignone inaltérée, mais un produit de déméthylation plus ou moins avancé.

Les réducteurs fournissent de l'hydrocérulignone qui n'est autre que l'éther tétraméthylique du diphényle hexahydroxylé. L'acide chlorhydrique donne un produit d'addition ; de même l'acide bromhydrique ; les produits obtenus sont des dérivés halogénés de l'éther de l'hexaoxydiphényle [Liebermann et Cybulsky, *D. chem. G.*, **31**, 616].

La cérulignone se condense facilement avec les amines primaires grasses ou aromatiques. Les dérivés les plus divers de ces amines réagissent de la même façon. Les produits de condensation consistent en matières colorantes d'un beau bleu ne présentant pas grand intérêt tinctorial.

La réaction a lieu d'après l'équation :

$$C^{16}H^{16}O^6 + 2AzH^2X$$
$$= 2CH^3OH + C^{14}H^{12}O^4(AzX)^2.$$

Ont été préparés les produits de condensation avec :

Aniline, Aiguilles à éclat de cantharides ; *m-chloroaniline ; p-chloroaniline ; o-anisidine ; p-amidosulfonate de sodium ; p-toluidine*, aiguilles d'aspect métallique ; *p-toluidine dinitrée ; 44' diamidodiphénylméthane, acides amino carboxyliques o et m.*

Bibliographie. — Reichenbach, Berzelius, *Jahresb.*, **15**, 408, 1832 ; — Liebermann, *D. chem. G.*, **5**, 746, 1872 ; **6**, 1873, 781 ; *Lieb. Ann. Chem.*, **169**, 221 ; — W. Marx Wagner's *Jahresb.*, 827, 1873 ; — A.-W. Hoffmann, *D. chem. G.*, **7**, 1874-78 ; **8**, 68, 1875 ; **11**, 333 et 801, 1878.

15 mai 1906. V. Thomas.

LIGROÏNE. — Voyez l'art. Pétroles.

LILOLIDINE. — L'α_1-*méthyl-α.γ-dicétolilolidine* :

CH^2
$CH-CH^3$
Az
OC CO
CH^2

se forme en chauffant à 150-160° avec de l'acide sulfurique concentré la dihydrométhylkétolide de l'éther malonique, que l'on obtient en condensant l'éther malonique avec le dihydrométhylkétol (méthyldihydro-indol).

Elle cristallise en paillettes blanches fondant à 298°, peu solubles dans les solvants organiques, solubles dans les acides minéraux concentrés et dans les alcalis. Elle donne un *dérivé nitrosé* rouge fondant à 151-152° [Bamberger et Hernitzki, *D. chem. G.*, **26**, 1300, 1893].

1er janvier 1906. R. Marquis.

LILOLINE. — Ce nom a été donné par Bamberger et Sternitzki [*D. chem. G.*, **26**, 1298, 1893] au noyau suivant :

CH^{2}
CH^{2}
Az
CH CH^{2}
CH

dont les dérivés sont décrits à l'article LILOLIDINE.
Janvier 1906. R. Marquis.

LIMETTINE. — La limettine est la substance, dont le point de fusion est de 145°, qui se dépose de l'essence de limette. Tilden et Beck l'ont décrite [*Chem. Soc.*, **57**, 323; 1890] comme la 1.3-diméthoxycoumarine ou la 1.3-diméthoxychromone : mais plus tard, Tilden et Burrows [*Chem. Soc.*, **81**, 508 : 1902], puis Kostanecki et Ruijter de Wildt [*D. chem. G.*, **35**, 861; 1902] ont infirmé ce fait. Tilden et Burrows ont considéré la limettine comme la 4.6-diméthoxycoumarine

OCH^{3}
$CH = CH$
$CH^{3}O$ $O — CO$

Chauffée avec la potasse aqueuse à 10 0/0, la *dibromolimettine* fournit l'*acide diméthoxybromocoumaritique*, fondant à 239°

$$(CH^{3}O)^{2}C^{6}HBr\begin{matrix}\diagup CH \diagdown \\ \diagdown O \diagup\end{matrix}C CO^{2}H$$

La 4-6-*diacétyltribromocoumarine*

$$(C^{2}H^{3}O)^{2}C^{6}Br^{2}\begin{matrix}\diagup CH = CBr \\ \quad\quad\;\; | \\ \diagdown O - CO\end{matrix}$$

s'obtient en traitant par l'anhydride acétique le produit de l'action du brome sous pression sur la dibromolimettine; elle se présente en prismes fusibles à 244°.

L'action du chlore sur la limettine donne des *dérivés mono, di* et *trichlorés*. L'action des alcalis sur la dichlorolimettine fournit l'*acide monochlorocoumaritique*

$$(CH^{3}O)^{2}C^{6}HCl\begin{matrix}\diagup CH \diagdown \\ \diagdown O \diagup\end{matrix}C . CO^{2}H$$

et sur la trichlorolimettine, l'*acide dichlorocoumaritique*

$$(CH^{3}O)^{2}C^{6}Cl^{2}\begin{matrix}\diagup CH \diagdown \\ \diagdown O \diagup\end{matrix}C . CO^{2}H$$

La limettine, chauffée avec l'éthylate de sodium, donne le 4.6-*diméthoxycoumarate disodé*

$$(CH^{3}O)^{2}C^{6}H^{2}\begin{matrix}\diagup CH = CH - CO^{2}Na \\ \diagdown ONa\end{matrix}$$

La limettine sodée, traitée par l'iodure de méthyle, se transforme en son homologue, la 4.6-*diméthoxy-α-méthylcoumarine*

$$(CH^{3}O)^{2}C^{6}H^{2}\begin{matrix}\diagup CH = C - CH^{3} \\ \quad\quad\quad | \\ \diagdown O - CO\end{matrix}$$

qui, par le brome, devient la *diméthoxy-α-méthyl-β-bromocoumarine*, donnant la *diméthoxy-α-méthyl-β-oxycoumarine* sous l'influence des alcalis. 1er janvier 1906. A. Hébert.

LIMONÈNE ET DÉRIVÉS. — Voy. TERPÉNIQUE (SÉRIE).

LIN. — Voyez l'art. BLANCHIMENT, 2e Suppl., 1, 766.

LINALOL ET DÉRIVÉS. — Voyez TERPÉNIQUE (SÉRIE).

LINDESITE (Min.) (Igelström). — Silicate ferrico-manganoso-calcique, avec un peu d'aluminium, magnésium, sodium, $3RO . R^{2}O^{3} . SiO^{2}$, de couleur rouge brunâtre. Dureté = 6.

LINIQUE (ACIDE). — Fokine a constaté [*Journ. Soc. Phys. chim. russe*, **34**, 501; 1902] que le principal acide de l'huile de lin serait, non pas l'acide linoléique, mais un acide linique comme l'avait indiqué déjà Reformatsky [*Ibid.*, **21**, 202; 1889]. L'acide linique de l'huile de lin et ceux des huiles de coton, sésame, tournesol seraient non identiques, mais isomères, car ils ne donnent pas les mêmes acides tétrabromostéariques. 1er janvier 1906. A. Hébert.

LINOLÉIQUE (ACIDE) $C^{18}H^{32}O^{2}$. — On a attribué successivement à l'acide linoléique les formules $C^{18}H^{34}O^{3}$ (Sacc), $C^{16}H^{28}O^{2}$ (Schuler), $C^{16}H^{26}O^{2}$ (Zussengut). A la suite des travaux de Peters [*Monatsch. f. Chem.*, 7, 552] et de Reformatsky [*Journ. f. prakt. Chem.*, (2), **41**, 529; *Journ. Phys. chim. russe*, **21**, fasc. 4, 202], la question semble tranchée en faveur de la formule $C^{18}H^{32}O^{2}$. L'acide linoléique s'obtient par fractionnement des acides gras de l'huile de lin ou par congélation de l'huile de lin du commerce. Pour le purifier, Peters le transforme en sel de baryum qu'il décompose par l'acide chlorhydrique en présence d'éther. Reformatsky préfère décomposer le savon de soude dissous dans l'eau par l'acide sulfurique dilué à basse température; l'huile obtenue est soumise au froid. On filtre les produits qui se séparent, et on purifie l'acide ainsi obtenu en passant par son éther éthylique.

L'*éther éthyllinoléique* s'obtient par l'action directe de l'acide linoléique sur l'alcool ordinaire à volumes égaux; on refroidit dans la neige et on sature par un courant d'acide chlorhydrique. Le produit est exposé au froid pendant une vingtaine d'heures, lavé à l'alcool, à l'eau, et distillé sous pression réduite; il passe vers 270-275° à 180 millimètres de pression.

C'est un liquide à peu près incolore, mobile, légèrement fluorescent, d'une odeur âcre, de densité 0,8865, de formule $C^{17}H^{31}CO - OC^{2}H^{5}$. On en sépare l'acide linoléique en saponifiant la solution alcoolique de cet éther par la potasse; la masse refroidie est dissoute dans l'eau et décomposée par l'acide sulfurique étendu en présence d'éther qui, une fois séparé et évaporé, abandonne l'acide libre.

L'acide linoléique constitue un liquide brun rougeâtre, inodore, assez mobile, de goût agréable, d'arrière-goût âcre, soluble dans l'éther, moins dans l'alcool, insoluble dans l'eau, s'épaississant par le repos. On en a préparé notamment le *sel de zinc*, poudre insoluble dans l'eau, soluble dans l'alcool, assez stable.

Le brome, additionné à une solution acétique d'acide linoléique à 0°, donne lieu à un précipité jaunâtre qui, purifié par l'alcool, constitue un *dérivé tétrabromé* $C^{18}H^{32}O^{2}Br^{4}$, fondant vers 177-178°, se solidifiant à 175° (Reformatsky).

D'après Hazura et Friedreich, un excès de brome donnerait le corps $C^{18}H^{30}Br^{6}O^{2}$ [*Monatsch. f. Chem.*, **8**, 156; 1887].

Depuis, Hazura a constaté [*Monatsch. f. Chem.*, **9**, 180] que la réaction du brome est plus complexe et qu'elle conduit aux corps suivants : dibromure d'acide oléique $C^{18}H^{34}Br^{2}O^{2}$; tétrabromure d'acide linolique $C^{18}H^{32}Br^{4}O^{2}$; hexabromure d'acide linolénique $C^{18}H^{30}Br^{6}O^{2}$ et hexabromure d'acide isolinolénique $C^{18}H^{30}Br^{6}O^{2}$ (voir plus loin).

L'acide linoléique, chauffé en tube scellé avec l'acide iodhydrique fumant, donne d'abord le composé $C^{18}H^{35}O^{2}I$, puis l'acide stéarique

$$C^{18}H^{36}O^{2},$$

qui constitue l'acide gras complet correspondant à l'acide linoléique, non saturé (Peters, Reformatsky).

Hazura, puis Hazura et Friedreich [*Monatsch. f. Chem.*, **7**, 637; **8**, 156: 1886], Dieff et Reformatsky [*D. chem. G.*, **20**, 1211: 1887], puis Reformatsky [*Journ. Phys. chim. russe*, **21**, fasc. 4, 202], d'autre part, oxydant l'acide linoléique par le permanganate de potassium en solution alcaline, ont obtenu un acide tétraoxystéarique, l'*acide sativique* $C^{18}H^{34}O^{2}(OH)^{4}$, fusible à 162°; en opérant en solution plus concentrée, on obtient un mélange de l'acide précédent avec un nouvel acide hexaoxystéarique, l'*acide linusique* $C^{18}H^{36}O^{8}$, fusible à 203°, cristallisant en aiguilles microscopiques, susceptible de donner un *dérivé acétique* $C^{18}H^{30}O^{2}(OC^{2}H^{3}O)^{6}$, et paraissant se transformer en acide stéarique sous l'action de l'acide iodhydrique.

Hazura a reconnu depuis [*Monatsch. f. Chem.*, **9**. 180] qu'il se forme, en outre, dans l'oxydation de l'acide linoléique, de l'*acide isolinusique* $C^{18}H^{34}O^{2}(OH)^{6}$, en petites aiguilles prismatiques fusibles à 173-175°, solubles dans l'eau et l'alcool, surtout à chaud, donnant un *dérivé hexacétylé* peu soluble dans l'éther et des sels alcalins cristallisés; et de l'*acide dioxystéarique* $C^{18}H^{34}O^{2}(OH)^{2}$, lamelles nacrées, orthorhombiques, fusibles à 136-137°.

La réduction des acides linusique et isolinusique par l'acide iodhydrique et le phosphore rouge a donné des produits huileux, paraissant renfermer un acide de formule $C^{18}H^{36}O^{2}$.

Enfin l'emploi d'un excès de permanganate de potassium donne, avec l'acide linoléique, de l'*acide azélaïque* $C^{9}H^{16}O^{4}$, fusible à 104°.

La formation des deux séries de produits bromés obtenus par l'action du brome et de produits acides obtenus par oxydation, a conduit Hazura [*Monatsch. f. Chem.*, **8**, 260] à supposer que l'acide linoléique pourrait bien être un mélange de deux composés : $C^{18}H^{30}O^{2}$, et $C^{18}H^{32}O^{2}$, qui fourniraient respectivement les deux séries de dérivés. L'analyse de l'acide linoléique donne, d'ailleurs, des chiffres intermédiaires entre ceux qu'exigent ces deux formules. On est arrivé à régénerer ces deux acides supposés de leurs dérivés bromés $C^{18}H^{30}Br^{6}O^{2}$ et $C^{18}H^{32}Br^{4}O^{2}$, en traitant ces dérivés par le zinc et l'acide chlorhydrique en présence d'alcool : l'acide tétrabromé fournit l'*acide linolique* $C^{18}H^{32}O^{2}$; l'acide hexabromé donne l'*acide linolénique* $C^{18}H^{30}O^{2}$.

L'*acide linolique* présente les mêmes propriétés que l'acide chanvroléique, dont il forme d'ailleurs la majeure partie. Oxydé par le permanganate de potassium en solution alcaline, il fournit des acides sativique et azélaïque; avec le brome, il donne un produit d'addition

$$C^{18}H^{32}Br^{4}O^{2},$$

fusible à 114-115°, identique avec le dérivé obtenu en partant de l'acide chanvroléique.

L'*acide linolénique*, par oxydation alcaline au permanganate, fournit de l'acide linusique, et avec le brome donne le dérivé hexabromé fondant à 177°.

L'étude de la distillation dans le vide de l'acide linoléique a conduit également Norton et Richardson [*D. chem. G.*, **20**, 2735; 1887] à conclure que ce corps est un mélange de deux acides; quoique Hazura et Grüssner aient constaté [*Monatsch. f. Chem.*, **9**, 198] que l'acide linoléique se décompose par distillation, le produit distillé laissant déposer de l'acide sébacique $C^{10}H^{18}O^{4}$.

Mulder avait autrefois obtenu [*Bull. Soc. Chim.*, (2), **7**, 508; 1867], par oxydation à l'air libre du linoléate de plomb, un *acide oxylinoléique* $C^{16}H^{26}O^{5}$, puis un *hydrate* $C^{16}H^{26}O^{5} + H^{2}O$, et un anhydride $C^{32}H^{54}O^{11}$ de cet hydrate, la *linoxyne*. Bauer et Hazura [*Monatsch. f. Chem.*, **9**, 459; 1888], à la suite des travaux de ce dernier, ont pensé que les corps de Mulder étaient vraisemblablement des mélanges.

L'huile de lin, abandonnée à l'air, fournirait le glycéride de l'anhydride oxylinoléique, l'oxylinoléine (linoxyne de Mulder).

L'acide linoléique, ou ses constituants, en dehors de l'huile de lin, ont été trouvés dans l'huile de noix de cèdre [Kryloff, *Journ. Soc. Phys. chim. russe*, **30**, fasc. 8, 924]; dans l'huile de blé [Hermann, T. Vulté et H.-W. Gibson, *Am. Chem. Soc.*, janvier 1901]; dans l'huile des semences de *coccognidium*, d'asperge [W. Peters, *Arch. d. Pharm.*, **240**, 53, 56; 1902]; dans l'huile grasse des noyaux de citron [W. Peters et G. Frerichs, *Arch. d. Pharm.*, **204**, 659; 1902]; dans la lécithine de l'œuf [H. Cousin, *C. R.*, **137**, 68; 1903]; dans la cire de lin [Hoffmeister, *D. chem. G.*, **36**, 1047; 1903], dans l'huile de fraises [Aparine, *J. Soc. phys. ch. R.*, **36**, 581; 1904].

Récemment S. Fokine, dans un travail inachevé sur la composition de l'huile de lin [*Journ. Soc. Phys. chim. russe*, **34**, 501, fasc. 5; 1902] a constaté que, d'après les indices d'iode et d'après les résultats de la bromuration, il y a, dans les acides gras de l'huile de lin, 20 à 25 0/0 d'acide linoléique.

1er janvier 1906. A. Hébert.

LINOLÉIQUE (ACIDE OXY). — Voyez Linoléique (Acide).

LINOLÉNIQUE (ACIDE). — Voyez Linoléique (Acide).

LINOLIQUE (ACIDE). — Voyez Linoléique (Acide).

LINTONITE (Min.) (Peckham et Hall). — Variété de thomsonite du Lac Supérieur.

LINOXYNE. — Voyez Linoléique (Acide).

LINUSIQUE ET ISOLINUSIQUE (ACIDE). — Voyez Linoléique (Acide).

LIPASE. — Diastase dédoublant les matières grasses, désignée pour la première fois sous le nom de *lipase* par Hanriot [*C. R.*, **123**, 753; 1896], et rencontrée par lui dans le sérum du sang, qui saponifie la monobutyrine en solution neutre ou légèrement alcaline, et aussi, mais bien plus lentement, les graisses naturelles. L'acide mis en liberté retarde beaucoup la saponification. L'activité du sérum qui, à la température ordinaire, reste constante pendant des mois, se mesure par la quantité de monobutyrine hydrolysée en un temps donné; l'optimum de température est 55°; la diastase est détruite à 73° [Hanriot et Camus, *C. R.*, **124**, 235, 1897].

La lipase a été également rencontrée dans le Penicillium glaucum, par Gérard [*C. R.*, **124**, 370; 1897]; dans le sang des poissons et des invertébrés, par Sellier [*Stat. zool. d'Arcachon*, 1900-1901]; dans le pancréas de porc, par Kastle et Lœwenhard [*Am. Chem. Journ.*, **24**, 491, 1901]; dans des cultures d'Aspergillus niger, par Garnier [*C. R. Soc. biol.*, **55**, 1490 et 1583, 1903]; dans diverses graines au repos et en germination. par Dunlap et Seymour [*Journ. Am. Chem. Soc.*, **27**. 935. 1905].

Poursuivant ses recherches, Hanriot [*C. R.*, **132**. 212. 1901] constate que l'excès d'acide arrête l'hydrolyse de la monobutyrine, mais non l'excès de glycérine; il admet que la diastase forme avec l'acide un composé instable. qu'elle a les propriétés d'une base faible [*C. R.*, **132**. 842]. Les oxydes ferrique et d'aluminium saponifient également les éthers de la glycérine. mais moins activement que la lipase. La lipase est peut-être un sel de fer; son action est diminuée par réduction par le zinc; mais un sérum débarrassé ainsi de lipase ne reprend pas ses propriétés quand on ajoute un sel ferrique. Le sérum réduit par la poudre de zinc reprend son activité par agitation à l'air [*C. R. Soc. biol.*, **53**. 359. 1901]: l'addition d'un alcali fait aussi réapparaître l'activité, lorsque l'action a été arrêtée par un acide: on peut enfin précipiter la lipase du sérum par le sulfate d'ammoniaque. qui l'entraîne avec du fer dans le premier précipité.

Les résultats d'Hanriot sur la présence de lipase dans le sang ont été contestés par Doyon et Morel [*C. R.*, **134**. 621, 1002. 1254; **135**. 54; — Voy. aussi Hanriot. *C. R.*, **134**, 1363]. qui ont constaté [*C. R. Soc. biol.*, **55**, 984. 1903] que la lipase du pancréas. en présence de sang défibriné ou non, agit sur les graisses. dans le vide aussi bien que dans l'air. et saponifie la monobutyrine. la tributyrine et les autres éthers. Les travaux de Pottevin (voy. plus loin) permettent sans doute d'expliquer ces contradictions.

Après des recherches sur la présence de la lipase dans les divers organes [*Proc. Am. Physiol. Soc.*, 1900]. dues à Lœwenhard qui a plus tard mis en relation la production de la lipase et la synthèse de graisses dans l'organisme [*Am. Journ. Physiol.*, **6**, 331; 1902]. Kastle et Lœwenhard [*Am. Chem. Journ.*, **24**. 491; 1901], prenant surtout comme source de lipase le pancréas du porc, ont déterminé l'activité de cette diastase par le dédoublement du butyrate d'éthyle, qui s'opère rapidement à 40°. La lipase du pancréas est détruite à 65–70°: cette diastase est arrêtée par des filtrations répétées sur papier. Elle saponifie tous les éthers. d'autant mieux que leur poids moléculaire est plus élevé [voy. aussi Kastle. *Am. Chem. Journ.*, **27**. 481. 1902]; elle subit l'action des antiseptiques. comme d'autres diastases. et son action obéit aux mêmes lois.

Kastle. Johnston et Elvove [*Am. Chem. Journ.*, **31**. 521. 1904] ont repris l'étude du dédoublement du butyrate d'éthyle avec de l'extrait aqueux de foie de porc, dont la lipase traverse le papier mais non les filtres en porcelaine. Ils retrouvent des faits déjà signalés par Hanriot et étudient la vitesse de l'hydrolyse à diverses températures : à $t°$ et à $t + 10°$, les vitesses sont dans le rapport 1 : 1,69.

Pour R. Magnus [*Zeit. physiol. Chem.*, **42**. 149, 1904] la lipase du foie doit son activité à deux substances, l'une non dialysable, détruite par la chaleur, l'autre dialysable et résistant à la chaleur; aucune de ces deux substances n'agit seule.

D'après Dakin [*Proc. Chem. Soc.*, **19**, 161, 1903; — *Journ. Physiol.*, **30**, 253; **32**. 199], la lipase décompose les amygdalates d'éthyle. de méthyle. d'isoamyle. de benzyle inactifs. en dédoublant l'éther droit et laissant l'éther gauche non modifié.

Voyez aussi Garnier [*C. R. Soc. biol.*, **55**. 1094. 1423 et 1425; 1903] et Mohr [*Chem. Centralbl.*, **2**. 1424, 1902].

Réversibilité. — En 1901, Hanriot avait constaté [*C. R.*, **132**, 212], en faisant agir à 37° 5 parties de glycérine sur 2 parties d'acide butyrique, en présence d'un excès de sérum neutralisé, qu'il se formait de la monobutyrine; en une heure et demie, l'acidité avait diminué de 54 0/0. Il avait annoncé que la lipase provoquait aussi l'éthérification des acides minéraux. A la même époque, Kastle et Lœwenhard (*loc. cit.*) avaient obtenu du butyrate d'éthyle de synthèse à l'aide de la lipase du pancréas.

Pottevin [*C. R.*, **136**, 767, 1903] montre d'abord dans ses recherches que la lipase du pancréas est infiniment plus active que celle du sérum et que c'est elle qui agit dans un mélange d'extrait de pancréas et de sérum; que les sels de calcium et de magnésium favorisent beaucoup son action, et qu'elle peut se fixer sur les corps gras, qui se saponifient ensuite d'eux-mêmes.

En faisant agir du tissu pancréatique sur de l'acide oléique et de la glycérine, il obtient la monooléine [*C. R.*, **136**, 1152], les deux actions inverses de synthèse et de dédoublement arrivant à un état d'équilibre qui dépend de la quantité d'eau présente. En soumettant à l'action du même tissu, à 36° [*C. R.*, **138**, 378, 1904] de la monooléine dissoute dans 15 fois son poids d'acide oléique, Pottevin obtient la trioléine. Il a également obtenu les oléates de méthyle, d'éthyle, d'isoamyle; les stéarate, acétate, butyrate d'éthyle, qui sont saponifiés en présence d'alcool en excès. Le tissu pancréatique agit sans que la matière active entre en solution, et, en présence d'eau, les éthers obtenus sont saponifiés.

Lipase des graines oléagineuses, ou lipaséidine. — Les graines oléagineuses, et en particulier la graine de ricin, renferment une substance analogue à la lipase. mais qui en diffère par plusieurs points importants. Le pouvoir saponifiant de la graine de ricin a été signalé pour la première fois par Pelouze en 1855 [*C. R.*, **40**. 605]. Maillot [*Thèse de Pharmacie*, Nancy, 1880], J. R. Green [*Proc. Roy. Soc.*, **48**, 370, 1890], W. Siegmund [*Mon. f. Chem.*, **11**, 272, 1890] ont tenté l'extraction d'une diastase, mais n'ont obtenu qu'une activité faible.

W. Connstein, E. Heyer et H. Wartenberg [*D. chem. G.*, **35**, 3988; 1902], en triturant des graines de ricin avec de l'huile, ont observé que l'huile se saponifie en présence d'une petite quantité d'acide, résultats qui ont été confirmés par Braun et Behrendt [*D. chem. G.*, **36**, 1142 et 1900] qui ont, en outre. observé une action lipolytique des graines de jéquirity (*Abrus precatorius*).

Nicloux [*C. R.*, **138**, 1112, 1175, 1288, 1352; **139**. 143], après avoir indiqué un procédé d'isolement des éléments cytoplasmiques de la graine de ricin, montre que l'action lipolytique réside exclusivement dans le cytoplasma. Pour l'observer, il suffit de mettre du cytoplasma sec en suspension dans 50 fois son poids d'huile de coton, en présence de 4 parties d'acide acétique à 6 0/00 pour 10 parties d'huile : il y a 80 0/0 d'huile saponifiée à 20° en une demi-heure; la même quantité de cytoplasma saponifie 500 fois son poids d'huile en 15 heures.

L'action du cytoplasma du ricin suit les lois des actions diastasiques. Mais on ne peut pas attribuer l'action lipolytique à un ferment *soluble*, car le traitement par l'eau du cytoplasma rend celui-ci inactif, et ne donne qu'une solution inactive; il en est de même de l'eau acidulée, de la glycérine, de l'alcool, et la présence de sel marin ou de saccharose à diverses concentrations n'empêche pas la destruction.

L'agent lipolytique de la graine de ricin, désigné par Nicloux sous le nom de *lipaséidine*, diffère des autres lipases en ce qu'il n'est pas soluble dans l'eau.

Le mécanisme de son action, dans les graines en germination, s'explique par la présence d'acide carbonique, qui apporte l'acidité nécessaire à la mise en marche de la saponification, comme Nicloux l'a d'ailleurs réalisé *in vitro*.

1er octobre 1906. A. Fernbach.

LIPASÉIDINE. — Voyez LIPASE.

LIPIIODOL. — Préparation contenant 40 0/0 d'iode. Le mode de préparation n'a pas été décrit. M. Delacre.

LIPOCHROMES. — Voyez LUTÉINES.

LIPPIAL. — Voy. TERPÉNIQUE (SÉRIE).

LISKEARDITE (Min.) (Maskelyne).— Arséniate d'aluminium hydraté amorphe,

$$3(Al, Fe)^2O^3 . As^2O^5, 16H^2O,$$

correspondant à l'évansite. Concrétions fibreuses blanc-bleuâtre, sur divers minéraux, à Liskeard (Cornouailles). L. Bourgeois.

LITHIOPHILITE (Min.) (Brush et Dana). — Variété de triphyline pauvre en soude et en fer, PO^4MnLi, en masses compactes, gris de lin sur les cassures fraîches, présentant trois clivages rectangulaires, de Branchville, Connecticut Densité = 3,43. L. Bourgeois.

LITHIUM (Voyez 1er Suppl., 2, 982). — On a trouvé à Pala, San Diego-County (Californie), d'abondants dépôts de lépidolithe à 4,91 de lithine, et d'amblygonite à 8,26, exploités actuellement pour la préparation des sels de lithine. En 1901, on en a extrait plus de 750 tonnes de minerai. Plus récemment, on a mis en valeur le spodumen du Dakota du Sud [*Geological Survey, Miner Resources of United States*, 1901 à 1906].

Carnot a signalé l'existence, dans la Côte-d'Or, des eaux lithinées de Maizières et de Santenay [*C. R.*, **107**, 336, 1888].

Extraction. — En 1887, Billault (Brev. 184.385) a extrait industriellement la lithine de l'amblygonite de Montebras (Creuse). Le minéral pulvérisé est mélangé avec trois fois son poids de plâtre, et chauffé pendant 5 heures au rouge blanc. La masse est reprise par l'eau qui dissout le sulfate de lithine, lequel est purifié et transformé en carbonate [Jungfleisch, *Rapp. de l'Exp. univ. de* 1889]. Poulenc (Brevet 361 517, 1905) traite au rouge par le bisulfite de sodium l'amblygonite de Cacérès (Espagne).

Les eaux mères de la saline d'Orb (Hesse), fortement lithinées, sont traitées par le sulfate de magnésie qui donne du sulfate de lithium facile à séparer [Siebert, *Centr. Blatt*, **76**, 1584].

Préparation. — Guntz électrolyse un mélange à poids égaux de chlorures de sodium et de potassium (fondant à 450°). Au fur et à mesure que le lithium se dépose, la fusibilité augmente. Pour un mélange équimoléculaire, la température de fusion est de 380°; le point de fusion minimum est de 350° (77,9 0/0 de KCl).

Dans une capsule de porcelaine, on fond sur un bec Bunsen 300 grammes de mélange. L'anode est une baguette de charbon graphité de 8 millimètres de diamètre; la cathode est une tige de fer de 3 à 4 millimètres de diamètre, placée dans l'axe d'un tube de verre de 20 millimètres de diamètre, plongeant à peine dans le mélange fondu. Avec 10 ampères et 20 volts, on obtient, en 1 heure, dans le tube de verre, une hauteur de 1 centimètre de lithium, que l'on extrait en soulevant le tube au-dessus d'une cuiller de fer. Pour 80 ampères, l'anode a 15 millimètres de diamètre. On ajoute de temps en temps du chlorure de lithium [*C. R.*, **117**, 732, 1893; *Congrès de chim. app.* Paris, **4**, 492, 1897; *Zeit angew. Chem.*, 158, 1898]. Borchers (*Traité d'Électrométallurgie*) a perfectionné le procédé de Hiller en employant la cellule cathodique de Grabau (2e Suppl., **3**, 413). Il électrolyse le chlorure de lithium additionné de sel ammoniac [*Zeits. Elektrochem.*, 39, 1895]. Tucker recueille le lithium à l'extrémité d'une boucle de fil de fer [*J. amer. chem. Soc.*, **24**, 1024, 1902].

Ruff et Johannsen ont employé le mélange de Guntz en supprimant la cellule cathodique et en utilisant l'ingénieux creuset métallique à double enveloppe traversée par de l'eau (Muthmann). Il y a deux cathodes de fer de 4 millimètres. Par soulèvement, au-dessus d'une cuiller, on arrive à retirer chaque fois 1 gramme de lithium avec 85 ampères et 20 volts [*D. chem. G.*, **38**, 3601, 1905].

L'électrolyse de la lithine en solution concentrée, avec une cathode en mercure, donne un amalgame solide à 0,696 0/0 de lithium [Guntz et Férée, *Bull. Soc. Chim.*, (3), **15**, 834, 1896].

Le lithium se sépare par électrolyse de la solution acétonique de LiCl [Siemens, *Zeit. anorg. Chem.*, **41**, 249, 1904. — Levi et Voghera, *Gazz. chim. ital.*, **35**, 277, 1905]. De même, avec la pyridine [Kahlenberg, *J. of phys. Chem.*, **3**, 601, 1899].

Winckler n'a pu réussir à préparer le lithium par réduction du chlorure avec le magnésium [*D. chem. G.*, **23**, 46, 1890]. Warren aurait obtenu le lithium par l'action de magnésium sur LiOH [*Chem. News*, **74**, 6, 1896].

Propriétés physiques. — Le lithium, qui par réflexion a la couleur de l'argent, en lames minces par transparence, est rouge brun [Dudley, *Amer. Chem. J.*, **14**, 185, 1892]. Aux rayons X c'est le métal le moins opaque : l'opacité spécifique semble liée à la grandeur du poids atomique [Benoit, *C. R.*, **132**, 546, 1901]. Dureté 0,6 de l'échelle de Mohs [Rydberg, *Zeit. phys. Chem.*, **33**, 353, 1900].

Le lithium fond à 186° [Kahlbaum, *Zeit. anorg. Chem.*, **23**, 220, 1900]. Il n'est pas volatil à la température de fusion du fer [Ruff et Johannsen, *D. chem. G.*. **38**, 3601, 1905].

La résistivité à 0° est de 8,8 microhm-centimètres. A l'état fondu, à 230°, la conductibilité est cinq fois plus petite qu'à 0° (Bernini, *Cimento*, 1904).

La chaleur spécifique entre — 100° et 100° varie de 0,5997 à 1,3745; la chaleur atomique s'en déduit avec les valeurs de 4,2 et de 9,5 [Laemmel, *Ann. der Physik*, (4), **16**, 551, 1905].

La vitesse absolue de l'ion lithium est la plus petite de celles des métaux alcalins; en millimètres par minute, elle est de 0mm,20 [Hulett, *Zeit. phys. Chem.*, **42**, 580, 1903].

Le spectre du lithium est caractérisé par les 3 lignes intenses 6708,2; 6103,77; et 4602, avec 18 autres lignes plus ou moins faibles [Kayser et Runge, *Ueber die Spectren*, Berlin, 1890. — De Grammont, *Bull. Soc. Chim.*, (3), **17**, 778, 1897. — Lehmann, *Ann. der Phys.*, (4), **5**, 633, 1901].

Propriétés chimiques. — Au rouge vif, le lithium se combine à l'hydrogène avec incandescence [Guntz, *C. R.*, **122**, 244, 1896]. A froid, le fluor l'attaque vivement (Moissan). Au rouge sombre, l'azote réagit avec incandescence et formation de $AzLi^3$ [Ouvrard, *C. R.*, **114**, 120, 1892. — Guntz, *C. R.*, **122**, 244, 1896].

L'azote est absorbé lentement à froid [Deslandres, *C. R.*, **121**, 886, 1895].

L'arsenic et l'antimoine s'unissent au lithium avec violence à une température peu élevée [Lebeau, *C. R.*, **130**, 502, 1900; **134**, 231, 284, 1902]. Guntz a obtenu la combinaison directe du métal avec le carbone. C^2Li^2 [*C. R.*, **123**, 1273,

1896]. Moissan a de même préparé directement le siliciure Si^2Li^6 [*C. R.*, **134**, 1083, 1902].

Lebeau a réalisé la formation d'alliages avec le plomb, le thallium, l'étain, le bismuth par électrolyse [*C. R.*, **134**, 231 et 284, 1902].

Alors que le gaz ammoniac donne au-dessous de 70° le lithium-ammonium [Moissan, *C. R.*, **127**, 685, 1898], à une température plus élevée et jusqu'à 400°, on obtient l'amidure [Titherley, *J. Chem. Soc.*, **65**, 504, 1894].

Avec le lithium, l'hydrogène arsénié donne de l'arséniure de lithium [Lebeau, *C. R.*, **130**, 502, 1900].

Le lithium réduit au rouge les gaz oxyde de carbone et anhydride carbonique, avec formation de carbure. Avec l'éthylène, il se fait d'abord un enduit blanc, puis à 700°, il y a incandescence et formation d'une masse qui est un mélange de carbure et d'hydrure. On a les mêmes réactions avec les autres carbures d'hydrogène [Guntz, *C. R.*, **123**, 1273, 1896]. Hannay, en faisant réagir à haute température le lithium sur la paraffine, aurait obtenu du diamant qui peut provenir de la dissociation du carbure formé [*Proc. Roy. Soc. Edimb.*, **188**, 450, 1880].

Si d'un côté d'une lame de verre on place de l'amalgame de lithium, et si de l'autre on a mis du mercure, un courant électrique peut traverser le verre à 200°, les ions sodium se transportent dans la masse de celui-ci et viennent se dissoudre dans le mercure, tandis que les ions lithium venant de l'amalgame les remplacent. Comme les ions lithium sont plus petits que les ions sodium, il en résulte une porosité du verre qui devient susceptible de se teindre dans une solution de fuchsine. En répétant l'expérience avec l'amalgame de potassium, il est impossible de déplacer le sodium [Warburg et Tegetmeier, *Wiedemann's Ann.*, **41**, 1, 1890].

Poids atomique. — D'après les calculs de Van der Plaats [*Ann. Chim. Phys.*, (6), **7**, 527, 1886], le poids atomique du lithium revisé est de 7,0241, avec une incertitude de 0,01. Ramsay a établi par tonométrie (solution de lithium dans le mercure) que la molécule du lithium est monoatomique [*Chem. Soc.*, **55**, 521, 1889].

La cryoscopie dans le sodium conduit au même résultat [Heycock et Neville, *ibid.*, **55**, 666, 1889].

Hydrure de lithium, LiH. — (Voyez 2e Suppl., art. Hydrogène, p. 536). L'hydrure de lithium ne conduit pas le courant électrique [Moissan, *Ann. Chim. Phys.*, (8), 6, 319, 1905].

Fluorure de lithium, LiF. — (Voyez 2e Suppl., 4, 217). — Mylius et Funck ont trouvé que 100 parties d'eau dissolvent à 18° 0,27 de LiF [*D. chem. G.*, **30**, 1718, 1897].

Sous-chlorure de lithium, Li^2Cl. — Le lithium réagit sur le chlorure de lithium au rouge, en donnant une masse fondue, d'un blanc grisâtre, peu conductrice du courant, et décomposant l'eau avec énergie [Guntz, *C. R.*, **121**, 945, 1895].

Chlorure de lithium, LiCl. — $D_{17°5} = 1{,}998$, $D_{338} = 1{,}515$ [Quincke, *Poggendorf's Ann.*, **138**, 141, 1869]. A l'état fondu à 900°, la densité est de 1,375 : à $t°$, $D_t = 1{,}375 - 0{,}43\,\dfrac{t - 900}{1000}$ [Brunner, *Zeit. anorg. Chem.*, **38**, 358, 1904]. Le chlorure de lithium fond à 558° [Carnelley, *Chem. Soc.*, **33**, 273, 1878], à 600° (Guntz), à 605° [Hüttner et Tammann, *Zeit. anorg. Chem.*, **43**, 219, 1904].

100 parties d'eau dissolvent 68 parties de LiCl à 0° : cette solution perd de l'acide chlorhydrique quand elle est traversée par un gaz inerte ; le chlorure de lithium est moins soluble dans l'eau chargée d'acide chlorhydrique [Engel, *Ann. Chim. Phys.*, (6), **13**, 385, 1888].

La solution de LiCl dissout plus de chlore que l'eau [Goodwin, *D. chem. G.*, **15**, 3039, 1882]. La courbe de solubilité semble montrer des modifications de la constitution des hydrates dissous depuis $LiCl.3H^2O$ jusque vers $LiCl,8H^2O$ [Lemoine, *C. R.*, **125**, 603, 1897]. La solubilité dans les alcools diminue avec le poids moléculaire de ceux-ci [Lemoine, *loc. cit.*]. Œchner de Conink a trouvé que le glycol à 15° dissolvait 11 0/0 de chlorure de lithium, et il a cherché à isoler les combinaisons analogues à celles qu'il forme avec les alcools [*B. Acad. roy. Belg.*, 275, 1905].

L'ébullioscopie des solutions alcooliques de LiCl conduit à des chiffres trop élevés qui confirment l'existence des alcoolates en solution [Jones et Getman, *Am. Chem. J.*, **32**, 338, 1904].

Les chlorure, bromure et iodure de lithium donnent avec le saccharose des combinaisons cristallines, de la forme $C^{12}H^{22}O^{11}LiCl,2H^2O$ [Gauthier, *C. R.*, **137**, 1259, 1901].

Le chlorure de lithium en dissolution aqueuse est moins fortement dissocié que les autres chlorures alcalins. L'abaissement moléculaire du point de congélation varie de 3,47 à 3,53 et passe par un minimum, ce qui indique l'existence d'un hydrate [Jones et Getman, *Chem. Soc.*, 1902. — Jahn, *Zeit. phys. Chem.*, **50**, 129, 1904].

L'étude de la solution par Bogorodsky met en évidence trois points de transformation à — 15°, à 12°,5 et à 90°.

L'hydrate $LiCl,H^2O$ se produit par l'évaporation : $LiCl,2H^2O$ se forme par refroidissement au-dessus de 10° : on a préparé $2LiCl,3H^2O$ et $LiCl,3H^2O$ [*J. Soc. Phys. Chim. russe*, **1**, 25, 316, 1893].

Potilitzine a montré que l'oxygène déplace le chlore du chlorure de lithium fondu [*Bull. Soc. Chim.*, (2), **34**, 86, 220, 1879] ; celui-ci est réduit par le calcium, avec formation d'alliage [Hackspill, *C. R.*, **141**, 106, 1905]. La solution de LiCl est décomposée rapidement par le magnésium [Tommasi, *Bull. Soc. Chim.*, (3), **21**, 886, 1899]. Elle active la prise du plâtre et des ciments [Rohland, *D. chem. G.*, **33**, 2831, 1900].

La chaleur de formation du chlorure solide est de $102^{cal},3$ [Thomsen, *Thermoch. Untersuch.*, **1**, 317, 1882-1886] ; la chaleur de dissolution est de $8^{cal},4$.

Le chlorure de lithium se combine avec le gaz ammoniac pour former les composés $LiCl,AzH^3$ au-dessus de 85°, $LiCl,2AzH^3$ entre 60 et 85°, $LiCl,3AzH^3$ entre 15 et 60° et $LiCl,4AzH^3$ à — 18°. On prépare aussi les composés correspondants avec les amines. Ce travail a établi que la formule de Clapeyron qui relie les chaleurs de formation aux tensions de dissociation s'appliquait avec rigueur [Bonnefoi, *Ann. Phys. Chim.*, (7), **23**, 317, 1901].

Le chlorure d'antimoine forme avec le chlorure de lithium $SbCl^3,2LiCl,5H^2O$ [Ephraim, *D. chem. G.*, **36**, 1815, 1903].

Bromure de lithium, LiBr. — Densité à 15° = 3,102. A l'état fondu à 900°, elle est de 2,3 [Clarke, *Am. Chem.*, (3), **13**, 292, 1877 ; — Brunner, *loc. cit.*].

P. F. = 547 ± 5° (Carnelley) ; 442° (Ramsay et Eumorfopoulos, 1896). Le glycol dissout 37,5 0/0 de LiBr [Œchner de Coninck, *loc. cit.*]. On a décrit les hydrates $LiBr,H^2O$ formé à la température ordinaire, $LiBr,2H^2O$ à — 18° et $LiBr,3H^2O$ à — 40°. L'étude de la solution conduit à trouver les points de transformation de l'hydrate à 3 molécules d'eau à celui à 2 molécules d'eau à 4°, de l'hydrate à 2 molécules d'eau à celui à 1 molécule d'eau à 45° et, enfin, de l'hydrate à 1 molécule d'eau à LiBr à 159°, température à laquelle le bromure devient anhydre [Bogorodsky, *loc. cit.*].

La chaleur de formation en partant du brome gazeux est pour le bromure solide de $83^{cal},9$; la chaleur de dissolution $= 11^{cal},35$ [Bodisko, *J. Soc. phys. chim. russe*, **20**, 500, 1890].

Avec l'ammoniac, Bonnefoi a préparé les composés correspondants au chlorure [*loc. cit.*]; avec le bromure d'étain (voyez 2e Suppl., art. ÉTAIN).

IODURE DE LITHIUM, LiI. — $D_{23} = 3,485$ (Clarke). P. F. $= 446° \pm 3°,5$ (Carnelley); au-dessous de 330° (Ramsay, 1896). On connaît les hydrates LiI.H^2O, LiI.$2H^2O$, LiI.$3H^2O$ (Bogorodsky). Ce dernier fond à 72°; à 200° il n'a perdu qu'une molécule d'eau [Thirsow, *Jahresbericht*, 1893].

Lescœur a décrit LiI.$6H^2O$ [*Ann. Chim. Phys.*, (7), **2**, 108, 1894].

Chaleur de formation de LiI solide avec I gaz $= 68$ cal.; chaleur de dissolution $= 14^{cal},9$ [Bodisko, *loc. cit.*].

Chloroiodure de lithium, LiCl, ICl^3, $4H^2O$. — Weels et Wœler ont obtenu ce composé par l'action du chlore et de l'iode sur LiCl dissous dans HCl [*Zeit. anorg. Chem.*, **2**, 255, 1892].

OXYDE DE LITHIUM, Li^2O. — $D_{15} = 2,102$ [Brauner et Watts, *Phil. Mag.*, (5), **11**, 60, 1881]. Sa cassure est cristalline; d'après ce fait qu'il forme des mélanges isomorphes avec la chaux, il serait cubique [Lebeau, *Bull. Soc. Chim.*, (3), **33**, 407, 1905]. Il s'oxyde quand il est chauffé à l'air. Exempt de peroxyde, il n'attaque pas le platine. Il n'est pas réduit par l'hydrogène, le charbon ou l'oxyde de carbone [Beketow, *Acad. St.-Pétersbourg*, **12**, 743, 1888].

$$Li^2 + O = Li^2O \text{ sol.} + 141^{cal},2,$$
$$Li^2O + \text{eau} = Li^2O \text{ diss.} + 26^{cal},6 \text{ (Guntz).}$$

HYDRATE DE LITHIUM, LiOH. — A 0°, 100 parties d'eau dissolvent 12 parties de LiOH, à 80° $15^p,3$ [Dittmar, *J. Soc. Chem. ind.*, **7**, 731, 1888].

Il est insoluble dans un mélange d'alcool et d'éther.

De sa solution, l'alcool précipite LiOH,H^2O et LiOH, $1/2H^2O$ [Göttig, *D. chem. G.*, **20**, 2912, 1887]. A $-18°$ se dépose de la solution l'eutectique glace et LiOH, H^2O [Pickering, *Chem. Soc.*, **63**, 909, 1893].

$$Li + O + H = LiOH \text{ solid.} + 112^{cal},3 \text{ (Thomsen).}$$
$$LiOH + \text{eau} = LiOH \text{ diss.} + 5^{cal},8.$$

[Truchot, *C. R.*, **98**, 1330, 1884].

La lithine est employée en photographie pour alcaliniser les bains révélateurs.

PEROXYDE DE LITHIUM, Li^2O^2. — La combustion du lithium ne produit que des traces de Li^2O^2. Une solution de lithine ($3^{gr},5$ Li^2O pour 100 cent. cubes) additionnée de 900 centimètres cubes d'alcool donne, avec 300 centimètres cubes d'eau oxygénée à 15 volumes, un dépôt incolore, cristallin (8 gr.) de $Li^2O^2.H^2O^2.3H^2O$, qui dans le vide sec laisse Li^2O^2.

$$Li^2O \text{ sol.} + O = Li^2O^2 \text{ sol.} + 3^{cal},64,$$
$$Li^2O^2 + \text{eau} = Li^2O^2 \text{ diss.} + 7^{cal},19$$

[De Forcrand, *C. R.*, **130**, 1465, 1900].

CHLORATE DE LITHIUM, ClO^3Li, $1/2H^2O$. — Ce sel qui cristallise parfois en prismes fond à 50°, se déshydrate vers 100°, subit une deuxième fusion à 124°, se décompose à 270° en chlorure et perchlorate. Très soluble dans l'alcool [Potilitzin, *J. Soc. chim. phys. russe*, **20**, 541, 1890].

PERCHLORATE DE LITHIUM, $ClO^4Li.3H^2O$. — Cristaux hexagonaux [Wyrouboff, *Bull. Soc. Min.*, **6**, 62, 1883]. D $= 1,841$; il fond à 95°, perd 2 molécules d'eau à 100°, la troisième à 150°; anhydre, il fond à 236° et se décompose à 380° [Potilitzin, *loc. cit.*].

BROMATE DE LITHIUM, BrO^3Li. — Il cristallise anhydre en pyramides d'apparence orthorhombiques. A basse température, on a obtenu l'hydrate BrO^3Li, H^2O [Potilitzin, *J. Soc. phys. chim. russe*, **221**, 391, 1891].

IODATE DE LITHIUM, IO^3Li. — Ditte a obtenu l'hydrate IO^3Li, $1/2H^2O$ en neutralisant l'acide iodique par la lithine et évaporant à 60°. Aiguilles nacrées, déliquescentes. Ce sel perd son eau sans se décomposer. Il est anhydre à 180° [*Ann. Chim. Phys.*, (6), **21**, 146, 1890].

SULFURE DE LITHIUM, Li^2S. — La réduction du sulfate de lithium par le charbon au four électrique a donné le sulfure cristallisé en cubes transparents, incolores (D $= 1,63$ à $1,7$), formant avec l'eau de la lithine et du sulfhydrate de sulfure. A 300°, dans l'oxygène, il se transforme en sulfate. Au four électrique il est converti par le charbon en carbure [Mourlot, *Ann. Chim. Phys.*, (7), **17**, 510, 1899]. A 100° l'hydrolyse de la solution de sulfhydrate de sulfure est déjà très avancée [De Clermont et Frommel, *Ann. Chim. Phys.*, (5), **18**, 205, 1879].

Chaleur de formation

$$Li^2S \text{ dissous} = 115^{cal},26,$$
$$LiSH \text{ id.} = 60^{cal},12 \text{ (Thomsen).}$$

Outremer de lithium. — En chauffant l'outremer d'argent avec LiCl au rouge sombre, on obtient une masse violette, qui reprise par l'eau et l'ammoniaque laisse un produit bleu violet [Hermann, *D. chem. G.*, **10**, 1345, 1877].

HYDROSULFITE DE LITHIUM, $Li^2S^2O^4$. — L'hydrure de lithium réagit lentement sur le gaz sulfureux à la température ordinaire. A 50° la réaction est rapide, il se forme de l'hydrosulfite avec dégagement d'hydrogène [Moissan, *Ann. Chim. Phys.*, (8), **6**, 312, 1905].

HYPOSULFITE DE LITHIUM, $S^2O^3Li^2.3H^2O$. — Obtenu par le sulfate de lithium et l'hyposulfite de baryum en cristaux déliquescents, solubles dans l'eau et l'alcool [Fock et Klüss, *D. chem. G.*, **22**, 3099, 1889].

SULFITE DE LITHIUM, SO^3Li^2. — Le gaz sulfureux est absorbé par le carbonate de lithium en suspension dans l'eau. En ajoutant de l'alcool il se précipite une poudre blanche qui, redissoute dans l'eau, donne des aiguilles brillantes $SO^3Li^2,3H^2O$. Chauffé, ce sel se déshydrate, fond, puis se décompose en soufre et sulfate. On connaît aussi les hydrates SO^3Li^2,H^2O et $SO^3Li^2,2H^2O$. Avec les sulfites alcalins, on a les sels doubles : $6SO^3Li^2,SO^3Na^2,8H^2O$ et SO^3Li^2,SO^3K^2,H^2O [Röhrig, *J. prakt. Chem.*, (2), **37**, 225 et 251, 1888].

SULFATE DE LITHIUM, SO^4Li^2. — $D_{15} = 2,21$ [Brauner, *Phil. Mag.*, (5), **11**, 67, 1881], à l'état fondu $D_t = 1,981 - 0,00039\,(t - 900)$ [Brunner, *loc. cit.*]. Trimorphe : monoclinique, cubique, orthorhombique ou hexagonal [Wyrouboff, *Bull. Soc. Min.*, **3**, 200, 1880 et **13**, 317, 1890. — Traube, *Zeit. f. Miner.*, **24**, 173, 1895]. Il fond à 818° $\pm$ 2° (Carnelley); à 853° [Ramsay et Eumorfopoulos, *Phil. Mag.*, (5), **41**, 62, 1896]. Dans l'étude du refroidissement du sulfate de lithium, on observe un point de transformation à 575°, alors que celui du sulfate de sodium, fondant à 880°, n'est qu'à 235° [Hüttner et Tammann, *Zeit. anorg. Chem.*, **43**, 215, 1905].

Le sulfate de lithium fondu avec le sulfate de calcium donne un eutectique dont le point est à 693°, contenant 21,3 0/0 de sulfate de calcium. Avec le sulfate de sodium, l'eutectique correspond à 580° [Le Châtelier, *C. R.*, **118**, 352, 712, 803, 1894].

Le sulfate hydraté SO^4Li^2,H^2O a pour densité à 20° 2,056-2,066 [Petterson, *Upsala Nova Acta*. 1874].

D'après Etard, la solubilité croît de — 20° à — 10°,5 pour décroître de — 10° à + 100° [*C. R.*, **84**, 260, 1877]. A 130°, il devient anhydre.

Sels doubles. — Le sulfate de lithium ne paraît pas former de sels doubles avec les sulfates de potassium, de sodium et de calcium [Ditte, *C. R.*, **106**, 740, 1888 ; — Krickmeyer, *Zeit. phys. Chem.*, **21**, 53, 1894]. — Yvanoff a décrit cependant un sulfate double de lithium et de potassium en tables quadratiques [*B. Soc. imp. Moscou*, **16**, 360, 1902].

Avec le sulfate d'ammoniaque, on a un sel double SO^4LiAzH^4 dimorphe, anorthique et rhomboédrique [Mallard, *Bull. Soc. Min.*, **7**, 349, 1884], dont la solubilité est sensiblement constante avec la température : à — 10°, elle est de 35,2 0/0 et à 70° de 36,18. L'eutectique à 64,85 de glace se produit à — 20°,7 [Schreinemakers et Cocheret, *Chemisch. Weekblad*, **2**, 771, 1905].

$$SO^4H^2 \text{ diss.} + 2LiOH \text{ diss.} = SO^4Li^2 \text{ diss.} + 31^{cal},3 \text{ (Thomsen).}$$

$$SO^4Li^2 + \text{eau} = SO^4Li^2 \text{ diss.} + 6^{cal},47$$

[Pickering, *Chem. Soc.*, **47**, 98, 1885].

Sulfate acide de lithium, SO^4LiH. — Spring a montré que la pression décompose le sulfate acide, et d'une façon générale que la compression décompose les combinaisons dont le volume moléculaire est plus grand que la somme des volumes des constituants [*Rec. des Pays-Bas*, **23**, 187, 1904]. Kolbe n'a pu reproduire le bisulfate de Schultze, SO^4LiH,SO^4H^2 [*Pharm. Zeit.*, **34**, 312, 1889].

Dithionate de lithium, $S^2O^6Li^2,2H^2O$. — Cristaux orthorhombiques, isomorphes avec le sel de sodium D = 2,158 [Topsoe et Christiensen, *Ann. Chim. Phys.*, (5), **1**, 42, 1874].

Séléniure de lithium, Li^2Se. — La déshydratation du séléniure hydraté, la réduction du séléniate par le charbon et l'action de H^2Se sur CO^3Li^2 ont donné à Fabre le séléniure amorphe [*Ann. Chim. Phys.*, (6), **10**, 498, 1887]. Fonzes Diacon l'a obtenu à l'état pur dans la réduction du séléniate par l'hydrogène [*Thèse Montpellier*, 1901]. C'est un corps fondu, blanc, très altérable.

$$Li \text{ sol.} + Se \text{ mét.} = Li^2Se \text{ sol.} + 39^{cal},63.$$

Fabre [*loc. cit.*] a préparé $Li^2Se,9H^2O$ par H^2Se sur $LiOH$ dans une atmosphère d'azote ; on obtient des cristaux d'apparence orthorhombiques, très solubles dans l'eau. La solution incolore rougit rapidement à l'air. Chaleur de dissolution = 6 calories.

Sélénite de lithium, SeO^3Li^2. — Berzélius avait décrit ce sel anhydre, fondant au rouge et se prenant par refroidissement en une masse d'aspect nacré. Nilson a préparé l'hydrate

$$SeO^3Li^2,H^2O$$

et les sels acides

$$SeO^3LiH, \quad SeO^3LiH, \quad SeO^3H^2$$

[*Bull. Soc. Chim.*, (2), **21**, 253, 1874].

Séléniate de lithium, SeO^4Li^2,H^2O. — Tables clinorhombiques, isomorphes avec le sulfate, D = 2,439 (Topsoe) [Petterson, *D. chem. G.*, **9**, 1678, 1870].

Azoture de lithium, $AzLi^3$. — Billault avait observé que le lithium qu'il avait préparé pour l'Exposition de 1889, s'altérait en donnant un produit dégageant de l'ammoniaque avec l'eau. Ouvrard [*loc. cit.*] a montré que le lithium se combine au rouge avec l'azote en formant $AzLi^3$. Il emploie des nacelles de fer. On obtient une masse brune, amorphe. Chauffé dans l'hydrogène, il donne l'hydrure. Avec quelques chlorures métalliques il permet d'obtenir des azotures [Guntz, *C. R.*, **123**, 995, 1896]. Chaleur de formation

$$Li + Az^3 = LiAz^3 + 49^{cal},5.$$

Azothydrate de lithium, Az^3Li. — L'acide azothydrique saturé par la lithine donne des aiguilles déliquescentes, solubles dans l'alcool, d'un hydrate Az^3Li,H^2O [Dennis, Benedick et Gill, *J. amer. Chem. Soc.*, **20**, 225, 1898 ; — Dennis et Browne, *ibid.*, **26**, 577, 1904].

Amidure de lithium, AzH^2Li. — En chauffant doucement le lithium dans l'ammoniac, le métal se boursouffle et devient incandescent. On chauffe à 400° pour achever la réaction : On a une masse blanche d'amidure fondant de 386 à 400° [Titherley, *Chem. Soc.*, **65**, 504, 1894]. Moissan en décomposant le lithium-ammonium l'a obtenu cristallisé en aiguilles transparentes, insolubles dans l'ammoniac liquide.

Dans le vide à 150°, l'amidure semble donner l'imidure Li^2AzH, ou un mélange contenant de l'azoture ; à 750°, la décomposition est complète en métal, azote et hydrogène [Mentrel, Thèse de Nancy, 1902].

Lithium-ammonium, AzH^3Li. — Moissan a montré que le liquide bleu indiqué par Seely, dans l'action de AzH^3 sur le lithium, contenait en combinaison avec AzH^3 le composé AzH^3Li [*C. R.*, **127**, 685, 1898].

La réaction qui a lieu dès la température ordinaire se fait encore à + 70° ; elle se produit mieux dans AzH^3 liquide. Pour isoler AzH^3Li, on laisse évaporer l'ammoniac liquide, on fait le vide à la pompe à mercure jusqu'à apparition d'un anneau de lithium. Vers 50°, le lithium-ammonium se décompose rapidement en métal et ammoniac En tube scellé il se transforme lentement en amidure. Le chlorure d'ammonium à — 70° réagit en formant du chlorure de lithium, et le mélange AzH^3 et H.

De même H^2S liquide donne à — 70° du sulfure de lithium avec dégagement d'AzH^3 et d'H [Moissan, *C. R.*, **133**, 714, 771, 1901].

Lithium-méthylammonium, AzH^2CH^3Li. — A — 20°, la méthylamine produit avec le lithium un liquide bleu dont on extrait le composé bleu, moins mordoré que le lithium-ammonium, qui correspond à la formule AzH^2CH^3Li. Ce corps absorbe à la fois l'oxygène et l'azote, il est sans action sur l'hydrogène [Moissan, *C. R.*, **128**, 26, 1899].

Azotite de lithium $2AzO^2Li,H^2O$. — Sel très soluble dans l'eau et l'alcool, obtenu par le nitrite de baryum et le sulfate de lithium [Vogel, *Z. anorg. Chem.*, **35**, 385, 1903].

Azotate de lithium, AzO^3Li. — Il fond à 264° (Carnelley). Il ne forme pas de cristaux mixtes avec AzO^3Na [Krickmeyer, *Zeit. Phys. Chem.*, **21**, 53, 1894]. Il serait trimorphe, hexagonal, orthorhombique et cubique. A 76° l'acide azotique n'en dissout que fort peu, et il ne forme pas de sel double avec l'azotate d'argent [Ditté, *Ann. Chim. Phys.*, (5), **18**, 342, 1879].

La courbe de solubilité de l'azotate de lithium présente deux points de transition correspondant l'un au passage de l'hydrate $AzO^3Li,3H^2O$ à l'hydrate $AzO^3Li,1/2H^2O$, et l'autre à celui du semi-hydrate au sel anhydre. Ces points sont à 26°,8 et 61°,1 [Donnau et Burt, *Proc. Chem. Soc.*, **19**, 37, 1903].

L'azotate de potassium et l'azotate de lithium fondus ensemble donnent un eutectique dont le point est à 132°, il contient 65 0/0 d'AzO^3K.

Avec l'azotate de sodium, le point eutectique

est à 205° [Carveth. *J. phys. Chem.*, **2**, 209. 1898].

Phosphite acide de lithium. PO^3H^2Li. — [Amat, *Ann. Chim. Phys.*, (6), **24**, 309, 1891].

Pyrophosphite de lithium. $P^2O^5H^2Li^2$. — Sel déliquescent obtenu par la déshydratation du précédent (Amat).

Orthophosphate de lithium PO^4Li^3. — Il fond à 857° (Carnelley). Par fusion du phosphate amorphe avec LiCl. De Schulten l'a obtenu cristallisé en tables orthorhombiques $D_{15} = 2,41$ [*Bull. Soc. Chim.*, (3). **1**, 479. 1889]. Ouvrard l'a préparé cristallisé par fusion du phosphate de potasse avec le carbonate de lithium [*C. R.*, **110**. 1333, 1890].

Pyrophosphate de lithium. $P^2O^7Li^4, 2H^2O$. — Merling l'a préparé en dissolvant dans l'acide acétique le pyrophosphate sodico-lithique et précipitant par l'alcool [*Z. analyt. Chem.*, **13**. 563, 1880].

Métaphosphate de lithium. PO^3Li. — On chauffe l'orthophosphate à une température très élevée. On reprend par l'eau. Cristaux microscopiques. $D = 2,461$ (Merling).

Par l'action de la chaleur sur PO^4LiH^2, Tamman a préparé plusieurs métaphosphates, dont l'un est bien cristallisé [*J. prakt. Chem.*, (2), **45**, 417, 1892].

Warschauer a obtenu le tétramétaphosphate $P^4O^{12}Li^4.4H^2O$ par la double décomposition entre le sulfure de lithium et le métaphosphate de plomb [*Z. anorg. Chem.*, **36**. 137, 1903].

Arséniure de lithium. $AsLi^3$. — La réduction de l'arséniate par le charbon au four électrique a donné à Lebeau l'arséniure de lithium, qu'il a préparé aussi par électrolyse du chlorure avec une cathode d'arsenic. L'arséniure se présente en une masse brune, translucide sous faible épaisseur. Par HCl étendu il donne AsH^3 pur [*C. R.*, **129**, 49. 1899 et *Soc. Chim.*, (3), **27**. 254, 1902].

Arséniate de lithium. $2AsO^4Li^3.2H^2O$. — [De Schulten, *Bull. Soc. Chim.*, (3), **1**, 479, 1889].

Antimoniure de lithium. $SbLi^3$. — $D_{18} = 3,2$. Il fond à 950°. Obtenu par union directe ou par électrolyse [Lebeau, *C. R.*, **134**. 231. 284. 1902].

Antimoniate de lithium SbO^3Li. [Delacroix. *Bull. Soc. Chim.*, (3), **25**. 289. 1901], SbO^3Li. $3H^2O$ [Beilsten et Bläse, *D. chem. G.*, **22**, 530. 1899]. — (Voyez 2e Suppl., **1**. art. Antimoine. 345].

Borates de lithium. — B^2O^3, Li^2O obtenu par fusion de B^2O^3 avec CO^3Li^2, lamelles nacrées tricliniques; $B^2O^3.Li^2O.16H^2O$ par dissolution du précédent. Rhomboédrique $D_{14°7} = 1,397$; fond à 47°. $4B^2O^3, Li^2O$ en cristaux prismatiques insolubles [Le Chatelier, *C. R.*, **124**. 1091, 1897; *Bull. Soc. Chim.*, (3), **21**, 35, 1898].

Carbure de lithium. C^2Li^2. — Au four électrique, le carbonate de lithium est réduit par le charbon avec formation de C^2Li^2 facilement dissociable. Le lithium chauffé dans l'acétylène fournit aussi le carbure de lithium [Moissan, *C. R.*, **122**, 362. 1896]. Guntz l'a obtenu par union directe des éléments ou dans la réduction des oxydes du carbone et des carbures d'hydrogène par le lithium [*C. R.*, **123**. 1273. 1896]. Le carbure C^2Li^2 est blanc, en masse cristalline $D_{18°} = 1,65$; il est attaqué à froid par les halogènes. Avec l'eau il donne de l'acétylène.

C^2 diam. + Li^2 sol. = C^2Li^2 sol. + $11^{cal},3$ (Guntz).

L'acétylène réagit sur le lithium ammonium avec formation de $C^2Li^2.C^2H^2.2AzH^3$ cristallisé en rhomboedres et d'une couleur blanche. A la température ordinaire, ce composé se dissocie en laissant C^2Li^2 [Moissan. *C. R.*, **127**, 911. 1898].

Carbonate de lithium. CO^3Li^2. — $D = 2,094$ [Mallard. *Bull. Soc. Min.*, **15**, 21. 1892]. Densité à l'état fondu $D_{900} = 1,765$,

$$D_t = 1,765 - 0,00034\,(t - 900)$$

[Brunner. *loc. cit.*]. P. F. = 695° (Carnelley). 710° [Le Chatelier, *C. R.*, **118**, 1894], 735 [Hüttner et Tammann, *Z. anorg. Chem.*, **43**. 219. 1904]. 100 parties d'eau dissolvent à 0° 1,539. à 50° 1.181, à 100° 0,728 [Bewad, *J. Soc. phys. chim. russe*, **1**, 591, 1884], à 15° 1,4787, à 100° 0,7162 [Draper, *Chem. News*, **55**, 169, 1887]. Insoluble dans l'alcool. Solubilité dans les solutions salines [Geffeken, *Zeit. anorg. Chem.*, **43**, 197. 1905].

Au-dessus de 600°, le carbonate de lithium se dissocie. A 1200° la tension est de 300 millimètres. A cette température l'oxyde de lithium est volatil, alors que le carbonate dans le gaz carbonique ne l'est pas.

La dissociation d'un mélange de carbonates de lithium et de calcium laisse des cristaux octaédriques d'un mélange isomorphe de chaux et de lithine. Ce mélange isomorphe ne se retrouve pas dans les mêmes conditions avec la baryte et la strontiane [Lebeau, *Ann. Chim. Phys.*, (8), **6**, 423, 440, 1905; *Bull. Soc. Chim.*, (3), **35**. 5, 1906].

Chaleurs de neutralisation : $CO^3Li^2 = 20^{cal},41$; $CO^3LiH = 22^{cal},11$ [Muller, *Ann. Chim. Phys.*, (6). **15**. 531. 1888].

Siliciure de lithium. Si^2Li^6. — $D = 1,12$. Obtenu par union directe. Cristaux bleu indigo donnant avec l'acide chlorhydrique un gaz riche en Si^2H^6 [Moissan, *C. R.*, **134**. 1083; **134**, 1284. 1902].

Fluosilicate de lithium. $SiF^4, 2LiF.4H^2O$. — Très soluble dans l'eau. Chaleur de formation : SiF^4 gaz. + 2LiF sol. = SiF^6Li^2 diss. + 27 calor. [Truchot, *C. R.*, **98**, 1330. 1884].

Silicates de lithium. — Le chlorure de lithium fondu avec la silice a donné à Hautefeuille et à Margottet : $SiO^2, 2Li^2O$, correspondant au péridot, SiO^2Li^2O, correspondant à l'hypersthène. et $5SiO^2Li^2O$ analogue au mica [*C. R.*, **93**, 686. 1881].

G. Friedel, par voie humide. a préparé $SiO^2, 2Li^2O$ [*Bull. Soc. Chim.*, (3), **25**, 1007. 1901]. identique à la phénakite.

Hautefeuille a reproduit des espèces qui rappellent les triphanes et les pétalites, comme

$$5SiO^2, Al^2O^3, Li^2O \quad \text{et} \quad 6SiO^2, Al^2O^3, Li^2O$$

[*C. R.*, **90**. 541]. Weyberg a obtenu les combinaisons $3Li^2O, Al^2O^3, 2SiO^2$; $7Li^2O, 5Al^2O^3, 9SiO^2$. etc. Il a reproduit la sodalithe bromolithinée

$$7\,(Li^2Al^2Si^2O^8)\,2LiBr$$

[*Central Blatt.*, **2**, 1825, 1905].

Analyse. — Behrens donne comme réaction microchimique du lithium la formation du carbonate, du fluorure et du phosphate [*Rec. des Pays-Bas*, **5**, 1, 1886]. Pour le dosage, Gooch sépare le lithium d'avec le potassium et le sodium en s'appuyant sur la solubilité du chlorure dans l'alcool amylique [*Proc. amer. Acad. Arts and Sciences*, **22** (N. S. 14), 177, 1886]. Le fluorure de lithium exige pour se dissoudre 800 parties d'eau: Carnot l'a utilisé pour le dosage: la pesée est faite à l'état de sulfate [*C. R.*, **107**. 237, 336, 1888].

Benedict recommande la précipitation à l'état de phosphate en présence de l'alcool [*Amer. Chem. Journ.*, **32**, 480. 1904], et Reichard la séparation à l'état de fluosilicate soluble [*Chem. Zeitung*, **29**, 861, 1905].

Truchot avait donné une méthode quantitative de dosage par l'intensité et la durée des raies spectrales [*C. R.*, **78**. 1022, 1874]. Cette méthode perfectionnée par Ballmann et Föhr a été reprise par Nasini et Anderlini [*Gazz. chim. ital.*, **30**, 305, 1900], et par Ranzoli [*Gazz. chim. ital.*, **31**, 40, 1901]. Juin 1906. A. Rigaut.

LITHOFELLIQUE (ACIDE). — (Voy. Dict., **2**, 231 et 1er Supp., 983). Cet acide, extrait par Jünger et Klages d'un calcul d'origine inconnue, fondait à 199°. Il ne donnait pas en présence de HCl à chaud l'intense coloration rouge-violette décrite par Roster, mais présentait la réaction de Pettenkofer. Par ébullition prolongée avec la baryte, on a obtenu un acide de formule $C^{18}H^{30}O^3$, en écailles nacrées fondant à 152° et se comportant vis-à-vis du brome et du caméléon comme un acide non saturé. Par ébullition de sa solution alcoolique avec un peu de HCl concentré, l'acide lithofellique est transformé en *lithofellolactone* $C^{20}H^{34}O^3$, liquide visqueux, incolore, bouillant sans décomposition à 245-248° sous 16 millimètres. Quand on essaye par hydratation, en présence de la baryte, de revenir à l'acide lithofellique $C^{20}H^{36}O^4$, on aboutit à l'acide fusible à 152° décrit plus haut [*D. chem. G.*, **28**, 3045, 1895]. E. Lambling.

LITHOPONE. — *Blanc sanitaire.* — On appelle ainsi une couleur blanche constituée par un mélange de sulfure de zinc (30 0/0 environ) et de sulfate de baryte (70 0/0). Des analyses détaillées du produit commercial ont été faites par Coffignier [*Bull. Soc. Chim.*, **27**, 831, 945, 1902]. P. Carré.

LIVEINGITE (Min.) (R. H. Solly et H. Jackson). — Sulfarsénite de plomb, $4PbS.3As^2S^3$, en cristaux dérivant d'un prisme clinorhombique (presque orthorhombique), avec sulfarsenites voisins, dans la dolomie de la vallée de Binnen.

LIVINGSTONITE (Min.) (Barcena). — Sulfantimonite mercureux (?), $HgS.4Sb^2S^3$, en aiguilles semblables à de la stibine, mais à poussière rouge, d'Huitzuco, état de Guerrero, et à Guadalcazar, près San Luis de Potosi, Mexique. L. Bourgeois.

LOBÉLINE OU LOBÉLIINE, $C^{18}H^{23}AzO^2$. — Cette base a été retirée du Lobelia inflata (Paschkis et Smita, *Monatsh.*, 11, 131, 1890); elle donne par oxydation de l'acide benzoïque. M. Delacre.

LOCAÏNE. — Voyez LOCANIQUE (ACIDE).

LOCANIQUE (ACIDE). $C^{36}H^{36}O^{22}$. — Cet acide constitue le principe colorant du lokao ou vert de Chine (voyez 1er Suppl. II, 983), matière employée en Chine pour la teinture en vert de la soie et du coton [Rondot, Persoz et Michel, *Notice sur le vert de Chine et la teinture en vert chez les Chinois*, 1858]. Il existe dans la plante sous forme de glucoside qu'on peut du reste isoler facilement en opérant de la façon suivante :

Le vert de Chine réduit en poudre est épuisé par une solution concentrée de carbonate d'ammoniaque. La décoction est précipitée par le double de son volume d'alcool à 90°. On obtient ainsi le glucoside à l'état de sel ammoniacal. C'est un précipité bleu foncé qu'on lave à l'alcool à 70° jusqu'à ce que le liquide filtré ne possède plus qu'une très légère coloration.

La substance brute est alors purifiée en recommençant la dissolution dans le carbonate d'ammoniaque et la précipitation par l'alcool. On régénère l'acide du sel ammoniacal par addition d'acide oxalique. Il se précipite en flocons bleu foncé qui, après lavage à l'eau et séchage à 100°, forment une poudre noir bleuâtre prenant par frottement l'éclat métallique.

Cette matière bleu foncé constitue la *lokaïne* de Cloez et Guignet (1er Suppl., 983), l'*acide lokaonique* de Kayser [*D. chem. G.*, **18**, 3417]. D'après ce dernier, il correspond à la formule $C^{42}H^{48}O^{27}$. C'est un glucoside à fonction acide, insoluble dans l'eau, l'alcool, l'éther, le chloroforme et le benzène, soluble dans les alcalis en bleu. Il se comporte comme un acide bibasique. On connaît un certain nombre de sels :

Sel neutre d'ammonium, $C^{42}H^{46}O^{27}(AzH^4)^2$. — Le sel obtenu et purifié comme il a été dit ci-dessus forme des cristaux à éclat bronzé, peu stables, qui se transforment déjà à 40° en sel acide $C^{42}H^{47}O^{27}(AzH^4)$.

Sel de baryte, $C^{42}H^{46}O^{27}Ba$. — Obtenu par précipitation du sel neutre d'ammonium par le chlorure de baryum. Le sel séché à 100° est une poudre bleue à reflets bronzés, insoluble dans l'eau et l'alcool.

Sel de plomb, $C^{42}H^{46}O^{27}Pb$. — Poudre brun noirâtre.

Sel de potassium, $C^{42}H^{46}O^{27}K^2$. — Obtenu en décomposant une solution aqueuse du sel diammonique par une solution alcoolique de potasse. C'est un précipité pulvérulent d'un bleu foncé.

Dans le vert de Chine, l'acide lokaonique existe en combinaison avec la chaux et l'alumine.

Le spectre des lokaonates solubles dans l'eau présente en solution très étendue une bande d'absorption allant du rouge au jaune.

Les acides décomposent l'acide lokaonique en un sucre, le *locanose* et en un nouvel acide, l'*acide locanique* (*locaétine* de Cloez et Guignet).

L'*acide locanique* se prépare en partant du locanate acide d'ammonium. On dissout 20 grammes de ce sel dans 600 centimètres cubes d'eau et on mélange avec une solution renfermant 20 grammes d'acide sulfurique dans 200 centimètres cubes d'eau. On chauffe une heure au bain-marie dans un courant de gaz carbonique et on laisse refroidir dans une atmosphère de ce gaz. L'acide se dépose, on le recueille et on le lave à l'eau pour le débarrasser de l'acide sulfurique, et sitôt qu'il commence à devenir mucilagineux, on le dissout dans l'ammoniaque; on filtre et précipite par une solution d'acide oxalique.

Ainsi préparé l'acide locanique forme un précipité violet bleu, qui séché à 100° apparaît sous forme d'une poudre cristalline noir violet. Il correspond à la composition $C^{36}H^{36}O^{21}$ et perd 1 molécule d'eau à 120° sans modifier ses propriétés. Il est insoluble dans l'eau, l'alcool, l'éther, le chloroforme, soluble en bleu violet dans les alcalis; par une forte dilution, la coloration vire au rose.

C'est un acide bibasique que les réactifs attaquent facilement. L'acide sulfurique concentré le dissout en se colorant en rouge cerise et si, après un certain temps, on verse la solution sur de la glace, il se forme un précipité floconneux rouge brunâtre qui, après purification (dissolution dans AzH^3 et reprécipitation par HCl) présente la composition $C^{36}H^{26}O^{16}$. Il dérive de l'acide locanique par perte de $5H^2O$.

Chauffé avec 5 parties de potasse à 50 0/0 jusqu'au voisinage de l'ébullition, l'acide locanique se décompose en donnant de la phloroglucine et une nouvelle substance réduisant lentement à froid la liqueur de Fehling et plus rapidement à chaud. Ce corps a pour formule $C^{15}H^{9}O^6$; on le désigne sous le nom d'*acide délocanique*. Il forme une poudre brune insoluble dans l'eau et l'acide chlorhydrique, mais soluble dans les alcalis dilués en brun.

L'acide nitrique attaque également l'acide locanique avec formation de nitrophloroglucine.

Locanate d'ammonium, $C^{36}H^{35}O^{21}AzH^4$. — On l'obtient en précipitant sa solution par l'alcool. Masse cuivrée soluble dans l'eau en bleu violet.

Sel de baryum, $C^{36}H^{34}O^{21}Ba$. — Poudre bleu noir cristalline.

Sel de plomb. $C^{36}H^{34}O^{21}Pb$. — Poudre noir bleu.

Les solutions aqueuses de locanate présentent au spectroscope une absorption totale allant du jaune au jaune vert.

Quant au *locanose*, on l'obtient facilement en traitant la liqueur provenant du dédoublement de l'acide locaonique, par le chlorure de baryum. Lorsqu'on a ainsi éliminé l'acide sulfurique, il suffit d'évaporer à sec, de reprendre par un peu d'eau et de précipiter par l'alcool. Le locanose reste en solution. Après décoloration par le noir animal et cristallisation dans l'alcool, il se présente en longues aiguilles blanches, optiquement actives, et ayant un pouvoir réducteur deux fois plus faible que celui du glucose.

1er janvier 1906. V. Thomas.

LOCANOSE. — Voyez LOCANIQUE (ACIDE).

LOCAONIQUE (ACIDE). — Voyez LOCANIQUE (ACIDE).

LOGANÉTINE. — Voyez LOGANINE.

LOGANINE. — Dunstan et Short [*Pharm. J. Trans.*, (3), **14**, 1025] ont extrait de la pulpe des fruits du *Strychnos nux-vomica* un glucoside, contenu à la dose de 5 pour 100, se présentant en cristaux prismatiques, incolores, fondant à 215°, soluble dans l'eau et les principaux solvants organiques, dédoublable par hydrolyse en *loganétine* et glucose.

Sur la recherche de la loganine, voir Bourquelot [*J. p arm. Chim.*, (6), **15**, 342, 1902].

1er janvier 1906. A. Hébert.

LÖLLINGITE (Min.). — Voyez LEUCOPYRITE, Dict., **2**, 223.

LOMATIOL. — C'est la matière colorante du *Lomatia ilicifolia* et du *Lomatia longifolia*. Elle appartient au même groupe que le lapachol.

On épuise les graines de la plante avec de l'eau bouillante faiblement acidifiée par de l'acide acétique. Le colorant se dépose par refroidissement de la solution. Après deux ou trois cristallisations dans l'eau bouillante acétique, on obtient des aiguilles jaunes fondant à 127°.

Le lomatiol se dissout facilement dans l'alcool et l'éther, les alcalis caustiques et carbonatés. Il correspond à la formule $C^{15}H^{14}O^4$. Il donne des sels du type $C^{15}H^{13}O^4M$ en général bien cristallisés. Le *sel de baryum* est en cristaux orangés et renfermant 1 molécule d'eau. Ceux *de calcium* et *d'argent* cristallisent également avec 1 molécule d'eau. Le sel de Ca est rouge noir, celui d'argent brun châtaigne.

Le lomatiol renferme 2 groupes OH, car il donne un *dérivé diacétylé* fondant à 82°; par oxydation (mélange chromique) il fournit de l'acide phtalique et de l'acide acétique.

Dissous dans l'acide sulfurique, le lomatiol fournit une liqueur, qui versée dans l'eau, laisse déposer des lamelles de formule $C^{15}H^{12}O^3$ et qui, d'après Hooker, ne sont autre que de la déhydro-β-lapachone. Si on laisse la solution sulfurique longtemps au repos, on obtient l'oxy-β-lapachone en aiguilles rouges fondant à 204°. Cette réaction fixe la composition du lomatiol :

$$\text{O} \quad -CH=CH-C(OH)<^{CH^3}_{CH^3} \quad -OH \quad \text{O}$$

[Voyez lapachol, 2e suppl.]

[Hooker, *Chem. Soc.*, **69**, 1381; — Rennie, *Chem. Soc.*, **67**, 784]. 1er Janvier 1906. V. Thomas.

LOMATIOL (ISO-). — Voyez LAPACHOL (2e Suppl.,

LOPHINE. — Voyez l'art. β-PYRAZOLS.

LOPHOPHORINE, $C^{13}H^{17}AzO^3$. — Alcaloïde contenu, à côté de l'anhalonine et autres bases, dans l'anhalonium Lewinii et dans d'autres cactées. M. Delacre.

LORANDITE (Min.) (Krenner). — Métasulfarsénite de thallium, AsS^2Tl ou $Tl^2S.As^2S^3$, correspondant à la miargyrite SbS^2Ag et sans doute isomorphe avec elle. Petits prismes rouge cochenille ou rouge cramoisi, parfois gris de plomb à la surface, éclat adamantin ou métallique, transparents en lame très mince, flexibles, très friables, en donnant de petits fragments de clivage; trouvés sur réalgar à Allchar, Macédoine.

Caractères. — Soluble dans l'acide azotique avec dépôt de soufre. Au chalumeau, très fusible et entièrement volatil, colore la flamme en vert émeraude. Dans le tube, fond en donnant une masse noire brillante, puis fournit trois anneaux noir, orangé et blanc, de sulfure de thallium, sulfure d'arsenic et anhydride arsénieux sublimés. Dureté $= 2\text{-}2,5$. Poussière rouge cerise. Densité $= 5,529$.

Forme cristalline. — Prisme clinorhombique :

$$a : b : c = 0,853 : 1 : 0,665; \quad \beta = 89°43'.$$

Faces : $h^1\, p\, g\, h^9\, a^1\, e^1\, d^1/_2\, b^1/_2\, o_6$

$(d^1 d^1/_6 h^1/_5)(b^1/_3 b^1/_7 d^1)(b^1 b^1/_9 h^1)(b^1 d^1/_3 h^1)$.

En général aplati suivant p_1, parfois allongé suivant $(b^1 d^1/_3 h^1)$. Clivage $a^1 h^1 o^1$.

L. Bourgeois.

LORANSKITE (Min.) (M. P. Melnikoff). — Tantalate zirconifère d'yttrium, cérium, etc. : masses noires, compactes, cassure conchoïdale, éclat submétallique, translucide sur les bords, jaune verdâtre en lames minces, dans un filon de quartz, à Imbilax, près Pitkäranda, Finlande. Peu attaquable aux acides; décomposable par fusion avec le fluorure de potassium. Dureté $= 5$. Densité $= 4,6$. L. Bourgeois.

LORENZITE (Min.) (Flink). — Silicotitanate de sodium, une partie du titane étant remplacée par du zirconium, $Na^2O.2SiO^2.2[Ti,Zr]O^2$: petits cristaux prismatiques, transparents, striés longitudinalement. Soluble dans l'acide fluorhydrique seulement; aisément fusible au chalumeau en globule noir. Dureté > 6. Densité $= 3.42$.

Forme cristalline. — Prisme orthorhombique :

$$a : b : c = 0,6042 : 1 : 0,3592.$$

Faces : g^3 dominante, $h^1, g^1, m, g^{13}/_{11}, b^1/_2, e_1$.

LOSSÉNITE (Min.) (L. Milch). — Minerai de composition $(AsO^4)^6(FeOH)^9, SO^4Pb, 13,5\,H^2O$. Petits cristaux de $0^{mm},5$ à 3 millimètres, rouge bruns trouvés, au Laurium. Octaèdres orthorhombiques : $a : b : c = 0,843 : 1 : 0,945$. L. Bourgeois.

LOTAHISTONE. — Voyez l'art. PROTAMINES.

LOTASE. — Ferment soluble contenu dans le *Lotus arabicus* et dédoublant le glucoside *lotusin* en acide cyanhydrique, dextrose et *Lotoflavine* (voir ces mots). Il est détruit par la chaleur, par l'alcool et par la glycérine [Dunstan et Henry, *Proc. Roy. Soc.*, 1901, 374].

1er janvier 1906. A. Hébert.

LOTOFLAVINE. — Matière colorante jaune cristallisée, soluble dans l'alcool et l'acide acétique glacial, de formule $C^{15}H^{10}O^6$, isomère de la lutéoline, et qui existe dans le *Lotus arabicus* comme produit de dédoublement du *Lotusin*, glucoside de cette plante, sous l'influence d'une diastase spéciale, la *Lotase* [Dunstan et Henry, *Proc. Roy. Soc.*, 1901, 374].

1er janvier 1906. A. Hébert.

LOTRITE (Min.) (Munteanu-Murgoci). — Silicate. $3[Ca, Mg]O.2[Al.Fe]^2O^3, 4SiO^2 + 2H^2O$, petits grains et lamelles très réfringentes ($n = 1,67$), clivage longitudinal, en filonnets dans des chloritoschistes et serpentines, de la vallée de Lotru, massif du Paringu, Roumanie. Dureté = 7,5. Densité = 3,23.

LOTURINE. — (Voyez 1er Suppl., 985).

LOTURIDINE. — (Voyez 1er Suppl., 517).

LOTUSINE ou **LOTUSIN**. — Glucoside renfermé dans le *Lotus arabicus*, et qu'on sépare de l'extrait alcoolique de cette plante qui n'en donne que 0,025 0/0. On l'obtient en cristaux jaunes, solubles dans l'eau et surtout dans l'alcool, de formule $C^{28}H^{31}AzO^{16}$, dédoublables par hydrolyse chimique ou biologique en glucose, acide cyanhydrique et *Lotoflavine* (voir ce mot) :

$$C^{28}H^{31}AzO^{16} + 2H^2O$$
$$= 2C^6H^{12}O^6 + CAzH + C^{15}H^{10}O^6$$

[Dunstan et Henry, *Proc. Roy. Soc.*, 1901, 374].
1er janvier 1906. A. Hébert.

LOTUSINIQUE (ACIDE). — On obtient ce corps en chauffant le *Lotusin* (voir ce mot) avec une solution aqueuse de potasse ou de soude :

$$\underset{\text{Lotusine.}}{C^{28}H^{31}AzO^{16}} + 2H^2O = \underset{\text{Acide lotusinique.}}{C^{28}H^{32}O^{18}} + AzH^3$$

C'est un acide monobasique donnant des sels cristallisés jaunes. Hydrolysé, il fournit de la *Lotoflavine* (voir ce mot), du dextrose et de l'acide heptaglucoñique :

$$C^{28}H^{32}O^{18} + 2H^2O = C^{15}H^{10}O^6$$
$$+ C^6H^{12}O^6 + C^7H^{14}O^8$$

[Dunstan et Henry, *Proc. Roy. Soc.*, 1901, 374]
1er janvier 1906. A. Hébert.

LOVENITE (Min.). — Voyez LAVENITE, 2e Suppl.

LOXOPTERYGINE. — (Voyez 1er Suppl., 985).

LUCASITE (Min.) (Chatard). — Variété de chlorite vermiculite.

LUCKITE (Min.) (Ad. Carnot). — Sulfate ferreux hydraté manganésifère $SO^4[Fe, Mn], 7H^2O$. Voyez MÉLANTÉRITE, Dict., **2**, 325.

LUDLAMITE (Min.) (Field et Maskelyne). — Phosphate ferreux basique hydraté,

$$7FeO.2P^2O^5.9H^2O,$$

en cristaux transparents, d'un vert clair, provenant du Cornouailles.

Caractères. — Soluble dans les acides; attaqué par les alcalis. Au chalumeau, décrépite fortement, bleuit et donne de l'eau. Colore la flamme en vert pâle, et laisse sur le charbon un résidu noir. Dureté = 3,5. Densité = 3,12.

Forme cristalline. — Prisme clinorhombique :

$$mm = 131°23'; \quad pb^1/_2 = 111°29';$$
$$b^1/_2g^1 = 143°23'.$$

Faces : $pb^1/_2h^1ma^1$, rarement $d^1/_2b^1e^1$.

Clivage : p parfait, h^1. L. Bourgeois.

LUDWIGITE (Min.) (Tschermak). — Borate de magnésium ou de fer,

$$3MgO.FeO.Fe^2O^3.2Bo^2O^3,$$

ou peut-être $3MgO.{}^3/_4Fe^2O^3, 2Bo^2O^3$. Fibres soyeuses ou prismes radiés, avec magnétite, à Morawicza, Banat, souvent transformé en limonite. Soluble dans les acides; au chalumeau, devient rouge, fusible seulement sur les bords. Dureté = 5. Densité = 3,9-4,1. Prisme orthorhombique : d'après Mallard, $mm = 89°20'$. Faces : $mg^3h^4h^5$. L. Bourgeois.

LUMIÈRE (APPLICATIONS). — Nous nous proposons de mettre au courant des récents progrès de la science et de compléter sur quelques points l'article qui a paru sous ce titre (Dict., **2**, 259-266); nous suivrons le même plan et adopterons les mêmes divisions que M. G. Salet.

1. GONIOMÈTRE DE WOLLASTON. PERFECTIONNEMENT DE MALLARD. — Aujourd'hui, les goniomètres de construction soignée, qu'il s'agisse de ceux de Wollaston ou de ceux de Babinet, sont munis d'un petit appareil dû à Mitscherlich et à M. P. Groth, dit *appareil de rectification et de centrage* du cristal. La plateforme ou la pointe à laquelle on fait adhérer le cristal par l'intermédiaire d'une boulette de cire à modeler se manœuvre par quatre vis de rappel. Deux de celles-ci actionnent des glissières rectilignes perpendiculaires entre elles et à l'axe de rotation du goniomètre; les deux autres font mouvoir d'autres glissières en forme de segments de cylindres circulaires dont les axes sont perpendiculaires entre eux et à l'axe de rotation. Après avoir installé *à vue* son cristal *aussi exactement qu'il lui sera possible* l'opérateur terminera cet ajustage en faisant usage des vis de rappel, pour arriver à mettre l'arête du cristal en coïncidence exacte avec l'axe. Les figures 1 et 2 font comprendre cette disposition mécanique.

Fig. 1. — Goniomètre de Wollaston-Mallard. Modèle de laboratoire.

M. Er. Mallard, par la substitution d'un collimateur à l'emploi d'une mire lumineuse éloignée, a augmenté la précision du goniomètre de Wollaston et l'a rendu beaucoup plus pratique; tout le matériel tient sur une petite table et l'on peut même, si les faces du cristal sont assez réfléchissantes, se dispenser de travailler dans l'obscurité [*Bull. Soc. Min.*, **10**, 231, 1887].

Le cristal à mesurer étant disposé sur le goniomètre de Wollaston à la façon ordinaire (voyez plus haut), on place en avant de lui un collimateur à axe horizontal, dont l'objectif est formé par une grosse loupe à peu près achromatique (fig. 1). Le bout opposé du cylindre est fermé par une plaque métallique percée d'ouvertures ayant une forme très reconnaissable et facile à viser, comme une croix à branches déliées (+). Cette fenêtre étant vivement éclairée par une lampe quelconque et placée près du foyer de l'objectif, l'observateur regardant à l'autre extrémité recevra dans l'œil l'impression d'une mire très éloignée. Si donc on dispose un peu au-dessous du cristal un petit miroir plan en glace noire, incliné à 45°, l'observateur, penchant la tête au-dessous de lui, verra le signal lumineux dans la direction du nadir. Si, maintenant, le cristal étant supposé parfaitement orienté, il continue à regarder dans cette même direction alors qu'il fait tourner le cristal autour de l'axe de l'appareil, il verra successivement les images de la mire dans chaque face venir coïncider avec l'image du même objet dans la glace noire. Les coïncidences seront exemptes de toute erreur de parallaxe et les angles de rotation de l'une à l'autre donneront, comme dans le goniomètre de Wollaston, l'angle des normales aux faces correspondantes ou, si l'on aime mieux, le supplément de l'angle des faces.

Comme l'image dans la glace noire est toujours beaucoup plus lumineuse que celle réfléchie par

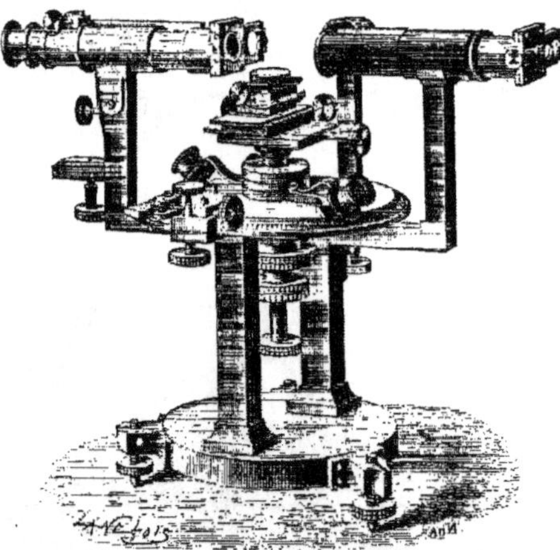

Fig. 2. — Goniomètre grand modèle universel.

les faces cristallines, M. Mallard propose de réduire l'intensité de la première en interposant des verres colorés sur le passage des rayons qui tombent du collimateur sur la glace. Il recommande encore, pour la même raison, l'emploi d'une seconde fenêtre plus déliée que la principale, pratiquée à quelques centimètres au-dessous de celle-ci dans la base du collimateur. Afin d'amener en coïncidence des objets d'éclairement comparable, on superposera, lors de chaque lecture, l'image du petit signal vu dans la glace, sur celle du grand signal vu dans le cristal. Ces artifices permettent d'atteindre une précision égale à celle des meilleurs goniomètres à lunette. Par l'addition d'un miroir noir mobile au besoin avec le cristal, M. Mallard a en outre rendu son appareil propre à la mesure des indices de réfraction; nous n'insisterons pas davantage sur ce point et nous nous bornerons à représenter ci-joint (fig. 1) un petit modèle de laboratoire. On y voit fixés sur une tablette la lampe, le collimateur, le support de la glace et des verres colorés, et enfin le goniomètre.

2. Goniomètre de Babinet perfectionné. — De nombreux perfectionnements ont été apportés au goniomètre à lunettes et à limbe horizontal (spectromètre), pour la mesure des angles et celle des indices de réfraction[1]. Les verniers sont munis de loupes pour les lectures; les lunettes sont plus élevées au-dessus du limbe que dans les anciens modèles, afin de permettre au prisme de prendre des mouvements ascensionnels étendus. Ce dernier est de plus, porté par un appareil de centrage (voyez plus haut). Une lentille additionnelle peut, à l'aide d'une coulisse ou autrement, se superposer quand on veut à l'objectif de la lunette, de manière à donner un microscope à faible grossissement pour examiner le cristal et son installation (fig. 2).

Les goniomètres de ce genre ont l'avantage de pouvoir servir à plusieurs fins (*Universal-Apparat*), par exemple pour mesurer les indices de réfraction au moyen de la réflexion totale. Si on a soin de faire supporter le limbe par des piliers de forme particulière, capables de recevoir chacun un gros tube horizontal, ils peuvent encore être utilisés comme microscope polarisant en lumière convergente et surtout comme instrument pour la mesure de l'angle des axes optiques des cristaux (voyez Dict., 2, 262).

3. Réfractomètres divers. — Il est assez rare qu'on se serve, dans les laboratoires de chimie, de la méthode classique du prisme et du goniomètre, lorsqu'on veut déterminer un indice de réfraction. Le plus souvent, s'il s'agit de mesurer celui d'un liquide, on possède des méthodes plus expéditives, qui peuvent de suite aussi s'appliquer au cas des solides. Les instruments employés dans ce but sont dits des *réfractomètres*.

Plusieurs d'entre eux fonctionnent en vertu des propriétés bien connues des prismes à angle très aigu : on sait que, dans ce cas, les formules se se simplifient considérablement. Soit n l'indice du prisme, A son angle que nous supposerons très petit, ainsi du reste que les angles d'incidence et d'émergence, la déviation D est donnée par la formule :

$$D = (n - 1) A.$$

Si de même, et plus généralement, on immerge un prisme d'indice n' et d'angle A très aigu, dans une cuve, à faces parallèles transparente, remplie d'un liquide d'indice n, la déviation sera

$$D = (n' - n) A.$$

Si donc on interpose un tel système entre un collimateur éclairé par une lumière monochromatique et une lunette réglée pour la vision à l'infini, l'image de la fente collimatrice sera très légèrement déviée à droite ou à gauche, dans le plan focal, suivant le signe de $n' - n$ et la posi-

1. Rappelons ici que les prismes taillés dans des substances biréfringentes donnent deux spectres polarisés à angle droit. Pour avoir des résultats nets (indices principaux), il faut que l'arête des prismes soit parallèle à un axe d'élasticité optique (pour les radiations étudiées).

Les substances chimiques sont ordinairement très tendres et ne donnent pas des faces bien planes. Il convient d'améliorer celles-ci en y collant à l'aide de baume de Canada, des lamelles de verre à faces bien planes et parallèles.

tion du sommet du prisme par rapport à sa base : ce déplacement peut se mesurer aisément sur un micromètre oculaire. Si, à l'aide d'un liquide d'indice connu, on a taré la valeur d'une division du micromètre, connaissant n', on aura $n'-n$, et par suite l'inconnue n, par une seule lecture, sans qu'il soit besoin de modifier la position de la lunette. On peut encore faire une 2e lecture après retournement du prisme, ce qui double le déplacement de l'image.

Au lieu de prendre un prisme d'angle très aigu, on peut encore faire usage d'un prisme largement ouvert, pourvu qu'on opère au voisinage du minimum de déviation, et que n' ne diffère de n, en plus ou en moins, que par une faible fraction ε de la valeur de ce dernier. Le calcul montre aisément qu'on a sans erreur sensible :

$$D = 2\varepsilon \operatorname{tang} \frac{A}{2}.$$

Ici, encore, dans un tel réfractomètre différentiel, la *déviation est proportionnelle à la différence des indices du prisme et du liquide de la cuve*. Tel est le principe de l'*oléoréfractomètre* de MM. Amagat et F. Jean [*Bull. Soc. Chim.*, (3), **4**, 105, 1890]. Le prisme est ici un prisme creux, formé par des glaces à faces parallèles, entouré d'une cuve à fenêtres closes par des glaces parallèles, incluse elle-même dans une étuve chauffable à une température déterminée. On remplit le prisme du liquide à essayer, tandis qu'on charge la cuve d'un certain liquide type, dont la réfringence doit être extrêmement voisine de celle des liquides en expérience. Si l'on faisait par la méthode ordinaire la détermination des indices du liquide type et d'un autre liquide, on aurait taré l'appareil et on le ferait servir à la détermination des indices d'autres liquides. Mais, le plus souvent, l'appareil est un comparateur servant à des essais techniques : on lui demande seulement de dire si une huile, par exemple, est falsifiée par l'addition de corps gras qui changent très légèrement sa réfringence et de fournir une série de points de repère. En cas de conformité absolue au type, la déviation sera nulle. MM. Amagat et Jean proposent une huile type d'indice intermédiaire entre ceux des huiles végétales et ceux des huiles animales. On pourrait aussi comparer les dispersions, en opérant en lumière blanche, et observant le spectre résiduel. Voyez du reste F. Jean, *Chimie analytique des matières grasses*, 26-35, Paris, Rousset, 1892.

Nous ne ferons ici qu'une simple mention du réfractomètre de M. Ch. Féry [*C. R.*, **113**, 1028, 1891], et passerons à l'étude de quelques appareils avec lesquels l'indice de réfraction se mesure par l'angle de réflexion totale ; pour abréger le langage, suivant l'exemple général, nous les appellerons du nom un peu barbare de *totalréflectomètres* ; on les applique avec succès aussi bien aux liquides qu'aux solides. Leur grand avantage est de n'exiger que très peu de matière, tout en étant suffisamment précis : quelques gouttes du liquide, un très petit fragment du solide à étudier, dans lequel on n'aura qu'à tailler une seule facette, bien plane et polie. Nous rappellerons en note le principe fondamental de ces appareils [1].

L'appareil de Kohlrausch [*Journ. de phys.*, (1), **7**, 389, 1878] se compose d'un petit goniomètre à axe vertical, permettant de suspendre au sein d'un liquide une plaque polie du solide dont on mesure l'indice. L'axe du goniomètre se termine par un support entièrement noirci sur lequel on ajuste la plaque, dont la surface peut ne pas atteindre 1 centimètre carré, de telle sorte que la direction de l'axe de rotation soit contenue dans son plan. La plaque et son support se placent dans un petit bocal de verre ; le quart environ de la surface latérale de celui-ci a été scié et remplacé par une glace à faces bien parallèles mastiquée sur la surface de sciage ; sur le reste du pourtour du bocal est collée une feuille de papier translucide. Le bocal doit être rempli d'un liquide plus réfringent que le corps à étudier : comme la fiole ferme hermétiquement, on emploie habituellement sans inconvénient le sulfure de carbone ($n_D = 1,62$) ; on peut prendre encore le naphtalène monobromé α

$$(n_D = 1,66).$$

On dispose à demeure devant la plaque, bien perpendiculairement à la glace, et parallèlement au limbe, une petite lunette réglée à l'infini, et l'on éclaire de chaque côté le pourtour du bocal par une lumière monochromatique. Si l'on fait tourner le bouton qui manœuvre l'axe du goniomètre, on voit l'aspect du champ de la lunette se modifier brusquement pour certaines positions de l'alidade. En effet, si la plaque est perpendiculaire à l'axe optique de la lunette, elle se montrera transparente, et comme elle repose sur un support noirci, le champ paraîtra obscur. Il en sera encore de même tant que l'angle de la normale à la plaque avec l'axe de la lunette à droite ou à gauche ne dépassera pas un certain angle. Mais si l'on tourne davantage, on voit tout à coup une portion de champ s'éclairer brusquement, par suite du phénomène de la réflexion totale. Pour une certaine position, le champ paraît divisé par une droite verticale très légèrement courbée en arc de cercle, en deux régions : l'une obscure, l'autre brillante, de part et d'autre du fil vertical du réticule (fig. 3). On lit alors le vernier du goniomètre : le même phénomène se répète en sens inverse pour une position de la lame symétrique par rapport au vertical de la lunette ; on note encore la position du vernier. Soit $2l$ la différence des deux lectures ; on voit sans peine

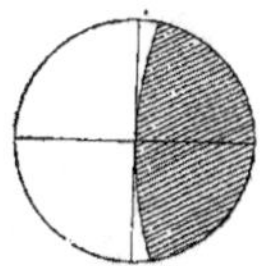

Fig. 3. — Aspect du champ de la lunette dans un totalréflectomètre au moment de la lecture.

1. Lorsqu'un rayon lumineux traversant un milieu d'indice N vient frapper une surface plane qui le sépare d'un deuxième milieu d'indice n, on sait qu'il y a, en général, à la fois réflexion et réfraction, l'intensité primitive se partageant d'une certaine façon entre les deux nouveaux rayons. Le rayon réfracté, c'est-à-dire celui qui se propage dans le second milieu, obéit aux lois de Descartes, et d'après la seconde de ces lois on a :

$$\frac{\sin i}{\sin r} = \frac{n}{N},$$

que nous écrirons :

$$\sin r = \frac{N}{n} \sin i.$$

On voit que r et i croissent ou décroissent toujours ensemble, puisqu'ils sont toujours plus petits que 90°. Supposons maintenant $N > n$, comme r ne peut dépasser 90°, son sinus ne peut dépasser l'unité. On doit donc toujours avoir $\frac{N}{n} \sin i \leqslant 1$ ou $\sin i \leqslant \frac{n}{N}$. Il est clair que i ne peut dépasser une limite l (*angle limite*) donnée par :

$$\sin l = \frac{n}{N}.$$

Ainsi, *lorsque le rayon incident tombe sous l'incidence limite, le rayon réfracté rase la surface de séparation des milieux*. Ce dernier rayon cesse d'exister si l'on accroît le moins du monde l'angle d'incidence, et, toute l'énergie du rayon incident se retrouvant alors dans le rayon réfléchi, on dit qu'il y a *réflexion totale*.

que l est l'*angle limite* du sulfure de carbone vis-à-vis de la substance étudiée. Si N et n sont respectivement leurs indices de réfraction, on a

$$\sin l = \frac{n}{N}$$

ou

$$\log n = \log N + \log \sin l.$$

On a donc très aisément par les tables de logarithmes l'inconnue n en fonction de N qui est connu (quand on a pris la température), et de l qui est lu sur le limbe de l'appareil.

Si la substance dans laquelle est taillée la plaque était biréfringente, il y aurait, malgré son homogénéité, deux angles limites distincts, ce qui amène dans le champ de la lunette deux lignes de démarcation parallèles, traçant une zone de pénombre entre la région d'ombre et celle de pleine lumière. L'interposition d'un nicol oculaire convenablement orienté fait disparaître une des lignes de démarcation, et ramène les apparences de la monoréfringence. Nous laisserons de côté l'étude du problème dans ce cas qui sort un peu de la pratique des laboratoires de chimie.

Pour mesurer l'indice des liquides on peut suivre deux méthodes. Dans la première, on emplit le bocal avec le liquide dont on cherche l'indice N, et l'on opère sur une plaque d'un solide moins réfringent, par exemple de fluorine, d'indice connu n. Dans la seconde méthode, bien plus pratique (car on ne dispose souvent que d'une très faible quantité de liquide), on emplit, comme d'habitude, le bocal de sulfure de carbone et, sur le support noirci, on installe, assemblé par un compresseur, un système de trois objets superposés : 1° une lame de verre rodée plane, creusée d'une petite concavité circulaire, en forme de demi-lentille ; 2° une goutte du liquide à étudier suffisante pour emplir cette cavité ; 3° une lamelle couvre-objet à faces parallèles, taillée dans un flint-glass plus réfringent que le liquide du bocal. On voit sans difficulté qu'ici encore le phénomène de la réflexion totale aura lieu et que, si N est l'indice du sulfure de carbone, on calculera l'indice n du liquide par la même formule que plus haut, sans qu'il y ait lieu de se préoccuper du flint[1].

Le réfractomètre d'Abbe, très portatif, permet encore plus commodément de déterminer l'indice d'un liquide sur quelques gouttes de celui-ci. Un parallélépipède rectangle en flint lourd a été scié suivant un de ses plans diagonaux, et les faces ainsi obtenues parfaitement aplanies et polies. On juxtapose ces deux faces avec interposition de quelques gouttes du liquide à étudier, puis on dépose le parallélipipède reconstitué dans un solide encastrement pratiqué dans une pièce susceptible de tourner autour d'un axe parallèle aux arêtes des deux prismes triangulaires. Si l'on éclairait maintenant une des faces de ce système transparent à l'aide d'une lumière monochromatique, et qu'on observât par l'autre face avec une petite lunette, il est clair qu'on aurait les mêmes phénomènes de réflexion totale que dans l'appareil de Kohlrausch. En réalité, on opère en lumière blanche ; la ligne de démarcation n'est plus alors toujours incolore, elle peut être remplacée par une zone irisée, ce spectre étant orienté dans un sens ou dans l'autre, suivant la valeur respective des dispersions du liquide et du flint. Un petit spectroscope à vision directe, placé devant l'oculaire de la lunette, étale le spectre résultant de la dispersion de l'angle limite. Pour faire la lecture on choisit une couleur déterminée, par exemple la raie D. La rotation du double prisme est mesurée par une alidade se mouvant sur un arc de cercle gradué : la graduation donne directement, sans calcul, les indices de 1,3 à 1,7. On voit aussi que cet appareil permet d'opérer dans toute l'étendue du spectre visible, il donne la dispersion relative du liquide vis-à-vis du flint : c'est un diasporamètre en même temps qu'un réfractomètre.

Dans certains modèles de réfractomètres d'Abbe, notamment celui construit par la maison Zeiss, au lieu d'un spectroscope oculaire, on a mis en avant de l'objectif deux prismes triangulaires à arêtes perpendiculaires à l'axe de la lunette, et pouvant tourner simultanément en sens inverse d'angles égaux autour de celui-ci (diasporamètre de Rochon). On a ainsi un prisme à angle variable qui permet, soit d'étaler l'irisation de la ligne limite, soit au contraire de la réduire au minimum, en d'autres termes d'achromatiser, si c'est possible, la dispersion du système liquide-flint[1].

Le *butyroréfractomètre* de Wollny est un réfractomètre d'Abbe spécialement approprié à l'essai optique des corps gras. Ici, les écarts par rapport à une substance type étant toujours très faibles, comme pour l'appareil de MM. Amagat et Jean, on a immobilisé le parallélépipède de flint ; ce prisme peut du reste être chauffé pour maintenir en fusion le beurre ou la graisse qu'on a coulé entre ses deux parties. On apprécie les variations de réfringence à l'aide d'une échelle micrométrique placée dans le plan focal de l'oculaire, comme dans l'appareil Bertrand décrit plus bas. L'instrument est construit de manière à compenser rigoureusement la dispersion relative donnée par les beurres véritables ; avec eux, la ligne de séparation apparaît parfaitement incolore. Pour d'autres graisses cette compensation n'a plus lieu, ainsi la limite se montre bordée de bleu pour les « margarines » du commerce.

M. Em. Bertrand a fait construire [*Bull. Soc. Min.*, 1885, 8, 375] un petit réfractomètre qui n'est pas plus volumineux qu'un encrier de poche (fig. 4). C'est une simple loupe avec

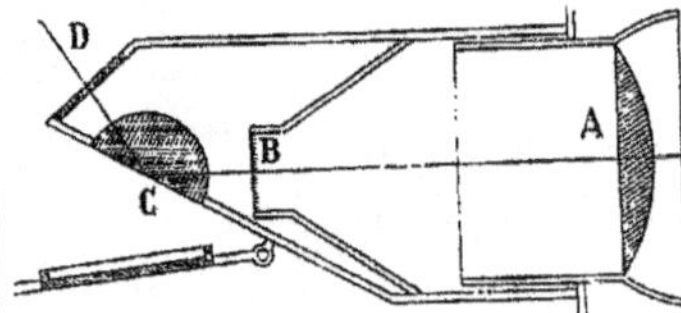

Fig. 4. — Coupe du petit réfractomètre de M. Em. Bertrand : on y voit la loupe oculaire A, le micromètre B, la lentille demi-boule C, la fenêtre D garnie d'un verre dépoli.

division micrométrique à son foyer, loupe placée à l'une des extrémités d'un tube de laiton. Le fond de celui-ci est une paroi inclinée à 30° portant en son centre une lentille demi-boule

1. On a, en effet, pour cette lame à faces parallèles, en appelant N l'indice du sulfure de carbone, N' celui du flint, et n celui du liquide à essayer, $\frac{\sin i}{\sin r} = \frac{N'}{N}$ et $\frac{\sin i'}{\sin r'} = \frac{n}{N'}$. Or, $i' = r$, d'où $\frac{\sin i}{\sin r'} = \frac{n}{N}$; par suite, si $r' = 90°$, i atteint une valeur limite l, telle que $\sin l = \frac{n}{N}$; le flint ne joue que le rôle d'intermédiaire, son indice n'intervient pas dans le calcul.

1. Voir, par exemple, pour ces instruments, P. Culmann [*Bull. Soc. Phys.*, 1901, 117-130].

en flint très réfringent ($n_D = 1,77$), la face plane tournée en dehors; une fenêtre garnie d'un verre dépoli éclaire latéralement la lentille de flint, et permet d'observer d'un côté les réflexions totales qui s'effectuent sur sa face plane. Soit à mesurer l'indice d'un liquide : on en met quelques gouttes à l'extérieur de la lentille et, regardant dans l'oculaire, en lumière monochromatique, on voit le champ divisé en deux parties, l'une obscure, l'autre brillante. On note la division et, à vue, la fraction de division à laquelle affleure la ligne de démarcation, et, si l'on a eu soin de graduer l'appareil par comparaison avec quelques types d'indices connus, on a sans difficulté la deuxième décimale exacte. Pour mesurer l'indice d'un solide, on taille dans un petit morceau de celui-ci une face bien plane et polie, et on la fait adhérer sur celle du flint en interposant un liquide de réfringence intermédiaire, par exemple le tétrabromure d'acétylène ($n_D = 1,6479$), le naphtalène monobromé α ($n_D = 1,66$), l'iodure de méthylène ($n_D = 1,75$); ce liquide n'intervient pas dans l'appréciation de l'angle limite, ainsi qu'il a été expliqué. Il va sans dire que si le solide est formé de deux ou plusieurs minéraux agglutinés, comme est une roche, on perçoit plus d'une limite; ainsi une pegmatite montre à la fois celle du quartz et celle du feldspath orthose.

Ce chapitre se terminera par la description du totalréflectomètre de M. C. Pulfrich, aujourd'hui regardé comme le plus parfait, le plus commode, et comme tel le plus employé dans les laboratoires de chimie. Cet appareil procède de l'ancien mode opératoire de Malus et de De Sénarmont, dans lequel on déduit l'indice d'un prisme d'angle connu A, de l'angle d'émergence sur une de ses faces correspondant à l'angle minimum de réflexion totale sur l'autre (angle limite); on peut aussi, avec un semblable prisme, une fois que l'on connaît son indice par rapport à l'air, déterminer celui d'un liquide quelconque moins réfringent déposé sur la face réfléchissante. Nous allons examiner en détail le cas particulier où le prisme est rigoureusement rectangulaire (A = 90°), disposition proposée pour la première fois par M. Feussner. Soit donc (fig. 5) un parallélépipède rectangle en flint très réfringent d'indice N, prisme représenté en coupe sur la figure; on suppose les deux faces aboutissant à l'arête A parfaitement planes, polies et rectangulaires entre elles; la troisième face n'a pas besoin d'être aussi bien travaillée. La face horizontale AD constitue le fond d'une petite cuve destinée à recevoir une couche du liquide dont on cherche l'indice n.

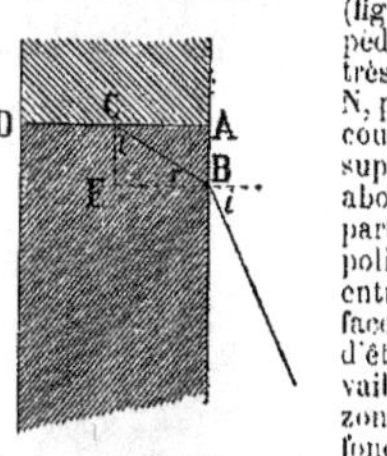

Fig. 5. — Théorie du totalréflectomètre de Pulfrich.

Supposons qu'avec un petit théodolite on vise une direction OB, telle que BO soit le rayon émergent correspondant à un rayon incident DC cheminant dans le liquide de la cuve, juste dans le plan de la face de séparation DA (incidence rasante); CB sera le rayon réfracté dans le flint, et il est clair que, si CE est la normale en C, l'angle BCE est précisément l'angle limite l. Donc, pour cette position de la lunette, le champ apparaîtra, comme il a été dit pour les appareils précédemment décrits, partagé en deux moitiés, l'une brillante, l'autre obscure. Le cercle vertical du théodolite permet la mesure de l'angle d'émergence i, l'indice N du prisme est supposé connu et donné une fois pour toutes (à la température considérée); le problème consiste à calculer l et par suite n, puisque la réfraction au point C donne toujours

$$\sin l = \frac{n}{N}.$$

Mais, d'autre part, la seconde réfraction au point B fournit de même :

$$\frac{\sin i}{\sin r} = N.$$

Ceci posé, le triangle BCE est rectangle en E, car E est l'angle des normales aux faces d'un dièdre droit A; r et l sont donc complémentaires et

$$\sin r = \cos l.$$

La question est résolue. Veut-on faire le calcul de n par logarithmes, il faut se garder d'éliminer r, car c'est précisément l' « angle auxiliaire » qui permet ce calcul. On calculera d'abord r en cherchant dans les tables

$$\log \sin r = \log \sin i - \log N;$$

puis, remarquant que $\log \cos r = \log \sin l$, on calculera n par :

$$\log n = \log N + \log \cos r.$$

On peut même se dispenser de chercher r, en prenant directement le logarithme cosinus correspondant à log sin r.

Si, au contraire, nous éliminons r pour chercher l'expression de n, nous avons :

$$n = N \cos r = N\sqrt{1 - \sin^2 r}.$$

Mais

$$\sin r = \frac{\sin i}{N}; \quad \text{d'où} \quad n = N\sqrt{1 - \frac{\sin^2 i}{N^2}},$$

ou enfin

$$n = \sqrt{N^2 - \sin^2 i}.$$

Dans la pratique, le constructeur fournit un prisme dont l'indice N est bien connu, et toujours le même (pour une certaine température); une table calculée d'après les formules précédentes accompagne l'instrument et donne i par simple lecture et interpolation sans calcul. Pour d'autres températures, connaissant les variations de N, on pourrait faire les corrections sur la valeur de n par la voie du calcul différentiel; inutile de nous y arrêter. Une semblable table donnant n en fonction de i paraissait chaque année dans l'*Agenda du chimiste*.

Lorsqu'on veut mesurer l'indice d'un solide, on taille sur un fragment une face parfaitement plane et polie, puis une seconde facette à peu près perpendiculaire à la première, de telle sorte que l'arête d'intersection soit bien vive, et l'on place le bloc sur la face horizontale DC du parallélipipède, en interposant un liquide d'indice intermédiaire; l'épaisseur du bloc de solide à étudier peut du reste être excessivement faible. Comme il a été dit plus haut (p. 250), l'indice de ce liquide n'intervient pas dans les calculs et les formules donnent encore l'indice n du solide. Si le solide supposé toujours homogène est biréfringent, on observe deux limites, ainsi qu'il a été expliqué. Il conviendra alors de faire tailler le solide en rondelle circulaire, et de le tourner sur lui-même en se servant d'un petit goniomètre à axe vertical.

Telle est la théorie de l'appareil de Pulfrich :

on comprendra sa construction en voyant ici le dessin d'un des meilleurs modèles (C. Zeiss), (fig. 6) : un prisme à réflexion totale, avec

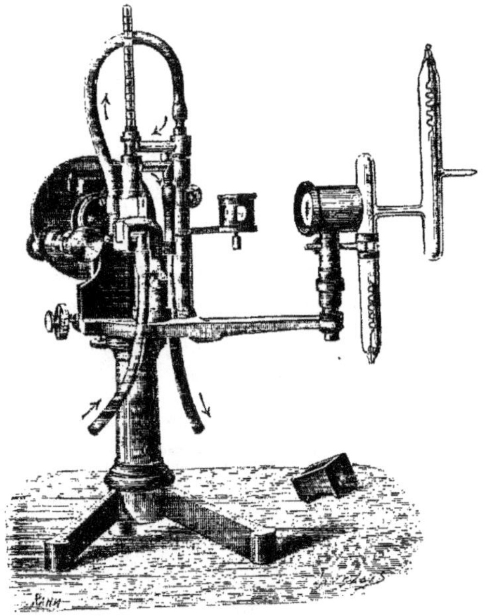

Fig. 6. — Appareil universel de M. C. Pulfrich pour les mesures de réfraction et de dispersion.

lentille, éclaire le prisme principal à l'aide de la lumière du sodium fournie par un bec Bunsen placé en avant de l'observateur. Une lentille fait converger sur le même point les rayons issus d'un tube de Geissler à hydrogène. On peut ainsi opérer dans les diverses régions du spectre et étudier sans difficulté la dispersion. La lunette est coudée, c'est-à-dire que son axe est constamment parallèle à l'axe de rotation du système tournant sur le cercle, et que son objectif est couvert d'un prisme à reflexion totale qui, reportant fictivement l'axe optique dans une position parallèle à un rayon du cercle, permet à l'observateur de se placer très commodément pour mesurer l'angle. Grâce à un appareil de chauffage à circulation continue très ingénieusement disposé, on peut porter ensemble les deux milieux réfringents à une température bien déterminée. Les pièces de tout cet appareil occupent, sauf réglage exceptionnel, une position invariable, de telle sorte que l'instrument soit toujours prêt à servir. Voyez pour plus de détails [*Journ. Phys.*, 1887, (2), 6, 343 et 1896, (3), 5, 73].

4. Microscope. — Nous ne pouvons ici que mentionner brièvement les perfectionnements qu'a subis cet appareil dans sa partie mécanique, comme dans sa partie optique, renvoyant, pour leur description détaillée, aux nombreux traités spéciaux. Nous envisagerons d'abord le microscope comme employé exclusivement avec la lumière naturelle (non polarisée).

Les principales améliorations apportées à la partie mécanique sont : les mouvements du tube le long de son axe par rapport à l'objet, mouvement rapide par pignon et crémaillère, mouvement lent par vis micrométrique, les mouvements de la platine dans les grands modèles, rotation autour de l'axe (platine tournante), double translation dans deux directions rectangulaires (platine à chariot); diaphragme-iris au lieu des diaphragmes ordinaires; les changements d'objectifs rendus très faciles par l'adoption de pas de vis uniformes et très robustes, et surtout par l'addition de petits appareils spéciaux (revolvers et adapteurs).

Quant à la partie optique, l'organe principal en est, comme on sait, l'objectif qui doit, par lui-même, former une image réelle, renversée et agrandie, reproduisant l'objet avec tous ses détails. On ne construit plus aujourd'hui les objectifs achromatiques comme le faisait Ch. Chevalier, en superposant une série de lentilles convergentes rendues séparément achromatiques, car on ne pourrait de cette manière atteindre les qualités sans lesquelles le grossissement n'est qu'un avantage illusoire. En effet, on se propose de détruire aussi complètement que possible, non seulement l'aberration de réfrangibilité, mais encore celles de sphéricité, la courbure du champ, la distorsion, l'astigmatisme, ainsi qu'on le fait pour les objectifs photographiques, en vue d'accroître la perfection du pouvoir définissant; de plus, on recherche une autre qualité spéciale, l'ouverture numérique dont nous parlerons plus loin.

Un objectif se compose maintenant d'un assemblage de lentilles, les unes simples, les autres doubles ou triples et formées de verres différents : chacun d'eux (à moins qu'il ne s'agisse de modèles spéciaux) constitue un tout indivisible et l'on ne doit jamais en dévisser les divers élé-

Fig. 7. — Objectif de 18mm de distance focale.

Fig. 8. — Objectif à immersion homogène de 2mm, 1 (1/12 pouce) de distance focale.

ments pour les utiliser séparément. Nous représentons ci-dessus, en coupe, un objectif faible et un objectif fort (fig. 7 et 8) pour donner une idée de l'agencement des lentilles.

On sait que l'achromatisme a pour effet d'amener en coïncidence parfaite les images d'un même objet, relatives à deux radiations choisies dans le spectre, par exemple un rayon jaune et un rayon bleu; pour toute autre région du spectre, la coïncidence se trouve approximativement réalisée. En vue de certains travaux tels que la photographie, on a construit des objectifs dits *apochromatiques*, bien plus compliqués et plus coûteux, ces objectifs amènent en parfaite superposition les images données par trois rayons distincts du spectre; on conçoit alors que, pour les autres rayons, l'achromatisme approché est beaucoup plus satisfaisant encore que dans l'un des objectifs usuels. Les dernières traces de coloration laissées par de tels objectifs sont du reste corrigées par des oculaires achromatiques, dits *compensateurs*.

Il convient d'expliquer ici la notion d'*ouverture numérique* des objectifs. Considérons le point d'une préparation quelconque visée par le microscope qui, vu nettement par l'œil, se trouve juste sur l'axe de l'objectif. Prenons ce point pour sommet d'un cône de révolution ayant pour base la lentille frontale de l'objectif (celle qui est le plus près de l'objet), soit $2u$ son angle au sommet; cet angle est dit l'*angle d'ouverture* de l'objectif, il croît lorsque la distance frontale (hauteur du cône) diminue, mais, naturellement, ne peut dépasser 180°. Au lieu de cette ouverture angulaire, il est préférable d'envisager l'*ouverture numérique*, nombre abstrait qui se définit comme il suit: supposons, pour plus de généralité, qu'un milieu d'indice n (liquide d'*immersion*) soit interposé entre l'objet et la lentille frontale, l'ouverture numérique est l'expression :

$$n \sin u,$$

ayant pour limite supérieure n. Dans le cas habituel où l'objectif fonctionne à sec, on a $n = 1$, et l'ouverture numérique, toujours inférieure à 1, est simplement $\sin u$; l'angle u est, ainsi qu'on l'a dit, l'obliquité maxima que puisse prendre un rayon susceptible d'être recueilli dans l'objectif. Pour le cas de l'immersion, on voit aisément, en s'appuyant sur les lois de Descartes, que le liquide interposé a pour effet de remonter en quelque sorte la préparation en la rapprochant de la lentille frontale: l'objectif joue ainsi le rôle d'un objectif à sec d'ouverture $2u'$ telle que :

$$\sin u' = n \sin u.$$

L'accroissement d'ouverture numérique a pour effet d'augmenter la clarté de l'image, de rendre plus visibles les stries ou aspérités que peuvent offrir les objets, surtout lorsqu'elles sont distribuées périodiquement (Abbe), enfin, ainsi qu'il sera expliqué plus loin, de donner plus de champ pour les images d'interférence en lumière polarisée convergente.

Aussi les micrographes attachent-ils beaucoup de prix à l'ouverture numérique. Malheureusement, à mesure que celle-ci croît, la distance frontale diminue forcément. On voit de même s'atténuer, dans ces conditions, le *pouvoir pénétrant*, c'est-à-dire la faculté de permettre simultanément la vision nette des points situés à des profondeurs inégales dans la préparation. En réalité, il convient que l'ouverture numérique des objectifs soit toujours graduée à peu près en raison directe de leur grossissement propre.

Comme liquide d'immersion, on a d'abord fait usage de l'eau distillée ($n_D = 1,33$). Aujourd'hui, on donne presque toujours la préférence à l'huile dont l'indice est sensiblement égal à celui du verre ($n_D = 1,51$ environ), quoique son emploi soit un peu moins commode que celui de l'eau. Car, en outre de l'accroissement très sensible de l'ouverture numérique, on y rencontre encore cet avantage que, le couvre-objet, le liquide et la lentille frontale ayant cette fois le même indice, on n'observe plus de réfraction, malgré les deux changements de milieu, et par suite, plus de perte appréciable de lumière; aussi dit-on qu'une semblable immersion est *homogène*. De plus ici l'épaisseur du couvre-objet ne joue plus aucun rôle dans la correction des aberrations de sphéricité; avec les objectifs forts à sec ou même avec ceux à eau, on était conduit à corriger chaque fois ces effets, en faisant varier les distances relatives de certaines lentilles de l'objectif, ce qui nécessitait une disposition coûteuse et une manœuvre assez délicate. Avec l'immersion homogène, tout tâtonnement de ce genre est supprimé : les images sont également bonnes, quelle que soit l'épaisseur de la lamelle.

Presque toujours, les objets à examiner au microscope sont transparents; pour les forts grossissements, on les éclaire en général aujourd'hui à l'aide d'un *condensateur* placé immédiatement au-dessous de la préparation et recevant les rayons issus du miroir. Le condensateur est un assemblage de 2 ou 3 lentilles convergentes, ayant son axe dans le prolongement exact de celui du microscope. C'est un véritable objectif renversé, ainsi que le fait voir la figure 9, il

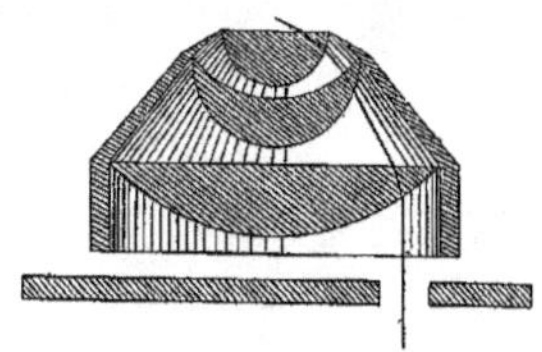

Fig. 9. — Condensateur ou éclairage à grand angle d'ouverture. L'orifice excentrique du diaphragme ne laisse arriver que des rayons très obliques.

pourra du reste fonctionner soit à sec, soit à immersion. Plus son ouverture numérique sera grande et plus obliques seront les rayons extrêmes projetés sur l'objet; il conviendra donc que son ouverture surpasse celle du plus fort objectif. Sous le condensateur se place un diaphragme à orifice variable (aujourd'hui diaphragme-iris); on peut disposer excentriquement cet orifice, si l'on veut ne laisser arriver à la préparation que des rayons obliques. Lors des observations courantes, on doit beaucoup réduire la quantité de lumière admise, autrement l'image serait noyée dans une lueur éblouissante; cependant, lorsqu'on examine des objets naturellement incolores ou peu colorés, dont certaines parties ont été fortement teintées par des matières colorantes artificielles, comme des bactéries, des noyaux de cellules, etc., on laissera entrer plus de lumière, de telle sorte que tout semble disparaître pour l'œil à l'exception des éléments teints.

Mais le micrographe n'a pas toujours affaire à des objets transparents; les métaux, les alliages, les minéraux opaques, des empreintes fossiles, etc., peuvent aussi s'offrir à son attention et parfois aucun artifice ne parvient à les rendre perméables à la lumière. Avec l'emploi d'objectifs faibles, de telles préparations s'éclaireront par une lentille convergente ou un miroir concave accrochés au-dessus de la platine. Mais en cas de forts grossissements, on était autrefois dans l'impossibilité d'éclairer la préparation, car elle touche presque l'objectif. M. H.-L. Smith a résolu la difficulté d'une façon très élégante, par l'invention des appareils dits *vertical illuminator* ou *opak illuminator*, dans lesquels c'est l'objectif lui-même qui joue le rôle de condensateur. Il suffit d'interposer, entre le tube du microscope et l'objectif, une bague percée latéralement d'une fenêtre, portant un pas de vis en haut, un écrou en bas. A l'intérieur est disposée une lame de glace sans tain à faces bien parallèles, inclinée à 45°, ou bien encore un prisme à réflexion totale couvrant la moitié du passage de la lumière suivant l'axe du tube. On conçoit que la lumière du jour ou encore celle d'une lampe, entrant par la fenêtre latérale du petit appareil, tombe sur la face réfléchissante, est renvoyée sur la lentille inférieure de l'objectif, traverse celui-ci et vient frapper la préparation en l'éclairant sous un angle dont l'obliquité maxima dépend de l'ouverture numérique de l'objectif (fig. 10).

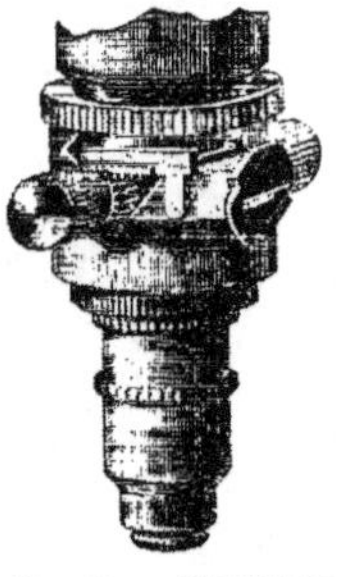

Fig. 10. — Illuminateur pour les objets opaques.

Donc plus l'objet est difficile à éclairer avec les moyens ordinaires, en raison de la très faible distance frontale de l'objectif, plus le nouvel appareil fonctionne bien; il donne notamment des effets remarquables avec les objectifs à immersion homogène et rend maintenant les plus grands services à la métallurgie : c'est ce qu'on nomme la *métalloscopie*. Voyez par exemple Fer (métallurgie), 2e Suppl., 4, 90 et suiv.; et aussi H. Behrens, *das mikroskopische Gefüge der Metalle und Metallegirungen*, Hambourg et Leipzig, L. Voss, 1894.

La figure 11 représente un modèle courant de microscope de laboratoire, permettant les études bactériologiques les plus délicates; on y remarque entre autres le condensateur, la platine tournante, le revolver pour le changement rapide des objectifs.

5. Emploi du microscope en lumière polarisée parallèle ou convergente. — Le microscope ne nous rend pas seulement service en définissant les formes, la réfringence et les couleurs des objets trop petits pour être aperçus à l'œil nu, il peut encore, si on lui adjoint certains accessoires tels que les appareils de polarisation, permettre de reconnaître si ces objets, supposés transparents, sont uniréfringents ou biréfringents, et, dans ce dernier cas, qui est celui de tous les cristaux non cubiques, il fournit de précieux renseignements sur l'ensemble des propriétés optiques, régies, comme on le sait, par les lois de Fresnel (ellipsoïde d'élasticité optique). D'importantes applications ont été faites, dans cette voie, à la minéralogie et à la géologie : une science nouvelle a pris naissance, dans ces trente dernières années, celle des éléments constitutifs des roches ou *pétrographie*. Voyez notamment Fouqué et Michel Lévy, *Minéralogie micrographique, introduction à l'étude des roches éruptives françaises*, Paris, 1879, épuisé. Le chimiste lui-même peut bien souvent, par le secours des propriétés optiques, se prononcer sur l'homogénéité d'un produit qu'il vient de préparer, l'identifier avec un type connu ou l'en séparer, etc. Aussi croyons-nous utile de donner quelques explications sur les additions à faire au microscope et la façon de procéder à des essais de ce genre.

Le microscope supposé à platine tournante se complétera par l'adjonction d'un réticule et d'appareils de polarisation. Le réticule se compose de deux fils très fins, tendus et croisés à angle droit, ou bien encore d'un disque de glace, à faces bien planes et parallèles, sur l'une desquelles sont gravés deux traits parfaitement rectangulaires; il se place sur le diaphragme de l'oculaire le

Fig. 11. — Microscope de laboratoire, grand modèle.

plus faible, de telle sorte qu'il soit au point pour la vue de l'observateur; le point de croisement doit se trouver sur l'axe géométrique de l'instrument et apparaître au centre du champ.

L'appareil de polarisation se compose de deux prismes de Nicol ou prismes du même genre, situés l'un au-dessous, l'autre au-dessus de la préparation; l'un est le polariseur, l'autre l'analyseur. Le polariseur se place sous la platine, habituellement, il est surmonté d'un condensateur pour les essais en lumière convergente, aussi l'installe-t-on souvent aujourd'hui à la place ou au-dessous du diaphragme-iris du condensateur d'Abbe. Quant à l'analyseur, il peut, ou bien se mettre au-dessus de l'oculaire, ou bien s'intercaler immédiatement au-dessus de l'objectif, ce qui exige un arrangement spécial si l'on veut pouvoir supprimer à volonté et rapidement l'analyseur; le premier dispositif est plus simple, mais il a le défaut de faire perdre du champ en reculant l'œil en arrière de l'anneau oculaire. L'analyseur doit posséder la perfection nécessaire pour ne pas nuire à la qualité de l'image; tous les verres compris entre les deux appareils de polarisation doivent être bien exempts de trempe, pour ne pas agir sur la lumière polarisée.

Enfin la platine doit être tournante, avec limbe divisé en degrés. Il faut de plus qu'un point quelconque de la préparation, une fois amené sous la croisée des fils, y demeure fixe, lorsqu'on tourne la platine, autrement dit l'axe optique de l'instrument doit se confondre avec l'axe de rotation. Pour réaliser cette condition, il convient de faire ajouter au microscope de la figure 11 un appareil de centrage de l'objectif, formé de deux vis de rappel rectangulaires entre elles et perpendiculaires à l'axe optique; on exécutera la petite manœuvre de centrage toutes les fois qu'on aura changé l'objectif. On peut éviter ce léger ennui en se servant des modèles minéralogiques de la maison Nachet qui s'est inspirée des anciennes platines dites *à tourbillon*. Dans ces modèles, le tube du microscope est coupé au-dessus de l'objectif et ce dernier, ainsi que la crémaillère de mise au point et la vis micrométrique, tournent solidairement avec la platine. L'oculaire et le tube sont portés au contraire par une potence invariablement liée à la partie fixe sur laquelle tourne la platine mobile. Nous représentons ci-contre (fig. 12) un grand modèle de microscope minéralogique et pétrographique de Nachet : dans ce bel appareil, on remarque les particularités que nous venons de décrire, et en outre une petite crémaillère pour mettre au point par déplacement de l'oculaire (dispositif de M. Ranvier) l'analyseur s'installe quand on veut; au-dessus de l'objectif, et dans le cas contraire se relève le long du tube à l'extérieur de celui-ci; une fente pratiquée au-dessous de l'analyseur permet l'introduction de lames de quartz ou de mica, de lentilles pour la lumière convergente, etc.; les objectifs se changent instantanément à l'aide d'un adapteur à coulisse. La platine, en outre de son mouvement de rotation, offre deux mouvements rectangulaires avec divisions de repérage. Le polariseur (représenté écarté) est surmonté d'un condensateur à grand angle d'ouverture qu'on peut mettre de côté au moyen d'un ingénieux mouvement mécanique, si l'on veut travailler en lumière parallèle.

Mesure d'un angle plan. — Soit à mesurer l'angle formé par deux côtés du contour d'une lamelle cristalline couchée sur le porte-objet. On amène le sommet de l'angle sous la croisée des fils, on fait coïncider un de ses côtés avec un des fils et on lit la graduation de la platine; tournant alors celle-ci jusqu'à ce que le second côté vienne en coïncidence avec le même fil (l'oculaire étant demeuré bien immobile), on lit de nouveau la graduation, l'angle de rotation, différence algébrique des lectures, est évidemment le supplément de l'angle cherché.

Détermination des directions d'extinction, du signe optique et de la biréfringence d'une lame cristalline. — On munit le microscope de son polariseur et de son analyseur, et laissant l'un de ces appareils immobile, on fait tourner l'autre autour de l'axe principal du microscope, jusqu'à ce que le champ primitivement éclairé apparaisse absolument obscur (le condensateur doit être supprimé ou simplement abaissé, de façon qu'on ait de la lumière parallèle). La production de cette obscurité indique que les sections principales des nicols sont perpendiculaires entre elles.

Supposons qu'on dépose sur la platine une préparation renfermant un cristal biréfringent, mais homogène, et en outre, pour simplifier, que ce cristal soit incolore, et qu'il ait la forme d'une lamelle à faces bien planes et parallèles, couchée à plat sur le porte-objet. Si l'on met au point en ne conservant que le polariseur, le cristal apparaît incolore, comme en lumière naturelle (l'éclairement du champ est seulement

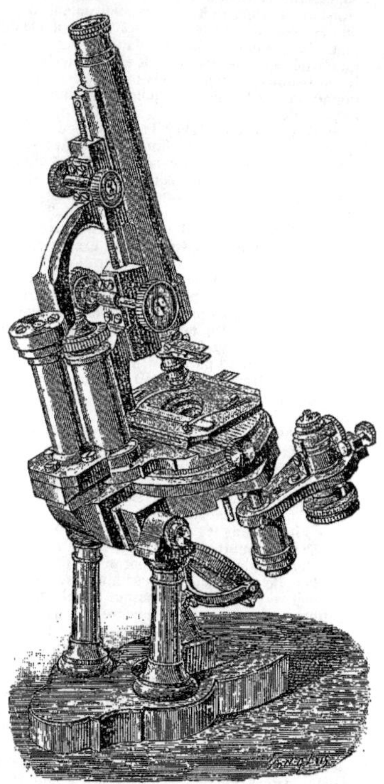

Fig. 12. — Microscope de Nachet, grand modèle, pour études de minéralogie et de pétrographie.

réduit de moitié); remettons alors l'analyseur en croix avec le polariseur, nous verrons en général, sur un fond parfaitement obscur, le cristal se montrer éclairé et teint d'une nuance variable et plus ou moins vive.

Si l'on fait tourner la platine sans toucher au socle de l'appareil, la teinte s'assombrit ou s'éclaircit tour à tour, mais sans changer de nature. Dans quatre positions rectangulaires, le cristal paraît absolument obscur et ne se détache plus sur le fond noir, on dit alors qu'il y a *extinction*; dans quatre autres positions, à 45° des précédentes, le cristal présente au contraire un maximum d'éclairement[1].

1. Tout ceci n'est rigoureusement exact que si l'on sup-

Le cristal est-il cubique, il reste constamment éteint comme ferait un corps amorphe; la même chose a lieu s'il est hexagonal, rhomboédrique ou quadratique, mais il faut alors que le plan de la lame soit rigoureusement perpendiculaire à l'axe de symétrie cristalline multiple (axe principal ou axe optique). Si donc le chimiste rencontre des lamelles limitées par un contour d'hexagone régulier, de triangle équilatéral ou de carré, et si de plus ces lamelles demeurent constamment éteintes, il peut affirmer que les substances appartiennent respectivement à l'un de ces systèmes. Le cristal sera même à classer dans le système cubique, dans le cas où son inactivité optique persisterait si on l'incline sur le porte-objet; l'emploi de la lumière convergente donne du reste sur ce point des indications encore plus précises.

Si l'on veut rechercher la position des directions d'extinction d'une lamelle agissant sur la lumière polarisée et par conséquent non cubique, il convient de prendre comme point de repère une substance cristallisant en aiguilles orthorhombiques, quadratiques ou hexagonales, que l'on sait être douée d'une extinction rigoureusement longitudinale. On fait par exemple, dans le baume de Canada, une préparation de fines aiguilles de mésotype jetées au hasard et l'on observe entre les nicols croisés, la plupart des aiguilles apparaissent alors teintées de nuances vives et variées. On fait alors tourner l'oculaire sur lui-même, de telle sorte que l'un des fils du réticule soit bien parallèle à ceux des prismes qui se montrent tout à fait obscurs, ou bien encore qui ne modifient nullement, dans la région de superposition, la teinte d'un autre prisme qui les croise obliquement (ce dernier caractère est des plus sensibles); le microscope est alors réglé en ce qui concerne les extinctions. Si l'on n'a pas de mésotype à sa disposition on peut prendre les cristaux résultant de l'évaporation d'une goutte de solution de nitre sur un porte-objet. Dans les modèles du système Nachet (voyez plus haut), ce réglage est fait une fois pour toutes. Ceci posé, supposons qu'on examine une lamelle possédant une certaine direction bien nette et reconnaissable, comme un allongement rectiligne très marqué, ou encore un clivage non parallèle à son aplatissement, etc.; faisant tourner la platine sans toucher à l'oculaire, on amène cette direction à coïncider avec celle d'un des fils du réticule, on lit la division de la platine et, tournant encore celle-ci jusqu'à extinction parfaite de la lamelle, on lit de nouveau la graduation, ce qui donne par différence l'*angle d'extinction*, on le note en faisant au besoin un dessin sommaire de sa position par rapport au cristal. On a de cette façon d'utiles indications sur la nature de celui-ci. Ainsi, des prismes allongés, étant couchés à plat, s'éteindront toujours en long, s'ils appartiennent à l'un des systèmes hexagonal, rhomboédrique ou quadratique, si l'allongement se fait suivant l'axe principal. Il en sera encore de même si le cristal est orthorhombique et allongé suivant un de ses trois axes de symétrie, ou même encore s'il est clinorhombique et allongé suivant l'axe unique de symétrie. Une lame orthorhombique, perpendiculaire à un axe de symétrie, s'éteindra suivant ses côtés si elle a la forme d'un rectangle, et suivant les bissectrices de ses côtés ou ses diagonales, si elle offre un contour rhombique.

Tous ces faits s'expliquent, on le sait, si l'on envisage l'écart ou différence de marche séparant à la sortie de la lame les deux ondes planes, parallèles à celle-ci, qui, coïncidant au moment de leur entrée dans la lame, se sont propagées dans son sein avec des vitesses inégales et ont transmis des vibrations rectilignes orientées à angle droit les unes des autres. Les directions de ces vibrations sont précisément les directions d'extinction dont il vient d'être question. Quant au retard, il est le produit de deux facteurs, l'épaisseur de la lame d'une part et sa *biréfringence* spécifique d'autre part, c'est-à-dire la différence entre les inverses des vitesses des deux ondes planes à polarisation rectiligne qui se sont propagées; il est donc proportionnel à la différence des indices de réfraction correspondante. C'est cette biréfringence qui, par suite de l'interférence des vibrations au sortir de la lame et aussi de la dispersion des indices de réfraction, donne lieu aux teintes souvent si vives que l'on observe alors : voir les traités d'optique ou de minéralogie pour le détail de la loi de succession de ces nuances. Habituellement, lorsqu'on fait croître la différence de marche, les teintes successives sont précisément celles qui s'observent dans les franges produites par les deux miroirs de Fresnel ou encore dans les anneaux colorés de Newton.

Considérons maintenant, superposée à notre lame cristalline, une seconde lame biréfringente, disposée de telle sorte que les directions principales des deux lames soient respectivement parallèles, ce qui peut arriver de deux manières différentes. L'expérience indique, d'accord avec la théorie, que ce système de deux lames équivaut à une lame unique dans laquelle le retard résultant est la somme algébrique des retards dus aux deux lames prises individuellement. Dans une de ces positions relatives, ceux-ci s'ajoutent; au contraire, dans la situation relative rectangulaire, les retards, étant de sens inverse, se compensent au moins en partie et le système se montre moins biréfringent que le plus biréfringent de ses composants. De là une importante application à l'étude et même à la mesure des biréfringences.

Plaçons la lame cristalline à étudier de telle sorte que ses directions d'extinction OC, OD, soient à 45° des sections principales OA, OB des nicols (fig. 13), ce qui fournit les teintes les plus vives; prenons une lame de quartz en forme de rectangle allongé et de plus taillée en coin très effilé, de manière que l'axe cristallographique soit contenu dans le plan de la lame, et parallèle à ses longs côtés. Or, le quartz est *positif*, c'est-à-dire que, dans ce milieu, l'onde, transmettant une vibration parallèle à l'axe, se propage moins vite que celle qui transmet une vibration perpendiculaire à celui-ci. Nous glissons cette lame au-dessus de la préparation, si l'ob-

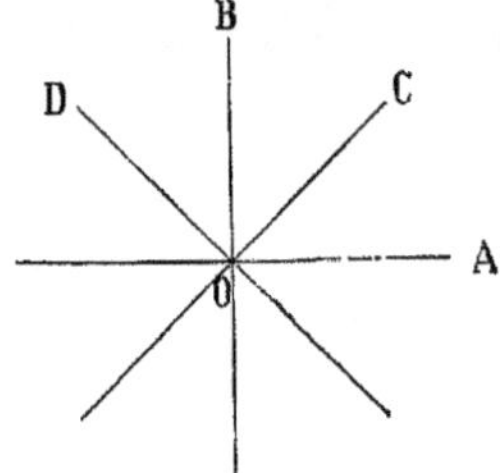

Fig. 13. — Relative à la compensation des biréfringences.

pose nulle ou négligeable la dispersion des axes d'élasticité optique; c'est ce qui arrive le plus souvent.

jectif est faible, ou bien dans une fente *ad hoc* pratiquée dans le tube au-dessus de l'objectif, au cas où ce dernier serait trop fort pour laisser passer la lame au dessous de lui, et nous avons soin de mettre l'allongement de la lame de quartz en coïncidence d'abord avec OC, puis avec OD. Suivant le sens de la biréfringence du cristal à étudier, l'addition du quartz va modifier, dans chacune des positions de ce dernier, la biréfringence du cristal dans deux sens opposés. Supposons par exemple que la biréfringence paraisse diminuer lorsque les longs côtés du quartz sont dirigés suivant OC, cela veut dire que la direction OC du cristal est *négative*, c'est-à-dire que l'onde qui, dans celui-ci, se propage en transmettant une vibration suivant OC, chemine plus vite que celle dont la vibration est dirigée suivant OD. C'est à dessein que nous avons pris une lame de quartz taillée en coin effilé, car poussée plus ou moins dans le sens de sa longueur, elle utilise des portions plus ou moins épaisses d'elle-même et par suite, crée des différences de marche variables. Pour une certaine de ces positions, le retard dû au quartz compense exactement l'avance due au cristal étudié, le système se comporte à la façon d'un corps isotrope et se montre alors absolument obscur entre les nicols croisés. On dit qu'en pareil cas, il y a *compensation*, et c'est pourquoi une telle lame de quartz est souvent appelée *compensateur*. Au lieu d'arriver à une compensation complète, on peut se borner à utiliser une portion de la lame de quartz fournissant par elle-même une *teinte sensible*, c'est-à-dire une nuance violette qui, pour la moindre variation d'épaisseur dans un sens ou dans l'autre, vire aisément soit au bleu, soit au rouge. Par l'emploi d'une semblable teinte, on voit de suite si le cristal étudié accroît ou diminue la biréfringence du quartz; donc il sera facile, avec un peu d'habitude de reconnaître sans hésitation, le *signe* du cristal considéré suivant sa direction d'allongement.

Nous avons supposé, pour simplifier, que le cristal étudié était une lamelle offrant partout la même épaisseur; si, comme cela se présente en général, l'épaisseur variait d'un point à l'autre, les teintes de polarisation seraient d'un point à l'autre différentes, mais, pourvu que le cristal soit homogène, l'extinction se ferait encore tout d'une pièce et le signe déterminé en un point sera le même en tout autre, puisque, dans un tel milieu, l'ellipsoïde optique, décrit autour de n'importe quel point, reste invariable en grandeur et direction.

Si les diverses régions d'un cristal unique en apparence, s'éteignent entre les nicols croisés, suivant des directions non coïncidentes, c'est que le cristal n'est pas unique : on se trouve en présence, soit d'une mâcle, soit d'un groupement irrégulier.

Si deux ou plusieurs cristaux sont superposés, deux cas sont à considérer. Si leurs directions propres d'extinction coïncident, le système se comporte, ainsi qu'il a été dit, à la façon d'une lame unique et les biréfringences s'ajoutent algébriquement. Si au contraire, les directions d'extinction ne se confondent pas, on a encore des phénomènes de polarisation chromatique, mais plus complexes : les teintes varient (en nature, non plus seulement en intensité) lors de la rotation de la platine, et l'on ne peut plus amener le système à une extinction complète. De tels phénomènes peuvent rappeler ceux de la *polarisation rotatoire* ou même se confondre avec eux; cependant la véritable polarisation rotatoire n'est jamais assez prononcée (sauf pour le cinabre) pour être observable sur des cristaux microscopiques.

En somme, les déterminations d'extinction et de signe doivent surtout être faites dans le cas très fréquent où les cristaux affectent la forme d'aiguilles. Des extinctions longitudinales indiquent presque toujours les systèmes droits (ou bien encore le prisme clinorhombique allongé suivant son axe de symétrie); si les extinctions sont obliques, c'est qu'on est en présence de prismes obliques (prismes clinorhombiques ou anorthiques, rhomboèdres allongés exceptionnellement). La biréfringence et à plus forte raison le signe optique des prismes allongés à extinction longitudinale se montrent constants pour les cristaux hexagonaux ou quadratiques; dans le cas des autres systèmes, la biréfringence et même le signe peuvent varier suivant la façon dont le cristal couché sur le porte-objet, est orienté autour de son allongement.

Observation du polychroïsme. — On supprime l'analyseur, tout en conservant le polariseur à lumière parallèle. Dans ces conditions, tout ce qui est naturellement incolore dans la préparation ou même beaucoup de cristaux colorés, apparaissent exactement comme dans le microscope ordinaire, sans apparence de polarisation chromatique; on observe seulement que l'éclairement général est moitié moindre qu'en lumière naturelle. Mais il peut se faire que certains cristaux biréfringents et colorés n'offrent pas la même nuance qu'en lumière naturelle, et, dans ce cas, cette nuance se modifie en général, lorsqu'on fait tourner la platine sur son axe. On dit que de tels cristaux sont *dichroïques*, ou mieux *polychroïques*. Alors un cristal polychroïque offre un maximum d'éclairement lorsqu'une de ses directions d'extinction est parallèle ou perpendiculaire à la section principale du polariseur, et un minimum dans la position perpendiculaire : on a en somme deux alternatives pour un tour complet de la platine. Le polychroïsme s'explique aisément : en fait le cristal se montre inégalement transparent pour les deux ondes polarisées à angle droit qui s'y propagent; il peut même, sous une certaine épaisseur, se montrer parfaitement opaque pour l'une d'elles, et jouer alors le rôle d'un analyseur. Ce cas se présente très nettement pour les variétés très colorées de tourmaline, de mica ou d'amphibole, les platinocyanures, les periodures d'alcaloïdes ou de leurs sels, etc. Tous les cristaux un peu colorés obtenus par le chimiste devront être soumis à ce petit essai et l'on notera les résultats observés.

On peut encore, au lieu d'opérer comme il vient d'être dit, supprimer le polariseur en conservant l'analyseur; le microscope fait alors fonction de *loupe dichroscopique* d'Haidinger. Mais ce mode opératoire est moins bon que le précédent, parce que la lumière qui traverse la préparation et que l'on croit naturelle est souvent polarisée partiellement (passage à travers les vitres des fenêtres, réflexion sur le miroir, bleu du ciel, etc.); en ce cas, tous les objets même incolores, pourvu qu'ils soient biréfringents, simulent le polychroïsme.

Essais en lumière convergente. — Le microscope que nous venons de décrire se prête encore, par une transformation des plus simples, à l'étude des phénomènes si curieux offerts en lumière polarisée convergente (Dict., 2, 249-250 et 262-264), en sorte qu'on n'a plus besoin des appareils spéciaux, tels que le « microscope polarisant » d'Amici et de Des Cloizeaux. Nous avons dit en effet qu'on dispose couramment aujourd'hui dans les laboratoires de condensateurs et d'objectifs à grande ouverture numérique (voyez p. 253); donc toutes les fois qu'on examinera un cristal d'orientation convenable, entre les nicols croisés, à l'aide d'un microscope muni de ces systèmes optiques à grande ouverture, les figures caractéristiques d'interférences, croix, hyperboles, anneaux circulaires, ovales ou lemniscatiformes, etc., doivent se produire quelque part dans l'appareil. La théorie et l'expérience placent leur siège un peu au-dessus de la lentille supérieure de l'objectif; on pourra donc les voir nettement en interposant une simple lentille convergente achromatique à quelques centimètres au-dessus du plan qui contient les figures d'interférences, cette lentille pouvant du reste se mouvoir dans le sens de la longueur du tube à l'aide d'un pignon et d'une crémaillère. En effet, la lentille additionnelle constitue l'objectif d'un microscope à faible grossissement, ayant pour oculaire l'oculaire même de l'instrument. Tel est le dispositif imaginé par M. Em. Bertrand [*Bull. Soc. Min.*, 1, 27, 1878]; tant que la lentille est interposée, la préparation cesse d'être visible et à sa place peuvent apparaître les figures d'interférences; si on le supprime, celles-ci disparaissent et l'on aperçoit, sous la croisée des fils, avec tous ses détails, le point de la préparation qui donnait lieu aux figures.

Ce procédé fournit d'excellents résultats avec des cristaux taillés soigneusement sous une épaisseur uniforme, mais dans le cas de cristaux microscopiques, semés au hasard dans une préparation, tels que ceux qui s'offrent à l'examen habituel des chimistes, il est bien préférable de se servir d'un mode opératoire plus simple encore, dû à von Lasaulx [*N. Jahr. Min.*, 377, 1878], consistant à enlever l'oculaire et à observer les franges à l'œil nu. Elles apparaissent cette fois droites et non plus renversées, non grossies et constituent une image très petite, mais parfaitement définie qui se détache sur l'objectif. En déplaçant légèrement la vis micrométrique de mise au point du microscope, on leur donne du reste le maximum de netteté. Un objectif de 1/12 de pouce, à immersion homogène, convient parfaitement comme n'utilisant qu'une portion très restreinte de la préparation et admettant des rayons très obliques (ouverture numérique 1,25 à 1,30) (voyez p. 253). On arrive ainsi à voir à la fois sur des cristaux biaxes, des axes optiques écartés de 130° environ pour la vision dans le verre ou dans l'huile, et l'on peut faire de telles observations aussi bien autour de la bissectrice obtuse qu'autour de la bissectrice aiguë de l'angle de ces axes. Dans la plupart des cas du reste, un simple objectif à sec un peu fort, de 1/4 à 1/9 de pouce par exemple fournit déjà de bonnes images.

Rappelons que les figures ainsi observées en lumière convergente se composent de deux parties bien distinctes : les lignes incolores ou achromatiques[1], c'est-à-dire la croix et les hyperboles, d'une part, et de l'autre les lignes d'égale teinte ou isochromatiques[2], c'est-à-dire les anneaux circulaires ou lemniscatiformes; voyez du reste les figures 367 et 390-393 du Dict., 2, 249 et 263. Les lignes incolores ne dépendent que de la nature et de l'orientation du cristal, mais non de son épaisseur; au contraire, les lignes d'égale teinte sont d'autant plus serrées les unes contre les autres que la biréfringence spécifique et l'épaisseur sont plus fortes. Si donc le cristal n'est pas une lame à faces bien planes et parallèles, ces dernières courbes se montreront diffuses ou même invisibles, tandis que les figures achromatiques persisteront seules avec netteté. Il importe de remarquer que ce dernier cas se présentera souvent pour le chimiste qui étudie des cristaux non taillés, tandis que le pétrographe, opérant sur des plaques de roches taillées sous une épaisseur uniforme, observera nettement les anneaux colorés. Quoi qu'il en soit, l'essai en lumière convergente peut toujours être recommandé surtout dans le cas de substances cristallisant sous forme de lamelles : il y a bien des chances pour qu'elles donnent de belles figures d'interférences; on peut en tirer de bons caractères pour l'identification ou la séparation des espèces.

Les phénomènes observés sont en résumé ceux que reproduisent les figures indiquées plus haut; seulement ici, l'œil ne perçoit de chacune d'elles qu'une petite portion renfermée dans un contour circulaire. Nous faisons reproduire ci-contre (fig. 14) les apparences en question d'après la *Minéralogie micrographique* de MM. Fouqué et Michel-Lévy, p. 101. Ces dessins guideront l'observateur dans l'interprétation de ce qu'il aura vu, en le fixant sur la situation, soit de l'axe unique, soit du plan des axes et de leur bissectrice, etc. La difficulté consiste à rétablir par la pensée les portions de figures situées hors du champ et représentées en pointillé sur les dessins ci-joints. Les aspects seront donc les plus nets lorsqu'il sera possible d'observer le centre de la figure d'interférence.

Dans les substances à un axe optique taillées à peu près perpendiculairement à celui-ci, on aperçoit une croix noire faiblement estompée, dont les branches restent constamment dans les plans des nicols croisés, lorsqu'on fait tourner la préparation: cette croix se disloque si l'on introduit au-dessus de la préparation une lame de mica *quart-d'onde* ayant ses directions d'extinction disposées à 45° des sections des nicols et le sens de la dislocation permettra de reconnaître le caractère positif ou négatif de la biréfringence, ainsi qu'il a été expliqué (Dict., 2, 264, 2e col.). Dans le cas de cristaux à deux axes, en faisant tourner la préparation, on saisit le passage d'ombres balayantes à droite ou à gauche: ce sont les branches d'hyperbole qui remplacent la croix noire des substances uniaxes.

Lorsqu'on examine un cristal à deux axes optiques, si leur bissectrice est bien dans l'axe de l'appareil et que les deux axes soient visibles, on peut, en tournant la préparation de manière à disposer le plan de ceux-ci à 45° des sections principales des nicols, ce qui fait apparaître deux hyperboles équilatères en noir, déduire de l'écartement de leurs sommets une mesure approximative de l'angle des axes, ce dernier relatif au cristal supposé entouré d'un milieu transparent de même indice que le verre. Il convient alors de prendre le dispositif Bertrand, en se servant d'un oculaire avec division micrométrique employé pour les mesures linéaires d'objets microscopiques [*Bull. Soc. Min.*, 8, 29, 1885].

6. Saccharimètres et polarimètres. — *Saccharimètres à couleurs.* — On n'emploie plus guère aujourd'hui sous sa forme primitive le saccharimètre de Soleil décrit (Dict., 2, 264), parce que les appareils à pénombre donnent des résultats bien plus précis. Cependant quelques perfectionnements utiles lui ont été apportés par Ventzke et Scheibler : le dispositif producteur de la teinte sensible a été reporté entre le polariseur et la colonne de substance active et se manœuvre à l'aide d'une tringle et d'un engrenage. Un seul des coins de quartz du compensateur est mobile, ce qui rend l'instrument moins délicat; le vernier se lit au moyen d'un petit microscope et d'un miroir à 45°, on évite ainsi à l'observateur de se déranger de sa place. Il faut aussi remarquer que le point 100° de la graduation

1. Cet achromatisme serait parfait si la dispersion des axes optiques était nulle et si le cristal et le verre possédaient la même loi de dispersion.

2. Remarque analogue. Cet isochromatisme n'est souvent que relatif en raison des phénomènes de dispersion.

correspond ici à 26gr,048 de saccharose pour 100 centimètres cubes de solution, et non plus à 16gr,19, comme dans les instruments français[1].

Polarimètres à pénombre. — Pour les observations scientifiques, on emploie presque toujours en France, aujourd'hui, les polarimètres à pénombre : on a fait connaître (*Dict.*, 2. 265 fin et 266) le principe de l'un de ces appareils, celui de M. Alfred Cornu, construit par M. Duboscq. L'aspect extérieur et l'usage de celui-ci ne diffèrent en rien de ceux qui se rapportent au polarimètre de Laurent, que nous allons décrire, et qui est actuellement le plus usité [*Journ. Phys.*, 1874, 3. 183].

Commençons à expliquer le rôle fondamental de la pièce qui donne à cet instrument son originalité. Considérons une onde lumineuse plane se propageant perpendiculairement au plan de la figure, après avoir traversé un nicol qui lui a donné la polarisation rectiligne, et soit OM (fig. 15), la direction de la vibration. Supposons que cette onde rencontre une lame cristalline biréfringente à faces parallèles entre elles et au plan de l'onde, cette lame ayant ses deux directions d'extinction respectivement orientées suivant OA et suivant OB. Les phénomènes de polarisation chromatique interviendront; pour en apprécier l'effet, nous décomposerons la vibration rectiligne suivant OM en deux autres suivant OA et OB, leurs amplitudes respectives sont les deux projections rectangulaires OA et OB de l'amplitude initiale OM. A l'entrée dans la lame ces vibrations n'ont pas de différence de phase, mais à la sortie elles en auront contracté une, ainsi qu'il a été expliqué (voyez plus haut, p. 256). Supposons, en outre, que les vibrations incidentes soient toutes d'égale période, autrement dit que la lumière soit rigoureusement monochromatique, comme, par exemple, celle du sodium, et, de

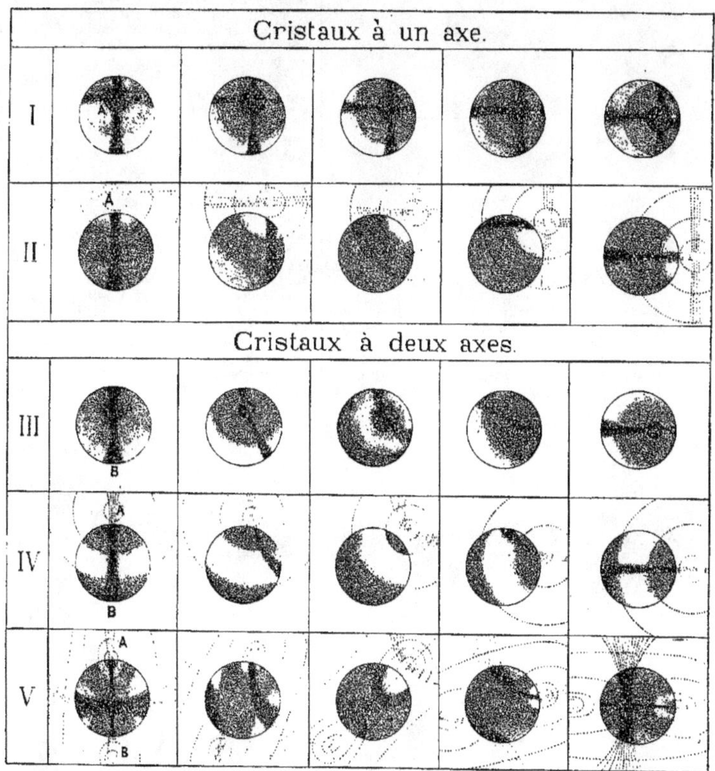

Fig. 14. — Figures d'interférences observées au microscope en lumière polarisée convergente (nicols croisés).

1. L'appareil Soleil pourrait servir en lumière monochromatique et fonctionnerait comme appareil à pénombres. Si la rotation du double quartz à teinte sensible en lumière blanche est représentée par $\pm (90^\circ + \alpha)$, la sensibilité est d'autant plus grande que α est plus petit : il ne doit cependant pas être nul. Même discussion que pour α de l'appareil Laurent.

plus, que la lame cristalline ait été tellement choisie que la différence de phase contractée lors de la traversée de celle-ci, par les vibrations OA et OB, soit justement égale à 1/2 (autrement dit, que les points vibrants le long de ces deux axes soient en retard l'un sur l'autre d'une demi-

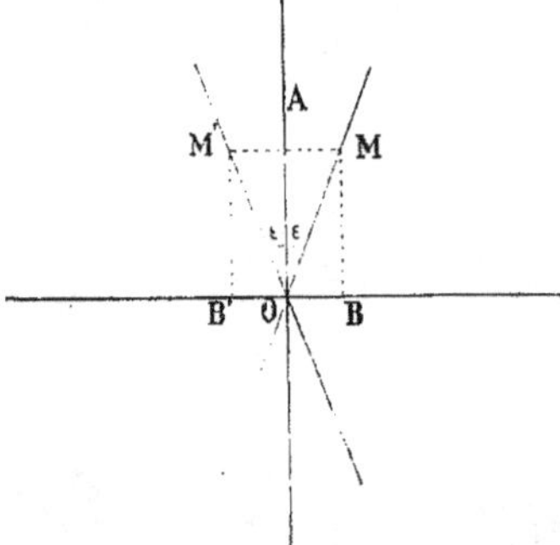

Fig. 15. — Principe du polarimètre de Laurent.

période), pour la radiation en question. Une semblable lame est dite *demi onde*, son épaisseur est double de celle du *quart d'onde*, de même nature et de même orientation. Dans ces circonstances particulières, on pourra dire que, au sortir de la lame, au moment où le point

lignes OA et OB', supposés concordantes, ce qui nous donne une vibration rectiligne OM', symétrique de OM par rapport à l'axe OA. Ainsi l'onde émergente est encore *polarisée rectilignement*, mais sa vibration, et par suite aussi son plan de polarisation a *tourné* d'un angle MOM' = 2ε. Si notre nicol est susceptible de rotation autour de sa direction d'allongement, nous pourrons faire varier ε à notre gré.

Ceci posé, on comprendra aisément le jeu du polarimètre Laurent que nous représentons ci-joint (fig. 16). A droite, on trouve un bec Bunsen avec cuiller de platine chargée de sel marin, pour donner la flamme jaune monochromatique de la raie D; la lumière ainsi émise traverse d'abord une plaque de dichromate de potassium qui le rend plus homogène encore (on supprimera cette plaque au cas où l'on aurait affaire à des liqueurs déjà jaunâtres par elles-mêmes), puis une lentille condensatrice, suivie du nicol polariseur. Ici, ce nicol est simple et non plus double, comme dans l'appareil Cornu, il est disposé de telle sorte que la vibration rectiligne qui en sort fasse un angle assez petit ε avec le plan vertical passant par l'axe de l'instrument. On peut, du reste, à l'aide d'un levier d'une tringle et d'un engrenage, faire varier à volonté cet angle entre certaines limites. Enfin, à la sortie du tube, est installée la lame cristalline, *demi-onde* pour la raie D, de telle façon que l'une de ses directions d'extinction soit dans le plan vertical passant par l'axe de l'appareil : elle fait par conséquent l'angle ε avec la section principale du polariseur. Montée entre deux glaces sur un cadre circulaire, elle ne couvre que la moitié droite ou gauche de ce diaphragme, étant

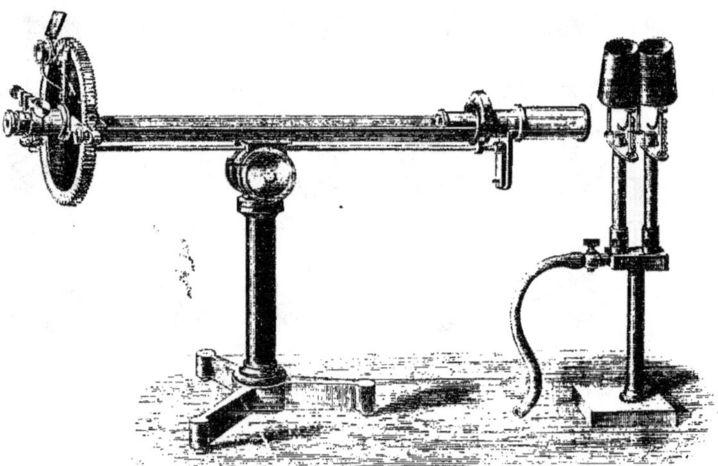

Fig. 16. — Polarimètre à pénombres et lumière jaune de Laurent.

figuratif de la vibration OA est en A, à l'un des bouts de sa course, celui de la vibration OB, au lieu de se trouver en B, comme cela aurait eu lieu à l'entrée, est reporté à l'autre extrémité de sa course, en B' symétrique de B par rapport au centre O. Donc, pour avoir la vibration résultante, il suffit de combiner les vibrations recti-

limitée exactement par un diamètre vertical. Ensuite, se présente sur le trajet des rayons le tube de dissolution active à étudier, déposé dans une gouttière susceptible, dans certains modèles, d'être allongée ou raccourcie à volonté. Au sortir du tube, les rayons rencontrent l'appareil oculaire constitué par une petite lunette de Galilée et, enfin, par le nicol analyseur pouvant tourner sur lui-même; sa rotation se mesure à l'aide d'un vernier sur un cercle divisé et centré avec la plus grande précision (certains modèles portent deux verniers distants de 180° pour corriger les erreurs d'excentricité et d'inégale division) et s'effectue à l'aide d'un pignon qui engrène avec le bord du cercle.

Voici comment fonctionne l'appareil : la lumière qui tombe sur le polariseur en ressort avec une vibration rectiligne dirigée suivant OM (fig. 15), faisant vers la droite un petit angle ε avec le bord OA de la lame demi-onde, et nous savons que ce bord est aussi une des directions principales de cette dernière. Donc les rayons polarisés qui l'ont traversée en sortent encore polarisés rectilignement, mais leur vibration est cette fois dirigée suivant OM′ et fait vers la gauche le même angle ε avec OA. Supposons que le tube saccharimétrique soit d'abord plein d'eau distillée, substance inactive, plaçons l'œil à l'oculaire et, après avoir mis au point la petite lunette, de façon à voir aussi nettement que possible le bord de la lame demi-onde, faisons tourner le nicol, nous observerons exactement les mêmes aspects que dans l'appareil Cornu-Duboscq, savoir deux plages demi-circulaires adjacentes, d'éclairement variable et inégal, séparées par une ligne bien marquée. Lors de la rotation du nicol, ces plages s'éteindront l'une après l'autre pour des positions du vernier distantes d'un angle 2ε. Pour toute position intermédiaire entre ces deux dernières, les deux plages posséderont en général des éclairements différents, mais cependant assez voisins (loi de Malus), et pour une certaine position bien déterminée, elles se montreront également éclairées, c'est l'égalité de pénombres; alors on ne pourra plus distinguer aucune séparation entre elles (fig. 17). A l'aide d'une vis de réglage F dont l'analyseur est muni, on fera tourner celui-ci dans son collier, de telle sorte que le vernier marque exactement 0° au moment de l'égalité des pénombres. Si maintenant on met dans le tube une liqueur quelconque douée de pouvoir rotatoire, cette égalité sera rompue et, pour la retrouver, il faudra faire tourner le nicol, cette fois rendu solidaire avec l'alidade porte-vernier, soit à droite, soit à gauche, d'un angle qui est l'angle de rotation cherché α_D. Le cercle est divisé en degrés et demi-degrés, le vernier donne les minutes, et la sensibilité est telle qu'avec

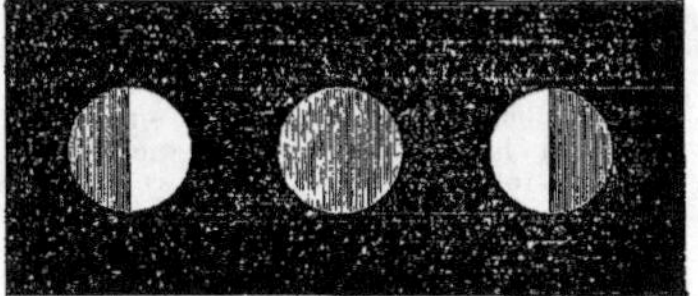

Fig. 17. — Aspect du champ dans un polarimètre de Laurent. Au milieu, égalité de pénombres.

de l'habitude on arrive à apprécier l'angle à une demi-minute près[1]. Une seconde graduation concentrique à la première et à l'intérieur de celle-ci, en relation avec un second vernier approprié, donne directement les degrés saccharimétriques français, en vue des analyses techniques. Lors de chaque observation, suivant la coloration de la liqueur, il y a lieu, au moyen du levier, de choisir ε, de telle sorte que la sensibilité soit la plus grande possible; si les liqueurs sont fortement colorées, on augmentera ε afin d'avoir plus de lumière. Tel est l'avantage de cet instrument sur les appareils à nicol double (Cornu-Duboscq) dans lesquels ε est invariable.

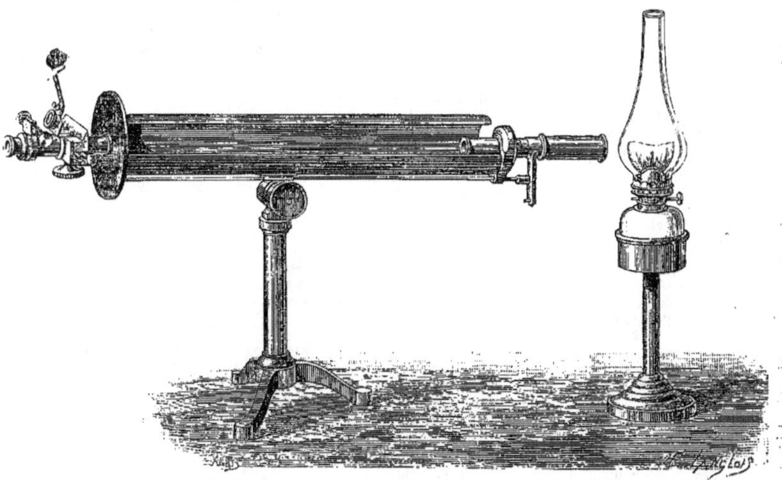

Fig. 18. — Saccharimètre de Laurent à pénombres en lumière blanche.

1. Il vaudrait peut-être mieux que la subdivision des degrés sur le cercle fut décimale, ce qui simplifierait les calculs, car on exprime aujourd'hui $[\alpha]_D$ en degrés et fractions décimales de degrés (Landolt).

Les observations doivent se faire, autant que possible, à l'abri de toute lumière, autre que celle de la lampe qui éclaire l'appareil. Aussi, pour qu'on puisse lire commodément la graduation, un petit miroir incliné convenablement reflète la lumière de la lampe sur celle-ci, et permet de lire la graduation avec toute l'approximation désirable.

Saccharimètre à pénombre et à lumière blanche. — M. Laurent a construit un saccharimètre qui donne d'excellents résultats, dans lequel, ainsi que dans le précédent, on doit établir l'égalité d'éclairement entre deux demi-disques contigus et non colorés de couleurs changeantes; mais cet appareil emploie une source de lumière blanche (flamme plate de gaz ou de pétrole vue par sa tranche), ce qui fournit bien plus de lumière. La partie de l'instrument tournée vers la lampe est identique à celle qui lui correspond dans le polarimètre à lumière jaune, de même pour le tube. Quant à la portion tournée vers l'observateur (fig. 18), on y a remplacé le limbe divisé par un compensateur de Soleil perfectionné, c'est-à-dire dans lequel un seul des coins de quartz est mobile. Comme dans l'appareil de Soleil, on a placé en avant du compensateur une lunette de Galilée, puis un nicol analyseur muni, comme dans le polarimètre de Laurent, d'une vis de rappel lui permettant de tourner de quelques degrés pour l'établissement du zéro relatif à chaque observation, mais on a supprimé le dispositif producteur des teintes sensibles qui, ici, est devenu inutile. La graduation du compensateur s'étend de 0° à + 110° saccharimétriques, on verra plus loin comment se mesurent les rotations à gauche. Dans certains modèles du polarimètre Laurent, à lumière jaune, la partie oculaire peut être changée à volonté, de façon que l'appareil se transforme en un saccharimètre à pénombre en lumière blanche.

On comprendra sans difficulté le fonctionnement d'un tel appareil. Soit d'abord la gouttière chargée d'un tube plein d'eau distillée, nous mettons le compensateur à 0°, la lunette bien au point sur le disque à pénombres et, à l'aide de la vis de rappel, nous tournons l'analyseur, comme dans le polarimètre, de façon à donner aux deux demi-disques une parfaite égalité d'éclairement. Soit maintenant le tube garni d'un liquide dextrogyre, l'égalité de pénombres sera rompue et, pour la rétablir, il faudra, sans toucher au nicol, déplacer le compensateur d'un certain nombre de divisions de façon à introduire une certaine épaisseur de quartz lévogyre. Il faut remarquer que la compensation s'effectue d'une façon satisfaisante en lumière blanche, parce que la lame demi-onde est réglée pour la partie jaune la plus brillante du spectre, et aussi parce que les substances sucrées usuelles, saccharose, dextrose, lévulose, etc., possèdent sensiblement la même loi de dispersion du pouvoir rotatoire que le quartz.

Pour l'examen des solutions lévogyres, on fait la mesure en superposant à la colonne active une lame type de quartz droit valant exactement 100° saccharimétriques. Soit x le nombre de degrés cherchés à gauche ($x < 100$) et n le nombre lu sur la division lors de l'égalité de pénombres, l'addition algébrique des rotations donne :

$$x = 100 - n.$$

Le saccharimètre de Schmidt et Hänsch, très usité aujourd'hui en Allemagne, ne diffère du précédent qu'en ce qu'il offre tout à fait l'aspect et le maniement d'un saccharimètre à couleurs de Ventzke-Scheibler, qu'il possède comme ce dernier une graduation allemande, et que le nicol simple analyseur avec le disque à pénombres de Laurent sont remplacés par un nicol double de Cornu (ε est donc invariable).

Les saccharimètres à pénombre et lumière blanche ne peuvent, pour la mesure des pouvoirs rotatoires, remplacer les polarimètres à lumière jaune; il est bien vrai qu'ils fournissent directement les indications saccharimétriques qu'on peut convertir en angles de rotation relatifs à la raie D, soit $[\alpha]_D$; mais cette transformation n'est rigoureuse que si la substance offre la même dispersion que le quartz ou le saccharose, car l'instrument ne donne en réalité, comme l'appareil Soleil, mais avec plus de précision, que les rotations relatives à la partie jaune la plus brillante du spectre $[\alpha]_j$.

Il existe encore d'autres polarimètres à lumière monochromatique, notamment le *polaristrobomètre* de Wild, très employé en Allemagne, fondé sur l'emploi du polariscope de Savart et la disparition totale des franges dans cet appareil (on en a donné le principe, Dict., **2**, 265), les polarimètres de Prazmowski, de Duboscq frères, à franges de De Sénarmont, de M. Landolt, de M. Poynting, de M. Nodot, etc. Nous ne les décrirons pas, car ils sont d'un usage moins courant, et nous ne voulons pas étendre cet article au delà des limites raisonnables.

L. Bourgeois.

LUMIÈRE (ACTION CHIMIQUE). — Voyez Photochimie et Photographie.

LUNACRINE. — LUNACRIDINE. — LUNASINE. — On retire ces corps de l'écorce de *Lunasia costulata* Miq. par défécation aux sels de plomb et extraction à l'alcool. Le premier est en aiguilles blanches, solubles dans l'eau chaude et dans les solvants organiques, fondant à 87-88°; il est précipité de ses sels par les alcalis et répond aux réactions générales des alcaloïdes; il peut être considéré comme un poison du cœur.

La *lunacridine* se présente en aiguilles blanches, peu solubles dans l'eau, plus ou moins solubles dans les solvants neutres et présentant à peu près les mêmes propriétés que la substance précédente.

La *lunasine*, passible des mêmes observations, est également en aiguilles blanches, fusibles à 143°.

Les feuilles de *Lunasia* renferment ces mêmes substances [Boorsma, *Bull. de l'Institut botanique de Buitenzorg*, 21; *Chem. Centr. Bl.*, 976, 1905].

1er janvier 1906. A. Hébert.

LÜNEBURGITE (Min.) (Nöllner). — Borophosphate de calcium hydraté,

$$3MgO \cdot Bo^2O^3 \cdot P^2O^5, 8H^2O.$$

Nodules finement cristallisés, fibreux ou terreux, dans les marnes gypsifères de Lüneburg. Densité = 2,05. L. Bourgeois.

LUPÉTIDINE. — Voyez l'art. Pipéridine.

LUPANINE, $C^{15}H^{24}Az^2O$. — Ce corps se trouve dans différents Lupinus; il fond à 44°; c'est une base tertiaire qui s'additionne une molécule d'éther iodhydrique [L.-S. Davis, *Arch. Pharm.*, **235**, 199, 218, 229, 1897; — Gerhard, *ibid.*, 355, **355**; — Soldaini, *Centralbl.*, 1902, **1**, 669; — 1902, **2**, 131, 218; 1903, **1**, 930; 1903, **2**, 839. — Schmidt, *Arch. Pharm.*, **235**, 192, 1897; *ibid.*, **237**, 566, 1899; — Willstaetter et Marx, *D. chem. G.*, **37**, 2351, 1904].

1er janvier 1906. M. Delacre.

LUPÉOL, $C^{26}H^{42}O$ (ou $C^{25}H^{40}O$ ou $C^{27}H^{44}O$). — On trouve ce corps dans les enveloppes des graines du Lupinus luteus, dans l'écorce de

Boucheria Griffithiana [Sack et Tollens, *D. chem. G.*, **37**, 4105, 1904].

Aiguilles incolores, fusibles à 213°.

LUPINIDINE. — Willstätter et Fourneau [*D. chem. G.*, **35**, 1910] ont prouvé qu'elle répond à la formule empirique $C^{15}H^{26}Az^2$ et qu'elle est identique à la spartéine (voyez ce mot) [Willstätter et Marx, *D. chem. G.*, **37**, 2351, 1904].

LUPININE (1er Supp., 985). — Willstaetter et Fourneau [*D. chem. G.*, **35**, 1910, 1902] ont démontré que cette base répond à la formule $C^{10}H^{19}AzO$ et non $C^{21}H^{40}Az^2O^2$ (Baumert).

On l'a retiré du **Lupinus luteus** (5 0/00), sous forme de cristaux rhombiques moins solubles dans l'eau chaude que dans l'eau froide, fusibles à 67-68°, bouillant à 255-257°. L'acide lupinique $C^9H^{16}Az.CO^2H$ contenant le même nombre d'atomes de carbone que la lupinine, celle-ci est un alcool primaire. Elle est saturée, car le permanganate en solution sulfurique est sans action sur elle. Elle ne renferme pas de méthyle lié à l'azote et néanmoins c'est une base tertiaire : elle doit donc contenir un système bicyclique à l'azote. L'application de la méthode d'Hofmann a donné une *méthyllupinine*, puis une *diméthyllupinine*, puis une scission en triméthylamine et un corps non saturé sans azote, probablement un alcool, à trois doubles liaisons [*Bull. Soc. Chim.*, (3) **27**, 3 1902 ; *Arch. Pharm.*, **235**, 262 et 342 1897 ; *Centralbl.*, 1897, **2**, 767]. 1er Janvier 1906. M. Delacre.

LUPINIQUE (ACIDE). — Voyez LUPININE.

LUPULINE, LUPULIQUE (ACIDE). — Voyez l'art. HOUBLON, 2e Suppl., **5**, 164.

LUSSATITE (Min.) (Mallard). — Variété de silice ressemblant beaucoup à la calcédoine, mais s'en distinguant par sa densité plus faible, 2,04, et par le signe optique positif de son allongement. Concrétions fibreuses sur quartz, avec calcédoine opale, bitume, à Lussat, près Pont-du-Château, Puy-de-Dôme, à Tresztyan, Hongrie, etc.

LUTÉCITE (Min.) (Michel-Lévy et Munier-Chalmas). Variété de silice, SiO^2, en pyramides hexagonales surbaissées, distincte du quartz, avec quartz et quartzine dans le calcaire grossier supérieur de Clamart, Seine. L'hexagone de la base est irrégulier, seulement symétrique, et les propriétés optiques montrent que le cristal, unique en apparence, renferme un assemblage très complexe de parties orientées distinctement.

L. Bourgeois.

LUTÉINES. — [Voyez 1er Suppl., 986, 1650]. On applique aussi à cette catégorie de pigments jaunes ou jaune orangé le nom générique de *lipochromes* [Krukenberg, *Jahresb. de Maly*, **12** 349, 1882]. D'après Schunk, la lutéine du jaune d'œuf rentre par ses caractères spectroscopiques dans le groupe xanthophyllique des pigments jaunes d'origine végétale [*Proc. Roy. Soc. London*, **72**, 165, 1903]. Les lipochromes des crustacés décapodes ont été étudiés par M.-J. Newbigin [*Journ. of Physiol.*, **21**, 237, 1897]. D'après **L. Zoja** [*Jahresb. de Maly*, **34**, 217, 1904] le pigment jaune du sérum humain a les caractères d'une lutéine, ce que contestent Gilbert, Herscher et Posternak, pour qui ce pigment est sans contestation possible de la bilirubine [*Soc. de Biol.*, **58**, 250, 1905].

1er Janvier 1906. E. Lambling.

LUTÉOL. — Voyez l'art. PHÉNODIAZINES.

LUTÉOLINE, $C^{15}H^{10}O^6$. — C'est la matière colorante de la gaude (*Reseda luteola*). Etudiée tout d'abord par Chevreul [*J. de Ch. médicale*, **6**, 157], Moldenhauer [*Ann. Chem.*, **100**, 180], Schützenberger et Paraf [*Bull. Soc. Chim.*, **18**, 1861], Hlasiwetz et Pfaundler [*Ann. Chem.*, **112**, 107], Röchleder [*Zeit. f. Chem.*, 602, 1886], son histoire s'est considérablement complétée grâce aux travaux récents de Perkin [*J. Chem. Soc.*, **69**, 206, 1439], Herzig [*D. chem. G.*, **29**, 1015], Kostanecki et ses élèves (voyez plus loin). La meilleure méthode de préparation consiste, comme l'a indiqué Perkin, à retirer la lutéoline des extraits de gaude du commerce.

On traite 300 grammes d'extrait de gaude par 3 litres d'eau à laquelle on ajoute 100 centimètres cubes d'acide chlorhydrique. Après plusieurs heures d'ébullition le liquide, qui tout d'abord était devenu opaque, laisse déposer une substance noire goudronneuse. Dès que celle-ci a fini de se former, on filtre sur une toile, et la liqueur filtrée est abandonnée 12 heures au repos. La lutéoline impure se sépare sous forme d'une poudre brune amorphe qu'on recueille. On la lave à l'eau, puis on la met en suspension dans ce même liquide : on l'en retire en agitant la liqueur avec un grand volume d'éther. Après la filtration, la solution se sépare facilement en deux couches qu'on peut alors décanter. La solution éthérée est traitée par un alcali étendu. La lutéoline passe dans la liqueur alcaline et se précipite par neutralisation. Le précipité jaune est lavé à l'eau, puis placé sur une plaque poreuse où on l'abandonne jusqu'à ce qu'il prenne une consistance de bouillie claire. A ce moment, on le dissout jusqu'à refus dans l'alcool bouillant. Par refroidissement, on obtient une masse cristalline qu'on purifie par cristallisation dans l'alcool dilué, puis dans l'alcool pur. Voyez aussi Perkin et Horsfall [*J. Chem. Soc.*, **77**, 1311].

La lutéoline se rencontre encore dans le genêt des teinturiers (*Genista tinctoria*) [Perkin et Newbury, *J. Chem. Soc.*, **75**, 830] ; dans les feuilles de digitale [Fleischer, *Pharm. Centr. Halle*, **40**, 27 ; *D. chem. G.*, **32**, 1184 ; — Kiliani et O. Mayer, *D. chem. G.*, **34**, 3577].

A l'état de pureté, la lutéoline forme de longues aiguilles quadrangulaires, inodores, de saveur amère et astringente. Elle fond à 328-329°,5 et se sublime en éprouvant une décomposition partielle. Peu soluble dans l'eau froide, elle se dissout mieux dans l'eau chaude, l'alcool, l'éther et l'acide acétique chaud [Perkin et Newbury].

Les cristaux renferment $2H^2O$; une molécule s'élimine sur l'acide sulfurique et la seconde à 150°. Par dessiccation sur l'anhydride phosphorique, la lutéoline se change en un corps rouge soluble dans l'ammoniaque avec une coloration rouge. Des solutions alcooliques diluées, la lutéoline se dépose avec une molécule d'eau.

La solution aqueuse se colore d'abord en vert, puis en rouge brun par le perchlorure de fer.

La lutéoline se combine aux hydracides et à l'acide sulfurique pour donner des combinaisons renfermant $C^{15}H^{10}O^6 + 1$ molécule acide. Les combinaisons avec SO^4H^2 et HI sont anhydres, celles avec HBr et HCl renferment $2H^2O$ (Perkin).

Les alcalis libres ou carbonatés dissolvent la lutéoline en se colorant en jaune. Il est probable qu'il y a formation de sels, mais ceux-ci sont à peine entrevus. Schützenberger et Paraf ont cependant signalé un sel de plomb $C^{15}H^{10}O^6PbO$, qu'ils obtenaient en traitant l'acétate de plomb par la solution alcoolique de lutéoline. Dans les mêmes conditions, l'acétate de potassium fournit un sel de potassium qui paraît correspondre à $C^{15}H^9O^6K$; le sel de sodium a pour formule $NaC^{30}H^{19}O^{12}$ [Perkin, *J. Chem. Soc.*, **77**, 1323].

En milieu acétique, la lutéoline donne un *dérivé dibromé* en aiguilles jaunes fusibles à 303°, peu solubles dans l'acide acétique et l'alcool.

La lutéoline ne renferme pas de groupe méthoxy; mais l'existence de 4 groupes OH est démontrée par la formation des dérivés tétracétylés et tétrabenzoyles. Le *dérivé tétracétylé* est en aiguilles incolores et soyeuses fusibles à 213-215° (Perkin), 225-227° (Herzig); elles sont peu solubles dans l'alcool, insolubles dans les solutions alcalines froides.

Le dérivé dibromo donne de même un dérivé tétracétylé en fines aiguilles incolores, fusibles à 218-220°, très peu solubles dans l'alcool.

La *tétrabenzoyl-lutéoline* forme une masse spongieuse de fines aiguilles fusibles à 200-201°.

Traitée par l'iodure de méthyle en présence d'alcool méthylique, elle donne bien un dérivé tétraméthylé, mais ce composé ne contient que 3 groupes OCH^3 et représente vraisemblablement un *triméthyléther* d'une méthyl-lutéoline. Ce dérivé est insoluble dans les alcalis. De l'alcool, il se dépose en aiguilles très légèrement jaunâtres fusibles à 191-192°.

L'iodure d'éthyle conduit cependant à un mélange de dérivés tri et tétra-éthylique. Le *tri-éthyléther* fond à 131-132° (Perkin), 140-143° (Herzig); le *tétra-éthyléther* à 146-149° [Perkin et Herzig *D. chem. G.*, **30**, 656].

L'éther tri-éthylique traité par quelques gouttes de potasse alcoolique donne un *sel de potassium* en aiguilles jaunes brillantes.

Traités par l'anhydride acétique, ces éthers donnent des dérivés acétylés : le premier, $C^{15}H^{6}O^{2}(OCH^{3})^{3}.(OC^{2}H^{3}O)$, fond à 174-175°, le second $C^{15}H^{6}O^{2}(OC^{2}H^{5})^{3}(OC^{2}H^{3}O)$, à 185-186°.

Par fusion alcaline, la lutéoline est dédoublée en acide protocatéchique et phloroglucine. Son éther triméthylique subit une décomposition analogue par traitement à 130-140° avec la potasse alcoolique.

Ces propriétés ont conduit Perkin à attribuer à la lutéoline la formule

OH — O — C — (OH, OH) ; — CO — CH ; OH

Cette formule est démontrée aujourd'hui par les synthèses de Kostanecki et de ses élèves. La première synthèse a été faite en partant des éthers de l'acide vératrique ou de l'acide éthyl-vanillique. Ces éthers réagissent à chaud sur l'éther triméthylique de la phloroacétophénone[1] en présence de sodium métallique en donnant des β-dicétones :

$CH^3.O$ — OCH^3 — CO — CH^2 — CO — (OR, OR) ; CH^3O

Ces dicétones, traitées à chaud par l'acide iodhydrique, donnent avec fermeture de la chaîne les éthers de la lutéoline

CH^3O — O — C — (OR, OR) ; CO — CH ; $CH^3.O$

Ces éthers, par traitement prolongé avec le même acide, se transforment en lutéoline [Czajkowski, Kostanecki et Tambor, *D. chem. G.*, **33**, 1988, 1900; — Kostanecki, conférence faite à la Société Chimique, Paris, 1903; — Kostanecki, Rozycki et Tambor, *D. chem. G.*, **33**, 3410, 1900; — Kostanecki, *ibid.*, **34**, 1449, 1901].

Plus récemment Kostanecki et Fainberg ont reproduit la lutéoline en partant des dérivés de la flavanone. La 1.3.3'.4'-tétraméthoxyflavanone

$CH^3.O$ — O — CH — $C^6H^3(OCH^3)^2_{(3',4')}$; — CO — CH^2 ; CH^3O

I.

traitée par le brome donne (II); par traitement à la potasse concentrée, on obtient (III)

$CH^3.O$ — O — CH — $C^6H^3(OCH^3)^2_{(3',4')}$; — CO — CHBr ; CH^3O

II.

$CH^3.O$ — O — C — $C^6H^3(OCH^3)^2_{(3',4')}$; — CO — CH ; OCH^3

III.

que l'acide iodhydrique transforme en lutéoline [*D. chem. G.*, **37**, 2625, 1904].

La lutéoline est une matière colorante teignant les mordants à la façon de la quercétine : on obtient sur mordant :

Fe.............	Teinte olive brun foncé.
Al.............	— jaune brun.
Sn.............	— jaune clair.
Cr.............	— jaune brun.

C'est, de toutes les matières colorantes naturelles jaunes, celle qui a l'heure actuelle offre le plus d'importance. 15 mai 1906. V. Thomas.

LUTIDINE, LUTIDIQUE. — Voyez l'art. PYRIDINE.

LUTIDYLALKINE. — Voyez l'art. CONYRINE, 2e Suppl., 2, 1375.

LUTORCINE. — Voyez CRÉSORCINE. 2e Suppl., 2, 1426.

LUZONITE (Min.). — Voyez CLARITE. 2e Suppl., 2, 1222.

LYCINE. — Voyez BÉTAÏNE.

LYCOPODINE. — Voyez 1er Suppl., 989.

LYCORINE. — Les bulbes de Lycoris radiata Herb. renferment deux alcaloïdes, la *lycorine* et la sechisamine.

La *lycorine*, $C^{32}H^{32}Az^{2}O^{8}$, forme des cristaux anhydres incolores, jaunissant vers 235° et se décomposant à 250°; presque insolubles dans l'eau et les solvants neutres, très solubles dans les acides. Le chlorhydrate forme de fines aiguilles $B.2HCl + 2H^{2}O$, fondant à 208°. Le chloroplatinate fond à 210°.

La *sechisamine*, $C^{34}H^{30}Az^{2}O^{6}$, est en longs prismes quadratiques fusibles vers 200°, peu solubles dans les solvants neutres, très solubles dans les acides. Son chloroplatinate fond à 194°.

Ces deux corps précipitent par les réactifs habituels des alcaloïdes. Les propriétés physiologiques de la lycosine la placent dans le groupe de l'émétine [Norishima, *Arch. Path. und Pharm.*, **40**, 221, 1897].

Juin 1906. E. Rengade.

1. L'éther triméthylique de la phloroacétophénone se forme avec un rendement théorique en condensant l'éther triméthylique de la phloroglucine avec le chlorure d'acétyle en présence de $Fe^{2}Cl^{6}$.

LYMPHE. — (Voy. Dict., 2. 266). La lymphe contient les mêmes matières protéiques que le sang, à savoir une sérumalbumine, une sérumglobuline et une substance fibrinogène, et tout ce que l'on sait sur le mécanisme de la coagulation du sang s'applique aussi à la lymphe, mais la quantité de fibrine produite est beaucoup plus faible (de 0gr,4 à 0gr,8 pour 1000cc). Les matières extractives et les sels sont aussi sensiblement les mêmes que dans le plasma sanguin. Le glycogène de la lymphe provient uniquement des leucocytes [Dastre, *Soc. de Biol.*, **47**, 242, 1895 et *Arch. de Physiol.*, **27**, 582, 1895]. La lymphe du chien en pleine digestion est très riche en diastase glycolytique [Lépine, *C. R.*, **110**, 742, 1890]; elle contient aussi une amylase [Röhmann et Bial, *Arch. de Pflüger*, **55**, 469, 1893].

Aux données sur la composition de la lymphe qui figurent dans l'article du Dictionnaire, nous n'ajouterons que l'indication de quelques nouvelles analyses. Munk et Rosenstein ont étudié sur une jeune fille, portant une fistule lymphatique à la jambe, les variations de composition de la lymphe sous l'influence du jeûne ou de repas riches en graisses ou en hydrates de carbone [*Arch. für Physiol.*, **1890**, 376]. Pour la teneur en graisse, voyez les analyses de Lang [*Jahresb. de Maly*, **4**, 128, 1874] et de Hensen [*Arch. de Pflüger*, **10**, 94, 1875]. Les gaz de la lymphe ont été étudiés par Hammarsten [cité par Hoppe-Seyler, *Physiol. Chem.*, Berlin, 1881, 598].

Chyle. — Aux anciennes analyses de chyle citées dans le Dictionnaire, il faut ajouter celles de N. Paton, portant sur le chyle du canal thoracique obtenu par une fistule permanente d'origine opératoire [*Journ. of Physiol.*, **2**, 109, 1890]. Hoppe-Seyler a analysé aussi un liquide chyleux épanché dans la plèvre [*Physiol. Chem.*, 597] et Hasebrock a étudié un épanchement chyleux du péricarde [*Zeit. physiol. Chem.*, **12**, 288, 1888].

E. Lambling.

LYPOGÉNINE. — Excipient à base de matières grasses [*Central Blatt*, **2**, 532, 589, 1899].

LYSALBIQUE (ACIDE). — L'attaque des matières albuminoïdes par les acides ou les alcalis laisse subsister des complexes plus résistants, qui avec les acides ont un caractère plutôt basique (albumoses et peptones), et qui avec les alcalis, au contraire, ont des propriétés nettement acides. Paal a décrit deux de ces composés, les acides *lysalbique* et *protalbique*, obtenus en partant de l'ovalbumine. Ce sont des acides amorphes, solubles dans les alcalis, donnant la réaction du biuret. L'acide lysalbique contient : C 50,75 : H 6,66 : Az 15,72 (calculé d'après l'analyse du sel d'argent), et l'acide protalbique : C 53,98 : H 7,29 : Az 1,54 0/0 (calculé d'après l'analyse du sel d'argent) [C. Paal, *D. chem. G.*, **35**, 2195, 1902].

E. Lambling.

LYSATINE. — Voy. Lysatinine.

LYSATININE. — Base isolée par Drechsel des produits d'hydrolyse de la caséine, et qui serait l'anhydride d'une autre base, la *lysatine*, mais que Hedin considère comme un mélange d'arginine et de lysine [Drechsel, *Arch. f. Physiol.*, **1891**, 248; — H. Schwartz, *Zeit. physiol. Chem.*, **18**, 487, 1893; — Hedin, *ibid.*, **21**, 297, 1895; — Siegfried, *ibid.*, **35**, 192, 1902].

E. Lambling.

LYSIDINE (méthylglyoxalidine). — Voyez l'art. Pyrazols.

LYSINE. — Voyez Hexoniques (Bases).

LYSOL. — Mélange de 1 partie de crésol brut (Éb. 182-210°) avec 1 partie de savon potassique à l'huile de lin.

Huile brune miscible à son volume d'alcool, d'éther, etc....

M. Delacre.

LYSURIQUE (ACIDE). — Voy. Hexoniques (Bases).

LYXITE (*l. Arabite*). — *Pentane-pentol* $1.\frac{3.4}{2}.5$ ou $1.\frac{4}{2.3}.5$.

$$\begin{array}{ccccccccc} & & H & & OH & & OH & & \\ & & | & & | & & | & & \\ CH^2OH & - & C & - & C & - & C & - & CH^2OH \\ & & | & & | & & | & & \\ & & OH & & H & & H & & \end{array}$$

— On l'obtient en réduisant le lyxose [Bertrand, *Bull. Soc. Chim.*, **15**, 593, 1896]; ou le *d*-arabinose [Ruff, *D. chem. G.*, **32**, 550, 1899].

Cristaux prismatiques incolores, fusibles à 103°; $[\alpha]_D = + 7°,7$ à 20° en présence de borax (pour la *l*-arabite, voyez Arabinose, 2e Suppl.).

Juin 1906. P. Carré.

LYXONIQUE (ACIDE). — *Acide pentanetétroloïque* $\frac{4}{2.3}.5$.

$$\begin{array}{ccccccccc} & & H & & H & & OH & & \\ & & | & & | & & | & & \\ CO^2H & - & C & - & C & - & C & - & CH^2OH \\ & & | & & | & & | & & \\ & & OH & & OH & & H & & \end{array}$$

Pour le préparer on isomérise l'acide xylonique en le chauffant 3 à 4 heures à 135° avec 4 parties de pyridine [Fischer et Bromberg, *D. chem. G.*, **29**, 581].

La lactone lyxonique forme des cristaux prismatiques incolores, fusibles à 114-115°;

$$[\alpha]_D = + 82°,4 \text{ à } 20°.$$

La pyridine à 135° la transforme partiellement en acide xylonique.

Lyxonates. — Les sels de strontium, baryum, quinidine, strychnine, brucine (fusible à 174-176°) cristallisent en solution aqueuse concentrée; les sels de calcium, zinc, plomb, n'ont pas cristallisé [Bertrand, *Bull. Soc. Chim.*, **15**, 592, 1896].

La lactone lyxonique, chauffée au bain-marie avec la phénylhydrazine, donne la *phénylhydrazide lyxonique*, $C^{11}H^{16}Az^2O^5 + 2H^2O$, lamelles incolores, solubles dans l'eau, fusibles à 142°; anhydre, fond vers 148-149° [Bertrand, *loc. cit.* — Fischer et Bromberg, *D. chem. G.*, **29**, 581 et 2068, 1896].

L'isomère optique de l'acide lyxonique n'est pas connu. Juin 1906. P. Carré.

LYXOSE. — *Pentane-tétrolal* $\frac{4}{2.3}.5$.

$$\begin{array}{ccccccccc} & & H & & H & & OH & & \\ & & | & & | & & | & & \\ CHO & - & C & - & C & - & C & - & CH^2OH \\ & & | & & | & & | & & \\ & & OH & & OH & & H & & \end{array}$$

— On l'obtient en réduisant la lactone lyxonique par l'amalgame de sodium, en milieu légèrement acide, jusqu'à ce que le pouvoir réducteur de la solution n'augmente plus [Fischer, *loc. cit.*]. Il se forme aussi quand on oxyde le *d*-galactose par l'eau oxygénée en présence de sels ferreux [Ruff, *D. chem. G.*, **32**, 550 et 1798, 1900]; Wohl l'a aussi obtenu à partir de l'oxime du *d*-galactose [*D. chem. G.*, **30**, 3101]. Sa présence a été signalée dans le pancréas [Neuberg, *D. chem. G.*, **35**, 1467, 1902].

Le *d*-lyxose fond à 101° [Ruff, *loc. cit.*]; il

présente la multirotation : $[\alpha]_D = -3°$, après 3 mois : $[\alpha]_D = -13°,9$ après 24 heures. Oxydé par l'eau de brome, il régénère l'acide lyxonique ; distillé avec HCl il donne du furfurol. Il fixe l'acide cyanhydrique pour conduire aux acides *d* galactonique et *d* talonique (Fischer, Bromberg et Ruff, **29**, 581 ; **33**, 2142, 1900).

Son *osazone*, fusible à 160°, est identique à celle du xylose (Ruff et Ollendorff, *D. chem. G.*, **32**, 1798, 1900).

Benzylilphénylhydrazone. — Fusible à 128° ; cristallisée avec 1 molécule d'eau H^2O, elle fond à 116°, $[\alpha]_D = 26°,39$ (Ruff, *loc. cit.*).

Lyxose acétamide. — Fusible à 222-226°, identique avec la *d*-arabinose acétamide (Wohl, *loc. cit.*).

P. Carré.

M

MACKINTOSHITE (Min.) (W.-F. Hillebrand). — Silicate de thorium et d'uranium hydraté. $UO^2 . 3ThO^2 . 3SiO^2 . 3H^2O$ avec thorogummite et cyrtolite. Prismes pyramidés quadratiques noirs, non clivables, du comté de Llano, Texas. Infusible au chalumeau, se fendille. Attaqué incomplètement par les acides avec dépôt de silice gélatineuse. Le mieux est de faire agir l'acide sulfurique additionné d'acide azotique. Dureté = 5,5. Densité = 5,438.

L. Bourgeois.

MACLE (de *macula*, maille ; terme de blason désignant un losange, rappelant les dessins que présentent les sections de la chiastolite). Édifice cristallin non homogène composé de deux ou plusieurs parties homogènes identiques ou symétriques entre elles et orientées les unes par rapport aux autres suivant des lois déterminées.

Synonymes : *Hémitropie* (Haüy) ; terme impropre qui s'applique mal à beaucoup de macles aujourd'hui connues et doit être abandonné. *Groupement cristallin* : terme assez défectueux tendant à présenter la macle comme résultant de l'association de plusieurs cristaux différents. En réalité les macles ne diffèrent pas essentiellement des édifices cristallins homogènes. Leur existence démontre seulement que dans la croissance de certains édifices cristallins, soit à tout moment, soit à certains stades de cette croissance, ou même parfois dans les déformations mécaniques postérieures de l'édifice déjà formé, les éléments constitutifs du cristal peuvent adopter plusieurs positions relatives d'équilibre, l'une correspondant à la continuation du cristal homogène, les autres aux diverses macles de l'espèce. Il n'y a donc pas lieu de considérer la macle comme un groupement de cristaux, mais plutôt comme un cristal au même titre que les édifices homogènes auxquels communément on réserve ce nom.

On doit à Haüy la première observation précise des lois des macles. Il ne connaît encore que deux catégories de macles, qu'il appelle *hémitropies* (macles par accolement plan, avec symétrie par rapport à un plan qui est une des faces possibles du cristal) et *transpositions* (pénétrations par rotation de 180° autour des axes ternaires). Mais il remarque déjà que ces lois ne sont que des cas particuliers d'une autre qu'il énonce nettement sur divers exemples et qui, longtemps perdue de vue depuis lors, apparaît aujourd'hui comme l'expression la plus générale du phénomène : toutes les faces d'une macle peuvent s'exprimer par des décroissements d'une forme primitive unique. Ou encore : si l'on ne tient compte que des directions des faces, rien ne permet (dans les limites de précision des mesures goniométriques d'Haüy) de distinguer une macle d'un cristal homogène. Ce qui, en langage moderne, revient à ceci : à une certaine tolérance près, deux individus homogènes maclés ont les mêmes plans réticulaires. Ou encore : il y a toujours un réseau qui (sauf parfois une légère déformation au passage d'une partie homogène à l'autre) se poursuit à travers toute la masse du cristal maclé, et dont toutes les faces de la macle sont des plans réticulaires simples. Loi remarquable, qui réunit dans un même énoncé les conditions de stabilité du cristal simple homogène et du cristal maclé, et s'accorde pleinement avec ce qui a été dit ci-dessus de leur identité essentielle.

Bravais, suivi plus tard par Mallard, qui appliqua et fit connaître ses idées en les complétant sur certains points, revint en partie à la remarque d'Haüy, mais en en restreignant l'application au cas spécial où le réseau qui est commun aux individus maclés n'est autre que le réseau cristallin proprement dit, c'est-à-dire la plus petite période du milieu cristallisé. Il fit voir que dans les cristaux mériédres, c'est-à-dire ceux dont le réseau possède une symétrie supérieure à celle du cristal, il existe des positions de macle telles que le réseau conserve dans tout l'édifice une même orientation, la molécule cristalline occupant, dans chacune des parties homogènes, l'une des positions compatibles avec cette condition. En d'autres termes, dans ces *macles par mériédrie*, les diverses orientations du cristal homogène susceptibles de s'associer en une macle résultent l'une de l'autre par symétrie par rapport aux éléments de symétrie du réseau déficients au cristal. Il est aisé de voir que dans ce cas particulier il n'est pas nécessaire de faire intervenir, parmi ces éléments déficients, les plans de symétrie, mais qu'il suffit de recourir aux axes de symétrie et au centre. Bravais distingue ainsi, parmi les groupements par mériédrie, les *macles par hémitropie moléculaire* (rotation de $\frac{2\pi}{n}$ autour d'axes déficients d'ordre n) et les *macles par inversion moléculaire* (symétrie par rapport au centre déficient dans les mériédries holoaxes). Par contre, il renonce à donner aucune loi générale de ce genre pour les autres groupements, et les considère à tort comme caractérisés tous par l'existence d'un plan d'hémitropie, astreint à cette seule condition d'être un plan réticulaire, et en général un des plans de grande densité réticulaire (*macles par hémitropie réticulaire*).

Malgré ce que cette classification avait encore d'incomplet, elle avait le grand mérite de mettre en lumière le fait fondamental des macles par mériédrie. Mallard la reprend sans modification, et accentue encore le fossé creusé par Bravais entre les *pénétrations par mériédrie*, qui s'exprimeraient par des rotations autour d'*axes* ou une symétrie par rapport à un *centre* déficient, sans modification du réseau, et les *macles par accolement* ou *hémitropies*, qui s'exprimeraient par une symétrie du cristal et du réseau par rapport à un *plan* n'ayant d'autre particularité que d'être un plan réticulaire de grande densité. Il fait expressément de ces deux types de groupements deux phénomènes essentiellement différents. Mais il ouvre largement la voie à une théorie plus satisfaisante en montrant que des macles tout à fait analogues aux groupements par mériédrie se produisent quand il n'y a que *pseudo-symétrie* du réseau, ou plus simplement pseudo-mériédrie, c'est-à-dire quand le réseau, sans être plus symétrique que le cristal, présente cependant certains éléments de symétrie approchée. Ces éléments de pseudo-symétrie du réseau servent d'éléments de macle au même titre que les éléments déficients de la mériédrie proprement dite (Mallard, influencé par Bravais, restreint cet énoncé aux axes seuls, mais dans ce cas cette restriction n'est plus justifiée et doit disparaître). En d'autres termes, dans de telles macles, dont la réunion aux macles par mériédrie de Bravais venait augmenter de beaucoup le nombre des cas où la remarque d'Haüy était désormais appliquée, le réseau cristallin ne se prolonge plus rigoureusement et sans déformation de l'une des parties homogènes de la macle à une autre, mais se prolonge cependant à peu près, avec un léger changement d'orientation le long de la surface de contact. Il existe, pour ce prolongement, une tolérance du même ordre que celle en vertu de laquelle deux substances isomorphes, dont les mailles ont *à peu près* même forme et même volume, peuvent concourir à la construction d'un cristal mixte. La théorie de Mallard nous présente ainsi, non encore toutes les macles, mais une bonne partie d'entre elles (macles par mériédrie et macles par « pseudo-symétrie ») comme un phénomène très voisin de la syncristallisation isomorphe. Elle est encore incomplète, puisqu'elle laisse de côté beaucoup de groupements, mais en rapprochant ces deux phénomènes jusque-là considérés comme très différents elle jette une vive clarté sur un point capital. Il n'y a que peu de chose à faire pour l'étendre à tous les cas.

D'autre part, les macles « par mériédrie et par pseudo-symétrie » donneront à Mallard la clef des prétendues *anomalies optiques* de beaucoup de cristaux, en lui montrant dans des édifices présentant extérieurement des formes d'une symétrie supérieure A, de simples groupements d'individus homogènes de symétrie inférieure B, mais dont le réseau présente (exactement ou à peu près) la symétrie A. Ces groupements se font suivant la loi ci-dessus indiquée, en sorte que, malgré l'hétérogénéité de l'ensemble, un même réseau se poursuit (exactement ou avec de légers changements d'orientation) à travers toute la masse.

Cette prolongation du réseau, exacte ou approchée, qui apparaît dans les cas observés par Mallard comme une condition nécessaire de l'équilibre cristallin, s'étend en réalité à toutes les macles, comme l'avait pressenti Haüy. Mais pour qu'elle exprime la condition à laquelle satisfont tous les groupements, ce n'est pas toujours au réseau cristallin proprement dit, c'est-à-dire à la plus petite période du milieu cristallin périodique, qu'il faut l'appliquer. C'est souvent à un *réseau multiple* de celui-là, ne comprenant qu'une partie de ses nœuds : réseau de parallélépipèdes aussi, ayant mêmes plans réticulaires que le *réseau simple* et jouissant au même titre que lui de la propriété d'être une période du milieu cristallin. Il n'existe aucune raison connue de refuser à ces réseaux multiples la propriété de déterminer des macles par leur symétrie ou leur pseudo-symétrie aussi bien que le réseau simple. Toutefois on comprend assez que la prolongation d'un tel réseau ne puisse être une condition efficace de stabilité que si sa maille n'est pas trop grande. On peut dès lors exprimer ainsi la loi générale applicable à toutes les macles :

« Pour qu'un édifice cristallin soit cohérent et stable, il faut qu'un réseau multiple, dont la maille soit un multiple simple de celle du réseau cristallin, se prolonge dans cet édifice tout entier, chaque portion pouvant adopter indifféremment les diverses orientations compatibles avec cette condition. Cette prolongation peut être rigoureuse : mais il suffit qu'elle existe avec une certaine approximation au voisinage de la surface séparative des diverses parties homogènes. Comme cas particulier (cas mis en lumière par Bravais et Mallard), ceci s'applique *a fortiori* au réseau simple. »

Cette loi qui n'est que l'extension naturelle de l'idée de Mallard, est confirmée pleinement par toutes ses conséquences. Elle a permis notamment de prévoir la fréquence relative des divers types de macles, ainsi que la disposition des surfaces d'accolement.

On est conduit ainsi à classer les macles de la manière suivante :

1° PROLONGATION EXACTE DU RÉSEAU :

a PROLONGATION DU RÉSEAU SIMPLE. — *Macles par mériédrie* (hémitropie et inversion moléculaires de Bravais). — Dans un cristal dont la symétrie B est une mériédrie d'ordre *n* d'une holoédrie A, les *n* orientations du cristal homogène correspondant à une même orientation du réseau sont susceptibles de s'unir en un même édifice. Elles sont symétriques entre elles par rapport à tous les éléments de symétrie de A déficients à B, et leur réunion constitue un ensemble dont la symétrie totale est celle de l'holoédrie A. La surface d'accolement est *quelconque* : il y a en général pénétration des *n* parties homogènes, qui se touchent suivant des surfaces irrégulières.

Exemples : quartz, sénaire tétartoèdre, quatre orientations deux à deux symétriques par rapport au centre déficient (*fig.* 1), et deux à deux tour-

Fig. 1.

Fig. 2.

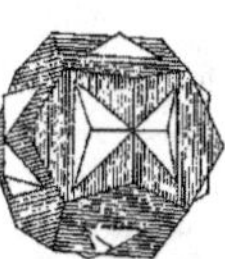

Fig. 3.

nées de 60° autour de l'axe ternaire, déficient comme sénaire (*fig.* 2). Pyrite, cubique para-hémièdre, deux orientations (*fig.* 3).

b PROLONGATION D'UN RÉSEAU MULTIPLE. — *Macles par mériédrie réticulaire.* — Il existe alors une maille multiple possédant rigoureusement une symétrie qui n'appartient pas au réseau simple. Cas typique et fondamental pour la théorie, réalisé surtout dans la macle des cristaux ternaires et cubiques par rotation de 60° ou 180° autour d'un axe ternaire. Cette macle si commune ne diffère en rien, par ses caractères physiques, de celles du type précédent, et cependant le réseau simple ne se prolonge pas du tout de l'un des individus à l'autre. Par contre, elle se relie intimement au groupe précédent si l'on remarque que dans cette macle un réseau multiple sénaire, dont la maille a un volume triple de celui de la maille simple rhomboédrique ou cubique, se prolonge rigoureusement de part et d'autre de la surface séparative. Les parties homogènes constituantes sont symétriques entre elles par rapport à tous les éléments de cette maille sénaire

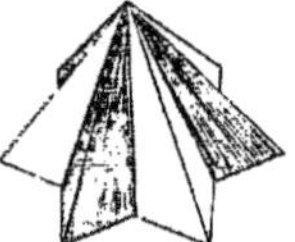

Fig. 4.

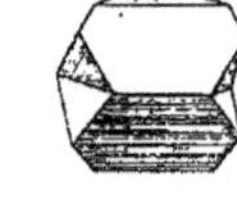

Fig. 5.

déficients au cristal. Le réseau lui-même est ici mériédre, en ce sens qu'il est moins symétrique qu'une de ses périodes : d'où la dénomination de cette catégorie de groupements.

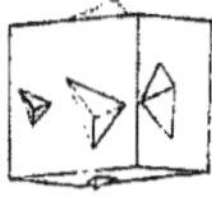

Fig. 6.

On connaît quelques rares exemples d'autres macles de ce groupe. La théorie permet d'ailleurs de prévoir lesquels, et pourquoi ils sont rares, tous ceux qui sont possibles correspondant à des mailles multiples très grandes par rapport à la maille simple.

Exemples de la macle ternaire : cuivre gris (*fig.* 4), blende (*fig.* 5), chabasie (*fig.* 6).

2° **PROLONGATION APPROCHÉE DU RÉSEAU.**

c PROLONGATION DU RÉSEAU SIMPLE. — *Macles par pseudo-mériédrie* (pseudo symétrie, Mallard). Le réseau simple présente une symétrie approchée supérieure à la symétrie du cristal. Le cristal est pseudo-mériédre. En d'autres termes, le réseau peut être amené dans plusieurs positions qui se confondent, non plus exactement comme dans le type *a*, mais seulement à peu près. Ce sont les positions de macle. Mais ces positions ne sont pas ainsi définies rigoureusement. On constate, et cela est de tout point conforme à la théorie, que la condition secondaire qui, parmi les positions voisines en nombre infini définies par la condition fondamentale, fixe la position précise des individus maclés, c'est la coïncidence, dans les deux individus contigus, soit de tous les nœuds du plan réticulaire qui est plan de pseudo-symétrie du réseau, soit de tous les nœuds de la rangée qui en est axe de pseudo-symétrie. Dans le premier cas, ce plan, par rapport auquel les deux individus sont alors symétriques, est dit *plan de macle*, et la surface séparative le suit exactement. Dans le second cas, la rangée, telle que les deux individus résultent l'un de l'autre par rotation de $\frac{2\pi}{n}$ autour d'elle, est dite *axe de macle*, et la surface séparative n'est plus astreinte à être plane, mais seulement cylindrique et passant par cette rangée. Si elle est plane, elle peut être un plan non réticulaire, et l'on démontre, ce que l'observation confirme, qu'elle doit passer en outre par la normale à l'axe de macle contenue dans le plan réticulaire pseudo-normal à cet axe, ce qui fixe sa position.

Il semble exister quelques rares cas de macles qui, tout en répondant toujours à la loi fondamentale, ne suivent pas rigoureusement les conditions secondaires qui viennent d'être définies et n'ont en toute rigueur ni plan réticulaire de macle, ni axe de macle qui soit une rangée (gibbsite, d'après Brögger).

Exemple de pseudo-mériédrie : albite. Le plan g^1 (010) est plan de pseudo-symétrie du réseau, et la rangée [010], qui lui est pseudo-normale, est axe pseudo-binaire du réseau. D'où les deux macles dites *de l'albite* (*fig.* 7) (plan de macle et d'accolement g^1) et *du péricline* (*fig.* 8) (axe binaire de macle [010] et surface d'accolement plane non réticulaire, dite section rhombique, conforme à la théorie).

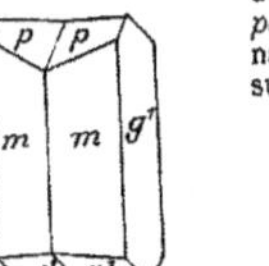

Fig. 7.

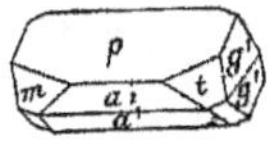

Fig. 8.

d PROLONGATION D'UN RÉSEAU MULTIPLE. — *Macles par pseudo-mériédrie réticulaire.* — La pseudo-symétrie appartient non au réseau simple, mais à un ou plusieurs réseaux multiples. Il existe dans le réseau, d'une manière tout à fait accidentelle, des mailles multiples ayant des plans ou axes de pseudo-symétrie. Ces plans ou axes peuvent servir d'éléments de macle, de telle sorte que le réseau multiple se prolonge, avec une légère déviation, de l'un des individus à l'autre. Les lois des surfaces d'accolement sont les mêmes que pour les macles par pseudo-mériédrie. Il est aisé de voir que cela nécessite que tout plan de macle soit un plan réticulaire simple pseudo-normal à une rangée simple, et inversement. C'est ce que l'observation confirme. De plus, la théorie permet de prévoir quels sont les types de macles de ce genre les plus fréquents et même leur degré relatif de fréquence, en parfait accord avec les faits (macles à 60° environ, à 90° environ, et à 54° 44' environ, donnant, dans l'idée de Mallard, l'illusion d'une pseudo-symétrie sénaire, quaternaire ou cubique).

Exemples : *cassitérite* (*fig.* 9). Réseau pseudo-cubique et macle du même type que la macle ternaire des cristaux cubiques. Plan de macle b^1 (112), pseudo-normal à la rangée [112], avec laquelle il fait un angle de 92° 43'. La maille multiple pseudo-symétrique est triple de la maille

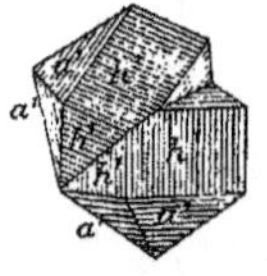

Fig. 9.

Fig. 10.

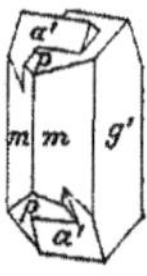

Fig. 11.

quaternaire. *Pyroxène* (*fig.* 10), plan de macle h^1, faisant avec la rangée [201] un angle de 90° 11'. La maille multiple pseudo-symétrique est double de la maille simple clinorhombique. *Orthose* (*fig.* 11), macle dite de Karlsbad, axe binaire de macle [001] faisant avec le plan (102), un angle de 91° 7'. La maille multiple est double de la maille simple clinorhombique.

Ces lois ne définissent que l'orientation des diverses parties homogènes de la macle et la forme de leur surface d'accolement. A un autre point de vue, les macles peuvent être classées en deux groupes :

1° *Macles simples*, où deux cristaux nés d'un même embryon cristallin maclé se sont ensuite développés indépendamment l'un de l'autre, sans que la macle se soit jamais répétée pendant leur croissance. Dans ce cas, la position de macle était une position d'équilibre pour le cristal embryonnaire, mais elle ne l'est plus pour le cristal ayant acquis une certaine dimension (de même que les conditions de naissance d'une bulle de gaz ou d'une goutte liquide diffèrent du tout au tout des conditions de leur développement ultérieur). Dans ce cas, la surface d'accolement, sauf dans la partie initiale très petite, n'est pas astreinte à rester rigoureusement conforme aux lois énoncées. Elle ne constitue que le contact accidentel de deux cristaux indépendants.

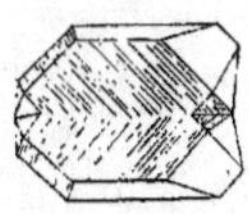

Fig. 12.

Exemples : quartz, macle de la Gardette (*fig.* 12) gypse, macle en fer de lance.

2° *Macles répétées* (polysynthétiques), où le passage de l'une des orientations à l'autre peut se répéter à plusieurs reprises durant toute la croissance du cristal. Les lois des surfaces d'accolement s'appliquent rigoureusement dans ce cas.

Exemple : albite, macles de l'albite et du péricline, répétées sous forme de nombreuses lamelles souvent très fines. Parfois la macle est répétée si fréquemment que les individus homogènes deviennent à peine visibles au microscope. A la limite, lorsqu'ils cessent d'être discernables, le cristal reprend l'aspect homogène, avec une symétrie supérieure.

Exemple : microcline, anorthique, présentant les mêmes macles que l'albite, mais si fines qu'elles deviennent souvent indiscernables. Dans ce cas, le minéral paraît homogène et clinorhombique, et prend le nom d'orthose. Les cas de ce genre, assez nombreux, établissent nettement le lien entre les macles et le polymorphisme.

C'est naturellement dans la seule catégorie des macles *répétées* que s'observent les macles pouvant être obtenues par voie de déformation mécanique.

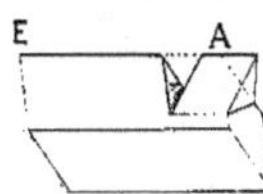

Fig. 13.

Exemple : calcite, macle mécanique de Baumhauer (*fig.* 13). En appuyant un couteau normalement à l'arête obtuse AE d'un rhomboèdre de spath, à quelques millimètres du sommet ternaire A, la lame s'enfonce comme dans une matière plastique et repousse graduellement la matière voisine de ce sommet, laquelle vient, sans se désagréger, se fixer rigoureusement dans la position de macle par rapport au plan b^1 tangent sur l'arête AE. Des phénomènes analogues sont connus dans le chloro-aluminate de calcium, la boracite, etc. G. Friedel.

MACLÉYINE, ou Protopine (voyez l'art. Opium).

MACLURINE (1er Suppl. 989). — La maclurine renferme 5 groupes hydroxy, faciles à déceler par l'action du chlorure de benzoyle et par l'action de l'anhydride acétique en présence d'acétate de soude.

Dérivé benzoylé. $C^{13}H^{5}O.{}^{*}O.CO.C^{6}H^{5})^{5}$. — Cristaux brillants fusibles à 155-156° [König et Kostanecki. *D. chem. G.*, **27**, 1996].

Dérivé acétique. — L'anhydride acétique en présence d'acétate de soude réagit sur la maclurine en donnant un produit de condensation de formule $C^{23}H^{18}O^{10}$, fondant à 181-182°. Ce produit représente non un dérivé pentacétylé, mais un produit de déshydratation : c'est un dérivé de la phénylcoumarine formé d'après l'équation :

$$\begin{array}{l} C^6H^2\begin{cases}OH\\OH\\OH\end{cases} \\ | \\ CO-C^6H^3\begin{cases}OH\\OH\end{cases}\end{array} + 5(CH^3.CO)^2O$$

$$= \begin{array}{l} C^6H^2\begin{cases}O-CO-CH^3\\O-CO-CH^3\\O\searrow\end{cases} \\ |\qquad\qquad\quad CO \\ C=\!=CH\nearrow \\ | \\ C^6H^3\begin{cases}O-CH^3\\O-CH^3\end{cases}\end{array} + 5C^2H^4O^2.$$

La formule

```
                            OH
 OH /‾‾‾\— OH          /‾‾‾\ OH
   |     |            |     |
    \___/— CO —————— \___/
     OH
```

pour la maclurine a été déduite de l'étude de ses produits de dédoublement.

Bedford et A. G. Perkin ont signalé une classe importante de dérivés de la maclurine : ce sont les dérivés azoïques, obtenus très facilement par l'action de sels de diazoïque sur la maclurine [*J. Chem. Soc.*, **67**, 933 ; **71**, 186].

Maclurine azobenzène, $C^{13}H^{8}O^{6}(C^{6}H^{5}Az^{2})^{2}$. — Elle résulte de l'action du sulfate de diazobenzène sur la maclurine. Petits prismes rouges, brillants, difficilement solubles dans les solvants ordinaires. Chauffée lentement, elle fond à 270° ; chauffée rapidement, elle ne fond qu'à 276-277°. Elle se dissout en rouge dans les alcalis : ces solutions se décolorent par la poudre de zinc.

Il est très vraisemblable que la fixation du reste azobenzène se fait sur le noyau phloroglucine :

```
                         OH
 OH /‾‾‾\— CO —  /‾‾‾\ Az=Az-C6H5
   |     |       |     |
 OH \___/     OH  \___/ OH
                   Az=Az-C6H5
```

car Weselsky et Benedikt ont montré que la phloroglucine elle-même se prête fort bien à cette réaction, tandis qu'on ne connaît aucune réaction semblable avec le noyau protocatéchique [*D. chem. G.*, **12**, 226].

Cette maclurine azobenzène tire sur fibre mordancée (laine et coton) et se trouve dans le commerce sous le nom de *fustine patentée* ou jaune pour laine. On l'obtient industriellement en faisant réagir le chlorure de diazobenzène sur l'extrait de bois jaune.

L'anhydride acétique en présence d'acétate de soude fournit un *dérivé triacétylé*. On ne peut arriver à un produit d'acétylation plus acétylé, la maclurine azobenzène se comportant d'une façon toute semblable à la phloroglucine azobenzène. On sait que celle-ci ne fournit qu'un dérivé monoacétylé, deux des groupes OH de la phloroglucine étant incapables d'entrer en réaction. La maclurine azobenzène triacétylée est en aiguilles jaune orangé, fusibles à 240-243°. Le sel de sodium du dérivé sulfoné

$$C^{13}H^{8}O^{6}(Az^{2}C^{6}H^{3}-SO^{3}Na)^{2}$$

est en fines aiguilles d'un jaune orangé.

(Voyez 2e suppl., FUSTINE BREVETÉE).

CYANOMACLURINE. — A. G. Perkin et Cope ont isolé de l'*Artocarpus integrifolia* [*J. Chem. Soc.*, **67**. 937, 1895] plusieurs corps, entre autres du morin et un composé analogue à la maclurine auquel ils ont donné le nom de *cyanomaclurine*.

On l'obtient en dissolution sous forme de sel de plomb en traitant le bois pulvérisé par l'eau bouillante, et précipitant la liqueur par l'acétate de plomb. La cyanomaclurine en est isolée par traitement à l'hydrogène sulfuré, épuisement à l'éther acétique et cristallisation dans l'acide acétique.

Elle se présente alors sous forme de prismes de formule $C^{15}H^{12}O^{6}$ [A.-G. Perkin. *Proc. Chem. Soc.*, **20**, 160, 1905; *J. Chem. Soc.*, **87**. 715, 1905]. Elle n'est donc pas isomère de la catéchine $C^{15}H^{14}O^{6}$ (A.-G. Perkin). Chauffée vers 220°, elle noircit: vers 250°, elle se décompose avec explosion. Elle se dissout dans les alcalis dilués en donnant une liqueur indigo, qui vire avec le temps au vert, puis au jaune brun. De même que la maclurine cette cyanomaclurine ne se fixe pas sur mordant.

Par fusion alcaline, elle donne de l'acide β-résorcylique et de la résorcine. La cyanomaclurine renferme 5 groupes OH. Par traitement au chlorure d'acétyle en présence de pyridine, elle donne un *dérivé penta-acétylé* en longues aiguilles fusibles à 136-138°, solubles dans un mélange d'acétone et d'alcool. Le *dérivé benzoylé* $C^{15}H^{7}O^{6}(C^{7}H^{5}O)^{5}$, obtenu dans les mêmes conditions, fond à 171-173°.

Les sels de diazo donnent des azoïques: la *cyanomaclurine azobenzène* $C^{15}H^{10}O^{6}(C^{6}H^{5}Az^{2})^{2}$ fond à 245-247° avec décomposition. Par ébullition avec l'anhydride acétique, elle fournit un *dérivé triacétylé* $C^{15}H^{7}O^{6}(OC^{2}H^{3})^{3}(C^{6}H^{5}Az^{2})^{2}$, en aiguilles rouge orangé fusibles à 209-210°.

Traitée par l'acide chlorhydrique à l'ébullition, la cyanomaclurine fournit une matière brune amorphe, à poids moléculaire élevé et représentant vraisemblablement un anhydride.

Les dérivés azoïques de la cyanomaclurine colorent en jaune orangé faible la laine et la soie. Elle tire sur fibre mordancée à la façon de la maclurine azobenzène.

15 mai 1905. V. Thomas.

MAGNÉSIUM. Mg = 24.36 (Voyez Dict. **3**. 272; 1er Suppl., **2**. 991).

État naturel. — Outre les combinaisons sous lesquelles on rencontre le plus couramment cet élément : sulfate, chlorure, silicate simple ou multiple, on le trouve encore à l'état de phosphate double de magnésie et de calcium hydraté $(PO^{4})^{2}(MgCa)^{3}8H^{2}O$ (L. Michel. *Bull. Soc. Min.*, **16**. 38-40, 1893), de sulfoborite de magnésium : $3SO^{4}Mg.\ 2B^{4}O^{9}Mg^{3}.\ 12H^{2}O$ (Naupert et W. Wense. *D. chem. G.*, **26**. 873. 1893; *Bull. Soc. Chim.*, (3). **10**. 662. 1893) et de chloroborate de fer et de magnésium $Mg^{3}B^{8}O^{15}$. $Fe^{3}B^{8}O^{15}$. $MgCl^{2}$ (Ochsenius. *Jarhb. f. Miner.*, **1**. 272. 1889). Les combinaisons du magnésium sont contenues dans toutes les plantes, dans le squelette des animaux, dans le lait, dans le sang.

Préparation. — On ne prépare le magnésium qu'industriellement et presque exclusivement à Hemelingen, près de Brême (Allemagne): la méthode que l'on emploie est l'électrolyse du chlorure double de potassium et de magnésium, en partant de la carnallite comme matière première et en opérant au contact de gaz réducteurs ou inertes (Fischer. *Jahresb.*, 2013, 1885; — Graetzel. *Chem. Soc.*, **48**. 940. 1885). Le rendement peut atteindre 90 à 95 0/0 en débarrassant la carnallite de toutes traces d'humidité et de sulfate (Œttel. *Zeit. Elekt.*, **2**. 394. 1895. Voyez aussi R. Abegg. *Zeit. anorg. Chem.*, **12**, 466, 1896; — Lorenz. *ibidem*. **10**, 78. 1895; — W. Borchers. *Zeit. Electrotech. et Elecroch.*, 361-362, 1895; *Chem. Central Blatt*, (3). 7. 1895, **1**).

Le métal obtenu est ensuite purifié par distillation ou encore par fusion avec de la carnallite: il contient souvent de l'aluminium, du silicium et de l'azoture de magnésium, si l'opération a été faite en présence d'un sel ammoniacal.

On peut encore l'obtenir en chauffant du ferrocyanure de magnésium avec du carbonate de sodium: le cyanure double formé est chauffé ensuite avec du zinc (Lauterbronn, D.R.P., n° 39915).

Propriétés physiques. — Le magnésium pur est blanc d'argent et possède l'éclat métallique; il est malléable, ductile, peu tenace: il peut être poli; sa dureté est de 3 (Echelle de Mohs). — Densité = 1.75 (Deville et Caron). Chaleur spécifique 0.2499 (Regnault. *Ann. Chim. Phys.*, (3). **63**. 10. 1861). Son point de fusion doit être voisin de 800° [V. Meyer. *D. chem. G.*, **20**. 497, 1887; *Bull. Soc. Chim.*, **47**. 764. 1887]: il bout vers 1100° (Ditte, *C. R.*, **73**. 108, 1871: voyez aussi V. Meyer. *Bull. Soc. Chim.*, **47**. 765. 1887). — Sa conductibilité pour la chaleur est **34.3** (Ag = 100) (Lorenz. *Ann. Phys. Chem. Pogg.*, (2). **13**. 422, 1881). Pour l'étude du spectre, voyez Dict., **2**. 268: Schrötter. *J. prakt. Chem.*, **96**. 191. 1865; *Jahresb.*, **96**. 1865; *J. Pharm. Ch.*, (4). **2**. 410. 1865: — Lallemand, *Bull. Soc. Chim.*, (2). **3**. 178, 1865: — Liveing et Dewar. *Proc. Roy. Soc.*, **27**. 132. 350. 494. 1878; **28**, 362, 1879; **30**. 93. 1880; **32**. 189. 1881 et *Chem. Soc.*, **40**. 957. 1881: — Lecoq de Boisbaudran. *C. R.*, **104**. 330. 1887: — Fievez. *Ann. Chim. Phys.*, (5). **23**. 366. 1881: — Hartley. *Chem. Soc.*, **43**. 392. 1883: — Becquerel. *Ann. Chim. Phys.*, (5), **30**. 59. 1883. — Barnes. *Physikal. Zeitsch.*, **6**, 148. 1905; *Chem. Centr. Bl.*, 994. 1905, (1)).

Plongé dans l'eau ou dans l'alcool et employé comme pôle d'un courant d'induction, le magnésium donne lieu à une belle fluorescence: l'anode luit à l'ouverture du courant, la cathode à la fermeture: les rayons qui sont émis sont sans action sur un écran au platinocyanure de baryum, mais ils agissent sur la plaque photographique (Thomas Tommasina, *C. R.*, **129**, 957-959, 1899; *Arch. Soc. phys. nat. Genève*, **9**, 46-59, 1900; *Chem. Central Blatt*, 1900, (1), 449.

Propriétés chimiques. — Le magnésium brûle avec grand éclat dans le fluor [H. Moissan. *An. Ch. Ph.*, (6), **24**. 245, 1891; *Le fluor et ses composés*, 206, 1900], il brûle également dans le chlore, la vapeur de brome et celle d'iode. Il se combine avec le calcium en fournissant un alliage décomposant l'eau à froid (Moissan. *C. R.*, **127**. 587, 1898; *Bull. Soc. Chim.*, (3). **21**, 900, 1899); enflammé à l'air, il s'éteint dans l'oxyde de carbone qu'il décompose au rouge (Uhl. *D. chem. G.*, **23**, 2154, 1890).

C'est un réducteur énergique: au rouge il déplace un grand nombre de métaux de leurs chlorures (C. Seubert et Schmidt. *Ann. Chem.*, **267**. 218-248, 1892; *Bull. Soc. Chim.*, (3). **10**. 421. 1893); de leurs oxydes (Cl. Winckler. *D. chem. G.*, **24**. 873-899. 1890; *Bull. Soc. Chim.*, (3). **6**. 168, 722, 1891). Il réduit avec violence l'oxyde d'uranium $U^{3}O^{8}$ (Aloy, *Bull. Soc. Chim.*, (3). **25**. 345. 1901). Chauffé avec le carbonate de baryum en présence de charbon, il le réduit pour donner du carbure de baryum mélangé de magnésie (Maquenne. *Ann. Chim. Phys.*, (6) **28**. 257. 1893). Il réduit l'acide borique: la réduction bien conduite permet d'obtenir du bore pur (H. Moissan. *C. R.*, **114**, 392, 1892). Avec l'acide tungstique il donne une réaction d'une violence extrême (Delépine et Hallopeau. *Bull. Soc.*

Chim., (3), **21**, 948, 1899]. Dans des conditions bien déterminées il réduit la silice et permet l'obtention du silicium pur amorphe [Vigouroux, *Ann. Chim. Phys.*, (7), **12**, 23, 1897; *C. R.*, **120**, 94, 1895]. Mélangé avec les oxydes des terres rares, le magnesium, sous l'influence de l'azote, conduit à la préparation des azotures de ces terres [Matignon, *C. R.*, **131**, 837, 1900; *Bull. Soc. Chim.*, (3), **25**, 335, 1900]; mélangé avec de la chaux, il sert à absorber l'azote (Maquenne) et à la préparation de l'argon [H. Moissan et Rigaut, *C. R.*, **137**, 773, 1903; *Bull. Soc. Chim.* (3), **31**, 737, 1904]. Un mélange d'acide vanadique et de silicium peut être réduit par le magnésium enflammé par une cartouche avec formation de siliciure de vanadium [H. Moissan et Holt, *C. R.*, **135**, 78, 493, 1902; *Bull. Soc. Chim.*, (3), **29**, 18, 1903]. Le siliciure de ruthénium est lentement attaqué par le magnésium au rouge [H. Moissan et Manchot, *C. R.*, **137**, 229, 1903; *Bull. Soc. Chim.*, (3), **31**, 561, 1904]; de même que le fluorure de soufre [H. Moissan et Lebeau, *C. R.*, **130**, 984, 1900; *Bull. Soc. Chim.*, (3), **27**, 235 et 1252, 1902]; ainsi que le tétrafluorure de titane [Ruff et Ipsen, *D. chem. G.*, **36**, 1777, 1903; *Bull. Soc. Chim.*, (3), **32**, 613, 1904]. Le magnésium n'est pas attaqué par l'acide cyanhydrique liquide sec mais peut l'être dans un mélange de ce dernier composé avec d'autres acides [Kahlenberg et Schlundt, *Phys. Chem.*, n° 7, **6**, 447, 462, 1902; *Bull. Soc. Chim.*, (3), **30**, 307, 1903]; ce métal agit sur les solutions aqueuses d'un grand nombre de sels neutres [Brochet et Petit, *Ann. Chim. Phys.*, (8), **3**, 473, 1904; *Bull. Soc. Chim.*, (3), **31**, 1255, 1904; — Crane, *Am. Journ.*, **23**, 408, 425, 1900; *Bull. Soc. Chim.*, (3), **24**, 851, 1900; — Mouraour, *C. R.*, **130**, 140, 1900; *Bull. Soc. Chim.*, (3), **23**, 117, 1900; — Villiers et F. Borg, *C. R.*, **116**, 1524, 1893; *Bull. Soc. Chim.*, (3), **9**, 602, 1893; — Lemoine, *C. R.*, **129**, 291, 1899; *Bull. Soc. Chim.*, (3), **21**, 755, 802, 1899; — Tommasi, *Bull. Soc. Chim.*, (3), **21**, 885 à 886, 1899; — Bryant, *Chem. News*, **79**, 75, 76, 1899; *Bull. Soc. Chim.*, (3), **22**, 440, 1899; — Clowes, *Chem. News*, **78**, 155-156, 1898; *Bull. Soc. Chim.*, (3), **22**, 195, 1898; — Rohland, *Zeit. anorg. Chem.*, **29**, 159, 162, 1901; *Bull. Soc. Chim.*, (3), **28**, 585, 1901]. Le mercure ne l'attaque pas; mais le couple ainsi formé décompose l'eau à froid: il suffit de 1/14000e de magnésium [Gust. Le Bon, *C. R.*, **131**, 706-708, 1900].

Place dans la classification. — Les sels du magnésium sont isomorphes avec ceux de zinc, de cadmium, ferreux, manganeux, de nickel, de cobalt; c'est la série magnésienne.; ce métal s'éloigne des alcalino-terreux par la solubilité de son sulfate, mais si l'on considère son analyse spectrale, son volume atomique, la chaleur spécifique du volume atomique, on trouve qu'il doit être placé dans le groupe du calcium [C.-T. Blanshard, *Chem. News*, n° 1825, 235; *Bull. Soc. Chim.*, (3), **14**, 149, 1895].

Poids atomique. — La première détermination a été faite par Berzelius (1820); depuis elle donna lieu à de nombreux travaux: dans ces dernières années elle fut reprise par W. Burton et L. Vorce, *Chem. News*, **62**, 267, 1891; *Bull. Soc. Chim.*, (3), **6**, 41, 1891] qui trouvèrent 24,287 (moyenne de 10 expériences); le Comité des poids atomiques (W. Clarke rapporteur) avait adopté à 24,38. La Commission internationale de 1904 a fixé le nombre 24,36.

Hydrure de magnésium. — L'hydrure de magnésium s'obtient par l'action du magnésium sur la magnésie au sein de l'hydrogène [Cl. Winckler, *D. chem. G.*, **24**, 1966-1984, 1891; *Bull. Soc. Chim.*, (3), **6**, 724, 1891].

Combinaison du magnésium avec l'hélium. — L'hélium ne paraît pas se combiner d'une manière sensible avec le magnésium chauffé à la température du rouge: mais il s'y combine ou mieux avec sa vapeur sous l'influence prolongée des fortes effluves [Troost et Ouvrard, *C. R.*, **121**, 394, 1895; *Bull. Soc. Chim.*, (3), **13**, 1014, 1895].

Fluorure de magnésium, MgF^2. — Il a été obtenu par action directe du fluor sur le magnésium [H. Moissan, *Ann. Chim. Phys.*, (6), **12**, 524, 1887; **24**, 245, 1891]; il est préparé à l'état cristallisé en fondant au rouge du chlorure de magnésium anhydre et du fluorure manganeux [Ed. Defacqz, *C. R.*, **137**, 1253, 1903; *Ann. Ph. Chim.*, (8), **1**, 337, 1904]: amorphe, c'est une poudre blanche, inodore, insoluble dans l'eau; cristallisé, il est formé de beaux cristaux.

Chlorure de magnésium, $MgCl^2$. — On le prépare dans l'industrie en chauffant jusqu'à fusion (400°) le chlorure hydraté à $6H^2O$; la masse solide obtenue par refroidissement est broyée en morceaux sur lesquels on fait passer un courant d'air sec [Solvay, *D. R. P.*, n° 51084]: cependant le produit se décompose partiellement et depuis longtemps on obviait à cet inconvénient en calcinant le chlorure double d'ammonium ou en chauffant le chlorure hydraté dans un courant de gaz chlorhydrique [Bunsen; Liebig; — Hempel, *D. chem. G.*, **21**, 897, 1888; *Bull. Soc. Chim.*, (2), **50**, 337, 1888; — V.-H. Veley, *D. chem. G.*, **29**, 557, 1896; *Bull. Soc. Chim.*, (2), **16**, 924, 1897].

Chlorures de magnésium hydratés. — 1° $MgCl^2 + 6H^2O$. — Des chlorures de magnésium, c'est le plus répandu dans la nature.

Préparation. — C'est un produit secondaire de la préparation du chlorure de potassium à Stassfurt. Les eaux-mères sont concentrées à 40° Baumé et abandonnées à cristallisation; on peut encore l'extraire par refroidissement d'un mélange en solutions concentrées de sulfate de magnésium et de chlorure de sodium, il se forme du sulfate de sodium qui cristallise (Balard). Voyez aussi Otto et Kloos [*D. chem. G.*, **24**, 1480, 1891].

Sa chaleur de formation est:

$$Mg + 2HCl\ ét. = MgCl^2\ diss. + H^2O + 108\,920\ cal.$$

[Thomsen, *J. prakt. Chem.*, (2), **18**, 46, 1878].

$$MgO\ hyd. + 2HCl\ étend. = MgCl^2\ diss. + H^2O + 27\,400\ cal.$$

[Berthelot, *Ann. Chim. Phys.*, (6), **11**, 312, 1887].

Propriétés. — Le chlorure de magnésium a une saveur très amère. Il est très soluble dans l'eau: on indique couramment: 0g,6 d'eau froide; 100 parties d'eau à 0° en dissoudraient 52,2 calculé anhydre [Engel, *Bull. Soc. Chim.*, (2), **47**, 320, 1887]. Sa solution saturée aurait une densité de 1,3619 à 15° [Engel, *loc. cit.*]. Pour la densité et la dilatation des solutions voyez Bremer [*Rec. Pays-Bas*, **21**, 59, 74, 1902; *Bull. Soc. Chim.*, (3), **28**, 466, 1902].

Le point de congélation de l'hydrate à 6 molécules d'eau ne peut être abaissé par l'addition de substances étrangères [H. Vant'Hoff et H.-M. Dawson, *Zeit. phys. Chem.*, **22**, 598, 608, 1897; *Bull. Soc. Chim.*, (3), **18**, 948, 1897].

Les différents points d'ébullition des dissolutions de diverses concentrations ont été déterminés par Skinner [*Chem. Soc.*, **61**, 341, 1892]. Par cristallisation dans l'acide chlorhydrique saturé ou par efflorescence de l'hydrate à $6H^2O$ il se formerait $MgCl^2, 5H^2O$ [Sabatier, *Bull. Soc. Chim.*, (3), **11**, 547, 1894]: la formation de cet hydrate est mise en doute par Lescœur [*Ann. Chim. Phys.*, (6), **19**, 533, 1894; *Bull. Soc. Chim.*, (3), **11**, 855, 1894]. Le noir animal ne donne aucune décomposition avec les solutions de chlorure de magnésium [de Coninck, *C. R.*, **130**, 1551, 1900; *Bull. Soc. Chim.*, (3), **23**, 669, 1900]. En présence de chlorure de sodium, le chlorure de magnésium décompose rapidement les sulfoaluminates [Rebuffat, *Gazz. chim. ital.*, **31**, 55, 1900; *Bull. Soc. Chim.*, (3), **28**, 775, 1900].

2° $MgCl^2 + 8H^2O$. — On obtient un mélange des deux hydrates à 8 et à $12H^2O$ quand on refroidit à — 20° une solution de 1 molécule de sel à $6H^2O$ dans 10 molécules d'eau; par une légère élévation de température l'hydrate à $12H^2O$ disparait, et l'on obtient l'hydrate à $8H^2O$ qui est constitué par une poudre cristalline blanche se décomposant à — 9°,8 [Bagorodsky, *Journ. Soc. phys. chim. russe*, **30**, 735, 740, 1898; *Bull. Soc. Chim.*, (3), **22**, 918, 1899].

3° $MgCl^2 + 12H^2O$. — Il a été d'abord étudié par Vant'Hoff et Meyerhoffer [*Chem. Central. Blatt*, 245-246, 1899, (II)]; puis par Bagorodsky [*loc. cit.*].

Bromure de magnésium, $MgBr^2$. — Il s'obtient par combinaison directe [Gautier et Charpy, *C. R.*, **113**, 597, 1891].

La chaleur de formation est (Beketoff) :

$$Mg + Br^2 \text{ liq.} = MgBr^2 + 121\,300 \text{ cal.}$$
$$Mg + Br^2 \text{ gaz} = MgBr^2 + 188\,700 \text{ cal.}$$

Sa chaleur de dissolution est :

$MgBr^2$ + eau = sel diss. + 43 300 cal. (Beketoff).

$MgBr^2 + 6H^2O$. — C'est l'hydrate qui se forme par évaporation d'une solution de magnésie dans l'acide bromhydrique.

$MgBr^2 + 10H^2O$. — Une dissolution de bromure de magnésium refroidie à — 18°,5 abandonne cet hydrate; ce sont des tablettes fines non transparentes fondant à — 12° [Panfilloff, *Journ. Soc. phys. chim. russe*, (5), **26**, 234-239, 1894; *Zeit. anorg. Chem.*, **6**, 335, 1894; *Bull. Soc. Chim.*, (3), **14**, 440, 1895].

Iodure de magnésium, MgI^2. — L'iodure de magnésium s'obtient par union directe (Bunsen) [Bodroux, *Bull. Soc. Chim.*, (3), **27**, 350, 1902].

Chaleur de formation :

$$Mg + I^2 = MgI^2 \text{ sol.} + 84\,000 \text{ cal.}$$
$$Mg + I^2 = MgI^2 \text{ gaz.} + 97\,600 \text{ cal.}$$

Chaleur de dissolution :

MgI^2 + eau = sel diss. + 49 800 cal. (Beketoff).

$MgI^2 + 8H^2O$. — Par concentration d'une solution on obtient un mélange : les cristaux fondant à + 42° constituent l'hydrate à $8H^2O$ [Panfilloff, *loc. cit.*; — Lerch, *J. prakt. Chem.*, (2), **28**, 338, 1883; *Chem. Soc.*, **46**, 262, 1884].

$MgI^2 + 10H^2O$. — En refroidissant une solution d'iodure de magnésium à — 18°,5 et en amorçant la cristallisation avec un cristal de bromure à $10H^2O$ on obtient cet iodure [Panfilloff, *loc. cit.*].

Sous-oxyde de magnésium. — D'après Christomanos [*D. chem. G.*, **36**, 2076, 2903; *Bull. Soc. Chim.*, (3), **32**, 30, 1904], le composé gris obtenu par combustion incomplète du magnésium au contact d'un corps froid, et qui semblerait correspondre à la formule Mg^8O^5 ou Mg^3O^2, ne serait qu'un mélange intime de métal distillé (22 0/0) et d'oxyde MgO. Le même composé très oxydable dégageant de l'hydrogène au contact de l'eau se formerait par électrolyse quand l'anode est en magnésium [Baborodsky, *D. chem. G.*, **36**, 2715, 1903; *Bull. Soc. Chim.*, (3), **32**, 368, 1904].

Oxyde de magnésium, MgO. — Chaleur de formation : Mg + O = MgO anhydre + 143 400 cal. [Berthelot, *Therm.*, *Donn. exp.*, **2**, 257, 1897; — Ditte, *C. R.*, **72**, 762, 858, 1871].

Il peut être volatilisé au four électrique [H. Moissan, *C. R.*, **116**, 1429, 1893; *Bull. Soc. Chim.*, (3), **11**, 827, 1894].

La magnésie a été obtenue cristallisée par de nombreux savants; dans ces dernières années par Brügelmann [*Zeit. anal. Chem.*, **29**, 123, 1892], par Otto et Kloos [*D. chem. G.*, **24**, 1480, 1891]; par H. Moissan [*Le four électrique*, 34; *Bull. Soc. Chem.*, (3), **9**, 956, 1893]; par Heussler [*Zeit. anorg. Chem.*, **11**, 298, 1896], ces deux derniers au four électrique; puis par de Schulten [*Bull. Soc. Min.*, **21**, 87, 1898; *Bull. Soc. Chim.*, (3), **21**, 343, 1899]. La densité de l'échantillon croît avec la température à laquelle il a été soumis [Ditte, *C. R.*, **73**, 111, 191, 1871]; elle est de 3,654 pour la magnésie fondue au four électrique [H. Moissan, *C. R.*, **118**, 506, 1894; *Bull. Soc. Chim.*, (3), **11**, 1020, 1894]. Dans certaines conditions, fortement chauffé, l'oxyde de magnésium devient incandescent [Thiele, *D. chem. G.*, **33**, 183, 1900; *Bull. Soc. Chim.*, (3), **24**, 446, 1900].

Sa chaleur d'hydratation est (Berthelot) :

$$MgO + H^2O = MgO^2H^2 + 5400 \text{ calories.}$$

L'oxyde de magnésium se combine, au four électrique, avec l'alumine [Dufau, *Bull. Soc. Chim.*, (3), **25**, 669, 1901]; en suspension dans l'eau au contact du sulfure d'arsenic et du soufre, il se forme des acides sulfoarséniques [Foster, *Z. anorg. Chem.*, **37**, 59-68, 1903; *Bull. Soc. Chim.*, (3), **32**, 652, 1903]. On emploie l'oxyde de magnésium à la séparation du lanthane et du didyme [Meyer-Marckwald, *D. chem. G.*, **33**, 3003-3013, 1900; *Bull. Soc. Chim.*, (3), **26**, 69, 1901]; au dosage de l'ammoniaque [Möller, *Zeit. physik. Chem.*, **38**, 286, 1903; *Bull. Soc. Chim.*, (3), **32**, 480, 1904].

Magnésie hydratée, $Mg(OH)^2$. — L'hydrate cristallisé a été reproduit par de Schulten [*C. R.*, **101**, 72, 1885; *J. Pharm. Chem.*, (5), **12**, 325, 1885], en traitant le chlorure de magnésium dissous par la potasse, faisant bouillir jusqu'à complète dissolution et laissant refroidir.

Chaleur de formation (Berthelot) :

$$Mg + O^2 + H^2 = MgO^2H^2 + 217\,800 \text{ calories.}$$
$$Mg + O + H^2O = MgO \text{ hyd} + 148\,800 \text{ calories.}$$

La magnésie hydratée agit sur le persulfate d'ammoniaque [Seyewetz, Trawitz, *Bull. Soc. Chim.*, (3), **29**, 869, 1903]. L'énergie basique de cet hydrate métallique est d'accord avec la place qu'il occupe dans le système périodique [Carrara, Vespignani, *Gazz. chim. ital.*, (2), **30**, 35-63, 1901; *Bull. Soc. Chim.*, (3), **26**, 520, 1901].

Peroxyde de magnésium. — (Dict., Hydrate soluble, 271). Ce composé se formerait en mélangeant du bioxyde de sodium avec de la magnésie hydratée [Reinhard, Wagnitz, D. R. P. 107231; *Chem. Centr. Bl.*, 792, 1900 (I)].

Oxychlorure de magnésium,

$$MgCl^2, MgO, 16H^2O.$$

— Ce composé est obtenu en chauffant 400 grammes de chlorure de magnésium cristallisé avec 20 grammes de magnésie calcinée et 500 grammes d'eau. Séché dans le vide, il perd 10 molécules d'eau [André, *C. R.*, **94**, 444, 1882].

Chaleur de formation :

$$MgCl^2 + MgO \text{ anhyd.} = MgCl^2, MgO + 20\,000 \text{ cal.}$$
$$MgCl^2 + MgO + 6H^2O \text{ liq}$$
$$= MgCl^2, MgO, 6H^2O + 27\,500 \text{ calories.}$$

$$MgCl^2 \text{anhyd.} + MgO \text{hyd.} + 16 H^2O \text{ liq}$$
$$= MgCl^2, MgO, 16 H^2O + 41\,500 \text{ calories}$$

[André, *Ann. Chim. Phys.*, (6), **3**, 79, 1884].

OXYBROMURE DE MAGNÉSIUM.

$$MgBr^2, 3 MgO, 12 H^2O.$$

— Ce composé a été isolé par Tassilly [*C. R.*, **125**, 605, 1897; *Bull. Soc. Chim.*, (3), **17**, 964, 1897; *Chem. Centr. Bl.*, 1897 (II), 1098]; il forme de petits cristaux aciculaires, groupés en houppes agissant sur la lumière polarisée, s'altérant facilement à l'air; séché à 120°, il donne l'hydrate à $6 H^2O$, $MgBr^3, 3 MgO, 6 H^2O$: ces deux hydrates sont décomposés par l'eau et l'alcool.

HYPOBROMITE DE MAGNÉSIUM. — Ce sel est peu connu, peu stable; au contact d'un excès de brome il donne un mélange de bromure et de bromate [Balard, *Ann. Chim. Phys.*, **57**, 226, 1834].

BROMATE DE MAGNÉSIUM, $(BrO^3)^2Mg + 6 H^2O$. — Ce composé se prépare soit en dissolvant la magnésie ou un carbonate magnésien dans l'acide bromique, soit en traitant le fluosilicate de magnésie par le bromate de potassium; il a été étudié par Rammelsberg [*Ann. Pharm. Chem.*, **52**, 89, 1841].

HYPOIODITE DE MAGNÉSIUM, $Mg(IO^2)^2$. — Cet hypoiodite, étudié par Gay-Lussac, se forme, quand on précipite de la magnésie en présence de l'iode [J. Walker et S. A. Kay, *Proc. Roy. Edimb.*, 236-248, 1896; *Chem. Centr. Bl.*, 1897, I, 537].

SULFURE DE MAGNÉSIUM, MgS. — Le sulfure de magnésium s'obtient par réduction du sulfate par le charbon au four électrique; du sulfure amorphe chauffé dans ce même four dans une nacelle de charbon fournit une masse fondue formée de gros globules à cassure cristalline présentant souvent des géodes dans lesquelles apparaissaient des cristaux cubiques [A. Mourlot, *C. R.*, **127**, 180, 1898; *Bull. Soc. Chim.*, (3), **19**, 1027, 1898].

La chaleur de formation est :

$$Mg + S = MgS + 79\,400 \text{ calories}$$

[Sabatier, *C. R.*, **90**, 819, 1880; *Ann. Chim. Phys.*, (5), **22**, 86, 1881].

Les acides fluorhydrique, chlorhydrique, sulfurique l'attaquent en dégageant de l'hydrogène sulfuré, l'acide azotique donne du soufre (A. Mourlot).

Il est difficilement fusible même au four électrique et est inaltéré si sa fusion s'opère dans un milieu réducteur. Le carbure de calcium le décompose à la température du four électrique et laisse du sulfure de calcium en même temps que le magnésium est volatilisé [Geelmuyden, *C. R.*, **130**, 1026, 1900; *Bull. Soc. Chim.*, (3), **23**, 635, 1900].

Polysulfures de magnésium, MgS^3, MgS^4, MgS^5. — Quand on traite le monosulfure de magnésium par l'eau chaude il se forme un liquide jaune foncé qui contient ces 3 sulfures; cette solution se décompose à l'air ou encore par l'ébullition (Reichel; voyez 1er Suppl., 991).

Mg^4S^3. — Celui-ci a été obtenu par double décomposition entre le polysulfure de calcium et le chlorure de magnésium [J. Stingl et Morewski, *J. prakt. Chem.*, (2), **20**, 81, 1879].

SULFITE DE MAGNÉSIUM, SO^3Mg. — A. Röhrig l'a obtenu avec $6 H^2O$; à 150° il perd $3 H^2O$ [*J. prakt. Chem.*, (2), **37**, 217-254, 1888; *Bull. Soc. Chim.*, **49**, 934, 1888].

Chaleur de formation (Hartog) :

$$S + O^3 + Mg = SO^3Mg \text{ sol} + 282\,000 \text{ calories}$$

Chaleurs d'hydratation :

$$SO^3Mg + 3H^2O = SO^3Mg, 3H^2O + 11\,300 \text{ calories.}$$
$$SO^3Mg + 6H^2O = SO^3Mg, 6H^2O + 15\,500 \text{ calories}$$

[Hartog, *C. R.*, **104**, 1793, 1887; *Chem. Soc.*, **52**, 887, 1887].

On l'emploie dans la préparation de la pâte de bois [Ladenburg, *Handweb.*, **2**, 442; **7**, 14, 1889].

SULFATES ACIDES DE MAGNÉSIUM, $(SO^4)^2MgH^2$ et $(SO^4)^4MgH^6$. — Chaleur de formation (Thomsen) :

$$SO^4Mg \text{ diss} + SO^4H^2 \text{ diss} = -1200 \text{ calories}$$

SULFATES DE MAGNÉSIUM. — a) *Anhydre*, SO^4Mg. — Le carbone donne, d'après Boudouard, avec le sulfate de magnésium anhydre, vers le rouge, un résidu de magnésie avec dégagement de gaz sulfureux et d'oxyde de carbone [*Bull. Soc. Chim.*, (3), **25**, 284, 1901].

Chaleur de formation (Berthelot) :

$$S + O^4 + Mg = SO^4Mg \text{ sol} + 300\,900 \text{ calories}$$

b) *Hydratés* : $SO^4Mg, 7 H^2O$; SO^4Mg, H^2O. — Chaleur de dissolution (Thomsen) :

$$SO^4Mg, H^2O + \text{eau} = \text{sel dissous} + 13\,200 \text{ cal.}$$

$SO^4Mg + 3 H^2O$. — Cet hydrate a été signalé par Richard [*Ann. der Pharm.*, (2), **103**, 346; *Jahresb.*, 788, 1860].

$SO^4Mg + 5 H^2O$. — (Wyrouboff).

$SO^4Mg + 24 H^2O$. — Cet hydrate se forme quand on dissout 27,975 parties du sel à $7 H^2O$ dans 100 parties d'H^2O et en refroidissant à — 5° [Guthrie, *Phil. Mag.*, (5), **1**, 365, 1876].

$4 SO^4Mg + 7 H^2O$. — Jacquelain a obtenu ce composé en desséchant dans le vide à 100° l'hydrate à $7 H^2O$.

SÉLÉNIURE DE MAGNÉSIUM, MgSe. — Il se forme : 1° quand on fait agir sur du magnésium un courant d'azote entraînant des vapeurs de sélénium; 2° quand on réduit au four électrique du séléniate de magnésium par le charbon; 3° par réduction du séléniate par l'hydrogène. On le prépare en traitant le chlorure de magnésium fondu par l'hydrogène sulfuré [Fonzes-Diacon, *Thèse de Doctorat*, Paris, n° 1066, 27, 1901].

Le séléniure de magnésium est blanc jaunâtre, cristallin, décomposable par l'air humide en donnant de l'hydrogène sélénié; avec une grande quantité d'eau il paraît donner un sélénhydrate soluble (Fonzes-Diacon).

SÉLÉNITE DE MAGNÉSIUM, SeO^3Mg. — Ce composé a été préparé par Berzelius et par Hilger [*Neu. Rep. Pharm.*, **24**, 151; *Chem. Soc.*, **28**, 533, 1875].

Sélénite acide de magnésium, $(SeO^3)^2MgH^2$. — Il existe plusieurs hydrates : 1° celui à $2 H^2O$ a été décrit par Fonzes-Diacon; 2° celui à $3 H^2O$ par Muspratt [*Ann. Chem.*, **70**, 275, 1849]; 3° celui à $6 H^2O$ par Boutzoureano [*Ann. Chim. Phys.*, (6), **18**, 289, 1889; *J. Chem. Soc.*, **60**, 262, 1891]; 4° celui à $7 H^2O$ par Hilger et Geuchten [*Zeit. anal. Chem.*, **13**, 132 et 394, 1874].

SÉLÉNIATE DE MAGNÉSIUM, SeO^4Mg. — Ce sel a été préparé par Berzelius, puis par Mitscherlich [*Ann. Pharm. Chem. Pogg.*, **11**, 327, 1827].

TELLURURE DE MAGNÉSIUM. — Il a été obtenu par union directe entre du magnésium chauffé dans une atmosphère d'azote et des vapeurs de tellure [Berthelot et Favre, *Ann. Chim. Phys.*, (6), **14**, 113, 1888]. Crane [*Amer. chem. Journ.*, **23**, 408, 1900; *Bull. Soc. chim.*, (3), **24**, 851, 1900] a montré que le magnésium en poudre précipite totalement le tellure et ses solutions chlorhydriques.

COMBINAISON DU MAGNÉSIUM AVEC L'ARGON. — Au rouge, le magnésium et l'argon ne se combinent pas; mais sous l'influence de forts effluves l'argon se combine avec la vapeur de magnésium [Troost et Ouvrard. *C. R.*, **121**. 394, 1895; *Bull. Soc. Chim.*, (3), **13**, 1015, 1895].

AZOTURE DE MAGNÉSIUM, Mg^3Az^2. — Le magnésium se combine directement à l'azote à haute température. On peut encore employer l'ammoniac, c'est la méthode la plus couramment suivie [Paschkowezky, *J. prakt. Chem.*, **47**, 89 1893; *Bull. Soc. Chim.*, (3), **10**, 339, 1893; — Merz, *J. Pharm. Chem.*, (5), **26**, 465, 1892; *D. chem. G.*, **24**, 3942, 1891; *Bull. Soc. Chim.*, (3), **8**, 431, 1892; — Eidmann, Moser, *D. chem. G.*, **34**, 390, 1901; *Bull. Soc. Chim.*, (3), **26**, 244, 1901; — Mallet, *Chem. News*, **38**, 39, 1878; — A. Rossel, *Chem. News*, **73**, 62, 1896; *Chem. Centr. Bl.*, 1896 (I), 233, 536 et 1901 (I), 663; — P. L. Aslanoglou, *Chem. News*, **73**, 115, 1896; *Bull. Soc. Chim.*, (3), **16**, 923, 1896; — A. Smits, *Rec. Pays-Bas*, **12**, 198, 1894; *Bull. Soc. Chim.*, (3), **11**, 733, 1894; — Cl. Winkler, *D. chem. G.*, **23**, 121, 1890].

L'azoture de magnésium réduit à température élevée l'oxyde de carbone et le gaz carbonique et à froid une solution alcoolique d'azotate d'argent (A. Smits). Chauffé lentement avec le chlorure de nickel, il se forme de l'azoture de nickel; il en est de même avec les chlorures de fer, de cobalt, de chrome, d'argent, de mercure, de platine [A. Smits, *Rec. Pays-Bas*, **15**, 135, 1896; *Bull. Soc. Chim.*, (3), **15**, 1221, 1896]. L'azoture de magnésium peut servir à la préparation d'autres azotures en le chauffant avec des chlorures métalliques [A. Guntz, *Bull. Soc. Chim.*, (3), **27**, 1190, 1902] ou à la préparation des azotures des terres rares [Matignon, *C. R.* **131**, 837, 1900]. L'azoture de magnésium qui est sans action sur l'alcool, l'iodure d'éthyle et les chlorures acides, réagit fortement sur les anhydrides d'acides [Emmerling, *D. chem. G.*, **29**, 1635, 1896; *Z. anorg. Chem.*, **15**, 474, 1897].

AZOTITE DE MAGNÉSIUM, $(AzO^2)^2Mg$. — L'azotite à 3 molécules d'eau, obtenu par double décomposition entre le nitrite de baryum et le sulfate de magnésium, se dissout facilement dans l'alcool et dans l'eau; il est très déliquescent [Vogel, *Zeit. anorg. Chem.*, **35**, 385, 1903; *Bull. Soc. Chim.*, (3), **32**, 656, 1904].

AZOTATE DE MAGNÉSIUM, $(AzO^3)^2Mg + 6H^2O$. — C'est l'azotate que l'on obtient en dissolvant le carbonate de magnésie dans l'acide azotique et en évaporant la solution à cristallisation.

La chaleur de formation est :

$$Az^2 + O^6 + Mg + \text{eau}$$
$$(AzO^3)^2Mg \text{ diss.} + 204\,900 \text{ calories (Thomsen)}.$$

Sa chaleur de neutralisation est de :

$$2AzO^3H \text{ diss} + MgO \text{ hyd.}$$
$$= \text{sel dissous} + 27\,500 \text{ calories}.$$

Sa chaleur de dissolution est :

$$(AzO^3)^2Mg, 6H^2O + \text{eau}$$
$$= \text{sel dissous} - 4200 \text{ calories (Thomsen)}.$$

Sa solubilité a été étudiée par Funk [*D. chem. G.*, **32**, 96-107, 1899; *Bull. Soc. Chim.*, (3), **22**, 440, 1899]. Son spectre d'absorption par Hartley [*Chem. Soc.*, **81**, 556, 1902; *Bull. Soc. Chim.*, (3), **28**, 872, 1902]. L'action des bactéries dénitrifiantes sur cet azotate a été déterminée par Ampola et Ulpiani [*Gazz. chim. ital.*, (1), **29**, 49-72, 1900; *Bull. Soc. Chim.*, (3), **24**, 364, 1900].

$(AzO^3)^2Mg + 3H^2O$. — Cet azotate se forme à la température de 65° ou en traitant la solution saturée et neutre d'azotate de magnésium par son volume d'acide nitrique fumant [Lescœur, *Ann. Chim. Phys.*, (7), **7**, 420, 1896].

$(AzO^3)^2Mg + 9H^2O$. — Il a été indiqué par Funk; il n'est stable qu'au-dessous de — 17°.

Azotates basiques de magnésium :

$(AzO^3)^2Mg, 2MgO$. — On le prépare en traitant l'azotate en solution concentrée par la magnésie [Didier, *C. R.*, **122**, 935, 1896; *Bull. Soc. Chim.*, (3), **15**, 1147, 1896].

$(AzO^3)^2Mg, 7MgO$. — Il a été isolé par Ditte en chauffant le nitrate à 3 molécules d'eau jusqu'à ce qu'il dégage du bioxyde d'azote.

PHOSPHURE DE MAGNÉSIUM, Mg^3P^2. — Le phosphure de magnésium cristallisé a été préparé par H. Gautier en faisant passer de l'hydrogène dans un tube chauffé dans lequel se trouvaient deux nacelles de graphite contenant l'une du phosphore, l'autre du magnésium [*C. R.*, **128**, 1167, 1899; *Bull. Soc. Chim.*, (3), **21**, 697, 1899]. Il s'obtient encore, mais amorphe, en enflammant un mélange de 1 partie de phosphate tricalcique et 8 de magnésium (Duboin) ou en enflammant un mélange de phosphore rouge et de magnésium étendu en couche mince [Bodroux, *Bull. Soc. Chim.*, (3), **27**, 569, 1902]. Cristallisé, il est inaltérable dans l'air ou l'oxygène sec et froid; il brûle dans le fluor (Moissan); l'acide chlorhydrique donne de l'hydrogène phosphoré; l'acide azotique l'enflamme (H. Gautier).

HYPOPHOSPHATE DE MAGNÉSIUM, $P^2O^6MgH^2 + 4H^2O$. — Préparé successivement par Salzer [*Ann. Chem.*, **232**, 114-121, 1886; *Bull. Soc. Chim.*, **46**, 748, 1886]; par Rammelsberg [*J. prakt. Chem.*, (2), **45**, 135, 1892; *Bull. Soc. Chim.*, (3), **8**, 686, 1892]; il a été étudié par Ed. Deschiens [*Th. Doctorat université Pharm.*, 1906].

$P^2O^6Mg^2 + 6H^2O$. — Il a été également préparé par Rammelsberg.

$P^2O^6Mg^2 + 12H^2O$. — Ce dernier a été obtenu par Salzer, par Rammelsberg et par Ed. Deschiens.

ORTHOPHOSPHATE TRIMAGNÉSIQUE, $(PO^4)^2Mg^3$. — Chaleur de formation :

$$P^2 + O^8 + Mg^3 = P^2O^8Mg^3 \text{ coll.} + 910\,600 \text{ calories}.$$

Chaleur de neutralisation :

$$2PO^4H^3 \text{ diss} + 3MgO \text{ hyd} = \text{sel amo.} + 57\,800 \text{ cal.}$$

[Berthelot, *Ann. Chim. Phys.*, (6), **11**, 354, 1887; *Bull. Soc. Chim.*, **47**, 855, 1887].

Le phosphate trimagnésique naturel a été reproduit par de Schulten [*Bull. Soc. Chim.*, (3), **29**, 725, 1903].

Orthophosphate dimagnésique $(PO^4)^2Mg^2H^2$. Chaleur de formation :

$$P^2 + O^8 + Mg^2 + H^2 = P^2O^8Mg^2H^2 + 827\,200 \text{ cal.}$$

$$2PO^4H^3 \text{ diss} + 2MgO \text{ hyd}$$
$$= P^2O^8Mg^2H^2 \text{ coll.} + 2H^2O + 50\,400 \text{ cal.}$$
$$= \text{sel crist.} + 54\,200 \text{ cal.}$$

Le phosphate naturel a été reproduit par de Schulten [*Bull. Soc. Min.*, **24**, 24 à 29; *Bull. Soc. Chim.*, (3), **29**, 1002 et 1071, 1903; *C. R.*, 1444, 1903].

$PO^4MgH + 7H^2O$. — C'est le sel qui se forme le plus facilement par cristallisation des solutions étendues à température ordinaire (Dict., 1re partie, 275).

Orthophosphate monomagnésique.

$$(PO^4)^2MgH^4.$$

— Une dissolution concentrée de magnésie dans l'acide phosphorique, refroidie, donne ce composé après lavage à l'éther [Stoklasa, *Zeit. anorg. Chem.*, **1**, 307, 1892].

PYROPHOSPHATE DE MAGNÉSIUM, $P^2O^7Mg^2$. —

Le pyrophosphate forme différents hydrates étudiés par H. Struve [*Zeit. analyt. Chem.*, **37**, 485, 1898; *Chem. Centr. Bl.*, 854, 1898 (II)]. Il se dissocie au four électrique [Moissan, *Ann. Chim. Phys.*, (7) **9**, 134, 1896; *Bull. Soc. Chim.*, (3), **11**, 823, 1894].

ARSÉNITE DE MAGNÉSIUM, AsO^3MgH. — C'est une poudre blanche obtenue par l'action d'une solution d'arsénite de sodium sur un sel de magnésium [Kikelin, *Ueber Magnes. Salze der Arsen und Phosph. um ihre Zersetzungs-producte-*, Munchen, 1883].

Pyroarsénite de magnésium, $As^2O^5Mg^2$. — Ce sel se forme par double décomposition entre le pyroarsénite de baryum et le sulfate de magnésium [Stavenhagen, *J. prakt. Chem.*, (2), **51**, 19, 1885].

ARSÉNIATES DE MAGNÉSIUM. — 1° *Acide*, $AsO^4MgH + 5H^2O$. — Il a été isolé par de Schulten [*C. R.*, **100**, 877, 1885].

2° *Neutre*, $(AsO^4)^2Mg^3 + 7,5H^2O$. — Ce composé se forme par addition de carbonate de soude à un mélange d'arséniate monosodique et de sulfate de magnésie [Chevron et Droikhe, *Bull. acad. belge*, 488, 1888].

Chaleur de formation :

$$As^2 + O^8 + Mg^3 = As^2O^8Mg^3 \text{ crist.} = 712\,600 \text{ cal.}$$

Chaleur de neutralisation :

$$2AsO^4H^3 \text{ diss.} + MgO \text{ cal.} = \text{sel diss.} + 29\,700$$
$$2AsO^4H^3 \text{ diss.} + 2MgO \text{ cal.} = \text{sel dissous} + 52\,700$$
$$2AsO^4H^3 \text{ diss.} + 3MgO \text{ cal.} = \text{sel crist.} + 56\,700$$

[Blarez, *C. R.*, **103**, 1133, 1886].

Métaarséniate de magnésium, $(AsO^3)^2Mg$.

Pyroarséniate de magnésium, $As^2O^7Mg^2$. — Il a été préparé par Levol [*Zeit. anorg. Chem.*, **23**, 146, 1900].

Fluoarséniate de magnésium, $(AsO^4)^3F.Mg^3$. — Ce sont des cristaux brillants, isolés par Ditte [*Ann. Chim. Phys.*, (6), **8**, 502, 1886].

ANTIMONIURE DE MAGNÉSIUM. — Un alliage à 10 0/0 de magnésium a été décrit par Parkinson (Dict., 269), puis un nouvel alliage en vue d'obtenir l'hydrogène antimonié a été préparé par union directe, dans un courant d'hydrogène, par Stock et Doht [*D. chem. G.*, **35**, 2270, 1902; *Bull. Soc. Chim.*, (3), **30**, 13, 1903].

CHLORURES D'ANTIMOINE ET DE MAGNÉSIUM. — 1° $SbCl^3,MgCl^2,5H^2O$.

2° $2SbCl^3,MgCl^2$. — Ces deux composés ont été isolés par Ephraïm [*D. chem. G.*, **36**, 1815-1824, 1903; *Bull. Soc. Chim.*, (3), **32**, 612, 1904].

3° $SbCl^5.SbCl^4(OH).2MgCl^2 + 17H^2O$ [Weinland. Schlegemich, *D. chem. G.*, **34**, 2633, 1901; *Bull. Soc. Chim.*, (3), **28**, 115, 1902].

4° $SbCl^5,MgCl^2 + 9H^2O$ [Weinland et Feige, *D. chem. G.*, **36**, 244, 1903; *Bull. Soc. Chim.*, (3), **30**, 984, 1903]. Ce composé ne dérive pas de l'acide $(SbCl^7)H^2$ et devrait s'écrire

$$(SbCl^6)(MgCl),9H^2O$$

[Pfeiffer, *Zeit. anorg. Chem.*, **36**, 349, 1903; *Bull. Soc. Chim.*, (3), **32**, 660, 1904].

Bromures de magnésium et d'antimoine. — 1° $SbBr^3,MgBr^2,8H^2O$ [Benedict, *Zeit. anorg. Chem.*, **8**, 234, 1895].

2° $SbBr^5,MgBr^2,9H^2O$ [Weinland et Feige [*loc. cit.*].

Iodure double de magnésium et de bismuth, $MgI^2,(BiI^3)^2.12H^2O$.

NITRATE DOUBLE DE MAGNÉSIUM ET DE BISMUTH, $3Mg(AzO^3)^2.2Bi(AzO^3)^3,24H^2O$. — [Urbain et Lacombe, *C. R.*, **137**, 568, 1903; *Bull. Soc. Chim.*, (3), **31**, 57, 1903].

VANADATES DE MAGNÉSIUM. — 1° V^4O^4Mg.

2° $3MgO,5V^2O^5 + 28H^2O$ [Suguira et Baker, *Ann. Chem.*, **202**, 250, 1880].

3° $V^2O^6Mg + 6H^2O$.

4° $2(V^6O^{17}Mg^2) + 19H^2O$.

5° $V^{10}O^{28}Mg^3 + 28H^2O$. — Ces 3 composés ont été isolés par O. Mannasse [*Ann. Chem.*, **240**, 23-61, 1887; *Bull. Soc. Chim.*, **49**, 767 et suiv., 1888].

BORURE DE MAGNÉSIUM. — Ce composé a été signalé d'abord par Jounes [*Chem. Soc.*, **35**, 41], puis obtenu impur par Jounes et Taylor [*Chem. Soc.*, **39**, 213, 1881]. Suivant Winckler, il existerait deux borures [*D. chem. G.*, **23**, 714, 1890].

ORTHOBORATE, $(BO^3)^2Mg^3$. — Ce borate a été reproduit à nouveau par Ouvrard [*C. R.*, **132**, 257, 1901; *Bull. Soc. Chim.*, (3), **25**, 524, 1901], en fondant de la magnésie en léger excès avec un mélange équimoléculaire d'anhydride borique et de fluorhydrate de fluorure de potassium.

Le Chatelier l'a préparé également [*C. R.*, **113**, 1034, 1891].

Perborate de magnésium. — Röfsler [D.R.P., 165279; *Chem. Centr. Bl.*, 417, 1906 (I)].

CARBURE DE MAGNÉSIUM. — On n'a pas encore pu isoler ce corps à l'état de pureté; au four électrique, il est complètement décomposé [H. Moissan, *Ann. Chim. Phys.*, (7), **16**, 151, 1899; *Bull. Soc. Chim.*, (3), **19**, 870, 1898]. Voir aussi Nance [*Procedings Chem. Soc.*, **21**, 124, 1905; *Chem. Centr. Bl.*, 1491, 1905 (I)].

CARBONATE DE MAGNÉSIUM, CO^3Mg. — Par la calcination du carbonate ammoniacomagnésien dans un courant d'air entre 130 et 140°, Engel [*C. R.*, **129**, 598-600, 1899] a obtenu un carbonate anhydre différent du carbonate naturel; il est soluble à environ 2 grammes par litre.

Carbonates de magnésium hydratés :

$CO^3Mg,1/6H^2O$. — Ce composé a été obtenu cristallisé par Kippenberger [*Zeit. anorg. Chem.*, **6**, 177-194, 1894; *Chem. Centr. Bl.*, 857, 1894, **1**].

$CO^3Mg,2H^2O$. — Poudre blanche amorphe.

$2CO^3Mg.5,5H^2O$. — (Kippenberger).

$4CO^3Mg + 15H^2O$. — Il a été également isolé par Kippenberger [*Zeit. anorg. Chem.*, = **31**, 1895].

Bicarbonate de magnésium, $(CO^3H)^2Mg$. — Ce sel n'existe qu'en dissolution dans l'eau; à 15° et sous pression normale cette solution contient par litre 1gr,954 de bicarbonate [F.-P. Treadwell et M. Reuter, *Zeit. anorg. Chem.*, **17**, 170-204, 1898].

CYANURE DE MAGNÉSIUM, $(CAz)^2Mg$.

Chaleur de formation :

$$C^2 + Az^2 + Mg + \text{eau} = C^2Az^2Mg \text{ diss.} + 34\,000 \text{ cal.}$$

$$(C^2Az)^2 \text{ gaz} + Mg \text{ sol} + \text{eau} = Mg(CAz)^2 \text{ diss.} + 112\,000 \text{ cal.}$$

Chaleur de neutralisation :

$$Mg(OH)^2 + 2HCAz \text{ diss} = Mg(CAz)^2 \text{ diss.} + 2H^2O \text{ liq.} + 3000 \text{ cal.}$$

[R. Varet, *C. R.*, **121**, 598, 1895; *Bull. Soc. Chim.*, (3), **15**, 206, 1896].

CARBONOPHOSPHATE DE MAGNÉSIUM,

$$(PO^4Mg^2H)^2,2CO^2,2CO^3MgH + 2H^2O$$

[Barillé, *C. R.*, **137**, 566, 1903; *Bull. Soc. Chim.*, (3), **31**, 56, 1904].

SULFOCYANATE DE MAGNÉSIUM,

$$CS^2Mg(SCAz)^3,2$$

(Wells, *Am. Chem. Journ.*, **327**, 240-250, 1902; *Bull. Soc. Chim.*, (3), **32**, 147, 1902).

SILICIURE DE MAGNÉSIUM. — Gatterman [*D. chem. G.*, **22**, 186, 1889; *Bull. Soc. Chim.*, (3), **1**, 719, 1889] indique de chauffer un mélange de silice et de magnesium: Winckler, par union directe dans une atmosphère d'hydrogène, obtient un composé auquel il donne la formule $SiMg^2$ (*D. chem. G.*, **23**, 2642, 1890). Au four électrique, Vigouroux, par fusion d'un mélange des deux corps, obtient un culot métallique contenant du siliciure de magnésium, du silicium et du siliciure de carbone [*Ann. Chim. Phys.*, (7), **12**, 1, 1897].

L'eau le décompose; avec l'acide chlorhydrique la réaction est très vive, il se dégage de l'hydrogène et de l'hydrogène silicié; de ce mélange par refroidissement et distillation on peut isoler Si^2H^6 [H. Moissan et Smiles, *Bull. Soc. Chim.*, (3), **27**, 1191-1195, 1902].

ALLIAGE DE MAGNÉSIUM ET D'ÉTAIN. Mg^2Sn. — Il fond à 784° [Kournakof et Stepanof, *Journ. Soc. phys. chim. russe*, **34**, 526, 1902; *Bull. Soc. Chim.*, (3), **30**, 676, 1903].

BROMURE D'ÉTAIN ET DE MAGNÉSIUM,

$$SnBr^4,MgBr^2 + 10H^2O.$$

— Ce bromostannate se prépare en mélangeant les solutions concentrées des 2 bromures, puis en évaporant dans le vide ou l'air sec; ce sont des cristaux jaune de soufre, clinorhombiques, agissant sur la lumière polarisée, et très déliquescents [Leteur, *C. R.*, **113**, 540, 1891; *Bull. Soc. Chim.*, (3), **7**, 120, 1892].

BROMURE D'AMMONIUM ET DE MAGNÉSIUM.

$$AzH^4Br,MgBr^2 + 6H^2O.$$

— Il a été préparé par A. de Schulten, en évaporant sur l'acide sulfurique un mélange des deux bromures en quantités calculées [*Bull. Soc. Chim.*, (3), **23**, 158, 1900], D = 1,989 à 15°.

Iodure d'ammonium et de magnésium. AzH^4I,MgI^2+6H^2O (Carnallite iodée). — D = 2,346 à + 15° (de Schulten).

Séléniate d'ammonium et de magnésium. $SeO^4Mg,SeO^4(AzH^4)^2+6H^2O$. — Il est analogue au sulfate.

Hypophosphate d'ammonium et de magnésium. $P^2O^6Mg(AzH^4)^2+6H^2O$. — Il a été entrevu par Salzer, mais isolé par Ed. Deschiens [*Thèse Doct. Univ. Paris, Pharmacie*, 62, 1906].

PHOSPHATES D'AMMONIUM ET DE MAGNÉSIUM : *a*) $PO^4MgAzH^4+6H^2O$.

Chaleur de formation :

$$P + O + Mg + Az + H^4$$
$$= \text{sel crist.} + 449\ 400 \text{ cal.}$$

$$PO^4H^3 + MgO \text{ hydr.} + AzH^3 \text{ diss.}$$
$$= \text{sel crist.} + 2H^2O + 41\ 900 \text{ cal.}$$

(Berthelot, *Ann. Chim. Phys.*, (6), **11**, 364, 1887; *Bull. Soc. Chim.*, **47**, 859, 1887).

b) $(PO^4)^2Mg(AzH^4)^4+2H^2O$. — Gooch et Austin ont confirmé l'existence de ce composé signalé par Berzelius (Gooch et Austin, *Am. Journ. Soc.*, **7**, 3, 1899; *Bull. Soc. Chim.*, (3), **1**, 808, 1899; *ibid.*, 275).

Arséniate d'ammonium et de magnésium. — M. Austin a obtenu l'arséniate

$$(AsO^4)^2Mg\ (AzH^4)^4$$

en présence d'un excès de chlorure d'ammonium (*Zeit. anorg. Chem.*, **23**, 152, 1900).

ALLIAGES D'ALUMINIUM ET DE MAGNÉSIUM. — Boudouard [*Bull. Soc. Chim.*, (3), **27**, 5 et 45, 1902] en traçant la courbe de fusibilité des alliages de ces métaux à diverses teneurs, a pu mettre en évidence deux combinaisons définies $AlMg^2$, $AlMg$, puis en isoler un troisième Al^4Mg.

1° $AlMg^2$. — Il contient théoriquement 36 0/0 Al et 64 0/0 Mg. D = 2,03; les cristaux s'altèrent par un lavage prolongé à l'eau même froide.

2° AlMg. — Sa composition correspond à 52,9 Al et 47,1 Mg. D = 2,15.

3° Al^4Mg. — Cet alliage possède la composition suivante : 81,8 0/0 Al; 18,2 0/0 Mg. D = 2,58. Voyez aussi Pécheux [*C. R.*, **138**, 1501, 1904; *Bull. Soc. Chim.*, (3), **31**, 1239-1343, 1904].

ALUMINATE DE MAGNÉSIUM, Al^2O^4Mg. — Dufau [*J. Pharm. Chim.*, (6), **14**, 25, 1901; *Bull. Soc. Chim.*, (3), 25, 669, 1901] a renouvelé la synthèse de cette spinelle par fusion au four électrique des deux oxydes en proportions convenables. Ce sont des octaèdres rayant le quartz : D = 3,57 à + 15°; infusibles au chalumeau, fusibles au four électrique. Les essais de préparation des aluminates basiques ont été faits sans succès.

DITHIONATE DE MAGNÉSIUM ET DE BARYUM. $S^2O^6Ba.S^2O^6Mg + 4H^2O$. — Il se prépare en décomposant la moitié d'un poids déterminé de dithionate de baryum par l'acide sulfurique, puis en ajoutant de la magnésie [Schiff, *Jahresb.*, 85, 1858].

ALLIAGES DE MAGNÉSIUM ET DE CADMIUM. — Par l'étude de la courbe de fusibilité des mélanges de ces métaux dans différentes proportions, Boudouard [*C. R.*, **134**, 1431, 1902; *Bull. Soc. Chim.*, (3), **27**, 855, 1902] a déduit l'existence de 3 combinaisons définies : CdMg; $CdMg^4$, $CdMg^{30}$.

1° CdMg. — La composition centésimale de cet alliage est 82,1 0/0 Cd; 17,9 0/0 Mg.

2° $CdMg^4$. — Celle-ci est de 53,5 de Cd; 46,5 de Mg.

3° $CdMg^{30}$. — Correspondant à 13,2 de Cd; 86,8 de Mg.

ALLIAGE DE MAGNÉSIUM ET DE CALCIUM. — Le magnésium et le calcium s'unissent directement et donnent un alliage cassant qui décompose l'eau [H. Moissan, *C. R.*, **127**, 584, 1898].

CHLORURE DE MAGNÉSIUM ET DE CALCIUM,

$$2MgCl^2,CaCl^2 + 12H^2O.$$

— Le composé naturel est la *tachydrite*. A. de Schulten [*C. R.*, **111**, 928, 1890] l'a reproduite. D = 1,666 à + 15°. Van t'Hoff, H. Dawson [*Zeit. phys. Chem.*, **39**, 27-63, 1904; *Bull. Soc. Chim.*, (3), **28**, 218, 1902] ont déterminé sa température de formation.

AZOTATE DOUBLE DE MAGNÉSIUM ET DE CÉRIUM, $(AzO^3)^6CeMg + 8H^2O$. — Ce corps s'obtient par mélange des deux nitrates en solutions concentrées; ce sont des cristaux rouge foncé; chauffés ils se déshydratent mais se décomposent en même temps [Mayer et Jacoby, *D. chem. G.*, **33**, 2135, 1900; *Bull. Soc. Chim.*, (3), **27**, 803, 1900; *Zeit. anorg. Chem.*, **27**, 357, 1901; *Bull. Soc. Chim.*, (3), **28**, 408, 1902].

ALLIAGES D'ALUMINIUM ET DE CUIVRE. — La fusion des deux métaux : 2 grammes de cuivre pour 50 grammes de magnésium, a fourni à Parkinson un alliage jaune d'or cassant et oxydable [*Chem. Soc.*, (2), **5**, 117, 1867].

En étudiant la courbe de fusibilité des mélanges de ces deux métaux, Boudouard a été conduit à admettre l'existence de 3 combinaisons : $CuMg^2$, CuMg, Cu^2Mg [*Bull. Soc. Chim.*, (3), **29**, 629, 1903].

1° $CuMg^2$. — De composition 56,5 Cu et 43,5 Mg.

2° CuMg. — Correspond à la composition 72,2 0/0 Cu et 28,2 Mg.

3° Cu^2Mg. — Possède la composition 83,8 0/0 Cu et 16,2 Mg.

Pour les combinaisons doubles de cuivre et magnésie, voyez Dict., 1re partie (C-G), 1022).

Azotate de magnésium et de gadolinium. — Ce composé préparé par Demarçay [*C. R.*, **131**, 343, 1900; *Bull. Soc. Chim.*, (3), **23**, 843, 1900], fond à 77°,5-78°.

Azotate de magnésium et de lanthane,

$$La^2(AzO^3)^6, 3Mg(AzO^3)^2, 24H^2O.$$

— C'est le moins soluble dans l'acide azotique des azotates de magnésium et des terres rares; cette réaction a été employée par Demarçay pour la séparation de quelques-unes de ces terres [*C. R.*, **130**, 1019, 1900; *Bull. Soc. Chim.*, (3), **23**, 414, 1900].

Analyse et dosage. — Pour la séparation du magnésium du calcium, voyez Richards, Caffrey-Bisbée [*Zeit. anorg. Chem.*, **28**, 71-89, 1901; *Bull. Soc. Chim.*, (3), **28**, 509, 1901]; Knight [*Chem. News*, **89**, 146, 1904; *Bull. Soc. Chim.*, (3), **32**, 1071, 1904]. La séparation du magnésium du manganèse a été effectuée par Dittrich, Hassel [*D. chem. G.*, **35**, 3266, 1902; *Bull. Soc. Chim.*, (3), **30**, 718, 1902], par le persulfate d'ammoniaque, en utilisant une réaction de Marshall [*Chem. News*, **83**, 76, 1901; — voyez Knorre, *Zeit. anorg. Chem.*, **14**, 1149]. D'après Romijn [*Zeit. analyt. Chem.*, **37**, 300, 1898; *Bull. Soc. Chim.*, (3), **22**, 10, 1899], la recherche microchimique par le phosphate ammoniaco-magnésien s'effectue beaucoup mieux si on opère en présence d'une petite quantité d'acide citrique.

Riegler indique un procédé permettant une sensibilité plus grande [*Zeit. analyt. Chem.*, **41**, 675, 1902; *Bull. Soc. Chim.*, (3), **32**, 430, 1902]. Winckler propose une modification au procédé hydrotimétrique [*Zeit. analyt. Chem.*, **40**, 82, 1901; *Bull. Soc. Chim.*, (3), **26**, 955, 1901]. Ducru donne les précautions à prendre pour doser le magnésium à l'état d'arséniate ammoniaco-magnésien [*Bull. Soc. Chim.*, (3), **23**, 906, 1900]. Lescœur [*Bull. Soc. Chim.*, (3), **17**, 38, 1897] et Rupp [*Arch. Phys.*, **240**, 437; *Bull. Soc. Chim.*, (3), **30**, 861, 1902] sont les auteurs de méthodes volumétriques.

Octobre 1906. Ed. Defacqz.

MAGNÉSIUM (COMPOSÉS ORGANIQUES). — Les composés organo-métalliques du magnésium de la forme R^2Mg ont été étudiés par Hallwachs et Schafarik [*Lieb. Ann.*, **109**, 206], Cahours [*Ann. Chim. Phys.*, **17**, 1860], Löhr [*Lieb. Ann.*, **261**, 72, 1891], Fleck [*Ibid.*, **276**, 129, 1893] et Waga [*ibid.*, **282**, 320, 1894]. Les composés décrits par ces auteurs sont les *magnésium-méthyle* $(CH^3)^2Mg$, *magnésium-éthyle* $(C^2H^5)^2Mg$, *magnésium-phényle* $(C^6H^5)^2Mg$, produits peu maniables, s'enflammant à l'air et parfois même dans CO^2. Löhr, en chauffant CH^3I avec Mg à 110°, en tube scellé, obtint un composé solide grisâtre de composition CH^3MgI sur lequel nous reviendrons. L'étude des composés organo-métalliques du magnésium présente un intérêt considérable, depuis la découverte des combinaisons mixtes organo-magnésiennes de Grignard [*Ann. Chim. Phys.*, (7), **24**, 1901]. Ces combinaisons se prêtent à un nombre considérable de synthèses; nous étudierons d'abord leur préparation, puis leurs réactions.

A. Préparation des composés de Grignard. — Si l'on fait réagir Mg sur un dérivé halogéné, l'iodure de méthyle par exemple, la réaction, sensiblement nulle, devient très vive en présence d'éther anhydre et le magnésium ne tarde pas à se dissoudre. Cette solution renferme l'*iodure de méthyle-magnésium* CH^3MgI :

$$CH^3I + Mg = CH^3MgI;$$

elle se prête directement à toutes les réactions qui seront exposées plus loin. A l'iodure de méthyle peuvent être substitués les dérivés chlorés, bromés ou iodés primaires ou secondaires et même tertiaires [Bouveault, *C. R.*, **138**, 1108, 1904], les dérivés halogénés aromatiques [Tissier et Grignard, *C. R.*, **133**, 1182, 1901], cyclaniques [Zélinsky, *D. chem. G.*, **35**, 2687, 1902; — Sabatier et Mailhe, *Bull.*, **33**, 76, 1905], le camphre monobromé [Malmgreen, *D. chem. G.*, **36**, 2632, 1903] et, d'une manière générale, tout dérivé halogéné à fonction simple ou complexe (exception faite pour les éthers-sels α-bromés).

Rôle de l'éther. — La présence de l'éther anhydre est indispensable. Il prend part à la réaction. Le composé organo-magnésien contient, en réalité, 1 molécule d'éther qu'il retient avec énergie et qui l'accompagne dans toutes ses réactions. La réaction doit donc s'écrire [Blaise, *C. R.*, **132**, 839, 1901] :

$$RX + Mg + (C^2H^5)^2O = RMgX(C^2H^5)^2O.$$

Baeyer et Villiger [*D. chem. G.*, **35**, 1201, 1902] représentent le composé par la formule

$$\begin{matrix} C^2H^5 \\ C^2H^5 \end{matrix} > O < \begin{matrix} MgR \\ X \end{matrix}$$

à laquelle Grignard [*Bull.*, **29**, 945, 1903] préfère la suivante :

$$\begin{matrix} C^2H^5 \\ C^2H^5 \end{matrix} > O < \begin{matrix} MgX \\ R \end{matrix}$$

A l'éther[1] peuvent être substitués des corps de constitution analogue : oxyde d'amyle, anisol, etc. (Grignard), ou la diméthylaniline, composé non saturé au même titre que l'éther [Tschelintzeff, *D. chem. G.*, **37**, 2081, 1904; *Soc. phys. chim. russe*, **36**, 1268].

D'après Tschelintzeff [*D. chem. G.*, **37**, 4534, 1903], l'éther jouerait le rôle de catalyseur et la réaction présenterait les deux phases suivantes :

$$R'X + R^2O = R^2O < \begin{matrix} X \\ R' \end{matrix}$$

$$R^2O < \begin{matrix} X \\ R' \end{matrix} + Mg = XMgR . R^2O$$

Cet auteur a pu préparer les composés de Grignard exempts d'éther, en chauffant en milieu benzénique ou toluénique le dérivé halogéné avec le magnésium et une trace d'éther, d'anisol, ou de diméthylaniline; on obtient le même résultat en l'absence de ces catalyseurs, en opérant dans le xylène bouillant.

Ces composés RMgX s'unissent au sein du benzène à une molécule d'oxyde d'éthyle en dégageant une quantité de chaleur variant de 12 à 13Cal,3 suivant la nature de R [Tschelintzeff, *D. chem. G.*, **38**, 3664, 1905]. Voir sur la théorie de la réaction de Grignard, Abbeg [*D. chem. G.*, **38**, 4112, 1905].

Influence de la nature du dérivé halogéné. — Réactions secondaires. — La réaction de Grignard s'opère, d'une manière générale, plus facilement avec les dérivés primaires qu'avec les secondaires et surtout qu'avec les tertiaires. Dans les deux derniers cas, une réaction secondaire se

1. Les sels haloïdes de Mg sont également susceptibles de se combiner à l'éther; MgI^2 fournit avec l'éther une combinaison $MgI^2 . 2(C^2H^5)^2O$ [Zélinsky, *Chem. Centr.*, 1903, 2, 277] dont Blaise [*C. R.*, 139, 1211, 1904; 140, 663, 1905] a établi la constitution.

superpose à la principale et devient parfois prépondérante; l'iodure d'isopropyle se décompose ainsi dans la proportion de 40 0/0 en propylène et propane :

$$2(CH^3)^2CHI + Mg = MgI^2 + C^3H^6 + C^3H^8$$

[Tschelintzeff, *Soc., phys. chim. russe*, **36**, 549. 1904].

Le chlorure de butyle tertiaire fournit une décomposition du même ordre [Bouveault, *C. R.*, **138**, 1108, 1904].

Même avec les dérivés primaires, on observe une réaction secondaire qui, nulle avec les premiers termes, s'accentue à mesure que croît le poids moléculaire. Cette réaction donne naissance à un hydrocarbure R-R par doublement du radical R :

$$2RX + Mg = MgX^2 + R - R.$$

Toutes choses égales, la préparation des composés de Grignard est plus facile avec les chlorures qu'avec les bromures et iodures.

Certains composés halogénés, tels que les dérivés iodés de l'aniline et de la diméthylaniline, qui ne se combinent pas au magnésium, peuvent entrer en réaction si l'on fait usage d'un magnésium rendu actif par un traitement préalable à l'iode [v. Baeyer, *D. chem. G.*, **38**, 2759, 1905].

L'iodure d'allyle ne se prête pas aux réactions de Grignard [*C. R.*, **132**, 561]; avec l'ω-bromostyrolène la réaction est en partie normale [Tiffeneau, *C. R.*, **135**, 1346, 1902]; cas particulier du bromo-phénétol [Grignard, *Bull.*, **31**, 419, 1904].

Parmi les dérivés dihalogénés acycliques, ceux dont les halogènes sont situés sur deux atomes de carbone voisins réagissent sur le magnésium d'une façon spéciale. Le bromure d'éthylène se décompose avec formation d'éthylène; on peut cependant le combiner au magnésium et à l'éther, mais le produit obtenu ne paraît pas partager les aptitudes réactionnelles des organo-magnésiens [Ahrens et Stapler, *D. chem. G.*, **38**, 1296, 3259, 1905; — Bischoff, *D. chem. G.*, **38**, 2078, 1905].

Les dérivés dihalogénés de la série aromatique, au contraire, se prêtent à la réaction, mais n'absorbent qu'un seul atome de magnésium; le p-dibromobenzène fournit ainsi le bromure de p-bromobenzène-magnésium BrC^6H^4MgBr qui se prête aux réactions générales des organo-magnésiens [Bodroux, *C. R.*, **137**, 710, 1903].

Réactions des composés organo-magnésiens mixtes. — Nous les diviserons en quatre groupes : 1° décomposition avec mise en liberté de l'hydrocarbure RH correspondant au magnésien RMgX; 2° action des halogènes et des corps halogénés; 3° fixation sur l'oxygène et le soufre libres, ou combinés; 4° fixation sur l'azote.

1° *Décomposition avec formation d'hydrocarbure* RH. — L'*eau* détruit les composés de Grignard avec production des carbures correspondants (Grignard) :

$$RMgI + H^2O = RH + MgO + HI.$$

Le bromure de p-bromobenzène-magnésium $Br - C^6H^4MgBr$ donne ainsi le bromobenzène. [Bodroux, *C. R.*, **136**, 1138, 1903].

Les *alcools* et les *composés hydroxylés* (phénols, acides, oximes, etc.) réagissent à la façon de l'eau :

$$R - MgI + CH^3OH = RH + CH^3OMgI.$$

Tschugaeff [*Soc. phys. chim. russe*, **34**, 652, 1902] a proposé d'utiliser cette propriété pour la diagnose et la séparation des combinaisons hydroxylées d'avec les substances inaptes à réagir sur les composés organo-magnésiens. Hibber et Sudborough [*Chem. Soc.*, **85**, 933, 1904] ont basé sur cette observation une méthode de dosage de certains composés hydroxylés.

D'une manière générale tous les composés renfermant des atomes d'hydrogène acides (éthers maloniques, cyanacétiques, éthers β-cétoniques, etc.) se comportent de même.

Les *carbures acétyléniques vrais* se conforment à cette règle :

$$R - C \equiv CH + R'MgX = R - C \equiv C - MgX + R'H$$

et les composés $R - C \equiv C - MgX$ constituent de nouveaux organo-magnésiens ou composés de Jositch [*Chem. Zeit.*, **1**, 356, 1902] qui se prêtent à la plupart sinon à toutes les réactions des composés de Grignard.

L'acétylène fournit normalement le produit $XMg - C \equiv C - MgX$ que l'eau détruit avec régénération d'acétylène.

L'*ammoniaque*, l'*aniline*, la *méthylaniline*, la *phénylhydrazine* réagissent sur les composés de Grignard avec mise en liberté d'hydrocarbures RH et formation de nouveaux composés magnésiens

$$AzH^2MgX, C^6H^5AzH - MgX, C^6H^5Az(CH^3)MgX, C^6H^5 - Az(MgX) - AzH - MgX$$

que l'eau détruit en régénérant les produits azotés d'où ils dérivent. Ces composés, connus sous le nom de *composés de Meunier*, se prêtent à un certain nombre de réactions que nous indiquerons plus loin [L. Meunier, *C. R.*, **136**, 759, 1903; *Bull. Soc. Chim.*, **29**, 314, 1903; — Houben, *D. chem. G.*, **38**, 3017, 1905].

2° *Action des halogènes et des corps halogénés minéraux et organiques.* — Cette action détermine l'élimination d'un sel haloïde de magnésium MgX^2 et le remplacement du complexe $-MgX$ par le radical primitivement uni à l'halogène.

L'iode réagit sur les chlorures et bromures organo-magnésiens gras, aromatiques ou cyclohexaniques, en donnant naissance aux dérivés iodés correspondants :

$$R - Mg - Br + I^2 = RI + MgIBr$$

[Bodroux, *C. R.*, **135**, 1350, 1902; **136**, 1138, 1903; — Zélinsky, *Soc. phys. chim. russe*, **36**, 228, 1904]. Le *trichlorure de phosphore* réagit à — 30° sur une solution éthérée de $CH^3 - Mg - I$ suivant l'équation :

$$3PCl^3 + 4CH^3MgI = P(CH^3)^4Cl + P^2I^4 + 4MgCl^2.$$

En opérant en présence d'un excès de PCl^3, on peut isoler, après décomposition par l'eau et oxydation, les acides mono et diméthylphosphiniques et l'*oxyde de triméthylphosphine*. Le phosphore blanc paraît exercer une action du même ordre [Auger et Billy, *C. R.*, **139**, 597, 1904].

$AsCl^3$ se comporte comme PCl^3; avec $SbCl^3$, c'est surtout le produit monosubstitué que l'on obtient. Les organo-magnésiens aromatiques réagissent sur PCl^3, $AsCl^3$, $SbCl^3$ et $BiCl^3$ en donnant les phosphines, arsines, stibines et bismuthines tertiaires [Pfeiffer, Heller et Pietsch, *D. chem. G.*, **37**, 4620, 1904]. $POCl^3$ réagit sur C^6H^5MgBr en donnant l'oxyde de triphénylphosphine $(C^6H^5)^3PO$ [Sauvage, *C. R.*, **139**, 674, 1904].

Les dérivés halogénés des carbures réagissent sur les composés de Grignard, avec formation de carbures. Ainsi, avec le chlorure de benzyle et l'iodure de méthyle-magnésium, on obtient l'éthylbenzène :

$$C^6H^5 - CH^2Cl + I - Mg - CH^3 = C^6H^5 - CH^2 - CH^3$$

[Houben, *D. chem. G.*, **36**, 3083, 1903]. Le bromure de méthyle-magnésium réagit sur l'ω-bromostyrolène en donnant le propénylbenzène [Tiffeneau, *Bull.* **29**, 1157, 1903]. L'iodure d'allyle fournit de même des carbures du type $R-CH^2-CH=CH^2$ [Barbier et Grignard, *Bull. Soc. Chim.*, **31**, 841. 1904].

L'α-chlorocyclohexanone, traitée par les composés magnésiens, fournit des cyclohexanones substituées en α [Bouveault, *C. R.*, **142**, 1086, 1906].

Dans le même ordre d'idées citons : l'action des organo-magnésiens sur les éthers oxydes halogénés, qui constitue une méthode de synthèse des éthers oxydes :

$$RO-CH^2-(CH^2)^n-CH^2X + XMgR'$$
$$= RO-CH^2-(CH^2)^n-CH^2-R' + MgX^2,$$

et celle des éthers méthyliques halogénés sur les dérivés magnésiens de ces éthers oxydes halogénés, qui conduit aux éthers oydes des glycols bi-primaires :

$$RO-CH^2(CH^2)^n-CH^2MgX + X-CH^2OR'$$
$$= ROCH^2-(CH^2)^n-CH^2-CH^2OR' + MgX^2$$

[Hamonet, *C. R.*, **138**, 813, 1609, 1904; *Bull. Soc. Chim.*, **33**, 525, 528, 1905; — Grignard, *C. R.*, **138**, 1048, 1904; *Bull.*, **31**, 419, 1904].

Les monochlorhydrines du glycol et de la glycérine se comportent de même vis-à vis des organo-magnésiens et fournissent, la première des alcools primaires $R-CH^2OH$; la seconde des glycols $R-CH^2-CHOH-CH^2OH$, et surtout

$$R-C(OH)(CH^3)-CH^2OH$$

[Grignard, *C. R.*, **146**, 44, 1904]. Parfois, quand le magnésien est capable de réagir sur une autre fonction de la molécule, la réaction est plus complexe; ainsi, dans l'action de C^6H^5MgBr sur le chloroacétal, au lieu de l'acétal diéthylique de l'aldéhyde phénylacétique, on obtient l'éthoxydiphényléthane

$$C^6H^5-CH^2-CH(OC^2H^5)-C^6H^5$$

[Grignard, *Bull.*, **33**, 613, 1905].

A ce même groupe de réactions se rattache l'action du chloroforme et du bromoforme sur le C^6H^5MgBr, qui conduit au triphénylméthane :

$$CHBr^3 + 3\,C^6H^5MgBr = 3\,MgBr^2 + CH(C^6H^5)^3$$

[Bodroux, *C. R.*, **138**, 92, 1904]. Action sur le bromacétylène et le diiodoacétylène [Jotsitch. *Soc. phys. chim. russe*, **36**, 1545, 1904].

Le bromure de stilbène traité par C^6H^5MgBr régénère du stilbène et du diphényle :

$$C^6H^5-CHBr-CHBr-C^6H^5 + 2\,C^6H^5MgBr$$
$$= 2\,MgBr^2 + C^6H^5-C^6H^5 + C^6H^5-CH=CH-C^6H^5$$

[Kohler et Johnstin, *Am. chem. J.*, **33**, 35, 1995].

3° *Fixation sur l'oxygène ou le soufre libres ou combinés.*

Oxygène. — L'oxygène se fixe sur les composés de Grignard :

$$RMgX + O = R-O=MgX.$$

Le produit de la réaction, traité par l'eau, donne naissance à un alcool ou à un phénol suivant la nature du radical R :

$$R-OMgX + H^2O = ROH + XMgOH$$

[Bodroux, *C. R.*, **136**, 158, 1903; — Bouveault. *Bull.*, **29**, 1051; — Zélinsky, *Soc. phys. chim. russe.*, **35**, 1280, 1903; **36**, 13, 1904].

Soufre et sélénium. — Le soufre et le sélénium se comportent comme l'oxygène vis-à-vis des composés de Grignard, mais la réaction est ici plus complexe : après action de l'eau, on obtient à côté du thio ou sélénio-phénol (la réaction n'a été étudiée qu'avec les composés aromatiques) un disulfure ou diséléniure. Avec C^6H^5MgBr et le soufre, par exemple, on obtient le thiophénol C^6H^5SH et le disulfure de phényle $(C^6H^5)^2S^2$ [Wuyts et Cosyns, *Bull.*, **29**, 690, 1903; — Taboury, *Bull.*, **29**, 761, 1903; **33**, 836, 1905; *C. R.*, **138**, 982, 1904].

Bioxyde d'azote. — Il réagit sur les composés de Grignard, en donnant des produits que l'eau détruit, avec formation de nitrosohydroxylamine :

$$O=Az-Az=O + C^6H^5MgBr = O=Az-Az\begin{smallmatrix}\diagup OMgBr\\ \diagdown C^6H^5\end{smallmatrix}$$

$$\xrightarrow{H^2O} AzO-Az\begin{smallmatrix}\diagup OH\\ \diagdown C^6H^5\end{smallmatrix}$$

[Sand et Singer, *Lieb. Ann.*, **329**, 135, 1903].

Anhydride sulfureux. — Il est absorbé par les solutions organo-magnésiennes, avec un vif dégagement de chaleur et formation d'un composé

$$R-S\begin{smallmatrix}\diagup OMgBr\\ \diagdown O\end{smallmatrix}$$

que l'action de l'eau transforme en acide sulfinique $R-SO^2H$. Dans le cas de C^6H^5MgBr, on obtient outre l'acide phénylsulfinique le sulfoxyde de diphényle [Roseinheim et Singer, *D. chem. G.*, **37**, 2152, 1904]. Action sur SO^2Cl^2 [Oddo, *Att. Ac. Lincei.*, **14**, 169, 1905].

Anhydride carbonique. — Si l'on sature de CO^2 une solution éthérée d'un composé organo-magnésien de Grignard ou de Jositch $R-MgX$, on obtient un produit

$$R-C\begin{smallmatrix}\diagup O\\ \diagdown OMgX\end{smallmatrix}$$

que l'eau décompose avec formation d'acide monobasique (Grignard). Cette méthode a été appliquée à la synthèse d'un certain nombre d'acides gras [Grignard, *Thèse de Paris*, 26], aromatiques [Houben et Kesselkanl, *D. chem. G.*, **35**, 2519; — Zélinsky, *D. chem. G*, **35**, 2692, 1902; — Bodroux, *C. R.*, **136**, 378, 617. 1903; — Acree, *D. chem. G.*, **37**, 625, 1904], cyclaniques [Zélinsky, *D. chem. G.*, **35**, 2687 1902] et acétyléniques (Jositch).

Mais si, au lieu de décomposer par l'eau, on chauffe la solution éthérée pour la priver de l'excès de CO^2 et qu'on fasse réagir une nouvelle quantité d'organo-magnésien $R'MgX$, la réaction suivante se produit :

$$R-C\begin{smallmatrix}\diagup O\\ \diagdown OMgX\end{smallmatrix} + 2\,R'MgX$$
$$= \begin{smallmatrix}R\\ R'\end{smallmatrix}\!\!>C\begin{smallmatrix}\diagup OMgX\\ \diagdown R'\end{smallmatrix} + O(MgX)^2$$

et l'on obtient finalement par action de l'eau un alcool tertiaire de la forme $RR'R'C(OH)$ [Grignard, *C. R.*, **138**, 1048, 1904; *Bull.*, **31**, 753, 1904]. Le chlorure de benzyle-magnésium ne se prête qu'à la première partie de la réaction (Grignard). C'est à une action du même ordre qu'on doit rapporter la formation de la *p*-dibromobenzophénone

$$C^6H^4Br-CO-C^6H^4Br$$

par l'action de CO^2 sur le dérivé magnésien du *p*-dibromobenzène [Bodroux, *C. R.*, **137**,

710, 1903]. L'anhydride carbonique réagit également sur les composés magnésiens de Meunier R-AzH-MgX et RR'AzMgX : on obtient des composés R-AzH-CO^2MgX et RR'AzCO^2MgX Les acides correspondants s'isomérisent par l'action de la chaleur, les premiers en isocyanates, les seconds en acides *o*- et *p*-amidés. Cette réaction a été étudiée par Houben [*D. chem G.*, **37**, 3978, 1904] pour les dérivés de l'aniline et des toluidines.

Oxysulfure de carbone. — Avec l'oxysulfure de carbone COS, on obtient à la fois des alcools tertiaires R^3C(OH) et des acides sulfurés R-COSH [Weigert, *D. chem. G.*, **36**, 1007, 1903].

Sulfure de carbone. — Le sulfure de carbone réagit sur les organo-magnésiens de Meunier avec formation de composés

$$(RAzH)^2C(SMgX)^2$$

que l'eau décompose et transforme en thiourées symétriques CS$(AzHR)^2$ [Tchelintseff et Lioumounarskaïa, *Soc. phys. chim. russe*, **36**, 1560, 1904].

Aldéhydes et acétones. — La réaction est, pour les aldéhydes, représentée par les deux équations suivantes :

$$R-CHO + R'MgX = R-CH\genfrac{}{}{0pt}{}{OMgX}{R'}$$

$$R-CH\genfrac{}{}{0pt}{}{OMgX}{R'} + H^2O$$
$$= R-CHOH-R' + MgO + HX.$$

Elle fournit des alcools secondaires, sauf dans le cas de l'aldéhyde formique (on emploie le trioxyméthylène) où elle donne naissance aux alcools primaires ; parfois on obtient le carbure éthylénique provenant de la déshydratation de l'alcool ; R peut être gras, aromatique, cyclanique, éthylénique, ou porter des fonctions différentes ; R' peut être acétylénique [Grignard, *C. R.*, **130**, 1322, 1900 ; — Tissier et Grignard, *C. R.*, **134**, 107, 1902 ; — Locquin, *Bull. Soc. Chim.*, **33**, 599, 1905 ; — Freundler et Damond, *ibid.*, **35**, 106, 1906 ; — Willgerodt et Bogel, *D. chem. G.*, **38**, 3451, 1905 ; — Sand et Singer, *ibid.*, **35**, 3185, 1902].

Comme applications de cette réaction, citons les synthèses de l'anéthol et de l'isoeugénol, par l'action de C^2H^5MgI sur l'aldéhyde anisique et la vanilline respectivement et déshydratation des alcools obtenus [Béhal et Tiffeneau, *C. R.*, **132**, 561, 1901] ; l'action du chloral sur le phénylacétylène-bromure de magnésium, donnant naissance au phénylacétylène-trichlorocarbinol

$$C^6H^5-C\equiv C-CHOH-CCl^3$$

[Jositch, *Soc. phys. chim. russe*, **24**, 96, 1902] et l'action de CH^3MgI sur l'acroléine [Zélinsky, *Soc. phys. chim. russe*, **34**, 436, 1902].

Dans le cas particulier du chlorure de benzylemagnésium réagissant sur le trioxyméthylène, au lieu de l'alcool phényléthylique attendu, on obtient l'alcool *o*-toluylique $CH^3-C^6H^4-CH^2OH$ [Tiffeneau et Delange, *C. R.*, **137**, 574, 1903. — Voyez aussi Hell et Hoffmann, *D. chem. G.*, **37**, 4183, 1904 ; — Klages, *ibid.*, **37**, 3987, 1904 ; **38**, 912, 1905].

L'aldol se comporte normalement vis-à-vis de CH^3MgI [Franke et Kohn, *D. chem. G.*, **37**, 1730, 1904].

Les composés de Meunier réagissent aussi sur les aldéhydes.

Les primaires C^6H^5AzH-MgBr avec formation d'imines :

$$R-CHO + C^6H^5AzHMgBr$$
$$= R-CH(OMgBr)AzHC^6H^5 \longrightarrow R-CH=Az-C^6H^5$$

Les composés secondaires RR'AzMgX réagissent également, mais le produit décomposé par l'eau régénère l'amine RAzHR' [Tchelintseff et Alexandrova, *Soc. phys. chim. russe*, **36**, 1558, 1904].

Les acétones se comportent comme les aldéhydes vis-à-vis des composés de Grignard et fournissent des alcools tertiaires ou leurs produits de déshydratation :

$$R-CO-R' + R''MgX = (R)(R'')C(OMgX)R'$$
$$\longrightarrow (R)(R')(R'')C(OH)$$

[Grignard, *C. R.*, **130**, 1322, 1900 ; — Konovaloff, *Soc. phys. chim. russe*, **36**, 228, 1904].

Cette réaction est également très générale : elle se produit sans perturbation avec la monochloracétone [Tiffeneau, *C. R.*, **134**, 775, 1902], l'oxyde de mésityle [Grignard, v. Fellemberg, *D. chem. G.*, **37**, 3578, 1904 ; — Klages, *ibid.*, **37**, 2301, 1904], les cétones cyclaniques [Zélinsky, *Soc. phys. chim. russe*, **33**, 729, 1901 ; — Zelinsky et Namiotkine, *ibid.*, **34**, 246, 1902 ; — Sabatier et Mailhe, *Bull.*, **33**, 74, 1905] ; le camphre et ses dérivés [Haller et Bauer, *C. R.*, **142**, 680, 1906 ; — Forster et Judd, *Chem. Soc.*, **87**, 368, 1905 ; — Forster, *Chem. Soc.*, **87**, 232, 1905] ; les xanthone, thioxanthone et méthylacridone [Bunzly et Decker, *D. chem. G.*, **37**, 2931, 1904] ; les indolinones [Brunner, *ibid.*, **38**, 1359, 1905].

Un cas particulier est fourni par le dérivé magnésien de la 1-iodo-cyclohexanone-5

$$CH^3-CO-CH^2-CH^2-CH^2-CH^2MgI$$

qui se condense en *méthyl-cyclopentanol* [Zélinsky et Moser, *D. chem. G.*, **35**, 2684, 1902].

L'acétol se comporte envers les composés de Grignard comme un alcool cétonique [Kling, *Bull.*, **31**, 16, 1904].

On observe souvent, dans l'action des composés de Grignard sur les aldéhydes et les acétones, une réaction secondaire qui parfois se produit même exclusivement. Cette réaction consiste dans la production de l'alcool correspondant à l'aldéhyde ou à la cétone, avec mise en liberté de carbure non saturé correspondant au radical R du magnésien. C'est ainsi que Grignard a observé la formation de l'alcool benzylique à côté de l'isoamylphényl-carbinol dans l'action du bromure d'isoamyle-magnésium sur l'aldéhyde benzoïque :

$$C^6H^5-CHO + C^5H^{11}MgBr$$
$$= C^6H^5-CH^2OMgBr + C^5H^{10}.$$

Cette perturbation, très faible avec les aldéhydes grasses et aromatiques, est plus importante avec le chloral [Jositch, *Soc. phys. chim. russe*, **36**, 443, 1904] et les acétones, surtout les acétones aromatiques et cyclaniques. Elle dépend également de la nature des magnésiens opposés aux aldéhydes et aux cétones ; les arylmagnésiens ne la donnent pas du tout ; les RMgX, R étant secondaires, la fournissent habituellement. Un exemple de cette anomalie est fourni par l'action du chlorure de cyclohexyle-magnésium sur la benzophénone, qui fournit exclusivement le benzhydrol et le cyclohexène [Sabatier et Mailhe, *C. R.*, **141**, 298, 1905 ; — *Bull.*, **33**, 742, 1905].

Les acétones non saturées aromatiques présentent parfois des réactions anormales : alors que la benzylidène-acétone réagit normalement, la benzylidène-acétophénone, au contraire, fournit des acétones saturées du type

$$C^6H^5-CH(R)-CH^2-CO-C^6H^5$$

par suite de la fixation du magnésien sur la liaison éthylénique; il en est de même de la cinnamylidène acétophénone [Kohler et Héritage, *Am. Chem. J.*, **33**, 35, 1905; *D. chem. G.*, **38**, 1203, 1905] et du benzalcamphre [Haller et Bauer, *C. R.*, **142**, 973, 1906].

Dicétones et quinones. — Les dicétones se condensent avec 2 molécules de composé organo-magnésien pour donner des glycols bi-tertiaires; l'action peut d'ailleurs le plus souvent être fractionnée; le benzile, traité par une molécule C^6H^5MgBr, fournit la phénylbenzoïne :

$$(C^6H^5)^2C(OH)-CO-C^6H^5$$

[Acree, *D. chem. G.*, **37**, 2753, 1904] et la benzopinacone $(C^6H^5)^2C(OH)-C(OH)(C^6H^5)^2$ par l'action de 2 molécules du même réactif [A. Valeur, *Bull.*, **29**, 683, 1903]. La réaction a été appliquée à des dicétones variées : biacétyle et acétonylacétone [Zélinsky, *D. chem. G.*, **35**, 1902]; anthraquinone [Haller et Guyot, *C. R.*, **138**, 372, 1904]; phénanthrènequinone et acénaphtènequinone [Werner et Grob, *D. chem. G.*, **37**, 2887, 1904; — Acree, *Am. chem. J.*, **33**, 180, 1905]; camphoquinone [Forster, *Chem. Soc.*, **87**, 232, 1905].

Les *p*-quinones de la série benzénique fournissent, par l'action de CH^3MgI, des méthylquinols; la toluquinone donne ainsi le composé

$$O=C^6H^3(CH^3)<\begin{matrix}CH^3\\OH\end{matrix};$$

la quinone ordinaire fait exception à cette règle [Bamberger et Blangey, *D. chem. G.*, **36**, 1625, 1905].

Oxydes d'éthylène. — D'après Grignard [*C. R.*, **136**, 1260, 1903; *Bull.*, **29**, 944, 1903] l'oxyde d'éthylène réagit sur les organo-magnésiens de la manière suivante : il fixe d'abord une molécule de composé organo-métallique en donnant

$$\begin{matrix}CH^2\diagdown\\|\\CH^2\diagup\end{matrix}O\begin{matrix}\diagup R\\ \diagdown MgBr\end{matrix}$$

L'eau détruit cette combinaison avec formation de $RH.MgO.MgBr^2$ et d'oxyde d'éthylène; ce dernier réagit sur la solution aqueuse de $MgBr^2$ en donnant la monobromhydrine du glycol, CH^2Br-CH^2OH; mais si l'on chauffe la combinaison magnésienne, elle s'isomérise en le composé $R-CH^2-CH^2OMgBr$, que l'eau décompose avec formation d'un alcool primaire [Blaise, *C. R.*, **134**, 552, 1902; — Grignard, *C. R.*, **136**, 1260, 1903].

L'épichlorhydrine fournit des résultats du même ordre [Kling, *Bull.*, **31**, 14, 1904; — Jotsich, *Soc. chim. russe*, **34**, 96, 1902].

COMPOSÉS OXYALCOYLÉS. — *Orthoformiates.* — L'orthoformiate d'éthyle réagit à chaud sur les composés de Grignard avec formation d'acétals :

$$R-MgBr+C^2H^5O-CH(OC^2H^5)^2$$
$$=R-CH(OC^2H^5)^2+Br-Mg-OC^2H^5.$$

La préparation des aldéhydes par cette méthode fournit des rendements variant de 20 à 80 0/0 [Bodroux, *C. R.*, **138**, 92, 700, 1904; — Tschitschbabin, *Soc. phys. chim. russe*, **35**, 222; *D. chem. G.*, **37**, 186, 1904].

Orthocarbonates. — L'orthocarbonate d'éthyle traité par une molécule d'organo-magnésien fournit, à côté d'une petite quantité d'alcool tertiaire, des éthers orthocarboniques :

$$C(OC^2H^5)^4+RMgX$$
$$=C^2H^5OMgX+RC(OC^2H^5)^3$$

[Tschitschbabin, *D. chem. G.*, **38**, 561, 1905].

Carbonates neutres. — L'action de 1 molécule d'organo-magnésien sur une molécule de carbonate neutre d'éthyle est absolument analogue et conduit aux éthers sels des acides monobasiques :

$$CO(OC^2H^5)^2+RMgX$$
$$=R-CO^2C^2H^5+XMgOC^2H^5$$

(Tschitschbabin).

Le carbonate neutre d'éthyle réagit sur l'iodure d'aniline-magnésium en donnant, suivant les conditions, le phényluréthane ou la diphénylurée symétrique [Bodroux, *Bull.*, **33**, 834, 1905].

Ethers sels. — La réaction d'un composé RMgX sur un éther $R'-COOC^2H^5$ peut être représentée par l'équation

$$R'-COOC^2H^5+2RMgX$$
$$=R'-C\begin{matrix}\diagup OMgX\\-R\\ \diagdown R\end{matrix}+XMgOC^2H^5$$

Par l'action de l'eau, on obtient un alcool tertiaire $R'RRC(OH)$ ou parfois son produit de déshydratation. Cette réaction a été appliquée par Grignard [*C. R.*, **132**, 336] aux formiate et acétate d'éthyle. Béhal [*C. R.*, **132**, 480] en a montré la généralité. Masson [*C. R.*, **132**, 483] l'a utilisée pour la préparation de toute une série d'alcools tertiaires. Les éthers acétiques halogénés [Jositch, *Soc. phys. chim. russe*, 36, 1551], l'éthoxyacétate d'éthyle [Béhal et Sommelet, *Bull.*, **31**, 301, 1904; — Palomaa, *Chem. Zeit.*, 1904], le phénylacétate d'éthyle [Klages, *D. chem. G.*, **36**, 1721, 1904], le glycocolate d'éthyle [Paal et Weidenkaff, *ibid.*, **38**, 1686, 1905], l'allylacétate d'éthyle [Perkin et Pickles, *Chem. Soc.*, **87**, 655], les éthers hexahydro- et tétrahydroaromatiques [Matsubra et Perkin, *ibid.*, **87**, 661; — Perkin et Pickles, *ibid.*, **87**, 639, 655; — Kay et Perkin, *ibid.*, **87**, 1066; — Perkin et Tattersall, *ibid.*, **87**, 1083, 1905]; le salicylate d'éthyle [Béhal, Mounié, *Bull.*, **29**, 350, 1903], le triphénylméthane-o-carbonate d'éthyle [Haller et Guyot, *Bull.*, **31**, 956, 980, 1904], réagissent normalement.

Avec le formiate d'éthyle, on peut, en opérant à —50°, ne fixer qu'une seule molécule de composé magnésien et obtenir ainsi des aldéhydes :

$$H-CO^2C^2H^5+RMgX=R-CHO+C^2H^5OMgX$$

[Gattermann et Maffezoli, *D. chem. G.*, **36**, 4152, 1902]. La même action se produit en substituant au formiate d'éthyle le chloroformiate de magnésium $H-COOMgCl$ [Zélinsky, *Chem. Zeit.*, **1**, 303, 1904]. Le chlorure de benzyle-magnésium réagit sur le formiate de cuivre en donnant l'aldéhyde phényléthylique [Houben, *Chem. Zeit.*, **29**, 667].

Dans le cas du chlorure de butyle tertiaire et du formiate d'éthyle, on obtient surtout l'alcool primaire correspondant à l'aldéhyde [Bouveault, *C. R.*, **138**, 1108, 1904].

La réaction est applicable aux éthers des acides minéraux dans lesquels l'oxygène est lié à un élément autre que le carbone : le nitrite d'amyle traité par l'iodure d'éthyle-magnésium fournit ainsi la diéthylhydroxylamine [Moureu, *C. R.*, **132**, 837, 1901].

Une complication peut se produire avec les éthers non saturés; ainsi, le méthylacrylate d'éthyle $CH^2=C(CH^3)-CO^2C^2H^5$, qui réagit normalement sur l'iodure d'éthyle-magnésium, fournit avec CH^3MgI, à côté de l'alcool tertiaire attendu, l'acétone $CH^3-CH^2-CH(CH^3)-CO-CH^3$ [Blaise et Courtot, *C. R.*, **140**, 370, 1905].

Une molécule de composé magnésien s'est donc fixée sur la double liaison, en même temps que la réaction s'est limitée à la phase acétone. De même l'α-phénylcinnamate de méthyle

$$C^6H^5 - CH = C \begin{matrix} < CO^2CH^3 \\ < C^6H^5 \end{matrix}$$

réagit normalement sur CH^3MgI et fournit, au contraire, par l'action de C^6H^5MgBr, un composé saturé, le triphénylpropionate de méthyle

$$(C^6H^5)^2CH - CH(C^6H^5) - CO^2CH^3.$$

Le cinnamate de méthyle se comporte de même [Kohler et Héritage, *Am. Chem. Journ.*, **33**, 21, 153, 1905]; avec l'α-cyanocinnamate de méthyle, la réaction est anormale aussi bien avec les composés alcoyl qu'avec les arylmagnésiens [Kohler et Reimer, *ibid.*, **33**, 336, 1905].

Le benzylidène-malonate d'éthyle traité par C^6H^5MgBr fournit le diphénylméthane-malonate d'éthyle $(C^6H^5)^2CH - CH(CO^2C^2H^5)^2$ sans que les fonctions éthers-sels soient touchées [Kohler, *Am. Chem. Journ.*, **34**, 132, 1905].

Les éthers-sels des acides bibasiques réagissent normalement par leurs deux fonctions en donnant des glycols bi-tertiaires [Valeur, *C. R.*, **132**, 833, 1901; **136**, 694, 1903; **139**, 480, 1904; *Bull.*, **29**, 683, 1903]. Avec le malonate d'éthyle il y a formation préalable d'un composé

$$CO^2C^2H^5 - CH(MgX) - CO^2C^2H^5$$

[Meunier, *C. R.*, **137**, 716, 1903]. L'action paraît dans certains cas pouvoir être fractionnée; en effet, Guyot et Catel [*C. R.*, **140**, 245, 1905; *Bull.*, **33**, 301, 1905], en faisant réagir C^6H^5MgBr sur l'o-phtalate de méthyle, ont obtenu la diphénylphtalide

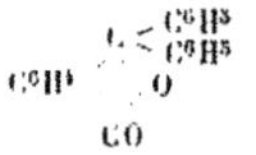

$$\begin{matrix} & C < \begin{matrix} C^6H^5 \\ C^6H^5 \end{matrix} & \\ C^6H^4 & & O \\ & CO & \end{matrix}$$

et le triphényloxy-αα'-benzo-ββ'-dihydro-αα-furfurane

$$\begin{matrix} & C^6H^5 \quad C^6H^5 & \\ & C & \\ C^6H^4 & & O \\ & C & \\ & C^6H^5 \quad OH & \end{matrix}$$

Valeur (inédit) a aussi obtenu par l'action de C^6H^5MgBr sur l'oxalate d'éthyle l'acide phénylglyoxylique $C^6H^5 - CO - CO^2H$ et l'acide benzilique $(C^6H^5)^2C(OH) - CO^2H$.

Les éthers des oxyacides se comportent normalement [Acree, *D. chem. G.*, **37**, 2753, 1904].

Les éthers-sels réagissent également sur les composés de Meunier $C^6H^5AzH - MgX$ avec formation d'anilides $R - CO - AzH - C^6H^5$ [Tschelintseff et Vychinskaia, *Soc. phys. chim. russe*, **36**, 1561, 1904]; les éthers chloracétiques réagissent normalement [Bodroux, *Bull.*, **33**, 831, 1905].

Chlorures et anhydrides d'acides. — La réaction de ces composés sur les organo-magnésiens est très violente; elle fournit des alcools tertiaires [Tissier et Grignard, *C. R.*, **132**, 683, 1901]; cependant, en opérant à — 20°, Fournier [*Bull.*, **31**, 483, 1904; **35**, 19, 1906] a pu limiter la réaction à la production des acétones. Bauer [*D. chem. G.*, **37**, 735, 1904; **38**, 240, 1905] a de même obtenu des phtalides disubstituées

$$C^6H^4 \begin{matrix} < CR^2 > \\ < CO > \end{matrix} O$$

par l'action des magnésiens sur l'anhydride phtalique et même des acides cétoniques aromatiques $CO^2H - C^6H^4 - CO - R$ [Pickles et Weizmann, *Proc. Chem. Soc.*, **21**, 201, 1904].

L'oxychlorure de carbone $COCl^2$ ne donne pas la cétone attendue $R - CO - R$ mais l'alcool secondaire $R - CHOH - R$ et l'alcool tertiaire $R^3C(OH)$ [Grignard, *C. R.*, **136**, 815, 1903].

Avec le chlorure d'éthyle-oxalyle

$$CO^2C^2H^5 - COCl$$

on peut limiter l'action au groupe COCl et obtenir des α-oxyacides $R^2C(OH) - CO^2C^2H^5$ ou plus exactement leurs éthers de la forme

$$R^2C(O - CO - CO^2C^2H^5) - CO^2C^2H^5$$

[Grignard, *C. R.*, **136**, 1200, 1903].

Les composés magnésiens dérivés des alcools ou des phénols $R - O - MgX$, traités par les anhydrides d'acides, fournissent les éthers correspondants [Houben, *Chem. Centr.*, **2**, 1060, 1905].

Ethers cétoniques. — Les *éthers α-cétoniques* $R - CO - CO^2C^2H^5$ peuvent réagir d'abord par leur fonction cétonique et donner ainsi des α-oxyacides $RR'C(OH) - CO^2C^2H^5$; la fonction éther-sel peut ensuite fixer $2R'MgX$ pour donner un glycol bitertiaire $RR'C(OH) - C(OH)R'R'$ [Grignard, *C. R.* **135**, 628, 1902].

Les *éthers β-cétoniques* non substitués en α réagissent sous leur forme énolique; il se produit alors un composé

$$R - C(OMgX) = CH - CO^2C^2H^5$$

que l'eau détruit, en régénérant l'éther β-cétonique; l'acétoacétate d'éthyle réagit uniquement de cette manière. Les éthers β-cétoniques substitués en α réagissent tout à la fois sous leur forme énolique et sous leur forme cétonique. Aussi l'action de CH^3MgI sur l'éthylacétoacétate d'éthyle

$$CH^3 - CO - CH(C^2H^5) - CO^2C^2H^5$$

fournit-elle, suivant les quantités de réactif employées, l'éther-alcool tertiaire

$$(CH^3)^2C(OH) - CH(C^2H^5) - CO^2C^2H^5$$

ou le glycol bitertiaire

$$(CH^3)^2C(OH) - CH(C^2H^5) - C(OH)(CH^3)^2$$

en même temps que l'éther β-cétonique est régénéré avec dégagement de méthane (Grignard).

Avec *les éthers γ-cétoniques*, la réaction se complique de la formation d'une lactone comme produit intermédiaire [Grignard, *C. R.*, **135**, 629, 1902; — Jones et Tattersall, *Chem. Soc.*, **85**, 1691, 1904].

Lactones. — [Houben, *D. chem. G.*, **37**, 489, 1904].

Isocyanates et sénévols. — Les isocyanates, s'unissent aux composés de Grignard; l'isocyanate de phényle $C^6H^5 - Az = CO$, par exemple, fournit des anilides de la forme $C^6H^5 - AzH - CO - R$ [Blaise, *C. R.*, **132**, 40; **134**, 751, 1902]. Les sénévols se comportent de même et fournissent des thioamides $R - CS - AzHR'$ [Sachs et Lœwy, *D. chem. G.*, **37**, 874, 1904].

Imides. — La phtalimide réagit sur les composés de Grignard, mais l'action paraît limitée à l'attaque d'un seul groupe CO; avec C^2H^5MgBr on obtient l'éthylidène-phtalimidine

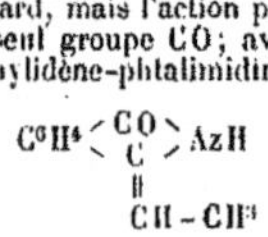

$$C^6H^4 \begin{matrix} < CO > \\ < \underset{\underset{CH - CH^3}{\|}}{C} > \end{matrix} AzH$$

résultant de la déshydratation du composé hydroxylé d'abord formé ; avec C^6H^5MgBr on obtient, au contraire, ce dérivé hydroxylé :

$$C^6H^4 \begin{matrix} \diagup CO \diagdown \\ \diagdown C \diagup \end{matrix} AzH \qquad \text{(C porte } C^6H^5 \text{ et } OH)$$

[Beïs, *C. R.*, **138**, 1904 ; **139**, 61, 1904]. Il en est de même avec les dérivés Az-alcoylés de la phtalimide [Sachs et Ludwig, *D. chem. G.*, **37**, 385, 1904].

La méthyl- et l'éthylsaccharine réagissent sur 2 molécules de CH^3MgBr, en donnant un composé que l'eau détruit avec formation du corps

$$C^6H^4 \begin{cases} C(CH^3)^2OH \\ SO^2AzH-CH^3 \end{cases}$$

la fonction sulfonée n'est donc point touchée [Sachs et Ludwig, *loc. cit.* ; — Sachs, v. Wolff et Ludwig, *D. chem. G.*, **37**, 3252, 1904].

Amides. — Les amides (la formiamide exceptée) réagissent sur les composés de Grignard de la manière suivante :

$$R-COAzH^2 + 2R'MgX$$
$$= R-C \begin{cases} OMgX \\ AzH-MgX \\ R' \end{cases} + R'H ;$$

l'action de l'eau donne naissance à une acétone $R-CO-R'$:

$$\begin{matrix} R \\ R' \end{matrix} > C \begin{cases} OMgX \\ AzH-MgX \end{cases} + H^2O$$
$$= MgX^2 + MgO + AzH^3 + R-CO-R'$$

[Beïs, *C. R.*, **137**, 575, 1903]. Avec les formiamides disubstituées $HCOAz(R)R'$ on obtient des aldéhydes [Bouveault, *C. R.*, **137**, 987, 1903 ; *Bull.*, **31**, 1322, 1904].

$$H-CO-Az \begin{matrix} \diagup R \\ \diagdown R \end{matrix} + R'MgX = H-\underset{OMgX}{\overset{R'}{C}}-Az \begin{matrix} \diagup R \\ \diagdown R \end{matrix}$$

$$H-\underset{OMgX}{\overset{R'}{C}}-Az \begin{matrix} \diagup R \\ \diagdown R \end{matrix} + H^2O$$
$$= XMgOH + AzHR^2 + R-CHO.$$

Avec le magnésien du chlorure d'amyle tertiaire et la diméthylformiamide, on n'obtient pas l'aldéhyde attendue, mais de l'amylène et une diméthylhexylamine

$$CH^3-CH^2-C(CH^3)^2-CH^2-Az(CH^3)^2.$$

[Bouveault, *C. R.*, **138**, 1109, 1904].

4° Fixation sur l'azote. — *Nitriles.* — Les composés RMgX se fixent sur les nitriles RCAz en donnant $RR'C=Az-MgX$, que l'eau décompose avec production d'une cétone :

$$RR'C=AzMgX + 3H^2O$$
$$= 2R-CO-R' + 2AzH^3 + 2MgBr^2.$$

La réaction est générale et constitue une méthode de synthèse des acétones ; elle s'applique également au cyanacétate d'éthyle [Blaise, *C. R.*, **132**, 38, 1901].

Avec l'α-cyano-camphre et CH^3MgI, on obtient non pas une cétone, mais l'imine de l'acétylcamphre

$$C^8H^{14} \begin{cases} CH-C(CH^3)=AzH \\ | \\ CO \end{cases}$$

[Forster et Judd, *Chem. Soc.*, **87**, 368, 1905].

Le cyanogène fixe d'abord une molécule RMgX, en donnant $CAz-C(R)=AzMgX$, qui se scinde de la manière suivante :

$$CAz-C(R)=AzMgX + RMgX$$
$$= CAz-MgX + CR^2=Az-MgX.$$

Par l'action de l'eau, le composé $R^2C=AzMgX$ se détruit avec formation d'une acétone symétrique $R-CO-R$ (Blaise).

Carbylamines. — Les isonitriles $R-Az=C$ fixent une molécule de magnésien en donnant

$$R-Az=C \begin{matrix} \diagup MgX \\ \diagdown R' \end{matrix}$$

que l'action de l'eau transforme en imine

$$R-Az=CH-R'$$

et finalement en aldéhyde $R'-CHO$ [Sachs et Lœvy, *D. chem. G.*, **37**, 874, 1904].

Imines. — Les magnésiens se fixent sur la double liaison de la benzylidèneaniline

$$C^6H^5-CH=Az-C^6H^5$$

en donnant des composés

$$C^6H^5-CH(R)-Az(MgX)-C^6H^5$$

que l'eau transforme en benzylanilines substituées $C^6H^5-CHR-AzH-C^6H^5$ [Busch, *D. chem. G.*, **37**, 2691, 1904 ; — Busch et Rinck, *D. chem. G.*, **38**, 1761, 1905].

Imino-éthers et iminochlorures. — L'action des magnésiens sur les imino-éthers et les imino-chlorures conduit, dans certains cas particuliers, aux acétones [Marquis, *C. R.*, **142**, 712, 1906].

Azoïques. — L'azobenzène $C^6H^5-Az=Az-C^6H^5$ réagit sur C^2H^5MgBr en donnant du butane et un composé que l'eau détruit avec formation de diphénylhydrazine symétrique : le résultat de la réaction est donc une simple hydrogénation :

$$C^6H^5-Az=Az-C^6H^5 + C^2H^5MgBr$$
$$= C^6H^5-Az(MgBr)-Az(MgBr)-C^6H^5 + C^4H^{10}$$
$$C^6H^5Az(MgBr)-Az(MgBr)C^6H^5 + 2H^2O$$
$$= 2MgO + 2HBr + C^6H^5AzH-AzH-C^6H^5.$$

La benzaldazine réagit d'une manière analogue en donnant la benzylidènebenzylhydrazine [Franzen et Deibel, *D. chem. G.*, **38**, 2716, 1905].

Azoïmides. — L'action des organo-magnésiens sur le phénylazoïmide conduit aux dérivés diazoaminés :

$$C^6H^5-Az \begin{matrix} \diagup Az \\ \vdots \\ \diagdown Az \end{matrix} + RMgX = C^6H^5-Az-Az=Az-R$$
$$\qquad\qquad\qquad\qquad | \; MgX$$

$$\xrightarrow{H^2O} C^6H^5-AzH-Az=Az-R$$

[Dimroth, *D. chem. G.*, **36**, 909, 1903].

5° Action sur divers composés. — *Bases pyridiques et quinoléiques* [Oddo, *Gazz. chim. ital.*, **34**, 420, 1904 ; *Att. Ac. Lincei*, (5), **13**, 2, 100 ; — F. Sachs et L. Sachs, *D. chem. G.*, **37**, 3088, 1904 ; — Speyer, *ibid.*, **37**, 4666, 1904].

Acridines [Senier, Austin et Clarke, *Chem. Soc.*, **87**, 1469, 1905].

Violet cristallisé [Freund et Beck, *D. chem. G.*, **37**, 4679, 1904].

Nitrosochlorure de pinène [Tilden et Stokes, *Chem. Soc.*, **87**, 836, 1905].

Nickel carbonyle [Zélinsky, *Soc. phys. chim. russe*, **36**, 339, 1904]. — *Cotarnine* [Freund, *D. chem. G.*, **36**, 4257, 1903]. — *Berbé-*

rine [Freund et Beck, *ibid.*, **37**, 4673, 1904]. — *Thébaïne* [Freund, *ibid.*, **39**, 3234, 1905].

1er janvier 1906. Amand Valeur.

MAGNÉTOSTIBIANE (Min.) (Igelström). — Antimoniate manganeux, avec fer et un peu d'arsenic, en grains et masses grenues, noires, éclat métallique, magnétiques, à la mine de Sjo, Œrebro, Suède. L. Bourgeois.

MAGNOLITE (Min.) (Genth). — Tellurate mercureux, TeO^4Hg^2, produit d'oxydation naturel de la coloradoïte, à Keystone Mine, district de Magnolia, Colorado. L. Bourgeois.

MAIROGALLOL. — Voyez PYROGALLOL.

MALAKINE.

$$C^6H^4 \begin{array}{l} \diagup OC^2H^5 \\ \diagdown Az : CH - C^6H^4 . OH \end{array}$$

— Par l'action de l'aldéhyde salicylique sur la phénétidine. Aiguilles jaune clair, fusibles à 92°, insolubles dans l'eau, solubles dans l'alcool à chaud, peu à froid. Se scinde par les acides minéraux dilués. M. Delacre.

MALAKOSINE. — Voyez BOTTLÉRINE.

MALÉINE. — Voyez l'art. FLUORESCÉINE, 2e Suppl., **4**, 199.

MALÉIQUE (ACIDE) ET DÉRIVÉS. — Voyez FUMARIQUE, 2e Suppl., **4**, .

MALIQUE (ACIDE) (Voy. Dict., **2**, 283; 1er Suppl., 992). — I. ACIDE MALIQUE GAUCHE. $CO^2H - CHOH - CH^2 - CO^2H$ (Fischer, *D. chem. G.*, **29**, 1378, 1896). — On le rencontre dans les raisins verts [Ordonneau, *Bull. Soc. Chim.*, (3), **6**, 261, 1891], dans les feuilles de tabac, dans les parties vertes du Chelidonium majus [Haitinger, *Mon. f. Chem.*, **2**, 485, 1881], dans les fruits et les semences [Kunz et Adam, *Œsterr. Apoth.*, **44**, 243, 1906], dans le miel [Hilger, *Z. f. Unters. Nahr. Genussm.*, **8**, 110, 1904], dans le tamarin [Adam, *Z. Œsterr. Apoth.*, **43**, 797, 1905].

Préparation. — Il s'en produit par l'action d'hydrates basiques ou de l'eau sur l'acide succinique chloré ou bromé (Walden, *D. chem. G.*, **29**, 135, 1896; **30**, 3148, 1897; **32**, 1833 et 1853, 1899). On peut le préparer à l'état de pureté en partant du sel de plomb [Brocksmut, *Pharmaceut. Weekblad*, **42**, 627, 1905].

On peut l'extraire des baies d'argousse [Erdmann, *D. chem. G.*, **32**, 3351, 1899].

Propriétés. — Sa densité est 1,595; son pouvoir rotatoire est dans l'acétone à 13°,3 $[\alpha]_D = -5°,17$, dans l'alcool à 30° $[\alpha]_D = -2°,78$. Chauffé avec un alcali il se racémise en partie [Mac Kenzie et Thompson, *Chem. Soc.*, **87**, 1004, 1905]. Les sels d'urane élèvent considérablement la valeur du pouvoir rotatoire [Walden, *D. chem. G.*, **30**, 2889, 1897]. Pouvoir rotatoire de l'acide fondu et dissous dans différents solvants; influence de la température et de l'addition d'acide borique [Nasini et Gennari, *Gazz. chim. ital.*, **25**, I, 422, 1895; — Walden, *D. chem. G.*, **32**, 2849, 1899], ou de glucine [Rosenheim et Itzig, *D. chem. G.*, **32**, 3424, 1899]. Dispersion rotatoire de l'acide [Woringer, *Zeit. physik. Chem.*, **36**, 336, 1901].

Le pouvoir rotatoire des molybdényldimalates de sodium et d'ammonium passe par une valeur maxima à une température déterminée [Grossmann et Poetter, *D. chem. G.*, **37**, 84, 1904; — Itzig, *ibid.*, **34**, 2391, 1901). Combinaisons complexes avec MoO^3, WoO^3 [Grossmann et Krämer, *Z. f. anorg. Chem.*, **41**, 43, 1904] et CrO^3 [Werner, *Proceedings*, **20**, 186, 1904; *Chem. Soc.*, **85**, 1438, 1904].

Le pouvoir rotatoire est donné par la formule : $[\alpha]_D = 5,891 - 0,08959$ pour l'acide libre et $[\alpha]_D = 15,202 - 0,33229 + 0,0008184\ q^2$ pour le sel de sodium et dans laquelle q représente la quantité de substance contenue dans 100 parties de la solution aqueuse [Schneider, *Ann. Chem.*, **207**, 263, 1881]. Luminescence [Borissow, *J. phys. chim. russe*, **37**, 249, 1906]. Chaleur de neutralisation de l'acide [Gal et Werner, *Bull. Soc. Chim.*, **46**, 803; — Massol, *ibid.*, (3), **7**, 151, 1892; *Ann. Chim. Phys.* (7), **1**, 208, 1894]. Conductibilité électrique [Ostwald, *Zeit. physik. Chem.*, **3**, 370, 1888]. Saturation de l'acide à différentes températures par les alcalis [Degener, *Festsch. d. Tech. Hochsch. Braunschweig*, 1897].

Constante de dissociation électrolytique : K = 0,040 [Walden, *D. chem. G.*, **29**, 1699, 1896]. Action du bacillus lactis sur l'acide malique [Emmerling, *D. chem. G.*, **32**, 1915, 1899]; du bacillus fluorescens [Emmerling et Reiser, *ibid.*, **35**, 700, 1902]. La levure pure est sans action (Emmerling). Acidité à l'hélianthine et à la phtaléine [Astruc, *C. R.*, **130**, 253, 1900]. Acidité des sels acides [Schmith, *Zeit. physik. Chem.*, **25**, 193, 1898]. Coefficient d'acidité [de Forcrand, *C. R.*, **131**, 36, 1900].

Coefficient de partage de la soude entre les acides malique et acétique [Dawson et Grant, *Chem. Soc.*, **81**, 512, 1902]. Propriétés toxiques du sel de sodium [Kahlenberg et Austin, *Zeit. physik. Chem.*, **4**, 553, 1900]. Densité des solutions aqueuses d'acide malique et de malate de soude [Schneider, *Ann. Chem.*, **207**, 262, 1881].

L'acide malique fond à 100° et perd déjà de l'eau à 140° en se transformant en anhydride gauche $C^8H^{10}O^9$. Chauffé dans le vide quelque temps à 180° ou quelques instants à 210°, il se forme à côté d'un peu d'acide fumarique, beaucoup de malide $C^{10}H^8O^8$; le sublimé actif à gauche qui prend naissance, contient de l'acide fumarique, de l'anhydride maléique et aussi une substance qui par ébullition avec du carbonate de cuivre fournit du malate de cuivre [Walden, *D. chem. G.*, **32**, 2716, 1899]. Chauffé avec l'acide sulfurique étendu, il se forme des acides fumarique, formique, carbonique, et de l'aldéhyde (Erlenmeyer), ce qui explique la formation des produits de condensation que l'on obtient en chauffant l'acide malique avec un phénol et l'acide sulfurique [Pechmann, *D. chem. G.*, **17**, 929 et 1649, 1884]. Action de la chaleur et du glycol, de la glycérine ou de l'acide sulfurique sur l'acide malique [Œchsner et Raynaud, *C. R.*, **135**, 1351, 1902]. Action de l'effluve en présence d'azote [Berthelot, *C. R.*, **126**, 688, 1898].

Avec le perchlorure de phosphore, l'acide malique fournit le chlorure de l'acide succinique chloré; en faisant agir les iodures alcooliques sur le sel d'argent, on obtient l'éthérification de la fonction acide et en sus partiellement celle de la fonction alcool [Purdie et Pitkeathly, *Chem. Soc.*, **75**, 154, 1899; — Purdie et Lander, **73**, 287, 1898]; par ébullition avec la lessive de soude il y a formation d'acide fumarique [Fichter et Dreyfus, *D. chem. G.*, **33**, 1452, 1900]. Le permanganate transforme l'acide malique en acide oxalacétique [Denigès, *C. R.*, **130**, 32, 1900]. Oxydation en présence de sel ferreux [Fenton et Jones, *Chem. Soc.*, **67**, 69, 1900]. Combinaison méthylénique [Lobry de Bruyn et Van Ekenstein, *Rec. Pays-Bas*, 331, 1901 et 310, 1902]. Condensé avec la benzaldéhyde il donne l'acide benzoylpropionique [Mayrhofer et Nemuth, *Mon. f. Chem.*, **24**, 8 , 1903], avec l'α-naphtol, l'α-naphtocoumarine [Bartsch, *D. chem. G.*, **36**, 1966, 1903]. Action sur les plantes [Stracke, *Arch. néerland.*, (2), **10**, 8, 1905; — André, *C. R.*, **140**, 1708, 1905].

Dosage et recherche. — Oxydé avec précaution par le permanganate de potasse. il se transforme en acide oxalacétique qui donne une combinaison insoluble avec l'acétate mercurique [Denigès, *C. R.*, **130**. 32. 1900; *Bull. Soc. Chim.*, **27**. XVI. 1902]. Transformation en acide coumalique [Erdmann, *D. chem. G.*, **32**. 3351. 1899]. Réaction colorée avec le β-naphtol [Pinerna. *Chem. News*, **75**. 61. 1897; *C. R.*, **124**. 292. 1897]. Action sur la laine [Vorländer et Perold *Ann. Chem.*, **345**. 288. 1906].

Sels. — Consulter : Massol [*Bull. Soc. Chim.*. (3). **7**. 151. 1892]; Ivig et Hecht [*Ann. Chem.*, **233**. 166, 1886]; Bremer [*Rec. Pays-Bas*. **3**, 1884]; Traube [*Zeit. f. Krist.*, **31**. 160, 1899; Bery *Zeitsch. f. anorg. Chem.*. **15**. 328, 1897]; Haber [*Mon. f. Chem.*, **18**, 696, 1897]; Henderson et Barr [*Chem. Soc.*, **69**. 1452, 1896]: Henderson et Prentice [*ibid.*, **67**. 1035. 1895]; Henderson. Orr et Whitehead [*ibid.*. **75**. 548. 1899]: Ordonneau [*Bull. Soc. Chim.*. (3). **23**. 9. 1900]: Rosenheim et Itzig [*D. chem. G.*. **32**, 3424, 1899]: Rosenheim, Samter et Davidsohn [*Zeitsch. anorg. Chem.*. **35**, 424, 1903]: Mandl [*ibid.*. **37**. 252, 1903]: Itzig [*D. chem. G.*, **34**. 2391. 1901; *ibid.*, **34**. 3822 1901]; Gorsky [*ibid.*, **29**, 2049. 1896]: Wheeler et Mariott [*J. Am. Chem. Soc.*. **27**, 295. 1905]: plus spécialement pour la densité et le pouvoir rotatoire : Schneider [*Ann. Chem.*, **297**. 266. 1881]: Thomsen [*J. prakt. Chem.*. (2), **35**. 150. 1887]: Grossmann et Wienecke [*Physik. Chem.*. **54**. 385, 1906]: pour les formes cristallines : Traube [*Zeit. f. Krist.*, **31**, 160. 1899]; Cameron [*Proc. Royal Soc. Edinb.*, **25**. 401. 1905]: Lang [*Zeit. f. Krist.*, **40**. 619. 1905]: pour la conductibilité électrique : Walden [*Zeit. physik. Chem.*, **1**. 37. 1887].

II. ACIDE D-MALIQUE. — Il s'obtient par dédoublement de l'acide malique inactif au moyen des sels de cinchonine [Bremer, *D. chem. G.*, **13**. 351, 1880] ou des bactéries [Mackenzie et Harden. *Chem. Soc.*. **83**. 424, 1903]: dans l'action de l'acide nitrique sur la d-asparagine [Piutti, *D. chem. G.*, **19**, 1693, 1886]: en faisant bouillir l'acide aminosuccinique avec la baryte caustique [Walden et Lutz. *ibid.*. **30**. 2797. 1897]: par l'action de l'acide chlorosuccinique droit sur les alcalis ou de l'acide gauche sur l'oxyde d'argent [Walden, *ibid.*, **30**. 3149. 1897; *ibid.*. **32**. 1833. et 1855, 1899]: ou mieux par le chlorosuccinate de potasse sur le nitrate d'argent [Walden. *ibid.*, **29**. 136, 1896].

Un acide malique retiré des crassulacées par Aberson [*ibid.*, **31**. 1434. 1898] semble identique au précédent [Walden. *ibid.*. **32**. 2706. 1899].

III. ACIDE MALIQUE INACTIF. — Il s'en forme en chauffant l'acide fumarique avec de l'eau [Pictel. *D. chem. G.*, **14**. 2648. 1881 : — Anschutz, *ibid.*. **18**. 1950, 1885 : — Straup, *Mon. f. Chem.*. **12**. 113. 189 1]; ou avec une solution aqueuse de soude caustique [Loyl. *Ann. Chem.*, **192**, 86. 1878 : — Bremer. *Rec. Pays-Bas*, **4**. 181, 1885]. De même la solution de soude et l'acide maléique [Wan't Hoff. *D. chem. G.*, **18**. 2713. 1885]. Il s'en produit également par l'action d'une solution concentrée de potasse sur l'acide γ-trichloroxybutyrique [Garzarolli, *Mon. f. Chem.*, **12**. 563. 1891] ou sur l'éthylchlorotricarbonate d'éthyle [Bischoff. *Ann. Chem.*, **214**, 48. 1882]: de l'éther oxalacétique sur l'amalgame de sodium [Wislicenus. *D. chem. G.*, **24**. 3417, 1891 : *ibid.*. **25**. 2448, 1892]: du cyanure de potassium sur le β-dibromopropionate de potassium [Tanatar. *D. chem. G.*. **13**. 160. 1880]: ou sur l'acétylène bibromé et saponification par la potasse [Sabanejew, *Ann. Chem.*, **216**. 275. 1882]: ou encore par l'action des éthers fumariques ou maléiques avec l'éthylate de sodium [Purdie. *Chem. Soc.*, **39**. 347. 1881 et **47**. 867, 1885].

L'acide malique inactif se forme également par l'action de la quinoléine sur l'acide bromosuccinique [Dubreuil, *Bull. Soc. Chim.*, (3), **31**, 911. 1904] ou du bromosuccinate de potassium sur l'eau [Tanatar. *Ann. Chem.*, **273**, 37, 1893].

L'acide malique inactif provenant de l'asparagine est identique avec celui provenant des acides fumarique ou tartrique [Van't Hoff, *D. chem. G.*. **10**. 2170, 1885]. On peut le dédoubler au moyen des sels de cinchonine [Bremer. *ibid.*, **13**, 352. 1880] ou des microorganismes [Mackenzie et Harden. *Chem. Soc.*, **83**, 424. 1903].

Constantes physiques [Walden, *D. chem. G.*, **29**. 1698, 1896]. Il fond à 112-115° (Kekulé): à 125-126° (Wislicenus); à 133° (Pasteur): à 105-108° (Pictet): à 132-136° (Garzarolli); à 130-131° (Walden); à 163-168° (Sabanejew). Conductibilité électrique [Ostwald, *Zeit. physik. Chem.*, **3**. 371, 1889].

Chauffé à 200° il se décompose en eau et acides maléique et fumarique comme l'acide actif [Van't Hoff. *Rec. Pays-Bas*, **4**, 419, 1885].

Sels : Consulter Hintze [*D. chem. G.*, **18**, 1950, 1885]: Wislicenus [*ibid.*, **24**, 3417, 1891 : *ibid.*. **25**. 2448, 1892]; Tanatar [*ibid.*, **13**. 160, 1880]: Van't Hoff. [*Rec. Pays-Bas*, **4**. 130, 1885]: Kenrick [*D. chem. G.*. **30**, 1749. 1897]: Van't Hoff, Dawson [*ibid.*, **31**, 528. 1898]; Rosenheim et Itzig [*ibid.*. **32**, 3424. 1899].

ANHYDRIDE L-MALIQUE.

```
CO2H - CHOH - CH2 - CO
                    |
                    O
                    |
        CO2H - CH2 - CH - CO2H
```

ou

```
CO2H - CH2 - CHOH - CO
                    |
                    O
                    |
        CO2H - CH2 - CH - CO2H
```

— On l'obtient en chauffant l'acide l-malique [Waden. *D. chem. G.*, **32**, 2707, 1899]; masse sirupeuse blanchâtre.

Anhydride d-malique,

```
CO2H - CH - CH2 - CO2
       |          |
       CO2 - CH2 - CH - CO2H
```

— [Aberson, *D. chem. G.*, **31**, 1444, 1898].

L-MALIDE, $C^8H^8O^8$. — Masse porcelanique [Walden. *D. chem. G.*, **32**. 2713, 1899].

d-Malide. — [Aberson. *loc. cit.*].

ÉTHERS DU MALIDE. *l-diméthylique*,

```
CO2CH3 - CH — CH2 — CO2
         |          |
         CO2 - CH2  CH - CO2CH3
```

— Cristaux fondant à 101-102° [Walden, *D. chem. G.*. **32**. 2708, 1899].

d-Diméthylique. — [Aberson, *D. chem. G.*, **31**. 1444. 1898]. Fond à 102°, bout à 210° sous 25 millimètres.

d-Diéthylique. — Bout à 245-250° sous 30 millimètres (Aberson).

ÉTHERS MALIQUES. — ÉTHER L-DIMÉTHYLIQUE, $C^4H^4O^5(CH^3)^2$. — Il prend naissance à côté de l'éther monométhylique en dirigeant un courant d'acide chlorhydrique dans une solution bien refroidie d'acide malique dans l'alcool [Anschutz, *D. chem. G.*, **18**. 1952, 1885 ; — Frankland et Wharton, *Chem. Soc.*, **75**. 339. 1899]. Si l'on ne refroidit pas suffisamment on l'obtient mélangé avec l'éther fumarique qui bout au même point [Anschutz, *D. chem. G.*, **14**, 2790, 1881]. On peut aussi traiter le sel d'argent par un iodure alcoolique. Il bout à 122° sous 10 mm. Propriétés physiques [Anschutz, *Ann. Chem.*, **254**, 165, 1889; — Anschutz et Reitter, *Zeit. physik. Chem.*, **16**, 495, 1895; — Walden, *D. chem. G.*, **29**, 137, 1896; *Zeit. physik. Chem.*, **17**, 249, 1895; — Purdie, *Chem. Soc.*, **69**, 830, 1896; **73**, 287, 1898; — Walden, *D. chem. G.*, **38**, 345, 1905]. Action des radicaux alcooliques halogènes [Michael, *D. chem. G.*, **38**, 3217, 1905].

Éther d-diméthylique. — Il bout à 162° sous 25 millimètres [Aberson, *loc. cit.*]. Emploi comme milieu d'ionisation [Walden, *Physik. Chem.*, **54**, 129, 1906].

Éther l-diéthylique, $C^4H^4O^5(C^2H^5)^2$. — Il bout à 128-131° sous 15 millimètres [Andreoni, *D. chem. G.*, **13**, 1394, 1880]; à 128° sous 10 millimètres [Anschutz, *ibid.*, **18**, 1952, 1885; — Frankland et Wharton, *Chem. Soc.*, **75**, 338, 1899]. Propriétés physiques, voyez Walden [*Zeit. physik. Chem.*, **17**, 248, 1895; *D. chem. G.*, **39**, 658, 1906]; Anschutz et Reitter [*Zeit. phys. Chem.*, **16**, 495, 1895]; Purdie et Lander [*Chem. Soc.*, **73**, 287, 1898]; — Walden et Horlocher [*Physik. Chem.*, **55**, 1, 1906].

Éther i-diéthylique. — Il bout à 255° et à 150-152° sous 27 millimètres [Wislicenus, *D. chem. G.*, **25**, 2448, 1892; — Wislicenus et Kaufmann, *ibid.*, **28**, 1325, 1895; — Drude, *Zeit. phys. Chem.*, **23**, 310, 1897].

Éther l-dipropylique, $C^4H^4O^5(C^3H^7)^2$. — Il bout à 151° sous 10 millimètres [Anschutz, *loc. cit.*]. Propriétés physiques : [Walden, *loc. cit.*; Anschutz et Reitter, *loc. cit.*].

Éther l-diisopropylique, $C^4H^4O^5(C^3H^7)^2$. — Il bout à 148° sous 25 millimètres [Purdie et Lander, *Chem. Soc.*, **73**, 287, 1898].

Éther l-dibutylique, $C^4H^4O^5(C^4H^9)^2$. — Il bout à 170° sous 12 à 13 millimètres (Anschutz et Reitter, Purdie et Lander).

Éther l-menthylique. — [Mac Kenzie et Thompson, *Chem. Soc.*, **87**, 1004, 1905].

Nitrate d'acide l-malique.

$$CO^2H-CH(OAzO^2)-CH^2-CO^2H.$$

— Il fond à 115° [Duval, *Bull. Soc. Chim.*, (3), **29**, 679, 1903].

Éther l-diméthylique, $C^4H^3O^7(AzO^2)(CH^3)^2$. — Il fond à 24-25° [Walden, *D. chem. G.*, **35**, 4362, 1902].

Éther l-diéthylique, $C^4H^3O^7(AzO^2)(C^2H^5)^2$. — Il bout à 148-151° sous 25 millimètres (Walden).

Éther l-dipropylique, $C^4H^3O^7(NO^2)(C^3H^7)^2$. — (Walden).

Acétate d'acide l-malique.

$$CO^2H-CH(OCOCH^3)-CH^2-CO^2H.$$

— Par l'action de l'acétate d'anhydride malique sur l'eau [Anschütz et Bennert, *Ann. Chem.*, **254**, 165, 1889. Cristaux fondant à 132°.

Éther l-diméthylique,

$$C^2H^3O^2C^2H^3(CO^2C^2H^3)^2.$$

— [Anschutz, *D. chem. G.*, **18**, 1952, 1885; — Anschutz et Bennert, *loc. cit.*, 1889; — Anschutz et Reitter, *loc. cit.*; — Walden, *Zeit. physik. Chem.*, **17**, 256, 1895; *D. chem. G.*, **29**, 136, 1896].

Éther l-diéthylique, $C^2H^3O^2C^2H^3(CO^2C^2H^5)^2$. — [Anschutz, *loc. cit.*; — Anschutz et Reitter, *loc. cit.*].; — Walden, *loc. cit.*; — Purdie et Williamson, *Chem. Soc.*, **69**, 830, 1896; — Reiter, *Zeit. physik. Chem.*, **36**, 129, 1901].

Éther l-dipropylique, $C^2H^3O^2C^2H^3(CO^2C^3H^7)^2$. — [Anschutz, *loc. cit.*; — Anschutz et Reitter, *loc. cit.*; — Walden, *loc. cit.*].

Éther l-dibutylique, $C^2H^3O^2C^2H^3(CO^2C^4H^9)^2$. — [Anschutz et Reitter, *loc. cit.*].

Acétate d'anhydride l-malique.

$$\begin{array}{l} C^2H^3O^2-CH-CO\diagdown \\ \qquad\qquad\quad | \qquad\qquad O \\ \qquad\qquad CH^2-CO\diagup \end{array}$$

— [Anschutz, *D. chem. G.*, **14**, 2791, 1881; *Ann. Chem.*, **254**, 166, 1889].

Butyrate du l-malate diéthylique.

$$C^4H^7O^2C^4H^3O^4(C^2H^5)^2.$$

— [Purdie et Williamson, *loc. cit.*].

Chloromalate diméthylique,

$$CO^2CH^3-CHCl-CHOH-CO^2CH^3.$$

— Il s'obtient par l'action de l'éther diméthyltartrique sur le perchlorure de phosphore en solution chloroformique [Walden, *Journ. Soc. phys. chim. russe*, **30**, 523, 1898]. Il bout à 128-130° sous 20 millimètres.

Éther diéthylique, $C^4H^3ClO^5(C^2H^5)^2$. — Il bout à 150-155° sous 11 millimètres [Walden, *D. chem. G.*, **28**, 1291, 1895; *Journ. Soc. phys. chim. russe*, **30**, 522, 1898; — Guye et Aston, *C. R.*, **124**, 196, 1897].

Acétylchloromalate diéthylique.

$$(C^2H^5O)CO-CHCl-CH(OC^2H^3O)-CO(OC^2H^5).$$

— Il bout à 178-180° sous 25-27 millimètres (Walden).

Acide monobromomalique. — Comparer Kékulé [*Lieb. Ann. Chem.*, Suppl., **1**, 360, 1851] et Lossen et Mendthal [*Ann. Chem.*, **300**, 3 et 31, 1898].

l-Bromomalate diéthylique,

$$CO(OC^2H^5)CHBr-CHOH-CO(OC^2H^5).$$

— Il bout à 165-168° sous 12-15 millimètres [Walden, *D. chem. G.*, **28**, 1292, 1895].

Malamide, $AzH^2CO-CHOH-CH^2COAzH^2$ [Lutz, *D. chem. G.*, **35**, 2464, 1902]. — On l'obtient en chauffant une solution alcoolique d'éther malique avec de l'ammoniaque [Aberson, *D. chem. G.*, **31**, 1436, 1898].

Benzylmalamide,

$$(C^6H^5AzH-CO)^2\begin{array}{l}\diagup CHOH \\ \quad | \\ \diagdown CH^2\end{array}$$

— Comparer Giustiniani [*Att. Ac. Lincei*, **7**, 463, 1891; *l'Orosi*, **15**, 361, 1892-1893; *Gazz. chim. ital.*, (1), **22**, 169, 1892; (1), **23**, 168, 1893]; — Lutz [*D. chem. G.*, **37**, 2123, 1904; *J. prakt. Chem.*, (1), **70**, 18, 1904; (2), **71**, 34, 1905; — Ladenburg et Herz [*D. chem. G*, **30**, 1582, 1897; *J. prakt. Chem.*, (2), **70**, 342, 1904; (2), **71**, 152, 1905].

Orthocrésylmalamide,

$$(CH^3-C^6H^4AzHCO)^2\begin{array}{l}\diagup CHOH \\ \quad | \\ \diagdown CH^2\end{array}$$

— Fond à 177-179° [Giustiniani, *Gazz. chim. ital.* **23**, 168, 1893].

Paracrésylmalamide. — Fond à 195° [Giustiniani].

Malanile, $C^4H^4O^3AzC^6H^5$. — Fond à 170°. Son pouvoir rotatoire $[\alpha]_D = -34°$ [Giustiniani, *Gazz. chim. ital.*, (1), **23**, 179, 1893]. Chauffé à 120°, de l'acide fumarique et de la fumaranilide prennent naissance.

Acétylmalanile,

$$\begin{matrix} CH^2-CO\searrow \\ | \qquad\qquad AzC^6H^5 \\ C^2H^3O^2-CH—CO\nearrow \end{matrix}$$

— Fond à 157° [Bischoff, *D. chem. G.*, **24**, 2007, 1891].

Malanilide,

$$C^6H^5-AzH-CO-CHOH-CH^2-CO-AzH-C^6H^5.$$

— Fond avec décomposition partielle à 197° Bischoff, Nastvogel, *D. chem. G.*, **23**, 2040, 1890]. Pouvoir rotatoire, voir Guye et Babel [*Arch. Sc. phys. et nat.*, *Gen.*, (4), **7**, 23, 1899] et Walden [*Zeit. physik. Chem.*, **17**, 250, 1895]. Par l'action du perchlorure de phosphore, on obtient de l'anilinosuccinanile, du maléate d'aniline et du dichloromaléate de dianile.

Malamique (Acide α),

$$AzH^2-CO-CHOH-CH^2-CO^2H.$$

— Il s'obtient par décomposition de l'éther méthylique de l'acide diazosuccinique [Cürtius et Koch, *D. chem. G.*, **19**, 2460, 1886]. Fond à 146°, facilement soluble dans l'eau, l'alcool et l'éther. Comparer Lütz [*D. chem. G.*, **35**, 2462, 1902].

Éther méthylique,

$$AzH^2-CO-CHOH-CH^2-CO^2CH^3.$$

— Il fond à 105° (Curtius et Koch).

Acide paracrésylmalamique,

$$CO^2H-CH^2-CHOH-COAzHC^6H^4CH^3.$$

— Il fond à 174° [Giustiniani, *loc. cit.*].

Acide β-malamique,

$$H^2-CO-CH^2-CHOH-CO^2H.$$

— Il existe sous trois formes : droite, gauche, racémique; on l'obtient au moyen des acides chloro ou bromosuccinique [Walden et Lutz, *D. chem. G.*, **30**, 2795, 1897 ; — Lutz, **35**, 2460, 1902] ou par saponification partielle de la malamide.

Benzylmalimide,

$$\begin{matrix} OH-CH—CO\searrow \\ | \qquad\qquad Az-CH^2-C^6H^5 \\ CH^2-CO\nearrow \end{matrix}$$

— Comparer Giustiniani [*Att. Ac. Lincei*, **7**, 403, 1892 ; *Gazz. chim. ital.*, (1), **22**, 172, 1892, (1), **23**, 173, 1893 ; *l'Orosi*, **15**, 361, 1893]; Bartalini, [*Gazz. chim. ital.*, (1), **23**, 174, 1893], Ladenburg et Herz [*D. chem. G.*, **30**, 1582, 1897 ; *J. prakt. Chem.*, (2), **70**, 342, 1904 ; (2), **71**, 152, 1905]: Lutz [*J. prakt. Chem.*, (1), **70**, 18, 1904 ; (2), **71**, 34, 1905].

Paracrésylmalimide,

$$\begin{matrix} OH-CH—CO\searrow \\ | \qquad\qquad Az-C^6H^4-CH^3 \\ CH^2-CO\nearrow \end{matrix}$$

— On l'obtient en chauffant le malate acide de p-toluidine à 150° elle fond à 184° [Giustiniani, *Bull. Soc. Chim.*, (3), **10**, 1159, 1893].

HOMOLOGUES DE L'ACIDE MALIQUE.

Acide i-méthylmalique,

$$CO^2H-CH^2-CHOCH^3-CO^2H$$

— L'éther diméthylique prend naissance en laissant deux jours en contact une partie d'éther fumarique ou maléique avec une partie d'alcool méthylique et $\frac{1}{25}$ d'atome de sodium [Purdie, *Chem. Soc.*, **47**, 863, 1885 ; — Purdie et Marshall, *ibid.*, **59**, 469, 1891 ; **63**, 218, 1893]. Masse cristalline fondant à 108°, facilement soluble dans l'eau, l'alcool, l'éther, pouvant être séparé en une *d* et une *l* modification par cristallisation des sels de cinchonine [Purdie et Marshall, *ibid.*] ou de strychnine [Purdie et Bolam, *Chem. Soc.*, **67**, 946, 1895 ; — Purdie et Williamson, *Chem. Soc.*, **67**, 959, 1895] ou par les microorganismes [Mackenzie et Harden, *ibid.*, **83**, 424, 1903].

Acide d-méthylmalique. — Il fond à 88-90° [Purdie et Marshall, *loc. cit.* ; — Purdie et Bolam, *loc. cit.* ; — Purdie et Williamson, *loc. cit.*].

Acide l-méthylmalique. — Il fond à 89° (Purdie et Marshall).

Éther i-diméthylique, $CH^3OC^2H^3(CO^2CH^3)^2$. — Il fond à 28° ; bout à 218-220° (P. et M.).

Éther d-diméthylique. — Il bout à 119° sous 22 millimètres [Purdie et Williamson].

Éther l-diéthylique, $C^5H^6O^5(C^2H^5)^2$. — Il bout à 136°, sous 25 millimètres (P. et W.).

Éther l-dipropylique, $C^5H^6O^5(C^3H^7)^2$. — Il bout à 173-173°,5, sous 58 millimètres (Purdie et Williamson).

Éther l-dibutylique, $C^5H^6O^5(C^4H^9)^2$. — Il bout à 172°, sous 25 millimètres (P. et W.).

Acide i-éthylmalique,

$$CO^2H-CH^2-CH(OC^2H^5)CO^2H.$$

— Il fond à 86° [Purdie, *Chem. Soc.*, **39**, 348, 1881 ; **47**, 865, 1885 ; — Purdie et Walker, *ibid.*, **63**, 229, 1893 ; — Mackenzie et Harden, *ibid.*, **83**, 424, 1903].

Acide d-éthylmalique. — Il fond à 76-80° [Purdie et Walker, *Chem. Soc.*, **63**, 229, 1893 ; Purdie et Williamson, *ibid.*, **67**, 961, 1895 ; — Marshall, *ibid.*, **67**, 967, 1895].

Acide l-éthylmalique [Purdie et Williamson, *loc. cit.* ; — Purdie et Pitkeathly, *Chem. Soc.*, **15**, 175, 1899].

Éther d-diméthylique, $C^6H^8O^5(CH^3)^2$. — Il bout à 121° sous 30 millimètres [Purdie et Williamson].

Éther l-diméthylique. — Il bout à 110° sous 12 millimètres (Purdie et Williamson).

Éther l-diéthylique, $C^6H^8O^5(C^2H^5)^2$. — Il bout à 195-200° sous 250 millimètres [Purdie, *Chem. Soc.*, **39**, 348, 1881].

Éther d-diéthylique. — Il bout à 124° sous 18 millimètres [Purdie et Williamson].

Éther l-diéthylique. — Il bout à 124° sous 10 millimètres [Purdie et Pitkeathly].

Éther d-dipropylique, $C^6H^8O^5(C^3H^7)^2$. — Il bout à 144° sous 11 millimètres (P. et W.).

Éther l-dipropylique. — Il bout à 147° sous 17 millimètres (Purdie et Williamson).

Éther l-dibutylique, $C^6H^8O^5(C^4H^9)^2$. — Il bout à 158° sous 13 millimètres (Purdie et Williamson).

Acide i-propylmalique,

$$CO^2H-CH^2-CH(OC^3H^7)-CO^2H.$$

— Il fond à 73-74° [Purdie et Bolam, *Chem. Soc.*, **67**, 969, 1895 ; — Mackenzie et Harden, *Chem. Soc.*, **83**, 424, 1903].

Acide d-propylmalique. — Il fond à 63-66° [Purdie et Bolam, *Chem. Soc.*, **67**, 946, 1895].

Acide l-propylmalique. — Il fond à 67° (P. et B.).

Acide l-isopropylmalique. — Masse cristalline sans point de fusion net [Purdie et Lander, *Chem. Soc.*, **73**, 290, 1898].

Éther l-diisopropylique, $C^7H^{10}O^5(C^3H^7)^2$. — Il bout à 148° sous 25 mm. (Purdie et Lander).

Acide i-isobutylmalique,

$$CO^2H-C^2H^3(OC^4H^9)CO^2H$$

[Purdie, *Chem. Soc.*, **39**, 348, 1881 ; — Purdie et Pitkeathly, *ibid.*, **75**, 155, 1899].

Avril 1906. H. Duval.

MALLARDITE (Min.) (Ad. Carnot). — Sulfate manganeux hydraté. $SO^4Mn, 7H^2O$. Masses fibreuses formées de cristaux sans doute clinorhombiques, identiques avec le sel artificiel et isomorphes avec les mélantérites, trouvées à la mine d'argent de Lucky Boy, près du Grand Lac Salé, États-Unis.

MALLOTOXINE. — Voyez Rottlérine.

MALONIQUE (ACIDE). — (Voyez Dict., **2**, 191 et suppl., **2**, 994).

Formation. — Par oxydation au moyen du permanganate de la quercite [Kiliani-Schäfer, *D. chem. G.*, **29**, 1763, 1896], de l'acide γ-méthyl-γ-phényl-itaconique [Hans Stobbe, *Lieb. Ann.*, **308**, 67 et 114, 1899]. Par l'action des alcalis sur l'éther acétone-tricarbonique [Willstätter, *D. chem. G.*, **32**, 1284, 1899]. Par l'action de HCl en tubes scellés à une température inférieure à 132° sur les cyanacétanilides, $R - AzH - CO - CH^2 - CAz$ [*Arch. d. Pharm.*, **238**, 600, 1900]. Par l'ébullition prolongée, avec de la potasse du produit de condensation de l'aldéhyde β-oxéthyl-α-naphtoïque avec le cyanacétate d'éthyle [A. Helbronner, *Bull. Soc. Chim.*, **29**, 880, 1903].

Solubilités dans 100 parties d'eau : à 15°, 139,37 parties [Bourgoin, *Bull. Soc. Chim.*, **33**, 423, 1903] ; à 1°, 108,4 parties ; à 16°,1, 138,11 parties [Miczynski, M. 7, 258] ; à 0°, 61,1 partie ; à 20°, 73,6 p. ; à 50° 92,6 p. ; à 65° 102,3 p. Les solutions aqueuses saturées se décomposent à 66° en CO^2 et acide acétique [Lamouroux, *C. R.*, **128**, 999, 1898].

Solubilité dans l'éther à 15°, 8 parties 0/0 de solution éthérée [Klobbie, *Ph. Ch.*, **24**, 626, 1898].

Acidité à l'hélianthine et à la phtaléine [A. Astruc, *C. R.*, **130**, 253, 1900]. L'extrait violet des pétales de l'Iris du Japon est coloré en rouge framboise par l'acide malonique et constitue un indicateur très sensible [A. Ossendovsky, *Journ. Soc. phys. chim. russe*, **35**, 845, 1903].

Coefficient d'acidité de l'acide [de Forcrand, *C. R.*, **131**, 36, 1900]. Acidité des sels acides [Smith, *Ph. Ch.*, **25**, 193]. Chaleur de neutralisation de l'acide par les lessives de NaOH ou de KOH [Massol, *Ann. Chim. Phys.*, (7), **1**, 184, 1894].

Sels. — A l'exception des malonates alcalins, ils sont pour la plupart insolubles dans l'eau : $C^3H^2O^4(AzH^4)$ [Stohmann, *J. pr.*, (2), **55**, 266] ; $C^3H^3O^4Na$; $C^3H^3O^4K + 1/2 H^2O$; $C^3H^2O^4Ca + 2H^2O$ [Massol, *Ann. Chim. Phys.*, (7), **1**, 185] ; $3C^3H^2O^4Ca + 12H^2O$; $2C^3H^2O^4 + 4H^2O$ [Salzer, *J. pr.*, (2) **57**, 501 ; *C.* 1892, *I*, 62] ; $C^3H^2O^4Sr$; $(C^3H^2O^4)^3CrK + 3H^2O$ cristaux bleu vert [Lapraik, *J. pr.*, (2), **47**, 321] ; $C^3H^2O^4 - UrO^2 + 3H^2O$, précipité cristallin jaune clair [Fay, *Am.*, **18**, 281] ; $YbH . 2C^3H^2O^4$ [A. Clève, *Zeit. anorg. Ch.*, **33**, 129, 1902] ; $Zr(O - CO - CH^2 - COOK)^4 + 11H^2O$ [Mandl, *Zeit. anorg. Ch.*, **37**, 252, 1903].

L'acide malonique donne avec le sulfate de mercure l'anhydride dimercurimalonique :

$$C \begin{matrix} \diagup Hg \diagdown \\ \diagdown CO - O \\ \diagup CO - O \\ \diagdown Hg \diagup \end{matrix}$$

Si le sulfate de mercure est en plus faible quantité il se forme un sel complexe $C^9H^{18}Hg^5O^{20}$, et enfin, si l'acide malonique est en grand excès, un sel plus complexe $C^{18}H^{30}Ag^6O^{36}$ [E. Bülmann, *D. chem. G.*, **35**, 2571, 1902].

Même en présence de l'air il ne dissout pas l'antimoine métallique finement divisé [Moritz, Schneider, *Zeit. physik. Chem.*, **41**, 129, 1902].

Conductibilité électrique [Ostwald, *Zeit. ph. Ch.*, **1**, 107 ; **3**, 372, 1887 ; Bethmann, *ibid.*, **3**, 402 ; Petersen, *C.*, 1897, II, 519].

L'acide soumis à l'électrolyse fournit une faible quantité d'éthylène [Petersen, *C.*, 1897, II 519]. L'électrolyse du sel de K en liqueur faiblement acide donne surtout de l'hydrogène et de l'oxygène avec un peu de CO et de CO^2 dont la quantité croît avec la densité du courant et la concentration, mais il ne se forme pas d'éthylène [Petersen, *Zeit. Phys. Chem.*, **33**, 698, 1900].

L'acide malonique, chauffé avec de l'acide iodique, donne les acides di et tri iodoacétiques ; chauffé avec du glycol ou de la glycérine, il est décomposé en CO^2 et acide acétique [Coninck, *C. R.*, **135**, 1351, 1902] ; oxydé par le permanganate il donne de l'acide formique et du CO^2 [Perdrix, *Bull. Soc. Chim*, **23**, 656, 1900].

Traité à molécules égales par l'iode, en solution dans la pyridine et à froid, il forme, en dégageant CO^2, de l'iodhydrate basique de pyridine-bétaïne

$$\begin{matrix} C^5H^5Az - CH^2CO^2H \\ | \\ I \end{matrix}$$

[Ortoleva, *Gazz. chim. ital.*, (1), **30**, 509, 1900].

Chauffé à 100° avec de l'urée et de l'oxychlorure de phosphore, il donne la trichloro-2.4.6-pyrimidine [Gabriel et Colman, *D. Chem. G.*, **37**, 3657, 1904].

Si elle a lieu simultanément avec l'ingestion de malonate de Na, l'injection cutanée d'une quantité notable d'urée à un oiseau (poule) détermine une augmentation accentuée de l'acide urique [Wiener, *Physiol. u. Path.*, **2**, 42, 1902].

Chlorure de malonyle

$$CH^2 \begin{matrix} \diagup COCl \\ \diagdown COCl \end{matrix}$$

— On l'obtient par l'action à chaud, pendant 3 heures, de 120 grammes de SO^2Cl^2 sur 50 gr. d'acide malonique.

Il bout à 58° sous 27 millimètres. [Auger, *Ann. Chim. Phys.*, (6), **22**, 347 ; Asher, *D. chem. G.*, **30** 1023, 1897].

Éther diméthylique, $CH^2(CO^2CH^3)^2$.

Il bout à 185°,5 (corr.) [Perkin, *Chem. Soc.*, **45**, 509, 1883] ; à 180°,7 (corr.) [Wiens, *Lieb. Ann.*, **253**, 297, 1889]. Il devient vitreux à — 80° [Schneider, *Ph. Ch.*, **22**, 333, 1893]. $D_{15} = 1,16028$; $D_{25} = 1,15110$ [Perkin, *loc. cit.*] $D_0 = 1,1753$ [Wiens, *loc. cit.*].

Coefficient de dilatation [Wiens, *loc. cit.*]. Indice de réfraction [Eykman, *R.* **12**, 275 ; Brühl, *J. pr.*, (2), **50**, 140]. Conductibilité électrique [Bartoli, *Gazz. chim. ital.*, **24**, II, 163, 1894].

Lorqu'on le traite par le chlorure de soufre, à 70-80°, puis, après refroidissement, par $AlCl^3$, il se forme d'une part du thiomalonate de méthyle

$$S = [-HC(CO^2CH^3)^2]^2$$

qui se présente sous la forme cristallisée (fondant à 122°) et sous forme sirupeuse, et, d'autre part du trithiomalonate de méthyle

$$S^3 = [-HC(CO^2CH^3)^2]^2$$

fondant à 167° [Wolff, Otto, *D. chem. G.*, **36**, 2721 ; 1903].

Éther monoéthylique

$$CH^2 \begin{matrix} \diagup COOH \\ \diagdown CO^2C^2H^5 \end{matrix}$$

Préparation. — Par l'action de 1 molécule de potasse alcoolique sur l'éther diéthylique [Hoff, *D. chem. G.*, **7**, 1572, 1874 ; Freund, *D. chem. G.*, **17**, 780, 1884]. Liquide, $D_0 = 1,201$. Chaleur de dissolution et de neutralisation [Massol, *Bull.*

Soc. Chim., (3), 6, 178, 1892 : *Ann. Chim. Phys.*, (7), 1, 199, 1894].

La solution aqueuse du sel $C^3H^7O^4K$, traitée par le brome à 70-80°, fournit KBr, CO^2 et de l'acide bromacétique [Freund, *loc. cit.*]. Ce même sel traité par PCl^5 donne le chlorure

$$CH^2 \begin{matrix} \nearrow COCl \\ \searrow CO^2C^2H^5 \end{matrix}$$

bouillant à 170-180° [Hoff, *loc. cit.*].

Ce *chlorure-éther malonique* s'obtient avec de meilleurs rendements en traitant l'éther acide par le chlorure de thionyle. C'est un liquide d'odeur piquante et désagréable, bouillant à 68-70° sous 13 mm. et à 170-180° à la pression ordinaire, en se décomposant [Marguery, *Bull. Soc. Chim.*, 33, 546, 1905].

Éther diéthylique, $CH^2(CO^2C^2H^5)^2$. — Il se produit au cours de la distillation lente à l'air de l'éther diéthylique de l'acide oxalacétique [Wislicenus-Nassauer, *D. chem. G.*, 27, 795, 1894].

Préparation. — Par l'action de HCl gazeux sur le mélange d'acide et d'alcool [Conrad, *Ann. Chem.*, 204, 126, 1880]. — Par l'action du cyanure de potassium sur l'acide chloracétique, et traitement du produit de la réaction, en solution dans l'alcool, soit par HCl gazeux [Venable-Claisen, *Ann. Chem.*, 218, 131, 1883] soit par SO^4H^2 [Noyes, *Am. Soc.*, 18, 1105, 1897].

Liquide. — Point d'ébullition : 197°-198°,2 (corr.) [Perkin, *Chem. Soc.*, 45, 508, 1870], 198°,4 (corr.) [Wiens, *Ann. Chem.*, 253, 298]. — Point de fusion — 49°,8 (corr.) [Schneider, *Zeit. Ph. Ch.*, 22, 233]. $D_0 = 1,07607$ (Weins) $D_{15} = 1,06104$; $D_{25} = 1,05248$ (Perkin).

Indice de réfraction [Eykmann, *R.*, 12, 276; Brühl, *J. pr. Chem.*, (2), 50, 140, 1894]. Chaleur spécifique [Schiff, *Z. Ph. Ch.*, 1381, 1887]. Chaleur de combustion [Luginin, *Ann. Chem.*, (6), 8, 142; Guinchant, *Bull. Soc. Chim.*, 31, 1209, 1904]. Constante diélectrique [Drude, *Zeit. Ph. Ch.*, 23, 310, 1893].

En solution dans l'alcool absolu, il est pseudo-acide au point de vue optique [Muller, Bauer, *Bull. Soc. Chim.*, 31, 946, 1904].

Vitesse de saponification [Hjelt, *D. chem. G.*, 31, 1845, 1898]. La saponification se fait en deux phases; il y a formation successive de l'éther acide et du sel neutre. Les vitesses de ces deux réactions sont dans le rapport d'environ 100 à 1. La constante de saponification du malonate acide est en moyenne de 1,27 : celle du malonate neutre 112,4 [Goldschmidt, Scholz, *D. chem. G.*, 35, 1333 : 1903]. Chauffé avec de l'eau à 150°, il se décompose en CO^2 et éther acétique [Hjelt, *D. chem. G.*, 13, 1949, 1880].

Traité par le brome en solution dans CS^2, il donne le composé

$$S \begin{matrix} \nearrow CS-C=(CO^2C^2H^5)^2 \\ | \\ \searrow CS-C=(CO^2C^2H^5)^2 \end{matrix}$$

[Wenzel, *D. chem. G.*, 33, 2042; 34, 1043; 1903].

Traité, dans les mêmes conditions que l'éther diméthylique, par le chlorure de soufre et $AlCl^3$ il donne du dithiomalonate d'éthyle $C^{14}H^{22}O^8S^2$, fondant à 131°, en même temps qu'un produit sirupeux de même composition centésimale et de même poids moléculaire [Wolff, Otto, *D. chem. G.*, 36, 2721; 1903].

Chauffé avec du sodium à 140°, ou bien traité par le zinc méthyle (ou éthyle), il est transformé en éther phloroglucine-tricarbonique, $C^9H^3O^9(C^2H^5)^3$; à 70°-90°, le sodium fournit l'éther acétone-tricarbonique en même temps que de l'éther acétique, de l'alcool et un éther $C^8H^{18}O^{11}$ fondant 178° [Willstätter, *D. chem. G.*, 32, 1273, 1899].

Traité par l'acétate mercurique, il forme l'acétate de dimercuriomalonate d'éthyle

$$(CH^3-CO^2Hg)^2 = C = (CO^2C^2H^5)^2 + 2H^2O,$$

aiguilles insolubles dans l'eau.

Il fixe l'isocyanate de phényle en donnant l'éther $C^6H^5-AzH-CO-CH=(CO^2C^2H^5)^2$ [Dieckmann, Hoppe, Stein, *D. chem. G.*, 37, 4627, 1904].

A 170°, il se condense avec les trois acides amidobenzoïques : il y a perte de 2 mol. d'alcool et formation du composé

$$\begin{matrix} CO-AzH-C^6H^4-COOH \\ | \\ CH^2 \\ | \\ CO-AzH-C^6H^4-COOH \end{matrix}$$

[Pollack, *Mon. f. Ch.*, 26, 327, 1905].

Il donne avec l'oxime de l'o-diéthoxydiphényltétrahydropyrone un composé cristallisé [Pétrenko-Kritschenko, *Journ. Soc. phys. chim. russe*, 31, 901, 1899].

Malonate de propyle $CH^2(CO^2C^3H^7)^2$. — Il bout à 228°,3 (corr.); $D_0 = 1,02705$ [Wiens, *Ann.*, 253, 299, 1889]. Chaleur spécifique [R. Schiff, *Ph. Ch.*, 1, 381, 1887].

Malonate de butyle normal $CH^2(CO^2C^4H^9)^2$. — Il bout à 251°,5 (corr.). $D_0 = 1,0049$. Coefficient de dilatation [Wiens, *loc. cit.*].

Malonate d'amyle l. $CH^2(CO^2.C^5H^{11})^2$. — Pouvoir rotatoire [Walden, *Journ. Soc. phys. chim. russe*, 30, 767; *Centr. Bl.*, 1889, I, 327].

Malonate de phényle $CH^2(CO^2C^6H^5)^2$. — Par l'action du chlorure de malonyle sur le phénol. Bout à 210° sous 15 millimètres; fond à 50° [Bischoff et v. Hedenstroem, *D. chem. G.*, 35, 3552, 1902].

Par saponification au moyen de NaSH le malonate de phényle donne l'acide thiomalonique [Auger et Billy, *Bull.*, 29, 211, 1903].

Malonate de benzyle $CH^2(CO^2CH^2-C^6H^5)^2$. — Par l'action du malonate d'argent sur le chlorure de benzyle. Huile épaisse distillant à 234° sous 14 millimètres.

Amide malonique, $CH^2(COAzH^2)^2$. — Les éthers maloniques se transforment facilement en amide sous l'action de l'ammoniaque. Il en est de même des éthers des acides maloniques monoalcoylés $R'-CH=(CO^2R)^2$; mais, par contre, la transformation en amide est très difficile en même temps que très limitée lorsqu'il s'agit des éthers dialcoylmaloniques

$$\begin{matrix} R' \\ R'' \end{matrix} > C = (CO^2R)^2$$

[Fischer, Dilthey, *D. chem. G.*, 35, 844, 1902].

La diamide malonique résiste à l'action de la trypsine [Schwarzschild, *Beitr. z. chem. Physiol. u. Path.*, 4, 155, 1903].

Acide anilidomalonique

$$CH^2 \begin{matrix} \nearrow COAzH-C^6H^5 \\ \searrow CO^2H \end{matrix}$$

— Le dérivé acétylé de l'anilidomalonate d'éthyle

$$CH^3-CO-CH \begin{matrix} \nearrow CO-AzH-C^6H^5 \\ \searrow CO^2C^2H^5 \end{matrix}$$

formé en traitant l'éther acétylacétique par l'isocyanate de phényle, donne, lorsqu'on le chauffe avec de la potasse alcoolique (2 molécules), de l'acide acétique et de l'acide anilidomalonique.

Elle fond à 132° [Dieckmann, *D. chem. G.*, **33**, 2002, 1900].

Dianilide malonique $CH^2(CO\,AzH\,C^6H^5)^2$. — Elle se forme par l'actionde l'isocyanate de phényle sur l'acide malonique

Elle fond à 240° [Bénech, *C. R.*, **130**, 920, 1900].

O-phénylène-diamide malonique

$$C^6H^4 \lessgtr \begin{matrix} AzH-CO \\ AzH-CO \end{matrix} \gtrless CH^2.$$

Ce corps s'obtient lorsqu'on chauffe à 150° l'acide malonique avec du chlorhydrate d'o-phénylènediamine, en présence de CO^3Na^2 [Meyer, *Ann. Chem.*, **327**, 1, 1903].

Acide chloromalonique. $CHCl(CO^2H)^2$. — Préparé par l'action du chlorure de sulfuryle sur une solution éthérée d'acide malonique. Le rendement est théorique [Conrad, Reichenbach, *D. chem. G.*, **35**, 1813, 1902].

Son sel de plomb est un précipité blanc; celui d'aniline fond à 118° en se décomposant.

Chloromalonate de méthyle $CHCl(CO^2CH^3)^2$. — Il donne avec le dicarboxyglutarate de méthyle disodé du triméthylène-tétracarbonate de méthyle et de l'éthane-tétracarbonate de méthyle [Guthzeit-Engelmann, *J. prakt. Chem.*, **66**, 104, 1902].

Chloromalonate d'éthyle $CHCl(CO^2C^2H^5)^2$. — Il se forme par agitation de l'α-chlorodiéthoxyacrylate d'éthyle avec HCl concentré [Fritsch, *Lieb. Ann.*, **297**, 319].

Il bout à 137-139° sous 50 millimètres et à 218-220° sous la pression ordinaire. $D^{20}_{4} = 1.1776$; $n^{20}_{D} = 1.4327$ [Brühl, *J. prakt. Chem.*, (2), **50**, 140].

Il donne avec le dicarboxyglutaconate d'éthyle sodé le butène-hexacarbonate d'éthyle

$$CH(CO^2C^2H^5)^2-C(CO^2C^2H^5)^2-CH=C(CO^2C^2H^5)^2.$$

[Guthzeit-Engelmann, *loc. cit.*].

Il se condense avec la benzamidine en présence d'éthylate de sodium en donnant la benzamidine de l'acide chloromalonique

$$CHCl \lessgtr \begin{matrix} CO-AzH \\ CO-Az \end{matrix} \gtrless C-C^6H^5$$

fondant à 320°.

Acide dichloromalonique, $CCl^2(CO^2H)^2$. — On le prépare par l'action du chlorure de sulfuryle sur l'acide malonique en solution dans l'éther. — Son sel d'aniline fond à 105° en se décomposant [Conrad-Reichenbach, *D. chem. G.*, **35**, 1813, 1902].

Dichloromalonate de méthyle $CCl^2(CO^2CH^3)^2$. — Il se forme en même temps que de la tétrachloracétone par l'action de l'alcool méthylique sur l'hexachlorotricétone

$$\begin{matrix} CO-CCl^2-CO \\ | \qquad\qquad | \\ CCl^2-CO-CCl^2 \end{matrix}$$

[Zincke et Kegel, *D. chem. G.*, **23**, 244, 1890].

Dichloromalonate d'éthyle $CCl^2(CO^2C^2H^5)^2$. — Par l'action à 120° du chlore sur le monochloromalonate d'éthyle. Eb. 231-234°. — $D^{17}_{15} = 1,268$.

L'ammoniaque alcoolique fournit la dichloromalonamide et de la dichloracétamide.

Acide bromomalonique, $CHBr(CO^2H)^2$. — On l'obtient par réduction de l'acide dibromomalonique en solution aqueuse, au moyen de l'amalgame de sodium [Pétriew, *Journ. Soc. phys. chim. russe*, **10**, 65, 1878]. — On le prépare directement en traitant par le brome la solution aqueuse froide du malonate acide de sodium, ou la solution éthérée de l'acide [Conrad-Reichenbach, *D. chem. G.*, **35**, 1813, 1902].

Il fond à 113° en se décomposant; son sel de K cristallise en aiguilles et son sel de Pb forme un précipité (Conrad-Reichenbach).

L'oxyde d'argent le décompose en AgBr et acide tartronique [Pétriew, *loc. cit.*].

Ether diéthylique $CHBr(CO^2C^2H^5)$. — Il bout à 233-235° [Knœvenagel, *D. chem. G.*, **21**, 1356, 1888]. $D^{15} = 1,426$ [Conrad-Bruckner, *D. chem. G.*, **24**, 2997, 1891].

Traité en solution dans le benzène bouillant par CO^3K^2, il donne l'éther éthylène-tétracarbonique [Blanc, Samson, *D. chem. G.*, **32**, 860, 1899]. Le même composé tétracarbonique se forme par l'action à froid de la pyridine [Wedekind, *D. chem. G.*, **34**, 2077, 1901].

Acide dibromomalonique, $CBr^2(CO^2H)^2$. — Il se forme : par addition d'acide malonique pulvérisé à une solution de brome dans le chloroforme [Petriew, *Journ. Soc. phys. chim. russe*, **10**, 65, 1878]; par l'action, au soleil, et au sein d'un mélange réfrigérant, d'une solution de brome dans l'acide formique sur l'acide malonique [Willstætter, *D. chem. G.*, **35**, 1374, 1902]; par l'action du brome à 0° sur une solution chlorhydrique d'acide malonique : l'acide dibromé peu soluble dans HCl précipite [Conrad-Reichenbach, *D. chem. G.*, **35**, 1813, 1902].

Il fond à 130-131° (Willstætter); à 147° (Conrad-Reichenbach), en se décomposant.

Il est soluble dans l'eau, l'alcool, l'éther; peu soluble dans $CHCl^3$ et CS^2.

Chaleur de dissolution dans l'eau et de neutralisation par la potasse [Massol, *Bull. Soc. Chim.*, (3), **7**, 638, 1892; *Ann. Chim.*, (7), **1**, 200, 1894].

Sels de Pb; de K; d'AzH^4; d'Ag (Conrad Reichenbach).

Le sel d'aniline en solution aqueuse se décompose vers 25° en donnant CO^2 et du dibromacétate d'aniline. La soude au bain-marie enlève le brome en donnant l'acide mésoxalique (Conrad-Reichenbach); il en est de même avec l'eau de baryte à l'ébullition (Pétriew).

Dibromomalonate de méthyle, $CBr^2(CO^2CH^3)^2$. — On l'obtient par bromuration directe du malonate de méthyle.

Il fond à 63-65° [Willstætter, *loc. cit.*].

Dibromomalonate d'éthyle $CBr^2(CO^2C^2H^5)^2$. — On l'obtient en traitant par le brome, à la lumière du soleil, soit le malonate, soit le monobromomalonate d'éthyle [Conrad, Bruckner, *D. chem. G.*, **24**, 3001, 1891].

Il distille, en se décomposant partiellement, à 250-256° sous la pression ordinaire, et, sans décomposition appréciable, à 145-155° sous 25 millimètres (Conrad, Bruckner); à 245-250° [Auwers, Bernhardi, *D. chem. G.*, **24**, 2229, 1891].

L'ammoniaque alcoolique donne la dibromoacétamide et de la diamidomalonamide. La réduction par le sodium fournit l'éther diéthylènetétracarbonique. L'acétate de potasse donne avec la solution alcoolique de l'éther mésoxalique. Le phénate de soude donne l'éther diphénoxymalonique. Action de l'éthylate de sodium [Curtiss, *Am.*, **19**, 691; Bischoff, *D. chem. G.*, **30**, 490, 1897].

Chlorobromomalonate de méthyle

$$CClBr(CO^2CH^3)^2.$$

— Prismes fondant à 37° [Conrad-Reichenbach, *D. chem. G.*, **35**, 1813, 1902].

Chlorobromomalonate d'éthyle

$$CClBr(CO^2C^2H^5)^2.$$

— Par l'action du Br sur l'éther chloromalonique [Conrad, Bruckner, *D. chem. G.*, **24**, 2995, 1891]. Liquide, bout en se décomposant partiellement à 239-241° et sans décomposition à 136-139° sous 35 millimètres. $D^{15}_{15} = 1,467$.

L'ammoniaque alcoolique donne la chloracétamide.

ACIDE DIIODO-MALONIQUE. $CI^2(CO^2H)^2$. — Préparation par l'action de l'iode et de l'acide iodique sur l'amide en solution formique. Composé très instable (Willstætter, *D. chem. G.*, 35, 1374, 1902).

Le diiodomalonate de méthyle $CI^2(CO^2CH^3)^2$ se prépare en chauffant l'éther dibromomalonique avec de l'iodure de potassium et un peu d'alcool. Composé très instable, fondant à 79-80° [Willstætter, *loc. cit.*].

Sulfocyanomalonate d'éthyle

$$Az \equiv C - SCH(CO^2C^2H^5)^2.$$

— On l'obtient par l'action du sulfocyanate de potassium sur l'éther chloromalonique. Liquide bouillant à 169-170° sous 22-23 millimètres.

ÉTHERS MALONIQUES MONOSODÉS. $CHNa(CO^2R)^2$. — D'après Nef [*Ann. Chem.*, 266, 113] le sodium ne réagit pas sur l'éther malonique sec et exempt d'alcool; mais cette opinion n'est pas celle de Conrad et Gast [*D. chem. G.*, 31, 1339, 1898].

Les déterminations de poids moléculaire par la méthode ébullioscopique établissent que, dans les solutions alcooliques, le dérivé monosodé se forme réellement [Vorländer, Schilling, *D. chem. G.*, 32, 1876, 1899; Vorländer, *D. chem. G.*, 36, 268, 1903].

La comparaison de la réfraction moléculaire du dérivé sodé et de l'éther générateur conduit à assigner au dérivé sodé la formule

$$CH \begin{cases} \mathbin{/\!\!/} C \begin{cases} ONa \\ OC^2H^5 \end{cases} \\ \diagdown CO^2C^2H^5 \end{cases}$$

[Haller, Muller, *C. R.*, 139, 1180, 1904].

Le sulfure de carbone réagit sur le malonate d'éthyle sodé et donne naissance à un produit sulfuré fondant à 179-180° [Wenzel, *D. chem. G.*, 34, 1043, 1901].

L'iode le transforme en éther acétylène-tétracarbonique.

Le brome en solution sulfocarbonique donne du bromure de sodium, du bromure de soufre et un composé cristallisable en aiguilles jaunes, de formule $C^{16}H^{22}S^3O^8$, fondant à 139° [Wenzel, *D. chem. G.*, 33, 2041, 1900].

Le malonate d'éthyle réagit à 145° sur son dérivé sodé en donnant l'éther phloroglucine-dicarboxylique [Baeyer, *D. chem. G.*, 18, 3457, 1885; Moore, *Chem. Soc.*, 85, 165, 1904].

L'épichlorhydrine donne avec le malonate d'éthyle monosodé, à 40-50°, l'éther γ-chlorovalérolactone-carbonique

$$\begin{array}{l} CH^2 - CH - CO^2C^2H^5 \\ \quad | \qquad\quad > CO \\ CH^2Cl - CH — O \end{array}$$

[Traube, Lehmann, *D. chem. G.*, 32, 720; 34, 1971, 1901].

L'oxyde d'éthylène donne l'éther oxéthylmalonique (Traube, Lehmann).

Le cyanogène fournit le diiminolactame à l'état de sel de sodium rouge [Traube, *D. chem. G.*, 31, 191, 2946; 35, 4121, 1902]. L'urée donne l'acide barbiturique [Tafel, Weinschenk, *D. chem. G.*, 32, 3383, 1900; Gabriel et Colman, *D. chem. G.*, 37, 3657, 1904]. La carbodiphénylimide, à la température ordinaire, donne naissance à un produit d'addition $C^{20}H^{22}Az^2O^4$, dérivé de l'éthénylamidine et formé d'après l'équation :

$$C \begin{cases} = Az - C^6H^5 \\ = Az - C^6H^5 \end{cases} + CH^2(CO^2C^2H^5)^2$$

$$= C \begin{cases} \diagup AzH - C^6H^5 \\ — CH(CO^2C^2H^5)^2 \\ \diagdown\!\!\diagdown Az - C^6H^5 \end{cases}$$

[Traube, Eyme, *D. chem. G.*, 32, 3176, 1899].

L'éther malonique sodé additionne le trinitrobenzène et le trinitroanisol en donnant dans le premier cas une poudre écarlate peu stable, et dans le second une poudre amorphe qui détone légèrement lorsqu'on la chauffe brusquement [Jackson, Gazzolo, *Am. Journ.*, 23, 376, 1900; Jackson, Earle, *ibid.*, 29, 89, 1903].

Action des éthers maloniques sodés sur les corps à fonction éthylénique.

Les composés qui possèdent une fonction éthylénique, au voisinage d'un carbonyle, réagissent sur l'éther malonique sodé : il y a fixation de cet éther sur la double liaison, le sodium se portant sur le carbone qui touche au carbonyle (condensation de Michael).

Ainsi le malonate d'éthyle sodé donne avec le crotonate d'éthyle le 2-méthylpropane-1.3.3-tricarbonate d'éthyle, d'après l'équation :

$$\begin{array}{l} CH^3 \\ | \\ CH \\ \| \\ CH \\ | \\ CO^2C^2H^5 \end{array} + \begin{array}{l} CH \begin{cases} CO^2 - C^2H^5 \\ CO^2 - C^2H^5 \end{cases} \\ | \\ Na \end{array}$$

$$= \begin{array}{l} CH^3 \\ | \\ CH - CH \begin{cases} CO^2 - C^2H^5 \\ CO^2 - C^2H^5 \end{cases} \\ | \\ CHNa \\ | \\ CO^2C^2H^5 \end{array}$$

[Michael, *D. chem. G.*, 33, 3371, 1900].

De même avec l'éther méthylglutaconique, on obtient un éther tétracarbonique qui fournit par saponification et perte de CO^2 le pentane dioïque-2-méthyl-3-méthyloïque suivant l'équation :

$$\begin{array}{l} COOR \;\; CH^3 \\ \quad \diagdown \;\; \diagup \\ \quad CH \\ \quad | \\ \quad CH \\ \quad \| \\ \quad CH \\ \;\; \diagup \\ COOR \end{array} + \begin{array}{l} CH \begin{cases} COOR \\ COOR \end{cases} \\ | \\ Na \end{array} = \begin{array}{l} COOR \;\; CH^3 \\ \quad \diagdown \;\; \diagup \\ \quad CH \\ \quad | \\ \quad CH - CH \begin{cases} COOR \\ COOR \end{cases} \\ \quad | \\ \quad CHNa \\ \;\; \diagup \\ COOR \end{array}$$

[Skraup, *Mon. f. Chem.*, 21, 879].

L'éther éthylène-tétracarbonique fournit l'éther propane-hexacarbonique

$$CH(CO^2R)^2 - C(CO^2R)^2 - CH(CO^2R)^2$$

[Kotz, Stalmann, *J. prakt. Chem.*, 68, 156, 1898].

Les éthers p-tolylacrylique, m-nitrocinnamique fournissent après saponification les acides β-p-tolyl-glutarique et β-m-nitrophényl-glutarique [Avery, *Am. Journ.*, 28, 48].

Avec l'isobutylène-acétone il se produit en outre une fermeture de la chaîne par l'intermédiaire d'une fonction éther, et il y a formation d'isopropyldihydrorésorcylate d'éthyle :

$$(CH^3)^2 = CH - CH \begin{cases} CH^2 - CO \\ CH — CO \end{cases} CH^2$$
$$\qquad\qquad\qquad\qquad | $$
$$\qquad\qquad\qquad\quad CO^2C^2H^5$$

[Crossley, *Chem. Soc.*, 81, 675, 1902].

De même l'oxyde de mésityle donne le diméthylhydrorésorcinate d'éthyle et la diméthylhydrorésorcine, d'après l'équation :

$$\begin{array}{l} CH^3 \\ CH^3 \end{array} > \begin{array}{l} C \\ \| \\ CH \\ | \\ CO - CH^3 \end{array} + \begin{array}{l} CH \begin{cases} CO^2C^2H^5 \\ CO^2C^2H^5 \end{cases} \\ | \\ Na \end{array}$$

$$= \frac{CH^3}{CH^3} > C - CH(CO^2C^2H^5) \rightarrow \frac{CH^3}{CH^3} > C - CH^2$$
$$CH^2 \quad C(OH) \qquad CH^2 \quad C(OH)$$
$$CO - CH \qquad CO - CH$$

[Hans Stobbe, *D. chem. G.*, **34**, 1955, 1901].

Contrairement à l'oxyde de mésityle, la méthyl-3-heptène-3-one-5 se soude fort mal au malonate d'éthyle [Barbier, Leser, *Bull. Soc. Chim.*, **31**, 278, 1904].

Lorsqu'il existe plusieurs doubles liaisons, seule celle qui est au voisinage du carbonyle est atteinte : avec la cinnamylidène-acétone par exemple il se forme, par suite d'une fermeture de la chaîne, la cinnamylidène-hydrorésorcine

$$C^6H^5 - CH = CH - CH < \begin{matrix} CH^2 - CO \\ CH^2 - COH \end{matrix} > CH$$

[Vorlaender, *D. chem. G.*, **36**, 2339, 1903].

Action des dérivés organiques monohalogénés sur les éthers maloniques sodés. — En règle générale il y a formation du sel de sodium correspondant à l'halogène, et soudure des restes des deux molécules organiques en présence. Ainsi les iodures de méthyle, d'éthyle, etc., fournissent les éthers méthyl-, éthyl-, etc., maloniques. (Voyez plus loin la série des homologues supérieurs de l'acide malonique.)

De même le nitrile γ-chlorobutyrique conduit à l'éther γ-cyanopropylmalonique

$$CAz - (CH^2)^3 - CH(CO^2C^2H^5)^2$$

[Fischer, Weigert, *D. chem. G.*, **35**, 3772, 1902 ; — Mellor, *Chem. Soc.*, **79**, 126, 1901].

L'oxyde de bromomésityle donne le composé

$$CH^3 - CO - C \lessgtr \begin{matrix} C(CH^3)^2 \\ CH(CO^2C^2H^5)^2 \end{matrix}$$

[Pauly, Lieck, *D. chem. G.*, **33**, 500, 1900].

L'acétal β-chloropropionique fournit l'éther de l'acide propionacétalmalonique

$$(C^2H^5O)^2 = CH - (CH^2)^2 - CH - (CO^2C^2H^5)^2$$

[Ellinger, *D. chem. G.*, **38**, 2884, 1905].

L'éther γ-bromoisocaproïque fournit un composé qui distille à 195-210° sous 30 millimètres [Noyes, *Am. Chem. Journ.*, **22**, 256, 1899].

L'éther χ-bromoundécylénique fournit l'éther tricarbonique

$$CO^2R - (CH^2)^{10} - CH = (CO^2R)^2$$

[Krafft et Seldis, *D. chem. G.*, **33**, 3571, 1900 ; — Komppa, *D. chem. G.*, **34**, 895, 1901 ; — Walker et Lumsden, *Chem. Soc.*, **79**, 1191, 1901].

La brométhylphtalimide donne l'éther phtaliminoéthylmalonique

$$C^6H^4(CO)^2Az - (CH^2)^2 - CH(CO^2C^2H^5)^2$$

[Fischer, *D. chem. G.*, **34**, 2900, 1901].

L'ε-bromamylphtalimide donne l'éther ε-phtalimidoamylmalonique

$$C^6H^4(CO)^2Az - (CH^2)^5 - CH(CO^2C^2H^5)^2$$

[Manasse, *D. chem. G.*, **35**, 1367, 1902].

Le bromure du méthyl-1-cyclohexanol-3 donne l'éther méthylcyclohexanemalonique

$$\begin{matrix} & CH - CH^3 & \\ CH^2 & & CH^2 \\ CH^2 & & CH - CH(CO^2C^2H^5)^2 \\ & CH^2 & \end{matrix}$$

en même temps qu'un peu de bisméthyl-1-cyclohexyl-3-malonate d'éthyle [Zélinsky et Alexandrof, *Journ. Soc. phys. chim. russe*, **33**, 741, 1901 ; — *D. chem. G.*, **34**, 3885, 1901].

Par exception le chlorure de p-cyanobenzyle fournit le di-p-cyanobenzylmalonate d'éthyle

$$(Az \equiv C - C^6H^4 - CH^2)^2 = C = (CO^2C^2H^5)^2$$

[Moses, *D. chem. G.*, **33**, 2623, 1900].

D'autre part, à raison de la présence de liaisons multiples, les éthers α-bromo ou α-chlorocrotoniques donnent l'éther de l'acide 1-méthyltriméthylène-2.3.3-tricarbonique

$$\begin{matrix} CH^3 - CH - CH - CO^2R \\ \diagdown \diagup \\ C(CO^2R)^2 \end{matrix}$$

[Preisweck, *D. chem. G.*, **36**, 1085, 1903].

Le chlorophénylacétylène donne une combinaison neutre que la chaleur (230°) convertit, avec élimination d'alcool, en un composé phénolique de composition

$$C^6H^4 \begin{matrix} \diagup CH = C - CH(CO^2C^2H^5)^2 \\ \diagdown C(OH) = C - CO^2C^2H^5 \end{matrix}$$

[Nef, *Lieb. Ann.*, **308**, 264, 1899].

Action de l'éther malonique sodé sur les dérivés bihalogénés.

1° *Dibromures* $C^nH^{2n}Br^2$ *de diverses structures.* — Si les deux Br sont fixés à deux C voisins, et si ces deux C sont tous deux primaires ou bien l'un primaire et l'autre secondaire, il se forme des acides contenant un anneau triméthylénique.

Les deux Br étant fixés à deux C voisins, si ces deux C sont tous deux secondaires, ou bien l'un primaire et l'autre tertiaire, on n'obtient pas d'acides ; il se forme principalement des bromures non saturés.

Dans les mêmes conditions si l'un des deux Br est en position tertiaire et l'autre en position secondaire, il se forme, outre le bromure non saturé, un carbure éthylénique et un éther acétylène-tétracarbonique.

Si les deux Br sont fixés à deux C séparés par un troisième, et si les C portant les Br sont tous deux primaires ou bien l'un primaire et l'autre secondaire, il se forme des acides à anneau tétraméthylénique ; dans les mêmes positions, si l'un des Br est fixé à un C tertiaire, il se forme des acides allylmaloniques disubstitués non saturés.

Ainsi, le bromure d'isopropyléthylène donne, outre le bromure éthylénique

$$\frac{CH^3}{CH^3} > CH - CH = CHBr,$$

l'éther isopropyltriméthylène-dicarbonique

$$\begin{matrix} \frac{CH^3}{CH^3} > CH - CH \\ \diagup \diagdown \\ CH^2 - C < \begin{matrix} CO^2C^2H^5 \\ CO^2C^2H^5 \end{matrix} \end{matrix}$$

bouillant à 122-132° sous 18 millimètres.

De même le bromure d'isoprène

$$\frac{CH^3}{CH^2} \gtrless C - CHBr - CH^2Br$$

fournit l'éther isoprényltriméthylène-dicarbonique

$$\frac{CH^3}{CH^2} \gtrless C - CH \begin{matrix} \diagup CH^2 \\ \diagdown C < \begin{matrix} CO^2C^2H^5 \\ CO^2C^2H^5 \end{matrix} \end{matrix}$$

bouillant à 125-128° sous 15 millimètres.

Au contraire le bromure d'isobutylène fournit

comme produit principal le bromure non saturé

$$\begin{matrix}CH^3\\CH^3\end{matrix}\!>C=CHBr$$

et de petites quantités seulement d'isopropylène et d'éther acétylène-tétracarbonique.

D'autre part le bromure de méthyltriméthylène

$$CH^3-CHBr-CH^2-CH^2Br$$

a fourni l'éther éthylique de l'acide méthyltétraméthylène dicarbonique

$$\begin{matrix}CH^3-CH—CH^2\\ \quad | \qquad\quad |\\ CH^2-C\!\begin{matrix}<CO^2C^2H^5\\ <CO^2C^2H^5\end{matrix}\end{matrix}$$

[Ipatief, *Journ. Soc. phys. chim. russe*, **30**, 391; **32**, 648, 1900; **33**, 84, 1901; **33**, 540, 1901; **34**, 351, 1902].

Le bromure de gem-diméthyltriméthylène

$$\begin{matrix}CH^3\\CH^3\end{matrix}\!>CBr-CH^2-CH^2Br$$

donne le diméthylallylmalonate d'éthyle

$$\begin{matrix}CH^3\\CH^3\end{matrix}\!>C=CH-CH^2-CH\!<\!\begin{matrix}CO^2C^2H^5\\CO^2C^2H^5\end{matrix}$$

bouillant à 140-141° sous 20 millimètres.

De même, le bromure de gem-diéthyltriméthylène

$$\begin{matrix}C^2H^5\\C^2H^5\end{matrix}\!>CBr-CH^2-CH^2Br$$

fournit le diéthylallylmalonate d'éthyle

$$\begin{matrix}C^2H^5\\C^2H^5\end{matrix}\!>C=CH-CH^2-CH\!<\!\begin{matrix}CO^2C^2H^5\\CO^2C^2H^5\end{matrix}$$

[Solonina, *Journ. Soc. phys. chim. russe*, **33**, 734, 1901].

Lorsque les deux Br sont fixés à deux C séparés par plusieurs C il y a formation d'acide tétracarboxylé: tel est le cas du dibromo-1.9-nonane [Blaise et Houillon, *Bulletin*, **31**, 960, 1904].

2° *Dérivés bihalogénés à fonctions éthers sels.* — Le dibromomaléate d'éthyle fournit avec le malonate d'éthyle sodé l'éthane-tétracarboxylate d'éthyle [Pum, *Monatsh.*, **9**, 446, 1889: — Richemann et Cunnington, *Chem. Soc.*, **75**, 954, 1899].

Le αα-dibromo-ββ-diméthylglutarate d'éthyle donne le dicarboxydiméthyltriméthylène-malonate d'éthyle

$$(CH^3)^2C\begin{matrix}\diagup C(CO^2C^2H^5)-CH(CO^2C^2H^5)^2\\ |\\ \diagdown CHCO^2C^2H^5\end{matrix}$$

bouillant à 222° sous 30 millimètres [Perkin jun. et Thorpe, *Chem. Soc.*, **79**, 729, 1901].

3° *Dérivés aromatiques bihalogénés.* — La dibromothymoquinone fournit avec l'éther malonique sodé le bromothymoquinone-malonate d'éthyle fondant à 78° [Hoffmann, *D. chem G.*, **34**, 1558, 1901].

La 2.3-dichloro-α-naphtoquinone donne le chloronaphtoquinone-malonate d'éthyle

$$C^{10}H^4O^2Cl-CH(CO^2C^2H^5)^2,$$

poudre jaune fondant à 86° [Michel, *D. chem. G.*, **33**, 2402, 1900].

La dichloro ou la dibromo-3.4-β-naphtoquinone fournit, par substitution du seul Cl placé en α, le 3-chloro-β-naphtoquinone-4-malonate d'éthyle, prismes jaune rougeâtre fondant à 97° [Hirsch, *D. chem. G.*, **33**, 2412, 1900].

Action de l'éther malonique sodé sur les composés trihalogénés. — Le mélange des deux tribromoisopentanes

$$\begin{matrix}CH^3\\CH^2Br\end{matrix}\!>CBr-CHBr-CH^3$$

et

$$\begin{matrix}CH^3\\CH^3\end{matrix}\!>CBr-CHBr-CH^2Br$$

obtenus par l'action d'une molécule de brome sur le bromure de triméthyléthylène ou bien en traitant par un excès de brome le diméthyléthylcarbinol a donné : 1° de l'acétylène-tétracarbonate d'éthyle; 2° l'éther éthylique de l'acide non saturé $C^8H^{12}O^4$ bouillant à 115-124° sous 8 millimètres; 3° un mélange d'éthers non saturés $C^{12}H^{19}BrO^4$ bouillant à 155-157° sous 10 millimètres qui auraient les constitutions suivantes :

$$\begin{matrix}CO^2C^2H^5\\CO^2C^2H^5\end{matrix}\!>CH-\begin{matrix}CH^3\\CH^2\end{matrix}\!>C=CBr-CH^3$$

et

$$\begin{matrix}CH^3\\CH^3\end{matrix}\!>C=CBr-CH^2-CH\!<\!\begin{matrix}CO^2C^2H^5\\CO^2C^2H^5\end{matrix}$$

[Ipatief et Sviderský, *Journ. Soc. phys. chim. russe*, **32**, 648; **33**, 32, 1901].

Le chlorure de dibromo p-oxypseudocumyle donne le dibromo-p-oxypseudocumyle-malonate d'éthyle

$$C^6(CH^3)^3Br^2(OH)-CH\!<\!\begin{matrix}CO^2C^2H^5\\CO^2C^2H^5\end{matrix}$$

fondant à 93°.

Action de l'éther malonique sodé sur les composés tétrahalogénés. — Avec le tétrachlorométhane, l'éther méthylique donne un éther

$$C^{10}H^4O^{12}(CH^3)^6$$

[Zélinsky, *D. chem. G.*, **28**, 2946, 1895].

Le tétrabromure d'acétylène donne du tribromméthylène et l'éther acétylène-tétracarbonique [Crossley, *P. Ch.*, 201].

La tétrachloropyridine fournit, par substitution du Cl qui est en para par rapport à l'Az, le trichloropyridylmalonate d'éthyle

$$\begin{matrix}CH(CO^2C^2H^5)^2\\ \text{(noyau pyridique : Cl, Cl, Cl, Az)}\end{matrix}$$

Éthers maloniques disodés $CNa^2(CO^2R)^2$. — Il résulte de déterminations des poids moléculaires par la méthode ébullioscopique que ces dérivés, en solution alcoolique, se comportent comme un mélange de combinaison monosodée et d'éthylate de sodium [Vorlaender, v. Schilling, *D. chem. G.*, **32**, 1876, 1899; — Vorlaender, *D. chem. G.*, **36**, 268, 1903].

Le tétrachlorure de carbone agissant sur l'éther malonique disodé donnerait, suivant Zélinsky et Doroschewsky [*D. chem. G.*, **27**, 3374, 1894] un éther allène-tétracarbonique, et d'après Dimroth [*D. chem. G.*, **35**, 2881, 1902], l'éther dicarboxyglutaconique.

Le chloral ammoniac donne, avec la solution alcoolique de l'éther disodé, une petite quantité d'un sel de sodium répondant à la formule $C^{11}H^{14}O^6AzNa + 2H^2O$ (Ziverger, *Mon. f. Ch.*, **24**, 737, 1903].

Magnésium malonate d'éthyle,

$$Mg\!<\!\begin{matrix}CH(CO^2C^2H^5)^2\\CH(CO^2C^2H^5)^2\end{matrix}$$

L'amalgame de magnésium, sous l'influence

d'une légère élévation de température, réagit sur le malonate d'éthyle en solution dans le benzène anhydre et donne le dérivé magnésien par substitution du métal à l'H du groupement CH^2.

Pour préparer ce dérivé il est cependant préférable de chauffer le malonate d'éthyle avec une solution d'éthylate de magnésium, obtenue en faisant réagir l'amalgame sur un excès d'alcool absolu [Meunier, *Bull. Soc. Chim.*, **29**, 1176, 1903].

C'est une masse résineuse jaune citron qui régénère le malonate d'éthyle sous l'action de l'eau bouillante.

Comme l'éther sodium-malonique, le dérivé magnésien peut être employé pour la préparation des éthers maloniques alcoylés.

Action de l'éthyliodure de magnésium sur le malonate d'éthyle. — L'action entre molécules égales s'exprime par l'équation :

$$C^2H^5MgI + CH^2(CO^2C^2H^5)^2$$
$$= IMgCH(CO^2C^2H^5)^2 + C^2H^6.$$

Il se dégage de l'éthane et le traitement du produit de réaction par l'eau régénère intégralement le malonate d'éthyle [Meunier, *Bull. Soc. Chim.*, **29**, 1176, 1903].

Mais si le C^2H^5MgI est en excès, les fonctions éther-sel sont attaquées et il y a formation du glycol bitertiaire

$$(C^2H^5)^2C(OH) - CH^2 - C(OH)(C^2H^5)^2,$$

ou plutôt du produit de déshydratation de ce glycol $(C^2H^5)^2C = CH - C(OH)(C^2H^5)^2$ [A. Valeur, *C. R.*, **132**, 833, 1900].

Action des diazoïques : a) *Sur l'acide malonique.* — L'o-nitrodiazobenzène donne l'o-nitrophénylhydrazone de l'acide glyoxylique

$$AzO^2 - C^6H^4 - AzH - Az = CH - CO^2H,$$

fondant à 202° [Busch, Frey, *D. chem. G.*, **36**, 1362, 1903].

b) *Sur le malonate d'éthyle.* — Le chlorure de diazobenzène, en solution neutre ou alcaline, donne naissance à une série de composés auxquels v. Pechmann donna le nom de *dérivés formazyliques*, ainsi qu'à une combinaison (vraisemblablement une phénylhydrazone) qui, par saponification au moyen des alcalis, conduit à la phénylhydrazone mésoxalique [R. Meyer, *D. chem. G.*, **24**, 1241, 1891; — Pechmann, *D. chem. G.*, **25**, 3175, 1892].

c) *Sur les éthers alcoylmaloniques*

$$R'CH = (CO^2R)^2.$$

— Les diazoïques déterminent l'élimination d'un des groupements $- CO^2R$ et conduisent ainsi à la formation d'hydrazones d'acides α-cétoniques, d'après l'équation :

$$R' - CH = (CO^2R)^2 + R''Az = AzOH$$
$$= ROH + CO^2 + R' - C \begin{smallmatrix} CO^2R \\ Az - AzH - R'' \end{smallmatrix}$$

[Favrel, *Bull. Soc. Chim.*, **27**, 324, 1902].

Action des tétrazoïques : a) *Sur l'acide malonique.* — Le tétrazodiphényle donne une poudre rouge impossible à purifier (hydrure de cyclodiphénylformazyle ?) [Wedeking, *Ann. Ch*, **295**, 189, 1897].

b) *Sur les éthers maloniques.* — Le chlorure de tétrazodiphényle en solution acétique donne le diphényldihydrazone-malonate d'éthyle

$$(C^2H^5O^2C)^2 = C = Az - AzH - C^6H^4 - C^6H^4 - AzH - Az = (CO^2C^2H^5)^2,$$

fondant à 178-180° :

L'éther méthylique correspondant, obtenu de la même façon à partir du malonate de méthyle, fond à 217-220°.

Le chlorure de tétrazoditolyle-o donne également l'o-ditolyldihydrazone malonate d'éthyle fondant à 189-190°; l'éther méthylique fond à 210-212°.

De même le chlorure de tétrazodianisyle-o donne l'o-dianisyl-dihydrazone-malonate d'éthyle fondant à 190-192°; l'éther méthylique fond à 268-270° [Favrel, *Bull. Soc. Chim.*, **27**, 314, 323, 1902].

Action de la diazobenzène-imide sur les éthers maloniques. — Il se forme un produit de condensation qui peut exister sous les deux formes énolique et cétonique.

L'éther 1-phényl-5-triazolone-4-carbonique (forme céto)

$$C^6H^5 - Az \begin{smallmatrix} \diagup Az = Az \\ \diagdown CO - CH - CO^2R \end{smallmatrix}$$

dans le cas de l'éther méthylique fond à 82-83° : il est insoluble dans la soude, mais par un long contact il est isomérisé en la forme énolique, fondant à 72-73°. Des dérivés analogues sont obtenus avec le malonate d'éthyle : la forme cétonique fond dans ce cas à 73-74°, mais la forme énolique n'est pas stable.

Les éthers méthylmaloniques se condensent de la même façon [Otto-Dimroth, *D. chem. G.*, **35**, 4041, 4060, 1902].

CONDENSATION AVEC LES ALDÉHYDES : 1° *de l'acide malonique.* — En général les condensations entre les aldéhydes et l'acide malonique libre ne conduisent pas au dérivé éthylénique de l'acide malonique $R - CH = C(CO^2H)^2$; celui-ci se forme bien tout d'abord, mais il est, dans la plupart des cas, peu stable et se décompose avec perte de CO^2, de sorte que le produit final est l'acide éthylénique de la forme

$$R - CH = CH - CO^2H.$$

Les condensations peuvent s'effectuer en présence de l'acide acétique, de l'ammoniaque ou des bases organiques [Knoewenagel, *D. chem. G.*, **31**, 2596, 1898].

En présence de pyridine, l'acide glyoxylique fournit l'acide fumarique [Doebner, *D. chem. G.*, **34**, 53, 1901]; le glyoxal conduit à l'acide muconique [Doebner, *D. chem. G.*, **35**, 1147, 1902]; l'acroléine donne l'acide β-vinylacrylique

$$CH^2 = CH - CH = CH - CO^2H$$

[Doebner, *D. chem. G.*, **35**, 1136, 1902]; l'α-méthyl-β-acroléine donne l'acide γε-diméthylsorbique; l'aldéhyde crotonique donne l'acide sorbique

$$CH^3 - CH = CH - CH = CH - CO^2H$$

[Doebner, *D. chem. G.*, **33**, 2140, 1900]; le citronellal donne l'acide citronellidène-acétique [Hans Rupe, Lotz, *D. chem. G.*, **36**, 2796, 1903].

L'aldéhyde benzoïque en présence d'acide acétique cristallisable, et dans un courant de CO^2, donne l'acide benzalmalonique

$$C^6H^5 - CH = C(CO^2H)^2$$

avec un rendement de plus de 80 0/0 de la théorie [Marussia, Bakounine, *Gazz. chim. ital.*, **31**, (2), 73; 1901].

L'aldéhyde dinitrobenzoïque fournit l'acide dinitrobenzalmalonique [Friedländer, Fritsch, *Mon. f. Chem.*, **23**, 534; 1902].

L'aldéhyde résorcinique en présence de pipéridine conduit à l'éther éthylique de l'acide ombelliférone-α-carbonique

$$C^2H^5O \cdot C_{10}H_4O(COOH)(CO)$$

[Pechmann, Graeger, *D. chem. G.*, **34**, 378; 1901].

L'aldéhyde protocatéchique fournit l'acide caféique [Hayduck, *D. chem. G.*, **36**, 2930; 1903].

La triméthylphloroglucine-aldéhyde en présence de pyridine fournit l'acide 2.4.6-triméthoxycinnamique [Herzig, Weuzel, *Mon. f. Chem.*, **24**, 857; 1903].

2° *Des éthers maloniques.* — En présence de diéthylamine, 3 molécules de malonate d'éthyle se condensent avec 2 molécules de formaldéhyde pour donner du pentane-hexacarboxylate d'éthyle

$$(CO^2C^2H^5)^2=CH-CH^2-C(CO^2C^2H^5)^2-CH^2-CH(CO^2C^2H^5)^2$$

[Bottomley, Perkin, *Chem. Soc.*, **77**, 294; 1900]; 2 molécules d'éther malonique se condensent avec 1 molécule de formaldéhyde en donnant avec un rendement de 75 0/0 le dicarboxyglutarate d'éthyle [Guthzeit, Jahu, *J. f. prakt. Chem.*, **66**, 1; 1902].

La dinitrobenzaldéhyde, en présence de pipéridine, donne le dinitrobenzalmalonate d'éthyle [Friedländer, Fritsch, *Mon. f. Chem.*, **23**, 534; 1902].

L'aldéhyde phénylpropiolique fournit le composé $C^6H^5-C\equiv C-CH=C(CO^2C^2H^5)^2$ [Claisen, *D. chem. G.*, **36**, 3664, 1903].

L'aldéhyde oxhydroquinonique, en présence de pyridine, donne l'éther esculétine-α-carbonique [Pechmann, Krafft, *D. chem. G.*, **34**, 423; 1901].

La cotarnine et l'hydrastinine se condensent aux dépens de leur fonction aldéhyde avec le $-CH^2$ de l'éther malonique [Liebermann, Kropf, *D. chem. G.*, **37**, 211; 1904].

3° *De l'amide malonique.* — Cette amide dissoute dans l'aldéhyde formique donne, après évaporation à sec de la solution, une masse vitreuse $C^6H^{10}Az^2O^4$, qui possède vraisemblablement la formule $CH^2=(O.CH^2)^2=C=(COAzH^2)^2$, et qui donne la réaction du biuret [Schiff, *Gazz. chim. ital.*, **31**, 570; 1901].

L'*isobutylformaldol* se condense avec l'acide malonique sous l'influence d'ammoniaque alcoolique, en donnant la lactone de l'acide 4-diméthylméthylolcrotonique

$$\begin{array}{l} CH^3 \searrow \quad \nearrow CH^2 —— O \\ \qquad\quad C \qquad\qquad\quad | \\ CH^3 \nearrow \quad \searrow CH = CH - CO \end{array}$$

ainsi que la lactone de l'acide 1-oxy-2.2-diméthyl-2-méthyloléthylmalonique

$$\begin{array}{l} CH^3 \searrow \quad \nearrow CH^2 —— O \\ \qquad\quad C \qquad\qquad\quad | \\ CH^3 \nearrow \quad \searrow CH - CH - CO \\ \qquad\qquad\quad\;\; | \qquad | \\ \qquad\qquad\quad OH \quad CO^2H \end{array}$$

[Lilberstein, *Mon. f. Chem.*, **25**, 12; 1904].

Condensation avec les cétones. — 1° *De l'acide malonique.* — L'acétone, à chaud, en présence d'anhydride acétique, donne l'acide β-diméthylacrylique; l'acide pyruvique, en présence d'acide acétique, donne l'acide itaconique, et vraisemblablement aussi de l'acide citramalique, ainsi qu'un isomère de celui-ci [Gazzarolli, Tumlackh, *M.*, **20**, 467]:

2° *Des éthers maloniques.* — En présence d'éthylate de sodium, l'acétone donne non pas les éthers non saturés du type $(CH^3)^2=C=C=(CO^2R)^2$, mais le diméthylhydrorésorcinate d'éthyle et la diméthylhydrorésorcine. Il y a probablement formation préalable d'oxyde de mésityle, qui réagit ainsi qu'il est indiqué plus haut (action de l'éther sur les composés éthyléniques) [Hans Stobbe, *D. chem. G.*, **34**, 1955; 1901].

L'aminoacétylacétone et le malonate d'éthyle en solution alcoolique réagissent molécule à molécule en présence du sodium, et donnent l'α-oxy-α'γ-lutidine-carbonate d'éthyle [Knœvenagel, *D. chem. G.*, **35**, 2390; 1902].

Le tricétopentane, en présence de pipéridine, donne le composé

$$\begin{array}{l} CH^3 - CO \searrow \\ CH^3 - CO \nearrow \end{array} C(OH) \cdot CH(CO^2 \cdot C^2H^5)^2$$

[Sachs, Wolff, *D. chem. G.*, **36**, 3221; 1903].

Condensation du β-naphtol avec le malonate d'éthyle. — Elle s'effectue en présence d'anhydride acétique et conduit au β-naphtocoumarine-α-carbonate d'éthyle

$$\begin{array}{l} CO^2 . C^2H^5 \\ \;\; | \\ C ═══════ CH \\ \qquad\qquad\quad | \\ C_{10}H_6 — O — CO \end{array}$$

[Bartsch, *D. chem. G.*, **36**, 1966; 1903].

Éthers et acide isonitrosomalonique.

$$AzOH = C \begin{array}{l} \nearrow CO^2H \\ \searrow CO^2H \end{array}$$

— On obtient de l'isonitrosomalonate de méthyle en traitant l'isonitrosocyanacétate de méthyle par l'alcool méthylique chlorhydrique [Muller, *Ann. Chim. Phys.*, (7), **1**, 536, 1894], en ajoutant une solution concentrée de nitrite de soude à une solution de l'éther dans SO^4H^2 concentré [Jovitchitch, *D. chem. G.*, **35**, 151; 1902].

L'*isonitrosomalonate d'éthyle* se prépare à l'état de pureté, et avec un rendement de 85 à 90 0/0 de la théorie, en faisant arriver un courant de nitrite de méthyle dans une solution alcoolique de malonate d'éthyle sodé.

C'est un liquide épais, incolore, bouillant sans décomposition à 172° sous 12 millimètres, peu soluble dans l'eau. $D_0^0 = 1.206$.

Ses solutions alcalines sont colorées en jaune.

L'*isonitrosomalonate de méthyle* se prépare de la même façon, mais à condition de former le dérivé sodé de l'éther malonique au sein de l'alcool méthylique absolu.

Il bout à 108° sous 16 millimètres et fond à 67°.

Il est soluble dans l'eau, et donne avec les alcalis des solutions jaunes [Bouveault, Wahl, *Bull. Soc. Chim.*, **29**, 961; 1903].

Les deux éthers méthylique et éthylique, traités par le peroxyde d'azote, donnent simultanément, dans les proportions respectives de 35 à 40 0/0 du rendement théorique, les éthers mésoxaliques et nitromaloniques correspondants [Bouveault, Wahl, *Bull. Soc. Chim.*, **29**, 964; 1903].

L'isonitrosomalonate d'éthyle, traité par AzH^3, donne l'oxime de la mésoxamide

$$AzOH=C=(COAzH^2)^2$$

fondant à 187° [Whiteley, *Chem. Soc.*, **77**, 1040; 1900].

L'*acide isonitrosomalonique*, obtenu par hydrolyse de l'acide isonitrosocyanacétique [Wolff, Gaus, *D. chem. G.*, **24**, 1172, 1891] ou de l'acide dioximidopropionique [Söderbaum, *D. chem. G.*, **25**, 909, 1892], fond à 139°.

Éthers nitromaloniques, $AzO^2CH(CO^2R)^2$.

— Ils se forment par le traitement des éthers isonitrosomaloniques par le peroxyde d'azote (voyez plus haut) [Bouveault, Wahl, *loc. cit.*]. Ils se préparent en traitant l'éther malonique par l'acide azotique réel [Franchimont-Klobbie, *R. Tr. ch. P.-B.*, **8**, 285; 1889]: par l'acide azotique fumant ordinaire [Wahl, *Bull. Soc. Chim.*, **25**, 926; 1901. — Ulpiani, *Lincei*, (5), **12**, 439; 1903].

Le *nitromalonate d'éthyle* est un liquide incolore, bouillant sans décomposition à 127° sous 10 millimètres. $D_0^0 = 1,220$; $D_4^{20} = 1,1988$; il est un peu soluble dans l'eau qu'il colore en jaune [Wahl, *loc. cit.*].

Les sels de potassium et de sodium du nitromalonate d'éthyle sont jaunes (Wahl); le sel d'ammonium fond à 150° en se décomposant [Ulpiani, *loc. cit.*].

Soumis à la saponification partielle au moyen des alcalis, ou mieux de l'éthylate de sodium, cet éther donne de l'acide nitroacétique [Wahl, *Bull. Soc. Chim.*, **25**, 928, 1901. — Bouveault, Wahl, *ibid.*, **31**, 847; 1904].

L'électrolyse du sel d'ammonium donne au pôle positif de l'éthane dinitrotétracarbonate d'éthyle

$$O^2Az - C = (CO^2C^2H^5)^2{}^2.$$

Le sel d'ammonium du nitromalonate d'éthyle, additionné d'une solution aqueuse de formaldéhyde, fournit un composé fondant à 46° [Ulpiani, Pannani, *Gazz. chim. ital.*, **33**, 379; 1903].

Traité à 100° par l'iodure de méthyle, le sel d'ammonium du nitromalonate d'éthyle fournit quantitativement l'éther nitrométhylmalonique, liquide huileux entraînable à la vapeur d'eau, qui, lorsqu'on le soumet à l'action de l'alcoolate de sodium, donne par détachement d'un CO^2, le sel de sodium de l'α-nitropropionate d'éthyle. Les iodures d'éthyle et de propyle agissent d'une façon analogue. Cette réaction peut donc être envisagée comme constituant une méthode générale pour la préparation des éthers α-nitrés des acides gras [Ulpiani, *Gazz. chim. ital.*, **34**, 174, 1906].

ACIDE AMINOMALONIQUE ET DÉRIVÉS ANALOGUES.

L'*acide aminomalonique*

$$AzH^2 - CH \begin{matrix} \diagup CO^2H \\ \diagdown CO^2H \end{matrix}$$

se forme par le traitement des acides halogénés par l'ammoniaque aqueuse ou alcoolique [Lutz, *D. chem. G.*, **35**, 2549; 1902].

De même l'*anilinomalonate de méthyle*

$$C^6H^5 - AzH - CH(CO^2CH^3)^2$$

se forme lorsqu'on traite au bain-marie le monobromomalonate de méthyle par l'aniline (2 molécules). Il fond à 68°; est soluble dans le benzène bouillant et le chloroforme. A 200-260° il se convertit en éther méthylindoxylique.

L'acide correspondant fond à 118-119° en se décomposant, et la diamide à 156° [Conrad, Reinbach, *D. chem. G.*, **35**, 511; 1902].

L'*anthranilomalonate d'éthyle*

$$C^6H^4 \begin{matrix} \diagup AzH - CH(CO^2C^2H^5)^2 \\ \diagdown CO^2H \end{matrix}$$

obtenu à partir de l'acide anthranilique et du monobromomalonate d'éthyle, fond à 127°. L'acide correspondant fond à 185°, et donne avec l'acide sulfurique concentré de l'acide indigo-sulfonique, et par fusion avec la potasse caustique de l'indoxyle ou de l'indigo [Vorlænder, Kœttnitz, *D. chem. G.*, **33**, 2466; 1900].

Le *dianilinomalonate d'éthyle*

$$(C^6H^5AzH^2)^2 = C = (CO^2C^2H^5)^2$$

s'obtient par l'action de l'aniline sur l'éther dibromomalonique [Conrad, Reinbach, *D. chem. G.*, **35**, 511; 1902].

Le *tétraméthyldiaminomalonate d'éthyle*

$$[(CH^3)^2Az]^2 = C = (CO^2C^2H^5)^2$$

s'obtient de même par le traitement de l'éther dibromomalonique par la diméthylamine [Willstætter, *D. chem. G.*, **35**, 1378, 1902].

Acide oxazomalonique,

$$O \begin{matrix} \diagup Az \diagdown \\ | \\ \diagdown Az \diagup \end{matrix} C \begin{matrix} \diagup CO^2H \\ \diagdown CO^2H \end{matrix}$$

— On l'obtient par saponification, au moyen de la lessive de soude, du produit qui se forme lorsqu'on traite par AzO une solution alcoolique de malonate d'éthyle sodé [Traub, *Ann. Chem.*, **300**, 104, 1898; *D. chem. G.*, **28**, 1795, 1895].

Le sel $C^3O^5Az^2Na^2 + 2H^2O$ est en petites aiguilles brillantes, insolubles dans l'alcool; il détone par la chaleur.

Le sel $C^3O^5Az^2Ba + 2H^2O$ est en feuillets brillants; il détone également lorsqu'on le chauffe.

HOMOLOGUES DE L'ACIDE MALONIQUE

ACIDE MÉTHYLMALONIQUE (*Isosuccinique*),

$$CH^3 - CH \begin{matrix} \diagup CO^2H \\ \diagdown CO^2H \end{matrix}$$

(Voyez Dict., **3**, 15; Suppl., **2**, 969). — Il se forme en petite quantité par l'action de l'iodure de méthyle sur le malonate d'argent [Herzig et Wenzel, *Mon. f. Chem.*, **24**, 101; 1903]. L'anhydride de l'éther diazoacétylacétique se décompose violemment à 100°, avec formation des méthylmalonates neutre et acide [Wolff, *Ann. Chem.*, **325**, 129; 1902].

On le prépare en traitant à chaud l'acide α-bromopropionique par le cyanure de potassium, en solution dans l'alcool étendu; le nitrile formé est hydrolysé au moyen de la potasse, et l'acide mis en liberté par addition d'HCl concentré est purifié par décomposition, au moyen de H^2S, du sel de plomb obtenu sous forme de précipité, par addition d'acétate de plomb à une solution aqueuse de l'acide [Pusch, *Arch.*, **232**, 188. — Byk, *J. prakt. Chem.*, (2), **1**, 19. 1878]. Il fond à 120-121° sans dégagement de CO^2 [Salzer, *J. prakt. Chem.*, (2), **57**, 503, 1898], à 135° [Wislicenus et Kieservetter, *D. chem. G.*, **27**, 797, 1894]. 100 centimètres cubes de solution aqueuse contiennent: à 0° 44g,3; à 25° 67g,9; à 50° 91g,5 d'acide [Massol-Lamouroux, *C. R.*, **128**, 100, 1899]. Soluble dans l'alcool, l'éther, l'acide acétique, etc. Chaleur de neutralisation [Massol, *Ann. Chim. Phys.*, (7), **1**, 201 1894]. Acidité des sels acides [Smith, *Zeit. Ph. Chem.*, **25**, 193]. Chaleur de combustion moléculaire [Stohmann, *J. prakt. Chem.*, (2), **49**, 114, 1894].

Sels: d'ammonium, de potassium [Massol, *Ann. Chim. Phys.*, (7), **1**, 202, 1894. — Pusch, *Arch.*, **232**, 192], de calcium [Salzer, *Centr. Bl.*, 1899; **1**, 162; *J. prakt. Chem.*, (2), **57**, 503, 1898], de baryum difficilement soluble dans l'eau [Marburg, *Ann. Chem.*, **294**, 107] de zinc, de plomb, de cuivre [Pusch, *loc. cit.*].

La solution saturée froide du sel de sodium ne donne, avec le perchlorure de fer, aucun précipité immédiat, mais fournit après quelque temps une gélatine brune transparente; les solutions étendues se comportent de même à chaud

(Wagner, Communication fabr. C. A. F. Kalbaum).

L'électrolyse de l'acide méthylmalonique donne de l'hydrogène et de l'oxygène avec très peu d'éthylène, de CO et de CO^2, dont la quantité augmente peu avec la concentration [Petersen, *Zeit. physik. Chem.*, **33**, 698, 1900].

Le sel de potassium de l'éther monoéthylique donne, par électrolyse, l'éther diéthylique de deux acides diméthylsucciniques sym. [Petersen, *Centr. Bl.*, 1897, **2**, 519].

Comme l'acide malonique, l'acide méthylmalonique donne, avec l'o-phénylène-diamine, un composé cyclique à 2 atomes d'azote :

$$C^6H^4 \left\langle \begin{array}{l} AzH-CO \\ AzH-CO \end{array} \right\rangle CH-CH^3$$

[Meyer, *Lieb. Ann.*, **327**, 1, 1903].

Éther diéthylique, $CH^3-CH(CO^2C^2H^5)^2$. — Il prend naissance dans la distillation de l'éther méthyloxalacétique [Wislicenus, Kiesewetter, *D. chem. G.*, **27**, 796, 1894].

Acide chlorométhylmalonique,

$$CH^3-CCl(CO^2H)^2.$$

— Le sel de potassium $C^4H^3O^4ClK^2$ est difficilement soluble dans l'alcool [Bischoff, Walden, *Lieb. Ann.*, **279**, 164, 1894].

Acide bromométhylmalonique,

$$CH^3-CBr(CO^2H)^2.$$

— Il fond à 118-119° [Tanatar, *Lieb. Ann.*, **273**, 41, 1893].

Son *éther diéthylique*, $CH^3-CBr(CO^2C^2H^5)^2$, se prépare par l'action, à molécules égales, du brome sur l'éther méthylmalonique [Richemann, *D. chem. G.*, **26**, 2356, 1893]. Il bout à 115-118°; $D^{12} = 1,3370$.

Avec l'éther malonique sodé il donne l'éther de l'acide éthylène-tétracarbonique.

Acide αβ-dibromométhylmalonique,

$$CH^2Br-CBr(CO^2H).$$

L'*éther diéthylique*, $CH^2Br-CBr(CO^2C^2H^5)^2$, se prépare en traitant par le brome l'éther méthylène-malonique en solution dans le chloroforme. Huile distillant à 130-140° en se décomposant faiblement [Haworth et Perkin, *Chem. Soc.*, **73**, 342, 1898; — Komppa, *Centr. Bl.*, 1898, **2**, 1169].

Nitrométhylmalonate d'éthyle,

$$AzO^2-C(CH^3)(CO^2C^2H^5)^2.$$

— Préparation : par l'action de l'acide azotique sur le méthylmalonate d'éthyle [Franchimont, *R. Tr. chim. P.-B.*, 1889, **8**, 285]: en traitant le sel ammoniacal du nitromalonate d'éthyle $AzH^4-AzO^2=C(CO^2C^2H^5)^2$ par CH^3I en présence d'alcool [Ulpiani, *Lincei*, (5), **12**, 439; 1903; *Gazz. chim. ital.*, **34**, 174, 1904].

Par saponification ce composé fournit l'α-nitropropionate d'éthyle $CH^3-CH(AzO^2)-CO^2C^2H^5$ [Franchimont, *loc. cit.* — Ulpiani, *loc. cit.*].

Anilinométhylmalonate de méthyle,

$$C^6H^5-AzH-C(CH^3)(CO^2CH^3)^2.$$

— On le prépare par l'action de l'iodure de méthyle sur l'éther anilinomalonique sodé, ou par l'action de l'aniline sur l'éther bromométhylmalonique. Ce composé fond à 97° [Conrad et Reinbach, *D. chem. G.*, **35**, 511, 1902].

Action des diazoïques sur l'éther méthylmalonique. — Les diazoïques agissant sur les éthers maloniques *monosubstitués* provoquent l'élimination d'un groupement CO^2R et ne donnent pas d'azoïque mixte. Ainsi, avec le méthylmalonate d'éthyle, le chlorure de diazobenzène donne la phénylhydrazone du pyruvate d'éthyle

$$C^6H^5-AzH-Az=C \left\langle \begin{array}{l} CO^2C^2H^5 \\ CH^3 \end{array} \right.$$

fondant à 117-118°.

De même le chlorure de diazo-p-toluyle donne la p-toluylhydrazone du pyruvate d'éthyle [Favrel, *C. R.*, **132**, 1336, 1901; *Bull. Soc. Chim.*, **27**, 324, 1902].

Action des dérivés halogénés sur les éthers méthylmaloniques sodés. — L'acide chloromalonique donne l'éther α-éthane-tétracarbonique, l'éther éthylène-tétracarbonique et l'éther mésoxalique.

L'éther bromomalonique donne l'éther de l'acide 2.3.3.4-tétracarbonique-pentane-dioïque, ainsi qu'un peu d'éther $(CO^2R)^2=CH-C(CH^3)=(CO^2R)^2$ [Bischoff, *D. chem. G.*, **29**, 1505, 1896].

Le chlorofumarate d'éthyle fournit le méthylcarboxyaconitate d'éthyle

$$CH^3-C(CO^2C^2H^5)^2-C(CO^2C^2H^5)=CH-CO^2C^2H^5$$

[Ruhemann, *Chem. Soc.*, **81**, 1212, 1902].

Le γ-bromisocaproate d'éthyle donne l'éther triméthylcarboxyladipique

$$(CO^2C^2H^5)^2=C(CH^3)-C(CH^3)^2-CH^2-CH^2-CO^2C^2H^5$$

[Noyes, *D. chem. G.*, **33**, 54, 1900; — *Am. Journ.*, **23**, 128, 1900].

La bromoacétophénone donne l'éther benzoyldiméthylmalonique

$$\begin{array}{c} \qquad\qquad\qquad\quad CO^2C^2H^5 \\ \qquad\qquad\qquad\quad | \\ C^6H^5\ CO-CH^2-C-CH^3 \\ \qquad\qquad\qquad\quad | \\ \qquad\qquad\qquad\quad CO^2C^2H^5 \end{array}$$

[Oppenheim, *D. chem. G.*, **34**, 4227, 1901].

Le bromure d'éthylène donne l'éther éthylique de l'acide γ-bromoéthylisosuccinique et un peu d'éther de l'acide diméthyldicarboxyladipique symétrique.

Action des éthers méthylmaloniques sodés sur les corps à fonction éthylénique. — L'oxyde de mésityle donne le 2.6-dicéto-3.4-triméthylhexaméthylène-3-carboxylate d'éthyle

$$\begin{array}{l} CH^3 \\ CH^3 \end{array} \!\!\!> C \left\langle \begin{array}{l} C(CH^3)(CO^2C^2H^5)-CO \\ CH^2 \text{———————} CO \end{array} \right\rangle CH^2$$

[Crossley, *Chem. Soc.*, **79**, 138, 1901].

L'éther fumarique fournit deux acides $C^7H^{10}O^6$ fondant l'un à 138-141°, l'autre à 170-172° [Skraup et Piccoli, *Mon. f. Ch.*, **23**, 269, 1902].

L'éther citraconique fournit, d'après Skraup [*Mon. f. Ch.*, **21**, 879, 1900], l'éther de l'acide pentane-dioïque-2.3-diméthyl-3-méthyloïque

$$\begin{array}{l} CH^3 \quad CO^2H \\ \quad \diagdown \ \diagup \\ \quad\ C \text{———} CH-CO^2H \\ \quad\ | \qquad\quad\ | \\ \quad\ CH^2 \quad\ CH^3 \\ \quad\ | \\ \quad\ CO^2H \end{array}$$

Mais d'après Michael [*D. chem. G.*, **33**, 3731, 1900] et Svoboda [*Mon. f. Ch.*, **23**, 842, 1902] la réaction serait toute différente : il se formerait un éther cétonique $C^9H^7O^4(OC^2H^5)^3$ auquel Michael attribue la composition suivante :

$$\begin{array}{l} \qquad\qquad\quad CO \text{———} C \left\langle \begin{array}{l} CH^3 \\ CO^2C^2H^5 \end{array} \right. \\ \qquad\qquad\quad | \qquad\quad\ \ | \\ (CO^2C^2H^5)CH \text{———} C \left\langle \begin{array}{l} CH^3 \\ CO^2C^2H^5 \end{array} \right. \end{array}$$

ACIDE DIMÉTHYLMALONIQUE, $(CH^3)^2C(CO^2H)^2$

Il se forme : dans l'oxydation par le permanganate de l'acide α-diméthylglutaconique [Henrich, *D. chem. G.*, **32**, 670, 1899]; du 2.2-diméthylpropane-diol-1.3 [Just. *Mon. f. Ch.*, **17**, 82, 1896]; du dioxyde du diméthylpropyl-glycol [Fischer et Winter, *Mon. f. Ch.*, **21**, 30, 1900]; du diméthylpropylglycol [Wessceley, *Mon. f. Chem.*, **21**, 216, 1900]: de l'acide filicinique [Boehm, *Lieb. Ann.*, **307**, 249, 1899]; des acides cis et trans-αα-diméthylglutaconique [Perkin jun., *Chem. Soc.*, **81**, 246, 1902]; de l'acide diméthylvinylacétique [Blaise et Courtot, *Bulletin*, **31**, 957, 1904]; par l'ébullition pendant 6 jours de la fenchone avec AzO^3H concentré [Gardner, Cockburn, *Chem. Soc.*, **73**, 708, 1898]; dans l'oxydation au moyen d'un courant d'oxydes de l'azote de l'acide tétraméthyl-β-oxyglutarique en solution aqueuse [Mikhaïlenko et Jarovsky, *Journ. Soc. phys. chim. russe*, **32**, 238, 1900]; dans l'oxydation de l'acide oxypivalique ou de son éther éthylique [Blaise et Marcilly, *Bull. Soc. chim.*, **29**, 217; **31**, 163, 1904]; dans l'oxydation des acides diméthyl- et triméthylglutaconiques [Blaise, *ibid.*, **29**, 1017 et 1026, 1903]; dans l'oxydation soit par MnO^4K, soit par AzO^3H dilué ou le mélange chromique du 3.5-dichloro-1.1-diméthyl-Δ-2.4-dihydrobenzène [Crossley et Lesueur, *Chem. Soc.*, **81**, 821, 1902]; dans l'oxydation nitrique du diméthylacétoacétate de méthyle [Perkin, *Chem. Soc.*, **83**, 1217, 1903].

L'acide diméthylmalonique fond à 192-193° en se décomposant en CO^2 et acide isobutyrique [Königs et Hörlin, *D. chem. G.*, **26**, 2049, 1893]. Acidité de ses sels acides [Smith, *Zeit. phys. Chem.*, **25**, 193].

L'électrolyse du sel de potassium de l'éther mono-éthylique fournit les éthers des acides tétraméthylsuccinique et méthacrylique.

Par l'action du sodium sur un mélange de diméthylmalonate d'éthyle et d'acétate d'éthyle il se forme de l'αα-diméthylacétone-dicarboxylate d'éthyle,

$$CO^2(C^2H^5) - C(CH^3)^2 - CO - CH^2 - CO^2C^2H^5$$

[Perkin jun. et Smith, *Chem. Soc.*, **83**, (8), 771, 1903].

Acide éthylmalonique, $C^2H^5 - CH(CO^2H)^2$. — Il cristallise avec 1 molécule d'eau qui part lentement à 100°. L'acide sec fond à 115°. 100 centimètres cubes de solution aqueuse contiennent : à 0°, 52,8 et à 50°, 90,8 p. d'acide [Smith, *Zeit. phys. Chem.*, **25**, 193]. Il donne par l'électrolyse de l'hydrogène, de l'oxygène, des alcools propylique et isopropylique, ainsi que du propylène dont la quantité croît avec la concentration et la densité du courant [Petersen, *Zeit. physik. Chem.*, **33**, 698, 1900].

Éther diéthylique, $C^2H^5 - CH(CO^2C^2H^5)^2$. — Il s'obtient avec un rendement très satisfaisant par l'action de C^2H^5I sur le magnésium-malonate d'éthyle [Meunier, *Bull. Soc. Chim.*, **29**, 1176, 1903]. Il se forme également par l'action de C^2H^5I sur le malonate d'éthyle en présence d'oxyde d'argent [Lander, *Chem. Soc.*, **77**, 729, 1900]. Il prend naissance au cours de la distillation de l'éther éthyloxalacétique à la pression ordinaire [Wislicenus et Kiesewetter, *D. chem. G.*, **31**, 194, 1898].

Traité par l'éthylate de magnésium, il fournit le magnésium-éthylmalonate d'éthyle (Meunier).

Il donne avec le chlorure de diazobenzène la phénylhydrazone du butanone-2-oate d'éthyle

$$C^6H^5 - AzH - Az = C \begin{matrix} \diagup CO^2C^2H^5 \\ \diagdown CH^2 - CH^3 \end{matrix}$$

La même réaction se produit avec le chlorure de diazoparatoluyle [Favrel, *Bull. Soc. Chim.*, **27**, 324, 1902].

L'éthylmalonate d'éthyle sodé, condensé avec l'éther α-bromobutyrique, donne l'éther tricarboxylé qui fournit par saponification les deux acides diéthylsucciniques stéréoisomères [K. Auvers, *Lieb. Ann.*, **309**, 316, 1899]; condensé avec le chlorofumarate d'éthyle, il fournit l'éthylcarboxyaconitate d'éthyle

$$C^2H^5 - C(CO^2C^2H^5)^2 - C(CO^2C^2H^5) = CH - CO^2C^2H^5$$

[Ruhemann, *Chem. Soc.*, **81**, 1212, 1902]. Action de l'o-nitrophénylindone [Bakounine, *Gazz. chim. ital.*, **30**, II, 340, 1900].

Éther diamylique (gauche). — Pouvoir rotatoire [Walden, *Journ. Soc. Phys. Chim. russe*, **30**, 767; *Centr. Bl.*, 1899, 1, 327].

Brométhylmalonate d'éthyle,

$$C^2H^5 - CBr(CO^2C^2H^5)^2.$$

— Il se prépare par l'action du brome sur l'éther éthylmalonique. Il bout à 125°. $D^{19} = 1,3150$ [Richemann, *D. chem. G.*, **26**, 2357, 1893].

Acide dibrométhylmalonique,

$$C^3H^4Br^2(CO^2H)^2.$$

— Obtenu en faisant réagir 2 atomes de brome sur une molécule d'acide vinaconique en solution dans le chloroforme, il fond à 112-113° en se décomposant [Marburg, *Lieb. Ann.*, **294**, 125, 1896].

Acide nitro-éthylmalonique,

$$(C^2H^5)AzO^2 = C = (CO^2H)^2.$$

— Son éther diéthylique s'obtient en laissant en contact pendant 48 heures l'éthylmalonate d'éthyle avec de l'AzO^3H de densité 1,5. Cet éther est huileux et indistillable. L'alcoolate de sodium le transforme en CO^3Na^2 et α-nitrobutyrate d'éthyle [Ulpiani, *Gazz. chim. ital.*, **35**, (1), 273, 1905].

Acide aminoéthylmalonique,

$$C^2H^5(AzH^2) = C = (CO^2H)^2.$$

— On l'a obtenu en traitant l'acide brométhylmalonique par AzH^3 en solution aqueuse ou alcoolique [Lutz, *D. chem. G.*, **35**, 2549, 1902].

Acide méthyléthylmalonique,

$$\begin{matrix} CH^3 \\ C^2H^5 \end{matrix} > C < \begin{matrix} CO^2H \\ CO^2H \end{matrix}$$

— Il se forme par l'oxydation au moyen de l'acide chromique en solution dans l'acide sulfurique à 60 0/0 de l'acide αα-méthyléthylhydracrylique [Blaise, Marcilly, *Bull. Soc. chim.*, **31**, 320, 1904].

Il fond à 118° [Conrad, Bischoff, *Lieb. Ann.*, **204**, 147]; à 122° [Blaise, Marcilly, *loc. cit.*].

Acidité des sels acides [Smith, *Zeit. ph. Ch.*, **25**, 193, 1897].

Par distillation sèche il donne l'acide méthyléthylacétique [Conrad, Bischoff, *Lieb. Ann.*, **204**, 148, 1881; — Blaise, Marcilly, *Bull. Soc. chim.*, **31**, 317, 1904].

Le sel acide de brucine chauffé à 170° a fourni un acide valérique actif, renfermant 10 0/0 d'acide *l.* et 90 0/0 d'acide *r.* [Marckwald, *D. chem. G.*, **37**, 349, 1904].

Acide méthylchloréthylmalonique,

$$\begin{matrix} CH^2Cl - CH^2 \\ CH^3 \end{matrix} > C < \begin{matrix} CO^2H \\ CO^2H \end{matrix}$$

Éther diéthylique,

$$(CH^2Cl \cdot CH^2)(CH^3) = C = (CO^2C^2H^5)^2.$$

— Préparé par l'action du chlorure d'éthylène sur l'éther sodométhylmalonique en solution alcoolique. C'est un liquide bouillant à 127-128°. Il se décompose à 265° en chlorure d'éthyle et en α-méthylbutyrolactone-carbonate d'éthyle [Marburg, *Lieb. Ann.*, **294**, 103, 1896].

Acide méthylbrométhylmalonique,

$$\begin{matrix} CH^2Br\,CH^2 \\ CH^3 \end{matrix} > C < \begin{matrix} CO^2H \\ CO^2H \end{matrix}$$

Éther diéthylique. — Il se forme, à côté d'autres produits, par addition de bromure d'éthylène à une solution alcoolique chaude d'éther méthylmalonique sodé [Marburg, *Lieb. Ann.*, **294**, 100, 1896].

Huile bouillant à 134-135° sous 8 millimètres, se décomposant à 260° ou par l'action de la baryte en C^2H^5Br et α-méthylbutyrolactone-carbonate d'éthyle.

ACIDE PROPYLMALONIQUE,

$$CH^3-CH^2-CH^2-CH < \begin{matrix} CO^2H \\ CO^2H \end{matrix}$$

— On le prépare par l'action de l'iodure de propyle sur le malonate d'éthyle sodé ; il se forme en outre un peu de propylène [Nef, *Lieb. Ann.*, **309**, 126, 1899]. Il fond à 93°,5 ; 100 centimètres cubes de solution aqueuse contiennent à 0°, 45g,6 et à 50°, 94g,4 d'acide [Massol, Lamouroux, *C. R.*, **128**, 100, 1899]. Chaleur de dissolution et de neutralisation [Massol, *C. R.*, **127**, 1223, 1899].

Acide δ-bromopropylmalonique,

$$CH^2Br-CH^2-CH^2-CH(CO^2H)^2.$$

— L'éther diéthylique de cet acide se forme lorsqu'on fait réagir molécule à molécule le bromure de triméthylène $CH^2Br-CH^2-CH^2Br$ sur l'éther malonique sodé. Cet éther bout à 158-160° sous 14 millimètres [Willstaetter, *D. chem. G.*, **33**, 1140, 1900].

Acide γ-bromopropylmalonique.

$$CH^3-CHBr-CH^2-CH(CO^2H)^2.$$

— Il s'obtient par l'action, à froid, de l'acide bromhydrique sur l'acide allylmalonique ou sur l'acide méthylvinaconique [Marburg, *Lieb. Ann.*, **294**, 121, 1896].

Il se présente en croûtes granuleuses fondant à 107°,5, assez solubles dans l'éther, l'alcool et le chloroforme chaud, peu solubles dans le benzène froid, insoluble dans CS^2 et la ligroïne.

Par ébullition avec l'eau il donne l'acide valérolactone-carbonique.

Acide γδ-dibromopropylmalonique,

$$CH^2Br-CHBr-CH^2-CH(CO^2H)^2.$$

— On l'obtient par addition, à l'obscurité et à 0°, de brome à une solution d'acide allylmalonique dans le CS^2 ou l'acide acétique [Hjelt, *D. chem. G.*, **15**, 624, 1882 ; *Lieb. Ann.*, **216**, 58, 1883].

Il fond à 124°,5, est à peu près insoluble dans le sulfure de carbone [Marburg, *Lieb. Ann.*, **294**, 121, 1896].

Acide αδ-dibromopropylmalonique,

$$CH^2Br-CH^2-CH^2-CBr(CO^2H)^2.$$

— L'éther diéthylique de cet acide s'obtient par l'action du brome sur l'éther δ-bromopropylmalonique ; cet éther bout à 177° sous 11 millimètres [Willstaetter, *D. chem. G.*, **33**, 1140, 1900].

L'éther αδ-dibromopropylmalonique traité par AzH^3 donne le dérivé amidé qui, soumis à l'hydrolyse, donne par perte de CO^2, l'acide α-pyrrolidine-carbonique :

```
          AzH
  CH²  /     \  CH-CO²H
  CH²  ———————  CH²
```

Les mêmes réactions effectuées avec la méthylamine conduisent à l'acide hygrique (acide Az-méthylpyrrolidine-α-carbonique)

```
          Az-CH³
  CH²  /        \  CH-CO²H
  CH²  ——————————  CH²
```

[Willstaetter, Ehlinger, *D. chem. G.*, **35**, 620, 1902].

Acide αγ-dibromopropylmalonique (?)

$$CH^3-CHBr-CH^2-CBr(CO^2H)^2 ?$$

— Ce dérivé se formerait par l'addition à 1 molécule d'acide méthylvinaconique, dissoute dans le chloroforme anhydre, de 2 atomes de brome en solution dans le même dissolvant [Marburg, *Lieb. Ann.*, **294**, 125, 1896].

Aiguilles brillantes fondant à 130-131° en se décomposant. Insoluble dans le sulfure de carbone, soluble dans l'eau.

Éther propylnitromalonique. — Obtenu par l'action de l'acide azotique (D = 1,5) sur le propylmalonate d'éthyle. Huile distillant à 130° sous 20 millimètres [Ulpiani, *Gazz. chim. ital.*, **35**, 273, 1905].

ACIDE ISOPROPYLMALONIQUE,

$$\begin{matrix} CH^3 \\ CH^3 \end{matrix} > CH-CH < \begin{matrix} CO^2H \\ CO^2H \end{matrix}$$

— Dans la préparation de l'isopropyl-malonate d'éthyle par l'action de l'iodure d'isopropyle sur l'éther malonique sodé, il se forme une quantité importante de propylène [Nef, *Lieb. Ann.*, **309**, 126, 1899].

Acidité des sels acides [Smith, *Zeit. phys. Ch.*, **25**, 193].

L'éther diméthylique bout à 195° [Bischoff, *D. chem. G.*, **29**, 977, 1896].

Acide n-butylmalonique,

$$CH^3-(CH^2)^3-CH(CO^2H)^2.$$

— Il fond à 98°,5 [Massol, *Bull.*, (3), **21**, 277, 1899].

100 centimètres cubes de solution aqueuse contiennent à 0°, 11g,6 et à 50°, 79g,3 d'acide [Lamouroux, *C. R.*, **128**, 1000, 1899]. Chaleurs de dissolution et de neutralisation [Massol, *loc. cit.*]. Conductibilité électrique [Walden, *Ph. Ch.*, **8**, 449, 1889].

Acide s-butylmalonique,

$$\begin{matrix} C^2H^5 \\ CH^3 \end{matrix} > CH-CH(CO^2H)^2$$

Éther diéthylique, $C^3H^{10}(CO^2C^2H^5)^2$ [Kulisch, *Mon. f. Chem.*, **14**, 562, 1893].

Acide isobutylmalonique,

$$\begin{matrix} CH^3 \\ CH^3 \end{matrix} > CH-CH^2-CH(CO^2H)^2$$

Conductibilité électrique [Walden, *Ph. Ch.*, **8**, 450, 1889].

Acide β-bromoisobutylmalonique,

$$\begin{matrix} CH^3 \\ CH^3 \end{matrix} > CH-CHBr-CH(CO^2H)^2$$

L'isopilocarpine, oxydée à 80° par le permanganate, donne un acide lactonique

```
(CH³)² = CH - CH - CH - CO²H
              |      |
              O  —  CO
```

dont l'éther chauffé avec le pentabromure de phosphore conduit aux éthers β-bromoisobutylmalonique et isobutylène-malonique [Jowett, *Chem. Soc.*, **77**, 857, 1900].

ACIDE DIÉTHYLMALONIQUE

$$\begin{matrix}C^2H^5\\C^2H^5\end{matrix}>C<\begin{matrix}CO^2H\\CO^2H\end{matrix}$$

Chaleur de combustion moléculaire [Stohmann, *J. pr. Chem.*, (2), **49**, 114, 1894]; conductibilité électrique [Walden, *Zeit. ph. Ch.*, **8**, 451, 1889]; acidité des sels acides [Smith, *Zeit. ph. Ch.*, **25**, 193, 1895].

Éther monoéthylique

$$(C^2H^5)^2=C<\begin{matrix}CO^2H\\CO^2C^2H^5\end{matrix}$$

— Le sel de potassium donne par l'électrolyse une combinaison $C^{14}H^{26}O^4$, et les éthers des acides tétraéthylsuccinique et éthylcrotonique [Brown, Walker, *Lieb. Ann.*, **274**, 51, 1993].

Éther diéthylique $(C^2H^5)^2=C=(CO^2C^2H^5)^2$. — Il s'obtient lorsqu'on traite par l'iodure d'éthyle le dérivé magnésien formé par l'action de l'éthylate de magnésium sur l'éther éthylmalonique. Il bout à 220-222° [Meunier, *Bull. Soc. Chem.*, **29**, 1176, 1903].

ACIDE MÉTHYLISOPROPYLMALONIQUE.

$$\begin{matrix}(CH^3)^2=CH\\CH^3\end{matrix}>C<\begin{matrix}CO^2H\\CO^2H\end{matrix}$$

Éther diéthylique. — On l'obtient par l'action à chaud du bromure d'isopropyle sur l'éther méthylmalonique sodé, en solution dans l'alcool absolu [Perkin, *Chem. Soc.*, **69**, 1477, 1896].

Liquide bouillant à 217-222°.

ACIDE ISOAMYLMALONIQUE

$$(CH^3)^2CH-CH^2-CH^2-CH(CO^2H)^2.$$

— Il fond à 98°; est soluble à raison de 38.5 0/0 et de 83,4 0/0 dans l'eau à 0° et à 50° [Massol, Lamouroux, *C. R.*, **128**, 1000, 1898].

Chaleur de neutralisation; chaleur de formation du sel de potassium [Massol, *C. R.*, **127**, 526, 1898].

Éther diamylique l. $C^5H^{11}-CH(CO^2C^5H^{11})^2$. — Mesure du pouvoir rotatoire [Walden, *Journ. Soc. phys. chim. russe*, **30**, 767; *Centr. Bl.*, 1899, I, 327].

Acide chlorisonitrosoisoamylmalonique

$$\begin{matrix}(CH^3)^2=CCl-C & CH^2-CH(CO^2H)^2\\ | & \\ AzOH & \end{matrix}$$

Éther diéthylique. — On l'obtient en traitant à froid l'éther gem-diméthylallylmalonique par le nitrite d'amyle et l'acide chlorhydrique, ou par le chlorure de nitrosyle [Ipatiew, *J. Soc. phys. chim. russe*, **30**, 391; **31**, 437; *Centr. Bl.*, 1898, II, 660; 1899, II, 176].

Prismes incolores, fondant à 85-87°, insolubles dans l'eau, solubles dans le benzène.

Lorsqu'il a été chauffé pendant quelques minutes avec HCl, il réduit la liqueur de Fehling.

ACIDE ETHYLISOPROPYLMALONIQUE

$$\begin{matrix}C^2H^5\\C^3H^7\end{matrix}>C<\begin{matrix}CO^2H\\CO^2H\end{matrix}$$

Éther diéthylique. — On le prépare en traitant l'éthylmalonate d'éthyle sodé, en solution alcoolique, par l'iodure d'isopropyle. Il bout à 232-233° [Crossley, Le Sueur, *Chem. Soc.*, **77**, 83, 1900].

ACIDE DIÉTHYLISOSUCCINIQUE

$$\begin{matrix}C^2H^5\\C^2H^5\end{matrix}>CH-CH<\begin{matrix}CO^2H\\CO^2H\end{matrix}$$

— Il s'obtient par saponification, au moyen de l'eau de baryte, de l'éther obtenu en traitant le malonate d'éthyle sodé par l'iodopentane $C^2H^5-CHI-C^2H^5$. Il fond à 52-53°. Son éther diéthylique bout à 242-245°. La dianilide

$$\begin{matrix}C^2H^5\\C^2H^5\end{matrix}>CH\cdot CH<\begin{matrix}COAzH-C^6H^5\\COAzH-C^6H^5\end{matrix}$$

obtenue en chauffant l'éther avec l'aniline, fond à 219-220°. [Lumière, Perrin, *Bull. Soc. Chim.*, **31**, 350, 1904].

ACIDE AMYL (TERTIAIRE) -MALONIQUE

$$\begin{matrix}(CH^3)^2\\C^2H^5\end{matrix}>C-CH(CO^2H)^2.$$

— L'éther diéthylique, obtenu en faisant agir l'éther malonique sodé sur le bromure $(CH^3)^2=CBr-C^2H^5$, est un liquide huileux, bouillant à 238° sous 761 millimètres [Bischoff, *D. chem. G.*, **28**, 2628, 1895].

ACIDE MÉTHYLISOBUTYLMALONIQUE

$$\begin{matrix}(CH^3)^2=CH-CH^2\\CH^3\end{matrix}>C=(CO^2H)^2.$$

— L'éther diéthylique, obtenu par l'action du bromure d'isobutyle sur l'éther méthylmalonique sodé, bout à 230-235°. L'acide obtenu par saponification de l'éther fond à 122°; il est très soluble dans l'eau [Bunows, Bentley, *Chem. Soc.*, **67**, 510, 1895].

ACIDE DIPROPYLMALONIQUE

$$(C^3H^7)^2=C=(CO^2H)^2.$$

— On obtient son éther diéthylique en traitant l'éther malonique par l'iodure de propyle et le zinc [Furth, *Mon. f. Chem.*, **9**, 318, 1888]. L'acide fond à 158°. Chaleur de combustion moléculaire [Stohmann, *J. prakt. Chem.*, (2), **49**, 114, 1894]. — Acidité des sels acides [Smith, *Zeit. phys. Chem.*, **25**, 193, 1895].

ACIDE CYCLOHEXYLMALONIQUE :

$$\begin{matrix} & CH^2 & \\ CH^2 & & CH-CH<\begin{matrix}CO^2H\\CO^2H\end{matrix}\\ CH^2 & & CH^2\\ & CH^2 & \end{matrix}$$

Le *cyclohexylmalonate d'éthyle* s'obtient par l'action de l'iodocyclohexane sur l'éther malonique sodé, en solution dans le xylène. Il bout à 148-155° sous 20 mm. Insoluble dans l'eau [Freundler, *Bull. Soc. Chim.*, **35**, 545, 1906].

ACIDE HEPTYL (SECONDAIRE)-MALONIQUE (2-méthyloïque-3-méthyloctanoïque)

$$CH^3-(CH^2)^4-CH(CH^3)-CH(CO^2H)^2.$$

— On l'obtient par saponification de l'éther qui se forme lorsqu'on traite le malonate d'éthyle sodé par le bromure d'heptyle secondaire [Venable, *D. chem. G.*, **13**, 1651, 1880]. Il fond à 97-98°.

Chaleur de combustion moléculaire [Stohmann, *J. prakt. Chem.*, (2), **49**, 114] — Acidité des sels acides [Smith, *Zeit. phys. Chem.*, **25**, 193].

ACIDE OCTYLMALONIQUE $C^8H^{17}-CH(CO^2H)^2$. — Acidité des sels acides [Smith, *Zeit. phys. Chem.*, **25**, 193].

ACIDE DIISOBUTYLMALONIQUE

$$[(CH^3)^2=CH-CH^2]^2=C=(CO^2H)^2$$

— Il se prépare par saponification de l'éther au moyen des alcalis [Bentley, Perkin, *Chem. Soc.*, **73**, 61, 1898].

Il cristallise en prismes fondant à 145-150° avec dégagement de CO^2. Il est à peu près insoluble dans l'eau et le benzène; assez soluble dans l'alcool et, à chaud, dans l'éther de pétrole; peu soluble dans ce dernier dissolvant à froid.

Éther diéthylique $C^9H^{18}(CO^2C^2H^5)^2$. — On le prépare en traitant par le bromure d'isobutyle l'isobutyl-malonate d'éthyle sodé, en solution dans l'alcool absolu [Bentley, Perkin, *loc. cit.*].

C'est une huile épaisse bouillant à 245-255°.

Hydrogéné en solution alcoolique par l'action du sodium, il donne de l'acide diisobutylacétique, de l'alcool diisobutyléthylique et le diisobutyltriméthylène-glycol [Bouveault, Blanc, *Bull. Soc. Chim.*, **31**, 1205, 1904].

ACIDE DIISOAMYLMALONIQUE.

$$[(CH^3)^2-CH-CH^2-CH^2]^2=C=(CO^2H)^2.$$

— Il s'obtient par saponification de l'éther éthylique [Fournier, *C. R.*, **128**, 1289, 1899].

Il fond à 147-148°, se décompose à 175° en CO^2 et acide diisoamylacétique. Est soluble dans l'alcool, l'éther, le benzène; peu soluble dans le sulfure de carbone, insoluble dans l'eau.

Éther diéthylique $C^{10}H^{22}(CO^2-C^2H^5)^2$. — On l'obtient par l'action du bromure d'isoamyle sur l'isoamylmalonate d'éthyle sodé. Il bout à 278-280°; $D^{20}=0,993$ [Fournier, *loc. cit.*].

ACIDE CÉTYLMALONIQUE

$$CH^3(CH^2)^{15}CH(CO^2H)^2.$$

— On l'obtient par saponification de l'éther qui se forme lorsqu'on traite l'éther malonique sodé par l'iodure de cétyle [Guthzeit, *Lieb. Ann.*, **206**, 357, 1882] ou bien par l'hydrolyse de l'acide α-cyanostéarique, au moyen de la potasse alcoolique [Hell, Sadomsky, *D. chem. G.*, **24**, 2781, 1891].

Il fond à 121°,5-122°. Il est peu soluble dans l'alcool froid, insoluble dans la ligroïne.

Chaleur de combustion moléculaire [Stohmann, *J. prakt. Chem.*, (2), **49**, 114, 1894].

ACIDE OCTODÉCYLMALONIQUE $C^{18}H^{37}CH(CO^2H)^2$. — Il se forme en même temps que l'acide amidé lorsqu'on fait bouillir pendant 4 jours l'acide α-cyanoarachique avec un excès de potasse alcoolique [Barzewski, *Monat. f. Chem.*, **17**, 544, 1896.].

Il fond à 109-110°, est à peu près insoluble dans la ligroïne. Janvier 1906. C. Martine.

MALONYLURÉE. — Voyez BARBITURIQUE (ACIDE).

MALT. — Le malt est la matière première essentielle de la fabrication de la bière. On donne le nom de *malt vert* au produit de la germination artificielle de l'orge; le malt vert, soumis au séchage et exposé sur la *touraille* à une température qui varie avec la nature du produit à obtenir, fournit le *malt* proprement dit, ou *malt touraillé*. Le malt marchand est le malt touraillé débarrassé de ses radicelles par passage dans des appareils dégermeurs.

Depuis la publication de l'article BIÈRE dans ce dictionnaire (Dict., **1**, 587), nos connaissances sur le malt et les procédés techniques de sa fabrication ont subi une révolution complète, et exigeraient un espace considérable pour être exposées en détail. Nous devons nous borner à renvoyer le lecteur désireux de renseignements complets aux traités et journaux de brasserie, parmi lesquels nous citerons : Thausing, *Die Theorie und Praxis der Bierbereitung und Malzfabrikation*, 5e édit.; Moritz et Morris, *Text-book of the Science of Brewing;* E. Prior, *Chemie und Physiologie des Malzes und des Bieres;* P. Petit, *Brasserie et Malterie;* Moreau et Lévy, *Traité complet de la fabrication des bières.* — *Wochenschrift für Brauerei* (Berlin); *Zeitschrift für das gesammte Brauwesen* (Munich); *The Brewing Trade Review* (Londres); *Journal of the Institute of Brewing* (Londres); *Annales de la Brasserie et de la Distillerie* (Paris).

Les progrès techniques réalisés dans la fabrication du malt depuis trente ans ont été essentiellement : préparation du grain par nettoyage et triage; aération du grain pendant le trempage; abaissement et régulation de la température de germination; remplacement du travail à la main par le travail mécanique (retourneurs de grains, procédés pneumo-mécaniques ou de maltage pneumatique); remplacement de la touraille à chauffage direct par la touraille à calorifère.

Ces progrès n'ont pu être réalisés que grâce à une connaissance précise des phénomènes qui accompagnent la transformation de l'orge en malt. Les principales transformations que subit le grain d'orge en devenant grain de malt sont les suivantes : l'embryon sécrète, au cours de la germination, une diastase spéciale, la *cytase*, qui dissout les enveloppes cellulosiques des cellules à amidon de l'albumen et rend les granules d'amidon accessibles à l'*amylase*, cette transformation se traduisant par le passage de l'albumen de l'état compact à l'état friable, et progressant de l'embryon vers la pointe du grain; les matières azotées sont solubilisées et dégradées, et une portion de ces matières est éliminée par les radicelles; une portion de l'amidon est brûlée par respiration; une partie de l'acide phosphorique passe à l'état de phosphates solubles. En même temps sont élaborées des diastases diverses [voy. DIASTASES, 2e suppl., **3**, 58], dont quelques-unes président aux transformations qui viennent d'être indiquées [voy. SACCHARIFICATION].

Les divers malts employés dans la fabrication de la bière se rangent entre deux types extrêmes : le type de *Pilsen* ou de Bohême spécialement destiné à la fabrication des bières pâles, et le type *Munich* ou de Bavière qui est employé dans la fabrication des bières foncées. Au point de vue technique ces deux types diffèrent par la méthode suivie dans leur fabrication : la durée du trempage de l'orge est plus prolongée dans la fabrication du malt bavarois (96 à 120 heures au lieu de 72 à 80 heures); la germination plus chaude, la température finale de touraillage plus élevée (100 à 120° au lieu de 75 à 80° C); le séchage moins parfait au moment du passage du grain sur le plateau inférieur de la touraille (14 0/0 d'humidité au lieu de 8 0/0); toutes conditions qui favorisent la production de sucre dans ce malt et la formation de matières colorantes et aromatiques sur la touraille.

Appréciation et analyse du malt. — Les éléments d'appréciation du malt, qu'on détermine dans son analyse, sont : humidité, qui ne doit pas dépasser 5 0/0; durée de saccharification et rendement en extrait (voyez dans les ouvrages et journaux cités les méthodes conventionnelles internationales adoptées); rapport maltose à non-maltose dans le moût obtenu : pouvoir diastasique d'après Lintner [Voy. DIASTASES, 2e Suppl., **3**, 58]; poids de 1000 grains; matière azotée soluble, coagulable ou non; état physique de l'amande, observé sur des coupes transversales, ou mieux longitudinales; longueur de la plumule; coloration du moût (voyez conventions internationales).

Novembre 1906. A. Fernbach.

MALTOBIONIQUE (ACIDE). — Voy. MALTOSE.

MALTOL. $C^6H^6O^3$. — Ce corps a été découvert par Brand [*D. chem. G.*, **27**, 807, 1894] et par Kiliani et Bazlen [*ibid.*, **27**, 3116], dans les produits volatils de torréfaction du malt. Il est identique à l'acide larixinique de Stenhouse (Dict., **2**, 207) [Peratoner et Tamburello, *D. chem. G.*, **36**, 3407, 1903]. On le prépare très facilement au moyen des aiguilles de sapin argenté (abies alba) que l'on dessèche à 40° et que l'on fait macérer avec de l'eau pendant 24 heures : le maltol est extrait de la solution aqueuse par le chloroforme ; le rendement atteint 1-2 0/0 [Feuerstein, *D. chem. G.*, **34**, 1804, 1901].

Ce corps se présente en cristaux sublimables monocliniques [Osam. *D. chem. G.*, **28**, 34, 1895], solubles dans l'alcool aqueux et le chloroforme, sans action sur l'acide iodhydrique fumant, donnant des sels de *chaux*, de *zinc*, de *cuivre* [Kiliani et Bazlen, *loc. cit.*]. Avec l'iode et la soude il donne de l'iodoforme (Feuerstein).

Le *dérivé benzoylé* $C^6H^5O^2OCOC^6H^5$ fond à 115° [K. et B. ; P. et T. ; Feuerstein, *loc. cit.*].

L'*éther méthylique* $C^6H^5O^2.OCH^3$ se forme presque quantitativement par l'action du maltol sur une solution éthérée de diazo-méthane : c'est une huile incolore bouillant à 114° vers 15 mm.

Le *phénylcarbamate* fond à 149-150° ; il est sublimable.

Constitution. — L'éther méthylique du maltol, traité par l'eau de baryte, donne l'éther méthylique de l'acétol (1 molécule) avec les acides acétique et formique (1 molécule environ). Le maltol lui-même contient le groupe CH^3 en ortho ou en para par rapport à l'hydroxyle. Il se rapproche donc de l'acide pyroméconique, mais s'en éloigne en ce qu'il ne réagit ni sur la nitrite d'amyle, ni sur l'acétate de diazonium, ni sur le chlorure de sulfuryle et l'acide iodique, ce qui écarte l'existence d'une forme tautomère cétométhylénique. Il en résulte comme seule constitution possible celle d'une 2-méthyl-3-oxypyrone

$$\begin{array}{c} CH - O - C - CH^3 \\ \| \qquad\qquad \| \\ CH - CO - COH \end{array}$$

[Peratoner et Tamburello, *Chem. Centr.*, **2**, 680, 1905].

Juin 1906. E. Rengade.

MALTOSE, $C^{12}H^{22}O^{11} + H^2O$ (1er Suppl., 995). — La production du maltose par hydrolyse de l'amidon, sous l'influence de la diastase, est limitée par la présence du maltose formé [Lindet, *C. R.*, **108**, 453, 1894] ; lorsqu'on opère à une température de 50-60°, cette hydrolyse donne naissance à un mélange renfermant 80,9 0/0 de maltose et 10/0 de dextrine [Brown et Morris, *Chem. Soc.*, **47**, 527, 1885] ; d'après Petit [*Bull. Soc. Chim.*, **15**, 132, 1896] la température de 47° serait plus favorable. Afin d'éviter le développement des microorganismes il est bon d'ajouter un acide minéral : l'acide fluorhydrique et le fluorure d'ammonium donnent d'excellents résultats à la dose de 1/4 gramme par litre [Effront, *Bull. Soc. Chim.*, **4**, 397, 1890] ; l'acide carbonique favorise également l'action de la diastase [Mohr, *D. chem. G.*, **35**, 1024, 1902 ; voyez aussi Baker, *Chem. Soc.*, 1177, 1902 ; — Reinke, *Zeit. f. Spirit. Ind.*, **16**, **81**, 18 ; — O. Sullivan, *Chem. Soc.*, **85**, 616, 1904 ; — Effront, *Bull. Soc. Chim.*, **31**, 1231, 1904 ; — Syniewski, *Lieb. Ann. Chem.*, **309**, 282, 1899 ; Friedenthal, *Arch. f. Physiol.*, 383, 1899].

Il se produit aussi du maltose dans l'action de la maltase sur le glucose [Hill, *D. chem. G.*, **34**, 1380, 1901 ; *Chem. Soc.*, **83**, 578, 1903 ; — Emmerling, *D. chem. G.*, **34**, 3810, 1901], ou encore de l'émulsine sur le glucose [Amstrong, *Proc. Roy. Soc.*, **76**, 592, 1905] ; dans la saccharification de l'amidon artificiel [Roux, *Bull. Soc. Chim.*, **33**, 791, 1905].

La formule moléculaire du maltose a été vérifiée par la cryoscopie [Brown et Morris, *Chem. Soc.*, **53**, 610, 1888 ; — Eykmann, *Zeit. f. Physiol.*, **2**, 966 ; — Loomis, *Zeit. f. physikal. Chem.*, **37**, 407, 1901]. Sa formule de constitution n'est pas encore définitivement établie ; en tenant compte de ce que le maltose ne fixe jamais plus de huit molécules d'acide, et de ce qu'il fournit du d-glucose par hydrolyse, cette formule peut s'écrire

$$CHO-(CHOH)^3-CH-O\diagdown \atop \quad | \qquad\quad CH-(CHOH)^4-CH^2OH \atop CH^2-O\diagup$$

si l'on regarde le maltose comme un acétal [Fischer et Meyer, *D. chem. G.*, **22**, 1941, 1889], ou

$$CHO-(CHOH)^4-CH^2-O-CH-(CHOH)^2-CH-CHOH-CH^2OH \atop \diagdown \; O \; \diagup$$

si on le considère comme un glucoside [Fischer, *D. chem. G.*, **26**, 2400, 1893]. Il paraît d'ailleurs exister sous plusieurs formes tautomères, ainsi que l'indique sa multirotation.

Propriétés. — D'après Meissl [*J. f. prakt. Chem.*, **25**, 114, 1882], le pouvoir rotatoire du maltose diminue quand la concentration ou la température s'élèvent ; on aurait :

$$\alpha_D = 140,375 - 0,01837\ p - 0,095\ t$$

pour une solution renfermant p grammes de maltose anhydre dans 100 cmc. ; t étant compris entre 5 et 35°, et p compris entre 5 et 35. D'après Brown et Morris le pouvoir rotatoire ne décroît que pour une concentration supérieure à 20 0/0 ; à 15°,5, $\alpha_D = +137°,9$ [*Chem. Soc.*, **71**, 103, 1897] ; on a aussi donné : $\alpha_D = +137°$ à 30° [Ost, *Chem. Zeit.*, **19**, 1728 ; **21**, 613] ; $\alpha_D = +136°,5$ [Parkus et Tollens, *Lieb. Ann. Chem.*, **257**, 160, 1890] ; $\alpha_D = 137 - 138°,3$ [Herzfeld, *D. chem. G.*, **28**, 440, 1895]. Immédiatement après sa dissolution, le maltose donne $\alpha_D = +114°$ [Parkus et Tollens, *loc. cit.*] ; la rotation devient normale par l'ébullition, sous l'influence de l'ammoniaque, ou bien par un repos de douze heures [Meissl, *loc. cit.* ; — Brown et Morris, *Chem. Soc.*, **67**, 309, 1895 ; — Tanret, *Bull. Soc. Chim.*, **13**, 625, 1895]. La transformation du maltose ordinaire (variété α de Tanret), en maltose à pouvoir rotatoire stable (variété β), n'est pas accompagnée d'échanges thermiques sensibles [Brown et Pickering, *Chem. Soc.*, **71**, 756, 1897]. Pouvoir rotatoire magnétique [Perkin, *Chem. Soc.*, **81**, 177, 1902]. Chaleur de dissolution, — 3cal,65 [Brown et Pickering, *loc. cit.*]. Chaleur de combustion moléculaire, 1339cal,8 [Stohmann et Langbein, *J. prakt. Chem.*, **45**, 305, 1892].

Le maltose perd son eau de cristallisation dès 45°, et devient anhydre dans le vide sec à 95-100° ; son pouvoir rotatoire instantané est alors $\alpha_D = +140°,7$; il redevient peu à peu normal, $\alpha_D = +137°,7$ [L. de Bruyn et van Leent, *Rec. Pays-Bas*, **13**, 218, 1894].

La *vitesse d'hydrolyse* du maltose est environ 5 fois moins grande que celle du saccharose [Meissl, *loc. cit.*]. L'acide chlorhydrique à 2 0/00 n'agit pas sur le maltose à la température de 38°, tandis qu'il hydrolyse le saccharose dans les mêmes conditions [Bourquelot, *C. R.*, **97**, 1000, 1883]. L'hydrolyse du maltose par l'eau bouillante est retardée par le palladium finement divisé [Sulc, *Zeit. f. physikal. Chem.*, **33**, 47, 1900] ; elle est favorisée par la glycérine [Donath, *J. prakt. Chem.*, **49**, 546, 1894]. Cette hydrolyse est encore réalisée : par la maltase [Bourquelot, *C. R.*, **136**, 762, 1903 ; — Röhmann, *D. chem. G.*, **27**, 3251, 3479, 1894 ; — Lintner et Kröber, *ibid.*, **28**, 1050, 1895 ; — Fischer, *ibid.*, **27**, 2985 ; **28**, 1429 ; — Morris, *Proc. chem. Soc.*, **46**, 1895] ; par les diastases intestinales [Pantz et Vogel, *Zeit. f. Biol.*, **32**, 304 ; —

Rœhmann et Kagano, *Pflüg. Arch. f. Physiol.*, **46**, 583, 1904; — Simaeck, *Centralblatt f. Physiol.*, **109**, 1903]: par l'aspergillus niger [Bourquelot, *C. R.*, **97**, 1322; **116**, 826, 1893]; par la monilia candida [Fischer et Lindner, *D. chem. G.*, **28**, 3034, 1895].

L'*oxydation* du maltose par l'eau de chlore ou par l'eau de brome, fournit d'après Herzfeld de l'acide gluconique [*Lieb. Ann. Chem.*, **220**, 206; — Yoshida, *D. chem. G.*, **14**, 635, 1881]; d'après Meissl, elle donne un acide différent de l'acide gluconique [*J. prakt. Chem.*, **25**, 114, 1882], et d'après Fischer et Meyer elle fournit de l'*acide maltobionique*, $C^{12}H^{22}O^{12}$ [*D. chem. G.*, **23**, 1941, 1889]. L'action de la liqueur de Fehling sur le maltose paraît donner un corps hydrolysable, car si l'on fait bouillir la solution filtrée avec un excès d'acide, elle réduit de nouveau la liqueur de Fehling [Herzfeld, *loc. cit.*]. Le maltose est attaqué par ébullition de sa solution avec l'hydrate de cuivre [Habermann et König, *Mon. f. Chem.*, 208, 1884] et avec le cyanure de potassium [Wilson, *Chem. News*, **65**, 169, 1892].

Le maltose traité par une solution méthylique d'acide chlorhydrique fournit l'*α-méthylglucoside*, fusible à 164-165° [Fœrg, *Mon. f. Chem.*, **24**, 357, 1903]. Il se condense avec l'acide γ-diazobenzoïque pour donner une combinaison cristallisée fusible à 235° [Schilling, *D. chem. G.*, **34**, 902, 1901]; et avec l'acide o-m-diaminobenzoïque [Griess et Harrow, *D. chem. G.*, **20**, 2205, 1887].

Caractères et dosages. — Le maltose ne colore pas la fuchsine sulfureuse et ne donne pas de réaction avec la résorcine et l'acide chlorhydrique [Villiers et Fayolle, *C. R.*, **119**, 75, 1894]. Lorsqu'on évapore lentement $0^{gr},5$ à $0^{gr},7$ de maltose avec 10 cc. d'ammoniaque à 10 0/0, il se développe une coloration rouge [Wœhlk, *Zeit. anal. Chem.*, **43**, 670, 1904]. Par hydrolyse le maltose ne donne que du glucose ordinaire.

Le dosage du maltose se fait au polarimètre ou au moyen de la liqueur de Fehling; d'après Soxhlet, 100 parties de maltose anhydre donnent 113 parties de cuivre réduit [*J. prakt. Chem.*, **21**, 227, 1880]; voir aussi Ost, *D. chem. G.*, **24**, 1634, 1891; — Sieben, *Zeit. Ver. f. Rüb. Ind.*, **34**, 837].

Maltose octonitrique, $C^{12}H^{14}O^{11}(AzO^2)^8$. — On l'obtient en ajoutant de l'acide sulfurique concentré à la solution de maltose dans l'acide nitrique; il fond à 163-164° en se décomposant, $\alpha_D = +128°$ [Will et Lenze, *D. chem. G.*, **31**, 68, 1898].

Maltose octoacétique, $C^{12}H^{14}O^3(C^2H^3O^2)^8$. — Il forme de petits cristaux fusibles à 156-157° [Herzfeld, *Lieb. Ann. Chem.*, **220**, 206, 1884], 158-159° [Ling et Baker, *D. chem. G.*, **28**, 1019, 1895]. Traité par l'acide nitrique fumant il fournit un *acétonitromaltose*, fusible à 93-95°; ce dernier, chauffé en solution méthylique, avec du carbonate de baryte et quelques gouttes de pyridine fournit l'*heptacétylméthylmaltoside*, fusible à 128-129° [Kœnigs et Knorr, *D. chem. G.*, **34**, 4343, 1901]. L'acide bromhydrique liquide et sec transforme l'octoacétylmaltose en *acétobromomaltose* fusible à 84° [Fischer et Armstrong, *D. chem. G.*, **35**, 3153, 1902].

Acétochloromaltose. — Il se forme quand on traite le maltose par le chlorure d'acétyle; il fond à 111-120°, $\alpha_D = -159°$; sa solution dans l'alcool éthylique, chauffée avec le carbonate d'argent fraîchement précipité, fournit l'*acétyléthylmaltoside*, fusible à 121-123° [Fœrg, *Mon. f. Chem.*, **23**, 44, 1902]. Les agents alcalins en solution méthylique le transforment en *β-méthylmaltoside*, fusible à 92-94° [Fischer et Armstrong, *D. chem. G.*, **34**, 2885, 1901; **35**, 833; — voir aussi Kœnigs et Knorr, *loc. cit.*]. Traité en solution éthérée par le phénol sodé, il donne l'*heptacétylphénolmaltoside*, fusible à 157-158°; ce dernier soumis à l'action de la baryte conduit au *β-phénolmaltoside*, fusible à 96° [Fischer et Armstrong, *D. chem. G.*, **35**, 3153, 1902].

Maltose pentabenzoïque, $C^{12}H^{17}O^6(C^7H^5O^2)^5$. — Il fond à 110-115° [Skraup, *Mon. f. Chem.*, **10**, 389, 1889]. — Le *maltose hexabenzoïque* fond à 120° [Skraup, *loc. cit.*; — Kueny, *Zeit. f. Physiol.*, **14**, 330]. — Le *maltose heptabenzoïque* fond vers 109-115° [Panormow, *Journ. Phys. Chim. russe*, **22**, 375, 1891].

Maltosamine, $C^{12}H^{20}O^{11}AzH^2$. — On l'obtient en faisant réagir sur le maltose une solution saturée d'ammoniac dans l'alcool éthylique. Elle fond en se décomposant à 165°; $\alpha_D = +118°$ [L. de Bruyn et van Leent, *Rec. Pays-Bas*, **14**, 134, 1895].

La *semicarbazone* du maltose reste sirupeuse [Maquenne et Goodwinn, *Bull. Soc. Chim.*, **31**, 1076, 1904].

L'*anilide* est incristallisable [Sorokin, *J. prakt Chem.*, **37**, 291, 1888].

Phénylmaltosazone, $C^{24}H^{32}Az^4O^9$. — Elle cristallise dans l'eau en belles aiguilles jaunes fusibles en se décomposant à 206° [Fischer, *D. chem. G.*, **17**, 579; **20**, 821, 1887], 196-198° [Grimbert, *C. R. Soc. Biol.*, 7 février 1903]. Sa chaleur de formation est de $331^{Cal},2$ [Landrieu, *C. R.*, **142**, 580, 1906]. Elle ne donne pas d'anhydride comme la lactosazone; elle est moins soluble dans le benzène que la glucosazone. Elle est dédoublée par la levure en glucose et glucosazone [Fischer et Armstrong, *D. chem. G.*, **35**, 3141, 1902; — voyez aussi Tanret, *Bull. Soc. Chim.*, **27**, 396, 1902].

La *p-nitrophénylmaltosazone*, $C^{24}H^{30}Az^6O^{13}$, fond à 261° [Hyde, *D. chem. G.*, **32**, 1810, 1899].

La *β-naphtylhydrazone* fond à 176°, $\alpha_D = +10°,6$ [L. de Bruyn et Ekenstein, *Rec. Pays-Bas*, **15**, 225, 1897].

Fermentation. — La fermentation du maltose par les levures a lieu lorsque celles-ci renferment de la maltase capable d'hydrolyser tout d'abord le maltose; c'est le cas des saccharomyces cerevisiæ [Beyerinck, *Centralblatt f. Bakt.*, **12**, 49] et de la levure de brasserie [Bourquelot, *C. R.*, **97**, 1322, 1883; — voyez aussi Flator, *Chem. Soc.*, **21**, 304, 1906].

Les levures qui, comme les saccharomyces Maixianus, ne contiennent que de l'invertine, sont sans action sur le maltose [Beyerinck, *loc. cit.*; — Fischer, *D. chem. G.*, **28**, 984, 1429, 1895]. En présence du fluorure de sodium les levures actives n'agissent plus [Rey-Pailhade, *Bull. Soc. Chim.*, **23**, 697, 1900]. Pour la fermentation du maltose par le saccharomyces lebenis, voir Rist et Khoury [*Ann. Inst. Past.*, **15**, 1, 1902]; par le bacillus tartricus [Grimbert, *Bull. Soc. Chim.*, **25**, 415, 1901]; par le pneumobacille de Friedländer [Grimbert, *C. R.*, **121**, 698, 1895; — Frankland et Stanley, *Chem. Soc.*, **59**, 253, 1891]; par le champignon du muguet [Linossier et Roux, *C. R.*, **110**, 868, 1890]; par le ferment mannitique [Gayon et Dubourg, *Ann. Inst. Past.*, **15**, n° 7, 1901].

Acide maltose-carbonique, $C^{13}H^{24}O^{13}$. — Cet acide, obtenu en appliquant au maltose la réaction de Kiliani, est amorphe et très soluble dans l'eau. Il est dédoublé par l'acide sulfurique, à l'ébullition, en glucose et acide α-glucoheptonique [Reinbrecht, *Lieb. Ann. Chem.*, **272**, 197, 1892].

ISOMALTOSE, $C^{12}H^{22}O^{11}$. — Fischer a donné le nom d'*isomaltose* à un produit de condensation du glucose, qui se forme en faible quantité (2 à 3 0/0), quand on soumet ce dernier à l'action de l'acide chlorhydrique concentré pendant 15 heures, à la température de 10-15° (*D. chem. G.*. **23**. 3688, 1890). Grimaux et Lefèvre avaient, dans cette réaction, caractérisé le maltose par son osazone [*C. R.*, **103** 146, 1886].

L'isomaltose ayant été considéré par différents auteurs comme du maltose impur, son existence fut de nouveau affirmée par Fischer, en se fondant sur ce qu'il est insensible à l'action des levures qui attaquent le maltose.

La condensation du glucose en isomaltose peut encore être réalisée par l'acide sulfurique à 33 0/0 [Ost, *Chem. Zeit.*, **20**, 761]; par une solution concentrée de chlorure de calcium [Scheibler et Mittelmeier, *D. chem. G.*, **24**, 301, 1891].

D'après Lintner et Düll [*D. chem. G.*, **26**, 2533, 1893] l'isomaltose se forme dans la fermentation diastasique de l'amidon : cette façon de voir, contestée par un assez grand nombre d'auteurs [Brown et Morris, *Chem. Soc.*, **67**, 709, 1895; — Scheibler et Mittelmeier, *D. chem. G.*, **26**, 2930, 1893 ; — Ling et Baker, *Chem. Soc.*, **67**, 702, 739 ; — Ost, *Chem. Zeit.*, **19**, 1501 ; — Ulrich, *ibid.*, **19**, 1523 ; — Jalowetz, *ibid*, **19**, 2003], a été confirmée par Syniewski [*Ann. Chem.*, **309**, 282, 1899] et par Külz et Vogel [*Zeit. f. Biol.*, **31**, 108].

La *gallisine*, de Schmitt [*D. chem. G.*, **17**, 1000, 2456, 1884], serait, d'après Scheibler et Mittelmeier [*D. chem. G.*, **24**, 301, 1891], identique à l'isomaltose.

Propriétés. — L'isomaltose n'a pas été obtenu à l'état de pureté complète, mais mélangé de dextrine et de maltose. C'est un sirop, dont le pouvoir réducteur est égal aux 2/3 environ de celui du maltose; $\alpha_D = +70°$ [Ost, *Chem. Zeit.*, **20**, 761]. Il n'est pas attaqué par les diastases de la levure [Fischer, *D. chem. G.*, **28**, 3024, 1895], tandis que le produit de Lintner fournit du glucose [Lintner, *Zeit. f. ges. Brauwesen*, **1892**, 106].

La *phénylène-maltosazone*, cristallise dans l'éther acétique en aiguilles jaunes fusibles à 158° [Fischer, *D. chem. G.*, **28**, 3024, 1895]. D'après Pottevin, il est possible d'obtenir un produit présentant les caractères de la phénylisomaltosazone au moyen d'un mélange convenable de dextrine et de maltose ; cet auteur conclut à la non-existence de l'isomaltose [*Ann. Inst. Past.*, **13**, 728, 796, 1899]. Juin 1906. P. Carré.

MALTOSE-CARBONIQUE (ACIDE). — Voyez Maltose.

MANAMYRINE. — **MANÉLÉMIQUE (ACIDE).** — **MANÉLÉRÉSÈNE.** — Corps contenus dans la résine élémi (voir *Résines*).

MANCOPALÉNIQUE (ACIDE). — Corps contenu dans la résine de dammar oriental (voir *Résines*). A. Hébert.

MANDÉLIQUE (ACIDE). — Voyez Phénylglycolique (Acide).

MANDRAGORINE. — Voyez Hyoscyamine, 2e Suppl., **5**, 645.

MANGANÈSE. (Voy. Dict., **2**, 292 et 1er suppl., 996). — *Préparation.* — La réduction de l'oxyde MnO par le charbon se fait bien au four électrique, avec un courant de 500 ampères et 60 volts. La réduction n'exige que quelques minutes [H. Moissan, *Le four électrique*, 217, 1897; *C. R.*, **116**, 349, 1893; *Ann. Chim. Phys.*, (7), **8**, 286, 1896].

Le procédé de Brunner a été repris par quelques auteurs qui l'ont plus ou moins modifié. C'est ainsi que Glatzel propose d'employer comme agent de réduction non du sodium, mais du magnésium [*D. chem. G.*, **22**, 2857, 1889].

L'électrolyse des solutions de sel manganeux ne conduit à des résultats pratiques qu'à la condition de soustraire le dépôt métallique à l'action de la dissolution, aussitôt sa formation. On y arrive facilement en opérant avec une électrode négative de mercure. On obtient ainsi un amalgame bien cristallisé, renfermant 4 0/0 environ de manganèse qu'il abandonne par distillation dans un courant d'hydrogène [Moissan, *Ann. Chim. Phys.*, (5), **21**, 231, 1880; — Guntz, *Bull. Soc. Chim.*, (3), **7**, 275, 1892].

Un certain nombre de métaux (Zn, Al, Mg) précipitent le manganèse de ses dissolutions.

Industriellement le manganèse peut être produit par le procédé de Goldschmidt (réduction d'un oxyde par l'aluminium).

Propriétés physiques. — Pur et fondu, le manganèse est brillant comme le fer, avec une teinte légèrement rougeâtre rappelant celle du bismuth : il est cassant et ne raye pas le verre [Moissan, *loc. cit.*]; sa dureté est fortement accrue par addition de silicium.

Préparé par décomposition de l'amalgame à basse température, le métal est pyrophorique.

La densité, très variable, oscille de 6,85 à 8,013. Point de fusion, 1900° [De Weyde, *D. chem. G.*, **12**, 441, 1879]. Chauffé très fortement, le manganèse se volatilise [Jordan, *C. R.*, **86**, 1374, 1878; **116**, 752, 1893; — Moissan, *Ann. Chim. Phys.*, (7), **9**, 133, 1896; *C. R.*, **142**, 425, 1906]. Le métal est insoluble dans l'ammoniac liquide. Chaleur d'ionisation pour 1 valence, 240° [Ostwald, *Zeit. physiol. Chem.*, **11**, 501, 1893].

Propriétés chimiques. — L'oxydation du manganèse à l'air est d'autant plus facile que le métal est plus riche en carbone, et a été obtenu à plus basse température. D'après Stone, sa combustion fournit des traces d'anhydride permanganique [Stone, *Am. Chem. Soc.*, **18**, 230, 1896]. — Propriétés des anodes de manganèse [Müller, *Zeit. Elektr.*, **11**, 755, 1906].

Le manganèse se combine directement à l'azote [Prelinger, *Mon. f. Chem.*, **15**, 391, 1894]. A l'état pyrophorique, il décompose le gaz sulfureux avec formation de sulfure et d'oxyde [Guntz, *Bull. Soc. Chim.*, (3), **7**, 275, 1892]. L'oxyde nitrique donne de petites quantités de nitrate [Guntz, Prelinger, *loc. cit.*; — Emich, *Mon. f. Chem.*, **15**, 375, 1894]. L'oxyde de carbone est décomposé par le manganèse pyrophorique vers 350° avec dépôt de charbon (Guntz). L'anhydride carbonique ne réagit que très péniblement, même à haute température [Guntz, *C. R.*, **114**, 115, 1892 et *Zeit. angew. Chem.*, **6**, 729, 1893]. Le chlorure de bore réagit sur le manganèse avec un grand dégagement de chaleur, avec formation de borure de manganèse [Guntz, Jordan, *loc. cit.*]. La chaux en fusion attaque le manganèse avec formation d'oxyde manganeux [Moissan, *Bull. Soc. Chim.*, (3), **27**, 664, 1902].

Sur les propriétés magnétiques des alliages renfermant du manganèse [Heusler, *Zeit. angew. Chem.*, **17**, 260, 1904; E. Haupt, *Naturw. Rundsch.*, **21**, 69, 1906].

Dosage et recherche. — A. Kleine [*Stahl und Eisen*, **25**, 1305, 1905; **26**, 396, 1906]; Omer Brichant [*Ann. Chim. anal. app.*, **11**, 124, 1906]; R. Benedikt [*Am. Chem. Journ.*, **34**, 581, 1905]; Funk [*Zeit. anal. Chem.*, **45**, 181, 1906].

Fluorure manganeux MnF^2. — On l'obtient anhydre en décomposant dans un courant d'acide fluorhydrique le fluosilicate de manganèse. Le fluorure amorphe cristallise facilement par dissolution dans le chlorure de manganèse fondu. Cristaux roses à peu près insolubles dans l'eau. Densité 3,98. Point de fusion 856°.

L'oxygène l'attaque vers 400° : à 1000° on obtient Mn^3O^4. L'eau donne un oxyfluorure. L'ammoniac liquide ne le dissout pas, mais le gaz s'y combine en donnant $3MnF^2 . 2AzH^3$, poudre cristalline facilement dissociable. Vers 1200° on obtient un azoture [Moissan et Venturi, *C. R.*, **130**, 1158, 1900].

Fluorure Mn^2F^6. — Son étude a été reprise par Moissan [*C. R.*, **130**, 622, 1900] qui l'obtient facilement à l'état anhydre par l'action du fluor sur l'iodure manganeux.

C'est un composé couleur lie de vin, qui tend dans toutes les réactions à se dédoubler en fluor et fluorure manganeux. Au rouge sombre, les halogènes l'attaquent avec formation de composés complexes.

CHLORURE MANGANEUX $MnCl^2$. — A l'état de pureté le chlorure constitue une masse lamellaire rose, dont la couleur est fortement altérée par la présence de petites quantités d'impuretés [voyez entre autres Kastle, *Am. Chem. Journ.*, **23**, 500, 1900]. Il donne avec l'alcool une combinaison $MnCl^2 . 3C^2H^6O$ en cristaux roses $d = 1,5$. Le chlorure manganeux donne, avec le sulfammonium, de petits cristaux jaunes [Moissan, *Bull. Soc. Chim.*, (3), **17**, 659, 1902].

Le chlore réagit sous l'influence des rayons solaires sur les solutions de chlorure de manganèse, avec précipitation de bioxyde [Euthyme et Klimenko, *D. chem. G.*, **29**, 478, 1896]. Le chromate de potasse donne lieu à une précipitation lente d'une matière renfermant du chrome et du manganèse [Brearley, *Chem. News*, **77**, 131, 1898].

Herz a étudié les phénomènes d'équilibre entre $MnCl^2$ et certains sels ammoniacaux [*Zeit. anorg. Chem.*, **22**, 279, 1899].

De nombreux hydrates ont été décrits :

$MnCl^2 . 4H^2O$. — Hydrate stable entre 0 et + 58°, isomorphe du sel $NaCl . 2H^2O$. A 57°,85 il se transforme en dihydrate [Rammelsberg, *Ann. Chem. Phys. Pogg.*, **94**, 507, 1855 ; — Etard, *C. R.*, **98**, 993, 1884 ; — Brandes, *Ann. Phys. Chem. Pogg.*, **22**, 263, 1831 ; — Dawson et William, *Zeit. Phys. Chem.*, **31**, 59, 1899 : — Ditte, *Ann. Chim. Phys.*, (5), **22**, 551, 1882 ; — Sabatier, *Bull. Soc. Chim.*, (3), **1**, 88, 1889 ; **11**, 546, 1894].

Marignac a pu obtenir ce sel sous une autre forme instable isomorphe du chlorure ferreux $FeCl^2 . 4H^2O$ [Marignac, *Ann. Min.*, (5), **12**, 5, 1857 : — Stortenbecker, *Zeit. phys. Chem.*, **16**, 250, 1895].

$MnCl^2 . 2H^2O$. — Stable entre 58 et 198°. S'obtient facilement en saturant de gaz chlorhydrique une solution de chlorure manganeux [Ditte, *loc. cit.* : — Lescœur, *Ann. Chim. Phys.*, (7), **2**, 78, 1894 ; *Bull. Soc. Chim.*, (3), **11**, 853, 1894 : — Kouznetzoff, *Journ. Soc. phys. chim. russe*, **30**, 741, 1898 : — Saunders, *Am. Chem. Journ.*, **14**, 127, 1892 : — Muller et Erzbach, *D. chem. G.*, **22**, 3181, 1889 ; *Wied. Ann. Phys. Chem.*, **26**, 409, 1885].

$MnCl^2 . 6H^2O$. — Stable au-dessous de — 2° [Kouznetzoff ; Stortenbecker, *Zeit. phys. Chem.*, **16**, 250, 1895].

$MnCl^2 . 5H^2O$ [Bayer, *J. prakt. Chem.*, (2), **5**, 443, 1871].

$3MnCl^2 . 5H^2O$ [Sabatier, *loc. cit.*].

Pour les données thermochimiques, voyez Sabatier [*loc. cit.*] et Thomsen [*Thermoch. Untersuch.*, Leipzig].

Le chlorure de manganèse fournit des combinaisons doubles avec l'urée [Rosenheim et V.-J. Meyer, *Zeit. anorg. Chem.*, **49**, 28, 1906].

PERCHLORURES Mn^2Cl^6 et $MnCl^4$. — Malgré les travaux récents sur le sujet, la question des perchlorures n'est pas encore élucidée. Il est probable cependant que les deux chlorures Mn^2Cl^6 et $MnCl^4$ représentent des composés définis [Fischer, *Chem. Soc.*, **33**, 409, 1878 ; — Muir, *Chem. News*, **44**, 237, 1881 ; — Pickering, *Chem. Soc.*, **35**, 654, 1879 ; — Christensen, *J. prakt. Chem.*, (2), **35**, 57, 1887 ; — Franke, *ibid.*, (2), **36**, 451, 1888 ; — Vernon, *Proc. Chem. Soc.*, 58, 1889-1890 ; — Wacker, *Chem. Zeit.*, **24**, 285, 1900 ; — Pickering, *Phil. Mag.* (5), **33**, 284, 1892 ; — Vernon, *ibid.*, **31**, 469, 1891 ; — Neumann, *Mon. f. Chem.*, **15**, 489, 1894 ; — Meyer et Best, *Zeit. anorg. Chem.*, **22**, 169, 1889 ; — Rice, *Chem. Soc.*, **73**, 258, 1898]. Meyer et Best ont pu, en effet, isoler les sels doubles $MnCl^3 . 5KCl$ et $MnCl^4 . 2KCl$, et Franke l'acide chloromanganique $MnCl^6H^2$ sous forme de gouttes huileuses. D'après Franke, on obtient une solution de tétrachlorure en dissolvant l'oxyde MnO^3 dans une solution chlorhydrique d'éther.

BROMURE $MnBr^2$. — L'hydrate à $4H^2O$ fond à 64°,3. Au-dessus de cette température, on obtient un dihydrate ; à très basse température, vers — 14°, il se forme $MnBr^2 . 6H^2O$. L'étude de la dissociation du tétrahydrate conduit encore à admettre l'existence de $MnBr^2 . H^2O$ (Kouznetzoff, Lescœur). Pour la solubilité du bromure, voyez Etard [*C. R.*, **98**, 993, 1884].

IODURE MnI^2. — Il est peu soluble dans l'ammoniac liquide [Walden, *Zeit. anorg. Chem.*, **29**, 371, 1902]. L'étude de la dissociation du tétrahydrate a permis à Lescœur de mettre en évidence l'existence des hydrates $MnI^2 . 2H^2O$ et $MnI^2 . H^2O$. En opérant à basse température, Kouznetzoff (*Journ. Soc. phys. chim. russe*, **32**, 290, 1900] a obtenu MnI^2, $6H^2O$ et MnI^2, $9H^2O$, ce dernier fusible à — 9°,3.

Combinaison $MnCl^2$, $2ICl^3$. — [Weinland et Schlegelmich, *Zeit. anorg. Chem.*, **30**, 139, 1902].

OXYDES DE MANGANÈSE. — Les travaux les plus importants publiés sur ce sujet ont eu pour but d'élucider la constitution des oxydes et en particulier la constitution de l'acide manganeux et des manganites. Rappelons ici les travaux de Spring et Lucion [*Bull. Soc. Chim.*, (3), **3**, 4, 1890] ; Franke [*J. prakt. Chem.*, (2), **36**, 106 et 451, 1887], Christensen [*ibid.*, (2), **28**, 1, 1883] et Rousseau.

PROTOXYDE MnO. — C'est le terme ultime de réduction des oxydes supérieurs par l'hydrogène et l'oxyde de carbone [Moissan, *Ann. Chim. Phys.*, (5), **21**, 231, 1880]. On l'obtient également à l'état de pureté en oxydant le manganèse par l'oxyde de carbone (Guntz). On l'obtient cristallisé en décomposant le borate de manganèse par la chaux [Ebelmen, *C. R.*, **33**, 525, 1851] ou en fondant ensemble du chlorure manganeux anhydre, du chlorure d'ammonium et du carbonate de soude [Wöhler, *Ann. Phys. Chem. Pogg.*, **21**, 584, 1831].

L'oxyde cristallisé est en octaèdres ou cubo-octaèdres. Densité 5,091. Préparé par réduction à basse température d'un oxyde supérieur par l'hydrogène, il se présente sous forme d'une poudre vert d'herbe très facilement oxydable (Moissan).

Chauffé à l'air [Gorgeu, *C. R.*, **106**, 743, 1883], dans la vapeur d'eau, dans les oxydes d'azote [Sabatier et Senderens, *C. R.*, **114**, 1429, 1892 ; **115**, 236, 1892 ; **120**, 618, 1895], ce protoxyde s'oxyde facilement en fournissant suivant les conditions de l'expérience de l'oxyde salin ou du sesquioxyde.

L'hydrate $Mn(OH)^2$ peut s'obtenir bien cristallisé comme l'a indiqué de Schulten. C'est une poudre blanche s'oxydant rapidement à l'air. En présence de l'eau et de sel de manganèse, il y a formation de manganite de manganèse (Mn^3O^4

puis Mn^2O^3 hydratés) : en présence d'alcali ou d'alcalino-terreux, on obtient de même des manganites plus ou moins complexes [De Schulten, *C. R.*, **105**, 1265, 1887 ; — Weinschenk, *Zeit. f. Kryst.*, 486, 1890 ; — Engler et Weisberg, *Kritische Studien über die Vorgänge der Autooxydation*, 111, 1904].

$Mn + O = MnO + 90^{cal}.800$. $Mn + O + H^2O = Mn(OH)^2 + 94^{cal}.700$ [Le Chatelier, *C. R.*, **122**, 80, 1896].

Les oxydes de manganèse plus riches en oxygène que le protoxyde mais moins riche que l'anhydride manganique MnO^3 ont été l'objet de nombreux travaux. Leur constitution a été discutée par Spring et Lucion [*Bull. Soc. Chim.*, (3), **3**, 4, 1890], Franke [*J. prakt. Chem.*, (2), **36**, 166 et 451, 1887]. Christensen [*J. prakt. Chem.*, (2), **28**, 1, 1883] leur stabilité aux différentes températures a été étudiée par Pickering [*Journ. Chem. Soc.*, (2), **28**, 1, 1883], Veley [*Journ. Chem. Soc.*, **37**, 581, 1880 : **41**, 56, 1882], Gorgeu [*C. R.*, **106**, 743, 1888].

Bioxyde MnO^2. — Chauffé au four électrique, il fond et se transforme en grande partie en protoxyde [Moissan, *Ann. Chim. Phys.*, (7), **4**, 136, 1895].

Les réducteurs fournissent, comme terme ultime de réduction, un composé manganeux [Moissan, *Ann. Chim. Phys.*, (5), **21**, 231, 1880].

Action des hydracides. — Gore [*Philos. Mag.*, (4), **29**, 546, 1865], Berthelot, [*Bull. Soc. Chim.*, (2), **35**, 661, 1881].

Le bioxyde de manganèse décompose le chlorure d'ammonium en solution en présence de certains métaux, zinc, par exemple : il y a en même temps dégagement d'hydrogène [Divers, *Chem. N.*, **46**, 259, 1882].

Action de l'hydrogène sulfuré et des sulfures : [Donath, *Polyt. J. Dinglers*, **263**, 248, 1887] ; — Donath et Müllner, *id.*, **267**, 143, 1888 ; *Berichte über das öster. Gesell. zur Forderung des Chem. Ind.*, **9**, 129, 1887].

Action du gaz sulfureux [Meyer, *D. chem. G.*, **34**, 3606, 1901].

L'acide de Caro, chauffé avec le bioxyde de manganèse, donne vers 300° de l'oxygène ozonisé [Bamberger, *D. chem. G.*, **33**, 1959, 1900], l'ammoniac à haute température fournit des vapeurs nitreuses [Michel et Grandmougin, *D. chem. G.*, **26**, 2565 1893]. Le sulfate d'hydrazine est décomposé avec dégagement d'azote et formation de sulfate de manganèse [Purgotti, *Gazz. chim. ital.*, (2), **26**, 559, 1896].

Action des oxydes d'azote [Sabatier et Senderens, *C. R.*, **114**, 1476, 1892].

En milieu alcalin, le bioxyde transforme l'acide arsénieux en acide arsénique [Reichard, *D. chem. G.*, **30**, 1913, 1897].

Dans une atmosphère d'azote, les alcalis en fusion réduisent le bioxyde à l'état de sesquioxyde [Spring et Lucion, *Bull. Soc. Chim.*, (3), **3**, 4, 1890].

Le bioxyde transforme les vapeurs d'alcool en acétone [Donath, *Chem. Zeit.*, **12**, 1191, 1888].

Rôle du bioxyde dans la décomposition du chlorate de potasse [Warren, *Chem. N.*, **58**, 247, 1888 ; — Sodeau, *J. Chem. Soc.*, **81**, 1066, 1902 ; — Veley, *Chem. N.*, **58**, 260, 1888 ; — Leod, *Journ. Chem. Soc.*, **55**, 184, 1889 ; **65**, 202, 1894 ; **69**, 1025, 1896 ; — Brunck, *D. chem. G.*, **26**, 1790, 1893 ; — Platner, *Z. Elektr.*, **4**, 218, 1898].

Hydrate de bioxyde. — Il est très difficile de préparer par voie humide un bioxyde hydraté pur, par suite de la tendance que possède ce bioxyde à former des sels sans lesquels il joue le rôle d'acide (acide manganeux). En milieu alcalin, on obtient des manganites alcalins ; en milieu acide, on obtient des manganites de manganèse.

Ces pseudo-bioxydes peuvent se préparer du reste facilement soit par oxydation des sels manganeux, soit par réduction de permanganates.

Voyez à ce sujet les travaux de Spring et Lucion [*loc. cit.*], Carnot [*C. R.* **116**, 1375, 1893], Bilstein et Jawein [*D. chem. G.*, **12**, 1528, 1879], Stone [*Chem. N.*, **48**, 873, 1883], Wright et Menke [*Journ. chem. Soc.*, **37**, 22, 1880], Gorgeu [*C. R.*, **110**, 958, 1890 ; **108**, 948, 1889], Euthyme et Klimenko [*D. chem. G.*, **29**, 478, 1896], A. Seyewetz et Trawitz [*Bull. Soc. Chim.*, (3), **29**, 871, 1903].

Thermochimie $Mn + O^2 = MnO^2 + 126\,000$ C [Le Chatelier, *C. R.*, **122**, 80, 1896].

Bioxyde colloïdal. — Spring et Bœck [*J. prakt. Chem.*, (2), **98**, 170, 1887].

Manganites de manganèse. — Voyez, parmi les nombreux travaux, ceux de Carnot [*C. R.*, **116**, 1375, 1893 ; *Bull. Soc. Chim.*, (3), **1**, 277, 409, 594 et 781, 1889 ; **9**, 214 et 613, 1893] ; — Stone [*Chem. N.*, **48**, 273, 1883] ; — Spring et Lucion [*loc cit.*] ; — Gorgeu [*C. R.*, **108**, 948, 1889] ; — Lepierre [*C. R.*, **120**, 924, 1895] ; — Veley [*Journ. Chem Soc.*, **37**, 581, 1880 ; **41**, 56, 1882] ; — Franke [*J. prakt. Chem.*, (2), **36**, 166, 1887].

Oxyde salin de manganèse Mn^3O^4. — L'oxyde préparé par la méthode de Debray (voyez Dict., Manganèse, p. 297), ou par celle de Hauer (calcination à l'air du chlorure double de manganèse et d'ammonium) est identique à la hausmannite naturelle [Hauer, *J. prakt. Chem.*, **63**, 436, 1354]. L'oxyde préparé comme l'a indiqué Sidot [*C. R.*, **69**, 201, 1869] par calcination du sesquioxyde ou du bioxyde, est, par contre, quadratique [Gorgeu, *C. R.*, **96**, 1144, 1883].

Sur la constitution de cet oxyde salin, voyez Hermann [*J. prakt. Chem.*, (1), **43**, 50, 1891] : — Christensen [*J. prakt. Chem.*, (2), **28**, 1, 1883] ; — Gorgeu [*Bull. Soc. Chim.*, (3), **29**, 1109, 1111, 1903] ; — Rammelsberg [*Sitz. preuss. Akad.*, 97, 1885] ; — Franke [*loc. cit.*]. La formation de spinelles quadratiques du type hausmannite R^2O^3, $RO(R^2Mn^2)$ dans lesquelles on peut opérer, dans leur partie acide R^2O^3, comme dans leur partie basique RO, des substitutions semblables à celles que l'on observe dans les spinelles naturelles ou que l'on peut réaliser dans les spinelles artificielles, semble toutefois nettement indiquer dans la hausmannite l'existence de Mn^2O^3 comme élément acide (Gorgeu).

Chauffé au four électrique, l'oxyde Mn^2O^3 se dédouble en protoxyde et oxygène [Moissan, *loc. cit.*].

Thermochimie $Mn^3 + O^4 = Mn^3O^4 + 328\,000$ C. [Le Chatelier, *loc. cit.*].

Sesquioxyde Mn^2O^3. — Suivant Christensen on devrait envisager la braunite comme possédant la structure

$$\begin{matrix} Mn = O \\ | > O \\ Mn = O \end{matrix}$$

En admettant comme le font certains auteurs la constitution d'un manganite monomanganeux

$$\begin{matrix} HO \\ HO \end{matrix} > Mn < \begin{matrix} OH \\ OH \end{matrix} \longrightarrow O = Mn < \begin{matrix} O \\ O \end{matrix} > Mn$$

on comprend beaucoup mieux la variété des compositions des braunites qui fréquemment renferment de la baryte et de la silice : la baryte y remplacerait une quantité correspondante de MnO et la silice une certaine quantité d'acide manganeux.

Franke a obtenu l'hydrate $Mn^2O^3 . H^2O$ sous forme d'une poudre cristalline gris d'acier stable à l'air [*J. prakt. Chem.*, (2), 36, 451, 1888].

L'hydrate est soluble dans les solutions concentrées d'acide tartrique. Les solutions sont rouges et se décolorent lentement avec dégagement de gaz carbonique et formation d'acide formique.

Hydrate colloïdal [Spring et Bœck, *D. chem. G.*, **20**, 677, 1887 : — Spring, *D. chem. G.*, **16**, 1142, 1883].

Pour d'autres données relatives au sesquioxyde anhydre ou hydraté, voyez Franke [*J. prakt. Chem.*, (2), **28**, 1, 1883]; — Hermann [*ibid.*, **43**, 50, 1891] : — Lepierre [*C. R.*, **120**, 924, 1895] : — Christensen [*Chem. Zeit. Repert.*, **11**, 154, 1896] : — Eberg [*Œfvers. k. Vet. Ak. Förhandl. Stockholm*, **42**, 43, 1885]; — Gorgeu [*C. R.*, **108**, 948, 1889 : *Bull. Soc. Chim.*, (2), **51**, 1 et 605, 1889 : *C. R.*, **110**, 958, 1890] ; — Martinon [*Bull. Soc. Chim.*, (2), **43**, 355, 1885] ; — Carpenter [*Journ. Chem. Soc.*, **81**, 1, 1902] ; — Scurati Manzoni [*Gazz. chim. ital.*, **14**, 359, 1884].

Oxyde Mn^2O^5 (?) : Mailfest [*C. R.*, **94**, 860 et 1186, 1882] ; — Maquenne [*C. R.*, **94**, 795, 1882].

Anhydride manganique MnO^3. — Pour le préparer, le plus simple consiste à décomposer la solution verte de permanganate dans SO^4H^2 par la quantité calculée de carbonate de soude ou de potasse. C'est une masse d'un rouge foncé presque noire se sublimant à 50° en subissant une légère décomposition en MnO^2 et oxygène [Franke, *J. prakt. Chem.* (2), **36**, 31, 1887 ; — Thorpe et Hambly, *Chem. Soc.*, **53**, 157, 1888].

Manganate de baryum. — Le vert de Cassel s'obtient facilement en chauffant avec du bioxyde de baryum, soit le carbonate, soit le bioxyde de manganèse [Donath, *Dingl. Journ.*, **263**, 246, 1887]. Kassner et Heller ont réussi à obtenir un manganate de formule $MnO^4Ba + Aq$. Auger et Billy un sel de composition $Mn^2O^8Ba^3 . H^2O$ [Rousseau, *C. R.*, **102**, 616, 1886 : — G. Kassner et H. Keller, *Arch. Pharm.*, **239**, 473, 1901 ; — Franke, *Zeit. physik. Chem.*, **16**, 475, 1893 ; — Auger et Billy, *C. R.*, **138**, 500, 1904]. D'après ces derniers chimistes, les corps décrits comme manganates alcalino-terreux correspondent tous à la formule $Mn^2O^8M^3 . H^2O$: ce sont des manganimanganates.

Manganate de calcium (Auger et Billy).

Manganate de potassium [Brock et Hurter, *Soc. Chem. Ind.*, **13**, 394, 1894 ; — Dutremblay et Lugan, *J. Pharm. Chem.*, (6), **6**, 392, 1897 ; — Senderens, *Bull. Soc. Chim.*, (3), **7**, 511, 1892].

Manganate de sodium. — Les cristaux signalés par Gentile ne représentent pas vraisemblablement des cristaux de manganate [Fink, *D. chem. G.*, **33**, 3696, 1900].

Manganate de strontium (Franke ; Auger et Billy).

Anhydride permanganique Mn^2O^7. — D'après Franke, ce composé ne serait autre qu'un mélange de MnO^3 et MnO^4. Les conclusions de ce savant sont du reste contestées par Thorpe et Hambly [Franke, *J. prakt. Chem.*, (2), **36**, 31 et 166, 1887 ; — Thorpe et Hambly, *Chem. Soc.*, **53**, 175, 1888.

Acide permanganique MnO^4H. — D'après Morse et Olsen, on peut obtenir facilement des solutions de cet acide par électrolyse des solutions de permanganate [*Am. Chem. Journ.*, **23**, 431, 1900].

Permanganate d'ammonium MnO^4Am. — Ce sel n'est pas stable et détone très facilement, lorsqu'il est sec, par le frottement. La chaleur de l'été suffit déjà à le décomposer [Muthmann, *D. chem. G.*, **26**, 1018, 1893].

Permanganate de baryum $(MnO^4)^2Ba$. — Les meilleures méthodes pour le préparer consistent à partir du permanganate de potassium. Pour cette transformation, on emploie soit l'acide hydrofluosilicique [Rousseau et Bruneau, *C. R.*, **98**, 239, 1884], soit la baryte (transformation en manganate de baryte) et le gaz carbonique (transformation du manganate en permanganate de baryte) [Muthmann, *loc. cit.*].

Permanganate de cadmium $(MnO^4)^2Cd, 7H^2O$.

Permanganate de calcium $(MnO^4)^2Ca, 5H^2O$. — Chauffé, ce sel fournit du manganate de chaux et du bioxyde de manganèse : à plus haute température, on obtient du manganite [Rousseau, *C. R.*, **104**, 786, 1887].

Permanganate de césium, MnO^4Cs. — [Muthmann, *loc. cit.* ; — Tutton, *Zeit. f. Kryst.*, **21**, 491, 1893].

Permanganates de cobalt. — (Voyez 2e Suppl., article *Cobalt*).

Permanganate de magnésium. — $(MnO^4)^2Mg, 6H^2O$.

Permanganate de nickel ammoniacal,

$$(MnO^4)^2Ni . 4AzH^3$$

[Klobb, *Bull. Soc. Chim.*, (3), **33**, 499, 1890].

Permanganate de potassium. — Si l'électrolyse des solutions très acides des sels manganeux fournit de l'acide permanganique, le permanganate ne se produit en milieu alcalin qu'en faisant usage d'anodes en manganèse ou alliage de manganèse. L'électrolyse d'une solution alcaline contenant du bioxyde en suspension ne fournit pas de permanganate [Lorenz, *Zeit. anorg. Chem.*, **12**, 393, 1896 ; — Elbs, *Zeit. Elektr.*, **7**, 260, 1900 ; — Skirrow, *Zeit. anorg. Chem.*, **33**, 25, 1902]. Industriellement, on tend maintenant à le produire par oxydation électrolytique des solutions de manganate [Chem. Fabrick und Actien, Brevet allemand, 28 782, 1884 ; — Salzbergwork neu Strassfurt, Brevet allemand, 101 710, 1898 ; — Griner, Brevet français, 300 951, 1900].

Chauffé, le permanganate se décompose d'après l'équation :

$$10MnO^4K = 3MnO^4K^2 + 7MnO^2 + 6O^2 + 2K^2O.$$

(Voyez Rudorff, *Zeit. anorg. Chem.*, **27**, 58, 1901]. Le permanganate est un oxydant qui en milieu acide cède 2,5 atomes d'oxygène en se réduisant à l'état de sel manganeux. En liqueur neutre, il cède 1 atome d'oxygène de moins et conduit le plus souvent à la formation du manganite $Mn^4O^{10}KH^3$ [Glaser, *Mon. f. Chem.*, **6**, 329, 1885 ; **7**, 651, 1886].

L'eau oxygénée et les bioxydes alcalins ne dégagent de l'oxygène qu'à partir d'une certaine température. A basse température, on n'observe pas de dégagement gazeux, ce qui a conduit certains auteurs à admettre dans ces liqueurs l'existence d'un peroxyde d'hydrogène [Polleck, *D. chem. G.*, **27**, 1051, 1894 ; — Berthelot, *C. R.*, **90**, 656, 1880 : — Engel, *Bull. Soc. Chim.*, (3), **6**, 17, 1891 : — Bach, *D. chem. G.*, **33**, 1506, 1900 ; **35**, 158, 1902 : — Clever, *ibid.*, **33**, 1506, 1900 ; — Bayer et Villiger, *ibid.*, **33**, 2488, 1900 ; — Martinon, *Bull. Soc. Chim.*, **43**, 355, 1885 ; — Gorgeu, *C. R.*, **110**, 958, 1890, *Bull. Soc. Chim.*, (3), **3**, 401, 1890]. Il faut rapprocher de l'action de l'eau oxygénée, l'action catalytique qu'exercent certains bioxydes (MnO^2, PbO^2, par exemple) [Morse, *D. chem. G.*, **30**, 48, 1896 ; — Morse, Hopkins et Walker, *Am. Chem. Journ.*, **18**, 401, 1896 ; — Morse et Reese, *ibid.*, **20**, 521, 1898 ; — Meyer et Hertz, *D. chem. G.*, **29**, 2828, 1896 ; — Allen, *Dissertation, Baltimore*, 1892].

Les propriétés oxydantes du permanganate en

dissolution ont été l'objet d'un très grand nombre de mémoires[1] [Jones. *Chem. Soc.*, **33**, 95, 1878 ; — Wanklin et Cooper. *Phil. Mag.*,(5), **6**, 1878 [H] ; — Alexander. *Zeit. anal. Chem.*, **40**, 574, 1901 ; — Longi et Bonavia, *Gazz. chim. ital.*, **28** (I), 325, 1898 ; — Solstien, *Pharm. Zeit.*, **32**, 659, 1887 [I] ; — Græbe. *D. chem. G.*, **35**, 43, 1902 [HCl] ; — Furst, *Lieb. Ann. Chem.*, **206**, 75, 1881 [ClO²] ; — Alexander, Longi et Bonavia, *loc. cit.* ; — Hodgkinson et Young, *Chem. News*, **66**, 199, 1892 ; — Senderens. *Bull. Soc. Chim.*, (3), **7**, 511, 1892 ; — Dymond et Hughes, *Chem. Soc.*, **71**, 314, 1897 ; — Luckow, *Z. anal. Chem.*, **32**, 53, 1893 ; — Honig. *Mon. f. Chem.*, **6**, 492, 1885 ; — Hönig et Zatzek. *ibid.*, **4**, 738, 1883 ; **7**, 16, 1886 ; — Schjering, *J. prakt. Chem.*, (2), **45**, 515, 1892 [H^2S, sulfures, hyposulfites, etc.] ; — Brauner, *Mon. f. Chem.*, **11**, 326, 1890) ; — Norris et Fay, *Am. Chem. Journ.*, **20**, 278, 1898 [TeO^2] ; — Parsons, *Chem. News*, **35**, 235, 1877 [AsH^3] ; — Moissan, *C. R.*, **114**, 614, 1892 [Bo] ; — Moissan et Smiles, *Bull. Soc. Chim.*, (3), **27**, 1197, 1902 [Si] ; — Morse et Byers, *Am. Chem. Journ.*, **23**, 313, 1900 ; — A. Gautier, *C. R.*, **126**, 871, 1898 [CO] ; — Vohlard, *Lieb. Ann. Chem.*, **259**, 377, 1890 [cyanogène et dérivés] ; — Baubigny et Rivals, *C. R.*, **124**, 954 et 859, 1897 [halogénures de Cu].

Permanganate de rubidium, MnO^4Rb. — [Muthmann, *D. chem. G.*, **26**, 1018, 1893].

Permanganate de sodium, $MnO^4Na \cdot 3H^2O$. — [Franklin et Kraus. *Am. Chem. Journ.*, **20**, 828, 1898 ; — Raoult. *Bull. Soc. Chim.*, (2), **46**, 805, 1886 ; — Franke. *Zeit. physik. Chem.*, **16**, 475, 1893].

Permanganate de strontium. — [Rousseau, *C. R.*, **104**, 786, 1887 ; — Franke. *loc. cit.* ; — Sloan, *Chem. News*, **46**, 195, 1882]. Le sel est anhydre.

Permanganate de zinc $(MnO^4)^2Zn + 6H^2O$. — [*Biel. Pharm. Z. f. Russland*, **13**, 97, 1874]. Une combinaison ammoniacale a été obtenue par Klobb [*Bull. Soc. Chim.*, (3), **33**, 499, 1890].

PEROXYDE, MnO^3 (?) — Ce composé se formerait, d'après Franke, en même temps que MnO^3 par dissolution du permanganate de potassium dans l'acide sulfurique [Franke, *J. prakt. Chem.*, (2), **36**, 166, 1887 ; — Thorpe et Hambly, *Chem. Soc.*, **53**, 175, 1888].

OXYCHLORURE $MnO \cdot MnCl^2$. — Fines aiguilles décomposables par l'eau [Gorgeu, *C. R.*, **94**, 1303, 1883 ; *Ann. Chim. Phys.*, (6), **4**, 515, 1885. — $3MnO \cdot MnCl^2$ [Gorgeu, *C. R.*, **94**, 1425, 1882].

D'après Franke, les solutions de tétrachlorure, additionnées d'une petite quantité d'alcali dilué, donnent un oxychlorure, rouge en solution, et qui correspondrait à la formule $MnOCl^4H^2$, soit

$$\begin{matrix} HCl \\ HCl \end{matrix} > MnOCl^2$$

IODATE MANGANEUX $(IO^3)^2Mn$. — Petits cristaux roses brillants anhydres, complètement insolubles dans l'acide azotique ainsi que dans l'ammoniac liquide [Ditte, *Ann. Chim. Phys.*, (6), **21**, 157, 1890].

Iodate manganique $(IO^3)^6Mn^2$. — Poudre dont la couleur varie du gris lilas au brun violet suivant son état de division [Berg, *C. R.*, **128**, 673, 1899].

SULFURE DE MANGANÈSE. MnS. — Le sulfure anhydre cristallisé s'obtient soit en abandonnant au sein de la solution où il s'est formé, le précipité fourni par l'hydrogène sulfuré dans une liqueur d'acétate de manganèse [Baubigny, *C. R.*, **104**, 1372, 1887], soit en chauffant au four électrique un mélange de sulfate et de charbon [Mourlot, *Ann. Chim. Phys.*, (7), **17**, 510, 1889]. $D_{sel\ crist.} = 3,92$. $D_{sel\ fondu} = 4,06$. [Voyez aussi Weinschenk, *Zeit. f. Krist.*, 480, 1890].

Le sulfure anhydre prend encore naissance par déshydratation des sulfures hydratés dans un courant d'hydrogène sulfuré [Antony et Domini. *Gazz. chim. ital.*, **23**, (I), 560, 1893], ou par l'action du sulfure de carbone sur le manganèse, les oxydes ou le permanganate [Gautier et Hallopeau, *C. R.*, **108**, 806, 1889].

Le sulfure de manganèse est moins fusible que le fer lui-même et cette faible fusibilité permet d'expliquer le rôle favorable exercé par le manganèse sur les aciers sulfureux [Le Chatelier et Ziegler, *Bull. Soc. Chim.*, (3), **27**, 1140, 1902]. Il n'est pas réduit par l'hydrogène même à 1200°. Le fluor réagit au rouge, le brome à température peu élevée et l'iode en tube scellé vers 600° (Mourlot). Il dissout au four électrique jusqu'a 3,21 0/0 de carbone à l'état de graphite [M. Houdard, *C. R.*, **143**, 1230, 1906].

Antony et Domini [*loc. cit.*] ont étudié la transformation du sulfure rose en sulfure vert. Cette transformation se produirait facilement sous l'influence des sulfhydrates et en particulier du sulfhydrate d'ammoniaque. Dans certaines de leurs expériences, ces savants ont observé après 9 jours la transformation totale du sulfure rose amorphe de D = 3,25 à 3,55 en sulfure vert cristallisé D = 3,74 à 3,63. L'action prolongée de l'hydrogène sulfuré sur les solutions ammoniacales de sels de manganèse en fournirait aussi, même à 0°.

Contrairement aux données de Ph. de Clermont et Guyot. Villiers a pu constater la transformation du sulfure rose en sulfure vert par congélation, comme l'avait indiqué Mick [Villiers, *C. R.*, **120**, 322, 1895]. Condition de précipitation et de redissolution du sulfure hydraté [G. Bruni et M. Padoa. *Att. Ac. Lincei*, (5), **14**, (II), 525, 1905.

Sulfure Mn^3S^4. — On l'obtient, en chauffant le silicate de manganèse dans le sulfure de carbone, au rouge blanc, sous forme d'un corps semi-métallique, facilement décomposable par l'eau avec dépôt de bioxyde de manganèse [Gautier et Hallopeau, *loc. cit.*].

HYPOSULFITE, $S^2O^3Mn \cdot 5H^2O$ (?). — En broyant l'hyposulfite de baryum avec une solution concentrée de sulfate de manganèse, et précipitant la liqueur obtenue par un mélange d'éther et d'alcool, on obtient d'après Vortmann et Padberg [*D. chem. G.*, **22**, 2637, 1889] des cristaux d'hyposulfite à $5H^2O$. Ces résultats sont contredits par les recherches plus récentes de Fock et Kruss [*D. chem. G.*, **23**, 534, 1890].

SULFITES DE MANGANÈSE, $SO^3Mn \cdot 3H^2O$. — On l'obtient en précipitant à froid une solution acétique de sulfate de manganèse par le sulfite de soude. Il est en petits prismes roses perdant de l'eau à 70° et se décomposant, à l'abri de l'air et à plus haute température, d'après l'équation :

$$8SO^3Mn = 3SO^4Mn + MnS + 4MnO + 4SO^2$$

[Denigès. *Bull. Soc. Chim.*, (3), **7**, 569, 1892]. Les oxydants, les halogènes le transforment en sulfate [Gorgeu, *C. R.*, **96**, 341, 1883].

$SO^3Mn \cdot 2,5H^2O$. — Ce sel se forme dans les mêmes condtions que le sel à $3H^2O$ [Rammelsberg. *Ann. Ph. Chem. Pogg.*, **67**, 245, 1846 ; — Röhrig, *J. prakt. Chem.*, (2), **37**, 217, 1888].

$SO^3Mn \cdot 2H^2O$. — Ce sel, qui se forme à 100° ou à plus haute température, est très instable : au contact de son eau-mère, il se transforme en trihydrate [Gorgeu, *loc. cit.*].

$SO^3Mn \cdot H^2O$. — Cristaux orthorhombiques obtenus en décomposant par l'eau bouillante la

1. Les indications entre crochets concernent les corps sur lesquels l'action de MnO^4K a été étudiée.

combinaison bisulfitique de manganèse et d'aniline ($SO^3MnH + 2C^6H^5AzH^2$).

$5SO^3Mn + 2Mn(OH) + aq.$ — Il s'obtient en chauffant à l'ébullition des solutions renfermant un mélange de sulfite de soude et de sulfate de manganèse ; suivant la concentration des liqueurs, on obtient un sel à 8 ou à 11 H^2O [Gorgeu, *loc. cit.*; — Seubert et Elten, *Z. anorg. Chem.*, **4**, 81, 1893].

Sulfite manganique, $(SO^3)^3Mn^2$. — Ce corps prend naissance par l'action du gaz sulfureux sur le bioxyde de manganèse [Meyer, *D. chem. G.*, **34**, 3606, 1901].

SULFATE MANGANEUX, SO^4Mn. — Les solutions de ce sel ne sont pas attaquées par ébullition avec du soufre. Vers 140-200°, l'hyposulfite donne un mélange de protosulfure et de soufre [Norton, *Z. anorg. Chem.*, **28**, 225, 1901]. L'électrolyse des solutions de sulfate donne, au pôle négatif, suivant leur concentration, de l'hydrogène ou un dépôt de manganèse [Berthelot, *C. R.*, **93**, 757, 1881].

Hydrate, $SO^4Mn . H^2O$. — Ce sel prend naissance dans un assez grand nombre de circonstances, en particulier en ajoutant aux solutions saturées froides de l'acide sulfurique concentré [Lescœur, *Ann. Chim. Phys.*, (7), **4**, 213, 1895; — Wyrouboff, *Bull. Soc. Min.*, **12**, 366, 1889] ou en déshydratant le tétrahydrate par l'alcool bouillant [Linebarger, *Am. Chem. Journ.*, **15**, 225, 1893. — Voyez aussi Schieber, *Mon. f. Chem.*, **19**, 280, 1898]. Tension de dissociation, 11^m,8 à 20°. $D = 2,845$ [Thorpe et Watts, *Chem. Soc.*, **37**, 113, 1880]. Le sel n'est stable qu'entre 57 et 117° [Etard, *C. R.*, **106**, 208, 1888].

Hydrate, $SO^4Mn . 2H^2O$. — Ce sel qui cristallise en prismes rhombiques et a été signalé par plusieurs auteurs [Linebarger, Thorpe et Watts, *loc. cit.*] a vu plus récemment son existence mise en doute par Schieber [*loc. cit.*]. Il ne serait stable qu'entre 40 et 57°.

Hydrate, $SO^4Mn . 3H^2O$. — Ce sel qui ne serait stable qu'entre 30 et 40° (Linebarger) n'a pu être reproduit par Schieber. D'après Linebarger, il forme des cristaux quadratiques. $D = 2,356$.

Hydrate, $SO^4Mn . 4H^2O$. — Suivant Schieber, ce sel serait dimorphe. Des solutions saturées, il se dépose entre 25-31° des prismes orthorhombiques; entre 35-40° on obtient des prismes monocliniques. $D = 2,103$ (Thorpe et Watts).

Hydrate, $SO^4Mn . 5H^2O$. — Cet hydrate, stable entre 8 et 18°, s'obtient en faisant cristalliser les solutions entre 10-15° [Linebarger, Muller-Erzbach, *An. Ph. Ch. Wied.*, **26**, 213, 1895].

Hydrate, $SO^4Mn . 7H^2O$. — Cristaux stables seulement entre — 10 et — 5°. (Linebarger, Lescœur).

Pour la solubilité de ces différents hydrates, voyez Cotrell [*J. of phys. Chem.*, **4**, 637, 1900] et Richards et Fraprie [*Am. Chem. Journ.*, **26**, 75, 1901]. Sur la formation des sels doubles que donne le sulfate de manganèse, voyez Retgers [*Zeit. physik. Chem.*, **16**, 577, 1895]. Dédoublement hydrolytique [Chanoz, *C. R.*, **141**, 759, 1905.

SULFATES MANGANIQUES. — En traitant 8 grammes de permanganate de potasse par 100 centimètres cubes d'acide sulfurique, on observe d'abord la formation de gouttelettes huileuses d'anhydride permanganique. Ces gouttelettes se dissolvent ensuite et vers 70° apparaît un précipité rouge cristallisé en même temps que de l'oxygène se dégage. Ce précipité rouge constitue un sulfate de manganèse acide

$$(SO^4)^3Mn + SO^4H^2 + 4H^2O.$$

En élevant davantage la température, ce sulfate rouge acide se transforme en sulfate neutre vert $(SO^4)^3Mn^2$ [Franke, *J. prakt. Chem.*, (2), **36**, 451, 1887].

En opérant dans des conditions différentes, Frémy avait obtenu des composés mal définis qu'il considérait comme des sulfates de bioxyde tels que $SO^3 . MnO^2 + aq.$ Ces sulfates sont susceptibles de fournir une série de sels doubles dont le mieux connu est le sel double manganeux $(SO^3)^2MnO^2 + (SO^3)^2MnO + 9H^2O$. Ce sel est en tables hexagonales déliquescentes, que l'acide sulfurique dissout en rose [Frémy, *C. R.*, **82**, 475 et 1231, 1876; — Christensen, *J. prakt. Chem.*, (2), **28**, 1, 1883].

DITHIONATE. — Ce sel prend naissance avec un rendement de 75 0/0 par l'action du gaz sulfureux sur le sesquioxyde de manganèse [Carpentier, *Chem. Soc.*, **81**, 1, 1902].

SÉLÉNIURE, $MnSe^2$. — On l'obtient bien cristallisé, soit par l'action sur du chlorure de manganèse porté au rouge d'un mélange d'azote et d'hydrogène sélénié, soit par réduction au four électrique du séléniate par le charbon de sucre. Fines aiguilles prismatiques que les acides attaquent facilement [Fonzes Diacon, *C. R.*, **130**, 1025, 1900; — Favre, *Thèse*, Paris, 1886].

Oxyséléniure. — Poudre verte se formant comme l'oxysulfure correspondant (Fonzes Diacon).

SÉLÉNITE, $SeO^3Mn . H^2O$. — Tables quadratiques d'un rose jaunâtre [Nilson, *Bull. Soc. Chim.*, (2), **23**, 356, 1875.

$SeO^3Mn . 2H^2O$. — Cristaux microscopiques facilement fusibles [Musprat., *Lieb. Ann. Chem.*, **70**, 274, 1849].

En dissolvant du bioxyde de manganèse hydraté dans l'acide sélénieux, on obtient une solution brune renfermant vraisemblablement un sélénite de bioxyde. Cette solution très instable laisse déposer une matière jaune orangé de formule $SeO^2 . Mn^2O^3$.

En opérant en tube scellé, on peut obtenir un sélénite de formule $4SeO^2 . Mn^2O^3$. L'eau le décompose avec formation de sélénite basique $2SeO^2 . Mn^2O^3$, en prismes verts. Laugier a pu également préparer le sélénite normal de formule $(SeO^3)^3Mn^2 . 5H^2O$. C'est un composé rouge bien cristallisé, perdant toute son eau à 200°. Chauffé à 600°, il laisse un résidu de sélénite basique $2SeO^2Mn^2O^3$ [*C. R.*, **104**, 1508, 1887].

SÉLÉNIATES. — On a décrit les deux hydrates $SeO^4Mn + 5H^2O$ [Laugier ; Topsoë, *Selens. Salte*, Copenhague, 19, 1870; — Topsoë et Christensen, *Ann. Chim. Phys.*, (5), **1**, 25, 1874].

AZOTURES. — Prélinger, en chauffant du manganèse ou son amalgame dans un courant d'azote, a obtenu, suivant les conditions de l'expérience, deux azotures différents Mn^5Az^2 et Mn^3Az^2. Le premier de ces azotures constitue une poudre d'un gris foncé. $D = 6,6$. Les acides le décomposent facilement. Chauffé dans un courant d'hydrogène, il donne de l'ammoniac. Le chlorhydrate d'ammoniaque le décompose avec dégagement d'hydrogène.

L'azoture Mn^3Az^2 se distingue du précédent par sa couleur plus foncée et sa résistance un peu plus grande aux différents réactifs. $D = 6,21$ [*Mon. f. Chem.*, **15**, 391].

Azothydrate basique, $Az^3(OH)Mn$. — On l'obtient en dissolvant le carbonate de manganèse dans l'acide azothydrique et précipitant la liqueur par l'alcool et l'éther [Curtius et Darapsky, *J. prakt. Chem.*, (2), 410, 1900].

AZOTATE MANGANEUX. — L'hydrate à $6H^2O$ n'est stable qu'au-dessous de 25°,8. Au-dessus de cette température, l'hydrate stable renferme $3H^2O$. L'existence d'un hydrate à $9H^2O$ est aussi assez probable [Funk, *D. chem. G.*, **32**,

100, 1899; *Zeit. anorg. Chem.*, **20**, 393, 1899].

Amidosulfate, $Mn(SO^3AzH^2)^2 + 3H^2O$. — Masse cristalline rosée extrêmement soluble dans l'eau [Berglund, *Bull. Soc. Chim.*, (2), **29**, 425, 1878].

Phosphure de manganèse. — En faisant réagir sur du chlorure de manganèse, en présence d'hydrogène, des vapeurs de phosphore, on obtient de fines aiguilles, dont l'éclat et la couleur rappellent l'acerdèse. Ces aiguilles renferment Mn^3P^2. Ce phosphure est inattaquable par l'acide azotique; l'eau régale l'attaque facilement [Granger, Thèse, Paris, 1898; — Wedekind, *Zeit. f. elektr.*, **2**, 850, 1906].

Hypophosphite, $(PO^2H^2)^2Mn + H^2O$. — Cristaux roses brillants, scalénoèdriques, inaltérables à l'air [Wurtz, *Ann. Chim. Phys.*, (3), **16**, 195, 1846].

Phosphites de manganèse. — On a signalé les deux hydrates $PO^3HMn . H^2O$ et $3PO^3HMn . 2H^2O$ [Rammelsberg, *Ann. Ph. Chem. Pogg.*, **131**, 375, 1867; — Vanino, *Pharm. Centr. Hall.*, **40**, 637, 1899].

Phosphate trimanganeux, $PO^4Mn^3 + aq.$ — [Erlenmeyer et Heinrich, *Lieb. Ann. Chem.*, **190**, 191, 1877; — Gerlandt, *J. prakt. Chem.*, (2), **4**, 97, 1871].

Phosphate monomanganeux. — L'étude de la décomposition de ce sel par l'eau a été faite par Viard [*C. R.*, **129**, 412, 1899].

Pyrophosphates manganeux. — On connaît le sel anhydre et les hydrates $P^2O^7Mn^2 . 3H^2O$ [Rose, *Ann. Ph. Chem. Pogg.*, **76**, 18, 1849; — Schwarzenberg, *Ann. Chem.*, **65**, 150, 1848], $P^2O^7Mn^2 . H^2O$ [Vortmann, *D. chem. G.*, **21**, 1103, 1888; — Talbot, *Am. Journ. Sc.*, (2), **50**, 244, 1870], $P^2O^7Mn^2 . 9H^2O$ [Pahl, *Ofvers. of Sv. Vet. Ak. Förh.*, **29**, 45, 1873]. Pahl a également signalé le sel acide $P^2O^7MnH^2 + 4H^2O$ en prismes orthorhombiques solubles dans l'eau.

Métaphosphates manganeux. — En évaporant une solution de sel de manganèse avec de l'acide phosphorique, il se forme un tétramétaphosphate [Warschauer, *Zeit. anorg. Chem.*, **36**, 137, 1903]. Fleitmann a obtenu un sel bien cristallisé de formule $[(PO^3)^2Mn . 2H^2O]^4$ [*Ann. Ph. Chem. Pogg.*, **78**, 257, 1849].

Le trimétaphosphate a été obtenu avec des quantités d'eau variables : $[(PO^3)^2Mn]^3 . 13H^2O$, $[(PO^3)^2Mn]^3 9H^2O$ [Tammann, *J. prakt. Chem.*, (2), **45**, 417, 1892] et $[(PO^3)^2Mn]^3 11H^2O$ [Wiesler, *Zeit. anorg. Chem.*, **28**, 177, 1901].

Lorsqu'on traite le sel de Graham par une solution de sulfate de soude, on obtient un liquide laiteux rose d'où se déposent des gouttelettes huileuses. Ces gouttelettes se prennent en une masse visqueuse représentant un métaphosphate de manganèse de même condensation que le métaphosphate de soude ayant servi à le préparer. C'est un hexamétaphosphate hydraté $[(PO^3)^2Mn]^6 + aq$ [Glatzel, *Ueber Di- und Tetrametaphosphorsäure.* Dissert. inaugurale, 1880, Würtzburg; — Lüdert, *Zeit. anorg. Chem.*, **5**, 15, 1894]. $[(PO^3)^2Mn]^{10} . 24H^2O$ [Tammann, *J. prakt. Chem.*, (2), **45**, 417, 1892].

Orthophosphate manganique $(PO^4)^2Mn^2 . 2H^2O$. — C'est la poudre cristalline gris verdâtre, insoluble dans l'eau, soluble dans l'acide chlorhydrique avec dégagement de chlore, signalée par Laspeyre (Voyez Dict., 1er Suppl., Manganèse).

On l'obtient facilement, d'après Christensen, en dissolvant l'acétate manganique préparé d'après le procédé Otto [*Ann. Chem.*, **93**, 372, 1855] dans de l'acide orthophosphorique concentré [Christensen, *Chem. Zeit.* Rep., **20**, 154, 1896]. On peut l'obtenir également par l'action de l'acide orthophosphorique sur une solution de nitrate de manganèse; par l'action de l'eau sur le pyrophosphate manganique ainsi que par oxydation du sulfate manganeux par le permanganate en présence d'acide phosphorique [Voyez aussi Smith, *Am. Chem. Journ.*, **12**, 329, 1890].

Pyrophosphate manganique neutre,

$$(P^2O^7)^3Mn^4 + aq.$$

— Ce sel a été signalé par Erdmann qui lui attribuait $8H^2O$. Auger lui attribue $14H^2O$. On l'obtient en chauffant vers 210° une dissolution de nitrate de manganèse (30 grammes) dans l'acide orthophosphorique à 60° (200 grammes). Par addition d'alcool à 95° il se sépare au bain-marie de petites lamelles chamois de pyrophosphate neutre [Auger, *C. R.*, **133**, 94, 1901; — Hermann, *Ann. Pharm. Chem. Pogg.*, **105**, 289, 1859].

Pyrophosphate manganique acide. $(P^2O^7)HMn$. — C'est le sel qui prend naissance en chauffant vers 180° de l'orthophosphate manganique avec un excès d'acide phosphorique. C'est un composé couleur pensée, insoluble dans l'eau, décomposable par les bases à basse température, et par les acides à chaud.

Métaphosphate manganique, $(PO^3)^3Mn$. — Ce sel a été signalé par Hermann [*Ann. Pharm. Chem. Pogg.*, **74**, 303, 1849] et par Schjerning [*Journ. prakt. Chem.*, (2), **45**, 515, 1892]. Il prend naissance en chauffant l'orthophosphate manganique avec de l'acide phosphorique vers 350°. On l'obtient facilement, d'après les indications d'Auger (*loc. cit.*), en chauffant jusqu'à durcissement un mélange de bioxyde de manganèse hydraté et d'anhydride phosphorique.

Apatite de manganèse, $3(PO^4)^2Mn^3, Mn(Cl . F)^2$. — Elle s'obtient en chauffant en creuset de charbon un mélange de fluorure et de chlorure manganeux avec un excès de phosphate d'ammoniaque [Sainte-Claire Deville et Caron, *Ann. Chim. Phys.*, (3), **67**, 443, 1863]. Dans des conditions semblables, Ditte a obtenu une apatite bromée [*C. R.*, **96**, 846, 1883].

Wagnérite de manganèse, $(PO^4)^2Mn^3 . MnCl^2$. — On l'obtient en chauffant du phosphate d'ammoniaque avec un excès de chlorure [Sainte-Claire-Deville et Caron]. La wagnérite bromée a été signalée par Ditte.

Sulfophosphate $(PS^4)^2Mn^3$. — On le prépare facilement par chauffage d'un mélange de sulfure de manganèse et de pentasulfure de phosphore. Il est en petites houppes vertes insolubles dans l'eau et la plupart des solvants, facilement décomposables par les acides [Glatzel, *Zeit. anor. Chem.*, **4**, 186, 1893].

Phosphamate de manganèse. — Précipité blanc obtenu par double décomposition entre le phosphamate d'ammoniaque et un sel de manganèse [Schiff, *Ann. Chem.*, **103**, 172, 1857; — Gladstone et Holmés, *Chem. Soc.*, **17**, 225, 1864].

Amidophosphates. — Stockes a obtenu le sel neutre et le sel acide par double décomposition entre le sel de potassium et le chlorure de manganèse [*Amer. Chem. J.*, **15**, 209, 1893].

Arsénites manganeux. — Ces sels sont très peu connus. Les principales données sont celles de Stein [*Ann. Chim. Ph.*, **74**, 218, 1850; — Stavenhagen, *J. prakt. Chem.*, (2), **51**, 36, 1895] et Reichard [*D. chem. G.*, **27**, 1019, 1894; **31**, 2163, 1898]. Ont été signalés : $As^2O^3, 3MnO, 5H^2O$ — $As^2O^3 . 3MnO . 3H^2O$, $2As^2O^3, 3MnO$ et $As^2O^3 . 5MnO$. Tous ces arsénites s'altèrent rapidement à l'air.

Pyro-arséniate, $As^2O^7Mn^2$. — Lefèvre l'a obtenu en dissolvant les oxydes de manganèse ou le carbonate dans le méta-arséniate de potassium fondu. $D_{23} = 3,69$ [*C. R.*, **110**, 405, 1890].

Arséniate manganique $(AsO^4)^2Mn^2 + 2H^2O$. — Poudre grise se formant dans les mêmes conditions que le phosphate correspondant [Christensen, *J. prakt. Chem.*, (2), **28**, 1, 1883].

Wagnérite arséniée de manganèse : $As^2O^5 . 3MnO + MnCl^2$ [Lechartier, *C. R.*, **65**, 172, 1865].

$As^2O^5 . 3MnO . MnBr^2$ [Ditte, *C. R.*, **96**, 846, 1883; — Lechartier, *loc. cit.*].

Apatite bromoarséniée $(3MnO . As^2O^5)^3 . MnBr^2$ [Ditte, *loc. cit.*].

Antimoniure. — Troost et Hautefeuille [*Ann. Chim. Phys.*, (5), **9**, 56, 1876]; Wedekind [*Zeit. f. elektr.*, **11**, 850, 1906].

Antimoniates. — [Voyez Antimoine, 2e Suppl.]. $(Sb^2O^6)Mn . 5H^2O$ [Ebell, *D. chem. G.*, **22**, 3044, 1889], $(Sb^2O^6) . Mn . 6H^2O$ [Senderens, *Bull. Soc. Chim.*, (3), **21**, 47, 1899]. Cet hexahydrate abandonné sur l'acide sulfurique perd $4H^2O$, et devient anhydre au-dessous du rouge en brunissant.

Sulfo-antimonite de manganèse $Sb^2S^6Mn^3$. — Corps bien cristallisé étudié par Pouget [*C. R.*, **129**, 103, 1899].

Bismuthure. — Wedekind [*loc. cit.*]

Borures de manganèse. — En chauffant un mélange de carbure de manganèse et d'acide borique, Troost et Hautefeuille ont obtenu un borure MnB^2 en petits cristaux d'un gris violacé. En réduisant au four électrique le protoxyde de manganèse par le bore, Binet du Jassoneix a obtenu un autre borure de formule MnB également bien cristallisé. D = 6,2, attirable à l'aimant [*C. R.*, **139**, 1209, 1904; **142**, 1336, 1906; voyez aussi Wedekind, *loc. cit.* et *D. chem. G.*, **38**, 1228, 1905].

Borates de manganèse. — $B^2O^6Mn^3$. — Aiguilles plus ou moins colorées en brun obtenues en chauffant du chlorure ou du sulfate de manganèse avec un mélange équimoléculaire de fluorhydrate de fluorure de potassium et d'anhydride borique. Si dans la préparation on emploie un excès de chlorure manganeux, ou si on remplace ce dernier par une quantité équivalente de carbonate ou de borate de manganèse précipité, on obtient une boracite fluorée [Ebelmen, *Ann. Min.*, (8), **12**, 442, 1887; — Le Chatelier, *C. R.*, **113**, 1034, 1891; — Ouvrard, *C. R.*, **130**, 335, 1900].

B^4O^7Mn. — On l'obtient en ajoutant du borax à une solution de sulfate de manganèse, et précipitant par addition d'alcool [Smith, *Am. Chem. Journ.*, **4**, 279, 1882; — W. Thomas, *Am. Chem. Journ.*, **4**, 358, 1882].

Boracites. — Ces boracites sont en petits cristaux d'apparence cubique agissant sur la lumière polarisée. Ont été signalés $6MnO . 8B^2O^3 . MnCl^2$; $6MnO . 8B^2O^3 , MnBr^2$ et $6MnO . 8B^2O^3 , MnI^2$ [Rousseau et Allaire, *C. R.*, **118**, 1255, 1894; **119**, 71, 1894; — Allaire, **127**, 555, 1898].

Carbures de manganèse. — Brown a signalé l'existence du carbure MnC. Il prendrait naissance dans la décomposition du sulfocyanure [*J. prakt. Chem.*, **17**, 492, 1839].

Le carbure Mn^3C est le mieux connu. C'est lui qui existe dans les fontes manganésifères; il s'obtient facilement en réduisant au four électrique un mélange de 200 grammes d'oxyde salin et de 50 grammes de charbon de sucre. Masse cristalline à cassure lamellaire. D = 6,89, décomposable par l'eau d'après l'équation :

$$CMn^3 + 6H^2O = 3Mn(OH)^2 + CH^4 + H^2$$

[Troost et Hautefeuille, *C. R.*, **80**, 964, 1875; — Moissan, *C. R.*, **122**, 421, 1896; **125**, 839, 1897; *Bull. Soc. Chim.*, (3), **11**, 13, 1894; **15**, 1266, 1896; **19**, 870, 1898].

Le carbure C^2Mn, en cristaux octaédriques brillants, prend naissance par l'action du sulfure de carbone sur le manganèse vers 1400° [Gautier et Hallopeau, *C. R.*, **108**, 806, 1889].

Voyez aussi Gmelin-Kraut [*Handb. d. anorg. Chem.*, (2), **2**, 1882; — Cloez, *C. R.*, **86**, 1248, 1878; — Le Chatelier, *C. R.*, **122**, 80, 1896; — Gin et Leleux, *C. R.*, **126**, 749, 1898; — Berthelot, *C. R.*, **132**, 281, 1901].

Carbonate de manganèse CO^3Mn. — Weinschenk a pu reproduire le spath manganeux avec sa forme naturelle en chauffant, vers 180°, un mélange de sulfate de manganèse et d'urée [*Chem. Centr. Blatt.*, (2), 406, 1890; *Zeit. Krist.*, 486, 1890].

D'après Joulin, ce sel perd déjà du gaz carbonique vers 70°. Jusque vers 200°, le phénomène est régi par les lois de la dissociation [*Ann. Chim. Phys.*, (4), **30**, 248, 1873; *Bull. Soc. Chim.*, (2), **19**, 338, 1873].

Au contact de l'eau aérée, le carbonate s'oxyde déjà à température ordinaire. L'oxyde formé serait, d'après Gorgeu [*C. R.*, **108**, 1006, 1889; *Bull. Soc. Chim.*, (3), **1**, 612, 1889] le sesquioxyde Mn^2O^3. On n'observe jamais la formation d'oxyde supérieur, ce qui rend inadmissibles les hypothèses de Boussingault [*Ann. Chim. Phys.*, (5), **27**, 289, 1882] et de Dieulafait [*C. R.*, **101**, 324, 609 et 676, 1885]. Le déplacement du gaz carbonique par l'oxygène est, du reste, conforme aux données thermiques [Berthelot, *C. R.*, **96**, 88, 1883; *Ann. Chim. Phys.*, (5), **30**, 543, 1883].

Carbonate basique $CO^3Mn + 6Mn(OH)^2 + 5H^2O$ [Rose, *Lieb. Ann. Chem.*, **80**, 235, 1851].

Sulfocyanure de manganèse, $Mn(CSAz)^2$. — On l'obtient par double décomposition entre le sel de baryum et le sulfate de manganèse. La solution obtenue est rosée, par concentration elle fournit 3 hydrates différents renfermant respectivement 2, 3 et $4H^2O$. Le trihydrate est en tables orthorhombiques d'un jaune-verdâtre, efflorescentes à l'air. L'hydrate à $4H^2O$ est en grands cristaux vert clair subissant la fusion aqueuse à 43°, en se transformant en sel anhydre de couleur jaune. Le dihydrate est en tables hexagonales dichroïques [Kurnakoff et Weimarn, *Journ. Soc. phys. chim. russe*, **34**, 518, 1902].

Siliciures. — On connaît les 3 siliciures Mn^2Si, MnSi et $MnSi^2$. Le siliciure Mn^2Si prend naissance par combinaison directe du manganèse et du silicium au four électrique, par l'action du silicium sur les oxydes de manganèse en présence d'hydrogène, ainsi que par l'action du charbon sur un mélange de silice et d'oxyde [Vigouroux, *C. R.*, **121**, 771, 1895; *Ann. Chim. Phys.*, (7), **12**, 153, 1897; — *C. R.*, **141**, 722, 1905; — Wedekind, *Zeit. elektr.*, **11**, 850, 1905].

Lebeau a montré que, d'une façon générale, on obtient ce composé chaque fois que l'on fait réagir par voie de fusion le cuivre, le manganèse et le silicium en quantités telles que ce dernier soit en proportions relativement faibles par rapport aux deux autres [Lebeau, *Bull. Soc. Chim.*, (3), **29**, 185, 188, 797, 1903].

Ce siliciure forme de beaux cristaux d'apparence quadratique. $D_{15} = 6,25$.

Le siliciure MnSi a été signalé dans les fontes ordinaires par Carnot et Goutal [*Ann. Min.*, (9), **18**, 217, 1900]. Lebeau l'obtient comme le précédent, mais en opérant avec une quantité plus grande de silicium. Il est en cristaux tétraédriques D = 5,90, plus durs que les précédents, rayant facilement la topaze, mais rayés par le corindon. L'acide chlorhydrique concentré ne l'attaque que lentement et superficiellement, ce qui permet de le séparer du siliciure précédent plus facilement attaquable.

Le siliciure $MnSi^2$ a été signalé par De Chalmot dans les produits bruts de la réduction au four électrique d'un mélange de quartz, d'oxyde de manganèse, de chaux et de charbon [*Am. Chem. Journ.*, **18**, 536, 1896]. D'après Lebeau, ce siliciure prend naissance comme les siliciures précédents, mais à la condition d'augmenter considérablement la proportion de silicium. Il forme de petits cristaux d'un gris foncé d'aspect octaédrique $D_{14} = 5.24$. Ces cristaux sont inattaquables par l'acide chlorhydrique ; l'acide fluorhydrique et les alcalis les attaquent très rapidement.

FLUOSILICATE DE MANGANÈSE. — [Stolba, *Chem. Centr. Bl.*, 292, 1883 ; — Topsoë et Christensen. *Ann. Chim. Phys.*, (5), **1**, 25, 1874].

SILICATE. — Gorgeu a pu reproduire la rhodonite $SiO^2 . MnO$ et la thephroïte $SiO^2 . 2MnO$ en fondant 1 partie de silice et 10 parties de chlorure de manganèse au rouge cerise, soit dans un courant d'hydrogène, soit dans un courant de gaz carbonique saturé d'humidité. On obtient d'abord le bisilicate, puis, l'action continuant, le monosilicate $SiO^2 Mn O$. Le bisilicate est en cristaux roses très nets ; le monosilicate en cristaux grisâtres [*C. R.*, **98**, 107, 1883].

Si l'on opère en présence d'un excès de chlorure, on a le sel complexe $SiO^2 . 2MnO . MnCl^2$ en grandes lamelles. Le bromure et l'iodure de manganèse fournissent des composés semblables.

FLUOSTANNATE $SnF^6Mn . 6H^2O$. — [Marignac. *Ann. Min.*, (5), **15**, 221, 1859].

Chlorostannate $SnCl^6Mn 6H^2O$. — [Topsoë et Christensen, *Ann. Chim. Phys.*, (5), **1**, 25, 1874].

Bromostannate. — (Voyez ÉTAIN).

COMBINAISONS AVEC L'ALUMINIUM. — *Alliages.* En fondant 1 partie de manganèse avec 1 partie d'aluminium, Brunck a obtenu un culot duquel il a isolé des lamelles cristallines d'un blanc d'étain de formule $Al^7 Mn^2$ [*D. chem. G.*, **34**, 2733, 1901]. Guillet, qui a repris l'étude de la réduction du sesquioxyde Mn^2O^3 par l'aluminium, a pu mettre en évidence l'existence des composés définis $MnAl^4$, $MnAl^3$ et Mn^2Al^3 [*C. R.*, **134**, 136, 1902]. Alliages de Mn, Al et Cu [Heusler, *Centr. Bl.*, (1), 817, 1906 ; — A. Gray, *Proc. Roy. Soc.*, Londres (série A), **77**, 256, 1906].

Spinelle manganifère $Al^2O^3 . MnO$. — Octaèdres rayant le quartz, obtenus en chauffant au four (1000 ampères et 60 volts) un mélange d'alumine et d'oxyde salin [Dufau, *C. R.*, **135**, 963, 1902].

Sulfates doubles. — Ces sulfates existent à l'état naturel. Mais en général leur composition est très complexe, par suite du remplacement d'une partie du manganèse par du fer, du magnésium, du cobalt, du nickel ou du cuivre.

Silicate double $3(SiO^2, 2MnO) + 3SiO^2, 2Al^2O^3$ (grenat manganésifère). — Gorgeu l'a reproduit en chauffant 1gr,5 d'argile blanche et 20 à 25 grammes de chlorure manganeux dans un courant d'hydrogène. Isocitétraèdres jaune clair. $D = 4.05$ [*C. R.*, **97**, 1303, 1883].

COMBINAISONS AVEC L'AMMONIUM. — *Fluorures* : $Mn^2F^6 . 4AmF$. Petits prismes noirs [Christensen, *J. prakt. Chem.*, (2), **34**, 41, 1886 ; **35**, 161, 1887]. $MnF^4 . 2AmF$ [Weinland et Lauerstein, *Zeit. anorg. Chem.*, **20**, 40, 1899].

Chlorures doubles. — De tous les chlorures doubles signalés, $MnCl^2 . AmCl + 2H^2O$ [Hantz, *Ann. Chem.*, **66**, 285, 1848 ; — Pickering, *Chem. Soc.*, 672, 1879 ; — Hauer, *Sitz. Akad. Wien.*, **13**, 453, 1854 ; *J. prakt. Chem.*, **63**, 436, 1854] ; $MnCl^2 . 2AmCl + H^2O$ [Rammelsberg, *Ann. Ph. Chem. Pogg.*, **94**, 507, 1855 ; — Prélinger, *Mon. f. Chem.*, **14**, 353, 1893] ; $MnCl^2, 16AmCl . H^2O$ [De Clermont et Guiot, *C. R.*, **85**, 37, 1877], seul le premier composé est bien défini [Saunders, *Am. Chem. Journ.*, **14**, 127, 1892]. Il est en cristaux monocliniques.

$MnCl^3 . 2AmCl$. — Cristaux d'un rouge rubis, et qui, d'après Rice, renferment 1 molécule d'eau [Neumann, *Mon. f. Chem.*, **15**, 489, 1894 ; — Rice, *Chem. Soc.*, **73**, 258, 1898].

Iodate double, $(IO^3)^2Mn + 2IO^3Am$. — Poudre brun-violet [Berg, *C. R.*, **128**, 673, 1899].

Dithionate double. — [Fock, *Zeit. Krist. Chem.*, **14**, 340, 1888].

Sulfates doubles, $2SO^4Mn + SO^4Am^2$. — On l'obtient en chauffant vers 180-200° un mélange de 5 parties de bisulfate d'ammoniaque et de 1 partie de sulfate manganeux cristallisé. Gros cristaux cubiques $D_{14} = 2.56$ [Lepierre, *C. R.*, **120**, 924, 1895].

$(SO^4)^3Mn^2 + SO^4Am^2$. — On l'obtient, d'après Lepierre, en déshydratant sous l'action de la chaleur un mélange de bisulfate d'ammoniaque et de sulfate de manganèse et en ajoutant au résidu un mélange à volume égal d'acides sulfurique et azotique. Petits cristaux hexagonaux $D_{14} = 2.40$.

Alun d'ammonium et de manganèse. — [Christensen, *Zeit. anorg. Chem.*, **27**, 321, 1901].

Phosphate ammoniaco-manganique,

$$P^4O^{14}Mn^2(AzH^3)^2.$$

— Ce composé a été signalé par Barbier qui l'obtenait en chauffant dans des conditions appropriées du bioxyde de manganèse, du phosphate d'ammoniaque et de l'acide phosphorique sirupeux. C'est une poudre violette insoluble dans l'eau à laquelle Barbier attribue la formule de constitution

```
O = P < O > Mn < O > P = O
      < O >      < O >
O <    /          \
  <               O
O = P < O          O > P = O
      < O . AzH³ . AzH³ . O >
```

COMBINAISON AVEC LE BARYUM. — *Iodate double de manganèse et de baryum* $(IO^3)^4Mn + (IO^3)^2Ba$. — Petits cristaux d'un jaune brun très nets [Berg, *C. R.*, **128**, 673, 1899].

COMBINAISONS AVEC LE CADMIUM. — *Chlorure double de manganèse et de cadmium*, $MnCl^2 . 2CdCl^2 + 12H^2O$. — [Hauer, *Sitz. Akad. Wien.*, **17**, 331, 1855].

Spinelle $(MnCd)O . Mn^2O^3$. — [Gorgeu, *Bull. Soc. Chim.*, (3), **29**, 1109, 1111, 1903].

Carbonate double. — La diallogite naturelle a été reproduite par De Schulten [*Bull. Soc. Min.*, **20**, 195, 1897].

COMBINAISONS AVEC LE CÉSIUM — Saunders a montré que, des nombreux hydrates de *chlorures doubles* signalés par Godeffroy [*Arch. Pharm.*, (3), **12**, 47, 1878], seuls les deux hydrates $MnCl^2 . CsCl, 2H^2O$ et $MnCl^2 . 2CsCl, 2H^2O$ étaient définis. Le premier de ces sels est orthorhombique, le second triclinique [*Am. Chem. Journ.*, **14**, 127, 1892].

Le *sulfate double* de la série magnésienne $SO^4Mn . SO^4Cs^2 . 6H^2O$ a été signalé par Tutton [*Chem. Soc.*, **63**, 337, 1893 ; *Zeit. Krist.*, **21**, 491, 1893].

L'alun de manganèse et de césium $SO^4Cs^2 + (SO^4)^3Mn^2 + 24H^2O$, est en gros cristaux d'un rouge grenat que l'eau décompose avec dépôt de bioxyde. Il prend naissance par oxydation électrolytique d'une liqueur renfermant des sulfates de césium et de manganèse [Piccini, *Zeit. anorg. Chem.*, **17**, 354, 1898 ; **20**, 12, 1899]. On l'obtient facilement en dissolvant l'acétate manganique dans l'acide sulfurique dilué au 1/4 et ajoutant à la liqueur une solution sulfurique de sulfate de césium. Le sel se dissout en rouge vineux dans l'acide sulfurique [Christensen, *Zeit. anorg. Chem.*, **27**, 312, 1901 ; — Franke, *Chem. Abhandungen*, **1**, 33, 1889].

Fluorure double purpuréocobaltique. — [Christensen, *J. prakt. Chem.*, (2), **34**, 41, 1886; **35**, 161, 1887]. — *Sulfate de cuivre et de manganèse*, cristaux mixtes [Holmann, *Zeit. physik. Chem.*, **54**, 98, 1905].

Sulfates complexes de manganèse, de cobalt et d'alcalins. — [Wohl, *Ann. Chem.*, **94**, 57, 1855].

COMBINAISONS DU MANGANÈSE AVEC LES TERRES RARES. — On a signalé les *nitrates doubles* $(AzO^3)^6Ce + 3(AzO^3)^2Mn + 16H^2O$ [Fock, *Zeit. Krist.*, **22**, 29, 1893]; $(AzO^3)^8Th^2 + 2(AzO^3)^2Mn + 16H^2O$ [Meyer et Jacoby, *D. chem. G.*, **33**, 1905, 1900].

COMBINAISONS AVEC LE FER. — *Sulfates doubles.* — $SO^4Fe . SO^4Mn . 2H^2O$ [Scott, *Chem. Soc.*, **71**, 564, 1897]. $SO^4(Fe . Mn) . 5H^2O$ [Retgers, *Zeit. physik Chem.*, **16**, 577, 1895]; $(SO^4)^3Fe^2 + SO^4Mn + 3SO^4H^2$ [Etard, *C. R.*, **86**, 1399, 1878; **87**, 602, 1878]; $(SO^4)^3Fe^2 + 2SO^4Mn + SO^4H^2$; $(SO^4)^3Fe^2 + (SO^4)^3Mn^2$ (Etard).

Carbures doubles de fer et de manganèse. — A. Carnot et Goutal ont mis en évidence dans les ferromanganèses l'existence des trois carbures doubles $2Fe^3C + Mn^3C$; $Fe^3C + 2Mn^3C$ et $Fe^3C + 4Mn^3C$. Le premier de ces carbures paraît avoir quelque tendance à s'isoler pendant le refroidissement des blocs de ferromanganèse [*C. R.*, **128**, 207, 1899; *Bull. Soc. Enc.*, **11**, 1148, 1897; — Spencer, *Zeit. Kryst.*, **41**, 417, 1905].

Siliciure de fer et de manganèse [Mallard, *Bull. Soc. Enc.*, **11**, 1148, 1897; — Spencer, *loc. cit.*]

COMBINAISON AVEC LE LITHIUM. — *Chlorure double de manganèse et de lithium* $MnCl^2 . LiCl, 6H^2O$ — Chassevant l'a obtenu en longues aiguilles déliquescentes devenant anhydres à 120°, en même temps qu'elles perdent du gaz chlorhydrique [*C. R.*, **115**, 113, 1892].

CHLORURES ET BROMURES DOUBLES MAGNÉSIENS. $2MnCl^2, MgCl^2 . 12H^2O$ et $2MnBr^2, MgBr^2, 12H^2O$ — Saunders, *Ann. Chem.*, **14**, 127, 1892].

Spinelle $Mn^2O^3 . (Mg . Mn)O$. — [Gorgeu, *Bull. Soc. Chim.*, (3), **29**, 1109, 1111, 1903].

Juin 1906. V. Thomas.

MANGANOPECTOLITE (Min.) (J.-F. Williams). — Variété de pectolite dans laquelle une portion du calcium est remplacée par du manganèse, soit $2[0,9Ca, 0,1Mn]O . NaHO, 3SiO^2$. Cristaux blanc grisâtre, transparents à l'intérieur, éclat nacré sur le clivage, recouverts d'un enduit d'oxyde de manganèse, trouvés avec thomsonite et autres minéraux, dans la syénite éléolithique de Magnet Cove, Arkansas. Dureté = 5. Densité = 2,845.

Forme cristalline. — Prisme clinorhombique :

$$a : b : c = 1,0731 : 1 : 0,484 : \quad \beta = 84°42'.$$

Faces : ph^1 prédominantes, $a^1{}_{/2}$. Clivages : p parfait, h^1 moins facile. L. Bourgeois.

MANGANOPHYLLE (Min.) (Igelström). — Variété manganésifère de mica biotite (jusqu'à 17 0/0 de MnO), trouvée à la mine Harstigen, près Pajsberg, Wermland, Suède. L. Bourgeois.

MANGANOSITE (Min.) (Blomstrand). — Oxyde manganeux, MnO. Masses vertes, noircissant à l'air, ou cristaux microscopiques, dans des calcaires cristallins ou dolomies à Långban et Mossgrufva, Suède. Dureté = 5 — 6. Densité = 5,18. Cubique. Faces : a^1b^1. Clivage : p. L. Bourgeois.

MANGANOSPHÉRITE (Min.) (K. Busz). — Variété d'oligonite, mélange isomorphe de sidérose et de diallogite, $3CO^3Fe . 2CO^3Mn$, au contact du basalte dans un filon de sidérose de la mine Louise, Horhausen, Westerwald. Ressemble à la sphérosidérite. L. Bourgeois.

MANGANOSTIBIITE (Min.) (Igelström). — Antimoniate-arséniate manganeux, $5MnO[Sb, As]^2O^5$, en petits grains noirs avec haussmannite, etc., dans le calcaire primitif de Nordmark, Wermland, Suède. Soluble dans l'acide chlorhydrique; donne un dépôt d'acide métaantimonique par l'acide azotique. Infusible au chalumeau : réactions du manganèse, de l'antimoine, de l'arsenic. Probablement prisme orthorhombique. Clivage h^1. L. Bourgeois.

MANGANOTANTALITE (Min.) (Arzruni). — Tantalite fortement manganésifère,

$$11(TaO^3)^2Mn + (NbO^3)^2Fe,$$

des mines d'or de Bakakine, région de Sanarka, Oural. L. Bourgeois.

MANGOSTINE (Voyez Dict., **2**, 310). — L'étude de la mangostine, extraite de l'écorce du fruit du *Garcinia mangostana*, a été reprise par Liechti [*Arch. d. Pharm.*, (3), **29**, 426 1891]. L'écorce pulvérisée est épuisée à l'eau froide, et le résidu traité par l'alcool donne une solution fluorescente verte qui renferme la mangostine.

Après purification, la mangostine répond à la formule $C^{20}H^{22}O^5$; elle fond à 173°; elle est soluble dans les acides, les alcalis, les solvants neutres, sauf l'éther de pétrole. Les solutions neutres réduisent à froid les sels d'or, de platine, d'argent; les solutions alcalines présentent une fluorescence verte et dissolvent l'hydrate ferrique.

La mangostine donne avec l'anhydride acétique un dérivé cristallisé. Chauffée au bain-marie avec de l'alcool et de l'amalgame de sodium, elle fournit une solution rouge brun, d'où l'acide chlorhydrique précipite une poudre rouge brun, présentant la même composition centésimale que la mangostine. Cette *isomangostine* fond à 127° en se décomposant, ne réduit pas le nitrate d'argent ammoniacal, et se dissout en brun rouge dans les alcalis dilués seulement.

Juin 1906 A. Hébert.

MANNAMINE, $AzH^2 - CH^2 - (CHOH)^4 - CH^2OH$. — Ce composé a été obtenu par Maquenne, en même temps que la glucamine, par réduction de l'isoglucosamine au moyen de l'amalgame de sodium [*Bull. Soc. Chim.*, **29**, 1216, 1903]; et par Roux, en réduisant l'oxime du mannose [*Bull. Soc. Chim.*, **31**, 603]; Roux a aussi préparé son *sulfate*, son *chlorure*, son *chloroplatinate*; son *oxalate*, fusible à 186°; la *dimannoxamide*, $(C^6H^{13}O^5 - AzH^2 - CO -)^2$, fusible à 218–219°; l'*acétylacétone-mannamine*, $(CH^3 - CO - CH^2)(CH^3)C = AzC^6H^{13}O^5$, fusible à 172°; la *mannamine-urée*, fusible à 97–98°; la *phénylurée*, fusible à 202°; la *mercaptomannoxazoline*,

$$HS - C \begin{array}{l} \diagup Az - CH^2 \\ \quad\quad\quad | \\ \diagdown O - CH - (CHOH)^3 - CH^2OH, \end{array}$$

fusible à 216° [Roux, *loc. cit.*]. P. Carré.

MANNITES (Voyez 1er Suppl., **2**, 1000). — 1° *d*-MANNITE, *hexane-hexol* $1 \cdot \frac{4 \cdot 5}{2 \cdot 3} \cdot 6$. — La *d*-mannite, ou mannite ordinaire, déjà signalée dans un grand nombre de végétaux, a encore été trouvée : dans l'ananas [Lindet, *Bull. Soc. Chim.*, **40**, 65, 1883]; dans la sève du pinus abies et de l'abies excelsa [Kochler, *Mon. f. Chem.*, **7**, 410, 1886]; dans les baies d'argousse [Erdmann, *D. chem. G.*, **32**, 3351, 1899]; dans les feuilles de rhinantus [Cotton, *Bull. Soc. Chim.*, **27**, 711, 1899]; dans les fruits du laurier-cerise [Vincent et Delachanal, *C. R.*, **114**, 486, 1892]; dans le Lactarius pallidus et dans le L. pyrogalus, qui en renferme de 10 à 15 0.0 [Bourquelot, *C. R.*, **108**. 586. 1889]; dans les varechs et dans le laminaria digitata [Muther et Tollens, *D. chem G.*, **37**, 298, 1904].

La mannite existe aussi : dans la mélasse de betteraves [Marguerille, *J. fabr. du sucre*, **10**, 20, 1892. — Lippmann, *D. chem. G.*, **25**, 3216, 1892]; dans la miellée du platane [Jandrier, *C. R.*, **117**, 498, 1893]; dans l'urine [Jaffé, *Zeit. phys. Chem.*, **7**, 297, 1891. — Dombrowski, *C. R.*, **117**, 498]. Sa présence dans le vin a été l'objet de nouvelles études [Blarez, *J. Phys. Chim.*, **27**, 260. — Malbot, *Bull. Soc. Chim.*, **11**, 87, 176 et 413. — Gayon et Dubourg, *Ann. Inst. Past.*, **15**, 1901. — Portes, *J. Phys. Chim.*, **26**, 38. — Roos, *J. Phys. Chim.*, **27**, 405, 1893. — Carles, *C. R.*, **112**, 811, 1891].

Fischer a effectué la synthèse de la *d*-mannite par réduction du *d*-mannose, ou de la lactone *d*-mannonique [*D. chem. G.*, **20**, 1088, 2566, et 3384, 1887 : **22**, 97 ; **23**, 359 et 370, 1889].

Propriétés physiques. — D'après Zepharovich, la mannite est dimorphe [*Zeits. f. Krist.*, **13**. 145, 1887]. Elle fond à 168° [Maquenne, *Sucres*, 1900]: bout à 290-295° sous 3 millimètres et à 276-290° sous 1 millimètre [Krafft et Dyes, *D. chem. G.*, **28**. 258, 1895]. Très faiblement lévogyre, elle devient fortement dextrogyre en présence d'acide borique et surtout de borax en excès [Vignon, *Ann. Chim. Phys.*, **2**, 433, 1874]; le mélange devient acide, probablement par suite de la formation d'un dérivé borique de la mannite [Klein, *C. R.*, **86**, 826, 1878]; cette façon de voir concorde avec les observations de Magnanini, d'après lesquelles la mannite augmente la conductibilité électrique des solutions d'acide borique [*Gazz. chim. ital.*, **20**, 428]. Le tungstate et le paratungstate de sodium agissent comme le borax [Klein, *C. R.*, **89**, 484, 1878]; ainsi que les molybdates acides d'ammonium et de sodium [Gernez, *C. R.*, **112**, 1360, 1891]: l'acide arsénique agit dans le même sens, tandis que les arséniates la rendent fortement lévogyre [Vignon, *loc. cit.*]. En présence de la soude, la mannite est faiblement lévogyre [Bouchardat, *C. R.*, **80**, 120] ainsi qu'en présence de la potasse et des bases alcalino-terreuses [Müntz et Aubin, *C. R.*, **83**, 1213], tandis que l'ammoniaque la rend dextrogyre, de même que le carbonate, le chlorure et le sulfate de sodium.

Chaleur de combustion : 728^{cal},2 [Berthelot et Vieille, *C. R.*, **102**, 1284] : 727^{cal},9 [Stohmann et Langbein, *J. prakt. Chem.*, **45**, 305]. Chaleur de formation : 318^{cal},5. Chaleur spécifique : 0.328 [Louguinine, *Ann. Chim. Phys.*, **27**, 138, 1892]. Conductibilité de la solution aqueuse [Jones et Getman, *Am. Chem. J.*, **32**, 308, 1904]. Raoult [*C. R.*, **94**, 1517] et Arrhenius [*Zeits. phys. Chem.*, **2**. 491, 1888] ont trouvé par la cryoscopie que la molécule de la mannite répond bien à $C^6H^{14}O^6$. Pour la formule de constitution, voyez Glucose (2e Suppl., 735).

Propriétés chimiques. — La mannite se comporte comme un acide faible. En effet, elle ralentit faiblement la saponification [Cohen, *Zeits. physiol. Chem.*, **37**, 69, 1901]: elle décompose l'alcoolate de sodium pour donner un dérivé monosodé, $C^6H^{13}O^6Na$ [de Forcrand, *C. R.*, **114**, 226. 1892]: dans la proportion de 1 molécule pour 2 molécules de sels de bismuth, elle empêche la précipitation par l'eau de ces derniers : il se forme des mannitates de bismuth, $AzO^3 . BiO . C^6H^{14}O^6$; $Bi^2O^3 . 2C^6H^{14}O^6$; $Bi^2O^3 . 4C^6H^{14}O^6 . 3H^2O$ [Vanino et Hauser, *Zeits. anorg. Chem.*, **28**, 210, 1901].

L'acide iodhydrique transforme la mannite en iodure d'hexyle : d'après Hecht [*Ann. Chem.*, **298**. 313. 1897]. cet iodure serait l'iodo-2 hexane. Les travaux de Le Bel et Combes [*Bull. Soc. Chim.*, **7**, 551, 1892] rendaient probable la présence de l'iodo-3 hexane ; P. Rasetti a montré que l'action de l'acide iodhydrique sur la mannite en présence du phosphore rouge donne un mélange d'iodo-2 hexane et d'iodo-3 hexane [*Bull. Soc. chim.*, **33**, 691, 1905].

La mannite, en présence de l'air et de la mousse de platine, fournit un acide et un sucre réducteur ; cet acide, nommé *acide mannitique* par Gorup Besanez, a été reconnu comme étant de l'acide d-mannosaccharique impur, probablement mélangé d'acide *d*-mannonique [Fischer et Hirschberger, *D. chem. G.*, **23**, 930, 1890]; le sucre réducteur appelé *mannitose* par Gorup Besanez serait en réalité un mélange de mannose et de lévulose [Dafert, *ibid.*, **17**, 227, 1884 ; Fischer, *ibid.*, **20**, 821]. Le mélange de ces deux corps se forme également quand on oxyde la mannite par $MnO^4K + AzO^3H$ [Iwig et Hecht, *ibid.*, **14**. 1760 : Fischer et Hirschberger, *ibid.*, **21**, 1805 ; Dafert, *loc. cit.*], par H^2O^2 en présence de combinaisons ferreuses [Fenton et Jackson, *Proc. Chem. Soc.*, 240, 1898-1899]. L'oxydation par AzO^3H donne aussi de l'acide oxalique et de l'acide *d*-mannosaccharique [Easterfield, *Chem. Soc.*, **59**. 306, 1891]. Hecht et Iwig, outre les produits anciennement trouvés, dans l'oxydation au moyen du permanganate de potassium en liqueur alcaline [*D. chem. G.*, **14**, 1760, 1881], ont caractérisé l'acide érythrique [*ibid.*, **19**, 468, 1886]: ces auteurs, ainsi que Dafert [*ibid.*, **19**. 911], n'ont pas rencontré dans les produits d'oxydation les acides acétique et dioxyisocitrique signalés par Pabst [*C. R.*, **91**, 728, 1880].

Le permanganate, en milieu acide, décompose la mannite conformément à l'équation :

$$C^6H^{14}O^6 + 8O = CO^2 + 5HCO^2H + 2H^2O.$$

Cette réaction a été proposée par Perdrix [*Bull. Soc. Chim.*, **17**, 107, 1897] pour doser la mannite : en solution sulfurique il peut aussi se former de l'acroléine [Backhaus, *Jahr. d. Chem.*, 522, 1860].

L'électrolyse des solutions de mannite acidulée par SO^4H^2 a été étudiée par Renard [*Ann. Chim. Phys.*, **17**, 289, 1879].

L'ammoniac liquide donne avec la mannite une combinaison mannite + AzH^3, stable à 0° à la pression atmosphérique. Les métaux ammoniums transforment la mannite en dérivés monoalcalins purs [Chablay, *C. R.*, **140**. 1396, 1905].

Fondue avec la potasse, la mannite fournit de l'acétone, de l'acide oxalique et les premiers termes des acides gras [Gottlieb, *Ann. Chem.*, **52**, 122, 1844].

La quinone transforme la mannite en mannose, sous l'influence de la lumière [Ciamician et Silber, *D. chem. G.*, **34**, 1530, 1901].

Par action du pentachlorure de phosphore sur la mannite, Mourgues [*C. R.*, **111**, 1890] n'a pu obtenir la mannitotétrachlorhexine de Bell, mais une hexachlorhydrine, $C^6H^8Cl^6$, fusible à 138°,5, bouillant à 180-185° sous 30 millimètres. Le chlorure de sélényle fournit le composé

```
CH²   CH —— CH - CH —— CH - CH²
|      |     |    |     |     |
|      O - Se - O O - Se - O  |
|____________ O _______________|
```

fusible vers 90° [Chabrié et Bouchonnet, *C. R.*, **136**, 376, 1903].

Les acides agissent sur la mannite pour l'éthérifier, ou pour la déshydrater avec formation de mannitanne ou de mannide.

La nitration de la mannite, qui fournit de la

mannite hexanitrique, peut aussi donner de la mannite pentanitrique par l'emploi d'AzO^3H un peu plus étendu [Sokoloff, *Bull. Soc. Chim.*, **58**, 138, 1882]. La pentanitromannite, fusible à 77-79°, s'obtient aussi par l'action de AzH^3 sec sur l'hexanitromannite [Léo Vignon et F. Gerin, *Bull. Soc. Chim.*, **27**, 24, 1902] ou plus facilement par l'action de la pyridine [J.-H. Wigner, *D. chem. G.*, **36**, 795].

Les nitromannites sont des substances réductrices, mais non aldéhydiques [Léo Vignon, *loc. cit.*]. Chaleur de formation de l'hexanitromannite : $161^{cal},5$. Chaleur de décomposition sous pression constante : $678^{cal},5$ [Sarrau et Vieille, *C. R.*, **93**, 269, 1881] : sa vitesse d'explosion surpasse celle de tous les dérivés nitrés connus [Berthelot, *C. R.*, **100**, 314, 1885] : on peut l'utiliser dans les détonateurs à la place du fulminate de mercure.

D'après Prunier [*Journ. Pharm. Chim.*, **15**, 457, 1902] l'acide phosphorique donne avec la mannite un éther $PO(OH)^2 . O . C^6H^{13}O^5$. P. Carré [*Ann. Chim. Phys.*, **5**, 395, 1905] a montré que la mannite est tout d'abord déshydratée pour donner du mannide cristallisé (isomannide de Fauconnier), lequel est ensuite éthérifié. L'acide phosphoreux donne tout d'abord un éther de la mannite

$$P(OH)^2 . O-CH^2-(CHOH)^4-CH^2 . O.P(OH)^2,$$

caractérisé par son sel de calcium : et finalement un éther phosphoreux du mannide [P. Carré, *loc. cit.*].

La *mannite hexacétique* fond à 122-123° [Power et Tutin, *J. Amer. chem. Soc.*, **27**, 1461, 1906] : traitée par HCl liquide elle donne la tétracétyldichloromannite [Fischer et Armstrongs *D. chem. G.*, **35**, 843, 1902]. Le brome la transforme en *acétylpentabromomannite* ; $C^6H^8Br^5(CO^2CH^3)$ [Perkin et Simonsen, *Chem. Soc.*, **88**, 855, 1905].

La benzoylation de la mannite par le chlorure de benzoyle, en présence de soude, donne d'après Skraup [*Mon. f. Chem.*, **10**, 389] de la mannite pentabenzoïque, $C^6H^8(OH)(C^7H^5O^2)^5$, résine incristallisable, fusible entre 70 et 80°, puis par une seconde action du chlorure de benzoyle, de la mannite hexabenzoïque, $C^6H^8(C^7H^5O^2)^6$, fusible à 149°. La benzoylation en présence de pyridine donnerait, d'après Einhorn [*Ann. Chem.*, **301**, 95, 1898], un dibenzoate fusible à 178°, différent de celui décrit par Meunier [*C. R.*, **107**, 316], puis un pentabenzoate et enfin un hexabenzoate. Freundler [*Bull. Soc. Chim.*, **31**, 618, 1904] a montré qu'il se produit en réalité un dérivé décabenzoïque de l'éther oxyde de L. Vignon.

$$[CH^2O-COC^6H^5-(CH . O . COC^6H^5)^4-CH^2]^2O,$$

fusible à 155-156°, avec une plus grande quantité de mannite hexabenzoïque.

Le cyanate de phényle donne la mannite pentaphénylcarbamique, $C^6H^8OH(CO^2AzHC^6H^5)^5$, fusible vers 260° [Tessmer, *D. chem. G.*, **18**, 268, 1885].

L'isocyanate de phényle fournit l'hexaphényluréthane, $C^6H^8O^6(COAzHC^6H^5)^6$, fusible à 303° [Maquenne et Goodwin, *Bull. Soc. Chim.*, **31**, 433, 1904].

Il a été préparé les *acétals* suivants de la mannite :

L'*acétal triformique*, $C^6H^8O^6(CH^2)^3$, fond à 227°, $[\alpha]_D = -104°$ [Schulz et Tollens, *D. chem. G.*, **27**, 1892, 1894], 228° [Browne, *J. Amer. Chem. Soc.*, **28**, 453, 1906] ; sa chaleur de combustion est de 1083 cal., sa chaleur de formation, $248^{cal},2$, Delépine [*Bull. Soc. Chim.*, **23**, 915, 1900 ; **25**, 350, 1901] a aussi déterminé sa vitesse de formation. — L'*acétal triacétique*, $C^6H^8O^6(C^2H^4)^3$, fusible à 174°, a été obtenu par Meunier [*C. R.*, **108**, 408, 1903] ; sa chaleur de combustion est de 1537 cal. : sa chaleur de formation, $283^{cal},5$ [Delépine, *loc. cit.*]. Le *dichloracétal*, $C^6H^{10}O^6(C^2H^3Cl)^2$, fond vers 135° [Delépine, *Bull. Soc. Chim.*, **25**, 585, 1901]. — L'*acétal trivalérique*, $C^6H^8O^6(C^5H^{10})^3$, fond à 91° [Meunier, *C. R.*, **106**, 1732, 1887]. — L'*acétal tribenzoïque* fond à 207° d'après Meunier [*loc. cit.*], à 215-222° d'après Fischer et Fay [*D. chem. G.*, **28**, 1975, 1895]. — Les *nitrobenzaldéhydes* fournissent d'après Lobry de Bruyn et van Ekenstein un *dérivé ortho* fusible à 214°, $[\alpha]_D = -59°$; un *dérivé méta*, fusible à 247°, $[\alpha]_D = -30°$; un *dérivé para* fusible à 162°, $[\alpha]_D = -16°$; ($[\alpha]_D$ se rapporte à des solutions chloroformiques à 0,4 0/0) [*Rec. des Pays-Bas*, **19**, 178, 1899]. Simonet [*Bull. Soc. Chim.*, **29**, 504, 1903], n'a pu faire entrer en réaction l'orthonitrobenzaldéhyde ; la méta- lui a fourni une *trimétanitrobenzalmannite*, $C^6H^8O^6-(CH-C^6H^4AzO^2)^3$, fusible à 254° ; la para-, une *monoparanitrobenzalmannite*, $C^6H^{12}O^6(CHC^6H^4AzO^2)$, fusible à 198°,5.

L'acétone forme une *triacétone-mannite*, fusible à 68-70°, $[\alpha]_D = +12°,5$ [Fischer, *D. chem. G.*, **28**, 1167] ; la butanone donne avec la mannite un produit huileux.

La mannite est l'un des sucres qui à l'alimentation élimine le moins d'acétone [M.-S. Cotton, *Bull. Soc. Chim.*, **25**, 979, 1899].

Fermentation. — Le mycoderma aceti [Brown, *Chem. Soc.*, **49**, 172, 1886 et **51**, 638, 1887] et la bactérie du sorbose [Vincent et Delachanal, *C. R.*, **125**, 716, 1897] fournissent du lévulose. La mannite a encore été soumise à l'action des ferments qui suivent : les schizophytes [Fitz, *D. chem. G.*, **16**, 844, 1883] ; les schizomycètes [Fitz, *D. chem. G.*, **10**, 276 ; **11**, 42 et **15**, 867, 1882 ; Emmerling, *D. chem. G.*, **30**, 451, 1897 : **33**, 2477, 1900] ; le bacillus ethacetosuccinicus [Frankland et Frew, *Chem. Soc.*, **61**, 254] ; le bacillus ethaceticus [Frankland, *Chem. Soc.*, **61**, 254 et 432, 189].

Pour la fermentation lactique de la mannite, voyez Friedlander [*Chem. Soc.*, **59**, 253] ; Grimbert [*C. R.*, **121**, 698, 1895] ; Fate [*Trans.*, 1263, 1893] ; Péré [*Ann. Past.*, **12**, 63] ; Berthelot [*Ann. Chim. Phys.*, **30**, 322, 1893] ; Harden et Walpole [*Proc. Roy. Soc.*, **77**, 424, 1906].

Mannitane. — L'histoire de la mannitane est restée sensiblement stationnaire. Elle forme deux combinaisons salines avec le biborate de baryum [Klein, *C. R.*, **86**, 826, 1878] : elle devient acide en présence du borax [Lambert, *C. R.*, **108**, 1016, 1888].

Mannide. — La variété de mannide décrite par Fauconnier sous le nom d'isomannide a été obtenue par P. Carré en déshydratant la mannite par l'acide phosphorique, ou par l'acide phosphoreux [*Ann. Chim. Phys.*, **5**, 395, 1905]. La différence des vitesses d'éthérification du mannide et de la mannite, par l'acide phosphoreux, lui a permis de montrer que le mannide renferme deux groupements alcools secondaires et non deux groupements alcools primaires, ainsi que le pensait Fauconnier ; d'autre part, la préparation de sa *diphényluréthane*, $C^6H^8O^4(COAzHC^6H^5)^2$, fusible à 243°, montre que le mannide doit être un glycol secondaire. La position des deux groupements alcools reste indéterminée, de même que la structure du mannide, et on peut se demander s'il a conservé la chaîne linéaire de la mannite, étant donnée l'impossibilité de régénérer la mannite par hydratation. Pour les éthers phosphoriques et phosphoreux du mannide, voyez également P. Carré [*Ann. Chim. Phys.*, **5**, 395, 424 et 429, 1905 ; *Bull. Soc. Chim.*, **33**, 1315, 1905].

Siwoloboff [*Ann. Chem.*, **233**, 368, 1886] a décrit un nouvel isomère du mannide, le β-*mannide*, obtenu en réduisant la dichlorhydrine de la mannite par l'amalgame de sodium. C'est un corps dextrogyre, $[\alpha]_D = +94°$, fusible à 119°, soluble dans l'eau et dans l'alcool, insoluble dans l'éther, se sublimant à 140° sous 16 millimètres; il n'est pas altéré par l'eau à 160°; il réduit le nitrate d'argent ammoniacal.

2° *l*-MANNITE, ou *hexanehexol* $1.\frac{2.3}{4.5}.6$. — Cet isomère de la mannite fut d'abord obtenu par Kiliani, qui l'avait confondu avec la mannite ordinaire, dans les produits de réduction de la double lactone métasaccharique [*D. chem. G.*, **20**, 2710, 1887]. Fischer la prépare en réduisant la mannose gauche, dérivée de la lactone *l*-mannonique, au moyen de l'amalgame de sodium [*D. chem. G.*, **23**, 370, 1890]. Cette substance fond à 166°, et ressemble beaucoup à la mannite ordinaire, si ce n'est qu'elle est fortement lévogyre en présence du borax. (Pour sa formule de constitution, voyez GLUCOSE, p. 732.)

3° *i*-MANNITE. — La *i*-mannite, ou α-*acrite*, de Fischer, ou mannite racémique, a été signalée la première fois par Fischer, dans les produits de réduction de l'α-acrose [*D. chem. G.*, **22**, 97, 1889]. On l'obtient pure, avec un rendement de 40 0/0, en réduisant le mannose racémique par l'amalgame de sodium.

Elle se présente en petits prismes fusibles à 170°, très solubles dans l'eau chaude, peu solubles dans l'alcool ordinaire. Ses dissolutions sont inactives, même en présence du borax. Son *acétal tribenzoïque* fond à 190-191° [Fischer, *D. chem. G.*, **27**, 1524, 1894].

Juin 1906. P. Carré.

MANNITIQUE (ACIDE), MANNITOSE. — (Voyez *Mannite*, propr. chim.).

MANNOHEPTITES. — 1° *d*-MANNOHEPTITE, PERSÉITE, *heptane-heptol* $1.2.\frac{5.6}{3.4}.7$, ou $1.\frac{4.5}{2.3}.6.7$,

```
                  H     H    OH   OH
                  |     |    |    |
CH²OH - CHOH  -  C  —  C  —  C  —  C  - CH²OH
                  |     |    |    |
                  OH    OH   H    H
```

— La perséite fut découverte dans le Laurus persea [Avequin, *Ann. Chem. Méd.*, **7**, 467, 1831] et regardée par Müntz et Marcano comme un hexanehexol [*C. R.*, **99**, 38, 1884]; sa véritable nature fut établie par Maquenne [*C. R.*, **106**, 1235; **107**, 583, 1888], et sa synthèse effectuée par Fischer [*D. chem. G.*, **23**, 930, 1890]. On la retire des noyaux d'avocatier [Avequin, *loc. cit.*].

Propriétés. — Fines aiguilles blanches, fusibles à 188°, peu solubles dans l'eau froide (5 0/0 à 18°), plus solubles dans l'eau chaude (44 0/0 à 74°), insolubles dans l'alcool absolu. Très faiblement lévogyre, $[\alpha]_D = -1°,12$ [Gernez, *C. R.*, **114**, 480, 1892], dextrogyre en présence du borax [Maquenne, *loc. cit.*] ou des molybdates alcalins [Gernez, *C. R.*, **113**, 1031]. Chaleur de combustion, 836 calories [Stohmann et Langbein, *J. prakt. Chem.*, **45**, 305, 1892]. L'action de l'HI fournit un hydrocarbure C^7H^{12}, probablement du méthylcyclohexène, et une substance iodée, bouillant à 192-196°, probablement un mélange de $C^7H^{15}I$ et $C^7H^{13}I$ [Maquenne, *C. R.*, **107**, 183; **108**, 101; **114**, 918, 677 et 1066]. Oxydation de la perséite, voyez Fischer [*D. chem. G.*, **23**, 930], Maquenne [*loc. cit.*], et Bertrand [*C. R.*, **126**, 762, 1898].

La *perséite heptanitrique*, $C^7H^9(AzO^2)^7$, fond à 128° [Maquenne, *C. R.*, **106**, 1235, 1888]. La *perséite heptacétique* fond à 119°; la *perséite heptabutyrique* est un liquide sirupeux qui bout dans le vide vers 300°. L'*acétal dibenzoïque* se ramollit vers 219°. L'*heptaphényl uréthane* fond vers 297° [Maquenne, *loc. cit.*; *C. R.*, **107**, 583; *Bull. Soc. Chim.*, **31**, 433, 1888].

2° *l*-MANNOHEPTITE, *heptane-heptol* $1.2.\frac{3.4}{5.6}.7$ ou $1.\frac{2.3}{4.5}.6.7$,

```
                  OH    OH   H    H
                  |     |    |    |
CH²OH - CHOH  -  C  —  C  —  C  —  C  - CH²OH
                  |     |    |    |
                  H     H    OH   OH
```

— Obtenue par Smith en réduisant le *l*-mannoheptose [*Ann. Chem.*, **272**, 182, 1892]; elle fond à 187-188°.

3° *i*-MANNOHEPTITE, *perséite racémique*, fusible à 203° [Smith, *loc. cit.*].

Juin 1906. P. Carré.

MANNOHEPTONIQUES (ACIDES),

$CO^2H-(CHOH)^5-CH^2OH.$

— L'*acide* d- (*acide mannose-carbonique*), ou *acide heptanehexoloïque* $2.\frac{5.6}{3.4}.7$, résulte de la saponification du nitrile obtenu au moyen du *d*-mannose et de l'acide cyanhydrique [Fischer, *D. chem. G.*, **22**, 365; **23**, 2226, 1890]; il forme de petits prismes fusibles à 175°, avec décomposition. L'évaporation de sa solution aqueuse (ainsi que de celles de ses isomères) fournit la *lactone* correspondante, fusible à 148-150°; $[\alpha]_D = -74°,2$. L'acide nitrique le transforme en *acide pentaoxypimélique* [Hartmann, *Ann. Chem.*, **272**, 190, 1892]; l'amalgame de sodium, en *d*-mannoheptose et perséite [Fischer, *D. chem. G.*, **22**, 2204; **23**, 930 et 2226]. *Phénylhydrazide*, $C^{13}H^{20}Az^2O^7$, fusible à 220-223°, décomposée [Fischer, *D. chem. G.*, **22**, 2728, 1889]. Pour ses différents sels voyez Fischer [*loc. cit.*].

L'*acide* l-, ou *acide heptanehexoloïque* $2.\frac{3.4}{5.6}.7$ (saponification du nitrile résultant de HCAz + *l*-mannose) donne une *lactone* fusible à 153-155°, $[\alpha]_D = +75°,15$. *Phénylhydrazide* fusible à 220°, avec décomposition [Smith, *Ann. Chem.*, **272**, 182, 1892].

L'*acide* i- (racémique), fournit une *lactone* fusible à 85°; *phénylhydrazide* fusible à 225°, avec décomposition [Smith, *loc. cit.*].

Juin 1906. P. Carré.

MANNOHEPTOSES,

$CHO-(CHOH)^5-CH^2OH.$

— La d-*mannoheptose* (*perséose*), ou *heptanehexolal* $2.\frac{5.6}{3.4}.7$, a été obtenue par Fischer en réduisant la lactone *d*-mannoheptonique [*D. chem. G.*, **23**, 930, 1890]. Un isomère, probablement de nature cétonique, a été obtenu par Bertrand, en faisant agir la bactérie du sorbose sur la perséite [*C. R.*, **126**, 762, 1898]. Fines aiguilles fusibles à 134-135°; ses solutions possèdent la multirotation; $[\alpha]_D$ limite $= 85°,05$; *phénylhydrazone*, $C^{13}H^{20}Az^2O^6$, fusible vers 197-200°, décomposée; *phénylosazone*, $C^{19}H^{24}Az^4O^5$, fusible vers 200°, décomposée [Fischer, *loc. cit.*].

La l-*mannoheptose*, ou *heptanehexolal* $2.\frac{3.4}{5.6}.7$, fournit une hydrazone fusible à 196°, et une osazone fusible à 203° [Smith, *Ann. Chem.*, **272**, 182, 1892].

La i-*mannoheptose* est un sirop incristallisable, dont l'hydrazone fond à 175° et l'osazone à 210° [Smith, *loc. cit.*]. P. Carré.

MANNONIQUES (ACIDES), $CO^2H-(CHOH)^4-CH^2OH$.

— *L'acide* d-*mannonique*, ou *acide hexane-pentoloïque* $\frac{4.5}{2.3}$.6, se forme par oxydation du *d*-mannose [Fischer et Hirschberger, *D. chem. G.*, **22**, 3218, 1889]; par transposition de l'acide *d*-gluconique [Fischer, *D. chem. G.*, **23**, 799]; par dédoublement de l'acide *i* mannonique [Fischer, *D. chem. G.*, **23**, 370]. On le rencontre dans les produits d'oxydation du mucilage de salep [H. Hilger, *D. chem. G.*, **39**, 3197, 1904].

Cet acide, ainsi que ses isomères, se transforme spontanément en une *lactone* fusible avec décomposition à 149-153°. $[\alpha]_D = +53°,8$; *phénylhydrazide*, $C^{12}H^{18}Az^2O^6$, fusible vers 214-216°, avec décomposition.

L'acide l-*mannonique* (acide arabinose-carbonique), ou *acide hexane-pentoloïque* $\frac{2.3}{4.5}$.6, s'obtient au moyen du nitrile résultant de l'action de HCAz sur l'arabinose ordinaire [Kiliani, *D. chem. G.*, **20**, 282, 1887]. *Lactone*, fusible vers 145-150°, $[\alpha]_D = -54°,8$.

Phénylhydrazide, fusible vers 214-216° [Fischer, *D. chem. G.*, **22**, 2728].

L'acide i-*mannonique* résulte de l'oxydation du *i*-mannose [Fischer, *D. chem. G.*, **23**, 370]. *Lactone*, fusible vers 149-155°. *Phénylhydrazide*, fusible vers 230°.

Pour la réduction de ces acides, voyez Fischer [*D. chem. G.*, **22**, 2204; **23**, 370] et Kiliani, [*D. chem. G.*, **19**, 3029; **20**, 282 et 339]; pour l'oxydation par AzO^3H, voyez Fischer [*D. chem. G.*, **22**, 3218; **24**, 539], et Kiliani [*D. chem. G.*, **20**, 339]. Chaleur de formation, 292cal,1 pour l'acide *d*- et 294cal,2 pour l'acide *l*- [Fogh, *C. R.*, **114**, 920].

Juin 1906. P. Carré.

MANNONONONIQUE (ACIDE *d*-), *acide nonane-octoloïque* 2.3.4.$\frac{7.8}{5.6}$.9,

$CO^2H-(CHOH)^7-CH^2OH$.

— Saponification du nitrile formé par le mannooctose et l'acide cyanhydrique. *Lactone*, fusible à 175-177°, $[\alpha]_D = -41°$.

Phénylhydrazide, fusible à 254°, avec décomposition [Fischer et Pasmore, *D. chem. G.*, **23**, 2226]. Juin 1906. P. Carré.

MANNONONOSE, *nonane-octolal*, 2.3.4.$\frac{7.8}{5.6}$.9, $CHO-(CHOH)^7-CH^2OH$. — Hydrogénation de la lactone mannonononique; *hydrazone*, fusible à 123°; *osazone*, fusible à 217°, avec décomposition [Fischer, *D. chem. G.*, **23**, 2114 et 2226, 1890]. Juin 1906. P. Carré.

MANNOOCTITE (*d*-). *Octane-octol*, 1.2.3.$\frac{6.7}{4.5}$.8, ou 1.$\frac{4.5}{2.3}$.6.7.8,

$CH^2OH-(CHOH)^6-CH^2OH$.

— Réduction du mannooctose par l'amalgame de sodium. Fond vers 250-258° [Fischer, *D. chem. G.*, **23**, 2226]. P. Carré.

MANNOOCTONIQUE (ACIDE *d*-), *acide octane-heptoloïque* 2.3.$\frac{6.7}{4.5}$.8,

$CO^2H-(CHOH)^6-CH^2OH$.

— Saponification du nitrile (HCAz + *d*-mannoheptose). *Lactone*, fusible à 167-170°, $[\alpha]_D = -43°,6$.

Phénylhydrazide, $C^{14}H^{22}Az^2O^8$, fusible vers 243° [Fischer et Pasmore, *D. chem. G.*, **23**, 930; **22**, 2226]. Juin 1906. P. Carré.

MANNOOCTOSE, *octane-heptolal* 2.3.$\frac{6.7}{4.5}$.8,

$CHO-(CHOH)^6-CH^2OH$.

— Réduction de la lactone *d*-mannooctonique par l'amalgame de sodium. Corps sirupeux, $[\alpha]_D = -3°,3$.

Hydrazone, $C^{14}H^{22}Az^2O^7$, fusible vers 212°, décomposée; *osazone*, $C^{20}H^{26}Az^4O^6$, fusible vers 223°, décomposée [Fischer, *D. chem. G.*, **23**, 930 et 2226]. Juin 1906. P. Carré.

MANNOSACCHARIQUES (ACIDES), $CO^2H-(CHOH)^4-CO^2H$. — *L'acide* d-, *acide hexane-tétroldioïque* $\frac{4.5}{2.3}$, se forme par oxydation de la lactone *d*-mannonique au moyen d'acide nitrique [Fischer et Hirschberger, *D. chem. G.*, **22**, 3218; **23**, 930; **24**, 539]. *Lactone*, $C^6O^6H^6, 2H^2O$ fond vers 180-190°, $[\alpha]_D = +201°,8$ [Fischer, *D. chem. G.*, **24**, 539, 2136 et 1836]. *Monophénylhydrazide*, $C^{12}H^{14}Az^2O^6$, fusible à 190-191°, avec décomposition; *diphénylhydrazide*, $C^{18}H^{22}Az^4O^6$, fusible vers 212° [Fischer, *D. chem. G.*, **24**, 539].

L'acide l-, *acide hexane-tétroldioïque* $\frac{2.3}{4.5}$, résulte de l'oxydation de la lactone *l*-mannonique [Kiliani, *D. chem. G.*, **20**, 339]. La *lactone*, $C^6H^6O^6, 2H^2O$, fond vers 68°; anhydre, elle fond vers 180°, $[\alpha]_D = -201°$ [Fischer, *D. chem. G.*, **24**, 370 et 539]. La *monophénylhydrazide*, $C^{12}H^{14}Az^2O^6 + 1/2H^2O$, fond vers 190-192°; la *diphénylhydrazide*, $C^{18}H^{22}Az^4O^6$, fond vers 212-213° [Kiliani, *D. chem. G.*, **20**, 2710]. *Lactone diacétyl-l-mannosaccharique*, $C^6H^4O^4(C^2H^3O^2)^2$, fusible vers 155°; *diamide*, $C^6H^{12}Az^2O^6$, fusible vers 190° [Kiliani, *D. chem. G.*, **22**, 524].

L'acide i- (oxydation de la lactone *i*-mannonique) fournit une *lactone* fusible vers 190°, avec décomposition. *Monophénylhydrazide*, fusible à 190-195°. *Diphénylhydrazide*, fusible à 220-225°. *Diamide*, fusible à 183-185° [Fischer, *D. chem. G.*, **24**, 539].

Ces acides se décomposent au contact des bases alcalines, tandis que l'acide saccharique donne des sels parfaitement définis.

Juin 1906. P. Carré.

MANNOSES, $CHO-(CHOH)^4-CH^2OH$. — Pour les formules de constitution, voyez GLUCOSES (2e Suppl., 735).

Le *d*-MANNOSE, *hexane-pentolal* $\frac{4.5}{2.3}$.6, existe chez les plantes à l'état de mannosides complexes (mannanes), d'où on peut extraire la mannose par hydrolyse et précipitation à l'état de phénylhydrazone.

Ganz et Tollens avaient retiré des tubercules de salep un sucre décrit sous le nom d'*isomannitose* [*D. chem. G.*, **21**, 2148, 1888]. Reiss avait signalée dans les graines de l'ivoire végétal un autre sucre, le *séminose* [*D. chem. G.*, **22**, 609].

Fischer et Hirschberger, après avoir caractérisé le mannose, dans le mannitose de Gorup Besanez, ont identifié tous ces corps avec le produit de synthèse résultant de la réduction de la lactone *d*-mannonique [*D. chem. G.*, **22**, 365, 1155 et 2204].

On trouve des mannosides dans : les graines

de café, la noix de coco [Schulze, *D. chem. G.*, **23**, 2579; **24**, 2277], les graines du caroubier [Effront, *C. R.*, **125**, 38, 116 et 309. — Ekenstein, *C. R.*, **125**, 719, 1898]; l'écorce d'orange [Flatau et Labbé, *Bull. Soc. Chim.*, **19**, 408, 1898]; l'albumen corné [Bourquelot, Hérissey, *C. R.*, **129**, 619; **131**, 903]; la fève de Saint-Ignace et la noix vomique [Bourquelot et Laurent, *C. R.*, **131**, 276]; la noix indienne [Baker et Pope, *Chem. Soc.*, **77**, 696, 1900]; les semences d'asperges [W. Peters, *Arch. Pharm.*, **240** 53, 1902]; le nori du Japon [Oshima et Tollens, *D. chem. G.*, **34**, 1422]; les graines du petit houx [Dubut, *C. R.*, **133**, 942]; la manne [Tanret, *Bull. Soc. Chim.*, **27**, 961, 1902]; les tissus ligneux des gymnospermes [Bertrand, *Bull. Soc. Chim.*, **23**, 88]. On rencontre le mannose dans les produits de l'action des bases sur le glucose, le levulose [Lobry de Bruyn et Ekenstein, *Rec. des Pays-Bas*, **18**, 147; **16**, 257 et 274, 1897-99]; de l'oxydation de la mannite par la quinone à la lumière [Ciamician et Silber, *D. chem. G.*, **34**, 1530, 1901].

Le mannose peut se préparer en oxydant la mannite (3 kilogrammes dissous dans 20 litres d'eau) par AzO^3H (10 litres, $D = 1.41$), rendement 300 grammes [Fischer, *D. chem. G.*, **21**, 1805; **22**, 365]. Le rendement serait meilleur en réalisant l'oxydation par H^2O^2 en présence de SO^4Fe [Fenton, Jackson, *Chem. Soc.*, **75**, 1, 1899]; voyez aussi Morell et Crofts [*Chem. Soc.*, **81**, 666].

Il est préférable de le retirer de l'ivoire végétal, par l'intermédiaire de sa phénylhydrazone [Reiss, *D. chem. G.*, **22**, 609. — Fischer, **21**, 1805; **22**, 365 et 1805. — Ekenstein, *Rec. des P.-B.*, **14**, 329; **15**, 221].

Propriétés. — Sirop épais, très hygrométrique; obtenu cristallisé par Ekenstein [*loc. cit.*]; fusible à 132°, $[\alpha]_D = +14°.25$.

Ses propriétés chimiques sont sensiblement les mêmes que celles du glucose. Pour l'oxydation, voir acides mannonique et saccharique. La réduction le transforme en mannite ordinaire [Fischer, *D. chem. G.*, **21**, 1805; **22**, 365].

Les acides décomposent lentement le mannose [Fischer, *loc. cit.*; Jackson et Tollens, *Land. Vers.*, **39**, 422]; le *mannose pentanitrique*, $C^6H^7O(AzO^3)^5$, fond à 81-82° [Will et Lenge, *D. chem. G.*, **31**, 68]. Les bases alcalines isomérisent le mannose [L. de Bruyn et V. Ekenstein, *Rec. des Pays-Bas*, **14**, 98, 156 et 203; **16**, 257 et 274]; il se combine aux bases alcalino-terreuses [Reiss, *D. chem. G.*, **22**, 609; — Fischer, *D. chem. G.*, **22**, 1155].

Les produits d'alcoylation du mannose ont été appelés *mannosides* par Fischer. Le *mannoside monométhylique*, $C^6H^{11}O^6(CH^3)$, fond à 193-194° [Fischer, *D. chem. G.*, **26**, 2400, **29**, 2927]; il est transformé par le mélange nitrique en $C^7H^{10}O^2(AzO^3)^4$, fusible à 36° [Will et Lenge, *D. chem. G.*, **31**, 68]. Le *mannoside tétraméthylique*, $C^6H^8O^6(CH^3)^4$, est un sirop distillant à 187-189° sous 19 mm.; le *mannoside pentaméthylique*, liquide mobile distillant à 151-152° sous 18 mm., paraît être un mélange de deux modifications α et β. La modification α fond à 37-38° [Irvine et Moodie, *Chem. Soc.*, **87**, 1462, 1905].

Formalméthylène-mannoside, fusible à 203° [L. de Bruyn et Ekenstein, *Rec. des Pays-Bas*, **22**, 159, 1903]. — *Mannose-éthylmercaptal*, $C^6H^{12}O^5(SC^2H^5)^2$, fusible à 132° [Fischer, *D. chem. G.*, **27**, 673]. — *Mannose-éthylène-mercaptal*, $C^6H^{12}O^5(S^2C^2H^4)$, fusible à 153-154° [Lawrence, *D. chem. G.*, **29**, 547]. — *Mannose-phloroglucide*, $C^{36}H^{38}O^{19}$ [Councler, *D. chem. G.*, **28**, 24].

L'ammoniaque transforme le mannose en *mannosamine*, fusible à 158° [L. de Bruyn et Leent, *Rec. des Pays-Bas*, **15**, 81].

Mannose-oxime, fusible à 184° [Reiss, *D. chem. G.*, **22**, 609; Fischer, **22**, 1155; $[\alpha]_D = 3°,2$ [Jacobi, *D. chem. G.*, **24**, 696]. — *Phénylhydrazone*, $C^{12}H^{18}Az^2O^5$, fusible vers 195-200° [Fischer, *D. chem. G.*, **20**, 821; **21**, 1805, **22**, 365 et 1155]; très peu soluble dans l'eau froide, proposée par Bourquelot et Hérissey, pour doser le mannose [*C. R.*, **129**, 339, 1899]; chaleur de formation $214^{cal},6$ [Landrieu, *C. R.*, **142**, 580, 1906. — *Méthyl*- fusible à 178°. — *Ethyl*- fusible à 159°. — *Allyl*- fusible à 142°. — *Amyl*- fusible à 135°. — *Benzyl*- fusible à 165°. — β-*Naphtyl*- fusible à 157°. — *Diphényl*- fusible à 155°. — *p-Nitrophénylhydrazone*, fusible à 190-200°, voir L. de Bruyn et Ekenstein [*Rec. des Pays-Bas*, **15**, 225; **22**, 434]. — *m-Nitrophénylhydrazone* fusible à 162°. — *o-Nitrophénylhydrazone*, fusible à 171° [Ekenstein et Blanksma, *Rec. des Pays-Bas*, **32**, 33, 1905].

Uréine, fusible à 180°, $[\alpha]_D = 45°.8$ [Schoorl, *Rec. des Pays-Bas*, **22**, 31]. — *Semicarbazone* fusible à 117°; *phénylurélhane*, n'a pu être purifiée [Maquenne, *Bull. Soc. Chim.*, **31**, 432]. — *Thiosemicarbazone*, fusible à 187° [Neuberg, *D. chem. G.*, **35**, 2049.

Pour la fermentation du mannose, voir : Fischer [*D. chem. G.*, **21**, 1865; **22**, 365 et 3218]; Reiss, [*D. chem. G.*, **22**, 1609]; Péré [*Ann. Past.* **12**, 63]; Gayon et Dubourg [*Ann. Past.*, **75**, 7, 1901].

l-Mannose, -*hexanepentolal* $\frac{2.3}{4.5}$-6. — Il résulte de la réduction de la lactone *l*-mannonique. Très soluble dans l'eau, il n'a pu être obtenu cristallisé [Fischer, *loc. cit.*]. — *l-Mannoside méthylique*, fusible à 193° [Fischer et Beensch, *D. chem. G.*, **29**, 2927].

Phénylhydrazone, fusible vers 195° [Fischer, *D. chem. G.*, **23**, 370],

i-Mannose. — La réduction de la lactone *i*-mannonique, ou l'oxydation de la mannite inactive, fournit un produit sirupeux [Fischer, *loc. cit.*]; il a été obtenu cristallisé par Neuberg et Mayer [*Zeit. phys. Chem.*, **37**, 545, 1903]. — *i-Mannoside méthylique*, fusible à 167° — *Phénylhydrazone*, fusible à 195° [Fischer, *loc. cit.*].

Les mannoses-hydrazones traitées par un excès de phénylhydrazine sont transformées en phénylglucosazones correspondantes [Fischer, *D. chem. G.*, **20**, 821; **21**, 1805; **22**, 365 et 1155; **23**, 370. — Reiss, *D. chem. G.*, **22**, 609].

Juin 1906. P. Carré.

MARGARINE. — La margarine est une graisse retirée du suif de veau. Le suif de veau est lavé à grande eau, déchiqueté, et broyé de façon à faire une pâte; on le chauffe à 70° pendant 3 heures et on soutire la partie inférieure contenant les membranes des cellules. Le produit clair est abandonné 20 heures à 18° et passé à la presse hydraulique à une température de 32°. Le produit ainsi obtenu est presque aussi cher que le beurre; aussi fabrique-t-on également des margarines de qualité inférieure avec les suifs de vache, de mouton et même de cheval. La margarine est agitée avec un peu de lait pour lui donner le goût du beurre, ou bien mélangée à ce dernier en plus ou moins grande proportion. Juin 1906. P. Carré.

MARMAIROLITE (Min.) (Holst). — Très fines aiguilles blanc jaunâtre, dans un calcaire de Suède, ayant à peu près la composition d'un bisilicate de calcium et de magnésium, et les caractères optiques d'une substance clinorhombique. C'est sans doute un amphibole trémolite. Dureté = 5. Densité = 3.97. L. Bourgeois.

MARSHITE (Min.) (C.-W. Marsh). — Iodure cuivreux, Cu^2I^2, en petits cristaux quadratiques hémièdres, translucides, couleur variant du rouge au brun, éclat résineux, cassure subconchoïdale; avec cérusite et oxydes de manganèse, à Broken Hill, Nouvelle-Galles du Sud. L. Bourgeois.

MARSJATSKITE (Min.) (S. von Fédorow et W. Nikotine). — Glauconie manganésifère dans un sable tertiaire de la forêt de Marsjatsk, Russie. L. Bourgeois.

MARTAMIQUE (ACIDE). — Voyez NUCLÉO-ALBUMINES.

MARTINITE (Min.) (Kloos). — Phosphate de calcium hydraté, $(PO^4)^4Ca^5H^4 . {}^1/_2 H^2O$, en agrégats pseudomorphes d'après le gypse, dans les géodes des récifs coralliens à l'île de Curaçao. Rhomboèdres microscopiques de 105°. Densité $= 2,89$ L. Bourgeois.

MASRINE. — Voyez SOPHORINE.

MASRITE (Min.) (Johnson-Pacha, Droop Richmond et Hussein Hoff). — Sulfate complexe.

$$[Mn, Co, Fe, Ms]O . [Al, Fe]^2O^3 . 4SO^3 + 20H^2O,$$

sorte d'*apjohnite* (voyez Suppl. **1**, 195), renfermant 0,2 0/0 de *masrium* Ms (voyez ce mot); trouvé dans le lit desséché du Bahr-bela-mà, Haute-Egypte. L. Bourgeois.

MASRIUM. — Nouvel élément existant d'après Droop Richmond et Hussein Hoff [*Chem. Soc.*, **61**, 491, 1892] dans la *masrite* (voir ci-dessus) et précipitant en blanc par l'hydrogène sulfuré en liqueur acétique, avant le fer et le cobalt. Les réactions du masrium le rapprocheraient du magnésium et du calcium.

Décembre 1906. E. Rengade.

MASSOYÉNE. — Voyez l'art. TERPÈNES.

MASUT. — Voyez l'art. PÉTROLES.

MATÉTANNIQUE (ACIDE). — Matière obtenue dans l'extrait alcoolique du maté (*Ilex paraguayensis*), où elle entre dans la proportion de 4 à 20 0/0 des feuilles sèches. Cet acide possède la formule $C^{16}H^{10}O^8$, et a été identifié complètement avec l'*acide cafétannique* par ses propriétés et ses réactions colorées [Kunz-Krause, *Arch. d. Pharm.*, **231**, 613, 1894].

Juin 1906. A. Hébert.

MATÉZITE, MATÉZODAMBOSE. — Voy. INOSITE, 2e Suppl., **5**, 96.

MATRICITE (Min.) (Holst). — Orthosilicate de magnésium hydraté, $SiO^4Mg^2 . H^2O$. Sorte de serpentine à structure finement cristalline formée de fibres radiées, provenant de Suède. Couleur grise, éclat nacré. Infusible, inattaquable aux acides. Dureté $= 3$-4. Poussière blanche. Densité $= 2,53$. L. Bourgeois.

MAUVÉINES, MAUVINDONE. — Voyez EURHODINES, 2e Suppl., **3**, 680 et 687.

MAUZÉLIITE (Min.) (Sjögren). — Minéral formé essentiellement d'un antimoniate de calcium (59,25 0/0 de Sb^2O^5, 7,93 de TiO^2, 6,79 de PbO, 17,97 de CaO, 2,70 de Na^2O, 3,63 de fluor, etc.), ressemblant à la monimolite. Trouvé à Jakobsberg, Suède, avec svabite, calcite, hausmannite, grenat, etc., sous forme d'octaèdres bruns: poussière blanc jaunâtre, insoluble dans l'acide fluorhydrique. Densité $= 5,11$. Faces : $a^1 p a^3$. L. Bourgeois.

MAYSINE. — Nom donné par Osborne à une globuline extraite des graines de maïs et qui contient : C 52,68 ; H 7,02 ; Az 16,76 ; S 1,30 ; O 22,44 [*Journ. Am. Chem. Soc.*, **19**, 525].

1er janvier 1906. E. Lambling.

MAZAPILITE (Min.) (Foote-G.-A. König). — Arséniate basique calcico-ferrique

$$3CaO . 2Fe^2O^3 . 2As^2O^5 . 6H^2O$$

ou

$$5CaO . 3Fe^2O^3 . 4As^2O^5, 10H^2O,$$

très voisin de l'arséniosidérite. Petits cristaux noirâtres, à éclat semi-métallique, trouvés avec iodargyre, aragonite, calcite, chrysocale, pharmacolite, etc., à la mine de Jesus-Maria, district de Mazapil, Etat de Zacatecas, Mexique. Très rare.

Caractères. — Ceux de l'arséniosidérite. Dans le tube, donne de l'eau et devient brun, foncé, etc. Dureté $= 4,5$. Poussière jaune d'ocre. Densité $= 3,582$.

Forme cristalline. — Prisme orthorhombique : $mm = 120°$, a^2a^2 adj. $= 127°54'$.

Faces : $me^1/_4 e_3 a^2$. L. Bourgeois.

MAZOUT. — Voyez l'art. PÉTROLES.

MÉCONINE. Voyez Dict., **2**, 614 (ACIDE OPIANIQUE),

$$(CH^3O)^2_{(3.6)}C^6H^2 \begin{matrix} \diagup CO_{(1)} \\ \quad >O \\ \diagdown CH^2_{(2)} \end{matrix}$$

— La tautomérie de l'acide opianique

$$(CH^3O)^2 - C^6H^2 \begin{matrix} \diagup COOH \\ \diagdown COH \end{matrix}$$

ou

$$(CH^3O)^2 . C^6H^2 \begin{matrix} \diagup CO \\ \quad >O \\ \diagdown CH . OH \end{matrix}$$

rend compte d'une série de condensations s'opérant avec cet acide et donnant en réalité des produits qui peuvent être considérés comme des dérivés substitués de la méconine.

Les travaux de Liebermann ont démontré que l'anhydride acétique, dans les conditions de la synthèse de Perkin, donne, non pas un acide non saturé provenant de la réaction du chaînon COH mais un véritable éther

$$-C^6H^2 \begin{matrix} \diagup CO \\ \quad >O \\ \diagdown CH(C^2H^3O^2) \end{matrix}$$

[Liebermann et Kleemann, *D. chem. G.*, **19**, 2287, 1886].

Cependant, dans certaines conditions, on a réalisé, toujours dans le sens de la même formule, des combinaisons qui peuvent être considérées comme des dérivés de la méconine. Notamment (*ibid.*) en chauffant l'acide opianique avec un mélange d'acide malonique et d'acide acétique glacial, l'*acide méconine-acétique*,

$$(CH^3O)^2 . C^6H^2 \begin{matrix} \diagup CO \\ \quad >O \\ \diagdown CH . CH^2 . COOH, \end{matrix}$$

fusible 167°, soluble dans l'ammoniaque et réprécipité par les acides. L'*éther éthylique* se présente en feuillets fusibles à 82°,5. L'*éther méthylique* fond à 124.

L'acide méconine-acétique bouilli avec l'eau de baryte s'hydrate en donnant l'acide *opianylacétique*

$$(CH^3O)^2 . C^6H^2 \begin{matrix} \diagup CO^2H \\ \diagdown CH(OH) . CH^2 . COOH \end{matrix}$$

qui n'existe que sous forme de sels (Ag, Ba). Lorsqu'on veut le précipiter, il se sépare de l'acide méconine-acétique. L'éther méthylique de l'acide opianylacétique théoriquement prévu perd de l'alcool méthylique pour donner le méconine-acétate de méthyle.

La condensation de l'acide opianique avec les acétones se fait par simple ébullition en solution alcaline [Goldschmidt, *Monatsch.*, **12**, 474, 1891]. Avec l'acétone ordinaire :

$$(CH^3O)^2 . C^6H^2 \begin{matrix} \diagup CO \\ \quad >O \\ \diagdown CH . CH^2 . CO . CH^3 \end{matrix}$$

méconine-diméthylcétone.

et aussi

$$\left[(CH^3O)^2 . C^6H^2 \begin{matrix} \diagup CO \\ > O \\ \diagdown CH \end{matrix}\right]^2 (CH^2)^2 \; CO$$

diméconine-diméthylcétone.

[Hemmelmayr, *Monatsh.*, **14**, 390, 1893]; avec l'acétophénone [*ibid.*, **13**, 663, 1892], l'éthylméthylcétone, la méthylisopropylcétone, la méthylpropylcétone [Luksch, *Monatsh.*, **25**, 1051, 1904]. Avec l'éthylméthylcétone notamment il se forme le produit (I) fusible à 128-132° qui donne une oxime fusible à 109-112°. Sous l'action des carbonates alcalins à l'ébullition on arrive à la

$$(CH^3O)^2 . C^6H^2 \begin{matrix} \diagup CO \\ > O \\ \diagdown CH . CH^2 . CO . C^2H^5 \end{matrix}$$

I.

$$(CH^3O)^2 . C^6H^2 \begin{matrix} \diagup CO^2K \\ \diagdown CH . CH . CO . C^2H^5 \end{matrix}$$

II.

formule (II). Bruns [*Arch. de Pharm.*, **243**, 49, 1905] fait remarquer que l'opianate de méthyle, produit de l'action du chlorure acide sur l'alcool méthylique, ne se condense pas avec les acétones comme le fait si aisément l'acide libre.

SYNTHÈSE DE LA MÉCONINE [Fritsch, *Lieb. Ann. Chem.*, **301**, 352, 1898]. On fait réagir le diméthoxy-2.3-benzoate de méthyle sur l'hydrate de chloral en présence de SO^4H^2. Le produit de condensation peut-être représentée par

$$(CH^3O)^2 . C^6H^2 \begin{matrix} \diagup CO \\ > O \\ \diagdown CH . CHCl^3 \end{matrix}$$

dont la saponification par la soude à 20 0/0 donne un acide $C^{11}H^{12}O^7$ qui est, d'après l'auteur, l'acide carboxy-2-diméthoxy-3.4-mandélique. Celui-ci, chauffé dans un tube à essais, donne par distillation des gouttelettes huileuses qui cristallisent dans l'eau (fus. 101-102°) et fournissent par oxydation l'acide diméthoxyphtalique dont l'anhydride fond à 166° comme l'anhydride hémipinique.

Données thermochimiques sur la méconine [Leroy, *Ann. Chim. Phys.*, (7), **21**, 87, 1900].

MÉCONIQUE (ACIDE). — $C^7H^4O^7 + 3H^2O$. Cet acide est à rapprocher de l'acide chélidonique $C^7H^4O^6$:

$$CO \begin{matrix} \diagup CH = C \quad CO^2H \\ > O \\ \diagdown CH \quad C - CO^2H \end{matrix}$$

Ils sont retirés tous deux de la même famille des papavéracées.

L'acide méconique fournit un éther triéthylique (voyez 1er Suppl., 1003). Celui-ci donne avec l'hydrate de baryte : 2 molécules d'éther éthylique, 1 molécule d'éther éthylacétolique, $CH^3CO - CH^2OC^2H^5$, et 1 molécule d'acide oxalique [Peratoner et Leonardi, *Gazz. chim. ital.*, **30**, (1), 539, 1900].

Le traitement de l'acide libre par la baryte a permis à Peratoner et Leonardi d'isoler seulement l'acide oxalique et une substance réductrice qui a donné une osazone et dont la constitution semble être

$$\begin{matrix} CH^3 & C - CH^2O \\ & \| \quad\quad \diagdown \\ & CH - CO - CH^2 \end{matrix}$$

[*Gazz. chim. ital.*, **30**, (1), 565, 1900].

L'hydratation de l'éther s'exprime par l'équation :

$$\begin{matrix} C^2H^5O^2CC & — O — & — CCO^2C^2H^5 \\ \| & & \| \quad + 5H^2O \\ HC & — & CO - C(OC^2H^5) \end{matrix}$$

$$= 2C^2O^4H^2 + 2C^2H^6O + CH^3 - CO - CH^2OC^2H^5$$

L'acide méconique est donc l'acide 2.6-dicarbonyl-3-oxy-1.4-pyronique ou acide 3-oxychélidonique.

D'après Peratoner et Tamburello [*Gazz. chim. ital.*, **33**, (2), 233, 1902], le corps décrit par V. Meyer et Odernheimer [*D. chem. G.*, **18**, 1061, 2031, 1884] comme dérivé isonitrosé de l'acide méconique est un simple sel d'hydroxylamine.

Méconate triéthylique. — Par l'action du sel d'argent sur l'iodure d'éthyle; rendement 15 0/0 [Peratoner et Léonardi].

Consulter en outre sur l'acide méconique : [Peratoner, *Att. Ac. Lincei*, (5), **11**, 327, 1902; — Peratoner, Palazzo et Spallino, *Centralbl.*, 1905, **2**, 491].

M. Delacre.

MÉLAM $C^6H^9Az^{11}$ et **MÉLEM** $C^6H^6Az^{10}$. — (Voyez Dict. **1**, 1054). Dans de nouvelles recherches P. Klason (ou Claësson) a corrigé les données de Liebig et de ses successeurs. Quand on hydrate le mélam brut par la potasse étendue on ne le transforme pas en mélamine, mais on ne fait que décomposer du sulfocyanate de mélamine qui y préexiste. Le résidu de l'action de l'eau bouillante et de la potasse étendue à froid se comporte comme un mélange à parties égales de mélam et de mélem.

La potasse étendue, au bain-marie pendant 24 heures, attaque le mélam et le transforme en *amméline* avec un peu d'ammélide. La partie indissoute est le mélem. Il peut y avoir un peu de mellon si on a chauffé fortement le sulfocyanate lors de la préparation.

Le *mélam* peut s'extraire du mélange en faisant bouillir celui-ci avec de l'acide chlorhydrique très étendu, puis précipitant par un excès de soude. C'est une poudre blanche assez soluble dans les acides, insoluble dans l'eau. Sa formule de constitution

$$(AzH^2)^2C^3Az^3 - AzH - C^3Az^3(AzH^2)^2,$$

correspond à un imide de la mélamine.

Le *mélem* est le diimide

$$(AzH^2)C^3Az^3 \begin{matrix} \diagup AzH \diagdown \\ \diagdown AzH \diagup \end{matrix} C^3Az^3(AzH^2);$$

son hydratation par la potasse concentrée bouillante donne de l'*ammélide* et de l'ammoniaque [*J. prakt. Chem.*, (2), **33**, 287; 1886].

Dans ces formules (C^3Az^3) représente le noyau cyanurique.

Août 1906. M. Delépine.

MÉLAMINE, $C^3H^6Az^6$. — (Voyez Dict., **1**, 1054). On l'a encore obtenue : 1° par chauffage du mélam avec AzH^3 à 30 0/0 à 150° [Rathke, *D. chem. G.*, **23**, 1675; 1890]; 2° de la dicyanodiamide [Drechsel, *J. prakt. Chem.*, (2), **13**, 331; 1876]; 3° du carbonate de guanidine seul à 180-190° ou avec de la dicyanodiamide à 160° [Smolka et Friedreich, *Mon. f. Chem.*, **10**, 91; 1889] ou avec du phénol, d'abord à 100°, puis à 160° [Nencki, *J. prakt. Chem.*, (2), **17**, 235; 1878]; 4° *plus régulièrement* en chauffant avec de l'ammoniaque aqueuse concentrée : α, le chlorure cyanurique à 140° [P. Claësson ou Klason, *Mém. de l'Ac. royale de Suède*, **10**, nos 5, 6, 7; 1885], ou à 100° [W. Hofmann, *D. chem. G.*, **18**, 2765; 1876]; β, l'éther triméthylisothiocyanurique à 180° [*ibid.*, **18**, 2759; 1876]; γ, le cyanurate d'éthyle à 170-180° [Ponomarew, *ibid.*, **18**, 3261;

1876]. — Les réactions du § 4° établissent la constitution de la mélamine qui se trouve discutée dans les mémoires étendus de W. Hofmann [*D. chem. G.*, **18**, 2755 à 2800; 1876] et de Claësson qu'on trouve aussi dans le *J. prakt. Chem.*, (2), **33**, 290; 1886. Voyez encore Smolka [*Mon. f. Chem.*, **11**, 179; 1890] et B. Rathke [*D. chem. G.*, **20**, 1056; 1887]. En outre ces réactions se font avec des stades intermédiaires; voyez plus bas la liste des corps obtenus. La constitution de la mélamine répond aux deux formes tautomères

$$AzH^2.C \begin{cases} // Az-C.AzH^2 \\ \qquad\qquad \geqslant Az \\ \diagdown Az=C.AzH^2 \end{cases}$$

et

$$AzH=C \begin{cases} \diagup AzH-C=AzH \\ \qquad\qquad > AzH \\ \diagdown AzH-C=AzH \end{cases}$$

Mais on connaît des produits substitués différents ne répondant qu'à l'une de ces formules. Ceux de la première catégorie sont dits *mélamines normales*; les autres sont les *isomélamines* (voyez ce mot).

Chaleur de combustion v. c. $468^{Cal},9$; p. c. 468 Calories: chaleur de formation $+21^{Cal},9$. Chaleurs de neutralisation de la base (50 litres) par HCl (2 litres), $6^{Cal},78$; par SO^4H^2 (4 litres), $13^{Cal},22$ [P. Lemoult, *Ann. Chim. Phys.*, (7), **16**, 409; 1899].

Chloroplatinates, $B^2.PtCl^6H^2 + 2H^2O$ (Claësson, Hofmann); $B.PtCl^6H^2$ (Hofmann).

Sulfocyanate, $B.CAzSH$. — Cristaux prismatiques (Claësson, Ponomarew).

Mélamines substituées. — Obtenues par les réactions citées en 4° avec des amines au lieu d'ammoniaque.

1° *Monophénylmélamine*,

$$C^3Az^3(AzH^2)^2(AzH.C^6H^5).$$

— Fusible à 284°: chloroplatinate $B^2.PtCl^6H^2$ (Claësson).

2° *Diméthylmélamine*,

$$C^3Az^3(AzH^2)(AzH.CH^3)^2.$$

— Substance cristalline formant des sels cristallisables: chloroplatinates $B.PtCl^6H^2$ et $B^2.PtCl^6H^2$ (Hofmann).

Méthyléthylmélamine,

$$C^3Az^3(AzH^2)(AzH.CH^3)(AzH.C^2H^5).$$

Fusible à 176° [Diels, *D. chem. G.*, **32**, 698; 1899].

Diphénylmélamine, fusible à 202-204° [B. Rathke, *ibid.*, **21**, 867; 1888].

3° *Triméthylmélamine*, $C^3Az^3(AzH.CH^3)^3$. — Fusible à 115° (Claësson). Oxalate peu soluble. Chloroplatinates cristallisés $B.PtCl^6H^2$ et $B^2.PtCl^6H^2$ (Hofmann).

Triéthylmélamine, $C^3Az^3(AzH.C^2H^5)^3$. — Fusible à 73-74°, formant les chloroplatinates $B.PtCl^6H^2$ et $B^2.PtCl^6H^2$ (Claësson, Hofmann) et un sel d'argent $B.AzO^3Ag$ (Hofmann). — *Triphénylmélamine*. Fusible à 225° (Claësson). — *p-Tritolylmélamine*. Fusible à 283° (Claësson). — Sur les triphénylmélamines isomères, voyez B. Rathke [*D. chem. G.*, **21**, 867; 1888].

4° *Hexaméthylmélamine*, $C^3Az^3[Az(CH^3)^2]^3$. — Fusible à 171-172°; forme des sels, un chloraurate, un chloroplatinate, $B^2.PtCl^6H^2$ (Hofmann). — *Hexaéthylmélamine*. $C^3Az^3[Az(C^2H^5)^2]^3$. Huile donnant $B^2.PtCl^6H^2$ et $B.AuCl^4H$ cristallisés.

Tripipéridylmélamine. $C^3Az^3(Az.C^5H^{10})^3$. — Aiguilles fusibles à 213° donnant $B^2.PtCl^6H^2$ (Hofmann).

Voyez d'autres bases à Chlorure de cyanogène solide (2e Suppl., **2**, 1559).

Produits intermédiaires. — Outre ceux cités (1er Suppl., **1**, 602 et 2e Suppl., **2**, 1564), signalons :

$C^3Az^3(AzH.CH^3)^2(OH)$....	infusible.
— $AzH^2(SCH^3)^2$.......	fus. à 200°
— $(AzH^2)^2(SCH^3)$......	268°
— $(AzH.C^2H^5)(SCH^3)^2$.	114°
— $(AzH.C^2H^5)^2(SCH^3)$.	83-84°
— $(AzH.C^5H^{11})(SCH^3)^2$	96°
— $(AzH.CH^3)(OCH^3)Cl$	155°
— $(AzH.CH^3)(SCH^3)^2$..	174-175°
— $(AzH.CH^3)^2(SCH^3)$..	144°
— $(AzH.CH^3)^2Cl$......	241° (déc.)
— $(AzH.C^2H^5)^2OH$....	»
— $(Az.C^5H^{10})^2(SCH^3)$..	106-107°

préparés par W. Hofmann [*D. chem. G.*, **18**, 2755; 1885] et

$C^3Az^3(SC^2H^5)^2AzH^2$.......	fus. à 112°
— $(SC^5H^{11})^2AzH^2$......	82°
— $(SC^2H^5)(AzH^2)^2$.....	165°
— $(SC^5H^{11})(AzH^2)^2$.....	178°

préparés par Claësson [*J. prakt. Chem.*, (2), **33**, 298; 1886]. Août 1906. M. Delépine.

MÉLANILINE (voy. Diphénylguanidine-β, Dict., **2**, 899) $AzH:C(AzHC^6H^5)^2$. — B. Rathke a donné un procédé pour l'avoir à partir de la diphénylsulfurée [*D. chem. G.*, **12**, 772; 1879; *Bull. Soc. Chim.*, [2], **33**, 213; 1880]. — Avec l'isocyanate de phényle, elle donne

$$C^6H^5.AzH.CS.Az(C^6H^5).C(AzH).AzH.C^6H^5$$

[*ibid.*, **12**, 774 et **33**, 212]. — D. Mac. Creath a étudié l'action de l'anhydride benzoïque [*D. chem. G.*, **8**, 383; 1875] et de l'anhydride acétique [*ibid.*, **8**, 1181; 1875].

Sur une formation de ce corps voyez aussi H. Schöne [*J. prakt. Chem.*, [2], **32**, 221; 1885].

Août 1906. M. Delépine.

MÉLANOCÉRITE (Min.) (Brügger-Clève). — Minéral de composition très complexe, renfermant silice, anhydrides tantalique, borique, phosphorique, fluor, zircone, thorine, oxydes de cérium, lanthane, didyme, fer, manganèse, chaux, soude, un peu d'eau; en cristaux tabulaires assez gros, bruns ou noirs, transparents en lame mince et laissant alors passer une lumière jaune clair, cassure écailleuse ou vitreuse, éclat un peu gras, dans les filons des syénites éléolithiques à l'île Kjeö, près Barkevik, Langesnadfjord, Norvège.

Caractères. — Aisément soluble dans l'acide chlorhydrique chaud avec dépôt de silice; dans le tube, se décolore en partie et donne de l'eau, puis se boursoufle au rouge vif sans fondre. Réactions du bore, du manganèse et du cérium. Dureté = 5-6. Poussière brun clair. Densité = 4,129.

Forme cristalline. — Rhomboèdre : $a:c = 1:1,25537$.

Faces : a^1 dominante, $a^4pe^3a^2/_5b^1e^1$.

L. Bourgeois.

MÉLANOCHALCITE (Min.) (G.-A. Koenig). — Silicate-carbonate basique de cuivre

$$[Si,C]O^4Cu^2.Cu(OH)^2 \quad \text{ou} \quad [Si,C]O^4 \lesseqgtr \begin{matrix} Cu \\ (CuOH)^2 \end{matrix}$$

renfermant 7,80 0/0 de SiO^2 et 7,17 0/0 de CO^2. Nodules de couleur noire, transparents en lame très mince, et optiquement isotropes, trouvés aux mines de cuivre de Bisbee, Arizona. Dureté = 4. Densité = 4,141. Dans le tube, dégage de l'eau et de l'anhydride carbonique en devenant encore plus noir. L. Bourgeois.

MÉLANOPHLOGITE (Min.) (von Lasaulx). — Sulfate polysilicique $20SiO^2 . SO^3$ (d'après les analyses de M. G. Friedel), souillé d'un peu de matières bitumineuses et d'oxyde ferrique, en cubes ou agrégats sphérolithiques atteignant quelques millimètres, brun clair, très rare, avec soufre, célestine, calcite, spath, à la solfatare Giona, Racalmuto, près Girgenti, Sicile. Souvent transformée partiellement en quartz ou calcédoine.

Caractères. — Au chalumeau, blanchit d'abord, puis brunit, devient presque noire, et se décolore de nouveau d'une manière complète, sans fondre ni dégager d'anhydride sulfurique. Dureté = 6,5-7. Densité = 2,03-2,05.

Forme cristalline. — Pseudocubique, d'après les anomalies optiques. En général, le cube se compose de six pyramides quadratiques offrant une hémiédrie à faces inclinées. Clivage suivant les faces du pseudocube. L. Bourgeois.

MÉLANOPHLOGITE HEXAGONALE (Min.) (G Friedel). — Sulfate polysilicique très voisin de la mélanophlogite, mais plus riche en anhydride sulfurique, accompagnant la mélanophlogite, extrêmement rare. Lamelles hexagonales en piliers, agrégats sphéroïdaux ressemblant à la tridymite. Densité = 1,99. Voyez plus haut, MÉLANOPHLOGITE. L. Bourgeois.

MÉLANOSTIBIANE (Min.) (Igelström). — Antimoniate de manganèse et de fer,

$$6(Mn.Fe)O.Sb^2O^5.$$

Masses feuilletées d'un vif éclat métallique ou cristaux microscopiques formés d'un prisme et d'un octaèdre orthorhombique ou quadratique, souvent maclés, opaques, toujours striés, trouvés à la mine de Sjögenfvan, gouvernement d'Œrebro, Suède. Très résistant à l'acide chlorhydrique étendu, soluble dans le même acide concentré bouillant. Dureté = 4. Poussière rouge cerise.

MÉLANOTÉKITE (Min.) (Lindström). — Silicate plombico-ferrique, $2PbO.Fe^2O^3.2SiO^2$, en masses noires, à éclat métallique ou gras, biréfringentes ou polychroïques, de Langban, Suède. Attaquable aux acides. Dureté = 6.5. Densité = 5,73. L. Bourgeois.

MÉLANOTHALLITE (Min.) (Scacchi). — Voyez ÉRIOCHALCITE, Suppl., 681.

MÉLANURIQUE (ACIDE). — Voyez AMMÉLIDE.

MELDOLA (BLEU DE). — Voyez 2e Suppl., COLORANTES (MATIÈRES), **2**, 1356, et DIPHÉNO-γ-FLUORODIHYDROAZINES, **3**, 260.

MÉLÉZITOSE $C^{18}H^{32}O^{16} + 2H^2O$. (Voy. Suppl., 1003). — Le mélézitose a été rencontré dans la manne de Lahore [*Ann. Chem. Pharm.* **12**, 433, 1878]; dans la miellée du tilleul (Maquenne, *C. R.*, **117**, 127, 1893).

Préparation. — On le retire de la manne du Turkestan [Markownikoff, *J. Phys. Ch. russe*, **16**, 300, 1805; Maquenne et Alekhine, *Sucres*, 701, 1900]. On épuise la manne par l'eau tiède; l'extrait aqueux additionné d'alcool méthylique abandonne après 24 heures des cristaux de mélézitose; ce dernier est purifié par un traitement au noir animal, et à l'eau de baryte qui précipite encore des matières colorantes; l'excès de baryte est précipité par le carbonate d'ammonium; on évapore la solution et on fait cristalliser dans l'alcool méthylique. Le rendement est de 36 0/0 [Maquenne, *loc. cit.*].

La formule moléculaire du mélézitose a été vérifiée par la cryoscopie [Alekhine, *Ann. Chem. Pharm.*, **18**, 532, 1889; — Maquenne, *Sucres*, 700, 1900].

Propriétés. — Le mélézitose cristallise en petits prismes clinorhombiques fusibles à 156° (Maquenne); 146-148° (Alekhine); $[\alpha]_D = + 88°,65$ (Maquenne), $[\alpha]_D = + 83° + 0,07014p$, p représentant la concentration (Alekhine). Il ne présente pas la multirotation. Sa chaleur de combustion moléculaire est de 2043 calories [Stohmann et Langbein, *J. f. prakt. Chem.*, **45**, 305, 1892].

L'hydrolyse du mélézitose s'effectue en deux phases; elle fournit d'abord du glucose et du turanose, $C^{12}H^{22}O^{11}$, puis uniquement du glucose [Alekhine, Maquenne, *loc. cit.*; Bourquelot et Hérissey, *J. Pharm. Chim.*, **4**, 385, 1896; Tanret, *Bull. Soc. Chim.*, **35**, 819, 1906].

Le *mélézitose endécacétique* $C^{18}H^{21}O^5(C^2H^3O^2)^{11}$ fond à 117°, $[\alpha]_D = 110°,4$ en solution benzénique, à 20° [Alekhine, *loc. cit.*].

L'*endécaphényluréthane*,

$$C^{18}H^{21}O^{16}(CO\,Az\,H\,C^6H^5)^{11}$$

est amorphe et fond vers 180° (Maquenne et Goodwin, *Bull. Soc. Chim.*, **31**, 432, 1904).

Juin 1906. P. Carré.

MÉLIBIOSE, $C^{12}H^{22}O^{11}$. — Le mélibiose se forme à côté du lévulose quand on hydrolyse partiellement le raffinose [Rischbiet et Tollens, *Ann. Chem.*, **232**, 172, 1886; — Scheibler et Mittelmeier, *D. chem. G.*, **22**, 1678, 3118; **23**, 1438, 1890]. L'hydrolyse incomplète du raffinose avait déjà été signalée par Berthelot [*C. R.*, **103**, 548, 1889]; elle se produit surtout avec les levures hautes [Loiseau, *C. R.*, **109**, 614].

Quand on traite l'acétochlorogalactose par le glucose sodé il se forme un galactosidoglucose, dont l'osazone est identique à celle du mélibiose; ce serait la première synthèse d'un biose naturel [Fischer et Armstrong, *D. chem. G.*, **35**, 3146, 1902].

Propriétés. — Le mélibiose est une substance amorphe; $[\alpha]_D = + 1270$. Par hydrolyse au moyen des acides minéraux il fournit un mélange de glucose et de galactose droits [Scheibler et Mittelmeier, *D. chem. G.*, **22**, 1678, 1889]; cette hydrolyse est également réalisée par la *mélibiase* [Bourquelot, *C. R.*, **136**, 762, 1902; — Bau, *Chem. Zeit.*, **19**, 1873; **21**, 86; — Fischer et Lindner, *D. chem. G.*, **28**, 3034, 1895].

La réduction par l'amalgame de sodium le transforme en *mélibiotite* $C^{12}H^{24}O^{11}$, qui, par hydrolyse fournit du galactose [Scheibler et Mittelmeier, *D. chem. G.*, **22**, 3118].

Le *mélibiose octacétique*, $C^{12}H^{14}O^3(C^2H^3O^2)^8$, fond à 170-171°; $[\alpha]_D = + 94°2$; il ne réagit pas sur la phénylhydrazine [Scheibler et Mittelmeier, *D. chem. G.*, **23**, 1438, 1890].

La *phénylhydrazone*, $C^{18}H^{28}Az^2O^{10}$, fond vers 145 [Scheibler et Mittelmeier, *loc. cit.*].

L'*allylphénylhydrazone* fond à 197°; son pouvoir rotatoire est $[\alpha]_D = + 21°,2$ en solution méthylique, et + 8° en solution acétique [L. de Bruyn et Ekenstein, *Rec. des Pays-Bas*, **15**, 225, 1895].

La *β-naphtylhydrazone* fond à 135°; pouvoir rotatoire $[\alpha]_D = + 15°,9$ en solution méthylique [L. de Bruyn et Ekenstein, *loc. cit.*].

La *phénylmélibiosazone*, $C^{24}H^{32}Az^4O^9$, se présente en flocons jaunes fusibles vers 175-178°; elle est assez soluble dans l'eau chaude et l'alcool bouillant, très peu soluble dans l'éther [Scheibler et Mittelmeier, *D. chem. G.*, **22**, 1678, 1889].

Juin 1906. P. Carré.

MÉLILOTIQUE (ACIDE)

$$C^6H^4 \begin{cases} CH^2-CH^2-CO^2H_{(2)} \\ OH_{(1)} \end{cases}$$

— (Voir Dict., **2**, 326). — Contrairement à

l'assertion de Zwenger, l'acide coumarique peut fixer directement deux atomes d'hydrogène par l'action de l'amalgame de sodium, et donne un corps semblable à l'acide mélilotique naturel [Tiemann et Herzfeld, *D. chem., G.*, **10**, 283, 1877]. Cette assertion est corroborée par ce fait, que l'amalgame de sodium transforme les deux acides éthylcoumarique et éthylcoumarinique isomères en *acide éthylmélilotique*

$$C^6H^4 \begin{cases} OC^2H^5 \\ CH^2 - CH^2 - CO^2H. \end{cases}$$

Ce dernier corps donne des *sels de baryum* et *de calcium* $(C^{11}H^{13}O^3)^2Ca + 2H^2O$ [Rod. Fittig et G. Ebert, *Lieb. Ann. Chem.*, **216**, 139, 1882].

En traitant la phénylcoumarine par l'amalgame de sodium, Oglialoro, puis Sardo, ont obtenu un acide présentant les caractères de l'acide phénylmélilotique $C^{15}H^{14}O^3$, fondant à 120°, soluble dans l'eau chaude, l'alcool, l'éther, le benzène [*Gazz. chim. ital.*, **9**, 428; **13**, 273.]

D'après Hochstetter [*Lieb. Ann. Chem.*, **226**, 355; 1885], la coumarine présenterait, avec l'anhydride mélilotique, les relations exprimées par les formules

$$C^6H^4 \begin{cases} —O— \\ CH = CH \end{cases} CO \qquad C^6H^4 \begin{cases} —O— \\ CH^2 - CH^2 \end{cases} CO.$$

l'amalgame de sodium convertissant, d'après Zwenger, la coumarine en acide mélilotique, que la distillation dédouble en eau et anhydride, fondant à 25°, passant à 273°. Cet anhydride se forme en partie quand on fait bouillir la solution aqueuse ou chlorhydrique d'acide mélilotique; cet acide se déshydrate nettement par l'acide bromhydrique fumant et froid qui abandonne ensuite l'anhydride au chloroforme.

La transformation de l'anhydride mélilotique en coumarine s'effectue quand on dirige une molécule de brome en vapeur à travers l'anhydride porté à 170-200°. A froid, on obtient l'*anhydride bromomélilotique* fondant à 106° et de constitution probable

$$C^6H^3Br \begin{cases} —O— \\ CH^2 - CH^2 \end{cases} CO.$$

L'ébullition de ce dernier corps avec l'eau donne l'acide correspondant, cristallisant dans le chloroforme en tables rectangulaires, fusibles à 141-142°.

Van Dorp a obtenu le *dérivé dinitré* de l'acide mélilotique par chauffage du dinitrohydrocarborstyrile avec la potasse [*R. Tr. Ch. Pays-Bas*, **23**, 201, 1904].

Par la méthode de copulation des acides avec le diazobenzène, Borsche et Streitberger [*D. chem. G.*, **37**, 4116, 1904] ont préparé les *acides benzèneazo-, disbenzèneazo-, benzèneazo-α-phényl-* et *dibenzèneazo-α-phényl- mélilotique*.

Juin 1906. A. Hébert.

MÉLILOTOL $C^9H^8O^2$. — T.-L. Phipson a obtenu ce corps, en même temps que de l'acide mélilotique, en distillant avec de l'eau le *Melilotus officinalis* au moment de sa floraison, et en épuisant le liquide distillé par l'éther, qui abandonne 0.2 0/0 de la plante sèche en mélilotol [*C. R.*, **87**, 830, 1878].

C'est une substance brune, huileuse, peu soluble dans l'eau et plus dense qu'elle, soluble dans l'alcool et l'éther, répandant l'odeur de foin coupé et répondant à la formule $C^9H^8O^2$; par ébullition avec la potasse, elle donne de l'acide mélilotique (voir ce mot).

Juin 1906. A. Hébert.

MÉLINITE. — Voyez l'art. EXPLOSIFS, 2e Suppl., 3, 752.

MÉLISSIQUE (ACIDE), $C^{30}H^{60}O^2$. — (Voyez Dict., 2, 328 et 1er Suppl., 1003).

Les substances extraites par épuisement de la *cire d'abeilles* à l'alcool bouillant sont fondues à plusieurs reprises et lavées à l'eau bouillante, puis décolorées au charbon. La masse, à peine teintée de jaune, est chauffée avec de la potasse et de la chaux potassée jusqu'à cessation de dégagement d'hydrogène, après quoi on délaye dans une grande quantité d'eau. Grâce à la présence de sels de chaux solubles dans le mélange, les acides organiques sont complètement transformés par double décomposition en sels de chaux insolubles, qu'on débarrasse des matières neutres par épuisement à l'alcool bouillant et à la benzine. Les acides isolés sont débarrassés par cristallisation dans l'alcool d'une petite quantité d'acide palmitique provenant de la myricine. On a ainsi un mélange d'acides cérotique et mélissique d'où les acides sont séparés par la méthode des dissolutions fractionnées, au moyen de l'alcool méthylique pur : l'acide mélissique est à peu près insoluble dans ce dissolvant [Marie, *Ann. Chim. Phys.*, (7), 7, 159, 1896].

Il fond à 90°,6 (corr.), est à peu près insoluble dans l'alcool méthylique et l'éther.

Il fournit, lorsqu'on le traite par les différents oxydants, les mêmes produits d'oxydation que les acides provenant des graisses animales [Marie, *loc. cit.*].

Éther méthylique $C^{30}H^{59}O^2 - CH^3$. — Il fond à 74°,5 (Marie); possède l'aspect fortement nacré.

Éther éthylique $C^{30}H^{59}O^2 - C^2H^5$. — Préparé en faisant passer un courant d'HCl dans un mélange d'acide et d'alcool. Il fond à 73°; sa solubilité est comparable à celle de l'acide, sauf pour l'éther ordinaire dans lequel il est plus soluble.

Éther myricique $C^{30}H^{59}O^2 - C^{30}H^{61}$. — Il se rencontre dans la gomme laque [Gascard, *Thèse Ec. Pharm.*, Paris, 1891]. Il fond à 92°.

GLYCÉRIDES MÉLISSIQUES.

a) *Monomélissine* $C^{30}H^{59}O - O - C^3H^5(OH)^2$. — Préparée en chauffant pendant 10 h. à 178-180° 10 gr. d'acide mélissique avec poids égal de glycérine pure [Marie, *Ann. Chim. Phys.*, (7), **7**, 204, 1896], elle fond à 91°,5-92°.

b) *Dimélissine* $(C^{30}H^{59}O - O -)^2C^3H^5(OH)$. — Elle s'obtient en chauffant à 220°, pendant 6 heures, de la glycérine pure avec de l'acide mélissique. Elle fond à 93° [Marie, *loc. cit.*].

c) *Trimélissine* $(C^{30}H^{59}O - O -)^3C^3H^5$. — Elle fond à 89° [Marie, *loc. cit.*].

Janvier 1896. C. Martine.

MÉLITOSE, MÉLITRIOSE. — Voyez RAFFINOSE.

MELLIQUE (ACIDE). [Syn : Acide mellitique] (Dict., 2, 328 et 1er Suppl., 1004). — *Formation.* — L'acide mellique se forme, à côté d'acide pyromellique, par l'action de la chaleur sur le sucre candi [Maumené, *Bull. Soc. chim.*, **13**, 787, 1895; — Von Lippmann, *D. chem. G.*, **27**, 3408, 1894]; de l'acide azotique sur l'acide pyrographitique de L. Staudenmaïer [*D. Chem. G.*, **32**, 2825, 1899]; de l'acide sulfurique sur le charbon de bois [A. Verneuil, *Bull. Soc. Chim.*, **11**, 120, 1894; **25**, 682, 1901]; de l'acide azotique fumant en présence de ClO^3K sur le graphite [Hübner, *D. chem. G.*, **23**, (R), 346, 1890]. Il se produit encore en chauffant à 280° le tartrate neutre de potasse [Maumené, *Bull. Soc. Chim.*, (3), **13**, 24, 1895]; par l'action de ClONa en solution alcaline sur la lignite, la houille, le noir animal, le noir de fumée; dans l'électrolyse d'acides minéraux étendus et surtout des alcalis en employant des électrodes en charbon de cornue [Bartoli et Papasogli, *Gazz. ital.*, **11**, 468, 1881; **12**, 113, 1882; **13**, 22;

15, 116, 1885]. Avec HCl, AzO^3H, SO^4H^2, il se forme surtout du *mellogène* $C^{11}H^2O^4 + 1.5H^2O$, masse noire amorphe.

Préparation. — On fait bouillir pendant 24 heures le charbon de bois avec de l'acide nitrique fumant et on ajoute ensuite à la solution bouillante du chlorate de potassium [Dickson et Easterfield, *Proc. Chem. Soc.*, **14**, 163, 1898].

Propriétés. — L'acide mellique commence à se décomposer à 260°, mais en tube fermé il fond à 286-288° [Michael, *D. chem. G.*, **28**, 1631, 1895]. — Chaleur de dissolution dans l'eau à 20° = 3,58 calories [Werner, *Journ. Soc. russe*, **17**, 4151, 1885], 3.67 calories [Berthelot, *Ann. Chim.*, (6), **7**, 195]. — Chaleur de neutralisation par 6NaOH [Werner, *Jahresb.*, **1886**, 220; — Berthelot]. — Chaleur de combustion [Stohmann, Kléber et Langbein, *J. prakt. Chem.*, (2), **40**, 143]. — Conductibilité électrique [Bethmann, *Zeit. phys. Chem.*, **5**, 398]. — Dissociation [Quartaroli, *Gazz. chim. ital.*, (1), **35**, 470, 1904].

Avec l'hélianthine, il se comporte comme tribasique, avec les autres indicateurs comme hexabasique [A. Astruc, *C. R.*, **130**, 1563, 1900].

L'électrolyse d'une solution aqueuse d'acide mellique donne CO^2, H, O et peu de CO [Bunger, *Journ. Soc. Russe*, **12**, 421, 1880].

Sels. — Le *sel de sodium* cristallise avec $17H^2O$ [Taylor, *Zeit. phys. Chem.*, **27**, 361], le *sel de Ba* avec $6H^2O$ (Verneuil); le *sel de K* se décompose à 280-295° en CO, C et CO^3K^2 (Maumené); celui de *bismuth* à 350° en CO^2, C et bismuth pyrophorique [Thibault, *Bull. Soc. Chim.*, **31**, (3), 135, 1904].

Éthers. — L'acide mellique n'est pas éthérifiable par l'alcool et l'acide chlorhydrique [J. van Loon, *D. chem. G.*, **28**, 1270, 1895; — Meyer et Sudborough, *D. chem. G.*, **27**, 1589, 1894]. L'*éther hexaméthylique* obtenu avec le diazométhane en solution éthérée [V. Pechmann, *D. chem. G.*, **31**, 502, 1898], ou par l'acide sulfurique et l'alcool méthylique [H. Meyer, *Mon. f. Chem.*, **25**, 1201, 1904] fond à 183-184°; l'*éther pentaméthylique*, formé simultanément, fond à 141-144°.

Chauffé avec l'acétonitrile, l'acide mellique fournit à côté d'*acide o-euchroïque*, la *paramide*

$$C^6\left(\begin{matrix}CO\\CO\end{matrix}>AzH\right)^3$$

[Mathews, *Amer. J.*, **20**, 663]. L'acide p-euchroïque se forme quand on chauffe le sel disodique avec 2 molécules d'acétonitrile à 225-240°.

Acide hydromellique. — (Voyez Dict., **2**, 331). — Chaleur de combustion = 923^{cal},9 [Stohmann et Kléber, *J. prakt. Chem.*, (2), **43**, 542]. Essai négatif de dédoublement en isomères actifs [Stefani, *Gazz. chim. ital.*, **30**, (1), 187, 1899]. — Éthérification [van Loon, *D. chem. G.*, **28**, 1270, 1895].

Juin 1906. F. March.

MELLITIQUE (ACIDE). — Voyez Mellique.

MELLOGÈNE. — Nom donné par A. Bartoli et G. Papasogli à une substance que l'on obtient en électrolysant l'eau distillée au moyen d'une forte pile avec des électrodes en charbon de cornue. Il se forme en même temps de l'acide mellique et d'autres acides. Le mellogène est un produit noir, brillant, communiquant à l'eau une couleur noire intense, soluble dans les alcalis, insoluble dans l'alcool et l'éther. Les solutions aqueuses s'oxydent à l'air en donnant les acides mellique et autres. Sa composition est

$$2C^{11}H^2O^4 + 3H^2O;$$

à 100° il perd $2H^2O$; à 140°, $3H^2O$ [*Gazz. chim. ital.*, **12**, 117, 1882; *Bull. Soc. Chim.*, (2), **38**, 560, 1882]. Si on fait l'électrolyse en présence d'HF, le produit contient du fluor; en présence d'antimoniate de potassium, de l'antimoine (*stibiomellogène*), [*ibid*; *Gazz.*, **13**, 22, 1883; *Bull.*, (2), **40**, 283, 1883].

Oxydé par les hypochlorites, l'acide nitrique, l'électrolyse, le mellogène donne avant de fournir l'acide mellique des produits d'oxydation dont la composition va de $C^{11}H^6O^9$ à $C^{11}H^6O^7$ [*ibid.*, *Gazz.*, **15**, 461, 1885; *Bull.*, (2), **47**, 594, 1887].

Le corps $C^{11}H^6O^7$ est acide et susceptible de former des hydrates à 2 et 2,5 mol. d'eau. A 210°, il se change en $C^{22}H^{10}O^{13}$.

Août 1906. M. Delépine.

MELLON $C^6H^3Az^9$. — Le mellon, d'après P. Klason [*J. f. prakt. Chem.*, [2], **33**, 287, 1886] aurait pour constitution celle du triimide dérivé de la mélamine, soit

$$C^3Az^3 \leqslant (AzH)^3 \geqslant C^3Az^3$$

c'est la formule de l'*hydromellon* décrit au Dict., **1**, 1055. Son hydrolyse fournit de l'ammoniaque et de l'acide cyamélurique

$$(OH)^2C^3Az^3 - AzH - C^3Az^3(OH)^2.$$

Août 1906. M. Delépine.

MELLONHYDRIQUE (ACIDE) (*Cyamellon*) $C^9H^3Az^{11}$. — Ce corps a été décrit (Dict., **1**, 1055) sous le nom de mellon. Sa constitution suivant P. Klason [*loc. cit.*] serait :

```
      / AzH —— C³Az³ \
C³Az³ ——— Az \          AzH
      \ AzH —— C³Az³ /
```

C'est un acide tribasique que l'hydrolyse alcaline décompose en acide cyamélurique et ammélide. Août 1906. M. Delépine.

MENTHANE, MENTHÈNE. — Voyez Terpènes.

MENTHOLS, $C^{10}H^{20}O$ (1er suppl., 1004). — Isomérie. — Les menthols sont des méthylisopropylcyclohexanols. Suivant les positions relatives de l'hydroxyle et des groupements méthyle et isopropyle, on obtient des alcools secondaires ou des alcools tertiaires isomères que nous résumerons dans le tableau ci-dessous :

```
     CH³              CH³              CH³
      |                |                |
     CH               CH               CH
    /  \             /  \             /  \
 CH²    CH²       CH²    CH²       CH²    CHOH
  |      |         |      |         |      |
 CH²    CHOH      CH²    CH²       CH²    CH²
    \  /             \  /             \  /
     CH              COH               CH
      |                |                |
     C³H⁷            C³H⁷             C³H⁷
   Menthol.    Menthol tertiaire.  Carvomenthol.

       CH³                        CH³
        |                          |
      C-OH                        CH
      /  \                       /  \
   CH²    CH²                 CH²    CH²
    |      |                   |      |
   CH²    CH²          C³H⁷ - CH     CHOH
      \  /                       \  /
       CH                         CH²
        |
       C³H⁷
Carvomenthol tertiaire.    Menthol symétrique.
```

On voit que les quatre premiers de ces composés dérivent du tétrahydrocymène, et, en raison de leurs atomes de carbone asymétriques, sont susceptibles de présenter de nombreux stéréoisomères : c'est au nombre des stéréoisomères du menthol qu'il faut compter les *thymomenthols* de M. Brunel et les *pulégomenthols* de MM. A. Haller et Martine : au groupe du carvomenthol appartiennent les *carvacromenthols* obtenus récemment par M. Brunel.

Quant au *thuyamenthol* de Walach, qui sera décrit en dernier, s'il possède la formule $C^{10}H^{20}O$, sa constitution, toute différente, est représentée par le schéma

$$\begin{array}{ccc} & CH^3 & \\ & | & \\ & CH & \\ & \diagup \quad \diagdown & \\ CH^3-CH & & CHOH \\ | & & \\ C^3H^7-CH & — & CH^2 \end{array}$$

I. — MENTHOL PROPREMENT DIT
(méthyl-1-isopropyl-4-cyclohexanol-3).

La théorie prévoit 8 menthols stéréoisomères : plusieurs sont connus. Ce sont : 1° Le *menthol gauche* naturel ; 2° le *menthol droit* de Kondakow ; 3° un autre *menthol droit*, l'*isomenthol* de Beckmann ; 4° les pulégomenthols de MM. A. Haller et Martine ; 5° plusieurs menthols inactifs (thymomenthols, etc.).

1° MENTHOL GAUCHE NATUREL.

(Voir Dict., **2**, 336).

État naturel. — D'après M. Charabot [*Bull. Soc. Chim.*, **19**, 17, 1898 ; **23**, 469, 1900], l'essence de menthe indigène renferme 45 0/0 de menthol libre ou combiné, 10 0/0 d'éthers du menthol et 9 0/0 de menthone. L'éthérification du menthol s'effectue dans les parties vertes des plantes, puis le menthol se convertit en menthone. L'addition de sels minéraux au sol favorise l'éthérification et entrave la transformation du menthol en menthone [Charabot et Hébert, *Bull. Soc. Chim.*, **27**, 219, 925, 1902 ; **29**, 982, 1903]. Le menthol se trouve, en petite quantité, dans l'essence de menthe Pouliot [L. Bouveault et Tétry, *ibid.*, **27**, 188, 309, 1902]. On le rencontre à l'état libre et combiné dans l'essence de menthe poivrée américaine [Power et Kléber, *Arch. Pharm.*, **232**, 639, 1895].

Constitution. — Elle se déduit de l'étude de ses produits d'oxydation (Voir ci-dessous).

Propriétés physiques. — Le menthol fond à 42° [Beckett et Wright, *Jahresb.*, 504, 1876 ; — Atkinson et Yoshida, *Chem. Soc.*, **41**, 50, 1882] ; à 43° (Beckmann). Il bout à 210° [Oppenheim, *Ann. Chem.*, **120**, 351, 1861], à 211-213° [Beckmann, *J. prakt. Chem.*, **55**, 15, 1897]. Densité à 15° = 0,890 [Moriya, *Chem. Soc.*, **39**, 77, 1881]. Pouvoir rotatoire : $[\alpha]_D = -59°,6$ (Oppenheim). $[\alpha]_D^{18°} = -50°,1$ (sol. alcool. à 10 0/0), $[\alpha]_D^{22°} = -49°,4$ (sol. alcool. à 5 0/0) [Arth, *Ann. Phys. Chim.*, (6), **7**, 438, 1886], $[\alpha]_D = -49°,3$ (sol. alcool. à 20 0/0) (Beckmann).

Pope [*Chem. Soc.*, **75**, 463, 1899] a décrit le menthol comme dimorphe. D'après Schaum [*Ann. Chem.*, **308**, 39, 1899], il est monotrope-trimorphe.

Le menthol est triboluminescent, ainsi qu'un grand nombre de ses éthers [Tschugaeff, *J. Soc. R.*, **32**, 837, 1900].

Réfraction moléculaire = 47,52 [J. Brühl, *D. chem. G.*, **24**, 3703, 1891]. Indices de réfraction en solution benzénique [Kanonikoff, *J. prakt. Chem.*, (2), **31**, 348, 1885]. Pouvoir rotatoire magnétique [W.-H. Perkin, *Chem. Soc.*, **81**, 292, 1902]. Étude des solutions [A. Dahms, *D. chem. G.*, **28** (R), 275, 1895 ; — Eggers, *Phys. Chem.*, **8**, 14, 1904 ; — B. Pawlewski, *D. chem. G.*, **26**, (R), 746, 1893 ; — Patterson et Taylor, *Proc. Chem. Soc.*, **21**, 15, 1905 : — Biltz, *Zeit. Phys. Chem.*, **27**, 539].

Chaleur de combustion du menthol solide = $1508^{cal},06$ [Louguinine, *Bull. Soc. Chim.*, **36**, 147, 1881]. Chaleurs spécifiques [L. Brunner, *D. chem. G.*, **27**, 2106, 1894]. Influence de la pression sur le point de fusion [Heydweiller, *Ann. Phys.*, **64**, 728 ; — Hulett, *Zeit. Phys. Chem.*, **28**, 667].

Propriétés chimiques. — Le sodium agit vivement sur le menthol fondu en donnant un dérivé sodé soluble dans l'alcool [Oppenheim. — E. Beckmann, *J. prakt. Chem.*, (2), **55**, 16, 1897]. Il est préférable d'opérer en présence d'éther, de toluène ou de xylène [Brühl et Biltz, *D. chem. G.*, **24**, 649, 1891 ; — Brühl, *ibid.*, **37**, 2066, 1904]. On peut encore obtenir ce dérivé sodé plus rapidement en dissolvant le sodium dans l'hydrate d'amylène en présence de toluène et ajoutant ensuite le menthol [L. Tschugaeff, *J. Soc. Russe*, **36**, 102, 1904]. Poids moléculaire du dérivé sodé [Beckmann et Schliebs, *D. chem. G.*, **29**, (R), 24, 1896].

En solution dans AzH^3 liquide, le menthol réagit sur une solution de potassium- ou de sodium-ammonium en donnant un dérivé monométallique [E. Chablay, *C. R.*, **140**, 1396, 1905].

Avec la formaldéhyde, deux combinaisons peuvent prendre naissance : en présence de SO^4H^2 se forme le *formal dimenthylique* ou *dimenthylméthylal* $C^{10}H^{19}O.CH^2-OC^{10}H^{19}$, aiguilles fusibles à 56°,5-57° et bouillant à 337° : $[\alpha]_D = -77°,94$ (alcool) ; en présence d'HCl on obtient l'éther *chlorométhylmenthylique* $C^{11}H^{21}OCl$, huile bouillant à 160-162° sous 16 millim. $D_{21} = 0,9821$, $[\alpha]^D = -172°,57$ ($CHCl^3$) [Brochet, *C. R.*, **128**, 612 ; *Bull. Soc. Chim.*, (3), **21**, 370, 1899 ; — E. Vedeking, *D. chem. G.*, **34**, 813, 1901]. Quant aux autres combinaisons du menthol avec l'aldéhyde formique, précédemment décrites, ce ne sont que des mélanges [E. Wedekind et Greimer, *Zeit. f. angew. Chem.*, **17**, 705, 1904]. Le menthol ne réagit pas avec l'hydroxylamine [Nägeli, *D. chem. G.*, **16**, 499, 1883]. Le menthol s'élimine par les urines à l'état de dérivé conjugué de l'acide glycuronique [Voir Pellacani, *Arch. Pathol. exp.*, **17**, 369 ; — Bial et Huber, *Chem. Physiol. Path.*, **2**, 532, 1902 ; — Bonani, *ibid.*, **1**, 304, 1901 ; — Fromm et Hildebrandt, *Zeit. phys. Chem.*, **33**, 1579, 1901 ; — Fromm et Clémens, *ibid.*, **34**, 385, 1902].

Déshydratation. — Le menthol perd une molécule d'eau avec une extraordinaire facilité, soit avec $ZnCl^2$ à chaud, soit par P^2O^5 à la température ordinaire, en donnant du menthène droit. Avec l'acide sulfurique concentré, même à froid, il ne donne que peu de menthène, mais un produit à point d'ébullition élevé [Beckmann, *Ann. Chem.*, **250**, 358, 1889 ; — Walter, *ibid.*, **32**, 288 ; — G. Arth, *Ann. Phys. Chim.*, (6), **7**, 491]. D'après G. Wagner [*D. chem. G.*, **27**, 1636, 1894] il se forme du menthane et du cymène.

L'acide sulfurique étendu de 2 volumes d'eau, à 60-100°, le transforme en menthène droit avec un rendement de 91 0/0 [Konovalof, *J. Soc. R.*, **32**, 76, 1900]. Avec SO^4KH il donne un menthène bouillant à 165°,5 (*nitrosochlorure* fusible à 113°) [Urban et Kremers, *Am. Journ.*, **16**, 395]. Avec SO^4Cu anhydre il se forme du cymène [Brühl, *D. chem. G.*, **24**, 3374, 1891 ; **25**, 142, 1892].

Le menthol se déshydrate encore avec l'anhydride borique [Tschugaeff, *J. Soc. russe*, **33**, 185, 526, 1901], avec l'acide oxalique cristallisé ou anhydre, à 120-130° [N. Zélinsky et Tsélikof, *D. chem. G.*, **34**, 3253, 1901; *J. Soc. russe*, **33**, 656, 1901], avec l'acide succinique à 200-220°, l'acide citrique à 160-180°, l'acide phtalique à 240°, l'acide téréphtalique à 270° et l'acide camphorique à 280° [J. Zélikow, *D. chem. G.*, **37**, 1374, 1904].

Réduction. — Avec l'acide iodhydrique ($d =$ 1,7), Atkinson et Yoshida [*Chem. Soc.*, **41**, 54, 1882] ont obtenu un mélange de carbures $C^{10}H^{16}$, $C^{10}H^{18}$ et $C^{10}H^{20}$.

En présence de phosphore rouge, le même acide transforme le menthol en *menthonaphtène* $C^{10}H^{20}$ bouillant à 169-170°,5 [Berkenheim, *D. chem. G.*, **25**, 688, 1892].

Oxydation. — L'étude des produits d'oxydation du menthol a permis d'établir la constitution de ce composé et d'en déduire la formule d'un alcool secondaire.

$$CH^3-CH\genfrac{}{}{0pt}{}{\diagup CH^2 \quad CHOH \diagdown}{\diagdown CH^2 \quad CH^2 \diagup}CH-C^3H^7$$

En présence de bichromate et d'acide sulfurique le menthol se transforme en effet en une cétone, la *menthone* $C^{10}H^{18}O$ [Moriya, *Chem. Soc.*, **39**, 77, 1881]. Avec MnO^4K en solution aqueuse acidulée par SO^4H^2, M. Arth a obtenu à côté des acides carbonique, propionique, butyrique, oxalique, deux nouveaux acides, l'un $C^{10}H^{18}O^3$, qu'il a appelé *acide oxymenthylique*, et l'autre $C^7H^{12}O^4$ qu'il a désigné sous le nom d'*acide β-pimélique*. Les recherches de Manasse et Rupe [*D. chem. G.*, **27**, 1818, 1894] ont montré que ce dernier acide est l'*acide β-méthyladipique*.

Quant à l'acide oxymenthylique, considéré d'abord par Mehrländer [*Inaug. Diss.*, Leipzig, 1887] comme de l'acide *β-propyl-δ-acétylvalérique*, et par Semmler [*D. chem. G.*, **25**, 3515, 1892] comme acide *-isobutyryl-β-méthylvalérianique*, il n'est autre que l'acide *δ-isobutyryl-β-méthylvalérique* [Baeyer, *D. chem. G.*, **29**, 27, 1896]. On l'obtient encore en faisant bouillir avec SO^4H^2 étendu l'acide menthoximique ou, avec un bon rendement, par oxydation du menthol par un mélange d'acide chromique et d'acide acétique [Beckmann et Mehrländer, *Ann. Chem.*, **289**, 369, 1895]. Il bout à 292°, à 185-187° sous 20 millimètres. Sa *semicarbazone* fond à 152°; l'*éther méthylique* bout à 136-137° sous 17 millimètres; l'*éther éthylique* bout à 145° sous 15 millimètres (Arth), à 153-155° sous 25 millimètres (Baeyer); soumis à la réaction de Dieckmann, cet éther se transforme en méthyl-1-isobutyryl-3-cyclopentanone-4.

L'oxydation du menthol se poursuit donc suivant le schéma :

```
     CH³                 CH³               CH³
     |                   |                 |
     CH                  CH                CH

CH²  CH²            CH²  CH²          CH²  CH²
     |    ──────>   |    |    ──────> |    |
CH²  CO             CH²  CO²H         CH²  COOH

     CH                  CO                COOH
     |                   |
     C³H⁷                C³H⁷              Acide
```

Menthone. Acide oxymenthylique. β-méthyladipique.

Dosage du menthol. — Dans une essence on dose le menthol sous forme d'éther en en saponifiant 20 grammes par 20 centimètres cubes de NaOH normale alcoolique (1 centimètre cube = 0,156 de menthol à l'état d'éther) et titrant l'alcali non employé. Le menthol total est dosé en traitant par l'eau, éthérifiant par l'anhydride acétique et saponifiant de nouveau l'éther formé [Power et Kleber, *Arch. Pharm.*, **232**, 654, 1894].

N. Garfield [*Pharm. Rev.*, 135, 1897] chauffe 5 centimètres cubes d'essence avec 5 centimètres cubes d'anhydride acétique pendant une demi-heure à reflux et titre l'anhydride par la soude normale avant et après l'opération. La différence des deux dosages en centimètres cubes multipliée par 0,156 donne la teneur en menthol. On peut aussi éthérifier le menthol par un mélange d'anhydride acétique et de pyridine et titrer de même [Verley et Bölsing, *D. chem. G.*, **34**, 3354, 1901].

Réactions colorées. — Une oxycellulose traitée par SO^4H^2 en présence de menthol donne une teinte rosée variant avec la température [E. Jandrier, *C. R.*, **128**, 1407]. Avec le δ-méthylfurfurol (rhamnose) et l'acide SO^4H^2 concentré, le menthol donne une coloration caractéristique [C. Neuberg et Rauchwerger, *Central Blatt*, (2), 1435, 1904].

Chlorure de menthyle, $C^{10}H^{19}Cl$. — (Voir Dict., 2, 336). Ce composé se forme à partir du menthol, soit par l'action de l'acide chlorhydrique concentré [Oppenheim, *Ann. Chem.*, **120**, 151; — Arth, *C. R.*, **97**, 323; *Ann. Phys. Chim.*, (6), **7**, 474], soit par l'action de PCl^5 en présence d'éther de pétrole [Berkenheim, *D. chem. G.*, **25**, 686, 1892; — Kondakow, *ibid.*, **28**, 1619, 1895]. On l'obtient encore par l'action du chlore sur le menthonaphtène $C^{10}H^{20}$, ou par l'hydrogénation du 3-chlorocymène [E. Jünger et Klages, *D. chem. G.*, **29**, 314, 1896].

Les travaux de Berkenheim, de Slawinsky [*J. Soc. russe*, **29**, 118, 1897], de Kondakow ont montré que, si les produits formés sont identiques, ils ne sont pas homogènes. Quand on chauffe le chlorure de menthyle bouillant à 209°,5-210°,5, inactif, en tube scellé à 150° avec de l'acétate de potasse et de l'acide acétique, il se forme du menthène gauche et le chlorure restant est lévogyre. L. Masson et Reychler [*D. chem. G.*, **29**, 1843, 1890] ont obtenu le même résultat en présence de KOH ou de C^6H^5OH. N. Koursanof [*Bull. Soc. Chim.*, **26**, 505, 1901; *J. Soc. russe*, **33**, 289, 1901; *Ann. Chem.*, **318**, 327], par l'action du sodium en présence d'éther anhydre, a isolé deux dimenthyles $(C^{10}H^{19})^2$ isomères, l'un fusible à 105°,5-106° et l'autre liquide. Le chlorure de menthyle formé par l'action de PCl^5 sur le menthol serait donc un mélange de deux isomères, l'un droit facilement décomposable, l'autre gauche plus stable.

Si l'on traite en effet le chlorure brut par la potasse alcoolique ou bien par l'aniline à l'ébullition, jusqu'à ce que le pouvoir rotatoire soit devenu constant, l'un des isomères est décomposé avec formation de menthène et de menthane et l'on obtient un *chlorure de menthyle homogène*, car il ne donne plus qu'un seul dimenthyle, le produit cristallisé, et vraisemblablement secondaire. Il bout à 113°,5-114°,5 sous 738 millimètres $d^0_0 = 0{,}9555$; $d^{20}_0 = 0{,}9411$; $[\alpha]_D = -50°,56'$. Avec le zinc-éthyle il donne de l'éthylène, du menthène, du menthane et du 1-*méthyl-3-éthyl-4-isopropylhexaméthylène* (N. Koursanof).

L'action de l'acide nitrique sur le chlorure de menthyle brut, en vue de fixer sa constitution, n'a pas fourni encore de résultats précis [Konovalof, *Bull. Soc. Chim.*, **34**, 254, 1905].

Bromure de menthyle, $C^{10}H^{19}Br$. — Le bromure se forme dans les mêmes conditions que le chlorure. On obtient un produit bouillant à 100-103° sous 13 millimètres, de densité variant de 1,174 à 1,186 à 0° et de 1,155 à 1,166 à 23°; $[\alpha]_D = -9°,68$ ou $+18°,33$ suivant qu'on a opéré en refroidissant ou non [Kondakow, *D.*

chem. G., **28**, 1619, 1895]. Par l'action de HBr sur le menthol, Kondakow et Schindelmeiser [*J. prakt. Chem.*, (2), **67**, 193, 1903] ont obtenu un bromure bouillant à 101-106° sous 12 millimètres avec $\alpha_D = + 41°.38$ qui, traité par la potasse alcoolique, ne donne qu'une petite quantité de menthène : et un bromure bouillant à 100-101° sous 11 millimètres, $[\alpha]_D^{20°} = + 54°.29$, $n_D = 1.48554$.

L'acide bromhydrique dédouble l'éther menthoéthylique en donnant un bromure de menthyle bouillant à 97° sous 14 millimètres, $d\frac{20}{4} = 1.1501$; $[\alpha]_D = - 14°,65$ [Tsélikof, *Bull. Soc. Chim.*, **34**, 253, 1905].

N. Zélinsky [*D. chem. G.*, **35**, 4416, 1902] a fractionné le bromure obtenu par l'action de PBr^3 sur le menthol en trois portions dont deux sont dextrogyres et la dernière lévogyre. PBr^5 produit une racémisation et un long contact rend le bromure inactif.

Avec Mg et CO^2, le bromure de menthyle fournit l'*acide menthane-carbonique*

$$CH^3-CH \begin{array}{l} \diagup CH^2-CH-COOH \\ \qquad\qquad\qquad > CH-C^3H^7 \\ \diagdown CH^2-CH^2 \end{array}$$

bouillant à 167° sous 21 millimètres et fondant à 65°. — Réduit par le zinc et l'acide chlorhydrique il donne du menthane [Konovalof, *Bull. Soc. Chim.*, **24**, 667, 1900].

IODURE DE MENTHYLE, $C^{10}H^{19}I$. — Il se produit comme les dérivés précédents, ou encore par l'action de l'acide iodhydrique sur l'hydrate de terpine : il bout à 140-143° sous 30 millimètres $d\frac{15}{15} = 1,37$ [A. Oppenheim. — Berkenheim, *D. chem. G.*, **24**, 696, 1892]. Avec l'acétate d'argent il donne un *éther acétique* bouillant à 220-225° et du menthène. Avec le sodium, en solution éthérée, il se comporte comme le chlorure (Koursanof).

ÉTHERS-OXYDES.

Éther menthylméthylique, $C^{10}H^{19}OCH^3$, $d\frac{20}{4} = 0,8607$; $[\alpha]_D = - 95°.67$ [Tschugaeff, *J. Soc. russe*, **34**, 606, 1902].

Éther menthyléthylique, $C^{10}H^{19}OC^2H^5$. — On l'obtient en dissolvant le menthol dans l'iodure d'éthyle et ajoutant de l'oxyde d'argent sec [G. Lander, *Chem. Soc.*, **77**, 729], ou bien par l'action de C^2H^5I sur le menthol sodé en solution toluénique. Il bout à 104-105° sous 24 millimètres, à 211°,5-212° sous 750 millimètres, $d\frac{20}{4} = 0,8513$; $n_D = 1.44347$ à 17° [Brühl, *D. chem. G.*, **24**, 3375, 3703, 1891] ; $d\frac{20}{4} = 0,8357$; $[\alpha]_D = - 97°,29$ (Tschugaeff).

Éther menthylpropylique, $d\frac{20}{4} = 0,8519$; $[\alpha]_D = - 92°,14$ (Tschugaeff).

Éther menthylallylique, $d\frac{0}{4} = 0,8830$: $[\alpha]_D = - 98°.30$ [A. Haller et F. March, *C. R.*, **138**, 1635, 1904].

Éther menthylbenzylique, $d\frac{20}{4} = 0,9513$; $[\alpha]_D = - 94°.62$ (Tschugaeff).

ÉTHERS-SELS.

Voir Dict., **2**, 337). — On peut en général obtenir les éthers-sels par l'action des chlorures d'acides sur le menthol en présence de pyridine, ou par l'action des acides en présence d'acides minéraux. Certains, comme l'acétylacétate, sont préparés par déplacement de l'alcool éthylique par le menthol. En raison du nombre considérable de ces éthers qui ont été particulièrement étudiés au point de vue du pouvoir rotatoire, et des limites imposées à cet article, nous nous voyons obligés de renoncer à la description de ces composés, pour n'en citer que la bibliographie.

Voir : G. Arth, *Ann. Phys. Chim.*, (6), **7**, 469, 1886 ; — Bertram, *D. chem. G.*, **28**, 582, 1895 ; — H. Erdmann, *J. prakt. Chem.*, **56**, 43, 1897 ; — A. Tschugaeff, *J. Soc. russe*, **29**, 122 ; **31**, 959 ; **32**, 184, 1116 ; **34**, 606, 1902 ; **35**, 1116, 1903 ; **36**, 192, 1904 ; *D. chem. G.*, **31**, 363, 1778 et 2451, 1898 ; **32**, 3332, 1899 ; **35**, 2470, 1902 ; — Berkenheim, *D. chem. G.*, **25**, 688, 1892 ; *Bull. Soc. Chim.*, **12**, 628 ; — H. Rupe, *Ann. Chem.*, **327**, 157, 1903 ; — J.-B. Cohen et Briggs, *Trans. Chem. Soc.*, **83**, 1216 ; — J.-B. Cohen et Raper, *Chem. Soc.*, **85**, 1262, 1904 ; — Rupe et Zelltner, *Ann. Chem.*, **327**, 163, 1903 ; — A. Béhal, *Bull. Soc. Chim.*, **23**, 754, 1900 ; — Baeyer et Cie, Brevet all. 117 624 ; — Kijner, *J. Soc. russe.*, **27**, 480 ; — Einhorn et Jahn, *Arch. Pharm.*, **240**, 644, 1903 ; — Bowack et Lapworth, *Chem. Soc.*, **85**, 42, 1904.

Acétylacétate. — P. Cohn, *Monatsh.*, **21**, 201, 1900 ; — P. Cohn et Tauss, *D. chem. G.*, **33**, 731, 1900 ; — Hann et Lapworth, *Chem. Soc.*, **85**, 46, 1904 ; — Lapworth, *Chem. Soc.*, **83**, 1114, 1903.

Lapworth et Hann, *Chem. Soc.*, **81**, 1499, 1902 ; — M. Kenzie et Thompson, *Chem. Soc.*, **87**, 1004, 1905 ; — Tsélikow, *D. chem. G.*, **37**, 1374, 1904 : — Patterson et Taylor, *Chem. Soc.*, **87**, 33, 122, 1905 ; — Beckmann, *J. prakt. Chem.*, (2), **55**, 14, 1897 ; — Cohen, Armes et Graham, *Chem. Soc.*, **87**, 1190, 1905 ; **89**, 365, 1906 : — A. Mackenzie, *Chem. Soc.*, **85**, 378, 1249, 1904 : — Bamberger et Lodeer, *D. chem. G.*, **23**, 213, 1890 : — Hentkorn, *ibid.*, **18**, 1695, 1885 ; — Kipping et Lloyd, *Chem. Soc.*, **79**, 449, 1901 ; — Pickard, Litteburg et Neville, *Proc. chem. Soc.*, **21**, 286, 1905 ; *Chem. Soc.*, **89**, 93, 1906 : — Cohen et Tortmann, *Proc. chem. Soc.*, **21**, 306 ; *Chem. Soc.*, **89**, 47, 1900 : — T. Patterson et Frew, *Chem. Soc.*, **89**, 332, 1906 ; — Cohen et Armes, *Chem. Soc.*, **89**, 454, 1906.

URÉTHANES.

Menthyluréthane, $C^{10}H^{19}OCONH^2$. — Elle fond à 165° : $[\alpha]_D = - 85°,11$ ($CHCl^3$). Avec C^6H^5CHO et HCl, elle donne la *benzylidène-menthyluréthane* fondant à 143° (G. Arth).

Phényluréthane, $C^{10}H^{19}OCOAzHC^6H^5$. — Aiguilles fusibles à 111° [R. Leuckart, *D. chem. G.*, **20**, 115, 1887] ; $[\alpha]_D = - 77°,21$ (chloroforme), (H. Goldschmidt et Freund).

o-Tolyluréthane. — Fond à 70° ; $[\alpha]_D = - 65°,8$. *m-Tolyluréthane* fond à 47° ; $[\alpha]_D = - 71°.43$. *p-Tolyluréthane* fond à 93° ; $[\alpha]_D = - 72°,30$ [H. Goldschmidt et Freund, *Zeit. Phys. Chim.*, **14**, 397].

HOMOLOGUES DU MENTHOL.

Benzylmenthol (ou méthyl-1-benzyl-2-isopropyl-4-cyclohexanol-3), $C^{17}H^{26}O$. — On l'obtient par réduction (sodium et alcool) de la benzylidène-menthone ou de son chlorhydrate. Huile épaisse bouillant à 181-183° sous 10 millimètres, fournissant un stéréoisomère cristallisé fondant à 111-112°. Avec P^2O^5 il fournit un hydrocarbure $C^{17}H^{24}$ bouillant à 153-155° sous 10 millimetres [O. Wallach, *Ann. Chem.*, **305**, 263, 1899 ; — Semmler, *D. chem. G.*, **37**, 234, 1904].

MM. A. Haller et F. March [*C. R.*, **140**, 474 ; *Bull. Soc. Chim.*, (3), **33**, 695, 1905] ont obtenu, par l'action des alcools sodés sur la méthyl-1-cyclohexanone-3, des homologues dans lesquels le groupe isopropyle du menthol est remplacé par les différents radicaux alcooliques : le *méthyl-1-propyl-4-cyclohexanol-3*, le *méthyl-1-isobutyl-4-cyclohexanol-3*, fondant à 68-69°, le *méthyl-1-isoamyl-4-cyclohexanol-3*, le *méthyl-1-benzyl-4-cyclohexanol-3* et son *dérivé 2-benzylé*.

2° MENTHOL DROIT (Kondakow).

La réduction de la cétone qui se trouve dans l'essence de bucco (barosma betulina) fournit un menthol droit qui, d'après Kondakow [*J. prakt. Chem.*, **72**, 185, 1905] serait le véritable antipode du menthol gauche naturel. Ce menthol bout à 98°,5-100° sous 11 millimètres et fond à 38°,5-39°; $[\alpha]_D = + 32°,37$; $d\,\frac{18}{4} = 0,9006$; $n_D = 1,45869$ à 32° (*benzoate* fondant à 82°). Avec P^2O^5 il donne un menthène bouillant à 166°,5-168°,5 sous 785 millimètres; $[\alpha]_D = - 13°\ 46'$ [Kondakow et Bachtschiew, *J. prakt. Chem.*, **63**, 49, 1901].

3° ISOMENTHOL.

La partie liquide accompagnant le benzoate de menthyle cristallisé fournit après saponification un *menthol droit* $[\alpha]_D = + 2°,03$ cristallisé et fondant à 78-81°. Il a été désigné par Beckmann [*J. prakt. Chem.*, **55**, 14, 1897] sous le nom d'*isomenthol* et donne par oxydation l'*isomenthone droite*.

4° PULÉGOMENTHOLS.

En réduisant complètement la pulégone par la méthode de Sabatier et Senderens, MM. A. Haller et Martine [*C. R.*, **140**, 1298, 1905] ont obtenu un mélange de « *pulégomenthols* », $C^{10}H^{20}O$, bouillant à 107-109° sous 16 millimètres, d'où l'on peut séparer par refroidissement : 1° du menthol gauche naturel; 2° un *α-pulégomenthol*, fondant à 83-85°; $[\alpha]_D = + 30°$ (alcool), (phtalate fondant à 104-105°; $[\alpha]_D = + 27°,30$). Enfin de la partie huileuse on peut isoler, par l'anhydride phtalique, un *β-pulégomenthol*, huile bouillant à 212-212°,5 (corr.); $[\alpha]_D = + 2°,6$; dont le *phtalate* fond à 137-138°; $[\alpha]_D = + 8°,53$ (alcool).

5° MENTHOLS INACTIFS

En dédoublant la phényluréthane du menthol gauche, E. Beckmann [*J. prakt. Chem.*, **55**, 14, 1897] a obtenu un menthol inactif fondant à 49-51°. Un autre menthol inactif a été obtenu par Kremers [*J. prakt. Chem.*, **18**, 762, 1896] en partant du menthène inactif. Il fond à 29-31°. Par réduction (sodium et alcool) du diosphénol fondant à 82°, Kondakow et Bachtschiew [*J. prakt. Chem.*, (2), **63**, 65, 1901] ont obtenu un troisième menthol inactif bouillant à 214°,5 sous 759 millimètres, à 98-100°,5 sous 12 millimètres, $d_{20} = 0,9052$; $n_D = 1,464456$ [Kondakow, *ibid.*, **72**, 185, 1905].

A ces deux derniers menthols inactifs ressemblent les *thymomenthols* préparés par Brunel [*Bull. Soc. Chim.*, **33**, 269, 500, 1905] en appliquant au thymol la méthode de Sabatier et Senderens. Cette hydrogénation, effectuée à 160°, fournit le *thymomenthol-α*, liquide bouillant à 215°,5 sous 760 millimètres, $d_0 = 0,913$, se déshydratant avec P^2O^5 ou SO^4KH en *thymomenthène*, qui bout à 167-168°, et donnant avec les acides, par suite d'une transposition, les éthers d'un stéréoisomère, le *β-thymomenthol*. Ce dernier, en aiguilles, fond à 28°, bout à 217°; le *succinate acide* fond à 80°, le *phtalate acide* à 128°.

II. — MENTHOL TERTIAIRE

(Syn. terpanol-4 ou méthyl-1-isopropyl-4-cyclohexanol-4). D'après M. Baeyer [*D. chem. G.*, **26**, 2270, 1893] l'action de l'acide iodhydrique sur le menthène fournit un *iodure de menthyle tertiaire*. Celui-ci, traité par l'acétate d'argent, donne l'*éther acétique* du *menthol tertiaire*.

Le menthol tertiaire bout à 97-101° sous 20 millimètres; il est inactif et possède une faible odeur de menthe poivrée. Le *bromure de menthyle tertiaire* qui en dérive, chauffé avec de la quinoléine, donne un menthène bouillant à 167°5.

Par l'action de l'acide trichloracétique sur le menthène et saponification par l'ammoniaque alcoolique, MM. Reycher et Masson [*D. chem. G.*, **29**, 1843, 1896] ont obtenu un menthol tertiaire inactif bouillant à 102-105° sous 22 millimètres, $d = 0,8999$, $n_D = 1,45979$ à 22°, qui paraît identique au précédent. Avec le menthène, résultant de l'action de la potasse sur le bromure de menthyle obtenu à l'aide de PBr^3, Kondakow et Schindelmeiser [*J. prakt. Chem.*, **67**, 193, 1903] ont isolé un menthol tertiaire bouillant à 172-178° sous 762 millimètres, $d_{20} = 0,816$, $(\alpha)_D = - 66°20$, à côté du menthol tertiaire inactif bouillant à 206-207°, $d = 0,9000$, $n_D = 1,46188$ à 20°. Le menthène obtenu par la méthode xanthogénique le fournit aussi (Tschugaeff).

La synthèse du menthol tertiaire a pu être effectuée par l'action de l'iodure d'isopropylmagnésium sur la 1.4 méthylcyclohexanone : cet alcool bout à 95° sous 25 mm. [W. Perkin, jun. *Proc. chem. Soc.*, **21**, 255, 1905].

III. — CARVOMENTHOL

(Syn. méthyl-1-isopropyl-4-cyclohexanol-2 ou tétrahydrocarvéol). On l'obtient par l'action de l'acide iodhydrique sur l'acétate de dihydrocarvéol, réduction, saponification et traitement au MnO^4K [von Baeyer, *D. chem. G.*, **26**, 2558, 1893], par réduction (sodium et alcool) de la carvenone [O. Wallach, *Ann. Chem.*, **277**, 130; — Kondakow et Gorbunow, *J. Soc. russe*, **29**, 215, 1897]; de la carvotanacétone (carvothuyone), [Semmler, *D. chem. G.*, **27**, 895, 1894; — O. Wallach, *id.*, **28**, 1955, 1895], du nitrile de phellandrène [Wallach et Herbig, *Ann. Chem.*, **287**, 371, 1895] ou de la tétrahydrocarvone (Wallach).

La réduction de la carvénone fournit un produit bouillant à 218-220°, $d = 0,900$, $n_D = 1,46246$ (Wallach); bouillant à 220-221° sous 762 millimètres $d\frac{20}{4} = 0,9070$ $n_D = 1,4672$ [Kondakow et Lutschinin, *J. prakt. Chem.*, (2), **60**, 257, 1899]. D'après ces auteurs le produit obtenu à partir de la carvone gauche avait $(\alpha)_D = - 3°32$, et à partir de la carvone droite $(\alpha)_D = - 19°3$. La carvone inactive donne un carvomenthol inactif.

Dérivés du carvomenthol racémique. — *L'acétate* bout à 235-238° sous 761 millimètres $d\,\frac{11}{4} = 0,928$, $n_D = 1,45079$. Le *chlorure* bout à 90-95° sous 15 millimètres, $d\,\frac{21}{4} = 0,945$, $n_D = 1,46534$. Le *bromure* bout à 95-99° sous 15 millimètres, $d\,\frac{21}{4} = 1,187$, $n_D = 1,4906$ (Kondakow et Lutschinin). La *phényluréthane* fond à 74-75° (Wallach).

Le carvomenthol se déshydrate quand on le chauffe avec SO^4KH en donnant du *carvomenthène* bouillant à 175-176° (Wallach). Le même hydrocarbure se produit par l'action de la quinoléine sur le bromure de carvomenthyle (Baeyer), ou à partir du chlorure obtenu par l'action de PCl^5 [Klages et Kraith, *D. chem. G.*, **32**, 2550, 1899].

Le *carvomenthol* gauche fournit par l'action de la potasse alcoolique sur son chlorure ou sur son bromure un carvomenthène bouillant à 172-174°,5 $[(\alpha)_D = - 2°4]$ et à 174°,5-178° $[(\alpha)_D = + 1°22']$ et par l'action de Ag^2O, à côté du *carvomenthol tertiaire*, une petite quantité d'un composé $C^{10}H^{22}O^{3}$ fondant à 101-103° (Kondakow et Lutschinin).

CARVACROMENTHOLS. — L'hydrogénation par le nickel réduit du carvacrol $(CH^3)^2CH_{(4)}-C^6H^3(OH)_{(2)}-CH^3_{(1)}$ fournit d'après M. Brunel [*C. R.*, **141**, 1245, 1905] deux alcools isomères $C^{10}H^{20}O$ qu'il a désignés sous les noms d'*α-carvacromenthol* (bouillant à 219° environ) et de *β-carvacromenthol* (bouillant à 222°). Le *phtalate acide* de ce dérivé fond à 136°, l'acétate bout à 231°,5, le formiate à 229°.

IV. — CARVOMENTHOL TERTIAIRE

Le carvomenthol tertiaire, ou méthyl-1-isopropyl-4-cyclohexanol-1, a été obtenu par A. von Baeyer [*D. chem. G.*, **26**, 2270, 1893] de la même façon que le menthol tertiaire, à partir du carvomenthène. Il bout à 96-100° sous 17 millimètres. Le *bromure* est une huile lourde.

V. — MENTHOL SYMÉTRIQUE

[Syn. méthyl-1-isopropyl-3-cyclohexanol-5]. Il se forme par réduction du carvacrol 1.3.5 [Knœvenagel et Wiedermann, *Ann. Chem.*, **297**, 169, 1897].

L'*isomère cis* bout à 226-227° (corr.), $d_4^{15,6}$ = 0,9020, n_D = 1,46454; l'*acétate* bout à 235-236° sous 752 millimètres; le *chlorure* à 94-96°; le *bromure* à 104-106°; l'*iodure* à 133-134°, sous 12 millimètres; la *phényluréthane* fond à 88°. Chauffé avec P^2O^5, le *cis-s-menthol* se transforme en méthyl-1-isopropyl-3-cyclohexène bouillant à 167-168° sous 746 millimètres.

L'*isomère trans*, d'odeur de menthe poivrée, bout à 224°, à 112° sous 14 millimètres, d = 0,909, n_D = 1,4684 à 15°. L'*acétate* bout à 228°; l'*éther méthylique* bout à 122° sous 40 millimètres; le *chlorure* à 99-100° sous 22 millimètres; le *bromure* à 138° sous 24 millimètres [E. Knœvenagel, *Ann. Chem.*, **289**, 141, 1896].

VI. — THUYAMENTHOL

Le thuyamenthol se forme par réduction de l'isothuyone à l'aide du sodium et de l'alcool [Wallach, *Ann. Chem.*, **286**, 104; *D. chem. G.*, **28**, 1955, 1895]. C'est un liquide visqueux bouillant à 211-213°, d = 0,895, n_D = 1,46345 à 22°. Sa constitution

```
          CH³
          |
          CH
        /    \
CH³-CH       CHOH
   |           |
C³H⁷-CH  —  CH²
```

a été déduite de celle de l'isothuyone récemment établie [O. Wallach, *Ann. Chem.*, **323**, 333, 1902].

Par oxydation il donne la *thuyamenthone* (Voir MENTHONE). Traité par Na, CS^2 et CH^3I, il fournit un *éther xanthogénique* $C^{10}H^{19}OCS.SCH^3$, liquide jaunâtre, qui se transforme à la distillation en *thuyamenthène* $C^{10}H^{18}$ bouillant à 157-159°, $d\,\frac{20}{4}$ = 0,80146, n_D = 1,44591 à 20° [Tschugaeff, *J. Soc. russe*, **34**, 854, 1902; *D. chem. G.*, **37**, 1481, 1904]. Mai 1906. F. March.

MENTHONÉNIQUE (ACIDE). — Voyez MENTHONES, p. 330.

MENTHONES $C^{10}H^{18}O$. — Les menthones sont les cétones dérivant de l'oxydation des menthols secondaires précédents, et répondant par conséquent aux formules suivantes :

```
      CH³                    CH³
      |                      |
      CH                     CH
     /  \                   /  \
  CH²    CH²             CH²    CO
   |      |               |      |
  CH²    CO              CH²    CH²
     \  /                   \  /
      CH                     CH
      |                      |
      C³H⁷                   C³H⁷
   Menthone.             Carvomenthone.

        CH³                       CH³
        |                         |
        CH                        CH
       /  \                      /  \
    CH²    CH²            CH³-CH     CO
     |      |                 |       |
C³H⁷-CH    CO           C³H⁷-CH  —  CH²
       \  /
        CH²
 Menthone symétrique.        Thuyamenthone.
```

La pulégomenthone, la thymomenthone seront décrites parmi les stéréoisomères de la menthone.

I. — MENTHONE PROPREMENT DITE

La menthone se trouve, à côté du menthol, de ses éthers et de terpènes, dans l'essence de menthe poivrée [Power et Kléber, *Arch. d. Pharm.*, **232**, 639, 1894], dans l'essence de menthe russe [Andress et Andreef, *D. chem. G.*, **24**, 560 (R) et **25**, 609, 1892], dans l'essence de menthe Pouliot [Tétry, *Bull. Soc. Chim.*, [3], **27**, 190, 1902], dans l'essence de géranium Bourbon [Flatau et Labbé, *id.*, **19**, 789, 1898], dans l'essence de pélargonium [Barbier et Bouveault, *C. R.*, **122**, 737, 1896]. Ces savants ont constaté qu'elle se forme par une oxydation ménagée du rhodinol, à côté du rhodinal, par suite d'une isomérisation de ce dernier.

Moriya [*Chem. Soc.*, 77, 1881] a obtenu le premier par oxydation du menthol une menthone qui était inactive, tandis que Atkinson et Yoshida [*Trans. Chem. Soc.*, 50, 1882] préparaient de même une menthone dextrogyre. Les recherches de E. Beckmann [*Ann. Chem.*, **250**, 322, 1889 et **289**, 362, 1896] ont, en effet, montré que la menthone est facilement isomérisée par le contact des acides; il se forme d'abord une menthone gauche, que l'acide sulfurique invertit peu à peu en menthone droite. Ces deux stéréoisomères ne constituent cependant pas deux inverses optiques, mais semblent se rattacher à deux racémiques différents. La menthone possédant, en effet, deux atomes de carbone asymétriques, peut exister sous deux modifications racémiques et présenter deux isomères droits et deux gauches, à pouvoirs rotatoires égaux deux à deux et de signes contraires. Outre la menthone gauche et la menthone droite citées ci-dessus, on connaît encore une menthone gauche retirée par Kondakow de l'essence de feuilles de bucco qui donne par réduction un menthol droit, une menthone droite, l'*isomenthone*, fournie par l'oxydation de l'isomenthol, la *pulégomenthone*, produit de réduction de la pulégone, et une menthone inactive.

Synthèse. — La synthèse de la menthone peut être réalisée à l'aide de la méthyl-1-cyclohexanone-3 dont la synthèse a été elle-même effectuée par Einhorn et Ehret. Cette cétone peut, en effet, être transformée : 1° en *méthyl-1-acétyl-4-isopropyl-4-cyclohexanone-3* bouillant à 133-135° sous 15 millimètres, composé qui se dédouble par hydrolyse en une menthone dont la semicarbazone fond à 179-180° [Leser, *C. R.*, **134**, 1115, 1902]; 2° par l'amidure de sodium et C^3H^7I directement en une menthone dont les dérivés sont identiques à ceux de la menthone ordinaire, mais dont le pouvoir rotatoire diffère, $(\alpha)_D = +12°,56$ [Haller et Martine, *Bull. Soc. Chim.*, (3), **31**, 900, 1904]; 3° par condensation avec l'oxalate d'éthyle, elle conduit au *méthyl-1-cyclohexanone-3-carbonate d'éthyle* qui, après alcoylation et saponification, donne aussi une menthone faiblement dextrogyre [A. Kötz et L. Hesse, *Ann. Chem.*, **342**, 306, 1905].

1° MENTHONE GAUCHE.

Cette menthone a été préparée par M. Bechmann, de la façon suivante, en évitant autant que possible l'action isomérisante de l'acide sulfurique :

On introduit 45 grammes de menthol cristallisé dans une solution, chauffée à 30°, de 60 grammes de bichromate de potasse (1 mol.) dans 50 grammes (2^{mol},5) d'acide sulfurique et 300 grammes d'eau. Le menthol se colore en noir foncé, par suite de la formation d'une combinaison chromée qui se décompose à 53° avec formation de menthone. Celle-ci, après refroidissement, forme une couche huileuse brune que l'on extrait avec de l'éther. On la purifie par entraînement rapide à la vapeur d'eau par petites portions.

La *menthone* gauche est un liquide très mobile, ne se solidifiant pas, à légère odeur de menthe poivrée, d'une saveur plus amère que celle du menthol. Peu soluble dans l'eau, elle bout à 207°, d^{20} 0,896 (Beckmann). Régénérée de sa semicarbazone, elle bout, d'après Wallach [*D. chem. G.*, **28**, 1955, 1895] à 208°, $d = 0,894$, $n_D = 1,4496$. Son pouvoir rotatoire varie de — 24°,78 à — 28°,46 [voir aussi Binz, *Zeit. phys. Chem.*, **12**, 723, 1894]. Elle montre une luminescence faible avec les rayons de Tesla [Kauffmann, *D. chem. G.*, **35**, 479, 1902]. Constante diélectrique : 8,78 [Mathews, *Cent. Blatt.*, (I), 224, 1906].

Elle ne se combine pas au bisulfite de sodium.

La *semioxamazone* $C^{12}H^{21}Az^3O^2$ fond à 177° [Kerp et Unger, *D. chem. G.*, **30**, 593, 1897].

La *semicarbazone* $C^{10}H^{21}OAz^3$ fond à 178° (Beckmann), à 184-184°,5 (Wallach; Flatau et Labbé), à 186-187° [Barbier et Bouveault, *C. R.*, **122**, 737, 1896].

La *phénylsemicarbazone* $C^{17}H^{25}O^3Az$ fond à 180-181° [W. Borsche et Merkwitz, *D. chem. G.* **37**, 3177, 1904].

La *thiosemicarbazone* $C^{10}H^{18}Az.AzHCSAzH^2$ fond à 155-157° [Neuberg et Neimann, *D. chem. G.*, **35**, 2049, 1902].

MENTHONOXIME GAUCHE. — Elle fond à 58-59° : $[\alpha]_D = -42°,51$ (solution alcoolique à 100/0). Elle est soluble dans les acides et les alcalis étendus, qui régénèrent à chaud la menthone en l'isomérisant partiellement.

Le *chlorhydrate* fond à 118-119° (Beckmann). D'après Wallach [*Ann. Chem.*, **277**, 157, 1892], la menthonoxime gauche bout à 250-251°. Elle est triboluminescente [Tschugaeff, *D. chem. G.*, **34**, 1822, 1901]. Par réduction (sodium et alcool ou calcium) elle fournit la *menthylamine gauche* [Beckmann, *D. chem. G.*, **38**, 904, 1905]; avec quelques gouttes du réactif de Caro, elle donne une coloration violette [Bamberger, *D. chem. G.*, **36**, 710, 1903].

L'*éther dinitrophénylique*, $C^{10}H^{18}AzO$ $C^6H^3(AzO^2)^2$, fond à 112° [A. Werner, *D. Chem. G.*, **27**, 1657, 1894]. Par l'action de l'acide azoteux elle se transforme en *pernitrosomenthone* $C^{10}H^{18}Az^2O^2$ [Rimini, *Gazz. chim. ital.*, **26**, 502].

ISO-L-MENTHONOXIME. — Par l'action de PCl^5 en présence de chloroforme, de P^2O^5 en présence d'anhydride acétique, ou mieux par l'acide sulfurique concentré à 100°, la menthonoxime gauche est transformée en *iso-l-menthonoxime* fondant à 119-120° et bouillant à 295° $[\alpha]_D = -52°,25$ (*chlorhydrate* fondant à 91-93°). Elle ne donne pas de menthone par ébullition avec les acides [Beckmann et Mehrländer, *Ann. Chem.*, **289**, 367, 1896]. Par réduction elle fournit une *base cyclique* $C^{10}H^{21}Az$ (*chloroplatinate* fondant à 180°), entraînable à la vapeur d'eau, et des produits non entraînables renfermant, à côté d'acide amidodécylique, une *oxybase* bouillant à 140-142° sous 10 millimètres. Par l'action de PCl^5 sur l'isoxime il se forme la base $C^{20}H^{35}ClAz^2$ fondant à 59-60°, $[\alpha]_D = -186°,35$, qui donne par réduction les mêmes bases, et de plus une base bicyclique $C^{20}H^{30}Az^2$ (?) bouillant à 203-204° sous 16 millimètres [O. Wallach, *Ann. Chem.*, **278**, 302, 1893; **324**, 281, 1902]. Wallach [*Ann. Chem.*, **330**, 197] attribue à l'isoxime la formule

$$CH^3-CH\begin{cases}CH^2-CO-AzH\\ CH^2-CH^2-CH\cdot C^3H^7\end{cases}$$

MENTHONITRILE, $C^9H^{17}CAz$. — Ce composé se forme par la déshydratation à l'aide de P^2O^5 de la l-menthonoxime ou de l'iso-l-menthonoxime, ou mieux en faisant agir PCl^5 sur cette dernière, dissoute dans le chloroforme, et distillant la base formée $C^{20}H^{36}ClAz^2$. Huile bouillant à 225-226°, $d_{20} = 0,8365$ ou $0,8355$, $n_D = 1,44506$ ou $1,44406$.

L'*amide* correspondante $C^9H^{17}COAzH^2$ fond à 105-106°.

L'*acide* (*acide menthonénique*), $C^9H^{17}COOH$, bout à 257-261°; il prend aussi naissance par l'action de la potasse sur la menthonoxime à 220-230°, et donne par oxydation de l'acide β-méthyladipique.

La réduction du nitrile (sodium et alcool) fournit deux bases que l'on sépare par la différence de solubilité des *oxalates*. L'une, la *menthonylamine* $C^{10}H^{19}AzH^2$, bout à 207°-208°, $d_{20} = 0,8075$, $n_D = 1,45$, $[\alpha]_D = +1°10'$ (*oxamide* fondant à 82-83°); l'autre, $C^{10}H^{23}AzO$, l'*oxyhydromenthonylamine* bout à 252-255°.

Le menthonitrile appartient à la série grasse et possède une liaison éthylénique. Il a une formule

$$CH^3-CH\begin{cases}CH^2-CAz\\ CH^2-CH^2\end{cases}CH=C\begin{cases}CH^3\\ CH^3\end{cases}$$

identique à celle du nitrile citronellique. Cependant ces deux nitriles, les amides et les alcools correspondants sont différents. C'est ainsi que la menthonylamine sous l'action de AzO^2H donne un isomère du menthol, le *menthocitronellol*, possédant la formule du citronellol, bien que les deux corps ne soient pas identiques. Cet alcool bout à 95-105° sous 7 millimètres, $d_0 = 0,8315$, $n_D = 1,44809$, à 20° $[\alpha]_D = +2°,008$, et donne une aldéhyde, le *menthocitronellal* $C^{10}H^{18}O$ bouillant vers 200°, à 86-88° dans le vide $d = 0,8545$, $n_D = 1,43903$ à 20° (*semicarbazone* fondant à 88°,5). L'oxyhydromenthonylamine fournit de même un alcool, l'*oxyhydrocitronellol* de formule

$$CH^3-CH\begin{cases}CH^2-CH^2OH\\ CH^2 \text{———} CH^2\end{cases}CH^2-C(OH)\begin{cases}CH^3\\ CH^3\end{cases}$$

[O. Wallach, *Ann. Chem.*, **277**, 154 et **278**, 302, 1893-1894].

DÉSHYDRATATION. — Par l'action directe de P^2O^5 sur la menthone, on obtient un mélange de carbures $C^{10}H^{16}$, $C^{10}H^{18}$ et $C^{20}H^{32}$; en présence d'éther de pétrole le pouvoir rotatoire seul varie. Le bisulfate de potassium agit de même à 170°. L'iode la transforme aussi en un mélange d'hydrocarbures [Berkenheim, *D. chem. G.*, **25**, 692, 1892].

ACTION DU BROME, DE PCl^5. — En solution chloroformique, la menthone (gauche ou droite) (1 molécule) est facilement transformée par le brome (2 molécules) en *dibromomenthone*

$$CH^3-CBr<{CH^2-CO \atop CH^2-CH^2}>CBr.C^3H^7$$

fondant à 79-80°, $[\alpha]_D = +199°,4$ ($CHCl^3$), *oxime* fondant à 136-137° [E. Beckmann et Eickelberg, *D. chem. G.*, **29**, 418, 1896].

Si l'on fait agir 400 grammes de brome sur 50 grammes de menthone pendant 40 jours, dans un mélange réfrigérant, il se forme à côté du tétrabromo-m-crésol, un composé fondant à 149°, $C^{10}H^8Br^6O$ (*dérivé acétylé* fondant à 182°). [A. Baeyer et O. Seuffert, *D. chem. G.*, **34**, 40, 1901]. L'o-bromomenthone se forme à l'aide de la bromoformylmenthone [Brühl, *D. chem. G.*, **37**, 2163, 1904].

Si l'on additionne peu à peu de PCl^5 une solution de menthone dans la ligroïne, on obtient un *monochlorure* $C^{10}H^{17}Cl$ bouillant à 205-208°, et un *dichlorure* $C^{10}H^{18}Cl^2$ bouillant à 150-155° sous 60 millimètres, et se transformant facilement en monochlorure par perte d'HCl (Berkenheim). Ce composé n'est autre que le *tétrahydrochlorocymène*, que Jünger et Klages [*D. chem. G.*, **29**, 314, 1896) ont transformé par traitements successifs avec le brome et la quinoléine en dihydrochlorocymène et en 3-chlorocymène.

RÉDUCTION. — E. Beckmann [*J. prakt. Chem.*, **55**, 14, 1897] a réduit les deux menthones gauche et droite à l'aide du sodium, soit seul à chaud ou à froid, soit en présence de benzène ou d'éther, ou d'alcool absolu et aqueux. Il a toujours obtenu des menthols gauches avec $[\alpha]_D = -25$ à $-35°$ fondant entre 34 et 41°, et donnant par l'anhydride benzoïque le benzoate fusible à 54°,5 du menthol gauche naturel, et un benzoate liquide qui fournit l'*isomenthol*. Avec un solvant indifférent, il se forme en même temps une *pinacone* fondant à 94°.

OXYDATION. — L'oxydation de la menthone par MnO^4K à 4 0/0 à froid fournit, à côté d'un peu d'acide oxymenthylique, de l'acide β-méthyladipique [O. Manasse et H. Rupe, *D. chem. G.*, **27**, 1818, 1894]. Spéransky [*J. Soc. russe*, **33**, 627, 1901] a pu isoler deux acides β-méthyladipiques, l'un fondant à 91°, et l'autre fondant à 84°. Mais, d'après Markownikoff [*D. chem. G.*, **33**, 1908, 1900; *J. Soc. russe*, **35**, 226, 1903], il se formerait de plus de l'anhydride pyrotartrique, les acides acétopropionique, β et γ-oxyméthyladipiques, méthylisopropyladipique, isobutyrique, acétique et propionique.

Mentholactone. — Traitée par le réactif de Caro sec, en présence d'acide acétique, la menthone se transforme en mentholactone

$$CH^3-CH<{CH^2-CO-O \atop CH^2-\!\!-\!\!-CH^2}>CH-C^3H^7$$

fondant à 46-48°. L'*oxyacide* correspondant fond à 66°,5; l'*éther éthylique* bout à 152-155° sous 15 millimètres. L'*acide cétonique* est liquide (*oxime* fondant à 100-102°) [Baeyer et Villiger, *D. chem. G.*, **32**, 3625, 1899; **33**, 860, 1900].

Bisnitrosomenthone $[C^{10}H^{17}O(AzO)]^2$. — Ce composé se forme, à côté d'*acide menthoximique*, quand on traite par le nitrite d'éthyle un mélange de menthone et d'acide chlorhydrique concentré, ou mieux de chlorure d'acétyle. Aiguilles fusibles à 112°,5. Avec l'acide chlorhydrique alcoolique elle se dédouble en *acide menthone-bisnitrosylique* $C^{10}H^{18}Az^2O^3$ et *monochloromenthone* $C^{10}H^{17}Cl$. Celle-ci, traitée par l'acétate de sodium et l'acide acétique, puis par la soude, donne la même cétone que le nitrosochlorure de menthène de Kremers [A. Baeyer et Manasse, *D. chem. G.*, **27**, 1912, 1894. — Baeyer, *ibid.*, **28**, 1586, 1895].

Acide menthoximique. — Cet acide que l'on obtient encore par l'action de l'hydroxylamine sur l'acide oxymenthylique [Beckmann et Mehrlander, *Ann. Chem.*, **289**, 374], a pour constitution

$$CH^3-CH<{CH^2-COOH \atop CH^2-\!\!-\!\!-CH^2}>C(AzOH)-CH(CH^3)^2$$

Il fond à 103° [A. Baeyer, *Ann. Chem.*, **29**, 27, 1896]. Le *dérivé acétylé* fond à 91°; l'*éther éthylique* est une huile incolore.

Nitromenthones. — L'acide nitrique ($d = 1,075$) n'agit pas à froid sur la menthone, mais à partir de 80°, en vase ouvert, il se forme de la *nitromenthone*

$$CH^3-CH<{CH^2-CO \atop CH^2-CH^2}>C(AzO^2)-C^3H^7$$

huile jaune bouillant à 135-145° sous 15 millimètres $d_0^0 = 1,0856$, en même temps que des acides cristallisables. La nitromenthone obtenue est fortement dextrogyre. Elle réagit énergiquement avec l'éthylate de sodium en donnant un sel blanc $C^{10}H^{17}NaAzO^4 + C^2H^5OH$, que l'acide sulfurique transforme en un acide huileux $C^{10}H^{19}AzO^4$.

Par réduction (Sn + HCl), elle fournit l'*aminomenthone* $C^{10}H^{17}O(AzH^2)$ bouillant à 235-237° ou à 125° sous 15 millimètres; $d_0^0 = 0,9750$ (*chlorhydrate* fondant à 245-247° avec décomposition; *oxime* bouillant à 182-185° sous 20 millimètres; *semicarbazone* fondant à 80°). Le chlorure de benzoyle fournit deux dérivés benzoylés isomères $C^{17}H^{23}O^2Az$, l'un fondant à 145-146°, l'autre fondant à 85-86°. Par le sodium et l'alcool absolu, l'aminomenthone est transformée en *mentholamine* ou *aminomenthol* $C^{10}H^{18}(AzH^2)(OH)$ bouillant à 147-150° sous 20 millimètres, $[\alpha]_D = -6°$ (*sulfate* fondant à 250°). Son oxime est transformée de même en une diamine $C^{10}H^{18}(AzH^2)^2$ bouillant à 240-243° [Konovaloff, *J. Soc. russe*, **27**, 409; **36**, 237, 1904. — Konovaloff et Ischewsky, *D. chem. G.*, **31**, 1479, 1898].

2° Par oxydation de la pulégone-hydroxylamine à l'aide de l'acide nitrique, C. Harries et Rœder [*D. chem. G.*, **32**, 3357, 1899] ont obtenu une 8-*nitromenthone* fondant à 80°:

$$CH^3-CH<{CH^2-CO \atop CH^2-CH^2}>CH-C(AzO^2)-(CH^3)^2$$

Le même produit fournit par le mélange sulfochromique, à 0°, la 8-*nitrosomenthone* correspondante fusible à 96°.

Azines, $C^{10}H^{18}=Az-Az=C^{10}H^{18}$. — Avec l'hydrate d'hydrazine, la menthone gauche fournit deux *azines*: à 100° en présence de BaO, une azine fondant à 82-84°, $[\alpha]_D = +64°,89$; à froid une azine fondant à 50-51°, $[\alpha]_D = -96°,84$. Par réduction ces azines donnent un mélange de menthylamines [Kijner, *J. Soc. russe*, **2**, 3363, 1899].

ALCOYL-MENTHONES.

Par l'action des iodures alcooliques sur la menthone $[(\alpha)_D = -26°,18]$ sodée par l'amidure de sodium, MM. A. Haller [*C. R.*, **138**, 1139, 1904] et Martine [*Thèse*, Paris, p. 90] ont obtenu les alcoyl-2-menthones suivantes :

Méthylmenthone bouillant à 96-97° sous 13 millimètres, $[\alpha]_D = +44°15'$, $d_{18}^{18} = 0,9173$.

Éthylmenthone bouillant à 106-108° sous 15 millimètres, $[\alpha]_D = +82°32'$, $d_{18}^{18} = 0,9208$.

Propylmenthone bouillant à 128-132° sous 19 millimètres, $[\alpha]_D = +39°20'$.

Isobutylmenthone bouillant à 124-128° sous 10 millimètres, $[\alpha]_D = +45°$.

Isoamylmenthone bouillant à 138-143° sous 10 millimètres, $[\alpha]_D = +31°48'$.

Allylmenthone bouillant à 134-137° sous 20 millimètres, $[\alpha]_D = +25°42'$.

Le changement de sens du pouvoir rotatoire paraît dû à l'action des alcalis sur la menthone.

La *benzylmenthone*, obtenue par réduction du benzylmenthol bout à 174-178° sous 10 millimètres (O. Wallach-Semmler).

ALCOYLIDÈNE-MENTHONES.

BENZYLIDÈNE-MENTHONES. — En condensant la benzaldéhyde avec la menthone en présence d'acide chlorhydrique sec, O. Wallach [*D. chem. G.*, **29**, 1600, 1896] a obtenu une benzylidène-menthone

$$CH^3-CH\left\langle\begin{matrix}C(=CH-C^6H^5)-CO\\CH^2\text{———————}CH^2\end{matrix}\right\rangle CH-C^3H^7$$

à l'état d'huile épaisse, bouillant à 188-189° sous 12 mm. (*chlorhydrate* fondant à 140°, *bromhydrate* fondant à 115-116°). Semmler [*D. chem. G.*, **37**, 234, 1904] n'a obtenu également qu'une huile bouillant à 193° sous 15 millimètres, donnant avec l'hydroxylamine un produit d'addition, et non une oxime, fondant à 162°.

Dans une étude approfondie des benzylidène-menthones, Martine [*Thèse*, Paris, 1904] a réussi cette condensation, non seulement en présence d'acide chlorhydrique, mais encore en présence d'éthylate de sodium, ou bien par l'action de la benzaldéhyde sur le menthol sodé et sur la menthone sodée. Il a toujours isolé deux benzylidène-menthones cristallisées, stéréoisomères, l'une A, fondant à 51°, $[\alpha]_D = -186°,6$ (alcool), (produit d'addition avec l'hydroxylamine $C^{17}H^{25}AzO^2$ fondant à 160°), l'autre B, fondant à 47°, $[\alpha]_D = -258°,5'$ (alcool), (produit d'addition avec l'hydroxylamine fondant à 155°). Elles donnent le même dérivé hydrochloré fondant à 140°, sont peu stables, et redeviennent facilement huileuses. Elles fournissent aussi des produits d'oxydation analogues, en particulier l'acide *α-méthyl-α'-isopropyladipique*

$$\begin{matrix}CO^2H-&CH&-CH^2-CH^2-&CH&-CO^2H\\&|&&&|&\\&CH^3&&&C^3H^7&\end{matrix}$$

fondant à 105-106° et bouillant à 218-220° sous 18 millimètres, et une *benzoyloxymenthone* fondant à 87° et bouillant à 208-210° sous 12 millimètres (pour le dérivé A), et à 71-72° (pour le dérivé B) de formule

$$CH^3-CH\left\langle\begin{matrix}C(OH)(COC^6H^5)-CO\\CH^2\text{———————}CH^2\end{matrix}\right\rangle CH-C^3H^7$$

La benzylidène-menthone huileuse inactive se comporte de même à l'oxydation, mais la *benzoyloxymenthone* obtenue fond à 100°. Quant au dérivé hydrochloré, M. Martine [*Thèse*, p. 66] propose de lui attribuer la formule

$$CH^3-CH\left\langle\begin{matrix}C(Cl)(CH^2C^6H^5)-CO\\CH^2\text{———————}CH^2\end{matrix}\right\rangle CH-C^3H^7$$

Anisylidène-menthone, $C^{18}H^{24}O^2$. — Ce dérivé fond à 115-116°, $[\alpha]_D = -278°26'$ (chloroforme). Le produit d'addition avec AzH^2OH fond à 165-166° (Martine).

Pipéronylidène-menthone. — Huile épaisse; le dérivé d'addition avec AzH^2OH fond à 173-174°.

Oxyméthylène-menthone, $C^{11}H^{18}O^2$. — Obtenue par l'action du sodium et du formiate d'amyle sur une solution éthérée de menthone, elle bout à 121° sous 12-13 millimètres; $d_{18°} = 1,002$ (*dérivé acétylé* bouillant à 160-162° sous 12-13 millimètres; *dérivé benzoylé* fondant à 75-76°) [Claisen, *Ann. Chem.*, **281**, 394]. Elle donne, soit la *semicarbazone* $C^{12}H^{21}O^2Az^3$, fondant à 167-169°, soit la *semicarbazone cyclique* $C^{12}H^{19}OAz^3$ fondant à 117-118° et à 143-144°; le *pyrazol* correspondant $C^{11}H^{18}Az^2$, est une base huileuse (chloroplatinate fondant à 216°), [O. Wallach, *Ann. Chem.*, **329**, 122, 1903].

CONDENSATIONS DIVERSES.

1° La menthone se combine en présence d'éthylate de sodium avec l'oxalate d'éthyle en donnant le produit

$$C^{10}H^{16}O\begin{matrix}\diagup CO\\ \diagdown CO\end{matrix}$$

fondant à 142° [Tschugaeff et Stcherbina, *J. Soc. russe*, **31**, 981, 1898];

2° Avec l'éther bromacétique, à l'aide du zinc, et en solution benzénique, elle fournit le *menthol-acétate d'éthyle* $C^{14}H^{26}O^3$, bouillant à 150-152° sous 14 millimètres [O. Wallach et Thölke, *Ann. Chem.*, **323**, 135, 1902];

3° Avec l'acétylène-bromure de magnésium on obtient un glycol γ-ditertiaire fondant à 101-103° [Iotsitch, *J. Soc. russe*, **34**, 242, 1902];

4° Avec le phénylacétylène en présence de potasse, elle donne un alcool tertiaire $C^{18}H^{24}O$ bouillant à 196-198° sous 14 millimètres [Romanow, *J. Soc. russe*, **37**, 657, 1905].

2° MENTHONE GAUCHE (BUCCO).

Cette menthone, retirée par Kondakow et Bachtschiew [*J. prakt. Chem.*, **63**, 49, 1901] de l'essence de feuilles de bucco, bout à 208°,5-209°,5 sous 760 millimètres. Elle a une odeur de menthe poivrée, $d_{15}^{15} = 0,9004$, $[\alpha]_D = -16°,6'$, $n_D = 1,45359$. Par réduction elle donne un *menthol droit* (voyez plus haut).

3° MENTHONE DROITE.

On la prépare par isomérisation de la menthone gauche à l'aide de l'acide sulfurique concentré. Huile incolore, mobile, ayant l'odeur et la saveur de la menthone gauche, bouillant à 208°, $d = 0,9000$, $[\alpha]_D = +26°,33$ à $+28°,46$. Cette menthone ne donne qu'une *oxime huileuse* $[\alpha]_D = -4°,85$, qui ne permet pas de la caractériser, de sorte qu'on peut la considérer comme un mélange de stéréoisomères; le *chlorhydrate* de cette oxime fond à 95-100° [Beckmann, *Ann. Chem.*, **250**, 337, 1889]. Son *éther dinitrophénylique* fond à 72° (Werner). Elle fournit avec la benzaldéhyde les mêmes benzylidène-menthones que la menthone gauche (Martine), et, comme elle, elle éprouve une inversion partielle par l'action des alcalis (Beckmann). La transformation de la menthone gauche en menthone droite par l'éthylate de sodium est fortement retardée par l'addition d'éther malonique [Vorlaender, *D. chem. G.*, **36**, 268, 1903].

4° ISOMENTHONE.

L'isomenthone résulte de l'oxydation chromique de l'*Isomenthol* (voyez ce mot). Elle a pour pouvoir rotatoire $[\alpha]_D = +30°,2$ à $35°,1$. L'*oxime* est liquide (Beckmann).

5° PULÉGOMENTHONE ET P-MENTHONE.

Sous le nom de *pulégomenthone*, MM. Haller et Martine [*C. R.*, **140**, 1298, 1905] ont désigné le premier produit de réduction de la pulégone par la méthode de Sabatier et Senderens à 140-160°. Elle bout à 94-95° sous 16 millimètres, $[\alpha]_D = +5$ à $+8°$. C'est un mélange de plusieurs menthones.

Quant à la *P-menthone*, ce nom a été donné par M. Martine, et par abréviation, au produit de réduction de l'hydrobromopulégone fusible à 40-41° à l'aide du zinc en poudre, obtenu par MM. Beckmann et Pleissner [*Ann. Chem.*, **262**, 21, 1891]. On laisse en contact pendant 8 heures en agitant, et à une température ne dépassant pas 40°, on entraîne à la vapeur et on enlève la pulégone par traitement à l'amalgame d'aluminium et distillation [Martine, *Thèse*, Paris, 67, 1904].

La P-menthone possède à peu près toutes les propriétés de la menthone ordinaire. Liquide incolore bouillant à 94-95° sous 16 millimètres, $d^{14}_{14} = 0,9178$, $[\alpha]_D = -22°,21'$, et pouvant être considérée comme un stéréoisomère, une forme instable vis-à-vis des alcalis et des acides.

Traitée par le brome en solution chloroformique, puis par la quinoléine, elle se transforme en thymol. Par réduction (sodium et alcool) elle fournit entre autres produits un menthol identique au menthol naturel.

Son *oxime* fond à 88-89°, $[\alpha]_D = -35°4'$ (alcool). Elle se transforme par PCl^5 ou SO^4H^2 en *isomenthonoxime* fondant à 118-120°. La P-menthone elle-même se transforme en menthone sous l'action de l'acide sulfurique et des alcalis; aussi avec la benzaldéhyde fournit-elle l'hydrochlorobenzylidène-menthone.

La *semicarbazone* fond à 177°.

Voir MENTHYLAMINES.

6° MENTHONES INACTIVES.

Par réduction du nitrosomenthène fondant à 67°, L. Urban et Kreemers [*Am. Journ.*, **16**, 395, 1894] ont obtenu à côté d'une base $C^{10}H^{17}AzH^2$ une menthone inactive bouillant à 205°, $d = 0,9071$ à 18° (*oxime* fondant à 82°). Cette menthone donne par réduction un *menthol* fusible à 31°. Einhorn et Klages [*D. chem. G.*, **34**, 3797, 1901] ont préparé la même cétone en traitant par la potasse alcoolique l'*éther méthylisopropyl-β-cétohexaméthylène-carbonique* bouillant à 165-168° sous 20 millimètres.

Thymomenthone. — Les deux thymomenthols α et β donnent naissance par oxydation chromique à la même cétone $C^{10}H^{18}O$, la *thymomenthone*. D'odeur et de saveur identiques à celles de la menthone naturelle, elle bout à 212°, $d_0 = 0,911$, elle ne se combine pas aux bisulfites alcalins; par réduction elle fournit le β-thymomenthol. La *semicarbazone* fond à 159°; l'*oxime* fond à 80° [L. Brunel, *Bull. Soc. Chim.*, **33**, 569, 1905].

II. — CARVOMENTHONE.

La carvomenthone, ou tétrahydrocarvone,

$$CH^3-CH\begin{matrix}\diagup CO-CH^2 \diagdown \\ \diagdown CH^2-CH^2 \diagup\end{matrix}CH-C^3H^7$$

a été obtenue à l'état inactif par oxydation du tétrahydrocarvéol ou *carvomenthol* inactif (voyez MENTHOLS) à l'aide du mélange chromosulfurique [Baeyer, *D. chem. G.*, **26**, 822, 1893] ou de l'acide chromique en solution acétique [Wallach, *Ann. Chem.*, **377**, 133, 1893]. On la purifie par entraînement à la vapeur d'eau et régénération de la combinaison bisulfitique, de l'oxime ou de la semicarbazone [Wallach, *D. chem G.*, **28**, 1955 1895].

Dans la réduction du nitrite de phellandrène droit ou gauche [Wallach et Herbig, *Ann. Chem.*, **287**, 371, 1895], on obtient au contraire une carvomenthone droite et une gauche donnant des dérivés racémiques identiques aux précédents.

La carvomenthone se rapproche plus par son odeur de la carvone que de la menthone. Elle bout à 222-223° (Baeyer), à 220-221° (Wallach); $d = 0,904$; $n_D = 1,45539$ à 20°.

Par oxydation à l'aide de MnO^4K, elle se transforme d'abord à 40° en un *acide cétonique*, $CH^3-CO-CH^2-CH^2-CH(C^3H^7)-CH^2-COOH$ (oxime fondant à 75-78°), puis en acide isopropylsuccinique fondant à 114-115°. L'*oxime* précédente prend aussi naissance dans l'action du nitrite d'amyle et de l'acide chlorhydrique sur la tétrahydrocarvone, à côté de la *bisnitrosotétrahydrocarvone*, fusible à 119° avec décomposition. Ce composé se dédouble par HCl en solution éthérée en acide bisnitrosylique et en une cétone, $C^{10}H^{16}O$, bouillant à 233-235° (semicarbazone fondant à 222-223°) [Baeyer et Oehler, *D. chem. G.*, **29**, 27, 1896].

Traitée par le réactif de Caro sec, elle donne l'ε-*lactone de l'acide* 5 *isopropylheptanol* 2, $C^{10}H^{18}O^2$, dont l'*oxyacide* fournit par oxydation l'acide cétonique précédent [Baeyer et Villiger, *D. chem. G.*, **32**, 3625, 1899].

Cet acide se forme encore par oxydation ménagée, à l'aide de CrO^3 et SO^4H^2 [Wallach, *Ann. Chem.*, **339**, 113, 1905].

Oximes. — La tétrahydrocarvoxime inactive fond à 105°; les modifications actives fondent à 97-99° et ont un pouvoir rotatoire de sens inverse à celui du phellandrène d'où l'on est parti. L'oxime fondant à 105° est transformée par PCl^5, en solution chloroformique, en *α-isoxime* très soluble, fondant à 51-52°; par l'acide sulfurique et l'acide acétique, en *β-isoxime*, fondant à 104°, peu soluble dans tous les solvants et donnant, quand on la chauffe avec HCl aqueux, l'*aminoacide*, $C^{10}H^{21}O^2Az$, fondant à 201-202° [Wallach, *Ann Chem.*, **312**, 171, 1900; — Wallach et Frésénius, *ibid.*, **323**, 323, 1902]. Par réduction, on obtient la tétrahydrocarvylamine (voyez MENTHYLAMINES).

La carvomenthone peut être transformée par action de PCl^5, puis bromuration et débromuration successives, en *2-chlorocymène* [A. Klages et Kraith, *D. chem. G.*, **32**, 2550, 1899]. Par réduction, on régénère le carvomenthol. Sa *combinaison bisulfitique* est décomposée par l'eau. Avec le ferrocyanure de K, elle donne de longues aiguilles; avec le ferricyanure, une poudre cristalline [Baeyer et Villiger, *D. chem. G.*, **34**, 2679, 1901].

Par condensation avec l'éther bromacétique on obtient le *carvomenthol-acétate d'éthyle*, $C^{14}H^{26}O^3$, bouillant à 162-164° sous 16 millimètres, qui conduit par déshydratation, saponification et décomposition de l'acide formé, à un *homocarvomenthène*, bouillant à 194-196° [Wallach et Thölke, *Ann. Chem.*, **323**, 135, 1902].

Semicarbazones. — Le produit inactif fournit une α-semicarbazone fondant à 174° [Wallach, *Ann. Chem.*, **286**, 107] et une *β-semicarbazone* fusible à 135-140° [Wallach, *D. chem. G.*, **28**, 1955, 1895]. La semicarbazone du produit actif fond à 185-187° (Wallach et Herbig), à 194-195° [Baeyer, *D. chem. G.*, **28**, 1586, 1895].

Oxyméthylène-carromenthone, $C^{11}H^{18}O^2$. — On obtient un produit actif par l'action du formiate d'amyle et du sodium sur la carvone en solution éthérée [Baeyer, *D. chem. G.*, **28**, 1586, 1895].

Liquide jaunâtre, bouillant à 131-135° sous 16 millimètres. La *semicarbazone* fond à 178-182°; le *pyrazol* correspondant, $C^{11}H^{18}Az^2$, est huileux (*chloroplatinate* fondant à 226-228°) [Wallach, *Ann. Chem.*, **329**, 124, 1903].

III. — MENTHONE SYMÉTRIQUE

La *menthone symétrique* (ou *méthyl-1-isopropyl-3-cyclohexanone-5*) a été obtenue par Kœvenagel et Wiedermann [*Ann. Chem.*, **297**, 169, 1897] par oxydation de l'alcool correspondant [voyez MENTHOL SYMÉTRIQUE].

L'isomère cis fournit une huile incolore, bouillant à 222° (corr.). $d\frac{18}{4} = 0.9014$; $n_D = 1.45359$ à 18°, d'odeur de menthe poivrée faible. La *semicarbazone* fond à 176-177°. Elle ne donne pas d'*oxime* cristallisée.

L'oxydation de l'isomère trans donne de même une hexanone bouillant à 221°,5-222°,5, $d = 0.9014$ et $n_D = 1.45329$ à 19° (*semicarbazone* fondant à 179-181°) (Knœvenagel et Wedemeyer).

IV. — THUYAMENTHONE

La thuyamenthone $C^{10}H^{18}O$ se forme par oxydation du thuyamenthol (voyez MENTHOLS). Régénérée de sa semicarbazone, elle bout à 208-209°, $d = 0{,}891$; $n_D = 1.44708$ à 20°. Elle est inactive et stable vis-à-vis de MnO^4K à froid.

Par oxydation chromique elle donne un *acide thuyamenthocétonique*

$$CH^3.CO.CH(CH^3)-CH(C^3H^7)-CH^2-COOH$$

(*semicarbazones* fusibles à 170-171° et à 174-175°), et une *cétolactone* $C^{10}H^{16}O^3$ bouillant à 130-132° sous 10 millimètres et fondant à 42° (l'*oxime* fond à 158-159°, la *semicarbazone* à 179-180°, la *phénylhydrazone* à 144-146°) [Wallach, *Ann. Chem.*, **323**, 333, 1902].

La *thuyamenthonoxime* fond à 95-96° : elle est accompagnée d'un produit huileux et se transforme par PCl^5 ou SO^4H^2 en *isoxime* fondant à 116-117°. Celle-ci, en présence de l'eau, se transforme en oxime; elle donne par réduction (sodium et alcool amylique) une base $C^{10}H^{20}AzH$ bouillant à 200-203° (*dérivé benzoylé* fondant à 95°) [O. Wallach, *Ann. Chem.*, **324**, 281, 1902]; et par MnO^4K à 1 0/0, l'*oxythuyamenthonisoxime*, $C^{10}H^{19}O^2Az$ fondant à 173-174° [Wallach, *ibid.*, **336**, 247, 1905]. L'oxime donne par réduction la *thuyamenthylamine* (voyez MENTHYLAMINES).

La thuyamenthone fournit avec la benzaldéhyde une combinaison bouillant à 180-182° sous 11 mm. L'*oxyméthylène-thuyamenthone* $C^{11}H^{18}O^2$ bout à 109-115° sous 11 millimètres. Elle donne une *semicarbazone*, $C^{12}H^{21}Az^3O^2$ fondant entre 125 et 145° et une *semicarbazone cyclique*, $C^{12}H^{19}Az^3O$ fondant à 121-122° et 159-161°; le *pyrazol* est liquide [Wallach, *Ann. Chem.*, **329**, 127, 1903].

Mai 1906. F. March.

MENTHONE-CARBONIQUES (ACIDES). — ACIDE MENTHONE-MONOCARBONIQUE. — Cet acide

$$CH^3-CH\begin{matrix}\diagup CH(COOH)-CO \diagdown \\ \diagdown CH^2 \text{———} CH^2 \diagup\end{matrix}CH-C^3H^7$$

prend naissance à côté de l'acide menthone-dicarbonique, quand on traite la menthone en solution éthérée par du sodium, puis par CO^2. C'est une huile épaisse qui se comporte comme l'acide acétylacétique, se décomposant lentement par la chaleur. Par l'action de AzO^2Na il fournit l'*isonitrosomenthone* qui se transforme par réduction en *menthonamine* (*chlorhydrate* fondant à 181-183°) :

$$CH^3-CH\begin{matrix}\diagup C(AzOH)-CO \diagdown \\ \diagdown CH^2 \text{———} CH^2 \diagup\end{matrix}CH-C^3H^7$$

$$\longrightarrow CH^3-CH\begin{matrix}\diagup C(AzH^2)-CO \diagdown \\ \diagdown CH^2 \text{———} CH^2 \diagup\end{matrix}CH-C^3H^7$$

[G. Oddo, *Gazz. chim. ital.*, (2), **27**, 97, 1897].

ACIDE MENTHONE-DICARBONIQUE. — Cet acide, obtenu par Brühl dans la réaction précédente, a pour formule

$$CH^3-CH\begin{matrix}\diagup CH(COOH)-CO \diagdown \\ \diagdown CH^2 \text{———} CH^2 \diagup\end{matrix}C(COOH)-C^3H^7$$

ou

$$CH^3-CH\begin{matrix}\diagup C(COOH)^2-CO \diagdown \\ \diagdown CH^2 \text{———} CH^2 \diagup\end{matrix}CH-C^3H^7$$

Il fond à 128°,5 [Brühl, *D. chem. G.*, **24**, 3396, 1891], à 140-141° (Oddo), est très peu soluble dans l'eau, donne avec 4 molécules de diazobenzène une *combinaison* rouge fondant à 126-128°.

Le *sel d'argent* est un précipité blanc. Les alcalis le décomposent en menthone et carbonate de soude.

Mai 1906. F. March.

MENTHYLAMINES. — Nous conserverons dans la description de ces composés l'ordre adopté pour les MENTHOLS et MENTHONES qui précèdent.

I. — MENTHYLAMINES PROPREMENT DITES.

En réduisant par l'étain et l'acide sulfurique le dérivé nitré provenant de l'action de l'acide nitrique sur le menthol, Moriya [*Chem. Soc.*, **39**, 77, 1881] a, le premier, obtenu une base, $C^{10}H^{19}AzH^2$ bouillant à 185-190°, mais il n'a pas donné d'autre indication sur ce composé.

Il résulte des travaux de A. Andress et Andreef, de Wallach et Kuthe, et de N. Kijner que, si la réduction de la menthonoxime gauche fournit une menthylamine gauche, l'action du formiate d'ammonium sur la menthone gauche permet d'isoler à côté de la première base une menthylamine droite. L'isomérie de ces deux bases serait d'ordre fumaromaléique : la d-menthylamine serait la forme cis (I), la l-menthylamine la forme trans (II).

```
            CH³                                  CH³
             |                                    |
            CH                                   CH
                                                /    \
     CH²         CH²                       CH²        CH²
(I)   |           |                 (II)    |          |
     CH²         CH - AzH²                 CH²        CH - AzH²
         \                                     \      /
          C                                       C
        /    \                                  /    \
   C³H⁷       H                                H      C³H⁷
```

d-Menthylamine (cis). l-Menthylamine (trans).

Cette distinction en d et l-menthylamines est conservée dans l'exposé ci-dessous, bien que de récentes recherches de MM. Tuttin et F. Kipping [*Chem. Soc.*, **85**, 65, 1904] aient montré que les deux réactions précédentes donnent un mélange de quatre bases isomères, optiquement actives, qu'ils désignent sous les noms de l-menthylamine, néo-l-menthylamine, iso-l-menthylamine (d-menthylamine) et iso-néo-l-menthylamine. Ces quatre isomères dérivant de la l-menthone (— —) et de l'iso-l-menthone (+ —) ont été séparés par cristallisation fractionnée des *chlorhydrates*, *d-bromocamphosulfonates*, *camphosulfonates* et *benzoates*.

On a en outre décrit : 1° une menthylamine bouillant à 206-207° sous 747 mm. $[\alpha]_D = -9°{,}26$

(alcool), fournie par la réduction de la menthoxime droite, qui est sans doute un mélange des deux bases précédentes [Negoworoff, *D. chem. G.*, **25**, 620 et 162 (R), 1892]; 2° une *menthylamine inactive*, produit de réduction du nitrosomenthène, bouillant à 85° sous 10 millimètres (*nitrate* fondant à 172°, *chlorhydrate* fondant à 205°) [Kremers et Urban, *Amer. Journ.*, **16**, 404, 1894]; 3° et enfin une *menthylamine tertiaire* (Baeyer).

1° d-Menthylamine. — On chauffe 10 grammes de menthone gauche avec 12 grammes de formiate d'ammonium pendant 2 jours à feu nu. On sépare l'huile épaisse brune formée et après avoir entraîné la menthone, on distille dans le vide. La portion bouillant à 165-175° sous 20 mm. renferme les *formyl-menthylamines droite* et *gauche*, mais le dérivé droit cristallise plus facilement : il fond à 118-119° et bout à 180-183° sous 18-20 mm., $[\alpha]_D = +54°,11$ (chloroforme).

La d-menthylamine obtenue par saponification bout à 207-208°, $d = 0,857$, $n_D = 1,4594$ [O. Wallach et Kuhe, *Ann. Chem.*, **276**, 306, 1893; — Wallach et Werner, *ibid.*, **300**, 278, 1898; — Wallach et Binz, *ibid.*, **276**, 525; *D. chem. G.*, **25**, 3313, 1892]. D'après Kijner [*J. Soc. russe*, **31**, 872] il se forme en même temps de la dimenthylamine $(C^{10}H^{19})^2AzH$.

Le *nitrate* et le *sulfate* sont très solubles, l'*oxalate* peu soluble dans l'eau : le *nitrite* fond à 110-112°; le *chlorhydrate* à 189°; le *bromhydrate* à 225°; l'*iodhydrate* à 270° avec décomposition; le *dérivé acétylé* à 168-169°; la *d-propionylmenthylamine* à 151°, $[\alpha]^D = +45°,14$; la *d-butyrylmenthylamine* à 105-106°, $[\alpha]_D = +40°,59$.

La *d-menthylurée*, $C^{10}H^{19}AzHCOAzH^2$, fond à 155-156°; la *d-menthylphénylurée* à 177-178°; la *sulfourée* correspondante à 178-179°; la *d-menthylallylsulfourée* à 110°.

La *d-benzylidène-menthylamine* fond à 42-43°; le *dérivé oxybenzylidénique* à 96-97°; l'*iodure de d-menthyltriméthylammonium* à 160-161°.

La *dibromomenthylamine-d* $C^{10}H^{19}AzBr^2$ ne donne pas avec Ag^2O d'hydrazone comme son isomère gauche, il se forme la *cétazine* $C^{10}H^{18}=Az \cdot Az=C^{10}H^{18}$ fusible à 50-52° [Kijner, *J. Soc. russe*, **27**, 444, 459; **31**, 159, 872; *Bull. Soc. Chim.* **16**, 714, 1285, 1896; **22**, 746, 1899; **24**, 598, 1900].

2° l-Menthylamine. — La l-menthylamine obtenue par réduction (sodium et alcool) de la l-menthonoxime [Andress et Andreef, *D. chem. G.*, **25**, 618, 1892] bout à 206°; $d^0_0 = 0,8707$; $d^{20} = 0,8562$; $n_D = 1,4709$ à 20°; $[\alpha]_D = -36°,14$ [Kijner, *J. Soc. russe*, **27**, 459; — Wallach et Kuhe, *Ann. Chem.*, **276**, 301 et 323, 1893]. Elle se forme par réduction du nitrosochlorure de menthène [Tschugaef, *J. Soc. russe*, **35**, 1116, 1903].

Le *chlorhydrate* ne fond pas à 280°; chauffé avec $COCl^2$ en tubes scellés il donne de l'*isocyanate de menthyle*, bouillant à 110-115° sous 15 mm. $[\alpha]_D = -60°,04$ [Vallée, *Bull. Soc. chim.*, **33**, 125, 1905]; le *nitrite* fond à 136°. La *l-formylmenthylamine* à 102-103°; la *l-acétylmenthylamine* à 145°; la *l-propionylmenthylamine* à 89°; la *l-butyrylmenthylamine* à 80°. S l. de l'acide d-Δ^2 ou 3 dihydro-1 naphtoïque [Pichard et Neville, *Chem. Soc.*, **87**, 1763, 1905], de l'acide 2,3 dihydro-3 méthylindène-2 carbonique [Neville, *ibid.*, **89**, 383, 1906].

La *l-menthylurée* fond à 134-136°; la *menthylphénylurée* à 140-141°; la *sulfourée* correspondante à 135° (Wallach et Werner).

La *l-benzylidène-menthylamine*

$$C^{10}H^{19}Az=CHC^6H^5$$

fond à 69-70°; le *dérivé oxybenzylidénique* fond à 56-57° [V. Solonina, *Journ. Soc. phys. chim. russe*, **31**, 640].

La *l-menthylamine* s'unit énergiquement aux iodures alcooliques en donnant des *l-menthylamines substituées* : la *l-menthylméthylamine* $C^{10}H^{19}AzHCH^3$, la *l-menthyldiméthylamine*, la *l-menthyléthylamine* bouillant à 222-224° $d^0_0 = 0,8448$, $[\alpha]_D = -83°,44$ $n_D = 1,45259$ à 20° (*chlorhydrate* fondant à 192-193°; *dérivé formylique* bouillant à 293-294°); la *l-menthyldiéthylamine* bouillant à 240°,5-241° sous 744 mm., la *l-menthyldipropylamine*; la *l-menthyldibutylamine*. L'iodure de l-menthyltriméthylammonium $C^{10}H^{19}Az(CH^3)^3I$ fond à 190°.

Avec CS^2 elle fournit un disulfure que l'iode transforme en *menthylsénévol* bouillant à 138° sous 12 millimètres [Braun et Rumpf, *D. chem. G.*, **35**, 817, 830, 1902].

En présence d'un alcali la l-menthylamine donne avec le brome une *monobromo* et une *dibromo-menthylamine*, $C^{10}H^{19}AzBr^2$. Celle-ci, traitée par Ag^2O, se transforme en *menthone-menthylhydrazone*, $C^{10}H^{18}=Az.AzHC^{10}H^{19}$ fusible à 93°, que l'acide chlorhydrique décompose en *menthylhydrazine*, $C^{10}H^{19}AzH.AzH^2$. La menthylhydrazine est un liquide épais, bouillant à 240-242° sous 761 millimètres; d'après Neuberg [*D. chem. G.*, **36**, 1192, 1903], elle permet de dédoubler l'arabinose racémique et d'isoler le composant gauche. L'acide nitrique oxyde la menthone-menthylhydrazone en donnant le composé $C^{20}H^{38}Az^2O$ fondant à 84-84°,5.

L'action de l'hydroxylamine libre sur la dibromomenthylamine en milieu alcalin produit du *diazomenthane*; en solution alcoolique, en présence d'éthylate de sodium, on obtient du menthol, du menthène, l'éther éthylique du menthol ou un isomère, du menthol tertiaire et de la menthone-menthylhydrazone. Une solution aqueuse d'hydroxylamine agissant à froid sur une solution éthérée de bromamine fournit du bromhydrate de menthylamine et du bromure de menthyle.

l-Menthyléthylhydrazine, $C^{10}H^{19}(C^2H^5)Az\text{-}AzH^2$. — Obtenue par réduction de la nitrosoéthylmenthylamine, elle bout à 243-246° ou à 150-151° sous 50 millimètres, $d^{20}_{20} = 0,8866$, $[\alpha]_D = -72°,85$, $n^D = 1,46603$, à 20°.

Avec les aldéhydes et les cétones elle n'a donné que des combinaisons liquides; le *chlorhydrate* donne avec AzO^2K la nitrosoéthylmenthylamine [N. Kijner, *J. Soc. russe*, **27**, 444, 521; **29**, 24, 533; **31**, 499, 159, 872, 1033; **32**, 364; *J. prakt. Chem.*, **52**, 424; — O. Wallach et Werner, *Chem. Soc.*, **300**, 278, 1898].

3° p Menthylamines. — En appliquant à la p-menthone et à la p-menthonoxime (voyez ces mots), les réactions de Wallach précédentes, M. Martine [*Thèse*, Paris, 77, 1904] a obtenu des dérivés de la p-menthylamine qui ne présentent pas de caractères distinctifs de ceux de la menthylamine.

La *d-formyl-p-menthylamine* fond à 117-118°, $[\alpha]_D = +51°37'$.

La *l-p-menthylamine* bout à 206-207° $[\alpha]_D = -32°,12'$ (*chlorhydrate* fondant au-dessus de 280°; le *dérivé acétylé* fond à 136-137°; le *picrate* à 168-169°).

4° Thymomenthylamine. — La réduction de la thymomenthonoxime donne naissance à une *thymomenthylamine*, liquide incolore bouillant à 208° (*picrate* fondant à 168-169°) [Brunel, *Bull. Soc. Chim.*, **33**, 571, 1905].

II. — MENTHYLAMINES TERTIAIRES.

1° Quand on traite l'iodure ou le bromure de menthyle tertiaires en solution éthérée par l'isocyanate d'argent. il se forme après saponification. à côté de menthène et d'un alcool. une *menthylamine tertiaire* :

$$CH^3-CH<{CH^2-CH^2 \atop CH^2-CH^2}>C(AzH^2)-C^3H^7$$

Le *chlorhydrate* fond à 205° environ. le *chloroplatinate* se décompose à 235°. la *phénylsulfourée* fond à 118-119°, le *dérivé benzoylé* fond à 154°,5 [A. Baeyer, *D. chem. G.*, **26**, 2270, 1893].

2° On obtient une autre menthylamine tertiaire

$$CH^3-CH<{CH^2-CH^2 \atop CH^2-CH^2}>CH-C(AzH^2)-(CH^3)^2$$

par réduction du *nitromenthane* correspondant. Elle bout à 199-200° sous 750 millimètres. $d_0^0=0{,}8690$: $n_D=1{,}41622$ à 20° [M. Konovaloff. *J. Soc. russe*, **36**, 237, 1904].

III. — CARVOMENTHYLAMINES.

La carvomenthylamine ou tétrahydrocarvylamine

$$CH^3-CH<{CH(AzH^2)-CH^2 \atop CH^2 \text{——} CH^2}>CH-C^3H^7$$

s'obtient, inactive. par réduction de la carvomenthonoxime inactive. et sous ses modifications actives, dans la réduction du nitrophellandrène correspondant (Voyez CARVOMENTHONE).

Elle bout à 210-212°. absorbe rapidement l'acide carbonique de l'air comme la menthylamine. La base inactive donne un *chlorhydrate* fondant à 221-222°, un *dérivé formylé* fondant à 61-62°, un *dérivé acétylé* fondant à 124-125°, une *urée* fondant à 193-194°. une *phénylurée* fondant à 149-150°.

Aux modifications actives correspondent un *chlorhydrate* fondant à 199-204°. un *dérivé acétylé* fondant à 158-159°, une *urée* fondant à 201-203°, une phénylurée fondant à 185-186° [Wallach, *Ann. Chem.*, **277**, 137, 1893; — Wallach et Herbig, *Ann. Chem.*, **287**, 371, 1895].

IV. — CARVOMENTHYLAMINE TERTIAIRE.

Cette base

$$CH^3-C(AzH^2)<{CH^2-CH^2 \atop CH^2-CH^2}>CH-C^3H^7$$

s'obtient comme la menthylamine tertiaire correspondante. Le *chlorhydrate* est soluble dans l'éther. Le *dérivé benzoylé* fond à 110°, la *phénylsulfourée* fond à 128° [Baeyer, *D. chem. G.*, **26**, 2271, 1893].

V. — THUYAMENTHYLAMINE.

La *thuyamenthylamine* $C^{10}H^{19}AzH^2$ bout à 198-200° ; $d=0{,}8005$; $n_D=1{,}4531$; le *dérivé acétylé* fond à 128-129° ; le *dérivé benzoylé* à 106-107° ; l'*urée* à 205-206° ; la *phénylsulfourée* à 112° [O. Wallach, *Ann. Chem.*, **323**, 333, 1902].

Juin 1906. F. March.

MÉNYANTHINE. $C^{33}H^{50}O^{14}$ (Voyez Dict., 2, 337). — Leadrich l'a extraite du *Menyanthes trifoliata* par épuisement à l'éther ; l'extrait éthéré est repris par l'eau à 50-60° qu'on évapore à sec à basse température ; on reprend enfin par l'alcool. on décolore au noir animal et on évapore encore à sec.

La ményanthine est un corps jaune, à consistance de térébenthine, possédant diverses réactions générales des alcaloïdes, réduisant le chlorure d'or et la liqueur de Fehling et possédant la composition $C^{33}H^{50}O^{14}$. Les acides et les alcalis la dédoublent en glucose et *ményanthol* (voir ce mot) [Leadrich, *Arch. d. Pharm.*, **230**, 38 ; 1891].

Juin 1906. A. Hébert.

MÉNYANTHOL, $C^7H^{11}O^2$ (Voyez Dict., 2, 337). — Substance huileuse, jaune, soluble dans l'éther, douée d'une odeur aromatique, de composition $C^7H^{11}O^2$ et produite par le dédoublement de la *ményanthine* (voir ce mot) sous l'influence des acides ou des alcalis [Leadrich, *Arch. d. Pharm.*, **230**, 38 ; 1891].

A. Hébert.

MERCAMIDES. — Voyez MERCURE.

MERCAPTANS, MERCAPTOLS. — Voyez SOUFRE (COMPOSÉS ORGANIQUES).

MERCURE. — *Propriétés physiques.* — D'après Heilbronn [*Z. ph. Chem.*, **7**, 85, 1891] et Winkelmann [*Z. ph. Chem.*, **8**, 142, 1891], la chaleur spécifique du mercure diminuerait à mesure que la température s'élève. Nacari [*An. Ph. Chem. B.*, **12**, 847, 1888] a trouvé : 0,0337 à 0° ; 0,0331 à 50° ; 0,03284 à 100° [Milthaler, *An. Ph. Ch.*, (2), **36**, 897, 1889 ; — Müller, *D. chem. G.*, **20**, 1402, 1887 ; — Bartholi et Stracciati, *An. Ph. Ch. B.*, **19**, 772, 1895].

Sa densité de vapeur est de 6,93 à 440° [Troost, *C. R.*, **95**, 135, 1882], de 7,006 à 1731° [Biltz et Meyer, *D. chem. G.*, **22**, 725, 1889 ; — Baker, *J. Chem. Soc.*, (2), **77**, 646, 1900]. Sur la tension de vapeur à la température ordinaire [Morley, *Z. ph. Ch.*, **49**, 95, 1904].

Purification. — La purification du mercure par distillation dans le vide donne de bons résultats ; de nombreux appareils ont été décrits [Morse, *Am. Ch. J.*, **7**, 60, 1885-1886 ; — Bohn, *Z. ang. Ch.*, **1**, 79, 1888 ; — Dunston et Dymond, *Ph. mag.*, (5), **29**, 501, 1890 ; — Karsten, *An. Ph. Ch. B.*, **12**, 672, 1888 ; — Hulett, *Z. ph. Ch.*, **33**, 611, 1900 ; — Violette, *C. R.*, **31**, 546, 1850].

Quelques procédés de purification chimique ont été indiqués par Gooch [*Am. J. Sc.*, (3), **44**, 239, 1892] qui fait tomber du mercure en très fines gouttelettes dans de l'acide azotique étendu ; on termine ensuite en lavant à grande eau ; cette méthode a été également employée par Palmaer [*D. chem. G.*, **32**, 1391, 1899] qui substitue le perchlorure de fer à l'acide nitrique. Jäger [*An. Ph. Ch.*, (2), **48**, 209, 1893], après avoir distillé le mercure dans le vide, électrolyse sa solution dans l'acide azotique [Shenstone, *J. Ch. Soc.*, (2), **61**, 452, 1892 ; — Crafts, *B. Soc. Ch.*, (2), **49**, 456, 1888].

Le mercure, très bien purifié, contiendrait toujours un peu d'oxyde [Barfoed, *J. prakt. Ch.*, (2), **38**, 459, 1888].

Propriétés chimiques. — Le fluor attaque le mercure à la température ordinaire [Moissan, *Le fluor et ses composés*, p. 211, Paris 1900].

Cowper [*J. Ch. Soc.*, (2), **43**, 153, 1883] a montré que le chlore communique au mercure la propriété d'adhérer au verre. Quand le chlore est très pur, il n'agit qu'à la longue sur le mercure [Shenstone et Beck, **67**, 116, 1893].

Au contact de l'oxygène en présence de l'ammoniaque, le mercure s'oxyde très rapidement ; on obtient la base de Millon [Matignon et Desplantes, *C. R.*, 140, 853, 1905].

On n'a pu encore obtenir de combinaison du mercure et du silicium [Warren, *Chem. News*, **60**, 5, 1889 ; **67**, 303, 1893].

L'acide nitrique étendu (renfermant moins de 20 0/0 d'acide azotique) n'agit pas sur le mercure [Barral, *B. Soc. Ch.*, (3), **29**, 313, 1903].

Le perchlorure de phosphore donne, avec le mercure, du chlorure mercurique et du trichlorure de phosphore [Goldschmidt, *Jahresb.*, 188, 1881]. Le pentafluorure de phosphore n'est pas décomposé (Moissan).

L'azotate et le sulfate d'ammonium fondus

attaquent lentement le mercure, mais, lorsque l'azotate d'ammonium est dissous, il n'agit pas sur ce métal [Hodgkinson et Bellairs, *Ch. N.*, **71**, 280, 1895; — Hodgkinson et Coote, *Ch. N.*, **90**, 142, 1904].

Mercure colloïdal. — Voyez Bredig et Haber, *D. chem. G.*, **31**, 2741, 1898; — Lottermoser, *J. prak. Chem.*, (2), **57**, 484, 1898; *Ch. Central Blatt.*, I, **919**, 1899; *J. prak. Ch.*, (2), **59**, 489, 1899; — Guthier, *Z. anorg. Ch.*, **32**, 346, 1902; *B. Soc. Ch.*, (3), **29**, 770, 1903; — Billitzer, *D. chem. G.*, **35**, 1929, 1902; — Bredig, *Z. Angew. Ch.*, **11**, 951, 1898; — Mac Intosh, *Ch. Centr. Blatt.*, I, 1041, 1902; — Hohnel, *Pharm. Z.*, **43**, 868, 1898; — Bredig et Weynmayr, *Ch. Centr. Bl.*, I, 994, 1904.

Bredig et Haber ont remarqué qu'en faisant passer un courant électrique, en liqueur alcaline, en prenant comme anode du platine et comme cathode du mercure, il y a pulvérisation du mercure.

Cette pulvérisation serait due à une décomposition d'alliages ou d'amalgames ayant pris naissance antérieurement.

Le mercure colloïdal se forme dans l'électrolyse de solutions très étendues de nitrate mercureux en se servant d'électrodes de Pt, de Zn, de Fe, de Ni.

Fluorures de mercure, voyez 2e Supp., **4**, 217.

Chlorure mercureux. — D'après Harris et Meyer [*D. chem. G.*, **28**, 1286, 1894], la vapeur de calomel est formée de Hg et de $HgCl^2$ [Meyer, *D. chem. G.*, **27**, 3143, 1894, **28**, 364, 1895]; — Fileti [*J. prak. Ch.*, (2), **51**, 197, 1895 et *J. prak. Ch.*, (2), **50**, 222, 1894] pense qu'il n'y a pas dédoublement de la vapeur du calomel, puisque cette vapeur ne peut amalgamer un tube de cuivre poli, parcouru par un courant d'eau froide.

La densité de vapeur du calomel, prise à 448° dans l'azote, indique que ce corps possède, à cette température, la formule Hg^2Cl^2 [Baker, *Proc. Ch. Soc.*, **16**, 68, 1900; *J. Ch. Soc.*, **77**, 646, 1900].

Soave [*Giorn. di Farm. e di Chim.*, **50**, 453, 1900] prétend qu'à la température du corps humain le calomel ne se décompose pas.

Meyer a obtenu une nouvelle modification du calomel, en réduisant le chlorure mercurique par le sulfite de lithium (*Z. anorg. Ch.*, **47**, 399, 1905).

Quand on chauffe dans un tube, après y avoir fait un vide de 1/100 de millimètre, un mélange d'argent réduit et de calomel, le mercure se condense à 260° en gouttelettes dans les parties froides [Colson, *C. R.*, **129**, 825, 1899, voy. aussi Bromsted, *Zeit. ph. Ch.*, **50**, 481, 1904].

Harris et Meyer [*D. chem. G.*, **28**, 1682, 1894] ont montré que le calomel n'a point d'ébullition nette, même dans le vide.

Vitesse de vaporisation des composés halogénés de mercure [Arctowski, *Z. anorg. Ch.*, **12**, 413, 1896].

Le calomel est à peu près insoluble dans l'eau froide ($0^{gr},0031$ dans un litre, à 18°) : il est un peu plus soluble dans l'eau bouillante [Kohlrausch et Rose, *Z. ph. Ch.*, **22**, 241, 1893; — Behrend, *Z. ph. Ch.*, **11**, 466, 1893; — Vogel, *J. pharm. Ch.*, **8**, 147, 1822; — Ley et Heimbucher, *Z. Elektr.*, **10**, 301, 1904].

D'après Ditte [*An. Ch. P.*, (3), **22**, 558, 1881], le calomel est un peu soluble dans les liqueurs chlorhydriques, 1/1000 au plus [Ruyssen et Varenne, *C. R.*, **92**, 1161, 1881].

Il est insoluble dans l'acétate d'éthyle et dans l'acétone, à peu près insoluble dans le sulfure de carbone [Naumann, *D. chem. G.*, **37**, 3600, 1904; **37**, 4328, 1904; — Arctowski, *Z. anorg. Ch.*, **6**, 255, 1894].

Quand on chauffe légèrement du chlorure mercureux dans un courant de fluor, il se forme un composé jaune insoluble dans l'eau [Moissan, *An. Ch. P.*, (6), **24**, 224, 1891]. L'ozone agit sur le calomel pour donner du chlorure mercurique et un oxychlorure [Mailfert, *C. R.*, **94**, 860, 1882].

Ditte [*An. Ch. Ph.*, (6), **22**, 559, 1891] a montré que le calomel est légèrement dissocié par l'eau froide. Polacci [*Chem. Centr. Bl.*], prétend qu'il se transforme, dans l'organisme, au contact des sulfocyanates alcalins, en mercure et sulfocyanate mercurique, qui est très soluble.

Richards, Archibald et Gervecke se sont livrés à une étude approfondie sur l'action réciproque du calomel sur les chlorures alcalins. Richards et et Archibald ont examiné les quantités de mercure ionisé dissoutes dans les solutions de NaCl, $BaCl^2$, $CaCl^2$ et d'HCl de différentes concentrations [Richards, *Z. ph. Ch.*, **24**, 39, 1897; *Ch. Centr. Bl.*, II, 826, 1897; — Richards et Archibald, *Z. ph. Chem.*, **40**, 385, 1902; Gervecke, *ibid.*, **45**, 685, 1903].

Quand on fait agir HCy sur du calomel, il se forme d'abord du cyanure de mercure et de l'acide chlorhydrique : mais, si on fait agir longtemps de l'acide cyanhydrique concentré sur un faible poids de calomel, la décomposition est à peu près totale [Fouquet, *J. Pharm. Ch.*, (5), **20**, 597, 1889]. Vitali [*L'Orosi*, **15**, 186, 1892; *Jahresb.*, 814, 1892] prétend que, dans tous les cas, il se forme uniquement du cyanure de mercure [Cheynet, *J. Pharm. Ch.*, (5), **25**, 456, 1892; — Patein, *ibid.*, (5), **25**, 500, 1892].

Le cyanure de potassium, en solution concentrée, décompose le calomel, il se forme du cyanure double de mercure et de potassium, du chlorure de potassium et du mercure (Ditte).

Quand on met le calomel en présence de AgCl et d'ammoniaque, il se forme un précipité noir répondant à la formule : $AzHg^2Cl . AzH^6Cl$; il y a en même temps production de mercure et d'argent [Antony et Turi, *Gazz. ch. ital.*, **23**, II, 231, 1893].

Chlorure mercurique. — Siewers [*D. chem. G.*, **21**, 649, 1888] a obtenu du chlorure mercurique en saturant par un courant de chlore un solution d'azotate mercurique, de densité 1,197.

La tension de vapeur dans le vide du chlorure mercurique est de $20^{mm},7$ à 200°, de $130^{mm},7$ à 240°, de $370^{mm},7$ à 270° [Richter, *D. chem. G.*, **19**, 1057, 1881; — Wiedman, Selzne et Niederschulte, *Ch. Centr. Bl.*, I, 1491, 1905; — Ebler, *Z. anorg. Ch.*, **47**, 377, 1906)].

$HgCl^2$ est volatil même à la température ordinaire [Arctowski, *Z. anorg. Ch.*, **7**, 167, 1894].

Un litre d'eau à 25° dissout $71^{gr},17$ $HgCl^2$ [Morse, *Z. ph. Chem.*, **41**, 725, 1902]. Une solution de sublimé à une température supérieure à 120°, laisse déposer par refroidissement des paillettes nacrées [Etard, *C. R.*, **114**, 112, 1892]; d'après Arctowski [*Z. anorg. Chem.*, **10**, 27, 1895], ces paillettes ne diffèrent pas de la forme ordinaire du chlorure mercurique.

Un excès d'acide sulfurique précipite le sublimé de sa solution aqueuse [Viard, *C. R.*, **135**, 242, 1902]. Le noir animal a la propriété d'absorber le chlorure mercurique lorsqu'il est fraîchement dissous dans l'eau [OEchsner de Coninck, *C. R.*, **130**, 1627, 1900].

3 parties d'alcool dissolvent une partie de $HgCl^2$ [Gmelin-Krauts, *Handbuch*, III, 788; — Etard, *C. R.*, **114**, 112, 1892; — Skinner, *J. Chem. Soc.*, (2), **61**, 339, 1892; — Lobry de Bruyn, *Z. ph. Chem.*, **10**, 782, 1892; *Rec. Pays-Bas*, **11**, 112, 1892].

8 parties d'éther pur dissolvent une partie de $HgCl^2$ [Madsen, *Jahresb.*, **967**, 1897]; la solubi-

lité de ce sel augmente sensiblement si on ajoute de l'eau à l'éther ; cette propriété permet de déterminer la teneur en eau de l'éther [Strömholm, *Z. ph. Chem.*, **44**. 63, 1903].

$HgCl^2$ est peu soluble dans le sulfure de carbone et dans l'éther acétique [Arctowski. *Z. anorg. Ch.*, **8**, 260, 1894 ; — Linebarger. *Am. Chem. J.*, **16**, 214, 1894 ; *Jahresb.*, 688, 1894]. Par contre, il est assez soluble dans le formol [Eidmann, *Chem. Centr. Bl.*, II, 1014, 1899] et dans une solution de nitrate mercurique [Morse. *Z. ph. Ch.*, **41**, 726, 1902], très soluble dans l'acétone [Naumann. *D. chem. G.*, **37**. 4328, 1904 : — Aten, *Z. phys. Ch.*, **54**, 121, 1905)].

$HgCl^2$ est beaucoup plus soluble dans une desolution SO^2 que dans l'eau pure ; en abandonnant la solution, il se dépose des cristaux de sublimé ; si la solution renferme un peu d'acide sulfurique, la solubilité diminue avec la teneur en SO^4H^2 [Divers et Shimidzen. *J. Chem. Soc.*, (2), **49**. 475, 1886].

Dissociation de $HgCl^2$ au contact de plusieurs solvants [Luther. *Z. ph. Ch.*, **47**, 107, 1904 ; *Z. ph. Chem.* **36**, 385, 1901 : — Ley, *Z. ph. Chem.*, **30**, 193, 1899 ; *D. chem. G.*, **30**, 2192, 1897 ; — Kahlenberg et Lincoln, *Chem. Centr. Bl.*, I, 810, 1899].

Propriétés chimiques. — Kastle et Beatty [*Am. Chem. J.*, **24**, 182, 1900] ont montré que la réduction de $HgCl^2$ par l'acide oxalique est, pour des températures déterminées, proportionnelle à l'éclairage.

Une solution de $HgCl^2$ dans l'eau ordinaire s'altère rapidement ; il se forme un dépôt d'oxychlorure, mais si l'on a le soin d'employer de l'eau distillée, la décomposition est presque nulle [Meyer. *D. chem. G.*, **20**, 1725, 2970, 1887]. On a remarqué que les solutions de sublimé au 1/1000 se conservent longtemps dans les flacons jaunes, très peu dans les flacons blancs ou bleus [Michaelis, *Z. Hygien.*, **4**, 395, 1888] ; l'altération est très lente si le flacon est bien rempli ou si la solution renferme un peu de HCl ou de NaCl [Vignon. *C. R.*, **117**, 793, 1893 ; *J. pharm. Ch.*, (5), **30**, 111, 1894]. Tanret [*C. R.*, **117**. 1081, 1893] prétend que l'altération des solutions est due en grande partie à ce que l'air contient des vapeurs ammoniacales, l'air sec étant sans action sur la dissolution [Bürcker, *J. pharm. Ch.*, (5), **30**, 57, 1894].

Le rayonnement du radium agit comme la lumière et réduit $HgCl^2$ en Hg^2Cl^2 [Becquerel. *C. R.*, **133** 709, 1901].

Si l'on suspend dans une solution de sublimé un morceau de marbre, celui-ci se recouvre de bulles gazeuses et il y a production de cristaux d'oxychlorures ; le phénomène est rapide à chaud [Arctowski. *Z. anorg. Chem.*, **9**, 178, 1895].

Si l'on fait passer un courant de fluor sur du chlorure mercurique chauffé, il se forme un fluorure jaune [Moissan. *Le fluor et ses composés*, 224, 1900].

H^2O^2 réduit $HgCl^2$ en solution neutre, pourvu que celle-ci contienne un tartrate neutre : il y a formation de calomel [Kolb. *Chem. Zeit.*, **25**, 21, 1901].

Quand on fait passer un courant d'hydrogène arsénié dans une solution alcoolique ou éthérée de chlorure mercurique, il se précipite le composé $H . As(HgCl)^2$ [Franceschi, *L'Orosi*, **13**, 289, 1890 ; *Jahresb.*, 632, 1890]. L'hydrogène antimonié, réagissant dans les mêmes conditions, donne un corps blanc qui a pour composition : $H . Sb . (HgCl)^2, 3H^2O$ [Franceschi, *L'Orosi*, **13**, 397, 1891 ; *Jahresb.*, 594, 1891].

Moissan et Smiles [*Bull. Soc. Chim.*, (3), **27**, 1198, 1903] ont fait réagir le silicium amorphe, préparé par décomposition des vapeurs du siliciure Si^2H^6 par l'étincelle d'induction, sur une solution de $HgCl^2$ à 60° ; il y a eu réduction et formation de calomel.

$HgCl^2$ est décomposé par l'hydrure de palladium ; il se forme un dépôt de mercure [Schiff, *D. chem. G.*, **18**, 1727, 1885].

Sherill [*Zeit. physiol. Chem.*, **43**, 705, 1903] a étudié la nature des combinaisons que certains sels mercuriels forment avec les sels alcalins.

Les deux chlorures de mercure sont décomposés au rouge sombre au contact de niobium ; il y a formation de chlorure de niobium et mise en liberté de mercure [Moissan, *Bull. Soc. Chim.*, (3), **27**, 429, 1902].

Combinaison avec la thiourée (Rosenheim, Meyer. *Z. f. anorg. Ch.*, **49**, 13, 1906).

Toxicité de $HgCl^2$ [Cathelineau, *J. pharm. Chim.*, (5), **25**, 504, 1892] ; son emploi en thérapeutique [Clark, *Chem. Centr. Bl.*, **2**, 435, 1901 ; — Dott, *Pharm. J.*, (3), **19**, 278, 1904]. Désinfection des pièces d'habitation [Hager, *Jahresb.*, 2115, 1886].

Bromure mercureux, Hg^2Br^2.

Stromann [*D. chem. G.*, **20**. 2818, 1887] a obtenu du bromure mercureux en agitant une solution d'azotate mercureux avec du brome liquide, en solution aqueuse ou alcoolique. Dans ce cas, il se présente sous la forme de petites lamelles blanches, tétragonales, solubles à chaud dans un excès d'azotate mercureux.

Bromure mercurique, $HgBr^2$. — Siewers [*D. chem. G.*, **21** 648, 1888] en a préparé en agitant une solution azotique de nitrate mercureux avec un excès de brome.

Il est assez soluble dans l'alcool, très soluble dans l'éther ; l'eau en dissout 4 grammes par litre [Morse, *Zeit. phys. Chem.*, **41**, 731, 1902]. Arctowski [*Zeit. anorg. Chem.*, **6**. 260, 1894] dit que 100 grammes de solution saturée dans le sulfure de carbone contiennent à 25°, 0gr,230 de sel.

Iodure mercureux, Hg^2I^2. — François [*J. pharm. Chem.*, (5), **29**, 67, 1894] a préparé de l'iodure mercureux en dissolvant de l'iodure mercurique dans une solution alcoolique d'aniline ; la solution laisse d'abord déposer des cristaux d'iodure de diphénylmercurodiammonium. Si on ajoute alors de l'éther à la liqueur, il se dépose au bout de quelques jours des cristaux d'iodure mercureux, d'un jaune un peu verdâtre.

François [*C. R.*, **121**, 888, 1895 ; *J. pharm. Chem.*, (6), **6**, 529, 1897] a encore obtenu de l'iodure mercureux, par l'action de l'iodure mercurique sur l'azotate mercureux.

En versant peu à peu de l'iodure de méthyle ou d'éthyle dans une solution d'azotate mercureux, on obtient également de l'iodure mercureux [Bodroux, *C. R.*, **130**, 1622, 1900].

D'après Maclagan [*Jahresb.*, 1606, 1884] ce corps serait un peu soluble dans l'alcool et l'éther ; mais très peu soluble dans CS^2 (Arctowski). Sous l'influence de l'air, l'eau le décompose peu à peu en iode et iodure mercurique.

L'ozone le transforme peu à peu en oxyiodure [Mailfert, *C. R.*, **94**, 860, 1882]. Sous l'action de l'aniline, le chlorure mercureux se transforme en chlorure mercurique qui se combine à l'aniline [François, *C. R.*, **121**, 253, 1895] ; le phénol agit d'une façon analogue ; dans les deux cas la décomposition est limitée [François, *J. pharm. Chem.*, (6), **10**, 16, 1895 ; *C. R.*, **121**, 768, 1895].

Quand on chauffe dans un tube scellé, vide d'air, de l'iodure mercureux, on trouve du mercure métallique au fond du tube. A la partie supérieure, il y a un mélange d'iodures mercureux et mercurique. On a remarqué que la proportion de mercure formée croît avec la température : la réaction est limitée et réversible [François, *C. R.*, **122**. 290, 1896].

Les phénomènes de précipitation de l'iodure mercureux, en présence de la gélatine, ont été étudiés par Haussmann [*Zeit. anorg. Chem.*, **40**, 110, 1904].

IODURE MERCURIQUE, HgI^2. — Il est isomorphe avec ZnI^2 et CdI^2 (Duboin, *C. R.*, **142**, 1199, 1906). — Il s'en forme quand on fait agir à la lumière solaire $HgCl^2$ sur CH^3I en solution éthérée [Schuyten, *Chem. Zeit.*, **16**, 1683, 1895].

On peut encore en obtenir en mettant en contact de l'iodure de méthyle ou de l'iodure d'éthyle avec un grand excès d'une solution d'un sel mercurique [Bodroux, *C. R.*, **130**, 1622, 1900].

Perman [*Chem. N.*, **88**, 197, 1903] prétend qu'en mélangeant intimement $HgCl^2$ et KI finement pulvérisés et bien desséchés, il ne se forme pas d'iodure mercurique.

Propriétés physiques. — Les cristaux que l'on obtient par évaporation d'une solution benzénique se rattachent à trois types principaux [Taubert, *Chem. Centr. Bl.*, **2**, 337, 1902. — Strzyzowski, *Pharm. Post.*, **37**, 753, 1904].

Il est très peu soluble dans l'eau (à 22°, 0gr,0536 dans un litre) [Bourgoin, *Ann. Chim. Phys.*, (6), **3**, 430, 1884; — Kohlbrauch et Rose, *Zeit. phys. Chem.*, **12**, 241, 1893]; 100 grammes d'alcool éthylique en dissolvent 2gr,09 [Lobry de Bruyn, *ibid.*, **10**, 782, 1892]; il est assez soluble dans le bromure d'arsenic [Walden, *Zeit. anorg. Chem.*, **29**, 374, 1902], assez soluble dans l'iodure de méthylène [Retgers, *ibid.*, **3**, 252, 1893]; très soluble dans l'anhydride acétique [*D. chem. G.*, **13**, 1476, 1880, Rosenfeld].

Solubilité dans l'iodure de potassium [Abegg, *Zeit. Electr.*, **8**, 688, 1902; *Chem. Centrabl. Bl.*, **2**, 884, 1902]. Dissociation des solutions de [Morse, *Zeit. phys. Chem.*, **41**, 709, 1902]. Cryoscopie dans l'iodure de méthylène [Garelli et Bassani, *Gazz. chim. ital.*, **31**, 407, 1901].

Propriétés chimiques. — Le fluor attaque à froid l'iodure mercurique rouge, il se produit une flamme très vive et il reste un composé jaune [Moissan, *Le fluor et ses composés*, 227, Paris, 1900].

Quand on fait agir du phosphore en solution alcoolique sur une solution alcoolique d'iodure mercurique, il se forme un produit jaune, dont la formule est PHg^2I^3 [Venturoli, *l'Orosi*, **13**, 295, 1890; *Jahresb.*, 633, 1890].

Si on décompose par l'électrolyse l'iodure jaune fondu, il se forme de l'iode et de l'iodure mercureux [Clark, *Chem. News*, **51**, 261, 1885; *Ph. Mag* (5), **20**, 37, 1885].

Combinaison avec la thiourée [Rosenheim et Meyer, *Z. f. an. ch.*, **49**, 13, 1906]. Combinaisons avec la monoéthylamine libre: $HgI^2(C^2H^5Az)^5$, $HgI^2(C^2H^5Az)^2$, $HgI^2C^2H^5Az$ [François, *C. R.*, **142**, 1199, 1906].

Transformation allotropique des iodures mercuriques. — [Dobrosserdow, *Journal russe*, **33**, 384, 1904; Padva, Tibaldi, *Gazz. chim. ital.*, **34**, 1, 92, 1904; Gernez, *Ann. chim. Phys.* (7), **20**, 384, 1900].

Wyrouboff [*Bull. Soc. Chim.*, (3), **9**, 291, 1893] prétend que l'iodure jaune et l'iodure rouge se subliment sans changer d'état quand on les chauffe à une température inférieure à leur point de transformation. Berthelot [*C. R.*, **117**, 827, 1893] dit qu'il ne paraît exister sous forme gazeuse qu'un seul composé, l'iodure jaune. Récemment, M. Gernez [*C. R.*, **136**, 889, 1903] a fait de nombreuses expériences qui montrent que des vapeurs d'iodure jaune se forment à toute température; la vapeur émise par l'iodure rouge ne dépose que des cristaux jaunes, de la forme stable seulement aux températures élevées. La température de transformation de l'iodure rouge est de 126°.

Que HgI^2 soit en vapeur ou en dissolution, l'iodure mercurique ne semble exister que sous la modification jaune; ainsi, quand on dissout l'iodure rouge dans beaucoup de liquides organiques, dont le point d'ébullition est différent, la couleur de la solution est toujours jaune et les cristaux qui se séparent sont jaunes [Kastle et Clark, *Am. Chem. Journ.*, **22**, 473, 1899; *Chem. Centr. Bl.*, **1**, 278, 1900; Kastle et V. Reed, *Am. Chem. Journ.*, **27**, 209, 1902]. Ces cristaux prennent la forme orthorhombique [Gernez, *C. R.*, **137**, 255, 1903; *Ann. Chim. Phys.*, (7), **29**, 417, 1903].

L'iodure mercurique forme avec les iodures métalliques un grand nombre de combinaisons doubles. Avec les métaux monovalents, les corps obtenus sont de la forme $MeI.HgI^2$ et $2MeI.HgI^2$; avec les métaux bivalents, on a : $MeHg^2I^6(H^2Hg^2I^6)$ et $MeHgI^4(H^2HgI^4)$ [Dobrosserdow, *Journ. russe*, **33**, 384, 1901. — Duboin, *C. R.*, **141**, 385, 1905].

$HgI.HgBr^2$. — [Reinders, *Zeit. phys. Chem.*, **32**, 494, 1900; Bruni et Padva, *Gazz. chim. ital.*, **32**, 2, 319, 1902].

OXYDE MERCUREUX, Hg^2O. — *Préparation.* — On décompose par la potasse alcoolique l'acétate mercureux à l'abri de l'air [Bruns et Pfordten, *D. chem. G.* **21**, 2010, 1888]. A l'état sec, ce produit chauffé à 100° se décompose peu à peu en Hg et HgO.

Si on décompose par l'électrolyse une solution de nitrate de potassium, en prenant comme cathode du platine et comme anode du mercure, il se forme de l'hydrate mercureux; on ne peut pas obtenir l'hydrate mercurique par ce procédé [Lorenz, *Zeit. anorg. Chem.*, **12**, 436, 1896].

Bird [*Am. Chem. Journ.*, **8**, 426, 1886] a montré que quand on précipite une solution alcoolique de nitrate mercureux par une solution alcoolique de potasse refroidie à —42°, il se produit un précipité jaune clair d'hydroxydule de mercure.

OXYDE MERCURIQUE, HgO. — Quand on verse une solution alcaline dans une solution de sublimé contenant un grand excès de sel marin, il se dépose peu à peu de l'oxyde de mercure sous forme cristalline : Debray [*C. R.*, **94**, 1822, 1882] a fait remarquer que cet oxyde est *jaune* quand on opère en liqueur froide, et *rouge* si on opère à l'ébullition.

Bosetti [*Pharm. Zeit.*, **35**, 471, 1890] prépare l'oxyde jaune en précipitant par la soude une solution froide de $HgCl^2$ au 1/10. Suivant qu'on opère à une température plus ou moins élevée, on obtient un oxyde orangé, rouge, rouge foncé ou jaune.

Pour avoir HgO pur, on fait bouillir 100 grammes de sublimé dans 500 grammes d'eau, et on ajoute une solution de 180 grammes de CO^3Na^2 dans 500 grammes d'eau. Quand le précipité est devenu rouge, on le traite par une lessive de potasse étendue; on obtient alors une poudre rouge orangé, amorphe [Dufau, *J. Pharm. Chem.*, (6), **16**, 439, 1902].

L'oxyde rouge, que l'on prépare par calcination de l'azote mercureux, renferme souvent des impuretés provenant du nitrate non décomposé. Pour s'en débarrasser, on pulvérise le produit et on le calcine de nouveau. Mais il vaut mieux faire bouillir le produit avec une lessive de potasse très étendue, puis avec de l'eau distillée; on sèche ensuite [Carles, *J. Pharm. Chem.*, (5), **9**, 471, 1884].

Quand on soumet à la porphyrisation l'oxyde rouge de mercure, il arrive que celui-ci devient noir; ce fait est dû à ce que la calcination de l'azotate mercurique a été trop longue ou a été opérée à trop haute température; et, la propriété de l'oxyde de noircir est due à la présence d'un mélange de mercure et d'oxydule [Patein, *J. Pharm. Chem.*, (5), **28**, 390, 1893].

Il arrive assez souvent que l'oxyde rouge soit souillé par du mercure libre ou du nitrate mercurique [Vielhaber, *Arch. der Pharm.*, (3), **27**, 121, 1889].

HgO, rouge ou jaune, ne forme pas d'hydrate [Millon, *Ann. Chim. Phys.*, (3), **18**, 347, 1886]. Carnelley et Walke trouvent cependant que le produit chauffé subit une perte de 8,5 0/0 à 175°, due à la présence d'eau [*J. Chem. Soc.*, (2), **53**, 59, 1888]. D'après Rammelsberg [*J. prakt. Chem.*, (2), **38**, 558, 1888] l'oxyde jaune est anhydre.

Quand ce dernier est fraîchement précipité, il est soluble dans une solution d'acétamide; mais quelques jours après sa précipitation il devient insoluble [Sélivanoff, *Journal russe*, **34**, 13, 1902; *Bull. Soc. Chim.*, (3), **28**, 823, 1902].

Quand on précipite l'oxyde jaune à chaud, il contient un mélange de cristaux quadratiques et prismatiques; ces derniers sont semblables aux cristaux ordinaires de l'oxyde rouge [Schoch, *Am. Chem. Journ.*, **29**, 319, 1903; *Chem. Centr. Bl.*, **2**, 1172, 1903].

Ostwald [*Zeit. phys. Chem.*, **18**, 159, 1895: **34**, 495, 1900] et Schick [*ibid.*, **42**, 155, 1902; *Bull. Soc. Chim.*, (3), **32**, 6, 1904] prétendent que les deux oxydes jaune et rouge ne sont pas isomères, mais chimiquement identiques; ils ne diffèrent que par la grosseur de leur particule. Les solubilités des deux oxydes dans l'eau pure sont les mêmes à 25° et à 100°. Voyez aussi Bersch [*Zeit. phys. Chem.*, **8**, 383, 1891. — Glazebrock et Skinner, *Proc. Roy. Soc.*, **51**, 60, 1892. — Cohen, *Zeit. phys. Chem.*, **34**, 69, 1900. — Kostner et Stork, *Rec. Pays-Bas*, **20**, 394, 1901].

Propriétés chimiques. — L'hydrogène réduit partiellement l'oxyde jaune vers 75° et l'oxyde rouge vers 90° [Glaser, *Zeit. anorg. Chem.*, **36**, 10, 1903].

Moissan a montré que le fluor n'attaque pas l'oxyde rouge à froid, mais ce dernier se décompose lorsqu'on le chauffe légèrement, en oxygène et fluorure jaune.

H^2O^2 réduit HgO en solution alcaline [Martinon, *Bull. Soc. Chim.*, (2), **43**, 358, 1885].

L'aluminium à chaud réduit HgO avec facilité [Stavenhagen et Schuchard, *D. chem. G.*, **35**, 909, 1902]. Seyewetz et Trawitz [*Bull. Soc. Chim.*, (3), **29**, 872, 1906] ont montré que HgO précipité se dissout à chaud dans une solution de persulfate d'ammonium en donnant du sulfate mercurique et un dégagement d'oxygène.

Si l'on fait agir l'oxyde jaune de mercure en présence d'un alcali aqueux sur l'alcool, l'aldéhyde, la cellulose, l'amidon, on obtient une base appelée *mercabide*, $C^2Hg^6O^4H^2$ [Hoffmann, *D. chem. G.*, **33**, 1328, 1900].

Action de l'aldéhyde sur HgO en solution alcaline [Leys, *Bull. Soc. Chim.*, (3), **33**, 1306, 1905].

L'hydrate d'hydrazine a la propriété de réduire très rapidement l'oxyde de mercure colloïdal [Paal, *D. chem. G.*, **35**, 2195, 2219, 1902].

HgO est aujourd'hui très employé pour la préparation des sels mercuriques et dans l'analyse chimique [Heyl, *Zeit. anorg. Chem.*, **7**, 82, 1894].

Oxyfluorure et oxychlorures de mercure. — D'après Cox [*Zeit. anorg. Chem.*, **40**, 169, 1904], il n'existerait pas d'oxyfluorure de mercure.

Thümmel [*Arch. der Pharm.*, (3), **27**, 589, 1889] prétend qu'il n'existe que cinq oxychlorures : $HgO.2HgCl^2$; $HgO.HgCl^2$; $2HgO.HgCl^2$; $3HgO.HgCl^2$; $4HgO.HgCl^2$. Schoch [*Am. Chem. Journ.*, **29**, 319, 1903] admet l'existence de dix oxychlorures. Tous donnent des cristaux quadratiques quand on les traite par la soude à la température ordinaire, et des cristaux prismatiques quand on opère à chaud.

Oxychlorure mercureux. — [Fischer et von Wartenberg, *Chem. Zeit.*, **29**, 308, 1905; *Chem. Centr. Bl.*, 1214, 1905].

$HgO.HgCl^2$. — On le prépare en chauffant à 300° pendant 6 heures, au bain d'huile, en tube scellé, un mélange intime de HgO et $HgCl^2$ en proportions équimoléculaires [André, *Ann. Chim. Phys.*, (6), **3**, 117, 1884]. On peut encore l'obtenir en ajoutant trois fois son volume d'eau à une solution saturée de $HgCl^2$, et la mettant en contact avec du marbre blanc [Tarugi, *Gazz. chim. ital.*, **31**, 2, 313, 1901].

$2HgCl^2.3HgO$. — André l'a obtenu sous la forme d'un précipité blanc amorphe, en mettant un excès d'eau dans une solution d'oxyde jaune dans $HgCl^2$ saturé à froid [*C. R.*, **104**, 431, 1887].

$HgCl^2.2HgO$. — Ce produit existe sous deux modifications, rouge et noire. Haack [*Ann. Chem.*, **262**, 188, 1891] a préparé ce composé en faisant agir le phosphate disodique sur une solution de $HgCl^2$; on obtient un précipité cristallin brun rouge.

On peut encore faire agir l'acétate de sodium sur une solution saturée et froide de $HgCl^2$; dans ce cas, on obtient alors de petits cristaux noirs qui se décomposent sous l'action de la chaleur en chlorure mercurique qui se sublime et oxyde qui reste [Volhard, *Ann. Chim. Phys. Lieb.*, **255**, 252, 1880].

$HgCl^2.2HgO, 1/2H^2O$. — On l'obtient en traitant par un grand excès de chlorure de sodium une solution neutre d'azotite mercureux; après avoir séparé le calomel qui se forme, les eaux mères filtrées laissent déposer par évaporation deux oxychlorures, l'un orangé, l'autre noir, qui ont la même formule [Ray, *Ann. Chim. Phys. Lieb.*, **316**, 250, 1901].

$HgCl^2.3HgO$. — André [*C. R.*, **104**, 431, 1887] a obtenu ce composé d'une couleur rouge brique, en versant dans un grand excès d'eau une solution concentrée et bouillante de HgO dans le chlorure de calcium.

$HgCl^2.4HgO$. — André a préparé ce composé à l'état noir, en maintenant pendant 7 heures, à la température de l'ébullition, une solution formée de 4 parties $HgCl^2$ et une partie HgO.

Perchlorates de mercure. — 1° *Perchlorate mercureux*, $(HgClO)^4.4H^2O$. — On prépare ce composé en agitant du mercure avec du perchlorate mercurique. Il ne fond pas, mais se décompose lentement sous l'action de la chaleur [Chikashigé, *The Journal of the Coll. of Science. University Japan*, **9**, **1**, 77, 1895].

Ce même auteur a préparé deux perchlorates basiques :

$Hg^4O^2(ClO^3)^2$. — Corps très explosif, qui existe sous deux formes isomériques.

$Hg^3O(ClO^4)^4.12H^2O$, que l'on peut obtenir anhydre au moyen de l'alcool bouillant.

2° *Perchlorate mercurique*, $Hg(ClO^4)^2.6H^2O$. — Chicashigé [*Proc. Chem. Soc.*, **21**, 172, 1905] a remarqué que, lorsqu'on traite par l'alcool bouillant du perchlorate mercurique, il se forme du perchlorate mercureux, de l'aldéhyde et de l'acide perchlorique.

Oxybromure de mercure, $HgBr.HgO$. — On chauffe HgO et $HgBr$ en tube scellé; on obtient des cristaux minces rouge foncé [Fischer et Wartenberg, *Chem. Zeit.*, **29**, 308, 1905; *Chem. Centr. Bl.*, **1**, 1214, 1905].

$HgBr^2.HgO$. — On chauffe en tube scellé à

300°. $HgBr^2$ et HgO. Corps cristallin, gris de fer [André, *Ann. Chim. Phys.*, (6), 3, 123, 1884].

$HgBr^2 . 4HgO$. — Fischer et von Wartenberg [*Chem. Zeit.*, **26**, 966, 1902] ont obtenu les oxybromures $HgBr^2 . 4H^2O$ et $2HgBr^2 . 7H^2O$ en chauffant en tube scellé, entre 200 et 300°, un mélange de HgO et $HgBr^2$. Le composé $2HgBr^2 . 7H^2O$ prend également naissance par l'action de CO^3NaH sur $HgBr^2$.

Hypobromite de mercure, $Hg(OBr)^2$. — Il s'en forme, en même temps que du bromure mercurique, quand on fait agir du brome sur une solution de nitrate mercurique.

Sulfure de mercure. HgS. — On ne connaît qu'une combinaison du soufre avec le mercure, c'est le sulfure mercurique. Le sulfure mercureux n'a pas encore été obtenu. Antony et Sestini [*Gazz. chim. ital.*, **24**, 1, 1893, 1894; *Jahresb.*, 692, 1894] pensent que ce produit ne peut exister qu'aux basses températures. Voyez aussi Baskerville [*J. Am. Chem. Soc.*, **25**, 799, 1903].

Sulfure rouge. — Ditte [*C. R.*, **98**, 1380, 1884] a préparé du cinabre très pur en mettant un excès de sulfure noir au contact d'une solution de K^2S, insuffisante pour la formation du sel double; le sulfure noir se dissout peu à peu, et il se dépose ensuite à l'état de cinabre. De Koninck [*Zeit. anorg. Chem.*, **4**, 51, 1891] obtient du cinabre cristallisé en abandonnant une solution de HgS dans Na^2S pendant quelque temps à l'air.

D'après Spring [*B. Ac. Belg.*, (3), **28**, 238, 1894], la densité à 15°,8 du sulfure rouge précipité est de 8,1289; celle du sulfure rouge sublimé de 8,1587. Le cinabre est noir à 320°, il redevient rouge en refroidissant; mais s'il a été chauffé à 410°, il reste toujours noir; à plus haute température il fond, puis se sublime [Spring, *Zeit. anorg. Chem.*, **7**, 371, 1894].

Le sulfure rouge est assez soluble dans les sulfo-arséniates, antimoniates, stannates, molybdates, vanadates, tungstates de soude ou d'ammoniaque [Storch, *D. chem. G.*, **16**, 2015, 1883. — Abegg, *Zeit. Electr.*, **8**, 688, 1902].

Le cinabre se dissout dans Na^2S en se combinant avec une ou plusieurs molécules de ce corps; si on ajoute de l'eau à cette dissolution, HgS se précipite par suite de la formation de $NaHS$, dans lequel il est insoluble [Becker, *Am. J. Sc.*, (3), **33**, 199, 1887].

Sulfure noir. — Si on introduit dans une large éprouvette contenant du mercure un mélange d'hydrogène sulfuré et d'oxygène secs, le mercure est attaqué lentement à froid [Berthelot, *Ann. Chim. Phys.*, (7), **13**, 73, 1388]. Senderens [*C. R.*, **104**, 58, 1887] obtient du sulfure noir en même temps que du sulfate mercurique, en chauffant en tube scellé, à 100°, en présence d'eau, un mélange d'oxyde mercurique et de soufre.

Chaleur spécifique du sulfure rouge = 0,0548 (entre 15 et 100°): du sulfure noir = 0,1026 [Streiritz, *Centr. Bl.*, **1**, 1434, 1904].

L'ozone transforme lentement le sulfure noir en sulfate mercurique [Maillfert, *C. R.*, **94**, 860, 1882]. Spring [*B. Ac. Belg.*, (3), **28**, 238, 1894] a calculé qu'il faudrait une pression de 35 000 atmosphères pour amener le sulfure noir précipité au volume du sulfure rouge, à la température ordinaire, par suite de la grande différence de poids des deux corps.

L'acide azotique étendu et bouillant transforme le sulfure noir en une combinaison de sulfure et d'azotate mercurique, corps blanc qui noircit quand on le fait bouillir avec du carbonate de soude [Torrey, *Am. Chem. Journ.*, **7**, 355, 1885].

Le sulfure noir est très soluble dans Na^2S, si ce dernier est en excès; dans le cas contraire, le sulfure se précipite à l'ébullition [Berthelot, *Ann. Chim. Phys.*, (7), **17**, 475, 1899].

Linder et H. Picton [*Chem. News*, **61**, 200, 1890] ont remarqué que, si on sature de H^2S de l'eau tenant en suspension du HgS, et qu'on enlève l'excès de gaz par un courant d'hydrogène, il se forme le composé $31HgS . H^2S$.

HgS noir amorphe dégage, en se transformant en HgS rouge amorphe, $0^C,24$ [Varet, *Ann. Chim. Phys.*, (7), **8**, 104, 1896].

Production de cinabre par l'action des composés mercuriels tels que

$$Hg(C^2H^5S)^2, \quad HgCl(C^2H^5S)$$

sur le sulfure jaune d'ammonium [Alvisi, Remonditi, *Ac. dei Lincei*, (5), **7**, 2, 97, 1898]. Fusibilité des mélanges de HgS et Sb^2S^3 [Pélabon, *C. R.*, **140**, 1389, 1905]. Phénomènes de précipitation de HgS en présence de gélatine [Haussmann, *Zeit. anorg. Chem.*, **40**, 110, 1904].

Conductibilité des solutions aqueuses saturées de sulfure noir et rouge.

$2HgS . HgCl^2$. — On peut obtenir ce composé soit par l'action de H^2S sur le $HgCl^2$ en solution benzénique [Colson, *C. R.*, **115**, 675, 1892], soit par l'action de H^2S sur $HgCl^2$ en solution dans l'éther ou l'acétone [Neumann, *D. chem. G.*, **32**, 999, 1899; **37**, 3600, 1904], soit par l'action de $S^2O^3Na^2$ (1 molécule) sur $HgCl^2$ (2 molécules) [Polek et Gœrki, *D. chem. G.*, **22**, 2859, 1889].

$Hg^2S^3 . HgCl^2$. — Corps jaune clair, altérable à la lumière [Bodroux, *C. R.*, **130**, 1398, 1900].

Oxysulfite de mercure,

$$Hg(SO^2 . O . HgO)^2Hg . H^2O.$$

— Il s'obtient en précipitant de l'azotate mercurique par une solution de sulfite de sodium. Il se forme en même temps du sulfite mercuro-mercurique $2HgSO^3 . 2HgO . H^2O$. Ce dernier corps se forme aussi dans l'action de HgO sur une solution de SO^2 [Divers et Shimidzu, [*J. Chem. Soc.*, (2), **49**, 533, 1886].

$Hg^4(SO^3)^2 . H^2O$. — Précipité noir floconneux obtenu en traitant les sels mercureux oxygénés par SO^2 ou par un sulfite (Divers et Shimidzu).

Sulfate mercureux, SO^4Hg^2. — Divers et Shimidzu [*J. Chem. Soc.*, (2), **47**, 636, 639, 1885] le préparent en dissolvant à froid du mercure dans de l'acide sulfurique fumant à 70 0/0 d'anhydride; il faut autant que possible qu'il n'y ait ni excès d'anhydride sulfurique, ni excès de mercure.

Baskerville et Miller [*J. Am. Chem. Soc.*, **19**, 873, 1897] l'obtiennent à l'état très pur en faisant agir SO^4H^2 concentré sur un excès de mercure; on chauffe très légèrement.

Préparation électrolytique (Hulett, *Z. phys. Ch.*, **49**, 483, 1904).

Chaleur de formation (Varet) :

$$Hg^2_{liq.} + O^4_{gaz.} + S_{sol.} = SO^4Hg^2_{sol.} + 175^C$$

Quand on soumet le sulfate mercureux à l'action prolongée des rayons du radium, il prend une teinte foncée [Skinner, *Chem. Centr. Bl.*, **1**, 1060, 1904]. L'ozone le transforme en sulfate mercurique neutre et sulfate basique [Maillfert, *C. R.*, **94**, 860, 1882].

Le sulfate mercureux est très peu soluble dans l'eau [Wilsmore, *Zeit. physiol. Chem.*, **35**, 305, 1900. — Bugarzki, *Zeit. anorg. Chem.*, **14**, 145, 1897]. Solubilité dans l'eau, SO^4H^2 et SO^4K^2 [Drücker, *Zeit. anorg. Chem.*, **28**, 361, 1901].

Gouy [*C. R.*, **130**, 1399, 1900] et Hulett [*Zeit. physiol. Chem.*, **49**, 483, 1904] ont remarque que les solutions saturées de SO^4Zn et SO^4Cd décomposent le sulfate mercureux moins bien que l'eau seule : il se forme un sel basique de mercure [Cox, *Zeit. anorg. Chem.*, **40**, 178, 1904].

Sulfate mercurique, SO^4Hg. — Quand on agite de l'acide sulfurique pendant 48 heures, avec 10 fois son poids de mercure, il ne se produit aucune réaction [Pittmann, *J. Am. Chem. Soc.*, **20**, 100, 1898]; mais, si on laisse en contact pendant deux mois, à la température ordinaire, de l'acide sulfurique chimiquement pur avec du mercure, il se forme du sulfate mercurique qui se dissout dans l'excès d'acide [Berthelot, *Ann. Chim. Phys.*, (7), **13**, 70, 1898].

L'acide sulfurique doit contenir 98,2 0/0 de SO^4H^2 pour que la réaction ait lieu à froid [Baskerville et Miller, *Chem. News*, **77**, 191, 1898; *Chem. Centr. Bl.*, **2**, 89, 1898].

Décomposition du sulfate mercurique par l'eau [Le Châtelier, *C. R.*, **100**, 737, 1885. — Varet, *Ann. Chim. Phys.*, (7), **8**, 113, 1896; *ibid.*, *C. R.*, **123**, 174, 1896. — Hoitsema, *Zeit. physiol. Chem.*, **17**, 602, 1895; *Jahresb.*, 908, 1895. — Guinchant, *Bull. Soc. Chim.*, (3), **15**, 555, 1896].

L'acide chlorhydrique déplace complètement l'acide sulfurique dans le sulfate mercurique : $SO^4Hg_{sol.} + 2HCl = SO^4H^2 + HgCl^2 + 16^c,4$ [Varet, *Bull. Soc. Chim.*, (3), **11**, 1166, 1894].

$SO^4Hg . 2HCl . H^2O$. — Ce composé a été obtenu en chauffant une dissolution de $HgCl^2$ avec de l'acide sulfurique concentré [Baskerville, *J. Am. Chem. Soc.*, **23**, 894, 1901].

$HgSO^4 . H^2O$. — Prismes quadratiques, incolores, perdant leur eau à 100° [Hoitsema, *Zeit. physiol. Chem.*, **17**, 657, 1895].

Sulfate de mercure basique, $3HgO . SO^3$ (turbith minéral). — Il se forme quand on fait agir une solution de sulfate ferrique sur l'oxyde jaune de mercure [Mailhe, *Ann. Chim. Phys.*, (7), **27**, 373, 1902].

$3HgO \cdot 2SO^3 . 2H^2O$. — Petits cristaux durs, incolores [Hoitsema, *Zeit. phys. Chem.*, **17**, 657, 1895].

$HgSO^4 . 2HgO . 1/2H^2O$. — Poudre cristalline de couleur orangé clair ou rouge brun [Ray, *J. Chem. Soc.*, (2), **71**, 1097, 1897].

$4HgO . SO^3$. — Petits rhomboèdres transparents [Athanesco, *C. R.*, **103**, 271, 1886].

Cox prétend que le turbith minéral est le seul sulfate basique défini [*Zeit. anorg. Chem.*, **40**, 169, 1904].

En dissolvant de l'iodure mercurique dans de l'acide de Nordhausen plus ou moins riche en acide sulfurique, Ditte [*C. R.*, **140**, 1162, 1905] a préparé les composés suivants :

$$3SO^4Hg . HgI^2 ; \quad 4HgSO^4 . HgI^2 ;$$
$$(2SO^3 . 3HgO)(SO^4Hg)HgI^2 ;$$
$$2SO^3 . 3HgO . HgI^2 . 10H^2O ;$$
$$(2SO^3 . 3HgO)^3 2HgI^2 . 10H^2O.$$

$HgSCl^4$. — Masse cristalline jaune pâle. Traitée par le chlore elle perd tout son soufre [Gilpin, *Am. Chem. Journ.*, **14**, 182, 1892].

Séléniure de mercure, $HgSe$. — Le brome et l'eau de brome transforment le séléniure de mercure en bromure mercurique et acide sélénique [Fabre, *Ann. Chim. Phys.*, (6), **10**, 542, 1887].

Le séléniure de mercure cristallisé est décomposé par l'hydrogène au-dessus de 400° ; la décomposition est limitée par la réaction inverse [Pélabon, *Bull. Soc. Chim.*, (3), **23**, 211, 1900].

Séléniate mercureux, SeO^4Hg^2. — On peut le préparer en faisant agir l'acide sélénique sur le nitrate mercureux [Cameron et Davy, *Chem. News.*, **44**, 63, 1881 ; *Jahresb.*, 294, 1881].

Séléniate mercurique, SeO^4Hg. — On l'obtient en chauffant de l'oxyde mercurique fraîchement précipité avec un excès d'acide sélénique (Cameron et Davy). On peut encore chauffer un mélange d'acide sélénique en excès et d'acétate mercurique. Le produit cristallise dans l'acide sélénique sous forme d'un sel blanc.

Azoture de mercure, Hg^3Az^2. — Il se produit quand on chauffe de l'oxyde de mercure dans un courant d'ammoniac ; il détone à 400°.

Hg^2Az^6. — Corps très explosif [Berthelot et Vieille, *Ann. Chim. Phys.*, (7), **2**, 346, 1894] ; Curtius et Rissom [*J. prakt. Chem.*, (2), **58**, 266, 1898] l'ont obtenu par double décomposition entre l'azotate mercureux et l'azothydrate d'ammonium.

$HgAz^6$. — Longues aiguilles blanches solubles dans l'eau. Très explosif (Berthelot et Vieille).

$HgAz . AzO^2$. — Thiele et Lachmann [*An. der Chem. Pharm. Lieb.*, **288**, 297, 1895] l'obtiennent par l'action de l'azotate mercurique sur une solution aqueuse de nitramide.

Hypoazotites de mercure. — 1° $Hg^2(AzO)^2$: action de l'hypoazotite de sodium sur le nitrate mercureux [Thum, *Inaug. dissert. Prag.*, 1893 ; — Ray, *J. Chem. Soc.*, (2), **71**, 348, 1897].

2° $Hg(AzO)^2 3HgO . 5H^2O$: action de l'hypoazotite de sodium sur le nitrate mercurique [Ray, *J. Chem. Soc.*, **71**, 348, 1097, 1105, 1897 ; — Divers, *J. Chem. Soc.*, (2) **75**, 120, 1899].

Azotite mercureux, $Hg^2(AzO^2)^2$. — Le mercure se dissout facilement dans une solution de AzO^2H à 1 0/0 [Veley, *Proc. Roy. Soc.*, **48**, 458, 1891 : — *Chem. News*, **63**, 3, 1891]. L'azotite mercureux se forme quand on réduit l'azotate mercurique par l'oxyde azotique [Veley, *Proc. Roy. Soc.*, **52**, 27, 1893 ; *Jahresb.*, 592, 1892].

$Hg^2(AzO^3)^2 . H^2O$. — Il se forme quand on verse du mercure dans de l'acide azotique et abandonne le mélange à lui-même [Ray, *An. Ch. Pharm. Lieb.*, **316**, 250, 1901 ; *Z. anorg. Ch.*, **12**, 365, 1896 ; *Chem. News*, **74**, 289, 1896]. Le produit est triclinique et très réfringent [Holland, *J. chem. Soc.*, (2), **71**, 346, 1897].

Quand on chauffe de l'azotite mercureux dans le vide, il se forme de l'oxyde azotique, un peu de peroxyde d'azote, du mercure métallique, de l'azotate basique et enfin de l'azotate mercureux qui se dépose en cristaux sur les parties froides [Ray et Sen, *Proc. Chem. Soc.*, **19**, 78, 1903 ; *J. Chem. Soc.*, (2), **83**, 491, 1903].

Théorie de la formation de l'azotite mercureux. — [Ray, *Proc. Chem. Soc.*, **20**, 217, 1904 ; — Divers, *Chem. Centr. Bl.*, **1**, 717, 1905 ; — Ray, *J. Chem. Soc.*, (2), **87**, 171, 1905].

Azotite mercurique, $Hg(AzO^2)^2$. — Il peut être obtenu en évaporant dans le vide la solution qui résulte de la décomposition de $HgCl^2$ par AzO^2Ag. Aiguilles jaunes ne se conservant pas à l'air, très déliquescentes [De Koninck, *Chem. Zeit.*, **19**, 750, 1895 ; Ray, *Proc. Chem. Soc.* **20**, 57, 1904 ; *J. Chem. Soc.*, (2), **85**, 523, 1904 ; *B. Soc. Ch.*, (3), **32**, 1156, 1904]. Conductibilité électrique : Ley et Kissel [*D. chem. G.*, **32**, 1363, 1899].

La décomposition de l'azotite mercureux par l'eau [Ray, *J. Chem. Soc.*, (2), **71**, 537, 1897] donne les sels

$$9Hg^2O . 4HgO . 5Az^2O^5 . 8H^2O ;$$
$$Hg^2O . 2HgO . Az^2O^5 . 2H^2O ;$$
$$12HgO . 5Az^2O^5 . 24H^2O.$$

Azotate mercureux. — $Hg^2(AzO^3)^2 . 2H^2O$.

L'azotate mercureux se forme quand on réduit une solution azotique d'azotate mercurique par de l'oxyde azotique [Veley, *Proc. Roy. Soc.*, **52**, 27, 1893 ; *Jahresb.*, 592, 1892 : — Divers et Shimidzu [*J. Chem. Soc.*, (2), **47**, 630, 1885].

A la suite des déterminations qu'il a faites

dans l'acide azotique étendu. Canzoneri [*Gaz. ch. Ital.*, **23**, II, 432, 1893], prétend que la formule de l'azotate mercureux doit être écrite $(HgAzO^3)^2$ et non AzO^3Hg. Voyez aussi Ogg [*Z. ph. Chem.*, **27**, 285, 1898].

A 100°, l'hydrogène le transforme en HgO et AzO [Colson, *C. R.*, **128**, 1104, 1899].

Azotates basiques. — $5Hg^2O . 3Az^2O^5 . 2H^2O$; $3Hg^2O . Az^2O^5 . 2H^2O$. — D'après Cox, ces deux corps sont les seuls azotates basiques qui puissent exister [*Z. anorg. Ch.*, **40**, 169, 1904].

Azotate mercurique $(AzO^3)^2Hg$. — L'azotate mercurique est réduit par AzO, comme par l'hydrogène (Veley). Une solution d'azotate mercurique traitée par un azotite alcalin, puis par H^2S, donne de l'hydroxylamine [Divers et Haga, *J. Chem. Soc.*, (2), **51**, 48, 1887].

D'après les données thermochimiques de Varet [*C. R.*, **123**, 174, 1896 ; *An. Ch. P.*, ( ), **8**, 120, 1896], l'azotate mercurique existerait à l'état de sel neutre au sein des solutions mercuriques.

Raoult [*An. Ch. P.*, (6), **8**, 335, 1886] a fixé par la méthode cryoscopique la formule atomique de l'azotate mercurique.

Equilibre entre le mercure, l'azotate mercureux et l'azotate mercurique [Abel, *Z. anorg. Ch.*, **26**, 361, 1901 ; *B. Soc. Chim.*, (3), **28**, 355, 1902].

Azotate mercurique basique et sels complexes. — $2HgO . Az^2O^5 . H^2O$. — Ce corps se présente tantôt sous la forme d'une poudre jaune, tantôt en tablettes hexagonales [Mailhe, *An. Ch. P.*, (7), **8**, 111, 1896].

$HgBr^2 . Hg(AzO^3)^2$. — Morse [*Z. ph. Chem.*, **41**, 726, 1902].

$HgI^2 . Hg(AzO^3)^2$. — Obtenu en chauffant un gramme de HgI^2 avec 75 centimètres cubes AzO^3H : lamelles nacrées blanches [Kraut, *D. chem. G.*, **18**, 3461, 1885].

Mercure dithioimide, $SAz^2 . Hg$. — [Ruff et Geisel, *D. chem. G.*, **37**, 1573, 1904].

Phosphures de mercure. — Hg^3P^4. — Cristaux hexagonaux, rouge foncé, décomposables par la chaleur en leurs éléments. Ils se forment quand on fait réagir en tube scellé un mélange (à poids égaux) de biiodure de phosphore et de mercure [Granger, *An. Ch. P.*, (7), **14**, 71, 1898 ; *C. R.*, **115**, 229, 1892 ; — van Haaren, *Ar. der Pharm.*, **238**, 34, 1900].

$Hg^3P^4 . 3HgCl^2 . 3H^2O$ (Van Haaren). — Poudre jaune qui, chauffée à l'abri de l'air, se décompose en mercure et HCl.

$PI(HgI)^2$. — [Venturoli, *L'Orosi*, **13**, 295, 1890 ; *Jahresb.*, 653, 1890].

$PHg^2I . HgI^2$. — Lemoult, *C. R.*, **139**, 478, 1904. Ce corps se forme quand on fait passer un courant de H^2S dans une solution d'iodomercurate de potassium.

$HgH^2PO^4 . HgAzO^3 . H^2O$. — [Hader, *J. Chem. Soc.*, **67**, 227, 1895 ; *Jahresb.*, 641, 1895]. Corps blanc, décomposable par l'eau.

Phosphate mercureux. — Solubilité dans le gaz carbonique [Barillé, *C. R.*, **137**, 566, 1903].

$(Hg^2)^3(PO^3)^6$. — [Lüdert, *Z. anorg. Chem.*, **5**, 39, 1894]. Précipité blanc floconneux.

Phosphate trimercurique, $Hg^3(PO^4)^2$.

Quand on chauffe du sulfate basique de mercure $3HgO . SO^3$ avec une solution de phosphate de sodium, il se produit un mélange de phosphate trimercurique et de HgO soluble dans l'acide acétique chaud.

Le phosphate trimercurique est une poudre cristalline blanche, très peu soluble dans l'eau [Haack, *An. Chem. Pharm. Lieb.*, **262**, 190, 1891].

$(PO^3)^4Hg^2$. — Warschauer [*Z. anorg. Ch.*, **36**, 188, 1903] prépare ce corps en chauffant du nitrate mercurique avec de l'acide phosphorique au-dessus de 400°.

$(PO^3)^6Hg^3$. — Précipité huileux, devenant solide à l'air [Lüdert, *Z. anorg. Ch.*, **5**, 39, 1894].

$(PS^3)^2Hg^3$ (thiophosphite mercurique) — Corps rouge cristallisé, décomposé par l'acide azotique chaud [Ferrand, *An. Ch. P.*, (7), **17**, 426, 1899].

$P^2S^6Hg^2$ (thiohypophosphate mercurique). — Obtenu en chauffant en tube scellé 6 grammes Hg, un gramme P et 3 grammes S [Friedel, *C. R.*, **119**, 260, 1894].

$P^2S^7Hg^4$ (thiopyrophosphate mercurique). — Poudre cristalline rouge obtenue en chauffant 7gr,53 de Hg, 2gr,05 de S et 0gr,57 de P (Ferrand).

$P^2S^8Hg^3$ (thioorthophosphate mercurique) — Action de 2 molécules P^2S^5 sur 3 molécules HgS [Glatzel, *Z. anorg. Ch.*, **4**, 267, 1893].

$5Hg^2O^4 . 2HgAzO^3 . Hg^2O . H^2O$. — [Haack, *An. Ch. Pharm. Lieb.*, **262**, 190, 1891].

Arséniures de mercure. — Hg^3As^2. — Corps noir très oxydable [Partheil et Amort, *D. chem. G.*, **31**, 594, 1899].

$HAs(HgCl^2) . 5H^2O$. — On obtient ce composé en faisant passer un courant de AsH^3 dans une solution alcoolique de $HgCl^2$ [Franceschi, *L'Orosi*, **13**, 289, 1890 ; *Jahresb.*, 632, 1890]

$AsHg^3I^3$. — Précipité cristallin brun clair, obtenu en faisant agir AsH^3 sur une solution d'iodomercurate de potassium [Lemoult, *C. R.*, **139**, 478, 1904].

Arsénites mercureux. — AsO^3Hg^3 (orthoarsénite) — Précipité blanc soluble dans les acides étendus [Starenhagen, *J. prakt. Chem.*, (2), **51**, 23, 1895].

AsO^2Hg (métaarsénite). — Reichard [*D. chem. G.*, **27**, 1021, 1894] l'a préparé en décomposant l'azotate mercureux par une solution d'arsénite de potassium $K^2O . 2As^2O^3$.

Arsénites mercuriques. — $(AsO^3)^2Hg^3$ (orthoarsénite). — Précipité blanc floconneux, peu soluble dans l'eau (Stavenhagen).

$As^2O^5Hg^2$ (métaarsénite). — Il se forme par l'action de l'arsénite de potassium sur $HgCl^2$. Blanc jaunâtre (Reichard).

$As^2O^8Hg^3$ (pyroarsénite). — Poudre blanche, lourde, décomposable par la lumière et par la chaleur avec formation de As^2O^3. Difficilement soluble dans HCl et SO^4H^2 [Reichard, *D. chem. G.*, **31**, 2170, 1898].

Arséniates mercureux. — $(Hg^2)^3(AsO^4)^2$. — Préparé par Coloriano [*C. R.*, **103**, 273, 1886] en chauffant en tube scellé du mercure et de l'acide arsénique. Haack [*An. Chem. Pharm. Lieb.*, **262**, 190, 1891] mélange une solution d'azotate mercureux avec un excès d'arséniate de sodium.

Quand l'azotate mercureux est en excès, il se forme le produit $3Hg^3AsO^4 . 2(HgAzO^3) + Hg^2O$.

$Hg^3(AsO^4)^2$ (orthoarséniate). — Bergmann le prépare en précipitant du chlorure mercurique par de l'arséniate de soude, ou du nitrate mercurique par de l'acide arsénique. Haack mélange de l'azotate mercurique et de l'arséniate monosodique. Poudre lourde jaune citron, peu soluble dans l'eau bouillante d'où elle cristallise par refroidissement en paillettes brillantes. KI donne avec $(AsO^4)^2Hg^3$ de l'iodure mercurique. NaCl donne un oxychlorure.

Sels doubles :

$$3Hg^3(AsO^4)^2 . 5HgCl^2 . 8HgO, 62H^2O,$$
$$3Hg^3(AsO^4)^2 . 5HgCl^2 . 9HgO, 3H^2O,$$
$$3Hg^3AsO^4 . 2(HgAzO^3 + Hg^2O).$$

obtenus par Haack en précipitant du $HgCl^2$ par l'arséniate disodique, suivant qu'il y a excès de l'un ou de l'autre des deux corps réagissants.

Antimoniures de mercure. — [Schumann, *An. Ph. Chem. Wiedem.*, (2), **43**, 102, 1891].

Sb^2Hg^3. — Poudre gris foncé obtenue par l'action de SbH^3 sec sur $HgCl^2$ [Mannheim. *Ar. der Pharm.*, **238**, 169, 1900].

$Sb(HgCl)^2 . 3H^2O$. — [Franceschi, *L'Orosi*. **13**, 397, 1890; *Jahresb.*, 594, 1891].

$Hg^3Sb^4 . 2HgI^2$. — Préparé par Granger en chauffant, en tube scellé, un mélange de 40 grammes de Hg et 120 grammes d'iodure d'antimoine [*C. R.*, **132**, 1115, 1901].

$SbHg^3I^3$. — [Lemoult, *C. R.*, **139**, 478, 1904].

ANTIMONIATE MERCUREUX. — [Harding, *Z. anorg. Ch.*, **21**, 235, 1899].

Antimoniate mercurique $Sb^2O^6Hg , 5H^2O$. — [Senderens, *B. Soc. Ch.*, (3), **21**, 47, 1899].

Sulfoantimonite mercureux, préparé par Pouget [*An. Ch. P.*, (7), **18**, 557, 1899).

CARBURES DE MERCURE. — $C^2Hg^2 . H^2O$ (carbure mercureux). — Corps gris, décomposable à 100°, obtenu par l'action de C^2H^2 sur l'acétate mercureux en suspension dans l'eau [Plimpton, *Proc. Chem. Soc.*, **8**, 109, 1892; — Burkard et Travers, *J. Chem. Soc.*, **81**, 1270, 1902].

$HgC \equiv CHg + AzO^3Hg + H^2O$. — [Erdmann et Köthner, *Z. anorg. Ch.*, **18**, 48, 1898; — Köthner, *D. chem. G.*, **31**, 2475, 1898; — Hofmann *D. chem. G.*, **31**, 2212, 1898].

C^2Hg (carbure mercurique). — Précipité blanc floconneux, décomposable au-dessus de 100°, préparé par Keiser [*Am. Chem. J.*, **15**, 535, 1893; *Jahresb.*, 624, 1893], en faisant passer un courant d'acétylène dans une solution alcaline d'iodomercurate de potassium.

$C^2H . HgI + HgO$. — Précipité jaune clair faisant explosion par la chaleur.

$3C^2Hg . H^2O$. — Poudre blanche lourde, contenant de l'eau, même au-dessus de 100° [Travers et Himpton, *J. Chem. Soc.*, (2), **65**, 264, 1894; — Himpton, *Chem. News*, **65**, 205, 1892].

$C^2(HgCl)^2 + 1/2H^2O$. — Précipité blanc obtenu par Keiser en faisant passer C^2H^2 dans une solution froide de $HgCl^2$. Bergé et Reychler [*B. Soc. Ch.*, (3), **17**, 210, 1897], prétendent que C^2H^2 ne se combine pas avec $HgCl^2$ en solution acidulée par HCl; il se formerait un corps cristallisé en aiguilles $Cl . CH : CH . HgCl$ [Biginelli, *Annali di Farmacoterapia et Chimica*, **27**, **28**, 16, 1898; *Chem. Cent. Bl.*, I, 925, 1898]; sous l'action des alcalis ce corps donnerait le dérivé $3C^2Hg . H^2O$ [Brame, *Proc. Ch. Soc.*, **21**, 119, 1905].

Mercabides [Hoffmann, Biltz et Humm. Brame, *D. chem. G.*, **37**, 4417, 1904].

CYANURES DE MERCURE ET SELS COMPLEXES. — (Voyez 2e Suppl., 1535).

FLUOSILICATE MERCUREUX. $Hg^2SiF^6 . 2H^2O$. — Obtenu par Lemaire [*Jahresb.*, 976, 1897] en dissolvant du carbonate mercureux dans de l'acide fluosilicique et évaporant.

SELS DOUBLES.

Mercure et cæsium. — Weills [*Zeit. anorg. Chem.*, **2**, 492, 1892; *Am. Journ. Soc.*, (3), **44**, 221, 1892; *Jahresb.*, 673, 1892] a décrit un grand nombre de chlorures, bromures, iodures doubles de mercure et de cæsium.

Il les prépare en dissolvant les chlorure, bromure et iodure mercuriques dans des solutions chaudes des sels halogénés de cæsium. On laisse refroidir et on évapore.

SELS DOUBLES DE MERCURE ET D'AMMONIUM. — $HgBr^2 . 2AzH^4Cl . 3H^2O$; $HgBr^2 . 2AzH^4Br . 3H^2O$ [Thomson et Bloxam, *J. Chem. Soc.*, (2), **41**, 379, 1882].

$2AzH^4I . HgI^2$. — [François, *C. R.*, **129**, 959, 1899; *C. R.*, **128**, 1456, 1899].

$2HgI^2 . 3AzH^4Br$; $HgI^2 . 2AzH^4Br$ [Grossmann, *D. chem. G.*, **36**, 1600, 1903].

$$HgBr^2 . AzH^4 . SCAz ;$$
$$HgBr^2 . 2AzH^4SCAz + H^2O$$

(Grossmann).

$(AzH^4)HgS^2O^8 . 2AzH^3$. — (Persulfate mercuroso-ammonié).

$[(AzH^4)HgSO^4]^2 . 2AzH^3 . 3Hg^2O$. — [Tarugi, *Gazz. chim. ital.*, **33**, 127, 1903; *Bull. Soc. Chim.*, (3), **32**, 766, 1904].

$Hg(CAz)^2 . AzH^4SCAz$. — [Clève, *Bull. Soc. Chim.*, (2), **23**, 71, 1875].

COMPOSÉS DE MERCURAMMONIUM. — [Barford, *J. prakt. Chem.*, (2), **39**, 201, 1889. — Pesci, *Gazz. chim. ital.*, **21**, **2**, 569, 1891; *Jahresb.*, 586, 1891. — Hoffmann et Marburg [*Ann. Chem. Pharm. Lieb.*, **305**, 191, 1899].

Chlorures de dimercuriammonium, $AzHg^2Cl$. — On le prépare en dissolvant l'hydrate $AzHg^2OH$, dans la quantité nécessaire d'acide chlorhydrique [Rammelsberg, *Sitz. prüss. Akad.*, **1**, 1331, 1888; *J. prakt. Chem.*, (2), **38**, 558, 1888; l'iodure de potassium et l'hyposulfite de sodium donnent avec ce produit du sel mercurique et les alcalis [Balestra, *Gazz. chim. ital.*, **22**, II, 557, 1892].

$AzHg^2Cl . H^2O$. — Poudre jaune clair, lourde [Pesci, *Gazz. chim. ital.*, **19**, 509, 1889; **20**, 485, 1890. — Ray, *Zeit. anorg. Chem.*, **33**, 1893, 1903. — André, *Bull. Soc. Chim.*, (3), **2**, 150, 1889. — Sen, *Zeit. anorg. Chem.*, **33**, 197, 1903].

$AzHg^2Cl . 4HCl$. — Cristaux blancs qui, traités à froid par la potasse, fournissent l'hydrate $2AzHg^2Cl . H^2O$ [Ray, *Proc. Chem. Soc.*, **17**, 96, 1901; **18**, 85, 1902; *J. Chem. Soc.*, (2), **61**, 644, 1902].

$AzHg^2Cl . AzH^4Cl$. — [Carnegie et Burt, *Chem. News*, **76**, 174, 1897; *Jahresb.*, 967, 1897. — Sen, *Zeit. anorg. Chem.*, **33**, 197, 1903. — Pesci, *Zeit. anorg. Chem.*, **21**, 361, 1899. — Fürth, *Mon. Chem.*, **23**, 1147, 1903].

André [*Bull. Soc. Chim.*, (3), **1**, 317; **2**, 146, 1889] a étudié l'action de l'eau sur ce corps et il a montré que, en solution étendue, le précipité qui se produisait se transformait peu à peu en un mélange de $AzHg^2Cl . AzH^4Cl$ et $AzHg^2Cl . H^2O$.

$Cl . Hg . AzH^3 . AzH^3Cl$. — [Fürth, *Mon Chem.*, **23**, 1147, 1903]. André [*C. R.*, **112**, 859, 1891] obtient ce composé cristallisé en chauffant en présence d'ammoniaque, et en tube scellé, le précipité provenant de la réaction de l'ammoniaque sur la dissolution de HgO dans AzH^4Cl [Naumann, *D. chem. G.*, **37**, 3600, 1904. — Thümmel, *Arch. der Pharm.*, (3), **25**, 245, 1887. — François, *J. Pharm. Chem.*, (6), **5**, 392, 1897].

$4HgCl^2 . AzH^3$. — [Pesci, *Gazz. chim. ital.*, **20**, 485, 1890].

$HgCl^2 . AzH^3$. — [Hoffmann et Marburg, *D. chem. G.*, **30**, 2019, 1897].

Bromures de dimercuriammonium, $AzHg^2Br . AzH^4Br$. — D'après Hoffmann et Marburg [*Zeit. anorg. Chem.*, **23**, 126, 1900], ce composé, décrit par Mitscherlich et Rammelsberg, aurait pour formule $(H . OHg)^2AzH^2Br$.

$AzHg^2Br . 4HBr$. — Traité par une solution étendue de potasse, ce composé donne le produit $2AzHg^2Br . H^2O$ [Ray, *Proc. Chem. Soc.*, **17**, 96, 1901. — Sen, *Zeit. anorg. Chem.*, **33**, 197, 1903].

Iodures de mercurammonium, $AzHg^2I$. — Obtenu par François [*C. R.*, **130**, 571, 1900] en triturant dans un mortier l'iodure $AzHg^2I . 3AzH^4I$ avec de la soude caustique. On essore à la trompe, on lave et on sèche. On a ainsi un corps amorphe, mais il a été préparé aussi à l'état de cristaux microscopiques rouge foncé.

$AzHg^2I.H^2O$. — [François, *C. R.*, **130**, 332.]

$AzHg^2I.AzH^4I$. — Poudre légèrement jaunâtre, formée de cristaux microscopiques, insoluble dans l'éther [François, *C. R.*, **130**, 1022, 1900].

$AzHg^2I.3AzH^3I$. — Colson [*C. R.*, **115**, 657, 1892] a préparé ce produit en faisant passer un courant de AzH^3 sec dans une solution de HgI^2 dans le benzène. Précipité jaune cristallin, décomposable à l'air en devenant rouge, avec dégagement de AzH^3 [Lemoult, *C. R.*, **139**, 678, 1904. — Pesci, *Gazz. chim. ital.*, **20**, 485, 1890].

$3HgI^6.4AzH^3$. — [François, *C. R.*, **129**, 296, 1899].

$Hg^9.Az^4I^5$. — Ce produit se forme quand on fait agir de l'ammoniaque faible sur le composé $3HgI^2.4AzH^3$ [François, *Thèse*, 92, 1901].

$Hg^7H^2Az^4I^4$ (François).

Hydrate de dimercurammonium, $(AzHg^2)^2O.H^2O$. — Corps amorphe brun clair, explosif; l'eau le transforme en hydrate à $3H^2O$ [Fiath, *Mon. Chem.*, **23**, 1147, 1903. — Rammelsberg, *Sitz. prüss. Akad.*, **1**, 333, 1888].

Sulfate de dimercurammonium (Turbith ammoniacal) $(AzHg^2)^2SO^4.H^2O$. — Ray [*Proc. Chem. Soc.*, **20**, 249, 1904] a obtenu ce composé en faisant agir de l'acide sulfurique sur l'azotite de dimercuriammonium. On connaît également les sels :

$$(AzHg^2)^2SO^4.2H^2O;$$
$$7(AzH^2)^2SO^4.(AzH^4)^2SO^4.12H^2O;$$
$$(AzHg^2)^2SO^4.3(AzH^4)^2SO^4.4H^2O;$$
$$5(AzHg^2)^2SO^4.14(AzH^4)^2SO^4.16H^2O \text{ (Pesci)}.$$

Séléniate de dimercuriammonium.

$$(AzHg^2)SeO^4.2H^2O.$$

— On l'a obtenu en dissolvant du séléniate basique mercurique dans l'ammoniaque [Heusgen, *Rec. Pays-Bas*, **5**, 197, 1886].

Azotite de dimercuriammonium.

$$2AzHg^2AzO^3.H^2O.$$

— Ray, *Proc. Chem. Soc.*, **17**, 96, 1901].

Azotate de dimercuriammonium,

$$AzHg^2AzO^3.H^2O.$$

(Rammelsberg et Pesci). — [Ray, *Zeit. anorg. Chem.*, **33**, 209, 1903].

$HAz(SO^3HgO)^2Hg$. — Divers et Haga [*J. Chem. Soc.*, (2), **61**, 976, 1892; *Jahresb.*, 568, 1892] ont obtenu ce produit en décomposant l'imidosulfonate trisodique par le nitrate mercurique.

Phosphate basique. $(AzHg^2)^3PO^4.2AzHg^2$. — Corps jaunâtre, devenant gris à la lumière [Rammelsberg, *J. prakt. Chem.*, (2), **38**, 567, 1888. — Ray, *Proc. Chem. Soc.*, **20**, 249, 1904].

COMBINAISONS HYDRAZINIQUES.

$$HgCl^2.Az^2H^4; \quad Hg^2Cl^2.Az^2H^4;$$
$$HgCl^2.(Az^2H^5Cl)^2; \quad Hg^2(AzO^3)^2Az^2H^4;$$
$$Hg(AzO^3)^2Az^2H^4.$$

[Voyez Hoffmann et Marburg, *D. chem. G.*, **30**, 2019, 1897. — Curtius et Schrader, *J. prakt. Chem.*, (2), **50**, 332, 1894].

Chlorure, bromure et sulfate mercuriques et hydroxylamine. — [Combinaisons, voyez Adams, *Am. Chem. Journ.*, **28**, 198, 1902].

CHLORURE DE MERCURE ET DE LITHIUM. — $HgCl^2.2LiCl$. — Harth, *Zeit. anorg. Chem.*, **14**, 323, 1897].

MERCURE ET CALCIUM. — $CaCl^2.HgO.4H^2O$. — Obtenu en chauffant une solution de $CaCl^2$ avec HgO. Cristaux incolores, devenant anhydres à 180° [Klinger, *D. chem. G.*, **16**, 997, 1883]. Duboin [*C. R.*, **142**, 887, 1906] a décrit plusieurs iodomercurates de calcium.

MERCURE ET BARYUM. — $3HgCl^2.BaCl^2.8H^2O$ (Swan). — [Foote et Bristol, *Am. Chem. Journ.*, **32**, 246, 1904].

$BaCl^2.HgO.6H^2O$. — Fines aiguilles jaunissant sous l'action de l'eau, perdant $5H^2O$ à 100° (André).

$HgS.BaS.5H^2O$. — [Wagner, *J. prakt. Chem.*, **98**, 23, 1866]. Duboin [*C. R.*, **142**, 887, 1906; **143**, 313, 1906] a décrit plusieurs iodomercurates de baryum.

MERCURE ET MAGNÉSIUM. — $3HgCl^2.MgCl^2$. — Lamelles rhombiques, inaltérables à l'air, cristallisant avec 6 molécules d'eau (Swan).

MERCURE ET CADMIUM. — $HgI^2.3CdI^2$. — Obtenu en dissolvant de l'iodure mercurique dans une solution chaude de C^2I^2 [Clarke et Kleber, *Am. Chem. Journ.*, **5**, 235, 1883; *Jahresb.*, 388, 1883].

$HgCl^2.CdO.H^2O$. — Poudre blanche amorphe (Mailhe).

$HgBr^2.CdO.H^2O$. — Aiguilles prismatiques (Mailhe).

$Hg(AzO^3)^2.CdO.3H^2O$ (Mailhe).

MERCURE ET COBALT. — $(HgCl^2.3CoO)(CoCl^2.3CoO)20H^2O$. — Préparé par Mailhe en mettant $CoCl^2$ au contact de l'oxyde mercurique.

$(HgBr^2.3CoO)(CoBr^2.3CoO)20H^2O$ (Mailhe).

$Hg(AzO^3)^2CoO.4H^2O$ (Mailhe). — On fait bouillir de l'oxyde jaune de mercure avec une solution concentrée d'azotate de cobalt.

$[Cl^2.Co(AzH^3)^4]^2HgCl^4$. — [Werner et Klein, *Z. anorg. Ch.*, **14**, 40, 1897].

MERCURE ET MANGANÈSE. — $Hg(AzO^3)^2MnO.4H^2O$ (Mailhe).

MERCURE ET CHROME. — $3Hg^2O.CrO^3$ [P. et M. Richter, *D. chem. G.*, **15**, 1489, 1882].

$5HgO.CrO^3$. — Corps amorphe jaune orangé [Jäger et Krüss, *D. chem. G.*, **22**, 2049, 1889].

$6HgO.CrO^3$ (Jäger et Krüss).

$$(AzHg^2OH^2)^2CrO^4;$$
$$(AzHg^2OH^2)^2Cr^2O^7.3(AzH^4)^2Cr^2O^7$$

[Heusgen, *Rec. Pay-Bas*, **5**, 187, 1886].

$2(AzH^3.HgCl)HgCrO^4$. — Précipité jaune clair obtenu en faisant agir 1 partie de chromate neutre d'ammonium sur 1 partie de sublimé (Jäger et Krüss).

Chlorures de mercure et lutéochromique : $Cr^2Cl^6.12AzH^3.2HgCl^2$ (octaèdres jaunes obtenus avec l'azotate luthéochromique, HCl et $HgCl^2$); $Cr^2Cl^6.12AzH^3.6HgCl^2.2H^2O$ [Jörgensen, *J. prak. Ch.*, (2), **30**, 17, 1884]; $Cr^2Cl^6.10AzH^3.6HgCl^2.4H^2O$ [Christensen, *J. prak. Ch.*, (2), **23**, 45, 1881].

$CrO^4K^2.2HgCl^2$. — Prismes orthorhombiques très solubles dans l'eau [Jäger et Krüss, *D. chem. G.*, **22**, 2043, 1889]; $Cr^2O^7K^2.HgCl^2$ (Jäger et Krüss). $2CrO^4K^2.3Hg(CAz)^2$; $K^2Cr^2O^7Hg(CAz)^2.2H^2O$ [Krüss et Unger, *Z. anorg. Ch.*, **8**, 452, 1895].

Jäger et Krüss [*D. chem. G.*, **22**, 2043, 1889] ont préparé en outre une série de sels doubles de chlorure mercurique et de chromate d'ammonium d'une part, de cyanure de mercure et de chromates de Zn, de Cd, de Co et de Ni, d'autre part.

Chromate de strontium et $HgCl^2$. — $CrO^4Sr.2HgCl^2.HCl$; $2(CrO^4Sr.3HgCl^2).HCl$ [Imbert et Belugou, *B. Soc. Chim.*, (3), **17**, 471, 1897: — Belugou, *B. Soc. Chim.*, **17**, 473, 1897].

MERCURE ET CUIVRE. — $HgCl^2.CuCl^2$. — Aiguilles prismatiques (Harth).

$HgCl^2.CuO.H^2O$. — Mailhe [*C. R.*, **133**, 266,

1901] l'a préparé en faisant bouillir de l'hydrate de cuivre avec une solution de $HgCl^2$.

$HgBr^2 . CuBr^2 . 3CuO . H^2O$: $HgBr^2 . CuO . 3H^2O$ (Maille).

$HgI^2 . CuI^2$. — Ce sel a été préparé en faisant agir le sulfate de cuivre sur l'iodomercurate de potassium [Lenoble. *Bull. Soc. Chim.*, (3), **9**, 137, 1893].

$2HgS . Cu^2Cl^2$. — Action de Cu^2Cl^2 dissous dans le sel marin sur HgS [Raschig, *D. chem. G.*, **17**, 697, 1884].

$Hg(AzO^3)^2CuO . 5H^2O$. — Maille [*An. Ch. P.*, **7**, 27, 373, 1902] a obtenu ce composé en mettant HgO au contact d'une solution concentrée de nitrate de cuivre.

AMALGAMES. — La répartition d'un métal solide dans le mercure n'est pas assimilable à la dissolution des sels dans l'eau : le métal subit une sorte de désagrégation moléculaire ; il se dissémine au sein du mercure et forme avec lui des combinaisons définies [Berthelot, *An. Ch. P.*, (7), **22**, 230, 1901 ; — Tamman, *Z. ph. Ch.*, (3), 441, 1889]. Kettembeil a classé les métaux en 3 catégories d'après leur tendance à former des amalgames [*Z. anorg. Ch.*, **38**, 213, 1904].

Amalgame d'ammonium. — [Cohen, *Z. anorg. Ch.*, **25**, 430, 1900 ; — Pollington, *Z. Elektr.*, **5**, 139, 1898 ; — Michaud, *Am. Chem. J.*, **16**, 488, 1894 ; — Proude et Wood, *Proc. Chem. Soc.*, **11**, 236, 1895].

Moissan a préparé l'amalgame d'ammonium, sans intervention d'eau, par l'action de l'amalgame de sodium sur AzH^4Cl ou AzH^4I en solution dans AzH^3 liquéfié à — 36°. L'amalgame d'ammonium ainsi préparé est stable et peut être solidifié à — 40° [*C. R.*, **133**, 803, 1901].

Amalgames de lithium. — L'amalgame de lithium obtenu dans l'électrolyse d'une solution concentrée de chlorure a pour formule : $LiHg^5$ [Guntz et Férée, *B. Soc. Ch.*, (3), **15**, 834, 1896]. Les amalgames $LiHg^3$, LiHg, Li^3Hg constitueraient aussi les composés définis [Maey, *Z. ph. Ch.*, **29**, 119, 1889 ; *Chem. Centr. Bl.*, **2**, 6, 1899] : — Kerp et Böttger [*Z. anorg. Ch.*, **25**, 16, 1900] prétendent que l'amalgame $LiHg^5$ est le seul qui, entre 0° et 100°, cristallise de sa solution dans le mercure.

Amalgames de calcium. — L'électrolyse d'une solution aqueuse de $CaCl^2$ en présence du mercure ne fournit qu'un amalgame très peu riche [Maquenne, *B. Soc. Ch.*, **7**, 373, 1892].

En triturant un mélange de calcium très divisé et de mercure dans une atmosphère de CO^2, l'amalgame se forme à la température ordinaire avec dégagement de chaleur [Moissan, *An. Ch. Ph.*, (7), **18**, 289, 1899]. Le calcium en fragments agit lentement sur le mercure à la température ordinaire [Moissan et Chavanne, *C. R.*, **140**, 122, 1905].

Ca^3Hg^4. — Masse poreuse d'un gris blanchâtre, s'oxydant facilement à l'air ; chauffée dans un courant d'azote elle fournit l'azoture Az^2Ca^3 signalé par Moissan [Férée, *C. R.*, **127**, 618, 1898].

$CaHg^3$. — Prismes rhombiques en aiguilles, obtenus en chauffant à 200° du Ca avec 20 parties de mercure [Schürger, *Z. anorg. Ch.*, **24**, 425, 1900].

$CaHg^8$. — Obtenu par Moissan et Chavanne, cet amalgame est stable à l'air sec ; à l'air humide, il se recouvre d'une pellicule noirâtre. C'est un réducteur énergique. Avec le sulfate d'ammonium, il donne de l'amalgame d'ammonium. Il est plus actif que l'amalgame de sodium vis-à-vis des composés organiques.

AMALGAMES DE BARYUM. — Maquenne [*loc. cit.*] a obtenu un amalgame de baryum sous forme de cubes ou d'octaèdres en électrolysant, en présence de mercure, une solution de $BaCl^2$. Guntz [*An. Ch. P.* (8), **4**, 5, 1905 ; *C. R.*, **133**, 872, 1901] a montré que si l'on chauffe graduellement jusqu'à 850° de l'amalgame à 3 0/0, on obtient un amalgame à 90 0/0 de Ba, et à 1000° du baryum pur.

$BaHg^{12}$ (Kerp, Guntz et Férée) ; $BaHg^{10}$ [Guntz et Férée ; Kerp et Böttger, *Z. anorg. Ch.*, **25**, 41, 1900 ; — Smith, *Ch. Centr. Bl.*, **1**, 797, 1905 ; — Marckwald, *D. chem. G.*, **37**, 88, 1904 ; — Fernekes, *J. of ph. Chem.*, **8**, 566, 1904].

AMALGAME DE BISMUTH. — On l'obtient en dissolvant du bismuth dans du mercure chauffé ou en traitant le nitrate de bismuth par l'amalgame de sodium [Schumann, *An. Ph. Chem. Wiedm.*, (2), **43**, 102, 1891].

Action de la chaleur sur l'amalgame de bismuth [Merz et Weith, *D. chem. G.*, **14**, 1438, 1881]. La conductibilité électrique de cet amalgame, pour une teneur inférieure à 2 0/0 de Bi, est plus grande que celle du mercure [Michaëlis, *An. Ph. Chem. Wiedm. B.*, **9**, 267, 1885 ; — Weber, *An. Ph. Chem. Wiedm.*, (2), **31**, 243, 1887].

AMALGAME D'ÉTAIN. — Schumann l'a obtenu en coulant de l'étain fondu dans du mercure. A la température de l'ébullition du mercure, l'amalgame d'étain ne retient plus de mercure (Merz et Weith). — [Van Hœteren, *Z. anorg. Ch.*, **42**, 129, 1904 ; — Heycok et Naville, *J. chem. Soc.*, (2), **57**, 376, 1890]. — Conductibilité électrique des amalgames d'étain, voyez Michaëlis et Weber.

AMALGAME DE MAGNÉSIUM. — On obtient un amalgame à 2 0/0 en versant peu à peu, dans du mercure à l'ébullition, la quantité nécessaire de magnésium et remuant énergiquement [Fleck et Bassett, *J. Am. Chem. Soc.*, **17**, 789, 1895].

On prépare l'amalgame cristallisé $MgHg^6$ en chauffant au-dessus de 300° du magnésium bien pur en ruban avec du mercure [Kerp et Böttger, *Z. anorg. Ch.*, **25**, 33, 1900]. L'amalgame de magnésium est un réducteur énergique [Evan et Fetsch, *J. Am. Chem. Soc.*, **26**, 1158, 1904].

AMALGAMES DE CADMIUM. — Kerp et Böttger [*Z. anorg. Ch.*, **25**, 29, 1900] prétendent que le seul amalgame défini est celui qui a pour formule $CdHg^7$.

Le cadmium et le mercure se mélangent à l'état liquide en toutes proportions [Bijl *Z. ph. Chem.*, **41**, 641, 1902 ; *B. Soc. Ch.*, (3), **30**, 538, 1903] (Merz et Weith). Conductibilité électrique Weber [*An. Ph. Chem. Wied.*, (2), **31**, 243, 1887] ; propriétés galvaniques (Robb) ; propriétés électromotrices [Jäger, *ibid.*, (2), **65**, 106, 1898 ; — Maey, *Z. ph. Chem.*, **50**, 200, 1904].

AMALGAME D'ALUMINIUM. — [Hunt et Steele, *Chem. Centr. Bl.*, **1**, 278, 1897 ; — Biernacki, *An. Ph. Chem. Wiedm.*, (2), **59**, 664, 1896].

On le prépare en broyant ensemble 1 partie d'Al en lames et 3 parties de HgO avec addition de quelques gouttes d'eau (Schumann). L'aluminium dont la surface est bien nettoyée, plongé dans du mercure, puis sorti de ce métal, présente une surface brillante qui s'oxyde rapidement [Krouchkoll, *J. Phys.* (2), **3**, 139, 1884 ; — Heuze, *D. chem. G.*, **11**, 677, 1878 ; — Le Bon, *C. R.*, **131**, 706, 1900 ; — Wislicenus et Kaufmann, *D. chem. G.*, **28**, 1325 et 1983, 1895 ; — Cohen et Ormandy, *ibid.*, **28**, 1505, 1895 ; — Radziewanowsky, *ibid.*, **28**, 1138, 1895].

AMALGAME DE COBALT. — Corps blanc d'argent, cassant : Schumann [*An. Ph. Chem. Wiedm.*, (2), **43**, 107, 1891] obtient celui qui répond à la formule Co^3Hg^{10} par l'action de l'amalgame de sodium à 1 0/0 sur $CoCl^2$ en solution concentrée.

AMALGAME DE FER [Schumann, Krouchkoll, *loc. cit.*].

Amalgame de manganèse. — Masse pâteuse, molle, d'un blanc d'argent, très oxydable à l'air (Schumann). Moissan a signalé l'existence d'un amalgame cristallisé.

Amalgames de chrome Hg^3Cr. — Mou, brillant, peu altérable à l'air [Férée, *C. R.*, **121**, 822, 1895].

$HgCr$. — Masse dure, s'altérant facilement à l'air (Férée).

Amalgames de molybdène. — Férée [*C. R.*, **122**, 753, 1896] a préparé plusieurs alliages de molybdène : Hg^2Mo ; Hg^3Mo ; Hg^5Mo.

Amalgame de cuivre. — On l'obtient dans l'électrolyse d'une solution de sulfate de cuivre : il se présente alors sous forme d'une masse cristalline arborescente (Schumann).

Coehn [*Z. anorg. Ch.*, **25**, 430, 1900] a obtenu un amalgame de cuivre en réduisant le sulfate de cuivre au moyen de l'amalgame d'ammonium à basse température. Roberts Austen [*Chem. News*, **74**, 289, 1896] prétend que le cuivre et l'argent se diffusent très vite dans le mercure.

Juin 1906. A. Bouchonnet.

MERCURE (COMPOSÉS ORGANIQUES).

Mercure méthyle. $Hg(CH^3)^2$. — Chaleur de formation — 36^c,2 [Berthelot, *C. R.*, **129**, 918, 1899].

Le peroxyde d'azote réagit sur le mercure méthyle pour donner, entre autres produits, un acide très instable (acide iminodihydroxamique)

$$AzH \begin{cases} C(OH) = AzOH \\ C(OH) = AzOH \end{cases}$$

et du nitrate de mercure méthyle [Bamberger, Müller, *D. chem. G.*, **32**, 3546, 1900].

Le mercure méthyle se décompose en présence de l'argon en donnant de l'hydrogène, CH^4 (ou C^2H^6) et du mercure [Berthelot, *C. R.*, **129**, 478, 1899].

Il est oxydé par le permanganate et donne le composé CH^3HgOH [Seidel, *J. prakt. Chem.*, (2), **29**, 135, 1883].

Iodure de mercure chlorométhyle, $CH^2Cl.Hg.I$. — On l'obtient en faisant bouillir des poids moléculaires égaux d'iodure de mercure iodométhyle et $HgCl^2$ dissous dans l'alcool. Il fond à 129° [Sakurai, *Chem. Soc.*, **41**, 360, 1882].

Iodure de mercure iodométhyle, $CH I^2.HgI$. — Il s'obtient par l'action de CH^2I^2 sur le mercure, et fond à 108-109° [Sakurai, *Chem. Soc.*, **39**, 488, 1880]. — $CHI.Hg^3I$, fusible à 230°. — $(HgI)^3CH$, mercure iodoforme (Sakurai).

Mercure éthyle. $Hg(C^2H^5)^2$. — Chauffé avec l'iodoforme à 90°, le mercure éthyle donne de l'acétylène et de l'éthylène :

$$3Hg(C^2H^5)^2 + 2CHI^3 = C^2H^2 + 3C^2H^5I + 3C^2H^5HgI$$

$$4Hg(C^2H^5)^2 + 2CHI^3 = 3C^2H^4 + 2C^2H^5I + 4C^2H^5HgI$$

[Suida, *Mon. f. Chem.*, **1**, 716, 1880].

Avec l'iodure d'allyle à 120-150°, on a la réaction :

$$Hg(C^2H^5)^2 + 2C^3H^5I = (C^3H^5)^2 + C^2H^5I + C^2H^5.HgI$$

[Seidel, *J. prakt. Chem.*, (2), **29**, 135, 1883].

En faisant agir PCl^3 sur le mercure éthyle et ses homologues supérieurs, F. Guichard [*D. chem. G.*, **32**, 1752, 1899] a préparé un certain nombre de chlorophosphines grasses :

$$PCl^3 + Hg(C^5H^{11})^2 = C^5H^{11}HgCl + C^5H^{11}PCl^2$$

Chaleur de formation = — 12^c,8 (Berthelot).

Chlorure de mercure éthyle. — Il s'obtient par l'action de HCl sur l'hydrate de mercure éthyle.

C^2H^5HgOH. — On le prépare par oxydation du mercure éthyle avec MnO^4K [Seidel, *J. prakt. Chem.*, (2), **29**, 134]. Il se forme au bout d'un temps assez long quand on fait agir le chloroiodure de phényle sur le mercure éthyle [Willgerodt, *D. chem. G.*, **31**, 921, 1898]. Cristaux solubles dans l'alcool, fusibles à 190-193°.

Mercure propyle, $Hg(C^3H^7)^2$. — Ce composé bout à 179-182° [Sokolow, *Journal russe*, **13**, 353, 1881].

Iodure de mercure propargyle,

$$CH \equiv C.CH^2.HgI^2.$$

— Il s'obtient par l'action de l'iodure de propargyle sur le mercure [Henry, *D. chem. G.*, **17**, 1132, 1884].

Mercure isobutyle, $Hg(C^4H^9)^2$. — Il bout en se décomposant à 196° [Sokolow, *Journal russe*, **19**, 202, 1887] ; à 140° sous 70 mm. [Marquardt, *D. chem. G.*, **21**, 2038, 1888].

Mercure isoamyle, $Hg(C^5H^{11})^2$. — Il bout à 172° sous 70 mm. [Marquardt, *D. chem. G.*, **21**, 2038, 1888].

Mercure octyle, $Hg(C^8H^{17})^2$. — Liquide se décomposant à 200° en mercure et en dioctyle [Tichle, *D. chem. G.*, **12**, 1880, 1879].

— C^8H^7AzOH (Thiele).

Combinaisons complexes du mercure, voyez Hoffmann [*D. chem. G.*, **31**, 1904, 1898].

Action des sels de mercure sur les alcools non saturés et les oximes. — [Julius Sand et Singer, *Lieb. Ann. Chem.*, **329**, 166, 1903].

Bromure de mercure éthanol,

$$BrHg.CH^2.CH^2OH,$$

fusible à 75° ; le dérivé acétylé s'obtient en chauffant ce dernier produit avec l'anhydride acétique.

Oxyiodure de mercure éthylhexène : $C^8H^{13}OIHg$.

Sur la constitution des combinaisons de l'éthylène et de l'alcool allylique avec les sels de mercure [J. Sand, *D. chem. G.*, **34**, 1385, 1899] ; sur les combinaisons de $HgCl^2$ avec les acides phosphiniques tertiaires [Pickard, Kenyon, *J. Chem. Soc.*, **89**, 262, 1906 ; *Pr. chem. Soc.*, **22**, 42, 1906] ; sur les combinaisons du mercure avec les carbures cycliques [J. Sand, *D. chem. G.*, **34**, 2910, 1899].

Iodure de mercure cyclohexyle, fondant à 142° [Kussanow, *Journ. Soc. ph. ch. russe*, **31**, 535].

Hydroxydes de mercure terpine [Sand, Singer, *D. chem. G.*, **35**, 3181, 1902].

Sur l'introduction du mercure dans les combinaisons aromatiques [Dimroth, *D. chem. G.*, **32**, 758, 1899 ; *Zeit. anorg. Chem.*, **33**, 311, 1903].

Mercure phényle, $Hg(C^6H^5)^2$. — Chauffé avec du soufre, le mercure phényle donne HgS et du sulfure de phényle ; même réaction avec le sélénium et le tellure [Krafft, Lyons, *D. chem. G.*, **27**, 1768, 1894]. Avec l'iode, on obtient de l'iodobenzène et de l'iodure de mercure. Avec $SOCl^2$, il se forme du chlorure de mercure phényle [Heumann, Köchlin, *D. chem. G.*, **16**, 1626, 1883]. Oxydé, avec MnO^4K, il donne l'hydrate de mercure phényle, $C^6H^5.HgOH$ [Seidel, *J. prakt. Chem.*, (2), **29**, 136, 1884], en même temps que CO^2 et de l'acide oxalique [Otto, *J. prakt. Chem.*, (2), **29**, 136, 1884].

PCl^3 et $AsCl^3$ donnent les composés $C^6H^5PCl^2$, $C^6H^5AsCl^2$ [Suida, *Mon. f. Chem.*, **1**, 715, 1880].

Le chloroiodure de phényle, en présence d'eau,

agissant sur le mercure phényle, engendre une combinaison $(C^6H^5)^2ICl \cdot C^6H^5HgCl$ fusible à 200° [Willgerodt, *D. chem. G.*, **30**, 56, 1897].

Les iodochlorures réagissent sur le mercure phényle avec formation de chlorures d'iodonium, de $HgCl^2$ et de chlorure de mercure phényle :

$$C^6H^5ICl^2 + Hg(C^6H^5)^2 = (C^6H^5)^2ICl + ClHgC^6H^5$$
$$C^6H^5ICl^2 + HgClC^6H^5 = (C^6H^5)^2ICl + HgCl^2.$$

En chauffant en tube scellé privé d'air du tellure pur avec du mercure diphényle, on a la réaction :

$$(C^6H^5)^2Hg + 2Te = (C^6H^5)^2Te + HgTe$$

[Steiner, *D. chem. G.*, **34**, 570, 1901].

Le sodium réagit sur le mercure phényle suivant l'équation :

$$Hg(C^6H^5)^2 + 2Na^2 = HgNa^2 + 2C^6H^5Na$$

[Acree, *Am. Chem. Journ.*, **29**, 588, 1903].

Hydrate de mercure phényle [Bamberger, *D. chem. G.*, **30**, 510, 1897].

Chlorure de mercure phényle. — Obtenu par Gillmeister [*D. chem. G.*, **30**, 2844, 1897], en faisant réagir $HgCl^2$ sur le bismuth triphényle.

Chlorure de mercure orthonitrophényle.

$$AzO^2 \cdot C^6H^4HgCl,$$

feuillets jaunes, fusibles à 181-182° [Dimroth, *D. chem. G.*, **35**, 2032, 2853, 1902].

Chlorure de mercure o. aminophényle. — [Dimroth, *D. chem G.*, **35**, 2041, 1903].

Sulfure de mercure phényle $(C^6H^5Hg)^2S$. — On le prépare par l'action d'un sulfure alcalin sur une solution d'acétate de mercure phényle dans l'acétate d'ammonium [Pesci, *Gazz. chim. ital.*, **29**, 398, 1899].

Hyposulfite de mercure phényle,

$$(C^6H^5Hg)^2S^2O^3.$$

— Poudre blanche amorphe, obtenue en précipitant une solution d'acétate de mercure phényle (2 molécules) dans l'acétate d'ammonium, par 1 molécule d'hyposulfite de sodium (Pesci).

Azotate de mercure phényle. — Fond entre 176 et 186° [Bamberger, *D. chem. G.*, **30**, 509, 1897].

Acétate de mercure phényle,

$$C^2H^3O^2 \cdot HgC^6H^5.$$

— On chauffe pendant plusieurs heures à 110° du benzène avec de l'acétate de mercure sec [Dimmler, *D. chem. G.*, **31**, 264, 1898]. Il s'en forme en petite quantité quand on chauffe du benzène avec une solution aqueuse d'acétate de mercure [Dimroth, *D. chem. G.*, **32**, 759, 1899].

$C^4H^3S \cdot HgO \cdot CO \cdot CH^3$. — [Dimroth, *D. chem. G.*, **35**, 2032, 1902].

Bromure de mercure aminophényle,

$$AzH^2 \cdot C^6H^4HgBr.$$

— Fusible à 182° en se décomposant.

Iodure, $AzH^2 \cdot C^6H^4 \cdot HgI$. — Fusible à 165° en se décomposant [Piccinini, *Gazz. chim. ital.*, (2), **24**, 460, 1894].

Acétate de mercure aminophényle,

$$AzH^2 \cdot C^6H^4 \cdot HgO \cdot CO \cdot CH^3$$

[Dimroth, *D. chem. G.*, **35**, 2032, 1902].

Bromure de mercure méthylaminophényle.

$$AzH(CH^3)C^6H^4 \cdot HgBr.$$

— Cristaux fusibles à 164° en se décomposant partiellement (Piccinini).

Acétate de mercure p. diméthylaminophényle. — [Piccinini, *Gaz. chim. ital.*, **24**, II, 462, 1894].

Chlorure de mercure diméthylaniline,

$$Az(CH^3)^2 \cdot C^6H^4 \cdot HgCl.$$

— Il s'obtient par l'action de HCl sur le mercure diméthylaniline [Michaelis, Rabinerson, *D. chem. G.*, **23**, 2342, 1890], ou par la réaction :

$$HgCl^2 : [(CH^3)^2Az \cdot C^6H^4]^2Hg + HgCl^2$$
$$= 2(CH^3)^2Az \cdot C^6H^4 \cdot HgCl$$

[Dimroth, *D. chem. G.*, **35**, 2032, 1902]. Feuillets brillants nacrés, fusibles à 225° en se décomposant. Chauffé avec HCl concentré, le produit se décompose en $HgCl^2$ et diméthylaniline.

$Az(CH^3)^2 \cdot C^6H^4HgBr$ (Michaelis, Rabinerson); fusible à 195° [Piccinini, *Gazz. chim. ital.*, **24**, (2), 463, 1894].

$Az(CH^3)^2C^6H^4HgI$, *Acétate* (Dimroth, Michaelis, Rabinerson, Piccinini).

Iodure de mercure éthylaminophényle. — Ce composé, $AzH(C^2H^5 \cdot C^6H^4 \cdot HgI)$, fond à 137° (Piccinini).

Chlorure de mercure diéthylaminophényle, $Az(C^2H^5)^2C^6H^4 \cdot HgCl$. — Pigorini [*Gazz. chim. ital.*, (2), **24**, 466, 1894] prépare ce produit en chauffant pendant 3 heures du mercure diéthylaniline $Hg[C^6H^4 \cdot Az(C^2H^5)^2]^2$ avec $HgCl^2$ et de l'alcool. Cristaux solubles dans le benzène, fusibles à 164°.

$Az(C^2H^5)^2C^6H^4HgBr$. — Fusible à 154°,5 :

$Az(C^2H^5)^2C^6H^4HgI$. — Fusible à 120° (Piccinini).

Oxyde, $[Az(C^2H^5)^2C^6H^4Hg-]^2O$ (Pigorini). — Fusible à 220°.

MERCURE DIPHÉNYLÈNE-DIAMINE.

$$Hg \lt \begin{matrix} C^6H^4 \cdot AzH \\ C^6H^4 \cdot AzH \end{matrix} \gt Hg.$$

— On l'a obtenu en agitant le composé $Hg[C^6H^4AzH(C^2H^3O^2)]^2Hg$ avec une lessive de potasse à 30 0/0 [Pesci, *Gazz. chim. ital.*, **22**, (1), 378, 1892]. Feuillets nacrés, à peine solubles dans l'eau, insolubles dans l'alcool et l'éther.

Pesci [*Gazz. chim. ital.*, **28**, (2), 445, 1898; **24**, 458, 1894; **22**, (1), 376, 1892] a étudié un certain nombre de sels du produit précédent.

Iodure de mercure triméthylphénylammonium $[Hg\,C^6H^4Az(CH^3)^3I]^2$ [Dimroth, *D. Chem. G.* **35**, 2043, 1902.]

MERCURE ANILINE, $Hg(C^6H^4AzH^2)^2$. — On fait digérer pendant plusieurs heures le composé

$$Hg \lt \begin{matrix} C^6H^4 \cdot AzH \\ C^6H^4 \cdot AzH \end{matrix} \gt Hg$$

avec Na^2S et de l'eau [Pesci, *Gazz. chim. ital.*, **23**, (2), 533, 1893]. Cristaux fusibles à 174° en se décomposant [Dimroth, *D. chem. G.*, **35**, 2033, 1902].

Mercure méthylaniline,

$$Hg[C^6H^4 \cdot AzH(CH^3)]^2$$

(Pesci);

$$Hg \lt \begin{matrix} C^6H^4 \cdot AzH(CH^3)OH \\ C^6H^4 \cdot AzH(CH^3)OH \end{matrix} \gt Hg$$

[Piccinini, *Gazz. chim. ital.*, **24**, (2), 461, 1894].

Mercure diméthylaniline,

$$Hg[Az(CH^3)^2 \cdot C^6H^4]^2.$$

— On l'obtient en faisant bouillir 24 heures 100 grammes de p-bromodiméthylaniline dissous dans 70 grammes de xylène avec 1/10 de molécule éther acétique et de l'amalgame de sodium en excès [Schenk, Michaelis, *Lieb. Ann. Chem.*, **260**, 7, 1890]. Cristaux fusibles à 169°

[Piccinini, *Gazz. chim. ital.*, **24**, (2), 462, 1894. — Pesci, *ibid.*, **23**, (2), 522, 531, 1893].

Mercure éthylaniline, $Hg(C^6H^4 . AzH . C^2H^5)^2$. — Cristaux fusibles à 166° [Ruspaggiari, *Gazz. chim. ital.*, **23**, (2), 547, 1893]; *l'acétate* est obtenu par l'action de l'acétate de mercure sur l'éthylaniline (Ruspaggiari). Chauffé avec $S^2O^3Na^2$ à 60°, ce produit se transforme en mercure éthylaniline [Piccinini, *Gazz. chim. ital.*, **24**, (2), 463, 1894].

$Hg[C^6H^4Az . (C^2H^5)(CH^3)^2I]^2$ (Ruspaggiari).

Mercure diéthylaniline,

$$Hg[C^6H^4 . Az(C^2H^5)^2]^2.$$

— Préparé en chauffant de la p-bromodiéthylaniline $C^6H^4BrAz(C^2H^5)^2$, dissoute dans le xylène, avec un peu d'acide acétique et de l'amalgame de sodium en excès [Piccinini, *Gazz. chim. ital.*, **23**, (2), 541, 1893]. Cristaux prismatiques fusibles à 160°. *L'acétate* fond à 104° (Piccinini) [Pesci, *Gazz. chim. ital.*, **28**, (2), 451, 1898].

Mercure diphénylamine,

$$Hg \begin{matrix} \diagup C^6H^4 . AzH(C^6H^5OH) \diagdown \\ \diagdown C^6H^4 . AzH(C^6H^5OH) \diagup \end{matrix} Hg.$$

— Amas de cristaux brillants fusibles à 182°,5 [Prussia, *Gazz. chim. ital.*, **28**, (2), 132].

Mercure méthyldiphénylamine,

$$Hg[C^6H^4Az(CH^3)C^6H^5]^2.$$

— Cristaux tabulaires fusibles à 138°. Acétate [Garbarini, *Gazz. chim. ital.*, **28**, (2), 134, 1498].

Diacétate de mercure phénylène $C^6H^4(Hg.O.COCH^3)^2_{(1-4)}$. — F = 238° [Dimroth, *Centr. Bl.*, I, 451, 1901].

Dérivés, $C^6H^4(Hg . OC^2H^3O)^2$;

$$C^6H^3(HgO . C^2H^3O)^3; \quad C^6H^2(HgO . C^2H^3O)^4.$$

— Voyez Pesci [*Centr. Bl.*, 1899, (1), 734].

Di-mercure-benzylaniline

$$Hg \begin{matrix} \diagup C^6H^4 . Az(OH) . CH^2 . C^6H^5 \\ \quad > Hg \\ \diagdown C^6H^4 . Az(OH) . CH^2 . C^6H^5 \end{matrix} + 3H^2O.$$

— On l'obtient en chauffant l'acétate correspondant avec une lessive de potasse [Prussia, *Gaz. chim. ital.*, **27**, (1), 15, 1896]. Cet acétate se prépare en versant 18 grammes de benzylaniline (dissoute dans l'alcool) dans une solution alcoolique chaude (à 50°) de 30 grammes d'acétate de mercure (Prussia).

Mercure benzylaniline

$$Hg(C^6H^4 - AzH - CH^2 - C^6H^5)^2.$$

Prussia le prépare en chauffant le produit précédent avec une solution de $S^2O^3Na^2$. Cristaux insolubles dans l'alcool.

Mercure acétanilide

$$Hg(C^6H^4 - AzH - C^2H^3O)^2.$$

Il fond à 244-246° [Pesci, *Gaz. ch. ital.*, **24**, (2), 451, 1894].

Acétate de mercure p. acétaminophényle. — F. = 221° [Dimroth, *Cent. B.*, I, 453, 1901; *D. chem. G.*, **35**, 2039, 1902].

Oxyde de mercure acétaminophénol [Pesci, *Ch. Zeit.*, **23**, 58].

COMBINAISONS DU MERCURE AVEC LES PHÉNOLS

Mercure o-oxyphényle, $Hg(C^6H^4OH)^2$. — Cristaux tabulaires solubles dans l'alcool (Dimroth).

Chlorure de mercure o-oxyphényle

$$OH . C^6H^4 - HgCl.$$

On obtient l'acétate en chauffant du phénol avec de l'acétate de mercure et de l'eau [Dimroth, *D. chem. G.*, **31**, 2154, 1898; — **32**, 762, 1899]; le benzoate fond à 204° (Dimroth).

Oxyde de mercure o. phénylène

$$C^6H^4 \begin{matrix} \diagup O \\ | \\ \diagdown Hg \end{matrix}$$

— Dimroth [*D. chem. G.*, **32**, 764, 1899], prépare ce composé en faisant passer un courant de CO^2 dans une solution alcaline de chlorure de mercure o-oxyphényle.

Les dérivés para ont été étudiés par Löloff [*D. chem G.*, **30**, 2842, 1897] et Dimroth.

Hydrate de mercure résorcine, $C^6H^3(OH)^2HgOH$. On l'obtient en mélangeant des poids équimoléculaires de résorcine et d'acétate de mercure en solutions aqueuses [Dimroth, *D. chem. G.*, **35**, 2866, 1902]. Le chlorure fond à 105°.

Di-hydrate de di-mercure résorcine

$$C^6H^2(OH)^2(Hg.OH)^2$$

(Dimroth). *Bichlorure*, $C^6H^4O^2(HgCl)^2$.

Mercure anisyle $(CH^3O . C^6H^4)^2Hg$. — Michaelis et Geisler [*D. chem. G.*, **27**, 256, 1894] et Dimroth [*D. chem G.*, **35**, 2853, 1902; **31**, 2155, 1898, **32**, 764, 1899] ont étudié le mercure anisyle (dérivé ortho) et ses dérivés chlorés, bromés et iodés, ainsi que l'acétate.

Le mercure anisyle (dérivé ortho) présente l'aspect de prismes monocliniques, fusibles à 108°, très solubles dans le chloroforme et le benzène.

Michaelis et Rabinerson [*D. chem. G.*, **23**, 2344, 1890] ont étudié les dérivés para [Löloff, *D. chem. G.*, **30**, 2836, 1897]. Le mercure anisyle (dérivé para) est constitué par de petits cristaux, fusibles à 102°.

Mercure phénéthyle $Hg(C^6H^4O . C^2H^5)^2$. — Dérivés ortho [Dimroth, *D. chem. G.*, **32**, 763, 1899; — Michaelis et Geisler, *D. chem. G.*, **27**, 261, 1894].

Dérivé para [Michaelis et Geisler, *D. chem. G.*, **27**, 258, 1894].

$OH . C^6H^3(HgCl^2)^2$. — Poudre insoluble se décomposant vers 258° sans fondre [Dimroth, *D. chem. G.*, **32**, 763, 1899].

$OH . C^6H^3(HgO . C^2H^3O)^2$. — Petits cristaux fusibles à 216-217° [Dimroth, *D. chem. G.*, **31**, 2154, 1898].

Mercure tolyle $(CH^3 . C^6H^4)^2Hg$.

Dérivé ortho. — Gros cristaux tabulaires, fondant à 107°, bouillant à 219° sous 14 mm. [Zeiser, *D. chem. G.*, **28**, 1670, 1895; — Kunz, *D. chem. G.*, **31**, 1529, 1898; — Dimroth, *Centr Bl.* I, 451, 1903].

Chlorure $CH^3 . C^6H^4 . HgCl$. — On le prépare en faisant agir $HgCl^2$ sur le mercure tolyle. Petits cristaux fusibles à 145-146° [Michaelis, Geuzken, *Lieb. An. Ch.*, **242**, 180, 1887; *D. chem. G.*, **32**, 761, 1899].

Dérivé méta. — On chauffe à 180°, pendant 6 à 8 heures, 1 volume de bromotoluène, 1 volume de xylène et 1/10 volume éther acétique avec 2 at. amalgame de sodium [Michaelis, *D. chem. G.*, **28**, 588, 1895]. Cristaux fusibles à 102°.

Chlorure $CH^3 . C^6H^4 . HgCl$. — Obtenu en chauffant du mercure tolyle avec $HgCl^2$ [Michaelis, Geuzken, *Lieb. An. Ch.*, **242**, 185,

1887; — Michaelis, *D. chem. G.*, **28**, 589, 1895].

Bromure, iodure, formiate, acétate, propionate [Michaelis, *D. chem. G.*, **28**, 590, 1885].

Dérivé para [Kunz, *D. chem. G.*, **31**, 1528, 1888]. — Avec MnO^4K, on obtient l'hydrate C^7H^7HgOH [Otto, *J. pr. Ch.*, **29**, 137, 1884].

C^7H^7HgCl, $f = 232\text{-}233$ (Dimroth); C^7H^7HgI (Kunz).

MERCURE P-TOLUIDINE

$$Hg \begin{cases} C^6H^3(CH^3)AzH^2OH \\ C^6H^3(CH^3)AzH^2OH \end{cases} > Hg$$

— Il se forme quand on laisse l'acétate correspondant en contact avec de la lessive de potasse pendant 1 jour [Pesci, *Z. a. Ch.*, **17**, 281, 1898]. Cristaux tabulaires jaunâtres, fondant vers 212-213° en se décomposant (Dimroth, *D. chem. G.*, **35**, 2043, 1902.

L'acétate s'obtient en mélangeant une solution alcoolique d'acétate de mercure avec une solution alcoolique de p-toluidine, $f = 184°$. — Le *chlorure* s'obtient par double décompsition de $CaCl^2$ avec une solution alcoolique de l'acétate (Pesci).

Hydrate de mercure diméthyl p-toluidine

$$Hg \begin{cases} C^6H^3(CH^3).Az(CH^3)^2OH \\ C^6H^3(CH^3).Az(CH^3)^2OH \end{cases} > Hg$$

— On laisse séjourner 24 heures l'acétate correspondant avec une lessive de potasse concentrée [Pesci, *Z. a. Ch.*, **17**, 277, 1898]. Cristaux fusibles à 117°, à peine solubles dans l'eau froide. Avec $S^2O^3Na^2$, on obtient le composé $(C^9H^{12}Az)^2Hg$.

Chlorure, bromure, iodure, azotate, acétate (Pesci).

Mercure diméthyl p-toluidine

$$[(CH^3)^2Az \cdot C^6H^3(CH^3)]^2Hg.$$

Pesci obtient ce composé en faisant agir l'hyposulfite de sodium sur une solution aqueuse d'hydrate de mercure diméthyl-p-toluidine. Tablettes brillantes, $f = 60°$; très solubles dans le benzène [Pesci, *Z. a. Ch.*, **17**, 279].

MERCURE XYLYLE $Hg[C^6H^3(CH^3)^2]^2$.

Les dérivés ortho et para ont été obtenus par Jacobsen [*D. chem. G.*, **17**, 2374, 1884] par l'action de l'amalgame de sodium sur le bromoxylène. Weller [*D. chem. G.*, **20**, 1719, 1887] a préparé le dérivé para, de la même façon, en partant du bromo-p-xylène.

Le dérivé ortho fond à 150°; le méta à 169-170°, le para à 123°.

HYDRATE DE MERCURE PHÉNACYLE (dérivé de l'éthylbenzène). — $C^6H^5.COCH^2.HgOH$ [Dimroth, *D. chem. G.*, **35**, 2870, 1902].

MERCURE PROPYLBENZÈNE $Hg(C^6H^4.C^3H^7)^2$.

Longs cristaux brillants, fusibles à 109-110°; préparés par Meyer [*J. pr. Ch.*, (2), **34**, 103, 1886] par l'action de l'amalgame de sodium sur le bromopropylbenzène.

Acétate de mercure méthylène dioxyphényloxypropyle [Balbiano, Paolini, Luzzi, *Acc. dei Lincei*, (5), **11**, II, 69).

MERCURE PSEUDOCUMYLE $Hg[C^6H^2(CH^3)^3]^2$; $f = 189°$.

MERCURE MÉSITYLE (1.3.5) $Hg[C^6H^2(CH^3)^3]^2$, $f = 236°$; $C^9H^{11}HgCl$, $f = 200°$; $C^9H^{11}HgBr$, $f = 194°$; $C^9H^{11}HgI$, $f = 178°$ [Michaelis, *D. chem. G.*, **28**, 591, 1895].

MERCURE CRÉSYLE ET DÉRIVÉS [voyez Dimroth, *Cent. Bl.*, I, 453, 1901; *D. chem. G.*, **35**, 2863, 1902).

MERCURE CUMYLE

$$Hg[C^6H^3(CH^3)CH(CH^3)^2]^2 [CH^3 = Hg - CH(CH^3)^2.$$

Cristaux fusibles à 134°

$$(CH^3)^2CH - C^6H^3(CH^3).HgCl, \; f = 156°;$$
$$C^{10}H^{13}HgBr, \; f = 163;$$
$$C^{10}H^{13}HgI, \; f = 169°;$$

Michaelis [*D. chem. G.*, **28**, 592, 1895].

Hydrates de mercure thymyle (Dimroth, 1902).

MERCURE PENTAMÉTHYLPHÉNYLE $Hg[C^6(CH^3)^5]^2$. — Obtenu en chauffant le bromopentaméthylbenzène $C^6Br(CH^3)^5$ avec l'amalgame de sodium.

Petits cristaux prismatiques, fusibles à 266° [Jacobsen, *D. chem. G.*, **22**, 1220, 1899].

MERCURE NAPHTYLE $Hg(C^{10}H^7)^2$.

1° *Mercure α-naphtyle*. — Le chlorure de thionyle $SOCl^2$ donne avec le mercure α-naphtyle, la β-chloronaphtaline. Az^2O^3 et AzO^2 agissent comme sur le mercure phényle [Kunz, *D. chem. G.*, **31**, 1530, 1898];

2° *Mercure β-naphtyle*. — Michaelis et Behrens [*D. chem. G.*, **27**, 251, 1894] l'ont préparé en maintenant à la température de l'ébullition pendant 24 heures, un mélange formé de 50 grammes de β-bromonaphtaline, 40 grammes de xylène, 5 grammes d'éther acétique et 300 grammes d'amalgame de sodium. Cristaux nacrés fusibles à 238°.

Chlorure, bromure, iodure, formiate, acétate [Michaelis, Behrens, *D. chem. G.*, **27**, 251, 1894; Dimroth, 1901, 1902]. — $OH.C^{10}H^6HgO.COCH^3$, $f = 185°$ en se décomposant [Bamberger, *D. chem. G.*, **31**, 2624, 1898].

MERCURE BIPHÉNYLE $Hg(C^6H^4.C^6H^5)^2$. — On le prépare en partant du bromophényle et de l'amalgame de sodium [Michaelis, *D. chem. G.*, **28**, 592, 1895]. $F = 216°$.

Combinaison : $OH.HgC^4H^2SHgO.C^2H^3O$. — Cristaux se décomposant sans fondre, à 270° [Dimroth, *D. chem. G.*, **32**, 759, 1899].

Hydrates de mercure benzophénone [voyez Dimroth, *D. chem. G.*, **35**, 2868, 1902].

Acides mercuribenzoïques et dérivés [voyez Pesci, *Att. d. Lincei*, (5), **10**, I., 413; (5), **9**, I, 259; Dimroth, *Cent. B.* I, 454, 1901; *D. chem. G.*, **35**, 2871, 1902; Michaelis, Richter, *Lieb. An. Ch.*, **315**, 35, 1901).

Acides oxy-, chloro-, bromo-, iodomercurisalicyliques [Buroni, *Gaz. chim. ital.* II, **32**, 308, 1902).

Anhydrite o. oxymercurisalicylique [Dimroth, *D. chem. G.*, **35**, 2872, 1902; Buroni.]

Juin 1906. A. Bouchonnet.

MÉRIMINE. — L'imide cinchoméronique chauffé avec Ph + HI à 180° fournit notamment la mérimine dont l'iodhydrate cristallise facilement. On met la base en liberté par les alcalis. Sa constitution répond à la formule

CH²
Az
AzH
CH²

Différents sels ont été décrits [Gabriel et Colman, *D. chem. G.*, **35**, 2831, 1902]. M. Delacre.

MÉROQUINÈNE

$C^9H^{15}AzO^2$ =

CH-CH²-CO²H
CH² CH.CH=CH²
CH² CH²
AzH

— Ce corps doit son nom à cette particularité qu'il constitue un résidu de la molécule de la quinine scindée par oxydation.

Avant de passer à l'étude de cette oxydation, citons que l'on peut obtenir systématiquement le méroquinène par les réactions suivantes, au moyen d'une solution d'acide phosphorique à la température de 170° :

$$C^9H^6Az . C^{10}H^{14}Az + 2H^2O$$
Cinquene.
$$= C^9H^6AzCH^3 + C^9H^{15}AzO^2$$
Lépidine. Méroquinene.

$$C^9H^5(OCH^3)Az . C^{10}H^{14}Az + 2H^2O$$
Quinène.
$$= C^9H^5(OCH^3)AzCH^3 + C^9H^{13}AzO^2$$
Métoxylépidine. Méroquinène.

[Kœnigs, *D. chem. G.*, **27**, 900, 1894]. Le méroquinène et le mérocinquène sont donc identiques.

L'oxydation de la quinine est en tous points comparable à celle de la cinchonine. On sait que pour cette dernière on obtient 50 0/0 d'un mélange des acides suivants :

COOH
Az
Cinchoninique.

COOH
COOH
COOH
Az
Carbocinchoméronique.

COOH
COOH
Az
Cinchoméronique.

COOH
COOH
Az
Quinoléique.

Or, si on retranche de la formule brute de la cinchonine $C^{19}H^{21}(OH)Az$ le radical de la quinoléine producteur des acides que nous venons de citer, il reste un résidu $C^{10}H^{15}(OH)Az$ fournissant le méroquinène et ses dérivés.

De même en oxydant la quinine. Nous savons que cet alcaloïde diffère de la cinchonine, en ce que un H de celle-ci est remplacé par (OCH^3). Son oxydation donne, au lieu d'acide cinchoninique $C^9H^6Az.COOH$, l'acide quinique $(OCH^3)C^9H^5Az.COOH$ et, par suite de réactions ultérieures.

$(OH) . C^9H^5Az . COOH$ — Acide xanthoquininique.
$(OH)C^9H^6Az$ — Oxyquinoléine.

La formule de celle-ci a été obtenue par synthèse. L'oxydation confirme donc l'action de l'acide phosphorique. Le méthoxyle de la quinine est du côté quinoléine ; le résidu méroquinène est identique dans la quinine et dans la cinchonine.

Constitution du méroquinène. — Les huiles résiduelles de l'oxydation de la quinine ou de la cinchonine ont donné outre l'oxyquinoléine γ et des dérivés de quinoléine peu importants :

1° Le méroquinène $C^9H^{15}AzO^2$.
2° L'acide cincholœponique $C^8H^{13}AzO^4$.
3° L'acide lœponique $C^7H^{11}AzO^4$.

La cincholœponone $C^9H^{17}AzO^2$ ne se produit pas avec l'alcaloïde pur [Skraup, *D. chem. G.*, **28**, 14, 1895].

Le méroquinène contient $-COOH$ et $=AzH$ (il donne une nitrosamine). Avec $HgCl^2$ et HCl dilué à 250°, il se scinde suivant l'équation schématique suivante :

$$C^9H^{15}AzO^2 = CO^2 + H^4 + C^8H^{11}Az$$

Cette dernière base a été identifiée par Königs avec la méthyléthylpyridine

CH^3
C^2H^5
Az

[*D. chem. G.*, (2), **27**, 1501, 1894].

On en déduit pour le méroquinène $(C^9H^{15}AzO^2)$ la constitution suivante :

CH - CH² - COOH
CH² CH - CH = CH²
CH² CH²
AzH

L'oxydation donne successivement :

$$C^9H^{15}AzO^2 + 4O = CH^2O^2 + C^8H^{13}AzO^4$$
Ac. cincholœponique.
$$C^8H^{13}AzO^4 + O^3 = CO^2 + H^2O + C^7H^{11}AzO^4$$
Ac. lœponique.

CH² - COOH
H H CH = CH²
H H
AzH
Méroquinène.

CH² - COOH
H
H H COOH
H H
AzH
Ac. cincholœponique.

COOH
H
H H COOH
H H
AzH
Ac. lœponique (hexahydrocinchoméronique).

Par l'action de l'iodure de méthyle, l'acide cincholœponique donne successivement (I) et (II)

CHCH²CO²H
CH² CH - COOH
CH² CH²
AzI
CH² CH³
I.

CH - CH² - COOH
CH² CH - COOH
CH — CH²
Az(CH³)²
II.

CH - CH² - COOH
CH² CH - COOH
COOH CH³
III. Pentanedioïque-méthyl 2-éthyloïques.

La fusion avec KOH de l'acide (II) donne (III) suivant l'équation

$$(CH^3)^2Az . C^6H^9(CO^2H)^2 + H^2O + O$$
$$= (CH^3)^2AzH + C^5H^9(COOH)^3.$$

Ce dernier acide a été préparé par synthèse [Skraup, *Central Bl.*, 224, 1901 (I)], au moyen des éthers des acides suivants :

COOH CH³
CH
CH
CH - COOH
+ CH(COOH)(COOH)
Na
Ac. méthylglutaconique.

```
               COOH  CH³
                  \ /
                   CH
    =              |
                   CH-CH < COOH
                           COOH
         HOOC-CHNa
```

Préparation du méroquinène. — Après l'action de l'acide phosphorique sur le quinène ou le cinquinène, on sépare l'excès d'acide phosphorique par la baryte, l'excès de baryte par CO^2, les lépidines par distillation à la vapeur d'eau. La solution contenant le méroquinène est agitée successivement avec du chloroforme et de l'éther pour enlever certaines impuretés.

La solution aqueuse est évaporée à siccité complète, lavée avec un peu d'alcool absolu et le résidu cristallisé dans l'alcool méthylique. Le méroquinène ainsi obtenu se présente en petites aiguilles incolores fusibles à 222°. Il n'est pas volatil sans décomposition. La solution aqueuse est neutre et précipite par les réactifs ordinaires des alcaloïdes. Kœnigs [*D. chem. G.*, **27**, 904, 1894] a montré les analogies que cette base présente avec la cincholœpone $C^9H^{17}AzO^2$ décrite par Skraup [*Mon. f. Chem.*, **9**, 805, **10**, 9; — Schniederschitsch, **10**, 51; — Würstl, **10**, 65; — Skraup et Würstl, **10**, 220, 1889].

Cincholœpone $C^9H^{17}AzO^2$ fusion (?).	Méroquinène $C^9H^{15}AzO^2$ fusion 222°.
—	—
Chlorhydrate.	
Cristaux fusibles à 198-200° avec décomposition.	Ne cristallise pas.
Combinaison avec le chlorure d'or.	
Fusion 203°.	Fusion 142°.
Chlorhydrate de l'éther éthylique	
(?)	Cristaux fusibles à 165°.
Dérivé acétylé.	
Cristaux fusibles à 121°. Acide monobasique.	Cristaux fusibles à 110°.
Dérivé nitrosé.	
Cristaux fusibles à 83-84°. Donne la réaction de Liebermann.	Ne donne pas la réaction de Liebermann.

Le méroquinène donne comme la cincholœpone des sels avec les oxydes métalliques. Il s'éthérifie très facilement au moyen des solutions chlorhydriques d'alcool méthylique et d'alcool éthylique. Les sels chlorhydriques cristallisent bien et sont facilement saponifiés par la baryte.

$C^9H^{14}BrAzO^2.HBr$, *bromhydrate de bromo-méroquinène* [Kœnigs, *D. chem. G.*, **27**, 906, 1894; **28**, 1988, 1895]. Fusible à 244-245° [Grimaux, *C. R.*, **126**, 575, 1898]. S'obtient par l'action de l'eau de brome sur le méroquinène; on retire le même bromure dans l'action de l'eau de brome sur les huiles d'oxydation de la quinine et de la cinchonine [Comstock et Kœnigs, *D. chem. G.*, **17**, 1992, 1884].

Le dernier bromure a donné par réduction ménagée du méroquinène [*D. chem. G.*, 1895, 1989].

$C^9H^{15}AzO^3$, *oxyméroquinène*. Par action de l'eau sur le produit précédent en présence de carbonate d'argent [*D. chem. G.*, **28**, 1989, 1895]. On précipite l'argent par H^2S, on évapore à siccité et on fait cristalliser dans un mélange d'alcool méthylique et d'éther. Il cristallise avec 1 molécule d'eau. Anhydre, il fond vers 254° en se décomposant.

$C^9H^{15}AzO^3.HCl$, fusible à 208-210°, se déposant dans un mélange d'alcool méthylique et d'éther en petites aiguilles groupée en étoiles.

Le chloroplatinate $(C^9H^{15}AzO^3HCl)^2PtCl^4$, fusible à 240° environ, s'obtient par action du chlorure de platine sur le chlorhydrate précédent.

Le sel d'or correspondant fond à 181°.

$C^9H^{14}AzO^3.C^2H^3O$, acétyl-méroquinène. Le méroquinène provenant de la réduction du bromhydrate de bromoméroquinène [*C. R.*, 126, 575] a été traité par l'anhydride acétique et les cristaux lavés à l'éther et à l'eau froide. Cristaux blancs opaques, fusibles à 112°,5, différents de l'acétylcincholœpone. M. Delacre.

MÉSACONIQUE (ACIDE) (1er Suppl., **2**, 1009)

```
CO²H-C-CH³
     ||
     CH-CO²H
```

(voir Acide citraconique, 2e Suppl., 1213).

L'acide mésaconique peut se préparer en isomérisant l'acide citraconique par le brome en solution chloroformique, à la lumière solaire, [Fittig et Langworthy, *Ann. Chem.*, **304**, 148, 1899]; ou encore l'acide itaconique par ébullition avec la lessive de soude [Fittig, *Ann. Chem.*, **304**, 152]. Il se forme aussi quand on chauffe l'éther triéthylique de l'acide monochloropropényltricarbonique avec l'acide chlorhydrique [Bischoff, *D. chem. G.*, **23**, 1934 et 3421, 1890]. Il se trouve en faible quantité dans les produits de distillation de l'acide méthylmalique [Fichter et Goldhaber, *D. chem. G.*, **37**, 2382, 1904].

Conductibilité électrique [Ostwald, *Zeit. phys. Chem.*, **3**, 282, 1889; — Walden, *ibid.*, **1**, 538; **8**, 495; — Kortright, *Am. Chem. Journ.*, **18**, 370]. Chaleur de neutralisation par la soude : $27^{cal},267$ chaleur de dissolution dans l'eau à 19°, — $5^{cal},493$ [Gal, Werner, *Bull. Soc. Chim.*, **47**, 159, 1887]. Chaleur de combustion : $479^{cal},060$ [Louguinine, *Zeit. phys. Chem.*, **2**, 250, 1888]. Pouvoir réfringent [Kannonikow, *J. f. prakt. Chem.*, **31**, 349, 1885]. Acidité à l'hélianthine et à la phtaléine [Astruc, *Bull. Soc. Chim.*, **23**, 225, 1900]. Acidité des sels acides [Smith, *Zeit. physikal. Chem.*, **25**, 193, 1898].

L'ébullition avec la soude à 10 0/0 le transforme partiellement (en faible quantité) en acide itaconique [Fittig, *loc. cit.*]. Oxydé par MnO^4K, il fournit de l'acide acétique et de l'acide pyrotartrique [Fittig et Köhl, *Ann. Chem.*, **305**, 47, 1899]. Il forme avec l'acide sulfurique une combinaison cristallisée, $C^5H^6O^4 + SO^4H^2$ [Hoogewerff et von Dorpp, *Rec. des Pays-Bas*, **18**, 213].

Chauffé avec une solution alcoolique d'HCl à 1 0/0 il donne l'éther monoalcoylé de l'alcool employé [Anschütz et Drugmann, *D. chem. G.*, **30**, 2651, 1903]. Le $SOCl^2$ le transforme en chlorure [Meyer, *Mon. f. Chem.*, **22**, 415, 1901]. Condensé avec le diazométhane, il donne l'acide méthylpyrazoline 5-dicarbonique 4.5 [Pechmann, *D. chem. G.*, **33**, 3597, 1901].

Éther monométhylique α,

```
CO²H-C-CH³
     ||
     CH-CO²CH³
```

Il fond à 36°, bout à 145° sous 15 millimètres [Anschütz, *loc. cit.*].

Éther monométhylique β.

```
CH³-CO²-C-CH³
        ||
        CH-CO²H
```

Il s'obtient en saponifiant partiellement l'éther

diméthylique [Anschutz et Drugmann, *D. chem. G.*, **30**, 2651]. Il fond à 61-62°.

Éther monoéthylique α, $C^7H^{10}O^4$. Il s'obtient aussi quand on chauffe l'éther dibromométhylacétylacétique avec l'eau et le CO^3Ba [Cloez. *Bull. Soc. Chim.*, **3**, 599, 1890]. Il fond à 42° et bout à 150° sous 15 millimètres.

Éther monoéthylique β. Il se prépare comme l'éther méthylique correspondant et fond à 61-62°.

Éther diamylique, $C^5H^4O^4(C^5H^{11})^2$. Bout à 183-184 sous 20 millimètres.

$$D_{20} = 0,9628;\ n = 1,4548:\ [\alpha]_D = +5°,93$$

[Walden, *Zeit. physikal. Chem.*, **20**, 382, 577.

Éther bornylique, fusible à 160°,5; $[\alpha]_D = -45°,13$ [Hartwell, *D. chem. G.*, **35**, 2399, 1902].

Éther menthylique [Cohen, *Chem. Soc.*, **79**, 1305, 1901].

Acide chloromésaconique,

$$\begin{array}{c} CO^2H - C - CH^3 \\ \| \\ CCl - CO^2H \end{array}$$

— On l'obtient à côté de l'acide chlorocitraconique quand on mélange, en refroidissant, une solution de 1 partie d'acide citradichloropyrotartrique dans 2 parties d'eau avec 1 partie de lessive alcaline concentrée [Michael et Tissot, *J. prakt. Chem.*, **46**, 389, 1892]; ou quand on chauffe cet acide avec l'eau de baryte [Michael et Tissot, *ibid.*, **52**, 339, 1895]. Il cristallise dans l'éther en tables fusibles à 208-209°. Le *sel de baryum*, $C^5H^3O^4ClBa + 4H^2O$, cristallise dans l'eau en gros prismes.

Acide bromomésaconique, $C^5H^5O^4Br$. — Il se prépare comme le précédent, au moyen de l'acide citradibromopyrotartrique [Lossen et Gerlach, *D. chem. G.*, **27**, 1852, 1894; — Michael et Tissot, *ibid.*, **27**, 2130].

Il cristallise dans un mélange d'éther et de chloroforme en prismes microscopiques fusibles à 220°. Chauffé, il fournit l'anhydride bromocitraconique. *Sels :* $C^5H^4O^4BrK$; $C^5H^3O^4BrCa + H^2O$, et $2H^2O$; $C^5H^3O^4BrZn + 8H^2O$; $C^5H^3O^4BrAg^2$; $C^5H^3O^4Hg + H^2O$.

Acide β-méthylmésaconique, *acide diméthylfumarique*,

$$\begin{array}{c} CO^2H - C - CH^3 \\ \| \\ CH^3 - C - CO^2H \end{array}$$

— Il se forme, à côté de l'acide β-méthylitaconique, quand on isomérise l'acide diméthylmaléique par la soude à 10 0/0 [Fittig et Kettner. *Ann. Chem.*, **304**, 156, 1899], et quand on distille l'acide éthylmalique [Fichter et Goldhaber, *D. chem. G.*, **37**, 2382, 1904]. Il se dépose de sa solution aqueuse en cristaux plumeux fusibles à 239-240°. Son oxydation fournit surtout de l'acide méthylpyruvique, et les acides formique, oxalique et malonique [Fittig, *Ann. Chem.*, **331**, 88, 1904].

Les homologues suivants de l'acide mésaconique ont été obtenus en isomérisant les acides citraconiques correspondants par le brome en solution chloroformique à la lumière solaire.

Acide diméthylmésaconique.

$$\begin{array}{c} CO^2H - C - CH = (CH^3)^2 \\ | \\ CH - CO^2H \end{array}$$

— Aiguilles fusibles à 185° [Fittig et Krafft, *Ann. Chem.*, **304**, 195, 1899]. Il est identique avec l'acide isoxyhexinique de Demarçay [*Ann. Chim. Phys.*, **20**, 433, 1880. — Voyez aussi Séménof *Journ. Soc. ph. chim. russe*. **30**, 859, 1898].

Acide éthylmésaconique,

$$\begin{array}{c} CO^2H - C - CH^2 - C^2H^5 \\ \| \\ CH - CO^2H \end{array}$$

— Il cristallise dans l'eau en aiguilles étoilées fusibles à 174-175° [Fittig et Glaser, *Ann. Chem.*, **304**, 178, 1899]. Son oxydation fournit surtout de l'acide éthylpyruvique [Fittig, *Ann. Chem.*, **331**, 88].

Acide propylmésaconique. — Fines aiguilles fusibles à 170°; distille à 240° sous 16 mm. [Fittig et Fichter, *Ann. Chem.*, **304**, 241].

Acide isopropylmésaconique. — Tables clinorhombiques fusibles à 183°; c'est l'acide oxyheptinique de Demarçay [Fittig et Burwell, *Ann. Chem.*, **304**, 259].

Acide isobutylmésaconique. — Gros cristaux fusibles à 51° [Fittig et Erlenbach, *Ann. Chem.*, **304**, 311]. Son oxydation fournit surtout de l'acide isobutylpyruvique [Fittig et Koehlbrandt, *Ann. Chem.*, **305**, 52, 1899].

Acide hexylmésaconique. — Aiguilles nacrées fusibles à 153-154° [Fittig et Hoeffken, *Ann. Chem.*, **304**, 326, 1899]. Juin 1906. P. Carré.

MESCALINE. — Voyez Mezcaline.

MÉSIDINE. — Voyez l'art. Mésitylène, p. 358.

MÉSITÈNE-CARBONIQUE (ACIDE). — *Acide oxymésitène-carbonique*,

$$CH^3 - C(OH) = CH \cdot C(CH^3) = CH \cdot CO^2H.$$

— On obtient l'anhydride de cet acide en chauffant à 200-245° l'anhydride de l'acide oxymésitène-dicarbonique, ou en chauffant ce dernier à 160-170° avec deux fois son poids d'acide sulfurique : $C^8H^8O^4 = CO^2 + C^7H^8O^2$.

On dissout l'anhydride $C^7H^8O^2$ dans l'eau de baryte en chauffant légèrement, on sature ensuite avec HCl et on épuise à l'éther. On a une huile épaisse qui, maintenue assez longtemps au-dessus de l'acide sulfurique, se transforme partiellement en anhydride.

Les sels sont amorphes et facilement solubles dans l'eau, mais se décomposent très facilement, en solution aqueuse, en carbonate et oxyde de mésityle [Hantzsch, *Lieb. Ann. Chem.*, **222**, 16, 1884].

Mésitène-lactone (*anhydride*),

$$C^6H^8 \begin{array}{l} \diagup O \\ \ \ | \\ \diagdown CO \end{array}$$

— On la prépare en chauffant 1 p. d'anhydride de l'acide oxymésitène-dicarbonique $C^8H^{10}O^5$ avec 2 p. d'acide sulfurique, jusqu'à ce que le dégagement d'acide carbonique cesse, puis on dissout le produit dans l'eau et on épuise à l'éther.

Longs feuillets brillants, très solubles dans l'eau, l'alcool et l'éther. Fusibles à 51°,5; bouillant à 245° à la pression ordinaire et à 126° sous 11 mm. [Anschütz, Bendix, Kerp, *Lieb. Ann. Chem.*, **259**, 154, 1890]. En contact avec l'eau, le produit se transforme peu à peu, mais partiellement, en acide oxymésitène-carbonique.

Si l'on fait agir le brome sur une solution de cet anhydride dans le sulfure de carbone, on obtient le dérivé bromé

$$C^6H^7Br \begin{array}{l} \diagup O \\ \ \ | \\ \diagdown CO \end{array}$$

[Hantzsch, *Lieb. Ann. Chem.*, **222**, 18, 1884]. Ce dérivé fond à 106-107° et bout à 194-196° sous 20 mm. [Kerp, *Lieb. Ann. Chem.*, **274**, 279, 1893].

Avec CH^3I (et KOH) il se forme la triméthylcumaline $C^8H^{10}O^2$ [Ciamician, Silber, *D. chem. G.*, **27**, 849, 1894].

Acide oxymésitène-dicarbonique,

$$OH . C(CH^3) = C(CO^2H) . C(CH^3) = CH - CO^2H.$$

— On ne connaît pas l'acide libre. Les sels sont de la forme $M^2{}_{II}C^8H^8O^5$, mais les sels alcalins et alcalino-terreux se décomposent déjà à une température modérée en carbonates et sels de l'acide oxymésitène-carbonique $C^7H^{10}O^3$ [Hantzsch, *Lieb. Ann. Chem.*, **222**, 9, 1884].

Acide mésitène-lactone-dicarbonique (*anhydride*),

```
CH = C(CH³) - C   CO²H
 |              ||
CO ——— O ——— C - CH³
```

— *Préparation.* — Il se forme en même temps que l'éther mésitène-lactone-carbonique, quand on maintient en contact pendant une quinzaine de jours 100 grammes d'éther acétylacétique avec 250 grammes d'acide sulfurique [Anschütz, Bendix, Kerp, *Lieb. Ann. Chem.*, **259**, 1890]. Duisberg [*Lieb. Ann. Chem.*, **213**, 177, 1883], et Polonowska [*D. chem. G.*, **19**, 2402, 1886] en ont obtenu en maintenant pendant très longtemps à — 6° de l'éther acétylacétique saturé de gaz chlorhydrique (voyez 2e Suppl., **1**, 53).

On dissout les produits de la réaction dans un mélange d'éther et de chloroforme, on traite la solution par l'eau et on agite ensuite avec une solution concentrée de potasse; dans la couche éthérée se trouve l'éthyléther.

Nieme et Pechmann [*Lieb. Ann. Chem.*, **261**, 202, 1891] chauffent l'acide citracumalique, $C^{10}H^8O^8$, à 200° [Kerp, *Lieb. Ann. Chem.*, **274**, 235, 1893].

Propriétés. — Le produit présente tantôt l'aspect de petits cristaux soyeux, tantôt de gros prismes. Fusible à 155°, bouillant à 126° sous 11 mm. Très peu soluble dans l'eau froide, davantage dans l'eau bouillante, facilement dans l'alcool et l'éther. Se décompose de 200 à 250° en CO^2 et l'anhydride de l'acide oxymésitène-carbonique $C^7H^{10}O^3$.

Chauffé avec la chaux, il donne l'oxyde de mésityle. Traité à chaud par l'eau de baryte il se décompose en CO^2, oxyde de mésityle et acide oxymésitène-carbonique.

Sels : $AzH^4 . C^8H^7O^4$, masse en cristaux confus :
$NaC^8H^7O^4$; $KC^8H^7O^4 + 1/2 H^2O$;
$Mg(C^8H^7O^4)^2 + 2 1/2$-$3 H^2O$; $Ba(C^8H^7O^4)^2$;
$Cu(C^8H^7O^4)^2$; $4 AgC^8H^7O^4 + 3 C^8H^8O^4$;
$6 AgC^8H^7O^4 + C^8H^8O^4$.

Éther méthylique, $C^8H^7O^4 . CH^3$. — Cristaux longs, fusibles à 67-68°,5, bouillant à 167° sous 14 mm.

Éther éthylique, $C^8H^7O^4 . C^2H^5$. — Liquide, bout à 166° sous 12 mm. Il se forme en même temps que l'éther éthylique de l'acide isopropylidène-acétylacétique, quand on sature un mélange d'éther acétylacétique avec du gaz chlorhydrique [Pauly, *D. chem. G.*, **30**, 483, 1897; — Anschütz, Bendix, Kerp, *Lieb. Ann. Chem.*, **259**, 156, 1890; — Angelli, *Gazz. chim. ital.*, (2), **22**, 329, 1892].

Le brome donne le composé $C^{10}H^{11}O^4Br$, qui est l'éther de l'acide bromo-isodéhydracétique [Feist, *D. chem. G.*, **26**, 757, 1893].

Éthyléther de l'acide oxymésitène-dicarbonique. $OH . C^6H^7(CO^2H) . CO^2 C^2H^5$. — Il se forme quand on traite le sel $KC^8H^7O^4$ par l'alcool et l'iodure d'éthyle [Hantzsch, *Lieb. Ann. Chem.*, **222**, 22, 1889].

Cristaux tabulaires, solubles dans la plupart des solvants ordinaires, fusibles à 72° [Kerp, *Lieb. Ann. Chem.*, **274**, 276, 1893].

On connaît les sels : $(AzH^4)^2C^{10}H^{12}O^5$, en feuillets brillants ; $Pb(C^{10}H^{13}O^5)^2 + H^2O$, poudre formée de cristaux microscopiques ; $Cu(C^{10}H^{13}O^5)^2 + H^2O$, précipité vert foncé ; $AgC^{10}H^{13}O^5$.

Monométhyléther, $C^8H^9O^5 . CH^3$. — Cristaux tabulaires fondant à 72° [Kerp, *Lieb. Ann. Chem.*, **274**, 276, 1893].

Anhydride.

```
O ↘
|    C⁶H⁷ - CO² - C²H⁵
CO ↗
```

— Huile d'une odeur piquante, bouillant sans décomposition. Si on fait agir le brome sur une solution de cet anhydride dans CS^2, on obtient le *dérivé bromé*

```
O ↘
|    C⁶H⁶Br - CO² - C²H⁵
CO ↗
```

[Hantzsch, *Lieb. Ann. Chem.*, **222**, 25, 1889].

```
CH³ - C = C(CO² - C²H⁵) - C(CH³) = CH
      |                             |
      O ——————————————————— C(OH)AzH²
```

Le sel d'ammonium de ce composé se forme quand on fait passer un courant de AzH^3 sec dans une solution alcoolique de l'éther éthylique de l'acide isodéhydroacétique, $C^{10}H^{11}O^4Br$ [Anschütz, Bendix, Kerp, *Lieb. Ann. Chem.*, **259**, 177, 1890; — Kerp, *Lieb. Ann. Chem.*, **274**, 268, 1893].

```
CH³ - C = C(CO²C²H⁵) - C - CH³ = C   Br
      |                            |
      O ——————————————————— C(OH)AzH²
```

Le sel d'ammonium de ce composé se forme quand on fait passer un courant d'AzH^3 sec dans une solution alcoolique de l'éther éthylique de l'acide bromo-isodéhydracétique [Kerp, *Lieb. Ann. Chem.*, **274**, 281, 1893; — Feist, *D. chem. G.*, **26**, 758, 1894]. Liquide sirupeux. On connaît les sels d'ammonium et de plomb.

Janvier 1906. A. Bouchonnet.

MÉSITOL $C^6H^2(OH)_{(1)}(CH^3)^3{}_{(1.3.5)}$. — (1er Suppl., 1010). Le mésitol s'obtient : 1° Quand on réduit le *mésitylquinol* par la poudre de zinc en présence de chlorure d'ammonium, ou par l'acide sulfureux, ou par le sulfate ferreux en présence de carbonate de soude [Bamberger et Rising, *D. chem. G.*, **33**, 3640] ; 2° la *mésidine* ou son chlorhydrate, traitée par la potsse et le ferrocyanure de potassium, fournit une huile qui, purifiée par cristallisation dans l'alcool, constitue le mésitol, fondant à 75° [Graebe, *D. chem. G.*, **34**, 1778].

Propriétés. — Le mésitol fournit par l'action du brome un *dérivé tribromé* insoluble dans les alcalis et qui aurait pour formule :

```
             Br
            /
           C ————— CH²
         /   \       |
    CBr        CBr   |
     ||         ||   |
CH³ - C         C - CH³
         \   /       |
          CH ————— O
```

Ce bromhydrate de *dibromo-anhydro-p-oxy-mésitol* cristallise en longues aiguilles fondant à 146°. Les alcools et les bases lui enlèvent déjà à froid HBr en donnant une combinaison soluble. Traité par l'isocyanate de phényle, il fournit un phényluréthane fondant à 226°.

Sous l'action de l'acétone et de l'eau, le tribromo-mésitol donne un mélange de *dibromo-*

p-oxymésitylalcool fondant à 190° (I) et de son *éther oxyde*, fondant à 252° (II).

```
            C-CH²OH
            /    \
     Br.C  /      \  C.Br
           ||  I  ||
    CH³.C  \      /  C.CH³
            \    /
             C.OH
```

```
   C-CH² ———— O ———— CH²-C
Br-C      C-Br      Br-C      C-Br
CH³-C     C-CH³     C-CH₃     C-CH³
    COH                 COH
                II.
```

Traité par le réactif de Caro, le mésitol fournit de petites quantités d'*alcool para oxymésitylénique* résultant de son oxydation, mais la majeure partie est transformée en mésitylquinol [Bamberger, *D. chem. G.*, **36**, 2028].

Mélangé en solution alcoolique avec le nitrite d'éthyle, le mésitol produit un vif dégagement d'oxyde azotique : après 12 heures on sépare de l'aldéhyde p-oxymésitylénique. A. Maille.

MÉSITONIQUE (ACIDE), (Acide 2.2-diméthylpentanone-4-oïque,

$$CH^3-CO-CH^2-C(CH^3)^2-CO^2H.$$

— (Voyez 2e Suppl., **1**, 36).

L'acide mésitonique présente l'aspect de petits cristaux prismatiques lorsqu'il est obtenu par évaporation de sa solution aqueuse, et de grosses plaques lorsqu'on emploie sa solution éthérée. Il fond à 174° et bout à 138° sous 15 mm. [Anschütz, Guillet, *Lieb. Ann. Chem.*, **247**, 103, 1888]. Par la distillation il se transforme en anhydride.

L'acide mésitonique est oxydé par $NaOBr$, et donne l'acide as. diméthylsuccinique (Lapworth).

Lapworth [*J. Chem. Soc.*, **85**, 1214, 1904] a obtenu l'acide mésitonique décrit par Pinner

$$CO^2H.C(CH^3)^2.CH^2.CO.CH^3,$$

en partant de l'oxyde de mésityle et du cyanure de potassium. Le produit fond à 75°,5-76°,5.

Il a préparé en outre la semicarbazone, $C^{18}H^{15}O^3Az^3$, octaèdres solubles dans l'alcool ; la phénylhydrazone $C^{13}H^{18}O^2Az^2$, feuillets incolores, fusibles à 135° et la p-nitrophénylhydrazone.

Mésitonate d'argent, $C^7H^{11}O^3Ag$. — En feuillets [Weidel, *Mon. f. Chem.*, **13**, 612, 1892].

Mésitonate d'éthyle, $C^7H^{11}O^3.C^2H^5$. — Liquide, bout à 210° [Pinner, *D. chem. G.*, **15**, 579].

Anhydride mésitonique.

```
(CH³)² - C - CH = C - CH³
         |         |
         CO ————— O
```

— Il a été obtenu par Pinner en distillant l'acide libre. Gros prismes transparents, fusibles à 24°, bouillant à 267° ; par l'ébullition avec une lessive de potasse, ce produit redonne l'acide.

Janvier 1906. A. Bouchonnet.

MÉSITYLACÉTIQUE (ACIDE),

$$C^6H^2(CH^3)^3(CH^2.CO^2H).$$

— Il prend naissance, à l'état d'amide, quand on traite la mésitylméthylcétone par le sulfure d'ammonium [Claus, *J. prakt. Chem.*, (2), **41**, 483, 1890].

On l'obtient encore en réduisant par l'acide iodhydrique et le phosphore l'acide mésitylglyoxylique $C^6H^2(CH^3)^3.CO.CO^2H$ [Dittrich et Mayer, *Lieb. Ann. Chem.*, **264**, 129, 1891].

Il forme de petites aiguilles incolores, fusibles à 164°.

L'amide $C^6H^2(CH^3)^3CH^2.COAzH^2$ fond à 208°. Le *dérivé dinitré* fond à 140°. On connaît le sel de baryum. Janvier 1906. A. Bouchonnet.

MÉSITYLE (OXYDE DE) (1er Suppl., **2**, 1010).

Préparation. — L'acide sulfurique agit à la longue sur l'acétone et la transforme en un mélange d'oxyde de mésityle et de phorone, la déshydratation entraînant une condensation :

$$2CH^3-CO-CH^3$$
$$= CH^3-CO-CH=C\begin{matrix} \diagup CH^3 \\ \diagdown CH^3 \end{matrix} + H^2O$$

Oxyde de mésityle.

$$3CH^3-CO-CH^3$$
$$= (CH^3)^2=C=CH-CO-CH=C=(CH^3)^2 + 2H^2O$$

Phorone.

[Kane, *Pogg. Ann.*, **44**, 475, 1890 ; — Couturier et Meunier, *C. R.*, **140**, 721, 1905].

La chaux et le chlorure de zinc réalisent la même condensation. Kasangew [*Journ. Soc. phys. chim. russe*, **7**, 173, 1875] a fait agir HCl sec sur l'acétone anhydre et pure ; au bout de 2 à 3 semaines, il a obtenu ainsi un mélange d'oxyde de mésityle et de phorone qu'il a séparés par fractionnement.

Freer et Lachmann [*Am. Chem. Journ.*, **19**, 887, 1897] saturent de l'acétone, maintenue dans un mélange réfrigérant, avec HCl gazeux, et ils versent au bout d'une demi-heure le liquide dans l'eau glacée ; on évite ainsi la formation de phorone.

Kondakow [*Journ. Soc. ph. chim. russe*, **26**, 12, 1894] a obtenu de l'oxyde de mésityle en faisant agir le chlorure d'acétyle et un peu de chlorure de zinc sur l'isobutylène :

$$(CH^3)^2=C=CH^2 + CH^3-CO-Cl$$
$$= (CH^3)^2CCl-CH^2-CO-CH^3$$
$$(CH^3)^2CCl-CH^2-CO-CH^3$$
$$= (CH^3)^2=C=CH-CO-CH^3 + HCl$$

Il s'en forme aussi en même temps que de l'éther butylacétique tertiaire par l'action de l'anhydride acétique et de $ZnCl^2$ sur l'isobutylène [*Journ. Soc. ph. chim. russe*, **26**, 232, 1894].

Quand on décompose par la chaleur l'acide oxymésitène-carbonique

$$CH^3COH=CH.C(CH^3)=CH.CO^2H$$

et l'acide oxymésitène-dicarbonique, on obtient de l'anhydride carbonique et de l'oxyde de mésityle [Hantzsch, *Lieb. Ann. Chem.*, **222**, 21, 1884].

Il s'en produit aussi quand on réduit l'acétone pure par le chlorure stanneux en solution chlorhydrique [Apitzsch et Metze, *D. chem. G.*, **36**, 1676, 1903], quand on chauffe le bromure de triméthylène avec de l'eau [Marcellus Rix, *Mon. f. Ch.*, **25**, 267, 1904].

Quand on fait réagir l'acétone sur l'amidure de sodium en présence de benzène, il se forme des dérivés sodiques de l'oxyde de mésityle, de la phorone et de l'isophorone [Thiterley, *Chem. Soc.*, **81**, 1520, 1902].

Il se forme encore de l'oxyde de mésityle quand on réduit avec le sodium une solution éthérée de méthylisobutylcarbinol [Kerp, *Lieb. Ann.*, **290**, 148, 1896.

Propriétés. — L'oxyde de mésityle bout à 129°,5-130° ; sa densité est 0,8706 à 4° [Perkin, *Chem. Soc.*, **53**, 587, 1888).

Par ébullition prolongée avec l'acide sulfurique concentré, il se forme de l'acide acétique et de l'acide oxalique. Par oxydation avec une solution de permanganate de potassium, on obtient de l'acide acétique et de l'acide oxyisobutyrique [Pinner, *D. chem. G.*, **15**, 591, 1882].

Quand on abandonne un mélange de méthyl ou de diméthylamine avec de l'oxyde de mésityle, on obtient la méthyldiacétonamine ou la diméthyldiacétonamine

$$\begin{matrix} CH^3 \\ CH^3 \end{matrix} > C = C - CO - CH^3 + AzH^2 - CH^3$$

$$= \begin{matrix} CH^3 \\ CH^3 \end{matrix} > \begin{matrix} C - AzH - CH^3 \\ | \\ CH^2 - CO - CH^3 \end{matrix}$$

[Hochstetter et Kohn, *Mon. f. Chem.*, **24**, 773, 1903].

D'après Harries et Papos [*D. chem. G.*, **34**, 2979, 1901] l'oxydation de l'oxyde de mésityle par MnO^4K fournit le glycol cétonique correspondant

$$(CH^3)^2 . C(OH) . C(OH) . CO . CH^3.$$

Réduit par l'amalgame de sodium, l'oxyde de mésityle donne l'oxyde de mésoxymésityle $C^{12}H^{20}O$ [Harries, Hübner, *Lieb. Ann.*, **296**, 308, 1897].

On obtient le sel de sodium de l'acide méthylisobutylcétone-sulfonique

$$(CH^3)^2C . SO^3H . CH^2 . CO . CH^3$$

en traitant l'oxyde de mésityle par une solution de bisulfite de soude [Pinner, *D. chem. G.*, **15**, 592, 1882; — Kerp, Muller, *Lieb. Ann.*, **299**, 277, 1898]. Harries [*D. chem. G.*, **32**, 1326, 1899] a montré que, par agitation de l'oxyde de mésityle avec une solution de bisulfite de soude, il se forme le sel de sodium de l'acide 2-méthyl-pentanol-2, 4-disulfonique

$$(CH^3)^2 C(SO^3H) CH^2 C(SO^3H) OH . CH^3$$

et un peu de sel de sodium de l'acide monosulfonique.

L'oxyde de mésityle est oxydé par l'ozone; la rupture de la chaîne paraît être précédée de la formation d'un peroxyde, suivant cette réaction:

$$(CH^3)^2C = CH - CO - CH^3$$

$$\longrightarrow (CH^3)^2 = \underset{|}{C} - \underset{|}{CH} - CO - CH^3$$
$$O - O$$

$$\longrightarrow \begin{matrix} CH^3 \\ CH^3 \end{matrix} > CO + CHO - CO - CH^3$$

[Harries, *D. chem. G.*, **36**, 1933, 1903; **37**, 839, 1904; **38**, 1630, 1905].

En chauffant l'oxyde de mésityle avec l'acétamide et le chlorure de zinc, il se forme de l'oxyhydrocollidine, $C^8H^{13}AzO$, bouillant à 175-180° [Canzoneri, Spica, *Gaz. ch. ital.*, **14**, 349, 1884].

Par l'action d'une solution aqueuse de chlorhydrate de semicarbazide, il se forme, en même temps qu'un peu de semicarbazone fondant à 162-164°, une base $C^7H^{13}Az^3O$ fondant à 136-137° [Kaiser, *D. chem. G.*, **32**, 1338, 1899].

Oxydé par l'hypobromite de potassium, l'oxyde de mésityle donne l'acide diméthylacrylique et l'acide β-oxyisovalérique [Kohn, *Mon. f. Ch.*, **24**, 705, 1903].

Maintenu à l'ébullition pendant plusieurs heures avec de la lessive de potasse à 102°, il se transforme en acétone. Avec l'éther oxalique et le sodium, il donne l'éther éthylique de l'acide α-mésityloxydoxalique [Guareschi, *D. chem. G.*, **28**, 161, 1895].

Par l'action de l'hydroxylamine, on obtient plusieurs produits, entre autres la diacétonehydroxylamine et le triméthyldihydroisoxasol [Jablowsky, *D. chem. G.*, **31**, 1372, 1898].

Moureu et Delange [*Bull. Soc. Chim.*, (3), 661, 1901], en traitant l'oxyde de mésityle par PCl^5 et la potasse sèche, ont obtenu l'acide méthyl-3-pentène-4-ine-2-oïque-1

$$(CH^3)^2C = CH . C \equiv C . CO^2H.$$

Condensations de l'oxyde de mésityle. — Avec l'acide tétronique [Wolff, *Lieb. Ann. Ch.*, **315**, 145, 1901 et **322**, 351, 1902]; avec l'éther malonique sodé [William Crossley, *Chem. Soc.*, **79**, 138, 1901]; avec les mercaptans [Posner, *D. chem. G.*, **34**, 1395, 1901; **35**, 799, 1902]; avec l'éther bromacétique [Lotz et Rupe, *ibid.*, **36**, 15, 1903]; avec la semicarbazide [Rupe et Schlochoff, *ibid.*, **36**, 4377, 1903]; avec les méthyl et diméthyl amines [Kohn, *Mon. f. Ch.*, **25**, 135, 1904]; avec l'iodure de méthylmagnésium [von Fellenberg, *D. chem. G.*, **37**, 3578, 1904]; avec le ferrocyanure de potassium [Baeyer et Villiger, *ibid.*, **34**, 2679, 1901]; avec les amides, les amidines et la guanidine [Traube et Schwaz, *ibid.*, **32**, 3163, 1899]; avec le malonate d'éthyle et l'acétate d'éthyle [Pauly et Lieck, *ibid.*, **33**, 504, 1900]; avec la benzaldéhyde [Vörlander, *ibid.*, **30**, 2267, 1897]; avec l'o-phénylène-diamine [Ekeley, Wells, *ibid.*, **38**, 2259, 1905].

Action du cyanure de potassium sur l'oxyde de mésityle [Lapworth, *Proc. Ch. Soc.*, **20**, 177, 1904; *Ch. Centr. Bl.*, 1904, II, 1108].

Dérivés métalliques. — Erdmann [*D. chem. G.*, **37**, 4571, 1904] a préparé un certain nombre de dérivés d'addition de l'oxyde de mésityle avec $HgCl^2$.

Prandtl et Hoffmann ont décrit la combinaison $PtCl^2, C^6H^{10}O$, en abandonnant, dans le vide, une solution d'acide chloroplatinique dans l'oxyde de mésityle. Ce sont des aiguilles jaunes solubles dans l'acétone [*D. chem. G.*, **23**, 2981, 1900].

Oxyde de mésityle bromé. — Si on traite l'oxyde de mésityle dibromé de Claisen $C^6H^{10}Br^2O$ par la potasse alcoolique, on enlève HBr et on obtient l'oxyde de mésityle monobromé

$$CH^3 . CO . CBr = C(CH^3)^2,$$

qui se combine avec le brome en solution acétique pour donner le dérivé tribromé

$$CH^3 . CO . CBr^2 . CBr(CH^3)^2.$$

Le mésityloxyde monobromé bout à 60-61° sous 20 millimètres et à 160-170°, en se décomposant, à la pression ordinaire.

Si on le fait bouillir pendant 20 heures avec du sodium en solution dans l'alcool méthylique, on obtient l'oxyde de méthoxymésityle

$$CH^3 . CO . C(OCH^3) = C(CH^3)^2$$

liquide bouillant à 167-168° à la température ordinaire. Si on prend de l'acétate de potassium au lieu de méthylate de potassium, il se forme l'oxyde d'acétooxymésityle

$$CH^3 . CO . C(O . CO . CH^3) = C(CH^3)^2$$

[Pauly et Lieck, *D. chem. G.*, **33**, 504, 1900].

Oxyde de mésityle chloré. — On prépare l'oxyde de mésityle dichloré

$$CH^3 . CO . CHCl . CCl(CH^3)^2$$

en saturant une solution alcoolique ou éthérée d'oxyde de mésityle fortement refroidie avec du chlore.

Liquide bouillant à 77° sous 12 millimètres.

On a préparé comme les dérivés bromés analogues, l'oxyde de mésityle monochloré

$$CH^3.CO.CCl.C(CH^3)^2,$$

liquide fumant fortement à l'air, bouillant à 47° sous 12 millimètres; le chlorométhyloxyde dichloré

$$CH^3.CO.CCl^2.CCl(CH^3)^2,$$

bouillant à 104° sous 18 millimètres.

Isonitrosomésityloxyde

$$(CH^3)^2.C:CH.CO.CH:Az.OH.$$

— Claisen et Manasse [*D. chem. G.*, **22**, 529, 1889] l'ont obtenu en faisant agir l'éthylate de sodium sur l'oxyde de mésityle et le nitrite d'isoamyle. Cristaux solubles dans le benzène et fusibles à 102°.

Mésityloxime. — [Harries et Gley, *D. chem. G.*, **32**, 291, 1899; *Central Blatt*, 1899, I, 683; *Lieb. Ann. Ch.*, **399**, 230, 1901].

Action de AzO^2H et AzO^3H sur les oximes de l'oxyde de mésityle [Harries, *D. chem. G.*, **311**, 230, 1901].

Mésityloxyde-semicarbazone

$$(CH^3)^2.C{=}CH.C({=}Az.AzH.CO.AzH^2)$$

Scholtz. *D. chem. G.*, **29**, 610, 1890; *C. R.*, 1896, 917; — Harries et Kaiser, *D. chem. G.*, **32**, 1338, 1899]. Fond à 162-164° en se décomposant.

OXYDE DE MÉSOXYMÉSITYLE

$$\begin{array}{l}(CH^3)^2C-CH^2\\ \quad\;\;|\qquad\quad \geqslant C-CH^3\\ (CH^3)^2C-C-CO-CH^3\end{array}$$

[Harries, Huebner, *Lieb. Ann. Ch.*, **296**, 308, 1897; — Harries, Eschenbach, *D. chem. G.*, **29**, 387, 1896; — Claisen, *Lieb. Ann. ch.*, **280**, 7, 1894].

Nous avons vu qu'il se forme par la réduction de l'oxyde de mésityle.

Claisen le prépare en introduisant de l'amalgame de sodium dans une solution alcoolique d'oxyde de mésityle; il laisse reposer quelques jours et traite par l'eau. Harries et Eschenbach jettent 30 grammes d'amalgame d'aluminium dans une solution de 10 gr. d'oxyde de mésityle dans 25 centimètres d'éther absolu. Ils filtrent et fractionnent le résidu.

Le produit obtenu se présente sous la forme d'une huile incolore sentant le camphre, bouillant à 210-217°.

Dans l'action de l'amalgame de sodium sur une solution alcoolique légèrement concentrée d'oxyde de mésityle, il se forme un composé répondant à la formule $C^{24}H^{42}O$, solide, cristallisé et fusible à 110-120°.

Combinaison

$$(C^6H^{11}O^3)^2=(CH^3)^2.COH.COH(CO.CH^3)COH$$
$$.CO.CH^3.COH.(CH^3)^2.$$

— Ce produit se forme quand on abandonne pendant plusieurs jours et en agitant de temps en temps 10 grammes d'oxyde de mésityle dans 100 grammes de H^2O^2 à 10 0/0 [Wolffenstein, *D. chem. G.*, **28**, 2268, 1895]. Il est insoluble dans l'eau, facilement soluble dans l'éther.

Janvier 1906. A. Bouchonnet.

MÉSITYLÈNE (Voyez Suppl., 1010). — Le mésitylène a été trouvé dans les pétroles de Roumanie, et dans le naphte de Grosnyi; la fraction qui distille entre 160 et 165° en contient une quantité notable [Konovalof et Plotnikof, *Journ. Soc. Phys. Chim. russe*, **33**, 50, 1901]. Le cumol brut en renferme aussi une grande quantité. Pour l'en retirer, on traite le cumol par l'acide sulfurique concentré à chaud, puis on chauffe doucement le résidu avec un mélange d'acide sulfurique concentré (50 parties) et d'acide sulfurique fumant (50 p.). L'acide mésitylène-sulfonique se solidifie par refroidissement [Moschner, *D. chem. G.*, **34**, 1257]. La préparation du mésitylène par le procédé de Fittig donne un rendement faible, on peut l'augmenter en opérant de la manière suivante: 180 grammes d'acétone (3 molécules) sont mélangés à 300 gr. d'acide sulfurique; on laisse en contact pendant une heure, puis on distille à feu nu: on obtient ainsi 40 gr. de mésitylène brut [*Bull. Soc. Chim.*, (2), **40**, 266]. L'isodurol bibromé, l'éthylmésitylène, le propylmésitylène, chauffés avec HI à 250° se transforment en mésitylène [Klages et Stamm, *D. chem. G.*, **36**, 1715].

Propriétés. — Le mésitylène bout à la température de 164° et fond à — 57°,5 [Ladenburg, Krügel, *D. chem. G.*, **33**, 1900].

Le chlore sec agissant sur les vapeurs de mésitylène à une température inférieure à 215° donne des produits de substitution dans les résidus forméniques; on obtient ainsi les dérivés mono et dichlorés; il en est de même du brome agissant sur le mésitylène à l'ébullition; il fournit les trois dérivés mono, di et tribromé dans les branches latérales. Le bromure de soufre, chauffé avec le mésitylène en présence de AzO^3H de densité 1,4, a fourni du bromomésitylène [Edinger et Golberg, *D. chem. G.*, **33**, 2899]. L'iode ne se substitue pas directement aux atomes d'hydrogène des résidus CH^3; mais en présence d'oxyde de mercure sec il donne le dérivé monoiodé sur le noyau. L'iodure de soufre avec AzO^3H en présence de mésitylène a fourni l'iodomésitylène [Edinger et Goldberg, *D. chem. G.*, **33**, 2880]. L'acide azotique de densité 1,55 agissant sur le mésitylène à 100°, en tube scellé, le nitre dans les branches latérales.

Traité par un mélange d'acide sulfurique et de bioxyde de manganèse, le mésitylène fournit de la *diméthylbenzaldéhyde*, de l'*acide mésitylénique* et du *pentaméthyldiphénylméthane*. Au contraire le persulfate de potassium fournit le *méta-méta-tétraméthyldibenzyle*, huile bouillant à la température de 296°.

Le nickel carbonyle réagit sur le mésitylène en présence de chlorure d'aluminium, avec dégagement d'hydrogène et production de *triméthyl-2.4.6-benzaldéhyde* [Dewar et Jones, *Chem. Soc.*, **85**, 212, 2, 1904].

En présence de chlorure d'aluminium, le mésitylène se condense avec l'anhydride orthosulfobenzoïque pour donner l'*acide triméthylbenzoyl-benzène-sulfonique*

$$C^6H^2 \begin{cases}(CH^3)^3\\ C^6H^2COC^6H^4SO^3H\end{cases} + 4H^2O$$

qui cristallise de sa solution en feuillets brillants, perdant leur eau de cristallisation entre 100 et 110°. L'acide anhydre fond alors à 184°. Le sel d'ammonium de cet acide est en feuillets nacrés facilement solubles dans l'eau et fondant à 272° [Krannich, *D. chem. G.*, **33**, 3485, 1901].

Enfin le mésitylène ne réagit complètement sur le chlorure d'éthyloxalyle

$$\begin{array}{l}CO-Cl\\ |\\ CO^2-C^2H^5\end{array}$$

qu'en présence d'un excès de ce dernier et d'un excès de chlorure d'aluminium. Il se forme du *mésitylglyoxalate d'éthyle*, liquide bouilllant à 160° sous 10 millimètres.

Le mésitylène, dirigé en vapeur avec de l'hydrogène sur du nickel réduit chauffé vers 190°, fixe 6 atomes d'hydrogène et se change en triméthyl-1.3.5-cyclohéxane, liquide d'odeur de moisi bouillant à 137° (Sabatier et Senderens).

DÉRIVÉS HALOGÉNÉS DU MÉSITYLÈNE.

Les *dérivés halogénés suivants sont substitués dans le noyau.* — (Dict., **2**, 374).

Fluoromésitylène $C^6H^2(CH^3)^3_{(1.3.5)}F_{(6)}$. — Il s'obtient par action de l'acide fluorhydrique sur le diazoïque correspondant. C'est un liquide qui bout à 171° [Tohl, *D. chem. G.*, **125**, 1521].

Chloromésitylène, $C^6H^2(CH^3)^3_{(1.3.5)}Cl_{(4)}$. — Le mésitylène traité par le chlorure de sulfuryle en présence de chlorure d'aluminium donne du monochlorure de mésitylène bouillant à 215-220° mélangé d'un peu de sulfochlorure. On obtient par une action plus prolongée une petite quantité de trichloromésitylène.

Bromomésitylène. — Le bromure de soufre mélangé au mésitylène et additionné d'acide azotique de densité 1,4, fournit le bromomésitylène [Tohl, *D. chem. G.*, **33**, 2875].

Iodomésitylène, $C^6H^2(CH^3)^3_{(1.3.5)}I_{(6)}$. — On le prépare : 1° en introduisant de l'oxyde de mercure sec en suspension dans du mésitylène, dans un mélange d'iode et de mésitylène [Tohl, *D. chem. G.*, **33**, 2875] ; 2° en soumettant le mésitylène à l'action d'un mélange d'iodure de soufre et d'acide azotique de densité 1,34, et chauffant au réfrigérant ascendant : 3° par action du diazomésitylène sur l'iodure de potassium [Wilgerodt et Reggatz, *J. prakt. Chem.*, **1**, 61, 423] : 4° l'iodosomésitylène se transforme à la longue en iodomésitylène. Ce corps se présente en cristaux réfringents fusibles à 30°,5, et bouillant à 248°.

Diiodomésitylène, $C^6H(CH^3)^3I^2$. — On l'obtient en faisant réagir SO^4H^2 concentré sur l'iodomésitylène à la température ordinaire : il se forme en même temps de l'*acide mésitylène-sulfonique* :

$$2\,C^6H^2(CH^3)^3I + SO^4H^2$$
$$= C^6H(CH^3)^3I^2 + C^6H^2(CH^3)^3SO^3H + H^2O.$$

Il fond à 82°. Traité par l'acide azotique concentré, il donne le *nitroiodomésitylène* [Tohl et Eckel, *D. chem. G.*, **26**, 1099].

Triiodomésitylène $C^6(CH^3)^3I^3$. — On le prépare par action de SO^4H^2 fumant sur l'iodomésitylène. Il fond à 208° (Tohl et Eckel).

Dichlorure d'iodomésitylène, $C^6H^2(CH^3)^3ICl^2$. — On l'obtient par action du chlore sur l'iodomésitylène en solution chloroformique ou acétique maintenue très froide. Ce corps est instable surtout quand il est préparé dans le chloroforme, il se transforme en mésitylène chloroiodé [Wilgerodt et Reggatz, *J. prakt. Chem.*, **61**, 423].

Chloroiodomésitylène $C^6H(CH^3)^3ICl$. — Il se prépare par action du chlore sur le mésitylène iodé dissous dans le chloroforme, et non refroidi. Aiguilles blanches fusibles à 180° (Wilgerodt et Reggatz).

Iodosomésitylène, $C^6H^2(CH^3)^3IO$. — Masse amorphe d'odeur caractéristique, peu soluble dans les solvants usuels, se transformant à la longue en iodomésitylène. Dissous dans l'acide acétique, il donne le *diacétate d'iodomésitylène*, $C^6H^2(CH^3)^3I(OCO^2CH^3)^2$, aiguilles blanches fusibles à 158°. Le *nitrate* et le *sulfate* n'ont pu être purifiés : le *chromate* est jaune et explose avant dessiccation complète [Wilgerodt et Reggatz].

Chloroiodosomésitylène, $C^6HCl(CH^3)^3IO$. — Corps semblable à l'iodosomésitylène.

Iodylmésitylène, $C^6H^2(CH^3)^3IO^2$. — Aiguilles blanches explosant à 195°, insolubles dans l'eau, très peu solubles dans l'éther, le chloroforme, le benzène et l'alcool.

Iodylmésitylène chloré, $C^6HCl(CH^3)^3IO^2$. — On le prépare au moyen du chloroiodosomésitylène que l'on traite en liqueur alcaline par le MnO^4K. Il est amorphe et fond à 221°.

Dimésityliodonium $C^6H^2(CH^3)^3I.OH$. — Cette base ou *hydrate de dimésityliodinium* est très peu stable et connue seulement en solution aqueuse. Cette solution est très alcaline : on l'obtient par action de l'hydrate d'argent sur un mélange à molécules égales d'iodosomésitylène et d'iodylmésitylène. Ses sels se décomposent facilement et les plus stables deviennent jaunes au bout de peu de temps. Le *chlorure* $[C^6H^2(CH^3)^3]^2ICl$ est en aiguilles fusibles à 122°, insolubles dans l'eau, solubles dans l'alcool, l'acide acétique et le chloroforme. Le *bromure*, aiguilles jaunes, fond à 139° ; l'*iodure* est un corps amorphe jaune fondant à 194° ; le *nitrate* est en cubes solubles dans l'eau, fusibles à 126° ; le *sulfate acide* forme des feuillets blancs fondant à 167° ; le *chromate* est un précipité jaune amorphe décomposable à 100° ; le *chloroplatinate* forme une poudre jaune décomposable à 150° ; le *chloromercurate*, masse blanche soluble dans les solvants usuels, se décompose à 130° [Wilgerodt et Reggatz, *J. prakt. chem.*, **61**, 430].

DÉRIVÉS NITRÉS ET AMINÉS. — *Nitromésitylène primaire*, $C^6H^3(CH^3)^2CH^2.AzO^2$. — On l'obtient en nitrant le mésitylène, en tube scellé, avec de l'acide azotique de densité 1,55, ou en vase ouvert, mais avec un rendement moindre, au moyen d'acide dilué dans l'eau ou l'acide acétique.

Il est formé d'aiguilles fusibles à 46°. Il réagit rapidement en dégageant de la chaleur sur la solution alcoolique saturée d'ammoniaque, en formant des sels solubles. Traité par la potasse et le zinc en poudre, il fournit la *mésidine* ou aminomésitylène $C^6H^2(CH^3)^3AzH^2$ [*D. chem. G.*, **29**, 2199]. Cette *mésidine* s'obtient d'ailleurs lorsqu'on chauffe le mésitylène avec le chlorhydrate d'hydroxylamine : $C^6H^3(CH^3)^3 + AzH^2OH = H^2O + C^6H^2(CH^3)^3AzH^2$ [Graebe, *D. chem. G.*, **34**, 1778].

Dinitromésitylène,

$$C^6H^2(CH^3)^2_{(1.3)}(CH^2AzO^2)_{(5)}(AzO^2)_{(4)}.$$

— Lorsqu'on dissout le nitromésitylène primaire dans l'acide azotique de densité 1,47, il se transforme en octaèdres fusibles à 85°. C'est le dinitromésitylène primaire et tertiaire.

Le *nitromésitylène*, $C^6H^2(CH^3)^3AzO^2$ fond à 44° ; le *dinitromésitylène*, $C^6H^2(CH^3)^3(AzO^2)^2$ fond à 86°.

DÉRIVÉS AMINÉS DANS LES CHAÎNES LATÉRALES. — 1° *Aminomésitylène.*

$$C^6H^3 \begin{cases} (CH^3)^2_{(1.3)} \\ CH^2AzH^2_{(5)} \end{cases}$$

— Cette amine s'obtient : 1° par réduction du nitromésitylène primaire à l'aide de l'étain et de l'acide chlorhydrique [Konovalof, *Journ. Soc. phys. chim. russe*, **27**, 182] ; 2° par action à 220-250° de la phtalimide potassique sur le dérivé chloré ou bromé correspondant. Il se forme d'abord avec le bromure de mésityle par exemple, la *mésitylphtalimide* qui cristallise en aiguilles fusibles à 157°. Ce corps, chauffé avec de l'acide chlorhydrique à 200°, fournit l'aminomésitylène.

C'est un corps bouillant à 220° ; base forte à odeur d'amine grasse, se combinant à l'anhydride carbonique de l'air avec énergie.

Diaminomésitylène, $C^6H^3(CH^3)(CH^2AzH^2)^2$. — Le dichloromésitylène fournit par la phtalimide potassique un dérivé diphtalimidique fondant à 244°, lequel par HCl à 200° se transforme en diamidomésitylène bouillant vers 268°.

DÉRIVÉS AMINÉS DANS LE NOYAU. — *Mésidine.* — Voyez plus haut, *dérivés nitrés et aminés.*

Triamidomésitylène, $C^6(CH^3)^3(AzH^2)^3$. — On l'obtient en réduisant le trinitromésitylène par Sn et HCl en présence d'acide acétique cristallisable.

Ce sont des aiguilles fusibles à 117°. Le chlorhydrate, traité par un excès d'anhydride acétique bouillant, donne un dérivé triacétique avec séparation d'un groupe AzH^2 et remplacement de ce groupe par un OH éthérifié [*Mon. f. Chem.*, **29**, 249].

Traité par la potasse et le chloroforme, le triamidomésitylène fournit un composé fondant à 160°, qui est le *triméthyl*-1.3.5-*oxy*-2-*dicyano*-4.6-*benzène* $C^6(CH^3)^3OH(CAz)^2$ [Kaufler, *Mon. f. Chem.*, **22**, 1073].

NITROSOMÉSITYLÈNE. — Il se prépare par oxydation de la mésidine par le réactif de Caro (40 grammes de persulfate de potassium, 45 grammes SO^4H^2, 100 grammes de glace, 100 centimètres cubes de solution de CO^3K^2 à 50 0/0). Pour 5 grammes de base on emploie 90 centimètres cubes de réactif, 250 centimètres cubes d'eau et on agite à froid.

Le nitrosomésitylène cristallise en tables rhombiques nacrées fondant à 122° en un liquide vert. Il est soluble dans les solvants organiques usuels, peu soluble dans la ligroïne et dans l'eau. Il est décomposé peu à peu par l'eau bouillante en mésidine, nitromésitylène et ammoniaque [Bamberger et Rising, *D. chem. G.*, **33**, 3623].

MÉSITYLHYDROXYLAMINE.

$$C^6H^2(CH^3)^3_{(1.3.5)}AzHOH_{(4)}.$$

— On l'obtient en ajoutant 15 grammes de poudre de zinc à une solution bouillante de 10 grammes de nitromésitylène et de 1 gramme de AzH^4Cl dans 50 centimètres cubes d'alcool et 10 centimètres cubes d'eau. Agiter constamment et maintenir une légère ébullition. La liqueur filtrée est précipitée par l'eau glacée et le précipité cristallin essoré rapidement, on obtient ainsi 50 0/0 d'hydroxylamine.

Elle cristallise en aiguilles soyeuses fusibles à 116°, soluble dans les solvants usuels, sauf la ligroïne et l'eau froide. Pure, elle se décompose peu à peu en nitroso et nitromésitylène. L'eau bouillante agit de même et la transforme en mésitylquinol (voy. ce mot); il en est de même de SO^4H^2 dilué à 20 0/0. La soude diluée la transforme lentement à froid en dérivés nitré, nitrosé et mésidine.

La mésitylhydroxylamine s'unit à l'isocyanate de phényle pour donner l'*urée*

$$CO\begin{matrix} \diagup AzOH \,.\, C^9H^{11} \\ \diagdown AzHC^6H^5 \end{matrix}$$

qui est en aiguilles solubles dans l'alcool, l'éther, l'acétone, fondant à 116° avec décomposition. Avec les aldéhydes en solution alcoolique on obtient les éthers mésityliques et les isoaldoximes correspondantes. Le chlorure ferrique réagit sur la mésitylhydroxylamine en solution alcoolique faible et la transforme en nitrosomésitylène; l'air agit de même surtout en présence d'une lessive alcaline [Bamberger et Rising, *D. chem. G.*, **33**, 3630].

DÉRIVÉS ALCOYLÉS.

ÉTHYLMÉSITYLÈNES. — L'éthyl-2-mésitylène s'obtient par action du sodium sur un mélange d'iodomésitylène et de bromure d'éthyle [Klages et Keil, *D. chem. G.*, **36**, 1640, 1903]. Il bout à 207-208° et donne par l'acide sulfurique un *acide sulfoné* qui fond à 79°. Son sel de sodium est anhydre. Le *diéthylmésitylène* a été obtenu par l'action du sodium sur le mélange d'iodure d'éthyle et de mésitylène dibromé (Tohl).

PROPYLMÉSITYLÈNE. — En employant la méthode de Fittig, Tohl [*D. chem. G.*, **28**, 2459] a préparé avec le bromure de propyle et l'iodomésitylène, le *propylmésitylène* $C^6H^2(CH^3)^3C^3H^7$, liquide bouillant à 220°, $D_{20} = 0,8773$.

Par oxydation à l'aide d'acide azotique étendu, il se transforme en acide mésitylènecarbonique; par l'action du brome, il donne un *dérivé dibromé*, en aiguilles fondant à 56°, et l'acide sulfurique faiblement fumant fournit un *acide sulfoné* dont on a préparé les sels de sodium, baryum, calcium, magnésium et cuivre. La *sulfamide* correspondante cristallise en feuillets fusibles à 98°

Par action de l'acide azotique fumant, le propylmésitylène se change en *dérivé mononitré*, liquide huileux que le fer et l'acide acétique transforment en amine. Le *dinitropropylmésitylène* fond à 93° (Tohl).

ISOBUTYLMÉSITYLÈNE, $(CH^3)^3C^6H^2CH(CH^3)^2$. — C'est une huile bouillant à 126° sous 24 mm. HI à 200° est sans action [Klages et Stamm, *D. chem. G.*, **36**, 1715].

ISOPENTYLMÉSITYLÈNE, $(CH^3)^3C^6H^2CH^2CH^2CH(CH^3)^2$. — Il a été obtenu par réduction du carbinol correspondant. Il bout à 134° sous 19 mm. Son *dérivé sulfoné* est facilement transformé par le brome en *dérivé dibromé* qui constitue des aiguilles fusibles à 44° [Klages et Stamm, *D. chem. G.*, **36**, 1715].

HEPTYLMÉSITYLÈNE, $(CH^3)^3C^6H^2C^7H^{15}$. — Il bout à 158° sous 15 mm. (Klages et Stamm).

DÉRIVÉS ACIDYLÉS.

ACÉTYLMÉSITYLÈNES. — L'*acétylmésitylène* $C^6H^2(CH^3)^3(COCH^3)$ ou *mésitylméthylcétone* a été préparé par action du chlorure d'acétyle sur le mésitylène en présence de chlorure d'aluminium.

C'est un liquide incolore bouillant à 240°; oxydé sans précaution par le permanganate, il donne l'acide *mésitylène-carbonique*. L'oxydation par le permanganate à 10 0/0, d'abord en solution alcaline, puis acide, et finalement alcaline, fournit successivement de l'*acide mésitylglyoxylique* $C^6H^2(CH^3)^3(COCO^2H)$ fondant à 112°, de l'acide *mésitylcarbonique* et finalement l'*acide diméthyltéréphtalique* :

$$C^6H^2(CH^3)^3(COCH^3) + 7O$$
$$= CO^2 + 2H^2O + C^6H^2(CH^3)^2_{(3.5)}(CO^2H)^2_{(1.4)}$$

L'acétylmésitylène, réduit par le sodium et l'alcool éthylique, conduit à l'alcool correspondant, le *mésitylméthylcarbinol*

$$C^6H^2(CH^3)^3(CHOHCH^3)$$

qui bout à 248° et fond à 71°. Son *éther acétique* bout à 252°; l'*éther chlorhydrique* à 126° sous 16 milimètres. Le *phényluréthane* fond à 124°. La saponification de l'éther acétique régénère le carbinol; l'éther chlorhydrique chauffé avec l'aniline donne le *vinylmésitylène* bouillant à 208° (Veil).

Le *diacétylmésitylène* $C^6H(CH^3)^3(COCH^3)^2$ préparé par action du chlorure d'acétyle sur le mésitylène en présence de $AlCl^3$ et de CS^2, fond à 46° et bout à 316°.

Si l'on fait arriver peu à peu le chlorure d'acétyle sur le mésitylène placé dans un ballon contenant le chlorure d'aluminium et le sulfure de carbone, on obtient le *chloroacétylmésitylène* en cristaux incolores solubles dans l'alcool, fondant à 68°,5 [Weil, *D. chem. G.*, **30**, 1245 et suiv.]

BENZOYLMÉSITYLÈNES. — Le *benzoylmésitylène* $C^6H^2(CH^3)^3(COC^6H^5)_{(2)}$, s'obtient par action du chlorure de benzoyle sur le mésitylène en présence de $AlCl^3$. Soumis à l'action de l'hydrogène naissant, il donne, suivant les moyens de réduction employés : 1° un hydrocarbure $C^{16}H^{18}$, le *benzylmésitylène*, qui fond à 31° et bout à 300° (le corps réducteur est l'acide iodhydrique fourni par le phosphore et l'iode en présence d'eau); 2° un alcool secondaire, le *phénylmésitylène-carbinol* $C^6H^2(CH^3)^3CHOHC^6H^5$, que l'on obtient par la poudre de zinc et la potasse. Chauffé avec de l'acide chlorhydrique, le benzoylmésitylène se scinde en acide benzoïque et mésitylène.

Le *dibenzoylmésitylène* $C^6H(CH^3)^3(COC^6H^5)^2$ est obtenu en ajoutant le chlorure de benzoyle à 100 grammes de $AlCl^3$ recouverts de 250 centimètres cubes de CS^2: on chauffe à reflux et on laisse tomber goutte à goutte le mésitylène. On fait bouillir 1 h. 1/2; puis on décompose par l'eau glacée et l'acide chlorhydrique.

C'est un liquide qui bout à 275-245° sous 19 millimètres; il cristallise dans la ligroïne et l'alcool en plaques fusibles à 117°.

L'oxydation par l'acide nitrique fournit deux acides dibenzoylmésityléniques, un symétrique, l'autre asymétrique. Traité en solution alcoolique bouillante par la poudre de zinc additionnée d'un peu de potasse, il se transforme dans l'alcool correspondant, le *dioxydibenzylmésitylène* $C^6H(CH^3)^3(CHOHC^6H^5)^2$ bouillant à 320° sous 50 millimètres. Réduit par HI, il fournit le *dibenzylmésitylène* $C^6H(CH^3)^3(CH^2C^6H^5)^2$, fusible à 89° [Mills et Easterfield, *Chem. Soc.*, **81**, 1311].

PROPIONYLMÉSITYLÈNE. — Ce composé,

$$C^6H^2(CH^3)^3_{(1.3.5)}(COCH^2CH^3)_{(2)},$$

obtenu à partir du chlorure de propionyle sur le mésitylène en présence de $AlCl^3$, est une huile jaunâtre qui bout à 125° sous 131 millimètres.

Sa réduction conduit au *mésityléthylcarbinol* $C^6H^2(CH^3)^3_{(1.3.5)}(CHOHCH^2CH^3)_{(2)}$, bouillant à 172° sous 14 millimètres. Son *phényluréthane* fond à 141°.

Le *dipropionylmésitylène*,

$$C^6H(CH^3)^3(COC^2H^5)^2$$

fond à 101°.

Le *propénylmésitylène* bout à 103° sous 13 millimètres. Son nitrosochlorure fond à 140°,5.

BUTYLMÉSITYLÈNES. — Le *butylmésitylène*, préparé comme le propionyl et tous les corps analogues, est un liquide bouillant à 140° sous 14 mm. Par réduction il se transforme dans l'alcool correspondant $C^6H^2(CH^3)^3(CHOHC^3H^7)_{(2)}$, qui bout à 147°,5 sous 12 millimètres. Son *phényluréthane* fond à 119°. Son éther acétique bout à 140° sous 9 millimètres.

Le *dibutylmésitylène*, $C^6H(CH^3)^3(COC^3H^7)^2$, fond à 36°.

Le *diisobutylmésitylène*,

$$C^6H(CH^3)^3\left(COCH<\begin{matrix}CH^3\\CH^3\end{matrix}\right)^2$$

est une huile incristallisable.

Le *buténylmésitylène* bout à 118° sous 14 millimètres [Weil, *D. chem. G.*, **30**, 1285; — Klages, *D. chem. G.*, **35**, 2245].

Octobre 1906. A. Maille.

MÉSITYLÈNE-CARBONIQUE (ACIDE). $C^6H^2(CH^3)^3CO^2H$. — Il a été obtenu en oxydant par l'acide azotique dilué le propylmésitylène; il fond alors à 151° [*D. chem. G.*, **28**, 2460]; ou en oxydant sans précaution par MnO^4K l'acétylmésitylène; il est alors en cubes fusibles à 155°. En introduisant une solution de l'acide mésitylène-carbonique dans l'éther, dans une solution de diazométhane dans le même véhicule, il y a un fort dégagement de chaleur et on obtient finalement l'*éther méthylique* de l'acide mésitylcarbonique. Il bout à 241° sous 718 millimètres [Pechmann, *D. chem. G.*, **31**, 502]. A. Maille.

MÉSITYLÈNE-CARBONIQUE (ALDÉHYDE), $C^6H^2(CH^3)COH$. — Le mésitylène réagit à froid sur le nickel carbonyle en présence de chlorure d'aluminium en donnant l'aldéhyde mésitylène-carbonique [Dewar et Jones, *Chem. Soc.*, **85**, 212]. Octobre 1906. A. Maille.

MÉSITYLÈNE-DICARBONIQUE (ACIDE) $C^6H(CH^3)^3(CO^2H)^2$. — Cet acide a été obtenu par oxydation du benzoyldurène $C^6H(CH^3)^4COC^6H^5$ avec le permanganate de potasse en solution alcaline. Ce sont des aiguilles donnant un sel de baryum qui cristallise avec 1 molécule d'eau.

MÉSITYLÉNIQUE (ACIDE),

$$C^6H^3\begin{cases}CH^3_{(1)}\\CH^3_{(3)}\\CO^2H_{(5)}\end{cases}$$

— (Voy. Dict., **2**, 381 et Suppl., 1012.) Il cristallise avec 3 molécules d'eau. Mentschoutkine et ses élèves [*Journ. Soc. Phys. Chim. russe*, **35**, 103, 1903] ont étudié l'amidification de l'acide mésitylénique. En le chauffant avec de l'ammoniaque et de la diméthylamine à 212°, ils ont obtenu les résultats suivants :

La vitesse de formation de l'amide, c'est-à-dire la proportion transformée en 1/2 heure, a été avec AzH^3, de 50,02. La limite de transformation au bout d'un temps très long de chauffe a atteint 77,64.

Avec la diméthylamine la vitesse a été de 29,34; la limite 72,55.

Acide bromomésitylénique. — Fond à 212°.

Acide dibromomésitylénique. — On l'obtient en traitant le dibromomésitylène par l'acide chromique en solution acétique. C'est un corps cristallisé qui fond à 194°.

Acide nitromésitylénique

$$C^6H^2\begin{cases}AzO^2_{(4)}\\(CH^3)^2_{(1.3)}\\CO^2H_{(5)}\end{cases}$$

— 5 grammes d'acide mésitylénique pulvérisé sont projetés dans 14 grammes d'acide azotique de densité 1,52, refroidi à 0°. On verse le tout après nitration dans 250 centimètres cubes d'eau. L'acide nitromésitylénique se précipite; on le lave et on le fait cristalliser [Bamberger et Demuth, *D. chem. G.*, **34**, 27, 1900].

Acides dinitromésityléniques. — Il y en a deux prévus par la théorie (α et β) :

[α : noyau benzénique portant CO^2H en 1, AzO^2 en 2 et 4 (de part et d'autre), CH^3 en 3 et 5 ; β : noyau portant CO^2H, AzO^2, deux CH^3 et AzO^2 en para du carboxyle]

CO²H — AzO² — AzO² — CH³ — CH³ (α, 1, 5, 3)

CO²H — AzO² — CH³ — CH³ — AzO² (β)

Le mélange des deux acides a été préparé à l'état impur par Konovaloff [*D. chem. G.*, **29**, 2203]. Pour l'obtenir pur, on nitre sans refroidir 10 grammes d'acide mésitylénique par 35 centimètres cubes d'acide azotique de densité 1,52. La température monte jusque vers 50°. La nitration effectuée, on transforme le produit nitré en sel de baryum. Le sel de l'acide dinitromésitylénique α étant le moins soluble dans l'eau, on pourra le séparer par des cristallisations fractionnées du sel de l'acide β.

D'ailleurs comme il forme la partie la plus importante du mélange, il cristallise facilement le premier. Par des évaporations fractionnées, on obtient le sel de l'acide β [Bamberger et Demuth, *loc. cit.*].

L'acide α-dinitro mésitylénique,

$$C^6H \begin{cases} CO^2H_{(1)} \\ (CH^3)^2_{(3.5)} \\ (AzO^2)^2_{(2.6)} \end{cases}$$

est constitué par des prismes déliés peu solubles dans l'eau bouillante, fondant à 216° (corr.)

Traité par l'étain et l'acide chlorhydrique, il se transforme en *diaminométaxylène*.

Par l'hydrogène sulfuré en présence d'ammoniaque, il est changé en acide *nitroaminomésitylénique*

$$C^6H \begin{cases} CO^2H \\ (CH^3)^2 \\ AzO^2 \\ AzH^2 \end{cases}$$

qui forme des aiguilles couleur soufre, solubles dans l'eau bouillante, fondant à 190°.

L'acide β-dinitro-2.4-mésitylénique est en fines aiguilles qui fondent à 211° (corr.), solubles dans l'eau et dans le xylène. Par réduction à l'aide de l'étain et de l'acide chlorhydrique, il se transforme comme l'acide α en diaminométaxylène; l'hydrogène sulfuré et l'ammoniaque donnent l'acide nitro-aminomésitylénique β, en lamelles jaunes fondant à 277°,5 [Bamberger et Demuth. *D. chem. G.*, **34**, 17].

Acides dibnezoylmésityléniques

$$C^6H \begin{cases} CO^2H_{(1)} \\ (CH^3)^2_{(3.5)} \\ (CO\,.\,C^6H^5) \end{cases}$$

— Il y en a 2 comme dans le cas précédent : l'acide symétrique, où les deux résidus benzoyl sont en position 2.6; l'acide asymétrique, où ils sont en position 2.4. Tous les deux se préparent en même temps lorsqu'on oxyde le dibenzoylmésitylène par l'acide azotique.

L'acide asymétrique fond à 174-175°; il est soluble dans les dissolvants organiques usuels, presque insoluble dans l'eau et dans la ligroïne. Son *sel de sodium* cristallise en aiguilles soyeuses; le *sel de calcium* est une masse gommeuse assez soluble dans l'alcool. *L'éther méthylique* cristallise dans l'alcool et fond à 125-126°; il est soluble dans les solvants organiques usuels, insoluble dans les alcools méthylique et éthylique froids.

L'acide symétrique dibenzoylmésitylénique cristallise dans les alcools méthylique ou éthylique; il fond à 221-222° [Mills et Easterfield. *Chem. Soc.*, **81**, 1311, 1902].

Octobre 1906. A. Maílhe.

MÉSITYLÉNIQUE (ALCOOL).

$$C^6H^3 \begin{cases} (CH^3)^2 \\ CH^2OH \end{cases}$$

— Lorsqu'on saponifie à l'aide d'acétate de sodium le dérivé monochloré du mésitylène $C^6H^3(CH^3)^2CH^2Cl$, bouillant à 215-220°, on obtient l'*éther acétique* correspondant qui bout à 228-231° sous 745 millimètres, $D_{16.8} = 2.0903$. Cet éther saponifié par la baryte fournit l'alcool mésitylénique (Robinet et Colson) bouillant à 218-221°.

Alcool p-oxymésitylénique,

$$C^6H^2(CH^3)^2_{(3.5)}OH_{(4)}(CH^2OH).$$

— On a vu plus haut qu'il s'obtenait par oxydation du mésitol à l'aide du réactif de Caro. On le produit encore synthétiquement en condensant le xylénol-1.3.2. fondant à 49°, avec l'aldéhyde formique en présence de soude [Manasse, *D. chem. G.*, 36, 2028].

C'est un corps cristallisé en aiguilles, fondant à 104°,5-105°, soluble dans les liquides usuels. A cause de sa fonction phénolique, il est coloré en bleu par $FeCl^3$ et se transforme en xyloquinone-2.5.

Glycol mésitylénique, $C^6H^3(CH^3)(CH^2OH)^2$. — Le dichlorure de mésitylène $C^6H^3(CH^3)(CH^2Cl)^2$ est mis à bouillir au réfrigérant ascendant avec de l'eau additionnée de carbonate de plomb. Après 6 heures d'ébullition, on concentre au bain-marie, et on obtient un liquide visqueux distillant à 190° sous 20 millimètres et à 280°, en se décomposant partiellement, sous 750 millimètres. C'est le glycol mésitylénique [Robinet et Colson, *Bull. Soc. Chim.*, **40**, 110, 1883].

Ether acétique du glycol mésitylénique, $C^6H^3(CH^3)(CH^2OCOCH^3)^2$. — On l'obtient en faisant bouillir plusieurs heures dans un ballon muni d'un réfrigérant ascendant, un mélange d'acide acétique cristallisable, d'acétate d'argent en excès et du mésitylène dichloré. Par addition d'eau froide au liquide filtré, on sépare une huile plus lourde que l'eau qui, lavée à l'eau et desséchée sur du chlorure de calcium, distille à 244° sous 20 millimètres : c'est l'éther diacétique [*Bull. Soc. Chim.*, **40**, 110, 1883]. A. Maílhe.

MÉSITYLÉNIQUE (ALDÉHYDE), $C^6H^3(CH^3)^2COH$. — L'alcool mésitylénique traité par l'acide azotique se change en aldéhyde.

Le mésitylène en solution sulfo-carbonique donne avec le chlorure de chromyle une aldéhyde $C^9H^{10}O$, liquide huileux d'odeur camphrée bouillant à 220-222° [Etard, *C. R.*, **97**, 909]. C'est l'aldéhyde mésitylénique dont le point d'ébullition est identique à celui de l'aldéhyde obtenue à partir du nitro-mésitylène $C^6H^3(CH^3)^2CH^2AzO^2$. Ce dernier, traité par le chlorure stanneux et l'acide chlorhydrique, se transforme avec de bons rendements en oxime $C^6H^3(CH^3)^2CH = AzOH$ et finalement en aldéhyde mésitylénique, liquide bouillant à 220-222° et cristallisant par refroidissement. Point de fusion 9°.

Aldéhyde p-oxymésitylénique,

$$C^6H^2(CH^3)^2_{(3.5)}OH_{(4)}(COH)_{(1)}.$$

— On l'obtient lorsqu'on mélange le mésitol en solution alcoolique avec du nitrite d'éthyle.

Elle cristallise en lamelles nacrées solubles dans l'eau bouillante et dans l'alcool.

Dissoute dans l'anhydride acétique avec addition d'un peu d'acide sulfurique, il y a élévation de température. En versant la dissolution dans l'eau, il se sépare un *triacétate*,

$$C^6H^2(CH^3)^2_{(3.5)}(OC^2H^3)_{(4)}CH_{(1)}(OC^2H^3)^2$$

qui cristallise dans le méthanol en cristaux volumineux fondant à 95°.

Le *benzoate* $C^6H^2(CH^3)^2_{(3.5)}(OC^7H^5O)_{(4)}(COH)$, est en cristaux fondant à 105°.

Par action de la *phénylhydrazine*, l'aldéhyde p-oxymésitylénique fournit la *phénylhydrazone* $C^6H^2(CH^3)^2(OH)(CH{=}Az-AzHC^6H^5$, poudre cristallisée en aiguilles incolores, fondant à 184°. L'hydroxylamine donne l'aldoxime fondant à 169°,5.

Cet oxime bouillie avec l'anhydride acétique forme l'acétate du nitrile p-oxymésitylénique dont la solution alcoolique saponifiée donne le *nitrile oxymésitylénique*

$$C^6H^2(CH^3)^2_{(3.5)}OH_{(4)}(CAz)_{(1)},$$

que les acides précipitent après addition d'eau. Il cristallise dans la ligroïne en aiguilles brillantes fondant à 126°

Ce nitrile n'est pas saponifié par les acides étendus, ni par les alcalis. Mais la potasse en fusion le transforme en *acide para-oxymésitylénique* $C^6H^2(CH^3)^2_{(1.3)}OH_{(4)}(CO^2H)_{(5)}$.

Octobre 1906. A. Maillhe.

MÉSITYLIQUE (ACIDE)

$$(CH^3)^2 = C \begin{matrix} \diagup CH^2 - C(CH^3) - CO^2H \\ | \\ \diagdown CO - AzH \end{matrix} + H^2O$$

— (Voyez 2e Suppl., 1, 36).

On le prépare par l'action de l'oxyde de mésityle saturé de gaz chlorhydrique sur le cyanure de potassium et l'alcool :

$$C^6H^{10}O + 2HCAz + 2H^2O = C^8H^{13}AzO^3 + AzH^3.$$

Dans cette réaction il se produit d'abord [Weidel, Hoppe, *Mon. f. Chem.*, **13**, 605, 1892] de l'acide mésitonique.

L'acide mésitylique se présente sous la forme de cristaux prismatiques. Chauffés, ceux-ci perdent à 100° leur eau de cristallisation et fondent à 174° [Pinner, *D. chem. G.*, **14**, 1074, 1881].

L'acide mésitylique distille sans décomposition; il est soluble dans l'eau bouillante et l'alcool froid, insoluble dans l'eau froide.

Chauffé longtemps à 160° avec HCl concentré, il se décompose en CO^2, AzH^3 et acide mésitonique.

Mésitylate d'argent, $AgC^8H^{12}AzO^3$. — Tablettes nacrées, très solubles dans l'eau.

Mésitylate d'éthyle, $C^8H^{12}AzO^3C^2H^5$. — [Pinner, *D. chem. G.*, **15**, 578, 1882. — Weidel, Hope, *Mon. f. Chem.*, **13**, 608, 1892].

Cristaux prismatiques, fusibles à 90°, très solubles dans l'alcool, difficilement dans l'eau. Avec le chlorure de benzoyle il donne le composé $C^{17}H^{21}AzO^4$ fondant à 74°.

Mésitylamide, $C^8H^{12}AzO^2AzH^2$. — *Préparation*. — On fait agir l'éthylèther sur AzH^3 en solution alcoolique à 100°. Il s'en forme aussi quand on fait agir un mélange d'acétone, d'HCl et de cyanure de potassium sur l'acide mésitylique [Pinner, *D. chem. G.*, **15**, 577, 1882].

Cristaux confus, fusibles à 222°, très solubles dans l'eau et l'alcool. A. Bouchonnet.

MÉSITYLMÉTHYLCARBINOL. — Voyez Mésitylène, p. 359.

MÉSITYLMÉTHYLCÉTONE (Acétylmésitylène). — Voyez Mésitylène, p. 359.

MÉSITYLPENTADÉCYLCÉTONE ou palmitomésitone. — Cristallise dans l'alcool en lamelles blanches. Fond à 41°, bout à 262° sous 13 mm. [Claus, Hoefelin, *J. prakt. chem.*, **54**, 391, 1896; Klages, *D. chem. G.*, **35**, 2245, 1902]. Elle ne se combine pas à l'hydroxylamine.

MÉSITYLPHÉNYLCÉTONE,

$$\begin{matrix} {}_{(2)}CH^3 \diagdown \\ {}_{(4)}CH^3 - C^6H^2 - CO - C^6H^5 \\ {}_{(6)}CH^3 \diagup \end{matrix}$$

— Fusible à 35°, bouillant à 318-319°. Pas d'action sur l'hydroxylamine [Elbs, *J. prakt. chem.*, **35**, 465, 1887; Smith, *D. chem. G.*, **24**, 4025, 1891; Claus, *ibid.*, **19**, 2879, 1886].

Juin 1906. A. Bouchonnet.

MÉSITYLQUINOL,

$$\begin{matrix} CH^3 \quad OH \\ \diagdown \diagup \\ C \\ CH \diagup \quad \diagdown CH \\ CH^3 - C \quad\quad C - CH^3 \\ \diagdown \diagup \\ CO \end{matrix}$$

— Ce corps prend naissance dans l'action de l'acide sulfurique dilué ou même de l'eau sur la mésitylhydroxylamine. On fait passer pendant plusieurs heures un courant d'air lavé au MnO^4K, dans une émulsion de 20 gr. d'hydroxylamine dans 400 centimètres cubes d'eau. La solution ne doit plus réduire immédiatement la liqueur de Fehling. Il se forme en même temps du nitromésitylène, de l'azomésitylène et de la mésidine: ces trois composés sont à peu près insolubles, tandis que le mésitylquinol qui est soluble dans l'eau passe dans la liqueur filtrée. On l'extrait de la liqueur aqueuse par SO^4H^2 dilué qui le dissout, et on épuise par l'éther.

Le mésitylquinol cristallise dans l'éther de pétrole en prismes aciculaires fondant à 45°,5-46°, solubles dans les solvants usuels, les alcalis et l'eau. Il réduit la liqueur de Fehling à chaud et décolore le permanganate de potassium. L'acide sulfurique concentré le dissout en donnant une coloration rouge cerise. Le perchlorure de fer le transforme en cumoquinone fondant à 168°, et la soude diluée bouillante donne une coloration violette [Bamberger et Rising, *D. chem. G.*, **33**, 3635, 1900].

Octobre 1906. A. Maillhe.

MÉSOANTHRAMINE,

$$C^6H^4 \begin{matrix} \diagup C.AzH^2 \diagdown \\ | \\ \diagdown CH \text{——} \diagup \end{matrix} C^6H^4$$

— La mésoanthramine s'obtient en chauffant pendant 12 heures à 200° l'anthranol en poudre fine avec 20 fois son poids d'ammoniaque à à 25 0/0.

La mésoanthramine a été obtenue aussi en réduisant par $SnCl^2$ en solution chlorhydrique concentrée le mésonitroanthracène [Jacob Meisenheimer, *Central Blatt.*, **1**, 322, 1901]. Elle cristallise dans l'alcool en lamelles dorées qui se décomposent partiellement déjà vers 115°, sans fondre, et qui s'altèrent facilement à l'air. Peu soluble dans l'eau, elle l'est facilement dans les dissolvants organiques. Elle donne par oxydation de l'anthraquinone.

On en connaît un *chlorhydrate* en aiguilles incolores altérables à l'air, un *dérivé monoacétylé* fusible à 273-274°, un *dérivé diacétylé* fusible à 50°.

La mésoanthramine en solution dans l'alcool bouillant agit sur l'amalgame de sodium et donne un *dihydrure de mésoanthramine*,

$$C^{14}H^{11}AzH^2,$$

fines aiguilles incolores, fusibles à 92°. Les solutions bouillantes et particulièrement la solution alcoolique laissent dégager de l'ammoniac et fournissent de l'anthracène, réaction semblable à celle de l'hydroanthranol [F. Goldmann, *D. chem. G.*, **23**, 2522, 1898].

Novembre 1906. J. Lavaux.

MÉSOPORPHYRINE. — Voyez l'art. Hémoglobine, 2e Suppl., **5**, 87.

MÉSORCINE. — Voyez l'art. Lichens.

MÉSOTARTRIQUE (ACIDE). — Voyez Tartrique (acide).

MÉSOXALIQUE (ACIDE), (1er Suppl., **2**, 1013). — L'acide mésoxalique produit des réactions qui le rattachent à l'une des deux formules suivantes :

a. $CO^2H - C(OH)^2 - CO^2H$. — Sous cette forme on le nomme acide dioxymalonique, acide propane-dioldioïque.

b. $CO^2H - CO - CO^2H$. — Sous cette forme il prendra le nom d'acide cétomalonique, acide oxomalonique.

Mais on doit plutôt considérer l'acide mésoxalique comme un hydrate de cétone.

Préparation. — Causse [*Bull. Soc. Chim.*, (3), **11**, 694, 1894] chauffe de la glycérine avec une solution de nitrate de bismuth : on sature à 50° de l'acide azotique étendu avec du sous-nitrate de Bi : on filtre et on ajoute un poids égal de glycérine anhydre ; on distribue le mélange dans des ballons de 150 cc. qu'on remplit à moitié. On chauffe ensuite jusqu'à ce que la réaction se produise et on laisse l'oxydation se poursuivre. Par refroidissement il se dépose du mésoxalate de bismuth qu'on décompose par H^2S [Seelig, *D. chem. G.*, **24**, 347, 1891].

On obtient le monoéthyléther quand on oxyde, par l'acide azotique ou l'eau de brome, l'isoxazoldicarbonate d'éthyle [Pechmann, *D. chem. G.*, **24**, 865, 1891].

L'aniline agit sur l'éther dibromomalonique pour fournir l'éther dianilinomalonique que HCl dilué dédouble en chlorhydrate d'aniline, alcool et acide mésoxalique [Conrad et Reichenbach, *D. chem. G.*, **35**, 511, 1902].

La soude, au bain-marie, enlève le brome de l'acide dibromomalonique en fournissant l'acide mésoxalique [Conrad et Reichenbach, *D. chem. G.*, **35**, 1813, 1902].

L'acide dihydroxymaléique chauffé vers 50-60° donne de l'acide mésoxalique [Fenton, *Chem. Soc.*, **87**, 804, 1905].

Propriétés. — En traitant le mésoxalate de Ba par l'alcool et HCl, il se forme de l'oxomalonate d'éthyle. L'hydroxylamine et la phénylhydrazine réagissent sur la fonction cétonique, pour donner une oxime et une hydrazone [Bulöw et Hailer, *D. chem. G.*, **35**, 915, 1901 ; — Bulöw, Gaughofer, *D. chem. G.*, **37**, 4169, 1903 ; — Hantzsch, Thomson, *D. chem. G.*, **38**, 2266, 1905].

L'acide mésoxalique donne avec l'aniline le dianilidomalonate d'aniline

$$(C^6H^5-AzH)^2=C=(CO^2-AzH^3-C^6H^5)^2$$

[Conrad et Reichenbach, *D. chem. G.*, **35**, 1815, 1902].

Mésoxalates. — Les mésoxalates sont, à l'exception de ceux de baryum, de bismuth, de plomb et d'argent, très solubles dans l'eau et insolubles dans l'alcool. Même après dessiccation à 100°, ils retiennent 1 molécule d'eau et présentent la composition d'un dioxymalonate,

$$M-CO^2-C(OH)^2-CO^2-M.$$

$K-C^3H^3O^6+H^2O$, gros cristaux.

$SbO-K-C^3H^2O^6+H^2O$, cristaux prismatiques microscopiques.

BiC^3HO^6, cristaux lamellaires microscopiques [Causse, *Bull. Soc. Ch.*, (3), **11**, 694, 1891].

Éthers. — Une propriété remarquable de l'acide mésoxalique est de former deux séries d'éthers : les uns sont les éthers de l'acide cétomalonique, $RCO^2-CO-CO^2R$; les autres sont les éthers de l'acide dioxymalonique, $RCO^2-C(OH)^2-CO^2R$. Ces deux sortes d'éthers présentent entre elles des réactions analogues à celles du chloral avec l'hydrate de chloral.

Les éthers oxymaloniques se forment en décomposant par distillation, soit le produit résultant de l'action du Br sur un éther acétyltartronique $RCO^2-CH(-CO-CH^3)-CO^2R$, soit l'éther dioxymalonique, $RCO^2-C(OH)^2-CO^2R$.

L'éther cétomalonique diéthylique

$$C^2H^5-CO^2-CO-CO^2-C^2H^5$$

constitue un liquide jaune verdâtre, de densité 1,1358 ; il bout à 101° sous 14 millimètres.

Les éthers cétomaloniques se combinent rapidement à l'eau pour se changer en éthers dioxymaloniques. L'hydratation de l'éther cétomalonique diéthylique donne ainsi l'*éther dioxymalonique diéthylique*

$$C^2H^5-CO^2-C(OH)^2-CO^2-C^2H^5$$

composé cristallisé, fusible à 57°, très soluble dans l'eau, l'alcool et l'éther [Anschutz, Parlato, *D. chem. G.*, **25**, 3615, 1892 ; — Pauly, *D. chem. G.*, **27**, 1305, 1894 ; — Conrad, Brückner, *D. chme. G.*, **24**, 3000, 1891 ; — Curtiss, *Amer. chem. J.*, **33**, 603, 1905].

Les éthers mésoxaliques s'obtiennent avec un rendement de 65 0/0 en faisant passer un courant de vapeurs nitreuses dans les éthers maloniques en présence d'anhydride acétique et d'éther. Les mésoxalates de méthyle et d'éthyle obtenus sont analogues à ceux préparés par Bouveault et Wahl [*Bull. Soc. Chim.*, **29**, 963, 1903 ; — Schmidt, *C. R.*, **140**, 1400, 1905].

Condensation du mésoxalate d'éthyle avec le chlorhydrate de guanidine [Kaess et Gruskiewickz, *D. chem. G.*, **35**, 3600, 1902] ; avec le cyanacétate d'éthyle [Schmitt, *C. R.*, **140**, 1400, 1905] ; avec les amines phénoliques [Schmitt, *C. R.*, **141**, 48, 1905].

Diéthoxymalonate d'éthyle, $(C^2H^5O)^2=C(CO^2-C^2H^5)^2$ [Curtiss, *Am. ch. J.*, **19**, 695, 1897 ; — Bischoff, *D. chem. G.*, **30**, 490, 1897]. Huile épaisse, incolore, qui se prend facilement en masse : elle bout à 225° en se décomposant un peu.

Mésoxalamide, $H^2O+CO(COAzH^2)^2$. — S'obtient par l'action du mésoxalate d'éthyle sur une solution d'ammoniaque [Petrieff, *Journal Soc. Phys. Chim. russe*, **10**, 76, 1878].

Acide méthylamidomésoxalique

$$CO^2H-CO-COAzH-CH^3.$$

— Il a été préparé en chauffant à 40° de l'acide allocaféurique avec de l'eau de baryte [Torrey, *D. chem. G.*, **31**, 2161, 1878]. Aiguilles jaunes, fusibles à 158°,

$$C^8H^9Az^3O^5+H^2O=C^8H^{11}Az^3O^4+CO^2$$

Oxime de la mésoxamide,

$$HOAz=C(COAzH^2)^2.$$

— A été obtenue par Witheley [*J. chem. Soc.*, **77**, 1040, 1900], ainsi que les sels de K et d'Ag correspondants.

Andreasch [*Monats. f. Ch.*, **16**, 773, 1895] a préparé l'éthyléther de l'oxime de la mésoxalméthylamide.

Mésoxalamide-hydrazone,

$$AzH^2-Az=C(COAzH^2)^2.$$

— Elle s'obtient en chauffant la malonamide dibromée avec de l'alcool et de l'hydrate d'hydrazine [Ruhemann, Orton, *Chem. Soc.*, **67**, 1003, 1895]. Longs cristaux fusibles à 175° en se décomposant.

Mésoxalyl-p-toluide,

$$(CH^3-C^6H^4Az=COH)^2CO.$$

— Fusible à 187° ; se dissout en jaune dans les solvants organiques. L'hydrate,

$$(CH^3-C^6H^4Az=COH)^2C(OH)^2$$

fusible à 127-131°, est peu soluble dans l'eau chaude, d'où il se dépose en aiguilles [Smith, *Am. chem. J.*, **16**, 372, 1894].

Mésoxanilide, $CO(CO-AzH-C^6H^5)^2$. — Obtenue par Nef [*Lieb. Ann. Chem.*, **270**, 288, 1892] en chauffant à 115° l'hydrate correspondant jaune, fusible à 196°.

Hydrate, $CO-(COAzH-C^6H^5)^2+H^2O$.

Alcoolate, $C^{15}H^{12}Az^2O^3.C^2H^6O$ (Nef).

Les amines phénoliques, en solution acétique, réagissent à froid sur les éthers mésoxaliques en donnant des corps du type :

```
CO²R - C   CO²R
       /
C⁶H⁵ - AzH    HAz - C⁶H⁵
```

La réaction est la suivante :

$$(CO - OR)^2 = C(OH)^2 + 2\,AzH^2 - C^6H^5$$
$$= 2H^2O + (COOR)^2C(AzH - C^6H^5)^2$$

La dianilide du mésoxalate de méthyle,

$$(COOCH^3)^2C(AzH - C^6H^5)^2,$$

présente l'aspect d'aiguilles blanches se colorant à l'air en jaune ou en brun, fusibles à 113°,5, solubles dans la plupart des solvants organiques.

La dianilide du mésoxalate d'éthyle,

$$(CO - OC^2H^5)^2C(AzH - C^6H^5)^2,$$

fond à 103°.

L'orthotoluidide du mésoxalate de méthyle,

$$(CO - OCH^3)^2C(AzH - C^6H^4 - CH^3)^2$$

fond à 172° [Schmitt, *C. R.*, **141**, 48, 1905].

Éther monoéthylique de la dioxymésoxanilide.

```
C⁶H⁵ - Az - CO²H >     < OH
                    C
C⁶H⁵ - Az - CO²H <     < OC²H⁵
```

forme des aiguilles fusibles à 145° [Nef, *Lieb. Ann. Ch.*, **270**, 267, 1893].

Mésoximide. — *Préparation.* — On fait agir l'acide iodique en excès sur l'acide urique, on ajoute de l'eau de baryte de façon à obtenir le mésoxamidate de Ba. En précipitant le baryum par SO^4H^2, on a la mésoximide.

C'est une substance légèrement ambrée, cristallisant dans l'acétone anhydre, se décomposant lentement dans l'obscurité, rapidement à la lumière, et très hygroscopique.

MÉSOXALIQUE (ALDÉHYDE). — L'hydrate de la dialdéhyde mésoxalique, $C^3H^2O^3 + H^2O$, a été obtenu par Harries et Turk [*D. chem. G.*, **38**, 1630, 1905 ; **35**, 1183, 1902 ; *Centralblatt*, 1902, I, 1010]. Placé dans le vide au-dessus de P^2O^5, ce produit perd à la longue son eau et se transforme en un polymère de la *dialdéhyde mésoxalique*, produit hygroscopique jaune clair.

Henle et Schupp ont décrit la *dialdéhyde mésoxalique diphénylhydrazone*, $C^{15}H^{14}OAz^4$, poudre cristalline rouge fusible à 175° [*D. chem. G.*, **38**, 1372, 1905].

Une aldéhyde-acide mésoxalique a été préparée par Fenton et Riffel en oxydant l'acide tartrique ou l'acide dioxymaléique.

Le sulfate ferrique donne la réaction :

$$C^4H^4O^6 + (SO^4)^3Fe^2$$
$$= CHO.CO^2.CO^2H + 2SO^4Fe + SO^4H^2 + CO^2$$

[*Chem. Soc.*, **81**, 426, 1902 ; *Pr. chem. Soc.*, **18**, 54, 1902 ; *Chem. Soc.*, **87**, 804, 1905].

Janvier 1906. A. Bouchonnet.

MÉSOXALYLURÉE. — Voyez ALLOXANE.

MESSÉLITE (Min.) (Spiegel-Muthmann). — Phosphate neutre calcico-terreux avec un peu de magnésium hydraté,

$$(PO^4)^2[Ca, Fe, Mg]^3.2,5H^2O,$$

voisin de la fairfieldite (voyez ce mot, 2ᵉ Suppl., 4, 1). Petits cristaux incolores ou brunâtres, dans un schiste bitumineux à Messel, grand-duché d'Hesse. Un peu plus dur que la calcite. Prismes dont les faces font un angle de 137-138°, anorthiques d'après les propriétés optiques.

L. Bourgeois.

MÉTA.... — Pour les mots qui ne se trouvent pas ici à leur place alphabétique, voyez le mot qui suit ce préfixe.

MÉTACAMPHRE $C^{10}H^{16}O$. — Ce nom a été donné à un isomère du camphre qu'on obtient par condensation de l'isobutyraldéhyde avec l'éther acétylacétique [Knœvenagel, *Lieb. Ann.*, **288**, 328, 359 et *D. chem. G.*, **27**, 113] :

```
         CH³
         |
         CO
           \
CH³         CH² - CO²C²H⁵
|      +
CO          CHO - CH < CH³
  \                    CH³
   CH²
   |
   CO²C²H⁵

         CH³                          CH³
         |                            |
         C                            C
   CH //   \ CH-CO²C²H⁵        CH //   \ CH²
→  CO |     | CH-CH < CH³  →   CO |     | CH-CH < CH³
        \   /         CH³          \   /          CH³
         CH                          CH²
         |
         CO²C²H⁵
```

C'est un liquide de densité $D_4^{15} = 0,939$ qui bout à 244°.

Par réduction, il fournit une cétone saturée qui bout à 222° et dont la densité $D_4^{18} = 0,9042$.

Le métacamphre donne un *dérivé bibromé* qui perd facilement 2 molécules d'acide bromhydrique pour donner le carvacrol symétrique 1.3.5 :

```
        CH³                               CH³
        |                                 |
        C                                 CBr
  CH //   \ CH²                Br-CH /   \ CH²
  CO |     | CH-CH < CH³  →       CO |     | CH-CH < CH³
       \   /         CH³                \   /          CH³
        CH²                              CH²

                 CH³
                 |
                 C
           CH //   \\ CH
   →   OH.C ||       | C - CH < CH³
              \    //          CH³
                CH
```

Avril 1906. G. Blanc.

MÉTACHOLESTOL, $C^{18}H^{23}OH$. — Ce corps est l'ancien acide méta-copaïrique, auquel on avait attribué la formule $C^{20}H^{30}O^2$. Cette formule a été rectifiée par Mach [*Mon. f. Chem.*, **15**, 627, 1894] qui a montré qu'il devait être considéré comme le premier terme de la série des cholestérines. Il cristallise dans le benzène en aiguilles et dans l'alcool aqueux en tablettes. On en a préparé *l'acétate*, le *propionate*, le *benzoate*, le *dérivé bromé* $C^{18}H^{23}Br$, qui, traité par le sodium en solution éthérée donne un carbure $C^{36}H^{46}$. L'oxydation chromique du métacholestol donne avec d'excellents rendements une cétone dont on a préparé l'oxime et l'hydrazone.

Juin 1906. E. Rengade.

MÉTACÉTONE. — Voyez Diméthylfurfurane, 2e Suppl., 3, 206.

MÉTACINNABARITE (Min.) (Moore). — Sulfure mercurique, HgS, sous sa variété noire, dimorphe du cinabre, renferme parfois du zinc ou du sélénium. Masses noires compactes, trouvées en Californie, à Guadalcazar, Mexique; plus rarement cristaux de quelques millimètres à Reddington Mine, Comté de Lake, Californie; aussi à Idria, sur calcite.

Caractères. — Ceux du cinabre en général. Dureté = 2-3. Poussière noire. Densité = 7,8.

Forme cristalline. — Tétraèdre ou octaèdre régulier. Isomorphe avec le blende et la tiemannite. L. Bourgeois.

MÉTALBUMINE. — Voyez l'art. Mucines.

MÉTALDÉHYDE. — Voyez Paraldéhyde.

MÉTALONCHIDITE (Min.) (von Sandberger). — Variété de marcasite un peu arsénifère.

MÉTARGON. — Ramsay et Travers [*C. R.*, **126**, 1762, 1892), en fractionnant l'argon liquide, pensèrent avoir obtenu, en même temps que le néon, un nouveau gaz qu'ils nommèrent *métargon*. Mais ils reconnurent que la présence de ce gaz était due au fait que le phosphore, employé pour enlever l'oxygène du mélange gazeux, contenait du carbone. Ce mélange, brûlé dans l'oxygène, donne un spectre identique presque à celui de l'oxyde de carbone. Le soi-disant métargon est donc simplement un composé carboné.
Janvier 1906. R. Marquis.

MÉTAVOLTINE (Min.) (Blaas). — Sulfate alcalino-ferrique basique hydraté,

$$5SO^4[K,Na]^2 + 3Fe^2O^3, 7SO^3 + 18 \text{ à } 21H^2O,$$

identique avec un sel artificiel décrit [Dict., **1**, 1422, 2e col., l. 17 en remontant et suivantes]. Petits cristaux formant des croûtes jaunes ou ocreuses, sur trachytes, avec voltaïte et halotrichite, à Madmi Zakh, Perse. Difficilement et incomplètement soluble dans l'eau froide.

Dureté = 2,5. Densité = 2,53.

Prisme hexagonal basé. L. Bourgeois.

MÉTHACRYLIQUE (ACIDE) (Voy. Suppl., **2**, 401) $CH^2=C(CH^3)CO^2H$. — On l'obtient à côté d'acide oxyisobutyrique par distillation de l'α-bromisobutyrate de sodium [Bischoff et Walden, *Ann. Chem.*, **279**, 109, 1894]: en traitant l'anhydride α-bromisobutyrique par le carbonate de potasse [Bischoff et Walden, *D. chem. G.*, **27**, 2951, 1894]; en chauffant l'acide α-bromisobutyrique [Michael, *ibid.*, **34**, 4028, 1901]; en traitant par l'eau l'un quelconque des acides bromisobutyriques [Lossen et Gerlach, *Ann. Chem.*, **342**, 157, 1905], ou la 3,3-dichlorobutanone avec du carbonate de potasse [Faworsky, *J. prakt. Chem.*, (2), **51**, 551, 1895]. On peut aussi partir de l'acide citradibromopyrotartrique [Morschöck et Dorno, *Ann. Chem.*, **342**, 157, 1905]. Il fond à 14-15°, bout à 162-163° sous 757 millimètres. Condensé avec l'urée, il forme l'hydrothymine [Fischer et Roeder, *D. chem. G.*, **34**, 3751, 1901]; avec l'aniline, un anilide [Autenrieth et Pretzell, *ibid.*, **36**, 1262, 1903]. Action du peroxyde d'azote [Egorof, *Journ. Soc. phys. chim. russe*, **36**, 482, 1903].

Éther éthylique, $C^4H^5O^2(C^2H^5)$. — Bout à 115°-120° [Anwers et Kobner, *D. chem. G.*, **24**, 1935, 1891; — Brown et Walker, *Ann. Chem.*, **274**, 56, 1893; — Schryver, *Chem. Soc.*, **73**, 69, 1898; — Bischoff, *D. chem. G.*, **32**, 1940, 1899; — Blaise et Lutringer, *Bull. Soc. Chim.*, (3), **33**, 1095, 1905; — Blaise et Courtot, *C. R.*, **140**, 370, 1905].

Éther l-amylique, $C^4H^5O^2(C^5H^{11})$. — Bout à 75° sous 20 millimètres [Walden, *Zeit. phys. Chem.*, **20**, 574, 1896].

Acide méthacrylique polymère, $(C^4H^6O^2)^n$. — Lentement à froid l'acide se polymérise [Mjöen, *D. chem. G.*, **30**, 1227, 1897]; il subit la même transformation par distillation à l'air ou par chauffage répété dans le vide avec un peu d'acide chlorhydrique [Bischoff et Walden, *ibid.*, **27**, 2951, 1894]. Se volatilise sans fondre vers 300°.

Acide polyméthacrylique, isomère (?) du précédent. Se rencontre dans l'essence de camomille romaine [Blaise, *Bull. Soc. Chim.*, (3), **29**, 329, 1903]. Comparer Balbiano et Testi [*Jahr. d. Chem.*, 789, 1880]; — Brochet [*Ann. Chim. Phys.*, (7), **10**, 377, 1897].

Acide chlorométhacrylique, $C^4H^5ClO^2$. — Il s'obtient par ébullition avec l'eau de l'acide citra- ou mésadichloropyrotartrique [Michael et Tissot, *J. prakt. Chem.*, (2), **46**, 385, 1892]. Longues aiguilles facilement volatiles avec la vapeur d'eau, fondant à 59°.

Acides bromo- et isobromométhacryliques, $C^4H^5BrO^2$. — Consulter Kekulé [*Ann. Chem.*, 2e Suppl., 98, 1862]; — Swarts [*Ibid.*, **171**, 181, 1874]; — Friedrich [*Ibid.*, **203**, 351, 1880]; — Geromont [*D. chem. G.*, **5**, 492, 1872]; — Kolbe [*J. prakt. Chem.*, (2), **25**, 373, 1882]; — Fittig et Krusemark [*Ann. Chem.*, **206**, 12, 1881; — Morschöck [*Thèse*, Königsberg, 1902]; Dorno [*Thèse*, Könisberg, 1904]. L'acide bromométhacrylique se prépare au moyen de l'acide citradibromopyrotartrique; l'acide isobromométhacrylique s'obtient mélangé d'acide bromométhacrylique en chauffant à 60° une solution neutre d'acide mésadibromopyrotartrique; la chaleur décompose les acides bromo et isobromométhacrylique en allènes, acide bromhydrique et acide carbonique. L'acide isobromométhacrylique fond à 68°; sous diverses influences, il se transforme partiellement en acide bromométhacrylique [Morschöck et Dorno, *Ann. Chem.*, **342**, 163, 1905].
Avril 1906. H. Duval.

MÉTHANAL. — Voyez Formique (Aldéhyde).

MÉTHANE (Dict., **2**, 420; 1er Suppl., 1015). — Le méthane se forme: par union directe du carbone et de l'hydrogène à 1200° [Bône et Yerdan, *Chem. Soc.*, **71**, 42; **79**, 1042, 1901]; par action de l'eau, sur le carbure d'aluminium [Moissan, *Bull. Soc. Chim.*, **11**, 1012; **15**, 1285, 1896; voyez aussi Berthelot, *C. R.*, **132**, 281, 1901]; sur le carbure de manganèse (à côté de l'hydrogène) [Moissan, *C. R.*, **122**, 423, 1896]; sur les carbures d'uranium et de thorium (à côté d'autres carbures) [Moissan et Etard, *Ann. Chem. Phys.*, **12**, 429, 1897]; sur le carbure de glucinium [Lebeau, *C. R.*, **121**, 498, 1895]; par action de l'acide chlorhydrique sur les carbures de chrome et de tungstène [Moissan et Kouznetzow, *Bull. Soc. Chim.*, **31**, 564, 1904]; dans l'action de l'étincelle électrique sur un mélange de gaz carbonique et d'hydrogène [Collie, *Chem. Soc.*, **79**, 1063, 1901]; dans la réduction de l'oxyde de carbone et du gaz carbonique par l'hydrogène en présence de nickel, de cobalt, ou de cuivre réduits [Sabatier et Senderens, *Bull. Soc. Chim.*, **27**, 704, 788, 1902]; par hydrogénation de l'éthylène en présence du nickel réduit [Sabatier et Senderens, *Bull. Soc. Chim.*, **25**, 671, 678, 1901; *C. R.*, **124**, 617, 1897]; dans l'action catalytique des métaux réduits sur l'acide acétique [Sabatier et Senderens, *Bull. Soc. Chim.*, **29**, 470, 1903] et sur les aldéhydes [Sabatier et Senderens, *ibid.*, **29**, 150, 1903]; dans la décomposition catalytique du cyclohexane [Sabatier et Senderens, *ibid.*, **29**, 151, 715, 975, 1903]; dans l'action du chloroforme sur l'hydrure de potassium [Moissan, *Bull. Soc. Chim.*, **27**, 1154, 1902]; dans l'action du chlorure de méthyle sur le sodammonium [Lebeau, *C. R.*, **140**, 1043, 1905]; dans l'action de l'eau sur CH^3MgI [Tissier et Grignard, *C. R.*, **132**, 835, 1901]; quand on chauffe le bromoforme avec la poudre de zinc [Nef, *Ann. Chem.*, **308**, 329, 1899]; dans l'action du mercure sur l'iodure de méthylène [Thomas, *Bull. Soc. Chim.*, **23**, 50, 1900]; dans l'action de la potasse sur la glycérine [Buisine, *Bull. Soc. Chim.*, **29**, 853, 1903]; par pyrogénation des alcools méthylique et éthylique [Ipatief, *Journ. Phys. Chim. russe*, **34**, 182; **33**, 356, 1901; — Ehrenfeld, *Journ. prakt. Chem.*, **67**, 49, 1903]; dans la décomposition du mercure méthyle [Berthelot, *C. R.*, **129**, 378, 1899]; dans l'action de l'eau oxygénée sur l'éther à la lumière [Berthelot, *C. R.*, **129**, 627, 1899]; dans l'action du chlorure d'ammonium sur le carbure de calcium [Salvadori, *Gazz. chim. ital.*, **32**, 496, 1902]; dans l'électrolyse de l'acétate de potassium fondu [Berl, *D. Chem. G.*, **37**, 325, 1904]; dans la combustion de l'éthylène [Bone et Wheler, *Chem. Soc.*, **85**, 1637, 1904].

Il a été trouvé dans les gaz volcaniques [A. Gautier, *Bull. Soc. Chim.*, **29**, 194, 1903]; dans les gaz du mont Pelé et dans la source de Luchon [Moissan, *ibid.*, **29**, 435, 438]; dans les produits gazeux résultant de l'action de l'eau acide sur le granit [Gautier, *ibid.*, **25**, 232, 1901]; dans les gaz du naphte de Béréki [Charitchkoff, *Journ. russe*, **36**, 321, 1904]. — Pour sa recherche et son dosage dans de grands volumes d'air, voyez Gautier [*Bull. Soc. Chim.*, **23**, 578, 797, 890, 1900].

Pour la purification du méthane préparé par décomposition des acétates en présence des bases, voyez Gladstone et Tribe [*Chem. Soc.*, **45**, 154, 1883]; — Wright [*Chem. Soc.*, **47**, 200, 1884]; — Ladenburg et Krügel [*D. chem. G.*, **32**, 820, 1899].

Propriétés. — Le méthane bout à — 130°,9 sous 6,7 atm.; — 98°,2 sous 24,9 atm.; — 73°,5 sous 56,8 atm. [Wroblewski, *Jahresb.*, 197, 1884]; à — 152°5 sous 749 millimètres et à — 162° sous 751 mm. [Ladenburg et Krügel, *D. chem. G.*, **32**, 1818; **33**, 637, 1900]. Sa solubilité dans l'eau a été étudiée par Winkler [*D. chem. G.*, **34**, 1408, 1901]. La chaleur de combustion moléculaire à pression constante est de 213,5 calories [Berthelot et Matignon, *Bull. Soc. Chim.*, **11**, 739, 1894]. La réfraction moléculaire a été étudiée par Kanonnikow [*J. prakt. Chem.*, **31**, 361, 1885]; son pouvoir éclairant par Wright [*Chem. Soc.*, **47**, 200, 1884]; l'action de la chaleur, par Berthelot [*C. R.*, **140** 905, 1905]; l'action de l'étincelle électrique en présence du nickel, par Berthelot [*C. R.*, **126**, 568, 1898]; l'oxydation lente à basse température, par Bone et Wheeler [*Chem. Soc.*, **81**, 535; **83**, 1074, 1903]. La vapeur d'eau le décompose vers 1000° avec formation d'oxyde de carbone et d'hydrogène [Lang, *Zeit. f. phys. Chem.*, **2**, 166, 1888]. Il n'est décomposé par le calcium qu'à une température assez élevée [Moissan, *Bull. Soc. Chim.*, **21**, 903, 1899]. Il est très lentement absorbé par l'acide sulfurique [Worstall, *Journ. Am. Soc.*, **21**, 246, 1899].

DÉRIVÉS HALOGÉNÉS DU MÉTHANE.

Dérivés fluorés. — Voyez 2° Suppl., **4**, 227 et 230.

Le *tétrafluorure de carbone*, CFl^4, se forme dans l'action du fluor sur le méthane, ou par double décomposition entre le tétrachlorure de carbone et le fluorure d'argent [Moissan, *C. R.*, **110**, 276 et 951, 1890; — Chabrié, *ibid.*, **110**, 279]. C'est un gaz qui se liquéfie à — 15°, ou à + 10° sous 5 atmosphères.

Dérivés chlorés. — Le *chlorure de méthyle*, CH^3Cl, se forme quand on réduit l'oxyde de méthyle monochloré [Fileti et Gaspari, *Gazz. chim. ital.*, **27**, 293, 1897]. On peut le préparer par double décomposition entre le sulfate neutre de méthyle et le chlorure de potassium [Weinland et Schmidt, *D. chem. G.*, **38**, 2327, 1905]. Il fond à — 103°,6 [Ladenburg et Krügel, *D. chem. G.*, **32**, 1818; **33**, 637, 1900] et bout à — 24°,09 sous 760 mm. [Gribbs, *Journ. Amer. chem. Soc.*, **27**, 851, 1905]. Sa chaleur de volatilisation est de 96cal,9 [Chappuis, *Ann. Chim. Phys.*, **15**, 517, 1888]. La liquéfaction de ses mélanges avec le gaz sulfureux a été étudiée par Duhem [*Zeit. physikal. Chem.*, **36**, 605, 1901; — Caubet, *Zeit. physikal. Chem.*, **40**, 257, 1902]. Réduit par l'hydrogène en présence du nickel réduit, il fournit de l'acide chlorhydrique et du carbone (ainsi que le chlorure de méthylène et le chloroforme) [Sabatier et Mailhe, *Bull. Soc. Chim.*, **31**, 357, 1904]. Il réagit sur l'hydrure de potassium pour donner du méthane et du chlorure de potassium [Moissan, *Bull. Soc. Chim.*, **27**, 1154, 1901]. Il peut former un *hydrate*, $CH^3Cl + 6H^2O$ [Villard, *Ann. Chim. Phys.*, **11**, 377, 1897].

L'emploi du chlorure de méthyle comme réfrigérant permet d'atteindre — 60° [d'Arsonval, *C. R.*, **132**, 180, 1901].

Pour la fabrication du chlorure de méthyle, voyez Éthers, 2° Suppl., **3**, 569.

Le *chlorure de méthylène*, CH^2Cl^2, réagit sur l'ammoniac dissous dans l'alcool méthylique pour donner l'hexaméthylène-tétramine. L'action des chlorure et bromure d'iode et de l'iode a été étudiée par Höland [*Lieb. Ann. Chem.*, **240**, 231, 1887]. Il a été condensé avec l'alcool, en présence d'acétate de sodium [Arnhold, *Lieb. Ann. Chem.*, **240**, 204]; avec le glycérate monosodique [André, *Jahresb.*, 627, 1886]. Il forme un *hydrate*, qui est stable jusqu'à + 2° à la pression atmosphérique [Villard, *Ann. Chim. Phys.*, **11**, 386, 1897]. Avec la solution aqueuse d'hydrogène sulfuré il fournit le composé

$$CH^2Cl^2 . 2H^2S + 23H^2O$$

[de Forcrand, *Ann. Chim. Phys.*, **28**, 17, 1883].

Chloroforme (voyez 2° Suppl., 1097).

Le *tétrachlorure de carbone*, CCl^4, se forme quand on ajoute 1 partie de chlorure d'aluminium à 50 parties de formiate de méthyle perchloré. $Cl . CO^2 . CCl^3 = CCl^4 + CO^2$ [Hentschel, *J. prakt. Chem.*, **36**, 308, 1887].

On le prépare en faisant passer un courant de chlore dans le sulfure de carbone en présence du chlorure d'aluminium [Mouneyrat, *Bull. Soc. Chim.*, **19**, 262, 1898]; ou encore par le contact du sulfure de carbone et du chlorure de soufre, en présence d'un peu de fer pulvérulent [Müller et Dubois, *D. R. P.*, 72999]. Pour sa purification, voyez Schmitz et Dumont [*Chem. Zeit.*, **21**, 511].

Le tétrachlorure de carbone bout à 75°,6-75°,7 sous 753mm,7 [Pawlewsky, *D. chem. G.*, **16**, 2633, 1883], à 76°,7 sous 754 millimètres [Linebarger, *Am. Chem. J.*, **18**, 441, 1896]. L'influence de la pression sur le point de fusion a été étudiée par Tommann [*Ann. Phys.*, **66**, 489]. Sa tension de vapeur à différentes températures et sa solubilité dans l'eau ont été étudiées par Rex [*Zeit. f. physikal. Chem.*, **55**, 355, 1905]. Sa chaleur de combustion à pression constante est de 97cal,3 [Berthelot, *Ann. Chim. Phys.*, **28**, 133, 1893]. Sa constante diélectrique a été déterminée par Drude [*Zeit. physikal. Chem.*, **23**, 309, 1897]; sa constante capillaire par Schiff [*Lieb. Ann. Chem.*, **223**, 72, 1884]. Sa réduction par l'hydrogène donne $CHCl^3$, CH^2Cl^2, C^2Cl^4 et C^2Cl^6 [Besson, *Bull. Soc. Chim.*, **11**, 917, 1894]; en présence du nickel réduit, il se forme C^2Cl^6, puis C^2Cl^4 et C [Sabatier et Mailhe, *ibid.*, **31**, 357,

1904]. L'acide iodhydrique à 130° le transforme en iodoforme [Wallisz, *ibid.*, **7**, 256, 1892]. Chauffé avec le soufre à 220°, il donne CS^2 et CIS [Klason, *D. chem. G.*, **20**, 2383, 1898]. Au rouge, il transforme les oxydes métalliques (Al^2O^3, MgO) en chlorures [Itoh et Meyse, *D. chem. G.*, **20**, 682]. Il forme des hydrates mixtes avec l'acétylène, l'éthylène, les anhydrides carbonique et sulfureux [de Forcrand et Thomas, *C. R.*, **125**, 100, 1897]. Avec la solution aqueuse d'hydrogène sulfuré il donne le composé $CCl^4 . 2H^2S + 23H^2O$: l'hydrogène sélénié fournit un corps analogue [de Forcrand, *Ann. Chim. Phys.*, **28**, 19, 1883].

Le *fluodichlorométhane*, $CHCl^2Fl$, bout à 14°,5. Le *fluotrichlorométhane*, $CCl^3 . Fl$, bout à 29°,9 [Swarts, *D. chem. G.*, **26**, 291].

Dérivés bromés. — Le *bromure de méthyle*, CH^3Br, se forme dans l'action du bromure d'aluminium sur le chlorure de méthyle [Pouret, *Bull. Soc. Chim.*, **25**, 193, 1901]; et du bromure de cyanogène sur les amines tertiaires méthylées [Braun, *D. chem. G.*, **33**, 1438, 1900]. Il bout à 4°,5 sous 758 mm. [Sterkopf, *D. chem. G.*, **38**, 1865, 1905]. Il réagit sur le magnésium pour former le bromure de magnésium-méthyle, CH^3MgBr [Grignard, *C. R.*, **130**, 1322, 1900].

Le *bromure de méthylène*, CH^2Br^2, se forme par l'action du bromure d'aluminium sur le trioxyméthylène [Gustavson, *Journ. Soc. phys. chim. russe*, **28**, 255, 1891], et sur le chlorure de méthylène [Pouret, *Bull. Soc. Chim.*, **25**, 193, 1901]. Il bout à 98°,5 [Henry, *Ann. Chim. Phys.*, **30**, 268, 1883]; 96°,5-97°,5 [Perkin, *Chem. Soc.*, **45**, 520, 1883]. Le pentachlorure de phosphore le transforme en CCl^4 et CBr^4 [Höland, *Lieb. Ann. Chem.*, **240**, 229, 1887]. Chauffé avec l'oxyde de plomb et l'eau, et même avec l'eau seule, il fournit de l'aldéhyde formique [Klœss, *Mon. f. Chem.*, **14**, 783, 1903].

Bromoforme (voyez 2e Suppl., **1**, 796).

Le *tétrabromure de carbone*, CBr^4, se prépare en faisant réagir le brome sur le sulfure de carbone en présence de l'iode [Höland, *Ann. Chem.*, **240**, 238, 1887] ou du chlorure d'aluminium [Mouneyrat, *Bull. Soc. Chim.*, **19**, 262, 1898]. On le rencontre dans les produits qui résultent de l'action de l'hypobromite de sodium sur l'alcool [Collie, *Chem. Soc.*, **65**, 264, 1894] et sur l'acétone [Wallach, *Ann. Chem.*, **275**, 149, 1893].

Le *chlorobromométhane*, CH^2ClBr, bout à 68-69° [Besson, *D. chem. G.*, **25**, 15, 1892].

Le *chlorodibromométhane*, $CHBr^2Cl$, bout à 118-120° sous 730 millimètres [Besson, *loc. cit.*; — Jacobsen et Neumeister, *D. chem. G.*, **16**, 601, 1882; — Lévy et Tedlicka, *Lieb. Ann. Chem.*, **249**, 74, 1889].

Le *dichlorobromométhane*, $CHCl^2Br$, bout à 91-92° [Jacobsen et Neumeister, *loc. cit.*].

Le *chlorotribromométhane*, $CClBr^3$, fond à 55° et bout à 160 [Besson, *D. chem. G.*, **25**, 188, 1892].

Le *dichlorodibromométhane*, CCl^2Br^2, fond à 22° [Besson, *D. chem. G.*, **25**, 188, 1892], à 38° [Arnold, *Lieb. Ann. Chem.*, **240**, 208, 1887], et bout à 135° (Besson), à 150°,2 (Arnold).

Le *trichlorobromométhane*, CCl^3Br, fond à — 21° [Besson, *loc. cit.*].

Le *fluochlorobromométhane*, $CHCl . Br . Fl$, bout à 38° [Swarts, *D. chem. G.*, **26**, 782, 1893].

Dérivés iodés. — L'*iodure de méthyle* se forme par action de l'acide iodhydrique sur les oxydes mixtes de méthyle et d'un autre radical alcoolique. Pour sa préparation au moyen de l'alcool méthylique, de l'iode et du phosphore, voyez Ipatiev [*Journ. Soc. phys. chim. russe*, **27**, 364, 1895]. On le prépare plus commodément par double décomposition entre le sulfate de méthyle et l'iodure de potassium [Weiland et Schmidt, *D. chem. G.*, **38**, 2327, 1905].

Il fond à — 63°,4 [Carrara et Coppadoro, *Gazz. chim. ital.*, **32**, 329, 1903], à — 64°,4 [Guttmann, *Chem. Soc.*, **21**, 206, 1905] et bout à 42°,8 [Dobriner, *Lieb. Ann. Chem.*, **246**, 23, 1887], à 42°,1 [Perkin, *J. prakt. Chem.*, **31**, 500, 1885]. Sa chaleur de combustion à volume constant est de 196cal,5 [Berthelot, *C. R.*, **130**, 1094, 1900]. Il peut fixer une molécule de chlore pour donner le composé CH^3ICl^2, qui se dissocie à — 28° [Thiele et Peter, *D. chem. G.*, **38**, 2842, 1905]. La solution éthérée dissout le magnésium pour former l'iodure de magnésium-méthyle, $CH^3 . Mg . I$ [Grignard, *C. R.*, **130**, 1322; **132**, 558, 1901]. Sa vitesse de réaction sur les amines cycliques a été étudiée par Simanowsky et Menschoutkine [*Journ. Soc. phys. chim. russe*, **35**, 204, 1903]; et sur le nitrate d'argent, par Burke et Donnan [*Chem. Soc.*, **85**, 555, 1904]. Action sur la phénylhydrazine [A. le Canu, *Bull. Soc. Chim.*, **29**, 969, 1903]. Il forme un *hydrate*, stable jusqu'à + 5° à la pression ordinaire [Villard, *Ann. Chim. Phys.*, **11**, 386, 1887]. Avec l'iodure d'azote il fournit le *pentaiodure de tétraméthylammonium*, $Az(CH^3)^4I^5$, fusible à 126-127° [Silberrad et Smart, *Proc. Chem. Soc.*, **22**, 15, 1906]. Il se combine avec l'alcool méthylique pour former le composé $CH^3I + \frac{1}{3} CH^4O$ [Meunier, *Bull. Soc. Chim.*, **25**, 572, 1901], et avec la pyridine pour donner $CH^3I . C^5H^5Az$ [Aten, *Zeit. f. physikal. Chem.*, **54**, 124, 1905].

L'*iodure de méthylène*, CH^2I^2, se forme dans l'action de l'iode sur le diazométhane en solution éthérée [Pechmann, *D. chem. G.*, **27**, 1889, 1894]; quand on chauffe l'iodoforme avec l'acétone à 135-150° [Nef, *Lieb. Ann. Chem.*, **308**, 329, 1899].

On le prépare avec un bon rendement en réduisant l'iodoforme par l'acide arsénieux [Auger, *Bull. Soc. Chim.*, **23**, 577, 1902].

Il fond à + 4° et bout à 180° [Perkin, *J. prakt. Chem.*, **31**, 505, 1885]. Son emploi comme solvant cryoscopique a montré qu'il peut exister deux variétés isomériques de ce corps, toutes deux cristallisées, fondant respectivement à 4° et 4°,47 [E. Beckmann, *Zeit. physikal. Chem.*, **46**, 853, 1904]. Son pouvoir rotatoire magnétique est 18,68 à 12°,2 [Perkin, *Chem. Soc.*, **69**, 1237, 1896]. Sa chaleur de combustion à volume constant est de 178cal,1 [Berthelot, *C. R.*, **130**, 1094, 1900]. Action de l'argent en poudre à 500° [Sudborough, *Central Blatt*, (7), 188, 1898]. Action de l'isobutylate de sodium [Gorbow et Kessler, *Journ. Soc. phys. chim. russe*, **19**, 454, 1887]. Il a été employé comme solvant cryoscopique [Garelli et Bassani, *Gazz. chim. ital.*, **31**, 407, 1901].

Iodoforme (voyez 2e Suppl., **6**, 110).

Le *tétraiodure de carbone*, CI^4, se forme quand on fait réagir l'iodure de bore sur le tétrachlorure de carbone [Moissan, *C. R.*, **113**, 19, 1881]; ou quand on chauffe le tétrachlorure de carbone avec l'iodure de calcium à 805 [Spindler, *Lieb. Ann. Chem.*, **231**, 254, 1885]. Il cristallise en octaèdres réguliers, rouge sombre.

Le *chloroiodométhane*, CH^2ClI, bout à 109° [Sakurai, *Chem. Soc.*, **41**, 362, 1881, **47**, 198; — Henry, *Beilst.*, 1er Suppl., 54].

Le *dichloroiodométhane*, $CHCl^2I$, bout à 131° [Höland, *Lieb. Ann. Chem.*, **240**, 234, 1887].

Le *dichlorodiiodométhane*, CCl^2I^2, fond à 85° [Höland, *loc. cit.*].

Le *trichloroiodométhane*, CCl^3I, fond à — 19° et bout à 42° [Besson, *Bull. Soc. Chim.*, **9**, 179, 1893].

Le *bromoiodométhane*, CH^2BrI, bout à 138-140° [Henry, *J. prakt. Chem.*, **32**. 431, 1885].

Le *dibromoiodométhane*. $CHBr^2I$, de Bouchardat et Sérullas, serait d'après Löscher [*D. Chem. G.*. **21**. 410. 1888] une solution d'iodoforme dans le bromoforme.

DÉRIVÉS NITRÉS DU MÉTHANE

Nitrométhane. CH^3AzO^2. — Il se forme par action de l'iodure ou du sulfate de méthyle sur les azotites de potassium et d'argent [Bewad. *Journ Soc. phys. chim. russe*. **24**, 126, 1892; — Kaufler et Pomeranz. *Mon. f. Chem.*. **22**. 492, 1901]; dans l'oxydation de la méthylamine [Bamberger et Seligman. *D. chem. G.*. **35**, 4299. 1902]; dans la décomposition de la β-p-nitroacétophénone [Thiele et Hieckel, *Lieb. Ann. Chem.*. **325**, 1, 1902].

Le nitrométhane est une huile distillant à 101°-101°,5 sous 764mm,7 [Schiff, *D. chem. G.*, **19**. 567. 1886]: D = 1,133 à 25°; 1,158 à 4° [Perkin, *Chem. Soc.*, **55**. 687, 1889]. Pouvoir réfringent [Brühl, *Zeit. physikal. Chem.*, **16**, 214, 1895]. Conductibilité électrique en solution dans l'ammoniac liquide [Franklin et Kraus, *Am. Journ.*. **23**, 277, 1900]. Chaleur de combustion moléculaire à pression constante, 169cal,8 [Berthelot, *C. R.*, **126**. 787, 1898]; de neutralisation [Berthelot et Matignon. *Ann. Chim. Phys.*. **30**. 567, 1893]. Cryoscopie dans AzO^2 liquide et dans l'acide formique [Bruni et Berti. *Gazz. Chim. ital.*, **30**. 76. 151. 1900]. La détermination de sa constante ebullioscopique a fourni le chiffre 19,5 (théorie = 24, 38) [Walden, *Zeit. f. physikal. Chem.*. **54**, 129; **55**. 281. 1905].

Sa réduction électrolytique peut donner de la β-méthylhydroxylamine ou de la méthylamine, suivant les conditions [Pierron. *Bull. Soc. chim.*. **21**, 783, 1899]. L'hydrosulfite de sodium le transforme facilement en méthylamine [Alvy. *Bull. Soc. Chim.*, **23**. 615. 655. 1905].

L'acide chlorhydrique le décompose à 130°, avec formation de CO^2 et de chlorhydrate d'ammoniaque [Pfungst. *J. prakt. Chem.*, **34**. 35. 1886]. L'ammoniaque le transforme en *acide méthazonique* (voyez ce mot) [Dunstan et Goulding, *Chem. Soc.*. **77**, 1262. 1900; — Schultze. *D. chem. G.*. **29**. 2288. 1896]. Il réagit sur le bioxyde d'azote en présence de l'éthylate de sodium pour donner la nitro-méthylisonitramine [Traube. *Lieb. Ann. Chem.*, **300**, 107. 1898]. Il a été condensé avec les aldéhydes [Posner, *D. chem. G.*. **31**. 656. 1898; — Thiele. *D. chem. G.*, **32**. 1293. 1899]. Action sur le zinc méthyle [Hantzsch et Hillard. *D. chem. G.*. 31, 2065; — Hollmann. *Rec. Pays-Bas*, **23**, 298. 1904; — Knoevenagel et Walter. *D. chem. G.*, **37**, 4502, 1904].

Pour les *sels* du nitrométhane, voyez V. Meyer [*D. chem. G.*, **27**. 1601. 1894]; — Zelinsky [*D. Chem. G.*. **17**. 3407]; — Nef [*Ann. Chem.*, **280**. 273, 1894]; — Nef et Jones [*Am. Chem.*, **20**. 25, 33. 1898]; — School [*D. chem. G.*. **34** 862, 1903].

L'*isonitrométhane*. $CH^2 = AzO.OH$. se forme dans la décomposition de l'acide isonitromalonique [Angelico. *Att. Ac. Lincei*. **10**. 476, 1901].

Le *dinitrométhane*. $CH^2(AzO^2)^2$. se prépare en décomposant le dibromodinitrométhane par l'arsénite de potassium [Duden. *D. chem. G.*. **20**, 3004, 1893]; ou le sel de potassium du bromodinitrométhane par le sulfhydrate d'ammonium [Villiers. *Bull. Soc. Chim.*. **41**. 282, 1884; **43**, 322].

C'est un liquide très instable. dont la solution aqueuse est conductrice [Hantzsch et Veit. *D. chem. G.*. **32**, 610. 624. 1899]. Les *sels* sont explosifs. Le sel de potassium réduit par l'amalgame de sodium fournit l'*acide méthylazaurolique*. $C^2H^4O^2Az^4$, qui détone sans fondre à 98° [Duden, *D. chem. G.*, **26**, 3009].

Le *trinitrométhane* ou *nitroforme*, $CH(AzO^2)^3$ ou $(AzO^2)^2 : C : AzO.OH$, se forme dans l'action de la soude alcoolique sur le tétranitrométhane [Hantzch et Rinkerberger, *D. chem. G.*, **32**, 631. 1899]; quand on a fait passer un courant d'acétylène dans l'acide nitrique, (D = 1,52) [Mascarelli, *Gazz. chim. ital.*. **33**, 319, 1903]; par réduction du tétranitrométhane [Pictet et Genequand, *D. chem. G.*, **35**, 2225, 1903].

Le nitroforme fond à 15°. Conductibilité électrique [Hantzsch et Vœgelen, *D. chem. G.*. **35**. 1001, 1902]. Son action sur le gaz ammoniac se conduit à l'envisager comme un pseudo-acide [Hantzch et Dollfus, *D. chem. G.*. **35**, 226, 1902]. — *Sels* divers, voyez Ley et Kissel [*D. chem. G.*. **32**. 1366, 1899; **38**, 973, 1905].

Le *tétranitrométhane*. $C(AzO^2)^4$, se forme quand on déshydrate l'acide acétylorthonitrique par l'anhydride acétique; et en très faible quantité quand on traite l'acide acétique par l'acide azotique fumant [Pictet et Genequand. *D. chem. G.*, **36**. 2225, 1903]. Il fond à 13° et bout à 126°.

Le *chlorodinitrométhane*, $CHCl(AzO^2)^2$. se présente en gros cristaux jaunes qui explosent vers 145° [Losanitsch, *D. chem. G.*, **17**, 849. 1884; — Villiers, *Bull. Soc. Chim.*. **43**, 323. 1885].

Le *dichlorodinitrométhane*, $CCl^2(AzO^2)^2$. est une huile qui bout au-dessus de 100° [Losanitsch. *loc. cit*; — Raschig, *D. chem. G.*. **18**, 3328. 1885].

Le *trichloronitrométhane* ou *chloropicrine*. $CCl^3(AzO^2)$ fond à — 64° [Haase. *D. chem. G.*. **32**. 1053]. à — 63°,2 [Schneider. *Zeit. physikal. Chem.*, **19**, 158] et bout à 112°,8 sous 743 millimètres [Lévy et Tedlicka, *Lieb. Ann. Chem.*. **249**, 86, 1889; voyez aussi Raschig, *D. Chem. G.*. **18**, 3326; — Brühl. *Zeit. physikal. Chem.*. **16**, 214; — Barral, *Bull. Soc. Chim.*. **27**. 372, 1902].

Le *bromonitrométhane*. CH^2BrAzO^2, bout à 146° sous 715 millimètres [Schooll. *D. chem. G.*. **29**, 1824, 1896]; à 147°,5-149°,5 sous 742mm,5 [Tscherniac. *D. chem. G.*. **30**, 2588; — Ratz. *Mon. f. Chem.*, **25**, 687, 1904].

Le *bromodinitrométhane*, $CHBr(AzO^2)^2$ est une huile très instable [Kœchler et Spitzer, *Mon. f. Chem.*, **4**, 558, 1883; — Villiers, *Bull. Soc. Chim.*. **37**, 452, 1882; **41**. 282; — Aschan. *D. chem. G.*. **23**. 1829; — Losanitsch. *ibid.*, **16**. 51, 1883; — School et Brenneisen. *ibid.*, **31**. 653. 1898; — Hantzsch et Veit. *ibid.*. **32**, 626; — Wolf, *ibid.*. **26**. 2219. 1893; — Hill et Black. *Am. Chem. Journ.*, **32**, 228, 1904].

Le *dibromonitrométhane*, $CHBr^2AzO^2$, bout à 58°,5-60° sous 13 millimètres [Scholl, *D. chem. G.*, **29**, 1825, 1896].

Le *dibromodinitrométhane*, $CBr^2(AzO^2)^2$. fond de 4 à 5° [School et Brenneisen. *D. chem. G.*. **31**. 654, 1898]; à 10° [Wolf. *ibid.*, **26**. 2217, 1893] et bout à 78-80° sous 19 millimètres; voyez aussi Villiers [*Bull. Soc. Chim.*. **37**, 452. 1882]; — Losanitsch [*D. chem. G.*. **15**, 472; — **16**. 51. 2731, 1883]; — Wolf et Rüdel [*Lieb. Ann. Chem.*. **294**, 198, 1897]; — Schooll et Schmidt [*D. chem. G.*, **35**. 4288. 1903].

Le *tribromonitrométhane* ou *bromopicrine*. $CBr^3(AzO^2)$, fond à 10°,25 et bout à 127° sous 118 millimètres [Levy et Fedlicka. *Ann. Chem.*. **249**, 85, 1889; voyez aussi School et Brenneisen. *D. chem. G.*. **31**, 647, 654, 1898].

Le *chlorobromodinitrométhane*. $C.Cl.Br.(AzO^2)^2$. est une huile jaune [Losanitsch, *D. chem. G.*. **17**. 848. 1884].

L'iodonitrométhane, $CH^2.I.(AzO^2)$, est un liquide huileux [Rassanow, *D. chem. G.*, **25**, 2636, 1892; — Villiers, *Bull. Soc. Chim.*, **43**, 323, 1885].

DIAZOMÉTHANE.

$$CH^2\begin{array}{l}\diagup Az\\ \quad\ \|\\ \diagdown Az\end{array}$$

— Le diazométhane se forme à côté d'autres corps, quand on fait réagir les alcalis sur la nitrosométhylbenzamide ou sur les nitrosométhanes [Pechmann, *D. chem. G.*, **27**, 1888; **28**, 856; **31**, 2640]. Quand on décompose la nitrosométhyluréthane par un alcali à 0°, on obtient le sel de potassium, $CH^3Az=AzOK$,

$$CO\begin{array}{l}\diagup Az(CH^3)-AzO\\ \diagdown OC^2H^5\end{array} + KOH$$
$$= H^3CAz=Az-OK + CO^2 + C^2H^5OH,$$

corps très instable qui se transforme en diazométhane,

$$CH^3-Az=Az-OK + H^2O$$
$$= CH^2Az^2 + KOH + H^2O,$$

ou en alcool méthylique et azote [Hantzsch et Lehmann, *D. chem. G.*, **35**, 897, 1902]. Le diazométhane se forme encore dans l'action de l'hydroxylamine sur la méthyldichloramine [Bamberger et Renauld, *D. chem. G.*, **28**, 1683, 1893]; et des alcalis sur la p-nitrophénylméthylnitrosamine [Nölting, *D. chem. G.*, **33**, 101, 1900].

Le diazométhane est un gaz jaune qui bout vers 0°, et qui détone violemment à 200°. Sa solution éthérée exposée à la lumière se décolore en donnant de l'azote, de l'éthylène et du *bis-diazométhane*,

$$CH^2\begin{array}{l}\diagup Az=Az\diagdown\\ \diagdown Az=Az\diagup\end{array}CH^2,$$

fusible à 145°, lequel se forme aussi dans la décomposition de l'acide triazoacétique [Hantzch, *D. chem. G.*, **33**, 58, 1900; **34**, 2506, 1901]. Réduit par l'amalgame de sodium, il fournit la méthylhydrazine. Il réagit sur les acides organiques pour donner les éthers méthyliques correspondants, avec dégagement d'azote. On a étudié son action sur le nitrosobenzène [Pechmann, *D. chem. G.*, **30**, 2875, 1897; **31**, 557]; sur les dérivés nitrés [Heinke, *D. chem. G.*, **31**, 1395; — Degner et Pechmann, *ibid.*, **30**, 646]; sur l'aldéhyde benzoïque [Wegscheider et Gehringer, *Mon. f. Chem.*, **24**, 364, 1903].

Le *bis-azoxyméthane*,

$$CH^2\begin{array}{l}\diagup Az-O-Az\diagdown\\ \diagdown Az-O-Az\diagup\end{array}CH^2,$$

se forme par décomposition de l'acide bisazoxyacétique vers 148°. Il fond à 75° et se sublime déjà à 30-40° [Hantzch et Lehmann, *D. chem. G.*, **33**, 3668, 1901].

SULFATE DE MÉTHYLÈNE.

$$SO^2\begin{array}{l}\diagup O\diagdown\\ \diagdown O\diagup\end{array}CH^2.$$

— Ce composé s'obtient en traitant le trioxyméthylène par l'acide sulfurique fumant à 50 0/0 d'anhydride. Il fond à 155° en se décomposant [Delépine, *Bull. Soc. Chim.*, **21**, 1055, 1899; **23**, 1, 1900].

Juin 1906. P. Carré.

MÉTHANE-TRICARBONIQUE (ACIDE). — Voyez FORMYLTRICARBONIQUE, 2e suppl., **4**, 329.

MÉTHAZONIQUE (ACIDE), $C^2H^4O^3Az^2$. — L'acide méthazonique se forme quand on chauffe la solution du nitrométhane dans les alcalis, ou par action du chlorhydrate d'hydroxylamine sur cette solution [Schultze, *D. chem. G.*, **29**, 2288, 1896]. Il se produit aussi dans la décomposition de la nitroacétamide par les alcalis [Ratz, *Mon. f. Chem.*, **25**, 687, 1904]. Il cristallise dans le chloroforme en aiguilles fusibles à 77-78°. Chauffé avec les acides, ou avec les alcalis, il est décomposé en CO^2, $CAzH$ et AzH^2OH. Oxydé par le permanganate de potassium, il fournit CO^2, $CAzH$ et AzO^3H; Dunstan et Goulding [*Chem. Soc.*, **77**, 1262, 1902] pensent que ces réactions s'expliquent facilement avec la formule :

$$\begin{array}{c}\qquad\quad CH^2-AzH\\ \qquad\qquad |\qquad\ |\\ H-Az=C-O\\ \|\\ O\end{array}$$

Scholl admet que la formation d'acide méthazonique est précédée de la transformation du nitrométhane en sa forme iso, et représente cette réaction par l'équation suivante :

$$CH^2=Az(O)OH + CH^2=Az(O)OH$$
$$= H^2O + CH^2=Az(O)-CH=Az(O)OH$$

[*D. chem. G.*, **34**, 862, 1901].

Juin 1906. P. Carré.

MÉTHÉNYLAMIDINE. — Voyez AMIDINES.

MÉTHÉNYLTRIACÉTAMIDE. — Voyez IMINOÉTHERS, 2e Suppl., **6**, 28.

MÉTHÉNYLTRIALLYLIQUE (ACIDE). — Voy. FORMIQUES (ÉTHERS ORTHO-).

MÉTHÉNYLTRICARBONIQUE (ACIDE). — Voy. MÉTHANE-TRICARBONIQUE.

MÉTHÉNYLTRIMÉTHYLIQUE (ACIDE). — Voy. FORMIQUES (ÉTHERS ORTHO-).

MÉTHOCODÉINE. — Voyez CODÉINE.

MÉTHOSE. — Voyez FORMOSE, 2e Suppl., **4**, 320.

MÉTHRONIQUE (ACIDE). — Cet acide, dont la constitution est la suivante :

$$\begin{array}{ccc} CO^2H-C & - & CH\\ \| & & \|\\ CH^3-C & & C-CH^2-CO^2H\\ & \diagdown\ \diagup & \\ & O & \end{array}$$

a été préparé pour la première fois par Fittig en faisant réagir l'éther acétylacétique sur l'acide succinique en présence d'anhydride acétique [*D. chem. G.*, **18**, 2526 et 3410, 1885; *Ann. Chem.*, **250**, 178, 1889]; c'est l'éther acide méthronique qui prend naissance dans cette réaction. Sa constitution fut méconnue d'abord, et Fittig interprétait sa formation de la façon suivante :

$$\begin{array}{l} C^2H^5O-CO-CH^2 \qquad CH^2-CO^2H\\ \qquad\qquad\qquad\ | \quad\ + \quad |\\ \qquad\quad CH^3-CO \qquad\ CH^2-CO^2H\end{array}$$

$$\begin{array}{l}\qquad\qquad\qquad\qquad OH\\ = \qquad\quad CH^3-C - CH-CO^2H\\ \qquad\qquad\qquad\ \vdots \qquad\ |\\ \quad C^2H^5\cdot CO^2-CH^2 \quad CH^2-CO^2H\end{array}$$

$$\begin{array}{l}\qquad\qquad\qquad\qquad\quad CH^3-C - CH-CO^2H\\ \qquad\qquad\qquad\qquad\qquad\quad\ \| \qquad\quad |\\ \longrightarrow 2H^2O + C^2H^5-CO^2-C \qquad CH^2\\ \qquad\qquad\qquad\qquad\qquad\quad \diagdown\ \ \diagup\\ \qquad\qquad\qquad\qquad\qquad\qquad CO\end{array}$$

Cependant, comme l'acide méthronique donne l'acide pyrotritarique quand on le chauffe, en perdant CO^2, et que la constitution de ce dernier a été parfaitement établie, celle de l'acide méthronique ne peut faire aucun doute [voir à ce sujet Paal, *D. chem. G.*, **20**, 1074, 1887 ; — Fittig et Schlœsser, *ibid.*, **21**, 2133, 1888 ; — Knorr, *ibid.*, **22**, 146, 1889 ; — Trephilief, *D. chem. G.*, **39**, 1859, 1906.]

Une autre synthèse de l'acide méthronique est due à Polonowsky, qui l'obtint en condensant l'ether acétylacétique avec le glyoxal et traitant le produit obtenu par la potasse [Polonowsky, *Ann. Chem.*, **246**, 1, 1888 : *D. chem. G.*, **21**, 2499. Voir aussi : Fittig et Hantzsch, *D. chem. G.*, **21**, 3189, 1888 : — Fittig et Schlœsser, *loc. cit.*]. L'acide méthronique cristallise dans l'eau en aiguilles qui fondent à 204-205°. Il est très peu soluble dans l'eau, soluble dans l'alcool et le benzène. Chauffé au-dessus de son point de fusion, il se décompose en acide carbonique et acide pyrotritarique ou diméthylfurfurane-carbonique. Chauffé avec de l'acide chlorhydrique étendu, il perd deux molécules d'acide carbonique et fixe une molécule d'eau en donnant l'acétonylacetone.

Éthers méthyliques. — Ils se forment par éthérification au moyen de l'acide chlorhydrique [Polonowsky, *loc. cit.*]. L'*éther monométhylique* fond à 98°, il est soluble dans les acalis : l'*éther diméthylique* est liquide.

Éthers éthyliques. — L'*éther monoéthylique*, dont la préparation a été donnée au début, fond à 75°,5-76° ; il est peu soluble dans l'eau, soluble dans les solvants organiques ; il donne des sels bien cristallisés. L'*éther diéthylique* est liquide, il bout vers 300-305°.

Janvier 1907. R. Marquis.

MÉTHYL.... — Pour les mots qui ne se trouvent pas ici à leur place alphabétique, voyez le mot qui suit ce préfixe.

α-MÉTHYLACÉTYLGLUTARIQUE (ACIDE).

$$CO^2H \cdot C(CH^3)(COCH^3) - CH^2 - CH^2 - CO^2H.$$

— L'*éther diéthylique*, $C^8H^{10}O^5(C^2H^5)^2$, se forme par condensation de l'ether méthylacétylacétique sodé avec l'éther α-iodopropionique [Wislicenus et Limpach, *Ann. Chem.*, **192**, 133]. Il distille à 280-281°, D = 1,043. Les alcalis concentrés le décomposent en acide acetique et acide α-méthylglutarique. Juin 1906. P. Carré.

MÉTHYLACÉTYLÈNE. — Voyez ALLYLÈNE.

MÉTHYLAL. — Voyez FORMIQUE (ALDÉHYDE).

MÉTHYLAMINES (Dict., 2, 401 ; 1er suppl., 1016). — MONOMETHYLAMINE. $CH^3 - AzH^2$. — La méthylamine se forme : dans la réduction électrolytique du nitrométhane en solution sulfurique [Pierron, *Bull. Soc. Chim.*, **21**, 783, 1899] ; dans l'action du chlorure de méthyle sur le sodammonium [Lebeau, *C. R.*, **140**, 1224, 1905 ; — Coablay, *C. R.*, **140**, 1262, 1905] ; par hydrogénation catalytique de l'acide cyanhydrique [Sabatier et Senderens, *Bull. Soc. Chim.*, **33**, 371, 1905], de l'acétaldoxime [Mailhe, *Bull. Soc. Chim.*, **33**, 872, 1905] ; par réduction de l'hexaméthylène-tétramine au moyen du zinc et de l'acide chlorhydrique [Trillat et Fayollat, *Bull. Soc. Chim.*, **11**, 23, 1894 ; — Höchster Farbw., DRP. 73 812] ; par réduction de la formamide au moyen du sodium et de l'alcool amylique [Guerbet, *Bull. Soc. Chim.*, **21**, 780, 1899] ; dans la réduction du tetranitrobenzène [Pictet et Genequand, *D. chem. G.*, **36**, 2225, 1903] ; dans l'action de l'ammoniac sur l'aldéhyde formique [Eschweiler, *ibid.*, **38**, 880, 1905] ; à côté d'autres amines dans la distillation sèche du son avec la chaux [Laycock, *Chem. News*, **78**, 210, 1898] ; dans la fermentation de la fibrine, de la gélatine par le bacillus fluorescens [Emmerling, *D. chem. G.*, **30**, 1863 ; **35**, 700, 1902].

La méthylamine prend aussi naissance dans un grand nombre de décompositions de corps méthylés à l'azote : par exemple dans l'oxydation manganique des purines méthylées [Jolles, *J. prakt. Chem.*, **62**, 61 ; *D. chem. G.*, **33**, 1246, 2119, 1900] ; de la pilocarpine [Pinner et Kolhammer, *D. chem. G.*, **33**, 2357, 1900] ; dans l'hydrolyse de l'adrenaline [Furth, *Mon. f. Chem.*, **24**, 261, 1903]....

Pour la préparer on chauffe 2 parties d'aldéhyde formique commerciale à 40 0/0 avec 1 partie de chlorhydrate d'ammoniaque vers 40°, et on porte ensuite lentement la température à 95° jusqu'à ce que l'aldéhyde formique commence à distiller. On reprend le résidu par l'alcool à 97 0/0 qui dissout le chlorhydrate de méthylamine et laisse le chlorure d'ammonium [Brochet et Cambier, *Bull. Soc. Chim.*, **13**, 534, 1895].

On peut encore l'obtenir en chauffant l'alcool méthylique en excès avec le phospham à 225° sous pression [Vidal, DRP. 64 346].

La séparation de la méthylamine d'avec la di- et la triméthylamine a été étudiée par Delépine [*Ann. Chim. Phys.*, **8**, 445, 1896].

Propriétés. — La méthylamine bout de — 6° à — 5°,5 [Hofmann, *D. chem. G.*, **22**, 701, 1889] ; à — 6°,7 [Gibbs, *Journ. Am. Chem. Soc.*, **27**, 851, 1905]. Sa température critique est 155° et sa pression critique de 72 atmosphères [Vincent et Chappuis, *C. R.*, **102**, 436, 1886] ; sa chaleur de combustion est de 256cal,9 [Muller, *Bull. Soc. Chim.*, **44**, 609, 1885] ; sa chaleur de formation est de — 5cal,5 [Petit, *Bull. Soc. Chim.*, **50**, 686, 1889]. Sa chaleur de neutralisation par les acides chlorhydrique et carbonique a été déterminée par Müller [*Bull. Soc. Chim.*, **43**, 215, 1885] ; sa conductibilité électrique par Ostwald [*J. prakt. Chem.*, **33**, 360, 1886 ; — Bredig, *Zeit. physikal. Chem.*, **13**, 294, 1894]. Son spectre d'absorption a été examiné par Hartley et Dobbie [*Chem. Soc.*, **77**, 318, 1900]. Sa chaleur de dissolution a été déterminée par Bonnefoi [*C. R.*, **127**, 516, 1898] ; la tension de ses dissolutions par Konovalof [*Journ. Soc. phys. chim. russe*, **32**, 193, 1900].

L'action de l'effluve électrique sur la méthylamine a été étudiée par Berthelot [*C. R.*, **126**, 776, 1898] ; l'action des hypochlorites par de Coninck [*C. R.*, **126**, 1042] ; l'action de l'acide azoteux par Euler [*Lieb. Ann. Chem.*, **330**, 280, 1904] ; l'oxydation catalytique par la spirale de platine, par Trillat [*Bull. Soc. Chim.*, **29**, 364, 874, 1903]. Son oxydation en présence du cuivre fournit de l'aldéhyde formique et de l'ammoniac [Traube et Schönwald, *D. chem. G.*, **39**, 178, 1905]. Elle réagit sur le chlorure de méthyle sous pression pour donner du chlorure de tétraméthylammonium [Vincent et Chappuis, *Bull. Soc. Chim.*, **45**, 501, 1886]. Avec le chlorure de cyanogène elle donne du méthylcyanamide et de la diméthyl-1.2-guanidine [Kaess et Gruszkiewicz, *D. chem. G.*, **35**, 3598, 1902].

La méthylamine dissout l'alumine hydratée, mais ne dissout pas la glucine [Renz, *D. chem. G.*, **36**, 2751, 1903]. Elle retarde l'action de l'amylase [J. Effront, *Bull. Soc. Chim.*, **31**, 1230, 1904].

L'*hydrate de méthylamine*, $CH^3AzH^2 + H^2O$, est un liquide de densité 0,8993 à 13°,9 [Henry, *Beilst.*, **1**, Supp., 596].

Sels. — Le *chlorhydrate* CH^3AzH^2HCl, fond à 226-227° [Petit et Polonowsky, *Bull. Soc. Chim.*, **9**, 1013, 1893], à 225-226° [Jarry, *C. R.*, **124**, 964, 1897], et bout à 225-230° sous 15 millimètres [Brochet et Cambier, *Bull. Soc. Chim.*, **9**, 13, 536, 1895] ; la conductibilité électrique de sa solution dans l'ammoniac liquide a été déterminée par Goldschmidt [*Zeit. anorgan. Chem.*, **28**, 97, 1901]; il forme des chlorures doubles avec les sels halogénés : du cuivre et du mercure [Topsoë, *Jahresb.*, 618, 1883; — François, *C. R.*, **140**, 1697, 1905]; du cadmium [Ragland, *Am. Journ.*, **22**, 417, 1899; — Long, *Chem. Soc.*, **83**, 724, 1904]; de l'étain [Cook, *Am. Journ.*, **22**, 435, 1899]; de l'or [Topsoë, *loc. cit.*; — Fenner et Tafel, *D. chem. G.*, **32**, 3228, 1899]; du platine (déjà connus) [Jörgensen, *J. prakt. Chem.*, **33**, 531, 1886]; du rhodium, du palladium, de l'iridium [Vincent, *Bull. Soc. Chim.*, **43**, 154, 1885; — Gutbier et Krell, *D. chem. G.*, **39**, 1292, 1906]; du molybdène [Nordjenskjöld, *D. chem. G.*, **34**, 1572, 1901]; du sélénium [Lenher, *Am. Soc.*, **20**, 572, 1898].

Le *bromhydrate* forme des sels doubles analogues.

L'*iodhydrate* CH^3AzH^2HI fond vers 220° [Dunstan et Goulding, *Chem. Soc.*, **71**, 579, 1897]; il donne aussi des sels doubles.

L'*azotate* fond à 99-100° [Franchimont, *Rec. Pays-Bas*, **2**, 338, 1883].

L'*uranate* est un précipité jaune, gélatineux [Carson et Norton, *Am. Chem. Journ.*, **10**, 220, 1888].

Les *vanadates* ont été préparés par Ditte [*Ann. Chim. Phys.*, **13**, 232, 1888; — Bailey, *Chem. Soc.*, **45**, 692, 1883].

Les *phosphates* et *arséniates méthylamino-magnésiens* sont microcristallins [Porcher et Brissac, *Bull. Soc. Chim.*, **29**, 588, 591, 1903]. Tandis que le phosphate de magnésium fraîchement précipité absorbe l'ammoniac, il est sans action sur la méthylamine [Quantin, *Bull. Soc. Chim.*, **9**, 64, 1893].

Le *picrate* fond à 207° [Delépine, *Ann. Chim. Phys.*, **8**, 462, 1826], à 215° [Ristenpart, *D. Chem. G.*, **29**, 2530, 1896].

Les autres sels organiques sont décrits à l'acide correspondant.

Produits d'addition formés par la méthylamine. — La méthylamine forme des produits d'addition avec le chlorure de lithium [Bonnefoi, *C. R.*, **127**, 516, 1898; **124**, 773, 1897], les chlorures de zirconium, de thallium, de plomb [Matthews, *Am. Soc.*, **20**, 826, 1898], les sels halogénés de l'argent [Jarry, *C. R.*, **124**, 964, 1897; — Wurth, *D. chem. G.*, **35**, 2415, 1902].

Lithium méthylammonium, AzH^2CH^3Li. — Le lithium se combine à la méthylamine vers 0°, pour donner le lithium méthylammonium. C'est un corps bleu foncé, stable à la température ordinaire, qui se décompose par la chaleur en lithium et méthylamine [Moissan, *C. R.*, **128**, 26, 1899; *Bull. Soc. Chim.*, **21**, 918, 1899]. Le potassium, le sodium, le calcium n'ont pas réagi sur la méthylamine.

Cæsium méthylammonium. — Le cæsium se dissout dans la méthylamine avec la coloration bleue caractéristique des ammoniums; mais la solution se décolore rapidement par suite de la décomposition du cæsium ammonium en hydrogène et *méthylamidure de cæsium*, $CH^3AzH.Cs$, que la chaleur décompose, avec explosion, en hydrogène et cyanure de cæsium [Rengade, *C. R.*, **140**, 246, 1905].

Méthylamine chlorée, CH^3AzHCl. — Liquide à odeur forte obtenu par distillation du chlorhydrate de méthylamine avec une solution concentrée d'hypochlorite de sodium [Berg, *Ann. Chim. Phys.*, **3**, 318, 1894].

Méthylamine dichlorée, CH^3AzCl^2. — Liquide distillant à 59°-60°, qui se forme par distillation du chlorhydrate de méthylamine avec l'hypochlorite de chaux [Bamberger et Renault, *D. chem. G.*, **28**, 1683, 1895].

Méthylamine bromée. — Son dérivé benzoylé, $CH^3Az.Br(COC^6H^5)$, est un liquide non solidifié à — 16° [Slosson, *Am. Chem. J.*, **29**, 289, 1904].

Méthylamine diiodée, CH^3AzI^2. — Corps rouge grenat, qui s'obtient en faisant réagir l'iode sur la méthylamine [Raschig, *Lieb. Ann. Chem.*, **230**, 222, 1885].

Méthylnitramine, $CH^3.AzH(AzO^2)$. — La méthylnitramine se forme par action de l'acide nitrique concentré sur l'éther méthylcarbamique, $CH^3.AzH.CO^2CH^3$ [Franchimont et Klobbie, *Rec. Pays-Bas*, **7**, 354, 1888] ou sur la méthylurée [Degner et Pechmann, *D. chem. G.*, **30**, 647, 1897]; en faisant réagir l'ammoniaque sur la dinitrodiméthyloxamide [Franchimont et Klobbie, *Rec. Pays-Bas*, **8**, 295] ou sur la méthylnitrourée, ou encore le diazométhane sur la nitrourée [Degner et P., *loc. cit.*]. Le sel d'ammonium se forme à côté d'un autre corps,

$$CH^3-OAz \begin{matrix} AzH \\ O \end{matrix} \quad (?)$$

par action du gaz ammoniac sur la méthylnitrouréthane [Thiele et Lachman, *Lieb. Ann. Chem.*, **288**, 291, 1895].

On la prépare en décomposant la dinitrodiméthyloxamide, $C^2O^2(Az.CH^3.AzO^2)$, par l'eau de baryte (2 molécules); on précipite l'excès de baryte par le gaz carbonique, on évapore la solution filtrée et on extrait à l'éther [Franchimont, *Rec. Pays-Bas*, **13**, 313, 1894].

La méthylnitramine cristallise dans l'éther en longues aiguilles fusibles à 38°, qui explosent par le choc et par la chaleur. Sa réfringence a été étudiée par Brühl [*Zeit. physikal. Chem.*, **22**, 373, 1897]; sa conductibilité électrique par Hantzch [*D. chem. G.*, **32**, 3072, 1899]. Sa réduction par le zinc et l'acide chlorhydrique fournit de la méthylamine avec un peu d'hydrazine et de méthylhydrazine [Thiele et Meyer, *D. chem. G.*, **29**, 962, 1896]. Les solutions alcalines ne l'altèrent pas; la fusion alcaline la décompose avec dégagement d'ammoniac et formation de formiate [von Erp, *D. chem. G.*, **29**, 475]. Pour l'action du nitrite de potassium et du β-naphtol, voyez Franchimont [*Rec. Pays-Bas*, **15**, 215; **16**, 226, 1897]. Les *sels* de la méthylnitramine ont été préparés par Franchimont [*Rec. Pays-Bas*, **15**, 198]; Ley et Kissel [*D. chem. G.*, **32**, 1364, 1899].

Diméthylsulfamide, $SO^2(AzHCH^3)^2$. — Prismes fusibles à 78°, obtenus en faisant réagir le chlorure de sulfuryle sur la méthylamine au sein de l'éther absolu [Franchimont, *Rec. Pays-Bas*, **3**, 418, 1884]. La nitration de ce composé fournit la *dinitrodiméthylsulfamide*, $SO^2(AzCH^3AzO^2)^2$, fusible à 90°.

Thionylméthylamine, $CH^3.Az:SO$. — Huile fumant à l'air, bouillant à 58-59°, qui se forme par l'action de la méthylamine sur la thionylaniline à basse température [Michaelis et Storbeck, *Lieb. Ann. Chem.*, **274**, 187, 1893]. Elle est décomposée par l'eau en méthylamine et gaz sulfureux.

DIMÉTHYLAMINE, $(CH^3)^2:AzH$. — La diméthylamine se trouve dans les produits de putréfaction des poissons [Bocklisch, *D. chem. G.*, **18**, 87, 1824, 1885]. Elle se forme en même temps que la méthylamine par action de l'alcool méthylique sur le phospham [Vidal, DRP. 64346; *Centralblatt.*, (2) 517, 1897]; par hydrogénation catalytique de l'acide cyanhydrique [Sabatier et Senderens, *Bull. Soc. Chim.*, **33**, 371, 1905], et de l'acétaldoxime [Mailhe, *Bull. Soc. Chim.*, **33**, 872, 1905]; par action de l'ammoniac sur l'aldéhyde formique [Eschweiler, *D. chem. G.*, **38**, 880, 1905]. On la prépare en réduisant un mélange de formaldéhyde et de méthylamine par le zinc et l'acide chlorhydrique [Höchster Farbw., DRP. 73812]. On peut aussi décomposer la nitrosodiméthylaniline par la soude et le zinc en lames [Boris et Menschoutkine. *Journ. Soc. phys. chim. russe.* **30**. 244. 1898; — Norris et Laws, *Am. Chem. Journ.*, **20**. 54. 1898].

Pour séparer le chlorhydrate de diméthylamine du sel ammoniac et du chlorhydrate de méthylamine, on peut utiliser la solubilité du premier dans le chloroforme [Behrend. *Lieb. Ann. Chem.*, **222**. 119. 1884]. Pour sa purification, voyez aussi Vorländer et Wallis [*Ann. Chem.*, **345**. 277, 1906].

Propriétés. — La diméthylamine bout à 7,2-7°,3 [Hofmann. *D. chem. G.*, **22**, 701. 1889]. Sa température critique est de 163°, et sa pression critique de 56 atmosphères [Vincent et Chappuis. *Jahresb.*, 202, 1886]. Sa chaleur de combustion est de 426 calories [Müller. *Bull. Soc. Chim.*, **44**. 609. 1885]. Sa conductibilité électrique a été mesurée par Ostwald [*J. prakt. Chem.*, **33**. 363. 1886. Bredig [*Zeit. physical. Chem.*, **13**. 297, 1894]. L'action de l'effluve a été étudiée par Berthelot [*C. R.*, **126**. 776. 1898].

Elle réagit sur le brome pour donner des dérivés di- et tribromés $Az(CH^3)^2Br^3$ [Raschig. *D. chem. G.*, **18**, 2250; — Remsen et Norris, *Am. Chem. Journ.*, **18**. 94]. La condensation de son dérivé formylé avec les dérivés organomagnésiens conduit à des composés aldéhydiques [Bouveault. *Bull. Soc. Chim.*, **31**. 1322, 1904]. Sa vitesse de transformation en amides a été étudiée par Menschoutkine. Kriger et Ditrich [*Journ. Soc. phys. chim. russe.* **35**. 103. 1903]: son oxydation par H^2O^2 par Dunstan et Goulding [*Chem. Soc.*, **75**, 1009. 1899].

Elle forme un *hydrate*. $C^2H^7Az + H^2O$, liquide [Henry, *Beilst.*, I. Suppl., 598]. Avec le bichlorure de mercure elle fournit un composé d'addition $(CH^3)^2AzH.HgCl^2$, fusible à 172° [Hofmann et Marburg. *Lieb. Ann. Chem.*, **305**, 202, 1899]; elle en forme aussi avec le fluorure de silicium [Comey et Jackson. *Am. Chem. Journ.*, *l.* **10**. 171, 1888]. Elle donne avec le cæsium un dérivé de substitution cristallisé [E. Rengade. *expériences inédites*].

Sels. — Le *chlorhydrate* fond à 171° [Delépine, *Ann. Chim. Phys.*, **8**. 459. 1896]; il fixe le brome et l'iode (1 atome) [Norris et Laws. *Am. Chem. Journ.*, **20**. 54. 1898]. Il forme des sels doubles avec les sels halogénés du mercure [Topsoë, *Jahresb.*, 618, 1883; — Mörner. *Zeit. f. Physiol.*, **25**, 520]; du cadmium [Ragland, *Am. Chem. Journ.*, **22**, 417. 1899]: de l'étain [Cook. *Am. Chem. Journ.*, **23**, 435]; du platine [Jörgensen, *Zeit. f. anorgan. Chem.*, **48**, 374. 1905]: du palladium [Krell et Gutbier. *D. chem. G.*, **39**, 1292. 1906]: du rhodium, de l'iridium [Friedel, *Bull. Soc. Chim.*, **44**. 514; — Vincent, **43**. 154, 1885]; du sélénium et du tellure [Norris. *Am. Chem. Journ.*, **20**, 574; **23**, 486, 1900]. Pour les dérivés du *bromhydrate* et de l'*iodhydrate*, voyez les auteurs précédents.

Le *nitrate* fond à 73-74° [Franchimont, *Rec. Pays-Bas*. **2**. 238, 1883]. Le *vanadate* a été préparé par Bartley [*Chem. Soc.*, **45**, 693, 1883]; et l'*uranate*, par Carson et Norton, *Am. Chem. Journ.*, **10**. 210. 1888]. Le *picrate* fond à 155-156°.

Diméthylamine chlorée. $(CH^3)^2AzCl$. — Huile bouillant à 46° [Berg. *Ann. Chim. Phys.*, **3**. 319. 1894].

Diméthylamine iodée, $(CH^3)^2AzI$. — Précipité jaune soufre, instable [Raschig, *Ann. Chem.*, **230**, 223, 1885].

Nitrosodiméthylamine. $(CH^3)^2Az.AzO$. — Huile jaune, bouillant à 148°,5 sous 724 millimètres, qui se forme quand on chauffe le nitrate de diméthylamine à 170° [Romburgh, *Rec. Pays-Bas*, **5**, 248, 1886]. Conductibilité électrique [Brühl, *Zeit. physikal. Chem.*, **16**, 214. 1895].

Nitrodiméthylamine, ou *diméthylnitramine*, $(CH^3)^2Az.AzO^2$. — On l'obtient en déshydratant le nitrate de diméthylamine par l'anhydride acétique [Bamberger. *D. chem. G.*, **28**. 402, 587. 1895]; dans la nitration de la diméthylurée dissym. [Franchimont, *Rec. Pays-Bas*, **2**, 123; **3**, 224, 343. 1884]; à côté de la *diméthylisonitramine*, $CH^3.Az{=}AzO.O.CH^3$(?) (liquide bouillant à 112°), quand on fait réagir l'iodure de méthyle sur le sel d'argent de la méthylnitramine [Franchimont et Umbgrove, *Rec. Pays-Bas*, **15**, 213, 1896. — Voyez aussi Degner et Pechmann, *D. chem. G.*, **30**, 647; — Heinke. *D. chem. G.*, **31**, 1395, 1898; — Franchimont et Klobbie, *Rec. Pays-Bas*, **7**, 355, 1888; — Franchimont et Erp, *Rec. Pays-Bas*, **14**, 251, 247, 1895].

Elle cristallise dans l'éther en prismes fusibles à 57-58°; elle bout à 187°.

Dithiodiméthylamine, $[(CH^3)^2Az]^2S^2$. — Liquide jaune rougeâtre, distillant à 82-3° sous 22 millimètres [Michaelis et Luxembourg, *D. chem. G.*, **28**. 166, 1895].

Triméthylamine, $(CH^3)^3Az$. — La triméthylamine se trouve dans les parties filleuses du Sticta fuliginosa [Zopf, *Ann. Chem.*, **297**, 272. 1897]. Elle se forme dans la fermentation de la fibrine [Emmerling, *D. chem. G.*, **30**. 1863, 1897]; de la gélatine par le bacillus fluorescens [Emmerling, *D. chem. G.*, **35**, 700, 1902]; quand on chauffe l'aldéhyde formique en excès avec l'ammoniaque [Brochet et Cambier, *Bull. Soc. Chim.*, **13**. 536, 1895; — Eschweiler, *D. chem. G.*, **38**. 880. 1905]; par action de l'alcool méthylique sur l'azoture de magnésium [Szarvasy, *D. chem. G.*, **30**, 306]; par réduction de la triméthyloxamine au moyen de la poudre de zinc [Hantzsch et Hilland, *D. chem. G.*, **31**, 2064; — Dunstan et Goulding, *Chem. Soc.*, **75**, 796, 1899]; par hydrogénation catalytique de l'acide cyanhydrique [Sabatier et Senderens, *loc. cit.*] et de l'acétaldoxime [Mailhe, *loc. cit.*, voy. *Diméthylamine*]; par distillation de l'hydrate de tétraméthylammonium [Schmidt, *Ann. Chem.*, **267**, 267, 1892]; dans la décomposition de dérivés triméthylés à l'azote, par exemple de la triméthylhepténylamine [Wallach, *Ann. Chem.*, **319**, 77, 1901]; de l'iodométhylate de méthocodéine [Pschorr et Somuleanu, *D. chem. G.*, **33**, 1810, 1900].

Pour la séparation de la triméthylamine et de l'ammoniaque, voyez Fleeck [*Am. Soc.*, **18**, 672, 1896].

Propriétés. — La triméthylamine bout à 3°,2-3°,8 [Hoffmann, *D. chem. G.*, **22**, 703, 1889]. Sa température critique est de 160°,5 et sa pression critique de 41 atmosphères [Vincent et Chappuis. *C. R.*, **102**, 436, 1886; — Carson et Norton, *Am. Chem. Journ.*, **10**, 220, 1888]. Sa chaleur de combustion est de 577^cal,6 [Müller. *Bull. Soc. Chim.*, **44**, 709, 1885]. Sa conductibilité électrique a été déterminée par Ostwald [*J. prakt. Chem.*, **33**, 364, 1886]. Bredig [*Zeit. physikal. Chem.*, **13**. 298, 1894]. L'eau oxygénée la transforme en triméthyloxamine [Dunstan et Goulding, *Chem. Soc.*, **75**, 1005, 1899]. Elle fixe l'iode en solution éthérée pour donner le composé $(CH^3)^3AzI^2$ [Norris, *Am. Chem. Journ.*, **20**, 51, 1898]. L'iodure de méthylène en quantité équimoléculaire la transforme, à froid, en *iodure du triméthyliodométhylammonium*, tables fusibles à 228-229°: avec 2 molécules de triméthylamine pour 1 d'iodure de méthylène, et à chaud, il se forme uniquement de l'iodure de tétraméthylammonium [Schmidt et Littencheid. *Lieb. Ann. Chem.*, **337**, 67, 1904]. Avec le bichlorure de mercure, la triméthylamine forme un produit d'addition $3HgCl^2.2Az(CH^3)^3$ [Hoffmann et Marburg, *Ann. Chem.*, **305**, 203, 1899].

Sels. — Le *chlorhydrate* fond à 271-275° en se décomposant [Delépine, *Ann. Chim. Phys.*, **8**, 451, 1896; — Brochet et Cambier, *Bull. Soc. Chim.*, **13**, 537, 1895]: il forme des sels doubles avec les chlorures: de mercure [Topsoë, *Jahresb.*, 618, 1883; — Mörner, *Zeit. physiol. Chem.*, **22**, 520]: de rhodium, d'iridium, de platine [Vincent, *Bull. Soc. Chim.*, **43**, 154, 1885; — Knorr, *D. chem. G.*, **22**, 184, 1889; — Wilstätter, *D. chem. G.*, **28**, 3287, 1895]: d'or [Wilstätter, Knorr, Topsoë, *loc. cit.*; — Lay, *Gazz. chim. ital.*, **13**, 420; — Hess, *J. prakt. Chem.*, **51**, 480]: de cadmium [Ragland, *Am. Chem. Journ.*, **22**, 428, 1899]: d'étain [Cook, *Am. Chem. Journ.*, **22**, 439]. Le *bromhydrate* peut fixer un atome de brome pour donner $(CH^3)^3Az.HBr.Br$ [Remsen et Norris, *Am. Chem. Journ.*, **18**, 91, 1896; **20**, 51]; il forme des sels doubles avec les bromures de platine (Topsoë), de sélénium [Norris et Lehner, *Am. Soc.*, **20**, 574, 1898], de cadmium et d'étain [Cook, Ragland, *loc. cit.*].

L'*iodhydrate* fond à 65° [Delépine, *loc. cit.*]: pour les autres dérivés et sels doubles iodés, voyez: Weiss et Schmidt [*Ann. Chem.*, **267**, 257, 1892]; Pictet et Krafft [*Bull. Soc. Chim.*, **7**, 74, 1892]; Kraut [*Ann. Chem.*, **210**, 316, 1882]; Mylius et Förster [*D. chem. G.*, **24**, 2435, 1891]; Norris et Smalley [*Am. Chem. Journ.*, **20**, 51, 58, 1898]; Ragland [*loc. cit.*]. Le *nitrate* fond à 153° [Franchimont, *Rec. Pays-Bas*, **2**, 339, 1883]. Le *perchromate* est une poudre jaune explosive [Wiede, *D. chem. G.*, **31**, 3141, 1898]. L'*uranate* et le *vanadate*, sont des précipités gélatineux, jaune pâle [Bailey, *Chem. Soc.*, **45**, 694, 1883]. Le *formiate*, $5CH^2O^2.2(CH^3)^3Az$, bout à 95°,5 sous 16 millimètres; l'*acétate*, $(C^2H^4O^2)^4(CH^3)^3Az$, bout à 80-81° sous 37 millimètres [André, *C. R.*, **126**, 1107, 1898]. Le *picrate* fond à 216° [Delépine, *loc. cit.*].

TÉTRAMÉTHYLAMMONIUM (SELS DE). — Le *fluorure* $(CH^3)^4AzFl + H^2O$ se décompose à 180° en triméthylamine et fluorure de méthyle [Lawson et Collie, *Chem. Soc.*, **53**, 227, 1888].

Le *chlorure* $(CH^3)^4AzCl$ se forme quand on laisse longtemps en contact une solution alcoolique d'ammoniac et de chloroforme [Vincent et Chappuis, *Bull. Soc. Chim.*, **45**, 499, 1886]: il forme des chlorures doubles, de même que les chlorhydrates de méthylamines (voyez les auteurs déjà cités à ce sujet).

Le *bromure* $(CH^3)^4AzBr$ cristallise en lamelles [Lawson et Collie, *Chem. Soc.*, **53**, 625, 1888; — Schmidt, *Ann. Chem.*, **267**, 265, 1892; — Brendler et Tafel, *D. chem. G.*, **31**, 2684, 1898]: il est décomposé par l'eau avec formation d'*hydrate de tétraméthylammonium*.

L'*iodure* $(CH^3)^4AzI$ se forme quand on chauffe l'iodure de triméthylazonium avec l'iodure de méthyle à 125-130° [Harries, Haga, *D. chem. G.*, **31**, 59, 1898]: il donne des *periodures* [Rammelsberg, Schalus, *Ann. Chem.*, **240**, 92, 1888; — Genther, *Ann. Chem.*, **240**, 68; — Lüdeck, **240**, 85; — Stromholm, *J. prakt. Chem.*, **67**, 345, 1903]. Pour sa conductibilité électrique, voyez: Walden [*D. chem. G.*, **32**, 2864, 1899]; Carrara [*Gazz. chim. ital.*, **33**, 241, 1903]. Pour les sels doubles voyez les auteurs cités pour les méthylamines et, en outre, Zincke et Lawson [*Ann. Chem.*, **240**, 124, 1887]; Dobbin et Masson [*Chem. Soc.*, **49**, 848, 1886]; Mosnier [*Ann. Chim. Phys.*, **12**, 385, 1897]; Prescott [*Am. Soc.*, **20**, 97, 1898]; King et Ragland [*Am. Chem. Journ.*, **22**, 431, 1899].

Le *cyanure*, $(CH^3)^4Az.CAz$, se volatilise sans fondre à 225-227° [Thompson, *D. chem. G.*, **16**, 2339, 1883; — Claus et Merck, *D. chem. G.*, **16**, 2742].

Le *nitrate*, $(CH^3)^4Az.AzO^3$, se forme dans l'action du gaz ammoniac sur un mélange de nitrate de méthyle (10 vol.) et d'alcool méthylique (1 vol.) [Duvillier et Malbot, *Ann. Chim. Phys.*, **10**, 285, 1887].

Le *sulfate*, $[(CH^3)^4Az]^2SO^4$, fond à 280° [Lawson et Collie, *Chem. Soc.*, **53**, 627, 1888].

Le *perchromate*, $(CH^3)^4Az.CrO^5$, est un précipité cristallin, violet foncé [Wiede, *D. chem. G.*, **31**, 3140, 1898]. Juin 1906. P. Carré.

MÉTHYLAMYLCÉTONE ou *heptanone-2*, $CH^3.CO.(CH^2)^4.CH^3$. — On en trouve dans l'essence de girofle [Schimmel et C°, *D. chem. G.*, **30**, 50, 1897].

On l'obtient en faisant agir SO^4H^2 sur l'heptine-1, $C^5H^{11}.C{\equiv}CH$ (1 vol. SO^4H^2 pour 1 vol. H^2O) [Béhal, *Ann. Phys. Chim.*, (6), **15**, 270, 1888].

On peut aussi la préparer en chauffant à 280° de l'heptine-1 ou de l'heptine-2 et décomposant le produit par l'eau [Béhal, Desgrez, *D. chem. G.*, (2), **25**, 504, 1892; — Desgrez, *Ann. Phys. Chim.*, (7), **3**, 1894].

Konowalow traite le nitro-2-heptane par Sn + HCl [*Journ. Soc. phys. chim. russe*, **35**, 487, 1893].

L'acide caproylacétique $CH^3.(CH^2)^4.CO.CH^2.CO^2H$ est décomposé à la température ordinaire, plus rapidement à 60°, en CO^2 et méthylamylcétone [Moureu et Delange, *C. R.*, **132**, 1121].

Les mêmes auteurs ont obtenu cette cétone par dédoublement de l'acide amylpropiolique [*Bull. Soc. Chim.*, (3), **29**, 672, 1903].

La méthylamylcétone bout à 151-152°; elle est oxydée par l'acide chromique et donne de l'acide acétique et de l'acide valérianique.

Méthylisoamylcétone, 2-méthyl-5-hexanone, $CH^3.CO.CH^2.CH^2.CH(CH^3)^2$. — On la prépare en saponifiant l'éther isobutylacétylacétique; elle bout à 144° sous 752 mm. Par oxydation elle donne un mélange d'acides isopropyl- et isobutylacétiques [Wagner, *J. prakt. Chem.*, (2), **44**, 257, 1892]. Décembre 1906. A. Bouchonnet.

MÉTHYLAMYLCARBINOL. — Voyez HEPTYLIQUES, 2e Suppl., 5.

MÉTHYLANISYLCÉTONE. — Voyez ACÉTYLBENZOÏNE.

MÉTHYLANILINE. — Voyez PHÉNYLAMINE.

MÉTHYLANTHRACÈNE. — Voyez MÉTHYLANTHRAQUINONE.

MÉTHYLANTHRAGALLOL,

$$CH^3-C^6H^3\left\langle{CO \atop CO}\right\rangle C^6H(OH)^3.$$

— L'anthragallol est l'anthraquinone-triol-1.2.3 ou trioxy-anthraquinone-1.2.3 (isomère de la purpurine dont les oxhydriles sont en 1.2.4).

On connaît de ce corps différents dérivés méthylés. Ce sont le 1-méthylanthraquinone-triol-6.7.8, le 2-méthylanthraquinone-triol-6.7.8, la 1-méthylanthraquinone-5.6.7 et la 2-méthylanthraquinone-5.6.7. Ces corps ont été obtenus par Cahn, en chauffant l'acide gallique avec les divers acides toluiques vers 130° (3 parties d'acide toluique et 2 d'acide gallique). Ils ont des réactions toutes semblables.

L'acide orthotoluique donne seulement le dérivé 1-méthyl- $(OH)^3$-6.7.8.

L'acide paratoluique donne seulement le dérivé 2-méthyl- $(OH)^3$-5.6.7.

L'acide métatoluique donne à la fois les deux dérivés 2-méthyl- $(OH)^3$-6.7.8 et 1-méthyl- $(OH)^3$-5.6.7 [*Ann. Chem.*, **240**, 283, 1887].

Pour comparer plus facilement et nommer plus simplement ces corps, Cahn place toujours les (OH) dans les positions 6.7.8 et dénomme le 1-méthylanthraquinone-triol-6.7.8, *1*-méthylanthragallol.

Le 2-méthyl-(OH)^3-6.7.8 est alors le *2*-méthylanthragallol.

Le 2-méthyl-(OH)^3-5.6.7, qu'on peut encore désigner par 3-méthyl-(OH)^3-6.7.8, devient le *3*-méthylanthragallol. Enfin le 1-méthyl-(OH)^3-5.6.7 ou encore 4-méthyl-(OH)^3-6.7.8 devient le *4*-méthylanthragallol.

Le *1-méthylanthragallol*, fourni par l'acide ortholuique, donne par cristallisation dans l'alcool des aiguilles microscopiques d'un jaune d'or, se sublimant en longues aiguilles rouge orangé, qui fondent en se décomposant vers 297-298°. Assez soluble dans l'eau chaude, l'alcool bouillant, l'acide acétique, peu dans le benzène, il se dissout dans une solution concentrée de potasse en une liqueur verte, violette si elle est étendue et bleue s'il s'agit de solution dans l'ammoniaque. Enfin l'eau de baryte ne le dissout pas.

Il réagit comme l'anthragallol et donne un dérivé triacétylé qui fond à 208-210°.

Le *2-méthylanthragallol* et le *4-méthylanthragallol*, produits ensemble par l'acide métatoluique, se séparent par des cristallisations fractionnées de leurs dérivés acétylés dans un mélange d'alcool et d'acide acétique.

Le *2-méthylanthragallol* régénéré de l'acétine fond à 312-313°, son dérivé acétylé à 188-190°.

Le *4-méthylanthragallol* fond à 235-240° et le dérivé acétylé à 217-218°.

Enfin le *3-méthylanthragallol*, obtenu avec avec l'acide paratoluique, fond à 275° et son dérivé triacétylé à 204°.

Ces divers corps sont tout à fait semblables au premier.

On connait aussi un diméthylanthragallol qui est le 1.3-diméthylanthraquinonetriol-6.7.8 obtenu par condensation de l'acide gallique avec l'acide 1.3-diméthylbenzoïque-4 en présence d'acide sulfurique. L'auteur n'indique pas son point de fusion [Birnkoff, *Lieb. Ann. Chem.*, **240**, 287, 1887]. D'après la nomenclature de Cahn ce serait le 1.3-diméthylanthragallol.

Enfin on connait un triméthylanthragallol, le 1.2.4-triméthylanthraquinone-triol-5.6.7 obtenu par Wende [*Lieb. Ann. Chem.*, **241**, 289], en condensant par SO^4H^2 l'acide gallique avec l'acide 1.2.4-triméthylbenzoïque-5. Il fond à 244° et son dérivé triacétylé à 174°. On pourrait encore l'appeler 1.3.4-triméthylanthraquinone-triol-6.7.8 et par suite 1.3.4-triméthylanthragallol. Novembre 1906. J. Lavaux.

MÉTHYLANTHRAQUINONES. — Il existe deux méthylanthraquinones possibles, α et β, correspondant aux deux méthylanthracènes de même désignation. Elles sont toutes deux connues, ainsi que les carbures d'où elles dérivent; pourtant la β-méthylanthraquinone et le β-méthylanthracène le sont beaucoup mieux que les dérivés α. Un grand nombre de travaux ont été faits sur eux, et de plus la β-méthylanthraquinone s'obtient industriellement comme résidu dans la purification de l'anthraquinone commerciale avec laquelle elle se trouve mélangée, souvent en assez forte proportion.

α-Méthylanthraquinone

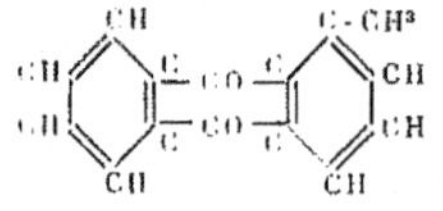

```
        CH                  C-CH³
  CH //    \ C          C /    \\ CH
     |      ||-- CO --||        |
  CH \\    / C          C \    // CH
        CH                   CH
```

— Il n'a été fait sur ce corps que deux travaux : Biburkow l'a préparée par oxydation de l'α-méthylanthracène. Il obtenait ce dernier en condensant d'abord l'anhydride phtalique avec le paracrésol en le chauffant avec de l'acide sulfurique concentré à 160°, ce qui lui donnait la 1-méthyl-4-oxyanthraquinone, puis en distillant ce corps sur la poudre de zinc [Biburkow, *D. chem. G.*, **20**, 2070, 1887]. Il a décrit l'α-méthylanthraquinone comme formée d'aiguilles jaunes extrêmement solubles dans l'alcool et le benzène, moins dans l'acide acétique, et fusibles à 166-167°. Le carbure anthracénique d'où elle provient fond à 199-200°. Grœbe et Juillard [*Ann. Chem.*, **242**, 256, 1887] ont obtenu un hexahydrure de l'α-méthylanthracène en chauffant avec de l'acide iodhydrique et du phosphore à 190-200°, l'anhydride de l'acide diorthobenzophénone-dicarbonique

$$C^6H^4 \begin{matrix} \diagup CO-O-CO \diagdown \\ \diagdown\!\!-\!\!-\!\!-\; CO \;-\!\!-\!\!-\!\!\diagup \end{matrix} C^6H^4.$$

L'oxydation de cet hexahydrure leur aurait donné l'α-méthylanthraquinone fondant à 152-154°. On voit que les deux travaux précédents concordent mal et que si celui de Biburkow parait présenter plus de garantie, il serait néanmoins heureux qu'il fût corroboré.

β-Méthylanthraquinone

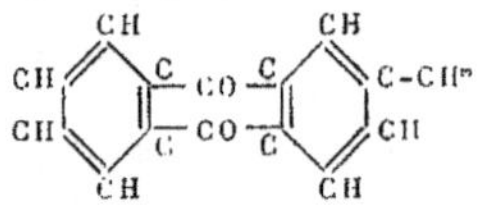

```
        CH                 CH
  CH //    \ C          C /    \\ C-CH³
     |      ||-- CO --||        |
  CH \\    / C          C \    // CH
        CH                 CH
```

— L'anthraquinone commerciale brute contient souvent des proportions assez grandes de β-méthylanthraquinone. Un procédé a été breveté pour sa séparation, par Brœnner, car donnant une méthylalizarine, elle changerait la nuance de l'alizarine ordinaire. Ce procédé consiste à l'extraire de l'anthraquinone par le benzène où elle est très soluble, cette dernière peu. Bœmer et Link ont publié [*D. chem. G.*, **16**, 695, 1883] un procédé de purification qui consiste à laver le produit industriel par le benzène froid qui lui enlèverait une matière résineuse brune, puis à le dissoudre dans le benzène bouillant et, après séparation, à lui faire subir une deuxième cristallisation dans l'alcool. Je dirai à ce propos que le lavage au benzène froid ne m'a pas donné, avec les échantillons de β-méthylanthraquinone industrielle que j'ai eus entre les mains, les résultats attendus: la résine d'un rouge brun a été mieux dissoute et mieux retenue par l'alcool. J'ai pu d'ailleurs en débarrasser très bien les liqueurs alcooliques par le noir animal. D'autre part j'ai constaté qu'un épuisement méthodique, progressif, par l'alcool, est avantageux, car il sépare un résidu non négligeable d'anthraquinone ordinaire. Pure, elle doit être soluble sans résidu dans l'alcool froid, sans quoi elle retiendrait encore de l'anthraquinone. Outre l'extraction des résidus d'anthraquinone commerciale, l'oxydation du β-méthylanthracène peut fournir de la β-méthylanthraquinone. Mais ce n'est pas là un procédé pratique, malgré qu'on ait décrit un assez grand nombre de modes de formation de ce carbure, tels que pyrogénation du ditolylméthane, du ditolyléthane, de l'essence de térébenthine, ou encore ébullition prolongée du phényl-m-xylylcarbinol ou de la phényl-p-xylylcétone. Au contraire le mode de préparation le plus avantageux du carbure paraît être la réduction de la quinone par la poudre de zinc et l'ammoniaque. C'est du moins l'opinion de K. Elbs

J. prakt. Chem., (2). **41**. 1-32] tandis que Bernstein, sans doute par suite d'une réduction insuffisante de la β-méthylanthraquinone, a obtenu une masse résineuse composée principalement de méthylhydranthranol. d'où le xylène bouillant a extrait du β-méthylanthracène [*D. chem. G.*, **15**, 1821, 1882].

La β-méthylanthraquinone est un corps cristallisant en aiguilles jaunes par l'action des dissolvants, blanches quand elles sont obtenues par sublimation (Rœmer et Link). Elle fond à 177°. est soluble dans l'alcool. très soluble dans l'acide acétique et le benzène. Elle cristallise très bien dans le nitrobenzène. L'acide sulfurique la dissout avec une couleur rouge et la distillation sur la poudre de zinc la transforme en β-méthylanthracène, de même que l'action de ce métal en présence d'ammoniaque, comme on l'a vu plus haut. Sous l'influence de l'acide sulfurique et de l'azotate de potasse, elle donne un *dérivé mononitré* fusible à 269-270°, qui se transforme en *amidométhylanthraquinone* fondant à 202° par l'action de l'oxyde stanneux ($SnCl^2 + KOH$). Enfin ce dernier corps traité. en solution sulfurique. par l'azotite de soude. donne l'*oxyméthylanthraquinone* fondant à 177-178° (Rœmer et Link).

Une β-méthylalizarine fondant à 250-252° a été obtenue par Fraude [*Lieb. Ann. Chem.*, **202**, 166. 1880] en maintenant longtemps à 200° en fusion avec de la potasse l'oxyméthylanthraquinone ou mieux son dérivé bromé, la bromométhyloxyanthraquinone. La même méthylalizarine avait été obtenue aussi par O. Fischer [*D. chem. G.*, **8**, 676, 1875] en faisant d'abord un dérivé sulfoné de la β-méthylanthraquinone par dissolution de cette dernière dans 5 à 6 fois son poids d'acide sulfurique fumant vers 250-270°, puis en fondant le sel de potassium avec de la potasse et le maintenant vers 200°. Cette méthylalizarine donne par sublimation des aiguilles rouges, solubles dans les alcalis avec une coloration bleue violette. forme avec la chaux et la baryte des précipités blancs. et colore les mordants de fer et d'alumine comme l'alizarine, dont elle présente le spectre d'absorption.

La β-méthylanthraquinone, sous l'influence des oxydants tels que le mélange chromique. donne l'acide β-anthraquinone-carbonique fusible à 282-284°.

Diméthylanthraquinones.

1, 2, 3, 4 — CO — CO — 8, 7, 6, 5

Schéma du numérotage des groupes méthyles.

— On a décrit un assez grand nombre de corps répondant à la formule d'une diméthylanthraquinone, mais pour la plupart ils sont très mal connus: la constitution de quelques-uns seulement est établie: pour les autres il est probable qu'on a surtout des mélanges d'isomères, comme je l'ai établi moi-même dans quelques cas particuliers. Je ne décrirai que ceux de ces corps dont la constitution paraît certaine.

2.7-*Diméthylanthraquinone.* — Elle fond à 236°,5. Réduite par le zinc et l'ammoniaque, elle donne un diméthylanthracène fondant à 244°,5. Elle s'obtient mélangée à la 1.6-diméthylanthraquinone par oxydation du mélange des carbures correspondants, que l'on obtient dans l'action soit du chlorure de méthylène, soit du tétrabromure d'acétylène sur le toluène en présence du chlorure d'aluminium. La quinone 2.7, moins soluble dans l'alcool que son isomère, peut être isolée pure. Pour la préparation, séparation et constitution. voy. J. Lavaux [*C. R.*, **139**, 976; **140**, 44; **141**, 204, et **143**, 687].

Cette quinone est la même que celle obtenue par Anschütz à partir d'un hydrure de tétraméthylanthracène [*Ann. Chem.*, **235**, 299 et J. Lavaux, *C. R.*, **141**, 354].

1.6-*Diméthylanthraquinone.* — Elle fond à 169°. Elle s'obtient par oxydation du diméthylanthracène correspondant, fusible à 240°, qui se forme en même temps que l'isomère 2.7 comme il est dit plus haut [J. Lavaux, *loc. cit.*]. Le carbure 1.6, plus abondant et moins soluble dans le toluène, peut être séparé de son isomère. [Constitution, voy. Lavaux, *C. R.*, **143**, 687]. Cette quinone est différente de celle décrite par Louise [*Ann. Chim.*, (6), **6**, 190, 1885] comme fondant à 170°, et provenant de l'oxydation de son α-diméthylanthracène; en effet en mélangeant par parties égales ces deux quinones on constate que le point de fusion s'abaisse d'environ 15° (J. Lavaux).

2.6-*Diméthylanthraquinone.* — Elle fond à 159-160°. Elle se forme par oxydation du carbure correspondant. fusible à 215-216°, obtenu par J. Dewar et H. O. Jones [*Chem. Soc.*, **85**, 212 à 223, 1904] dans l'action du nickel carbonyle sur le toluène en présence du chlorure d'aluminium.

1.3-*Diméthylanthraquinone.* — Elle fond à 162° (Gresly) ou 157-158° (Louise). Elle a été obtenue par Louise dans l'oxydation de son β-diméthylanthracène, fusible à 75°, qui doit être le dérivé 1.3, et aussi par condensation de son acide orthobenzoylmésitylénique sous l'influence de l'anhydride phosphorique [Louise, *Ann. Chem.*, (6), **6**, 193, et 232, 1885].

Cette quinone a, de plus, été obtenue par Gresly [*Lieb. Ann. Chem.*, **234**, 240, 1886] et par Elbs [*J. prakt. Chem.*, (2), **41**, 13], en condensant sous l'influence de l'acide sulfurique à 130-140° un acide 2.4-diméthobenzoyl-orthobenzoïque $(CH^3)^2C^6H^3-CO-C^6H^4-CO^2H$ (acide métaxylolphtaloylique). Sa réduction par le zinc et l'ammoniaque ne donnerait pas le diméthylanthracène correspondant, mais un carbure $C^{16}H^{12}$, fusible à 85° d'après Elbs.

1.4-*Diméthylanthraquinone.* — Elle fond à 118° Elle a été obtenue par Gresly [*Ann. Chem.*, **234**, 232, 1886] et par Elbs [*J. prakt. Chem.*, (2), **41**, 27] en condensant, sous l'influence de l'acide sulfurique à 125°, l'acide 2.5-diméthobenzoylorthobenzoïque (acide paraxylolphtaloylique). Par réduction au moyen d'ammoniaque et de poudre de zinc elle donnerait non pas le 1.4-diméthylanthracène, d'après Elbs, mais un carbure $C^{16}H^{12}$ fusible à 63°.

2.3-*Diméthylanthraquinone.* — Elle fond à 183°. Obtenue par Elbs et Eurich [*J. prakt. Chem.*, (2). **41**, 6] en condensant au moyen de l'acide sulfurique l'acide 3.4-diméthobenzoylorthobenzoïque (orthoxylolphtaloylique), elle donne facilement, quand on la réduit par le zinc et l'ammoniaque, le 2.3-diméthylanthracène fusible à 246°.

Outre ces corps dont l'étude est plus avancée, on en a décrit beaucoup d'autres très peu étudiés; tels sont la diméthylanthraquinone de Zincke et Wachendorff, fondant à 155°, dérivée des goudrons de houille [*D. chem. G.*, **10**, 1482, 1877], qui paraît n'être qu'un mélange des dérivés 1.6 et 2.7; celle de Louise (α-diméthylanthraquinone), fondant à 170°, dont on a parlé plus haut et qui provient de l'oxydation d'un diméthylanthracène de constitution inconnue produit en même temps que son isomère 1 3 dans la pyrogénation du benzylmésitylène; celle de Van

Dorp fondant à 154° [*Lieb. Ann. Chem.*, **169**, 210, 1873]; celle de Elbs et Wittich, fusible à 162° [*D. chem. G.*, **18**, 348, 1885], que donne l'oxydation du carbure correspondant produit par le chloroforme, le toluène et le chlorure d'aluminium et qui est un mélange d'isomères 1.6 et 2.7 (J. Lavaux).

Il n'y a pas davantage lieu de citer celle de Friedel et Crafts provenant d'un diméthylanthracène que donnent le toluène, le chlorure de méthylène et $AlCl^3$, quinone fondant vers 160°, et qui est le même mélange des isomères 1.6 et 2.7 (J. Lavaux). La même chose a lieu certainement pour la diméthylanthraquinone que les mêmes auteurs ont obtenue à partir du carbure que fournissent le chlorure de benzyle, le toluène et $AlCl^3$, quinone qu'ils ont décrite comme fondant à 165°, et considérée comme identique à la précédente: enfin ils pensent aussi qu'il y a identité avec une troisième diméthylanthraquinone obtenue par oxydation du carbure que leur a donné l'action du chlorure d'aluminium sur le chlorure de xylyle [Friedel et Crafts, *Bull. Soc. Chim.*, **41**, 323-326, 1884; et *Ann. Chim. Phys.*, **11**, 265, 1887.

Il n'y aurait donc dans tout cela qu'un mélange des isomères 1.6 et 2.7, qu'on retrouve encore (J. Lavaux) dans une autre quinone qu'il faut également abandonner, celle décrite par Anschütz comme fondant à 156°, que fournit le diméthylanthracène provenant de l'action du toluène, $C^2H^2Br^4$ et $AlCl^3$ [Anschütz, *Ann. Chem.*, **235**, 172, 1886]. L'auteur estimait son produit identique à celui du goudron de houille de Zincke et Wachendorff, qui pourrait n'être lui-aussi que le même mélange. Anschütz décrit aussi comme identique à son carbure précédent un autre diméthylanthracène que fournit l'action du chlorure d'aluminium sur le toluène [Anschütz et Immendorf, *D. chem. G.*, **17**, 2816, 1884). Ce corps doit donc n'être encore que le mélange des carbures 1.6 et 2.7.

TRIMÉTHYLANTHRAQUINONES. — 1.2.4-*Triméthylanthraquinone*. — Elle fond à 162-163°. Elle a été obtenue par Gresly [*Lieb. Ann. Chem.*, **234**, 241, 1886] en condensant par l'acide sulfurique un acide (probablement 2.4.5) triméthobenzoylorthobenzoïque $(CH^3)^3\cdot C^6H^2-CO-C^6H^4-CO^2H$. Elbs, en essayant de la réduire par le zinc et l'ammoniaque, n'a pas obtenu le carbure anthracénique correspondant, mais un carbure $C^{17}H^{14}$ fusible à 54° [Elbs, *J. prakt. Chem.*, (2), **41**, 125]. Le 1.2.4-triméthylanthracène est connu et fond à 243°.

1.3.6-*Triméthylanthraquinone*. — Elle fond à 190°. On l'obtient par oxydation du carbure correspondant qui prend naissance en maintenant presque à l'ébullition la bimétaxylylcétone. Ce 1.3.6-triméthylanthracène fond à 222° [Elbs, *J. prakt. Chem.*, (2), **41**, 142].

1.4.6-*Triméthylanthraquinone*. — Fondant à 184°. Elbs l'a obtenue en oxydant le 1.4.6-triméthylanthracène, corps fusible à 277°, qui se forme par l'ébullition prolongée de la biparaxylylcétone [Elbs, *J. prakt. Chem.* (2), **35**, 482, et **41**, 140].

TÉTRAMÉTHYLANTHRAQUINONE. — Friedel et Crafts ont décrit une tétra-méthylanthraquinone fusible à 200°, obtenue par oxydation d'un tétraméthylanthracène, fondant à 162-163°, que leur a donné l'action du chlorure de méthylène sur le métaxylène en présence du chlorure d'aluminium [Friedel et Crafts, *Ann. Chim. Phys.*, **11**, 265, 1887].   Novembre 1906.   J. LAVAUX.

MÉTHYLASPARAGINE. — Voyez GLUTAMINE.

MÉTHYLBENZYLCÉTONE. — Voyez BENZYLMÉTHYLCÉTONE.

MÉTHYLBICARBOXIME. — Voyez ACÉTONES, 2e Suppl., **1**, 29.

MÉTHYLBUTYLACÉTIQUE (ACIDE). — Voyez HEPTYLIQUES (ACIDES).

MÉTHYLBUTYLACÉTYLÈNE. — Voyez HEPTINES.

MÉTHYLBUTYLCARBINOL. — Voyez HEXYLIQUES (ALCOOLS).

MÉTHYLBUTYLCÉTONE (*Hexanone*-2). $CH^3.CO(CH^2)^3.CH^3$. — On la prépare en traitant le nitro-2-hexane par la poudre de zinc et l'acide acétique [Konowalow, *Journ. phys. chim. russe*, **25**, 479, 1893], ou en saponifiant l'éther propylacétique [Wagner, *J. prakt. Chem.*, (2), **44**, 257, 1892], ou encore en traitant l'hexine-2 par l'acide sulfurique [Michael, *D. chem. G.*, **39**, 2143, 1906].

Klarfed [*Mon. f. Chem.*, **23**, 60, 1902; *Centr. Blatt*, **1**, 852, 1902] l'a obtenue, en même temps que d'autres cétones, par l'action de l'eau sur le bromure d'hexylène.

La méthylbutylcétone bout à 127°; oxydée par une solution aqueuse de CrO^3, elle donne, à 100°, de l'acide butyrique: à 150°, il se produit en outre de l'acide valérique [Wagner, *J. prakt. Chem.*, (2), **44**, 306, 1891].

Chauffée avec AzO^3H concentré, elle donne l'isonitrométhylbutylcétone, l'hexane-dione et le dinitrobutane. Elle se combine à SO^3NaH.

Kristchenko et Lordkipanidze ont étudié la vitesse de réaction de la méthylbutylcétone avec la phénylhydrazine et l'hydroxylamine [*D. chem. G.*, **34**, 1702, 1901]; ils ont fait la même étude vis-à-vis des méthyléthyl-, méthylpropyl- et méthylhexylacétones. Condensation de la méthylbutylcétone avec le chlorure de benzoyle [Lees, *Proceed. Chem. Soc.*, **18**, 213, 1902].

Dichloro-3.3-hexanone-2, $CH^3.CH^2.CH^2.CCl^2.CO.CH^3$. — On l'obtient par l'action de $ClOH$ sur le méthylpropylacétylène [Faworsky, *J. prakt. Chem.*, (2), **51**, 544, 1895]. Elle bout à 55° sous 15 mm., ne se combine pas à SO^3NaH.

Bromo-6-hexanone-2, $CH^3.CO.(CH^2)^3.CH^2Br$. — Lipp [*D. chem. G.*, **18**, 3282, 1885] la prépare en distillant de l'alcool acétobutylique $CH^3.CO(CH^2)^3.CH^2OH$ avec 5 p. d'acide bromhydrique concentré.

Perkin [*Chem. Soc.*, **51**, 725, 1887; **55**, 322, 1889] part de l'éther éthylique de l'acide méthyldéhydrohexone-carbonique et de l'acide bromhydrique concentré :

$$\begin{array}{c} CH^3-C-O \\ \quad\| \quad | \\ C^2H^5-O-CO\cdot C-C^3H^6+HBr+H^2O \\ =C^6H^{11}BrO+CO^2+C^2H^5OH \end{array}$$

On l'obtient encore en chauffant à 65°, pendant 1/2 heure, 1 vol. d'alcool acétylbutylique $CH^3.CO.(CH^2)^3.CH^2OH$ avec 3 vol. d'acide bromhydrique très concentré; on laisse refroidir et on verse la masse dans 5 volumes d'eau glacée, puis on agite à l'éther [Lipp, *Lieb. Ann. Chim.*, **289**, 195, 1895].

Liquide bouillant à 214-215° sous 720 mm., décomposé rapidement par l'eau bouillante en HBr et hexanol-1-one-5. Avec l'aniline à froid on obtient la phénylaminohexanone.

Isonitrosométhylbutylcétone, $CH^3.CO.C(=AzOH)CH^2.CH^2.CH^3$. — Il s'en forme, en même temps que d'autres produits, quand on chauffe de l'hexanone-2 avec de l'acide azotique concentré [Fileti, Pongio, *Gazz. chim. ital.*, **25**, **1**, 240, 1895].

MÉTHYLISOBUTYLCÉTONE (Méthyl-2-pentanone-4).

$$CH^3-CO-CH^2-CH\begin{cases}CH^3\\CH^3\end{cases}$$

Préparation. — Kunschinow oxyde le méthylisobutylcarbinol [*Journ. Soc. phys. chim. russe.* **19**. 207, 1887]; Wagner [*J. prakt. Chem.*, (2, **44**. 257, 1892] saponifie l'éther isopropylacétique; Grignard [*C. R.*, **134**, 849, 1902] fait agir sur l'éther éthylidène-acétylacétique une quantité équimoléculaire de CH^3IMg: il se forme une combinaison qui, par distillation, donne la méthylisobutylcétone. On peut encore traiter l'isopropylacétylacétate d'éthyle par la lessive de potasse [Clarke et Shreve. *Am. Chem. Journ.*. **35**. 513, 1906].

Propriétés. — Liquide bouillant à 115°,5 sous 745 mm., sentant fortement le camphre. En l'oxydant par le mélange chromique il donne de l'acide acétique, et de l'acide isobutyrique, en même temps que de l'acide isovalérianique. Il ne forme pas de combinaison avec SO^3NaH [Ipatiew, *D. chem. G.*, **34**, 596. 1901].

Méthyl-ω-bromoisobutylcétone, $CH^3 . CO . CH^2 . CH(CH^3) . CH^2Br$. — On l'obtient par l'action de HBr sur l'alcool acétylisobutylique [Perkin, Stenhouse, *Chem. Soc.*, **61**, 73, 1892]. Liquide épais, bouillant à 135-140° sous 140 mm.

Isonitrosométhylisobutylcétone, $CH^3 . CO . C(AzOH) . CH . (CH^3)^2$. — On dissout de l'isopropylacétate d'éthyle dans de la lessive de potasse concentrée, on ajoute AzO^2Na, puis un excès de SO^4H^2, et on épuise à l'éther [Westenberger, *D. chem. G.*, **16**, 2991, 1883]. Lamelles fusibles à 75°, solubles dans l'alcool et l'éther.

Nitroso-2-méthyl-2-pentanone-4, $CH^3 . CO . CH^2(AzO)(CH^3)^2$. — Harries et Jablonski [*D. chem. G.*, **31**, 549, 1379, 1898] préparent ce produit en faisant bouillir dans le chloroforme la diacétonhydroxylamine avec HgO. Gros prismes solubles dans l'éther de pétrole.

Semicarbazone de la méthylisobutylcétone. $C^7H^{15} . AzO^3$. — Fusible à 132-133° [Dilthey, *D. chem. G.*, **34**, 2115, 1901. — Grignard, *loc. cit.*, et *C. R.*, **135**, 627, 1902].

MÉTHYL-β-BUTYLCÉTONE $CH^3 . CO . CH(CH^3) . CH^2CH^3$. — Elle provient de la scission de l'éther méthyléthylacétique [Zélinski et Zélikow, *D. chem. G.*, **34**, 2856, 1901]. Elle fond à 117°,8.

Décembre 1906. A. Bouchonnet.

MÉTHYLBUTYLÉTHYLÈNE. — Voyez HEPTYLÈNES.

MÉTHYLCARBYLAMINE. $CH^3 . Az \equiv C$. — La méthylcarbylamine peut se préparer en faisant réagir l'iodure de méthyle sur le cyanure de mercure [Calmels, *Bull. Soc. Chim.*, **43**, 82, 1885): il s'en forme aussi en petite quantité dans la réaction du sulfate de méthyle sur le cyanure de potassium à basse température [Kaufler et Pomeranz, *Mon. f. Chem.*, **22**, 492, 1901].

La solution d'iode dans la méthylamine réagit sur l'acétone pour former de la méthylcarbylamine: cette réaction a été utilisée pour caractériser l'acétone dans l'urine [Vournasos, *Bull. Soc. Chim.*, **31**, 137, 1904].

Juin 1906. P. Carré.

MÉTHYLCINNAMÉNYLCÉTONE. — Voyez BENZYLIDÈNE-ACÉTONE.

α-**MÉTHYLCINNAMIQUE (ACIDE)**, *acide phénylméthylacrylique; acide phénylcrotonique*, $C^6H^5 - CH = C(CH^3)CO^2H$. — Il se forme par condensation de la benzaldéhyde avec le propionate de sodium en présence d'anhydride acétique, à 100° [Slocum, *Ann. Chem.*, **227**, 57, 1884; — Stuart, *Chem. Soc.*, **43**, 404, 1883]: dans l'oxydation de l'aldéhyde correspondante par Ag^2O [Miller et Kinkelin, *D. chem. G.*, **19**, 527, 1886]: quand on chauffe l'acide α-méthyl-β-phényléthylène-lactique avec l'anhydride acétique [Dain, *Journ. Soc. phys. chim. russe*, **29**, 607, 1898].

Pour le préparer on chauffe à 150° pendant 8 à 10 heures, 1 molécule de chlorure de benzyle avec 4 molécules de propionate de sodium; on entraîne à la vapeur d'eau pour éliminer l'acide propionique; on sature le résidu par la soude, on filtre et on précipite par l'acide chlorhydrique [Erdmann, *Ann. Chem.*, **227**, 148, 1885].

Cristallisé dans l'alcool il fond à 81-82°; par cristallisation dans la ligroïne il abandonne un isomère fusible à 74°; ces deux composés sont probablement des isomères géométriques :

$$\begin{array}{c} C^6H^5 - CH \\ \| \\ CO^2H - CH - CH^3 \end{array} \qquad \begin{array}{c} C^6H^5 - CH \\ \| \\ CH^3 - CH - CO^2H \end{array}$$

[Raikow, *D. chem. G.*, **20**, 3397, 1887]. Quand la préparation est faite à une température de 130°, on obtient les deux modifications en égale quantité; si on opère à 175°, on obtient seulement la modification fusible à 74°. Il bout à 258° [Conrad et Bischoff, *Ann. Chem.*, **204**, 189, 1880]. L'hydroxylamine le transforme en *acide α-oxamino-β phénylisobutyrique*,

$$C^6H^5 - CH^2 - C(CH^3)(AzHOH) - CO^2H$$

[Posner, *D. chem. G.*, **36**, 4305, 1903].

Éther méthylique, $C^{10}H^9O^2 . CH^3$. — Il fond à 39°, bout à 254° [Edeleano, *D. chem. G.*, **20**, 620 1887].

Éther menthylique, $C^{10}H^9O^2 . C^{10}H^{19}$. — Il fond à 50° [Cohen et Whiteley, *Chem. Soc.*, **79**, 1105, 1901].

Amide, $C^{10}H^9O . AzH^2$. — Il fond à 128° [Endeleano, *loc. cit.*].

Métachloro-α-méthylcinnamique (acide),

$$Cl_{(3)} . C^6H^4_{(1)} - CH = C(CH^3) - CO^2H.$$

— Fond à 106° [Miller et Rohde, *D. chem. G.*, **23**, 1895, 1890].

α-Méthyl-β-chlorocinnamique (acide),

$$C^6H^5 - CCl = C(CH^3) - CO^2H.$$

— Il fond à 116° [Perlan et Calman, *Chem. Soc.*, **49**, 157, 1886].

α-Méthyl-β-bromocinnamique (acide). — Il fond à 129° [Körner, *D. chem. G.*, **21**, 276, 1888].

Nitro-α-méthylcinnamiques (acides),

$$AzO^2 . C^6H^4 - CH = CH - CO^2H.$$

— Le dérivé *ortho* fond à 164-165° [Endeleano, *D. chem. G.*, **20**, 620]. — Le dérivé *méta* fond à 197°,5 [Miller et Rohde, *D. chem. G.*, **23**, 1900, 1890]. — Le dérivé *para* fond à 208°; *éther méthylique* fusible à 115° [Endeleano, *loc cit.*].

m-Amino-α-méthylcinnamique (acide),

$$AzH^2 - C^6H^4 - CH = C(CH^3) - CO^2H.$$

— Fond à 137° [Miller et Rohde, *loc. cit.*].

Diméthoxy-2.5-α-méthylcinnamique (acide),

$$(CH^3O)^2_{(2.5)}C^6H^3 - CH = C(CH^3) - CO^2H.$$

— Fond à 113° [Thoms, *D. chem. G.*, **35**, 854, 1903].

Juin 1906. P. Carré.

MÉTHYLCINNAMIQUES (ACIDES), *acides tolylacryliques*, $CH^3 - C^6H^4 - CH = CH - CO^2H$. — 1° Dérivé ORTHO. — On l'obtient en chauffant pendant 5 heures, à 145-150°, 5 parties d'o-toluylaldéhyde avec 12 parties d'anhydride acétique et 6 parties d'acétate de sodium fondu [Kröber, *D. chem. G.*, **23**, 1029, 1890].

Il fond à 169° [Young, *D. chem. G.*, **25**, 2103, 1892]. L'*éther éthylique* distille à 250-275° [Young, *loc. cit.*]. Le *nitrile* fond à 119° [Fiquet, *Ann. Chim. Phys.*, **29**, 487, 1893].

2° Dérivé MÉTA. — Il se prépare d'une façon analogue au précédent avec la m-toluylaldéhyde

(Bornemann, *D. chem. G.*, **17**, 1473, 1884; — Müller, *D. chem. G.*, **20**, 1214, 1887).

Il fond à 115° (Miller et Rhode, *D. chem G.*, **23**, 1899). — *Nitrile*, liquide distillant à 170° sous 30 mm. (Fiquet, *loc. cit.*).

3° Dérivé PARA. — On l'obtient avec la p-tolylaldéhyde (Kröber, *loc. cit.*; — Hanzlick et Bianchi, *D. chem. G.*, **32**, 1289).

Il fond à 198-199° (Hanzlick et Bianchi); 197° (Kröber); 195°,5 (Miller et Rhode). — *Nitrile*, fusible à 79-80° (Fiquet, *loc. cit.*).

Nitro-2-méthyl p-cinnamique (acide),

$$(CH^3)_{(1)}(AzO^2)_{(2)}(C^6H^3)_{(4)}-CH=CH-CO^2H.$$

— Il fond à 170-171°; *éther méthylique*, fusible à 108-109°; *éther éthylique*, fusible à 96-97° (Hanzlick et Bianchi, *D. chem. G.*, **32**, 2285, 1899).

Juin 1906. P. Carré.

MÉTHYLCROTONIQUE (ACIDE). — Voyez TIGLIQUE (ACIDE).

MÉTHYLCYANAMIDES. — On connaît la méthylcyanamide $CH^3.AzH.CAz$ et la diméthylcyanamide $(CH^3)^2Az.CAz$. Pour les préparations, voir Dict., **1**, 1053; 1er Suppl., 575, aux dérivés homologues.

La *méthylcyanamide* est obtenue par un courant de CAzCl dans la méthylamine. En solution éthérée on a, en outre, du chlorhydrate de diméthylguanidine (Kaess et J. Gruskiewicz, *D. chem. G.*, **35**, 3598, 1902). Sa solution se change en triméthylisomélamine (Baumann, *ibid.*, **6**, 1372, 1873; — K. et G.).

La méthylcyanamide s'unit à l'acide cyanacétique et à l'acide chloracétique pour donner respectivement la cyanacétylméthylurée (p.f. 206°) et la chloracétylméthylurée :

$$AzC.CH^2.CO.AzH.CO.AzH.CH^3$$

et

$$ClCH^2.CO.AzH.CO.AzH.CH^3$$

(D.R.P. 167138; *Chem. Cent. Bl.*, 1906, **1**, 787).

La *diméthylcyanamide* a été obtenue à partir du cyanure de potassium et de la chlorodiméthylamine (Berg, *Ann. Chim. et Phys.*, [7], **3**, 352; 1894) ou du chlorure de cyanogène et de la diméthylamine (O. Wallach, *D. chem. G.*, **32**, 1872, 1899). Huile bouillant à 52° sous 14 millimètres (W.), à 163°,5 sous 760 (B.); l'acide sulfhydrique la transforme en diméthylsulfourée.

Août 1906. M. Delépine.

MÉTHYLCYCLOHEXANOLS. — Voyez MÉTHYLCYCLOHEXANONES.

MÉTHYLCYCLOHEXANONES. — On connaît trois dérivés de substitution monométhylés de la cyclohexanone, les *méthylcyclohexanones*-1.2 (ou α), 1.3 (ou β) et 1.4 (ou γ), chacun de ces composés pouvant présenter, en raison d'un carbone asymétrique, deux modifications actives.

I. MÉTHYLCYCLOHEXANONE-1.2.

La MÉTHYLCYCLOHEXANONE-1.2 (ou α), ou encore *méthylcétohexaméthylène*,

$$CH^3.CH{<}\begin{matrix}CO-CH^2\\CH^2-CH^2\end{matrix}{>}CH^2,$$

a été obtenue par Zélinsky et Generosow (*D. chem. G.*, **29**, 731, 1896) par distillation de l'acide α-méthylpimélique avec de la chaux vive. Elle se forme encore par hydrolyse de l'*α-méthyl-β-cétohexaméthylène-carbonate d'éthyle* bouillant à 108-109° sous 11-12 millimètres (Dieckmann, *Ann. Chem.*, **317**, 107, 1901), ou par l'action de l'acide sulfurique sur l'acide α-hydroxyhexahydro-o-toluique (Kay et Perkin jun., *Chem. Soc.*, **87**, 1066, 1905). On la prépare plus facilement à partir du 1.2-méthylcyclohexanol, soit par oxydation chromique, soit par l'action du cuivre à 300° (Sabatier et Mailhe, *C. R.*, **140**, 350, 1905).

Elle bout à 165-166° sous 770 millimètres ($d^{15}_{4}=0,9246$) (Zélinsky), à 160-161° sous 720 millimètres (Dieckmann), à 164-165° sous 770 millimètres (Kay et Perkin), à 162-163° (corr.). ($d^0_0=0,9441$) (Sabatier).

La *semicarbazone* fond à 191°; l'*oxime* bout à 108-109° sous 8 millimètres (Zélinsky, *D. chem. G.*, **30**, 1533, 1897). Elle se condense avec l'éther chloracétique et l'éthylate de sodium en donnant l'*oxyde de l'éther o-méthylcyclohexylacétique* qui fournit l'*aldéhyde o-méthylhexahydrobenzoïque* (Darzens et Lefèbure, *C. R.*, **142**, 714, 1906).

Le MÉTHYLCYCLOHEXANOL-1.2 se forme facilement par hydrogénation de l'o-crésol à l'aide du nickel à 200-220°, et bout à 164°,5-165°,5 sous 745 millimètres, $d^0_0=0,9452$; l'*éther acétique* bout à 181°,5 (corr.); la *phényluréthane* fond à 105° (Sabatier et Mailhe).

O. Wallach et Franke (*Ann. Chem.*, **329**, 368, 1903) et Wallach (*ibid.*, **343**, 40, 1905) ont de plus obtenu, à partir du 1.3-méthylcyclohexanol, par une suite de transformations, un méthylcyclohexanol-1.2 bouillant à 168-170°, $d=0,921$ (*phényluréthane* fusible à 103-104°), et une méthylcyclohexanone-1.2 bouillant à 165°, $d^{21,5}=0,923$, dont la semicarbazone fond à 191-192° et l'oxime à 43-44° (voyez aussi Markownikoff, *J. Soc. russe*, **35**, 1043, 1903).

La 1-*méthyl*-5.5-*diméthylcyclohexanone*-2 se forme de même à partir du dérivé correspondant de la méthylcyclohexanone-1.3 (Wallach et Franke, *Ann. Chem.*, **324**, 112, 1902).

La 1.3-*diméthylcyclohexanone*-2 bout à 174-176° (Kipping, *Chem. Soc.*, **67**, 35; — Zélinsky, *D. chem. G.*, **30**, 1543, 1897).

II. MÉTHYLCYCLOHEXANONE-1.4.

La γ- (ou 1.4) MÉTHYLCYCLOHEXANONE,

$$CH^3-CH{<}\begin{matrix}CH^2-CH^2\\CH^2-CH^2\end{matrix}{>}CO$$

que nous décrirons immédiatement, se forme comme la précédente, soit par distillation de l'acide γ-méthyladipique avec de la chaux (Einhorn et Ehret, *Ann. Chem.*, **295**, 186, 1897), soit par l'action du cuivre à 300° sur le 1.4-méthylcyclohexanol (Sabatier et Mailhe), soit par l'action de SO^4H^2 sur l'acide hexahydro-p-toluique (W. Perkin jun., *Proc. Chem. Soc.*, **21**, 255, 1905).

Elle bout à 163-165° (*semicarbazone* fusible à 199°) (E. et E.), à 169°,5, $d^0_0=0,9332$ (*semicarbazone* fusible à 197°) (S. et M.), à 170° (Perkin).

Le γ-MÉTHYLCYCLOHEXANOL, obtenu par hydrogénation du p-crésol à l'aide du nickel réduit à 200-230°, bout à 172°,5-173° (corr.) sous 745 millimètres, $d^0_0=0,9328$; l'*éther acétique* bout à 186°,5 (corr.); la phényluréthane fond à 125° (Sabatier et Mailhe).

La γ-méthylcyclohexanone se condense comme son isomère avec l'éther monochloracétique (Darzens et Lefèbure).

Traitée par Mg et les iodures alcooliques, ou les éthers monohalogénés, elle fournit des alcools tertiaires de formule

$$CH^3.CH{<}\begin{matrix}CH^2-CH^2\\CH^2-CH^2\end{matrix}{>}C(OH).X,$$

entre autres, le *menthol tertiaire* (W. Perkin, *loc. cit.*; — Marckwald et Meth, *D. chem. G.*, **39**, 1171, 1906; — Sabatier et Mailhe, *C. R.*, **142**, 438, 1906).

L'hydrogénation du xylénol ortho fournit la 1.2-*diméthylcyclohexanone*-4 bouillant à 187°, et celle du xylénol méta, la 1.3-*diméthylcyclohexanone*-4 bouillant à 176°,5, en même temps que les alcools correspondants [Sabatier et Mailhe, *Bull. Soc. Chim.*, **33**, 929, 1905].

III. MÉTHYLCYCLOHEXANONE-1.3.

Ce composé est de beaucoup le plus important. La MÉTHYL-1-CYCLOHEXANONE-3 ou β-MÉTHYLCYCLOHEXANONE présente un grand intérêt en raison de ses relations avec la menthone d'une part, avec la pulégone de l'autre. Elle dérive en effet de la pulégone par hydrolyse (voyez *Préparation*), et c'est par son intermédiaire que la synthèse de la menthone a pu être effectuée (voyez *Menthone*). Le schéma suivant montrera la suite des transformations :

```
  CH3              CH3                     CH3
   |                |                       |
  CH               CH                      CH
 /   \            /   \                   /   \
CH2   CH2  H2O  CH2   CH2  C3H7I+Na   CH2   CH2
 |     |  ---->  |     |   -------->   |     |
CH2   CO        CH2   CO              CH2   CO
  \   /            \  /                  \   /
   C               CH2                    CH
   ||               +                      |
   C            CH3-CO.CH3                 CH
  / \                                     /  \
CH3  CH3                               CH3   CH3
```

Constitution. — La constitution de la β-méthylcyclohexanone a été déduite de l'étude de ses produits d'oxydation et de bromuration (voir ci-dessous).

Synthèse. — La β-méthylcyclohexanone a été obtenue synthétiquement, par conséquent inactive :

1° Par distillation sèche du sel de calcium de l'acide β-méthylpimélique [Einhorn et Ehret, *Ann. Chem.*, **295**, 181, 1897 ; — Reformatsky, *Journ. Soc. phys. chim. russe*, **30**, 212, 1898] ;

2° Par oxydation des cis et trans β-méthylcyclohexanols formés à partir de l'éther acétylacétique et de la formaldéhyde [Knœvenagel, *Ann. Chem.*, **289**, 141, 1895 ; **290**, 141 ; **297**, 154, 176, 1897] ;

3° Par hydrogénation directe sur le nickel à 200-220° du m-crésol, qui donne en même temps l'alcool correspondant, ou mieux par l'action du cuivre à 300° sur les vapeurs de ce β-méthylcyclohexanol ainsi formé [Sabatier et Mailhe, *C. R.*, **140**, 351, 1905] ;

4° Par l'action de l'acide sulfurique sur l'acide α hydroxyhexahydro-m-toluique [W. Perkin et Tattersall, *Chem. Soc.*, **87**, 1083, 1905].

Préparation. — La β-méthylcyclohexanone (modification *droite*, la gauche n'étant pas connue) se prépare par dédoublement de la pulégone :

1° Par l'acide formique. 70 grammes de pulégone sont chauffés au réfrigérant à reflux pendant deux jours, avec un même volume d'acide formique anhydre. Après neutralisation on décante l'huile qui surnage et on fractionne [O. Wallach, *Ann. Chem.*, **289**, 337, 1895 ; *D. chem. G.*, **32**, 3338, 1899]. Klages [*D. chem. G.*, **32**, 2564, 1899] ne neutralise pas l'acide, mais fractionne directement ;

2° Par l'eau. Ce procédé permet de préparer de grandes quantités d'hexanone. On chauffe en autoclave, à 250°, 100 grammes de pulégone avec 80 grammes d'eau pendant 6 heures : on décante et on fractionne [Wallach et Stockhardt, *Ann. Chem.*, **289**, 337, 1895] ;

3° Par l'acide sulfurique. Le mélange encore bouillant de 50 grammes d'acide sulfurique concentré avec 10 grammes d'eau est versé en une fois, et en agitant dans 50 grammes de pulégone. Au bout d'une minute, au maximum, on verse dans l'eau et on entraîne à la vapeur. Rendement 65 0/0 environ [N. Zélinsky, *D. chem. G.*, **30**, 1532, 1897].

La β-méthylcyclohexanone se forme encore : 1° par l'action de l'acide sulfurique étendu en solution alcoolique, sur l'oxime de la pulégone, fusible à 121°, ou par dédoublement de la semicarbazone de l'isopulégone [Tiemann et Schmidt, *D. chem. G.*, **29**, 913, 1896] ; 2° dans l'action de l'hydrate d'oxyde de plomb sur le bromhydrate de pulégone, en même temps que la pulégone [Harries et Rœder, *D. chem. G.*, **32**, 3357, 1899].

Propriétés. — Les constantes des produits ainsi obtenus, ainsi que celles de leurs dérivés caractéristiques, sont réunies dans le tableau ci-dessous (voyez p. 380).

Soumise aux rayons de Tesla, la β-méthylcyclohexanone droite est luminescente [Kauffmann, *D. chem. G.*, **35**, 479, 1902].

Elle donne une phénylsemicarbazone fusible à 169-170° [W. Borsche et C. Merkwitz, *D. chem. G.*, **37**, 3177, 1904], une *semi-oxamazone* fusible à 153-154° [W. Kerp et Unger, *D. chem. G.*, **30**, 593, 1897].

L'*oxime* fusible à 43-44°, fournie par la cétone droite, est gauche, $[\alpha]_D = -42°,07$ et $d = 0,8120$ à 22°, et donne deux dérivés benzoylés, l'un fusible à 96-97° et l'autre à 82-83°, tandis que ceux qui correspondent à l'oxime huileuse inactive fondent à 105-106° et à 70-72° [Wallach, *Ann. Chem.*, **332**, 338, 1904]. Sous l'action du perchlorure de phosphore [O. Wallach, *Ann. Chem.*, **309**, 2, 1899] ou de l'acide sulfurique [Wallach, *Ann. Chem.*, **330**, 191, 1904], elle est isomérisée, et l'on peut séparer deux *isoximes* l'une α, fusible à 105-106°, l'autre β à 68-69°. Les bases qu'elles donnent par réduction ont été étudiées par Wallach [*Ann. Chem.*, **289**, 337], Wallach et Jager [*Ann. Chem.*, **324**, 296, 1902], et Kijner [*J. Soc. russe*, **31**, 159, 1899].

Avec une molécule de brome, la β-méthylcyclohexanone fournit un composé cristallin de formule $C^{14}H^{23}OBr$; avec 3 molécules on obtient un dérivé tribromé liquide, que la soude transforme en crésol monobromé [Wallach et Stockhardt, *D. chem. G.*, **32**, 3338, 1899].

La bromuration à chaud donne un bromure que la quinoléine transforme en m-crésol (Klages). N. Zélinsky et Rochdestwensky [*D. chem. G.*, **35**, 2695, 1902] ont obtenu un dérivé de substitution bromé, bouillant à 106-107° sous 13 millimètres et fondant à 83-85° à côté d'un bromure liquide. Le dérivé 1.6-dibromé se forme par bromuration de la 1-méthylcyclohexène-1-one-3 [Béhal, *C. R.*, **126**, 46, 1891].

La β-méthylcyclohexanone se condense avec les hydracides en donnant les composés : $C^{14}H^{23}OCl$ (F = 90°) et $C^{14}H^{23}OBr$ (F = 90-91°) qui, chauffés avec de l'aniline, fournissent une *cétone bicyclique* $C^{14}H^{22}O$, bouillant à 143-144° sous 10 millimètres (*oxime* fusible à 120°) [O. Wallach, *D. chem. G.*, **29**, 1595, 2959, 1896].

L'oxydation du mercaptol fourni par la condensation de 2 molécules de mercaptan en présence d'HCl sec avec la β-méthylcyclohexanone donne le *méthylcyclohexanone-sulfonal*

$$C^{11}H^{22}S^2O^4,$$

fusible à 104-105° [Wallach et Borsche, *D. chem. G.*, **31**, 339, 1898].

En présence de zinc ou de magnésium, la β-méthylcyclohexanone fournit, avec les iodures

Constantes et dérivés.	β-Méthylcyclohexanone obtenue à partir : de la pulégone				de l'isopulégone	de l'acide β-méthylpimélique		de l'éther acétylacétique et de la formaldehyde	du m-crésol
	Wallach.	Tiemann et Schmidt.	Zélinsky.	Kondakow et Schindelmeiser.	Tiemann et Schmidt.	Einhorn. et Ehret	Reformatsky.	Knœvenagel.	Sabatier et Mailhe.
Point d'ébullition	169°	164° (?)	168°,5-169°	168°,5-169°	169°	162°-164°	175°-177°	169°-170°	169° sous 765^{mm}
Densité	0,915 (15°)	0,9071 (20°)	0,9111 $(\frac{18°}{4})$	0,9129 $(\frac{20°}{20})$; 0,8961 $(\frac{20°}{4})$	0,9115 (20°)	—	—	0,9451 (18°) ; 0,9213 $(\frac{18°,3}{4})$	0,9330 $(\frac{0°}{0})$
Pouvoir rotatoire	droite	droite	$\alpha = +5°,43$ $(l = 0,5)$	$[\alpha]_D = +12°,24$	droite	inactive	inactive	inactive	inactive
Indice de réfraction	1,4456	1,4417	—	1,44777	1,44305	—	—	1,4449	—
Oxime	pf^{on} 43°	pf^{on} 43°	pf^{on} 42°-43° Éb. 216°-217°	—	—	huileuse	—	huileuse	—
Semi-carbazone	pf^{on} 180°	pf^{on} 178°	—	—	pf^{on} 178°	pf^{on} 191°-192°	pf^{on} 161°-162°	pf^{on} 178°-179°	pf^{on} 182°,5
Dérivé dibenzylidénique	pf^{on} 126°-128°	—	—	—	—	pf^{on} 121°-122°	—	—	—

alcooliques ou les éthers monohalogénés, des alcools tertiaires de formule

$$CH^2 <\begin{matrix} CH(CH^3) - CH^2 \\ CH^2 \text{———} CH^2 \end{matrix}> C <\begin{matrix} X \\ OH \end{matrix}$$

[N. Zélinsky, *D. chem. G.*, **34**, 2880, 1901 ; — Zélinsky et Gutt, *D. chem. G.*, **35**, 2140, 1902 ; *J. Soc. russe*, **33**, 730, 1901 ; **34**, 105, 1902 ; — L. Tétry, *Bull. Soc. Chim.*, **27**. 598, 1902 ; — J. v. Braun, *Ann. Chem.*, **314**, 168, 1900 ; — O. Wallach et Salkind. *ibid.*, **314**. 151, 1900]. Avec l'acétylène-bromure de magnésium elle donne un composé,

$$C^7H^{12}(OH)C \equiv C - C(OH) - C^7H^{12},$$

fusible à 83-85°. Elle se combine de même avec l'iodozincate de phénylacétylène et le magnésium-phénylacétylène [Jotsitch, *J. Soc. russe*, **34**, 100, 239, 1902 ; **35**, 1269, 1903 ; — Faworsky, *ibid.*, **33**, 357, 1901]. Elle se condense en présence de potasse avec le phénylacétylène [Bertrond. *J. Soc. russe*, **37**, 655, 1905], avec la benzylidène-acétophénone [Stobbe, *D. chem. G.*, **35**, 1445, 3978, 1902]. Avec l'éther monochloracétique et l'éthylate de sodium, elle donne un éther glycidique bouillant à 131-132° sous 15 millimètres [Darzens, *C. R.*, **139**, 1214, 1904 ; — Darzens et Lefébure, *ibid.*, **142**, 714, 1906].

Oxydation. — L'oxydation de la β-méthylcyclohexanone par MnO^4K ou AzO^3H fournit de l'acide β-méthyladipique [Wallach, *loc. cit.* ; — Bouveault et Tétry, *Bull. Soc. Chim.*, **25**, 441, 443, 1897 ; — Spéransky, *J. Soc. russe*, **33**, 627, 1901]. Cependant d'après Markownikoff [*J. Soc. russe*, **34**, 436 ; **35**, 226, 381 ; *D. chem. G.*, **33**. 1908, 1900], l'oxydation par AzO^3H dans certaines conditions fournirait aussi de l'acide α-méthyladipique, ainsi que les acides pyrotartrique, oxalique, acétique et d'autres acides non déterminés. Avec un mélange de persulfate de potasse et d'acide sulfurique la méthylcyclohexanone donne la *lactone d'un acide hexanolique* [Baeyer et Villiger, *D. chem. G.*, **33**, 861, 1900 ; **34**, 2693, 1901].

1-Méthylcyclohexanol-3.

Modification inactive. — Cet alcool prend naissance :

1° Par réduction de la 1-méthylcyclohexénone-3 obtenue à partir de la formaldéhyde et de l'éther acétylacétique [Knœvenagel, *Ann. Chem.*, **289**, 143, 1895 ; **297**, 182, 1897] ;

2° Par réduction de la méthylcyclohexanone inactive [Knœvenagel, *ibid.*, **290**, 141] ;

3° Par hydrogénation directe du m-crésol au moyen du nickel réduit (Sabatier et Mailhe).

Il bout à 175-176° ; $d^{15°} = 0{,}932$, $n_D = 1{,}4695$; la *phényluréthane* fond à 91° ; l'*acétate* bout à 188-189° (Knœvenagel). Le produit obtenu par MM. Sabatier et Mailhe bout à 172° sous 745 millimètres ; sa *phényluréthane* fond à 96°, l'*acétate* bout à 185°,5 (corr.).

L'alcool obtenu par Knœvenagel et désigné par lui sous le nom de *trans*, fournit par l'action de l'acide iodhydrique, en présence de zinc en poudre et d'acide acétique, un isomère *cis* bouillant à 174-175° sous 759 millimètres, $d^{16°} = 0{,}919$; la *phényluréthane* fond à 91° ; le *chlorure* bout à 56-57° ; le *bromure* à 70-71° ; l'*iodure* à 82-83° sous 10 millimètres ; l'*acétate* à 193-194° sous 754 millimètres.

Modification active. — On l'obtient par réduction de la β-méthylcyclohexanone droite, à l'aide du sodium, en présence d'alcool ou d'éther aqueux. Il se forme en même temps vraisemblablement une pinacone cristallisée [Wallach, Zélinsky, Kondakow et Schindelmeiser, *J. prakt.*

Chem., **61**, 480, 1900]. Cet alcool se forme encore dans l'action des alcoolates de sodium sur la même cétone, en autoclave à 225° [Haller et March, *C. R.*, **140**, 624, 1905; *Bull. Soc. Chim.*, (3), **33**, 695, 1905].

Il bout à 175-176° ($d^{19°} = 0{,}914$; $n_D = 1{,}4581$) (Wallach); à 173-174° sous 750 millimètres ($d_4^{21°} = 0{,}9137$; $[\alpha]_D = -3°40'$) (Zélinsky); à 174° sous 764 millimètres ($d_4^{20} = 0{,}9135$; $n_D = 1{,}45809$; $[\alpha]_D = 4°7'$) (Kondakow et Schindelmeiser); à 78-79° sous 16 millimètres ($d_4^0 = 0{,}9265$; $[\alpha]_D = -4°45'$) (Haller et March). Vitesse d'éthérification: $K = 0{,}0143$ [Panof, *J. Soc. phys. chim. russe*, **33**, 170; **35**, 93, 1003].

La *phényluréthane* fond à 116-117°; $[\alpha]_D = -26°22'$ (benzène). L'*éther allylique* bout à 79-81° sous 18 millimètres [Haller et March, *C. R.*, **138**, 1665, 1904]. L'*éther xanthogénique* bout à 149-151°: $[\alpha]_D = -29°{,}5$ [Markownikoff et Stadnikoff, *Journ. Soc. phys. chim. russe*, **35**, 389, 1903; **36**, 39, 1904].

Le β-méthylcyclohexanol perd facilement une molécule d'eau quand on le chauffe avec $ZnCl^2$ ou P^2O^5 [Wallach, *D. chem. G.*, **35**, 2822, 1902; — Wallach et Franke, *Ann. Chem.*, **329**, 368, 1903]; avec l'acide oxalique [Zélinsky et Tsélikow, *J. Soc. russe*, **33**, 364, 355; *D. chem. G.*, **34**, 3253, 1901]; avec l'acide camphorique [Tsélikow, *D. chem. G.*, **37**, 1377, 1904].

Le *chlorure*, formé par l'action de l'acide chlorhydrique fumant, bout à 63°,5-65° sous 40 millimètres avec décomposition. Il se compose de 2 isomères, dont l'isomère stable bout à 160-161° sous 756 millimètres [Markownikof, *Ann. Chem.*, **341**, 118, 1905]. Par l'action de PCl^5, Zélinsky [*J. Soc. russe*, **35**, 1280, 1903] a également obtenu 2 chlorures isomères, bouillant à 156-158° et à 158-160°.

Le *bromure* bout à 61°,5-62° sous 8 millimètres (Zélinsky); à 60° sous 11 millimètres ($d_4^{20} = 1{,}2595$; $n_D = 1{,}4979$) (Kondakow et Schindelmeiser); à 181° sous 758 millimètres (isomère stable) (Markownikoff). Traité par Mg et l'orthoformiate d'éthyle, il donne un acétal que la saponification transforme en *aldéhyde hexahydro-m-toluique* [Tschitschibabine, *D. chem. G.*, **37**, 851, 1904].

L'*iodure* bout à 83° sous 14 millimètres, $[\alpha]_D = +1°2'$ [Zélinsky, *D. chem. G.*, **34**, 2882, 1901; **35**, 2488, 1902]; à 200-205° ou 101-102° sous 30 millimètres (isomère stable) [Markownikoff, *J. Soc. russe*, **32**, 303; **33**, 116; **35**, 1023, 1903; *Ann. Chem.*, **341**, 118, 1905]. Chauffé avec du sodium il donne un *diméthyldinaphtène* [Koursanof, *J. Soc. russe*, **32**, 1; **34**, 221, 1902].

Dérivés alcoylés.

L'action des iodures alcooliques sur la β-méthylcyclohexanone sodée par l'amidure de sodium fournit des dérivés de cette cétone alcoylés en position 4, comme le démontre la formation de menthone avec C^3H^7I, à côté de dérivés dialcoylés (en position 2.4) et de produits de polymérisation [A. Haller, *C. R.*, **140**, 127; — Haller et Martine, *C. R.*, **140**, 130, 1905]. La réduction de ces composés donne les β-méthylcyclohexanols alcoylés correspondants. Ces alcools se forment directement par l'action des alcoolates de sodium sur la cétone, en autoclave à 225° [Haller et March, *Bull. Soc. Chim.*, **33**, 695, 969, 1905].

La 1-*méthyl-4-éthyl-cyclohexanone*-3 bout à 83-84° sous 18 millimètres; le *dérivé 4-propylé* à 97-98°; le *dérivé 4-allylé* à 98-99° sous la même pression; le *dérivé 4-isobutylé* à 93-95° sous 11 millimètres; le *dérivé diallylé* à 130-132° sous 20 millimètres. *Dérivé isopropylé* (voy. Menthone).

Le 1-*méthyl-4-éthylcyclohexanol*-3 bout à 85-87° sous 11 millimètres; l'alcool 4-*propylé* à 102-104° sous 15 millimètres; le *dérivé 4-allylé* à 98-100° sous 10 millimètres; le dérivé 4-*isobutylé* fond à 68-69° (*phényluréthane* fusible à 77°) et est accompagné d'isomères liquides bouillant à 110-112° sous 16 millimètres: le *dérivé 4-benzylé* fond à 97° (Wallach), à 101°,5-102° (Haller et March): le *dérivé 2.4-dibenzylé* bout à 257-258° sous 21 millimètres.

On connait encore une 1.1-*diméthylcyclohexanone*-3 [Leser, *Bull. Soc. Chim.*, (3), **21**, 547, 1899; **27**, 67, 1902]; une 1.4-*diméthylcyclohexanone*-3 [Sabatier et Mailhe, *ibid.*, **33**, 930, 1905]; une 1.5-*diméthylcyclohexanone*-3 (Knœvenagel); une 1.1.5-*triméthylcyclohexanone*-3 ou *dihydroisophorone* [Kerp, *Ann. Chem.*, **290**, 139; **299**, 214; — Knœvenagel, *ibid.*, **297**, 194, 1897]; une 1.2.4-*triméthylcyclohexanone*-3 [Zélinsky et Reformatski, *D. chem. G.*, **28**, 2944, 1895]: les dérivés 5-*isopropyl* (voy. Menthone symétrique), 5-*isobutyl*, 5-*hexyl*, 5-*phényl*, 5-*isopropylphényl* de la 1-méthylcyclohexanone-3 [Knœvenagel, *Ann. Chem.*, **290**, 141; **297**, 176; **303**, 258, 1898], l'*acétyl-4-méthyl-1-cyclohexanone*-3 [Leser, *Bull. Soc. Chim.*, **25**, 196, 1901], ainsi que les alcools correspondant à ces cétones.

Dérivés alcoylidéniques.

En présence d'éthylate de sodium la β-méthylcyclohexanone se condense facilement avec les aldéhydes, en donnant des monoalcoylidènes (4) et des dialcoylidènes (2.4) méthylcyclohexanones. M. A. Haller a montré que l'introduction de radicaux aromatiques exalte le pouvoir rotatoire de l'hexanone par l'intermédiaire de doubles liaisons [Wallach, *D. chem. G.*, **29**, 1595, 2959, 1896; — Einhorn et Ehret-Haller, *C. R.*, **136**, 1222, 1901; — Haller et Muller, *Bull. Soc. Chim.*, **27**, 781, 1900]. Dans le cas de l'aldéhyde benzoïque L. Tétry [*Bull. Soc. Chim.*, **27**, 304, 1900] a de plus isolé un *glycol* $C^{14}H^{20}O^2$ fusible à 152-153°.

L'*oxyméthylène-méthylcyclohexanone* bout à 85° sous 12 millimètres [Wallach et Steindorf, *Ann. Chem.*, **329**, 119, 1903].

Avec l'acétone on obtient un composé $C^{10}H^{16}O$ isomère de la pulégone (voyez ce mot).

Ethers β-méthylcyclohexanone-carboniques.

En soumettant à la réaction de Dieckmann le β-méthylpimélate d'éthyle, Einhorn et Klages [*D. chem. G.*, **34**, 3793, 1901] ont obtenu un *β-méthylcyclohexanone-carbonate d'éthyle* $C^{10}H^{18}O^3$ bouillant à 145-150° sous 29 millimètres. Son *dérivé isopropylé* bout à 165-168° sous 20 millimètres et donne par saponification une *menthone inactive* (voyez ce mot). Cet éther peut encore être obtenu par condensation de la 1.3-méthylcyclohexanone avec l'oxalate d'éthyle (voy. synthèse de la menthone) [Kötz et Hesse, *Ann. Chem.*, **342**, 306, 1905].

Juin 1906. F. March.

MÉTHYLDÉSOXYBENZOÏNE. — Voyez Benzylcrésylcétone.

MÉTHYLDIACÉTYLACÉTIQUE (ACIDE). — L'éther éthylique de cet acide

$$\begin{matrix} CH^3-CO \\ CH^3-CO \end{matrix} > C < \begin{matrix} CH^3 \\ CO^2-C^2H^5 \end{matrix}$$

a été préparé par James [*Ann. Chem.*, **226**, 219, 1884], en traitant par le chlorure d'acétyle, dilué dans l'éther, le dérivé sodé de l'éther méthylacétylacétique en suspension dans l'éther anhydre. Il bout entre 190 et 220° en se décomposant un peu. Le chlorure ferrique le colore en rouge groseille. L'acétate de cuivre ne le précipite pas. L'eau froide le décompose très lentement.

Janvier 1907. R. Marquis.

MÉTHYLDIÉTHYLACÉTIQUE (ACIDE). — Voyez HEPTYLIQUES (ACIDES).

MÉTHYLDIÉTHYLCARBINOL. — Voyez HEXYLIQUES (ALCOOLS).

MÉTHYLDIPHÉNYLES. *Tolylphényles,*

$CH^3 - C^6H^4 - C^6H^5$.

— 1° *Dérivé* ORTHO. — Il se forme à côté du dérivé para correspondant dans l'action du toluène sur la nitroacétanilide [Bamberger, *D. chem. G.*, **30**, 369, 1897], et dans l'action de l'éthylate de sodium sur les chlorures de diazobenzène et de diazotoluène [Oddo et Curatolo, *Gazz. chim. ital.*, **25**, 132, 1895]; il se forme aussi dans la distillation du méthyl-2-diiodo-4.4-diphényle avec la poudre de zinc [Jacobson et Manninga, *D. chem. G.*, **28**, 2551, 1895].

L'o-méthyldiphényle est un liquide qui bout à 261-264° (Oddo et Curatolo); à 255-258° (Jacobson et Nanninga); $D_4^{0°} = 1,010$.

Méthyl-2-diiodo-4.4-diphényle

$CH^3 - C^6H^3I - C^6H^4I$.

— Il fond à 114-116° [Jacobson et Nanninga, *loc. cit.*].

Méthyl-2-nitro-4-diphényle,

$(CH^3)(AzO^2)C^6H^3 - C^6H^5$.

— Il fond à 56-57° [Bamberger, *D. chem. G.*, **28**, 405, 1895].

2° *Dérivé* MÉTA. — Il se forme par distillation du *méthyl-3-diiodo-4.4-diphényle* (fusible à 109°) avec la poudre de zinc [Jacobson et Lischke, *D. chem. G.*, **28**, 2546, 1895]. On l'obtient par condensation du chlorure de méthyle avec le diphényle en présence du chlorure d'aluminium [Adam, *Ann. Chim. Phys.*, **15**, 242, 1888]; ou par action du sodium sur le bromobenzène et le bromotoluène [Perrier, *Bull. Soc. Chim.*, (7), 181, 1892].

Liquide distillant à 272-277°, D = 1,031 [Adam, *loc. cit.*].

3° *Dérivé* PARA. — En outre des modes de formation indiqués pour le dérivé ortho, il a encore été obtenu dans l'action du chlorure de diazobenzène sur le toluène en présence du chlorure d'aluminium [Möhlau et Berger, *D. chem. G.*, **26**, 1997, 1893].

Bromométhyldiphényle.

$CH^3_{(1)}Br_{(2 ou 3)}C^6H^3 - C^6H^5$.

— Il fond à 127-129° [Carvelly et Thomsen, *Chem. Soc.*, **47**, 589; **51**, 87, 1887].

p-Bromométhyldiphényle.

$CH^3_{(4)} C^6H^4 - C^6H^4Br_{(4)}$.

— Il fond à 27-30°.

Dibromométhyldiphényle.

$CH^3_{(1 ou 3)} - Br_{(2 ou 4)} C^6H^3 - C^6H^4Br$

— Il fond à 113-115°;

$CH^3_{(3 ou 1)} - Br_{(4 ou 2)} C^6H^3 - C^6H^4Br$

fond à 148-150° [Carvelly et Thomsen, *loc. cit.*].

Nitro-4-méthyldiphényle.

$CH^3 . C^6H^4 . C^6H^4 . AzO^2_{(4)}$.

— Il fond à 103-104° [Bamberger, *D. chem. G.*, **28**, 404; **29**, 166; — Kühling, *D. chem. G.*, **28**, 43, 1895]. Juin 1906. P. Carré.

MÉTHYLE (DÉRIVÉS SULFURÉS). — Voyez SOUFRE (COMPOSÉS ORGANIQUES).

MÉTHYLÈNE ET DÉRIVÉS. — Voyez MÉTHANE, et FORMIQUE. 2e Suppl., **4**, 278-313.

MÉTHYLÈNE (BLEU DE). — Voyez DIPHÉSO-γ-DIHYDROTHIAZINE. 2e Suppl., **3**, 254.

MÉTHYLÈNE-DIHYDROBENZOÏQUE (ACIDE). — Voyez ECGONINE, 2e Suppl., **3**, 367.

MÉTHYLÈNE-DINAPHTORÉSORCINE. — Voyez NAPHTOFLUORONE.

MÉTHYLÈNE-PHTALIDE. — Voyez ACÉTYLBENZOÏQUES, 2e Suppl., **1**, 81.

MÉTHYLÈNE-URÉE. — Voyez FORMIQUE. 2e Suppl., **4**, 306.

MÉTHYLÉTHYLACÉTYLACÉTIQUE. — Voyez ACÉTYLVALÉRIQUE (ACIDE).

MÉTHYLÉTHYLALLÈNE.—Voy HEXINES.

MÉTHYLÉTHYLCÉTONE. *Butanone.*

$CH^3 . CO . C^2H^5$. — On l'obtient par distillation d'un mélange d'acétate et de propionate de calcium [Schramm, *D. chem. G.*, **16**, 1581, 1883].

Il s'en forme également en chauffant le 2.2-dibromobutane avec l'eau à 160° [Holtz, *Ann. Chem.*, **250**, 234, 1889], ou le 2.3-dibromobutane avec de l'oxyde de plomb et 20 vol. d'eau à 150° [Meyer, Petrenko, *D. chem. G.*, **25**, 3309, 1892].

Si l'on évapore, avec de la chaux, l'eau de désuintage des laines, et qu'on distille le sel de calcium formé, la première portion qui passe de 70 à 90° est composée, en grande partie, de méthyléthylcétone (voyez l'art. LAINE) [Buisine, *C. R.*, **128**, 561, 1899; — Duchemin, *Bull. Soc. Chim.*, (3), **21**, 798, 1899].

Liquide d'une odeur éthérée, bouillant à 80°,6. Spectre d'absorption, voyez Stewart et Baly *Chem. Soc.*, **89**, 489, 1906]. Il forme une combinaison avec SO^3NaH. Oxydé par CrO^3, il ne donne que de l'acide acétique (Schramm). Chauffé avec AzO^3H, il donne du diacétyle, de l'acide acétique, de l'ammoniac et du dinitroéthane. Chloruration de la méthyléthylcétone, voyez Kling [*Bull. Soc. Chim.*, (3), **33**, 322, 1905]. Pour son action sur le cyanacétate d'éthyle et AzH^3, voir Guareschi, Grande [*Centr. Blatt*, **1**, 903, 928, 1897].

Action de la potasse sur un mélange de phénylacétylène et de méthyléthylcétone [Bork, *Journal Soc. phys. chim. russe*, **37**, 67, 1905].

La condensensation de la méthyléthylcétone avec la benzaldéhyde conduit à la méthyl-α-benzaléthylcétone $CH^3 . CO . C(=CH - C^6H^5) . CH^3$; avec le benzyle on obtient le β-méthylanhydroacétone-benzyle [Japp, Knox, *Proceed. Chem. Soc.*, **21**, 152, 1905]; avec la pyrocatéchine on obtient la combinaison $C^{24}H^{30}O^4$, fusible à 302-305°; avec le pyrogallol on a un corps de formule brute $C^{24}H^{30}O^6$ [Fabinyi, Széki, *D. chem. G.*, **38**, 2307, 3527, 1905; — Carl Thomae, *Arch. Pharm.*, **243**, 294].

Méthyl-α-chloroéthylcétone, $CH^3 . CO . CHCl . CH^3$ [Vladesco, *Bull. Soc. Chim.*, (3), **6**, 408, 807, 1891; — Van Reymenant, *Bull. Acad. Roy. Belg.*, 724, 1900; 95, 1901]. — S'obtient en faisant passer un courant de chlore sec dans la méthyléthylcétone refroidie. Liquide bouillant à 115°.

Van Reymenant a obtenu, en outre, le dérivé $CH^2Cl . CO . CH^2 . CH^3$, liquide bouillant à 125° sous 156 millimètres.

Méthyl-α-dichloroéthylcétone, $CH^3 . CO . CCl^2 . CH^3$. — Vladesco l'a obtenue aussi par l'action du chlore sur la méthyléthylcétone. Deshout [*J. prakt. Chem.*, (2), **51**, 549, 1895] verse peu à peu dans du diméthylacétylène, contenu dans un mélange réfrigérant, une solution d'hypochlorite. Liquide bouillant à 113-114°.

$CH^2 . Cl . CO . CHCl . CH^3$. — [Vladesco, *Bull. Soc. Chim.*, (3), **6**, 830, 1891; — Faworsky, *J. prakt. Chem.*, (2), **51**, 555, 1895]. Liquide bouillant à 165°.

$CHCl^2 . CO . CHCl . CH^3$. — Obtenu en décomposant par l'eau la 1-méthyl-1.3.3.5.5-pentachlorocyclohexane-trione-2.4.6 [Schneider, *Mon. f. Chem.*, **20**, 411].

$CH^3 . CHBr . CO . CH^3$. — Liquide bouillant à 133-134°.

$CH^2Br.CO.CH^2.CH^3$. — Liquide bouillant à 145-146° [Van Reymenant, *Bull. Acad. Roy.*, 724, 1900; 95, 1901].

Isonitrosométhyléthylcétone, $CH^3.C(Az.OH)CO.CH^3$. — Thal [*D. chem. G.*, **25**, 17, 20, 1892] l'a obtenue en fondant de l'acide β-isonitrosolévulique : $CH^3.CO.C(AzOH)CH^2.CO^2H = C^4H^7AzO^2 + CO^2$.

Kalischer [*D. chem. G.*, **28**, 1518, 1895] l'a préparée en partant de la méthyléthylcétone, du nitrite d'amyle et de l'acide chlorhydrique.

Par l'ébullition de l'isonitrosométhyléthylcétone avec HCl concentré, on obtient de l'acide acétique, de l'hydroxylamine et un peu de diacétyldioxime $C^4H^8Az^2O^2$ [Schramm, *D. chem. G.*, **16**, 177, 1883].

Par l'action de $ZnCl^2$ en solution chlorhydrique, il se forme de la tétradiméthylaldine $C^8H^{12}Az^2$, et une base dont le sel de platine est de la forme $(C^4H^7AzCl)^2.PtCl^4$ [Braun, *D. chem. G.*, **22**, 559, 1889].

Sel d'argent. — Ceresole [*D. chem. G.*, **16**, 836, 1883].

Éther méthylique. $C^4H^6.AzO^2.CH^3$. — Bout à 125° [Pétraczek, *D. chem. G.*, **16**, 834, 1883].

$CH^3.C(Az^2O^4).CO.CH^3$. — S'obtient par l'action de AzO^2 sur l'isonitrosométhyléthylcétone [Ponzio, *Gazz. chim. ital.*, **27**, 279, 1897].

3-*Aminométhyléthylcétone*, $CH^3\text{-}CO\text{-}CH(AzH^2).CH^3$. — Ce corps se prépare par l'action de la 3-chlorobutanone sur l'ammoniac en solution alcoolique [Wladesco, *Bull. Soc. Chim.*, (3), **6**, 878, 1891].

On obtient le chlorhydrate quand on verse lentement et en agitant de l'isonitrosométhyléthylcétone dans une solution de $SnCl^2$ dans HCl concentré [Künne, *D. chem. G.*, **28**, 2036, 1895].

$C^4H^9OAz.HCl$. — Petits cristaux solubles dans l'alcool absolu, fondant à 111°.

$(C^4H^9OAz.HCl)^2.PtCl^4$. — (Wladesco, Künne).

Méthyléthylcétoxime [Mailhe, *C. R.*, **141**, 113, 1905 ; — Bresler, Friedemann et Mai, *D. chem. G.*, **39**, 876, 1906].

Éther oxalique [Diels, Sielichs et Müller, *D. chem. G.*, **39**, 1328, 1906].

Éther glycidique, bout à 155-156° sous 19 millimètres [Darzens, *C. R.*, **139**, 1214, 1904].

Décembre 1906. A. Bouchonnet.

MÉTHYLÉTHYLDICÉTONE. — Voyez BIACÉTYLE, 2e Suppl., **2**, 683.

MÉTHYLÉTHYLPYRIDINES. — Voyez COLLIDINES.

MÉTHYLÉTHYLPROPYLCARBINOL. — Voyez HEPTYLIQUES (ALCOOLS).

MÉTHYLÉTHYLPROPYLÈNE. — Voyez HEXYLÈNES.

MÉTHYLÉTHYLPROPYLMÉTHANE. — Voyez HEPTANES.

MÉTHYLGLUTARIQUES (ACIDES). — Voyez ÉTHYLIDÈNE-DIACÉTIQUE (ACIDE) et GLUTARIQUE (ACIDE).

MÉTHYLGLYCÉRIQUE (ACIDE). — Voy. DIOXYBUTYRIQUE, 2e suppl., **3**, 217.

MÉTHYLGLYOXAL. Syn. PYRUVIQUE (ALDÉHYDE)

$$\begin{array}{c} CHO \\ | \\ CH^3.CO \end{array}$$

— Ce composé a été obtenu sous la forme d'une solution aqueuse concentrée, en chauffant la combinaison bisulfitique de l'acétoxime avec de l'acide chlorhydrique :

$$CH^3.C(OH)(SO^3Na)CH(SO^3Na)AzH(OSO^2Na) + 2H^2O$$
$$= CH^3.CO.CHO + Na^2SO^4 + NaHSO^3 + AzH^3 + SO^2 + H^2O.$$

Plus récemment, M. Kling en a obtenu en oxydant le propylglycol par l'eau de brome à la lumière [*C. R.*, **129**, 219, 1900]. Le méthylglyoxal se forme également par fixation de l'acide hypochloreux sur l'allylène :

$$CH^3.CCH + 2ClOH = CH^3.CO.CHO + 2HCl.$$

[M. Wittorf, *Journ. Soc. phys. chem. russe*, **32**, 88, 1900]. Enfin, il constitue l'un des produits de dédoublement du saccharose [Windaus, Knoop, *D. chem. G.*, **38**, 1166, 1905].

Dans aucun des cas précédents, le méthylglyoxal n'a été isolé de sa solution aqueuse. M. Harries et H. Turk paraissent avoir obtenu ce composé à l'état pur en concentrant dans le vide (30° sous 10 millimètres) le produit résultant de la décomposition par la glace de l'ozonide de l'oxyde mésityle. Le liquide résiduel, qui est très visqueux, se décompose lorsqu'on cherche à le distiller ; il se transforme peu à peu en une masse vitreuse qui constitue un tétramère du méthylglyoxal $(C^3H^4O^2)^4$. Ce dernier régénère le monomère lorsqu'on le chauffe avec de l'eau [*D. chem. G.*, **38**, 1630, 1905]. Enfin, le méthylglyoxal se forme lorsqu'on décompose par l'eau l'ozonide du toluène (ozotoluène de Renard) [Harries, *loc. cit.*], ou lorsqu'on distille la dioxyacétone symétrique avec de l'acide sulfurique dilué [Pinkus, *loc. cit.*].

Propriétés du méthylglyoxal. — Le monomère est soluble dans l'eau en toutes proportions. Il est entraîné facilement par la vapeur d'eau. Chauffé avec de l'aldéhyde formique et de l'ammoniaque, il se transforme en méthylimidazol [Windaus, Knoop, *loc. cit.*].

Il forme une *disemicarbazone* fusible à 256-257°, et une *dibenzoylosazone* $CH^3.C(=Az.AzH.CO.C^6H^5).CH(=Az.AzH.CO.C^6H^5)$, fusible à 251-252° avec décomposition, et il s'unit à la toluylène-diamine-1.3.4 pour donner de la méthyltoluquinoxaline

$$CH^3\text{-}C_6H_3(AzH^2)(AzH^2) + \begin{array}{c} CHO \\ | \\ CO.CH^3 \end{array}$$
$$= CH^3\text{-}C_6H_3\langle Az, Az \rangle(CH, C.CH^3) + 2H^2O$$

[Von Pechmann, *D. chem. G.*, **20**, 2545, 1887 ; — Pinkus, *D. chem. G.*, **31**, 31, 1896].

MÉTHYLGLYOXIME, $CH^3.C(=AzOH).CH=Az.OH$. — La méthylglyoxime prend naissance lorsqu'on fait agir l'hydroxylamine libre ou en solution sulfurique sur une solution aqueuse refroidie de dichloracétone-1.1, ou d'isonitrosoacétone :

$$CH^3.CO.CH=AzOH + AzH^2OH = CH^3.C(=AzOH).CH=AzOH + H^2O$$

[Von Meyer et Janny, *D. chem. G.*, **15**, 1165, 1882 ; — Treadwell et Westenberger, *ibid.*, **15**, 2787, 1882]. La masse est abandonnée à elle-même pendant 24 heures, puis additionnée d'acide chlorhydrique et épuisée au moyen de l'éther.

La méthylglyoxime se forme encore lorsqu'on décompose la bis-diazoacétone par l'acide chlorhydrique dilué [Betti, *Gazz. chim. ital.*, **34**, 201, 1904].

La méthylglyoxime cristallise en prismes ou en paillettes fusibles à 153°, solubles dans l'alcool, l'éther, l'eau chaude et les alcalis. Elle se sublime assez facilement et fournit par réduction électrolytique de l'ammoniaque et du propylglycol [Tafel, Pfeffermann, *D. chem. G.*, **35**, 1510, 1902].

Le *dérivé argentique*, $C^3H^5Az^2O^2Ag$, se précipite sous la forme d'une poudre blanche difficilement soluble dans l'eau.

Le *dérivé diacétylé*,

$$\begin{array}{l} CH^3 . C = Az(OCOCH^3) \\ \quad\;\; | \\ \quad\;\; CH = Az(OCOCH^3) \end{array}$$

préparé au moyen de l'anhydride acétique, fond à 51° [Schramm, *D. chem. G.*, **23**, 3501, 1890].

Lorsqu'on sature de peroxyde d'azote une solution de méthylglyoxime dans l'éther anhydre, et qu'on évapore ensuite la solution éthérée après l'avoir lavée à la soude diluée, on obtient un produit cristallisé en aiguilles blanches qui fond en se décomposant à 108°, et qui répond sensiblement à la formule $C^3H^3Az^3O^3$. Cette substance est soluble dans l'éther et dans l'alcool, et insoluble dans l'eau, les acides minéraux et les alcalis [R. Scholl, *D. chem. G.*, **23**, 3501, 1890].

La méthylglyoxime n'est pas le seul produit qui prenne naissance dans l'action du chlorhydrate d'hydroxylamine sur l'isonitrosoacétone. Si l'on opère en solution concentrée, et qu'on enlève la méthylglyoxime formée au moyen de l'éther, on obtient un résidu insoluble dans les alcalis, qui cristallise en aiguilles extrêmement peu solubles dans l'eau bouillante (1 p. dans 500).

Cette substance répond à la formule $C^6H^9Az^3O^3$. Elle déflagre vers 238-247°, et se dissout facilement dans les acides minéraux, l'ammoniaque et les alcalis caustiques ou carbonatés.

Si l'on sature de gaz chlorhydrique sec sa solution alcoolique, on obtient un *chlorhydrate*, $C^6H^9Az^3O^3,HCl$ qui cristallise en aiguilles fusibles à 112-113°, solubles dans l'alcool et dans l'eau.

Le composé précédent se rapproche beaucoup par ses propriétés du corps explosif obtenu par M. Miolati en faisant agir l'hydroxylamine sur le glyoxal en solution acide [R. Scholl, *D. chem. G.*, **23**, 3578, 1890].

DIHYDRAZONE.

$$\begin{array}{l} CH^3 . C = Az . AzH . C^6H^5 \\ \quad\;\; | \\ \quad\;\; CH = Az . AzH . C^6H^5 \end{array}$$

— La dihydrazone du méthylglyoxal s'obtient en chauffant une solution alcoolique de l'hydrazoxime (voyez plus loin) avec de la phénylhydrazine et de l'acide acétique, ou simplement avec une solution alcoolique à 50 0/0 de gaz chlorhydrique.

Dans ce dernier cas, on obtient une combinaison répondant à la formule

$$CH^3 . C(=Az . AzH . C^6H^5) . CH = Az . AzHC^6H^5, HCl$$

qui cristallise en aiguilles blanches fusibles à 197°, solubles dans l'alcool méthylique. Cette combinaison est dissociée par l'ammoniaque aqueuse. La dihydrazone elle-même s'obtient aussi lorsqu'on fait agir la phénylhydrazine sur les solutions aqueuses du méthylglyoxal, de l'acétol ou de la dioxyacétone ou encore sur l'oxime de l'acétol [Harries, *loc. cit.*; — Piloty, Ruff, *D. chem. G.*, **30**, 2057, 1897]. Elle se présente sous la forme d'aiguilles jaunes fusibles à 145°, solubles dans l'alcool. Lorsqu'on oxyde sa solution acétique bouillante par le bichromate de potasse, on obtient la *tétrazone* correspondante,

$$\begin{array}{l} \quad\;\; CH = Az . Az . C^6H^5 \\ \quad\;\; | \\ CH^3 . C = Az - Az . C^6H^5 \end{array}$$

qui cristallise en aiguilles violettes fusibles à 106°, solubles dans l'alcool chaud.

La tétrazone dérivée de la dihydrazone du glyoxal fond vers 152° en se décomposant.

L'*hydrazoxime du méthylglyoxal*,

$$\begin{array}{l} CH^3 . C = Az . AzHC^6H^5 \\ \quad\;\; | \\ \quad\;\; CH = AzOH \end{array}$$

s'obtient en mélangeant des solutions éthérées ou alcooliques d'isonitrosoacétone et de phénylhydrazine. Elle cristallise en prismes jaunâtres fusibles à 134°, solubles dans l'alcool, l'éther, le benzène et l'eau bouillante. Sa solution dans l'acide sulfurique concentré est colorée en bleu foncé par le chlorure ferrique. L'oxyde jaune de mercure la transforme en méthyl-3-az-phényloxypyrro-1.2-diazol-1.4

$$\begin{array}{l} \qquad\quad O \\ \qquad\; \diagup \;\; \diagdown \\ \quad\;\; CH - Az \diagdown \\ \quad\;\; | \qquad\qquad\;\; AzC^6H^5 \\ CH^3 . C = Az \diagup \end{array}$$

[Ponzio, *Gazz. chim. ital.*, **29**, 283, 1899].

Le *dérivé acétylé de la dihydrazone* se présente sous la forme d'aiguilles blanches solubles dans l'alcool. Il fond à 163° [H. von Pechmann et A. Jones, *Ann. Chem.*, **262**, 277].

La *méthylphénylhydrazoxime du méthylglyoxal*,

$$\begin{array}{l} CH^3 . C = Az . Az(CH^3)C^6H^5 \\ \quad\;\; | \\ \quad\;\; C = AzOH \end{array}$$

s'obtient en mélangeant des solutions aqueuses d'isonitrosoacétone, de sulfate de méthylphénylhydrazine et d'acétate de sodium. Elle cristallise en prismes orangés fusibles à 118°, solubles en brun dans les alcalis. La solution dans l'acide sulfurique concentré est colorée en violet par addition de chlorure ferrique [H. von Pechmann, *D. chem. G.*, **21**, 110, 1888; — H. von Pechmann et K. Wehtarg, *D. chem. G.*, **21**, 2994, 1888].

M. Auden et MM. von Pechmann et W. Bauer ont préparé également les dérivés suivants qui se rattachent à ceux qui viennent d'être décrits : la *p-éthoxyphénylhydrazoxime* $CH^3 . C(=Az . AzH . C^6H^4 . OC^2H^5) . CH = AzOH$, en tables jaunes fusibles à 104-106° (déc.); la *bis-p-éthoxyphénylhydrazone*, en aiguilles rougeâtres fusibles à 135°, solubles en vert foncé dans l'acide sulfurique concentré, et la *tétrazone* correspondante, qui cristallise en aiguilles rouge violet, solubles en bleu indigo dans l'acide sulfurique. L'*osazone salicylique*

$$\begin{array}{l} CH^3 . C = Az . AzH . C^6H^3 \begin{cases} CO^2H \\ OH \end{cases} \\ \quad\;\; | \\ \quad\;\; CH = Az . AzH . C^6H^3 \begin{cases} CO^2H \\ OH \end{cases} \end{array}$$

se présente sous la forme d'une poudre cristalline jaune fusible à 190°, et la *phénylhydrazone-méthylphénylhydrazone* fond à 119-120° [*D. chem. G.*, **33**, 644, 1900].

On connaît également quelques dérivés analogues de l'*α-chlorométhylglyoxal* $CH^3 . CO . CClO$: ainsi l'hydrazone de ce dernier, $CH^3 . CO . CCl = Az . AzH . C^6H^5$, a été obtenue en faisant agir le chlorure de diazobenzène sur l'α-chloracétylacétone; elle cristallise en aiguilles prismatiques jaunes, fusibles à 136°,5. L'*osazone* $CH^3 . C(=Az . AzH . C^6H^5) . CCl(=Az . AzH . C^6H^5)$ résulte de l'action de la phénylhydrazine sur le dérivé précédent : elle fond à 182°,5 et se présente sous la forme de paillettes jaune citron que le mélange chromique colore en violet, et que la potasse alcoolique transforme en méthylglyoxalosotétrazone [Dieckmann, *D. chem. G.*, **38**, 2986, 1905].

Janvier 1907. P. Freundler.

MÉTHYLHEPTÉNONE. $C^8H^{14}O$. — Il ne sera ici question que de la méthylhepténone naturelle, la 2-méthylheptène-2-one-6 dont la constitution est :

$$\begin{matrix}CH^3\\CH^3\end{matrix}\!>C=CH-CH^2-CH^2-CO-CH^3$$

La méthylhepténone existe à l'état naturel dans l'essence de linaloë [Barbier et Bouveault, *C. R.*, **121**, 168], dans l'essence de lemongrass [Bertram, Tiemann, *D. chem. G.*, **32**, 834].

On l'obtient dans l'hydratation et l'oxydation simultanées du géraniol, du citral, etc..., au moyen du mélange chromique [Tiemann et Semmler, *D. chem. G.*, **26**, 2722], ou en chauffant le nitrile géranique avec de la potasse alcoolique [*loc. cit.* et *D. chem. G.*, **28**, 2126]. On extrait généralement la méthylhepténone des premières fractions de l'essence de lemongrass qui est traitée pour l'extraction du citral ; on l'obtient le mieux en faisant bouillir du citral avec une solution de carbonate de potasse [Verley, *Bull. Soc. Chim.*, (3), **17**, 191] et en fractionnant le produit obtenu :

$$\begin{matrix}CH^3\\CH^3\end{matrix}\!>C=CH-CH^2-CH^2-\underset{\displaystyle CH^3}{\underset{|}{C}}=CH-CHO + H^2O$$

$$= CH^3.CHO + \begin{matrix}CH^3\\CH^3\end{matrix}\!>C=CH-CH^2-CH^2-CO-CH^3$$

La synthèse totale de la méthylhepténone a été réalisée par Barbier et Bouveault et en second lieu par Verley :

1° L'acétylacétone sodée se condense avec le 2.4-dibromo-2-méthylbutane en fournissant une dicétone qui, traitée par la soude, se dédouble en méthylhepténone et acide acétique :

$$\begin{matrix}CH^3\\CH^3\end{matrix}\!>\underset{\displaystyle Br}{\underset{|}{C}}-CH^2.CH^2Br + 2NaCH\!<\!\begin{matrix}COCH^3\\COCH^3\end{matrix}$$

$$= 2NaBr + CH^2\!<\!\begin{matrix}COCH^3\\COCH^3\end{matrix}$$

$$+ \begin{matrix}CH^3\\CH^3\end{matrix}\!>C=CH-CH^2-CH\!<\!\begin{matrix}COCH^3\\COCH^3\end{matrix}$$

$$(CH^3)^2C=CH-CH^2-CH(COCH^3)^2 + NaOH$$

$$= CH^3CO^2Na + \begin{matrix}CH^3\\CH^3\end{matrix}\!>C=CH-CH^2-CH^2-COCH^3$$

[Barbier et Bouveault, *C. R.*, **122**, 1423].

2° L'alcool acétopropylique est transformé en iodure qui peut réagir sur l'acétone et le zinc pour donner l'alcool-cétone suivant (2-méthylheptanone-6-ol-2) :

$$CH^3CO-CH^2-CH^2-CH^2-I + \begin{matrix}CH^3\\CH^3\end{matrix}\!>CO + Zn$$

$$= CH^3-CO-CH^2-CH^2-CH^2-\underset{\displaystyle OZnI}{\underset{|}{C}}\!<\!\begin{matrix}CH^3\\CH^3\end{matrix}$$

$$\longrightarrow CH^3-CO-CH^2-CH^2-CH^2-\underset{\displaystyle OH}{\underset{|}{C}}\!<\!\begin{matrix}CH^3\\CH^3\end{matrix}$$

Cet alcool cétonique donne facilement avec perte d'eau l'éther oxyde :

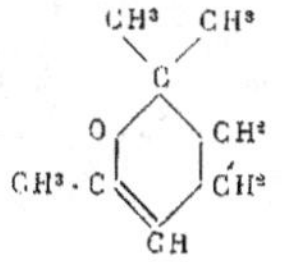

CH³ CH³
C
O CH²
CH³-C CH²
CH

Celui-ci se transforme en méthylhepténone sous l'influence de l'acide iodhydrique :

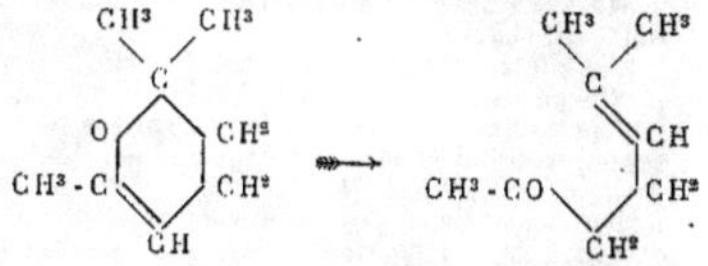

CH³ CH³ / C / O, CH², CH², CH³-C, CH → CH³ CH³ / C / CH, CH³-CO, CH², CH²

La méthylhepténone est un liquide mobile, incolore, d'une odeur spéciale, bouillant à 173-174°, $D_4^{20}=0,8602$; $n_D^{20}=1,445$ (Tiemann et Semmler) ou bouillant à 168°, $D^{14}=0,912$, $n_D^{24}=1,437$ (Verley).

L'oxydation la convertit en acétone et acide lévulique, ce qui fixe sa constitution (Tiemann) :

$$\begin{matrix}CH^3\\CH^3\end{matrix}\!>C=CH-CH^2-CH^2-CO-CH^3 + O^3$$

$$= \begin{matrix}CH^3\\CH^3\end{matrix}\!>CO + CO^2H-CH^2-CH^2-COCH^3$$

Elle se combine à l'acide chlorhydrique et à l'acide bromhydrique ; l'acide sulfurique à 75° la convertit en dihydrométaxylène ; le même acide à 40-50° donne principalement la 2-méthylheptanol-2-one-6 avec un peu de 2-méthylheptanol-3-one-6 et la triméthyldihydrohexone. La méthylhepténone donne une *phénylhydrazone* huileuse qui, chauffée à 130°, donne une pyridazine

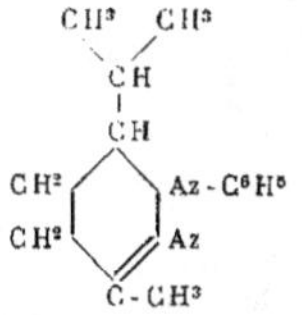

CH³ CH³
CH
CH
CH² Az-C⁶H⁵
CH² Az
C-CH³

[Verley, *loc. cit.*].

La *méthylhepténone-semicarbazone* fond à 136-138°.

La *méthylhepténone-oxime* bout à 116° sous 15 millimètres [Tiemann et Kruger, *D. chem. G.*, **28**, 2115].

La méthylhepténone se condense avec l'éther acétique pour donner un *dérivé acétylé* [Barbier, *Bull. Soc. Chim.*, (3), **21**, 635], susceptible de se cycliser sous l'influence de l'acide sulfurique en fournissant l'acétyldiméthylcyclohexanone [Leser, *Bull. Soc. Chim.*, (3), **21**, 549].

$$\begin{matrix}CH^3\\CH^3\end{matrix}\!>C=CH-CH^2-CH^2-CO-CH^3$$

$$\longrightarrow \begin{matrix}CH^3\\CH^3\end{matrix}\!>C=CH-CH^2-CH^2-CO-\underset{\displaystyle CH^3-CO}{\underset{|}{CH^2}}$$

→ CH³ CH³ / C-OH / CH³-CO-CH², CH², CO, CH², CH² → CH³ CH³ / C / CH³-CO-CH, CH², CO, CH², CH²

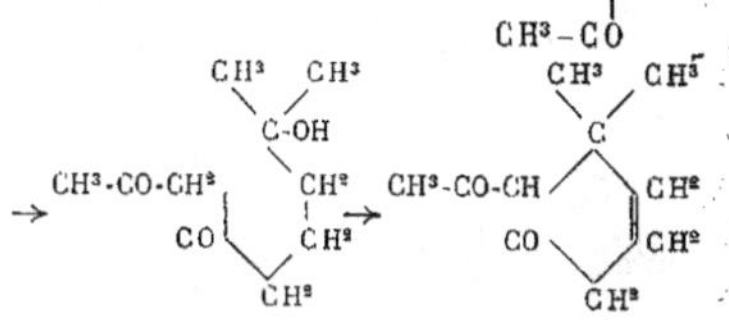

La réduction de la méthylhepténone fournit un alcool, le *méthylhepténol* $C^8H^{16}O$, bouillant à 174° qui, chauffé avec de l'acide sulfurique, donne un oxyde saturé cyclique.

Mars 1906. G. Blanc.

MÉTHYLHEXAMÉTHYLÈNE. — Voyez Hydroaromatiques (Carbures).

MÉTHYLHEXYLACÉTIQUE (ACIDE). — Voyez NONYLIQUES (ACIDES).

MÉTHYLHEXYLCÉTONE, *Octanone-2* $CH^3.CO.C^6H^{13}$.

Elle a été obtenue en versant 1 partie de caprylidène dans 1p,5 de SO^4H^2 refroidi, et distillant la solution (après l'avoir neutralisée par la soude) dans un courant de vapeur d'eau [Béhal, *Ann. Chim. Phys.*, (6), **15**, 275, 1888]. Il s'en forme aussi dans l'oxydation du méthylhexylcarbinol, et par l'action du zinc méthyle sur le chlorure œnanthylique [Béhal, *Bull. Soc. Chim.*, (3), **6**, 132, 1891]. Desgrez [*Ann. Chim. Phys.*, (7), **3**, 230, 1894] l'a préparée en chauffant pendant 3 h. à 325° 1 partie d'octine-1 ou d'octine-2 avec 20 parties d'eau.

Elle fond à — 16° [Kramers, *Rec. Pay-Bas*, **16**, 119, 1897]; bout à 172°,92 [Schiff, *Lieb. Ann. Chem.*, **220**, 103, 1884; — Louguinine, *Ann. Ch. P.*, (7), **13**, 289, 1898]. Elle bout à 123-125° sous la pression de 25 millimètres; elle présente l'aspect d'une huile faiblement colorée en jaune verdâtre [Fulda, *Mon. f. Chem.*, **23**, 907, 1902. — Darzens, *C. R.*, **141**, 766, 1905].

Chauffée avec AzO^3H, cette cétone donne du dinitrohexane, de l'acide caproïque et de l'octane-dione.

Pentachlorométhylhexylcétone, $CCl^3.CO.CCl^2C^5H^{11}$. — Brochet l'a obtenue en faisant agir le chlore sur le méthylhexylcarbinol [*Bull. Soc. Chim.*, (3), **13**, 120, 1895; *Ann. Ch. P.*, (7), **10**, 141, 1897].

Huile incolore, liquide jusqu'à — 25°, bouillant à 174° sous 15 millimètres.

Isonitrosohexylméthylcétone. — Cette cétone a pour formule $CH^3.CO.C(:Az.OH)C^5H^{11}$ et non $C^6H^{13}.CO.CH{=}AzOH$, comme on l'avait indiqué [Holleman, *Rec. Pays-Bas*, **10**, 214, 1891; — Ponzio, Prandi, *Gazz. Chim. ital.*, **28**, II, 280, 1898]. On la prépare en décomposant 50 gr. de méthylhexylcétone avec 5 à 6 cc. d'acide chlorhydrique concentré et en ajoutant 44 gr. de nitrite d'amyle, en refroidissant. Le produit fond à 55-56° [Behr, Bregowski, *D. chem. G.*, **30**, 1515, 1897].

Oxime de la méthylhexylcétone, fond à 116°,5 sous 15 millimètres; *semicarbazone*, fond à 121° [Moureu et Delange, *C. R.*, **136**, 753, 1903; *Bull. Soc. Chim.*, (3), **29**, 672, 1903. — Darzens, *C. R.*, **141**, 766, 1905].

MÉTHYLISOHEXYLCÉTONE, *méthyl-2-heptanone-6*, $CH^3.CO.(CH^2)^3.CH(CH^3)^2$ — Combes [*Ann. Ch. P.*, (6), **12**, 249, 1887] l'a obtenue en chauffant de l'isoamylacétylacétone avec de la lessive de potasse : $CH^3.CO.CH(C^5H^{11})COCH^3 + KOH = CH^3.CO^2K + C^8H^{16}O$.

On la prépare aussi en saponifiant par la potasse l'isoamylacétylacétate d'éthyle [Welt, *Ann. Ch. P.*, (7), **6**, 134]. On en obtient encore, en même temps que d'autres produits, par l'action de HCl sur l'α-isoamyl-β-oxy-β-cyanobutyrate d'éthyle [Anden, Perkin, Rose, *Chem. Soc.*, **75**, 913, 1899]. Liquide bouillant à 167-168° sous 727 mm. et à 151-152° sous 30 mm. [Darzens, *C. R.*, **139**, 1214]. Spectre d'absorption [Stewart et Baly, *Chem. Soc.*, **89**, 489, 1906].

$CH^3.CO.(CH^2)^3.CCl.(CH^3)^2$. — S'obtient par l'action de HCl sur la méthylhepténone et la triméthyldéhydrohexone [Verley, *Bull. Soc. Chim.*, (3), **17**, 178, 1897]. Bout à 112-113° sous 30 mm.

$CH^3.CO.(CH^2)^3.CBr.(CH^3)^2$. — [Verley, *Bull. Soc. Chim.*, (3), **17**, 179, 1897].

$CH^3.CO.C(:Az.OH)(CH^2)^2.CH(CH^3)^2$. — S'obtient par l'action de l'acide azoteux sur l'isoamylacétylacétate d'éthyle [Behr, Bregowski, *D. chem G.*, **30**, 1518, 1897].

Décembre 1906. A. Bouchonnet.

MÉTHYLHOMOCAFÉIQUE (ACIDE). — Voyez HOMOFÉRULIQUE (ACIDE).

MÉTHYLIQUE (ALCOOL), $H.CH^2OH$. — L'alcool méthylique se forme dans l'action du chlorure stanneux sur l'acétone [Apitzsch et Metzger, *D. chem. G.*, **37**, 1676, 1904]. Il a été caractérisé dans l'herbe des prairies [Lieben, *Mon. f. Chem.*, **19**, 353, 1898]. On le rencontre dans les produits de pyrogénation du sucre [Trillat, *Bull. Ass. chim. sucr.*, **23**, 639, 1905]. Pour sa purification, voyez Regnault et Villejean [*Ann. Chim. Phys.*, **4**, 431, 1885], et pour la préparation de l'alcool absolu, Young [*Chem. Soc.*, **81**, 707, 717, 1902].

Propriétés. — L'alcool méthylique fond à — 93°,9 [Ladenburg et Krügel, *D. chem. G.*, **32**, 818; **33**, 637, 1900; — Carrara et Coppadow, *Gazz. chim. ital.*, **32**, 329, 1903]; il bout à 66°,78 [Regnault, *loc. cit.*], 64°,8 sous 763 millimètres [Schiff, *Ann. Chem.*, **220**, 100, 1883]. D = 0,79726 à 15° [Perkin, *J. prakt. Chem.*, **31**, 505, 1885]. Point de congélation des solutions aqueuses [Loomis, *Zeit. physikal. Chem.*, **37**, 407, 1901]. Tension de vapeur de 0 à 65° [Dittmar et Fawsitt, *Zeit. physikal. Chem.*, **2**, 650, 1888; — Richardson, *Chem. Soc.*, **49**, 726, 1886]. Température critique, 241°,9 [Schmidt, *Ann. Chem.*, **266**, 287, 1891]. Constante ébullioscopique, 8,4 [Walden, *Zeit. f. physikal. Chem.*, **55**, 281, 1906]. Constante capillaire [Schiff, *Ann. Chem.*, **223**, 69, 1884]. Spectre d'absorption [Spring, *Rec. Pays-Bas*, **16**, 1, 1897]. Chaleur latente d'évaporation = 292,22 [Jahn, *Zeit. physikal. Chem.*, **11**, 790, 1893]. Chaleur de combustion moléculaire = 170,6 cal. [Stohmann, *J. prakt. Chem.*, **40**, 343, 1889; voyez aussi Rosenheim, *Chem. Ind.*, **25**, 239, 1906]. Constante diélectrique [Dewar et Flemming, *Centr. Bl.*, 564, 1897 (II); — Abegg et Seitz, *Zeit. physikal. Chem.*, **29**, 246, 1899; — Bädeker, *ibid*, 36, 305, 1901; — Drude, *ibid.*, **23**, 309, 1897; — Landolt et Jahn, *ibid.*, **10**, 316, 1893]. Pouvoir rotatoire magnétique [Schönrock, *ibid.*, **11**, 785, 1893]. Dissociation électrolytique [Carrara, *Gazz. chim. ital.*, **27**, 422, 1896]. Cryoscopie dans l'aniline [Ampola et Rumatori, *ibid.*, **27**, 47]. Détermination du poids moléculaire par la méthode de Berthelot [Ramsay et Seele, *Zeit. physikal. Chem.*, **44**, 348, 1903]. Densités des solutions aqueuses [Traube, *D. chem. G.*, **19**, 879, 1887; — Dittmar et Fawsitt, *Zeit. anal. Chem.*, **29**, 83, 1890].

Constante critique de ses dissolutions [Grismer. *Bull. Soc. Chim.*, **29**, 719, 1903]. Composition des vapeurs d'alcool méthylique et eau [Carveth, *Zeit. physikal. Chem.*, **6**, 237, 1902]. En appliquant à la solution aqueuse de l'alcool méthylique la méthode du chronostilliscope, on trouve qu'il forme des hydrates avec 1, 2, 3, 4, 8 et 20 H^2O [Varonne et Godefroy, *C. R.*, **138**, 220, 1904; — voyez aussi de Forcrand, *Ann. Chim. Phys.*, **27**, 547]. Equilibre avec deux phases liquides dans les systèmes alcalins, eau, alcool méthylique [R. de Bruyn, *Zeit. physikal. Chem.*, **32**, 63, 1900]. Tension de vapeur des mélanges avec CCl^4 [Young, *Chem. Soc.*, **83**, 77, 1903]. Points d'ébullition des mélanges avec le benzène [Ryland *Am. Chem. Journ.*, **22**, 384, 1899]. Acidité [de Forcrand, *C. R.*, **130**, 1758, 1900]. Sa transformation en alcool allylique absorbe 12 cal. [Berthelot, *C. R.*, **129**, 687, 1899].

L'alcool méthylique résiste mieux que les autres alcools à l'action de la chaleur [Ipatiew, *Journ. Soc. phys. chim. russe*, **34**, 182, 596, 1902; *D. chem. G.*, **35**, 1047, 1902; 1267, 1903; **36**, 786, 1904]. Action de l'effluve en présence de l'azote [Berthelot, *C. R.*, **126**, 616, 1888]. Décomposition par le courant électrique [Hemptinne,

Zeit. physikal. Chem., **25**, 285, 1898]. Il est moins facilement oxydable que l'alcool éthylique [L. de Bruyn, *D. chem. G.*, **26**, 264, 1893]. L'oxydation catalytique [Trillat, *Bull. Soc. Chim.*, **29**, 36, 1903; — Sabatier et Senderens, *Bull. Soc. Chim.*, **29**, 150; — Duchemin et Dourlen, *C. R.*, **139**, 759, 1904]; et l'oxydation par l'ozone, donnent de l'aldéhyde formique [Harries, *D. chem. G.*, **36**, 1936, 1903]. Le chlore humide réagit sur l'alcool méthylique pour donner de l'aldéhyde formique, de l'oxyméthylène, de l'oxyde de méthyle dichloré symétrique, de l'acide chlorhydrique et de l'oxyde de carbone [Brochet, *Ann. Chim. Phys.*, **10**, 294, 1897]. Action sur le méthylate de sodium [M. Guerbet, *Bull. Soc. Chim.*, **27**, 584, 1902]. Action de l'iode et du magnésium [Zelinsky, *Journ. Soc. phys. chim. russe*, **35**, 399, 1903].

Produits d'addition avec les sulfates métalliques [L. de Bruyn, *Rec. Pays-Bas*, **11**, 112; **22**, 407, 421, 1903; — de Forcrand, *Bull. Soc. Chim.*, **46**, 337, 1886]; avec la soude et avec la potasse [Göttig, *D. chem. G.*, **21**, 564, 1835, 1888]; avec l'iodure de sodium [Loeb, *Journ. Amer. Soc.*, **27**, 1019, 1905]; avec le chlorure stannique [Rosenheim et Schnabel, *D. chem. G.*, **38**, 2777, 1905].

Alcoolates. — Chaleurs de formation et de dissolution des méthylates de sodium et de potassium [de Forcrand, *Ann. Chim. Phys.*, **11**, 455, 462, 1887]. *Méthylate de magnésium*, $(CH^3O)^2Mg$, se forme par action de l'alcool méthylique sur l'iodure de méthyle-magnésium [Tissier et Grignard, *C. R.*, **132**, 835, 1901; — voyez aussi Szarvasy, *D. chem. G.*, **30**, 307, 807, 1836, 1897]. *Méthylate d'aluminium*, $(CH^3O)^3Al$, se forme par action de l'alcool méthylique sur l'amalgame d'aluminium [Tischtschenko, *Journ. Soc. phys. chim. russe*, **31**, 483, 1899].

Le *phénylthiocarbamate*,

$$C^6H^5AzH . CS . OCH^3,$$

fond à 97° [Orndorff et Richmond, *Am. Chem. Journ.*, **22**, 458, 1899].

Recherche de l'alcool méthylique, voyez Mulliken et Scudder, *Am. Chem. Journ.*, **21**, 267, 899; **24**, 444, 1900; — Tandrier, *Centr. Bl.*, 1296, 1899 (I); — Nicloux, *Bull. Soc. Chim.*, **17**, 839, 1897; — Barillot, *Bull. Soc. Chim.*, **9**, 185, 1893; — Stritar, *Zeit. anal. Chem.*, **43**, 387, 401, 1904; — Peratoner et Tamburello, *Centr. Bl.*, 1905, (2), 680; — Scuder, *Journ. Amer. Soc.*, **27**, 892, 1905; — Hamberger, *Apoth. Zeit.*, **20**, 810, 1905.

Recherche en présence de l'alcool éthylique [Trillat, *Bull. Soc. Chim.*, **19**, 984, 989, 1898; — Wolff, *Centr. Bl.*, 229, 1899 (II); — Umbgrove et Franchimont, *Rec. Pays-Bas*, **16**, 406, 1897; — Lam, *Zeit. f. angew. Chem.*, 125, 1898; — Prinsen Geerligs, *Chem. Zeit.*, **23**, 71; — Habermann et Œsterreicher, *Zeit. anal. Chem.*, **40**, 721, 1901; — Thorpe et Holmer, *Chem. Soc.*, **85**, 1, 1904; — Utz, *Pharm. Centr.*, **46**, 736, 1905].

Dosage du groupement méthoxy [voyez Zeisel, *Mon. f. Chem.*, **6**, 989, 1885; **7**, 406; — Benedikt et Grüssner, *Zeit. anal. Chem.*, **29**, 362, 634; — Ehmann, *Zeit. anal. Chem.*, **30**, 633; — Benedikt et Bamberger, *Mon. f. Chem.*, **12**, 1, 1891; — Grégor, *Mon. f. Chem.*, **19**, 116, 1898].

Alcool chlorométhylique. — L'aldéhyde formique se combine molécule à molécule avec l'acide chlorhydrique pour donner un composé que Losekann [*Chem. Zeit.*, **14**, 1408] envisage comme un alcool chlorométhylique $CH^2 . Cl . OH$; mais qui serait plus probablement CH^2O, HCl [Descudé, *Bull. Soc. Chim.*, **31**, 793, 1904]. D'après Coops [*Rec. Pays-Bas*, **20**, 267, 1901], il aurait pour formule : $2CH^2O + HCl$.

Oxyde de méthyle. $(CH^3)^2O$. — L'oxyde de méthyle se forme dans l'action de l'acide phosphorique sirupeux sur l'alcool méthylique [Newth, *Chem. Soc.*, **79**, 915, 1901]; et de l'alcool méthylique sur le benzène-sulfonate de méthyle [Rosenfeld et Freiberg, *Journ. Soc. phys. chim. russe*, **31**, 422, 1902]. Vitesse de formation par $CH^3I + CH^3ONa$ [L. de Bruyn et Steger, *Rec. Pays-Bas*, **18**, 311, 1899; — Zangrébine, *Journ. Soc. phys. chim. russe*, **31**, 19, 1899].

Il bout à 129°,6 (température absolue) [Nadeschdin, *Journ. Soc. phys. chim. russe*, **15**, 27, 1883]. Action de l'effluve en présence d'azote [Berthelot, *C. R.*, **126**, 624, 1898]. La combinaison de Friedel, $(CH^3)^2O + HCl$, bout à + 20° [Kuenen, *Zeit. physikal. Chem.*, **37**, 485, 1901; voyez aussi Wegscheider, *Mon. f. Chem.*, **20**, 320, 1899].

L'*oxyde de méthyle monochloré*,

$$CH^2Cl . O . CH^3,$$

se forme par action du gaz chlorhydrique sur un mélange d'alcool méthylique et d'aldéhyde formique [Favre, *Bull. Soc. Chim.*, **11**, 1096, 1897]. Il bout à 59°,5 sous 759 millimètres [Kleber, *Lieb. Ann. Chem.*, **246**, 97, 1888]. Action du zinc [Fileti et Gaspari, *Gazz. chim. ital.*, **27**, 293, 1897].

L'*oxyde de méthyle dichloré sym.*, $(CH^2Cl)^2O$ se forme par action du gaz chlorhydrique sur le trioxyméthylène [Tischtschenko, *Journ. Soc. phys. chim. russe*, **19**, 473, 1897], et des chlorures d'acides sur le même composé [Descudé, *C. R.*, **134**, 1065, 1902]. On le prépare facilement en faisant réagir le trichlorure de phosphore sur le trioxyméthylène en présence du chlorure de zinc [Descudé, *Bull. Soc. Chim.*, **31**, 788, 1904; voyez aussi Grassi et Cristaldi, *Gazz. chim. ital.*, **27**, 502, 1897; — Brochet, *Ann. Chim. Phys.*, **10**, 295, 1897; — Grassi et Maselli, *Gazz. chim. ital.*, **28**, 385, 1898; — Littercheid, *Ann. Chem.*, **330**, 112, 1903].

L'*oxyde de méthyle trichloré*,

$$CH^2Cl . O . CHCl^2,$$

bout à 130-132° [de Sonay, *D. chem. G.*, **27**, 337, 1894].

L'*oxyde de méthyle tétrachloré*, $C^2H^2OCl^4$, se forme en même temps que le précédent et que le dérivé perchloré, dans la chloruration de l'oxyde de méthyle [de Sonay, *loc. cit.*].

L'*oxyde de méthyle perchloré*, C^2OCl^6, bout à 98°.

L'*oxyde de méthyle bromé*, $CH^2Br . O . CH^3$, bout à 87° [Henry, *D. chem. G.*, **26**, 933, 1893].

L'*oxyde de méthyle dibromé sym.*,

$$(CH^2Br)^2O,$$

se forme par action du gaz bromhydrique sur le trioxyméthylène [Tischtschenko, *Journ. Soc. phys. chim. russe*, **19**, 472, 1897]. Il fond à — 32° et bout à 154-155° [Henry, *loc. cit.*; *Rec. Pays-Bas*, **23**, 16, 1904].

L'*oxyde de méthyle iodé*, $CH^2I . O . CH^3$, bout à 123-125° [Henry, *D. chem. G.*, **20**, 934].

L'*oxyde de méthyle diiodé sym.*, $(CH^2I)^2O$, bout à 218-219° [Tischtschenko, *loc. cit.*].

Ethers-sels. — *Éthers halogénés*, voyez Méthane (*dérivés halogénés*, p. 366).

Hypochlorite de méthyle, $ClO . CH^3$. — On le prépare en faisant passer un courant de chlore dans un mélange refroidi de 4 parties de soude, 3 parties d'alcool méthylique et 36 parties d'eau. Il bout à 12° sous 726 millimètres [Sandmeyer, *D. chem. G.*, **19**, 859, 1886].

Sulfite acide de méthyle,

$$SO<^{OH}_{OCH^3}$$

— Les sels de sodium et de potassium ont été préparés en faisant réagir le gaz sulfureux sec sur les méthylates correspondants [Rosenheim et Liebknecht, *D. chem. G.*, **31**. 409 : — Szarvasy, *D. chem. G.*, **30**, 1837, 1897].

Sulfate acide de méthyle.

$$SO^2<^{OH}_{OCH^3}$$

— Le sel d'ammonium fond à 135° [Krafft et Bourgeois, *D. chem. G.*, **25**, 474, 1892]. Conductibilité électrique du sel de potassium [Ostwald, *Zeit. physikal. Chem.*, **1**, 76 : pouvoir réfringent [Kanonnikow, *Journ. prakt. Chem.*, **31**, 350, 1885].

Sulfate neutre de méthyle. $SO^2(OCH^3)^2$. — Pour le préparer on verse peu à peu 37 grammes d'alcool méthylique dans 100 grammes d'acide chlorosulfurique à — 5°. Rendement, 42 à 45 grammes de sulfate de méthyle [Ullmann, *Lieb. Ann. Chem.*, **357**, 104, 1903]. C'est un liquide huileux distillant à 188°,3-188°,6 ; D = 1,33344 à 15° [Perkin, *Chem. Soc.*, **49**, 785, 1886]. Il est très employé comme agent de méthylation. Il a été utilisé à la synthèse de divers hydrocarbures par son action sur les dérivés organo-magnésiens [Werner et Zilkens, *D. chem. G.*, **36**, 2116, 1903 ; — Houben, *D. chem. G.*, **36**, 3083, 1903].

Acide oxyméthylsulfonique. $CH^2OH.SO^3H$. Il se forme quand on verse de l'acide sulfurique fumant à 50 0/0 de SO^3 dans un mélange d'alcool méthylique et d'acide sulfurique ; le sel de sodium, $CH^2OH.SO^3Na + H^2O$, cristallise en aiguilles [Reinking, Dehnel et Labhardt, *D. chem. G.*, **38**, 1069, 1905].

Azotite de méthyle, $AzO^2.CH^3$. — Il se forme dans l'action de l'alcool méthylique sur le nitrite d'amyle [*Gazz. chim. ital.*, **12**, 438, 1882] ; dans l'action du sulfate de méthyle sur l'azotite de potassium [Kaulfer et Pomeranz, *Mon. f. Chem.*, **23**, 492, 1901.

Pour le préparer, on laisse tomber goutte à goutte une solution renfermant 550 centimètres cubes d'eau, 64 grammes d'acide sulfurique et 35 grammes d'alcool méthylique dans un ballon contenant 300 centimètres cubes d'eau, 80 grammes d'azotite de sodium et 25 grammes d'alcool méthylique [Wallach, *Lieb. Ann. Chem.*, **253**, 251, 1889 ; — Bouveault et Wahl, *Bull. Soc. Chim.*, **29**, 961, 1903]. Il bout à — 12°.

Azotate de méthyle, AzO^3CH^3. — On le prépare en traitant le mélange d'alcool méthylique et d'acide sulfurique par un mélange d'acide nitrique et d'acide sulfurique au-dessous de 15° [Delépine, *Bull. Soc. Chim.*, **13**, 1044, 1895] ; ou bien en traitant le sulfate de méthyle par l'acide azotique [Léo Vignon et Gérin, *Bull. Soc. Chim.*, **13**, 26, 1902]. Il bout à 65-66°. D = 1,2167 à 15° [Perkin, *Chem. Soc.*, **55**, 682, 1889]. Saponification [Vignon et Bay, *Bull. Soc. Chim.*, **29**, 508, 1903].

Phosphite monométhylique. — Le *chlorure*, $CH^3.OP:Cl^2$, résulte de l'action du trichlorure de phosphore (1 molécule) sur l'alcool méthylique (1 molécule). Il bout à 93-96° sous 58 millimètres [Kowalewsky, *Journ. Soc phys. chim. russe*, **29**, 217, 1897].

Phosphite triméthylique. $P(OCH^3)^3$. — On l'obtient en faisant réagir une solution éthérée de trichlorure de phosphore sur le méthylate de sodium. C'est un liquide qui bout à 182-185° en se décomposant partiellement [Jahne, *Lieb. Ann. Chem.*, **256**, 281, 1890]. L'action des combinaisons $PCl^3.AuCl$, et $PCl^3.PtCl^2$ sur l'alcool méthylique absolu fournit les composés, $P(OCH^3)^3AuCl$, fusible à 100-101° [Lindet, *Ann. Chim. Phys.*, **11**, 190, 1887], et $[P(OCH^3)^3]^2PtCl^2$ [Rosenheim et Lœwenstamm, *Zeit. anorgan. Chem.*, **37**, 394, 1903].

Hypophosphate de méthyle, $P^2O^6(CH^3)^4$. — Il a été préparé en maintenant en contact l'hypophosphate d'argent avec l'iodure de méthyle, pendant 40 heures. Liquide épais, D = 1,109 à 15° [Sänger, *Lieb. Ann. Chem.*, **232**, 13, 1886].

Phosphates de méthyle. — La vitesse d'éthérification de l'acide phosphorique par l'alcool méthylique a été étudiée par Belugou [*Bull. Soc. Chim.*, **25**, 166, 1899 ; — Sachs, *Journ. Soc. phys. chim. russe*, **35**, 211, 1903].

Les *phosphates mono- et diméthyliques*, $PO^4(CH^3)H^2$ et $PO^4(CH^3)^2H$, se forment simultanément quand on traite la solution d'alcool méthylique dans l'éther anhydre par l'anhydride phosphorique [Lossen et Köhler, *Lieb. Ann. Chem.*, **262**, 210, 1891]. Il est plus commode de les préparer en utilisant la réaction de l'oxychlorure de phosphore sur l'alcool méthylique en solution éthérée ; on les sépare ensuite par l'intermédiaire de leurs sels de baryum [Cavalier, *Bull. Soc. Chim.*, **19**, 883, 1898 ; *Thèse*, Rennes, 1898]. Chaleur de neutralisation [Cavalier, *C. R.*, **120**, 1142 ; 1214]. Sels divers, voyez Cavalier [*loc. cit.*].

Le *phosphate triméthylique*, $PO^4(CH^3)^3$, obtenu en faisant réagir l'iodure de méthyle sur le phosphate d'argent, bout à 197°,2 [Weger, *Lieb. Ann. Chem.*, **221**, 89, 1884] ; 192° sous 762 millimètres ; 85° sous 24 millimètres [Cavalier, *Bull. Soc. Chim.*, **19**, 887, 1898].

Molybdate de méthyle, $MO^2(OCH^3)^2$. — Tables blanches brunissant à la lumière, très solubles dans l'eau [Rosenheim et Berthein, *Zeit. anorgan. Chem.*, **34**, 427 ; **37**, 314, 1904].

Sulfocyanure de méthyle, C^2H^3AzS. — Chaleur de combustion, 1^{cal},442 ; celle de l'*isosulfocyanure* est de 441^{cal},6 [Berthelot, *C. R.*, 130, 441, 1900]. Juin 1906. P. Carré.

MÉTHYLISOBUTYLACÉTIQUE (ACIDE). — Voyez Heptyliques (Acides).

MÉTHYLISOBUTYLÉTHYLÈNE. — Voy. Heptylènes.

MÉTHYLISOPROPYLDICÉTONE. — Voy. Biacétyle, 2e Suppl., **1**, 682.

MÉTHYLMORPHOLINE. — Voyez Furazines, 2e Suppl., **4**, 371.

MÉTHYLNONYLCÉTONE.

$$C^{11}H^{22}O = CH^3CO.C^9H^{19}.$$

— La méthylnonylcétone est le constituant principal de l'essence de Rue (*Ruta graveolens*) d'où on peut l'en extraire par distillation fractionnée ; on l'obtient encore en distillant un mélange d'acétate et de caprate de calcium [Gorup-Besanez, *Lieb. Ann. Chem.*, **157**, 275], ou encore en chauffant avec une solution alcaline l'éther octylacétylacétique [Guthzeit, *Lieb. Ann. Chem.*, **204**, 4].

La méthylnonylcétone bout à 224°, ou à 122-123° sous 24 millimètres [Carette, *C. R.*, 822, 1899], et se solidifie en une masse cristalline fondant vers 50°.

Elle donne une combinaison bisulfitique. Son oxime fond à 45° ; elle se condense avec la benzaldéhyde en donnant un produit $C^{18}H^{26}O$ fusible à 41-42°, et une autre substance $(C^{18}H^{26}O)^2$ fusible à 116° [Carette, *C. R.*, **131**, 1225]. La méthylnonylcétone se combine avec l'acide cyanhydrique en donnant un nitrile-alcool

$$\begin{matrix} CH^3 \searrow \\ C^9H^{19} \nearrow \end{matrix} C - CAz$$
$$| \\ OH$$

[Carette. *C. R.*, **134**. 477].

L'acide chromique oxyde la méthylnonylcétone en fournissant l'acide pélargonique :

$$CH^3COC^9H^{19} + O^3 = C^9H^{18}O^2 + CH^3CO^2H.$$

L'acide nitrique fournit suivant les conditions les acides pélargonique, acétique, le nitrile pélargonique, le dinitrononane et l'undécane-dione-2.3 [Fileti et Ponzio, *Gazz. chim. ital.*, **24**, 291].

La méthylnonylcétone est réduite par le sodium et l'alcool en *méthylnonylcarbinol* bouillant à 120° sous 14 millimètres [Hannich, *D. chem. G.*, **35**, 2144]. L'*undécylène* correspondant bout à 192-193°; l'*undécylamine* à 113-114° sous 26 millimètres.

Sous l'influence de l'acide chlorhydrique gazeux, la méthylnonylcétone donne un composé $C^{22}H^{43}ClO$ qui, par distillation dans le vide, se scinde en acide chlorhydrique et une *cétone non saturée* $C^{22}H^{42}O$, de constitution probable

$$C^9H^{19} - C = CH - CO - C^9H^{19}$$
$$| \\ CH^3$$

Mars 1906. G. Blanc.

MÉTHYLPHÉNACYLACÉTIQUE (ACIDE) $C^6H^5 - CO - CH^2 - CH(CH^3) - CO^2H$. — Cet acide a été obtenu par M. Klobb : 1° en saponifiant le méthylphénacylcyanacétate de méthyle, dissous dans l'alcool, par la quantité théorique de soude, en opérant à l'ébullition [*Bull. Soc. Chim.*, **17**, 409, 1897]; 2° en condensant l'anhydride méthylsuccinique avec le benzène en présence de chlorure d'aluminium [*ibid.*, **23**, 511, 1900].

L'acide méthylphénacylacétique cristallise en aiguilles blanches fusibles à 136°, sublimables. Il est peu soluble dans l'éther, insoluble dans l'eau froide, très peu soluble dans l'eau bouillante dont il se dépose par refroidissement sous la forme caractéristique de plumes de paon. Le *sel de potassium* cristallise nettement, il est très soluble dans l'eau. Janvier 1906. R. Marquis.

MÉTHYLPHÉNACYLCYANACÉTIQUE (ACIDE).

$$C^6H^5 - CO - CH^2 - \underset{\underset{CH^3}{|}}{C} \begin{matrix} \nearrow CAz \\ \searrow CO^2H \end{matrix}$$

— Son *éther méthylique* se forme en traitant le phénacylcyanacétate de méthyle sodé par l'iodure de méthyle. Il cristallise en aiguilles fusibles à 113°. L'*acide* s'obtient en saponifiant l'éther à froid par une molécule de potasse alcoolique. Il cristallise dans l'acide acétique en aiguilles ou en paillettes fusibles à 173°, solubles dans l'eau bouillante [Klobb, *Bull. Soc. Chim.*, **15**, 775, 1896]. R. Marquis.

MÉTHYLPHÉNYLANTHRACÈNE.

$$CH^3 - C^6H^3 \begin{matrix} \nearrow C.C^6H^5 \searrow \\ | \\ \searrow CH \text{———} \nearrow \end{matrix} C^6H^4$$

— Ce corps s'obtient en distillant sur la poudre de zinc le méthylphénylanthranol. On dissout le produit brut dans l'acide acétique bouillant; on le précipite par l'eau, puis on le cristallise de nouveau dans l'alcool. C'est un corps jaune, brillant, qui fond à 119° et présente une fluorescence vert bleuâtre en solution alcoolique étendue. Par oxydation au moyen d'acide chromique en solution acétique il donne le méthylphénylоxanthranol [Hemilian, *D. chem. G.*, **16**, 2367, 1883]. Novembre 1906. J. Lavaux.

MÉTHYLPHÉNYLANTHRANOL,

$$CH^3 - C^6H^3 \begin{matrix} \nearrow C.C^6H^5 \searrow \\ | \\ \searrow C.OH \nearrow \end{matrix} C^6H^4$$

— On le prépare en chauffant à 100° avec de l'acide sulfurique l'acide méthyltriphénylméthane-carbonique $(C^6H^5)_2 = CH - C^6H^3(CH^3)CO^2H$. On précipite la solution par l'eau, on lave le produit avec de la soude et on le purifie par cristallisation dans l'alcool. Il est formé de lames brillantes d'un jaune vif, solubles dans l'éther, l'acide acétique, l'alcool bouillant. Il fond à 156-157° et brunit déjà fortement vers 130°. Il ne se dissout dans les alcalis qu'à l'ébullition et donne le méthylphényloxanthranol, $C^{21}H^{16}O^2$, quand on l'oxyde par le bichromate de potasse et l'acide acétique. Enfin, distillé sur la poudre de zinc, il fournit le méthylphénylanthracène [Hemilian, *D. chem. G.*, **16**, 2365, 1883].

Novembre 1906. J. Lavaux.

MÉTHYLPHÉNYLCARBAZOXIME. — Voyez ÉTHÉNYLAMIDOXIME.

MÉTHYLPHÉNYLCÉTONE. — Voy. l'art. ACÉTYLBENZÈNE, 2e Suppl., **1**, 71.

MÉTHYLPHÉNYLFURFURANE. — Voy. l'article ACÉTOPHÉNONE-ACÉTYLACÉTIQUE, 2e Suppl., **1**, 41.

2.5-MÉTHYLPHÉNYLFURFURANE,

$$\begin{matrix} CH - CH \\ \| \quad\quad \| \\ CH^3 - C \quad\quad C - C^6H^5 \\ \searrow \;\; \swarrow \\ O \end{matrix}$$

— On prépare ce corps en déshydratant l'acétophénone-acétone, soit en la chauffant avec de l'anhydride acétique [Paal, *D. chem. G.*, **17**, 915, 1884], soit, plus commodément, en la traitant par l'acide chlorhydrique fumant légèrement chauffé. On étend ensuite d'eau et on distille avec la vapeur d'eau [Paal, *ibid.*, **17**, 2759]. Le méthylphénylfurfurane se forme encore quand on chauffe l'acide méthylphénylfurfurane-carbonique, soit seul à 240-250°, soit avec de la poudre de zinc (Paal), ou bien quand on distille les acides phénylthronique et phénuvique [Fittig et Schlosser, *Ann. Chem.*, **250**, 220, 1889].

Le méthylphénylfurfurane cristallise par évaporation lente de sa solution alcoolique en longues aiguilles brillantes fusibles à 41-42°, insolubles dans l'eau et les alcalis, solubles dans l'alcool et l'acide acétique, déliquescentes dans le sulfure de carbone et l'éther de pétrole. Il bout à 235-240°.

L'ammoniaque alcoolique à 180° ne l'attaque pas. L'oxydation manganique donne seulement de l'acide benzoïque. L'amalgame de sodium est sans action.

Traité par le brome en excès, le phénylméthylfurfurane donne un *tétrabromure bromé* $C^{11}H^9Br^5O$ qui se présente en paillettes bronzées fusibles à 208-210° (Paal).

Tétrahydrométhylphénylfurfurane. — Ce composé s'obtient en hydrogénant le méthylphénylfurfurane par le sodium et l'alcool. C'est un liquide incolore, mobile, insoluble dans l'eau et les alcalis, bouillant vers 230°. Il ne réagit pas avec la phénylhydroxylamine (Paal).

2.4-Méthylphénylfurfurane.

$$\begin{array}{ccc} C^6H^5-C & \text{——} & CH \\ \| & & \| \\ CH & & C-CH^3 \\ & \diagdown \; O \; \diagup & \end{array}$$

— Ce composé a été obtenu par Buchner et Schröder [*D. chem. G.*, **35**, 789, 1902] en traitant par la potasse à 40 0/0 bouillante l'éther 3-bromo-4-phényl-6-méthyl-1.2-pyrone-5-carbonique :

$$\begin{array}{l} C^6H^5-C-CBr-CO \\ \quad\;\; | \qquad\qquad\;\; O \\ C^2H^5-CO^2.C{=\!=}C<^{O}_{CH^3} \end{array}$$

Il cristallise dans l'eau bouillante en très fines aiguilles fusibles à 80-81°. Il décolore le permanganate de potassium en solution de carbonate de soude.

Acide 2.4-méthylphénylfurfurane-3.5-dicarbonique. — Il se forme à partir de l'éther bromé ci-dessus, en ne prolongeant pas le traitement à la potasse au delà du point où la solution devient brun clair. On refroidit alors, acidule, et extrait à l'éther. L'acide cristallise dans l'éther en aiguilles incolores qui se décomposent vers 224°. Janvier 1907. R. Marquis.

MÉTHYLPHTALIDE. — Voyez Acétylbenzoïques, 2e Suppl., **1**, 81.

MÉTHYLPROPYLACÉTYLÈNE. — Voyez Hexines.

MÉTHYLPROPYLCÉTONE. — *Pentanone-2*, $CH^3.CO.CH^2.CH^2.CH^3$.

Préparation. — On chauffe du valérylène avec de l'eau et $HgBr^2$ [Kutscherow, *D. chem. G.*, **14**, 1542, 1881].

On chauffe de l'éthylacétylacétone avec de la lessive de potasse [Combes, *Ann. Chem.*, (6), **12**, 258, 1887] : $CH^3.CO.CH(C^2H^5).CO.CH^3 + KOH = CH^3CO^2K + C^5H^{10}O$.

On peut encore en obtenir par dédoublement de l'acide propylpropiolique, $CH^3.CH^2.CH^2.C \equiv C.CO^2H$ [Moureu et Delange, *Bull. Soc. Chim.*, (3), **29**, 672].

On en trouve dans l'esprit de bois [Wladesco, *Bull. Soc. Chim.*, (3), **3**, 511, 1890 ; — Buisine, *C. R.*, **128**, 805, 1899].

Liquide bouillant à 102° [Perkin, *Chem. Soc.*, **45**, 479, 1883 ; — Thorpe, Jones, *Pr. Chem. Soc.*, **118**, 4 ; — Freer, Lachmann, *Am. Soc.*, **19**, 879, 1897 ; — Vörlander, *D. chem. G.*, **30**, 2267, 1897]. Spectre d'absorption [Stewart et Baly, *Chem. Soc.*, **89**, 489, 1906].

Condensation de la méthylpropylcétone avec l'acide hypophosphoreux : $PO^2H^3.CH^3.CO.C^3H^7$, fondant à 139°, soluble dans tous les solvants organiques, sauf l'éther [Marie, *C. R.*, **136**, 508, 1903].

Condensation de la méthylpropylcétone avec la benzaldéhyde [Harries et Bromberger, *D. chem. G.*, **35**, 3088, 1902].

Méthylchloropropylcétones : 3-chloro-2-pentanone $CH^3-CO-CHCl.C^2H^5$. — Elle s'obtient par l'action du chlore sur la méthylpropylcétone fortement refroidie [Wladesco, *Bull. Soc. Chim.*, (3), **6**, 832, 1891].

$CH^3.CH^2.CCl-CO.CH^3$. — Liquide bouillant à 138° sous 756 mm., fondant à 55-56°, ne se combinant pas avec SO^3NaH [Faworski, *J. prakt. Chem.*, (2), **51**, 534].

$CH^3-CO-C^3H^4Cl^3$. — On traite le méthyltrichloropropylcarbinol $C^3H^4Cl^3.CH(CH^3)OH$, par le mélange chromique [Garzarolli, *Lieb. Ann. Chem.*, **223**, 152, 1884]. Liquide bouillant à 191-193° sous 743mm,8.

Méthyl-ω-bromopropylcétone, $CH^3.CO.CH^2.CH^2.CH^2Br$. — Bouillant à 105-106° sous 60 mm. [Lipp, *D. chem. G.*, **22**, 1206, 1889 ; — Marshall, Perkin, *Chem. Soc.*, **59**, 876, 1891 ; — Colman, Perkin, *Chem. Soc.*, **55**, 357, 1889 ; — Hielscher, *D. chem. G.*, **31**, 277, 1898].

Cette cétone est transformée par AzH^3 en solution alcoolique en α-méthylpyrroline, et par la méthylamine en Az-α-diméthylpyrroline.

Isonitrosométhylcétones. — *a.* $CH^3.CO.C(AzOH).CH^2.CH^3$. — Cristaux fusibles à 53-55° [Meyer, Zublin, *D. chem. G.*, **11**, 323, 695, 1878].

b. $C^3H^7.CO.CH:Az.OH$. — Cristaux lamellaires nacrés, fusibles à 48-51° [Claisen, Manasse, *D. chem. G.*, **22**, 528, 1885.

Kalischer [*D. chem. G.*, **28**, 1515, 1895] prétend que les dérivés *a* et *b* sont identiques.

$CH^3.CO(Az^2O^3).CH^2.CH^3$. — Cristaux prismatiques blancs fusibles vers 64° en un liquide bleu et se décomposant au-dessus de 65° [Ponzio, *J. prakt. Chem.*, (2), **59**, 1899].

Éther glycidique de la méthylpropylcétone. Il bout à 155-158° sous 16 mm. [Darzens, *C. R.*, **139**, 1214, 1904].

Oxime,

$$\begin{matrix} CH^3 \\ C^3H^7 \end{matrix}\!\!>CAzOH$$

— Liquide épais, incolore, bouillant à 178° sous 748 mm. [Koursanof, *J. phys. Ch.*, **30**, 269, 1898 ; Mailhe, *C. R.*, **141**, 113, 1905].

Méthylisopropylcétone, $CH^3-CO.CH(CH^3)^2$. — On la trouve dans l'acétone brute provenant de la distillation du bois [Buisine, *C. R.*, **128**, 885, 1899].

Préparation. — 1° On décompose le bromure de triméthyléthylène par l'eau [Nagelli, *D. chem. G.*, **16**, 2983]. 2° On chauffe à 100° du méthylisopropénylcarbinol $CH^2{=}C(CH^3)CHOH.CH^3$ avec un excès de SO^4H^2 [Kondakow, *Journ. russe*, **17**, 300, 1885]. 3° On fait agir le zinc méthyle sur le chlorure d'isobutyryle [Béhal, *Ann. Ch. Ph.*, (6), **15**, 284, 1888].

4° On fait bouillir du diméthylacétylacétate d'éthyle avec de la lessive de potasse [Frankland et Duppa, *Lieb. Ann. Chem.*, **288**, 332, 1895] ou même avec le quart de son poids de SO^4H^2 étendu [Schryver, *Chem. Soc.*, **63**, 1336, 1893 ; — Lilienfeld, *Mon. f. Chem.*, **19**, 77, 1898].

5° Il se forme de la méthylisopropylcétone, en même temps que de l'aldéhyde isovalérique, quand on chauffe, pendant 5 à 6 heures à 135° 1 p. de 2.3-dibromo-2 méthylbutane avec 1 p. PbO et 10 p. H^2O [Mikaelenko, *Journ. russe*, **27**, 57, 1895 ; — Ipatjew, **27**, 359, 1895].

6° Fischer et Winter [*Mon. f. Chem.*, **21**, 301, 1900] ont fait agir SO^4H^2 sur le pentylglycol $(CH^3)^2:C:(CH^2OH)^2$.

7° Fulda [*Mon. f. Chem.*, **23**, 907, 1902], obtient un bon rendement en faisant agir l'eau sur la monochlorhydrine du triméthyléthylène : la réaction est : $(CH^3)^2:C(OH).CHCl.CH^3 = (CH^3)^2:CH.CO.CH^3 + HCl$.

La méthylisopropylcétone fond à 93-94° (Fulda). Spectre d'absorption [Stewart et Baly, *Chem. Soc.*, **89**, 489, 1906]. Action de la potasse sur un mélange de phénylacétylène et de méthylisopropylcétone [Bork, *Journ. russe*, **37**, 650, 1905 ; — Courtot, *Bull. Soc. Chem.*, **35**, 298, 1906].

$(CH^3)^2CH.CO.CCl^3$. — Fondant à + 5° ; bouillant à 165° sous la pression 765 [Jocicz, *Journ. russe*, **29**, 109, 1897 ; *Central Blatt*, 1897, I, 1904].

Une lessive de potasse à 30 0/0 décompose ce produit en acide isobutyrique et $CHCl^3$.

Condensation de la méthylisopropylcétone et

de la méthylhydrazone, au moyen de $ZnCl^2$ [Plancher, *D. chem. G.*, **31**, 1408, 1898]; condensation avec l'aldéhyde anisique [Vorlander, Knoetz, *Lieb. Ann. Chem.*, **294**, 317, 1894]; semicarbazone, fondant à 114° [Blaise. Luttringer, *Bull. Soc. Chim.*. (3), **33**, 818, 1905; — Courtot, *ibid.*, **35**, 298, 1906].

Décembre 1906. A. Bouchonnet.

MÉTHYLPROPYLÉTHYLÈNE. — Voyez Hexylènes.

MÉTHYLTÉTROSE, *pentane-triolal* $\frac{2}{3}$.4.

$$\begin{array}{ccccc} & OH & H & & \\ & | & | & & \\ CHO - & C - & C - & CHOH - & CH^3 \\ & | & | & & \\ & H & OH & & \end{array}$$

— On le prépare en appliquant au rhamnose la réaction de Wohl : on traite le nitrile tétracétylrhamnonique par une solution ammoniacale d'oxyde d'argent, qui lui enlève une molécule d'acide cyanhydrique; on précipite l'argent par l'hydrogène sulfuré, et on évapore la solution dans le vide. On obtient ainsi la *méthyltétrose-acétamide*, $C^9H^{18}Az^2O^5$, mélangée d'acétamide. La méthyltétrose-acétamide, réparée par cristallisation dans l'alcool, forme des prismes fusibles à 201-205°.

La méthyltétrose-acétamide portée à l'ébullition avec l'acide chlorhydrique à 5 0/0 est dédoublée en acétamide (ou acétate d'ammoniaque) et en *méthyltétrose*; sirop incristallisable, fortement réducteur. Oxydé par l'acide nitrique il fournit de l'acide tartrique dextrogyre [Fischer, *D. chem. G.*, **29**, 1377, 1896].

La *phénylméthyltétrosazone*, $C^{17}H^{20}Az^4O^2$, fond vers 171-174°.

Juin 1906. P. Carré.

MÉTHYSTICINE ou **KAWAÏNE** (voir Dict., 2, 429). — Pomeranz a repris l'étude de cette substance [*Monatsch. f. Chem.*, **9**, 863; **10**, 788] et l'a obtenue sous forme d'aiguilles prismatiques, blanches, soyeuses, inodores, insipides, fusibles à 137°; elle est insoluble dans l'eau froide, peu soluble dans l'eau chaude, l'éther, l'éther de pétrole, assez soluble dans l'alcool, le chloroforme, le benzène. Elle a pour formule $C^{15}H^{14}O^5$. Chauffée avec la potasse à 6 0/0, elle se dissout, et la liqueur acidulée par l'acide acétique fournit un précipité d'*acide méthysticique* (voir ce mot). La méthysticine, bouillie avec les acides minéraux dilués, se transforme en *méthysticol* (voir ce mot); enfin traitée par l'acide iodhydrique suivant la méthode de Zeisel, elle perd un groupe méthoxyle et peut être par suite envisagée comme l'éther méthylique de l'acide méthysticique.

Juin 1906. A. Hébert.

MÉTHYSTICIQUE (ACIDE). — Substance de formule $C^{14}H^{12}O^5$ obtenue en traitant la *méthysticine* (voir ce mot) par la potasse diluée. Elle cristallise en aiguilles prismatiques, soyeuses, jaunâtres, fusibles à 180° en se décomposant, peu solubles dans l'alcool bouillant, le chloroforme, l'éther, le benzène et l'eau bouillante. Chauffé longtemps à 180°, cet acide perd de l'anhydride carbonique et se transforme en *méthysticol* (voir ce mot); le même produit se forme sous l'action des acides minéraux dilués sur l'acide méthysticique. Ce dernier corps, oxydé par le permanganate de potassium en solution alcaline, fournit de l'acide pipéronylique; ce qui, joint au fait que l'acide méthysticique se comporte dans ses réactions comme les acides β-cétoniques, lui assignerait la constitution suivante :

$$CH^2 \langle {}^{O}_{O} \rangle C^6H^3 - CH{=}CH - CH{=}CH - CO - CH^2 - CO^2H$$

[Pomeranz, *Monatsch. f. Chem.*, **10**, 788].

Juin 1906. A. Hébert.

MÉTHYSTICOL. — Corps de formule $C^{13}H^{12}O^3$ cristallisant en prismes fusibles à 94°, insolubles dans les alcalis, solubles dans l'alcool et l'éther, donnant avec la phénylhydrazine une hydrazone fusible à 143°, ce qui prouverait l'existence d'un groupe carbonyle.

Cette substance prend naissance par chauffage de l'acide méthysticique seul ou en présence des acides minéraux dilués. D'après Pomeranz [*Monatsch. f. Chem.*, **10**, 788], le méthysticol possèderait la constitution :

$$CH^2 \langle {}^{O}_{O} \rangle C^6H^3 - C^6H^7O$$

Juin 1906. A. Hébert.

MÉTOL (*p-méthylaminophénol*). — Voyez l'art. Phénol.

MEZCALINE $C^{11}H^{17}AzO^3$. — La mezcaline existe dans l'Anhalorium Levinii, à côté de la lophophorine et de l'anhalonine [Heffter, *D. chem. G.*, **29**, 223, 1896; — Kauder, *Arch. Pharm.*, **237**, 193]. Elle constitue la méthyl-3-4.5-triméthoxybenzylamine [Heffter, *D. chem. G.*, **34**, 3011, 1901]. C'est une huile attirant rapidement l'acide carbonique de l'air en formant un carbonate cristallisé. Le permanganate la transforme en éther triméthylique de l'acide gallique. Ses sels (*chlorhydrate, iodhydrate, sulfate, chloraurate, chloroplatinate*) ont été décrits par Heffter [*D. chem. G.*, **29**, 223; **31**, 1195] ainsi que ses *dérivés méthylé* et *benzoylé* à l'azote, fondant respectivement à 174° et à 120°,5. — Le *dérivé dibromé* se forme en traitant la mezcaline par l'eau de brome; il fond à 95°. Les sels en ont été également étudiés par Heffter.

Propriétés physiologiques : Mogilewa [*Arch. Pathol. und Pharm.*, **49**, 137, 1903].

Décembre 1906. E. Rengade.

MIAZINES. — Voyez l'art. β-Diazines.

MICHELLÉVYTE (Min.) (A. Lacroix). — Variété de barytine, remarquable par son clivage très facile et à éclat fortement nacré, suivant *une* des faces *m*, et par ses macles multiples suivant *m* et e^1, dans un calcaire cristallin, de Perkin's Mill, Templeton, province de Québec, Canada. Léon Bourgeois.

MICROSOMMITE (Min.) (Scacchi). — Silicate chloruré d'aluminium, calcium, potassium, sodium, $[Ca, K^2]O . Al^2O^3 . 2SiO^2, NaCl$, voisin de la néphéline et de la sodalite. Cristaux excessivement petits dans des bombes du Vésuve (éruption de 1872), cristaux plus gros dans des nodules de la Somma. Transparent, incolores, éclat vitreux, nacré sur la base.

Caractères. — Fait gelée avec les acides; difficilement fusible. Dureté = 6. Densité = 2,42-2,53.

Forme cristalline. — Prisme hexagonal, isomorphe avec la néphéline. Faces *mp*, parfois $h^1h^2b^2$. Clivages *m* parfait, *p*. L. Bourgeois.

MIEL (voir Dict., 2, 430). — Dietrich a proposé [*Ind. Blatt.*, **14**, 12] une méthode d'épuration du miel par la dialyse qui donne un produit de qualité supérieure.

Le miel contient en abondance un ferment soluble capable de dédoubler le sucre de canne, et en petite quantité un ferment soluble capable de saccharifier l'amidon [Axenfeld, *Centralbl. f. Physiol.*, 1903, p. 268].

H.-W. Wiley a proposé [*Journ. Am. Chem. Soc.*, **18**, 81 ; 1896] de doser la lévulose dans le miel en déterminant la variation de pouvoir rotatoire d'une solution aqueuse entre deux températures déterminées (0° et 88°) au moyen d'un appareil spécial. Il suppose que le pouvoir des autres substances qui accompagnent la lévulose, telles que la glucose, ne varie pas d'une façon appréciable dans ces limites de température.

1er Juin 1906. A. Hébert.

MIERSITE (Min.) (L.-J. Spencer). — Iodure d'argent,AgI, cubique avec hémiédrie tétraédrique, dimorphe de l'iodyrite hexagonale, et appartenant à la série de la nantoquite Cu^2Cl^2, de la marshite Cu^2I^2, de la cuproiodargyrite $[Ag, Cu]^2I^2$. Cubes avec quelques facettes hémiédriques, de 2 millimètres au plus, jaune pâle, éclat adamantin, trouvés à Broken Hill, Nouvelle-Galles du Sud. L. Bourgeois.

MILARITE (Min.) (Kenngott). — Silicate alumino-potassique hydraté,

$$KHO.2CaO.Al^2O^3.12SiO^2.$$

— Beaux cristaux très rares, trouvés dans des roches granitiques au val Giuf, près Ruäras, et au glacier de Strim, près Tavetsch, Suisse. Transparent, éclat vitreux, incolore ou verdâtre pâle.

Caractères. — Difficilement attaquable par l'acide chlorhydrique, sans dépôt de gelée. Ne perd de l'eau qu'au rouge; aisément fusible avec bouillonnement. Dureté = 5,5-6. Densité = 2.59.

Forme cristalline. — Sans doute prisme orthorhombique, avec macles polysynthétiques, simulant un prisme hexagonal dans lequel on aurait b^1b^1 (sur m) = 74° 40' environ. Faces : $h^1 b^1 m p$. Pas de clivage. L. Bourgeois.

MINÉRAUX MÉTALLIFÈRES DES FILONS (REPRODUCTION DES). — Les gîtes métallifères sont constitués par des minéraux et par des roches qui forment les mélanges les plus variés; c'est dans les gîtes filoniens que se rencontrent les minéraux les plus nombreux et c'est des filons que viennent les plus beaux échantillons des collections. On peut reproduire les minéraux naturels de plusieurs façons; nous avons indiqué ailleurs les principales qui s'appliquent à la préparation des oxydes et des sulfures, séléniures et tellurures cristallisés par voie humide ou par voie sèche (voyez OXYDES MÉTALLIQUES et SULFURES MÉTALLIQUES); ces deux modes de procéder sont applicables à la reproduction de nombreux minéraux.

Par dissolution M. Bourgeois a vu se dissoudre les *carbonates amorphes* dans des bains de chlorures alcalins fondus, si la température ne dépasse pas une certaine limite, et cristalliser en quelques instants par refroidissement avant la solidification du bain. Le *carbonate de chaux* a donné des rhomboèdres basés, groupés en arborescences rappelant par leur aspect les cristaux de la neige; celui de *strontium* se change en prismes allongés; le *carbonate de baryte* amorphe donne des tables hexagonales avec de nombreuses lamelles hémitropes analogues aux cristaux de *withérite* qui souvent font partie des gangues habituelles des filons.

Ebelmen a fait usage de substances peu volatiles telles que l'acide borique, le borax, les phosphates alcalins, etc. : il dissout les substances qu'il veut faire cristalliser dans ces matières fondues, puis il évapore très lentement ces dernières à la haute température d'un four à porcelaine. Bientôt le bain se trouve saturé, et, l'évaporation continuant à se faire, la substance dissoute se dépose peu à peu en cristaux. En dissolvant dans de l'acide borique les éléments de l'*émeraude*, il a obtenu de petits prismes hexagonaux de ce minéral; dans le borax, l'alumine s'est déposée en rhomboèdres basés de *corindon*; en remplaçant le borax par du carbonate de soude, l'alumine y a cristallisé en lames hexagonales; dans l'acide borique, l'acide titanique amorphe s'est changé en fines aiguilles, tandis que dans le sel de phosphore il s'est déposé en beaux prismes de *rutile*, transparents, jaune d'or, pouvant atteindre un centimètre de longueur.

La dissolution des substances amorphes peut être aussi faite, non plus dans une matière en fusion, mais dans des solutions aqueuses faiblement acides qu'on chauffe en tubes scellés, de manière à opérer sous pression. De Sénarmont, en se servant d'une solution saturée d'acide carbonique, a changé la silice gélatineuse en *quartz* dans de l'eau chargée d'acide chlorhydrique; et à 180°, en vase clos, il a transformé le fluorure de calcium précipité en cubo-octaèdres de *fluorine*.

Les agents minéralisateurs, l'acide chlorhydrique en particulier qui a servi à H. Deville à obtenir les oxydes en cristaux, ont permis également de reproduire artificiellement un certain nombre d'espèces minérales; c'est ainsi qu'en faisant passer un courant d'acide chlorhydrique au rouge sur un mélange d'acide tungstique et d'oxyde de fer, Debray a préparé les cristaux de tungstate de fer isomorphes avec ceux de *wolframm* des filons stannifères en même temps que de la *magnétite* et de l'acide tungstique cristallisé.

Le fluorure de silicium agissant au rouge blanc sur un oxyde donne lieu à la production d'un fluorure, et fréquemment à celle d'un silicate cristallisé; H. Sainte-Claire-Deville et Caron ont obtenu ainsi avec la zircone le *zircon*, qu'ils avaient préparé déjà par l'action de la silice sur le fluorure de zirconium. Quand on dirige un courant de fluorure de silicium à l'intérieur d'un tube porté au rouge vif et contenant des couches alternatives de silice et de zircone, celle-ci se transforme en silicate en même temps qu'il se produit du fluorure de zirconium; ce fluorure rencontrant une couche de silice est entièrement absorbé avec formation de silicate de zircone (zircon), tandis que le fluorure de silicium régénéré attaque la zircone qu'il rencontre, et ainsi de suite. On voit qu'après toutes ces transformations successives, il sort du tube autant de fluorure de silicium qu'il en est entré. Le fluor ne se fixant nulle part a servi à transporter l'une sur l'autre les deux substances fixes silice et zircone, et l'on comprend qu'une minime quantité de fluorure de silicium suffise pour minéraliser une grande masse de silice et de zircone amorphes qui se transforment en beaux octaèdres quadratiques, incolores et transparents, présentant avec les zircons de la Somma la plus complète analogie.

Les doubles précipitations qui donnent lieu au sein de l'eau à des précipités insolubles, ou peu solubles, les déposent le plus souvent amorphes; la cristallisation de ces substances peut être obtenue soit à l'aide d'une élévation de température, soit sous l'action de différentes substances salines qui jouent le double rôle de dissolvant et de minéralisateur; les principaux minéraux des filons concrétionnés ont pu être obtenus à l'aide de ces procédés.

De Sénarmont a obtenu en 1850 les premiers résultats bien nets. Il opérait dans des tubes de verre scellés qu'il portait à des températures comprises entre 120° et 300° environ.

En faisant agir en tubes scellés deux solutions, l'une de carbonate de soude, l'autre d'un sulfate ou d'un chlorure métallique, il a reproduit les carbonates, *giobertite*, *smithsonite*, *diallogite*, *sidérose*, *sphérocobaltite*, que l'on trouve dans les filons ou dans les amas concrétionnés.

Le fluorure de calcium gélatineux, chauffé à 180° avec une solution de bicarbonate de soude, s'est transformé en cubo-octaèdres de *fluorine*; par double décomposition entre un sel métallique et un sulfure alcalin au sein d'une solution saturée d'hydrogène sulfuré, on a des sulfures amorphes qui cristallisent dans le liquide maintenu quelque temps à 150°; on obtient par exemple ainsi des cristaux de *blende* et de *galène*; les sulfures amorphes d'antimoine et d'arsenic, chauffés avec une solution de bicarbonate de soude, reproduisent la *stibine* et l'*orpiment*.

Un sel d'argent, chauffé à 300° avec du sulfoarsénite de soude et un excès de bicarbonate de soude, a produit de beaux scalénoèdres de *proustite* ou argent rouge, $3Ag^2S.As^2S^3$, avec stries parallèles aux arêtes latérales en zigzag. La substitution du sulfo-antimonite au sulfoarsénite a donné lieu à la formation des cristaux d'*argyrythrose* $3Ag^2S.Sb^2S^3$.

En opérant à plus haute température que de Sénarmont ne l'avait fait, Daubrée a observé que les tubes de verre blanc, ou vert, sont corrodés par l'eau pure, et que dans ces conditions il se forme alors des minéraux silicatés tels que le *quartz*, qui se trouve dans beaucoup de filons, et le *pyroxène diopside*, qui appartient surtout aux formations métamorphiques. En se servant de tubes de platine, MM. Friedel et Sarrazin ont pu élever davantage encore la température et faire usage de solutions alcalines qui, au contact de silice, ont donné de la *tridymite*; en agisant sur un mélange de silicates de potasse et d'alumine, elles ont produit du *feldspath orthose*; ces deux minéraux n'avaient pas été reproduits auparavant par voie humide.

Les cristallisations qui s'effectuent dans les tubes scellés de de Sénarmont, peuvent également se produire quand les réactions ont lieu au milieu d'une substance en fusion qui se comporte comme un minéralisateur.

Dès 1849, Manross reproduisait la *schéelite*, minerai des filons d'étain, en chauffant du tungstate de soude avec un excès de chlorure de calcium; c'est, au fond, le même procédé que Debray employait quand il faisait passer un courant d'acide chlorhydrique sur un mélange de tungstate de chaux amorphe et de chaux porté au rouge; le chlorure de calcium qui se forme sert de fondant, et l'on recueille des octaèdres quadratiques de *schéelite*. Il a fait cristalliser l'alumine de la même façon, en dirigeant de l'acide chlorhydrique sur de l'aluminate de soude fortement chauffé: ici c'est le chlorure de sodium qui constitue le bain en fusion, et l'on obtient des cristaux de *corindon*. Le *wolframm* qui, lui aussi, est un produit des filons stannifères, a été reproduit en fondant dans du sel marin une mélange de tungstate de soude et de chlorures de fer et de manganèse; on recueille des cristaux identiques avec les divers échantillons naturels de *wolframm*.

Debray a également utilisé le sulfate de potasse comme substance minéralisatrice : si en effet l'on fond à très haute température du phosphate d'alumine, par exemple, avec un excès de ce sulfate, il y a double décompositon, formation de phosphate alcalin qui se volatilise en partie, et de sulfate d'alumine qui se détruit entièrement; l'alumine qui reste cristallise et se change en *corindon*; le phosphate d'urane se comporte de la même manière et laisse des cristaux d'*oxyde salin*: le phosphate de fer donne de l'*oxyde magnétique*. M. L. Grandeau, en développant les expériences de Debray, a montré que le produit obtenu dépend de la nature du phosphate et de la température de l'expérience; il est arrivé à préparer de beaux échantillons d'oxydes tels que la *zircone* et la *cassitérite*, ainsi que des phosphates, simples ou doubles, nettement cristallisés.

On peut par voie de fusion ignée, sans fondant d'aucune nature, reproduire les minéraux cristallisés des roches éruptives. Dès 1866, Daubrée a reconnu que si, après avoir fondu des roches naturelles, on les soumet à un recuit convenable, la roche se régénère et donne un produit ne présentant, avec la matière de laquelle on est parti, que des différences de détails peu importantes et provenant, sans nul doute, de ce que la formation de la roche s'est effectuée dans des conditions thermiques toutes différentes; il obtint par exemple, dans ses expériences, des échantillons visibles à l'œil nu de *péridot*, de *pyroxène*, d'*enstatite*.

MM. Fouqué et Michel Lévy, dans une longue et importante série de recherches commencées en 1878, ont démontré qu'un magma vitreux qui passe lentement par des températures graduellement décroissantes peut fournir plusieurs espèces. Les silicates cristallisés sont toujours un peu moins fusibles que les verres qui proviennent de leur fusion, de sorte qu'il suffit de maintenir pendant quelque temps une masse vitreuse à une température légèrement supérieure à celle de sa fusion pour voir qu'elle se dévitrifie, c'est-à-dire qu'il s'y développe des éléments cristallins. En outre, comme les diverses substances qui peuvent se produire aux dépens d'un même magma vitreux ne possèdent pas toute la même fusibilité, il en résulte que si l'on soumet un verre à une série de températures décroissantes, tout en restant supérieures à celles de sa fusion, les divers minéraux capables de se former prendront naissance les uns après les autres, et les moins fusibles cristallisant aux températures les plus hautes, seront moulés, englobés, par ceux qui se consolideront postérieurement.

Une masse de substance vitreuse, soumise à un recuit prolongé, perd par suite sa transparence; le culot prend une cassure inégale, un aspect rugueux, et parfois, dans les soufflures, on observe des géodes formées de divers éléments cristallographiquement déterminables. Les substances ainsi produites peuvent être très simples; c'est ainsi que MM. Fouqué et Michel Lévy ont constaté que, lorsqu'on soumet au recuit un verre très silicieux et chargé de fer, il donne naissance à la formation de lamelles hexagonales de *fer oligiste*, au milieu du magma; avec une composition plus basique, on obtient surtout du fer *oxydulé*. Ces savants sont arrivés à reproduire, à l'aide de leur méthode, la plupart des minéraux des roches éruptives.

Tels sont les procédés principaux, qui, avec un degré plus ou moins étendu de généralité, permettent de reproduire artificiellement des cristaux identiques à ceux que nous offrent les gîtes métallifères; dans un grand nombre de cas au moins, nous devons admettre que les produits naturels se sont formés dans des conditions analogues à celles que nous réalisons dans les laboratoires.

En effet, le remplissage des fentes ou des cavités du sol a eu lieu quelquefois par voie ignée, bien plus souvent par voie humide. Dans le premier cas, certains filons ont pu être remplis par des roches éruptives, qui, venant des profondeurs du sol, sont montées dans les fentes; le minerai s'est alors séparé pendant le refroidissement, et on le trouve réparti d'une manière irrégulière, en cristaux isolés, en grains cristallins, en mouches, en veinules, et quelquefois dans des géodes tapissées de cristaux. On peut concevoir ainsi qu'une éruption liquide soumise à un refroidissement lent donne lieu, comme dans les expériences de Fouqué et de M. Michel Lévy à la formation de substances cristallisées; d'ailleurs les minéraux des roches éruptives ne se sont pas formés tous pendant le refroidissement de la masse fondue, certains d'entre eux proviennent d'imprégnations de la roche, ou bien ils résultent d'actions métamorphiques ultérieures.

Le plus ordinairement le remplissage des filons est une conséquence de la circulation, à l'intérieur des cavités, d'eaux minérales qui, venues chaudes des profondeurs du sol, contenaient de nombreuses substances dissoutes; tantôt elles ont circulé lentement dans les fissures, en déposant peu à peu contre leurs parois les matières dont elles étaient chargées, jusqu'à ce qu'à la suite du dépôt de couches successives, la cavité soit complètement remplie; tantôt la cristallisation s'est effectuée dans des solutions concentrées, enfermées dans des cavités closes, et il en est résulté des géodes dont les parois sont tapissées de cristaux plus ou moins nets. Dans bien des cas, il y a eu réaction entre les éléments de la roche qui constitue les parois de la fente, et les liquides qui s'y mouvaient, ou bien encore entre des solutions de compositions différentes qui étaient venues s'y mélanger: ces réactions ont donné lieu à la formation de produits insolubles, ou peu solubles, qui se sont déposés et qui, ultérieurement, ont pu cristalliser sous l'une ou l'autre des influences que nous avons signalées.

Des éléments minéralisateurs peuvent en effet se trouver en contact avec ces substances, et H. Sainte-Claire-Deville a fait remarquer que ces agents sont compatibles avec l'eau, même le fluorure de silicium; la vapeur d'eau n'annule ni ne diminue jamais leur action spéciale, et cette circonstance permet de les faire entrer au nombre des causes auxquelles sont dus les phénomènes de la géologie. D'autre part, les chlorures sont très fréquemment au nombre des matières dissoutes dans les eaux minérales, et dans ses *Réflexions sur les volcans*, publiées en 1823, Gay-Lussac observe que le sel marin, mis en présence de silicates, est décomposé par la vapeur d'eau, avec dégagement d'acide chlorhydrique. Cette observation suffirait pour rendre compte de la présence de cet acide en bien des points de l'intérieur du sol, et ce gaz rencontrant de la fluorine qui fait partie de toutes les gangues des filons, peut, à température plus ou moins élevée, donner lieu à des vapeurs contenant du fluor. On sait du reste que les substances volatiles que dégagent les roches éruptives renferment des vapeurs de chlorures métalliques, de l'hydrogène sulfuré, des acides chlorhydrique et carbonique, de la vapeur d'eau et des composés fluorés, en proportions qui varient avec leur température. Les phénomènes de cristallisation peuvent donc se produire, à l'intérieur des filons, avec le concours de pressions et de températures plus ou moins considérables, soit par voie de dissolution, soit par l'action des divers agents minéralisateurs.

Les eaux minérales imprégnées par des fumerolles volcaniques, qui, dans les couches profondes de la terre, se sont échauffées et chargées de substances diverses, possèdent elles-mêmes une activité minéralisatrice qui se traduit de la façon la plus nette dans les dépôts actuels qu'elles produisent. Des sources ferrugineuses coulant sur des terrains chargés de matières organiques, dont la décomposition dégage de l'hydrogène sulfuré, peuvent engendrer de la *pyrite*, et quelquefois l'action de ces eaux a lieu en un temps relativement court, qui permet de la prendre, pour ainsi dire, sur le fait; c'est ce qui est arrivé à Plombières et à Bourbonne-les-Bains par exemple.

A Plombières, les sources, dont la température est de 73°, jaillissent aux salbandes de filons de *quartz* et de *fluorine* contenant de la *barytine*, de la *pyrite*, de l'*hématite rouge*, etc., et traversent des *granites*; les Romains avaient capté ces sources à l'aide de murs et d'une nappe de béton formé de fragments de brique et de grès bigarré avec ciment calcaire. En y pratiquant des fouilles, Daubrée a trouvé briques et mortier complètement transformés par les eaux, qui, elles, contiennent des fluorures et du silicate de potasse, etc. Partout les cavités étaient recouvertes d'enduits mamelonnés, parfois cristallisés, dans lesquels il a reconnu beaucoup de *zéolites*; sur un coq romain en bronze demeuré enfoui pendant plus de quinze siècles se trouvaient de petits cristaux de sulfure de cuivre rhomboïdal (*chalcosine*).

A Bourbonne, c'est au fond d'un ancien puits romain mis à sec pour l'exécution de sondages que Daubrée a examiné une boue argileuse noire dans laquelle étaient enfouis divers objets de bronze, d'argent et d'or; leur surface était couverte de minéraux bien cristallisés, *chalcosine*, *covelline*, *phillipsite*, *cuivre gris*, *galène*, *anglésite*, *chlorure de plomb*, etc., produits par les sources à une température de 60° environ, et qui étaient accompagnés de toutes sortes de *zéolites* formées dans les cavités du mortier.

Ainsi, nous le voyons, à une température peu élevée et à la pression ordinaire, les eaux minérales peuvent former des substances métallifères cristallisées; à l'intérieur du sol, où la température est plus élevée et la pression plus forte, les choses ont pu se passer comme dans les tubes de de Sénarmont; soit en présence de l'eau, soit en son absence, les minéralisateurs ont accompli, dans les fentes ou dans les fissures du sol, leur œuvre de déplacement et de cristallisation de diverses subtances; enfin la voie sèche a pu, elle aussi, donner lieu à la formation de cristaux par l'un ou l'autre des mécanismes que nous avons indiqués.

Des méthodes nouvelles viendront certainement s'ajouter à celles que nous venons d'exposer: elles donneront des résultats plus parfaits sans doute, mais dès à présent les chimistes peuvent considérer comme résolu le problème de la reproduction des minéraux métallifères des filons par les agents artificiels dont ils disposent.

Juin 1906. Alfred Ditte.

MINERVITE (Min.) (Arm. Gautier). — Matière blanche onctueuse, ressemblant à de l'argile, ayant, d'après M. Ad. Carnot, la composition d'un phosphate hydraté d'aluminium et potassium, ce dernier métal étant partiellement remplacé par du calcium, du magnésium et de l'ammonium, soit

$$0{,}5\,[K^2, (AzH^4)^2, Ca, Mg]\,O \,.\, 0{,}7\,[Al, Fe]^2O^3 \,.\, P^2O^5, 5{,}4\,H^2O,$$

ou plus simplement, sans doute,

$$Al^2O^3 . P^2O^5 . 7H^2O.$$

Au microscope, on distingue de fins granules et aussi des paillettes rhombiques ou hexagonales semblables à de l'hydrargillite. Trouvé avec brushite, dans le sol de la grotte de Minerve ou de la Coquille, près Fausan, Hérault.

L. Bourgeois.

MIXITE (Min.) (Schrauf). — Arséniate hydraté de cuivre et de bismuth, formule très complexe, en enduits, grains, efflorescences vert émeraude ou vert bleuâtre, à Joachimsthal. Dureté = 3-4. Densité = 2,66. Prisme clinorhombique ou anorthique de 125° environ.

L. Bourgeois.

MOHAWKITE (Min.) [(Ledoux et Kœnig). Syn. *Ledouxite* (J.-W. Richards)]. — Variété nickélifère et cobaltifère de domeykite, soit

$$[Cu, Ni, Co]^3As,$$

masses compactes ou finement granulaires, gris ou jaunâtre sur les cassures fraiches, celles-ci se ternissant rapidement en passant souvent par les teintes pourprées, avec divers arséniures, à la mine de Mohawk, comté de Kervenaw, Michigan, États-Unis. Dureté = 3,5. Densité = 8,07.

L. Bourgeois.

MOISSANITE (Min.) (G.-F. Kunz). — Siliciure de carbone CSi, trouvé par M. H. Moissan [*C. R.*, 1893, **117**, 426], en petits grains et lamelles rhomboédriques a^1p, avec diamant, etc., dans le fer météorique de Cañon Diablo, Arizona. Dureté = 9.5. Densité = 3.12. Identique avec le carborundum artificiel. L. Bourgeois.

MOLÉCULAIRES (COMBINAISONS). — On ne peut donner une définition précise de ce qu'on entend sous ce nom. En général, on considère comme combinaison moléculaire toute combinaison entre molécules saturées en apparence et dont l'explication immédiate ne découle pas de la valeur admise pour les valences des atomes intéressés; quant à la nature même des liens reliant les parties d'une semblable molécule, elle n'est pas spécifiée et les formules écrites des corps ainsi classés sont constituées par la juxtaposition des formules des constituants.

Les sels hydratés, les combinaisons ammoniacales d'un grand nombre de sels, les produits d'addition de chlorures, bromures, etc... minéraux et de composés organiques, les sels doubles, etc., etc., constituent autant de cas pour lesquels, en se basant simplement sur la valence des atomes participants, on ne peut concevoir de formules rationnelles. La méthode usuelle de représentation par juxtaposition se contente de représenter globalement la composition des corps; elle contient le minimum d'hypothèses, c'est là son principal avantage. Cependant le nombre toujours croissant des combinaisons de cette nature ne permet pas de conserver cette manière de faire, dont l'inconvénient le plus immédiat est d'empêcher presque complètement toute classification rationnelle.

Sous la poussée de cette nécessité, des tentatives diverses ont été faites pour donner une solution plus générale au problème de la représentation des composés moléculaires. Nous ne passerons en revue que les plus importantes. Elles ont pour principe commun de modifier l'idée classique que nous nous faisons de la valence : pour les uns, à la valence usuelle des éléments viennent s'ajouter un certain nombre de liens particuliers, ce sont les valences secondaires et les nombres de coordination de Werner, ce sont les contrevalences d'Abegg. Pour P. Schutzenberger la solution est autre : la valence est susceptible de se fractionner, de se répartir sur divers atomes semblables ou différents, et cette conception répond évidemment à cette constatation expérimentale des différences de stabilité, par exemple, des molécules d'eau dans un sel, ou à ces influences fonctionnelles remarquables exercées particulièrement en chimie organique par un atome ou un groupe d'atomes sur d'autres groupes que nos modes actuels de représentation représentent comme sans relations directes avec eux.

D'après ce qui précède on voit nettement l'impossibilité de donner une définition précise de l'expression combinaison moléculaire. Comme classification relative on peut indiquer celle donnée par Abegg, et la variété même des classes de corps qu'elle comporte montre combien il est difficile de tracer la limite entre les combinaisons dites atomiques et les combinaisons moléculaires. La classification d'Abegg comprend :

I. Les combinaisons de molécules semblables ou combinaisons homogènes; c'est le groupe des corps formés par polymérisation et association moléculaire.

II. Les combinaisons de molécules différentes ou combinaisons hétérogènes (sels complexes, hydrates, dérivés ammoniés, composés d'additions, minéraux et organiques, etc., etc.).

THÉORIE DE ABEGG. — Cette théorie peut se résumer ainsi : elle attribue aux éléments un nombre total fixe (8) d'électro-valences positives et négatives dont les unes (celles qui sont en plus petit nombre), sont les plus fortes et représentent les valences normales; les autres reçoivent le nom de *contrevalences*. Dans ce système, étroitement lié au tableau périodique des éléments, les électrovalences se répartissent dans les différents groupes d'après la table suivante :

Valences.	Groupes.						
	1	2	3	4	5	6	7
Normales.	+ 1	+ 2	+ 3	± 4	— 3	— 2	— 1
Contre-..	(— 7)	(— 6)	(— 5)		(+ 5)	(+ 6)	(+ 7)

Quant au huitième groupe, si l'on considère la table périodique enroulée sur un cylindre, il vient se placer tout naturellement entre le premier et le septième groupe. Les propriétés des éléments qu'il contient, aussi bien celles des gaz qui constituent son groupe principal que celles des triades métalliques qui représentent le sous-groupe, sont en effet d'accord avec sa position dans le système périodique ainsi fermé sur lui-même; les huit contrevalences qui lui sont attribuées peuvent, en effet, fonctionner comme positives ou négatives, suivant les cas.

Ces conceptions théoriques s'appliquent maintenant aux deux groupes principaux de combinaisons moléculaires de la manière suivante.

1er GROUPE. — *Combinaisons homogènes.* — L'association des molécules sera possible toutes les fois que dans la molécule simple il existe un élément dont la valeur maxima n'est pas totalementt utilisée.

L'oxygène de H^2O par exemple n'est engagé que par ses deux valences normales, et les six contrevalences positives qu'il possède encore lui permettent toutes les associations possibles.

Pour tous les corps organiques contenant des

liaisons multiples de l'oxygène ou de l'azote, l'ouverture de ces doubles liaisons suffit à expliquer ainsi toutes les condensations moléculaires; pour les corps contenant ces mêmes éléments liés par une seule valence comme dans les alcools, par exemple, ce sont les contrevalences qui interviennent.

2e Groupe. — *Combinaisons hétérogènes.* — Pour ces corps, quel que soit leur degré de stabilité, leur formation peut s'expliquer facilement par le jeu des contrevalences chaque fois que l'existence de valences normales non saturées ne nous en donne pas une explication immédiate. Les différences expérimentalement constatées dans la facilité avec laquelle prennent naissance les combinaisons moléculaires de cette nature, sont d'ailleurs d'accord avec les propriétés que l'étude des éléments au point de vue électro-affinité permet d'attribuer aux contrevalences et avec les variations de ces propriétés suivant les groupes et à l'intérieur même des groupes d'éléments de la table périodique.

Quant aux formules développées de ces sels complexes ou des ions qui en dérivent dans le cas de corps dissociables électrolytiquement, le nombre même des possibilités créées par les contrevalences rend leur établissement complètement incertain.

Théorie de Werner. — Elle possède avec la précédente le point commun de tenir compte d'affinités de deux sortes, les unes faibles, les autres fortes. La notion de contrevalence du système d'Abegg est représentée ici par le nombre de coordination (*Koordinationzahl*) qui correspond au nombre maximum d'atomes ou de groupes d'atomes qui peuvent se maintenir dans la sphère d'action immédiate de l'atome central; la nature même des forces (valences principales ou secondaires) qui relient ces atomes ou ces groupes d'atomes à l'atome central est indifférente.

Quant à la valeur numérique de ce nombre de coordination, elle est très généralement de 6, mais peut atteindre 8 dans certains cas (combinaisons ammoniées de $CaCl^2$ par exemple), ou ne pas dépasser 4, ainsi que nous l'indique l'expérience plus particulièrement pour le carbone.

Les combinaisons chimiques se répartissent en outre en deux grandes classes, les combinaisons de premier ordre représentées par les combinaisons binaires comme CaO, $NaCl$ et les combinaisons d'ordre supérieur comprenant les combinaisons moléculaires. Celles-ci se déduisent de combinaisons simples de premier ordre par addition (Anlagerung) ou par pénétration (Einlagerung).

La distinction entre ces deux groupes est basée principalement sur l'étude de la dissociation électrique. Prenons par exemple la molécule $Co(AzO^2)^3$, le nombre de coordination 6 permet d'imaginer par addition les complexes ammoniés :

$$\mathrm{Co}\begin{matrix}(\mathrm{AzO^2})^3\\(\mathrm{AzH^3})^3\end{matrix}\qquad \mathrm{Co}\begin{matrix}(\mathrm{AzO^2})^3\\(\mathrm{AzH^3})^2\end{matrix}\qquad \mathrm{Co}\begin{matrix}(\mathrm{AzO^2})^3\\\mathrm{AzH^3}\end{matrix}$$

L'ammoniaque en réagissant de nouveau sur le premier de ces corps nous donnera des combinaisons nouvelles qui se différencient par leur ionisation en solution et nous aurons ainsi les corps :

$$\left[\mathrm{Co}\begin{matrix}(\mathrm{AzO^2})^2\\(\mathrm{AzH^3})^4\end{matrix}\right]\mathrm{AzO^2}\qquad \left[\mathrm{Co}\begin{matrix}(\mathrm{AzO^2})\\(\mathrm{AzH^3})^5\end{matrix}\right](\mathrm{AzO^2})^2$$

$$[\mathrm{Co(AzH^3)^6}](\mathrm{AzO^2})^3$$

La mise en évidence au moyen des conductibilités des groupe AzO^2 en nombre croissant amène parallèlement à les différencier dans la représentation écrite de la molécule. Cette introduction d'un groupe entre le radical acide et l'atome central caractérise les combinaisons moléculaires par pénétration.

Les diverses combinaisons moléculaires se répartissent entre ces deux classes principales :

I. Aux combinaisons par addition se rattachent :

a. Des dérivés ammoniacaux comme

$$\mathrm{Cl^4} \equiv \mathrm{Pt} : (\mathrm{AzH^3})^2.$$

b. Des acides complexes comme

$$\mathrm{Cl^4} \equiv \mathrm{Pt} : (\mathrm{ClH})^2 \quad \mathrm{Cl^4} \equiv \mathrm{Pt} : (\mathrm{AzH})^2$$

(Les affinités supplémentaires dont on constate l'emploi dans ces formules représentent les valences secondaires (*Nebenvalenz*), les valences principales (*Hauptvalenz*) correspondant aux valences ordinaires usuelles.)

c. Des sels doubles de même acide ou d'acides différents comme

$$(\mathrm{F})^4 \equiv \mathrm{Si} : (\mathrm{FK})^2,\quad \left[\begin{matrix}\mathrm{AzO^3}\\\mathrm{AzO^3}\end{matrix}>\mathrm{Ba}\begin{matrix}:\mathrm{O^3Az}\\:\mathrm{O^3Az}\end{matrix}\right]\begin{matrix}\mathrm{K}\\\mathrm{K}\end{matrix};$$

$$\left[\mathrm{Pt}\begin{matrix}(\mathrm{SO^3})^2\\\mathrm{Cl}\end{matrix}\right]\mathrm{K^3}.$$

et les innombrables sulfates, oxalates, molybdates, nitrates, etc., doubles.

d. Des corps que nous envisageons en général comme des combinaisons ordinaires, tels que par exemple les sulfo, séléno-sels,

$$\text{Ex. :}\quad [\mathrm{P.S^4}]\mathrm{K^3},\quad [\mathrm{SnSe^6}]\begin{matrix}\mathrm{Pt^3}\\\mathrm{K^2}\end{matrix};\ \ldots\ \text{etc.}$$

et même les sels oxygénés que rien ne différencie au fond des précédents et qui seront formulés ainsi :

$$\underbrace{\begin{matrix}\mathrm{O}\\\mathrm{OS.OK^2}\\\mathrm{O}\end{matrix}}_{\text{Sulfate.}}\qquad \underbrace{\begin{matrix}\mathrm{O\ \ O}\\\mathrm{OS.S.OK^2}\\\mathrm{O\ \ O}\end{matrix}}_{\text{Pyrosulfate.}}\qquad \underbrace{\begin{matrix}\mathrm{O\quad O}\\\mathrm{IO\ \ IOK}\\\mathrm{HO\quad O}\end{matrix}}_{\text{Iodate acide.}}$$

II. Aux combinaisons par pénétration correspondent, en prenant les composés ammoniés comme exemple, les types principaux suivants :

a) Sels d'hexamines, $[\mathrm{Me(AzH^3)^6}]\mathrm{X^n}$.

$$\text{Ex. :}\quad [\mathrm{Pt(AzH^3)^6}]\mathrm{Cl^4},\quad [\mathrm{Co(AzH^3)^6}]\mathrm{Cl^3},\ \ldots.$$

b) Sels d'acidopentamine,

$$\left[\mathrm{Me}\begin{matrix}\mathrm{X}\\(\mathrm{AzH^3})^5\end{matrix}\right]\mathrm{X^n}.$$

$$\text{Ex. :}\quad \left[\mathrm{Co}\begin{matrix}\mathrm{Cl}\\(\mathrm{AzH^3})^5\end{matrix}\right]\mathrm{Cl^2},\quad \left[\mathrm{Cr}\begin{matrix}\mathrm{Br}\\(\mathrm{AzH^3})^5\end{matrix}\right]\mathrm{Cl^2},\ \ldots.$$

c) Sels de diacidotétramine,

$$\left[\mathrm{Me}\begin{matrix}\mathrm{X^2}\\(\mathrm{AzH^3})^4\end{matrix}\right]\mathrm{X^n}.$$

$$\text{Ex. :}\quad \left[\mathrm{Co}\begin{matrix}\mathrm{Cl^2}\\(\mathrm{AzH^3})^4\end{matrix}\right]\mathrm{Cl},\quad \left[\mathrm{Pt}\begin{matrix}\mathrm{Cl^2}\\(\mathrm{AzH^3})^4\end{matrix}\right]\mathrm{Cl^2}.\ \ldots.$$

d) Sels de triacidotriamine,

$$\left[\mathrm{Me}\begin{matrix}\mathrm{X^3}\\(\mathrm{AzH^3})^3\end{matrix}\right]\mathrm{X^n}.$$

$$\text{Ex. :}\quad \left[\mathrm{Pt}\begin{matrix}\mathrm{Cl^3}\\(\mathrm{AzH^3})^3\end{matrix}\right]\mathrm{Cl},\ \ldots.$$

Dans toutes ces formules typiques Me représente l'atome central et X un radical acide monovalent quelconque. La valence du radical complexe compris entre parenthèses est celle qui reste à l'atome central; celui-ci garde ainsi son individualité et ne fixe les molécules d'ammoniaque que par ses valences secondaires.

Hydrates. — La même division en composé d'addition et en composés de pénétration s'applique à toutes les combinaisons en général et aux hydrates en particulier : $\mathrm{PtCl^4}$ additionne ainsi $\mathrm{2H^2O}$ pour donner

$$\mathrm{Cl^4Pt} \begin{smallmatrix} \cdot\, \mathrm{OH^2} \\ \cdot\, \mathrm{OH^2} \end{smallmatrix} \quad \text{qui s'écrira} \quad \left[\mathrm{Pt}\begin{smallmatrix}\mathrm{Cl^4}\\ \mathrm{(OH)^2}\end{smallmatrix}\right]\mathrm{H^2}$$

pour mettre en évidence les 2H qui sont ionisés en solution.

De même le corps

$$\mathrm{{}^3(H^3Az)\,Co} \begin{smallmatrix} \diagup\, \mathrm{Cl} \\ -\, \mathrm{Cl} \\ \diagdown\, \mathrm{Cl} \end{smallmatrix}$$

additionne $\mathrm{H^2O}$ ou $\mathrm{2H^2O}$: en même temps il y a ionisation de un Cl ou de deux Cl et les formules en tiennent compte : on a ainsi

$$\left[\mathrm{(H^3Az)^3Co} \begin{smallmatrix} \cdot\, \mathrm{OH^2} \\ -\, \mathrm{Cl} \\ \diagdown\, \mathrm{Cl} \end{smallmatrix}\right]\mathrm{Cl} \quad \text{et} \quad \left[\mathrm{(H^3Az)^3Co} \begin{smallmatrix} \cdot\, \mathrm{OH^2} \\ \cdot\, \mathrm{OH^2} \\ \diagdown\, \mathrm{Cl} \end{smallmatrix}\right]\begin{smallmatrix}\mathrm{Cl}\\ \mathrm{Cl}\end{smallmatrix}$$

et dans ces corps l'eau joue le même rôle que $\mathrm{AzH^3}$ précédemment. Par ce remplacement total de $\mathrm{AzH^3}$ on arrive ainsi aux hydrates ordinaires dont la formule sera par exemple $\mathrm{[Co(OH^2)^6]Cl^2}$, $\mathrm{[Al(OH^2)^6]F^3}$, etc., et la nombreuse série des hexahydrates qui forme souvent le degré supérieur d'hydratation possible correspond aux sels d'hexamines connus.

La déshydratation progressive de ces sels doit inversement faire rentrer dans la sphère d'influence immédiate de l'atome central le radical acide mis en évidence. En fait, le phénomène est plus difficile à constater qu'avec les dérivés ammoniés ; le cas du chlorure de chrome $\mathrm{CrCl^3, 6H^2O}$ est à ce point de vue exceptionnel.

Le pouvoir de coordination maximum qui rend compte facilement des combinaisons ammoniées se heurte pour les hydrates autres que ceux vus plus haut à la difficulté provenant de l'existence de nombreux sels ayant plus de $\mathrm{6H^2O}$.

Pour ceux-ci l'existence démontrée de molécules d'eau double $\mathrm{(H^2O)^2}$ dans l'eau liquide permet de les faire rentrer dans le type général en écrivant par exemple un sel comme $\mathrm{PtCl^6Mg, 12H^2O}$ sous la forme $\mathrm{[Mg(H^4O^2)^6]\,PtCl^6}$.

Pour les sels à $\mathrm{7H^2O}$, la stabilité différente de l'une de ces molécules d'eau permet de lui attribuer une liaison particulière, de la relier par exemple au reste acide et de tourner ainsi la difficulté. Mais la nécessité même de ces explications montre que la théorie de Werner n'explique qu'imparfaitement la constitution des sels hydratés.

Combinaisons diverses. — Le centre d'attraction formé par l'atome central peut s'entourer non seulement de molécules simples comme l'eau, l'ammoniaque, mais de tous les corps possibles dérivés des mêmes types. Les corps suivants pris parmi un nombre considerable d'exemples, nous donnent une idée des formules correspondantes :

$$\underbrace{\mathrm{[Li(C^2H^5OH)^4]\,Cl}}_{\text{Combinaison alcoolique.}}, \qquad \underbrace{\mathrm{[Mg(C^2H^3CO^2C^2H^5)^6]\,I^2}}_{\text{Combinaison avec un éther.}},$$

$$\underbrace{\left[\mathrm{Ca\,[CO(AzH^2)^2]^6}\right]\mathrm{(AzO^3)^2}}_{\text{Combinaison avec l'urée.}}, \qquad \underbrace{\left[\mathrm{Co}\begin{smallmatrix}\mathrm{(OH^2)^3}\\ \mathrm{(OCa)^3}\end{smallmatrix}\right]\mathrm{(AzO^3)^2}}_{\text{Sel double hydraté.}},$$

$$\underbrace{\left[\mathrm{(H^3Az)\,Co}\begin{smallmatrix}\mathrm{AzO^2K}\\ \mathrm{AzO^3}\end{smallmatrix}\right]\mathrm{(AzO^3)^2}}_{\text{Sel double de base ammoniée.}}, \qquad \underbrace{\left[\mathrm{Bi}\begin{smallmatrix}\mathrm{(IK)^4}\\ \mathrm{IH}\\ \mathrm{I}\end{smallmatrix}\right]\mathrm{I^2}}_{\text{Sel double.}}. \quad \text{etc.}$$

En résumé, si l'on fait abstraction pour le moment des cas où la théorie du pouvoir de condensation est nettement en défaut, on peut dire que dans le plus grand nombre de cas elle permet de classer, de grouper, et de formuler rationnellement une quantité considérable de combinaisons ; elle représente le premier effort sérieux et fécond de classification méthodique tenté actuellement.

THÉORIE DES VALENCES FRACTIONNÉES DE P. SCHUTZENBERGER. — Elle se différencie des théories précédentes en ce qu'elle conserve, au moins en principe, les valences usuelles des éléments. Quand dans une molécule, particulièrement dans une molécule organique, on constate que l'introduction d'un atome donné modifie, suivant l'expression consacrée, la mobilité d'un autre atome d'hydrogène par exemple, cela revient à constater le resserrement ou le relâchement du lien retenant cet atome à l'intérieur de la molécule. De l'idée de relâchement d'un lien à l'idée de fractionnement il n'y a pas loin ; qu'importe d'ailleurs la valeur absolue des liens qui relient l'atome central de carbone intéressé aux divers atomes voisins, pourvu que leur somme réponde toujours à la capacité de saturation dont

Formules.	Formules développées.	Formules de Werner.
$\mathrm{AzH^4Cl}$	$\mathrm{CAz} \lessgtr \begin{smallmatrix}\mathrm{H}\\ \mathrm{H}\\ \mathrm{H}\\ \mathrm{H}\end{smallmatrix} \gtrless \mathrm{Cl}$ Cl a H 1/4 de valence. Az a H 3/4 de valence.	$\begin{smallmatrix}\mathrm{H}\diagdown\\ \mathrm{H}-\\ \mathrm{H}\diagup\end{smallmatrix}\mathrm{Az} \cdots \mathrm{HCl}$ ···· Valence secondaire. — — normale.
$\mathrm{Pt(AzH^3)^4(AzO^3)^2Cl^2}$.	$\mathrm{AzO^3}$ $\mathrm{AzH^3}$ — $\mathrm{Pt_{IV}} \begin{smallmatrix}\diagup\,\mathrm{AzH^2 \cdot HCl}\\ \diagdown\,\mathrm{AzH^2 \cdot HCl}\end{smallmatrix}$ $\mathrm{AzH^3}$ $\mathrm{AzO^3}$ - - - - = 1/2 valence. —— = 1 valence. Pour plus de simplicité, les liaisons mêmes des groupes $\mathrm{AzO^3}$, $\mathrm{AzH^3}$, $\mathrm{AzH^2 \cdot HCl}$ ont été omises.	$\left[\mathrm{Pt}\begin{smallmatrix}\mathrm{(AzO^3)^2}\\ \mathrm{(AzH^3)^4}\end{smallmatrix}\right]\mathrm{Cl^2}$

l'immense généralité des faits nous indique la valeur.

Une fois cette possibilité de fractionnement admise, il est facile d'imaginer le moins arbitrairement possible et en se reportant toujours aux faits expérimentaux un fractionnement des valences qui corresponde à une molécule quelconque.

Des exemples nombreux d'application de cette théorie ont été réunis par son auteur dans le dernier volume de son Traité de chimie générale et montrent avec quelle souplesse elle permet d'imaginer une configuration rationnelle aussi bien pour des molécules relativement simples comme le chlorhydrate d'ammoniaque, un sel hydraté comme $SO^4Mg, 7H^2O$, que pour un sel d'ammonium complexe comme l'azotate chloré $Pt\,4\,AzH^3(AzO^3)^2Cl^2$.

Ci-contre on trouvera comme exemples les formules développées de deux de ces corps comparées à celles de Werner.

Il est indéniable que les formules de Werner sont plus simples, il ne faudrait pas cependant s'effrayer des autres, car elles n'ont à intervenir que dans les cas où c'est la constitution même des corps qui est en discussion.

En résumé pour les combinaisons moléculaires les formules actuelles sont encore très incomplètes. La théorie de Werner représente l'essai le plus complet d'une théorie générale; elle est cependant moins souple que la théorie de Schutzenberger qui possède l'avantage d'avoir à sa base le minimum d'hypothèses.

Bibliographie. — Blomstrand. *Chem. d. Jetztzeit*, 126, 1869; — Mendeleieff. *D. chem. G.*, **3**, 423, 1870; — A. Naumann. *Die Molekulverbindungen*, Heidelberg, 29, 1872; — Lothar Meyer. *D. chem. G.*, **6**, 104, 1873; — P. Schutzenberger. La loi des valences atomiques. *Revue générale des sciences*, **3**, 393, 1892; *Traité de chimie générale*, (7), Paris, 1894; — F. Willy Henrichsen, *Ueber den gegenwartigen Stand der Valenzlehre* (Ahrens's Sammlung, Stuttgart, 1902); — R. Abegg, *Z. f. anorg. Ch.*, **39**, 330-380, 1904; — Werner, *Neuere Anschauungen auf dem Gebiete der anorganische Chemie* (Braunschweig, 1905); — G. Wyrouboff et A. Verneuil, *Ann. de chimie et de physique*, (8), **6**, 441, 1905.

Juillet 1906. C. Marie.

MOLYBDÈNE. — *Préparation.* — Le molybdène pur fondu se prépare maintenant au four électrique par la méthode de Moissan. On mélange 10 parties d'oxyde obtenu par calcination du molybdate d'ammoniaque pur avec une partie de charbon de sucre. Avec un arc de 800 ampères sous 60 volts, on peut obtenir rapidement des lingots coulés de plusieurs kilogrammes. Lorsque la fusion est trop prolongée, le métal se carbure au contact du creuset. Il peut être affiné dans une brasque d'oxyde [Moissan, *C. R.*, **116**, 1225, 1893; **120**, 1320, 1895; *Le four électrique*, Paris, 1897].

Guichard, en étudiant l'action de la chaleur sur la molybdénite ou sulfure naturel, a montré que l'on pouvait préparer du molybdène très simplement en chauffant cette molybdénite au four électrique : tout le soufre disparaît et la fonte ne renferme d'autre impureté qu'un peu de fer provenant du minerai [*C. R.*, **122**, 1270, 1896].

La préparation du molybdène au four électrique est maintenant industrielle.

Le molybdène pulvérulent peut être obtenu en petite quantité par réduction de l'oxyde par l'hydrogène (Wöhler, Rammelsberg, Debray). Pour que le métal soit bien exempt d'oxydes, il suffit d'atteindre 500°, pourvu que l'opération soit prolongée assez longtemps [Guichard, *Ann. Chim. Phys.*, (7), **23**, 507, 1901]. Lorsque la réduction est incomplète, la purification par l'acide chlorhydrique gazeux, indiquée par Liechti et Kempe, ne peut donner de résultat, car le gaz chlorhydrique n'a pas d'action sur le bioxyde de molybdène [Van der Berghe, *B. Ac. Belg.*, (3), **30**, 327, 1895; — Guichard].

Le molybdène s'obtient également en réduisant les sulfures par l'hydrogène [Van der Pfordten, *D. chem. G.*, **17**, 732, 1884; Guichard, *Ann. Chim. Phys.* (7), **23**, 557, 1901]. Par distillation de l'amalgame préparé dans l'électrolyse d'une solution chlorhydrique d'acide molybdique [Férée, *C. R.*, **122**, 733, 1896], et enfin par électrolyse de chlorures de molybdène et de potassium [Guichard, *Ann. Chim. Phys.*, (7), **23**, 599, 1900].

Propriétés physiques. — Le molybdène pur fondu, de Moissan, est blanc, aussi malléable que le fer; il peut être poli, forgé à chaud. L'ébullition du molybdène est obtenue au four électrique; Moissan a pu distiller 56 gr. sur 150 en 20 minutes avec 700 ampères et 110 volts [*C. R.*, **142**, 425, 1906]. Sa densité est 9,01 [Moissan, *C. R.*, **116**, 1225, 1893; **120**, 1320, 1895]. La chaleur spécifique déterminée par Defacqz et Guichard sur le métal fondu est 0,072 à 93°; 0,074 à 281°; 0,072 à 444° [*Ann. Chim. Phys.*, (7), **24**, 139, 1901]. Le spectre a été étudié par Exner et Haschek [*Sitz. Akad. Wien.*, **104**, 1895] et par Hasselberg [*Kon. swet. Acad. Handl.*, **36**, 1902].

Propriétés chimiques. — Le fluor transforme le molybdène en un fluorure volatil non étudié (Moissan). L'iode n'a pas d'action sur ce métal (Moissan, Guichard). L'oxygène et les oxydants (chlorate, azotate, bioxyde de plomb, etc.), attaquent énergiquement le métal fondu qui ne s'altère pas à l'air à la température ordinaire (Moissan). Le soufre, l'azote, ne s'y combinent pas. Au four électrique, le bore et le silicium s'unissent au molybdène en donnant des composés cristallisés (Moissan). Le carbone rend le métal plus fusible, cassant et dur. La fonte peut dissoudre du carbone et l'abandonner par refroidissement sous forme de graphite. Il existe un carbure Mo^2C.

Le métal se cémente à 1500° au contact du charbon pulvérisé et devient plus dur; refroidi brusquement de 300° à 15°, il devient cassant et dur. La fonte s'affine dans une brasque d'oxyde. Ces propriétés rapprochent le molybdène du fer.

L'eau n'altère pas le molybdène à la température ordinaire; la transformation du métal en oxyde dans la vapeur d'eau commence à 700°, il se forme du bioxyde, puis du trioxyde. Vers 800°, le bioxyde prend naissance dans un mélange d'hydrogène et de vapeur d'eau, lorsque la tension de la vapeur d'eau est supérieure à 350 millimètres, la tension totale du mélange étant 760 millimètres [Guichard, *Ann. Chim. Phys.*, **23**, 508, 1901].

L'hydrogène sulfuré, à 1200°, transforme le molybdène en bisulfure (Moissan). L'acide sulfurique concentré, à 160°, dissout le molybdène [Muthmann, *Ann. Chem. Pharm. Lieb.*, **238**, 131, 1887]. Le gaz carbonique le transforme à haute température en trioxyde [Van der Berghe, *Zeit. anorg. Chem.*, **11**, 397, 1896].

Le molybdène réduit les sels d'argent ammoniacaux, le chlorure d'or, le sublimé, et n'agit pas sur les sels de plomb, de bismuth, et de cadmium [Smith, *Zeit. anorg. Chem.*, **1**, 360, 1892].

Le molybdène, extrait de l'amalgame, réduit facilement l'anhydride sulfureux et le peroxyde d'azote [Férée, *C. R.*, **122**, 733, 1896]

Analyse. — Moissan a observé que le molybdène chauffé avec un peu de perchlorure de phosphore donne un sublimé brun foncé de chlorure et oxychlorures qui bleuit à l'air. La coloration produite par les réducteurs dans les solutions d'acide molybdique ne peut être utilisée pour la recherche du molybdène que si l'on tient compte du degré d'acidité de la liqueur qui le renferme, car elle est tantôt rouge, tantôt verte, tantôt bleue (Guichard) (voyez plus loin).

Le tanin, en liqueur acétique donne une coloration rouge, bleue ou jaune avec les molybdates [Schindler, *Zeit. anal. Chem.*, **27**, 137, 1888). Les colorations produites avec les alcaloïdes ont été examinées par Lévy [*C. R.*, **103**, 1195, 1886], avec l'hydroxylamine par Hoffmann [*Ann. Chem. Pharm. Lieb.*, **307**, 314, 1899], avec la phénylhydrazine par Warren [*Chem. News*, **78**, 235, 1898].

Le dosage du molybdène se fait à l'état de métal, par réduction dans l'hydrogène, soit sous forme d'anhydride molybdique MoO^3 non volatil au-dessous du rouge naissant, soit à l'état de molybdate de plomb MoO^4Pb, après précipitation en liqueur acétique [Chatard Smith et Bradbury, *D. chem. G.*, **24**, 2030, 1891]. L'anhydride molybdique peut être séparé d'autres substances sous forme de chlorhydrine $MoO^3 2HCl$ très volatile [Péchard, *C. R.*, **114**, 173, 1892].

On a proposé d'autres méthodes [Schindler, *Zeit. anal. Chem.*, 27, 137, 1888; — Friedheim et Hoffmann, *D. chem. G.*, **35**, 791, 1902; — Gooch et Pulman, *Am. J. Soc.*, (4), **12**, 449, 1902; — Miller et Frank, *Journ chem. Soc.*, **25**, 219, 1903, etc.].

Poids atomique. — Smith et Maas ont fait de nouvelles mesures qui conduisent au nombre 96,087 [*Zeit. anorg. Chem.*, **5**, 280, 1894]. La commission internationale adopte 96.

FLUORURES DE MOLYBDÈNE. — Les fluorures n'ont pas encore été obtenus par voie sèche. Par voie humide, on a signalé le fluorure MoF^4 [Mauro et Panebianco, *D. chem. G.*, **15**, 2510, 1882].

PENTACHLORURE DE MOLYBDÈNE. — Pour préparer le chlorure de molybdène $MoCl^5$ pur, il faut employer la méthode de Moissan; on chauffe dans un long tube traversé par un courant de chlore bien desséché de la fonte de molybdène préparée au four électrique; l'extrémité du tube dans laquelle se condense le chlorure présente plusieurs étranglements qu'on étire à la lampe à la fin de la préparation; le chlorure est ainsi conservé dans le chlore sec, il est en cristaux noirs.

Le pentachlorure ne peut exister en solution dans l'eau, il est détruit; la liqueur devient très acide et renferme de l'acide chlorhydrique libre; D'après Nordenskjold [*D. chem. G.*, **34**, 1572, 1901], la réaction de l'eau sur le pentachlorure peut être représentée par l'équation :

$$MoCl^5 + H^2O = MoOCl^3 + 2HCl.$$

diluée, la solution se transforme peu à peu par oxydation à l'air en oxyde bleu de molybdène [Guichard, *Ann. Chim. Phys.*, **23**, 541, 1901].

TRICHLORURE ET TRIBROMURE DE MOLYBDÈNE. — L'étude de ces deux composés est reprise par Rosenheim et Braun [*Z. anorg. Chem.*, **46**, 311, 1905].

IODURES DE MOLYBDÈNE. — On peut préparer un biiodure MoI^2 par l'action de l'acide iodhydrique gazeux sur le pentachlorure anhydre. C'est une poudre brune de densité 4,3, inaltérable à la température ordinaire par l'air et par l'eau.

L'acide iodhydrique anhydre liquéfié réagit en tube scellé sur le pentachlorure anhydre pour donner des cristaux noirs qui ne sont jamais tout à fait exempts de chlore; ils constituent probablement l'iodure MoI^4 [Guichard, *C. R.*, **123**, 821, 1896; *Ann. Chim. Phys.*, (7), **23**, 563, 1901].

OXYCHLORURES DE MOLYBDÈNE. — L'oxychlorure $Mo^2O^3Cl^2$, a été obtenu sous forme de sublimé brun clair, très volatil, par Puttbach [*Ann. Chem. Pharm. Lieb.*, **201**, 123, 1880]. L'oxychlorure MoO^2Cl^2 a été de nouveau étudié par Schultze [*J. prakt. Chem.*, (2), **21**, 441, 1880], ainsi que le composé MoO^2Cl.

La chlorhydrine de Debray $MoO^3 2HCl$, grâce à sa facile formation et à sa solubilité, a été utilisée par Péchard [*C. R.*, **114**, 173, 1892] pour le dosage de l'acide molybdique et sa séparation d'avec les autres oxydes métalliques, et par Smith et Maas pour la détermination du poids atomique du molybdène.

OXYBROMURE DE MOLYBDÈNE. — L'oxybromure MoO^2Br^2 a été préparé par Schultze par l'action de l'anhydride molybdique sur les bromures [*J. prakt. Chem.*, (2), **281**, 434, 1883].

OXYDES DE MOLYBDÈNE. — SESQUIOXYDE DE MOLYBDÈNE. — Le sesquioxyde anhydre n'a pas été préparé; il ne se forme ni par réduction du bioxyde dans l'hydrogène, ni par oxydation du molybdène par un mélange d'hydrogène et de vapeur d'eau, ni par deshydratation du sesquioxyde hydraté [Guichard, *Ann. Chim. Phys.*, (7), **23**, 501 et 546, 1901]. L'étude du sesquioxyde hydraté est peu avancée. Il est extrêmement difficile de l'obtenir pur à cause de son avidité pour l'oxygène. La composition de ses hydrates n'a pas été déterminée.

La réduction de l'acide molybdique en sels de sesquioxyde peu connus également, a été étudiée de nouveau par Smith et Hoskinson [*Am. Chem. J.*, **7**, 90, 1885], par Gooch et Pulmann [*Zeit. anorg. Chem.*, **29**, 353, 1902], par Smith, [*D. chem. G.*, **13**, 751, 1880].

BIOXYDE DE MOLYBDÈNE ANHYDRE. — Le bioxyde de molybdène anhydre pur peut être obtenu par l'action de l'hydrogène sur le trioxyde, entre 300° et 470°; il ne se forme pas dans cette réduction les oxydes Mo^2O^5 ou Mo^5O^{12}. La calcination du molybdate d'ammoniaque seul ou additionné de trioxyde donne du bioxyde impur que l'on peut purifier complètement par la soude et l'acide chlorhydrique. On ne peut obtenir par cette méthode d'autres oxydes définis tels que Mo^3O^8, Mo^5O^{12}.

L'électrolyse de l'anhydride molybdique fondu donne du bioxyde cristallisé et non l'oxyde Mo^3O^8 [Guichard, *Ann. Chim. Phys.*, (7), **23**, 517, 1901]. Le bioxyde bien exempt de trioxyde ne présente pas d'irisations; il est brun violet, en cristaux très petits.

Le bioxyde MoO^2 réduit les sels d'argent ammoniacaux et ne réduit pas les sels de cuivre ou de mercure [Smith et Skinn, *Zeit. anorg. Chem.*, **7**, 47, 1894].

OXYDE ROUGE HYDRATÉ DE MOLYBDÈNE. — C'est l'oxyde qui se précipite par les alcalis des solutions rouges de molybdène. Ces solutions, obtenues primitivement par Berzélius en réduisant par le molybdène une solution chlorhydrique d'acide molybdique, se forment aussi par électrolyse d'une solution chlorhydrique ou oxalique d'un molybdate [Péchard, *C. R.*, **118**, 804, 1894]; par l'action de l'iodure de potassium sur une solution chlorhydrique de molybdate (Péchard). Berzélius, Rammelsberg et, après eux, plusieurs auteurs ont considéré les solutions rouges comme renfermant des sels du bioxyde MoO^2, précipitable en rouge par les alcalis; cependant la méthode de dosage de Mauro et Danesi [*Z. f. anal Chem.*, **120**, 507], confirmée par Friedheim et Euler [*D. chem. G.*, **28**, 2061, 1895], basée sur le déplacement de l'iode de l'iodure de potassium par l'acide molybdique, conduit à attribuer à ces solutions le degré d'oxydation Mo^2O^5. C'est également la conclusion de P. Klason [*D. chem. G.*, **34**, 148, 1901], qui a préparé un composé $MoOCl^3, 2AmCl$

cristallisé donnant, par addition d'une quantité calculée d'ammoniaque, un précipité couleur d'hydrate ferrique, de composition $MoO(OH)^3$, c'est-à-dire $M^2O^5, 3H^2O$. Guichard a montré que dans la réduction de l'acide molybdique par le molybdène en solution sulfurique, il se fait un sel de l'oxyde Mo^2O^5 [*C. R.*, **143**, 1906]. Le bioxyde hydraté des anciens auteurs, et ses sels, n'existeraient pas; si l'on considère que cet oxyde hydraté a toujours été obtenu mélangé de sel ammoniac (car il est soluble dans l'eau pure), et partiellement oxydé, on peut penser que la nature de l'oxyde rouge de molybdène précipité est encore imparfaitement connue.

OXYDE BLEU DE MOLYBDÈNE. — *Préparation*. — On obtient l'oxyde bleu pur de la façon suivante : On additionne une solution concentrée de molybdate d'ammoniaque d'acide chlorhydrique jusqu'à redissolution du précipité d'acide molybdique formé, en évitant d'en mettre en excès, une partie de cette solution est mise de côté; l'autre est réduite à chaud par de la fonte de molybdène pulvérisée; elle devient rouge. On précipite les deux liqueurs ainsi obtenues et parfaitement froides l'une par l'autre, en mettant un excès de la solution rouge. Si le précipité ne se produit pas immédiatement, il se forme en diluant un peu. Le liquide qui surmonte le précipité doit être coloré en jaune rouge. Le précipité bleu est lavé à la trompe avec de l'eau bouillie acidulée d'acide chlorhydrique, puis à l'eau bouillie seule, en maintenant toujours le précipité recouvert de liquide; on fait en outre arriver, pendant le lavage, un courant d'acide carbonique au-dessus de l'entonnoir qui renferme le précipité. On poursuit le lavage jusqu'à disparition totale de l'acide chlorhydrique. La dessiccation de l'oxyde est effectuée dans l'hydrogène, au bain-marie [Guichard, *An. Chim. Phys.*, (7), **23**, 534, 1901].

Cet oxyde se forme par un grand nombre de réactions : par réduction du trioxyde ou des molybdates en liqueur peu acide; par oxydation des oxydes inférieurs, ou de la solution aqueuse du pentachlorure; par action de l'acide molybdique sur l'oxyde rouge ou ses sels [Muthmann, *Ann. Lieb.*, **238**, 108, 1887. — Péchard, *C. R.*, **114**, 1481, 1892. — Marchetti, *Z. anorg. Chem.*, **19**, 391, 1898. — P. Klason, *D. chem. G.*, **34**, 158, 1901]; citons aussi l'action du sulfate

$$Mo^2O^3 2SO^3$$

sur les molybdates de baryum [Bailhache, *C. R.*, **133**, 1210, 1901].

Certains de ces modes de formation peuvent fournir des préparations, pourvu que l'on se place dans des conditions telles, que l'oxyde bleu obtenu ne puisse renfermer d'acide molybdique, et qu'il soit fait à l'abri de l'air. On obtient alors un oxyde toujours de même composition et de mêmes propriétés : il n'y a qu'un oxyde bleu défini [Guichard, *Bull. Soc. Chim.*, (3), **27**, 358, 1902; *C. R.*, **134**, 173, 190].

L'oxyde bleu de molybdène supposé anhydre renferme 68 0/0 de métal, ce qui conduit à lui donner la formule $MoO^2 4MoO^3$; séché à froid, l'hydrate a pour composition $MoO^2 4MoO^3 6H^2O$.

Propriétés. — L'oxyde bleu a pour densité 3,6 à 18° (Guichard).

Il se présente en fragments très brillants, vitreux, presque noirs, non cristallisés. Il est extrêmement soluble dans l'eau, très peu dans les solutions saturées de sel ammoniac, de chlorure de sodium, de calcium, etc., soluble dans l'alcool à 95°, insoluble dans l'éther, le benzène, le sulfure de carbone, le chloroforme, etc.

Par déshydratation à chaud (500°), il ne se forme pas d'oxyde anhydre correspondant, il reste un mélange de bioxyde et de trioxyde.

L'hydrogène réduit l'oxyde bleu; le chlore donne un oxychlorure volatil et du trioxyde; l'oxygène avant le rouge donne du trioxyde. À froid il y a oxydation lente, à sec ou en solution. Le gaz chlorhydrique donne un sublimé blanc de chlorhydrine $MoO^3 2HCl$, et il reste du bioxyde. Les alcalis le dédoublent en oxyde rouge précipité et molybdate soluble.

L'acide chlorhydrique en solution à 200 grammes d'HCl par litre ne dissout pas l'oxyde bleu, mais ne le décompose pas. Au-dessus de cette concentration, l'acide chlorhydrique déplace partiellement l'acide molybdique en donnant le chlorure rouge en solution (vert si la liqueur est très acide); cette réaction peut être renversée.

L'acide sulfurique à 340 grammes d'SO^4H^2 par litre ne dissout pas l'oxyde bleu; à partir de 560 grammes d'SO^4H^2 par litre, il y a décomposition.

L'acide azotique oxyde très rapidement l'oxyde bleu. Les sels donnent souvent des doubles réactions avec l'oxyde bleu, qui se comporte toujours comme un molybdate d'oxyde de molybdène, comme un oxyde salin (Guichard).

Aucune expérience ne permet de considérer cet oxyde comme un composé complexe analogue à l'acide phosphomolybdique.

ANHYDRIDE MOLYBDIQUE. MoO^3. — Chaleur de formation $166^{cal},14$ [Delépine, *Bull. Soc. chim.*, (3), **29**, 1166, 1903]. Cet oxyde a été de nouveau électrolysé à l'état fondu (soit seul, soit en présence de potasse ou de lithine). Il se forme dans tous les cas du bioxyde MoO^2 cristallisé [Guichard, *Ann. Chim. Phys.*, **23**, 520, 1900].

Par des expériences prolongées à température constante, on a établi que dans l'hydrogène, entre 300 et 470°, la réduction de l'anhydride molybdique conduit à l'oxyde MoO^2 sans passer par les oxydes Mo^2O^5, Mo^5O^{12}. D'autre part, au-dessus de 500°, la réduction se poursuit jusqu'au métal, sans donner le sesquioxyde anhydre Mo^2O^3. La réduction faite sur de petites quantités peut être complète à 600°, en quelques heures. Les seuls oxydes anhydres, dont l'existence reste certaine, sont MoO^3 et MoO^2 [Guichard, *Ann. Chim. Phys.*, (7), **23**, 502, 1901].

Molybdamide $MoO^2(AzH^2)^2$. — Ce composé noir se forme par action de l'ammoniac sur l'oxychlorure MoO^2Cl^2 [Smith et Fleck, *Z. anorg. Chem.*, **7**, 351, 1894].

ACIDE MOLYBDIQUE. — Le composé jaune clinorhombique qui se dépose des solutions azotiques de molybdate d'ammonium a pour composition $MoO^3 2H^2O$. Il peut donner dans le vide l'hydrate MoO^3, H^2O [Vivier, *C. R.*, **106**, 601, 1888. — Parmentier, *C. R.*, **95**, 839, 1882. — Dechulten, *B. Soc. Min.*, **26**, 6, 1903; — voir aussi Mylius, *D. chem. G.*, **36**, 638, 1903; — Rosenheim et Bertheim, *Zeit. anorg. Chem.*, **34**, 427, 1903; — Rosenheim et Davidsohn, *ibid.*, **37**, 314, 1903; — Rosenheim, *ibid.*, **50**, 320, 1906].

L'acide molybdique a été électrolysé en solution par Chilosetti [*Atti Acad. Lincei*, (5), **12**, II, 22, 1906; *Zeit. physikal. Chem.*, **34**, 641, 1906; *Zeit. f. Elektrochem.*, **12**, 173 et 197, 1906].

Plusieurs molybdates ont été préparés par Junius [*Zeit. anorg. Chem.*, **46**, 428, 1905].

Molybdates de cæsium et de rubidium. — Les composés suivants ont été obtenus par Muthmann et Nagel [*D. chem. G.*, **31**, 1836, 1898] :

$$3Rb^2O, 10MoO^4, 14H^2O;$$

$$Rb^2O, 2MoO^2, MoO^4, 3H^2O;$$

$$3Rb^2O, 5MoO^3, 2MoO^4, 6H^2O;$$

$$3Cs^2O, 7MoO^3, 3MoO^4, 4H^2O.$$

Molybdates de potassium. — Le sel MoO^4K^2 a été préparé pur par Péchard [*C. R.*, **117**, 788, 1893]. Le molybdate ordinaire a pour composition $Mo^9O^{31}K^8, 6H^2O$ [Péchard]. On a obtenu un molybdate acide $Mo^4O^{13}K^2$ ou $Mo^5O^{16}K^2$ [Péchard] et les permolybdates $K^2O^2, MoO^3, MoO^4, 3H^2O$ [Muthmann et Nagel] ou

$$6K^2O, 16MoO^3, 4H^2O^2, 13H^2O$$

[Bärwald, *Chem. Centr. Bl.*, **424**, 1885] et

$$K^2O^2, MoO^4, H^2O^2$$

[Mélikoff et Pissarjewsky, *D. chem. G.*, **31**, 632, 1898].

Molybdates d'ammonium. — Ces molybdates ont été étudiés par Hundeshagen [*Z. anal. Chem.*, 28, 166, 1889], Rosenheim [*Z. anorg. Chem.*, **15**, 187, 1897]; les fluoxymolybdates par Mauro; les iodomolybdates par Blomstrand et par Chrétien; les sulfomolybdates, par Krüs (*An. Ch. Ph. Lieb.*, **225**, 29, 1884]; les phosphomolybdates par Gibbs, Stunckel, Weltzke et Wagner [*Z. anal. Chem.*, **21**, 353, 1882], Huadeshagen [*Z. anal. Chem.*, **28**, 141, 1889]; les arsénio et antimoniomolybdates par Gibbs [*Am. Chem. Journ.*, **3**, 402, 1881 : **5**, 361, 1883; **7**, 392, 1885]; les silicomolybdates par Asch.

Molybdates de sodium. — Quelques molybdates ont été étudiés par Stavenhagen et Engels [*D. chem. G.*, **28**, 2280, 1895]. par Asch [*Z. anorg. Chem.*, **28**, 273, 1901]; les sulfomolybdates par Krüss [*An. Chem. Ph. Lieb.*, **225**, 6, 1889]; les molybdosulfites et sélénites par Péchard [*C. R.*, **116**, 1441, 1893].

Molybdate de cérium et de didyme. — Le sel MoO^4Ce (Scheelite) peut prendre naissance par voie sèche [Didier, *C. R.*, **102**, 825, 1886; — Cossa, *C. R.*, **98**, 990, 1884], ainsi que le sel MoO^4Di, [Cossa, *C. R.*, **102**, 1315, 1886].

Molybdate de zinc. — Coloriano a observé la formation d'un molybdate basique cristallisé.

Molybdates de manganèse. — Les sels :

$$2(AzH^4)^2O, K^2O, Mn^2O^3, 10MoO^3, 5H^2O;$$
$$3Na^2O, MnO^2, 12MoO^3, 13H^2O;$$
$$3(AzH^4)^2O, MnO^2, 9MoO^3, 7H^2O;$$
$$3K^2O, MnO^2, 8MoO^3, 6H^2O;$$
$$4[(AzH^4)^2Mn]O, MnO^2, 10MoO^3, 6H^2O,$$

ont été obtenus par Rosenheim et Itzig [*Z. anorg. Ch.*, **16**, 76, 1898], par Friedheim et Somelson [*Z. anorg. Ch.*, **24**, 65, 1900] et par Péchard [*C. R.*, **125**, 29, 1097].

Molybdate d'argent. — Différents travaux ont été effectués sur le molybdate d'argent, par Smith et Bradbury [*D. chem., G.*, **24**, 2934, 1891], Krutwig [*D. chem. G.*, **14**, 304, 1881]; Muthmann [*D. chem. G.*, **20**, 984, 1887]; sur le permolybdate, par Péchard [*Ann. Chem. Ph.*, (6), **28**, 537, 1893].

Fluo-oxymolybdates de potassium. — Les sels suivants ont été étudiés : $3MoO, F^35KF, H^2O$ [Mauro. *Gazz. chim. ital.*, **19**, 179, 1892]. MoO^2F^2, KF, H^2O [Kazanetsky, *Journ. Soc. phys. chim. russe*, **34** 383, 1902]. $MoO^3, 2KF, H^2O$ [Nordenskjöld, *D. chem. G.*, **34**, 1572, 1901].

Fluoxymolybdate de zinc. — Le composé bleu $MoOF^3, ZnF^2, 6H^2O$ a été préparé par Mauro [*Z. anorg. Ch.*, **2**, 25, 1892].

Fluoxymolybdates de thallium. — Plusieurs composés $2TlF, MoO^2F^2$; $2TlF, MoO^2F^2, H^2O$; TlF, MoO^2F^2 ont été décrits par Mauro [*Atti. Ac. Lincei.*, (5). **2**, 2, 401, 1893].

Acide chloromolybdique. — L'acide chloromolybdique, $MoOCl^3(OH), 7H^2O$, a permis à Weinland et Knöll de préparer toute une série de sels avec le cæsium, le rubidium, etc. [*Zeit. anorg.*, **44**, 81, 1905].

Acide iodomolybdique. — Chrétien prépare un acide $I^2O^5, 2MoO^3, 2H^2O$ cristallisé, qui donne des sels par son action sur les azotates [*C. R.*, **123**, 178, 1896, 1898].

Iodomolybdates de potassium. — Les composés suivants ont été obtenus : $KIO^3MoO^32H^2O$ [Blomstrand]; $I^2O^52MoO^3K^2O, H^2O$ et des sels plus acides [Chrétien, *C. R.*, **123**, 178, 1896]; $IO^6K^5(MoO^2)^66H^2O$ [Blomstrand, *Z. anorg. Chem.*, **1**, 10, 1892; *Ann. ch. ph.*, (7), **15**, 435, 189].

Acides molybdopériodiques. — Ces acides ont été étudiés par Rosenheim et Liebknecht [*Ann. Chem. Pharm. Lieb.*, **308**, 40, 1899] et par Blomstrand [*Z. anorg. Chem.*, **1**, 10, 1892]. Leur formule est $IO^6H^5(MoO^3)^x$; x étant égal à 1,4,6. L'acide $IO^6H^5(MoO^3)^6$ a été seul isolé. On connaît les sels des deux autres acides.

Sulfomolybdates de potassium. — Un sulfomolybdate basique $Mo^2S^9K^6$ a été préparé par Krüss [*Ann. chem. pharm. Lieb.*, **225**, 33, 1884] et le sulfoxymolybdate $MoO^2S^2K^2$ par Rosenheim et Ytzig [*D. chem. G.*, **33**, 707, 1900].

Acide molybdosélénieux. — Péchard l'obtient en décomposant le molybdosélénite de baryum par l'acide sulfurique; sa solution jaune ne cristallise pas [*C. R.*, **117**, 104, 1893].

Molybdosulfite et molybdosélénite de potassium. — Péchard [*C. R.*, **116**, 1441, 1893], a étudié les composés $10MoO^3, 3SO^2, 4K^2O, 10H^2O$ et $10MoO^3, 3SeO^2, 4K^2O, 5H^2O$.

Acide phosphomolybdique. — La composition de l'acide phosphomolybdique, d'après plusieurs auteurs, doit être représentée par la formule $P^2O^5, 24MoO^3$ [V. D. Pfordten, *D. chem. G.*, **15**, 1929, 1882; Hundeshagen, *Z. anal. Chem.*, **28**, 141, 1889; — Pemberton, *D. chem. G.*, **15**, 2635, 1882; — Gibbs, *Am. chem. J.*, **3**, 317, 1881]. D'autres auteurs ont décrit des combinaisons renfermant plus de 24 MoO^3 [Kœnig, *Jahresb*, **34**, 1169, 1881; — Stunkel, Wetzke, Wagner, *Z. anal. Ch.*, **21**, 353, 1882; — Hehner, *Z. anal. Chem.*, **21**, 568, 1882]. Un acide $P^2O^5 18MoO^3 3H^2O$ a été obtenu en prismes rouges par Kehrmann et Böhm, [*Z. anorg. Chem.*, **7**, 406, 1894].

Mauro [*Z. anorg. Chem.*, **2**, 25, 1892] a préparé deux acides $Mo^5O^8_5(PO^2H^3)^7, 3H^2O$ et $Mo^5O^{13}(PO^2H^3)^8, H^2O$ et quelques sels correspondants.

Phosphomolybdate de potassium. — Le composé $K^2O, P^2O^5, 2MoO^3, 13H^2O$ a été décrit par Friedheim et Wirtz [*Z. anorg. Chem.*, **4**, 275. 1893; **6**, 27, 1894].

Phosphomolybdate de plomb. — Ce sel a pour composition d'après Beuf

$$23MoO^4Pb. M^2O^5(PO^4Pb)^2, 7H^2O.$$

[*Bull. Soc. Chim.*, (3), **3**, 852, 1890].

Acide arséniomolybdique. — On a décrit des acides qui pour As^2O^5 renferment 19 MoO^3 [Püfahl, *D. chem. G.*, **17**, 217, 1884]; 16 MoO^3 [Ditte, *C. R.*, **102**, 1021, 1886]; $2MoO^3$ [Friedheim, *Zeit. anorg. Chem.*, **2**, 314, 1892]; 6 MoO^3 (Püfahl) 16 MoO^3 et 18 MoO^3 [V. D. Pfordten, *D. chem. G.*, **15**, 1929, 1882]. L'anhydride arsénieux se dissout dans les molybdates acides pour donner des sels dont l'acide n'est pas isolé [Gibbs, *Am. Chem. Journ.*, **3**, 402, 1881-1882].

Arsénio et arsénimolybdate de cuivre. — Gibbs a obtenu le sel $2CuO, 3As^2O^3, 6MoO^3, 6H^2O$ [*Am. Chem. Journ.*, **7**, 313, 1892] et Pufahl le composé $CuO, As^2O^5, 6MoO^3, 15H^2O$ [*D. chem. G.*, **17**, 217, 1884].

Acides antimoniomolybdique et vanadiomolybdique. — Ces acides ou leurs sels ont été préparés par Gibbs [*Am. Chem. Journ.*, 7, 392, 1885; 4. 377, 1882-1883; 5. 361, 1883-1884].

Acide oxalomolybdique, $MoO^3C^2O^4H^2, H^2O$. — Cet acide a été étudié par Péchard [*C. R.*, **108**, 1052, 1889]; des oxalomolybdates ont été décrits par Péchard, Hermann, Ilzig [*Z. anorg. Chem.*, **21**, 17, 1899], des oxalomolybdites par Bailhache [*C. R.*, **135**, 862, 1902]. Des acides analogues avec d'autres acides organiques ont été obtenus par Hendersonn, Orr et Witehead [*J. am. chem. Soc.*, **75**, 542, 1899].

Acide silicomolybdique.

$$SiO^2 12MoO^3 + 26H^2O$$

— Il a été isolé, par Parmentier, à partir de son sel mercureux. Il se présente en cristaux jaunes très solubles décomposables avant 100° [*C. R.*, **94**, 213, 1882]. Ses sels ont été décrits par Asch [*Z. anorg. Chem.*, **28**, 273, 1901]. Copaux a étudié les formes cristallines des silicomolybdates [*Ann. ch. ph.*, (8). 7. 118, 1906].

Silicomolybdates de cæsium et de rubidium. — Ces deux sels sont peu solubles; celui de cæsium est en outre insoluble dans les acides (Parmentier).

Silicomolybdate de thallium

$$2Tl^2O, SiO^2, 13MoO^3.$$

— Il a été obtenu par Parmentier [*C. R.*, **72**, 1234. 1881].

Silicomolybdate mercureux. — Parmentier a préparé le sel $4Hg^2OSiO^2 . 12MoO^3$.

Silicomolybdates, titanomolybdates, zirconomolybdates de potassium. — Ces composés sont décrits par Parmentier et par Asch.

Acide permolybdique. — L'action de l'eau oxygénée sur les molybdates, en liqueur acide, signalée par Werther, Bärwald, Denigès [*C. R.*, **110**, 1000, 1890] donne un composé préparé par Péchard à partir de l'acide molybdique et de l'eau oxygénée à 25 0/0; c'est un corps jaune ou rouge, oxydant, qu'on peut formuler MoO^4H [Péchard, *C. R.*, **112**, 628, 1891], ou bien MoO^5H^2 [Mulhmann et Nagel, *D. chem. G.*, **51**. 1836, 1898], ou encore $2MoO^3, H^2O^2$.

Permolybdate de baryum. — Ce composé a pour formule $(MoO^4)^2Ba$ ou $19MoO^3BaO^2H^2O^2, 13H^2O$ [Bärwald, *Ch. Cent. Bl.*, **424**, 1885].

Permolybdate mercureux. — C'est une poudre orangée obtenue par Péchard [*Ann. Chim. Ph.*. (6), **28**, 559, 1893].

Sesquisulfure de molybdène. — On le prépare en chauffant du bisulfure aggloméré par compression quelques minutes au four électrique Moissan, avec 900 ampères et 50 volts. Une partie du soufre se dégage; le culot fondu et cristallisé renferme du sesquisulfure et du métal que l'on sépare à l'eau régale étendue froide, qui dissout rapidement le métal. Les aiguilles grises de sesquisulfure ont pour densité 5,9 à 15°. Le sesquisulfure s'oxyde au rouge à l'air, il se sulfure au rouge en donnant du bisulfure. L'hydrogène le transforme en molybdène, de même que la chaleur seule, à la température de l'arc électrique (Guichard).

Bisulfure de molybdène. — De Schulten a obtenu de petites quantités de bisulfure en cristaux microscopiques, en fondant du carbonate de soude avec du soufre, et ajoutant ensuite peu à peu de l'anhydride molybdique [*B. Soc. Min.*, **12**, 545, 1889]

Il se forme du bisulfure dans l'action de l'hydrogène sulfuré gazeux sur le pentachlorure [Arctowsky, *Z. anorg. Chem.*, **8**, 213, 1895], mais ce sulfure renferme toujours du chlore.

Le bisulfure se prépare très bien cristallisé en lamelles hexagonales, par fusion de 150 grammes de carbonate de potassium avec 280 grammes de soufre et 200 grammes de molybdate d'ammonium et, avec un meilleur rendement, en fondant un mélange de 150 grammes de carbonate, 310 grammes de soufre et 200 grammes de bioxyde de molybdène. On l'obtient facilement, mais amorphe, en chauffant du soufre (100 gr.) et du molybdate d'ammoniaque (50 grammes) [Guichard, *Ann. Chim. Phys.*, (7), **23**, 549].

Propriétés. — Ce bisulfure ne peut être transformé en trisulfure; l'hydrogène le transforme en métal [V. d. Pfordten, *D. chem. G.*, **27**, 731, 1885] sans donner de sulfure intermédiaire (Guichard). A température élevée, il perd du soufre en se transformant en sesquisulfure Mo^2S^3, puis en métal.

La molybdénite naturelle, traitée au four électrique, peut fournir de la fonte de molybdène ne renfermant qu'un peu de fer (Guichard).

Trisulfure de molybdène. — Ce trisulfure a été étudié à l'état colloïdal par Winnsinger [*B. Ac. Belg.*, (3), **15**, 400, 1888].

Tétrasulfure de molybdène, MoS^4. — Il se forme par décomposition d'un persulformolybdate par un acide. C'est un composé pulvérulent couleur cannelle, s'oxydant un peu à l'air [Krüss, *Ann. Chem. Pharm. Lieb.*, **225**, 40, 1884].

Sulfates de molybdène, $MoO^2MoO^3, 2SO^3$. — Bailhache [*C. R.*, **132**, 475, 1901] réduit par l'hydrogène sulfuré la solution de trioxyde dans l'acide sulfurique. Le sulfate formé est un composé vert donnant une solution brune.

La réduction par l'alcool du composé MO^3SO^3 donne à froid une liqueur bleue, qui laisse cristalliser un composé $7MoO^3, 2MoO^2, 7SO^3$ [Péchard, **132**, 628, 1901].

Borure de molybdène. — Un borure Mo^3B^4 a été signalé par Tucker et Moody [*Am. chem. Soc.*, **81**, 14, 1902], mais Binet de Jassoneix a montré que le bore et le molybdène donnent des fontes non carburées contenant jusqu'à 46 0/0 de bore dans lesquelles ne se trouve aucune combinaison définie [*C. R.*, **143**, 149, 1906].

Carbures de molybdène. — Il y a deux carbures de molybdène. Le carbure Mo^2C est préparé par Moissan [*C. R.*, **120**, 1320, 1895] en chauffant au four électrique 250 grammes de bioxyde de molybdène avec 50 grammes de charbon, 10 minutes avec un arc de 50 volts et 800 ampères. Il se présente en prismes allongés de densité 8,9; il est inaltérable à l'air et ne décompose pas l'eau. Le carbure MoC s'obtient d'après Moissan et Hoffmann [*C. R.*, **138**, 1558, 1904] en chauffant au four électrique 25 grammes de fonte de molybdène, 25 grammes d'aluminium et 0gr.2 de coke de pétrole pendant 3 minutes avec 100 volts et 500 ampères. Le culot, traité par la potasse et la soude, par l'acide sulfurique et l'acide chlorhydrique, donne de petits prismes brillants de densité 8,4, rayant le quartz.

Cyanure et sulfocyanate de molybdène et potassium. — Ces composés complexes se produisent, d'après Chilesotti [*Gazz.*, **34**, 11, 493, 1905], à partir du composé K^3MoCl^6.

Siliciure de molybdène. — Le siliciure Mo^2Si^3 est obtenu en fondant au four électrique du silicium et du bioxyde de molybdène et attaquant le culot formé dans un électrolyseur à acide chlorhydrique [Vigouroux, *C. R.*, **129**, 1238, 1899; Warren, *Chem. N.*, **78**, 235, 1898].

Oxyde de molybdène et de zinc. — L'oxyde $2ZnO, 3MoO^2$ a été préparé cristallisé par Muthmann [*An. Ch. Ph. Lieb.*, **238**, 134, 1887].

Alliages de molybdène et d'aluminium. — Guillet a décrit les alliages Al^7Mo, Al^3Mo, $AlMo$,

Al^2Mo, $AlMo^4$, $AlMo^{20}$ [*C. R.*, **132**, 1323 et **133**, 291, 1901].

Alliages de molybdène et de cobalt. — Ils ont été étudiés par Sargent [*J. Am. Ch. Soc.*, **22**, 783, 1900].

Alliages de molybdène et de fer. — L'alliage a été préparé par aluminothermie [Stavenhagen et Schuchard, *D. chem. G.*, **35**, 909, 1902] et au four électrique (Williams). Williams a, en outre, isolé un carbure cristallisé, Fe^3CMo^2C [*C. R.*, **127**, 483, 1898]. Vigouroux a isolé les composés Fe^2Mo, Fe^3Mo^2, FeMo, $FeMo^2$ [*C. R.*, **142**, 889, 1906].

Alliage de molybdène et de cuivre. — Hamilton a préparé un alliage CuMo au four électrique [*Amer. Chem. Soc.*, **23**, 151, 1901].

Oxyfluorures de molybdène et de cuivre. — Mauro a décrit les sels $MoOF^3$, CuF^2, $4H^2O$ et MoO^2F, CuF^2, $4H^2O$ [*Z. anorg. Ch.*, **2**, 25, 1886].

Amalgames de molybdène. — Les composés $MoHg^9$, $MoHg^2$, $MoHg^3$ ont été préparés en électrolysant l'acide molybdique dissous dans l'acide chlorhydrique, et comprimant et filtrant ensuite le mercure servant d'électrode négative [Férée, *C. R.*, **122**, 733, 1896]. Décembre 1906. M. Guichard.

MOLYBDOMÉNITE (Min.) (Em. Bertrand). — Sélénite de plomb, parfois cuprifère, en petites lamelles micacées orthorhombiques, blanches ou vert clair, trouvées avec chalcoménite, à Cacheuta, près la Plata. L. Bourgeois.

MOLYBDOPHYLLITE (Min.) (G. Flink). — Orthosilicate de plomb et de magnésium hydraté, SiO^4M^2, H^2O (avec 61.1 0/0 de PbO et 11,7 0/0 de MgO, un peu d'alumine, soude et potasse). Masses lamellaires ressemblant à du mica blanc, très clivables suivant une direction, un peu grisâtres en masse, trouvées dans le calcaire ou la dolomie avec haussmannite, à Langbanshytta, Wermland, Suède. D'après les figures de corrosion, hexagonal. Dureté = 3,4. Densité = 4,717. L. Bourgeois.

MONÉTITE (Min.) (Shepard). — Phosphate bicalcique PO^4CaH. Petits cristaux ou masses blanc jaunâtre, friable, cassure inégale, au contact du calcaire tertiaire et du guano, aux îles Moneta et Mona, Antilles.

Caractères. — Très soluble dans les acides. Blanchit au chalumeau et fond en un globule qui cristallise par refroidissement. Donne de l'eau dans le tube.

Forme cristalline. — Prisme anorthique :

$$h^1t = 138°;\quad h^1g^1 = 109°;\quad ph^1 = 104°.$$

Faces : $h^1g^1pmta^1g^x$ et ${}^xg$. Clivage h^1.

MONTROYDITE (Min.) (A.-J. Moser). — Oxyde mercurique, HgO (*précipité per se*), en rares petits cristaux rouge cramoisi, transparents, éclat adamantin, inaltérables à la lumière, trouvés avec calomel, oxychlorure de mercure, cinabre, mercure, dans les couches crétacées de Terlingua, comté de Brewster, Texas.

Caractères. — Soluble sans résidu dans les acides azotique ou chlorhydrique, même à froid. Dans le tube bouché, donne un sublimé de mercure et un dégagement d'oxygène, sans laisser de résidu. Dureté < 2. Poussière rouge orangé.

Forme cristalline. — Prisme orthorhombique : $a : b : c = 0,63797 : 1 : 1,1931$.

Faces : $g^1mh^1a^1b^1/_2b^1/_6b^1a_3e_2$. L. Bourgeois.

MOORABOOLITE (Min.) (G.-B. Pritchard). — Zéolite voisine de la mésotype, en longs prismes rhombiques pyramidés, semblables à de l'aragonite, dans la cavité d'un basalte près Maud, vallée de Moorabool, Victoria. Dureté = 6. Densité = 2,17. L. Bourgeois.

MORADINE $C^{16}H^{14}O^6$ (ou $C^{21}H^{18}O^8$). — Cette substance se retire de l'écorce du Pogonopus febrifugus de la Bolivie. Elle forme des prismes fusibles à 201-202°, très peu solubles dans l'eau, plus solubles dans l'alcool; ces solutions présentent une fluorescence bleue. La solution aqueuse réduit à chaud la liqueur de Fehling. L'oxydation de la moradine par l'acide azotique étendu donne de la quinone et de l'acide oxalique [Arata et Canzoneri, *Gazz. chim. ital.*, **18**, 409, 1889]. Décembre 1906. E. Rengade.

MORDÉNITE (Min.) (How-Pirsson). Zéolite ayant à peu près pour composition

$$[Ca, K^2, Na^2]O . Al^2O^3 . 9SiO^2, 6H^2O,$$

très petits cristaux dans un basalte altéré de Morden Point, Nouvelle-Ecosse et de Hoodoo Mountain, W. Wyoming. Difficilement fusible en émail blanc; donne de l'eau dans le tube, en s'effleurissant. Dureté = 3. Densité = 2,119-2,179.

Forme cristalline. — Prismes clinorhombiques isomorphes avec la heulandite :

$$a : b : c = 0,40101 : 1 : 0,42623;$$
$$\beta = 88° 30',5.$$

Mêmes faces que pour la heulandite, sauf que m de celle-ci est remplacée par h^9. L. Bourgeois.

MORENCITE (Min.) (W. Lindgren et W.-F. Hillebrand). — Silicate

$$2MO . 3R^2O^3 . 11SiO^2, 11H^2O,$$

avec 29 0/0 de Fe^2O^3 et 4 0/0 de MgO, masses fibreuses brun jaunâtre ou verdâtres, dans un calcaire avec chlorite et pyrite, aux mines de chalcosine de Clifton et Morenci, Arizona. L. Bourgeois.

MORIN. — Le morin préparé comme il a été indiqué (Dict., **2**, 453 et 1er Suppl., 1026) n'est pas pur. Pour l'avoir dans un état de pureté absolue, il faut le transformer, comme l'ont indiqué Perkin et Pate, en bromhydrate [*J. Chem. Soc.*, **67**, 649; voyez aussi *ibid.*, **69**, 792]. Complètement exempt de maclurine, il constitue de longues aiguilles blanches solubles à 20° dans 40 000 parties d'eau. A l'ébullition, la solubilité est quatre fois plus grande [Wagner, *Jahresberichte*, 1850, 529]. PF. 285°. En traitant une solution alcoolique de morin par les carbonate, nitrite, succinate, benzoate, salicylate et acétate de potassium, Perkin a toujours obtenu le même composé $C^{15}H^9O^7K$, ce qui confirme la formule $C^{15}H^{10}O^7$ du morin proposé par Löwe.

L'oxalate de potasse semble fournir un *dérivé d'addition*, en aiguilles jaunes, solubles, qu'il est difficile de séparer des dernières traces de morin et correspondant à la formule $C^{15}H^{10}O^7 + C^2O^4K^2$. Ces aiguilles se décomposent par l'eau en régénérant du morin en même temps que se forme un sel pentapotassique :

$$5C^{15}H^9O^7K = 4C^{15}H^{10}O^7 + C^{15}H^5O^7K^5.$$

Ont été également décrits les sels :

$$C^{15}H^9O^7Na,\ (C^{15}H^9O^7)^2Mg \text{ et } (C^{15}H^9O^7)^2Ba,$$

L'existence de 5 groupes hydroxy dans le morin est du reste mise en évidence par la formation d'éthers et de dérivés acétylés : 4 de ces groupes sont méthylables, le 5e ne réagit qu'en présence d'anhydride acétique.

Éther diméthylique, $C^{15}H^8O^5(OCH^3)^2$. — Il s'obtient mélangé avec l'éther tétraméthylique en traitant le morin par l'iodure de méthyle en présence de potasse alcoolique à l'ébullition. La séparation est facile par suite de la différence de solubilité des deux éthers. Le dérivé diméthylé, le plus soluble, est en aiguilles jaunes brillantes, fusibles à 225-227°.

Éther tétraméthylique, $C^{15}H^{6}O^{3}(OCH^{3})^{4}$. — Aiguilles jaune pâle fusibles à 131-132°.

Éther tétraéthylique, $C^{15}H^{6}O^{3}(OC^{2}H^{5})^{4}$. — Aiguilles jaunes fusibles à 126-128° [A. G. Perkin et S. Phipps, *Proc. Chem. Soc.*, **19**, 284, 1903 ; *J. Chem. Soc.*, **85**, 56, 1894].

Dérivés acétylés. — Le morin traité par l'acétate de soude et l'anhydride acétique donne un dérivé très soluble dans les solvants usuels. G. A. Perkin n'a pu l'obtenir cristallisé. Si au morin on substitue son sel de potassium, on obtient le *dérivé tétracétylé* $C^{15}H^{6}O^{7}(OC^{2}H^{3})^{4}$ en aiguilles prismatiques fusibles à 142-145°. En cherchant à pousser plus avant la réaction, on obtient un dérivé qui paraît identique à celui obtenu à partir du morin.

Par contre le dernier groupe entre facilement en réaction lorsqu'on acétyle l'éther tétraméthylique. Le composé formé

$$C^{15}H^{5}O^{3}(OCH^{3})^{4}(OC^{2}H^{3})$$

est en aiguilles fusibles à 167°.

Du reste cet éther tétraméthylique donne, conformément aux travaux de Kostanecki, un sel solide jaune bien défini.

Le dérivé acétylé de l'éther tétraéthylique est en aiguilles fusibles 121-123° [G. A. Perkin et S. Phipps, *loc. cit.*].

Dérivés halogénés. — Le morin se brome très facilement en présence d'acide acétique. On obtient un *dérivé tétrabromé* fondant à 258°, en même temps qu'une petite quantité de morin est transformée en tribromophloroglucine (G. A. Perkin). Traité par l'acétate de potassium, ce dérivé tétrabromé conduit aux deux sels $C^{15}H^{5}Br^{4}O^{7}K$ et $C^{15}H^{4}Br^{4}O^{7}K^{2}$. Avec l'anhydride acétique, il donne le *dérivé pentacétylé* en longues aiguilles fusibles à 192-193°.

Si l'on brome le morin en présence d'alcool, on obtient le dérivé tétrabromé de l'éther méthylique $C^{15}H^{5}Br^{4}O^{6}(OC^{2}H^{5}) + 4H^{2}O$. Dans le vide ou à 100°, il perd $2H^{2}O$; il fond à 155°. Par digestion avec du chlorure de zinc et de l'acide chlorhydrique fumant [Benedikt et Hazura, *Mon. f. Chem.*, 5, 165 et 667], ou mieux, d'après Perkin, avec l'acide iodhydrique, l'éther se retransforme en tétrabromomorin. Toutefois Herzig [*Mon. f. Chem.*, 707, 1890] prétend que la réaction fournit le morin lui-même. Par traitement à l'anhydride acétique il donne le dérivé $C^{15}H^{5}Br^{4}O^{6}(C^{2}H^{3}O)^{4}(OC^{2}H^{5})$, fusible 116-120°.

Action des acides. — Le morin se combine aisément avec les acides en présence d'acide acétique : les combinaisons avec les hydracides s'obtiennent facilement en aiguilles orangées et correspondent à la formule $C^{15}H^{10}O^{7}.HM$ (M = Cl, Br ou I).

La combinaison avec $SO^{4}H^{2}$ se fait avec élimination d'eau, $C^{15}H^{8}O^{6}.SO^{4}H^{2}$.

Traités par l'eau, ces composés régénèrent le morin. Si on opère, sans intervention de solvant, en chauffant directement le morin avec l'acide sulfurique, on obtient l'acide sulfonique $C^{15}H^{9}O^{7}SO^{3}H + 2H^{2}O$ (Benedikt et Hazura), fournissant facilement les sels $C^{15}H^{8}SO^{10}K^{2}$ et $C^{15}H^{8}SO^{10}Ba^{2}$.

Le morin réagit facilement en solution alcaline sur le sulfate de diazobenzène avec formation du diazoïque $C^{15}H^{8}O^{7}(C^{6}H^{4}-Az^{2})^{2}$.

Constitution. — La constitution du morin résulte surtout des expériences de G. A. Perkin et Bablich [*J. Chem. Soc.*, **69**, 797]. Ces savants ont montré que le morin se dédouble très nettement lorsqu'on le chauffe à 150-160° avec dix fois son poids de potasse dissoute dans un peu d'eau : on obtient de la phloroglucine et de l'acide β-résorcylique. Si, au morin, on substitue son éther tétraméthylique, on obtient du β-résorcylate diéthylique :

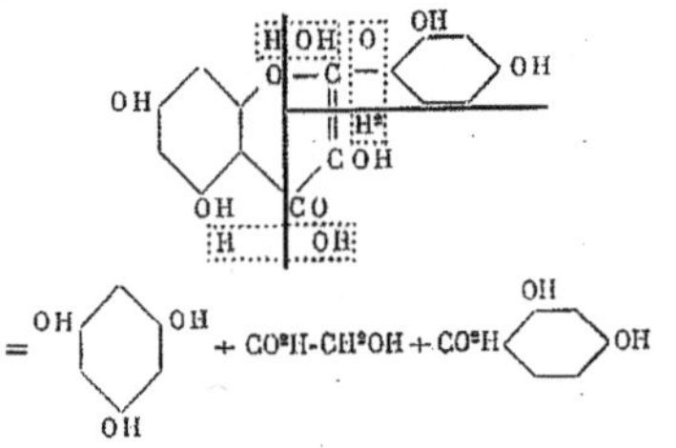

[Formule : noyau de la phloroglucine (OH, OH) lié à O—C(OH)=C(OH)—CO... et noyau $C^{6}H^{3}(OH)(OH)$; les groupes H | OH, O, H², OH | H, CO | OH encadrés indiquent le dédoublement]

$$= C^{6}H^{3}(OH)^{3} + CO^{2}H\text{-}CH^{2}OH + CO^{2}H\text{-}C^{6}H^{3}(OH)^{2}$$

On retrouve en réalité dans les produits de dédoublement non pas de l'acide glycolique, mais de l'acide oxalique. Il se forme en même temps de la résorcine provenant sans aucun doute du dédoublement de la phloroglucine sous l'influence d'une température élevée.

L'acide azotique oxyde également le morin et donne de grandes quantités d'acide β-résorcylique.

Bibliographie. — St. V. Kostanecki et J. Tambor, *D. chem. G.*, 37, 792, 1904 ; — Katschalowki et Kostanecki, *ibid.*, 37, 2346, 1904 ; — Hartwich et Winckel, *Arch. d. Pharm.*, 242, 462, 1904 ; — A. G. Perkin, *J. Soc. chem. Ind.*, 22, 600, 1903.

15 mai 1906. V. Thomas.

MORINDA. — Plantes de la famille des Cinchonacées employées en teinture en Orient. Les morinda tinctoria et citrifolia renferment de la morindine (voyez ce mot). Le morinda umbellata a été récemment étudié par Perkin et Hummel [*J. Chem. Soc.*, **65**, 856]. Ces savants ont montré que cette plante renfermait outre la morindine : 1° une diméthylanthraquinone PF. 258°, fournissant un dérivé acétylé PF. 129-130° ; 2° un éther monométhylique d'une trioxyanthraquinone PF. 171-172° ; 3° une dioxyméthylanthraquinone PF. 269°, donnant un dérivé diacétylé PF. 165-167° et probablement identique au composé signalé par Marschewski [*J. Chem. Soc.*, **63**, 1142] ; 4° des substances de constitution indéterminée, à savoir $C^{16}H^{10}O^{5}$ (A) PF. 198° ; $C^{16}H^{10}O^{5}$ (B) PF. 208° ; une résine $C^{18}H^{26}O$ PF. 124-125°, et une matière cristallisée en aiguilles jaune orangé fusibles à 282°.

15 mai 1906. V. Thomas.

MORINDINE. — La morindine est un glucoside que l'on rencontre dans la racine des morinda citrifolia et tinctoria (voyez Dict., 2, 454). A. G. Perkin et Hummel l'ont retrouvé également dans la racine du morinda umbellata [*J. Chem. Soc.*, **65**, 856]. Les travaux de Thorpe [Thorpe et Greenall, *J. Chem. Soc.*, **51**, 52 ; — Thorpe et Smith, *ibid.*, **53**, 171] ont démontré pour ce corps la formule $C^{26}H^{28}O^{14}$. Les aiguilles jaunes qu'il forme sont solubles en rouge pourpre dans l'acide sulfurique. Le spectre d'absorption de ces solutions est analogue à celui que présente l'alizarine [Stenhouse, *J. Chem. Soc.*, 2, 333]. Par traitement aux acides, elle fournit un sucre non identifié et de la morindone.

La *morindone* cristallise dans l'alcool ou le cymène en longues aiguilles rouge orangé, fusibles à 271-272°, insolubles dans l'eau, facilement solubles dans l'alcool et l'éther. Elle donne un *dérivé triacétylé* en aiguilles jaune citron fusibles à 222°. Distillée avec de la poudre de zinc, elle fournit du méthylanthracène β. Ces deux réactions montrent que la morindone n'est autre qu'une trioxy-β-méthylanthraquinone.

15 mai 1906. V. Thomas.

MORINDONE. — Voyez MORINDINE.

MORINTANNIQUE (ACIDE). — On considère en général ce terme comme synonyme de maclurine (voyez ce mot), quoique Löwe ait donné ce nom au tannin qui accompagne le morin dans le morus tinctoria (Dict. art. MORIN; 1er Suppl. MORINTANNIQUE et MACLURINE). Voyez aussi Nierenstein [*Centr. Bl.*, 1906, (1), 941].

V. Thomas.

MORPHÉNOL. $C^{14}H^{8}O^{2}$ [Vongerichten, *D. chem. G.*, **30**, 1249; **31**, 51].

Préparation [Vongerichten, *D. chem. G.*, **34**, 2722, 1901]. L'hydrate de méthylméthocodéine, sous l'action de la chaleur, donne de l'eau, de l'éthylène, de la triméthylamine et le méthylmorphénol $C^{14}H^{7}O(OCH^{3})$. On sait que dans des expériences parallèles, la méthocodéine donne le méthylmorphol $C^{14}H^{9}O(OCH^{3})$. Celui-ci, oxydé par CrO^{3} sous forme de dérivé acétylé, donne la méthylacétylmorpholquinone.

Vongerichten [*D. chem. G.*, **31**, 3198, 1899] a établi les relations qui existent entre le méthylmorphol et le méthylmorphénol. Celui-ci ne peut s'acétyler directement, mais après avoir été soumis à l'hydrogénation il donne un dérivé acétylé qui, par oxydation, donne la même quinone que le méthylmorphol. Ces résultats, confirmés par l'ensemble des travaux analytiques et synthétiques, ont été adoptés notamment par Pschor et Sumuleanu [*D. chem. G.*, **33**, 1850, 1900], Vongerichten [*ibid.*, **33**, 352, 1900].

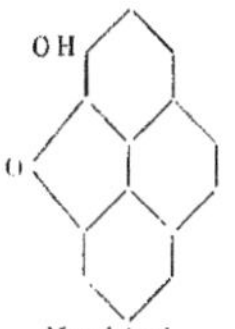

OH

O

Morphénol.

L'oxygène oxyde du morphénol est le soi-disant oxygène oxazinique de la morphine.

H. Delacre.

MORPHIGÉNINE. — Voyez l'art. PHÉNANTHRÈNE.

MORPHIMÉTHINE, $C^{18}H^{21}AzO^{3}$. — La morphine fixe les éléments de l'iodure de méthyle, et le méthylhydrate auquel on arrive à l'aide de cette combinaison donne naissance à la morphiméthine, d'après l'équation *empirique* suivante :

$$C^{17}H^{17}O(OH)^{2} \equiv Az \begin{matrix} \diagup CH^{3} \\ \diagdown OH \end{matrix}$$

Méthylhydrate de morphine.

$$= H^{2}O + C^{17}H^{16}(OH)^{2} = Az\,CH^{3}$$

Morphiméthine.

C'est Hesse [*Lieb. Ann. Chem.*, **222**, 232, 1884] qui a proposé cette dénomination. La codéine étant la méthyl-morphine, le méthylhydrate de codéine se déshydratant de la même manière.

$$C^{17}H^{17}O(OH)OCH^{3} \equiv Az \begin{matrix} \diagup CH^{3} \\ \diagdown OH \end{matrix}$$

Méthylhydrate de codéine.

$$= H^{2}O + C^{17}H^{16}O(OH)(OCH^{3}) = Az\,CH^{3}$$

Méthyl-morphiméthine.

le terme de méthyl-morphiméthine remplace l'ancien mot méthocodéine; il a une signification plus précise et plus générale.

Ces deux bases, principalement la méthylmorphiméthine, sont le point de départ de toutes les études analytiques dont la morphine et la codéine ont été l'objet.

Ce sont les études de Knorr sur la méthylmorphiméthine qui l'ont déterminé à abandonner définitivement la formule oxazine de la morphine.

La méthyl-morphiméthine (comme l'iodométhylate de thébaïne et l'iodométhylate de codéinone) est scindée soit par les alcoolates alcalins, soit par l'alcool seul avec production d'éther éthylique aminodiméthylé,

$$O \begin{matrix} \diagup CH^{2}-CH^{3} \\ \diagdown CH^{2}-CH^{2}-Az \begin{matrix} \diagup CH^{3} \\ \diagdown CH^{3} \end{matrix} \end{matrix}$$

[*D. chem. G.*, **37**, 3499, 3504, 3506, 1904].

Utilisant la méthode qu'il avait employée pour faire la synthèse de l'amino-éther [*D. chem. G.*, **37**, 3504, 1904], Knorr a fait agir les combinaisons sodées du thébaol $C^{14}H^{7}OH(OCH^{3})^{2}$ et du méthyl-morphol $C^{14}H^{8}(OCH^{3})(OH)$ sur la diméthyl-chloréthyl-amine :

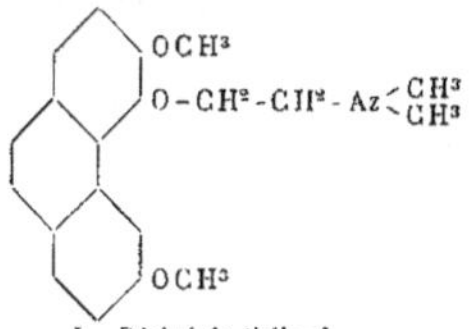

OCH³

O-CH²-CH²-Az<CH³ CH³

OCH³

I. Dérivé du thébaol.

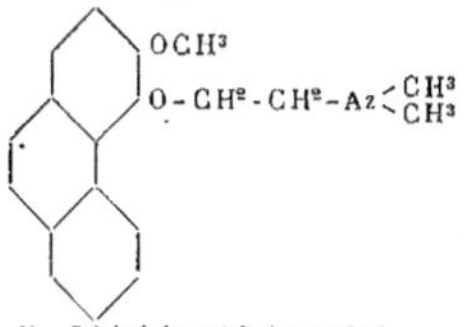

OCH³

O-CH²-CH²-Az<CH³ CH³

II. Dérivé du méthyl-morphol.

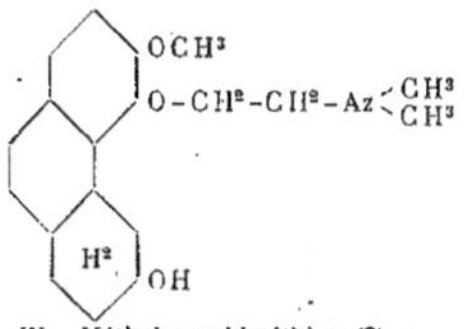

OCH³

O-CH²-CH²-Az<CH³ CH³

H²

OH

III. Méthylmorphiméthine (?).

Ces trois bases se scindent d'une manière analogue; cependant il y a notamment entre la base synthétique I et la méthylmorphiméthine III (?) une différence suffisamment accusée pour permettre de croire que la constitution de cette dernière n'est pas représentée par cette formule [Knorr, *D. chem. G.*, **38**, 3149, 1905].

La comparaison du morphénol $C^{14}H^{8}(OH)^{2}$ et du thébaol $C^{14}H^{7}(OH)(OCH^{3})^{2}$, la scission systématique de la thébaïne en ce dernier, ont conduit nécessairement à considérer le troisième oxygène de la molécule de la morphine, de la codéine et de la thébaïne comme un oxyde. Dans la méthylmorphiméthine le résidu $-C^{2}H^{4}Az(CH^{3})^{2}$ est donc lié directement au carbone.

La scission de la méthylmorphiméthine α par l'anhydride acétique en éthanoldiméthylamine et oxyméthoxyphénanthrène ne se fait que dans la proportion de 50 0/0 environ. Le reste passe à l'état de *méthylmorphiméthine*-β [Knorr et Smiles, *D. chem. G.*, **35**, 3009, 1902]. L'isomérisation du dérivé α en β se fait par l'anhydride acétique, l'eau, l'alcool étendu, l'alcool alcalinisé (Knorr) la chaleur [Pschorr, *D. chem. G.*, **39**, 19, 1906].

Méthylmorphiméthine γ (méthyl-isomorphiméthine). — Décrite par Schryver et Leeds [*Chem. Soc.*, 79, I], dans l'action de la soude sur l'iodométhylate d'isocodéine.

Méthylmorphiméthine δ. — Elle s'obtient par isomérisation du dérivé γ en solution alcoolique de potasse [Knorr, **35**, 3010, 1902; voyez *ibid.*, 3012, la description comparative des quatre isomères].

Bibliographie (voyez MORPHINE).

Mai 1906. M. Delacre.

MORPHINE, $C^{17}H^{19}AzO^3$. — [Dict., **2**, 456; 1er suppl., 1027]. L'étude de la constitution de la morphine est liée à celle de la codéine; celle-ci est un dérivé de celle-là (Grimaux).

L'une des scissions les plus intéressantes de la codéine est celle que subit la méthylmorphiméthine (méthocodéine) par l'anhydride acétique :

$$(CH^3O)C^{14}H^9 \begin{cases} OH \\ OC^2H^4Az \begin{cases} CH^3 \\ CH^3 \end{cases} \end{cases} + H^2O$$

$$= Az \begin{cases} CH^3 \\ CH^3 \\ C^2H^4OH \end{cases} + H^2O + \underset{\text{Éther méthylique du morphol.}}{C^{14}H^9O(OCH^3)}$$

[L. Knorr, *D. chem. G.*, **22**, 1113, 1889].

Le morphol étant un dihydro-dioxy-phénanthrène dont on pouvait en tout cas, même avant les résultats précis sur ce point, fixer la formule comme étant

$$\begin{matrix} (H^2) \\ (OH)^2 \end{matrix} \begin{matrix} C^6H^4 - CH \\ | \qquad | \\ C^6H^4 - CH - \end{matrix}$$

Knorr considérait la morphine comme répondant vraisemblablement à la structure d'une oxazine :

$$\begin{matrix} H^2 \\ (OH)^2 \end{matrix} \begin{matrix} & O & \\ C^6H^4 - CH & & CH^2 \\ | \qquad | & & | \\ C^6H^4 - CH & & CH^2 \\ & AzCH^3 & \end{matrix}$$

Freund était arrivé à des résultats analogues pour la thébaïne (voyez ce mot). Certaines raisons, confirmées par l'étude de la scission systématique de la morphine et de ses analogues, l'étude de la méthylmorphiméthine (voyez ce mot) et des bases analogues, ont engagé Knorr à abandonner l'hypothèse d'une oxazine, et à adopter plutôt, pour la méthylmorphiméthine, une formule du genre de la suivante :

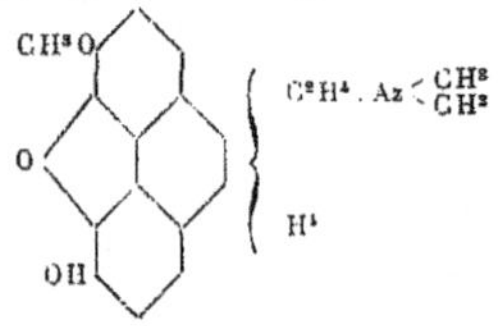

CH³O — O — OH ; $\begin{cases} C^2H^4 . Az \begin{cases} CH^3 \\ CH^3 \end{cases} \\ H^4 \end{cases}$

[*D. chem. G.*, **38**, 3146, 1905].

Mais ce n'est pas de la méthylmorphiméthine que sont venus les derniers progrès. Pour donner une idée de la constitution de la morphine encore en pleine évolution, nous ne croyons pouvoir mieux faire que de reproduire les conclusions de Knorr et Pschorr [*D. chem. G.*, **38**, 3176, 1903] :

I. Les trois alcaloïdes naturels du groupe de la morphine (voyez OPIUM) sont des dérivés du complexe

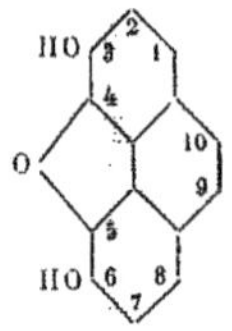

HO (3) — O — HO (6) ; 1, 2, 3, 4, 5, 6, 7, 8, 9, 10

La morphine est dihydroxylée, la codéine monohydroxylée et monométhoxylée, la thébaïne diméthyloxylée.

II. Le résidu bivalent $-C^2H^4 . \overset{|}{Az}\ CH^3$ n'est pas encore bien connu. On ne sait pas notamment auquel des deux chaînons de $-C^2H^4-$ est lié l'azote

$$\begin{matrix} -CH - CH^3 \\ | \\ AzCH^3 \end{matrix} \quad \text{ou} \quad \begin{matrix} -CH^2 - CH^2 \\ | \\ AzCH^3 \end{matrix}$$

De même les attaches de ce complexe sont indéterminées. L'azote fait-il partie d'une chaîne quinoléine, isoquinoléine ou pyrrolidine? La constitution de la papavérine (I) milite en faveur du schéma (II).

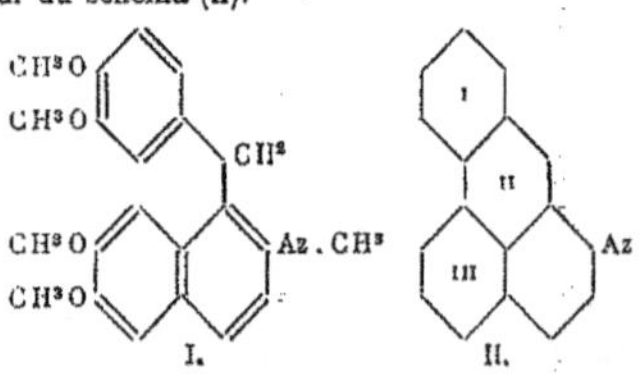

CH³O, CH³O, CH², CH³O, CH³O, Az.CH³ — I, II, III, Az

I. II.

III. La chaîne phénanthrénique est tétrahydrogénée dans la codéine et la morphine. Les six atomes d'hydrogène de la morphine sont dans les cycles II et III. Le cycle I où se trouve l'hydroxyle phénolique de la morphine a les caractères d'une chaîne benzénique vraie. Le résidu $-C^2H^4 . \overset{|}{Az} . CH^3$ appartient à la partie hydrogénée de la chaîne. Les rapports de ce résidu avec la chaîne phénanthrénique restent le desideratum le plus important de cette étude.

Les auteurs résument ces faits en les formules suivantes :

$$C^{14}H^4(H^6) \begin{cases} OH_{(3)} \\ > O_{(4.5)} \\ -OH_{(6)} \\ -C^2H^4 \\ \quad | \qquad (?) \\ -AzCH^3 \end{cases} \qquad C^{14}H^4(H^6) \begin{cases} -OCH^3_{(3)} \\ > O_{(4.5)} \\ -OH_{(6)} \\ -C^2H^4 \\ \quad | \qquad (?) \\ -Az.CH^3 \end{cases}$$

Morphine. Codéine.

$$C^{14}H^4(H^4) \begin{cases} OCH^3_{(3)} \\ > O_{(4.5)} \\ -OCH^3_{(6)} \\ -C^2H^4 \\ \quad | \qquad (?) \\ -AzCH^3 \end{cases}$$

Thébaïne.

On pourra voir que ces conclusions sont principalement basées sur l'étude du thébaol, du morphol, de la thébaïne et de ses dérivés dans leurs rapports avec la codéinone.

Knorr a fait tout récemment encore un nouveau pas dans la question [*D. chem. G.*, **39**, 1409, 1906], en précisant qu'il existe dans la morphine un chaînon CH.(OH) (voyez THÉBAÏNE).

On n'oubliera pas que Freund a proposé pour la thébaïne une formule à chaîne azotée que nous rappellerons à cet article.

BIBLIOGRAPHIE DE LA MORPHINE ET DE SES DÉRIVÉS. — Freund. *D. chem. G.*, **27**, 1144 et 2961, 1894. — Freund et Göbel, *id.*, **28**, 941, 1895. — Freund, *id.*, **30**, 1357, 1897 : pour les résultats généraux et les expériences. — Freund et Michaels, *id*, **30**, 1374, 1897. — Freund et Göbel, *id.*, 1386. — Freund, *id.*, **39**, 844, 1906. — Knorr, *id.*, **27**, 1144, 1894 ; **32**, 742, 1899 ; **33**, 352, 1900 ; **36**, 3074, 1903 ; **37**, 3494 et 3499, 1904 ; **38**, 3143, 1905 ; 3171, 1905. — Knorr et Pschorr, *id.*, **38**, 3153, 1905 ; 3172, 1905. — Knorr et Hörlein, *id.*, **39**, 1409, 1906. — Knorr et Schneider, *id.*, **39**, 1414, 1906. — Knorr et Browdson, *id.*, **35**, 4474, 1903. — Pschorr, *id.*, **38**, 3160, 1905. — Pschorr, Jæckel et Fecht, *id.*, **35**, 4377, 1902. — Pschorr, Seydel et Stöhrer, *id.*, **35**, 4400, 1902. — Pschorr et Haas, *id.*, **39**, 16, 1906. — Pschorr, Roth et Tanhauser, *id.*, **39**, 19, 1906. — Vongerichten, *id.*, **29**, 65, 1896 ; **30**, 2439, 1897 ; **30**, 51, 1897 ; **31**, 2924, 3198, 1898 ; **32**, 1581, 1899. — Vongerichten, *Ann. Chem.*, **297**, 204, 1897. — Otto et Holst, *Arch. Pharm.*, **229**, 618, 1892. — Vis, *J prakt. Chem.*, **47**, 584, 1893. — Klobukow, *Zeit. phys. Chem.*, **3**, 476, 1889. — Skraup, *Mon. f. Chem.*, **10**, 101, 732, 1889. — Causse, *C. R.*, **128**, 181, 1899.

Mentionnons spécialement *D. chem. G.*, **38**, 3174, le tableau de Pschorr et Knorr des principales scissions de la morphine et de ses dérivés.

Mai 1906. M. Delacre.

MORPHOL (*Dioxy-phénanthrène*),

— Sous forme de dérivés mono ou diméthylé, c'est l'un des produits de scission les plus importants des alcaloïdes du groupe de la morphine. Rappelons notamment la scission par l'anhydride acétique de la méthylthébaïnoneméthine en diméthyl-morphol, et celle de la méthylmorphiméthine en méthylmorphol (Voy. THÉBAÏNONE).

Synthèse du diméthylmorphol, par Pschorr et Sumuleanu [*D. chem. G.*, **33**, 1810, 1900]. L'éther méthylique de la nitrovanilline se condense, par la méthode de Perkin, avec l'acide phénylacétique pour donner un acide cinnamique nitro-diméthoxyphénylé :

Méthyl-nitrovanilline. Acide phényl-nitro-diméthoxy-cinnamique.

Le sulfate ferreux et l'ammoniaque transforment cet acide nitré en dérivé aminé qui donne par déshydratation le carbostyrile phénylé-5 diméthoxylé-7.8

Le même acide aminé, étant diazoté, puis traité par la poudre de cuivre en solution sulfurique, donne l'acide phénanthrène-carbonique diméthoxylé, et celui-ci, par distillation, fournit le diméthyl-morphol :

Diméthyl-morphol (phénanthrène-diméthoxylé 3.4.)

Mai 1906. M. Delacre.

MORPHOLINE. — Voy. FURAZINES, 2e Suppl., **4**, 371.

MORPHOTHÉBAÏNE $C^{18}H^{19}AzO^{3}$ (Suppl., 1539). — Pour la description et les propriétés de la morphothébaïne, voy. Roser et Howard [*D. chem. G.*, **17**, 527, 1884 ; **19**, 1596, 1886] ; pour la préparation, voy. Knorr [*D. chem. G.*, **38**, 3154, 1905].

L'action de HCl concentré (38 0/0) sur la thébaïne $C^{19}H^{21}AzO^{3}$ donne la morphothébaïne dont la formule n'est pas $C^{17}H^{17}AzO^{3}$ (R. et H.), mais $C^{18}H^{19}AzO^{3}$ [Freund et Holthof, *D. chem. G.*, **37**, 168, 1899]. Le nom de morphothébaïne tend à indiquer la déméthylation de la thébaïne, et le voisinage plus grand du nouveau corps avec la morphine.

L'action de l'acide chlorhydrique moins concentré (20 0/0) sur la thébaïne donne naissance, dans les mêmes conditions, à un isomère de la morphothébaïne, la thébénine (Voy. THÉBAÏNE).

Freund [*loc. cit.*], avait observé que l'on ne peut passer de la morphothébaïne à la thébénine ; les essais, en vue de passer de la morphothébaïne à l'iodométhylate de thébaïne, ne lui avaient pas donné de résultat. Il remarquait que la morphothébaïne donnant naissance à un dérivé triacétylé, l'un des acétyles est nécessairement fixé à l'azote. Il représentait ces données par les formules suivantes :

Thébaïne. Morphothébaïne.

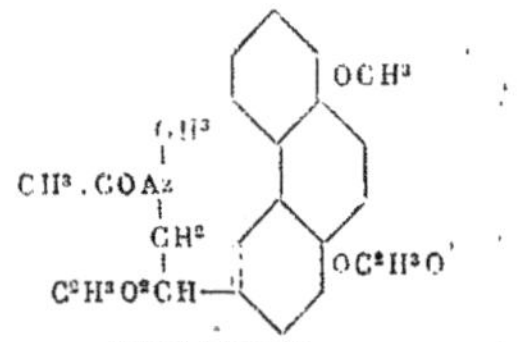

OCH^3

CH^3

$CH^3.COAz$

CH^2

OC^2H^3O

$C^2H^3O^2CH$—

Dérivé triacetylé.

Knorr [*D. chem. G.*, **37**, 3074, 1903] a transformé la codéinone en thébénine et en morphothébaïne, et cependant la scission systématique de ces deux dernières bases donne notamment des triméthoxy-vinyl-phénanthrènes différents [voir le tableau, *D. chem. G.*, **38**, 3159, 1905].

Knorr et Pschorr [*D. chem. G.*, **38**, 3172, 1905] représentent les formules comparatives de la morphothébaïne et de la thébénine comme suit :

$$C^{14}H^5(H^2)\left\{\begin{array}{l} OCH^3 \\ OH \\ OH \\ -C^2H^4 \\ \quad | \\ -AzCH^3 \end{array}\right. \qquad C^{14}H^6\left\{\begin{array}{l} OCH^3 \\ OH \\ OH \\ -C^2H^4.\underset{H}{Az}.CH^3 \end{array}\right.$$

La morphothébaïne est un dérivé dihydré du phénanthrène, tandis que la thébénine est un produit purement aromatique.

Mai 1906. M. Delacre.

MORRÉNINE. — Les rhizomes du *Morrenia brachystephana* (sorte d'asclépia de l'Amérique du Sud employé pour activer la sécrétion du lait chez les femmes qui en manquent), épuisés par l'éther, puis par l'alcool, abandonnent à ce dernier solvant un alcaloïde qu'on peut aussi extraire de la plante par la méthode de Stas-Dragendorff. Cette substance, qu'on a désignée sous le nom de morrénine, fond à 106° et est soluble dans l'eau, l'alcool, le chloroforme et l'alcool amylique [Arata et Gelzer, *D. chem. G.*, **24**, 1849; 1891]. Juin 1906. A. Hébert.

MORRÉNOL. — Les fruits du *Morrenia brachystephana* sont découpés et exprimés et le suc est laissé au repos pendant quelques heures. Le liquide renferme alors la *morrénine* (voir ce mot) et le coagulum, épuisé par le sulfure de carbone, puis par l'alcool bouillant, abandonne à ce dernier un corps qui, par refroidissement, se dépose en poudre blanche, cristalline, insoluble dans l'eau, soluble dans l'alcool bouillant, l'éther, l'éther de pétrole, de formule $C^{14}H^{22}O$ ou $C^{16}H^{24}O$, soluble sans altération dans les acides chlorhydrique et nitrique et dans l'acide sulfurique chaud. Cette matière constitue le morrénol [Arata et Gelzer, *D. chem. G.*, **24**, 1851; 1891]. Juin 1906. A. Hébert.

MORRHUINE. — L'huile de foie de morue brune contient de 0,038 à 0,048 0/0 d'alcaloïdes, dont les plus actifs sont la *morrhuine* et l'*acide morrhuique*.

La *morrhuine* $C^{19}H^{27}Az^3$ est une huile épaisse presque insoluble dans l'eau, très facilement dans l'alcool. C'est une base forte, donnant un chloroplatinate assez soluble.

L'acide morrhuique $C^9H^{13}AzO^3$ répond à la constitution.

$$CH \lessgtr \begin{array}{l} CH - COH \\ CH^2 - AzH \end{array} \gtrless C - (CH^2)^3 - CO^2H$$

Il forme des prismes d'un jaune sale facilement solubles dans l'alcool. Il se dissout dans l'acide chlorhydrique concentré, d'où il est précipité par l'eau. Il donne un *sel d'argent* $C^9H^{11}AzO^3Ag^2$.

L'*aselline* $C^{25}H^{32}Az^4$, qui accompagne la morrhuine dans l'huile de foie de morue, est une base faible en flocons amorphes, presque insolubles dans l'eau, donnant un *chloroplatinate* sous forme de précipité jaune [Gautier et Mourgues. *Bull. Soc. chim.*, (3), **2**, 213, 1889].

Décembre 1906. E. Rengade.

MORRHUIQUE (ACIDE). Voyez MORRHUINE.

MORTIERS (CHAUX ET CIMENTS). — Les *mortiers*, *chaux* et *ciments*, ont déjà été définis dans le t. 2, p. 461, il n'y a donc pas lieu de revenir sur les données générales.

CHAUX HYDRAULIQUES — Tout calcaire renfermant une certaine quantité d'argile est capable de donner, après cuisson, une chaux hydraulique. Selon la teneur en argile du calcaire, la chaux possède des propriétés différentes. Vicat, auquel on doit d'importants travaux qui ont jeté un jour tout nouveau sur cette question, classait les chaux hydrauliques en chaux faiblement ou moyennement hydrauliques, chaux hydrauliques proprement dites, et chaux éminemment hydrauliques.

Chaque classe de chaux est caractérisée par son *temps de prise* et son *indice d'hydraulicité*. L'indice d'hydraulicité est le rapport de la silice et de l'alumine à la chaux. Les chaux faiblement hydrauliques (voyez Dict. **2**, 464) ont un indice variant de 0,10 à 0,16, les chaux moyennement hydrauliques de 0,16 à 0,31, les chaux hydrauliques proprement dites de 0,34 à 0,42, et les chaux éminemment hydrauliques de 0,42 à 0,50. Pour ces différentes chaux la teneur en argile du calcaire varie comme il suit :

5,3 — 8,2 0/0; 8,2 — 14,8 0/0; 14,8 — 19,1 0/0; 19,1 — 21,8 0/0.

Au delà de la teneur de 21,8 0/0 nous avons affaire à des *chaux limites* ou ciments à prise lente jusqu'à 26,7, puis aux ciments à prise rapide quand la teneur va de 26,7 à 40 0/0 d'argile.

Dans la pratique, on se sert surtout des chaux ayant des indices de 0,16 à 0,42. Les chaux ayant un indice supérieur sont rares.

Fabrication. — La chaux hydraulique est artificielle ou naturelle. La fabrication de ce premier genre de produits est actuellement restreinte en France; il n'y aurait plus, d'après Candlot, que l'usine des Moulineaux, près Paris, s'adonnant à la production de cette chaux. Elle en livrerait 15 à 20 000 tonnes annuellement. La chaux hydraulique artificielle est préparée dans cette usine en mélangeant à une partie d'argile 5 parties de craie. On malaxe le mélange et découpe la masse sortant du malaxeur en morceaux que l'on sèche et cuit.

La chaux hydraulique naturelle est de beaucoup la plus répandue; sa fabrication comprend diverses opérations que nous allons passer en revue. La matière première est un calcaire argileux que l'on trouve en général dans le terrain oxfordien, en couches épaisses ou bien encore en bancs plus ou moins puissants. L'exploitation en carrière est faite à ciel ouvert ou en galeries, suivant les conditions.

Le calcaire arrive alors à la carrière sous forme de blocs, qu'il n'y a qu'à porter au four.

La cuisson de la chaux, son extinction et les opérations complémentaires auxquelles il faut la soumettre (blutage, mise en sacs) sont les mêmes, que l'on ait à préparer de la chaux hydraulique *artificielle* ou *naturelle*.

La cuisson s'effectue dans des fours de systèmes très nombreux, mais que l'on peut ramener à quelques types : fours à courte flamme et fours à longue flamme, ces fours pouvant être intermittents, périodiques ou continus. On trouvera dans le t. 1 de cet ouvrage, p. 850, d'anciens modèles de fours à chaux.

Le premier genre, fours à courte flamme, est le plus employé. Il donne une bonne cuisson, uniforme et économique. Le four est ovoïde avec une hauteur assez variable. Nous mentionnerons seulement ici le four du Teil : sa hauteur est de 13 mètres, son diamètre est au gueulard de $1^m,50$, de 4 mètres au ventre et de $1^m,80$ à la grille. Le four contient 75 mètres cubes; il produit par 24 heures 18 tonnes de chaux. On y brûle de l'anthracite, dont la consommation s'élève à 140-150 kilogrammes par tonne de chaux, en moyenne. A la partie supérieure est un couvercle mobile servant à régler l'allure; une grille également mobile ferme la partie inférieure. De cette grille, la chaux cuite tombe dans des wagonnets. La charge du four s'opère par couches alternatives de combustible et de calcaire. De temps en temps on retire de la chaux cuite que l'on remplace par une nouvelle charge de charbon et de calcaire. Il existe d'autres modèles de fours se rapprochant plus ou moins de celui du Teil. bornons-nous à citer ceux de Malain, de Louvières, de Schofer, etc. (voyez Candlot, *Ciments et chaux hydrauliques*; Heusinger von Waldegg, *die Kalkbrennerei und Cementfabrikation*).

Cette forme ovoïde a été critiquée avec raison : elle est irrationnelle, et de plus ces fours sont généralement mal construits. Les entrées d'air sont restreintes, d'où une mauvaise combustion, et de plus, par suite de l'habitude contractée de ne pas tirer de chaux la nuit, la plupart du temps, on laisse se déplacer la zone de cuisson. En outre, on charge souvent des morceaux trop gros.

Parmi les fours à longue flamme, nous pouvons indiquer les fours Fahnehjelm, Paar, Rüdesdorf. Le premier de ces appareils est formé d'un cylindre d'environ 12 mètres de haut, surmonté d'une cheminée en forme de tronc de cône, et au bas duquel sont disposés des foyers gazogènes. En outre, la flamme ne rencontre la chaux qu'à une certaine hauteur de la charge. La partie située entre la sortie des gaz du foyer et le pied du four est traversée par de l'air qui refroidit la chaux cuite, et arrive déjà chaud dans la zone de combustion. Dans ce modèle de four, on consomme 20 à 28 kilogrammes de houille par 100 kilogrammes de chaux cuite. On défourne toutes les deux heures et l'on arrive à un rendement moyen de 15000 kilogrammes par 24 heures. Le four de Rüdersdorf diffère un peu du précédent; il est à foyers à grilles. Le four Paar est, dans ses grandes lignes, construit comme le four Fahnehjelm.

La chaux, une fois cuite, doit être éteinte; cette opération a une grande importance, et ne doit pas être conduite à la légère. Il faut éviter d'employer un excès d'eau qui noierait la chaux. Dans ces conditions la chaux s'éteint difficilement, et peut renfermer une grande quantité de portions inertes. En moyenne, on ajoute à la chaux cuite 15 à 25 0/0 d'eau : la chaux en retient 7 à 8 0/0. L'extinction se fait en tas, ou mieux dans des chambres qui limitent la déperdition et maintiennent la masse à température aussi élevée que possible, bonne condition pour l'extinction.

L'hydratation amène l'émiettement, d'autant moins rapidement que les chaux sont plus hydrauliques. Il faut compter jusqu'à 20 jours pour certaines chaux. Il n'y a plus qu'à bluter la chaux après son extinction. Les blutoirs qui servent au tamisage sont des prismes à base polygonale tournant autour d'un axe légèrement incliné. Les parois sont formées de toiles métalliques ayant de 220 à 324 mailles au centimètre carré (nos 40 à 50). La chaux tombe dans une trémie, d'où elle est conduite dans les sacs à remplir.

Autrefois on livrait la chaux hydraulique telle qu'elle sortait du four, vive et en gros morceaux. Cette coutume tend à disparaître, et l'on se sert de plus en plus de chaux éteintes. Les chaux mal éteintes, et blutées trop gros, que l'on emploie trop tôt après leur fabrication, exposent à des accidents. En effet, les grains restés anhydres gonflent lors de leur extinction, et cette augmentation de volume peut amener la désagrégation des maçonneries. Cette extinction de la chaux peut être considérée comme comprenant quatre phases distinctes : 1° la chaux en couche mince est imbibée d'eau; le liquide la pénètre par capillarité. On emploie, pour ce mouillage, 15 à 20 0/0 du poids de la chaux, c'est-à-dire une fois et demie la quantité entrant en combinaison. Une fois imbibée, la chaux est relevée à la pelle sur le front du tas qui doit être encore assez chaud pour la réchauffer. L'extinction ne s'effectue que sous l'influence de l'élévation de température, aussi doit-on éviter un excès d'eau qui empêcherait le silicate de chaux de durcir, et aurait en plus l'inconvénient d'amener un trop grand refroidissement, et par suite une extinction incomplète. Pendant que l'extinction s'opère, de l'eau s'évapore, il faut donc fournir à la masse de l'eau pour achever son extinction. Ce sont les couches nouvelles ajoutées au tas qui font cet apport d'eau. L'extinction de la chaux est accompagnée également de l'hydratation du silicate et de l'aluminate de calcium, mais ceux-ci sont déshydratés progressivement par l'excès de chaux vive qui doit rester dans la masse, si l'on n'a pas noyé la chaux par un excès d'eau. Cette chaux vive se transforme progressivement en chaux éteinte, par déshydratation des sels précédents, mais la réaction est lente au cœur du mélange, aussi devra-t-on compter plus de 8 jours pour cette extinction. Dans la pratique, on laisse la chaux en tas 15 jours. Ce n'est que dans le cas des chaux trop cuites, ou trop peu siliceuses, que l'extinction dure peu de temps, 48 heures, par exemple [Le Chatelier, *Bulletin de la Société d'encouragement pour l'industrie nationale*, janvier 1895].

La chaux qui résulte d'un premier tamisage est appelée *fleur de chaux*. Le résidu, composé de surcuits et d'incuits non éteints, subit une extinction plus prolongée que la première. On blute une seconde fois et ce qui reste alors constitue les *grappiers*, mélange d'incuits, de surcuits et de fragments de chaux hydratée, dont on tire parti pour la fabrication de ciment à prise lente. Ces grappiers renferment des corps inertes ou presque inertes à côté des composés facilement hydratables. Il en résulte que leur incorporation dans la chaux ou leur transformation en ciment ne peuvent se faire qu'après exposition prolongée à l'air, car il faut assurer l'extinction de toutes les parties renfermant de la chaux. Les calcaires à indice élevé fournissent plus de grappiers que les calcaires à indice faible.

Propriétés. — La densité apparente des chaux est variable de 500 à 600 grammes par litre pour les chaux légères et de 700 à 800 grammes pour les chaux lourdes. Ces nombres se rapportent à une mesure effectuée sans tassement. Le poids spécifique vrai est compris entre 2,5 et 2,8.

Les chaux éteintes et blutées sont très fines. Dans les chaux bien fabriquées il n'y a pas plus de 20 à 25 0/0 de résidu sur le tamis de 4900 mailles et 3 à 6 0/0 sur celui de 900 mailles par centimètre carré.

Les chaux hydrauliques font prise dans un intervalle de temps qui varie de un à trente jours : les chaux dont la prise ne demande que 24 heures sont peu fréquentes ; celle du Teil répond à cette condition. Les chaux notablement alumineuses sont plus rapides que les chaux exclusivement siliceuses. Une chaux qui prend très rapidement, surtout avec élévation de température, est une chaux défectueuse presque sûrement, car elle renferme des parties non éteintes. Quand la prise d'une chaux dont on connaît l'indice est plus lente que celle des chaux de même classe, c'est que l'on est en présence d'un produit éventé ou renfermant des incuits, des parties sableuses ou de la chaux noyée.

Les chaux légères ne commencent ordinairement à montrer de dureté qu'après un mois ordinairement. C'est entre un et six mois que se produit le plus grand accroissement. Il y a ensuite un accroissement de résistance beaucoup plus lent mais qui dure jusque vers deux ans. Au bout de ce laps de temps la dureté semble stationnaire. Les chaux lourdes offrent des résistances plus élevées mais leur allure est à peu près la même. Ce sont les chaux lourdes qui sont employées dans les travaux demandant de la résistance, les chaux légères étant utilisées dans les constructions civiles ; pourtant parmi ces dernières on rencontre des chaux légères bien confectionnées capables de rendre les mêmes services que les chaux lourdes, qu'elles peuvent remplacer.

Ciments. — *Ciments romains.* — Ce sont des produits obtenus par la cuisson de calcaires très argileux au-dessous de la limite de fusion. La matière qui les compose n'est pas éteinte lorsqu'elle est arrosée d'eau. Pour réduire ce ciment en poudre on devra recourir à un broyage. Le ciment romain est en poudre jaunâtre ou brune. Son poids spécifique vrai est de 2,8 à 3,0. Un litre de ciment non tassé pèse de 680 à 1000 grammes.

Quand on gâche le ciment romain avec de l'eau, il y a un dégagement de chaleur plus ou moins apparent et la masse fait prise. Ordinairement la prise est sensible au bout de quelques minutes (5 à 10) et son durcissement est rapide et assez élevé. Dans les heures qui suivent la prise le durcissement se poursuit et atteint une valeur relativement grande. Ce genre de ciment est aussi désigné sous le nom de ciment prompt ou à prise rapide. Employé seul il est sujet à se fendiller, aussi lui ajoute-t-on du sable pour corriger ce défaut.

On a essayé de fabriquer artificiellement des ciments à prise rapide. Les ciments de ce genre contenant relativement d'assez grandes quantités de sulfate de chaux, on a cherché à cuire des mélanges de calcaire et d'argile additionnés de sulfate de chaux. Un mélange contenant 30 0/0 d'argile, 60 0/0 de calcaire et 10 0/0 de gypse fournit, après cuisson modérée, un ciment à prise rapide analogue aux bonnes marques de l'industrie. Dans ces ciments on forme un sulfoaluminate de chaux dont l'hydratation rapide est la cause de la prise et du durcissement à bref délai.

Les analyses effectuées sur les ciments rapides naturels montrent en effet que la teneur en acide sulfurique peut atteindre près de 4 0/0. L'indice d'hydraulicité varie de 0,55 à 0,80 ; ce n'est que très exceptionnellement qu'il dépasse cette dernière limite.

Trass. — Le trass est un produit analogue à la pouzzolane (Voy. Dict., 2, 468). Comme elle, mélangé à la chaux grasse ou à la chaux hydraulique, il fournit des mortiers.

Ciments Portland. — Dans ce genre de ciments, appelés aussi ciments à prise lente, le durcissement s'effectue notablement moins vite que dans le ciment indiqué précédemment. L'indice d'hydraulicité varie entre 0,5 et 0,7. Leur prise se produit entre 4 et 8 heures. Dans les ciments de grappiers on n'apprécie même de durcissement qu'au bout de 12 à 15 heures.

L'obtention d'un ciment genre Portland de bonne qualité demande une composition chimique assez étroitement limitée, néanmoins on a rencontré dans la nature des calcaires ayant la composition voulue pour permettre la fabrication de ce produit. Ce ciment fut fabriqué d'abord en cuisant le calcaire de Portland, d'où son nom. La seule différence que présente la fabrication du ciment Portland avec une roche naturelle avec celle du ciment artificiel consiste en ce que dans l'une la cuisson s'effectue sur une matière naturelle tandis que dans l'autre elle porte sur un mélange que l'on est obligé de préparer tout d'abord.

Pour obtenir le ciment Portland artificiel on cuit jusqu'au commencement de vitrification un mélange intime de carbonate de chaux et d'argile. Tantôt l'on part de marnes argileuses auxquelles il suffit d'ajouter un peu d'argile, tantôt l'on se sert d'un calcaire assez pur auquel on ajoute de l'argile ou une marne très argileuse.

La préparation de ce mélange se fait par voie humide ou par voie sèche. On délaye la craie et l'argile dans de grands bassins avec de l'eau (Voy. Dict., 2, 467). Les matières ont été pesées ou mesurées avant leur introduction dans le bassin. En France, au lieu d'envoyer directement la masse délayée dans la fabrication, on la conduit dans des bassins, dits bassins doseurs, contenant 100 à 150 mètres cubes. On agite la bouillie d'argile et de craie pendant un certain temps au moyen d'un appareil mécanique puis l'on fait une prise d'essai pour voir si réellement le mélange a la composition voulue. On ne peut comme contrôle doser tous les éléments de la masse. On se contente de déterminer le poids d'argile résiduel après attaque de la masse par l'acide chlorhydrique, ou bien on dose l'acide carbonique soit en volume, soit en poids. Ceci fait on corrige le mélange, s'il y a lieu, par addition d'argile ou de craie. Le mélange est alors amené par évaporation à consistance pâteuse.

Le travail par voie humide permet l'emploi de matériaux renfermant des matières dures ; celles-ci en effet ne sont pas délayées et restent comme résidu. Dans la préparation par voie sèche on ne peut tirer parti que de matériaux assez purs, puisque toute la matière passe entièrement dans la fabrication.

Quand les matières sont trop dures pour pouvoir se délayer, et présentent les garanties de pureté nécessaires, on doit les réduire en poudre. Les substances sont broyées séparément et de là envoyées à l'appareil mélangeur. Ce dernier est ordinairement construit sur le type suivant : Les matières premières arrivent chacune dans un entonnoir fermé à la partie inférieure par un plateau tournant. Au moyen d'une vis on peut modifier l'écartement entre le plateau et l'entonnoir de sorte que l'on peut faire écouler la poudre renfermée dans l'entonnoir plus ou moins rapidement et en régler le débit avec une exactitude suffisante. Les poudres tombent dans une vis où s'effectue le mélange ; de là elles sont entraînées ou déversées dans un malaxeur où par addition d'eau on les réduit en pâte.

Le mélange à cuire était autrefois divisé en mottes et desséché. Actuellement on le moule presque toujours en briques. Ces briques sont également séchées avant cuisson. La dessiccation s'effectue soit en utilisant la chaleur perdue des fours, soit en faisant traverser au mélange des cylindres ou des tunnels parcourus par un courant d'air chaud (Séchoirs Fellner et Ziegler, Möller et Pfeifer, Cümmer).

La cuisson s'effectue dans des fours de différents systèmes. Certains de ces appareils rappellent beaucoup les fours à chaux. En Allemagne on a adopté une forme analogue à celle des hauts-fourneaux. La cuve est cylindrique, ayant un diamètre de 3 à 4 mètres. Une cheminée assez haute surmonte le tout. Cette forme cylindrique se substitue lentement à la forme tronconique, aussi les fours français actuels se rapprochent-ils des fours allemands. La cuisson s'opère en disposant le combustible et la matière par couches alternatives. On vide le four une fois la cuisson effectuée.

Au lieu de fours intermittents on se sert aussi de fours continus; l'un des plus connus d'entre eux, le four Hoffmann (sous la forme indiquée à propos des briques dans l'article POTERIES) est utilisé depuis longtemps à la cuisson du ciment. Il est nécessaire pour la bonne marche du four d'enfourner soigneusement et régulièrement les produits à cuire, aussi le ciment à cuire est-il pris sous forme de briquettes et disposé avec les mêmes dispositions que les briques. Généralement au-dessus d'un four de ce système on dispose un hangar dans lequel on place des rayons et qui sert de séchoir. Les fours coulants font également partie des fours continus. Les matières chargées à la partie supérieure du four sont après cuisson enlevées à la base de l'appareil. Comme le ciment subit une sorte de commencement de vitrification, il s'en suit que les morceaux peuvent se coller les uns aux autres et former des masses adhérentes que l'on ne peut plus enlever. On évite cet inconvénient en élargissant la section jusqu'à la grille. En outre, des ouvertures sont ménagées pour qu'il soit possible à l'aide de ringards de détacher les matières adhérentes aux parois. Les fours de Dietzsch, d'Aalborg, d'Hauenschild, de Timm, de Perpignani et Candlot appartiennent à cette catégorie. Le four d'Aalborg, encore appelé four de Schoffer, est un de ceux qui donnent les meilleurs résultats. Il comprend deux parties séparées par un étranglement. La charge des matières se fait par une porte pratiquée dans la cheminée, au-dessus du four proprement dit. L'introduction du combustible a lieu par des ouvertures débouchant à la base de la partie supérieure ou creuset. Les gaz se trouvent donc concentrés par suite du rétrécissement de l'appareil à la partie inférieure du creuset où la température se trouve être très élevée. La chambre de refroidissement, à la partie inférieure de l'appareil, s'élargit notablement. Dans certains fours on a supprimé la division en deux parties indiquée dans le four précédent, la cuve est alors cylindrique. Le four Perpignani-Candlot est un appareil de ce genre. A la partie supérieure la cuve est en maçonnerie garnie de briques réfractaires sur 6 mètres de hauteur; cette cuve se continue par une grille cylindrique, de même diamètre que le four, ayant 5m,50 de hauteur et constituée par de forts barreaux accrochés sur une couronne en fonte. L'extrémité inférieure des barreaux, maintenue par un cercle, se trouve à 0m,80 au-dessus du sol. Il n'y a pas de grille horizontale. Les matières sortant du four s'écoulent librement, l'air entrant aisément par la très grande surface de la grille verticale. Cette grille est entourée d'une maçonnerie épaisse dans laquelle sont ménagées des fenêtres que l'on peut ouvrir s'il en est besoin pour désagréger les blocs de ciment. La cheminée qui surmonte le four porte à sa partie inférieure un bout en fonte, légèrement conique, qui plonge dans la masse à cuire. Un couvercle équilibré permet par sa descente de ralentir la marche du four. La consommation de combustible atteint 130 kilogrammes par tonne de ciment pour une production de 15 tonnes par 24 heures dans le four d'Aalborg. Avec le four Perpignani-Candlot on compte 14 0/0 du ciment cuit, la production journalière étant de 30 tonnes.

Dans ces dernières années un appareil est venu révolutionner l'industrie du ciment, c'est le four rotatif. Ce type de four comprend un cylindre de tôle ayant 18 mètres de longueur et 1m,80 de diamètre, revêtu de briques réfractaires. La matière à cuire introduite par une vis vient tomber à une extrémité du four. En sens inverse on projette au moyen d'air comprimé du charbon pulvérisé; la haute température régnant dans l'appareil en amène l'inflammation immédiate. Ce cylindre est plus ou moins incliné pour faciliter l'écoulement de la masse, il est de plus animé d'un mouvement de rotation autour de son axe. Ordinairement ce mouvement est d'un tour par minute. Le four rotatif établi aux Etats-Unis tout d'abord s'est introduit en Europe un peu plus tard. En Allemagne on a modifié ce genre d'appareil et porté sa longueur à 35 mètres et son diamètre à 2m,10. Le ciment à cuire peut être amené soit à l'état de poudre, soit de pâte épaisse.

Dans le premier cas on emploie des fours moins longs que dans le second. Ces fours comparés aux fours continus accusent une consommation de combustible supérieure, 25 0/0 en moyenne dans la pratique pour la pâte sèche et 30 0/0 pour la pâte humide à 30 0/0 d'eau. Ces nombres ne concernent que les appareils récents munis de nombreux perfectionnements. Le four rotatif présente comme avantages une cuisson régulière et rationnelle, donnant des produits de bonne qualité et une simplification notable dans l'installation. La diminution de main-d'œuvre qu'il permet de réaliser est également à compter parmi ses avantages.

Le ciment cuit est ensuite moulu et mis en sacs.

Ciment mixte. — On désigne sous ce nom des ciments formés de ciment naturel et de grappiers de chaux mélangés dans des rapports convenables. En effet ce genre de ciment est formé de deux ciments naturels à prise et de durée différentes.

Ciment de laitier. — Le laitier est mélangé avec une certaine quantité de chaux grasse éteinte ou de chaux hydraulique. Pour être employé à la confection de ce ciment, le laitier doit avoir été refroidi brusquement, aussi le projette-t-on dans l'eau à la sortie du four, ce qui lui donne un aspect granuleux. Il est nécessaire, pour être utilisable, que le rapport $CaO : SiO^2$ ne descende pas au-dessous de 1. Une fois granulé le laitier est séché pour le débarrasser de l'eau qu'il retient en excès, on le broie ensuite et le mélange à la chaux en poudre. En moyenne le laitier donnant de bons résultats a une composition comprise entre $2SiO^2, Al^2O^3, 3CaO$ et $2SiO^2 . Al^2O^3 . 4CaO$. Ce dernier type exige un refroidissement très brusque. On compose le mélange formant le ciment de laitier avec 60 à 70 de laitier et 40 à 30 de chaux.

Le ciment de laitier est plus alumineux et moins calcaire que le Portland, il renferme un peu de sulfure de calcium. Ce ciment est léger; son poids spécifique est de 2,7-2,8 et 1 litre non tassé pèse rarement 1 kilogramme. La prise est très lente; elle ne se produit qu'après 8 à 10 heures.

Le ciment de laitier est bon surtout pour les travaux exécutés sous l'eau ou à l'humidité. L'eau de mer le désagrège. A l'air, ces ciments perdent de leur force et se fendillent.

THÉORIE DE LA SOLIDIFICATION DES CIMENTS. — Parmi les divers travaux entrepris sur ce sujet, ceux de M. Le Chatelier ont acquis une juste réputation (Voyez *Annales des mines*, mai et juin 1887 et *Recherches sur la constitution des mortiers hydrauliques*, 1904). Pour ce chimiste, deux éléments principaux entrent en jeu dans la solidification par hydratation : un silicate tricalcique et un aluminate tricalcique. La réaction de l'eau sur le silicate amène la production d'un silicate $CaO\,SiO^2.2{,}5H^2O$ et de chaux hydratée ; l'action de l'eau sur l'aluminate est suivie d'une simple hydratation et donne

$$Al^2O^3.3CaO.12H^2O.$$

Le ciment Portland est formé d'après cela de silicate tricalcique et d'aluminate tricalcique, mêlés à des silicates mono et bicalciques. L'aluminate qui s'hydrate assez rapidement est le facteur amenant la prise du ciment tandis que l'hydratation du silicate amène le durcissement. Pour M. Le Chatelier, la quantité de chaux nécessaire à la constitution d'un ciment est déterminée par

$$\frac{CaO}{SiO^2.Al^2O^3Fe^2O^3} > 3$$

les corps étant représentés en molécules.

Cette manière de voir a rallié beaucoup de suffrages, mais un certain nombre de praticiens font de nombreuses objections à cette théorie. Tœrnebohm discute l'aluminate tricalcique. W.-B. et S.-B. Newberry remplacent l'aluminate tricalcique par un aluminate bicalcique [*Journal of Soc. of chemical Industry*, 1897]. Tomei [*Tonindustrie Zeitung*, 1895, 117] admet que la silice du sable du mortier intervient dans la formation d'un silicate. Hauenschild [*Tonindustrie Zeitung*, 1895, 289] conteste la possibilité de déterminer exactement les composés calciques. Rebuffat [*Gazetta chimica italiana*, 1898] attribue le durcissement et la prise à l'hydratation de deux aluminates $CaO.Al^2O^3$ et $2CaO.Al^2O^3$ et d'un silicate $2CaO.SiO^2$. Michaëlis, Newberry et Erdmenger ont montré chacun que les ciments peu calcaires étaient de mauvaise qualité et que la présence du silicate bicalcique amenait la pulvérisation du ciment. L'existence du silicate bicalcique et son influence sur la prise du ciment ont été énergiquement défendues néanmoins par Rebuffat [*Tonindustrie Zeitung*, 1901, 105] et Zulkowski [*Chemische Industrie*, 1901, 290].

On pourra consulter à ce sujet les Mémoires de Bleininger [*Transactions of the American Society*, 1903, 74 et la *Céramique*, 1903, 170]. Des traductions françaises ont été aussi publiées [*Monit. Scient.*, 1904].

PIERRES SILICOCALCAIRES. — Ces matériaux artificiels ont une place toute marquée dans les mortiers, auxquels les rattachent et les matières premières qui les constituent et les phénomènes qui président à leur solidification. Stoch a publié un historique très complet de cette fabrication [*Chem. Ind.*, XXVI, 381 et *Monit. Scient.*, 1905, 534]. Comme matières premières on part de chaux provenant de la calcination du calcaire et de sable quartzeux. La chaux est choisie grasse. On l'éteint et la mélange à du sable quartzeux roulé. Le mortier ainsi préparé doit être homogène, posséder une certaine adhérence et la plasticité nécessaire pour permettre le façonnage à la presse. La masse totale renferme 6 à 8 0/0 de chaux ; pour arriver à une répartition très égale de cette chaux dans la masse on a recours à des appareils spéciaux qui donnent un mélangeage très soigné. La pressée s'effectue dans des appareils puissants exerçant une pression moyenne de 250 000 kilos. Les briques moulées sont ensuite durcies par la vapeur d'eau sous pression. L'industrie des pierres silico-calcaires est développée surtout en Allemagne [A. Granger, *Ciment, chaux, plâtre*, 1906, 79 et Ernst Stöffler, *Die kalksandsteinfabrikation*, 1904]. 8 octobre 1906. A. Granger.

MOSSITE (Min.) (Brögger). — Niobate-tantalate ferreux, $([Nb,Ta]O^3)^2Fe$ (le niobium et le tantale se trouvent à molécules égales), dimorphe de la colombite et isomorphe avec la tapiolite $(TaO^3)^2Fe$. Cristaux quadratiques noirs, à éclat submétallique : $a:c = 1:0{,}64379$. Macles a^1 ; allongement suivant la zone $b^1/_2b^1/_2$ (sur a^1). Dans une veine de pegmatite avec yttrotantalite et colombite, à Berg, paroisse de Råde, près Moos, Norvège. Densité = 6,45. L. Bourgeois.

MOTTRAMITE (Min.) (Roscoe). — Vanadate basique hydraté de cuivre et de plomb,

$$5[Cu,Pb]O.V^2O^5,2H^2O.$$

Croûtes cristallines, formées de très petits individus noirs, dans le grès keupérien de Mottram Saint-Andrews, Cheshire, Angleterre. Dureté = 3. Poussière jaune. Densité = 5,894. L. Bourgeois.

MUCÉDINE. — (Voy. 1er Suppl., 67). Le protéique que Th. B. Osborne a décrit pour la farine d'orge serait identique à la mucédine [Osborne, *Journ. Am. Chem. Soc.*, **17**, 539, 1895]. La mucédine serait identique aussi à la gliadine [Kutscher, *Zeit. physiol. Chem.*, **38**, 111, 1903]. Pour les produits de dédoublement voy. Kossel et Kutscher [*ibid.*, **31**, 165, 1900]. E. Lambling.

MUCINALBUMOSE. — Albumose produite par l'action de l'eau à 110° sur la mucine [Folin, *Zeit. physiol. Chem.*, **23**, 358, 1897].

MUCINES et **MUCOÏDES.** — Voy. au mot MUCUS (Dict., **2**, 475). Dans la classification des matières protéiques, les mucines se rangent dans la famille des protéides, et plus spécialement parmi les *glucoprotéides non phosphorés*, qui comprennent d'une part les *mucines vraies* et les *mucinoïdes* ou *mucoïdes*, donnant par dédoublement un sucre aminé, et d'autre part les *chondroprotéides*, donnant par dédoublement un acide sulfo-conjugué hydrocarboné (acide chondroïtine-sulfurique) (voy. au mot CHONDROGÈNE, 2e Suppl., **1**, 1105). Nous étudierons dans le présent article les mucines vraies et les mucoïdes.

MUCINES VRAIES. — Les mucines les mieux étudiées sont celles de la glande et de la salive sous-maxillaire et celles de l'escargot. On a étudié aussi la mucine qui forme l'enveloppe des œufs de grenouille et que l'on trouve aussi dans la glande mucipare de la grenouille. La « mucine des tendons » a dû être placée dans le groupe des chondroprotéides [Levenne, *Zeit. physiol. Chem.*, **31**, 395, 1901 et **39**, 1, 1903 ; — Cutter et Gies, *Am. Journ. physiol.*, **6**, 155, 1901]. La prétendue « mucine » qui rend visqueuse la bile de bœuf est une nucléo-albumine [Paijkull, *ibid.*, **12**, 196, 1888], et le précipité que l'acide acétique donne dans beaucoup d'urine, et que l'on rapportait de même à une « mucine urinaire » est dû à la combinaison d'un peu d'albumine (normale) avec des substances ayant des propriétés précipitantes vis-à-vis des protéiques (acides chondroïtine-sulfurique, nucléique, taurocholique, etc...). [Mörner, *Skand. Arch. f. Physiol.*, **6**, 332, 1895].

Préparation. — On extrait la mucine (des glandes salivaires par exemple) à l'aide de HCl à 0,10 - 0,15 0/0 et on la précipite ensuite par dilution avec 3-5 volumes d'eau [Hammarsten,

Zeit. physiol. Chem., **12**, 183, 1888]. On dissout la mucine des œufs de grenouille ou de la glande mucipare de la grenouille par de l'eau de chaux [Giacosa, *ibid.*, **7**, 40, 1882], ou par de la soude à 0,25-0,50 0/0 [Fr. N. Schulz et F. Ditthorn, *ibid.*, **29**, 373, 1900] et on précipite ensuite par l'acide acétique. Voyez en outre pour la préparation des deux variétés de mucine de l'escargot, le travail de Hammarsten [*Arch. de Pflüger*, **36**, 373, 1885].

Propriétés. — Les mucines contiennent moins de carbone et moins d'azote que les matières albuminoïdes. Celle de la glande sous-maxillaire renferme : C 48,84; H 6,80; Az 12,32; S 0,84. Elles donnent les réactions colorées des protéiques, sont insolubles dans l'eau, solubles dans une trace d'alcali et ces solutions ou leurs solutions naturelles sont filantes et visqueuses. Elles sont précipitées par l'acide acétique, et le précipité est insoluble dans un excès, mais soluble dans l'acide chlorhydrique et dans les alcalis dilués. Elles sont aussi précipitées par l'alcool, par les solutions métalliques qui précipitent les matières albuminoïdes, par les sels alcalins dissous à saturation. Bouillies avec les acides étendus, elles donnent des acidalbumines et des albumoses, en même temps que le groupement hydrocarboné contenu dans la molécule se sépare sous la forme d'un corps réducteur qui est toujours la glucosamine [Steudel, *Zeit. physiol. Chem.*, **34**, 353, 1902], sauf pour la mucine de grenouille, qui a donné de la galactosamine [Schulz et Ditthorn, *loc. cit.*]. Pour l'action de l'eau sous pression, voyez Folin [*Zeit. physiol. Chem.*, **23**, 358, 1897]. Une hydrolyse plus énergique fournit de la leucine, de la tyrosine et de l'acide lévulique [Hammarsten, *Physiol. Chem.*, 5ᵉ édit., Wiesbaden, 53, 1904]. Pour la mucine des crachats de l'homme, voyez Fr. Müller [*Zeit. f. Biol., Jubelb.*, **42**, 468, 1901] et Wanner [*D. Arch. f. klin. Med.*, **75**, 347, 1903]; pour celle que sécrètent les séreuses (*sérosamucine*), voyez Umber [*Zeitschr. klin. Med.*, **48**, 364, 1903].

Mucoïdes. — On a réuni sous ce nom ceux d'entre les glycoprotéides non phosphorés qui ne sont ni des mucines, ni des chondroprotéides, mais les contours de ce groupe ne sont pas très nets [Hammarsten, *Physiol. Chem.*, 5ᵉ édition, Wiesbaden, 54, 1904]. Les mieux connus sont la pseudo-mucine des kystes et l'ovomucoïde de l'œuf de poule. Les mucoïdes sont solubles dans l'eau, et non précipitables par l'acide acétique. Ils donnent comme les mucines des solutions visqueuses et filantes. Les acides dilués bouillants les dédoublent avec production de corps réducteurs et en particulier de glucosamine.

Pseudo-mucine. — C'est cette substance qui donne au contenu des kystes de l'ovaire sa consistance visqueuse, et que Scherer avait appelé *métalbumine*, nom très impropre, puisque ce corps se rapproche des mucines et non des albumines. La *paralbumine* du même auteur n'est qu'un mélange de pseudo-mucine et d'albumine. La recherche de la pseudo-mucine se fait de la manière suivante. On coagule les matières albuminoïdes au moyen de l'acide acétique et de la chaleur, et on précipite le filtrat par de l'alcool. Le précipité bien lavé est dissous dans l'eau et mis à digérer avec de la salive, afin de transformer en glucose le glycogène qu'il peut contenir. On précipite ensuite par l'alcool, et le précipité obtenu, bien lavé à l'alcool, est dissous dans l'eau, traité par l'acide acétique pour précipiter la mucine, et finalement hydrolysé par 2 0/0 d'acide chlorhydrique à chaud. La présence de pseudo-mucine est révélée par une forte réduction de la liqueur de Fehling [Hammarsten, *Jahr. de Maly*, **11**, 11, 1881; *Physiol. Chem.*, 430]. La pseudo-mucine est sans doute identique à la *colloïdine* de Wurtz, A. Gautier et Cazeneuve [Gautier, *Chim. biol.*, 2ᵉ éd., Paris, 157, 1897]. Pour les produits d'hydrolyse et d'oxydation de la pseudo-mucine, voyez Otori [*Zeit. physiol. Chem.*, **43**, 74 et 86, 1904].

Ovomucoïde. — Ce constituant du blanc d'œuf, d'abord pris pour une sorte de peptone, est un mucoïde contenant 12,65 0/0 d'Az et 2,20 0/0 de S, et que l'on isole en éliminant du blanc d'œuf toutes les matières coagulables et en précipitant ensuite par l'alcool. Il représente 10 0/0 du poids des matériaux secs du blanc et donne par hydrolyse 34,90 0/0 de corps réducteur (glucosamine) [C. Th. Mörner, *Zeit. physiol. Chem.*, **18**, 525; — Zanetti, *Chem. Centr. Bl.*, **1**, 624, 1898; — Seemann, *Dissert. inaug.*, Marburg, 1898].

Pour le *mucoïde de la cornée*, voyez C. Th. Mörner [*Jahr. de Maly*, **22**, 352, 1892].

Janvier 1906. E. Lambling.

MUCIQUE (ACIDE),

```
          OH   H    H    OH
          |    |    |    |
CO²H  —   C —  C —  C —  C — CO²H
          |    |    |    |
          H    OH   OH   H
```

— L'acide mucique se forme, par oxydation nitrique de la quercite [Kiliani et Scheibler, *D. chem. G.*, **23**, 518, 1889], de l'anhydride α-rhamnohexonique [Fischer et Morell, *D. chem. G.*, **27**, 387, 1894]; de la pectine [Bourquelot et Hérissey, *Journ. Pharm. Chim.*, **8**, 49, 1898]; du mucilage de graine de lin [Hilger, *D. chem. G.*, **39**, 3197, 1904]; d'une gomme $C^6H^{10}O^5$ retirée des galactanes [Emmerling, *D. chem. G.*, **33**, 2477, 1900]; de la lactone chlorotriacétylgalactonique [Huff et Flanz, *D. chem. G.*, **35**, 943, 1902]; du produit d'addition de HCAz au lyxose [Fischer et Ruff, *D. chem. G.*, **33**, 2142, 1900]; par ébullition de la cérébrone avec l'acide chlorhydrique dilué [Woerner et Thierfelder, *Zeit. physiol. Chem.*, **30**, 542, 1900]; quand on chauffe les acides *d.* et *l.* talomuciques avec la pyridine aqueuse à 140° [Fischer et Morell, *loc. cit.*].

On le prépare en oxydant le sucre de lait par l'acide nitrique [Klinkhardt, *Journ. f. prakt. Chem.*, **25**, 44, 1882; — Kent et Tollens, *Lieb. Ann. Chem.*, **227**, 224, 1885].

Propriétés. — L'acide *i.* mucique fond à 225° [Skraup, *Mon. f. Chem.*, **14**, 480, 1893]. Chaleur de combustion, 483^{cal}9 [Stohmann, *Zeit. physik. Chem.*, **10**, 448, 1892; — Berthelot, *Ann. Chem. Pharm.*, **6**, 145, 1895; — Fogh, *Bull. Soc Chim.*, **7**, 395, 1892]. Conductibilité électrique [Ostwald, *Journ. f. prakt. Chem.* **32**, 342, 1885]. Distillation sèche [Zenbri, *Gazz. chim. ital.*, **20**, 517, 1890; — Oliveri et Peratoner, *D. chem. G.*, **23**, 153, 1890; — Pictet et Heinmann, *D. chem. G.*, **34**, 2529, 1902]; avec le bisulfate de potassium [Simon, *C. R.*, **130**, 255, 1900]. — Chauffé à 133-137° avec 2 fois son poids d'acide sulfurique il fournit l'acide déhydromucique dont il a été préparé de nombreux éthers [Yoder et Tollens, *D. chem. G.*, **34**, 3446, 1901].

L'acide mucique est inactif et indédoublable [Ruhemann et Dufton, *Chem. Soc.*, **59**, 750, 1891]. Chauffé à 140° avec la pyridine il se transforme en son isomère l'acide allomucique [Fischer, *D. chem. G.*, **24**, 539, 2136, 1891]. Oxydation manganique [Fischer et Crossley, *D. chem. G.*, **27**, 394, 1894]; par H^2O^2 en présence des sels ferreux [Fenton et Jones, *Chem. Soc.* **77**, 69,

1900]. Sous l'action du mélange de chlorure et d'oxychlorure de phosphore, à la température ordinaire, il fournit un acide *phosphodichloromuconique* $C^6H^4Cl^2O^2(PO^4H^3)^2 + 4H^2O$ [Ruhemann et Dutton, *Chem. Soc.*, **59**, 26, 1891].

La réduction de la lactone mucique fournit l'acide *i.*-galactonique [E. Fischer, *D. chem. G.*, **24**, 2136; **25**, 1247, 1892].

Sels. — [Voyez Schrötter, *Mon. f. Chem.*, **9**, 445, 1888: — Schmitt et Cobenzl, *D. chem. G.*, **17**, 601, 1884: — Phelps et Hale, *Am. Chem. Journ.*, **25**, 449, 1901: — Henderson, Orr et Whitehead, *Chem. Soc.*, **75**, 542, 557, 1899: — Henderson et Barr, *Chem. Soc.*, **96**, 1453, 1896: — Henderson et Prentice, *Chem. Soc.*, **67**, 1037].

Éthers. — Le *mucate de méthyle*,

$$C^6H^8O^8(CH^3)^2$$

fond à 205° [Hollemann, *Rec. Pays-Bas*, **17**, 326, 1896].

Le *mucate d'éthyle*, $C^6H^8O^8(C^2H^5)^2$, fond à 172° [Skraup, *Mon. f. Chem.*, **14**, 472, 1893; — voyez aussi Fischer, *D. chem. G.*, **23**, 930: **25**, 1247; **28**, 3252].

L'*acide monoacétylmucique*,

$$C^6H^9O^8.C^2H^3O + 1/2\,H^2O,$$

fond à 198° [Skraup, *Mon. f. Chem.*, **14**, 490].

L'*acide tétracétylmucique*,

$$C^6H^6O^8(C^2H^3O)^4 + 2H^2O$$

fond à 266° [Maquenne, *Bull. Soc. Chim.*, **48**, 719, 1887]; à 243° [Skraup, *Mon. f. Chem.*, **14**, 470]. Son *éther diéthylique* fond à 189°; traité par l'ammoniaque alcoolique, il donne de la *mucamide*, $C^6H^{12}Az^2O^6$, fusible vers 220° [Ruhemann, *D. chem. G.*, **20**, 3366, 1887].

L'*éther tétrapropionylmucique*,

$$C^6H^4O^4(C^3H^5O^2)^4(C^2H^5)^2$$

fond à 118-120° [Fortner et Skraup, *Mon. f. Chem.*, **15**, 201, 1894].

La *lactone triacétylmucique-monoéthylique*,

$$C^2H^5.CO^2-CH(C^2H^3O^2)-\underbrace{CH-(CHC^2H^3O^2)^2-CO}_{O}$$

fond à 122° [Skraup, *Mon. f. Chem.*, **14**, 474: **15**, 200, 1894].

La *lactone tripropionylmucique monoéthylique* fond à 59°.

L'*éther tétrabenzoylmucique*,

$$C^6H^4O^4(C^7H^5O^2)^4(C^2H^5)^2,$$

fond à 124°: le dérivé *dibenzoylé* fond à 172-174° [Skraup, *Mon. f. Chem.*, **14**, 470].

Le *monoformal*, cristallisé avec H^2O, fond à 175°; anhydre il fond à 192°. Le *diformal* fond à 160° [L. de Bruyn et Ekenstein, *Rec. Pays-Bas*, **21**, 310, 1902].

La *monophénylhydrazide mucique*,

$$C^{12}H^{16}Az^2O^7$$

fond à 190-195° [E. Fischer, *D. chem. G.*, **24**, 2136, 1891].

La *diphénylhydrazide mucique*, $C^{18}H^{22}Az^4O^6$, fond vers 240° [Maquenne, *Bull. Soc. Chim.*, **48**, 719, 1887; — Bülow, *Lieb. Ann. Chem.*, **236**, 194, 1886].

Caractères. — L'acide mucique se reconnaît à sa faible solubilité, et à ce que, comme la plupart des acides-alcools, il donne une coloration jaune intense avec les solutions très diluées de perchlorure de fer [Berg, *Bull. Soc. Chim.*, **11**, 882, 1894].

Juin 1906. P. Carré.

MUCKITE (Min.) (von Schröckinger). — Résine fossile, $C^{20}H^{28}O^2$, dans les lignites crétacés de Mährisch Trüban, Moravie. Masses jaune brunâtre, transparentes ou translucides, partiellement solubles dans l'alcool ou l'éther. Fond vers 300°. Dureté = 1-2. Densité = 1,0025.

L. Bourgeois.

MUCOBROMIQUE (ACIDE),

$$CHO-CBr=CBr-CO^2H.$$

Voyez Suppl., **2**, 1031.

Il se forme dans l'action du nitrate d'argent sur la solution ammoniacale de l'acide tétrabromocrotonique [Pinner, *D. chem. G.*, à **28**, 1886, 1895]. On l'obtient par ébullition du furfurol avec l'eau de brome [Simonis, *D. chem. G.*, **32**, 2085, 1899].

Il cristallise dans la ligroïne en tables rhombiques fusibles à 120-122° (Pinner), à 125° (Simonis). Sa formule de constitution répond bien à l'aldéhyde acide fumarique dibromée [Hill, *Am. Chem. J.*, **19**, 627, 1897. — Vorlaender, *D. chem. G.*, **34**, 1632, 1901. — Simonis, *D. chem. G.*, **34**, 509, 1901]. Toutefois les éthers de cet acide correspondent à la forme tautomère

$$\begin{array}{l} Br-C-CO \\ \quad\;\, \Vert \quad\;\; >O \\ Br-C-CH-OR \end{array}$$

[Simonis, *D. chem. G.*, **34**, 509]. En effet, les bases primaires réagissent sur l'acide mucobromique en trois phases : avec l'aniline, par exemple, on obtient d'abord l'*acide anilmucobromique*,

$$\begin{array}{l} Br-C-CO^2H \\ \quad\;\, \Vert \\ Br-C-CH=Az-C^6H^5 \end{array}$$

fusible à 126°; ensuite l'*acide anilmucoanilidobromique*,

$$\begin{array}{l} C^6H^5-AzH-C-CO^2H \\ \qquad\qquad\quad\;\; \Vert \\ \qquad\quad Br-C-CH=Az-C^6H^5 \end{array}$$

qui se décompose vers 135-140°; et, enfin, le sel d'aniline de ce dernier acide. Sur les éthers, au contraire, une seule molécule de base réagit pour donner l'*éther mucoanilidobromique*,

$$\begin{array}{l} C^6H^5-AzH-C-CO \\ \qquad\qquad\quad\;\; \Vert \quad\;\; >O \\ \qquad\quad Br-C-CH-OR \end{array}$$

[Simonis, *loc. cit.*; voyez aussi Liebermann, *D. chem. G.*, **30**, 694, 1897]. Condensation avec la benzamidine [Kunckell et Zumbresch, *D. chem. G.*, **35**, 3164, 1902]. Action de l'azotite de soude [Hill et Torrey, *Am. Chem. J.*, **22**, 89, 1899. — Torrey et Black, **24**, 452, 1900]. Action de l'iodure de magésium-méthyle [Simonis, Marben et Mermod, *D. chem., G.*, **38**, 3981, 1905].

Le *mucobromate de méthyle* distille à 249-251°; il se forme à côté de cet éther un autre corps de même composition distillant à 230-234°, qui est peut-être l'*éther vrai*, la stéréoéisomérie maléofumarique étant peu probable; le *mucobromate d'éthyle* fond à 64° et bout à 255-260°, l'éther vrai bout à 240-243° [H. Meyer, *Mon. f. Chem.*, **25**, 491, 1504]. Le nitrite de potassium le transforme en nitromaléate d'éthyle et de potassium [Fittig, *Ann. Chem.*, **331**, 190, 1904].

Mucoanilidobromate de méthyle, fusible à 117°. — *Mucoanilidobromate d'éthyle*, à 114°. — *Mucobromate de propyle*, à 31°,5; *dérivé anilidé*, à 80°. — *Mucobromate d'allyle*, à 41° [Simonis, *D. chem. G.*, **34**, 509, 1901].

Oxime, $HOAz=CH-CBr=CBr-CO^2H$. — Elle se prépare en faisant réagir l'hydroxylamine sur l'acide mucobromique en liqueur légèrement alcaline [Hill et Cornelison, *Am. Chem. J*, **16**. 298, 1894]; elle fond vers 90°, son *éther méthylique*, $C^4H^2Br^2AzO^3-CH^3$, fond à 146-147°. Lorsqu'on fait réagir l'hydroxylamine ou son chlorhydrate sur l'acide mucobromique, on obtient *l'anhydride*,

$$\begin{array}{l} Br-C-CO-O \\ \quad\ \ \vert \qquad\quad\ \vert \\ Br-C-CH=Az \end{array}$$

fusible à 117-118° (Hill et Cornelison), à 125° [Bistrzycki et Simonis, *D. chem. G.*, **32**, 536, 1899].

Semicarbazone. — Elle fond à 215°, en se transformant en *dibromopyridazone*

$$\begin{array}{l} Br-C-CO-AzH \\ \quad\ \ \vert \qquad\qquad \vert \\ Br-C-CH=Az \end{array}$$

fusible à 218° [Bistrzycki et Herbst, *D. chem. G.*, **34**, 1010, 1901].

Phénylhydrazone. — Elle se décompose à 165-166° [Bistrzycki et Herbst, *loc. cit.*].

BROMURE DE MUCOBROMYLE,

$$CHO-CBr=CBr-COBr.$$

— On l'obtient en chauffant, à 100-115°, 3 molécules d'acide mucobromique avec 1 molécule de PBr^3 [Jackson et Hill, *Am. Chem. J.*, **3**, 45, 1881. — Hill et Cornelison, *Am. Chem. J.*, **16**, 202, 1894]. Il fond à 56-57°. Chauffé à 125° avec une molécule de brome, il fournit le composé $C^4O^2Br^4$, fusible à 58-59°, dont la formule probable serait :

$$\begin{array}{l} Br-C-CBr^2 \\ \quad\ \ \Vert \qquad\ >O \\ Br-C-CO \end{array}$$

[Hill et Cornelison, *Am. Chem. J.*, **16**, 207].

ACIDE MUCOOXYBROMIQUE,

$$CHO-CBr=C(OH)-CO^2H.$$

— Il résulte de la réaction de l'eau de baryte sur l'acide mucobromique à froid [Hill et Palmer, *Am. Chem. J.*, **9**, 148, 1887]; il fond à 111-112°. Son *éther oxyphénylique*,

$$CHO-CHBr-C(OC^6H^5)-CO^2H,$$

fournit une phénylhydrazone fusible à 157° [Bistrzycki et Herbst, *D. chem. G.*, **34**, 1010, 1901].

Juin 1906. P. Carré.

MUCOCELLULOSE. — Voyez HYDROCELLULOSE, 2e Suppl., **5**, 502.

MUCOCHLORIQUE (ACIDE), 2e Suppl., 1032;

$$CHO-CCl=CCl-CO^2H.$$

— Pour sa constitution et sa préparation, voyez la bibliographie de l'acide mucobromique, et Dunlap [*Am. Chem. J.*, **19**, 641, 1897]. Il cristallise dans un mélange d'éther et de ligroïne en prismes fusibles à 127°.

L'acide anilmucoanilidochlorique se décompose à 150°. Le *muco-p-toluidochlorate de méthyle* fond à 118°. Le *muco-m-xylidochlorate d'éthyle* fond à 114° [Simonis, *D. chem. G.*, **34**, 509, 1901].

CHLORURE DE MUCOCHLORYLE,

$$CHO-CCl=CCl-COCl.$$

— Il distille à 100-101° sous 15 mm. [Dunlap, *Am. chem. J.*, **19**, 641, 1897].

BROMURE DE MUCOCHLORYLE.

$$CHO-CCl=CCl-COBr.$$

— Il fond à 36° [Hill et Cornelison, *Am. Chem. J.*, **16**, 285, 1894].

ACIDE MUCOOXYCHLORIQUE.

$$CHO-CCl=C(OH)-CO^2H.$$

— Il fond à 114-115°; *l'éther monoéthylique*, $C^4H^2ClO^4C^2H^5$, fond à 94-95°; *l'éther diéthylique*, $C^4H^2ClO^4(C^2H^5)^2$, est un liquide épais [Hill et Palmer, *Am. chem. J.*, **9**, 160, 1887].

Juin 1906. P. Carré.

MUCOÏDES ou **MUCINOÏDES**. — Voyez MUCINES et MUCOÏDES.

MUCONIQUE (ACIDE), *acide hexadiène-2.4-dicarbonique*,

$$CO^2H-CH=CH-CH=CH-CO^2H$$

— On l'obtient en traitant l'acide dibromo-3.4-adipique par les alcalis [Rupe, *Ann. Chem.*, **256**, 23, 1890; — Ruhemann et Blackmann, *Chem. Soc.*, **57**, 373, 1890]. Sa synthèse a été effectuée en condensant le glyoxal et l'acide malonique en presence de pyridine [Dœbner, *D. chem. G.*, **35**, 1147, 1902] :

$$CHO-CHO + 2CH^2(CO^2H)^2$$
$$= 2CO^2 + 2H^2O + CO^2H-CH=CH-CH=CH-CO^2H$$

Il cristallise en fines aiguilles fusibles à 292° [Dœbner]. Réduit par l'amalgame de sodium, il fournit l'acide β-γ-dihydromuconique.

L'amide,

$$AzH^2.CO-CH=CH-CH=CH-CO.AzH^2$$

se décompose vers 240° [Ruhemann et Blackmann, *Chem. Soc.*, **57**, 372, 1890]; l'ammoniaque concentrée la transforme, à 135°, en dilactame de l'acide β.β-diaminoadipique [Kohl, *D. chem. G.*, **36**, 172, 1902].

L'éther diméthylique fond à 154° (Rupe).

L'éther diéthylique, fond à 63-64° (Ruhemann).

ACIDES DICHLOROMUCONIQUES, $C^6H^4Cl^2O^4$. — L'action du pentachlorure de phosphore sur l'acide mucique fournit deux acides dichloromuconiques [Ruhemann et Elliott, *Chem. Soc.*, **57**, 931, 1890].

L'acide-α,

$$CO^2H-CH=CCl-CCl=CH-CO^2H + 2H^2O (?)$$

perd son eau de cristallisation à 100° et se sublime sans fondre vers 260°. Son *éther diméthylique* fond à 156° [Rupe, *Ann. Chem.*, **256**, 8, 1890].

L'acide β fond à 189°; par contact avec l'eau de brome il est transformé en acide-α [Ruhemann et Dufton, *Chem. Soc.*, **59**, 33, 1891]. Son *éther monoéthylique* fond à 109-110°; son *éther diéthylique* est un liquide distillant à 195-196° sous 60 millimètres. P. Carré.

MUCONIQUES (ACIDES DIHYDRO-). — 1° ACIDE Δ α.β-DIHYDROMUCONIQUE, *acide hexène-2-dicarbonique*,

$$CO^2H-CH^2-CH^2-CH=CH-CO^2H$$

— Il se forme quand on fait bouillir l'acide Δ β.γ-dihydromuconique avec 10 parties de soude à 20 0/0 jusqu'à l'apparition d'un précipité [Rupe, *Lieb. Ann. Chem.*, **256**, 14, 1890].

Il cristallise dans l'eau chaude en lamelles fusibles à 168-169°. Conductibilité électrique [Ostwald, *Lieb. Ann. Chem.*, **256**, 15; — Smith, *Zeit. physikal. Chem.*, **25**, 193, 1898]. Chaleur de combustion moléculaire. 629,cal1 [Stohmann, *Zeits. physikal. Chem.*, **10**, 417, 1892]. Le brome le transforme en *acide bromo-Δ α.β-dihydromuconique*, $C^6H^7BrO^4$, fusible à 158-160° [Rupe, *loc. cit.*].

L'*éther dihydrodibromomuconique*,

$$C^2H^5CO^2 - CHBr - CHBr - CH = CH - CO^2C^2H^5,$$

fond à 84-85° [Ruhemann et Dufton, *Chem. Soc.*, **59**, 752, 1891].

2° Acide $\Delta_{\beta.\gamma}$-dihydromuconique, *acide-hexène 3-dicarbonique*,

$$CO^2H - CH^2 - CH = CH - CH^2 - CO^2H.$$

— On le prépare en réduisant l'acide α-ou β-dichloromuconique par le zinc et l'acide acétique [Rupe, *Ann. Chem.*, **256**, 10, 1890], ou mieux par l'étain et l'acide chlorhydrique [Ruhemann et Blackmann, *Chem. Soc.*, **57**, 371, 936, 1890]; ou encore l'acide diacétylène-dicarbonique par l'amalgame de sodium [Bæyer, *D. chem. G.*, **18**, 680, 1885].

Il cristallise en longs prismes fusibles à 195°. Conductibilité électrique [Ostwald, Smith, *loc. cit.*]. Chaleur de combustion moléculaire, $629^{cal},4$ [Stohmann, *loc. cit.*].

Sa solution aqueuse, saturée par le chlore, fournit l'acide *chlorodihydromuconique*,

$$CO^2H - CH^2 - CH \lt \begin{matrix} CHCl \\ O - CO \end{matrix} \gt CH^2$$

fusible à 119-120°; lequel par ébullition avec l'eau se transforme en *lactone muconique*

$$CO^2H - CH^2 - C \lessgtr \begin{matrix} CH \\ O - CO \end{matrix} \gt CH^2$$

fusible à 122-125° [Ruhemann, *Chem. Soc.*, **57**, 940].

Le *dihydromuconate d'éthyle*,

$$C^2H^5.CO^2 - CH^2 - CH = CH - CH^2 - CO^2.C^2H^5,$$

bout à 120-125° sous 17 millimètres [Silberrad, *Chem. Soc.*, **85**, 611, 1904].

Le *bromodihydromuconate de méthyle*,

$$CH^3.CO^2 - CH^2 - CH = CBr - CH^2 - CO^2CH^3,$$

fond à 80°; l'*éther éthylique* correspondant bout à 162-163° sous 35 millimètres [Rupe, *loc. cit.*, **256**, 18].

Acide tétraméthyldihydromuconique,

$$CO^2H - C(CH^3)^2 - CH = CH - C(CH^3)^2 - CO^2H.$$

— On l'obtient en chauffant l'acide bromo-3-diméthyl-2.2-succinique avec la diéthylaniline :

$$2CO^2H - C(CH^3)^2 - CHBr - CO^2H = 2CO^2 + 2HBr + C^8H^{16}O^4$$

Il fond à 70° [Bone et Henstock, *Chem. Soc.*, **83**, 1380, 1903]. Juin 1906. P. Carré.

MUNKFORSSITE (Min.) (Igelström). — Phosphato-sulfate d'aluminium et de calcium (0/0, 18,12 SO³; 16,00 P²O⁵; 29,23 Al²O³; 36,64 CaO) voisin de la svanbergite. Masses feuilletées ou granuleuses, ou bien cristaux transparents ou translucides, blancs ou rosés. Prismes clinorhombiques ph^1g^1, clivables suivant une direction. Dans des schistes à damourite et disthème, dans la paroisse de Ransäter, Blia et Dicksberg, Wermland, Suède.

Caractères. — Attaquable en partie seulement par les acides. Dans le tube, ne donne que des traces d'eau et d'acide sulfurique. Infusible au chalumeau, mais décrépite seulement en devenant opaque; ne fournit pas la réaction de l'alumine avec l'azotate de cobalt. Dureté = 5.

L. Bourgeois.

MUNKRUDITE (Min.) (Igelström). — Minéral blanc ou blanc jaunâtre, en lamelles cristallines, formé d'un sulfate-phosphate ferroso-calcique, trouvé avec pyrite à Munkerud, paroisse de Ransäter, Wermland, Suède. E. Bourgeois.

MUREXIDE, *purpurate d'ammonium*, $C^8H^4Az^5O^6AzH^4 + H^2O$. — Oscar Piloty et K. Finckh recommandent de préparer la murexide par l'action de l'ammoniaque sur la solution aqueuse d'alloxantine additionnée d'acétate d'ammonium. Après que la murexide s'est déposée, et seulement après, il se sépare un peu d'uramile; la formation de l'uramile n'est donc pas corrélative de celle de la murexide comme le croyaient Liebig et Wöhler, mais doit être due à une réaction secondaire (l'uramile est en effet moins soluble que la murexide) [*Lieb. Ann. Chem.*, **333**, 22, 1904].

La murexide renferme une molécule d'eau de cristallisation qu'elle perd à 110°. Sa chaleur de combustion moléculaire est de $736^{cal},7$ [Matignon, *Ann. Chim., Phys.*, **28**, 346, 1893]. Par double décomposition avec le chlorure de sodium, elle donne un sel de sodium brun, $C^8H^4Az^5O^6Na + H^2O$, identique à celui de Fritsche; il a aussi été obtenu un sel vert isomère du précédent et un sel rouge dont la composition est probablement $C^8H^3Az^5O^6Na^2, 3H^2O$ [Piloty et Finckh, *loc. cit.*].

Constitution. — L'instabilité de la molécule de la murexide ne permet pas de s'appuyer sur les réactions de ce corps pour en établir la constitution. O. Piloty et Finckh ont cherché à déduire cette constitution des modes de formation de la murexide. C'est la réaction de l'alloxane sur l'uramile en présence d'ammoniaque qui leur a fourni le plus d'indications. L'action des amines sur l'alloxane leur a montré que ce corps réagit comme une substance quinonique; la comparaison de ces réactions avec celle de l'uramile sur l'alloxane les a conduits à représenter la formation de la murexide par l'équation suivante :

```
  HAz  CO                  OC   AzH
CO<        >CO + H²Az<        >CO + AzH³
  HAz  CO               HO.C    AzH

   HAz  CO           OC   AzH
= CO<      >C=Az-C<      >CO + H²O.
   HAz  C ——— O ——— C   AzH
        |
       OAzH⁴
```

Murexide (diuréidoxazoxammonium).

Cette formule est en accord avec la plupart des propriétés de la murexide.

La coloration de la murexide s'expliquerait alors par la nature quinonique du noyau de l'alloxane, sa stabilité par la présence d'un noyau oxazonique. D'autre part, les deux noyaux uréidiques n'étant pas disposés symétriquement, on conçoit l'existence possible de deux monosels de sodium isomères. Elle permet aussi de représenter facilement les décompositions connues de la murexide en alloxane et acide dialurique, et en alloxane et uramile. Il faut cependant remarquer que la murexide est plus instable en présence des acides que les uréidoxazones.

Juin 1906. P. Carré.

MUREXOÏNE, *tétraméthylmurexide* (?), $C^8(CH^3)^4Az^5O^6.AzH^4$ (?). — La murexoïne se forme quand on traite par l'ammoniaque le dérivé bromé qui résulte de l'action du brome sur l'acide désoxyamalique [Fischer et Ach, *D. chem. G.*, **28**, 2477, 1895].

La murexoïde cristallise en prismes à reflets jaune d'or: elle se sublime vers 230° sans se décomposer; à une température plus élevée elle se transforme sans fondre en produits gazeux [Brünn, *D. chem. G.*, **21**, 514, 1888]. Par ébullition de sa solution aqueuse avec l'acide chlorhydrique dilué, elle est décomposée en acide diméthylparabanique et d'autres composés [Brünn, *loc. cit.*]. Janvier 1907. P. Carré.

MUSC ARTIFICIEL. — Voy. l'art. Toluène.

MUSCARINE, $C^5H^{13}AzO^2OH$, [1er Suppl., 1033], $Az(CH^3)^3 . CH^2 . CH(OH)^2$. — Cette base se trouve à côté de la choline dans l'*Agaricus muscarius*. Son extraction est basée sur l'épuisement par l'alcool et la précipitation au moyen de l'iodure mercurico-potassique. On sépare la choline de la muscarine sous forme de chloroplatinate.

Liquide sirupeux, soluble dans l'eau, toxique.

Isomuscarine. — La neurine

$$Az \equiv \begin{matrix} C^2H^3 \\ (CH^3)^3 \\ OH \end{matrix}$$

traitée par l'acide hypochloreux, puis l'oxyde d'argent, donne l'isomuscarine

$$Az \equiv \begin{matrix} CH(OH) - CH^2OH \\ (CH^3)^3 \\ OH \end{matrix}$$

Liquide très toxique.

Pseudomuscarine. — Lorsqu'on traite le chlorhydrate de choline (base non toxique) sec par l'acide nitrique concentré, on obtient la pseudomuscarine, très voisine de la muscarine au point de vue physiologique et au point de vue chimique. L'oxydation lente de la choline donne la bétaïne.

$$Az \equiv \begin{matrix} CH^2 . CH^2 . OH \\ (CH^3)^3 \\ OH \end{matrix} \qquad Az \equiv \begin{matrix} CH^2 . CH(OH)^2 \\ (CH^3)^3 \\ OH \end{matrix}$$

Choline. Pseudomuscarine.

$$Az \equiv \begin{matrix} CH^2 - COOH \\ (CH^3)^3 \\ OH \end{matrix}$$

Bétaïne.

Janvier 1906. M. Delacre.

MUSCARINE. — Voy. Colorantes (Matières), 2e Suppl., **2**, 1356.

MUSCHKETOWITE (Min.) (S. von Fedorow et W. Nikotin). — Pseudomorphoses d'oligiste en magnétite, trouvées à Bogoslowsk, Russie. L. Bourgeois.

MUSCULAIRE (TISSU). (Voyez Dict. **2**, 479). — Matières protéiques du muscle. — Halliburton distingue dans le plasma musculaire, tel qu'on le prépare d'après Kühne, cinq matières protéiques, à savoir : trois globulines qui sont : le *paramyosinogène* ou *musculine* des anciens auteurs, coagulé à 47°, le *myosinogène*, coagulé à 56°, et la *myoglobuline*, coagulée à 63°; une *albumine* coagulée à 73° et une *myo-albumose* non coagulable. La coagulation spontanée du plasma musculaire consiste en ceci que le myosinogène et le paramyosinogène se combinent pour donner le caillot de *myosine*. Ce caillot est entièrement soluble dans le sulfate de magnésium à 5 0/0, et cette solution, chauffée à 47°, donne un caillot de paramyosinogène, tandis que le myosinogène reste dissous et n'est coagulé qu'à 56° [Halliburton, *Journ. of Physiol.*, **8**, 133, 1888; *Lehrb. der chem. Physiol.*, trad. all. de Kayser, Heidelberg, 1893, 432]. D'après O. von Fürth, le plasma du muscle des mammifères ne contient que deux matières protéiques, la *myosine* (ou paramyosinogène de Halliburton) et le *myogène* (ou myosinogène du même auteur). La première engendre au moment de la coagulation un caillot de *myosine-fibrine* et la seconde un caillot de *myogène-fibrine*, mais ici avec production d'une globuline intermédiaire, la *myogène-fibrine soluble*, remarquable par sa basse température de coagulation (30-40°). Quant à la myoglobuline, et à l'albumine de Halliburton, la première se confond avec le myogène, et la seconde fait entièrement défaut, chaque fois que l'on a soin de laver convenablement le muscle par injection d'eau salée physiologique dans les vaisseaux. Enfin la myo-albumose (myoprotéide de von Fürth) ne se trouve guère en quantité appréciable que dans le muscle des poissons.

On aurait donc le schéma suivant pour la coagulation du plasma :

Myosine.	Myogène.
↓	↓
Myosine-fibrine.	Myogène-fibrine soluble
	↓
	Myogène-fibrine.

[O. von Fürth, *Arch. exp. Path.*, **36**, 231, 1895; Stewart et Sollmann, *Journ. of Physiol.*, **24**, 427, 1899]. Le muscle (du cheval) pris après cessation de la rigidité cadavérique fournirait, en outre, une sorte de globuline, la *mytoline*, corps d'ailleurs très mal défini [Heubner, *Arch. exp. Path.*, **53**, 302].

Lorsque, par des traitements répétés, on a enlevé aux muscles, à l'aide des solutions salines, les matières protéiques énumérées ci-dessus, il reste la masse insoluble des *matières albuminoïdes du stroma*, qui constituent la partie la plus importante du muscle. Cette masse est soluble dans les alcalis, soluble aussi dans la pepsine chlorhydrique. Elle renferme une petite quantité d'un nucléoprotéide (*myostroïne* de Danilewski) [J.-F. von Holgrem, *Jahresb. de Maly*, **23**, 360, 1893; Pekelharing, *Zeit. physiol. Chem.*, **22**, 245, 1896; Bottazi et Ducceschi, *Arch. it. de Biol.* **28**, 395, 1899; Iljin, *Jahresb. de Maly*, **30**, 471, 1900]. — Pour les matières protéiques du muscle lisse, voyez Velichi [*Centralbl. f. Physiol.*, **12**, 351, 1898]; Bottazi [*ibid.*, avril 1901]; S. Vincent et Lewis [*Journ. of Physiol.*, **26**; *Proc. of the physiol. Soc.*, janvier 1901]; O. von Fürth [*Zeit. physiol. Chem.*, **31**, 338, 1900].

Hémoglobine musculaire et myohématine. — Dans l'intoxication oxycarbonée, l'hémoglobine des muscles et du cœur fixe de l'oxyde de carbone [Camus et Pagniez, *Soc. de Biol.*, **55**, 761, 1903]. L'existence de la myohématine a été contestée (voyez dans le 2e Suppl. au mot Hémoglobine, p. 77) et le muscle paraît bien ne contenir d'autre pigment que l'hémoglobine ordinaire. Toutefois, cette hémoglobine serait, d'après Mörner [*Jahresb. de Maly*, **27**, 456, 1897], différente de celle du sang. Pour le dosage de ce pigment, voyez K.-B. Lehmann [*Zeit. f. Biol.*, **45**, 639, 1903].

Acide phosphocarnique ou sarcophosphorique. — Lorsque l'extrait de viande débarrassé d'albumines coagulables a été déféqué par le chlorure de calcium et l'ammoniaque, le filtrat, traité par le perchlorure de fer à l'ébullition, laisse précipiter la combinaison ferrique amorphe, dite *carniferrine*, d'un acide azoté et phosphoré complexe, l'*acide sarcophosphorique* (*Phosphorfleischsäure* de Siegfried). Par dédoublement ce corps fournit de l'*acide sarcique* (*Fleischsäure*), analogue ou identique à l'antipeptone de Kühne, de l'acide succinique, de l'acide paralactique, de l'acide carbonique, de l'acide phosphorique et un corps hydrocarboné.

Ce dédoublement avec formation de *peptone* et d'acide phosphorique rapproche ce corps des nucléines, et Siegfried a proposé d'appeler *nucléones* ces sortes de nucléines qui fournissent des peptones et non des albumines par leur dédoublement.

La carniferrine contient : C 22,21 à 21,66; H 2,92 à 3,24; Az 5,45 à 6,03; Fe 28,36 à 29,92; P 1,84 à 2,60. Bouillie avec l'eau de baryte, elle donne l'acide sarcique qui renferme $C^{10}H^{15}Az^{3}O^{5}$. Cet acide est un corps hygroscopique, microcristallin, très soluble dans l'eau, peu soluble dans l'alcool, décomposant les carbonates, et donnant des sels de baryum, de cuivre, de zinc et d'argent cristallisés [Siegfried, *D. chem. G.*, **28**, 515, 1895; *Zeit. physiol. Ch.*, **21**, 360, 1896 et **28**, 524, 1899; *Arch. f. Physiol.*, 1894, 401; Balke, *Zeit. physiol. Ch.*, **22**, 268, 1896; Th. Krüger, *ibid.*, **28**, 530, 1899]. Pour le dosage de l'acide sarcophosphorique, voyez Balke et Ide [*ibid.*, **21**, 380, 1896]. Il existe sans doute plusieurs sortes de nucléones, car la composition des carniferrines isolées jusqu'à présent varie assez fortement. Siegfried leur attribue un rôle important, notamment en tant qu'agents pouvant maintenir dissous, et transporter en milieu acide ou alcalin, à la fois le fer, l'acide phosphorique et la chaux. Le muscle de l'homme en contient environ 1 à 2 0/00 (exprimé en acide sarcique) [Müller, *Zeit. physiol. Ch.*, **22**, 561, 1899].

Acide inosique. — (Voyez 1er Suppl., 949). Le *sel de baryum* de cet acide a en réalité pour formule $C^{10}H^{11}Az^{4}PBaO^{8} + 7\frac{1}{2}H^{2}O$, c'est-à-dire qu'il contient du phosphore, élément qui avait échappé à Liebig. — *Sel de calcium*, $C^{10}H^{11}Az^{4}PCaO^{8} + 6\frac{1}{2}H^{2}O$. En solution aqueuse l'acide est décomposé par l'ébullition en hypoxanthine et peut-être en acide trioxyvalérianique [Haiser, *Mon. f. Chem.*, **16** 190, 1895].

Bases diverses. — *Carnosine.* — Base nouvelle isolée du précipité que fournit l'acide phosphotungstique avec l'extrait de viande. On élimine cet acide par la baryte et dans le filtrat on précipite la carnosine par le nitrate d'argent et la baryte. Cette base contient $C^{9}H^{14}Az^{4}O^{3}$. Elle est en aiguilles fusibles à 239° avec décomposition. Pour le nitrate $[\alpha]_{D}^{20} = +22°,3$ (solution à 5,67 0/0) [Gulewitsch et Admiradzibi, *Zeit. physiol. Ch.*, **30**. 565. 1900].

Une série d'autres bases, l'*ignotine* $C^{9}H^{14}Az^{4}O^{3}$, la *néosine* $C^{6}H^{17}AzO^{2}$, la *novaïne* $C^{7}H^{17}AzO^{2}$, l'*oblitine* $C^{18}H^{38}Az^{2}O^{5}$, encore mal déterminées, ont été isolées récemment de l'extrait de viande Liebig par Kutscher [*Centralbl. f. Physiol.*, **19**, 504. 1905]. — La *musculamine* retirée des produits d'hydrolyse de viande de veau est en réalité de la cadavérine [Etard et Villa, *C. R.*, **135**, 689, 1902; — Posternak, *ibid.*, 865].

Isocréatinine. — Voyez 2e Suppl., **6**, 132.

Diastases. — La *diastase* qui provoque la *coagulation* du plasma musculaire est différente du ferment de la fibrine [Halliburton, *Journ. of Physiol.*, **8**, 133, 1888]. Cette coagulation est empêchée par l'oxalate de potassium [Cavazzani, *Jahresb. de Maly*, **22**, 333, 1892]. Le muscle contient aussi une *diastase protéolytique*, qui hydrolyse les matières albuminoïdes avec production de leucine et de tyrosine, et qui agit en milieu neutre, acide ou alcalin [Salkowski, *Zeit. klin. Med.*, 1890; Hedin et Rowland, *Zeit. physiol. Ch.*, **32**, 537, 1901]. A ce sujet voyez plus loin les recherches de A. Gautier sur les produits de la vie résiduelle du muscle. Cohnheim a annoncé aussi que le muscle contient une *diastase* médiocrement *glycolytique*, et dont la puissance serait énormément augmentée par un extrait pancréatique [*Zeit. physiol. Ch.*, **39**, 336, 1903 et **42**, 401, 1904]. Mais il semble bien que la glycolyse observée par Cohnheim était due à des contaminations bactériennes [Claus et Embden, *Beitr. chem. Physiol.*, **6**, 215 et 343, 1905].

Déterminations diverses. — La composition élémentaire du muscle, que l'on a besoin de connaître exactement dans beaucoup de recherches sur la nutrition, est la suivante d'après Argutinsky, pour la viande de bœuf dégraissée et débarrassée de glycogène : C 49,6; H 6,9; Az 13,3; O + S 23,0; cendres 5,2 [Argutinski, *Arch. de Pflüger*, **55**, 345, 1893]. Voyez aussi Kohler [*Zeit. physiol. Ch.*, **31**, 479, 1901]. Pour la répartition de l'azote entre les protéiques solubles et insolubles, et les autres matières azotées, voyez Salkowski [*Jahresb. de Maly*, **24**, 408, 1894] et Frenzel et Scheuer [*Arch. f. Physiol.*, 1902, 282]; pour la composition des cendres, Katz [*Arch. de Pflüger*, **63**, 1, 1896] et Tonoyaga [*Jahresb. de Maly*, **34**, 602, 1904]; pour le fer, Schmey [*Zeit. physiol. Ch.*, **39**, 231, 1903]. La composition du plasma des muscles embryonnaires a été étudiée par Kistjanowki [*Jahresb. de Maly*, **23**, 364, 1893], et Ch. Richet a analysé le sérum musculaire (suc d'expression de la viande) [*C. R.*, **131**, 1314, 1900].

Physiologie. — Étant données les limites imposées à cet article, il serait impossible même de citer simplement par leur titre tous les travaux publiés sur la chimie du muscle à l'état de repos ou en travail, depuis la rédaction de l'article du Dictionnaire cité plus haut. On se bornera donc ici à quelques conclusions d'ensemble.

On admet en général aujourd'hui : 1° que le muscle peut emprunter l'énergie qu'il dépense sous la forme de travail aux trois catégories d'aliments organiques; 2° que dans le cas d'une alimentation riche en hydrates de carbone, ce sont ces aliments qui fournissent exclusivement cette énergie; 3° que, lorsque les réserves d'hydrates de carbone diminuent, le travail musculaire s'accomplit aussi aux dépens des graisses; 4° enfin que, lorsque la quantité des deux aliments ternaires disponible tend à diminuer, les protéiques sont également consommés par le muscle, qui s'adresse alors en même temps aux trois catégories d'aliments organiques. Le rôle essentiel des hydrates de carbone a été clairement démontré par les travaux de Chauveau et de ses élèves, dont le lecteur trouvera un bon résumé dans Laulanié (*Eléments de physiol.*, 2e éd., Paris, 1905, 585).

On s'est demandé, en outre, sous quelle forme ces divers aliments sont utilisés par le muscle. Celui-ci les consomme-t-il directement? Et, dans ce cas, les protéiques, les graisses et les hydrates de carbone s'équivaudraient dans le rapport de leur valeur calorifique, c'est-à-dire que les quantités de ces trois aliments, équivalentes au point de vue du travail musculaire, seraient les quantités *isodynames*. Ou bien le muscle ne les consomme-t-il, comme le veut Chauveau, qu'après qu'elles ont été transformées en glucose? Et, dans ce cas, les quantités équivalentes au point de vue du travail musculaire seraient les quantités *isoglycogénétiques*. Il est actuellement impossible de choisir entre ces deux théories (pour le détail de cette discussion, voyez également l'ouvrage de Laulanié et les traités de physiologie en général).

Comme acquisition importante en ce qui concerne la chimie physiologique du muscle, il faut citer aussi les belles recherches de A. Gautier sur *les produits de la vie résiduelle du muscle* conservé à l'abri des bactéries, dans une atmosphère d'acide carbonique pendant 34 et 93 jours à des températures variant de +2° à +25° et +40° [A. Gautier et Landi, *C. R.*, **114**, 1045, 1154, 1312 et 1449]. Au cours de cette vie résiduelle le muscle transforme ses matériaux, fait disparaître ses réserves et les remplace par des produits de désassimilation. Or, A. Gautier démontre que ces produits sont ceux que le muscle fournit pendant la vie d'ensemble, et que ce *mode de désassimilation constitue le vrai fonctionnement élémentaire, autonome de chaque cellule*. Ce n'est que secondairement que pendant la vie d'ensemble, ce travail est excité, complété, continué par l'accession de l'oxygène et par la circulation, qui modifient, détruisent ou emportent ces produits de dénutrition. La connaissance détaillée de la marche et des produits de ce travail est donc d'une haute importance physiologique, mais on ne retiendra ici que quelques résultats particulièrement importants. Les dédoublements anaérobies qui se produisent ainsi dans le muscle ne ressemblent nullement au travail de dédoublement par *hydratation* des bactéries aérobies. Il ne se fait pas d'hydratations, et, différence capitale, la production d'ammoniaque est à peu près nulle. En outre, on constate qu'une partie des protéiques disparaît et est remplacée par une série de bases. Or, ces *leucomaïnes* sont celles-là même que l'on voit apparaître déjà durant la vie d'ensemble, et, de plus, c'est sur le groupe des bases les plus toxiques que porte surtout cette augmentation.

« Si donc durant la vie les oxydations sont enrayées, si la circulation ou la respiration languissent, les bases toxiques s'accumulent dans les tissus, comme dans le muscle séparé. On sait, en effet, que la chair des animaux surmenés, fiévreux, etc. est malsaine et riche en leucomaïnes. » On saisit toute l'importance de ces conclusions au point de vue du mécanisme des auto-intoxications, auxquelles la pathologie moderne fait jouer depuis Bouchard un rôle si important.

Sur l'influence exercée par les préparations dérivées de la viande (extrait de viande, etc.), sur la croissance et la santé des animaux, voyez l'important mémoire de A. Gautier [*Acad. de Méd.*, (3), **43**, 259, 1900]. Enfin, pour un grand nombre de questions qui n'ont pu être touchées dans cet article, le lecteur consultera avec fruit les deux études d'ensemble de O. von Fürth [*Zur Gewebschemie der Muskeln* et *Ueber chemische Zustandsänderungen des Muskels*) publiées dans l'ouvrage de Ascher et Spiro [*Ergebnisse der Physiol.*, *Biochemie*, Wiesbaden, **1**, 110, 1902 et **2**, 574, 1903], et accompagnées d'une bibliographie de 224 articles.

Janvier 1906. E. Lambling.

MUSCULAMINE. — Voyez MUSCULAIRE (TISSU).

MUTASE. — Préparation contenant de la farine de légumineuses et 58 0/0 d'albumine.

MYCOSE. — Voyez TRÉHALOSE.

MYOGÈNE. — MYOGÈNE-FIBRINE. — MYOGLOBULINE. — MYOSINE. — MYOSINOGÈNE. — MYOSTROMINE. — Voyez MUSCULAIRE (TISSU).

MYOHÉMATINE. — Voy. l'art. HÉMOGLOBINE.

MYRCÈNE. Voyez l'art. TERPÉNIQUE (SÉRIE).

MYRICÉTINE $C^{15}H^{10}O^8, H^2O$. — Matière colorante végétale extraite par A.-G. Perkin et J.-J. Hummel de l'écorce du *Myrica nagi*, ou *sapida*, ou *integrifolia*, ou *rubra* et par A.-G. Perkin et G.-Y. Allen, du *Sumac* de Sicile (feuilles du *Rhus coriaria*) [*Chem. Soc.*, **69**, 1287 et 1299; 1896].

Pour obtenir cette matière, on précipite l'extrait aqueux par l'acétate de plomb, et ce précipité est décomposé par l'acide sulfurique et extrait à l'éther.

Le corps obtenu après purification a pour formule $C^{15}H^{10}O^8, H^2O$, il fond vers 357°, est peu soluble dans l'eau, l'éther, l'acide acétique. La potasse diluée donne une coloration verte qui à l'air passe au bleu, puis au rouge violacé; les alcalis concentrés donnent une couleur orangée permanente. L'acide sulfurique dissout en rouge la myricétine qui est reprécipitée inaltérée par l'eau de cette solution.

Le *sulfate de myricétine* $C^{15}H^{10}O^8 . SO^4H^2$, le *bromhydrate* $C^{15}H^{10}O^8 . HBr$, le *chlorhydrate*, l'*iodhydrate* se préparent en ajoutant l'acide correspondant à la myricétine en suspension dans l'acide acétique bouillant.

Avec l'acétate de sodium sec et l'anhydride acétique, la myricétine donne une *hexacétylmyricétine* $C^{15}H^4O^8(C^2H^3O)^6$. On peut aussi obtenir un *dérivé hexabenzoylé*.

Sous l'action des alcalis fondus, la myricétine donne de l'acide gallique et de la phloroglucine. Le brome agissant à 100° sur la myricétine en suspension dans le sulfure de carbone fournit un composé $C^{15}H^6O^8Br^4$, soluble dans l'alcool, fondant à 235-240° en se décomposant. Les alcalis donnent avec ce corps une solution jaune devenant rouge, puis brune à l'air. Ce composé teint le calicot mordancé en une couleur plus jaune que la myricétine elle-même.

Perkin a préparé aussi les *éthers pentaméthylé* et *hexaéthylé* [*Chem. Soc.*, **81**, 203; 1902]; par méthylation en présence d'alcool, il obtient encore l'*éther tétrabromomyricétine éthylique* $C^{15}H^5Br^4O^7 . OC^2H^5$, aiguilles incolores fondant à 146° [*Chem. Soc.*, **85**, 56; 1904]. Enfin la myricétine décompose l'acétate de potassium [*Chem. Soc.*, **75**, 433; 1899].

La myricétine paraît être une hydroxyquercétine :

[Formule développée : noyau benzénique portant OH, OH ; hétérocycle avec O, C—, COH, CO ; noyau phényle portant OH, OH, OH]

Elle n'existe pas à l'état de glucoside dans le Sumac de Sicile; on la trouve encore dans le *Rhus cotinus* [Perkin, *Chem. Soc.*, **73**, 1016; 1898], dans les feuilles d'*Arctostaphyllos uva ursi*, d'*Hematoxylon campechianum*, du *Rhus metopium*, de *Myrica gale*, de *Coriaria myrtifolia* [Perkin, *Chem. Soc.*, **77**, 423, 1900].

Juin 1906. A. Hébert.

MYRICIQUE (ALCOOL) $C^{30}H^{62}O$ (voir Dict., **2**, 483 et 1er Suppl., 1034. — A. Gascard a préparé [*Journ. pharm. Chim.*, (5), **28**, 49; 1893] l'alcool myricique au moyen de la cire d'abeilles, de la cire de Carnauba et de la cire de gomme laque; les trois produits bien purifiés ont été reconnus identiques.

L'alcool myricique fond à 88°, est peu soluble à froid dans le benzène, l'éther et le pétrole léger; il est très soluble à chaud dans l'alcool et le chloroforme. La forme cristalline varie avec le solvant; dans l'alcool on obtient des aiguilles feutrées et dans le benzène, des cristaux résistants et nacrés.

Divers éthers nouveaux ont été préparés en chauffant en tube scellé à 140° l'alcool avec l'acide ou l'anhydride correspondant; on isole l'éther obtenu en profitant de son insolubilité relative dans l'alcool chaud. On a obtenu :

Éthers.	Points de fusion	Éthers.	Points de fusion
—	—	—	—
Éther acétique....	73°	Éther oléique.....	65°
— laurique.......	69-70°	— benzoïque.....	70°
— palmitique....	75°	(sol. dans l'alcool chaud)	
— stéarique......	78°	— oxalique neutre	91°
— arachique.....	84°	— phtalique —	79°
— cérotique......	87°	— — acide.	79°
— mélissique.....	92°	(sol. dans l'alcool chaud)	

L'isocyanate de phényle agissant sur l'alcool myricique, ne donne que de petites quantités de myricyl-phényluréthane

$$CO \begin{cases} OC^{30}H^{61} \\ AzHC^6H^5 \end{cases}.$$

fondant à 91°,5 [Bloch, *Bull. Soc. Chim.*, (3), **31**, 53 et 75; 1904].

La présence d'alcool myricique dans la gomme laque avait été signalée par Tschirch [*Arch. d. Pharm.*, **237**, 35; 1899]. F. Jean a donné [*Bull. Soc Chim.*, (3), **5**, 3; 1891] une méthode pour doser cet alcool dans un mélange de cire, de paraffine, de stéarine et d'acide stéarique.

1er janvier 1906. A. Hébert.

MYRICITRINE $C^{25}H^{22}O^{13}, H^2O$. — Glucoside extrait des eaux-mères de la myricétine préparée avec l'écorce du *Myrica nagi* et se présentant en feuilles jaunâtres, solubles dans l'eau, l'alcool, les alcalis, de formule $C^{21}H^{22}O^{13}, H^2O$, devenant anhydre à 160° et fondant à 199-200°. Les propriétés tinctoriales sont presque identiques à celles de la quercitrine. La myricitrine est décomposable par hydrolyse en rhamnose et myricétine [Perkin, *Chem. Soc.*, **81**, 203; 1902].

Juin 1906. A. Hébert.

MYRISTICÈNE $C^{10}H^{16}$. — (Voyez Suppl., **1**, 1034). — Le terpène rencontré dans l'essence de muscade possède le pouvoir rotatoire gauche [Cloez, *Lieb. Ann.*, **131**, 211]. Sa densité est 0,8611 à 15° [Semmler, *D. chem. G.*, **23**, 1804, 1891]. Il ne donne point d'hydrate de terpine; la combinaison $C^{10}H^{16}HCl$ est liquide, inactive et bout à 194°. Avril 1906. G. Blanc.

MYRISTICINE

$$CH^2 \begin{cases} O \\ O \end{cases} C^6H^2 \begin{cases} OCH^3 \\ C^4H^7 \end{cases}$$

[Semmler, *loc. cit.* et *D. chem. G.*, **23**, 1806, 1890].

On la prépare en distillant sur du sodium la portion de l'essence de muscade qui bout au-dessus de 114° (H = 10 mm.). La myristicine fond à 30°,2 et bout à 142-149° sous 10 millimètres D = 1,1501 à 25°. La distillation avec de la poudre de zinc fournit du benzène; le permanganate l'oxyde en acide et aldéhyde myristicique.

Le *dérivé dibromé* $C^{12}H^{14}Br^2O^3$ fond à 105°. G. Blanc.

MYRISTICIQUE (ACIDE). — Voyez GALLIQUE (ACIDE) (2e Suppl., 452).

MYRISTICIQUE (ALDÉHYDE). — On l'obtient en oxydant la myristicine par le permanganate [Semmler, *D. chem. G.*, **24**, 3819, 1891]. Aiguilles fusibles à 130°, bouillant à 290-295°.

MYRISTIQUE (ACIDE) $C^{14}H^{28}O^2$. — (Voyez Dict.. 1er Suppl., 1035. — On le trouve à l'état d'éther glycérique dans l'huile de *Myristica Otoba* [Uricœchea, *Ann. Chem.*, **91**, 369] en petite quantité dans le beurre de coco [Goergey, *ibid.*, **66**, 314]; dans la bile de bœuf [Lassar-Cohn, *D. chem. G.*, **25**, 1829]; dans la cochenille [Liebermann, *ibid.*, **18**, 1892]; dans les graisses de désuintage [Darmstaedter et Lifschütz, *ibid.*, **31**, 97]; dans l'huile de semences de coing [Hermann, *Arch. D. Pharm.*, **237**, 367]; enfin à l'état libre et à l'état d'éther méthylique dans la racine d'iris [Tiemann et Kruger, *D. chem. G.*, **26**, 26-76].

L'acide myristique bout dans le vide absolu à 121-122° [Krafft et Weilandt, *D. chem. G.*, **22**, 1324] $n_D^{60} = 1,43075$. Son *éther méthylique* bout à 295° et fond un peu au-dessous de 10°.

L'*éther glycérique* ou *myristine* $C^3H^5(C^{14}H^{27}O^2)^3$ fond à 55°, à 56°,6 d'après Schei [*Rec. des Pays-Bas*, **18**, 187]. $D^{60} = 0,8848$; $n_D^{60} = 1,44285$.

L'*amide* $C^{13}H^{27}COAzH^2$ fond à 102° elle bout à 217° sous 12 millimètres [Eitner et Wetz, *D. chem. G.*, **26**, 2840] et dans le vide absolu à 135-136° [Krafft et Weilandt, *ibid.*, **29**, 1324].

Acide isomyristique. — Cet acide se trouverait dans l'essence de géranium d'Inde à l'état d'éther [Flatau et Labbé, *C. R.*, **126**, 1876, 1898]. Il fond à 28°,2; il en a été préparé les sels de calcium, baryum, cuivre, argent. D'après les chimistes du Laboratoire Schimmel [*Ber. Schimmel*, 1898, II, 985], cet acide ne se trouverait pas dans l'essence pure. Avril 1906. G. Blanc.

MYRONIQUE (ACIDE). — Voy. SINIGRINE.

MYRTICOLORINE, $C^{27}H^{28}O^{16}$. — Matière colorante des feuilles de l'*Eucalyptus macropyncha*, principe qui semble voisin de la quercitrine. Elle fournit par hydrolyse du dextrose et de la quercétine :

$$C^{27}H^{28}O^{16} + 2H^2O = \underset{\text{Quercétine.}}{C^{15}H^{10}O^7} + 2C^6H^{12}O^6$$

L'*osyritrine* des feuilles de l'osyris compressa, et la *violaquercitrine*, retirée de la *viola tricolor*, sont identiques à la myrticolorine [Smith, *Chem. Soc.*, **73**, 697, 1898; Perkin, Smith, *Proc. Chem. Soc.*, **18**, 58, 1902; Perkin, *ibid.*, **17**, 87, 1901]. M. Delacre.

MYTOLINE. — Voyez MUSCULAIRE (TISSU).

N

NADORITE (Min.) (Flajolot). — Antimonite-chlorure de plomb,

$$SbO^2PbCl \quad \text{ou} \quad PbO.Sb^2O^3 + PbCl^2.$$

Cristaux tabulaires bruns, à éclat très vif, dans un filon de calamine, au milieu du calcaire nummulitique du Mont Nador, province de Constantine, Algérie.

Caractères. — Soluble dans les acides; décrépite au chalumeau. Réactions du chlore, du plomb et de l'antimoine. Dureté = 3. Poussière jaune. Densité = 7,02.

Forme cristalline. — Orthorhombique :

$$mm = 132°51'.$$

Clivage h^1 très facile. L. Bourgeois.

NAËGITE (Min.) (Tsunashiro Wada). — Silicate d'uranyle et de thorium, avec

34,89 0/0 SiO^2, 27,18 VO^2, 16 ThO^2, 7 Ta^2O^5, 4,5 Nb^2O^5, 1,59 CeO^2, etc.

Petites masses cristallines radiées, vert à brun, transparentes en lames minces, tantôt biréfringentes, tantôt isotropes, trouvées avec fergusonite dans les sables stannifères de Naëgi, près de Takayama, province de Mino, Japon. Prismes quadratiques, souvent tabulaires, voisins de celui du zircon, etc. $b^{1/2}b^{1/2} = 123°,5$. Dureté = 7,5. Densité = 4,09. L. Bourgeois.

NANTOQUITE (Min.) (Breithaupt). — Chlorure cuivreux, Cu^2Cl^2, en masses grenues ressemblant à la céruse, trouvées dans un filon de cuivre, avec chalcopyrite et atacamite à Nantoco, Chili.

Caractères. — Insoluble dans l'eau, soluble dans l'acide chlorhydrique et dans l'ammoniaque. Fusible et volatil, colore la flamme en beau bleu pourpré sur les bords. Très oxydable spontanément à l'air humide en donnant de l'atacamite (voyez Cuivre). Dureté = 2. Densité = 3,93.

Forme cristalline. — Clivage cubique. Anomalies optiques. Le produit artificiel cristallise en tétraèdres réguliers. L. Bourgeois.

NAPALITE (Min.) (G.-F. Becker). — Matière bitumineuse de composition C^3H^4, brun rouge foncé en masse, rouge grenat par transparence, fluorescence verte sur les surfaces fraîches, consistance de la poix, cassure conchoïdale, friable à froid, mais se ramollit à la chaleur de la main. Fond à 42-46°. Commence à distiller à 130°, mais avec altération et bout au-dessus de 300°. Sur quartz, à la mine de mercure de Phœnix, vallée de Pope, comté de Napa, Californie.

L. Bourgeois.

NAPELLINE. — Voyez Picroaconitine.

NAPHTACÈNE $C^{18}H^{12}$. — Le naphtacène est un carbure polynucléaire dont les relations avec le naphtalène sont les mêmes que celles de l'anthracène avec le benzène; sa constitution est exprimée par le schéma suivant :

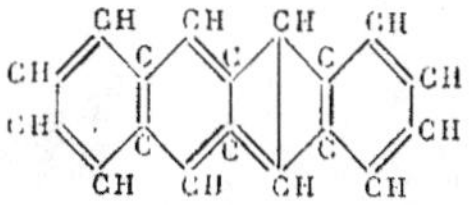

```
      CH    CH    CH    CH
CH  /\ C /\ C /\ C /\  CH
   |  |    |    |    |  |
CH  \/ C \/ C \/ C \/  CH
      CH    CH    CH    CH
```

Synthèse du noyau naphtacénique. — 1° Le naphtacène a été obtenu synthétiquement par Gabriel et Leupold [*D. chem. G.*, **31**, 1160, et 1272, 1898] en partant d'un produit de condensation de l'anhydride phtalique avec l'acide succinique : l'éthine-diphtalide,

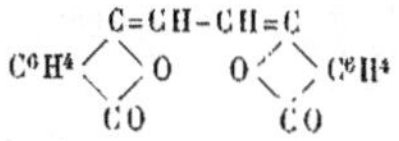

```
          C=CH-CH=C
C⁶H⁴ <  > O    O <  > C⁶H⁴
          CO        CO
```

Ce corps, soumis à l'action du méthylate de sodium, se transforme en un mélange de bis-dicétohydrindène et d'une substance, dénommée d'abord *isoéthinediphtalide*, qui n'est autre que la dioxynaphtacènequinone. Le mécanisme de cette transformation peut s'exprimer comme suit :

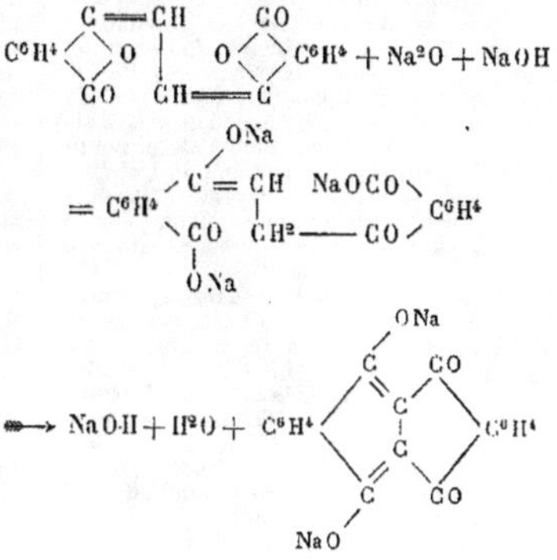

```
      C ══ CH      CO
C⁶H⁴ <  > O  |   O <  > C⁶H⁴ + Na²O + NaOH
      CO    CH ══ C

             ONa
            /
        ⁄ C = CH    NaOCO ⟍
= C⁶H⁴     |              C⁶H⁴
        ⟍ CO   CH² ─── CO ⁄
          |
         ONa

                      ONa
                     /
                    C    CO
                  // \  /  \
→ NaOH + H²O + C⁶H⁴    C     C⁶H⁴
                  \    |    /
                       C
                  \\ /  \  /
                    C    CO
                   /
                NaO
```

L'isoéthine-diphtalide avait été isolé auparavant par Roser [*D. chem. G.*, **17**, 2774, 1884] des produits de condensation de l'anhydride phtalique avec l'acide succinique, mais sa constitution n'avait pas été déterminée.

La dioxynaphtacène-quinone est transformée directement en naphtacène par distillation avec la poudre de zinc.

2° La dioxynaphtacène-quinone a été obtenue par Stadler [*D. chem. G.*, **35**, 3963, 1902] en chauffant la lactone β-dicétohydrindène-γ-éthoxyhydrindone carbonique, soit seule à 280°, soit avec de l'acide sulfurique concentré au bain-marie.

3° Le même composé a encore été obtenu par Liebermann et Flatow [*D. chem. G.*, **33**, 2433, 1900; **34**, 2151, 1901] en chauffant le trisdicétohydrindène soit seul, soit avec un alcali.

4° En condensant l'α-naphtol avec l'acide phtalique en présence d'acide sulfurique et d'acide borique, Deichler et Weizmann [*D. chem. G.*, **36**, 547, 719, 1903], ont préparé une oxynaphtacène-quinone. La formation de ce composé est précédée de celle d'un acide oxynaphtoylbenzoïque; on a :

$$C^6H^4 \begin{matrix} \diagup CO^2H \\ \diagdown CO^2H \end{matrix} + C^{10}H^7OH$$

$$= H^2O + C^6H^4 \begin{matrix} \diagup CO - C^{10}H^6OH \\ \diagdown CO^2H \end{matrix}$$

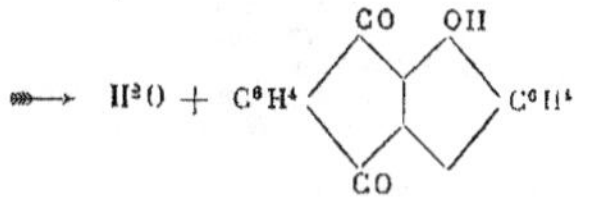

```
                  CO    OH
               /\    /\
→ H²O + C⁶H⁴ <  |  |  > C⁶H⁴
               \/    \/
                  CO
```

Semblablement, l'acide chloronaphtoylbenzoïque conduit à la chloronaphtacène-quinone [Pickles, Weizmann, *Proc. Chem. Soc.*, **20**, 220, 1904].

6° Enfin, par condensation de l'anhydride phtalique avec le bromure de β-naphtylmagnésium, Pickles et Weizmann ont obtenu, à côté de l'acide β-naphtoyl-o-benzoïque, la naphtacène-quinone [*Proc. Chem. Soc.*, **20**, 201, 1904].

Naphtacène. — On l'obtient en distillant avec la poudre de zinc la monoxy- ou la dioxynaphtacène-quinone. Il cristallise dans l'acide acétique en paillettes jaune clair, fluorescentes, fusibles à 341°, sublimables, peu solubles dans l'alcool, l'éther, le benzène; solubles en vert dans l'acide sulfurique [G., L., *D. chem. G.*, **31**, 1279; D.,

W., *D. chem. G.*, **36**, 552]. L'acide nitrique fumant le transforme en naphtacène-quinone.

Dihydronaphtacène. — Il se forme en même temps que le naphtacène quand on emploie un excès de poudre de zinc, ou bien quand on traite les mono- et dioxynaphtacène-quinones par l'acide iodhydrique et le phosphore. Il forme des aiguilles plates ou des paillettes blanches, fusibles à 206-207°, peu solubles dans l'alcool bouillant, solubles dans l'acide acétique, le benzène, le nitrobenzène bouillants. L'oxydation chromique le transforme en naphtacène-quinone, l'acide nitrique fumant en nitronaphtacène-quinone (G., L.).

NAPHTACÈNE-QUINONE. — Elle se forme, comme on vient de le voir, par oxydation chromique du dihydronaphtacène. Elle se sublime en aiguilles jaune orangé, fusibles à 294°, peu solubles dans l'acide acétique, le benzène, l'acétone bouillants, solubles dans le nitrobenzène bouillant; solubles dans l'acide sulfurique avec une coloration violet foncé et dans l'acide acétique bouillant additionné d'un peu de poudre de zinc avec une coloration rouge éosine.

Chauffée vers 300° avec de la potasse, la naphtacène-quinone est scindée en acide benzoïque et acide β-naphtoïque.

Nitro-naphtacène-quinone $C^{18}H^9(AzO^2)O^2$. — Elle se forme en traitant la naphtacène-quinone (0gr,5) délayée dans l'acide acétique (10 centimètres cubes) par l'acide nitrique fumant (8-10 centimètres cubes). La bouillie cristalline obtenue est lavée à l'acide acétique et cristallisée dans le benzoate d'éthyle bouillant. Aiguilles jaune soufre, fusibles vers 315° (G., L.).

Dichloronaphtacène-quinone. — Elle se forme quand on traite la dioxynaphtacène-quinone par le perchlorure de phosphore. Elle cristallise en aiguilles jaune pâle fusibles à 252-254° (259-260° corr.). Chauffée avec de l'aniline, elle donne la *dianilinonaphtacène-quinone*, en paillettes cuivrées fusibles à 245° (G. et L.).

α-OXYNAPHTACÈNE-QUINONE. On chauffe une heure à 160-165° un mélange de 50 grammes d'acide phtalique, 44 grammes d'α-naphtol, 50 grammes d'acide borique (le tout intimement mélangé) et 500 centimètres cubes d'acide sulfurique à 97 0/0. Après refroidissement, on verse dans l'eau. Le précipité jaune est essoré, lavé, séché et cristallisé dans le nitrobenzène bouillant.

L'α-oxynaphtacène-quinone forme des aiguilles jaune rouge, fusibles à 303°, peu solubles dans les solvants usuels, solubles dans le nitrobenzène, le toluène, la pyridine bouillants.

Elle se dissout un peu dans la potasse étendue avec une coloration rouge. L'acide sulfurique concentré la dissout en rouge bleu. Elle donne, par l'anhydride acétique et le chlorure de zinc, un *dérivé acétylé* cristallisé en aiguilles jaune pâle [Deichler et Weizmann, *D. chem. G.*, **36**, 547, 1903],

Nitro-oxynaphtacène-quinone,

```
          CO    AzO²
        /    \  /    \
  C⁶H⁴        |        C⁶H⁴
        \    /  \    /
          CO    OH
```

— Elle se forme par nitration en solution acétique. Elle cristallise dans le nitrobenzène bouillant en aiguilles jaunes fusibles à 274°.

Dinitro-oxynaphtacène-quinone. — Elle se forme par action de l'acide nitrique (D = 1,47) au bain-marie. Cristaux rouge jaune fusibles à 260°.

Amino-oxynaphtacène-quinone. — Elle s'obtient par réduction du dérivé mononitré au moyen du chlorure stanneux en solution alcaline. Elle cristallise dans le nitrobenzène bouillant en aiguilles noires à reflets verts. On peut la transformer, par diazotation et décomposition consécutive, en la dioxynaphtacène-quinone décrite plus loin [D., W., *D. chem. G.*, **36**, 2326, 1903].

Acide oxynaphtacène-quinone-sulfonique. — On le prépare en chauffant à 170-190° un mélange de 10 grammes d'acide oxynaphtoylbenzoïque, 10 grammes d'acide borique et 200 grammes d'acide sulfurique monohydraté, jusqu'à ce qu'une prise d'essai se dissolve dans l'eau. On verse alors dans l'eau et précipite l'acide sulfoné par le chlorure de sodium. Il cristallise en paillettes jaune orangé solubles dans l'eau en jaune. Les alcalis donnent, dans cette solution, une coloration rouge; employés en excès, ils précipitent un sel brun rouge peu soluble. La solution sulfurique est rouge cerise, elle devient fluorescente par addition d'acide borique.

La fusion alcaline de l'acide sulfoné donne la dioxy-naphtacène-quinone [D., W., *D. chem. G.*, **36**, 720, 1903].

DIOXYNAPHTACÈNE-QUINONE. — On l'obtient, soit en traitant l'éthine-diphtalide par le méthylate de sodium, comme on l'a vu plus haut, soit en chauffant, 3-4 heures à 230° un mélange de 10 grammes d'oxynaphtacène-quinone, 10 grammes d'acide borique et 100 grammes d'acide sulfurique à 96 0/0 de SO^4H^2, et précipitant ensuite dans l'eau [Deichler, Weizmann, *D. chem. G.*, **36**, 721, 1903]. Elle se forme encore quand on traite le dicétohydrindène, en solution alcaline, par le persulfate de potassium [Kauffmann, *D. chem. G.*, **30**, 387, 1897]. Elle constitue une poudre rouge brique qui cristallise dans le nitrobenzène ou le benzoate d'éthyle bouillants en aiguilles dures, rouges, avec des reflets verts, fusibles à 346-347°, se dissolvant à peine dans l'acide acétique bouillant et un peu dans la potasse bouillante avec une coloration violet foncé. Ce corps se sublime en aiguilles rouge grenat, sa vapeur est vert jaune. Il se dissout dans l'acide sulfurique avec une coloration rouge éosine. L'acide chlorhydrique fumant ne l'attaque pas à 250°, la fusion alcaline le scinde en acides benzoïque et phtalique.

Traitée par la potasse alcoolique, la dioxynaphtacène-quinone donne un *sel de potassium* $C^{18}H^9KO^4$ en aiguilles bronzées. Chauffée avec de l'anhydride acétique et du chlorure de zinc, elle fournit un *dérivé diacétylé* en aiguilles jaune orangé fusibles à 235°. Le *dérivé dibenzoylé*, obtenu par le chlorure de benzoyle bouillant et le chlorure de zinc, cristallise en aiguilles jaune citron fusibles entre 334 et 339° [Gabriel, Leupold, *D. chem. G.*, **31**, 1281, 1898].

Dinitro-dioxynaphtacène-quinone. — Elle se forme par action de l'acide nitreux sur la dioxynaphtacène-quinone en solution sulfurique. Réduite par le stannite de potassium, elle donne le *dérivé diaminé* correspondant [D. et W., *D. chem. G.*, **36**, 2329, 1903].

Acide dioxynaphtacène-quinone-sulfonique. — Il se forme lorsqu'on chauffe 1 heure à 140° un mélange de 15 grammes d'acide oxynaphtoylbenzoïque, 15 grammes d'acide borique et 200 grammes d'acide sulfurique concentré, auquel on ajoute 220 grammes d'acide fumant à 25 0/0 et qu'on chauffe enfin 2 heures à 180° puis jusqu'à 250° pendant 4 ou 5 heures. On verse dans l'eau après refroidissement. Par cristallisation dans l'eau bouillante, on a des paillettes rouges peu solubles dans l'eau froide, solubles en violet dans les alcalis très dilués. La solution sulfurique est rouge groseille, elle devient fluorescente par addition d'acide borique et possède alors un spectre caractéristique [D. et W., *D. chem. G.*, **36**. 724].

Trioxynaphtacène-quinones. — Une première trioxynaphtacène-quinone a été obtenue par fusion alcaline de l'acide dioxynaphtacène-quinone-sulfonique. Elle forme des paillettes brun café à reflets verts, solubles en rouge rubis dans les alcalis; cette solution se décolore à l'air par suite d'une oxydation.

Une deuxième trioxynaphtacène-quinone a été obtenue en chauffant la naphtacène-diquinone (voy. plus bas) avec de l'acide sulfurique fumant. Elle forme des aiguilles violettes avec reflets verdâtres fusibles à 300°, solubles dans les alcalis en bleu violet.

Naphtacène-diquinone,

— Cette quinone se forme quand on traite la dioxynaphtacène-quinone par l'acide azotique fumant. Elle cristallise dans le nitrobenzène bouillant en tables quadratiques brun marron fusibles à 330-333°, sublimables. Traitée par la potasse étendue bouillante, elle donne le sel de potassium de la dioxynaphtacène-quinone (G. et L.).

L'action du chlore et du brome sur la naphtacène-diquinone a été étudiée par Voswinckel [*D. chem. G.*, **38**, 4015, 1905]. Le chlore, en solution acétique, donne un *dichlorure* qui cristallise en cristaux rhombiques, limpides, fusibles à 175°. Traité par la soude, ce dichlorure donne de la dioxynaphtacène-quinone et un acide $C^{18}H^{10}O^{6}$ fusible à 185°.

L'action du brome est moins simple et conduit à un composé dont voici la formule :

Ce composé forme des prismes incolores fusibles à 198°. Traité par la soude, il donne un acide $C^{18}H^{10}O^{6}$ fusible à 199°.

L'action du chlorure de chaux sur la naphtacène-diquinone [Voswinckel, *loc. cit.*] fournit un oxyde

cristallisé en aiguilles orangées fusibles à 240° et qui, traité par la soude, donne le même acide, fusible à 199°, que le dérivé bromé précédent.

Diméthyltétraoxynaphtacène-quinone.

— Ce corps prend naissance par l'action du méthylate de sodium sur le diméthyldioxyéthinediphtalide, qui se forme lui-même par condensation de l'anhydride cochenillique avec l'acide succinique. Il cristallise en aiguilles microscopiques, rouges, qui ne fondent pas à 330°, solubles dans les alcalis en rouge cochenille [Liebermann, Voswinckel, *D. chem. G.*, **37**, 3344, 1904].

Janvier 1907. R. Marquis.

NAPHTACÉTINE. — Dérivé acétylé de l'éther éthylique du p-amino-α-naphtol (voyez l'art. Naphtols).

NAPHTACRIDINES. — Les méthodes synthétiques qui donnent naissance à l'acridine peuvent fournir également des composés analogues à cette base, mais dans lesquels un des groupements phénylèniques ou tous les deux sont remplacés par un ou deux groupes naphtyléniques. On obtient, dans le premier cas, une *phénonaphtacridine*

$$C^{6}H^{4}\begin{matrix}\diagup CH \diagdown \\ | \\ \diagdown Az \diagup\end{matrix}C^{10}H^{6},$$

corps que l'on désigne souvent aussi sous le nom de *naphtacridine* et, dans le second cas, une *dinaphtacridine*

$$C^{10}H^{6}\begin{matrix}\diagup CH \diagdown \\ | \\ \diagdown Az \diagup\end{matrix}C^{10}H^{6}.$$

Pour la dinaphtacridine voyez 2e Suppl., I, 103.

Phénonaphtacridines ou naphtacridines. — Il peut exister 3 isomères suivant la position dans laquelle est fixé le groupe naphtylénique.

2.3-Naphtacridine,

— Schöpff [*D. chem. G.*, **25**, 2740 et **26**, 2589; *Bull. Soc. Chim.*, **10**, 58, 1893 et **12**, 720, 1894] a obtenu l'*acridone* correspondante par l'action de l'aniline sur l'acide β-naphtolcarbonique.

Il se forme d'abord de l'acide β-anilidonaphtoïque qui, en présence de chlorure de zinc ou même simplement par chauffage à 250°, perd H^2O :

$$C^{10}H^{6}\begin{matrix}\diagup AzH-C^{6}H^{5} \\ \diagdown COOH\end{matrix} = C^{10}H^{6}\begin{matrix}\diagup AzH \diagdown \\ \diagdown CO \diagup\end{matrix}C^{6}H^{4} + H^{2}O$$

Cette acridone, distillée sur la poudre de zinc dans un courant d'hydrogène, fournit une *dihydronaphtacridine* fusible à 287°, insoluble dans la plupart des dissolvants. Cet hydrure oxydé par l'azotate d'argent ou l'azotite d'éthyle fournit la naphtacridine.

La naphtacridine fond à 289°. Elle est précipitée de ses solutions salines par l'ammoniaque, en flocons orangés. La solution de ses sels est rouge intense avec fluorescence bleu verdâtre en solution étendue. Son *chloroplatinate* est en aiguilles violettes. La moindre trace de naphtacridine produit une coloration violette intense dans l'acide sulfurique concentré [Schöpff, *D. chem. G.*, **27**, 2840; *Bull. Soc. Chim.*, 1895].

La 2.3-*naphtacridone*, réduite en solution acétique bouillante par la poudre de zinc, donne l'*alcool* correspondant

$$C^{10}H^{6}\begin{matrix}\diagup CH.OH \diagdown \\ \diagdown AzH \diagup\end{matrix}C^{6}H^{4}$$

fondant à 345°, très peu soluble dans la plupart des dissolvants.

Le perchlorure de phosphore transforme la naphtacridone en *méso-chloronaphtacridine*

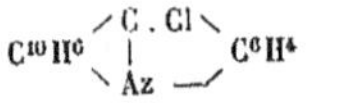

$$C^{10}H^{6}\left\langle\begin{matrix}C.Cl\\ |\\ Az\end{matrix}\right\rangle C^{6}H^{4}$$

en aiguilles orangées fusibles à 165°.

1.2-NAPHTACRIDINE

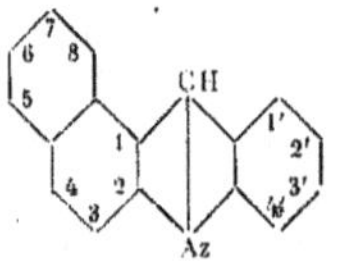

— Cette base se forme par la condensation vers 200° de l'alcool ortho-aminobenzylique avec le β-naphtol ou la β-naphtylamine [Ullmann et Bäzner, *D. chem. G.*, **35**, 2670 et *Bull. Soc. Chim.*, 1903].

On l'obtient encore en réduisant par le chlorure stanneux un mélange d'o-nitrochlorure de benzyle et de β-naphtol. En remplaçant dans cette dernière réaction le naphtol par le 2.7-dioxynaphtalène, on a la 7-oxy-1.2-naphtacridine, en aiguilles brun jaune à reflets bronzés, fondant à 322° [Bäzner, *D. chem. G.*, **37**, 3077, 1904]. Avec le β-naphtol et le dinitrochlorure de benzyle, il se forme la *3'-amino-1.2-naphtacridine* en aiguilles jaunes à reflets bronzés, fusibles à 270° et présentant en solution une forte fluorescence verte.

Ullmann et Marié ont obtenu la *3'-diméthylamino-1.2-phénonaphtacridine* en chauffant le tétraméthyltétraminodiphénylméthane et le β-naphtol pendant 1 heure à 180-200°. Les sels de cette base teignent le coton mordancé au tannin [*D. chem. G.*, **34**, 4317; *Bull. Soc. Chim.*, 1902].

2'-méthyl-1.2-naphtacridine. — On a obtenu cet homologue de la naphtacridine par la condensation de la formaldéhyde avec le chlorhydrate de paratoluidine et le β-naphtol. En remplaçant la paratoluidine par la métatoluylène-diamine on obtient la *2'-méthyl-3'-amino-1.2-naphtacridine*, fusible à 244°, soluble dans l'alcool bouillant en jaune orangé avec fluorescence vert jaune. Ses solutions dans l'acide sulfurique ou l'acide acétique cristallisable possèdent une belle fluorescence verte [Ullmann et Naef, *D. chem. G.*, **33**, 905, 912 et 2470; *Bull. Soc. Chim.*, 1900].

2'-méthyl-9-phényl-1.2-naphtacridine. — On a obtenu ce composé par condensation de la benzaldéhyde avec le β-naphtol et la p-toluidine :

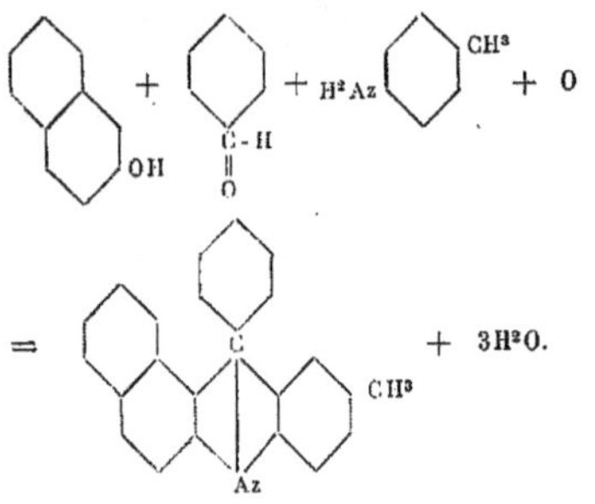

La base fond à 213°, son chlorhydrate est en aiguilles jaunes, solubles dans l'alcool avec fluorescence verte.

Cette réaction est applicable aux amines substituées en para ou en méta.

Avec la métatoluylène-diamine, on obtient la *méthylaminohydrophénylnaphtacridine* fusible à 271°. Oxydée par le perchlorure de fer, elle se transforme en chlorhydrate de *méthylaminophénylnaphtacridine* de couleur rouge. La base libre fond à 267° [Ullmann, Racovitza et Rozenband, *D. chem. G.*, **35**, 316 et 326; *Bull. Soc. Chim.*, 1902].

La *2'-nitro-9-phényl-1.2-naphtacridine*, préparée en chauffant la chloronitrobenzophénone et la β-naphtylamine en solution dans le nitrobenzène, est en aiguilles jaune paille fusibles à 274°. En faisant la réaction en solution alcoolique et sous pression à 150°-170°, on obtient la *2'-nitro-9-phényl-2.1-naphtacridine* en aiguilles jaunes fusibles à 264° [Ullmann et Ernst, *D. chem. G.*, **39**, 298, 1906].

3.4-NAPHTACRIDINE

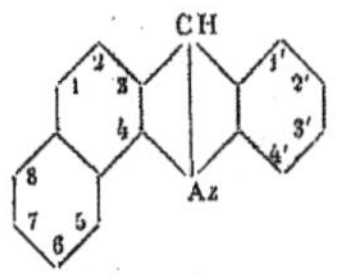

— Cette base se produit lorsqu'on distille sur du peroxyde de plomb de l'o-tolyl-α-naphtylamine. Elle se présente sous forme de longues aiguilles fusibles à 108°, solubles dans l'alcool avec une fluorescence bleue [Ullmann et La Torre, *D. chem. G.*, **37**, 2922].

La *1.2-dioxy-3.4-naphtacridone* a été obtenue en chauffant l'acide naphtylquinone-anthranilique avec l'acide sulfurique et réduisant la *1-2-naphtoquinone-3.4-acridone* ainsi produite par l'acide sulfureux. La dioxyacridone fond au-dessus de 350° et son dérivé diacétylé vers 280°. Ces acridines et leurs dérivés s'unissent à l'iodure d'éthyle en solution alcoolique pour donner des *iodures d'éthylnaphtacridinium*. Fischer et Schütte [*D. chem. G.*, **26**, 3085; *Bull. Soc. Chim.*, 1894] ont obtenu une *β-naphtalido-méso-phénylnaphtacridine*

$$C^{10}H^{6}\left\langle\begin{matrix}C.(C^{6}H^{5})\\ |\\ Az\end{matrix}\right\rangle C^{6}H^{3}-AzH.C^{10}H^{7}$$

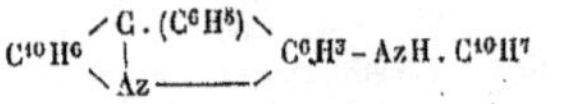

en fondant avec le chlorure de zinc la dinaphtylmétaphénylènediamine et le chlorure de benzoyle. Le produit obtenu est précipité par l'eau et purifié par cristallisation dans le benzène. Il est en aiguilles jaunes fusibles à 244°, ses sels sont rouges. Janvier 1907. E. Baud.

NAPHTALAN. — Excipient contenant 2,4 0/0 de savon sodique et 97,6 0/0 d'une huile épaisse du genre de la vaseline. M. Delacre.

NAPHTALÉINE. — Voyez FLUORESCÉINES, 2e Suppl., 4, 199.

NAPHTALÈNE (Syn. NAPHTALINE). — *Préparation industrielle* (voyez Dict., 2, 487 et Suppl., 2, 1035). — Le naphtalène se trouve actuellement dans le commerce, soit sublimé, soit cristallisé; sous la première forme il contient généralement un peu d'eau. Les recherches industrielles faites sur le naphtalène ont eu principalement pour but d'améliorer la qualité de ce produit dont la consommation, spécialement pour la fabrication des matières colorantes, a beaucoup augmenté et exige un produit aussi pur que possible. Préparé dans de bonnes conditions, le naphtalène doit se conserver blanc, ce qui dénote l'absence des phénols et bases diverses toujours renfermés dans le naphtalène brut. On obtient un naphtalène pur en soumettant le produit qui a déjà subi les purifications à l'acide sulfurique et à la soude, dont il a été question dans les articles précédents, à une nouvelle distillation et à une pression énergique entre des plateaux légèrement chauffés.

G. Link (Brevet allemand 35168), purifie le naphtalène brut en le traitant par une solution de savon et en chauffant pendant longtemps à 85°; on refroidit à 50° en ajoutant de l'eau, on essore, lave et distille. Les huiles qui altèrent la pureté du naphtalène resteraient, d'après ce brevet, dissoutes dans les eaux-mères de la solution de savon. Dehnst (Brevet allemand 47364) ajoute à 1000 kilogrammes de naphtalène brut, maintenus en fusion, 5 kilogrammes de fleur de soufre et distille rapidement. A 175° il se dégage de l'hydrogène sulfuré qu'on recueille sur de la chaux. Le naphtalène est distillé tant qu'il passe blanc, ce qui est le cas lorsque les résidus ne forment plus que 5 0/0 de la masse mise en œuvre. Les impuretés contenues dans le naphtalène se combinent au soufre en donnant des produits bouillant a une température beaucoup plus élevée que le naphtalène.

Le goudron de houille reste toujours la principale source du naphtalène, qu'on a cependant retiré aussi des résidus de la fabrication du gaz d'éclairage préparé au moyen des pétroles bruts, des naphtes et des huiles minérales, à côté de ses homologues, les méthyl-, éthyl-, propyl-, butyl- et amylnaphtalènes [Schultz et Würth, *Journ. für Gazbeleuchtung*, **48**, 125-131, 1905]. Voyez encore Heusler [*D. chem. G.*, **30**, 2744, 1897].

On l'obtient encore en traitant les résidus des pétroles russes et des naphtes par l'acide sulfurique concentré et en les distillant avec la vapeur d'eau surchauffée à 150° (Brevet allemand 95579). Ce procédé fournit à côté du naphtalène une série de ses homologues.

On contrôle dans l'industrie la pureté du naphtalène non seulement en prenant son point de fusion (80°,05) et son point d'ébullition (216-217°), mais encore par les réactions suivantes : on expose à l'air libre sur une plaque de verre un petit cylindre du naphtalène à essayer, qui doit lorsqu'il est de bonne qualité s'évaporer entièrement au bout de quelques jours en restant toujours blanc. Un autre essai consiste à chauffer à 170-200° 1 gramme de naphtalène avec de l'acide sulfurique concentré et pur; dans ces conditions l'acide ne doit pas se colorer en rouge, mais rester légèrement grisâtre. D'après Watson Smith [*D. chem. G.*, **12**, 1420, 1879], le naphtalène renfermant une petite quantité d'impuretés, introduit dans le trichlorure d'antimoine fondu, donne une coloration cramoisie, et dans le trichlorure de bismuth une coloration orange, tandis que le naphtalène chimiquement pur ne fournit aucune coloration.

Synthèses du naphtalène. — Baeyer et Perkin [*D. chem. G.*, **17**, 448, 1884] ont réalisé une nouvelle synthèse du naphtalène : en faisant réagir le bromure d'o-xylène sur la combinaison sodique de l'éther de l'acide acétylène-tétracarbonique

$$\begin{array}{l} Na - C = (CO^2 . C^2H^5)^2 \\ \quad\;\; | \\ Na - C = (CO^2 . C^2H^5)^2 \end{array}$$

ils obtinrent l'éther de l'acide tétrahydronaphtalène-tétracarbonique, lequel perd à la saponification 2 molécules d'acide carbonique pour fournir l'acide dicarbonique correspondant; le sel d'argent de ce dernier se transforme par la chaleur en naphtalène et en anhydride d'après l'équation :

$$2\,C^6H^4 \begin{array}{l} \diagup CH^2 - CH - CO^2Ag \\ \qquad\quad\;\; | \\ \diagdown CH^2 - CH - CO^2Ag \end{array}$$

$$= C^6H^4 \begin{array}{l} \diagup CH = CH \\ \qquad\quad | \\ \diagdown CH = CH \end{array} + C^6H^4 \begin{array}{l} \diagup CH^2 - CH - CO \diagdown \\ \qquad\quad\;\; | \qquad\quad\;\; O \\ \diagdown CH^2 - CH - CO \diagup \end{array}$$

$$+ 4\,Ag + 2\,CO^2 + H^2O.$$

Erlenmeyer et Kunlin [*D. chem. G.*, **35**, 384, 1902] en ont fait également la synthèse en traitant l'acide cynnamylidène-hippurique

$$C^6H^5 . CH : CH . CH^2 - CO . CO^2H$$

par l'acide chlorhydrique à 110-120°; il se forme dans ces conditions l'acide α-naphtoïque et le naphtalène.

Fittig et Erdman [*D. chem. G.*, **16**, 43, 1883] ont obtenu par distillation sèche de l'acide phénylisocrotonique l'α-naphtol, lequel chauffé avec de la poudre de zinc donne, comme on le sait, du naphtalène.

Enfin G. Blanc [*Bull. Soc. Chim.* (3), **19**, 214, 1898] en fait la synthèse en réduisant à haute température (210-220°), avec l'acide iodhydrique concentré, la combinaison $C^{15}H^{20}O^2$ préparée par Bürcker, par condensation de l'acide camphorique et du benzène avec le chlorure d'aluminium.

Propriétés physiques. — Le naphtalène pur fond à 80°,05 [Jacquerod et Wassmer, *Journ. Chim. Phys.*, **2**, 52, 1904]. Ses points d'ébullition sous diverses pressions ont été étudiés par J.-M. Crafts [*Bull. Soc. Chim.*, **39**, 277, 1883] :

Point d'ébullition.	Hauteur de la pression.
215°..................	720mm,39
216°..................	736mm,99
217°..................	752mm,20
218°..................	767mm,63

P. E. entre 400 et 800 millimètres de pression ; [Jacquerod et Wassmer, *loc. cit.*]. — Poids spécifique à 4°, 1,145; à 15°, 1,1517. Poids spécifique à l'état liquide : Alluard [*Lieb. Ann.*, **113**, 159]; voyez également Schiff [*ibid.*, **223**, 261, 1884]; Lossen, Zander [*ibid.*, **225**, 111]. Réfraction : Nasini et Bernheimer [*Gazz. chim. ital.*, **15**. 84, 1885] et Gladstone [*Journ. Chem. Soc. Londres* (2), **8**, 147]. Réfraction moléculaire : Kanonnikow [*J. prakt. Chem.* (2), **31**, 348, 1885]. Variation du point de fusion avec la pression : Hullett [*Zeits. für physik. Chem.*, **28**, 664]. Chaleur spécifique au-dessus de 0° : Bogojawlenski [*Central Blatt*, **2**, 946, 1905]. Chaleur spécifique des solutions de naphtalène dans divers solvants organiques : C. Forch [*Annalen der Physik*, **12**, 202, 1903]. Chaleur moléculaire de dissolution dans différents solvants organiques : W. Timofejew [*Central Blatt*, **2**, 429, 1905]. Volumes moléculaires dans différents solvants : C. Forch [*Annalen der Physik*, **17**, 1012, 1905]. Chaleur de combustion : 9cal,831 pour 1 gramme de naphtalène [Rechenberg, *J. prakt. Chem.* (2), **22**, 18, 1880] et 9cal,295, [Stohmann, *ibid.* (2), **31**, 295, 1885]; 1240cal,1 et 1241cal,1 pour 1 molécule [Berthelot, *Ann. Chim. Phys.* (6), **13**, 303, et Fischer et Wrede, *C. R. de l'Académie de Berlin*, 687, 1904]. Température critique 468,2 ; pression critique 39,10—39,33 [Ph.-A. Guye et Mallet, *Arch. Sc. phys. et naturelles Genève* (4), **13**, 274, 1902]. Tension de vapeurs : Allen [*Journ. Chem. Soc. Londres*, **77**, 400, 1900]. Tension superficielle : Dutoit et Friederich [*C. R.* **130**, 329, 1900]. Rotation magnétique : Perkin [*Journ. Chem. Soc. Londres*, **69**, 1195, 1896]. Influence de la température et de la pression sur la conductibilité du naphtalène : Ch. Lees [*Proc. Royal chem. Soc. Londres*, **74**, 337, 1905].

Points de fusion de mélanges en proportions diverses avec l'acide stéarique : Courtonne [*Bull. Soc. Chim. Paris*, **39**, 533, 1883]; avec l'acide picrique, le dinitrophénol, le nitrophénol et le trinitrocrésol : Saposchnikoff [*Journ. Soc. phys. chim. russe*, **35**, 1072, 1904]. Effets thermiques du naphtalène et du camphre sur les corps qui les environnent comparés à ceux des sels de radium : Ileschus [*ibid.*, **37**, 1, 1905].

Propriétés chimiques. — En dehors des propriétés chimiques déjà mentionnées on a constaté que le naphtalène et la chloropicrine $C(AzO^2)Cl^3$ réagissent sous l'influence du chlorure d'aluminium en formant le trinaphtylcarbinol $(C^{10}H^7)^3C.OH$. Le chloroforme et le naphtalène dans les mêmes conditions fournissent un hydrocarbure fusible à 189-190° [Hoenig et Berger, *Mon. f. Chem.*, **3**, 668].

Oxydé avec l'eau oxygénée le naphtalène fournit une petite quantité de naphtol [Leeds, *D. chem. G.*, **14**, 1382, 1881]. Oxydé avec le permanganate de potassium il se transforme en acide phénylglyoxylique-ortho-carbonique (acide phtalonique)

$$C^6H^4 \begin{cases} CO-CO^2H \\ CO^2H \end{cases}$$

et acide phtalique [Tcherniac, Brevets allemands 79693 et 86914]; le permanganate de calcium fournit directement l'acide phtalique [Ullmann et Uzbachian, *D. chem. G.*, **36**, 1797, 1903].

Oxydé par l'acide sulfurique concentré à 200° il se transforme également en acide phtalique [Brevet allemand 91 202, *Badische Anilin und Soda Fabrik*]. Influence favorable du sulfate de mercure sur la vitesse d'oxydation du naphtalène par l'acide sulfurique : Bredig et Brown [*Zeits. physik. Chem.*, **46**, 502, 1904]. Oxydation du naphtalène par l'acide sulfurique concentré en présence des terres rares : Ditz [*Chemiker Zeitung*, **29**, 581, 1905 et Brevets allemands 142 144, 149 677 et 150 226]. Oxydé par le courant électrique en solution sulfurique en présence de sulfate de cérium, le naphtalène fournit, suivant l'intensité du courant, la naphtoquinone ou l'acide phtalique [Brevets allemands 152 062 et 158 609].

Le même mode d'oxydation en solution d'acétone additionnée d'acide sulfurique transforme le naphtalène en α-naphtoquinone et en résine : [Panchaud de Bottens, *Zeits. für Electrochemie*, **8**, 673].

Le naphtalène, traité par le chlorhydrate d'hydroxylamine, fournit en présence de chlorure d'aluminium une trace de naphtylamines α et β [Graebe, *D. chem. G.*, **34**, 1778, 1901]. Traité à 145° par l'éther diazoacétique

$$\begin{matrix} Az \diagdown \\ \| \\ Az \diagup \end{matrix} CH-CO^2-C^2H^5$$

il se transforme avec dégagement d'azote en éther éthylique de l'acide benzonorcaradiènecarbonique

```
       CH      CH ——— CH-CO²-C²H⁵
    CH    \  /    CII
    CH    /  \    CII
       CH      CH
```

distillant à 163-164° sous 11 millimètres de pression [Buchner et Hediger, *D. chem. G.*, **36**, 3502, 1903].

Le chlorure de l'acide carbamique $AzH^2.CO.Cl$ transforme presque quantitativement le naphtalène en acide α-naphtoïque [Gattermann et Schmidt *Lieb. Ann.*, **244**, 561, 1888]. Le naphtalène donne, avec les composés nitrés aromatiques, des produits d'addition bien caractérisés, dont quelques-uns ont déjà été mentionnés (Suppl., **1**, 1036). Le tableau suivant indique ceux qui ont été préparés dernièrement :

Naphthalène :		Point de fusion.	
+ métadinitrobenzène,	aiguilles prismat.	52-53°	(Hepp).
+ 2.4-dinitrotoluol............	aiguilles	60-61°	—
+ α-trinitrotoluol.............	—	97-98°	—
+ β-trinitrotoluol.............	—	100°	—
+ γ-trinitrotuluol.............	—	88-89°	—
+ trinitrométapseudobutyltoluol	—	89-90°	(Baur).
+ 3.5-dinitro-1.2-dinitrosobenzène	—	172°	(Drost).

[Hepp, *Lieb. Ann.*, **215**, 379, 1882; Baur, *D. chem. G.*, **24**, 2837, 1891, et Drost *Lieb. Ann.*, **307**, 58, 1899].

Usages du naphtalène. — Le goudron de houille utilisé actuellement pour la préparation des hydrocarbures, et que l'on peut estimer à un tiers du goudron fabriqué, contient environ 45 000 à 50 000 tonnes de naphtalène, dont 15 000 tonnes seulement correspondent à la demande actuelle pour la préparation des naphtols, des naphtylamines et leurs dérivés servant à l'industrie des matières colorantes, des produits pharmaceutiques et des dérivés nitrés servant à l'industrie des matières explosives.

La fabrication de l'indigo artificiel, suivant le procédé de la *Badische Anilin und Soda Fabrik*, qui prend journellement une plus grande extension, pourra employer une grande partie des 25 à 30 000 tonnes de naphtalène qui, jusqu'alors, n'étaient utilisées que pour la fabrication des noirs de fumée, ou qui restaient simplement en solution dans les huiles lourdes [Dr H. Brunck, Conférence tenue à la Société chimique de Berlin, le 20 octobre 1900].

La médecine avait employé le naphtalène dès l'année 1856; depuis, on l'avait pour ainsi dire oublié, lorsque Farbinger l'employa en 1882, avec succès, dans les dermatoses. Fischer le recommande comme antiseptique, il retarde le début des fermentations, empêche la putréfaction de l'urine, du sang et du pus, etc., retarde la coagulation du lait et la putréfaction de la viande. On a utilisé les propriétés désinfectantes du naphtalène dans les cas de phtisie pulmonaire et de catarrhe bronchial fétide. L'urine des sujets soumis au traitement du naphtalène prend une teinte vert bleuâtre par addition d'acide chlorhydrique, et l'on y décèle les α et β-naphtoquinones.

Le naphtalène employé dans les pansements donne de bons résultats, grâce à ses propriétés cicatrisantes; employé comme médicament interne, il a rendu des services comme antiseptique de l'intestin. Sa dose toxique est élevée, on peut en administrer plusieurs grammes par jour à l'homme adulte. D'après Bouchard et Chorvier, le naphtalène serait susceptible de déterminer la cataracte, ainsi qu'ils l'ont observé en traitant à haute dose les lapins [*Dictionnaire de thérapeutique*, Dujardin-Beaumetz, 15 fasc., p. 774].

Appendice bibliographique. — Reverdin et Fulda, *Tabellariche Übersicht der Naphtalinderivate* (Bâle, Genève, Lyon, 1894). — Taüber et Normans, *die Derivate des Naphtalins, welche für die Technik Interesse haben* (Berlin, 1896). — Friedlaender, *Fortschritte der Theerfarbenfabrikation*. — Thiele, Constitution du naphtalène [*Liebig Ann.*, **306**, 136, 1899]. — Knœvenagel [*ibid.*, **311**, 228, 1900]. — Rey, Calcul mathématique du nombre des dérivés isomères du naphtalène, [*D. chem G.*, **33**, 1910, 1900] — Kauffmann [*ibid.*, 2131]. — Colman, Smith. Dosage dans le gaz d'éclairage [*Chem. Central Blatt.*, 1900, **1**, 877]. — Kuster, Analyse quantitative [*D. chem. G.*, **27**, 1101, 1897].

PRODUITS D'ADDITION DU NAPHTALÈNE.

HYDRURES DE NAPHTALÈNE. — (Voyez 2e Suppl. *Hydrogène*, 550).

Dihydrure de naphtalène $C^{10}H^{10}$.

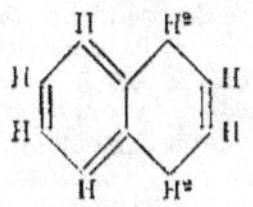

Point de fusion 15°,5. — Point d'ébullition 212°. — Berthelot en a constaté la présence dans le goudron de houille, et l'obtient en chauffant le naphtalène avec l'acide iodhydrique fumant à 280° [*Bull. Soc. Chim.*, **9**, 265]. Græbe et Guye [*D. chem. G.*, **16**, 3028, 1883; *Bull. Soc. Chim.*, **42**, 285, 1889] l'obtiennent en traitant le tétrahydrure de naphtalène par 2 atomes de brome en solution dans le sulfure de carbone, et en distillant après avoir chauffé avec de la potasse alcoolique. Bamberger et Lodter [*D. chem. G.*, **20**, 1703 et 3075, 1887 ; *ibid.*, **23**, 208] le préparent soit en réduisant les naphtonitriles, ou les naphtylamines par le sodium, soit en chauffant le ac-tétrahydronaphtol $C^{10}H^{12}O$ avec la potasse caustique. Le naphtalène réduit par le sodium en solution alcoolique fournit également ce même dihydrure [B. et L., *Ann. Chem.*, **288**, 75, 1895]. Fischer et Hepp [*D. chem. G.*, **21**, 2624, 1888] obtiennent un mélange de di- et de tétrahydrure en réduisant la rosinduline par l'acide iodhydrique.

Le dihydrure de naphtalène est une huile fortement réfringente, incolore, distillant à 211° sous 713 millimètres, qui se concrète par le froid en tables brillantes fusibles à 15,5°. Le brome le transforme par addition en *dibromure*

$$C^{10}H^{10}Br^2 = C^6H^4 \begin{cases} CH^2-CH-Br \\ \quad\quad\ \ | \\ CH^2-CH-Br \end{cases}$$

prismes incolores fusibles à 73°,5-74°. Voyez encore Agrestini [*Gazz. chim. ital.*, **12**, 495, 1882] et Pechmann [*D. chem. G.*, **16**, 517, 1883].

Tétrahydrure de naphtalène, $C^{10}H^{12}$. — *Dérivé α*. — Il a d'abord été préparé par Bayer [*Ann. Chem.*, **155**, 276] par réduction du naphtalène avec l'iodure de phosphonium PH^4I, puis par Græbe [*D. chem. G.*, **5**, 677] et Græbe et Guye [*D. chem. G.*, **16**, 3028, 1883; *Bull. Soc. Chim.*, **42**, 285, 1884], en chauffant le naphtalène en tubes scellés à 210° avec l'acide iodhydrique concentré et le phosphore amorphe (rendement théorique). Leroux [*C. R.*, **139**, 672, 1904] l'obtient en traitant le naphtalène suivant le procédé de Sabatier et Senderens à 190°. C'est une huile incolore, facilement oxydable, distillant à 206°. Densité à 0° = 0,984. Le chlore le transforme en *tétrahydrochloronaphtalène* bouillant à 121-124° sous 15 millimètres; le brome en *dérivé monobromé* bouillant à 145-146° sous 21 millimètres; l'acide sulfurique concentré le transforme en *acide sulfonique* $C^{10}H^{11}.SO^3H$, au moyen duquel il est facile de séparer le tétrahyrure du naphtalène non réduit [Friedel et Crafts, *Bull. Soc. Chim.*, **42**, 66, 1889, et *ibid.*, (3), **2**, 195, 1889].

Dérivé β,

$$C^6H^4 \begin{cases} CH^2-CH^2 \\ \quad\quad\ \ | \\ CH^2-CH^2 \end{cases}$$

— Bamberger et Bordt l'obtiennent en traitant l'ar-α-tétrahydronaphtylhydrazine $C^{10}H^{11}AzH.AzH^2$ par le cuivre [*D. chem. G.*, **22**, 631, 1889], ou en réduisant le naphtalène par le sodium en solution amylique [*ibid.*, **23**, 1561, 1890], ou bien en réduisant le tétrahydronaphtylène-oxyde

$$C^6H^4 \begin{cases} CH^2-CH \diagdown \\ \quad\quad\ \ | \quad\quad O \\ CH^2-CH \diagup \end{cases}$$

par l'acide iodhydrique concentré et le phosphore [Bamberger et Lodter, *Ann. Chem.*, **288**, 94, 1895]. Huile bouillant à 204-205° sous 716 millimètres. Bamberger et Lodter [*D. chem. G.*, **23**, 210, 1890] préparent le *dérivé chloré*

$$C^6H^4 \begin{cases} CH^2-CHCl \\ \quad\quad\ \ | \\ CH^2-CH^2 \end{cases}$$

de ce tétrahydrure en traitant l'ac-tétrahydro-β-naphtol par l'acide chlorhydrique concentré à 100°. Clarence Smith [*J. Chem. Soc.*, **85**, 728, 1904] en prépare les *dérivés α et β-bromés* en traitant les ar-tétrahydro-α et β-naphtylamines par la réaction de Sandmeyer; ces deux corps bouillant respectivement à 255 et 238° possèdent les constitutions suivantes :

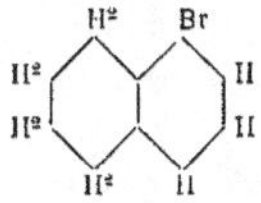

et

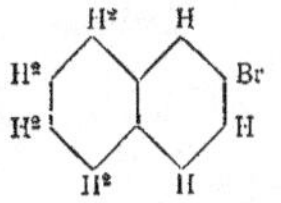

Gilbert Thomas Morgan [*ibid.*, **85**, 736, 1904], en traitant ces dérivés bromés par l'acide nitrique, les transforme en *dérivés bromés dinitrés*.

Hexahydrure de naphtalène, $C^{10}H^{14}$. — La meilleure méthode de préparation est celle indiquée par Græbe et Guye [*D. chem. G.*, **16**, 3028, 1883]. On chauffe le naphtalène en tubes scellés avec l'acide iodhydrique et le phosphore à 240-250°. Wreden et Znatowiez [*Journ. Soc. Chim. russe*, **9**, 183] et Agrestini [*Gazz. chim. ital.*, **12**, 495, 1882] le préparent de la même manière. Huile bouillant à 200°, facilement oxydable. Densité à 0° = 0,9419 [Lossen, Zander, *Ann. Chem.*, **255**, 212, 1889]. Réfraction : Nasini [*Gazz. chim. ital.*, **15**, 84, 1885]. Il fournit avec l'acide sulfurique concentré deux acides sulfoniques isomères (Agrestini).

Octohydrure de naphtalène, $C^{10}H^{16}$. — Guye [*Dissertation*, Genève, 1884] le prépare comme l'hexahydrure en chauffant à 260°. Leroux [*C. R.*, **140**, 590, 1905] l'obtient en traitant le décahydronaphtol par le bisulfate de potasse. Huile bouillant à 190°; densité à 0° = 0,910. Elle fournit avec le brome un produit d'addition $C^{10}H^{16}Br^2$, fusible à 85°.

Décahydrure de naphtalène, $C^{10}H^{18}$. — Leroux [*C. R.*, **139**, 672, 1904] l'obtient en réduisant le tétrahydrure par le procédé de contact à 175°. Huile à faible odeur de menthe, densité à 0° = 0,893, bouillant à 187-188°. Le chlore le transforme en *dérivé monochloré* $C^{10}H^{17}Cl$ bouillant à 112-115° sous 18 millimètres. Wreden [*Journ. Soc. Chim. russe*, **8**, 149] le prépare en traitant le naphtalène par l'acide iodhydrique et le phosphore à 260° pendant 36 heures; en chauffant pendant 48 heures à 280° il obtient [*Ann. Chem.*, **187**, 164, 1677] le corps $C^{10}H^{20}$, qu'il appelle *hexahydrocymol*.

PRODUITS D'ADDITION AVEC L'ACIDE HYPOCHLOREUX. — (Voyez Dict., **2**, 513, *Naphtydrène et alcool naphténique*). — Comme le naphtalène, le dihydrure de naphtalène se combine avec l'acide hypochloreux en fournissant un produit d'addition chloré

$$C^6H^4\begin{array}{l} \diagup CH^2-CHCl \\ \qquad\qquad | \\ \diagdown CH^2-CH.OH \end{array}$$

[Bamberger et Lodter *D. chem. G.*, **24**, 1887, 1891, et **26**, 1833, 1893].

Ce corps cristallise dans l'alcool en aiguilles fusibles à 117°; traité par les alcalis il se transforme en *tétrahydronaphtylène-oxyde*

$$C^6H^4\begin{array}{l} \diagup CH^2-CH \diagdown \\ \qquad\qquad | \qquad O \\ \diagdown CH^2-CH \diagup \end{array}$$

et en *tétrahydronaphtylène-glycol*

$$C^6H^4\begin{array}{l} \diagup CH^2-CH.OH \\ \qquad\qquad | \\ \diagdown CH^2-CH.OH \end{array}$$

Les amines réagissent avec cette chlorhydrine (B. et L., *D. chem. G.*, **28**, 769, 1895] par substitution du chlore; la diméthylamine fournit, par exemple, la *diméthyltétrahydronaphtylalkine*

$$C^6H^4\begin{array}{l} \diagup CH^2-CH.Az(CH^3)^2 \\ \qquad\qquad | \\ \diagdown CH^2-CH.OH \end{array}$$

PRODUITS D'ADDITION CHLORÉS. — (Voyez Dict., **2**, 490).

Dichlorure de naphtalène, $C^{10}H^8.Cl^2$. — Ce corps, déjà décrit par Gerhardt, est également préparé par Fischer [*D. chem. G.*, **11**, 735, 1878] et Armstrong et Wynne [*ibid.*, **24**, 713, 1891], qui l'obtiennent en traitant un mélange de naphtalène et de chlorate de potassium à froid par l'acide chlorhydrique.

Tétrachlorure de naphtalène, $C^{10}H^8.Cl^4$. — *Dérivé α.* — Point de fusion 182°. Voyez Swarzer [*D. chem. G.*, **10**, 376, 1877], Leeds et Everhardt [*ibid.*, **13**, 1870] et Krafft et Becker [*D. chem. G.*, 9, 1089]. Ces auteurs ont apporté quelques légères modifications au mode de préparation déjà décrit.

Dérivé β. — Point de fusion 116-118°. Fischer [*loc. cit.*] le retire de la solution alcoolique provenant de la purification du dérivé α. Orndorff [*Am. Chem. Journ.*, **19**, 262] n'a pu arriver à obtenir ce dérivé.

PRODUITS D'ADDITION BROMÉS. — *Tétrabromure de naphtalène*, $C^{10}H^8Br^4$. — Préparé par Orndorff et Meyer [*Am. Chem. Journ.*, **19**, 262] en traitant le naphtalène par le brome à froid en présence de soude caustique, il cristallise dans le chloroforme en cristaux transparents fusibles à 111° avec dégagement de brome et d'acide bromhydrique, en donnant du 1.4-dibromonaphtalène et de l'α-bromonaphtalène.

HOMOLOGUES DU NAPHTALÈNE

MÉTHYLNAPHTALÈNES, $C^{10}H^7CH^3$. — Voyez Dict. **2**, 510.

α-MÉTHYLNAPHTALÈNE. — Il a été préparé par Fittig et Remsen [*Ann. Chem.*, **155**, 114] en faisant réagir le sodium sur l'α-bromo-naphtalène et l'iodure de méthyle; par Bœssneck [*D. chem. G.*, **16**, 1547, 1883], en distillant sur la chaux l'acide α-naphtylacétique $C^{10}H^7CH^2.CO^2H$; par Roux [*Ann. Chim. phys.* (6), **12**, 302] en faisant réagir sur le naphtalène le bromure d'éthylène et le chlorure d'aluminium; dans cette réaction il se forme un mélange d'α et β-méthylnaphtalènes et de ββ-binaphtyle. Schulze [*D. chem. G.*, **17**, 844 et 1528, 1884] le retire du goudron de houille ainsi que Wichelhaus [*ibid.*, **24**, 3918, 1891] et Wendt [*ibid.*, **25**, R. 857, 1892]. Ciamician [*ibid.*, **11**, 272 et **13**, 1864] l'a extrait de différentes résines, colophanes, benjoins, etc., en les distillant sur de la poudre de zinc. N. Ljubanin constate [*Chem. Central Blatt*, (2), 118, 1899] la présence des méthylnaphtalènes dans le goudron obtenu comme résidu de la fabrication du gaz d'éclairage en partant des naphtes.

La préparation de l'α-méthylnaphtalène se fait le mieux d'après la méthode de Wichelhaus [*loc. cit*], en partant du goudron de houille, le distillant à 238-242°, et le soumettant à des refroidissements successifs de 0 à —36°. On forme alors le picrate de méthylnaphtalène qu'on fait cristalliser dans l'alcool et qui, traité par l'ammoniaque, donne l'α-méthylnaphtalène pur. L'α-méthylnaphtalène est une huile incolore, sans fluorescence, se prenant en une masse cristalline à —22°, et distillant à 240-242°; sa densité est de 1,013 à 19°. Le *picrate d'α-méthylnaphtalène* $C^{11}H^{10}+C^6H^3(AzO^2)^3O$ cristallise en longues aiguilles jaune orangé fondant à 117°.

DÉRIVÉS SUBSTITUÉS DE L'α-MÉTHYLNAPHTALÈNE. — *Chloro-α-méthylnaphtalène*, $C^{10}H^6Cl.CH^3$. — Préparé par O. Scherler [*D. chem. G.*, 24, 3921, 1891] en traitant l'α-méthylnaphtalène par le chlore sous l'influence des rayons solaires, c'est un liquide bouillant à 167-169° sous 25 mm., donnant un *picrate* $C^{11}H^9Cl+C^6H^3Az^3O^7$, cristallisant en aiguilles jaune orangé fondant à 101-102°.

Trichloro-α-méthylnaphtalène, $C^{10}H^4Cl^3.CH^3$ (Scherler). — Obtenu en traitant par un courant de chlore l'α-méthylnaphtalène à la température ordinaire; aiguilles jaunâtres fondant à 145-146°, insolubles dans l'eau, solubles dans tous les autres véhicules.

Bromo-α-méthylnaphtalène, $C^{10}H^6Br.CH^3$. — Préparé par Schulze [*D. chem. G.*, **17**, 1527, 1884] en traitant par le brome l'α-méthylnaphtalène en dissolution dans le sulfure de carbone; par Scherler [*loc. cit.*] par l'action du brome sur l'α-méthylnaphtalène sous l'influence des rayons solaires. Liquide jaune pâle distillant à 178-179° sous 30 mm., formant un *picrate* cristallisé en aiguilles jaunes fusible à 105°.

Nitro-α-méthylnaphtalène, $C^{10}H^6AzO^2.CH^3$. Obtenu en traitant l'α-méthylnaphtalène dans l'acide acétique glacial par l'acide nitrique concentré (Scherler). Huile jaune clair volatile avec la vapeur d'eau, distillant à 194-195° sous 27 mm. S'épaissit à —21° sans devenir solide.

Acides α-méthylnaphtalène-sulfoniques, $C^{10}H^6.SO^3H.CH^3$. — En traitant l'α-méthylnaphtalène par l'acide sulfurique concentré, on obtient deux acides sulfoniques isomères α et β, qu'on sépare par cristallisation des sels de baryum [Wendt, *J. prakt. Chem.*, (2), **46**, 322, 1892]. Le sel de l'acide β cristallise le premier. L'acide α cristallise en aiguilles microscopiques, son sel de baryum à $3H^2O$ est soluble dans 50 p. d'eau à 22°. L'acide β donne un sel de baryum cristallisant avec $3H^2O$ en petites boules solubles dans 310 p. d'eau à 22°.

α-AMINOMÉTHYLNAPHTALÈNE (ménaphtylamine), $C^{10}H^7.CH^2.AzH^2$. (Voyez *Ménaphtylamine*, Dict., 2, 336). — Son dérivé tétrahydrogéné, l'α-tétrahydronaphtobenzylamine

H² H² H² H CH²AzH²

a été préparé par Bamberger [*D. chem. G.*, 20, 1707 et 22, 1917, 1889] par l'action du sodium sur une solution bouillante de nitrile-α-naphtoïque dans l'alcool. Il se forme en même temps dans la réaction du dihydrure de naphtalène. La tétrahydronaphtobenzylamine est une huile incolore, visqueuse, fortement réfringente, douée d'une odeur ammoniacale, elle distille à 269-270° sous 722 mm. de pression. C'est une base monoacide très forte, qui s'empare avec avidité de l'acide carbonique. Son *chlorhydrate*, assez soluble dans l'eau chaude, cristallise en aiguilles.

Chloroplatinate $(C^{11}H^{15}Az . HCl)^2PtCl^4$. — Aiguilles facilement solubles dans l'eau chaude, difficilement solubles dans l'eau froide.

Picrate. — Aiguilles brillantes.

Urée phénylique,

$$CO \begin{cases} AzH(C^6H^5) \\ AzH(CH^2 . C^{10}H^{11}), \end{cases}$$

aiguilles brillantes, facilement solubles dans l'éther et l'alcool chauds, fusibles à 126°,5.

Dérivé acétylé, $C^{10}H^{11}CH^2 . AzH . (COCH^3)$. — Feuillets nacrés, fusibles vers 88°,5.

La tétrahydronaphtobenzylamine fournit par oxydation, au moyen du permanganate de potassium, les acides phtalique et oxalique.

Méthylnaphtalène-β, $C^{10}H^7CH^3$. — Schulze le retire du goudron de houille dans la partie qui distille à 200-300° [*D. chem. G.*, **17**, 843, 1884], de même que Ljubanin [*Central Blatt.* **2**, 118, 1899]; Roux [*Ann. Chim. phys.* (6), **12**, 289] le prépare en faisant réagir le bromure d'éthylène et le chlorure d'aluminium sur le naphtalène. F. Bodroux [*Bull. Soc. Chim.* (3), **25**, 491-497, 1901] remplace le bromure d'éthylène par le chlorure d'éthylidène et le chlorure de méthylène; il observe, à côté de la formation en grande quantité de ce dérivé, la présence de β-éthylnaphtalène, de diméthylnaphtalène et de dinaphtyle-ββ. On peut le préparer également d'après la méthode de Wichelhaus, comme l'α-méthylnaphtalène. Le β-méthyl-α-naphtol chauffé sur de la poudre de zinc fournit le β-méthylnaphtalène [Liebmann, *Ann. Chem.*, **255**, 273, 1889]. Il fond à 32°,5 et bout à 241-242°; il cristallise dans l'alcool en gros feuillets blancs doués d'une odeur et d'une saveur brûlantes. Wichelhaus [*D. chem. G.*, **27**, 124, 1834] observe qu'il se sublime facilement en gros cristaux tabulaires, monosymétriques. L'acide picrique forme avec le β-méthylnaphtalène un *picrate* cristallisant en aiguilles jaune foncé, fondant à 115°.

Chloro-β-méthylnaphtalène, $C^{10}H^7 . CH^2Cl$. — Préparé par Schulze [*D. chem. G.*, **17**, 1529, 1884] en introduisant du chlore dans le β-méthylnaphtalène chauffé à 250°, il distille dans le vide et cristallise dans l'alcool en paillettes brillantes, fondant à 47° et distillant à 168° sous 20 mm.

Chloro-β-méthylnapthtalène, $C^{10}H^6Cl . CH^3$? — Scherler [*D. chem. G.*, **24**, 3921] le prépare par l'action du chlore sur le β-méthylnaphtalène sous l'influence des rayons solaires; huile incolore distillant à 159-161° sous 25 mm. *Picrate* cristallisant en aiguilles jaunes fusibles à 106-107°.

Dichloro-β-méthylnaphtalène, $C^{10}H^5Cl^2.CH^3$. — Scherler [*loc. cit.*] l'obtient en traitant le β-méthylnaphtalène par le chlore à froid et traitant le produit par la potasse alcoolique. Huile distillant à 89° sous 20 mm.

Trichloro-β-méthylnaphtalène, $C^{10}H^4Cl^3.CH^3$ (Scherler). — Il se prépare en traitant le tétrachlorure de chloro-β-méthylnaphtalène par la potasse alcoolique; aiguilles blanches, fusibles à 182°, facilement solubles dans le chloroforme, l'acide acétique glacial et l'éther, peu dans l'alcool froid.

Tétrachloro-β-méthylnaphtalène, $C^{10}H^3Cl^4 . CH^3$ (Scherler). — Aiguilles fondant à 140-146°, obtenues comme le dérivé trichloré.

Tétrachlorure de chloro-β-méthylnaphtalène, $C^{10}H^6Cl . CH^3 . Cl^4$ (Scherler). — Préparé par l'action du chlorate de potasse et HCl, ou en saturant le β-métylnaphtalène par le chlore, il cristallise dans l'éther en gros cristaux fondant à 148°, insolubles dans la ligroïne, difficilement dans l'alcool, facilement dans le chloroforme, l'éther et l'acide acétique.

Bromo-β-méthylnaphtalène, $C^{10}H^6Br . CH^3$? — Il a été préparé de la même façon que le dérivé bromé de l'α-méthylnaphtalène [Schulze, [*D. chem. G.*, **17**, 1529]. Liquide bouillant à 296°. Son *picrate* $C^{10}H^9Br . C^6H^3(AzO^2)^3O$ cristallise en aiguilles jaune canari, fusibles à 113°.

Bromo-β-méthylnaphtalène, $C^{10}H^7 . CH^2Br$? — Schulze [*loc. cit.*] l'a obtenu en introduisant du brome dans le β-méthylnaphtalène chauffé à 250°; il cristallise en feuillets fusibles à 56° et bout à 213° sous 100 mm. de pression.

Nitro-β-méthylnaphtalène, $C^{10}H^6AzO^2 . CH^3$. — On mélange [Schulze, *D. chem. G.*, **17**, 844] le méthylnaphtalène avec la quantité théorique d'acide nitrique (densité 1,36), le mélange s'échauffe, quand la réaction est terminée on le coule dans un volume égal d'acide sulfurique concentré, et on porte à l'ébullition. On purifie par cristallisation répétée dans l'alcool. Il se dépose d'abord un *produit dinitré* moins soluble fondant à 206°. Le *mononitro-β-méthylnaphtalène* cristallise en aiguilles jaune pâle, fusibles à 81°.

Acides β-méthylnaphtalène-sulfoniques, $C^{10}H^6SO^3H . CH^3$. — Wendt [*J. prakt. Chem.* (2), **46**, 322, 1892] prépare deux dérivés sulfoniques α et β en traitant le β-méthylnaphtalène par l'acide sulfurique concentré; on les sépare comme les dérivés sulfoniques de l'α-méthylnaphtalène par la différence de solubilité des sels de baryum. Voyez aussi Reinburger [*Ann. Chem.*, **206**, 367, 1881]. Le dérivé α est plus soluble que le dérivé β.

β-Aminométhylnaphtalène (naphtobenzylamine), $C^{10}H^7CH^2.AzH^2$. — Bamberger et Bockmann [*D. chem. G.*, **20**, 1115 et 1711] l'ont préparé par réduction de la β-naphtothiamide, $C^{10}H^7 . CS . AzH^2$ en solution alcoolique, au moyen du zinc en poudre. Il cristallise en prismes brillants fusibles à 59-60°, attirant avec avidité l'acide carbonique. *Chlorhydrate*, prismes. *Chloroplatinate*, aiguilles. *Picrate*, aiguilles brillantes jaune d'or.

Tétrahydro-β-naphtobenzylamine, $C^{10}H^{11}CH^2AzH^2$,

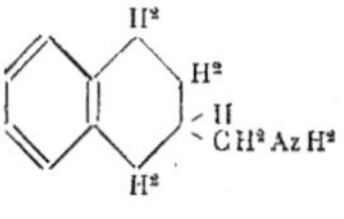

[Bamberger et Bockmann, *D. chem. G.*, **20**, 1711. — Bamberger et Helwig, *ibid.*, **22**, 1915, 1889]. Elle se forme dans les mêmes conditions que le dérivé α, et se présente sous la forme d'un liquide clair qui distille à 270-272° sous 729 mm. de pression et ne se concrète pas par le froid. C'est une base monoacide forte. *Chlorhydrate*, aiguilles fusibles à 228°,5-229°, facilement solubles dans l'eau et l'alcool. *Chloroplatinate*, aiguilles difficilement solubles dans l'eau froide, facilement solubles dans l'eau chaude.

Sulfate, prismes minces. *Picrate*, aiguilles jaunes difficilement solubles dans l'eau. *Urée*

$$CO\left\langle\begin{array}{l}AzH^2\\AzH\,.\,CH^2\,.\,C^{10}H^{11}\end{array}\right.,$$

feuillets fusibles à 135-135°5, solubles dans l'alcool, l'éther, le benzène, le chloroforme et l'eau bouillante. *Urée phénylique*

$$CO\left\langle\begin{array}{l}AzH\,.\,C^6H^5\\AzH\,.\,CH^2\,.\,C^{10}H^{11}\end{array}\right.,$$

aiguilles fusibles à 141°, à peine solubles dans l'eau, facilement solubles dans l'acétone, l'alcool et le chloroforme.

Sulfo-urée phénylique

$$CS\left\langle\begin{array}{l}AzH\,.\,C^6H^5\\AzH\,.\,CH^2\,.\,C^{10}H^{11}\end{array}\right.,$$

point de fusion 139°,5-140°.

Ditétrahydronaphtobenzylurée

$$CO\left\langle\begin{array}{l}AzH\,.\,CH^2C^{10}H^{11}\\AzH\,.\,CH^2C^{10}H^{11}\end{array}\right.,$$

feuillets fusibles à 225°.5-226°.

Tétrahydro-β-naphtobenzylthiocarbamate de *tétrahydronaphtobenzylamine*

$$CS\left\langle\begin{array}{l}AzH\,.\,CH^2C^{10}H^{11}\\SH\,.\,AzH^2\,.\,CH^2C^{10}H^{11}\end{array}\right.$$

aiguilles fusibles à 128° en se décomposant facilement, solubles dans l'alcool, difficilement solubles dans l'eau.

Ditétrahydronaphtobenzylsulfo-urée

$$CS\left\langle\begin{array}{l}AzH\,.\,CH^2C^{10}H^{11}\\AzH\,.\,CH^2C^{10}H^{11}\end{array}\right.,$$

feuillets nacrés, fusibles à 142°.5-143°, très facilement solubles dans le chloroforme, facilement solubles dans l'alcool et le benzène, moins solubles dans l'éther, insolubles dans l'eau.

Acétyltétrahydro - β - naphtobenzylamine, $C^{10}H^{11}\,.\,CH^2\,.\,AzH(C^2H^3O)$. — Cristaux fusibles à 64-65°, très facilement solubles dans le benzène, l'acétone, le chloroforme, l'alcool et l'eau bouillante, ainsi que dans la ligroïne à chaud.

La tétrahydro-β-naphtobenzylamine fournit par oxydation, au moyen du permanganate de potassium en solution alcaline et à froid, un mélange d'acides phtalique et o-hydrocinnamocarbonique. Les atomes d'hydrogène additionnés sont donc placés dans le noyau renfermant le groupe substituant. Son dérivé acétylé en solution chloroformique, et à la température ordinaire, n'additionne pas de brome, ce qui prouve que les 4 atomes d'hydrogène sont additionnés dans le même noyau.

ÉTHYLNAPHTALÈNES, $C^{10}H^7\,.\,C^2H^5$.

α-ÉTHYLNAPHTALÈNE. — Fittig et Remsen [*Ann. Chem.*, **155**, 112] l'ont préparé en ajoutant du sodium à un mélange d'α-bromonaphtalène et d'iodure de méthyle; pour le purifier on le distille dans le vide [Carnelutti, *D. chem. G.*, **13**, 1671, 1880]. Il bout à 251-252° (F. R.) ou à 257-259° (C.). Densité 1,0184 à 10°. Il donne un *picrate* cristallisant en fines aiguilles jaunes fondant à 98°. Le chlore, en présence des rayons solaires, le transforme en *dichlorure* $C^{10}H^7C^2H^3Cl^2$, liquide bouillant à 185° sous 40 mm. [Leroy, *Bull. Soc. Chim.*, Paris (3), **7**, 647, 1892]. Voyez encore Bodroux [*ibid.* (3), **25**, 494, 1902].

Dibromure d'α-éthylnaphtalène, $C^{10}H^7\,.\,CHBr\,.\,CH^2Br$ (α-dibromure de naphtalène-styrol). — Brandis [*D. chem. G.*, **22**, 2158, 1889] le prépare en traitant l'α-naphtyléthylène dissous dans le chloroforme par le brome. Il fond à 168° et cristallise en tables.

Chlorure d'α-éthylène-naphtalène, $C^{10}H^7\,.\,CCl=CH^2$. — Préparé par Leroy [*Bull. Soc. Chim.* (3), **6**, 385, 1891] en traitant l'α-méthylnaphtylcétone par le pentachlorure de phosphore. Liquide bouillant à 184° sous 50-60 mm. Densité 1,179.

Dibromure d'α-éthylène-naphtalène $C^{10}H^7CBr=CHBr$. — Leroy le prépare en traitant l'α-naphtylacétylène par le brome en solution dans CS^2.

Tribromo-éthylnaphtalène, $C^{10}H^9Br^3$ [Carnelutti, *loc. cit.*], aiguilles fondant à 127°.

Acide α-éthylnaphtalène-sulfonique $C^{10}H^6\,.\,SO^3H\,.\,C^2H^5$. — Il se prépare en traitant l'α-éthylnaphtalène par l'acide sulfurique concentré [Fitting et Remsen, *Ann. Chem.*, **155**, 112].

β-ÉTHYLNAPHTALÈNE. — A été préparé par Marchetti [*Gazz. chim. ital.*, **11**, 265 et 431, 1881 et *D. chem. G.*, **14**, 2241 et **15**, 251] en traitant le naphtalène par le chlorure d'éthyle et le chlorure d'aluminium. Bodroux [*Bull. Soc. Chim.* (3), **25**, 491-495, 1902] l'obtient à côté du β-méthylnaphtalène, du diméthylnaphtalène et du binaphtyle, en traitant le naphtalène par le chlorure d'éthylidène en présence du chlorure d'aluminium. Brunel [*D. chem. G.*, **17**, 1179, 1884] le prépare en partant du β-bromo-naphtalène, du bromure d'éthyle et du sodium. Roux [*Ann. Chim. Phys.* (6), **12**, 289] remplace le chlorure d'éthyle par l'iodure et opère de la même façon que Marchetti. On rectifie la partie qui distille entre 245° et 260° et on en fait le picrate; celui-ci en solution alcoolique cristallise en fines aiguilles jaunes fondant à 71° (Marchetti), à 60° (Brunel). Ce picrate décomposé par l'ammoniaque précipite le β-éthylnaphtalène pur, à l'état d'huile cristallisant à 19°. Il distille à 250-251° et possède une densité de 1,0078 à 0°.

Tétrabromure de β-éthylnaphtalène $C^{10}H^7CBr.CHBr^2$. — Il a été préparé par Leroy [*Bull. Soc. Chim.* (3), **7**, 649, 1892] en traitant le β-naphtylacétylène par le brome. Cristaux fondant à 80°.

Chlorure de β-éthylène-naphtalène $C^{10}H^7CCl:CH^2$. — Préparé par Leroy [*loc. cit*]. en traitant la β-méthylnaphtylcétone par le pentachlorure de phosphore, il fond à 52-53°.

Acide β-éthylnaphtalène-sulfonique $C^{10}H^6SO^3H.C^2H^5$. — Il a été obtenu par Marchetti [*loc. cit.*] par sulfonation de l'hydrocarbure. Le sel de plomb cristallise en écailles.

DIMÉTHYLNAPHTALÈNES $C^{10}H^6(CH^3)^2$.

DIMÉTHYLNAPHTALÈNE-1.4 (α). — Préparé par Giovanozzi [*Gazz. chim. ital.*, **12**, 147 et 410; *D. chem. G.*, **15**, 1577] et par Mono [*D. chem. G.*, **13**, 1517] en traitant le 1.4-dibromo-naphtalène par l'iodure de méthyle et le sodium: voyez aussi Bodroux [*Bull. Soc. Chim.* (3), **25**, 491-494, 1901]. Cannizzaro et Carnelutti [*D. chem. G.*, **12**, 1574; **13**, 1516; **16**, 427 et *Gazz. chim. ital.*, **12**, 293] le préparent par réduction en distillant sur la poudre de zinc la santonine ou le diméthylnaphtol fondant à 135°, ou en traitant le dihydrure de diméthylnaphtol $C^{10}H^7(CH^3)^2.OH$. par le pentasulfure de phosphore [Cannizzaro, *Gazz. chim. ital.*, **13**, 385 et *D. chem. G.* **16**, 2685]. Le diméthylnaphtalène-1 4 est un liquide d'une densité de 1,028 à 0°. Il donne un *picrate* cristallisant en fines aiguilles orange fondant à 139°. Voyez encore Cannizzaro [*Gazz. chim. ital.*, **26**, 18 et 563, 1896].

Tribromures de l'α-diméthylnaphtalène $C^{12}H^9Br^3$. — L'un a été préparé par Giovannozzi par l'action du brome à froid sur le diméthylnaphtalène et fond à 145-147°, l'autre par Cannizzaro, ce dernier tribromure fond à 228° et cristallise en aiguilles dans le chloroforme.

Hexahydrodiméthylnaphtalène $C^{12}H^{18}$. —

Obtenu par Zuco en réduisant le diméthylnaphtalène par le phosphore et l'acide iodhydrique [*Gazz. chim. ital.*, **15**, 81, 1885]. Liquide d'un poids spécifique 0,92194 à 20°.

Acide 1.4-diméthylnaphtalène-sulfonique $C^{10}H^5SO^3H(CH^3)^2$. — [Giovannozzi, *loc. cit.*].

DIMÉTHYLNAPHTALÈNE-2.6. — Baeyer et Williger [*D. chem. G.*, **32**, 2443, 1889] l'obtiennent en chauffant à 200° l'acide 2.6.1-diméthylnaphtoïque avec l'acide chlorhydrique; il cristallise en paillettes solubles dans l'alcool, fusibles à 110-111°; son *picrate*, aiguilles orangées, fond à 142-143°.

DIMÉTHYLNAPHTALÈNES DE CONSTITUTION INCONNUE. — Emmert et Reingrüber [*ibid.*; *Ann. Chem.*, **211**, 368, 1882] ont isolé du goudron un diméthylnaphtalène bouillant à 264-266° dont le picrate fond à 118°, ce dérivé est identique à celui obtenu par Freund et Mai [*Centr. Blatt*, **1**, 45, 1902] en distillant l'artémisine avec de la poudre de zinc. Tammann [*ibid.*, **1**, 812, 1898] obtient en distillant des matières bitumineuses différents hydrocarbures, desquels il a pu retirer un diméthylnaphtalène distillant à 264° et d'une densité = 1,008; ce dérivé fournit un *picrate* fusible à 180°. Dunstan et Henry [*Chem. Soc.*, **73**, 218, 1898] obtiennent, par distillation de la podophyllotoxine sur de la poudre de zinc, un diméthylnaphtalène distillant à 256-258°, dont le picrate fond à 134°. Enfin Collie et Wilsmore [*Centr. Blatt*, **1**, 928, 1896] obtiennent en distillant l'acide déhydroacétique un diméthylnaphtalène fusible à 75-78°.

PROPYLNAPHTALÈNES, $C^{10}H^7.C^3H^7$. — Le *dérivé* α a été préparé par Roux [*Ann. Chim. phys.* (6), **12**, 289, et *Bull. Soc. Chim.*, **41**, 379, 1884], par l'action du bromure de propyle sur le naphtalène en présence de chlorure d'aluminium. C'est un liquide incolore soluble dans le benzène et le sulfure de carbone, bouillant à 265° à la pression ordinaire et à 145° sous 25 mm. Sa densité à 0° = 0,990. Son *picrate* cristallise en fines aiguilles fusibles à 89-90° (voyez encore M. Richter, *Dissertation*, 1884). Le *dérivé* β distille à 270° en se décomposant légèrement (Richter).

TRIMÉTHYLNAPHTALÈNES, $C^{10}H^5(CH^3)^3$.

Dérivé-1.2.6. — Baeyer et Williger [*D. chem. G.*, **32**, 2447, 1899] obtiennent ce dérivé en traitant le bromure correspondant $C^{10}H^5(CH^3)^2.CH^2Br$ par la poudre de zinc et l'acide chlorhydrique en solution alcoolique; il se présente sous forme d'une huile distillant à 154-156° sous 15 mm. de pression; son *picrate* fond à 122-123°.

Dérivé-2.3.6. — Collie [*Chem. Soc.*, **63**, 329, 1893] le prépare en réduisant par le zinc le dérivé diacétylé du 3.6-diméthyl-2-acéto-1.8-dioxynaphtalène; ce dérivé fond à 92-93° et bout à 263-264°.

Dérivé de constitution inconnue. — Tammann [*loc. cit.*] obtient un dérivé triméthylé fusible à −20°, et bouillant à 290°, en distillant des matières bitumineuses; son *picrate* cristallise en aiguilles orangées fusibles à 119°.

DIMÉTHYLÉTHYLNAPHTALÈNE-1.4.6, $C^{10}H^5(CH^3)^2.C^2H^5$. — Obtenu par distillation de l'acide santinique $C^{15}H^{16}O^2$ et isosantinique (retirés de la santonine) sur de l'hydrate de baryte; liquide bouillant à 298-302° [Gucci et Grassi-Cristaldi, *Gazz. chim.* (2), **22**, 41, 1892, et *D. chem. G.*, **24**, R. 908].

β-ISOBUTYLNAPHTALÈNE $C^{10}H^7C^4H^9$. — Préparé par Wegscheider [*D. chem. G.*, **17**, 357], et Baur [*ibid.*, **27**, 1623, 1894] en fondant un mélange de naphtalène et de chlorure d'isobutyle, et en ajoutant peu à peu du chlorure d'aluminium. On entraîne ensuite par la vapeur d'eau, il passe du naphtalène, puis du butylnaphtalène et, enfin, du binaphtyle. C'est un liquide bouillant à environ 280°, son *picrate* fond à 76° et cristallise dans l'alcool en aiguilles jaunes.

α-ISOAMYLNAPHTALÈNE,

$$C^{10}H^7.CH^2.CH^2.CH\begin{matrix}\diagup CH^3\\ \diagdown CH^3\end{matrix}$$

— Obtenu en chauffant un mélange de bromure d'isoamyle, d'α-bromo-naphtalène et de sodium [Leone, *Gazz. chim.*, **12**, 337, 1882]; liquide bouillant à 303° [Roux, *Ann. Chim. phys.* (6), **12**, 289]; *picrate*, aiguilles jaunes citron fondant à 85-90°.

β-ISOAMYLNAPHTALÈNE, $C^{10}H^7.CH^2.CH^2.CH=(CH^3)^2$. — Roux [*loc. cit.*, et *Bull. Soc. Chim.*, **41**, 379] le prépare en ajoutant peu à peu du chlorure d'aluminium à un mélange de naphtalène et chlorure d'isoamyle; ou en traitant un mélange de β-bromo-naphtalène et de bromure d'isoamyle par le sodium [Oddo et Barabini, *Gazz. chim.*, **20**, 719, 1890, et *D. chem. G.*, **24**, R. 154, 1891]. Liquide bouillant à 288-292°, restant liquide à basse température, donnant par oxydation avec l'acide nitrique l'acide β-naphtoïque. Le *picrate*, aiguilles jaune citron, fond à 110°.

AMYLNAPHTALÈNE. — Un isomère des deux dérivés précédents a été obtenu par Paterno [*D. chem. G.*, **16**, 302, 1883] par réduction de l'a ide lapacholique. C'est une huile bouillant à 304-306° dont le *picrate* fond à 140-142°.

α-PHÉNYLNAPHTALÈNE $C^{10}H^7C^6H^5$. — Préparé par Möhlau et Berger [*D. chem. G.*, **26**, 1196] en introduisant par petites portions du chlorure de diazobenzène dans le naphtalène fondu additionné de chlorure d'aluminium. On extrait par le benzène, lavé à l'eau, et fractionne dans le vide. On sépare par filtration du mélange refroidi un peu de β-phénylnaphtalène formé, qui reste sur le filtre. Liquide bouillant à 324-326°, légèrement fluorescent en bleu, soluble dans l'alcool, etc. Le permanganate de potasse l'oxyde en acide orthobenzoylbenzoïque.

β-PHÉNYLNAPHTALÈNE $C^{10}H^7C^6H^5$ (Voy. 1er suppl., 1217). — Préparé par Smith [*D. chem. G.*, **12**, 1396, 2049; *Proc. chem. Soc.*, 1889, 70; *D. chem. G.*, 24, R. 722], par Smith et Takamatsu [*D. chem. G.*, **15**, 365] et par Zincke [*Ann. Chem.*, **240**, 137] en dirigeant un mélange de naphtalène et de bromobenzène à travers un tube chauffé au rouge sombre rempli soit de chaux sodée soit de pierre ponce; on purifie ensuite par distillation fractionnée et cristallisation dans l'alcool pour séparer du binaphtyle et du diphényle qui se sont formés dans l'opération. Zincke et Breue [*Ann. Chem.*, **226**, 23 et **240**, 137; *D. chem. G.*, **17**, R. 573 et **20**, R. 570] le préparent par condensation de l'alcool styrolénique $C^6H^5CH.OH.CH^2OH$ (phényl-glycol), avec l'acide sulfurique dilué, d'après l'équation $2C^8H^{10}O^2 = C^{16}H^{12} + 4H^2O$, ou par condensation de l'aldéhyde phénylacétique $C^6H^5CH^2.COH$ avec l'acide sulfurique dilué du même volume d'eau. Mœhlau et Berger [*loc. cit.*] l'obtiennent en petite quantité à côté de l'α-phénylnaphtalène. Graebe [*D. chem. G.*, **6**, 66, et **7**, 782] l'obtient en distillant la chrysoquinone sur la chaux sodée dans le vide; Smith, en distillant la chrysocétone [*D. chem. G.*, **7**, 1365] et Bamberger et Chattaway [*D. chem. G.*, **26**, 1745] également en distillant l'acide chrysénique sur de la chaux sodée dans le vide. Pour le purifier, on le fractionne et le fait cristalliser dans l'alcool dilué qui ne dissout pas le binaphtyle formé. Il fond à 101-101°,5 (M. et B.) ou à 102-102,5 (Graebe) et distille à 345-346°. Il donne avec l'acide nitrique un *dérivé hexanitré*.

α-BENZYLNAPHTALÈNE $C^{10}H^7CH^2C^6H^5$. — Préparé par Miquel [*Bull. Soc. Chim.*, **26**, 2, 1876], et par Troté [*C. R.*, **76**, 639], en traitant un mélange de naphtalène et de chlorure de benzyle par la poudre de zinc. Elbs [*J. prakt. Chem.*, (2), **35**, 504] le prépare par distillation du phényl α-naphtylcarbinol, $C^6H^5CH . OH . C^{10}H^7$, sur la poudre de zinc. Roux [*Ann. Chim. Phys.* (6), **12**, 229] l'obtient en chauffant un mélange de 100 grammes de naphtalène, 50 grammes de chlorure de benzyle et 25 grammes de chlorure de zinc à 120-130° pendant 1 ou 2 heures. On distille ensuite et recueille la partie passant entre 300-370°, qu'on combine avec l'acide picrique, molécule à molécule [G. Darier, *Dissertation*, 1894, Genève], dans l'alcool chaud. Par refroidissement le *picrate* se dépose en aiguilles jaunes brillantes fondant à 102° (corr.). On régénère le benzylnaphtalène avec l'ammoniaque et le fait cristalliser dans l'alcool; tables fondant à 59° (corr.). Il bout à 350° et possède une densité de 1,165° à 0°. Distillé à travers un tube chauffé au rouge il donne un isochrysofluorène

$$C^{10}H^6 \overset{CH^2}{\diagup\!\!-\!\!-\!\!\diagdown} C^6H^4$$

fondant à 76° (corr.) (Darier). Par oxydation il fournit l'α-phénylnaphtylcétone; le brome le transforme en un *dérivé monobromé* sirupeux et l'acide nitrique en un *dérivé trinitré* $C^{17}H^{11}(AzO^2)^3$.

β-Benzylnaphtalène $C^{10}H^7 . CH^2 . C^6H^5$. — Roux [*loc. cit.*] le prépare en traitant le naphtalène et le chlorure de benzyle par le chlorure d'aluminium à 160°; on purifie par distillation fractionnée. Darier [*loc. cit.*] le prépare en réduisant la β-naphtylphénylcétone $C^{10}H^7COC^6H^5$ par le phosphore et l'acide iodhydrique. Cet hydrocarbure cristallise en prismes monocliniques fondant à 35°,5 et distillant de 355 à 360°. Le *picrate* cristallise en aiguilles jaune d'or fondant à 93°.

PRODUITS DE SUBSTITUTION DU NAPHTALÈNE.

Dérivés halogénés. — (Voyez Dict., **2**, 492, et 1er Suppl., **1**, 1039 et suiv.).

Fluoronaphtalène α $C^{10}H^7$. Fl. — Manzélius et Ekbom [*D. chem. G.*, **22**, 1846, 1889] l'obtiennent par diazotation de l'α-naphtylamine en présence d'acide fluorhydrique concentré ou en distillant le chlorure de l'acide 1,5-fluoronaphtalène-sulfonique avec la vapeur d'eau. Liquide bouillant à 212°. Densité à 0° = 1,135. Soluble dans les dissolvants organiques.

Fluoronaphtalène β, $C^{10}H^7$ Fl. — Obtenu comme le dérivé α en partant de la β-naphtylamine (Mauzélius), il cristallise dans l'alcool en paillettes fusibles à 59°. Point d'ébullition 212°,5.

1. Nous nous servirons pour ces articles du schéma adopté pour le naphtalène par le Congrès de Paris (1889) :

Nous rappellerons également les deux schémas suivants fréquemment employés à ce jour en Allemagne et en Angleterre :

Valentiner et Schwarz (Brevet allemand 96 153), l'obtiennent en traitant le chlorure de β-naphtalène-diazonium par l'acide fluorhydrique.

Fluorochloronaphtalène 1.4, $C^{10}H^6$Fl. Cl. — Mauzélius [*Ofvsgt. Stockholm*, **8**, 441, 1890], l'obtient en distillant le chlorure de l'acide fluoronaphtalène-sulfonique 1.4 avec PCl^5; il cristallise dans l'alcool en écailles fusibles à 85°.

Fluorochloronaphtalène 1.5. — Mauzélius le prépare comme le précédent à partir de l'acide fluorosulfonique 1.5; prismes fusibles à 32°.

Chloronaphtalène α, $C^{10}H^7Cl$. — Ce corps, déjà décrit, a été préparé depuis de diverses manières par Atterberg [*D. chem. G.*, **9**, 316 et 926]; — Gasiorowski et Wayss [*ibid.*, **18**, 1936, 1885]; — Rymarenko [*Journ. Soc. phys. chim. russe*, **8**, 141; — Clève, *D. chem. G.*, **20**, 1990 et 72, 1887], soit en chlorant directement le naphtalène, soit en traitant l'α-naphtylamine par le procédé de Sandmeyer. Récemment Seyewetz et Biot [*C. R.*, **135**, 1120, 1903] le préparent en chauffant le naphtalène en tubes scellés avec le chlorure double de plomb et d'ammoniaque $PbCl^4 . 2AzH^4Cl$. — Liquide bouillant à 247-248°; voyez encore Kahlbaum [*Zeits. physiol. Chem.*, **26**, 627 et 646] et Klages [*J. prakt. Chem.* (2), **64**, 323, 1900].

Chloronaphtalène β. — Déjà décrit; il a été préparé depuis par Nölting [*Arch. Sc. phys. et nat. Genève*, 294, 1888]; — Heumann et Kœchlin [*D. chem. G.*, **16**, 1627]; — Gasiorowski et Wayss [*ibid.*, **18**, 1940]; — Rymarenko [*ibid.*, **9**, 663]; — Roux [*Ann. Chim. Phys.* (6), **12**, 349]. Récemment K. Scheid [*D. chem. G.*, **34**, 1813, 1901] et Chattaway et Lewis [*Journ. Chem. Soc.*, **65**, 877, 1894] donnent une bonne méthode de préparation en traitant la β-naphtylamine par l'acide nitreux et le chlorure cuivreux. Corps cristallin fusible à 56°,5 et distillant à 251-252°.

Dichloronaphtalènes $C^{10}H^6Cl^2$. — Voyez Dict., **2**, 493 et 1er Suppl., 1040].

Dichloronaphtalène 1.2 (anciennement α). — Clève [*D. chem. G.*, **20**, 1991, 1887; *ibid.*, **21**, 896; *ibid.*, **24**, 3475, 1891 et *ibid.*, **25**, 2487, 1892] le prépare, soit en partant de la chloronaphtylamine 1.2, soit du chloronaphtol 1.2, soit de l'acide chloronaphtalène-sulfonique 1.2, soit enfin de l'acide 1.2-dichloronaphtalène-sulfonique. Tables cristallisant dans l'alcool [Bäckström, *D. chem. G.*, **20**, 1991, 1887], fusibles à 34-35°.

Dichloronaphtalène 1.3 (anciennement θ). — Clève l'obtient également en partant de la 2.4.1-dichloronaphtylamine [*D. chem. G.*, **20**, 449 et **23**, 954, 1890] — Erdmann, en traitant la 5.7.1-dichloronaphtylamine par le nitrite d'éthyle [*ibid.*, **21**, 3445, 1888]. — Aiguilles très solubles dans l'alcool, fusibles à 61° et bouillant à 289°.

Dichloronaphtalène 1.4 (anciennement β). — Erdmann [*Ann. Chem.*, **247**, 351, 1888] le prépare en traitant l'acide diazonaphtalène-sulfonique 1.4 par PCl^5 et $POCl^3$; il cristallise dans l'alcool en aiguilles brillantes fusibles à 67-68°.

Dichloronaphtalène 1.5 (anciennement γ). — Armstrong [*D. chem. G.*, **15**, 200, 1882] l'obtient en traitant l'acide naphtalène-disulfonique 1.5 par le PCl^5; Erdmann et Kirchhoff [*Ann. Chem.*, **247**, 378, 1888] en traitant par le même procédé le 5.1-chloronaphtol, ou en traitant le chlorure de l'acide diazonaphtalène-sulfonique 1.5 par PCl^5 [*ibid.*, **247**, 353]. Aiguilles fusibles à 107°. Armstrong et Wynne [*Proc. chem. Soc.*, **182**] l'obtiennent en chauffant le dichloronaphtalène 1.8 à 290° avec l'acide chlorhydrique concentré.

Dichloronaphtalène 1.6 (anciennement η). — Préparé à partir de l'acide 2.5-naphtylamine-sulfonique ainsi que de l'acide 1.6-naphtylamine-sulfonique [Forsling, *D. chem. G.*, **20**, 2105, 1887] et Erdmann [*Ann. Chem.*, **247**, 379, 1888 et 275,

256. 1893]. A partir de la naphtylène-diamine 2.5 [Friedländer, *D. chem. G.*, **25**, 2081. 1892]. En chauffant à 240° les chlorures des acides 1.6 et 2.5-chloronaphtalène-sulfoniques [Armstrong et Wynne, *D. chem. G.*, **29**, R. 226. 1896]. Par hydrolyse des acides 1.6-dichloronaptalène-disulfoniques avec l'acide sulfurique dilué à 190° [Friedländer, *ibid.*, **29**. 1981] et enfin à partir de la 1.6-naphtylène-diamine [Kehrmann et Matis. *ibid.*, **31**. 2419]. Aiguilles fusibles à 48°.

Dichloronaphtalène 1.7 confondu d'abord avec le dérivé 1.3. — Préparé par Friedländer et Szymanski [*D. chem. G.*, **25**, 2083, 1892] à partir de la 2.8-naphtylène-diamine; par Erdmann [*Ann. Chem.*, **247**, 379, 1888] et Forsling [*D. chem. G.*, **20**, 2102, 1887] à partir de l'acide 2.8-naphtylamine-sulfonique: — par Arnell [*Bull. Soc. Chim.*, **45**. 184. 1886] en traitant l'acide 2.8-chloronaphtalène-sulfonique par le PCl^5; de même à partir de l'acide 2.8-naphtolsulfonique [Claus et Volz. *D. chem. G.*, **18**. 3158. 1885]: — Armstrong et Wynne [*Proc. chem. Soc.*, **182**], l'obtiennent par transposition en chauffant avec l'acide sulfurique dilué l'acide 1.8.3-dichloronaphtalène-sulfonique. Aiguilles fusibles à 62° et bouillant à 286°.

Dichloronaphtalène 1.8 (anciennement ζ). — Armstrong et Wynne [*Centr. Blatt.*, **2**, 553, 1897] l'obtiennent en traitant l'acide 1.8.3-dichloronaphtalène-sulfonique par l'acide sulfurique dilué à 290°. Cristaux rhomboédriques fusibles à 83°.

Dichloronaphtalène 2.3. — Armstrong et Wynne [*D. chem. G.*, **24**, 712, 1891] préparent ce dérivé par réduction du trichloronaphtalène 1.2.3 par l'amalgame de sodium.

Leeds et Everhardt [*ibid.*, **13**, 1870. 1880] et Widmann [*ibid.*, **15**, 2160] l'obtiennent en traitant le tétrachlorure de naphtalène par l'oxyde d'argent ou la potasse alcoolique. Très soluble dans l'alcool chaud, il cristallise en feuillets minces fusibles à 120°.

Dichloronaphtalène 2.6 (anciennement ε). — Préparé par Claus et Zimmermann [*D. chem. G.*, **14**, 1477, 1881], en chauffant l'acide β-naphtolsulfonique 2.6 avec le PCl^5; par Arnell [*Bull. Soc. Chim.*, **45**, 184, 1886] en partant de l'acide 2.6 chloronaphtalène-sulfonique, et par Forsling [*D. chem. G.*, **20**, 76, 1887]. Il cristallise dans l'éther et l'alcool en tables fusibles à 135°, bouillant à 285°.

Dichloronaphtalène 2.7 (anciennement δ). — Erdmann [*Ann. Chem.*, **275**, 280, 1893], l'obtient en traitant l'acide naphtylamine-sulfonique 2.7 par le PCl^5. Clève [*Bull. Soc. Chim.*, **26**, 244] et Bayer et Duisberg [*D. chem. G.*, **20**, 1452. 432. 1887] le préparent en fondant les acides naphtalène-disulfonique 2.7 ou naphtolsulfonique 2.7 avec le PCl^5. Corps fusible à 114°.

Dichloronaphtalène de constitution indéterminée. — A mentionner ici un dérivé préparé par Claus et Œhler [*Bull. Soc. Chim.*, **38**, 16, 1882] en chauffant avec un excès de PCl^5 le produit de sulfonation de l'α-naphtol. Ce dérivé fond à 94°, mais il n'est pas sûr que ce ne soit pas un trichloronaphtalène ou que l'acide naphtolsulfonique employé fût exempt d'isomères.

TRICHLORONAPHTALÈNES $C^{10}H^5Cl^3$. — (Voyez Dict., **2**, 493 et 1er Suppl., 1040). Les 14 isomères prévus par la théorie sont actuellement connus et leurs propriétés bien définies en particulier par les travaux d'Armstrong et Wynne; ils sont précieux pour fixer la constitution d'un dérivé quelconque trisubstitué du naphtalène qu'il suffit en général de fondre à la température de 170-200° avec un excès de pentachlorure de phosphore pour obtenir le dérivé trichloré correspondant.

Trichloronaphtalène 1.2.3 (anciennement α). Point de fusion 131°. — Déjà décrit, préparé également par A. et W. [*Proc. chem. Soc.*, 95, 1890] et Claus [*D. chem. G.*, **19**, 1183, 1886] par la fusion du 1.3-dichloro-2-naphtol avec le PCl^5.

Trichloronaphtalène 1.2.4 (anciennement β). Point de fusion 92°. — [A. et W., *loc. cit.*]. Préparé par Clève [*D. chem. G.*, **21**, 891, 1888 et **23**, 954, 1890], soit en chlorant le 1.3-dichloronaphtalène, soit en fondant le 1.2.4-naphtol dichloré avec le PCl^5.

Trichloronaphtalène 1.2.5. Point de fusion 78°. — [A. et W., *loc. cit.*]. Préparé par Clève [*Oefvsgt. Stockholm*, **3**, 175 et **5**, 329, 1893] par fusion des acides 1.2 5 et 1.5.6-nitrochloronaphtalène-sulfoniques avec le PCl^5. Hellstrœm le prépare de même manière en traitant l'acide 1.2.5-dichloronaphtalène-sulfonique par le PCl^5. [*Études sur les dérivés de la naphtaline,* Stockholm, 1890].

Trichloronaphtalène 1.2.6. Point de fusion 97°. — Préparé par A. et W. [*D. chem. G.*, **24**, 655 et 716. 1891] par fusion de l'acide 1.2.6-dichloronaphtalène-sulfonique; par Forsling [*ibid.*, **21**, 3495, 1880], par fusion de l'acide 2.1.6-chloronaphtalène-disulfonique avec le PCl^5 et par Clève [*loc. cit.*, et *Chem. Zeit.*, 898, 1893], par fusion de l'acide 1.2.6-nitrochloronaphtalène-sulfonique avec le PCl^5. Aiguilles.

Trichloronaphtalène 1.2.7. Point de fusion 84° et 88°. — Préparé par Armstrong et Wynne [*D. chem. G.*, **23**. R, 224. 1899] et par Clève [*ibid.*, **25**, 2485, 1892] en fondant l'acide 1.2.7-chloronaphtylamine-sulfonique ou l'acide 1.8.7-nitrochloronaphtalène-sulfonique avec le PCl^5. Ce dérivé cristallisé fond à 88°, et, une fois fondu, présente un point de fusion de 84°.

Trichloronaphtalène 1.2.8. Point de fusion 83°,5. — A. et W. [*D. chem. G.*, **29**. R, 225, 1896] et Clève [*Chem. Zeit.*, 398, 1893] l'obtiennent par fusion de l'acide 1.7.8-naphtoldisulfonique et de l'acide 1.2.8-dichloronaphtalène-sulfonique avec le PCl^5.

Trichloronaphtalène 1.3.5 (anciennement γ). Point de fusion 103° — A. et W. [*Proc. Chem. Soc.*, 77, 1890 et *D. chem. G.*, **24**, R, 710, 1891].

Trichloronaphtalène 1.3.6. Point de fusion 80°,5. — A. et W. [*D. chem. G.*, **29**, R, 226. 1896; *ibid.*, **24**, R, 716, 1891 et *Central Blatt*, **2**, 552, 1898] l'obtiennent par fusion des acides 1.3.6-naphtylamine-disulfonique, 2.5.7 et 2.4.7-chloronaphtalène-disulfoniques, et 1.6.3-dichloronaphtalène-sulfonique avec un excès de PCl^5 à 180°.

Trichloronaphtalène 1.3.7 (anciennement η). Point de fusion 113°. — Préparé par Alen [*D. chem. G.*, (2), **17**, 437, 1884], à partir de l'acide 1.3.7-nitronaphtalène-disulfonique; par A. et W. [*ibid.*, (2), **24**, 710, 1891 et 707 et *Central Blatt*, **2**, 552, 1897], à partir des acides 1.3.7 et 2.6.4-dichloronaphtalène-sulfoniques, 2.4.6 et 2.6.8-chloronaphtalène-disulfoniques, par fusion avec le PCl^5 en excès à 180°. Aiguilles.

Trichloronaphtalène 1.3.8. — Il existe sous deux modifications: prismes fusibles à 89°,5 et aiguilles fusibles à 85°. — A. et W. [*D. chem. G.*, **24**, R, 708, 1891 et *Central Blatt*, **2**, 553, 1897] l'obtiennent par fusion de l'acide 1.3.8-chloronaphtalène-disulfonique ou de l'acide 1.8.3-dichloronaphtalène sulfonique avec le PCl^5 à 170°

Trichloronaphtalène 1.4.5 (anciennement δ). Point de fusion 131°. — A. et W. [*D. chem G.*, (2), **24**, 710-715, 1891] et Clève [*Chem. Zeit.* 398-758, 1893] le préparent par fusion des acides 1.8.4-dichloronaphtalène-sulfonique, 1.4.8-chloronaphtalène-disulfonique et 1.5.8 et 1.8.5-chloronitronaphtalène-sulfonique avec le PCl^5 en excès.

Trichloronaphtalène 1.4.6 (anciennement ε

et ζ). Point de fusion 66°. — Préparé par A. et W. [*loc. cit.*], Clève [*ibid.*, **24**, 3477] et Claus et Jäck [*Central Blatt*, **1**, 576, 1898] par fusion des acides 1.4.7-dichloronaphtalène-sulfonique, 1.4.6 et 1.4.7-nitrochloronaphtalène-sulfoniques avec le PCl^5, ou en traitant le diazoïque de la 5.8.2-dichloronaphtylamine par le cuivre en poudre. Il cristallise en aiguilles fusibles à 66° qui, une fois fondues, présentent un point de fusion plus bas à 56°.

Trichloronaphtalène 1.6.7. Point de fusion 109°. A. et W. [*loc. cit.* et *D. chem. G.*, **29**, 224, 1896] l'obtiennent en traitant les acides 1.6.7-naphtoldisulfonique et 2.3.8-dichloronaphtalène-sulfonique par le PCl^5.

Trichloronaphtalène 2.3.6. Point de fusion 91°. A. et W. [*loc. cit.*] l'obtiennent par fusion des acides 2.7.3-dichloronaphtalène-sulfonique et 2.3.6 et 2.3.7-chloronaphtalène-disulfoniques avec le PCl^5 [Forsling, *D. chem. G.*, **21**, 3498, 1888].

TÉTRACHLORONAPHTALÈNES $C^{10}H^4Cl^4$. — Outre les tétrachloronaphtalènes décrits (1er Suppl., 1041), Allen [*Bull. Soc. Chim.*, **36**, 433, 1881] prépare un nouveau dérivé tétrachloré par la fusion de l'ε-dichlorodinitronaphtalène avec le PCl^5. Aiguilles fusibles à 159-160°.

Claus et Mielcke [*D. chem. G.*, **19**, 1182, 1886], préparent le dérivé δ déjà décrit par fusion de l'acide 1.2.4.7-naphtoltrisulfonique avec le PCl^5 à 200-250°.

PENTACHLORONAPHTALÈNE $C^{10}H^3Cl^5$ (voyez Dict. **2**, 494].

Dérivé 1.5.6.7.8 = 1.2.3.4.8. Point de fusion 168°,5.

Claus et Lippe [*D. chem. G.*, **16**, 1016, 1883] donnent une bonne méthode de préparation de ce dérivé déjà décrit par Græbe. Elle consiste à chauffer une partie de dichloronaphtoquinone avec 2 parties de PCl^5 à 250° pendant 4-5 heures. On purifie par cristallisation dans l'éther.

HEXACHLORONAPHTALÈNE $C^{10}H^2Cl^6$. — Le dérivé décrit (Dict., **2**, 495) fournit par oxydation l'hexachloro-α-naphtoquinone et possède par conséquent la constitution 1.2.3.4.6.7.

HEPTACHLORONAPHTALÈNES $C^{10}H^2Cl^7$. — *Dérivé* 1.2.3.4.5.7.8. Claus et Lippe [*loc. cit.*], et Claus et Wenzlick [*D. chem. G.*, **19**, 1165, 1886] le préparent en chauffant la tétrachloronaphtoquinone, fusible à 160°, avec le PCl^5. Aiguilles incolores sublimables, fusibles à 194°.

OCTOCHLORONAPHTALÈNE [Syn : perchloronaphtalène] $C^{10}Cl^8$. — Claus, Wenzlick et Claus, Mielcke [*loc. cit.*], préparent ce dérivé en chauffant soit le chlorure de l'acide α-naphtoltrisulfonique, soit la pentachloro-naphtoquinone avec un excès de PCl^5 à 250°. — Il cristallise en fines aiguilles incolores, fusibles à 202-203°. Chauffé avec du chlorure d'iode ou du pentachlorure d'antimoine, il se décompose en formant du CCl^4, du C^2Cl^6 et du perchlorobenzène [Ruoff, *Bull. Soc. Chim.*, **28**, 117].

α-BROMONAPHTALÈNE $C^{10}H^7Br$. — Déjà décrit. Gnehm [*D. chem. G.*, **15**, 2721, 1882] le prépare en introduisant le naphtalène en poudre dans une solution refroidie de brome dans la soude caustique. Mertz et Weith [*Bull. Soc. Chim.*, **39**, 486, 1883], en chauffant le naphtalène avec le bromure de cyanogène à 250°. Nœlting, en faisant réagir le bromure de cuivre sur le diazoïque de l'α-naphtylamine. Roux [*Ann. Chim. Phys.*, (6), **12**, 347; et *Bull. Soc. Chim.*, **45**, 511, 1886] en traitant rapidement le naphtalène par le brome en présence de chlorure d'aluminium. Corps liquide se solidifiant par le froid et fusible alors à 4-5°; il bout à 279°,5. Densité à 16°,5 = 1,48875 (Roux). Réfraction : Nasini, Berheimer [*Gazz. chim. ital.*, **15**, 84, 1885] et Walther [*Jahresbericht der Chemie*, 328, 1891]. Tension de vapeur : Kahlbaum [*Zeit. physik. Chem.*, **35**, 428]. Constante diélectrique : Drude [*ibid.*, **23**, 310] et Turner [*ibid.*, **35**, 428]. Traité par l'acide picrique, il fournit un *picrate* cristallisant dans le benzène en aiguilles jaunes fusibles à 134-135° (Roux). Oxydé par l'acide chromique il fournit de l'acide phtalique [Beilstein et Kurbatow, *Ann. Chem.*, **202**, 216, 1880]. Chauffé avec l'aniline, il donne la phényl-β-naphtylamine [Kim, *D. chem. G.*, **28**, R. 387, 1895]. Le bromonaphtalène en solution dans l'éther sec se combine avec le magnésium en formant (réaction de Grignard) le bromure d'α-naphtylmagnésium $C^{10}H^7MgBr$, corps très actif, susceptible d'une série de réactions [Acree *D. Chem. G.*, **37**, 625, et 2753, 1904 et *Am. Chem. Journ.*, **26**, 588, 1903]. Avec la benzophénone il fournit l'α-naphtyldiphénylcarbinol; avec la benzaldéhyde, l'α-naphtylphénylcarbinol; avec le benzyle, l'α-naphtylbenzoïne et avec la benzoïne, le diphényl-α-naphtylglycol. Taboury [*Bull. Soc. Chim.* (3), **29**, 761 et *C. R.*, **138** 982, 1904], en combinant $C^{10}H^7MgBr$ avec le soufre ou le sélénium, obtient un mélange de thionaphtol et de disulfure de naphtyle $(C^{10}H^7)^2S^2$ ou de sélénonaphtol $C^{10}H^7SeH$ et de diséléniure de naphtyle $(C^{10}H^7)^2Se^2$. Voir encore Kohler et Johnstin [*Am. Chem. Journ.*, **33**, 35 et 333, 1905]; Sauvage [*C. R.*, **139**, 674] prépare avec $C^{10}H^7MgBr$ et l'oxychlorure de phosphore l'acide dinaphtylphosphinique $(C^{10}H^7)^2PO^2H$ et l'oxyde de trinaphtylphosphine $(C^{10}H^7)^3PO$.

β-*bromonaphtalène*. — Déjà décrit. Lellmann et Remy [*D. chem. G.*, **19**, 810, 1886] et Gasiorowski et Wayss [*ibid.*, **18**, 1941] le préparent par l'action du bromure de cuivre sur le diazoïque de la β-naphtylamine; Roux [*Ann. Chim. Phys.* (6), **12**, 344], en traitant l'α-bromonaphtalène par le chlorure d'aluminium; Brunel [*D. chem. G.*, **17**, 1179, 1884], en fondant le β-naphtol avec le PBr^5. Paillettes fusibles à 59°, distillant à 281°. Poids spéc. à 0° = 1,605. Il forme avec l'acide picrique un *picrate* fusible à 86° (Brunel), à 79° (Roux). Le phosphore et l'acide iodhydrique le réduisent à 182° en naphtalène tétrahydrogéné [Klages et Liecke, *J. prakt. Chem.* (2), **61**, 323, 1900].

DIBROMONAPHTALÈNES $C^{10}H^6Br^2$. — (Voy. Dict., **2**, 492 et 1er Suppl., 1039].

Dibromonaphtalène-1.2. P. F. 68°. — Meldola [*J. Chem. Soc.*, **43**, 1, 1863; **47**, 508 et **63**, 1055, 1893] prépare ce dérivé à partir de la 1.2-naphtylamine bromée; Canzoneri [*Gazz. chim. ital.*, **12**, 425, 1882] en traitant le 1.2-bromonaphtol par le bromure de phosphore. Prismes.

Dibromonaphtalène 1.3. P. F. 64°. — Meldola [*D. chem. G.*, **12**, 1961, 1879 et **16**, 421, 1883] l'obtient en faisant bouillir le dérivé diazoïque de la 2.4.1-dibromonaphtylamine avec l'alcool; Armstrong et Rossiter [*D. chem. G.*, **25**, R, 750, 1892], en diazotant la 4 2-bromonaphtylamine en solution bromhydrique et en traitant par la poudre de cuivre.

Dibromonaphtalène 1.4 (anc. β). P. F. 81-82°. — Meldola [*D. chem. G.*, **16**, 421, 1883] l'obtient en diazotant la 1.4-bromonaphtylamine et par remplacement du groupe AzH^2 par Br; Guareschi [*Ann. Chem.*, **222**, 267], en faisant passer un courant d'air chargé de brome sur du naphtalène refroidi; Herzfelder [*D chem. G.*, **28**, 918, 1895] l'obtient en traitant par le brome le produit de réaction du soufre sur l'α-nitronaphtalène; Armstrong et Rossiter [*ibid.*, (2), **25**, 750, 1892], en traitant le dérivé diazoïque de la 1.4.2-dibromonaphtylamine par l'alcool bouillant. Il cristallise dans l'alcool en longues aiguilles fusibles à 81-82° et bouillant à 310°; il fournit avec le brome deux *produits d'addition tétrabromés*

$C^{10}H^6Br^2Br^4$, l'un fusible à 97-100°, l'autre à 173-174° [Guareschi, *Gazz. chim. ital.*, **16**, 142].

Dibromonaphtalène 1.5 (anc. γ). P. F. 130-131°. — Guareschi [*loc. cit.*, et *D. chem. G.*, **17**, R. 139, 1884] l'obtient à côté du dérivé 1.4 en bromant le naphtalène ; il cristallise en tables brillantes, fusibles à 130-131°, bouillant, à 325-326°.

Dibromonaphtalène 1.6, P. F. 61°. — Claus et Philipson [*J. prakt. Chem.* (2), **43**, 47, 1891 et *D. chem. G.*, **24**, R 263, 1891) l'obtiennent en traitant le diazoïque de la 1.6.2-dibromonaphtylamine par l'alcool bouillant. Armstrong et Rossiter [*Proc. Chem. Soc.*, 182, 1891], en chauffant l'acide 1.6-bromonaphtalène-sulfonique avec le PBr^5. Il cristallise dans l'alcool.

Dibromonaphtalène 1.7, P. F. 74-75°. — Meldola [*Journ. Chem. Soc.*, **47**, 513] l'obtient en faisant réagir le nitrite d'éthyle sur la 4.6.2-dibromonaphtylamine. Forsling [*D. chem. G.*, **22**, 619], en traitant l'acide 2.8-bromonaphtalène sulfonique par le PBr^5. Armstrong et Rossiter [*ibid.*, **25**, R. 750] en bromant le β-bromonaphtalène. Il cristallise dans l'alcool en aiguilles.

Dibromonaphtalène 1.8, P. F. 109°. — Meldola et Streatfeild [*J. Chem., Soc.*, **61**, 766 et **63**, 1059], préparent ce dérivé en traitant le 1.8-bromonitronaphtalène par le PBr^5 ou en traitant le dérivé diazoïque de la 1.8-bromonaphtylamine par l'alcool. Il cristallise dans l'acide acétique en houppes ou en rhomboèdres fusibles à 109°.

Dibromonaphtalène 2.6, P. F. 158°. — Forsling [*D. chem. G.*, **22**, 1400, 1889] le prépare en traitant l'acide 2.6-bromonaphtalène-sulfonique par le PBr^5 ; il cristallise dans un mélange d'éther et de chloroforme en tables fusibles à 158°.

Dibromonaphtalène-2.7 (anc. δ). P. F. 140°,5. — Déjà décrit, préparé par Jolin.

Dibromonaphtalène probablement-2-3, P. F. 67°.5. — Guareschi [*Ann. Chem.*, **222**, 266] l'obtient en bromant le naphtalène.

TRIBROMONAPHTALÈNES $C^{10}H^5Br^3$. — *Tribromonaphtalène* 1.2.4, P. F. 113-114°. — Prager [*D. chem. G.*, **18**. 2164, 1885] obtient ce dérivé en chauffant la 4.2.1-bromonitronaphtylamine avec l'acide bromhydrique concentré et l'acide acétique à 130°. Meldola [*J. Chem. Soc.*, **43**,4 et **47**, 513], en remplaçant suivant la méthode générale le groupe AzH^2 des 1.4.2 et 2.4.1-dibromonaphtylamines par le brome. Petites aiguilles fusibles à 113-114°.

Tribromonaphtalène 1.2.6, P. F. 118°. — Claus et Philipson [*J. prakt. Chem.*, (2), **43**, 53, 1891] l'obtiennent en remplaçant dans la 1.6.2-dibromonaphtylamine le groupe AzH^2 par le brome ; il cristallise dans l'alcool en aiguilles.

Tribromonaphtalène 1.4 5. P. F. 85°. — Déjà décrit, préparé par Jolin [*Bull. Soc. Chim.*, **28**, 515].

Tribromonaphtalène 1.4.6. P. F. 96-98°. — Claus et Jäck [*J. prakt. Chem.*, (2). **57**, 17, 1898] l'obtiennent en traitant le dérivé diazoïque de la 1.4.6.2-tribromonaphtylamine par l'alcool bouillant ; il cristallise dans l'alcool en petites aiguilles.

TÉTRABROMONAPHTALÈNES $C^{10}H^4Br^4$. — *Dérivé* 1.4.6.7, P. F. 175°. — Guareschi [*Gazz. chim. ital.*, **16**. 146] obtient ce dérivé en traitant le tétrabromure de 1.4-dibromonaphtalène (voir 1.4-dibromonaphtalène) fusible à 173°, par l'éthylate de sodium ; il cristallise dans l'alcool en aiguilles brillantes [*Ann. Chem.*, **135**, 44].

Dérivé tétrabromé, P. F. 119-120°. — Guareschi [*loc. cit.*] l'obtient comme le dérivé ci-dessus en traitant le tétrabromure de 1.4-dibromonaphtalène fusible à 97° par l'éthylate de sodium ; il cristallise dans l'alcool en petites aiguilles.

Produits d'addition. — Le 1.4-dibromonaphtalène traité à froid par le brome [Guareschi, *loc. cit.*] donne un tétrabromure de tétrabromonaphtalène $C^{10}H^4Br^4.Br^4$, fusible à 172-174°.

HEXABROMONAPHTALÈNE $C^{10}H^2Br^6$. — Outre le dérivé décrit 1er Suppl., 1039, Roux [*Ann. Chim. phys.*, (6), **12**, 347] prépare un dérivé hexabromé fusible à 252° en traitant le naphtalène par un grand excès de brome en présence de chlorure d'aluminium.

PRODUITS DE SUBSTITUTION IODÉS. — *α-Iodonaphtalène* $C^{10}H^7I$. — (Voy. Dict., **2**, 495 et 1er Suppl., 1042]. Nœlting [*D. chem. G.*, **19**, 135, 1886] l'obtient en faisant bouillir le sulfate de diazonaphtalène en solution acide avec l'iodure de potassium. On le prépare également en traitant le naphtalène par l'iodure de soufre et l'acide nitrique concentré [Brevet allemand 123746 ; *Central Blatt*, 1901, **2**, 750 ; Edinger et Goldberg, *D. chem. G.*, **33**, 2875, 1900]. Huile jaune, D. à 15° = 1,7344, bouillant à 305° [Willgerodt, *Central Blatt*, 1900, **1**, 814], formant avec l'acide picrique un *picrate* fusible à 127° [Roux, *Ann. Chim. phys.*, (6), **12**, 351]. L'amalgame de sodium ou l'acide iodhydrique le réduisent en naphtalène [Klages et Liecke, *Central Blatt*, 1900, **2**, 1126].

Le chlore en solution acétique fournit le dérivé $\alpha.C^{10}H^7.ICl^2$ [Willgerodt, *D. chem. G.*, **27**, 591, 1897 et Schlösser, *Ibid.*, **33**, 692]. Le cuivre en poudre le transforme à haute température en αα-dinaphtyle [Ullmann et Bielecki, *Central Blatt*, **480**, II, 1901].

β-Iodonaphtalène. — Edinger et Goldberg l'obtiennent en petites quantités à côté du dérivé α. Jacobsen [*D. chem. G.*, **14**, 804, 1881] le prépare à partir de la β-naphtylamine avec l'acide nitreux. Il cristallise en paillettes fusibles à 54°.5, bouillant à 308-310° [Hirt, *ibid.*, **29**, 1408, 1896] ; Klages et Liecke le réduisent en tétrahydronaphtalène par l'acide iodhydrique à 140°. Willgerodt le transforme en chlorure d'iodonaphtalène-β $C^{10}H^7ICl^2$, par l'action du chlore.

α-Iodosonaphtalène $C^{10}H^7I.O$. — Willgerodt [*D. chem. G.*, **27**, 592, 1898] prépare ce dérivé en traitant le chlorure d'α-iodonaphtalène $C^{10}H^7ICl^2$ par la soude caustique diluée, il est assez difficile à purifier [Willgerodt et Schlösser, *ibid*, **33**, 692, 702, 1900] et fond à 155° en se décomposant. L'eau bouillante le décompose en iodonaphtalène, acide iodique et dinaphtyle. Il se dissout dans l'acide acétique en formant un *acétate* $C^{10}H^7I(OCOCH^3)^2$ fusible à 192°. L'acide nitrique et l'acide sulfurique forment avec lui des composés très peu stables $C^{10}H^7I(OH)AzO^3$ et $[C^{10}H^7I(OH)]^2SO^4$. L'éthyliodobenzène 1.4 et l'oxyde d'argent humide le transforment en hydrate d'α-naphtyl-β-éthylphényliodonium $(C^{10}H^7.C^6H^4.C^2H^5)I.OH$, et le métabromoiodobenzène en hydrate d'α-naphtyl-m-bromophényliodonium hydroxyde $(C^{10}H^7)(C^6H^4Br)I.OH$ [Willgerodt et Bergdolt, *Ann. Chem.*, **327**, 286, 1903, et W. et Lewino, *J. prakt. Chem.*, (2), **69**, 321. 1904].

β-Iodosonaphtalène. — Willgerodt [*D. chem. G.*, **27**, 592, 1894 et **31**, 920, 1898] le prépare comme le dérivé α ; précipité grisâtre détonant à 127-128°.

α-Iodylonaphtalène $C^{10}H^7IO^2$. — Ortoleva [*Central Blatt.*, **2**, 628, 1900] prépare ce dérivé en traitant l'α-iodonaphtalène en solution aqueuse par la pyridine et le chlore ; masse blanche détonant à 155°.

β-Iodylonaphtalène $C^{10}H^7IO^2$. — Willgerodt [*D. chem. G.*, **29**, 1573, 1896] l'obtient en traitant le chlorure de β-iodonaphtalène par l'hypochlorite de chaux : il cristallise dans l'acide acétique en petites aiguilles détonant à 200°.

DIIODONAPHTALÈNES, $C^{10}H^6I^2$.

Dérivé 1.2. — Meldola [*Journ. Chem. Soc.*, **47**,

522, 1885] le prépare au moyen du dérivé diazoïque de la 2.1-iodonaphtylamine; il cristallise en écailles fusibles à 81°.

Dérivé 1.4. — Meldola le prépare comme le précédent en partant de la 1.4-iodonaphtylamine; il cristallise dans l'alcool en aiguilles blanches fusibles à 109-110°.

PRODUITS DE SUBSTITUTION FLUOROCHLORÉS.

Fluorochloronaphtalène 1.4, $C^{10}H^6ClFl$. — Mauzélius [*Oefvsgt*, 8, 441, 1890] prépare ce dérivé en distillant l'acide 1.4-fluoronaphtalène-sulfonique avec un excès de PCl^5; il cristallise dans l'alcool en écailles fusibles à 85°.

Dérivé 1.5. — Mauzelius le prépare comme le précédent en traitant l'acide 1.5-fluoronaphtalène-sulfonique par PCl^5; il cristallise dans l'alcool en prismes fusibles à 32°.

PRODUITS DE SUBSTITUTION CHLOROBROMÉS.

Chlorobromonaphtalène 1.4, $C^{10}H^6ClBr$. — P. F. 65-66°. Armstrong et Williamson [*Jahresb. der Chem.*, 1580, 1886] le préparent en traitant l'acide 1.4-chloronaphtalène-sulfonique par le brome.

Chlorobromonaphtalène 1.5. — P. F. 115°. Clèvo [*Bull. Soc. Chem.*, 26, 540] le prépare en traitant l'acide 1.5-bromonaphtalène-sulfonique par le PCl^5.

Chlorobromonaphtalène 6.1 ou 7.1. — P. F. 68-69°. — Guareschi [*Jahresb. Chem.*, 921, 1888] l'obtient en bromant le β-chloronaphtalène.

Chlorobromonaphtalène 8.1. — P. F. 119-119°,5. Biginelli [*Gazz. chim. ital.*, 16, 152, 1886] le prépare en chlorant l'α-bromonaphtalène.

Chlorobromonaphtalène 5.2. — P. F. 60°. Armstrong et Rossiter [*D. chem. G.*, 24, (2), 720. 1891] l'obtiennent en traitant la 1.6.2-chlorobromonaphtylamine par le nitrite d'éthyle.

Chlorodibromonaphtalène 2.1 6, $C^{10}H^5ClBr^2$. — P. F. 104-105°. Claus et Philipson [*J. prakt. Chem.*, (2), 43, 53, 1891] le préparent en diazotant la 1.6.2-dibromonaphtylamine et en traitant par le Cu^2Cl^2. Aiguilles minces.

PRODUITS DE SUBSTITUTION CHLOROIODÉS ET BROMOIODÉS.

Chloroiodonaphtalène 1.4. $C^{10}H^6ClI$. — Willgerodt et Schlösser [*D. chem. G.*, 33, 693, 1900] préparent ce dérivé en laissant le chlorure d'α-iodonaphtalène $C^{10}H^7.I.Cl^2$ se décomposer en solution chloroformique: huile jaunâtre distillant au-dessus de 300°.

Bromoiodonaphtalène 1.2. — P. F. 94°. Meldola [*loc. cit.*] l'obtient à partir de la 1.2-bromonaphtylamine et Hirtz [*loc. cit.*] en bromant le β-iodonaphtalène. Aiguilles épaisses.

Bromoiodonaphtalène 1.3. — P. F. 68°. Meldola [*loc. cit.*] le prépare à partir de la 4.2-bromonaphtylamine. Longues aiguilles.

Bromoiodonaphtalène 2.2. — P. F. 55°. Hirtz l'obtient à côté du dérivé 1.2 en bromant le β-iodonaphtalène. — Huile se concrétant à froid.

Bromoiodonaphtalène 1.4. $C^{10}H^6BrI$. — P. F. 83°,5. Meldola [*Journ. Chem. Soc.*, 47, 523] et Hirtz [*D. chem. G.*, 29, 1408. 1896] l'obtiennent à partir de la 1.4-bromonaphtylamine par l'échange du groupe AzH^2 contre I, ou en bromant l'α-iodonaphtalène. Bodroux [*C. R.*, 136, 1138, 1903] l'obtient également en traitant le 1.4-dibromonaphtalène par le magnésium en solution éthérée et ajoutant de l'iode suivant la réaction: $BrC^{10}H^6MgBr + I^2 = C^{10}H^6BrI + MgBrI$.

DÉRIVÉS NITROSÉS. — (Voy. 1er Suppl., 1042).

Dinitrosonaphtalènes $C^{10}H^6(AzO)^2$.

Dérivé 1.2. Point de fusion 126-127° — Koreff [*D. chem. G.*, 19, 176, 1886] et Ilinski [*ibid.*, 19, 349] le préparent par oxydation de la naphtoquinonedioxime 1.2 $C^{10}H^6(AzOH)^2$, soit par le ferricyanure en solution alcaline, soit par le brome ou l'acide chromique en solution acétique.

Il cristallise dans l'alcool en longues aiguilles fusibles à 126-127°, plus ou moins solubles dans le benzène, l'alcool et la ligroïne, distillant avec la vapeur d'eau. Les réducteurs ne l'attaquent pas.

Dérivé 1.4. — Nietzki et Guiterman [*D. chem. G.*, 21, 428, 1888] le préparent par réduction, au moyen du ferrocyanure, de la naphtoquinonedioxime 1.4. — Poudre jaune insoluble dans les solvants organiques, se décomposant à 120°.

AZONAPHTALÈNES. — (Voy. 1er Suppl, 1042). $C^{10}H^7Az = Az.C^{10}H^7$. — Les trois isomères possibles d'après la théorie sont actuellement connus.

Azonaphtalène 1.1 (α-α). — Nietzki et Goll [*D. chem., G.*, 18, 298 et 3252, 1885] l'obtiennent en faisant bouillir le dérivé diazoïque du 4-amino-αα-azonaphtalène avec l'alcool; Hantzsch et Schmiedel [*ibid.*, 30, 81; 1897], en laissant se décomposer lentement une solution aqueuse de α-naphtalène-syndiazosulfonate de potassium, d'après l'équation : $2\,C^{10}H^7Az = AzSO^3K + H^2O = C^{10}H^7Az = AzC^{10}H^7 + KHSO^3 + KHSO^4 + Az^2$. Wacker [*Ann. Chem.*, 317, 375, 1901] l'obtient par oxydation avec l'oxygène de l'air de l'hydrazonaphtalène correspondant.

Il cristallise dans l'acide acétique en aiguilles rouges à reflets verts, fusibles à 189°.

Jaworsky [*Jahresb. der Chem.*, 532, 1864] et récemment Wacker [*loc. cit.*] obtiennent, par réduction de l'α-nitronaphtalène au moyen du zinc et de la potasse alcoolique en présence du chlorure d'ammonium, l'*azoxynaphtalène αα*

$$C^{10}H^7-Az-Az-C^{10}H^7 \quad (\text{les deux Az liés à } O)$$

corps cristallisant dans l'éther en cristaux rouge-brun, fusibles à 127°. Par réduction avec la poudre de zinc et la potasse alcoolique il se transforme en *hydrazonaphtalène*

$$C^{10}H^7AzH-AzHC^{10}H^7.$$

Azonaphtalène 1.2 (α-β). — Nietzki et Göttig [*D. chem. G.*, 20, 612, 1887] l'obtiennent comme le précédent, à partir de l'α-aminoazonaphtalène-α-β. Il cristallise dans l'acide acétique en paillettes brun foncé, fusibles à 136°.

Azonaphtalène 2.2 (β-β). — Hantsch et Schmiedel [*loc. cit.*] le préparent comme le dérivé 1.1, en laissant reposer une solution de β-naphtalène-syn-diazosulfonate de potassium; Meisenheimer et Witte [*D. chem. G.*, 36, 4153 et suiv., 1903] l'obtiennent à côté d'autres corps en réduisant le β-nitronaphtalène par le zinc et la soude caustique. Paillettes jaune rouge cristallisant dans l'alcool, fusibles à 204°.

Appendice. — Les dérivés substitués (oxy, amino et sulfoniques, etc.) des azonaphtalènes constituent des matières colorantes azoïques; nous renvoyons le lecteur à l'article COLORANTES (matières) du 2e Suppl., et aux traités spéciaux sur les matières colorantes qui y sont mentionnés.

DÉRIVÉS NITRÉS

α-NITRONAPHTALÈNE, $C^{10}H^7.AzO^2$. — Point de fusion 58°,5. Outre les procédés de préparation déjà décrits, Tryller [*Central Blatt*, 1, 720, 1899] l'obtient par électrolyse d'un mélange de naphtalène et d'acide nitrique dilué et Ekstrand [*J. prakt. Chem.*, (2), 38, 139], en traitant l'acide naphtoïque par l'acide nitrique concentré, à côté d'autres dérivés nitrés. Pour la préparation industrielle, voyez Paul [*Zeit. f. anorg. Chem.*, 146, 1897] : Krugs et Blomen [*J. Am. Chem. Soc.*, **19**, 532-538] et Witt [*Chem. Ind.*, 216, 1887].

Propriétés physiques. — Schiff [*Ann. Chem.*, 223, 265, 1884], Kanonnikow [*J. prakt. Chem.*, (2), **31**, 348, 1885], Heydweiller [*Wied. Ann. Phys.*, **64**, 728], Spring [*Rec. Pays-Bas*, **16**, 1] et Perkin [*J. Chem. Soc.*, (2), **69**, 1181, 1886].

Propriétés chimiques. — Le nitronaphtalène traité par le chlore à 100°, en présence de chlorure ferrique, fournit un mélange de 1.5 et 1.8-chloronitronaphtalènes [Brevet allemand 99758 ; *Central Blatt*, **1**, 463, 1899]. Traité par l'acide nitrique et l'acide sulfurique, il se transforme en 1.5 et 1.8-dinitronaphtalènes [Friedländer, *D. chem. G.*, **32**, 3531, 1893]. Réduit par électrolyse en solution d'aniline et de son chlorhydrate, il fournit un colorant violet [Löb, *Central Blatt*, **1**, 75, 1901]. Chauffé avec l'aniline et ses sels, il se transforme en phénylrosinduline [Friedl., **3**, **331**]. Fondu avec le soufre, il fournit des colorants sulfurés [Bennert, brevets allemands 48802 et 49966]. Réduit par le bisulfite, il se transforme en acides naphtionique et 1.2.4-naphtylaminodisulfonique (brevet allemand 92081). Réduit par le glucose et la soude, il fournit des dérivés de la naphtazine [Wacker, *Ann. Chem.*, **321**, 61, 1902]. Chauffé avec la potasse caustique il fournit le 1.2-nitronaphtol [Wohl, *Central Blatt*, **1**, 149, 1901]. Traité par le brome il donne trois produits d'addition tétrabromés différents [Guareschi, *Ann. Chem.*, **222**, 285, 1884].

β-*Nitronaphtalène.* Point de fusion 79°. — Lellmann et Remy [*D. chem. G.*, **19**, 236 et **20**, 891, 1887] préparent ce dérivé en traitant la nitronaphtylamine-2.1 par le nitrite d'éthyle. On le purifie par cristallisation dans l'alcool. Hantzsch et Blagden [*ibid.*, **33**, 2553, 1900] l'obtiennent en traitant le diazoïque de la β-naphtylamine par le nitrite de cuivre potassique. Sandmeyer [*D. chem. G.*, **20**, 1496, 1887] l'obtient également par diazotation du nitrate de β naphtylamine et traitement avec l'oxydule de cuivre ; Meisenheimer et Witte [*ibid.*, **36**, 4153, 1903] modifient un peu ce procédé. Ce dérivé cristallise en petites aiguilles jaunes, solubles dans l'alcool, l'acide acétique et l'éther. Il est volatil avec la vapeur d'eau et fond à 79°.

Dinitronaphtalènes, $C^{10}H^{6}(AzO^{2})^{2}$. — *Dérivé* 1.3 (anc. γ). Point de fusion 144°. — Friedländer [*D. chem G.*, **28**, 1951, 1895] l'obtient en partant de la 2.4.1-dinitronaphtylamine par élimination du groupe AzH^{2} avec l'acide nitreux et l'alcool.

Par réduction il fournit la 1.3-naphtylène-diamine [Urban, *D. chem. G.*, **20**, 973, 1887].

Dérivé 1.5 (anc. α). — P. F. 216°. Outre les méthodes de préparation déjà indiquées précédemment, Friedländer [*D. chem. G.*, **32**, 3531, 1887], Gassmann [*ibid.*, **29**, 1522], Friedländer et Scherzer [*Central Blatt*, **1**, 409, 1900, et brevet allemand **117368**], l'obtiennent en traitant le naphtalène par la quantité calculée d'acide nitrique concentré, dissous dans l'acide sulfurique concentré ; il se forme toujours l'isomère 1.8. Pour les séparer l'un de l'autre on chauffe la masse de nitrification à 80° et laisse refroidir à 20°, la presque totalité de dinitronaphtalène 1.5 se dépose, le dérivé 1.8 reste en dissolution. Le pentachlorure de phosphore le transforme à chaud en 1.5-dichloronaphtalène ; l'acide nitrique concentré en trinitro et tétranitronaphtalènes [Will, *D. chem. G.*, **28**, 368, 1895].

Par réduction avec le sulfure d'ammonium, on obtient la nitronaphtylamine, puis la naphtylène-diamine 1.5. La réduction par électrolyse [Möller, *Electroch. Zeits.*, **10**, 199 et 222, 1904] le transforme en diamine correspondante.

L'acide sulfurique fumant à 40-50° le transforme en nitrosonitronaphtol 4.8.1 [Graebe, *D. chem. G.*, **32**, 2879, 1899 et Friedländer, *loc. cit.*].

L'acide sulfurique fumant à 50° fournit l'acide dinitronaphtalène-sulfonique 1.5.3 [*Central Blatt*, **1**, 286, 1901]. Le bisulfite le réduit en acide naphtylène-diamine-disulfonique [Fischesser brevet allemand 79577]. Le zinc le réduit en solution alcaline en dinitroazoxynaphtalène [Wacker, *Ann. Chem.*, **321**, 61, 1902]. Le chlore le transforme en dérivé dichloré [Pollak, *Central Blatt*, **2**, 918, 1902]. On a préparé au moyen de ce dérivé dinitré un grand nombre de colorants : voyez brevet français 182962 et brevets allemands 82574 ; 92538 ; 101371 ; 101372 ; 101525 ; 103150 ; 106029 ; 106033 ; 108414 ; 108415 ; 108551 ; 108552 ; 118078 ; 125574 et 134705.

Dérivé 1.8. — P. F. 170°. — *Préparation*, voyez *Dérivé* 1.5. — Leeds [*D. chem. G.*, **13**, 1993, 1880] l'obtient en traitant à chaud l'α-nitronaphtalène par l'acide hypoazotique. Ekstrand [*ibid.*, **18**, 77 et 2881, 1885], en traitant l'acide nitronaphtoïque 1.8 par l'acide nitrique concentré. Ce dérivé est facilement soluble dans l'alcool, le chloroforme et l'acide acétique, il cristallise en tables épaisses fusibles à 170-172°. Comme le dérivé 1.5, l'acide sulfurique le transforme en nitrosonitronaphtol 5.5.1 (Graebe), et l'acide sulfurique fumant en acide 1.8.3-dinitronaphtalène-sulfonique [Ekstein *D. chem. G.*, **35**, 3403, 1902]. Le bisulfite le réduit en acide naphtylène-diaminetrisulfonique [Fischesser, *loc. cit.*]. La réduction électrolytique le transforme en naphtylène-diamine 1.8 [Möller, *loc. cit.*]. Le chlore le transforme en dérivés dinitrochlorés [Pollak, *loc. cit.*]. Traité à l'ébullition par le cyanure de potassium en solution aqueuse, il se transforme en acide naphtocyaminique $C^{28}H^{18}O^{9}Az^{8}$ [Mülhaüser, *Ann. Chem.*, **141**, 214 et Schunck et Marchlewski, *D. chem. G.*, **27**, 3465, 1894]. Comme son isomère 1.5 il sert à la préparation de nombreuses matières colorantes [Brevet français 182962 et brevets allemands 76922 : 79406 ; 88236 ; 92471 ; 92472 ; 84989 : 85328 ; 88847 ; 114264 ; 134705 ; et *Central Blatt*, **1**, 240, 1901 et **2**, 380, 1901].

Dérivé 1.6. — P. F. 161°. Graebe et Drews [*D. chem. G.*, **17**, 1172, 1884] obtiennent ce dérivé en diazotant la dinitro-β-naphtylamine fusible à 238°, et en traitant le diazoïque par l'alcool chaud. Kehrmann et Mathis [*ibid.*, **31**, 2418, 1898] en ont fixé la constitution par transformation du 1.6.2-dinitronaphtol en 1.6.2-dinitronaphtylamine et élimination du groupe AzH^{2} par l'acide nitreux et l'alcool.

Trinitronaphtalènes $C^{10}H^{5}(AzO^{2})^{3}$. — (Voyez 1er Suppl., 1043).

Propriétés explosives des trinitronaphtalènes. — Will [*Chem. Ind.*, **26**, 133, 1903].

Dérivé 1.2.5 (anc. δ). — P. F. 112-113°. Will [*D. chem. G.*, **28**, 378, 1895] le prépare à côté du dérivé 1.3.5 en nitrant le 1.5-dinitronaphtalène ; on l'extrait par l'alcool à 70 0/0.

Dérivé 1.3.5 (anc. α). — P. F. 122° [Will, *loc. cit.*].

Dérivé 1.3.8 (anc. β). — P. F. 214 et 218°. Friedländer [*Central Blatt*, **1**, 298 et 410, 1900], et Kalle et Cie [*ibid.*, **1**, 437, 1901] préparent ce dérivé en traitant le 1.8-dinitronaphtalène par un mélange d'acides nitrique et sulfurique. Traité à chaud par le bisulfite, il fournit des acides nitroaminonaphtolsulfoniques (Brevets allemands 76438 et 79577).

Dérivé 1.4.5 (anc. γ). — P. F. 147°. Ce dérivé déjà décrit fournit par oxydation l'acide 3-nitrophtalique [Will, *loc. cit.*].

Tétranitronaphtalènes, $C^{10}H^{4}(AzO^{2})^{4}$. — *Propriétés explosives.* — Will [*Chem. Ind.*, **26**, 133, 1903].

Dérivé 1.2.5.8. — Will [*D. chem. G.*, **28**, 369, 1895 obtient ce dérivé à côté du 1.3.5.8 en traitant le dinitronaphtalène 1.5 par un mélange d'acides nitrique et sulfurique concentrés. Il cristallise dans l'acide nitrique en prismes brillants se décomposant à 270°. Chauffé avec de l'acide chlorhydrique concentré à 235°, il fournit le tétrachloronaphtalène correspondant [Lobry de Bruyn et Leent, *Rec. Pays-Bas*, **15**, 87].

Dérivé 1.3.5.8. — P. F. 194-195°. Will [*loc. cit.*] l'obtient avec le dérivé décrit ci-dessus. On le sépare de son isomère 1.2.5.8 en traitant par l'acétone à chaud qui ne dissout que le dérivé 1.3.5.8. Lobry de Bruyn le transforme par l'acide chlorhydrique en tétrachloronaphtalène.

Dérivé 1.3.6.8. — P. F. 203°. Will [*loc. cit.*] l'obtient comme les dérivés ci-dessus, en partant du 1.8-dinitronaphtalène.

DÉRIVÉS NITROHALOGÉNÉS. — CHLORONITRONAPHTALÈNES $C^{10}H^6.Cl.AzO^2$. — (Voyez 1er Suppl., 1044).

Dérivé 1.4. — P. F 85°. On obtient ce dérivé en nitrant l'α-chloronaphtalène, à côté de l'isomère 1.5 [Brevet allemand 120585; *Central Blatt*, **1**, 1219, 1901].

Dérivé 1.5. — P. F. 111°. Armstrong et Williamson [*Jahresb. Chem.*, 1580, 1886] l'obtiennent en distillant l'acide 1.5-nitronaphtalènesulfonique avec l'acide chlorhydrique et le bichromate; en chlorant le α-nitronaphtalène [Brevet allemand 99758; *Central Blatt*, **1**, 463, 1899] ou en nitrant l'α-chloronaphtalène [Brevet allemand 120585].

Dérivé 1.8. — P. F. 94°. On l'obtient à côté du dérivé 1.5 en chlorant l'α-nitronaphtalène Brevet allemand 99758; — Ulemann et Consonno, *D. chem. G.*, **35**, 2802, 1902].

Dérivé 2.8. — P. F. 116°. Armstrong et Wynne [*D. chem. G.*, (2), **24**, 704, 1891] le préparent en nitrant le β-chloronaphtalène. Aiguilles jaunes. Scheid [*ibid.*, **34**, 1813, 1901] trouve un point de fusion de 110°.

CHLORODINITRONAPHTALÈNES $C^{10}H^5Cl.(AzO^2)^2$. — *Dérivé* 1.4.5. (anc. β). — P. F. 180°. Ekstrand [*J. prakt. Chem.*, (2), **38**, 171, 1888] l'obtient en chauffant l'acide 1.5-chloronaphtoïque avec l'acide nitrique fumant.

Dérivé 1.4.8. (anc. α). — P. F. 106°. Ullmann et Consonno [*D. chem. G.*, **35**, 2810, 1902] le préparent en traitant le 1.8-chloronitronaphtalène par l'acide nitrique concentré. Paillettes jaunes, solubles dans le benzène et l'alcool.

Dérivé 2.1.6. — P. F. 174°. Scheid [*D. chem. G.*, **34**, 1813, 1901] prépare ce dérivé en nitrant le 1.2-dichloronaphtalène. Aiguilles jaunes. Il se forme en même temps toujours un peu de chlorotrinitronaphtalène 2.1.6.8 fusible à 150°.

Dérivés de constitution inconnue. Pollak [*Central Blatt*, **2**, 918, 1902] obtient deux dérivés monochlorés en traitant le 1.8-dinitronaphtalène par le chlore; l'un fond à 164°, l'autre à 132°.

DICHLORODINITRONAPHTALÈNES $C^{10}H^5.Cl^2.AzO^2$. — Alen et Clève [*Bull. Soc. Chim.*, **36**, 433, 1881] ont préparé, en traitant le 2.7-dichloronaphtalène par l'acide nitrique concentré, le dérivé 2.7.1 fusible à 141°,5 et le dérivé 3.6.1 fusible à 95°. De même avec le 2.6-dichloronaphtalène, les dérivés 2.6.1 fusible à 113-114° et 3.7.1 fusible à 139°.

Dérivé 4.7.1. (anc. η). — P. F. 119°. *Dérivé* 4.8.1 (anc. β). — P. F. 142°, et *dérivé* 5.8.1 (anc. α). — P. F. 92°.

TÉTRACHLORONITRONAPHTALÈNE $C^{10}H^3Cl^4.AzO^2$. — P. F. 154°. Atterberg et Widmann [*Bull. Soc. Chim.*, **28**, 513] obtiennent ce dérivé en nitrant le tétrachloronaphtalène fusible à 141°.

DICHLORONITRONAPHTALÈNES $C^{10}H^4Cl^2(AzO^2)^2$. — Un certain nombre de ces dérivés ont été préparés, mais aucun n'a été suffisamment étudié pour pouvoir fixer les positions respectives des différents groupes substituants. Nous les mentionnerons rapidement.

Dérivé 1.2-*dichloro?-dinitro.* — P. F. 169°. Hellstroem [*D. chem. G.*, **21**, 3267, 1888] l'obtient en partant du 1.2-dichloronaphtalène.

Dérivé 1.3-*dichloro-α-dinitro.* — P. F. 150°. [Clève, *D. chem. G.*, **23**, 956, 1890].

Dérivé 1.3-*dichloro-β-dinitro.* — P. F. 158°. Clève [*loc. cit.*] l'obtient en partant du 1.3 dichloronaphtalène, à côté du précédent.

Dérivé 1.4-*dichloro?-dinitro.* — P. F. 158°. Widmann [*Bull. Soc. Chim.*, **28**, 509] l'obtient en partant du 1.4-dichloronaphtalène.

Dérivé 1.5-*dichloro?-dinitro.* — P. F. 246°. Atterberg [*D. chem. G.*, **7**, 1730] l'obtient en partant du 1.6-dichloronaphtalène.

Dérivé 1.7-*dichloro?-dinitro.* — P. F. 138-139°. Erdmann [*Ann. Chem.*, **275**, 278, 1893] l'obtient en nitrant le 1.7-dichloronaphtalène.

Dérivé 2.6-*dichloro?-dinitro.* — P. F. 252-253°. Alen [*Bull. Soc. Chim.*, **36**, 434, 1881], le prépare en nitrant le 2.6-dichloronaphtalène. Voyez aussi Claus et Dehem [*D. chem. G.*, **15**, 319, 1882.]

Dérivé 2.7-*dichloro?-dinitro.* — P. F. 245-246°. Alen [*loc. cit.*], l'obtient en nitrant le 2.7-dichloronaphtalène.

Dérivé?-dichloro-1.5-*dinitro.* — P. F. 175°. Préparé par Pollak [*Central Blatt.*, **2**, 918, 1902] en chlorant le 1.5-dinitronaphtalène à côté d'un isomère fusible à 106-107°.

Dérivé?-dichloro 1.5-*dinitro.* — P. F. 106-107°. Préparé par Pollak [*loc. cit.*].

Dérivé?-dichloro-1.8-*dinitro.* — P. F. 164° Préparé par Pollak (*loc. cit.*), en nitrant le 1.8-dinitronaphtalène, à côté d'un isomère fusible à 132°.

Dérivé?-dichloro-1.8-*dinitro.* — P. F. 132°. Pollak (*loc. cit.*).

DICHLOROTRINITRONAPHTALÈNES $C^{10}H^3Cl^2(AzO^2)^3$. — *Dérivé* 1.3-*dichloro?-trinitro.* — P. F. 178°. Clève [*D. chem. G.*, **23**, 956, 1890] l'obtient en nitrant le 1.3-dichloronaphtalène.

Dérivé 2.6-*dichloro?-trinitro.* — P. F. 198-200° [Alen *Bull. Soc. Chim.*, **36**, 434, 1881].

Dérivé 2.7-*dichloro ?-trinitro.* — P. F. 200-201°. — Alen [*loc. cit.*] obtient ces deux dérivés en nitrant les 2.6 et 2.7-dichloronaphtalènes.

BROMONITRONAPHTALÈNES $C^{10}H^6.Br.AzO^2$. — (Voy. 1er Suppl., 1043).

Dérivé 1.3. — P. F. 131°. Meldola [*Journ. chem. Soc.*, **47**, 506, 1885] et Liebermann [*Ann. Chem.*, **183**, 262, 1876] l'obtiennent en décomposant le dérivé diazoïque de la bromonitronaphtylamine 4.2.1 par le cuivre en poudre. Aiguilles jaunes..

Dérivé 1.4. — P. F. 85°. [Jolin, *Bull. Soc. Chim.*, **28**, 515]. Déjà décrit.

Dérivé 1.5. — P. F. 122°,5. Guareschi [*Ann. Chem.*, **222**, 291, 1884] et Ullmann et Consonno [*D. chem. G.*, **35**, 2802, 1902] obtiennent ce dérivé en traitant l'α-nitronaphtalène par le brome en présence de bromure de fer. Aiguilles jaunes facilement solubles dans les solvants organiques.

Dérivé 1.8. — P. F. 99-100°. Meldola et Streatfeild [*Journ. chem. Soc.*, **63**, 1057, 1893] obtiennent ce dérivé en diazotant la 1.8-nitronaphtylamine et transformant en dérivé bromé. Aiguilles jaunes cristallisant dans l'alcool dilué.

Dérivé 2.1. — P. F. 102-103. Vesely [*D. chem. G.*, **38**, 136, 1905] l'obtient en diazotant la 1.2-nitronaphtylamine et en traitant par le cuivre et l'acide bromhydrique. Aiguilles jaunes, solubles dans l'alcool et le benzène.

BROMODINITRONAPHTALÈNES $C^{10}H^5Br(AzO^2)^2$. —

Les dérivés décrits (1er Suppl., 1044) sous la rubrique *dibromonitronaphtalines*, préparés par Merz et Weith et fusibles à 170° et 143°, sont des dérivés bromodinitrés 1.4.5 et 1.4.8.

Dérivé 1.4.5. — P. F. 170°. Ullmann et Consonno [*D. chem. G.*, **35**, 2802, 1902] l'obtiennent en nitrant le 1.5-bromonitronaphtalène.

Dibromonitronaphtalènes $C^{10}H^5Br^2AzO^2$.

Dérivé 5.8.1. — P. F. 117°. Déjà décrit par Jolin [*Bull. Soc. Chim.*, **28**, 515].

Dérivé ?.?.1. — P. F. 96,5°. — Guaresdi [*Ann. Chem.*, **222**, 286, 1884] obtient ce dérivé en bromant l'α-nitronaphtalène.

Dérivé 1.4.2. — P. F. 117°. Meldola [*Journ. chem. Soc.*, **61**, 769, 1892 et **67**, 907, 1894] l'obtient en diazotant la 4.2.1-bromonitronaphtylamine et remplaçant le groupe AzH^2 par le brome. Aiguilles.

Tribromodinitronaphtalènes $C^{10}H^3Br^3(AzO^2)^2$. — Parger [*D. chem. G.*, **18**, 2164, 1885] obtient ce dérivé en traitant le tribromonaphtalène 1.2.4 par l'acide nitrique fumant.

Iodonitronaphtalènes $C^{10}H^6I.AzO^2$.

Dérivé 1.2. — P. F. 108,5°. Meldola [*Journ. Chem. Soc.*, **47**, 519. 1885] l'obtient en décomposant le sulfate de diazonitronaphtylamine 1.2 par l'acide iodhydrique. Il cristallise en écailles.

Dérivé 1.4. — P. F. 123°. Meldola [*loc. cit.*] le prépare à partir de la 1.4 nitronaphtylamine fusible à 191°. Aiguilles microscopiques.

Dérivé 2.1. — P. F. 88°,5. Préparé par Meldola à partir de la 1.2-nitronaphtylamine fusible à 126°. Aiguilles brillantes jaunes.

Produits de substitution chlorobromonitrés et iodobromonitrés. — Meldola [*Journ. chem. Soc.*, **61**, 768, 1892] prépare le *chlorobromonitronaphtalène* 1.4.2 fusible à 117° et l'*iodobromonitronaphtalène* 1.4.2 fusible à 117-118°, en diazotant la 4.2.1- bromonitronaphtylamine et en remplaçant le groupe AzH^2, soit par le chlore, soit par l'iode.

ACIDES NAPHTALÈNE-SULFINIQUES $C^{10}H^7.SO^2H$. — (Voy. Dict. **2**, p. 499 et 1er Suppl., 1047).

Gattermann [*D. chem. G.*, **32**, 1136, 1899] prépare les acides sulfiniques aromatiques avec des rendements presque quantitatifs, en diazotant les amines correspondantes, saturant la solution diazoïque par SO^2 à froid, et ajoutant peu à peu de la poudre de cuivre jusqu'à ce que le dégagement d'azote soit terminé.

Le *dérivé* α, $C^{10}H^7.SO^2H$, fond à 84-85°; l'acide β. à 105°.

Otto et Rœssing [*J. prakt. Chem.*, (2), **47**, 163. 1893] préparent les éthers de ces acides en traitant leur sel de soude par le chloroformiate de méthyle $ClCO^2CH^3$. L'*éther α-méthylique* $C^{10}H^7SO^2.CH^3$ est une huile peu soluble dans la ligroïne, soluble dans l'alcool et l'éther. L'*éther* β $C^{10}H^7SO^2CH^3$ cristallise dans la ligroïne en paillettes fusibles à 44°.

Acide nitronaphtalène - sulfinique 1.8, $C^{10}H^6.AzO^2.SO^2H$. — Erdmann et Suvern [*Ann. Chem.*, **275**, 306, 1893] obtiennent ce dérivé en traitant le chlorure de l'acide 1.8-nitronaphtalène-sulfonique avec le sulfite et le carbonate de soude à 50°.

Cet acide, chauffé en présence d'acide sulfurique par la vapeur d'eau, se décompose en nitronaphtalène et acide sulfureux. Ses sels sont très solubles.

Acides naphtalène - sulfinique - sulfonés, $C^{10}H^6.SO^2H.SO^3H$. — *Dérivé* 1.2. — Gattermann [*loc. cit.*] l'obtient à partir de l'acide 1.2-naphtylamine-sulfonique. Sel acide de soude $C^{10}H^7S^2O^5Na + H^2O$, cristaux jaunâtres.

Dérivés 1.4. — Préparé comme le précédent à partir de l'acide naphtionique.

Acides 2.4.8 et 8.1.4-*naphtalène-sulfinique-disulfonés* $C^{10}H^5SO^2H(SO^3H)^2$. — Comme les précédents, à partir des acides naphtylamine-disulfonique, 2.4.8 et 1.5.8 [Gattermann, *loc. cit.*].

Acide 2.6 *naphtalène - disulfinique* $C^{10}H^6(SO^2H)$. — Trœger et Meine [*J. prakt. Chem.*, (2), **68**, 313, 1903] obtiennent cet acide en réduisant le chlorure de l'acide 2.6-naphtalène-disulfonique par la poudre de zinc. Son sel de potassium traité par l'iodure de méthyle fournit la *naphtylène-diméthylsulfone* $C^{10}H^6(SO^2CH^3)^2$.

Appendice. — Trœger et ses collaborateurs [*J. prakt. Chem.*, (2), **66**, 130 et (2), **71**, 201, 1905] obtiennent, en faisant réagir sur les sels de sodium des acides naphtalène-sulfiniques différents dérivés chlorés de la série grasse, une série de sulfones; mentionnons par exemple les *éthylène-dinaphtyl-sulfones* α et β :

$$C^{10}H^7SO^2CH^2.CH^2SO^2C^{10}H^7$$

et les α et β-*naphtalène-sulfone-acétamides*, préparées suivant les réactions :

$$2C^{10}H^7SO^2Na + CH^2Cl - CH^2Cl = (C^{10}H^7SO^2CH^2)^2 + 2NaCl$$

et

$$C^{10}H^7SO^2Na + ClCH^2COAzH^2 = C^{10}H^7SO^2.CH^2.CO.AzH^2 + NaCl.$$

Les acides naphtalène-sulfiniques sont des réducteurs, ils absorbent facilement de l'oxygène en se transformant en acides naphtalène-sulfoniques correspondants (Gattermann). Littérature, voir Angeli, Angelico et Scurti [*Gazz. chim. ital.*, (2), **33**, 296, 1903 et *Central Blatt*, **2**, 691, 1902].

ACIDES NAPHTALÈNE-SULFONIQUES. — (Voir Dict., **2**, 497 et 1er Suppl., 1044).

Propriétés générales. — Erdmann et Suvern [*Ann. Chem.*, **275**, 297, 1893] ont trouvé que certaines bases organiques (aniline, benzidine, tolidine, etc.), forment avec les acides sulfoniques du naphtalène des sels peu solubles cristallisant bien, qui se prêtent facilement à leur séparation. Friedländer et Lucht [*D. chem. G.*, **26**, 3030, 1893] ont remarqué que l'amalgame de sodium réduit facilement les dérivés α-sulfoniques, tandis que les dérivés β sont très difficilement attaqués.

Acide α-naphtalène-sulfonique $C^{10}H^7.SO^3H$. — *Dérivés.* — L'*éther méthylique* $C^{10}H^7.SO^3.CH^3$ cristallise en tables fusibles à 78° [Otto, Rœssing, *J. prakt. Chem.*. (2), **47**, 164, 1893] et bout à 214° sous 15 millimètres [Krafft et Ross, *D. chem. G.*, **25**, 2263, 1892]. L'*éther éthylique*, huile épaisse se concrétant lentement en paillettes, distille dans le vide cathodique à 131° [Krafft et Wilke, *D. chem. G.*, **33**, 3207, 1900]. Le *bromure* $C^{10}H^7SO^2Br$ a été préparé par Otto et Rœssing [*loc. cit.*,], par oxydation de l'α-naphtalène-sulfinate de sodium avec l'eau de brome; il cristallise dans le benzène et fond à 88-89°. L'*iodure* $C^{10}H^7SO^2I$, préparé comme le bromure, est un corps jaune se décomposant au-dessus de 50°. L'*amide* $C^{10}H^7SO^2AzH^2$, déjà décrite par Maikopar, fournit par oxydation avec l'hypochlorite la *dichloramide*, $C^{10}H^7.SO^2.AzCl^2$ fusible à 91° [Chattaway, *J. chem. Soc.*, **87**, 145]. Le *chlorure* $C^{10}H^7SO^2Cl$ réagit avec la paranitraniline en formant la *naphtalène-sulfone-nitranilide* $C^{10}H^7SO^2AzH.C^6H^4AzO^2$ [Gilbert-Thomas Morgan, *J. chem. Soc.*, **87**, 921] et avec la cyanamide sodée $CAz.AzHNa$ en formant l'*α-cyanure de naphtalène-sulfone-amide* $C^{10}H^7SO^2AzH.CAz$ [Hebenstreit, *J. prakt. Chem.*, (2), **41**, 107, 1890.

Acide β-naphtalène-sulfonique. — *Dérivés.* — *Éther méthylique* $C^{10}H^7SO^3CH^3$. Tables brillantes fusibles à 66° [Otto Rœssing, *loc. cit.*]. *Éther éthylique* $C^{10}H^7.SO^3.C^2H^5$, point d'ébullition dans le vide cathodique 134° [Krafft et Wielke, *loc. cit.*]; point de fusion 11° [Krafft et Roos, *loc. cit.*]. Le *bromure* β $C^{10}H^7.SO^2Br$ se prépare comme le dérivé α; prismes fusibles à 96-97°. L'*iodure* β $C^{10}H^7SO^2I$ préparé comme le dérivé α est jaune, fusible à 94°. Le *chlorure* β $C^{10}H^7SO^2Cl$ fond à 76° [Bourgeois, *Recueil Trav. chim. Pays-Bas*, **18**, 439], il réagit facilement avec les amines. Fischer et Bergell [*D. chem. G.*, **35**, 3619; *ibid.*, **36**, 2592, 1903, et *C. R.*, *Académie royale Berlin*, 387, 1903], l'emploient pour caractériser les acides amino-carboxyliques de la série grasse, avec lesquels il fournit des dérivés cristallisant bien et faciles à isoler; avec l'acide amino-acétique on obtient, par exemple, la β-naphtylsulfoglycine $C^{10}H^7SO^2AzH.CH^2.CO^2H$ fusible à 159°, corps important ayant permis d'isoler certains polypeptides. Avec la paranitraniline il se combine également comme le dérivé α [Gilbert-Thomas Morgan, *loc. cit.*]. Traité par l'ammoniaque il se transforme en *amide* $C^{10}H^7SO^2AzH^2$, fusible à 214° (Clève, *loc. cit.*); l'oxydation par l'hypochlorite la transforme en dichloramide $C^{10}H^7SO^2AzCl^2$ fusible à 68° [Chattaway, *Proc. Chem. Soc.*, 167, **20**, 1904]. *Méthylamide*, $C^{10}H^7SO^2.AzH.CH^3$, masse cristalline fusible à 107° [Schey, *Recueil Trav. chim. Pays-Bas*, **16**, 181]. *Diméthylamide* $C^{10}H^7SO^2Az(CH^3)^2$, point de fusion 96° (Schey). β-*Naphtyl-sulfone-hydrazide* $C^{10}H^7SO^2AzH.AzH^2$, point de fusion 137-139°: Kahl [*Central Blatt*, 1904, **2**, 1494], l'obtient en faisant réagir le chlorure sur l'hydrazine en solution alcoolique, ainsi que Curtius et Lorenzen [*J. prakt. Chem.*, (2), **58**, 179, 1898]. *Cyanure de β-naphtylsulfone-amide*, $C^{10}H^7SO^2AzH.CAz$, préparé comme le dérivé α (Hebenstreit, *loc. cit.*).

ACIDES NAPHTALÈNE-DISULFONIQUES

$C^{10}H^6(SO^3H)^2$.

— *Dérivé* 1.2. — Armstrong et Wynne [*Proc. Chem. Soc.*, **126**, 168], l'obtiennent par oxydation de l'acide 1.2-thionaphtolsulfonique. Gattermann [*D. chem. G.*, **32**, 1156, 1899], par oxydation de l'acide 1.2-naphtalène-sulfinique-sulfoné au moyen du permanganate. Le PCl^5 le transforme en *anhydride*

$$C^{10}H^6 \langle {SO^2 \atop SO^2} \rangle O$$

fusible à 198-199° [*D. chem. G.*, **27**, (R), 81, 1894].

Dérivé 1.3. — Armstrong et Wynne [*D. chem. G.*, **24** (2), 707, 1891], le préparent en diazotant l'acide 2.6.8-naphtylamine-disulfonique et en traitant par l'alcool bouillant. Son *chlorure* $C^{10}H^6(SO^2Cl)^2$ fond à 137°. Chauffé avec la soude caustique à 150-300° il fournit de l'acide o-toluylique [Brevet all. 79028].

Dérivé 1.4. — Gattermann [*loc. cit.*] l'obtient par oxydation de l'acide naphtalène-sulfinique-sulfoné 1.4, et Armstrong et Wynne en oxydant l'acide 1.4-thionaphtol-sulfonique.

Dérivé 1.5 (anc. γ). — Le *chlorure* de cet acide fond à 183°. Fondu avec les alcalis, il fournit d'abord l'acide 1.5-naphtol-sulfonique, puis le dioxynaphtalène 1.5 [Brevet all. 41934].

Dérivé 1.6 (anc. δ). — Le *chlorure* fond à 128-129°. On l'obtient par sulfonation de l'acide β-naphtalène-sulfonique [Brevet all. 45229].

Dérivé 1.7. — Armstrong et Wynne [*D. chem. G.*, (2), **24**, 715, 1891] le préparent comme le dérivé 1.3 en partant de l'acide 1.4.6-naphtylamine-disulfonique.

Dérivé 1.8. — Obtenu par oxydation de l'acide thionaphtolsulfonique correspondant [A. et W.].

Dérivé 2.6 (anc. β). — Le *chlorure* fond à 226°.

Dérivé 2.7 (anc. α). — Le *chlorure* fond à 157-158°. Duisberg et Pfitzinger [*D. chem. G.*, **22**, 398, 1889] et Armstrong et Wynne [*Proc. Chem. Soc.*, **151**] l'obtiennent par substitution du groupe AzH^2 par l'hydrogène en partant des acides 2.3.6 et 1.3.6-naphtylamine-disulfonique; Baum [*Mon. scient.*, 773, 1891], en sulfonant l'acide β-naphtalène-sulfonique. Weinberg [Brevet all. 42113] le transforme par la soude caustique en acide 2.7-naphtol-sulfonique. Chattaway [*Proc. Chem. Soc.*, **20**, 167, 1904], en transforme la diamide par l'hypochlorite en *dichlorodiamide* $C^{10}H^6(SO^2AzCl^2)^2$, fusible à 165°. Matières colorantes, voir Brevet all. 110086.

ACIDES NAPHTALÈNE-TRISULFONIQUES

$C^{10}H^5(SO^3H)^3$.

— *Dérivé* 1.3.5. — Gattermann [*D. chem. G.*, **32**, 1158, 1899] l'obtient par oxydation de l'acide naphtalène-sulfinique-disulfoné 2.4.8. Erdmann [*ibid.*, **32**, 3188] l'obtient en sulfonant l'acide 1.5-naphtalène-disulfonique avec l'acide sulfurique fumant. On le purifie par cristallisation de son sel d'aniline. Le *chlorure* $C^{10}H^5(SO^2Cl)^3$ cristallise dans le benzène additionné de ligroïne et fond à 146° [Kalle et Ce, *Friedl.*, **4**, 530. Fischesser, *Friedl.*, **4**, 516].

Dérivé 1.3.6. — Erdmann [*loc. cit.*] l'obtient en sulfonant le naphtalène avec l'acide sulfurique fumant [Brevet all. 38281]. Armstrong et Wynne [*D. chem. G.*, **24**, (2), 715, 1891] le préparent en traitant le dérivé diazoïque de l'acide α-naphtylamine-trisulfonique par l'alcool bouillant. Son *chlorure* fond à 191° [Dressel et Kothe, *D. chem. G.*, **27**, 2146, 1894].

Dérivé 1.2.5. — Obtenu en diazotant l'acide 1.2.5-naphtylamine-disulfonique, traitant par le xanthogénate de potassium et oxydant le disulfure ainsi formé [Brevet all. 70296].

Dérivé 1.2.6. — Préparé comme le précédent au moyen de l'acide 2.1.6-naphtylamine-disulfonique [Brevet all. 70296]. D'après ce même brevet, en suivant le procédé indiqué ci-dessus, on arrive à préparer les acides 1.3.7, 1.3.8, 1.4.8 et 2.3.6-naphtalène-trisulfoniques, en se servant comme point de départ des acides amino-naphtalène-disulfoniques correspondants.

Dérivé 1.3.7. — Obtenu en sulfonant l'acide 2.6-naphtalène-disulfonique [Brevets all. 75432 et 70296].

ACIDES NAPHTALÈNE-TÉTRASULFONIQUES

$C^{10}H^4(SO^3H)^4$.

— *Dérivé* 1.3.6.8. — Obtenu en diazotant l'acide naphtylamine-trisulfonique 1.3.6.8, transformant en disulfure et oxydant [Brevet all. 70296].

Dérivé 2.3.6.8. — Obtenu de la même façon que le précédent en partant de l'acide 2.3.6.8-naphtylamino-trisulfonique.

Dérivé 1.3.5.7. — Obtenu par sulfonation des acides 2.6 et 2.6.8 di- et trisulfoniques [Patent-anmeldung, F., 7224, *Friedl.*, **4**, 589-605]

DÉRIVÉS HALOGÉNO-SULFONÉS DU NAPHTALÈNE.

ACIDES FLUORONAPHTALÈNE-SULFONIQUES

$C^{10}H^6Fl.SO^3H$.

— *Dérivé* 1.4. — Mauzélius [*Ofvg.*, 1890, **8**, 441], l'obtient en faisant réagir l'acide fluorhydrique sur l'acide diazonaphtalène-sulfonique 1.4. Son *éther éthylique* $C^{10}H^6Fl.SO^3CH^3$ cristallise dans l'alcool en prismes incolores fusibles à 93°. Le *chlorure* $C^{10}H^6.Fl.SO^2Cl$ fond à 86°. L'*amide* $C^{10}H^6Fl.SO^2.AzH^2$ à 204-205°. Le chlorure est réduit par l'acide iodhydrique concentré en fournissant le *disulfure* $(C^{10}H^6Fl)^2S^2$ fusible à 143°. Sels : voyez Mauzélius.

Dérivé 1.5. — Mauzélius [*D. chem. G.*, **22**,

1844, 1889] le prépare comme le précédent en partant de l'acide 1.5-naphtylamine-sulfonique. L'*éther éthylique* fond à 79°. L'*éther méthylique* fond à 118°. Le *chlorure* $C^{10}H^{6}Fl.SO^{2}Cl$ fond à 122-123°; il cristallise, en prismes, dans le chloroforme. Le *bromure* $C^{10}H^{6}Fl.SO^{2}Br$ fond à 145°. L'*amide* $C^{10}H^{6}Fl.SO^{2}.AzH^{2}$, houppes brillantes solubles dans l'alcool bouillant, fond à 196-197°.

ACIDES CHLORONAPHTALÈNE-SULFONIQUES

$C^{10}H^{6}Cl.SO^{3}H.$

— *Dérivé* 1.2. — Ruijter [*Recueil Trav. chim. Pays-Bas*, **23**, 173] et Clève [*D. chem. G.*, **24**, 3472, 1891] le préparent en traitant le dérivé diazoïque de l'acide 1.2-naphtylamine-sulfonique par le chlorure cuivreux. Il cristallise dans l'eau avec 3.1/2 molécules $H^{2}O$ et fond déshydraté à 130-131°. Le *chlorure* $C^{10}H^{6}Cl.SO^{2}Cl$ cristallise dans le benzène en aiguilles fusibles à 80°. Les sels de cet acide sont étudiés par Clève. L'*éther éthylique* cristallise dans l'alcool en petites aiguilles fusibles à 104°.

Dérivé 1.3. — Clève [*D. chem. G.*, **21**, 3273, 1888] l'obtient en traitant le diazoïque de l'acide amidonaphtalène-sulfonique 1.3 par l'acide chlorhydrique concentré. Son *chlorure* se présente sous forme de petits cristaux fusibles à 106°. L'*amide* $C^{10}H^{6}Cl.SO^{2}AzH^{2}$, aiguilles triangulaires peu solubles, fond à 168°. Sels étudiés par Clève.

Dérivé 1.4 décrit (Dict., **2**, 500). — Clève [*D. chem. G.*, **20**, 72, 1887] l'obtient en faisant réagir l'acide chlorhydrique concentré sur le diazoïque de l'acide naphtionique. Il cristallise en petites aiguilles brillantes fusibles à 130-133° en se décomposant [Arnell, *D. chem. G.*, **17**, R. 47, 1884]. L'*éther méthylique* cristallise dans le chloroforme en prismes fusibles à 83°. L'*éther éthylique* cristallise dans l'alcool en longs prismes fusibles à 104°. Le *chlorure* $C^{10}H^{6}Cl.SO^{2}Cl$ cristallise en prismes fusibles à 95°. — *Amide* $C^{10}H^{6}Cl.SO^{2}AzH^{2}$ aiguilles fusibles à 187°. — Sels étudiés par Arnell. — Cet acide, traité par l'ammoniaque sous pression à 200°, se transforme en acide naphtionique [Brevet all. 72336].

Dérivé 1.5. — Clève [*loc. cit.*] le prépare par l'action de l'acide chlorhydrique concentré sur le dérivé diazoïque de l'acide 1.5-naphtylamine-sulfonique. Armstrong [*Journ. chem. Soc.*, 230, 1886] l'obtient en sulfonant l'α-chloronaphtalène; Armstrong et Wynne [*D. chem. G.*, (2), **24**, 714, 1891], en chauffant à 160° le dérivé 1.4 mentionné ci-dessus. Hellström [*Ofvg.*, **2**, 114, 1889] le prépare en traitant le diazoïque de l'acide 1.2.5-chloronaphtylamine-sulfonique par l'alcool; Rudolph [*Central Blatt*, **2**, 949, 1899], en chlorant l'acide α-naphtalène-sulfonique.

Le *chlorure* cristallise dans le chloroforme en gros cristaux fusibles à 95°. Le *bromure* facilement soluble dans le benzène fond à 110°; il est réduit par l'acide iodhydrique concentré en disulfure $C^{10}H^{6}Cl.S^{2}.C^{10}H^{6}Cl$ (Mauzélius). L'*amide* cristallise en écailles argentées fusibles à 226°. L'*éther éthylique* [Bäckström, *D. chem. G.*, **20**, 74, 1887] cristallise en prismes fusibles à 46°.

Dérivé 1.6. — Préparé par Clève [*loc. cit.*] en partant de l'acide 1.6-nitronaphtalène-sulfonique. L'acide, très soluble dans l'eau, présente une consistance de miel. Il a été également obtenu soit en chlorant l'acide β-naphtalène-sulfonique, soit en sulfonant l'α-chloronaphtalène [Brevets all. 101 349 et 76 396]. Le *chlorure* fond à 114-115°. L'*amide*, à 216°.

Dérivé 1.7. — Clève l'obtient à partir de l'acide 1.7-aminonaphtalène-sulfonique [*D. chem. G.*, **25**, 2480, 1892] par diazotation. Il cristallise en aiguilles facilement solubles dans l'eau. On l'obtient à côté du dérivé 1.6 en sulfonant l'α-chloronaphtalène ou en chlorant l'acide β-naphtalène-sulfonique [Brevets all. 76 396 et 101 349]. — Cet acide a été étudié également par Armstrong et Wynne [*D. chem. G.*, (2), **24**, 658, 1891].

Le *chlorure*, facilement soluble dans l'acide acétique, cristallise en gros cristaux fusibles à 94°. L'*amide* fond à 181° (Clève) ou à 185° (Armstrong). L'*éther éthylique* cristallise dans l'alcool en gros prismes fusibles à 90°.

Dérivé 1.8. — Clève [*D. chem. G.*, **23**, 962, 1890] l'obtient en faisant réagir le PCl^{5} sur l'acide nitronaphtalène-sulfonique 1.8. Le *chlorure* cristallise en paillettes fusibles à 101°. L'*éther éthylique* fond à 67°,5; l'*éther méthylique*, à 70°. L'*amide*, à 196-197°. Le chlorure réduit par l'acide iodhydrique se transforme en *disulfure* $(C^{10}H^{6}Cl)^{2}S^{2}$ fusible à 110°.

Dérivé 2.1. — Obtenu par Armstrong et Wynne [*Chem. News*, **73**, 54] en traitant l'acide 2.1-naphtylamine-sulfonique par la réaction de Sandmeyer. Le *chlorure* cristallise dans le benzène et fond à 76°. L'*amide* fond à 153°.

Dérivé 2.5. — Préparé par Clève [*D. chem. G.*, **25**, 2481, 1892] à partir de l'acide 2.5-aminonaphtalène-sulfonique [Armstrong et Wynne, *ibid.*, (2), **24**, 658]. Sels étudiés par les mêmes auteurs. L'*éther éthylique* fond à 114°,5. Le *chlorure* cristallise dans le benzène et fond à 69°. L'*amide*, écailles argentées, fond à 214°.

Dérivé 2.6. — Arnell [*Bull. Soc. Chim.*, **45**, 184, 1886] l'obtient à côté du dérivé 2.8, en sulfonant le β-chloronaphtalène; Armstrong [*Journ. Chem. Soc.*, 22, 1887] le prépare de la même façon avec le chlorure de sulfuryle; Försling [*D. chem. G.*, **20**, 80, 1887], en diazotant l'acide 2.6-naphtylamine-sulfonique. Le *chlorure* cristallise dans le benzène et fond à 110°. L'*éther méthylique* fond à 89°. L'*éther éthylique*, à 78-79°.

Dérivé 2.7. — Clève [*loc. cit.*] le prépare à partir de l'acide 2.7-naphtylamine-sulfonique. L'acide anhydre fond à 178°. Le *chlorure* cristallise dans le benzène en gros cristaux fusibles à 86°. *Éther méthylique*, P. F. 89°. *Éther éthylique*, P. F. 65°. *Amide*, P. F. 176°.

Dérivé 2.3. — Arnell [*loc. cit.*] l'obtient à côté du dérivé 2.6. Armstrong [*Journ. Chem. Soc.*, 22, 1887, 1888] le prépare en traitant le β-chloronaphtalène par $SO^{2}Cl^{2}$. Försling [*D. chem.* **21**, *G.*, 2802] l'obtient en diazotant l'acide 2.8-aminonaphtalène-sulfonique. Cet acide est très soluble dans l'eau. Le *chlorure* cristallise dans le benzène en prismes fusibles à 129°. L'*amide*, peu soluble dans l'alcool, fond à 235°. L'*éther méthylique* fond à 115°.

ACIDES CHLORONAPHTALÈNE-DISULFONIQUES

$C^{10}H^{5}Cl(SO^{3}H)^{2}.$

— Ces acides ont été étudiés par Armstrong et Wynne [*D. chem. G.*, (2), **24**, 707, 1891; *ibid.*, **29**, R. 225, 1896; *Proc. Chem. Soc.*, n° 182; et *Chem. News*. **73**, 55] ainsi que par Forsling [*D. chem. G.*, **21**, 3497, 1888].

Dérivé 1.2.7. — L'acide 1.2.7-chloronaphtylamine-sulfonique est diazoté, transformé en disulfure et oxydé par le permanganate [A. et W., *D. chem. G.*, **29**, R. 225, 1896]. Son *sel de potassium* cristallise avec 1/3 molécule $H^{2}O$.

Dérivé 1.3.5. — Obtenu en traitant par la méthode de Sandmeyer l'acide 1.3.5-napthtylamine-disulfonique [*Chem. News*, *loc. cit.*]. Son *chlorure* $C^{10}H^{5}Cl(SO^{2}Cl)^{2}$ cristallise dans l'acide acétique en prismes fusibles à 130°.

Dérivé 1.3.6. — Préparé par Rudolph [Brevet

all. 103983] en chlorant l'acide 3.6.-naphtalène-disulfonique, ou à partir de l'acide 1.3.6-nitro-naphtalène-disulfonique [*D. chem. G.*, **29**, R., 225, 1896]. Le *chlorure* cristallise sous deux formes, l'une (prismes) fusible à 114°, l'autre (aiguilles) fusible à 127°.

Dérivé 1.3.8. — On l'obtient à partir de l'acide 1.3.8-naphtylamine-disulfonique [A. et W., *D. chem. G.*, (2), **24**, 708, 1891]. Son *chlorure* fond à 110°.

Dérivé 1.4.6. — Obtenu à partir de l'acide 1.4.6-naphtylamine-disulfonique correspondant [*D. chem. G.*, (2), **24**, 715, 1891]. Son *chlorure* fond à 126-127°.

Dérivé 1.4.7 — Obtenu en sulfonant l'acide 1.4-chloronaphtalène-sulfonique, ou à partir de l'acide aminonaphtalène-disulfonique 1.4.7 [*D. chem. G.*, (2), **24**, 709]. Le *chlorure* fond à 107°.

Dérivé 1.4.8. — Préparé au moyen de l'acide aminonaphtalène-disulfonique 1.4.8 [*D. chem. G.*, (2), **24**, 715]. Le *chlorure* fond à 182°.

Dérivé 2.1.5. — Préparé au moyen de l'acide 2.1.5-naphtylamine-disulfonique [*D. chem. G.*, (2), **24**, 716]. Le *chlorure* fond à 158°.

Dérivé 2.1.6. — Forsling le prépare à partir de l'acide 2.1.6-naphtylamine-disulfonique. Le *chlorure* cristallise dans le benzène en tables fusibles à 124°,5.

Dérivé 2.3.6. — Obtenu par Armstrong et Wynne [*loc. cit.*] en partant de l'acide 2.3.6-naphtylamine-disulfonique. Le *chlorure* fond à 165°.

Dérivé 2.3 7. — Obtenu comme le précédent en partant de l'acide 2.3.7-naphtylamine-disulfonique ou de l'acide 2.3.7-naphtoldisulfonique (A. et W.). Le *chlorure* fond à 176°.

Dérivé 2.4.6. — Il s'obtient en petites quantités à côté de l'isomère 2.6.8 en sulfonant l'acide 2.6-chloronaphtalène-sulfonique (A. et W.). Le *chlorure* fond à 148°.

Dérivé 2.4.7. — Il s'obtient en partant de l'acide 2.7-chloronaphtalène-sulfonique qu'on traite par l'acide sulfurique fumant (A. et W.). Le *chlorure* fond à 174°.

Dérivé 2.5.7. — Il se prépare à partir de l'acide 2.5.7-naphtylamine-disulfonique correspondant (A. et W.). Le *chlorure* fond à 156°.

Dérivé 2.6.8. — Voir dérivé 2.4.6. — Le *chlorure* fond à 170°.

ACIDE CHLORONAPHTALÈNE-TRISULFONIQUE 1.2.4.7, $C^{10}H^4Cl.(SO^3H)^3$. — Armstrong et Wynne [*D. chem. G.*, (2), **24**, 715, 1891] le préparent à partir de l'acide β-naphtylamine-trisulfonique correspondant. Son *chlorure* fond à environ 215°. Oehler [Brevet allemand 76230] l'obtient en sulfonant l'α-chloronaphtalène.

ACIDES DICHLORONAPHTALÈNE-SULFONIQUES

$C^{10}H^5Cl^2.SO^3H.$

— *Dérivé* 1.2.5. — Hellström [*Ofvg.*, **2**, 114, 1889] l'obtient en traitant l'acide 1.2.5-chloro-naphtylamine-sulfonique par AzO^2H et Cu^2Cl^2, et Armstrong et Wynne [*D. chem. G.*, (2), **24**, 711, 1891] en sulfonant le 1.2-dichloronaphtalène. Le *chlorure* fond à 105°, l'*amide* à 223°.

Dérivé 1.2.6. — Obtenu à côté du précédent en sulfonant le 1.2-dichloronaphtalène. Le *chlorure* fond à 167° ; l'*amide* à 192°.

Dérivé 1.2.7. — Obtenu en traitant l'acide 2.1.7-chloronaphtylamine-sulfonique par AzO^2H et CuCl [A. et W. *loc. cit.*; — Clève, *ibid.*, **25**, 2487]. Le *chlorure* fond à 124° et l'*amide* à 227°.

Dérivé 1.2.8. — Obtenu par Clève [*Beilstein*, **2**, 208] en partant de l'acide 2.1.8-chloronitro-naphtalène-sulfonique. Le *chlorure* fond à 138°; l'*amide* à 221°.

Dérivé 1.3.5. — Obtenu par Widmann [*D. chem. G.*, **12**, 2231, 1879] en faisant bouillir le tétrachlorure de l'acide α-naphtalène-sulfonique avec la potasse caustique, et par A. et W. [*loc. cit.*] en sulfonant le 1.3-dichloronaphtalène. Le *chlorure* fond à 145°; l'*amide* à 250° en se décomposant.

Dérivé 1.3.7. — Obtenu par A. et W. [*loc. cit.*] en chauffant le 1.3-dichloronaphtalène avec HSO^3Cl à 160°. Le *chlorure* fond à 121° et l'*amide* à 228°.

Dérivé 1.4.6. — Widmann [*loc. cit.*] l'obtient à partir du tétrachlorure de l'acide β-naphtalène-sulfonique. Arnell [*Beilstein*, **2**, 208], en sulfonant le 1.4-dichloronaphtalène. Le *chlorure* fond à 133° et l'*amide* à 245° en se décomposant.

Dérivé 1.5.6. — Clève [*Beilstein*, **2**, 208] l'obtient en partant de l'acide 5.1.6-chloronitro-naphtalène-sulfonique. Le *chlorure* fond à 121° et l'*amide* à 282°.

Dérivé 1.5.7, — Armstrong et Wynne [*loc. cit.*] le préparent en sulfonant le 1.5-dichloronaphtalène. Le *chlorure* fond à 139°,5; l'*amide* à 204°.

Dérivé 1.6.3. — Armstrong et Wynne [*Central Blatt*, (2), 552, 1897] l'obtiennent en traitant l'acide 2.5.7-chloronaphtalène-disulfonique par le PCl^5 et en saponifiant le chlorure obtenu par l'eau. Le *chlorure* fond à 156°; l'*amide* à 196°.

Dérivé 1.6.4. — Clève [*D. chem. G.*, **24**, 3477, 1891] le prépare en sulfonant le 1.6-dichloronaphtalène. Le *chlorure* fond à 151° ; l'*amide* à 217°.

Dérivé 1.7.3. — Armstrong et Wynne [*Central Blatt*, (2), 552, 1897] l'obtiennent comme le dérivé 1.6.3 en partant de l'acide 2.6.8-chloronaphtalène-disulfonique. Le *chlorure* fond à 130°; l'*amide* à 218°.

Dérivé 1.7.4. — Armstrong et Wynne [*D. chem. G.*, (2), **24**, 712, 1891] le préparent en sulfonant le 1.7-dichloronaphtalène. Le *chlorure* fond à 118°; l'*amide* à 226°.

Dérivé 1.8.3. — A. et W. [*Central Blatt*, (2), 552, 1897] le préparent en chauffant le chlorure de l'acide 1.3.8-chloronaphtalène-disulfonique avec PCl^5 à 160° et saponifiant. Le *chlorure* fond à 158°; l'*amide* à 197°.

Dérivé 1.8.4. — A. et W. [*D. chem. G.*, (2), **24**, 711, 1891] l'obtiennent en sulfonant le 1.8-dichloronaphtalène. Le *chlorure* fond à 116°; l'*amide* à 229°.

Dérivé 2.3.5. — A. et W. [*loc. cit.*] l'obtiennent en sulfonant le 2.3-dichloronaphtalène. Le *chlorure* fond à 142°; l'*amide* à 268°.

Dérivé 2.3.6. — A. et W. [*loc. cit.*] l'obtiennent à côté de l'acide précédent en sulfonant le 2.3-dichloronaphtalène. Le *chlorure* fond à 178°.

Dérivé 2.6.8. — A. et W. [*loc. cit.* et *Cent. Blatt*, (2), 552, 1897] l'obtiennent en sulfonant le 2.6-dichloronaphtalène. Le *chlorure* fond à 136° et l'*amide* à 269°.

Dérivé 2.7.3. — A. et W. [*loc. cit.*] le préparent en sulfonant le 2.7-dichloronaphtalène. Le *chlorure* fond à 163°,5 et l'*amide* à 218°.

ACIDES DICHLORONAPHTALÈNE-DISULFONIQUES

$C^{10}H^4Cl^2(SO^3H)^2.$

— *Dérivé* 1.6.3.8. — Friedländer [*D. chem. G.*, **29**, 1982, 1896] obtient ce dérivé en remplaçant par le chlore les deux groupes amidés de l'acide 1.6.3.8-naphtylène-diamine-disulfonique.

Dérivé 1.6.4.8. — Obtenu de même que l'acide précédent en traitant l'acide 1.6.4.8 naphtylène-diamine-disulfonique.

ACIDES TRICHLORONAPHTALÈNE-SULFONIQUES

$C^{10}H^4Cl^3.SO^3H.$

— Armstrong et Wynne [*D. chem. G.*, (2), **24**, 710, 1891 et *Central Blatt*, (2), 121, 1895] ont obtenu cinq de ces acides en sulfonant les trichloronaphtalènes correspondants; la position du groupe sulfonique n'a pas été déterminée.

Dérivé 1.2.3.?. — Le *chlorure* de cet acide, $C^{10}H^4Cl^3SO^2Cl$, fond à 182°.

L'*amide* $C^{10}H^4Cl^3SO^2AzH^2$, à 296°.

Dérivé 1.2.4.?. — Le *chlorure* fond à 157-158°; l'*amide* à 235°.

Dérivé 1.2.7.?. — Le *chlorure* fond à 173°.

Dérivé 1.2.8.?. — Le *chlorure* fond à 105°.

Dérivé 1.3.6.?. — Le *chlorure* fond à 154°.

ACIDES BROMONAPTALÈNE-SULFONIQUES $C^{10}H^6Br.SO^3H$ (voyez Dict., **2**, 499 et 1er Suppl., 1046). — *Dérivé* 1.4 déjà décrit (anciennement α). Voyez Gessner [*D. chem. G.*, **9**, 1504] et Meldola [*ibid.*, **12**, 1964, 1879].

Dérivé 1.5 déjà décrit (anciennement β). — Voyez Mauzélius [*D. chem. G.*, **20**, 3405] et Backström [*ibid.*, **20**, 3406, 1887].

Dérivé 2.5. — Lindall [*D. chem. G.*, (2), **24**, 706, 1891] l'obtient en remplaçant le groupe amino de l'acide aminonaphtalène-sulfonique-2.5 par le brome. Le *chlorure* $C^{10}H^6Br.SO^2Cl$ fond à 77°; l'*amine* $C^{10}H^6BrSO^2AzH^2$, à 217°.

Dérivé 2.6. — Forsling [*D. chem. G.*, **22**, 1400, 1889] l'obtient comme le précédent en partant de l'acide 2.6-naphtylamine-sulfonique. Le *chlorure* se présente sous forme d'aiguilles fusibles à 122°; le *bromure* $C^{10}H^6Br.SO^2Br$ cristallise en aiguilles fusibles à 118°. L'*amide* fond à 207°.

Dérivé 2.7. — Lindall [*loc. cit.*] l'obtient comme le précédent en partant de l'acide 2.7-naphtylamine-sulfonique. Le *chlorure* fond à 100° et l'*amide* à 218°.

Dérivé 2.8. — Forsling [*loc. cit.*] l'obtient en partant de l'acide 2.8-naphtylamine sulfonique. Le *chlorure* fond à 147° (Lindall); le *bromure* à 151° et l'*amide* à 209°.

Dérivé ?.2. — Darmstædter et Wichelhaus [*Ann. Chem.*, **152**, 305] l'obtiennent en traitant par le brome l'acide β-naphtalène-sulfonique. Il fond à 62°.

ACIDES DIBROMONAPTHALÈNE-SULFONIQUES

$C^{10}H^5Br^2SO^3H$.

— *Dérivé* 1.3.?. — Armstrong et Rossiter [*D. chem. G.*, (2), **25**, 749, 1892] obtiennent par la sulfonation du 1.3-dibromonaphtalène deux dérivés dibromosulfoniques, le dérivé α dont le *chlorure* fond à 157° et le dérivé β dont le *chlorure* fond à 128°.

Dérivé 1.4.6 déjà mentionné par Jolin. — Armstrong et Rossiter [*loc. cit.* et *D. chem. G.*, **26**, 2868, 1893] l'obtiennent en traitant par le brome l'acide 1.6-naphtalène-disulfonique.

Dérivé 1.5.?. — Obtenu (A. et R.) en sulfonant le 1.5-dibromonaphtalène. Le *chlorure* fond à 175°.

Dérivé 1.6.?. — Obtenu (A. et R.) en sulfonant le 1.6-dibromonaphtalène. Le *chlorure* fond à 145°.

Dérivé 1.7.?. — Obtenu (A. et R.) en sulfonant le 1.7-dibromonaphtalène. Le *chlorure* fond à 113°.

ACIDES IODONAPHTALÈNE-SULFONIQUES

$C^{10}H^6I.SO^3H$.

— *Dérivé* 1.5. — Mauzélius [*D. chem. G.*, **22**, 2820, 1889] prépare ce dérivé en traitant l'acide 1.5-naphtylamine-sulfonique par l'acide nitreux et l'acide iodhydrique concentré. Il cristallise en tables fusibles à 129°. Le *chlorure* fond à 114°; le *bromure* à 153° et l'*amide* à 239°.

Dérivé 2.5. — Armstrong et Wynne [*D. chem. G.*, (2), **24**, 707] obtiennent cet acide de la même manière en traitant l'acide 2.5-naphtylamine-sulfonique. Son *chlorure* fond à 92°,5; l'*amide* à 213°.

Dérivé 2.6. — Houlding [*D. chem. G.*, (2), **24**, 706, 1891] le prépare comme les précédents en partant de l'acide 2.6-naphtylamine-sulfonique. Le *chlorure* fond à 140°; l'*amide* à 220°.

Dérivé 2.7. — Obtenu (A. et W.) en traitant l'acide 2.7-naphtylamine-sulfonique par l'acide nitreux et l'acide iodhydrique concentré. Le *chlorure* fond à 100°; l'*amide* à 210°.

Dérivé 2.8. — Obtenu en partant de l'acide 2.8-naphtylamine-sulfonique (A. et W.). Le *chlorure* fond à 164° et l'*amide* à 240°.

ACIDES NITRONAPHTALÈNE-SULFONIQUES

$C^{10}H^6.AzO^2.SO^3H$.

— *Dérivé* 1.3. — Obtenu par Clève [*D. chem. G.*, **19**, 2179], en traitant l'acide β-naphtalène-sulfonique par l'acide nitrique; l'acide est facilement soluble dans l'eau, ses sels sont par contre difficilement solubles à l'exception du sel d'argent. L'*éther éthylique* cristallise dans l'alcool en aiguilles fusibles à 114°,5. Le *chlorure* est en aiguilles jaune pâle fusibles à 139°,5-140°. L'*amide* fond à 225°.

Dérivé 1.4. — Clève [*D. chem. G.*, **23**, 958, 1890] l'obtient à côté des dérivés 1.5 et 1.8 en traitant le sel de soude de l'acide α-naphtalène-sulfonique par AzO^3H concentré. L'acide est facilement soluble; sels presque tous connus.

L'*éther méthylique* peu soluble dans l'alcool cristallise en aiguilles fusibles à 117°. L'*éther éthylique* forme des prismes fusibles à 93°. Le *chlorure* cristallise dans le chloroforme en gros prismes fusibles à 99°. L'*amide* fond à 186°.

Dérivé 1.5 (anciennement α), déjà décrit (1er Suppl., 1046). — Erdmann [*Ann. Chem.*, **275**, 246, 1893] l'obtient également à côté du dérivé 1.8 en nitrant à basse température le chlorure de l'acide α-naphtalène-sulfonique.

Cet acide, réduit par le glucose ou la phénylhydrazine en solution alcaline, fournit l'acide azoxynaphtalène-5.5-disulfonique [Wacker, *Ann. Chem.*, **321**, 61, 1902].

Dérivé 1.6 (anciennement β), déjà décrit, *loc. cit.* — Palmaer [*D. chem. G.*, **21**, 3261, 1888] l'obtient en sulfonant l'α-nitronaphtalène à côté des dérivés 1.5 et 1.7.

Erdmann [*loc. cit.*] l'obtient à côté du dérivé 1.7 en nitrant à basse température le chlorure de l'acide β-naphtalène-sulfonique.

Dérivé 1.7 (anciennement δ) déjà décrit, *loc. cit.* — Palmaer [*loc. cit.*] l'obtient en chauffant pendant longtemps l'α-nitronaphtalène avec l'acide sulfurique concentré. Il se forme en même temps les isomères 1.5 et 1.6. Voyez également Erdmann [*loc. cit.*].

Le *chlorure* fond à 167°; l'*amide* à 223°.

Dérivé 1.8. — Erdmann [*loc. cit.*] l'obtient à côté du dérivé 1.5. On le sépare de ce dernier en traitant leurs chlorures par le sulfure de carbone, le dérivé 1.8 y est très peu soluble. L'acide 1.8 cristallise dans l'eau, sels presque tous connus. L'*éther méthylique* fond à 124°; l'*éther éthylique* à 118°. Le *chlorure* cristallise en prismes fusibles à 161° en se décomposant et l'*amide*, aiguilles soyeuses, fond à 185°.

ACIDES NITRONAPHTALÈNE-DISULFONIQUES

$C^{10}H^5AzO^2(SO^3H)^2$.

— *Dérivé* 1.3.6. — Alen [*Bull. Soc. Chim.*, **39**, 63, 1883] et Clève [*D. chem. G.*, **25**, 2485, 1892] ont obtenu ce dérivé en traitant le chlorure de l'acide 2.7-naphtalène-disulfonique par l'acide nitrique et l'acide sulfurique concentré. Alen obtient ainsi un mélange du chlorure de ce dérivé avec celui d'un dérivé dinitré-disulfonique 1.8.3.6; on les sépare en dissolvant dans le benzène le dérivé 1.3.6.

On saponifie le chlorure en le chauffant à 150° avec de l'eau. Alen considérait cet acide comme un dérivé 1.2.7. Armstrong et Wynne. [*D. chem. G.*, **29**, R, 225, 1896] ont démontré que c'était un dérivé 1.3.6; en effet, en le fondant avec PCl^5, ils ont obtenu le 1.3.6-trichloronaphtalène. La plupart des sels sont connus. Le *chlorure* fond à 140-141°. *L'amide* $C^{10}H^5.AzO^2(SO^2AzH^2)^2$, à 286-287° en se décomposant.

Dérivé 1.3.7. — Alen [*loc. cit.* et *D. chem. G.*, **17**, R, 437, 1884] l'a obtenu en traitant le chlorure de l'acide 2.6-naphtalène-disulfonique comme ci-dessus. L'acide cristallise en houppes facilement solubles dans l'eau et l'alcool. *Sels* presque tous connus. Le *chlorure* cristallise dans le benzène en prismes fusibles à 190-191°. *L'amide* fond au-dessus de 300°. Bernthsen [*D. chem. G.*, **22**, 3327, 1889] et Schultz [*ibid.*, **23**, 77] obtiennent ce dérivé en nitrant l'acide 1.6-naphtalène-disulfonique, à côté d'un isomère 2.4.7.

Dérivé 1.3.8. — Obtenu en nitrant l'acide 1.6-naphtalène-disulfonique [Friedländer, *D. chem. G.*, **28**, 1535, 1895; voyez Brevets allemands 45776 et 52724].

Dérivé 1.5.8. — Obtenu en nitrant l'acide 1.4-naphtalène-disulfonique (Brevet allemand 70857).

Dérivé 1.4.8. — Obtenu en nitrant l'acide 1.5-naphtalène-disulfonique à côté de l'isomère 2.4.8 [Cassella, Fried., 3, 444 et *Monit. Scient.*, 1892, 4; Bernthsen, *D. chem. G.*, **22**, 3327, 1889].

Dérivé 2.4.8. — Obtenu à côté du précédent, cet acide est moins soluble dans l'eau que le dérivé 1.4.8, ce qui permet de les séparer.

ACIDES DINITRONAPHTALÈNE-SULFONIQUES

$C^{10}H^5(AzO^2)^2SO^3H$.

— *Dérivé* 1.5.3. — Obtenu par sulfonation du 1.5-dinitronaphtalène avec l'acide sulfurique fumant à 100° [*Central Blatt*, **1**, 286, 1901].

Le *chlorure* cristallise dans le chloroforme en prismes fusibles à 118-119°.

Dérivé 1.8.3. — Obtenu en sulfonant le 1.8-dinitronaphtalène [*Central Blatt*, **1**, 286, 1901]: — Ekstein [*D. chem. G.*, **35**, 3403, 1902]. Hellström [*Oefversigt a. K. A.*, **10**, 613, 1888] l'obtient en nitrant l'acide 1.6-nitronaphtalène-sulfonique. *Sels* pour la plupart connus. *Ether éthylique*, aiguilles fusibles à 153-154°. *Chlorure*, tables cristallisant dans le chloroforme et fusibles à 143-144°. *Amide*, aiguilles fusibles à 275° en se décomposant.

Dérivé 1.8.4. — Préparé par Cassella [*Monit. Scient.*, 1893, 206] en nitrant l'acide 1.5-nitronaphtalène-sulfonique.

ACIDES DINITRONAPHTALÈNE-DISULFONIQUES

$C^{10}H^4(AzO^2)^2(SO^3H)^2$.

— *Dérivé* 1.5.3.7. — Cet acide a été préparé par Cassella [*Monit. Scient.*, 1891, 1000] en nitrant l'acide 2.6-naphtalène-disulfonique.

Dérivé 1.6.4.8. — Kalle et C° [Friedl., 3, 481] le préparent en nitrant l'acide 1.5-naphtalène-disulfonique.

Dérivé 1.8.3.6. — Préparé par Alen [*Oefversigt*, 8, 3, 1883 et *Bull. Soc. Chim.*, **39**, 63, 1883] en nitrant le chlorure de l'acide 2.7-naphtalène-disulfonique. *Sels* assez solubles. Le *chlorure* $C^{10}H^4(AzO^2)(SO^2Cl)^2$ cristallise dans le benzène en aiguilles plates fusibles à 218-219°. *L'amide* fond à 306° en brunissant.

ACIDES CHLORONITRONAPHTALÈNE-SULFONIQUES, $C^{10}H^5Cl.AzO^2.SO^3H$. — *Dérivé* 2.1.5. — Obtenu par Clève [*Chem. Zeit.*, 398, 1893] en traitant à basse température le chlorure de l'acide 2.5-chloronaphtalène-sulfonique par AzO^3H concentré. Masse sirupeuse. *Sel de baryum* $+ 4H^2O$ peu soluble. *L'éther éthylique* fond à 110°; le *chlorure* $C^{10}H^5Cl.AzO^2.SO^2Cl$, à 112° et l'*amide* à 214°.

Dérivé 2.1.6. — Clève [*loc. cit.*] l'obtient comme le précédent en partant du chlorure de l'acide 2.6-chloronaphtalène-sulfonique. Masse sirupeuse. *Sel de baryum* $+ 3H^2O$, aiguilles très peu solubles. *Éther éthylique*, aiguilles fusibles à 139°. Le *chlorure* cristallise dans l'acide acétique en aiguilles fusibles à 161°. *L'amide* fond à 203°.

Dérivé 2.1.7. — Clève [*D. chem. G.*, **25**, 2485, 1892] l'obtient en traitant le chlorure de l'acide 2.7-chloronaphtalène-sulfonique par l'acide nitrique concentré. *Sels* peu solubles. *Éther éthylique* peu soluble dans l'alcool, cristallise en aiguilles fusibles à 184°. *Chlorure*, petites aiguilles fusibles à 219°. *L'amide* fond à 247°.

Dérivé 2.1.8. — Clève [*Chem. Zeit.*, 398, 1893] l'obtient en nitrant le chlorure de l'acide 2.8-chloronaphtalène-sulfonique. *Sel de baryum* $+ 4H^2O$ peu soluble. *Ether éthylique* P. F. 181°. *Chlorure*, aiguilles fusibles à 190°; l'*amide* fond à 226°.

Dérivé 4.1.6. — Clève [*loc. cit.*] l'obtient en nitrant le chlorure de l'acide 1.7-chloronaphtalène-sulfonique. *Sels* peu solubles. *Éther éthylique* P. F. 89°. *Chlorure*, aiguilles fusibles à 116°. L'*amide* fond à 208.

Dérivé 4.1.7. — Clève [*loc. cit.*] l'obtient en nitrant à froid le chlorure de l'acide 1.6-chloronaphtalène-sulfonique. Masse sirupeuse. *Sel de baryum* $+ 4H^2O$, aiguilles fusibles à 123°. *Chlorure*, aiguilles jaunes fusibles à 161°. *Amide*, aiguilles plates fusibles à 188°.

Dérivé 5.1.6. — Clève [*loc. cit.*] le prépare en traitant le chlorure de l'acide 1.2-chloronaphtalène-sulfonique par AzO^3H concentré. L'acide cristallise dans l'acide acétique en aiguilles fusibles à 167°. *Sels* peu solubles. *Éther éthylique*, aiguilles fusibles à 116°. *Chlorure*, aiguilles plates fusibles à 151°. *Amide*, aiguilles jaunes fusibles à 220°.

Dérivé 5.1.7. — Clève [*Chem. Zeit.*, 758, 1893] l'obtient en nitrant à froid le chlorure de l'acide 1.3-chloronaphtalène-sulfonique. Le *chlorure* fond à 130° et l'*amide* à 188°.

Dérivé 5.1.8. — Clève [*Chem. Zeit.*, 398, 1893] l'obtient en nitrant le chlorure de l'acide 1.4-chloronaphtalène-sulfonique, à côté de l'isomère 8.1.5. *Chlorure*, prismes jaunes fusibles à 150°. *Amide*, aiguilles jaunâtre fusibles à 233°.

Dérivé 6.2.4. — Jacchia [*Ann. Chem.*, **323**, 113, 1902] obtient ce dérivé en traitant l'acide 6.2.4-nitronaphtylamine-sulfonique par l'acide nitreux et le chlorure cuivreux. Cet acide cristallise avec $8H^2O$ en prismes jaunes. *Sel de baryum* $+ 7H^2O$, aiguilles jaunes.

Dérivé 8.1.2. — Clève [*loc. cit.*] l'obtient en nitrant le chlorure de l'acide 1.7-chloronaphtalène-sulfonique à basse température. *Éther éthylique*, tables fusibles à 108 et 124. *Chlorure*, tables fusibles à 129°. *Amide* fusible à 245°.

Dérivé 8.1.5. — Clève [*loc. cit.*] l'obtient en nitrant à basse température le chlorure de l'acide 1.4-chloronaphtalène-sulfonique, à côté de l'isomère 5.1.8. Le *chlorure* fond à 127°, l'*amide* à 181°. On obtient également cet acide [Brevet allemand 104.980; *Central Blatt*, **2**, 949, 1899] en sulfonant le 1.8-chloronitronaphtalène.

Dérivé 8.2.7. — Clève [*loc. cit.*] l'obtient en nitrant le chlorure de l'acide 1.2-chloronaphtalène sulfonique. *Chlorure*, longues aiguilles fusibles à 182°. *Amide*, tables fusibles à 231°.

Dérivé 1.2.5. — Clève [*loc. cit.*] l'obtient en nitrant le chlorure de l'acide 1.5-chloronaphtalène-sulfonique à froid. Le *chlorure* fond à 118° et l'amide à 220°. Dans la préparation de ce dérivé il se forme probablement un isomère 4.1.8 ou 8.1.4.

ACIDES CHLORODINITRONAPHTALÈNE-SULFONIQUES, $C^{10}H^4Cl.AzO^2.SO^3H$. — Clève [*loc. cit.*] obtient des dérivés dinitrés des acides 1.2 et 1.4-chloronaphtalène-sulfoniques en traitant les chlorures de ces acides par l'acide nitrique concentré.

NAPHTALÈNE-ANISOL. — Voy. NAPHTOL, Éther méthylique.

NAPHTALÈNE-CARBONIQUES (ACIDES) $C^{10}H^7.COOH$. — (Voyez Dict., **2**. 514, et Sup. 1., **2**, 1052 : ACIDES NAPHTOÏQUES).

ACIDE α-NAPHTALÈNE-CARBONIQUE, *acide α-naphtoïque*. — Gattermann et Schmidt [*Ann. Chem.*, **244**, 29, 1888, et *D. chem G.*, **20**, 858, 1887] et Gattermann et Rossolymo [*D. chem. G.*, **23**, 1197, 1890] ont opéré la synthèse de l'acide naphtoïque à l'état d'amide en traitant la naphtaline dissoute dans CS^2 par le chlorure carbamique $AzH^2CO.Cl$ ou par l'acide cyanique en présence de $AlCl^3$. Leone [*D. chem. G.*, **17**, 583 R., 1884] obtient également cette amide en arrêtant la saponification du cyanure de naphtalène avant le dégagement d'ammoniaque.

E. Erlenmeyer et J. Kunlin [*D. chem. G.*, **35**, 384-86, 1902] préparent synthétiquement cet acide en chauffant à 110°-120° pendant 18 heures l'acide cinnamylidène-hippurique avec l'acide chlorhydrique; ils obtiennent un mélange d'acide α-naphtoïque, de naphtalène, d'acide benzoïque et d'ammoniaque. Rabe [*D. chem. G.*, **31**, 1898, 1898] le prépare en saponifiant le naphtonitrile par l'acide acétique et l'acide sulfurique concentré par ébullition.

Réactions. — L'acide naphtoïque chauffé avec de la naphtaline et l'anhydride phosphorique donne l'α-β-dinaphtyl-cétone. Par oxydation avec l'acide chromique, il fournit l'acide phtalique et par le permanganate un acide fondant à 156°, probablement l'acide phtalonique.

Le chlorure de l'acide α-naphtoïque $C^{10}H^7.CO.Cl$ réagit avec l'hydroxylamine en donnant les acides *α-naphtylhydroxamique*, $C^{10}H^7CO(AzH)OH$, point de fusion 186-187° et *α-dinaphtylhydroxamique* $(C^{10}H^7CO)^2Az.OH$ point de fusion 150°; suivant la quantité d'hydroxylamine employée [Ekstrand, *D. chem. G.*, **20**, 1353, 1887]. Ce même chlorure traité en solution alcaline fortement refroidie par le β-bromhydrate de brométhylamine donne l'*α-brométhylnaphtamide* $C^{10}H^7.CO.AzH.CH^2CH^2Br$, fondant à 97° [Saulmann, *D. chem. G.*, **33**, 2698, 1900].

Éther éthylique, $C^{11}H^7O^2C^2H^5$. — Point d'ébullition sous 74 millimètres, 220°5. Densité à 15° 1,274. Pouvoir rotatoire magnétique 27,16 à 15,3°, etc. [Perkin, *Journ. Chem. Soc.*, **69**, 1231, 1896].

Éther amylique $C^{11}H^7O^2C^5H^{11}$. — Point d'ébullition sous 25 millimètres 225°. Densité à 20° 1,0605. Pouvoir rotatoire $(\alpha)_D = +5{,}28°$ [Walden *Zeit. physik. Chem.*, **20**, 581].

L'amide α-$C^{10}H^7.CO.AzH^2$ donne, traitée par l'amalgame de sodium en solution dans le benzène, le dérivé $NaC^{11}H^8AzO$ [Wheeler, *Am. chem. Journ.*, **23**, 467]. Réaction avec le bromure d'éthylène [voyez Saulmann, *D. chem. G.*, **33**, 2635, 1900].

Thioamide-α $C^{10}H^7CSAzH^2$. — [Voyez Bamberger et Lodt, [*D. chem. G.*, **20**, 54, 1887]. Réactions, voyez Saulmann.

NAPHTONITRILE-α (nitrile α-naphtoïque, cyanure de naphtyle) $C^{10}H^7CAz$. — Heim le prépare en distillant le phosphate d'α-trinaphtyle avec du cyanure ou du ferrocyanure de potassium [*D. chem. G.*, **16**, 1171, 1883]; Bamberger et Philipp [*D. chem. G.*, **20**, 237, 1887] l'obtiennent au moyen du dérivé diazoïque de l'α-naphtylamine et du cyanure de cuivre; Gasiorowski et Merz [*D. chem. G.*, **18**, 1006, 1885] en chauffant dans une atmosphère d'hydrogène la formyl-α-naphtalide avec de la poudre de zinc. Rousset [*Bull. Soc. chim.*, (3) **17**, 302, 1897] en distillant dans le vide l'oxime de l'acide α-naphtylglyoxylique. Densité à 15°, 1,1167; point d'ébullition 299°; point de fusion 35-36°; pouvoir rotatoire magnétique, 24,79 à 15°,9 [Perkin, *Journ. chem. Soc.*, **69**, 1244, 1896]. Le nitrile chloruré énergiquement par le pentachlorure d'antimoine se transforme en *dérivé hexachloré* [Merz et Weith, *D. chem. G.*, **16**, 2887, 1883]. Réduit par le sodium en solution alcoolique il donne la *tétrahydronaphto-méthylamine* $C^{10}H^{11}.CH^2.AzH^2$, avec l'acide nitrique à chaud il se forme un mélange d'acide mononitronaphtoïque et de nitronaphtalène [Bamberger et Loodter, *D. chem. G.*, **20**, 1703, 1887 et 3075, 1887]. Rabaut prépare une combinaison avec Cu^2Cl^2, en cristaux blancs, $Cu^2Cl^2(C^{10}H^7CAz)^2$ [*Bull. Soc. Chim.*, (3). **19**, 787, 1898]. D'après Dutt [*D. chem. G.*, **16**, 1250, 1883] on obtient un dérivé sulfonique de l'α-naphtonitrile en le traitant par le chlorure de sulfuryle en solution dans le sulfure de carbone.

NAPHTO-ISO-NITRILE (naphtylcarbylamine)

$$C^{10}H^7AzC.$$

— Ce corps a été préparé par Liebermann [*D. chem. G.*, **16**, 1640, 1883] en traitant l'α-naphtylamine par le $CHCl^3$ et la potasse alcoolique. Il est amorphe, soluble dans l'alcool, l'éther et le benzène.

PRODUITS D'ADDITION DE L'ACIDE α-NAPHTOÏQUE.

Acide dihydronaphtalène-carbonique α (dihydronaphtoïque α), $C^{10}H^9.COOH$. — Sowinski [*D. chem. G.*, **24**, 2355, 1891] et Schoder [*Lieb. Ann.*, **266**, 176, 1891] préparent deux acides naphtoïques dihydrogénés, dont l'un est stable et l'autre instable : ces deux acides possèdent les constitutions suivantes :

```
            COOH                       COOH
           /                          /
         CH                          C
        /  \                        / \\
       /    CH²                    /    CH
·C⁶H⁴       |          et    C⁶H⁴       |
       \    CH                     \    CH²
        \  //                       \  /
         CH                          CH²
   Forme instable.             Forme stable.
```

L'acide de forme instable est préparé par réduction à 0° de l'acide naphtoïque par l'amalgame de sodium, en dirigeant de l'acide carbonique dans la solution. Il cristallise dans la ligroïne en tables fondant à 91° [Haushofer, *Lieb. Ann.*, **266**, 178, 1891], solubles dans l'éther, l'alcool, le CS^2, etc. Il se transforme, par ébullition avec la soude diluée, en son isomère stable qui fond à 125° et cristallise en prismes dans l'éther acétique. Voyez, pour la préparation de cet acide, Rabe [*D. chem. G.*, **31**, 1899, 1898]. Le brome fournit un *acide dibromé*.

Acide tétrahydronaphtalène-carbonique α, $C^{10}H^{11}.CO^2H$. Point de fusion 128°. — Bamberger et Bordt [*D. chem. G.*, **22**, 630, 1889] préparent cet acide par saponification du nitrile correspondant : il cristallise dans l'eau en prismes brillants. Le *nitrile* $C^{10}H^{11}.CAz$ est obtenu par changement du groupe AzH^2 de la tétrahydronaphtylamine α contre CAz, par diazotation et traitement avec le cyanure de cuivre; c'est une huile bouillant à 277-279°. Ce nitrile, traité par la potasse alcoolique, donne l'*amide* $C^{10}H^{11}.COAzH^2$, fondant à 182°, aiguilles brillantes, peu solubles dans l'eau, plus facilement dans l'alcool; avec le sulfure d'ammonium alcoolique il fournit la *thioamide* $C^{10}H^{11}.CS.AzH^2$, huile jaune foncé.

Un autre acide tétrahydronaphtalène-carbonique α, fusible à 85°, a été préparé par Sowinski et Schoder [*loc. cit.*] par réduction de l'acide naphtoïque avec le sodium et l'alcool amylique, en prismes peu solubles dans l'eau, solubles dans l'éther acétique. L'*amide* fond à 116°.

PRODUITS DE SUBSTITUTION DE L'ACIDE NAPHTALÈNE-CARBONIQUE α.

DÉRIVÉS HALOGÉNÉS. — *Acide* 2.1-*chloronaphtalène-carbonique* α (acide 2.1-chloronaphtoïque), $C^{10}H^6Cl.COOH$. Point de fusion 152-153°. — H. Rabe [*D. chem. G.*, **22**, 392, 1889] le prépare en laissant à l'air humide le chlorure obtenu par réaction du pentachlorure de phosphore sur l'acide 2-oxy-1-naphtoïque. Cet acide est peu soluble dans l'eau, soluble dans l'alcool et l'éther. Son *éther méthylique* cristallise dans l'alcool en prismes fusibles à 50°.

Acide 4.1-*chloronaphtalène-carbonique*. Point de fusion 210°. — Friedländer et Weisberg [*D. chem. G.*, **28**, 1843, 1895] le préparent par saponification de son nitrile, en le faisant bouillir plusieurs heures avec un mélange d'acide acétique (2 vol.) et d'acide sulfurique (1 vol.). Cet acide est facilement soluble dans l'alcool et l'acide acétique.

Le *nitrile* $C^{10}H^6Cl.CAz$, fondant à 110°, s'obtient en diazotant le 4.1-aminonaphtonitrile et en le traitant par le chlorure cuivreux; il cristallise en aiguilles dans l'acide acétique, il est facilement soluble dans l'alcool, le benzène et le chloroforme.

Acide 5.1-*chloronaphtalène-carbonique*. Point de fusion 245°. — Ekstrand [*J. prakt. Chem.*, **38**, 139 et suiv., 1888] l'obtient soit en chlorant l'acide α-naphtoïque, soit en saponifiant le nitrile naphtoïque chloré 1.5, soit, enfin, par diazotation de l'acide amidonaphtoïque 1.5 et en traitant par le chlorure de cuivre. Cet acide se sublime facilement et cristallise dans l'alcool en aiguilles difficilement solubles dans l'acide acétique. Son *éther éthylique* cristallise dans l'alcool en lamelles quadratiques fondant à 42°. Son *nitrile* $C^{10}H^6Cl.CAz$, fusible à 145°, s'obtient en chlorant en présence d'iode le nitrile naphtoïque, dissous dans CS^2 ou l'acide acétique. Aiguilles jaunes solubles dans l'alcool.

Acide 8.1-*chloronaphtalène-carbonique*. Point de fusion 167° — Ekstrand [*loc. cit.*] l'obtient en traitant le dérivé diazoïque de l'acide 1.8-amidonaphtoïque par le chlorure cuivreux, l'acide se dépose en cristaux incolores, sublimables. Son *éther éthylique*, point de fusion 50°, cristallise dans l'alcool en longues aiguilles.

Acide dichloronaphtalène-carbonique 8.5.1, $C^{10}H^5Cl^2CO^2H$. — Point de fusion 186-187°. Ekstrand [*loc. cit.*] l'obtient en chlorant l'acide 8.1-chloronaphtoïque dissous dans l'acide acétique. Il cristallise en écailles très solubles dans l'alcool. Son *éther éthylique* cristallise dans l'alcool en fines aiguilles fondant à 61°.

Acides trichloronaphtalène-carboniques,

$$C^{10}H^4Cl^3.CO^2H.$$

— Ekstrand a retiré des eaux mères acétiques de la préparation précédente deux acides trichlorés isomères fusibles, l'un à 163-164°, l'autre à 282°.

Acide bromo-naphtalène-carbonique 5.1, $C^{10}H^6Br.CO^2H$. — Point de fusion 246° (voyez Suppl., **2**, 1052). Ekstrand [*loc. cit.*] le prépare en traitant par le brome en excès une solution acétique d'acide α-naphtoïque. Son *éther éthylique* fond à 48-49°, lamelles incolores. Le *nitrile* $C^{10}H^6Br.CAz$, fusible à 147°, est obtenu par l'action du brome sur le naphtonitrile α dissous dans le CS^2.

DÉRIVÉS NITRÉS ET NITROHALOGÉNÉS.

Acide nitronaphtalène-carbonique 1.8, $C^{10}H^6AzO^2.CO^2H$. — Point de fusion 215°. [Ekstrand, *J. prakt. Chem.*, **38**, 156, 1888]. Cet acide se forme à côté de l'acide 1.5 en nitrant l'acide α-naphtoïque avec 2 parties d'acide nitrique (D = 1,41). On les sépare par cristallisations dans l'alcool, l'acide 1.5 moins soluble cristallise le premier en gros prismes facilement solubles dans l'acide acétique, moins dans l'éther et le benzène. L'acide nitrique concentré le transforme en dinitronaphtalène 1.8. Le permanganate l'oxyde en acides nitrophtalique et oxyphtalique; par réduction il se transforme en naphtostyrile

$$C^{10}H^6 \left< \begin{matrix} CO \\ AzH \end{matrix} \right>$$

Son *éther éthylique*, P. F. 68-69°, cristallise dans l'alcool en octaèdres. Son *amide* $C^{10}H^6.AzO^2.CO.AzH^2$, P. F. 280°, se prépare en nitrant la naphtamide α et cristallise dans l'alcool en fines aiguilles; par réduction elle se transforme aussi en naphtostyrile. Son *nitrile*, P. F. 81°, se prépare en nitrant le naphtonitrile α.

Acide nitronaphtalène-carbonique 1.5. — P. F. 241°. Préparation (voyez ci-dessus); il cristallise dans l'alcool en longues aiguilles facilement solubles dans l'éther, l'acide acétique et le benzène, se sublimant facilement. Il donne par oxydation l'acide 3-nitrophtalique [Graeff, *D. chem. G.*, **15**, 1127, 1882]. L'acide nitrique concentré le transforme en 1.5-dinitronaphtalène. *Éther méthylique*, aiguilles jaunes fusibles à 109-110°. *Éther éthylique*, fines aiguilles fusibles à 93°. *Éther isopropylique*, cristaux brillants fusibles à 101°,5. *Nitrile*, P. F. 205°.

Acide nitronaphtalène-carbonique 4.1. — P. F. 220° [Friedländer et Weisberg, *D. chem. G.*, **28**, 1841, 1895]. — Obtenu par saponification du nitrile correspondant avec l'eau de baryte; peu soluble dans le benzène, facilement dans l'alcool, l'acide acétique. Son *éther éthylique* fond à 54°. L'*amide* P. F. 218° est préparée par oxydation du nitrile avec l'eau oxygénée, elle cristallise dans l'alcool en aiguilles jaunes. Le *nitrile*, $C^{10}H^6AzO^2CAz$, est préparé par diazotation de la 4.1-nitronaphtylamine, et en traitant le diazoïque par le cyanure; il cristallise en aiguilles fusibles à 133°.

Un acide *nitronaphtalène-carbonique*, fusible à 55°, a encore été préparé par Graeff [*D. chem. G.*, **16**, 2246, 1883] en saponifiant le nitronaphtonitrile fusible à 152-153°. D'après Ekstrand, il serait identique à l'acide dinitro-naphtalène-carbonique fondant à 263-265°.

Acide chloronitronaphtalène-carbonique, $C^{10}H^5Cl.AzO^2.CO^2H$, 5.8.1. — Point de fusion 224-225° [Ekstrand, *J. prakt. Chem.*, **38**, 170. 1888]. Il se prépare en dissolvant l'acide 5.1-chloronaphtalène-carbonique dans l'acide nitrique concentré fumant; il cristallise dans l'alcool en aiguilles prismatiques fusibles à 224-225° en se décomposant. Son *éther éthylique*, tables solubles dans l'alcool, fond à 121°.

Acide chloronitronaphtalène-carbonique. — P. F. 227° [Ekstrand, *loc. cit.*]. Il se prépare en humectant d'acide nitrique fumant l'acide 1.8-chloronaphtoïque à froid. Il cristallise dans l'alcool en feuillets rhombiques. Son *éther éthylique* cristallise dans l'alcool et fond à 84°.

Acide dichloronitronaphtalène-carbonique, $C^{10}H^4Cl^2AzO^2 . CO^2H$. — Point de fusion 165°. Ekstrand [*J. prakt. Chem.*, 38, 255, 1888] l'obtient en chauffant l'acide 8.5.1-dichloronaphtoïque avec l'acide nitrique fumant. Cristaux jaunes très solubles dans l'acide acétique, doués d'une saveur très amère.

Acide bromonitronaphtalène-carbonique 8.5.1 $C^{10}H^5$-Br . $AzO^2 . CO^2H$. — Point de fusion 260°. Ekstrand [*loc. cit.*] l'obtient en traitant l'acide 5.1-bromonaphtoïque par AzO^3H concentré. Prismes jaunes cristallisant dans l'alcool.

ACIDES DINITRONAPHTALÈNE-CARBONIQUES. — *Acide dinitro-naphtalène-carbonique* 4.5.1,

$$C^{10}H^5(AzO^2)^2 . CO^2H.$$

— Point de fusion 265°. Ekstrand [*loc. cit.*] prépare cet acide en introduisant l'acide naphtoïque α par petites portions dans l'acide azotique fumant à froid, et en chauffant pour terminer la réaction. Cet acide se forme avec deux isomères et des dinitronaphtalènes 1.5 et 1.8. On l'obtient plus facilement en nitrant l'acide 1.5-nitronaphtoïque. Il cristallise dans l'alcool en aiguilles facilement solubles dans l'acide acétique glacial, peu dans le benzène et l'éther, sublimables. Par réduction il se décompose en 1.8-naphtylène-diamine et acide carbonique. L'*éther éthylique*, fusible à 143°, cristallise dans l'alcool en fines aiguilles.

Acide dinitronaphtalène-carbonique 8.5.1. — Point de fusion 218°. Il se forme en petites quantités dans la réaction ci-dessus, et cristallise dans l'alcool en cristaux rhombiques jaunes. Cet acide ne s'éthérifie pas comme le précédent avec HCl et l'alcool, ce qui permet de le séparer de son isomère. L'*éther éthylique*, préparé avec le sel d'argent et l'iodure d'éthyle, cristallise dans l'alcool en aiguilles jaunes fusibles à 129°.

Acide dinitronaphtalène-carbonique. — Point de fusion 215°. Il s'obtient à côté des deux acides précités; il cristallise dans l'alcool en paillettes ou en aiguilles, solubles dans l'acide acétique, l'éther, difficilement dans le benzène et la ligroïne. L'*éther éthylique*, fusible à 137°, est plus difficilement soluble dans l'alcool que l'acide même et cristallise en petites aiguilles.

Acide trinitronaphtalène-carbonique,

$$C^{10}H^4(AzO^2)^3 . CO^2H.$$

— Point de fusion 283°. Ekstrand [*loc. cit.*] l'obtient en nitrant l'acide 1.8-nitronaphtoïque avec un mélange d'acides sulfurique et nitrique froids. Il cristallise dans l'alcool en aiguilles brunes, facilement solubles dans l'éther chaud; il a une saveur très amère. Son *éther éthylique* fond à 131°.

Acide trinitronaphtalène-carbonique. — Point de fusion 236° (Ekstrand). On l'obtient à côté d'un isomère en traitant l'acide trinitronaphtalène-carbonique 4.5.1 par le mélange nitrique-sulfurique; facilement soluble dans l'alcool, il cristallise en aiguilles jaune pâle. Son *éther éthylique*, préparé au moyen du sel d'argent et de l'iodure d'éthyle, cristallise dans l'alcool en aiguilles fondant à 191°.

Acide trinitronaphtalène-carbonique. — Point de fusion 293° (voyez la préparation ci-dessus). Il est peu soluble dans l'alcool, d'où il se dépose en cristaux cubiques jaune pâle. Son *éther éthylique*, fusible à 150°, cristallise dans l'alcool en aiguilles incolores.

DÉRIVÉS AMINÉS, AMINOHALOGÉNÉS ET AMINONITRÉS.

Acide aminonaphtalène-carbonique 1.4,

$$C^{10}H^6AzH^2 . CO^2H.$$

— Point de fusion 177°. Friedländer et Weisberg [*D. chem. G.*, 28, 1842, 1895] obtiennent cet acide par réduction de l'acide nitronaphtalène-carbonique 1.4, soit par le sulfure d'ammonium, soit par le sulfate de fer et la soude caustique. Il cristallise dans l'eau en petites aiguilles solubles dans l'alcool, l'acide acétique et l'éther; l'acide chlorhydrique le décompose en naphtylamine et acide carbonique. Son *amide* $C^{10}H^6AzH^2 . COAzH^2$, fusible à 175°, et son *nitrile* $C^{10}H^6AzH^2 . CAz$, point de fusion 174°, ont été obtenus par les mêmes auteurs, par réduction de la nitronaphtamide et du nitronaphtonitrile correspondants.

Acide aminonaphtalène-carbonique 1.5. — Point de fusion 210°. Cet acide a été préparé par Ekstrand [*J. prakt. Chem.*, 38, 244, 1888], par réduction du dérivé nitré correspondant au moyen du sulfate de fer. Il cristallise dans l'eau bouillante, l'alcool et l'acide acétique en aiguilles devenant violacées à l'air. Friedländer, Heilpern et Spielvogel [*Central Blatt*, 1, 289, 1899] le préparent en saponifiant son nitrile par l'acide sulfurique. Le *nitrile* $C^{10}H^6AzH^2 . CAz$ est obtenu en traitant le sel de sodium de l'acide naphtylamine-sulfonique 1.5 par le prussiate jaune; il cristallise dans l'alcool en aiguilles fusibles à 137-139°. L'acide traité par l'anhydride acétique fournit un *dérivé acétylé* fondant au-dessus de 280°. Friedländer et Welmans [*D. chem. G.*, 21, 3126, 1888] ont obtenu, en traitant la diméthyl- et la diéthylnaphtylamine par le phosgène, respectivement les *acides diméthyl-* et *diéthylaminonaphtalène-carbonique* 1.5, fusibles l'un à 163-165°, l'autre à 166°.

Acide aminonaphtalène-carbonique 1.8 (péri-amidonaphtoïque). — Ekstrand [*loc. cit.*] le prépare par réduction de l'acide 1.8-nitronaphtoïque en solution ammoniacale par le sulfate ferreux, et précipitant par l'acide acétique. L'acide ainsi préparé se présente sous forme d'anhydride

$$C^{10}H^6 \begin{matrix} \diagup CO \diagdown \\ \diagdown AzH \diagup \end{matrix}$$

appelé par l'auteur *naphtostyrile*.

Ce corps donne, par ébullition avec la soude, l'acide cherché [Bamberger et Philip, *D. chem. G.*, 20, 243, 1887]. L'acide se transforme très facilement en naphtostyrile, corps cristallisant dans l'alcool en fines aiguilles verdâtres fusibles à 180-181°. La naphtostyrile fournit avec l'anhydride acétique un *dérivé acétylé* fusible à 125°, avec le chlorure de benzoyle, un *dérivé benzoylé* fusible à 170°, avec le chlorure d'α-naphtoïle un dérivé fusible à 150°, et avec le chlorure de β-naphtoïle un dérivé fusible à 197° (Ekstrand).

Acides diaminonaphtalène-carboniques α (diamidonaphtoïques), $C^{10}H^5(AzH^2)^2CO^2H$. — Ces acides s'obtiennent par réduction des acides dinitronaphtalène-carboniques correspondants (Ekstrand, *J. prakt. Chem.*, 38, 269 et suiv., 1888).

L'acide 5.8.1 n'existe pas à l'état libre, mais est connu sous forme de son anhydride, l'*aminonaphtostyrile*

$$AzH^2 . C^{10}H^5 \begin{matrix} \diagup CO \diagdown \\ \diagdown AzH \diagup \end{matrix}$$

qui fond à 239-240°. Le *dérivé acétylé*

$$AzH(COCH^3) . C^{10}H^5 \begin{matrix} \diagup CO \diagdown \\ \diagdown AzH \diagup \end{matrix}$$

cristallise dans l'alcool en aiguilles jaunes fusibles à 280°. L'acide dinitronaphtalène-carbonique, fusible à 215°, donne, par réduction avec l'acide chlorhydrique et l'étain, un *acide diaminé*, dont le chlorhydrate fond à 250°.

Un dérivé de l'acide 4.5-diaminonaphtoïque s'obtient par la réduction de l'acide 4.5-dinitronaphtoïque, c'est l'acide *diiminonaphtalène-carbonique*

$$CO^2H - C^{10}H^5 \langle {AzH \atop AzH} \rangle$$

poudre noire infusible.

Acides aminonaphtalène-carboniques halogénés. — Ces acides ont été préparés par Ekstrand [*loc. cit.*] par réduction des acides nitronaphtalène-carboniques-1.8 halogénés. Ils sont caractérisés principalement par leurs anhydrides halogénés, les *naphtostyriles halogénées*

$$X - C^{10}H^5 \langle {CO \atop AzH} \rangle$$

La 5-chloronaphtostyrile,

$$C^{10}H^5Cl \langle {CO \atop AzH} \rangle$$

fond à 270°, un autre dérivé fond à 210° et un troisième, obtenu par réduction de la 8-nitronaphtamide avec HCl et l'étain, fond à 265°. On obtient également une *dichloronaphtostyrile*

$$C^{10}H^4Cl^2 \langle {CO \atop AzH} \rangle$$

par réduction de l'acide 1.8-nitronaphtoïque avec un excès d'acide chlorhydrique fumant; elle fond à 264°. Ekstrand a préparé en outre une *bromonaphtostyrile* fondant à 257° et une *dibromonaphtostyrile* fusible à 268-270°.

Acides nitroaminonaphtalène-carboniques,

$$C^{10}H^5AzO^2 . AzH^2 . CO^2H$$

— Le dérivé 8.5.1, fusible à 110°, a été préparé par Ekstrand [*loc. cit.* et *Chem. Zeit.*, 6, 1890] par réduction de l'acide dinitronaphtoïque correspondant au moyen de l'hydrogène sulfuré; ce même auteur obtient en nitrant la naphtostyrile 1.8. deux *dérivés nitrés* fusibles l'un à 300°, l'autre à 235° qui sont des anhydrides des *acides nitroaminonaphtalène-carboniques* 1.8.

ACIDE β-NAPHTALÈNE-CARBONIQUE (Acide β-naphtoïque). Point de fusion 182. — (Voyez Dict., **2**, 515 et Suppl., **2**, 1053). Outre les moyens de préparation déjà décrits, Roux l'obtient [*Ann. Chim. Phys.* **12**, 311, 1887] par oxydation des β-éthyl-, propyl- et amylnaphtalènes par l'acide nitrique étendu; de même Schulze [*D. chem. G.*, **17**, 1530, 1884], par oxydation du β-méthylnaphtalène par le permanganate. Propriétés physiques, voyez Hanshofer [*Ann. Chem.*, **266**, 188, 1891; Stohmann, Kleber et Langbein [*J. prakt. Chem.*, (2), **40**, 137, 1889]; Bethman, Bader [*Zeit. f. physik. Chem.*, **5**, 399 et **6**, 311) Gabriel et Leupold [*D. chem. G.*, **31**, 1178, 1898] l'obtiennent également en fondant la naphtalènequinone avec la potasse à 310°. Cet acide donne par oxydation avec l'acide chromique l'acide phtalique, et avec le permanganate un acide trimellique [*Chem. Zeit.*, 6, 1890].

Éther éthylique, $C^{10}H^7 . COO . C^2H^5$. Propriétés voyez Perkin [*Chem. Soc.*, **69**, 1231, 1896].

Éther amylique iso-, $C^{10}H^7CO^2C^5H^{11}$ - [Walden, *Zeit. f. physik. Chem.*, **20**, 582].

β-*Naphtamide*, $C^{10}H^7 . CO . AzH^2$. — T. Leone a préparé ce dérivé déjà décrit par saponification incomplète du β-naphtonitrile [*D. chem. G.*, **17**, 583, R, 1884].

β-*Naphto-thioamide*, $C^{10}H^7CS . AzH^2$. — Point de fusion 149°. Bamberger et Bockmann [*D. chem. G.*, **20**, 1116, 1887] ont préparé ce corps en faisant digérer le β-naphtonitrile avec le sulfure d'ammonium. Il cristallise dans l'alcool en longues aiguilles. Par réduction il fournit la β-naphtylméthylamine $C^{10}H^7 . CH^2 . AzH^2$, base énergique.

Chlorure de β-naphtoïle, $C^{10}H^7COCl$, déjà décrit. — Il réagit avec l'hydroxylamine [Ekstrand, *D. chem. G.*, **20**, 1359, 1887] en donnant, suivant la proportion d'hydroxylamine employée, les acides β naphtylhydroxamique $C^{10}H^7CO . AzH . OH$, fusible à 168°, et ββ-dinaphtylhydroxamique $(C^{10}H^7CO)^2Az . OH$, fondant à 171°. Il réagit également avec le bromhydrate de bromréthylamine [Saulmann, *D. chem. G.*, **33**, 2637, 1900] en donnant la β-naphtobrométhylamine $C^{10}H^7CO . AzH . CH^2 . CH^2Br$, fusible à 152°, qui par l'action de la potasse alcoolique se transforme en β-naphtyloxazoline

$$C^{10}H^7 - C \langle {O - CH^2 \atop Az - CH^2} $$

NAPHTONITRILE β, $C^{10}H^7 . CAz$ (nitrile β-naphtoïque, cyanure de naphtyle). — Heim le prépare comme le dérivé α au moyen du phosphate de β-trinaphtyle et du cyanure de potassium; Gasiorowski et Merz [*D. chem. G.*, **18**, 1007, 1885], par réduction de la formyl- β-naphtalide; Bamberger et Bockmann [*D. chem. G.*, **20**, 1115, 1887], par l'action du cyanure de cuivre sur le chlorure de β-diazonaphtalène. Le pentachlorure d'antimoine le transforme en perchlorobenzène. Le sodium, en solution alcoolique, le réduit en *tétrahydro-β-naphtométhylamine*, $C^{10}H^{11} . CH^2 . AzH^2$. Il fournit avec l'acide iodhydrique le composé $C^{10}H^7 . CAz . 2HI$ [Biltz, *D. chem. G.*, **25**, 2544, 1892]. Propriétés physiques, voyez Perkin [*Chem. Soc.*, **69**, 1244, 1896] et Rabaut [*Bull. Soc. Chim.*, (3), **19**, 787, 1898].

En traitant le β-naphtonitrile par l'acide chlorhydrique et l'alcool absolu, Pinner [*Imidoäther*, 72] obtient l'éthoxy-β-naphtoimide, $C^{10}H^7C(AzH) . OC^2H^5$. Ce corps réagit avec l'ammoniaque et les hydrazines [Pinner, *D. chem. G.*, **26**, 2126; 1898, **27**, 984 et 3274; **28**, 465 et 473; **30**, 2006] en donnant la β-*naphténylamidine* et des dérivés de la β-*naphténylhydrazidine* $C^{10}H^7 . C . AzH^2 : Az . AzH^2$.

Isonitrile β-naphtoïque, $C^{10}H^7 . AzC$ (β-naphtylcarbylamine). — Point de fusion 54°. Il se forme par l'action du chloroforme sur la β-naphtylamine en présence de potasse alcoolique [Liebermann, *D. chem. G.*, **16**, 1640, 1883].

PRODUITS D'ADDITION DE L'ACIDE β-NAPHTOÏQUE.

Acide β-dihydronaphtalène-carbonique, $C^{10}H^9CO^2H$. — Par réduction avec l'amalgame de sodium, Sowinski [*D. chem. G.*, **24**, 2360, 1891] et Besemfelder [*Ann. Chem.*, **266**, 188, 1891] obtiennent comme avec l'acide α-naphtoïque deux acides dihydrogénés isomères : 1° l'acide à forme instable, fusible à 104-105°; 2° l'acide à forme stable, fusible à 161°, qu'on obtient facilement par l'ébullition de l'acide de la forme instable avec la soude caustique diluée. Le brome le transforme en *acide dibromé*.

Acide β-tétrahydronaphtalène-carbonique, $C^{10}H^{11} . CO^2H$. — Les deux auteurs précédents l'obtiennent par une réduction plus complète de l'acide β-naphtoïque ou par réduction de l'acide dihydronaphtalène-carbonique. Il cristallise dans l'alcool en aiguilles fusibles à 94°.

PRODUITS DE SUBSTITUTION DE L'ACIDE β-NAPHTOÏQUE.

DÉRIVÉS HALOGÉNÉS.

Acide chloronaphtalène-carbonique 1.2, $C^{10}H^6Cl . CO^2H$ — Point de fusion 196°. Wolffenstein [*D. chem. G.*, **21**, 1186-1888 et *Bull. Soc.*

Chim., **50**, 322, 1888] le prépare en faisant bouillir pendant 15 minutes le trichlorure $C^{10}H^6Cl(CCl^3)$ avec l'acide acétique; il cristallise dans l'alcool en aiguilles.

Trichlorure, 1.2. $C^{10}H^6ClCCl^3$. — Point de fusion 73°. Il se forme en chauffant à 180° l'oxynaphtotrichlorure de l'acide dichlorophosphorique,

$$PO \begin{cases} Cl \\ Cl \\ O - C^{10}H^6 - CCl^3 \end{cases}$$

avec le pentachlorure de phosphore [Wolffenstein, *loc. cit.*].

Acide chloronaphtalène-carbonique 3.2. — Point de fusion 236-237°. Le *chlorure* de cet acide

$$C^{10}H^6 \begin{cases} Cl \\ COCl \end{cases}$$

s'obtient en traitant l'acide 3.2-oxynaphtalène-carbonique par PCl^5 en excès. L'acide cristallise dans l'eau en aiguilles jaunes [Hosaeus, *D. chem. G.*, **26**, 668, 1893 et Strobach, *ibid.*, **34**, 4146, 1901].

Acide chloronaphtalène-carbonique 5.3 *ou* 8.3. Point de fusion 263°. — Ekstrand [*J. prakt. Chem.*, (2), **43**, 41, 1891] le prépare par saponification du nitrile correspondant, ou en traitant le dérivé diazoïque de l'acide β-aminonaphtoïque (P. F. 232°) par le chlorure cuivreux. Son *éther éthylique* fond à 45°. L'*amide*, $C^{10}H^6Cl.COAz^2$, cristallise en aiguilles fusibles à 186-187°; le nitrile $C^{10}H^6ClOAz$, point de fusion 144°, se prépare en traitant par le chlore et un peu d'iode une solution acétique de β-naphtonitrile.

Acide dichloronaphtalène-carbonique 5.8.2, $C^{10}H^5Cl^2.CO^2H$. — Point de fusion 291°. Ekstrand [*D. chem. G.*, **17**, 1600, 1884] le prépare en dirigeant du chlore dans une solution acétique chaude d'acide β-naphtoïque en présence d'iode. Aiguilles peu solubles dans l'alcool et l'acide acétique; il donne par oxydation l'acide 3.6-phtalique dichloré. L'*éther éthylique* fond à 66°. L'*amide* cristallise dans l'alcool en aiguilles fusibles à 218°. Le *nitrile* forme des aiguilles peu solubles dans l'alcool, fusibles a 140°.

Ekstrand prépare encore deux autres *acides dichloronaphtalène-carboniques* en réduisant les acides dinitronaphtalène-carboniques β (P. F. 226° et 248°) et en traitant les acides aminés obtenus par l'acide nitreux et le chlorure cuivreux. L'un de ces acides fond à 282°, l'autre à 254°.

ACIDES NITRONAPHTALÈNE-CARBONIQUES. — D'après les travaux de Friedländer, Heilpern et Spielfogel [*Cent. Blatt.*, **1**, 288, 1899], il semble qu'Ekstrand [*D. chem. Ges.*, **18**, 1205, 1885, et *J. prakt. chem.*, (2), **43**, 409, 1891] et Graeff [*D. chem. Ges.*, **16**, 2252, 1883] n'ont pas réussi à obtenir des dérivés absolument purs, en nitrant soit l'acide β-naphtoïque, soit son nitrile.

Acide 1.2-*nitronaphtalène-carbonique*. Point de fusion 182° (Fr., H. et Sp.). — Cet acide a été préparé en traitant le dérivé diazoïque de la 1.2-nitronaphtylamine par le cyanure de potassium et en saponifiant le nitrile obtenu avec l'eau de baryte. Il cristallise dans le chloroforme en aiguilles rougeâtres. Son *nitrile* fond à 101°.

Acide 5.2-*nitronaphtalène-carbonique*. Point de fusion 286-287°. — Cet acide est préparé comme le précédent en partant de la 5.2-nitronaphtylamine. Il cristallise dans l'acétone en aiguilles difficilement solubles dans l'alcool et l'acide acétique. Son *nitrile* cristallise dans l'alcool en aiguilles rouge cuivreux fusibles à 169°. Son *amide* fond à 261-263°.

Acide 8.2-*nitronaphtalène-carbonique*. — Point de fusion 295°. Cet acide est préparé comme les précédents en partant de la 8.2-nitronaphtylamine. Il cristallise dans l'alcool en petites aiguilles. Son *nitrile* fond à 143° et son *amide* à 218°.

Acides dinitronaphtalène-carboniques,

$$C^{10}H^5(AzO^2)^2.CO^2H$$

— Ekstrand [*loc. cit.*] prépare deux dérivés dinitrés en traitant l'acide β-naphtoïque par l'acide nitrique fumant, à froid. On les sépare mécaniquement après les avoir fait cristalliser dans l'alcool. L'un de ces acides cristallise en aiguilles soyeuses, fusibles à 226°; son *éther éthylique* fond à 141°. L'autre cristallise en prismes, fusibles à 248°; son *éther éthylique* fond à 165°.

ACIDES AMINONAPHTALÈNE-CARBONIQUES (*aminonaphtoïques*),

$$C^{10}H^6AzH^2.CO^2H.$$

Acide 3.2. Point de fusion 214°. — Möhlau [*D. chem. G.*, **28**, 3096, 1895] prépare cet acide en chauffant à 270° le 2.3-oxynaphtoate de sodium avec l'ammoniaque, il cristallise dans l'alcool en paillettes jaunâtres; son *dérivé acétylé* fond à 238°; son *éther éthylique* à 115°. Schöpff [*D. chem. G.*, **25**, 2741, 1892] obtient, en chauffant le même acide 2.3-oxynaphtoïque avec l'aniline, le *dérivé anilino* $C^6H^5.AzH.C^{10}H^6.CO^2H$ 2 3 qui cristallise dans l'alcool en aiguilles jaunes fusibles à 235°. Schmid [*D. chem. G.*, **26**, 1120, 1893] en prépare le *dérivé disulfonique* en chauffant l'acide 3.2-oxynaphtoïque-5.7-disulfonique avec l'ammoniaque à 240-280°.

Acide 5.2. Point de fusion 228-232°. — Ekstrand [*loc. cit.*] le prépare par réduction de l'acide nitronaphtoïque correspondant. Cassella [Brevet all. 92 995] le prépare en distillant l'acide 1.6-naphtylamine-sulfonique avec le cyanure de K et saponifiant le nitrile ainsi obtenu. Son *nitrile* cristallise dans l'alcool en aiguilles fusibles à 142°.

Acide 8 2. Point de fusion 219-220°. — Obtenu par réduction de l'acide nitronaphtoïque correspondant (Ekstrand), ou par distillation de l'acide 1.7-naphtylamine-sulfonique avec le cyanure (voyez ci-dessus) ou le ferrocyanure de K [Friedländer, Heilpern et Spielfogel, *Central Blatt.*, **1**, 289, 1899]. Son *nitrile* fond à 133°.

Acide 7.2. Point de fusion 240°. — Cassella le prépare comme les acides précédents en partant de l'acide 2.7-naphtylamine-sulfonique. Son *nitrile*, difficilement soluble dans l'éther, plus facilement dans l'alcool bouillant, cristallise en paillettes fusibles à 186° (Fr., H. et Sp.).

Acides diaminonaphtalène carboniques,

$$C^{10}H^5(AzH^2)^2CO^2H.$$

Ekstrand [*Jour. für prakt. Chemie*, (2), **42**, 291, 1898] prépare ces acides par réduction des acides dinitro correspondants. L'un fond à 230°, l'autre à 202°.

Appendice. — Smith [*Jour. of Chem. Soc. London*, **41**, 185, 1882] prépare deux chlorures des acides diéthylaminonaphtoïques en traitant la diéthylnaphtylamine par le phosgène. Le chlorure α, $C^{10}H^6(AzC^2H^5)^2.COCl$, fond à 70°, et le chlorure β, à 225°.

ACIDES OXYNAPHTALÈNE-CARBONIQUES (*oxynaphtoïques*) $C^{10}H^6OH.CO^2H$. [Voyez Dict., **1**, 514 et 1er Suppl., 1055]

Acide oxynaphtalène-carbonique 1.2 (α-naphtolcarbonique). Point de fusion 187°. — Schmitt et Burkhardt [*D. chem. G.*, **20**, 2699, 1887, et Brevets all., 31 240 et 38 052] préparent cet acide en traitant le sel de sodium de l'α-naphtol par l'acide carbonique sous pression et à 130°. L'ébullition prolongée avec l'eau le décompose en α-naphtol et acide carbonique; l'acide nitreux le transforme en nitrosonaphtol et acide carbonique : l'acide iodhydrique le transforme à 130° en α-naphtol et l'acide nitrique en dinitronaphtol ; il se combine avec les dérivés diazoïques en donnant des colorants azoïques [Nietzki et Guiterman, *D. chem. G.*, **20**, 1275, et Brevets all. 44 170 et 48 357]. *Sels* (voyez Schmitt et Burkhardt). *Éther méthylique*, point de fusion 78°. *Éther éthylique*, point de fusion 49°. *Éther phénylique*, point de fusion 96°. *Éther naphtylique*, point de fusion 138°. *Chlorure*, $C^{10}H^6.OH.COCl$, point de fusion 82-84° [Anschütz, *D. chem. G.*, **30**, 222, 1897]. *Acide méthoxynaphtalène-carbonique* $OCH^3.C^{10}H^6.CO^2H$, point de fusion 127° [Hübner, *Mon. f. Chem.*, **15**, 735]. En nitrant l'éther méthylique, on obtient l'*éther nitro-oxynaphtalène-carbonique* correspondant [Einhorn. Pfyl. *Liebig's Annalen*, **311**, 63, 1900], fusible à 161°, qui par réduction donne un *dérivé aminé* fusible à 128-129°. On obtient par réduction des colorants azoïques préparés avec cet acide 1.2 un *acide amino-oxynaphtalène-carbonique*, se décomposant avant de fondre à 200° [Schmitt, Burkhardt, Nietzki et Guiterman, *loc. cit.*]. L'acide sulfurique fumant donne avec cet acide un *acide monosulfonique* $SO^3H.C^{10}H^5.OH.CO^2H$ 4.1.2 et un *acide disulfonique* $(SO^3H)^2C^{10}H^4.OH.CO^2H$ 7.4.1.2 [König, *D. chem. G.*, **22**, 787 et **23**, 806, 1890]. Cet acide disulfonique, traité par l'acide sulfurique dilué, donne un *acide monosulfonique* 7.1.2 [Friedländer, Taussig, *D. chem. G.*, **30**, 1460, 1897 ; — voir également Friedländer et Zinberg, *D. chem. G.*, **29**, 38, 1896].

L'acide 1.2-naphtolcarbonique traité avec un excès de pentachlorure de phosphore donne le *trichlorure oxy-naphtalène-carbonique de l'acide dichlorophosphorique*

$$C^{10}H^6 \begin{cases} O-POCl^2 \\ CCl^3 \end{cases}$$

[Wolffenstein, *D. chem. G.*, **20**, 1966, 1887 et **21**, 1186, 1888]. Ce corps fond à 115°. Traité par l'eau bouillante et l'acide acétique, il se transforme en *acide naphtalène-carbonique-oxyphosphorique* 2.1

$$C^{10}H^6 \begin{cases} O-PO(OH)^2 \\ COOH \end{cases}$$

acide peu stable, se décomposant en ses éléments. En traitant l'éther méthylique de l'acide 1.2- naphtolcarbonique par l'hydroxylamine en solution alcaline, Jeanrenaud [*D. chem. G.*, **22**, 1270, 1889] prepare l'*acide oxynaphtolhydroxamique* 1.2

$$C^{10}H^6 \begin{cases} OH \\ CO^2-AzH-OH \end{cases}$$

fusible en se décomposant à 174°.

Acide oxynaphtalène-carbonique 1.4. — Gattermann [*Liebig's Annalen*, **244**, 72, 1888] prépare des dérivés de cet acide en traitant les éthers méthylique et éthylique de l'α-naphtol par $AzH^2.CO.Cl$ en présence de chlorure d'aluminium. Il obtient ainsi les *amides* de l'acide méthoxynaphtalène-carbonique 1.4 $CH^3O.C^{10}H^6.CO.AzH^2$, point de fusion 234°, et $C^2H^5O.C^{10}H^6.CO.AzH^2$, point de fusion 244°. En traitant la méthoxynaphtaldéhyde 1.4 et le méthoxybutyrylnaphtalène 1.4 par le permanganate, Rousset [*Bull. Soc. Chim.*, (3), **17**, 308, 1897] prépare l'*acide méthoxynaphtalène-carbonique* 1.4 fusible à 230°. Voyez encore Gattermann [*J. f. prakt. Chem.*, (2), **59**, 583, 1899], Leuckart [*ibid.* (2), **41**, 316] et Gattermann et Tust [*D. chem. G.*, **25**, 3530, 1892].

Acide oxynaphtalène-carbonique 1.6. — Schmid [*D. chem. G.*, **26**, 1121, 1893] prépare le dérivé amino-sulfonique de cet acide en fondant l'acide 5.7-disulfo-3-amino-2-naphtoïque avec la soude caustique ; il obtient l'*acide oxynaphtalène-carbonique aminosulfonique* 1.6.7.3.

Acide oxynaphtalène-carbonique 1.5. — Friedländer, Heilpern et Spielfogel [*Central Blatt.*, **1**, 289, 1899] obtiennent cet acide en traitant l'acide 1.5-aminonaphtoïque avec une solution de paranitraniline diazotée et en chauffant avec un peu d'urée. L'acide cristallise en aiguilles fondant à 219°.

Acide oxynaphtalène-carbonique 1.8. — Ekstrand [*J. f. prakt. Chem.*, (2), **38**, 278, 1888] le prépare en traitant l'acide 1.8-aminonaphtoïque par l'acide nitreux et en faisant bouillir le dérivé diazoïque ainsi obtenu. Il se sépare sous forme de son anhydride, la *naphtolactone* 1.8

$$C^{10}H^6 \begin{cases} CO \\ O \end{cases}$$

fusible à 108°. En traitant cette lactone par la soude caustique diluée et en précipitant par l'acide chlorhydrique, on obtient l'acide, fusible à 169°. Il cristallise dans l'éther en fines aiguilles. Traitée par le chlore, la lactone donne un *dérivé chloré* fusible à 184-185° ; le brome la transforme en *dérivé bromé* fusible à 192° et l'acide nitrique en *dérivé nitré* fusible à 242°. La soude diluée transforme ces anhydrides en acides correspondants.

Acide oxynaphtalène-carbonique 2.1. — Cet acide, déjà décrit [Suppl., **1**, 1055] et préparé par Kauffmann [*D. chem. G.*, **15**, 804, 1892], est obtenu également par Schmitt et Burkhardt [*ibid.*, **20**, 2701, 1887], en traitant le β-naphtolate de sodium par l'acide carbonique et en chauffant à 130°. Réduit par le sodium et l'alcool absolu, il se transforme en β-tétrahydronaphtol, β-naphtol et acide 1.2

$$C^6H^4 \begin{cases} CH^2-CO^2H \\ CH^2-CH^2-CO^2H \end{cases}$$

[Einhorn, Lennsden, *Liebig's Annalen*, **286**, 270, 1895]. Rousset [*Bull. Soc. Chim.*, (3), **17**, 311, 1897] en prépare l'*éther méthoxylique*

$$C^{10}H^6 \begin{cases} O.CH^3 \\ CO^2H \end{cases}$$

fusible à 176°, en oxydant la méthoxynaphtaldéhyde 2.1 par le permanganate. Sels (voir Schmitt). L'*éther méthylique* fond à 76° ; l'*éther éthylique* fond à 55°. Gattermann [*Liebig's Annalen*, **244**, 75, 1888] obtient, en traitant l'éther méthylique du β-naphtol par $AzH^2.CO.Cl$ et le chlorure d'aluminium, l'*amide*

$$C^{10}H^6 \begin{cases} O.CH^3 \\ CO-AzH^2 \end{cases}$$

fondant à 186°. L'*anilide*

$$C^{10}H^6 \begin{cases} O.CH^3 \\ CO-AzH-C^6H^5 \end{cases}$$

fond à 169° [Leuckart, *J. f. prakt. Chem.*, (2), **41**, 317, 1890]. L'*amide*

$$C^{10}H^6 \begin{cases} O-C^2H^5 \\ CO-AzH^2 \end{cases}$$

fond à 161°.

L'éther méthylique traité par l'hydroxylamine et la soude caustique fournit l'*acide* 2.1-*oxynaphtalène-hydroxamique*

$$C^{10}H^6 \begin{cases} OH \\ CO-AzH-OH \end{cases}$$

[Jeanrenaud, *D. chem. G.*, **22**, 1277, 1889]. Le

pentachlorure de phosphore transforme cet acide en un chlorure qui à l'air humide donne l'acide 2.1-*oxynaphto-phosphorique*

$$C^{10}H^{6} \begin{matrix} \nearrow O - PO(OH)^2 \\ \searrow COOH \end{matrix}$$

[Rubo, *D. chem. G.*, **22**, 392, 1889], fusible à 156°. Gattermann [*J. f. prakt. Chem.*, (2), **59**, 582, 1899] prépare des dérivés thioniques de cet acide en traitant l'éther méthylique du β-naphtol par le sulfocyanure de phényle en présence de chlorure d'aluminium. Cet acide traité par l'acide sulfurique concentré et fumant fournit un *dérivé sulfonique* 2.1.6 $OH.C^{10}H^5.CO^2H.SO^3H$ [Seidler, brevet all. 53343]. Bodroux [*Bull. Soc. Chim.*, (3), **31**, 30, 1904] prépare, en traitant les éthers du β-naphtol bromé par le magnésium et l'acide carbonique en solution dans l'éther absolu, les acides *méthoxynaphtalène-carboniques* 2.1, point de fusion 176°; *éthoxy-*, point de fusion 142°, et *propyloxy-*, point de fusion 79°.

Acide oxynaphtalène-carbonique 2.3. — Cet acide s'obtient comme le précédent avec l'acide carbonique et le β-naphtol à 280° [Schmitt et Burkhardt, *loc. cit.*]; paillettes brillantes fusibles à 216°. Sa solution aqueuse se colore en bleu avec $FeCl^3$. L'oxydation (MnO^4K) le transforme en acide phtalonique et acide phtalique [Schöpff, *D. chem. G.*, **26**, 1123, 1893 et Schmid, *ibid.*, 1114]. Réduit par l'amalgame de sodium, il fournit les acides dihydro- et tétrahydronaphtoïques; le sodium le transforme comme l'acide précédent en acide

$$C^6H^4 \begin{matrix} \nearrow CH^2 - CO^2H \\ \searrow CH^2 - CH^2 - CO^2H \end{matrix}$$

L'*éther méthylique* fond à 101° [Gradenwitz, *D. chem. G.*, **27**, 2624, 1894]; l'*éther éthylique*, à 85° [Rosenberg, *ibid.*, **25**, 3635, 1892]; l'*amide*, à 185° [Rosenberg et H. Meyer, *Mon. f. Chem.*, **22**, 777, 1901]; l'*anilide*

$$C^{10}H^{6} \begin{matrix} \nearrow OH \\ \searrow CO - AzH - C^6H^5 \end{matrix}$$

à 243-244° [Schöpff, *D. chem. G.*, **25**, 2744, 1892]. L'acide traité par PCl^5 se transforme en chlorure instable qui exposé à l'air humide donne l'*acide* 2.3-*oxynaphtophosphorique*

$$C^{10}H^{6} \begin{matrix} \nearrow O - PO(OH)^2 \\ \searrow CO^2H \end{matrix}$$

fusible à 174° [Hosaeus, *ibid.*, **26**, 667, 1893]. Le chlore le transforme en *dérivé monochloré* $C^{10}H^5Cl.OH.CO^2H$ fusible à 230-233° [Gradenwitz, *loc. cit.*, et Robertson, *J. f. prakt. Chem.*, (2), **48**, 535, 1893]; le brome en *dérivé monobromé* fusible à 133° en se décomposant; l'acide nitrique en *acide mononitré* fusible à 233-238° en se décomposant (Robertson).

L'acide nitreux le transforme en *acide* 1-*nitroso*-2-*oxynaphtalène*-3-*carbonique* fusible à 185° en se décomposant [Kostanecki, *D. chem. G.*, **26**, 2898, 1893].

L'acide sulfurique fumant donne deux dérivés sulfoniques [Schmid, *loc. cit.*; — Hirsch, *D. chem. G.*, **26**, 1177, 1893 et Bucherer, *Central Blatt*, **2**, 43, 1903]. Möhlau [*D. chem. G.*, **28**, 3090, 1895] lui attribue la constitution suivante :

$$C^6H^4 \begin{matrix} \nearrow CH^2 - CO \\ \qquad\qquad | \\ \searrow CH = C - CO^2H \end{matrix}$$

Dérivés : [voyez Nölting, *ibid.*, **30**, 2589, 1897; — Fock, *Zeits. f. Krist.*, **29**, 285; *Central Blatt*, **1**, 495, 1900 et **2**, 303; — Bucherer, *Central Blatt*, **2**, 990, 1902 et **2**, 250, 1905]. — Strohbach [*D. chem. G.*, **34**, 4146-4158, 1901] obtient en traitant cet acide par PCl^5 le *chlorure*

$$C^{10}H^{6} \begin{matrix} \nearrow Cl \\ \searrow COCl \end{matrix}$$

fusible à 56°, qui donne avec l'eau l'*acide* 2.3-*chloronaphtoïque* fondant à 236-237°. Réaction avec la formaldéhyde, voyez Strohbach [*ibid.*, 4162]. Réaction avec les hydrazines, voyez Hartwig Franzen [*D. chem. G.*, **38**, 266, 1905].

Acides dioxynaphtalène-carboniques,

$$C^{10}H^5(OH)^2.CO^2H.$$

— [Syn : dioxynaphtoïques, naphtènediolcarboniques]. — Ces acides dérivent tous de l'acide β-naphtalène-carbonique.

Acide 1.3-*dioxynaphtalène*-2-*carbonique*. — Metzner [*Lieb. Ann.*, **298**, 374-90, 1897] obtient l'*éther éthylique* de cet acide en traitant l'éther phénacétylmalonique à froid par l'acide sulfurique concentré :

$$C^6H^5 - CH^2 - CO - CH \begin{matrix} \nearrow CO^2 - C^2H^5 \\ \searrow CO^2 - C^2H^5 \end{matrix}$$

$$= C^6H^4 \begin{matrix} \nearrow CH = COH \\ \qquad\qquad | \\ \searrow COH = C - CO^2 - C^2H^5 \end{matrix} + C^2H^5 - OH$$

Cet éther cristallise dans l'alcool en aiguilles jaunes fusibles à 83-84°; saponifié par l'eau de baryte en présence d'hydrogène, il fournit l'acide libre, fusible à 145° en se décomposant en dioxynaphtalène et CO^2.

Acide 1.4-*dioxynaphtalène* 2-*carbonique*. — Russig [*J. prakt. Chem.*, **62**, 30-60, 1900] le prépare en traitant le sel de sodium du dioxynaphtalène 1.4 par l'acide carbonique sous pression à 200°. Cet acide cristallise en aiguilles fusibles à 186° avec dégagement d'acide carbonique (Dérivés, voyez Russig).

Acide 3.4-*dioxynaphtalène*-2-*carbonique*. — Russig le prépare comme le précédent à partir du dioxynaphtalène 1.2; il cristallise dans l'alcool en tables jaunes fusibles à 215-220° avec dégagement de CO^2. Möhlau, Kriebel [*D. chem. G.*, **28**, 3092, 1895] l'obtiennent par ébullition de l'acide amino-oxynaphtoïque 1.2.3 avec l'acide sulfurique dilué ou avec l'acide chlorhydrique dilué. *Constitution* d'après Möhlau :

$$C^6H^4 \begin{matrix} \nearrow CH(OH) - CO \\ \qquad\qquad | \\ \searrow CH = C - CO^2H \end{matrix}$$

[*ibid.*, 3100]. Voyez encore Gradenwitz [*D. chem. G.*, **27**, 2624, 1894].

Acide 3.5-*dioxynaphtalène*-2-*carbonique*. — Hosaeus [*D. chem. G.*, **26**, 672, 1893] et Schmid [*ibid.*, 1117] le préparent en fondant l'acide oxynaphtoïque-sulfonique 3.2.5 avec la potasse; aiguilles jaunes fusibles à 265°. *Dérivé sulfonique* 3.5.2.7, voyez Schmid.

Acide 3.7-*dioxynaphtalène*-2-*carbonique*. — Schmid [*loc. cit.*] le prépare comme le précédent en fondant l'acide oxynaphtoïque-sulfonique 3.2.7 avec la potasse. Aiguilles fusibles à 225-228° avec dégagement de CO^2.

Acide 1.7-*dioxynaphtalène*-2-*carbonique*. — Friedländer et Zindberg [*D. chem. G.*, **29**, 38, 1896] obtiennent cet acide en faisant bouillir avec l'acide sulfurique à 50 0/0 l'acide dioxynaphtalène-carbonique-sulfonique 1.7.2.4, préparé en fondant l'acide oxynaphtalène-carbonique-disulfonique 1.2.4.7 avec la soude caustique à 220°. Cet acide fond à 217° avec dégagement de CO^2.

Acide 7.8-dioxynaphtalène-2-carbonique. — Zincke et Francke [*Lieb. Ann.*, **293**, 135, 1896] préparent par réduction de la 4.6-dibromonaphtoquinone-7.8-carbonique-2 avec $SnCl^2$ le *dérivé dibromé* de cet acide. Le *dérivé acétylé* fond à 239°.

ACIDES NAPHTALÈNE-DICARBONIQUES,

$$C^{10}H^6.(CO^2H)^2.$$

—[Syn : acides naphtènes-dicarboxyliques, naphtylène-dicarboniques] (voyez Dict., **2**, 512 et Suppl., **1**, 1070).

Acide 1.2-naphtalène-dicarbonique. Point de fusion 175°. — Préparé par Clève [*D. chem. G.*, **25**, 2475, 1892] par saponification du nitrile correspondant $C^{10}H^6(CAz)^2$, cet acide chauffé au-dessus de son point de fusion se transforme en anhydride

$$C^{10}H^6 < \begin{matrix} CO \\ CO \end{matrix} > O$$

fusible à 165°. Son *nitrile* obtenu en chauffant l'acide 1.2-chloronaphtalène-sulfonique à l'état de sel de sodium avec le ferrocyanure de potassium dans un courant de CO^2, cristallise dans le benzène en longues aiguilles fusibles à 190°. L'*amide*, $C^{10}H^6(COAzH^2)^2$, fond à 265° en se transformant en *imide*

$$C^{10}H^6 < \begin{matrix} CO \\ CO \end{matrix} > AzH$$

fusible à 224° (Sels, voyez Clève).

Acide 1.5-naphtalène-dicarbonique. — Préparé par Moro [*Gazz. chim. ital.*, **26**, I, 92, 1896], par saponification du nitrile correspondant, obtenu en traitant le dérivé tétrazoïque de la naphtylène-diamine 1.5 par le cyanure de cuivre ; l'acide ne fond pas à 280° (Sels, voyez Moro). L'*éther diméthylique* $C^{12}H^6O^4(CH^3)^2$ fond à 114° ; l'*éther diéthylique*, aiguilles, fond à 123° ; le *chlorure* $C^{10}H^6(COCl)^2$, aiguilles, fond à 155-156° ; le *nitrile* $C^{10}H^6(CAz)^2$ est en aiguilles fusibles à 266-267°.

ACIDE 1.8-NAPHTALÈNE-DICARBONIQUE. — [Syn : acide naphtalique]. Graebe et Gfeller [*D. chem. G.*, **25**, 653, 1892] ajoutent peu à peu du bichromate de soude (175 grammes) à une solution de 25 grammes d'acénaphtène dans l'acide acétique glacial, chauffée à 85° ; on précipite par l'eau et dissout dans la soude caustique diluée. Il cristallise dans l'alcool en fines aiguilles se transformant à 140-150° en *anhydride* [Anselm, *Lieb. Ann.*, **276**, 6, 1893 ; Bamberger et Philip, *ibid.*, **240**, 180, 1887 et *D. chem. G.*, **20**, 243, 1887 ; Luginin, *Ann. Chim. Phys.*, (6), **23**, 227].

L'*anhydride*

$$C^{10}H^6 < \begin{matrix} CO \\ CO \end{matrix} > O$$

fusible à 266°, cristallise dans l'alcool en aiguilles [Jaubert, *Gazz. Chim. ital.*, (1), **25**, 247, 1895 et Oddo, Manuelli, *ibid.*, (2), **26**, 483]. Traité par $SbCl^5$ à 180° il fournit l'*hexachloronaphtalanhydride* $C^{12}Cl^6O^3$ fusible à 205° [Francesconi et Recchi, *Central Blatt*, (2), 811, 1901].

La *naphtalimide*

$$C^{10}H^6 < \begin{matrix} CO \\ CO \end{matrix} > AzH$$

est obtenue en faisant bouillir l'anhydride avec l'ammoniaque concentrée [Behr et Dorp, *Ann. chem.*, **172**, 273, 1874] ; elle fond à 300° (Jaubert) ; la *méthylnaphtalimide* fond à 205° ; l'*éthylnaphtalimide* à 148°. L'anhydride traité par l'hydroxylamine en solution alcaline fournit l'*acide naphtalhydroxamique*

$$C^{10}H^6 < \begin{matrix} CO \\ CO \end{matrix} > AzOH$$

(Jaubert), fusible à 284°.

L'acide nitrique concentré avec l'acide sulfurique le transforme en *dérivé nitré* 3

AzO²
CO CO
O

[Anselm et Zuckmayer, *D. chem. G.*, **32**, 3284, 1898]. On obtient par réduction l'*acide aminé* correspondant fondant au-dessus de 300°, qui distillé avec la chaux fournit la β-naphtylamine, ce qui fixe sa constitution [Graebe, *Lieb. Ann.*, **327**, 77, 1903].

Le *dérivé dinitré* $C^{10}H^4(AzO^2)(CO)^2O$ [Anselm et Zuckmayer, *loc. cit.* et Francesconi et Barzellini, *Gazz. chim. ital.*, (2), **32**, 73-96, 1902] fond à 214° suivant les uns, à 208-210° suivant les autres ; paillettes blanc d'argent.

Par oxydation du nitroacénaphtène, Graebe [*loc. cit.*] prépare le *dérivé nitré* 4

AzO²
CO CO
O

fusible à 220° ; l'*éther diéthylique nitré* fond à 86°. Par réduction avec le chlorure d'étain il se transforme en *dérivé aminé* fondant à 200°, qui distillé avec la chaux donne l'α-naphtylamine.

Anhydride 4-acétylnaphtalique 1.8

$$C^{10}H^5 \begin{matrix} \diagup COCH^3 \\ \diagdown (CO)^2O \end{matrix}$$

— Graebe [*loc. cit.*] le prépare par oxydation de l'acétylacénaphtène ; il fond à 189° et donne par oxydation ultérieure avec le permanganate l'*acide 1.4.8-naphtalène-tricarbonique* dont l'anhydride fond à 243°.

Anhydride benzylnaphtalique 4.1.8

$$C^6H^5.CH^2.C^{10}H^5=(CO)^2O$$

préparé par Dziewonski et Dotta par oxydation du benzylacénaphtène [*Bull. Soc. Chim.*, (3), **31**, 373 et 928, 1904], il fond à 175°.

Anhydride benzoylnaphtalique 4.1.8

$$C^{10}H^5 \begin{matrix} \diagup CO\ C^6H^5 \\ \diagdown (CO)^2O \end{matrix}$$

Graebe [*loc. cit.*] et Dziewonski [*loc. cit.*] l'obtiennent par oxydation du benzoylacénaphtène ; il fond à 195-196°.

Anhydrides naphtaliques chlorés. — Francesconi et Barzellini [*loc. cit.*] préparent un *dérivé trichloré* et un *dérivé tétrachloré* en traitant l'anhydride naphtalique dissous dans l'acide sulfurique fumant par le chlore, et en chauffant peu à peu jusqu'à 180°. On sépare les deux dérivés par l'acide azotique concentré. Le dérivé trichloré fond à 183-184° ; le dérivé tétrachloré, insoluble dans l'acide azotique, fond à 235°. En traitant l'anhydride phtalique par le chlore en présence de $SbCl^5$ à 180°, Francesconi [*Atti dei Lincei*,

(5), **10**, II, 85, 1901] prépare un *dérivé hexachloré* $C^{12}Cl^6O^3$ fusible à 205°.

Anhydride naphtalique bromé

$$C^{10}H^5Br(CO)^2O$$

[Francesconi et Barzellini, *loc. cit.*]. Point de fusion 211-212°.

Anhydrides naphtaliques iodés. — Francesconi et Barzellini [*loc. cit.*] préparent deux dérivés iodés, un *dérivé monoiodé* $C^{10}H^5I(CO)^2O$ et *dérivé triiodé* $C^{10}H^3I^3(CO)^2O$: le premier fond à 217°, le second à 256-257°.

Anhydride oxynaphtalique 3.1.8

$$C^{10}H^5.OH.(CO)^2O.$$

— Anselm et Zuckmayer [*loc. cit.*] le préparent en fondant l'anhydride sulfonaphtalique avec la potasse ou en diazotant l'anhydride 3-aminonaphtalique. Il fond à 287°. L'ammoniaque le transforme en *oxynaphtalimide*, l'hydroxylamine en *acide naphtalhydroxamique* $C^{10}H^5OH.(CO)^2Az.OH$.

ACIDE NAPHTALÈNE-TRICARBONIQUE

$$C^{10}H^5(CO^2H)^3\ 1.4.8.$$

— Graebe [*loc. cit.*] le prépare en oxydant avec le permanganate l'acide 4-acétyl-1.8-naphtalique. Son anhydride $C^{10}H^5(CO)^2O.CO^2H$ fond à 243°.

ACIDE NAPHTALÈNE-TÉTRACARBONIQUE

$$C^{10}H^4(CO^2H)^4\ 1.4.5.8.$$

— Bamberger et Philip [*Lieb. Ann.*, **240**, 182, 1887] préparent cet acide en oxydant avec le permanganate l'acide pyrénique

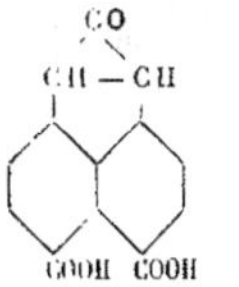

CO / CH — CH / COOH COOH

Il cristallise en paillettes ou aiguilles brillantes qui se transforment en *dianhydride* en chauffant à 140°.

Bayer et Perkin [*D. chem. G.*, **17**, 450, 1884] préparent un *acide tétrahydronaphtalène-tétracarbonique*

$$C^6H^4 \begin{cases} CH^2-C-(CO^2H)^2 \\ \qquad\ | \\ CH^2-C-(CO^2H)^2 \end{cases}$$

en faisant réagir l'éther acétylène-tétracarbonique sur le dibromure de 1.2-xylène en présence d'alcoolate de sodium :

$$\begin{matrix} CNa-[CO^2(C^2H^5)^2]^2 \\ \| \\ CNa-[CO^2(C^2H^5)^2]^2 \end{matrix} + C^6H^4(CH^2Br)^2$$

$$= 2NaBr + C^{14}H^8O^8(C^2H^5)^4$$

Cet éther saponifié donne l'acide libre, sous forme d'un sirop se décomposant à 185° en acide carbonique et acide tétrahydronaphtalène-dicarbonique. Juin 1906. G. Darier.

NAPHTALÉOSINE. — Ce corps est le dérivé tétrabromé de la naphtalfluorescéine, obtenue en chauffant à 215° l'anhydride naphtalique avec la résorcine en présence d'un peu de chlorure de zinc [Terrisse, *Ann. Chem.*, **227**, 136, 1885].

La *naphtalfluorescéine*

$$C^{10}H^6 \begin{cases} CO \\ C \end{cases} \!\!\!> O \quad C \begin{cases} -C^6H^3 <^{OH} \\ \quad > O \\ C^6H^3 <_{OH} \end{cases}$$

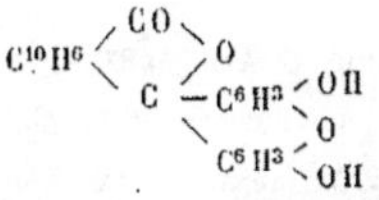

cristallisée dans l'éther se présente sous forme de prismes fusibles à 308°, elle est soluble dans les alcalis avec une coloration jaune rouge et une fluorescence verte. Traitée par 4 molécules de brome en solution alcoolique elle se transforme en *naphtaléosine* $C^{24}H^{10}Br^4O^5$ cristallisant avec 1 molécule d'alcool en aiguilles à reflets mordorés; comme l'éosine c'est une superbe matière colorante teignant la soie en rouge éclatant. Juin 1906. G. Darier.

NAPHTALIDOACÉTIQUE (ACIDE). — Voyez l'art. NAPHTYLAMINE.

NAPHTALIMIDE, NAPHTALIQUE (ACIDE). — Voyez ACIDES NAPHTALÈNE-DICARBONIQUES (2e Suppl., **6**, 452).

NAPHTARONYLE. — En traitant l'α-naphtolate de sodium par l'éther éthylique de l'acide chlorofumarique, en solution dans le toluène, Ruhemann [*Chem. Soc.*, **81**, 425 et **83**, 1130, 1903] obtient deux corps différents auxquels il attribue les formules de constitution suivantes :

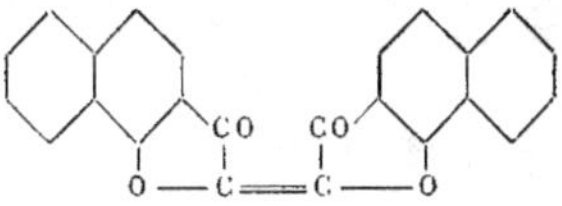

CO CO / O — C == C — O

I.

CO / O — C = CH-CO²-C²H⁵

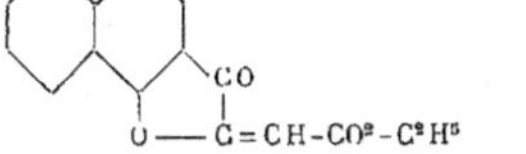

II.

Le premier, qu'il appelle *bisnaphtaronyle*, peu soluble, se dépose d'abord; il cristallise dans le benzène en aiguilles orangées ne fondant pas à 335°; traité par l'acide azotique fumant il fournit un *dérivé tétranitré* cristallisant en prismes jaunes dans le nitrobenzène.

Le second corps, retiré des eaux-mères, est l'éther éthylique de l'*acide naphtaronylacétique*, il cristallise dans l'alcool en aiguilles jaunâtres fusibles à 146°. Cet éther saponifié par la potasse alcoolique fournit une solution rouge pourpre, solution de laquelle l'acide chlorhydrique précipite l'acide libre sous forme de poudre brune amorphe. L'ammoniaque alcoolique transforme cet éther en *naphtaronylacétamide* $C^{14}H^9O^3Az$, aiguilles jaunes.

Ces deux corps peuvent être considérés comme des dérivés du naphtocétodihydrofurfurane :

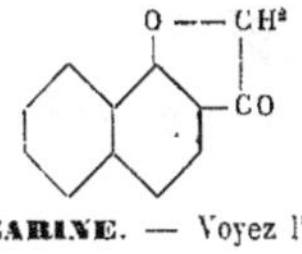

O — CH² / CO

NAPHTAZARINE. — Voyez l'art. NAPHTOQUINONE.

NAPHTAZINES. — Voyez DIAZINES, 2e Suppl., **3**, 112.

NAPHTÈNES. — Voy. HYDROAROMATIQUES (CARBURES).

NAPHTÉNYLAMIDINES [Syn : naphtène-amidines]

$C^{10}H^7 . C = AzH . AzH^2$.

— Le dérivé α a été décrit (2e Suppl., 213) à Amidines.

Dérivé β. — On prépare le chlorhydrate de cette base en faisant digérer le chlorhydrate d'éthoxy-β-naphtoimide (voyez *Naphtonitrile* β) 2e Suppl., **6**, 448, avec l'ammoniaque alcoolique à 50-60° [Klein, Pinner, *D. chem. G*, **11**, 1486, 1878]. La base s'obtient au moyen de la soude caustique diluée; elle cristallise dans le benzène sous forme de grandes paillettes fusibles à 145°.

Le *chlorhydrate* cristallise en aiguilles nacrées fusibles à 224-226° [Pinner, *D. chem. G.*, **25**, 1426, 1892; — Lossen, *Ann. Chem.*, **297**, 381, 1897]. Juin 1906. G. Darier.

NAPHTÉNYLAMIDOXIMES

$C^{10}H^7 . C(AzH^2) = AzOH$.

— *Dérivé* α. — On l'obtient en traitant l'α-naphtonitrile en solution alcoolique par l'hydroxylamine; il cristallise dans l'alcool étendu en grandes paillettes fusibles à 148-149° [Ekstrand, *D. chem. G.*, **20**, 223, 1887 et Richter, *ibid.*, **22**, 2451, 1889]. Cette base est soluble dans l'alcool, l'acide acétique et le benzène, son chlorhydrate cristallise en aiguilles fusibles à 160°. Traitée par l'anhydride acétique, elle fournit un *dérivé acétylé*

$C^{10}H^7 . CAzH^2 . AzO . CO . CH^3$

aiguilles brillantes fusibles à 129°. Elle réagit avec l'éther chloroformique en formant le dérivé

$C^{10}H^7 C(AzH^2) = AzO . CO^2 . C^2H^5$

aiguilles brillantes fusibles à 111°, et avec le chlorure d'α-naphtoyle en formant le dérivé

$C^{10}H^7 C . AzH(COC^{10}H^7)AzOH$,

petites aiguilles fusibles à 228°.

Dérivé β. — On l'obtient comme le dérivé α en partant du β-naphtonitrile [Ekstrand et Richter, *loc. cit.*]. Cette base cristallise dans l'alcool en houppes brillantes fusibles à 150°. Son *chlorhydrate* cristallise en longues aiguilles fusibles à 178°. Son *dérivé acétylé* cristallise dans le benzène en aiguilles fusibles à 154°. Cette base comme le dérivé α réagit avec l'éther chloroformique, le chlorure de benzoyle (E. et R.), le cyanogène [Nordenskjöld, *D. chem. G.*, **23**, 1463, 1890], etc. G. Darier.

NAPHTEURHODOLS. — Sous ce nom sont désignés les dérivés oxy-3 et 4 de la 1.2-naphtophénazine

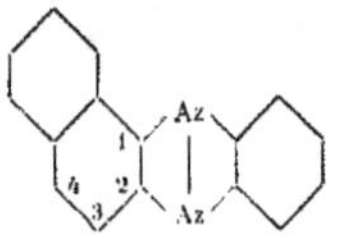

Naphteurhodol-α. — (Syn. 4-oxy-1.2-naphtophénazine)

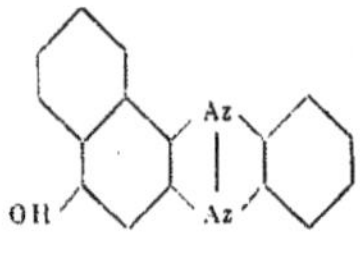

ou

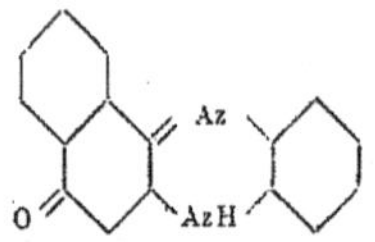

— Préparé par Fischer et Hepp [*D. chem. G.*, **23**, 846, 1890] en chauffant la 4-aminonaphtophénazine avec l'acide chlorhydrique concentré à 180-200°, suivant la réaction $C^{16}H^{11}Az^2 + H^2O = C^{16}H^{10}Az^2O$. Kehrmann (*ibid.*, **23**, 2453) l'obtient en chauffant la β-oxy-α-naphtoquinone ou son dérivé iodé (*ibid.*, **28**, 349, 1895) avec l'orthophénylènediamine. Lindenbaum [*D. chem. G.*, **34**, 1056, 1901] le prépare également en chauffant dix minutes la 3.4-bromoxynaphtophénazine avec le phénol et l'acide sulfurique concentré. Il cristallise dans l'alcool en aiguilles bronzées, et se dissout dans la soude caustique étendue avec une coloration rouge-sang. Son sel de soude, insoluble dans les solutions concentrées de soude caustique, cristallise en paillettes dorées.

α-Naphteurhodol 3-bromé

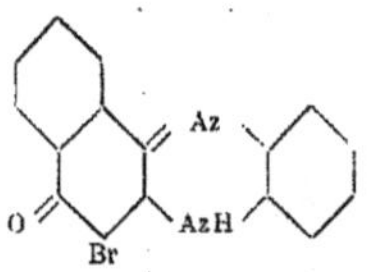

— Lindenbaum (*loc. cit.*) obtient ce dérivé en condensant l'α-2.3-dibromonaphtoquinone avec l'orthophénylène-diamine; c'est un corps très soluble dans les alcalis, cristallisant dans le phénol en aiguilles d'un rouge métallique; l'acide nitrique concentré le transforme par oxydation en *naphtophénazine-β-quinone*

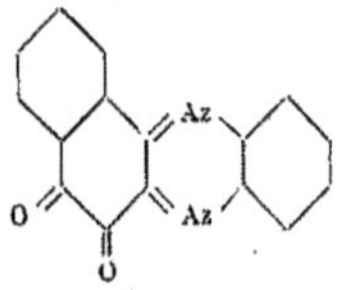

que les réducteurs changent en *oxy-α-naphteurhodol* [Fischer, *D. chem. G.*, **36**, 3622, 1906], aiguilles violettes fusibles à 270°

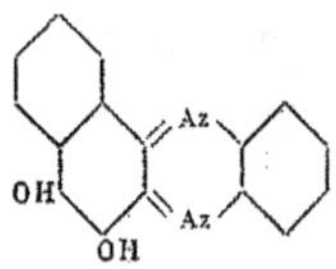

Naphteurhodol-β.

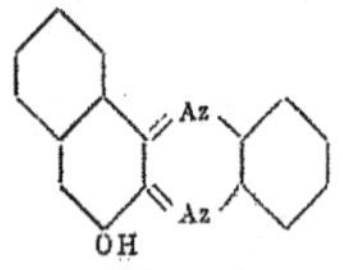

Kehrmann et Zimmerli [*D. chem. G.*, **31**, 2412, 1898] obtiennent ce dérivé en chauffant à 130-140°

l'aminonaphtophénazine correspondante avec l'acide sulfurique dilué. Zincke [*ibid.*, **26**, 618] le prépare en chauffant l'oxyde de naphtophénazine avec l'acide chlorhydrique en solution alcoolique. Le β-naphteurhodol cristallise dans l'alcool en aiguilles d'un jaune intense fusibles à 198-199°.

Zincke et Schmidt [*Ann. Chem.*, **286**, 56, 1895] obtiennent un dérivé chloré du β-naphteurhodol en chauffant une solution alcoolique de dichloro-β-naphtoquinone avec l'o-phénylène-diamine; longues aiguilles jaune-citron fusibles à 199-200°.

Méthyl-α-naphteurhodol.

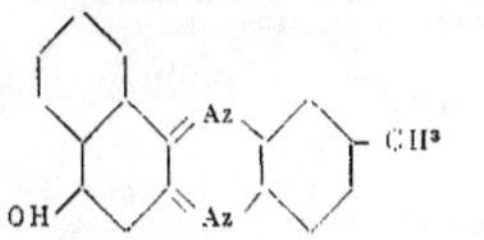

— On obtient ce dérivé par hydrolyse en chauffant l'eurhodine de Witte [*D. chem. G.*, **19**, 443, 1886] avec l'acide chlorhydrique à 180° ou en condensant la β-oxy-α-naphtoquinone avec la 3.4-toluylène-diamine [Hooker, *Journ. Chem. Soc.*, **63**, 1385]. Ce corps, peu soluble dans les solvants organiques usuels, cristallise dans l'aniline et le phénol en cristaux jaunes.

Juin 1905. G. Darier.

NAPHTIDINE. Syn. *diaminodinaphtyle* (voyez BINAPHTYLE, 2e Suppl., 711). — D'après Vesely [*D. chem. G.*, **38**, 136, 1905], la transposition moléculaire subie par l'1.1-hydrazonaphtalène au moyen de l'acide chlorhydrique [Nietzki et Gall, *loc. cit.*, 2e Suppl.] doit s'interpréter de la façon suivante :

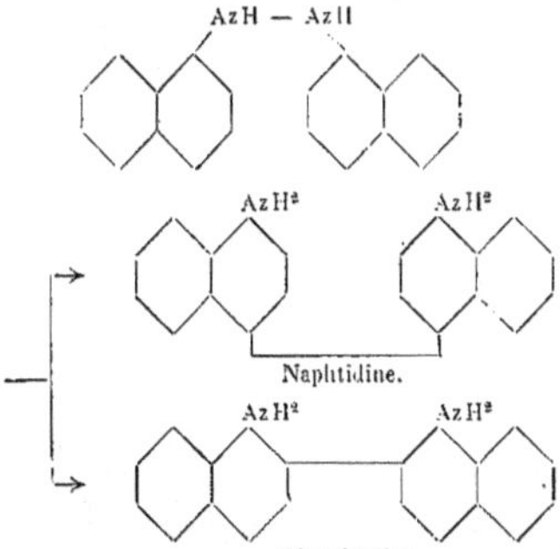

Naphtidine.

Dinaphtyline.

La dinaphtyline est donc un dérivé 1.1-diaminé du 2.2-dinaphtyle et non pas un dérivé du 1.1-dinaphtyle, comme l'ont indiqué Nietzki et Gall. Comme preuve à l'appui, Vesely prépare, par réduction du 1.1-dinitro 2.2-dinaphtyle, un *dinaphtylcarbazol*

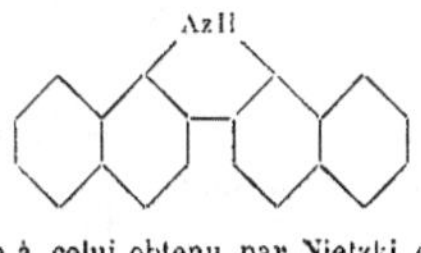

identique à celui obtenu par Nietzki et Gall en partant de la dinaphtyline. Enfin Meisenheimer et Witte [*D. chem. G.*, **36**, 4153-64] préparent par réduction du 2-nitronaphtalène en solution alcoolique par le zinc et la soude caustique un troisième *diaminodinaphtyle* de constitution :

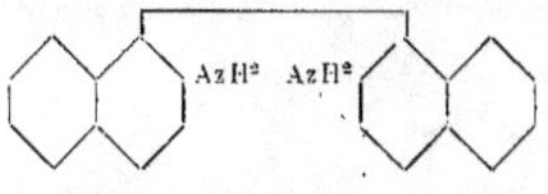

C'est une base soluble dans l'alcool, cristallisant en aiguilles fusibles à 191°. Son *chlorhydrate* chauffé à 240-250° pendant 5 minutes fournit le 1.1-*dinaphtylcarbazol*-2.2

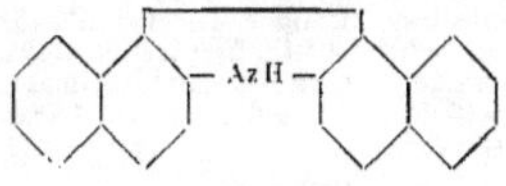

identique à celui obtenu par Walder [*D. chem. G.*, **15**, 2174, 1882] en chauffant le β-dinaphtol avec le chlorure de zinc ammoniacal à 320°. C'est un corps cristallisant dans l'alcool en prismes fusibles à 157°, dont le picrate, aiguilles brillantes d'un bleu d'acier, fond à 217°.

Juin 1906. G. Darier.

NAPHTINDULINES. — Voyez EURRHODINES, 2e Suppl., **3**, 688.

NAPHTINOLINE. — Ce corps, qui possède la formule de constitution suivante :

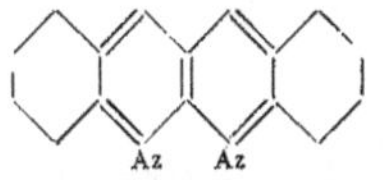

a été préparé par Reissert [*D. chem. G.*, **27**, 2252, 1894 et *Bull. Soc. Chim.*, (3), **14**, 1158], sous forme de son dérivé tétrahydrogéné en réduisant par le zinc et l'acide chlorhydrique en solution alcoolique, l'acide di-o-nitrobenzylacétique, $(AzO^2.C^6H^4.CH^2)^2CH.CO^2H$, qui, au lieu de fournir l'acide di-o-amidobenzylacétique correspondant, se transforme en un produit moins riche de 2 molécules d'eau qui est la tétrahydronaphtinoline. Les schémas suivants expliquent cette transformation :

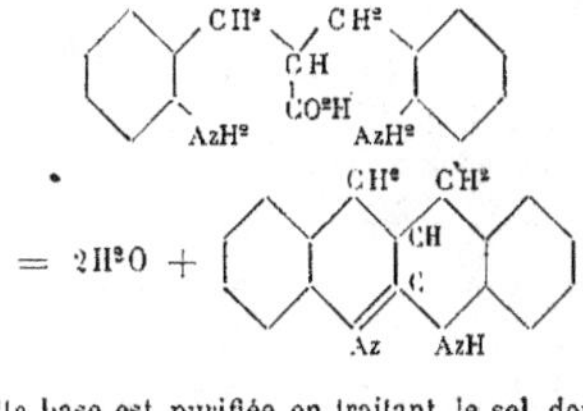

$$= 2H^2O + \ldots$$

Cette base est purifiée en traitant le sel double de zinc, obtenu dans la réduction, par l'ammoniaque en solution alcoolique; elle cristallise en paillettes brillantes colorées en vert, qu'on fait recristalliser encore une fois dans l'alcool. Tout à fait pure elle est incolore et fond à 211-212° en se décomposant un peu au-dessus de son point de fusion. Elle est soluble dans le benzène, le chloroforme, l'alcool et l'acide acétique, insoluble dans la ligroïne, et fournit des sels avec les acides. L'iodure de méthyle la transforme en *dérivé méthylé à l'azote* $C^{16}H^{13}Az^2.CH^3$, paillettes brillantes fusibles à 114°; l'anhydride acétique en *dérivé acétylé* $C^{16}H^{13}Az^2CO.CH^3$, aiguilles fusibles à 240°.

Par oxydation avec l'acétate de mercure en solution acétique, on obtient la *dihydronaphtinoline*

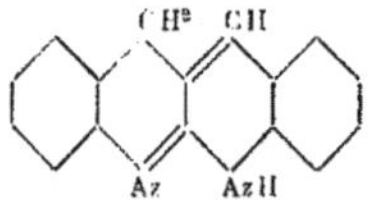

CH² CH

Az AzH

base cristallisant dans l'alcool en paillettes blanches fusibles à 201°. Comme le dérivé tétrahydrogéné, elle se combine avec les acides et fournit avec l'anhydride acétique l'*acétyl-dihydronaphtinoline* $C^{16}H^{11}Az^2CO.CH^3$ fusible à 174°.

La réduction de la tétrahydronaphtinoline, en solution alcoolique avec le sodium, fournit l'*hexahydronaphtinoline*

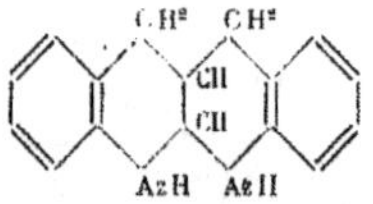

CH² CH²

CH

CH

AzH AzH

aiguilles brillantes fusibles à 128°, corps facilement oxydable. Juin 1906. G. Darier.

NAPHTIONIQUE (ACIDE). — Voyez à *Naphtylamine-sulfonique* 1.4 (acide).

NAPHTOCÉTOCOUMARANE. — Voyez NAPHTOFURFURANE, p. 458.

NAPHTOCOUMARINE. $C^{13}H^8O^2$. — DÉRIVÉ 2.1 ou β :

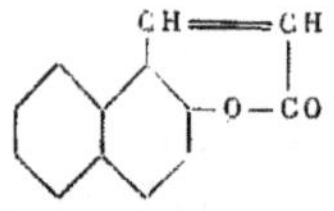

CH ═ CH

—O—CO

Kauffmann [*D. chem. G.*, **16**, 686, 1883] obtient ce dérivé en chauffant à 180° l'aldéhyde oxynaphtoïque 2.1 avec 2 parties d'acétate de soude et 8 à 10 parties d'anhydride acétique, suivant l'équation :

$$C^{10}H^6.OH.COH + (C^2H^3O)^2O$$
$$= C^{13}H^8O^2 + C^2H^4O^2 + H^2O.$$

Le produit de la réaction, versé dans l'eau, est cristallisé dans l'acide acétique dilué, on obtient de fines aiguilles fusibles à 118° qui représentent la naphtocoumarine. C'est l'anhydride de l'acide naphtocoumarique $OHC^{10}H^6.CH{=}CHCO^2H$, acide que l'on obtient en chauffant cette coumarine avec un mélange d'eau et de potasse caustique à 170°. Cet acide cristallise dans l'alcool sous forme d'une poudre cristalline fusible à 170°.

Bartsch [*D. chem. G.*, **36**, 1966, 1903], Knœvenagel et Schröter [*ibid.*, **37**, 4481, 1904], Knœvenagel et Langensiepen [*ibid.*, **37**, 4492], Betti et Mundici [*Central Blatt*, **1**, 448, 1905] préparent une série de dérivés de cette β-naphtocoumarine, entre autres : la *méthyl-β-naphtocoumarine*

CH ═ C-CH³

—O—CO

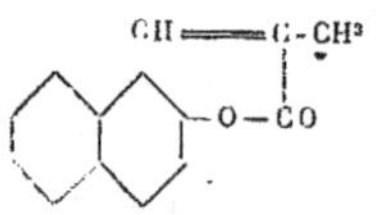

aiguilles fusibles à 157-158°, solubles dans les solvants organiques ; l'*éthyl-β-naphtocoumarine*, aiguilles fusibles à 110°, la *phényl-β-naphtocoumarine*, aiguilles fusibles à 142°, en chauffant à 180°, d'après le même procédé, l'aldéhyde 2.1-oxynaphtoïque, respectivement avec le propionate de soude et l'aldéhyde propionique, avec le butyrate de sodium et l'anhydride butyrique, et avec le phénylacétate de sodium et l'anhydride acétique.

Ces auteurs obtiennent en condensant, toujours d'après le même procédé, l'aldéhyde 2.1-oxynaphtoïque avec le malonate de sodium ou son éther, en présence d'anhydride acétique, ou d'une base comme l'aniline ou la pipéridine, soit l'*acide β-naphtocoumarine-carbonique*

$$C^{10}H^6\begin{cases}CH{=}C.CO^2H\\ \quad\ \ |\\ O-CO\end{cases}$$

fusible à 232°, soit l'*éther éthylique* de cet acide, aiguilles fusibles à 115°.

Avec le succinate de sodium et l'anhydride acétique on prépare la *di-β-naphtocoumarine*

$$C^{10}H^6\begin{cases}CH{=}C\\ O-CO\end{cases}\!\!-\!\!\begin{cases}C{=}CH\\ CO-O\end{cases}C^{10}H^6$$

aiguilles jaunes fusibles au-dessus de 300°.

Avec l'éther acétylacétique et l'éther acétonedicarbonique, on obtient la *β-naphtacétocoumarine*

$$C^{10}H^6\begin{cases}CH{=}C-CO.CH^3\\ \quad\ \ |\\ O-CO\end{cases}$$

fusible à 186-187°, et l'éther de l'*acide β-naphtocoumarine-cétone-acétique*

$$C^{10}H^6\begin{cases}CH{=}C-CO.CH^2.CO^2.C^2H^5\\ \quad\ \ |\\ O-CO\end{cases}$$

cristaux jaune clair fusibles à 151-152°.

DÉRIVÉ 1.2 ou α.

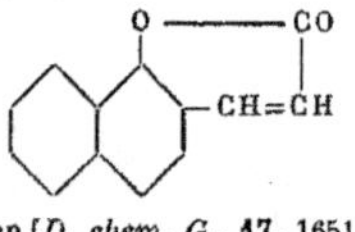

O ——— CO

—CH=CH

— Pechmann [*D. chem. G.*, **17**, 1651, 1884] prépare ce dérivé en chauffant rapidement un mélange d'α-naphtol, d'acide malique et d'acide sulfurique concentré. Bartsch [*D. chem. G.*, **36**, 1966, 1903] obtient un rendement d'environ 30 0/0 en chauffant 7 grammes d'α-naphtol avec 6 grammes d'acide malique et 26 grammes d'SO^4H^2 concentré pendant une demi-heure ; le produit sirupeux obtenu, versé dans l'eau, est cristallisé plusieurs fois dans l'acétone, on obtient des aiguilles ou des prismes brillants fusibles à 142°. En remplaçant l'acide malique par l'éther acétylacétique et en opérant à 0° on obtient la *méthyl-α-naphtocoumarine*

O ——— CO

—CH(CH³)=CH

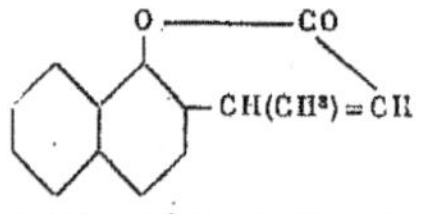

longues aiguilles feutrées fusibles à 167° et solubles dans l'alcool. Juin 1906. G. Darier.

NAPHTOCYANIQUE (ACIDE). — Cet acide déjà décrit (Dict., **2**, 514) est obtenu sous forme de son sel de potassium en faisant bouillir le

1.8-dinitronaphtalène avec le cyanure de potassium [Schunck et Marchlewsky, *D. chem. G.*, **27**, 3465, 1894]. Juin 1906. G. Darier.

NAPHTOFLAVONE. — *L'α-naphtoflavone*

O C-C^6H^5 CH CO

a été préparée par Kostanecki [*D. chem. G.*, **31**, 707, 1898] en traitant par la potasse alcoolique le dibromure de l'acétylbenzylidène-acéto-α-naphtol

$$C^{10}H^6 \begin{cases} O - CO - CH^3 \\ CO - CHBr - CHBr - C^6H^5 \end{cases}$$

La solution rouge obtenue est précipitée par l'eau et le précipité jaune est cristallisé dans l'alcool.

L'α-naphtoflavone forme des paillettes fusibles à 154-156°, solubles dans l'acide sulfurique concentré avec une coloration jaune et une fluorescence verte. Chauffée à l'ébullition avec de l'éthylate de sodium en solution alcoolique, elle est scindée en acétyl-2-α-naphtol et acide benzoïque

2'-éthoxy-α-naphtoflavone.

$$C^{10}H^6 \begin{cases} O - C_{(1)} - C^6H^4_{(2)} - OC^2H^5 \\ \quad\;\; \| \\ \quad\;\; CH \\ CO \end{cases}$$

— Elle a été obtenue en traitant par la potasse alcoolique le dibromure du produit de condensation de l'acétyl-2-α-naphtol avec l'aldéhyde éthylsalicylique. Elle cristallise dans l'alcool en aiguilles jaune pâle fusibles à 160°. Sa solution dans l'acide sulfurique concentré est orangée avec une fluorescence verte intense. Traitée à l'ébullition par l'éthylate de sodium, elle est scindée en β-acétyl-α-naphtol et acide salicylique [Alperin et Kostanecki, *D. chem. G.*, **32**, 1037, 1899].

4'-oxy-α-naphtoflavone,

$$C^{10}H^6 \begin{cases} CO - C_{(1)} - C^6H^4_{(4)} - OH \\ \quad\;\; \| \\ \quad\;\; CH \\ O \end{cases}$$

— On l'obtient en faisant bouillir plusieurs heures avec de l'acide iodhydrique le dérivé méthoxylé. Elle cristallise dans l'acide acétique en fines aiguilles fusibles à 315-316°. Elle donne avec l'acide sulfurique concentré une solution jaune pâle avec forte fluorescence verte et se dissout dans la soude étendue avec une coloration jaune.

Elle donne un *dérivé acétylé* qui cristallise dans l'acide acétique et l'alcool en aiguilles blanches fusibles à 215°

4'-méthoxy-α-naphtoflavone. — Elle a été préparée en traitant par la potasse alcoolique le dibromure du produit de condensation de l'aldéhyde anisique avec le β-acétyl-α-naphtol. Elle cristallise dans l'alcool en aiguilles jaune clair fusibles à 181°. L'acide sulfurique concentré la colore en orangé et la dissout en donnant une solution jaune avec fluorescence verte. Elle est scindée par l'éthylate de sodium en β-acétyl-α-naphtol et acide anisique [Keller et Kostanecki, *D. chem G.*, **32**, 1034, 1899].

Méthylène-dioxy-3',4-α-naphtoflavone,

$$C^{10}H^6 \begin{cases} O - C - C^6H^3 \begin{matrix} \diagup O \diagdown \\ \diagdown O \diagup \end{matrix} CH^2 \\ \quad\;\; \| \\ CO - CH \end{cases}$$

Elle s'obtient en traitant par la potasse le dibromure du produit de condensation du pipéronal avec le β-acétyl-α-naphtol. Elle cristallise dans la pyridine additionnée d'alcool en aiguilles jaune pâle fusibles à 253-254°, très peu solubles dans l'alcool, avec une fluorescence bleue; la solution dans l'acide sulfurique concentré est faiblement jaune avec une fluorescence verte. Elle est scindée par l'éthylate de sodium en β-acétyl-α-naphtol et acide pipéronylique (Kostanecki, *D. chem. G.*, **31**, 708, 1898).

Janvier 1907. R. Marquis.

NAPHTOFLUORANE. — Voy. PHTALÉINES.

NAPHTOFLUORONE. — Les fluorones sont des matières colorantes dérivées du noyau

C O O

On obtient des oxyfluorones à partir des produits de condensation des aldéhydes avec les composés phénoliques, renfermant quatre groupements hydroxyles, dont deux en para et deux en ortho par rapport au reste aldéhydique qui réunit les deux radicaux cycliques.

L'oxynaphtofluorone ou formaldéhydoxynaphtofluorone a la constitution suivante :

CH O O OH

Elle se forme par déshydratation, au moyen de l'acide sulfurique, de la méthylène-dinaphtorésorcine

$$CH^2 \begin{cases} C^{10}H^5(OH)^2 \\ C^{10}H^5(OH)^2 \end{cases}$$

que l'on obtient d'abord par condensation de l'aldéhyde formique avec le dioxynaphtalène-1.3. L'α-oxynaphtofluorone forme une poudre cristalline, granuleuse, très peu soluble dans l'eau et l'alcool, soluble dans l'acide acétique avec une couleur jaune et une fluorescence verte, insoluble dans l'éther, l'acétone, le benzène. Elle se dissout dans les alcalis et les carbonates alcalins avec une coloration rouge jaune et une forte fluorescence vert jaune, dans l'acide sulfurique concentré avec une coloration jaune rougeâtre et une fluorescence verte intense [Kahl, *D. chem. G.*, **31**, 147, 1898]. R. Marquis.

NAPHTOFURFURANES. — On connaît deux naphtofurfuranes isomères, qui diffèrent par la situation de l'oxygène furfuranique relativement au noyau naphtalénique. Leurs constitions sont les suivantes :

O CH CH — α-Naphtofurfurane.

CH CH O — β-Naphtofurfurane.

Ces deux isomères ont été isolés par Bœs [*Zeit. öffentl. Chem.*, **8**, 151; *Chem. Centr. Bl.* 1902, I, 1356] des fractions du goudron de houille bouillant à 282-292°.

Ils ont été préparés synthétiquement par Hesse [*D. chem. G.*, **30**, 1438, 1897; **31**, 601, 1898] en chauffant un mélange équimoléculaire de naphtols, de chloracétal, et de potasse en solution dans 10 parties d'alcool absolu, à 200° pendant 8 à 10 heures : puis par Stœrmer [*D. chem. G.*, **30**, 1700, 1897; *Ann. Chem.*, **312**, 308, 1900] en chauffant les aldéhydes naphtoxyacétiques avec de l'acide acétique et du chlorure de zinc :

$$C^{10}H^7-O-CH^2-CHO = H^2O + C^{10}H^6\langle\begin{smallmatrix}O\\ \\CH\end{smallmatrix}\rangle CH$$

Ces aldéhydes naphtoxyacétiques étaient obtenues en traitant les naphtols sodés par le chloracétal, et saponifiant le naphtoxy-acétal formé.

α-Naphtofurfurane. — Il est liquide, congelable vers −7°, bouillant à 282-284° sous 755 millimètres; $D^{11} = 1,1504$, $n_D = 1,634$. Il est insoluble dans l'eau, soluble dans les liquides organiques, soluble dans l'acide sulfurique concentré en vert clair. Il donne un *picrate* $C^{12}H^8O - C^6H^3O^7Az^3$ fusible à 113°.

Traité par le chlore, en solution éthérée, il forme un *dichlorure*,

$$C^{10}H^{16}\langle\begin{smallmatrix}O\\ \\CHCl\end{smallmatrix}\rangle CHCl$$

Chloro-α-naphtofurfurane. — Il résulte de l'enlèvement d'une molécule d'acide chlorhydrique au dichlorure précédent, sous l'action de la potasse alcoolique. Il cristallise en aiguilles fusibles à 47°, peu solubles dans l'acool étendu, solubles dans l'éther et l'acétone.

Bromo-α-naphtofurfurane. — Il forme des cristaux laineux fusibles à 76°.

Dibromo-α-naphtofurfurane. — Il cristallise en aiguilles fusibles à 109° [Stœrmer, *Ann. Chem.*].

α-Naphto-céto-dihydrofurfurane, ou *Naphtocétocoumarane*,

[Formule développée : O, CH², CO]

— Ce composé a été obtenu en traitant par le carbonate de soude le bromo-acétyl-α-naphtol,

$$C^{10}H^6\langle\begin{smallmatrix}OH\\CO-CH^2Br\end{smallmatrix}$$

Il cristallise dans l'eau bouillante en écailles fusibles à 91-92°, solubles dans l'éther, peu solubles dans l'alcool. Il est entraînable avec la vapeur d'eau. Chauffé avec la liqueur de Fehling, il donne une solution rouge fuchsine. Il se condense avec l'aldéhyde protocatéchique et avec le pipéronal [Ullmann, *D. chem. G.*, 30, 1446, 1897].

β-Naphtofurfurane. — Il s'obtient, soit comme on l'a vu plus haut, soit en chauffant l'acide β-naphtofurfurane-carbonique avec de la chaux sodée (Stœrmer). Il cristallise en aiguilles argentées fusibles à 60-61° (St.), à 65° (H.); il bout à 280° (H.), à 284-286° (St.). Il se dissout dans l'acide sulfurique concentré avec une coloration vert clair qui devient violette quand on chauffe. Il donne un *picrate* en aiguilles rouges, fusible à 141°.

Traité par le chlore en solution éthérée, il donne un *dichlorure* fusible à 74°.

Chloro-1-β-naphtofurfurane,

$$C^{10}H^6\langle\begin{smallmatrix}CH\\ \\O\end{smallmatrix}\rangle CCl$$

— Il se forme quand on traite le dichlorure précédent par la potasse alcoolique ou par la pyridine. Il cristallise en paillettes fusibles à 55°, volatiles avec la vapeur d'eau, solubles dans l'éther avec une fluorescence bleue. Chauffé 12 heures à 180° avec un excès de potasse alcoolique à 10 0/0, il se transforme en acide 2-oxy-naphtylacétique [Stœrmer, *Lieb. Ann. Chem.*, **313**, 90, 1900].

Trichloro-β-naphtofurfurane. — Il se forme quand on traite le β-naphtofurfurane par un excès de chlore, puis qu'on soumet le produit à l'action de la pyridine. Poudre cristalline fusible à 144° (St.)

Dibromo-β-naphtofurfurane. — Aiguilles fusibles à 82° (St.).

Acide β-naphtofurfurane-carbonique,

$$C^{10}H^6\langle\begin{smallmatrix}CH\\ \\O\end{smallmatrix}\rangle C-CO^2H$$

— Cet acide, qui correspond à l'acide coumarilique, a été obtenu par la méthode de Perkin, c'est-à-dire en traitant le dibromure de la naphtocoumarine par la potasse alcoolique [Stœrmer, *Lieb. Ann. Chem.*, **312**, 309, 1900]. Il fond à 191-192°. Chauffé avec de la chaux sodée, il donne le β-naphtofurfurane.

Acétyl-β-naphtofurfurane,

[Formules développées : CO-CH³, O — ou — O, CO-CH³]

— Ce corps s'obtient en condensant la β-naphtol-aldéhyde sodée avec la chloracétone. Il cristallise en lamelles fusibles à 116°. Sa *semicarbazone* fond à 249°. Sa *phénylhydrazone* est en écailles jaunes fusibles à 189°. Son *oxime* est en aiguilles fusibles à 207°. Par l'action du brome en solution sulfocarbonique, l'acétylnaphtofurfurane forme un *dérivé bromé* fusible à 113° et un *dérivé dibromé* jaune, fusible à 177°.

Le dérivé monobromé, traité par l'aldéhyde salicylique sodée, donne le *coumarylcéto-β-naphtofurfurane*

$$C^{10}H^6\langle\begin{smallmatrix}O\\CH\end{smallmatrix}\rangle C-CO-C\langle\begin{smallmatrix}O\\CH\end{smallmatrix}\rangle C^6H^4$$

cristallisant dans l'alcool en aiguilles jaune d'or fusibles à 200° [Stœrmer, Schæffer, *D. chem. G.*, **36**, 2866, 1903].

2-Méthyl-α-naphtofurfurane,

$$C^{10}H^6\langle\begin{smallmatrix}O\\C\end{smallmatrix}\rangle CH \qquad (C-CH^3)$$

— On l'obtient, soit en distillant l'acide méthyl-α-naphtofurfurane-carbonique ou en chauffant son sel de potassium avec de la potasse [Hantzsch, Pfeiffer, *D. chem. G.*, **19**, 1304, 1886], soit en chauffant l'α-naphtoxyacétone avec du chlorure de zinc en solution acétique [Stœrmer, *Lieb. Ann. Chem.*, **312**, 313, 1900]. Il fond à 34-35°, bout à 297-299°. Il est volatil avec la vapeur d'eau. Il réduit, à l'ébullition, l'azotate d'argent. Il se dissout dans l'acide sulfurique concentré avec une coloration jaune verdâtre qui, quand on chauffe, devient verte, puis pourpre.

Acide 2-méthyl-α-naphtofurfurane-carbonique. — Son éther se forme en traitant par l'acide sulfurique concentré le produit de condensation de l'α-naphtol sodé avec l'éther α-chloracétylacétique (H. et P.). Il cristallise en aiguilles jaunes à fluorescence verte, fusibles à 108°. L'*acide* est une poudre cristalline fusible à 243-245° très peu soluble.

2-Méthyl-β-naphtofurfurane,

$$C^{10}H^6 \genfrac{}{}{0pt}{}{\diagup C \diagup CH^3}{\diagdown O \geq CH}$$

— Il s'obtient comme le dérivé α et a les mêmes propriétés; il fond à 59° (H. et P.). Il donne un *picrate* fusible à 156° (St.).

Acide 2-méthyl-β-naphtofurfurane-carbonique. — Il se prépare comme le dérivé α. Il fond à 253-254°. Son *éther éthylique* fond à 100° (H. et P.).

Diphényl-naphtofurfurane,

O ; C-C⁶H⁵ ; CH ; C⁶H⁵—

— Ce composé se forme en chauffant à 180-190°, avec de l'acide iodhydrique et du phosphore rouge, le tribenzoylcyclopropane symétrique. Il cristallise en aiguilles fusibles à 120-121° [Paal et Schulze, *D. chem. G.*, **36**, 2425, 1903].

Janvier 1907. R. Marquis.

NAPHTO-αα'-FURODIAZOL. — Le dérivé hydroxylé de ce composé, ou β-*naphtolfurazane*

Az — O ; OH ; Az

s'obtient en chauffant la β-naphtoldioxime avec de la potasse. Il fond à 213-214°. Le *dérivé acétylé* fond à 137° et donne par nitration le *trinitro-β-naphtolfurazane*, aiguilles orangées [Nietzki et Knapp, *D. chem. G.*, **30**, 1119, 1897].

Le *dicétonaphtolfurazane* $C^{10}H^4O^2Az^2O$ fond à 198° [Zincke et Ossenbeck, *Ann. Chem.*, **307**, 1, 1899].

Juin 1906. F. March.

NAPHTOÏQUE (ACIDE). — Voyez Naphtalène-carboniques (Acides).

NAPHTOÏQUE (ALDÉHYDE). $C^{10}H^7.COH$. — *Dérivé α.* — Bamberger et Lodter [*D. chem. G.*, **21**, 259, 1888] préparent ce dérivé par oxydation de l'alcool α-naphtylméthylique $C^{10}H^7.CH^2.OH$, au moyen du bichromate et de l'acide sulfurique dilué; Rousset [*Bull. Soc. Chim.* (3), **17**, 303, 1897] l'obtient en décomposant la phénylimide de l'acide α-naphtylglyoxylique par l'acide sulfurique.

Liquide visqueux bouillant à 291°,6, donnant avec le bisulfite la combinaison $C^{11}H^8O.NaHSO^3$, paillettes brillantes; avec l'acide picrique la combinaison $C^{11}H^8O.C^6H^3O^7Az^3$, aiguilles rouges fusibles à 94°; avec l'hydroxylamine l'*oxime* $C^{10}H^7CH=AzOH$, longues aiguilles solubles dans l'eau bouillante, fusibles à 98° [Brandis, *D. chem. G.*, **22**, 2151, 1889]. L'aldéhyde naphtoïque se combine de même avec les amines aromatiques : avec l'aniline on obtient, par exemple, l'*anhydro-naphtylidène-aniline* $C^{10}H^7CH=AzC^6H^5$, fusible à 71° (Brandis), etc.

Dérivé β. — Bamberger et Böckmann [*D. chem. G.*, **20**, 1118, 1887] l'obtiennent comme le dérivé α par oxydation de l'alcool β-naphtylméthylique; Battershall [*Ann. Chem.*, **168**, 116, 1892], en distillant un mélange de naphtoate et de formiate de calcium; enfin, Schulze [*D. chem. G.*, **17**, 1530, 1884], en faisant bouillir le chlorure de naphtyle $C^{10}H^7.CH^2Cl$ avec une solution de nitrate de plomb; voyez également Rousset [*loc. cit.*]; Pinner et Salomon [*Ann. Chem.*, **298**, 45, 1897, et *D. chem. G.*, **30**, 1885, 1897]. Cette aldéhyde cristallise dans l'eau chaude en petites paillettes fusibles à 60-61°. Elle est volatile avec la vapeur d'eau.

Aldéhyde oxynaphtoïque 2.1,

COH ; OH

— On obtient ce dérivé suivant la méthode générale, en faisant chauffer une solution alcaline de β-naphtol et en y introduisant peu à peu du chloroforme [Kauffmann, *D. chem. G.*, **15**, 805, 1882; — Rousseau, *C. R.*, **94**, 133; — Fosse, *Bull. Soc. Chim.*, (3), **25**, 373, 1901].

Gatterman et Horlacher [*D. chem. G.*, **32**, 284, 1899] l'obtiennent avec un rendement quantitatif, en décomposant par l'eau bouillante l'aldimide 2.1,

$$C^{10}H^6 \genfrac{}{}{0pt}{}{\diagup OH}{\diagdown CH=AzH.HCl}$$

Voyez encore Geigy [*Central Blatt*, **1**, 523, 1900] et Rousset [*Bull. Soc. Chim.*, (3), **17**, 312]. Cette aldéhyde cristallise dans l'alcool sous forme de prismes, et dans l'acide acétique sous forme d'aiguilles fusibles à 77° suivant les uns, à 81° suivant les autres; elle se combine avec l'acide picrique en formant un *picrate*, aiguilles jaunes fusibles à 120°.

Traitée par l'iodure de méthyle et la potasse caustique, elle se transforme en *dérivé méthylé*

$$C^{10}H^6 \genfrac{}{}{0pt}{}{\diagup OCH^3}{\diagdown COH}$$

[Rousset, *loc. cit.*], aiguilles fusibles à 84°; avec le bromure d'éthyle on obtient le *dérivé éthylé*, aiguilles fusibles à 109° [Bartsch, *D. chem. G.*, **36**, 1966, 1903; — Hellbronner, *C. R.*, **133**, 44, 1901]; traitée par l'anhydride acétique ou le chlorure de benzoyle, elle fournit les dérivés *acétylé* fusible à 87°, et *benzoylé* aiguilles fusibles à 109° [Hellbronner, *Bull. Soc. Chim.*, (3), **29**, 878, 1903]. Elle réagit avec l'hydroxylamine en fournissant l'*oxime* aiguilles fusibles à 157° [Fosse, *loc. cit.*]; avec la phénylhydrazine en formant l'*hydrazone*

$$C^{10}H^6 \genfrac{}{}{0pt}{}{\diagup OH}{\diagdown CH=Az-AzH.C^6H^5}$$

aiguilles fusibles à 195°: elle réagit avec les amines aromatiques en formant des combinaisons

$$C^{10}H^6 \genfrac{}{}{0pt}{}{\diagup OH}{\diagdown CH=AzR}$$

R = C^6H^5; $C^{10}H^7$, etc. [Fosse, *loc. cit.*; — Bartsch, *loc. cit.* — Betti, *Central Blatt*, **1**, 447, 1905; — Walter, *ibid.*, **2**, 652, 1901]. En combinant les dérivés méthoxylé et éthoxylé de cette aldéhyde avec le camphre sodé, on obtient les combinaisons

$$C^8H^{14}\begin{matrix}\diagup C = CH \diagdown \\ \vert \\ \diagdown CO\end{matrix} C^{10}H^6OCH^3$$

et

$$C^8H^{14}\begin{matrix}\diagup C = CH \diagdown \\ \vert \\ \diagdown CO\end{matrix} C^{10}H^6 - OC^2H^5$$

[Hellbronner, *C. R.*, **133**, 43, 1901].

Le sel de sodium de l'aldéhyde oxynaphtoïque 2.1

$$C^{10}H^6 \begin{matrix}\diagup COH \\ \diagdown ONa\end{matrix}$$

traité par le chloracétone fournit l'*acéto-β-naphtofurane*

CH = C.CO.CH³ (formule)

fusible à 115-116° [Stœrner et Schaeffer, *D. chem. G.*, **36**, 2863, 1903].

ALDÉHYDE OXYNAPHTOÏQUE 4.1. — Gattermann et Horlacher [*D. chem. G.*, **32**, 284, 1899] la préparent comme le dérivé 2.1, en décomposant l'aldimide 1.4 par l'eau bouillante [voyez également Gattermann et Berchelmann, *D. chem. G.*, **31**, 1767, 1898; — Geigy, *Central Blatt*, **1**, 523, 1900]. Aiguilles jaunes fusibles à 181°, solubles dans l'alcool et l'éther. Traitée par l'aniline, cette aldéhyde fournit la *phénylimide*

$$C^{10}H^6 \begin{matrix}\diagup OH \\ \diagdown CH = AzC^6H^5\end{matrix}$$

aiguilles fusibles à 133°. Gattermann et Rousset [*Bull. Soc. Chim.*, (3), **17**, 307 et 812, 1897] préparent les *dérivés méthylé* et *éthylé* de cette combinaison, en traitant les acides méthoxy- et éthoxynaphtylglyoxylique par l'aniline.

ALDÉHYDE NAPHTOÏQUE-CARBONIQUE 1.8,

CO²H COH = H.C.OH CO (formules, O)

— Cette aldéhyde a été préparée par Graebe et Gfeller [*Ann. Chem.*, **276**, 13, 1893], en chauffant jusqu'à 180° l'acénaphtène-quinone avec une solution de potasse caustique à 30 0/0. Paillettes fusibles à 167-168° en se décomposant. Elle donne avec l'hydroxylamine une *oxime* $C^{12}H^{10}Az^2O^3$, fusible à 257°; avec la phénylhydrazine l'*hydrazone*

$$C^{10}H^6 \begin{matrix}\diagup CH - Az^2H - C^6H^5 \\ > O \\ \diagdown CH - AzH - C^6H^5\end{matrix}$$

fusible à 213°. Elle réagit avec l'acétone et l'acétophénone sous l'influence de la potasse caustique en fournissant les cétones

$$C^{10}H^6 \begin{matrix}\diagup CH - CH^2.CO.CH^3 \\ > O \\ \diagdown CO\end{matrix}$$

et

$$C^{10}H^6 \begin{matrix}\diagup CH - CH^2 - CO.C^6H^5 \\ > O \\ \diagdown CO\end{matrix}$$

[Zink, *Mon. f. Chem.*, **22**, 813 et **23**, 836]. De même avec la méthyl-m-tolylcétone, la pinacoline et l'acénaphténone [Wiechowski, *Mon. f. Chem.*, **26**, 749], elle forme les cétones

$$C^{10}H^6 \begin{matrix}\diagup C - CHH^2.CO.C^6H^4.CH^3 \\ > O \\ \diagdown CO\end{matrix}$$

$$C^{10}H^6 \begin{matrix}\diagup CH - CH^2.CO.C(CH^3)^3 \\ > O \\ \diagdown CO\end{matrix}$$

et

$$C^{10}H^6 \begin{matrix}\diagup CH - CH - CO \\ > O \\ \diagdown CO\end{matrix}$$

(avec noyau naphtalénique)

Juin 1906. G. Darier.

NAPHTOLFURAZANE. — Voyez NAPHTOFURODIAZOLS.

NAPHTOLACTONE (*Acide* 1.8-*oxynaphtalène-carbonique*). — Voyez 2e Suppl., **6**, 450.

NAPHTOLS, $C^{10}H^7.OH$. — α-NAPHTOL (Voy. Dict., **2**, 516 et 1er Supp., 1055). — Marchetti [*Gazz. chim. ital.*, **12**, 503] et Schulze [*Ann. chem.*, **227**, 143, 1885] ont trouvé l'α-naphtol dans le goudron de houille. Il cristallise en aiguilles brillantes monocliniques [Negri, *Gazz. chim. ital.*, (2), **23**, 380, 1893] et distille à 278-280°. Son poids spécifique est égal à 1,224 à 4° [Schröder, *D. chem. G.*, **12**, 1613, 1879] et à 1,09539 à 98,7°. Réfraction : Nasini, Bernheimer [*Gazz. chim. ital.*, **15**, 84, 1885] et Kanonnikow [*J. für prakt. Chem.*, (2), **31**, 348, 1885]. Conductibilité électrique : Walden [*D. chem. G.*, **24**, 2030, 1891]. Chaleur de combustion moléculaire 1188,5 calories [Valeur, *Ann. Chim. Phys.*, (7), **21**, 540]. Chaleur de neutralisation par la soude: Berthelot [*ibid.* (6), **7**, 203].

Bodroux [*Bull. Soc. Chim.* (3), **31**, 33, 1904] obtient l'α-naphtol en laissant s'oxyder à l'air humide la combinaison $C^{10}H^7MgBr$, il se forme dans ces conditions le corps $C^{10}H^7OMgBr$ qui traité par l'acide chlorhydrique fournit l'α-naphtol suivant la réaction :

$$C^{10}H^7OMgBr + HCl = C^{10}H^7.OH + MgBrCl.$$

On l'obtient également en chauffant à 200° les sels d'α-naphtylamine et l'eau sous pression [Brevets allemands 74879 et 76595].

On prépare également les α et β-naphtols ainsi qu'un grand nombre de leurs dérivés sulfoniques, aminés et oxy, en traitant les naphtylamines et leurs dérivés par un grand excès de bisulfite de soude ou d'acide sulfureux à chaud et sous pression; la réaction se passe de la façon générale suivante :

$$C^{10}H^7AzH^2 + \text{bisulfite} = C^{10}H^7O.SO^2H.$$

On saponifie alors les éthers sulfureux par un alcali. Cette réaction est intéressante, car elle est reversible et permet d'obtenir les naphtylamines et leurs dérivés en traitant de même les naphtols par le bisulfite en présence d'ammoniaque sous pression; elle peut s'écrire de la façon suivante:

$$R.OH \rightleftarrows RO.SO^2H \rightleftarrows R.AzH^2$$

Voyez : Badische-Anilin und Soda-Fabrik [*Central Blatt*, **1**, 344, 1901; *ibid.*, **2**, 74, 1136 et 1138 et 868, 1902]; Bayer et Cie [*ibid.*, **2**, 359, 1900] et Bucherer [*J. für prakt. Chem.*, (2), **69**, 49, (2), **70**, 345 et (2), **71**, 433, 1904] et *Zeit. für Farben und Textilchemie* (3), 57].

Réactions. — L'α-naphtol fournit une coloration violette intense en le dissolvant dans la soude caustique et en ajoutant une solution d'iode dissous dans l'iodure de potassium; le β-naphtol dans les mêmes conditions ne fournit aucune coloration. Jorissen [*Ann. Chim. anal. appl.*, **7**, 217] et Arzberger [*Centrall. Blatt.*, **1**, 303, 1903] recommandent vivement cette réaction pour déceler des traces d'α-naphtol dans les préparations pharmaceutiques. Il réagit de même avec le brome [Léger, *Bull. Soc. Chim.*, (3), **17**, 546, 1897].

Par ébullition à l'air ou chauffé en tube scellé à 350-400°, l'α-naphtol se transforme en oxyde d'α-naphtylène $(C^{10}H^6)^2O$ [Merz et Weith, *D. chem. G.*, **14**, 195, 1881]; avec l'ammoniaque il fournit l'α-naphtylamine, mais réagit beaucoup plus difficilement que le β-naphtol [Merz et Weith, *ibid*, **14**, 2344]. Chauffé avec l'acétate d'ammoniaque à 270°, il se transforme principalement en α-acétonaphtalide; avec le formiate d'ammoniaque il fournit l'α-naphtylamine et de l'oxyde de carbone [Calm, *D. chem. G.*, **15**, 615, 1882].

Oxydé par le permanganate, il fournit l'*acide phénylglyoxylcarbonique*

$$CO^2H . C^6H^4 . CO . CO^2H$$

et un acide $C^{20}H^{14}O^8$; chauffé à 200° avec un alcali et un oxyde métallique (CuO, MnO^2), il se transforme en acides benzoïque et phtalique [Basler Chemische Fabrik, *Central Blatt.*, **1**, 546, 1903]. Chauffé avec le phosphore rouge à 200° dans une atmosphère de CO^2 il se réduit en naphtalène et en oxyde de dinaphtylène [Wichelhaus, *D. chem. G.*, **36**, 2942, 1903]. Son sel d'aluminium $Al(OC^{10}H^7)^3$, soumis à la distillation, se décompose en alumine-naphtalène, isodinaphtyle et en un corps $C^{20}H^{14}O$ [Gladstone et Tribe, *Journ. of chem. Soc.*, **41**, 16, 1882]. Chauffé avec l'hydrate d'hydrazine à 160°, il se transforme en α-naphtylhydrazine $C^{10}H^7AzH.AzH^2$ [Hoffmann, *D. chem. G.*, **31**, 2909, 1898]. Avec l'anhydride phtalique et le chlorure de zinc à la température de 200° il fournit l'α-naphtofluorane (anhydride d'α-naphtolphtaléine) [Schmidt, *D. chem. G.*, **26**, 207, 1893].

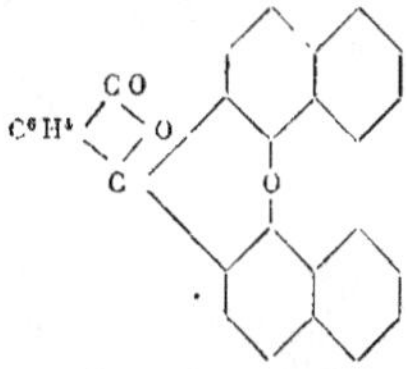

[formule développée : C^6H^4 (CO, O, C) — O — deux noyaux naphtaléniques]

En remplaçant dans cette opération le chlorure de zinc par l'acide sulfurique concentré et l'acide borique, Deichler et Weizmann [*D. chem. G.*, **36**, 547, 1903] obtiennent en chauffant à 160° l'α-oxynaphtacène-quinone

$$C^6H^4 \left\langle \begin{matrix} CO-C=COH \\ | \\ CO-C=CH \end{matrix} \right\rangle C^6H^4$$

Chauffé quelques minutes avec l'acide diphénylglycolique $(C^6H^5)^2COH.CO^2H$ en solution benzénique et en présence de $SnCl^4$, il fournit [Geipert *D.chem. G.*, **37**, 664, 1904] la lactone :

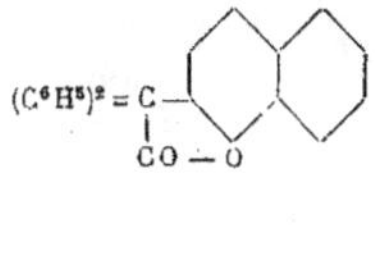

$$(C^6H^5)^2 = C - C^{10}H^6 ; \; C - CO - O$$

Ryan et Mills [*Proc. Chem. Soc.*, **17**, 90, 1901] obtiennent l'*α-naphtolgalactose* $C^6H^{10}O^5.OC^{10}H^7$ en faisant réagir l'α-naphtol en solution de potasse alcoolique sur l'acétochlorogalactose. Dianin [*Chem. Zeit.*, 1713, 1888] a obtenu par l'action de l'acétone sur l'α-naphtol, en présence d'acides chlorhydrique et oxalique, le *diméthyloxydinaphtyléthane* $(CH^3)^2=C=(C^{10}H^6)^2O$ fusible à 186°.

En faisant réagir une molécule d'éther dichloré $CH^2Cl-CHCl.OC^2H^5$ sur 3 molécules d'α-naphtol, Zwanziger [*Ann. Chem.*, **243**, 165, 1888] obtient, à côté de produits chlorés insolubles, du *trioxytrinaphtyléthane* et de l'*éthényl-tri-α-naphtol*. Gattermann et Breithaupt [*Ann. Chem.*, **244**, 43, 1888] obtiennent du carbamate d'α-naphtyle $AzH^2.CO.OC^{10}H^7$ fusible à 158° en faisant réagir le chlorure d'urée $ClCO.AzH^2$ sur l'α-naphtol. L'α-naphtol fournit avec l'acide picrique un *picrate* $C^{10}H^8O.C^6H^2(AzO^2)^3.OH$, en aiguilles orange, fusibles à 189-190°.

Usages. — L'α-naphtol est employé surtout par l'industrie des matières colorantes pour la fabrication des couleurs azoïques et spécialement pour celle du dinitronaphtol et de ses acides sulfoconjugués (jaune de Martius et jaune acide).

Il est doué de propriétés antiseptiques : Camille Koechlin le recommande pour la conservation de l'albumine; le Dr J.-L. Reverdin [*Revue médicale de la Suisse Romande*, 20 nov. 1888] l'a employé dans les pansements avec de bons résultats. Pris intérieurement, l'α-naphtol se transforme en majeure partie en acide α-naphtolglycuronique $C^{16}H^{16}O^7 + H^2O$ [Lesniker et Nencki, *D. chem. G.*, **19**, 1534, 1886].

Produits d'addition. — *α-Tétrahydronaphtol ar.*

$$OH.C^6H^3 \left\langle \begin{matrix} CH^2-CH^2 \\ | \\ CH^2-CH^2 \end{matrix} \right.$$

— Bamberger et Bordt [*D. chem. G.*, **23**, 215, 1890] et Jacobson, Turnbull [*ibid.*, **31**, 897, 1898] obtiennent ce dérivé par réduction de l'α-naphtol en solution amylique par le sodium; Bamberger et Althausse [*D. chem. G.*, **21**, 1893, 1888], par diazotation et ébullition du dérivé diazoïque de l'α-tétrahydronaphtylamine ar. Il cristallise en tables monocliniques fusibles à 68°,5-69° et bouillant à 264,5-265° [Jürgensen, *D. chem. G.*, **21**, 1893].

Son *éther éthylique* $C^{10}H^{11}O.C^2H^5$ est une huile distillant à 259° sous 705 millimètres de pression (B. et B.). Son *dérivé aminé* 1.5

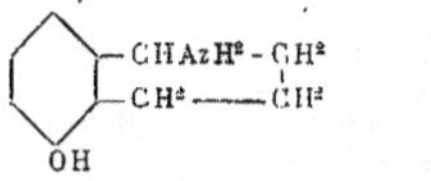

$$C^6H^3(OH) \left\langle \begin{matrix} CHAzH^2-CH^2 \\ | \\ CH^2 — CH^2 \end{matrix} \right.$$

est une huile à forte odeur ammoniacale [Bamberger et Baumann, *D. chem. G.*, **22**, 960, 1889].

Son *dérivé aminé* 1.4

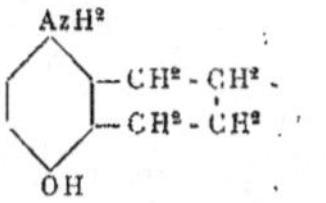

$$AzH^2 . C^6H^2(OH) \left\langle \begin{matrix} CH^2-CH^2 \\ | \\ CH^2-CH^2 \end{matrix} \right.$$

a été obtenu à l'état d'éther éthylique, en réduisant le *dérivé azoïque*

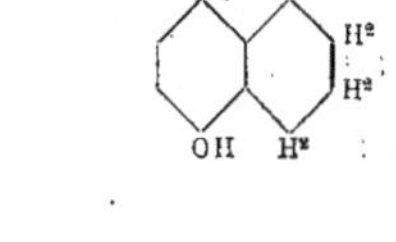

$$C^6H^5Az=Az-C^{10}H^5(OH)H^8$$

par le chlorure d'étain et l'acide chlorhydrique [Jacobson et Turnbull, *loc. cit.*]. Aiguilles fusibles à 60°.

ETHERS OXYDES. — *Éther méthylique* (naphtalène-anisol) $C^{10}H^7O.CH^3$. — On l'obtient, soit en traitant l'α-naphtol par l'iodure de méthyle en solution dans la potasse alcoolique, soit en chauffant du naphtol sodé à 280°, et en y faisant passer un courant de chlorure de méthyle [Vincent, *Bull. Soc. Chim.*, **40**, 107]. Hantzsch [*D. chem. G.*, **13**, 1347, 1880] l'obtient en chauffant la naphtylamine avec l'alcool méthylique en présence de chlorure de zinc à 180-200°.

On le prépare en faisant bouillir sous-pression, à 125°, 25 parties d'α-naphtol avec 25 parties d'alcool méthylique et 10 parties d'acide sulfurique concentré. Huile à odeur de fleur d'oranger, bouillant à 269° et ne se concrétant pas à 269°. Densité à 13°,9 = 1,09636 [Marchetti, *Jahresbericht der Chem.*, 543, 1879, et Städel, *Ann. Chem.*, **217**, 42, 1883]. Réfraction moléculaire : [Nasini Bernheimer. *Gazz. chim. ital.*, **15**, 84]. Son *picrate* cristallise en aiguilles rouges. Gattermann et Hess [*Ann. Chem.*, 244, **71**, 1888] obtiennent l'*amide*

$$C^{10}H^6 \begin{cases} OCH^3 \\ CO.AzH^2 \end{cases}$$

fusible à 234° en faisant réagir sur cet éther le chlorure d'urée en présence de $AlCl^3$.

Traité par l'acide nitrique concentré, il fournit un *dérivé trinitré* $C^{10}H^4(AzO^2)^3OCH^3$, feuillets jaunes fusibles à 128° [Staedel, *Ann. Chem.*, **247**, 170, 1883].

Éther éthylique, $C^{10}H^7O.C^2H^5$. — On le prépare comme le dérivé méthylique. Witt et Schneider [*D. chem. G.*, **34**, 3171, 1901] l'obtiennent encore en chauffant à 150° pendant 6 heures 72 grammes d'α-naphtol, 85 centimètres cubes de potasse à 36 0/0 et 90 grammes d'éthylsulfate de potassium. Cristaux fusibles à 5°,5.

Il fournit avec le chlorure d'urée l'*amide*

$$C^{10}H^6 \begin{cases} O.C^2H^5 \\ CO.AzH^2 \end{cases}$$

fusible à 244° [Gattermann, *loc. cit.*]. Traité par l'acide sulfurique concentré, il se transforme en *acide monosulfonique*

$$C^{10}H^6 \begin{cases} O.C^2H^5 \\ SO^3H \end{cases}$$

(Witt). L'acide nitrique concentré le transforme en *dérivé trinitré* $C^{10}H^4(AzO^2)^3O.C^2H^5$ (Staedel) fusible à 148°. Réfraction moléculaire [Perkin, *Journ. chem. Soc.*, **69**, 1231, 1896].

Éther propylique, $C^{10}H^7O.C^3H^7$. — Liquide bouillant à 298-299° sous 762 millimètres de pression. Densité 1,04471 à 18°,4. Réfraction moléculaire [Nasini et Bernheimer, *loc. cit.*].

Éther isoamylique, $C^{10}H^7OC^5H^{11}$. — Liquide bouillant à 317-319° sous 741,9 millimètres de pression. Densité 1,00689 à 18,4° [Costa, *Gazz. chim. ital.*, **19**, 496].

Éther éthylidénique, $(C^{10}H^7O)^2CH.CH^3$. — Préparé par Fosse (*C. R.*, **130**, 727) en faisant réagir le chlorure d'éthylidène sur le naphtol sodé. Aiguilles fusibles à 117°.

Éther benzylique, $C^{10}H^7O.CH^2.C^6H^5$. — Staedel [*Ann. Chem.*, **217**, 170] l'obtient en faisant réagir le chlorure de benzyle sur l'α-naphtol en solution dans la potasse alcoolique.

Huile distillant à 320° en se décomposant.

Éther α-naphtylglycine.

$$C^{10}H^7O.CH^2.CH \begin{cases} CH^2 \\ | \\ O \end{cases}$$

— Huile distillant à 233° sous 220 millimètres de pression en se décomposant légèrement, préparée en faisant réagir l'épichlorhydrine sur une solution alcaline d'α-naphtol [Lindeman, *D. chem. G.*, **24**, 2149, 1891].

Éther α-dinaphtylique, $C^{10}H^7O.C^{10}H^7$. — Merz et Weith l'obtiennent [*D. chem. G.*, **14**, 195, 1881] en chauffant l'α-naphtol à 200° avec l'acide sulfurique à 22 0/0, en le faisant bouillir avec l'acide sulfurique à 50 0/0, ou en le chauffant à 180-200° avec le chlorure de zinc [Graebe et Knecht, *Ann. Chem.*, **209**, 132, 1881]. Feuillets fusibles à 110°, formant un *picrate* fusible à 114-115°.

Éther $C^{10}H^7O.CH^2.CO.CH^3$ (α-naphtoxyacétone). — Obtenu en traitant l'α-naphtol sodé par la chloracétone [Stœrmer, *Ann. Chem.*, **312**, 313, 1900]. Huile distillant à 205-208° sous 14 millimètres de pression, facilement volatile avec la vapeur d'eau. Se transforme par l'acide sulfurique concentré en 2-méthyl-α-naphtofurane.

Éther $C^{10}H^7.O.CH^2.CH(O.C^2H^5)^2$ (*α-naphtoxyacétal*). — Huile. Obtenue en traitant l'α-naphtol par le chloracétal en présence d'éthylate de sodium [Stœrmer et Gieseke, *D. chem. G.*, **30**, 1703, 1897].

ÉTHERS-SELS.

Acide α-naphtylphosphoreux,

$$C^{10}H^7O.P(OH)^2.$$

— Kunz [*D. chem. G.*, **27**, 2561, 1894] prépare cet acide en laissant reposer pendant plusieurs heures la naphtolchlorophosphine, $C^{10}H^7O.PCl^2$, avec 2 molécules d'eau. Poudre cristalline fusible à 82°. Cette phosphine est préparée en chauffant le naphtol avec PCl^3 pendant 24 heures à une douce ébullition.

Acide α-naphtylphosphorique,

$$C^{10}H^7O.PO(OH)^2.$$

— Obtenu comme le précédent en traitant la naphtoloxychlorophosphine, $C^{10}H^7O.POCl^2$, par l'eau. Cristaux fusibles à 142°.

Phosphate d'α-trinaphtyle, $(C^{10}H^7O)^3PO$. — Il prend naissance lorsqu'on chauffe à une température ne dépassant pas 100° des quantités équivalentes d'α-naphtol et de pentachlorure de phosphore, ou 1 molécule d'oxychlorure de phosphore avec 3 molécules d'α-naphtol, ou en agitant l'α-naphtol avec l'oxychlorure en solution alcaline. Aiguilles fusibles à 144,5-145°, insolubles dans l'eau, solubles dans l'éther et le chloroforme [Schaeffer, *Ann. Chem.*, **152**, 279; — Claus et Œhler, *D. chem. G.*, **15**, 312, 1882; — Heim, *ibid.*, **16**, 1763; — Autenrieth, *ibid.*, **30**, 2380; — Reverdin et Kauffmann, *ibid.*, **28**, 2054, 1895].

Silicate d'α-tétranaphtyle, $(C^{10}H^7O)^4Si$. — Hertkorn [*D. chem. G.*, **18**, 1697, 1885] a préparé cet éther en faisant réagir à chaud le tétrachlorure de silicium sur l'α-naphtol et en distillant dans le vide. Huile bouillant à 425-430° sous 130 millimètres de pression.

Cyanurate d'α-trinaphtyle, $(CAzO.C^{10}H^7)^3$. — Poudre vert-jaune, obtenue par l'action du chlorure de cyanogène sur l'α-naphtol sodé [Otto, *D. chem. G.*, **20**, 2238, 1887].

Acétate d'α-naphtyle, $C^{10}H^7O.COCH^3$. — (Voyez 1er Suppl., 1056). Graebe [*Ann. Chem.*, **209**, 151, 1881] le prépare en chauffant à 200° l'α-naphtol avec l'anhydride acétique. Il fond à 46° [Miller, *ibid.*, **208**, 248]. Oxydé par l'acide chromique en solution acétique, il fournit de l'acide oxyphtalique et trois combinaisons quinoniques [Miller, *D. chem. G.*, **14**, 1600, 1881].

Chloracétate d'α-naphtyle, $C^{10}H^7O.COCH^2Cl$. — Ullmann prépare cet éther [*D. chem. G.*, **30**, 1470, 1897] en traitant l'α-naphtol par l'acide monochloracétique et $POCl^3$. Aiguilles fusibles à 48°.

Carbamate de naphtyle, $AzH^2-CO-OC^{10}H^7$. — Préparé par Gattermann et Hess [*Ann. Chem.*, **244**, 43, 1888] par l'action du chlorure d'urée sur l'α-naphtol. Aiguilles fusibles à 158°. Le *dérivé phényle* $C^6H^5AzH-CO-OC^{10}H^7$ a été préparé par Leuckart et Schmidt [*D. chem. G.*, **18**, 2340, 1885] et par Lloyd Snape [*ibid.*, **18**, 2431] en chauffant l'α-naphtol avec le cyanate de phényle. Aiguilles fusibles à 178°.

Carbonate de dinaphtyle, $(C^{10}H^7O)^2CO$. — Obtenu par Reverdin [*D. chem. G.*, **27**, 3459, 1894] en faisant réagir le phosgène sur une solution alcaline d'α-naphtol. Prismes fusibles à 130°. Traité par le chlore en solution benzénique, il fournit un *dérivé dichloré* fusible à 200° en se décomposant [Reverdin, *ibid.*, **28**, 3051, 1895]. Il se combine avec la pipérazine en formant la combinaison $C^{26}H^{22}O^4Az^2$ [Caseneuve et Moreau, *C. R.*, **125**, 1184].

Ortho-oxalate d'α-dinaphtyle,

$$C^{10}H^7O.C(OH)^2-C.(OH)^2.OC^{10}H^7.$$

— Préparé par Staub et Smith [*D. chem. G.*, **17**, 1742, 1884] en chauffant à l'ébullition l'acide oxalique anhydre avec l'α-naphtol en solution acétique. Point de fusion 163°.

Acide α-naphtoxyacétique,

$$C^{10}H^7O.CH^2.CO^2H.$$

— Spica [*D. chem. G.*, **20**, 213 R, 1887; *Gazz. Chim. ital.*, **16**, 438, 1846] obtient cet acide en chauffant au bain-marie quantités équivalentes d'acide monochloracétique et d'α-naphtol en solution dans la potasse caustique. Prismes fusibles à 190° : de nombreux sels en ont été préparés. *L'amide* $C^{10}H^7O.CH^2.COAzH^2$ fond à 155° [Brevet allem. 108 342 ; voir également Brevet allem. 83 538].

Acide α-naphtoxypropionique.

$$C^{10}H^7OCH.(CH^3).COOH.$$

— Cet acide a été préparé par Bischoff [*D. chem. G.*, **33**, 1387, 1900] par saponification de l'*éther éthylique* correspondant, obtenu en traitant l'α-naphtol sodé par l'éther α-bromopropionique. Paillettes fusibles à 153°, peu solubles dans l'eau chaude, solubles dans l'alcool et le benzène à chaud.

Acide α-naphtoxybutyrique,

$$C^{10}H^7O.CH.(C^2H^5)CO^2H.$$

— Préparé comme le précédent. Aiguilles fusibles à 113-114°.

Acide α-naphtoxyisovalérique.

$$C^{10}H^7OCH(C^3H^7)CO^2H.$$

— Aiguilles fusibles à 39°,5 [Bischoff, *loc. cit.*].

Acide α-dinaphtoxyacétique.

$$(C^{10}H^7O)^2CH.CO^2H.$$

L'éther éthylique de cet acide a été obtenu en condensant 2 molécules d'α-naphtol avec l'éther dichloracétique, $CHCl^2CO^2.C^2H^5$ [Auwers et Haymann, *D. chem. G.*, **27**, 2798, 1894]. Prismes cristallisant dans l'acide acétique et fusibles à 174°.

PRODUIT DE SUBSTITUTION DE L'α-NAPHTOL.

DÉRIVÉS HALOGÉNÉS.

CHLORONAPHTOLS, $C^{10}H^6Cl.OH$.

Chloronaphtol 2.1. Point de fusion 57°. — Clève [*D. chem. G.*, **21**, 891, 1888] l'obtient en traitant par le chlore l'α-naphtol dissous dans l'acide acétique [Reverdin et Kauffmann, *D. chem. G.*, **28**, 3052, 1895].

Chloronaphtol 4.1. Point de fusion 116°. — Reverdin et Kauffmann [*loc. cit.*] l'obtiennent en saponifiant l'α-carbonate de dinaphtyle dichloré $CO(O.C^{10}H^6Cl)^2$; il se sublime en longues aiguilles. Bodroux [*Bull. Soc. Chim.*, (3), **31**, 33, 1904] l'obtient également en traitant la combinaison $C^{10}H^6MgCl$ par l'air humide et l'acide chlorhydrique suivant la réaction :

$$C^{10}H^6\begin{cases}Cl\\MgCl\end{cases} + O = C^{10}H^6\begin{cases}Cl\\OMgCl\end{cases} + HCl$$
$$= C^{10}H^6\begin{cases}Cl\\OH\end{cases} + MgCl^2$$

Chloronaphtol 5.1. Point de fusion 131°,5. — Erdmann et Kirschhoff [*Ann. Chem.*, **247**, 372, 1888] le préparent en distillant rapidement l'acide o-chlorophénylparaconique

$$C^6H^4Cl.CH.CH(CO^2H).CH^2.CO \quad (\text{CH et CO reliés par }-O-)$$

en aiguilles peu solubles dans l'eau, cristallisant dans le sulfure de carbone en feuillets jaunâtres.

Chloronaphtol 6.1. Point de fusion 94°. — Obtenu comme le précédent en distillant l'acide m-chlorophénylparaconique, il cristallise dans le sulfure de carbone en longs prismes.

Chloronaphtol 7.1. Point de fusion 123°. — Obtenu comme le précédent par distillation de l'acide p-chlorophénylparaconique, il cristallise dans l'eau ou le sulfure de carbone en aiguilles blanches.

DICHLORONAPHTOLS, $C^{10}H^5Cl^2.OH$.

Dérivé 2.3.1. Point de fusion 101°. — Claus et Knyrim [*D. chem. G.*, **18**, 2926, 1885] l'obtiennent en traitant l'α-naphtol-β-sulfonate de sodium par PCl^5 en excès à 120°. Il se sublime en aiguilles.

Dérivé 2.4.1. Point de fusion 107-108°. — Clève l'obtient [*D. chem. G.*, **21**, 891, 1888] en chlorant l'α-naphtol en solution acétique, ou en chlorant le chloronaphtol 4.1 [Reverdin, *D. chem. G.*, **28**, 3053, 1895] ou encore par oxydation du tétrachlorure de naphtalène avec l'acide chromique en solution acétique [Helbig, *ibid.*, **28**, 506, 1895]. Il cristallise dans l'acide acétique, l'alcool, l'éther et le benzène [Zincke, Kegel, *ibid.*, **21**, 1035].

Dérivé 5.7.1. Point de fusion 132°. — Obtenu par Erdmann et Schwechten [*Ann. Chem.*, **275**, 284, 1893] en distillant l'acide 2.4-dichlorophénylparaconique, il cristallise dans le sulfure de carbone en prismes jaunes.

Dérivé 5.8.1. Point de fusion 114-115°. — Obtenu comme le précédent à partir de l'acide 2.5-dichlorophénylparaconique.

Dérivé 6.7.1. Point de fusion 151°. — Obtenu comme le précédent en distillant l'acide 3.4-dichlorophénylisocrotonique [Erdmann, *loc. cit.*], à côté de l'isomère 7.8.1 fusible à 95°. On les sépare par la ligroïne dans lequel ce dernier est beaucoup plus soluble que le dérivé 6.7.1 [Armstrong, *Proc. Chem. Soc.*, **151**].

Dérivé 7.8.1. Point de fusion 95°. — (Voyez dérivé 6.7.1).

TRICHLORONAPHTOLS, $C^{10}H^4Cl^3.OH$.

Dérivé 2.3.4.1. Point de fusion 153-160°. — Obtenu par Zincke et Kegel [*D. chem. G.*, **21**, 1035 et 1043, 1888] en réduisant le tétra- ou le pentachlorocétonaphtalène

$$C^6H^4\begin{cases}CO-CCl^2\\ \quad\quad\;\; | \\CCl=CCl\end{cases}$$

par le sulfite de sodium ou le chlorure stanneux en solution acétique. Il cristallise dans l'acide acétique en longues aiguilles.

BROMONAPHTOLS, $C^{10}H^{7}Br.OH$.

Dérivé 4.1. — Ce dérivé a été préparé de plusieurs façons; il cristallise suivant Bodroux [*Bull. Soc. Chim.*, (3), **31**, 33, 1904] en aiguilles blanches fusibles à 121° et à 127-128° [Réverdin, Kauffmann, *D. chem. G.*, **28**, 3054, 1895]. Il forme un *picrate* fusible à 167° et un *acétate* fusible à 51°.

Dérivé 8.1. — Meldola et Streatfield [*Journ. Chem. Soc.*, **63**, 1058, 1893] l'obtiennent en traitant la 1.8-bromonaphtylamine par l'acide nitreux. Tables fusibles à 60-67°.

Dibromonaphtols, $C^{10}H^{5}Br^{2}OH$.

Dérivé 2.4.1. — Préparé par Meldola [*Journ. Chem. Soc.*, **42**, 161, 1882], Meldola et Hughes [*ibid.*, **57**, 395], Fittig et Erdmann [*Ann. Chem.*, **227**, 244, 1885] et par Reverdin et Kauffmann [*D. chem. G.*, **28**, 3054, 1895]. Il cristallise dans l'alcool en longues aiguilles fusibles à 111° [Biedermann, *ibid.*, **6**, 1119], ou à 105,5 (Fittig). Voyez aussi Liebermann et Schlossberger [*D. chem. G.*, **32**, 546, 1899].

Pentabromonaphtol, $C^{10}H^{2}Br^{5}.OH$. — Préparé par Blumlein en traitant l'α-naphtol par le brome en présence d'aluminium [*D. chem. G.*, **17**, 2486]. Aiguilles fusibles à 238-239°, cristallisant dans le phénol.

Hexabromonaphtol, $C^{10}HBr^{6}.OH$. — Préparé par Blumlein [*loc. cit.*]. Il fond en se décomposant à 152°.

DÉRIVÉS NITRÉS ET NITROSÉS.

NITROSONAPHTOLS.

α-Nitrosonaphtol 4.1, $C^{10}H^{6}AzO.OH$. [Syn. : *α-naphtoquinone-oxime*

$$C^{10}H^{6}\begin{cases} O \\ | \\ AzOH \end{cases}$$

— Il a été préparé par Fuchs [*D. chem. G.*, 8, 626], Goldschmidt et Schmidt [*ibid.*, **17**, 2064, 1884], Kock [*Ann. Chem.*, **243**, 312, 1888], Friedländer et Rhenhards [*D. chem. G.*, **27**, 240, 1894]. On l'obtient le mieux en dissolvant le naphtol-α dans la potasse caustique diluée, ajoutant la quantité correspondante de nitrite de soude, refroidissant à 5-10° et ajoutant peu à peu de l'acide sulfurique dilué; on rassemble après 24 heures le précipité formé et on le fait cristalliser dans l'eau, puis dans le benzène; ou bien on fait bouillir 1 partie d'α-naphtol avec 1 partie de chlorure de zinc dans 6 parties d'alcool et on ajoute 1/2 partie de nitrite de soude en solution concentrée; on chauffe pendant 2 à 3 heures et on laisse refroidir. On filtre le précipité formé et le purifie du β-nitrosonaphtol en traitant par la potasse alcoolique; le dérivé α seul se dissout à l'état de sel qu'on précipite par l'eau acidulée [Henriques et Ilinsky, *D. chem. G.*, **18**, 706, 1885 et Ilinsky, *ibid.*, **17**, 2590].

L'α-nitrosonaphtol se présente sous forme d'aiguilles fusibles à 193-194° en se décomposant. Il est facilement soluble dans l'alcool, l'éther et l'acétone, peu soluble dans le chloroforme et le sulfure de carbone. Littérature : voyez Goldschmidt et Schmidt [*D. chem. G.*, **18**, 2226 et **22**, 3106], Valeur [*Bull. Soc. Chim.*, (3), **19**, 516, 1898], Plancher [*Gazz. chim. ital.*, (2), **25**, 393, 1895], Clève [*D. chem. G.*, **23**, 955, 1890] et Brömme [*ibid.*, **21**, 391].

β-Nitrosonaphtol 2.1. — [Syn. : *β-naphtoquinone-oxime*],

$$C^{10}H^{6}\begin{cases} O \\ AzOH \end{cases}$$

— Il a été obtenu par les mêmes auteurs que le dérivé α, auxquels il faut ajouter encore Goldschmidt [*D. chem. G.*, **17**, 215, 1289], Worms [*ibid.*, **15**, 1816], Réverdin et de La Harpe [*ibid.*, **26**, 1280, 1883]. Il cristallise dans le benzène en aiguilles jaunes ou jaune verdâtre fondant à 147-148° en se décomposant. Littérature : Goldschmidt et Schmidt [*loc. cit.* et *D. chem. G.*, **18**, 572, 1885], Fuchs [*loc. cit.*], Ilinski [*loc. cit.*], Brömme [*loc. cit.*], Plancher [*loc. cit.*], Wichelhaus [*D. chem. G.*, **30**, 2200, 1897]. Il est employé à la préparation de certaines matières colorantes.

NITRONAPHTOLS, $C^{10}H^{6}AzO^{2}.OH$.

Dérivé 2.1. — Déjà décrit 1er Suppl., 1057; il a été préparé en outre par Liebermann [*Ann. Chem.*, **183**, 246, 1876], Lellmann et Remy [*D. chem. G.*, **19**, 802, 1886], Worms [*D. chem. G.*, **15**, 1815], par Grandmougin et Michel [*ibid.*, **25**, 973, 1892], Pictet [*Arch. des sciences phys. et nat. Genève*, (4), **16**, 191]. Il cristallise en paillettes verdâtres fusibles à 128°. Son *éther éthylique* cristallise en aiguilles fusibles à 84° [Heermann, *J. f. prakt. Chem.*, (2), **44**, 240, 1891].

Dérivé 4.1. — Déjà décrit (1er Suppl., 1057). Point de fusion 164°. Réduit par électrolyse, il fournit un colorant violet [Löb, *Central Blatt.*, **1**, 75, 1901]. Ses *éthers méthylique* et *éthylique* ont été obtenus par ébullition du 1.4-chloronitronaphtalène avec la potasse alcoolique [Brevet all. 117 731; *Central Blatt*, I, 548, 1901] et par Heermann [*loc. cit.*].

DINITRONAPHTOLS, $C^{10}H^{5}(AzO^{2})^{2}OH$.

Dérivé 2.4.1. — Déjà décrit (1er Suppl., 1057). Point de fusion 138°. Il a été préparé en outre par Oliveri et Fortorici [*Gazz. chim. ital.*, (1), **28**, 309, 1898] en traitant le nitrosonaphtol 2.1 par $Az^{2}O^{4}$, et par Schmidt [*D. chem. G.*, **33**, 3245, 1900] en traitant l'α-naphtol dissous dans l'éther par l'acide nitreux. Traité par le cyanure de potassium, il fournit le naphtylpurpurate de potassium $K.C^{11}H^{6}Az^{3}O^{4}$ et l'indophane $C^{22}H^{10}Az^{4}O^{4}$ [Sommaruga, *Ann. Chem.*, **157**, 328]. *Sels* : voyez Norton, Löwenstein et Smith [*Central Blatt.*, **1**, 389, 1898]. *Éther éthylique* [Heermann, *loc. cit.*]. Littérature : voir encore Witt et Schneider [*D. chem. G.*, **34**, 3187, 1901].

Dérivé 4.5.1. — Obtenu par oxydation du 4.5.1-nitrosonitronaphtol avec le ferricyanure de potassium [Friedländer, *D. chem. G.*, **32**, 3529, 1889 et Scherzer, *Central Blatt*, **1**, 409, 1900]. Aiguilles jaunes fusibles à 230°, à 208° selon Ulmann et Consonno [*D. chem G.*, **35**, 2802, 1902] qui l'obtiennent en chauffant à 135°, le 1.4.5-bromodinitronaphtalène. *Éther éthylique* [Heermann, *loc. cit.*].

Dérivé 4.8.1. — Obtenu comme le précédent par oxydation du 4.8.1-nitrosonitronaphtol [Friedländer et Scherzer, *loc. cit.*; — Graebe, *Ann. Chem.*, **335**, 145, 1904]. Aiguilles fusibles à 235°. Ulmann et Consonno [*loc. cit.*] l'obtiennent par fusion du 1.4.8-chlorodinitronaphtalène.

TRINITRONAPHTOLS $C^{10}H^{4}(AzO^{2})^{3}OH$. — *Dérivé* 2.4.5.1. — Déjà décrit 1er Suppl., 1057. Ce dérivé bien purifié possède un point de fusion de 189-190° et non pas 176° comme il est indiqué. Il a été préparé encore par Friedländer, Scherzer [*Central. Blatt.*, **1**, 409, 1900], Graebe [*D. chem. G.*, **32**, 2877, 1889] en traitant le 4.5.1. nitrosonitronaphtol par l'acide nitrique dilué; par Kehrmann, Haberkant [*D. chem. G.*, **31**, 2420], Graebe et Oser [*Ann. Chem.*, **335**, 145, 1904] en nitrant le 2.4.1-dinitronaphtol, et par Ulmann et Consonno [*D. chem. G.*, **35**, 2802]. — *Ethers* : Städer [*Ann. Chem.*, **217**, 172] et Hermann [*J. f. prakt. Chem.* (2), 44, 244, 1891].

Dérivé 2.4.8.1. — Préparé par Graebe [*loc. cit.*] en traitant le 4.8.1-nitrosonitronaphtol par l'acide nitrique dilué; voir également Friedländer

[*D. chem. G.*, **32**, 3530; et *Central Blatt*, **1**, 411. 1900]. Il fond à 174-175°.

Dérivé 4.5.7.1 ou 4.6.8.1. — Will obtient l'*éther méthylique* de ce dérivé en traitant le 1.3.5.8-tétranitronaphtalène par le méthylate de sodium en solution alcoolique [*D. chem. G.*, **28**, 372. 1895].

Tétranitronaphtol 2.4.5.7.1,

$$C^{10}H^3(AzO^2)^4OH.$$

— Déjà décrit. Point de fusion 180°. Un isomère a été obtenu par Hermann [*loc. cit.*], en aiguilles fusibles à 215°.

Dérivés nitrohalogénés de l'α-naphtol.

Bromonitronaphtol 2.4.1. $C^{10}H^5Br.AzO^2OH$. — Aiguilles brillantes fusibles à 136 ou à 142°. [Meldola, *Journ. Chem. Soc.*, **47**, 501, 1885; Biedermann *D. chem. G.*, **7**, 539].

Dibromonitronaphtol $C^{10}H^4Br^2.AzO^2.OH$. — Ce dérivé est fusible à 120-125° [Biedermann, *D. chem. G.*, **6**, 1120].

Iodonitronaphtol 4.2.1, $C^{10}H^5I.AzO^2.OH$. — Aiguilles jaunes fusibles à 150° [Meldola, Streatfield. *J. Chem. Soc.*, **67**, 913. 1895. et **47**, 524, 1885].

Nitrosonitronaphtols $C^{10}H^5.AzOH.(AzO^2)O$ ou $C^{10}H^5AzO(AzO^2)OH$.

Dérivé 4.5.1. — Obtenu par Graebe [*D. chem. G.*, **32**, 2876, 1899] en traitant le 1.8-dinitronaphtalène par l'acide sulfurique fumant à 50°. Littérature : Friedländer [*D. chem. G.*, **32**, 3578] et Scherzer [*Central. Blatt.*, **1**, 409. 1900]. Précipité couleur chair.

Dérivé 4.7 1. — Obtenu comme le précédent en traitant à 50° le 1 6-dinitronaphtalène par l'acide sulfurique fumant [Graebe, *Ann. Chem.*, **335**, 139, 1904]. Aiguilles brunes solubles dans l'alcool.

Dérivé 4.8.1. — Préparé en traitant le 1.5-dinitronaphtalène par l'acide sulfurique fumant à 50° [Graebe, *D. chem. G.*, **32**. 2879. 1899]. Littérature : Graebe et Oser [*Ann. Chem.* **335**, 145, 1904]; Friedländer: Scherzer [*loc. cit.*].

Dérivés aminés de l'α-naphtol.

Aminonaphtols. $C^{10}H^6AzH^2.OH$ [Syn : Amidonaphtols].

Dérivé 2.1 (Voyez 1er Suppl., 1058). — Zincke et Bindewald [*D. chem. G.*, **17**. 3030. 1884] l'obtiennent par réduction du benzolazonaphtol 2.1; Gattermann et Schultze [*ibid.*, **30**, 51, 1897] en traitant l'acide 2.1.5-aminonaphtolsulfonique par l'amalgame de sodium en présence de SO^2. Littérature : Libermann [*Ann. Chem.*, **211**, 55, 1889]; Jacobsen Schencke [*D. chem. G.*, **22**, 3241. 1889]; Georgesco [*Central Blatt*, **1**, 544. 1900]; Worms [*D. chem. G.*, **15**, 1816].

Dérivé 4.1, déjà décrit (*loc. cit.*). — Dérivés préparés par Hermann [*J. prakt. Chem.* (2), **45**, 545. 1892]; Henriques [*D. chem. G.*, **25**, 3059], Grandmougin [*D. chem. G.*, **25** 978, 1892]. Russig [*J. prakt. Chem.* (2), **62**, 30, 1900] Möhlau [*Ann. Chem.*, **289**, 108]. Witt et Dédichen [*D. chem. G.*, **29**, 2948] en préparent le *dérivé acétylé* $AzH(COCH^3)C^{10}H^6.OH$. Aiguilles fusibles à 187°.

Dérivé 5.1. — Obtenu en chauffant l'acide 1.5-naphtylamine-sulfonique avec la soude caustique à 250° [Brevet all. 49.448].

Dérivé 7.1. — Obtenu par Friedländer et Zinberg [*D. chem. G.*, **29**, 1896, 40] en chauffant l'acide 1.7.2-dioxynaphtoïque avec l'ammoniaque concentrée à 175°. Son *dérivé acétylé* $OHC^{10}H^6AzH.COCH^3$ fond à 210-211°.

Dérivé 8.1. — Obtenu en fondant l'acide 1.8-naphtylamine-sulfonique avec la potasse caustique [Badische Anilin und Soda Fabrik, brevets all. 54662: 55404 et 62289] ou en chauffant avec des acides dilués les acides 1.8.4-naphtylène-diamine-sulfonique et 8.1.4-aminonaphtol-sulfonique [Cassella, Brevet all. 73381]. Aiguilles fusibles à 95° en se décomposant.

Diaminonaphtols $C^{10}H^5(AzH^2)^2OH$.

Dérivé 2.4.1. — Ce dérivé n'est pas connu à l'état libre, ses sels sont extraordinairement oxydables; Graebe et Luwig [*Ann. Chem.* **154**, 307] l'ont obtenu à l'état de chlorure double avec l'étain, en réduisant le 2.4.1-dinitronaphtol. Merson en prépare le *dérivé triacétylé* fusible à 280° [*D. chem. G.*, **21**, 1195, 1888].

Dérivé 3.4.1. — Ce dérivé n'est pas connu à l'état libre. Hermann [*J. prakt. Chem.* (2), **45**, 552. 1892], Witt et Schmidt [*D. chem. G.*, **25**, 1013 et **27**, 2361]. Henriques [*ibid.*, **25**, 3067, 1892] en préparent différents dérivés phénylés et méthylés, etc.

Dérivé 2.6.1. — Gäss et Ammelburg [*D. chem. G.*, **27**, 2213, 1894] l'obtiennent en réduisant le 6.2.1-nitronaphtalène-diazo-oxyde

O — Az, Az, AzO²

par le chlorure d'étain. Son *dérivé triacétylé* fond à 261° en se décomposant.

Dérivé 4.5.1. — Friedländer et Scherzer [*Central Blatt*, **1**. 411. 1900] l'obtiennent par réduction du 4.5.1-nitrosonitronaphtol avec le chlorure d'étain. Corps très oxydable.

Dérivé 4.8.1. — Préparé comme le précédent par réduction du 4.8.1-nitrosonitronaphtol [Friedländer, *loc. cit.*; — Graebe et Oser, *Ann. Chem.*, **335**, 145. 1904]. Très oxydable ; son *dérivé acétylé* fond à 245°.

Dérivé 7.8.1. — Obtenu par réduction des azoïques préparés en solution acétique avec le 7.1-aminonaphtol [Brevet all. 90212].

Triaminonaphtols $C^{10}H^4(AzH^2)^3OH$.

Dérivé 2.4.5.1. — Inconnu à l'état libre. Ekstrand [*D. chem. G.*, **11**, 164, 1878] l'obtient par réduction du 2.4.5.1-trinitronaphtol, sous forme de chlorure double avec l'étain. Très oxydable [Diehl et Merz, *ibid.*, **11**, 1665; — Kehrmann et Steiner, *ibid.*, **33**, 3281. 1900].

Dérivé 2.4.7.1. — Préparé par Kehrmann et Haberkant [*D. chem. G.*, **31**. 2423, 1898] en réduisant le trinitronaphtol correspondant.

Dérivés sulfoniques de l'α-naphtol.

Acides-α-naphtolsulfoniques, $C^{10}H^6.OH.SO^3H$.

Dérivé 1.2. — On l'obtient à côté du dérivé 1.4 en chauffant 100 grammes d'α-naphtol avec 100 grammes d'acide sulfurique concentré et 50 grammes d'acide acétique à 50-60° pendant 3-4 heures [Conrad, Fischer, *Ann. Chem.*, **273**, 108, 1893]. On le sépare de son isomère en versant la masse dans une solution chaude de chlorure de potassium; par refroidissement le sel de potassium de l'acide 2.1 se précipite [Friedländer, Taussig, *D. chem. G.*, **30**, 1457, 1897]. Clève [*ibid.*, **24**, 3476] l'obtient en décomposant l'acide diazonaphtalène-sulfonique 1.2 par l'acide sulfurique dilué; Friedländer, Lucht [*ibid.*, **26**, 3031, 1893] en réduisant l'acide 1.2.4-naphtoldisulfonique par l'amalgame de sodium.

Il se présente sous forme de petites tables brillantes, solubles dans l'eau. De nombreux sels ont été préparés.

Dérivé 1.3. — Gattermann et Schulze [*D. chem. G.*, **30**, 54, 1897] l'obtiennent par ébullition avec l'eau de l'acide 1.3-diazonaphtalène-sulfonique. On l'obtient également en fondant avec les alcalis à 200-220° de l'acide 1.3-naphtalène-disulfonique [Brevet all. 57 910]. Littérature : Tauber et Walder [*D. chem. G.*, **29**, 2269], Friedländer et Taussig [*ibid.*, **30**, 1458]. Cet acide cristallise dans l'eau en aiguilles.

Dérivé 1.4. (voyez dérivé 1.2). — On le prépare également par ébullition avec l'eau de l'acide 1.4-diazonaphtalène-sulfonique [Erdmann, *Ann. Chem.*, **247**, 341, 1888; — Neville et Winther, *D. chem. G.*, **13**, 1949]; ou en fondant l'acide 1.4-chloronaphtalène-sulfonique avec la soude caustique [Friedländer, **4**, 521]; de même en chauffant l'acide naphtionique avec les alcalis à 50 0/0 [*ibid.*, **2**, 252. Voyez encore Bayer et C°, *Cent. Blatt*, **2**, 359, 1900; — Dahl et C°, Friedländer, **4**, 526 et Reverdin, *D. chem. G.*, **27**, 3460, 1894]. Cet acide est très employé pour la préparation des colorants azoïques. Friedländer et Taussig [*D. chem. G.*, **30**, 1458, 1897] le purifient au moyen de son sel de zinc. Il cristallise dans l'eau sous forme de tables. *Éthers méthylique, éthylique*, etc. [Witt et Schneider, *D. chem. G.*, **34**, 3178, 1901 et Heermann, *J. prakt. Chem.*, (2), **49**, 130 1894].

Dérivé 1.5. — Obtenu en chauffant l'acide 1.5-diazonaphtalène-sulfonique avec l'acide sulfurique dilué [Erdmann, *Ann. Chem.*, **247**, 343, 1888], ou en chauffant l'acide 1.5-naphtalène-disulfonique avec la soude caustique à 160° [Ewer et Pick, Friedländer, **1**, 393], ou encore en fondant l'acide 1.5-chloronaphtalène-sulfonique avec la soude caustique à 240° [Oehler, Friedländer, **4**, 521]. Purification, voyez Friedländer et Taussig [*D. chem. G.*, **30**, 1460, 1893].

Dérivé 1.6. — Bayer et C° l'obtiennent en chauffant l'acide 1.6-naphtylamine-sulfonique avec le bisulfite de soude; il se forme l'*éther sulfureux*,

$$C^{10}H^{6} \begin{matrix} \diagup O.SO^{2}H \\ \diagdown SO^{3}H \end{matrix}$$

qu'on saponifie par un alcali [*Central Blatt*, **2**, 359, 1900].

Dérivé 1.7. — Friedländer et Taussig [*loc. cit.*] le préparent en chauffant avec l'eau à 120° l'acide 1.2.7-oxynaphtoïque sulfonique. Masse cristalline.

Dérivé 1.8. — On obtient cet acide sous forme de son anhydride en faisant bouillir l'acide 1.8-diazonaphtalène-sulfonique avec l'eau [Schultz, *D. chem. G.*, **20**, 3162, 1887 et Erdmann, *Ann. Chem.*, **247**, 344, 1888]. L'anhydride, appelé *naphtosultone*

SO² — O (formule de structure : noyau naphtalénique)

cristallise dans le benzène sous forme de prismes brillants, fusibles à 154°; il se transforme en acide par l'ammoniaque dilué en solution alcoolique. L'acide fond à 106-107°; à 180° il perd une molécule d'eau pour fournir la naphtosultone. Littérature : Friedländer [**1**, 394 et **3**, 423].

ACIDES α-NAPHTOLDISULFONIQUES,

$$C^{10}H^{5}.OH(SO^{3}H)^{2}$$

Dérivé 1.2.4. — Préparé par Claus et Mielcke [*D. chem. G.*, **19**, 1182, 1886] par sulfonation de l'α-naphtol avec l'acide sulfurique fumant.

Dérivé 1.2.5. — Obtenu par Bayer et C° [Friedländer, **3**, 667] en sulfonant l'acide 1.5-naphtolsulfonique; il ne se combine pas avec les diazoïques [Gattermann et Schulze, *Central Blatt*, **1**, 385, 1897].

Dérivé 1.2.7. — Préparé par Friedländer et Lucht [*D. chem. G.*, **26**, 3031, 1886] en traitant l'acide 1.2.4.7-naphtoltrisulfonique par l'amalgame de sodium en solution légèrement acide.

Dérivé 1.3.6. — Friedländer et Taussig [*D. chem. G*, **30**, 1462, 1897] l'obtiennent en chauffant à 180° l'acide 1.3.6-naphtylamine-disulfonique avec l'eau. Littérature : voyez encore Friedländer [**1**.385 et 431].

Dérivé 1.3.8. — Obtenu en chauffant l'acide 1.3.8-diazonaphtalène-disulfonique avec l'eau [Bernthsen, *D. chem. G.*, **22**, 3330]; son anhydride

$$SO^{3}H.C^{10}H^{5} \begin{matrix} \diagup SO^{2} \\ | \\ \diagdown O \end{matrix}$$

fond à 241° et cristallise en longues aiguilles. [Voyez Friedländer, **2**, 254 et 257, et **3**, 423 et 425].

Dérivé 1.4.6. — Obtenu par Dahl et C° [Friedländer, **1**, 407] en faisant bouillir l'acide diazonaphtalène-disulfonique correspondant [voyez encore Friedländer, **4**, 523].

Dérivé 1.4.7. — Préparé par Friedländer et Taussig [*D. chem. G.*, **30**, 1460, 1897] en faisant bouillir l'acide 1.2.4.7-oxynaphtoïque-disulfonique avec l'acide chlorhydrique dilué [voyez encore Friedländer, **1**, 407; **3**, 435 et **4**, 523].

Dérivé 1.4.8. — Bernthsen [*D. chem. G.*, **23**, 3030, 1890] l'obtient sous forme d'anhydride en traitant la 1.8-naphtosultone [voyez Acide 1.8-naphtolsulfonique] avec l'acide sulfurique fumant; les alcalis transforment cet anhydride en acide correspondant.

Dérivé 1.5.8. — Gattermann [*D. chem. G.*, **32**, 1156, 1899] l'obtient sous forme d'anhydride en faisant bouillir l'acide 1.5.8-diazonaphtalène-disulfonique avec l'eau acidulée. L'*anhydride*,

$$SO^{3}H.C^{10}H^{5} \begin{matrix} \diagup SO^{2} \\ | \\ \diagdown O \end{matrix} =$$ (formule de structure : noyau naphtalénique portant SO² — O et SO³H)

se transforme en acide disulfonique sous l'influence des alcalis. Littérature : Friedländer [**3**, 426 et **4**, 549].

Dérivé 1.6.8. — Obtenu par ébullition de l'acide diazonaphtalène-disulfonique 1.6.8 [Kalle et C°, Friedländer, **4**, 519]; fondu avec les alcalis, il fournit l'acide dioxynaphtalène-sulfonique 1.8.3 [*ibid.*, **4**, 551].

ACIDES α-NAPHTOLTRISULFONIQUES,

$$C^{10}H^{4}OH.(SO^{3}H)^{3}$$

Dérivé 1.2.4.7. — Caro le prépare en traitant l'α-naphtol avec l'acide sulfurique à 25 0/0 d'anhydride [*D. chem G.*, **14**, 2028, 1881]; Friedländer et Taussig [*ibid.*, **30**, 1463, 1897], en chauffant l'α-naphtol à 125° pendant 4 heures avec 2,5 parties d'acide sulfurique concentré. Oehler, en chauffant l'acide 1.2.4.7-chloronaphtalène-trisulfonique [Friedländer, **4**, 522] avec la soude caustique diluée à 125°. Littérature : Lauterbach [*D. chem. G.*, **14**, 2028] et Claus et Mielcke [*ibid.*, **19**, 1182, 1886].

Dérivé 1.2.4.8. — Préparé en laissant reposer

pendant 2 jours la 1.8-naphtosultone (voyez acide 1.8-naphtolsulfonique) avec l'acide sulfurique fumant [Dressel et Kothe *D. chem. G.*, **27**, 2144, 1894].

Dérivé 1.3.6.8. — Préparé en chauffant l'acide 1.3.6.8-naphtylamine-trisulfonique avec l'eau sous pression [Brevet all. : 71 495, Friedländer. 3. 423]; Koch obtient l'*anhydride* de cet acide,

$SO^2—O$; SO^3H ; SO^3H

en diazotant le même acide et faisant bouillir le diazoïque avec l'acide sulfurique dilué [Friedländer. **2**, 261].

ACIDES CHLORONAPHTOLDISULFONIQUES,

$$C^{10}H^4Cl . OH (SO^3H)^2$$

— Les dérivés 6.1 3.5 et 8.1.3.6 sont connus et sont employés pour la fabrication des colorants azoïques [voyez Bayer et Cie, *Central Blatt*, **2**, 318, 1898 et Cassella, Friedländer, **4**, 526].

ACIDES NITROSONAPHTOLSULFONIQUES,

$$C^{10}H^5AzO . OH . SO^3H.$$

Dérivé 2.1.4. — Préparé par Witt et Kaufmann [*D. chem. G.*, **24**, 3160, 1891] en traitant l'acide 1.4-naphtolsulfonique par l'acide nitreux. Cristaux brillants brun jaune : son sel de fer est employé comme matière colorante sous le nom de *vert naphtol*.

Dérivé 2.1.5. — Préparé par Friedländer et Taussig [*D. chem G.*, **30**, 1460, 1897] en traitant l'acide 1.5-naphtolsulfonique par l'acide nitreux ; aiguilles jaunes.

Dérivé 4.1.2. — Obtenu par Conrad et Fischer [*Ann. Chem.*, **273**, 112, 1893] en traitant l'acide 1.2-naphtolsulfonique par l'acide nitreux.

ACIDES NITROSONAPHTOLDISULFONIQUES,

$$C^{10}H^4AzO . OH . (SO^3H)^2.$$

Dérivés 4.1.2.7 *et* 4.1.2.5. — Ces deux composés ont été préparés par Friedländer et Taussig [*D. chem. G.*, **28**, 1536 et **30**, 1463, 1897] et Kalle [*Central Blatt*, **2**, 511, 1900].

ACIDE NITRONAPHTOLSULFONIQUE 2.1.4.

$$C^{10}H^5 . AzO^2OH . SO^3H$$

— Cet acide est obtenu en nitrant l'éther éthylique de l'acide 1.4-naphtolsulfonique et en saponifiant par la potasse caustique [Witt et Schneider, *D. chem. G.*, **34**, 3189, 1901].

ACIDES DINITRONAPHTOLSULFONIQUES,

$$C^{10}H^5 (AzO^2) OH . SO^3H.$$

Dérivé 2.4.1.7. — Caro [*D. chem. G.*, **14**, 2029, le prépare en traitant l'acide α-naphtoltrisulfonique 2.4.7 par l'acide nitrique dilué. Il cristallise en longues aiguilles jaunes [Knecht et Hilbert, *ibid.*, **37**, 3475, 1904]; on l'emploie en teinture sous le nom de *jaune de naphtol* S. Littérature : Lauterbach [*D. chem. G.*, **14**, 2028] et Graebe [*ibid*, **18**, 1126].

Dérivé 2.4.1.8. — Obtenu par Dressel et Kothe [*D. chem. G.*, **27**, 2145, 1894] en nitrant l'acide α-naphtol 2.4.8-trisulfonique. Littérature : Schollkopf [*Jahresb. Chem.*, 2205, 1886] et Friedländer et Karpeles [*Central Blatt*, **8**, 217, 1899].

ACIDES AMINO-α-NAPHTOLSULFONIQUES,

$$C^{10}H^5AzH^2 . OH . SO^3H$$

— Ces acides ont acquis une grande importance pour la fabrication des matières colorantes azoïques, leur nombre est assez considérable et nous nous voyons obligés pour ce qui concerne leurs différents modes de préparation de renvoyer le lecteur aux indications bibliographiques que nous mentionnerons avec chacun de ces dérivés.

Dérivé 2.1.3. — Larges aiguilles se colorant en rouge à l'air [Reverdin et de la Harpe, *D. chem. G.*, **26**, 1281, 1893] et Gattermann et Schulze, *D. chem. G.*, **30**, 54, 1897].

Dérivé 2.1.4. — Aiguilles ou paillettes brillantes [König *D. chem. G.*, 23, 808 ; — Witt et Kaufmann, *ibid*, **24**, 3162 ; — Friedländer et Reinhardt, *ibid*, **27**, 242 ; Reverdin et de la Harpe, *ibid*, **25**, 1400 ; Schmidt, *J. prakt Chem.*, (2), **44**, 531, 1891, et Böniger, *D. chem. G.*, **27**, 29, 1894].

Dérivé 2.1.5. — Longues aiguilles ou paillettes incolores [Gattermann et Schulze, *D. chem. G.*, **30**, 51].

Dérivé 3.1.4. — Aiguilles brillantes cristallisant dans l'eau [Friedländer et Rüdt, *D. chem. G.*, **29**, 1609, 1896].

Dérivé 3.1.5. — Obtenu en fondant l'acide 2.4.8-naphtylamine-disulfonique avec le potasse caustique à 215° [Bayer et Cie, brevet allemand 85.241 ; — Friedländer, **4**, 586].

Dérivé 4.1.2. — Longues aiguilles [Seidel, *D. chem. G.*, **25**, 424, 1891 ; — Friedländer et Reinhardt, *ibid*, **27**, 239 et Conrad et Fischer, *Ann. Chem.*, **273**, 114, 1893].

Dérivé 4.1.6. — Aiguilles [Bayer et Cie, brevet allemand : 81.621 ; Friedländer, **4**, 59].

Dérivé 4.1.7. — Aiguilles solubles dans l'alcool ; [Bayer et Cie, brevet allemand 81.621 ; Friedländer, **4**, 59].

Dérivé 4.1.8. — Aiguilles insolubles dans l'alcool froid [Bayer et Cie, *loc. cit.*].

Dérivé 5.1.3 ou 5.1.7. — Petites aiguilles peu solubles dans l'eau chaude [Badische Anilin und Sôda Fabrick, brevet allemand, 73.276 ; — Cassella et Cie, brevet allemand, 85058 ; — Friedländer, **3**, 488 et **4**, 580].

Dérivé 5.1 ?. — Cristallise dans l'eau en aiguilles [Aktien Gesellschaft für Anilin Fabrikation, brevet allemand 68564 ; — Friedländer, **3**, 486].

Dérivé 6.1.3. — Badische, brevet allemand 75469 ; — Leonhardt et Cie, brevet allemand 114248 ; voyez Friedländer, **3**, 690 et **5**, 952].

Dérivé 6.1.4. — Difficilement soluble dans l'eau [Dahl et Cie, brevet allemand 70285 ; — Friedländer, **3**, 480].

Dérivé 8.1.2. — Très peu soluble dans l'eau [Badische, brevets allemands : 54662, 82900 et 84951].

Dérivé 8.1.3.? — Très probablement identique au dérivé 8.1 6 [Bayer et Cie, brevet allemand 80853 ; — Friedländer, **4**, 555].

Dérivé 8.1.4. — Petites aiguilles [Badische Anilin und Soda Fabrik, brevets allemands 62289, 77937, 84951, 112778 ; — Bayer et Cie, brevets allemands 75055 et 109102 ; — Cassella et Cie, brevet allemand 73607.

Dérivé 8.1.5. — Aiguilles peu solubles dans l'eau [Bayer et Cie, brevet allemand 75317 ; — Friedländer, **3**, 450.

Dérivé 8.1.6. — (Acide H.). [Cassella et Cie, brevets allemands 70780 et 108848 ; — Friedländer, **3**, 547 et **5**, 503].

Dérivé 8.1.7. — Petits prismes groupés en forme d'étoile [Cassella et Cie, brevet allemand 75.710 ; Friedländer, **4**, 557].

Dérivé 7.1.3. — Aiguilles [Tauber et Walder, *D. chem G.*, **29**, 2273, 1896 ; — brevets allemands 53076 et 81284]. — Chauffé avec l'aniline il fournit l'acide $C^{10}H^5AzHC^6H^5 . OH . SO^3H$ correspondant [Cassella et Cie, brevet allemand 79014 et 80.417 : voyez encore brevet allemand 99339].

ACIDES AMINO-α-NAPHTOLDISULFONIQUES,

$C^{10}H^4AzH^2.OH.(SO^3H)^2$

— *Dérivé* 2.1.4.6. — Préparé par Reverdin et de la Harpe [*D. chem. G.*, **26**, 1282], par réduction des azoïques obtenus avec l'acide oxynaphtalène-disulfonique 1.4.6. Littérature : Böniger [*ibid*, **27**, 3032, 1894].

Dérivé 2.1.4.7. — Préparé comme le précédent (Reverdin et de la Harpe) à partir des colorants azoïques obtenus avec l'acide oxynaphtalène-carbonique-disulfonique 1.2.4.7. Littérature : Böniger [*loc. cit.*].

Dérivé 2.1.4.8. — Reverdin et de la Harpe [*loc. cit.*] ; peu soluble dans l'acide chlorhydrique.

Dérivé 4.1.2.5. — Friedländer [*D. chem. G.*, **28**, 1537] ; ne se laisse pas diazoter et ne se combine pas avec les diazoïques.

Dérivé 4.1.2.7. — Reverdin et de la Harpe l'obtiennent par réduction des azoïques préparés avec l'acide 1 2.7-naphtoldisulfonique [*Bull. Soc. Chim.*, (1), **296**, 1892, et *loc. cit.*].

Dérivé 4.1.3.8 ou 2.1.3.8. — Bernthsen [*D. chem. G.*, **23**, 3093] l'obtient en réduisant les azoïques préparés avec l'acide 1.3.8-naphtoldisulfonique.

Dérivé 5.1.3.7. — Cassella et Cie [Brevet allemand 75432] l'obtiennent par fusion avec les alcalis de l'acide naphtylamine-trisulfonique correspondant.

Dérivé 7.1.3.6? — Obtenu par fusion avec les alcalis de l'acide 2.3.6.8-naphtylamine-trisulfonique [Farbewerke Höchst, Brevet allemand 53023].

Dérivé 8.1.2.4. — Aiguilles brillantes [Badische Anilin und Soda Fabrik, Brevets allemands 62289 et 82900].

Dérivé 8.1.3.5. — Bayer et Cie [Brevet allemand 80741] : Kalle et Cie [brevet allemand 99164]. Comparez Erdmann [*D. chem. G.*, **33**, 213, 1900].

Dérivé 8.1.3.7. (Acide H.) — Cassella [*D. chem. G.*, **26**, (2), 460] ; Dressel et Kothe [*ibid.*, **27**, 2148] ; Cassella (brevets all. 67062 ; 69963 et 86716] ; Bayer et Co [brevets all. 68721 ; 69722 ; 113944 ; 75097]. Cet acide est très employé pour la préparation des colorants azoïques.

Dérivé 8.1.4.6. — Obtenu en sulfonant l'acide 8.1.6-aminonaphtolsulfonique. Sel de sodium peu soluble [Cassella et Cie, brevet all. 108848 ; 107516].

Dérivé 8.1.5.7. — [Dressel et Kothe *D. chem. G.*, **27**, 2141, brevets all. 77703 ; 80668]. Obtenu par fusion de l'acide naphtosultanedisulfonique 2.4 avec les alcalis caustiques.

Dérivé 8.1.?.?. (Acide L). — [Cassella et Co brevet all. 73048]. Obtenu en chauffant l'acide diaminonaphtalène-disulfonique 1.8.4.5.?. avec les acides dilués à 110°. Aiguilles incolores, assez solubles dans l'eau.

Acide amino-α-naphtoltrisulfonique 8.1.3.5.7, $C^{10}H^3AzH^2.OH.(SO^3H)^3$. — Obtenu en chauffant avec la potasse caustique à 150°, l'acide 1.8.2.4.6-naphtosultanetrisulfonique,

AzH — SO² ; SO³H ; SO³H ; SO³H

[Bayer et Co, brevet all. 84597].

ACIDES DIAMINO-α-NAPHTOLSULFONIQUES,

$C^{10}H^4(AzH^2)^2OH.SO^3H$

Dérivé 2.4.1.7. — Lauterbach [*D. chem. G.*, **14**, 2029] ; Gass [*ibid*, **32**, 232, 1899].

Dérivé 2.7.1.3. — Meister Lucius et Brüning [brevet all. 92012] ; paillettes.

Dérivé 2.8.1.7. — Schultz [brevet all. 101953] sert comme révélateur photographique.

ACIDES DIAMINO-α-NAPHTOLDISULFONIQUES,

$C^{10}H^3(AzH^2)^2OH(SO^3H)^2$

Dérivé 2.5.1.3.6. — Schultz [*loc. cit.*] l'emploie comme révélateur photographique.

Dérivé 2.8.1.3.5. — Schultz [*loc. cit.*].

Dérivé 2.8.1.3.6. — Meister Lucius et Brüning [brevet all. : 92012].

β-NAPHTOL, $C^{10}H^7.OH$. — (Voyez Dict., **2**, 516 et 1er Suppl., 1059).

Préparation. — Schulze [*Ann. Chem.*, **227**, 150, 1885] a isolé le β-naphtol de l'huile verte d'anthracène. Ris [*D. chem. G.*, **19**, 2016, 1886] l'obtient par élimination d'acide carbonique au moyen des acides oxynaphtoïques, et en chauffant la β-dinaphtylamine avec l'acide chlorhydrique dilué à 200° environ. On le prépare également, ainsi que toute une série de ses dérivés, en traitant la β-naphtylamine par l'acide sulfureux ou les bisulfites sous pression (voyez *α-Naphtol*).

Propriétés physiques. — Il cristallise en paillettes monocliniques [Liwret, *Jahresb. Chem.*, 1285, 1886. — Negri, *Gazz. chim. ital.*, (2), **23**, 381, 1893] ; il fond à 122° ; son poids spécifique est égal à 1,217 à 4°. Solubilité dans le benzène [Kuriloff, *Zeit. Physik. Chem.*, **23**, 682]. Réfraction moléculaire [Kanonnikow, *J. prakt. Chem.*, (2), **31**, 348, 1885]. Chaleur de combustion moléculaire [Valeur, *Bull. Soc. Chim.*, (3), **19**, 315, 1898]. Propriétés ébullioscopiques [Bruni et Betti, *Att. Ac. Lincei*, (5), **9**, **1**, 398].

Réactions du β-naphtol. — Traité par l'hypobromite de soude il fournit une coloration jaune [Léger, *Bull. Soc. Chim.*, (3), **17**, 547, 1897]. Recherches de petites traces d'α-naphtol dans les préparations pharmaceutiques de β-naphtol [Jorissen, *Ann. Chim. Anal. appl.*, **7**, 217. — Arzberger, *Central Blatt*, **1**, 303, 1903. — Liebmann, *ibid*, **2**, 228, 1897]. Analyse quantitative [Messinger, *J. prakt. Chem.*, (2), **61**, 247, 1900]. Réaction avec SCl^2 [Henriques, *D. chem. G.*, **27**, 2993, 1894]. Réaction avec $SeOCl^2$ [Michaelis, *D. chem. G.*, **30**, 2825] ; avec $PSCl^3$ [Autenrieth, *D. chem. G.*, **31**, 1110] ; avec l'ammoniac sec il fournit la β-naphtylamine [Brevet allemand 14612], avec l'hydrazine on obtient la β-naphtylhydrazine [Hoffmann, *D. chem. G.*, **31**, 2909, 1898].

Chauffé avec le chloroforme et la soude caustique il se transforme en β-naphtolaldéhyde [Rousseau, *Ann. Chim. Phys.*, (5), **28**, 154 et Fosse, *C. R.*, **132**, 695, 1901]. Le naphtolate de calcium distillé donne comme produits de décomposition le naphtalène, le β-naphtol, l'oxyde de naphtylène, etc. [Niederhäusern, *D. chem. G.*, **15**, 1122, 1882 ; voyez également Gladstone, *J. Chem. Soc.*, **44**, 16, 1882]. Oxydé avec le permanganate de potassium il se transforme en acide α-carboxyphénylglyoxylique

$$C^6H^4\begin{cases}COOH\\CO.COOH\end{cases}$$

[Henriques, *D. chem. G.*, **21**, 1607, 1888], et, en modérant la réaction, en acide o-cinnamocarbonique

$$C^6H^4\begin{cases}COOH\\CH=CH.COOH\end{cases}$$

[Ehrlich, *Mon. f. Chem.*, **9**, 527]. Chauffé avec un alcali et un oxyde métallique à 200°, il fournit les acides benzoïque et phtalique [Basler Chem. Fabrik, *Central Blatt*, **1**, 546, 1903]. Le phosphore rouge le transforme en chauffant en naphtalène et oxyde de dinaphtyle [Wichelhans, *D. chem. G.*, **36**, 2942 et **38**, 1725, 1905]. Réaction avec l'éther dichloré [Zwanziger, *Ann. Chem.*, **243**, 169, 1888]. Réaction avec l'aldéhyde formique [Delépine, *C. R.*, **132**, 777, 1901 et *Bull. Soc. Chim.*, (3), **25**, 574, 1901]. Réaction avec les aldéhydes de la série grasse [Betti, *Gazz. chim. ital.*, **30**, **2**, 301, 1900; **31**, **1**, 379 et **2**, 178 et 191; **33**, **1**, p. 1 et **34**, **1**, 212]. Réaction avec les aldéhydes de la série aromatique [Rogow, *D. chem. G.*, **33**, 3535, 1900 et Hewitt et Turner, *ibid.*, **34**, 202]. Le β-naphtol réagit avec l'acétobromoglucose en présence de potasse alcoolique en formant un glucoside $C^6H^7O(OH)^4OC^{10}H^7$ [Königs et Knorr, *D. chem. G.*, **34**, 957, 1901]. Traité par le chlorure d'urée, il forme le carbamate de β-naphtyle [Gattermann et Breithaupt, *Ann. Chem.*, **244**, 44, 1888]. Avec le chlorure de p-nitrobenzoyle, il fournit l'éther nitrobenzonaphtylique $AzO^2.C^6H^4.CO.OC^{10}H^7$ [Heverdin et Crépieux, *D. chem. G.*, **35**, 3417, 1902]. Réaction avec les bases aromatiques [Dyson, *J. Chem. Soc.*, **43**, 469, 1883].

Usages du β-naphtol. — La fabrication des matières colorantes, et spécialement des couleurs azoïques, consomme une grande quantité de β-naphtol. Il est employé également dans quelques préparations pharmaceutiques.

Produits d'addition du β-naphtol. — *Dihydro-β-naphtol ac*,

$$C^{10}H^9.OH = \quad (H^2;\ H.OH)$$

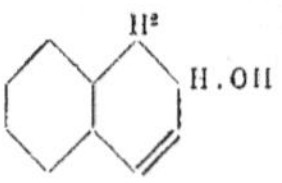

Bamberger et Lodter [*D. chem. G.*, **26**, 1839, 1893 et *Ann. Chem.*, 288, 101, 1895] le préparent en chauffant le chlorure de tétrahydronaphtol *ac*. avec la potasse alcoolique; corps fusible à 35° et distillant à 164°.

Tétrahydro-β-naphtol ac,

$$C^{10}H^{11}.OH = \quad (H^2;\ H\ OH;\ H^2;\ H^2)$$

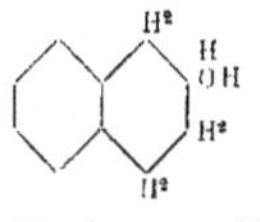

— Bamberger et Lodter [*D. chem. G.*, **23**, 197, 1890] l'obtiennent en réduisant le β-naphtol par le sodium en solution amylique. C'est une huile bouillant à 264° sous 716 millimètres de pression. Avec l'acide acétique il fournit un acétate $C^{10}H^{11}O.C^2H^3O$; huile très visqueuse distillant à 169° sous 34 millimètres de pression. *Benzoate* $C^{10}H^{16}O.CO.C^6H^5$, feuillets fusibles à 62-63°. L'acide carbonique réagit sur le tétrahydro-β-naphtol sodé en formant le *ac-tétrahydro-β-naphtylcarbonate de sodium* $C^{10}H^{11}OCO^2Na$, corps gélatineux instable. Avec le cyanate de phényle on obtient le *tétrahydronaphtylphényluréthane*

$$AzH.C^6H^5.COO(C^{10}H^{11}),$$

aiguilles fusibles à 98°,5.

Chlorure de tétrahydro-β-naphtol ac,

$$C^{10}H^{11}OCl = \quad (H^2;\ H.OH;\ HCl;\ H^2)$$

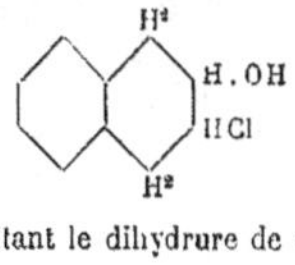

— On l'obtient en traitant le dihydrure de naphtalène par une solution d'acide hypochloreux [Bamberger et Lodter, *loc. cit.* et *Ann. Chem.*, **288**, 81], ou en faisant réagir l'acide chlorhydrique sur l'oxytétrahydro-β-naphtol

$$C^6H^4 \begin{cases} CH^2-CH.OH \\ CH^2-CH.OH \end{cases}$$

il forme des aiguilles fusibles à 117°,5.

Le *dérivé bromé* correspondant fond à 106-106°,5. Ces dérivés halogénés fournissent, traités par la phtalimide, *l'aminotétrahydro-β-naphtol ac*,

$$C^{10}H^{10}.OHAzH^2 = C^6H^4 \begin{cases} CH^2-CH.OH \\ CH^2-CHAzH^2 \end{cases}$$

huile épaisse [Bamberger et Lodter, *Ann. Chem.*, **288**, 132 et Bamberger et Deicke, *D. chem. G.*, **26**, 1838]. Une série de *dérivés méthylés*, *éthylés*, etc., ont été préparés par ces auteurs [voyez également Hausbofer, *Ann. Chem.*, **288**, 125, 1895; et Knorr, *Ann. Chem.*, **307**, 173, 1899]

Oxytétrahydro-β-naphtol ac. — [Syn. : Tétrahydronaphtalène-2.3-diol],

$$C^6H^4 \begin{cases} CH^2-CH.OH \\ CH^2-CH.OH \end{cases}$$

Bamberger et Lodter [*D. chem. G.*, **26**, 1834 et *Ann. Chem.*, **288**, 95] obtiennent ce dérivé soit en traitant le bromure de dihydronaphtalène par le carbonate de potassium en solution, soit par hydrolyse de l'oxyde de tétrahydronaphtylène

$$C^6H^4 \begin{cases} CH^2-CH \\ CH^2-CH \end{cases} O$$

Il cristallise en paillettes ou en tables fusibles à 135°. Ces deux auteurs [*loc. cit.*] ont préparé également un autre *oxytétrahydro-β-naphtol ac* en oxydant le dihydro-β-naphtol *ac* par le permanganate de potasse; il possède la constitution suivante :

$$C^6H^4 \begin{cases} CHOH-CH^2 \\ CH^2 — CHOH \end{cases}$$

Il cristallise en aiguilles fusibles à 49°.

Tétrahydro-β-naphtol ar,

$$C^{10}H^{11}.OH = \begin{matrix} CH^2-CH^2-C-CH=CHOH \\ CH^2-CH^2-C-CH=CH \end{matrix}$$

— Bamberger et Kitschelt [*D. chem. G.*, **23**, 884] l'obtiennent à côté de son isomère *ac*, par réduction de β-naphtol, ou en traitant la tétrahydro-β-naphtylamine *ar* par l'acide nitreux. Aiguilles brillantes fusibles à 58°.

Ethers oxydes. — *Éther méthylique*, $C^{10}H^7.O.CH^3$. — On le prépare comme l'éther de l'α-naphtol [Marchetti et Städel, *loc. cit.*]. Il cristallise en feuillets brillants fusibles à 70°, distillant à 274°. Il porte dans le commerce, grâce à son odeur pénétrante de fleur d'oranger, le nom de *néroline*. Son *dérivé trinitré* fond à 213° Littérature : Autenrieth [*D. chem. G.*, **30**, 2379, 1897] et Cahen [*Bull. Soc. Chim.*, (3), **19**, 1007, 1898].

Éther éthylique, $C^{10}H^7.O.C^2H^5$. — Préparation, voyez *Ether éthylique de l'α-naphtol*. Littérature : Nietzki [*D. chem. G.*, **15**, 305, 1882], Perkin [*J. Chem. Soc.*, **69**, 1231, 1896], Liebermann et Hagen [*D. chem. G.*, **15**, 1428, 1882], Bamberger [*ibid.*, **19**, 1819, 1886] et Kölle [*ibid.*,

13, 1954, 1880]. Masse cristalline sentant l'ananas, fusible à 37° et bouillant à 274°.

Éther propylique, $C^{10}H^7O.C^3H^7$. — Aiguilles fusibles à 39°,5-40° [Bodroux, *C. R.*, **126**, 840].

Éther isopropylique. — Aiguilles fusibles à 41° (Bodroux).

Éther isoamylique. $C^{10}H^7O.C^5H^{11}$. — Il distille à 323° en se décomposant [Costa, *Gazz. chim. ital.*, **19**, 496, 1889], il cristallise en paillettes fusibles à 26° [Bodroux, *loc. cit.*].

Éther isobutylique, $C^{10}H^7O.C^4H^9$. — Aiguilles fusibles à 33° (Bodroux).

Éther méthylénique, $C^{10}H^7O.CH^2.OC^{10}H^7$. — Aiguilles fusibles à 133-134° [Kölle, *D. chem. G.*, **13**, 1953, 1880. — Delépine, *C. R.*, **132**, 779, 1901].

Éther éthylidénique, $(C^{10}H^7O)^2CH.CH^3$. — Préparé par Claisen [*Ann. Chem.*, **237**, 27, 1904]. Poudre cristalline fusible à 200-201°.

Éther éthylénique, $(C^{10}H^7O)^2C^2H^4$. — Paillettes fusibles à 217° [Koelle, *loc. cit.*].

Éther 2.4-dinitrophénylique.

$$C^{10}H^7O.C^6H^3(AzO^2)^2.$$

— Aiguilles fusibles à 95° [Ernst, *D. chem. G.*, **23**, 3429, 1890].

Éther benzylique, $C^{10}H^7O.CH^2.C^6H^5$. — Préparé comme le dérivé α. Feuillets brillants fusibles à 99° [Staedel, *loc. cit.*].

Éther p-tolylique, $C^{10}H^7O.C^6H^4.CH^3$. — Aiguilles fusibles à 135° [Paal et Deybeck, *D. chem. G.*, **30**, 884, 1897].

Éther β-dinaphtylique. $C^{10}H^7.O.C^{10}H^7$. — Il s'obtient comme le dérivé α, feuillets fusibles à 105°; voyez encore Graebe [*D. chem. G.*, **13**, 1850, 1880] et Nietzki [*ibid.*, **15**, 305]. Il forme un *picrate* fusible à 122-123°.

Éther (β-naphtoxyacétal),

$$C^{10}H^7O.CH^2CH(OC^2H)^5.$$

— On l'obtient comme le dérivé correspondant de l'α-naphtol; huile jaunâtre, distillant à 240° sous 60 millimètres de pression [Hesse, *D. chem. G.*, **30**, 1439, 1897. — Stoermer et Gieseke, *ibid.*, **30**, 1701].

Éther (β-naphtoxyacétone),

$$C^{10}H^7O.CH^2.CO.CH^3.$$

— Stœrmer [*Ann. Chem.*, **312**, 311, 1900] l'obtient en condensant le β-naphtol sodé avec la chloracétone, comme le dérivé α. Paillettes fusibles à 78°.

Éthers-sels. — *Acide β-naphtylphosphoreux*, $C^{10}H^7O.P(OH)^2$. — Obtenu comme l'acide α [Kunz, *loc. cit.*]. Cristaux fusibles à 111°.

Acide β-naphtylphosphorique,

$$C^{10}H^7OPO(OH)^2.$$

— Même préparation que l'acide α; cristaux fusibles à 167°.

Phosphate de β-trinaphtyle, $(C^{10}H^7O)^3PO$. — Il se prépare comme le dérivé α correspondant et cristallise en aiguilles fusibles à 108°. On obtient en même temps l'acide *dinaphtylphosphorique* $(C^{10}H^7O)^2PO.OH$ [Autenrieth, *D. chem. G.*, **30**, 2377, 1697].

Silicate de β-tétranaphtyle, $(C^{10}H^7O)^4Si$. — Préparé comme le dérivé α correspondant. Il présente les mêmes propriétés.

Cyanurate de β-trinaphtyle, $(CAzO.C^{10}H^7)^3$. — Préparé comme le dérivé α correspondant; poudre se décomposant à 220°.

Arsénite de β-trinaphtyle, $(C^{10}H^7O)^3As$. — Aiguilles fusibles à 113-114° [Fromm, *D. chem. G.*, **28**, 622, 1895].

Acétate de β-naphtyle, $C^{10}H^7O.C^2H^3O$. — On l'obtient en faisant réagir le chlorure d'acétyle ou l'acide acétique cristallisable sur le β-naphtol à 240° [Graebe, *Ann. Chem.*, **209**, 150, 1881; — Miller, *D. chem. G.*, **14**, 1602, 1881; — Einhorn et Hollandt, *Ann. Chem.*, **301**, 112, 1898]. Il cristallise en aiguilles fusibles à 70°.

Propionate de β-naphtyle $C^{10}H^7O.CO.C^2H^5$. — Einhorn et Hollandt [*loc. cit.*] l'obtiennent en faisant réagir le phosgène sur le β-naphtol et l'acide propionique en solution dans la pyridine. Aiguilles fusibles à 51°.

Isobutyrate de β-naphtyle, $C^{10}H^7O.CO.C^3H^7$. — Einhorn et Hollandt l'obtiennent comme le dérivé précédent; aiguilles fusibles à 43°.

Isovalérianate de β-naphtyle, $C^{10}H^7O.CO.C^4H^9$. — Huile (Einhorn et Hollandt).

β-chlorocrotonate de β-naphtyle, $C^{10}H^7O.COCH=CCl.CH^3$. — Cristaux fusibles à 99-100° [Autenrieth, *D. chem. G.*, **29**, 1669, 1896].

Carbonate de β-dinaphtyle $(C^{10}H^7O)^2CO$. — Obtenu comme le dérivé α correspondant [Reverdin et Kauffmann, *D. chem. G.*, **28**, 3055, 1895; — Einhorn et Hollandt, *loc. cit.*]. Il cristallise dans le toluène en paillettes fusibles à 178°. Il fournit avec la pipérazine le dérivé $C^{26}H^{22}O^4Az^2$ [Caseneuve et Moreau, *C. R.*, **125**, 1184].

Salicylate de β-naphtyle,

$$C^6H^4 \begin{cases} CO.O.C^{10}H^7 \\ OH \end{cases}$$

Point de fusion 95° [Cohn, *J. prakt. Chem.*, (2), **61**, 550, 1900].

α-Oxynaphtoate de β-naphtyle,

$$C^{10}H^6 \begin{cases} CO.O.C^{10}H^7 \\ OH \end{cases}$$

Point de fusion 138° [Cohn, *ibid.*].

Thiocarbonate de β-dinaphtyle, $(C^{10}H^8O)CS$. — Paillettes fusibles à 212° [Eckenrott et Kock, *D. chem. G.*, **27**, 3411, 1894].

Carbamate de β-naphtyle, $C^{10}H^7O.CO.AzH^2$. — Préparé comme le dérivé α correspondant. Longues aiguilles incolores fusibles à 187°.

Il fournit avec le cyanate de phényle un *dérivé phénylé* $C^{10}H^7O.COAzH.C^6H^5$ semblable au dérivé α correspondant.

Acide β-naphtoxyacétique,

$$C^{10}H^7O.CH^2.COOH.$$

— Voyez dérivé α correspondant. Prismes fusibles à 156° [Spitzer, *D. chem. G.*, **34**, 3192, 1901].

Son *éther éthylique* cristallise en lamelles fusibles à 48-49°; son *amide* fond à 147°; son *nitrile* à 72° [Stœrmer, Giesecke, *ibid.*, **30**, 1702, 1897].

Acide β-naphtoxypropionique,

$$C^{10}H^7O.CH(CH^3)CO^2H.$$

— Voyez dérivé α correspondant; il cristallise dans le benzène en tables fusibles à 107-108°.

Acide β-naphtoxybutyrique,

$$C^{10}H^7O.CH(C^2H^5)CO^2H.$$

— Voyez dérivé α correspondant; aiguilles fusibles à 126°,5.

Acide β-naphtoxyisobutyrique,

$$C^{10}H^7O.(CH^3)^2CO^2H.$$

— Tables prismatiques fusibles à 123° [Bischoff, *D. chem. G.*, **33**, 1391, 1900].

Acide β-naphtoxyisovalérique,

$$C^{10}H^7O.CH(C^3H^7)CO^2H.$$

— Aiguilles fusibles à 140° [Bischoff, *loc. cit.*].

Acide β-dinaphtoxyacétique,

$(C^{10}H^7O)^2CH.CO^2H.$

— Préparé comme le dérivé α correspondant. Prismes fusibles à 134°.

Ortho-oxalate de β-dinaphtyle,

$C^{10}H^7OC(OH)^2.C(OH)^2.O.C^{10}H^7.$

— Voyez dérivé α. Poudre cristalline fusible à 167°.

PRODUITS DE SUBSTITUTION DU β-NAPHTOL.

DÉRIVÉS HALOGÉNÉS.

CHLORONAPHTOLS, $C^{10}H^6Cl.OH$. — *Dérivé* 1.2. Point de fusion 70-71°. — Clève [*D. chem. G.*, **21**, 891, 1888] l'obtient en chlorant le β-naphtol dissous dans l'acide acétique. Zincke [*D. chem. G.*, **21**. 3378]; — Schall [*ibid.*. **16**, 1901, 1883]; — Armstrong et Rossiter [*Chem. Zeit.*, 592, 1889]; — Autenrieth [*D. chem. G.*, **30**, 2379, 1897] en préparent les *éthers méthylique* et *éthylique*; Davis, également [*Chem. Soc.*, **77**, 38, 1900]. Il cristallise en aiguilles ou en prismes monocliniques assez solubles dans les solvants organiques.

Dérivé 5.2. — Claus le prépare en traitant l'acide 2.5-naphtolsulfonique par PCl^5 [*J. prakt. Chem.*, (2), **39**, 317. 1889]. Longues aiguilles fusibles à 128°.

Dérivé 6.2. — Déjà décrit (1er Suppl., 1060). Point de fusion 115°.

Dérivé 8.2. — Claus et Volz [*Bull. Soc. Chim.*, **46**, 415, 1886] l'obtiennent en traitant à 150° l'acide 2.8-naphtolsulfonique par PCl^5. Aiguilles fusibles à 101°.

DICHLORONAPHTOLS $C^{10}H^5Cl^2.OH$.

Dérivé 1.3.2. — Zincke [*D. chem. G.*, **21**, 3385, 1888] l'obtient par réduction de la trichloronaphtalène-cétone

$$C^6H^4\begin{cases}CH=CCl\\ \quad\quad\ \ |\\ CCl^2-CO\end{cases}$$

Aiguilles brillantes fusibles à 80-81°.

Dérivé 1.4.2. — Zincke [*loc. cit.*] l'obtient de même en réduisant la tétrachlorhydronaphtalène-cétone. Longues aiguilles fusibles à 123-124°.

Dérivé 8.6.2. — Claus et Schmidt [*D. chem. G.*, **19**, 3174, 1886] le préparent en chauffant l'acide 2.6.8-naphtoldisulfonique avec PCl^5. Petites aiguilles fusibles à 125°.

TRICHLORONAPHTOLS $C^{10}H^4Cl^3.OH$.

Dérivé 1.4.3.2. — Zincke [*loc. cit.*] l'obtient par réduction de la pentachlorhydronaphtalène-cétone. Il cristallise en aiguilles fusibles à 162°.

Dérivé 1.4.5.2. — Armstrong et Rossiter [*D. chem. G.*, (2), **24**. 718, 1891] l'obtiennent en faisant bouillir la tétrachlorhydronaphtalène-cétone avec l'alcool. Courtes aiguilles fusibles à 157-158°.

BROMONAPHTOLS $C^{10}H^6Br.OH$.

Dérivé 1.2. — Point de fusion 84° (voyez 1er Suppl., 1059). Son *acétate* $C^{10}H^6BrO.COCH^3$ bout à 215° sous 20 millimètres de pression [Canzoneri, *Gazz. chim. ital.*, **12**, 425, 1882]. Littérature, Smith [*Chem. Soc.*, **35**, 789, 1879]; — Davis [*ibid.*, **77**, 38, 1900] et Reverdin et Kauffmann [*D. chem G.*, **28**, 3056].

Dérivé 6.2. — Armstrong et Davis [*Central Blatt*, **1**, 238, 1897] l'obtiennent en traitant le 1.6.2-dibromonaphtol par l'acide iodhydrique concentré à 65°; aiguilles fusibles à 127°. Différents *éthers* ont été obtenus par Davis [*loc. cit.*].

Dibromonaphtol $C^{10}H^5Br^2OH$ 1.6.2. — Armstrong et Rossiter [*D. chem. G.*, (2), **24**, 705, 1891] l'obtiennent en traitant le β-naphtol par 2 molécules de brome. Il cristallise en aiguilles fusibles à 106°.

Éthers, voyez Davis [*Chem. Soc.*, **77**, 38].

Tribromonaphtol $C^{10}H^4Br^3OH$ 1.3.6.2 ou 1.4.6.2. — Armstrong et Rossiter [*loc. cit.*] l'obtiennent en bromant le β-naphtol. Il fond à 155-156°.

Tétrabromonaphtol $C^{10}H^3Br^4.OH$ 1.3.4.6.2. — Smith [*Chem. Soc.*, **35**, 789] et Armstrong et Rossiter [*loc. cit.*] le préparent comme le précédent; aiguilles fusibles à 172°.

Pentabromonaphtol $C^{10}H^2Br^5OH$ 1.3.5.7.8.2. — Plessa [*D. chem. G.*, **17**, 1479, 1884] l'obtient en bromant le β-naphtol en présence de bromure d'aluminium. Aiguilles fusibles à 237°.

Bromochloronaphtol $C^{10}H^5BrCl.OH$ 6.1.2. — Armstrong et Rossiter [*loc. cit.*] le préparent en bromant le 1.2-chloronaphtol. Aiguilles fusibles à 101°. *Éthers*, Davis [*loc. cit.*].

Iodonaphtol $C^{10}H^6I.OH$ 1.2. — Meldola [*Chem. Soc.*, **47**, 506, 1885] l'obtient en traitant le β-naphtol par l'iode en solution acétique en présence d'acétates de plomb et de sodium. Il cristallise en aiguilles fusibles à 94°,5. Littérature : Reverdin et Kauffmann [*loc. cit.*].

DÉRIVÉS NITRÉS ET NITROSÉS.

NITROSONAPHTOL 1.2 [Syn : naphtoquinone-oxime]

$$C^{10}H^6.AzO.OH \quad \text{ou} \quad C^{10}H^6\begin{cases}O\\ Az.OH\end{cases}$$

— Ce dérivé se prépare comme les dérivés nitrosés de l'α-naphtol en traitant le β-naphtol par l'acide nitreux [Groves, *Chem. Soc.*, **45**, 295, 1884: — Henriques et Ilinsky, *D. chem. G.*, **18**, 705, 1885; — Möhlau et Strohbach, *ibid.*, **33**, 806, 1900; — Lagodzinski et Hardin, *ibid.*, **27**, 3075]. Friedländer et Rheinhart [*ibid*, **27**, 241, 1894] l'obtiennent en traitant la 1.2-naphtoquinone-chlorimide par l'hydroxylamine.

Paillettes ou prismes courts jaune brun, fusibles à 109°,5, volatils avec la vapeur d'eau. *Sels* préparés par Ilinski [*D. chem. G.*, **17**, 2585, 1884] et Ilinski et Knorre [*ibid.*, **18**, 699 et **20**, 283, 1887]. Conductibilité électrique [Trübsbach, *Zeits. phys. Chem.*, **16**, 727]. Il est employé pour la préparation de certaines matières colorantes. Traité par le brome il fournit le *dibromure*

$$C^6H^4\begin{cases}CHBr —— CHBr\\ \quad\quad\quad\quad\quad\ \ |\\ C.AzOH-CO\end{cases}$$

fusible à 131-131° [Brömme, *D. chem. G.*, **21**, 368, 1888].

Ether méthylique $C^{10}H^6AzO^2CH^3$, aiguilles prismatiques fusibles à 73° [Ilinski, *D. chem. G.*, **17**, 2587, 1884; Goldschmidt et Schmid, *ibid.*, **18**, 572].

Ether éthylique. Point de fusion 50-60° [Ilinski, *ibid.*, **19**, 341, 1886]. Zincke et Schmunk [*Ann. Chem.*, **257**, 141, 1890] en préparent plusieurs dérivés chlorés.

NITRONAPHTOLS $C^{10}H^6AzO^2.OH$. — *Dérivé* 1.2 (déjà décrit, 1er Suppl., 1060). Point de fusion 103°. — Il a été obtenu en outre par nitration de l'éther éthylique de β-naphtol et saponification [Wittkampf, *D. chem. G.*, **17**, 393, 1884]. Pictet le prépare avec l'acide acétonitrique, comme le dérivé 2.1; Wohl [*Central Blatt*, **1**, 149, 1901] en chauffant l'α-nitronaphtalène avec la soude caustique. Littérature : Rohde [*Zeits. für Electrochemie*, **7**, 328], Gäss [*J. prakt. Chem.*, (2), **43**, 23, 1890] et Böttcher [*D. chem. G.*, **16**, 1938, 1883], Stormer et Francke [*D. chem. G.*, **31**, 759, 1898], Spitzer [*D. chem. G.*, **34**, 3195]. Son *éther éthylique* fond à 103-104° [Wittkampf, *loc. cit.*]; son *dérivé acétylé*, à 61° [Böttcher, *loc. cit.*].

Dérivé 5.2. Point de fusion 147°. — Friedländer [*D. chem. G.*, **25**, 2079] l'obtient en traitant la 5.2-nitronaphtylamine par l'acide nitreux. Aiguilles jaunes.

Dérivé 8.2. Point de fusion 144-145°. — Friedländer [*loc. cit.*] l'obtient en traitant la 8.2-nitronaphtylamine par l'acide nitreux. Gäss [*J. prakt. Chem.*, (2), **44**, 614, 1891], en saponifiant l'*éther éthylique* correspondant, préparé en nitrant le β-naphtol éthylé. Aiguilles jaune d'or.

Dinitronaphtols $C^{10}H^5(AzO^2)^2.OH$. — *Dérivé* 1.6.2. Point de fusion 195° (déjà décrit, Dict., **2**, 518). — Il se forme par l'action de l'acide nitrique sur l'acide β-naphtylsulfonique [Armstrong, *D. chem. G.*, **15**, 200, 1882], sur le nitroso-β-naphtol, sur le benzolazo-β-naphtol [Zincke et Rathgen, *ibid.*, **19**, 2482, 1886] ainsi qu'en diazotant la β-naphtylamine et faisant bouillir le produit avec l'acide nitrique D = 1,35 [Graebe et Drews, *ibid.*, **17**, 1170, 1884]. Schmidt le prépare enfin en dirigeant un courant de Az^2O^3 dans une solution éthérée de β-naphtol [*ibid.*, **33**, 3244, 1900].

Dérivé 5.8.2. — Onufrowicz [*D. chem. G.*, **23**, 3360, 1890] prépare l'*éther éthylique* de ce dérivé en nitrant le sulfure de dinaphtol éthoxylé $S(C^{10}H^6OC^2H^5)^2$. Il fond à 215°.

Dérivé 1.8.2. Point de fusion 198°. — Gäss [*J. prakt. Chem.*, (2), **43**, 33, 1891] l'obtient à l'état d'*éther éthylique*, fondant à 215°, en traitant l'éther du 8.2-nitronaphtol par l'acide nitrique concentré.

Trinitronaphtol, $C^{10}H^4(AzO^2)^3OH$. — *Éther méthylique*, aiguilles incolores fusibles à 213°. *Éther éthylique*, aiguilles brillantes fusibles à 186° [Stædel, *Ann. Chem.*, **217**, 172, 1883; — Spitzer, *D. chem. G.*, **34**, 2195, 1901].

Chlorotrinitronaphtol, $C^{10}H^3Cl.(AzO^2)^3.OH$. — Clève [*D. chem. G.*, **23**, 957] l'obtient en traitant le 1.3-dichlorotrinitronaphtalène par la soude caustique. Aiguilles fusibles en se décomposant à 156°.

Bromonitronaphtol 6.1.2. — Obtenu par Armstrong et Rossiter [*D. chem. G.*, (2), **24**, 721, 1891] en traitant le 1.6.2-dibromonaphtol par l'acide nitrique.

Enfin Nietzki et Knapp [*D. chem. G.*, **30**, 1122, 1897] obtiennent un *dinitrosodinitro-β-naphtol* et un *dinitrosotrinitro-β-naphtol*, $C^{10}H^3(AzO)^2(AzO^2)^2OH$ et $C^{10}H^2(AzO)^2(AzO^2)^3OH$ en nitrant à froid ou à chaud la 7-oxy-β-naphtoquinone-dioxime.

Aminonaphtols $C^{10}H^6AzH^2\ OH$.

Dérivé 1.2. — Déjà décrit 1er Suppl., 1060. Il a été obtenu encore par Grandmougin et Michel [*D. chem. G.*, **25**, 981, 1892], Zinin [*Ann. Chem.*, **278**, 188, 1894] par réduction de l'orangé II. Voyez Groves [*Journ. Chem. Soc.*, **45**, 292], Russig [*J. prakt. Chem.*, (2), **62**, 55, 1900], Paal [*Zeit. ang. Chem.*, 24, 1897]. Il est très employé dans l'industrie des matières colorantes. Son *éther éthylique* $C^{10}H^6AzH^2.O.C^2H^5$ fond à 51° [Gäss, *J. prakt. Chem.*, (2), **43**, 27, 1891]. Son *dérivé acétylé* $C^{10}H^6AzH(CO.CH^3).OH$ fond à 235° en brunissant [Grandmougin, *loc. cit.* et Böttcher, *D. chem. G.*, **16**, 1938, 1883]. Meldola et Morgan [*Journ. Chem. Soc.*, **55**, 121, 1889] en préparent le *dérivé diacétylé*

$$C^{10}H^6 \begin{cases} AzH.CO.CH^3 \\ O.COCH^3 \end{cases}$$

fusible à 206°. Traité par le sulfure de carbone à 130-140°, il se transforme en *thiocarbamidonaphtol*,

$$C^{10}H^6 \begin{cases} O \\ Az \end{cases} C.SH$$

[Jacobson, *D. chem. G.*, **21**, 417, 1888]. L'acétaminonaphtol, traité par l'acide monochloracétique, fournit l'*acide acétaminonaphtoxyacétique* correspondant :

$$C^{10}H^6 \begin{cases} O.CH^2.CO^2H \\ AzH.CO.CH^3 \end{cases}$$

[Spitzer, *D. chem. G.*, **34**, 3201, 1901].

Dérivé 3.2. — Préparé par Friedländer et Zakrzowski [*D. chem. G.*, **27**, 763, 1894] en chauffant le 2.3-dioxynaphtalène avec l'ammoniaque sous pression. Aiguilles fusibles à 234°.

Dérivé 4.2. — Préparé par Friedländer [*D. chem. G.*, **28**, 1952, 1895] en chauffant l'acide 1.3-naphtylamine-sulfonique avec la potasse à 255°. Son *dérivé acétylé* fond à 179°.

Dérivé 5.2. — Préparé par Friedländer [*ibid.*, **25**, 2079, 1892 et **29**, 1979, 1896] par réduction du 5.2-nitronaphtol ou en traitant l'acide 5.2.8-aminonaphtolsulfonique par l'amalgame de sodium. Kehrmann et Denk en préparent le *dérivé acétylé* fusible à 213-214° [*ibid.*, **33**, 3295, 1900].

Dérivé 7.2. — Obtenu en fondant l'acide 2.7-naphtylamine-sulfonique avec la soude caustique à 260-300° [Brevet all. 47 816]. Son *dérivé amino-acétylé* fond à 220° [Kehrmann et Wolff, *D. chem. G.*, **33**, 1538, 1900]. Son *dérivé amino-phénylé* $C^{10}H^6OH.AzH.C^6H^5$ fond à 160° [Hepp, *D. chem. G.*, **26**, 3087, 1893]. *Éthers méthylique et éthylique* [Fischer, *D. chem. G.*, **26**, 3088, 1893].

Dérivé 8.2. — Préparé par Friedländer [*D. chem. G.*, **25**, 2082, 1892 et **29**, 41, 1896] par réduction du 8.2-nitronaphtol et par fusion de l'acide 1.7-naphtylamine-sulfonique avec la potasse. Aiguilles se décomposant à 200°. Son *éther éthylique* fond à 67° [Gaess, *Journ. prakt. Chem.*, (2), **43**, 28, 1891].

Diaminonaphtols, $C^{10}H^5(AzH^2)^2OH$.

Dérivé 1.4.2. — Kehrmann et Hertz [*D. chem. G.*, **29**, 1417, 1896] l'obtiennent en réduisant l'oxynaphtoquinone-imidoxime

AzOH

=O

AzH²

par le chlorure stanneux.

Dérivé 1.5.2. — Kehrmann et Denk [*D. chem. G.*, **33**, 3297, 1900] l'obtiennent comme le précédent par réduction de la 5-amino-1.2-naphtoquinone-oxime

AzOH

=O

AzH²

Son sel double d'étain cristallise en aiguilles grises.

Dérivé 1.6.2. — Löwe [*D. chem. G.*, **23**, 2543, 1890] l'obtient par réduction du dinitronaphtol correspondant. Kehrmann et Mathis [*ibid.*, **31**, 2413, 1898] en préparent le *dérivé diacétylé*

$$C^{10}H^5 \begin{cases} (AzHCOCH^3)^2 \\ OH \end{cases}$$

Dérivé 1.7.2. — Kehrmann et Wolff [*D. chem. G.*, **33**, 1539, 1900] l'obtiennent comme les précédents par réduction de la 7-aminonaphtoquinone-oxime. Le sel double d'étain cristallise en aiguilles grises.

Dérivé 7.8.2. — Nietzki et Knapp [*D. chem. G.*, **30**, 1124, 1897] l'obtiennent par réduction de la 7-oxy-β-naphtoquinone-oxime avec le chlorure d'étain.

ACIDES β-NAPHTOLSULFONIQUES, $C^{10}H^{6}OH.SO^{3}H$.

Dérivé 2.1. — Déjà décrit 1er Suppl., 1060. Il a été préparé également par Tobias [Friedländer, 3, 440] en sulfonant le β-naphtol à 40° par l'acide sulfurique à 90 0/0 ou en diazotant l'acide 2.1-naphtylamine-sulfonique. Littérature : Nietzki [*D. chem. G.*, **15**, 305, 1882], Lapworth [*ibid.*, **29**, R., 666], Heermann [*J. prakt. chem.*, (2), **49**, 132, 1894].

Dérivé 2.4. — Préparé en chauffant l'acide 2.4.8-naphtylamine-disulfonique avec l'acide sulfurique dilué à 170-185° [Kalle, brevet all. 78 603].

Dérivé 2.5. — Claus l'obtient en diazotant l'acide 2.5-naphtylamine-sulfonique [*J. prakt. Chem.*, (2), **39**, 315, 1889].

Dérivé 2.6. — Schaeffer l'obtient en sulfonant le β-naphtol [*Ann. Chem.*, **152**, 298]; Armstrong, en fondant l'acide 2.6-naphtalène-disulfonique avec la potasse caustique [*J. Chem. Soc.*, **39**, 135, 1881]. *Sels* : voyez Ebert et Merz [*D. chem. G.*, **9**, 610, 1876], Meldola [*J. Chem. Soc.*, **39**, 41]. Littérature : Brevets all. 53 343, 50 077, 58 614; Nietzki et Knapp [*D. chem. G.*, **30**, 184, 1897].

Dérivé 2.7. — Bayer et Duisberg [*D. chem. G.*, **20**, 1431, 1887], Weinberg [*ibid.*, **20**, 2907] le préparent en diazotant l'acide 2.7-naphtylamine-sulfonique, ou en fondant l'acide 2.7-naphtalène-disulfonique avec la soude caustique. Aiguilles. Lapworth [*loc. cit.*] en prépare le *dérivé éthoxylé*.

Dérivé 2.8. — On l'obtient à côté du dérivé 2.6 en sulfonant le β-naphtol, ou en diazotant l'acide 2.8-naphtylamine-sulfonique [Armstrong, *D. chem. G.*, **15**, 202, 1882 et **21**, 3489, 1888; — voyez Brevets all. 18 027 et 20 397]. Il est très important pour la fabrication des rouges de croceine. Littérature : Lapworth [*D. chem. G.*, **29**, R, 664, 1896].

Acide bromonaphtolsulfonique 1.2.6, $C^{10}H^{5}.Br.OH.SO^{3}H$. — Armstrong et Graham [*J. Chem. Soc.*, **39**, 137, 1881 et *D. chem. G.*, **15**, 206, 1882] l'obtiennent, soit en bromant l'acide 2.6-naphtolsulfonique, soit en sulfonant le 1.2-bromonaphtol. *Dérivé éthoxylé* [Lapworth, *D. chem. G.*, **29**, R, 665, 1896].

Acide nitrosonaphtolsulfonique 1.2.6, $C^{10}H^{5}AzO.OH.SO^{3}H$. — Meldola [*J. Chem. Soc.*, **39**, 41] l'obtient en traitant l'acide β-naphtolsulfonique-2.6 par l'acide nitreux. *Sels* : voyez Meldola [*loc. cit.*] et Hoffmann [*D. chem. G.*, **24**, 3744, 1891]. Littérature : Brevet all. 97 675.

ACIDES NITRONAPHTOLSULFONIQUES, $C^{10}H^{5}AzO^{2}.OH.SO^{3}H$. — Lapworth [*loc. cit.*] prépare l'*acide nitro-2.6-éthoxynaphtalène-sulfonique* et l'*acide nitro-2.8-éthoxynaphtalène-sulfonique* en nitrant les acides éthoxynaphtalène-sulfoniques correspondants.

Dérivé 6.2.8. — Jacchia [*Ann. Chem.*, **323**, 113, 1902] obtient cet acide en diazotant l'acide 6.2.8-naphtylamine correspondant; il cristallise en prismes avec $4H^{2}O$.

Acide 1.6-*dinitro-2-naphtol-8-sulfonique*, $C^{10}H^{4}(AzO^{2})^{2}OH.SO^{3}H$. — Nietzki et Zübelen [*D. chem. G.*, **22**, 455] le préparent en faisant bouillir l'acide 2.8-naphtolsulfonique avec l'acide nitrique dilué [Brevet all. 18 027].

Acides β-naphtoldisulfonique, $C^{10}H^{5}OH.(SO^{3}H)^{2}$. — Griess [*D. chem. G.*, **13**, 1956, 1880] traite le β-naphtol par l'acide sulfurique fumant à 100-110°. Il se forme les *dérivés* 2.3.6 et 2.6.8 qu'on sépare de différentes manières [Griess, *loc. cit.*, et Brevets all. 33 916 et 36 491].

Dérivé 2.3.6. (Acide R.). — (Voyez ci-dessus.) Littérature : Schultz [*D. chem. G.*, **17**, 461, 1884]; Pfitzinger [*D. chem. G.*, **22**, 398, 1889], Armstrong et Wynne [*ibid.*, **24**, R., 707, 1891; Brevet all. 74 209]; Lapworth [*D. chem. G.*, **29**, R., 665, 1896]. Cet acide est très employé pour la préparation des colorants azoïques.

Dérivé 2.6.8. (Acide G.). — (Voyez ci-dessus) [Griess, *loc. cit.*; — Armstrong et Wynne, *loc. cit.*; — Brevet all. 35 019]. Très employé pour la fabrication des colorants azoïques. Littérature : Witt [*D. chem. G.*, **21**, 3481, 1888]; Claus et Schmidt [*ibid.*, **19**, 3173, 1886]; Lapworth [*loc. cit.*].

Dérivé 2.1.7. — Dressel et Kothe [*D. chem. G.*, **27**, 1207, 1894] l'obtiennent en sulfonant l'acide 2.7-naphtolsulfonique [Brevet all. 77 596].

Dérivé 2.3.7. — Weinberg [*D. chem. G.*, **20**, 2911, 1887] l'obtient en sulfonant l'acide 2.7-naphtolsulfonique [Brevet all. 44 070]; on le prépare encore en faisant bouillir l'acide 2.1.3.7-naphtoltrisulfonique avec l'acide chlorhydrique dilué [Brevet all. 78 569]. Employé pour les colorants azoïques.

Dérivé 2.4.8. — Cassella [Brevet all. 65 997] l'obtient en diazotant l'acide 2.4.8-naphtylamine-disulfonique. Prismes.

Dérivé 2.1.6. — Lapworth [*D. chem. G.*, **29**, R., 665, 1896] prépare l'*éther-éthylique* de cet acide en sulfonant l'éthyl-β-naphtol.

ACIDES β-NAPHTOLTRISULFONIQUES,

$C^{10}H^{4}OH.(SO^{3}H)^{3}$.

Dérivé 2.1.3.7. — Dressel et Kothe [*D. chem. G.*, **27**, 1207 1894] l'obtiennent en chauffant à 80° l'acide 2.7-naphtolsulfonique avec l'acide sulfurique fumant.

Dérivé 2.3.6.7. — Dressel et Kothe [*loc. cit.*] l'obtiennent en diazotant l'acide 2.3.6.7-naphtylamine-trisulfonique correspondant ou en faisant bouillir l'acide 2.1.3.6.7 naphtoltétrasulfonique avec l'acide chlorhydrique dilué [Brevet all. 78 569].

Dérivé 2.3.6.8. — Lewinstein et Limpach [*D. chem. G.*, **16**, 462 et 726, 1883] l'obtiennent en chauffant pendant longtemps le β-naphtol avec l'acide sulfurique concentré à 120°, puis en ajoutant de l'acide fumant à 40 0/0 d'anhydride et chauffant finalement à 150° [Brevet all. 22 038].

ACIDE β-NAPHTOLTÉTRASULFONIQUE. — *Dérivé* 2.1.3.6.7. — Dressel et Kothe [*loc. cit.*] obtiennent cet acide en chauffant l'acide 2.7-naphtolsulfonique pendant plusieurs heures à 120-130° avec de l'acide sulfurique fumant à 25 0/0 d'anhydride.

ACIDES AMINO-NAPHTOLSULFONIQUES,

$C^{10}H^{5}AzH^{2}.OH.SO^{3}H$.

— Ces acides, comme ceux dérivés de l'α-naphtol, jouent actuellement un grand rôle dans la fabrication des matières colorantes azoïques; ils se préparent soit par réduction des acides nitro et nitrosonaphtolsulfoniques correspondants, soit par réduction des azoïques préparés au moyen des acides β-naphtolsulfoniques, soit par fusion des acides naphtylamine-disulfoniques avec les alcalis, soit en faisant réagir l'ammoniaque sous pression sur les acides dioxynaphtalène-sulfoniques.

Dérivé 1.2.4. — Aiguilles jaunes insolubles dans l'eau [Schmidt, *J. prakt. Chem.*, (2), **44**, 522, 1891]. Littérature : Brevets all. 82 097, 82 740 et 83 969.

Dérivé 1.2.5. — Petits cristaux rosés [Witt, *D. chem. G.*, **21**, 3479, 1888].

Dérivé, 1.2.6. — Aiguilles ou prismes [Witt, *loc. cit.*; — Griess, *D. chem. G.*, **14**, 2042, 1881]. Son sel de sodium est employé en photographie comme révélateur sous le nom d'*iconogène* [Brevets all. 79 103 et 97 675].

Dérivé 1.2.7. — Aiguilles violettes [Witt, *loc. cit.*; — Brevet all. 79 103].

Dérivé 1.2.8. — Paillettes microscopiques rouges [Witt, *loc. cit.*].

Dérivé 3.2.7. — Aiguilles difficilement solubles dans l'eau [Friedländer et Oesterreich, *Central Blatt*, **1**, 288, 1899; — Friedländer et Zakrzewski, *D. chem. G.*, **27**, 763, 1894. Voir Brevets all. 53 076 et 62 964].

Dérivé 4.2.1. — Aiguilles [Friedländer et Rudt, *D. chem. G.*, **29**, 1609, 1896].

Dérivé 4.2.7. — Très peu soluble dans l'eau [Cassella, brevet all. 82 676].

Dérivé 5.2.7. — Obtenu avec le précédent en fondant l'acide 1.3.6-naphtylamine-disulfonique [Cassella, *loc. cit.*].

Dérivé 5.2.8. — Cristaux brillants peu solubles dans l'eau [Friedländer, *D. chem. G.*, **29**, 1979, 1896; — Brevets all. 68 832 et 77 157].

Dérivé 6.2.8. — Aiguilles grises [Jacchia, *Ann. Chem.*, **323**, 113, 1902].

Dérivé 7.2.4.? — Probablement identique à l'acide 6.1.3-aminonaphtolsulfonique.

Dérivé 8.2.? — Difficilement soluble dans l'eau [Cassella, brevet all. 75 066].

Dérivé 8.2.6. — Aiguilles brillantes [Cassella, brevets all. 57 007 et 58 352].

Dérivés ? 2.? — Cristaux peu solubles dans l'eau [Brevet all. 63 956]. Voir encore le brevet all. 69 155 qui indique la préparation d'acides aminonaphtolsulfoniques éthylés ?.2.6 et ?.2.7.

ACIDES AMINO-NAPHTOLDISULFONIQUES,

$C^{10}H^4AzH^2.OH.(SO^3H)^2$.

Dérivé 1.2 3.6. — Il a été obtenu par Griess [*D. chem. G.*, **14**, 2042] et Witt [*D. chem. G.*, **21**, 3479, 1888].

Dérivé 1.2.4.6. — Il a été obtenu par Böninger [*ibid.*, **27**, 3052, 1894].

Dérivé 1.2.4.7. — [Böninger, *loc. cit.*].

Dérivé 1.2.6.8. — [Witt, *D. chem. G.*, **21**, 3481, 1888].

Dérivé 5.2.3.7. — [Cassella, Brevets all. 84 952].

Dérivé 7.2.3.6. — Obtenu en chauffant sous pression l'acide 2.7.3.6-dioxynaphtalène-disulfonique avec l'ammoniaque [Brevet all. 75 142].

ACIDES DIAMINONAPHTOLSULFONIQUES,

$C^{10}H^4(AzH^2)^2OH.SO^3H$.

Dérivé 1.6.2.8. — Obtenu par réduction de l'acide dinitronaphtolsulfonique correspondant [Nietzki et Zübelen, *D. chem. G.*, **22** 455, 1889].

Dérivé 4.8.2.6. — Préparé en fondant l'acide 4.8.2.6-naphtylène-diamine-disulfonique avec la potasse [Cassella, brevet all. 91 000].

Dérivé 2.3.6.8.? — Aiguilles insolubles dans l'eau [Brevets all. 86 200 et 86 448].

DIOXYNAPHTALÈNES. [Syn. : Oxynaphtols],

$C^{10}H^6(OH)^2$.

— Ces dérivés de naphtalène ont été traités dans le 2e Suppl., **3**, 223.

TRIOXYNAPHTALÈNES, $C^{10}H^5(OH)^3$.

Dérivé 1.2 3. [Syn. : Naphtopyrogallol]. — On l'obtient en réduisant l'isonaphtazarine

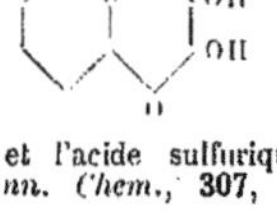

avec le zinc et l'acide sulfurique [Zincke et Ossenbeck, [*Ann. Chem.*, **307**, 18, 1899] ou en réduisant le dichlorotricéto-hydronaphtalène

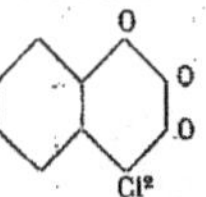

par le chlorure d'étain [Zincke et Noack, *Ann. Chem.*, **295**, 6, 1897]. Prismes brillants se décomposant à 250°; le *dérivé triacétylé* $C^{10}H^5(OCOCH^3)^3$ cristallise en prismes et fond à 250-255°.

Dérivé 1.2.4. — Obtenu par Graebe et Ludwig [*Ann. Chem.*, **154**, 324] par réduction de l'oxy-α-naphtoquinone avec le chlorure d'étain. Thiele et Winther [*Ann. Chem.*, **311**, 345, 1900] en préparent le *dérivé triacétylé* $C^{10}H^5(OCOCH^3)^3$ en traitant la β-naphtoquinone par l'anhydride acétique et l'acide sulfurique ou le chlorure de zinc. Le *dérivé acétylé* par saponification fournit également le trioxynaphtalène 1.2.4. Il cristallise en aiguilles jaunes très oxydables à l'air; le dérivé triacétylé cristallise dans l'alcool en aiguilles fusibles à 134-135°. Blumenfeld et Friedländer [*D. chem. G.*, **30**, 2565, 1897] en préparent une série de dérivés en traitant soit la β soit l'α-naphtoquinone par des phénols en solution acétique. Littérature : Kehrmann et Mascioni [*D. chem. G.*, **28**, 347, 1895].

Dérivé 1.3.6. — Obtenu par Kalle [*Central Blatt*, **2**, 700, 1900] en chauffant l'acide 1.6.3-dioxynaphtalène-sulfonique avec de l'eau à 200°. Il est facilement soluble dans l'eau et fond à 95°, mais se transforme peu à peu en un isomère peu soluble, infusible à 250°.

Dérivé 1.4.5. (α-Hydrojuglone). — Obtenu par Mylius [*D. chem. G.*, **17**, 2412, 1889; **18**, 2569] en réduisant la 5.1.4-oxynaphtoquinone ou en extrayant avec l'éther les feuilles vertes du noyer (*Juglans regia*). Ce trioxynaphtalène cristallise dans l'eau en aiguilles ou en paillettes fusibles à 168-170°. On trouve dans le noyer à côté de ce dérivé une petite quantité d'un isomère, la β-*hydrojuglone* fondant à 96-97°.

Dérivé 1.6.7. — Préparé par Cassella et Cie [*Central Blatt*, **2**, 650, 1900] et Friedländer [*Mon. f. Chem.*, **23**, 513] en chauffant l'acide 1.6.7.3-trioxynaphtalène-sulfonique avec les acides dilués. Ce dérivé fond à 177° au lieu de 165° comme il est indiqué dans le Brevet allemand 112 098. Son *dérivé triacétylé* fond à 144°. *Dérivé sulfonique* 1.6.7.3, voir Cassella.

Dérivé 1.3.? — Armstrong et Wynne [*D. chem. G.*, (2), **24**, 718, 1891] ont obtenu un trioxynaphtalène fusible à 120-121° en fondant l'acide 1.3-naphtalène-disulfonique à 280° avec la potasse caustique. Enfin Bayer et Cie [Brevets all. 78 604 et 80 464] ont obtenu des acides trioxynaphtalène-sulfoniques $C^{10}H^4(OH)^3SO^3H$, en fondant les acides 1.3.6.8-naphtoltrisulfoniques et 1.3.5.7-naphtalène-tétrasulfonique avec les alcalis à haute température.

TÉTRAOXYNAPHTALÈNES, $C^{10}H^4(OH)^4$.

Dérivé 1.2.3.4. — Zincke et Ossenbeck [*Ann. Chem.*, **16**, 307] l'obtiennent en réduisant l'isonaphtazarine avec le zinc et l'acide sulfurique; paillettes blanches, facilement oxydables, fournissant par réduction le 1.2.3-trioxynaphtalène (voir ce dérivé).

Dérivé 1.2.5.8. — Il s'obtient par réduction de la naphtazarine

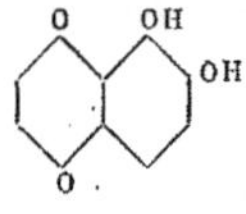

[Zincke et Schmidt, *Ann. Chem.*, **286**, 37, 1877]; il cristallise dans l'alcool en aiguilles fusibles à 154°. Son *dérivé tétra-acétylé* fond à 277-279°. Littérature : Schunck [*D. chem. G.*, **27**, 3463, 1894]; Liebermann [*D. chem. G.*, **28**, 1457, 1895].

PENTAOXYNAPHTALÈNE $C^{10}H^{3}(OH)^{5}$ 1.2.4.7.8. — Thiele et Winter [*Ann. Chem.*, **311**, 348, 1900] en obtiennent le *dérivé penta-acétylé* $C^{10}H^{3}(OCOCH^{3})^{5}$ en traitant la naphtazarine diacétylée par l'anhydride acétique et un peu d'acide sulfurique. Poudre cristalline fusible à 170°.

Juin 1906. G. Darier.

NAPHTONITRILE $C^{10}H^{7}.CAz$. — Voyez ACIDES NAPHTALÈNE-CARBONIQUES.

NAPHTOPHÉNAZINES ET DÉRIVÉS. — L'aminoéthanal, chauffé avec un oxydant, le chlorure mercurique par exemple, donne naissance, par union de 2 molécules et perte d'eau, à un composé cyclique à six chaînons. Ce corps, qui possède 2 atomes d'azote en para, a reçu le nom de paradiazine ou pyrazine :

$$\begin{matrix} AzH^{2} & \\ CH^{2} & CHO \\ CHO & CH^{2} \\ & AzH^{2} \end{matrix} + O = 3H^{2}O + \begin{matrix} & Az & \\ CH & & CH \\ CH & & CH \\ & Az & \end{matrix}$$

La présence d'un double groupement $-C=C-$ dans la molécule de la paradiazine permet de lui souder un ou deux noyaux aromatiques (benzénique, naphtalénique, etc.).

Si, en particulier, l'un des noyaux est un noyau benzénique, l'autre, un noyau naphtalénique, on obtient les *naphtophénazines*, au nombre de deux, car la soudure du noyau naphtalénique au noyau paradiazinique peut se faire en α β ou en β β :

αβ-Naphtophénazine.

ββ-Naphtophénazine.

I) αβ-NAPHTOPHÉNAZINE. $C^{16}H^{10}Az^{2}$. — *Préparations.* — 1° En versant 125 centimètres cubes $SO^{4}H^{2}$ dans une solution aqueuse chaude de p-sulfobenzène-azo-β-phénylnaphtylamine (50 gr.) [Witt, *D. chem. G.*, **20**, 573].

$$SO^{3}H - C^{6}H^{4} - Az = Az - C^{10}H^{6} - AzH - C^{6}H^{5}$$
$$= C^{16}H^{10}Az^{2} + C^{6}H^{4} \begin{matrix} AzH^{2} \\ SO^{3}H \end{matrix}$$

2° En additionnant d'acide acétique à 50 0/0 une solution glacée de β-naphtoquinone et d'orthophénylène-diamine (Witt).

3° En agitant un mélange de β-naphtol et d'orthophénylène-diamine avec de la lessive de soude et un oxydant (Witt).

4° En chauffant la benzène-azo-β-phénylnaphtylamine avec 5 parties d'acide acétique cristallisable et 1 partie HCl concentré [Zincke, Lawson, *D. chem. G.*, **20**, 1169].

5° Par digestion de la nitroso-β-phénylnaphtylamine avec HCl alcoolique [O. Fischer, Hepp, *D. chem. G.*, **20**, 2474].

6° En agitant l'amidonaphtophénazine avec du nitrite d'éthyle [Nietzki, Otto, *D. chem. G.*, **21**, 1600].

Autres préparations. — Fischer, Hepp [*Ann. Chem.*, **256**, 239]; Zincke, [*D. chem. G.*, **26**, 622]; Zincke, Wiegand [*Ann. Chem.*, **286**, 78]; à partir de l'oxyde de naphtophénoxazine [Wohl et Aue, *D. chem. G.*, **34**, 2448].

Propriétés. — Aiguilles jaune citron fondant à 142°,5, distillant vers 360° et se sublimant en belles aiguilles flexibles. Très peu solubles dans l'alcool et l'éther, peu solubles dans le benzène à froid.

Donne un *iodométhylate*, un *iodoéthylate* [Fischer, *D. chem. G.*, **26**, 180; **30**, 393]. — *Chloronaphtophénazine* [Fischer, Hepp, *D. chem. G.*, **31**, 2479]. — *Dichloronaphtophénazine* [Zincke, Schmidt, *Lieb. Ann. Chem.*, **286**, 56]. — *Trichloronaphtophénazine* [Zincke, *Lieb. Ann. Chem.*, **285**, 54]. — *Nitronaphtophénazine* [Zärtling, *D. chem. G.*, **23**, 175].

Oxyde de naphtophénazine [Wohl, *D. chem. G.*, **34**, 2448].

Tolunaphtazines.

$$CH^{3} - C^{6}H^{3} \begin{matrix} Az \\ | \\ Az \end{matrix} C^{10}H^{6}$$

— [Hinsberg, *Ann. Chem.*, **237**, 343; — Witt, *D. chem. G.*, **19**, 917; **20**, 578; — Strache, *ibid.*, **21**, 2362].

A. *Dérivés de substitution de l'αβ-naphtophénazine.*

Pour désigner ces dérivés, nous emploierons la numérotation suivante :

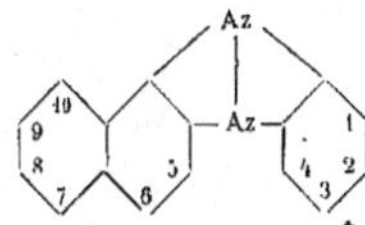

1° *Dérivés hydroxylés et oxygénés.*

$C^{16}H^{10}Az^{2}O$ (OH en 5). — [Zincke, *D. chem. G.*, **26**, 621; — Kehrmann, *D. chem. G.*, **31**, 2412].

Dérivés [Zincke, *Ann. Chem.*, **295**, 21].

$C^{16}H^{10}Az^{2}O$ (OH en 6). — [Kehrmann, *D. chem. G.*, **23**, 2453; **28**, 349; — Fischer, *ibid.*, **23**, 846; — Lindenbaum, *ibid.*, **34**, 1056].

Dérivés [Kehrmann, *D. chem. G.*, **24**, 2173; — Lindenbaum, *ibid.*, **34**, 1053].

$C^{15}H^{10}Az^{8}O^{2}$ (OH en 5 et 6). — [Nietzki, *D. chem. G.*, **24**, 1339; — Zincke, *Lieb. Ann. Chem.*, **286**, 77].

$C^{16}H^{10}Az^{2}O^{3}$ (OH en 6, 7, 8). — Zincke, Schmidt, *Ann. Chem.*, **286**, 54].

$C^{16}H^{8}ClOAz^{2}$ (O en 5, Cl en 6). — [Zincke, *Lieb. Ann. Chem.*, **20**, 20].

$C^{46}H^{8}O^{2}Az^{2}$ (O en 5 et 6). — [Zincke, *Ann. Chem.*, **286**, 57 et 79; **295**, 22; — Lindenbaum, *D. chem. G.*, **34**, 1056].

2° *Dérivés hydroxygénés.* — [Zincke, *D. chem. G.*, **26**, 621].

3° *Dérivés aminés.* — Voyez EURHODINES et ROSINDULINES.

4° *Dérivés sulfonés.*

$C^{16}H^{10}Az^{2}SO^{3}$ ($SO^{3}H$ en 7) [Lesser, *D. chem. G.*, **27**, 2365].

5° *Dérivés cyanés.*

$C^{16}H^{9}Az^{2}.CAz$ (CAz en 7). — [Brunner, *D. chem. G.*, **20**, 2663].

B. *Dérivés d'addition* (et de substitution) *de l'α β-naphtophénazine.*

L'α β-naphtophénazine est susceptible de donner, par addition et substitution, 2 espèces de dérivés [Kehrmann, Helwig, *D. chem. G.*, **30**, 2632; — Kehrmann, Rademacher, **31**, 3078] :

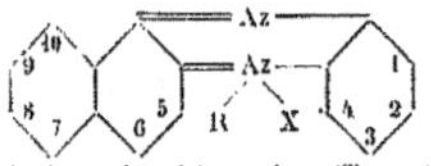

Sels de naphtophénazonium (Type I).

et

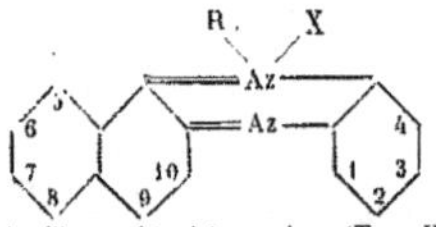

Sels d'isonaphtophénazonium (Type II).

Lorsque X = OH, et que la molécule renferme un autre groupement hydroxylé, le corps perd une molécule d'eau pour former une sorte d'éther-oxyde ou d'anhydride interne :

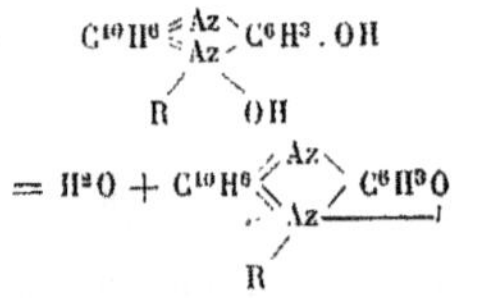

$$C^{10}H^6 \lessgtr Az_2 \gtrless C^6H^3 . OH \quad (R, OH)$$

$$= H^2O + C^{10}H^6 \lessgtr Az_2 \gtrless C^6H^3O \quad (R)$$

a) *Sels de naphtophénazonium* (Type I).

$C^{17}H^{13}Az^2Cl$ (R = CH³, X = Cl). — [*Centralblatt*, 1900, (2), 652, Brevet allemand, 112 116]. *Dérivés* : (AzO² en 2) [Kehrmann, *D. chem. G.*, **31**, 3095].

$C^{18}H^{15}Az^2Cl$ (R = C²H⁵, X = Cl). — [*Centralblatt*, 1898, (2), 920; — Schaposchnikow, *Journ. Soc. phys. chim. russe*, **30**, 548]. *Dérivé* (Cl en 3) [Fischer, Hepp, *D. chem. G.*, **31**, 2478].

$C^{22}H^{15}Az^2Cl$. (R = C⁶H⁵, X = Cl). — [Kehrmann, *D. chem. G.*, **29**, 559, 2317, 2969; **30**, 2629; **31**, 980; **32**, 2627]. *Dérivés* [Fischer, Hepp, *D. chem. G.*, **33**, 1490; — (AzO² en 2) Kermann, *ibid.*, **30**, 2639; **33**, 406; — (Cl en 3) Fischer, Hepp, *ibid.*, **31**, 303; **33**, 1492; — (Cl en 6) Fischer, *ibid.*, **30**, 1827; — Hantsch, *ibid.*, **33**, 312; — (OCH³ en 6) Kehrmann, *Ann. Chem.*, **322**, 74; — (SC²H⁵) en 6) Fischer, Hepp, *D. chem. G.*, **33**, 1493].

Rosindone,

$C^{22}H^{14}OAz^2$ =

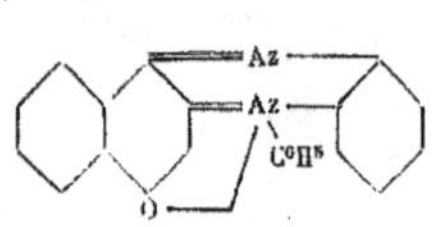

Constitution [Locker, *D. chem. G.*, **31**, 2433; — Kehrmann, *ibid.*, **31**, 2429; — Fischer, *ibid.*, **30**, 1828; — **33**, 1493; *Lieb. Ann. Chem.*, **262**, 244; **272**, 322; **286**, 215]. *Dérivés* [*D. chem. G.*, **24**, 2171; **30**, 395; *Centralblatt*, 1898; (2), 920; *Ann. Chem.*, **290**, 300; *D. chem. G.*, **31**, 3082; **34**, 1100].

Thiorosindone, $C^{22}H^{14}Az^2S$? [Fischer, Hepp, *D. chem. G.*, **33**, 1492.]

Isorosindone ($C^{22}H^{14}Az^2O$; R = C⁶H⁵; X = OH; OH en 3 (avec perte d'eau) [Fischer, Hepp, *D. chem. G.*, **29**, 2756; **31**, 306; *Ann. Chem.*, **272**, 328; **286**, 220.] *Dérivés* [*D. chem. G.*, **29**, 2756; **31**, 2480; **33**, 1490].

$C^{22}H^{16}O^2Az^2$ (R = C⁶H⁵, X = OH; OH en 9). — [Kehrmann, *Ann. Chem.*, **290**, 280; **322**, 73]. *Dérivés sulfonés* (R = C⁶H⁵, X = OH; SO³H en 6, 8 ou 9) [Brunner, Witt, *D. chem. G.*, **20**, 2661; — Kehrmann, **31**, 2428; *Centralblatt* (1), 462, 1899. Brevet allemand, 99609].

b) *Sels d'isonaphtophénazonium* (Type II).

$C^{22}H^{16}Az^2Cl$ (R = C⁶H⁵, X = Cl) [Kehrmann, *D. chem. G.*, **32**, 929; **33**, 3276].

$C^{22}H^{16}OAz^2$ (R = C⁶H5, X = OH). — *Dérivés*. (AzO² en 2) [Kehrmann, Lévy, *ibid.*, **31**, 3098; — (Cl en 3) Kehrmann, *ibid.*, **34**, 1089; — (SO³H en 9) Fischer, *ibid.*, **30**, 1827; — Kehrmann, *ibid.*, **31**, 2434.

II. β-β-NAPHTOPHÉNAZINE. — [Hinsberg, *Lieb. Ann. Chem.*, **319**, 261]. Petits feuillets rouges, fondant à 233°, solubles dans le chloroforme et le benzène. G. BAUME.

NAPHTOPHÉNOFURODIHYDROAZINES. — Voyez PHÉNONAPHTOXAZINES.

NAPHTOPHÉNYLAMIDINES.

$$C^{10}H^7 . C : (AzH) . AzH . C^6H^5.$$

— Lottermoser [*J. prakt. Chem.*, (2), **54**, 130, 1896] prépare ces dérivés des naphténylamidines (voyez ce mot) en traitant soit l'α soit le β-naphtonitrile par l'aniline et le sodium en solution benzénique. Le *dérivé* α cristallise dans l'éther et fond à 128-130°; le *dérivé* β cristallise en paillettes fusibles à 162-163°. Bossneck [*D. chem. G.*, **16**, 642, 1883] obtient également, en traitant l'acide α-naphtoïque par l'aniline en excès et l'oxychlorure de phosphore, l'*α-naphtodiphénylamidine* $C^{10}H^7 . C : (AzC^6H^5) . AzH . C^6H^5$; aiguilles fusibles à 183°,5. Juin 1906. G. DARIER.

NAPHTO-PIASÉLÉNOLS. — Voyez PIASÉLÉNOLS.

NAPHTO-PIAZTHIOLS. — Voyez PIAZTHIOLS.

NAPHTOPYROGALLOL (1.2.3-TRIOXYNAPHTALÈNE). — Voyez l'art. NAPHTOL-β, p. 474.

NAPHTOPYRIDINES. — Voyez α-NAPHTOQUINOLÉINE.

NAPHTOQUINALDINES. — Voyez NAPHTOQUINOLÉINES.

NAPHTOQUINOLÉINES. — (Voy. 1er Suppl., 1061 et 2e Suppl., **1**, 103). Les naphtoquinoléines $C^{13}H^9Az$, désignées aussi sous le nom de *naphtopyridines*, sont isomères de l'acridine et de la phénanthridine. Les méthodes générales de synthèse de la quinoléine et de ses homologues et notamment la méthode de Skraup et celle de Döbner et Miller sont fondées sur des réactions de l'aniline. En remplaçant cette base par les naphtylamines on obtient les naphtoquinoléines α et β.

α-NAPHTOQUINOLÉINE

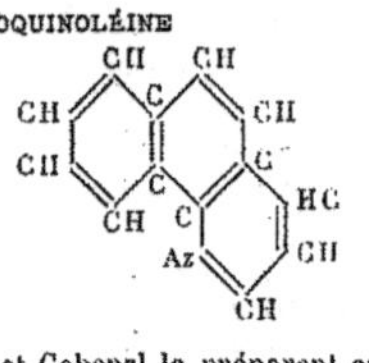

— Skraup et Cobenzl la préparent en chauffant à 150° un mélange de 28 grammes d'α-naphtylamine, 13 grammes de nitrobenzène, 50 grammes de glycérine et 40 grammes d'acide sulfurique

[*Mon. f. Chem.*, **4**, 436-480 ; *Bull. Soc. Chim.*, 1883]. On la purifie par transformation en picrate. Elle possède une odeur agréable. Elle fond à 51° et bout à 338°. Elle est très soluble dans l'alcool, l'éther et le benzène.

Le *chlorhydrate* et le *sulfate acide* fondent à 213°. Le *chloroplatinate* $(C^{13}H^9Az.HCl)^2PtCl^4 + 2H^2O$ fond à 224°.

Le *bichromate* $(C^{13}H^9Az)^2Cr^2O^7H^2$ est en aiguilles jaunes assez solubles dans l'eau bouillante, fusibles à 190°.

L'*iodométhylate* est anhydre et fond à 179° [Skraup et Cobenzl, *loc. cit.* ; — Claus et Imhoff, *J. prakt. Chem.*, **57**, 68-85 ; *Bull. Soc. Chim.*, 1898].

Dérivé sulfonique. — La sulfonation de l'α-naphtoquinoléine donne un *acide métasulfonique* qui se décompose au-dessus de 300° ; il donne des sels bien cristallisés. Son *éther méthylique* fond à 127°, son *chlorure d'acide* à 116° et son *amide* à 225°. La *m-oxy-α-naphtoquinoléine* s'obtient par fusion alcaline de l'acide sulfonique.

Dérivés nitrés. — La nitration de l'α-naphtoquinoléine donne deux dérivés mononitrés ; l'un fusible à 151°, l'autre à 138° [Claus et Imhoff, *loc. cit.*].

L'oxydation de l'α-naphtoquinoléine fournit suivant qu'elle est plus ou moins ménagée une quinone $C^{13}H^7AzO^2$ ou un acide dicarbonique.

L'α-NAPHTOQUINOLÉINE-QUINONE,

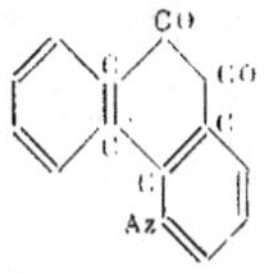

se forme lorsqu'on ajoute à la solution d'α-naphtoquinoléine dans l'acide acétique cristallisable une solution acétique d'acide chromique, et que l'on chauffe le mélange jusqu'à ce qu'on ait une solution verte. L'eau précipite un liquide huileux qui ne tarde pas à cristalliser et que l'on purifie par cristallisation dans l'alcool. On obtient ainsi des aiguilles orangé foncé fusibles à 205-207°, assez solubles dans l'alcool, le benzène, l'éther, les acides minéraux, peu solubles dans l'acide acétique.

Chauffée avec la potasse, elle donne une solution rouge vineux, puis jaune. Traitée par l'anhydride sulfureux, elle se transforme en un corps blanc qui paraît être l'hydroquinone correspondante.

Az-méthyl-α-naphtoquinolone. — Elle a été obtenue en traitant l'iodométhylate ou le chlorométhylate de l'α-naphtoquinoléine par l'oxyde de mercure. Elle fond à 175° et son chloroplatinate à 265° [Claus et Besseler, *J. prakt. Chem.*, **57**, 49-68 ; *Bull. Soc. Chim.*, 1898].

α-MÉTHYL-α-NAPHTOQUINOLÉINE OU α-NAPHTOQUINALDINE.

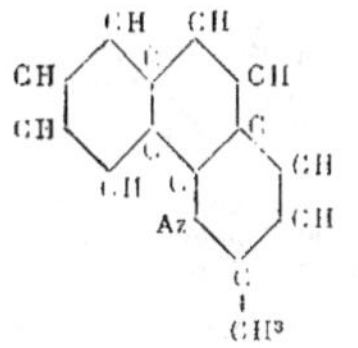

— L'α-naphtoquinaldine s'obtient par l'action de l'acide chlorhydrique à 100-110° sur un mélange d'α-naphtylamine et de paraldéhyde. C'est un liquide lourd, bouillant au-dessus de 300°. Le *chlorhydrate*, le *nitrate* et le *sulfate* sont solubles dans l'eau avec fluorescence bleue. Le *chloroplatinate* $(C^{14}H^{11}Az.HCl)^2PtCl^4 + 2H^2O$, cristallise en aiguilles ; le *bichromate* $(C^{14}H^{11}Az)^2$, $Cr^2O^7H^2$, forme des cristaux jaunes qui se décomposent partiellement à 100° [Döbner, Miller, *D. chem. G.*, **17**, 1672-1698 et *Bull. Soc. Chim.*, 1885].

α-*Naphto-γ-oxyquinaldine*,

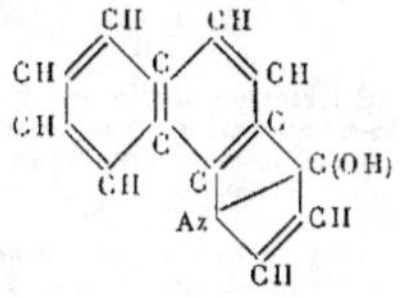

— Ce corps prend naissance par l'action de l'acide chlorhydrique concentré et bouillant sur l'α-naphtyl-β-aminocrotonate d'éthyle, obtenu lui-même au moyen de l'éther acétylacétique et de l'α-naphtylamine. L'α-naphto-γ-oxyquinaldine peut même s'obtenir simplement en chauffant ces deux derniers corps à 280°.

Elle se présente en aiguilles fusibles à 286°, et distillant sans décomposition à une température très élevée.

Distillée avec 20 fois son poids de poudre de zinc, elle donne la naphtoquinaldine [Knorr, *D. chem. G.*, **17**, 540 et *Bull. Soc. Chim.*, 1885 ; — Conrad et Limpach, *D. chem. G.*, **21**, 523 et *Bull. Soc. Chim.*, 1888].

DIMÉTHYL-α-NAPHTOQUINOLÉINE,

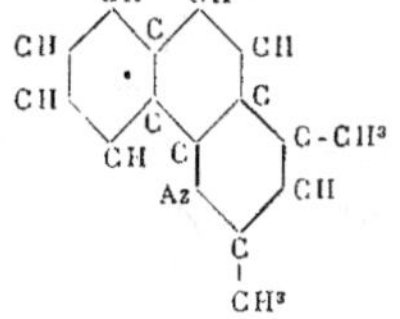

— Pour préparer ce composé on fait un mélange de paraldéhyde (1 partie) et d'acétone (2 parties) que l'on refroidit par un mélange réfrigérant et que l'on additionne d'acide chlorhydrique jusqu'à coloration brune ; puis on ajoute du chlorhydrate d'α-naphtylamine et le tout est chauffé au réfrigérant ascendant pendant 4 à 5 heures. Après refroidissement, on alcalinise par la soude et on épure par l'éther. La solution éthérée refroidie par un mélange réfrigérant laisse déposer la diméthyl-α-naphtoquinoléine, que l'on purifie par dissolution dans un acide, puis par précipitation par la soude et cristallisation.

La formation de cette base s'explique par les équations suivantes :

$$CH^3.COH + CH^3.CO.CH^3 = H^2O + CH^3.CH{=}CH.CO.CH^3$$

$$CH^3.CH{=}CH.CO.CH^3 + C^{10}H^7AzH^2 = H^2O + H^2 + C^{15}H^{13}Az$$

La diméthyl-α-naphtoquinoléine est constituée par de courtes aiguilles incolores, fusibles à 43-44°, très solubles dans l'éther et l'éther de pétrole bouillant, à peu près insolubles dans l'alcool à 90°.

Le *picrate* forme de longues aiguilles jaunes fusibles à 223°.

Le *chloroplatinate* est un précipité cristallin jaune, insoluble dans l'eau froide et se décomposant par ébullition avec l'eau.

L'*iodométhylate* $C^{15}H^{13}Az.CH^3I$ est en aiguilles brunâtres [Reed, *J. prakt. Chem.*, (2), **35**, 298-322; *Bull. Soc. Chim.*, 1887].

α-PHÉNYL-α-NAPHTOQUINOLÉINE,

$$C^{10}H^6_{(\alpha)}\left\langle\begin{array}{l}CH=CH\\ \quad\ \ |\\ Az=C\\ \quad\ \ |\\ \quad\ C^6H^5\end{array}\right.$$

— Elle se produit lorsqu'on distille sur la chaux sodée le phénylα-naphtocinchoninate de sodium. Elle cristallise dans l'alcool éthéré, en aiguilles jaune clair, fusibles à 68° [Döbner et Kuntze, *Ann. Chem.*, **249**, 109; *Bull. Soc. Chim.*, 1889].

Aminométhyl-éthyl-α-naphtoquinoléine. — Henriot et Bouveault [*Bull. Soc. Chim.*, **1**, 552, 1889], en faisant bouillir au réfrigérant ascendant un mélange d'α-naphtylamine et d'α-propionylproprionitrile, ont obtenu une huile alcaline bouillant à 425-430° et qui ne tarde pas à se solidifier. Après cristallisation dans l'alcool, elle se présente sous forme de beaux cristaux fusibles à 70°, dont la composition correspond à celle d'une aminométhyl-éthyl-α-naphtoquinoléine.

β-NAPHTOQUINOLÉINE,

[Formule développée : CH, CH, CH, CH, C, C, C, Az, CH, C, CH, CH, CH]

— Elle se prépare comme l'isomère α par la méthode de Skraup, en remplaçant l'α-naphtylamine par la β-naphtylamine [Skraup et Cobenzl, *loc. cit.*].

Lorsqu'on chauffe de l'acide pyruvique avec la β-naphtylamine et une aldéhyde, on obtient d'abord un *acide naphtoquinoléine-carbonique* :

$$R.CHO + CH^3.CO.COOH + C^{10}H^7AzH^2$$
$$= C^{10}H^6\left\langle\begin{array}{l}Az=C-R\\ \qquad\ |\\ C=C-H\\ |\\ COOH\end{array}\right. + 2H^2O + H^2$$

Cet acide perd par la chaleur une molécule d'anhydride carbonique et donne la β-naphtoquinoléine ou un de ses homologues [Döbner, *D. chem. G.*, **27**, 352; *Bull. Soc. Chim.*, 1894]. D'après Claus et Besseler, la température la plus convenable pour la préparation de la β-naphtoquinoléine est celle de 135-145°; ils font cristalliser le produit obtenu dans la ligroïne. Lellmann et Schmidt [*D. chem. G.*, **20**, 3154; *Bull. Soc. Chim.*, 1888] chauffent l'α-bromo-β-naphtylamine avec de l'o-nitrophénol, de l'acide sulfurique et de la glycérine à 150°.

La β-naphtoquinoléine cristallise en aiguilles brillantes, fusibles à 90° (Skraup et Cobenzl, Döbner et Peters), à 93°,5 (Lellmann et Schmidt).

Elle est très soluble dans l'éther, l'alcool, le benzène, les acides dilués; très peu soluble dans l'eau, peu volatile avec la vapeur d'eau. Elle distille sans décomposition à 350°, sous une pression de 721 millimètres [Bamberger, Müller, *D. chem. G.*, **24**, 2643].

La solution alcoolique donne avec le chlorure ferrique une coloration brune, puis un précipité d'hydrate ferrique; avec le sulfate ferreux, rien; avec l'azotate d'argent, précipité blanc cristallisé; avec l'acétate de cuivre, précipité vert olive.

Le *chlorhydrate* $C^{13}H^9Az.HCl + 2H^2O$ est en longues aiguilles blanches, très solubles dans l'eau, peu solubles dans l'alcool. Il se sublime lorsqu'on le chauffe avec précaution.

Le *chloroplatinate*

$$(C^{13}H^9Az)^2.2HCl,PtCl^4 + H^2O$$

est un précipité cristallin jaune rougeâtre, insoluble dans l'eau, très peu soluble dans l'acide chlorhydrique.

Le *bichromate* $(C^{13}H^9Az)^2Cr^2O^7H^2$ est un précipité cristallin jaune, peu soluble à froid.

Le *picrate*, précipité cristallin jaune clair, est très peu soluble dans l'alcool et le benzène; il fond à 251°.

L'*iodométhylate* $C^{13}H^9Az.CH^3I + 2H^2O$ forme des aiguilles jaune clair, fusibles avec décomposition à 200-205° (Skraup, Cobenzl) ou à 180° (Claus et Besseler).

Le *chlorométhylate* sec fond à 236° [Skraup et Cobenzl, *Mon. f. Chem.*, **4**, 436 et 480; *Bull. Soc. Chim.*, 1883; — Clauss et Besseler, *J. prakt. Chem.*, **57**, 49-68; *Bull. Soc. Chim.*, 1898].

L'iodométhylate et le chlorométhylate traités par l'oxyde de mercure donnent une *méthyl-β-naphtoquinolone*, fusible à 183°.

La solution bromhydrique de la β-naphtoquinoléine traitée par le brome fournit un *dérivé β-bromé* en longues aiguilles fusibles à 118°.

Le *dérivé β-nitré* s'obtient par l'action de l'acide azotique fumant à 0°. Il fond à 165°. Par réduction au moyen du chlorure stanneux il donne la *β-amino-β-naphtoquinone*, fusible à 158°.

Par diazotation de cette amine et décomposition par l'eau du diazoïque, on obtient le phénol correspondant [Claus et Besseler, *loc. cit.*]

L'*acide β-naphtoquinoléine-sulfonique* a été obtenu par Immerheiser [*D. chem. G.*, **22**, 402; *Bull. Soc. Chim.*, 1890] en appliquant la méthode de Skraup et Cobenzl à l'orthonitrophénol et l'acide β-naphtylamine sulfonique.

[Schéma : SO^3H–naphtalène–AzH^2 → SO^3H–naphtoquinoléine (Az)]

α-MÉTHYL-β-NAPHTOQUINOLÉINE ou β-NAPHTOQUINALDINE,

[Formule développée : CH, CH, CH, CH, C, CH, C, C, Az, CH, C, CH, C-CH³, CH]

— Elle se prépare comme son isomère α en substituant la β-naphtylamine à la base α.

Elle forme de grandes aiguilles incolores fusibles à 82°, peu solubles dans l'eau, très solubles dans l'alcool et dans l'éther et bouillant sans altération au-dessus de 300°.

Le *chloroplatinate*

$(C^{14}H^{11}Az.HCl)^2, PtCl^4.2H^2O$

forme des aiguilles jaunes qui se déshydratent à 100°.

Le *chromate* est en petites aiguilles jaunes [Döbner et Miller, *D. chem. G.*, **17**, 1698 et *Bull. Soc. Chim.*, 1885].

Le *chlorhydrate* $C^{14}H^{11}Az.HCl, 2H^2O$ est peu soluble dans l'eau froide, assez soluble dans l'eau bouillante.

Le *nitrate* $C^{14}H^{11}Az.AzO^3H, H^2O$ est en fines aiguilles blanches se colorant en rose à l'air, solubles dans l'eau.

Le *sulfate acide* $C^{14}H^{11}Az.SO^4H^2.2H^2O$ est peu soluble dans l'eau froide, très soluble dans l'eau bouillante.

Le *picrate* s'obtient anhydre par mélange des solutions alcooliques des composants. Il est très peu soluble à chaud. Il est soluble dans l'acide acétique qui l'abandonne en cristaux fusibles à 220°. L'*iodométhylate* fond à 214° en se décomposant.

Quand on nitre la β-naphtoquinaldine on obtient un mélange de dérivés di et tétranitrés [Seitz, *D. chem. G.*, **22**, 254 et *Bull. Soc. Chim.*, 1890].

La β-naphtoquinaldine, de même que la quinaldine, se combine au chloral pour donner la *trichloroxyéthylidène-β-naphtoquinaldine*

Az
C–CH²-CH(OH)-CCl³

On n'a pu réussir à la transformer en acide β-naphtoquinoléine-acrylique [Seitz, *loc. cit.*].

L'oxydation de la β-naphtoquinaldine par le permanganate donne l'*acide β-naphtoquinoléine-dicarbonique*. Si l'on opère en présence d'acide sulfurique, l'oxydation est plus profonde, il y a ouverture du noyau central et formation d'acide carboxyl-β-phénylpicolique (Seitz).

β-*Naphto-γ-oxyquinaldine*. — Elle se prépare comme son isomère au moyen de la β-naphtylamine et de l'éther acétylacétique (Voir ce mot, 2ᵉ Suppl., 59) [Conrad et Limpach, *loc. cit.*]. Elle fond au-dessus de 300°.

αγ-*Diméthyl-β-naphtoquinoléine*

$$C^{10}H^6 \begin{cases} C.(CH^3) = CH \\ Az \Longrightarrow C.(CH^3) \end{cases}$$

— Cet homologue de la β-naphtoquinaldine s'obtient par le même procédé que son isomère dérivé de l'α-naphtoquinoléine, en employant le chlorhydrate de β-naphtylamine (Voir : ACÉTYLACÉTONE, 2ᵉ Suppl., 69).

La diméthyl-β-naphtoquinoléine fond à 126°,5. Elle est soluble dans l'éther, l'alcool, l'acétone, l'acide acétique, le sulfure de carbone, le chloroforme, et très peu soluble dans l'eau.

Chauffée au-dessus de 300°, elle distille en se décomposant.

Le *picrate* se décompose à 215°, il est insoluble dans l'eau.

Le *chloroplatinate*

$(C^{15}H^{13}Az.HCl)^2PtCl^4 + 2\,1/2H^2O$

est insoluble dans l'eau. A l'état anhydre, il est hygroscopique.

Le *bisulfate* en solution présente une fluorescence bleue.

La base en solution chloroformique donne le *bromhydrate de bromure* $(C^{15}H^{13}AzBr)^2HBr$, en cristaux jaunes fusibles à 207°.

Celui-ci bouilli avec de l'alcool à 90° donne $C^{15}H^{13}Az.HBr + 2H^2O$.

L'*iodométhylate* est en aiguilles brunes.

ACIDES SULFONIQUES. — L'*acide diméthyl-β-naphtoquinoléine-monosulfonique*

$C^{15}H^{12}Az.SO^3H + 1.5H^2O$

s'obtient en dissolvant la base dans 5 fois son poids d'acide sulfurique de Nordhausen et précipitant ensuite par l'eau.

Le sel de potassium est une masse blanche cristalline; le sel de cuivre est un précipité bleu verdâtre.

L'acide *diméthyl-β-naphtoquinoléine-disulfonique* $C^{15}H^{11}Az(SO^3H)^2 + 4,5H^2O$ s'obtient en chauffant à 150-160° une partie de la base et 5 parties d'acide sulfurique fumant, en étendant ensuite la masse de 4 à 6 fois son poids d'eau et refroidissant dans un mélange réfrigérant. On obtient ainsi de petites aiguilles très solubles dans l'eau, l'alcool et l'éther. Le *sel de cuivre* est insoluble dans l'eau froide.

L'acide fondu avec la potasse se convertit en acide *diméthyl-β-oxynaphtoquinoléine-monosulfonique*.

L'α-PHÉNYL-β-NAPHTOQUINOLÉINE se produit dans la décomposition par la chaleur de l'acide dicarbonique correspondant. Elle fond à 168° [Döbner et Kuntze, *loc. cit.*].

ACIDES NAPHTOQUINOLÉINE-CARBONIQUES. —

CH CH
CH C CH
CH C
C Az
CH C
CH C.CO²H
CH

L'*acide β-naphtoquinoléine-α-carbonique* se forme par l'oxydation au permanganate de la β-naphtoquinaldine.

Il fond à 187°, il est très peu soluble dans l'eau froide ou chaude. Il se dissout dans l'alcool bouillant qui l'abandonne par refroidissement. Il perd CO^2 à 195° [Seitz, *D. chem. G.*, **22**, 254 et *Bull. Soc. Chim.*, 1890].

L'*acide β-naphtoquinoléine-γ-carbonique* se forme, ainsi que ses homologues, dans la condensation de la β-naphtylamine avec l'acide pyruvique et une aldéhyde [Döbner, *loc. cit.*].

L'acide obtenu

$$C^{10}H^6 \begin{cases} Az = C-R \\ C = CH \\ \;|\; \\ COOH \end{cases}$$

peut servir à caractériser l'aldéhyde employée. Cette réaction est utilisée dans l'analyse des huiles essentielles. Avec le citronellal on obtient un composé fusible à 215° (Wallach).

En combinant à froid en solution éthérée l'α-naphtylamine, l'acide pyruvique et l'aldéhyde cinnamique, on obtient l'*acide α-cinnaménylα-naphtoquinoléine-γ-carbonique*.

Ce corps fond à 256° en perdant CO^2 et donnant l'*α-cinnaménylnaphtoquinoléine*.

Il donne par oxydation, par le permanganate à froid, l'*acide α-naphtoquinoléine-α-dicarbonique* par destruction du groupe cinnamique.

L'acide *α-cinnaménul-β-naphtoquinoléine-β-*

carbonique ou *α-cinnaményl-β-naphtocinchoninique* s'obtient comme l'isomère précédent au moyen de la β-naphtylamine. Il fond à 305° [Döbner et Peters. *D. chem. G.*, **29**, 1228 et *Bull. Soc. Chim.*, 1890].

L'acide α-phényl-α-naphtocinchoninique ou *α-phényl-α-naphtoquinoléine-γ-carbonique*

$$C^{10}H^6{}_{(\alpha)} \begin{cases} CH = CH \\ \quad\;\; | \\ Az = C(C^6H^5) \end{cases}$$

s'obtient par la réaction de Döbner appliquée à l'acide benzoïque et à l'α-naphtylamine, c'est-à-dire par la condensation avec l'acide pyruvique en solution alcoolique. Il possède en solution alcoolique une fluorescence bleue. Il fond à 300° avec décomposition.

L'acide *α-phényl-β-naphtocinchoninique* s'obtient dans les mêmes conditions, mais avec la β-naphtylamine. Il est constitué par des aiguilles jaune citron dont les solutions ne sont pas fluorescentes.

HYDRONAPHTOQUINOLÉINES ET DÉRIVÉS.

Les naphtoquinoléines, comme la quinoléine et ses homologues, fixent l'hydrogène naissant en formant des hydronaphtoquinoléines.

Lorsqu'on emploie l'étain et l'acide chlorhydrique, c'est la chaîne pyridique qui s'hydrogène et l'on obtient des tétrahydronaphtoquinoléines.

La TÉTRAHYDRO-α-NAPHTOQUINOLÉINE

$$C^{10}H^6 \begin{cases} CH^2 - CH^2 \\ \qquad\quad | \\ AzH - CH^2 \end{cases}$$

cristallise en lamelles brillantes fusibles à 52°, insolubles dans l'eau, solubles dans la plupart des autres dissolvants.

Le *chlorhydrate* fond à 260°. Le réactif de Liebermann (SO^4H^2 et phénol) y produit une coloration violet rouge intense [Bamberger, *D. chem. G.*, **22**, 353 et *Bull. Soc. Chim.*, 1890].

Par l'action d'un diazoïque, la tétrahydro-α-naphtoquinoléine fixe le groupe azoïque en para ou γ par rapport à l'azote.

Par réduction de cet azoïque on obtient la *paraminotétrahydro-β-naphtoquinoléine* ou une *naphtylène-diamine* [Bamberger et Stettenheimer, *D. chem. G.*, **24**, 2472; *Bull. Soc. Chim.*, 1891].

La TÉTRAHYDRO-β-NAPHTOQUINOLÉINE fond à 93°,5 et se dissout dans les acides minéraux en donnant une liqueur fluorescente bleue.

En opérant la réduction des naphtoquinoléines par l'alcool amylique et le sodium, l'hydrogène se fixe à la fois sur le noyau pyridique et sur la chaîne aromatique (ar), et l'on obtient des *ar-octohydronaphtoquinoléines :*

L'AR-OCTOHYDRO-α-NAPHTOQUINOLÉINE

[Formule développée : CH², CH, CH², CH, CH², C, C, ar, ar, C, C, CH², C, Py, CH², AzH, CH², CH²]

fond à 48° et bout à 216° sous une pression de 37 millimètres.

L'AR-OCTOHYDRO-β-NAPHTOQUINOLÉINE fond à 60°,5 et bout à 325° sous 727 millimètres. Elle possède une odeur d'hyacinthe.

Ces bases possèdent les propriétés des amines aromatiques et donnent des dérivés diazoaminés.

Dans l'hydrogénation de la β-naphtoquinoléine par le sodium et l'alcool amylique, il se forme en petite quantité un deuxième hydrure, hydrogéné à la fois dans la chaîne pyridique et dans le noyau central (ac), c'est l'AC-OCTOHYDRO-β-NAPHTOQUINOLÉINE.

[Formule développée : CH, CH², CH, C, CH², CH, C, CH, CH, AzH, CH, CH, CH², CH², CH²]

Elle a des propriétés bien différentes de celles de l'isomère ar. Elle a une odeur basique et bleuit fortement le tournesol. Elle fond à 91° et bout à 321°. C'est un anesthésique local.

Le *chlorhydrate* fond à 252° et le *chloroplatinate* à 250°.

La base forme un *carbonate* insoluble. On utilise cette propriété pour la séparer de son isomère [Bamberger et Müller, *D. chem. G.*, **24**, 2648 et *Bull. Soc. Chim.*, 1891].

TÉTRAHYDRO-β-NAPHTOQUINALDINE. — Réduction par l'étain et l'acide chlorhydrique de la β-naphtoquinaldine. Elle fond à 51°,5. Les solutions possèdent une fluorescence bleue.

OCTOHYDRO-β-NAPHTOQUINALDINES. — La réduction de la β-naphtoquinaldine par le sodium et l'alcool amylique fournit les deux isomères que l'on sépare au moyen de l'anhydride carbonique. Le carbonate de la base alicyclique se précipite et est lavé à la ligroïne. La base aromatique fond à 75° [Bamberger et Strasser, *D. chem. G.*, **24**, 2662 et *Bull. Soc. Chim.*, 1891].

DIMÉTHYL-DIHYDRO-β-NAPHTOQUINOLÉINE

$$C^{10}H^6 \begin{cases} C(CH^3) = C - CH^3 \\ \qquad\qquad\quad\; | \\ AzH - CH^2 \end{cases}$$

— Cette base a été obtenue par Fischer et Stecke [*Ann. Chem.*, **242**, 348 et *Bull. Soc. Chim.*, 1889] par l'action de l'iodure de méthyle sur l'α-β-diméthyl-naphtindol. Elle fond à 115°.

Janvier 1907. E. BAUD.

NAPHTOQUINONE. — α-NAPHTOQUINONE.

$$C^{10}H^6O^2 =$$ [Formule développée : noyau naphtalénique avec deux groupes C=O en para]

— [Voyez 1er Suppl., 1064]. — On la prépare, outre les méthodes déjà indiquées, en traitant le bleu naphtol par l'acide chlorhydrique :

$$Az(CH^3)^2C^6H^4Az = C^{10}H^6O + H^2O$$

$$= C^{10}H^6 \lessgtr {O \atop O} + AzH^2C^6H^4Az(CH^3)^2$$

[Möhlau, *D. chem. G.*, **16**, 2853, 1883]; en traitant le naphtalène en solution acétique par l'acide chromique [Miller, *ibid.*, **17**, R., 335; — Plimpton *J. Chem. Soc.*, **37**, 634]; on l'obtient également en oxydant électrolytiquement le naphtalène en solution sulfurique [Pauchaud de Bottens, *Zeit. f. Elektroch.*, **8**, 673]; en oxydant le naphtalène par le sulfate de cérium en solution sulfurique [Brevet all. 158 609]. Russig [*J. prakt. Chem.* (2), **62**, 31, 1900] l'obtient encore en oxydant le 1.4-aminonaphtol. La naphtoquinone α cristallise en aiguilles jaunes fusibles à 125°, facilement volatiles avec la vapeur d'eau. Chaleur de combustion [Valeur, *Bull. Soc. Chim.* (3), **19**, 512, 1898]. Elle est réduite par l'acide iodhydrique en *naphtylhydroquinone* $C^{20}H^{10}O^4$ [Korn, *D. chem. G.*, **17**, 3025, 1884]; l'étain et l'acide chlorhydrique la transforment en *dioxynaphtalène* 1.4. Réactions avec l'acide chlorhydrique fumant, voir Knapp et Schultz [*Ann. Chem.*, **210**, 178, 1881]; avec l'acide sulfurique concentré, voir Liebermann [*D. chem. G.*, **18**, 367, 1885]; avec le sulfure d'ammonium, Willgerodt [*ibid.*, **20**, 2470, 1887]; avec l'acide nitreux liquide, Schmidt [*ibid.*, **33**, 543, 1900]; avec les hydrazines, Zincke et Bindewald [*D. chem. G.*, **17**, 3026, 1884]; Zincke et Rathgen [*ibid.*, **19**, 2488, 1886]. Traitée par le malonate d'éthyle sodé en solution alcoolique, elle se colore en vert bleuâtre [Liebermann, *ibid.*, **31**, 2906, 1898]; réaction avec le diazométhane, Pechmann et Seel [*ibid.*, **32**, 2297]; avec le pyrogallol, Blumenfeld [*D. chem. G.*, **30**, 2565, 1897]; avec la semi-carbazide et la guanidine, Thiele [*Ann. Chem.*, **302**, 320, 1898].

On obtient par oxydation de l'α-ar-tétrahydronaphtylamine ou de l'α-ar-tétrahydroaminonaphtol le *dérivé tétrahydrogéné de l'α-naphtoquinone ar*

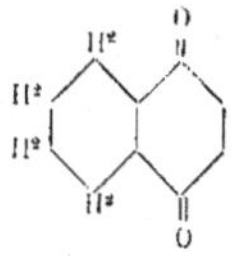

aiguilles jaunes fusibles à 55°,5 [Bamberger, *D. chem. G.*, **23**, 1131, 1890; — Jacobson et Turnbull, *ibid.*, **31**, 898, 1898].

Naphtoquinone-chlorimide,

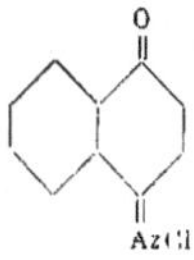

Friedländer et Reinhardt [*D. chem. G.*, **27**, 239, 1894] préparent ce dérivé en oxydant le chlorhydrate du 1.4-aminonaphtol dissous dans l'eau par l'hypochlorite de chaux. Fines aiguilles jaunâtres fusibles à 109°,5, solubles dans l'alcool.

Dinaphtoquinone-chlorimide,

$$\begin{array}{l} C^{10}H^5 \lessgtr \begin{array}{l} O \\ O \end{array} \\ | \\ C^{10}H^5 \lessgtr \begin{array}{l} O \\ AzCl \end{array} \end{array}$$

Hirsch [*D. chem. G.*, **13**, 1910, 1880] prépare ce dérivé en oxydant le 1.4-aminonaphtol par le chlorure de chaux; il cristallise en aiguilles brun clair fusibles à 85°, solubles dans l'éther, l'alcool et l'acide acétique.

Naphtoquinone-dichlorimide,

$$C^{10}H^6 \lessgtr \begin{array}{l} AzCl \\ AzCl \end{array}$$

Friedländer et Böckmann [*D. chem. G.*, **22**, 590, 1889] obtiennent ce dérivé par oxydation de la 1.4-naphtylène-diamine avec le chlorure de chaux; aiguilles jaunes fusibles à 136-137°; suivant le brevet all. 74 391, elle fond à 142-143°.

Naphtoquinone-oxime. — Voyez 1.4-*nitrosonaphtol*.

Naphtoquinone-dioxime,

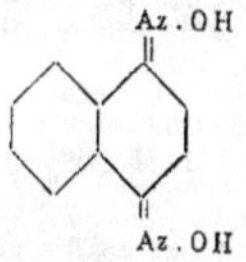

Nietzki et Guitermann [*D. chem. G.*, **21**, 433, 1888] obtiennent ce dérivé en chauffant le 1.4-nitrosonaphtol avec le chlorhydrate d'hydroxylamine en solution alcoolique. Elle cristallise en aiguilles incolores fusibles à 207° en se décomposant. Traitée par l'anhydride acétique, elle fournit un *dérivé diacétylé* fusible à 160°.

Dichlorure de l'α-naphtoquinone,

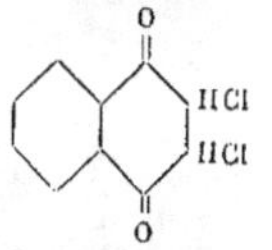

L'α-naphtoquinone, traitée par le chlore en solution acétique, se transforme par addition en dichlorure [Zincke et Schmidt, *D. chem. G.*, **27**, 2756, 1894], prismes fusibles à 176° en se décomposant. Le brome donne dans les mêmes conditions un *dibromure* fusible à 92° en se décomposant.

2-*Chloronaphtoquinone*,

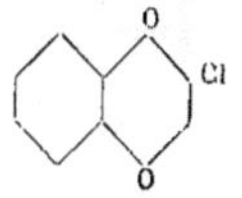

— (Déjà décrite). On l'obtient en oxydant le 2.4.1-dichloronaphtol par l'acide chromique en solution acétique [Clève, *D. chem. G.*, **21**, 893, 1888]; ou en chauffant le trichloroacétonaphtalène avec de l'alcool dilué [Zincke et Kegel, *ibid.*, **21**, 1088]; ou en oxydant avec l'acide chromique le 1.2.4-trichloronaphtalène [Clève, *ibid.*, **23**, 955, 1890]; ou en faisant bouillir le chlorure d'α-naphtoquinone susmentionné avec l'acétate de soude en solution acétique [Zincke et Smith, *loc. cit.*]; Russig [*J. prakt. Chem.*, (2), **62**, 41, 1900] l'obtient en traitant l'acide 1.4-dioxynaphtalène-2-carbonique par le tétrachlorure d'étain.

2.3-*Dichloro-α-naphtoquinone*,

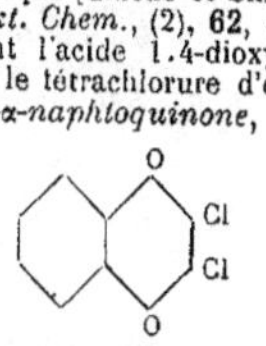

(Voyez Dict., **2**, 520). Claus et Knyrim [*D. chem. G.*, **18**, 2928, 1885] la préparent également par oxydation du 1.2.3-dichloronaphtol avec l'acide chromique en solution acétique. Claus et Mielcke [*ibid.*, **19**, 1184, 1886], en oxydant par le même procédé le 1.2.3.4-tétrachloronaphtalène. Zincke et Kegel [*ibid.*, **21**, 1045, 1888] l'obtiennent en chauffant le pentachlorocétohydronaphtalène,

$$C^6H^4 \begin{array}{l} \diagup CO - CCl^2 \\ \qquad\qquad | \\ \diagdown CCl^2 - CHCl \end{array}$$

avec l'alcool ou l'acide acétique dilué à 120-130°. Zincke et Cooksey [*Ann. Chem.*, **255**, 370, 1889] l'obtiennent en traitant l'aminonaphtol 1.4 en solution acétique par le chlore; il se forme en même temps un peu de tétrachlorodicétohydronaphtalène. Bertheim [*D. chem. G.*, **34**, 1554, 1901] l'obtient en traitant l'α-naphtoquinone par le chlore dans une solution d'acide acétique bouillante, et en y ajoutant de l'iode; voir encore Zincke et Schmidt [*D. chem. G.*, **27**, 2757, 1894], et Friedländer [*ibid.*, **27**, 240]. Réaction avec les éthers malonique, acétylacétique, etc., voir Michel [*ibid.*, **33**, 2402, 1900]; réaction avec l'aniline, voir Clève [*D. chem. G.*, **21**, 893, 1888]; Knapp et Schultz [*Ann. Chem.*. **210**, 189]; Plageman [*D. chem. G.*. **16**, 895, 1883].

Dichlorure de 2.3-dichloro-α-naphtoquinone,

O — CCl² — CCl² — O

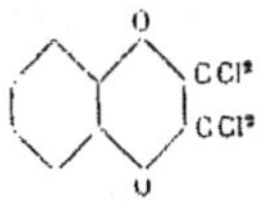

Claus [*D. chem. G.*, **19**, 1142, 1886] l'obtient en chauffant un mélange de 2.3-dichloronaphtoquinone avec du bioxyde de manganèse et de l'acide chlorhydrique à 230° pendant 10 heures. Zincke et Cooksey [*loc. cit.*] l'obtiennent de même; Zincke et Arnst [*Ann. Chem.*, **267**, 328, 1892] le préparent en traitant le chlorhydrate du 1.4-amino-naphtol en solution acétique par le chlore sans refroidir. Il cristallise en gros prismes solubles dans l'éther et fusibles à 117°. Constitution, voyez Zincke [*D. chem. G.*. **20**, 2057, 1887].

5.8-*Dichloro-α-naphtoquinone*.

Cl O — Cl O

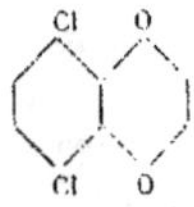

— Guareschi [*D. chem. G.*, **13**, 1155, 1880] l'obtient par oxydation avec l'acide chromique du 1.4-dichloronaphtalène en solution acétique. Elle cristallise dans l'alcool en longues aiguilles fusibles à 174°. Son *dérivé anilidé* ($C^6H^5.AzH$).$C^{10}H^4ClO^2$ cristallise en aiguilles rouges fusibles à 183-185°.

2.6-*Dichloro-α-naphtoquinone*. — Claus et Müller [*D. chem. G.*, **18**, 3073] l'obtiennent par oxydation du 2.6-dichloronaphtalène avec l'acide chromique. Elle cristallise en aiguilles jaune foncé fusibles à 148-149°. L'aniline à chaud la transforme en *dérivé anilidé* $C^6H^5AzH.C^{10}H^4ClO^2$, cristaux rouge violacé fusibles à 155°.

7.8-*Dichloro-α-naphtoquinone*. — Hellström [*D. chem. G.*, **21**, 3269, 1888] l'obtient de même en oxydant par l'acide chromique le 1.2-dichloronaphtalène; elle se sublime en longues aiguilles jaunes fusibles à 181°. Elle fournit avec l'aniline en solution alcoolique la *dichloronapthoquinone-anilide* $C^{10}H^3O^2Cl^2AzH.C^6H^5$, aiguilles d'un rouge cramoisi fusibles à 254°.

Trichloro-α-naphtoquinone, $C^{10}H^3Cl^3O^2$. — Claus et Spruck [*D. chem. G.*, **15**, 1404, 1882; et **16**, 1017] l'obtiennent en chauffant la 2.3-dichloronaphtoquinone avec l'eau régale en tube scellé. Aiguilles jaunes fusibles à 250°, facilement solubles dans l'alcool bouillant; en traitant cette solution par l'eau il se précipite des paillettes fusibles à 95°, dont le point de fusion remonte à 250° après sublimation.

Tétrachloro-α-naphtoquinone,

Cl O — Cl — H — Cl — H — Cl O

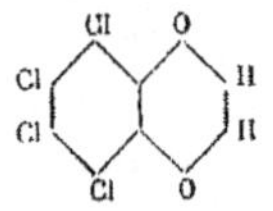

— Clauss et Lippe [*D. chem. G.*, **16**, 1018, 1883] l'obtiennent en chauffant le 1.2.3.4.8-pentachloronaphtalène avec l'acide nitrique concentré en tube scellé à 110° pendant 10 heures. Elle cristallise dans l'alcool en longues aiguilles jaunes fusibles à 160°.

Pentachloro-α-naphtoquinone.

Cl O — Cl — Cl — Cl — H — Cl O

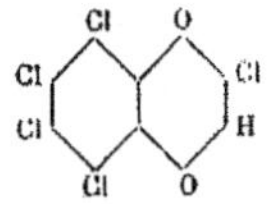

— Claus et Wenzlick [*D. chem. G.*, **19**, 1166, 1886] la préparent en chauffant comme précédemment l'heptachloronaphtalène 1.2.4.5.6.7.8 avec l'acide nitrique concentré; il se forme en même temps l'acide tétrachlorophtalique. Elle cristallise dans le chloroforme en lamelles brillantes d'un jaune d'or fusibles à 217°, sublimables. Traitée par l'aniline en solution alcoolique, elle fournit la *tétrachloronaphtoquinone-anilide*,

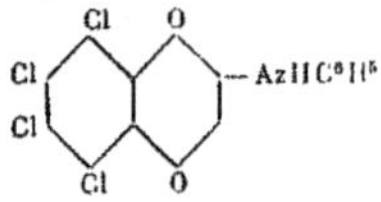

Cl O — Cl — AzHC⁶H⁵ — Cl — Cl O

fusible à 240°.

Hexachloro-α-naphtoquinone. — (Voyez Dict. **2**, 520).

2-*Bromo-α-naphtoquinone*,

$$C^6H^4 \begin{cases} CO-CBr \\ \quad\ \ \| \\ CO-CH \end{cases}$$

— Zincke et Schmidt [*D. chem. G.*, **27**, 2758, 1894] obtiennent, en traitant la naphtoquinone par le brome en solution acétique, le *dibromure*

$$C^6H^4 \begin{cases} CO-CHBr \\ \quad\ \ | \\ CO-CHBr \end{cases}$$

ce corps, traité par l'acétate de sodium, fournit par élimination d'une molécule d'acide bromhydrique la 2-bromonaphtoquinone. Liebermann et Schlossberg [*ibid.*, **32**, 548 et 2097, 1899] la préparent également par oxydation du 2.4.1-dibromonaphtol avec l'acide nitrique concentré. Aiguilles jaunes fusibles à 130°.

2.3-*Dibromo-α-naphtoquinone*

$$C^6H^4 \begin{cases} CO-CBr \\ \quad\ \ \| \\ CO-CBr \end{cases}$$

— Miller [*D. chem. G.*, **17**, R, 356, 1884] et Meldola [*Chem. Soc.*, **57**, 809, 1890] préparent ce dérivé en traitant la naphtoquinone en solution acétique par le brome et un peu d'iode et en faisant bouillir.

Elle cristallise dans l'acide acétique en aiguilles jaunes fusibles à 218°. Réaction avec les éthers malonique, acétylacétique, etc., voyez Liebermann [*D. chem. G.*, **31**, 260 et 2903, 1898; *ibid.*, **32**, 263, 1899; **33**, 576, 1900 et **34**, 1550, 1901] et Schlossberg [*ibid*, **32**, 2099]. Réaction avec l'aniline : Miller [*loc. cit.*]; Zincke [*D. chem. G.*, **27**, 2758, 1894]; Liebermann et Schlossberg [*D. chem. G.*, **32**, 2099, 1899].

5.8-*Dibromo-α-naphtoquinone.* — Guareschi [*Ann. Chem.*, **222**, 280, 1884] l'obtient en oxydant le 1.4-dibromonaphtalène par l'acide chromique. Aiguilles jaune d'or fusibles à 171-173°.

Tétrabromo-α-naphtoquinones $C^{10}H^2Br^4O^2$. — Bumlien [*D. chem. G.*, **17**, 2485, 1889] obtient l'un de ces dérivés par oxydation du pentabromo-α-naphtol avec l'acide nitrique concentré; il cristallise en aiguilles fusibles à 265°. Guareschi [*Gazz. chim. ital.*, **16**, 150, 1886] en prépare un autre par oxydation du 1.4.6.7-tétrabromonaphtalène avec l'acide chromique, il cristallise dans l'alcool en aiguilles prismatiques fusibles à 221°.

ACIDE NAPHTOQUINONE-2-SULFONIQUE.

$$C^6H^4 \begin{array}{l} \diagup CO-C.SO^3H \\ \qquad\quad \| \\ \diagdown CO-CH \end{array}$$

— Seidel [*D. chem. G.*, **25**, 425, 1892] et Conrad et Fischer [*Ann. Chem.*, **273**, 115, 1893] obtiennent ce dérivé par oxydation de l'acide 1.4.2-aminonaphtolsulfonique avec l'acide nitrique concentré.

Acide 2.3-dichloronaphtoquinone-7-sulfonique.

O

SO³H Cl

Cl

O

— Claus et Schöneveld [*D. chem. G.*, **21**, R., 255, 1888] obtiennent ce dérivé en oxydant le jaune naphtol S (voyez acide dinitronaphtol sulfonique) par le chlorate de sodium et l'acide chlorhydrique. Il cristallise dans l'eau en paillettes fusibles à 229°.

2-AMINO-α-NAPHTOQUINONE,

$$C^6H^4 \begin{array}{l} \diagup CO-CAzH^2 \\ \qquad\quad \| \\ \diagdown CO-CH^4 \end{array}$$

— Ce dérivé a été obtenu par Meerson [*D. chem. G.*, **21**, 1196 et 2517, 1888] en chauffant au bain-marie l'acétaminonaphtoquinone avec 20 fois son poids d'acide sulfurique concentré. Kehrmann [*D. chem. G.*, **27**, 3338, 1899] l'obtient en traitant à l'ébullition l'aminonaphtoquinone-imide

$$C^6H^4 \begin{array}{l} \diagup CO\text{———}C.AzH^2 \\ \qquad\qquad\quad \| \\ \diagdown C=AzH-CH \end{array}$$

par l'eau ammoniacale ; voyez encore Kehrmann et Mascioni [*ibid.*, **28**, 348, 1895]. Elle cristallise dans l'alcool en aiguilles d'un rouge grenat fusibles à 202°. Son *dérivé acétylé*

$$C^6H^4 \begin{array}{l} \diagup CO-CAzHCO.CH^3 \\ \qquad\quad \| \\ \diagdown CO-CH \end{array}$$

préparé en oxydant par le chlorure ferrique le dérivé triacétylé du diamino-α-naphtol

$$C^{10}H^5 \begin{array}{l} < OCOCH^3 \\ \leq (AzHCOCH^3)^2 \end{array}$$

cristallise dans l'alcool en paillettes jaunes fusibles à 198°.

Gäss [*D. chem. G.*, **32**, 236, 1899] obtient l'*acide 2-acétaminonaphtoquinone-7-sulfonique* en oxydant par $FeCl^3$ l'acide triacétyl-2.4-diaminonaphtol-1-sulfonique-7.

Les dérivés de cette amine substitués à l'azote ont été décrits par Plimpton [*Chem. Soc.*, **37**, 639], Liebermann [*Ann. Chem.*, **211**, 82, 1882], Fischer et Hepp [*D. chem. G.*, **21**, 681 et **25**, 2732, 1892], Kehrmann et Mascioni [*loc. cit.*], Kehrmann et Herzt [*ibid.*, **29**, 1419, 1896], Friedländer et Rudt [*ibid.*, **29**, 1612], Kerhmann et Gauhe [*ibid.*, **30**, 2137, 1897], Liebermann et Schlossberg [*ibid.*, **32**, 2102, 1899], Fischer et Schaar-Rosenberg [*ibid.*, **32**, 83], Baltzer [*ibid.*, **14**, 1902, 1881], Leicester [*ibid.*, **23**, 2797, 1890], Elsbach [*ibid.*, **15**, 689 et 1810, 1882], Brömme [*ibid.*, **21**, 394, 1888].

Son *dérivé 3-bromé*

$$C^6H^4 \begin{array}{l} \diagup CO-CAzH^2 \\ \qquad\quad \| \\ \diagdown CO-CBr \end{array}$$

a été préparé par Zincke et Guerland [*D. chem. G.*, **20**, 1514, 1887].

Son *dérivé 3-iodé* fond à 192-193° [Kehrmann et Mascioni, *D. chem. G.*, **32**, 3530, 1899].

5-*Aminonaphtoquinone.* — Friedländer obtient cette amine en oxydant le 4.8.1-diaminonaphtol par le chlorure ferrique et l'acide chlorhydrique. Elle cristallise dans l'acide acétique et fond à 180° en se décomposant. Son *dérivé acétylé* a été obtenu par Graebe [*Ann. Chem.*, **325**, 145, 1904 et *D. chem. G.*, **32**, 2879, 1899] par oxydation du 5-acétaminodioxynaphtalène, en aiguilles fusibles à 162°.

2.5-DIAMINO-α-NAPHTOQUINONE $C^{10}H^4O^2(AzH^2)^2$. — Obtenue par Kehrmann et Haberkant [*D. chem. G.*, **31**, 2422, 1898] en traitant par l'eau bouillante la 2.5-diaminonaphtoquinone-imide (voyez ci-dessous). Voyez également Kehrmann [*ibid.*, **33**, 3282, 1900]. Elle cristallise dans l'alcool en cristaux tabulaires rouge foncé.

2.7-*Diamino-α-naphtoquinone.* — Kehrmann et Steiner obtiennent ce dérivé [*D. chem. G.*, **33**, 3287, 1900] de la même manière que le précédent, à partir de la 2.7-diaminonaphtoquinone-imide, en prismes violacés solubles dans l'eau, fusibles à environ 230°.

2.8-*Diamino-α-naphtoquinone.* — Kehrmann et Misslin [*D. chem. G.*, **34**, 1227, 1901] la préparent en faisant bouillir avec l'eau la 2.8-diaminonaphtoquinone-imide; cristaux rouge brun. Il se forme en même temps l'isomère 4.8-*diamino-β-naphtoquinone.* Son *dérivé diacétylé* fond à 225°.

2-*Aminonaphtoquinone-imide* (Syn : di-iminonaphtol)

O

AzH²

AzH

(Voyez Dict., **2**, 518 et 1er Suppl., 1058). Kehrmann [*D. chem. G.*, **27**, 3346, 1894] obtient en la traitant par l'anhydride acétique et l'acétate de soude l'*acétaminonaphtoquinone* 2.1.4 ou 4.1.2. Zincke et Guerland [*ibid.*, **20**, 1513 et 3218, 1887] en préparent le *dérivé bromé*,

O

AzH²

Br

AzH

aiguilles jaunes fusibles à 200°,5. Voyez Kronfeld [*ibid.*, **17**, 716, 1884].

2.5-*Diaminonaphtoquinone-imide* (Syn : aminodiiminonaphtol). — (Voyez 1er Suppl., 1058)

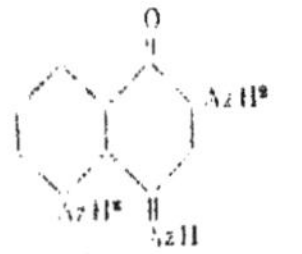

[Kehrmann et Steiner et Kehrmann et Haberkant, *D. chem. G.*, **31**, 2422, 1898 et **33**, 3281, 1900]. On l'obtient par oxydation du 2.4.5.1-triaminonaphtol avec le chlorure ferrique.

2.7-*Diaminonaphtoquinone-imide.* — Obtenue comme le dérivé précédent par oxydation du 2.4.7.1-triaminonaphtol.

2.8-*Diaminonaphtoquinone-imide.* — Kehrmann et Misslin [*D. chem. G.*, **34**, 1226, 1901] la préparent en faisant passer un courant d'air dans le liquide de réduction obtenu en traitant le 2.4.8.1-trinitronaphtol par le zinc et l'acide chlorhydrique. Aiguilles orangées.

5-Oxy-α-naphtoquinone,

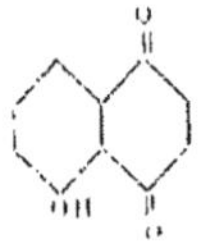

— [Voyez Juglone, 1er Suppl., 971 et Nucine, Dict., **2**, 576]. Bernthsen et Semper [*D. chem. G.*, **18**, 204, 1885 et **20**, 939, 1887] l'obtiennent par oxydation du 1.5-dioxynaphtalène par l'acide chromique. Pictet [*Central Blatt*, **2**, 1109, 1903] l'obtient par oxydation de l'α-naphtoquinone par l'acide diacétylnitrique. Friedländer et Silberstein [*Mon. f. Chem.*, **23**, 513] la préparent par oxydation, avec $FeCl^3$, du diaminonaphtol obtenu par réduction des azoïques dérivés du 1.8-aminonaphtol. Elle cristallise dans le chloroforme en superbes aiguilles rouge jaune qui brunissent à 125° et fondent à 154°. Son *dérivé acétylé* cristallise en paillettes jaune clair fusibles à 154-155°. Elle fournit des laques colorées avec le fer, l'alumine et le chrome [Möhlau, *Central Blatt*, 1352, 1904]. Avec l'hydroxylamine elle fournit deux oximes

$$OH.C^{10}H^5 \lessgtr {O \atop AzOH} \quad \text{et} \quad OH.C^{10}H^5 \lessgtr {AzOH \atop AzOH}$$

(Bernthsen).

En solution alcaline elle s'oxyde à l'air en formant une *oxyjuglone* $C^{10}H^4(O)^2(OH)^2$ [Mylius, *D. chem. G.*, **18**, 469, 1885], qui cristallise dans l'acide acétique en petites tables rhombiques fusibles à 220° en se décomposant. La juglone se combine avec la diméthylamine en formant la *diméthylaminojuglone* $C^{10}H^5O^3Az(CH^3)^2$ (Mylius); l'aniline fournit l'*anilinojuglone* $C^{10}H^5O^3AzH.C^6H^5$ fusible à 230°.

2-Oxy-α-naphtoquinone ou 5 *oxy-β-naphtoquinone*,

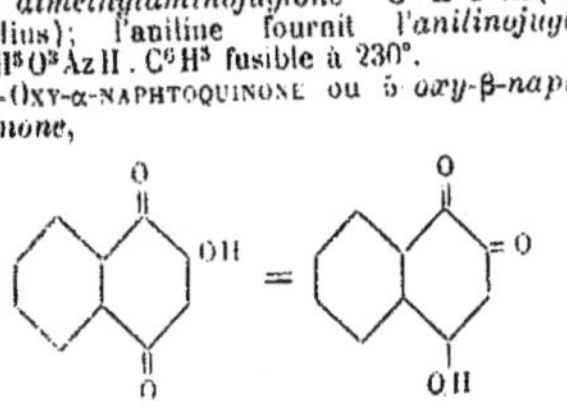

— (Voyez Dict., **2**, 520 et 1er Suppl., 1062). Baltzer [*D. chem. G.*, **14**, 1900, 1881] l'obtient en faisant bouillir l'anilino-α-naphtoquinone avec la soude ou avec l'acide sulfurique et l'alcool. Zincke [*ibid.*, **14**, 1496] l'obtient de même avec l'anilino-β-naphtoquinone; voyez encore Korn [*ibid.*, **17**, 3021, 1884], Hooker et Walsh [*Chem. Soc.*, **65**, 323, 1894] et Brevets allemands 70867 et 100703.

Kowalski [*D. chem. G.*, **25**, 1659, 1892] l'obtient par oxydation de l'α-naphtoquinone en solution alcaline par l'oxygène de l'air. Thiele et Winther [*Ann. Chem.*, **311**, 347, 1900], par oxydation du trioxynaphtalène avec le bichromate de soude et l'acide sulfurique. Son *éther éthylique* $C^{10}H^5O^2O.C^2H^5$ cristallise en longues aiguilles jaunes fusibles à 126-127° [Baltzer, *loc. cit.*]. Son *acétate* $C^{10}H^5O^2(O.COCH^3)$ cristallise en paillettes jaunes fusibles à 130° [Thiele, *loc. cit.*]. Avec l'hydroxylamine elle fournit 2 oximes

$$OH.C^{10}H^5 \lessgtr {O \atop AzOH} \quad \text{et} \quad OH.C^{10}H^5 \lessgtr {AzOH \atop AzOH}$$

[Kostanecki, *D. chem. G.*, **22**, 1346, 1889]. Son dérivé chloré, la *3-chloro-2-oxy-α-naphtoquinone*, a été déjà décrit (Dict., **2**, 521). Zincke et Guerland [*D. chem. G.*, **20**, 3222, 1887] le préparent également en faisant bouillir la 3-bromo-2-oxy-α-naphtoquinone avec l'acide chlorhydrique concentré. Réaction de la 2-oxy-α-naphtoquinone avec les aldéhydes, voyez Hooker et Carnell [*Chem. Soc.*, **65**, 79, 1894] et Zincke et Thelen [*D. chem. G.*, **21**, 2203, 1888]. Voyez encore Zincke et Smunck [*Ann. Chem.*, **257**, 142, 1890] et Zincke et Kegel [*D. chem. G.*, **21**, 1043, 1888]. Son dérivé *6-chloro-2-oxy-α-naphtoquinone* a été préparé par Claus et Muller [*D. chem. G.*, **18**, 3074, 1885]; aiguilles jaunes fusibles à 205°. Son *dérivé trichloré* $C^{10}H^2Cl^3O^2.OH$ a été obtenu par Claus [*D. chem. G.*, **19**, 1141, 1886], en aiguilles jaunes fusibles à 235°; de même que son *dérivé tétrachloré* [Claus et Wenzlick, *ibid.*, **19**, 1168], aiguilles jaunes fusibles à 265°. La *3-bromo-2-oxy-α-naphtoquinone* (décrite 1er Suppl., 1062) a été obtenue également par Balzer [*D. chem. G.*, **14**, 1901, 1881], Zincke [*ibid.*, **19**, 2495], Zincke et Guerland [*ibid.*, **20**, 1515 et 3220], Brömme [*ibid.*, **21**, 389, 1888], Zincke et Schmidt [*ibid.*, **27**, 2758, 1894], Liebermann [*ibid.*, **32**, 263, 1899]. La *3-iodo-2-oxy-α-naphtoquinone* a été obtenue par Kehrmann et Mascioni [*D. chem. G.*, **26**, 345, 1893] en traitant l'oxynaphtoquinone en solution acétique + SO^4H^2 par un mélange d'iodure et d'iodate de sodium dissous dans l'eau; elle cristallise dans l'alcool en prismes brillants jaune brun fusibles à 170° en se décomposant.

La *3-nitro-2-oxy-α-naphtoquinone* a été obtenue par Diehl et Merz [*D. chem. G.*, **11**, 1317, 1878] en traitant à froid l'oxynaphtoquinone, dissoute dans l'acide sulfurique concentré, par la quantité calculée d'acide nitrique. Elle cristallise en paillettes fusibles en se décomposant à 157°, solubles dans le chloroforme [voyez Kehrmann et Weichardt, *J. prakt. Chem.*, (2), 40, 180, 1889 et Brevet allemand 100611]. Par réduction elle fournit la *3-aminooxynaphtoquinone* [Diehl et Merz, *loc. cit.*], en aiguilles d'un rouge brun devenant noires à 100°, qui se combine avec l'hydroxylamine en formant une *oxime* et avec l'acide acétique en formant un *dérivé acétylé* $C^{10}H^4O^2(OH)AzHCOCH^3$ fusible à 219-220° [Kehrmann et Weichardt, *loc. cit.* et Kehrmann et Zimmerli, *D. chem. G.*, **31**, 2407, 1898]. Plagemann [*D. chem. G.*, **16**, 896, 1883], Zincke [*ibid.*, **25**, 3605, 1892], Zincke et Wiegand [*Ann. Chem.*, **286**, 74, 1895] et Zincke et Ossenbeck [*Ann.*

Chem., **307**, 22, 1899] préparent par différents procédés des dérivés de cette 3-amino-oxynaphtoquinone substitués à l'azote, tels que les *3-anilino*, *3-toluidino* et *3-naphtylamino-2-oxy-α-naphtoquinones*

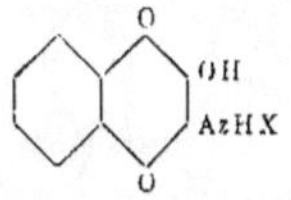

où X représente un radical aromatique.

On connaît en outre la *5-amino-2-oxynaphtoquinone* préparée par Kehrmann et Haberkant [*D. chem. G.*, **31**, 2422, 1898] et Kehrmann et Steiner [*ibid.*, **33**, 3282, 1900], aiguilles d'un rouge foncé à reflets métalliques fusibles à 221°; la *7-amino-2-oxynaphto-quinone* obtenue par Kehrmann et Steiner [*loc. cit.*], cristaux rouge brun; et enfin la *8-amino-2-oxynaphtoquinone* préparée par Kehrmann et Misslin [*ibid.*, **34**, 1227, 1901], aiguilles brunes à reflets verts se sublimant à 225° en se décomposant partiellement.

2-Oxynaphtoquinone-imide (Syn. : Oximinonaphtol)

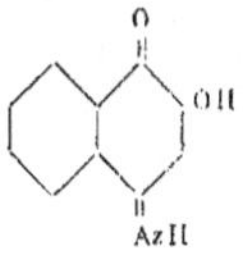

— (Voyez Dict., **2**, 520). Graebe et Ludwig [*Ann. Chem.*, **154**, 318] préparent ce dérivé en chauffant à l'ébullition une solution de chlorhydrate de diiminonaphtol avec l'ammoniaque. Aiguilles rouge-jaune, solubles dans l'alcool [Kronfeld, *D. chem. G.*, **17**, 714, 1884]. Traitée par l'hydroxylamine elle se transforme en *2-oxynaphtoquinone-oxime*, corps qui cristallise sous deux formes différentes représentées par les formules *a* et *b* :

a) $OHC^{10}H^5 \lessgtr {AzH \atop AzOH}$ et *b*) $AzH^2C^{10}H^5 \lessgtr {O \atop AzOH}$

[Kehrmann et Hertz, *D. chem. G.*, **29**, 1416, 1896 et **31**, 2417, 1898]. Ces deux modifications *a* et *b* se laissent facilement transformer l'une dans l'autre; par réduction elles fournissent le 1.4.2-diaminonaphtol. On obtient, suivant Zincke et Guerland [*D. chem. G.*, **20**, 1514, 1887], un *dérivé 3-bromé* de cette oxynaphtoquinone-imide en traitant le bromo-3-diiminonaphtol par la soude caustique diluée. Il cristallise dans l'acide acétique en fines aiguilles d'un brun foncé fusibles à 265°.

Zincke [*D. chem. G.*, **19**, 2499, 1886] en obtient un *dérivé chloré*, probablement en 3, en traitant la dichloro-β-naphtoquinone par l'ammoniaque alcoolique. Il fond à 260°.

2-Oxynaphtoquinone-diimide,

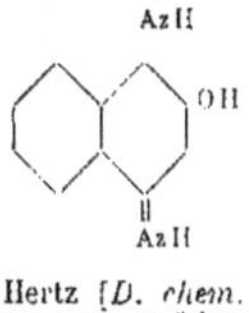

Kehrmann et Hertz [*D. chem. G.*, **29**, 1417, 1896] préparent ce corps en faisant passer de l'air dans une solution alcaline de 1.4.2-diaminonaphtol; aiguilles jaunes qui se décomposent par la cristallisation en oxynaphtoquinone-imide et ammoniaque.

Acides oxy-α-naphtoquinone-sulfoniques. — (Voyez Dict., **2**, 522). L'acide décrit par Graebe possède très probablement la constitution suivante :

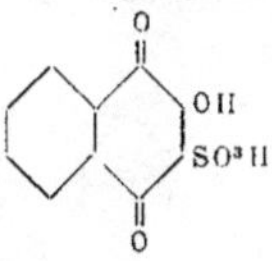

Il a été également obtenu en traitant la 2-oxynaphtoquinone par l'acide sulfurique fumant [Brevet allemand 99 759]. Réactions, voir Brevets allemands 101 918 et 102 070.

Acide 2-oxynaphtoquinone-6-sulfonique. — Cristaux brun rouge, obtenus en traitant l'acide β-naphtoquinone-disulfonique 4.6 par l'acide sulfurique concentré [Brevet allemand 107 003].

Acide 2-oxynaphtoquinone-7-sulfonique,

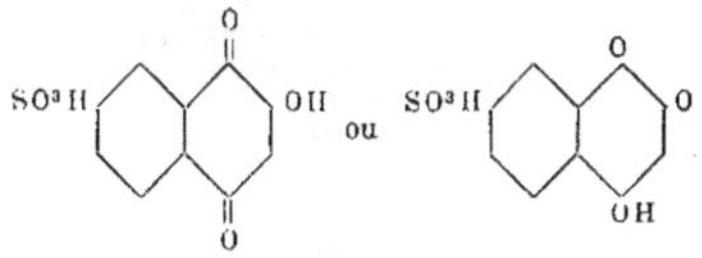

— Gaess [*D. chem. G.*, **33**, 235, 1900] l'obtient en faisant bouillir l'acide acétaminonaphtoquinone-sulfonique 2.(1.4).7 avec l'acide sulfurique dilué (voyez *2-Amino-α-naphtoquinone*).

Acide chloroxynaphtoquinone-sulfonique,

$$SO^3HC^6H^3.C^4Cl.O^2.OH.$$

— Obtenu par Claus et Schoneveld [*J. prakt. Chem.*, (2), **37**, 184, 1888] en traitant l'acide dichloronaphtoquinone-7-sulfonique par les alcalis. Masse cristalline fusible à 211° en se décomposant.

Dioxy-α-naphtoquinones, $C^{10}H^6O^4$.

2.3-dioxy-α-naphtoquinone (Syn. : Isonaphtazarine),

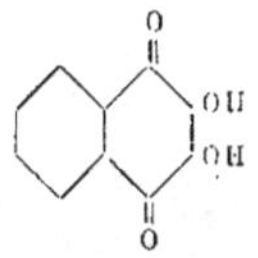

Diehl et Merz [*D. chem. G.*, **11**, 1322, 1878] l'obtiennent en chauffant la 3-amino-oxynaphtoquinone avec l'acide chlorhydrique dilué à 180°. Bamberger et Kitschelt [*D. chem. G.*, **25**, 134, 1892] l'obtiennent par oxydation de la β-naphtoquinone avec l'acide hypochloreux [voir Zincke, *D. chem. G.*, **25**, 409 et 3606, 1892. — Zincke et Noack, *Ann. Chem.*, **295**, 17, 1897. — Zincke et Ossenbeck, *Ann. Chem.*, **307**, 12, 1899. — Friedländer et Silberstein, *Mon. f. Chem.*, **23**, 513]. Elle cristallise en paillettes brunes dans l'acide acétique et en aiguilles rouges dans le toluène, et fond à 280°. Son *dérivé acétylé* fond à 172°; son *dérivé diacétylé*, à 105°. La plupart de ses sels sont fortement colorés. Traitée en solution acétique par l'acide nitrique, et en saturant par le chlore, elle fournit le tétrahydrocétonaphtalène

$$C^6H^4 \begin{matrix} \diagup CO-CO \\ | \\ \diagdown CO-CO \end{matrix}$$

[Zincke et Ossenbeck, *loc. cit.*].

5.6-*Dioxy-α-naphtoquinone* (Syn. : Naphtazarine),

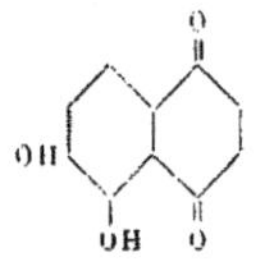

(Voyez Dict., **2**, 522). — Outre les méthodes de préparation indiquées, on l'obtient en dissolvant les 1.8 et 1.5-dinitronaphtalènes dans l'acide sulfurique concentré, et en les réduisant par le soufre ou d'autres substances réductrices [Brevets allemands 76922; 79406; 71386; 77330; 84892: voyez encore Will, *D. chem. G.*, **28**, 2234, 1895. — Perkin, *Chem. Soc.*, **83**, 129, 1903. — Jaubert, *C. R.*, **129**, 684, 1899. — Friedländer et Silberstein, *Mon. f. Chem.*, **23**, 513]. Elle est très employée actuellement sous diverses formes comme colorant. Son *dérivé diacétylé* fond à 189° [Zincke et Schmidt, *Ann. Chem.*, **286**, 36, 1895. — Liebermann, *D. chem. G.*, **28**, 1457, 1895. — Thiele et Winther, *Ann. Chem.*, **311**, 348, 1900]. Sa *dioxime* $C^{10}H^6O^2(AzOH)^2$ a été obtenue par Schunck et Marchlewski [*D. chem. G.*, **27**, 3464, 1894]. Traitée par le chlore elle fournit un *dichlorure*

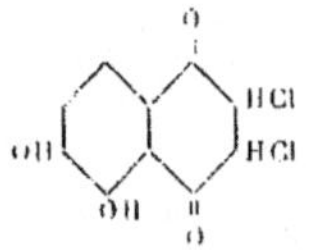

(Zincke et Schmidt), prismes jaunes foncés se décomposant à 220°, qui se transforme par l'action de l'acétate de soude en 2-*chloronaphtazarine*, aiguilles vert noirâtre fusibles à 176°. Cette chloronaphtazarine donne sous l'action prolongée du chlore l'*hexachlorotétracétohydronaphtalène*

$$\begin{matrix} CCl^2-CCl^2-C-CO-CCl \\ | \qquad\qquad \| \qquad\quad \| \\ CO-CO-C-CO-CCl \end{matrix}$$

Ce dérivé se transforme à son tour, sous l'influence de l'acide chlorhydrique à 160°, en 2.3.7.8-*tétrachloronaphtazarine*

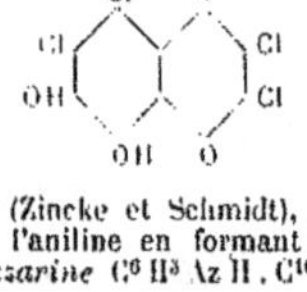

fusible à 244° (Zincke et Schmidt), corps qui se combine avec l'aniline en formant l'*anilinotrichloronaphtazarine* $C^6H^5AzH.C^{10}Cl^3(OH)^2O^2$ (Z. et S.).

6.7-*Dioxy-α-naphtoquinone*. — Friedländer et Silberstein [*Central Blatt*, **1**, 934, 1902] obtiennent ce dérivé par oxydation du 4.1.6.7-aminotrioxynaphtalène avec le chlorure ferrique: prismes brun rouge dans l'alcool; son *dérivé diacétylé* cristallise en aiguilles jaune d'or fusibles à 66-67°.

Trioxy-α-naphtoquinone (Syn. : Naphtopurpurine),

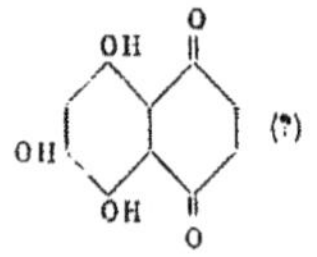

(?)

(Voyez Dict., **2**, 522). — Jaubert [*C. R.*, **129**, 684] l'obtient également par oxydation de la naphtazarine dissoute dans l'acide sulfurique concentré, avec le bioxyde de manganèse [voyez Brevets allemands 82574 et 127766].

2.5.6 ou 2.7.8-*trioxynaphtoquinone*. — Thiele et Winter [*Ann. Chem.*, **311**, 349, 1900] obtiennent cette oxynaphtazarine par oxydation du pentoxynaphtalène; c'est une poudre rouge cristalline fusible à 195°.

Méthyl-α-naphtoquinone,

$$CH^3.C^6H^3 \begin{matrix} \diagup CO-CH \\ | \\ \diagdown CO-CH \end{matrix}$$

— On obtient un *dérivé oxytribromé* de cette méthylnaphtoquinone en traitant le carmin de cochenille par le brome en solution acétique [Will, *D. chem. G.*, **18**, 3188, 1885. — Miller, *ibid.*, **26**, 2662, 1893. — Liebermann et Hörnig, *D. chem. G.*, **33**, 156, 1900]. Ce dérivé cristallise dans l'acétone en aiguilles jaune-orange fondant à 238° en se décomposant.

2.6-Diméthyl-α-naphtoquinone,

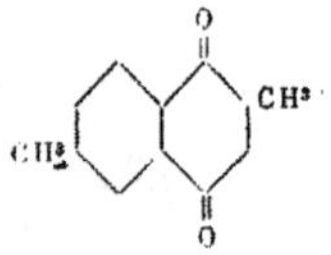

Bayer et Williger [*D. chem. G.*, **32**, 2444, 1899] l'obtiennent par oxydation avec l'acide chromique de l'acide 2.6-diméthylnaphtoïque. Prismes jaunes fusibles à 137-138°.

3-Chloro-α-naphtoquinone-2-acétylacétone,

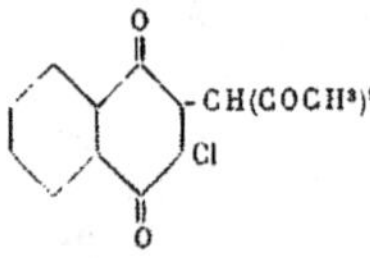

— Michel [*D. chem. G.*, **33**, 2405, 1900] obtient ce dérivé en traitant la 2.3-dichloro-α-naphtoquinone par l'acétyl-acétone sodée. Paillettes fusibles à 131-132°.

2-Acétyl-α-naphtoquinone,

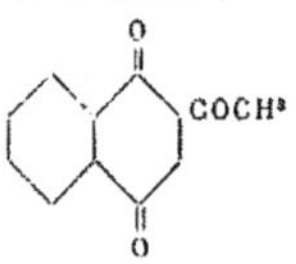

— Friedländer [*D. chem. G.*, **28**, 1950, 1895] le prépare par oxydation du 2-acétyl-4.1-aminonaphtol avec le chlorure ferrique. Tables jaunes fusibles à 78° en se décomposant.

OXY-AMYLÈNE-NAPHTOQUINONE,

$$C_{10}H_4O_2(OH)-CH=CH-CH=(CH^3)^2$$

[Syn. Lapachol. Voyez ce mot, p. 210].

PHÉNYL-NAPHTOQUINONES $C^6H^5 . C^{10}H^5O^2$. — Chattaway et Lewis [*Journ. Chem. Soc.*, **65**, 873, 1892] préparent un de ces corps par oxydation du β-phényl-naphtalène avec l'acide chromique en solution acétique. Aiguilles jaunes brillantes fusibles à 109°. Zincke et Brever [*Ann. Chem.*, **226**, 28, 1884] en préparent une autre en oxydant par le même procédé le diphénylbutine $C^{16}H^{12}$; elle cristallise en aiguilles jaune d'or fusibles à 109-110°. Enfin Volhardt [*Ann. Chem.*, **296**, 18, 1897] obtient, par oxydation au moyen de l'air du 2-phényl-3-oxynaphtol-1 en solution alcaline, une *oxyphényl-β-naphtoquinone*

$$C^6H^4 \begin{cases} CO - CO \\ COH = C . C^6H^5 \end{cases}$$

cristallisant dans le benzène en prismes fusibles à 146-147°.

α-BENZOYL-α-NAPHTOQUINONE,

$$C^6H^5 . CO - C^6H^4 \begin{cases} CO - CH \\ CO - CH \end{cases}$$

— Kegel [*Ann. Chem.*, **247**, 182, 1888] obtient ce dérivé en oxydant la phényl-α-naphtylcétone en solution acétique avec l'acide chromique; elle cristallise dans l'alcool en aiguilles jaunes fusibles à 152°.

β-*Benzoyl-α-naphtoquinone*. — Kegel l'obtient comme la précédente en oxydant la phényl-β-naphtylcétone avec l'acide chromique. Elle cristallise en aiguilles jaunes fusibles à 130-132°.

α-NAPHTOQUINONE-DIPHÉNYLMÉTHANE,

$$C^{10}H^5O^2CH(C^6H^5)^2$$

— Möhlau [*D. chem. G.*, **31**, 2351, 1858 et **32**, 2149, 1899] obtient ce dérivé en traitant l'α-naphtoquinone par le benzhydrol en solution acétique; il cristallise en aiguilles jaune citron, fusibles à 185°. En remplaçant le benzhydrol par son dérivé paratétraméthyldiaminé, on obtient le dérivé $C^{10}H^5O^2 . CH[C^6H^4Az(CH^3)^2]^2$ qui cristallise dans l'éther en paillettes violettes.

5.6-*Dioxy-α-naphtoquinone-diphénylméthane*, $(OH)^2C^{10}H^3O^2CH . (C^6H^5)^2$. — On l'obtient, d'après le même auteur, en remplaçant dans la préparation précédente l'α-naphtoquinone par la naphtazarine; aiguilles rouges, fusibles à 196°, sublimables.

2-NAPHTYL-α-NAPHTOQUINONE, $C^{10}H^7 . C^{10}H^5O^2$. — Chattaway [*Chem. Soc.*, **67**, 657, 1895] l'obtient par oxydation de β-dinaphtyle en solution acétique par l'acide chromique; aiguilles orangées, fusibles à 177°.

BIS-α-NAPHTOQUINONE (Syn. : β-dinaphtyl-α-diquinone),

[Formule développée : deux noyaux naphtoquinoniques (O, O) reliés]

— Staub et Schmidt [*Chem. Soc.*, **47**, 104, 1885] l'obtiennent par oxydation de l'isodinaphtyle avec l'acide chromique; Witt et Dedichen [*D. chem. G.*, **30**, 2663, 1897] en oxydant le 4.4'-diamino-1.1'-dioxy-β-dinaphtyle par l'acide nitrique concentré. Voyez encore Meldola et Hughes [*Chem. Soc.*, **57**, 632, 1898]; Liebermann et Schlossberger [*D. chem. G.*, **32**, 546, 1899]; Meldola [*ibid.*, **32**, 868] et Chattaway [*Chem. Soc.*, **67**, 661, 1895]. Cristaux jaunes se décomposant à 270-280°. L'hydroxylamine fournit une *oxime* $C^{20}H^{10}O^3 = AzOH$ cristallisant en paillettes brun-rouge. Cette bis-α-naphtoquinone a été considérée d'abord comme la 1.8-naphtoquinone, dérivé inconnu jusqu'à présent.

β-NAPHTOQUINONE,

$$C^{10}H^6O^2 = \text{[noyau naphtalénique avec deux groupes C=O en 1,2]}$$

— (Voyez 1er Suppl., 1063). [Sur sa préparation au moyen du 1.2-aminonaphtol, comparez Liebermann et Jacobson, *Ann. Chem.*, **211**, 49, 1882. — Witt, *D. chem. G.*, **21**, 3472, 1888. — Grandmougin, *D. chem. G.*, **25**, 982, 1892. — Groves, *Chem. Soc.*, **45**, 298. — Lagodzinski et Hardin, *D. chem. G.*, **27**, 3076, 1894. — Russig, *J. prakt. Chem.*, (2), **62**, 56, 1900. — Paul, *Zeit. ang. Chem.*, 24, 1897]. On l'obtient également en oxydant le 1.2-dioxynaphtalène par $FeCl^3$ [Zincke, *Ann. Chem.*, **268**, 275, 1892]. Chaleur de combustion [Valeur, *Bull. Soc. Chim.*, (3), **19**, 512]. Traitée par le chlorure ferrique elle se transforme en *di-β-naphtoquinone-oxyde* [Wichelhaus, *D. chem. G.*, **30**, 2199, 1897]; réduite à l'ébullition par l'acide iodhydrique concentré elle fournit du β-naphtol [Japp, *Chem. Soc.*, **63**, 774, 1898]; les bisulfites la transforment en acide 1.2.4-dioxynaphtalène-sulfurique [Brevet allemand 70 867]; l'anhydride acétique, en présence de chlorure de zinc, en 1.2.4-triacétyltrioxynaphtalène [Thiele et Winter, *Ann. Chem.*, **311**, 345, 1900]. Réaction avec le pyrogallol [Blumenfield et Friedländer, *D. chem. G.*, **30**, 2567, 1897].

Avec l'o-toluylène-diamine, elle fournit l'*azine* $C^{17}H^{12}Az^2$ [Hinsberg, *D. chem. G.*, **18**, 1229, 1885]; avec l'urée elle forme les *uréides*

$$O = C^{10}H^6 \begin{cases} AzH \\ AzH \end{cases} CO$$

et

$$CO \begin{cases} AzH \\ AzH \end{cases} C^{10}H^6 \begin{cases} AzH \\ AzH \end{cases} CO$$

[Grimaldi, *Gazz. chim. ital.*, **27**, 235, 1897]; avec la phénylsemicarbazide, la *semicarbazone*

$$C^{10}H^6 \begin{cases} OH \\ Az = AzH . CO . C^6H^5 \end{cases}$$

[Borsche, *Central Blatt*, **2**, 835, 1904. — Thiele et Barlow, *Ann. Chem.*, **302**, 330, 1898]. Réaction avec l'éther malonique sodé [Liebermann, *D. chem. G.*, **31**, 2906, 1898]. Réaction avec les amines aromatiques et leurs dérivés (aniline, les toluidines, etc.) [Elsbach, *D. chem. G.*, **15**, 691, 1882. — Zincke et Brauns, *ibid.*, **15**, 1970. — Liebermann et Jacobson, *Ann. Chem.*, **211**, 75, 1882. — Zincke, *D. chem. G.*, **25**, 3607. — Friedländer et Reinhardt, *ibid.*, **27**, 242. — Brauns, *ibid.*, **17**, 1136. — Kronfeld, *ibid.*, **17**, 715. — Brömme, *ibid.*, **21**, 394. — Meldola, *Chem. Soc.*, **45**, 160, 1884. — Lagodzinski et Hardin, *D. chem. G.*, **27**, 3073, 1894]. Réaction avec les hydrazines

[Zincke et Bindewald, *D. chem. G.*, **17**, 3300, 1884. — Zincke et Rathgen, *ibid.*, **19**, 2491, 1886]. La β-naphtoquinone est employée comme point de départ pour la fabrication de certains colorants [voyez Brevets allemands 71 314 ; 113 336 ; 86 717 ; 83 269 : 83 967 ; 119 863].

β-*Naphtoquinone-chlorimide* α.

AzCl

= O

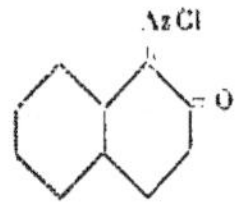

Friedländer et Reinhardt [*D. chem. G.*, **27**, 240, 1894] préparent ce dérivé en oxydant à froid une solution chlorhydrique de 1.2-aminonaphtol avec le chlorure de chaux ; aiguilles jaunâtres fusibles à 86-87°.

β-*Naphtoquinone-chlorimide* β.

O

– AzCl

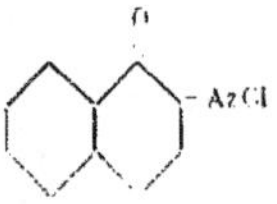

— Obtenue comme la précédente par oxydation du 2.1-aminonaphtol ; aiguilles jaune brun se décomposant à 98° sans fondre.

β-*Naphtoquinone-dichlorimide*,

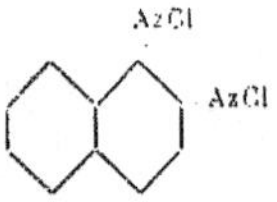

AzCl

AzCl

— Obtenue comme les précédentes, en oxydant la 1.2-naphtylène-diamine. Aiguilles jaunes fusibles à 105°.

β-*Naphtoquinone-oximes* (voyez *Nitroso-naphtols*).

β-*Naphtoquinone-dioxime*,

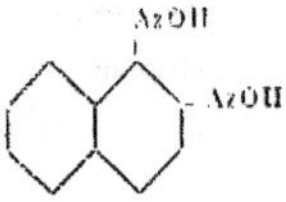

AzOH

– AzOH

— On la prépare, suivant Goldschmidt et Schmidt [*D. chem. G.*, **17**, 2066, 1884], en traitant le 1-nitroso-β-naphtol ou le 2-nitroso-α-naphtol par le chlorhydrate d'hydroxylamine, et en chauffant plusieurs jours au bain-marie dans très peu d'alcool méthylique [voyez Kehrmann et Messinger, *ibid.*, **23**, 2816, 1890]. Harden [*Ann. Chem.*, **255**, 154, 1889] l'obtient en traitant la 2-nitrosonaphtylamine par l'hydroxylamine ; elle cristallise en petites aiguilles jaunes brunissant à 140° et fusibles à 180°. Sels, voyez Ilinski [*D. chem. G.*, **19**, 342, 1886. — Koreff, *ibid.*, 19, 176]. *Éther α-méthylique*,

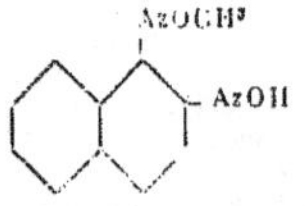

$AzOCH^3$

– AzOH

cristaux jaunes fusibles à 158-159° (Koreff). *Éther β-méthylique*, huile jaune. *Éther α-éthylique*, aiguilles jaunes fusibles à 152° (Ilinski). Traitée par le chlorure d'acétyle, ou chauffée avec les alcalis ou les acides dilués, elle fournit un *anhydride*

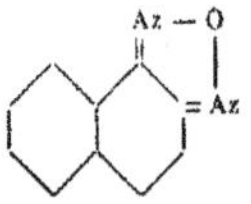

Az — O

= Az

[Goldschmidt, *D. chem. G.*, **17**, 216 et 803, 1884. — Goldschmidt et Schmidt, *loc. cit.* ; voyez Harden, *loc. cit.*], fines aiguilles solubles dans la ligroïne et fusibles à 77°. Réaction avec la phénylhydrazine [Polonowsky, *D. chem*, **21**, 184, 1888].

Dichlorure de β-naphtoquinone, $C^{10}H^6Cl^2O^2$. — On l'obtient comme le dichlorure de l'α-naphtoquinone ; il se présente sous forme de paillettes ou d'aiguilles plates fusibles à 86° en se décomposant ; le brome fournit également un dibromure fusible à 65° en se décomposant.

3-*Chloro-β-naphtoquinone*,

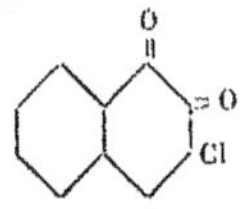

O

= O

Cl

— Zincke [*D. chem. G.*, **19**, 2497, 1886] l'obtient en traitant la β-naphtoquinone dissoute dans l'acide acétique par un courant de chlore, ou en oxydant par l'acide nitrique concentré le 1.3.2-dichloronaphtol [*ibid.*, **21**, 3386, 1888], ou encore en traitant le tétrachloro-β-cétohydronaphtalène

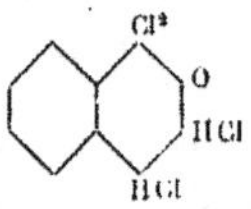

Cl^2

O

HCl

HCl

par le carbonate sodique [*ibid.*, **21**, 3552, 1888]. Elle cristallise dans l'alcool, le chloroforme ou l'acide acétique en aiguilles rouges fusibles à 172°, La soude caustique la transforme en chloro-oxy-α-naphtoquinone. L'acide sulfureux la réduit en *chlorodioxynaphtalène* correspondant.

3.4-*Dichloro-β-naphtoquinone*, $C^{10}H^4Cl^2O^2$. — Zincke [*D. chem. G.*, **19**, 2499, 1886] la prépare en traitant l'aminonaphtol 1.2 dissous dans l'acide acétique par un courant de chlore, ou simplement en chlorant la β-naphtoquinone : on l'obtient également par oxydation du dichloronitrosonaphtol ou du 1.2.4.3-trichloronaphtol par l'acide nitrique concentré [Zincke et Schmunk, *Ann. Chem.*, **257**, 147, 1890 ; *D. chem. G.*, **21** 3390, 1888]. Elle cristallise dans l'acide acétique en belles lamelles rouges, fusibles à 184°, sublimables sans décomposition. Traitée par l'ammoniaque ou l'aniline en solution alcoolique, elle fournit l'*imide*

$$C^6H^4 \begin{array}{l} \diagup CO — COH \\ \qquad\qquad\ \ \| \\ \diagdown CAzH - CCl \end{array}$$

et l'*anilide*

$$C^6H^4 \begin{array}{l} \diagup CO - COH \\ \qquad\quad\ \ \| \\ \diagdown C - CCl \\ \quad\ \| \\ \quad AzC^6H^5 \end{array}$$

[voyez également Zincke, *ibid.*, **20**, 2893, 1887].

L'acide sulfureux la réduit en dichlorodioxynaphtalène correspondant.

L'éthylate de sodium la transforme en 3-chloro-4-éthoxynaphtoquinone

$$C^6H^4 \begin{array}{l} \diagup CO - CO \diagdown \\ \diagdown C(OC^2H^5) \diagup \end{array} CCl$$

[Hirsch, *D. chem. G.*, **33**, 2414, 1900].

3-*Bromo-β-naphtoquinone*,

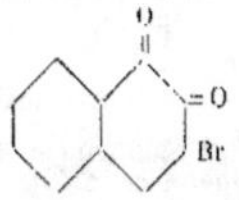

— Zincke [*D. chem. G.*, **19**, 2495, 1886 et **27**, 738, 1894] la prépare en faisant réagir le brome sur la β-naphtoquinone dissoute dans l'acide acétique glacial; elle cristallise dans l'alcool, le benzène et l'acide acétique en aiguilles rouges ou en prismes fusibles à 177-178°; elle se sublime sans se décomposer. L'aniline et l'ammoniaque la transforment en

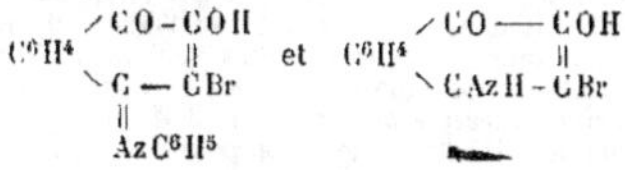

$$C^6H^4 \begin{array}{l} \diagup CO - COH \\ \quad\quad\quad \| \\ \diagdown C - CBr \\ \quad \| \\ \quad AzC^6H^5 \end{array} \quad et \quad C^6H^4 \begin{array}{l} \diagup CO - COH \\ \quad\quad\quad\quad \| \\ \diagdown CAzH - CBr \end{array}$$

6-*Bromo-β-naphtoquinone*. — Claus et Philipson [*Journ. f. prakt. Chem.*, (2), **43**, 54, 1891] obtiennent ce dérivé par oxydation de la 1.6.2-dibromo-naphtylamine avec l'acide nitreux. Elle cristallise dans l'eau en aiguilles jaunes fusibles à 150° en se décomposant.

3.4-*Dibromo-β-naphtoquinone*. — Zincke [*D. chem. G.*, **19**, 2496, 1886] l'obtient en bromant la 3-bromonaphtoquinone, ou mieux en traitant le 1.2-aminonaphtol par le brome pur; elle cristallise dans l'acide acétique en lamelles ou paillettes rhombiques rouges fusibles à 172-174°. L'ammoniaque et l'aniline fournissent les mêmes dérivés que la 3-bromonaphtoquinone. Réaction avec le malonate d'éthyle sodé [Liebermann, *ibid.*, **31**, 2905, 1898].

4.6-*Dibromo-β-naphtoquinone*, $C^{10}H^4Br^2O^2$. — Claus et Jäck [*J. prakt. Chem.*, (2), **57**, 15, 1898] l'obtiennent en diazotant la 1.4.6.2-tribromonaphtylamine et en faisant bouillir le diazoïque obtenu. Elle cristallise dans la ligroïne en petites aiguilles ou paillettes orangées, noircissant à 120° et fondant en se décomposant à 200°.

3 - *Chloro - 4 - bromo - β - naphtoquinone*, $C^{10}H^4ClBrO^2$. — Hirsch [*D. chem. G.*, **33**, 2412, 1900] la prépare en bromant la 3-chloronaphtoquinone. Elle cristallise dans l'acide acétique en paillettes bronzées fusibles à 181,5°.

Tétrabromo-β-naphtoquinone, $C^{10}H^2Br^4O^2$. — Flessa [*D. chem. G.*, **17**, 1481, 1884] l'obtient en faisant bouillir le pentabromonaphtol avec l'acide nitrique. Cristaux rouge-cinabre fusibles à 164°.

3-*Nitro-β-naphtoquinone*,

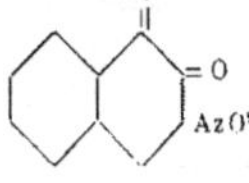

(Déjà décrite 1er Suppl., 1063). Littérature : Zincke [*Ann. Chem.*, **268**, 275, 1892] et Zärtling [*D. chem. G.*, **23**, 175, 1890]; Brauns [*ibid.*, **17**, 1138, 1884] et Zincke et Noack [*Ann. Chem.*, **295**, 12, 1894]; Zincke et Neumann [*ibid.*, **278**, 188, 1894]; Korn [*D. chem. G.*, **17**, 908, 1884]; Pictet [*Central Blatt*, **2**, 1109, 1903].

3-*Acétamino-β-naphtoquinone*

$$C^{10}H^5O^2 . AzH . COCH^3.$$

— Kehrmann et Zimmerli [*D. chem. G.*, **31**, 2406, 1898] obtiennent ce dérivé en oxydant par l'acide chromique le 3-acétamino-1.2-dioxynaphtalène. Aiguilles brun-rouge fusibles à 214-216°, se combinant avec l'ammoniaque et l'aniline.

4-*Acétamino-β-naphtoquinone*. — Kehrmann [*D. chem. G.*, **27**, 3342, 1894] l'obtient comme la précédente en partant du 4.1.2-acétamino-dioxynaphtalène [voyez Witt et Dedichen, *ibid.*, **29**, 2951, 1896, et Kehrmann, *ibid.*, **32**, 940, 1899]. Aiguilles d'un rouge-orangé fusibles à 220°.

5-*Acétamino-β-naphtoquinone*. — Kehrmann et Denk [*D. chem. G.*, **33**, 3298, 1900] l'obtiennent par oxydation avec l'acide chromique du 5-acétamino-1.2-aminonaphtol. Aiguilles rouge-cinabre fusibles à 150-160° en se décomposant.

6-*Acétamino-β-naphtoquinone*. — Kehrmann et Mattis [*D. chem. G.*, **31**, 2414, 1898] l'obtiennent par oxydation du 1.6.2-diaminonaphtol diacétylé, en cristaux rouge foncé se décomposant à 180°, se combinant à l'aniline, fournissant avec l'hydroxylamine une *oxime*.

7-*Acétamino-β-naphtoquinone*.—Kehrmann et Wolff [*D. chem. G.*, **33**, 1540, 1900] la préparent par oxydation du 7-acétamino-1.2-aminonaphtol. Longues aiguilles fusibles à 224° en se décomposant, se combinant à l'aniline.

3.4-*Azimido-β-naphtoquinone*,

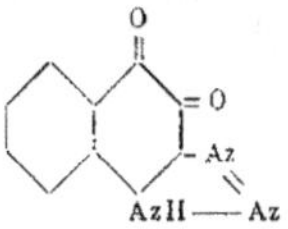

On l'obtient par diazotation du diamino-dioxynaphtalène correspondant, ou en le traitant par l'acide nitrique [Zincke et Noack, *Ann. Chem.*, **295**, 25, 1897].

4.7-*Diamino-β-naphtoquinone*, $C^{10}H^4O^2(AzH^2)^2$. — Kehrmann et Steiner [*D. chem. G.*, **33**, 3287, 1900] l'obtiennent à côté de son isomère 2.7-α-naphtoquinone en faisant bouillir avec l'eau la 2.7-diamino-naphtoquinone-imide

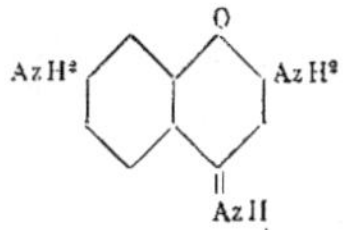

Prismes noir violacé.

4.8-*Diamino-β-naphtoquinone*. — Obtenue comme la précédente par ébullition de la 2.8-diamino-naphtoquinone-imide 1.4 avec l'eau [Kehrmann et Misslin, *D. chem. G.*, **34**, 1232, 1901]. Aiguilles rouge foncé. Son **dérivé diacétylé** cristallise dans l'acide acétique en aiguilles rouges fusibles à 240-245° en se décomposant [*ibid.*, 1230].

4-*Oxy-β-naphtoquinone*,

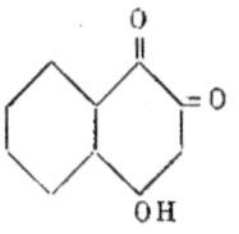

identique à la 2-oxy-α-naphtoquinone (voyez ce dérivé).

7-*Oxy-β-naphtoquinone*. — Clausius [*D. chem. G.*, **23**, 522, 1890] l'obtient par oxydation du 7-amino-1.2-dioxynaphtalène par le $FeCl^3$. Précipité rouge-brun amorphe facilement soluble dans l'alcool et l'acide acétique. Son *oxime*

$$C^{10}H^5 \begin{array}{l} \swarrow O \\ = AzOH \\ \searrow OH \end{array}$$

cristallise dans l'alcool en petites aiguilles jaune-brun, fusibles à 235°. Sa *dioxime* $C^{10}H^5(=AzOH)^2.OH$ cristallise dans l'acide acétique en aiguilles orangées fusibles à 195° [Nietzki et Knapp, *D. chem. G.*, **30**, 1119 et 1124, 1897].

Acide β-naphtoquinone-4 sulfonique,

$$C^{10}H^5O^2 . SO^3H.$$

— Böniger [*D. chem. G.*, **27**, 25, 1894] l'obtient par oxydation de l'acide 2.1.4-amino-naphtol-sulfonique avec l'acide nitrique concentré [voyez Witt et Kaufmann, *ibid.*, **24**, 3162]. Son *sel de sodium* cristallise en aiguilles jaunes. Réaction avec les amines : Erliot et Herter [*Central Blatt*, **2**, 112, 1904]. Voir encore les Brevets allemands 83 046, 84 232, 85 046, 100 611, 100 703, 109 273 ; Kehrmann et Locher [*D. chem. G.*, **29**, 2071, 1896 ; **31**, 2428, 1898] et Sachs et Craveri [*ibid.*, **38**, 3655, 1897].

Acide β-naphtoquinone-β-sulfonique. — Witt l'obtient [*D. chem. G.*, **24**, 3154, 1891] en oxydant l'acide 1-amino-β-naphtol-β-sulfonique avec l'acide nitrique concentré ; acide très peu stable, son *sel d'ammonium* cristallise en aiguilles jaunes.

Acide β-naphtoquinone-4.6-disulfonique, $C^{10}H^4O^2(SO^3H)^2$. — Böniger l'obtient [*D. chem. G.*, **27**, 3052, 1894] par oxydation de l'acide 1.2.4.6-amino-naphtol-disulfonique avec l'acide nitrique concentré [voir Brevets allemands 100 703 et 116 765].

Acide β-naphtoquinone-4.7-disulfonique. — Böniger [*loc. cit.*] le prépare en oxydant l'acide 1.2.4.7-aminonaphtoldisulfonique par l'acide nitrique concentré [voyez également Brevet allemand 116 765].

Acide 8-oxy-β-naphtoquinone-3.6-disulfonique, $C^{10}H^3O^2.(SO^3H)^2OH$. — Hantower et Tauber [*D. chem. G.*, **31**, 2158, 1898] l'obtiennent par oxydation de l'acide 2-amino-1.8-dioxy-naphtalène-3.6-disulfonique avec l'acide nitrique concentré.

3-CHLORO-β-NAPHTOQUINONE-2-ACÉTYLACÉTONE. — Hirsch [*D. chem. G.*, **33**, 2415, 1900] la prépare en traitant la 3.4-dichloro-β-naphtoquinone par l'acétylacétone sodée. Aiguilles rouges fusibles à 217-18°.

BIS-β-NAPHTOQUINONE [Syn. α-dinaphtyl-β-diquinone],

— Stenhouse et Groves ont obtenu [*Ann. Chem.*, **194**, 205, 1878], en traitant la β-naphtoquinone par l'acide sulfurique dilué, une poudre noire de formule $C^{20}H^{10}(OH)^2O^2$, qui n'est autre chose que la dinaphtyldiquinhydrone (voyez 1er Suppl., 1063) ; par oxydation elle fournit la bis-β-naphtoquinone, qui cristallise en petits prismes orangés ne fondant pas à 300°. Littérature : Zincke et Rathgen [*D. chem. G.*, **19**, 2483, 1886] ; Chattaway [*Chem. Soc.*, **67**, 663].

NAPHTODIQUINONE 1.2.3.4.

$$C^6H^4 \begin{array}{l} \diagup CO - CO \\ \qquad\qquad | \\ \diagdown CO - CO \end{array}$$

(Syn. Tétracéto-tétrahydronaphtalène). — Ce dérivé a été obtenu par Zincke et Ossenbeck [*Ann. Chem.*, **307**, 19, 1899] en traitant la 2.3-dioxy-α-naphtoquinone (isonaphtazarine) par l'acide nitrique, le tout en solution acétique ; elle cristallise dans l'acide nitrique avec 2 molécules d'eau sous forme de prismes incolores fusibles à 135°. L'hydroxylamine la transforme en *dioxime*

$$C^6H^4 \begin{array}{l} \diagup CO - C = AzOH \\ \qquad\qquad | \\ \diagdown CO - C = AzOH \end{array}$$

fusible à 228°. Par réduction elle se transforme en isonaphtazarine. A cette diquinone il faut rattacher les dérivés suivants :

(1°) Le 1.2-*dicéto-3.4-dioxytétrahydronaphtalène*,

$$C^6H^4 \begin{array}{l} \diagup CO — CO \\ \qquad\qquad\quad | \\ \diagdown CHOH - CHOH \end{array}$$

obtenu par Zincke [*D. chem. G.*, **25**, 1175, 1892] en traitant la β-naphtoquinone par l'hypochlorite de calcium et en extrayant par l'éther. Il cristallise dans l'éther en aiguilles fusibles à 95-96°. Traité par le chlorure d'acétyle, il fournit un *dérivé diacétylé chloré* $C^{10}H^6ClO^3.CO.CH^3$ fusible à 131-132° en se décomposant. L'hydroxylamine fournit l'*oxime*

$$C^6H^4 \begin{array}{l} \diagup CO - C = AzOH \\ \qquad\qquad | \\ \diagdown CH = COH \end{array}$$

aiguilles fusibles à 152-153° en se décomposant.

(2°) Le *trichlorodicétohydronaphtalène*,

$$C^6H^4 \begin{array}{l} \diagup CO — CO \\ \qquad\qquad\quad | \\ \diagdown CHCl - CCl^2 \end{array} + 2H^2O$$

préparé par Zincke et Fröhlich [*D. chem. G.*, **20**, 2892, 1887] en traitant la β-naphtoquinone dissoute dans l'acide acétique par le chlore, et en laissant reposer deux jours. Il cristallise dans l'acide acétique en gros cristaux brillants fusibles à 112° en perdant leurs 2 molécules d'eau. La nitronaphtoquinone donne dans les mêmes conditions le dérivé

$$C^6H^4 \begin{array}{l} \diagup CO — CO \\ \qquad\qquad\quad | \\ \diagdown CHCl - CClAzO^2 \end{array}$$

[Zincke, *Ann. Chem.*, **268**, 301, 1892].

(3°) Le *tétrachlorodicétohydronaphtalène*,

$$C^6H^4 \begin{array}{l} \diagup CO — CO \\ \qquad\qquad\quad | \\ \diagdown CCl^2 - CCl^2 \end{array}$$

— Zincke [*D. chem. G.*, **21**, 495, 1888] obtient ce dérivé en dirigeant du chlore dans une solution acétique d'amino-naphtol 1.2. On laisse reposer pendant plusieurs jours. Il cristallise dans l'éther en gros prismes fusibles à 90-91°.

(4°) Le *tétrachlorodicétohydronaphtalène*,

$$C^6H^4 \begin{array}{l} \diagup CCl^2 . CO \\ \qquad\qquad\quad | \\ \diagdown CO — CCl^2 \end{array}$$

— Zincke et Egly [*Ann. Chem.*, **300**, 180 et 190, 1898] l'obtiennent par fusion de son hydrate à 100-110°. Prismes solubles dans le benzène chaud, fusibles à 92°. Son *hydrate*

$$C^6H^4 \begin{array}{l} \diagup CCl^2 — C(OH)^2 \\ \qquad\qquad\qquad | \\ \diagdown C(OH)^2 - CCl^2 \end{array}$$

s'obtient en saturant une solution acétique de naphtorésorcine par le chlore.

5° Le *tétrachlorodicétohydronaphtalène*

$$C^6H^4 \begin{matrix} \diagup CO-CCl^2 \\ | \\ \diagdown CO-CCl^2 \end{matrix}$$

(voyez Dichlorure de dichloro-α-naphtoquinone).

NAPHTODIQUINONE 1.4.5.6,

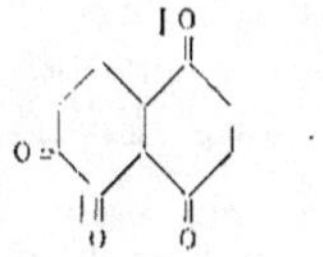

O O O O

— Zincke et Schmidt [*Ann. Chem.*, **286**, 43, 1895] obtiennent le *dérivé hexachloré* de cette diquinone en traitant la chloronaphtazarine en solution acétique par le chlore jusqu'à saturation et en laissant reposer plusieurs jours en saturant de temps en temps de nouveau par le chlore. L'*hexachlorure*

$$\begin{matrix} C.Cl^2-CCl^2-C-CO-CCl \\ | \qquad\qquad \| \qquad \| \\ CO-\!\!-CO-\!\!-C-CO-CCl \end{matrix}$$

se dépose du benzène en aiguilles; la chaleur le transforme en *tétrachlorure*

$$\begin{matrix} CCl-CCl-C-CO-CCl \\ \| \qquad\qquad \| \qquad \| \\ CO-CO-C-CO-CCl \end{matrix}$$

Juin 1906. G. Darier.

NAPHTORÉSORCINE (1.3-*dioxynaphtalène*). — Voyez 2° Suppl., **3**, 223.

NAPHTORÉSORUFINE,

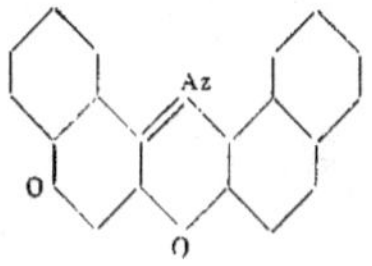

Az O O

— La naphtorésorufine se prépare en oxydant par un courant d'air la solution aqueuse du chlorhydrate de l'amido-1-oxy-4-naphtalène, en présence d'acétate de sodium. On la purifie par l'intermédiaire de son *dérivé acétylé*, fusible à 200°.

La naphtorésorufine cristallise en aiguilles rouges à reflets verdâtres, peu solubles dans les solvants organiques. Ses solutions possèdent une fluorescence rose [Kehrmann, *D. chem. G.*, **28**, 353, 1895]. Juin 1906. P. Carré.

NAPHTOSTYRILE. — Voyez Acide 1.8-aminonaphtalène-carbonique. p. 447.

NAPHTOSULTONE (*acide* 1.8-*naphtolsulfonique*). — Voyez NAPHTOLS, p. 466.

NAPHTOTARTRAZONIUM. — Witt et Helmolt [*D. chem. G.*, **27**, 2351, 1894 et *Bull. Soc. Chim.*, (3), **12**, 1508] obtiennent en condensant les chlorhydrates de la phényl ou de la tolyl-2.1-naphtylène-diamine-4 éthoxylée,

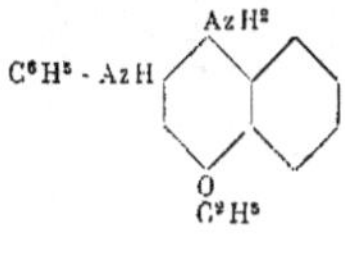

C^6H^5-AzH, AzH^2, O, C^2H^5

et

$CH^3.C^6H^4$-AzH, AzH^2, O, C^2H^5

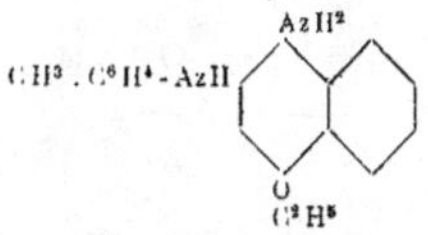

avec l'acide dioxytartrique, en solution acétique, les chlorures de *phényl-éthoxynaphtotartrazonium* et de *tolyl-éthoxynaphtotartrazonium*. Ces deux substances possèdent la constitution suivante :

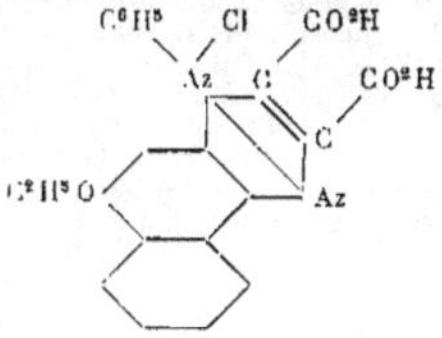

C^6H^5 Cl CO^2H Az C CO^2H C Az C^2H^5O

I.

Ce sont des matières colorantes solubles dans l'eau : la première possède une coloration jaune; sa solution aqueuse est douée d'une belle fluorescence verte; la seconde est un colorant dont la teinte passe facilement du rouge au jaune, ce qui s'explique par la formation d'un anhydride entre les deux groupes carboxyliques qu'elle possède. Le colorant rouge possède la constitution I, le jaune celle de l'anhydride,

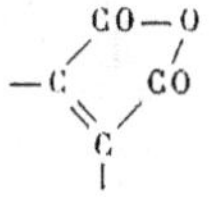

$$\begin{matrix} CO-O \\ -C \qquad CO \\ C \\ | \end{matrix}$$

Juin 1906. G. Darier.

NAPHTOYLBENZOÏQUE (ACIDE),

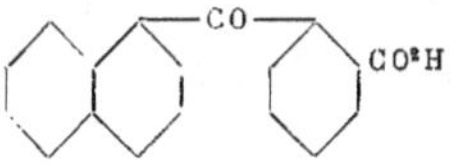

CO CO^2H

— Ador et Crafts [*Bull. Soc. Chim.*, **34**, 531, 1880] l'obtiennent en chauffant un mélange de 10 parties de naphtalène avec 4 parties d'anhydrique phtalique et y ajoutant 7 parties de chlorure d'aluminium. Gabriel et Colman [*D. chem. G.*, **33**, 448 et 717, 1900] le préparent en ajoutant peu à peu 150 grammes de chlorure d'aluminium à 80 grammes de naphtalène et 40 grammes d'anhydride phtalique dissous dans 400 centimètres cubes de sulfure de carbone; on chauffe ensuite à l'ébullition pendant 24 heures. Cet acide cristallise dans l'alcool en prismes courts, fusibles à 173°,5, presque insolubles dans l'eau bouillante. Fondu avec la potasse, il se transforme en acide α-naphtoïque et acide benzoïque.

Son *oxime-anhydride*,

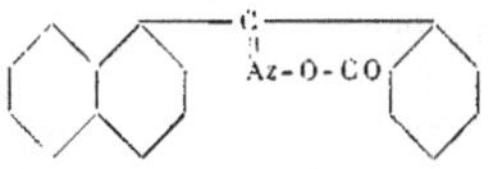

C ‖ Az-O-CO

cristallise en aiguilles fusibles à 175-176° [Graebe, *D. chem. G.*, **29**, 327, 1896]. Walder [*D. chem. G.*, **16**, 299, 1883] et Bungly et Decker [*ibid.*, **38**, 3268, 1905] obtiennent par oxydation du β-dinaphtol avec le permanganate ou le prussiate rouge le *dérivé* β-*oxy* de cet acide,

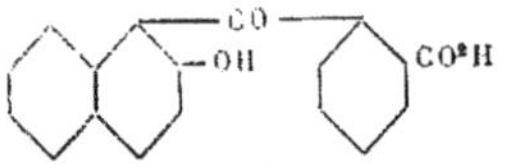

Il cristallise dans l'alcool en cristaux prismatiques soyeux, fusibles à 256° en se décomposant. Son *éther méthylique* fond à 199°, son *éther éthylique* à 206° (Walder). Par réduction avec le phosphore rouge et l'acide iodhydrique, il fournit l'acide *oxynaphtoyltoluilique* correspondant, $CO^2H . C^6H^4 . CH^2 . C^{10}H^6 . OH$. Deichler et Weizmann [*D. chem. G.*, **36**, 547-605, 1903] obtiennent un isomère de l'acide oxynaphtoylbenzoïque en chauffant l'α-naphtol avec l'anhydride phtalique en présence d'acide borique à 190°. Cet acide possède la constitution

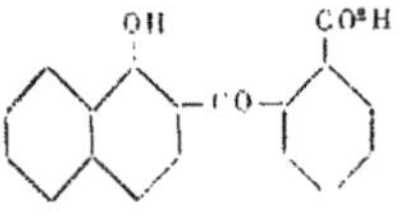

Il cristallise dans le benzène en aiguilles jaunes, fusibles à 186°. Son *éther méthylique* fond à 108-109°, l'*éther éthylique* à 91°.

Juin 1906. G. Darier.

NAPHTURIQUES (ACIDES), $C^{12}H^{11}AzO^3$. — Cohn [*Zeit. physiol. Chem.*, **18**, 125 et 129; et *D. chem. G.*, **27**, 2141 et 2910, 1894] obtient les acides α et β-naphturiques, $C^{10}H^7CO . AzH . CH^2 . CO^2H$, en faisant absorber soit de l'α, soit du β-naphtoate de sodium à des animaux.

L'urine du chien fournit dans ces conditions, avec l'acide α-naphtoïque, l'acide α-naphturique, qui cristallise dans l'eau en petites aiguilles fusibles à 153°. L'urine du lapin fournit, avec l'acide β-naphtoïque, l'acide β-naphturique; cet acide cristallise dans l'eau en longues aiguilles soyeuses, fusibles à 169-170°. Juin 1906. G. Darier.

NAPHTYLACÉTIQUE α (ACIDE), $C^{10}H^7CH^2CO^2H$. — Bössnek [*D. chem. G.*, **16**, 641, 1883] l'obtient en réduisant l'acide naphtylglyoxylique avec l'acide iodhydrique concentré et le phosphore rouge à 160°. Il cristallise dans l'eau en longues aiguilles soyeuses, fusibles à 131°. Il est difficilement soluble à froid, facilement soluble dans l'eau chaude, l'alcool, etc. Chauffé avec la chaux, il fournit l'α-méthylnaphtalène. Son *amide*, $C^{10}H^9O . AzH^2$ cristallise dans l'alcool en aiguilles fusibles à 180-187°; traitée par l'anhydride phosphorique, elle se transforme en *nitrile*, $C^{10}H^7CH^2CAz$, huile distillant au-dessus de 300°. A cet acide il faut rattacher l'*anhydride de l'acide naphtylaminoacétique* (Syn. : α-naphtoxindol),

$$C^{10}H^6 < {AzH \atop CH^2} > CO$$

obtenu en chauffant avec l'acide chlorhydrique concentré le sel de soude de l'acide α-naphtindolsulfonique [Hinsberg, *D. chem. G.*, **21**, 116, 1888]. Cet anhydride cristallise dans l'alcool en aiguilles fusibles à 245°.

NAPHTYLACÉTIQUE β (acide). — On l'obtient en traitant le chlorure de β-méthylnaphtalène, $C^{10}H^7 . CH^2Cl$ par le cyanure de potassium, et en saponifiant le nitrile ainsi obtenu par l'acide chlorhydrique à 100°.

Cet acide cristallise dans le benzène en aiguilles fusibles à 137-138° [Blank, *D. chem. G.*, **29**, 2374, 1896; et Wislicenus, *D. chem. G.*, **38**, 502-510, 1905]. Par distillation il fournit le β-méthylnaphtalène. Son *nitrile*, $C^{10}H^7 . CH^2 . CAz$, cristallise dans la ligroïne en cristaux fusibles à 79-81°.

Hinsberg obtient également l'*anhydride de l'acide* β-*naphtylaminoacétique*,

$$C^{10}H^6 < {AzH \atop CH^2} > CO$$

en chauffant avec l'acide chlorhydrique concentré le sel de soude de l'acide β-naphtindolsulfonique. Il cristallise dans l'alcool en aiguilles verdâtres, fusibles à 234°. G. Darier.

NAPHTYLACÉTYLÈNE, $C^{10}H^7 . C \equiv CH$.

Dérivé α. — Leroy [*Bull. Soc. Chem.*, (3), **6**, 385 et (3), **7**, 648, 1892] obtient cet hydrocarbure en chauffant avec la potasse alcoolique soit le chlorure d'α-éthylène-naphtalène, $C^{10}H^7 . CCl{=}CH^2$, soit le dichloréthylnaphtalène, $C^{10}H^7 . C^2H^3Cl^2$. C'est un liquide bouillant à 143-144° sous 25 millimètres de pression, $D = 1{,}057$. Il se combine aux métaux. Son *sel d'argent*, $C^{12}H^6Ag$, forme un précipité blanc.

Dérivé β. — Leroy l'obtient d'une façon analogue au précédent en remplaçant les dérivés α du naphtalène par les dérivés β. Il est solide et fond à 36°. Son *sel d'argent* $C^{12}H^6Ag$ se présente sous forme d'un précipité incolore.

Juin 1906. G. Darier.

NAPHTYLACRYLIQUE (ACIDE),

$$C^{10}H^7 . CH{=}CH . CO^2H.$$

Dérivé α. — Rousset [*Bull. Soc. Chim.*, (3), **17**, 813], Brandis [*D. chem. G.*, **22**, 2153, 1889] et Lugli [*Gazz. chim. ital.*, **11**, 394, 1881] l'obtiennent en chauffant l'α-naphtaldéhyde avec l'anhydride acétique et l'acétate de sodium fondu pendant 10 heures. Il cristallise dans l'alcool en aiguilles fusibles à 205°, insolubles dans l'eau, distillant sans décomposition.

Dérivé β. — Rousset [*loc. cit.*] l'obtient comme le dérivé α en chauffant la β-naphtaldéhyde avec l'anhydride acétique et l'acétate de sodium pendant trois jours à 180°. Il se présente sous forme de petits grains fusibles à 205°.

Juin 1906. G. Darier.

NAPHTYLAMINE, $C^{10}H^7AzH^2$. — (Voy. Dict., **2**, 523 et 1er Suppl., 1064).

α-NAPHTYLAMINE

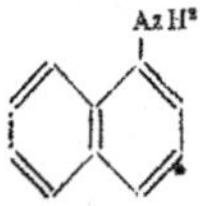

Préparation. — D'après un brevet allemand de la Badische Anilin und Sodafabrik (n° 14612), on peut préparer l'α-naphtylamine en chauffant sous pression l'α-naphtol avec de l'ammoniaque ou du chlorhydrate d'ammoniaque; d'après un autre brevet de la même fabrique (n° 117471), on l'obtient avec de bons rendements en traitant l'α-naphtol par les sulfites et l'ammoniaque sous pression; il se forme comme produit intermédiaire l'éther sulfureux de l'α-naphtol qui réagit avec l'ammoniaque en formant l'α-naphtylamine. Calm [*D. chem. G.*, **15**, 616, 1882] l'obtient en chauffant l'α-naphtol avec un mélange de chlorure d'ammonium, d'acétate de soude et d'acide acétique à 270°. Benz [*ibid.*, **16**, 14, 1883] la prépare en chauffant l'α-naphtol avec le chlorure de calcium ammoniacal à 240-270°. On l'obtient encore, suivant Sabattier et Senderens

[*C. R.*, **135**, 225, 1902], en réduisant le nitronaphtalène-α par le procédé de contact par l'hydrogène et la poudre de cuivre ou de nickel, ou en réduisant le nitronaphtalène par électrolyse (Brevet allemand 130742). Graebe [*D. chem. G.*, **34**, 1778, 1901] l'obtient en petite quantité en traitant le naphtalène par le chlorhydrate d'hydroxylamine et le chlorure d'aluminium. Enfin Canzonari et Oliveri [*Gazz. chim. ital.*, **18**, 490, 1888] en ont fait la synthèse en chauffant en tube scellé à 300° l'acide pyromucique avec l'aniline en présence de chaux et de chlorure de zinc; l'α-naphtylamine se forme en vertu du schéma suivant :

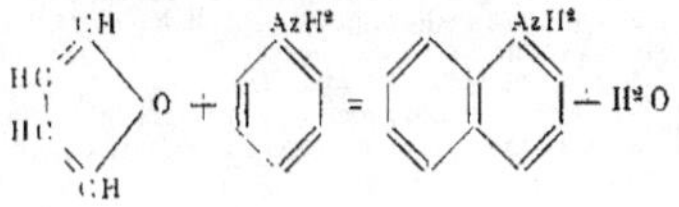

CH, HC, HC, CH — O + AzH² (C⁶H⁵) = AzH² (C¹⁰H⁷) + H²O

Effront [*Monit. scient.*, 1885, 553] l'obtient également en chauffant le chlorhydrate d'aniline avec la mannite à 200-240°.

La préparation industrielle de l'α-naphtylamine se fait par réduction du nitronaphtalène-α avec le fer et l'acide chlorhydrique (voy. Witt, *Chem. Ind.*, 1887, 218 et Ludwig Paul, *Zeits. angew. Chem.*, 1897, 145]. La naphtylamine pure est d'un blanc parfait et ne s'altère en aucune façon à l'air; Witt attribue la coloration violette que prend peu à peu la naphtylamine commerciale à une impureté, probablement une naphtylène-diamine; elle fond à 50° et distille à 300°, la pression modifie son point de fusion [Hulett, *Zeits. phys. Chem.*, **28**, 664 et Heyd-Weiller, *Ann. der Physik.*, **64**, 728]; chaleur de fusion [Brunner, *D. chem. G.*, **27**, 2106, 1894; et Stillmann, *Zeit. phys. Chem.*, **29**, 705]; chaleur de combustion moléculaire [Lemoult, *C. R.*, **138**, 1037, 1904]; pouvoir rotatoire magnétique [Perkin, *Chem. Soc.*, **69**, 1245, 1896]; constante d'affinité [Farmer et Warth, *Chem. Soc.*, **85**, 1713, 1904]; solubilité dans l'acide sulfureux liquide [Walden, *D. chem. G.*, **32**, 2864, 1899].

L'α-naphtylamine est employée en quantités considérables dans l'industrie des matières colorantes, spécialement pour la fabrication des dérivés azoïques.

Réactions. — L'α-naphtylamine chauffée à 280° avec du chlorure de calcium ou du chlorure de zinc se décompose partiellement en α-dinaphtylamine et ammoniaque [Benz. *D. chem. G.*, **16**, 8, 1883]. Chauffée en tube scellé avec de l'alcool méthylique et du chlorure de zinc à 180-200°, elle fournit l'éther méthylique de l'α-naphtol et de l'ammoniaque [Hantzsch, *ibid.*, **13**, 1347, 1880]. Sa solution dans l'acide sulfurique en excès, traitée par le bichromate de potasse, donne lieu à la formation d'acide phtalique, de naphtoquinone et d'une matière brune insoluble dans la plupart des véhicules [Monnet, Reverdin et Nölting, *Bull. Soc. Chim.*, **32**, 552, 1879]. Lorsqu'on chauffe pendant 3 à 4 heures à 190-220° l'α-naphtylamine en présence de son chlorhydrate et d'α-nitronaphtalène, il se forme une trinaphtylène-diamine $C^{30}H^{18}Az^2 + 2H^2O$. Les composés ortho-amidoazoïques en réagissant sur l'α-naphtylamine fournissent des matières colorantes appartenant à la classe des eurhodines découvertes par Witt. L'α-naphtylamine dissoute dans l'acide sulfurique dilué, puis traitée par le nitrite de soude et ensuite chauffée avec de l'acide azotique, fournit du dinitronaphtol et de l'o-nitronaphtol [Nölting et Wild, *D. chem. G.*, **18**, 1339, 1885]. Traitée en solution alcoolique ou acétique par l'acide nitreux et additionnée d'acide chlorhydrique, elle donne une coloration rouge, qui en présence d'une plus grande quantité de base se transforme en une coloration violette intense, due à la formation d'azoaminonaphtalène [Liebermann, *Ann. Chem.*, **183**, 265]. En mélangeant rapidement 1 molécule de chlorure de cyanogène avec 2 molécules d'α-naphtylamine il se forme le corps

$$(C \equiv Az)^3 \begin{cases} Cl \\ Cl \\ AzH \, . \, C^{10}H^7 \end{cases}$$

aiguilles fusibles à 149°, tandis qu'il se sépare du chlorhydrate d'α-naphtylamine; en opérant en solution dans l'éther absolu et dans les proportions d'une molécule de chlorure de cyanogène pour 4 molécules d'α-naphtylamine, il se forme le composé

$$(C \equiv Az)^3 \begin{cases} Cl \\ AzH \, . \, C^{10}H^7 \\ AzH \, . \, C^{10}H^7 \end{cases}$$

aiguilles fusibles à 215°; enfin en chauffant les deux dérivés ci-dessus avec 2 à 4 molécules d'α-naphtylamine, en tube scellé à 100°, on obtient l'*α-trinaphtylmélamine* $(C \equiv Az)^3(AzH.C^{10}H^7)^3$ fusible à 223° [Fries, *D. chem. G.*, **19**, 242, 1886].

Par l'action du cyanogène sur une solution saturée d'α-naphtylamine dans l'alcool étendu, Nordenskjold (comm. part.) a obtenu une petite quantité d'une cyano-α-naphtylamine fusible à 198°. Jolly [*D. chem. G.*, **22**, 2371, 1889] a obtenu, avec l'acide monochloracétique, réagissant sur 2 molécules d'α-naphtylamine, l'α-naphylglycine fusible à 197-198°.

Wurster signale [*D. chem. G.*, **22**, 1910, 1889] que l'eau oxygénée réagit sur l'α-naphtylamine en présence du sel marin de la même manière que le chlorure de fer en formant des matières colorantes (*naphtaméines*).

Fondue à 290° avec la potasse en excès et avec un mélange d'acétate de sodium et d'acide monochloracétique, l'α-naphtylamine donne [Wichelhaus, *D. chem. G.*, **26**, 2547, 1893] une petite quantité d'un composé qui serait l'*α-naphtalène-indigo*

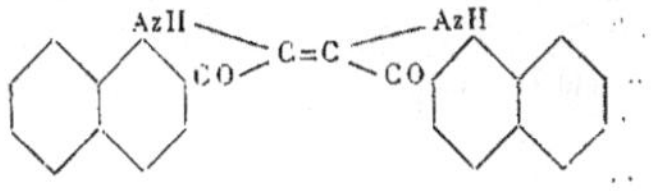

$C^{10}H^6{<}^{AzH}_{CO}{>}C=C{<}^{AzH}_{CO}{>}C^{10}H^6$

Il cristallise dans l'aniline en aiguilles violet noir.

Chauffée avec l'acide sulfanilique, l'α-naphtylamine se transforme en acide 1.2-naphtylamine-sulfonique (Brevet allemand 75319). Traitée par un excès d'anhydride acétique elle fournit parties égales de dérivés *mono-* et *diacétylé* [Bamberger, *D. chem. G.*, **32**, 1803, 1899].

Traitée à l'état de chlorhydrate, en solution alcoolique à 110° par la dicyandiamide CAz-AzH-C(AzH)-AzH² elle donne le chlorhydrate d'α-naphtylbiguanide $C^{10}H^7AzH \, . \, C(AzH) - AzH \, . \, C(AzH) - AzH^2, HCl$ [Smolka et Halla, *Mon. f. Chem.*, **22**, 1146]. Réaction avec la pyridine et BrCAz [König, *Centr. Blatt*, **1**, 815, 1904]; réaction avec l'acide camphre-oxalique [Tingle et Hoffman, *ibid.*, **2**, 1489, 1905]; réaction avec le chlorure et l'iodure de bismuth [Vanino et Hauser, *D. chem. G.*, **34**, 416, 1901].

Sels. — Outre les sels déjà décrits, Morawski et Gläser [*Mon. f. Chem.*, **9**, 284] ont préparé le *citraconate* $C^5H^6O^4 \, . \, C^{10}H^7 \, . \, AzH^2$, aiguilles fusibles à 99°; ce sel chauffé à 100° forme par élimination d'eau le *citracon-α-naphtyle* $C^5H^4O^2$ = Az-$C^{10}H^7$.

Sel double avec le $CuCl^2$. $4C^{10}H^7AzH^2 . CuCl^2$ [Lachowicz, *Mon. f. Chem.*, **10**, 891]; chloracétate $C^{10}H^7AzH^2 . CH^2Cl . CO^2H$ [Bischoff et Nastvogel, *D. chem. G.*, **22**, 1807, 1889]; sels avec différents acides organiques [Daccomo, *Jahresb. Chem.*, 1385, 1884; Norton et Westenhoff, *Am. Chem. Journ.*, **10**, 136 et 144; Paal et Janicke, *D. chem. G.*, **28**, 3164, 1895; Paal et Lowitsch, *ibid.*, **30**, 877, 1897]: $C^{10}H^7AzH^2 . PO^4H^3$ [Raikow, *Chem. Zeit.*, **25**. 280]; composé $3C^{10}H^7AzH^2 . PO(CAzS)^3$, poudre jaune pâle fusible à 119-120° [Dixon, *Chem. Soc.*, **85**, 350]; sels doubles avec le palladium [Gutbier, *Zeit. anorg. Chem.*, **47**, 23]; combinaison avec le phénol $C^{10}H^7AzH^2 + C^6H^6O$, aiguilles fusibles à 30°,1 [Dyson, *Chem. Soc.*, **43**, 468, 1883]; *picrate* $C^{10}H^7AzH^2 . C^6H^3Az^3O^7$, prismes jaune vert fusibles à 161° [Smolka, *Mon. f. Chem.*, **6**, 923]; combinaison avec le chlorure de picryle $C^{10}H^7AzH^2 + C^6H^2Cl(AzO^2)^3$ [Bamberger et Muller, *D. chem. G.*, **33**, 109, 1900]; avec la nitrosométhylpicramide

$$C^{10}H^7AzH^2 + [(AzO^2)^3C^6H^2Az(AzO)CH^3]^2$$

[*ibid.*, **33**, 104]; combinaison avec le 2.4-dinitro-5-chlorotoluène $C^{10}H^7AzH^2 + C^7H^5O^4Az^2Cl$ [Reverdin et Crepieux [*D. chem. G.*, **33**, 2507, 1900]; combinaison avec l'acide trinitrobenzoïque, le trinitrotoluol, la picramide, l'éther éthyltrinitrobenzoïque, l'éther éthylpicrique, etc. [Sudborough, *Chem. Soc.*, **75**, 588, 1899; *ibid.*, **79**, 522, 1901; *ibid.*, **85**, 234, 1904 et Hibbert et Sudborough, *ibid.*, **83**, 1334, 1903].

PRODUITS D'ADDITION DE L'α-NAPHTYLAMINE. — Littérature : Bamberger [*D. chem. G.*, **20**, 2915, 1887; **22**, 767, 1889. — B. et Haltzhausse, **24**, 1786 et 1892, 1888. — B. et Lodter, **21**, 363 et 836, 1888. — B. et Bordt, **22**, 625, 1889. — B. et Bammann, **22**, 951, 1889. — B. et Helwig, **22**, 1315, 1889. — Morgan, *Chem. Soc.*, **85**, 736, 1904. — Morgan et Richards, *Chem. Soc. Ind. London*, **24**, 652].

TÉTRAHYDRO-α-NAPHTYLAMINE. — DÉRIVÉ AR[1], $C^{10}H^{11} . AzH^2$. — On prépare cette base en introduisant en mince filet, et d'une manière continue, une solution bouillante de 15 grammes α-naphtylamine dans 160 à 170 grammes d'alcool amylique bien desséché sur 12 grammes de sodium en morceaux minces renfermés dans un ballon muni d'un réfrigérant ascendant; le liquide est maintenu à l'ébullition jusqu'à ce que tout le sodium soit consommé, on le coule dans l'eau, la base vient surnager, on la décante et on la purifie par distillation fractionnée.

La tétrahydronaphtylamine se présente sous la forme d'une masse sirupeuse, incolore, sans fluorescence, d'une odeur faiblement aromatique; elle ne se concrète pas par le refroidissement et brunit peu à peu à l'eau; elle bout à 275° sous 712 millimètres de pression et possède à 16° une densité de 1,0625. Réfraction [Brühl, *Zeit. phys. Chem.*, **16**, 210; Perkin, *Chem. Soc.*, **69**, 1245, 1896]. Elle est insoluble dans la soude caustique, très difficilement soluble dans l'eau, facilement soluble dans les dissolvants organiques; elle ne réagit pas sur le papier de tournesol, n'absorbe pas l'acide carbonique et réduit facilement les solutions des sels d'argent, d'or et de platine.

1. Bamberger designe par *ar* les bases hydrogénées qui ont leurs atomes d'hydrogène d'addition répartis dans le noyau ne renfermant pas le groupe amido et qui conservent le caractère aromatique, et par *ac* (de alicyclique, ἀλειφαρ et *cyclus*) celles dont les atomes d'hydrogène additionnés sont répartis dans le même noyau que le groupe amido et dont les caractères chimiques sont tout à fait différents de ceux de la base primitive.

La tétrahydro-α-naphtylamine a la constitution

H² AzH²
H²
H²
H²

et se comporte tout à fait comme appartenant à la série aromatique, ce qui la distingue de son isomère β, dont les propriétés sont au contraire celles d'un dérivé de la série grasse.

La tétrahydro-α-naphtylamine se combine avec les composés diazoïques pour donner des matières colorantes, et se laisse elle-même diazoter [Morgan et Richards, *loc. cit.*].

Chauffée au bain-marie avec l'essence de moutarde phénylique elle donne la *phényl-α-tétrahydronaphtylthio-urée*

$$CS \begin{cases} AzH . C^6H^5 \\ AzH . C^{10}H^{11} \end{cases}$$

aiguilles fusibles à 153°. Avec le cyanate de phényle, à froid, elle forme la *phényl-α-tétrahydronaphtylurée*

$$CO \begin{cases} AzH . C^6H^5 \\ AzH . C^{10}H^{11} \end{cases}$$

fusible à 193°, et, avec le sulfure de carbone en solution alcoolique et à chaud, la *di-α-tétrahydronaphtylthio-urée*

$$CS \begin{cases} AzH . C^{10}H^{11} \\ AzH . C^{10}H^{11} \end{cases}$$

aiguilles soyeuses fusibles à 170°.

Le perchlorure de fer et le mélange d'acide sulfurique et de bichromate de potassium ne provoquent pas à froid de coloration dans la solution de son chlorhydrate, mais donnent lieu à chaud à un dépôt floconneux (*naphtaméine*).

En faisant agir le brome en solution chloroformique sur le dérivé acétylé de la base dans le même dissolvant, on obtient à froid la *tétrahydroacétonaphtalide-monobromée* $C^{12}H^{14}AzOBr$, prismes clairs, peu réfringents, facilement solubles dans l'alcool, moins solubles dans le benzène, fusibles à 181°.

La base elle-même donne, par oxydation au moyen du permanganate de potassium, de l'acide adipique, en même temps qu'une quantité à peu près égale d'acide oxalique.

Ces deux faits (bromuration et oxydation) prouvent que les atomes d'hydrogène additionnés se trouvent tous répartis dans le noyau qui renferme le groupe amido-.

En enlevant les atomes d'hydrogène additionnés à l'α-tétrahydronaphtylamine, on obtient de nouveau l'α-naphtylamine sous la forme de son produit d'oxydation, la naphtaméine, réaction qui la distingue aussi de son isomère de la série β.

Sels. Chlorhydrate, $C^{10}H^{11}AzH^2 , HCl$. — Préparé en ajoutant de l'acide chlorhydrique fumant à la solution de la base dans l'éther; il est facilement soluble dans l'eau, l'alcool, l'alcool amylique, et cristallise en tables nacrées appartenant au système tétragonal [Groth, *D. chem. G.*, **21**, 1791, 1888].

Sulfate, $(C^{10}H^{11}AzH^2)^2H^2SO^4 + 1/2 H^2O$. — Aiguilles en feuillets argentés.

Sel double de mercure, $(C^{10}H^{11}AzH^2)HCl + HgCl^2$. — Tables argentées.

Oxalate, $(C^{10}H^{11}AzH^2)^2(COOH)^2$. — Aiguilles blanches, difficilement solubles dans l'eau.

Picrate, $(C^{10}H^{11}AzH^2)C^6H^2(AzO^2)^3OH$. — Fines aiguilles.

Le *nitrate* cristallise en feuillets, facilement solubles dans l'eau chaude. Le ferrocyanure de potassium donne avec la base hydrogénée un précipité blanc, qui devient bientôt vert-bleu, et qui est facilement soluble dans l'eau bouillante d'où il se dépose en petites aiguilles brillantes.

Dérivé acétylé, $C^{10}H^{11}AzH . C^2H^3O$. — On chauffe au bain-marie 12 grammes de la base avec 15 grammes d'anhydride acétique ou mieux 6 grammes de chlorhydrate, 3 grammes d'acétate de sodium et 6 grammes d'anhydride acétique; le produit de la réaction, purifié par cristallisation dans l'alcool, se présente sous la forme de longues aiguilles fusibles à 158°, difficilement solubles dans l'eau froide, facilement solubles dans les autres véhicules.

Dérivé bromé,

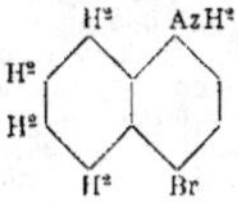

— Bamberger et Halthausse obtiennent, en traitant le dérivé acétylé dissous dans le chloroforme par le brome, le *dérivé bromé acétylé* $C^{10}H^{10}BrAzH . CO . CH^3$; il cristallise dans le chloroforme en prismes brillants fusibles à 181°. En le saponifiant par la potasse, Morgan obtient le *dérivé 4-bromé* qui cristallise dans un mélange de benzène et de ligroïne en aiguilles incolores, fusibles à 42°. Ce dérivé, traité par l'acide nitreux, fournit un diazoïque réagissant avec les phénols et formant des colorants azoïques.

Dérivé 4-sulfonique,

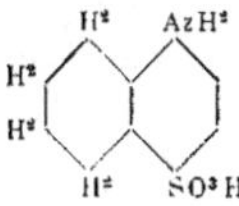

— Morgan l'obtient en traitant l'ar tétrahydro-α-naphtylamine avec l'acide sulfurique concentré.

Dérivé ac. — Cette base a été préparée par Bamberger et Bammann au moyen de la base hydrogénée ac dérivée de la naphtylène-diamine-1.5, qui fut d'abord transformée en *tétrahydro-1.5-amidonaphtylhydrazine ac*, puis celle-ci oxydée au moyen des sels de cuivre à la température du bain-marie.

Dans une solution de 8 grammes de tétrahydroamidonaphtylhydrazine dans 15 à 20 parties d'eau chaude, on introduit peu à peu, en remuant constamment et en maintenant la température du bain-marie à l'ébullition, une solution à 10 0/0 de sulfate de cuivre, jusqu'à ce que le liquide reste coloré en bleu (soit 19 à 20 grammes de sulfate). La *tétrahydronaphtylamine ac*,

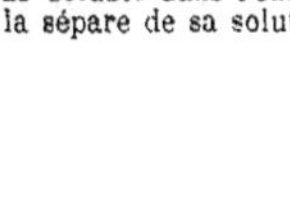

qu'on isole du produit de la réaction en le distillant à la vapeur d'eau après l'avoir rendu alcalin, se présente sous la forme d'une huile semi-liquide, incolore, transparente, non fluorescente, distillant à 246°, un peu soluble dans l'eau froide, plus soluble dans l'eau chaude; la soude étendue la sépare de sa solution aqueuse sous forme de gouttelettes. Kipping et Hill [*Chem. Soc.*, **75**, 152, 1899] l'obtiennent également par réduction de l'α-cétotétrahydronaphtalène-oxime

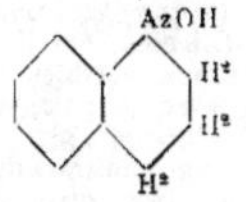

par l'amalgame de sodium.

C'est une base énergique, possédant l'odeur ammoniacale des bases végétales et une saveur brûlante. Elle réagit sur le papier de tournesol, déplace l'ammoniaque de ses sels et attire l'acide carbonique; elle ne se laisse pas diazoter et ne fournit pas de matières colorantes avec les corps diazoïques; elle donne par l'action de l'acide nitreux un nitrite. Son chlorhydrate en solution aqueuse ne donne de coloration ni à froid ni à chaud avec le mélange d'acide sulfurique et de bichromate de potassium, et fournit à chaud seulement une coloration rouge brun avec le perchlorure de fer.

Tous les sels préparés de cette base sont solubles dans l'eau, ses sels minéraux présentent une réaction neutre.

Elle fournit, par oxydation au moyen du permanganate de potassium, en solution alcaline et à froid, un mélange d'*acide o-carbone-hydrocinnamique* $C^6H^4(CH^2)^2(COOH)^2$ fusible à 165-166° et d'acide phtalique, ce dernier se formant comme produit principal.

Sels. Chlorhydrate, $C^{10}H^{11}AzH^2 . HCl$. — Il cristallise en aiguilles soyeuses, très solubles dans l'eau, moins solubles dans l'acide chlorhydrique.

Chloroplatinate, $(C^{10}H^{11}AzH^2 . HCl)^2 + PtCl^4 + 2H^2O$. — Il cristallise en gros prismes orangés qui fondent vers 190° en se décomposant.

Nitrite, $C^{10}H^{11}AzH^2 . HAzO^2$. — Il cristallise en aiguilles blanches, non décomposées par l'eau, fusibles à 138-139°.

Le *carbonate* est en aiguilles blanches, et le *picrate* se dépose en flocons jaunes lorsqu'on ajoute du picrate d'ammonium à la solution aqueuse du chlorhydrate. Il est assez soluble dans l'eau bouillante et cristallise par le refroidissement en aiguilles brillantes.

Dérivé acétylé, $C^{10}H^{11}AzH . C^2H^3O$. — Aiguilles fines et soyeuses, fusibles à 148-149°; difficilement solubles dans l'eau froide, plus facilement dans l'eau chaude; assez solubles dans l'alcool et l'acide acétique cristallisable.

L'α-tétrahydronaphtylamine ac forme avec les sels diazoïques des combinaisons diazoamidées possédant les caractères de celles de la série aliphatique; avec le chlorure de diazobenzène elle fournit, par exemple, le *diazobenzène-α-tétrahydronaphtylamine ac*,

$$C^6H^5 - Az^2 . Az . H(C^{10}H^{11}),$$

dont le picrate, insoluble dans l'éther, fond à 229-230° en se décomposant violemment.

PRODUITS DE SUBSTITUTION DE L'α-NAPHTYLAMINE.

I. *Substitués dans le groupe amidogène.*

Méthyl-α-naphtylamine, $C^{10}H^7 . AzHCH^3$. — (Voyez Suppl., 1064). O. Fischer l'obtient facilement par réduction de l'α-formonaphtalide avec le sodium, en ajoutant de l'iodure de méthyle et saponifiant par l'acide sulfurique dilué [*Ann. Chem.*, **286**, 159, 1895]. Un *dérivé tri-*

nitré de cette base a été obtenu par Norton et Livermore [*D. chem. G.*, **20**, 2268, 1887] en faisant bouillir, pendant 2 heures, avec de l'acide nitrique à 10 0/0, la méthylacéto-α-naphtalide. La *trinitrométhylnaphtylamine* cristallise dans un mélange d'alcools éthylique et méthylique en cristaux jaunes fusibles à 157°.5, et donne par ébullition avec la potasse à 4 0/0 du dinitronaphtol fusible à 138°: ce composé est donc peut-être une dinitro-α-naphtylméthylnitramine. O. Fischer [*loc. cit.*] obtient en traitant la méthylnaphtylamine en solution sulfurique diluée par le nitrite de soude, et en extrayant de suite par l'éther, la *4-nitroso-1-méthylnaphtylamine* $C^{10}H^{6} . AzO . AzHCH^{3}$, cristaux mordorés fusibles à 157° en se décomposant.

Traitée par l'anhydride acétique, l'α-méthylnaphtylamine fournit le *dérivé acétylé*

$$C^{10}H^{7}Az \begin{cases} CH^{3} \\ CO-CH^{3} \end{cases}$$

fusible à 90-91° qu'on peut préparer également en traitant l'α-acétonaphtalide par $ICH^{3} + Na$ [Landshoff, *D. chem. G.*, **11**, 643, 1878 et Norton, *ibid.*, **20**, 2272, 1887].

DIMÉTHYL-α-NAPHTYLAMINE, $C^{10}H^{7}Az(CH^{3})^{2}$. — D'après Friedländer et Welmans [*D. chem. G.*, **21**, 3123, 1888; *Bull. Soc. Chim.*, **1**, 530, 1889], cette base bout à 272-274° et possède une densité de 1,0423 à 20° [voir également Pinnow, *D. chem. G.*, **32**, 1406, 1899]. Indice de réfraction : Perkin [*Chem. Soc.*, **69**, 1233, 1896]. Son sulfate et son chlorhydrate sont facilement solubles; le chlorhydrate fournit avec les solutions aqueuses de chlorures de mercure, de zinc et de cadmium des sels doubles cristallisés en longues aiguilles soyeuses. Elle ne s'échauffe pas de même que la diméthylaniline par l'addition d'anhydride acétique. Elle ne donne pas de coloration avec le perchlorure de fer [Monnet, Reverdin et Nölting, *D. chem. G.*, **12**, 2306, 1879], et lorsqu'on l'oxyde par le mélange d'acide sulfurique et de bichromate de potassium il se forme une petite quantité de naphtoquinone-1.4.

La benzaldéhyde réagit sur la base pour donner le *tétraméthyldiamidodinaphtylphénylméthane* fusible à 188-189°, et la diméthyl-p-amidobenzaldéhyde donne, dans les mêmes conditions, l'*hexaméthyltriamidodinaphtylphénylméthane*, aiguilles blanches fusibles à 178-179°.

En faisant réagir le nitrite de sodium sur une dissolution aqueuse du chlorhydrate de la base, on obtient le chlorhydrate de la *nitrosodiméthyl-α-naphtylamine*-1.4 $C^{10}H^{6}AzOAz(CH^{3})^{2}$, aiguilles jaune pâle, facilement solubles dans l'eau et qui se décomposent en diméthylamine et α-nitroso-α-naphtol. Ce dérivé nitrosé donne par réduction l'*amidodiméthylnaphtylamine* $C^{10}H^{6} . AzH^{2} . Az(CH^{3})^{2}$ qui se forme également par décomposition des dérivés azoïques de la diméthylnaphtylamine, et dont le *dérivé acétylé* cristallise en aiguilles fusibles à 194-195° (F. et W.).

En chauffant en tube scellé pendant 3-4 heures, à 60-70°, deux molécules de diméthylnaphtylamine avec une molécule d'oxychlorure de phosphore, F. et W. ont isolé du produit de la réaction l'acide *diméthylnaphtylamine-carbonique* $C^{10}H^{6}COOH . Az(CH^{3})^{2}$, qui cristallise en aiguilles blanches, fusibles à 163-165°, solubles dans les acides étendus et dans les alcalis. Il fournit des sels facilement solubles, cristallisant mal, sauf le sel double de platine.

$$[C^{10}H^{6} . COOH . Az(CH^{3})^{2} HCl]^{2}PtCl^{4},$$

qui se présente sous la forme d'aiguilles jaunes.

Monobromo-diméthylnaphthylamine. — Elle se forme par l'action d'une molécule de brome sur la solution de la base dans l'acide acétique glacial; c'est une huile lourde qui se décompose violemment vers 260° et qui donne un sel double de platine difficilement soluble (F. et W.).

Par l'action de l'acide nitrique étendu d'acide acétique et refroidi à 0°, la diméthylnaphtylamine fournit deux *dérivés nitrés* dont l'un fond à 87-88° et l'autre à 126-128°.

Dérivé monosulfonique,

$$C^{10}H^{6}SO^{3}H . Az(CH^{3})^{2}.$$

— Il se forme soit en chauffant faiblement la base avec de l'acide sulfurique fumant, soit en la chauffant à 150° avec 4 parties d'acide sulfurique concentré (F. et W.). Il cristallise en feuillets incolores, difficilement solubles dans l'eau, facilement solubles dans l'alcool et l'éther, et donne des sels de baryum, calcium, potassium et sodium sous forme de précipités cristallins. Fussgänger [*D. chem. G.*, **35**, 976, 1902] obtient également des dérivés sulfoniques de l'α-diméthylnaphtylamine en traitant les acides naphtylamine-sulfoniques par l'iodure de méthyle.

Produit d'addition de la diméthyl-α-naphtylamine. — Le seul dérivé préparé jusqu'ici est la *tétrahydro-α-diméthylnaphtylamine ar*: Bamberger et Hellwig [*D. chem. G.*, **22**, 1311, 1889] l'ont obtenue par la méthode décrite à l'article TÉTRAHYDRO-α-NAPHTYLAMINE en opérant avec 10 grammes d'α-diméthylnaphtylamine, 16 grammes de sodium et 220 à 250 grammes d'alcool amylique. Le liquide se colore d'abord en orangé, puis devient plus clair. La solution de base hydrogénée dans l'éther présente une forte fluorescence vert foncé à la lumière réfléchie, tandis qu'elle est rouge sale par transparence. La base elle-même est une huile limpide, incolore, peu fluorescente, fortement réfringente, d'une odeur provoquant le larmoiement; elle distille à 261-262°, à 721 millimètres de pression et brunit à l'air. Elle est douée de propriétés basiques à peu près égales à celles de la base non hydrogénée; elle donne avec les corps diazoïques des matières colorantes et ne fournit pas de produits d'addition avec le brome; elle réduit les sels d'argent et de platine. Sa solution dans l'acide chlorhydrique additionnée de perchlorure de fer donne à chaud une coloration rouge framboise, qui disparaît lorsqu'on continue à chauffer; le bichromate et l'acide sulfurique donnent à froid un précipité jaune sale et à chaud des flocons noirs.

Elle fournit par oxydation, au moyen du permanganate de potassium en solution alcaline, de l'acide adipique. Sa formule de constitution est

$$H^{2} \quad Az(CH^{3})^{2} \quad H^{2} \quad H \quad H^{2} \quad H \quad H^{2} \quad H$$

Sels. — Le *chlorhydrate* est sirupeux. Le *chloroplatinate* se précipite en flocons d'abord résineux qui deviennent cristallins. Il est difficilement soluble dans l'eau froide, plus facilement dans l'eau chaude d'où il se sépare en aiguilles.

Iodométhylate, $C^{10}H^{11}Az(CH^{3})^{3}I$. — Obtenu en chauffant poids égaux de la base et d'iodure de méthyle à 90-100°, il cristallise en prismes fusibles à 164°,5, très facilement solubles dans l'alcool et dans l'eau chaude, insolubles dans l'éther.

Dérivé nitrosé, $C^{10}H^{10}(AzO)Az(CH^{3})^{2}$. — Ils

se précipite en gouttelettes huileuses en ajoutant de l'acétate de sodium au produit de la réaction du nitrite de sodium sur la solution du chlorhydrate de la base. Il donne par réduction une p-diamine, mais n'a pas été isolé lui-même.

ÉTHYL-α-NAPHTYLAMINE, $C^{10}H^8AzH . C^2H^5$ (voy. Dict., 2, 525). — Bernthsen et Trompetter [*D. chem. G.*, **11**, 1756, 1878] l'ont isolée à l'état de chlorhydrate du produit de la réduction de l'acéto-naphtyl-thiamide $CH^3CSAzH . C^{10}H^7$, et Bamberger et Helwig [*D. chem. G.*, **22**, 1311, 1889] la décrivent comme une base incolore qui devient rapidement, à l'air, bleu d'acier à la lumière réfléchie et rouge brun par transparence, pour perdre ce dichroïsme lorsqu'on la chauffe en devenant finalement orangé clair. Elle bout à 303°, sous 722mm.5 de pression. Analyse quantitative : Vaubel [*Chem. Zeit.*, **27**, 278]. Le *chlorhydrate* $C^{12}H^{13}AzHCl$ fond à 193°. Le *bromhydrate* cristallise en aiguilles et l'*iodhydrate* en prismes quadrangulaires brillants.

En faisant passer de l'acide nitreux dans la solution du sulfate d'éthylnaphtylamine, Kock [*Ann. Chem.*, **243**, 310, 1888] l'a transformée en *nitrosamine*,

$$C^{10}H^7Az \begin{cases} C^2H^5 \\ AzO \end{cases}$$

laquelle fournit par transposition au moyen de l'alcool et de l'acide chlorhydrique la *p-nitroso-éthyl-α-naphtylamine*, $C^{10}H^6AzO AzH - C^2H^5$. Ce dérivé cristallise dans le benzène en cristaux fusibles à 133° en se décomposant. Il est facilement soluble dans l'alcool et le chloroforme, insoluble dans la ligroïne. Son *chlorhydrate* cristallise en aiguilles vert olive; son *picrate*, en feuillets fusibles à 174° en se décomposant, peu solubles dans l'eau, plus facilement dans l'alcool étendu.

La lessive de soude donne dans la solution moyennement étendue du chlorhydrate un précipité brun qui, après purification, cristallise en aiguilles brillantes, solubles dans l'eau et dans l'alcool avec une coloration orange, et possédant la formule $C^{12}H^{13}Az^2O^2Na$. La nitroso-éthylnaphtylamine se décompose très facilement pour fournir de l'α-nitroso-α-naphtol et de l'éthylamine. Réduite par le chlorure stanneux, elle donne de l'*éthyl-α-naphtylène-diamine* dont le chlorhydrate fond à 152°.

Le chlorhydrate de nitroso-éthylnaphtylamine, chauffé avec de l'aniline et de l'acide acétique cristallisable, fournit la *Rosinduline*, matière colorante cristallisée en feuillets grenats, fusibles à 235° [E. Fischer et Hepp, *D. chem. G.*, **21**, 2621, 1883].

Une *β-nitroso-α-éthylnaphtylamine* a été préparée par Harden [*Ann. Chem.*, **255**, 161, 1889] en chauffant pendant 20 minutes au bain-marie le β-nitroso-α-naphtol avec 5 parties d'acétate d'éthylamine et 2 parties de chlorhydrate d'éthylamine, en ajoutant souvent du carbonate de la même base. Le rendement est très mauvais. La base se dissout facilement dans les acides; elle cristallise dans l'alcool étendu en feuillets verts, brillants, renfermant 1 H^2O : fusibles à 95°.

Produits d'addition de l'éthyl-α-naphtylamine. — On ne connaît jusqu'ici que la *tétrahydro-α-éthylnaphtylamine ar*

$$C^{10}H^{11}Az \begin{cases} C^2H^5 \\ H \end{cases}$$

de Bamberger et Helwig. Elle a été préparée comme le dérivé diméthylé précédent, en employant pour 10 grammes de base 12 grammes de sodium; on remarque pendant la réaction un dégagement d'ammoniaque et d'éthylamine. C'est une base liquide, incolore, qui distille de 286-287°, sous 717 mm. de pression, douée d'une faible odeur de diméthylaniline; elle ne se concrète pas par le refroidissement, elle est peu soluble dans l'eau et soluble dans les dissolvants organiques. Elle a tous les caractères généraux des bases hydrogénées *ar* (voy. les précédentes).

Le perchlorure de fer donne dans la solution de son chlorhydrate à chaud une coloration rouge bordeau, qui passe au vert jaunâtre; le bichromate et l'acide sulfurique y déterminent à froid un précipité jaune sale et à chaud une coloration rouge ramboise, puis brun vert; par addition d'une plus grande quantité de bichromate, il se dépose des flocons bleus noir. La tétrahydro-α-éthylnaphtylamine *ar* donne par oxydation à froid, au moyen du permanganate de potassium et en solution alcaline, de l'acide adipique et de l'acide oxalique.

Sels. — *Chlorhydrate*, $C^{10}H^{11}AzH . C^2H^5 . HCl$. — Il cristallise dans l'eau en prismes épais ou par un refroidissement prompt en aiguilles qui perdent de l'eau de cristallisation à 80-90° pour fondre à 118°.

Chloroplatinate. — Feuillets jaune d'or, brillants, difficilement solubles dans l'eau froide, plus facilement à chaud, peu stables.

Le tétrahydro-α-éthylnaphtylamine fournit par l'action du nitrite de sodium sur la solution de son chlorhydrate une *nitrosamine*, huile lourde, jaune, d'une odeur stupéfiante, qui par transposition au moyen de l'alcool et de l'acide chlorhydrique, donne la *tétrahydro-p-nitrosoéthyl-naphtylamine* $C^{10}H^{10}AzO . AzHC^2H^5$. Ce dérivé cristallise dans l'eau en aiguilles soyeuses, jaune laiteux, fusibles à 119°, et son *chlorhydrate* en prismes brillants, jaune d'or. Il donne par réduction la tétrahydro-p-éthylnaphtylène-diamine.

DIÉTHYL-α-NAPHTYLAMINE, $C^{10}H^7Az(C^2H^5)^2$. — Cette base a été préparee par B. Smith [*Chem. Soc.*, **1**, 180, 1882] en chauffant pendant huit heures, en tube scellé à 120°, 10 parties de naphtylamine, 15 parties de bromure d'éthyle et une petite quantité d'alcool.

D'après Friedländer et Welmans [*D. chem. G.*, **21**, 3123, 1888] il se forme dans ces conditions surtout de la mono-éthylnaphtylamine; le dérivé diéthylé s'obtient le mieux en chauffant à 100-120° de l'α-naphtylamine avec 2 molécules de soude caustique, une petite quantité d'eau et la quantité théorique de bromure ou d'iodure d'éthyle. C'est une huile claire, brunissant à l'air, d'une densité de 1,005 et distillant à 283-285°.

Chlorhydrate, $C^{10}H^7Az(C^2H^5)^2HCl$. — Il cristallise en feuillets brillants.

Chloroplatinate, $[C^{10}H^7Az(C^2H^5)^2.HCl]^2PtCl^4$. — Feuillets soyeux, jaune d'or.

Le *sulfate* cristallise en prismes épais, facilement solubles dans l'eau.

La diéthylnaphtylamine fournit d'une manière analogue à la diméthylnaphtylamine un *dérivé nitrosé*; elle se combine avec les dérivés azoïques pour donner des matières colorantes; celles-ci fournissent par réduction l'*amido-diéthyl-naphtylamine* dont le *dérivé acétylé* $C^{10}H^6AzH C^2H^3OAz(C^2H^5)^2$ fond à 160°.

Acide diéthylnaphtylamine-carbonique,

$$C^{10}H^6Az(C^2H^5)^2COOH.$$

— Il prend naissance par l'action de l'oxychlorure de carbone sur la diéthylnaphtylamine, et cristallise en feuillets blancs, fusibles à 166°. Son sel double de platine est en aiguilles oranges.

Dérivés sulfoniques. — Fussgänger [*D. chem. G.*, **35**, 976, 1902] obtient ces dérivés soit en sulfonant l'α-diéthylnaphtylamine, soit en traitant les acides naphtylamine-sulfoniques par l'iodure d'éthyle.

Bromure de triéthyl-α-naphtylammonium, $C^{10}H^7Az(C^2H^5)^3Br$. — Il se forme en petite quantité dans la préparation de la diéthylnaphtylamine. Feuillets soyeux que les alcalis n'attaquent pas.

Iodure de triéthyl-α-naphtylammonium, $C^{10}H^7Az(C^2H^5)^3I$.— Obtenu comme le précédent. Il cristallise en cubes facilement solubles dans l'alcool, fusibles à 98-100°.

Propyl-α-naphtylamine, $C^{10}H^7AzH.C^3H^7$. — Bischoff et Mintz [*D. chem. G.*, **25**, 2324, 1892] obtiennent ce dérivé en distillant rapidement l'acide α-naptylaminobutyrique. Huile distillant à 318° sous 771 millimètres.

Dipropyl-α-naphtylamine, $C^{10}H^7Az(C^3H^7)^2$. — Huile épaisse distillant au-dessus de 300° en se décomposant [Cohn, *Mon. f. Chem.*, **16**, 804].

Phényl-α-naphtylamine, $C^{10}H^7.AzH.C^6H^5$. — (Voy. 1er Suppl., 1066.)

Outre le mode de préparation décrit, cette base peut être obtenue en chauffant l'α-naphtol avec de l'aniline ou son chlorhydrate, ou en chauffant 1 molécule d'α-naphtol, 2 molécules d'aniline et 1 molécule de chlorure de calcium pendant 9 heures à 280°.

Elle fond à 60° [Friedländer, *D. chem. G.*, **16**, 2075, 1883]. Son *dérivé acétylé*

$$C^{10}H^7.Az\genfrac{}{}{0pt}{}{\diagup CO.CH^3}{\diagdown C^6H^5}$$

forme des cristaux fusibles à 115° [Streiff, *Ann. Chem.*, **209**, 154, 1881]. — Lorsqu'on agite avec du nitrite de sodium pulvérisé la phényl-α-naphtylamine en solution dans l'acide acétique cristallisable, et qu'on abandonne au repos pendant quelques jours à une température peu élevée, il se forme la *nitrosamine* qui cristallise en feuillets jaune-rouge fusibles à 92° [Fischer et Hepp, *D. chem. G.*, **20**, 1247, 1887 et *Bull. Soc. Chim.*, **48**, 412, 1887; et O. Fischer, *Ann. Chem.*, **286**, 183, 1895]. Ce dérivé fournit par transposition, au moyen de l'alcool et de l'acide chlorhydrique, la *p-nitroso-phényl-α-naphtylamine* $C^{10}H^6.AzO.AzH.C^6H^5$ qui cristallise dans l'alcool méthylique en feuillets jaune-brun ou en aiguilles fusibles à 150°. Son *chlorhydrate* est en feuillets verts; chauffé avec de l'aniline et de l'acide acétique cristallisable il donne la *rosinduline*, matière colorante cristallisée en feuillets grenats, fusibles à 235°.

Par l'action de l'aniline sur la 1.1.3-trichloro-2-cétonaphtaline, on obtient un dérivé de la phénylnaphtylamine, soit une *dichloro-oxyphénylnaphtylamine*

$$C^6H^4\genfrac{}{}{0pt}{}{\diagup CCl = C.OH}{\diagdown C = CCl}$$
$$\qquad\quad |$$
$$\qquad\quad AzH.C^6H^5$$

aiguilles fines ou gros prismes fusibles à 152° dont un *dérivé acétylé* cristallise en prismes fusibles à 164° [Zincke et Kegel, *D. chem. G.*, **21**, 3540, 1888].

Aminophényl-α-naphtylamine. Dérivé métaminé (α-naphtylmétaphénylènediamine),

[Formule développée : noyau naphtalénique — AzH — noyau benzénique portant AzH²]

— Cette substance a été préparée par Merz et Strasser [*J. prakt. Chem.*, (2), **60**, 345-365, 1899 et *Chem. Centr. Bl.*, **1**, 349, 1900] en chauffant pendant 20 heures à 270-300°, dans un courant d'acide carbonique, parties égales de métaphénylènediamine et d'α-naphtol. On distille les produits non transformés, on traite par HCl et on fait cristalliser la base dans le benzène; elle cristallise en prismes fondant à 94,5-95°, distille sous 12 millimètres à 275-280°, donne avec les acides des sels décomposés par l'eau bouillante. Sa solution dans l'acide sulfurique, avec une trace de $NaAzO^2$, devient verte, puis enfin grise; de même avec $KAzO^3$, sauf que la teinte grise est remplacée par une coloration noire. Dans la préparation de cette substance un excès d'α-naphtol donne la *dinaphtylmétaphénylènediamine* $C^{26}H^{20}Az^2$ qui, fraîchement distillée dans le vide, cristallise en aiguilles fondant à 100°. Ce corps n'a presque pas de propriétés basiques. L'α-naphtylmétaphénylène-diamine, chauffée avec le β-naphtol, donne l'*α-β-dinaphtylmétaphénylène-diamine*, cristallisant dans le benzène en petites aiguilles fondant à 140°.

Aminophényl-α-naphtylamine. Dérivé paraminé (α-naphtylparaphénylènediamine). Elle se prépare comme le dérivé précédent en remplaçant la métadiamine par la paraphénylène-diamine. Paillettes incolores fondant à 80,5-81° et distillant à 275-280° sous 12 millimètres, solubles dans le benzène et l'alcool. Les sels (chlorhydrate et sulfate) sont décomposés par l'eau. Elle donne une coloration violette avec AzO^2Na en solution sulfurique. Son *dérivé acétylé* fond à 162°,5, cristallise en fines aiguilles groupées en étoiles. En employant un excès d'α-naphtol on obtient la *dinaphtylparaphénylènediamine*, $C^{26}H^{20}Az^2$, base faible, cristallisant dans le benzène en aiguilles fondant à 205°,5. L'α-naphtylparaphénylène-diamine, chauffée avec le β-naphtol à 300°, donne l'*α-β-dinaphtylparaphénylènediamine* en paillettes brillantes fondant à 204°.

o-p-Dinitrophényl-α-naphtylamine,

$$C^{16}H^{11}Az^3O^4.$$

— Heim [*D. chem. G.*, **21**, 2301, 1888] a préparé ce dérivé en chauffant sous pression à 120° 1 molécule de bromodinitrobenzène avec 1 molécule α-naphtylamine en solution alcoolique, ou en faisant bouillir une solution alcoolique de 1 molécule de bromodinitrobenzène avec 2 molécules d'α-naphtylamine. Il se sépare du produit de la réaction sous la forme d'une masse cristalline orange qu'on lave à l'eau chaude, puis à l'acide chlorhydrique, et qu'on purifie par cristallisation dans l'acide acétique cristallisable ou dans l'alcool absolu.

Il se présente alors sous forme d'aiguilles orange-rouge, brillantes, fusibles à 190°,5, facilement solubles dans le benzène, l'acétone, le chloroforme et à chaud dans l'alcool et l'acide acétique cristallisable. La potasse alcoolique le dissout en rouge foncé et l'acide sulfurique concentré en bleu foncé. Il fournit par réduction partielle au moyen du sulfure d'ammonium la *nitro-amino-phényl-α-naphtylamine*, $C^{16}H^{13}Az^3O^2$, aiguilles jaune foncé, fusibles à 145-147°, difficilement solubles dans l'eau chaude, facilement solubles dans l'alcool et l'acide acétique cristallisable, qui donnent avec l'acide sulfurique concentré une coloration vert foncé, puis bleu foncé; l'eau précipite de la solution des flocons rouge-brun. Le composé en question donne par l'action de l'acide nitreux la *nitro-azo-imido-phényl-α-naphtylamine*, $C^{16}H^{10}Az^4O^2$, aiguilles fusibles à 182°, solubles dans l'acide sulfurique concentré avec une coloration vert foncé; l'eau précipite de cette solution la substance non modifiée.

Diphényl-α-naphtylamine, $C^{10}H^7.Az(C^6H^5)^2$.

— Herz [*D. chem. G.*, **23**, 2541, 1890] l'obtient en ajoutant, à une solution bouillante de 20 grammes de diphénylamine dans 15 grammes d'aniline, 3gr,5 de potassium, et en y introduisant 20 gr. d'α-bromo-naphtalène. On chasse l'aniline et distille le résidu sous une pression de 85 millimètres. La diphénylnaphtylamine cristallise dans l'alcool en aiguilles brillantes fusibles à 142° et distillant à 335-340° sous 80-85 millimètres de pression.

Tolyl-α-naphtylamines, $C^{10}H^7AzH \cdot C^6H^4CH^3$.

Dérivé ortho. — E. Friedländer [*D. chem. G.*, **16**, 2075, 1883] prépare cette base en chauffant 1 molécule d'α-naphtol, 2 molécules d'o-toluidine et 1 molécule de chlorure de calcium pendant 9 heures à 280°. On obtient un rendement de 37 0/0 de la théorie.

Elle cristallise en aiguilles fusibles à 94-95°, facilement solubles à froid dans l'alcool, l'éther ou le benzène.

Dérivé méta. — Reverdin et Crépieux [*D. chem. G.*, **33**, 2508, 1900] en préparent le *dérivé dinitré*

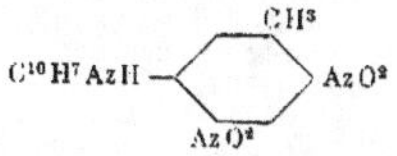

$C^{10}H^7AzH$ — CH^3, AzO^2, AzO^2

en faisant réagir le 2.4.5 dinitrochlorotoluène sur l'α-naphtylamine en présence d'acétate de sodium à 160° en tube scellé. Ce dérivé cristallise dans l'acétone en aiguilles brunâtres fusibles à 182°.

Dérivé para. — Préparé de la même manière que le dérivé ortho, ainsi que par Girard et Vogt [*Bull. Soc. Chim.*, **18**, 68, 1872] en chauffant le chlorhydrate de p-toluidine avec de l'α-naphtylamine, il cristallise en prismes fusibles à 78,5-79° et distille à 236° sous 15 millimètres de pression, et à 360° sous 528 millimètres. La p-tolyl-α-naphtylamine est peu soluble dans l'alcool froid et la ligroïne, facilement soluble dans l'alcool bouillant, l'éther et le benzène, et elle fournit en solution dans l'acide sulfurique une coloration brune passant au vert, puis de nouveau au brun lorsqu'on l'additionne d'acide nitrique. Son *dérivé acétylé* fond à 124°; son *dérivé benzoylé* $C^{10}H^7Az(COC^6H^5)C^6H^4CH^3$, à 140° [Gnehm et Rübel, *J. prakt. Chem.*, (2), **64**, 497, 1901]. Traitée par l'acide nitreux elle fournit la *nitrosamine* $C^{10}H^7Az(AzO)C^6H^4CH^3$, cristaux jaune d'or fusibles à 102°, qui se transforment en *nitrosonaphtyltolylamine*

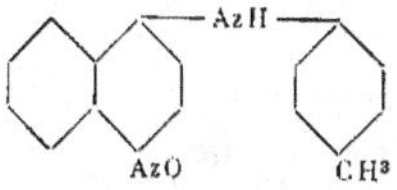

— AzH —, AzO, CH^3

par l'acide chlorhydrique alcoolique à froid; ce dérivé nitrosé cristallise en aiguilles rouge sang fusibles à 161° (Gnehm). Traitée en solution acétique par l'acide nitrique, elle fournit un *dérivé nitroacétylé* fusible à 240°, qui par saponification donne la *mononitrotolylnaphtylamine*, poudre jaune fusible à 114° (Gnehm). En employant une plus grande proportion d'acide nitrique, on obtient son *dérivé trinitré* fusible à 245°. — Avec le brome elle fournit un *dérivé monobromé* fusible à 220° et un *dérivé tétrabromé* fusible à 162° (Gnehm).

Benzyl-α-naphtylamine $C^{10}H^7AzH \cdot CH^2C^6H^5$. (Voy. 1er Suppl., 1066). — On l'emploie pour la fabrication des oxazines (Brevet allemand 60 922) et des eurhodines de Witt (Brevet allemand 75 911). En remplaçant le chlorure de benzyle par ses dérivés nitrés, Darier et Manassewitch [*Bull. Soc. Chim.*, (3), **27**, 1055, 1902] ont préparé : 1° l'*o-nitrobenzyl-α-naphtylamine*

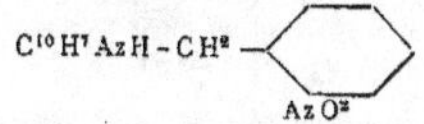

aiguilles jaune d'or, fusibles à 97°, solubles dans l'alcool, dont le *dérivé acétylé* $C^{10}H^7Az(CO.CH^3)CH^2C^6H^4AzO^2$ cristallise en paillettes incolores fusibles à 130°; 2° la *m-nitrobenzyl-α-naphtylamine*, prismes jaune orangé fusibles à 94°, *dérivé acétylé* en aiguilles jaunes fusibles à 109-110°; et 3° la *p-nitrobenzyl-α-naphtylamine*, paillettes jaune orangé fusibles à 126-127° dont le *dérivé acétylé* cristallise en aiguilles blanches fusibles à 112-113°. Le *dérivé dinitré*

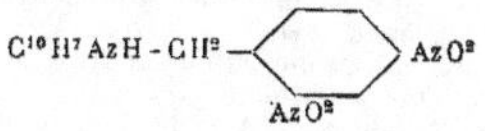

$C^{10}H^7AzH - CH^2$ — AzO^2, AzO^2

a été obtenu par Friedländer et Cohn [*D. chem. G.*, **35**, 1265, 1902], en traitant l'α-naphtylamine par le chlorure de benzyle dinitré correspondant; c'est un corps rouge fusible à 164°.

Enfin Sachs et Goldmann [*D. chem. G.*, **35**, 3319] obtiennent la *cyanobenzyl-α-naphtylamine* $C^{10}H^7AzH.CH(CAz)C^6H^5$ en chauffant 1 molécule de benzaldéhyde-cyanhydrine avec 1 molécule d'α-naphtylamine; ce corps se présente sous forme de paillettes incolores fusibles à 113°, et fournit par oxydation avec le permanganate la *cyanobenzylidène-α-naphtylamine* $C^{10}H^7Az{=}C(CAz).C^6H^5$, aiguilles orangées fusibles à 103°.

Xylyl-α-naphtylamine,

$$C^{10}H^7AzH \cdot CH^2C^6H^4CH^3.$$

— Scholtz [*D. chem. G.*, **31**, 423, 1898] en obtient le *dérivé bromé* $C^{10}H^7AzH \cdot CH^2C^6H^4CH^2Br$ en traitant l'α-naphtylamine par le dibromure d'o-xylène $C^6H^4(CH^2Br)^2$; c'est une poudre cristalline fusible à 240-242°.

Cinnamyl-α-naphtylamine, $C^{10}H^7AzC^9H^8$. — Elle se forme par l'action du cinnamol sur l'α-naphtylamine et cristallise en feuillets ou en aiguilles fusibles à 65°. Elle fournit un *dérivé dibromé* fusible à 154° en se décomposant [H. Schiff, *Ann. Chem.*, **239**, 384, 1887].

Benzylidène-α-naphtylamine,

$$C^{10}H^7Az = CH \cdot C^6H^5.$$

— En faisant réagir la benzaldéhyde sur le sulfite d'α-naphtylamine, Papasogli [*Ann. Chem.*, **171**, 137] a obtenu un *sulfite de benzoyl-naphtylamine* $C^{10}H^9Az \cdot H^2SO^3 \cdot C^7H^6O$, qui fournit par élimination d'eau et d'acide sulfureux la base ci-dessus, sous la forme d'une poudre jaune clair.

α-Dinaphtylamine $(C^{10}H^7)^2AzH$. — (Voy. Suppl., **2**, 1066.) — Outre les modes de préparation indiqués, la dinaphtylamine se forme encore en chauffant à 270° l'α-naphtol avec de l'acétate de sodium et du chlorhydrate d'ammoniaque [Calm, *D. chem. G.*, **15**, 609, 1882], en chauffant à 280° l'α-naphtylamine avec du chlorure de calcium et du chlorure de zinc [Benz, *D. chem. G.*, **16**, 8, 1883] et en chauffant à 260° l'α-naphtylamine avec de l'α-naphtol et du chlorure de calcium.

L'α-dinaphtylamine fond à 113° et distille à 310-315° à 15 millimètres de pression. Son *dérivé acétylé* $(C^{10}H^7)^2AzC^2H^3O$ fond à 217°.

α-Dinaphtylnitrosamine $C^{10}H^7Az(AzO)C^{10}H^7$. — Préparée par l'action du nitrite de sodium sur la dinaphtylamine en solution dans l'acide acétique [Fischer et Hepp, *D. chem. G.*, **20**, 1247, 1887 et *Bull. Soc. Chim.*, **48**, 412, 1887; et Massao Ikuta, *Ann. Chem.*, **243**, 300, 1888], elle fournit par transposition au moyen de l'alcool et de l'acide chlorhydrique la *p-nitroso-α-dinaphtylamine* AzO . $C^{10}H^6$. AzH$C^{10}H^7$ dont le *chlorhydrate* se présente sous la forme de cristaux verts. La base elle-même cristallise en grosses aiguilles prismatiques, rouges, fusibles à 169°.

Elle est insoluble dans l'eau, facilement soluble dans l'alcool et le benzène; ses solutions sont suivant leur concentration rouge-jaune ou rouge foncé. Elle donne par décomposition au moyen de l'acide sulfurique étendu du nitrosonaphtol-1.4 et de l'α-naphtylamine [Wacker, *Ann. Chem.*, **243**, 301, 1888].

Amido-α-dinaphtylamine $C^{10}H^7$.AzH^2.AzH.$C^{10}H^7$ — Elle se forme par réduction du dérivé nitrosé ci-dessus, soit au moyen du chlorure stanneux, soit au moyen du sulfure d'ammonium sur sa solution alcoolique.

Elle cristallise dans le benzène en cristaux durs, jaunâtres, solubles dans l'alcool, l'éther, le benzène, difficilement dans la ligroïne; en ajoutant de l'acide chlorhydrique à sa solution dans l'éther, on obtient un *chlorhydrate*.

Elle se comporte envers les agents oxydants comme les diamines, c'est-à-dire qu'elle donne des réactions colorées.

ÉTHYLÈNE-α-NAPHTYLDIAMINE,

$$C^{10}H^7AzH . CH^2 . CH^2 . AzH^2.$$

— Newmann [*D. chem. G.*, **24**, 2199, 1891] l'obtient en chauffant à 150-160°, avec l'acide chlorhydrique concentré, l'α-naphtylaminoéthylphtalimide $C^{10}H^7$AzH . CH^2 . CH^2 . Az = $C^8H^4O^2$. Son *picrate* $C^{12}H^{14}Az^2$. $C^6H^3Az^3O^7$ cristallise en aiguilles rouges fusibles à 211°.

ÉTHYLÈNE-α-DINAPHTYLAMINE,

$$C^2H^4(C^{10}H^7AzH)^2.$$

Bischoff et Nastvogel [*D. chem. G.*, **23**, 2039, 1890] l'obtiennent en traitant à 130° l'α-naphtylamine par le bromure d'éthylène en présence d'acétate de sodium sec. Elle cristallise dans l'alcool absolu et fond à 127°. Elle forme des sels avec les acides [Bischoff et Hausdörfer, *ibid.*, **25**, 3265, 1892]. En chauffant de la même manière quantités moléculaires égales d'α-naphtylamine et de bromure d'éthylène, Bischoff [*ibid.*, **22**, 1782, 1889] obtient la *diéthylène-α-dinaphtyldiamine*

$$C^{10}H^7-Az \lt \begin{matrix} CH^2 \cdot CH^2 \\ CH^2 \cdot CH^2 \end{matrix} \gt Az-C^{10}H^7$$

(dinaphtylpipérazine). Elle cristallise en prismes fusibles à 265°.

PROPYLÈNE-α-DINAPHTYLDIAMINE,

$$C^{10}H^7AzH . CH(CH^3)CH^2 . AzH . C^{10}H^7.$$

Trapesonzjanz [*D. chem. G.*, **25**, 3278, 1892] la prépare en chauffant à 165° pendant 1 h. 1/2 l'α-naphtylamine et le dibromopropane avec du carbonate de soude calciné. Masse vitreuse jaune.

DÉRIVÉS ACIDES DE L'α-NAPHTYLAMINE. — (Voy. 1er Suppl., 1065).

THIONYL-α-NAPHTYLAMINE, $C^{10}H^7$Az=SO. — Michaelis [*Ann. Chem.*, **274**, 253, 1893] obtient ce dérivé en faisant bouillir en solution benzénique 1 molécule d'α-naphtylamine et 1 molécule de $SOCl^2$. Aiguilles rouges fusibles à 33°, bouillant à 220° sous 100 millimètres de pression. En remplaçant la naphtylamine par la 4-nitronaphtylamine et la 5-nitronaphtylamine, il obtient respectivement la *4-nitro* et la *5-nitrothionyl-α-naphtylamine*, fusibles la première à 89°, la seconde à 134-135°.

ACIDE α-NAPHTYLSULFAMINIQUE [Syn : acide thionaphtamique] $C^{10}H^7$AzH . SO^3H — Piria [*Ann. Chem.*, **78**, 54] l'obtient à l'état de sel ammoniacal en traitant l'α-nitronaphtalène par le sulfite d'ammonium. Cet acide n'est stable que sous forme de sel; à l'état libre il se décompose en sulfate de naphtylamine [Ruijter de Wild, *Rec. Pays-Bas*, **23**, 173]. Son *sel ammoniacal* fond à 185-187° en se décomposant, son *sel de baryum* cristallise avec 3 molécules d'eau [Paal et Jaenicke, *D. chem. G.*, **28**, 3160, 1895; Tobias, Brevet allemand 79132].

α-NAPHTALIDE-ORTHOPHOSPHORIQUE,

$$PO(AzHC^{10}H^7)^3.$$

— Rudert [*D. chem. G.*, **26**, 573, 1893] prépare ce dérivé en chauffant 57 grammes d'α-naphtylamine avec 10 grammes de $POCl^3$. Aiguilles solubles dans l'acide acétique, fusibles à 216°.

SILICO-α-TÉTRANAPHTYLAMIDE, Si(AzH . $C^{10}H^7)^4$. — Reynolds [*Chem. Soc.*, **55**, 482, 1889] obtient ce dérivé en traitant l'α-naphtylamine par le $SiCl^4$, en solution benzénique. Corps cristallin.

FORMYL-α-NAPHTALIDE, $C^{10}H^7$AzH . COH. — (Voy. Dict., **1**, 1487]. — Tobias [*D. chem. G.*, **15**, 2447, 1882] l'obtient en faisant chauffer l'α-naphtylamine avec l'acide formique. Elle fond à 138°,5; elle forme des sels avec les métaux : Na, Ag, Hg, etc. [Comstock, Wheeler, *Am. Chem. Journ.*, **13**, 515; **18**, 447 et **23**, 466]. Traitée par l'hypochlorite, elle fournit le *dérivé chloré* $C^{10}H^7$. Az . Cl . COH, fusible à 63° [Slosson, *Am. Chem. Journ.*, **29**, 289]. Son *dérivé 4-bromé* fond à 172° [Chattaway, *D. chem. G.*, **33**, 2399, 1900].

ACÉTYL-α-NAPHTALIDE, $C^{10}H^7$AzH.CO.CH^3 (déjà décrite). — Préparation avec l'acide acétique glacial [Liebermann, *Ann. Chem.*, **183**, 229, 1876]; avec l'anhydride acétique [Pinnow, *D. chem. G.*, **33**, 418, 1900]. Solubilité dans l'alcool [Holleman, *Rec. Pays-Bas*, **13**, 289]. *Sel de mercure* [Prussia, *Gazz. chim. ital.*, **28**, II, 127, 1898]. Combinaison avec la soude caustique et l'éthylate de sodium [Cohen, *Chem. Soc.*, **69**, 93, 1896 et **73**, 161, 1898]. Traitée par l'hypochlorite, elle fournit le *dérivé chloré* $C^{10}H^7$AzCl.COCH^3 fusible à 75° [Slosson, *loc. cit.*]. Litt. : [Calm, *D. chem. G.*, **15**, 609, 1882 et Kelbe, *ibid.*, **16**, 1200].

4-Chloro-1-acétylnaphtalide, $C^{10}H^6$Cl . AzH . COCH^3. — Reverdin et Crépieux [*D. chem. G.*, **33**, 682, 1900] l'obtiennent en faisant réagir $NaClO^3$ + HCl sur l'acétylnaphtalide en solution acétique à 40°. Aiguilles fusibles à 186° 5.

2.4-Dichloro 1-acétylnaphtalide, $C^{10}H^5Cl^2$AzH . COCH^3. — Clève [*D. chem. G.*, **20**, 448, 1887] l'obtient en faisant passer 2 molécules de chlore dans une solution acétique d'acétylnaphtalide. Aiguilles fusibles à 214°.

3-Bromo-1-acétylnaphtalide, $C^{10}H^6$BrAzH . COCH^3 — Meldola [*Chem. Soc.*, **47**, 509, 1885] l'obtient en traitant la 3-bromo-1-naphtylamine par l'anhydride acétique. Aiguilles fusibles à 187°.

4-Bromo-1-acétylnaphtalide, $C^{10}H^6$Br . AzH . COCH^3 (déjà décrite). — Elle cristallise en aiguilles fusibles à 193° [Meldola, *D. chem. G.*, **11**, 1906, 1878; — Prager, *ibid.*, **18**, 2159, 1885; — Cohen et Brittain, *Chem. Soc.*, **73**, 161, 1898].

Dibromacétylnaphtalide, $C^{10}H^5Br^2$AzH.COCH^3. — Le dérivé 2.4 fondant à 225° a déjà été décrit, le dérivé 3.8 ou 3.5 a été obtenu par Meldola [*Chem. Soc.*, **47**, 514, 1885] en bromant la 3-bromo-1-acétylnaphtalide. Elle fond à 221°.

4-Iodo-1-acétylnaphtalide, $C^{10}H^6$I . AzH . COCH^3. — Meldola et Streatfield [*Chem. Soc.*, **67**, 912, 1895] l'obtiennent en traitant une solution acétique d'acétylnaphtalide par le chlorure d'iode, ou en traitant la 4.1-iodonaphtylamine par l'anhydride acétique [Meldola, *ibid.*, **47**, 523, 1885]. Elle cristallise dans l'alcool en aiguilles fusibles à 196°. Traitée par l'acide nitrique elle fournit la 4.2.1-*iodonitroacétylnaphtalide*, cristallisant dans l'alcool en aiguilles jaune paille fusibles à 242°.

Nitroacétyl-α-naphtalides, $C^{10}H^{6}AzO^{2}.AzH.CO.CH^{3}$. — Les deux isomères décrits (1er Suppl., 1065) comme ayant le même point de fusion, 171°, peuvent être séparés d'après Lellmann et Remy [*D. chem. G.*, **19**, 796, 1886] en deux corps, le dérivé 2.1, fondant à 199°, et le dérivé 4.1, à 190°. On les sépare soit mécaniquement soit en traitant le mélange des deux corps dissous dans l'alcool par la potasse aqueuse, au bain-marie. Dans ces conditions le dérivé 4.1 seul est saponifié.

2.4-*Dinitro-α-acétylnaphtalide*, $C^{10}H^{5}(AzO^{2})^{2}AzH.COCH^{3}$ (déjà décrite, 1er Suppl., 1065). Littérature, voy. Meldola [*D. chem. G.*, **19**, 2683, 1886] et Ebell [*Ann. Chem.*, **208**, 330, 1881].

Diacétyl-naphtalide, $C^{10}H^{7}Az(COCH^{3})^{2}$. — On l'obtient en chauffant longtemps l'α-naphtylamine avec un excès d'anhydride acétique. Prismes incolores fusibles à 130° [Bamberger, *D. chem. G.*, **32**, 1803, 1899; — Sudborough, *Centr. Blatt*, **1**, 836, 1901].

2-*Nitrodiacétyl-α-naphtalide*, $C^{10}H^{6}.AzO^{2}.Az(COCH^{3})^{2}$. — Obtenue par Lellman et Remy [*D. chem. G.*, **19**, 807, 1886] en traitant la 2.1-nitronaphtylamine par un excès d'anhydride acétique. Prismes jaunes fusibles à 115°.

4-*Nitrodiacétyl-α-naphtalide*. — Obtenue comme la précédente à partir de la 4.1-nitronaphtylamine; aiguilles jaunes ou prismes fusibles à 144°.

Thiacétyl-α-naphtalide, $C^{10}H^{7}AzH.CS.CH^{3}$. — Obtenue par Bernthsen et Trompetter [*D. chem. G.*, **11**, 1760, 1878] en chauffant à 100° l'α-naphtyléthénylamidine avec du sulfure de carbone, ou en fondant l'acétylnaphtalide avec du pentasulfure de phosphore [Jacobsen, *D. chem. G.*, **20**, 1895, 1887]. Elle cristallise en feuillets fusibles à 110-111°.

Naphtalide de l'acide α-bromopropionique, $C^{10}H^{7}AzH.CO.CHBr.CH^{3}$. — Ce dérivé cristallise dans le chloroforme en petites aiguilles fusibles à 158° [Tigerstedt, *D. chem. G.*, **25**, 2922, 1892].

Naphtalide de l'acide α-bromobutyrique, $C^{10}H^{7}AzH.CO.CHBrCH^{2}.CH^{3}$. — Aiguilles fusibles à 151°, solubles dans l'alcool [Tigerstedt, *loc. cit.*].

Naphtalide de l'acide α-bromisobutyrique, $C^{10}H^{7}AzH.CO.CBr(CH^{3})^{2}$. — Aiguilles fusibles à 116°, solubles dans le chloroforme (Tigerstedt).

Naphtalide de l'acide β-chlorocrotonique,

$$\begin{array}{r}
H\quad Cl\\
|\quad\ |\\
C^{10}H^{7}AzH.COC=C\\
|\\
CH^{3}
\end{array}$$

— Prismes solubles dans l'alcool, fusibles à 169-170° [Autenrieth, *D. chem. G.*, **29**, 1669, 1896].

Naphtalide de l'acide β-chlorisocrotonique,

$$\begin{array}{r}
H\quad CH^{3}\\
|\quad\ |\\
C^{10}H^{7}AzH.COC=C\\
|\\
Cl
\end{array}$$

— Aiguilles plates cristallisant dans l'alcool dilué, fusibles à 155° [Autenrieth, *loc. cit.*].

Naphtalide de l'acide isovalérique, $C^{10}H^{7}AzH.CO.C^{4}H^{9}$. — Elle cristallise dans le benzène en aiguilles brillantes, fusibles à 125-126° [Meldola, *D. chem. G.*, **27**, 593, 1894]. Son *dérivé dinitré* obtenu en la traitant en solution acétique par 2 molécules d'acide nitrique cristallise en aiguilles brillantes, fusibles à 218°.

Naphtalide de l'acide α-bromoisovalérique, $C^{10}H^{7}AzH.COCHBr.CH(CH^{3})^{2}$. — Point de fusion 172° [Bischoff, *D. chem. G.*, **31**, 3237, 1898].

Naphtalide de l'acide isolauronolique, $C^{10}H^{7}AzH.COC^{8}H^{13}$. — Aiguilles fusibles à 148-149° [Blanc, *Ann. Chim. Phys.*, (7), **18**, 233].

Naphtalide de l'acide glycolique, $C^{10}H^{7}AzH.CO.CH^{2}OH$. — Obtenue par Bischoff et Walden [*Ann. Chem.*, **279**, 67, 1894], elle cristallise dans l'acétone en tables fusibles à 128°.

Naphtalide de l'acide lactique, $C^{10}H^{7}AzH\ COCH(OH)CH^{3}$. — Elle cristallise dans l'alcool dilué en prismes fusibles à 108° [Bischoff et Walden, *loc. cit.*].

Naphtalide de l'acide α-oxybutyrique, $C^{10}H^{7}.AzH.CO.CH(OH)C^{2}H^{5}$. — Aiguilles fusibles à 96°, solubles dans l'alcool (B. et W.). Son *éther éthylique* $C^{10}H^{7}AzH.CO.CH(OC^{2}H^{5}).C^{2}H^{5}$ cristallise dans l'alcool en fines aiguilles fusibles à 79-80° [Tigerstedt, *D. chem. G.*, **25**, 2925, 1892].

Naphtalide de l'acide α-oxyisobutyrique, $C^{10}H^{7}AzH.COC(OH)(CH^{3})^{2}$. — Tables fusibles à 159-161° (B. et W.). Son *éther éthylique* $C^{10}H^{7}AzH.CO.C(OC^{2}H^{5})(CH^{3})^{2}$ cristallise en prismes fusibles à 74-76° [Tigerstedt, *loc. cit.*].

Acide α-naphtylamido-oxalique, $C^{10}H^{7}AzH.COCO^{2}H$. — Ballo [*D. chem. G.*, **6**, 241] obtient l'*éther éthylique* de cet acide en chauffant l'α-naphtyl-amine avec l'éther oxalique; en ajoutant de l'alcool au mélange avant de chauffer on obtient le sel de naphtylamine de l'*acide naphtyloxaminique*. Friedländer et Weisberg [*D. chem. G.*, **28**, 1839, 1895] l'obtiennent en chauffant à 145° l'α-naphtylamine avec l'acide oxalique. Cet acide se présente sous forme d'aiguilles fusibles à 180° en se décomposant. L'*éther éthylique* cristallise dans l'alcool en aiguilles fusibles à 106°, il se combine avec l'hydroxylamine [Pickard et Carter, *Chem. Soc.*, **79**, 841, 1901].

En nitrant l'acide en question, Lange (Brevet allemand 58227) obtient l'*acide 4-nitro-α-naphtyloxaminique*, aiguilles jaunes fusibles à 190-195°.

Oxalylnaphtalide, $(C^{10}H^{7}AzH)^{2}C^{2}O^{2}$. — Zinin [*Ann. Chem.*, **108**, 228] l'obtient en chauffant l'α-naphtylamine avec l'acide oxalique à 200°; Meyer et Müller [*D. chem. G.*, **30**, 770, 1897] en la chauffant avec l'éther oxalique. Aiguilles fusibles à 234°.

Acide α-dinaphtylparabamique,

$$\begin{array}{c}
\diagup CO \diagdown\\
C^{10}H^{7}.Az-CO-CO-Az.C^{10}H^{7}
\end{array}$$

— Ewers [*D. chem. G.*, **21**, 973, 1888] obtient ce dérivé en faisant passer un courant de cyanogène dans une solution alcoolique de l'éther

$$C^{10}H^{7}Az=C\begin{array}{l}\diagup AzH.C^{10}H^{7}\\ \diagdown SCH^{3}\end{array}$$

puis en traitant le produit formé par HCl. Aiguilles fusibles à 246°, solubles dans l'alcool.

Acide α-naphtylamido-succinique, $C^{10}H^{7}AzH.CO.(CH^{2})^{2}CO^{2}H$. — Pellizzari et Matteucci [*Ann. Chem.*, **248**, 158, 1888] le préparent en dissolvant le succinylnaphtyle dans une solution chaude de potasse caustique et en précipitant par HCl. Il cristallise dans l'alcool en aiguilles brillantes fusibles à 171°.

α-Naphtylsuccinimide, $C^{10}H^{7}Az=C^{4}H^{4}O^{2}$. — Hübner et Hannemann [*D. chem. G.*, **10**, 1713, 1877] l'obtiennent en chauffant pendant 12 heures à 190° quantités équivalentes d'acide succinique et d'α-naphtylamine. Il se forme en même temps de la succine-naphtalide qu'on sépare en traitant par l'alcool bouillant dans lequel elle est insoluble. Pellizzari et Matteucci [*loc. cit.*] l'obtiennent également en faisant réagir le naphtionate de soude sur l'acide succinique à 170°. Aiguilles fusibles à 153°. L'acide nitrique concentré fournit un *dérivé dinitré* $C^{10}H^{5}(AzO^{2})^{2}Az=C^{4}H^{4}O^{2}$, aiguilles jaune gris qui se décomposent vers 250°.

α-Succine-naphtalide,

$$C^{10}H^{7}AzH.CO.CH^{2}.CH^{2}.CO.AzHC^{10}H^{7}.$$

— Préparation. voyez ci-dessus α-naphtylsuccinimide; aiguilles fusibles en se décomposant à 285°, très peu solubles dans les différents solvants. Traitée par l'acide nitrique concentré, en présence d'acide acétique glacial, elle fournit un mélange de *tétranitrosuccine-naphtalide*, fusible à 225° en se décomposant, et d'*octonitro-succine-naphtalide*, se décomposant à 256° (Hubner).

Acide α-naphtylamido-diméthylsuccinique, $C^{10}H^{7}AzH.COC^{2}H^{2}(CH^{3})^{2}-CO^{2}H$. — [Kerp, *D. chem. G.*, **30**, 616, 1897]. Aiguilles fusibles à 154-155°.

α-Naphtyldiméthylsuccinimide,

$$C^{10}H^{7}Az\begin{matrix}\nearrow CO-C=(CH^{3})^{2}\\ \searrow CO-CH^{2}\end{matrix}$$

[Kerp, *loc. cit.*]. — Corps fusible à 135-136°.

NAPHTALIDE DE L'ACIDE FUMARIQUE,

$$(C^{10}H^{7}AzH)^{2}C^{4}H^{2}O^{2}.$$

— Poudre cristalline insoluble [Bischoff, *D. chem. G.*, **34**, 2005, 1901].

NAPHTALIDE DE L'ACIDE ITACONIQUE, $C^{10}H^{7}AzH.C^{5}H^{4}O^{2}.OH$. — [Scharfenberg, *Ann. Chem.*, **254**, 151, 1889]. — Poudre cristalline fusible à 205-206°, peu soluble dans l'éther.

Naphtalide de l'acide citraconique, $C^{10}H^{7}Az=C^{5}H^{4}O^{2}$. — [Morowski et Gläser, *Mon. f. Chem.*, **9**, 287]. Cristallise dans l'alcool en feuillets fusibles à 142-143°. Traitée par le brome, elle fournit un *dérivé 4-bromé* $C^{10}H^{6}BrAz=C^{5}H^{4}O^{2}$ fusible à 199°.

NAPHTALIDE DE L'ACIDE TARTRIQUE, $C^{10}H^{7}AzH.CO.CH.OH.CH.OH.COAzH.C^{10}H^{7}$. — Obtenue en chauffant à 180° une molécule d'acide tartrique et 2 molécules d'α-naphtylamine [Bischoff et Walden, *Ann. Chem.*, **279**, 148, 1894]. Aiguilles fusibles à 214°.

NAPHTALIDE DE L'ACIDE MALIQUE, $C^{10}H^{7}AzH.CO.CH^{2}.CH.OH.CO.AzH.C^{10}H^{7}$. — [Bischoff et Nastvogel, *D. chem. G.*, **23**, 2046, 1890 et **24**, 2005, 1891]; elle fond à 205°.

NAPHTALIDES DE L'ACIDE CITRIQUE. — En chauffant l'acide citrique avec l'α-naphtylamine à 140-150° pendant plusieurs heures, Hecht [*D. chem. G.*, **19**, 2617, 1886] obtient la *citrodinaphtylamide*

$$C^{10}H^{7}-AzH-CO-C^{3}H^{4}(OH)\begin{matrix}\nearrow CO\\ \searrow CO\end{matrix}\!\!>AzC^{10}H^{7}$$

paillettes fusibles à 194°. Chauffée avec l'ammoniaque concentré à 160° pendant 6 heures, elle se transforme en *acide α-dinaphtylamide-citrique*

$$(C^{10}H^{7}AzHCO)^{2}C^{3}H^{4}\begin{matrix}\nearrow OH\\ \searrow CO^{2}H\end{matrix}$$

aiguilles fusibles à 149°; en la traitant par l'α-naphtylamine à 160-170°, elle fournit la *citrotrinaphtylamide* $(C^{10}H^{7}AzH.CO)^{3}C^{3}H^{4}.OH$, prismes fusibles à 129°.

NAPHTALIDE DE L'ACIDE S-DIMÉTHYLGLUTARIQUE,

$$C^{10}H^{7}AzH.CO.CH(CH^{3})CH^{2}.CH\begin{matrix}\nearrow CH^{3}\\ \searrow CO^{2}H\end{matrix}$$

— [Auwers, *Ann. Chem.*, **285**, 238, 1895]. Aiguilles fusibles à 155°.

NAPHTALIMIDE DE L'ACIDE S-DIMÉTHYLGLUTARIQUE,

$$C^{10}H^{7}Az\begin{matrix}\nearrow CO.CH(CH^{3})\\ \searrow CO.CH(CH^{3})\end{matrix}\!\!>CH^{2}$$

— Paillettes fusibles à 199°, solubles dans l'alcool [Auwers, *loc. cit.*].

BENZOYL-α-NAPHTYLAMINE,

$$C^{10}H^{7}AzH.C^{6}H^{5}CO.$$

— (Voyez Suppl., **2**, 1066). D'après Just [*D. chem. G.*, **19**, 979, 1886], la benzoylnaphtylamine chauffée au bain-marie avec du pentachlorure de phosphore donne du *chlorure de benzoyl-α-naphtylaminimide* $C^{6}H^{5}CCl=AzC^{10}H^{7}$, fusible à 60°, qui, par l'action de l'éther malonique sodé, se transforme en *éther α-naphtylbenzénylmalonique*,

$$C^{10}H^{7}Az=C \text{—} CH(CO.OC^{2}H^{5})(COOC^{2}H^{5}),\quad C\text{—}C^{6}H^{5}$$

Phénylbenzoyl-α-naphtylamine, $C^{10}H^{7}Az(C^{6}H^{5})COC^{6}H^{5}$. — Obtenue par l'action du chlorure de benzoyle sur la phénylnaphtylamine; cristaux fusibles à 152° [Streiff, *Ann. Chem.*, **209**, 152, 1881].

Thiobenzoyl-α-naphtalide, $C^{10}H^{7}AzH.CS.C^{6}H^{5}$. — Obtenue par l'action du sulfure de carbone à 100° sur la naphtylbenzénylamidine [Bernthsen et Trompetter, *D. chem. G.*, **11**, 1761, 1878], et du pentasulfure de phosphore sur la benzoylnaphtylamine [Jacobsen, *D. chem. G.*, **20**, 1895, 1887]. Elle cristallise en aiguilles jaunes, fusibles à 147°,5-148°,5.

Benzoylméthyl-α-naphtylamine,

$$C^{10}H^{7}Az\begin{matrix}\nearrow CH^{3}\\ \searrow C^{6}H^{5}CO\end{matrix}$$

— Préparée par O. Hess [*D. chem. G.*, **18**, 687, 1885; *Bull. Soc. Chim.*, **45**, 583, 1886] en chauffant au bain d'huile à 170-190° du chlorure de benzoyle avec la diméthyl-α-naphtylamine. Le produit de la réaction, purifié par dissolution dans le benzène, se dépose par addition de ligroïne en cristaux fusibles à 121°, facilement solubles dans l'éther, l'acétone, le sulfure de carbone, l'alcool bouillant, moins solubles dans l'alcool froid.

α-NAPHTYLPHTALIMIDE,

$$C^{6}H^{4}\begin{matrix}\nearrow CO\\ \searrow CO\end{matrix}\!\!>AzC^{10}H^{7}$$

— Elle se forme par l'action de l'anhydride phtalique sur l'α-naphtylamine et fond à 180-181°. Les alcalis la transforment en acide *α-naphtylphtalamique*,

$$C^{6}H^{4}\begin{matrix}\nearrow COAzH.C^{10}H^{7}\\ \searrow COOH\end{matrix}$$

fusible à 183-185° [Piutti, *D. chem. G.*, **19**, 250, R., 1886; et *Gazz. chim. ital.*, **15**, 479, 1885].

α-NAPHTALIDE DE L'ACIDE BENZÈNE-SULFONIQUE, $C^{10}H^{7}AzH.SO^{2}C^{6}H^{5}$. — Elle cristallise dans l'alcool en aiguilles fusibles à 166-167° [Witt et Schmidt, *D. chem. G.*, **27**, 2370, 1894].

α-NAPHTALIDE DE L'ACIDE P-TOLUÈNE-SULFONIQUE, $C^{10}H^{7}AzH.SO^{2}C^{6}H^{4}.CH^{3}$. — Prismes fusibles à 157° [Witt et Schmidt, *loc. cit.*].

α-NAPHTALIDE DE L'ACIDE α-NAPHTALÈNE-SULFONIQUE, $C^{10}H^{7}AzH.SO^{2}C^{10}H^{7}$. — Obtenue par Carlesan [*Bull. Soc. Chim.*, **27**, 360] par l'action du chlorure de l'acide α-naphtalène-sulfonique sur l'α-naphtylamine; aiguilles fusibles à 82°. La naphtalide de l'acide β correspondant cristallise en aiguilles fusibles à 177°,5.

DÉRIVÉS CYANÉS DE L'α-NAPHTYLAMINE. *Cyan-α-naphtylamine*,

$$\begin{array}{c} C^{10}H^{7}AzH-C=AzH \\ | \\ C^{10}H^{7}AzH-C=AzH \end{array}$$

— Obtenue par Nordenskjold [Beilstein, Handbuch, **2**, 624] en laissant en contact pendant plusieurs semaines l'α-naphtylamine dissoute dans l'alcool étendu avec le cyanogène; cristaux fusibles à 198° en se décomposant.

α-Naphtylcyanamide, $C^{10}H^{7}AzH.CAz$. — Obtenue par Voltmer [*D. chem. G.*, **24**, 383. 1891] en chauffant une solution alcaline d'*α-naphtylhydroxylthio-urée*; elle cristallise dans l'alcool en fines aiguilles fusibles à 135°.

Isocyanate d'α-naphtyle [Syn. : naphtylcarbonimide), $C^{10}H^{7}Az=CO$. — Obtenue par Hoffmann [*D. chem. G.*, **3**, 658, 1870] en distillant l'uréthane α-naphtylique sur $P^{2}O^{5}$; liquide à odeur piquante distillant à 269-270°.

Carbodinaphtylimide, $C\equiv(Az.C^{10}H^{7})^{2}$. — Huhn [*D. chem. G.*, **19**, 2405, 1886] l'obtient en faisant réagir l'oxyde de mercure sur l'α-dinaphtylsulfo-urée en solution benzénique; elle cristallise en gros prismes fusibles à 93-94°.

ACIDE α-NAPHTALIDOACÉTIQUE [Syn. : α-naphtylglycine], $C^{10}H^{7}AzH\ CH^{2}.CO^{2}H$. — Cet acide a été obtenu par Forte [*Gazz. chim. ital.*, **19**, 361, 1889]; Jolles [*D. chem. G.*, **22**. 2372, 1889]; Bischoff et Nastvogel [*ibid.*, **22**, 1808, 1889]; et Wiess (Brevet allemand 79861), en faisant bouillir une solution acétique d'α-naphtylamine avec l'acide monochloracétique. Il cristallise dans l'alcool en aiguilles soyeuses fusibles à 192° (Forte), et à 198-199° (Bischoff). Conductibilité électrique [Walden, *Zeit. phys. Chem.*, **10**, 642]. *Sels*, Mauthner et Suida [*Mon. f. Chem.*, **11**, 379]. Son *éther éthylique* est une huile distillant à 244° sous 5 millimètres de pression [Bischoff et Hausdörfer, *D. chem. G.*, **25**, 2290, 1892]. Son *dérivé acétylé*

$$C^{10}H^{7}.Az\begin{cases}CO.CH^{3}\\CH^{2}.CO^{2}H\end{cases}$$

cristallise dans l'eau en prismes fusibles à 156°. Cet acide chauffé à 230° se transforme en *anhydride* $(C^{12}H^{10}AzO)^{2}O$, corps cristallisant dans l'alcool en houppes brillantes fusibles à 273°.

Acide α-naphtylaminodiacétique,

$$C^{10}H^{7}Az\begin{cases}CH^{2}CO^{2}H\\CH^{2}CO^{2}H\end{cases}$$

Bischoff et Hausdörfer [*D. chem. G.*, **23**. 2004, 1890] l'obtiennent en chauffant pendant 2 heures. à 140°, quantités moléculaires égales d'α-naphtylglycine et d'acide monochloracétique en présence de carbonate de sonde sec. Cet acide fond à 133-133°,5. Conductibilité électrique (Walden).

ACIDE α-NAPHTALIDO-PROPIONIQUE (Syn. acide naphtylaminopropionique),

$$C^{10}H^{7}AzH-CH\begin{cases}CO^{2}H\\CH^{3}\end{cases}$$

— Obtenu par Bischoff et Hausdörfer [*D. chem. G.*, **25**, 2309, 1892] en faisant bouillir pendant une heure une solution aqueuse d'α-naphtylamine et d'acide α-bromo-propionique. Il cristallise dans le benzène en houppes fusibles à 161°. Son *éther éthylique* cristallise dans l'alcool et fond à 65°,5.

Acide α-naphtalido-α-cyanopropionique,

$$C^{10}H^{7}AzH.C\begin{cases}CH^{3}\\CAz\\CO^{2}C^{2}H^{5}\end{cases}$$

— Son *éther éthylique* a été obtenu par Gerson [*D. chem. G.*, **19**, 2968, 1886] en chauffant à 80° pendant 12 heures l'éther α-cyanolactique avec la naphtylamine. Il cristallise dans l'alcool dilué en paillettes fusibles à 134°.

ACIDE α-NAPTALIDOBUTYRIQUE.

$$C^{10}H^{7}AzH.CH\begin{cases}CO^{2}H\\C^{2}H^{5}\end{cases}$$

— [Bischoff et Mintz, *D. chem. G.*, **25**, 2323, 1892]. Petites tables fusibles à 126° en se décomposant légèrement.

Acide α-naphtalidoisobutyrique,

$$C^{10}H^{7}AzH.C\begin{cases}CO^{2}H\\CH^{3}\\CH^{3}\end{cases}$$

— Bischoff et Mintz [*loc. cit.*]. Tables fusibles à 146°.

ACIDE α-NAPHTALIDOSUCCINIQUE,

$$\begin{array}{l} C^{10}H^{7}AzH.CH.CO^{2}H \\ \quad\quad\quad\quad\ \ | \\ \quad\quad\quad\quad CH^{2}.CO^{2}H \end{array}$$

— Hell et Poliakow [*D. chem. G.*, **25**, 966, 1892]. Poudre cristalline fusible à 210° en se décomposant.

ACIDE NAPHTALIDOCROTONIQUE (Éther de l')

$$C^{10}H^{7}Az=C\begin{cases}CH^{3}\\CH^{2}.CO^{2}.C^{2}H^{5}\end{cases}$$

— Obtenu par Conrad et Limpach [*D. chem. G.*, **21**, 531, 1888] en chauffant longuement l'éther acétylacétique avec l'α-naphtylamide au bain-marie. Aiguilles brillantes fusibles à 45°.

Naphtyliminométhylpropionylacétonitrile,

$$C^{10}H^{7}Az=C\begin{cases}C^{2}H^{5}\\CH\begin{cases}CH^{3}\\CAz\end{cases}\end{cases}$$

— Hanriot et Bouveault obtiennent ce dérivé [*Bull. Soc. Chim.*, (3), **1**, 555, 1889] en chauffant l'α-naphtylamine avec l'-α-propionylpropionitrile. Cristaux fusibles à 70°.

Acide α-naphtalidodinitrobenzoïque,

AzO^{2}

$C^{10}H^{7}.AzH$ —

$CO^{2}H$ AzO^{2}

— Cohn [*Mon. f. Chem.*, **22**, 355] l'obtient en traitant l'α-naphtylamine par l'acide o-chloro-m-dinitrobenzoïque en présence d'acétate de sodium. Aiguilles rouges fusibles à 150-151°.

DÉRIVÉS ALDÉHYDIQUES DE L'α-NAPHTYLAMINE. — *Œnanthol-α-naphtylamine*, $C^{7}H^{14}O.C^{10}H^{9}Az$. Leeds [*D. chem. G.*, **16**, 287, 1883] l'a préparée en chauffant pendant 6 heures 70 grammes d'œnanthol et 88 grammes d'α-naphtylamine. Liquide rougeâtre très mobile, doué de l'odeur des pommes de pin.

Œnanthylidène-α-naphtylamine, $C^{7}H^{14}\ Az.C^{10}H^{7}$. — Papasogli [*Ann. chem.*, **171**, 139] l'a obtenue sous forme d'une masse vitreuse jaune, par l'action de l'œnanthol sur l'α-naphtylamine en solution dans l'éther absolu.

DÉRIVÉS SUBSTITUÉS DANS LE NOYAU.

DÉRIVÉS HALOGÉNÉS. — MONOCHLORO-α-NAPHTYLAMINES, $C^{10}H^{6}Cl.AzH^{2}$. — *Dérivé* 1.4. — Atterberg [*D. chem. G.*, **9**, 1730, 1876 et **10**, 548] l'obtient par réduction du 1.4. nitrochloronaphtalène ; Seidler [*ibid.*, **11**, 1201, 1878], par réduction de l'α-nitronaphtalène avec l'étain et HCl à côté d'α-naphtylamine ; Reverdin et Crépieux [*ibid.*, **33**, 682, 1900], en chlorant l'α-naphtylamine acétylée et en saponifiant. Ce dérivé fond à 98° et non pas à 85-86°, comme l'indique Atterberg.

Dérivé 1.8. — Atterberg [*loc. cit.*] l'obtient par réduction du 4.8.1 dichloronitronaphtalène : Ullmann et Consonno [*D. chem. G.*, **35**, 2802, 1902] réduisent le 1.8 chloronitronaphtalène ; on l'obtient également en traitant la naphtylazimide-1.8

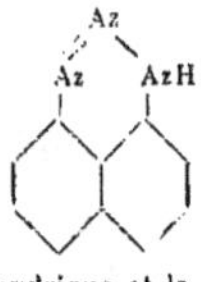

Az
Az AzH

par l'acide chlorhydrique et la poudre de cuivre [Brevet allemand 147852, *Central Blatt*, **1**, 132, 1904]. Ce dérivé cristallise dans la ligroïne en paillettes fusibles à 89° (Ullmann) et à 93-94° (Atterberg).

Dérivé 2.1. — Obtenu par Clève [*D. chem. G.*, **20**, 448, 1887] par réduction de la dichloracétyl-α-naphtalide-2.4.1 avec l'acide chlorhydrique et l'étain. Il cristallise en fines aiguilles fusibles à 56°.

Dérivé 2.8. — Erdmann et Kirchhoff [*Ann. Chem.*, **247**, 375, 1888] l'obtiennent en chauffant le chloronaphtol-2.8 avec l'ammoniaque sous pression, mais ils n'ont pu isoler la base à l'état solide ; son *chlorhydrate* est en feuillets fusibles à 235-239°.

Dichloro-α-naphtylamines $C^{10}H^5Cl^2 . AzH^2$. — *Dérivé* 1.3.5. — Erdmann [*D. chem. G.*, **21**, 3444, 1888] l'obtient en chauffant le 1.3.5 dichloronaphtol avec de l'ammoniaque aqueuse à 200-300°. Aiguilles microscopiques fusibles à 116-117°. Son *chlorhydrate* fond à 204-205°.

Dérivé 1.4.8. — Widmann [*Bull. Soc. Chim.*, **28**, 510] l'obtient par réduction du 1.4.8 dichloronitronaphtalène. Il cristallise dans l'alcool en aiguilles fusibles à 104°. Erdmann et Schwechten [*Ann. Chem.*, **275**, 291, 1893] obtiennent, par réaction de l'ammoniaque concentrée sur le 1.4.8 dichloronaphtol, une 1.4.8 dichloronaphtylamine fusible à 68-69° qui devrait lui être identique.

Dérivé 2.4.1. — Clève [*D. chem. G.*, **20**, 448, 1887] l'obtient par l'action du chlore sur l'α-acétylnaphtalide et en saponifiant par la potasse caustique. Ce dérivé fond à 82°.

Dérivé 4.7.1. — Clève [*Bull. Soc. Chim.*, **29**, 499] l'obtient par réduction du 4.7.1 dichloronitronaptalène. Il cristallise en aiguilles rougeâtres fusibles à 94°.

Monobromo-α-naphtylamines $C^{10}H^6Br . AzH^2$. — *Dérivé* 1.4. Identique à celui décrit dans le 1er Sup., 1067, fusible à 94°. Morawski et Gläser [*Mon. Chem.*, **9**, 284] l'obtiennent en faisant bouillir le bromocitracon-α-naphtyle avec de la potasse caustique. Guareschi [*Ann. Chem.*, **222**, 294, 1889] par réduction du 1.4 bromonitronaphtalène n'a, par contre, obtenu qu'une base liquide qu'il n'a pu faire cristalliser.

Dérivé 1.8. — Obtenu par Meldola [*Journ. Chem. Soc.*, **63**, 1057, 1893] par réduction du 1.8 bromonitronaphtalène, il cristallise dans la ligroïne en aiguilles fusibles à 89-90°. Son *dérivé acétylé* fond à 138-139°.

Dérivé 5.1. — Obtenu par Guareschi [*loc. cit.*] par réduction du bromonitronaphtalène fusible à 122°,3 ; il cristallise en tables fusibles à 63-64°, à 69° [Ullmann et Consonno, *D. chem. G.*, **35**, 2802, 1902]. Son *chlorhydrate* est peu soluble dans l'eau. Son *dérivé acétylé* fond à 215°.

Dérivé (??) — Obtenu par Michaelis [*D. chem. G.*, **26**, 2196, 1893] en introduisant du brome dans un mélange d'α-naphtylamine et d'HCl concentré. Ce dérivé cristallise dans l'alcool en petites aiguilles fusibles à 118°,5.

Dibromo-α-naphtylamines, $C^{10}H^5Br^2 . AzH^2$. — *Dérivé* 1.3.4. — Meldola l'obtient [*D. chem. G.*, **12**, 1961, 1879] en chauffant la 1.3.4 dibromoacétylnaphtalide avec de la soude caustique concentrée à 140-160°. Il cristallise dans le benzène en aiguilles fusibles à 118-119° [Orton, *Proc. Chem. Soc.*, **18**, 252, 1903].

Dérivé 3.5.1 ou 3.8.1. — [Meldola, *Journ. Chem. Soc.*, **47**, 514, 1885].

Dérivés nitrosés et nitrés. — 2-nitroso 1 naphtylamine. — $C^{10}H^6AzO . AzH^2$. — Harden [*Ann. Chem.*, **255**, 151, 1889] la prépare en chauffant au bain-marie pendant une demi-heure un mélange intime de β-nitroso-α-naphthol (10 gr.), chlorhydrate d'ammoniaque (20 gr.) et acétate d'ammoniaque (50 gr.). On lave à l'eau le produit de la réaction et le dissout dans le benzène ; la base cristallise en prismes d'un vert cantharide facilement solubles dans l'alcool bouillant, peu solubles dans l'éther et le chloroforme, insolubles dans l'eau. Les alcalis la décomposent en nitrosonaphtol. Les acides la dissolvent avec formation de sels, qui se transforment peu à peu en formant du nitrosonaphtol $C^{10}H^6(AzH^2)AzO$. HCl, aiguilles feutrées rouges. *Sulfate*, longues aiguilles feutrées rouges ; *chloroplatinate* $[C^{10}H^6(AzH^2)AzO . HCl]^2PtCl^4$ peu soluble dans l'eau. *Sel de sodium*, $C^{10}H^6(AzH^2)AzO . NaOH$, très déliquescent, petits cristaux bruns. Traitée par le nitrite de potassium et HCl, cette base fournit un sel $C^{10}H^6O^2Az^3K$ [Harden et Okell, *Proc. Chem. Soc.*, **16**, 229, 1901]. L'hydroxylamine la transforme en o-naphtylène-dioxime $C^{10}H^6(AzOH)^2$.

Ninaphtylamine. — Wood [*Ann. Chem.*, **113**, 98], en réduisant le 1.5 dinitronaphtalène par le sulfure d'ammonium, obtient un corps qui est probablement une nitroso-α-naphtylamine, qu'il appelle ninaphtylamine ; aiguilles rouge-carmin peu solubles dans l'eau, solubles dans l'alcool et l'éther, donnant des sels cristallisables.

Nitro-α-naphtylamines, $C^{10}H^6AzO^2 . AzH^2$. — (Voy. 1er Sup., 1067.)

Dérivé 1.4. — Point de fusion 191° déjà décrit. Lange (Brevet allemand 58227) l'obtient en traitant l'acide naphtyloxamique par l'acide nitrique et en saponifiant ; Angeli et Angelico [R. A. L. (5), **8**, 2, 30], en faisant réagir l'hydroxylamine sur l'α-nitronaphtalène en présence d'éthylate de sodium. Son *dérivé acétylé* fond à 187°, son *dérivé diacétylé* à 144° [Lellmann, *D. chem. G.*, **17**, 109, 1888]. Son *dérivé benzoylé* cristallise en longs prismes fusibles à 224°. Elle réagit avec $C^6H^5SO^2Cl$ en formant le dérivé $C^{10}H^6AzO^2AzH SO^2C^6H^5$ fusible à 158° [Morgan et Micklethwait, *Central Blatt*, **2**, 320, 1905].

Dérivé 2.1. — Fusible à 144°. On l'obtient en chauffant pendant 6 heures en tube scellé à 110° la nitroacétyl-naphtalide-2.1 avec de la potasse alcoolique, précipitant par l'eau et faisant cristalliser dans l'alcool ; il se forme en même temps du nitronaphtol fusible à 128°. Elle cristallise en prismes jaune-rouge, et fournit par décomposition de son dérivé diazoïque la β-nitronaphtaline [Lellmann, *loc. cit.*, et Lellmann et Rémy, *D. chem. G.*, **19**, 796, 1886 et *Bull. Soc. Chim.*, **47**, 279, 1887]. Ses *dérivés acétylés* sont décrits à l'article *Acétylnaphtalide*, p. 500.

Dérivé 1.5. — Fusible à 119°. Décrite dans le Supplément, elle a été, en outre, obtenue par Nietzki et Zübelen [*D. chem. G.*, **22**, 451, 1889] en faisant bouillir avec de l'acide sulfurique étendu ou avec les alcalis l'acide nitronaphtylamine-sulfonique ($AzH^2-AzO^2-HSO^3$ 1.5.4). Elle fournit par l'action du nitrite d'éthyle de l'α-nitronaphtalène.

Dérivé 1.8. — Fusible à 96-97°. Meldola et Streatfeild [*Journ. Chem. Soc.*, **63**, 1055, 1893] l'obtiennent à côté des dérivés 1.4 et 1.5 en nitrant l'α-naphtylamine en solution sulfurique à basse température. Son *dérivé acétylé* fond à 187-188°.

Dinitro-α-naphtylamines $C^{10}H^5(AzO^2)^2AzH^2$.

Dérivé 2.4.1. D'après Witt [*D. chem. G.*, **19**, 2032, 1886] elle fond à 238° et non à 235°; on l'obtient facilement en chauffant le dinitronaphtol (jaune de Martius) avec l'ammoniaque alcoolique sous pression. Meldola [*ibid.*, **19**, 2683, 1886] l'obtient également en traitant l'acétyl-α-naphtalide par l'acide nitrique concentré et en saponifiant.

Dérivé 4.5.1. — Obtenue par Ullmann et Consonno [*D. chem. G.*, **35**, 2802, 1902] en traitant le 1.4.5 bromodinitronaphtalène par l'ammoniaque sous pression à 160°. Cristaux brun rouge fusibles à 243° en se décomposant. Son *dérivé méthylé* fond à 259° en se décomposant, son *dérivé diméthylé* cristallise en aiguilles rouges fusibles à 176°. Littérature (Brevet allemand 145191).

Dérivé 4.8.1. — Obtenue par Ullmann et Consonno [*loc. cit.*] en traitant le 1.4.8 chlorodinitronaphtalène par l'ammoniaque sous pression. Aiguilles rouge-brique fusibles à 194-197° en se décomposant, solubles dans le benzène et l'alcool.

Trinitro-α-naphtylamines $C^{10}H^4(AzO^2)^3AzH^2$. — Staedel [*Ann. Chem.*, **217**, 173, 1883] obtient une trinitro-α-naphtylamine en chauffant l'éther éthylique du trinitro-α-naphtol avec l'ammoniaque sous pression; elle cristallise en feuillets jaunes commençant à se colorer à 240° et fondant au dessus de 260° en déflagrant. Une autre trinitro-α-naphtylamine a été obtenue par le même procédé par Meldola et Hanes [*Journ. Chem. Soc.*, **65**, 841, 1894] en partant de l'éther éthylique du trinitro-α-naphtol fusible à 149°. Ce dérivé cristallise en houppes jaunes se carbonisant à 200°.

Tétranitronaphtylamines $C^{10}H^3(AzO^2)^4AzH^2$. — La tétranitronaphtylamine décrite dans le Suppl., fusible à 194°, a la constitution 2.4.5.7.1.

Tétranitronaphtylamine 2.4.5.8.1. — Point de fusion 202°.

Elle a été préparée par Merz et Weith [*D. chem. G.*, **15**, 2708, 1882] par l'action de l'ammoniaque sur la tétranitronaphtaline fusible à 245° en présence de benzène.

Bromonitronaphtylamine 1.3.4, $C^{10}H^5.BrAzO^2.AzH^2$. — Fusible à 200°. Elle se forme par l'action de l'ammoniaque ou de la potasse alcoolique sur la bromonitro-acétylnaphtalide 1.3.4. Elle cristallise en cristaux orangés, fournit par l'action de l'acide bromhydrique concentré le tribromonaphtalène 1.3.4 et par oxydation de l'acide phtalique.

Dérivé acétylé $C^{10}H^5BrAzO^2.AzH.C^2H^3O$. — Il a été préparé par l'action de l'acide nitrique concentré en solution dans l'acide acétique cristallisable et à 60-70° sur la bromoacétylnaphtalide 1.4. Il cristallise en aiguilles jaune clair, fusibles à 229° et donne par ébullition avec la soude caustique de l'ammoniaque et du bromonitronaphtol. Chauffé avec de l'ammoniaque alcoolique, il fournit la bromonitronaphtylamine et par réduction au moyen du chlorure stanneux la bromonaphtyl-éthényl-amidine $C^{12}H^9BrAz^2$.

Bromonitronaphtylamine 3.1.4. — On le prépare par désacétylation au moyen de l'acide sulfurique du *dérivé acétylé*, fusible à 225°, obtenu lui-même par l'action du brome sur le nitroacétyl-naphtalide 1-4. La bromonitronaphtylamine cristallise en aiguilles oranges fusibles à 197°.

Iodonitroacétylnaphtalide 1.3.4 $C^{10}H^5IAzO^2AzH.C^2H^3O$, fusible à 235-236°. Elle se forme par l'action de l'acide nitrique sur l'iodo-acétylnaphtalide 1.4 en solution dans l'acide acétique cristallisable et à une température de 70-80°. Elle cristallise en aiguilles jaunes et fournit par ébullition avec la potasse de l'iodonitronaphtol.

[Voyez pour les dérivés précédents : Meldola, *Chem. Soc.*, **47**, 499, 1885; — Biedermann et Remmus, *D. chem. G.*, (7), 539, 1874; — Liebermann, Dittler, Scheiding, Palm et Hammerschlag, *Ann. Chem.*, **183**, 229-272, 1876].

Acides α-naphtylamine sulfoniques. — Ces acides ayant acquis une grande importance pour la fabrication des matières colorantes azoïques, et leur littérature étant considérable, nous les énumérerons rapidement en renvoyant le lecteur aux traités spéciaux qui les décrivent et en complétant au besoin cette littérature. — Littérature : voy. Beilstein, *Handbuch der organischen Chemie*; Taüber et Norman, *Derivate des Naphtalins*; Heumann, *Die Anilinfarben und ihre Fabrikation*; Reverdin et Fulda, *Dérivés de la naphtaline*; Schulz, *Chemie der Steinkohlentheers*; Friedländer, *Fortschritte der Teerfarbenfabrikation*; Richter, *Lexicon der Kohlenstoffverbindungen*.

Acides α-naphtylamine monosulfoniques,

$C^{10}H^6AzH^2.SO^3H$.

— *Dérivé* 1.2. — Il cristallise dans l'eau en aiguilles et en fers de lance [Morton, *D. chem. G.*, **24**, 3472, 1888]. Il a été préparé par Landshoff et Meyer [*ibid.*, **24**, 3472] en chauffant à 200-250° le sel de soude de l'acide 1.4-naphtylamine sulfurique: par Erdmann [*Ann. Chem.*, **275**, 200, 1893]; par Tobias (Brevet all. 79132); par Bayer et C° (Brevets all. 72838, 75319 et 77118); description des sels et solubilité [Clève, *D. chem. G.*, **24**, 3472].

Dérivé 1.3. — Il cristallise en petites aiguilles jaunes difficilement solubles. Clève [*D. chem. G.*, **21**, 3271, 1888] l'obtient par réduction de l'acide nitronaphtalène sulfonique correspondant; il a été préparé en outre par Friedländer et Lucht [*ibid.*, **26**, 3032, 1893] et Kalle et C° (Brevet all. 64979). Littérature : Gattermann et Schulze [*ibid.*, **30**, 54, 1897] et Brevet all. 75296: préparation des *sels*, de l'*amide*, du *dérivé acétylé* [Clève, *loc. cit.*].

Dérivé 1.4 [Syn.: Acide naphtionique]. — Déjà décrit; Clève [*D. chem. G.*, **23**, 960, 1890] l'obtient par réduction de l'acide nitronaphtalène sulfonique correspondant avec le sulfure d'ammonium. Littérature : Neville et Winther [*ibid.*, **13**, 1948]; Witt [*ibid.*, **19**, 56, 1880]; Erdmann [*Ann. Chem.*, **275**, 225, 1893]; Groth [*D. chem. G.*, **19**, 59, 1886]; Pellizzari et Matteucci [*Ann. Chem.*, **248**, 157, 1888]; Bretschneider [*J. prakt. Chem.*, (2), **55**, 299]; Oehler (Brevet all. 72336); Bayer et C° (Brevet all., 98546); Witt et Schneider [*D. chem. G.*, **33**, 3171, 1900; Brevets all. 117471 et 121683]; Dolinski [*Centr. Blatt*, **1**, 1233, 1905] et Friedländer et Mauthner [*Centr. Blatt*, 1705, 1904].

Dérivé 1.5. — Il cristallise en fines aiguilles. Erdmann le prépare en chauffant 400 grammes d'α-naphtylamine avec 2 kilogrammes d'acide sulfurique concentré à 125-130° pendant 22 heures. Littérature : Schmidt et Schaal [*D. chem. G.*, **7**, 1367]; Clève [*Bull. Soc. Chim.*, **24**, 511]; Witt [*D. chem. G.*, **19**, 578, 1886] et Schultz [*ibid.*, **20**, 3161]; Mauzélius [*ibid.*, **20**, 3491]; Kohner [*J. prakt. Chem.*, (2), **61**, 228, 1900]. Brevets all. 49448, 45787, 58505, 72336 et 69555.

Dérivé 1.6. — Il cristallise de l'eau chaude en cristaux cubiques ou en paillettes (cristallisation lente). Clève [*Bull. Soc. Chim.*, **26**, 447] l'obtient par réduction de l'acide nitronaphtalène sulfonique correspondant. Préparation, voy. Erdmann [*Ann. Chem.*, **275**, 205, 1893]; Hirsch [*D. chem. G.*, **21**, 2371, 1888]. *Sels*, Erdmann [*loc. cit.*]. *Amide*, Ekbom [*D. chem. G.*, **24**, 330, 1891]. Colorants, Brevets all. 65 262, 67 261, 71 015, 75 411, 83 572, 86 420, 87 973, 92 799, etc.

Dérivé 1.7. — Aiguilles ou prismes aplatis, peu solubles dans l'eau froide. Préparation par réduction de l'acide nitronaphtalène sulfonique correspondant [Clève, *D. chem. G.*, **24**, 3246, 1888; Erdmann, *Ann. Chem.* **275**, 272, 1893]. *Amide, dérivé acétylé, sels* (Clève et Erdmann). Littérature : voy. Brevets all. 69 458. Colorants, Brevets all., 65 262, 67 261, 71 015, 73 901, 75 411, 84 460, 92 799, etc.

Dérivé 1.8. — Peu soluble dans l'eau froide. Préparation par réduction de l'acide nitronaphtalène sulfonique correspondant [Erdmann, *Ann. Chem.*, **247**, 318, 1888 et **275**, 274, 1893; voy. encore Dressel et Kothe, *D. chem. G.*, **27**, 2140, 1894; Brevets all. 40 571, 55 404, 75 084, 96 083 et 108 546].

ACIDES α-NAPHTYLAMINE DISULFONIQUES,

$$C^{10}H^{5}AzH^{2}(SO^{3}H)^{2}.$$

— *Dérivé* 1.3.6. — Obtenu par Alèn [Beilstein, **2**, 630] par réduction de l'acide nitronaptalène disulfonique correspondant. Armstrong et Wynne [*D. chem. G.*, **29**, 225, 1896] l'ont reconnu comme dérivé 1.3.6, tandis qu'Alèn lui attribuait les positions 1.2.7. Cristaux facilement solubles dans l'eau et l'alcool. Littérature : Friedländer et Taussig [*D. chem. G.*, **30**, 1462, 1897]; Armstrong et Wynne [*Proc. Chem. Soc.*, 154; Brevets all. 82 676.

Dérivé 1.3.7. — Petites aiguilles facilement solubles dans l'eau, peu dans l'alcool. Alèn l'obtient comme le précédent.

Dérivé 1.3.8. — Très soluble dans l'eau. Bernthsen [*D. chem. G.*, **22**, 3328, 1889] l'obtient par réduction du dérivé nitré correspondant : voy. également Brevets all. 45 776 et 52 724. Littérature : Friedländer et Lucht [*D. chem. G.*, **26**, 3032, 1893]; Brevets all. 46 953, 55 094 et 75 296.

Dérivé 1.4.6. — Erdmann [*Ann. Chem.*, **275**, 218, 1893] l'obtient à côté du dérivé 1.4.7 en sulfonant à 120° l'α-naphtylamine avec l'acide sulfurique fumant : voy. Brevets all. 41 957, 57 014, 68 232 et 80 532.

Dérivé 1.4.7. — Voy. *Dérivé* 1.4.6 et Brevet all. 41 957, 42 440 et 52 616.

Dérivé 1.4.8. — Schöllkopf [*D. chem. G.*, **22**, 3327, 1889] l'obtient par réduction du dérivé nitré correspondant ou en sulfonant l'acide 1.8-naphtylamine sulfonique (Brevet all. 40 571). Voy. également Brevets all. 71 836 et 75 317.

Dérivé 1.2.4. — Obtenu par réduction de l'α-nitronaphtalène avec le bisulfite de soude (Brevet all. 92 081).

Dérivé 1.2.7. — Aiguilles. Obtenu en chauffant sous pression avec de l'eau l'acide 1.2.4.7-naphtylamine trisulfonique (Brevet all. 62 634].

Dérivé 1.2.8(?) — Obtenu en chauffant avec l'acide sulfurique à 40 0/0 à 112-114°, l'acide 1.8-naphtosultame disulfonique 2.4 (Brevet all. 75 710).

Dérivé 1.5.7(?) — Très soluble dans l'eau, obtenu en sulfonant l'α-acétylnaphtalide ou son dérivé 5-sulfonique (Brevet all. 69 555).

Dérivé 1.5.8. — Petites aiguilles peu solubles, obtenues par réduction de l'acide α-nitronaphtalène 5.8-disulfonique [Bayer et C°, Brevet all. 70 857 et Gattermann, *D. chem. G.*, **32**, 1156, 1899]. Ses solutions alcalines possèdent une fluorescence jaune intense.

Dérivé 1.6.8. — Obtenu en sulfonant l'acide acétylnaphtalide sulfonique 1.8 ou en faisant bouillir l'acide 1.4.6.8-naphtylamine trisulfonique avec l'acide sulfurique à 75 0/0 (Brevets all. 75 084, 80 853 et 83 146).

ACIDES α-NAPHTYLAMINE TRISULFONIQUES,

$$C^{10}H^{4}AzH^{2}(SO^{3}H)^{3}.$$

— *Dérivé* 1.2.4.7. — Obtenu en chauffant l'acide naphtionique avec l'acide sulfurique fumant à 40 0/0 d'anhydride (Brevet all. 22 545).

Dérivé 1.2.4.8. — On obtient l'anhydride de ce dérivé, l'acide 1.8-naphtosultame disulfonique

SO² — AzH (pont en 1.8), —SO³H (en 2), SO³H (en 4) sur le noyau naphtalénique.

en chauffant pendant sept heures, à 85°, 1 partie du sel de soude de l'acide 1.4.8-naphtylamine disulfonique avec 5 à 6 parties d'acide sulfurique fumant à 25 0/0 d'anhydride [Dressel et Kothe, *D. chem. G.*, **27**, 2139, 1894 et Brevets all. 79 566 et 80 668].

Dérivé 1.3.6.8. — Obtenu en traitant l'acide 1.3.8-naphtylamine disulfonique par le bisulfite ou en réduisant le dérivé nitré correspondant (Brevets all. 76 438 et 56 058). On obtient son *anhydride*, l'acide 1.8.3.6-naphtosultame trisulfonique, en traitant à chaud l'acide naphtosultame disulfonique 1.8.3.4.6 par HCl [Dressel et Kothe, *D. chem. G*, **27**, 2149, 1894].

Dérivé 1.4.6.8. — Obtenu par réduction du dérivé nitré correspondant (Brevets all. 80 741 et 82 563).

Dérivé 1.3.7 (?) — Obtenu par sulfonation de l'acide 2.6-naphtalène disulfonique, puis en nitrant et réduisant (Brevet all. 75 432).

ACIDES α-NAPHTYLAMINE TÉTRASULFONIQUES,

$$C^{10}H^{3}AzH^{2}(SO^{3}H)^{4}.$$

— On connaît deux anhydrides de ces acides : l'anhydride 1.8-naphtosultame trisulfonique 2.4.6,

$$(SO^{3}H)^{3}-C^{10}H^{3}\begin{cases}AzH\\ |\\ SO^{2}\end{cases}$$

obtenu en chauffant l'acide 1.4.6.8-naphtylamine trisulfonique avec l'acide sulfurique fumant (Brevet all. 84 140) et l'anhydride 1.8-naphtosultame 3.4.6-trisulfonique,

$$(SO^{3}H)^{3}C^{10}H^{3}\begin{cases}AzH\\ |\\ SO^{2}\end{cases}$$

obtenu en chauffant l'acide 1.3.6.8-naphtylamine trisulfonique avec 5 parties d'acide sulfurique fumant à 45 0/0 d'SO^3 [Dressel et Kothe, *loc. cit.*].

ACIDES CHLORO-α-NAPHTYLAMINE SULFONIQUES,

$$C^{10}H^{5}Cl.AzH^{2}.SO^{3}H.$$

— *Dérivé* 2.1.5. — Clève [Beilstein, **2**, 629] l'obtient par réduction du dérivé nitré correspondant. Aiguilles microscopiques très peu solubles, cristallisant avec 1 1/2 H^2O.

Dérivé 2.1.6. — Aiguilles brillantes cristallisant avec 1 molécule d'eau. Obtenu par réduction du dérivé nitré correspondant (Clève).

Dérivé 2.1.7. — Aiguilles microscopiques; obtenu par Clève, en réduisant le dérivé nitré correspondant.

Dérivé 2.1.8. — Obtenu par Clève (*loc. cit.*)

par réduction du dérivé nitré correspondant. Poudre cristalline difficilement soluble.

Dérivé 4.1.7. — Clève l'obtient comme les précédents ; aiguilles très peu solubles.

Dérivé 8.1.5. — Préparé par Clève (*loc. cit.*) par réduction du dérivé nitré correspondant ou en traitant la 1.8-chloronaphtylamine par l'acide sulfurique fumant (Brevet allemand 112778) ou en traitant l'azimide de l'acide 1.8.4-naphtylène-diamine-sulfonique par HCl et la poudre de cuivre (Brevet allemand 147852) [*Centr. Blatt*, **1**, 132, 1904].

Acide 8-*chloro*-1-*naphtylamine*-3.6-*disulfonique*. — Obtenu en traitant l'azimide 1.8.3.6-naphtylène-diamine-sulfonique par l'acide chlorhydrique et la poudre de cuivre (Brevet allemand 147852) [*loc. cit.*].

ACIDES NITRO-α-NAPHTYLAMINE SULFONIQUES,

$$C^{10}H^{5}AzO^{2}.AzH^{2}.SO^{3}H.$$

Dérivé 5.1.2. — Obtenu en traitant par l'acide nitrique-sulfurique l'acide 1.2-naphtylamine sulfonique à basse température. Flocons jaunes peu solubles dans l'eau (Brevet allemand 70890).

Dérivé 5.1.4.— Aiguilles ; on l'obtient [Nietzki et Zübelen, *D. chem. G.*, **22**, 452, 1889] en traitant l'acide naphtionique acétylé en solution sulfurique froide par l'acide nitrique et saponifiant le dérivé acétylé.

Dérivé 4.1.5. — Obtenu en traitant l'acide 1.5-naphtylamine-sulfonique par l'acide nitrique (Brevet allemand 133951) [*Centr. Blatt.*, **2**, 867, 1902].

ACIDE 2.4-DINITRO-1-NAPHTYLAMINE-7-SULFONIQUE. — On le prépare en traitant le dérivé acétylé de l'acide 1.7-naphtylamine-sulfonique en solution sulfurique par l'acide nitrique (Brevet allemand 87619).

β-NAPHTYLAMINE, $C^{10}H^{7}.AzH^{2}$. — Outre les modes de formation déjà indiqués (1er Suppl., 1068), la β-naphtylamine a été obtenue par Ris [*D. chem. G.*, **19**, 2016, 1886] en chauffant sous pression à 195-200° la β-dinaphtylamine avec 4 parties d'HCl concentré ou avec le chlorure de zinc ammoniacal ; par Calm [*ibid.*, **15**, 613, 1882] en chauffant à 270° un mélange de β-naphtol, de chlorure d'ammonium, d'acétate de sodium sec et d'acide acétique glacial ; par Graebe [*ibid.*, **34**, 1778, 1901] en petites quantités en traitant le naphtalène par le chlorhydrate d'hydroxylamine et le chlorure d'aluminium ; enfin on la prépare encore en traitant sous pression le β-naphtol par les sulfites et l'ammoniaque (Badische Anilin und Soda-Fabrik, Brevet all., 117471). La β-naphtylamine sert principalement à la fabrication des matières colorantes azoïques.

Propriétés et réactions — La β-naphtylamine est volatile avec la vapeur d'eau ; elle est difficilement soluble dans l'eau froide, et facilement soluble dans l'eau chaude, l'alcool et l'éther. Elle fond à 112° et distille à 294° [Liebermann et Jacobson, *Ann. Chem.*, **211**, 41, 1882]. Solubilité dans l'hydrogène sulfuré liquide et l'acide sulfureux liquide [Antony et Magri, *Gazz. chim. ital.*, **35**, I, 206, 1905 et Walden, *D. chem. G.*, **32**, 2864, 1899]. Chaleur de combustion moléculaire [Lemoult, *C. R.*, **138**, 1037, 1904]. Constante d'affinité [Farmer et Warth, *Chem. Soc.*, **85**, 1713, 1904]. Indice de réfraction et rotation magnétique [Perkin, *ibid.*, **69**, 1233, 1896].

Elle est sans odeur : traitée par le chlorure de fer ou l'acide chromique elle ne fournit aucune coloration. Chauffée à 280-300° seule, ou en présence de chlorure de calcium ou de zinc, elle se décompose en dinaphtylamine et ammoniaque [Benz, *D. chem. G.*, **16**, 8, 1883]. Elle réagit avec le chlorure de cyanogène comme l'α-naphtylamine [Fries, *D. chem. G.*, **19**, 2055, 1886] en formant les composés

$$(CAz)^{3}\begin{cases}Cl\\Cl\\AzH.C^{10}H^{7}\end{cases}$$

fusible à 154°

$$(CAz)^{3}\begin{cases}Cl\\AzH.C^{10}H^{7}\\AzH.C^{10}H^{7}\end{cases}$$

fusible à 178°, et $(CAz)^{3}(AzHC^{10}H^{7})^{3}$ fusible à 209°.

Chauffée avec la benzaldéhyde et un agent de condensation, elle fournit d'après Claisen [*Ann. Chem.*, **237**, 272, 1887] une hydroacridine.

En la traitant par la benzaldéhyde et l'acide chlorhydrique concentré, Dimroth [*D. chem. G.*, **35**, 984, 1902] obtient le dérivé $C^{10}H^{7}AzH.CH(OH)C^{6}H^{5}$ que la soude transforme à froid en *benzylidène β-naphtylamine* $C^{10}H^{7}Az=CH.C^{6}H^{5}$ fusible à 101-103°. En chauffant au bain-marie molécules égales de β-naphtylamine et de glyoxalsulfite de sodium, Hinsberg [*D. chem. G.*, **21**, 113, 1888 et **31**, 250, 1898] obtient comme produit principal l'*acide β-naphtindolsulfonique*

$$C^{10}H^{6}\begin{cases}AzH-CSO^{3}H\\ \quad\;\; \| \\CH\end{cases}$$

En la chauffant en solution acétique avec 3 molécules de chlorhydrate de nitrosodiméthylaniline, Witt [*D. chem. G.*, **21**, 719, 1888] obtient la *diméthylnaphteurhodine*. Nietzki et Otto [*ibid.*, **21**, 1598] obtiennent également une eurhodine en la traitant par la quinone dichlorimide en solution alcoolique. Chauffée à 140° avec le nitrobenzène et la soude caustique, la β-naphtylamine fournit l'α-β-naphto-phénazine [Wohl et Ane *ibid.*, **34**, 2442, 1901]. Chauffée avec l'éther oxalique et la benzaldéhyde elle fournit un produit substitué de l'acide dihydrodicétopyrrolcarbonique

$$\begin{array}{l}Az(C^{10}H^{7})-CH-C^{6}H^{5}\\ \;|\qquad\qquad\quad\;\; |\\ CO-CO-CH-CO^{2}.C^{2}H^{5}\end{array}$$

[Bertini, *D. chem. G.*, **30**, 604, 1897].

Traitée à 40-45° par l'hypochlorite de chaux elle se transforme en α-β-dinaphtazine [Claus et Jäck, Brevet allemand 78748)].

Traitée par la formaldéhyde en présence d'acide chlorhydrique et en solution alcoolique, elle se transforme en naphtacridine et isonaphtacridine [Morgan, *Chem. Soc.*, **73**, 536, 1898].

Chauffée avec l'anhydroformaldéhyde-métatoluylène-diamine

$$C^{6}H^{3}\begin{cases}CH^{3}\\AzH^{2}\\Az=CH^{2}\end{cases}$$

elle se transforme en aminotolylnaphtacridine

Az — AzH² — CH³ — CH

[Terrisse et Darier, *Friedländer*, **5**, 382].

Chauffée à 260° pendant 42 heures avec l'acide

2.3-oxynaphtoïque elle fournit la naphtacridone

$$C^{10}H^{6} < {AzH \atop CO} > C^{10}H^{6}$$

[Strohbach, *D. chem. G.*, **34**, 4146, 1901].

Avec le méthylal et l'acétone, elle fournit la naphtacridine fusible à 216° [Reed, *J. prakt. Chem.*, **34**, 160, 1886]. Chauffée avec l'acide pyruvique et l'acide glyoxylique en solution alcoolique, elle se transforme en acide β-naphtoquinoléine α-γ-dicarboxylique

$$C^{10}H^{6} \begin{cases} Az = C \, . \, CO^{2}H \\ \quad | \\ C = CH \\ | \\ CO^{2}H \end{cases}$$

[Doebner et Glass, *Ann. Chem.*, **317**, 147, 1901].

Elle forme de même avec l'acétone et la paraldéhyde la diméthyl-β-naphtoquinoléine $C^{15}H^{13}Az$ [Reed, *J. prakt. Chem.*, **32**, 631, 1885]. Réaction avec l'acide éthanaldisulfonique $CH(SO^{3}H)^{2}CHO$ [Delépine, *Bull. Soc. Chim.*, (3), **27**, 7, 1902). Réaction de la pyridine et le bromure de cyanogène BrCAz [König, *Centr. Blatt*, **1**, 815, 1904]. Réaction avec la vanilline [Rogow, *J. prakt. Chem.*, (2), **72**, 315]. Réaction avec l'acide camphre-oxalique [Tringle et Hoffman, *Centr. Blatt*, **2**, 1489, 1905]. Avec la dicyanodiamide elle fournit, comme l'α-naphtylamine, le chlorhydrate de β-naphtylbiguanide

$$C^{10}H^{7}AzH \, . \, C(AzH) - AzH \, . \, C(AzH) - AzH^{2} \, . \, HCl$$

[Smolka et Halla, *Mon. f. Chem.*, **22**, 1146].

La β-naphtylamine fournit, avec le trinitrotoluène et la picramide, des produits d'addition fusibles l'un à 113°,5, l'autre à 161°,5 [Sudborough, *Proc. Chem. Soc.*, **17**, 44, 1901 et *Chem. Soc.*, **79**, 522, 1901]. De même avec la méthylpicramide elle forme le produit $(AzO^{2})^{3}C^{6}H^{2}.AzH.CH^{3} + C^{10}H^{7}AzH^{2}$ cristallisant en aiguilles brun violet [Bamberger et Muller, *D. chem. G.*, **33**, 109, 1900]. Avec l'amidure de sodium elle forme le sodium-β-naphtylamide $C^{10}H^{7}AzHNa$ [Titherley, *Chem. Soc.*, **71**, 465, 1897].

Sels de β-naphtylamine. — Outre les sels déjà décrits, Raiko et Schtarbanow [*Chem. Zeit.*, **25**, 280] ont préparé les phosphates de β-naphtylamine $C^{10}H^{9}Az.PO^{4}H^{3}$ et $(C^{10}H^{9}Az)^{2}PO^{4}H^{3}$; Gutbier [*Zeits. anorg. Chem.*, **47**, 23], ses sels doubles avec le palladium, et Mathews [*Am. Chem Journ.*, **20**, 836], ses sels doubles avec le plomb, $PbCl^{4}.C^{10}H^{9}Az$, le zirconium $ZrCl^{4} + 2C^{10}H^{9}Az$, et le thorium, $ThCl^{4}.C^{10}H^{9}Az$.

Hecht [*D. chem. G.*, **19**, 2615, 1886] obtient le *citrate de β-naphtylamine* $C^{6}H^{5}O^{4}(OH)^{3}C^{10}H^{9}Az$ en faisant réagir l'acide citrique sur la β-naphtylamine en solution alcoolique; cristaux rosés fusibles à 89°. De même, Morawski et Gläser [*Mon. f. Chem.*, 284, 1888] obtiennent le *citraconate de β-naphtylamine* fusible à 173°, $C^{5}H^{6}O^{4}.C^{10}H^{9}Az$, en évaporant une solution alcoolique des composants et en faisant cristalliser dans l'acétone.

PRODUITS D'ADDITION. — TÉTRAHYDRO-β-NAPHTYLAMINES $C^{10}H^{11}AzH^{2}$.

Dérivé ac,

$$C^{6}H^{4} \begin{cases} CH^{2} - CH \, . \, AzH^{2} \\ \qquad | \\ CH^{2} - CH^{2} \end{cases}$$

Bamberger et Muller [*D. chem. G.*, **21**, 847, 1888] et Bamberger et Kitschelt [*ibid.*, **23**, 876] obtiennent ce dérivé en réduisant la β-naphtylamine en solution amylique par le sodium, de la même manière que l'*ac*-tétrahydro-α-naphtylamine. Il se forme en même temps toujours un peu d'*ar*-tétrahydro-β-naphtylamine, qu'on sépare en soumettant la solution éthérée de ces deux bases à l'action de l'acide carbonique humide, le carbonate du dérivé *ac* se précipite sous forme de flocons volumineux. On obtient la base en distillant son carbonate sec sur de la potasse ou de la baryte caustique, sous pression réduite.

La β-tétrahydronaphtylamine ac est une huile incolore, peu visqueuse, douée d'une odeur ammoniacale rappelant celle de la pipéridine; sa densité à 16° = 1,031; elle distille à 162° sous 36 millimètres de pression et à 249°,5 sous 716 millimètres. Indice de réfraction [Bruhl, *Zeit. phys. Chem.*, **16**, 218]. Pouvoir rotatoire magnétique [Perkin, *Chem. Soc.*, **69**, 1245, 1896]. Elle se colore à l'air en brun; elle est facilement soluble dans les dissolvants organiques; la lessive de soude la précipite de ses solutions aqueuses. Elle attire rapidement l'acide carbonique de l'air et se concrète en une masse cristallisée; elle ne réduit ni les sels d'or, ni ceux du platine, ni même la liqueur de Fehling à l'ébullition; elle ne réduit qu'à la longue et imparfaitement le nitrate d'argent alcoolique. Elle donne par oxydation de l'acide ortho-hydrocinnamocarbonique et se comporte envers le chlorure de diazobenzène de la même manière que la méthylamine ou l'éthylamine : le composé obtenu présente les mêmes caractères chimiques que les dérivés de la série grasse.

Pope et Harvey [*Chem. Soc.*, **79**, 75, 1901] l'ont dédoublée en ses composants optiques actifs, en la traitant par le sel d'ammonium de l'acide bromocamphre-sulfonique; cependant lorsqu'on veut régénérer les bases de leurs sels actifs, elles se racémisent partiellement.

Sels. — Toute une série de sels de la base inactive ont été préparés par Bamberger [*loc. cit.*], Muthmann [*D. chem. G.*, **23**, 878, 1890] et Noyes et Ballard [*ibid.*, **27**, 1450, 1894]. Les sels des bases optiques actives ont été obtenus par Pope et Harvey [*loc. cit.*].

Le *dérivé acétylé* de l'*ac*-tétrahydro-β-naphtylamine inactive $C^{10}H^{11}AzH(COCH^{3})$ cristallise dans le benzène en prismes ou en aiguilles fusibles à 107°,5; le *dérivé acétylé actif droit* fond à 104-106°. Son *dérivé benzoylé* $C^{10}H^{11}AzH.(CO.C^{6}H^{5})$ cristallise dans le benzène en longues aiguilles fusibles à 150-151°, il est décomposable en dérivés actifs droit et gauche (Pope et Harvey). Bamberger et Muller ont préparé différentes urées de ce dérivé *ac* inactif, entre autre l'*ac-tétrahydro-β-naphtylphénylurée*,

$$CO < {AzH \, . \, C^{10}H^{11} \atop AzH \, . \, C^{6}H^{5}}$$

longues aiguilles fusibles à 165°,5, solubles dans l'alcool et le benzène; l'*ac-tétrahydro-β-naphtylphénylsulfourée*,

$$CS < {AzH \, C^{10}H^{11} \atop AzH \, . \, C^{6}H^{5}}$$

prismes brillants fusibles à 161° en se décomposant; et enfin l'*ac-ditétrahydronaphtylsulfourée*,

$$CS < {AzH \, . \, C^{10}H^{11} \atop AzH \, . \, C^{10}H^{11}}$$

aiguilles brillantes fusibles à 166°,5.

Dérivé ar,

$$\begin{matrix} CH^{2} - CH^{2} - C - CH = C \, . \, AzH^{2} \\ | \qquad\qquad \| \qquad\quad | \\ CH^{2} - CH^{2} - C - CH = CH \end{matrix}$$

Préparation, voyez dérivé *ac* [Bamberger et Kitschelt]. C'est une base cristallisant dans la ligroïne en aiguilles fusibles à 38° et bouillant à 275-277° sous 713 millimètres. Elle se combine avec les diazoïques et se comporte comme une base aromatique [Smith, *Centr. Blatt*, **2**, 214 et 452, 1902]. On obtient deux *dérivés bromés* de cette base en l'acétylant et traitant par le brome; ce sont les dérivés

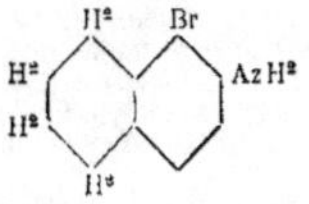

fusible à 52°,5 et

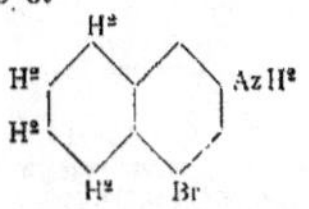

fusible à 52° [Smith, *Chem. Soc.*, **85**, 728].

PRODUITS DE SUBSTITUTION DE LA β-NAPHTYLAMINE. — Substitués dans le groupe amidogène.

MÉTHYL-β-NAPHTYLAMINE, $C^{10}H^7AzH.CH^3$. — Pechmann [*D. chem. G.*, **28**, 2270, 1895 et **30**, 1785, 1897] l'obtient en traitant la β-naphtylamine par l'iodure de méthyle en solution dans l'alcool méthylique. Huile distillant à 296° sous 715 millimètres. L'acide nitreux la transforme en *nitrosamine* $C^{10}H^7Az(AzO)CH^3$, paillettes fusibles à 90°. Son *dérivé benzoylé* $C^{10}H^7Az(COC^6H^5)CH^3$ a été préparé par Hess [*D. chem. G.*, **18**, 687, 1885]; il cristallise en feuillets fusibles à 169°.

DIMÉTHYL-β-NAPHTYLAMINE, $C^{10}H^7Az(CH^3)^2$. — (Décrite 1er Suppl., 1069). Traitée par la formaldéhyde, elle fournit le *tétraméthyldiaminodinaphtylméthane*

$$CH^2 \begin{matrix} \swarrow C^{10}H^6Az(CH^3)^2 \\ \searrow C^{10}H^6Az(CH^3)^2 \end{matrix}$$

fusible à 144° [Morgan, *Centr. Bl.*, I, 621, 1899]. — Littérature : Pinnow [*D. chem. G.*, **32**, 1405, 1899 et Perkin, *Journ. Chem. Soc.*, **69**, 1235, 1896]. Par réduction avec le sodium, elle fournit l'*ar-tétrahydrodiméthyl β-naphtylamine*

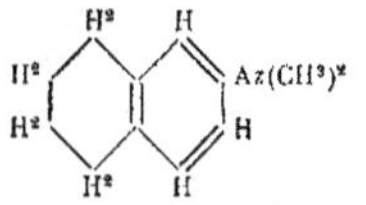

[Bamberger et Muller, *D. chem. G.*, **22**, 1295, 1889], huile épaisse bouillant à 287° sous 718 millimètres de pression, et l'*ac-tétrahydrodiméthyl-β-naphtylamine*

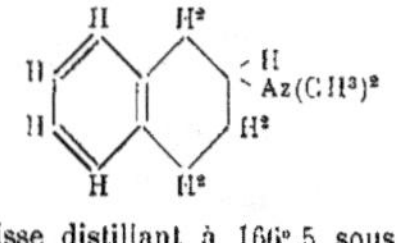

huile épaisse distillant à 166°,5 sous 22 millimètres de pression.

ÉTHYL-β-NAPHTYLAMINE, $C^{10}H^7AzH(C^2H^5)$. — Obtenue par le procédé ordinaire en traitant la β-naphtylamine par le bromure ou l'iodure d'éthyle [Henriques, *D. chem. G.*, **17**, 2668, 1884; — Fischer, *ibid.*, **26**, 193, 1893; — Reichler, *Bull. Soc. Chim.*, (3), **27**, 882, 1902]. On l'obtient également par distillation de l'acide β-naphtylamine propionique [Bischoff et Hausdörfer, *D. chem. G.*, **25**, 2312, 1892]. Huile bouillant à 305° sous 716 millimètres de pression. Sa *nitrosamine* $C^{10}H^7Az(AzO)C^2H^5$ se présente sous forme cristalline et fond à 49° [Henriques, *loc. cit.*, et Fischer et Hepp, *D. chem. G.*, **20**, 1248, 1887]. Traitée à froid par une solution alcoolique d'acide chlorhydrique, elle se transforme en chlorhydrate de *nitroso-β-éthylnaphtylamine*

$$C^{10}H^6 \begin{matrix} \swarrow AzO \\ \searrow AzH(C^2H^5) \end{matrix}$$

dont la base cristallise dans le benzène en prismes verdâtres fusibles à 120-121°. En laissant digérer la nitrosamine avec l'acide chlorhydrique dans l'alcool absolu, elle se transforme en *éthényl-α-β-naphtylène-diamine*

$$C^{10}H^6 \begin{matrix} \swarrow Az = C.CH^3 \\ \quad\swarrow \\ \searrow AzH \end{matrix} \qquad \text{(F. et H.).}$$

La nitroso-β-éthylnaphtylamine traitée par l'acide nitreux fournit également une *nitrosamine*

$$C^{10}H^6 \begin{matrix} \swarrow AzO \\ \searrow Az(AzO)C^2H^5 \end{matrix}$$

aiguilles fusibles à 105° en se décomposant [Fischer et Hepp, *D. chem. G.*, **21**, 686, 1888]. — Par hydrogénation avec le sodium, l'éthyl-β-naphtylamine fournit un mélange d'*ar* et d'*ac-tétrahydroéthyl-β-naphtylamines* [Bamberger et Muller, *D. chem. G.*, **22**, 1301]. La base libre *ac*

$$C^6H^4 \begin{matrix} \swarrow CH^2 - CH.AzH(C^2H^5) \\ \qquad\quad | \\ \searrow CH^2 - CH^2 \end{matrix}$$

se présente sous forme d'une huile incolore semi-liquide distillant à 267° sous 724 millimètres de pression; la base *ar*

$$C^6H^8 \begin{matrix} \qquad\qquad H \\ \qquad\qquad | \\ \swarrow CH = C.Az.(C^2H^5) \\ \qquad\quad \| \\ \searrow CH = CH \end{matrix}$$

se présente également sous forme d'une huile semi-liquide bouillant à 291-293°.

Traitée par l'iodure de méthyle, l'éthyl-β-naphtylamine fournit la *méthyléthyl-β-naphtylamine*, huile dont le *chlorhydrate* fond à 152-153° [Reichler, *Bull. Soc. Chim.*, (3), **27**, 970, 1902].

DIÉTHYL-β-NAPHTYLAMINE, $C^{10}H^7Az(C^2H^5)^2$. — Obtenue par Bamberger et Williamson [*D. chem. G.*, **22**, 1760, 1889] et Morgan [*Journ. Chem. Soc.*, **77**, 823, 1900] suivant la méthode habituelle. Huile épaisse distillant à 316° sous 717 millimètres de pression. Son *chlorhydrate* fond à 175°. Traitée par la formaldéhyde, elle fournit le *tétraéthyldiaminodinaphtylméthane* correspondant, fusible à 114° (Morgan). Par hydrogénation avec le sodium en solution dans l'alcool amylique, elle fournit l'*ac tétrahydro-diéthyl-β-naphtylamine* $C^{10}H^{11}Az(C^2H^5)^2$, huile bouillant à 291-293° [Bamberger et Muller, *loc. cit.*] et l'*ar tétrahydrodiéthyl-β-naphtylamine* $C^{10}H^{11}Az(C^2H^5)^2$, huile incolore distillant à 167° sous 16 millimètres de pression et à 298° sous 709 millimètres. Son *chlorhydrate* est très soluble (Bamberger et Williamson).

Traitée par l'iodure d'éthyle, cette diéthyl-β-naphtylamine fournit l'*iodure de triéthylnaphtylammonium* $C^{10}H^7Az(C^2H^5)^3I$, cristallisant en paillettes incolores fusibles à 174° en se décomposant [Reichler, *Bull. Soc. Chim.*, (3), **27**, 882, 1902].

PROPYL-β-NAPHTYLAMINE, $C^{10}H^7AzH.C^3H^7$. — Comme le dérivé α [Bischoff et Mintz, *D. chem. G.*, **25**, 2325, 1892]; huile bouillant à 322-324°.

PHÉNYL-β-NAPHTYLAMINE, $C^{10}H^7AzH.C^6H^5$. —

(Voyez 1er Suppl., 1068). Elle a été préparée en outre par Friedländer [*D. chem. G.*, **16**, 2077, 1883] et Kym [*J. prakt. Chem.*, (2), **51**, 326, 1895]; propriétés physiques : Crafts [*Ann. Chem.*, **202**, 3, 1880]. Elle se décompose à 240° par l'acide chlorhydrique en β-naphtol et aniline [Streiff, *Ann. Chem.*, **209**, 157, 1881]; distillée à travers un tube chauffé au rouge, elle fournit le phénylnaphtylcarbazol [Graebe et Knecht, *Ann. Chem.*, **202**, 1, 1880]. Son *dérivé benzoylé*

$$C^{10}H^7 . Az \begin{cases} C^6H^5 \\ CO . C^6H^5 \end{cases}$$

cristallise en aiguilles fusibles à 147-148° [Claus et Richter, *D. chem. G.*, **17**, 1590, 1884].

Le *dérivé tétrabromé* (déjà décrit) a été obtenu également par Zincke et Lawson [*D. chem. G.*, **20**, 1170, 1887], il fond à 202-203°. — Outre le *dérivé dinitré* préparé par Streiff [*loc. cit.*] et fusible à 192-195°, Heim [*D. chem. G.*, **21**, 589, 1888] et Ernst [*ibid.*, **23**, 3429, 1890] obtiennent une *2.4-dinitrophényl-β-naphtylamine* fusible à 169°,5 en faisant réagir le 1 2.4-bromodinitrobenzène sur la β-naphtylamine; elle cristallise en aiguilles rouge-cinabre. — En traitant le 1.3 dichlorotrinitronaphtalène par l'aniline, Clève [*D. chem. G.*, **23**, 957, 1890] obtient une *phényl-β-chlorotrinitronaphtylamine* se présentant sous forme de houppes rouges fusibles à 230°.

Traitée par le chlorure de picryle, la β-naphtylamine fournit la *2.4.6-trinitrophényl-β-naphtylamine* $C^{10}H^7AzH.C^6H^2(AzO^2)^3$, prismes rouges brillants fusibles à 233° [Bamberger et Muller, *D. chem. G.*, **33**, 107, 1900].

La phényl-β-naphtylamine fournit par les procédés ordinaires d'alcoylation la *méthylphényl-β-naphtylamine*, fusible à 52-53°, et l'*éthylphényl-β-naphtylamine* fusible à 58° (Brevets all. 96402 et 112116).

Benzyl-β-naphtylamine, $C^{10}H^7AzH . CH^2C^6H^5$. — Obtenue par réduction de la benzylidène-β naphtylamine [Kohler, *Ann. Chem.*, **241**, 360, 1887]. Prismes fusibles à 68°. Sa *nitrosamine* $C^{10}H^7Az(AzO)CH^2C^6H^5$ fond à 111-112°. On obtient les *dérivés nitrés* $C^{10}H^7AzH . CH^2C^6H^4AzO^2$ de cette base en traitant la β-naphtylamine par les chlorures de nitrobenzyle [Darier et Manassewitch, *Bull. Soc. Chim.*, (3), **27**, 1055, 1902, et Busch et Brandt, *J. prakt. Chem.*, (2), **52**, 410, 1895]: le *dérivé orthonitré* fond à 162°, le *dérivé méta* à 80° et le *dérivé paranitré* à 121°,5. — Traitée par la benzaldéhyde-cyanhydrine, la β-naphtylamine fournit, comme l'α, une *cyanobenzyl-β-naphtylamine* $C^{10}H^7AzH.CH(CAz)C^6H^5$ [Sachs et Goldman, *D. chem. G.*, **35**, 3319, 1902]: paillettes incolores fusibles à 119-120°.

Dibenzyl-β-naphtylamine, $C^{10}H^7Az(CH^2C^6H^5)^2$. — Obtenue par Morgan [*Journ. Chem. Soc.*, **77**, 825, 1900] en traitant la β-naphtylamine par le chlorure de benzyle et la soude caustique à 100°. — Cristaux fusibles à 119-120°.

Tolyl-β-naphtylamines, $C^{10}H^7AzH.C^6H^4.CH^3$.

Dérivé ortho. — Friedländer [*D. chem. G.*, **16**, 2077, 1883] l'obtient en chauffant à 280° le β-naphtol avec l'orthotoluidine en présence de chlorure de calcium. Elle cristallise dans la ligroïne en feuillets fusibles à 95-96°. Son *dérivé benzoylé* fond à 117-118°.

Dérivé para. — Obtenu de la même manière avec la para-toluidine, feuillets fusibles à 102-103° [Voy. également Kym, *J. prakt. Chem.*, (2), **51**, 328, 1895, et brevet all. 112116]. Par réduction [Bamberger et Muller, *loc. cit.*] elle fournit la *tétrahydro-p-tolyl-β-naphtylamine ac.*: feuillets solubles dans l'eau chaude, fusibles à 43°.

Cinnamyl-β-naphtylamine, $C^{10}H^7Az = C^9H^8$. — Obtenue par Schiff [*Ann. Chem.*, **239**, 384, 1887] suivant le procédé décrit pour le dérivé α. Aiguilles brillantes fusibles à 95-96°.

β-dinaphtylamine, $C^{10}H^7 . AzH . C^{10}H^7$. — (Voyez 1er Suppl., 1069).

Nitroso-β-dinaphtylamine, $(C^{10}H^7)^2AzAzO$. — Ris [*loc. cit.*] l'obtient par l'action du nitrite de sodium sur la base maintenue en suspension dans l'alcool et en présence d'acide sulfurique. Aiguilles fusibles à 140°, difficilement solubles dans l'alcool et l'éther, facilement solubles dans le benzène.

Dérivé dinitré, $C^{20}H^{13}(AzO^2)^2Az$. — Préparé en ajoutant lentement de l'acide nitrique concentré à une solution froide de la base dans l'acide acétique. Aiguilles jaune rouge, fusibles à 224-225°, peu solubles.

Dérivé tétranitré, $C^{20}H^{11}(AzO^2)^4Az$. — Il se forme lorsqu'on ajoute peu à peu 3 parties d'acide nitrique mélangé avec une petite quantité d'acide acétique cristallisable à la solution de la base dans l'acide acétique. Ce composé n'est soluble que dans le nitrobenzène et fond à 285-286°.

Dérivé tétrabromé, $C^{20}H^{11}Br^4Az$. — Préparé par l'action du brome en excès et à froid sur la β-dinaphtylamine; il se présente sous forme de longues aiguilles feutrées, peu solubles dans la plupart des véhicules, fusibles à 246°.

Dérivé octobromé, $C^{20}H^7Br^8Az$. — Il se forme par l'action du brome en présence du bromure d'aluminium sur la base réduite en poudre fine; aiguilles blanches, fines, peu solubles, fusibles au-dessus de 360°.

Thio-β-dinaphtylamine,

$$C^{10}H^6 \begin{matrix} \diagup AzH \diagdown \\ \diagdown S \diagup \end{matrix} C^{10}H^6$$

Ris [*D. chem. G.*, **19**, 2240, 1886 et *Bull. Soc. Chim.*, **47**, 344, 1887] obtient ce dérivé en chauffant peu à peu 10 grammes de β-dinaphtylamine avec 2-4 grammes de soufre jusqu'à 250°. Le produit de la réaction prend une coloration vert jaune tandis qu'il se dégage de l'hydrogène sulfuré; la réaction est terminée au bout de 10 heures.

Kym [*D. chem. G.*, **21**, 2087, 1888] signale la formation de ce dérivé en petite quantité dans la réaction du chlorure de soufre sur la β-dinaphtylamine en solution dans le benzène.

Aiguilles vert-jaune pâle, fusibles à 236°; insolubles dans les acides étendus, solubles dans l'acide sulfurique avec une coloration violette passant au bleu par addition d'acide nitrique.

Picrate. $(C^{20}H^{13}AzS) . 2(C^6H^2)AzO^2)^3OH$. — Feuillets foncés ou aiguilles jaunes, fusibles vers 256° en se décomposant.

Dérivé acétylé. — Aiguilles brillantes, fusibles à 211°.

La thio-β-dinaphtylamine distillée avec du cuivre en poudre se transforme en *β-dinaphtylcarbazol*

$$\begin{matrix} C^{10}H^6 \diagdown \\ | \\ C^{10}H^6 \diagup \end{matrix} AzH$$

et avec du cuivre oxydé à la surface et chauffé à 280° en *oxy-β-dinaphtylamine*

$$C^{10}H^6 \begin{matrix} O \\ \diagup \diagdown \\ \diagdown \diagup \\ AzH \end{matrix} C^{10}H^6$$

poudre cristalline, jaune citron, fusible à 301°. Cette dernière combinaison se décompose en partie à la distillation, elle est un peu soluble dans le benzène à chaud ou mieux dans le cumène; traitée en solution dans le cumène par le chlorure d'acétyle elle fournit un *dérivé acétylé*

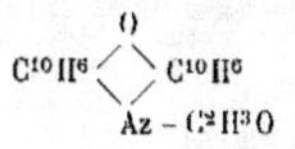

$$C^{10}H^6 \langle {}^{O}_{Az - C^2H^3O} \rangle C^{10}H^6$$

fusible à 235°, soluble dans le benzène et l'éther.

Dithio-β-naphtylamines,

$$S^2 \begin{matrix} \diagup C^{10}H^6 \diagdown \\ \diagdown C^{10}H^6 \diagup \end{matrix} AzH$$

Kym [*loc. cit.*] en a obtenu deux modifications qui prennent naissance en même temps qu'une petite quantité de thiodinaphtylamine de Ris, par l'action du chlorure de soufre à 30-35° en solution dans le benzène sur la β-dinaphtylamine dissoute dans le même véhicule.

L'une cristallise en feuillets jaune laiteux, fusibles à 205°, et donne par l'action de l'anhydride acétique le même dérivé acétylé que la thio-β-dinaphtylamine.

Elle se dissout le mieux dans le sulfure de carbone et se transforme lorsqu'on veut la dissoudre à chaud, spécialement dans l'aniline, en *thio-β-dinaphtylamine*, fusible à 236°, avec élimination d'hydrogène sulfuré.

L'autre cristallise en bâtons rouge-jaune, fusibles à 220°; elle se forme en plus petite quantité: elle est presque insoluble dans l'alcool, l'éther, l'acide acétique cristallisable, difficilement soluble dans le sulfure de carbone et le benzène. Elle subit, par ébullition avec l'aniline, la même transformation que la précédente.

Kym a isolé encore du produit de la réaction une *monothio-β-tétranaphtyldiamine*

$$S(C^{10}H^6 . AzH . C^{10}H^7)^2 (?),$$

fusible à 307°.

Méthyl-β-dinaphtylamine, $(C^{10}H^7)^2Az . CH^3$. — Ris [*D. chem. G.*, **20**, 2618, 1887] la prépare en chauffant pendant 5 heures à 150° molécules égales de dinaphtylamine et d'iodure de méthyle. Aiguilles incolores, fusibles à 139-140°, distillant sans décomposition. Elle est peu soluble dans l'alcool froid, le benzène, insoluble dans l'éther de pétrole; sa solution alcoolique présente une fluorescence bleu-violet.

Éthyl-β-dinaphtylamine, $(C^{10}H^7)^2AzC^2H^5$. — Aiguilles incolores, fusibles à 231°.

Éther méthylique de l'acide-β-dinaphtylcarbamique $(C^{10}H^7)^2AzCO^2CH^3$. — Il se forme lorsqu'on chauffe pendant 2 heures 1/2 à 150-160° l'éther méthylique et l'acide chloroformique avec la β-dinaphtylamine. Il cristallise dans le benzène avec 1/2 molécule benzène et dans l'alcool en aiguilles fines, fusibles à 113-114°; il distille presque sans décomposition [Ris, *loc. cit.*]

Benzoyl-β-dinaphtylamine

$$(C^{10}H^7)^2Az . COC^6H^5.$$

— Claus et Richter [*D. chem. G.*, **17**, 1593, 1884 et *Bull. Soc. Chim.*, **44**, 479, 1885] la préparent en chauffant à 120° la β-dinaphtylamine avec du chlorure de benzoyle; aiguilles blanches fusibles à 173°.

En chauffant ce composé en solution dans le chloroforme avec du pentachlorure de phosphore jusqu'à ce qu'il ne se dégage plus d'acide chlorhydrique, on obtient la *benzoyldichlorodinaphtylamine* $(C^{10}H^6Cl)^2AzC^6H^5CO$, aiguilles blanches, fusibles à 203°, solubles dans l'alcool, le benzène et le chloroforme.

Par l'action de l'acide nitrique concentré mélangé avec une petite quantité d'acide fumant. Ris [*loc. cit.*] a obtenu un dérivé *mononitré* cristallisant dans le benzène avec 1 molécule de benzène en prismes jaunes, transparents, fusibles à 168°. Les réducteurs le transforment en *benzénylnaphtylnaphtylène-diamine*,

$$\begin{matrix} C^{10}H^7 - AzC - C^6H^5 \\ \diagup \ \ \| \\ C^{10}H^6 - Az \end{matrix}$$

aiguilles ou prismes fusibles à 163°.

Éthylène-β-dinaphtylamine,

$$C^2H^4(AzHC^{10}H^7)^2.$$

— Bischoff et Hausdorfer [*D. chem. G.*, **23**, 1985, 1890] la préparent comme le dérivé α; paillettes brillantes ou aiguilles solubles dans l'alcool, fusibles à 149-150°. Il se forme en même temps la diéthylène-β-dinaphtylamine

$$C^{10}H^7 . Az \begin{matrix} \diagup CH^2 - CH^2 \diagdown \\ \diagdown CH^2 - CH^2 \diagup \end{matrix} Az . C^{10}H^7$$

fusible à 228°.

Propylène-β-dinaphlyldiamine,

$$C^{10}H^7AzH . CH(CH^3)CH^2 . AzH . C^{10}H^7.$$

— Comme le dérivé α. Masse amorphe.

Dérivés acides de la β-naphtylamine. — (Voyez 1er Suppl., 1068).

Thionyl-β-naphtylamine, $C^{10}H^7Az = SO$. — Obtenue comme le dérivé α. Aiguilles jaunes fusibles à 53°. Son *dérivé bromé* fond à 118°.

Acide β-naphtylsulfaminique,

$$C^{10}H^7AzH . SO^3H.$$

— Obtenu par Traube [*D. chem. G.*, **24**, 363, 1891] en traitant la β-naphtylamine dissoute dans le chloroforme par SO^3HCl. Son *sel d'ammonium* $C^{10}H^7AzHSO^3AzH^4$ est une masse cristalline facilement soluble dans l'eau.

β-*Naphtalide-o-phosphorique*,

$$PO . (AzHC^{10}H^7)^3.$$

— Obtenue comme le dérivé α. Elle cristallise dans l'acide acétique en paillettes fusibles à 170°.

Silico-β-tétranaphtalide, $Si(AzH . C^{10}H^7)^4$. — Comme le dérivé α, corps cristallin.

Dichlorosilico-β-dinaphtalide, $SiCl^2(AzH . C^{10}H^7)^2$. — Poudre obtenue par Harden [*Chem. Soc.*, **51**, 45, 1887] en laissant tomber goutte à goutte du $SiCl^4$ dans une solution benzénique de β-naphtylamine.

Formyl-β-naphtalide, $C^{10}H^7AzH . CHO$ (déjà décrite). — Elle a été obtenue également par Cosiner [*D. chem. G.*, **14**, 58, 1881] en traitant une solution alcoolique de β-naphtylamine par le formiate d'éthyle. Traitée par l'hypochlorite elle fournit, comme le dérivé α, le dérivé $C^{10}H^7AzCl . CHO$ [Slosson, *loc. cit.*], fusible à 75°, et en solution acétique le dérivé

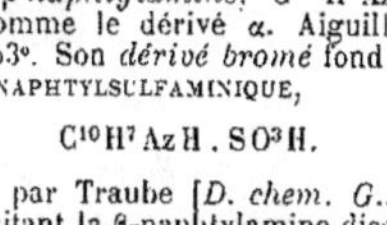

[Formule développée : noyau naphtalénique portant Cl et — AzH . CHO]

fusible à 136° [Chattaway, *D. chem. G.*, **32**, 3638, 1899].

Acétyl-β-naphtalide $C^{10}H^7AzH . CO . CH^3$ (déjà décrite). — Littérature [Merz et Weith, *D. chem. G.*, **14**, 2343, 1881. — Cosiner, *ibid.*, **14**, 58. — Calm, *ibid.*, **15**, 612. — Libermann et Jacobsen, *Ann. Chem.*, **211**, 42, 1882. — Pawlewski, *D. chem. G.*, **35**, 110, 1902]. Elle se combine avec la soude caustique et l'éthylate de sodium en formant les dérivés $C^{12}H^{11}AzO + NaOH$ et $C^{12}H^{11}AzO + C^2H^5ONa$ [Cohen, *Chem. Soc.*, **69**, 93, 1896 et **73**, 162, 1898].

Chloracétyl-β-naphtalide, $C^{10}H^7AzH.COCH^2Cl$. — Obtenue par Walbridge [*Am. Chem. Journ.*, **25**, 483] par condensation du chlorure de l'acide chloracétique avec la β-naphtylamine; fines aiguilles fusibles à 117-118°.

1-*Chloro-2-acétylnaphtalide*, $C^{10}H^6Cl.AzH.COCH^3$. — Clève [*D. chem. G.*, **20**, 1989, 1887] l'obtient en chlorant l'acétylnaphtalide en solution acétique; aiguilles fusibles à 147°. Son *tétrachlorure* $C^{10}H^6ClAzH.CO.CH^3 + 4Cl$ fond à 140-145° en se décomposant [Claus et Philipson, *J. prakt. Chem.*, (2), **43**, 59, 1891. — Claus et Jäck, *ibid.*, (2), **57**, 4, 1898].

5,8-*Dichloro-2-acétylnaphtalide*, $C^{10}H^5Cl^2.AzH.COCH^3$. — Gros cristaux fusibles à 209° [Claus et Philipson, *loc. cit.*].

1,3,4-*Trichloro-2-acétylnaphtalide*, $C^{10}H^4Cl^3.AzH.COCH^3$. — Petites aiguilles fusibles à 220° [Claus et Jäck, *loc. cit.*].

1-*Bromo-2-acétylnaphtalide*, $C^{10}H^6Br.AzH.COCH^3$. — Aiguilles fusibles à 140° [Cosiner, *loc. cit.* — Lellmann et Schmidt, *D. chem. G.*, **20**, 3154, 1887. — Cohen, *Chem. Soc.*, **73**, 162, 1898]. Son *tétrachlorure* $C^{10}H^6Br.AzH.COCH^3 + 4Cl$ fond à 115° [Claus et Jäck, *loc. cit.*].

1,4-*Dibromo-2-acétylnaphtalide*, $C^{10}H^5Br^2.AzH.COCH^3$. — Aiguilles fusibles à 221-222° [Meldola, *Chem. Soc.*, **47**, 511, 1885, et **67**, 907, 1895].

1,6-*Dibromo-2-acétylnaphtalide*. — Aiguilles fusibles à 208° [Lawson, *D. chem. G.*, **18**, 2424, 1885], ou à 212° [Claus, Philipson, *J. prakt. Chem.*, (2), **43**, 49, 1891].

1,3,6-*Tribromo-2-acétylnaphtalide*, $C^{10}H^4Br^3.AzH.COCH^3$. — Aiguilles fusibles à 250° [Claus et Philipson, *loc. cit.*].

Tétrabromo-2-acétylnaphtalide, $C^{10}H^3Br^4.AzH.COCH^3$. — Petites aiguilles fusibles à 138° [Meldola, *Journ. Chem. Soc.*, **43**, 8, 1883].

1-*Chloro-4-bromo-2-acétylnaphtalide* $C^{10}H^5Cl.Br.AzH.COCH^3$. — Petites aiguilles fusibles à 218° [Meldola, *Journ. Chem. Soc.*, **61**, 769, 1892].

1-*Chloro-6-bromo-2-acétylnaphtalide*. — Obtenue par Armstrong et Rossiter en traitant par le brome la 1-chloro-2-acétylnaphtalide. Fusible à 216°.

1-*Iodo-4-bromo-2-acétylnaphtalide*, $C^{10}H^5I.Br.AzH.COCH^3$. — Aiguilles fusibles à 235° [Meldola, *Journ. Chem. Soc.*, **61**, 767, 1892].

1-*Nitro-2-acétylnaphtalide*, $C^{10}H^6AzO^2.AzH.COCH^3$ (déjà décrite). — Longues aiguilles fusibles à 123°,5. Littérature : Liebermann et Jacobsen [*Ann. Chem.*, **211**, 45, 1882; — Klein, *D. chem. G.*, **19**, 805, 1886, et Kleemann, *ibid.*, **19**, 338].

5-*Nitro-2-acétylnaphtalide*. — Aiguilles jaunes ou tables rhombiques épaisses, fusibles à 185°,5 [Friedländer et Szymanski, *D. chem. G.*, **25**, 2078, 1892].

8-*Nitro-2-acétylnaphtalide*. — Longues aiguilles jaunes fusibles à 195°,5 (F. et S.).

Dinitro-2-acétylnaphtalides,

$$C^{10}H^5(AzO^2)^2AzH.COCH^3.$$

— Maschke [*Jahresbericht Chem.*, 868, 1868] obtient en traitant la β-acétylnaphtalide par l'acide nitrique fumant deux *dérivés dinitrés*, l'un fusible à 185°, l'autre à 235°.

Diacétyl-β-naphtalide $C^{10}H^7Az(COCH^3)^2$. — Comme le dérivé α; plaques incolores fusibles à 66°,5 [Sudborough, *loc. cit.*]. Son *dérivé bromé* $C^{10}H^6Br.Az(COCH^3)^2$ cristallise en tables fusibles à 105° [Claus et Philipson, *J. prakt. Chem.*, (2), 43, 48, 1891]; son *dérivé 3-bromé* cristallise en aiguilles fusibles à 186°,5 [Meldola, *Journ. Chem. Soc.*, **47**, 508, 1885]; son *dérivé 1.6-dibromé* $C^{10}H^5Br^2Az(COCH^3)^2$, est en prismes fusibles à 180° (Claus et Philipson); le *dérivé tribromé*, paillettes fusibles à 159°, a été préparé également par Claus et Philipson [*loc. cit.*].

Thioacétyl-β-naphtalide $C^{10}H^7AzH.CS.CH^3$. — Obtenue en fondant la β-acétylnaphtalide avec P^2S^5 [Sullwald, *D. chem. G.*, **21**, 2677, 1888]. Elle cristallise dans l'alcool en aiguilles ou en tables fusibles à 145-146°.

β-*Naphtalide de l'acide α-bromopropionique* $C^{10}H^7AzH.COCHBr.CH^3$. — Obtenue comme le dérivé α [Tigerstedt, *loc. cit.*]. Aiguilles fusibles à 174°.

Naphtalide de l'acide α-bromobutyrique,

$$C^{10}H^7AzH.CO.CHBr.CH^2CH^3.$$

— Aiguilles fusibles à 135° (Tigerstedt).

Naphtalide de l'acide α-bromisobutyrique $C^{10}H^7AzH.COCBr(CH^3)^2$. — Petits bâtonnets fusibles à 135° (Tigerstedt).

Naphtalide de l'acide isovalérique,

$$C^{10}H^7AzH.C^5H^9O.$$

— Prismes brillants fusibles à 138°,5 [Bamberger et Müller, *D. chem. G.*, **21**, 1123, 1888].

Naphtalide de l'acide isolauronolique,

$$C^{10}H^7AzH.COC^8H^{13}.$$

— Aiguilles fusibles à 148-149° [Blanc, *Ann. Chim. Phys.*, (7), **18**, 233].

Naphtalide de l'acide glycolique,

$$C^{10}H^7AzH.CO.CH^2OH.$$

— Obtenue par Bischoff et Walden [*Ann. Chem.*, **279**, 68, 1894]. Aiguilles fusibles à 138°.

Naphtalide de l'acide lactique,

$$C^{10}H^7AzH.CO.CH.OH.CH^3.$$

— Aiguilles fusibles à 137°,5 [Bischoff et Walden, *loc. cit.*].

Naphtalide de l'acide α-oxybutyrique,

$$C^{10}H^7AzH.COCHOH.CH^2.CH^3.$$

— Tables fusibles à 126° (Bischoff et Walden).

Acide β-naphtylamide-oxalique,

$$C^{10}H^7AzH.CO.CO^2H.$$

— On l'obtient en chauffant à 140° la β-naphtylamine avec l'acide oxalique [Friedländer, *Central Blatt*, (1), **288**, 1899]. Petites aiguilles fusibles à 190° en se décomposant. Son *éther éthylique* cristallise en paillettes fusibles à 119°,5 [Meyer et Muller, *D. chem. G.*, **30**, 771, 1897]; il réagit avec l'hydroxylamine [Pickart et Carter, *Journ. Chem. Soc.*, **79**, 841, 1901]; avec l'ammoniaque, il fournit la mononaphtyloxamide

$$C^{10}H^7AzH.CO.COAzH^2$$

fusible à 248°.

Oxalyl β-naphtalide $C^2O^2(C^{10}H^7AzH)^2$. — Obtenue par Meyer et Muller (*loc. cit.*), en faisant bouillir l'éther oxalique avec la β-naphtylamine; paillettes brillantes fusibles à 276°. Traitée en solution acétique par l'acide nitrique elle fournit un *dérivé dinitré* fusible au-dessus de 270° [Perkin, *Journ. Chem. Soc.*, **61**, 466, 1892].

Acide β-naphtylamide-succinique,

$$C^{10}H^7AzH.CO.(CH^2)^2CO^2H.$$

— Aiguilles fusibles à 184-185°. [Auwers, *Ann.*

Chem., **292**, 190, 1896 : — Pellizzari et Mateucci, *ibid.*, **248**, 159, 1888] (Voy. Dérivé α).

β-*Naphtylsuccinimide* $C^{10}H^7Az = C^4H^4O^2$. — Longues aiguilles fusibles à 180-183° [Pellizzari et Matteucci; Auwers, *loc. cit.*, et Koller, *D. chem. G.*, **37**, 1593, 1904].

β-*Naphtylsuccinamide*.

$$C^{10}H^7AzH \,.\, CO \,.\, C^2H^4CO\,AzH^2.$$

— Obtenue par Auwers en traitant le dérivé ci-dessus par l'ammoniaque. Tables fusibles à 219°.

β-*Succine-naphtalide*,

$$C^{10}H^7AzH \,.\, CO \,.\, C^2H^4CO \,.\, AzH \,.\, C^{10}H^7.$$

— Cristaux microscopiques fusibles à 266° [Bischoff et Hausdörfer, *D. chem. G.*, **25**, 3268, 1892].

Acide β-naphtylamide-méthylsuccinique.

$$C^{10}H^7AzH \,.\, COC^2H^3(CH^3)CO^2H.$$

— Paillettes quadratiques fusibles à 154°,5 [Auwers et Mayer, *Ann. Chem.*, **309**, 328, 1899].

Acide β-naphtylamide-S-diméthylsuccinique.

$$C^{10}H^7CO \,.\, CH(CH^3)CH(CH^3)CO^2H.$$

— Se présente sous deux formes, la forme fumarique fusible à 209° et la forme maléique fusible à 140° [Auwers, Oswald et Thorpe, *Ann. Chem.*, **285**, 232, 1895].

Acide β-naphtylamide-α-diméthylsuccinique.

$$C^{10}H^7COC(CH^3)^2CH^2CO^2H.$$

— Aiguilles fusibles à 181° [Auwers, *Ann. Chem.*, **292**, 187, 1896].

Acide β-naphtylamide-α-méthylglutarique.

$$C^{10}H^7AzH \,.\, COC^3H^5(CH^3)CO^2H.$$

— Petites tablès fusibles à 115-119° [Auwers, *Ann. Chem.*, **292**, 213, 1896].

Acide β-naphtylamide α-éthylglutarique.

$$C^{10}H^7AzH \,.\, COCH(C^2H^5)C^2H^4CO^2H.$$

— Se présente sous deux formes, l'une fondant à 142-143°, l'autre à 129°,5 [Auwers, *loc. cit.*].

Acide β-naphtylamide α-diméthylglutarique $C^{10}H^7AzHCOC(CH^3)^2C^2H^4 \,.\, CO^2H$. — Aiguilles fusibles à 151-152° [Blaise, *Bull. Soc. Chim.*, (3), 21, 627, 1899].

Acide β-naphtylamide-S-diméthylglutarique,

$$C^{10}H^7AzH \,.\, COCH(CH^3)CH^2CH(CH^3)CO^2H.$$

— Forme maléique, prismes fusibles à 151° [Auwers, Oswald, *Ann. Chem.*, **285**, 237, 1895].

Acide β-naphtylamide-isopropylsuccinique.

$$C^{10}H^7AzH \,.\, COC^2H^3(C^3H^7)CO^2H.$$

— Paillettes fusibles en chauffant lentement à 193-194°, et rapidement à 198° [Auwers et Mayer, *Ann. Chem.*, **309**, 330, 1899].

Acide β-naphtylamide-α-méthyléthylsuccinique,

$$C^{10}H^7AzH \,.\, COC(CH^3)(C^2H^5)-CH^2CO^2H.$$

— Aiguilles fusibles à 179° [Auwers et Fritzweiler, *Ann. Chem.*, **298**, 176, 1897].

Acide β-naphtylamide-S-méthyléthylsuccinique,

$$C^{10}H^7AzH \,.\, COCH(CH^3)CH(C^2H^5)CO^2H$$

— Forme fumarique, paillettes fusibles à 191-192° [Auwers et Mayer, *Ann. Chem.*, **309**, 337, 1899].

Acide β-naphtylamide-triméthylsuccinique,

$$C^{10}H^7AzH \,.\, COC^2H(CH^3)^3CO^2H.$$

— Prismes fusibles à 153° [Auwers, *Ann. Chem.*, **285**, 235, 1895].

Acide β-naphtylamide-S-diéthylsuccinique,

$$C^{10}H^7AzH \,.\, COCH(C^2H^5)CH(C^2H^5)CO^2H.$$

— Forme maléique, cristaux durs fusibles à 145-146°; forme fumarique, petites aiguilles fusibles à 202-203° [Auwers, *Ann. Chem.*, **309**, 340, 1899].

Acide β-naphtylamide-S-diisopropylsuccinique,

$$C^{10}H^7AzH \,.\, CO \,.\, CH(C^3H^7)CH(C^3H^7)CO^2H.$$

— Prismes fusibles à 154° [Auwers, *Ann. Chem.*, **292**, 174, 1896].

Acide β-naphtylamide-maléique,

$$C^{10}H^7AzH \,.\, COCH = CH \,.\, CO^2H.$$

— Aiguilles fusibles à 200° en se décomposant [Dunlap, *Am. Chem. Journ.*, **19**, 495].

β-Naphtalides de l'acide malique,

$$C^{10}H^7Az \begin{array}{l} \diagup CO - CH \,.\, OH \\ \qquad\qquad | \\ \diagdown CO - CH^2 \end{array}$$

[Walden, *Zeits. phys. Chem.*, **17**, 250] et Bischoff et Nastvogel [*D. chem. G.*, **23**, 2046, 1890], cristaux fusibles à 193°; et

$$C^{10}H^7AzH \,.\, CO \,.\, CHOH \,.\, CH^2 \,.\, CO \,.\, AzH \,.\, C^{10}H^7,$$

fusible à 260-263° (B. et N.),

β-Naphtalide de l'acide tartrique,

$$C^{10}H^7 \,.\, AzHCOCH(OH)CH(OH)COAzH \,.\, C^{10}H^7.$$

Paillettes fusibles à 280° [Bischoff et Walden, *Ann. Chem.*, **279**, 150, 1894].

β-Naphtalide de l'acide citraconique, $C^{10}H^7Az = C^5H^4O^2$. — Comme le dérivé α [Morawski et Gläser, *loc. cit.*]. Aiguilles fusibles à 110°.

β-Naphtalides de l'acide citrique. — Hecht [*D. chem. G.*, **19**, 2615, 1886] obtient 3 naphtalides différentes comme pour les dérivés α : 1° la *citro-β-dinaphtylamide*,

$$C^{10}H^7AzH \,.\, CO \,.\, C^3H^4(OH) \begin{array}{l} \diagup CO \diagdown \\ \diagdown CO \diagup \end{array} AzC^{10}H^7$$

fusible à 233°; 2° l'*acide β-dinaphtylamide-citrique*,

$$(C^{10}H^7AzHCO)^2C^3H^4 \begin{array}{l} \diagup OH \\ \diagdown CO^2H \end{array}$$

fusible à 172°; et la *citrotrinaphtylamide*,

$$(C^{10}H^7AzHCO)^3C^3H^4 \,.\, OH$$

fusible à 215°.

β-Naphtylphtalimide,

$$C^{10}H^7Az \begin{array}{l} \diagup CO \diagdown \\ \diagdown CO \diagup \end{array} C^6H^4$$

— Piutti [*D. chem. G.*, **19**, 250, R., 1886] l'obtient par l'action de l'anhydride phtalique sur la β-naphtylamine : elle fond à 216°. Les alcalis la transforment en *acide β-naphtylphtalamique*, $C^{10}H^7AzH \,.\, COC^6H^4 \,.\, CO^2H$.

β-Naphtalide de l'acide benzène-sulfonique, $C^{10}H^7AzH \,.\, SO^2C^6H^5$. — Aiguilles fusibles à 102-103° [Witt et Schmitt, *D. chem. G.*, **27**, 2371, 1894].

β-Naphtalide de l'acide p-toluène-sulfonique, $C^{10}H^7AzH \,.\, SO^2C^6H^4CH^3$. — Aiguilles ou paillettes fusibles à 133° (W. et S.).

DÉRIVÉS CYANÉS DE LA β-NAPHTYLAMINE. — CYANO-β-NAPHTYLAMINE.

$$C^{10}H^7AzH - C = AzH$$

$$C^{10}H^7AzH - C - AzH$$

— Obtenue comme le dérivé α, paillettes brillantes fusibles à 222° en se décomposant.

β-Carbodinaphtylimide $C(AzC^{10}H^7)^2$. — Comme le dérivé α, grains fusibles à 145-146° [Huhn, *D. chem. G.*, **19**, 2406, 1886].

Combinaisons avec le chlorure de cyanogène. Voy. *Dérivés α.* — On obtient également 3 dérivés : 1° $C^{10}H^7AzH(CAz)^3Cl^2$, cristaux fusibles à 154°; 2° $(C^{10}H^7AzH)^2(CAz)^3Cl$, fusible à 278° et 3° $(C^{10}H^7AzH)^3(CAz)^3$, aiguilles fusibles à 205° [Friess, *D. chem. G.*, **19**, 2?3, 1886].

ACIDE β-NAPHTALIDO-ACÉTIQUE (Syn. β-naphtylglycine, acide naphtylamino-acétique), $C^{10}H^7AzH.CH^2CO^2H$. — Jolles [*D. chem. G.*, **22**, 2373, 1889] l'obtient en traitant la β-naphtylamine par l'acide monochloracétique; il cristallise dans l'eau en petits cristaux fusibles à 134-135°, solubles dans l'alcool et l'éther. Conductibilité électrique [Walden, *Zeit. physik. Chem.*, **10**, 642, 1877]. Son *dérivé acétylé* $C^{10}H^7Az(COCH^3)CH^2CO^2H$ fond à 172° [Bischoff et Hausdörfer, *D. Chem. G.*, **25**, 2298, 1892]. *Éther éthylique*, longues aiguilles fusibles à 88°. *Amide* $C^{10}H^7AzH.CH^2COAzH^2$, fusible à 164-165° [Lumière, *Bull. Soc. Chim.*, (3), **29**, 966, 1903]. β-*Naphtylamide*, $C^{10}H^7AzH.CH^2CO.AzHC^{10}H^7$, fusible à 173° [Cosiner, *D. Chem. G.*, **14**, 60, 1881 et Hinsberg, *ibid.*, **31**, 251, 1898].

Acide β-naphtylimino-diacétique,

$$C^{10}H^7Az \begin{matrix} CH^2CO^2H \\ CH^2CO^2H \end{matrix}$$

— (Voir dérivé α) : cristaux se décomposant à 182°.

ACIDE β-NAPHTYLAMINE-PROPIONIQUE,

$$C^{10}H^7AzH - CH \begin{matrix} CO^2H \\ CH^3 \end{matrix}$$

— (Voir dérivé α) : il fond à 170-171° en se décomposant partiellement.

Acide β-naphtylamine α-cyanopropionique (Éther de l')

$$C^{10}H^7AzH - C \begin{matrix} CH^3 \\ -CAz \\ CO^2.C^2H^5 \end{matrix}$$

— (Voir dérivé α) : cristaux se décomposant à 200°.

ACIDE β-NAPHTYLAMINE-BUTYRIQUE,

$$C^{10}H^7AzH.CH \begin{matrix} CO^2H \\ C^2H^5 \end{matrix}$$

— Cristaux mal formés fusibles à 158° en se décomposant partiellement. *Éther éthylique*, petits prismes fusibles à 69° [Bischoff et Mintz, *D. Chem. G.*, **25**, 2324, 1892].

Acide β-naphtylamine-isobutyrique,

$$C^{10}H^7AzHC - \begin{matrix} COOH \\ CH^3 \\ CH^3 \end{matrix}$$

— Paillettes fusibles à 188°. *Éther éthylique*, prismes inclinés fusibles à 58°. *Dérivé acétylé*, aiguilles fusibles à 188° [Bischoff et Mintz, *loc. cit.*]. Voyez également Tigerstedt [*D. Chem. G.*, **35**, 2426, 1902] et Walden (*loc. cit.*).

ACIDE β-NAPHTYLAMINE-CROTONIQUE.

$$C^{10}H^7AzH = C \begin{matrix} CH^2CO^2H \\ CH^3 \end{matrix}$$

— Conrad et Limpach [*D. Chem. G.*, **21**, 531, 1888] en obtiennent l'*éther éthylique* en chauffant la β-naphtylamine avec l'éther acétylacétique : prismes fusibles à 66°. L'acide cristallise en aiguilles fusibles à 92° [Knorr, *D. Chem. G.*, **17**, 543, 1884].

ACIDE β-NAPHTYLAMINE-MALONIQUE,

$$C^{10}H^7AzH.CH.(CO^2H)^2.$$

— [Blank, *Central Blatt.*, **1**, 542, 1898]. Cet acide fond à 111°. Son *éther diéthylique* cristallise dans l'alcool en aiguilles fusibles à 88°.

ACIDE β-NAPHTYLAMINE-SUCCINIQUE.

$$C^{10}H^7AzHCH \begin{matrix} CO^2H \\ CH^2.CO^2H \end{matrix}$$

— (Voir *dérivé α*) : il fond à 189° en se décomposant [Hell et Poliakow, *D. Chem. G.*, **25**, 970, 1892].

ACIDE β-NAPHTYLAMINE-DINITROBENZOÏQUE,

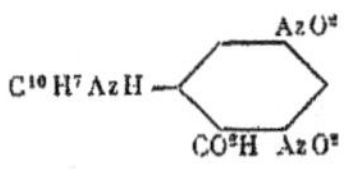

— Comme le dérivé α, aiguilles orangées fusibles à 238-239°.

β-NAPHTYLBENZOGLYCOCYAMINE,

$$C^{10}H^7AzH.CAzH.AzH.C^6H^4.CO^2H.$$

— Griess [*D. Chem. G.*, **16**, 336, 1883] obtient ce dérivé en chauffant l'acide cyano-carbimide-aminobenzoïque avec un excès de β-naphtylamine. Son *chlorhydrate*, peu soluble dans l'eau, se dépose en lamelles hexagonales.

DÉRIVÉS ALDÉHYDIQUES DE LA β-NAPHTYLAMINE. — Traitée par la formaldéhyde en solution alcoolique, en présence d'acide chlorhydrique, la β-naphtylamine se transforme en naphtacridine, isonaphtacridine et en bases $C^{23}H^{18}Az^2$ et $C^{22}H^{16}Az^2$. Morgan [*Journ. Chem. Soc.*, **73**, 536, 1898], en remplaçant la β-naphtylamine par ses dérivés 1-chloré et bromé, obtient les méthylène-bichloro ou bromo β-naphtylamines

$$CH^2 \begin{matrix} AzH.C^{10}H^6Cl \\ AzH.C^{10}H^6Cl \end{matrix} \quad \text{et} \quad CH^2 \begin{matrix} AzH.C^{10}H^6Br \\ AzH.C^{10}H^6Br \end{matrix}$$

fusibles l'une à 179-180°, l'autre à 145°.

Schiff [*Ann. Chem.*, **239**, 350, 1887] obtient le dérivé $C^{10}H^7Az{=}CH.C^4H^3O$ en traitant la β-naphtylamine par le furfurol; c'est un corps peu soluble dans l'alcool, fusible à 85°, dont le chlorhydrate cristallise en aiguilles jaune d'or.

Benzylidène-β-naphtylamine, $C^{10}H^7Az{=}CH.C^6H^5$. — Obtenue par Claisen [*Ann. Chem.*, **237**, 212, 1887]. Masse cristalline fusible à 102-103.

o-Oxybenzylidène-β-naphtylamine, $C^{10}H^7Az{=}CH.C^6H^4.OH$. — Emmerich [*Ann. Chem.*, **241**, 351] l'obtient en chauffant en solution alcoolique la β-naphtylamine et l'aldéhyde salicylique. Aiguilles rouge jaune fusibles à 126°, donnant par réduction l'o-oxybenzyl-β-naphtylamine $C^{10}H^7AzH.CH^2.C^6H^4OH$, aiguilles fusibles à 147°.

p-Oxybenzylidène-β-naphtylamine. — Obtenue, comme la précédente, en partant de la p-oxybenzaldéhyde : aiguilles jaunes fusibles à 220°; par réduction, elle fournit la p-oxybenzyl-β-naphtylamine, aiguilles blanches fusibles à 117°.

Anisylidène-β-naphtylamine,

$$C^{10}H^7Az{=}CH.C^6H^4.OCH^3.$$

— Steinhartt [*Ann. Chem.*, **241**, 341, 1887] l'obtient comme les dérivés ci-dessus en partant de l'anisaldéhyde : feuillets fusibles à 98°, donnant par réduction l'anisyl-β-naphtylamine fusible à 101°.

DÉRIVÉS DE LA β-NAPHTYLAMINE SUBSTITUÉS DANS LE NOYAU.

DÉRIVÉS HALOGÉNÉS.

CHLORONAPHTYLAMINE-1.2 $C^{10}H^6Cl . AzH^2$. — Clève [*D. Chem. G.*, **20**, 1989, 1887] l'obtient par saponification du *dérivé acétylé* correspondant. Littérature : Wynne [*Journ. Chem. Soc.*, **77**, 821, 1900]; Orton [*Proc. Chem. Soc.*, **18**, 252, 1902]; Morgan [*Central Blatt*, **1**, 622, 1899]. Elle cristallise en aiguilles fusibles à 59°.

Dichloronaphtylamine-5.8.2 $C^{10}H^5Cl^2 . AzH^2$. — Claus et Philipson [*Journ. prakt. Chem.*, (2), **43**, 59, 1891] l'obtiennent en traitant la β-naphtylamine en solution sulfurique, à froid, par le chlore. Littérature : Claus et Jäck [*ibid.*, (2), **57**, 3, 1898]. Elle cristallise dans la ligroïne en fines aiguilles fusibles à 96°.

BROMONAPHTYLAMINES $C^{10}H^6Br . AzH^2$.

Dérivé-1.2 [Déjà décrit, 1er Suppl., 1069]; Littérature : Morawsky et Gläser [*Mon. f. Chem.*, **9**, 294]; Claws et Philipson [*loc. cit.*]; Meldola [*Journ. Chem. Soc.*, **43**, 7, 1883]; Morgand [*Journ. Chem. Soc.*, **77**, 819, 1900 et *Central Blatt*, **1**, 622, 1899]. Il cristallise en aiguilles fusibles à 79°.

Dérivé 1.3. — Meldola [*Chem. Soc.*, **47**, 499, 1885] l'obtient par réduction du bromonitronaphtalène correspondant; voir également Armstrong et Rossiter [*D. chem. G.*, **25**, (2), 750, 1892]. Aiguilles fusibles à 71°,5. Son *dérivé acétylé* fond à 186°,5.

DIBROMO-β-NAPHTYLAMINES. $C^{10}H^5Br^2AzH^2$.

Dérivé 4.7.2 ou 4.6.2. — Meldola [*Chem. Soc.*, **47**, 511, 1885] l'obtient par saponification du *dérivé acétylé* correspondant, fusible à 221-222°. Il cristallise en aiguilles soyeuses fusibles à 105°.

Dérivé 1.4.2. — Meldola et Streatfield [*Chem. Soc.*, **67**, 307, 1895] l'obtiennent par réduction du *dérivé nitré* correspondant : il est identique à celui préparé par Armstrong et Rossiter [*D. chem. G.*, **25**, (2), 750, 1892]. Ce dérivé fond à 106°.

Dérivé 1.6.2. — Préparé par Claus et Jäck [*J. prakt. Chem.*, (2), **57**, 12, 1898] en traitant la β-naphtylamine dissoute dans SO^4H^2 par les vapeurs de brome à 0° ; il a été également préparé par Claus et Philipson [*loc. cit.*]. Lawson [*D. chem. G.*, **18**, 2424, 1885]. Michaelis [*ibid.*, **26**, 2196, 1893]. Il cristallise dans l'alcool en longues aiguilles fusibles à 121°. Son *dérivé acétylé* fond à 208°.

Tribromo-β-naphtylamine-1.4.6.2. $C^{10}H^4Br^3 . AzH^2$. — Obtenue par Claus et Philipson [*loc. cit.*] en bromant la 1.6.2-dibromonaphtylamine, et par Claus et Jäck [*loc. cit.*]. Mamelons solubles dans l'éther, fusibles à 143°.

Chlorobromo-β-naphtylamine-1.4.2. $C^{10}H^5Cl . Br . AzH^2$. — Obtenue par Meldola et Streatfield [*loc. cit.*] et Meldola et Desch [*Chem. Soc.*, **61**, 768, 1892] par réduction du *dérivé nitré* correspondant. Aiguilles fusibles à 102-103°.

Iodobromo-β-naphtylamine-1.4.2, $C^{10}H^5I . Br . AzH^2$. — Obtenue par Meldola et Desch [*loc. cit.*] par réduction du *dérivé nitré* correspondant. Aiguilles fusibles à 89°.

DÉRIVÉS NITROSÉS ET NITRÉS.

NITROSO-β-NAPHTYLAMINE-1.2. $C^{10}H^6AzO . AzH^2$. — Ilinski [*D. chem. G.*, **17**, 391, 1889 et **19**, 343] l'obtient en chauffant à 100°, en tubes scellés, le nitrosonaphtol-1.2 avec l'ammoniaque diluée. Elle cristallise dans l'alcool en aiguilles vertes fusibles à 150-152°. L'hydroxylamine la transforme en naphtalène-dioxime $C^{10}H^6(AzOH)^2$. Réaction avec l'acide nitreux [Harden, *Central Blatt*, **1**, 398, 1901]. Elle forme des sels avec les métaux et les acides : $C^{10}H^7Az^2OK$, poudre cristalline rouge ; $C^{10}H^8Az^2O . HCl$, paillettes jaunes. Ses sels de fer, nickel et cobalt ont été employés dans la teinture (Brevet allemand 58851). Caractère cryoscopique [Auwers, *Zeits. physik. Chem.*, **32**, 53].

NITRO-β-NAPHTYLAMINES. $C^{10}H^6AzO^2 . AzH^2$.

Dérivé 1.2 (déjà décrit, 1er Suppl., 1069). — *Préparation.* — [Liebermann et Jacobsen, *Ann. Chem.*, **211**, 64, 1882. — Wiltkampf, *D. chem. G.*, **17**, 395, 1884. — Bamberger et Böcking, *ibid.*, **30**, 1263, 1897. — Friedländer, *Central Blatt*, **1**, 288, 1899]. Il fond à 126-127° (L. et J.), à 123-124° [Meldola, *Chem. Soc.*, **47**, 520, 1885].

Dérivé 5.2. — Obtenu par Friedländer et Szymanski [*D. chem. G.*, **25**, 2077, 1892] en traitant le nitrate de β-naphtylamine par l'acide sulfurique à 0° ; il se forme en même temps le dérivé 8.2. Aiguilles brillantes rouges fusibles à 143°,5, solubles dans l'alcool.

Dérivé 8.2 (voir ci-dessus dérivé 5.2). — Aiguilles rouges brillantes, fusibles à 103°,5.

DINITRO-β-NAPHTYLAMINES $C^{10}H^5(AzO^2)^2 . AzH^2$.

Dérivé 1.6.2. — Obtenu par Græbe et Drews [*D. chem. G.*, **17**, 1172, 1884. — Kehrmann et Matis, *ibid.*, **31**, 2419, 1898. — Scheid, *ibid.*, **34**, 1813]. Réaction avec l'acide nitreux : Gaess [*ibid.*, **27**, 2214] : peu soluble dans l'alcool et le benzène, il fond à 238°.

Dérivé 1.8.2. — Obtenu par Gaess [*J. prakt. Chem.*, (2), **43**, 33, 1891] et Scheid [*loc. cit.*]. Tables jaune rouge peu solubles dans l'alcool, très solubles dans l'acétone, fusibles à 223° [Voy. également Gaess, *D. chem. G.*, **27**, 2214, 1894].

Dérivé 5.8.2. — Obtenu par Onufrowicz [*D. chem. G.*, **22**, 3362, 1889]. — Aiguilles minces brunissant à 235° sans fondre.

TRINITRO-β-NAPHTYLAMINE. $C^{10}H^4(AzO^2)^3AzH^2$. — Staedel [*Ann. Chem.*, **217**, 173, 1883] l'obtient en traitant l'éther éthylique du trinitro-β-naphtol par l'ammoniaque alcoolique en tubes scellés. Peu soluble, cristallise dans le toluène en petites aiguilles brillantes brunissant à 240° sans fondre.

ACIDES β-NAPHTYLAMINE SULFONIQUES,

$C^{10}H^6 . AzH^2 . SO^3H$.

Dérivé 2.1. — Obtenu par Tobias (Brevet all. 74 688) en chauffant pendant 20 heures le sel de soude de l'acide 2.1-naphtolsulfonique avec l'ammoniaque diluée à 220-230°. Il cristallise dans l'eau en paillettes ou en aiguilles. Employé pour la fabrication des colorants azoïques (Brevet all. 112 833).

Dérivé 2.4. — Obtenu comme le précédent en partant de l'acide 2.4 naphtolsulfonique (Kalle, Brevet all. 78 603). Il cristallise en aiguilles avec une molécule d'eau.

Dérivé 2.5. — Forsling [*D. chem. G.*, **20**, 2103, 1887] l'obtient en même temps que d'autres dérivés en chauffant la β-naphtylamine avec l'acide sulfurique concentré à 140° ; obtenu encore par Erdmann [*Ann. Chem.*, **275**, 277, 1893] et Dahl (Brevets all. 29 084, 32 271 et 32 276) en laissant reposer pendant plusieurs jours la β-naphtylamine avec l'acide sulfurique concentré, à la température ordinaire. Aiguilles longues et fines peu solubles dans l'eau. — Littérature : Ebersbach [*Zeit. phys. Chem.*, **11**, 630], Claus [*J. prakt. Chem.* (2), **39**, 315, 1889].

Dérivé 2.6. — Brönner [*D. chem. G.*, **16**, 1517, 1883] l'obtient en chauffant l'acide 2.6 naphtolsulfonique avec l'ammoniaque à 180°.

Obtenu également par Forsling [*D. chem. G.*, **20**, 76, 1887]; Weinberg [*ibid.*, **20**, 2909]; Schultz [*ibid.*, **20**, 3159]; Landshoff [*ibid.*, **16**, 1932, 1883 et brevet all. 122 570]. Paillettes ou écailles brillantes peu solubles dans l'eau froide [Bronner, *Ann. Chem.*, **275**, 279, 1893]. Littérature : Meigen et Normann [*D. chem. G.*, **33**, 2717, 1900]. Très employé pour la fabrication des colorants.

Dérivé 2.7. — Obtenu par Bayer et Duisberg [*D. chem. G.*, **20**, 1429, 1887 et **21**, 557] en chauffant le sulfate de β-naphtylamine avec l'acide sulfurique concentré à 150° pendant 1 h. 1/2, et versant le produit dans la glace. Obtenu également par Weinberg [*loc. cit.*], Schultz [*loc. cit.* et brevets all. 39 925, 41 505, 42 272, 42 273, 43 740, 44 248, 44 249, 117 471 et 121 683]. Très employé dans l'industrie des colorants. — Conductibilité électrique : Ebersbach [*loc. cit.*].

Dérivé 2.8. — Obtenu par Forsling à côté du dérivé 2.5 ainsi que par Green [*D. chem. G.*, **22**, 722, 1889]. Il cristallise en aiguilles peu solubles dans l'eau. Conductibilité électrique : Ebersbach [*loc. cit.*]. Réaction avec le chlorure de p-nitrodiazobenzène [Nölting et Bianchi, *Centr. Bl.*, (2), 1049, 1898].

ACIDES β-NAPHTYLAMINE DISULFONIQUES,

$$C^{10}H^{5}AzH^{2}(SO^{3}H)^{2}.$$

Dérivé 2.1.5. — Armstrong et Wynne [*D. chem. G.* (2), **24**, 716, 1891] l'obtiennent en petite quantité à côté du dérivé 2.5.7 en sulfonant l'acide 2.5 naphtylamine sulfonique.

Dérivé 2.1.6. — Forsling l'obtient [*D. chem. G.*, **21**, 3495, 1888] en sulfonant l'acide 2.6 naphtylamine sulfonique. Aiguilles très solubles dans l'eau, insolubles dans l'alcool.

Dérivé 2.1.7. — Obtenu par Kothe et Dressel [*D. chem. G.*, **27**, 1194, 1894] par sulfonation de l'acide 2.7 naphtylamine sulfonique, à côté des dérivés 2.4.7 et 2.5.7

Dérivé 2.3.6. — Obtenu par Pfitzinger et Duisberg [*D. chem. G.*, **22**, 398, 1889] et Armstrong et Wynne [*ibid.*, (2), **24**, 707, 1891] en chauffant l'acide 2.3.6 naphtol disulfonique à 200° avec de l'ammoniaque.

Dérivé 2.3.7. — Obtenu comme le précédent en partant de l'acide 2.3.7 naphtol disulfonique, ou en faisant bouillir avec HCl dilué l'acide 2.1.3.7 naphtylamine trisulfonique [Dressel et Kothe, *loc. cit.*].

Dérivé 2.4.7. — Schultz [*D. chem. G.*, **23**, 77, 1890] l'obtient par réduction du dérivé nitré correspondant; on l'obtient également à côté du dérivé 2.1.7 (voyez ci-dessus).

Dérivé 2.4.8. — Obtenu par réduction de l'acide nitré correspondant [Brevet all. 65 997 et Friedländer et Fischer, *Centr. Bl.*, (1), 289, 1899]. Prismes concentriques, fournissant, chauffés avec l'eau sous pression, l'acide 2.4-naphtolsulfonique (brevet all., 78 603) et par fusion avec les alcalis l'acide 3.1.5-aminonaphtol sulfonique (brevet all. 85 241).

Dérivé 2.5.7. — Obtenu par sulfonation de l'acide 2.5 naphtylamine sulfonique à côté de l'acide 2.1.5 [Armstrong et Wynne, *loc. cit.*]; voy. encore Brevets all. 80 878, et Dressel et Kothe [*loc. cit.*].

Dérivé 2.6.8. — Obtenu par sulfonation de l'acide 2.6 ou 2.8-naphtylamine sulfonique, [Armstrong et Wynne, *loc. cit.*] ou en chauffant avec l'ammoniaque à 200° l'acide 2.6.8 naphtoldisulfonique [Landshof, *D. chem. G.*, (2), **17**, 267, 1884].

ACIDES β-NAPHTYLAMINE TRISULFONIQUES,

$$C^{10}H^{4}AzH^{2}(SO^{3}H)^{3}.$$

Dérivé 2.1.5.7. — Obtenu par sulfonation des acides 2.5-naphtylamine sulfonique, 2.1.5 ou 2.5.7 naphtylamine disulfonique (Bayer et C°, Brevet all., 80 878).

Dérivé 2.3.5.7. — Obtenu en chauffant le dérivé ci-dessus avec l'acide sulfurique fumant (Bayer et C°, brevet all. 90 849).

Dérivé 2.3.6.7. — On l'obtient, à côté du dérivé 2.3.5.7 et de l'acide 2.1.3.6.7 naphtylamine tétrasulfonique, en chauffant à 120-130° l'acide 2.3.7 naphtylamine disulfonique avec l'acide sulfurique fumant [Dressel et Kothe, *D. chem. G.*, **27**, 1200, 1994].

Dérivé 2.3.6.8. — Obtenu en chauffant à 125° avec l'acide sulfurique fumant l'acide 2.6.8 naphtylsulfamide-disulfonique $C^{10}H^{5}.AzHSO^{3}H(SO^{3}H)^{2}$ [Dressel et Kothe, *loc. cit.*].

ACIDE 2.1.3.6.7.-NAPHTYLAMINE TÉTRASULFONIQUE $C^{10}H^{3}AzH^{2}(SO^{3}H)^{4}$. — Obtenu par Dressel et Kothe [*loc. cit.*] en sulfonant l'acide 2.3.6.7 naphtylamine trisulfonique ou en chauffant l'acide 2.1.3.6.7-naphtoltétrasulfonique avec l'ammoniaque sous pression.

ACIDES CHLORO-β-NAPHTYLAMINE SULFONIQUES.

$$C^{10}H^{5}Cl.AzH^{2}.SO^{3}H.$$

Dérivé 1.2.5. — Obtenu par Hellström [Beilstein, (2), 629] en sulfonant a froid la 1.2-chloronaphtylamine; voy. Armstrong et Wynne [*D. chem. G.*, (2), **24**, 655, 1891]; longues aiguilles peu solubles dans l'eau froide.

Dérivé 1.2.6. — Obtenu par Armstrong et Wynne [*loc. cit.*] en chauffant à 100° la 1.2-chloronaphtylamine avec $H^{2}SO^{4}$ concentré à 2 0/0 d'anhydride SO^{3}.

Dérivé 1.2.7. — Obtenu comme le précédent en chauffant à 160°; il cristallise en aiguilles.

ACIDE NITROSONAPHTYLAMINE SULFONIQUE 1.2.6, $C^{10}H^{5}AzO.AzH^{2}.SO^{3}H$. — Obtenu par Kalle et C° (Brevet all., 60 120) en faisant réagir l'ammoniaque sur l'acide nitrosonaphtolsulfonique correspondant. Aiguilles jaunes.

Acide nitrosonaphtylamine sulfonique 6.2.8. $C^{10}H^{5}AzO^{2}AzH^{2}.SO^{3}H$. — Obtenu par Friedländer et Lucht [*D. chem. G.*, **26**, 3033, 1893] en nitrant l'acide 2.8 naphtylamine sulfonique; voy. également Jacchia [*Ann. Chem.*, **323**, 113, 1902]. Il donne par réduction la 2.6 naphtylènediamine.

Juin 1906. G. Darier.

NAPHTYLBENZÈNE [Syn : *trinaphtylbenzène, trinaphtylène-benzène, décacyclène*]. $C^{36}H^{18}$. — Dziewonski [*Bull. Soc. Chim.*, (3), **29**, 374, 1903; *D. chem. G.*, **36**, 962 et 3768, 1903] obtient ce corps à côté de dinaphtylènethiophène en chauffant l'acénaphtène (100 p.) avec le soufre (23 p.) d'abord à 205°, puis à 290-295°; on obtient une masse brun rouge, qu'on traite par l'alcool pour enlever l'excès d'acénaphtène. Le résidu est traité par le benzène qui dissout le dinaphtylène-thiophène, le décacyclène reste insoluble. La réaction se passe de la façon suivante :

$$2C^{12}H^{10} + 5S = C^{24}H^{12}S + 4H^{2}S$$

et

$$3C^{12}H^{10} + 6S = (C^{12}H^{6})^{3} + 6H^{2}S$$

Le *dinaphtylène-thiophène* possède la constitution suivante :

$$C^{10}H^{6}\begin{array}{l}\diagup C \text{---} C \diagdown \\ \quad \| \qquad\quad \| \\ \diagdown C - S - C \diagup\end{array}C^{10}H^{6}$$

C'est un corps rouge, soluble dans le toluène, cristallisant en aiguilles fusibles à 278°.

Le décacyclène $C^{36}H^{18}$ possède la constitution suivante :

$$
\begin{array}{ccc}
 & C & - C^{10}H^{6} \\
 C & & C \\
C^{10}H^{6} \quad \| & & | \\
 C & & C \\
 & C & - C^{10}H^{6}
\end{array}
$$

il est peu soluble dans les solvants usuels, soluble dans l'aniline, le nitrobenzène, le naphtalène fondu. Il cristallise en aiguilles jaunes fusibles à 387°. Avec l'acide picrique il forme un *picrate* $C^{36}H^{18} . C^{6}H^{3}O^{7}Az^{3}$, fusible à 295° en se décomposant. Avec le brome on obtient un *dérivé tribromé* $C^{36}H^{15}Br^{3}$, aiguilles jaunes fusibles à 397-400°. Le chlore fournit un *dérivé monochloré* fusible à 215-218° en se décomposant.

En remplaçant l'acénaphtène par le 3-benzylacénaphtène.

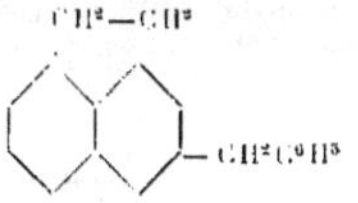

$CH^{2}-CH^{2}$

— $CH^{2}C^{6}H^{5}$

Dziewonski [*Bull. Soc. Chim.*, (3), **31**, 925, 1904] obtient, par fusion avec le soufre, un mélange de tribenzyldécacyclène et de dibenzyldinaphtylènethiophène.

Le premier

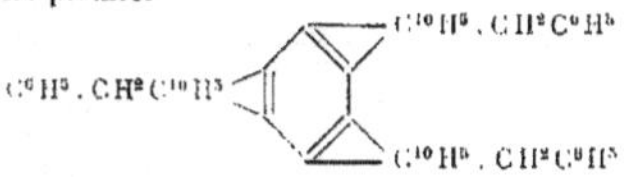

$C^{10}H^{5} . CH^{2}C^{6}H^{5}$

$C^{6}H^{5} . CH^{2}C^{10}H^{5}$

$C^{10}H^{5} . CH^{2}C^{6}H^{5}$

cristallise dans le benzène ou l'aniline en aiguilles jaune clair fusibles à 270°.

Le second

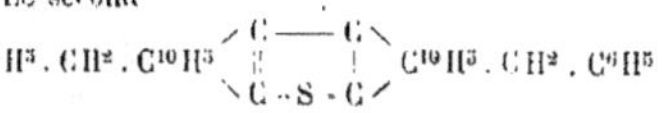

$$C^{6}H^{5} . CH^{2} . C^{10}H^{5} \begin{array}{c} C - C \\ \| \quad\quad | \\ C - S - C \end{array} C^{10}H^{5} . CH^{2} . C^{6}H^{5}$$

est un corps rouge clair, cristallisant dans le benzène en aiguilles fusibles à 207-210°.

Juin 1906. G. Darier.

NAPHTYLBENZOÏQUE (ACIDE) (Syn : Acide α-chrysénique) $C^{10}H^{7} . C^{6}H^{4} . CO^{2}H$.

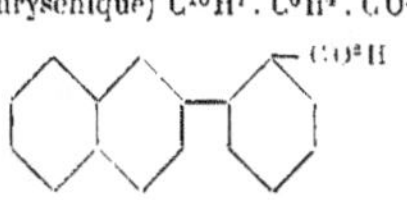

— $CO^{2}H$

— Graebe [*D. chem. G.*, **33**, 680, 1900 et *Ann. Chem.*, **311**, 269, 1900] obtient cet acide à côté de l'acide β-chrysénique $C^{6}H^{5} . C^{10}H^{6}CO^{2}H$ en fondant la chrysocétone ou la chrysoquinone avec la potasse caustique à 225-230° en présence d'oxyde de plomb. Voy. Bamberger [*D. chem. G.*, **23**, 2437, 1890]. Cet acide fond à 190° ; son *amide* $C^{10}H^{7} . C^{6}H^{4} . CO . AzH^{2}$ cristallise dans l'eau et fond à 169°,5.

L'*acide β-chrysénique* $C^{6}H^{5} . C^{10}H^{6} . CO^{2}H$ est plus soluble par le dérivé α, il fond à 114°. L'acide sulfurique concentré transforme ces deux dérivés par élimination d'eau en *chrysosétone*.

$$\begin{array}{l} C^{10}H^{6} \diagdown \\ | \qquad\quad CO \\ C^{6}H^{4} \diagup \end{array}$$

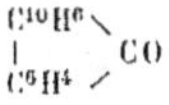

Juin 1906. G. Darier.

NAPHTYLCÉTONES. — MÉTHYLNAPHTYLCÉTONES, $C^{10}H^{7} . CO . CH^{3}$.

Dérivé α. — Obtenu en introduisant peu à peu du chlorure d'aluminium dans un mélange de naphtalène et de chlorure d'acétyle en solution dans la ligroïne [Pampel et Schmidt, *D. chem. G.*, **19**, 2898, 1886] ou en traitant par le chlorure d'aluminium un mélange de naphtalène et d'anhydride acétique [Roux, *Ann. Chim. Phys.*, (6), **12**, 334, et Claus, *D. chem. G.*, **19**, 3180, 1886] ; il se forme en même temps le dérivé β. Leroy [*Bull. Soc. Chim.*, (3), **7**, 647] le prépare en traitant l'α-naphtylacétylène par l'acide sulfurique concentré additionné d'un tiers de son volume d'eau. On sépare les 2 isomères au moyen de l'acide picrique [Rousset, *Bull. Soc. Chim.*, (3), **15**, 59, 1896]. C'est un corps liquide bouillant à 295-296°, d'une densité à 0° de 1,1336. Son *picrate* $C^{10}H^{7}CO\ CH^{3} - C^{6}H^{3}O^{7}Az^{3}$ cristallise en aiguilles fusibles à 116°. Son *oxime* $C^{10}H^{7}C = AzOH . CH^{3}$ fond à 145°. *Dérivé bromé* $C^{10}H^{7}CO\ CH^{2}Br$, huile à odeur piquante (P. et S.) ; *dérivés 4-bromé* et *2-bromé* [Schweitzer, *D. chem. G.*, **24**, 551, 1891]. En traitant les éthers méthyliques et éthyliques des naphtols par le chlorure d'acétyle et le chlorure d'aluminium, Gattermann [*D. chem. G.*, **23**, 1209, 1890], Hartmann et Gattermann [*D. chem. G.*, **25**, 3534], obtiennent les dérivés suivants :

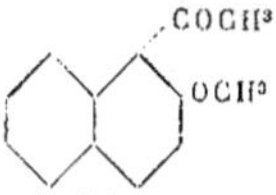

$COCH^{3}$ — OCH^{3} et $COCH^{3}$ — $OC^{2}H^{5}$

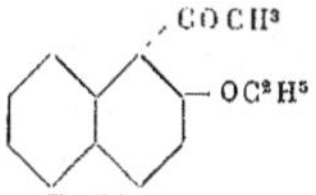

Fusible à 57-58°. Fusible à 63-63°.

et

$COCH^{3}$ — OCH^{3} et $COCH^{3}$ — $OC^{2}H^{5}$

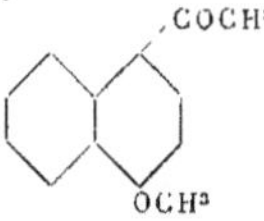

Fusible à 71°. Fusible à 78°.

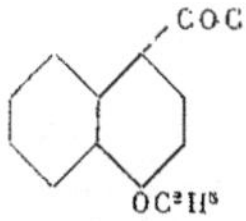

Réaction avec l'iodure de méthylmagnésium [Grignard, *Bull. Soc. Chim.*, (3), **25**, 497, 1901].

L'α-méthylnaphtylcétone fournit par oxydation les acides $C^{10}H^{7}CO . CO^{2}H$ et $C^{10}H^{7}CO^{2}H$. Combinaisons avec $SeCl^{4}$ [Kunckell, *Ann. Chem.*, **314**, 294 1901 et Rohrbach, *ibid.*, **315**, 18].

Dérivé β. — Obtenu comme le précédent à partir du naphtalène, du chlorure d'acétyle et du chlorure d'aluminium [Rousset, *loc. cit.* ; Muller et Pechmann, *D. chem. G.*, **22**, 2561, 1889], ou en traitant le β-naphtylacétylène par l'acide sulfurique [Leroy, *loc. cit.*]. Aiguilles fusibles à 53° [Rousset, *Bull. Soc. Chim.*, (3), **17**, 313, 1889] et distillant à 300-301°. Son *oxime* $C^{10}H^{7} . CAzOH . CH^{3}$ fond à 142-143°.

Avec le brome, Schweizer [*loc. cit.*] obtient le *dibromure* $C^{10}H^{7}CO - CHBr^{2}$ fusible à 101°. Réaction avec $MgICH^{3}$ [Grignard, *loc. cit.*]. En traitant une solution acétique d'α-naphtol par l'acide sulfurique, Witt [*D. chem. G.*, **21**, 321, 1888] obtient la *1-oxynaphtyl-2-méthylcétone* (2-acétyl-α-naphtol) ;

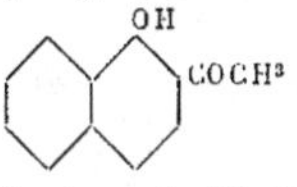

OH

$COCH^{3}$

Friedländer [*D. chem. G.*, **28**, 1946, 1895] obtient le même dérivé en traitant l'α-naphtol par l'acide acétique glacial et le chlorure de zinc à 145-150°. Ce dérivé cristallise en prismes verdâtres fusibles à 103° [Beckenkamp, *Zeits. für Kristall.*, **40**, 597 ; Kostanecki, *D. chem. G.*,

31. 706, 1898 et Alperine et Kostanecki, *ibid.*, **32**. 1038; *ibid.*, **28**. 1946; Ullmann, *ibid.*, **30**. 1466]. Erdmann [*D. chem. G.*, **21**. 635, 1888; *Ann. Chem.*, **254**, 197, 1889 et *Ann. Chem.*, **275**. 292, 1893] obtient la *4-oxy-naphtyl 2-méthylcétone*

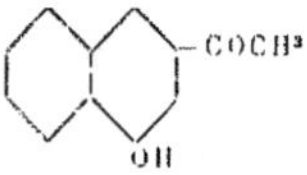

en distillant l'acide benzallévulique $C^{6}H^{5}CH = C(COCH^{3})CH^{2}CO^{2}H$. Ce 2.4-acétylnaphtol cristallise en aiguilles fusibles à 173-174° [Erdmann et Henke, *Ann. Chem.*, **275**. 292, 1893]. Lange [*Central Blatt*, **2**, 1287, 1901 **1**. 689, 1902] obtient également une *dioxynaphtylcétone*, fusible à 100-101°,

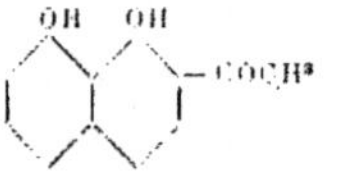

en traitant le 1.8-dioxynaphtalène par l'acide acétique et le chlorure de zinc.

Dérivés des méthylnaphtylcétones de constitution inconnue. — *Dérivé aminé* $CH^{3}CO.C^{10}H^{6}.AzH^{2}$, point de fusion 106° (Köhler, Brevet allemand 56971).

Dérivé dichloré et méthoxylé $CHCl^{2}CO.C^{10}H^{6}OCH^{3}$, point de fusion 100° [Kunckell, *D. chem. G.*, **31**. 172].

Dérivé *dichloré éthoxylé* $CHCl^{2}CO.C^{10}H^{6}O.C^{2}H^{5}$, point de fusion 110° [Kunckell, *loc. cit.*].

Dérivés *bromé méthoxylé* et *éthoxylé* $CH^{2}Br CO.C^{10}H^{6}O.CH^{3}$, point de fusion 70°, et $CH^{2}Br CO.C^{10}H^{6}O.C^{2}H^{5}$, point de fusion 119° (Kunckell).

ÉTHYLNAPHTYLCÉTONES, $C^{10}H^{7}.CO.C^{2}H^{5}$.

Dérivé α. — Rousset [*Bull. Soc. Chim.*, (3), **15**, 62, 1896 et (3), **17**, 313, 1897] l'obtient à côte du dérivé β en partant du naphtalène, du chlorure de propionyle et du chlorure d'aluminium, le tout en dissolution de sulfure de carbone.

On sépare les 2 isomères par cristallisation dans la ligroïne et en traitant la solution alcoolique par l'acide picrique, le dérivé α est moins soluble; c'est un liquide peu soluble dans la ligroïne, facilement dans l'alcool et l'éther, distillant à 305-307°, et d'une densité de 1,1082 à 0°. Son *picrate* cristallise dans l'alcool en aiguilles fusibles à 77-78°. Son *oxime* fond à 57-58°.

Dérivé β. — Voy. ci-dessus; il fond à 60°, bout à 312-314°. *Oxime*, aiguilles fusibles à 133°, cristallisant dans l'alcool dilué.

En chauffant l'α-naphtol et l'acide propionique à 175° en présence de chlorure de zinc, Goldzweig et Kaiser [*J. prakt. Chem.*, (2), **43**, 95, 1891] obtiennent une *oxynaphtyléthylcétone* $C^{2}H^{5}CO.C^{10}H^{6}OH$ fusible à 81°; et Gattermann [*D. chem. G.*, **23**, 1209, 1890] obtient l'*éther* $C^{2}H^{5}CO.C^{10}H^{6}OCH^{3}$ en traitant l'α-méthylnaphtol par le chlorure de propionyle et le chlorure d'aluminium; cet éther cristallise en prismes fusibles à 58°.

PROPYLNAPHTYLCÉTONES, $C^{10}H^{7}.CO.C^{3}H^{7}$.

Dérivé α. — Huile jaune distillant à 316-318°. Densité = 1,0861 à 0°. *Oxime* $C^{10}H^{7}C(AzOH)C^{3}H^{7}$, huile bouillant à 206-207° sous 13 millimètres de pression [Rousset, *Bull. Soc. Chim.*, (3), **15**, 65, 1896]. *Dérivés méthoxylés* $C^{10}H^{6}(OCH^{3})CO.C^{3}H^{7}$ [Rousset, *ibid.*, (3), **15**, 663].

Dérivé β. — Cristaux fusibles à 50-52° [Rousset, *loc. cit.*, et Perrier, *Bull. Soc. Chim.*, (3), **15**, 322, 1896]. *Oxime*, aiguilles fusibles à 89°.

Dérivé oxy $C^{10}H^{6}(OH)CO.C^{3}H^{7}$, fusible à 78° [Goldzweiz et Kaiser, *J. prakt. Chem.*, (2), **43**, 97, 1891].

ISOPROPYLNAPHTYLCÉTONES,

$$C^{10}H^{7}.COCH(CH^{3})^{2}.$$

Dérivé α. — Liquide bouillant à 308-309°. Densité = 1,0781 à 0°. *Picrate* fusible à 66-67°. *Oxime* fusible à 140° (Rousset).

Dérivé β. — Liquide bouillant à 312-314°; Densité = 1,0617 à 0°. *Oxime* fusible à 121-122° et distillant à 200-203° sous 12 millimètres de pression (Rousset). *Dérivé α-oxy* $C^{10}H^{6}(OH)CO.C^{3}H^{7}$, fusible à 78° [Goldzweig, *loc. cit.*]. *Dérivé dioxy* 1.8 $C^{10}H^{5}(OH)^{2}CO.C^{3}H^{7}$, fusible à 88° [Lange, *Centr. Blatt*, **2**, 1287, 1901]. Un isomère de ce dérivé dioxy a été obtenu par Collie [*Chem. Soc.*, **63**, 127 et 334, 1893 et **69**, 298, 1896] en traitant à l'ébullition dans l'acide acétique la combinaison $C^{14}H^{16}O^{4}$ obtenue à partir de la diméthylpyrone; ce dérivé est le 3.6-*diméthyl-2-acétyl-1.8-naphtènediol* :

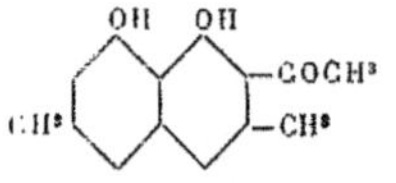

il cristallise en aiguilles jaunes fusibles à 183-184°, son *dérivé diacétylé* fond à 167-168°.

Dérivés de constitution inconnue. Link (Brevet allemand 80986) obtient, en faisant bouillir l'α et le β-naphtol en solution dans l'acétone avec le chloroforme et la soude caustique, 2 dérivés, fusibles l'un à 127-128°, l'autre à 122-123°, qui sont représentés par la formule

$$OH.C^{10}H^{6}CO.COH(CH^{3})^{2}.$$

ISOBUTYLNAPHTYLCÉTONES,

$$C^{10}H^{7}CO-CH^{2}CH=(CH^{3})^{2}.$$

Dérivé α. — Liquide bouillant à 319-321°. Densité = 1,059 à 21° [Rousset, *Bull. Soc. Chim.*, (3), **15**, 69, 1896]. *Oxime*, liquide épais distillant à 200-205° sous 10 millimètres de pression.

Dérivé β. — Il cristallise dans la ligroïne en tables fusibles à 36° et distillant à 182-184° sous 9 millimètres de pression [Rousset, *Bull. Soc. Chim.*, (3), **17**, 313, 1897]. Son *dérivé 1.8-dioxy*

$$C^{10}H^{5}(OH)^{2}CO.CH^{2}.CH(CH^{3})^{2}$$

fond à 71-72° [Lange, Brevet allemand 126199].

PHÉNYLNAPHTYLCÉTONES $C^{10}H^{7}.CO.C^{6}H^{5}$ (voy. 1er Suppl., 1070). *Dérivé α.* — Il a été également préparé par Roux [*Ann. Chim. Phys.*, (6), **12**. 338] en chauffant le naphtalène et le chlorure de benzoyle en présence de chlorure de zinc, ou par oxydation de l'α-benzylnaphtalène, $C^{6}H^{5}CH^{2}C^{10}H^{7}$, avec l'acide nitrique dilué [Vincent. Roux. *Bull. Soc. Chim.*, **40**, 166, 1883]. Il cristallise en prismes ou tables rhomboédriques [Meigen, *Zeit. Kristall.*, **31**, 216] et distille à 385° [Schweitzer, *Ann. Chem.*, **264**, 196]. Son *oxime* cristallise en aiguilles fusibles à 140-142° [Kegel, *Ann. Chem.*, **247**, 181, 1888]. *Dérivé bromé*, $C^{6}H^{4}Br.CO.C^{10}H^{7}$. Prismes fusibles à 89° [Knoll et Cohn, *Mon. f. Chem.*, **16**, 208 et Heberdey, *ibid.*, **16**, 209]. *Dérivé bromé*, $C^{6}H^{5}CO.C^{10}H^{6}Br$. Paillettes fusibles à 98° ou à 100°,5 [Elbs, *J. prakt. Chem.*, (2), **35**, 508, 1887 et Rospendowski, *Jahr. Chem.*, 1651, 1886]. Littérature voy. encore Graebe [*D. chem. G.*, **29**, 827, 1896]; Nathanson et Muller [*ibid.*, **22**, 1894, 1889]; Elbs et Steinicke [*ibid.*, **19**, 1967, 1886]; Gattermann, Ehrhardt et Maisch [*ibid.*, **23**, 1209, 1890] et Brevets all. 42853, 84655, 79390, 50450 et 50451.

Dérivé β. — Il a été préparé également par Roux [*loc. cit.*], Elbs [*loc. cit.*], en partant du naphtalène, du chlorure de benzoyle et du chlorure d'aluminium. Séparation du dérivé α au moyen de son picrate fusible à 112-113° [Rousset, *Bull. Soc. Chim.*, (3), **15**, 17, 1896]. Littérature : voy. Kegel [*loc. cit.*]; Phormina [*Ann. Chem.*, **257**, 93, 1890]; Graebe et Feer [*D. chem. G.*, **19**, 2612, 1886]; Kostanecki [*ibid.*, **25**, 1643, 1892]; Graebe et Eichengrün [*Ann. Chem.*, **269**, 313, 1892]; Nolting et Meyer [*D. chem. G.*, **30**, 2594, 1897] et Brevets all. 42853, 126199, 129035, 129036.

BENZYLNAPHTYLCÉTONE α, $C^{10}H^7CO.CH^2.C^6H^5$. Obtenue par Graebe et Bungener [*D. chem. G.*, **12**, 1078, 1879] en traitant le naphtalène par le chlorure de l'acide toluylique et le chlorure d'aluminium. Tables fusibles à 57°.

DINAPHTYLCÉTONES, $(C^{10}H^7)^2CO$. — *Dérivé* α-β. Obtenu par Kollarits et Merz [*D. chem. G.*, **6**, 544] et Grugarevic et Merz [*ibid.*, **6**, 1241] en chauffant l'acide α-naphtoïque avec le naphtalène et l'anhydride phosphorique à 200-220° ou en traitant l'α-chlorure de naphtoyle et le naphtalène par le zinc, ou encore en traitant le naphtylemercure par le chlorure de naphtoyle. Aiguilles fusibles à 135°, solubles dans l'alcool.

Dérivé β-β. — Obtenu par les mêmes auteurs que ci-dessus, sous deux formes différentes, en traitant l'acide β-naphtoïque et le naphtalène par P^2O^5 : on les sépare par cristallisation dans un mélange d'éther et de chloroforme; il se dépose d'abord des aiguilles fusibles à 125°,5 et ensuite une petite quantité de paillettes fusibles à 164-165°. Hausamann [*D. chem. G.*, **9**, 1515, 1876] obtient une plus forte proportion du dérivé cristallisant en paillettes en distillant le β-naphtoate de calcium. Juin 1906. G. Darier.

NAPHTYLCINNAMIQUE (Acide). — Voy. acide naphtylacrylique.

NAPHTYLCYANAMIDES. — Voy. NAPHTYLAMINE, p. 503.

NAPHTYLE (ÉTHERS MINÉRAUX). — COMBINAISONS AVEC L'ARSENIC. *Chlorure d'α-naphtylarsine*, $C^{10}H^7AsCl^2$. — Kelbe [*D. chem. G.*, **11**, 1503, 1878] l'obtient en traitant l'α-mercure-naphtyle par le chlorure d'arsenic $AsCl^3$. Poudre cristalline fusible à 63° [Michaelis et Schultz, *D. chem. G.*, **15**, 1954, 1882], insoluble dans l'eau, soluble dans l'alcool, le benzène, etc. Traité par un alcali caustique ou le carbonate de soude, il se transforme en *oxyde d'α-naphtylarsine*, $C^{10}H^7AsO$, poudre fusible à 245°, difficilement soluble dans l'alcool bouillant, insoluble dans l'eau, l'éther et le benzène. Par l'ébullition de sa solution alcoolique avec de l'acide phosphoreux solide, Michaelis et Schultz [*loc. cit.*] transforment cet oxyde en *α-arsenonaphtalène* $As^2(C^{10}H^7)^2$, poudre constituée par de fines aiguilles jaunes, fusibles à 221°, difficilement solubles dans l'alcool, le benzène et le sulfure de carbone, insolubles dans l'eau.

Acide naphtylarsénique. — Voy. 1er Suppl., 1069.

COMBINAISON AVEC LE BORE.

Chlorure de bore α-naphtyle, $C^{10}H^7.BCl^2$. — On l'obtient en chauffant à 120-150° pendant 11 heures l'α-mercure-naphtyle avec le chlorure de bore BCl^3 [Michaelis et Behrens, *D. chem. G.*, **27**, 249, 1894]. C'est une huile bouillant à 164°, sous 25 millimètres de pression. Traité par l'eau, il se transforme en *acide α-naphtylborique*, $C^{10}H^7.B(OH)^2$, aiguilles cristallisant dans l'eau et fusibles à 259°. A l'ébullition, les alcalis décomposent cet acide en naphtalène et acide borique; en présence d'acide sulfurique concentré, il se transforme en *oxyde* $C^{10}H^7.BO$, poudre cristalline. En partant du β-mercure-naphtyle les mêmes auteurs obtiennent également le *chlorure de bore β-naphtyle*, l'*acide β-naphtylborique* $C^{10}H^7B(OH)^2$, qui cristallise dans l'eau en paillettes fusibles à 248°, et dans l'alcool en aiguilles fusibles à 266°, et l'*oxyde* β $C^{10}H^7BO$, fusible à 266°.

COMBINAISONS AVEC LE MAGNÉSIUM.

Bromures de naphtylmagnésium, $C^{10}H^7MgBr$. — Tissier et Grignard [*C. R.*, **132**, 1184, 1901] obtiennent le dérivé α en laissant couler une solution de bromonaphtalène α dans l'éther absolu sur du magnésium en poudre. La réaction est très lente; le produit se présente sous la forme d'une poudre blanche [Acree, *D. chem. G.*, **37**, 625 et 2753, 1904 et *Am. Chem. Journ.*, **26**, 588, 1903]. Traité à froid par l'acide sulfureux il se transforme en acide naphtalène sulfinique [Rosenheimer et Suiger, *D. chem. G.*, **37**, 2154, 1904]. Réaction avec le soufre et le sélénium : Taboury [*Bull. Soc. Chim.*, (3), **29**, 761 et (3), **31**, 1183]; voyez α-bromonaphtalène. Le bromure de β-naphtylemagnesium se prépare de la même façon que le dérivé α.

COMBINAISONS AVEC LE MERCURE.

Mercurenaphtyle, $Hg(C^{10}H^7)^2$. — *Dérivé* α. Obtenu d'abord par Schröder [*D. chem. G.*, **12**, 564, 1879], puis par Otto [*Ann. Chem.*, **147**, 157 et **154**, 188] en dissolvant l'α-bromonaphtalène dans le xylène, ajoutant un peu d'éther acétique, puis de l'amalgame de sodium pâteux, et en faisant bouillir au réfrigérant ascendant; la solution claire filtrée laisse déposer par refroidissement de l'α-mercure-naphtyle pur; il se présente sous la forme de petits cristaux fusibles à 243°, d'un poids spéc. de 1,929; il est insoluble dans l'eau, très peu dans le benzène, l'éther et l'alcool bouillant, facilement dans le sulfure de carbone et le chloroforme bouillant.

Le *chlorure d'α-mercure-naphtyle*, $C^{10}H^7.HgCl$ se présente sous forme de tables brillantes, fusibles à 187-188° [Otto, *J. prakt. Chem.*, (2), **1**, 185]; avec le brome ou avec le bromure de mercure $HgBr^2$, le mercure-naphtyle fournit le *bromure d'α-mercure-naphtyle* $C^{10}H^7.HgBr$, aiguilles brillantes fusibles à 195-196°, solubles dans l'alcool chaud, le chloroforme, le benzène et le sulfure de carbone; avec l'iode il fournit l'*iodure* correspondant $C^{10}H^7.HgI$, aiguilles brillantes fusibles à 185°. L'acide acétique glacial transforme le mercure-naphtyle en *acétate de mercure-naphtyle* α, suivant la réaction : $Hg(C^{10}H^7)^2 + CH^3CO^2H = C^{10}H^8 + C^{10}H^7Hg.CO^2CH^3$. — Ce dérivé cristallise dans l'alcool en petites aiguilles fusibles à 154°, solubles dans le benzène, le chloroforme, le sulfure de carbone et l'éther; chauffé en solution alcoolique avec l'amalgame de sodium, il est décomposé et fournit du mercure, du naphtalène et de l'acétate de sodium. Le sulfure d'ammonium le décompose à chaud en naphtalène, HgS et acétate d'ammonium. En remplaçant l'acide acétique par l'acide butyrique, Otto a obtenu le *butyrate d'α-mercure-naphtyle*, $C^{10}H^7Hg.CO^2C^3H^7$, aiguilles fusibles à 200°.

Dérivé β. — Michaelis et Behrens [*D. Chem. G.*, **27**, 251, 1894] l'obtiennent comme le dérivé α en chauffant 50 grammes de β-bromonaphtalène avec 40 grammes de xylène, 5 grammes d'éther acétique, 300 grammes d'amalgame de sodium à 4 0/0 à l'ébullition pendant un jour. Ce dérivé se présente sous forme d'aiguilles ou de paillettes fusibles à 238°, difficilement solubles dans l'alcool chaud et le benzène, insolubles dans l'alcool froid, l'éther et la ligroïne. Chauffé en solution amylique avec le bichlorure de mercure, il se transforme en *chlorure de β-mercure-naphtyle*, $C^{10}H^7.Hg.Cl$, aiguilles fusibles à 271°; le *bromure* correspondant, $C^{10}H^7.Hg.Br$ cristallise en aiguilles microscopiques, fusibles à 266° et l'*iodure* $C^{10}H^7HgI$, à 251°.

Chauffé avec l'acide formique ou l'acide acétique, le β-mercure-naphtyle fournit respectivement le *formiate de mercure-naphtyle* $C^{10}H^7Hg.CO^2H$, paillettes brillantes fusibles à 155-158°, et l'*acétate de mercure-naphtyle* $C^{10}H^7Hg.CO^2CH^3$, fines aiguilles fusibles à 147-148°.

En traitant le β-naphtol par une solution d'acétate de mercure dans l'acide acétique, Bamberger [*D. chem. G.*, **31**, 2624, 1898] obtient le dérivé β-oxy de l'acétate de mercure-naphtyle α

$$Hg.CO^2CH^3 \qquad OH$$

Ce dérivé se présente sous forme d'aiguilles brillantes fusibles à 185° en se décomposant.

COMBINAISONS AVEC LE PHOSPHORE. — Voyez PHOSPHORE (COMPOSÉS ORGANIQUES).

COMBINAISONS AVEC LE SÉLÉNIUM. — Taboury [*Bull. Soc. Chim.*, (3), **29**, 761] obtient un mélange d'*α-sélénonaphtol* $C^{10}H^7SeH$ et de *diséléniure de naphtyle* $(C^{10}H^7)^2Se^2$, en traitant le bromure d'α-magnésium-naphtyle par le sélénium en solution éthérée, et en décomposant à froid par l'eau acidulée d'acide chlorhydrique. Le sélénonaphtol se présente sous forme d'une huile rouge et le diséléniure sous forme de prismes oranges solubles dans l'alcool et fusibles à 87-88°. D'autre part, Michaelis et Kunckell [*D. chem. G.*, **30**, 2823, 1897] obtiennent en faisant réagir le chlorure de sélénium sur l'éther méthylique de l'α-naphtol le *séléniure de dinaphtylène-anisol* $(CH^3O.C^{10}H^6)^2Se$, masse cristalline rougeâtre fusible à 138°, soluble dans le chloroforme. Le séléniure obtenu de la même façon, avec l'éther méthylique du β-naphtol, se présente sous forme d'aiguilles fusibles à 162°, solubles dans le benzène.

NAPHTYLE (DÉRIVÉS SULFURÉS). —

I. DÉRIVÉS α.

SULFHYDRATE D'α-NAPHTHYLE, $C^{10}H^7SH$ (*Thionaphtol, naphtylmercaptan*). — Obtenu par Schertel [*Ann. Chem.*, **132**, 91] et Maikopar [*Zeit. Chem.*, 711, 1869] en traitant le chlorure de l'acide α-naphtalène-sulfonique par le zinc et l'acide sulfurique dilué, ou en réduisant à froid, puis à chaud, le sel de zinc de l'acide naphtalène-sulfinique par le zinc et l'acide chlorhydrique. Bourgeois [*Rec. Pays-Bas*, **18**, 441]. Taboury, [*Bull. Soc. Chim.*, (3), **29**, 761] l'obtient encore à côté du disulfure d'α-naphtyle en faisant réagir le soufre sur le bromure de naphtylmagnésium. C'est un liquide bouillant à 285° en se décomposant partiellement en sulfure de naphtyle et H^2S [Leuchardt, *J. prakt. Chem.*, (2), **41**, 217, 1890]; il bout à 144°,8 sous 10mm,3 de pression et à 161° sous 20 millimètres (Bourgeois); sa densité est égale à 1,1729 à 0° [Krafft et Schönherr, *D. chem. G.*, **22**, 822, 1889]; il est soluble dans l'alcool et l'éther, difficilement dans les alcalis dilués. $Pb(C^{10}H^7S)^2$ précipité jaune, $Hg(C^{10}H^7S)^2$ poudre jaune pâle. Son *dérivé acétylé* $C^{10}H^7S.COCH^3$ se présente sous la forme d'une huile bouillant à 188° sous 15 millimètres [Krafft et Schönherr, *loc. cit.*]. Son *dérivé chloré*, $C^{10}H^6Cl.SH$, a été obtenu par Taboury [*Bull. Soc. Chim.*, (3), **31**, 1183, 1879] ainsi que son *dérivé bromé*, $C^{10}H^6Br.SH$; le premier fond à 43-44°, le second à 55-56°. Le sel de soude du thionaphtol réagit avec le chlorure de phtalyle en formant le corps

$$C^6H^4 \left\langle \begin{array}{l} C = (SC^{10}H^7)^2 \\ \quad\; O \\ CO \end{array} \right.$$

[Troeger et Hornuug, *J. prakt. Chem.*, (2), **66**, 345, 1902].

Acides α-thionaphtolsulfoniques.

$$C^{10}H^6SH.SO^3H.$$

Gattermann [*D. chem. G.*, **32**, 1152, 1899] a obtenu les acides 1.2 et 1.4-thionaphtolsulfoniques par réduction des acides 1.2 et 1.4-naphtalène-sulfinesulfoniques avec l'étain et l'acide chlorhydrique.

2-Ethenylamino-1-thionaphtol,

$$C^{10}H^6 \left\langle \begin{array}{c} S \\ Az \end{array} \right\rangle C.CH^3 + H^2O.$$

— Ce corps a été obtenu par Sellwaud [*D. chem. G.*, **21**, 2028, 1888] par oxydation de la β-thioacétylnaphtalide $C^{10}H^7AzHCS.CH^3$ avec le ferricyanure de potassium en solution alcaline; il cristallise dans l'alcool en paillettes brillantes, fusibles après élimination d'H^2O à 48° [Schwarz, *Ann. Chem.*, **277**, 259, 1893].

Oxalylaminothionaphtol.

$$C^{10}H^6 \left\langle \begin{array}{c} S \\ Az \end{array} \right\rangle C.C \left\langle \begin{array}{c} S \\ Az \end{array} \right\rangle C^{10}H^6$$

— Obtenu par Hoffmann [*D. chem. G.*, **20**, 1804, 1887] en chauffant la β-acétylnaphtalide avec le soufre; paillettes jaunes insolubles.

Carbamidothionaphtol.

$$C^{10}H^6 \left\langle \begin{array}{c} S \\ Az \end{array} \right\rangle C.OH$$

Jacobson et Klein [*D. chem. G.*, **26**, 2366, 1893] obtiennent l'*éther éthylique* de ce dérivé en mélangeant 1 gramme d'uréthane β-thionaphtylique $C^{10}H^7AzH.CS.OC^2H^5$, avec 7 grammes de soude caustique (P. S. 1,3) diluant à 35-40 centimètres cubes, et introduisant cette solution chauffée à 60° dans 100 centimères cubes d'une solution à 4 0/0 de prussiate rouge. Cet éther

$$C^{10}H^6 \left\langle \begin{array}{c} S \\ Az \end{array} \right\rangle CO.C^2H^5$$

cristallise en tables fusibles à 78-79°, facilement solubles dans le benzène, l'éther, l'alcool et l'acide acétique. Traité par l'acide chlorhydrique concentré, il fournit le carbamidothionaphtol, qui cristallise en aiguilles fusibles à 235-236°, assez solubles dans l'alcool.

Thiocarbamidothionaphtol.

$$C^{10}H^6 \left\langle \begin{array}{c} S \\ Az \end{array} \right\rangle C.SH$$

— Obtenu par Jacobson et Frankenbacher [*D. chem. G.*, **24**, 1408, 1891] en chauffant le sulfocyanure de naphtyle $C^{10}H^7.Az=SC$ avec le soufre à 220-230°. Il cristallise en petites aiguilles fusibles à 232° en se décomposant, solubles dans l'alcool, l'éther, le benzène et l'acide acétique.

SULFURE DE MÉTHYL-α-NAPHTYLE, $C^{10}H^7.S.CH^3$. — Obtenu par Taboury [*Bull. Soc. Chim.*, (3), **31**, 1183, 1898] en faisant réagir l'iodure de méthyle sur la combinaison du soufre avec le bromure d'α-naphtyle-magnésium $C^{10}H^7SMgBr$;

liquide bouillant à 166-168° sous 20 millimètres de pression.

SULFURE D'ÉTHYL-α-NAPHTYLE $C^{10}H^7S.C^2H^5$. — Préparé comme le dérivé précédent. Liquide bouillant à 175-176° sous 25 millimètres de pression.

SULFURE DE BENZYL-α-NAPHTYLE. $C^{10}H^7S.CH^2.C^6H^5$. — [Taboury, *loc. cit.*]. Paillettes fusibles à 78-80°, solubles dans l'alcool.

SULFURE DE PHÉNYL-α-NAPHTYLE, $C^{10}H^7S.C^6H^5$. — Obtenu par Krafft et Bourgeois [*D. chem. G.*, **23**, 3046, 1890] et Bourgeois [*ibid.*, **28**, 2327, 1895], en chauffant à 240° l'α-bromonaphtalène avec le sel de plomb du thiophénol. Prismes fusibles à 41°,8 et bouillant à 220°,5 sous 11 millimètres.

SULFURE DE TOLYL-α-NAPHTYLE. $C^{10}H^7S.C^6H^4CH^3$. *Dérivé ortho*, liquide épais bouillant à 227°,5 sous 11 millimètres. *Dérivé méta*, huile épaisse bouillant à 229°,5-230° sous 12 millimètres. *Dérivé para*, cristaux monocliniques brillants, fusibles à 40°,5 et bouillant à 237° sous 11 millimètres [Bourgeois, *D. chem. G.*, **24**, 2264, 1891 et **28**, 2328, 1895].

SULFURE DE XYLYL-α-NAPHTYLE. $C^{10}H^7.S.C^6H^3(CH^3)^2$. — *Dérivé ortho*, liquide épais jaune bouillant à 246° sous 11 millimètres; *Dérivé méta*, liquide épais bouillant à 239°,5 sous 11 millimètres. *Dérivé para*, aiguilles fusibles à 36°,2, bouillant à 235° sous 11 millimètres [Bourgeois, *D. chem. G.*, **28**, 2328, 1895].

SULFURE DE MÉSITYL-α-NAPHTYLE. $C^{10}H^7S.C^6H^2(CH^3)^3$. — Tables fusibles à 120°,6 et bouillant à 245° sous 11 millimètres [Bourgeois, *loc. cit.*].

SULFURE D'α-NAPHTYLE. $C^{10}H^7.S.C^{10}H^7$. — Préparé d'abord par Armstrong [*D. chem. G.*, **7**, 407] en distillant un mélange sec du sel de potassium de l'acide α-naphtalène-sulfonique avec du sulfocyanure de potassium, ou en distillant à sec le sel de plomb de l'α-thionaphtol [Krafft et Schönherr, *D. chem. G.*, **22**, 823, 1889], il a été obtenu encore par Leuckart [*J. prakt. Chem.*, (2), **41**, 217, 1890] et par Krafft et Bourgeois [*D. chem. G.*, **23**, 3046, 1890]. Il cristallise dans un mélange d'alcool et de sulfure de carbone en longues aiguilles fusibles à 110°, distillant à 197-198° sous 0 millimètre de pression [Krafft et Weilandt, *D. chem. G.*, **29**, 1327, 1896]. Son *dérivé dinitré* $(C^{10}H^6AzO^2)^2S$ cristallise en prismes jaunes fusibles à 230-231° [Ekstrandt, *J. prakt. Chem.*, (2), **38**, 143, 1888]. Le *dérivé β-dioxy* $(C^{10}H^6.OH)^2S$ a été obtenu par Tassinari [*Gazz. chim. ital.*, **17**, 94, 1887], par Onufrowicz [*D. chem. G.*, **21**, 3559, 1888, et **23**, 3356, 1890], par Lange [*ibid.*, **21**, 261] et Henriques [*ibid.*, **27**, 2996, 1894]; il se présente sous forme de prismes courts fusibles à 215°. Les sels et les éthers de ce dérivé dioxy ont été préparés par les auteurs sus-mentionnés ainsi que par Loth et Michaelis [*D. chem. G.*, **27**, 2545].

SULFURE D'αβ-DINAPHTYLE, $C^{10}H^7.S.C^{10}H^7$. — Krafft [*D. chem. G.*, **23**, 2368, 1890] l'obtient en chauffant le sel de plomb du β-thionaphtol avec l'α-bromonaphtalène à 220°, puis à 240° pendant plusieurs heures. Paillettes brillantes fusibles à 60-61°, bouillant à 290-291° sous 15 millimètres, solubles dans l'alcool étendu.

OXYSULFURE DE NAPHTYLE.

$$C^{10}H^7.O.C^{10}H^6.S.C^{10}H^7.$$

— Ekstrand [*J. prakt. Chem.*, (2), **38**, 140, 1888] obtient ce corps en petite quantité en préparant l'α-naphtonitrile. Il cristallise dans l'alcool chaud en petites aiguilles fusibles à 111°.

DISULFURE D'α-NAPHTYLE, $C^{10}H^7.S.S.C^{10}H^7$. — Obtenu par Schertel [*Ann. Chem.*, **132**, 94], en exposant à l'air une solution d'α-thionaphtol dans l'ammoniaque alcoolique, ou en faisant bouillir le disulfoxyde d'α-naphtyle $C^{10}H^7SO^2.S.C^{10}H^7$ avec la potasse alcoolique [Otto, Rössing et Tröger, *J. prakt. Chem.*, (2), **47**, 97, 1893]. Cristaux monocliniques fusibles à 91°. Clève [*D. chem. G.*, **20**, 1535, 1887 et **23**, 963], Ekbom [*ibid.*, **23**, 1121, 1890], Jacobson [*ibid.*, **26**, 2367, 1893] ont préparé toute une série de dérivés de ce disulfure, entre autres des *dérivés difluorés, dichlorés, dinitrés et diaminés*; voir encore Taboury [*Bull. Soc. Chim.*, (3), **29**, 761, 1903], Lange [*D. chem. G.*, **21**, 261, 1888], Onufrowicz [*ibid.*, **23**, 3363] et Henriques [*ibid.*, **27**, 2993, 1894], en préparent le *dérivé β-dioxy* $(C^{10}H^6.OH)^2S^2$, corps cristallisant en aiguilles jaune soufre, fusibles à 169°.

TRISULFURE D'α-NAPHTYLE, $C^{10}H^7.S^3.C^{10}H^7$. — Tröger et Hornung [*J. prakt. Chem.*, (2), **60**, 136, 1899] l'obtiennent à partir du chlorure de soufre SCl^2 et de l'α-thionaphtol. Cristaux microscopiques légèrement colorés en jaune, fusibles à 74-75°. Dérivés [Onufrowicz, *D. chem. G.*, **23**, 3368, 1890].

TÉTRASULFURE D'α-NAPHTYLE, $C^{10}H^7.S^4.C^{10}H^7$ — Obtenu comme le précédent en traitant l'α-thionaphtol par le chlorure de soufre S^2Cl^2. Cristaux rhomboédriques jaunes, fusibles à 102°.

SULFONES D'α-NAPHTYLE. — MÉTHYL-α-NAPHTYLSULFONE, $C^{10}H^7SO^2CH^3$. — Obtenue en traitant le sel de soude de l'acide α-naphtalène-sulfinique par l'iodure de méthyle [Otto, Rössing et Tröger, *J. prakt. Chem.*, (2), **47**, 102, 1893]. Cristallise dans l'acide acétique additionné d'alcool en tables brillantes, fusibles à 102-103°. [Brugnatelli, *Zeit. Kristall.*, **28**, 196].

ÉTHYL-α-NAPHTYLSULFONE, $C^{10}H^7.SO^2.C^2H^5$. — Obtenue par Otto, Rössing et Tröger [*loc. cit.*]; petites aiguilles fusibles à 88-89°, solubles dans l'alcool et le benzène.

PROPYL(NORMAL)-α-NAPHTYLSULFONE, $C^{10}H^7.SO^2.C^3H^7$. — Prismes fusibles à 67-68°, solubles dans l'alcool et la ligroïne [Tröger et Uhde, *J. prakt. Chem.*, (2), **59**, 335, 1899]. — Tröger et Hinze [*ibid.*, (2), **55**, 205 et suiv., 1897] ont préparé différents *dérivés chlorés* et *bromés* de cette sulfone; voir encore Tröger et Hornung [*ibid.*, (2), **56**, 467].

Isopropyl-α-naphtylsulfone, $C^{10}H^7SO^2.CH(CH^3)^2$. — Prismes fusibles à 52°, solubles dans l'alcool [Tröger et Uhde, *loc. cit.*].

ALLYL-α-NAPHTYLSULFONE. $C^{10}H^7SO^2.CH^2CH=CH^2$. — Cristaux monocliniques solubles dans l'alcool, fusibles à 67° [Tröger et Artmann, *ibid.*, (2), **53**, 500, 1896]..

ACÉTONE α-NAPHTYLSULFONE, $C^{10}H^7SO^2.CH^2.CO.CH^3$. — Aiguilles fusibles à 65°, cristallisant par évaporation d'un mélange d'éther acétique et de ligroïne [Tröger et Bolm, *J. prakt. Chem.*, (2), **55**, 415, 1897].

SULFONE D'α-NAPHTYLE-BUTYRIQUE NORMAL,

$$C^{10}H^7SO^2CH\begin{cases}CH^2-CH^3\\CO^2H\end{cases}$$

— Obtenue par Tröger et Uhde [*ibid.*, (2), **59**, 326, 1899] par saponification de l'éther éthylique correspondant. Poudre cristalline fusible à 82°, soluble dans l'alcool, l'éther et l'acide acétique. L'*éther éthylique*, obtenu en condensant le sel de soude de l'acide α-naphtalène-sulfinique avec l'éther éthylique de l'acide α-bromobutyrique, se présente sous forme de grains cristallins fusibles à 71-72°, solubles dans l'alcool.

SULFONE D'α-NAPHTYLE ISOBUTYRIQUE,

$$C^{10}H^7SO^2.C\begin{cases}(CH^3)^2\\CO^2H\end{cases}$$

— Obtenue comme la précédente, poudre cristalline fusible à 183-184°. *Éther éthylique*, cristaux fusibles à 90°.

Phényl-α-naphtylsulfone, $C^{10}H^7SO^2.C^6H^5$. — Obtenue par oxydation du sulfure de phényl-α-naphtyle avec l'acide chromique [Krafft et Bourgeois, *D. chem. G.*, **23**, 3047, 1890] ou en chauffant à 170-190° un mélange de naphtalène et d'acide benzène sulfonique avec P^2O^5 [Michael Adair, *D. chem. G.*, **10**, 585, 1877]. Cristaux rhomboédriques fusibles à 99,5-100°, peu solubles dans l'alcool froid, solubles dans l'acide acétique chaud et le benzène. Michler et Salathé [*D. chem. G.*, **12**, 1789, 1879] en préparent le *dérivé diméthylaminé* $C^{10}H^7.SO^2.C^6H^4.Az(CH^3)^2$ en condensant le chlorure de l'acide α-naphtalène sulfonique avec la diméthylaniline, cristaux fusibles à 91°, solubles dans l'alcool et l'éther.

α-Dinaphtylsulfone, $C^{10}H^7SO^2C^{10}H^7$. — On l'obtient en chauffant à 180° le naphtalène avec l'acide sulfurique concentré tant qu'il se dégage de l'eau [Stenhouse et Groves, *D. chem. G.*, **9**, 682; — Berzélius, *Ann. Chem.*, **28**, 39 et Gericke, *Ann. Chem.*, **100**, 216]. Leuckart [*J. prakt. Chem.*, (2), **41**, 218, 1890] l'obtient par oxydation du sulfure d'α-naphtyle avec le permanganate, et Krafft [*D. chem. G.*, **23**, 2368, 1890] en oxydant la même substance avec l'acide chromique. Cette sulfone cristallise dans le benzène en petits prismes fusibles à 187° suivant Krafft, elle est assez soluble dans l'alcool chaud, très soluble dans le benzène bouillant et l'acide acétique.

Sulfoxyde d'α-dinaphtyle, $C^{10}H^7.SO.C^{10}H^7$. — Obtenu par Ekstrand [*D. chem. G.*, **17**, 2603, 1884] en oxydant l'oxysulfure de naphtyle (voyez ci-dessus) avec le bichromate en solution acétique, ou en traitant par le même procédé le sulfure d'α-naphtyle [Krafft, *D. chem. G.*, **23**, 2367, 1890]; prismes solubles dans l'alcool, fusibles à 164°,5. Voyez également Ekstrand [*J. prakt. Chem.*, (2), **38**, 142].

Sulfure d'iminophénylnaphtyle (Syn. thiophénylnaphtylamine).

$$S\langle{C^{10}H^6 \atop C^6H^4}\rangle AzH$$

— Kim [*D. chem. G.*, **23**, 2466] l'obtient en chauffant la phényl-β-naphtylamine avec le soufre à 230°: aiguilles brillantes fusibles à 178°.

Sulfure d'imino-α-naphtyle (Syn. thiodinaphtylamine).

$$S\langle{C^{10}H^6 \atop C^{10}H^6}\rangle AzH$$

Dérivé α. — Ris [*D. chem. G.*, **19**, 2241, 1886] l'obtient en chauffant peu à peu la β-dinaphtylamine avec le soufre à 250°; Kim [*ibid.*, **21**, 2811], en la traitant par le chlorure de soufre SCl^2 en solution benzénique: il se forme en même temps l'isomère-β et la thio-β-tétranaphtylamine. — On l'obtient également en faisant bouillir les deux dithionaphtylamines avec l'aniline [Kim, *loc. cit.*]. Aiguilles d'un vert jaune pâle, solubles dans l'éther et l'acide acétique, brunissant à 232° et fondant à 236°. Le *picrate* cristallise en aiguilles jaunes ou en paillettes se décomposant à 265° environ. *Dérivé méthylé* $S=(C^{10}H^6)^2=AzCH^3$, paillettes ou aiguilles jaune citron fusibles à 284-285° [Kim, *D. chem. G.*, **23**, 2459, 1890]. *Dérivé éthylé* $S=(C^{10}H^6)^2=AzC^2H^5$, aiguilles cristallisant dans le benzène, fusibles à 212-213° (Kim). *Dérivé acétylé* $S=(C^{10}H^6)^2=AzCOCH^3$, aiguilles brillantes fusibles à 211°. — $S=(C^{10}H^6)^2AzCOCl$ obtenu en traitant la thiodinaphtylamine par le phosgène: aiguilles fusibles à 254-255° [Paschkowetzky, *D. chem. G.*, **24**, 2915]. Le même auteur obtient encore les *urées* $S=(C^{10}H^6)^2AzCO.AzH^2$ et $S=(C^{10}H^6)^2AzCO.AzH.C^6H^5$.

Dérivé β. — Il s'obtient à côté du dérivé α (Kim): petites aiguilles microscopiques fusibles à 280° en chauffant lentement, et à 307° en chauffant rapidement.

Thio β-tétradinaphtylamine, $S=(C^{10}H^6AzH C^{10}H^7)^2$. — On l'obtient à côté des deux dérivés précédents [Kim, *loc. cit.*] en traitant la β-dinaphtylamine par le chlorure de soufre; mamelons jaune foncé fusibles à 287° en se décomposant.

Disulfure d'iminonaphtyle (Syn. dithiodinaphtylamine).

$$S^2\langle{C^{10}H^6 \atop C^{10}H^6}\rangle AzH$$

— Kim [*D. chem. G.*, **21**, 2808, 1888] obtient deux isomères en mélangeant une solution benzénique de β-dinaphtylamine avec le chlorure de soufre S^2Cl^2. Le *dérivé* α moins soluble dans le benzène que le dérivé β cristallise en paillettes brillantes jaunes fusibles à 205°, le *dérivé* β cristallise en bâtonnets jaune-rouge fusibles à 280°.

II. DÉRIVÉS β

Sulfhydrate de β-naphtyle. — Obtenu par Maikopar [*Zeit. phys. Chem.*, 711, 1869] en traitant le chlorure de l'acide β-naphtalène sulfonique par le zinc et l'acide sulfurique dilué, et par Bourgeois [*Rec. Pays-Bas*, **18**, 441] en réduisant le sel de zinc du même acide par HCl et le zinc. Leuckart [*J. prakt. Chem.*, (2), **41**, 220, 1890] l'obtient également à côté du disulfure de β-naphtyle, en traitant par la potasse alcoolique l'éther éthylique de l'acide β-naphtylxanthogénique. Il cristallise dans l'alcool en petites écailles brillantes fusibles à 81° [Billeter, *D. chem. G.*, **8**, 463]; il bout à 146°,3 sous 10 millimètres de pression et à 288° à la pression ordinaire en se décomposant partiellement [Bourgeois, *loc. cit.*; — Krafft et Schönherr, *D. chem. G.*, **22**, 824, 1889]. *Sel de plomb*, $Pb(C^{10}H^7S)^2$, poudre cristalline jaune orangé. — Son *dérivé acétylé* $C^{10}H^7S.COCH^3$ fond à 53°,5 et bout à 191° sous 15 millimètres (Krafft et Schönherr). Le dérivé $C^{10}H^7SCAz$, obtenu en traitant le sel de plomb par le chlorure de cyanogène, est un corps solide fusible à 35° (Billeter). Le β-thionaphtol réagit avec le chlorure de phtalyle en formant la combinaison

$$(C^{10}H^7S)^2=C\langle{O \atop CO}\rangle C^6H^4$$

[Troeger et Hornung, *J. prakt. Chem.*, (2), 66, 345, 1902].

Acide β-thionaphtol sulfonique,

$$C^{10}H^6SH.SO^3H.$$

— Leuckart [*loc. cit.*] obtient cet acide sous forme de son sel de zinc $(C^{10}H^6SH.SO^3)^2Zn$ en traitant le sel de potassium de l'acide sulfonique du disulfure de naphtyle par le zinc et l'acide sulfurique dilué. L'acide libre s'oxyde excessivement facilement à l'air. Leuckart obtient un *dérivé xanthogénique* de cet acide, $C^2H^5O.CS^2C^{10}H^6SO^3H$, en traitant l'acide β-diazonaphtalène-β-sulfonique à chaud par le xanthogénate de potassium.

Acide β-thionaphtol 4.8 disulfonique,

$$C^{10}H^5\langle{SH \atop (SO^3H)^2}$$

— Gattermann [*D. chem. G.*, **32**, 1152, 1899] l'obtient par réduction de l'acide naphtalènesulfinedisulfonique correspondant avec l'étain et l'acide chlorhydrique. Le *sel de soude* cristallise dans l'eau.

4. AMINOTHIO-β-NAPHTOLS,

$$C^{10}H^6 \begin{smallmatrix} \diagup SH \\ \diagdown AzH^2 \end{smallmatrix}$$

Dérivé 1.2. — Hofmann [*D. chem. G.*, **20**, 1801, 1887] obtient ce dérivé en fondant avec la potasse caustique l'oxalylaminothio-β-naphtol (voyez ci-dessous). Jacobson [*D. chem. G.*, **20**, 1899] l'obtient par un procédé analogue en fondant l'α-benzénylamino-β-thionaphtol. C'est un corps très oxydable qui n'a pas été obtenu à l'état de pureté complète. Son *dérivé diacétylé*

$$C^{10}H^6 \begin{smallmatrix} \diagup S.CO.CH^3 \\ \diagdown AzH.CO.CH^3 \end{smallmatrix}$$

a été préparé d'une façon détournée en faisant bouillir le disulfure de diaminodinaphtyle avec l'anhydride acétique; il cristallise dans l'alcool en fers de lance fusibles à 173°.5-175° (Jacobson).

1-*Méthénylamino-2-thionaphtol*,

$$C^{10}H^6 \begin{smallmatrix} \diagup S \\ \diagdown Az \end{smallmatrix} \geq CH.$$

— Hofman [*loc. cit.*] l'obtient en chauffant l'α-formylnaphtalide avec le soufre; il se présente sous forme de cristaux fusibles à 45-46° [Hofmann, *ibid.*, **20**, 2265].

1-*Éthénylamino-2-thionaphtol*.

$$C^{10}H^6 \begin{smallmatrix} \diagup S \\ \diagdown Az \end{smallmatrix} \geq C-CH^3.$$

— Obtenu comme le précédent en chauffant l'α-acétylnaphtalide avec le soufre, ou en traitant l'α-thioacétylnaphtalide $C^{10}H^7AzH.CSCH^3$ par une solution alcaline de prussiate rouge [Jacobson, *loc. cit.*]. Prismes fusibles à 94°.5.

Oxalylaminothionaphtol,

$$C^{10}H^6 \begin{smallmatrix} \diagup Az \\ \diagdown S \end{smallmatrix} \geq C-C \leq \begin{smallmatrix} Az \\ S \end{smallmatrix} \geq C^{10}H^6.$$

— Obtenu à côté du dérivé précédent en chauffant l'acétylnaphtalide avec le soufre (Hofmann). Lang [*D. chem. G.*, **25**, 1903, 1892] l'obtient en chauffant un mélange d'α-naphtylamine, de glycérine et de soufre. — Paillettes jaune d'or se décomposant par fusion avec la potasse en aminothionaphtol et acide oxalique.

α-*Thiocarbamidothionaphtol*,

$$C^{10}H^6 \begin{smallmatrix} \diagup S \\ \diagdown Az \end{smallmatrix} \geq C.SH.$$

— On l'obtient en traitant pendant 3-4 heures le disulfure de diamino-dinaphtyle avec le sulfure de carbone à 110-130° [Jacobson, *D. chem. G.*, **21**, 2626, 1888; — Jacobson et Frankenbacher, *ibid.*, **24**, 1406, 1891]; petites aiguilles fusibles au-dessus de 240°. Il fournit par oxydation le *disulfure*

$$C^{10}H^6 \begin{smallmatrix} \diagup S \\ \diagdown Az \end{smallmatrix} \geq C.S.S.C \leq \begin{smallmatrix} S \\ Az \end{smallmatrix} \geq C^{10}H^6.$$

Dérivé 8.2. — Clève [*D. chem. G.*, **21**, 3267, 1888] obtient cet aminothionaphtol en réduisant l'amide de l'acide 1.7-aminonaphtalène sulfonique par l'acide iodhydrique et le phosphore. Il cristallise dans l'alcool avec 1/2 molécule d'alcool en aiguilles fusibles à 127°.

SULFURE D'ÉTHYL β-NAPHTYLE, $C^{10}H^7.SC^2H^5$. — Préparé par Krafft et Schönherr [*D. chem. G.*, **22**, 824, 1889]: masse cristalline fusible à 16°, distillant à 170°,5 sous 16 millimètres de pression.

SULFURE DE PHÉNYL β-NAPHTYLE, $C^{10}H^7S.C^6H^5$. — Préparé par Krafft et Bourgeois [*D. chem. G.*, **23**, 3048, 1890] en chauffant plusieurs heures le sel de plomb du β-thionaphtol avec le bromobenzène à 240°; il cristallise dans l'alcool en aiguilles ou en paillettes fusibles à 51°,5, bouillant à 224° sous 14 millimètres.

SULFURES DE TOLYL-β-NAPHTYLE, $C^{10}H^7S.C^6H^4CH^3$. — Bourgeois [*D. chem. G.*, **24**, 2266, 1891] a préparé les trois dérivés ortho, méta et para, en chauffant le sel de plomb du β-thionaphtol respectivement avec les trois bromotoluènes. Le *dérivé ortho* se présente sous forme d'huile bouillant à 232° sous 12 millimètres. Le *dérivé méta* cristallise dans l'alcool en petites aiguilles fusibles à 60°; point de fusion 236° sous 12 millimètres [Bourgeois, *ibid.*, **28**, 2328, 1895]; enfin le *dérivé para* cristallise dans l'alcool en paillettes nacrées fusibles à 70°,5, bouillant à 237°.5 sous 12 millimètres.

SULFURES DE XYLYL-β-NAPHTYLE, $C^{10}H^7.S.C^6H^3(CH^3)^2$. — [Bourgeois, *D. chem. G.*, **28**, 2329].

Dérivé ortho. — Il cristallise dans l'alcool en houppes fusibles à 68°, bouillant à 251°,5 sous 11 millimètres de pression.

Dérivé méta. — Aiguilles brillantes peu solubles dans l'alcool, fusibles à 39°,6. Point de fusion 243°.5 sous 11 millimètres.

Dérivé para. — Aiguilles fusibles à 36°,7. Point de fusion 240° sous 11 millimètres.

SULFURE DE MÉSITYL-β-NAPHTYLE, $C^{10}H^7.S.C^6H^2(CH^3)^3$. — Bourgeois [*loc. cit.*]. — Prismes fusibles à 87°.5. Point de fusion, 245° sous 11 millimètres.

SULFURE DE β-NAPHTYLE, $C^{10}H^7.S.C^{10}H^7$. — Obtenu par Krafft et Schönher [*D. chem. G.*, **22**, 825, 1889] en distillant le sel de plomb du β-thionaphtol ou en chauffant le disulfure de β-naphtyle avec de la poudre de cuivre. Krafft et Vorsters [*D. chem. G.*, **26**, 2816, 1893] le préparent également en chauffant la β-dinaphtylsulfone avec du soufre. Il cristallise dans l'alcool bouillant en paillettes brillantes fusibles à 151°, bouillant à 295-296° sous 15 millimètres et à 201-202° sous 0 millimètre de pression [Krafft, *ibid.*, **29**, 1327, 1896].

DISULFURE DE β-NAPHTYLE, $C^{10}H^7S.S.C^{10}H^7$. — Ce corps a été préparé par Leuckart [*J. prakt. Chem.*, (2), **41**, 220, 1890] en même temps que le β-thionaphtol (Voyez p. 522). Otto, Rossing et Tröger [*ibid.*, (2), **47**, 98, 1893] l'obtiennent en faisant bouillir le β-naphtyldisulfoxyde avec la potasse caustique. Curtius et Lorenzen [*ibid.*, (2), **58**, 180, 1898] le préparent en traitant par l'iode la β-naphtalènesulfonehydrazine $C^{10}H^7SO^2AzH.AzH^2$, ou simplement en la décomposant par la chaleur. Il cristallise en petites aiguilles fusibles à 139° [Clève, *D. chem. G.*, **21**, 1100, 1888; — Tröger, *D. chem. G.*, **35**, 2164, 1902]. Plusieurs dérivés de ce disulfure ont été préparés par Leuckart (*loc. cit.*); Clève [*D. chem. G.*, **25**, 2486, 1892]; Hellström [Beilstein, **2**, 888]; Jacobson [*D. chem. G.*, **20**, 1900, 1887] et Ekbom [*ibid.*, **24**, 332, 1891].

TRISULFURE DE β-NAPHTYLE $C^{10}H^7.S^3.C^{10}H^7$. — Il se prépare comme le dérivé α (Tröger et Hornung, *loc. cit.*). Poudre blanche amorphe fusible à 108-109°.

TÉTRASULFURE DE β-NAPHTYLE $C^{10}H^7.S^4.C^{10}H^7$ (Voy. DÉRIVÉ α). Poudre jaunâtre fusible à 100-101°.

SULFONES DE β-NAPHTYLE — MÉTHYL-β-NAHTYLSULFONE $C^{10}H^7.SO^2CH^3$. — Obtenue comme le dérivé α, à partir de l'acide β-naphtalènesulfinique et de l'iodure de méthyle (Otto, Rossing et Troger, *loc. cit.*); elle cristallise dans l'alcool en cristaux fusibles à 142-143° [Brugnatelli. *J. prakt. Chem.*. (2). 47. 103, 1893 et *Zeit. f. Kryst.*, **28**. 196].

ÉTHYL-β-NAPHTYLSULFONE $C^{10}H^7SO^2C^2H^5$. — Petits cristaux fusibles à 43-45° [Otto. Rossing et Tröger. *J. prakt. Chem.*. (2), **47**. 102, 1893].

PROPYL(NORMAL)-β-NAPHTYLSULFONE $C^{10}H^7.SO^2C^3H^7$. — Aiguilles fusibles à 73°. solubles dans l'alcool et la ligroïne [Tröger et Uhde. *ibid.*, (2). **59**. 3351. 1899]. Tröger et Hintze [*ibid.*. (2). **55**. 206. 1897] et Tröger et Artmann [*ibid.*, (2). **53**. 486. 1896] ont obtenu différents dérivés halogénés et oxy de cette sulfone: voyez également Tröger et Hornung [*J. prakt. Chem.*, (2), **56**. 464. 1897].

Isopropyl-β-naphtylsulfone $C^{10}H^7SO^2.C^3H^7$. — Cristaux fusibles à 73°. solubles dans l'alcool et l'éther [Tröger et Uhde. *loc. cit.*].

ALLYL-β-NAPHTYLSULFONE.

$$C^{10}H^7.SO^2.CH^2.CH = CH^2.$$

— Elle cristallise dans l'alcool en aiguilles fusibles à 95° [Tröger et Artmann. *J. prakt. Chem.*. (2). **53**, 484, 1896].

ACÉTONE β-NAPHTYLSULFONE $C^{10}H^7.SO^2.CH^2.CO.CH^3$. — Obtenue par Tröger et Bolm [*J. prakt. Chem.*. (2). **55**. 399, 1897] par condensation des sels de l'acide β-naphtalène sulfinique avec la monochloracétone. Paillettes fusibles à 130°, solubles dans l'eau chaude. l'alcool, l'acide acétique, etc. Quelques dérivés de cette sulfone ont été obtenus par les deux auteurs précités.

SULFONE DE β-NAPHTYLE BUTYRIQUE NORMAL.

$$C^{10}H^7SO^2.CH<^{CH^2-CH^3}_{CO^2H}$$

— (Voy. DÉRIVÉ α). Aiguilles fusibles à 110°. [Tröger et Uhde, *J. prakt. Chem.*, (2), **59**, 328. 1899]. Son *chlorure*

$$C^{10}H^7SO^2.CH<^{CH^2-CH^3}_{COCl}$$

cristallise dans la ligroïne en aiguilles fusibles à 77-78°

SULFONE DE β-NAPHTYLE ISOBUTYRIQUE.

$$C^{10}H^7.SO^2.C<^{CO^2H}_{(CH^3)^2}$$

— [Troger et Uhde, *loc. cit.*]. Elle cristallise dans l'alcool en cristaux fusibles à 170°. Dérivés (voy. les mêmes auteurs).

PHÉNYL-β-NAPHTYLSULFONE $C^{10}H^7SO^2C^6H^5$. — Obtenue comme le dérivé α par oxydation du sulfure de phényl-β-naphtyle [Krafft et Bourgeois. *D. chem. G.*. **23**. 3049, 1890]; préparée encore par Michael et Adair [*D. chem. G.*. **10**. 585, 1877], par Chruschtschow [*ibid.*, **7**. 1167]. en chauffant le naphtalène avec l'acide benzène sulfonique et P^2O^5, ou en faisant réagir le zinc en poudre sur un mélange de naphtalène et de $C^6H^5SO^2Cl$. Elle cristallise dans un mélange d'alcool et d'éther en longues aiguilles fusibles à 115-116°. Dérivés (voy. Michlœr et Salathé. *D. chem. G.*. **12**. 1790. — Tröger et Artmann, *J. prakt. Chem.*. (2), **53**. 498. 1896; — Tröger et Bolm. *ibid.*. (2). **55**. 401. 1897 et suivantes).

α-β-DINAPHTYLSULFONE $C^{10}H^7SO^2C^{10}H^7$. — Obtenu par oxydation du sulfure d'α-β-dinaphtyle par l'acide chromique [Krafft. *D. chem. G.*, **23**. 2360, 1890]. Fusible à 122,5-123°.

β-DINAPHTYLSULFONE $C^{10}H^7SO^2C^{10}H^7$ — Stenhouse et Groves [*D. chem. G.*. **9**. 682] l'obtiennent à côté du dérivé α en chauffant le naphtalène à 180° avec SO^4H^2 concentré. Krafft [*D. chem. G.*, **23**. 2366] la prépare en oxydant le sulfure de β-naphtyle avec l'acide chromique: elle cristallise dans l'alcool bouillant en aiguilles soyeuses fusibles à 177°, solubles dans le benzène et l'acide acétique glacial. Réaction avec PCl^5 [Clève, *Bull. Soc. Chim.*, **25**, 25].

Disulfoxyde de β-naphtyle,

$$C^{10}H^7SO^2.S.C^{10}H^7.$$

— On l'obtient à côté de l'acide naphtalène sulfonique, en faisant bouillir avec l'eau l'acide β-naphtalène sulfinique [Otto, Rössing et Tröger. *J. prakt. Chem.*, (2), **47**, 97, 1893]. Il cristallise dans l'alcool en petites aiguilles fusibles à 106-108°.

Sulfure d'iminophénylnaphtyle (Syn. : Thiophénylnaphtylamine),

$$S<^{C^{10}H^6}_{C^{10}H^6}>AzH.$$

— Kim l'obtient en chauffant l'α-phénylnaphtylamine avec le soufre à 240° [*D. chem. G.*, **23**, 2464. 1890]. Ce dérivé cristallise de l'alcool en petites paillettes brillantes jaunes fusibles à 137-138°.

DITHIONAPHTOLS $C^{10}H^6(SH)^2$.

Dérivé 1.5. — Braun et Ebert [*D. chem. G.*. **25**. 2735, 1892] l'ont préparé par réduction du chlorure de l'acide 1.5-naphtalènedisulfonique avec le zinc et l'acide acétique. C'est un corps volatil avec la vapeur d'eau, facilement soluble dans l'alcool, l'éther et le benzène; il cristallise en paillettes brillantes fusibles à 103°.

Dérivé 2.6. — Préparé comme le précédent par réduction du chlorure de l'acide 2.6-naphtalène disulfonique. Il est peu volatil avec la vapeur d'eau, soluble dans le benzène. l'alcool et l'éther; il cristallise en écailles brillantes fusibles à 177-178°.

Dérivé 2.7. — Ebert et Kleiner [*D. chem. G.*, **24**, 145, 1891] l'obtiennent comme les précédents par réduction de chlorure de l'acide 2.7-naphtalène disulfonique; Grosjean [*ibid.*, **23**, 2371. 1890] l'obtient d'une façon analogue. Il cristallise en paillettes nacrées fusibles à 180-181°, solubles dans l'alcool chaud.

Juin 1906. G. Darier.

NAPHTYLÈNE. — On donne ce nom à quelques dérivés bisubstitués au naphtalène pour caractériser le groupe $C^{10}H^6$. Exemple : $C^{10}H^6(AzH^2)^2$ = naphtylène-diamine, etc. Quelques hydrocarbures retirés des naphtes et des pétroles ont également été désignés d'une façon impropre sous ce nom. G. Darier.

NAPHTYLÈNE-DIAMINES $C^{10}H^6(AzH^2)^2$.

DÉRIVÉ 1-2.

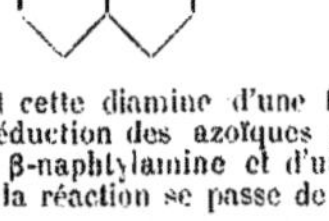

AzH²

AzH²

— On obtient cette diamine d'une façon générale par la réduction des azoïques préparés au moyen de la β-naphtylamine et d'un diazoïque quelconque; la réaction se passe de la manière suivante :

$$C^{10}H^6<^{AzH^2}_{Az=Az-X} + 2H^2$$
$$= C^{10}H^6(AzH^2)^2 + XAzH^2$$

[Griess. *D. chem. G.*, **15**. 2193, 1882; — Lawson,

ibid., **18**, 800 et 2425; — Sachs, *ibid.*, **18**, 3128, 1885; — Bamberger et Schieffelin, *ibid.*, **22**, 1376, 1889]. On peut la préparer également en réduisant la naphtoquinone-dioxime 1.2 $C^{10}H^{6}(AzOH)^{2}$ par le chlorure stanneux [Koreff, *ibid.*, **19**, 179, 1886]; par réduction de la 1.2-nitronaphtylamine [Lawson, *ibid.*, **18**, 2427]; par réduction de la 2.1-nitronaphtylamine [Lellmann et Rémy, *ibid.*, **19**, 803]; par réduction de la 2.1-nitrosonaphtylamine avec le sulfure d'ammonium [Harden, *Ann. Chem.*, **255**, 1551, 1889]. Ewer et Pick [*D. chem. G.*, **22**, R. 42, 1889 et **21**, R. 916] la préparent en chauffant sous pression le 1.2-dioxynaphtalène avec l'ammoniaque. La réduction des acides 1.2.4- et 1.2.5 naphtylène diamine-sulfoniques avec l'amalgame de sodium fournit également la 1.2-naphtylène-diamine [Friedländer et Kielbasinski, *D. chem. G.*, **29**, 1978, 1896 et Gattermann et Schulze, *ibid.*, **30**, 53]. Le meilleur procédé de préparation est celui décrit par Bamberger et Schieffelin [*loc. cit.*]: il consiste à réduire le colorant obtenu par la copulation du chlorure de diazobenzène avec la β-naphtylamine, par portions de 10 grammes dissoutes dans 300 centimètres cubes d'acide acétique bouillant, avec la poudre de zinc, jusqu'à ce que la solution soit devenue jaune clair; en filtrant alors au bouillon dans l'acide sulfurique dilué, le sulfate de la diamine cristallise par refroidissement; après avoir lavé celui-ci, on le traite à chaud avec le carbonate de soude jusqu'à dissolution complète, ajoute du noir animal, et obtient ainsi dans la solution filtrée la base pure qui cristallise par refroidissement.

C'est une base faible donnant des sels avec 2 molécules d'acide monobasique, elle se présente sous forme de paillettes d'un blanc argenté, fusibles à 98°,5, facilement solubles dans l'alcool, l'éther et le chloroforme, difficilement dans l'eau chaude, très oxydables à l'air. Sels : *chlorhydrate* $C^{10}H^{6}(AzH^{2}HCl)^{2}$, paillettes incolores, solubles dans l'eau, insolubles dans l'acide chlorhydrique; *sulfate*, $C^{10}H^{6}(AzH^{2})^{2}H^{2}SO^{4}$, lamelles blanches [Lawson, *loc. cit.*]; *nitrate*, $C^{10}H^{6}(AzH^{2}.HAzO^{3})^{2}$, aiguilles blanches très fines; *picrate*, poudre cristalline jaune presque insoluble dans l'eau [Witt, *D. chem. G.*, **21**, 3482, 1888]. Par réduction avec le sodium et l'alcool amylique, elle se transforme en *ar tétrahydronaphtylène-diamine* 1.2

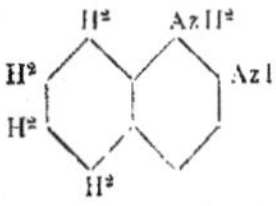

H² AzH²
H² AzH²
H²
H²

[Bamberger, *D. chem. G.*, **22**, 1377 et 955]. *Diacétylnaphtylène-diamine*, $C^{10}H^{6}(AzHCOCH^{3})^{2}$, aiguilles fusibles à 234° [Lawson, *loc. cit.*]; *dipropionylnaphtylène-diamine*, $C^{10}H^{6}(AzHC^{3}H^{5}O)^{2}$, prismes fusibles à 191–192° [Bistrzycki et Ulffers, *D. chem. G.*, **23**, 1880, 1890]; *benzoylnaphtylène-diamine* $AzH^{2}.C^{10}H^{6}AzH.CO.C^{6}H^{5}$, poudre cristalline fusible au-dessus de 280° [Lawson, *loc. cit.*]; *dibenzoylnaphtylène-diamine*, paillettes fusibles à 291° [Hinsberg, *Ann. Chem.*, **254**, 256, 1889]; *naphtylène-oxamide*

$$C^{10}H^{6}\left\langle{AzH-CO \atop AzH-CO}\right.$$

petites aiguilles solubles dans l'acide acétique [Meyer et Müller, *D. chem. G.*, **30**, 772, 1897]. La naphtylène-diamine-1.2 traitée par le bisulfite de soude ou le chlorure de sulfuryle fournit le *naphtopiazthiol*,

$$C^{10}H^{6}\left\langle{Az \atop Az}\right\rangle S$$

base faible, longues aiguilles ou paillettes fusibles à 81° [Hinsberg, *D. chem. G.*, **23**, 1393, 1890 et Michaelis, Erdmann, *ibid.*, **28**, 2204, 1895]; avec l'acide sélénieux SeO^{2}, elle fournit le *naphtopiasélénol*,

$$C^{10}H^{6}\left\langle{Az \atop Az}\right\rangle Se$$

aiguilles fusibles à 128–129° [Hinsberg, *ibid.*, **22**, 866]. 1-*Phénylaminonaphtylurée*

AzH.CO.AzHC⁶H⁵
AzH²

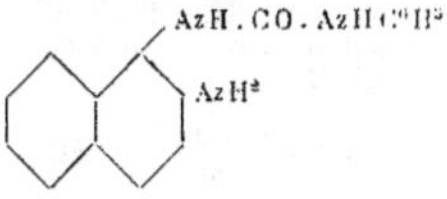

aiguilles [Goldschmidt et Rosell, *D. chem. G.*, **23**, 502, 1890]; 2-*phénylamino-naphtylurée*

AzH²
— AzH.CO.AzHC⁶H⁵

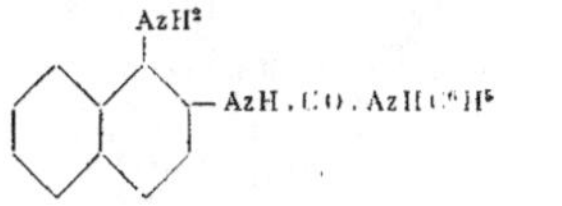

cristaux granuleux [Schieffelin, *D. chem. G.*, **22**, 1377, 1889]. *Naphtylène-diphénylurée*, $C^{10}H^{6}(AzHCOAzHC^{6}H^{5})^{2}$ [Schieffelin, *loc. cit.*].

Traitée par la diméthylalloxanthine, la naphtylène-diamine-1.2 fournit la *méthylnaphtaloxazine*,

$$C^{10}H^{6}\left\langle{Az=C-Az(CH^{3}) \atop Az-C.CO.AzH}\right\rangle CO$$

[Kühling, *D. chem. G.*, **24**, 3031, 1891]. Avec l'isosulfocyanate d'allyle, elle fournit la *diallylnaphtylènethiourée*, $C^{10}H^{6}(AzH.CS.AzH.C^{3}H^{5})^{2}$, combinaison qui se décompose à 200° en diallylthiourée $CS(AzH.C^{3}H^{5})^{2}$ et *naphtylène-thiourée* $C^{10}H^{6}(AzH)^{2}CS$ [Lellmann, *D. chem. G.*, **19**, 808, 1886]. Avec l'isosulfocyanate de phényle, elle fournit la *naphtylènediphényldithiourée*, $C^{10}H^{6}(AzH.CS.AzH.C^{6}H^{5})^{2}$, aiguilles se décomposant à 355° [Schieffelin, *D. Chem. G.*, **22**, 1377, 1889]. Avec la formaldéhyde, elle fournit une base $C^{24}H^{20}Az^{4}$ qui cristallise bien et fond à 165° [Fischer et Wreszinski, *D. Chem. G.*, **25**, 2714, 1892]; avec l'acide formique et le formiate de soude à la température de 130-140°, elle produit la *méthényl*-1.2-*naphtylène-diamine* (Syn. α-β-*naphtimidazol*),

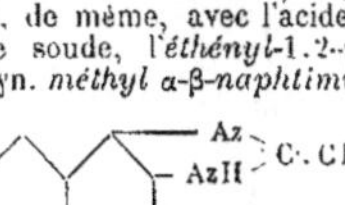

AzH
Az ⟩ CH

substance fusible à 174° [Fischer et Wrezinski, *loc. cit.*, et Fischer, *D. Chem. G.*, **32**, 1313, 1899. Voir encore Fischer, *ibid.*, **34**, 932, 1901]. Elle fournit, de même, avec l'acide acétique et l'acétate de soude, l'*éthényl*-1.2-*naphtylène-diamine* (Syn. *méthyl α-β-naphtimidazol*),

Az
AzH ⟩ C.CH³

fusible à 168-169° [Fischer. *ibid.*, **32**, 1312. 1899 ; — Fischer. Reindl et Fezer. *ibid.*, **34**, 934, 1901], corps qui a été obtenu par différentes méthodes [Voir Prager. *D. Chem. G.*, **18**. 2161, 1885 : — Lellmann et Remy. *ibid.*, **19**, 799 ; — Liebermann et Jacobson. *Ann. Chem.*, **241**. 67, 1882 ; — Fischer et Hepp. *D. chem. G.*, **20**, 1249 et 2472. 1887], et isomère avec la base

AzH, Az, C . CH^3

obtenue par Meldola. Eyre et Lane [*Journ. Chem. Soc.*, **83**. 1185. 1903] en diazotant en présence d'alcool l'éthényltriaminonaphtalène [Voir Meldola et Lane. *ibid.*, **85**. 1592, 1904]. A ces deux dérivés il faut rattacher la *benzényl-1.2-naphtylène-diamine*.

$$C^{10}H^6 \left< \begin{matrix} AzH \\ Az \end{matrix} \right> C . C^6H^5$$

obtenue par Fischer. Reindl et Fezer (*loc. cit.*) en chauffant à 160° la 1.2-naphtylène-diamine avec l'acide benzoïque et le benzoate de soude [Voir également Ebell. *Ann. Chem.*, **208**, 328, 1881 et Koll. *ibid.*, **263**. 314, 1891].

Avec la benzaldéhyde. la naphtylène-diamine réagit à froid en solution alcoolique en formant la *benzal-1.2-naphtylène-diamine*, $AzH^2C^{10}H^6 Az = CH C^6H^5$; en solution acétique, sous l'influence de la chaleur, elle fournit l'α-β-*naphtobenzaldéhydine*,

$$C^{10}H^6 \left< \begin{matrix} AzH . CH^2 . C^6H^5 \\ Az \end{matrix} \right> C . C^6H^5$$

[Hinsberg et Koller. *D. chem. G.*, **29**, 1502, 1896].

Chauffée en solution alcoolique avec le bisulfite de glyoxal et l'acide acétique, elle fournit la 1.2-naphtoquinoxaline fusible à 62°.

$$C^{10}H^6 \left< \begin{matrix} Az = CH \\ | \\ Az = CH \end{matrix} \right.$$

[Hinsberg. *D. chem. G.*, **23**. 1394, 1890] ; avec l'acide parabamique. elle forme la 1.2-*naphtodioxyquinoxaline*.

$$C^{10}H^6 \left< \begin{matrix} Az = COH \\ | \\ Az - COH \end{matrix} \right.$$

[Kuhling, *D. chem. G.*, **24**. 2032] : avec l'acide opianique, l'acide *naphtylène-diamine-diméthoxybenzényl-o-carbonique*.

$$C^{10}H^6 \left< \begin{matrix} Az \\ AzH \end{matrix} \right> C . C^6H^2 (OCH^3)^2 CO^2H$$

[Bistrzycki, *D. chem. G.*, **25**, 1986, 1892]. Chauffée avec le benzile en solution alcoolique, la naphtylènediamine-1.2 se transforme en *diphényl-1.2-naphtoquinoxaline*,

$$C^{10}H^6 \left< \begin{matrix} Az = C . C^6H^5 \\ | \\ Az = C . C^6H^5 \end{matrix} \right.$$

fusible à 147° [Lawson. *D. chem. G.*, **18**, 2426. 1885].

De même, elle se combine avec la β-naphtoquinone en formant l'α-β-*dinaphtazine*,

Az, Az

[Witt, *D. chem. G.*, **19**, 2795], fusible à 283°, identique avec la *naphtase* de Laurent ; avec la phénanthrènequinone en formant la *naphtophénantrazine*,

Az, Az

fusible à 273° [Lawson, *D. chem. G.*, **18**, 2426] : — avec la chrysènequinone, la *chrysonaphtazine* $C^{26}H^{16}Az^2$, poudre jaune [Liebermann et Witt. *D. chem. G.*, **20**, 2443, 1887] ; — avec la 2.3-dioxynaphtaline dans un courant de CO^2, la *dihydronaphtazine*,

AzH, AzH

[Hinsberg, *Ann. Chem.*, **319**, 264, 1901].

2-ÉTHYL-1.2-NAPHTYLÈNE-DIAMINE,

AzH, AzH . C^2H^5

— Obtenue par Fischer [*D. chem. G.*, **26**, 193, 1893], par réduction de l'acide benzène-p-sulfonique-azo 2-éthylnaphtylamine. Huile se combinant avec la paranitrobenzaldéhyde et l'aldéhyde salicylique.

2-PHÉNYLNAPHTYLÈNE-DIAMINE-1.2, $C^{10}H^6 . AzH^2 . AzH . C^6H^5$. — Obtenue par réduction des dérivés azoïques de la β-phénylnaphtylamine [Zincke et Lawson, *D. chem. G.*, **20** 1170, 1887 ; — Witt. *ibid.*, **20**, 1184]. Elle cristallise dans l'alcool en aiguilles ou paillettes fusibles à 138-140°. Avec le $COCl^2$, elle fournit la β-*phényl-naphtylène-urée*,

$$C^{10}H^6 \left< \begin{matrix} AzH \\ Az(C^6H^5) \end{matrix} \right> CO$$

[Fischer et Stoye, *D. chem. G.*, **27**, 2773, 1894].

2-*Phénylnaphtylène-thiourée*,

$$C^{10}H^6 \left< \begin{matrix} AzH \\ Az(C^6H^5) \end{matrix} \right> CS$$

aiguilles fusibles à 142° [Fischer, *D. chem. G.*,

20, 188, 1887]. Réaction avec l'anhydride phtalique : Fischer et Stoye [*loc. cit.*] : avec la benzaldéhyde et la salicylaldéhyde : Fischer [*D. chem. G.*, **25**, 2828, 1892 et *loc. cit.*]; avec le benzoylcarbinol et la bromacétophénone : Fischer et Busch [*D. chem. G.*, **24**, 1873 et 2680] : avec le cuminol : Fischer [*ibid.*, **25**, 2831]; avec la furoïne [Fischer, *loc. cit.*]: avec la benzoïne et le benzile, Fischer et Busch [*loc. cit.*]. Avec l'acide nitreux, elle fournit le *phénylaziminonaphtalène*,

$$C^{10}H^{6} \langle Az(C^{6}H^{5}) \cdot Az \cdot Az \rangle$$

[Zincke et Campbell, *Ann. Chem.*, **255**, 343, 1889]. Chauffée avec l'oxyde de plomb, elle se transforme en *α-β-naphtophénazine*,

Az
Az

[Fischer et Franck, *D. chem. G.*, **26**, 188, 1893]. Chauffée avec l'iodure de méthyle ou le bromure d'éthyle, la phénylnaphtylène-diamine fournit la *méthyl-1-phényl-2-naphtylène-diamine*,

AzHCH³
— AzHC⁶H⁵

fusible à 85°, et l'*éthyl-1-phényl-2-naphtylène-diamine*, fusible à 71° [Fischer, *D. chem. G.*, **26**, 189, 1893]. Voir encore Fischer [*ibid.*, **26**, 191 et **27**, 275]. Une autre *phénylnaphtylène-diamine*-1.2 a été obtenue par Harden [*Ann. Chem.*, **255**, 161, 1889] en traitant l'α-nitroso-β-naphtylamine par la phénylhydrazine; elle cristallise en petites aiguilles fusibles à 161°.

p-TOLYLNAPHTYLÈNE-DIAMINE-1.2.

AzH^{2}
— $AzH \cdot C^{6}H^{4} \cdot CH^{3}$

Obtenue par réduction de la benzène-azo-p-tolyl-β-naphtylamine [Fischer, *D. chem. G.*, **25**, 2848, 1892]; paillettes brillantes fusibles à 146-147°. Réactions et dérivés, voir Fischer et Fritweiler [*D. chem. G.*, **27**, 2778, 1894]; — Fischer et Kubel [*ibid.*, **25**, 2830]; — Witt et Helmolt [*ibid.*, **27**, 2354]: — Witt [*ibid.*, **20**, 578, 1894].

DÉRIVÉS SULFONIQUES DE LA NAPHTYLÈNE-DIAMINE-1.2, $C^{10}H^{5}(AzH^{2})^{2}SO^{3}H$. — Ces acides ont été préparés par la réduction des colorants azogènes obtenus en combinant les acides β-naphtylamine-sulfoniques avec des dérivés diazoïques.

Le *dérivé*-1.2.3 a été obtenu par Gattermann et Schulze [*D. chem. G.*, **30**, 55, 1897] et Witt [*ibid.*, **19**, 1720]. Il se combine avec la phénanthrènequinone en formant l'acide naphtophénantrazine sulfonique (Witt).

Dérivé-1.2.4. — Aiguilles difficilement solubles dans l'eau [Friedländer et Kielbasinski, *D. chem. G.*, **29**, 1978, 1896].

Dérivé-1.2.5. — Paillettes brillantes brun clair [Gattermann et Schulze, *loc. cit.* et Witt, *D. chem. G.*, **21**, 3486, 1888].

Dérivé-1.2.6. — Petites aiguilles peu solubles dans l'eau [Witt, *loc. cit.*]; se combine avec la phénanthrènequinone.

Dérivé-1.2.7. — Poudre grise ou flocons gélatineux [Witt, *loc. cit.*].

Dérivés disulfoniques, $C^{10}H^{4}(AzH^{2})^{2}(SO^{3}H)^{2}$. — On les obtient comme les dérivés monosulfoniques. Le dérivé 1.2.3.6 a été préparé par Witt [*loc. cit.*] et le dérivé-1.2.3.8 par Bernthsen [*D. chem. G.*, **23**, 3095, 1890].

Acides-2-phényl-1.2-naphtylène-diamine sulfoniques,

$$C^{10}H^{5} \begin{cases} AzH^{2} \\ AzH \cdot C^{6}H^{5} \\ SO^{3}H \end{cases}$$

— Lesser [*D. chem. G.*, **27**, 2368, 1894] obtient les dérivés 5 et 8 sulfoniques en réduisant les sels de soude des acides phénonaphtazines sulfoniques.

NAPHTYLÈNE-DIAMINE-1.3,

AzH^{2}
AzH^{2}

— Urbain [*D. chem. G.*, **20**, 973, 1887] l'obtient par réduction du dinitronaphtalène correspondant; Friedländer [*ibid.* **28**, 1953, 1895], en chauffant le 3.1-aminonaphtol avec l'ammoniaque à 150°; Kalle (Brevet allemand 89 061), en chauffant à 160-180° les acides α-naphtol ou α-naphtylamine-3-sulfoniques avec l'ammoniaque. Cette diamine cristallise en paillettes fusibles à 96°. Son *dérivé diacétylé* fond à 263°. *Acide* 1.3-*naphtylène-diamine-5-sulfonique*, obtenu par Kalle [Friedländer, **4**, 601]. *Acide* 1.3-*naphtylène-diamine-6-sulfonique* [Kalle, *ibid.*, **4**, 598 et 600 et Friedländer et Taussig, *D. chem. G.*, **30**, 1462, 1897], très employé pour la préparation de colorants azoïques. *Acide* 1.3-*naphtylène-diamine-7-sulfonique* [Kalle, Friedländer, **4**, 599]. *Acide* 1.3-*naphtylène-diamine-7-sulfonique* [Kalle, *loc. cit.*]. *Acide* 1.3-*naphtylène-diamine-8-sulfonique* [Kalle, *loc. cit.* et Bayer, *ibid.*, **3**, 500]. *Acide* 1.3-*naphtylène-diamine-5.7-disulfonique* [Kalle, *ibid.*, **4**, 600 et 608]. *Acide* 1.3-*naphtylène-diamine-6.8-disulfonique* [Kalle, *ibid.*, **4**, 599]. Préparation de colorants aziniques obtenus en traitant par l'acide sulfurique les colorants azoïques dérivant de la naphtylène-diamine-1.3, voir Bayer et Cᵒ [Friedländer, **3**, 500; **4**, 392 et 426-427].

NAPHTHYLÈNE-DIAMINE-1.4,

AzH^{2}
AzH^{2}

— (Voyez Dict., **2**, 512 et 1ᵉʳ Suppl., 1070). Griess [*D. chem. G.*, **15**, 2192, 1882] l'a encore préparée par réduction de l'acide azo-α-naphtylamine-parabenzène-sulfonique $SO^{3}H \cdot C^{6}H^{4} \cdot Az = Az \cdot C^{10}H^{6}AzH^{2}$, et a démontré son identité avec les composés de Perkin et de Liebermann et Dittler. Bamberger et Schieffelin [*D. chem. G.*, **22**, 1381, 1889]. Wohl [*ibid.*, **36**, 4143, 1903] la préparent également par réduction des azoïques de l'α-naphtylamine.

Elle cristallise en aiguilles ou prismes blancs, fusibles à 120°, solubles dans l'alcool, l'éther et le chloroforme, très facilement oxydables : le chlorure de chaux la transforme en naphtoquinone-dichlorimide [Friedländer, *D. chem. G.*, **22**, 1590, 1889]; réduite par le sodium et l'alcool amylique, elle se transforme en *ar tétrahydro-naphtylène-diamine*,

H^2 AzH^2 / H^2 / H^2 / H^2 AzH^2

[Bamberger et Schieffelin, *loc. cit.*], voy. également Morgan, Micklethwait [*Chem. Soc.*, **85**, 736, 1904] : l'acide nitreux la transforme en naphtoquinone correspondante [Grandmougin et Michel, *D. chem. G.*, **25**, 972, 1892], de même l'acide chromique.

Acétylnaphtylène-diamine-1.4, $C^{10}H^6AzH^2.AzH.COCH^3$. — Liebermann [*Ann. Chem.*, **183**, 238, 1876] l'obtient par réduction de l'α-nitroacétylnaphtalide : le *chlorhydrate* cristallise en longues aiguilles.

Diacétylnaphtylène-diamine-1.4, $C^{10}H^6(AzHCOCH^3)^2$. — Cristaux fusibles à 303-304°, solubles dans l'acide acétique [Kleemann, *D. chem. G.*, **19**, 334, 1886]; son *dérivé 2-nitré*

$$C^{10}H^4 \begin{cases} AzO^2 \\ (AzHCOCH^3)^2 \end{cases}$$

cristallise dans l'alcool en fines aiguilles fusibles à 295° en se décomposant.

Benzoylnaphtylène-diamine 1.4.

$$C^{10}H^6 \begin{cases} AzH^2 \\ AzHCO.C^6H^5 \end{cases}$$

— Aiguilles fusibles à 186° [Ebell, *Ann. Chem.*, **208**, 326, 1881].

Éther diéthylique de l'acide 1.4-*naphtylène-dioxamique*, $C^{10}H^6(AzHCO.CO^2C^2H^5)^2$. — Obtenu par Meyer et Muller [*D. chem. G.*, **30**, 773, 1897] en condensant la 1.4-naphtylène-diamine avec l'éther oxalique, cet éther cristallise en aiguilles brillantes fusibles à 203° : traité par l'ammoniaque, il se transforme en 1.4-naphtylènedioxamide $C^{10}H^6(AzH.CO.COAzH^2)^2$.

p-Thionyl-1.4-*naphtylène-diamine*.

$$SO:AzC^{10}H^6Az:SO.$$

— Obtenue en traitant le sel chlorhydrique de la 1.4-naphtylène-diamine par $SOCl^2$ en solution benzénique [Michaelis et Erdmann, *D. chem. G.*, **28**, 2203, 1895]; longues aiguilles brun clair fusibles à 120°.

Diméthylnaphtylène-diamine-1.4.

$$C^{10}H^6 \begin{cases} AzH^2 \\ Az(CH^3)^2 \end{cases}$$

— Huile assez soluble dans l'eau chaude, obtenue par réduction de la nitrosodiméthyl-α-naphtylamine ou des azoïques de la diméthyl-α-naphtylamine [Friedländer et Welmans, *D. chem. G.*, **21**, 3125, 1888 et Cohn, *Monatshefte*, **16**, 801] : son *dérivé acétylé*

$$C^{10}H^6 \begin{cases} AzHCOCH^3 \\ Az(CH^3)^2 \end{cases}$$

cristallise en paillettes aciculaires fusibles à 194-195°.

Éthylnaphtylène-diamine-1.4.

$$C^{10}H^6 \begin{cases} AzH^2 \\ AzHC^2H^5 \end{cases}$$

— Obtenue par réduction de la nitrosoéthylnaphtylamine correspondante [Kock, *Ann. Chem.*, **243**, 312, 1888] ou des azoïques de l'éthyl-α-naphtylamine [Bamberger et Goldschmidt, *D. chem. G.*, **24**, 2471, 1891]; son *chlorhydrate* $C^{12}H^{14}Az^2.2HCl$ cristallise en aiguilles blanches se colorant à l'air; la base est une huile facilement oxydable; oxydée avec le paramidophénol elle fournit un produit qui par réduction se transforme en *éthylparaoxyphénylnaphtylène-diamine*-1.4

$$C^{10}H^6 \begin{cases} AzHC^2H^5 \\ AzHC^6H^4.OH \end{cases}$$

fusible à 170° [Cassella, *Centr. Blatt.*, **2**, 556, 1902].

Phénylnaphtylène-diamine-1.4.

$$C^{10}H^6 \begin{cases} AzHC^6H^5 \\ AzH^2 \end{cases}$$

— Paillettes brillantes, fusibles à 148°, obtenues par réduction de la nitroso-α-phénylnaphtylamine [Wacker, *Ann. Chem.*, **243**, 305, 1888 et Fischer, *Ann. Chem.*, **286**, 183, 1895]; par oxydation avec HgO elle se transforme en naphtoquinone-phényldiimide $AzH=C^{10}H^6=AzC^6H^5$. Son *dérivé acétylé*

$$C^{10}H^6 \begin{cases} AzHC^6H^5 \\ AzHCOCH^3 \end{cases}$$

cristallise en paillettes fusibles à 192°; traitée par le sulfure de carbone en solution alcoolique elle fournit l'*urée* $CS(AzH.C^{10}H^6AzH.C^6H^5)^2$, fusible à 196° [Fischer, *loc. cit.*]. Réaction avec la benzaldéhyde, les nitrobenzaldéhydes et la paraoxybenzaldéhyde [Fischer, *loc. cit.*].

α-Naphtylnaphtylène-diamine-1.4,

$$AzH^2.C^{10}H^6AzHC^{10}H^7.$$

— Obtenue par réduction de la nitroso-α-dinaphtylamine [Wacker, *Ann. Chem.*, **243**, 303, 1888]; traitée par le chlorure de thionyle $SOCl^2$ elle fournit l'α-naphtylthionylnaphtylène-diamine-1-4 $C^{10}H^7AzHC^{10}H^6Az:SO$, cristaux rouges fusibles à 120° [Franke, *D. chem. G.*, **31**, 2182, 1898].

p-Tolylaminonaphtyl-μ-cyanazométhine-p nitrophényle

$$CH^3.C^6H^4.AzH.C^{10}H^6Az=C(CAz)C^6H^4.AzO^2.$$

obtenu en condensant la *p-nitroso-α-naphtyl p-tolylamine* $AzO.C^{10}H^6.AzH.C^6H^4.CH^3$ avec le cyanure de p-nitrobenzyle $AzO^2.C^6H^4.CH^2.CAz$ [Gnehm et Rübel, *J. prakt. Chem.*, (2), **64**, 505, 1901] cristallise dans le benzène en paillettes violettes, fusibles à 218°.

2.3-Dioxy-1.4-naphtylène-diamine.

AzH^2 / OH / OH / AzH^2

— Obtenue par réduction des diazoïques du 2.3-dioxynaphtalène; son *sulfate* cristallise en paillettes incolores [Friedländer et Silberstein, *Centr. Blatt*, **2**, 744, 1902].

Acides naphtylène-diamine-1.4-sulfoniques.

$$C^{10}H^5 \begin{cases} (AzH^2)^2 \\ SO^3H \end{cases}$$

Dérivé 1.4.2. — Obtenu par réduction du

colorant azoïque 4-phényl-azo-1-aminonaphtalène-2-sulfonique.

$$C^6H^5Az = Az - C^{10}H^5 \lessgtr \begin{matrix} AzH^2 \\ SO^3H \end{matrix}$$

[Œsterreich, *Centr. Blatt*, **1**, 287, 1899]. Comparez Levinstein [*ibid.*, **1**, 123, 1899 et **2**, 1143, 1900].

Dérivé 1.4.6. — Obtenu par saponification du *dérivé acétylé* [Dahl et C°, *Friedländer*, **3**, 498]. Comparez Cassella [*ibid.*, **3**, 499]. Matières colorantes azoïques préparées au moyen de cet acide, voyez *ibid.*, **4**, 732 et 733, et *Centr. Blatt*, **1**, 151, 1902.

Son *dérivé formylé*,

AzH²
SO³H
AzH.COH

a été obtenu par Gäss [*Centr. Blatt*, **1**, 109, 1903].

Son *dérivé acétylé*

AzH²
SO³H
AzHCOCH³

a été obtenu par Ammelburg [*J. prakt. Chem.*, (2), **48**, 286, 1893] en sulfonant l'acétylnaphtylène-diamine-1.4. Comparez Dahl et C° [*Friedl.*, **3**, 498]; Bayer et C° [*Centr. Blatt*, **2**, 458, 1900]; Cassella et C° [*ibid.*, **1**, 148, 1901].

Emploi pour la préparation de colorants azoïques, voy. Dahl et C° et Cassella et C° [*Friedl.*, **3**, 563 et **4**, 735].

Acide diaminonaphtalène - disulfonique - 1.4.3.6,

$$C^{10}H^4 \lessgtr \begin{matrix} (AzH^2)^2 \\ (SO^3H)^2 \end{matrix}$$

employé pour la préparation de colorants azoïques [Badische Anilin- und Soda-Fabrik, *Centr. Blatt*, **1**, 1395, 1901].

NAPHTYLÈNE-DIAMINE-1.5.

AzH²
AzH²

— (Déjà décrite, **2**, 512 et 1er Suppl., 1070].

Elle a été également préparée par Ewer et Pick [*D. chem. G.*, **21**, R., 922, 1888] en chauffant sous pression jusqu'à 300° le 1.5-dioxynaphtalène avec l'ammoniaque; par Friedländer et Kielbasinski [*D. chem. G.*, **29**, 1983, 1896], en chauffant l'acide 1.5.2-naphtylène-diamine-sulfonique avec les acides dilués; par Möller [*Electroch. Zeits.* **10**, 199 et 222], par réduction électrolytique du 1.5-dinitronaphtalène; on l'obtient encore en traitant le 1.5-aminonaphtol ou le 1.5-dioxynaphtalène par les sulfites et l'ammoniaque sous pression [Brevet allemand 117471, *Centr. Blatt*, **1**, 349, 1901]. Meyer et Muller [*D. chem. G.*, **30**, 774, 1897] l'obtiennent par réduction du 1.5-dinitronaphtalène avec le chlorure d'étain et l'acide chlorhydrique en solution alcoolique. Voy. encore Erdmann [*Ann. Chem.*, **247**. 360, 1888]. Elle cristallise dans l'éther en prismes fusibles à 189°,5.

Traitée par l'eau et le bisulfite à l'ébullition, cette diamine fournit le 1.5-aminonaphtol et le 1.5-dioxynaphtalène [Bucherer, *J. prakt. Chem.*, (2). **69**, 49-91, 1904]. L'eau de brome la transforme en un *dérivé dibromé* $C^{10}H^4Br^2(AzH^2)^2$ [Hollemann, *Zeit. für Chem.*, 556, 1865].

L'éther oxalique la transforme en éther diéthylique de l'*acide* 1.5-*naphtylène-dioxamique*, $C^{10}H^6(AzHCO.CO^2C^2H^5)^2$ [Meyer et Muller, *loc. cit.*].

ACIDES 1.5-NAPHTYLÈNE-DIAMINE-SULFONIQUES,

$$C^{10}H^5(AzH^2)^2SO^3H.$$

Dérivé 1.5.2. — Obtenu par réduction de l'acide 5.1.2-nitronaphtylamine-sulfonique [Friedländer, *D. chem. G.*, **29**, 1983, 1896 et Cassella, Brevet allemand 70890]. Aiguilles difficilement solubles dans l'eau.

Dérivé 1.5.3. — Obtenu par réduction de l'acide 1.5-dinitronaphtalène-7-sulfonique [Cassella, Brevet allemand 85058]; difficilement soluble.

ACIDES 1.5-NAPHTYLÈNE-DIAMINE-DISULFONIQUES,

$$C^{10}H^4(AzH^2)^2(SO^3H)^2.$$

Dérivé 1.5.3.7. — Obtenu par réduction de l'acide dinitronaphtalène-disulfonique correspondant (Cassella, Brevet allemand 61174); cristaux microscopiques. Un autre acide disulfonique a été obtenu en traitant le dinitronaphtalène-1.5 par le bisulfite de soude (Fischesser, Brevet allemand 79577).

NAPHTYLÈNE-DIAMINE-1.6,

AzH²
AzH²

— Elle a été obtenue par Friedländer et Szymanski [*D. chem. G.*, **25**, 2080, 1892] par réduction de la 6.2-nitronaphtylamine, ou en traitant son acide disulfonique par l'amalgame de sodium [Friedländer, *D. chem. G.*, **29**, 1981, 1896]. Kehrmann et Mattis [*ibid.*, **31**, 2419, 1898] la préparent en réduisant le 1.6-dinitronaphtalène par le chlorure stanneux et l'acide chlorhydrique en solution alcoolique.

Elle cristallise en aiguilles courtes fusibles à 77°,5, facilement solubles dans l'eau chaude, l'alcool et le benzène. Son *dérivé diacétylé* fond à 257° [Friedländer et Szymanski, *loc. cit.*]. On connaît l'*acide* 1.6.4-*naphtylène-diamine-sulfonique* $C^{10}H^5(AzH^2)^2SO^3H$, préparé par Friedländer [*loc. cit.*] et Dahl (Brevet allemand 77157); l'*acide* 1.6.4.8-*naphtylène-diamine-disulfonique* $C^{10}H^4(AzH^2)^2(SO^3H)^2$, obtenu par Friedländer [*D. chem. G.*, **29**, 1980 et 2574, 1896] et Kalle (Brevet allemand 72665) et enfin l'acide 1.6.3.8-naphtylène-diamine-disulfonique obtenu également par Friedländer [*loc. cit.*].

NAPHTYLÈNE-DIAMINE-1.7,

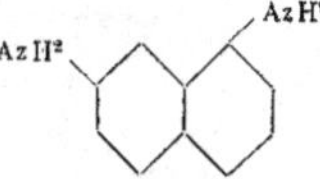

— Elle a été préparée par Friedländer et Szymanski [*loc. cit.*] par réduction de la 8.2-nitronaphtylamine, et par Friedländer et Zinberg [*D. chem. G.*, **29**, 41] en chauffant l'acide 1.7.2-

dioxynaphtoïque avec l'ammoniaque sous pression. Elle cristallise dans l'eau en paillettes fusibles à 117°,5, facilement solubles dans l'alcool et le benzène. Son *dérivé diacétylé* fond à 213°.

NAPHTYLÈNE-DIAMINE-1.8.

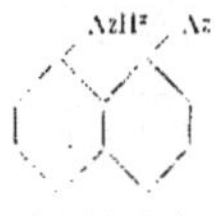

AzH² AzH²

— [Voyez, Dict., **2**, 512 et 1er Suppl., 1070]. On l'obtient : par réduction du 1.8-dinitronaphtalène par l'iodure de phosphore et l'eau [Aguiar, *D. chem. G.*, **7**, 309; et Meyer, Muller, *ibid.*, **30**, 375] ou par l'étain et HCl [Ladenburg, *ibid.*, **11**, 1651, 1878]; en reduisant l'acide 4.5.1-dinitronaphtoïque avec l'étain et l'acide chlorhydrique [Ekstrand, *ibid.*, **20**, 1353]; en chauffant sous pression le 1.8-dioxynaphtalène avec l'ammoniaque à 250-300° [Erdmann, *Ann. Chem.*, **247**, 363]; par réduction énergique du 1.4.5-bromodinitronaphtalène [Ullmann et Consonno, *D. chem. G.*, **35**, 2808]; par réduction électrolytique du 1.8-dinitronaphtalène [Möller, *Electroch. Zeits.*, **10**, 199 et 222]; par réduction de l'acide 1.8.3-dinitronaphtalène-sulfonique (Cassella, Brevet allemand 67017).

Elle cristallise dans l'alcool dilué, et fond à 66°,5; elle est sublimable, soluble en toutes proportions dans l'alcool et l'éther; le chlorure ferrique donne avec ses solutions un précipité brun foncé. Ses sels ont ete prepares par Aguiar [*loc. cit.*].

Réaction de son chlorhydrate avec la benzaldehyde [Ladenburg, *D. chem. G.*, **11**, 1651]. En remplaçant ses groupes aminés par le chlore, on obtient le 1.8-dichloronaphtalène.

Cette diamine ne se combine pas avec la phénanthrene-quinone [Hinsberg, *D. chem. G.*, **22**, 861, 1889]. Avec l'éther oxalique elle se transforme en *éther éthylique de la dioxynaphtoquinoxaline*

$$C^{10}H^6 \begin{cases} Az - C.OH \\ \quad\quad | \\ Az = CO.C^2H^5 \end{cases}$$

[Meyer et Muller, *D. chem. G.*, **30**, 775]. Avec le 1.3.4.6-dinitrodichlorobenzène, elle fournit deux dérivés, $C^{10}H^6.AzH^2.AzHC^6H^2(AzO^3)^2Cl$ et $C^{10}H^6[AzH.C^6H^2(AzO^2)^2Cl]^2$ [Nielzki et Wollenkruck, *ibid.*, **37**, 4145].

Elle reagit, ainsi que ses dérivés sulfonés et chlorés, avec l'acétone en fournissant des composés $C^{13}H^{14}Az^2$, $C^{13}H^{14}Az^2SO^3$ etc. [Badische Anilin und Soda-Fabrik, Brevet all. 122475, *Centr. Blatt*, **2**. 448, 1901], susceptibles de se combiner avec des diazoïques. L'acide phtalique en présence d'un agent de condensation transforme son dérivé disulfonique en un colorant jaune [Pollak, Brevet allemand 122854, *ibid.*, **2**, 448, 1901].

ACIDES-1.8.4-NAPHTYLÈNE-DIAMINE-SULFONIQUE, $C^{10}H^5(AzH^2)^2SO^3H$. — Obtenu par réduction du dérivé dinitré correspondant (Cassella, Brevet allemand 70019); peu soluble dans l'eau. Littérature, voyez Cassella, Brevets allemands 75962, 77425 et 130098 [*Centr. Blatt*, **1**. 797, 1903]; Badische Anilin und Soda-Fabrik, Brevets allemands 120690 [*Centr. Blatt*, **1**, 1395, 1901]; 120016 [*ibid.*, **1**. 1074, 1901] et 121128 [*ibid.*, **1**, 1395, 1901].

ACIDE 1.8.3.6-NAPHTYLÈNE-DIAMINE-DISULFONIQUE $C^{10}H^4(AzH^2)^2(SO^3H)^2$. — Il est préparé par Alén [Beilstein, Handbuch, **4**, 925 et Cassella, Brevet allemand 61174] en réduisant le dérivé dinitré correspondant (Littérature, Brevets allemands 62368, 63507, 64662, 67062, 69190, 70031, 75153, 77425 et 122854).

ACIDE 1.8-NAPHTYLÈNE-DIAMINE-DISULFONIQUE de constitution indéterminée, obtenu par sulfonation de l'acide 1.8.4-monosulfonique (Cassella, Brevet allemand 72584), assez soluble dans l'eau.

ACIDE 1.8.2.4.6 OU 1.8.2.4.7-NAPHTYLÈNE-DIAMINE-TRISULFONIQUE $C^{10}H^3(AzH^2)^2(SO^3H)^3$, obtenu en traitant le 1.8-dinitronaphtalène par le bisulfite de soude (Fischesser, Brevet allemand 79577).

NAPHTYLÈNE-DIAMINE-2.3

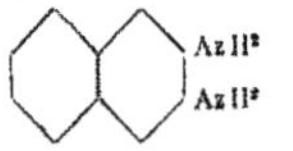

AzH²
AzH²

— Préparée par Friedländer et Zakrzewski [*D. chem. G.*, **27**, 764, 1894] en chauffant le 2.3-dioxynaphtalène avec l'ammoniaque concentrée à 240° pendant 12 heures. Feuillets grisâtres facilement solubles dans l'alcool et l'éther, fusibles à 191°. Son *dérivé diacétylé* fond à 247°. Elle se combine avec les diazoïques en fournissant des colorants rouges. L'acide nitreux la transforme en *naphtylène-azimide* $C^{10}H^7Az^3$ fusible à 187°.

L'acide oxalique et l'acide dioxytartrique la transforment respectivement en 2.3-*dioxynaphtyle-quinoxaline* $C^{10}H^6Az^2(COH)^2$ et *acide* 2.3-*naphtyle-quinoxaline-dicarbonique* $C^{10}H^6Az^2(COOH)^2$. L'acide acétique réagit en fournissant l'*éthényl*-2.3-*naphtylène-diamine*

$$C^{10}H^6 \begin{matrix} \diagup AzH \diagdown \\ \diagdown Az \diagup \end{matrix} C.CH^3$$

La β-naphtoquinone en solution acétique la transforme en α.β.β.β-*dinaphtazine*

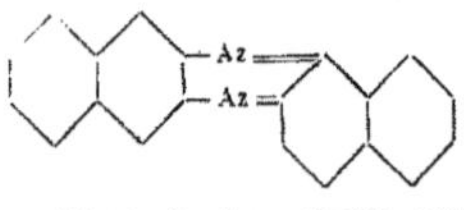

Az =
Az =

[Fischer et Albert, *D. chem. G.*, **29**, 2087, 1896].

Avec le benzile en proportions équimoléculaires, on obtient la *diphényl*-2.3-*naphtoquinoxaline*

$$C^{10}H^6 \begin{cases} Az = C.C^6H^5 \\ \quad\quad\ | \\ Az = C.C^6H^5 \end{cases}$$

[Thomas, Mamert et Weil, *Bull. Soc. Chim.*, (3), **23**, 454]. En traitant le 2.3-dioxynaphtalène par l'hydrate d'hydrazine en solution alcoolique, Franzen [*D. chem. G.*, **38**, 266] obtient la 2.3-naphtylène-dihydrazine $C^{10}H^6(AzH.AzH^2)^2$; aiguilles fusibles à 155-156° en se décomposant.

ACIDE 2.3.6-NAPHTYLÈNE-DIAMINE-SULFONIQUE $C^{10}H^5(AzH^2)^2SO^3H$. — Obtenu en traitant par l'ammoniaque sous pression l'acide 2.3.6-dioxynaphtalène-sulfonique [Œsterreich, *Centr. Blatt*, **1**, 288, 1899]; aiguilles peu solubles dans l'eau, se combinant avec les diazoïques (Brevet allemand 84461).

NAPHTYLÈNE-DIAMINE-2.6,

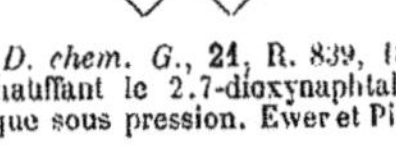

AzH² AzH²

— Lange [*D. chem. G.*, **21**, R. 839, 1888] l'obtient en chauffant le 2.7-dioxynaphtalène avec l'ammoniaque sous pression. Ewer et Pick [*ibid.*,

22. R., 42, 1889] l'obtiennent d'une façon analogue ainsi que Sacchia [*Ann. Chem.*, **223**, 132].

Friedländer et Lucht [*D. chem. G.*, **26**, 3033] l'obtiennent par réduction de l'acide 2.6.8-naphtylène-diamine-sulfonique avec l'amalgame de sodium. Elle cristallise dans l'eau en paillettes fusibles à 216-213°. En la chauffant à 130° avec l'aniline on obtient son *dérivé diphénylé* $C^{10}H^6(AzHC^6H^5)^2$ fusible à 210° [Leonhardt, Brevets allemands 54087, 56990 et 58576].

ACIDE 2.6.8-NAPHTYLÈNE-DIAMINE-SULFONIQUE $C^{10}H^5(AzH^2)^2SO^3H$. — Obtenu par Sacchia [*loc. cit.*] par réduction de l'acide 6.2.8-nitronaphtylamine-sulfonique, il cristallise en tables grisâtres (voyez également Brevet allemand 72222).

NAPHTYLÈNE-DIAMINE-2.7,

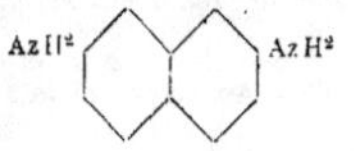

AzH² AzH²

— Bamberger et Schieffelin [*D. chem. G.*, **22**. 1384, 1889] la préparent comme la précédente avec l'ammoniaque et le 2.7-dioxynaphtalène; elle cristallise en paillettes brillantes, fusibles à 159-161°. Son *dérivé diphénylé* $C^{10}H^6(AzHC^6H^5)^2$ cristallise en paillettes fusibles à 163-164° suivant Annaheim [*D. chem. G.*, **20**. 1372, 1887] et à 168° suivant Clausius [*ibid.*, **23**. 538]; il fournit avec les dérivés nitrosés des amines tertiaires des matières colorantes aziniques [Durand et Huguenin, *ibid.*, **20**, R. 756, 1887].

Les *dérivés ditolylé* $C^{10}H^6(AzHC^7H^7)^2$, *dixylylés*, etc., sont assez semblables au dérivé diphénylé [Annaheim, *loc. cit.*, Durand et Huguenin. Brevet allemand 40886; et Akt. Gesel., Brevet allemand 75044].

ACIDE 2.7.3.6-NAPHTYLÈNE-DIAMINE-DISULFONIQUE $C^{10}H^4(AzH^2)(SO^3H)^2$. — Obtenu en traitant l'acide 2.7.3.6-dioxynaphtalène-disulfonique par l'ammoniaque (Brevet allemand 79780); employé dans la préparation de colorants azoïques (Brevets allemands 80070. 82724 et 84627).

TRIAMINONAPHTALÈNES [Syn : aminonaphtylènediamines $C^{10}H^5(AzH^2)^3$].

Dérivé 1.2.6 *ou* 1.2.7. — Löwe [*D. chem. G.*, **23**, 2544. 1890] obtient ce dérivé par réduction de la dinitro-β-naphtylamine de Græbe et Drews avec l'étain et l'acide chlorhydrique; après avoir éliminé l'étain par H^2S on évapore rapidement la solution chlorhydrique. la base se précipite sous forme de *chlorhydrate* cristallisant dans l'eau en aiguilles jaunes; le sel desséché $C^{10}H^5(AzH^2)^3(HCl)^3$ fournit avec l'acide sulfurique dilué le *sulfate* $[C^{10}H^5(AzH^2)^3]^2(H^2SO^4)^3$, peu soluble dans l'eau. Son *dérivé acétylé* $C^{10}H^5(AzHCOCH^3)^3$ cristallise en aiguilles fusibles à 280° en se décomposant; le *dérivé benzoylé* $C^{10}H^5(AzHCO.C^6H^5)^3$ fond à 277°. Ce triaminonaphtalène condensé avec la phénanthrènequinone fournit la β-aminonaphtophénanthrazine $C^{24}H^{15}Az^3$.

Dérivé de constitution inconnue. — Lautemann et Aguiar [*Bull. Soc. Chim.*, **3**, 263. 1865], en faisant réagir l'iodure de phosphore sur le β-trinitronaphtalène, ont obtenu un triaminonaphtalène $C^{10}H^5(AzH^2)^3$. corps très oxydable qui réduit le nitrate d'argent.

DÉRIVÉS SUBSTITUÉS. *Triphényltriaminonaphtalène*-1.2.4 $C^{10}H^5(AzH.C^6H^5)^3$. — Fischer et Hepp [*Ann. Chem.*, **256**, 251, 1889] l'obtiennent comme produit accessoire dans la préparation de la rosinduline, en chauffant la nitroso-éthyl-α-naphtylamine avec l'aniline; c'est un corps cristallisant dans l'alcool en fines aiguilles fusibles à 148°. En remplaçant dans cette opération l'aniline par la paratoluidine, ces auteurs obtiennent le *tritolyltriaminonaphtalène* correspondant $C^{10}H^5(AzH.C^6H^4.CH^3)^3$, base fusible à 159-160°. — Ces corps dérivent du 1.2.4-triaminonaphtalène. Enfin Hübner [*ibid.*, **208**, 331, 1881] obtient, par réduction du 2.4-dinitro-α-benzoylnaphtalène, un *dérivé benzoylé* du 1.2.4-triaminonaphtalène $C^{10}H^5(AzH^2)^2AzH.COC^6H^5$, précipité blanc bleuissant rapidement à l'air.

TÉTRAMINONAPHTALÈNES $C^{10}H^4(AzH^2)^4$. — Lautermann et Aguiar [*loc. cit.*] obtiennent, en réduisant le β-tétranitronaphtalène par le phosphore et l'iode. un tétraminonaphtalène, corps très oxydable dont l'*iodhydrate* $C^{10}H^4(AzH^2)^4(HI)^4$ cristallise dans l'eau alcoolisée en paillettes jaunâtres. Enfin Fischer et Hepp [*loc. cit.*] obtiennent, à côté du 1.2.4-triphényltriaminonaphtalène, un *tétraphényltétraminonaphtalène* 1.2.3.4, $C^{10}H^4(AzHC^6H^5)^4$, corps fusible à 191°, très peu soluble dans l'alcool.

Juin 1906. G. Darier.

NAPHTYLÈNE-PHÉNYLÈNE-CÉTONES [Syn : α-phénonaphtoxanthone]

$$C^{10}H^6 \left\langle \begin{matrix} O \\ CO \end{matrix} \right\rangle C^6H^4$$

— DÉRIVÉ α. Græbe et Feer [*D. chem. G.*, **19**, 2612, 1886] ont obtenu ce dérivé par ébullition prolongée du salicylate d'α-naphtyle; Kostanecki [*ibid.*, **25**, 1643] l'obtient également en chauffant un mélange d'α-naphtol (ou d'acide α-naphtolcarbonique) et d'acide salicylique avec l'anhydride acétique; dans cette réaction il se forme en même temps de la xanthone et de la dinaphtoxanthone, on les sépare par cristallisation dans l'alcool. Cette phénonaphtoxanthone, fusible à 155°, possède la constitution suivante :

O — CO —

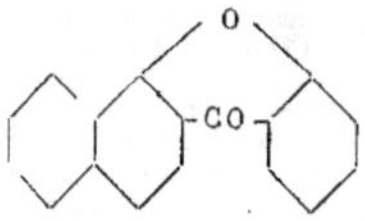

DÉRIVÉ β [Syn : β-phénonaphtoxanthone]. — On l'obtient comme le dérivé α en remplaçant l'α-naphtol par le β-naphtol ou l'acide β-naphtolcarbonique. Il fond à 140° et possède la constitution suivante :

CO — O —

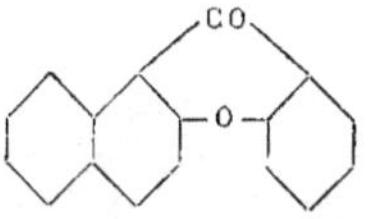

Enfin en remplaçant les naphtols par le 1.5 ou le 2.7-dioxynaphtalènes, Kostanecki [*loc. cit.*] obtient une α-oxyphénonaphtoxanthone

$$C^{10}H^5.OH \left\langle \begin{matrix} O \\ CO \end{matrix} \right\rangle C^6H^4$$

fusible à 270° et une β-oxyphénonaphtoxanthone fusible à 290°. Juin 1906. G. Darier.

NAPHTYLGLYCINES. — Voyez l'article NAPHTYLAMINE, p. 503.

NAPHTYLGLYCOCOLLE $C^{10}H^7AzH.CH^2.CO^2H$. [Syn : α et β-naphtylglycines], voyez α et β-naphtylamines, p. 503 et 514.

NAPHTYLGLYCOLIQUES (ACIDES), $C^{10}H^7.CHOH.CO^2H$.

DÉRIVÉ α. — Cet acide a été préparé d'abord par Bössneck [*D. chem. G.*, **16**, 641], par réduction de l'acide α-naphtylglyoxylique avec l'amalgame de sodium ; Schweizer [*Bull. Soc. Chim.*, 1018, 1891] l'obtient en saponifiant l'α-dibromonaphtylméthylcétone $C^{10}H^{7}.CO.CHBr^{2}$ par la potasse diluée ; enfin Brandis [*D. chem. G.*, **22**, 2152, 1889] le prépare en saponifiant le nitrile $C^{10}H^{7}.CHOH.CAz$, obtenu en faisant réagir l'α-naphtaldéhyde avec KCAz. Cet acide cristallise dans la ligroïne en aiguilles fusibles à 91-93°. Son *éther éthylique* se présente sous forme d'huile.

DÉRIVÉ β. — A été préparé par Schweizer [*loc. cit.*], en saponifiant la β-dibromométhylnaphtylcétone par la potasse diluée ; l'acide fond à 158°, il est facilement soluble dans l'alcool, peu dans l'eau, l'éther et la ligroïne ; son *éther méthylique* fond à 87°, l'*éther éthylique* à 75° ; le *dérivé acétylé* fond à 150° et l'*amide*, $C^{10}H^{7}CH.OH.COAzH^{2}$, à 227-228°. Juin 1906. G. Darier.

NAPHTYLGLYOXYLIQUES (ACIDES) $C^{10}H^{7}CO.CO^{2}H$ — DÉRIVÉ α. Bössneck [*D. chem. G.*, **15**, 3066 et **16**, 640, 1883] l'obtient en traitant l'*amide* $C^{10}H^{7}CO.COAzH^{2}$ par l'acide chlorhydrique dilué ; Claus et Feist [*ibid.*, **19**, 3180, 1886] le préparent en oxydant l'α-naphtylméthylcétone par le permanganate de potassium à froid ; enfin Rousset [*Bull. Soc. Chim.*, **17**, 300, 1897] l'obtient à côté de son isomère β en traitant le naphtalène par le chlorure d'éthyloxalyle $COCl.CO^{2}.C^{2}H^{5}$ et le chlorure d'aluminium en solution sulfocarbonique, et en saponifiant les éthers ainsi préparés par l'acide sulfurique à 25 0/0.

L'acide α-naphtylglyoxylique, cristallisé dans le benzène, se présente sous forme de cristaux rouge brun, s'effleurissant à l'air en devenant opaques, et fusibles en se décomposant à 108°. Sels, voyez Claus et Feist.

Éther éthylique, huile, $d_{0} = 1,19$, formant avec l'acide picrique un *picrate* fusible à 77° (Rousset). *Amide* $C^{10}H^{7}CO.CO.AzH^{2}$, longues aiguilles fusibles à 151° (Bössneck). L'acide α-naphtylglyoxylique fournit avec l'hydroxylamine une *oxime* fusible à 193-195° (Rousset).

DÉRIVÉ β. — Rousset [*loc. cit.*] l'obtient à côté du dérivé α, sous la forme d'*éther éthylique* $C^{10}H^{7}CO.CO^{2}.C^{2}H^{5}$; il sépare les deux éthers obtenus (voyez ci-dessus) en les transformant en picrates et faisant cristalliser dans l'alcool ; le dérivé α se dépose le premier, les eaux-mères contiennent l'éther de l'acide β qui, saponifié avec la soude, fournit l'acide β-naphtylglyoxylique. Cet acide se présente sous forme huileuse ; il est impossible de le faire cristalliser.

Juin 1906. G. Darier.

NAPHTYRIDINE (octohydronaphtyridine) $C^{8}H^{14}Az$, — Reissert [*D. chem. G.*, **26**, 2144, 1893 et **27**, 892, 1894 et *Bull. Soc. Chim.*, **12**, 1043, 1894] obtient cette base à côté d'une pipéridone substituée en distillant l'acide di-γ-amidopropylacétique (1.7-diaminoheptane-4-méthyloïque) à la pression ordinaire ; il y a d'abord un fort départ d'eau, puis le thermomètre monte rapidement à 248° et l'octohydronaphtyridine distille ; elle se présente sous forme huileuse, se concrétant partiellement en aiguilles blanches fusibles à 67°. Cette base à laquelle Reissert attribue la constitution

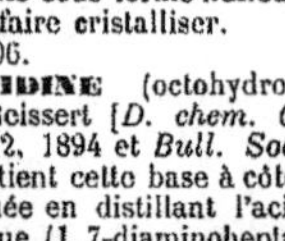

H² H² H H² H² H² H² AzH Az

est très soluble dans l'eau, l'alcool, le chloroforme et le benzène, elle l'est plus difficilement dans l'éther et la ligroïne ; elle attire rapidement l'acide carbonique de l'air, possède une réaction fortement alcaline, et une odeur d'alcaloïde. Son *chlorhydrate* est un sirop incristallisable. Son *chloroplatinate* $(C^{8}H^{14}Az^{2}.HCl)^{2}PtCl^{4}$ cristallise en aiguilles fusibles en brunissant à 227°. Traitée par l'iodure de méthyle, la base fournit une *monométhyl-octohydronaphtyridine* $C^{8}H^{13}Az.Az.CH^{3}$ se présentant sous forme d'huile dont le *picrate* cristallise dans l'alcool en aiguilles jaunes fusibles à 209°. Juin 1906. G. Darier.

NARCÉINE, $C^{23}H^{27}AzO^{8} + 3H^{2}O$ (Voyez Suppl., 1071). — Purification de la narcéine [voir E. Merck, *Chem. Zeit.*, **13**, 325, 1889].

Freund et Frankforter ont établi les résultats qui vont suivre sur la constitution de la narcéine et l'étude de ses réactions et dérivés [*Lieb. Ann. Chem.*, **277**, 20, 1893].

La narcéine répond non pas à la formule $C^{23}H^{29}AzO^{9} + 2H^{2}O$ (Anderson) mais à la suivante

$$C^{23}H^{27}AzO^{8} + 3H^{2}O.$$

L'iodométhylate de narcotine, sous l'influence de la potasse, se transforme en narcéine.

$$C^{19}H^{14}AzO^{4}(OCH^{3})^{3} \qquad C^{20}H^{18}AzO^{5}(OCH^{3})^{3}$$

Narcotine. Narcéine.

L'analyse montre donc que la narcéine contient, en plus que la narcotine, $CH^{4} + O$, et la réaction de l'iodométhylate de narcotine confirme ce résultat par la synthèse de Roser [*Ann. Chem.*, **247**, 167, 1887] (Voir *narcotine*) :

$$C^{22}H^{23}AzO^{7}, CH^{3}I + NaOH$$

Iodométhylate de narcotine.

$$= C^{23}H^{27}AzO^{8} + NaCl.$$

Narcéine.

De plus les réactions de l'hydroxylamine et de la phénylhydrazine sur la narcéine montrent la présence du chainon $-CO-$; en outre l'existence de $-CO^{2}H$ est décelée par le fait que la narcéine se combine aux bases et donne de véritables éthers avec les alcools.

Si on ajoute que la narcéine, comme la narcotine, contient $3(CH^{3}.O)$, et que dans la narcéine deux CH^{3} sont liés à l'atome d'azote, on arrive aux deux formules comparatives suivantes :

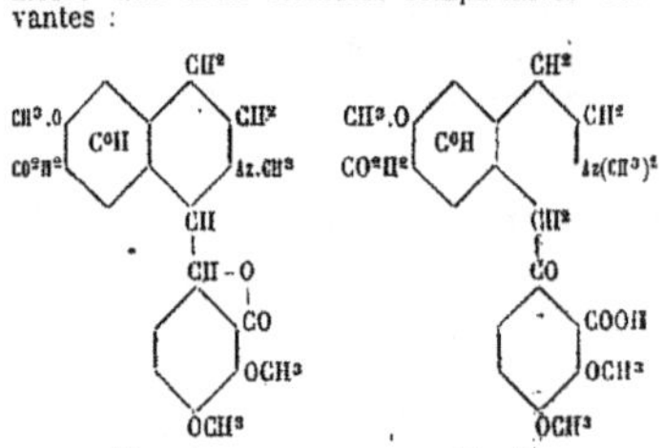

CH² CH³.O C⁶H CH² CO²H² Az.CH³ CH CH-O CO OCH³ OCH³

Narcotine.

CH² CH³.O C⁶H CH² CO²H² Az(CH³)² CH² CO COOH OCH³ OCH³

Narcéine.

Chlorhydrate de narcéine,

$$C^{23}H^{27}AzO^{8}, HCl + 5,5H^{2}O.$$

— Dans l'acide chlorhydrique chaud le sel cristallise avec 3 molécules d'eau. Les cristaux anhydres fondent à 188-192°.

Le sel cristallise avec 1 molécule d'alcool dans les alcools méthylique et éthylique.

Le *nitrate de narcéine* cristallise en aiguilles qui se décomposent vers 100°.

Le sulfate

$$C^{23}H^{27}AzO^{8}.H^{2}SO^{4} + 11H^{2}O$$

perd toute son eau à l'air.

L'oxydation de la narcéine donne l'acide narcéonique (voyez ce mot) et l'*acide narcéinique* $C^{15}H^{15}AzO^{8}$ [Claus et Meixner, *J. prakt. Chem.*, **37**, 1, 1888].

Narcéine potassique. — Elle se forme par combinaison directe avec le potassium. En dissolvant dans l'alcool et précipitant par l'éther on obtient des cristaux répondant à la formule $C^{23}H^{26}KAzO^{8} + C^{2}H^{6}O$ et fusibles à 90°.

La *combinaison sodique* analogue fond à 159-160°.

Par double décomposition de ces combinaisons alcalines on obtient les *sels d'argent, de baryum* (fusible à 182°), *de plomb* (fusible à 157°).

Alcoyl-narcéines. — Ces dérivés se forment par l'action de l'alcool sur la combinaison sodique; le produit formé se combine aux éthers iodhydriques, en sorte que l'on obtient :

$C^{23}H^{26}C^{2}H^{5}.AzO^{8}, CH^{3}I$ fusible à 203°.
$C^{23}H^{26}CH^{3}.AzO^{8}, CH^{3}I$ fusible à 193-194°.
$C^{23}H^{26}C^{2}H^{5}.AzO^{8}, C^{2}H^{5}I$ fusible à 131-132°.
$C^{23}H^{26}CH^{3}.AzO^{8}, C^{2}H^{5}I$ fusible à 203°.
$C^{23}H^{26}C^{2}H^{5}.AzO^{8}.C^{3}H^{7}I$ fusible à 154-155°.

Ethers-sels de la narcéine [Freund, *D. chem. G.*, **27**, R., 96, 1894]. Au contraire en traitant la narcéine sodique sèche par les iodures alcooliques on obtient les véritables esters que l'on peut faire cristalliser sous forme de combinaisons avec les acides halogénés :

$C^{22}H^{26}AzO^{6}.CO^{2}CH^{3}, HCl$ fusible à 149°.
$C^{22}H^{26}AzO^{6}.CO^{2}CH^{3}, HBr$ fusible à 146°.
$C^{22}H^{28}AzO^{6}.CO^{2}CH^{3}, HI$ fusible à 139°.
$C^{22}H^{26}AzO^{6}.CO^{2}C^{2}H^{5}.HCl$ fusible à 200-205°, son chloroplatinate fond à 194°.
$C^{22}H^{26}AzO^{6}.CO^{2}C^{2}H^{5}.HBr$ fusible à 215-216°.
$C^{22}H^{26}AzO^{6}.CO^{2}C^{2}H^{5}, HI$ fusible à 212°.

Narcéine-anhydroxime. $C^{23}H^{26}Az^{2}O^{7}$ fusible à 171-172°; son *chlorhydrate* fond à 206-208°. *L'oxime* $C^{23}H^{28}Az^{2}O^{8} + H^{2}O$ se convertit en anhydride par dessiccation.

Chlorhydrate de narcéine-phénylhydrazone-anhydride, $C^{29}H^{31}Az^{3}O^{6}.HCl$ fusible à 180-182°. En solution alcoolique il se convertit en isomère moins soluble fusible à 220°, qui dans l'eau revient au chlorhydrate primitif.

Narcéine-amide, $C^{23}H^{28}Az^{2}O^{7} + H^{2}O$ [Freund et Michaels, *Lieb. Ann. Chem.*, **286**, 248, 1895]. — Par l'action de l'iodométhylate de narcotine sur l'ammoniaque alcoolique. Les cristaux se ramollissent vers 125°, puis, après dessiccation, fondent à 178°. Le *chlorhydrate* fond à 236-237°; on l'obtient par l'action du sel ammoniac.

L'acide chlorhydrique étendu transforme l'amide en *imide* $C^{23}H^{26}Az^{2}O^{6}$.

L'iodométhylate de narcéine-imide, $C^{23}H^{26}Az^{2}O^{6}.CH^{3}I$, fusible à 245-246°, donne par la potasse bouillante l'*imide narcéonique* $C^{21}H^{19}AzO^{6}$ fusible à 177°,5-178°,5. Cette réaction est analogue à d'autres qui produisent l'acide narcéonique (voyez ce mot). M. Delacre.

NARCÉINIQUE (ACIDE). — Voyez NARCÉINE.

NARCÉONIQUE (ACIDE). $C^{21}H^{20}O^{8}$. — Freund et Frankforter, *Lieb. Ann. Chem.*, **277**, 20, 1893; Freund et Michaels, *ibid.*, **286**, 248, 1895].

Il prend naissance d'après l'équation suivante :

$$C^{23}H^{27}AzO^{8}.CH^{3}I + 2KOH$$
Iodométhylate de narcéine.
$$= KI + 2H^{2}O + Az(CH^{3})^{3} + C^{21}H^{19}KO^{8}.$$
Narcéonate de potasse.

L'acide narcéonique provient donc de la narcéine par remplacement du groupement

$$CH^{2}.CH^{2}.Az(CH^{3})^{2}$$

de cette dernière par $-CH{=}CH^{2}$. Sa constitution peut donc aisément se déduire de celle de la narcéine (voyez ce mot).

L'acide narcéonique est insoluble dans l'eau; il fond à 208°. Le *sel d'argent* se précipite à l'état cristallin.

Les réactions de l'hydroxylamine et de la phénylhydrazine sur l'acide narcéonique sont parallèles à celles de la narcéine.

Hydrazone anhydre, $C^{27}H^{24}Az^{2}O^{6}$, fusible à 181-182°.

Anhydride d'oxime, $C^{21}H^{19}AzO^{7}$, fond à 201-202°.

Acide bromonarcéonique, $C^{21}H^{19}BrO^{8}$, fusible à 171-172°.

Acide tribromonarcéonique, $C^{21}H^{19}Br^{3}O^{8}$, fusible à 231-232°.

Imide de l'acide narcéonique (voyez NARCÉINE). M. Delacre.

NARCOTINE (OPIANINE), $C^{22}H^{23}AzO^{7}$. (Voy. Suppl. 1071). — *Constitution de la narcotine.* — Elle est basée sur les réactions de Becket et Wright déjà citées :

$$C^{22}H^{23}AzO^{7} + H^{2}O = C^{10}H^{10}O^{5} + C^{12}H^{15}AzO^{3}$$
Ac. opianique. Hydrocotarnine.

$$C^{22}H^{23}AzO^{7} + H^{2} = C^{10}H^{10}O^{4} + C^{12}H^{15}AzO^{3}$$
Méconine.

$$C^{22}H^{23}AzO^{7} + O + H^{2}O = C^{10}H^{10}O^{5} + C^{12}H^{15}AzO^{4}$$
Cotarnine.

La synthèse de Liebermann confirme ce résultat analytique.

D'autre part l'action de HCl ou HI sur la narcotine donne successivement :

$C^{19}H^{14}AzO^{4}(OCH^{3})^{3}$ narcotine ;
$C^{18}H^{14}AzO^{4}(OH)(OCH^{3})^{2}$ diméthylnornarcotine ;
$C^{19}H^{14}AzO^{4}(OH)^{2}(OCH^{3})$ méthylnornarcotine ;
$C^{19}H^{14}AzO^{4}(OH)^{3}$ nornarcotine.

La narcotine était insoluble dans les alcalis à froid, tous ces composés de déméthylation sont solubles.

Quant à sa structure, elle est basée sur les formules de la cotarnine

$$\begin{matrix} CH^{3}O \\ CH^{2}O^{2} \end{matrix} > C^{6}H < \begin{matrix} CH^{2}.CH^{2}.AzHCH^{3}, \\ COH \end{matrix}$$

de l'hydrocotarnine

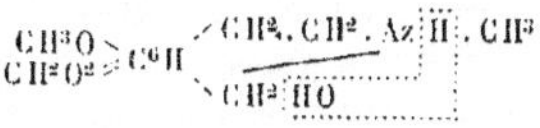

$$\begin{matrix} CH^{3}O \\ CH^{2}O^{2} \end{matrix} > C^{6}H < \begin{matrix} CH^{2}.CH^{2}.Az\,H\,.CH^{3} \\ CH^{2}\,HO \end{matrix}$$

de l'acide opianique

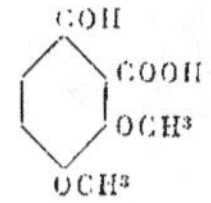

COH — COOH — OCH³ — OCH³ (noyau benzénique)

et de la méconine

CH² — O — CO — OCH³ — OCH (noyau benzénique)

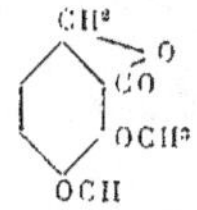

et puisque ses propriétés démontrent qu'elle ne

contient ni $-CO^2H$ ni $-CO-$, on la considère comme ayant la formule

CH^2
CH^3O (C^6H) CH^2
CO^2H^2 $Az.CH^3$
CH
$CH-O$
CO
OCH^3
OCH^3

[Roser, *Ann. Chem.*, **254**, 320 et 359, 1889].

Essai de synthèse. — La combinaison entre l'acide opianique et la cotarnine ou l'isocotarnine ne se fait pas, comme c'est le cas d'ailleurs avec beaucoup d'autres bases [Liebermann, *D. chem. G.*, **29**, 174, 1896], et se ferait-elle qu'elle s'opérerait par le côté azote. Elle ne donnerait donc pas la narcotine puisqu'il peut être considéré comme prouvé que la liaison des deux résidus dans celle-ci s'opère par le carbone.

Liebermann a réalisé cette combinaison entre l'acide opianique et l'hydrocotarnine en présence d'acide sulfurique :

$$C^6H^2(OCH^3)^2 \begin{cases} CO \\ \quad > O \\ CH-OH \end{cases} + C^{12}H^{15}AzO^3$$

$$= H^2O + C^6H^2(OCH^3)^2 \begin{cases} CO \\ \quad > O \\ CH-C^{12}H^{14}AzO^3 \end{cases}$$

L'isonarcotine ainsi obtenue $C^{22}H^{23}AzO^7$ fusible à 194°, se colore en rouge par SO^4H^2 concentré ; elle est soluble dans C^6H^6, insoluble dans l'eau.

Elle donne par exemple un *sel barytique*,

$$C^6H^2(OCH^3)^2 \begin{cases} COOba \\ CH(OH).C^{12}H^{14}AzO^3. \end{cases}$$

se dissout dans les acides sous forme de sels, par exemple $C^{22}H^{23}AzO^7.HCl$ lequel se combine avec le chlorure de platine :

$$(C^{22}H^{23}AzO^7.HCl)^2PtCl^4.$$

Relation entre la narcotine et la narcéine. — Roser a transformé le méthylhydroxyde de narcotine $C^{22}H^{23}AzO^7.CH^3OH$ en un produit qu'il a considéré comme la pseudonarcéine

$$C^{23}H^{27}AzO^8 + 3H^2O$$

mais qui est en réalité la narcéine [Freund, *Lieb. Ann. Chem.*, **277**, 20, 1893] (voyez ce mot).

D'après Roser [*Lieb. Ann. Chem.*, **245**, 311, 1887] l'action des solutions alcooliques d'iode [*Am. Chem. Journ.*, **22**, 61, 1899 ; — *D. chem. G.*, **32**, 2974, 1899] sur la narcotine se fait, dans certaines conditions, d'après l'équation suivante :

$$C^{22}H^{23}AzO^7 + 6I + H^2O$$
$$= \underset{\text{Acide opianique.}}{C^{10}H^{10}O^5} + 3HI + \underset{\text{Méthyliodure de tarconine.}}{C^{12}H^{12}AzO^3I.I^2}$$

on obtient aussi le méthyliodure de tarconine iodée $C^{12}H^{11}AzO^3I^2$.

Combinaison de la narcotine avec le bibromure de xylol $C^6H^4(CH^2Br)^2$, fusible à 160-162° [Scholtz, *Arch. Pharm.*, **237**, 200, 1899].

Combinaison de la narcotine avec l'éther méthylique monochloré

$$C^{22}H^{23}O^7Az.ClCH^2-O-CH^3$$

fusible à 210° [Litterscheid et Thimme, *Lieb. Ann. Chem.*, **334**, 49, 1904].

Pour certains détails, notamment de dosage ou de coloration, voy. [*Centralbl.*, 1900, **2**, 288 ; 1903, **1**, 58, 590, 938 ; 1903, **2**, 447, 772].

Pour les données thermochimiques voy. Leroy, [*Ann. Chim. Phys.*, (7), **21**, 87, 1900].

Janvier 1906. M. Delacre.

NARINGÉNINE, $C^{15}H^{12}O^5$. — L'aurantiine ($C^{21}H^{26}O^{11} + 4H^2O$), bouillie avec l'acide sulfurique dilué, se scinde en glucose, isodulcite et naringénine (Ed. Hoffmann, Will).

Feuillets fusibles à 248°, insolubles dans l'eau, solubles dans l'alcool, l'éther et le benzène. Bouillie avec une solution concentrée de soude, la naringénine se scinde en phloroglucine et acide paracoumarique $C^9H^8O^3$ [Will, *D. chem. G.*, **18**, 1322 ; **20**, 297].

M. Delacre.

NARSASUKITE (Min.) (Flink). — Silicotitanate de sodium avec fer et fluor,

$$Si^{12}Ti^3O^{32}Na^6FeF,$$

en cristaux jaune de miel à brun rouge.

Forme cristalline. — Prisme quadratique : $a:c = 1:0,5235$.

Faces : p, en général dominante, $h^1, m, h^3, b^1/_2$.

L. Bourgeois.

NATALOÏNE. — Le traitement des aloès de diverses provenances, en vue de l'extraction d'un principe actif cristallisé, avait conduit à l'obtention de composés connus sous les noms de : *barbaloïne*, *socaloïne*, *zanaloïne*, *capaloïne*, *curaçaloïne*, *jafaloïne*, *nataloïne*, suivant l'origine de l'aloès. Il paraît fort probable que les premiers de ces produits sont identiques entre eux. Nous décrirons seulement la barbaloïne et la nataloïne, pour lesquelles d'ailleurs les formules moléculaires elles-mêmes sont encore discutées.

Barbaloïne, $C^{21}H^{20}O^9$. — On la prépare de la façon suivante : 2 kilogrammes d'aloès des Barbades sont mis en contact avec 4 litres d'acétone et quelques gouttes d'acide acétique cristallisable. Après quelques jours on essore le produit insoluble et on le sèche à l'air. Il est constitué par de l'aloïne impure que l'on purifie par cristallisation dans l'alcool méthylique. Le liquide acétonique renferme les résines et une autre partie de l'aloïne. On l'étend de son volume d'éther, une partie des résines précipite. On distille d'abord l'éther, puis une partie de l'acétone. La solution sirupeuse brune est, après refroidissement, amorcée avec quelques cristaux. Après 3 ou 4 jours le tout s'est pris en une masse d'aiguilles aplaties qui sont essorées. Les cristaux provenant de ces deux sources sont réunis et purifiés par cristallisation dans l'alcool méthylique.

La barbaloïne cristallise en belles aiguilles fondant 164°,6. Elle se dépose de sa solution dans l'alcool méthylique avec $1\,1/2\,H^2O$, et de sa solution aqueuse avec $4H^2O$. Quand on fait cristalliser la barbaloïne dans l'alcool méthylique il se dépose d'abord de longues aiguilles transparentes ; la liqueur mère abandonne, après concentration, des lamelles jaunes opaques qui constituent un isomère, l'*isobarbaloïne*, $C^{21}H^{20}O^9 + 3H^2O$.

La barbaloïne est dextrogyre, $[\alpha]_D = +21°,4$ pour $p = 1,016$, $t = 18°$. L'isobarbaloïne a donné, dans l'éther acétique, $[\alpha]_D = -19°,4$ ($p = 0,9073$, $t = 19$) ; dans l'eau, ce pouvoir rotatoire est annulé, il passe même très légèrement à droite. L'isobarbaloïne est plus facilement oxydée que la barbaloïne. Traités par le chlorure de benzoyle ces deux alcaloïdes fournissent des dérivés dibenzoylés, $C^{21}H^{18}(C^7H^5O^2)^2O^9$ et tétrabenzoylés, $C^{21}H^{16}(C^7H^5O)^4O^9$, poudres amorphes très solubles dans l'alcool et dans l'éther.

L'étude de leurs produits de dédoublement a conduit Léger à les considérer comme des isomères de la franguline, mais tandis que cette dernière, véritable glucoside, est dédoublable par les acides dilués, les aloïnes ne le sont pas : elles se comportent comme de véritables éthers-oxydes. La formule probable de la barbaloïne est la suivante :

```
          CH        CO        C-OH
  .CH  //8 \      /    \      /1 \\  CH
       7     C             C       2
OH-C 6       ||            ||     3  C-CH³     CH³
      \\ 5 /  C            C    4 //          /
          CH        CO         C — O — CH-CHOH-CHOH-CHOH-CHO
```

Dans le cas de la barbaloïne, la chaîne sucrée serait fixée sur l'un des deux C, 1 ou 4 ; tandis que dans le cas de l'isobarbaloïne cette fixation se ferait en 6.

NATALOÏNE, $C^{23}H^{26}O^{10}$. — La *nataloïne* se retire de l'aloès du Natal, en même temps qu'une autre aloïne qui en diffère par CH^2 en moins, l'*homonataloïne*, $C^{22}H^{24}O^{10}$.

La nataloïne est moins soluble dans l'alcool méthylique que la barbaloïne. Elle est presque insoluble dans l'eau et dans l'éther. Son pouvoir rotatoire est plus élevé que celui de la barbaloïne ; dans l'éther acétique, $[\alpha]_D = -107°$ ($p = 0,5580$, $t = 20°$). Celui de l'homonataloïne est un peu supérieur, $[\alpha]_D = -112,6$ ($p = 0,5053$, $t = 21°$). Elles donnent, avec le chlorure de benzoyle, des *dérivés tétra* et *hexabenzoylés*.

Ces aloïnes peuvent aussi être regardées comme des glucosides non dédoublables par les acides dilués [E. Léger, *Bull. Soc. Chim.*, **21**, 668 ; **23**, 785, 787, 789, 792 ; **27**, 756, 1228, 1902. — Tschirsch et Oesterle, *Arch. Pharm.*, **237**, 81, 1899 ; **239**, 241. — Grœnwold, *Arch. Pharm.*, **115**, 1890. — Deninger, *D. chem. G.*, **28**, 1322 ; — Jowett et Potter, *Chem. Soc.*, **83**, 1327, 1903 ; — Tschirsch et Hoffbauer, *Arch. de Pharm.*, **243**, 399, 1905]. Janv. 1907. P. Carré.

NASONITE (Min.) (Penfield et Warren). — Minéral voisin de la ganomalite, soit à peu près $(Si^2O^7)^3Pb^6Ca^4Cl^2$, masses blanches, éclat gras, optiquement uniaxe, sans doute quadratique, forme la gangue de la glaucochroïte, SiO^4CaMn, aux mines de Franklin, New-Jersey, Etats-Unis. Soluble dans l'acide chlorhydrique. Au chalumeau, décrépite et fond très aisément. Dureté = 4. Densité = 5,425. L. Bourgeois.

NATROCALCITE (Min.) [Syn. *Pseudogaylussite, Thinolite* (E.-S. Dana)]. — Pseudomorphoses de calcite d'après la gaylussite, la célestine, etc., observées dans des terrains sédimentaires. L. Bourgeois.

NATROJAROSITE (Min.) (Hillebrand et Penfield). — Sulfate basique sodico-ferrique,

$$SO^4Na^2 . (SO^4)^3Fe^2 . 2Fe^2(OH)^6.$$

Variété de jarosite en poudre brillante formée de très petits cristaux rhomboédriques, aplatis suivant la base (au plus $0^{mm},15$ de diamètre). Provient de la partie est de Soda Springs Valley, sur la route de Sodaville à Vulcan Copper Mine, États-Unis. Rhomboèdre : $a : c = 1 : 1,104$. Faces : a^1 dominante, p, e^3. L. Bourgeois.

NATRONITRE (Min.). — Voyez NITRATINE.

NATROPHILITE (Min.) (G.-J. Brush, E.-S. Dana). — Phosphate sodico-manganeux anhydre, PO^4MnNa ; masses jaune vin de Madère, éclat résineux, subadamantin, clivables en parallélipipèdes rectangles, avec divers phosphates, etc., à Branchville, Connecticut. Densité = 3,4 - 3,42.

Forme cristalline. — Prisme orthorhombique, isomorphe avec la triphylline. Faces : $mpg^1e^1/_2$. Clivages : pg^1m parfaits, $e^1/_2$. L. Bourgeois.

NÉMALITE (Min.) (F.-R. Mallet). — Magnésie hydratée un peu ferrugineuse (62 0/0 de Mg, 0,7 0/0 de FeO), en fibres très fines, très flexibles et élastiques, atteignant 20 centimètres de longueur, couleur vert de mer, éclat soyeux, avec chrysotile, hydromagnésite, magnétite, dans les veines d'une serpentine de l'Afghanistan. Densité = 2,454. L. Bourgeois.

NÉOBORNYLAMINE. — Voyez TERPÉNIQUE (SÉRIE).

NÉOCHRYSOLITE (Min.) (Scacchi). — Variété de péridot. L. Bourgeois.

NÉODYME. — Voyez TERRES RARES.

NÉON. — Le néon a été isolé, par distillation fractionnée, de l'argon auquel il reste mélangé lorsqu'on a enlevé, de l'air atmosphérique, l'oxygène et l'azote. Il constitue la portion la plus volatile du mélange d'argon, krypton, néon et xénon [Ramsay, *Chem. News*, 78, 154, 1898 ; *C. R.*, **126**, 1762, 1898 ; voir aussi Crooke, *Chem. News*, 78, 198, 1898].

La densité du néon est 9,97 pour O = 16, réfractivité : 0,2345 par rapport à l'air. Le spectre du néon se compose de raies fortes dans le rouge orangé et le jaune et de quelques lignes dans le violet [Ramsay, *loc. cit.* ; — Baly, *Chem. News*, 88, 26, 1903]. En ce qui concerne la place du néon dans le système périodique, voir la bibliographie à l'article KRYPTON. R. Marquis.

NÉOSINE. — Voyez MUSCULAIRE (TISSU).

NÉOTANTALITE (Min.) (Termier). — Tantalate-niobate de fer et de manganèse, analogue à la tantalite, mais renfermant un peu d'alcalis et d'eau, exempt de cérium, de calcium et d'urane. Petits octaèdres réguliers, a^1, b^1, jaune clair, éclat adamantin, ressemble au pyrochlore, dans des sables à cassitérite provenant des gisements de kaolin des Colettes et d'Echassières, Allier. Dureté = 5-6. Densité = 5,193. L. Bourgeois.

NÉOTÉSITE (Min.) [Syn. *Epigénite* (Igelström)]. — Orthosilicate de manganèse et magnésium hydraté, $SiO^4[Mn, Mg]^2, H^2O$. Petites masses brun-rouge, clivables, avec téphroïte et calcite, à la mine de Sjögrufvan, près Gryttan, Œrebro, Suède. Attaquable aux acides, sans faire gelée ; fond aisément en globule noir. Dureté = 5-5,5. L. Bourgeois.

NÉPALINE. — Corps extrait de la racine de *Rumex nepalensis*, originaire de l'Inde et utilisée en médecine et en teinture en raison de ses propriétés astringentes. La racine, épuisée par l'éther, donne une solution d'où se sépare par concentration une masse cristalline jaune brun. Traitée par une solution de carbonate de potassium, cette masse se dissout en partie, donnant une solution brune, devenant plus foncée à l'air, et d'où, par addition d'acide chlorhydrique et agitation avec l'éther, on retire la *népodine* (voyez ce mot) accompagnée de matières colorantes amorphes. La portion insoluble dans le carbonate de potassium cède ensuite à l'acétone bouillante la *rumicine* (voyez ce mot), tandis que la *népaline*, qui est le produit principal, reste en grande partie insoluble.

Purifiée par cristallisation dans le benzène bouillant, par addition d'éther de pétrole, puis dans l'acide acétique, elle constitue des aiguilles microscopiques orangées, fusibles à 136° en un liquide rouge, soluble dans la potasse d'où l'acide carbonique de l'air la reprécipite, soluble en rouge dans l'acide sulfurique d'où l'eau la reprécipite également; elle donne avec l'acide iodhydrique une matière résineuse déliquescente. Sa composition répond à la formule $C^{17}H^{16}O^{4}$.

Elle fournit un *dérivé diacétylé* $C^{17}H^{14}(C^{2}H^{3}O)^{2}O^{4}$ cristallisant dans l'acide acétique en rhomboèdres jaunes, fusibles à 181° en noircissant [O. Hesse, *Lieb. Ann. Chem.*, **291**, 305].

Janvier 1907. A. Hébert.

NÉPHRINE, NÉPHROMINE. — Voyez l'art. LICHENS.

NÉPODINE, $C^{18}H^{16}O^{4}$. — Substance extraite des racines de *Rumex nepalensis*, *palustris* et *obtusifolius* (Voyez son extraction à l'article NÉPALINE).

Elle cristallise dans le benzène additionné d'éther de pétrole en longs prismes jaune d'or, fusibles à 158°, sublimables déjà vers 85°, solubles dans l'alcool, l'acétone, solubles dans les carbonates alcalins avec une couleur brune qui se fonce à l'air, et dans l'acide sulfurique avec une couleur orangé foncé. Elle donne un *dérivé diacétylé* $C^{18}H^{14}(C^{2}H^{3}O)^{2}O^{4}$ en tables rhomboédriques, fusibles à 198° en se décomposant [O. Hesse, *Lieb. Ann. Chem.*, **291**, 305; **309**, 32, 1899].

Janvier 1907. A. Hébert.

NÉPOUITE (Min.) (E. Glasser). — Silicate hydraté du nickel et de magnésium (jusqu'à 50,7 % de NiO), $3[Ni, Mg]O.2SiO^{2}, 2H^{2}O$, véritable antigorite nickélifère, en fine poudre cristalline ou petites concrétions vermiculées, prismes tordus et à section diagonale, vert cendré à vert jaune pâle, avec minerais de nickel, dans les péridotites nickélifères de la Nouvelle-Calédonie, notamment à Népoui. Le minéral se montre biréfringent à deux axes, et est sans doute orthorhombique. Clivage facile suivant la base, autre clivage parallèle au plan des axes optiques. Dureté = 2-3. Densité = 2, 47-3,24. Autres caractères semblables à ceux de la garniérite ou nouméite.

L. Bourgeois.

NEPTUNITE (Min.) (Flink). — Silicotitanate de fer, manganèse, sodium et potassium,

$$Na^{3}/_{2}K^{1}/_{2}O . Fe^{2}/_{3}Mn^{1}/_{3}O . 4SiO^{2} . TiO^{2}.$$

Cristaux atteignant 1-2 centimètres, noirs par réflexion, d'un éclat très vif, gras ou submétallique, laissant passer une lumière rouge foncé, mais seulement en lames très minces, très friables, cassure conchoïdale: trouvés sur ægyrine, dans des filons de pegmatite, à Narsasik, près Igaliko, Grœnland.

Caractères. — Inattaquable aux acides, sauf l'acide fluorhydrique. Au chalumeau, assez fusible en un globule noir. Dureté = 5,5. Poussière brun cannelle. Densité = 3,234.

Forme cristalline. — Prisme clinorhombique:

$$a : b : c = 1,3164 : 1 : 0,8075 : \quad \beta = 64°22'.$$

Faces :

$$p, m, (b^{1}/_{2} b^{1}/_{3} h^{2}), g^{1}, h^{1}, e^{1}, a^{1}/_{3}, a^{1}/_{2}, d^{1}/_{2}, d^{1}/_{4}.$$

Macles p rares. Clivages m. L. Bourgeois.

NÉROL. — Voyez TERPÉNIQUE (SÉRIE).

NERVEUX (TISSU). — Voyez aux mots: *lécithine* (Dict., **2**, 212), *cérébrale (substance)* (1er Suppl., 438), *cérébrine* (1er Suppl., 439 et 2e Suppl., **1**, 1031), *cérébrose* (2e Suppl., **1**, 1032), *névrine* (1er Suppl., 1071), *névrokératine* (1er Suppl., 1072). — La question de la composition du tissu nerveux n'a fait que des progrès de détails et continue à rester l'une des plus obscures de la chimie physiologique. Aucun exposé d'ensemble n'étant actuellement possible, on se bornera ici à prendre un à un les constituants chimiques de ce tissu et à indiquer sommairement les travaux nouveaux qui les concernent.

Matières protéiques. — Elles constituent à peu près la moitié des matières solides de la substance grise, le quart de celles de la substance blanche, et le tiers de celles des nerfs. On a distingué trois globulines, une nucléo-albumine, dérivant sans doute du nucléoprotéïde décrit par Levenne [Halliburton, *Lehrb. der chem. Physiol.*, traduction allemande de Kayser. Heidelberg, 1893, 539 et 544; — Levenne. *Jahresb. de Maly*, **30**, 465, 1900]. Schkarin a étudié les variations quantitatives de ces matières avec l'âge chez l'homme et le bœuf [*Ibid.*, **32**, 529, 1902].

Protagon. — L'existence même de ce composé en tant qu'individu chimique continue à être discutée. Elle est niée par Wörner et Thierfelder [*Zeit. physiol. Chem.*, **30**, 542, 1900] par Lesem et Gies [*Amer. Journ. Physiol.*, **8**, 183, 1902], maintenue au contraire par W. Cramer [*Journ. of Physiol.*, **31**, 30, 1904], tandis que Kossel et Freytag expliquent les divergences analytiques observées en admettant qu'il existe plusieurs protagons [*Zeit. physiol. Chem.*, **17**, 431, 1896]. — Sur l'existence d'un *paranucléoprotagon*, voyez Ulpiani et Selli [*Gazz. chim. ital.*, **32**, 1, 466, 1902]. Quoi qu'il en soit, le protagon donne par sa décomposition sous l'action modérée des alcalis les produits de décomposition de la lécithine et en outre de la cérébrine, mais on admet aujourd'hui que la cérébrine n'est pas le seul produit de cette catégorie et qu'il apparaît dans ce dédoublement une série de corps que Tudichum a appelés les *cérébrosides*. Ce sont des corps azotés, non phosphorés, que les acides minéraux étendus dédoublent à l'ébullition avec formation d'un sucre réducteur (galactose). La fusion avec les alcalis donne des acides gras élevés (palmitique ou stéarique). Ces cérébrosides sont la cérébrine, la kérasine, l'encéphaline et la cérébrone [Kossel et Freytag, *loc. cit.* — Thudichum, *Die chemische Constitution des Gehirns des Menschen und der Thiere*, Tübingen, 1901]. Notons ici que Thudichum a distingué dans le cerveau toute une série de corps phosphorés, qu'il appelle *phosphatides* et qui diffèrent des lécithines. Ces résultats n'ont pas encore été confirmés.

Cérébrine. — Elle fond d'après W. Koch à 192° et contient; C 68,73; H 11,83; Az 1,64; elle donne 72, 3 0/0 d'acide stéarique et ne contient pas de groupe méthylique [*Zeit. physiol. Chem.*, **36**, 134, 1902]. Le sucre qu'elle fournit est du galactose [Thierfelder, *ibid.*, **10**, 209, 1889].

Encéphaline, kérasine et phrénosine. — (Voyez 1er Suppl., au mot *Cérébrine*, 1031).

Cérébrone. — Ce corps rentre dans le groupe des cérébrosides, mais paraît préexister dans le cerveau. Elle est identique à la pseudo-cérébrine de Gamgée. On l'a retirée de cerveaux humains déshydratés par l'alcool, puis traités à 50° par de l'alcool contenant 50 0/0 de benzène ou de chloroforme. La cérébrone se dépose par refroidissement. A l'aide de dissolvants appropriés on peut l'obtenir cristallisée en aiguilles ou en tablettes. Elle fond à 212° et contient: C 69,16; H 11,54; Az 1,76. Hydrolysée à 100° par l'acide sulfurique à 7 0/0, elle donne de la galactose, un nouvel acide, l'*acide cérébronique*, et une substance basique identique à la *sphingosine* de Thudichum.

L'*acide cérébronique* $C^{25}H^{50}O^{3}$ est en cristaux blancs indistincts fondant à 99°, solubles dans l'alcool et dans l'éther. Son sel de soude $C^{25}H^{49}O^{3}Na$, est en aiguilles associées en étoiles et son dérivé acétylé donne un sel de sodium $C^{25}H^{48}O^{3}Na(CH^{3}CO)$ qui cristallise de l'alcool en très fines aiguilles.

La *sphyngosine* est en cristaux indistincts, brûlant avec une odeur de graisse, solubles dans l'alcool. De cette solution, l'acide sulfurique précipite le *sulfate* $(C^{17}H^{35}AzO^{2})^{2}H^{2}SO^{4}$, poudre cristalline, soluble dans l'alcool chaud, et se décomposant sans fondre à 240-250° [H. Thierfelder, *Zeit. physiol. Chem.*, **43**, 21, 1904; — Thudichum, *loc. cit.*, 187; — Gamgée, *Textbook of physiol. Chem.*, Londres, 1880, 441].

Céphaline. — On l'obtient en déshydratant le cerveau par de l'acétone, extrayant ensuite par l'éther et précipitant cette solution par l'alcool. C'est une substance phosphorée présentant beaucoup d'analogie avec la lécithine. Elle est amorphe, gonflée par l'eau comme la lécithine, soluble dans l'éther, l'acide acétique glacial et le chloroforme, insoluble dans l'acétone et l'alcool. Elle renferme $C^{42}H^{82}AzPO^{13}$ et serait d'après W. Koch une *dioxystéaryl-monométhyl-lécithine* [Thudichum, *loc. cit.*: — W. Koch, *Zeit. physiol. Chem.*, **36**, 134, 1902]. — Sur des substances analogues à la céphaline et contenues dans le cerveau du bœuf, voyez Zülzer [*Ibid.*, **27**, 263, 1899].

Acide cérébrinique et corps divers. — Par l'action des alcalis et du chlorure cuivreux sur le cerveau de cheval, Bethe a obtenu divers produits de décomposition : 1° le *glucoside* d'un *acide amino-cérébrique* $C^{44}H^{81}O^{8}Az$, sphérocristaux fusibles à 179° et qui hydrolysés par HCl ont donné une hexose et un *acide cérébrique*, en aiguilles fusibles à 78°-80° et identique sans doute à l'*acide névrostéarique* de Thudichum; 2° la *phrénine*, en aiguilles feutrées, identique peut-être à la *krinosine* de Thudichum 3° un *acide cérébrine-phosphorique*, cristallisé, fondant à 161°-162°, dédoublée par HCl à chaud en acide phosphorique, cérébrine, acide amidocérébrique et galactose [Bethe, *Arch. exp. Path.*, **48**, 73, 1902].

Névrine. — Voyez ce mot.

Analyses du cerveau. — De nouvelles analyses du cerveau ou du tissu nerveux en général ont été faites par Baumstark [*Zeit. physiol. Chem.*, **9**, 145, 1885]; par Noll [*ibid.*, **27**, 370, 1899]; par Mott et Halliburton (nerfs dégénérés) [*Jahresb. de Maly*, **31**, 558, 1901].

Pour les analyses des *cendres* du cerveau, voyez Geogehan [*Zeit. physiol. Chem.*, **1**, 330, 1877]. Le calcium qui accompagne toujours les noyaux est plus abondant dans la substance grise, où ces éléments sont largement représentés, que dans la substance blanche [Tonoyaga, *Jahresb. de Maly*, **32**, 530, 1902].

E. Lambling.

NESQUEHONITE (Min.) (Genth et Penfield). — Carbonate neutre de magnésium hydraté,

$$CO^{3}Mg, 3H^{2}O,$$

en aiguilles prismatiques incolores, transparentes ou opaques, trouvées avec lansfordite, aux mines d'anthracite de Lansford, Pensylvanie, et aux mines de houille de la Mûre, Isère. Ce corps est identique avec celui qu'on prépare par l'évaporation spontanée d'une solution de magnésie blanche dans l'eau saturée d'acide carbonique [voyez Magnésium, Dict., **2**, 276]. Telle est bien l'origine du produit naturel, car les cristaux de lansfordite sont le plus souvent épigénisés à l'état de nesquehonite. Dureté = 2,5. Densité = 1,852.

Forme cristalline. — Prisme orthorhombique :

$$a : b : c = 0{,}645 : 1 : 0{,}4568. \quad \text{Faces : } pg^{1}me^{1},$$

stries nombreuses sur la zone verticale. Clivages *m* parfait, *p* difficile.

L. Bourgeois.

NEUDORFITE (Min.) (von Schröckinger). — Résine fossile $C^{18}H^{28}O^{2}$; voyez Muckite, 2e Suppl.

NEURIDINE. — Cette base a été trouvée par Brieger dans les produits de la putréfaction de la viande après 5 ou 6 jours. Elle existe aussi dans le cerveau frais [Brieger, *D. chem. G.*, **16**, 1187 et 1405, 1883]. C'est une masse gélatineuse, à odeur désagréable, très soluble dans l'eau, insoluble dans l'éther et dans l'alcool absolu. Bouillie avec de la soude, elle donne de la di- et de la triméthylamine.

Chlorhydrate $C^{5}H^{14}Az^{2}, 2HCl$. Aiguilles très solubles dans l'eau. — *Chloroplatinate*, $C^{5}H^{14}Az^{2}, 2HCl, PtCl^{4}$. Aiguilles. — *Chloroaurate*, $C^{5}H^{14}Az^{2}, 2HCl, 2AuCl^{3}$. Aiguilles jaunes, peu solubles dans l'eau [Böklisch, *D. chem. G.*, **18**, 89, 1885]. — *Picrate* $C^{5}H^{14}Az^{2}[C^{6}H^{2}(AzO^{2})^{3}OH]^{2}$, Aiguilles pennées, très peu solubles dans l'eau bouillante [Brieger, *Jahresb. de Maly*, **15**, 102, 1882]. — La neuridine n'est pas toxique.

Janvier 1906. E. Lambling.

NEUROSTÉARIQUE (ACIDE). — Voyez *Nerveux (tissu)*.

NÉVRINE [syn. *Neurine*]. — Au sujet de la confusion qui s'est produite entre les termes *névrine* et *choline*, voyez le mot *choline*, (2e Suppl., **1**, 1104). Conformément à la nomenclature adoptée pour la choline, nous décrirons donc sous le nom de névrine l'*hydrate de triméthylvinylammonium*,

$$C^{2}H^{3}.Az(CH^{3})^{3}.OH = C^{5}H^{13}AzO,$$

base qui a été étudié déjà dans l'article *névrine* (Dict., **2**, 535, 2e col.).

Origine et modes de formation. — La névrine existe dans les capsules surrénales, dans l'urine en cas de maladie d'Addison, dans le sang [Marino-Zuco, *Jahresb. de Maly*, **18**, 231, 1888; **22**, 548, 1892; **24**, 181, 1894 et **25**, 121, 1895], dans l'intestin lié à son extrémité inférieure après ingestion de jaune d'œuf (lécithine) [B. Nesbitt, *ibid.*, **29**, 386, 1899], dans la viande [Gautier et Landi, *C. R.*, **114**, 1114, 1892]. Contrairement à une fréquente assertion, elle ne se formerait pas par ébullition du protagon ou de la choline avec la baryte [Gulewitsch, *Zeit. physiol. Chem.*, **27**, 78, 1899; — W. Cramer, *Journ. of Physiol.*, **31**, 30, 1904]. Elle se produit aussi à côté de la neuridine par la putréfaction de la viande pendant 6 jours [Brieger, *D. chem. G.*, **16**, 1190 et 1410, 1883; **17**, 516 et 1137, 1884]. Pour la préparation par synthèse, voyez Gulewitsch [*Zeit. physiol. Chem.*, **26**, 175, 1898].

Propriétés. — La névrine est un sirop très alcalin, donnant des fumées avec HCl; elle se comporte vis-à-vis des sels métalliques comme un alcali fort, déplace AzH^{3} de ses sels, même à froid, et empêche la coagulation de l'albumine à chaud. Elle est précipitée par les acides phosphotungstique, phosphomolybdique, par l'iodure double de potassium et de mercure, de potassium et de zinc, de potassium et de cadmium, par la solution d'iode dans l'iodure de potassium, l'eau bromée, le sublimé, le chlorure d'or, le chlorure de platine, le tannin et l'acide picrique [Gulewitsch, *Zeit. physiol. Chem.*, **26**, 175, 1898].

Le *chloroplatinate*, $(C^{5}H^{12}AzCl)^{2}, PtCl^{4}$ est en octaèdres et en cubes, faciles à distinguer du chloroplatinate de choline, fusibles à 195-198° avec décomposition : 100 parties d'eau en dissolvent à 20°, 2,66 parties. — Le *chlorure double d'or et de névrine* $C^{5}H^{12}AzCl, AuCl^{3}$, est en longues aiguilles jaunes, fondant à 228-232°; 100 parties d'eau en dissolvent 0,297 partie. — *Chlorures double de mercure et de névrine* : $C^{5}H^{12}AzCl, 6HgCl^{2}$, tablettes fusibles à 230,5-234°, très peu solubles dans l'eau froide et $C^{5}H^{12}AzCl$,

$HgCl^2$, prismes assez solubles dans l'eau, fusibles à 198°5-199°5. — Le *picrate* $C^6H^2(AzO^2)^3.O.Az.(CH^3)^3C^2H^4$ est en aiguilles jaunes, pennées, de 4 centimètres de long, fusibles à 263-264° avec forte décomposition. 100 parties d'eau dissolvent 1,09 partie à 23° [Gulewitsch, *loc. cit.* — Voyez aussi Bode, *Ann. Chem.*, **267**, 275, 1892]. — Le *picrolonate* est en cristaux décomposés à 233° [J. Otori. *Zeit. physiol. Chem.*, **43**, 314, 1904].

Pour la séparation de la névrine d'avec la choline, voyez W. Cramer [*Journ. of physiol.*, **31**, 30, 1904] et pour sa séparation d'avec les bases de la viande, Gautier et Landi [*C. R.*, **114**, 1154, 1892].

Action physiologique. — Très toxique. Il est remarquable de voir combien, dans cette famille de corps, de minimes modifications dans la constitution influent sur l'action physiologique [E. Schmidt, *Ann. Chem.*, **267**, 249, 1892 ; **268**, 143, 1892 ; **337**, 37, 1904]. C'est à la névrine que l'on rapporte l'action toxique des extraits de glandes surrénales [Marino-Zucco, *Jahresb. de Maly*, **18**, 231, 1898]. Janvier 1906. E. Lambling.

NEWBERYITE (Min.) (von Rath). — Phosphate dimagnésique hydraté, $PO^4MgH,3H^2O$. Cristaux incolores transparents, trouvés dans le guano, aux environs de Skipton, près Ballarat, Victoria, Australie, et à Mejillones, Chili. Dureté > 3. Densité = 2,1.

Forme cristalline. — Prisme orthorhombique : $b^1/_2 b^1/_2$ culminant = 109°49′ et 112°19′; $mm = 92°39′$. Tables aplaties suivant h^1 ou prismes rectangulaires $h^1 g^1$ avec $a^2, e^1, e^2, b^1/_2$. Clivages, g^1 parfait, h^1 imparfait. L. Bourgeois.

NICCOCHROMITE (Min.) (Shepard). — Chromate de nickel, jaune serin, brillant, avec texasite, de Texas, Pensylvanie. L. Bourgeois.

NICKEL (Voy. Dict., **2**, 536, 1er Supp., 1072). — La commission internationale des poids atomiques a adopté pour le poids atomique du nickel en 1906, le nombre 58,7.

État naturel. — La *péridotite*, minéral constituant une partie des terrains de la Nouvelle-Calédonie, est un silicate anhydre de magnésium contenant des traces de nickel inclus à l'état métallique. Le nickel a été rencontré par M. Moissan dans la météorite de Canon Diablo qui en contient 3 à 7 0/0, et la météorite trouvée à Sainte-Catherine (Brésil) est formée par 36 0/0 de nickel [*C. R.* **116**, 218].

PRÉPARATION. — (Voy. Dict., **2**, 546; Suppl., 1074). — 1° *Méthode basée sur la formation du nickel carbonyle.* Mond, Langer et Quincke ont basé sur la formation du nickel carbonyle $Ni(CO)^4$ une préparation industrielle permettant d'arriver à un nickel très pur. Ce procédé d'extraction appliqué en 1892 à Smithwick près de Birmingham s'applique principalement aux minerais renfermant 2 à 6 0/0 de nickel, mélangé au cuivre (2 à 6 0/0) et à de petites quantités de fer. Ce minerai est d'abord grillé pour chasser presque tout le soufre et transformer le fer en oxyde pendant qu'une partie du cuivre s'unit au reste du soufre non brûlé. On obtient ainsi une matte à 15 ou 20 0/0 de nickel et même proportion de cuivre. On la broie, et on la soumet à un nouveau grillage pour transformer les sulfures en oxydes. On la traite ensuite par de l'acide sulfurique étendu qui dissout les 2/5 du cuivre avec 1 à 2 0/0 de nickel.

Le cuivre dissous est vendu sous forme de sulfate de cuivre cristallisé. Le résidu renfermant de 45 à 60 0/0 de nickel est séché et l'oxyde de nickel est traité par le gaz à l'eau qui le réduit à l'état de nickel métallique. Celui-ci est traité par un courant d'oxyde de carbone qui fournit le nickel carbonyle qu'on décompose par la chaleur. Par ce procédé on extrait environ les 2/5 du nickel; puis l'extraction devient si lente qu'il vaut mieux calciner de nouveau le résidu et le soumettre à une nouvelle extraction du cuivre par l'acide sulfurique, puis à un nouveau traitement par le gaz à l'eau et l'oxyde de carbone.

A Smithwick, on traite la matte du Canada grillée dans un four quelconque et qui renferme 35 0/0 de nickel, 42 0/0 de cuivre, 2 0/0 de fer. On la fait passer ensuite dans un vase en plomb (*mélangeur*) où on la traite par masses de 150 kilogrammes par 90 kilogrammes d'acide sulfurique ordinaire préalablement dilué dans 560 litres de liqueur mère provenant des opérations précédentes. Du mélangeur, la matière est dirigée dans une essoreuse qui sépare par filtration centrifuge la dissolution de sulfate de cuivre. Cette dissolution est envoyée dans des bacs de cristallisation. Le résidu du premier essorage renfermant 52,5 0/0 de nickel, 20,6 0/0 de cuivre et 20,6 0/0 de fer, est envoyé sur les plateaux d'une tour de 7m,50 de haut, le *réducteur*, que l'on chauffe à 250-300°. Là il est réduit par le gaz à l'eau, produit par des gazogènes à anthracite. Du réducteur, le nickel métallique est envoyé dans les *volatiliseurs* semblables au réducteur, où il est chauffé à 50-60°; on y dirige un courant d'oxyde de carbone. Le nickel carbonyle prend naissance; il est dirigé dans une chambre, le *dissociateur*, chauffée à 200°, sur de la grenaille de nickel. Il se décompose, et le nickel se dépose sur la grenaille, pendant que l'oxyde de carbone rentre dans la réaction.

Les échantillons de nickel obtenus par ce procédé avaient la composition suivante :

Nickel	99,82 0/0	99,43 0/0
Fe et Al^2O^3	0,1	0,43
Soufre	0,068	0,0009
Carbone	0,07	0,087

Dans l'usine d'essais de Smithwick on a pu extraire environ 80 tonnes de nickel avec différentes sortes de mattes [Mond. Mon procédé d'extraction du nickel, *Revue générale de chimie pure et appliquée*, **2**, 121, 1900].

2° Dans la métallurgie du nickel aux États-Unis faite par deux usines la *Canadian Copper Company* et l'*Oxford Company*, on transforme les minerais sulfurés de nickel du Canada, après un grillage en tas, par fusion au cubilot, en une matte brune possédant la composition suivante :

Cuivre	20 à 25 0/0
Nickel	18 à 23
Soufre	20 à 30
Fer	25 à 30

Cette matte est traitée de deux façons suivant que l'on veut obtenir un alliage de cuivre et de nickel, ou chacun de ces deux métaux séparément. Dans ce dernier cas, on sépare le cuivre du nickel par fusion de la matte avec un mélange de sulfate de soude et de coke, et on fait une série de liquations des sulfures mixtes ainsi formés.

La matte brute est fondue au cubilot avec un mélange de coke et de sulfate de soude; celui-ci est réduit à l'état de sulfure de sodium qui se combine à la majeure partie du fer et du cuivre, formant à la coulée une combinaison peu dense qui se sépare sans difficulté du sulfure de nickel qui gagne le fond de la lingotière. D'un coup de masse on enlève facilement la croûte cuivreuse du culot riche en nickel.

Cette croûte cuivreuse est concassée et refondue dans un second cubilot avec une nouvelle quantité de matte brute et du coke. Dans cette opération, le sodium de la croûte cuivreuse absorbe une partie du soufre associé au nickel, et le sulfure de sodium ainsi formé se combine à une nouvelle quantité de cuivre et de fer. On obtient ainsi à la coulée une nouvelle croûte plus riche en cuivre que la première, et un nouveau culot de nickel. Les deux culots de nickel ainsi obtenus sont fondus dans un troisième cubilot avec une quantité calculée de coke et de sulfate de soude. Cette troisième fusion permet de débarrasser le sulfure de nickel de presque tout le cuivre et tout le fer. Le sulfure de nickel séparé est alors broyé et grillé dans un four à réverbère avec une certaine quantité de sel marin. Le nickel se transforme en oxyde et le cuivre et le fer restant encore passent à l'état de chlorures ou de sulfates.

En lessivant la masse refroidie, il reste l'oxyde de nickel que l'on réduit au four à réverbère : le métal est coulé en plaques qui vont servir d'anodes que l'on soumettra à l'affinage [La métallurgie du nickel aux États-Unis, par Titus Ulke. *Moniteur scientifique*, 123, 1898].

3° *Préparation du nickel par voie électrolytique.* — L'extraction du nickel de ses minerais par voie électrolytique n'a pas donné de très bons résultats, en raison de ce que le dépôt de nickel qui se forme au pôle négatif tend à se détacher de l'électrode à cause de sa structure écailleuse. Les mattes nickélifères contenant à côté de 45 0/0 de cuivre, 40 0/0 de nickel, sont coulées en plaques et servent d'anodes solubles. On les plonge dans un électrolyte fait avec une dissolution d'une certaine quantité de matte dans l'acide sulfurique étendu. On se sert comme cathodes de lames de cuivre. En employant une densité de courant convenablement choisie, le cuivre se dépose à la cathode et le nickel reste en dissolution. Après avoir enlevé les dernières portions de cuivre de l'électrolyte par du sulfure de sodium, on a une solution de sulfate de nickel qu'on soumet à l'électrolyse entre des anodes de charbon et des cathodes de nickel.

4° *Fabrication du nickel au four électrique.* — Les minerais traités, renfermant 3 0/0 de nickel, et 42 0/0 de soufre sont soumis à un grillage, ce qui conduit à des minerais ne contenant plus que 7 0/0 de soufre. Ils sont mélangés à de la chaux ou à du charbon et portés à la température du four électrique. On obtient ainsi directement du nickel à peu près pur, ne renfermant que 0,02 0/0 de cuivre. Le courant employé est de 1500 ampères sous 100 volts.

Purification du nickel (Voy. **2**, 537). — Le nickel obtenu par les différents procédés industriels n'est pas complètement pur. Les différents échantillons préparés par l'industrie et qui renferment de 99,2 à 99,3 0/0 de nickel, contiennent en outre :

Cuivre	0,334 0/0
Cobalt	0,190
Fer	0,391

On a proposé de le purifier par électrolyse. Le métal brut est coulé en plaques qui servent d'anodes et l'électrolyte est formé par du sulfate double de nickel et d'ammonium. Après purification par ce procédé, on ne trouve plus dans le nickel que 0,01 0/0 de cuivre, 0,11 de cobalt et 0,046 de fer.

Dans l'usine de la *Balbach Company*, à Newark, on affine les anodes produites par l'*Orford Company* par électrolyse du cyanure double (Titus Ulke). Les anodes qui ne contenaient que 95 à 96 0/0 de nickel, titrent après l'affinage 99,7 0/0 avec 0,1 de cuivre et de fer.

La production de nickel ainsi affiné est d'environ 450 kilogrammes par jour, livré en plaques de 50 × 75 centimètres et de 9 millimètres d'épaisseur.

D'après Snowdon [*Chemistry*, **9**, n° 5, 399], l'insuccès de la précipitation électrolytique du nickel sur le nickel est dû à la présence d'une mince couche d'oxyde qui ne peut être enlevée que par une énergique réduction. Si la cathode de nickel est ainsi rendue active, on peut y précipiter du nickel qui y est adhérent. Les meilleures conditions de l'électrolyse seraient les suivantes : solution de sulfate double de nickel et d'ammonium à 8 0/0 ; aire de la cathode : 25 centimètres carrés ; densité de courant 2 ampères par décimètre carré ; force électromotrice 3 volts 8 ; température 18°.

D'après Copeaux [*Ann. Chim. Phys.*, **6**, 508 et suiv.], on peut obtenir du nickel pur en fondant le produit de la réduction du chlorure de nickel dans un creuset d'aluminate de chaux, exempt de silice, et sous un courant d'hydrogène. Mais il y a un inconvénient : le nickel roche lorsqu'il est fondu et refroidi dans l'hydrogène.

Si par contre on interrompt le courant d'hydrogène pendant la solidification, l'oxydation du nickel se fait très promptement et l'oxydule Ni^2O qui se forme est très soluble dans le métal. Les échantillons de nickel obtenus par ce procédé ne contiennent que 1/200 à 1/400 d'impuretés.

Copeaux signale encore une autre méthode de préparation du nickel pur. Après avoir éliminé le cobalt à l'état de cobaltinitrite de potassium on précipite le nickel sous forme de chlorure ammoniacal $NiCl^2 . 6AzH^3$, en versant dans la solution du sel de nickel un mélange d'ammoniaque et de chlorure d'ammonium. Le nickel ainsi débarrassé des métaux étrangers est amené à l'état d'oxalate de protoxyde de nickel, puis transformé en mousse métallique par calcination dans une atmosphère d'hydrogène.

Nickel colloïdal. — Le nickel colloïdal s'obtient par électrolyse à haute tension du nitrate de nickel, en faisant jaillir l'arc électrique entre des électrodes de nickel [Billitzer, *D. chem. G.*, **35**, 1929].

Propriétés physiques. — (Voir Dict., **2**, 536). La densité du nickel à 15° est 8,8 ; son point de fusion est 1470° ; sa chaleur spécifique de 20° à 100° est 0,108 ; la résistivité électrique : 6, 4, exprimée en microhms-centimètres ; la charge de rupture est de 42 kilogrammes par millimètre (Copeaux). D'après Wedding et Rudeloff, la résistance à la traction est très variable ; le métal martelé est toujours plus élastique et plus résistant que le métal fondu [*Moniteur scientifique*, **47**, 142]. Le coefficient de dilatation du nickel entre 6° et 121° aurait pour expression : $10^{-6} (12,48 + 0,014 t)$.

Propriétés chimiques. — Le nickel s'unit directement aux éléments halogènes sans incandescence. Il est inaltérable dans l'air sec à la température ordinaire, mais il s'oxyde facilement au rouge et s'enflamme dans l'oxygène en produisant l'oxyde NiO. Le soufre fondu s'unit au nickel avec dégagement de chaleur. Les vapeurs de sélénium donnent des séléniures de nickel. La bore se combine au nickel à la température du four électrique. Fondu, le nickel dissout le carbone.

L'hydrogène sulfuré et le gaz sulfureux sont décomposés par le nickel au rouge. Mais à une température moins élevée, le nickel se recouvre dans un courant d'hydrogène sulfuré d'une couche jaune d'or de sulfure de nickel en aiguilles hexagonales. La soude en solution concentrée attaque énergiquement le nickel, tandis que la potasse caustique fondue ou en solution concentrée l'oxyde fort peu. A la température du four électrique la chaux oxyde le nickel [Moissan, *Bull. Soc. Chim.*, (2), **27**, 663, 1902].

Mais c'est surtout à l'état divisé que les propriétés du nickel présentent un grand intérêt.

Le nickel divisé est obtenu par réduction de son oxyde à l'aide d'hydrogène à des températures variant de 250 à 400°. Dans cet état de division extrême, il se combine avec l'oxyde azotique AzO, pour donner le *nickel nitré* Ni^4AzO^2. Il brûle avec incandescence dès la température ordinaire dans le peroxyde d'azote où il se montre plus pyrophorique que dans l'air. L'oxyde azotique n'agit pas sur le nickel réduit à froid; mais si on le chauffe dans un courant rapide de gaz on observe à 200° une vive incandescence, il reste de l'oxyde de nickel [Sabatier et Senderens [*Ann. Chim. Phys.*, (7), **7**, 354]. Chauffé au rouge dans un courant de gaz ammoniac sec, le nickel divisé est transformé en azoture Ni^3Az. Vers 300°, il dissocie l'oxyde de carbone en charbon et anhydride carbonique. Mais lorsqu'il est maintenu à une température inférieure à 80°, il se combine à l'oxyde de carbone en donnant un composé liquide, le nickel carbonyle $Ni(CO)^4$. Pour l'action de l'acétylène voir article Hydrogène (2ᵉ Suppl., 549). C'est surtout en présence d'hydrogène que les réactions avec le nickel divisé présentent un grand intérêt. Il permet de réaliser des synthèses qu'on ne pouvait réaliser par voie organique, et de créer en grande quantité des composés qu'on ne pouvait obtenir qu'à l'état de traces (Voy. article Hydrogène, 2ᵉ Suppl., 550 et suiv. — Hydroaromatiques, *ibid.*, 456 et suiv.). Aux réactions déjà citées, il faut joindre les suivantes [Sabatier et Senderens, *Ann. Chim. Phys.*, (3), **4**, mars-avril 1905] : les aldéhydes et les acétones, en présence d'hydrogène et de nickel divisé, sont transformées en alcools; les nitriles, en un mélange des trois amines de même richesse carbonée; les phénols, les crésols et les xylénols sont transformés en cyclohexanol, méthylcyclohexanols, et diméthylcyclohexanols, toujours mélangés d'une certaine quantité de cétone correspondante; les oximes et les amides fournissent des amines [Mailhe, *Bull. Soc. Chim.*, **33**, 962]; l'aniline est transformée en cyclohexylamine et dicyclohexylamine (Sabatier et Senderens).

Les dérivés chlorés, bromés, iodés aromatiques, traités par de l'hydrogène en présence du nickel réduit chauffé vers 270°, sont transformés en carbures aromatiques correspondants avec perte d'acide halogéné [Sabatier et Mailhe, *C. R.*, **138**, 245]. Le chlorure de benzyle possède une réaction curieuse en présence du nickel divisé et de l'hydrogène : il se transforme en un carbure condensé $(C^7H^6)^n$ jaune, partiellement soluble dans le benzène et le toluène (Sabatier et Mailhe).

Enfin les chlorures, bromures, iodures forméniques sont détruits par le nickel en présence d'hydrogène avec formation de carbure éthylénique. Les dérivés dihalogénés, où les deux atomes halogène ont sur deux atomes de carbone différents, sont détruits en charbon, hydrogène et hydracide; s'ils sont au contraire sur un même atome de carbone il y a perte d'une molécule d'acide chlorhydrique et formation d'un chlorure éthylénique [Sabatier et Mailhe, *C. R.*, **138**, 407].

Alliages de nickel. — *Nickel et aluminium*. — (Voy. **2**, 53). Le nickel s'unit à l'aluminium soit en projetant sur un bain d'aluminium fondu un mélange d'oxyde de nickel et d'aluminium en poudre [Moissan, *C. R.*, **122**, 1302]; soit en plaçant sur ce même bain du sulfure de nickel [Combes, *C. R.*, **122**, 1482].

Au-dessus d'une teneur de 20 0/0 de nickel, l'alliage devient fragile et cristallin. Il se forme des combinaisons définies, l'une $NiAl^3$ en cristaux brillants, couleur de nickel, de densité 3,681; l'autre de formule $NiAl^6$. Ces alliages ont été préconisés dans ces derniers temps soit pour leurs qualités mécaniques, soit pour leur résistance aux acides faibles et aux lessives alcalines.

Nickel et cuivre. — Cet alliage est produit directement à partir du minerai de nickel du Canada, à la fonderie de Sudbury. On fond le minerai canadien au cubilot et la matte brune obtenue est coulée directement dans un convertisseur. Cette matte, qui présente la composition suivante : nickel 45 0/0, cuivre 40 0/0, soufre 15 0/0, est traitée comme dans le cas de l'acier dans des appareils Bessemer. Mais ici l'arrêt du soufflage ne peut être déterminé par l'allure des flammes mais simplement par l'aspect des scories et par la pratique de l'opération. On obtient ainsi par grillage de cette matte et réduction de l'oxyde obtenu, un alliage de nickel-cuivre contenant en moyenne 51 0/0 de cuivre, 48 0/0 de nickel, un peu de fer, de silicium et de carbone. C'est le *métal blanc* commercial [Titus Ulke, *Moniteur scientifique*, 123, 1898].

Aciers au nickel. — Lorsqu'on ajoute du nickel à un acier plus ou moins carburé, ce dernier acquiert des propriétés physiques et mécaniques spéciales. Il durcit par la trempe et ne durcit pas par l'écrouissage. La quantité de nickel qui constitue ces aciers est variable. Certains en renferment 2 à 8 0/0; d'autres de 22 à 40 0/0. Les premiers sont employés à la fabrication des rails, des hélices, du métal à canon, des plaques de blindage. Les seconds présentent la propriété suivante : leur coefficient de dilatation diminue à mesure qu'augmente leur température. Pour une proportion de 36 0/0 de nickel, l'alliage ne se dilaterait plus et demeurerait inaltérable. Il constituerait un métal précieux pour la construction des étalons de mesure et des appareils géodésiques [Guillaume, *C. R.*, **124**, 752 et 1515].

Les alliages de fer et de nickel de 0 à 50 0/0 de nickel se divisent au point de vue de leur microstructure en trois groupes : 1° jusqu'à une teneur en nickel à 8 0/0, cette structure est semblable à celle des aciers ordinaires sans nickel; 2° de 12 à 25 0/0, ils présentent les caractères des aciers au charbon, trempés; 3° ceux à 30 et 50 0/0 ont une structure cristalline. La transformation allotropique des aciers au nickel a été étudiée par Boudouard [*Bull. Soc. Chim.*, **31**, 772]. M. Guertler et G. Tammann [*Zeit. anorg. Chem.*, **45**, 208-224] ont étudié la courbe de fusion des alliages Ni-Fe. Cette courbe se compose de deux branches se coupant en un point correspondant à une teneur de 35 0/0 de nickel. Le mélange liquide ne laisse, par refroidissement, apercevoir aucune trace d'un des deux métaux : le dépôt consiste en cristaux mixtes ayant toujours même composition que la partie non solidifiée. Ces cristaux mixtes Ni-Fe ne possèdent pas de propriétés magnétiques, mais, par refroidissement, ils se transforment en variété cristalline magnétique.

COMBINAISONS DU NICKEL.

Fluorure de nickel, NiF^2. — (Voy. 2ᵉ Suppl., 4, 218) [Poulenc, *Ann. Phys. Chim.*, (7), **2**, 41].

Fluorure de nickel et de potassium, de nickel et d'ammonium, voy. Poulenc [*loc. cit.*].

Chlorure de nickel, $NiCl^2$. — L'oxyde de nickel traité par un mélange de chlore et de chlorure de soufre à une température ne dépassant pas le rouge sombre, se transforme en chlorure de nickel [Matignon et Bourion, *C. R.*, **138**, 760].

Le chlorure de nickel s'unit au chlorure d'iode en donnant un sel double de formule $NiCl^2.2ICl^3.8H^2O$, cristallisé en fines aiguilles vert serin décomposées par le tétrachlorure de carbone [Weinland et Schlogelmilch, *Zeit. anorg. Chem.*, **30**, 134-143]. Il s'unit aussi aux bases organiques, éthylène-diamine, quinoléine, pyridine, et forme des combinaisons cristallisées. L'addition progressive d'éthylène-diamine à une solution aqueuse de chlorure de nickel fait passer sa couleur du vert au bleu, puis au violet rouge. Si à la solution violette on ajoute du chlorure de nickel, la teinte revient au bleu. Par évaporation, les solutions violettes laissent déposer des lamelles rhomboïdales violettes ayant la composition $NiCl^2.3C^2H^4(AzH^2)^2.3H^2O$. Rose avait admis que l'oxyde de mercure précipite complètement le nickel des dissolutions du chlorure sous forme d'oxyde ou d'hydrate. En réalité, c'est un oxychlorure mixte qui se précipite. L'hydrate tétracuivrique $Cu^4O^3(OH)^2$, mis au contact d'une solution de chlorure de nickel, fournit une poudre cristalline vert pâle de chlorure basique mixte $NiCl^2.3CuO.4H^2O$. L'hydrate bleu de Péligot, $Cu(OH)^2$, donne un précipité amorphe vert de même composition.

Le chlorure de nickel anhydre décompose, entre 270-300°, les chlorures, bromures et iodures forméniques, et les change en carbures éthyléniques avec départ d'hydracide [Sabatier et Mailhe, *C. R.*, **141**, 238].

Chlorure de nickel et de lithium $NiCl^2.LiCl.6H^2O$. — Obtenu en faisant cristalliser dans le vide, sur l'acide sulfurique, le mélange des deux solutions équivalentes des deux chlorures. Il cristallise en prismes jaune d'or déliquescents.

Chlorures de nickel et de cadmium. — On a décrit deux chlorures : $NiCl^2.2CdCl^2.12H^2O$; $2NiCl^2.CdCl^2.12H^2O$; gros prismes verts.

Chlorure basique mixte de nickel et de cuivre $NiCl^2.3CuO.4H^2O$. — Poudre cristalline vert pâle obtenue par action de l'hydrate tétracuivrique sur les solutions de chlorure de nickel. L'hydrate bleu ou le carbonate de cuivre conduisent au même composé amorphe [Mailhe, *Bull. Soc. Chim.*, (3), **27**, 167 et suiv.].

Chlorure basique mixte de nickel et de mercure, $HgCl^2.NiCl^2.6NiO.20H^2O$. — Obtenu par action de l'oxyde jaune de mercure sur une solution froide de chlorure de nickel. Chauffé à 110° il perd 15 molécules d'eau [Mailhe, *Bull. Soc. Chim.*, (3), **25**, 786 et suiv.].

Bromure de nickel $NiBr^2$. — L'oxyde de mercure déplace dans une solution aqueuse de bromure de nickel un oxybromure mixte de nickel et mercure. L'hydrate tétracuivrique y déplace un bromure mixte (Mailhe). Le bromure de nickel anhydre décompose aussi les dérivés halogénés forméniques en carbure éthylénique et hydracide (Sabatier et Mailhe).

On a préparé plusieurs hydrates de bromure de nickel : $NiBr^2.3H^2O$, cristaux verts.

$NiBr^2.6H^2O$ aiguilles [Bolschakoff, *Journ. Soc., phys. chim. russe*, **29**, 288].

$NiBr^2.9H^2O$ gros prismes vert clair [Bolschakoff, *loc. cit.*].

Bromure basique mixte de nickel et de cuivre, $NiBr^2.3CuO.4H^2O$. — Précipité vert cristallisé en lamelles quadrangulaires obtenu par action à froid de l'hydrate brun de cuivre sur une solution de bromure de nickel. L'ébullition du même hydrate brun avec la solution de bromure de nickel fournit des lamelles hexagonales groupées en étoiles à six branches [Mailhe, *Bull. Soc. Chim.*, **27**, 168].

Bromure basique mixte de nickel et de mercure, $HgBr^2.NiBr^2.6NiO.20H^2O$. — On l'obtient comme le chlorure correspondant par l'action de l'oxyde de mercure jaune sur une solution de bromure de nickel.

Oxydes de nickel. — Protoxyde de nickel NiO. — L'oxyde NiO devient incandescent dans le fluor; il dissocie l'oxyde de carbone en charbon et anhydride carbonique. En chauffant au rouge blanc pendant deux heures un mélange d'oxyde de nickel et de charbon de sucre, on obtient un carbure de nickel [Pébal. — Liebig, *Ann. Chem.*, **233**, 160]. Le carbure de calcium réduit vers 1400° l'oxyde et les sels de nickel en donnant un alliage calcique décomposable par l'eau avec facilité.

Le protoxyde de nickel se dissout aisément dans un mélange équimoléculaire de fluorhydrate de fluorure de potassium et d'anhydride borique fondu en produisant le composé $B^2O^3.2NiO$ [Ouvrard, *C. R.* **130**, 335].

Chauffé à l'arc de 30 ampères et 50 volts, il laisse une masse fondue recouverte de petits cristaux verts transparents. D'après Glaser, qui a étudié la réduction des oxydes de nickel par l'hydrogène, cet oxyde se réduirait à la température de 230°.

Hydrate de nickel, $Ni(OH)^2$. — L'hydrate de nickel ne produit à froid aucune action sur le chlorure et le bromure mercurique. Mais, à chaud, il déplace $HgCl^2$ et $HgBr^2$ et il passe dans la dissolution. Dans le sulfate de mercure il déplace à froid du turbith minéral $SO^4Hg.2HgO$ et, dans le nitrate mercurique, il met en liberté un nitrate basique de mercure cristallisé. Dans les sels de cuivre et de zinc, l'hydrate de nickel précipite des sels basiques de cuivre et de zinc [Mailhe, Thèse de la Faculté des sciences de Toulouse, n° 24, 62).

Oxyde salin de nickel, Ni^3O^4. — En faisant agir du peroxyde de sodium fondu sur du nickel, on obtient un produit hydraté qui chauffé à 240° se transforme en oxyde salin Ni^3O^4. C'est une poudre noire amorphe, hygroscopique, soluble dans l'acide chlorhydrique avec dégagement de chlore, et dans SO^4H^2 et l'acide azotique avec mise en liberté d'oxygène [Dudley, *Am. Chem. Journ.*, **28**, 59]. D'après Glaser l'oxyde salin de nickel serait réduit par l'hydrogène à 198°, température de réduction plus basse que celle de NiO [*Zeit. anorg. Chem.*, **36**, 1 à 30, 1905].

Bioxyde de nickel, NiO^2. — En chauffant au four électrique sous 300 ampères et 60 volts un mélange intime de sesquioxyde de nickel (85 grammes) et de baryte anhydre (155 gr.) ou de carbonate de baryum (200 gr.), on obtient une masse fondue grise à cassure cristalline qui, traitée par l'eau et les acides, laisse de petits cristaux foncés et brillants de dinickelite de baryum $2NiO^2.BaO$ ou Ni^2O^5Ba. Ce composé, dû à une combinaison de bioxyde de nickel et d'oxyde de baryum, est peu stable, il est décomposé lentement par l'eau qui lui enlève la baryte, et rapidement par les acides [Dufau, *C. R.*, **123**, 495].

Peroxyde de nickel, NiO^4. — Le nickel en solution alcaline additionnée d'acide chromique a donné par électrolyse un peroxyde qui chauffé à 120° correspond à NiO^4 [Hollard, *Bull. Soc. Chim.*, **29**, 155].

Sulfate nickeleux, SO^4Ni^2 (?). — M. Hollard a montré que l'électrolyse du sulfate de nickel peut donner lieu à un rendement électrochimique très supérieur à celui qui est prévu par l'équivalent électrochimique du nickel bivalent; ce qui conduit à admettre l'existence dans le bain de sulfate nickeleux SO^4Ni^2 [*Bull. Soc. Chim.*, **67**, 31].

Sulfate de nickel, SO^4Ni. — Le sulfate de

nickel donne suivant la température de cristallisation trois hydrates différents :

1° Un hydrate orthorhombique $SO^4Ni . 7 H^2O$, vert émeraude.

2° Un hydrate quadratique $SO^4Ni . 6 H^2O$, vert bleuâtre.

3° Un hydrate clinorhombique $SO^4Ni . 6 H^2O$, vert jaunâtre.

La solubilité de ces hydrates croît du premier au dernier [Wyrouboff, *Bull. Soc. Chim.*, **25**, 115, 1901].

Lorsqu'on ajoute de l'hydroxylamine anhydre à une solution saturée froide de sulfate de nickel, la couleur verte de ce sel devient bleu d'azur et finalement rouge foncé. La solution abandonne rapidement, par addition d'un peu d'alcool, des cristaux rouges du sel $SO^4Ni . 6 AzH^2OH$. Ces cristaux sont décomposés par l'eau et l'alcool avec séparation d'une poudre blanche. En chauffant le sel rouge, il change de couleur et devient successivement bleu et vert.

Le sulfate de nickel hydraté est soluble dans l'alcool méthylique (Lobry de Bruyn).

Les solutions aqueuses de sulfate de nickel ne sont pas modifiées par l'oxyde de mercure; mais les hydrates de cuivre y précipitent à froid des sulfates basiques mixtes.

Sulfate basique de nickel, $7 NiO . SO^3 . 10 H^2O$. — On l'obtient en ajoutant de l'ammoniaque à une solution froide de sulfate de nickel, tant qu'il se fait un précipité. On porte ensuite à l'ébullition. Le produit, lavé à l'eau froide et essoré à la trompe, constitue une poudre jaune verdâtre, amorphe, à réaction alcaline, attirant l'anhydride carbonique de l'air [Habermann, *Mon. f. chem.*, **5**, 432].

Sulfate d'ammoniaque et de nickel,

$$3 SO^4Ni . 2 SO^4(AzH^4)^2.$$

— On obtient ce composé en traitant le sulfate de nickel anhydre ou hydraté, le carbonate ou l'oxyde de nickel par cinq à six fois son poids de sulfate d'ammoniaque fondu. Chauffé, il perd de l'ammoniaque et donne le corps SO^4Ni, anhydre et amorphe, puis de l'oxyde vert au rouge sombre (Lachaud et Lepierre).

Sulfate triple de nickel, de potassium et de magnésium, $SO^4Ni . SO^4K^2 . SO^4Mg$. — Il a été préparé en fondant avec le sulfate de potassium, les sulfates de nickel et de magnésium.

Sulfates basiques mixtes de nickel et de cuivre : 1° $2 SO^4Ni . 3 CuO . 12 H^2O$. — On l'obtient par action de l'hydrate tétracuivrique, à chaud ou à froid, sur des dissolutions de sulfate de nickel contenant plus d'une demi-molécule de sulfate par litre. Ce sont des lamelles hexagonales vertes, ou des prismes clinorhombiques dans lesquels l'angle des faces *m* est voisin de 90°. L'hydrate bleu de Peligot et le carbonate de cuivre produisent le même sel basique.

2° $SO^4Ni . 2 CuO . 6 H^2O$. — Il s'obtient en faisant agir l'hydrate tétracuivrique sur des dissolutions contenant des quantités de sulfate de nickel comprises entre 1/4 et 1/10 de molécule par litre. C'est encore une poudre verte cristallisée en lamelles quadrangulaires allongées [Mailhe, *Bull. Soc. Chim.*, **27**, 167].

3° $SO^4Ni . 16 CuO + aq$. — Poudre amorphe bleu-vert pâle, obtenue par action à chaud de l'hydrate de cuivre sur les dissolutions de sulfate de nickel.

4° $SO^4Ni . 20 CuO + aq$. — Poudre amorphe bleu vif obtenue à froid [Recoura, *C. R.*, **132**, 1414].

SÉLÉNIURES DE NICKEL. — *Protoséléniure de nickel* NiSe. — En faisant arriver des vapeurs de sélénium très diluées dans de l'azote sur des lames de nickel chauffées au rouge sombre, elles se recouvrent de cristaux en forme de fougère, ou de longs prismes du système cubique de couleur grise à reflets bleutés. Ce même séléniure se prépare encore en faisant passer un courant d'hydrogène sélénié sur du chlorure de nickel anhydre chauffé au rouge blanc.

Sesquiséléniure de nickel Ni^2Se^3. — Le chlorure de nickel porté au rouge sombre dans un courant d'hydrogène sélénié donne un mélange de Ni^2Se^3 et Ni^3Se^4.

Biséléniure de nickel $NiSe^2$. — L'hydrogène sélénié passant sur de l'oxyde de nickel, ou sur du chlorure de nickel anhydre chauffé à 300°, fournit une masse friable gris terne qui est le biséléniure $NiSe^2$.

Sous-séléniure de nickel, Ni^2Se. — Le biséléniure de nickel, chauffé au rouge blanc dans un courant d'hydrogène, perd du sélénium et fournit le sous-séléniure Ni^2Se.

Propriétés. — Tous ces séléniures sont peu attaqués par l'acide chlorhydrique même concentré et bouillant. Le gaz chlorhydrique les transforme à haute température en chlorure de nickel. L'acide azotique les oxyde et les transforme en sélénites. Le chlore déplace à chaud le sélénium [Fonzes-Diacon. *C. R.*, **131**, 556].

SÉLÉNITES DE NICKEL. — Les sélénites de nickel SeO^3Ni, que l'on obtient généralement par dissolution du carbonate de nickel dans l'acide sélénieux, présentent des aspects différents suivant la quantité d'eau qu'ils contiennent. Le composé à 2 molécules d'eau est une poudre verte [Nilson, *Bull. Soc. Chim.*, **23**, 353, 1875]; celui à une molécule d'eau est une poudre grise; à une demi-molécule d'eau, ce sont des prismes orthorhombiques verts [Boutzourcano, *Ann. Chim. Phys.*, (6), **18**, 293].

AZOTURE DE NICKEL, Ni^3Az. — Lorsqu'on fait passer un courant rapide de gaz ammoniac sec sur du nickel divisé placé dans un tube en porcelaine et chauffé au rouge, il se transforme en azoture Ni^3Az. C'est une poudre rouge immédiatement soluble dans les acides chlorhydrique et sulfurique [Beilby et Henderson, *Chem. Soc.*, **79**, 1251].

En faisant réagir le chlorure de nickel anhydre sur l'azoture de magnésium, on obtient une double décomposition; la réaction, qui est très violente, produit une poudre constituée par l'azoture de nickel toujours impur [Smits, *Rec. Pays-Bas*, **15**, 135].

Azothydrate de nickel $NiAz^6$. — Le carbonate de nickel dissous dans l'acide azothydrique donne par addition d'un mélange d'alcool et d'éther un précipité vert de formule $NiAz^6H^2O$, extrêmement explosif.

En dissolvant le carbonate de nickel dans l'acide azothydrique et évaporant la dissolution, il se forme un sel basique cristallin vert, insoluble dans l'eau, qui se décompose avec explosion quand on le chauffe [Curtius et Darapsky, *J. f. prack. Chem.*, **61**, 415, 1900].

NICKEL NITRÉ, AzO^2Ni^4. — Lorsqu'on fait passer des vapeurs de peroxyde d'azote sur du nickel réduit, il se produit une incandescence dès la température ordinaire. Mais si l'on dilue les vapeurs du peroxyde dans un grand excès d'azote pur et sec, l'incandescence n'a plus lieu, et l'on obtient fixation de l'anhydride hypoazotique sur le nickel. Le nickel nitré Ni^4AzO^2 qui a pris ainsi naissance est un corps noir pulvérulent, réagissant sur l'eau en formant une solution verte de nitrate de nickel. Chauffé dans un courant de gaz inerte, il déflagre vivement [Sabatier et Senderens, *Ann. Chim. Phys.*, (1), **7**, 411].

Azotites triples de nickel et d'autres métaux

$(AzO^2)^2Ni.(AzO^2)^2M''.2AzO^2M' + 6H^2O$.

— On les obtient en ajoutant du nitrite de sodium à une solution concentrée des nitrates des trois métaux. Ce sont des poudres cristallines de couleur variant du jaune au jaune brun.

M'' est du *plomb* ou un *métal alcalino-terreux*.

M' est du *potassium* ou de l'*ammonium* [Przibylla, *Zeit. anorg. chem.*, **15**, 419 et suiv., 1897].

Nitrate basique de nickel $Az^2O^5.5NiO.4H^2O$. — Obtenu en chauffant en tube scellé, avec quelques fragments de marbre, du nitrate de nickel $(AzO^3)^2Ni.6H^2O$. Entre 200 et 300°, il se fait un précipité vert, amorphe, qui se transforme au bout de quelques jours en beaux cristaux verts de sous-nitrate indécomposable par l'eau bouillante [Rousseau et Tite, *C. R.*, **114**, 1184].

Nitrate de bismuth et de nickel,

$3(AzO^3)^2Ni.2(AzO^3)^3Bi.24H^2O$.

— Il s'obtient en dissolvant à chaud dans de l'acide azotique de densité 1,3 le nitrate de nickel avec le nitrate de bismuth dans les proportions théoriques. Ce sont des cristaux verts fondant à 69°. $D^{16}_{16} = 2{,}51$. Ils sont efflorescents à l'air et décomposés par l'eau [Urbain et Lacombe, *C. R.*, **137**, 568].

Nitrate de nickel et de cérium,

$(AzO^3)^6.Ni.Ce.8H^2O$.

— Il se prépare en faisant cristalliser le mélange des deux nitrates. Ce sont des cristaux bruns solubles dans l'eau sans décomposition. En chauffant les solutions concentrées de ce sel il se sépare du peroxyde de nickel [Meyer et Jacoby, *Zeit. anorg. Chem.*, **27**, 359].

On a décrit aussi un nitrate double, $3(Az^2O^6)Ni.(Az^6O^{18})Ce^2.24H^2O$ [Holzmann, *J. prakt. Chem.*, **75**, 335].

Nitrate de lanthane et de nickel,

$3Ni(Az^2O^6).Ce^2(Az^6O^{18}).24H^2O$.

Nitrate de didyme et de nickel,

$3Ni(Az^2O^6).2DiAz^3O^9.36H^2O$.

Nitrate basique mixte de nickel et de cuivre,

$(AzO^3)^2Ni.3CuO.3H^2O$.

— Lorsqu'on oppose, à une solution de nitrate de nickel de concentration moyenne (environ 3/4 de molécule de nitrate par litre), de l'hydrate tétracuivrique, il se produit un précipité vert constitué par des lamelles hexagonales dérivant d'un prisme monoclinique, et se groupant en étoiles à six branches. C'est le nitrate basique mixte de nickel et de cuivre [Mailhe, *Bull. Soc. Chim.*, **27**, 167].

Nitrate basique mixte de nickel et de mercure $(AzO^3)^2Hg.NiO.4H^2O$. — Il se produit toutes les fois que l'on met de l'oxyde de mercure jaune humide en présence d'une solution très concentrée de nitrate de nickel. A froid il se dépose après plusieurs mois de contact; c'est un composé vert formé de lamelles hexagonales très facilement décomposables par l'eau. Par ébullition de l'oxyde de mercure avec le nitrate de nickel la transformation en nitrate mixte a lieu très rapidement [Mailhe, *Bull. Soc. Chim.*, **25**, 786].

Phosphure de nickel, PNi^2. — Ce phosphure s'obtient encore : 1° en chauffant le chlorure de nickel dans un courant de vapeur de phosphore; c'est une poudre jaune pâle se dissolvant facilement dans l'eau régale; 2° en faisant agir le nickel sur le phosphure de cuivre fortement chauffé au four électrique [Maronneau, *C. R.*, **131**, 656]. C'est un corps cristallisé en aiguilles insolubles dans l'acide azotique concentré et chaud.

Phosphate de nickel et de potassium, $2P^2O^5.3NiO.3K^2O$. — On l'obtient en fondant ensemble le métaphosphate de potassium avec le pyro ou l'orthophosphate de nickel. Sel vert cristallisé [Ouvrard, *Ann. Chim. Phys.*, **16**, 323, 1889].

Sulfophosphure de nickel, Ni^3PS^3. En chauffant au rouge un mélange de phosphore et de sulfure de nickel on obtient une poudre cristalline brune de sulfophosphure. Ce corps est détruit par l'eau chaude; l'acide azotique l'attaque très peu; mais l'eau régale le décompose [Ferrand, *Ann. Chim. Phys.*, **17**, 415, 1899].

Thiohypophosphate de nickel, $P^2S^6Ni^2$. — En chauffant au rouge pendant douze heures un mélange de sulfure de nickel, de soufre et de phosphore, il se forme de petits cristaux hexagonaux inattaquables par les acides, difficilement par l'eau régale, mais dissous par le mélange de chlorate de potassium et d'acide azotique. La densité de ces cristaux est 2,4, prise dans la benzine et rapportée à l'eau [*Ann. Chim. Phys.*, **17**, 415, 1899].

Thiopyrophosphate de nickel, $P^2S^7Ni^2$. — Il s'obtient comme le précédent en chauffant ensemble des proportions convenables des trois corps : soufre, sulfure de nickel et phosphore.

Thioorthophosphate de nickel, $P^2S^8Ni^3$. — Cristaux bruns présentant l'aspect métallique, obtenus en chauffant au rouge un mélange de chlorure de nickel et de pentasulfure de phosphore [Glatzel, *Zeit. anorg. Chem.*, **4**, 186].

Antimoniate de nickel, $Sb^2O^6Ni, 4H^2O$. — Les solutions des sels de nickel sont précipitées par l'acide antimonique dissous, en un composé vert qui séché à l'air a pour formule $Sb^2O^6Ni, 5H^2O$. Mis en présence d'acide sulfurique il perd 3 molécules d'eau [Senderens, *Bull. Soc. Chim.*, **21**, 154].

Borure de nickel, BNi. — On l'obtient pur et cristallisé par union directe du bore et du nickel soit au four électrique, soit au four à réverbère chauffé avec du charbon de cornue. Ce sont des prismes brillants de plusieurs millimètres de long, $D_{18} = 7{,}39$, magnétiques, indécomposables par l'oxygène ou l'air sec à la température ordinaire. Au-dessus du rouge, le borure de nickel brûle. L'acide chlorhydrique a peu d'action sur lui, mais l'acide azotique l'attaque vivement. Au rouge sombre la vapeur d'eau le détruit [Moissan, *Ann. Chim. Phys.*, **9**, 277, 1896].

Siliciure de nickel, Ni^2Si. — En chauffant au four électrique dans un creuset de charbon 10 parties de silicium avec 90 parties de nickel, on obtient un siliciure de nickel, couleur gris d'acier, bien cristallisé, de densité 7,2 à 17°, plus facilement fusible que le silicium ou le nickel [Vigouroux, *C. R.*, **121**, 686].

Carbure de nickel. — Le nickel en fusion jouit de la propriété de dissoudre le carbone. En chauffant au rouge blanc pendant deux heures un mélange d'oxydule de nickel et de charbon de sucre on obtient un carbure de nickel [Pébal, *Lieb. Ann. Chem.*, **233**, 160].

D'après Moissan, le carbone se dissout dans le nickel à la température du four électrique; mais par refroidissement il se dépose sous forme de graphite; on n'a pu isoler aucun carbure de nickel défini.

Nickel carbonyle, $Ni(CO)^4$. — Le nickel carbonyle, découvert en 1890 par Mond, Langer et Quincke, se prépare en faisant passer sur du nickel, réduit et maintenu à une température de 50-60°, un courant d'oxyde de carbone. Le composé gazeux qui se forme est entraîné par un excès d'oxyde de carbone et est condensé dans un mélange réfrigérant de glace et de sel. Quant au nickel réduit, il est obtenu en réduisant l'oxyde, chauffé à 350-400°, par un courant d'hydrogène. La combinaison de l'oxyde de carbone et du nickel est favorisée par une augmentation de pression. La présence de vapeur d'eau n'aurait pas d'influence, au contraire des traces d'air l'empêcheraient; elles oxyderaient partiellement la surface du nickel réduit, ce qui empêcherait le contact avec l'oxyde de carbone.

Frey a réussi à préparer le nickel carbonyle en décomposant l'oxalate d'éthyle par le sodium, en présence de chlorure ou de bromure de nickel. L'oxalate d'éthyle se décompose selon l'équation :

$$\begin{matrix} CO^2C^2H^5 \\ | \\ CO^2C^2H^5 \end{matrix} = CO + CO^3(C^2H^5)^2$$

et l'oxyde de carbone réagirait sur le nickel mis en liberté par le sodium pour donner le nickel carbonyle [*D. chem. G.*, 24, 2512].

Propriétés. — Le nickel carbonyle est un liquide incolore, mobile, bouillant à 48° sous la pression de 750 millimètres (Mond), à 46° (Berthelot). Il se solidifie à —25° en donnant des cristaux en forme d'aiguilles. $D_0 = 1,356$. Sa température critique est voisine de 195° et sa pression critique est de 30 atmosphères. Son poids moléculaire déterminé par cryoscopie dans la benzine est de 176,5 (la théorie exige 170,6). L'indice de réfraction du nickel carbonyle varie beaucoup avec la température; il est, à 10° et pour la raie D du sodium, égal à 1,4584. Il en est de même du pouvoir rotatoire magnétique dont la place vient immédiatement après celui du phosphore. Le nickel carbonyle serait un isolant parfait. La formation de ce corps est accompagnée d'un dégagement de chaleur de 52 200 calories (Mittasch). D'après Jones [*Chem. Soc.*, **90**, 144], l'action de l'hydroxylamine, de l'hydrate d'hydrazine, des composés d'alcoyl-magnésium, ont donné naissance à des produits qu'on n'a pu isoler à l'état pur, mais qui laissent supposer que le nickel carbonyle est un composé cétonique.

Le nickel carbonyle est soluble dans l'alcool, le pétrole et le chloroforme; mais ses véritables dissolvants sont le tétrachlorure de carbone, les carbures d'hydrogène et l'essence de térébenthine. Il n'est pas absorbé sensiblement par l'eau, ni par les solutions acides diluées ni par les alcalis étendus.

A la température ordinaire, il est stable et ne possède aucune tension sensible de dissociation; mais, si l'air pénètre dans les vases qui le contiennent, il s'oxyde rapidement. Le nickel carbonyle peut être distillé sans décomposition; mais sa vapeur chauffée brusquement au-dessus de 70° se décompose avec détonation. Il se forme de l'anhydride carbonique, du charbon et du nickel métallique qui se déposent (Berthelot) :

$$Ni(CO)^4 = 2CO^2 + Ni + 2C.$$

S'il est au contraire dilué dans un gaz inerte bien exempt d'oxygène, la destruction s'opère sans détonation, et à 150° il se dissocie complètement en oxyde de carbone à peu près pur, et en nickel (Mond).

Mélangé à l'oxygène de l'air, le nickel carbonyle brûle au contact d'une flamme en donnant de l'anhydride carbonique et de l'oxyde de nickel.

Le chlore, le brome, l'iode en solution dans le tétrachlorure de carbone réagissent sur le nickel carbonyle dissous dans le même solvant avec mise en liberté d'oxyde de carbone et formation de chlorure, bromure ou iodure de nickel. En aucun cas on n'a observé l'union de l'oxyde de carbone avec les halogènes. La même réaction se produit à basse température entre le nickel carbonyle solide et le chlore ou le brome liquides. L'iode solide est sans effet. Dans le cas du chlore et du brome, la réaction est exothermique; elle est au contraire endothermique dans le cas de l'iode, mais elle se produit cependant grâce à la chaleur apportée par la formation de l'iodure de nickel. Ces combinaisons qui ont lieu dans le tétrachlorure de carbone se produisent aussi aisément en milieu éthéré ou chloroformique.

Le cyanogène gazeux est sans action sur le nickel carbonyle gazeux ou liquide, mais en solution alcoolique il y a production d'oxyde de carbone et de cyanure de nickel.

Le soufre en solution sulfocarbonique décompose le nickel carbonyle en donnant de l'oxyde de carbone et du sesquisulfure de nickel Ni^2S^3.

Le chlorure d'iode ICl et le trichlorure ICl^3 réagissent sur le nickel carbonyle en milieu chloroformique; il se forme du chlorure et de l'iodure de nickel en même temps qu'il se dégage de l'oxyde de carbone. Avec l'iodure de cyanogène dans le chloroforme ou l'alcool il se produit d'abord la réaction :

$$Ni(CO)^4 + 2CAzI = Ni(CAz)^2 + I^2 + 4CO.$$

Puis l'iode mis en liberté réagit sur le nickel carbonyle suivant le mode indiqué plus haut, c'est-à-dire avec mise en liberté d'oxyde de carbone et d'iodure de nickel.

Les acides chlorhydrique, bromhydrique secs ne reagissent pas sur le nickel carbonyle; au contraire l'acide iodhydrique gazeux ou dissous dans le chloroforme, fournit de l'hydrogène, de l'oxyde de carbone et de l'iodure de nickel. Avec l'acide sulfhydrique, l'action est lente; il se forme de l'oxyde de carbone, de l'hydrogène et du sulfure de nickel. L'hydrogène phosphoré agit de même et dépose lentement du phosphure de nickel. Le gaz ammoniac pur ne réagit pas; mais en présence d'oxygène il décompose $Ni(CO)^4$.

Le nickel carbonyle réagit lentement sur l'acide sulfurique selon la réaction :

$$SO^4H^2 + Ni(CO)^4 = SO^4Ni + H^2 + 4CO.$$

L'oxyde azotique privé d'air donne avec le nickel carbonyle des fumées bleues qui se condensent peu à peu et qui sont détruites par l'oxygène avec dépôt de nickel [Dewar et Jones, *Chem. Soc.*, **85**, 203-212; Mond, *Revue générale de chimie pure et appliquée*, 2, 121; — Berthelot, *Bull. Soc. Chim.*, 431, n° 7; — Mittasch, *Zeit. phys. Chem.*, 40, 1902, et 46, 1904].

Le nickel carbonyle est sans action sur le chlorure d'aluminium ou sur les carbures aromatiques, mais il réagit sur ceux-ci en présence de $AlCl^3$ avec dégagement de gaz chlorhydrique.

A la température ordinaire, on a une aldéhyde, identique à celle qui se forme dans l'action de l'oxyde de carbone et de l'acide chlorhydrique selon la réaction de Gattermann et Kock.

A 100°, au contraire, on a un dérivé anthracénique. La benzine par exemple fournit à froid de l'aldéhyde benzoïque; à 100°, il y a production d'anthracène [Dewar et Jones, *Chem. Soc.* 85, 212].

Le nickel carbonyle réagit enfin sur les combinaisons organo-magnésiennes mixtes pour former des composés complexes qui, décomposés par l'eau, fournissent des aldéhydes et probablement des cétones [Zélinsky, *Journ. Soc. phys. chim. russe*, **36**, 339].

Le nickel carbonyle est un composé extrêmement toxique, non seulement par l'oxyde de carbone qu'il fournit par sa décomposition, mais aussi par suite d'une action spéciale qui produit la paralysie des voies respiratoires.

ANALYSE. *Précipitation du nickel.* — Les sels de nickel précipitent par l'hydrogène sulfuré en présence d'acétate de soude ou de tout autre acétate. Il en est de même lorsque le composé alcalin est formé par un acide organique : acides formique, tartrique, citrique, lactique, malique, etc. Dans tous les cas, la précipitation est d'autant plus rapide que la solution est moins acide. Lorsque l'acide organique domine, la précipitation est beaucoup plus lente.

Dosage volumétrique du nickel. — Les sels de nickel en solution neutre sont précipités par une solution d'oxalate de baryum ou d'oxalate de strontium acidulée d'acide oxalique. Le précipité possède la formule $(CO^2)^2Ni$. On peut, soit doser l'acide oxalique contenu dans ce précipité lavé, au moyen de permanganate de potassium en présence d'acide sulfurique, soit doser l'acide oxalique de l'excès d'oxalate employé dans la solution filtrée. Les sels d'ammonium doivent être préalablement éliminés, ils empêchent la précipitation totale de l'oxalate [*Gazz. chim. ital.*, **29**, 72, 1898].

Séparation du nickel et du cobalt. — Pour séparer les traces de nickel dans un grand excès de cobalt, il n'existe pas de procédé qui soit d'une efficacité certaine.

Sœrensen [*Zeit. anorg. Chem.*, **5**, 354, 1893] a indiqué deux méthodes pour rechercher le nickel : l'une due à Plattner et qui consiste à profiter de la différence de réductibilité des oxydes ; la seconde fondée sur l'emploi des cyanures alcalins. En 1897, Pinerna [*C. R.*, **126**, 862] a proposé de séparer le nickel et le cobalt par réaction du gaz chlorhydrique sur leurs chlorures en présence d'éther. Enfin, Mond, Langer et Quincke [*Journ. Chem. Soc.*, **67**, 749, 1895], séparent le nickel du cobalt à l'aide d'oxyde de carbone sous forme de nickel carbonyle facilement volatilisable.

La photographie spectrale est un procédé minutieux, mais qui permet de retrouver avec beaucoup de précision de faibles traces de nickel dans le cobalt. Le spectre du nickel, présentant 6 à 8 raies très nettement placées, pourra être facilement distingué de celui du cobalt dans une épreuve photographique. Il en résulte que si l'on photographie le spectre d'étincelles, on aura là un moyen précis de reconnaître des traces de nickel dans du cobalt. Il est de même facile de découvrir des traces de cobalt dans le nickel en employant le *nitroso β-naphtol* d'Illinsky et Knorre. Ce composé

$$C^{10}H^6 \begin{cases} AzO \\ OH \end{cases}$$

dissous dans l'acide acétique, donne avec le nickel un naphtolate soluble dans l'acide chlorhydrique, tandis qu'il fournit avec le cobalt un précipité amorphe insoluble dans HCl. Il en résulte une facile séparation. La solution des deux chlorures, exempte de tout acide minéral autre que l'acide chlorhydrique, est additionnée d'un excès de nitroso β-naphtol dissous dans l'acide acétique à 50 0/0. Après avoir ajouté de l'acide chlorhydrique, on laisse digérer à froid pendant une heure. Le cobalt précipite, entraînant un peu de nickel si la proportion de ce dernier est trop forte. On incinère le précipité; on le redissout dans l'acide chlorhydrique et l'on renouvelle l'opération [*Ann. Chim. Phys.*, (8), **6**, 508].

Purification des sels de nickel. — D'après Sœrensen et Copeaux, le moyen pratique d'obtenir un sel de nickel pur consiste à éliminer le cobalt par le nitrite de potassium, et à précipiter ensuite le nickel à l'état de chlorure ammoniacal $NiCl^2.6AzH^3$. Ce précipité est ensuite calciné à 250° pour le débarrasser de l'ammoniaque et le transformer en chlorure anhydre [*Zeit. anorg. Chem.*, **5**, 354, et *Ann. Chim.* **6**, 524]. Octobre 1906. A. Maille.

NICKEL (Min.) [(Alf. Sella). Syn. *Nickel natif*]. — Nickel renfermant du fer (26 0/0 environ) et un peu de cobalt. Petits grains ou pépites, doués de l'éclat métallique, ressemblant au platine natif, ductiles, fortement magnétiques. Très rare, dans les sables aurifères du torrent d'Elvo, près Biella, val d'Aoste, Piémont. Soluble dans l'acide azotique, plus difficilement dans l'acide chlorhydrique. Densité = 7,8.

L. Bourgeois.

NICOTÉINE, NICOTELLINE. — Voyez Nicotine.

NICOTIANIQUE (ACIDE) (β-pyridinecarbonique). — Voyez l'art. Pyridine.

NICOTIMINE. — Voyez Nicotine.

NICOTINE (Voyez 1er suppl., 1078). — La présence de la nicotine a été signalée, en dehors des nicotianées, dans le chanvre indien (Cannabis Indica) (Guareschi). Elle est d'ailleurs accompagnée dans le tabac de plusieurs autres alcaloïdes, qui y sont en très faibles quantités, et parmi lesquels Pictet et Rotschy ont isolé la nicotimine, la nicotelline et la nicotéine.

La nicotine bout à 246°,7 sous 745 millimètres ; il y a toujours, dans la distillation à l'air libre, formation de matières résineuses qui demeurent sous forme d'un résidu visqueux.

Son indice de réfraction à 20° est $n_D = 1,5270$ (Brühl). Sa chaleur de combustion à volume constant : 1426^{cal},5 (Berthelot). Son pouvoir rotatoire : $[\alpha]_D^{20} = -166°,39$.

La nicotine est miscible à l'eau, à l'alcool, et à l'éther en toutes proportions. La dissolution dans l'eau s'accompagne d'une contraction avec échauffement. La solution à 69 0/0 représente une densité maximum ($D_4^{20} = 1,0402$) ainsi qu'une discontinuité dans la courbe des pouvoirs rotatoires.

Sels de nicotine. — *Monochlorhydrate*,

$$C^{10}H^{14}Az^2HCl,$$

— Très soluble dans l'eau.

Diiodhydrate. — Longues aiguilles fondant à 195°.

Chlorozincate, $C^{10}H^{14}Az^2 2HCl, 4ZnCl^2.4H^2O$. — Très soluble dans l'eau, très peu dans l'alcool.

Chlorocadmiates : $C^{10}H^{14}Az^2 2HCl, CdCl^2, 2H^2O$,

$$3C^{10}H^{14}Az^2(HCl)^2 + 7CdCl^2,$$

$$2C^{10}H^{14}Az^2(HCl)^2 + 3CdCl^2 + 2H^2O$$

(Glaser).

Chlorostannate, $C^{10}H^{14}Az^2(HCl)^2 2SnCl^2 + H^2O$. — Fond à 162°.

Dichloraurate, $C^{10}H^{14}Az^2(AuCl^3HCl)^2$. — Précipité obtenu en ajoutant une solution de chlorure d'or au dichlorhydrate de nicotine. Il fond à 180°.

Dioxalate, $C^{10}H^{14}Az^2 2C^2O^4H^2$. — Très soluble dans l'eau, il fond à 110°.

Platinosulfocyanate,

$$C^{10}H^{14}Az^2 2HSCAz + Pt(SCAz)^4.$$

— Fond à 158-160° avec décomposition.

Picrate. $C^{10}H^{14}Az^2.2C^6H^3Az^3O^7$. — Peu soluble dans l'alcool ; fond à 218°.

Constitution de la nicotine. — Les travaux de Huber, Pinner, Etard, etc., ont amené à considérer la nicotine comme la α.β-pyridyl-Az-méthylpyrrolidine (Pinner). Aimé Pictet, Pierre Crépieux et Arnold Rotschy ont confirmé cette constitution par la synthèse.

La presence d'un noyau pyridique dans la nicotine a été démontrée par Huber qui, en l'oxydant par les acides chromique ou nitrique, ou le permanganate, obtint avec de bons rendements l'acide β-carbopyridique (nicotique).

On verra d'ailleurs que tous les dédoublements de la nicotine donnent lieu à de la pyridine ou à l'un de ses dérivés. De plus on peut, au moyen du sodium et de l'alcool, fixer 6 atomes d'hydrogène sur la nicotine, ce qui s'accorde bien avec la présence d'un noyau pyridique. Le corps obtenu $C^{10}H^{20}Az^2$ a la composition d'un bipipéridyle, mais diffère des bipipéridyles véritables préparés par Ahrens.

En second lieu, l'expérience a montré que les deux azotes sont l'un et l'autre tertiaires. En effet, l'action de CH^3I en excès sur la nicotine fournit un diiodométhylate $C^{10}H^{14}Az^2.2CH^3I$ qui, traité par l'oxyde d'argent, donne une base biquaternaire biacide.

Le rôle tertiaire de l'un des azotes avait été mis en doute par les travaux d'Etard, qui avait obtenu, par l'action du chlorure de benzoyle sur la nicotine, un dérivé benzoylé à l'azote. Mais la régénération de la base par l'éthylate de sodium a montré que le chlorure de benzoyle ne se fixe à l'azote qu'en transformant la nicotine en une base monosecondaire isomérique, la métanicotine (Pinner). D'ailleurs Pinner et Wolffenstein ont vainement tenté d'obtenir un dérivé benzoylé ou un dérivé nitrosé de la nicotine.

Enfin l'existence d'un groupe méthyle attaché à l'un des azotes a été prouvée par la distillation sèche du chlorhydrate de nicotine ou du chlorozincate en présence de chaux vive (Larblin). Herzig et Meyer ont confirmé le fait, par l'emploi de leur méthode de déméthylation.

L'action du brome sur la nicotine, étudiée par Pinner, a donné d'importantes indications sur le reste non pyridique de la molécule.

En faisant réagir le brome sur la nicotine en solution bromhydrique ou acétique, on obtient un bromhydrate de dibromoxydéhydronicotine dibromée $C^{10}H^{10}Br^2OAz^2HBrBr^2$. Ce corps, réduit par SO^2, qui lui enlève 2 atomes de brome, et traité par les alcalis, se décompose en méthylamine, acide oxalique et méthylpyridylcétone. L'action du brome s'est donc portée uniquement sur la chaîne latérale, puisque le noyau pyridique se retrouve intact (Pinner).

En faisant réagir le brome en solution bromhydrique sur la nicotine, à chaud et en tubes scellés, on obtient un corps voisin du précédent, $C^{10}H^{10}Br^2O^2Az^2HBr$, mais qui, traité par une solution saturée de baryte, à 100°, se dédouble en acide nicotique, acide malonique et méthylamine.

La comparaison de ces deux dédoublements

[Formules : noyau pyridique (Az) — $CO\text{-}CH^3$; $CO^2H\text{-}CO^2H$; AzH^2CH^3 — noyau pyridique (Az) — CO^2H ; $CO^2H\text{-}CH^2\text{-}CO^2H$; AzH^2CH^3]

montre évidemment l'existence d'une suite de 4 atomes de carbone liés ensemble en dehors du noyau. La nicotine peut donc se représenter par la formule

[Formule : noyau pyridique (Az) — $C^4H^7.AzCH^3$]

Comme il n'existe pas de liaison éthylénique dans la chaîne latérale, ainsi que l'ont montré Brühl par la réfraction moléculaire et Willstätter par l'action du permanganate, le nombre d'atomes d'hydrogène qu'elle renferme exige qu'elle soit fermée.

Pinner propose donc la formule suivante

[Formule : noyau pyridique (CH, CH, CH, CH, Az) — C — CH (cycle CH^2, CH^2, CH^2, $Az\text{-}CH^3$)]

qui concorde bien avec le rôle tertiaire des azotes et contient un carbone asymétrique, ainsi que l'exige le pouvoir rotatoire de la nicotine.

Cette formule est encore rendue plus probable par ce fait que la nicotyrine, produit de déshydrogénation de la nicotine, présente les réactions du noyau pyrrolique, notamment la coloration rouge avec HCl et le copeau de sapin.

La synthèse opérée par Pictet et Crépieux est venue confirmer entièrement cette formule.

Synthèse de la nicotine. — Le point de départ est l'acide β-carbopyridique, dont l'amide $C^5H^4AzCO(AzH^2)$, traitée par le brome en solution alcaline, conduit à la β-amino-pyridine, d'après la réaction d'Hoffmann :

$$C^5H^4AzCOAzH^2 + KOBr$$
$$= CO^2 + KBr + C^5H^4Az.AzH^2.$$

Cette base est combinée à l'acide mucique, et le sel obtenu, distillé au bain de sable, perd de l'eau et de l'acide carbonique, en formant, par fermeture de la chaîne, l'Az-pyridyl-pyrrol :

[Formule : noyau pyridique (CH, CH, CH, CH, Az) — $C\text{-}AzH^3\text{-}CO^2\text{-}(CHOH)^4CO^2H$]

$= 2CO^2 + 4H^2O +$ [noyau pyridique (CH, CH, CH, CH, Az) — C — Az (cycle CH CH, CH CH)]

Or, les travaux de Ciamician et Silber ont montré que les dérivés du pyrrol, possédant une chaîne carbonée liée à l'azote, subissent au rouge sombre une transposition par laquelle la chaîne carbonée quitte l'azote et vient se rattacher à l'un des carbones α du pyrrol.

En dirigeant l'Az-pyridyl-pyrrol à travers un tube chauffé au rouge sombre, on obtient un composé qui doit donc être

[Formule : noyau pyridique (Az) — cycle pyrrolique (H-Az)]

Ce composé, comme tous les dérivés du pyrrol, donne avec le potassium un dérivé potassé à l'azote pyrrolique: l'iodure de méthyle fournit avec ce dérivé potassé un iodométhylate de pyridyl-Az-méthylpyrrol, lequel est identique avec l'iodométhylate de nicotyrine préparé en enlevant 4 atomes d'hydrogène à la nicotine, et combinant l'iodure de méthyle au produit obtenu (voyez plus loin) :

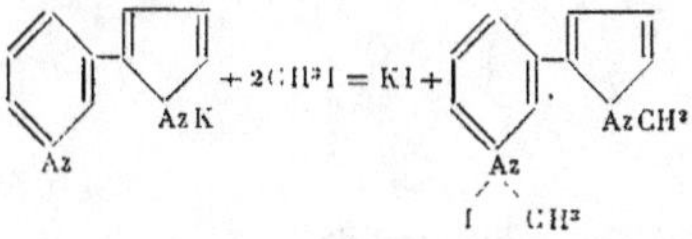

Az — AzK + $2CH^3I = KI +$ AzCH³ — Az (I, CH³)

Des travaux récents de Pictet ont permis de passer de cet iodométhylate à la nicotine.

L'iodométhylate de nicotyrine, distillé sur de la chaux vive à la plus basse température possible, donne, avec un rendement de 50 0/0 de la théorie, de la nicotyrine par perte de CH^3I.

Pour fixer 4 atomes d'hydrogène sur le noyau pyrrolique de la nicotyrine, on ne peut faire agir directement les réducteurs, car ils hydrogéneraient en même temps le noyau pyridique.

On fixe d'abord un atome d'iode dans le noyau pyrrolique, en faisant réagir l'iode en solution alcaline concentrée sur la nicotyrine. Le dérivé $C^{10}H^9IAz^2$ obtenu, réduit par le zinc et HCl, donne une dihydronicotyrine. Celle-ci, traitée par le brome, donne un perbromure $C^{10}H^{11}Br^3Az^2$, dont la réduction conduit à une nicotine inactive par compensation.

Cette nicotine inactive a été obtenue d'autre part en chauffant le chlorhydrate ou le sulfate de la nicotine naturelle à 200-210°.

Inversement, on a séparé la nicotine synthétique inactive en ses deux composants actifs au moyen de l'acide tartrique, et obtenu ainsi la l-nicotine, dont la synthèse totale se trouve ainsi réalisée.

Iodométhylates de nicotine. — L'action directe de CH^3I en excès sur la nicotine conduit à un diiodométhylate (Stahlschmidt) fondant à 216°. $C^5H^4Az(CH^3I) - C^4H^7Az(CH^3)^2I$. Il est très soluble dans l'eau, moins dans l'alcool, insoluble dans l'éther (Pictet et Genequand). La solution traitée par l'oxyde d'argent donne la base diquaternaire $C^{12}H^{20}Az^2(OH)^2$.

Monoiodométhylates. — Pour fixer CH^3I sur l'azote pyridique, il faut d'abord bloquer l'azote pyrrolique par une molécule de HI. On fait ensuite réagir un excès de CH^3I à chaud, et on régénère l'iodométhylate par un carbonate alcalin, après avoir distillé l'excès d'iodure de méthyle (Pictet et Genequand).

Il fond à 164°, est très soluble dans l'eau et l'alcool, insoluble dans l'éther; son iodhydrate fond à 209°.

La position du groupe CH^3I est fixée par ce fait que la base quaternaire obtenue par l'action de l'oxyde d'argent donne, par oxydation, de la trigonelline, ou méthylbétaïne de l'acide nicotique :

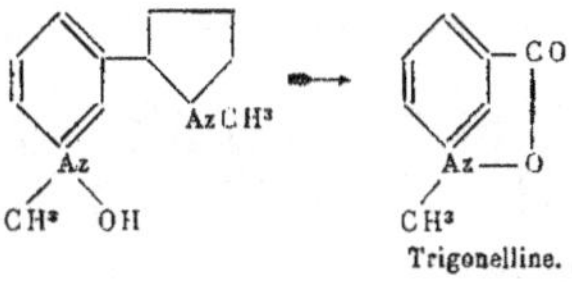

AzCH³ — Az (CH³, OH) ⟶ CO — Az — O (CH³)

Trigonelline.

2° En faisant réagir une molécule de CH^3I sur une molécule de nicotine en solution méthylique, on obtient un deuxième iodométhylate sous forme d'un liquide sirupeux. Dans ce dérivé l'iodure de méthyle CH^3I est nécessairement fixé sur l'azote pyrrolidique.

La base quaternaire correspondante donne un chloroplatinate $C^{10}H^{14}Az^2.CH^3Cl.HCl.PtCl^4$ fondant à 266° avec décomposition.

Dichlorobenzylate, $C^{10}H^{14}Az^2(C^7H^7Cl)^2$. — Obtenu à l'état amorphe par Pinner et Wolffenstein.

Dinicotine-bromure d'orthoxylène,

$$C^6H^4(CH^2BrC^{10}H^{14}Az^2)^2.$$

— On chauffe 2 molécules de nicotine et une molécule de dibromure en solution chloroformique et on précipite par l'éther. Soluble dans l'eau, fond à 97-98° (Scholtz).

Mononicotine-bromure d'orthoxylène,

$$C^6H^4(CH^2Br)^2C^{10}H^{14}Az^2.$$

— Préparation analogue, fond à 158-159°.

Mononicotine-chlorure d'orthoxylène. — Il s'obtient en agitant le bromure avec AgCl et de l'eau.

Hydronicotines. — *Dihydronicotine*, $C^{10}H^{16}Az^2$. — Etard l'obtient par l'action de l'acide iodhydrique fumant et du phosphore à 260° sur la nicotine. On la sépare de la nicotine non attaquée par fractionnement; elle bout à 263-264°. Pouvoir rotatoire $[\alpha]_D = -13°,4$; densité à 17° = 0,993. Son *chloroplatinate* est très soluble.

Hexahydronicotine, $C^{10}H^{20}Az^2$. — On l'obtient en même temps que l'octohydronicotine par l'action du sodium et de l'alcool absolu sur la nicotine (Blau). Elle fond vers 36°, bout à 244°,5-245°,5 (corr.). Le *chloroplatinate*, $C^{10}H^{20}Az^2 2HClPtCl^4$, fond à 226-228°, et le *chloraurate*, $C^{10}H^{20}Az^2 2HCl 2AuCl^3$, fond à 188-191°, tous deux avec décomposition.

Les 6 atomes d'hydrogène sont fixés sur le noyau pyridique, dont l'azote devient par conséquent secondaire; on connait en effet un dérivé nitrosé à l'azote $C^{10}H^{19}Az^2.AzO$ (Blau).

Octohydronicotine $C^{10}H^{22}Az^2$. — Par le sodium et l'alcool absolu sur la nicotine (Blau). Huile bouillant à 259-260°. Son *chlorhydrate* fond à 201-202°. Le *chloroplatinate* fond à 202°.

Il faut admettre que, dans ce corps, l'une des chaines fermées s'est ouverte. Comme cette base ne possède pas le pouvoir rotatoire, on en conclut que la rupture s'est faite par le carbone asymétrique du noyau pyrrolidique, d'où la formule $C^5H^4AzH-(CH^2)^4-AzH(CH^3)$ (Blau).

Oxynicotine, $C^{10}H^{14}Az^2O$. — On l'obtient par oxydation lente de la nicotine au moyen de l'eau oxygénée; on évapore ensuite dans le vide, et on reprend par l'alcool absolu (Pinner et Wolffenstein).

Elle est très soluble dans l'alcool et dans l'eau, insoluble dans l'éther. Elle se détruit à 150°. Son *picrate* fond à 154-158°. Chauffée à 140° avec HCl fumant, elle se transforme en nicotol $C^{10}H^{16}Az^2O^2$ (Pinner et Wolffenstein). Auerbach et Wolffenstein ont opéré le retour de l'oxynicotine à la nicotine en la chauffant avec l'acide sulfurique ou l'acide azotique concentrés.

Cette réaction a fait considérer l'oxynicotine comme un oxyde à l'azote pyrrolique :

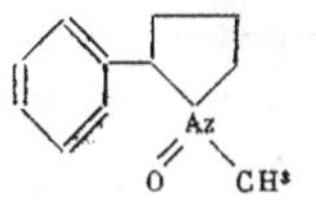

Az (O, CH³)

Nicotol, $C^{10}H^{16}Az^2O^2$. — Il s'obtient en chauffant l'oxynicotine à 140°, soit avec HCl fumant, soit avec de l'eau de baryte saturée à chaud, en tubes scellés. On entraîne à la vapeur, on sépare $Ba(OH)^2$ par CO^2, on évapore le résidu, et on extrait le nicotol par l'éther. Huile bouillant à 265-275°, en perdant de l'eau avec formation de nicotone.

NICOTONE, $C^{10}H^{14}Az^2O$. — Huile bouillant à 253°. C'est une base puissante. Son picrate fond à 184°.

NICOTYRINE. — La nicotyrine est le Az-méthyl-β-pyridyl-pyrrol,

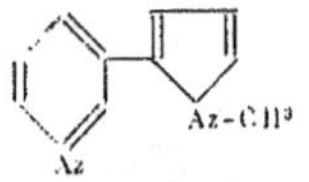

Az-CH³
Az

ainsi que l'a démontré la synthèse de Pictet. On l'obtient en partant de la nicotine, qu'on oxyde soit par le ferricyanure alcalin, soit plutôt par l'oxyde d'argent à 100° (Blau).

Elle est liquide et bout à 280-281° sous 744 millimètres, à 150° sous 17 millimètres. Elle se comporte comme base monoacide tertiaire.

Le *chloroplatinate* fond à 158-160°.

Le *picrate* $C^{10}H^{10}Az^2C^6H^3Az^3O$ fond à 163-164°.

L'*iodométhylate* fond à 211-213° (Blau).

Iodonicotyrine, $C^{10}H^9Az^2I$. — Par l'action de l'iode sur la nicotine en présence de lessive de soude, un atome d'hydrogène du noyau pyrrolique de la nicotyrine est remplacé par un atome d'iode (Pictet et Crépieux). L'iodonicotyrine fond à 110°. La lessive de soude et le zinc en régénèrent la nicotyrine, tandis que le zinc et HCl la transforment en dihydronicotyrine (P. C.).

COTININE, $C^{10}H^{12}Az^2O$. — On l'obtient en réduisant le bromhydrate de son dérivé dibromé par le zinc et HCl. Elle fond à 50° et bout à 330° avec décomposition, à 250° sous 15 millimètres sans décomposition. Soluble dans l'eau, l'alcool et l'acétone; pouvoir rotatoire $[\alpha]_D = -56°$.

Le *chloroplatinate*, $(C^{10}H^{12}Az^2OHCl)^2PtCl^4$, fond à 220° en noircissant.

Bromocotinine. — On l'obtient, en même temps que l'apocotinine, en chauffant la dibromocotinine avec de l'acide chlorhydrique saturé à 0°, pendant 8-10 heures à 150-160° (Pinner). Elle est très soluble dans l'eau chaude et fond à 120°.

Dibromocotinine, $C^{10}H^{10}Br^2Az^2O$. — On obtient le bromhydrate de son *perbromure*

$$C^{10}H^{10}Br^2OAz^2HBrBr^2,$$

en mélangeant des solutions de brome et de nicotine dans l'acide acétique cristallisable (Pinner).

La réduction de ce perbromure par l'acide sulfureux donne la *dibromocotinine* fondant à 125°. La dibromocotinine, chauffée à 140°, se dédouble en méthylamine, acide oxalique et méthylpyridylcétone (Pinner).

Son *iodométhylate* $C^{10}H^{10}Br^2Az^2OCH^3I$ fond à 175°.

APOCOTININE, $C^9H^9AzO^3$. — Elle se forme en même temps que la bromocotinine dans l'action de HCl concentré sur la dibromocotinine à 160°. Elle fond à 160°. Elle se comporte comme un acide monobasique (Pinner).

BROMOTICONINE, $C^{10}H^9BrO^2Az^2$. — On l'obtient en réduisant par la soude et le zinc en poudre le bromhydrate de dibromoticonine (Pinner).

Cristaux rhomboédriques solubles dans l'alcool.

Dibromoticonine. — Son *bromhydrate* se forme en chauffant pendant 10-12 heures à 100° la nicotine avec du brome et HBr. Elle fond avec décomposition à 196°. Pouvoir rotatoire $\alpha_D = +13°,6$ (Pinner).

Le zinc et la soude la réduisent en la décomposant en méthylamine et acide pyridyldioxybutyrique, $C^5H^4Az-CH^2-(CHOH)^2-CO^2H$.

Enfin la baryte en solution concentrée la dédouble, à 100°, en acides nicotique et malonique et méthylamine, ce qui indique sa constitution :

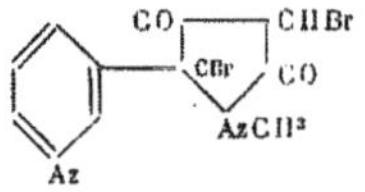

CO — CHBr, CBr, CO, AzCH³, Az

Dibromoticonine.

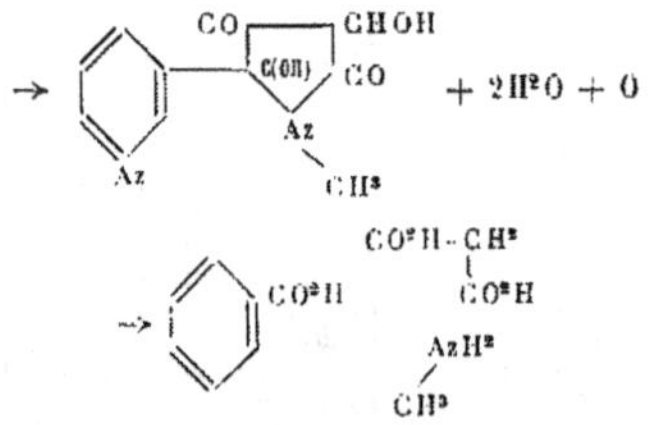

→ CO — CHOH, C(OH), CO, Az, CH³, Az + 2H²O + O

→ CO²H ; CO²H-CH² ; CO²H ; AzH² ; CH³

MÉTANICOTINE, $C^{10}H^{14}Az^2$. — Pinner l'a obtenue en régénérant, par HCl à 100°, la base du *dérivé benzoylé* préparé par Etard par l'action du chlorure de benzoyle sur la nicotine.

C'est une huile bouillant à 275-278°, miscible à l'eau, peu soluble dans l'éther. Elle est inactive sur la lumière polarisée.

La métanicotine est une base secondaire isomère de la nicotine. Elle donne avec trois molécules d'iodure de méthyle un *diiodométhylate de méthylmétanicotine*, $C^{11}H^{16}Az^2 2CH^3I$, fondant à 189°. Chauffée avec de la baryte à 170, elle se dédouble en méthylamine et une base C^9H^9Az.

Comme elle est inactive optiquement, on admet qu'elle dérive de la nicotine par rupture de la chaîne entre l'azote pyrrolidique devenu secondaire et le carbone asymétrique, avec formation d'une liaison éthylénique; d'où la formule :

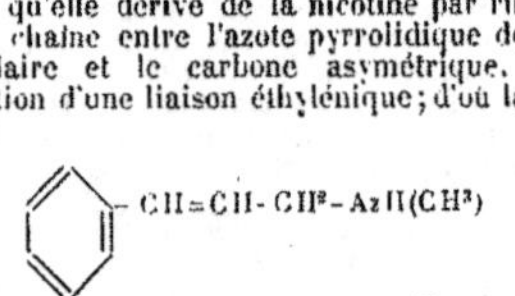

$-CH=CH-CH^2-AzH(CH^3)$
Az (Pinner).

Benzoylmétanicotine, $C^{10}H^{12}Az^2(C^6H^5CO)$. — Obtenue par Etard en chauffant doucement pendant une demi-heure 1 partie de nicotine et 2 parties de chlorure de benzoyle. Huile épaisse, soluble dans l'alcool, peu soluble dans l'éther. L'acide chlorhydrique à 100° ou l'éthylate de sodium en régénèrent la métanicotine (Pinner).

Acétylmétanicotine. — On l'obtient par l'action de l'anhydride acétique à 170° sur la nicotine (Pinner).

AUTRES ALCALOÏDES DU TABAC.

Pictet et Rotschy ont découvert et isolé dans le tabac 3 bases voisines de la nicotine, qui y existent en petites quantités : la nicotéine, la nicotelline et la nicotimine. Pour 100 de nicotine, on trouve 2 de nicotéine, 0,5 de nicotimine et 0,1 de nicotelline.

La séparation de ces alcaloïdes se fait en alcalinisant les jus concentrés de tabac, et entraînant à la vapeur; la nicotine et la nicotimine sont entraînées, les 2 autres restent dans le résidu : on les extrait et on les sépare par distillation fractionnée[1].

Nicolimine. $C^{10}H^8Az^2$. — C'est une base secondaire bouillant à 250-255°. On la sépare de la nicotine en la transformant en dérivé nitrosé. Son picrate fond à 163°.

Nicotelline. $C^{10}H^8Az^2$. — Elle fond à 147-148°, distille sans décomposition au-dessus de 300°. Le chloromercurate fond à 200-201°. La constitution de la nicotelline, encore inconnue, semble différer sensiblement de celle de la nicotine.

Nicotéine. $C^{10}H^{12}Az^2$. — Elle bout à 266-267°. Densité à 12°,5 : 1,0778. Indice de réfraction à 14° : $n_D = 1,56021$.

Pouvoir rotatoire $[\alpha]_D = -46°,41$. Les sels sont également lévogyres.

C'est une base biacide tertiaire. Oxydée par AzO^3H, elle donne directement l'acide nicotique ; donc elle est un dérivé de la pyridine, possédant une chaîne latérale soudée à l'un des carbones β.

Elle donne en outre la coloration rouge avec le bois de sapin et HCl, caractéristique des dérivés du pyrrol. Enfin elle décolore le permanganate et présente des réactions très voisines de la dihydronicotyrine de Pictet et Crépieux.

Ces propriétés ont conduit ces auteurs à adopter la formule suivante :

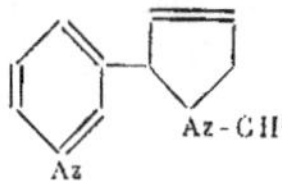

Az-CH³

Az

La nicotéine semble encore plus toxique que la nicotine (Veyrassat).

BIBLIOGRAPHIE. — Ahrens, *D. chem. G.*, 24, 2930 ; 24, 1478. — Auerbach et Wolffenstein, *id.*, 34, 2411. — Barral, *Ann. Chem.*, 44, 281. — Berthelot, *C. R.*, 126, 784. — Berthelot et André, *ibid.*, 128, 967. — Blau, *D. chem. G.*, 24, 326 ; 26, 628, 1029 ; 27, 39, 2537 ; *Monats. f. Chem.*, 13, 320. — Bœdeker, *Ann. Chem.*, 73, 372. — Brühl, *Zeitsch. f. Ph. Chem*, 16, 218. — Cahours et Étard, *Bull. Soc. chim.*, (2), 34, 450 ; (2), 42, 297 ; (3), 11, 109 ; (3), 14, 342 ; *C. R.*, 88, 999 ; 90, 275 ; 97, 1218 ; 117, 170, 278. — Ciamician et Silber, *D. chem. G.*, 18, 1828 ; 20, 698 ; 22, 629 ; 25, 118. — Colson, *Ann. Chim. Phys.*, (6), 19, 416. — Crum, Brown et Fraser, *Jahresb. d. Chem.*, 1868, 757. — Dauber, *Ann. Chem.*, 74, 201. — Draggendorf, *Jahresb. d. Chem.*, 1876, 1024. — Étard, *Bull. Soc. chim.*, (3), 11, 109 ; *C. R.*, 97, 1218 ; 117, 170, 278. — Gennari, *Gaz. chim. ital.*, (2), 25, 253. — Gerard, *Jahresb. d. Chem.*, 1878, 915. — Guareschi, *Einf. in das Stud. der Alk.*, 1896. — Herzig et Meyer, *D. chem. G.*, 27, 319. — Huber, *Ann. Chem.*, 131, 257. — Kippenberger, *Zeit. anal. Chem.*, 42, 232, 1903. — Kissling, *Fresenius Zeits.*, 21, 75 ; 22, 199 ; 34, 731. — Kosutany, *ibid.*, 32, 278. — Laiblin, *Ann. Chem.*, 196, 130, 172 ; *Bull. Soc. chim.*, 34, 151. — Landolt, *Ann. Chem.*, 189, 318. — Liebrecht, *D. chem. G.*, 18, 2969. — Maass, *ibid.*, 38, 1831. — Marckwald et Chusolles, *ibid.*, 31, 788. — Nasini, *Gazz. chim. ital.*, 23, (5), 45. — Œschner, *C. R.*, 124, 773. — Ortigosa, *Ann. Chem.*, 41, 118. — Parenty et Grasset, *Bull. Soc. chim.*, (3), 13, 299. — Petit, *Jahresb. d. Chem.*, 1879, 791. — Pezzolatto, *Gaz. chim. ital.*, 20, 784. — Pictet, *D. chem. G.*, 33, 2355 ; 38, 1851. — Pictet et Crépieux, *ibid.*, 31, 2018 ; 28, 1904. — Pictet et Genequand, *ibid.*, 30, 2118. — Pictet et Rotschy, *ibid.*, 34, 696 ; *C. R.*, 132, 971. — Pinner, *D. chem. G.*, 25, 2816 ; 26, 295, 771 ; 27, 1058, 2864 ; 28, 460. — Pinner et Wolffenstein, *ibid.*, 24, 61, 1376 ; 25, 1429. — Poponici et Hoppe-Seyler's, *Zeit. physiol. Chem.*, 13, 447. — Posselt et Reimann, *Berz. Jahresb.*, 10, 193. — Pribram et Glückstein, *Monatsheft. f. Chem.*, 18, 303. — Scholz, *Archiv. der Phar.*, 242, 568. — Schwebel, *D. chem. G.*, 15, 2850. — Skalweit, *ibid.*, 14, 1809. — Stahlschmidt, *Ann. Chem.*, 90, 222. — Vedrödi, *Fresenius Zeits.*, 32, 280. — Vohl, *Jour. f. pr. Chem.*, (2), 2, 33. — Will, *Ann. Chem.*, 118, 206 — Willstätter, *D. chem. G.*, 28, 2277. — Wolffenstein, *ibid.*, 24, 1373. — Zalackas, *C. R.*, 140, 741.

Mars 1906. Ch. Moureu.

1. Dans une conférence faite en 1906 à la Société chimique de Paris, M. Pictet a annoncé avoir également extrait du tabac de petites quantités de pyrrolidine, C^4H^9Az.

NICOTOL, NICOTONE. — Voyez NICOTINE.

NICOTYRINE. — Voyez NICOTINE.

NINAPHTYLAMINE. — Voyez l'article NAPHTYLAMINE, page 504.

NIGRINE. — A. Tschirch et Polacco, étudiant les fruits du *Rhamnus cathartica*, ont constaté que par l'action de divers réactifs, en particulier de l'ammoniaque, l'*émodine* (voyez ce mot) et ses dérivés se transforment en nigrine $C^{22}H^{18}O^8$ [*Arch. d. Pharm.*, 238, 459, 1900].

Janvier 1907. A. Hébert.

NIGRISINE. — Voyez COLORANTES (MATIÈRES), 2e suppl., 2, 1353.

NIOBIUM. — *État naturel.* — Les minéraux du niobium et du tantale, niobites et tantalites contenant les oxydes Nb^2O^5 et Ta^2O^5 en quantités relatives très variables, ont été rencontrés en assez notable abondance dans le Dakota [Schäffner, *Am. Journ.*, (3), 28, 430] ; une variété un peu différente des niobites, la branzilite, accompagne les monazites et les minéraux de thorium du Brésil [Christensen, *Zeit. f. Krist.*, 34, 639, 1901]. Les pyrochlores ont été trouvés au Colorado [Lacroix, *C. R.*, 109, 38, 1889] et la koppite se rattache à cette espèce minéralogique signalée et analysée par Bailey [*J. Chem. Soc.*, 49, 153, 1886].

La samarskite, la niobite font également partie des minéraux du Caucase [Tchernick, *Journ. phys. chim. russe*, 34, 684, 1902]. Krustschoff fit également des analyses très détaillées sur ces minéraux caucasiens [*Zeit. f. Krist.*, 26, 335, 1896]. De petites quantités d'acides niobique et tantalique ont été décelées dans les sables stannifères du Swaziland [Prior, *Zeit. f. Krist.*, 32, 279, 1899].

Préparation. — Arskel Larrson a indiqué la possibilité d'obtenir le métal au four électrique [*Zeit. Chem.*, 12, 189, 1896]. Moissan réalisa sans difficulté la préparation d'une fonte de niobium non graphitée donnant de 2,5 à 3,4 0/0 de carbone combiné. L'acide niobique pur et bien calciné est mélangé avec 18 parties de charbon de sucre (pour 82 d'acide Nb^2O^5) et chauffé trois minutes avec un arc de 50 volts et de 600 ampères [H. Moissan, *C. R.*, 133, 20, 1901]. Goldschmidt a pu réduire l'acide niobique par l'aluminium en poudre [Goldschmidt et Vautin, *J. Soc. Chem. Ind.*, 19, 543, 1898]. Enfin Weiss et Aichel ont également réduit l'acide niobique par les métaux de la série des terres rares [*Ann. Chem.*, 337, 370, 1905].

Werner von Bolton réalisa la préparation du niobium pur par la réduction électrolytique dans le vide d'un de ses oxydes inférieurs bon conducteur à haute température ; cet oxyde se dissocie dans ces conditions en oxygène et métal purs.

Il fut également possible à Werner von Bolton de purifier par fusion dans l'arc électrique, jaillissant dans le vide, le métal aggloméré obtenu par les procédés de Berzélius ou de Marignac (voyez article TANTALE). Le niobium obtenu ainsi est assez ductile, alors que le métal carburé de Moissan est cristallin et cassant. Il fond dans le vide à environ 1950° [Bolton, *Zeit. Electrochem.*, 11, 46, 1905].

Propriétés chimiques. — L'ensemble des propriétés énergiquement réductrices du niobium le rapproche du bore, du silicium et du vanadium [Moissan, *loc. cit.*]. Le fluor se combine à la fonte de niobium légèrement chauffée pour donner un fluorure volatil dont on n'a pas étudié les propriétés. L'acide niobique est attaqué à 220°, plus rapidement à 440° par la vapeur de tétrachlorure de carbone pour fournir $NbCl^3$ [Demarçay, *C. R.*, **104**, 111, 1887]. Delafontaine et Linebarger [*J. Amer. Chem. Soc.*, **18**, 532, 1896], en entraînant ces vapeurs par un courant de chlore, ont obtenu le pentachlorure $NbCl^5$, dont Pennington avait également constaté la formation dans l'action en tubes scellés de Nb^2O^5 sur le pentachlorure de phosphore [*J. Am. chem. Soc.*, **18**, 38, 1896].

ACIDE NIOBIQUE. — Moissan [*C. R.*, **133**, 20, 1901] a indiqué un élégant procédé pour obtenir rapidement le mélange d'acides niobique et tantalique propre a la séparation de Marignac. Le minéral réduit en poudre est additionné de charbon de sucre, puis aggloméré par pression et chauffé 7 à 8 minutes au four électrique avec un courant de 1000 ampères et 50 volts. La totalité du manganèse, la plus grande partie du fer et de la silice se volatilisent. La fonte gris clair, cristalline, qui reste dans le creuset, est réduite en morceaux grossiers et attaquée par une solution d'acide fluorhydrique additionnée d'une petite quantité d'acide azotique. Après filtration le fer est séparé par un peu de sulfhydrate d'ammoniaque, et l'addition de fluorure de potassium permet de préparer les sels de Marignac. Si la chauffe est bien conduite la liqueur est incolore, s'il reste du manganèse elle est brune par suite de la formation de fluorure manganique.

L'acide niobique anhydre, amorphe, ne cristallise pas dans le sel de phosphore [Knop, *Zeit. f. Krist.*, **12**, 612, 1887 ; Mallard, *C. R.*, **105**, 1260, 1887]. Sa chaleur spécifique a été déterminée ainsi que sa chaleur moléculaire : entre 0 et 210° la chaleur spécifique est de 0,1184, entre 0 et 440 de 0,1349 [Krüss et Nilson, *D. chem. G.*, **20**, 1691, 1887].

La réduction très énergique de l'anhydride niobique par la poudre de magnésium a permis à Smith et Maas d'obtenir le *trioxyde de niobium*, insoluble dans les acides sauf HF [*Zeit. anorg. Chem.*, **7**, 97, 1894].

L'acide niobique semble susceptible de donner facilement des acides complexes avec les acides oxygénés, mais ces corps ont été jusqu'à maintenant assez peu étudiés, tels les oxaloniobates de Russ [*Zeit. anorg. Chem.*, **34**, 42, 1902]. En dissolvant l'acide niobique hydraté dans HCl ou HBr au maximum de concentration, on peut obtenir par addition de chlorure de rubidium, de cœsium ou de chlorhydrate de quinoléine, ou de pyridine, deux séries de sels $NbOCl^3.RCl$ et $NbOCl^3.2RCl$, et les bromures analogues [Weinland et Storz, *D. chem. G.*, **39**, 3056, 1906].

Les niobates alcalins, dont 5 ont été décrits pour le sodium, ont été étudiés à nouveau par Bedford. Il ne se fait qu'un seul sel stable $7Na^2O.6Nb^2O^5.31H^2O$ [*J. Amer. Chem. Soc.*, **24**, 1216, 1905]. La constitution des composés niobiques a également été décrite par Verner [*Zeit. anorg. Chem. Zeit.*, **9**, 386, 1885].

ACIDE PERNIOBIQUE. — On obtient le sel de potasse $Nb^2O^{11}K^2,3H^2O$ en additionnant d'eau oxygénée concentrée une solution concentrée de niobate de potasse et précipitant par l'alcool. On obtient une poudre cristalline blanche soluble dans l'eau et qui, décomposée par l'acide sulfurique étendu, permet, par dialyse, d'obtenir une solution qui précipite au bain-marie des flocons d'acide perniobique jaune, insoluble dans l'eau, et se décomposant à 100° en perdant de l'oxygène ozonisé [Mélikoff et Pissarjewsky, *Zeit. anorg. Chem.*, **203**, 40, 1899].

ANALYSE. — L'addition d'eau oxygénée en présence d'acide sulfurique permet la recherche de 0,1 0/0 de niobium dans le tantale par suite d'une coloration très intense [Melikof et Jeltschaninow, *Chem. Centr.*, **1**, 1276, 1905]. Hall et Smith ont essayé en vain de trouver une méthode plus analytique que le fractionnement des sels de Marignac pour la séparation du niobium, du tantale et du titane [*Proc. Am. phil. Soc.*, **44**, 177, 1905]; les recherches reprises pour vérifier l'existence du *neptunium* d'Hermann ont également été négatives [Smith, *J. Am. chem. Soc.*, **27**, 1369, 1905]. Bedford indique un procédé de séparation du niobium et du tungstène, basé sur la fusion avec du carbonate de potasse; la solution est précipitée par le mélange magnésien, le précipité lavé avec ce sel, desséché et fondu avec du bisulfate de potassium. En reprenant par l'eau l'acide niobique reste seul indissous [*Journ. Amer. chem. Soc.*, **27**, 1216].

Janvier 1907. Maurice Moniotte.

NITRAMIDE, $Az^2O^2H^2$. — Elle a été découverte par MM. Thiele et Lachmann [*Ann. Chem.*, **288**, 267, 1895], qui l'ont obtenue d'après les réactions suivantes : l'uréthane est nitré par le mélange sulfonitrique, et le produit est décomposé par la potasse. Le nitrocarbamate de potassium décomposé par les acides minéraux à froid donne la nitramide avec un excellent rendement.

On l'obtient avec des rendements beaucoup moindres en nitrant l'imidosulfate de potassium $AzH(SO^3K)^2$ de Raschig [*Ann. Chem.*, **241**, 171].

Propriétés. — La nitramide cristallise dans la ligroïne en feuillets blancs fondant à 72-75° en se décomposant instantanément; chauffée brusquement elle détonne, et elle se décompose même en tube scellé :

$$AzH^2 - AzO^2 = H^2O + Az^2O.$$

Elle se décompose au contact de l'acide sulfurique concentré ou au contact de potasse concentrée. La nitramide possède une réaction acide, et donne des sels. Réduite par Zn + HCl, elle donne l'hydrazine. Conductibilité électrique [Hantzsch et Haufmann, *Ann. Chem.*, **292**, 317, 1896 ; — Baur, *ibid.*, **296**, 95, 1897].

Constitution. — Il existe deux composés répondant à la formule $Az^2H^2O^2$, dont l'un est l'acide hypoaitreux de Divers. C'est un des premiers cas d'isomérie en chimie minérale. D'après son mode de formation, il est logique d'admettre que la nitramide renferme un groupement AzO^2. M. Thiele lui attribue une des deux formules de constitution suivantes :

$$AzH^2 - AzO^2 \quad \text{ou} \quad AzH - Az \begin{smallmatrix} \leq O \\ < OH. \end{smallmatrix}$$

Quant à l'acide hyponitreux, il a pour formule $OH - Az = Az - OH$ [Zorn, *D. chem. G.*, **11**, 1630, 1878]. M. Hantzsch considère au contraire que l'isomérie des deux composés $Az^2O^2H^2$ est d'ordre stéréochimique, et il a proposé les deux formules suivantes :

OH – Az ‖ OH – Az	OH – Az ‖ Az – OH
Nitramide (syn.).	Ac. hypoazoteux (anti).

[*Ann. Chem.*, **292**, 340, 1896]. Enfin M. Brühl d'après l'étude optique des dérivés de la nitramide arrive à la constitution

$$\begin{matrix} H \\ H \end{matrix} > Az \begin{matrix} O \\ \diagup \quad \diagdown \\ \diagdown \quad \diagup \\ O \end{matrix} Az.$$

[*D. chem. G.*, **31**, 1470, 1898].

Juin 1906. A. Wahl.

NITRAMINES. — Dans la nitramide on peut remplacer un ou deux atomes d'hydrogène par des radicaux variés. On aura donc deux groupes de nitramines :

$$R-AzH-AzO^2 \quad \text{et} \quad {R \atop R'}{>}Az-AzO^2.$$

Dans les premiers l'atome d'hydrogène possède des propriétés acides nettement prononcées, aussi désigne-t-on les dérivés monosubstitués de la nitramide sous le nom de *nitramines acides*; les dérivés disubstitués sont les *nitramines neutres* [Van Erp, *Rec. des Pays-Bas*, **14**, 1. 1895]. On réserve le nom de *nitramides* pour les composés de la forme RAz(Ac)-AzO² dans lesquels Ac représente un radical acylé.

Modes de formation. — Les nitramines acides (ou primaires) s'obtiennent par l'hydrolyse des nitramides correspondantes. Ces nitramides ont été découvertes par M. Franchimont en nitrant certaines amides à l'aide de l'acide nitrique *réel* en excès. C'est ainsi que le méthyluréthane et la diméthyloxamide symétrique lui fournirent respectivement le nitrométhyluréthane et la diméthyldinitrooxamide; ces deux composés traités par AzH³ sont dédoublés en uréthane ou oxamide et méthylnitramine [Franchimont et Klobbie, *Rec. Pays-Bas*, **7**, 353, 1888 et **13**. 308. 1894].

$$\begin{matrix} CH^3-Az-AzO^2 \\ \quad\quad\quad\searrow \\ \quad\quad\quad\nearrow CO + AzH^3 \\ C^2H^5-O \end{matrix}$$

$$= CH^3-AzH-AzO^2 + CO{<}{AzH^2 \atop OC^2H^5}.$$

Ces réactions ont été généralisées sur un grand nombre d'homologues; elles ont de plus été appliquées aux diamines [Franchimont et Klobbie, *loc. cit.*; — Franchimont. *Rec. Pays-Bas*, **6**. 213, 224, 1886; — Franchimont et Klobbie, *ibid.*, **7**, 237; — Umbgrove et Franchimont, *ibid.*, **16**, 385, 1897; — Umbgrove et Franchimont, *ibid.*, **17**, 270, 1898; — Van Erp, *ibid.*, **14**, 1, 1895].

MM. Thiele et Lachmann ont montré depuis [*Ann. Chem.*, **288**, 267, 1895] qu'il n'est pas toujours nécessaire d'employer l'acide nitrique réel, et qu'un mélange d'acide nitrique en quantité théorique avec de l'acide sulfurique concentré permet de préparer facilement les nitramides dérivées de l'urée. Dans la série aromatique M. Bamberger a pu préparer les nitramines directement, au moyen du peroxyde d'azote, du chlorure d'azotyle ou par l'action déshydratante de l'anhydride acétique sur les nitrates des amines :

$$C^6H^5-Az{<}\begin{matrix}O-AzO^2\\H\\H\\H\end{matrix} = H^2O + C^6H^5-AzH-AzO^2$$

[Bamberger, *D. chem. G.*, **27**, 586, 668, 1894; **28**, 399, 1895; — Bamberger et Hoff. *Ann. Chem.*, **211**, 91. 1900]. Les nitramines dérivées de l'anthraquinone s'obtiennent par l'action directe de l'acide nitrique de densité 1,50 sur les amido-anthraquinones [Roland Scholl, *D. chem. G.*, **37**, 4427, 1904 et Badische Anilin u. Soda-Fabrik. D.R.P. 146 848 et 148 109].

Les nitramines neutres (ou secondaires) se préparent d'une manière analogue par l'action de l'acide nitrique réel sur les dialkylamides :

$$(X-CO)Az(RR') + AzO^3H$$
$$= XCOOH + AzO^2-Az(RR').$$

Elles se forment aussi par alcoylation des nitramines acides : mais dans cette réaction il se produit toujours un mélange de deux isomères. Ainsi l'iodure de méthyle, réagissant sur le sel d'argent de la méthylnitramine, donne un mélange de deux dérivés diméthylés qu'on sépare par la distillation [Franchimont et Umbgrove, *Rec. Pays-Bas*, **15**, 211, 1896; **16**, 401, 1897, et **17**, 270, 1898].

Les nitramines secondaires s'obtiennent encore en traitant par l'anhydride acétique les nitrates des amines secondaires comme la pipéridine, la diméthylamine [Bamberger et Kirpal, *D. chem. G.*, **28**, 535. 1895].

Ces isomères ont été appelés des *isonitramines*. M. Traube a également obtenu des dérivés nitrés de la forme R.Az²O²H, dans l'action du bioxyde d'azote sur les sels sodiques des nitroparaffines et des composés méthyléniques (éther acétylacétique, etc.), et auxquels il a donné le nom d'*isonitramines* [*Ann. Chem.*, **300**, 81, voyez aussi Gomberg, *ibid.*, **300**. 59, 1898].

PROPRIÉTÉS DES NITRAMINES. — Les nitramines sont des composés dont les termes inférieurs distillent dans le vide sans décomposition; certains sont solides à la température ordinaire, d'autres cristallisent par un refroidissement énergique. Elles sont solubles dans les dissolvants organiques et plus ou moins dans l'eau. Elles sont en général plus lourdes que l'eau.

Les nitramines primaires ou acides sont caractérisées par leur propriété de donner des sels grâce à leur atome d'hydrogène remplaçable. Leurs solutions aqueuses ont une réaction nettement acide, que ne possèdent pas les nitramines secondaires qui ont été désignées à cause de ce fait sous le nom de nitramines neutres.

Les propriétés chimiques des nitramines acides diffèrent sensiblement de celles des nitramines neutres, ainsi qu'il ressort des réactions suivantes.

Action des alcalis. — Tandis que les nitramines acides se dissolvent dans les alcalis caustiques sans altération et que même après ébullition prolongée on peut, par neutralisation, régénérer le produit primitif, les nitramines neutres sont entièrement décomposées. Les produits de la décomposition sont l'acide nitreux, une amine et une aldéhyde qui souvent se résinifie sous l'influence de l'alcali et se transforme partiellement en acide. D'après MM. Franchimont et Van Erp, la réaction se passerait en deux phases, par exemple :

$$R-CH^2-Az{<}{R' \atop AzO^2} = AzO^2H + R-CH=Az-R'$$

$$R-CH=AzR' + H^2O = R-CHO + AzH^2R'.$$

Lorsque le radical R est le méthyle, l'aldéhyde formique est transformé en acide formique qu'on retrouve [Franchimont et Van Erp, *Rec. Pays-Bas*, **14**, 248, 1895; **15**, 165, 1896; — Umbgrove et Franchimont, *ibid.*, **15**, 195]. La règle de cette décomposition semble la suivante : l'amine est fournie par le groupe hydrocarboné le plus lourd, et l'aldéhyde par le groupe le plus léger [Umbgrove et Franchimont, *ibid.*, **17**, 270, 1898]. M. Bamberger a constaté la même décomposition chez les alkylphénylnitramines [*D. chem. G.*, **30**, 1248]. MM. Thiele et Lachmann avaient prétendu que la décomposition des nitramines par la potasse donnait naissance à de l'acide nitrique [*Ann. Chem.*, **288**, 269, 1895]; ce fait a été contesté par M. Van Erp qui n'a trouvé que de l'acide nitreux [*loc. cit.*; *D. chem. G.*, **29**, 474, 1896].

Action des acides. — L'acide sulfurique à 2 0/0 et à l'ébullition décompose les nitramines acides en protoxyde d'azote, hydrocarbures non saturés et en un mélange d'alcools et d'éthers provenant du radical organique [Van Erp, *Rec. Pays-Bas*, **14**, 43, 1895 ; — Franchimont et Umbgrove, *ibid.*, **17**, 287, 1898]. L'acide sulfurique concentré fournit à peu près les mêmes produits. MM. Thiele et Lachmann [*Ann. Chem.*, **288**, 269, 1895] ont donné le nom de *réactions des nitramines* à cette décomposition par l'acide sulfurique concentré : il se formerait d'après eux de l'acide nitrique en petite quantité, facilement caractérisable par le sulfate ferreux.

Les nitramines neutres, traitées par l'acide sulfurique concentré, ne donnent aucun dégagement gazeux, mais la solution semble renfermer de l'acide nitrosulfurique, car par addition d'eau il se dégage des vapeurs nitreuses. Si on chasse celles-ci par la chaleur et qu'on neutralise la solution, on constate qu'elle a des propriétés réductrices très marquées. Cette réaction est très sensible et permet de déceler des petites quantités de nitramines neutres [Franchimont et Umbgrove, *loc. cit.*].

Les nitramines aromatiques, aussi appelées acides diazoïques, s'isomérisent d'une façon particulière quand on les traite par les acides ; elles se transforment en amines nitrées dans le noyau. Ainsi les dérivés de la phénylnitramine (ou acide diazobenzénique) donnent un mélange de nitranilines où le groupe nitré occupe la position 2 ou 4 :

$$\underset{\displaystyle\quad R}{C^6H^5-\underset{|}{Az}-AzO^2} \longrightarrow C^6H^4\begin{matrix}\diagup AzHR \\ \diagdown AzO^2\end{matrix}\ \frac{1}{2}\ \text{ou}\ \frac{1}{4}$$

[Bamberger, *D. chem. G.*, **30**, 1248, 1897].

Action de l'acide nitreux. — L'acide azoteux réagit sur les nitramines et se transforme en acide nitrique. La méthylnitramine en solution aqueuse réagit sur le nitrite de potassium en donnant lieu à un dégagement considérable d'azote ; en chauffant au bain-marie on obtient de l'alcool et un peu de diméthylnitramine [Franchimont, *Rec. Pays-Bas*, **16**, 226, 1897]. La phénylnitramine donne du nitrate de diazobenzène :

$$C^6H^5-AzH-AzO^2+AzO^2H$$
$$=H^2O+C^6H^5-Az=Az-AzO^3$$

[Bamberger, *D. chem. G.*, **30**, 1248, 1897].

Action du phénol. — Les nitramines chauffées avec du phénol voient leur groupement AzO^2 remplacé par un atome d'hydrogène ; cette réaction semble générale [Van Romburgh, *Rec. Pays-Bas*, **5**, 240, 1886 ; **7**, 230 ; — Pinnow, *D. chem. G.*, **30**, 838, 1897]. Elle a été appliquée par M. Roland Scholl aux nitramines anthracéniques [*D. chem. G.*, **37**, 4429, 1904].

Réduction des nitramines. — M. Franchimont qui, le premier, réduisit la diméthylnitramine en diméthylhydrazine au moyen du zinc en poudre et l'acide acétique, ne parvint pas à préparer de la même manière la méthylhydrazine à l'aide de la méthylnitramine [*Rec. Pays-Bas*, **13**, 308, 1894].

Il se forme comme produit intermédiaire du diazométhane ; il faut s'arranger de façon à le réduire lui-même pour arriver à l'hydrazine substituée [Thiele et Meyer, *D. chem. G.*, **29**, 961, 1896].

Réactions des nitramines. — Toutes les nitramines donnent des réactions colorées avec les bases aromatiques en milieu acétique. Avec l'aniline la coloration est jaune, rouge avec l'α-naphtylamine et la p-phénylènediamine, verte avec la diméthylaniline (Franchimont).

Constitution des nitramines. — De même qu'il existe deux composés répondant à la formule $Az^2O^2H^2$, il existe deux séries de leurs dérivés : les nitramines et les *isonitramines* obtenues par M. Traube en faisant agir le bioxyde d'azote sur les sels sodiques des composés méthyléniques [*Ann. Chem.*, **300**, 81, 1898]. Les nitramines de M. Franchimont, auxquelles il attribue la formule $R.AzH-AzO^2$, réagissent sous deux formes tautomères avec les iodures alcooliques en donnant, soit les nitramines secondaires

$$\begin{matrix}R\diagdown \\ R'\diagup\end{matrix} Az-AzO^2$$

soit des isomères

$$R-Az=AzOOR' \quad \text{ou} \quad R-\overset{\diagdown}{Az}-\overset{\diagup}{Az}-OR'. \ (\text{pont } O)$$

Quant aux isonitramines de M. Traube, elles sont identiques avec les nitrosohydroxylamines [*Ann. Chem.*, **300**, 87 ; — Hantzsch et Sauer, *ibid.*, **299**, 67, 1898]. La constitution des nitramines n'est pas encore élucidée complètement. Il est cependant établi que la phénylnitramine existe sous deux formes : l'une l'*acide diazobenzénique* et l'autre la *nitroso-β-phénylhydroxylamine* correspondant aux isonitramines de Traube. L'acide diazobenzénique donne deux séries de dérivés alcoylés :

$$\underset{\text{Éther } \alpha.}{C^6H^5-\underset{\displaystyle R}{\underset{|}{Az}}-AzO^2} \quad \text{et} \quad \underset{\text{Éther } \beta.}{C^6H^5-Az=Az\begin{matrix}\lessdot O \\ \diagdown OR\end{matrix}}$$

[Bamberger, *D. chem. G.*, **27**, 361 ; — Bamberger et Eckekrantz, *ibid.*, **29**, 2412 ; — Hantzch, *Ann. Chem.*, **292**, 357, 1896]. D'après M. Behrend [*Ann. Chem.*, **262**, 321], les nitrosohydroxylamines donnent aussi deux séries de dérivés alcoylés [Hantzsch, *D. chem. G.*, **31**, 177, 1898 ; — Hantzsch et Sauer, *Ann. Chem.*, **299**, 67, 1898].

Isomérie chez les nitramines. — MM. Franchimont et Umbgrove ont montré qu'en chauffant au bain-marie la méthylnitramine, elle se transforme en un mélange de deux diméthylnitramines, l'une identique à la diméthylnitramine et une autre à point d'ébullition plus bas.

Cette réaction semble générale ; ils ont appelé ces nouveaux composés *isonitramines neutres*. Elles se forment également dans l'alcoylation des nitramines acides. Les alcalis les décomposent en azote, alcool et aldéhyde.

Leur constitution serait représentée par

$$R-Az=Az\begin{matrix}\lessdot OC^nH^{2n+1} \\ \diagdown O\end{matrix}$$

et correspondrait aux éthers β de l'acide diazobenzénique de M. Bamberger [Franchimont et Umbgrove, *Rec. Pays-Bas*, **15**, 211, 1896 ; **16**, 385 et 401, 1897 ; **17**, 270 et 287, 1898].

Enfin M. Brühl, en se basant sur des déterminations physico-chimiques, admet pour les nitramines acides et neutres la constitution

$$C^nH^{2n+1}-\underset{H}{Az}\overset{O}{\Diamond}Az \ (\text{second } O \text{ en bas})$$

$$C^nH^{2n+1}-Az\overset{O}{\triangle}AzOC^nH^{2n+1}$$

[*D. chem. G.*, **31**, 1350 et 1469, 1898].

Nitramines acides, $R.AzH-AzO^2$. — Dans

cette formule. R peut représenter un radical appartenant à la série aliphatique, alicyclique ou aromatique.

I. Dérivés des hydrocarbures aliphatiques.

Méthylnitramine. — Elle s'obtient par les méthodes générales qui ont été indiquées [Franchimont et Klobbie, *Rec. Pays-Bas*, **7**, 354, 1888 ; — Degner et V. Pechmann, *D. chem. G.*, **30**, 647, 1897]. La dinitrodiméthyloxamide nécessaire à sa préparation [Franchimont, *Rec. Pays-Bas*, **13**, 313, 1894] s'obtient facilement même en opérant avec l'acide nitrique concentré ordinaire : il faut alors opérer la nitration en présence d'acide sulfurique [Thiele et C. Meyer, *D. chem. G.*, **29**, 961, 1896]. La méthylnitramine forme des cristaux fusibles à 38°, solubles dans l'eau, l'éther, l'alcool, le chloroforme ; ses solutions aqueuses ont une réaction acide. Sa constante d'affinité a été déterminée par M. Hantzsch [*D. chem. G.*, **32**, 3072, 1899] qui a trouvé : $K = 3 \times 10^{-5}$ à 0°, et 7.2×10^{-5} à 25° et 8.6×10^{-5} à 40°. Sa réduction fournit de la méthylhydrazine ou de la méthylamine suivant les conditions [Thiele et C. Meyer, *ibid.*, **29**, 962, 1896]. *Sel de potassium*, cristallisé en aiguilles blanches, se décomposant vers 220° avec explosion. Les sels de *baryum*, de *zinc*, de *cadmium* ont été décrits par M. Franchimont [*Rec. Pays-Bas*, **13**, 321, 1894]. Le sel de *mercure* s'obtient en faisant digérer une solution aqueuse de méthylnitramine avec de l'oxyde de mercure jaune fraîchement précipité [Ley et Kissel, *D. chem. G.*, **32**, 1364, 1899].

Éthylnitramine. — Liquide incolore se solidifiant à 3° et fondant à + 6°. Sa densité est D = 1.1675 à 15° [Franchimont et Klobbie, *loc. cit.*]. Ses sels ont été décrits par MM. Umbgrove et Franchimont [*Rec. Pays-Bas*, **16**, 388, 1897].

Az-Propylnitramine. — Liquide incolore se solidifiant vers — 21-23° et bouillant à 128-129° sous 40 millimètres. D = 1.104 à 45°. Peu soluble dans l'eau, soluble dans l'alcool et l'éther ; les sels d'*argent* et de *potassium* sont connus [Thomas, *ibid.*, **9**, 75, 1890 et Umbgrove et Franchimont, *ibid.*, **17**, 272, 1898].

Isopropylnitramine. — Fines aiguilles fondant à — 4° et bouillant à 90-91° sous 10 millimètres. D = 1.098 à 15°. Son *sel d'argent* cristallise en tablettes et son *sel de potassium* en fines aiguilles [Thomas, *loc. cit.*].

Az-Butylnitramine. — Liquide incolore se solidifiant dans le mélange réfrigérant et fondant de — 0°,5 à + 0°,5 ; $D_{15} = 1.066$. Les *sels de potassium*, de *baryum* et *d'argent* sont cristallisés [Van Erp, *Rec. Pays-Bas*, **14**, 26, 1895].

Isobutylnitramine. — Elle cristallise et fond à 32°,2, $D_{15} = 1.142$. Son sel de potassium est hygroscopique [Van Erp, *loc. cit.*].

Amylnitramine. — Le *sel d'argent* de l'isoamylnitramine s'obtient en traitant l'isoamylchloramine par le nitrite d'argent en milieu alcoolique [Berg, *Ann. Chim. Phys.* (7), **3**, 357].

Hexylnitramine. — Liquide incolore se solidifiant dans la glace et fondant à 5.5-6°,5. $D_{15} = 1.014$, peu soluble dans l'eau. Le *sel de potassium* est cristallisé et celui *d'argent* amorphe [Van Erp, *loc. cit.*].

II. Dérivés des hydrocarbures alicycliques.

Camphénylnitramine, $C^{10}H^{16}Az^2O^2$. — Elle a été obtenue presque simultanément par M. Tiemann et par MM. Angeli et Rimini dans l'action de l'acide nitreux sur la camphoroxime. Ces deux derniers savants l'avaient désignée sous le nom de pernitrosocamphre [*Gazz. chim. ital.*, **25**, 406 et **26**, 29 et 34, 1895 et 1896]. Tiemann en a démontré la véritable nature et l'a considérée comme la camphénylnitramine [*D. chem. G.*, **28**, 1079 ; — Tiemann et Mahla, *ibid.*, **29**, 2810, 1896].

La camphénylnitramine existe sous deux modifications : l'une stable, fondant à 39°, et l'autre labile, qu'on obtient en dissolvant la précédente dans les alcalis et la précipitant par un acide ; elle fond à 65-70°. D'après MM. Hantzsch et Dollfus, ces composés auraient la constitution suivante [*D. chem. G.*, **35**, 260, 1902] :

$$C^8H^{14}\begin{cases} CH^2 \\ | \\ C - Az = AzO^2 \end{cases} \quad \text{(stable)}$$

$$\longrightarrow C^8H^{14}\begin{cases} CH \\ \| \\ C - Az = Az\begin{smallmatrix} \leqslant O \\ \diagdown OH \end{smallmatrix} \end{cases} \quad \text{(labile)}$$

III. Dérivés des hydrocarbures aromatiques.

Phénylnitramine ou acide diazobenzénique. — On l'obtient par l'oxydation alcaline du diazobenzène au moyen du ferricyanure de potassium ou du permanganate de potassium [Bamberger et Storch, *D. chem. G.*, **26**, 427, 1893 ; — Bamberger et Landsteiner, *ibid.*, **26**, 485]. M. Bamberger a également pu la préparer par la nitration directe de l'aniline au moyen du peroxyde d'azote [*ibid.*, **27**, 584, 1894] et en traitant par l'anhydride acétique le nitrate d'aniline [*ibid.*, **28**, 401, 1895]. Elle cristallise en feuillets nacrés fondant à 46-46°,5 et se décomposant avec explosion en la chauffant rapidement. Elle est soluble dans l'eau froide, très soluble dans l'alcool, peu soluble dans la ligroïne. L'ébullition avec les alcalis caustiques dilués ne l'altère pas ; elle se comporte en cela comme les nitramines ordinaires grasses.

L'acide sulfurique étendu et bouillant la transforme en un mélange d'ortho et paranitranilines : il y a une transposition moléculaire. L'acide nitreux fournit du nitrate de diazobenzène, et la réduction par l'amalgame de sodium donne de la phénylnitrosamine, puis ultérieurement de la phénylhydrazine, du diazobenzène, de l'aniline et de l'ammoniaque [Bamberger, *loc. cit.*]. La phénylnitramine donne des sels dont quelques-uns sont cristallisés. — Le *sel de sodium*, $NaC^6H^5Az^2O^2$ cristallise en feuillets brillants : *sel de potassium* ; le *sel de baryum*, $Ba(C^6H^5Az^2O^2)^2 + 2H^2O$ cristallise en tablettes brillantes.

p-Chlorophénylnitramine, $Cl_{(4)}C^6H^4AzH_{(1)}.AzO^2$. — Aiguilles fondant à 81-82°. Les acides lui font subir une transposition moléculaire en 4-chloro-2-nitraniline. Elle donne des sels dont quelques-uns sont cristallisés [Stingelin, *D. chem. G.*, **30**, 1261, 1897].

p-Bromométhylnitramine — Aiguilles brillantes fondant à 102°, solubles dans l'alcool, l'éther, le benzène et la ligroïne bouillante, se transposant sous l'influence de l'acide sulfurique en 4-bromo-2-nitroaniline [Bamberger, *D. chem. G.*, **28**, 402 et 830 ; — Stiegelmann, *ibid.*, **30**, 1260].

2.4.6-*tribromophénylnitramine.* — Fond à 143° en se décomposant [Orton, *Chem. Soc.*, **81**, 806, 1902].

2.4.6-*trichlorophénylnitramine.* — Fond à 135°.

2.6-*dichloro-4-bromophénylnitramine.* — Aiguilles fondant à 137°.

2-*chloro-4.6-dibromophénylnitramine.* — Fond à 137° en se décomposant.

2.4-*dibromo-6-nitrophénylnitramine.* — Fond à 91-92°.

2.3.4.6-*tétrabromophénylnitramine.* — Fond à 136° en se décomposant.

NITROPHÉNYLNITRAMINES. — (Acides nitrodiazobenzéniques).

o-Nitrophénylnitramine. — Aiguilles jaunes fondant à 65°,5, possédant une saveur sucrée [Voss, *D. chem. G.*, **30** 1256, 1897].

m-Nitrophénylnitramine. — Aiguilles jaunes fondant à 92° [Bamberger et Eckekrantz, *ibid.*, **29**, 2414, 1896].

p-Nitrophénylnitramine. — Longues aiguilles jaune d'or fondant à 110-111° [Dietrich, *ibid.*, **30**, 1253, 1897].

4-*Chloro-2-nitrophénylnitramine.* — Petites aiguilles jaunes fondant à 107-108° [Stingelin, *ibid.*, **30**, 1262, 1897].

TOLYLNITRAMINES (ou acides diazotoluéniques).

o-Tolylnitramine. — Liquide huileux, transformé par les acides à 0° en 5-nitro-o-toluidine [Stingelin, *loc. cit.*].

Nitrotolylnitramines : 5-*nitro-o-tolylnitramine.* — Aiguilles jaunes brillantes fondant à 103°; 2-*nitroparatolylnitramine.* Aiguilles jaune clair fondant à 79°.

NITRAMINES NEUTRES

$$\begin{matrix}R\\R'\end{matrix}\Big> Az - AzO^2.$$

Dans cette formule R et R' peuvent être identiques ou différents et peuvent appartenir indistinctement à la série aliphatique, alicyclique ou aromatique. Il existe des composés isomères qui sont représentés par des formules dans lesquelles l'un des radicaux est uni à l'oxygène : R-Az=AzO-OR', ce sont les *isonitramines* découvertes par MM. Franchimont et Umbgrove [*loc. cit.*]; elles seront décrites séparément.

DIMÉTHYLNITRAMINE. — Cristaux fondant à 57-58°, bouillant à 187°, volatils avec la vapeur d'eau, très solubles dans l'eau, l'éther, l'alcool, le benzène [Franchimont, *Rec. Pays-Bas*, **2**, 124; **3**, 427; — V. Romburgh, *ibid.*, **3**, 9; — Franchimont et Klobbie, *ibid.*, **7**, 355; — Franchimont et Van Erp, *ibid.*, **14**, 247; — Franchimont et Umbgrove, *ibid.*, **15**, 219; — Bamberger, *D. chem. G.*, **28**, 402, 1895; — Kirpal, *ibid.*, **28**, 537; — Degner et Pechmann, *ibid.*, **30**, 647, 1897].

MÉTHYLÉTHYLNITRAMINE. — On l'obtient par l'action du bromure d'éthyle sur la méthylnitramine en présence de potasse alcoolique [Franchimont, *Rec. Pays-Bas*, **13**, 327] ou par l'action de l'iodure de méthyle sur l'éthylnitramine dans les mêmes conditions [Umbgrove, *ibid.*, **16**, 394]. C'est un liquide bouillant à 195°,8 et à 90°,5 sous 23 millimètres, D_{15} = 1,1012, et se solidifiant à — 30°.

DIÉTHYLNITRAMINE. — Liquide bouillant à 206°,5 sous 757 millimètres et à 93° sous 16 millimètres, D_{15} = 1,057 [Umbgrove et Franchimont, *ibid.*, **16**, 396].

MÉTHYLPROPYLNITRAMINE. — Liquide bouillant à 208-210° et à 115-116° sous 40 millimètres, D_{15} = 1,063.

MÉTHYLISOPROPYLNITRAMINE. — Liquide bouillant à 60-61° sous 40 millimètres.

ÉTHYLPROPYLNITRAMINE. — Liquide incolore bouillant à 108° sous 22 millimètres, D_{15} = 1,028 [Umbgrove et Franchimont, *ibid.*, **17**, 274].

ÉTHYLISOPROPYLNITRAMINE. — Liquide incolore bouillant à 70° sous 20 millimètres, D_{15} = 0,9783.

DIPROPYLNITRAMINE. — S'obtient par le sel d'argent de la propylnitramine et l'iodure d'isopropyle. Liquide incolore bouillant à 76-79° sous 10 millimètres.

DIISOPROPYLNITRAMINE. — Liquide bouillant à 55-57° sous 10 millimètres [Thomas, *ibid.*, **9**, 82].

MÉTHYLBUTYLNITRAMINE. — Liquide bouillant à 107°,8 sous 15 millimètres, D_{15} = 1,031 [Van Erp et Franchimont, *loc. cit.*].

MÉTHYLISOBUTYLNITRAMINE. — Liquide bouillant à 104° sous 17 millimètres, se solidifiant et fondant à + 22°.

MÉTHYLALLYLNITRAMINE. — Liquide bouillant à 95-96° sous 18 millimètres, D_{15} = 1,1015, peu soluble dans l'eau, facilement dans l'alcool.

PIPÉRIDYLNITRAMINE. — Peut être considérée comme une nitramine secondaire. Liquide incolore bouillant à 245° sous 765 millimètres, D_{21} = 1,158 [Franchimont et Klobbie, *Rec. Pays-Bas*, **8**, 303, 1889].

MÉTHYLPHÉNYLNITRAMINE (Acide méthyldiazobenzénique). — S'obtient par l'iodure de méthyle et la phénylnitramine en présence de méthylate de sodium. Prismes brillants fondant à 38°,5-39°,5, solubles dans l'alcool, peu solubles dans l'éther de pétrole [Bamberger, *D. chem. G.*, **27**, 366, 1894].

Méthyl-p-chlorophénylnitramine. — Aiguilles fondant à 48-49° [Stingelin, *ibid.*, **30**, 1261, 1897].

Méthyl-p-bromophénylnitramine. — Cristaux fondant à 83,5-84°,5 (Stingelin).

4.5-*dibromo-2.6-dinitrométhylphénylnitramine.*

$$C^6HBr^2(AzO^2)^2 - \underset{\substack{|\\CH^3}}{Az} - AzO^2$$

— Fond à 140° [Blanksma, *Rec. Pays-Bas*, 1902, 413].

Méthyl-o-nitrophénylnitramine. — Aiguilles jaunes brillantes fondant à 67° [Voss, *ibid.*, **30**, 1256, 1897].

Méthyl-p-nitrophénylnitramine. — Fines aiguilles jaunes fondant à 140° [Dietrich, *ibid.*, **30**, 1245, 1897].

ÉTHYL-P-NITROPHÉNYLNITRAMINE. — Longues aiguilles fondant à 90°.

MÉTHYL-O-TOLYLNITRAMINE. — Liquide incristallisable qui par les acides à 0° est transformé en 5-nitro-o-méthyltoluidine et 3 nitro-o-toluidine [Stingelin, *loc. cit.*].

Méthyl-5-nitro-o-tolylnitramine. — Cristaux fondant à 70°,5.

MÉTHYL-2-NITRO-P-TOLYLNITRAMINE. — Cristaux jaunes fondant à 105-105°,5 [Voss, *loc. cit.*].

MÉTHYLBENZYLNITRAMINE. — Cristaux fondant à 22°,2 et bouillant à 174-175° sous 15 millimètres (Franchimont et Van Erp).

Méthyl-o-nitrobenzylnitramine. — Aiguilles jaunes fondant à 87°.

ISOMÈRES DES NITRAMINES NEUTRES OU ISONITRAMINES, R-Az=AzOOR'. — Ces composés sont isomères avec les précédents et sont souvent désignés sous le nom de *éthers O-alkylés des nitramines acides* ou sous le nom d'*isonitramines*.

DÉRIVÉS DE LA MÉTHYLNITRAMINE. — *Diméthylisonitramine*,

$$CH^3 - Az = Az \begin{matrix}\nearrow O\\ \searrow OCH^3.\end{matrix}$$

— A été découverte par MM. Franchimont et Umbgrove dans les produits de la décomposition de la méthylnitramine par la chaleur.

Elle se forme en même temps que la diméthylnitramine dans l'action de l'iodure de méthyle sur le sel d'argent de la méthylnitramine [*Rec. Pays-Bas*, **15**, 213, 1896].

C'est un liquide bouillant à 112°, D_{20} = 1,079. La potasse en vase clos provoque sa décomposition complète en azote et alcool méthylique. L'acide sulfurique concentré la décompose violemment.

Éthyl-Az-méthylisonitramine,

$$CH^3\text{-}Az^2OOC^2H^5.$$

— S'obtient en faisant agir l'iodure d'éthyle sur le sel d'argent de la méthylnitramine [Umbgrove et Franchimont, *ibid.*, **16**, 400, 1897]. Liquide incolore bouillant à 35° sous 16 millimètres. $D_{15} = 1{,}044$. La décomposition par la potasse en tube scellé fournit de l'azote, de l'alcool éthylique, de l'alcool méthylique et de l'acide formique.

Dérivés de l'éthylnitramine. — *Méthyl-Az-éthylisonitramine.* $C^2H^5.Az^2OOCH^3$. — Liquide incolore bouillant à 36-38° sous 20 millimètres. $D_{15} = 1{,}0415$. Se forme dans l'action de l'iodure de méthyle sur le sel d'argent de l'éthylnitramine.

Diéthylisonitramine. — Liquide incolore bouillant à 46-50° sous 18 millimètres. $D_{15} = 1{,}00$ [Umbgrove et Franchimont, *loc cit.*].

Dérivés de la butylnitramine. — *Méthyl-Az-butylisonitramine.* $C^4H^9\text{-}Az^2OOCH^3$. — Liquide bouillant à 63-66° sous 17 millimètres; reste liquide à — 20° [Van Erp, *Rec. Pays-Bas*, **14**, 34].

Dérivés de la phénylnitramine. — *Méthyl-Az-phénylisonitramine.* $C^6H^5\text{-}Az{=}Az\text{-}OOCH^3$. — Elle se forme en même temps que son isomère Az-méthylé dans la réaction de l'iodure de méthyle sur le sel d'argent de la phénylnitramine au sein de l'éther [Bamberger, *D. chem. G.*, **27**, 374, 1894]. Il s'en fait également dans l'éthérification de l'acide diazobenzénique par le diazométhane [Degner et Perhmann *ibid.*, **30**, 647, 1897].

C'est un liquide à odeur agréable qui est décomposé par ébullition avec l'acide sulfurique étendu en o- et p-nitrométhylaniline, acide nitrique, aniline et méthylaniline. La réduction par l'amalgame de sodium fournit de la méthylphénylhydrazine [Bamberger et Eckekrantz, *ibid.*, **29**, 1414, 1896].

Ce dérivé méthylé se distingue de son isomère la méthylphénylnitramine en ce qu'il donne avec l'α-naphtylamine et l'acide acétique une coloration violette.

Méthyl-Az-paranitrophénylisonitramine. — Aiguilles jaunes soyeuses fondant à 109°,5 [Dietrich, *ibid.*, **30**, 1254, 1897].

Éthyl-Az-paranitrophénylisonitramine. — Feuillets fondant à 83° [Dietrich, *loc. cit.*].

Az-méthyl-2.4.6-tribromophénylnitramine. — Fond à 55-56° [Orton, *Chem. Soc.*, **81**, 806, 1902].

Dérivés de la tolylnitramine. — *Méthyl-Az-orthotolylisonitramine.* — Liquide qui s'obtient en faisant agir l'iodure de méthyle sur le sel d'argent de la tolylnitramine [Stingelin, *ibid.*, **30**, 1259, 1897].

Méthyl-Az-nitrotolylisonitramine. — Cristaux fondant à 110° [Stingelin, *loc. cit.*].

Dérivés de la benzylnitramine. — *Méthyl-Az-paranitrobenzylisonitramine.* — Longues aiguilles fondant à 115-116° en se décomposant, très solubles dans l'acétone, l'éther acétique. L'acide chlorhydrique sec, au sein de l'éther anhydre, lui fait subir une transposition moléculaire en la convertissant en dérivé Az-méthylé.

La potasse alcoolique et l'acide sulfurique concentré la décomposent en protoxyde d'azote et alcool benzylique. Juin 1906. A. Wahl.

NITRAMINOACÉTIQUE (Acide). — C'est la nitramine correspondante au glycocolle. On l'obtient d'après les réactions suivantes : le glycocollate d'éthyle est condensé avec l'éther chlorocarbonique, le produit est nitré par l'acide nitrique réel et le dérivé nitré est saponifié par l'ammoniaque :

$$\begin{array}{c}CH^2\text{-}AzH^2\\|\\COOC^2H^5\end{array} \longrightarrow \begin{array}{c}CH^2\text{-}AzH.COOR\\|\\COOC^2H^5\end{array}$$

$$\longrightarrow \begin{array}{c}CH^2\text{-}Az(AzO^2)\text{-}COOR\\|\\COOC^2H^5\end{array} \longrightarrow \begin{array}{c}CH^2\text{-}N^2O^2H\\|\\COOC^2H^5\end{array}$$

L'éther nitroaminoacétique ainsi obtenu cristallise et fond vers 24-25° en se décomposant. *L'acide* s'obtient par saponification de cet éther en longues aiguilles fondant à 103-104°, peu solubles dans l'eau froide, plus solubles dans l'eau chaude. Il donne des sels cristallisés. Chauffé il se décompose à 125° en alcool, acide carbonique et protoxyde d'azote :

$$\begin{array}{l}COOH\text{-}CH^2\text{-}Az\\ \qquad\qquad\ \ \Big|\!\!>O\\ \qquad\qquad AzOH\end{array} = CO^2 + CH^3\text{-}OH + Az^2O$$

[Hantzsch et Metcalf, *D. chem. G.*, **29**, 1680, 1896]. Il existe un composé de même composition mais, différent de celui-ci, qui a été obtenu par M. Traube et appelé acide isonitraminoacétique [*D. chem. G.*, **28**, 1791; — Sielaff, *Ann. Chem.*, **300**, 1; — Gomberg, *ibid.*, **300**, 19, 1898]. Juin 1906. A. Wahl.

NITRATINE (Min.) [Syn. *Natronitre, Nitre cubique*]. — Nitrate de sodium, AzO^3Na. Masses grenues et croûtes cristallines blanches ou jaunâtres, avec sables ou argiles, sur d'immenses étendues dans les environs d'Iquique et de Tarapaca, province d'Arequipa, Pérou. Renferme souvent un peu de bromate et d'iodate de sodium, et est habituellement mélangé de sel marin et de sulfate de sodium. Objet d'une grande exploitation, sert à la fabrication du nitre, de l'acide nitrique, parfois des poudres de mine grossières. Voyez Nitre et Nitrification, Dict., **2**, 558 et 562.

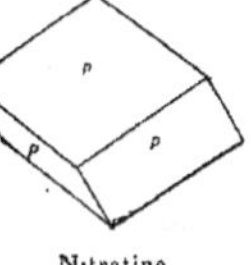

Nitratine.

Caractères. — Attire un peu l'humidité de l'air, très soluble dans l'eau, surtout à chaud, recristallise de celle-ci par refroidissement. Par l'acide sulfurique et le cuivre, dégage des vapeurs rutilantes. Très fusible; sur le charbon, fuse avec une flamme jaune. Dureté = 1,5-2. Densité = 2,1-2,2.

Forme cristalline. — Rhomboèdre :

$$pp = 105°50'$$

(d'après Schrauf). Forme primitive. Clivages *p* parfait. Double réfraction uniaxe négative énorme. L. Bourgeois.

NITRÉS (Généralités) (voyez 1er Suppl., 1081). — Les dérivés nitrés des composés aromatiques s'obtiennent avec facilité en faisant agir sur ces derniers l'acide nitrique fumant ou le mélange sulfonitrique. Dans la série grasse et la série polyméthylénique, la nitration directe n'est possible qu'en se plaçant dans des conditions spéciales. Pendant assez longtemps, on avait admis que la nitration directe des composés aliphatiques est totalement impossible; c'est ainsi que V. Meyer [*Ann. Chem.*, **171**, 1, 1874] considérait cette différence remarquable comme une des propriétés différentielles les plus marquées qui distinguent les composés de la série grasse de ceux de la série aromatique. Depuis cette époque, on a indiqué un certain nombre de procédés permettant d'obtenir les dérivés nitrés gras, qui sont venus compléter l'ancienne méthode de V. Meyer au nitrite d'argent [*Ann. Chem.*, **171** et **175**, 88, 1874].

PRÉPARATION. — Déjà en 1880, MM. Beilstein et Kurbatow (*D. chem. G.*, **13**, 1820, 1880) ont pu nitrer des hydrocarbures C^7H^{14} et C^8H^{16} provenant des naphtes du Caucase en les faisant bouillir avec l'acide nitrique de densité 1.38. Dans cette reaction un groupe CH^3 se trouve éliminé et remplacé par le groupe nitré. M. Markownikow remplace l'acide nitrique par le mélange sulfonitrique. Les hydrocarbures ayant un hydrogène tertiaire l'échangent contre le groupe nitré [*Journ. Soc. phys. chim. russe*, **30**, 877, 1898; *D. chem. G.*, **32**, 1441, 1899]. M. Konowalow, dans une serie de mémoires, a montré que dans tous les cas on arrive à nitrer les hydrocarbures gras en employant un acide nitrique convenablement dilué, ou une température suffisamment élevée. Ses recherches ont porté sur le diisobutyle, le diisoamyle, le toluène, le butylbenzène, le mésitylène, etc. Les conclusions de son travail sont les suivantes : il n'y a pas de différence entre les séries cycliques et acycliques, si ce n'est entre les conditions d'expérience. L'acide nitrique de $d = 1{,}01$, c'est-à-dire à 2 0/0, nitre facilement la chaîne grasse des carbures aromatiques sans toucher au noyau : le toluène fournit ainsi 50 0/0 de phénylnitrométhane. La réaction se fait en tube scellé et sous pression : il faut chauffer, mais elle commence déjà à froid. Quand le composé renferme un groupe CH, CH^2 et CH^3, c'est le groupement tertiaire qui se trouve nitré [Konowalow, *D. chem. G.*, **28**, 1852, 1895 ; **29**, 2199, 1896 ; *Journ. Soc. phys. chim. russe*, **25**, 389, 472, 1893]. Worstall a pu nitrer l'hexane et l'octane par ébullition avec l'acide nitrique étendu $d = 1{,}15$ à 1,32. Il se forme un mélange de mono et de dinitrés [*Am. Chem. Journ.*, **20**, 202, 1898].

Quand une molécule grasse renferme un atome d'hydrogène négatif, cet atome se trouve remplacé quelquefois par le groupement AzO^2 quand on traite le composé par l'acide nitrique fumant. C'est ainsi que M. Franchimont, en employant l'acide nitrique *réel*, a pu nitrer les acides maloniques [*Rec. Pays-Bas*, **8**, 283 ; **9**, 220, 1889-1890]. Dans cette réaction on peut, dans les cas du malonate d'éthyle employer l'acide nitrique fumant ordinaire [A. Wahl *Bull. Soc. Chim.*, **25**, 926, 1901]. M. Marquis est arrivé à préparer le nitrofurfurane en employant un mélange d'acide nitrique fumant et d'anhydride acétique [*Bull. Soc. Chim.*, **29**, 275, 1903]. C'est en se plaçant dans des conditions à peu près semblables que MM. Bouveault et Wahl ont réussi à obtenir facilement les éthers nitroacétiques par nitration directe des éthers acétylacétiques correspondants [*Bull. Soc. Chim.*, **31**, 847, 1904]. Les nitrés plus compliqués peuvent s'obtenir en faisant agir les dérivés organométalliques du zinc sur les dérivés halogénés des nitrés simples [Bevad, *D. chem. G.*, **26**, 129, 1893]. Ainsi le dibromonitrométhane traité par le zinc-éthyle donne un nitrohexane tertiaire ; les dérivés trihalogénés réagissent également, mais la réaction est complexe : il se forme en même temps des nitrés primaires et secondaires :

$$CCl^3 . AzO^2 + 3[Zn(C^2H^5)^2]$$
$$= CH \begin{cases} C^2H^5 \\ AzO^2 \\ C^2H^5 \end{cases} + C^2H^4 + 3Zn \begin{cases} Cl \\ C^2H^5 \end{cases}$$

$$Cl^3C . AzO^2 + 3[Zn(C^2H^5)^2]$$
$$= CH^2 \begin{cases} AzO^2 \\ C^2H^5 \end{cases} + 2C^2H^4 + 3Zn \begin{cases} Cl \\ C^2H^5 \end{cases}.$$

Par une réduction plus profonde, il se fera également du nitrométhane.

Les *dérivés polynitrés* s'obtiennent comme produits accessoires de la nitration directe ou mieux en traitant les carbures polyhalogénés par le nitrite d'argent. Pour avoir les polynitrés à l'état pur, il est nécessaire de passer par l'intermédiaire de leurs sels de sodium [V. Meyer, *D. chem. G.*, **24**, 4243, 1891 ; — Keppler et Meyer, *D. chem. G.*, **25**, 1709, 1892].

Les dérivés nitrés se forment encore par l'oxydation des oximes. Cette oxydation peut se faire par l'hypobromite de potassium, comme dans le cas de la camphoroxime qui donne du nitrocamphane. Il se forme comme produit intermédiaire du bromonitrocamphane [Forster, *Chem. Soc.*, **75**, 1144, 1899 ; **77**, 256, 1900]. M. Bamberger produit l'oxydation des oximes par le réactif de Caro (acide monopersulfurique) ; il se forme en même temps des isomères des nitrés : les acides hydroxamiques. Ainsi l'acétaldoxime donne de l'acide acéthydroxamique et de l'isonitroéthane (voyez plus loin) :

$$CH^3\text{-}CH{=}AzOH + O = \begin{cases} \nearrow CH^3\text{-}C \begin{cases} AzOH \\ OH \end{cases} \\ \searrow CH^3\text{-}CH{=}Az \begin{cases} O \\ OH \end{cases} \end{cases}$$

[Bamberger, *D. chem. G.*, **33**, 1781, 2023, 2263, 1900 ; *ibid.*, **34**, 3884, 1901]. Enfin l'oxydation des hydroxylamines en milieu alcalin fournit aussi une petite quantité de dérivé nitré à côté des dérivés azoxyques et azoïques [Bamberger, *D. chem. G.*, **33**, 131, 1900].

Les *dérivés nitrés des carbures non saturés* s'obtiennent en traitant ceux-ci par l'acide nitrique fumant. C'est ainsi qu'on obtient le nitrocaprylène [Bouis, *Ann. Chim. Phys.*, (3), **44**, 118], le nitroisobutylène, le nitroisoamylène [Haitinger, *Ann. Chem.*, **193**, 366, 1872], le nitroéthylène [Kekulé, *D. chem. G.*, **2**, 329, 1869]. Une méthode générale de préparation des nitrohydrocarbures α non saturés consiste à condenser les aldéhydes grasses ou aromatiques avec le nitrométhane. Cette condensation s'effectue soit sous l'influence de pipéridine, soit sous l'influence de potasse ou de méthylate de sodium. Dans ce dernier cas il se forme, comme produits intermédiaires, des alcools nitrés qui doivent être ensuite déshydratés par ébullition avec le chlorure de zinc dissous dans l'acide acétique [Bouveault et Wahl, *Bull. Soc. Chim.*, **29**, 521 et 643, 1903] :

$$R.CHO + CH^3AzO^2 = H^2O + R.CH{=}CHAzO^2.$$

Les dérivés nitrés des éthers d'acides α.β-éthyléniques peuvent s'obtenir par nitration directe au moyen de l'acide nitrique fumant. C'est l'atome d'hydrogène voisin de la double liaison qui se trouve substitué [Bouveault et Wahl, *Bull. Soc. Chim.*, **25**, 800 ; Wahl, *ibid.*, 805, 1901].

Enfin on peut obtenir des nitrés non saturés en traitant les dérivés halogénés de ceux-ci par le nitrite d'argent [Askenasy et Meyer, *D. chem. G.*, **25**, 1701, 1892].

PROPRIÉTÉS. — Les propriétés des dérivés nitrés diffèrent suivant la position que le groupe nitré occupe dans la molécule. C'est ainsi que les composés dans lesquels le groupe AzO^2 se trouve dans le noyau possèdent un certain nombre de caractères spéciaux ; il est donc préférable de les étudier séparément.

PROPRIÉTÉS DES DÉRIVÉS NITRÉS AROMATIQUES. — Les dérivés nitrés aromatiques sont pour la plupart solides, cristallisés et plus ou moins colorés suivant la position, le nombre des groupements nitrés et la présence d'autres groupements dans la molécule. Ainsi, la position du groupe nitré modifie la nuance et la solidité de certains colorants azoïques [Reverdin et Crépieux, *D. chem. G.*, **33**, 2497, 1900].

Les dérivés nitrés sont insolubles dans l'eau, solubles dans les dissolvants organiques, insolubles dans les alcalis ou les acides. Les carbures polynitrés, dissous dans l'acétone, donnent avec la potasse une coloration très intense. Le m-dinitrobenzène donne une coloration violette, le dinitrotoluène-1.2.4 une coloration bleue, l'α-dinitronaphtalène une coloration rouge violet [Janowsky, *D. chem. G.*, **24**, 971, 1891]. Reissert a constaté dans le cas du m-dinitrobenzène la formation d'un composé $C^9H^6Az^2O^3$:

$$C^6H^4(AzO^2)^2 + CH^3-CO-CH^3$$
$$= C^9H^6Az^2O^3 + 2H^2O.$$

On a pu isoler dans certains cas des composés d'addition des trinitrés avec les alcoolates de sodium. Ces composés, qui répondent à la formule générale $C^6X^3(AzO^2)^3.NaOR$, ont déjà été signalés par M. Lobry de Bruyn [*Rec. Pays. Bas*, **14**, 89 et 151], MM. Loring et Jackson [*Am. Chem. Journ.*, **20**, 444] et V. Meyer [*D. chem. G.*, **27**, 3154, 1894]. Ces composés ont été isolés par MM. Hantzsch et Kissel [*ibid.*, **32**, 3137, 1899] qui les considèrent comme des sels de véritables acides qu'ils appellent *acides nitroniques*. Le trinitrotoluène donne avec le méthylate de potassium un sel

$$CH^3-C^6H^2(AzO^2)^2-Az \begin{matrix} \nearrow\!\!\!\nearrow O \\ \leftarrow OK \\ \searrow OCH^3 \end{matrix}$$

qui, décomposé par un acide à — 5°, donne un précipité rouge explosif de l'acide libre qui cristallise et dont la conductibilité à 25° est $\mu_{1024} = 15$. Le trinitrobenzène se combine de même au cyanure de potassium [Hepp, *Ann. Chem.*, **215**, 360] pour donner

$$(AzO^2)^2C^6H^3-Az \begin{matrix} \nearrow\!\!\!\nearrow O \\ \leftarrow OK \\ \searrow CAz \end{matrix}$$

[Hantzsch et Kissel, *loc. cit.*].

Les trinitrobenzène et trinitrotoluène réagissent avec le diazométhane suivant les deux équations :

$$C^6H^3.Az^3O^6 + 4CH^2Az^2 = C^{10}H^{11}Az^5O^6 + 3Az^2$$

$$C^6H^2.(CH^3)Az^3O^6 + 3CH^2Az^2$$
$$= C^{10}H^{10}CH^3.Az^5O^6 + 2Az^2$$

[Heinke, *D. chem. G.*, **31**, 1395, 1898].

L'hydroxylamine réagit aussi sur les nitrés aromatiques en présence d'alcoolate de sodium. Dans le cas du nitrobenzène on obtient la nitrosophénylhydroxylamine, et avec le trinitrobenzène la réaction est :

$$C^6H^3(AzO^2)^3 + AzH^2OH = C^6H^3 \begin{matrix} \swarrow (AzO^2)^2 \\ \searrow Az^2O^2H \end{matrix} + H^2O$$

[Bamberger, *D. chem. G.*, **27**, 1553, 1894; — Angelo Angeli, *ibid.*, **29**, 1884, 1896].

Les composés nitrés peuvent échanger leur groupe AzO^2 contre un atome d'halogène. Ainsi l'o-dinitrobenzène chauffé à 200° avec du chlore donne de l'o-dichloro et de l'o-chloronitrobenzène; il en est de même pour le dérivé méta; le dérivé para donne exclusivement du p-chloronitrobenzène. Dans ces réactions il se forme du chlorure de nitrosyle [Lobry de Bruyn, *D. chem. G.*, **24**, 3749, 1891].

Le chlorure d'aluminium réagit avec les nitrés pour donner des combinaisons solides; le nitrobenzène donne $Al^2Cl^6,2C^6H^5AzO^2$. Ce fait a pu laisser croire que les dérivés nitrés seraient susceptibles de donner la réaction de Friedel et Crafts avec les chlorures d'acides; en réalité l'o-nitroanisol traité par le chlorure d'acétyle et $AlCl^3$ donne une petite quantité du dérivé cherché :

$$C^6H^3 \begin{matrix} \nearrow AzO^2 \\ - OCH^3 \\ \searrow COCH^3 \end{matrix}$$

[Stockhausen et Gattermann, *D. chem. G.*, **25**, 3521, 1892].

Réduction des dérivés nitrés aromatiques. — Les dérivés nitrés aromatiques sont susceptibles de donner naissance à toute la série de produits de réduction dont les amines sont les termes ultimes et cela suivant les conditions dans lesquelles on se place.

Les réducteurs acides sont employés en général lorsqu'on veut obtenir la réduction complète des groupes nitrés en amidés. D'après M. Pinnow, la réduction est facilitée en ajoutant au chlorure d'étain un peu de graphite [*J. prakt. Chem.*, (2), **65**, 579, 1902]. Quand on ne veut réduire dans une molécule polynitrée que l'un des groupes en respectant l'autre, le réducteur qui convient le mieux est le sulfure d'ammonium ou de sodium en quantité calculée.

Les réducteurs alcalins (amalgame de sodium, zinc et alcalis etc., chlorure stanneux en solution alcaline) fournissent les *azoxyques* et les *hydrazoïques* (voyez ce mot) par soudure de deux molécules :

$$R.AzO^2 + AzO^2R' + H^6 = R-\underset{\diagdown O \diagup}{Az-Az}-R' + 3H^2O$$

$$R.AzO^2 + AzO^2R' + H^{10} = R-AzH-AzH-R' + 4H^2O$$

Les réducteurs alcalins agissent différemment suivant la constitution du composé. Ainsi tandis que l'orthodinitrodibenzylamine donnera un bisazoïque :

$$2AzH \begin{matrix} \swarrow CH^2-C^6H^4-AzO^2 \\ \searrow CH^2-C^6H^4-AzO^2 \end{matrix} + 16H$$

$$= 8H^2O + AzH \begin{matrix} \swarrow CH^2-C^6H^4-Az-Az-C^6H^4-CH^2 \searrow \\ \searrow CH^2-C^6H^4-Az{=}Az-C^6H^4-CH^2 \swarrow \end{matrix} AzH,$$

le dérivé phénylé correspondant donnera

$$C^6H^5-Az \begin{matrix} \nearrow CH^2-C^6H^4-Az \\ \quad\quad\quad\quad\quad \| \\ \searrow CH^2-C^6H^4-Az \end{matrix}$$

et le dérivé éthylé donnera la diamine

$$C^2H^5-Az \begin{matrix} \swarrow CH^2-C^6H^4-AzH^2 \\ \searrow CH^2-C^6H^4-AzH^2 \end{matrix}$$

[Lellmann et Haas, *D. chem. G.*, **26**, 2583, 1893].

MM. Freundler et Béranger [*Bull. Soc. Chim.*, **27**, 1106, 1902] ont soumis à la réduction alcaline, par le zinc en poudre et la soude caustique, des mélanges équimoléculaires de nitrobenzène avec ses dérivés de substitution (aldéhyde, alcool, etc.). Ils ont pu préparer ainsi des azoïques dissymétriques :

$$C^6H^4.AzO^2 + AzO^2C^6H^4.R + 4H^2$$
$$= C^6H^5-Az{=}Az-C^6H^4R + 4H^2O$$

[Freundler, *ibid.*, **29**, 241, 1903].

Dans le cas de la réduction simultanée de nitrobenzène et d'un dérivé ortho-nitré du benzène, comme l'alcool o-nitrobenzylique, on trouve du phénylindazol [Freundler, *ibid.*, **29**, 742, 1903]. Celui-ci provient de la transformation de l'alcool benzène azobenzylique, ainsi que l'auteur s'en est assuré :

$$C^6H^4 \begin{cases} Az{=}Az\text{-}C^6H^5 \\ CH^2OH \end{cases} = H^2O + C^6H^4 \begin{cases} Az \\ | \; \rangle Az\text{-}C^6H^5 \\ CH \end{cases}$$

La tendance à la formation du noyau indazylique est si grande que même les éthers oxydes de l'alcool o-nitrobenzylique subissent cette cyclisation [Freundler, *ibid.*, **31**, 449, 1904].

La réduction par le calcium métallique en présence d'alcool donne des azoxy [Beckmann, *ibid.*, **38**, 904, 1905].

La réduction des nitrés en milieu neutre donne naissance à des hydroxylamines β substituées. Ces composés, d'abord découverts dans la série grasse, furent obtenus pour la première fois presque simultanément par M. Bamberger [*D. chem. G.*, **27**, 1347, 1548, 1894] et par M. Wohl [*ibid.*, **27**, 1432, 1894]. Le premier emploie comme réducteurs le zinc et les acides étendus et froids, le zinc et l'eau bouillante en présence de chlorhydrate d'ammoniaque, tandis que le second de ces chimistes emploie le zinc en milieu alcoolique en présence de traces de chlorure de calcium. Cette formation d'hydroxylamines a été généralisée de divers côtés [Lumière et Seyewetz, *Bull. Soc. Chim.*, **11**, 1038, 1894; — Bamberger, *D. chem. G.*, **28**, 245, 1895]. Depuis, M. H. Wislicenus a montré que le meilleur réducteur neutre est l'amalgame d'aluminium en milieu éthéré [*D. chem. G.*, **29**, 494, 1896; — Wislicenus et Kaufmann, *ibid.*, **28**, 1326 et 1983, 1895]. MM. Bamberger et Knecht ont également obtenu de bons résultats avec l'amalgame de zinc [*ibid.*, **29**, 863, 1896].

Réduction des dérivés orthonitrés. — Les produits de la réduction des composés nitrés possédant un groupement substituant en ortho par rapport au groupe nitré sont le plus souvent complexes par suite de réactions intra-moléculaires.

C'est ainsi que la réduction de l'aldéhyde o-nitrobenzoïque ou de ses acétals méthylique et éthylique par l'amalgame d'aluminium a fourni à MM. Bamberger et Elger [*D. chem. G.*, **36**, 3652, 1903] les hydroxylamines correspondantes. Celles-ci, sous l'influence d'acide minéral, se déshydratent en donnant de l'anthranile :

$$C^6H^4 \begin{cases} AzO^2 \\ CHO \end{cases} \rightarrow C^6H^4 \begin{cases} AzH.OH \\ CHO \end{cases} \rightarrow C^6H^4 \begin{cases} Az \\ | > O \\ CH \end{cases}$$

De même l'o-nitroacétophénone traitée dans les mêmes conditions fournit du méthylanthranile. Enfin on constate souvent que, pendant la réduction, le groupement voisin du radical AzO^2 se trouve partiellement oxydé par lui ; la réduction peut alors fournir un mélange d'un très grand nombre de corps. Ainsi, M. Freundler a pu isoler, dans la réduction de l'alcool o-nitrobenzylique, les composés suivants : alcool amidobenzylique, aldéhyde amidobenzoïque, anthranile, un corps jaune répondant à la formule $(C^{13}H^8Az^2O^2)^n$, acide anthranilique, alcool indazyl-o-benzylique, acide indazyl-o-benzoïque, phénylindazol [*Bull. Soc. Chim.*, **31**, 876, 1904].

La *réduction électrolytique* des dérivés nitrés a fait l'objet d'un grand nombre de travaux. M. W. Loeb [*D. chem. G.*, **31**, 2201, 1898] a préparé des azoïques mixtes en réduisant électrolytiquement un mélange équimoléculaire de deux dérivés nitrés en solution alcaline. La nature du métal a une grande influence sur la marche de la réaction : les cathodes en platine ou en mercure sont celles qui conviennent le mieux ; avec le plomb, la réduction peut aller jusqu'aux hydrazoïques. [Voir aussi Habers, *Zeit. f. Elektroch.*, **4**, 506, **5**, 77, 1898; — Habers et Schmidt, *Zeit. f. physik. Chem.*, **32**, 271 : — Elbs et Köpp, *Zeit. f. Elektroch.*, **7**, 133; — Loeb, *ibid.*, **7**, 320; — Rohde, *ibid.*, **7**, 328]. En milieu sulfurique l'électrolyse d'un dérivé nitré donne des p-amidophénols ; en même temps que le groupe nitré est réduit, il y a introduction en para d'un groupe hydroxyle, quand cette position est libre. Ceci s'explique par la formation transitoire d'une hydroxylamine qui subit au contact de l'acide sulfurique la transposition bien connue en p-amidophénol. M. Gattermann a pu montrer qu'il en est bien ainsi en réduisant le nitrobenzène en présence de benzaldéhyde ; celle-ci se combine à la β-phénylhydroxylamine qui se forme et il a pu isoler le produit de condensation :

$$C^6H^5AzHOH + C^6H^5\text{-}CHO$$
$$= C^6H^5\text{-}\underset{\diagdown O \diagup}{Az - CH}\text{-}C^6H^5 + H^2O$$

[*D. chem. G.*, **29**, 3040, 1896].

Plus récemment M. Brand a pu rendre la préparation électrolytique des phénylhydroxylamines très commode, en opérant en présence d'acétate de sodium et avec la cathode en toile de nickel d'Elbs [*ibid.*, **38**, 3077, 1905].

M. Gattermann et ses élèves ont étudié la réduction électrolytique d'un grand nombre de dérivés nitrés les plus variés [Gattermann, *D. chem. G.*, **26**, 1844, 1893; — Gattermann et Koppert, *ibid.*, **26**, 2810; — Gattermann, *ibid.*, **27**, 1927; *ibid.*, **29**, 3034, 3038, 1896; — voyez aussi A. Noyes et J. Darrance, *D. chem. G.*, **28**, 2349, 1895]. Le réduction électrolytique en milieu alcalin alcoolique ou en présence d'acétate de sodium donne des hydrazoïques (voyez ce mot).

Théorie de la réduction des dérivés nitrés. — On a admis pendant longtemps que, lors de la réduction complète d'un dérivé nitré, l'amine n'est que le dernier terme d'une série de produits de réduction intermédiaires : azoxyques, azoïques, hydrazoïques, qui peuvent être isolés suivant les conditions dans lesquelles on opère. Les travaux de M. Bamberger ont montré que la transformation des dérivés nitrés en hydroxylamines est elle-même précédée d'une phase de réduction moins avancée qui fournit les dérivés nitrosés [Bamberger, *D. chem. G.*, **27**, 1550, 1894] :

$$R\text{-}AzO^2 \rightarrow R\text{-}AzO \rightarrow R\text{-}AzHOH.$$

Quant aux azoxyques, ils résultent de la condensation des β-arylhydroxylamines avec les nitrosés [Bamberger et E. Renauld, *D. chem. G.*, **30**, 2278, 1898] et les amines proviennent de la réduction plus complète des hydroxylamines. M. Haber a confirmé ces faits en étudiant la réduction électrolytique de la nitrobenzine [*Zeit. f. Electroch.*, **22**, 1898] et, d'après lui, la succession des diverses phases est indiquée par le schéma :

```
                       ↗ R-AzHOH → R-AzH²
R-AzO² → R-AzO <          ↓
                       ↘ R-Az-Az-R → R-AzH-AzH-R
    |                      \ /              ↓
    |                       O
    └──────────────────────────────────→ R-Az=Az-R
```

M. Haber admet que l'azoïque provient de

l'action de l'hydrazoïque sur le nitré et que sa formation est par conséquent postérieure à celle de l'hydrazoïque. M. Freundler a combattu cette manière de voir, et il a montré que les azoïques proviennent vraisemblablement de la déshydratation des hydroxylamines intermédiaires et non de la réduction des azoxyques :

$$\begin{matrix} R-AzHOH \\ R-AzHOH \end{matrix} = 2H^2O + \begin{matrix} R-Az \\ \| \\ R-Az \end{matrix}$$

[*Bull. Soc. Chim.*, **31**, 455, 1904]. M. Freundler a constaté que la réduction alcaline des nitrés ortho substitués conduit plus difficilement aux dérivés azoïques que celle des nitrés méta ou para substitués. Il explique ce fait en admettant que dans ce cas la condensation des deux molécules d'hydroxylamine est rendue plus difficile par suite d'un empêchement stérique dû au voisinage du groupement ortho substitué. Aussi trouve-t-on parmi les produits de réduction l'amine correspondante, provenant de la réduction plus profonde de l'hydroxylamine qui a pris naissance [Freundler, *Bull. Soc. Chim.*, **31**, 876, 1904].

Propriétés des dérivés nitrés aliphatiques. — Les nitrés aliphatiques sont en général des liquides incolores, distillant sans décomposition, insolubles dans l'eau et miscibles avec les dissolvants organiques. Leur étude physico-chimique a été faite par M. Konowalow d'une part [*Journ. Soc. phys. chim. russe*, **27**, 412] et par M. Brühl de l'autre [*D. chem. G.*, **28**, 2388, 2392, 2399, 1895]. Les dérivés nitrés sont isomères avec les éthers nitreux des alcools, qui se forment en même temps qu'eux dans leur préparation par la méthode de V. Meyer. Ils se différencient de ces éthers par leur point d'ébullition plus élevé et par leur plus grande stabilité. Ils restent inattaqués par les chlorures d'acides et les hydracides, tandis que leurs isomères sont décomposés et perdent leur azote. Ainsi le nitrite d'amyle se différencie nettement du nitropentane; avec le chlorure d'acétyle il se fait de l'acétate d'amyle et du chlorure de nitrosyle :

$$C^5H^{11}OAzO + C^2H^3OCl = AzOCl + C^5H^{11}O(C^2H^3O).$$

[L. Henry, *Bull. Acad. roy.*, **23**, 148].

Le bromure d'aluminium réagit avec les nitrocarbures en solution dans la ligroïne pour donner des composés solides; avec le nitroéthane et le nitropropane on obtient les composés

$$(C^2H^5AzO^2)^3 . AlBr^3 \quad \text{et} \quad (C^3H^7AzO^2)^3 . AlBr^3$$

En les décomposant par l'eau et entrainant à la vapeur on obtient des dérivés bromonitrés [Zelinsky et Weymann, *Journ. Soc. phys. chim. russe*, **27**, 326].

Les dérivés mononitrés peuvent être primaires, secondaires ou tertiaires et possèdent alors des propriétés caractéristiques qui les distinguent les uns des autres. C'est ainsi que les dérivés primaires et secondaires sont solubles dans les alcalis tandis que les tertiaires ne le sont pas : les nitrés primaires donnent avec l'acide nitreux les acides nitroliques (voyez ce mot) et les secondaires donnent les pseudonitrols (voyez ce mot), tandis que les tertiaires ne donnent rien. Les dérivés primaires et secondaires ont encore 1 ou 2 atomes d'hydrogène remplaçables par les halogènes : ce remplacement se fait en traitant leurs sels alcalins par les halogènes. La constitution de ces dérivés nitrohalogénés n'est pas toujours $R.CHX-AzO^2$, ou $RR'CX.AzO^2$, il y a des cas où les réactions de ces composés s'expliqueraient difficilement par ces formules. Ainsi les éthers bromonitromaloniques chauffés se décomposent en éthers mésoxaliques et bromure de nitrosyle; MM. Willstätter et Hottenroth attribuent à ces éthers la formule

$$C \begin{cases} COOR \\ O \\ Az \geq OBr \\ COOR \end{cases}$$

[*D. chem. G.*, **37**, 1775, 1904]. De même on connait une série de propriétés anormales chez les dérivés polynitrés et polynitrés halogénés; par exemple :

$CBr^2(Az^2O^2)$ donne avec la potasse alcoolique ou aqueuse $CBrK.(AzO^2)^2$ [Losanitzsch, *D. chem. G.*, **15**, 471 1882; *ibid.*, **16**, 51, 1883; — Scholl et Brenneisen, *ibid.*, **31**, 642, 1898]. $CClBr(AzO^2)^2$ donne avec la potasse alcoolique $CClK.(AzO^2)^2$ [Losanitzsch, *D. chem. G.*, **17**, 848, 1884].

$CCl^3CBr(AzO^2)^2$ donne avec la potasse

$$CH^3.CK.(AzO^2)^2$$

[van Meer, *Ann. Chem.*, **181**, 1, 1876]; $C(AzO^2)^4$ donne avec la potasse alcoolique $CK(AzO^2)^3$ [Hantzsch et Rinckenberger, *D. chem. G.*, **32**, 628, 1899]; $CH^3-C(AzO^2)^3$ donne avec la potasse aqueuse $CH^3CK(AzO^2)^2$ et avec la potasse méthylalcoolique $CH^2(OCH^3)CK.(AzO^2)^2$ [Meisenheimer, *D. chem. G.*, **36**, 434, 1892].

Les dérivés nitrés aliphatiques primaires réagissent avec les diazoïques. V. Meyer qui a découvert les composés ainsi formés les considérait comme des nitroazoparaffines [*D. chem. G.*, **21**, 11, 1888]. Il résulte des travaux de M. Bamberger que ces composés sont les hydrazones des nitroaldéhydes : ainsi l'azobenzène-nitrométhane est en réalité la nitroformaldéhyde-hydrazone

$$H-C \begin{cases} AzO^2 \\ Az-AzH-C^6H^5 \end{cases}$$

ou

$$C \begin{cases} AzOOH \\ Az-AzH-C^6H^5 \end{cases}$$

[Bamberger, Otto Schmidt et H. Lewinstein, *D. chem. G.*, **33**, 2043, 1900; — Bamberger, *ibid.*, **31**, 2626, 1898 : — Bamberger et Schmidt, *ibid.*, **34**, 574, 1901]. La réaction du diazobenzène sur le nitrométhane a été étudiée complètement par M. Bamberger qui a trouvé qu'il s'y formait 14 corps; il a trouvé de plus que la nitroformaldéhyde-hydrazone existe sous deux modifications sans doute stéréoisomériques [Bamberger et Schmidt, *loc. cit.*].

Réduction. — Pendant longtemps on n'avait trouvé parmi les produits de la réduction des dérivés nitrés aliphatiques que de l'ammoniaque et l'amine correspondante. MM. E. Hoffmann et V. Meyer [*D. chem. G.*, **24**, 3528, 1891], frappés par le fait que les amines ainsi obtenues étaient réductrices, en ont cherché la cause. Ils ont constaté qu'à côté de l'amine il se formait toujours de l'hydroxylamine correspondante et ont préparé la β-méthylhydroxylamine en réduisant le nitrométhane par le chlorure stanneux. Cette réaction a été généralisée par Kirpal [*D. chem. G.*, **25**, 1714, 1892]. En versant goutte à goutte une solution d'un sel alcalin d'un nitré dans un mélange de chlorure stanneux et d'acide chlorhydrique, M. Konowalow a remarqué qu'il se forme des oximes d'aldéhyde ou de cétone; il a ainsi obtenu des oximes avec le nitrooctane, le nitrodiisoamyle secondaire et le phénylnitrométhane [*Journ. phys. chim. russe*, **30**, 716, 960, 1898].

Quant aux dérivés dinitrés où les deux groupes nitrés sont liés au même atome de carbone, ils ne donnent à la réduction que les monoamines [Ponzio, *Journ. prakt Ch.*, **67**, 137, 1903 et Scholl, *ibid.*, **66**, 206, 1902].

Les dérivés nitrés non saturés de la forme $R.CH=CH-AzO^2$, dans lesquels R est quelconque, aromatique, acyclique ou cyclique, se conduisent à la réduction d'une manière particulière. Avec les réducteurs neutres, ils donnent des oximes d'aldéhydes provenant de la transposition moléculaire des hydroxylamines qui se forment transitoirement :

$$R-CH=CH-AzO^2+H^4$$
$$=H^2O+R-CH=CH-AzHOH$$
$$\longrightarrow R-CH^2-CH=AzOH.$$

C'est là une réaction générale : comme les nitrés primitifs sont obtenus par condensation des aldéhydes $RCHO$ avec le nitrométhane, on a là un moyen qui a permis à MM. Bouveault et Wahl d'effectuer la synthèse graduelle d'aldéhydes. MM. Wieland a constaté une transposition analogue dans la réduction de la benzal-nitroacétophénone [*D. chem. G.*, **36**, 3015, 1903; *Bull. Soc. Chim.*, **29**, 517, 321, 643, 1903].

Les nitrés éthyléniques dérivés des éthers acryliques, comme l'éther diméthylacrylique, sont réduits normalement et donnent les amines [Bouveault et Wahl, *Bull. Soc. Chim.*, **25**, 910, 1901].

Condensations. — Les dérivés nitrés primaires se condensent avec les aldéhydes dans des conditions tres différentes. Priebs, qui le premier condensa l'aldéhyde benzoïque avec le nitrométhane, employait le chlorure de zinc et obtenait le ω-nitrostyrolène :

$$C^6H^5CHO+CH^3AzO^2$$
$$=C^6H^5-CH=CH-AzO^2+H^2O$$

[*Ann. Chem.*, **225**, 321, 1884]. Posner opéra de même dans le cas des aldéhydes nitrobenzoïques [*D. chem. G.*, **31**, 656, 1898]. M. L. Henry condense le nitrométhane avec les aldéhydes grasses en présence de carbonates ou d'alcalis caustiques et obtient les alcools nitrés :

$$R-CHO+CH^3-AzO^2=R-CHOH-CH^2-AzO^2$$

[*C. R.*, **120**, 1265 et **121**, 210, 1895]. MM. Bouveault et Wahl emploient le méthylate de sodium ; il se forme dans ces conditions le sel de sodium des alcools précédents, qui se précipite [*Bull. Soc. Chim.*, **29**, 521, 643, 1903]. M. Thiele se sert de potasse alcoolique [*D. chem. G.*, **32**, 1293, 1899 et *Ann. Chem.*, **325**, 1, 1902]. Enfin MM. Knœvenagel et Walter [*D. chem. G.*, **37**, 4502, 1904] opèrent la condensation au moyen de bases secondaires et ont appliqué cette réaction au nitroéthane et au phénylnitrométhane. Plus récemment on a condensé les nitrés avec les dérivés de l'aminométhylalcool [Henry, *ibid.*, **38**, 2027, 1905 ; Duden et Ponndorf, *ibid.*, **38**, 2031, 1905].

ISOMÉRISATION DES DÉRIVÉS NITRÉS. — La propriété la plus remarquable que possèdent les dérivés nitrés aliphatiques, c'est celle de former des sels avec les alcalis. Cette propriété n'appartient naturellement qu'aux dérivés primaires ou secondaires, les dérivés tertiaires ne renfermant plus d'hydrogène remplaçable sont en effet insolubles dans les alcalis. V. Meyer avait admis que cette salification consiste simplement dans le remplacement d'un atome d'hydrogène par les métaux, de sorte que d'après lui la constitution de ces sels serait représentée par les formules

$$R-CHMe(AzO^2) \quad \text{et} \quad {R \atop R'}\!>C<{Me \atop AzO^2}$$

M. Michael le premier [*Journ. f. prakt. Chem.*, **37**, 507, 1888] a émis l'hypothèse que la dissolution d'un dérivé nitré dans les alcalis est accompagnée d'une transposition moléculaire ; il admit que le nitré primitif et son sel de sodium possèdent une constitution différente. Le nitrométhane sodé ne serait plus $CH^2Na(AzO^2)$ mais $CH^2=AzOONa$. M. Nef a plus tard développé cette manière de voir [*Ann. Chem.*, **270**, 331, 1892 et **280**, 263] ; il explique cette isomérisation en supposant qu'il y a d'abord fixation intégrale de la molécule alcaline, puis déshydratation :

$$R-CH^2-AzO^2+NaOH=R-CH^2-Az{\leqslant O \atop < ONa}\;(\text{avec } OH \text{ sur } Az)$$
$$\longrightarrow H^2O+R-CH=Az{\leqslant O \atop < ONa}$$

Un grand nombre de faits viennent à l'appui de cette manière de formuler les sels alcalins ; entre autres M. Nef [*D. chem. G.*, **29**, 1219, 1896], en traitant le nitroéthane sodé par le chlorure de benzoyle, a obtenu l'acide benzoylacéthydroxamique et l'acide dibenzoylbenzhydroxamique. Le sel sodique donne d'abord :

$$CH^3-CH=Az{\leqslant ONa \atop O}+C^6H^5-COCl$$
$$=NaCl+CH^3-CH=AzOCOC^6H^5 \;(\text{avec } \| O)$$

qui se transpose en acide benzoylacéthydroxamique

$$CH^3-C=Az-OCOC^6H^5 \;(\text{avec } OH \text{ sur } C)$$

sur lequel réagit à nouveau le chlorure de benzoyle pour donner finalement

$$CH^3-C{\leqslant Az-OCOC^6H^5 \atop < OCOC^6H^5}$$

puis

$$C^6H^5-C{\leqslant AzOCOC^6H^5 \atop < OCOC^6H^5}.$$

M. Hollemann [*Rec. Pays-Bas*, **14**, 129, 1895] a pu mettre en évidence cette isomérisation en mesurant la conductibilité d'une solution de métanitrophénylnitrométhane sodé neutralisée exactement par l'acide chlorhydrique. La solution se décolore lentement et la conductibilité diminue graduellement jusqu'à atteindre une limite qui est celle du chlorure de sodium formé. M. Hollemann admettait que ce fait était dû à la transposition moléculaire du produit primitif en métanitrophénylnitrométhane ordinaire. Il donnait à l'isomère du phénylnitrométhane la constitution

$$C^6H^5-C{\leqslant AzOH \atop < OH}$$

qui a été reconnue depuis être celle de l'acide benzoylhydroxamique qui ne lui est pas identique.

La question de l'isomérie des nitrés a fait un pas décisif avec la découverte des deux phénylnitrométhanes par M. Hantzsch et M. Schulze [*D. chem. G.*, **29**, 699 et 2251, 1896]. Ils ont isolé l'isomère instable à l'état cristallisé et ont facilement pu réaliser sa transformation réciproque. M. Hantzsch et ses élèves ont étudié d'une manière complète l'isomérie des dérivés nitrés les plus variés [Hantzsch et Davidson, *D. chem. G.*, **29**, 2260, 1896 ; Hantzsch et Veit, *ibid.*, **32**, 608, 1899 ; Hantzsch et Rinckenberger, *ibid.*, **32**, 628 ; Hantzsch et Kissel, *ibid.*, **32**, 3137] ; MM. Bamberger et Rust [*D. chem. G.*, **35**, 45, 1902] ont trouvé que, lors de l'isomérisation des dérivés nitrés en *isonitrés*. il se forme également des acides hydroxamiques isomères :

$$R-CH^2\ AzO^2 \begin{cases} \nearrow R-CH=AzOOH \quad \text{Isonitré.} \\ \searrow R-C=AzOH \\ \qquad\quad |\\ \qquad\quad OH \quad \text{Acide hydroxamique.} \end{cases}$$

et ceci permet d'expliquer facilement le fait déjà constaté par V. Meyer [*D. chem. G.*, 8, 29, 1875] et Preibisch [*Journ. f. prakt. Chem.*, 7, 480] de la décomposition des nitrés sous l'influence des acides en hydroxylamine et en acides carboxylés. En effet :

$$R-C{\lesssim}^{AzOH}_{OH} + H^2O = RCOOH + AzH^2OH.$$

La formule des isonitrés permet aussi de comprendre un certain nombre de leurs réactions : notamment la formation d'oximes pendant la réduction (Konowalow), la formation d'aldéhydes sous l'influence des acides, etc. M. Scholl [*D. chem. G.*, **34**, 865, 1901] admet que les isonitrés peuvent se condenser deux à deux avec perte d'une molécule d'eau. il expliquerait ainsi la formation d'acide méthazonique.

$$CH^2=AzOOH + CH^2=AzOOH$$
$$= H^2O + CH^2=AzO-CH=AzOOH$$

à partir du nitrométhane, et la formation d'un composé $C^8H^{10}Az^2O^6$ obtenu dans la réaction du nitrite d'argent sur le bromacétate d'éthyle qui, contrairement à ce qu'annonçait M. de Forcrand, ne donne pas trace de nitroacétate d'éthyle (Wahl, *Bull. Soc. Chim.*, **25**, 918, 1901).

Pour la nomenclature des dérivés isonitrés, voyez Hantzsch [*D. chem. G.*, **38**, 998 et 1001 1905].

Dosage des groupes nitrés. — Tous ces dosages consistent à réduire ces groupements et à évaluer la quantité d'hydrogène nécessaire pour les transformer en groupes amidés.

La réduction peut s'effectuer par le chlorure stanneux dont on détermine le titre par de l'iode (Méthode Limpricht. *D. chem. G.*, **11**, 35, 1878; Young et Swain. *Journ. Am. Chem. Soc.*, **19**, 812, 1897; Altmann, *J. prakt. Chem.*, (2), **63**, 370, 1901). MM. Knecht et Hibba ont proposé l'emploi du chlorure de titane [Knecht, *D. chem. G.*, **36**, 168, 1903; — Knecht et Hibba, *ibid.*, 1569].

Un procédé très commode consiste à réduire par un excès de zinc dont on connaît le titre et doser l'excès par le sulfate ferrique [Wahl, *Journ. Soc. Chem. Ind.*, **15**, 1897; Green et Wahl, *D. chem. G.*, **31**, 1080, 1898].

Enfin on peut employer comme réducteur la phénylhydrazine et mesurer le volume d'azote formé d'après l'équation :

$$R-AzO^2 + 3C^6H^5-AzH-AzH^2$$
$$= RAzH^2 + 3C^6H^6 + 2H^2O + 6Az$$

(Méthode de Walther) [*J. prakt. Chem.*, (2), **53**, 436, 1896].

Juin 1906. A. Wahl.

NITRILES (GÉNÉRALITÉS). — (Voyez Dict., **2**, 567). On désigne sous le nom de *nitriles* des composés possédant le groupement fonctionnel CAz uni par l'intermédiaire du carbone à un résidu R, gras ou aromatique. Ils ont pour isomères les *carbylamines*, possédant aussi le même groupement fonctionnel; mais le résidu R est uni à l'azote et non au carbone.

La formule générale des nitriles sera RCAz; celle des carbylamines $R-Az\equiv C$. Voir la discussion de cette constitution dans un long mémoire de Wade [*Chem. Soc.*, **81**, 1596, 1617, 1902].

Nomenclature. — L'ancienne nomenclature les désignait, soit par le suffixe *nitrile* précédé du nom du radical de l'acide correspondant : CH^3CAz acétonitrile, C^6H^5CAz benzonitrile; soit par le terme de cyanure suivi du résidu uni au radical CAz : CH^3CH^2CAz était le cyanure d'éthyle. D'après la nomenclature de Genève, on les désigne par le nom du carbure de même richesse carbonée, suivi de la terminaison nitrile : $CH^3CH^2CH^2CAz$, butane nitrile.

S'il y a deux ou plusieurs fonctions nitriles dans la même molécule, on fait précéder le mot nitrile d'un préfixe indiquant le nombre de ces fonctions : CAz-CAz, éthane dinitrile.

État naturel. — Les nitriles existent à l'état de combinaison dans certaines plantes. Le premier terme HCAz est un des produits de dédoublement de l'amygdaline sous l'influence de l'émulsine. Les produits de la décomposition pyrogénée des vinasses de betterave contiennent un certain nombre de nitriles [Vincent, *B. Soc. Ch.*, **31**, 156, 1879]. L'huile de Dippel contient un certain nombre de nitriles gras [Weidel et Ciamician, *D. chem. G.*, **13**, 65].

L'oxydation de l'huile de ricin par l'acide azotique fournit un certain nombre de nitriles (caproïque, caprylique, œnanthylique, valérique, butyrique) [Weidel, Ciamician, *loc. cit.*].

Préparation. — Les nitriles peuvent se préparer :

1° Par la distillation sèche des sels de sodium ou de potassium des sulfoalcoolates, avec le cyanure de potassium (Voy. Dict., **2**, 567).

2° Par action des bromures ou iodures alcooliques sur le cyanure de potassium :

$$RBr + KCAz = KBr + RCAz.$$

On dissout le bromure et le cyanure de potassium dans l'alcool et l'on chauffe. Lorsque la réaction est terminée, on distille l'alcool. Quand le nitrile est insoluble dans l'eau, on le séparera par addition de ce véhicule et on l'isolera par décantation et distillation.

3° Par déshydratation des amides à l'aide du chlorure de zinc ou de l'anhydride phosphorique :

$$RCOAzH^2 = H^2O + RCAz.$$

4° Par la déshydration des aldoximes en présence d'un chlorure d'acide ou d'un anhydride d'acide :

$$RCH=AzOH = H^2O + RCAz.$$

On peut employer le chlorure de thionyle (Moureu, *Bull. Soc. Chim.*, **11**, 1067, 1894]; il se fait dans ce cas du gaz sulfureux et de l'acide chlorhydrique :

$$RCH=AzOH + SOCl^2 = SO^2 + 2HCl + RCAz.$$

5° Par action du brome sur les amines en présence d'un alcali :

$$RCH^2AzH^2 + 2Br^2 + 4KOH$$
$$= 4H^2O + 4KBr + RCAz.$$

6° Par action des acides organiques sur le sulfocyanure de potassium :

$$2RCO^2H + CAzSK$$
$$= RCAz + RCO^2K + CO^2 + H^2S.$$

A ces méthodes, dont la plupart sont utilisées en série aromatique, il faut ajouter les méthodes normales de cette série.

1° Lorsqu'on chauffe les carbylamines à haute température, elles sont changées en nitriles :

$$C^6H^5AzC = C^6H^5CAz.$$

2° Les sénevols chauffés avec de la poudre de zinc ou du cuivre métallique perdent leur soufre et se transforment en nitriles (Weith) :

$$C^6H^5Az = CS + Cu = CuS + C^6H^5CAz.$$

3° Les sels de potassium des dérivés sulfonés aromatiques, chauffés avec du cyanure de potassium, fournissent un nitrile (Merz) :

$$C^6H^5SO^3K + KCAz = SO^3K^2 + C^6H^5CAz.$$

De même les éthers phosphoriques des phénols se transforment en nitriles, lorsqu'on les chauffe avec du ferricyanure de potassium [Merz et Hein, *D.chem. G.*, **16**, 1771, 1883].

On les obtient encore :

4° Quand le chlorure de cyanogène réagit sur les carbures aromatiques en présence de chlorure d'aluminium anhydre (Friedel et Crafts), ou en faisant passer dans un tube chauffé au rouge des vapeurs de benzine et de cyanogène (Desgrez) :

$$C^6H^6 + CAzCl = HCl + C^6H^5CAz$$
$$C^6H^6 + CAz.CAz = HCAz + C^6H^5CAz.$$

5° Par décomposition des sels diazoïques à l'aide du cyanure de potassium en présence d'un sel de cuivre [Réaction de Sandmeyer. *D. chem. G.*, **17**, 2650, 1884] :

$$C^6H^5.Az = Az.Cl + KCAz$$
$$= Az^2 + KCl + C^6H^5CAz.$$

6° Par la condensation du fulminate d'argent avec les carbures aromatiques et le chlorure d'aluminium. On obtient ainsi un mélange d'oxyde et de nitrile, mais la proportion de ce dernier devient prépondérante si l'opération est effectuée en présence d'un excès de $AlCl^3$, notamment si l'on ajoute le fulminate au mélange de carbure et de chlorure d'aluminium [Scholl. *D. chem. G.*, **36**, 10-15, 1903] :

$$3CAzOH + AlCl^3 = Al(OH)^3 + 3CAzCl$$
$$CAzCl + C^6H^6 = HCl + C^6H^5CAz.$$

Les *nitriles d'acides α-cétonique* s'obtiennent en ajoutant de la pyridine au mélange en solution éthérée d'acide cyanhydrique et du chlorure d'acide [Claisen, *D. chem. G.*, **31**, 1023, 1898] :

$$C^6H^5COCl + HCAz + C^5H^5Az$$
$$= C^6H^5COCAz + C^5H^5AzHCl.$$

Enfin les aldéhydes traitées par l'acide cyanacétique donnent des *nitriles non saturés*, lorsqu'on chauffe le mélange des deux corps à molécules égales vers le point d'ébullition de l'aldéhyde :

$$RCOH + CO^2H.CH^2.CAz$$
$$= H^2O + RCH = C<^{CAz}_{CO^2H}$$

Propriétés. — Les nitriles sont des corps liquides ou solides (à partir du terme en C^{12}) dont le point d'ébullition est plus élevé que celui de l'alcool correspondant, sauf pour le premier terme. Ils sont moins denses que l'eau ; seuls les premiers termes sont solubles dans ce véhicule ; les autres sont solubles dans les liquides organiques.

Réactions d'hydrogénation. — L'*hydrogène naissant* produit par l'amalgame de sodium réagit sur les nitriles en solution alcoolique et les transforme en amines :

$$RCAz + 2H^2 = RCH^2AzH^2.$$

Le zinc et les acides dilués produisent une transformation analogue.

Lorsqu'on pratique l'hydrogénation par la méthode Sabatier et Senderens à l'aide de l'hydrogène en présence des métaux divisés, la réaction est plus complexe. Elle fournit les trois amines primaire, secondaire et tertiaire. Le premier effet de l'action hydrogénante est de donner l'amine primaire selon la réaction :

$$RCAz + 2H^2 = RCH^2AzH^2.$$

Mais cette amine, une fois formée, se dédouble partiellement en ammoniaque et un mélange d'amines secondaire et tertiaire selon les équations :

$$2RCH^2AzH^2 = AzH^3 + (RCH^2)^2AzH$$
$$3RCH^2AzH^2 = 2AzH^3 + (RCH^2)^3Az.$$

Le benzonitrile donne, par hydrogénation en présence du nickel, du toluène ; mais en présence du cuivre il conduit aux trois benzylamines.

Réactions d'hydratation. — Les *actions hydratantes* transforment les nitriles en amides ou acides. Ces actions peuvent être très variées. L'eau en tube scellé à 200° conduit à l'amide.

Chauffés avec 25 à 30 fois leur poids d'acide sulfurique à 90 0/0, les nitriles se transforment en un mélange d'amide et d'acide :

$$RCAz + H^2O = RCOAzH^2$$
$$RCAz + 2H^2O = RCO^2H + AzH^3.$$

L'ébullition avec les alcalis, soude, potasse, opère la transformation complète en acide.

L'eau oxygénée peut servir ; en traitant les nitriles par l'eau oxygénée à des concentrations variables, on a la réaction :

$$RCAz + 2H^2O^2 = RCOAzH^2 + H^2O + O^2.$$

La réaction se fait bien en solution alcaline à 40°. Le cyanogène dans ces conditions se transforme quantitativement en oxamide (eau oxygénée à 30 0/0) ; le propionitrile donne 15 à 20 0/0 de propionamide (eau oxygénée à 15 0/0) [Radzizewski, *D. chem. G.*, **18**, 355, 1883].

Réactions d'addition. — L'action de l'*hydrogène sulfuré* sur les nitriles est semblable à celle de l'eau ; il se combine à eux pour donner des thioamides [Bernthsen, *D. chem. G.*, **10**, 36, 1877] :

$$RCAz + H^2S = RCSAzH^2.$$

Traités par l'*hydrogène sélénié*, les nitriles aromatiques seuls donnent des amides séléniées :

$$C^6H^5CAz + H^2Se = C^6H^5CSeAzH^2.$$

Tout nitrile mélangé d'*alcool* en quantité équivalente fournit, lorsqu'on y fait passer un courant d'*acide chlorhydrique* gazeux, le chlorhydrate de l'éther imidé correspondant :

$$RCAz + R'OH + HCl = RC<^{AzH}_{OR'}HCl.$$

Ces éthers réagissent sur l'ammoniaque en donnant naissance à de l'alcool et à des corps à la fois amide et imide, les *amidines* (Bernthsen) :

$$RC<^{AzH}_{OR'}HCl + 2AzH^3$$
$$= AzH^4Cl + RC<^{AzH}_{AzH^2} + R'OH.$$

Ces amidines se forment d'ailleurs par action du sodium et de l'aniline sur les nitriles aromatiques :

$$C^6H^5CAz + C^6H^5AzH^2 = C^6H^5C \lessgtr {AzH \atop AzHC^6H^5}$$

L'hydroxylamine fournit à froid, avec les solutions alcooliques des nitriles, les *amidoximes* :

$$RCAz + AzH^2OH = RC \lessgtr {AzOH \atop AzH^2}$$

L'acide iodhydrique en solution aqueuse concentrée se fixe sur les nitriles. Le mélange des corps s'échauffe, et par refroidissement il se dépose des cristaux constituant des composés appelés *iodamides* [Biltz, *D. chem. G.*, **25**, 2533, 1892] :

$$RCAz + 2HI = RCI^2AzH^2.$$

Ces corps sont analogues à ceux que donne le perchlorure de phosphore agissant sur les amides : $RCCl^2AzH^2$.

L'acide bromhydrique sec se combine aux nitriles gras de rang élevé (C^{12} à C^{18}) en donnant des composés cristallisés $(RCAz)^2HBr$, décomposés par l'eau.

L'anhydride sulfurique se fixe de même sur les nitriles gras et aromatiques pour donner des combinaisons cristallisées : $(CH^3CAz)^2 2SO^3$; $(C^2H^5CAz)^2SO^3$; $(C^7H^7CAz)^2SO^3$.

Le *chlorure d'aluminium* forme avec les nitriles des combinaisons qui diffèrent suivant le mode opératoire ; en projetant dans le nitrile refroidi à 0° du chlorure d'aluminium, on obtient le composé $Al^2Cl^6.4RCAz$. Si le nitrile est dilué dans le sulfure de carbone et porté à 14 à 15°, on a $Al^2Cl^6 2RCAz$ [Perrier, *C. R.*, **120**, 1423, 1895].

Le *chlorure cuivreux* en solution chlorhydrique s'unit aux nitriles à fonctions simples en donnant des combinaisons cristallisées de formules variables. Ces combinaisons sont insolubles dans l'eau et dans les dissolvants ordinaires. Traitées par un excès d'eau ou par une dissolution alcaline, elles sont dissociées avec mise en liberté du nitrile employé. Elles sont très oxydables à l'air et l'oxydation les décompose en nitrile et chlorure cuivrique. La propriété de décomposition de ces combinaisons permet d'extraire le nitrile d'un milieu quelconque [Rabaut, *Bull. Soc. Chim.*, **19**, 786].

Les *acides organiques*, chauffés à haute température en tube scellé avec les nitriles gras molécule à molécule, donnent des amides secondaires :

$$RCAz + R'CO^2H = {RCO \atop R'CO} > AzH.$$

Les acides aromatiques, chauffés avec les nitriles gras, échangent simplement leurs radicaux en donnant naissance à des acides gras et à des nitriles aromatiques :

$$RCAz + R'CO^2H = RCO^2H + R'CAz.$$

Les *anhydrides d'acides* donnent naissance à haute température à des amides tertiaires :

$$RCAz + (RCO)^2O = (RCO)^3Az.$$

Les *dérivés organo-magnésiens* réagissent sur les nitriles en formant des combinaisons cristallisées, facilement décomposables par l'eau pour donner des cétones [Blaise, *C. R.*, **133**, 1217, 1901].

Les *alcools* et les *phénols* mis en présence de nitriles acétyléniques peuvent donner des produits d'addition résultant de la fixation de ces composés sur la liaison acétylénique (Moureu, *C. R.*, 1906].

$$RC \equiv C.CAz + ROH = RC(OR) = C.CAz$$
$$RC \equiv C.CAz + C^6H^5OH = RC(OC^6H^5) = C.CAz$$

Les nitriles aromatiques possèdent enfin la propriété de se combiner avec la *phénylhydrazine* en donnant des composés qui, sous l'influence de la chaleur, se changent en triazols [Engelhard, *J. f. prackt. Chem.*, **54**, 143, 1896]. On a d'abord :

$$2C^6H^5CAz + C^6H^5AzH.AzH^2$$
$$= C^6H^5Az \begin{cases} C \lessgtr {AzH \atop C^6H^5} \\ Az = C \lessgtr {AzH^2 \atop C^6H^5} \end{cases}$$

Ce corps, sous l'influence de la chaleur perd, une molécule d'ammoniaque et fournit le 1.2.4-triphényltriazol :

$$C^6H^5Az \begin{cases} C \lessgtr {C^6H^5 \atop AzH^2} \\ Az = C \lessgtr {AzH^2 \atop C^6H^5} \end{cases}$$

$$= AzH^3 + C^6H^5 - Az \begin{cases} C(C^6H^5) = Az \\ Az = C - C^6H^5 \end{cases}$$

Les nitriles aromatiques et les *chlorures d'acides* se transforment, en présence de chlorure d'aluminium, en tricyanures :

C – C^6H^5 ; Az, Az ; C^6H^5 – C, C – C^6H^5 ; Az (cycle triazinique)

Avec *l'éther oxalique* en présence d'éthylate de sodium, les nitriles donnent des produits de condensation peu stables, mais fournissant par l'hydroxylamine ou la phénylhydrazine des dérivés cristallisables.

La condensation des *éthers* avec les nitriles qui contiennent un groupement CH^2 voisin du groupe CAz, au moyen de l'éthylate de sodium, se fait très difficilement à partir des nitriles gras, beaucoup plus aisément à partir des nitriles aromatiques comme le cyanure de benzyle. C'est ainsi que le cyanure d'éthyle se condense avec le benzoate d'éthyle en fournissant, avec un très mauvais rendement, le benzoylpropionitrile

$$C^6H^5COCH \lessgtr {CH^3 \atop CAz}$$

En revanche on obtient le benzoylphénylacétonitrile (rendement 20 0/0) par condensation du benzoate d'éthyle avec le cyanure de benzyle.

Octobre 1906. A. Maiihe.

NITRILO-TRICARBONIQUES (ÉTHERS).

$$Az \begin{cases} COOR \\ COOR \\ COOR \end{cases}$$

— Les éthers nitrilo-tricarboniques ont été préparés par Diels en faisant réagir, sur l'uréthane sodé, les éthers chlorocarboniques. Dans cette réaction, on doit admettre la formation intermédiaire d'éther imino-dicarbonique :

$$\mathrm{Na-AzH \cdot CO^2C^2H^5 + Cl-COOR}$$
$$\mathrm{= NaCl + AzH \genfrac{}{}{0pt}{}{\diagup CO^2C^2H^5}{\diagdown CO^2R}}$$

Cet imino-dicarbonate forme alors un dérivé iodé aux dépens d'une partie de l'uréthane sodé :

$$\mathrm{NaAzHCO^2C^2H^5 + AzH \genfrac{}{}{0pt}{}{\diagup CO^2C^2H^5}{\diagdown CO^2R}}$$
$$\mathrm{= AzH^2CO^2C^2H^5 + NaAz \genfrac{}{}{0pt}{}{\diagup CO^2C^2H^5}{\diagdown CO^2R}}$$

Ce dérivé sodé réagit ensuite sur une autre portion de chlorocarbonate pour former le nitrilo-tricarbonate :

$$\mathrm{NaAz \genfrac{}{}{0pt}{}{\diagup CO^2C^2H^5}{\diagdown CO^2R} + ClCO^2R}$$
$$\mathrm{= NaCl + Az \genfrac{}{}{0pt}{}{\diagup CO^2C^2H^5}{\diagdown (CO^2R)^2}}$$

On peut d'ailleurs réaliser cette dernière réaction avec un très bon rendement à partir d'un imino-dicarbonate tout préparé.

Le *nitrilo-tricarbonate triméthylique* est un liquide incolore bouillant à 146-147° sous 12 millimètres. $D^{21} = 1{,}1452$. $n_D = 1{,}42955$. — Réfraction moléculaire = 52,60 (calculée : 52,89).

Le *nitrilo-tricarbonate diméthyl-éthylique* bout à 131° sous 8 millimètres, à 138° sous 10^{mm},5, à 144-145° sous 12^{mm},5. $D^{22} = 1{,}2146$. $n_D = 1{,}43386$.

Le *nitrilo-tricarbonate diamyl-éthylique*, bout à 184-186° sous 13 millimètres. $D^{15} = 1{,}038$.

Propriétés générales. — Quand on cherche à saponifier un éther nitrilo-tricarbonique par la potasse, même à froid, on observe une scission du composé avec formation d'un imino-dicarbonate : un seul des groupements éthers est saponifié et c'est celui qui porte le radical alcoolique le plus léger. Ainsi le nitrilo-tricarbonate diméthyléthylique fournit l'imino-dicarbonate méthyléthylique :

$$\mathrm{Az \begin{matrix} \diagup CO^2CH^3 \\ - CO^2CH^3 \\ \diagdown CO^2CH^3 \end{matrix} + H^2O}$$
$$\mathrm{= CO + CH^4OH + AzH \genfrac{}{}{0pt}{}{\diagup CO^2CH^3}{\diagdown CO^2C^2H^5}}$$

L'action de l'ammoniaque provoque une scission analogue, il se forme une molécule d'uréthane, une molécule d'alcool et une molécule d'éther allophanique :

$$\mathrm{Az(COOC^2H^5)^3 + 2AzH^3}$$
$$\mathrm{= AzH \genfrac{}{}{0pt}{}{\diagup COAzH^2}{\diagdown COOC^2H^5} + AzH^2CO^2C^2H^5 + C^2H^5OH}$$

L'hydrazine agit dans le même sens, mais ici les trois groupements éthers sont attaqués et l'on obtient la dihydrazide imino-dicarbonique :

$$\mathrm{Az(COOC^2H^5)^3 + 3Az^2H^4}$$
$$\mathrm{= AzH^2\text{-}AzH\text{-}CO^2C^2H^5 + AzH \genfrac{}{}{0pt}{}{\diagup CO\text{-}AzH\text{-}AzH^2}{\diagdown CO\text{-}AzH\text{-}AzH^2}}$$

[Diels, *D. chem. G.*, **36**, 736. 1903. — Diels, Nawiasky, *ibid.*, **37**, 3672. 1904].

Janvier 1907. R. Marquis.

NITRO.... — Pour les mots qui ne se trouvent pas ici à leur place alphabétique, voyez le mot qui suit ce préfixe.

NITROBARITE (Min.) (Dane). — Nitrate de baryum, $(AzO^3)^2Ba$, trouvé en petits octaèdres réguliers, dans le nitrate de sodium du Chili.

L. Bourgeois.

NITROFORME (*trinitrométhane*). — Voyez l'art. MÉTHANE, p. 368.

NITROHYDROXAMIQUE (ACIDE). — Voyez l'art. HYDROXYLAMINE (NITRO), 5, 624.

NITROLIQUES (ACIDES). — Les acides nitroliques se forment dans l'action de l'acide nitreux naissant sur les dérivés nitrés primaires [V. Meyer, *Ann. Chem.*, **175**, 88, 1875]. Cette méthode de préparation est générale. MM. Behrend et Tryller ont préparé l'acide éthylnitrolique en traitant la nitrosométhyléthylcétone par l'acide nitrique à froid; la réaction est la suivante :

$$\mathrm{\begin{matrix} CH^3-CO-C-CH^3 \\ \;\;\;\;\;\;\;\;\;\;\;\; \| \\ \;\;\;\;\;\;\;\;\;\;\;\; AzOH \end{matrix} + AzO^3H}$$
$$\mathrm{= CH^3CO^2H + \begin{matrix} AzO^2-C-CH^3 \\ \;\;\;\;\;\;\;\; \| \\ \;\;\;\;\;\;\;\; AzOH \end{matrix}}$$

Il se forme aussi de l'acide éthylnitrolique dans l'action de l'anhydride azoteux sur la même nitrosométhyléthylcétone [*Ann. Chem.*, **283**, 243. 1894].

Réactions des acides nitroliques. — Les acides nitroliques sont en général des composés bien cristallisés, doués de propriétés acides et solubles dans les alcalis en rouge. Les acides les reprécipitent de leurs solutions alcalines sous leur forme primitive. Les acides nitroliques se décomposent spontanément à la longue en acide carboxylé correspondant et en un mélange d'azote et d'anhydride nitreux.

Cette décomposition est instantanée lorsqu'on chauffe ces acides jusqu'à leur point de fusion ; la réaction peut s'écrire :

$$\mathrm{2C^2H^4Az^2O^3 = 2C^2H^4O^2 + AzO^2 + Az^3.}$$

L'acide sulfurique concentré décompose les acides nitroliques en donnant du protoxyde d'azote, et la réaction est assez sensible pour qu'on puisse reconnaître de très petites quantités de produit. Quand on emploie peu d'acide sulfurique la réaction est très violente; on la modère en en prenant un excès. On a alors la réaction :

$$\mathrm{C^2H^4Az^2O^3 = C^2H^4O^2 + Az^2O.}$$

Les acides nitroliques, traités par l'amalgame de sodium sans précautions spéciales, fournissent des acides carboxylés, de l'acide nitreux et de l'ammoniaque. Ainsi l'acide éthylnitrolique est réduit en acide acétique, acide nitreux et ammoniaque :

$$\mathrm{C^2H^4Az^2O^3 + H^2 + H^2O}$$
$$\mathrm{= C^2H^4O^2 + AzO^2H + AzH^3.}$$

Mais, si l'on a soin de refroidir et de n'opérer que sur de petites quantités, on obtient une solution rouge intense, d'où par neutralisation il se dépose des aiguilles jaune orangé fondant à 142° et répondant à la formule $C^4H^8Az^4O^2$. Ce composé découvert par V. Meyer et Constant [*Ann. Chem.*, **241**, 328, 1882] a été appelé par eux *acide éthylazaurolique.* Ils ont étendu cette réaction à l'acide propylnitrolique et à l'acide méthylnitrolique, mais, dans ce dernier cas, le rendement est plus faible et le produit est amorphe.

Les acides azauroliques, chauffés avec de l'acide chlorhydrique étendu, sont décomposés avec dégagement de gaz, et en étudiant les produits de la réaction on trouve de l'hydroxylamine et un sel d'un nouvel acide organique. Dans le cas de l'acide éthylazaurolique on obtient l'*éthylleucazone*, corps cristallisé en beaux cristaux blancs fondant à 157-158°.

On peut expliquer la formation d'éthylleucazone à partir de l'acide éthylazaurolique par l'équation :

$$\underset{\text{Ac. ethylazaurolique.}}{C^4H^8Az^4O^2} + H^2O = \underset{\text{Éthyleucazone.}}{C^4H^7Az^3O} + AzH^2OH + O.$$

L'oxygène est employé à oxyder une partie du produit qui est ainsi détruit. Les agents réducteurs transforment également l'acide éthylazaurolique en éthylleucazone, mais au lieu d'hydroxylamine comme dans le cas précédent, il se forme de l'ammoniaque et de l'eau.

D'après V. Meyer et Constans (*loc. cit.*), les acides azauroliques doivent avoir une constitution exprimée par l'une ou l'autre des formules suivantes :

$$\begin{array}{l} R-C-AzO \\ \quad \diagdown\!\diagdown \\ \qquad Az \\ \qquad | \\ \qquad AzH \\ \quad \diagup \\ R-C=AzOH \\ \quad \text{I.} \end{array} \quad \text{ou} \quad \begin{array}{ccc} R & & R \\ | & & | \\ CH & -\,Az=Az\,- & CH. \\ | & & | \\ AzO & & AzO \\ & \text{II.} & \end{array}$$

La formule II en fait des composés analogues aux azoïques.

Les acides nitroliques en solution alcaline réagissent sur les chlorures d'acides pour donner des éthers cristallisés et beaucoup plus stables qu'eux. C'est ainsi que l'acide amylnitrolique donne avec le chlorure de benzoyle le composé

$$\begin{array}{l} CH^3-(CH^2)^3-C-AzO^2 \\ \qquad\qquad\qquad\quad AzO\,.\,CO\,.\,C^6H^5 \end{array}$$

et que l'acide éthylnitrolique se combine au sulfochlorure de benzène pour donner

$$\begin{array}{l} CH^3-C-AzO^2 \\ \qquad\ \ \| \\ \qquad Az-OSO^2\,.\,C^6H^5 \end{array}$$

[Werner et Buss. *D. chem. G.*, **28**, 1280, 1895].

Ces éthers, ainsi que les acides nitroliques dont ils dérivent, traités par HCl en solution éthérée, ont leur groupement AzO^2 remplacé par du chlore :

$$\begin{array}{l} CH^3-C-AzO^2 \\ \qquad\ \ \| \\ \qquad AzOH \end{array} + 2HCl = AzO^2H + \begin{array}{l} CH^3-C-Cl \\ \qquad\ \ \| \\ \qquad AzOH \end{array}, HCl$$

[Werner et Buss, *loc. cit.*].

L'acide éthylnitrolique, traité par l'acide nitrique, est transformé en dinitroéthane [Behrend et Tryller, *Ann. Chem.*, **283**, 244, 1894].

Constitution. — La constitution des acides nitroliques semble établie par leur mode de formation :

$$R-CH^2-AzO^2 + AzOOH = \begin{array}{l} R-C=AzOH \\ \quad\ | \\ \quad AzO^2 \end{array} + H^2O.$$

Le fait que dans tous leurs dédoublements ils donnent naissance à l'acide carboxylé possédant le même nombre d'atomes de carbone indique que ce sont des dérivés renfermant le reste R-C≡. Comme ils dérivent de dérivés nitrés, si l'on admet que le groupement AzO^2 y est conservé, leur constitution doit être celle exprimée par la formule ci-dessus. Elle a été vérifiée par V. Meyer lui-même, lorsqu'il fit la synthèse de l'acide éthylnitrolique à l'aide du dibromonitroéthane et de l'hydroxylamine :

$$\begin{array}{l} CH^3-C-Br^2 \\ \quad\ | \\ \quad AzO^2 \end{array} + AzH^2OH = \begin{array}{l} CH^3-C=AzOH \\ \quad\ | \\ \quad AzO^2 \end{array} + 2HBr.$$

[*Ann. Chem.*, **175**, 127, 1875].

L'acide éthylnitrolique incolore fournit trois espèces de sels : des sels colorés de la formule générale $C^2H^3Az^2O^3Me$, des sels incolores isomères de ceux-ci et enfin des sels jaunes acides de la forme $C^2H^3Az^2O^3Me + C^2H^4Az^2O^3$. L'étude de ces sels a été faite par MM. Graul et Hantzsch [*D. chem. G.*, **31**, 2855, 1898] qui ont appelé les sels normaux colorés : *sels de l'acide érythronitrolique*, et leurs isomères incolores *sels de l'acide leuconitrolique*.

Les sels de l'acide érythronitrolique se comportent à la réduction comme l'acide lui-même, et donnent les acides azauroliques de V. Meyer et Constans, tandis que les sels de l'acide leuconitrolique donnent de l'ammoniaque et de l'aldéhyde.

Les deux séries de sels se différencient aussi vis-à-vis du brome : les sels colorés donnent un nitronitrosobromure monomoléculaire, les sels incolores donnent un bromure dimoléculaire.

La constitution probable des leuconitrolates est :

$$CH^3-C\begin{array}{l} \lessgtr AzOOMe \\ \searrow AzO \end{array}$$

Celle des érythronitrolates peut être exprimée par plusieurs formules. MM. Graul et Hantzsch admettent provisoirement la constitution suivante :

$$\begin{array}{l} \qquad\quad\ Az \\ CH^3-C \lessgtr \quad \rangle\, O \\ \qquad\quad\ Az-OMe. \\ \qquad\quad\ \ \| \\ \qquad\quad\ \ O \end{array}$$

Juin 1906. A. Wahl.

NITROLS (PSEUDO) (Voyez Suppl., 1084). — Les pseudonitrols ont été découverts par V. Meyer en faisant agir l'acide azoteux naissant sur les dérivés nitrés secondaires [*Ann. Chem.*, **175**, 120, 1875].

Plus tard M. Scholl a montré que les pseudonitrols se forment également en traitant les cétoximes dissoutes dans l'éther par un courant d'anhydride nitreux ou de peroxyde d'azote. On arrête l'opération quand le liquide a pris une teinte bleue, et on extrait le pseudonitrol par agitation à l'éther [*D. chem. G.*, **21**, 508, 1888]. La réaction peut s'exprimer par l'équation :

$$4\left(\begin{array}{l} CH^3 \\ CH^3 \end{array}\!\!>C=AzOH\right) + 3Az^2O^4 = 4\left(\begin{array}{l} CH^3 \\ CH^3 \end{array}\!\!>C<\begin{array}{l} AzO \\ AzO^2 \end{array}\right) + 2H^2O + 2AzO$$

Les pseudonitrols se forment aussi dans l'oxydation électrolytique des acétoximes en milieu sulfurique. C'est ainsi que M. Schmidt a pu transformer l'acétone-oxime en propylpseudonitrol [*D. chem. G.*, **33**, 874, 1900].

Propriétés des pseudonitrols. — Les pseudonitrols sont des composés qui à l'état solide sont blancs et cristallisés, mais qui à l'état fondu ou dissous sont colorés en bleu. Ils sont insolubles dans les alcalis par suite du manque dans leur molécule d'un atome d'hydrogène remplaçable.

Les pseudonitrols sont transformés par oxydation chromique en milieu acétique en dérivés dinitrés correspondants; les agents réducteurs alcalins tels que l'hydroxylamine, le sulfhydrate de potassium, fournissent les oximes des cétones [Scholl et Landsteiner, *D. chem. G.*, **29**, 87, 1896].

Constitution. — V. Meyer avait admis dès le début que la constitution des pseudonitrols découle de leur mode de formation :

$$\mathrm{\genfrac{}{}{0pt}{}{R}{R'}{>}CH-AzO^2+AzO^2H=\genfrac{}{}{0pt}{}{R}{R'}{>}C{<}\genfrac{}{}{0pt}{}{AzO}{AzO^2}+H^2O.}$$

Cependant la synthèse de M. Scholl en partant des cétoximes fit envisager à un moment comme constitution probable la suivante :

$$\mathrm{\genfrac{}{}{0pt}{}{R}{R'}{>}C=AzO(AzO^2)}$$

qui en faisait des nitrates d'oximes [V. Meyer, *D. chem. G.*, **21**, 1294, 1888]. D'après M. Bamberger [*D. chem. G.*, **33**, 1781, 1900], dans l'action du peroxyde d'azote sur les cétoximes il y a d'abord oxydation de celles-ci en isonitrés :

$$\mathrm{\genfrac{}{}{0pt}{}{CH^3}{CH^3}{>}C=AzOH+Az^2O^4}$$
$$\mathrm{=Az^2O^3+\genfrac{}{}{0pt}{}{CH^3}{CH^3}{>}C=AzOOH}$$

puis le pseudonitrol se forme par l'action ultérieure de Az^2O^3 sur l'isonitré. Cette synthèse se trouve ainsi ramenée au procédé primitif de V. Meyer, qui traitait les nitrés secondaires par l'acide nitreux naissant.

Le fait d'avoir transformé les pseudonitrols en cétoximes par les réducteurs alcalins ne peut pas être considéré comme une preuve décisive en faveur de la formule qui fait des pseudonitrols des nitrates d'oximes; on peut en effet expliquer cette formation aussi bien avec la formule nitrosée en admettant que la réduction donne une dihydroxylamine :

$$\mathrm{\genfrac{}{}{0pt}{}{R}{R'}{>}C{<}\genfrac{}{}{0pt}{}{AzO^2}{AzO}\longrightarrow\genfrac{}{}{0pt}{}{R}{R'}{>}C{<}\genfrac{}{}{0pt}{}{AzHOH}{AzHOH}.}$$

De même que les diamines portant les deux groupes amidés liés au même atome de carbone perdent 1 molécule d'ammoniaque, ces dihydroxylamines doivent perdre 1 molécule d'hydroxylamine pour donner les cétoximes :

$$\mathrm{\genfrac{}{}{0pt}{}{R}{R'}{>}C{<}\genfrac{}{}{0pt}{}{AzHOH}{AzHOH}=AzH^2OH+\genfrac{}{}{0pt}{}{R}{R'}{>}C=AzOH}$$

[Scholl et Landsteiner].

Enfin la grande ressemblance des pseudonitrols avec les dérivés nitrosés vrais aromatiques (nitrosobenzène), ainsi que la similitude des propriétés des dérivés bromonitrosés dérivés des cétoximes qui ne diffèrent des pseudonitrols que par le remplacement de AzO^2 par l'halogène, ont fait conserver pour les pseudonitrols l'ancienne formule de constitution de V. Meyer [Born, *D. chem. G.*, **29**, 10, 1896; — Piloty, *ibid.*, **31**, 452, 1898; — Behrend et Tryller, *Ann. Chem.*, **283**, 214, 1894].

Juin 1906. A. Wahl.

NITROSÉS (GÉNÉRALITÉS). — V. Meyer a donné le nom de dérivés nitrosés aux composés résultant de l'action de l'acide nitreux sur des molécules organiques renfermant un groupement CH^2 voisin de radicaux négatifs [*D. chem. G.*, **15**, 3067; **16**, 610, 1883].

Il avait admis au début pour ces dérivés nitrosés la constitution $R^2=CH-AzO$. Cependant il reconnut plus tard l'identité de ces dérivés nitrosés avec les oximes $R^2=C=AzOH$, de là leur nom actuel de *dérivés isonitrosés*. Nous ne nous occuperons ici que des dérivés nitrosés *vrais*, c'est-à-dire de ceux qui renferment le *groupement atomique monovalent AzO lié au carbone*.

Ce n'est que dans des cas particuliers que la nitrosation directe fournit ces dérivés nitrosés; ainsi l'on sait que les amines tertiaires aromatiques ou les phénols traités par l'acide nitreux donnent des dérivés paranitrosés. Ces dérivés se transposent d'ailleurs avec la plus grande facilité en isonitrosés.

C'est ainsi que le chlorhydrate de nitrosodiméthylaniline et le nitrosophénol se comportent dans les réactions comme des quinone-oximes.

$$\mathrm{C_6H_4{<}\genfrac{}{}{0pt}{}{Az(CH^3)^2}{AzO}+HCl\longrightarrow C_6H_4{\langle}\genfrac{}{}{0pt}{}{=Az(CH^3)^2Cl}{=AzOH}}$$

et

$$\mathrm{C_6H_4{<}\genfrac{}{}{0pt}{}{OH}{AzO}\longrightarrow C_6H_4{\langle}\genfrac{}{}{0pt}{}{=O}{=AzOH}}$$

V. Meyer a vainement tenté d'obtenir les nitrosés vrais en traitant les composés méthiniques par l'acide nitreux; ou bien il n'y a aucune réaction, ou alors celle-ci provoque le dédoublement de la molécule [*D. chem. G.*, **21**, 1293]. On admet aujourd'hui comme seul exemple de la formation directe des nitrosés vrais celle des pseudonitrols en partant des dérivés nitrés secondaires :

$$\mathrm{AzO^2-CH{<}\genfrac{}{}{0pt}{}{R}{R'}+AzOOH=\genfrac{}{}{0pt}{}{R}{R'}{>}C{<}\genfrac{}{}{0pt}{}{AzO^2}{AzO}+H^2O.}$$

Modes de formation. — Le premier nitrosé vrai, le nitrosobenzène, a été obtenu par M. Baeyer en faisant agir le mercure diphényle sur le chlorure ou le bromure de nitrosyle :

$$\mathrm{Hg(C^6H^5)^2+AzOBr=C^6H^5AzO+Hg(C^6H^5)Br}$$

[*D. chem. G.*, **7**, 1638]. Il se forme également quand on traite ce dérivé mercuriel par l'acide nitreux ou le peroxyde d'azote [Bamberger, *ibid.*, **30**, 512, 1897; — Kunz, *ibid.*, **31**, 1530, 1898].

L'oxydation des dérivés diazoïques par le ferricyanure et les alcalis fournit aussi des nitrosés [Bamberger et Storch, *D. chem. G.*, **26**, 473, 1893; — Bamberger et Landsteiner, *ibid.*, **26**, 483].

On en obtient aussi par oxydation des amines au moyen du réactif de Caro [*Zeit. ang. Ch.*, 845, 1898], au moyen du permanganate de potasse, en milieu sulfurique [Bamberger et Tschirner, *D. chem. G.*, **31**, 1524; **32**, 342; *Ann. Chem.*, **311**, 78].

Le procédé le plus général consiste dans l'oxydation des hydroxylamines. C'est ainsi que la phénylhydroxylamine fournit, par oxydation au moyen du mélange chromique ou du permanganate, du nitrosobenzène avec d'excellents rendements [Bamberger, *D. chem. G.*, **27**,

1349; — Wohl, *ibid.*, **27**, 1435; — Schmidt, *ibid.*, **32**, 2918; — Bamberger et Rising, *ibid.*, **33**, 3634, 1900; — F. Alway, *ibid.*, **36**, 2530, 1903; **37**, 333, 1904; — Alway et Gortner, **38**, 1899, 1905].

Ce procédé a été appliqué dans la série grasse par M. Piloty et ses élèves; il provoque l'oxydation soit par le sulfochlorure de benzène, soit par le bichromate de potassium [Piloty, *D. chem. G.*, **29**, 1559, 1896; *ibid.*, **31**, 218; — Piloty et Ruff, *ibid.*, **31**, 221 et 452, 1898]. On obtient encore des produits de substitution des nitrosés en traitant les oximes par le brome en présence de pyridine :

$$\frac{CH^3}{CH^3}\!>\!C = AzOH + Br^2 = \frac{CH^3}{CH^3}\!>\!C\!<\!\frac{Br}{AzO} + HBr$$

[O. Piloty, *D. chem. G.*, **31**, 452; — Piloty et Steinbock, *ibid.*, **35**, 3101, 1902].

Enfin, on prépare les dérivés halogénés des nitrosés dans lesquels l'halogène et le groupe nitrosé se trouvent liés à des atomes de carbone voisins en fixant du chlorure de nitrosyle sur les composés non saturés [Baeyer, *D. chem. G.*, **27**, 445; — Thiele, *ibid.*, **27**, 454].

Les dérivés o-dinitrosés aromatiques s'obtiennent en chauffant les o-nitrophényldiazoïmides; il se produit une transposition moléculaire :

$$C^6H^4\!<\!\frac{Az\!<\!\overset{Az}{\underset{Az}{\|}}}{AzO^2} = Az^2 + C^6H^4\!<\!\frac{AzO}{AzO}$$

[Zincke, *J. prakt. Chem.*, **53**, 340].

Propriétés. — Les dérivés nitrosés présentent la particularité d'être pour la plupart blancs quand ils sont solides et cristallisés, et bleus lorsqu'ils sont fondus ou en solution. Les dérivés solides et incolores ont un poids moléculaire double [Piloty, *D. chem. G.*, **35**, 3090, 1902].

Les dérivés nitrosés sont volatils sans décomposition et possèdent une odeur forte et pénétrante.

Ils donnent la réaction de Liebermann, sauf les nitrosochlorures de méthyléthylène et de l'acétate de $\Delta^{4\cdot8}$ terpénol aromatique [Baeyer, *D. chem. G.*, **27**, 454, 1894]. Les dérivés nitrosés se condensent avec l'hydroxylamine pour donner des isodiazohydrates [Bamberger, *ibid.*, **28**, 1218, 1895; — Hantzsch, *ibid.*, **38**, 2056, 1905]. En solution éthérée, ils se condensent avec le diazométhane; il se forme des dérivés Az-substitués des glyoximes :

$$R-Az-CH-CH-Az-R$$
$$\quad \diagdown\ \diagup \ \ \diagdown\ \diagup$$
$$\quad O \qquad\quad O$$

[V. Pechmann, *D. chem. G.*, **28**, 860, 1895; **30**, 2461, 2791, 1897].

Les nitrosés aromatiques se condensent avec la phénylhydroxylamine [Bamberger, Büsdorf et Szolayski, *ibid.*, **32**, 211, 1899], avec l'aniline, la phénylhydrazine [Mills, *Chem. Soc.*, **67**, 928].

Sous l'influence de l'acide sulfurique concentré ils subissent une réaction analogue à l'aldolisation :

$$C^6H^5-AzO + C^6H^5-AzO = \begin{matrix} C^6H^5-Az-C^6H^4-AzO. \\ | \\ OH \end{matrix}$$

Dosage des groupes nitrosés. — On peut déterminer le nombre de groupes nitrosés dans une molécule en se servant de la réaction de la phénylhydrazine :

$$RAzO + C^6H^5-AzH-AzH^2$$
$$= R-Az= + C^6H^6 + H^2O + Az^2.$$

Le reste R-Az= se condense pour donner un azoïque. On mesure le volume d'azote dégagé [Clauser et Schweitzer, *D. chem. G.*, **35**, 4280, 1902]. On peut aussi déterminer la quantité de chlorure de titane nécessaire pour réduire les groupes AzO en AzH^2 [Knecht, *ibid.*, **36**, 168 1903]. Juin 1906. A. Wahl.

NITROSITES ET NITROSATES. — Voy. les terpènes correspondants.

NITROSODISULFONIQUE (ACIDE). — Voyez l'art. HYDROXYLAMINE, 2e suppl., **5**, 629.

NITROSOSULFURIQUE, NITROSOTRISULFONIQUE, NITROXYLDISULFONIQUE (ACIDES). — Voyez l'art. HYDROXYLAMINE, 2e suppl., **5**, 626, 630 et 628.

NIVÉNITE (Min.) (Hidden et Mackintosh). — Uranate de thorium, yttrium, uranium (U''), plomb, $9[Th^{1/2}, Y^{2/3}, U^{3/2}, Pb]O \cdot 4UO^3, 3H^2O$, sorte de pechblende riche en terres rares. Masses noires, avec clévéite, bröggérite, fergusonite, thorogummite, des environs de Blaffton, comté de Llano, Texas. Soluble dans les acides azotique et sulfurique avec effervescence légère. Après calcination, devient noir bleuâtre. Dureté = 5,5. Poussière brun noir. Densité = 8,01.

L. Bourgeois.

NOCÉRINE (Min.) (Scacchi). — Oxyfluorure de calcium et de magnésium $[Ca, Mg]Fl^{4/3}O^{1/3}$, en petits cristaux rhomboédriques avec fluorine, mica, dans des bombes volcaniques, au milieu des tufs trachytiques de Fiano, près Nocera, et de Sarno, Campanie. L. Bourgeois.

NOIR D'ANILINE OU ÉMÉRALDINE. — *Préparation.* — Voyez 1er Suppl., p. 166.

Il se produit par oxydation de l'aniline en *une seule phase*. En dehors des oxydants précédemment cités on a essayé le persulfate de potasse [H. Caro, *Z. f. angew. Ch.*, 845, 1898]; et le bioxyde de manganèse en liqueur sulfurique [Reisz Thurdosin, DRP. 110796, 1897].

Quel que soit le mode d'oxydation, on termine presque toujours par un passage à l'acide chromique ($SO^4H^2 + Cr^2O^7K^2$). Il se fait un chromate d'éméraldine noir inverdissable.

Il y a formation de noir d'aniline sur le tissu si on le passe dans un bain de chlorhydrate d'aniline en présence de vanadate d'ammonium et qu'on l'expose ensuite à l'air, même à froid [Liechtig et Suida, *Centr. Bl.*, 29, 1885]. Si on imprime une étoffe avec un mélange de chlorhydrate d'aniline, de chlorate de sodium, de sulfure de cuivre et d'empois d'amidon, et qu'on l'expose dans un courant d'air à 3°, il ne se forme pas de noir; ce n'est qu'à 25° que la fixation est complète. Dans un courant d'air rapide, le sel d'aniline est partiellement volatilisé avant d'être oxydé; il donne un noir imparfait [Zürcher, *Bull. de Mulhouse*, 319, 1885].

Teinture et impression, voir Dict. Pour l'impression en noir d'aniline on emploie surtout des chlorates se décomposant à basse température; avec le mélange chlorate de potasse, chlorure cuivrique, chlorhydrate d'aniline, il se fait les réactions suivantes :

$$2ClO^3K + CuCl^2 = (ClO^3)^2Cu + 2KCl$$
$$6C^6H^5AzH^2 + (ClO^3)^2Cu$$
$$= 2C^{18}H^{16}Cl.Az^3 + 4HCl + CuCl^2 + 6H^2O$$

(Liechtig et Suida).

Sur laine la teinture en noir d'aniline donne généralement de mauvais résultats à cause des propriétés réductrices de la laine.

Pour y remédier Prud'homme mordance le tissu au chrome avant le passage à la teinture [Brev. fr. 333386, 1903].

On obtient de très bons résultats directement en remplaçant l'aniline par la para amidodiphénylamine qui s'oxyde également en noir inverdissable.

Protection de la fibre. — On sait depuis très longtemps obtenir de beaux noirs avec l'aniline, mais, l'oxydation se faisant toujours en milieu acide, la fibre de coton est affaiblie.

On a essayé différentes méthodes pour éviter cette altération, on a partiellement réussi :

1° L'aniline est traitée par l'acide fluorhydrique, on ajoute les oxydants, on imprègne le tissu, essore et vaporise ; l'acide est rapidement volatilisé et agit peu de temps sur la fibre [Thiess et F. Cleff, DRP. 57 467, 1890].

2° On prépare le mélange ordinaire en présence d'acétate de soude, les acides minéraux font place à l'acide acétique. Il faut éviter un excès d'acétate qui gêne l'oxydation [S. Grawitz, *C. R.*, **113**, 746, 1891].

3° On remplace 1/5 de l'eau par de l'alcool (alcool dénaturé, alcool méthylique brut), la fibre se trouve moins attaquée [Marot et Bonnet de Troyes, DRP. 102 232, 14/11 1897].

4° Le tissu est imprégné d'une liqueur de 20 0/0 de chlorhydrate d'aniline et 10 0/0 de gélatine, albumine ou caséine ; on essore et on passe à la solution chromique et cuivrique [F. Mommer, DRP. 560 90, 21 nov. 1889].

5° Le tissu est mordancé, avant le passage au noir, par du ferrocyanure de cuivre.

Dans le bain d'aniline on emploie une quantité de chlorate insuffisante pour l'oxydation et on termine par un vaporisage.

Le noir obtenu ne décharge pas, la fibre n'a pas souffert [Steiner Ribeauviller, DRP. 73 667, 10 mars 1893].

6° On a aussi mordancé avec les oxydes de cerium, didyme, lanthane [Wagner et Müller, *Centr. Bl.*, II, 642, 1903].

Propriétés chimiques et constitution du noir d'aniline. — Les chimistes ne sont pas encore d'accord sur la composition du noir d'aniline :

Distillé avec de la poudre de zinc [Liechtig, Saïda, *Centr. Bl.*, **29**, 1885], il donne les composés suivants (par ordre de quantité décroissante) : diphénylène diamine ($AzH^2.C^6H^4-C^6H^4.AzH^2$), diphénylamine ($C^6H^5AzH.C^6H^5$), diamidodiphénylamine ($AzH^2.C^6H^4.AzH.C^6H^4.AzH^2$), *p*-phénylène-diamine ($AzH^2_{(1)}C^6H^4.AzH^2_{(4)}$), aniline et ammoniaque.

Le noir d'aniline fondu avec la potasse a donné la diphénylènediamine, corps violet insoluble dans la benzine.

Dans le noir au chlorate, on a isolé une petite quantité de sous-produits chlorés : $C^{24}H^{18}O^2Az^3Cl$, fondant à 337° en se sublimant, indifférent aux acides et aux alcalis, soluble dans l'acide sulfurique concentré en rouge avec production d'aniline ; $C^{30}H^{21}O^2Az^4Cl^3$, écailles brunes foncées fondant à 286°, solubles dans l'acide sulfurique en vert jaunâtre avec mise en liberté d'aniline.

Ces deux corps peuvent être regardés comme des anilines quinoléiques chlorées [Bornstein, *Centr. Bl.*, I, 1293, 1901].

Les cristaux de noir d'aniline obtenus à partir du *chlorate d'aniline* sont les plus purs ; en les traitant par HCl, l'eau, la lessive de soude, l'alcool, l'éther, on obtient une substance de composition constante répondant à la formule $(C^6H^5.Az)^3HCl$, composition déjà trouvée par Nietzki.

On ne connait pas le poids moléculaire du noir d'aniline. Si l'on part du chlorate d'aniline on ne peut pas éliminer le chlore, même par l'oxyde d'argent, il semble entré dans la molécule du noir. Liechtig et Saïda *n'ont pas trouvé de substances intermédiaires* et ont conclu que le noir est une chloroéméraldine $C^{18}H^{16}Cl.Az^3$.

Récemment Vidal a émis une hypothèse différente et a relié le noir d'aniline au noir Vidal : quand on oxyde l'aniline par le bichromate de potasse en solution sulfurique concentrée, ou par l'électricité, on peut constater qu'il se forme d'abord du paramidophénol $OHC^6H^4.AzH^2$, puis de la paraamidoxydiphénylamine $OH\,C^6H^4.AzH.AzH.C^6H^4.OH$ et finalement du noir d'aniline

$$OH-C^6H^4-AzH-C^6H^4-AzH-C^6H^4$$
$$-AzH.C^6H^4-AzH^2.$$

Cette dernière formule adoptée le ferait considérer, par analogie avec le noir Vidal, comme un produit de condensation de noyaux diphényl-aminés. On n'est pas définitivement fixé à ce sujet. Quelques déterminations physico-chimiques mettront peut-être sur la voie du poids moléculaire : un travail d'ensemble sera nécessaire avant d'adopter une formule.

Noir Vidal et noir d'aniline [*Mon. Scient.*, (4), 1, 218 ; *Centr. Bl.*, (1), 957, 1902]. — Voir Noelting, *Histoire scientifique et industrielle du noir d'aniline* (Mulhouse, Stuckelberg édit., 1889) ; — *Anilinschwarz und seine Anwendung in Færberei und Zeug druck* (Julius Springe, Berlin, 1892) ; — *Die Entwickelung der Anilinschwarz in der Druckerei und Færberei* (Leipsig, 1894).

Décembre 1906. M. Billy.

NOIR VIDAL. — *Historique.* — Depuis longtemps on sait obtenir des matières colorantes sulfurées, teignant directement le coton en brun cachou, par l'action du soufre et des sulfures alcalins de 150° à 300° sur les corps organiques (son, amidon, acide gallique, etc.). Un même corps peut donner différentes nuances, suivant la durée de l'opération, la température et les proportions de sulfures ; plus la température est élevée et plus l'opération a de durée, plus le produit se rapproche du noir et augmente de solubilité [Brevet français, Croissant et Bretonnière, 18 avril 1873].

Depuis, une matière colorante noire a été préparée par l'action du soufre sur l'amidophénol par Boas et Boasson [Brevet allemand, 1886].

D'autre part, en chauffant ensemble, en tube scellé, un mélange de quinone et de sulfure d'ammonium, Wilgerodt obtient un produit soluble dans l'eau en violet. Pour préparer du violet de Wilgerodt on peut chauffer à 160° en tube scellé :

Hydroquinone	10 gr.
Soufre en fleur	5 gr.
Ammoniaque saturée d'H^2S	20 cc.

La matière colorante est bleu violet en présence d'ammoniaque, elle contient du soufre et de l'azote, elle teint le coton en violet, mais ne résiste pas au savon [Wilgerodt, *D. chem. G.*, **20**, 2470, 1887].

Enfin, des matières colorantes noires sulfurées ont été obtenues en traitant les dinitronaphtalines par le sulfure de sodium et la soude [Badische Anilin, Brevet allemand 237.610, 28 mai 1893].

Les *noirs Vidal* proprement dits sont des colorants sulfurés et azotés, qu'on obtient quand on traite des diphénols, des phénols aminés, des diamines par les polysulfures alcalins à haute température.

Ils se préparent soit en autoclave, soit en vase ouvert.

Préparation des noirs Vidal sous pression.

— 1° Chauffer à l'autoclave 6 heures, de 160 à 210° (environ 10 atmosphères), un mélange de :

Benzoquinone ($C^6H^4O^2$).....	100 kg.
Soufre........................	50 —
Chlorure d'ammonium.......	40 —
Soude caustique............	60 —

il y a formation d'hydrogène sulfuré qui fait pression.

Le produit est concassé après refroidissement.

On obtient des noirs analogues en partant de l'hydroquinone, de la résorcine, de la pyrocatéchine et de la toluquinone. On peut aussi remplacer l'ammoniaque par la mono- ou la diméthylamine [Brevet allemand 84632, Friedl. 2. 1049. 21 octobre 1893; Brevet français 231118].

2° Chauffer dans un autoclave en fer 6 heures à 175° :

Dioxynaphtalène $\beta_1\beta_4$.......	100 kg.
Soufre........................	75 —
Chlorure d'ammonium.......	50 —
Sulfure de sodium...........	200 —

La masse liquide au début devient peu à peu solide et friable. On pulvérise après refroidissement.

Dans cette dernière préparation on peut partir du dioxynaphtalène $\beta_1\beta_3$ ou de la naphtoquinone $\alpha_1\alpha_2$ [Brevet allemand 91719 (add. au brevet 84632)].

3° Dans un autoclave en fer, chauffer à 180-210° :

a)	Paraphénylène diamine......	100 kg.
	Lessive de soude 50° Bé.	50 —
	Soufre........................	50 —

La masse fondue, de couleur noir bronzé, est broyée; elle est employée directement sous cette forme pour la teinture.

Chauffer dans les mêmes conditions que précédemment :

b)	Paramidophénol.............	100 kg.
	Soufre..	50 —
	Lessive de soude à 40° Bé....	108 —

On obtient une masse noire mordorée qui est livrée au commerce après pulvérisation.

Le paramidol peut être remplacé par le produit brut provenant de la réduction du phénol dinitré (mélange o. et p.).

On peut prendre également l'o-amidophénol, l'azoxybenzène, l'oxyazobenzène, les azoïques (brun Bismarck, chrysoïdine) ou autres composés (indamines, $AzH : C^6H^3 = Az - C^6H^4 - AzH^2$) capables de se scinder par réduction en p-diamines.

4° *Préparation à l'air libre.* — On opère très souvent en vase ouvert sur des combinaisons du benzène ou du naphtalène : nitrosées, nitrohydroxylées, amidohydroxylées, diamidées. Exemple :

p-Amidophénol.............	150 kg.
Eau...........................	400 —
Sulfure de sodium	450 —
Soufre........................	200 —

Le mélange est chauffé 10 heures de 175 à 210°, suivant la nature du produit mis en œuvre; il se dégage de l'hydrogène sulfuré, et il se sublime de l'amido [R. Vidal et *Soc. mat. col. de Saint-Denis*, Brevet allemand 85330; Brevet français 236405, 19 février 1894].

5° On peut faire la réaction en deux phases. Exemple : fondre 400 k. de sulfure de sodium à 130°, ajouter peu à peu 100 k. de nitrophénol; quand la réduction en amidophénol est totale on pousse la température à 175° et on ajoute 75 k. de soufre; quand la masse devient pâteuse. l'opération est terminée; la substance obtenue est analogue à celle préparée avec le p-amidophénol; on peut faire la même cuite avec l'amidonaphtol [Vidal, Brevet allemand 90369; Friedl., add. au brevet 85330, (2), 1051].

Pratique de la teinture. — Le noir Vidal d'une de ces préparations est dissous dans le sulfure de sodium ou le sel marin, c'est dans cette solution froide ou chaude qu'on manœuvre la fibre à teindre :

Eau...........................	10 gr.
Noir...........................	1 —
Sulfure de sodium...........	1 —

La teinture est assez longue, et l'épuisement du bain est incomplet.

On ne peut pas le mélanger à d'autres colorants, mais on le remonte avec des couleurs basiques d'aniline; pour ces dernières, c'est un véritable mordant qui épuise complètement leur solution. Il teint le coton non mordancé en noir verdâtre; passé au perchlorure de fer, au sulfate de cuivre ou au bichromate de potassium, il devient noir bleu; il teint aussi la laine et la soie en jaune verdâtre, virant au noir franc par les oxydants.

Il est remarquablement solide au savon, au chlorage et aux actions atmosphériques.

Noir Vidal pour impression. — Ce composé s'obtient en traitant le noir Vidal ordinaire par un bisulfite ou un chlorate alcalin.

Ce produit est d'aspect gris foncé, il est soluble dans l'eau en noir verdâtre, il précipite en rouge brun par l'acide chlorhydrique.

Il se dissout dans l'acide sulfurique concentré d'où on le précipite par l'eau en brun.

Il sert à l'impression sur coton pour obtenir des gris, par combinaison avec les sels de chrome; il est assez solide à la lumière et au savon.

On l'emploie comme toutes les couleurs bisulfitées : le colorant est épaissi avec du léïogomme et additionné d'un mordant approprié (généralement l'acétate de chrome). On imprime, on vaporise et on savonne [R. Vidal et *Soc. mat. col. de Saint-Denis*, Brevet français 244585, juin 1895; *Monit. scient.*, 61. 1895].

PROPRIÉTÉS DES NOIRS VIDAL. — Masse noire ou brunâtre, poreuse, soluble dans l'eau en vert bleu sombre, dans le sulfure de sodium ou la soude en vert bouteille, dans le bisulfite de soude, plus ou moins soluble dans le carbonate de soude. L'acide sulfurique concentré le dissout en vert sale. La solution aqueuse est totalement précipitée par l'acide chlorhydrique.

Réduit par le zinc et la soude il donne un leucodérivé qui n'a aucune affinité pour la fibre, ce leuco laissé à l'air régénère rapidement la matière colorante. *Sur la fibre* il vire au brun rouge par contact avec l'acide chlorhydrique au demi. Si la fibre a été passée au bichromate, les cendres contiennent du sesquioxyde de chrome.

Les remarquables qualités des noirs Vidal ont engagé les fabricants de matières colorantes à tourner les brevets pour faire des substances analogues.

Un très grand nombre de *noirs sulfurés* coton ont été communiqués depuis quelques années parmi lesquels nous citerons seulement les plus employés :

Noir immédiat de Cassella, préparé en partant de la dinitroparaoxydiphénylamine

$$\begin{matrix} AzO^2 \\ AzO^2 \end{matrix} > C^6H^3 - AzH - C^6H^4.OH$$

obtenue avec le para-amidophénol et le dinitrochlorobenzène.

Ce colorant passe au bleu par l'eau oxygénée.

Noir solide et *noir d'anthraquinone* de Meister Lucius, préparés à partir des dinitronaphtalènes 1.5 et 1.8 et de la dinitro anthraquinone [D.R.P. 125667, 1900].

CONSTITUTION DES NOIRS VIDAL. — Dans les opérations Vidal *à l'autoclave* on peut admettre :

1re *phase* : Action de l'hydroquinone sur les sulfures alcalins avec formation du violet de Wilgerodt.

2e *phase* : Action du soufre et du sulfure de sodium sur le violet de Wilgerodt à 180° avec formation de noir [Vidal, Brevet allemand 84622].

Dans cette méthode, le violet de Wilgerodt est considéré comme substance intermédiaire.

Dans les opérations Vidal en *vase ouvert* la réaction probable est la suivante :

1re *phase* : Action du soufre sur l'amidophénol avec formation d'ammoniaque et de thionol, d'après Boas et Boasson.

2e *phase* (brevetée par Vidal) : action du soufre et de l'ammoniaque sur le thionol avec formation de noir.

Dans ces opérations, à aucun instant de la fabrication, on n'a pu caractériser la formation de violet de Wilgerodt.

Ces deux noirs Vidal ont des propriétés physiques et tinctoriales identiques.

Au point de vue de leur constitution, une seule hypothèse a été proposée par l'inventeur : elle explique quelques propriétés chimiques du noir, elle tend à donner à tous les noirs une même composition.

La réaction peut être divisée en deux phases :

1° Action de l'ammoniaque et du soufre sur l'hydroquinone avec formation de thionol (p-dioxythiazine) [Boas et Boasson, Brevet allemand, 1876 et Bernthsen, *Ann. Chem. Lieb.*, **230**, 202] :

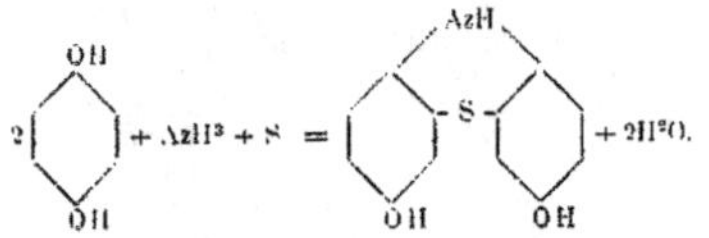

$$2\,C_6H_4(OH)_2 + AzH^3 + S = (OH)C_6H_3{<}^{AzH}_{S}{>}C_6H_3(OH) + 2H^2O.$$

2° Le thionol en présence d'un excès d'ammoniaque et de soufre se condense pour donner la p-dioxytétraphène-trithiazine ou noir Vidal :

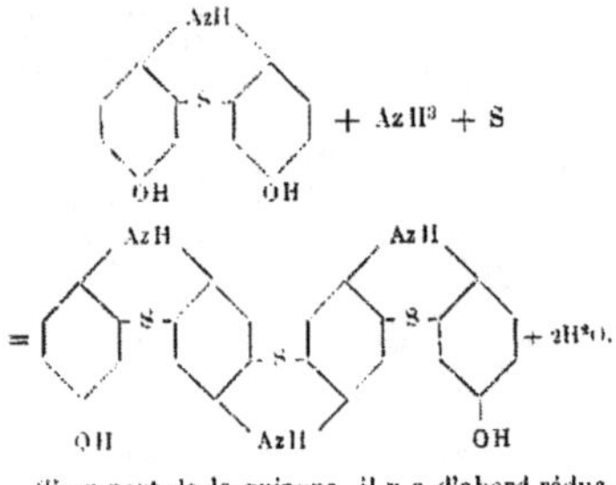

$$\text{(thionol)} + AzH^3 + S = \text{(noir Vidal : OH, AzH, S, S, S, AzH, OH)} + 2H^2O.$$

Si on part de la quinone, il y a d'abord réduction en hydroquinone par les sulfures alcalins, et la réaction se continue comme précédemment : avec l'amidophénol on peut exprimer la transformation en noir d'une manière identique.

Cette réaction générale s'appliquerait à tous les dérivés di- ou trisubstitués du benzène ou du naphtalène ayant des fonctions amides ou phénoliques.

Le noir Vidal serait donc un produit de condensation de noyaux diphénylaminés, analogue au noir d'aniline [R. Vidal, *Monit. scient.*, 655, 1897; *ibid.*, 218, 1899].

D'autre part, la solubilité du noir dans les bisulfites fait supposer l'existence de groupes quinoniques que la formule n'indique pas. L'étude de ce composé n'est donc pas encore terminée. Décembre 1906. M. BILLY.

NONACOSANE $C^{29}H^{60}$. — Ce carbure a été retiré de la paraffine commerciale. Il fond à 62-63° [Mabery, *Am. Chem. Journ.*, **33**, 251, 1905]. E. BAUD.

NONANE. — (Voyez Supp., 1086).

Le pétrole à brûler ou kérosène contient un mélange de carbures allant de C^9H^{20} à $C^{16}H^{34}$. D'après M. Lemoine [*Bull. Soc. Chim.*, **41**, 164], il existerait dans le pétrole ordinaire deux nonanes : l'α-*nonane* dont le point d'ébullition est situé entre 135-137°, et le β-*nonane* bouillant à 129,5-131°,5. Le premier a une densité $D_{12,4} = 0,742$ et le second $D_0 = 0,743$, $D_{12,7} = 0,734$.

Le *nonane normal* a été préparé par Krafft en réduisant l'acide pélargonique par l'acide iodhydrique [*D. chem. G.*, **15**, 1692, 1882] et se trouve décrit dans ce Dictionnaire [*loc. cit.*]. Le nonane normal a été trouvé dans les pétroles de Californie [Mabery et Hudson, *Am. Chem. Journ.*, **25**, 253, 1901] et dans les produits de la décomposition des huiles minérales [Engler, *D. chem. G.*, **30**, 2920, 1897]. Parmi les isomères actuellement connus se trouvent :

Le *diméthyl-diisopropylméthane*, qui a été obtenu, mélangé à d'autres hydrocarbures, en chauffant l'iodure d'isopropyle avec de l'amalgame de sodium [Silva, *Bull. Soc. Chim.*, **18**, 529]. C'est un liquide bouillant à 130°.

Le 2.5-*diméthylheptane*, obtenu en traitant par le sodium un mélange d'iodure d'isobutyle et de méthyl-3-iodo-4-butane [I. Welt, *Ann. Chim. Phys.*, (7), **6**, 122]. C'est un liquide bouillant à 128-134°. $D_{16,5} = 0,8813$; il est actif $[\alpha]_D = 5°,64$ à 20°.

Le *dipropyléthylméthane*. — Un hydrocarbure possédant probablement la constitution

$$\begin{matrix} CH^3-CH^2-CH^2 \\ CH^3-CH^2-CH^2 \end{matrix} > CH-CH^2-CH^3$$

se forme quand on fait bouillir l'alcool dibromodipropyl-isopropylique avec de la poudre de zinc et de l'alcool absolu. Il bout à 138-139°. $D_{20} = 0,7407$. Sa réfraction moléculaire correspondrait à cette formule, $n_{20} = 1,41564$ [Oberreit, *D. chem. G.*, **29**, 2003, 1896].

DÉRIVÉS HALOGÉNÉS. — DÉRIVÉS CHLORÉS. — Ils se forment quand on traite les pétroles par du chlore [Lemoine, *Bull. Soc. Chim.*, **41**, 164].

On peut obtenir le chlorure de nonyle normal par l'action de HCl sur l'alcool correspondant [Bouveault, *Bull. Soc. Chim.*, **31**, 1326, 1904].

Le *dichlorononane*-1.9 se forme en faisant réagir le chlorure de nitrosyle sur la nonométhylène-diamine [Solonina, *Journ. Soc. phys. chim. russe*, **30**, 606, 1899]. C'est un liquide bouillant à 258-262° en se décomposant partiellement.

DÉRIVÉS BROMÉS. — On ne trouve pas dans la littérature chimique de dérivé monobromé; on ne connaît que les dérivés di- et tétrabromés.

Le *dibromononane*-1.9 s'obtient en traitant par HBr l'éther diphénylique d'un nonane-diol [Solonina, *loc. cit.*]. C'est un liquide qui bout à la pression ordinaire à 285-288° en perdant HBr, et à 171-173 sous 20-25 millimètres. MM. Thorpe et Young ont également obtenu un dibromononane en fixant le brome sur le nonylène. Ce bromure de nonylène ne bout pas sans décomposition.

On connaît un tétrabromononane : le 1.2.3.4-*tétrabromo-2.6-diméthylheptane*, obtenu par MM. Tiemann et Semmler en fixant le brome sur le 2.6-diméthylheptadiène-1.3 en solution dans le tétrachlorure de carbone [*D. chem. G.*, **26**, 2724, 1893].

Le 2.6-*diméthyl-2.6-dibromoheptane*

$$\begin{matrix}CH^3\\CH^3\end{matrix}\!>CBr-(CH^2)^3-CBr<\!\begin{matrix}CH^3\\CH^3\end{matrix}$$

s'obtient en traitant le 2.6-diméthylheptène-2-ol-6 par HBr en solution acétique et à froid. Ce dérivé cristallise dans l'alcool méthylique en longues aiguilles fondant à 35°, et perd dans le vide une partie de son acide bromhydrique [P. Harries et R. Weil, *D. chem. G.*, **37**, 845, 1904].

DÉRIVÉS IODÉS. — Le seul connu est l'*iodure de nonyle normal* préparé par Kraft en saturant l'alcool nonylique par de l'acide iodhydrique à 100°. C'est un liquide bouillant à 117° sous 15 millimètres. Sa densité $D_0 = 1.3052$ [*D. chem. G.*, **19**, 2221, 1886].

DÉRIVÉS NITRÉS. — Le nonane normal, bouilli avec de l'acide nitrique de densité 1.08 au réfrigérant ascendant, a fourni à M. Worstall [*Am. Chem. Journ.*, **21**, 210, 1899] 22 0/0 de *mononitrononane* et 48 0/0 de *dinitré*.

Le *nitrononane* normal est un liquide volatil avec la vapeur d'eau, et bouillant à 215-218° en se décomposant. $D_{17} = 0.9227$. Il forme un sel de sodium qui est gélatineux et très soluble dans l'eau.

Ce sel de sodium traité par l'eau de brome donne du 1.1-*nitrobromononane* : huile jaunâtre d'odeur piquante.

Dinitrononane. — Il s'obtient à côté du mononitré, mais n'a pas pu être obtenu à l'état pur. Son *sel de sodium* est une masse gélatineuse rougeâtre (Worstall).

Il existe un autre dinitrononane, déjà décrit par Alexéjew en 1865, qui s'obtient en faisant bouillir l'essence de rue avec de l'acide nitrique de densité 1.2. L'huile insoluble est ensuite traitée par la potasse concentrée qui dissout le dérivé dinitré; en diluant lentement avec de l'eau, il se précipite le *sel de potassium* cristallisé; on le purifie par dissolution dans l'alcool d'où il cristallise en tablettes jaunes quadratiques [Limpach, *Ann. Chem.*, **190**, 298].

Bromodinitrononane. — Le dinitrononane sodé de Worstall traité par l'eau de brome fournit le 1-*bromo*-1.1-*dinitrononane* insoluble dans les alcalis; sa constitution doit donc être la suivante :

$$CH^3-(CH^2)^7-C\begin{matrix}\diagup Br\\-AzO^2\\\diagdown AzO^2\end{matrix}$$

Juin 1906. A. Wahl.

NONANONES. — *Nonanone-3* (*éthylhexylcétone*) $CH^3-CH^2-CO-(CH^2)^5-CH^3$. — Voyez 2e Suppl., **3**, 640.

Nonanone-5, $C^4H^9-CO-C^4H^9$. — On ne connaît que son *dérivé dibromé*, qui s'obtient en saturant d'HBr à 0° la diallylcétone. Ce dérivé dibromé cristallise et fond à 42° [Vohlard, *Ann. Chem.*, **267**, 89, 1891].

Nonanone-6, $C^5H^{11}-CO-C^3H^7$. — On l'obtient par la saponification de l'éther éthyl-caproylacétique.

C'est un liquide à odeur fraiche bouillant à 75-76° sous 10 millimètres. Sa *semicarbazone* cristallise en lamelles blanches fondant à 73-74° [Bouveault et Locquin, *Bull. Soc. Chim.*, **31**, 1158, 1904].

2.6-*Diméthyl-4-heptanone* (*valérone*). — On l'obtient en distillant l'isovalérate de calcium, mais les rendements sont très mauvais, car il se forme surtout de l'aldéhyde isovalérique.

Liquide bouillant à 181-182°. $D_{20} = 0.833$. Elle ne se combine pas au bisulfite [Schmidt, *D. chem. G.*, **5**, 600, 1872].

4-*Ethanoylheptane* (*dipropylacétone*)

$$(CH^3-CH^2-CH^2)^2=CH-CO-CH^3.$$

— Elle se forme lorsqu'on traite l'éther dipropylacétylacétique par la potasse alcoolique à chaud. C'est un liquide bouillant à 173-174° [Burton, *Am. Chem. Journ.*, **3**, 390, 1882].

3-*Ethylheptanone-4* (*diéthylméthylpropylcétone*). — Voy. 2e Suppl., **3**, 186.

2-*Méthyloctanone-6* (*éthylisohexylcétone*). — On l'obtient en faisant réagir le zinc-éthyle sur le chlorure d'isoamylacétyle. C'est un liquide bouillant à 185° sous 730 millimètres. Quand on la traite par l'acide nitreux naissant, elle fournit l'oxime de la dicétone correspondante, la 2-*méthyloctanone-6-oxime-7*

$$CH^3-\underset{\underset{AzOH}{\parallel}}{C}-CO-CH^2-CH^2-CH^2-CH(CH^3)^2$$

[Ponzio et de Gaspari, *Gazz. chim. ital.*, (2), **28**, 277, 1898].

NONANE-DIONES. — Parmi les α-diones on ne connaît que :

La 2-*méthyloctane-dione*-6.7,

$$CH^3-CO-CO-(CH^2)^3-CH<\!\begin{matrix}CH^3\\CH^3\end{matrix}$$

qui a été obtenue par MM. Fileti et Ponzio (*loc. cit.*) en traitant l'éthylisohexylcétone par l'acide nitrique.

Nonanedione-3.4 (*propionyle-caproyle*). — On l'obtient par saponification de sa monoxime : la 3-*oximidononanone*-4

$$CH^3-CH^2-\underset{\underset{AzOH}{\parallel}}{C}-CO-(CH^2)^4-CH^3$$

laquelle résulte de l'action du chlorure de nitrosyle sur l'acide β-cétonique correspondant.

La dione est un liquide jaune bouillant à 77-80° sous 10 millimètres. Sa *dioxime* forme des aiguilles blanches fondant à 155°. La *monoxime* bout à 131-132° sous 9 millimètres et fond à 33-34° [R. Locquin, *Bull. Soc. Chim.*, **31**, 1168, 1904].

Nonanedione-2.4 (*caproylacétone*),

$$CH^3-(CH^2)^4-CO-CH^2-CO-CH^3.$$

— On l'obtient par hydratation de l'acétylœnanthylidène par l'acide sulfurique [Moureu et Delange, *Bull. Soc. Chim.*, **25**, 305, 1901].

MM. Bouveault et Bongert ont préparé le même produit en saponifiant l'éther caproylacétylacétique [*Bull. Soc. Chim.*, **27**, 1086, 1902].

C'est un liquide incolore à odeur de fruits, bouillant à 100° sous 20 millimètres. Refroidi fortement il cristallise et fond à — 18°. Son *sel de cuivre* forme des cristaux bleu pâle fondant à 136°. Sa densité à 0° est $D_0 = 0.9378$.

Nonanedione-2.8. $CH^3-CO-(CH^2)^5-CO-CH^3$. — On l'obtient par saponification de l'acide α.ω-diacétylcaproïque. C'est un liquide bouillant à 175-178° sous 130 millimètres, cristallisant par refroidissement et fondant à 48-49°. Cette cétone se combine au bisulfite [Kipping et Perkin, *Chem. Soc.*, **55**, 335].

3.3-*diéthyl-2.4-pentanedione*,

$$CH^3-CO-C\begin{smallmatrix}C^2H^5\\ \\ C^2H^5\end{smallmatrix}-CO-CH^3.$$

— Elle résulte de l'action de l'iodure d'éthyle sur l'acétylacétone sodée à 180°. Liquide bouillant à 200-205° [Combes, *Ann. Chim. Phys.*, (6), **12**, 250]. Juin 1906. A. Wahl.

NONÈNES OU NONYLÈNES, C^9H^{18}. — Les carbures qui répondent à cette formule sont de deux espèces, ils sont cycliques ou acycliques. Nous ne nous occuperons ici que de ces derniers.

On trouve dans la littérature chimique un grand nombre de nonènes dont la constitution n'est pas connue et qui sont désignés par leur origine. On connaît les hydrocarbures suivants :

Nonylène de la paraffine surchauffée. — Il bout à 145-148° [Thorpe et Young, *Ann. Chem.*, **165**, 18].

Nonylène de l'essence de résine. — Il bout à 147-150° [Renard, *Bull. Soc. Chim.*, **39**, 541].

Nonylène des fusels. — Obtenu par Würtz en distillant les fusels avec Zn Cl^2. Il bout à 140° [Würtz, *Ann. Chem.*, **128**, 232].

Nonylène des pétroles. — En partant des pétroles chlorés. Il bout à 133-136° [Lemoine, *Bull. Soc. Chim.*, **41**, 165].

7-*Méthyl-7-octène*,

$$CH^3-C=CH^2$$
$$C^6H^{13}.$$

— Il se forme en même temps que l'alcool nonylique en chauffant le chlorhydrate de nonylamine avec du nitrite d'argent [Freund et Schönfeld, *D. chem. G.*, **24**, 3359, 1891]. Liquide bouillant à 141,5-143°.

2-*Nonylène.* — On l'obtient par déshydratation de l'heptylméthylcarbinol provenant de l'essence de rue [Mannich, *D. chem. G.*, **35**, 2144, 1902; — Thoms et Mannich, *ibid.*, **36**, 2544, 1903]. Liquide bouillant à 147-148°.

On connaît un autre nonylène provenant du traitement de l'iodure d'éthyldipropylcarbinol par la potasse alcoolique. Il bout à 139°,5. $D_{20} = 0,7433$ [Sokolow, *J. prakt. Chem.*, (2), **39**, 446].

DÉRIVÉS HALOGÉNÉS. — *Dérivé chloré* $C^9H^{17}Cl$. — Il s'obtient par l'action du pentachlorure de phosphore sur l'alcool nonénylique. Liquide bouillant à 175-185° [Dijew, *J. prakt. Chem.*, (2), **27**, 364].

Bromononylène. $C^9H^{17}Br$. — Il se forme dans l'action de la potasse alcoolique sur le bromure de nonylène. Ce dernier s'obtient en fixant le brome sur le nonylène [Thorpe et Young, *Ann. Chem.*, **165**, 18]. Juin 1906. A. Wahl.

NONÉNONES. — On connaît de nombreuses nonénones cycliques; la seule cétone acyclique $C^9H^{16}O$ connue est la 2-*nonénone* ou *méthylheptylène-cétone*. Elle s'obtient en distillant l'acide β-thuyacétone-carbonique. C'est un liquide bouillant à 184-186° [Wallach, *Ann. Chem.*, **272**, 116]. Juin 1906. A. Wahl.

NONÉNONOÏQUES (ACIDES). — *Acide isoamylidène-acétique*,

$$CH^3-CO-\underset{\displaystyle COOH}{C}=CH-CH^2-CH\begin{smallmatrix}CH^3\\CH^3\end{smallmatrix}.$$

— Son *éther éthylique* s'obtient en condensant l'éther acétylacétique avec l'aldéhyde isovalérique et l'acide chlorhydrique [Claisen et Matthews, *Ann. Chem.*, **218**, 174], ou mieux en opérant la condensation à basse température en présence de pipéridine [Knœvenagel, *D. chem. G.*, **31**, 737, 1898]. Liquide bouillant à 237-241°, en se décomposant légèrement, à la pression ordinaire, et à 136-138° sous 9 millimètres. $D_{21,5} = 0,9623$.

ACIDES BIBASIQUES.

ACIDE ISOBUTYLITACONIQUE. — (Voyez 2e Suppl., **6**, 163).

ACIDE ÉTHYLALLYLSUCCINIQUE. — Il existe sous deux modifications : l'*acide para* fondant à 163-166° et l'*acide méso* fondant à 108-111° [Hjelt, *D. chem. G.*, **25**, 489; — Walden, *Zeit. phys. Chem.*, **8**, 436].

ACIDE ISOBUTYLCITRACONIQUE. — Feuillets fondant à 75°,5-80° [Fittig et Weil, *Ann. Chem.*, **283**, 279; — Fittig et Schirmacher, *ibid.*, **304**, 290; — Fittig et Kählbrand, *ibid.*, **305**, 56].

ACIDE ISOBUTYLMÉSACONIQUE. — Feuillets brillants, fondant à 205-206° [Fittig et Schirmacher, Fittig et Kählbrand, *loc. cit.*].

ACIDE ISOBUTYLATICONIQUE. — (Voyez 2e Suppl., **6**, 163).

ACIDE PROPYLALLYLMALONIQUE. — Aiguilles microscopiques, fondant à 115° [Hjelt, *D. chem. G.*, **28**, 1856].

ACIDE ISOPROPYLALLYLMALONIQUE. — Il fond à 112°,5 (Hjelt).

ACIDE MÉTHYLÉTHYLALLYLMALONIQUE. — Son *éther éthylique* bout à 155-156° sous 24 millimètres [Ipatieff, *J. prakt. Chem.*, (2), **59**, 551]. Juin 1906. A. Wahl.

NONINES, C^9H^{16}. — Les hydrocarbures répondant à cette formule peuvent être cycliques ou alicycliques. Ces derniers, qui seront seuls décrits ici, comprennent uniquement des carbures deux fois éthyléniques, les carbures à triple liaison en C^9 n'étant pas connus.

Géraniolène (2.6-*diméthylheptadiène*-2.6).

$$\begin{smallmatrix}CH^3\\CH^3\end{smallmatrix}>C=CH-CH^2-CH^2-\underset{\displaystyle CH^3}{C}=CH^2.$$

— Il se forme dans la distillation de l'acide géranique. Il bout à 142-143°, $D_{20} = 0,757$. Chauffé avec l'acide sulfurique, il s'isomérise en cyclogéraniolène qui possède une chaîne fermée [Tiemann et Semmler, *D. chem. G.*, **26**, 2724, 1893; — Tiemann, *ibid.*, **31**, 823, 1898].

2.6-*diméthylheptadiène*-2.5,

$$(CH^3)^2=C=CH-CH^2-CH=C=(CH^3)^2.$$

— Il s'obtient en chauffant le 2.6-diméthyl-2.6-dibromoheptane avec 5 fois son poids de pyridine. C'est un liquide à odeur agréable, bouillant à 140-142°. $D_{22} = 0,7626$, $n_D = 1,44361$ à 22° [Harries et Weil, *D. chem. G.*, **37**, 845, 1904]. Juin 1906. A. Wahl.

NONINYLIQUES (ALCOOLS), $C^9H^{16}O$.

Éthyldiallylcarbinol (4-*oxy*-4-*éthyl*-1.6-*heptadiène*),

$$(CH^2=CH-CH^2)^2=\underset{\displaystyle OH}{C}-C^2H^5.$$

— On le prépare par l'éther propionique, l'iodure d'allyle et le zinc. Il bout à 175-176°. $D_0 = 0,8776$ [Smirensky, *J. prakt. Chem.*, (2), **25**, 59].

2.6-*diméthylheptadiène*-1.6-*ol*-4,

$$CH^2=\underset{\displaystyle CH^3}{C}-CH^2-CHOH-CH^2-\underset{\displaystyle CH^3}{C}=CH^2$$

— Il se forme dans la méthylation de la triacétonalkadiamine. Liquide incolore bouillant à 178-179°; peu soluble dans l'eau, il possède une odeur ressemblant à celle du géranial [Schéring, brevet allemand 96657, 1898].

Alcool diallylisopropylique,

$$(CH^2 - CH = CH^2)^2 = CH - CHOH - CH^3.$$

— Il se forme dans la réduction de la diallylacétone par l'éther et le sodium en présence d'eau. Il bout à 184-185° et fixe 2 molécules de HBr [Oberreit, *D. chem. G.*, **29**, 2002, 1896].

NONINYLIQUES (ACIDES). — ACIDES $C^9H^{12}O^4$. — *Acide diallylmalonique*. — Prismes fondant à 133° [Conrad et Bischoff, *Ann. Chem.*, **204**, 171]. Juin 1906. A. WAHL.

NONYLAMINES. — 1-*Aminononane* (*Nonylamine normale*). — Elle s'obtient par réduction du nitrononane, au moyen du fer et de l'acide acétique [Worstall, *Am. Chem. Journ.*, **21**, 234, 1899]. De même elle se forme dans la réduction du dinitrononane par l'amalgame d'aluminium [Ponzio, *J. prakt. Chem.*, **65**, 197, 1902].

Elle a été caractérisée par son *chloroplatinate* $(C^9H^{21}Az.HCl)^2PtCl^4$, cristallisé en aiguilles jaunes.

2-*Aminononane*,

$$C^7H^{15} - \underset{\displaystyle CH^3}{\underset{|}{CH}} - AzH^2$$

— On l'obtient par la réduction de la méthylheptylcétoxime.

C'est un liquide bouillant à 69-69°,5 sous 11 millimètres. Son *picrate* fond à 108°,5-109°,5 et son chloroplatinate noircit à 210-220° [Thoms et Mannich, *D. chem. G.*, **36**, 2555, 1903].

1-*Amino-2-méthyloctane*,

$$C^6H^{13} - \underset{\displaystyle CH^3}{\underset{|}{CH}} - CH^2 \quad AzH^2$$

Cette nonylamine dérive de l'alcool caprylique provenant de l'action de la potasse sur l'huile de ricin. On transforme cet alcool en son éther iodhydrique, puis en cyanure, qu'on réduit par le sodium et l'alcool [Freund et Schœnfeld, *D. chem. G.*, **24**, 3350, 1891]. La base forme un liquide bouillant à 185-186°, donnant un *chlorhydrate* cristallisé fondant vers 130°. Son *chloroplatinate* $(C^9H^{19}AzH^2.HCl)^2PtCl^4$ cristallise en aiguilles jaunes. Cette nonylamine a été caractérisée de plus par son *urée*, qui cristallise en prismes fondant à 92°, et par la *dinonyloxamide*

$$\begin{array}{l} CO - AzH - C^9H^{19} \\ | \\ CO - AzH - C^9H^{19} \end{array}$$

cristallisant en aiguilles fondant à 92°. La *phénylnonylurée* cristallise dans l'alcool étendu et fond à 63°. La *phénylnonylsulfourée* forme de petites lames fondant à 58-60°, solubles dans l'alcool et l'éther.

4-*Amino-2.6-diméthylheptane*,

$$(CH^3)^2CH - CH^2 - \underset{\displaystyle AzH^2}{\underset{|}{CH}} - CH^2 - CH(CH^3)^2$$

— M. Noyes a obtenu cette amine en réduisant par l'alcool et le sodium l'oxime de la diisobutylcétone [*Am. Chem. Journ.*, **15**, 544, 1893].

C'est un liquide à odeur ammoniacale bouillant à 166-167°. $D_4^{20} = 0,772$. Son *chlorhydrate* cristallise en aiguilles fondant à 247-248°.

DIAMINONONANES. — 1.9-*Diaminononane* $AzH^2.(CH^2)^9.AzH^2$. — On le prépare par la réduction du nitrile azélaïque au moyen du sodium et de l'alcool [Solonina, *Journ. Soc. phys. chim. russe*, **29**, 411, 1897].

Le diaminononane forme des cristaux blancs fondant à 37-37°,5, bouillant à 258-259°, absorbant facilement l'eau et l'acide carbonique et répandant des fumées à l'air quand il est à l'état fondu. Son *chlorhydrate* est peu soluble dans l'eau froide, très soluble dans l'alcool bouillant. Son *chloroplatinate* forme une poudre cristalline jaune. Juin 1906. A. WAHL.

NONYLÉNIQUES (ACIDES). — *Acide α-β-nonénoïque*, $C^6H^{13}.CH = CH.COOH$. — Il se forme en chauffant pendant 30 heures un mélange équimoléculaire d'œnanthol, d'acétate de sodium et d'anhydride acétique à 160-170°. C'est un liquide ne bouillant pas entièrement sans décomposition, volatil avec la vapeur d'eau et ne se solidifiant pas dans le mélange réfrigérant: à peine soluble dans l'eau. Il fixe le brome et on connait ses sels de calcium, de baryum et d'argent [Schneegans, *Ann. Chem.*, **227**, 80]. M. Blaise a constaté dans la décomposition de l'acide α-oxypélargonique un acide non saturé, bouillant à 139-142° sous 17 millimètres, se solidifiant dans un mélange de glace et de sel, et qu'il croit être l'acide α.β-nonylénique [*Bull. Soc. Chim.*, **31**, 492, 1904]. M. Moureu a préparé un certain nombre de dérivés de cet acide et notamment les dérivés β-méthoxylés,

$$C^6H^{13} - \underset{\displaystyle OCH^3}{\underset{|}{C}} = COOC^2H^5$$

en décomposant par la chaleur les éthers β-acétoliques correspondants. Ces derniers s'obtiennent eux-mêmes en traitant les éthers hexylpropioliques par le méthylate de sodium.

Le β-*hexyl-β-méthoxyacrylate d'éthyle* est un liquide bouillant à 245-248°, $D_0^{15} = 0,9596$, $n_D = 1,4584$ à 15°.

L'acide correspondant

$$C^6H^{13} - \underset{\displaystyle OCH^3}{\underset{|}{C}} = CH - COOH$$

s'obtient par saponification de l'éther précédent. Il forme des cristaux ressemblant à de l'acide borique et fondant à 55°,5. Chauffé il perd CO^2 et donne le carbure 2-*hexyl-2-méthoxyéthylène* qui bout à 166-168°, $D_0^{16} = 0,8170$, $n_D = 1,4309$ à 16° [*Bull. Soc. Chim.*, **31**, 514, 1904].

Acide α-isononylénique (*Acide 2.6-diméthylhepténoïque*),

$$(CH^3)^2CH - CH^2 - CH = CH - CH(CH^3) - COOH.$$

— Se forme entre autres produits dans la distillation de l'acide α-méthylisobutylparaconique. Liquide bouillant à 235-240° [Feist, *Ann. Chem.*, **255**, 117].

Acide β-isononylénique. — Se forme dans les mêmes conditions que le précédent en distillant l'acide β-méthylisobutylparaconique [Feist, *loc. cit.*]. On connaît ses *sels de calcium* et *d'argent*.

Acide β-dipropylacrylique,

$$\begin{array}{l} C^3H^7 \\ C^3H^7 \end{array} > C = CH - COOH$$

— Se forme dans la déshydratation de l'acide β-dipropyléthylénolactique par l'acide sulfurique ou le perchlorure de phosphore. Cristallise en longs prismes fondant à 80-81°, peu solubles dans l'eau, plus facilement dans l'alcool, l'éther, le benzène.

Sel de lithium. — Cristallise avec $2H^2O$ en agrégats sphériques.

Sel de zinc. — Est complètement insoluble dans l'eau.

Sel de plomb. — Cristallise avec 2 1/2 H^2O en fines aiguilles peu solubles dans l'eau [Albitzky, *J. prakt. Chem.*, (2), **30**, 209].

Acide nonène-1-oïque-9,

$$CH^2=CH-(CH^2)^6-COOH.$$

— Son *éther éthylique* se forme dans l'électrolyse du sel de potassium du sébate acide de méthyle. Cet éther constitue un liquide, $D^{18,6}_4=0,9240$ [Walker et Brown, *Ann. Chem.*, **274**, 62].

Acide isoamylidène-butyrique (*2-méthyloctène 4-oïque 8*,

$$(CH^3)^2=CH-CH^2-CH=CH-CH^2-COOH.$$

— Il se forme en faisant bouillir l'acide monobromoisoamylglutarique avec 30 parties d'eau pendant 8 heures. Son sel de *calcium* cristallise avec $9H^2O$ en feuillets brillants; le sel de *baryum* renferme 1 1/2 H^2O; le sel d'*argent* est amorphe.

Acide isoamylcrotonique. — Il s'obtient par la distillation de l'acide α-isoamyl-β-oxybutyrique. Il bout à 240° [Anden, Perkin, Rose, *Proc. Chem. Soc.*, n° 212]. Juin 1906. A. Wahl.

NONYLÉNIQUES (ALCOOLS). — Il n'existe pas d'alcool primaire. On connaît un alcool secondaire, le *2.3-diméthylheptène-3-ol-6*,

$$CH^3-CH(OH)-CH^2-CH=\underset{\displaystyle CH^3}{\underset{|}{C}}-CH(CH^3)^2$$

ou *méthylheptylène-carbinol*. Il s'obtient en réduisant par le sodium et l'alcool la méthylheptylène-cétone. Liquide bouillant à 185-187°. $D_{21}=0,848$. $n_D=1,4458$. Chauffé au bain-marie avec de l'acide sulfurique étendu, il se transforme en un *oxyde*

$$CH^3-\underbrace{CH-C^2H^4-C(CH^3)-C}_{O}(CH^3)^2$$

bouillant à 149-151°. $D_{20}=0,847$ [Wallach, *Ann. Chem.*, **275**, 170].

ALCOOLS TERTIAIRES. — En traitant la méthylheptylcétone par le chlorure de benzoyle, on obtient l'éther benzoïque d'un alcool nonylénique

$$CH^2=\underset{\displaystyle O-CO-C^6H^5}{\underset{|}{C}}-C^7H^{15} \quad \text{ou} \quad CH^3-C\begin{matrix}\diagup OCOC^6H^5\\ \diagdown CH-C^6H^{13}\end{matrix}$$

bouillant à 210-211° sous 50 millimètres [Lees, *Chem. Soc.*, **83**, 145, 1903].

Diméthylisopropylallylcarbinol (*alcool nonénylique*).

$$C^3H^7-CH=CH-CH^2-C\begin{matrix}\diagup CH^3\\ -OH\\ \diagdown CH^3\end{matrix}$$

— On l'obtient en traitant un mélange de diméthylallylcarbinol et d'iodure d'isopropyle par le zinc [Dijew, *J. prakt. Chem.*, (2), **27**, 364].

Liquide bouillant à 176°. Il fournit à l'oxydation chromique un mélange d'acides acétique et isobutyrique [Kononowicz, *J. prakt. Chem.*, (2), **30**, 408]. Il fixe 2 atomes de brome pour donner un dérivé d'addition instable.

2.2.3-Triméthylhexène-5-ol-3 (*méthylallylbutyl-(tert.)-carbinol*).

$$\begin{matrix}CH^3\diagdown\\ CH^3-C-\\ CH^3\diagup\end{matrix}\overset{\displaystyle CH^3}{\underset{\displaystyle OH}{\underset{|}{C}}}-CH^2-CH=CH^2.$$

Il se forme dans l'action du zinc et de l'iodure d'allyle sur la pinacoline. Liquide incolore à odeur camphrée, bouillant à 168°,4. $D^{20}_0=0,8553$ [Guedin, *J. prakt. Chem.*, (2), **57**, 104].

2.6-Diméthylheptène-2-ol-6,

$$\begin{matrix}CH^3\\ CH^3\end{matrix}\!\!>C=CH-CH^2-CH^2-\underset{\displaystyle OH}{\underset{|}{C}}\!\!<\begin{matrix}CH^3\\ CH^3\end{matrix}$$

— Il résulte de l'action de l'iodure de méthylmagnésium sur la méthylhepténone. Liquide bouillant à 73-75° sous $10^{mm},5$ [Harries et Weil, *D. chem. G.*, **37**, 845, 1904]. Juin 1906. A. Wahl.

NONYLIQUES (ACIDES) (*nonanoïques*). — ACIDE PÉLARGONIQUE OU NONANOÏQUE. — Cet acide se rencontre dans la nature dans les parties volatiles de l'essence de pelargonium roseum.

Il se forme dans l'oxydation de l'acide oléique [Redtenbacher, *Ann. Chem.*, **59**, 52], de l'essence de rue [Gehrardt, *Ann. Chem.*, **67**, 245]; de l'acide stéaroléique [Limpach, *Ann. Chem.*, **190**, 297]. Il s'obtient encore par la saponification du cyanure d'octyle normal [Zincke et Franchimont, *Ann. Chem.*, 164, 333], dans la fusion avec la potasse de l'acide undécylénique [Krafft, *D. chem. G.*, **10**, 2034, 1877; **11**, 1413, 1878]; en chauffant le sébate de baryum avec du méthylate de sodium à 300° [Mai, *D. chem. G.*, **22**, 2136, 1889]; dans l'oxydation de l'acide béhénolique ou de l'acide érucique [Grossmann, *D. chem. G.*, **26**, 641, 1893; — Fileti et Ponzio, *Gazz. chim. ital.*, **23**, (**2**), 383]. Il se forme en même temps que l'acide brassidique en chauffant l'acide pelargylbrassylamique avec HCl (D = 1,19) [Spickermann, *D. chem. G.*, **29**, 810, 1896]. L'acide pélargonique a encore été obtenu dans la réduction du dinitrononane [Ponzio, *J. prakt. Chem.*, **67**, 137, 1904]; dans la fusion de l'acide dioxystéarique avec la potasse [Le Sueur, *Chem. Soc.*, **79**, 1313, 1901]; dans l'oxydation de l'acide oxystéarique [Cheshkof, *Journ. Soc. phys. chim. russe*, **35**, 1, 1903].

Enfin, plus récemment, MM. Moureu et Delange en ont réalisé la synthèse par hydrogénation de l'acide hexylpropiolique [*Bull. Soc. Chim.*, **29**, 663, 1903].

L'acide pélargonique est un liquide bouillant à 251-254° et se solidifiant par refroidissement: il fond alors de + 9 à 11°,5. $D_{17,5}=0,9075$ (Moureu et Delange). $D_{14,5}=0,9100$ [Eykmann, *Rec. Pays-Bas*, **12**, 165].

Parmi ses sels, on connaît le *sel de calcium* qui renferme 1 H^2O (Fileti et Ponzio); ses *sels de baryum*, *de zinc* fusible à 131-132°; *de cuivre* fondant à 260° (Zincke et Franchimont); *d'argent*, *de magnésium* qui renferme 1 1/2 H^2O (Fileti et Ponzio).

Éther méthylique, $C^9H^{17}O^2CH^3$. — Liquide bouillant à 213-214° sous $756^{mm},8$. $D_{17,5}=0,8765$ (Zincke et Franchimont).

Éther éthylique. — Liquide bouillant à 227-228°. $D_{17,5}=0,8655$ (Zincke et Franchimont).

Éther amylique. — Liquide bouillant à 262-265° sous 727 millimètres. $D^{20}_4=0,861$ $(\alpha)_D=1,95$ [Guye et Chavanne, *Bull. Soc. Chim.*, **15**, 283; — Guye, *ibid.*, **25**, 549, 1901].

Dérivés de l'acide pélargonique.

Acide α-bromopélargonique. — On l'obtient par la méthode générale de Vohlard; son *éther éthylique* bout à 138-140° sous 25 millimètres. Traité par la potasse aqueuse, il remplace son atome de Br par le groupe OH et on obtient l'*acide α-oxypélargonique* qui cristallise et fond à 70°. Son *éther éthylique* est également solide et fond à 23-24°. Il donne une *anilide* cristallisant dans l'éther de pétrole en aiguilles soyeuses fondant à 69-70°.

Acide α-acétoxypélargonique. — Il s'obtient en traitant l'acide α-oxypélargonique par le chlorure d'acétyle. Liquide bouillant à 171-174° sous 10 millimètres en se décomposant légèrement [Blaise. *Bull. Soc. Chim.*. **31**, 492, 1904].

Acide dinitrosopélargonique. — On avait donné ce nom au produit obtenu en faisant bouillir l'essence de rue avec l'acide nitrique : on a reconnu depuis que ce n'est autre chose que du dinitrononane (Voyez NONANE).

Anhydride pélargonique. — Liquide bouillant à 207° sous 15 millimètres et fondant à + 16° [Krafft et Rosing. *D. chem. G.*. **33**. 3576. 1900].

ACIDE ISONONOÏQUE (*Isononylique ou Octane-2-oïque*).

$$CH^3-(CH^2)^5-\underset{\displaystyle CH^3}{\underset{|}{CH}}-COOH$$

— Cet acide a été récemment trouvé dans l'essence de houblon [Chapmann. *Chem. Soc.*. **83**, 505. 1903]. Il s'obtient synthétiquement par saponification du cyanure correspondant au méthylhexylcarbinol [Kullhem. *Ann. Chem.*. **173**. 319]. C'est un liquide bouillant à 244-246°. $D_{18}=0,9032$.

Éther éthylique. — Liquide bouillant à 213-215°. $D_{17}=0,8640$.

ACIDE 3-MÉTHYLOCTANOÏQUE (*Acide heptylacétique*).

$$CH^3-(CH^2)^4-\underset{\displaystyle CH^3}{\underset{|}{CH}}-CH^2-COOH$$

— Il s'obtient en décomposant l'acide heptylmalonique, en le chauffant à 160° [Venable. *D. chem. G.*. **13**. 1652. 1880].

Liquide bouillant à 232°, insoluble dans l'eau. Sa chaleur de combustion a été trouvée 1309^cal^,5 [Stohmann. *J. prakt. Chem.*. (2). **49**. 108]. On connaît ses sels de *baryum* et d'*argent*.

ACIDE 2-MÉTHYLOCTANOÏQUE (*méthylhexylacétique*). — Liquide incolore bouillant à 136° sous 17 millimètres. $D_0^4=0,9098$.

Éther éthylique. — Liquide à odeur de fruits, bouillant à 99° sous 13 millimètres. $D_0^4=0,8759$ [Bouveault et Blanc, *Bull. Soc. Chim.*. **31**. 748. 1904].

ACIDES NONANONE-OÏQUES. — *Acide isoamylacétylacétique* (*méthyl-2-heptanone-6-oïque-5*).

$$\begin{matrix}CH^3\\CH^3\end{matrix}\!>CH-CH^2-CH^2-\underset{\displaystyle COOH}{\underset{|}{CH}}-CO-CH^3$$

Son *éther éthylique* bout à 227-228° [Peters, *D. chem. G.*. **20**, 3322. 1887]. à 234-235° [Bischoff. *D. chem. G.*. **28**. 2627. 1895]. Son pouvoir rotatoire est $[\alpha]_D=+7°,71$ [I. Welt. *Bull. Soc. Chim.*. (3). **13**, 186].

Acide amylacétylacétique (*octanone-2-oïque-5*). — Son *éther éthylique* s'obtient en traitant l'éther acétylacétique sodé par l'iodure d'amyle normal. Il bout à 242-244° sous 738 millimètres [Ponzio et Brandi, *Gazz. chim. ital.*, (2), **28**, 280].

Acide éthylisovalérylacétique (*méthyl-2-heptanone-4-oïque-5*).

$$\begin{matrix}CH^3\\CH^3\end{matrix}\!>CH-CH^2-CO-\underset{\displaystyle COOH}{\underset{|}{CH}}-CH^2-CH^3$$

— Son *éther éthylique* bout à 107-108° sous 11 millimètres ; $D_0^4=0,959$. traité par l'hydrazine, il donne l'*isobutyl-3-éthyl-4-pyrazolone-5* fondant à 104-105° [Locquin, *Bull. Soc. Chim.*, **31**, 595, 1904].

Acide propylbutyrylacétique (*octanone-4-oïque-5*),

$$CH^3-(CH^2)^4-CO-CH<\begin{matrix}CH^2-CH^2-CH^3\\COOH\end{matrix}$$

— Son *éther éthylique* bout à 112-113° sous 10 millimètres. $D_0^4=0,958$.

Acide isopropylbutyrylacétique (*méthyl-2-heptanone-4-oïque-3*). — Son *éther éthylique* bout à 111° sous 14 millimètres. $D_0^4=0,962$. La pyrazolone correspondante ou *propyl-3-isopropyl-4-pyrazolone-5* fond à 131° [Locquin, *loc. cit.*].

Acide propylpropionylpropionique (*méthyl-4-heptanone-5-oïque-4*),

$$CH^3-CH^2-CO-\underset{\displaystyle COOH}{\underset{|}{C}}<\begin{matrix}CH^2-CH^2-CH^3\\CH^3\end{matrix}$$

— Son *éther méthylique* est un liquide bouillant à 219-220° [Pingel, *Ann. Chem.*, **245**, 93].

Acide isogéronique (*diméthyl-2-heptanone-6-oïque*).

$$CH^3-CO-CH^2-CH^2-CH^2-C\begin{matrix}\diagup CH^3\\-CH^3\\\diagdown COOH\end{matrix}$$

— Cet acide s'obtient par oxydation de l'acide isogéranique.

Liquide soluble dans l'alcool, l'éther et l'eau. Sa *semicarbazone* fond à 198° [Tiemann et Schmidt, *D. chem. G.*, **31**, 883, 1898].

Acide géronique (*diméthyl-4-heptanone-6-oïque*). — Il se forme dans l'oxydation de l'ionone par le permanganate [Tiemann, *D. chem. G.*. **31**. 859, 1898].

Acide 2.6-diméthylheptanone-5-oïque-1,

$$CH^3-\underset{\displaystyle CH^3}{\underset{|}{CH}}-CO-CH^2-CH^2-CH<\begin{matrix}COOH\\CH^3\end{matrix}$$

Par oxydation de la carvénone au moyen du permanganate de potasse [Tiemann et Semmler, *D. chem. G.*, **31**, 2892. 1898]. Liquide bouillant à 166-168° sous 14 millimètres. $D_{20}=1,021$.

Acide α-isobutyllévulique (*2-méthylheptanone-6-oïque-4*). — Par hydrolyse de l'éther acétylisobutylsuccinique au moyen de l'acide chlorhydrique concentré. Liquide bouillant à 190° sous 30 millimètres [Bentley et Perkin, *Chem. Soc.*. **73**, 57].

Acide β-isopropyl-γ-acétylbutyrique. — Son *éther éthylique* se forme dans la condensation de l'éther isobutylidène acétylacétique et de l'éther malonique au moyen de l'éthylate de potassium. Liquide à odeur éthérée bouillant à 170° [Barbier et Grignard, *C. R.*, **126**, 251].

ACIDES NONANOLOÏQUES. — *Acide γ-oxynonylique* (*2.6-diméthyl-4-heptanol-1-oïque*). — On obtient l'anhydride de cet acide en distillant l'acide α-méthylisobutylparaconique [Feist, *Ann. Chem.*, **255**, 117].

Acide β-oxynonylique (*nonanol-3-oïque-1*). — Dans l'oxydation de l'hexylallylcarbinol par le permanganate. Cristallise en aiguilles fondant à 48-51°. Son *sel d'argent* est cristallisé [Wagner, *D. chem. G.*, **27**, 2736, 1894].

Acide éthylisoamyloxalique (*5-méthyl-2-éthyl-2-hexanol-1-oïque*),

$$\begin{matrix}(CH^3)^2-CH-CH^2-CH^2\\CH^3-CH^2\end{matrix}\!>C(OH)-COOH$$

Son *éther éthylique* se forme en condensant l'oxalate d'éthyle et l'iodure d'isoamyle au moyen du zinc. Liquide bouillant à 224-225° [Frankland et Duppa, *Ann. Chem.*, **142**, 6].

Acide β-dipropyléthylidénolactique (*4-heptanol-4-éthyloïque*). — Il s'obtient dans l'oxydation de l'allyldipropylcarbinol par le permanganate [Schirokow, *J. prakt. Chem.*, (2), **23**, 197]. C'est un sirop incristallisable, peu soluble dans l'eau, plus soluble dans l'alcool et l'éther. Ses sels sont cristallisés.

Acide β-diisopropyléthylidénolactique (*2.4-diméthyl-3-pentanol-3-éthyloïque*). — Il se forme dans l'oxydation de l'allyldiisopropylcarbinol par le permanganate. Il ne cristallise pas; ses sels de *baryum* et d'*argent* sont connus [Lebedsinsky, *J. prakt. Chem.*, (2), **23**, 24].

Acide α-diméthyl-β-isobutyléthylidénolactique (*2.2.5-triméthylhexanol-3-oïque-1*),

$$(CH^3)^2.CH-CH^2-CH(OH)-C(CH^3)^2COOH.$$

— Son *éther éthylique* se forme en laissant en contact pendant 7 jours à froid un mélange d'éther α-bromisobutyrique, d'aldéhyde isovalérique et de zinc [Kukulesco, *Journ. Soc. phys. chim. russe*, **28**, 294].

Cristaux tabulaires fondant à 81°. Conductibilité électrique K = 0,00147. Un acide prétendu identique avec lui se forme dans l'oxydation du glycol $C^9H^{20}O^2$ au moyen du permanganate [Lilienfeld et Maus, *Mon. f. Chem.*, **19**, 62].

Acide α-oxy-β-isoamylisobutyrique (*2.6-diméthyl-heptanol-2-oïque-1*). — Par la saponification de la cyanhydrine de l'isoamylacétone [Auwers, *D. chem. G.*, **32**, 2574, 1899]. Aiguilles solubles dans l'éther et l'alcool, moins solubles dans l'eau, fondant à 77°. L'*éther méthylique* bout à 215° sous 760 et à 127° sous 43 millimètres.

Acide α-isoamyl-β-oxybutyrique (*2-méthyl-5-méthyloïque-heptanol-6*).

$$CH^3-CH(OH)CH.(C^5H^{11}).COOH.$$

— Il se forme dans la réduction de l'α-isoamylacétylacétate d'éthyle par l'amalgame de sodium [Perkin, Anden et Rose, *Proc. Chem. Soc.*, 212].

ACIDES BIBASIQUES, $C^9H^{16}O^4$.

ACIDE AZÉLAÏQUE, $COOH-(CH^2)^7-COOH$ (Voy. **1**, 388). — Il cristallise en feuillets fondant à 106°, bouillant à 225° sous 10 millimètres [Krafft et Nördlinger, *D. chem. G.*, **22**, 818, 1889; — Krafft et Weiland, *ibid.*, **29**, 1326]. Chaleur de combustion [Stohmann, *J. prakt. Chem.*, (2), **40**, 216]. Constantes physiques [Massol, *Bull. Soc. Chim.*, **19**, 301; — Lamouroux, *C. R.*, 128, 999; — Eykmann, *Rec. Pays-Bas*, **12**, 275; — Smith, *Zeit. phys. Chem.*, **25**, 193].

Éther diéthylique. — Bout à 291-292° [H. Zelt, *D. chem. G.*, **31**, 1846].

Anhydride. — Fond à 52-53° [Anderlini, *Gazz. chim. ital.*, (1), **24**, 476].

ACIDE DIPROPYLMALONIQUE. — (Voyez 2e Suppl., **6**, 300).

ACIDE DIÉTHYLGLUTARIQUE. — Cristaux fondant à 63° [Dressel, *Ann. Chem.*, **256**, 187]. Existe sous deux formes : l'*acide* α, fondant à 118-119°, et l'*acide* β fondant à 76-78° [Auwers, *Ann. Chem.*, **292**, 205].

ACIDE MÉTHYLPROPYLGLUTARIQUE. — L'*acide* α fond à 44-52°, l'*acide* β à 101-102° [Bischoff et Tigerstedt, *D. chem. G.*, **23**, 1940].

ACIDE DIMÉTHYLPROPYLSUCCINIQUE. — Prismes fondant à 140° [Bischoff, *D. chem. G.*, **24**, 1056; — Doss, *ibid.*, **24**, 1059; — Walden, *Zeit. physik. Chem.*, **8**, 475].

ACIDE 2.6-DIMÉTHYLPIMÉLIQUE. — Prismes fondant à 80-81°, bouillant à 260-262° sous 75 millimètres [Kipping et Mackenzie, *Chem. Soc.*, **59**, 577; — Perkin et Prentice, *ibid.*, **59**, 831]. Cet acide existe sous deux modifications [Zelinsky, *D. chem. G.*, **24**, 4004; — Kipping, *Chem. Soc.*, **67**, 147] fondant l'une à 81-81°,5 et l'autre à 76-76°,5].

ACIDE β-DIMÉTHYLPIMÉLIQUE. — Prismes fondant à 104° [Leser, *Bull. Soc. Chim.*, (3), **21**, 548].

ACIDE ÉTHYLPIMÉLIQUE. — Liquide bouillant à 260-265° sous 82 millimètres [Crossley et Perkin, *Chem. Soc.*, **65**, 990].

ACIDE β-ISOBUTYLGLUTARIQUE. — Aiguilles fondant à 48° [Knœvenagel, *D. chem. G.*, **31**, 2590].

ACIDE TÉTRAMÉTHYLGLUTARIQUE. — Fond à 113° [Blaise, *C. R.*, **126**, 1810].

ACIDE ISOAMYLSUCCINIQUE. — Fond à 75-76°. [Fittig et Schirmacher, *Ann. Chem.*, **304**, 305].

Juin 1906. A. Wahl.

NONYLIQUES (ALCOOLS). — I. ALCOOLS PRIMAIRES. — *Alcool nonylique normal* (nonanol 1).

$$CH^3(CH^2)^7CH^2OH.$$

Il a été obtenu par Kraft dans la réduction de l'aldéhyde correspondante par le zinc et l'acide acétique [*D. chem. G.*, **19**, 2221, 1886].

Plus récemment il a été préparé par Guerbet en chauffant en tube scellé à 230° les alcoolates obtenus en dissolvant du sodium dans un mélange d'alcools œnanthylique et éthylique :

$$C^7H^{15}OH + CH^3-CH^2OH$$
$$= H^2O + C^7H^{15}CH^2-CH^2OH.$$

Les rendements sont assez faibles [*Bull. Soc. Chim.*, **27**, 1034, 1902].

L'alcool nonylique se prépare plus facilement par la réduction du pélargonate d'éthyle suivant le procédé de MM. Bouveault et Blanc [*Bull. Soc. Chim.*, **31**, 674, 1904].

Le nonanol-1 a été trouvé dans l'écorce d'oranges douces en très petites quantités. L'essence obtenue au moyen de ces écorces est composée de 96 0/0 de terpènes, de 1 0/0 de produits oxygénés, et de 3 0/0 de cires. La partie oxygénée renferme 7 0/0 de nonanol-1 [K. Stephan, *Journ. f. prakt. Chem.*, **62**, 523].

Le nonanol-1 constitue un liquide incolore bouillant à 213°,5 sous 760 millimetres et à 107°,5 sous 15 millimètres. Il se solidifie dans un mélange réfrigérant et fond alors à — 5°. Sa densité à 0° est $D_0 = 0,8415$.

Pour le caractériser MM. Bouveault et Blanc en ont préparé l'*uréthane* qui est une poudre cristalline blanche fondant à 59°.

2-Méthyl-octanol-1 (*alcool méthylhexyléthylique*).

$$CH^3-(CH^2)^5-\underset{\substack{|\\ CH^3}}{CH}-CH^2OH$$

— C'est le seul isomère de l'alcool nonylique primaire normal connu. Il s'obtient en réduisant le méthylhexylacétate d'éthyle par le sodium et l'alcool. C'est un liquide incolore à odeur douce, bouillant à 98-99° sous 16 millimètres, $d_0^4 = 0,8418$ [Bouveault et Blanc, *Bull. Soc. Chim.*, **31**, 748, 1904].

II. ALCOOLS SECONDAIRES. — *Nonanol 3* (*éthylhexylcarbinol*) $C^2H^5-CHOH-C^6H^{13}$. — On l'obtient en faisant réagir le zinc éthyle sur l'œnanthol pendant plusieurs mois et décomposant le produit par l'eau [Wagner, *Journ. Soc. phys. chim. russe*, **16**, 306, 1885].

C'est un liquide bouillant à 194,5–195° sous 750 millimètres. $D_0 = 0,839$.

Nonanol-2 (*méthylheptylcarbinol*),

$$CH^3-(CH^2)^6-CHOH \atop \quad\quad\quad\quad\quad | \atop \quad\quad\quad\quad\quad CH^3$$

— Il s'obtient par réduction de l'heptylméthylcétone de l'essence de rue. C'est un liquide bouillant à 193–194°, et à 87°,5 sous 10 millimètres [Mannich, *D. chem. G.*, **35**, 2144, 1902].

2-Méthyloctanol-1 (*alcool méthylhexyl-éthylique*). — Liquide à odeur douce, bouillant à 98–99° sous 16 millimètres, obtenu par réduction du méthylhexylacétate d'éthyle [Bouveault et Blanc, *Bull. Soc. Chim.*, **31**, 748, 1904].

III. ALCOOLS TERTIAIRES. — *Éthyl-4-heptanol-4* (*éthyldipropylcarbinol*),

$$C^2H^5-C(C^3H^7)^2 \atop \quad | \atop \quad OH$$

— Cet alcool se forme en traitant la butyrone par l'iodure d'éthyle en présence de zinc en excès [Tschebotarew et Saytzew, *J. f. prakt. Chem.*, (2), **33**, 198]. C'est un liquide bouillant à 179°,5 $D_{20} = 0,8349$.

2-Méthyloctanol-2 (*diméthylhexylcarbinol*).

$$CH^3-C-C^6H^{13} \atop CH^3 \quad OH$$

— On obtient cet alcool mélangé à du nonylène quand on chauffe le chlorhydrate de la nonylamine correspondante avec du nitrite d'argent [Freund et Schœnfeld, *D. chem. G.*, **24**, 3350, 1891]. Liquide bouillant à 183-184°, $D_{12} = 0,8211$.

Il existe encore un alcool nonylique dérivé du nonane du pétrole obtenu par Cahours en 1860. Son point d'ébullition est situé à 186–189°. $D_{18,8} = 0,855$ [Lemoine, *Bull. Soc. Chim.*, **41**, 164].

NONANE-DIOLS. — *2.2.5-Triméthylhexanediol-1.3*.

$$(CH^3)^2=CH-CH^2-CH(OH)-C-CH^2OH \atop \quad\quad\quad\quad\quad\quad\quad\quad CH^3 \;\; CH^3$$

— Ce glycol s'obtient en traitant un mélange de 2 molécules d'aldéhyde isobutylique et 1 molécule d'aldéhyde isovalérique par la potasse alcoolique [Lilienfeld et Tauss, *Mon. f. Chem.*, **19**, 61, 1899]. Il avait été d'abord préparé par Fossek et Svoboda [*Mon. f. Chem.*, **11**, 384, 1891] qui l'avaient décrit sous le nom de isopropylisobutyléthylène-glycol [Lieben, *Mon. f. Chem.*, **17**, 70, 1897].

Il bout à 231–232° et à 135° sous 16 millimetres. Il cristallise en aiguilles fondant à 79-80°, peu solubles dans l'eau, solubles dans l'éther et l'alcool. Juin 1906. A. Wahl.

NONYLIQUE (ALDÉHYDE) (*Nonanal*). — L'aldéhyde nonylique se rencontre dans l'essence de citron [V. Soden et Rojahn, *D. chem. G.*, **34**, 2809, 1901] et dans l'essence de cannelle de Ceylan [Walbaum et Huthig, *J. prakt. Chem.*, **66**, 47, 1902].

Elle a été préparée synthétiquement par M. Bouveault, en faisant réagir le chlorure de nonyle-magnésium sur la diéthylformiamide [*Bull. Soc. Chim.*, **31**, 1326, 1904]. C'est un liquide incolore à odeur forte bouillant à 81° sous 14 millimètres. Elle a été également préparée depuis par MM. Blaise et Bagard en décomposant l'acide α-oxycaprique par la chaleur [*Bull. Soc. Chim.*, **33**, 926, 1905].

La semicarbazone de l'aldéhyde naturelle de l'essence de citron fond à 89°,5 [Soden et Rojahn, *loc. cit.*]. A. Wahl.

NOPINIQUE, NOPINONE. — Voy. PINÈNE.

NOR.... — Pour les mots qui ne se trouvent pas ici à leur place alphabétique, voyez le mot qui suit ce préfixe.

NORCAPÉRATIQUE (ACIDE),

$$C^{18}H^{33}O^2(COOH)^3.$$

— On l'obtient en chauffant l'acide capératique avec de l'acide iodhydrique :

$$C^{21}H^{33}O^7(OCH^3) + HI = ICH^3 + C^{21}H^{36}O^8.$$

Il cristallise avec une molécule d'eau qu'il perd à 110°; anhydre, il fond à 138° [Hesse, *J. prakt. Chem.*, **57**, 409, 1898. G. Blanc.

NORCARADIÈNECARBONIQUE (ACIDE) — Voyez PHÉNYLACÉTIQUE (ACIDE PSEUDO).

NORGAÏACORÉSINIQUE (ACIDE),

$$C^{18}H^{22}O^4$$

— Cet acide se prépare en chauffant l'acide gaïacorésinique avec de l'acide chlorhydrique concentré à 140°, ou mieux avec de l'acide iodhydrique :

$$C^{20}H^{26}O^4 + 2HI = 2CH^3I + C^{18}H^{22}O^4.$$

L'acide norgaïacorésinique cristallise dans l'acide acétique en aiguilles blanches fusibles à 185°. Son *dérivé tétracétylé* fond à 100-102° [Herzig et Schiff, *Mon. f. Chem.*, **19**, 95, 1898].
Mars 1906. G. Blanc.

NORGRANATANINE, $C^8H^{15}Az$. — Ce composé s'obtient en soumettant à l'action de l'acide iodhydrique et du phosphore à 160°, soit la *granaténine*, soit la *granatoline* (voyez ces mots). Après refroidissement, la substance est traitée par un excès d'alcali et la base mise en liberté est extraite à l'éther. On fait passer dans la solution éthérée desséchée un courant d'acide carbonique qui précipite la base à l'état de carbamate; la base est libérée par une solution alcaline concentrée.

Elle se présente en aiguilles blanches d'odeur désagréable, fusibles entre 50 et 60°, très avides d'acide carbonique. Le *carbamate* fond à 135-136°; la base répond à la formule $C^8H^{15}Az$.

Le *chloroplatinate* $(C^8H^{15}Az)^2H^2PtCl^6$ ne fond pas encore à 255°; la *nitrosonorgranatanine* $C^8H^{14}Az.AzO$ s'obtient par chauffage de solutions concentrées de chlorhydrate de la base et de nitrite de sodium en présence d'acide chlorhydrique; elle cristallise dans l'éther de pétrole, fond à 148°, est très soluble dans l'éther, le benzène et l'eau chaude. L'étain et l'acide chlorhydrique la transforment en la base initiale.

La *benzoylnorgranatanine* $C^8H^{14}Az.COC^6H^5$ se prépare en agitant le carbamate additionné de soude avec du chlorure de benzoyle. Il constitue des aiguilles fondant à 111°. La norgranatanine est isomérique avec les *conicéines* d'Hoffmann et de Lellmann, mais ne parait identique à aucune d'elles. Sa constitution doit cependant correspondre jusqu'à un certain point à celle de ces bases, car elle donne de l'α-propylpyridine comme la γ-conicéine, par distillation avec la poudre de zinc [Ciamician et Silber, *D. chem. G.*, **26**, 2738, 1893; **27**, 2850, 1894].
Janvier 1907. A. Hébert.

NORGRANATÉNINE. — Voyez NORGRANATOLINE.

NORGRANATOLINE, $C^8H^{15}AzO$. — En oxydant avec précaution la granatoline (voyez ce mot) en solution alcaline avec le permanganate de potassium, elle perd un groupement méthyle avec formation d'une base secondaire, la norgranatoline $C^8H^{15}AzO$, fondant à 134°.

Le *chloraurate* $C^8H^{15}AzO.HAuCl^4$ fond à 215° ; la *nitrosonorgranatoline* $C^8H^{14}OAz.AzO$ fond à 136°.

Le chlorhydrate de norgranatoline distillé sur de la poudre de zinc donne de la pyridine ; l'acide iodhydrique agit sur la norgranatoline comme sur la granatoline, en donnant le composé $C^8H^{14}IAz.HI$ qui se transforme en base correspondant à la granaténine par l'action de la potasse, base qui doit être nommée *norgranaténine* et qui a pour formule $C^8H^{13}Az$; son *chloraurate* fond à 186° [Ciamician et Silber, *D. chem. G.*, **27**, 2850, 1894].

Janvier 1907. A. Hébert.

NORDENSKIÖLDINE (Min.) (Brögger). — Borate stannico-calcique, $CaO.Bo^2O^3.SnO^2$, soit $(BoO^3)^2SnCa$, ou encore $SnO^2(BoO)^2Ca$. Cristaux très rares, en tables hexagonales jaune de miel ou jaune citron, transparentes, éclat vitreux, nacré sur les faces de clivage, ressemblant beaucoup à la mélinophane, trouvés dans un filon de la syénite éléolithique, aux îles Arö, Norvège.

Caractères. — Très difficilement attaquable par l'acide chlorhydrique. Au chalumeau, par calcination prolongée au rouge blanc, finit par se réduire en poussière blanche, mais sans fondre. Réaction du bore : colore la flamme en vert. Dureté = 5,5-6. Densité = 4,2.

Forme cristalline. — Rhomboèdre

$$a : c = 1 : 0.82207.$$

Faces a^1 dominante, e^2, p très peu développée. Clivage a^1 parfait. L. Bourgeois.

NORPINIQUE (ACIDE). — Voy. PINÈNE.

NORTHUPITE (Min.) (Foote). — Chlorure-carbonate sodico-magnésien,

$$CO^3Na^2.CO^3Mg.NaCl,$$

en petits cristaux octaédriques réguliers, jaune pâle, vert grisâtre ou brun, éclat vitreux, très fragiles, cassure conchoïdale, trouvés au Borax Lake, Californie. Soluble dans l'acide chlorhydrique avec effervescence. Décomposé partiellement par l'eau bouillante. Donne de l'eau dans le tube ? Facilement fusible. Dureté = 3,5-4. Densité = 2,38.

Ce minéral a été reproduit par M. de Schulten [*Bull. Soc. min.*, **19**, 164], et un produit accidentel identique a été trouvé dans des tubes d'une usine où l'on travaillait du carbonate de sodium et du chlorure de magnésium en solutions. L. Bourgeois.

NOUMÉITE (Min.) [(Liversidge), Syn. *Garniérite*]. — Silicate de nickel et de magnésium hydraté, de composition très variable, sensiblement 8(Mg.Ni)O.7SiO².9H²O, où Mg : Ni = 5 : 3, constituant non pas un minéral défini, mais une roche, véritable serpentine (deweylite ou gymnite) nickelifère. Masses stalactitiques, mamelonnées, cireuses ou terreuses (garniérite), d'un vert émeraude, très tendres, en filons dans une serpentine à péridot et dans des roches basaltiques, sur une ligne de plus de 100 kilomètres, au N. et à l'E. de Nouméa, Nouvelle-Calédonie ; trouvé encore dans la lherzolite serpentinisée de Moncaup et d'Arguenos, Haute-Garonne.

Caractères. — Difficilement attaquable par les acides chlorhydrique ou azotique. Aisément attaqué par l'acide sulfurique concentré bouillant. Se délite à froid par digestion dans l'eau pure. Au chalumeau, dans le tube, dégage de l'eau, décrépite, devient vert olive. Avec le borax, perle vert brun foncé ; avec le sel de phosphore, perle jaune orangé. Densité = 2,87.

L. Bourgeois.

NOVAÏNE. — Voyez MUSCULAIRE (TISSU).

NUCINE. — Voyez l'art. NAPHTOQUINONE, 2e suppl., **6**, 484.

NUCLÉASE. — Voyez NUCLÉOPROTÉIDES.

NUCLÉINES, NUCLÉIQUES (ACIDES). — Voyez NUCLÉOPROTÉIDES.

NUCLÉO-ALBINE. — Danilewski a considéré la caséine comme une association de *nucléo-albine*, insoluble dans l'alcool chaud, et de *nucléo-protalbine* soluble dans ce véhicule et présentant une réaction acide. Ces conclusions ont été réfutées par Hammarsten (Voyez 2e Suppl., au mot CASÉINE). E. Lambling.

NUCLÉO-ALBUMINES. — Voyez NUCLÉOPROTÉIDES.

NUCLÉONE. — Voyez MUSCULAIRE (TISSU).

NUCLÉOPROTÉIDES. — On distingue deux sortes de nucléoprotéides : 1° ceux dont le dédoublement fournit une nucléine vraie, c'est-à-dire donnant elle-même par hydrolyse des bases puriques ; 2° ceux dont le dédoublement fournit une paranucléine (pseudonucléine), c'est-à-dire ne donnant pas de bases puriques par hydrolyse. Les premiers sont les *nucléoprotéides vrais* ou proprement dits ; les seconds sont appelés *paranucléoprotéides*. Dans beaucoup de publications les nucléoprotéides sont appelées aussi *nucléo-albumines*.

NUCLÉOPROTÉIDES

Ces corps constituent sans doute presque toute la masse des noyaux cellulaires, à tel point que dans les cellules fortement nucléées, comme dans les leucocytes du thymus, on trouve pour 100 parties de substance sèche jusqu'à 77 parties de nucléoprotéide pour 1,7 partie de matières albuminoïdes. Or, le noyau joue dans toute la vie cellulaire un rôle dont l'importance est démontrée par nombres d'observations histologiques, et notamment par les expériences de mérotomie. Les principaux constituants chimiques du noyau, soit les nucléoprotéides, offrent donc évidemment un intérêt biochimique considérable.

Les nucléoprotéides sont essentiellement constitués par des acides phosphorés spéciaux, les *acides nucléiques*, combinés à diverses catégories de matières protéiques, et soit : 1° à des *protamines*, dans les têtes des spermatozoïdes de diverses espèces de poissons (saumon, esturgeon, hareng) ; 2° à des *histones* (sperme de la morue, de la lotte) ; 3° à des *albumines véritables* comme dans le sperme et les noyaux cellulaires des animaux supérieurs. — Sauf indication contraire, c'est à ces derniers que s'applique la description qui va suivre.

On prépare les nucléoprotéides (celui du pancréas par exemple), en extrayant la glande hachée avec de l'eau salée physiologique, et en précipitant le filtrat limpide par de l'acide acétique très étendu. Le précipité est purifié par plusieurs redissolutions dans de l'eau avec le minimum de soude nécessaire, suivies de précipitation par l'acide acétique. Rendement 1,7 0/0 (Umber, *Zeit. klin. Med.*, **40**, 464, 1900).

Les nucléoprotéides sont insolubles dans l'eau ; ils donnent avec les alcalis étendus des solutions neutres. Ce sont donc des corps acides. Ils renferment de 0,5 à 1,6 0/0 de phosphore (Halliburton, *Journ. of physiol.*, **18**, 306, 1895). Celui du pancréas contient en moyenne : C 51,55 ; H 6,81 ; Az 17,12 ; S 1,29 ; Fe 0,13 0/0 (Umbert.

Ils donnent les réactions colorées des matières albuminoïdes, mais ils sont dextrogyres et non lévogyres comme les albumines [A. Gamgee et W. Jones, *Beitr. chem. Physiol. u. Pathol.*, **4**, 10, 1904]. Bouillis avec de l'eau, ils fournissent par dédoublement un protéide phosphoré plus riche en phosphore, semblable à celui que Hammarsten avait d'abord isolé du pancréas en opérant à chaud [*Zeit. physiol. Chem.*, **19**, 19, 1894]. La pepsine chlorhydrique, ou même simplement les acides faibles, dédoublent les nucléoprotéides en une matière albuminoïde que la pepsine peptonise, et en corps insolubles, plus riches en phosphore que le protéide primitif, les *nucléines*. Les nucléines résistent, au moins dans une certaine mesure, au suc gastrique, mais les alcalis les dédoublent en une matière albuminoïde et en acides encore plus riches en phosphore que les nucléines, les *acides nucléiques* [Altmann, *Arch. f. Physiol.*, 1889, 524].

Les nucléoprotéides sont donc en réalité des *diprotéides*, puisqu'ils se comportent comme s'ils contenaient deux molécules albuminoïdes unies par une molécule d'acide nucléique.

En ce qui concerne les nucléoprotéides des divers organes, voyez pour le pancréas Hammarsten, Umber (*loc. cit.*), Levenne et Stookey [*Zeit. physiol. Chem.*, **41**, 404, 1904]; pour le foie, Wohlgemuth [*ibid.*, **37**, 475, 1903; **42**, 519, 1904; **44**, 530, 1905], Bierry et Meyer [*Soc. de Biol.*, **56**, 1016, 1904]; pour le cerveau, Levenne [*Jahresb. de Maly*, **21**, 567, 1891]; pour les capsules surrénales, W. Jones et G. W. Whipple [*Am. Journ. of physiol.*, **7**, 422, 1902], C. Foa [*Jahresb. de Maly*, **32**, 559, 1902], Gamgee et W. Jones [*Am. Journ. of physiol.*, **8**, 447, 1904]; pour la moelle osseuse, Forrest [*Journ. of physiol.*, **17**, 174, 1904], Halliburton [*ibid.*, **18**, 306, 1905] et Bang [*Beitr. chem. Physiol. u. Pathol.*, **4**, 362, 1904]; pour le placenta, Cociti [*Jahresb. de Maly*, **32**, 563, 1902]; pour le thymus, les glandes lymphatiques et les globules blancs, Lilienfeld [*Arch. f. Physiol.*, 1892, 168], Kossel [*Zeit. physiol. Chem.*, **7**, 511, 1884], Malengreau [*La Cellule*, **19**, 283, 1901], Huiskamp [*Zeit. physiol. Chem.*, **32**, 145, 1902 et **39**, 55, 1903], Bang [*Beitr. chem. Physiol. u. Pathol.*, **4**, 115 et 331, 1904], C. Foa [*Jahresb. de Maly*, **34**, 10, 1904]; pour la rate, Bang [*loc. cit.*, 362]; pour les globules du sang d'oiseaux, Ackermann [*Zeit. physiol. Chem.*, **40**, 299, 1904]; pour diverses bactéries, Levenne [*Jahresb. de Maly*, **34**, 967, 1904], Wahlen [*Soc. de Biol.*, **56**, 228], Tiberti [*Zentralbl. f. Bakt.*, (I), **36**, 62, 1904]; pour les tumeurs malignes, Beebe [*Am. Journ. of physiol.*, **13**, 341, 1905].

Pour ce qui regarde le thymus, les glandes lymphatiques et les globules blancs, on a admis pendant longtemps que ces tissus ou cellules contiennent un nucléoprotéide spécial, la *nucléohistone* ou *leuconucléohistone*, dédoublable en histone (voyez ce mot) et en une nucléine vraie, mais les recherches de Malengreau, Huiskamp, Bang ont montré que ce corps est un mélange de plusieurs substances, et soit d'après Bang un mélange d'un nucléoprotéide et d'un nucléate d'histone et de parahistone. Pour ce débat non encore clos, voyez surtout les mémoires de Bang [*Beitr. chem. Physiol. u. Pathol.*, **14**, 115, 331 et 362, 1904].

Nucléines. — (Voyez 1er Suppl., 1087). D'après ce qui vient d'être dit, ce sont en réalité des nucléoprotéides ayant simplement perdu une partie de leur matière albuminoïde. On les prépare, comme il a été dit dans l'article du Supplément, par l'action du suc gastrique sur des tissus riches en nucléoprotéides, mais Hammarsten fait remarquer que les nucléines ne résistent pas indéfiniment au suc gastrique [Kossel, *Zeit. physiol. Chem.*, **3**, 284, 1880], et d'autre part qu'il y a des nucléoprotéides, notamment celui du pancréas, que le suc gastrique dissout sans résidu de nucléine [Milroy, *Zeit. physiol. Chem.*, **22**, 320, 1877].

Les nucléines contiennent jusqu'à 5 0/0 de phosphore et présentent un caractère acide encore plus prononcé que celui des nucléoprotéides. Leur affinité pour les matières colorantes, et surtout pour les colorants basiques, est très grande. Les alcalis les dédoublent en une matière albuminoïde et en un acide nucléique qui peut varier selon le nucléoprotéide considéré.

Acides nucléiques. — Les acides nucléiques sont le produit de dédoublement caractéristique des nucléoprotéides. Ils existent aussi à l'état de liberté dans le sperme du saumon (Miescher) et constituent sans doute, soit sous cet état, soit en combinaison, ce que les histologistes appellent la chromatine. La préparation des acides nucléiques consiste essentiellement à dédoubler au moyen d'un alcali le nucléoprotéide et ensuite la nucléine, de façon à mettre l'acide nucléique en liberté et à séparer ensuite par des artifices divers le nucléate obtenu d'avec les protéiques divers qui l'accompagnent (matière albuminoïde, histone, protamine). On peut à cet effet passer par le sel de cuivre [Schmiedeberg et Miescher, *Arch. f. exp. Path.*, **37**, 100, 1896; — Schmiedeberg, *ibid.*, **43**, 57, 1900], le sel de baryte [Kossel et Neumann, *D. chem. G.*, **27**, 2215, 1894] ou le sel de soude [Neumann, *Arch. f. Physiol.* 1899, Suppl., 552], ou opérer la précipitation des matières albuminoïdes par l'acide picrique [Levenne, *Zeit. physiol. Chem.*, **32**, 541, 1901 et **37**, 402, 1903].

Les acides nucléiques sont des corps amorphes, blancs, fortement acides, insolubles dans l'eau. Cependant l'acide guanylique est soluble dans l'eau bouillante, d'où il se précipite par refroidissement. Ils sont insolubles dans l'alcool et l'éther, solubles dans les alcalis étendus et dans l'ammoniaque. L'acide chlorhydrique — et pour l'acide guanylique, l'acide acétique — les reprécipite, surtout en présence de l'alcool, et le précipité est soluble dans un excès d'acide chlorhydrique. Mais alors il s'altère plus ou moins vite. Ils précipitent les solutions des matières albuminoïdes et des albumoses en donnant des combinaisons analogues aux nucléines [Altmann, *Arch. f. Physiol.*, 1889, 524]. Ils ne donnent ni la réaction du biuret, ni celle de Millon. Ils sont dextrogyres; $[\alpha]_D^{20} = +154°,2$ à $+156°,9$ [A. Gamgee et W. Jones, *Proc. Royal Soc., London*, **72**, 100, 1903].

La réaction capitale de ces acides est d'être dédoublés par les acides ou les alcalis avec production de bases puriques (appelées aussi bases nucléiques, ou xanthiques, ou alloxuriques), *xanthine*, *hypoxanthine*, *guanine* et *adénine*, composés dont on avait jusque-là cherché l'origine dans les matières albuminoïdes et que cette belle découverte, due à Kossel, rattachait donc, en même temps que l'acide urique, leur proche parent, aux matériaux constitutifs des noyaux cellulaires [Kossel, *Zeit. physiol. Chem.*, **3**, 282, 1879; **4**, 290, 1880; **7**, 8, 1883; **8**, 404, 1884; **10**, 248, 1886]. Les autres produits de dédoublement sont des bases pyrimidiques, *thymine*, *cytosine* et *uracile* [Kossel et Neumann, *D. chem. G.*, **24**, 2753, 1891; — Kossel et Steudel, *Zeit. physiol. Chem.*, **29**, 303, 1900; — Steudel, *ibid.*, **30**, 539, 1900 et **32**, 541, 1901; — Ascoli, *ibid.*, **31**, 161, 1900], des corps hydrocarbonés et soit une *pentose* [Hammersten, *ibid.*, **19**. 19, 1894] soit un corps donnant de l'*acide lévulique* [Kossel et Neumann. *D. chem. G.*, **26**. 2753. 1893 ; K. Inouye, *Zeit. physiol. Chem.*, **42**, 117, 1904] et enfin de l'acide phosphorique (Kossel).

Un dédoublement analogue, avec mise en liberté de bases puriques, est opéré dans l'intestin par la trypsine d'après Araki, par l'érepsine d'après Nakayama, peut-être par une diastase spéciale, une *nucléase*, analogue ou identique à celle que Sachs a retirée de la glande pancréatique, et sûrement dans l'extrémité inférieure du tube digestif par les bactéries de la putréfaction, qui décomposent même les bases puriques libérées. Cette production de bases puriques intestinales représente la source *exogène* de l'acide urique (voyez URIQUE (ACIDE); PHYSIOLOGIE). [Pour ce débat, voyez F. Sachs, *Zeit. physiol. Chem.*, **46**, 337, 1905 ; — Schittenhelm et Schrötter, *ibid.*, **41**, 284, 1904].

Ce départ de bases puriques peut s'opérer en plusieurs étapes, dont l'acide thymonucléique nous fournira plus loin un exemple très net. On peut saisir alors des acides intermédiaires, comme les acides plasmique, β-thymonucléique, thymique, héminucléique et nucléotine-phosphorique (voyez plus loin). Il est probable que les bases puriques sont liées à la molécule par leur azote en position 7 et que cette fixation a lieu au phosphore (Burian, *D. chem. G.*, **37**, 708, 1905). Les bases pyrimidiques préexistent [dans la molécule et ne proviennent pas de la décomposition secondaire des bases puriques Steudel, *Zeit. physiol. Chem.*, **42**, 332, 1905].

Tous les acides nucléiques fournissent ces quatre groupes de produits, bases puriques, bases pyrimidiques, corps hydrocarbonés et acide phosphorique, mais avec des variantes qualitatives et quantitatives dans chaque groupe. Ils sont en général toxiques : 2 grammes d'acide thymo-nucléique tuent un lapin. Mais cette toxicité varie beaucoup d'un acide à l'autre [Schittenhelm et Bendix, *Zeit. exp. Path.*, **2**, 166, 1905].

Acide thymonucléique. — L'acide nucléique du thymus préparé d'après le procédé de Kossel et Neumann (voyez plus haut) contient en réalité deux acides *a* et *b* dont le premier donne un sel de soude gélatinisant par le refroidissement de sa solution aqueuse [Kossel et Neumann, *Arch. f. Physiol.*, 1894, 195 ; — Neumann, *ibidem*, 1898, 394 ; 1899, Suppl., 552]. Kostytschew a achevé de préciser les conditions de préparation de ces deux acides qu'on appelle maintenant α et β [*Zeit. physiol. Chem.*, **39**, 545, 1903]. L'acide α-nucléique, $(C^{34}H^{71}Az^{14}O^{26}P^{4})^n$, donne des sels de soude et de baryte dont les solutions (à 5 0/0) gélatinisent par le refroidissement. Par un chauffage suffisant au bain-marie, on supprime cette aptitude à la gélification et on transforme l'α-nucléate en β-nucléate, en même temps qu'il y a départ des 2/3 des bases puriques contenues dans l'acide α.

Bouilli pendant 10 minutes avec de l'eau, l'acide thymonucléique (de Kossel et de Neumann) se transforme en *acide thymique*, facilement soluble dans l'eau froide, donnant un sel de baryum $C^{16}H^{23}Az^{3}P^{2}O^{12}Ba$, soluble dans l'eau, et ne contenant plus de bases nucléiques [Kossel et Neumann, *Zeit. physiol. Chem.*, **22**, 74, 1896]. Hydrolyse complètement par l'acide iodhydrique ou mieux l'acide sulfurique à chaud, l'acide α-thymonucléique fournit de l'ammoniaque, de la xanthine, de l'hypoxanthine, de la guanine, de l'adénine, de la cytosine, de la thymine et de l'uracile [Steudel, *ibid.*, **42**, 165, 1904 ; **43**, 402, 1905] ; enfin avec leur acide thymonucléique, Kossel et Neumann ont obtenu aussi de l'acide lévulique et une pentose. C'est parce qu'ils n'avaient d'abord isolé que de l'adénine dans cette décomposition que Kossel et Neumann avaient proposé d'appeler l'acide thymonucléique, *acide adénylique*. Oxydé par le permanganate de calcium, il donne de l'acide oxalique, un nouvel acide cristallisé fondant à 150°, l'*acide martamique*, $C^{5}H^{8}Az^{6}O^{5}$, de l'acide acétique, de la guanidine, de l'adénine et de l'urée [Kutscher et Schenck, *Zeit. physiol. Chem.*, **44**, 309, 1905].

Acide guanylique. — C'est le nom donné par Bang à un acide nucléique $C^{44}H^{66}Az^{20}P^{4}O^{34}$, provenant du nucléoprotéide du pancréas de Hammarsten, soluble dans l'eau chaude, peu soluble à froid, et donnant par hydrolyse acide une seule base purique, à savoir de la guanine, une pentose, de la glycérine, et de l'acide phosphorique [Bang, *Zeit. physiol. Chem.*, **26**, 133, 1898 ; **31**, 411, 1901]. Cette pentose est du *l*-xylose [Neuberg, *D. chem. G.*, **35**, 1467, 1902]. Plus tard Bang et Raaschou [*Beitr. chem. Physiol. u. Pathol.*, **4**, 174, 1904] ont montré que l'acide ci-dessus, qu'ils appellent acide α, résulte de l'action de la soude, employée dans la préparation, sur un autre acide α, moins riche en phosphore (6,65 contre 7,64 0/0) et en azote (15,38 contre 18,21 0/0) et qui au contact de la soude perd de la pentose et de la glycérine.

Acides nucléiques du sperme. — Ceux que l'on a extraits du sperme d'un grand nombre de poissons ou de mammifères se ressemblent beaucoup, sans qu'on puisse toutefois affirmer leur identité. Outre l'acide phosphorique, leur hydrolyse n'a fourni, en fait de bases puriques, que l'adénine et la guanine, accompagnées presque toujours des trois bases pyrimidiques, d'acide lévulique et peut-être d'une pentose. Au cours de la décomposition de l'*acide salmonucléique*, Schmiedeberg a saisi deux de ces acides intermédiaires dont il a été question plus haut, les *acides héminucléique* et *nucléotine-phosphorique* [*Arch. f. exp. Path.*, **43**, 57, 1900]. Par l'action de la baryte on peut obtenir finalement un complexe non phosphoré, complètement exempt de base, la *nucléotine* Alsberg, *Arch. exp. Path.*, **51**, 239, 1904]. Pour la bibliographie extrêmement étendue (plus de 100 mémoires), voyez le travail d'ensemble de R. Burian [*Chemie der Spermatozoen*, dans : Archer et Spiro, *Ergebnisse der Physiologie: Biochemie*, **3**, 48, 1904].

Autres acides nucléiques. — On a préparé un grand nombre d'autres acides nucléiques, qui ont tous, y compris ceux d'origine végétale, donné ces mêmes groupes de produits d'hydrolyse. Citons l'acide nucléique du *pancréas*, analogue ou identique à l'acide thymonucléique, ceux de la *rate*, du *foie*, du *cerveau*, du *testicule*, de la *glande mammaire*, de l'*intestin* [Levenne, *Zeit. physiol. Chem.*, **37**, 402, 1903 ; **38**, 80, 1903 ; **39**, 4, 133, 479, 1903 ; **43**, 117, 1904 ; **45**, 370, 1905 ; — Mandel et Levenne, *ibid.*, **46**, 155, 1905 ; — Araki, *ibid.*, **38**, 98, 1903 ; — Inouye et Kotake, *ibid.*, **46**, 201, 1905] ; l'*acide triticonucléique* des germes de *froment* [Osborne, *ibid.*, **36**, 85, 1902 ; *Am. Journ. of physiol.*, 9, 69, 1903] ; celui de la *levure* [Levenne, *Zeit. physiol. Chem.*, **37**, 402, 1903].

Parmi ces acides nucléiques, celui de la levure donne, lorsqu'on le traite par de la soude, un acide intermédiaire, l'*acide plasmique*, $C^{15}H^{28}Az^{6}P^{6}O^{30}$, analogue à l'acide thymique, plus riche en phosphore que l'acide dont il provient, soluble dans l'eau et donnant par dédoublement des bases puriques [Ascoli, *Zeit. physiol. Chem.*, **28**, 426, 1899].

PARANUCLÉOPROTÉIDES.

Ces composés, dont les principaux représentants sont la caséine du lait et la vitelline du jaune d'œuf, sont dédoublés par le suc gastrique en une matière albuminoïde qui passe à l'état de peptone, et en corps phosphorés insolubles, analogues aux nucléines, que l'on appelés *paranucléines* ou *pseudonucléines* et dont la caractéristique chimique est qu'ils ne fournissent pas de bases puriques par hydrolyse. Ce dédoublement permet donc de ranger ces corps dans la classe des protéides, à côté des nucléoprotéides. Toutefois Hammarsten a bien fait ressortir tout ce qu'il y a de boiteux dans cette analogie. En effet, les paranucléines ne fournissent pas, comme les nucléines vraies, des acides nucléiques, *exempts de toute matière albuminoïde*. Les acides phosphorés qui résultent du dédoublement des paranucléines et que l'on a appelés, par analogie, *acides paranucléiques*, donnent toujours les réactions des matieres albuminoïdes [Levenne et Alsberg, *Zeit. physiol. Chem.*, **31**, 543, 1901; — Salkowski, *ibid.*, **32**, 245, 1901; — Levenne, *ibid.*, 281]. Au surplus, tous ces corps sont encore mal connus. Ainsi, la formation d'une paranucléine insoluble pendant la digestion pepsique des paranucleoprotéides n'est pas un phénomène constant. Selon la manière dont on conduit la digestion, on obtient beaucoup, peu ou même pas de paranucléine du tout [Salkowski, *Centr. Bl. med. Wiss.*, 1893, n° 23]. Aussi Hammarsten propose-t-il de séparer nettement les paranucléoprotéides des protéides vrais et de les appeler nucléoalbumines, car ce sont, selon lui, non des protéides, mais des albumines phosphorées. Mais cette dénomination, qui implique l'idée d'une combinaison de nucléine et d'albumine, prête aussi à des confusions, et il nous parait préférable de conserver provisoirement les noms de paranucléoprotéides, de paranucléines et d'acides paranucléiques.

Les principaux types de *paranucléoprotéides*, à savoir la caséine et la vitelline, ont été décrits ailleurs [2e Suppl., **1**, 1025 et **4**, 708]. Valenciennes et Frémy [*Ann. Chim. Phys.*, (3), **50**, 129, 1857] ont trouvé dans les œufs de poissons, de tortue, de grenouilles, etc., des matières albuminoïdes spéciales, visibles sous la forme de paillettes cristallines, de forme et de propriétés différentes suivant l'espèce et qu'ils ont décrites sous les noms d'*ichtine*, d'*ichtidine*, d'*ichtuline*, d'*émydine*. L'ichtuline des œufs de carpe a été étudiée par Walter [*Zeit. physiol. Chem.*, **15**, 477, 1891]. Elle représente simplement la variété amorphe de l'ichtidine que le vitellus contient à l'état cristallisé. La pepsine chlorhydrique en sépare une paranucléine.

Les *paranucléines* constituent le résidu insoluble de la digestion pepsique des paranucléoprotéides. Ce sont des corps amorphes, insolubles dans l'eau, l'alcool, l'éther, facilement solubles dans les alcalis étendus, insolubles dans les acides étendus. Ils donnent nettement les réactions colorées des matières albuminoïdes. Quelques-uns d'entre eux sont riches en fer comme l'*hématogène* (voyez ce mot dans le 2e Suppl.). Toutefois, d'après Hugounenq, l'hématogène n'est pas une nucléine, mais un protéide analogue à l'oxyhémoglobine (voy. au mot ŒUF). Les alcalis fixes en séparent très rapidement de l'acide phosphorique [Salkowski, *Zeit. physiol. Chem.*, **32**, 245, 1901]. Ils ne se prêtent donc pas à la préparation des acides paranucléiques.

Les *acides paranucléiques* s'obtiennent par l'action de l'ammoniaque aqueuse sur les paranucléines. Ainsi se préparent l'*acide vitellique* de la vitelline, l'*acide ichtulique* de l'ichtuline [Levenne et Alsberg, *Zeit. physiol. Chem.*, **31**, 543, 1901; Levenne, *ibidem*, **32**, 281, 1901]. Pour l'acide *paranucléique de la caséine*, voyez Salkowski [*ibid.*, 245]. Ces acides sont insolubles dans l'eau, l'alcool, l'éther. Ils ne contiennent pas de bases puriques, mais parfois un groupe hydrocarboné. L'acide de la caséine contient : C, 42,96; H, 7,09; Az, 13,55; P, 4,05 0/0 (Salkowski), et celui de la vitelline : C, 32,31; H, 5,58; Az, 13,13; S, 0,3266; P, 9,88 0/0 (Levenne).

Janvier 1906. E. Lambling.

NUCLÉOTINE, NUCLÉOTINE-PHOSPHORIQUE (ACIDE). — Voy. NUCLÉOPROTÉIDES.

NUPHARINE. $C^{18}H^{24}N^2O^2$. — Alcaloïde extrait des rhizomes de *Nuphar luteum*; isolé à l'état amorphe, peu soluble dans les solvants neutres, insoluble dans la ligroïne, inactif [Grüning, *Jahresb.*, 1156, 1882].

Janvier 1907. A. Hébert.

NUTROSE (caséinate de sodium). — La caséine fraichement précipitée et bien lavée est additionnée de solution de soude jusqu'à ce que la phénolphtaléine rougisse; on évapore dans le vide [*Centralbl.*, 1897, **2**, 866; *ibid.*, 1898, **1**, 627].

M. Delacre.

O

OBLITINE. — Voyez MUSCULAIRE (TISSU).

OCCLUSION. — Voyez Dict. **2**, 592 et 2e suppl., art. PLATINE.

OCELLATIQUE, OCHROLÉCHIQUE (ACIDES). — Voyez l'art. LICHENS.

OCHROLITE (Min.) (Flink). — Chlorure-antimonite basique de plomb,

$$4PbO.Sb^2O^3,2PbCl^2,$$

ne différant de l'ecdémite ou héliophyllite que par substitution de l'antimoine à l'arsenic; du reste isomorphe avec ce minéral.

Très petits cristaux tabulaires, jaune de soufre un peu grisâtre, éclat adamantin; très rare, à la mine de Harstig, près Pajsberg.

Forme cristalline. — Prisme orthorhombique : $a:b:c = 0,9050:1:2,0138$. Faces : p prédominante, a^1, e^1.

L. Bourgeois.

OCHRONOSE. — Virchow a désigné ainsi une coloration noire de nature pathologique, qui envahit le cartilage [*Arch. de Virchow*, **37**, 217, 1866]. On en a décrit actuellement six cas [Langstein, *Beitr. chem. Physiol. u. Pathol.*, **4**, 145, 1904]. Les urines sont aussi colorées en noir, mais ne sont pas alcaptoniques (Langstein).

Le pigment qui est à peu près exempt de fer. est de l'ordre des mélanines [Heile, *Arch. de Virchow*, **160**. 158. 1900; — Zdarek, *Jahresb. de Maly*, **32**, 520, 1902]. E. Lambling.

OCTACOSANE $C^{28}H^{58}$. — Ce carbure saturé a été retiré de la paraffine commerciale. Il fond à 60° [Mabery, *Am. Chem. Journ.*, **33**, 251, 1905]. E. Baud.

OCTANES. C^8H^{18} (voyez Suppl., 1090).

Octane normal (dibutyle). — Ce carbure existe dans les pétroles et les naphtes [Markownikof. *Journ. Soc. phys. chim. russe*. **34**, 917. 1902]. Il se forme dans l'action du magnésium sur l'iodure de caprylе secondaire [Béhal et Sommelet. *Bull. Soc. Chim.*. **31**. 303. 1904], dans l'électrolyse du valérate de potasse normal [J. Petersen. *Zeit. phys. Chem.*. **33**. 295. 1900], dans la réduction du caprylène par le nickel réduit [Sabatier et Senderens. *Bull. Soc. Chim.*. **27**. 652. 1902]. C'est un liquide bouillant à 125°,4 : $D^4_0 = 0,7188$. Coefficient de dilatation [Thorpe. *Chem. Soc.*. **37**. 217]. Densité de vapeur [Young. *Chem. Soc.*. **77**. 1145. 1900; — Ramsay et Steele. *Zeit. phys. Chem.*. **44**. 348. 1903]. Tension de vapeur [Woringer. *Zeit. phys. Chem.*. **34**. 257. 1900]. Chaleur latente de vaporisation [Mabery et Goldstein. *Am. Chem. Journ.*. **28**. 66. 1902]. Chaleur spécifique [Louguinine. *Ann. Chim. Phys.*. (7). **13**. 289]. Constantes critiques [Altschul. *Zeit. phys. Chem.*. **11**. 590. 1893]. Constantes diélectriques [Landoldt et Jahn. *ibid.*. **10**. 297]. Pouvoir rotatoire magnétique [Schönrock. *ibid.*. **11**. 785]. L'octane chauffé à 900° donne un mélange de carbures gazeux liquides et solides [Worsfall et Burwell. *Am. Chem. Journ.*. **19**. 815. 1897].

Diisobutyle (2.5-*diméthylhexane*).

$$\frac{CH^3}{CH^3} > CH - CH^2 - CH^2 - CH < \frac{CH^3}{CH^3}$$

(voyez Suppl. 1090). — Il se forme dans l'électrolyse de l'isovalérate de potassium [Kolbe. *Ann. Chem.*. **69**. 261]. Il bout à 107°,8-107°,9 sous 751mm,4; $D^4_0 = 0,7001$ [Schiff. *Ann. Chem.*. **220**. 88. 1883]. Température critique 270°,8 [Pawleski. *D. chem. G.*. **16**. 2634. 1883].

3.4-Diméthylhexane.

$$\frac{C^2H^5}{CH^3} > CH - CH < \frac{C^2H^5}{CH^3}$$

— Il se forme dans l'action du bromure de butyle tertiaire sur le sodium. Il bout à 116-116°,2 sous 750 millimètres : $D^4_0 = 0,7332$ [Norris et Green. *Am. Chem. Journ.*. **26**. 293. 1901].

3-Méthylheptane.

$$C^2H^5 - CH(CH^3) - CH^2 - CH^2 - C^2H^5.$$

— Dans l'action du sodium sur le mélange d'iodure de propyle et d'iodure de méthyl-éthyl-éthyle [Welt. *Ann. Chim. Phys.*. (7). 6. 121]. Il bout à 110-120°. $D_{16} = 0,7075$. $[\alpha]_D = 6,28$ à 16°.

Octane de constitution inconnue. — Dans le pétrole de l'Ohio, MM. Mabery et Hudson [*Am. Chem. Journ.*. **19**. 255] ont trouvé un octane bouillant à 119°,5, $D = 0,7243$ à 20°; un octane bouillant à 124-125°. $D = 0,7134$.

Dérivés halogénés. — Dérivés chlorés.

Chlorure d'octyle normal. — On l'obtient par l'action de HCl sur l'alcool octylique normal [Zincke. *Ann. Chem.*. **152**. 4; — Bouveault et Blanc. *Bull. Soc. Chim.*. **31**. 673. 1904]. Liquide bouillant à 179°,5-180°,5. $D = 0,8802$ à 12° (Z.); à 182°,5-183°,5. $D_{18} = 0,8785$ [Perkin. *J. prakt. Chem.*. (2). **31**. 495; *Chem. Soc.*.. **69**, 1237]; à 78° sous 15 millimètres, $D^4_0 = 0,82$ (B. et Bl.).

2-*chloro-octane* (*chlorure d'octyle secondaire*). — Par le méthylhexylcarbinol et acide chlorhydrique ou PCl^5 [Bouis, *Ann. Chim. Phys.*. **92**. 398]. Liquide bouillant à 171-173°, $D_{15} = 0,8707$. Pelouze et Cahours avaient déjà obtenu en 1863 en partant des pétroles un octane chloré qui bouillait à 168-172°. $D_{16} = 0,895$. D'après MM. Mabéry et Hudson, ce chlorure ne serait qu'un mélange [*Am. Chem. Journ.*, **19**, 258].

4-*éthyl-4-chlorohexane*. $(C^2H^5)^2 . CHCl . C^3H^7$. — C'est le chlorure du diéthylpropylcarbinol. Il bout à 155° [Boutlerow, *Bull. Soc. chim.*, **5**, 24].

4-*méthyl-3-éthyl-3-chloropentane*.

$$(CH^3)^2 . CH . C(C^2H^5)^2Cl.$$

— C'est le chlorure du diéthylisobutylcarbinol [Gigorowitsch-Pawlow, *Journ. Soc. phys. chim. russe*, **23**. 169]. Il bout à 150-155°, en se décomposant partiellement.

2.4.4-*triméthyl-2-chloropentane*. — On l'obtient par l'action de HCl sur le diisobutylène [Boutlerow, *Am. Chem.*, **189**, 51] ou en chauffant au bain-marie l'isodibutylène avec HCl saturé à — 20° [Koudakow. *Journ. Soc. phys. chim. russe*, **28**, 790].

Liquide bouillant à 145-150°, en se décomposant partiellement: $D_0 = 0,890$.

1.7-*Dichlorooctane* $CH^3CHCl.(CH^2)^5.CH^2Cl$. — Il résulte de l'action de l'octométhylène-diamine sur le chlorure de nitrosyle [Solonina. *Journ. Soc. phys. chim. russe*. **30**. 606, 1899].

2.5-*dichloro-2.5-diméthylhexane*.

$$(CH^3)^2CCl . CH^2CH^2 . CCl(CH^3)^2.$$

— Par HCl et le diisocrotyle en tube scellé. Feuillets fondant à 64° [Pogorzelsky, *Journ. Soc. phys. chim. russe*, **30**, 977, 1899].

2.2-*dichlorooctane* $C^6H^{13}C.Cl^2CH^3$. — Par la méthylhexylcétone et le perchlorure de phosphore [Dachauer, *Ann. Chem.*, **106**, 271]. Liquide bouillant à 190-200°.

Dérivés bromés. — *Bromure d'octyle normal*. — On l'obtient par l'action du phosphore et du brome sur l'alcool octylique normal. Liquide bouillant à 198-200° [Zincke. *Ann. Chem.*, **152**. 5], à 203-204 [Perkin, *Journ. f. prakt. Chem.*, (2). **31**. 500 et *Chem. Soc.* **69**, 1237]. $D_{18} = 1,1178$.

2-*Bromoctane* (*bromure secondaire*). — Dérivé de la méthylhexylcétone par l'action du bromure de phosphore [Bouis, *Ann. Chim. Phys.*, (3). **44**, 130]. en saturant l'alcool caprylique secondaire par HBr [Alechin, *Journ. Soc. phys. chim. russe*, **15**, 175]. Liquide bouillant à 187,5-188°,5 sous 741 millimètres. $D_{22} = 1,0989$.

2.4.4-*triméthyl-2-bromopentane*,

$$(CH^3)^3C - CH^2CHBr.(CH^3)^2.$$

— Par l'action de HBr sur l'isodibutylène. Liquide bouillant à 62° sous 18 millimètres. $D_0 = 1,0634$.

3.4-*dibromo-4-méthyl-3-éthylpentane*,

$$(CH^3)^2.CBr.CBr.(C^2H^5)^2.$$

— Par fixation du brome sur le diméthyl-diéthyl-éthylène [Grigorowitsch et Pawlow, *Journ. Soc. phys. chim. russe*, **23**, 172].

1.8-*dibromoctane*. — Par l'éther diphénylique de l'octylène-glycol et HBr. — Solide, il fond à 15-16°, bout à 270-272° à la pression ordinaire en se décomposant et à 150-160° sous 20-25 millimètres [Solonina. *Journ. Soc. phys. chim. russe*. **30**, 606, 1899].

2.5-*dibromo-2.5-diméthylhexane*.

$$(CH^3)^2CBr.CH^2CH^2.CBr(CH^3)^2.$$

— Par l'action de HBr sur le diisocrotyle.

Feuillets fondant à 68°5-69°, solubles dans l'alcool, l'éther, le benzène [Pogorzelsky, *Journ. phys. chim. russe*, **30**, 977].

Dibromure de diisobutylène. — En traitant le diisobutylène par le brome à froid. Le point d'ébullition n'est pas constant par suite d'une décomposition [Michailenko, *Journ. Soc. phys. chim. russe*, **27**, 59].

Tétrabromoctane (*2-méthyl-4.5.6.7-tétrabromoheptane*). — Par l'action du brome sur le 2-méthylheptadiène-4.6. Liquide ne cristallisant pas [Fournier, *Bull. Soc. Chim.*, [3], **15**, 401, 1896].

Octobromoctane $C^8H^{10}Br^8$. — Il se forme en traitant le 1-bromoctane par le brome en excès et du fer [Herzfelder, *D. chem. G.*, **26**, 2437].

DÉRIVÉS IODÉS. — *Iodure d'octyle normal.* — Pouvoir rotatoire magnétique 16.18 à 16°.5; $D_{16,5} = 1,3402$ [Perkin, *Chem. Soc.* **69**, 1237].

2-iodoctane. $CH^3CHI-C^6H^{13}$. — Par l'iodure de phosphore et l'alcool caprylique. Il bout à 190° en se décomposant partiellement; chauffé avec $AlCl^3$ à 125°, il donne du butane [Kluge, *Ann. Chem.*, **282**, 227].

3-iodo-4-méthyl-3-éthylpentane.

$$(CH^3)^3C-CH^2-CI(CH^3)^2.$$

— Par le diéthylisopropylcarbinol et l'acide iodhydrique [Grigorowitsch et Pawlow, *Journ. Soc. phys. chim. russe*, **23**, 170].

2-iodo-2.4.4-triméthylpentane (*iodure d'isodibutyle*). — Par IH et le diisobutylène [Kondakow, *Journ. Soc. phys. chim. russe*, **28**, 792]. Liquide bouillant à 108-109° sous 15 millimètres. $D_0 = 1,1122$.

DÉRIVÉS NITRÉS. — *1-Mononitrooctane.* — On l'obtient par l'iodure d'octyle et le nitrite d'argent [Eichler, *D. chem. G.*, **12**, 1883] ou par la nitration de l'octane [Worstall, *Am. chem. Journ.*, **20**, 213; **21**, 228, 1898-1899]. Liquide bouillant à 206-210° en se décomposant légèrement.

2-nitrooctane. — Par nitration de l'octane en tube scellé à 130° [Konowalow, *Journ. Soc. phys. chim. russe*, **25**, 491]. Il bout à 123-124° sous 40 millimètres. $D_0 = 0,93645$.

2-nitro-2.5-diméthylhexane. — Par nitration du diisobutyle avec l'acide nitrique étendu à 105-110° [Konowalow, *D. chem. G.*, **28**, 1853, 1895]. Il bout à 201-202°. $D_0 = 0,9396$.

2.2-dinitrooctane. — Par oxydation de l'amylpropylpseudonitrol. Liquide huileux bouillant à 220° [Born, *D. chem. G.*, **29**, 102, 1896].

2.5-dinitro-2.5-diméthylhexane. — Par le nitrodiisobutyle et l'acide nitrique [Konowalow, *loc. cit.*]. Feuillets fondant à 124-125°.

Trinitrodiisobutyle. — Nitration du diisobutyle par AzO^3H fumant [Francis et Young, *Chem. Soc.*, **73**, 932]. Tablettes fondant à 91°.

1-bromo-1-nitrooctane. — [Worstall, *Am. Chem. J.*, **21**, 229].

2-bromo-2-nitrooctane. — Action du brome sur le 2-nitrooctane dissous dans les alcalis. Bout à 133-138 sous 30-35 millimètres. $D_0^{21} = 1,12608$ [Konowalow, *D. chem. G.*, **25**, 493, 1892].

Juin 1906. A. Wahl.

OCTANONES. — OCTANONE-2 (*Méthylhexylcétone*). — On retire cette cétone de l'huile de ricin qu'on distille avec de la soude. On l'obtient aussi en décomposant par l'eau le produit de l'action de l'acide acétique sur l'octine [Béhal et Desgretz, *Bull. Soc. Chim.*, (2), **25**, 504], par la distillation de l'œnanthylate de calcium avec l'acétate de calcium, par hydratation du caprylidène [Béhal, *Ann. chim. et phys.*, [6], **15**, 275], par oxydation du méthylhexylcarbinol et dans l'action de l'acide nitrique réel sur cet alcool [Bouveault et Wahl, *Bull. Soc. Chim.*, **7**, **29**, 957, 1903]; par le chlorure d'œnanthyle et le zinc méthyle [Béhal, *Bull. Soc. Chim.*, (3), **6**, 132]; par l'éther amylacétylacétique [Bouveault et Locquin, *Bull. Soc. Chim.*, **31**, 1157, 1904]. Liquide bouillant à 171-171°.5. Constantes physiques [Brühl, *Ann. Chem.*, **203**, 29; — Kramers, *Rec. Pays-Bas*, **16**, 119; — Louguinine, *Ann. chim. phys.*, (7), **13**, 289].

OCTANONE-3 (*Éthylisoamylcétone*). — Par hydratation de l'octine [Béhal, *Bull. Soc. Chim.*, **50**, 359], au moyen de l'acide sulfurique ou en chauffant l'octine avec de l'eau à 350° [Desgrez, *Ann. Chim. phys.*, (7), **3**, 239]; par le chlorure de caproyle et le zinc éthyle [Ponzio et de Gaspari, *Gazz. chim. ital.*, (2), **28**, 273]; par saponification de l'éther méthylisocaproylacétique [Bouveault et Locquin, *Bull. Soc. Chim.*, **31**, 1158, 1904].

Liquide bouillant à 163°,5 (B. et L.), 169-170° (P. et de G.), 164-166° (B); sa *semi-carbazone* fond à 130-131° (B. et L.).

Éthylamylcétone (*amyle normal*). — Par saponification du méthylcaproyl-(norm.) acétate d'éthyle. Liquide bouillant à 167-168° [Bouveault et Locquin, *loc. cit.*]. Elle existe dans l'essence de lavande (Schimmel). Sa *semi-carbazone* fond à 115-116°.

2-MÉTHYL-4-HEPTANONE (*Propylisobutylcétone*). — Liquide bouillant à 155° sous 750 millimètres [Wagner, *Journ. Soc. phys. chim. russe*, **16**, 668].

2-Méthyl-6-heptanone (*Isoamylacétone*) — Par décomposition de l'isoamylacétylacétone par la potasse [Combes, *Ann. chim. phys.*, (6), **12**, 249]. Par saponification de l'isoamylacétylacétate d'éthyle ou de l'acide α-isoamyl-β-oxy-β-cyanobutyrique [Welt, *Ann. chim. phys.*, (7), **6**, 134; — Anden, Perkin et Rose, *Chem. Soc.*, **75**, 913].

3.3-DIMÉTHYL-4-HEXANONE (*Éthylisoamylpinacoline*). — Par le zinc éthyle et le chlorure de l'acide diméthyléthylacétique [Wyschnegradsky, *Ann. Chem.*, **178**, 107]. En chauffant le 3.4-diméthylhexane-3.4-diol avec l'acide sulfurique étendu [Lawrinowitzch, *Ann. Chem.*, **185**, 126]. Liquide bouillant à 150,5-151°5. $D_0 = 0,845$.

MÉTHYLISOHEXYLCÉTONE. — On l'obtient en chauffant un mélange d'isoamylate de sodium et d'acétate de sodium dans un courant d'oxyde de carbone à 180° [Pœrtsch, *Ann. Chem.*, **218**, 61]. Elle bout à 202-204°. $D_{18} = 0,843$.

On connaît d'autres octanones moins bien définies s'obtenant, l'une par oxydation de l'hydrate de diisobutyle [Willams, *Chem. Soc.* **35**, 130], l'autre par pinacolisation du diisopropylglycol [Fossek, *Mon. f. Chem.*, **4**, 671].

OCTANE-DIONES. — *Octane-dione*-4.5 (*Dibutyryle*). — Obtenue par M. Ponzio dans l'oxydation nitrique de l'alcool α-acétonique correspondant [*J. prakt. Chem.*, **63**, 364, 1901]; par saponification de l'oxime correspondante, l'oximido-4-octanone-5 [Locquin, *Bull. Soc. Chim.*, **31**, 1175, 1904].

Liquide bouillant à 59-60° sous 12 millimètres, à 166-169° sous 755 mm. $D_0^4 = 0,934$. Il se combine au bisulfite.

Méthyl-2-heptane dione-4.5. — Liquide bouillant à 59-60° sous 18 millimètres [Locquin, *loc. cit.*].

2-Méthylheptane-dione-5.6. — Bout à 163°. $D_{19} = 0,8814$ [Otte, Pechmann, *D. chem. G.*, **22**, 2123, 1889; — Fileti et Ponzio, *Gazz. chim. ital.*, **28**, (2), 266, 1901].

Octane-dione-2.3. — Par l'oxydation de l'octanone-2 ou-3 par l'acide nitrique [Fileti et Ponzio *Gazz. chim. ital.*, **25**, 1, 244; *ibid.*, **28**, 2 265].

Octane-dione-3.4. — Par oxydation nitrique

de l'éthylamylcétone [Fileti et Ponzio, *loc. cit.*].

Octane-dione-2.7. — Par électrolyse du lévulate de potassium. Elle fond à 44° [Hofer, *D. chem. G.*, **32**, 650, 1900].

3.4-Diméthyl-2.5-hexane-dione. — Liquide bouillant à 210° [Vladesco, *Bull. Soc. Chim.*, (3). **6**, 809].

2-Méthylheptane-dione 3.6. — Liquide bouillant à 102-106° sous 23 millimètres [Tiemann et Semmler, *D. chem. G.*, **30**, 433, 1897].

Juin 1906. A. Wahl.

OCTASPARTIQUE (ACIDE). — Voyez TÉTRASPARTIQUE.

OCTÈNES, C^8H^{16}. — *Octylène normal (caprylène).* — Liquide bouillant à 122-123° [Möslinger, *Ann. Chem.*, **185**, 52; — Schiff, *Ann. Chem.*, **223**, 65; — Konowalow, *Journ. Soc. phys. chim. russe*, **26**, 382; — Jaroschenko, *ibid.*, **29**, 225].

Constantes physiques [Landoldt et Jahn, *Zeits. physik. Chem.*, **10**, 298].

Diisopropyléthylène. — Liquide bouillant à 116-120° [Fosseck, *Mon. f. Chem.*, **4**, 673].

Diisobutylène. — Liquide bouillant à 102° sous 756 millimètres [Boutlerow, *Ann. Chem.*, **189**, 44; — Lermontow, *ibid.*, **196**, 118; — Kondakow, *Journ. Soc. phys. chim. russe*, **23**, 789; — Favorsky, *ibid.*, **35**, 543, 1903; — Malbot et Gentil, *Ann. Chim. Phys.*, (6). **19**, 394].

Isobutylbutylène. — Bout à 111°,5-112°,5 [Feist, *Ann. Chem.*, **255**, 116].

4-Méthyl-4-heptène. — Bout à 120°,4 [Sokolow, *J. prakt. Chem.*, (2). **39**, 444].

2-Méthyl-6-heptène. — Bout à 110° sous 750 millimètres. $D_0 = 0,7294$ [Barbier et Grignard, *Bull. Soc. Chim.*, **31**, 841, 1904].

Méthylpropyléthyléthylène. — [Ipatieff et Solonina, *Journ. Soc. phys. chim. russe*, **33**, 496, 1901].

Diméthyléthyléthylène. — Bout à 114°,5-115°,5 sous 741 millimètres [Grigorowitch et Pawlow, *Journ. Soc. phys. chim. russe*, **23**, 172].

Il existe un grand nombre d'hydrocarbures C^8H^{16} retirés des essences de résines des schistes, des pétroles, etc., et dont la constitution n'est pas connue.

DÉRIVÉS HALOGENÉS. — *8-Chloro-7-octène.* — Bout à 167-168° [Béhal, *Ann. Chim. Phys.*, (6). **15**, 277].

4-Chloro-6-méthylheptène-1. — Bout à 150-155° [Fournier, *Bull. Soc. Chim.*, (3), **15**, 400].

6.7-Diiodoctène-2. — Aiguilles fondant à 155° [Charon, *Ann. Chim. Phys.*, (7), **17**, 241].

NITROOCTYLÈNE — M. Bouis a obtenu le nitrooctylène accompagné de dinitrooctylène dans l'action de AzO^3H sur le caprylène [*Ann. Chim. Phys.*, (3), **44**, 77].

1-Nitrooctène. — Il bout à 113-115° sous 8 millimètres [Bouveault et Wahl, *Bull. Soc. Chim.*, **29**, 647, 1903]. Juin 1906. A. Wahl.

OCTÉNOÏQUES (ACIDES). — Voy. OCTYLÉNIQUES (ACIDES).

OCTÉNONES, $C^8H^{14}O$. — *Octénone-4.2.* — Liquide bouillant à 173-174° [Wallach, *Ann. Chem.*, **258**, 324].

La cétone la plus importante de ce groupe est la méthylhepténone (voy. ce mot) qui se rencontre dans l'absence de lemon-grass. A. Wahl.

OCTINES C^8H^{14}. — Voy. Suppl., **2**, 968. — *Octine-1 ou caprylidène.* $C^6H^{13}-C\equiv CH$. — Liquide bouillant à 131-132°, sous 762mm,6 [Béhal, *Ann. Chim. Phys.*, (6), **15**, 429; — Desgrez, *ibid.*, (1). **3**, 229; — Moureu et Delange, *Bull. Soc. Chim.*, **29**, 658, 1901; **31**, 548, 1904].

Octine-2 (méthylamylacétylène). — Il bout à 133-134° (Béhal).

4-Éthyl-1.4-hexadiène. $CH^2=CH-CH^2-C(C^2H^5)=CH-CH^3$. — Il bout à 122-123° [Reformatsky, *J. prakt. Chem.*, (2), **30**, 217].

2.5-Diméthyl-1.5-hexadiène (diisobuténylе). — Bout à 113-114° [Przibytek, *D. chem. G.*, **20**, 3240; — Pogorzelsky, *Journ. Soc. phys. chim. russe*, **30**, 977, 1899].

2.5-Diméthyl-2.4-hexadiène (diisocrotyle) — Bout à 125-130° et fond à 4-5° [Faworsky, *J. prakt. Chem.*, (2), **44**, 228]. — Bout à 132-134° et fond à 6° (Pogorzelsky).

Octadiène-2.6 (dicrotyle). — Bout à 117-119° [Charon, *Ann. Chim. Phys.*, (7), **17**, 265].

2-Méthylheptadiène-4.6. — Bout à 116-118° [Fournier, *Bull. Soc. Chim.*, (3), **15**, 401].

A. Wahl.

OCTINIQUES (ACIDES), $C^8H^{12}O^2$. — *Acide diallylacétique.* — Par décomposition de l'éther diallylacétylacétique. Liquide à odeur désagréable bouillant à 227-227°,5 [Wolff, *Ann. Chem.*, **201**, 49; — Conrad et Bischoff, *ibid.*, **204**, 173; — Oberreit, *D. chem. G.*, **29**, 1998, 1896]. Action de Az^2O^4 sur son éther et sur lui-même, voyez Egorof [*Journ. Soc. phys. chim. russe*, **35**, 965, 1903]. A. Wahl.

OCTINIQUES (ALCOOLS), $C^8H^{14}O$. — On ne connaît pas d'alcools renfermant la triple liaison des octines.

Alcool diallyléthylique,

$$(CH^2=CH-CH^2)^2CH-CH^2OH.$$

— Il bout à 170-173° [Obereit, *D. chem. G.*, **29**, 2007, 1896].

Méthyldiallylcarbinol. — Il bout à 158°,4. $D_0 = 0,8638$ [Sorokin, *Ann. Chem.*, **185**, 169].

Juin 1906. A. Wahl.

OCTONAPHTÈNES. — Voyez HYDROAROMATIQUES.

OCTONAPHTÈNE-CARBONIQUE (ACIDE).

$$C^6H^9(CH^3)^2_{(1.3)}CO^2H.$$

— L'acide octonaphtène-carbonique ou diméthylcyclohexane-carbonique, $C^8H^{15}CO^2H$ se présente sous plusieurs formes isomériques. L'une d'entre elles, le *1.3-diméthylcyclohexane-5-carbonique*, a été préparée par Zelinsky en traitant le diméthyl-1.3-iodo-5-cyclohexane en solution éthérée par le magnésium. Le produit obtenu traité par un courant de gaz carbonique a fourni un magma qui, décomposé par l'eau, donne un liquide bouillant à 139° sous 15 millimètres. C'est l'acide cherché [*Journ. Soc. phys. chim. russe*, **34**, 434, 1902].

Markownikoff a obtenu un octonaphtène-carbonique bouillant à 251-253° et de $D^{20}_{20} = 0,9795$ par saponification de l'éther méthylique. Le *chlorure acide* $C^8H^{15}COCl$ a été transformé en *amide* $C^8H^{15}COAzH^2$ qui fond à 128-129° [*Journ. Soc. phys. chim. russe*, **19**, 156, 1887].

Octobre 1906. A. Mailhe

OCTYLAMINES. — *1-Aminooctane (octylamine normale).* — On l'obtient par réduction du nitrooctane [Eichler, *loc. cit.*], par l'iodure d'octyle et l'ammoniaque alcoolique [Renesse, *Ann. Chem.*, **166**, 85], par l'alcool octylique, l'ammoniaque et le chlorure de zinc [Merz et Gasiorowsky, *D. chem. G.*, **17**, 629, 1884], par l'hydrolyse de l'octylphtalimide [Mukden, *Ann. Chem.*, **298**, 145.

Liquide bouillant à 185-187°, à 175-177° sous 745 millimètres, attirant l'acide carbonique de l'air et formant avec l'eau un hydrate gélatineux. Son *chlorhydrate* est soluble dans l'eau et l'alcool le *chloroplatinate* cristallise en feuillets jaunes. [Voyez aussi Joukof et Chestakof, *Journ. Soc. phys. Chim. russe*, **35**, 1, 1903].

Octylamine **secondaire** (*2-aminooctane*). — On l'obtient par les mêmes procédés que le précédent en remplaçant les dérivés de l'octane primaires par les dérivés secondaires [Cahours, *Ann. Chem.*, **92**, 399; — Squive, *ibid.*, **92**, 400; — Konowalow, *Journ. Soc. phys. chim. russe*, **25**. 494]. Liquide bouillant vers 172-175°. *Chloroaurate* cristallisé en feuillets, *chloroplatinate* en feuillets jaunes.

4-*Amino-5-méthylheptane*,

$$(C^3H^7)^2 = CH - CH^2 - AzH^2.$$

— Il se forme dans la réduction du dipropylmalonitrile par le sodium et l'alcool. Liquide bouillant à 167°; son *chloroplatinate* forme des feuillets jaune d'or fondant à 211° [Errera, *Gazz. chim. ital.*, (2), **26**. 246].

4-*Amino-4-méthyl-1-chloroheptane* [Granger, *D. chem. G.*, **28**. 1203. 1895].

2-*Amino-2.5-diméthylhexane*. — Par réduction du nitrodiisobutyle tertiaire (Konowalow). Liquide bouillant à 145°. Le *chlorhydrate* fond à 157-160°.

DIOCTYLAMINES. — Elles se forment comme produits secondaires dans l'action de l'ammoniaque sur les iodures d'octyle ou sur les alcools octyliques [Van Renesse, *Ann. Chem.*, **166**. 85; — Merz et Gasiorowsky, *D. chem. G.*, **17**, 636. 1884].

DIAMINOOCTANE-1.8 (*Octométhylène-diamine*). — On l'obtient en partant de la dihydrazide sébacique [Steller, *J. prakt. Chem.*, **62**. 212] ou par la diamide sébacique [Lœbl, *Mon. f. Chem.*, **24**. 391, 1903]. Elle bout à 225-226° sous 760 millimètres et fond à 50-51°; son *picrate* fond à 182-183°; son *oxalate* à 225°; le dérivé dibenzoylé à 140°. *Chloroaurate*, prismes quadrangulaires fondant à 188-189°.

Juin 1906. A. Wahl.

OCTYLBENZÈNES, $C^6H^5 - C^8H^{17}$. — On connaît le carbure normal et le méthyl-2-heptylbenzène.

$C^6H^5(CH^2)^7.CH^3$. — On l'obtient en traitant le bromure ou l'iodure d'octyle primaire par le bromobenzol et le sodium [Schweinitz, *D. chem. G.*, **19**. 641; — Ahrens, *ibid.*, **19**. 2178; — Lipinski, *ibid.*, **31**, 938]. C'est un liquide se solidifiant à — 7°, bouillant à 261-263°. $D_{15} = 0,849$. Le mélange chromique l'attaque avec peine en donnant de l'acide benzoïque.

$C^6H^5.(CH^2)^3.CH(CH^3)^2$. — On l'obtient par distillation de l'acide phénacyl-isoamylmalonique, $C^6H^5 - CO - CH^2 - C(C^5H^{11}) = (CO^2H)^2$ avec la poudre de zinc [Hoffmann, *D. chem. G.*, **23**, 1502]. Liquide bouillant à 240-255°, ne se solidifiant pas à — 20°. 15 mai 1906. V. Thomas.

OCTYLBENZOÏQUE (ACIDE),

$$C^6H^4 \begin{matrix} \nearrow C^8H^{17}_{(1)} \\ \searrow CO^2H_{(4)} \end{matrix}$$

— L'octylformaminobenzène p,

$$C^6H^4 \begin{matrix} \nearrow C^8H^{17} \\ \searrow AzH - CHO \end{matrix}$$

traité par la poudre de zinc dans un courant d'hydrogène, donne le nitrile

$$C^6H^4 \begin{matrix} \nearrow C^8H^{17} \\ \searrow CAz \end{matrix}$$

que la potasse alcoolique décompose avec formation de l'acide correspondant. Fines lamelles fusibles à 139°, très peu solubles dans l'eau. Le *sel d'argent* constitue une matière floconneuse qui se précipite par l'action du nitrate d'argent sur la solution d'octylbenzoate d'ammoniaque [Berau, *D. chem. G.*, **18**. 138. 1885].

15 mai 1906. V. Thomas.

OCTYLÉNIQUES (ACIDES), $C^8H^{14}O^2$. — Nous ne traiterons pas ici les acides cycliques répondant à cette formule; l'acide *isooctylénique* se trouve traité à la lettre I

Acide allylpropylacétique. — Il bout à 218-221° [Hjelt, *D. chem. G.*, **29**, 1856, 1896].

Acide allylisopropylacétique. — Il bout à 217° (Hjelt).

ACIDES ALCOOLS $C^8H^{12}O^3$. — *Acide oxydiallylacétique*. — Il cristallise en aiguilles fondant à 48°,5 [Saytzef, *Ann. Chem.*, **185**, 183; — Paterno et Spica, *D. chem. G.*, **9**. 344; — Kanonnikow, *J. prakt. Chem.*, (2), **31**, 349; — Schatzky, *J. prakt. Chem.*, (2). **34**. 485].

ACIDES CÉTONIQUES. — *Acide β-méthylallylacétylacétique*. — L'*éther éthylique* bout à 210° [James, *Ann. Chem.*, **226**. 207].

Acide heptinique. — Aiguilles plates fondant à 150-151° [Demarçay, *Ann. Chim. Phys.*, (5). **20**, 472]; conductibilité électrique [Walden, *D. chem. G.*, **24**, 2029].

Acide isobutylidène-acétylacétique. — L'*éther éthylique* bout à 219-222° [Claisen et Matthews, *Ann. Chem.*, **218**, 174; — Knœvenagel, *D. chem. G.*, **31**. 1736].

ACIDES DICÉTONIQUES. — *Acide acétylméthylacétylacétique*. — On connaît son *éther éthylique* bouillant à 205-220° en se décomposant [James, *Ann. Chem.*, **226**. 219].

Acide γ-acétyl-α-diméthylacétylacétique. — Son *éther méthylique* bout à 228-232° [Conrad et Gast, *D. chem. G.*, **31**. 1340].

Acide acétoxylacétique. — Weltner, *ibid.*, **17**. 67].

ACIDES BIBASIQUES, $C^8H^{12}O^4$. — *Acide propylitaconique*. — Prismes fondant à 159° [Fittig, *Ann. Chem.*, **255**. 84; **256**, 106; — Fittig et Schmidt, *ibid.*, **256**, 106; — Fittig et Fichter, *ibid.*, **304**, 242].

Acide isobutylfumarique. — Prismes fondant à 183° [Fittig et Burwell, *Ann. Chem.*, **304**, 266].

Acide xéronique. — Il n'existe qu'à l'état d'anhydride [Roser, *D. chem. G.*, **15**, 2012; — Fittig, *Ann. Chem.*, **188**, 54; — Otto, *ibid.*, **239**, 277; — Michael et Tissot, *J. prakt. Chem.*, (2). **52**. 340].

Acide méthylallylsuccinique. — Il existe sous deux formes, la forme *para* fondant à 147-148°, et la forme *méso* fondant à 86-87° [Collau, *D. chem. G.*, **25**, 491; — Hjelt, *ibid.*, **25**, 490; **29**, 1860].

Acide éthylidène-adipique. — Il fond à 130° [Fichter et Gully, *D. chem. G.*, **30**, 2050].

Acide β-propénylglutarique. — Il fond à 94-95° [Wallach, *Ann. Chem.*, **275**, 156 et *D. chem. G.*, **27**, 1496; — Tiemann et Semmler, *ibid.*, **28**, 2149].

Acide α.α.β-triméthylglutaconique. — Tablettes brillantes fondant à 148° [Perkin et Thorpe, *Chem. Soc.*, **71**, 1182].

Acide iso-α.α.β-triméthylglutarique. — Aiguilles fondant à 133° (Perkin et Thorpe).

Acide propylmésaconique. — Il fond à 170°, bout à 240° sous 16 millimètres [Fittig et Fichtler, *Ann. Chem.*, **304**. 250].

Acide propylcitraconique. — Il fond à 80° (Fittig et Fichtler).

Acide isopropylcitraconique. — Prismes fondant à 78-81° [Fittig et Burwell, *Ann. Chem.*, **304**. 262; — Fittig et Feurer, *ibid.*, **283**, 132; — Fittig et Thron, *ibid.*, **304**, 292].

Acide isopropylitaconique. — Il fond à 189° [Fittig et Burwell, *loc. cit.*].

Acide méthyléthylitaconique. — Il fond à 165-167° [Stobbe, *Ann. Chem.*, **282**, 303; — Smith, *Zeit. physik. Chem.*, **25**, 212].

Acide isoamylidène-malonique. — Liquide

incolore bouillant à 133-135° sous 11 millimètres (Ruhemann et Cunnington. *Chem. Soc.*, **73**, 1011).

Acide éthylallylmalonique. — Cristaux fondant à 107-108° (Hjelt. *D. chem. G.*, **29**. 1856).

Acide méthobuténylmalonique. — Cristaux fondant à 82°,5-83°,5 (Ipatoff. *J. prakt. Chem.*, (2), **59**. 543).
Juin 1906. A. Wahl

OCTYLÉNIQUES (ALCOOLS), $C^8H^{16}O$. — *Méthylallylpropylcarbinol* (*4-oxy-4-méthyl-6-heptène*). — Il bout à 159-160° [Zemlianicin. *J. prakt. Chem.*, (2). **23**. 363]. Constantes physiques [Beltz. *Zeit. physik. Chem.*, **29**. 258].

Diéthylallylcarbinol (*4-oxy-4-éthyl-1-hexène*). — Il bout à 156° sous 726,7 millimètres [Saytzew et Schirkow. *Ann. Chem.*, **196**. 113].

2-*Méthylheptène-2-ol-6.* — Il se forme en traitant le nitrile géranique par la potasse alcoolique. Il bout à 174-176° Tiemann. *D. chem. G.*, **31**. 2989. 1898; — Tiemann et Semmler. *ibid.*, **26**. 2720. 1893; — Barbier. *C. R.*, **126**. 1423; **128**, 110].

2-*Méthylheptène-6-ol-4.* — Il bout à 162-164° [Fournier. *Bull. Soc. Chim.*, (3). **11**, 360; — Wagner. *D. chem. G.*, **27**. 2435. 1894].

2.3-*Diméthylhexène-5-ol-3.* — Il bout à 151-152° [Schryver. *Chem. Soc.*, **63**. 1336].
Juin 1908. A. Wahl.

OCTYLÉNIQUES (ALDÉHYDES). $C^8H^{14}O$. — α-*Éthyl-β-propylacroléine.* — Liquide bouillant à 172-173° [Raupenustrach. *Mon. f. Chem.*, **8**. 112].

α-*Diisobutylènaldéhyde.* — Liquide bouillant à 149-151° (Fosseck. *Mon. f. Chem.* **2**. 616). *L'isomère* β bout à 230-231° [Oekonomidès. *Bull. Soc. Chim.*. **36**. 209]. A. Wahl.

OCTYLIQUES (ACIDES). $C^8H^{16}O^2$. — ACIDE OCTYLIQUE NORMAL (*Acide caprylique*). — Il se rencontre à l'état naturel dans le beurre de vache sous forme de glycéride. dans les beurres de coco, dans le fromage de Limbourg, dans les fusels. le mélasses [Lerch. *Ann. Chem.*. **49**. 214; — Zincke. *ibid.*. **152**. 8; — Van Renesse. *ibid.*. **71**. 380]. MM. Moureu et Delange en ont effectué la synthèse en réduisant l'acide amylpropiolique (*Bull. Soc. Chim.*, **29**. 663. 1903). Il bout à 236-237° sous 761,7 millimètres et cristallise en feuillets fondant à 16°5.

Éthers méthylique. éthylique. propylique, butylique, heptylique. octylique [Gartenmeister, *Ann. Chem.*, **233**, 288].

ACIDE HEPTANE-3-OIQUE (*acide-éthylbutylacétique*). — Par oxydation de l'alcool correspondant [Raupenstrauch. *Mon. f. Chem.*, **8**. 115].

ACIDE HEPTANE-4-OIQUE (*acide dipropylacétique*). — Voy. 2e Suppl., **3**. 280.

Acide pentaméthylpropionique. — Il se forme entre autres produits en faisant passer un courant de CO sur un mélange de méthylate de sodium et d'acétate de sodium (Geuther et Fröhlich. *Ann. Chem.*. **202**. 313). Il bout à 210-230°.

Acide éthylisobutylacétique. — Par saponification de l'éther éthylisobutylacétylacétique. Liquide bouillant à 219-220°. $D_{15} = 0,906$ [Guye Jeanprêtre. *Bull. Soc. Chim.*, (3), **13**, 183].

ACIDES OCTANOLOIQUES. — *Acide α-oxycaprylique.* — On l'obtient en condensant l'œnanthol avec l'acide cyanhydrique et saponifiant le nitrile [Erlenmeyer et Sigel. *Ann. Chem.*. **177**. 103]. Grosses tablettes fondant à 69°,5; son *éther éthylique* bout à 229-230° sous 715 millimètres.

Acide oxydipropylacétique. — Il se prépare en partant de sa lactone. l'α-propyl-γ-valérolactone [Hjelt. *Ann. Chem.*. **216**. 73; — Oberreit. *D. chem. G.*. **29**. 2001. 1896].

4-*Heptonol-4-méthyloïque.* — Aiguilles fondant à 80-81° [Rafalsky. *Journ. Soc. phys. chim. russe*, **13**, 237]; son *éther éthylique* bout à 208°].

Acide dipropylglycolique. — Par hydrolyse de la butyroïne. Longues aiguilles fondant à 72-73° [Klinger et Schmitz, *D. chem. G.*. **24**, 1273, 1891; — Basse et Klinger. *ibid.*, **31**. 1218, 1898].

Acide 3-éthyl-2-hexanol-7-oïque. — [Schneegans, *Ann. Chem.*, **255**, 102].

Acide 3-éthyl-2-hexanol-1-oïque. — Liquide ne se solidifiant pas à — 20° [Fittig et Christ, *Ann. Chem.*, **268**, 122].

Acide α-méthylpropyl-β-oxybutyrique. — [Jones. *Ann. Chem.*, **226**, 288].

Acide β-méthyl-α-éthyl-γ-oxyvalérique. — [Young. *Ann. Chem.*, **216**, 43].

Acide γ-diéthyloxybutyrique [Wischin, *Ann. Chem.*, **143**, 262].

Acide α-diéthyl-β-oxybutyrique. — [Schnapp, *Ann. Chem.*, **201**, 65].

Acide 2.4.4-triméthyl-2-pentanoloïque. — Aiguilles fondant à 107°, distillant au-dessus de 300° [Boutlerow, *Journ. Soc. phys. chim. russe*, **14**. 205].

Acide α-diméthyl-β-oxyisocaproïque (*2.2.4-triméthyl-3-pentanol-1-oïque*). — Prismes fondant à 111-112° [Hantzsch, *Ann. Chem.*, **249**. 59].

2.2.5-*Triméthyl-4-pentanol-1-oïque* [Gorbow et Kessler, *Journ. phys. chim.*, **19**, 437].

2.2.4-*Triméthylpentanol-3-oïque-1.*—[Brauchbar. *Mon. f. Chem.*, **17**. 646; — Franke. *ibid.*, **17**. 675; — Szyszkowski, *Journ. Soc. phys. chim. russe*, **28**, 669].

2.2.4-*Triméthylpentanol-4-oïque-1.*—[Franke, *Mon. f. Chem.*, **17**, 94].

2-*Méthylheptanol-5-oïque-7.* — [Fittig et Weil, *Ann. Chem.*, **283**, 287].

Acide α-isopropyl-γ-oxyvalérianique. — [Hjelt, *D. chem. G.*, **29**. 1857].

2.2.3-*Triméthylpentanol-3-oïque-1.*—[Guedni, *J. prakt. Chem.*, (2), **57**, 110-111].

ACIDES OCTANONE-OÏQUES. — 7-*Octanone-oïque* (*Acide acétylcaproïque*). — Tablettes fondant à 29-30° [Kipping et Perkin, *Chem. Soc.* **55**. 338].

4-*Heptanone-3-méthyloïque* (*Acide butyrylbutyrique*). — Son *éther éthylique* bout à 217-219° [Hamonet, *Bull. Soc. Chim.*, (3), **2**. 388; — Locquin. *ibid.*, **31**. 593, 1904; — Moureu et Delange, *ibid.*, **27**, 387, 1902].

3-*Ethyl-2-hexanone-6-oïque* (*Acide γ-éthyl-γ-acétylbutyrique*). — Il bout à 279-281° [Fittig et Christ, *Ann. Chem.*, **268**, 113].

3-*Ethyl-2-hexanone-3-méthyloïque* (*Acide méthylpropylacétique*). — Son *éther éthylique* bout à 214° [Liebermann et Kleemann, *D. chem. G.*, **17**, 918, 1884; — Jones, *Ann. Chem.*, **226**, 287; — Stiassny, *Mon. f. Chem.*, **12**, 590].

3-*Méthyl-4-hexanone-3-méthyloïque* (*Acide éthylpropionylpropionique.* — Son *éther éthylique* bout à 205-207° [Israël, *Ann. Chem.*, **231**, 233].

Acide isobutylacétylacétique (*2-méthyl-5-hexanone-4-méthyloïque*). — Il bout à 217-218° [Rohn. *Ann. Chem.*, **190**, 306; — Mixter. *D. chem. G.*, **7**. 501].

Acide diéthylacétylacétique (*3-éthyl-4-pentanone-3-méthyloïque*). — Liquide épais, instable. Son *éther éthylique* bout à 218° [Frankland et Duppa, *Ann. Chem.*, **138**, 211; — Wislicenus, *Ann. Chem.*, **186**, 191; — Perkin, *Chem. Soc.* **65**. 827].

Acide méthylisopropylacétique (*2.3-diméthyl-4-pentanone-3-méthyloïque*). — Son *éther éthylique* bout à 208-210° [Van Romburgh, *Rec. Pays-Bas*, **5**, 231].

Acide γ-butyrylbutyrique (*octanone-5-oïque-1*). — Il bout à 280-285°, fond à 34° [Wolfenstein, *D. chem. G.*, **28**, 1464, 1895].

Acide isopropylléoulique (*2-méthylheptanone-4-oïque-7*). — Aiguilles fondant à 47° [Fittig et de Vos. *Ann. Chem.*, **283**. 294].

3.3-*Diméthylhexanone-5-oïque-1* (*Acide diméthylacétobutyrique*). — Liquide bouillant à 145-147° sous 12 millimètres [Bredt et Rübel. *Ann. Chem.*, **299**. 177; — Kerp. *ibid.*, **290**. 142; — Vorländer et Gärtner. *ibid.*. **304**. 19].

Acide caproylacétique. — Son *éther méthylique* bout à 118° sous 19 millimètres [Bouveault et Bongert. *Bull. Soc. Chim.*. **27**. 1092. 1902: — Locquin. *ibid.*, **31**. 597. 1904].

ACIDES BIBASIQUES. $C^8H^{14}O^4$. — *Acide octanedioïque-1.8* (Voyez à SUBÉRIQUE).

Acide pentylmalonique. — Il fond à 82° [Hell et Schüle. *D. chem. G.*, **18**. 626].

Acide butylsuccinique. — Il fond à 81° [Fittig et Schmidt. *Ann. Chem.*, **256**, 107; — Fittig et Fichtler. *ibid.*, **304**, 254].

Acide diéthylsuccinique. — Il existe sous deux formes, la *forme fumaroïde* fondant à 192° [Bischoff. *D. chem. G.*, **21**. 2103; — Wück. *ibid.*, **21**. 2097: — Walden. *ibid.*, **21**. 2096] et la *forme malénoïde* fondant à 129° [Gottfried. *D. chem. G.*, **21**. 2100; — Brown et Walker. *Ann. Chem.*, **274**. 45; — Auwers. *ibid.*, **309**. 323].

Acide isoamylmalonique. — Fond à 93° [Paal et Hoffmann. *D. chem. G.*, **23**. 1496; — Massol et Lamouroux. *C. R.*, **128**, 1000].

Acide méthyléthylglutarique. — Il existe sous deux formes, *l'acide para* fondant à 105° et *l'acide méso* fondant à 61° [Bischoff et Mintz. *D. chem. G.*, **23**. 652; — Bischoff. *ibid.*. **23**. 1054].

Acide isobutylsuccinique. — Il fond à 105-107° [Bentley et Perkin. *Chem. Soc.*, **73**. 50; — Fittig et Burrwell. *Ann. Chem.*, **304**. 270; — Fittig et Thron. *ibid.*. **304**. 285; — Hjelt. *D. chem. G.*, **32**. 529: — Walden, *ibid.*. **24**. 2037].

Acide diméthyladipique. — L'*acide* α fond à 140-141°, bout à 320°: l'*acide* β fond à 74-76° [Zelinsky. *D. chem. G.*. **24**, 3998; — Kitzing. *ibid.*, **27**. 1580; — Lean. *Chem. Soc.*, **65**. 1005; Tiemann. *D. chem. G.*, **33**. 3703; — Mohr, *ibid.*, **34**. 807; Wallach. *Ann. Chem.*, **324**. 97; — Blanc. *Bull. Soc. Chim.*, **37**. 770. 1904].

Acide diméthyléthylsuccinique. — Prismes fondant à 139° et bouillant à 235-240° [Bischoff et Minz. *D. chem. G.*, **23**. 3411; **24**. 1050].

Acide triméthylglutarique. — Feuillets fondant à 97° [Auwers et V. Meyer, *D. chem. G.*, **22**. 2013; — Bischoff et Walden. *ibid.*. **26**. 1457; — Auwers. *Ann. Chem.*. **242**. 223; *D. chem. G.*. **31**. 2117].

Acide tétraméthylsuccinique. — Cristaux fondant à 190-200° [V. Meyer et Auwers. *loc. cit.*; — Brown et Walker. *Ann. Chem.*. **274**. 49: — Auwers. *ibid.*. **292**. 181; — Thiele et Heuser. *ibid.*. **290**. 40].

Acide α-méthylpimélique. — Il fond à 57-58°, bout à 223-224° sous 15 millimètres [Zelinsky et Generosow, *D. chem. G.*, **29**. 730: — Einchorn et Ehret. *Ann. Chem.*. **295**. 175; — Angeli et Rimini. *Gazz. chim. ital.*. **26**. II. 34].

Acide β-méthylpimélique. — Il fond à 48-50° [Einhorn et Ehrett. *loc. cit.*].

Acide γ-méthylpimélique — (Einchorn et Ehret).

Acide α-éthyladipique. — Il fond à 48-49°, bout à 225-226°, sous 20 millimètres [Montemartini. *Gazz. chim. ital.*, **26**. II. 285; — Lean et Lees. *Chem. Soc.*. **71**. 1067].

Acide α-isopropylglutarique. — Il fond à 94-95° [Perkin. *Chem. Soc.*, **69**. 1495].

Acide β-isopropylglutarique. — Il fond à 96°,5-97° [Schryver, *Chem. Soc.*, **63**. 1343; — Schryver et Knoevenagel. *D. chem. G.*, **31**. 2589; — Lawrence, *Chem. Soc.*, **75**. 529].

Acide β-méthyl-α-éthylglutarique. — [Montemartini, *Gazz. chim. ital.*, (2). **26**, 285].

Acide α.α.β-triméthylglutarique. — Il fond à 112° [Perkin et Thorpe, *Chem. Soc.*, **21**. 1187].

Acide α.β.β-triméthylglutarique. — Il fond à 88-89° [Balbiano, *D. chem. G.*, **27**, 2136; **28**, 1507; — Mahla et Tiemann, *D. chem. G.*, **28**, 2161].

Acide méthylisopropylsuccinique. — La forme *trans* fond à 174-175°, la forme *cis* fond à 125-126° [Bentley, Perkin et Thorpe, *Chem. Soc.*, **69**, 275].

Acide amylmalonique. — Voy. 2ᵉ Suppl., **6**, 300.

Acide méthylisobutylmalonique. — Voy. *ibid.*

Juin 1906. A. Wahl.

OCTYLIQUES (ALCOOLS). — *Octanol*-1 (Voyez Suppl. 1090). — On le trouve dans l'essence d'*heracleum giganteum* à l'état d'acétate d'octyle [Zincke et Franchimont. *D. chem. G.*, **4**, 822, 1871]; il se rencontre dans l'essence d'oranges à l'état d'éther caprylique [Stéphan. *J. prakt. Chem.*, (2), **62**, 523]. Il a été obtenu synthétiquement en réduisant le caprylate de méthyle par le sodium et l'alcool [Bouveault et Blanc, *Bull. Soc. Chim.*, **31**, 669, 1904].

Liquide bouillant à 96° sous 17 millimètres et à 195°,5 à la pression ordinaire; il a été caractérisé par sa *phényluréthane* qui fond 74°, (B. et Bl.). à 69° [Bloch. *Bull. Soc. Chim.*, **31**, 50, 1904]. L'*acétate* bout à 98° sous 15 millimètres. $D_0^4 = 0,885$; l'*oxyde de méthyle et d'octyle* bout à 79° sous 20 millimètres, le *nitrate* bout à 110-122° sous 20 millimètres. $D_0^4 = 0,975$ [Bouveault et Wahl. *Bull. Soc. Chim.* **29**, 469, 1901].

OCTANOLS SECONDAIRES. *Méthylhexylcarbinol.* (*Octanol-2: Alcool caprylique*). — (Voyez 2ᵉ Suppl., 969). — Cet alcool est faiblement actif $[\alpha]_D = -10'$. Chauffé avec l'acide tartrique, il se dédouble en deux portions par suite de la différence de vitesse dans l'éthérification [Markwald et Mackenzie, *D. chem. G.*, **34**, 469, 1903].

Nitrite d'octyle secondaire. — Liquide bouillant à 65° sous 15 millimètres et à 165° à la pression ordinaire. $D_0^4 = 0.879$ [Bouveault et Wahl. *Bull. Soc. Chim.*, **29**, 2553, 1903].

Alcool nitrooctylique secondaire. — Par condensation de l'œnanthol avec le nitrométhane [Bouveault et Wahl, *Bull. Soc. Chim.*, **29**, 647, 1903].

Ethylhexane-3-ol-4,

$$(C^2H^5)^2CH - CHOH-C^2H^5.$$

— Par le bromure de bromacétyle et le zincéthyle [Winogradow, *Ann. Chem.*, **191**, 149]. Liquide bouillant à 164-166°.

Méthylisohexylcarbinol (*2-méthyl-heptanol-6*). — Par réduction de la cétone correspondante. Liquide bouillant à 167-169°. $D_{21} = 0.8174$, $[\alpha]_D = 4,69$ à 24° [Welt, *Ann. chim. et phys.*, (7), **6**, 135].

OCTANOLS TERTIAIRES. — *Méthyldipropylcarbinol* (*4-méthyl-heptane-ol-4*). — Par la butyrone, l'iodure de méthyle et le zinc [Gortalow et Saytzew. *J. prakt. Chem.*, [2]. **33**, 204]. Liquide bouillant à 161,5. $D_{20} = 0.81746$.

Diéthylpropylcarbinol (*4-éthylhexane-ol-4*). — (Voyez 2ᵉ Suppl., **3**, 187).

Diéthylisopropylcarbinol (*4-méthyl-3-éthylpentane-ol-3*). — (Voyez 2ᵉ Suppl., **3**, 187).

2.4.4-*Triméthylpentane-2-ol*. — Liquide bouillant à 146.5-147°, se solidifiant à —20°; $D_0 = 0,8417$ [Boutlerow, *Ann Chem.*, **189**, 53].

On connaît d'autres alcools octyliques provenant du diisobutyle chloré et dont la constitution ne semble pas établie [Williams, *Chem. Soc.* **35**, 127].

Octylglycols $C^8H^{18}O^2$. — *Octanediol*-1.8. — Il s'obtient par réduction du subérate de méthyle par le sodium et l'alcool [Bouveault et Blanc, *Bull. Soc. Chim.*, **31**, 1204, 1904], ou par la réduction de l'amide subérique dans les mêmes conditions [Scheuble et Lœbl, *Mon. f. Chem.*, **25**, 344]. Se forme aussi en diazotant l'octométhylène-diamine [Lœbl, *Mon. f. Chem.*, **24**, 403]. Bout à 179 sous 11 millimètres et fond à 71°,5.

3.4-*Diméthylhexane*-2.4-*diol*. — Il existe sous deux modifications, l'une fondant à 49°,5 [Zelinsky et Krapiwin, *Journ. Soc. phys. chim. russe*, **24**, 241 et l'autre ne cristallisant pas, mais bouillant à 200-205° [Herrschmann, *Mon. f. Chem.*, **14**, 244].

2.2-*Triméthylpentane-diol*-1.3. — Il avait été décrit par Fossek [*Mon. f. Chem.*, **4**, 664] comme étant le 2.5-diméthyl-hexane-3.4-diol. Il se forme dans l'action de KOH alcoolique sur l'aldéhyde isobutylique. Il bout à 120-122° sous 14 millimètres, fond à 51°,5 [Lieben, *ibid.*, **17**, 69; — Brauchbar, *ibid.*, **17**, 641; — Franke, *ibid.*, **17**, 673; — Herrmann, *ibid.*, **25**, 188, 1904; — Kirchbaum, *ibid.*, **25**, 249].

4-*Diméthyl-heptanediol*-3.4. — Bout à 215-220° [Pauflow, *Journ. Soc. phys. chim. russe*, **24**, 474].

2.5-*diméthylhexane*2-.5-*diol*. — Fond à 88.5-89° [Pogorzelsky, *Journ. Soc. phys. chim. russe*, **35**, 882, 1903]. A. Wahl.

OCTYLIQUES (ALDÉHYDES). — *Aldéhyde octylique normale* (*Octanal*-1). — Elle se rencontre dans l'essence de citron [Von Soden et Rojahn, *D. chem. G.*, **34**, 2809, 1901]. Elle a été obtenue de synthèse en saponifiant son oxime, résultant de la réduction du nitrooctylène par l'amalgame d'aluminium [Bouveault et Wahl, *Bull. Soc. Chim.*, **29**, 648, 1903]. M. Blaise l'a obtenue également en décomposant par la chaleur l'acide α-oxypélargonique [*Bull. Soc. Chim.*, **31**, 492, 1904]. Enfin on l'a préparée par oxydation de l'alcool octylique normal (Schimmel). C'est un liquide à odeur forte bouillant à 81° sous 32 millimètres; son *oxime* cristallise et fond à 56° (B. et W.), à 58-59° (Blaise); sa *semicarbazone* fond à 101°.

Ethylbutyléthanal. — Par réduction de l'α-éthyl-propylacroléine. Liquide bouillant à 160-162°; se combine au bisulfite pour donner un composé cristallisé [Raupenstrauch, *Mon. f. Chem.*, **8**, 115].

Dipropylacétaldéhyde (*méthyl-4-heptane*). — Bout à 159-161°. $D_0 = 0,8464$. Son *oxime* est un liquide incolore bouillant à 126° sous 47 millimètres [Béhal et Sommelet, *Bull. Soc. Chim.*, **31**, 306, 1904]. Juin 1906. A. Wahl.

ŒNANTHOL. — Voy. Œnanthylique (Aldéhyde).

ŒNANTHYLIDÈNE (Heptine-1, Amylacétylène), $CH^3-(CH^2)^4-C \equiv CH$. — (Dict. **2**, 1, 603, et 1er Supp., **2**, 1092); — Brühl, *Lieb. Ann. Chem.*, **235**, 10, 1886; — Bruylants, *D. chem. G.*, **8**, 409, 1875; — Béhal, *Ann. phys. chim.*, (6), **15**, 427, 1888; — Welt, *D. chem. G.*, **30**, 1495, 1897; — Desgrez, *Thèse de Paris*, 19, 1894; — Moureu et Delange, *Bull. Soc. Chim.*, **23**, 3,882, 1900; **25**, 304, 306, 422, 1901; **27**, 383, 391, 1902; **29**, 655, 1903; **31**, 548, 1330, 1333, 1904; — Moureu et Desmots, *ibid.*, **25**, 738, 1901; **27**, 369, 370, 375, 378, 1902; — C. Moureu, *ibid.*, **31**, 526, 1904; — Iositch, *ibid.*, **28**, 922, 1902.

L'œnanthylidène prend naissance dans l'action des alcalis sur l'aldéhyde amylpropiolique (Moureu et Delange).

On le prépare, soit en traitant l'œnanthylidène chloré par la potasse alcoolique en tubes scellés à 140-150° (Béhal), soit en décomposant le chlorure d'œnanthylidène par la potasse sèche à 200° puis à 270°, sous la pression ordinaire (Desgrez), ou encore en traitant par la potasse alcoolique le 1.2-dibromoheptane (Welt). On l'obtient pur en le régénérant de sa combinaison cuprique.

L'œnanthylidène bout à 101-102° sous 750 millimètres. Il précipite le nitrate d'argent en solution alcoolique, en donnant le composé $C^7H^{11}Ag + AzO^3Ag$ (Béhal). Hydraté par l'acide sulfurique à 50 0/0 ou par l'eau à 325° (Desgrez), il fournit de l'heptanone-2. Il s'isomérise en méthylbutylacétylène par l'action de la potasse alcoolique ou des alcools sodés (Moureu).

L'œnanthylidène réagit sur le sodium en poudre, au sein de l'éther anhydre, en donnant un *dérivé sodé* $CH^3(CH^2)^4-C \equiv CNa$ qui se prête aux réactions suivantes (Moureu et Desmots, Moureu et Delange) :

1° Il réagit sur CO^2 en donnant l'acide amylpropiolique.

2° Avec les anhydrides ou les chlorures d'acides, il fournit des acétones acétyléniques du type $CH^3(CH^2)^4-C \equiv C-CO-R$.

3° Avec les aldéhydes, il donne naissance à des alcools acétyléniques secondaires; le trioxyméthylène produit un alcool primaire, l'alcool amylpropiolique $C^5H^{11}-C \equiv C-CH^2OH$.

4° Il réagit sur le formiate d'éthyle, à 0° au sein de l'éther anhydre, avec production d'aldéhyde amylpropiolique.

L'œnanthylidène (Moureu et Delange) réagit sur une solution éthérée de bromure d'éthylemagnésium, en donnant le *bromure d'œnanthylidène-magnésium* $C^5H^{11}-C \equiv C-Mg$ qui jouit de toutes les propriétés des composés organomagnésiens; en particulier avec l'éther de Kay, il fournit l'acétal amylpropiolique

$$C^5H^{11}-C \equiv C-CH(OC^2H^5)^2.$$

1er janvier 1906. Amand Valeur.

ŒNANTHYLIQUE (ACIDE) (*Acide heptylique normal, heptanoïque*). — Voyez 2e Suppl., 5, 94, Heptyliques (Acides).

ŒNANTHYLIQUE (ALCOOL) (*Alcool heptylique normal, heptanol*-1). — Voy. 2e Suppl., 5, 97, Heptyliques (Alcools).

ŒNANTHYLIQUE (ALDÉHYDE) (*Œnanthol, aldéhyde heptylique, œnanthaldéhyde, heptanal*). — (Dict., **2**, 1, 604, et 1er Suppl., 2, 1901).

L'heptanal prend naissance par oxydation catalytique des vapeurs d'alcool heptylique [Trillat, *Bull. Soc. Chim.*, **29**, 41, 1093].

Il s'en forme également, d'après Scala [*Chem. Centr.*, **1**, 439, 1898], dans le rancissement des graisses.

L'œnanthol bout à 152°,2-153°,2 (corr.); sa densité est de 0,82264 à 15° et 0,81587 à 25° [Perkin, *Chem. Soc.*, **45**, 477, 1885]. Par l'action du sodium sur une solution éthérée d'heptanol, il se forme, outre l'alcool heptylique, des produits qui ont été étudiés à l'article Heptylheptyliques (2e Suppl., 5, 94).

Chauffé avec une solution alcoolique d'iode, en présence d'acide iodique, l'œnanthol se transforme en iodoœnanthol $C^7H^{13}IO$ [Chautard, *Ann. Chim. Phys.*, (6), **16**, 170, 1889]. Traité à 300° par le sulfure jaune d'ammonium, il fournit l'amide œnanthylique [Willgerodt, *D. chem. G.*, **21**, 535, 1888]. D'après Ponzio [*J. prakt. Chem.*, **53**, 431, 1896; et *Gazz. chim. ital.*, **26**, 423] l'heptanal, traité par AzO^3H (D = 1,12) bouillant, fournit de l'hydroxylamine et du dinitrohexane. L'œnanthol s'unit à 0° à PH^4I en donnant le composé $(C^7H^{14}O)^4PH^4I$ ou $(C^6H^{13}-CHOH)^4PI$ [Girard, *Ann. Chim. Phys.*, (6), **2**, 40, 1884].

En chauffant l'aldéhyde heptylique avec du

chlorure de benzoyle. Lees [*Chem. Soc.*, **83**, 145, 1903] a obtenu l'*α-benzoxy-α-heptylène*

$$C^5H^{11} - CH = CH - O - CO - C^6H^5.$$

Action sur le sulfite d'aniline [Speroni, *Lieb. Ann.*, **325**, 354; *Gazz. chim. ital.*, **33**, 113, 1902].

L'œnanthol se condense avec le nitrométhane, en présence de Na et au sein de l'éther anhydre, en donnant le *sel de sodium du nitrooctanol*. $CH^3-(CH^2)^5-CHOH-CH=AzO(ONa)$ [Bouveault et Wahl, *Bull. Soc. Chim.*, **27**, 563, 1902; **29**. 647, 1903]. Il se condense, en présence des bases secondaires, avec les éthers acétoacétique, acétonedicarbonique et malonique [Knœvenagel, *D. chem. G.*, **31**, 2585, 1888 et *Chem. Centralb.*, **1**, 56, 1905]; avec le cyanacétate d'éthyle, il donne, entre autres produits, la *n-heptylcyanacétamide* $C^7H^{13}-CH(CAz)(CO\,AzH^2)$ [Guareschi, *Lieb. Ann.*, **325**, 205, 1902; — Piccinini, *Chem. Central.*, **1**. 879, 1904].

L'heptanal s'unit à l'acide p-toluène-sulfinique en donnant le 1-p-tolylsulfone-heptanol-1

$$CH^3 - (CH^2)^5 - CHOH - SO^2C^7H^7$$

[Kohler et Reimer, *Am. Chem. Journ.*, **31** 163, 1904]. Il s'unit au phénol, en présence d'acide chlorhydrique, avec formation de *diphénolheptane* $C^7H^{14}(C^6H^4OH)^2$ [Louniac, *J. Soc. phys. chim. russe*, **35**, 712, 1903].

L'heptanal s'oppose partiellement à la coagulation par la chaleur de l'albumine du sérum ou de l'œuf [Schwartz, *Zeits. physiol. Chem.*, **31**, 460, 1900].

POLYMÈRES. — 1° La *polyœnanthaldéhyde* $(C^7H^{14}O)^4$ s'obtient par l'action de la potasse sèche à 40-50° sur l'œnanthol [Perkin, *Chem. Soc.*, **43**, 80, 1883]. Elle est cristallisée, fond à 52-53° et se décompose au-dessus de 115°.

Par distillation, ce polymère se détruit avec formation d'œnanthol, d'eau, d'aldéhyde $C^{14}H^{26}O$ et d'un produit plus condensé $C^{28}H^{54}O^3$.

L'aldéhyde polyœnanthylique réduit le nitrate d'argent ammoniacal.

D'après Vandenberghe [*Bull. Acad. Belg.*, 821, 1904], par l'action de CO^3K^2 sur l'heptanol, on obtiendrait la polyœnanthaldéhyde $(C^7H^{14}O)^4$ sous deux formes probablement stéréo-isomères : l'une liquide, l'autre cristallisée.

2° Le *produit plus condensé* $C^{28}H^{54}O^3$, formé dans la distillation de la polyœnanthaldéhyde, est une huile jaune bouillant à 330-340° sous 250 millimètres, réduisant le nitrate d'argent ammoniacal et fixant deux atomes de brome.

DÉRIVÉS. — *Acétal diéthylique*,

$$C^6H^{13} - CH(OC^2H^5)^2.$$

— Liquide bouillant à 204-205° sous 774 millimètres; D = 0.836 à 17° [Fischer et Giebe, *D. chem. G.*, **30**, 3054, 1897. — Claisen, *ibid.*, **31**. 1014, 1898]. *Acétal méthylénique*,

$$C^6H^{13} - CH \langle {O \atop O} \rangle CH^2$$

bouillant à 200°. *Acétal-triméthylénique*,

$$C^6H^{13} - CH \langle {O \atop O} \rangle C^3H^6$$

bouillant à 215-217° sous 745mm,4 [Lochert, *Ann. Chim. Phys.*, (6), **16**. 35, 1889].

Œnanthaldoxime (*heptanoxime*),

$$C^6H^{13} - CH = AzOH.$$

— Fondant à 50° [Westenberger, *D. chem. G.*, **16**. 2992, 1883; — Bourgeois et Dambmann. *ibid.*, **26**, 2860, 1893; — Ponzio, *J. prakt. chem.*, (2), **53**, 432, 1896; — Lach, *D. chem. G.*, **17**. 1572, 1884; — Maille, *C. R.*, **140**, 1691, 1905; — Goldschmidt et Zanoli, *D. chem. G.*, **25**, 2594, 1892; — Eyman, *Rec. Pays-Bas*, **12**, 180, 1893; — Brühl, *Zeits. phys. Chem.*, **16**, 218, 1895; — Comstock, *Am. Chem. Journ.*, **19**, 490, 1894].

Œnantholphénylhydrazone,

$$C^6H^5 - AzH - Az = CH - C^6H^{13}.$$

— Bout à 240° sous 77 millimètres [Reisenger, *D. chem. G.*, **16**, 663, 1883]. *Œnantholthiosemicarbazone*, $C^6H^{13}-CH=Az-AzH-CS-AzH^2$ [Neuberg et Neimann, *D. chem. G.*, **35**, 2049, 1902]. *Diœnanthylidène-benzidine* $C^{12}H^8Az^2(C^7H^{14})^2$. Fondant à 113-115° [Schiff et Vanni, *Lieb. Ann.*, **258**, 377, 1890]. A. Valeur.

ŒNANTHYLIQUE (NITRILE),

$$CH^3 - (CH^2)^5 - CAz.$$

— Henry [*Bull. Acad. roy. Belg.*, 158, 1905] a préparé ce composé par l'action de l'iodure d'hexyle sur KCAz; c'est un liquide insoluble dans l'eau, bouillant à 183-184° sous 765 millimètres. Amand Valeur.

ŒNANTHYLIQUES (DI ET TRI). — Guerbet [*Bull. soc. Chim.*, **25**, 301, 1901] a obtenu l'*acide β-diœnanthylique*,

$$CH^3 - (CH^2)^3 - CH(C^7H^{15}) - CH^2 . CO^2H,$$

bouillant à 190-191° sous 12 millimètres, fondant à 10°; l'*alcool β-diœnanthylique*, $C^{14}H^{30}O$, bouillant à 286-289° (corr.) et l'*alcool triœnanthylique* $C^{21}H^{44}O$, bouillant à 202-206° sous 13 millimètres.

1er Janvier 1906. Amand Valeur.

ŒUF. — L'œuf des mammifères n'est guère connu au point de vue chimique que par quelques réactions microscopiques, mais on a beaucoup étudié celui des oiseaux, des amphibies et des poissons et de quelques invertébrés. Sauf indications contraires, les renseignements qui suivent s'appliquent à l'œuf de poule. On a renoncé dans cet exposé à toute description anatomique.

Le poids de l'œuf de poule varie entre 40 et 60 grammes et peut atteindre 70 à 75 grammes. Les poids respectifs de la coquille (avec la membrane coquillière), du blanc et du jaune sont entre eux comme 1 : 5 : 2.5. Les déterminations faites sur des œufs cuits comme celles de Carpiaux [*Jahresb. de Maly*, **33**. 826, 1903] manquent de précision à cause de la perméabilité de coquille. Dans l'eau bouillante, l'œuf perd de son poids (jusqu'à 5.5 et même 9,88 0/0), mais si on le laisse refroidir dans l'eau, il gagne jusqu'à 21,48 0/0. Si l'eau est colorée au bleu de méthylène, celui-ci pénètre dans l'œuf jusqu'au blanc [Camus, *Soc. de Biol.*, **57**, 87 et 90, 1904].

COQUILLE ET MEMBRANE COQUILLIÈRE. — La coquille contient pour 100 parties : matières organiques, 4.15; CO^3Ca, 93,7; CO^3Mg, 1,39; $Ca^3(PO^4)^2$ et $Mg^3(PO^4)^2$, 0.76 [Wicke, *Lieb. Ann. Chem.*, **97**, 350, 1856; **125**, 78, 1863]. Les matières colorantes bleues et vertes que l'on trouve sur la coquille de beaucoup d'œufs d'oiseaux donnent la réaction de Gmelin et dérivent des pigments biliaires [Liebermann, *D. chem. G.*, **11**. 606, 1878]. La membrane coquillière est constituée par une kératine qui contient : C, 49,78; H, 6,64; Az, 16,43; S, 4,25; O, 22,90 [Lindwall, *Jahresb. de Maly*, **11**. 38, 1881]. Ces enveloppes sont d'ordinaire très résistantes. Celle qui entoure l'œuf de couleuvre ne se dissout pas dans la potasse concentrée même après un séjour de plusieurs mois [Hilger, *D. chem. G.*, **6**, 165, 1873]. Elle est mucilagineuse chez la grenouille et chez beaucoup de poissons (voyez 2e Suppl., au mot MUCINE) et chitineuse chez les insectes. Sur la filtration à travers la membrane coquillière, voyez Torsten (*Skand. Arch. f. Physiol.*, **13**, 99, 1902).

BLANC D'ŒUF OU ALBUMEN. — C'est un liquide jaunâtre, nettement alcalin, de densité 1,045 et contenu dans des loges membraneuses extrêmement fines qui lui donnent une consistance gélatineuse alors qu'en réalité le blanc, passé par un linge, ne présente pas de viscosité sensible. Ces membranes, de même que les chalazes (ligaments suspenseurs du jaune) qui traversent le blanc, sont constituées par une kératine [Liebermann, *Arch. de Pflüger*, **43**, 75, 1888]. Le blanc contient pour 100 parties de 10 à 13 parties de matières protéiques, et 0e,7 de sels. On y trouve en outre un peu d'un sucre fermentescible et des traces de graisse, de savons, de cholestérine et de lécithine.

Les *matières protéiques* sont principalement constituées par de l'ovalbumine accompagnée d'un peu d'ovoglobuline (voyez 2e Suppl., au mot ALBUMINES, 124). Sur la séparation de l'ovalbumine à l'état cristallisé voyez St-Bondzynski et L. Zoja [*Zeit. physiol. Chem.*, **19**, 1, 1894 ; Osborne *Journ. Amer. Chem. Soc.*, **21**, 477, 1894 ; F. G. Hopkins et S. N. Pinkus (*Journ. of physiol.*, **23**, 130, 1898) et F. G. Hopkins (*ibid.*, **25**, 306, 1900). On sait depuis longtemps, notamment par les travaux de Gautier et Béchamp, relatés à l'article ALBUMINE (2e Suppl., **1**, 124) que l'ovalbumine n'est pas une substance unique. Cependant, les cristaux obtenus d'après le procédé de Hopkins semblent bien être un individu chimique défini. Bondzinski et Zoja ont isolé par cristallisation plusieurs fractions de solubilité et de composition différentes, et dont les pouvoirs rotatoires gauches sont respectivement 25°,8 — 26°,2 — 34°,18 et 42°,54, tandis que Hofmeister est d'avis que la cristallisation ne donne qu'une seule albumine [Hofmeister, *Zeit. physiol. Chem.*, **24**, 166, 1898]. D'après Osborne et Campbell l'ovalbumine cristallisée a un pouvoir rotatoire (α_D) allant de — 28°,6 à — 30°,80 et l'eau mère de ces cristaux contient un *ovomucoïde* (voyez plus bas) et une autre albumine, la *conalbumine*, à température de congélation plus basse et à pouvoir rotatoire plus élevé (*Journ. Amer. Chem. Soc.*, **22**, 422, 1900). La conalbumine se confond peut-être avec l'une des fractions isolées par Panormoff (*Jahresb. de Maly*, **28**, 6, 1898). Albahary a étudié, sous le nom d'*acide ovalbuminique*, un produit de transformation de l'ovalbumine sous l'action du phosphore rouge et de l'iode (*C. R.*, **127**, 121, 1898).

On a de même distingué plusieurs fractions dans l'ovoglobuline brute, à savoir la *dysglobuline*, l'*euglobuline*, la *pseudoglobuline* [Obermayer et Pick, *Jahr. de Maly*, **32**, 27] et une *ovimucine* (voy. plus loin).

Parmi ces globulines figure aussi l'*ovofibrinogène* de A. Gautier, substance analogue au fibrinogène du sang et qu'un ferment soluble (ovofibrinase) contenu dans le blanc transforme en une globuline insoluble, pseudo-membraniforme, l'*ovofibrine*, très analogue à la fibrine. On en trouve à peu près 1,5 partie dans 100 parties de blanc d'œuf desséché. Cette séparation d'ovofibrine est provoquée par l'agitation du blanc d'œuf ou par la trituration du blanc d'œuf desséché à froid (A. Gautier, *Bull. Soc. Chim.*, (3), **27**, 1068, 1902).

Outre les albumines et les globulines, le blanc d'œuf contient encore, en fait de protéiques, une *ovimucine* qui se précipite quand on étend d'eau le blanc (Eichholz, *Journ. of physiol.*, **23**, 163, 1898 ; Osborne et Campbell, *Journ. Am. chem. Soc.*, **22**, 422) et un *ovomucoïde* (voy. 2e Supp., au mot MUCINE). Sur les particularités de l'albumen de l'œuf des oiseaux qui naissent nus et aveugles, voy. 2e Supp., **1**, 127.

Les *cendres* du blanc d'œuf contiennent, d'après Poleck [*Ann. Phys. Chem.*, **79**, 155, 1850] et Weber [*ibid.*, **81**, 91, 1850] pour 100 p : K^2O 27,66 - 28,45 ; Na^2O 23,56 - 32,93 ; CaO 1,74 - 2,90 ; MgO 1,60 - 3,17 ; Fe^2O^3 0,44 - 0,55 ; Cl 23,84 - 25,20 ; P^2O^5 3,16 - 4,83 ; SO^3 1,32 - 2,63 ; SiO^2 0,28 - 2,04 ; CO^2 9,67 - 11,60. On y trouve aussi une trace de fluor [Niklès, *C. R.*, **43**, 855, 1856]. D'après Schmey la proportion de Fe serait de 0,0426 partie pour 100 parties de blanc sec [*Zeit. physiol. Chem.*, **39**, 215, 1903]. 100 parties de blanc donnent 0,66 partie de cendres [Lehmann, cité d'après Hoppe-Seyler, *Zeit. physiol. Chem.*, Berlin, 778, 1881].

JAUNE D'ŒUF. — Le jaune est une émulsion jaune ou jaune orangé, assez épaisse, à réaction alcaline, à saveur douce. Il contient de l'*ovovitelline* (voy. 2e Suppl., à l'article GLOBULINE, 708) qui est un paranucléoprotéide (voy. 2e Supp., au mot NUCLÉOPROTÉIDE), de la *lécithine* (voy. ce mot), de la *cholestérine*, des *graisses*, des pigments du groupe des *lutéines* (voy. ce mot), des traces de *neuridine* [Brieger, cité d'après Hammarsten, *Zeit. physiol. Chem.*, 4e éd., Wiesbaden, 384, 1899], de *glucose*, peut-être de la *cérébrine* et des *sels minéraux*. La membrane qui enveloppe le jaune est une *kératine* (voy. 2e Supp., au mot ALBUMOÏDE, 137).

La vitelline paraît être combinée dans le jaune d'œuf à de la lécithine [Hoppe-Seyler, *Med. chem. Unters.*, Tübingen, 216, 1866-1870]. Hugounenq [*Journ. de physiol. et de pathol. gén.*, **8**, 209, 1906] et Abderhalden et Malengreau [*Zeit. physiol. Ch.*, **48**, 505, 1906] ont étudié récemment les produits de l'hydrolyse de la vitelline en présence de l'acide sulfurique. C'est d'elle que provient, sous l'action de la pepsine chlorhydrique, l'*hématogène* de Bunge (voy. ce mot dans le 2e Suppl.).

D'après Hugounenq [*Journ. de physiol. et de pathol. gén.*, **8**, 391, 1906] ce corps n'est pas une nucléine, car les acides le dédoublent non comme les nucléines, mais comme l'oxyhémoglobine, dont il apparaît comme un précurseur non encore différencié. En présence des acides, il se scinde, en effet, en une matière albuminoïde que sa richesse en acides diaminés place à côté des histones, c'est-à-dire de la globine, et en un pigment ferrugineux, l'*hématovine*, analogue à l'hématine.

La graisse serait, d'après Liebermann, constituée principalement par de la tripalmitine avec un peu de stéarine et par de la trioléine. La saponification de l'huile de jaune d'œuf fournit 40 0/0 d'acide oléique, 30 0/0 d'acide palmitique et 15,21 0/0 d'acide stéarique. La graisse du jaune d'œuf est plus pauvre en carbone que les graisses animales ordinaires, ce qui indique la présence de mono- ou de di-glycérides ou celle d'acides moins riches en carbone (Liebermann, cité d'après Hammarsten, *loc. cit.*). Pour n'extraire du jaune d'œuf que la graisse, il faut se servir comme dissolvant de l'éther de pétrole (F. Jean, *Ann. de Chim. analyt.*, **8**, 51, 1903).

Dans le jaune d'œuf Parke a trouvé pour 100 parties : eau 47,192 ; matières solides 52,808 ; matières protéiques 15,626 ; extrait éthéré 31,391, dont 6,803 de lécithine, 22,838 de graisses et 1,750 de cholestérine ; extrait alcoolique 4,826 dont 3,917 de lécithine ; sels solubles 0,353 et sels insolubles 0,612 [Parke, cité d'après Hoppe-Seyler, *Physiol. Chem.*, Berlin, 1881, 782. Voy. aussi les analyses de Laves, *Pharm. Zeit.*, **48**, 814, 1903]. Dans les cendres Polek a trouvé, pour 1000 parties, de 51,2 à 65,7 de soude, de

80.5 à 89.3 de potasse, de 122.1 à 132,8 de chaux, de 20.7 à 21.1 de magnésie, de 11.90 à 14.5 d'oxyde ferrique et de 638 à 667 parties d'acide phosphorique. Ces analyses sont inexactes en ce sens que tout cet acide phosphorique provient des nucléines et de la lécithine, car le jaune d'œuf ne contient pas de phosphates solubles, et que l'acide chlorhydrique des chlorures a été sans doute chassé pendant l'incinération.

Autres matériaux de l'œuf. — On a aussi étudié la teneur en *fer* de l'œuf après une alimentation riche en fer [Hoffmann. *Zeit. analyt. Ch.*, **40**. 450, 1901 : — Kreiss. *Jahresb. de Maly*. **32**. 563. 1902 ; — Schmey. *Zeit. physiol. Chem.*, **39**. 215. 1903], la teneur en *iode* après ingestion de IK (Levenne. *Jahr. de Maly*. **31**. 586. 1901). L'*arsenic* existe dans le jaune d'œuf [A. Gautier. *Bull. Soc. Chim.*, (3). **29**. 639. 1903], et même dans tout l'œuf d'après G. Bertrand [*ibid.*, 790]. Sur la présence de *diastases réductrices* dans l'œuf. voy. Abelous et Aloy [*Soc. de Biol.*, **55**. 711. 1903] et sur la présence de *substances toxiques*. Loisel [*ibid.*, **57**, 133 et *C. R.*, **139**. 325, 1904].

En ce qui concerne les *modifications chimiques de l'œuf de poule pendant le développement*, on a beaucoup étudié les échanges gazeux respiratoires (Prout. Beaudrimont et Martin Saint-Ange, Baumgärtner. C. Voit. Pott et Preyer. Le mémoire de Pott et Preyer [*Arch. de Pflüger*, **27**. 320. 1882] contient un historique de la question et une critique des méthodes employées. Les autres modifications chimiques, encore très incomplètement connues, ont été étudiées par Voit [*Zeit. f. Biol.*, **13**. 518. 1877], par Liebermann [*ibid.*, **43**. 89. 1888], par Levenne [*Zeit. physiol. Chem.*, **35**. 80. 1902]. En mesurant la chaleur de combustion de l'œuf (de poule, de pigeon, de truite) au début et à la fin du développement, Tangl a pu évaluer la quantité d'énergie dépensée au cours de cette opération [Tangl. *Arch. de Pflüger*. **93**. 327. 1902 et **98**. 927. 1903 ; — Tangl et Farkas. *ibid.*, **104**. 624. 1904]. Cette énergie est principalement empruntée aux graisses. Toutefois, d'après Bohr et Hasselbach [*Skand. Arch. f. Physiol.*, **14**], cette énergie ainsi dépensée ne sert pas au développement du poulet ; elle se retrouve tout entière sous la forme de chaleur rayonnée par l'œuf.

Pour les œufs de poissons, voy. le travail de Hugounenq [*C. R.*, **138**. 1062, 1904] sur la *clupéovine*, matière albuminoïde de l'ovaire du hareng ; celui de Galimard [*ibid.*, 1354] sur la *ranovine*, matière albuminoïde des œufs de grenouille ; celui de Zdarek [*Zeit. physiol. Chem.*, **41**. 524. 1904] sur les œufs d'un plagiostome (*Acanthias vulg. Risso*). On doit à Zöllner [*Jahresb. de Maly*. **4**. 334. 1874] des analyses d'œufs fossiles. E. Lambling.

OFFRÉTITE (Min.) (Gonnard). — Zéolithe voisine de la christianite par sa composition chimique et de la herschélite par sa forme cristalline. $2(K^2.Ca)O . 3Al^2O^3 . 14SiO^2 . 17H^2O$. Petits cristaux incolores, limpides et brillants, d'apparence hexagonale régulière, striés longitudinalement, très fragiles. Très rare. Trouvé avec chabasie dans les vacuoles d'un basalte au mont Simiouse, près Montbrison.

Caractères. — Très difficilement et incomplètement attaqué par les acides, à chaud comme à froid. Au chalumeau, blanchit et fond en émail blanc, sans bouillonnement. Dans le tube, donne de l'eau. Densité = 2.13.

Forme cristalline. — D'après les propriétés optiques, orthorhombiques, pseudo-hexagonal à la façon de la herschélite. Faces *m p*. Macles *m*, et aussi une autre qui associe deux prismes à angle droit. Clivage *p*. L. Bourgeois.

OIAZINES. — Voyez α-Diazines, 2e Suppl., 3, 66 et suivantes.

OLDHAMITE (Min.) (Maskelyne). — Monosulfure de calcium, CaS, avec un peu de sulfure de magnésium. Petites masses globulaires brun pâle, transparentes, très altérables à l'air ; trouvées avec enstatite et pyroxène dans quelques météorites.

Caractères. — Très soluble dans les acides avec dégagement d'acide sulfhydrique et léger dépôt de soufre. Dureté = 4. Densité = 2,58.

Forme cristalline. — Cubique. Clivage *p*.

L. Bourgeois.

OLÉIQUE (ACIDE). — $C^8H^{17}-CH=CH-(CH^2)^7-CO^2H$. — La présence de l'acide oléique a été signalée : dans la racine de violette [Tiemann et Krüger, *D. chem. G.*, **26**, 2676, 1893] ; dans la graisse du chyle humain [Erben, *Zeit. physiol. Chem.*, **30**, 436, 1900] ; dans l'urine albumineuse, à l'état d'oléate de cholestérine [Glosse, *Bull. Assoc. Chim. Belge*, **15**. 575, 1901] ; dans la lécithine [Cousin, *C. R.*, **137**, 68, 1903] ; dans la cire de lin [Hofmeister, *D. chem. G.*, **36**, 1047, 1903] ; dans l'huile d'elœca vernicia [Kametaka, *Chem. Soc.*, **83**, 1042, 1903] ; dans les glandes coccygiennes de l'oie [Rœhmann, *Beitr. z. Chem. Phys. u. Path.*, **5**, 110, 1904] ; dans la bile d'ours [Zambusch, *Zeit. physiol. Chem.*, **36**. 53. 1902] ; dans l'huile de noyaux de citron [Peters et Fearichs, *Arch. Pharm.*, **240**, 659, 1902] ; dans l'huile des semences d'asperge [Peters, **240**, *ibid.*, 56] ; dans l'huile de blé [Vulté et Gibson, *Am. Chem. Soc.*, **23**, 1, 1901] ; dans le suint [Borntrager, *Zeit. anal. Chem.*, **39**. 505. 1901] ; dans les grains de tabac [Ampola et Scurti. *Gazz. chim. ital.*, **34**, 315. 1904] ; dans les poils de mouche [Heinisch et Zellner. *Mon. f. Chem.*, **25**, 537, 1904] ; dans les produits de pyrogénation de la gomme laque [A. Etard et E. Wallée, *C. R.*, **140**, 1603, 1905] ; dans l'huile de fraise [Aparine, *Journ. Soc. phys. chim. russe*. **36**, 581, 1904].

On peut aussi l'obtenir à partir de son isomère élaïdique, par l'intermédiaire des acides oxystéariques [Lebedew, *J. prakt. Chem.*, **50**, 61, 1894 ; — Jonkof et Chestakoff, *Journ. Soc. phys. chim. russe*. **35**. 1. 1903 ; — Albitzky, *J. prakt. Chem.*, **61**. 65 ; **67**, 289. 1903].

Benedikt et Mazura [*Mon. f. Chem.*, **10**, 356, 1889] recommandent la saponification de l'huile d'amande pour préparer l'acide oléique.

Propriétés. — L'acide oléique bout à 223° sous 10 millimètres, à 249°,5 sous 30 mm. [Krafft et Nordlingen, *D. chem. G.*, **22**, 819, 1889] ; à 153° sous 0 mm. [Krafft et Weilandt, *D. chem. G.*, **29**, 1325. 1896]. Pouvoir réfringent [Eykmann, *Rec. Pays-Bas*. **12**. 162 ; **14**, 188, 1896]. Chaleur de combustion moléculaire, 2682 cal. [Stohmann, *Zeit. f. physikal. Chem.*, **10**, 416, 1892]. Transformation avec le temps et au contact de l'air [Senkowski. *Journ. Soc. chim. russe*, **25**. 434, 1894 ; Scala. *Centr. Bl.*, (I), 434, 1898]. Réduction électrolytique [S. Fokin, *Journ. Soc. phys. chim. russe*, **39**. 419. 1906]. Action du fer à température élevée [Hébert. *Bull. Soc. Chim.*, **29**, 321, 1903]. Il donne avec le chlorure de zinc deux produits d'addition qui sont décomposés par l'acide chlorhydrique aqueux avec formation des deux acides oxystéariques [Benedikt, *Mon. f. Chem.*, **11**. 83. 1890].

D'après Harries, il fixe l'ozone pour donner un ozonide $C^{18}H^{34}O^6$, qui, par ébullition avec l'eau, fournit de l'aldéhyde nonylique et de l'acide pélargonique [Harries et Thieme, *Ann. Chem.*, **343**. 360, 1905]. Molinari et E. Soncini ont obtenu des résultats différents : l'ozonide de l'acide oléique a, d'après eux, pour formule

$C^{18}H^{34}O^{5}$, et est décomposée par l'eau avec formation d'acide nonylique, d'acide azélaïque et de deux autres acides, l'un

$$\begin{array}{l} O-CH-(CH^2)^7-CO^2H \\ \quad | \\ O-CH-(CH^2)^7-CO^2H \end{array}$$

dont le sel de calcium est soluble, l'autre

$$\begin{array}{l} CH^3-(CH^2)^7 \\ CH^3-(CH^2)^7 \end{array} > C < \begin{array}{l} OH \\ CO^2H \end{array}$$

dont le sel de calcium est insoluble [*D. chem. G.*, **39**, 2735, 1906].

On peut le transformer en son isomère élaïdique en le chauffant à 200° avec une solution aqueuse de gaz sulfureux, ou à 150° avec une solution aqueuse de bisulfite de soude [Albitzky, *Journ. Soc. Phys. chim. russe*, **31**, 76, 1899]; ou par l'action du peroxyde d'azote [Egorof, *ibid*, **35**, 975, 1903].

La place de la double liaison de l'acide oléique résulte de l'étude des produits d'oxydation des acides oxystéariques (voy. STÉARIQUE) ainsi que du dédoublement par l'eau de son ozonide [Molinari et Soncini, *loc. cit.*]. Dosage acidimétrique [Kanitz, *D. chem. G.*, **36**, 400, 1903].

Sels. — Propriétés colloïdales [Krafft, *Zeit. physical. Chem.*, **35**, 364, 1902]. L'oléate de sodium, $C^{18}H^{33}O^2Na$, fond à 232-235° [Krafft, *D. chem. G.*, **32**, 1599, 1899]; solubilité dans l'amylamine [Kahlenberg et Ruhoff, *Phys. Chem.*, **7**, 254, 1903]. Oléates de Li, Pb, Al, Fe, Cu, Ag [Schön, *Ann. Chem.*, **244**, 263, 1888].

ETHERS OLÉIQUES. — *Oléate d'isoamyle* actif, $\alpha_D = 1{,}66$ [Guye, *Bull. Soc. Chim.*, **25**, 549, 1901].

Oléate de sitostérine, $C^{18}H^{34}O^2 . C^{26}H^{43}$; fond à 35°,5 [Ritter, *Zeit. phys. Chem.*, **34**, 461, 1902].

Oléodistéarine, $C^3H^5(O.CO.C^{17}H^{35})^2(O.CO.C^{17}H^{33})$. — Cette graisse a été trouvée dans le Stearodendron [Heise, *Centr. Bl.*, (1), 608, 1896] et dans le Garcinia [Heise, *Cent. Bl.*, (1), 565, 1899]. Elle fond à 42°, et se solidifie de nouveau à 28-30° [Kreis et Hafner, *D. chem. G.*, **36**, 2767, 1903]; 44° [Klimont, *Mon. f. Chem.*, **26**, 563, 1905]; 45-46° [Henriques et Kunne, *D. chem. G.*, **32**, 392, 1899]; quand on la chauffe rapidement, on la transforme dans la modification instable fusible à 27-28°, et qui peu à peu reprend son point de fusion primitif [Heise, *Centr. Bl.*, (1), 1271, 1899]. Les vapeurs nitreuses la transforment en élaïdodistéarine.

La *chloroiodooléodistéarine*, $C^3H^5(O.CO.C^{17}H^{35})^2(OCOC^{17}H^{33}ClI)$, fond à 44°,5-45°,5, et se solidifie à 41°,5-42°,5 [Henriques et Kunne, *loc. cit.*].

Oléodimargarine, $C^3H^5(O.CO.C^{17}H^{33})(O.CO.C^{16}H^{33})^2$. — L'huile d'olives en renferme 1 à 2 0/0 [Holde et Stange, *D. chem. G.*, **34**, 2402, 1901].

CHLORURE OLÉIQUE, $C^{17}H^{33}.COCl$. — Il distille à 213° sous 13mm,5. Quand on cherche à le transformer en nitrile par la méthode ordinaire, on obtient le nitrile élaïdique [Krafft et Tritschler, *D. chem. G.*, **33**, 3588, 1900].

ANHYDRIDE OLÉIQUE $(C^{18}H^{33}O)^2O$. — On l'obtient en chauffant l'acide oléique avec l'anhydride acétique pendant 6 heures à 150°. Il fond à 22-24° [Albitzky, *J. prakt. Chem.*, **61**, 98, 1900].

ACIDE ISOOLÉIQUE, $C^{15}H^{31}-CH=CH-CO^2H$. — On l'obtient en traitant par la potasse les acides α-iodo et α-bromostéariques [Saytzew, *J. prakt. Chem.*, **35**, 386; **37**, 269, 1888; — Lebedew, *J. prakt. Chem.*, **50**, 61, 1894; — Ponzio, *Gazz. chim. ital.*, **34**, 77, 1903; — Le Sueur, *Chem. Soc.*, **85**, 1708, 1904]. — Il fond à 44-45° (Saytzew); 59° (Ponzio); 58-59° (Le Sueur). Oxydé par le permanganate de potassium, il fournit l'*acide α-β-dioxystéarique*, $C^{15}H^{31}-CHOH-CHOH-CO^2H$, fusible à 126° [Le Sueur, *loc. cit.*]. Action de l'acide hypochloreux [Albitzky, *Journ. Soc. phys. chim. russe*, **31**, 76, 1899].

Ether éthylique, fusible à 15° (Ponzio); 25-26° [Le Sueur, *Chem. Soc.*, **85**, 1720, 1904].

Amide, $C^{18}H^{35}OAz$, fusible à 107-108° [Ponzio, *loc. cit.*].

Sel de plomb, $(C^{18}H^{33}O^2)^2Pb$, fusible à 157° (Le Sueur). Janvier 1907. P. CARRÉ.

OLÉIQUE (ALCOOL), $C^8H^{17}-CH=CH-(CH^2)^7-CH^2OH$. — On l'obtient en réduisant l'éther oléique par la méthode de Bouveault et Blanc [*Bull. Soc. Chim.*, **31**, 1210, 1904]. Liquide incolore épais, qui distille à 13 millimètres, $D_4^0 = 0{,}862$. Quand on prépare sa *phényluréthane*, on obtient un produit fondant mal vers 38°, probablement parce qu'il est mélangé de son isomère élaïdique. P. CARRÉ.

OLÉOCUTIQUE (ACIDE). — Voyez CUTOSE.

OLÉOMARGARIQUE (ACIDE). — Cloez, par saponification de l'huile des semences d'Elæococca vernicia, a obtenu un acide qu'il a nommé *acide oléomargarique*; il lui attribua la formule $C^{17}H^{30}O^2$ [*Bull. Soc. Chim.*, **26**, 286; **28**, 24, 1877]. Cet acide, fusible à 48°, laisse déposer de sa solution alcoolique un isomère, l'acide oléostéarique fusible à 71°.

Maquenne attribue, à l'acide retiré de l'Elæococca vernicia, la formule $C^{18}H^{30}O^2$, et le nomme acide α-élæostéarique.

D'après Kumetaka, sa composition serait $C^{18}H^{32}O^2$ [*Chem. Soc.*, **83**, 1042, 1903]. P. CARRÉ.

OLÉOPTÈNE (ou **ÉLÉOPTÈNE**). — Markownikoff et Reformatsky, étudiant l'essence de rose de Bulgarie [*J. prakt. Chem.*, nouv. série, **48**, 293; *Journ. Soc. phys. chim. russe*, **9**, 1892], ont constaté qu'elle renfermait un mélange de *stéaroptène* $C^{16}H^{34}$ et d'*oléoptène* $C^{10}H^{20}O$ qu'on sépare par refroidissement et essorage.

L'oléoptène serait constitué, en grande partie, par du *roséol* (voyez ce mot); le stéaroptène, qui est contenu à la teneur de 20 0/0 dans l'essence de rose, fond à 36°,5-36°,8 et bout vers 350-380°.

Janvier 1907. A. HÉBERT.

OLIVACÉINE, OLIVÉTORINE, OLIVÉTORIQUE (ACIDE). — Voyez l'art. LICHENS.

OLIVINE. — Voyez Dict., 2, 1re partie, 613.

OLIVOÏNE. — Les analyses de Spica ont montré que les soi-disant sulfates de ces bases étaient du sulfate de calcium et du sulfate de magnésium [*Gazz. chim. ital.*, (1), **32**, 186, 1902]. Janvier 1907. A. HÉBERT.

OMBELLIFÉRONE. — (Voyez 1er Suppl., 1095). Pechmann et Duisberg [*D. chem. G.*, **16**, 2119, 1883], en combinant le phénol et ses homologues en présence d'un corps avide d'eau (comme l'acide sulfurique) à la température ordinaire avec l'éther acétoacétique ou ses homologues, ont obtenu des coumarines ou des oxycoumarines substituées dans la chaîne latérale, et ont étudié surtout la β-*méthylombelliférone*

$$OH_{(4)} . C^6H^3 \begin{array}{l} \diagup O \text{———} CO_{(2)} \\ \qquad\qquad\quad | \\ \diagdown C(CH^3)=CH_{(1)} \end{array}$$

qu'on l'obtient en versant une solution de résorcine et d'éther acéto-acétique dans l'acide sulfurique concentré et refroidi. Ce sont des prismes incolores fusibles à 185°, solubles dans l'eau bouillante, l'alcool et l'acide acétique, dans les alcalis, dans l'acide sulfurique; les solutions ont une belle fluorescence bleue.

Les alcalis à chaud fournissent de la résorcine, ce qui tend à faire considérer la β-méthylombelliférone comme de l'ombelliférone méthylée dans la chaîne latérale, c'est-à-dire de la paraoxycoumarine. On en a préparé les *dérivés acétylé, benzoylé et méthylé*: ce dernier corps s'obtient en chauffant de l'ombelliférone et du sodium en solution dans l'alcool méthylique avec un excès d'iodure de méthyle: il fond à 159°.

Les mêmes auteurs ont obtenu la *β-phénylombelliférone*,

$$C^6H^3OH <^{O}_{O(C^6H^5)=CH-CO}$$

la *diméthylombelliférone-α.β*,

$$C^6H^3OH <^{O}_{C(CH^3)=C(CH^3)CO}, \text{ etc.}$$

Le dérivé méthylé, la *méthyl-β-méthylombelliférone*, bouilli avec la potasse, donne l'acide coumarique correspondant

$$C^6H^3 \begin{cases} OCH^3 \\ OH \\ C(CH^3)=CH.CO^2H \end{cases}$$

qui, par ébullition avec les acides étendus, se transforme en sa lactone, la *β-méthylombelliférone*.

En méthylant l'éther méthylique décrit plus haut ou en oxydant la chaîne latérale de l'acide qui vient d'être décrit, on obtient l'*acide diméthyl-β-résorcylique* $C^6H^3=(OCH^3)^2-CO^2H$ qui cristallise dans l'eau en fines aiguilles fusibles à 108°. Cette réaction a été étudiée spécialement par von Pechmann et Cohen [*D. chem. G.*, **17**, 2129, 1884].

Les mêmes auteurs, par action du brome sur la β-méthylombelliférone et sur son éther méthylique, ont obtenu le *dibromure de β-méthylombelliférone bromé*

$$OH.C^6H^2Br \begin{cases} C(CH^3)Br-CHBr \\ O \text{———————} CO \end{cases}$$

et le *dibromure de méthyl-β-méthylombelliférone*

$$OCH^3-C^6H^3 \begin{cases} C(CH^3)Br-CHBr \\ O \text{———————} CO \end{cases}$$

L'action de l'acide nitrique fumant sur la β-méthylombelliférone fournit la *nitro-β-méthylombelliférone* $C^{10}H^7(AzO^2)O^3$, aiguilles jaunes dont les solutions alcalines présentent une fluorescence jaune, et la *dinitro-β-méthylombelliférone* $C^{10}H^6(AzO^2)^2O^3$, aiguilles jaunes fusibles à 220°.

L'*amido-β-méthylombelliférone* $C^{10}H^7(AzH^2)O^3$ s'obtient en aiguilles jaunes, fusibles à 247°, par réduction du dérivé nitré correspondant, et la *nitroso-amido-β-méthylombelliférone* $C^{10}H^6(AzO)(AzH^2)O^3$ se prépare en traitant par l'azotite de potassium la solution sulfurique de la base précédente [von Pechmann et Cohen, *loc. cit.*].

Will et Beck [*D. chem. G.*, **19**, 1777, 1886], préparent l'*éthylombelliférone*

$$C^6H^3 \begin{cases} (CH=CH-CO)_{(1)} \\ O_{(2)} \text{———} \\ (OC^2H^5)_{(4)} \end{cases}$$

par action de la potasse et de l'iodure d'éthyle sur l'ombelliférone: ce sont des lamelles rougeâtres fondant à 88°, à odeur de coumarine, solubles dans l'alcool avec une fluorescence bleue, solubles dans la plupart des solvants organiques, dans les alcalis et dans l'acide sulfurique concentré.

La méthyl et l'éthylombelliférone donnent avec le brome des *dérivés monobromés* de la forme

$$C^6H^3 \begin{cases} (CH=CBr-CO)_{(1)} \\ O_{(2)} \text{———} \\ (OCH^3)_{(4)} \end{cases}$$

et des *dérivés dibromés* de la forme

$$\begin{matrix} OCH^3 \\ Br \end{matrix} > C^6H^2 <^{CH=CBr-CO}_{O \text{———}}$$

[Will et Beck, *loc. cit.*].

L'acide acétone-dicarbonique

$$CO^2H-CH^2-CO-CH^2-CO^2H,$$

agissant sur la résorcine, en milieu sulfurique, fournit l'*acide β-méthylombelliférone-carbonique*

[Formule développée : noyau benzénique portant H, HO, H, H ; −O−CO ; −C=CH ; CH².CO²H]

aiguilles soyeuses solubles dans l'eau bouillante ou l'alcool, fondant à 201-202° avec perte d'acide carbonique et régénération de β-méthylombelliférone qui fondrait à 185-186° [von Pechmann et Burton, *Lieb. Ann. Chem.*, **261**, 151].

Von Pechmann et Hanke [*D. chem. G.*, **34**, 354, 1901] en faisant réagir l'éther diacétylacétique sur la résorcine à 0° en présence d'acide sulfurique, ont obtenu la *β-méthylombelliférone*, de même qu'en chauffant à 30-40° des solutions sulfuriques d'éther acétylmalonique et de résorcine. Ils ont obtenu en partant de l'éther benzoylacétique la *β-phénylombelliférone*.

L'action de l'éther α-chloracétylacétique sur la résorcine leur a donné l'*α-chloro-β-méthylombelliférone*

[Formule développée : HO, CH³, Cl, CO, O]

cristallisant dans l'alcool étendu en petits cristaux brillants, perdant de l'eau de cristallisation à 105-110° pour fondre à 236°, et donnant des solutions douées d'une fluorescence bleu violacé.

Avec l'orcine, on obtient l'*α-chloro-β(?)-diméthyloxycoumarine*, aiguilles feutrées, fusibles à 295°

Von Pechmann et Graeger [*D. chem. G.*, **34**, 378, 1901], par l'action de l'éther acétyloxalique sur la résorcine, en présence d'alcoolate de sodium, ont obtenu l'*acide ombelliférone-β-carbonique*

[Formule développée : HO, COOH, CO, O]

cristallisant dans l'eau bouillante, tantôt en aiguilles fines, tantôt en verrues qui perdent, les premières 1 1/2 aq., et les secondes 2 aq. à 110°, fondant à 247-248°, soluble dans l'alcool avec une faible fluorescence verte; et dont on a préparé les *éthers méthylique* et *éthylique*.

Les mêmes auteurs ont préparé l'*éther méthylique de l'éther ombelliférone-méthyl-β-carbonique* en une poudre jaune soufre fondant à 115°, dont les solutions alcooliques présentent une fluorescence vert jaunâtre et les solutions acétoniques ou benzéniques, une fluorescence bleue.

L'acide de l'éther ombelliférone-méthylcarbonique fond à 219°; en soumettant son sel d'argent à la distillation sèche, on obtient l'*éther méthylique de l'ombelliférone*, fusible à 117-118°.

D'une manière analogue, on obtient l'*acide acétylombelliférone-β-carbonique* en aiguilles soyeuses fusibles à 193°; et l'*acétylombelliférone* fondant à 140°; l'*éther éthylique de l'acide acétylombelliférone-β-carbonique* se présente en aiguilles blanches fondant à 118-119°; le *dérivé benzoylé* correspondant fond à 118°.

En saponifiant l'éther qui prend naissance par action du brome sur l'éther de l'acide ombelliférone-carbonique en solution chloroformique, il se fait l'*acide 3-bromo-ombelliférone-β-carbonique*, aiguilles jaunes fondant à 260°.

L'éther éthylique de l'acide ombelliférone-α-carbonique

COOH
C^2H^5O — CO
O

préparé au moyen de l'aldéhyde résorcinique et de l'acide malonique en présence de pipéridine (méthode de Knœvenagel), est en aiguilles blanches ou en feuillets perdant leur eau de cristallisation à 100°, fondant entre 165 et 170°, et présentant des solutions à fluorescence bleue intense.

L'*acide* correspondant est une poudre cristalline, fusible à 262° en se décomposant. Tandis que l'acide β-carbonique est stable lorsqu'on le chauffe, l'acide α se décompose au-dessus de son point de fusion en acide carbonique et ombelliférone [Pechmann et Kraft, *D. chem. G.*, **34**, 378, 1901].

Von Pechmann et Obermiller ont recherché [*D. chem. G.*, **34**, 660, 1901] si les oxycoumarines pouvaient être successivement nitrées, amidées et hydroxylées pour être transformées en nouvelles oxycoumarines; ils n'ont pu atteindre ce résultat, mais ils ont préparé au cours de ce travail les dérivés suivants :

La 3-*nitro-β-méthylombelliférone*

CH^3
HO — CO
AzO^2 O

se fait par action du mélange sulfonitrique à 0° sur la β-méthylombelliférone, et se dépose du nitrobenzène en aiguilles jaunes fusibles à 228-229°, et du mélange nitrobenzène et alcool en prismes jaunes fondant à 255°; par réduction, ce composé donne la 3-*amido-β-méthylombelliférone* qui, par diazotation, fournit le *diazoanhydride* instable

CH^3
O — CO
| O
Az = Az

La nitroombelliférone traitée par l'alcool méthylique, le méthylate de sodium et l'iodure de méthyle donne l'*éther méthylique de la 3-nitro-β-méthylombelliférone*, qui se forme aussi en nitrant l'éther méthylique correspondant.

On a préparé aussi la 3-*acétonitro-β-méthylombelliférone*, le *dérivé amidé* correspondant

CH^3
HO — CO
CH^3COAzH O

les *triacétyl et diacétyl-3-amido-β-méthylombelliférones*, etc. Pechmann avait autrefois réalisé [*D. chem. G.*, **17**, 929, 1884] la synthèse de l'ombelliférone par l'action de la résorcine sur l'acide malique en présence d'acide sulfurique. Janvier 1907. A. Hébert.

OMBELLIFÉRONE-CARBONIQUE (ACIDE). — Voy. OMBELLIFÉRONE.

OMBILICARIQUE, OMBILICARINIQUE (ACIDES). — Voyez l'art. LICHENS.

OMMATINIQUE (ACIDE). — Voy. l'article LICHENS.

ONOCÉRINE. — (Voy. Dict., 2, 613). L'onocérine se retire de la racine d'*ononis spinosa* dans laquelle elle est associée à l'*ononine*. La séparation de ces deux substances se fait par l'eau ou l'alcool à 60 0/0 qui ne dissolvent que l'ononine.

D'après H. Thoms [*D. chem. G.*, **29**, 2985, 1897; *Arch. Pharm.*, **235**, 28, 1897], l'onocérine fond à 232° et a pour formule $C^{26}H^{44}O^2$; elle renferme deux groupements hydroxylés, car elle donne des dérivés diacétylé et dibenzoylé. Aussi Thoms propose de substituer le nom d'*onocol* à celui d'onocérine.

Oxydé par le mélange chromique, ce corps donne l'*onocétone* $C^{26}H^{42}O^2$, fusible à 186-187°, caractérisée par son *hydrazone*

$$C^{26}H^{40}(Az-AzHC^6H^5)^2.$$

son *oxime* $C^{26}H^{40}(AzOH)^2$ et sa *semicarbazone* $C^{26}H^{40}OH.AzH.CO.AzH^2$. L'oxydation plus avancée fournit des résultats variables avec la température, la quantité d'oxydant, la durée de l'action, mais parmi lesquels on a pu isoler les acides butyrique, acétique, un acide $C^{20}H^{38}O^2$ et un autre acide monobasique $C^{20}H^{30}O^5$. Ces propriétés rapprochent l'onocol de la cholestérine $C^{26}H^{44}O$, qui n'en diffère que par un atome d'oxygène.

D'après Hemmelmayr [*Mon. f. Chem.*, 27, 181, 1906] l'oxydation chromique donnerait l'*acide onocérinique* $C^{20}H^{30}O^5$, amorphe, insoluble dans l'eau, fusible à 70-80°. L'oxydation nitrique donnerait les dérivés nitrés de cet acide.

L'*ononine*, l'autre corps retiré de la racine d'*ononis spinosa*, est un glucoside et se décompose d'après Hlasiwetz [*Journ. Soc. phys. chim. russe*, **65**, 415], par ébullition avec l'eau de baryte, en acide formique et *onospine*. Ce dernier corps, d'après F. Hemmelmayr [*D. chem. G.*, **33**, 3538, 1901], fondrait à 172° et aurait pour formule $C^{28}H^{32}O^{12}$.

Hlasiwetz a constaté que, par ébullition avec l'acide sulfurique étendu, l'onospine se dédoublerait en sucre et *ononétine* fondant à 120°. Hemmelmayr, dans cette décomposition, n'a obtenu qu'un mélange de divers produits semblant se transformer les uns dans les autres. Par cristallisation dans l'eau, il se dépose des aiguilles fusibles à 122°, des feuillets fondant à 158-160°, des aiguilles longues de point de fusion 155-157°. Ces produits correspondent à la formule $(C^{11}H^{10}O^3)^x$ et proviennent probablement de la réaction :

$$C^{28}H^{32}O^{12} = C^{22}H^{20}O^6 + C^6H^{12}O^6.$$

Janvier 1907. A. Hébert.

ONOCÉRINIQUE (ACIDE). ONOCÉTONE, ONOCOL, ONONÉTINE, ONONINE, ONOSPINE. — Voy. Onocérine.

ONTARIOLITE (Min.). — Variété de scapolite de Galway, comté d'Ontario, Canada.

OPIAZONE. — Voyez l'art. Hydrazines, 2e Suppl., 5, 269.

OPIANINE. — Voyez Narcotine.

OPIANIQUE (ACIDE). — (Voy. 1er Suppl., 1096).

Perkin [*Chem. Soc.*, **81**, 1008, 1892] a probablement obtenu cet acide par l'action de la chaleur sur le corps

$$(CH^3O)^2.C^6H^2\left\langle\begin{array}{l}COOH\\CO.CO^2H\end{array}\right.$$

La constitution de l'acide opianique anciennement admise

$$(CH^3O)^2_{(3.4)}C^6H^2\left\langle\begin{array}{l}_{(1)}COOH\\_{(2)}COH\end{array}\right.$$

n'a fait que se confirmer, mais Liebermann a reconnu qu'il est susceptible d'agir dans certains cas sous la forme

$$(CH^3O)^2-C^6H^2\left\langle\begin{array}{l}CO\\ \quad>O\\CH-OH\end{array}\right.$$

[*D. chem. G.*, **19**, 763, 2284 ; Liebermann et Kleemann, *ibid.*, **19**, 2287, 1886]. Notamment en faisant agir l'anhydride acétique et l'acétate de soude on obtient, non pas réaction avec $-COH$, mais simple acétylation. Le produit résistant à l'eau bouillante, sa constitution ne peut se comprendre par une acétylation de $-CO^2H$, mais doit être représentée par

$$\left\langle\begin{array}{l}CO\\ \quad>O\\CH-OC^2H^3O\end{array}\right.$$

Les auteurs ont décrit une série de dérivés de l'acide opianique et de l'acide nitro-opianique [Wegscheider, *Mon. f. Chem.*, **17**, 111, 1896].

La solution d'acide opianique dans l'alcool éthylique, sous l'influence(?) de la lumière [Ciamician et Silber, *D. chem. G.*, **36**, 1581, 1903] donne un pseudo-éther fusible à 92° :

$$(CH^3O)^2.C^6H^2\left\langle\begin{array}{l}COOH\\COH\end{array}\right. \longrightarrow C^6H^2\left\langle\begin{array}{l}COOH\\CH\left\langle\begin{array}{l}OH\\OC^2H^5\end{array}\right.\end{array}\right.$$

$$\longrightarrow C^6H^2\left\langle\begin{array}{l}CO\\ \quad>O\\CH.OC^2H^5\end{array}\right.$$

Recherches calorimétriques sur l'acide opianique, voy. Leroy [*Ann. Chim. Phys.*, (7), **21**, 87, 1900].

Opianate de méthyle vrai,

$$(CH^3O)^2.C^6H^2\left\langle\begin{array}{l}COOCH^3\\COH\end{array}\right.$$

— Il se prépare par le sel d'argent sur l'iodure de méthyle, bout à 232-234°, fond à 82-84°. Le *ψ-opianate*,

$$(CH^3O)^2.C^6H^2\left\langle\begin{array}{l}CO\\ \quad>O\\CH.OCH^3\end{array}\right.$$

obtenu par ébullition de l'acide avec l'alcool méthylique, bout à 238-239°, fond à 103-103°,5 [Wegscheider, *Mon. f. Chem.*, **13**, 252 et 702, 1892 ; **14**, 311, 1893].

Éther ψ du diméthyléthylcarbinol, fondant à 81° [Goldschmiedt, *Centralbl.*, 1898, **2**, 527].

Chlorure de l'acide opianique, fondant à 83-84°, par $SOCl^2$ [*Mon. f. Chem.*, **22**, 777, 1901].

Condensation de l'acide opinanique avec les cétones, voy. Méconine.

Oxime de l'acide opianique fusible à 82-83° [Perkin, *Chem. Soc.*, **57**, 1069 ; — Allendorf, *D. chem. G.*, **24**, 3264, 1891].

L'hydrazone donne la diméthoxyphtalazone (*opiazone*) fusible à 162°

$$(CH^3O)^2.C^6H^2\left\langle\begin{array}{l}CO-AzH\\ \qquad\quad|\\CH=Az\end{array}\right.$$

dont le *dérivé acétylé* fond à 158-159°. L'opiazone par PCl^5 donne

$$(CH^3O)^2-C^6H^2\left\langle\begin{array}{l}CCl^2-AzH\\ \qquad\quad|\\CH=Az\end{array}\right.$$

fusible à 260°, puis

$$\left\langle\begin{array}{l}CCl=Az\\ \qquad\;|\\CH=Az\end{array}\right.$$

dont le *chlorhydrate* fond vers 152° [Liebermann et Birstrzicki, *D. chem. G.*, **26**, 532, 1893].

Semicarbazone de l'acide opianique,

$$(CH^3O)^2.C^6H^2\left\langle\begin{array}{l}CO^2H\\CH=Az.AzH.CO.AzH^2\end{array}\right.$$

fusible à 187° ; par ébullition avec l'acide acétique, elle donne

$$(CH^3O)^2.C^6H^2\left\langle\begin{array}{l}CO-AzH\\ \qquad\quad|\\CH=Az\end{array}\right.$$

[Liebermann, *D. chem. G.*, **29**, 177, 1896].

Combinaison de l'acide opianique avec la phénétidine (para), fusible à 175° [C. Goldschmiedt, *Chem. Zeit*, **21**, 264, 1897] ; avec l'hydrazone, la phénylhydroxylamine [Bistrzicki et Herbst, *D. chem. G.*, **34**, 1010, 1901] ; avec la diphénylhydrazine, l'hydrazobenzol [Bistrzicki, *D. chem. G.*, **21**, 2518, 1888], la benzidine, l'urée, etc. [*D. chem. G.*, **24**, 629, 1891 ; *Mon. f. Chem.*, **12**, 49, 1891 ; *D. chem. G.*, **25**, 1986, 1892 ; *D. chem. G.*, **27**, 1977 et 2639, 1894 ; *D. chem. G.*, **29**, 2035, 1896]. M. Delacre.

OPIANOXIMIQUE (ANHYDRIDE). — Liebermann avait montré [*D. chem. G.*, **19**, 2275, 1886] que le chlorhydrate d'hydroxylamine, agissant sur une solution alcoolique bouillante d'acide opianique, donne l'imide fusible à 228-230° :

$$C^{10}H^{10}O^5 + H^2(OAzH).HCl$$
$$= HCl + 2H^2O + C^{10}H^9AzO^4.$$

La même réaction se faisant à froid donne l'anhydride opianoximique fusible à 114-115°, lequel par fusion se transforme avec dégagement de chaleur en hémipinimide [*D. chem. G.*, 19, 2923, 1886 ; *D. chem. G.*, **25**, 89, 1892] :

$$(CH^3O)^2C^6H^2\left\langle\begin{array}{l}CO-O\\ \qquad\;\;|\\CH=Az\end{array}\right.$$

Anhydride opianoximique.

$$(CH^3O)^2.C^6H^2\left\langle\begin{array}{l}CO\\CO\end{array}\right\rangle AzH \qquad (CH^3O)^2.C^6H^2\left\langle\begin{array}{l}CO\\ \quad>O\\C=AzH\end{array}\right.$$

Hémipinimide.

OPIAZONE. — Voyez Opianique (acide).

OPIUM. — Voici, d'après l'ouvrage de Pictet

(*Les Alcaloïdes*, 2e édit., Paris, 1897) la liste des alcaloïdes de l'opium :

1er groupe, groupe de la *morphine*. — Bases fortes, très toxiques, renfermant 3 atomes d'oxygène :

1. Morphine $C^{17}H^{19}AzO^{3}$ soit $C^{17}H^{17}AzO(OH)^{2}$.
2. Codéine $C^{18}H^{21}AzO^{3}$ soit $C^{17}H^{17}AzO(OH)(OCH^{3})$.
3. Pseudomorphine $(C^{17}H^{18}AzO^{3})^{2}$ soit $[(C^{17}H^{16}AzO(OH)^{2}]^{2}$.
4. Thébaïne $C^{19}H^{21}AzO^{3}$ soit $C^{17}H^{15}AzO(OCH^{3})^{2}$.

2e groupe, groupe de la *papavérine*. — Bases renfermant 4 ou 5 atomes d'oxygène ; plusieurs d'entre elles donnent par oxydation l'acide métahémipinique :

5. Papavérine $C^{20}H^{21}AzO^{4}$ soit $C^{16}H^{9}Az(OCH^{3})^{4}$.
6. Codamine $C^{20}H^{25}AzO^{4}$ soit $C^{18}H^{18}AzO(OH)(OCH^{3})^{2}$.
7. Laudanine $C^{20}H^{25}AzO^{4}$ soit $C^{17}H^{15}Az(OH)(OCH^{3})^{3}$.
8. Laudanidine $C^{20}H^{25}AzO^{4}$ soit $C^{17}H^{15}Az(OH)(OCH^{3})^{3}$.
9. Laudanosine $C^{21}H^{27}AzO^{4}$ soit $C^{17}H^{15}Az(OCH^{3})^{4}$.
10. Tritopine $(C^{21}H^{27}AzO^{3})^{2}O$ soit $C^{17}H^{15}Az(OCH^{3})^{4}$.
11. Méconidine $C^{21}H^{23}AzO^{4}$ soit $C^{17}H^{15}Az(OCH^{3})^{4}$.
12. Lanthopine $C^{23}H^{25}AzO^{4}$ soit $C^{17}H^{15}Az(OCH^{3})^{4}$.
13. Protopine $C^{20}H^{17}AzO^{5}$ soit $C^{17}H^{15}Az(OCH^{3})^{4}$.
14. Cryptopine $C^{21}H^{23}AzO^{5}$ soit $C^{19}H^{17}AzO^{3}(OCH^{3})^{2}$.
15. Papavéramine $C^{21}H^{21}AzO^{5}$ soit $C^{19}H^{17}AzO^{3}(OCH^{3})^{2}$.

3e groupe, groupe de la *narcotine*. — Bases faibles, peu toxiques, renfermant 7 ou 8 atomes d'oxygène et donnant par oxydation l'acide hémipinique :

16. Narcotine $C^{22}H^{23}AzO^{7}$ soit $C^{19}H^{14}AzO^{4}(OCH^{3})^{3}$.
17. Gnoscopine $C^{22}H^{23}AzO^{7}$ soit $C^{19}H^{14}AzO^{4}(OCH^{3})^{3}$.
18. Oxynarcotine $C^{22}H^{23}AzO^{8}$ soit $C^{19}H^{14}AzO^{5}(OCH^{3})^{3}$.
19. Narcéine $C^{23}H^{27}AzO^{8}$ soit $C^{20}H^{18}AzO^{5}(OCH^{3})^{3}$.

A cette liste il faut ajouter encore les deux bases suivantes, dont l'une est un produit de dédoublement de la narcotine et dont l'autre n'est pas encore suffisamment connue pour que l'on puisse savoir dans quel groupe la classer :

20. Hydrocotarnine $C^{12}H^{15}AzO^{3}$.
21. Xanthaline $C^{37}H^{36}Az^{2}O^{9}$.

La proportion moyenne des principales substances contenues dans l'opium peut être représentée approximativement par les chiffres suivants :

Morphine........	9 0/0	Lanthopine......	0,006
Narcotine........	5	Protopine........	0,003
Papavérine........	0,8	Codamine........	0,002
Thébaïne........	0,4	Tritopine........	0,0015
Codéine..........	0,3	Laudanosine......	0,0008
Narcéine..........	0,2	Acide méconique..	4
Cryptopine........	0,08	Acide lactique....	1,2
Pseudomorphine..	0,02	Méconine........	0,3
Laudanine........	0,01		

1er Janvier 1906. M. Delacre.

OR. Au = 196,7. — Voyez Dict. (2), 625 et 1er Suppl., 1098.

Extraction de l'or. — *Cyanuration*. — La réaction de dissolution de l'or dans une solution de cyanure de potassium au contact de l'oxygène de l'air fut appliquée et brevetée pour l'extraction minière de l'or par Mac Arthur Forest (D. R. P. 47358, 1887).

Le produit le plus employé est un cyanure mixte de sodium et de potassium obtenu en fondant du ferrocyanure de potassium sec avec du sodium :

$$Fe(CAz)^{6}K^{4} + Na^{2} = Fe + 2CAzNa + 4CAzK.$$

Le lavage des terres aurifères se fait méthodiquement, et les boues sont séparées par le filtre-presse. On peut extraire ainsi 95 à 98 0/0 de l'or existant. Les solutions ne contiennent que de 1 à 2 millièmes de sel d'or, et l'affinité du cyanogène pour l'or est assez grande pour que la précipitation du métal précieux dilué dans de grandes masses d'eau soit difficile ; le meilleur moyen consiste à le précipiter par des copeaux de zinc fraîchement préparés :

$$2(AuCAz,KCAz) + Zn = 2Au + Zn(CAz)^{2} + 2KCAz.$$

Chloruration. — Le procédé par chloruration a perdu de son importance depuis que les moyens de cyanuration se sont perfectionnés. On emploie cette méthode avec les minerais ayant une composition chimique qui rend difficile l'application de l'amalgamation ou de la cyanuration.

Les minerais sont fortement grillés pour chasser les oxydes métalloïdiques, puis mélangés à de l'oxyde de fer en poudre ; le tout, humecté de 6 0/0 d'eau, est divisé en mottes que l'on place dans des bacs en bois munis de faux fonds et d'un couvercle, puis, après les avoir emplis de chlore gazeux, ces bacs sont abandonnés à eux-mêmes ; dans ces conditions, le chlore dissout l'or sans attaquer sensiblement l'oxyde de fer.

Les minerais, après avoir été grillés, sont transformés en trichlorure en les traitant par une solution formée de 1/100e d'acide chlorhydrique et de 5/10000e de permanganate de potassium en solution aqueuse (Etard, Brevet français n° 260245 et brevet américain 601640, 1898).

Bromuration. — Ce procédé qui a été préconisé par C. Lossen [*D. chem. G.*, **27**, 2726, 1894 ; *Bull. Soc. Chim.*, (3), **14**, 12, 1895], consiste à traiter le minerai par le brome en présence d'un alcali, il se produit de l'aurate et du bromure alcalin ; par électrolyse ce dernier est transformé en hypobromite, et peut de nouveau entrer dans la fabrication ; la solution d'aurate alcalin est décomposée par le fer et le charbon pour fournir l'or métallique.

Préparation de l'or pur. — Un des plus anciens et des meilleurs procédés consiste à traiter l'or affiné par le chlore au rouge vif ; l'or fondu reste inaltéré si l'on a eu soin de chasser le chlore par un courant d'air avant le refroidissement. La méthode proposée par G. Krüss [*Lieb. Ann.*, **238**, 30 à 78, 1887 ; *Bull. Soc. Chim.*, (2), **49**, 476, 1888] permet d'éliminer le platine, le palladium et l'iridum ; elle est basée sur la précipitation des sels d'or par l'acide sulfureux, l'acide oxalique et le chlorure ferreux.

PROPRIÉTÉS PHYSIQUES. — Lorsque l'or est préparé en lames par électrolyse il est mat : quand il est laminé il est brillant : sa cristallisation est difficile à réaliser, cependant la forme capillaire et de petits cristaux ont été observés par Th. Wilm [*Journ. Soc. phys. chim. russe*, n° 31893 ; *Bull. Soc. Chim.*, (3), **12**, 874, 1894], par Averkieff [*Journ. Soc. phys. chim. russe*, **34**, 828 à 835, 1902 : *Zeit. anorg. Chem.*, **35**, 329, 1903 ; *Bull. Soc. Chim.*, (3), **30**, 877, 1903 et (3), **32**, 255, 1904], par Ditte [*C. R.*, **131**, 143, 1900 : *Bull. Soc. Chim.*, (3), **23**, 707, 1900], par Moissan [*C. R.*, **141**, 977, 1905].

Sa densité peut varier de 19,2601, pour l'or le plus mou à 19,2504, pour l'or écroui le plus dur [Kalbaum et Sturm, *Zeit. anorg. Chem.*, **46**, 244, 1905] ; elle serait de 19,43095, pour l'or cristallisé [Averkieff, *loc. cit.*].

Le point de fusion de l'or est, d'après Heycock et Neville, de 1061° [*Chem., Soc.*, **67**, 160, 1895] ; il est de 1064°,3 suivant Holborn et Day [*Ann. Pogg.*, **68**, 817, 1899 (nouvelle série) **2**, 505, 1900], de 1064° [D. Berthelot, *C. R.*, **126**, 473, 1898 : et **134**, 705, 1902 ; *Bull. Soc. Chim.*, (3), **27**, 639, 1902 ; *C. R.*, **138**, 1153, 1904 ; *Bull. Soc. Chim.*, (3), **31**, 992, 1904], de 1067°,2 (moyenne de 3 déterminations) [Jacquerod et Perrot, *C. R.*, **138**, 1032, 1904 : *Bull. Soc. Chim.*, (3), **31**, 992, 1904]. Voir aussi [Richards, *Zeit. phys. Chem.*, **42**, 617 à 620, 1903 ; *Bull. Soc. Chim.*, (3), **32**, 23, 1904, et Guertler et Tamman, *Zeit. anorg. Chem.*, **42**, 352, 1904 ; *Bull. Soc. Chim.*, (3), **34**, 1158, 1905]. A l'état liquide l'or émet des vapeurs, propriété connue depuis longtemps, mais vérifiée dans ces dernières années [Masson et Bowman, *Am. Chem. Soc.*, **16**, 313, 1894 : *Bull. Soc. Chim.*, (3), **12**, 1069, 1894. — Rose, *Chem. Soc.*, **63**, 714, 1893 ; *Bull. Soc. Chim.*, (3), **12**, 54, 1894]. Au four électrique sa volatilisation est rapide : il donne des fumées abondantes de couleur jaune verdâtre [H. Moissan, *C. R.*, **116**, 1429, 1893 : *Le Four électrique*, p. 44, Paris, 1897 ; *Bull. Soc. Chim.*, (3), **11**, 825 et *C. R.*, **141**, 977, 1905]. Voir également [Kahlbaum, Roth, Siedler, *Zeit. anorg. Chem.*, **29**, 177 à 294, 1902 ; *Bull. Soc. Chim.*, (3), **28**, 866, 1902].

Dans le vide, l'or commence à se volatiliser en petite quantité quand on le chauffe vers son point de fusion ou à une température un peu supérieure [Schuller, *Zeit. anorg. Chem.*, **37**, 69 à 74, 1903 ; *Bull. Soc. Chim.*, (3), **32**, 1287, 1904] : il se sublime lentement dans le vide cathodique à + 1375° [Krafft, *D. chem. G.*, **36**, 1690 à 1714, 1903 : *Bull. Soc. Chim.*, (3), **32**, 27, 1904], mais il commence à y émettre des vapeurs à + 1070° ; son point d'ébullition dans le vide parfait est de + 1800° [Krafft et Bergfeldt, *D. chem. G.*, **38**, 254 à 262, 1905 : *Bull. Soc. Chim.*, (3), **34**, 1059, 1905] ; la température d'ébullition de l'or à la pression atmosphérique serait de + 2530°. La résistivité de l'or en microhms-centimètre est de 2,096 à + 20°, de 1,4 à — 80° et de 0,604 à — 182° [Dewar et Fleming, 1892]. Sa ténacité exprimée en tonnes par pouce carré est de 14,6 à + 15° et de 22,4 à — 182° [Belby, *Proc. Roy. Soc.*, **76**, 462, 1905]. Son spectre a été étudié par Lecoq de Boisbaudran [*Spectres lumineux*, Paris], puis par Hartley [*Trans. Dublin Soc.* (2), **1**, 1882], et par G. Krüss [*Ann. Lub.*, **238**, 30 à 78, 1887 ; *Bull. Soc. Chim.*, (2), **49**, 476, 1888].

PROPRIÉTÉS CHIMIQUES. — Quand les combinaisons de l'or se font par action directe, elles s'effectuent dans un intervalle de température très limité, de sorte que, vis-à-vis des métalloïdes surtout, les réactions sont nulles ou douteuses, et indiquées par différents auteurs elles sont contradictoires. Le fluor attaque l'or à 300° ; le fluorure formé se décompose par légère élévation de température [H. Moissan, *Le fluor*, 216, Paris, 1900]. Le chlore sec n'agit pas à froid ni vers 450°, température à laquelle le chlorure serait dissocié ; il réagirait le mieux vers 200° [Thomsen, *J. prakt. Chem.*, (2), **13**, 337, 1876 et (2), **37**, 105, 1888 ; *Bull. Soc. Chim.*, (2), **49**, 768, 1888. — Krüss, *D. chem. G.*, **20**, 211, 1887 ; *Bull. Soc. Chim.*, (2), **47**, 560, 1887. — Krüss et Schmidt, *D. chem. G.*, **20**, 2634, 1887 ; *Bull. Soc. Chim.*, (2), **49**, 193, 1888. — Lindet, *Bull. Soc. Chim.*, (2), **49**, 450, 1888].

Le chlore liquide dissout facilement l'or vers 100° [Meyer, *C. R.*, **133**, 815, 1901 ; *Bull. Soc. Chim.*, (3), **27**, 1902].

L'iode pur et sec n'attaque l'or que vers 50° [Meyer, *C. R.*, **139**, 733, 1904 ; *Bull. Soc. Chim.*, (3), **33**, 219, 1905].

Le soufre ne se combine pas directement à l'or pur [J.-S. Mac-Laurin, *Chem. Soc.*, **69**, 1260, 1896 ; *Bull. Soc. Chim.*, (3), **18**, 199, 1897]. Le phosphore en vapeur ne donne de combinaison avec l'or très divisé que dans des limites de température très restreintes [A. Granger, *C. R.*, **124**, 498, 1897 ; *Thèse, Fac. Sc.*, n° 941, 80, 1898 : *Bull. Soc. Chim.*, (3), **17**, 460, 1897]. Vers sa température d'ébullition l'or dissout de petites quantités de carbone qu'il abandonne par refroidissement sous forme de graphite (H. Moissan) ; le silicium s'y dissout [Vigouroux, *Ann. Chim. Phys.*, (7), **12**, 170, 1897]. La présence de petites quantités de chlorure manganeux et l'action de la lumière favorisent la dissolution de l'or dans l'acide chlorhydrique fumant [M. Berthelot, *C. R.*, **138**, 1297, 1904 ; *Bull. Soc. Chim.*, (3), **31**, 1199, 1904] ; la présence de certaines matières organiques, telles que la formaldéhyde, le trioxyméthylène, les alcools méthylique, éthylique, favorise la solubilité de l'or dans l'acide chlorhydrique [Averkieff, *Journ. Soc. phys. Chim. russe*, **35**, 714, 1903 ; *Bull. Soc. Chim.*, (3), **32**, 842, 1903]. Certains oxydants, tels que le bioxyde de manganèse, celui de plomb, l'anhydride chromique en présence des acides sulfurique, phosphorique, arsénique concentrés, dissolvent l'or ; cette dissolution augmente avec la température [Lehner, *Am. Chem. Soc.*, **26**, 550, 1904] ; le bioxyde de sodium attaque l'or et le transforme en une masse spongieuse [Dudley, *Am. Chem. Journ.*, **28**, **59**, 1902 ; *Bull. Soc. Chim.*, (3), **30**, 205, 1903] ; l'ammoniaque à haute température donnerait un azoture suivant Beilby et Henderson [*Chem. Soc.*, **79**, 1245, 1901 ; *Bull. Soc. Chim.*, (3), **28**, 52, 1902].

Le cyanure de potassium dissout l'or, mais la présence de l'oxygène est absolument nécessaire [Mac-Laurin, *Chem. Soc.*, **63**, 724 à 738 ; **67**, 199 : **69**, 1276, 1896 : *Bull. Soc. Chim.*, (3), **10**, 661, 1893 ; (3), **14**, 614, 1895 ; (3), **18**, 200, 1896]. Le chlorure mercureux sec n'a pas d'action, mais quand il est humide il réagit pour former un amalgame [Baker, *Chem. Soc.*, **77**, 646, 1900 ; *Bull. Soc. Chim.*, (3), **24**, 692, 1900]. Malgré son apparente inaltérabilité l'or peut être attaqué à la longue par un certain nombre de sels [Egleston, *Gold silver and Quecksilver in United States*, 2 vol., New-York]. Suivant Petersen [*Zeit. physiol. Chem.*, **8**, 601, 1891] il existerait 3 états allotropiques de l'or caractérisés par des densités différentes et par les chaleurs de formation de l'hydrate aurique qui varient comme les nombres 1, 2, 3.

Or colloïdal. — L'action d'un certain nombre de substances réductrices sur des solutions d'or très étendues mène à la formation de l'or à l'état colloïdal : les solutions aqueuses d'or métallique peuvent être rouges, bleues, noires d'encre [Zsigmondy, *Lieb. Ann.*, **301**, 29, 1898 ; *Bull. Soc. Chim.*, (3), **22**, 39, 1899]. L'addition d'acides ou de sel à la solution rouge d'or colloïdal conduit à la solution bleue, puis à la solution violette [Zsigmondy, *Zeits. anorg. Chem.*, **40**, 697, 1901 ; *Bull. Soc. Chim.*, (3), **28**, 200, 1902]. Voyez également Stœkel, Vanino [*Zeit. physiol. Chem.*, **34**, 378, 1900 ; *Bull. Soc. Chim.*, (3), **26**, 864, 1901] ; on obtient encore l'or colloïdal en faisant jaillir l'arc électrique entre deux électrodes d'or dans l'eau distillée [Bredig, *Zeits. anorg. Chem.*, 251, 1898] ; ces solutions exercent sur certaines substances des actions particulières [Bredig et Reinders, *Zeit. physiol. Chem.*, **37**, 323, 1901 ; *Bull. Soc. Chim.*, (3), **26**, 1039, 1901]. L'or colloïdal a été également obtenu par Taal [*D. chem. G.*, **35**, 2236, 1902 ; *Bull. Soc. Chim.*, (3), **30**, 392, 1903], par Küspert [*D. chem. G.*, **35**, 4066, 1902 ; *Bull. Soc. Chem.*, (3), **30**, 1903], par Gutbier [*Zeits. anorg. Chem.*, **32**, 346, 1902 ; **30**, 448, 1901 ; *Bull. Soc. Chim.*, (3), **30**, 770 et 782, 1903], par Garbowski [*D. chem. G.*, **36**, 1214, 1903 ; *Bull. Soc. Chim.*, (3), **32**, 933, 1904], par Biltz [*D. chem. G.*, **37**, 1095, 1904 ; *Bull. Soc. Chim.*, (3), **32**, 1235, 1904], par Vanino et Hartl par la voie microbienne [*D. chem. G.*, **37**, 3620, 1904 ; *Bull. Soc. Chim.*, (3), **34**, 370, 1904], par Castoro [*Zeits. anorg. Chem.*, **41**, 126 à 131, 1904 ; *Bull. Soc. Chim.*, (3), **34**, 908, 1904], par Gutbier et Rescuscheck [*Zeits. anorg. Chem.*, **39**, 112, 1904 ; *Bull. Soc. Chim.*, (3), **34**, 10, 1905], par Vanino [*D. chem. G.*, **38**, 463, 1905 ; *Bull. Soc. Chim.*, (3), **34**, 785, 1905]. Voyez aussi Biltz [*D. chem. G.*, **35**, 4431, 1902 ; **37**, 1766, 1903 ; *Bull. Soc. Chim.*, (3), **30**, 674, 1903 ; (3), **34**, 176, 1905] ; Schulz et Zsigmondy [*Beitr. Chem. Phys. u. Path.*, **3**, 137, 1902 ; *Bull. Soc. Chim.*, (3), **30**, 1280, 1903]. L'or colloïdal précipité n'est pas de l'or métallique pur, mais un composé riche en or (91,5 0/0) uni à une matière organique [Hanriot, *Bull. Soc. Chim.*, (3), **31**, 547, 1904].

Poids atomique. — Il a été déterminé par Krüss qui arrive au chiffre de 196,64 (moyenne de 30 analyses 196,669) [*D. chem. G.*, **20**, 205, 1887 ; **20**, 2365, 1887 ; *Bull. Soc. Chim.*, **49**, 47, 558, 1887 ; **49**, 193, 628, 1888] ; en se servant de la méthode du bromaurate de potassium, Thorpe et Laurie [*Chem. Soc.*, **51**, 565 à 576, 1887 ; *D. chem. G.*, **20**, 2036, 1887 ; *Bull. Soc. Chim.*, **49**, 475, 1888] indiquent 196,852. Suivant Mallet [*Am. Chem. Journ.*, **7**, 73, 182, 1889] ce nombre ne peut être inférieur à 196,8.

La commission internationale des poids atomiques a adopté le nombre 197,2 (O = 16).

Valence. — L'or est un élément qui fonctionne quelquefois comme monovalent mais est le plus souvent trivalent.

Place dans le système périodique. — Suivant Braune [*Journ. Soc. phys. chim. russe*, **34**, 142, 1902 ; *Bull. Soc. Chim.*, (3), **30**, 6, 1903], l'or serait le 1er terme de la série 9 et non de la série 11.

Fluorure d'or. — Le fluor forme avec l'or entre 300° et 400° un produit de couleur marron ; au rouge sombre ce composé se détruit ; il est très hygroscopique [H. Moissan, *Le fluor*, 216, 1900]. Le fluorure d'argent en solution donne avec le chlorure d'or de l'hydrate aurique et de l'acide fluorhydrique ; cette réaction pourrait se produire par suite de la formation transitoire d'un fluorure d'or décomposable par l'eau [Lehner, *J. Am. Chem. Soc.*, **25**, 1136, 1903].

Chlorures d'or. — On a décrit trois chlorures :

Chlorure aureux $AuCl$;

Chlorure aurique $AuCl^3$;

Chlorure aurosoaurique Au^2Cl^4.

Chlorure aureux, $AuCl$. — (Voy. Dict. (H. P.), 630 et 1er Suppl. (G.-Z.), 1098). Il se forme dans la dissociation du chlorure aurique [T.-K. Rose, *Chem. Soc.*, **67**, 881, 1895 ; *Bull. Soc. Chim.*, (3), **16**, 1896 ; Meyer, *C. R.*, **133**, 815, 1901 ; *Bull. Soc. Chim.*, (3), **27**, 86, 1902] ; c'est une poudre insoluble dans l'eau et dans l'acide azotique dilué mais décomposable par l'acide azotique concentré, de même que par le bromure de potassium : les solvants le décomposent lentement, les hydracides et les sels halogénés le dissolvent et le réduisent [Leugfeld, *Am. Chem. Journ.*, **26**, 324, 1901 ; *Bull. Soc. Chim.*, (3), **30**, 19, 1903]. Il commence à se dissocier à 170° ; à 207° sa tension de dissociation est de 65 mm. [Meyer, *loc. cit.*].

Chlorure aurique, $AuCl^3$. — (Voy. Dict. (H.-P.), 630 et 1er Suppl. (G.-Z.), 1098). Pour l'obtenir cristallisé on attaque la mousse d'or en tubes scellés, à 200°, par un excès de pentachlorure d'antimoine ; ce sont alors des cristaux d'un beau rouge foncé très déliquescents [Lindet, *Ann. Chim. Phys.*, (6), **11**, 202, 1887]. L'action du chlore sur le métal à 200° comme le préparait Thomsen est fort délicate.

Sa chaleur de formation est :

$$Au + Cl^3 = AuCl^3 \text{ anhydre} + 22^{cal},8 ;$$
$$Au + Cl^3 = AuCl^3 \text{ dissous} + 27^{cal},3.$$

[Thomsen, *Thermochen. Unters.*, **3**, 393, 1882-1886].

On l'obtient encore cristallisé en traitant l'or par le chlore liquide en tube scellé : la réaction s'effectue bien surtout vers 100° (Meyer). Voyez aussi Krüss [*D. chem. G.*, **20**, 211, 1887 ; *Bull. Soc. Chim.*, (2), **47**, 500, 1887].

Le chlorure aurique cristallise en petits prismes brillants et fond, en tube scellé, sous 2 atmosphères de chlore, en un liquide noir ne mouillant pas le verre [T.-K. Rose, *Chem. Soc.*, **67**, 905, 1895]. Sa densité est de 4,3 [T.-K. Rose, *loc. cit.*]. Il se dissocie suivant l'équation $AuCl^3 = AuCl + Cl^2$ [T.-K. Rose, *Chem. Soc.*, **67**, 881, 1895]. Suivant Meyer [*loc. cit.*], sa dissociation commence vers 150° en donnant du chlore et un corps gris qui est le chlorure aureux ; à 205° elle est mesurée par 174 mm. de mercure.

Les solutions de trichlorure d'or se réduisent facilement ; la lumière ne paraît pas avoir d'action mais le temps et la chaleur amènent un dépôt d'or [Kohlrausch, *Zeit. phys. Chem.*, **33**, 257, 1900 ; *Bull. Soc. Chim.*, (3), **26**, 835, 1901 ; — E. Soustadt, *Chem. News.*, **77**, 74, 1898 ; *Bull. Soc. Chim.*, (3), **20**, 425, 1898] ; une solution de trichlorure à froid devient rose par l'action prolongée d'un courant d'hydrogène pur [Vanino, *D. chem. G.*, **38**, 463, 1905] ; le magnésium précipite l'or métallique de ses solutions ; il y a formation d'hydrate de magnésie, de chlorure de magnésium et d'hydrogène [Tommasi, *Bull. Soc. Chim.*, (3), **21**, 887, 1899] ; le siliciure d'hydrogène Si^2H^6 [H. Moissan et Smiles, *Bull. Soc. Chim.*, (3), **27**, 1194, 1902], l'oxyde de carbone [A. Gautier, *C. R.*, **126**, 871, 1898 ; *Bull. Soc. Chim.*, (3), **21**, 342, 1899] réduisent également les solutions de trichlorure ; parmi les précipitants, celui qui donnerait les meilleurs résultats serait l'hydrogène sulfuré [W. Langguth, *Soc. Chem. Ind.*, **10**, 370, 1891]. Le trichlorure en solution est dissocié par l'oxychlorure de phosphore [Oddo, *Gazz. chim. ital.*, **31**, 138, 1901 ; *Bull. Soc. Chim.*, (3), **30**, 725, 1903] ; il réagit sur l'acide sulfochromique [Wyrouboff, *Bull. Soc. Chim.*, (3), **27**, 728, 1902], sur l'hyposulfite de sodium [Lumière et Seyewetz, *Bull. Soc.*

Chim., (3), **27**, 130, 141, 145, 1902], sur le noir animal [de Coninck, *C. R.*, 130, 1687, 1900; *Bull. Soc. Chim.*, (3), **23**, 669, 1900]. D'après Hittorf et Salkowsky, le chlorure aurique en solution contiendrait l'acide H^2AuCl^3O [*Zeit. physik. Chem.*, **28**, 546, 1899].

Acide chloraurique, $AuCl^4H, 4H^2O$. — Suivant Lengfeld [*loc. cit.*], le composé à $4H^2O$ n'existe pas ou bien serait très instable.

Sa chaleur de formation est :

$$AuCl^3 \text{ diss} + HCl \text{ diss} = AuCl^4H + 4^{cal},6;$$
$$AuCl^4H, 4H^2O + \text{eau} = AuCl^4H \text{ diss} - 5^{cal},8$$

(Thomsen).

Chloraurate d'ammonium, $4(AuCl^4, AzH^4), 5H^2O$. — Ce sel se forme par mélange des deux solutions et cristallisation dans un milieu très chlorhydrique; il perd toute son eau à 100°.

Chloraurate d'argent, $AuCl^3.AgCl$. — On obtient ce composé en traitant l'azotate d'argent acide par l'acide chlorauríque et en évaporant [Herrmann, *D. chem. G.*, **27**, 596, 1894], il est décomposé par l'eau et l'acide chlorhydrique [Wohlwill, *Zeits. electrok.* **4**, 382, 1897].

Chloraurate de cadmium, $(AuCl^4)^2Cd.8H^2O$. — Ce sel est jaune et stable à l'air.

Chloraurate de cæsium, $CsAuCl^4$. — Ce sel s'obtient par union directe des chlorures [Wels, Wheler, Penfield, *Chem. Soc.*, **63**, 68, 1893].

Chloraurate lutéocobaltique, $(AuCl^3)^2.Co^2Cl^6.12AzH^3$. — Il se forme par union directe des solutions.

Chloraurate xanthocobaltique, $(AuCl^3)^2.CoCl^4.CoAz^2O^3.10AzH^3 + 2H^2O$. — Il se prépare de même par précipitation directe.

Chlorure aurosoaurique, Au^2Cl^4. — L'existence de ce composé est très discuté. Suivant Thomsen [*J. prakt. Chem.*, (2), **13**, 337, 1876; **37**, 105, 1887; *Bull. Soc. Chim.*, (2), **49**, 768, 1888] il faut opérer dans des conditions exactes qu'il détermine; mais d'après Krüss et Schmidt [*D. chem. G.*, **20**, 2634, 1887; *Bull. Soc. Chim.*, (2), **49**, 193, 1888; *Zeits. anorg. Chem.*, **3**, 421, 1892-93; *Bull. Soc. Chim.*, (3), **10**, 668, 1893] et d'après Lindet [*Bull. Soc. Chim.*, (2), **49**, 450, 1888] le hasard a seul donné à Thomsen des produits correspondants à la formule Au^2Cl^4. De nouveau Petersen confirme les conclusions de Thomsen et maintient que le composé Au^2Cl^4 est une combinaison et non un mélange de $AuCl^3$ et $AuCl$ [Petersen, *J. prakt. Chem.*, **46**, 328, 1892; **48**, 88, 1893; *Bull. Soc. Chim.*, (3), **10**, 16, 1893; (3), **12**, 7, 1894].

Bromures d'or. — Il a été étudié 3 combinaisons correspondant aux 3 chlorures :

Bromure aureux, $AuBr$. — L'action de l'éther et de l'eau glacée sur le bromure aurosoaurique ($AuBr^3$, $AuBr$) laisse un résidu qui ne correspond pas à la formule $AuBr$ [Krüss et Schmidt, *D. chem. G.*, **20**, 2634, 1887; *Bull. Soc. Chim.*, (2), **49**, 194, 1888]; ce composé possède des propriétés analogues à celles du chlorure correspondant [Lengfeld, *Am. Chem. Journ.*, **26**, 324 à 332, 1901; *Bull. Soc. Chim.*, (3), **30**, 19, 1903]; il est soluble dans le cyanure de potassium.

Bromure aurique, $AuBr^3$. — Ce composé peut s'obtenir en mélangeant la solution de chlorure d'or avec l'acide bromhydrique et en séparant ensuite le bromure par l'éther [Schottländer, *Lieb. Ann.*, **217**, 312, 1883], ou par l'action du brome sur l'or [Krüss et Schmidt, *J. prakt. Chem.*, **47**, 301, 1893; *Bull. Soc. Chim.*, (3), **10**, 668, 1894].

Chaleur de formation :

$$Au + Br^3 \text{ liq} = AuBr^3 + 9^{cal},4; \text{ diss} + 5,6;$$
$$Au + Br^3 \text{ gaz} = AuBr^3 + 20^{cal},5; \text{ diss} + 16,7.$$

[Thomsen, *Thermochem. Unters*, **3**, 393, 1882–1886].

Il peut servir au dosage des composés du thallium [Thomas, *Bull. Soc. Chim.*, (3) **27**, 470, 1902].

Acide bromaurique, $AuBr^4H, 5H^2O$. — Cet acide perd 3 molécules d'eau dans le vide sec et se dissout sans altération dans l'éther et dans le chloroforme.

Bromaurate de cæsium, $CsAuBr^4$. — Il se prépare comme le chloraurate.

Bromaurate de magnésium, $(AuBr^3)^2MgBr^2$. — Ce corps est cristallisé en prismes orthorhombiques brun foncé et est très déliquescent.

Bromaurate de manganèse. — Il a été préparé par Bonsdorff.

Bromure aurosoaurique, Au^2Br^4. — L'existence de ce composé n'est pas admise par Krüss et Schmidt [*loc. cit.*], suivant eux Thomsen [*loc. cit.*] qui l'a isolé aurait analysé un mélange d'$AuBr^3$ et d'$AuBr$; cependant quand on traite de l'or divisé par du brome et que l'excès de brome est chassé par un courant d'air sec il semble se former Au^2Br^4; on obtient une masse bleu d'acier décomposable à froid par l'eau et les solvants organiques que Lengfeld [*loc. cit.*] a nommée bromaurate aureux.

Iodures d'or. — *Iodure aureux*, AuI. — A la température ordinaire l'iode pur n'attaque pas l'or; la combinaison ne commence à se faire que vers 50°; le produit qui est obtenu est alors vert et amorphe; à la température de fusion de l'iode, il se forme de l'iodure cristallisé en lamelles jaunes [Meyer, *C. R.*, **139**, 733, 1904; — *Bull. Soc. Chim.*, (3), **33**, 219, 1904].

Chaleur de formation :

$$Au + I = AuI + 55 \text{ cal.}$$ [Thomsen, *loc. cit.*].

Iodure aurique, AuI^3. — Dict., II. P., 632.

Iodaurate de baryum. — Il se produit dans l'action de l'iodure d'or sur l'iodure de baryum (Johnston).

Oxydes d'or. — *Oxyde aureux*, Au^2O. — Krüss l'a préparé en appliquant une réaction due à Schottländer [*Lieb. Ann.*, **217**, 341, 1883], réduction lente des bromaurates par l'acide sulfureux [Krüss, *D. chem. G.*, **19**, 2541, 1886; — *Bull. Soc. Chim.*, (2), **47**, 115, 1887]. Par digestion de l'oxyde aureux dans l'ammoniaque, Raschig [*Ann. Chem.*, **235**, 341, 1886; — *Bull. Soc. Chim.*, (2), **47**, 556, 1887] a obtenu le corps $Au^3Az^2H^3, 4H^2O$: c'est une *aurosamine* décomposable par l'eau bouillante en une *triaurosamine* indécomposable par l'eau et les acides étendus, $Au^3Az, 5H^2O$ (or fulminant).

L'hydrate $Au(OH)$ a été obtenu par Krüss [*D. chem. G.*, 482, 1886]; ses solutions diffèrent de celles de l'or colloïdal par le spectre d'absorption; ce ne sont du reste pas des solutions à proprement parler, mais des liqueurs dans lesquelles Au^2O est en suspension à l'état de très fines parcelles [Vanino, *D. chem. G.*, **38**, 462, 1905; — *Bull. Soc. Chim.*, (3), **34**, 784, 1905].

Oxyde salin, Au^2O, Au^2O^3, appelé aussi *protoxyde* AuO.

Oxyde pourpre. — Ce composé, d'après Krüss [*loc. cit.*], n'existerait pas.

Oxyde aurique, Au^2O^3. — Cet oxyde a été étudié par Krüss [*loc. cit.*] et par Raschig [*loc. cit.*].

L'hydrate $Au(OH)^3$ a été préparé également par Krüss [*Ann. Chem.*, **237**, 274, 1887]. Il est d'un jaune brun sans hydratation précise; il se décompose à la lumière dès 100°.

$$Au^2 + O^3 + \text{eau} = Au^2O^3 \text{ hyd.} - 11^{cal},5 \text{ (Thomsen)}.$$

Avec l'ammoniaque il donne $2Az^2AuH^3, 3H^2O$ (or fulminant), qui comme une amine est soluble dans les acides et précipitable par la potasse

[Raschig, *Ann. Chem.*, **235**, 341, 1886, *Bull. Soc. Chim.*, (2), **47**, 556, 1887].

Aurate de magnésium. — Ce sel se forme quand on précipite à chaud le chlorure d'or par la magnésie.

Bioxyde d'or AuO^2. — Cet oxyde signalé par Prat n'existerait pas [Krüss, *loc. cit.*].

Peroxyde d'or, Au^2O^5. — Cet oxyde signalé par Figuier n'existe pas [Krüss, *loc. cit.*], cependant suivant Engler et K. Wohler [*Zeit. anorg. Chem.*, **29**, 1 à 21, 1901 : — *Bull. Soc. Chim.*, (3), **28**, 580, 1902] la dissolution de l'or dans le cyanure de potassium en présence de l'oxygène serait due à la formation transitoire d'un peroxyde qui serait soluble dans le cyanure.

SULFURES D'OR. — *Sulfure aureux* Au^2S. — Le soufre ne se combine pas directement à l'or [Mac-Laurin, *Chem. Soc.*, **69**, 1269, 1896 ; — *Bull. Soc. Chim.*, (3), **18**, 199, 1897]. Il faut pour obtenir ce sulfure pur prendre les précautions indiquées par Hoffmann et Krüss [*D. chem. G.*, **20**, 2369, 1887 : — *Bull. Soc. Chim.*, (2), **49**, 196, 1888].

On ne peut l'isoler en toute certitude qu'en dissolvant le cyanure aureux dans le cyanure de potassium, et en traitant la solution par l'hydrogène sulfuré ; il ne se produit aucun précipité, on le provoque en additionnant le tout d'un léger excès d'acide chlorhydrique à chaud ; quand il est fraîchement préparé, il est soluble dans l'eau pure sous forme d'une liqueur brune [Schneider, *D. chem. G.*, **24**, 2241, 1891 ; — *Bull. Soc. Chim.*, (3), **6**, 728, 1891].

Sulfure aureux colloïdal. — Ce composé a été étudié d'abord par Krüss et Hoffman [*loc. cit.*], puis par Schneider [*loc. cit.*].

Sulfure aurique, Au^2S^3. — Le sulfure aurique s'obtient aussi en faisant passer à — 10° du gaz sulfhydrique sur du chloraurate de lithium sec : la masse qui se forme est traitée par l'alcool, puis séchée dans un courant d'azote ; ce sont des écailles noires d'aspect graphitique décomposables à 200° [Antony et Lucchesi, *Gazz. chim. ital.*, **20**, 601, 1893].

Sulfure auroso-aurique, Au^2S^2. — L'étude de ce corps a été faite par Hoffman et Krüss [*loc. cit.*], puis par Schneider [*loc. cit.*].

SÉLÉNIATE D'OR $Au^2(SeO^4)^3$. — L'acide sélénique attaque l'or vers 230° ; à 300°, l'attaque est manifeste et il reste une masse cristalline [Lehner, *Ann. Chem.*, 354, 1902 ; — *Bull. Soc. Chim.*, (3), **30**, 109, 1903].

Chlorure d'or et de sélénium, $AuCl^3, SeCl^4$. — Ce composé a été isolé par Lindet [*Ann. chem. Phys.*, (6), **11**, 202, 1887] en saturant de chlore un mélange d'or et de chlorure de sélénium dissous dans du chlorure d'arsenic.

AZOTURE D'OR. — Il n'a pas été assigné de formule au produit obtenu par l'électrolyse du chlorure d'or en présence du chlorure d'ammonium (Grove), ni à celui qui se produit quand on fait agir l'ammoniac sur l'or à haute température [Bulby Henderson, *Chem. Soc.*, **79**, 1245, 1901 ; — *Bull. Soc. Chim.*, (3), **28**, 52, 1902].

Il a été décrit avec les oxydes un certain nombre de composés amoniés (or fulminant) [Raschig, *loc. cit.*].

PHOSPHURE D'OR, Au^3P^4. — L'or divisé (obtenu par la calcination du chlorure dans l'acide carbonique) chauffé dans la vapeur de phosphore, ne s'y combine pas : à 400° il perd son éclat et devient gris, et à plus haute température il n'y a pas de réaction ; par artifice on peut obtenir Au^3P^4 ; il se décompose totalement quand on le chauffe à l'air ou dans un courant de gaz carbonique [A. Granger, *C. R.*, **124**, 498, 1897 et *Bull. Soc. Chim.*, (3), **17**, 460, 1897].

Chlorures d'or et de phosphore.

— 1° $AuCl^3, PCl^5$. Le composé s'obtient par action directe de l'or sur PCl^5 à 200° ou mieux en faisant agir l'or en éponge sur un mélange de $AsCl^3$ et de PCl^5 [Lindet, *loc. cit.*].

— 2° $AuCl, PCl^3$. Celui-ci se produit en saturant à + 150° le trichlorure de phosphore par le chlorure aureux ; ce sont de longues aiguilles incolores décomposables par l'eau et par la chaleur (Lindet).

Bromures d'or et de phosphore.

— 1° $AuBr . PBr^3$. Il s'obtient par union des deux composants chauffés en tube scellé ; ce sont de longs prismes incolores à reflets verdâtres (Lindet).

— 2° $AuBr^3PBr^5$. Ce sont des cristaux rouge foncé résultant de l'action du brome sur le composé précédent à 150° (Lindet).

— 3° $AuBr . PCl^3$. Il se produit par union directe des deux composants (Lindet).

ARSÉNIURES D'OR. — La calcination de l'arsénite aureux fournit un arséniure d'or à peine attaquable par l'acide azotique [C. Reichard, *D. chem. G.*, **27**, 1019 à 1037, 1894. — *Bull. Soc. Chim.*, (3), **12**, 1066, 1894].

Arsénite d'or, Au^2O, AS^2O^3. — Ce composé résulte de l'action de l'arsénite de potassium sur les sels aureux [C. Reichard].

ANTIMONIURE D'OR. — Quand on fond de l'or et de l'antimoine, on obtient un alliage AuSb qui n'est pas attaquable par l'acide chlorhydrique, mais qui est soluble dans l'eau régale [Sack, *Zeit. anorg. Chem.*, **35**, 249, 1903].

Antimoniate d'or. — Ce composé s'obtient par l'ébullition d'un mélange d'une solution d'antimoine dans la soude avec du chlorure d'or ; c'est un précipité noir.

ALLIAGES D'OR ET DE BISMUTH. — Voyez Dict., (H. P.), 629. La fusibilité des différents alliages a été étudiée par Heycock et Neville [*Proc. Roy. Soc.*, 160, 1897] Mary [*Zeit. phys. Chem.*, **38**, 296, 1901 et *Bull. Soc. Chim.*, (3), **28**, 18, 1902] admet l'existence de la combinaison Au^2Bi^3.

CARBURE D'OR, Au^2C^2. — Ce composé explosif se produit en faisant passer de l'acétylène dans une solution ammoniacale de cyanure double [Mathews et Watters, *J. Am. Soc.*, **22**, 108, 1900.]

SILICIURE D'OR. — L'or fondu dissout le silicium sans donner de siliciure, on peut l'en retirer à l'état cristallisé par dissolution du métal précieux dans l'eau régale [Vigouroux, *Ann. Chim. Phys.*, (7), **12**, 170, 1897]. Un alliage se formerait également en faisant agir l'or sur du silicium naissant ($SiF^6K^2 + 4Na$) [Warren, *Chem. News*, **67**, 303, 1893].

ALLIAGES D'OR ET D'ÉTAIN. — Il n'y aurait, en réalité, que 3 alliages définis d'or et d'étain, AuSn, $AuSn^2$, $AuSn^4$.

AuSn. Récemment cet alliage a été isolé à l'état cristallisé par Heycock et Neville [*J. Chem. Soc.*, **59**, 936, 1891]. Laurie, par l'étude des forces électromotrices, admet l'existence du même alliage [*Ph. Mag.*, (5), **33**, 94, 1892].

POURPRE DE CASSIUS. — Voy. Dict. (H. P.), 635.

Il a été reproduit par Moissan en distillant au four électrique un alliage d'or et d'étain [*C. R.*, **141**, 977, 1905] ; on peut également préparer des pourpres avec de la chaux, de l'alumine, de la silice (Moissan).

POLYSULFURE D'OR ET D'AMMONIUM, AuS^7AzH^4. — On obtient cette combinaison en traitant une solution de chlorure d'or à 10 0/0 par le sulfure d'ammonium jaune et en maintenant le tout plusieurs jours à + 5° [Hofmann et Hœchtlen, *D. chem. G.*, **36**, 3090, 1903 ; — *Bull. Soc. Chim.*, (3), **32**, 1087, 1904].

Sulfite auro-ammonique, obtenu par précipitation par l'alcool des eaux mères du sel précédent.

ALLIAGES D'OR ET D'ALUMINIUM. — Un certain nombre de ces alliages ont été préparés par union directe par Heycock et Neville [*Chem. News.*, **80**, 281, 1899], ce sont : Au^4Al ; Au^5Al^2, puis Au^2Al [*Chem. News.*, **69**, 36, 1894] : $AuAl^2$ a été obtenu par Roberts-Austen [*Proc. Roy. Soc.*, **50**, 367, 1892], il est de couleur pourpre et fond à 1070° ; c'est un des rares alliages connus, peut-être le seul, dont le point de fusion est supérieur à celui de chacun des métaux constituants ; cet alliage a été confirmé par Shepherd [*Phys. Chem.*, **8**, n° 2, 92, 115, 1904 ; *Bull. Soc. Chim.*, (3), **32**, 881, 1904].

ALLIAGES D'OR ET D'ARGENT. — Ces deux métaux sont isomorphes et miscibles l'un à l'autre à l'état fondu ; ils n'ont pas de combinaison définie ni d'eutectique [Roberts-Austen et Rose, *Proc. Roy. Soc.*, **71**, 161, 1903. — Osmond. *Contrib. à l'étude des alliages*. Paris, 1901]. La courbe de densités des alliages à différentes teneurs a été déterminée par Hoitsema [*Zeit. anorg. Chem.*, **41**, 63, 1904].

ALLIAGES D'OR ET DE CADMIUM. — Il a été isolé deux combinaisons : AuCd, $AuCd^3$.

AuCd. — Il s'obtient par union directe, il est inattaquable par l'acide azotique étendu et à froid, mais attaquable à chaud [Heycock et Neville, *Chem. News*, **69**, 36, 1894 ; *Bull. Soc. Chim.*, (3), **10**, 1209, 1893]. Son existence a été vérifiée par Shepherd [*Phys. Chem.*, **8**, n° 2, 92 à 115, 1904 ; *Bull. Soc. Chim.*, (3), **32**, 881, 1904].

$AuCd^3$. — Il a été déterminé par Shepherd [*loc. cit.*].

ALLIAGE D'OR ET DE COBALT. — Un seul alliage a été décrit. Il était brun jaune et formé de 18 p. d'or pour 1 de cobalt (Hatchett).

ALLIAGES D'OR ET DE CUIVRE. — Dans ces dernières années, Peligot, d'abord [*Bull. Soc. d'Encour.*, (4), **4**, 171, 1889], puis Roberts-Austen [*Proc. Roy. Soc.*, **67**, 105, 1900] ont montré que les alliages monétaires ne subissent pas sensiblement de liquation.

ALLIAGES D'OR ET DE FER. — Les alliages d'or et de fer qui ont été préparés se forment avec augmentation de volume [Hiorns et Boudouard, *Les alliages métalliques*, Paris, 1900].

ALLIAGE D'OR ET DE MAGNÉSIUM. — L'alliage préparé par union directe est plus dur que les métaux composants.

ALLIAGES D'OR ET DE MANGANÈSE. — Trois alliages ont été préparés : celui à 90 0/0 de manganèse, gris et ductile ; celui à 67 0/0, dur et peu ductile ; celui à 12 0/0, qui est gris jaune, un peu ductile et plus difficilement fusible que l'or [Zack. *Zeit. anorg. Chem.*, **35**, 249, 1903]. L'addition du manganèse à l'or augmente notablement sa résistance et son allongement [Roberts-Austen. *Philos. Trans.*, **189**, 339, 1888 ; *Contrib. à l'étude des alliages*, 71, 1901].

ALLIAGE D'OR ET D'IRIDIUM. — Ces deux métaux peuvent fournir des alliages ; l'action de l'eau régale dissout l'or et laisse l'iridium [Mietschke, *Berg. Hütt. Zeit.*, **59**, 61, 1900].

ALLIAGE D'OR ET DE MOLYBDÈNE. — C'est une masse noire que l'on obtient en fondant les deux métaux dans la proportion de 1 p. de molybdène pour 2 p. d'or (Hjelm).

ALLIAGE D'OR ET DE NICKEL. — La courbe de fusibilité des alliages nickel et or donne un eutectique qui fond à 950°, il contient 24 0/0 de nickel [Zack. *Zeit. anorg. Chem.*, **35**, 249, 1903].

DOSAGE. — On peut rechercher l'or dans la mine du platine par le procédé de Mylius et Dotz [*D. chem. G.*, **31**, 3187, 1899 et *Bull. Soc. Chim.*, (3), **22**, 490, 1899].

Les méthodes de séparation d'avec les autres corps simples sont nombreuses ; celle de Dirvell [*Bull. Soc. Chim.*, (2), **46**, 806, 1886], d'avec l'antimoine, l'étain et l'arsenic ; celles de G. Krüss [*Ann. Chem.*, **238**, 30 à 78, 1887 ; *Bull. Soc. Chim.*, (2), **49**, 477, 1888], et de Leidié [*Bull. Soc. Chim.*, (3), **25**, 11, 1901], d'avec les métaux du platine ; celle de Willstaetter [*D. chem. G.*, **36**, 1830, 1903 ; *Bull. Soc. Chim.*, (3), **32**, 640, 1904] d'avec le platine par l'éther ; celle de Smith et F. Mühr [*D. chem. G.*, **24**, 2175, 1891 ; *Bull. Soc. Chim.*, (3), **6**, 779, 1891 ; (3), **10**, 1206, 1893 ; *Am. Chem. Journ.*, **13**, 417, 1891], par électrolyse ; celle de Smith et Wallace [*D. chem. G.*, **25**, 779, 1892 ; *Bull. Soc. Chim.*, (3), **8**, 666, 1892 et (3), **16**, 228, 1896 ; *Am. Chem. Soc.*, **17**, 612, 1895], également par électrolyse ; celle de Jarmasch et Rostosky [*D. chem. G.*, **37**, 2441, 1904 ; *Bull. Soc. Chim.*, (3), 34, 1905] par les sels d'hydrazine en liqueur acide, d'avec le palladium.

Pour le dosage de l'or dans les minerais voyez Smith [*Chem. News.*, **84**, 62 à 134, 1901 ; *Bull. Soc. Chim.*, (3), **26**, 1060, 1901]. Le chlorhydrate d'hydroxylamine permet de doser l'or [A. Lainier, *Bull. Soc. Chim.*, (3), **8**, 667, 1892 ; *Mon. f. Chem.*, **12**, 639, 1891] ; il en est de même de l'aldéhyde formique en solution alcaline [Vanino, *D. chem. G.*, **31**, 1763, 1898 ; *Bull. Soc. Chim.*, (3), **22**, 41, 1899] ; de l'eau oxygénée [Vanino et Seeman, *D. chem. G.*, **32**, 1698, 1899 ; *Bull. Soc. Chim.*, (3), **24**, 369, 1900] ; de l'acide arsénieux dont l'excès est titré par l'iode [Rupp. *D. chem. G.*, **35**, 204, 1902 ; **36**, 3961, 1903 ; *Bull. Soc. Chim.*, (3), **30**, 283, 1903 et (3), **32**, 1152, 1904] ; de l'iodure de potassium qui donne au contact du chlorure d'or de l'iode que l'on peut titrer [Masson, *Zeit. anorg. Chem.*, **37**, 81 à 87, 1903 ; **40**, 254, 1904 ; *Bull. Soc. Chim.*, (3), **32**, 702, 1904, (3), **34**, 960, 1905]. Octobre 1906. Ed. Defacqz.

ORBICULARIQUE (ACIDE). — Voyez l'art. LICHENS.

ORCANETTIQUE (ACIDE) (Voyez Dict., ANCHUSINE. — Désigné encore sous le nom d'alkannine ou de rouge d'alkanna. Pour l'extraction de l'acide orcanettique soit des racines d'*Anchusa tinctoria*, soit des extraits commerciaux, voyez les Mémoires de Carnelutti et Nasini [*D. chem. G.*, **13**, 1514] et de Liebermann et Römer [*ibid.*, **20**, 2428].

L'hypobromite de soude et l'acide azotique concentré oxydent l'acide orcanettique avec production d'acide oxalique et d'acide succinique. Chauffé avec la poudre de zinc, il fournit du méthylanthracène (point de fusion 203°) (Liebermann et Römer).

Son sel de baryte $2BaO . 5C^{16}H^{14}O^4$, forme une poudre bleu foncé, insoluble dans l'eau.

Carnelutti et Nasini ont pu obtenir par traitement à l'anhydride acétique, en présence d'acétate de soude, un diacétate, $C^{15}H^{12}(C^2H^3O)^2O^4$, en cristaux microscopiques d'un jaune sale.

Plus récemment, A. Gawalowski a repris l'étude des pigments du *Radix anchusa tinctoria* et a pu isoler deux composés différents, $C^{30}H^{28}O^8$, qui serait identique à l'acide anchusique ou rouge d'anchusa, et $C^{30}H^{30}O^7$, pour lequel il propose le nom d'acide alkannique ou rouge d'alkanna. Sous des influences légères, le rouge d'alkanna se transforme en une autre matière de formule $C^{31}H^{14}O^8$ [*Zeit. anal. Chem.*, **42**, 108, 1902 ; *Zeit. Œsterr. Apoth. V*, **40**, 1001, 1903]. 15 mai 1906. V. Thomas.

ORCÉINE (Voyez Dict., 1er Suppl.). — En abandonnant de l'orcéine cristallisée avec de l'ammoniaque pendant un temps suffisant, Zulkowski et Peters [*Mon. f. Chem.*, **11**, 227] ont isolé 3 matières colorantes différentes. Le précipité brut obtenu dans cette réaction, traité par une petite quantité d'acide, laisse à l'état insoluble un mélange d'orcéine et de matière amorphe. On en peut isoler l'orcéine par traitement à l'éther.

La solution acidifiée retient une nouvelle matière colorante jaune, de formule $C^{21}H^{19}AzO^{5}$.

L'orcéine, $C^{28}H^{24}Az^{2}O^{7}$, est formée d'après l'équation :

$$4C^{7}H^{8}O^{2} + 2AzH^{3} + O^{6} = C^{28}H^{24}Az^{2}O^{7} + 7H^{2}O.$$

Prismes bruns microscopiques.

Le composé

$$C^{21}H^{19}AzO^{5}, \text{ soit } [3C^{7}H^{8}O^{2} + AzH^{3} - 4H^{2}O]$$

forme une masse cristalline brune à reflets verdâtres, très soluble dans l'alcool bouillant.

Résorcéine. — On l'obtient par traitement à l'ammoniaque d'un mélange d'orcine et de résorcine. Masse cristalline à éclat bronzé, de formule $C^{26}H^{20}Az^{2}O^{7}$. Elle est soluble en rouge cramoisi dans l'alcool aqueux : la coloration vire au bleu par les alcalis.

15 mai 1906. V. Thomas.

ORCINE (Voyez Dict., **2**, 644; 1er Suppl., 1100),

```
        /\
   OH /    \ OH
     |      |
      \    /
        \/
        CH³
```

— L'orcine prend naissance : 1° en décomposant le sym. dioxyphénylacétate d'argent par la chaleur [Cornélius et Rechmann, *D. chem. G.*, **19**, 1451] ; 2° par décomposition de l'αα-diméthylpyrone au moyen des solutions de baryte ; 3° par l'action des alcalis très concentrés sur l'acide déhydroacétique [Collies et Myers, *Chem. Soc.*, **63**, 124, 1893].

Préparation à partir du toluol [voyez Vogt et Henniger, *Bull. Soc. Chim.*, **21**, 373 ; — Winther, Brevet allem. 20 713].

Etat naturel [voyez Ronceray, *Bull. Soc. Chim.*, (3), **31**, 1097, 1904]. L'orcine anhydre fond à 100-101° [Hesse, *J. prakt. Chem.*, (2), **57**, 270].

L'amalgame de sodium fournit de la dihydroorcine (voyez plus loin). Les sels de sodium, $C^{7}H^{7}O^{2}Na$ et $C^{7}H^{6}O^{2}Na^{2}$, ont été décrits par de Forcrand [*Ann. Chim. Phys.*, (7), **5**, 280 ; comparez aussi Kunz-Krause, *Arch. Pharm.*, **236**, 545].

L'orcine se condense avec la phénylacétylacétophénone [Bulow et Grotowsky, *D. chem. G.*, **35**, 1799, 1902].

Réactions colorées de l'orcine et applications. — Voyez G. Mann, *Berl. Klin. Wochschr.*, **42**, 231, 1905 ; — Van Leersum, *Beit. z. Chem. Phys. u. Path.*, **5**, 520, 1904 ; — Hartwich et Winckel, *Arch. Pharm.*, **242**, 462, 1904].

Thermochimie. — [Berthelot et Werner, *Ann. Chim. Phys.*, (6), **7**, 106 ; — Stohmann, Rodatz et Herzberg, *J. prakt. Chem.*, (2), **34**, 315].

ÉTHERS DE L'ORCINE. — *Orcine monométhylique.* — Elle bout à 144-146°, sous 18 millimètres et à 261° sous 734 millimètres. $D^{21}_{19} = 1{,}09696$ [Henrich, *Mon. f. Chem.*, **18**, 173, 1897 ; **22**, 232, 1901].

Orcine monoéthylique. — Elle bout à 265-270° (Henrich).

Orcine tétraéthylique.

$$CH^{3}.C^{6}H(C^{2}H^{5})^{3}O.OC^{2}H^{5}.$$

— On l'obtient par ébullition de l'orcine avec un mélange de potasse, d'iodure d'éthyle et d'alcool. Liquide bouillant à 175-180°, sous 20 millimètres. Traité par l'acide chlorhydrique, un groupe $OC^{2}H^{5}$ est éliminé et l'on obtient la *triéthylorcine* $CH^{3}.C^{6}H(C^{2}H^{5})^{3}.O(OH)$, cristallisée en aiguilles fusibles à 142-144° [Herzig et Zeisel, *Mon. f. Chem.*, **11**, 378]. Le *dérivé acétique* $CH^{3}-C^{6}H(C^{2}H^{5})^{3}O.(C^{2}H^{3}O)$ fond à 71-73° et cristallise en prismes monocliniques [Kœchlin, *Mon. f. Chem.*, **11**, 321].

DÉRIVÉS HALOGÉNÉS. — *Trichloroorcine.* $CH^{3}C^{6}Cl^{3}(OH)^{2}$. — Elle s'obtient facilement en chlorant l'orcine en milieu acétique. Fines aiguilles, fusibles à 127°. Des solutions aqueuses, elle se dépose avec 2,5 $H^{2}O$ de cristallisation et fond alors à 59°. Elle donne un *dérivé diacétique* fondant à 130-131° [Zincke, *D. chem. G.*, **26**, 318].

Pentachloroorcine. — [Zincke, *loc. cit.* ; — Lieberman et Dittler, *Lieb. Ann. Chem.*, **169**, 265].

Dibromoorcine. — On ne connaît que les éthers qui en dérivent. On les obtient par bromuration des éthers de l'orcine :

$CH^{3}.C^{6}Br^{2}H(OH).OCH^{3}$. Aiguilles fusibles à 146°.

$CH^{3}.C^{6}Br^{2}H(OCH^{3})^{2}$. Lamelles fusibles à 160°, solubles dans l'alcool, l'éther et le benzène [Tiemann et Streng, *D. chem. G.*, **14**, 2002].

$CH^{3}.C^{6}Br^{2}H(OC^{2}H^{5})^{2}$. Longues aiguilles, fusibles à 142-144° [Herzig et Zeisel, *Mon. f. Chem.*, **11**, 316 ; — Herzig, *ibid.*, **19**, 90].

Tribromoorcine. — [Stenhouse et Grove, *Ann. Chem.*, **203**, 298]. Son *dérivé diacétylé* se forme par ébullition de la pentabromoorcine avec l'anhydride acétique. Il fond à 143° [Classen, *D. chem. G.*, **11**, 1440]. Si on remplace l'anhydride acétique par l'acide formique on obtient la tribromoorcine.

Pentabromoorcine. — Cristaux tricliniques [Rammelsberg, *Ann. Chem.*, **169**, 255]. Chauffée vers 160°, elle perd du brome et laisse un résidu qui, dissous dans le chloroforme, se dépose en aiguilles jaunes paraissant correspondre à $C^{7}H^{3}Br^{4}O^{2}$ (?) [voyez aussi Liebermann et Dittler, *loc. cit.*].

Trichloro-dibromoorcine. — [Stenhouse et Grove, *D. chem. G.*, **13**, 1308].

DÉRIVÉS NITROSÉS. — Ces dérivés ont été étudiés dans ces dernières années par Krämer [*D. chem. G.*, **17**, 1883] ; Mækler [*ibid.*, **23**, 723] et surtout par Henrich [Mémoires I, *Mon. f. Chem.*, **22**, 282 ; II, *D. chem. G.*, **32**, 3419 ; III, *Mon. f. Chem.*, **18**, 142 ; IV, *D. chem. G.*, **33**, 1433 ; V, *Mon. f. Chem.*, **18**, 160 ; VI, *D. chem. G.*, **36**, 885].

MONONITROSOORCINE. — Suivant Henrich, ce dérivé qui existe sous deux modifications différentes, jaune et rouge, correspond aux formules

```
            CH                                   C=AzOH
          /    \\                               /       \
  CO =  /        \ C.OH                    CO /           \ CO
       ||         |             et           |             |
  CH    \\        / C=Az.OH                CH \           / CH²
          \     /                               \       /
            C                                      C
            |                                      |
           CH³                                    CH³
```

(Mémoires I, II, VI). Ces composés se forment par l'action du nitrite d'amyle sur l'orcine, en présence de potasse. La solution, après réaction, laisse déposer une poudre orangée, mélange de deux variétés, jaune (α) et rouge (β). En abandonnant le précipité au sein de la solution, la variété rouge se transforme lentement, mais totalement, en la variété jaune. Par contre, si l'on chauffe la solution du sel de potassium avec de l'acide sulfurique, on obtient le nitroso rouge (voyez aussi II et III). Ces deux mêmes variétés fournissent du reste les mêmes dérivés. C'est ainsi que tous deux se dissolvent dans les alcalis en donnant les mêmes sels. Farmer et Hantsch en ont signalé les *sels de sodium*, de *potassium* et *d'argent*, tous anhydres.

Variété α. — Cristaux tétragonaux fondant entre 157 et 162°, avec décomposition, suivant la rapidité avec laquelle on atteint le point de fusion.

Variété β. — Longs cristaux d'un rouge rubis se transformant lentement en la variété jaune par élévation de température, ou par simple broyage à l'air humide. Cette modification est beaucoup plus soluble que la précédente dans l'eau et l'éther.

Dérivés. $CH^3_{(1)}C^6H^2(OCH^3)_{(3)}O_{(5)}[Az(OH)]_{(4)}$. — On l'obtient : 1° En nitrosant par l'acide azoteux ou le nitrile d'amyle l'éther méthylique de l'orcine ; 2° en éthérifiant l'une des deux variétés de la nitrosoorcine. Lamelles d'un jaune brun foncé, fusibles à 119-120°. Même en opérant avec l'éther monométhylique et un excès de nitrile d'amyle, on ne peut obtenir de dérivés dinitroso : il se forme une substance de constitution différente, fondant à 184-185° (Mémoire III).

$CH^3_{(1)}C^6H^2(OH)_{(3)}O_{(5)}[Az.OCH^3]_{(4)}$. — On l'obtient en traitant le sel d'argent de la nitrosoorcine par l'iodure de méthyle. Lamelles fusibles à 117°.

$CH^3_{(1)}C^6H^2(OCH^3)_{(3)}O_{(5)}[Az.OCH^3]_{(4)}$. — Aiguilles jaune orange, fusibles à 118°.

$CH^3_{(1)}C^6H^2(OCH^3)_{(3)}O_{(5)}[AzOC^2H^5]_{(4)}$. — Prismes brun rouge, fusibles à 113-114° (Mémoire I).

$CH^3_{(1)}C^6H^2(OH)_{(3)}O_{(5)}[AzOC^2H^3O]_{(4)}$. — Aiguilles jaunes, fusibles à 76-77° avec décomposition, très instables (Mém. III).

$CH^3_{(1)}C^6H^2(OC^2H^3O)_{(3)}O_{(5)}(AzOC^2H^3O)_{(4)}$. — Prismes jaunes, fusibles à 119-120°.

DINITROSOORCINE. — Préparation (Mém. III). — En chauffant cette dinitrosoorcine avec de l'alcool et du chlorhydrate d'hydroxylamine on obtient la tétroxime, $CH^3C^6H(AzOH)^4$, se décomposant sans fondre à 10°. Par ébullition avec l'anhydride acétique, l'oxime perd de l'eau et donne l'anhydride $CH^3C^6HAz^4O^2$, lamelles fusibles à 47°, très solubles dans le benzène.

Oxydée par le ferrocyanure de potassium, elle conduit au corps

$$CH^3 - C^6H\begin{bmatrix} Az - O \\ | \\ Az - O \end{bmatrix}^2$$

cristallisé en aiguilles fusibles à 103°, peu stables.

DÉRIVÉS NITRÉS. — MONONITROORCINE (*a*),

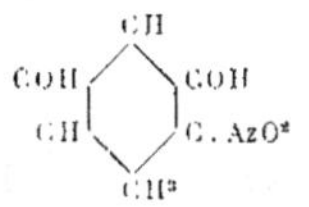

CH
COH COH
CH C.AzO²
CH³

— Aiguilles orangées, fusibles à 127°, entraînables par la vapeur d'eau.

MONONITROORCINE (*b*),

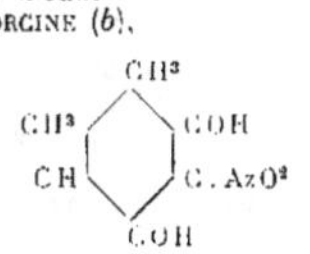

CH³
CH³ COH
CH C.AzO²
COH

cristaux brunâtres retenant du benzène de cristallisation, fusibles à 122°.

Son *sel de potassium* est en cristaux verts ; le *sel d'argent* forme une masse jaune orangé [Henrich et V. Meyer, *D. chem. G.*, **36**, 885, 1903].

A ces deux dérivés nitrés correspondent deux séries d'éthers de l'orcine :

Éthers méthyliques, $C^8H^9AzO^4$. — Dérivé (*a*), aiguilles jaune clair, fusibles à 104-106°, qu'on peut aisément obtenir par nitration de la nitroorcine (*a*).

Dérivé (*b*), cristaux jaune brun, fusibles à 129-131° [Henrich et Nachtigall, *D. chem. G.*, **36**, 889, 1903].

Éthers éthyliques, $C^9H^{11}AzO^4$. — Dérivé (*a*), aiguilles jaunes fusibles à 54°.

Dérivé (*b*), aiguilles jaunes fusibles à 103° [Weselsky et Benedikt, *Mon. f. Chem.*, **2**, 371].

DINITROORCINES. — On connaît 2 isomères. Le mieux étudié est le dérivé décrit dans le 1er Supplément, de formule

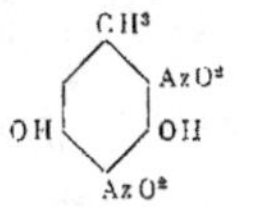

CH³
AzO²
OH OH
AzO²

Son *éther monométhylique* s'obtient en traitant par l'acide azotique l'éther triméthylique de la nitrorésorcine [Henrich, *Mon. f. Chem.*, **18**, 186]. Cristaux jaunes quadratiques, fusibles à 142-143°, avec décomposition.

Le deuxième isomère a été obtenu par Leeds [*D. chem. G.*, **14**, 483] ; il est en aiguilles jaune d'or, fusibles à 109-110°, ne donnant avec la baryte qu'un sel neutre et susceptible de se combiner à la p-toluidine pour donner de longues aiguilles de formule $C^7H^9Az.C^7H^6Az^2O^3$.

TRINITROORCINE, $C^7H^5Az^3O^8$. — Pour la préparation, voyez Merz et Zeller [*D. chem. G.*, **12**, 2038].

Combinaison, $C^7H^5Az^3O^8 + C^{10}H^8$. — Aiguilles jaunes fusibles à 120° [Nœlting et Salès, *D. chem. G.*, **16**, 1863].

DÉRIVÉS AMINÉS. — ORCINAMINE,

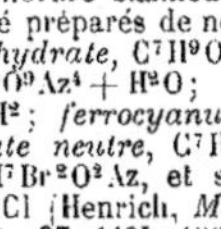

CH³
OH OH
AzH²

— On l'obtient par réduction des dérivés nitroso au moyen du chlorure stanneux. Lamelles très instables. Ont été préparés de nombreux dérivés à savoir : *chlorhydrate*, $C^7H^9O^2Az,HCl, 2H^2O$; *picrate*, $C^{13}H^{12}O^9Az^4 + H^2O$; *sulfate acide*, $C^7H^9O^2Az.SO^4H^2$; *ferrocyanure*, $4C^7H^9O^2Az, H^4FeCy^6$; *oxalate neutre*, $C^7H^9O^2Az, C^2O^4H^2$; *dibromure*, $C^7H^7Br^2O^2Az$, et son chlorhydrate $C^7H^7Br^2O^2Az.HCl$ [Henrich, *Mon. f. Chem.*, **18**, 164 ; *D. chem. G.*, **37**, 1425, 1904].

L'éther méthylique, $C^6H^2.(CH^3)(OH)(OCH^3)AzH^2$ est en cristaux solubles dans les alcalis [Henrich, *loc. cit.* et *Mon. f. Chem.*, **22**, 243]. Son *chlorhydrate* cristallise en aiguilles.

Parmi les dérivés de substitution à l'azote mentionnons :

1° Le *composé formique*, $CH^3.C^6H^2(AzH.CHO)(OH)^2$, en cristaux fusibles à 195-198° [Henrich, *Mon. f. Chem.*, **19**, 514] ; par distillation, il perd de l'eau et donne l'oxytoluoxazol,

$$CH^3 - C^6H^2(OH) \begin{matrix} < Az > \\ < O > \end{matrix} CH$$

en lamelles fusibles à 162° ;

2° Le *dérivé acétique*, $CH^3C^6H^2(AzH.C^2H^3O)(OC^2H^3O)^2$, résultant de l'action de l'anhydride acétique sur le chlorhydrate d'aminoorcine, en lames fusibles à 98-99°, qui, par perte d'eau, conduit à l'acétoxyméthyltoluoxazol,

$$CH^3 - C^6H^2(OC^2H^3O) \left\langle \begin{smallmatrix} Az \\ O \end{smallmatrix} \right\rangle C - CH^3$$

aiguilles blanches fusibles à 65°.

L'action de l'anhydride acétique sur l'éther méthylique de l'aminoorcine donne une série de composés analogues :

$CH^3 . C^6H^2(OCH^3)(OH)(AzH . C^2H^3O)$. — Lamelles fusibles à 156-157°

$CH^3C^6H^2(OCH^3)(O . C^2H^3O)(AzH . C^2H^3O)$. — Lamelles fusibles à 108-109°.

$$CH^3C^6H^2(OCH^3) \left\langle \begin{smallmatrix} Az \\ O \end{smallmatrix} \right\rangle C . CH^3$$

— Cristaux fusibles à 71°,5-72°,5.

En chauffant l'orcinamine avec le chlorure de benzoyle, on obtient le benzoyloxyphényltoluoxazol,

$$CH^3C^6H^2(OC^6H^5) \left\langle \begin{smallmatrix} Az \\ O \end{smallmatrix} \right\rangle C . C^6H^5$$

L'éther méthylique donne, d'une façon semblable, $CH^3 . C^6H^2(OCH^3)(OH)AzH . C^6H^5O$, fondant à 216-218°, puis par déshydratation,

$$CH^3 . C^6H^2(OCH^3) \left\langle \begin{smallmatrix} Az \\ O \end{smallmatrix} \right\rangle C . C^6H^5$$

fondant à 96-97°.

Le phényloxytoluoxazol fond à 243-245°.

La dibromoorcinamine traitée par l'anhydride acétique fournit le dibromométhyltoluoxazol

$$CH^3C^6Br^2(OH) \left\langle \begin{smallmatrix} Az \\ O \end{smallmatrix} \right\rangle C . CH^3$$

fondant à 221-222°.

Oxydée par le chlorure de chaux en liqueur chlorhydrique, l'aminoorcine donne 2 dérivés peu connus, l'un, $C^7H^7O^4Cl^3$, fondant à 97°, l'autre, $C^7H^6O^4Cl^2$, fondant à 117°. Son éther méthylique oxydé en milieu alcalin par l'oxygène atmosphérique donne des aiguilles rouge foncé, fusibles à 253°, probablement

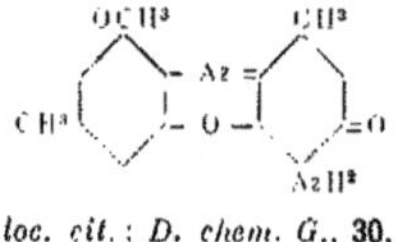

OCH³ CH³
— Az =
CH³ — O — =O
AzH²

[Henrich, *loc. cit.* ; *D. chem. G.*, **30**, 1104 ; **37**, 1416 ; **32**, 3420 ; *Mon. f. Chem.*, **22**, 232].

ORCINE DIAMINE. $(CH^3)_{(1)} . C^6H(OH)^2_{(3.5)}(AzH^2)^2_{(2.4)}$. — On l'obtient par réduction de l'éther éthylique de l'acide orsellique bis-azobenzène (voyez 2e Suppl. ORSELLIQUE). Son chlorhydrate est en prismes solubles dans l'eau. La dissolution se colore en bleu par le chlorure ferrique : la coloration disparait rapidement.

En partant de l'acide paraorsellique bis-azobenzène, on obtient une orcine diamine isomérique $(CH^3)_{(1)}C^6H(OH)^2_{(3.5)}(AzH^2)^2_{(2.6)}$; son dichlorhydrate donne avec l'eau une solution se colorant au rouge par le chlorure ferrique [Henrich, *D. chem. G.*, **37**, 1406, 1904].

DÉRIVÉS AZOÏQUES. — *Orcine azobenzène*, $CH^3C^6H^2(OH)^2 - Az^2 - C^6H^5$. — Poudre rouge foncé, point de fusion 183°. Son *dérivé dibromé* $CH^3 . C^6Br^2(OH)^2 . Az^2C^6H^5$ est en aiguilles rouges, fondant à 183°. L'*acide p-sulfoné* $CH^3C^6H^2(OH)^2Az^2_{(1)} - C^6H^4 - SO^3H_{(4)}$, est en aiguilles rouge jaunâtre, donnant un sel de potassium bien cristallisé renfermant $2H^2O$ [Typke, *D. chem. G.*, **10**, 1579 ; — Griess, *ibid.*, **11**, 2196].

Orcine disazobenzène, $CH^3 . C^6H(OH)^2 = [Az^2 - C^6H^5]^2$. — Aiguilles rouges, point de fusion 229° [O. Simon, *Lieb. Ann. Chem.*, **329**, 301, 1903].

Les dérivés des toluoxazols fournissent également une série analogue de composés azoïques :

Méthyloxytoluoxazol-azobenzène,

$$C^6H^5 - Az^2C^6H(CH^3)OH \left\langle \begin{smallmatrix} Az \\ O \end{smallmatrix} \right\rangle C . CH^3$$

— Cristaux jaune brun, point de fusion 116-118°.

Phényloxytoluoxazol-azobenzène,

$$C^6H^5Az^2_{(4)} - C^6H(CH^3)_{(1)}OH_{(5)} \left\langle \begin{smallmatrix} Az_{(2)} \\ O_{(3)} \end{smallmatrix} \right\rangle C . C^6H^5$$

— Aiguilles d'un jaune brun, point de fusion 169-170°. Son *éther méthylique* est en aiguilles jaunes, point de fusion, 149-150° ; le *dérivé acétylé* en prismes jaunes, point de fusion 182-183° ; le *dérivé benzoylé* en prismes jaune brun, point de fusion 171°.

L'*hydrazone*,

$$C^6H^5 . Az(C^2H^3O) - AzH . C^6H(CH^3)(OH) \left\langle \begin{smallmatrix} Az \\ O \end{smallmatrix} \right\rangle C . C^6H^5$$

est en lamelles fusibles à 184-185° [Henrich, *Mon. f. Chem.*, **19**, 500].

DÉRIVÉS SULFURÉS. — *Thioorcine*,

$$C^6H^3 - (CH^3)(HS)^2.$$

— Elle fond à 151-151°,5 [Gabriel, *D. chem. G.*, **12**, 1540].

DÉRIVÉS DIVERS. — L'*orcirufamine* et l'*orcirufine* ont été étudiées à l'article DIPHÉNOFURODIHYDROAZINES, 2e Suppl., **3**, 264 et 266.

Orthocarbonate d'orcine, $CO^4(C^6H^3 . CH^3)^2$. — Aiguilles jaunes, fondant à 195°, avec décomposition [Bender, *D. chem. G.*, **13**, 700].

Orthocarbonate double d'orcine et d'éthyle, $CO^4(C^2H^5)^2(C^6H^3 . CH^3)^2$. — Huile bouillant à 310-321° [Wallach, *Ann. Chem.*, **226**, 86].

Orcine et aldéhyde : produit de condensation, $C^{18}H^{20}O^4$ [Comey, *Am. Chem. Journ.*, 5, 349].

Orcine et chloral : produit de condensation, $C^{28}H^{24}O^8$ [Michael et Ryder, *Am. Chem. Journ.*, 5, 135].

ORCINE (β). — Voyez Dict., **2**, 608 et 1er Suppl., 1104. On l'obtient par traitement à l'acide azoteux de l'amino 6-diméthyl 1.4-phénol 2, ce qui fixe sa constitution ;

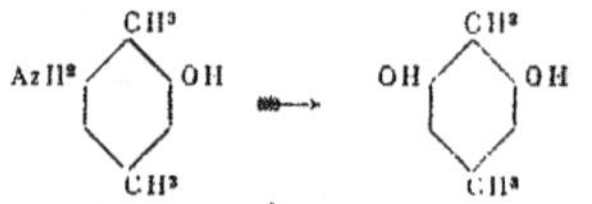

CH³ CH³
AzH² OH ——→ OH OH
CH³ CH³

[Kostanecki, *D. chem. G.*, **19**, 2321].

Mode de formation [Hesse, *D. chem. G.*, **31**, 664].

15 mai 1906. V. Thomas.

ORCINE ANTIPYRINE,

$$C^7H^8O^2 + C^{11}H^{12}Az^2O.$$

— Cristaux formés par combinaison, en solution aqueuse, de l'orcine et de l'antipyrine [G. Patein et E. Dufau, *Bull. Soc. Chim.*, (3), **15**, 612, 1895].

15 mai 1906. V. Thomas.

ORCINE-CARBONIQUE (ACIDE). — Voyez PHÉNYLACÉTIQUE.

ORCIRUFAMINE, ORCIRUFINE. — Voy. DIPHÉNOFURODIHYDROAZINES, 2e Suppl., **3**, 264 et 266.

ORCYLALDÉHYDE. $C^8H^8O^3$. — (Voyez 1er Suppl.) [Gattermann et Berchelmann, *D. chem. G.*, **31**, 1768, 1898; — Gattermann et Kœbner, *ibid.*, **32**, 280, 1899; — Scholl et Bertsch. *D. chem. G.*, **34**, 1441, 1901]. Point de fusion, 181-182°. Conductibilité électrique en solution [A. Thiel, A. Schumacher et H. Rœmer, *D. chem. G.*, **38**, 3860, 1905].

L'*aldoxime* correspondante est en aiguilles brillantes, fusibles à 200° (Scholl et Bertsch, Brevet allemand 114195, 1900).

15 mai 1905. V. Thomas.

ORÉOSÉLONE — Voyez OROSÉLONE.

OREXINE (3-Az-dihydroquinazoline). — Voy. l'art. PHÉNO-β-DIAZINES.

ORIZITE (Min.) (Grattarola). — Zéolite dimorphe de la heulandite, en grains cristallins nacrés, dans la granulite tourmalinifère de San Piero, près Campo, île d'Elbe. Dureté = 6. Densité = 2,245.

Forme cristalline. — Prisme anorthique :

$$a : b : c = 0,1792 : 1 : 0,2150;$$
$$\alpha = 90^\circ; \quad \beta = 86^\circ; \quad \gamma = 83^\circ.$$

L. Bourgeois.

ORNITHINE. — (Voy. 1er Suppl., 1105). La transformation de l'ornithine en tétraméthylènediamine sous l'action de la putréfaction [voy. 2e Suppl., au mot HEXONIQUES (BASES), 117], suffisait déjà pour établir que ce corps est l'*acide* α.δ-*diaminovalérianique*

$$AzH^2.CH^2.CH^2.CH^2.CH(AzH^2).COOH.$$

Cette démonstration a été confirmée par les synthèses de E. Fischer et celles de Sœrensen [voy. ORNITHURIQUE (ACIDE)], qui ont donné bien entendu le produit racémique.

Ornithine naturelle. — Le *chlorhydrate*, $C^5H^{12}Az^2O^2,2HCl$ est en cristaux rayonnés; $[\alpha]^{20}_D = +16^\circ,8$ et $+15^\circ,64$. — *Chloroplatinate*, $C^5H^{12}Az^2O^2,H^2PtCl^6$: précipité cristallin. — *Picrate*, $C^5H^{12}Az^2O^2.C^6H^3Az^3O^7$, prismes brillants ou tablettes [Schulze et Winterstein, *Zeit. physiol. Chem.*, **34**, 128, 1901]. La *combinaison avec l'isocyanate de phényle* cristallise difficilement et fond à 191-192° (non corr.) (Schulze et Winterstein), à 189-190° (corr.) [Sœrensen, *Chem. Centr. Bl.*, 1905, **2**, 461]. L'*hydantoïne* correspondante est en aiguilles fusibles à 191° (corr.) (Sœrensen). La *monobenzoyl-ornithine*, obtenue par saponification partielle de l'acide ornithurique, fond vers 240°.

Ornithine gauche. — Pour la préparation, voy. ORNITHURIQUE (ACIDE). Elle a été isolée sous la forme de sa combinaison avec l'*isocyanate de phényle*, qui fond à 189-190° (corr.); l'*hydantoïne* correspondante, qui est en aiguilles, fondant à 191° (corr.).

Ornithine racémique. — Elle se distingue surtout des deux autres en ce que sa combinaison avec l'*isocyanate de phényle* cristallise très facilement. Elle fond à 192° et l'*hydantoïne* correspondante à 194-195° [Sœrensen, *Chem. Centr. Bl.*, 1903, **2**, 33 et 1905, **2**, 460]. Le *dérivé monobenzoylé* fond vers 238° [E. Fischer, *Acad. des Sciences de Berlin*, 1900, **2**, 1121].

Janvier 1906. E. Lambling.

ORNITHURIQUE (ACIDE). — (Voy. 1er Supplém., 1105). C'est l'*acide* α.δ-*dibenzoyl-diaminovalérianique*,

$$AzH(C^7H^5O)-CH^2-CH^2-CH^2-CH(AzH.C^7H^5O).COOH.$$

E. Fischer a fait la synthèse de la forme racémique en chauffant avec AzH^3 l'acide phtalimido-propyl-bromomalonique,

$$C^6H^4(CO)^2=Az-CH^2-CH^2-CH^2-CBr(CO^2H)^2,$$

puis dédoublant par HCl le produit formé. On obtient ainsi l'acide α.δ-diaminovalérianique, qui, traité par la soude et le chlorure de benzoyle, donne le produit dibenzoylé correspondant ou acide ornithurique racémique [E. Fischer, *Acad. des Sciences de Berlin*, 1900, **2**, 1111]. Sœrensen a réalisé la même synthèse en décomposant l'éther phtalimido-γ-propylphtalimidomalonique et benzoylant l'acide α.δ-diaminovalérianique obtenu [Sœrensen, *Chem. Centr. Bl.*, 1903, **2**, 33].

Acide droit. — C'est l'acide naturel. Sœrensen l'a obtenu aussi en dédoublant à l'aide du sel de brucine l'acide racémique; le sel de l'acide droit cristallise d'abord [Sœrensen, *loc. cit.*, 1905, **2**, 460]. Il fond à 188-189° (corr.); $[\alpha]^0_D = +8^\circ,5$ pour une solution de sel de Na à 20 0/0 d'acide et $+9^\circ,29$ pour 10 0/0. Pour le sel de K $[\alpha]^0_D = +8^\circ,87$ avec 10 0/0 d'acide [Sœrensen, *loc. cit.*; — E. Fischer, *D. chem. G.*, **34**, 456, 1901]. Le *sel de brucine* cristallise avec une molécule d'eau. Le sel anhydre fond à 135-136° (corr.).

Acide gauche. — Les eaux mères du sel de brucine droit contiennent un mélange d'acides racémique et gauche. On en extrait facilement ce dernier à l'état de sel de cinchonine. $[\alpha]^0_D = -9^\circ,22$ pour une solution du sel de Na à 10 0/0 d'acide. Tablettes allongées fondant à 189° (corr.). Le *sel de cinchonine* cristallise avec une molécule d'eau. Il fond à 154-155° (corr.).

Acide racémique. — Très semblable aux précédents. Il fond à 187-188° (corr.). Son *sel de calcium* cristallise avec une molécule d'eau, tandis que ceux des acides actifs sont anhydres (Sœrensen). E. Lambling.

OROSÉLONE. — (Voyez Dict., **3**, 651; 1er Suppl., 1105). Popper, étudiant la peucédanine (voyez ce mot) des racines de *peucedanum officinale*, en a séparé par l'éther une portion moins soluble, fondant à la même température que la peucédanine, et qui est l'*éther méthylique de l'orosélone*. Celle-ci fond à 176° et a pour formule $C^{14}H^{12}O^4$; elle donne un *dérivé monoacétylé* [*Mon. f. Chem.*, **19**, 268, 1898].

Janvier 1907. A. Hébert.

OROTIQUE (ACIDE) $C^5H^4Az^2O^4 + H^2O$. — L'acide orotique (de ὀρός, petit-lait) a été découvert par MM. G. Biscaro et F. Belloni dans le sérum du lait, où il existe à l'état de sel de potassium (60 gr. pour 20 tonnes de sérum). C'est un constituant normal du lait ainsi que les auteurs s'en sont assurés. Son *sel de potassium* $C^5H^3Az^2O^4K$ est une poudre blanche peu soluble dans l'eau, cristallisée en lamelles microscopiques rectangulaires. Son *sel d'argent* $C^5H^3Az^2O^4Ag + H^2O$ permet de préparer à l'état de pureté l'acide orotique $C^5H^4Az^2O^4 + H^2O$. On peut obtenir également des sels neutres tels que celui d'*argent* $C^5H^2Az^2O^4Ag^2 + H^2O$ (?) et celui de *plomb* $C^5H^2Az^2O^4Pb$. *Sels de baryum* $(C^5H^3Az^2O^4)^2Ba$ et $C^5H^2Az^2O^4Ba$.

L'*éther méthylique* $C^5H^3O^4Az^2CH^3$, préparé par l'iodure de méthyle et le sel d'argent, est une poudre cristalline blanche fondant à 248-250°; l'*éther éthylique* fond à 200°.

L'*acide dichloro-orotique* $C^5H^4O^3Az^2Cl^2 + H^2O$, obtenu par l'action sur le sel de potassium de l'oxychlorure de phosphore, forme de petites aiguilles jaunes fondant à 115° dans leur eau de cristallisation, se décomposant déjà à 65° et perdant à plus haute température de l'acide chlorhydrique en régénérant l'acide orotique.

L'acide orotique ne contient ni méthoxyle, ni hydroxyle, ni carboxyle. Le permanganate en solution acide donne de l'urée (molécule à molécule). La réduction par l'acide iodhydrique donne une cétone CH^3-CO- .

Tous ces faits prouvent l'existence dans la molécule des groupes

$$CO<\begin{matrix}AzH-\\AzH-\end{matrix} \quad \text{et} \quad -CH^2-CO-$$

ce qui conduit à adopter l'une des formules :

```
   ↗ AzH - CH² - CO              ↗ AzH - CO - CH²
CO                           CO                |
   ↘ AzH - CO - CO               ↘ AzH - CO - CO
```

Janvier 1907. E. Rengade.

OROXYLINE. — Substance extraite par Naylor et Dyer [*Chem. Soc.*, **79**, 954, 1901] des écorces d'*oroxylum indicum* en précipitant par l'eau l'extrait alcoolique ; le rendement est de 2 0/00. Ce corps se présente en aiguilles jaune d'or, solubles surtout dans l'alcool et l'acide acétique, fondant à 225°, réduisant les sels d'argent et répondant à la formule $C^{19}H^{14}O^5$. On en a préparé les *dérivés triacétylé* et *dibromé*.

La potasse décompose l'oroxyline en phloroglucine et acides benzoïque et phtalique ; cette substance ne contient pas de groupes méthoxylés ou cétoniques. Janvier 1907. A. Hébert.

ORSELLIQUE (ACIDE). — L'étude des dérivés de l'orseille a été dans ces dernières années reprise par de nombreux auteurs.

L'acide orsellique a pour constitution

```
        /\
   OH  /  \  OH
      |    |
 CO²H |    |
       \  /
        \/
        CH³
```

car, par copulation de l'éther éthylique avec le diazobenzol, on obtient un azoïque qui par réduction et dé-éthylation donne un dérivé diaminé identique à celui que fournit par réduction la dinitroorcine

```
       AzO²
        /\
   OH  /  \  OH
      |    |
      |    | AzO²
       \  /
        \/
        CH³
```

L'*acide monobenzol-azo-orsellique* a été décrit par Henrich (7). Il se décompose à 191°.

La constante de dissociation de l'acide orsellique est environ 323 fois plus petite que celle de l'acide paraorsellique [Cf. A. Thiel, A. Schumacher et H. Rœmer, *D. chem. G.*, **38**, 3860, 1905].

L'acide orsellique cristallise avec 1 ou 2 molécules d'eau. Les aiguilles sont vraisemblablement rhomboédriques.

Éther méthylique. $C^7H^7O^2-CO^2-CH^3$. — Point de fusion 138° (Hesse, 3).

Éther éthylique. — Aiguilles orthorhombiques (Zopf, 5). Henrich (6, 7) a signalé les *dérivés azoïques* $(C^6H^5.Az=Az)^2:C^6(CH^3)(OH)^2-CO^2-C^2H^5$, aiguilles rouges, point de fusion 186° ; et $(C^6H^5.Az=Az):C^6H(CH^3)(OH)^2.CO^2.C^2H^5$, aiguilles brillantes jaune orangé, fondant à 142°. Par réduction, cet azoïque donne l'éther de l'*acide aminoorsellique* :

```
              /\
         OH  /  \  OH
            |    |
C²H⁵.CO²    |    | AzH²
             \  /
              \/
              CH³
```

Le *chlorhydrate* de cet acide aminé est en aiguilles décomposables à 236°.

Il se combine avec le chlorure de benzoyle en donnant un *dérivé tribenzoylé*, fusible à 222°,5 (Henrich, 7).

Éther, $C^7H^6(OH)(OCH^3)CO^2CH^3$. — (12). Lamelles blanches, point de fusion 63° ; l'acide correspondant fond à 145-146°.

Éther, $C^7H^6(OCH^3)^2.CO^2CH^3$. — (12). Difficile à obtenir à l'état de pureté ; par saponification, il donne l'acide diméthylorsellique en prismes courts, fondant à 140°.

Dibromoorsellate d'isoamyle (10). $C^8H^5Br^2O^4C^5H^{11}$. — Prismes fondant à 73°,8. Le *sel de plomb* forme un précipité amorphe de formule $C^{13}H^{16}Br^2O^4PbO$.

Acide tribromoorsellique? (13).

Acide phosphoorsellique. — On l'obtient en chauffant l'acide orsellique avec l'oxychlorure de phosphore (Schiff). C'est une masse amorphe bleu indigo, de formule $C^{40}H^{36}P^4O^{24}$.

Par ébullition avec l'aniline, il donne l'*anilide* $C^{40}H^{34}P^4O^{22}(C^6H^5AzH)^2$. Les sels de l'acide phosphoorsellique sont rouge-violet.

Par ébullition de l'acide avec l'anhydride acétique, on obtient un *dérivé triacétylé* $C^{40}H^{33}P^4O^{24}(C^2H^3O)^3$, sous forme d'une masse noirâtre insoluble dans l'eau.

Erythrines. — Voyez à ce sujet les travaux, souvent contradictoires, mentionnés en (1), (2), (8), (9), (6), (7) et aussi Marschlewsky [*Ann. Akad. Wiss. Krakau*, 638, 1903] ; Hesse [*D. chem. G.*, **37**, 4593, 1904].

Acide diorsellique (acide lécanorique),

$$C^{16}H^{14}O^7 + H^2O.$$

— Pour la préparation, voyez (10).

Petits cristaux soyeux incolores, fondant à 166° en un liquide incolore que la plus légère élévation de température suffit à décomposer avec dégagement de gaz carbonique. L'acide acétique bouillant le décompose en orcine et acide orsellique.

Les sels suivants ont été décrits (3) :

$$C^{16}H^{13}O^7Ag ; C^{16}H^{13}O^7K.H^2O ; (C^{16}H^{13}O^7)^2Ba.5H^2O ;$$
$$(C^{16}H^{13}O^7)^2Ca.4H^2O ; (C^{16}H^{13}O^7)^2Cu.2H^2O ;$$
$$(C^{16}H^{13}O^7)^2Pb + Pb(OH)^2.$$

Hesse (10) a décrit les *dérivés bromés* :

$C^{16}H^{10}O^7Br^4$. Petits prismes jaune clair, point de fusion 157°, facilement solubles dans l'alcool et l'éther.

$C^{16}H^{12}O^7Br^2$. — Petits prismes fondant à 179°.

Acide gyrophorique (?). — Acide de même composition que l'acide lécanorique, retiré de diverses variétés de gyrophora (5, 11, 8). Petites aiguilles fusibles à 202° avec décomposition, facilement solubles dans l'alcool et l'acétone.

ACIDE PARAORSELLIQUE [1er Suppl., ORSELLIQUE (acide)].

Cet isomère de l'acide orsellique a été étudié par Bistrzycki et Kostanecki [*D. chem. G.*, **18**, 1986, 1885] ; Schiff [*Gazz. chim. ital.*, **14**, 463] ; Henrich et Dorschky [*D. chem. G.*, **37**, 1406, 1416, 1904].

On l'obtient facilement en chauffant 1 partie d'orcine avec 4 parties de bicarbonate de potasse et 5 parties d'eau. Fines aiguilles, point de fusion 171° (Bistr. et Kost.). Chauffé avec du perchlorure de phosphore, il fournit une matière verte non étudiée (Schiff).

D'après Henrich, cet acide aurait pour formule

```
       CO²H
        /\
   OH  /  \  OH
      |    |
      |    |
       \  /
        \/
        CH³
```

Cette formule est du reste conforme aux résultats des mesures de dissociation électrolytique effectuées par Ostwald [*Zeit. physik. Chem.*, **3**, 246]. Voyez aussi A. Thiel, A. Schumacher et H. Roemer [*D. chem. G.*, **38**, 3860, 1905].

Comme son isomère, cet acide donne un *dérivé azoïque* $(C^6H^5-Az=Az)^2C^6(CH^3)(OH)^2CO^2H$ sous forme d'une masse amorphe d'un brun rouge. Cet azoïque fournit par réduction une *diaminoorcine*.

Le dérivé *monobenzolazoïque* $(C^6H^5Az=Az)-C^6H(CH^3)(OH)^2CO^2H$ est en aiguilles jaune orangé, fusibles à 190°. Par réduction, il conduit à l'acide aminoparaorsellique dont le chlorhydrate paraît correspondre à la formule $C^7H^9O^4AzHCl + 2H^2O$.

Acide crésorcellique,

OH

OH CO²H

CH³

Aiguilles fondant à 145° [Jacobsen et Wierss, *D. chem. G.*, **16**, 1960]. V. Thomas.

Bibliographie. — 1. Ronceray, *Bull. Soc. Chim.*, (3), **31**, 1097, 1904; — 2. Juillard, *ibid.*, **31**, 610, 1904; — 3. Hesse, *J. prakt. Chem.*, (2), **57**, 256; — 4. Hesse, *D. chem. G.*, **37**, 4693, 1904; — 5. Zopf, *Lieb. Ann. Chem.*, **300**, 334; **327**, 317, 1903; **336**, 46, 1904; — 6. Henrich, *D. chem. G.*, **37**, 1406, 1904; — 7. Henrich et K. Dorschky, *ibid.*, **37**, 1416, 1904; — 8. Zopf, *Lieb. Ann. Chem.*, **297**, 276, 303; **313**, 342; — 9. Hesse, *J. prakt. Chem.*, **62**, 471; — 10. Hesse, *Lieb. Ann. Chem.*, **139**, 24; — 11. Hoffmann et Hesse, *J. prakt. Chem.*, (2), **58**, 475, **62**, 462; — 12. J. Herzig, *Mon. f. Chem.*, **24**, 881, 1903; — 13. Hesse, *Lieb. Ann. Chem.*, **119**, 117.

ORTHO.... — Pour les mots qui ne se trouvent pas ici à leur place alphabétique, voyez le mot qui suit ce préfixe.

ORTHOFORME. — Voyez l'art. oxybenzoïques (acides).

ORTOL. — Combinaison de 2 mol. de méthylamidophénol et 1 mol. d'hydroquinone, employée comme révélateur photographique.

OSANNITE (Min.). (C. Hlawatsch). — Amphibole à 6,5 0/0 de soude, intermédiaire entre la riebeckite et l'arfvedsonite, dans les gneiss de Cevadaes, Portugal. L. Bourgeois.

OSAZONES. — C'est le nom donné aux dihydrazones des composés α-dicarbonylés : α-aldéhydes-cétones, α-dialdéhydes, α-dicétones [voyez à Glucoses, 2ᵉ Suppl., **4**, 754, l'action de la phénylhydrazine sur les glucoses, à Biacétyle, *ibid.*, **1**, 679 et à Hydrazones, **5**, 423, cette même action sur les α-dicétones]. Les osazones se forment par action des hydrazines : 1° sur les corps α-dicarbonylés; 2° sur les acétones ou aldéhydes-alcools α; 3° sur les monohydrazones des corps α-dicarbonylés ou α-carbonylés-alcooliques; 4° sur les hydrazoximes; 5° sur les produits de diazotation des cétones; 6° par action d'oxydants spéciaux sur les hydrazones (2ᵉ Suppl. **5**, 418). La première réaction se fait par simple élimination de $2H^2O$; la seconde est corrélative d'une oxydation de la fonction alcool, qui est changée en cétone ou aldéhyde; la troisième est l'achèvement de ces deux premières par la mise en jeu d'une deuxième molécule d'hydrazine; la quatrième a lieu par substitution de l'hydrazine à l'hydroxylamine; la cinquième rentre dans l'ordre de la troisième, car les diazoïques en question sont, en réalité, des monohydrazones de dicétones-α obtenues par l'intermédiaire des diazoïques (2ᵉ Suppl., **5**, 421).

Enfin, dans une osazone, une hydrazine nouvelle peut se substituer à l'un ou aux deux groupes hydrazinés primitifs et donner intermédiairement des osazones dérivant de deux hydrazones différentes [E. Votocek et R. Vondracek, *D. chem. G.*, **37**, 3848, 1904].

La thermochimie d'un certain nombre de phénylosazones a été faite par M. Ph. Landrieu [*C. R.*, **142**, 580, 1906]. De l'ensemble de ces recherches, il résulte que la première molécule de phénylhydrazine se fixe sur les dicétones (et dialdéhydes) en dégageant une quantité de chaleur voisine de celle qui se dégage dans la fixation d'une molécule de cette base sur les monocétones; la deuxième se fixe avec une quantité de chaleur deux fois moindre environ. Réciproquement, les acides forts déplacent totalement une première molécule d'hydrazine des osazones, tandis que le déplacement de la deuxième est limité comme dans le cas de l'action d'un acide sur une hydrazone d'un corps monocarbonylé (Ph. Landrieu, *communication particulière*).

Les osazones sont des solides colorés souvent en jaune; leur point de fusion est variable avec la rapidité de la chauffe [K. Beythien et B. Tollens, *Ann. Chem.*, **255**, 217, 1889]. Leur solubilité dans l'eau est généralement faible; dans les solvants organiques, elle est plus forte; les solutions pyridiques des osazones des hydrates de carbone ne présentent pas de multirotation [C. Neuberg, *D. chem. G.*, **32**, 3384, 1899]. Beaucoup de composés azotés modifient la solubilité des osazones, d'où difficulté de la recherche des sucres dans les liquides physiologiques [C. Neuberg, *Zeit. physiol. Chem.*, **29**, 274, 1900].

Nouvelles osazones et tétrazones [H. Auden, *Proc. Chem. Soc.*, **15**, 229, 1903].

Dosage de la phénylhydrazine dans les osazones [S. Grimaldi, *Staz. sperim. agrar. ital.*, **35**, 738, 1902]; *de l'azote dans les osazones* [J. Milbauer, *Zeit. anal. Chem.*, **42**, 725, 1903].

Quelques osazones donnent une coloration rouge ou rouge-brunâtre avec le chlorure ferrique en solution alcoolique; il y a oxydation et formation d'*osotétrazone* (voyez Pechmann).

Bouillies avec les acides étendus, les phénylosazones perdent une molécule d'aniline et forment des osotriazols (*ibid.*). Ces osotriazols se forment aussi, à côté du dérivé acétylé de l'osazone, par action de l'anhydride acétique [H. Bilz et R. Weiss, *D. chem. G.*, **35**, 3524, 1902].

Voici les schémas de ces réactions :

$$\begin{array}{l} R-C=Az-AzH.C^6H^5 \\ \quad | \\ R'-C=Az-AzH\ C^6H^5 \end{array} + O$$

Osazone.

$$= \begin{array}{l} R-C=Az-AzC^6H^5 \\ \quad |\qquad\qquad | \\ R'-C=Az-AzC^6H^5 \end{array} + H^2O$$

Osotétrazone.

$$\begin{array}{l} R.C=Az-AzH.C^6H^5 \\ \quad | \\ R.C=Az-AzH.C^6H^5 \end{array} + (CH^3.CO)^2O$$

$$\rightarrow \left\{ \begin{array}{l} \begin{array}{l} R.C=Az\diagdown \\ \quad | \qquad\qquad AzC^6H^5 \\ R.C=Az\diagup \end{array} + C^6H^5.AzH^2 \\ \qquad \text{Osotriazol.} \\ \begin{array}{l} R.C=Az-Az(CO.CH^3)C^6H^5 \\ \quad | \\ R.C=Az-Az(CO.CH^3)C^6H^5 \end{array} \\ \qquad \text{Diacétylosazone.} \end{array} \right.$$

Osotétrazones. — On vient de voir l'un des

modes de formation des osotétrazones (dites aussi osotétrazines). Ce sont des *dihydrotétrazines*. On les désigne souvent par le nom du corps dicarbonylé générateur suivi du suffixe osotétrazone. On intercale le nom du radical de l'hydrazine, si ce n'est pas la phényl-. L'oxydation de l'osazone se fait par l'acide chromique [H. v. Pechmann, *D. chem. G.*, **21**, 2751, 1888; *Bull. Soc. Chim.*, (3), **2**, 411, 1889] : mais on peut aussi partir des hydrazones et les oxyder dans des conditions spéciales [von Pechmann, *D. chem. G.*, **26**, 1045, 1893; — Minunni, *Gazz. chim. ital.*, **22**, 217, 1892; — Japp et Klingemann, *Ann. Chem.*, **247**, 222, 1888].

Les osazones des α-chlorodicétones (α-dials et α-alones) sont décomposées par les alcalis en osotétrazones suivant une réaction qui paraît générale [H. Dieckmann et L. Platz, *D. chem. G.*, **38**, 2986, 1905] :

$$\begin{matrix} CH{=}Az{-}AzH\,C^6H^5 \\ | \\ CCl{=}Az{-}AzH\,C^6H^5 \end{matrix} = HCl + \begin{matrix} CH{=}Az{-}Az\,C^6H^5 \\ | \qquad\quad | \\ CH{=}Az{-}Az\,C^6H^5 \end{matrix}$$

Pour obtenir une osotétrazone du type *non substitué* à l'azote, comme

$$\begin{matrix} CH^3{-}C{=}Az{-}AzH \\ | \qquad\quad | \\ CH^3{-}C{=}Az{-}AzH \end{matrix}$$

on part de la dibenzoylosazone qu'on change par le ferricyanure de potassium en dibenzoylosotetrazine, et on saponifie les groupes benzoyles [H. v. Pechmann et W. Bauer, *D. chem. G.*, **33**, 644, 1900]. On obtient encore des *acidylosotétrazines* en faisant réagir l'iode sur les dérivés métalliques des acidylosazones [R. Stollé, *J. prakt. Chem.*, (2), **68**, 469, 1903].

Les osotétrazones sont des corps colorés en rouge; leur réduction reforme l'osazone génératrice (H. v. Pechmann). Bouillies avec les acides minéraux, elles perdent de l'aniline et se changent en *osotriazones* ou *osotriazols* (voyez ce mot); il y a en même temps oxydation d'une partie de l'osotétrazone. L'acide sulfurique les colore en bleu fugace [H. v. Pechmann, *D. chem. G.*, **10**, 903, 1877 et **26**, 1045, 1893].

Hydrotétrazones. — Ce sont des corps isomères des osazones résultant de l'oxydation des hydrazones par le nitrite d'amyle; leur formation a été étudiée dans l'article très documenté de M. March sur l'oxydation des hydrazones (2e Suppl., **5**, 417 et s.). Décembre 1906. M. Delépine.

OSCINE. — Voyez Tropine.

OSMIUM. — Extraction. — Voyez *Iridium*.

La séparation du gallium et de l'osmium a été étudiée par Lecoq de Boisbaudran [*C. R.*, **96**, 1839, 1883].

Propriétés physiques. — L'osmium raye le quartz et est rayé par la topaze. La densité de l'osmium fondu est de 22,48 [Joly et Vèzes, *C. R.*, **116**, 577, 1893].

L'osmium a été fondu et volatilisé au four électrique. La vapeur condensée sur un tube froid fournit des cristaux présentant souvent la forme de cubes [Moissan, *C. R.*, **142**, 189, 1906. — *Ann. Ch. Phys.* (8), **8**, 145.]

Fondu avec de la pyrite et un peu de borax, l'osmium donne un culot d'où l'on retire par l'acide chlorhydrique de l'osmium cristallisé [Debray, *C. R.*, **95**, 879, 1882].

L'osmium a été obtenu à l'état colloïdal [Lottermoser, *Uber anorg. Kolloïde*, Stuttgart, 1901. — Castero, *Zeit. anorg. Chem.*, **41**, 131, 1904. — Gutbier et Hofmeier, *J. prakt. Chem.*, (2), **71**, 452, 1905].

Propriétés chimiques. — L'osmium en poudre n'est pas attaqué à froid par le fluor; mais la combinaison commence déjà à 100°, et bientôt le métal est porté à l'incandescence (Moissan).

L'osmium, même très divisé, chauffé pendant plusieurs heures dans un courant de chlore, n'est attaqué qu'incomplètement [Moraht et Wischin, *Zeit. anorg. Chem.*, **3**, 166, 1893].

D'après Stulc, l'osmium commencerait à s'oxyder vers 200° dans l'air et vers 100° dans l'oxygène [*Zeit. anorg. Chem.*, **19**, 332, 1899]. Mais l'oxydabilité du métal dépend de son état, et par suite de son mode de préparation [Vèzes, *Zeit. anorg. Chem.*, **20**, 230, 1899].

L'osmium est attaqué à chaud par l'acide chlorhydrique et l'oxygène [Dudley, *Am. Chem. Soc.*, **15**, 273, 1893. — Matignon, *C. R.*, **137**, 1051, 1903].

Propriétés catalytiques. — L'osmium est, au point de vue des propriétés catalytiques, le plus actif des métaux précieux [Philipps, *Zeit. anorg. Chem.*, **6**, 226, 1894].

Applications. — Auer von Welsbach emploie l'osmium pour faire des filaments de lampes à incandescence [*Der Gastechniker*, 83, 1898; Brevet 138135, 1902].

Alliages d'osmium. — *Osmium et étain.* — L'osmium ne donne pas d'alliage avec l'étain ; il cristallise dans ce métal [Debray, *C. R.*, **104**, 1470, 1887].

Osmium et iridium. — En fondant un mélange d'iridium et d'osmium avec un grand excès de pyrite, puis traitant le culot par l'acide chlorhydrique et par l'acide azotique, Debray a obtenu une poudre cristalline formée d'osmium et d'iridium en proportions variables. L'osmium et l'iridium cristallisant ensemble en toutes proportions, sans que la forme des cristaux soit altérée, sont isomorphes [*C. R.*, **95**, 878, 1882].

Osmium et zinc. — Quand on traite par l'acide chlorhydrique un culot de zinc et d'osmium fondus ensemble, il reste de l'osmium pur [Deville et Debray, *C. R.*, **94**, 1557, 1882].

Combinaisons de l'osmium avec le chlore. — $OsCl^3 . 3H^2O$. — Quand on ajoute du chlorure de potassium à une solution du chlorure $Os^2Cl^7 . 7H^2O$ dans l'alcool, il se forme un précipité de chloroosmiate, et la liqueur filtrée, puis évaporée dans le vide, laisse déposer des cristaux de formule $OsCl^3 . 3H^2O$.

$Os^2Cl^7 . 7H^2O$. — On prépare ce composé en chauffant dans un appareil à reflux de l'acide osmique avec de l'acide chlorhydrique, et évaporant ensuite la liqueur à froid dans le vide.

$OsCl^8$. — Dans la réduction par l'hydrogène du chlorure $Os^2Cl^7 . 7H^2O$, Moraht et Wischin ont observé la formation d'un sublimé blanc jaunâtre, qu'ils considèrent comme le corps $OsCl^8$ [Moraht et Wischin, *Zeit. anorg. Chem.*, **3**, 165, 1893].

Combinaisons de l'osmium avec le brome. $Os^2Br^9 . 6H^2O$. — La préparation de ce composé est analogue à celle du chlorure $Os^2Cl^7 . 7H^2O$.

$OsBr^8$. — Dans la réduction du composé précédent par l'hydrogène, il se produit un sublimé jaune clair qui est sans doute le perbromure $OsBr^8$ [Moraht et Wischin, *Zeit. anorg. Chem.*, **3**, 165, 1893].

Combinaisons de l'osmium avec l'iode. — OsI^4. — On prépare ce composé en dissolvant à chaud de l'acide osmique dans de l'acide iodhydrique concentré, et évaporant la liqueur à la température ordinaire.

OsI^8. — Dans la réduction du corps précédent par l'hydrogène, il se produit une petite quantité d'un sublimé jaune que Moraht et Wischin proposent de considérer comme le periodure OsI^8 [Moraht et Wischin, *Zeit. anorg. Chem.*, 3, 165, 1893].

$OsI^2 . 2HI$. — La solution de peroxyde d'osmium chauffée avec un mélange d'iodure de potassium et d'acide chlorhydrique, ou d'acide phosphorique, prend une teinte vert émeraude qui paraît due à la formation du composé $OsI^2 . 2HI$. Cette réaction permet de déceler de très petites quantités d'osmium [Pinerua Alvarez, *C. R.*, **140**, 1254, 1905].

COMBINAISONS DE L'OSMIUM AVEC L'OXYGÈNE. — *Bioxyde d'osmium anhydre.* OsO^2. — Moraht et Wischin l'ont obtenu par l'électrolyse d'une solution de peroxyde d'osmium dans la potasse [*Zeit. anorg. Chem.*, **3**, 155, 1893].

L'osmiamate de potassium, chauffé à 350° dans le vide, se décompose en azote, osmiate de potassium et bioxyde d'osmium anhydre que l'on sépare en traitant par l'eau [Joly, *C. R.*, **112**, 1442, 1891].

Acide osmique, OsO^4H^2. — L'acide osmique s'obtient en chauffant au bain-marie une solution aqueuse d'osmiate de potassium; ce sel se dédouble en potasse et acide osmique qui se précipite sous forme d'une poudre noire [Moraht et Wischin, *Zeit. anorg. Chem.*, **3**, 156, 1893].

Peroxyde d'osmium, OsO^4. — Les carbures d'hydrogène réduisent facilement les solutions aqueuses de peroxyde d'osmium [Philipps, *Zeit. anorg. Chem.*, **6**, 229, 1894].

L'action de l'iodure de potassium sur le peroxyde d'osmium peut servir de base à un dosage volumétrique [Klobbie, *Kon. Akad. Wetensch.*, Amsterdam, 1898].

Le peroxyde d'osmium est employé dans la technique histologique comme fixateur [Ranvier, *C. R.*, **104**, 819 et **105**, 146, 1887].

Oxyfluorure, oxybromure, oxyiodure. — Moraht et Wischin paraissent avoir obtenu un oxyfluorure, un oxybromure et un oxyiodure d'osmium [*Zeit. anorg. Chem.*, **3**, 153, 1893].

COMBINAISONS DE L'OSMIUM AVEC LE SOUFRE. — *Bisulfure*, OsS^2. — On l'obtient par voie sèche en chauffant l'oxysulfure $OsO^3(SH)^2$, dans un courant d'hydrogène sulfuré bien sec [Moraht et Wischin, *Zeit. anorg. Chem.*, **3**, 165, 1893].

Oxysulfures d'osmium. — L'acide osmique réagit vivement à la température ordinaire sur l'hydrogène sulfuré sec; il se dégage de la vapeur d'eau et de la vapeur de soufre, et il reste une poudre noire de composition $(OsSO)^2H^2O$ qui se comporte comme un sulfacide [Moraht et Wischin, *Zeit. anorg. Chem.*, **3**, 168, 1893].

Nous classerons les autres composés de l'osmium d'après la valence de l'osmium dans ces composés.

DÉRIVÉS DE L'OSMIUM TRIVALENT. — *Nitrite d'osmium*, $Os(AzO^2)^3$. — On obtient ce corps en décomposant l'osmionitrite de baryum par l'acide sulfurique, évaporant la solution à siccité et séchant à 100° [Wintrebert, *C. R.*, **140**, 585, 1905].

Osmionitrite de potassium, $Os(AzO^2)^5K^2$. — On chauffe dans un flacon bouché à l'émeri un mélange de chloroosmiate et d'azotite de potassium en solution concentrée : la liqueur laisse déposer par refroidissement des cristaux d'osmionitrite de potassium [Wintrebert, *Ann. Chim. Phys.*, (7), **28**, 134, 1903].

Chloroosmite d'ammonium, $OsCl^5(AzH^4)^2$, $1.5H^2O$. — On a proposé son emploi en photographie [Mercier, *C. R.*, **109**, 951, 1889].

DÉRIVÉS DE L'OSMIUM QUADRIVALENT. — *Chloroosmiate de cœsium.* — Quand on ajoute du chlorure de cœsium à une solution de peroxyde d'osmium dans l'acide chlorhydrique, on obtient un précipité blanchâtre, vraisemblablement formé de chloroosmiate de cœsium. Cette réaction permet de déceler de très petites quantités d'osmium [Behrens, *Zeit. anal. Chem.*, **30**, 154, 1891].

Chloroosmiate d'ammonium, $OsCl^6(AzH^4)^2$ — [Seubert, *Ann. Chem. Pharm.*, **261**, 260, 1891].

Bromoosmiate d'ammonium, $OsBr^6(AzH^4)^2$. — [Rosenheim et Sasserath, *Zeit. anorg. Chem.*, **21**, 135, 1899].

Iodoosmiate d'ammonium, $OsI^6(AzH^4)^2$. — [Wintrebert, *Ann. Chim. Phys.*, (7), **28**, 124, 1903].

Bromoosmiate d'argent, $OsBr^6Ag^2$. — [Rosenheim et Sasserath, *Zeit. anorg. Chem.*, **21**, 135, 1899].

Chloroosmiate nitrosé de potassium, $Os(AzO)Cl^5K^2$.

Bromoosmiate nitrosé de potassium, $Os(AzO)Br^5K^2$.

Iodosoosmiate nitrosé de potassium $Os(AzO)I^5K^2$.

Les trois corps précédents se forment par l'action de l'acide chlorhydrique, de l'acide bromhydrique ou de l'acide iodhydrique sur l'osmionitrite de potassium [Wintrebert, *Ann. Chim. Phys.*, (7), **28**, 129, 1903].

Chloroosmiate amidé de potassium, $Os(AzH^2)Cl^5K^2$. — On l'obtient en réduisant à une température voisine de 60° une solution d'osmiamate de potassium par une solution chlorhydrique de chlorure stanneux. C'est une poudre cristalline brun marron [Brizard, *C. R.*, **123**, 182, 1896; *Ann. Chim. Phys.*, (7), **21**, 377, 1900].

Osmiamate de potassium, $OsO(AzO)OK$. — Le meilleur mode opératoire pour obtenir ce corps a été décrit par Joly. Sous l'influence de la chaleur il se décompose dès 200° [Joly, *C. R.*, **112**, 1442, 1891].

Les cristaux appartiennent au système quadratique [Dufet, *Bull. Soc. Minér.*, **14**, 214, 1891].

L'analyse conduit à la formule $OsAzO^3K$ [Brizard, *Bull. Soc. Chim.*, (3), **21**, 170, 1899; *Ann. Chim. Phys.*, (7), **21**, 369, 1900].

Joly et Brizard assignent à l'osmiamate de potassium la formule développée

$$AzO - Os \begin{matrix} \leqslant O \\ \diagdown OK \end{matrix}$$

dans laquelle l'osmium est quadrivalent. Werner et Dinklage, au contraire, lui donnent la formule

$$\begin{matrix} O \\ KO \end{matrix} \begin{matrix} \geqslant \\ \diagup \end{matrix} Os \begin{matrix} \vdots Az \\ \leqslant O \end{matrix}$$

dans laquelle l'osmium est octovalent [Werner et Dinklage, *D. chem. G.*, **34**, 2698, 1901].

Osmiamate d'ammonium, $OsO(AzO)OAzH^4$.

Osmiamate d'argent, $OsO(AzO)OAg$ [Brizard, *Ann. Chim. Phys.*, (7), **21**, 372, 1900].

DÉRIVÉS DE L'OSMIUM HEXAVALENT. — *Osmiate de potassium*, $OsO^4K^2, 2H^2O$. — Les cristaux d'osmiate de potassium sont des octaèdres orthorhombiques; ils peuvent être employés pour la reconnaissance microchimique de l'osmium [Behrens, *Zeit. anal. Chem.*, **30**, 154, 1891].

Sulfites osmiopotassiques. — Par l'action de l'acide sulfureux sur une solution de peroxyde d'osmium dans la potasse concentrée, on obtient les deux composés $7K^2O . 4OsO^3, 10SO^2, 7H^2O$ et $11K^2O, 4OsO^3. 14SO^2. 7H^2O$.

Sulfites osmiosodiques [Rosenheim et Sasserath, *Zeit. anorg. Chem.*, **21**, 122, 1899; — Rosenheim, *Zeit. anorg. Chem.*, **24**, 420, 1900; — Sachs, *Zeit. Kryst. Groth.*, **34**, 162, 1901].

Nitrilochloroosmiate de potassium, $OsAzCl^5K^2$. — En faisant agir l'acide chlorhydrique concentré sur l'osmiamate de potassium, Werner et Dinklage ont obtenu le corps $OsAzCl^5K^2$ [*D. chem. G.*, **34**, 2698, 1901.]

Nitrilobromoosmiates : $OsAzBr^4K + 2H^2O$. $OsAzBr^5(AzH^4)^2 + H^2O$; $OsAzBr^5Rb^2$; $OsAzBr^5Cs^3H$

[Werner et Dinklage. *D. chem. G.*, **39**, 499, 1906].

Osmylsels. — *Osmylchlorure de potassium.* — On prépare ce corps en faisant agir l'acide chlorhydrique sur l'osmyloxynitrite de potassium, ou en traitant l'osmiate de potassium par l'acide chlorhydrique, ou en oxydant le chloroosmiate de potassium par l'eau régale. Les cristaux obtenus par refroidissement d'une solution chaude et concentrée sont anhydres et ont pour formule $OsO^2Cl^4K^2$. Ceux qui se forment par évaporation d'une solution froide ont pour formule $OsO^2Cl^4K^2, 2H^2O$.

Osmylbromure de potassium, $OsO^2Br^4K^2, 2H^2O$.

Osmylchlorure d'ammonium, $OsO^2Cl^4(AzH^4)^2$.

Osmylbromure d'ammonium, $OsO^2Br^4(AzH^4)^2$ [Wintrebert, *Ann. Chim. Phys.*, (7), **28**, 86, 1903].

Osmylnitrite de potassium, $OsO^2(AzO^2)^4K^2$. — On l'obtient en réduisant le peroxyde d'osmium par le bioxyde d'azote en présence d'azotite de potassium, ou encore en ajoutant de l'azotite de potassium à une solution chaude et concentrée d'osmylchlorure de potassium [Wintrebert, *Ann. Chim. Phys.*, (7), **28**, 54, 1903].

Osmyloxalate de potassium, $OsO^2(C^2O^4)^2K^2, 2H^2O$. — Il se forme par l'action de l'acide oxalique sur une dissolution de peroxyde d'osmium dans la potasse.

Les autres osmyloxalates s'obtiennent par un procédé analogue ou par double décomposition. On a décrit l'*osmyloxalate d'ammonium*, l'*osmyloxalate de sodium*, l'*osmyloxalate de strontium*, l'*osmyloxalate de baryum*, l'*osmyloxalate anormal de baryum*, l'*osmyloxalate de magnésium*, l'*osmyloxalate d'argent* [Vèzes et Wintrebert, *Bull. Soc. Chim.*, (3), **27**, 569, 1902; — Wintrebert, *Ann. Chim. Phys.*, (7), **28**, 59, 1903].

Osmyloxysels. — *Osmyloxynitrite de potassium*, $OsO^3(AzO^2)^2K^2, 3H^2O$. — On met dans un flacon bouché à l'émeri une solution d'azotite de potassium et des cristaux de peroxyde d'osmium; au bout de quelques heures, il s'est formé des aiguilles brun noir d'osmyloxynitrite de potassium.

Les autres osmyloxynitrites se produisent par l'action des azotites sur le peroxyde d'osmium ou par double décomposition.

Osmyloxynitrite d'ammonium, $OsO^3(AzO^2)^2(AzH^4)^2$.

Osmyloxynitrite de sodium, $OsO^3(AzO^2)^2Na^2$.

Osmyloxynitrite d'argent, $OsO^3(AzO^2)^2Ag^2, H^2O$.

Osmyloxynitrite de strontium, $OsO^3(AzO^2)^2Sr, 3H^2O$.

Osmyloxynitrite de baryum, $OsO^3(AzO^2)^2Ba, 4H^2O$.

Osmyloxyoxalate de potassium, $OsO^3(C^2O^4)K^2, 2H^2O$. — Ce corps se forme dans l'action de l'oxalate neutre de potassium sur le peroxyde d'osmium.

Osmyloxychlorure d'ammonium, $OsO^3Cl^2(AzH^4)^2$.

Osmyloxybromure d'ammonium, $OsO^3Br^2(AzH^4)^2$. — On prépare ces deux corps en soumettant l'osmyloxynitrite d'ammonium à l'action ménagée d'une solution d'acide chlorhydrique ou d'acide bromhydrique [Wintrebert, *Ann. Chim. Phys.*, (7), **28**, 96, 1903].

Poids atomique. — Seubert a trouvé pour poids atomique de l'osmium 191 (O = 16) [*D. chem. G.*, **21**, 1839, 1888; *Lieb. Ann.*, 261, 257, 1891]. Ce nombre a été adopté par la Commission internationale des poids atomiques [Clarke, Moissan, Seubert et Thorpe, *Bull. Soc. Chim.*, **35**, 1, 1906].

Analyse. — L'osmium est séparé à l'état de peroxyde d'osmium: ce peroxyde est absorbé par une solution de soude avec laquelle il forme de l'osmiate de sodium; dans cette solution, l'aluminium précipite l'osmium qu'on lave, sèche et pèse [Leidié et Quenessen, *Bull. Soc. Chim.*, (3), **29**, 805, 1903; — Brizard, *Ann. Chim. Phys.*, (7), **21**, 318, 1900].

1er janvier 1907. Albert Bouzat.

OSMOSE (Voyez les articles Dialyse, Dict., I, 1144, et Diffusion, I, 1163). — Depuis la découverte de Dutrochet (le phénomène observé par Dutrochet l'avait d'ailleurs été déjà auparavant par différents expérimentateurs) [abbé Nollet, *Traité de Phys.*, F. Parrot, 1815; — N. W. Fischer, 1822-1827] et les études de Graham (1844-1862), l'osmose, au point de vue expérimental et théorique, a fait des progrès considérables, grâce à la découverte des membranes semi-perméables naturelles (Naegeli, Pfeffer, de Vries, etc.) ou artificielles (Traube, 1867).

Le phénomène observé par Dutrochet, et qu'il mesurait dans son *endosmomètre*, est en effet la résultante de deux actions dont l'une, l'*endosmose*, correspond au passage de l'eau plus rapide que celui du sel à travers la membrane contenant la dissolution saline employée et à l'élévation de niveau obtenue; l'*exosmose*, au contraire, correspond à l'abaissement de niveau constaté, quand la solution saline est à l'extérieur de la membrane et l'eau pure à l'intérieur. Avec les parois semi-perméables l'endosmose seule subsiste; l'eau passe seule à travers ces parois. Pour les premiers expérimentateurs l'osmose ne dépendait que de la nature, des propriétés physiques ou même chimiques de la paroi perméable; en réalité les phénomènes osmotiques ne dépendent presque exclusivement que des propriétés du liquide.

Membranes hémi- ou semi-perméables artificielles. — Leur préparation a été plus particulièrement étudiée par Pfeffer, qui les obtenait en provoquant dans la paroi d'un vase poreux un dépôt régulier de ferricyanure de cuivre. Pour obtenir une couche bien régulière, Pfeffer imprègne le vase poreux, parfaitement nettoyé, d'une solution de SO^4Cu à 3 0/0 par exemple, puis le lave un instant à l'eau distillée et l'essuie légèrement avec un papier buvard; le vase est ensuite rempli d'une solution étendue de ferrocyanure, et replacé dans la solution de sulfate de cuivre. Le précipité qui se forme doit former une couche mince adhérente et parfaitement continue sur la paroi interne du vase poreux et non pas dans cette paroi.

Il convient de remarquer, d'une part, que d'autres précipités peuvent constituer une paroi semi-perméable; c'est le cas par exemple de l'hydrate ferrique, du phosphate de chaux, de la silice, des silicates de Ni et Co, des ferrocyanures de Ni, Co, Zn, des cobalticyanures, etc.; et, de l'autre, qu'il n'y a pas de paroi présentant, d'une manière parfaite, les propriétés caractérisées par le mot semi-perméabilité.

Le vase poreux ainsi préparé est ensuite réuni par une monture convenable à un manomètre et constitue alors un osmomètre; le tube manométrique peut être droit, s'il s'agit de faibles pressions; pour les pressions élevées, il est coudé et renferme du mercure. H. N. Marx et J. C. W. Frazer [*Am. Chem. J.*, **28**, 1, 1902, et **29**, 173, 1903] sont parvenus à obtenir des membranes assez solides pour résister à des pressions dépassant 30 atmosphères.

Membranes semi-perméables naturelles. — H. de Vries [*Zeit. f. phys. Chem.*, **2**, 440, 1888] a montré que, pour effectuer des mesures relatives de pression osmotique, on pouvait utiliser certaines cellules végétales. La cellule végétale représente, en effet, un véritable osmomètre : la membrane cellulaire est l'analogue du vase poreux, elle est perméable à l'eau et aux sels, en général aux cristalloïdes. Elle remplit le rôle d'organe de soutien vis-à-vis de la membrane limitante du noyau cellulaire ou membrane plasmique, qui lui est adossée, et qui n'est perméable qu'à l'eau comme une membrane de ferrocyanure de cuivre. A l'intérieur elle renferme le suc cellulaire, solution de sels, de sucres et de substances diverses.

La cellule ainsi constituée, plongée dans une solution très diluée ou dans de l'eau pure, laisse pénétrer celle-ci, et l'eau appelée par osmose à l'intérieur gonfle la cellule et peut même faire éclater la membrane. Inversement, dans une solution saline concentrée, la cellule laisse passer son eau, elle s'affaisse et se flétrit.

Ces variations de volume de la cellule sont difficiles à observer, et c'est, en réalité, un autre phénomène qui permet d'effectuer des mesures. Ce phénomène est la *plasmolyse;* il correspond au décollement du sac protoplasmique qui se sépare de la membrane cellulaire, quand la cellule plongée dans une solution cède à celle-ci de l'air.

Si on plonge par suite la cellule dans une solution dont on augmente peu à peu la concentration, le moment où on constate la plasmolyse indique avec précision le moment où le liquide ambiant cesse d'être en équilibre osmotique avec le suc cellulaire. Le début de la plasmolyse indique ainsi le moment où il y a équilibre osmotique, *isotonie*, entre la solution cellulaire et le liquide ambiant.

On peut comparer ainsi les différentes solutions et déterminer pour une même cellule quelles sont les concentrations équivalentes, quelles sont les concentrations qui provoquent un commencement de plasmolyse.

Les cellules végétales employées doivent avoir un protoplasma coloré qui permette d'observer facilement le retrait de la masse colorée dans la liqueur claire. On emploie pour les solutions neutres de substances organiques les cellules de *Tradescantia discolor* ou celles de l'*Elodia canadensis*; pour les liqueurs acides les cellules de *Begonia manicata* ou de *Curcuma rubricandis*.

Les globules rouges du sang jouissent de propriétés analogues (Hamburger, *Zeit. f. phys. Chem.*, **6**, 319, 1890). La solution à étudier est agitée dans une éprouvette avec une ou deux gouttes de sang défibriné : selon que la pression osmotique de la solution est plus ou moins grande, deux phénomènes peuvent se produire : dans le premier cas les globules rouges cèdent leur couleur au liquide ; dans le second, ils tombent au fond du liquide incolore.

Les liquides qui sont à la limite, sous ce rapport, sont en équilibre osmotique, ils sont *isotoniques*.

Résultats expérimentaux des mesures de pression osmotique. — 1° *Influence de la concentration.* — On trouve qu'il y a proportionnalité entre la pression osmotique mesurée et la concentration. C'est la loi de Mariotte appliquée aux solutions ; les résultats suivants montrent l'exactitude obtenue :

Concentration en saccharose.	Pression osmotique mesurée en atmosphères.	Pression calculée.
1 0/0	0,664	0,665
2	1,336	1,330
4	2,739	2,742
6	4,046	4,050

2° *Influence de la température.* — On trouve ici que la loi de Gay-Lussac s'applique aux résultats obtenus, ainsi que le montrent les mesures suivantes, effectuées sur une solution de saccharose à 1 0/0 :

Température.	Pression osmotique de la solution.	Pression osmotique calculée.
6°,8	0,664 atm.	0,665
13°,7	0,691 —	0,681
14°,2	0,671 —	0,682
15°,5	0,684 —	0,686
22°,0	0,721 —	0,701
33°,0	0,716 —	0,725
36°,0	0,746 —	0,733

On voit ainsi, et pour un grand nombre d'autres mesures effectuées sur diverses solutions, que les lois de Mariotte et de Gay-Lussac peuvent s'appliquer aux solutions.

L'étude des solutions isotoniques autorisa Van't Hoff à pousser plus loin encore l'analogie en montrant que les solutions des substances organiques étudiées par de Vries étaient isotoniques, quand elles contenaient le même nombre de molécules dans le même volume de solvant. La loi d'Avogadro pouvait alors s'appliquer aux solutions, et pour terminer l'assimilation, il suffisait de montrer que dans la formule générale des gaz

$$pv = RT$$

on retrouvait, en remplaçant p par la pression osmotique et v par le volume contenant en dissolution une molécule gramme, la même valeur de R que pour les gaz.

Le calcul effectué sur le résultat d'une expérience fournie par une solution de saccharose à 1 0/0 et 0° donne les résultats suivants :

$p = 49^{cm},3$ de mercure $= 49,3 \times 13,56 \times 981^{\circ}$ dynes.

$v = 34200^{cm^3}$

$T = 273$

$$R = \frac{49,3 \times 13,56 \times 981 \times 34200}{273} = 8,25 \times 10^7$$

en unités C. G. S.

C'est la même valeur que pour un gaz ; l'assimilation est donc permise et peut s'exprimer par l'énoncé suivant :

La pression osmotique d'une solution étendue a la même valeur que la pression qu'exercerait le corps dissous, s'il occupait à l'état de gaz un volume égal à celui de la dissolution.

Mesures indirectes de la pression osmotique. — La mesure directe des pressions osmotiques au moyen des parois semi-perméables est une opération délicate ; elle ne peut par suite être utilisée dans la pratique pour la détermination des poids moléculaires, et celle-ci s'effectue par des procédés indirects au moyen des mesures d'élévation du point d'ébullition (Ebullioscopie, voyez 2° Suppl., **3**, 358), des mesures de tension de vapeur (Voyez l'article Tonométrie) ou des mesures d'abaissement du point de congélation (Cryoscopie, voyez 2° Suppl., **2**, 1468).

Ces phénomènes se relient d'une manière très simple à la pression osmotique. On montre, en effet, que la pression osmotique d'une solution P est proportionnelle à la diminution de tension de vapeur du dissolvant (Pour le calcul, voyez J. N. Van't Hoff, *Leçons de Chimie physique*, 2° partie, 39, 1899) ; il en est de même, par suite, pour l'élévation du point d'ébullition. Pour l'abaissement du point de congélation, on peut également montrer que ses lois peuvent se ramener aux lois de la pression osmotique.

Exceptions aux lois de la pression osmotique. — Les corps qui, en solution aqueuse, font exception aux lois de la pression osmotique, appartiennent tous à la classe des électrolytes et l'hypothèse de la dissociation électrolytique (2ᵉ Suppl., 3, 286) permet de se rendre compte des anomalies observées.

THÉORIES DE LA SEMI-PERMÉABILITÉ. — Pour expliquer les propriétés des membranes semi-perméables, on a donné un grand nombre de théories basées les unes sur une sorte de tamisage moléculaire, les autres sur la solubilité de la substance qui diffuse dans la matière constituant la paroi. La première théorie, séduisante par sa simplicité, n'est vérifiée que dans certains cas particuliers.

Les cellules du rein laissent, en effet, passer les corps à poids moléculaire faible et arrêtent les grosses molécules du sucre et de l'albumine : mais il n'en est plus de même pour l'ectoplasme des globules rouges du sang, qui laisse passer l'urée, tout en étant imperméable aux sels de soude du plasma sanguin.

Les faits n'ont pas mieux confirmé la théorie de Ostwald qui attribuait à la membrane la faculté d'arrêter un corps, pourvu qu'elle arrête ses ions ou même l'un d'eux.

La théorie la plus féconde en résultats paraît être celle de Nernst qui considère la membrane semi-perméable comme un corps colloïdal imbibé d'eau. Celle-ci peut s'échapper de la membrane par évaporation, et l'on admet que la tension de vapeur de l'eau dans ces conditions est très voisine de celle de l'eau pure. Comme les corps dissous abaissent la tension de vapeur de l'eau, la force élastique de celle-ci sera moindre du côté de la membrane où se trouve le sel dissous. Il y aura par suite passage de l'eau de ce côté, distillation pour ainsi dire, et le mouvement se continuera jusqu'à ce que la tension de vapeur soit la même des deux côtés de la membrane. La conception de Nernst paraît être celle qui s'adapte le mieux aux faits observés.

BIBLIOGRAPHIE. — *Articles généraux.* — Nernst, *Theoretische Chemie*, 8ᵉ édit., 1903, 133, 148, 351, 693, etc.). — Ostwald, *Lehrbuch der allgemeinen Chemie*, 1, 651, 703, 1890. — Traube, *Grundriss der physikalischen Chemie*, 158, 177, 222, 324, etc., 1904. — Reychler, *Les Théories physico-chimiques*, 3ᵉ édit., 186, 421, 1903. — Dastre, dans *Traité de Physique biologique*, 1, 466, 686, 1901. — Jamin et Bouty, *Cours de physique*, (2), 1, 91, 96, 1891. — Bouty, *Cours de physique*, 2ᵉ Suppl., 62, 80, 1896.

Mémoires. — Traube, *Arch. f. Anatomie u. Physiologie*, 87, 1867. — Pfeffer, *Osmotische Untersuchungen*, Leipzig, 1888. — J.-H. van't Hoff, *Z. f. Ph.*, 1, 481, 1887. — H. de Vries, *Pringheims Jahrbücher*, 14, 427, 1884; *Z. Ph. Ch.*, 2, 415, 1888 et 3, 103, 1889. — G. Tammann, *Wied. Ann.*, 34, 299, 1888. — Donders et Hamburger, *Onderz. Physiol. Lab. Utrecht*, (3), 9, 26. — Van't Hoff, *Z. Ph. Ch.*, 1, 411, 1887.

Voir en outre pour la Bibliographie des points particuliers, les tables du *Zeit. phys. Chem.*

C. Marie.

OSMOSE ÉLECTRIQUE. — Ce phénomène connu depuis très longtemps (Reuss, 1807) a pris une importance particulière avec les applications grandissantes de l'Électrochimie. Le fait fondamental est le suivant : coupons un électrolyseur en deux parties par un diaphragme, une plaque poreuse par exemple ; nous constaterons au bout d'un certain temps que le niveau du liquide s'est élevé du côté cathodique et inversement. Ce changement de niveau, qui fait penser aux phénomènes de l'osmose ordinaire, correspond en réalité à un phénomène complètement différent.

Pour des conditions expérimentales déterminées, on constate que la dénivellation croît jusqu'à une limite déterminée, puis demeure constante ; cette limite est atteinte quand la pression hydrostatique est suffisante pour contrebalancer les effets de l'osmose électrique.

Soit H la différence des niveaux ; G. Wiedemann a montré que l'on avait :

$$H = k\frac{I \cdot \rho \cdot d}{S}.$$

Dans cette expression I est l'intensité, ρ la résistance spécifique du diaphragme, d l'épaisseur du diaphragme, et S sa section.

$\frac{\rho d}{S}$ représente la résistance totale R du diaphragme, et IR la chute de potentiel E existant entre ces deux faces ; par suite :

$$H = k\ E$$

Étant donné qu'on peut assimiler un diaphragme à un système de capillaires, on a été conduit à étudier le phénomène dans ces tubes capillaires eux-mêmes, et G. Quinke a ainsi constaté l'influence considérable exercée par la nature de la paroi sur l'électroosmose, influence due à l'action réciproque des deux substances constituant la paroi et le liquide.

Cette influence peut se mettre en évidence si on permet à la matière constituant le diaphragme d'obéir librement à l'action du courant. On y arrive simplement en la répartissant en poudre fine dans le liquide.

On constate alors les phénomènes connus depuis fort longtemps sous le nom de *cataphorèse* et qui se manifestent par l'accumulation de la matière solide à un pôle et l'éclaircissement du liquide à l'autre (en général la cathode).

Pour expliquer ces faits, Quincke admet que dans un tel système hétérogène les constituants sont chargés électriquement ; quand l'ensemble est soumis à une différence de potentiel, il se produit des actions électrostatiques, le constituant positif se déplace vers la cathode et inversement. On constate ainsi par exemple que l'argile en suspension dans l'eau se déplace vers l'anode et de même pour un nombre considérable de substances les plus différentes.

Au point de vue quantitatif, l'importance du phénomène de déplacement du solide et du liquide est, comme nous l'avions dit précédemment, directement proportionnelle à la chute du potentiel ; il y a donc ici avantage à l'augmenter le plus possible par unité de longueur. Dans les applications pratiques de l'électroosmose il y a donc avantage à employer un liquide dont la résistance spécifique soit élevée, tout en n'oubliant pas que, l'intensité ayant aussi son importance, il convient de ne pas la diminuer au delà de toute limite.

Comme il est nécessaire que le courant passe dans le liquide, l'électroosmose s'accompagne toujours d'un transport électrolytique de matière réglé par la loi de Faraday ; mais les quantités de substance transportées par l'électroosmose même sont réglées par des relations beaucoup plus complexes et encore mal connues.

Dans le cas d'un diaphragme, d'une paroi poreuse, le phénomène est alors le suivant : Le diaphragme placé dans le circuit dans une solution aqueuse se charge négativement, pendant que dans ses canalicules la solution se charge positivement. La solution étant libre se déplace vers la cathode, et le diaphragme étant fixé ne peut que permettre l'élévation du liquide du côté cathodique.

L'excès de pression hydrostatique qui est la conséquence de ce mouvement tend à provoquer un écoulement inverse du liquide, mouvement qui s'effectue par l'axe des canalicules, pendant que sur leurs parois c'est le courant électroosmotique qui s'effectue.

De la valeur de la chute de potentiel dans le

diaphragme dépend celle que peut atteindre la pression hydrostatique qui doit compenser la pression électrostatique existante.

Dans le cas d'une suspension d'argile soumise à l'électrolyse, l'accumulation de l'eau ne peut plus s'effectuer; le phénomène ne se manifeste que par le rassemblement des particules solides du côté de l'anode.

Au point de vue théorique on n'a pu encore donner la cause réelle de ces phénomènes, et on n'a pu que trouver certaines relations empiriques parmi lesquelles on peut citer plus particulièrement l'influence de la constante diélectrique du liquide. Cœhn a montré que les corps se chargent positivement par le contact avec les corps de constante diélectrique plus faible.

Les nombres du tableau suivant montrent ainsi qu'étant donnée la constante diélectrique élevée de l'eau, l'immense majorité des corps en suspension se déplacent dans son sein vers l'anode; dans l'essence de térébenthine ce serait l'inverse.

Constante diélectrique à 18°.

Liquides.		Solides.	
Eau	80	Diamant	76,2
Alcool méthylique	32	Topaze	6,56
— éthylique	26,1	Cristal de roche	4,5
Aniline	7,3	Spath d'Islande	8 à 8,5
Chloroforme	5,0	Mica	4 à 8
Ether	4,35	Verre	4 à 7
Sulfure de carbone	2,58	Gomme laque	2,8 à 3,7
Benzène	2,29	Soufre	2 à 4
Essence de térébenthine	2,23	Caoutchouc durci	2 à 3

Les colloïdes et l'osmose électrique. — Les colloïdes se comportent au point de vue qui nous intéresse comme les suspensions de particules solides. On les divise à ce point de vue en *colloïdes négatifs* qui se rendent à l'anode, et en *colloïdes positifs* qui se rendent à la cathode. Les métaux, les sulfures métalliques, la silice, le tannin, l'amidon, la gélatine, l'indigo appartiennent au premier groupe; l'hydrate de fer, celui de cadmium, le violet de méthyle, le violet d'Hoffmann, l'hémoglobine appartiennent au second.

La réaction du milieu intervient cependant dans ces phénomènes et peut modifier le sens du déplacement. C'est ainsi par exemple que l'albumine se déplace vers la cathode en solution acide, et vers l'anode en solution alcaline, et de même pour un grand nombre de suspensions comme les oxydes de nickel, de zinc, le chlorure de chrome violet, etc. (Perrin).

Les mots colloïdes négatifs et positifs n'ont donc qu'un sens relatif; il convient de spécifier la nature du milieu liquide.

Les propriétés du milieu interviennent d'ailleurs d'une manière constante dans les questions de précipitation des colloïdes; de même toutes les actions susceptibles de modifier les propriétés diélectriques de ce milieu. Pour le développement de ces théories récentes voyez particulièrement les mémoires de J. Perrin, V. Henri, A. Muller, G. Bredig, etc.

Applications pratiques de l'osmose électrique. — On conçoit que l'accumulation de l'eau d'une part, de la matière en suspension de l'autre, puisse recevoir une application industrielle pour la dessiccation partielle de pâtes imbibées d'eau. Les recherches récentes de B. Schwerin ont montré que pour l'alizarine on pouvait éliminer ainsi une grande quantité de l'eau contenue dans la pâte industrielle; mais cette application rencontre encore des difficultés dues au dégagement inévitable de gaz sur l'électrode même où le solide doit se déposer.

Le problème paraît au contraire complètement résolu pour certaines tourbes extrêmement divisées qui se présentent en amas considérables dans beaucoup d'endroits, en Bavière, en Irlande, etc., et qui contiennent de 85 à 90 0/0 d'eau. Leur dessiccation relative par compression est impossible, et de même l'évaporation de l'eau à l'air.

L'osmose électrique permet au contraire une déshydratation suffisante. On peut éliminer ainsi 50 à 60 0/0 de l'eau contenue, et amener la matière à un degré de solidité suffisante pour que la dessiccation finale à l'air devienne possible. On obtient ainsi un combustible contenant encore 20 à 25 0/0 d'eau et possédant un pouvoir calorifique de 4000-4500 calories. De plus ce combustible est extrêmement pauvre en soufre.

L'énergie électrique nécessaire est très faible, le courant pouvant ainsi transporter une quantité d'eau extraordinairement élevée (5000 fois au moins la quantité d'eau qu'il pourrait décomposer). Pour 1 kg. de matière traitée il suffit ainsi de 60 watts-heures (= 51 calories); on conçoit par suite l'économie du procédé dont l'exploitation en grand est déjà réalisée à l'heure actuelle.

L'osmose électrique est susceptible de jouer un rôle important dans les phénomènes du tannage (Fölsing); cependant les résultats obtenus à l'heure actuelle ne sont pas encore définitifs.

BIBLIOGRAPHIE. — G. Bredig, Compte rendus du 5e Congrès international de Chimie appliquée, 1903, vol. IV; p. 643 [*Z. f. Elek.*, 9, 738, 1903]; — G. Wiedemann, *Pogg. Ann.*, 87, 321, 1852; — G. Quincke, *Pogg. Ann.*, 113, 578, 1861; — V. Helmholtz, *Wied. Ann.*, 7, 337, 1877; — G. Quincke, *Pogg. Ann.*, 107, 1, 1859 et 110, 38, 1860; — A. Cœhn, *Wied. Ann.*, 64, 217, 1898; — A. Lottermoser, *Colloïdes anorganiques*, Stuttgard; — A. Muller (Bibliographie des colloïdes); *Zeit. anorg. Ch.*, 39, 122, 1904; — Bredig, *Anorganische Fermente*, Leipzig; — V. Henri, A. Mayer et Stodel, *C. R. de la Soc. de Biologie*, 55, 1613 et 1666, 1903; — J. Perrin, *C. R.*, 136, 1441 et 137, 513, 1903; *Journ. Chim. Phys.*, 2, 601, 1904; — V. Henri et A. Mayer, *C. R.*, 138, 521, 1904; — Comte B. Schwerin, *Z. f. Elektrotechnik*, 9, 739, 1903; D. R. P. 124509, 124510, 128085, 131932, 150069; — Th. Körner, *Handbuch der angewandten physikalische Chemie, die Kolloïde*; — F. Fœrster, *Elektrochemie wässeriger Losungen*, 91-96, 1905.

C. Marie.

OSOTÉTRAZONES. — Voyez OSAZONES.

OSOTRIAZOLS, OSOTRIAZONES. — Voy. PYRRODIAZOLS.

OSSÉINE. — Voyez OSSEUX (TISSU).

OSSEUX (TISSU). — Le tissu osseux se compose de cellules et d'une substance fondamentale. On ne sait rien sur la composition chimique des cellules, sinon qu'elles n'abandonnent pas de gélatine à l'eau bouillante [Hammarsten, *Physiol. Chem.*, 5e éd., Wiesbaden, 367, 1904]. La substance fondamentale est formée par l'association de *matières minérales* avec une substance organique, l'*osséine* (voy. Dict., 2, 664), que l'ébullition prolongée avec l'eau transforme en *gélatine* (voy. Dict., 1, 1552; 1er Suppl., 860 et 2e Suppl., 4, 647). On a encore signalé dans les os la présence d'un *osséomucoïde*, analogue au chondromucoïde (voy. 2e Supp., au mot CHONDROGÈNE, 1106 et 1107) et d'un *osséo-albumoïde* qui n'est ni une kératine, ni une élastine [Hawk et Gies, *Amer. Journ. of physiol.*, 5, 387, 1901 et 7, 340, 1902; — Gies, *ibid.*, 8, 13, 1902; — Seifert et Gies, *ibid.*, 10, 146, 1903]. On trouve aussi dans les os du glycogène [M. Händel, *Arch. de Pflüger*, 92, 104, 1902] et des quantités très variables de graisses, abondantes surtout dans les os spongieux.

En ce qui concerne l'*osséine*, nous ajouterons que l'hydrolyse de ce corps par l'acide sulfurique à 40 0/0 et à chaud a donné de la leucine, de la tyrosine, du glycocolle et un acide azoté complexe $C^{14}H^{35}Az^{2}O^{15}$ (*bos-ostéoplasmide*) [Etard, *Ann. Inst. Pasteur*, **15**, 398, 1904]. Chaque espèce animale paraît posséder une osséine qui lui est propre, car on peut d'après Schütze [*D. med. Woch.*, 1903, 62] distinguer des os humains d'avec des os d'animaux au moyen de la réaction des précipitines.

La *composition quantitative des os* est très variable selon que l'on s'adresse à des parties plus spongieuses ou plus compactes. Chez un même chien Schrodt a trouvé que l'eau varie de 138 à 443 0/00, et soit de 138 à 222 0/00 pour les extrémités et le crâne, de 168 à 443 0/00 pour la colonne vertébrale et de 324 à 356 0/00 pour les côtes. Les matières organiques ont oscillé entre 150 et 300 0/00, les matières minérales entre 290 et 563 0/00, la graisse entre 13-175 (os courts et petits) et 256-269 0/00 (os longs) [Schrodt, *Landw. Versuchsst.*, **19**, 349, 1876]. Les anciennes analyses de von Bibra, Frerichs, Heintz, Frémy, se trouvent réunies dans A. Gautier [*Chim. biol.*, 2ᵉ éd., Paris, 305, 1897], celles de Zaleski dans Gorup-Besanez [*Chim. physiol.*, trad. franç. de Schlagdenhauffen, Paris, 1880, **2**, 109]. Plus récemment Hülsen [*Jahresb. de Maly*, **26**, 472, 1896] a fait un certain nombre de déterminations portant sur la densité, la teneur en eau, les matières organiques et minérales chez divers animaux. Les os humains contiennent en moyenne pour 1000 parties, eau 500, graisse 157, osséine 124, matières minérales 218 parties.

Les *matières minérales* telles qu'elles se présentent sous la forme de cendres d'os ont la composition suivante (fémur d'homme, corps et tête) : phosphate de calcium 87,45-87,47 ; phosphate de magnésium 1,57-1,75 ; fluorure de calcium 0,35-0,37 ; chlorure de calcium 0,23-0,30 ; carbonate de calcium 10,18-9,23 ; oxyde de fer 0,10-0,13 0/0 [A. Carnot, *C. R.*, 114, 1189, 1892]. Pour un grand nombre d'autres analyses, voy. les mémoires de S. Gabriel [*Zeit. physiol. Chem.*, **18**, 257, 1893], de Harms [*Zeit. f. Biol.*, **38**, 487, 1899], de Jollbauer [*ibid.*, **41**, 487, 1901, et **44**, 259, 1902], de Fr. During [*Zeit. physiol. Chem.*, **23**, 321, 1897]. Le mémoire de Gabriel contient l'exposé d'une méthode nouvelle pour la séparation des matières minérales de l'os (méthode à la glycérine potassée). La composition des matières minérales de l'os varie naturellement selon les conditions physiologiques et notamment avec l'âge [L. Grafenberger, *Landw. Vers. Stat.*, **39**, 115, 1891 ; — Ussow et Disselhorst, *Landw. Zeitung*, **51**, 178, 206 et 239, 1902] ; avec le genre de vie (lapins sauvages ou domestiques) [Weiske, *Landw. Vers.-Stat.*, **46**, 233, 1895], avec la rapidité de croissance [Weiske, *ibid.*, **43**, 475, 1893], avec l'alimentation (voy. plus loin). Pour la composition des os fossiles ou des os de momies voy. Carnot [*C. R.*, **114**, 1189 et 1005, 1892] ; A. Gautier [*Chim. biol.*, 2ᵉ éd., Paris, 306, 1897] ; J. M. van Bemmelen [*Zeit. anorg. Chem.*, **14**, 84 et 90, 1897] ; Thézard [*C. R.*, **120**, 1126, 1895].

La cendre d'os contient aussi une petite quantité d'acide sulfurique et de sels alcalins. L'acide sulfurique (de 0,01 à 0,03 de SO^3 0/0), qui provient de l'acide chondroïtine-sulfurique (voy. dans le 2ᵉ Suppl., le mot CHONDROGÈNE) ne peut être dosé exactement qu'en pratiquant l'incinération à la lampe à alcool, à cause de la teneur en soufre du gaz d'éclairage [C. Th. Mörner, *Zeit. physiol. Chem.*, **23**, 311, 1897 ; — Bielfeld, *ibid.*, **25**, 350, 1898]. Quant aux sels alcalins (de K et de Na), ils proviennent réellement d'après Gabriel [*loc. cit.*] et H. Aron [*Arch. de Pflüger*, **106**, 91, 1904] de la substance osseuse, à laquelle ils adhèrent si intimement que l'eau bouillante ne les dissout pas.

En ce qui concerne la *constitution de la partie minérale* de l'os, il faut remarquer que si l'on ne tient pas compte du fluor, ni du chlore, qui réunis ne dépasseraient pas 1 à 1,7 0/0 du poids des cendres, le reste des éléments de la terre osseuse répond à la formule :

$$6[(PO^4)^2Ca^3], 2CaCO^3 + 3H^2O$$

ou

$$Ca^{20}P^{12}O^{18}(2CO^3) + 3H^2O,$$

c'est-à-dire une combinaison de 6 molécules de phosphate tribasique de chaux avec 2 molécules de carbonate calcique et 3 molécules d'eau [Aeby, *J. prakt. Chem.*, nouv. suite, **5**, 169 et 308, 1872]. Cette constitution a la plus grande analogie avec celle de l'apatite ou fluophosphate de chaux naturel, $Ca^{20}P^{12}O^{18}(F, Cl)$, avec cette différence que dans la terre osseuse une partie du fluor et du chlore de l'apatite est remplacée, suivant A. Gautier, par le radical CO^3. La formule de la matière minérale de l'os devient donc $Ca^{20}P^{12}O^{18}(CO^3, F, Cl, I)$, les radicaux entre parenthèses pouvant se remplacer en proportions quelconques et réciproquement [A. Gautier, *Cours de chim. biol.*, 2ᵉ éd., Paris, 1897, 305. — Voyez aussi Gabriel, *Zeit. physiol. Ch.*, **18**, 257, 1893].

Les matières minérales sont si bien unies à l'osséine que même les plus forts grossissements ne montrent aucun dépôt minéral. Cette liaison paraît avoir, au moins en partie, un caractère chimique (A. Gautier). Les épiphyses d'os longs, réduites en poudre et introduites dans une solution de chlorure de calcium, fixent de la chaux, tandis que la teneur du liquide en chlore ne varie que très peu [M. Pfaundler, *Münch med. Woch.*, 1903, 1577 ; *Jahrb. f. Kinderheilkunde*, **60**, 123, 1904. — Ce mémoire contient une bibliographie des travaux sur la calcification des tissus]. On est d'ailleurs très mal renseigné sur les conditions chimiques de l'ossification. On a essayé d'en suivre les progrès à l'aide de colorants donnant avec les sels de chaux des combinaisons de couleurs diverses [Grandis et Mainini, *Att. Ac. Lincei*, (5), **9**, Sc. fis., I, 280, 1900]. On doit à Chabrié d'intéressantes expériences et une ingénieuse théorie sur la production de la substance fondamentale de l'os aux dépens du cartilage et sur le mécanisme de la calcification, mais dont le détail ne peut être reproduit ici [C. Chabrié, *C. R.*, **120**, 1226, 1895 ; *Les phénomènes chimiques de l'ossification*, Paris, 1895]. On a étudié aussi la composition des cendres du cartilage dans ses rapports avec l'ossification [Grandis et Capello, *Arch. p. l. Scienze med.*, **26**, 175, 1902].

On a essayé de pénétrer dans la physiologie du tissu osseux en étudiant l'action de l'inanition. La perte du poids au moment de la mort par inanition est d'environ 14 à 17 parties pour 100 parties d'os frais [Chossat, *Mém. de l'Institut*, **8**, 438, 1843 ; — Bidder et Schmidt, *Die Verdauungssäfte u. der Stoffwechsel*, Mittau et Leipzig, 1852, 327 ; — C. Voit, *Physiol. d. Stoffwechsels*, in *Hermann's Handb. d. Physiol.*, **6**, I, 95, 1881]. Pour E. Voit, qui a réuni et critiqué toutes les déterminations faites avant lui, la perte n'est en réalité que de 5 0/0 [*Zeit. f. Biol.*, **46**, 167, 1904]. Pendant l'inanition, la relation entre le phosphate de chaux et l'osséine reste la même ; la densité, le poids total, le volume diminuent, et la porosité augmente

[Gusmitta. *Jahresb. de Maly*. **24**, 400, 1894; — H. Weiske, *Zeit. physiol. Ch.*, **22**, 495, 1897; Sedlmayer, *Zeit. f. Biol.*, **37**, 25, 1898]. Voyez aussi les constatations faites par le moyen de l'analyse des urines sur le jeûneur professionnel Cetti, par la Commission de Berlin, chargée de suivre cette expérience [I. Munk, *Berl. klin. Woch.*, 1887, n° 27], résultats vérifiés ensuite par Munk, sur une chienne [*Arch. de Pflüger*, **58**, 329, 1894]. Sur la composition de la moelle osseuse chez le lapin après inanition, voyez le travail de Roger et Josué [*Soc. de Biol.*, **52**, 419, 1900].

Le squelette peut fixer des quantités considérables de fluor (en NaF jusqu'à 59^{gr},9, chez un chien, sur 402^{gr},9 ingérés en plus d'un an et sur 72^{gr},6 fixés par l'organisme) [Brandl et Tappeiner, *Zeit. f. Biol.*, **28**, 518, 1892]. Il fixe aussi de la magnésie ou de la strontiane, mais celles-ci ne remplacent pas physiologiquement la chaux, car lorsqu'on donne parallèlement à des lapins une alimentation riche en acide phosphorique, mais pauvre en chaux, et additionnée de carbonate de chaux ou de magnésie ou de strontiane, les animaux à la strontiane ou à la magnésie fixent à la verité ces deux terres dans leurs os, mais leur squelette n'en reste pas moins très en retard par rapport à celui des animaux ayant reçu de la chaux [H. Weiske, *Landw. Vers.-Stat.*, **46**, 233, 1895].

On peut agir sur la composition des os en modifiant l'alimentation. Lorsque celle-ci apporte des quantités insuffisantes de chaux les os deviennent légers et cassants [Ferrier, *Soc. de Biol.*, **52**, 886, 1900; — E. Voit, *Zeit. f. Biol.*, **16**, 55, 1880; — O. Kellner, A. Köhler et F. Bernstein, *Jahresb. de Maly*, **25**, 528, 895 ou en général présentent des altérations, surtout chez les jeunes animaux [S. Miwa et W. Stoeltzner, *Beitr. z. path. Anat. u. allg. Path.*, **24**, 578, 1898]. En ajoutant aux aliments du mouton ou du lapin de l'acide sulfurique étendu ou du phosphate monopotassique, et en choisissant en même temps des aliments ne fournissant pas de cendres alcalines, Weiske a pu enlever de la chaux au squelette de ces animaux [*Landw. Vers.-Stat.*, **39**, 17 et 241, 1891]. Pour les effets de l'acide lactique, voyez Heitzmann [*Jahresb. de Maly*, **3**, 229, 1870], E. Heiss [*Zeit. f. Biol.*, **12**, 151, 1876] et Baginski [*Arch. de Virchow*, **87**, 301, 1882]. Weiske a pu de même appauvrir le squelette en chaux en nourrissant pendant longtemps des lapins avec de l'avoine, aliment dont les cendres sont acides et qui donne chez le lapin une urine acide. L'addition de carbonate de calcium corrige l'influence nuisible de cette alimentation [H. Weiske, *Landw. Vers.-Stat.*, **39**, 17 et 241 et **40**, 81, 1891]. Ces résultats et la présence d'acide lactique dans les urines et les os des ostéomalaciques ou des rachitiques ont conduit à admettre que c'est cet acide qui est dans ces deux affections l'agent pathogène. Mais les observations de M. Levy [*Zeit. physiol. Ch.*, **19**, 239, 1884] qui a trouvé le rapport $6PO^4 : 10Ca$ des os normaux exactement conservé dans les os ostéomalaciques, ne sont pas favorables à cette hypothèse. Voyez aussi Galimard et Kœnig [*Journ. de Chim. et de Pharm.*, (6), **21**, 352, 1905]. Le rachitisme ne paraît pas dû non plus à un apport insuffisant de chaux alimentaire [Pfaundler, *Münch. med. Woch.*, 1903, 1577, et *Jahrb. f. Kinderheilk.*, **60**, 123, 1904]. Dans un cas d'ostéomalacie, Chabrié a trouvé dans un os 417 0/00 d'acide phosphorique, 222 0/00 de chaux, 269 0/00 de magnésie et 86 0/00 d'acide carbonique, soit donc, fait remarquable, plus de magnésie que de chaux [C. Chabrié, *Les phénomènes chimiques de l'ossification*, Paris, 1895, 65].

On a étudié encore l'action sur le squelette d'un grand nombre d'autres agents. La lécithine favorise le développement du squelette [Desgrez et Aly Zaky, *Soc. de Biol.*, **54**, 501, 1902]; le mercure produirait, au contraire, une action décalcifiante [Sabbattini, *Chem. Centralbl.*, 1896, **1**, 721]; la castration avant la puberté provoque un allongement plus considérable des membres inférieurs [E. Pittard, *C. R.*, **139**, 571, 1904]; la nécrose phosphorée modifie peu la composition de la partie minérale; seul l'extrait éthéré est augmenté [Th.-R. Offer, *Jahresb. de Maly*, **29**, 435, 1899].

On sait que les os résistent très longtemps à la putréfaction. La manière dont s'opère finalement la destruction de ce tissu sous l'influence des bactéries a été étudiée par Stoklasa [*Beitr. chem. Physiol. u. Pathol.*, **3**, 322, 1903]. Pour la destruction des os en toxicologie, voyez Denigès [*Bull. Soc. Chim.*, (3), **25**, 945, 1901].

1er janvier 1906. E. Lambling.

OSTHINE. — Outre la peucédanine, l'oxypeucédanine et l'ostruthine (voyez ces mots), les Annales de Merk de 1895 signalent la présence, dans la racine d'imperatoire, d'un nouveau corps, l'osthine $C^{13}H^{16}O^{5}$, fondant à 199-200°, insoluble dans l'eau, soluble dans l'alcool faible et donnant des *dérivés mono* et *diacétylés*.

Janvier 1907. A. Hébert.

OSTRUTHINE. — (Voyez 1er Suppl., 1106). Jassoy, reprenant les recherches de Gorup Besanez [*Arch. Pharm.*, **28**, 544, 1890] a obtenu l'ostruthine incolore, inodore, insipide, électrisable, fondant à 119°, répondant à la formule $C^{18}H^{20}O^{3}$; elle ne renferme pas de groupe méthoxyle. Il a obtenu et analysé les *dérivés acétylé*, *propionylé* et *isobutyrylé*, ainsi qu'un *chlorhydrate* à 2HCl. La bromuration en présence d'un excès de bicarbonate de sodium solide paraît donner un *tribromure* ou un *bromhydrate de dibromure*.

L'ostruthine réduit le nitrate d'argent ammoniacal, mais on n'a pu préparer le dérivé hydrazinique. Janvier 1907. A. Hébert.

OSYRITRINE. — Voyez MYRTICOLORINE.

OTAVITE (Min.) (O. Schauder). — Carbonate basique de cadmium renfermant 61,5 0/0 de métal (ne serait-ce pas du carbonate neutre [65,2 0/0 de Cd], renfermant du zinc, CO^3[Cd, Zn], car CO^3Cd est rhomboédrique comme CO^3Zn?); croûtes cristallines blanches à rouges, éclat subadamantin, en petits rhomboèdres de 80°, avec minéraux variés dans la zone d'oxydation des dépôts de cuivre d'Otavi, possession allemande de l'Afrique sud-ouest. L. Bourgeois.

OUABAÏNE. — Hardy et Gallois publièrent pour la première fois en 1877 [*Bull. Soc. Chim.*, (2), **27**, 247; *C. R.*, **34**, 261, 1877] une observation sur la matière active du *Strophantus hispidus*, plante grimpante de la famille des Apocynées, vulgairement connue sous le nom d'inée, onaye, gombi, poison des Pahouins, et séparèrent des graines un principe toxique très actif qu'ils appelèrent strophantine et qui agissait sur le cœur. Quelques années plus tard, Arnaud signala dans le poison à flèches des Somalis, extrait du bois d'ouabaïo [*Bull. Soc. Chim.*, (2), **49**, 451, 1888; *C. R.*, **106**, 1011, 1888] une matière cristallisée qu'il appela ouabaïne. Cette substance ne renferme pas d'azote, est soluble dans l'eau et l'alcool, surtout à chaud, très toxique, agissant aussi sur le cœur. Le même principe fut retrouvé dans le *Strophantus glaber* du Gabon [Arnaud, *C. R.*, **107**,

1162, 1888]. Le même auteur isola des semences du *Strophantus Kombé* un autre corps cristallisé auquel il conserva le nom de strophantine, qui lui avait été donné par Hardy et Gallois.

L'*ouabaïne* se prépare en déféquant par l'acétate de plomb et l'hydrogène sulfuré l'extrait aqueux des plantes et en le traitant par l'alcool après concentration ; le rendement est de 3 grammes par kilogramme de bois d'ouabaïo. Elle cristallise en lames rectangulaires nacrées, fondant d'une façon peu nette entre 180 et 200°, possédant un pouvoir rotatoire $[\alpha]_D = -30°,6$, dédoublable par les acides étendus avec formation d'un sucre réducteur. Elle a pour formule $C^{30}H^{46}O^{12}$.

L'ouabaïne peut former 3 hydrates, à la température ordinaire, vers 30° et vers 60°, à 9, 4 et 3 molécules d'eau ; hydrolysée par les acides étendus, elle donne du rhamnose et une résine rouge qui est un produit de polymérisation du second produit de dédoublement ; la formule de ce dédoublement est la suivante :

$$C^{30}H^{46}O^{12} + H^2O = C^6H^{12}O^5 + C^{24}H^{36}O^8$$

[Arnaud, *C. R.*, **126**, 346, 1208, 1898].

L'ouabaïne, traitée par l'anhydride acétique et le chlorure de zinc, fournit une *heptacétine* $C^{30}H^{37}(C^2H^3O)^7O^{11}$ [Arnaud, *C. R.*, **126**, 1654, 1898]. L'acide nitrique concentré transforme l'ouabaïne en acide oxalique, carbonique et en dérivés nitrés $C^{23}H^{28}Az^{12}O^{10}$ et $C^{23}H^{25}(AzO^2)O^6$ [Arnaud, *C. R.*, **126**, 1873, 1898].

La *strophantine* du *Strophantus Kombé* a été extraite par Arnaud [*C. R.*, **107**, 179, 1888], en déféquant au sous-acétate de plomb et à l'hydrogène sulfuré l'extrait alcoolique des graines. C'est une substance blanche, amère, en paillettes formant un hydrate, devenant pâteuse vers 165°, de pouvoir rotatoire $[\alpha]_D = +30°$, soluble dans l'eau et surtout dans l'alcool, de formule $C^{31}H^{48}O^{12}$.

H. Thoms a extrait des graines de *Strophantus hispidus* une strophantine amorphe en modifiant légèrement le procédé d'Arnaud [*D. chem. G.*, **31**, 271, 1898] ; mais tandis que Kohn et Kulish ont montré [*D. chem. G.*, **31**, 514, 1898] qu'on avait affaire au même produit, Feist estime [*D. chem. G.*, **31**, 534, 1898] que la strophantine du *Strophantus Kombé* est différente de celle du *Strophantus hispidus*.

La strophantine de Feist est une poudre cristalline, réduisant la liqueur de Fehling, optiquement inactive, de formule $C^{32}H^{28}O^{16}$, donnant plusieurs hydrates, et fondant à 170° en se décomposant. L'hydrolyse donne un précipité de *strophantidine* et une liqueur réductrice renfermant un corps $C^{13}H^{24}O^{10}$, en poudre cristalline, fusible à 207°.

La *strophantidine* fond à 169-170°, se décompose à 176°, possède la composition $C^{20}H^{28}O^7 + 1,5H^2O$; elle donne par l'action des alcalis deux composés $C^{24}H^{30}O^5 + 1,5H^2O$ et $C^{24}H^{30}O^5$; avec le brome, deux bromures $C^{39}H^{51}Br^5O^{10}$ et $C^{39}H^{33}Br^{11}O^4$; par l'action du permanganate alcalin, des acides acétique et oxalique ; par l'action de l'acide chromique, de l'acide benzoïque. Kohn et Kulish ont retrouvé dans le *Strophantus Kombé* [*Mon. f. Chem.*, **19**, 385, 1898] la strophantine d'Arnaud, pour laquelle ils préfèrent la formule $C^{38}H^{38}O^{16}$; ils en ont préparé le *dérivé acétylé* et ont isolé la strophantidine en belles aiguilles blanches, fusibles à 195°, hygroscopiques, mais insolubles dans l'eau ; ils lui assignent la formule $C^{26}H^{40}O^6$.

Feist, dans un travail plus récent [*D. chem. G.*, **33**, 2068, 1899], pense que la strophantine du *Strophantus Kombé*, qu'on n'a pas encore trouvée dans les semences des autres variétés répond à la formule $C^{40}H^{66}O^{19}$; la strophantine d'Arnaud-Kohn-Kulish en différerait par trois molécules d'eau en moins et Feist la désigne sous le nom de *pseudo-ψ-strophantine*. Les deux glucosides renferment un méthoxyle, mais celui-ci resterait dans l'hydrate de carbone que fournit l'hydrolyse de la strophantine, tandis que par hydrolyse de la pseudo-strophantine, il se retrouve dans la ψ-strophantidine.

La strophantine de Feist donne par hydrolyse de la strophantidine et un *méthylstrophantobioside* qui se dédoublerait ultérieurement en mannose et rhamnose. La strophantine cristallise avec $3H^2O$ et ne peut être desséchée sans décomposition ; elle fournit avec l'acide sulfurique une coloration vert émeraude, réduit la liqueur de Fehling à froid. La strophantidine a pour formule $C^{27}H^{38}O^7 + 2,5H^2O$, cristallise en prismes monocliniques dans l'alcool méthylique, fond à 169-170°, et par ébullition avec l'eau de baryte donne le sel d'un *acide strophantidique* bibasique, $C^{27}H^{42}O^9$ ou $C^{22}H^{30}O^8$ qui, par ébullition, se transforme en *lactone* $C^{27}H^{38}O^7 + 1/2H^2O$.

La strophantidine, oxydée par le permanganate, donne l'*acide strophantique* $C^{27}H^{38}O^9$, fusible à 260°,8. Janvier 1907. A. Hébert.

OUABAÏQUE (ACIDE). — En faisant agir les alcalis, et notamment la strontiane, sur l'ouabaïne, Arnaud a obtenu [*C. R.*, **126**, 1280, 1898] un acide ouabaïque, monobasique, $C^{30}H^{48}O^{13}$, fusible vers 235° en se décomposant, lévogyre, hydrolysable par les acides en rhamnose et en résine. On a préparé ses *sels de sodium*, de *strontium* et de *baryum*.

Janvier 1907. A. Hébert.

OUBAÏNE, $C^{30}H^{46}O^{12} + 7H^2O$. — Glucoside extrait par Arnaud du bois d'oubaïo et des graines de *Strophantus glaber* du Gabon [*D. chem. G.*, (2), **21**, 359, f. f. et (2), **22**, 105]. Tables brillantes, fusibles entre 185 et 200°, très peu solubles dans l'eau, insolubles dans le chloroforme, l'alcool absolu et l'éther. Ce corps donne un *composé barytique* $(C^{30}H^{45}O^{12})^2Ba$.

Janvier 1907. A. Hébert.

OUTREMERS. — On désigne sous le nom d'*outremers* des substances solides, insolubles dans l'eau, ordinairement colorées, qui contiennent comme éléments essentiels : de la silice, de l'alumine, de la soude (ou un autre oxyde métallique), et du soufre (ou un métalloïde voisin tel que le sélénium ou le tellure). Le plus connu est l'outremer de sodium. La composition des outremers paraît bien définie, et assez voisine de celle des minéraux désignés sous le nom de *noséane*, *sodalite*, *haüyne*, *lapis-lazuli*, qui sont des silicates doubles d'alumine et de sodium, avec une petite quantité de soufre, et dont la formule est sensiblement :

$$Si^2Al^2Na^2O^8 \quad \text{ou} \quad Na^2O, Al^2O^3, 2SiO^2.$$

(Voyez Dict., **3**, 5).

L'étude de ces substances s'est beaucoup développée depuis que l'on a réussi à préparer industriellement l'outremer de sodium artificiel, avec la belle couleur bleue propre au lapis-lazuli naturel.

Historique de la découverte de l'outremer de sodium artificiel. — A diverses reprises on a écrit que cette découverte fut faite en même temps, ou presque simultanément, en 1827, par J. B. Guimet, en France, et par C. Gmelin en Allemagne (Dict., **3**, 665). Quelquefois même, certains auteurs [E. Büchner, *Chem. Zeit.*, 12 avril 1878 ; — Wichelhaus, *Historiche Anstelt. im Auftrag. Vorst. der D. chem. G.*, 1900] ont affirmé que la priorité appartenait à Gmelin, et que Guimet avait profité de ce qu'il savait de ses expériences.

Cette question paraît définitivement résolue, soit par le rapport même de Mérimée [*Bull. Soc. Enc.*, **27**, 344, 1828], soit par une lettre de E. Guimet, adressée le 1er juin 1878 à la direction du *Chemiker Zeitung*, et qui ne fut jamais publiée dans cette revue, soit surtout par un travail de A. Loir (notes historiques sur la découverte de l'outremer artificiel) [*Mém. Acad. de Lyon*, Sc., **23**, 333, 1878, et *Bull. Soc. Enc.*, 23 mai 1879]. Il résulte avec évidence de ces données, que si Guimet ne fit pas connaître son procédé, tandis que Gmelin publia le sien, les essais de Guimet ont été faits indépendamment de ceux du chimiste allemand ; que, dès 1826, il avait obtenu de l'outremer, tandis que Gmelin n'y avait pas encore réussi en 1827, et qu'enfin la méthode de Guimet est à très peu près celle que l'on suit encore industriellement aujourd'hui, tandis que celle de Gmelin en est assez éloignée, et n'a jamais pu être utilisée en grand.

La priorité de la découverte appartient donc incontestablement à J.-B. Guimet. Il fonda, en 1831, l'usine de Fleurieu-sur-Saône (près Lyon), qui est encore actuellement une des principales fabriques d'outremer [J.-B. Guimet, *Ann. Chim. Phys.*, **46**, 433, 1831].

Préparation des outremers de sodium. — On connaît mal les procédés suivis à l'usine de Fleurieu, car ils ont toujours été tenus secrets. D'après E. Guimet, « lorsqu'on suit les phases de la cuisson de l'outremer, *tel que l'a préparé J.-B. Guimet*, et tel qu'on le prépare généralement de nos jours, on observe diverses colorations qui se succèdent dans l'ordre suivant : brun, vert, bleu, violet, rose, blanc. Ces couleurs sont le résultat de l'oxydation progressive.... La température nécessaire pour la formation du bleu serait de 700°. » [E. Guimet, *C. R.*, **85**, 1072, 1877; et *Ann. Chim. Phys.*, (5), **13**, 102, 1878 ; — Laboulaye, *Dict. des Arts et Manuf.*, Outremer, 1886 ; — F. Fischer, *Dingl. Journ.*, 221, 486, et *Bull. Soc. Chim.*, **27**, 428, 1877 ; — J. Wunder, *Chem. Zeit.*, **30**, 61 et 78, 1906 ; *Bull. Soc. Chim.*, **36**, 427, 1906 ; — Halphen, *Couleurs et Vernis*, Paris, 154 : — Coffignier, *Rev. Chim. industr.*, 328, 1906 ; — C. Chabrié, *Traité de Chimie appliquée*, **2**, Paris, 1907.]

Dans toutes les usines, la méthode consiste à chauffer dans des fours un mélange de kaolin avec un sel de sodium et un peu de soufre. La nature du sel varie : c'est tantôt du sulfate de soude additionné de charbon, tantôt du carbonate de soude, du soufre et du charbon (ou une matière organique qui en produit) ; on ajoute quelquefois aussi un peu de silice. Les proportions diffèrent d'une usine à l'autre, ainsi que la disposition des appareils, et les détails de l'opération. Les véritables procédés industriels sont tenus secrets.

D'après Wunder [*Chem. Zeit.*, 1119, 1890 et *Bull. Soc. Chim.*, (3), **6**, 537, 1891], les fours contiennent de 2500 à 5000 kg. de matière ; ils ont de 5 à 6 m. de longueur et 3 à 4 m. de largeur ; le mélange forme une couche de 30 à 40 cent. d'épaisseur ; on le chauffe pendant deux ou trois semaines ; les fours sont fermés et chauffés extérieurement. Le produit brut contient du sulfate de soude (20 à 24 0/0) qu'il faut enlever par des lavages après avoir pulvérisé la masse. Après ce lavage la matière est broyée avec de l'eau, dans des moulins, dont les meules peuvent être plus ou moins rapprochées de manière à obtenir divers degrés de finesse. Enfin on sépare les parties les plus fines par lévigation.

Coffignier (*loc. cit.*) donne les formules suivantes pour l'outremer bleu :

Kaolin	37	37	31,7	24,7	31
Carbonate de soude	22	37	28	29,5	28
Sulfate de soude	15	»	»	»	»
Soufre	18	22	34,3	32,9	35
Charbon	8	4	6	»	3
Colophane	»	4	»	4,25	3
Silice	»	»	»	8,64	»

Le premier mélange serait celui qu'employait J.-B. Guimet.

On prépare aujourd'hui industriellement, non seulement l'outremer bleu, mais le violet, le rouge ou rose, et aussi le vert, bien que cette dernière teinte soit moins recherchée.

D'après R. Rickmann [*D. chem. G.*, **11**, 2013, 1878, et *Bull. Soc. Chim.*, (2), **33**, 64, 1880] on obtiendrait un outremer bleu non alumineux en calcinant du sulfure Na^2S avec du silicate Na^2SiO^3.

E.-W. Buchner [*D. chem. G.*, **12**, 234, 1879, et *Bull. Soc. Chim.*, (2), **33**, 59, 1880] dit avoir obtenu des bleus d'outremer en traitant au rouge un mélange de sodium, d'aluminium et de silicium par l'hydrogène sulfuré.

Il est d'ailleurs difficile de comparer les indications données par les différents auteurs, attendu que la composition chimique de certaines de leurs matières premières (le kaolin, par exemple), varie, et que les termes mêmes dont ils se servent ne sont pas toujours équivalents.

Ainsi, il est certain [E. Guimet, *C. R.*, **85**, 1072, 1877] que, dès l'origine, J.-B. Guimet avait préparé toute une série d'outremers de sodium : brun, vert, bleu, violet, rose et blanc, dont les colorations apparaissaient successivement, et dans cet ordre, au fur et à mesure que l'on chauffait en atmosphère oxydante. C'est ce qui explique que les verts Guimet dégagent, par les acides étendus, beaucoup d'hydrogène sulfuré, tandis que les roses, et surtout les blancs, n'en donnent plus. En sens inverse, on peut remonter la gamme, et en chauffant le blanc Guimet avec du charbon à *l'abri de l'air* on reproduit du rose, puis du violet, du bleu, du vert et du brun, par réduction par conséquent.

Cependant, en 1860, H. Ritter [*Diss.*, Göttingue ; *Rep. Ch. app.*, **15**, 1861] a désigné sous le nom d'outremer blanc un produit, toujours un peu jaune en réalité, obtenu en chauffant vers 900°, *à l'abri de l'air*, un mélange de kaolin, de sulfate de soude et de charbon, et qui, chauffé *à l'air* à 400°, donne (par oxydation par conséquent) du vert d'abord, puis du bleu. De sorte que l'outremer blanc de Ritter (et de la plupart des auteurs allemands) correspondrait plutôt à l'outremer brun de Guimet.

De même, G. Scheffer [*D. chem. G.*, **6**, 1450, 1873] désigne sous le nom d'outremer jaune un produit obtenu en chauffant *à l'air* de l'outremer rose à 360° ; ce corps serait donc plutôt analogue à l'outremer blanc de Guimet. Voyez aussi E. Buchner [*D. chem. G.*, **7**, 990, 1874].

Divers agents chimiques permettent de passer du vert au bleu, au violet et au rose rouge, ou inversement [Grunzneig et R. Hoffmann, *D. chem. G.*, **9**, 864, 1876 et *Bull. Soc. Chim.*, **27**, 89, 1877 ; — R. de Forcrand, *Mém. Acad. Lyon*, Sc., **24**, 141, 1879 ; — Wünder, *loc. cit.* : — A. Lehmann, *D. chem. G.*, **11**, 1961, 1878, et *Bull. Soc. Chim.*, **33**, 61, 1880 ; — Jordan, *Chem. Centr. Blatt*, **1**, 13, 1894 ; — Mac Ivor et Cruiksland, *Chem. Centr. Blatt*, **1**, 804, 1894].

L'outremer bleu est en très petits grains ovoïdes, bleus, transparents, de 0mm,0015 de diamètre [R. de Forcrand, *loc. cit.* : — P. Ebell, *D. chem. G.*, **16**, 2429, 1883 et *Bull. Soc. Chim.*,

41, 617, 1884]. Les autres sont en grains plus gros, parmi lesquels on reconnaît des cristaux cubiques ou des fragments de cristaux. Par l'action du bichlorure de mercure à 180°, puis de l'acide chlorhydrique anhydre à 600°, on peut changer le vert en bleu et obtenir ainsi le bleu cristallisé. Le violet paraît être un simple mélange de bleu et de rose.

Les dissolutions alcalines sont sans action sur les outremers de sodium : cependant, d'après R. Le Maître, la potasse à 10 pour 100 donne à la longue du gris, puis du blanc, en agissant sur l'outremer bleu [*Rev. Chim. industr.*, avril 1906, p. 97]. Les anhydrides et les acides en l'absence de l'eau sont sans action [Hofmann et Metzener, *D. chem. G.*, **38**, 2482, 1905]. Mais les acides étendus produisent tous un dégagement d'hydrogène sulfuré (sauf pour les rose et blanc de Guimet); il y a décoloration et dépôt de silice gélatineuse.

Il en est de même, au bout d'un certain temps, des dissolutions même très étendues de vinaigre ou d'alun. A ce point de vue les outremers *riches en silice* sont les plus résistants.

L'outremer bleu de sodium chauffé longtemps avec de l'eau à 200-300° se décolore en partie. Il cède à l'eau du sulfure de sodium, et les parties totalement décolorées ne donnent plus d'hydrogène sulfuré par les acides étendus [Chabrié et Levallois, *C.-R.*, 143, 222, 1906].

Outremers substitués. — On peut remplacer le sodium par d'autres métaux et le soufre par des métalloïdes voisins sans altérer profondément la molécule des outremers, les produits obtenus en conservant les propriétés essentielles. Dès 1874, Unger [*Dingler Journ.*, 212, 232, 1874, et *Mon. Scient.*, (3), **4**, 949, 1874] avait obtenu un outremer d'argent de couleur verte en faisant digérer, à 160°, en vase ouvert, l'outremer bleu de sodium avec une dissolution d'azotate d'argent. La moitié seulement du sodium était remplacée par de l'argent.

En opérant en vase clos, à 120°, on peut obtenir une substitution presque complète (les 19/20). Il se fait en même temps un peu de nitrite d'argent, de bioxyde d'azote et d'acide sulfurique [R. de Forcrand, *Mém. Acad. Lyon*, Sc., **24**, 141, 1879 : — Chabrié et Levallois, *C.-R.*, 143, 222, 1906]. D'après ces deux derniers auteurs une partie du sodium (un quart environ) échappe à la transformation. L'outremer d'argent est jaune [K. Heumann, *D. chem. G.*, **10**, 991 ; **10**, 1345 ; **10**, 1888, 1877 : **12**, 60 et 784, 1879 ; *Bull. Soc. Chim.*, **28**, 570, 1877 : **30**, 326 et 327, 1878 : **33**, 60 et 302, 1880 : — J. Philipp, *D. chem. G.*, **10**, 1227, 1877, et *Bull. Soc. Chim.*, **27**, 90, 1877 et **30**, 234, 1878 ; — de Forcrand et Ballin, *Bull. Soc. Chim.*, **30**, 112, 1878]. Chauffé avec du chlorure de sodium, il reproduit l'outremer bleu de sodium.

Cette dernière réaction a lieu aussi avec d'autres chlorures ou iodures et constitue un mode de préparation général des divers outremers métalliques.

C'est ainsi qu'on obtient un outremer de potassium bleu, un outremer de rubidium bleu, un outremer de lithium violet, un outremer de baryum brun jaunâtre, un outremer de strontium gris, de zinc violet, de calcium violet, de cadmium jaune, de cuivre vert, d'uranium jaune.

J. Szilaski a préparé des outremers de plomb et de zinc en chauffant l'outremer vert de sodium avec du nitrate de plomb ou du sulfate de zinc dissous vers 140° [*Lieb. An. Chem.*, **251**, 97 ; — *Bull. Soc. Chim.*, (3), **3**, 317, 1890.]

Des essais faits antérieurement à l'usine Guimet [E. Guimet, *Ann. Chim. Phys.*, (5), **13**, 102, 1878] pour préparer plusieurs de ces outremers par réaction directe, c'est-à-dire en chauffant ensemble le sulfate ou le carbonate avec du kaolin, du charbon et du soufre, avaient déjà donné un outremer de baryum brun jaunâtre, mais celui du lithium était gris et celui du potassium blanc, ces deux derniers produits étant peut-être les analogues de l'outremer blanc du sodium.

Les iodures alcooliques et les iodures d'ammonium organiques chauffés avec l'outremer d'argent donnent aussi des produits gris ou bruns qui semblent bien être des outremers, car si on les traite par du chlorure de sodium ils régénèrent l'outremer bleu de sodium [de Forcrand, *Bull. Soc. Chim.*, **31**, 161, 1879].

En remplaçant, dans la préparation de l'outremer de sodium, le soufre par le sélénium ou le tellure, Leykauf [*Jahresb.*, 555, 1876] a préparé de nouveaux outremers de soude qui ont été étudiés aussi par E. Guimet vers 1875 (*loc. cit.*), puis par J.-F. Plicque [*Bull. Soc. Chim.*, **29**, 522, 1877 : **30**, 51, 1878] et par Th. Morel [v. E. Guimet, *loc. cit.*]. Ces outremers, séléniés ou tellurés, ont des couleurs variables suivant qu'ils sont plus ou moins oxydés, les derniers termes étant toujours blancs et reproduisant, par réduction au moyen du charbon, les outremers colorés. D'après E. Guimet, on obtient les couleurs suivantes qui se correspondent :

Outremers		
au soufre.	au sélénium.	au tellure.
Brun	brun	»
vert	»	jaune
bleu	rouge pourpre	vert
violet	»	»
rose	rose	gris
blanc	blanc	blanc

J. Hofmann (*Zeit. angew. Chem.*, **19**, 1089, 1906 : — *Bull. Soc. Chim.*, **36**, 1062, 1906) prépare un outremer borique bleu foncé avec du borax, de l'acide borique et du sulfure de sodium. Il serait un peu soluble dans l'eau et sa dissolution serait incolore. Composition : environ $(B^2O^3)^3Na^2O$ avec des traces de soufre. Le sélénium et le tellure donnent des produits analogues.

Analyse et composition de l'outremer bleu de sodium. — Les procédés à suivre pour l'analyse sont décrits en détail par la plupart des auteurs [R. Hoffmann, *Jahresb.*, 378, 1873, et *Outremers*, Francfort, 1873 ; — Goppelsröder et Dollfus, *Bull. Soc. Ind. Mulh.*, **45**, 302, 1875 ; — Th. Morel, *Mon. scient.*, (3), **9**, 785, 1879]. Elle ne présente pas de difficultés particulières. On recommande en général de détruire la matière par l'acide azotique fumant à chaud, de manière à oxyder immédiatement tout le soufre ; on sépare ensuite la silice, l'alumine, la soude. On distingue souvent et on dose séparément le soufre α et le soufre β ; le premier se dégage à l'état d'hydrogène sulfuré et le second reste insoluble, lorsqu'on attaque l'outremer par les acides étendus.

Il faut seulement avoir soin d'enlever, avant toute analyse, les matières solubles par des lavages prolongés, puis de dessécher soigneusement jusqu'à poids constant dans l'air sec à froid ; enfin il faut aussi éliminer le soufre libre (qui peut former plusieurs centièmes en poids de la substance), ce que l'on fait ordinairement par chauffage prolongé à 110° [Le Maître, *Rev. Chim. Industr.*, avril 1906, p. 97.]

Aux résultats d'analyses déjà publiés dans le Dictionnaire, en 1873 (t. II, p. 665), nous ajouterons les suivants.

Les analyses A et B sont celles du lapis lazuli naturel [Klaproth, *Ann. Chim.*, **21**, 150, 1797 : — Desormes et Clément, *Ann. Chim.*, **57**, 317, 1806] :

	A.	B.	C.	D.	E.	F I.	F II.	G.	H.
Silice	46,0	35,8	39.28	40,40	41,00	36,15	38,24	46.81	44.57
Alumine	14,5	34,8	26,73	31,88	24,10	29,07	24,22	27,70	27,20
Soude Na^2O	»	23,2	11,97	15,18	22.14	21,11	19.90	17,28	18,62
Sodium	»	»	5,23	2.39	»	»	»	»	»
Soufre α	»	3.1	13,84	5,55	14,00	5.69	13.24	5,22	6,25
Soufre β	»								
Potasse	»	»	»	1,65	»	»	»	»	»
Carbonate de chaux	28,0	3,1	»	»	»	»	»	»	»
Sulfate de chaux	6,5	»	»	»	»	»	»	»	»
Acide sulfurique	»	»	»	»	»	»	»	»	0.74
Fe^2O^3	3,0	»	»	»	»	»	»	»	»
Hyposulfite de soude	»	»	»	1.44	»	»	»	»	»
Eau	2,0	»	»	»	»	»	»	»	»
Oxygène (par différence)	»	»	2.77	»	»	»	»	2.99	2,72

C et D sont des outremers de fabriques allemandes [Wilkens, *Lieb. Ann. Chem.*, **99**, 21, 1856; — H. Ritter, *Dissert.*, Gottingue; *Rep. Chim. appl.*, **3**, 15, 1861]; les résultats E sont des moyennes des analyses de Gluckelberger [*Lieb. Ann. Chem.*, **213**, 182, 1882]; les analyses F sont données par Wagner et Gautier [*Traité de chim. industr.*, **1**, 867, 1901], F.I pour des outremers pauvres en silice, et F.II (moyennes) pour des outremers riches en silice; G est un outremer obtenu par l'action du sulfure de carbone et du gaz sulfureux sur un silico-aluminate de sodium $(SiO^2)^3, Al^2O^3, 6NaOH$ [Plicque, *Bull. Soc. Chim.*, **28**, 520, 1877]; enfin H est un outremer bleu cristallisé préparé par l'action du bichlorure de mercure et de l'acide chlorhydrique sec sur de l'outremer Guimet vert cristallisé [de Forcrand, *Mém. Acad. Lyon*, Sc., **24**, 141, 1879.]

D'après Th. Morel (*loc. cit.*) les outremers bleus Guimet contiennent :

Silice	32 à 45 0/0
Alumine	38 à 23
Soude (Na^2O)	23 à 18
Soufre	18 à 13
Oxygène combiné au soufre	1 0/0 environ.

Enfin il faut savoir que beaucoup d'échantillons d'outremers bleus contiennent quelques centièmes de sulfate de chaux ou de sulfate de baryte ajoutés dans un but de falsification, quelquefois jusqu'à 10 à 15 0/0, puis des débris de brique ou d'argile provenant des fours, un peu de kaolin et enfin du fer (Th. Morel).

Constitution des outremers. — Cette question a donné lieu à de très longues discussions.

Anciennement on pensait que la coloration du lapis naturel était due soit au cuivre, soit au fer ou au sulfure de fer, opinions tout à fait abandonnées depuis que l'on reconnut que l'outremer ne contient pas de cuivre et que certains échantillons sont exempts de fer.

C. Unger annonça en 1872 que l'outremer bleu contenait de l'azote et proposa la formule $Al^2Si S^2O^3Az^2$, reconnue inexacte [Unger, *D. chem. G.*, **5**, 893, 1872; — W. Morgan, *D. chem. G.*, **6**, 24, 1873; — E. Büchner, *D. chem. G.*, **7**, 989, 1874; — Dollfus et Goppelsröder, *B. Soc. Ind. Mulh.*, **45**, 196, 1875; — Unger, *Dingl. Journ.*, 212, 224 et 301, 1874].

D'autres auteurs ont pensé que la coloration bleue était due à un sulfure bleu d'aluminium [Gentèle, *Dingl. Journ.*, **140**, 223, 1856; **141**, 116, 1856; **160**, 453, 1861; — W. Stein, *J. prakt. Chem.*, **14**, 387, 1876, et *Bull. Soc. Chim.*, **28**, 40, 1877] ou à un sous-oxyde bleu d'aluminium [H. Blakmore, *Zeit. anorg. Chem.*, **20**, 155, 1897] ou encore à une modification bleue du soufre [F. Knapp, *Monit. Scient.*, (4), **2**, 1209, 1888].

R. Rickmann (*loc. cit.*), ayant obtenu une matière bleue par calcination d'un mélange de sulfure de sodium Na^2S et de silicate Na^2SiO^3, pense que ce produit, non alumineux, de formule : $Na^2S + SiO^2$, est la base de l'outremer, lequel serait une combinaison de ce corps avec Al^2O^3, SiO^2. Toutefois la grande majorité des auteurs modernes voient dans l'outremer un silico-aluminate de soude contenant en outre du soufre.

Mais il n'y a pas accord au sujet de la formule à attribuer à ce silico-aluminate de soude, et surtout à propos du rôle du soufre; quelques-uns pensant que ce métalloïde est à l'état de sulfure de sodium plus ou moins sulfuré, d'autres qu'il forme un sel de sodium sulfuré et oxygéné, d'autres enfin qu'il remplace une partie de l'oxygène dans le silico-aluminate.

C'est ainsi que Breunlin [*Lieb. Ann. Chem.*, **97**, 195, 1856; *Ann. Chim. Phys.*, (3), **48**, 64, 1856], puis Bœckmann [*Lieb. Ann. Chem.*, 118, 212, 1861] admettaient pour le silico-aluminate de sodium une formule voisine de $9SiO^2, 4Al^2O^3, 4Na^2O$, ce composé étant uni à Na^2S^2 dans l'outremer bleu, et à Na^2S^5 dans l'outremer vert: voyez aussi Böttinger [*Lieb. Ann. Chem.*, **182**, 311, 1876]. H. Ritter (*loc. cit.*) et R. Hoffmann (*loc. cit.*) admettent que le silico-aluminate de sodium est combiné à un sulfure de sodium et à de l'hyposulfite de sodium.

Dollfüss et Goppelsröder (*loc. cit.*) pensent qu'une partie de l'oxygène du silico-aluminate de soude est remplacée par du soufre.

J. Philipp [*D. chem. G.*, **9**, 1109, 1876; **10**, 1227, 1877; *Lieb. Ann. Chem.*, **184**, 132, 177; **191**, 1, 1878], puis Knapp et Ebell [*Dingl. Journ.*, **229**, 69 et 173, 1878] combattent l'hypothèse des sulfates ou hyposulfites dans l'outremer.

E. Guimet [*Mém. Acad. Lyon*, Sc., 23, 29, 1878] admet que la matière colorante est formée par les oxydes de soufre que l'on obtient en dissolvant le soufre dans l'anhydride sulfurique, cette matière étant fixée et rendue insoluble et stable par le silico-aluminate de soude.

J. Plicque [*Bull. Soc. Chim.*, **28**, 520, 1877] a obtenu par synthèse un outremer bleu dont les analyses conduisent à la formule $6[(SiO^2)^3, Al^2O^3, Na^2O] + Na^2S^4O^5$.

R. de Forcrand [*Mém. Acad. Lyon*, Sc., **24**, 141, 1879] a préparé un outremer bleu cristallisé dont la composition serait assez voisine de la précédente : $4[(SiO^2)^3, Al^2O^3, Na^2O] + Na^2S^4O^4$.

R. Hoffmann [*Lieb. Ann. Chem.*, **194**, 1, 1878] et d'autres distinguent les outremers bleus pauvres en silice, dont la composition serait voisine de $Si^8Al^8Na^{10}S^4O^{32}$ soit : $4[(SiO^2)^2, Al^2O^3, Na^2O] + Na^2S^4$, des outremers bleus riches en silice, qui seraient $Si^6Al^4Na^6S^4O^{20}$, soit $2[(SiO^2)^3, Al^2O^3, Na^2O] + Na^2S^4$.

P. Silber [*D. chem. G.*, **13**, 1854, 1880; *Bull. Soc. Chim.*, **36**, 155, 1881] donne $Si^{6}Al^{4}Na^{6}S^{4}O^{20}$, soit : $2[(SiO^{2})^{3}, Al^{2}O^{3}, Na^{2}O] + Na^{2}S^{4}$.

Pour K. Heumann [*Lieb. Ann. Chem.*, **199**, 253, 1879; **201**, 262, 1880; **203**, 174, 1880], l'outremer bleu aurait pour formule $2[(SiO^{2})^{2}, Al^{2}O^{3}, Na^{2}O] + Na^{2}S^{2}$, le silico-aluminate étant le même que celui de la néphéline, de l'haüyne et de la noséane; l'outremer d'argent aurait une constitution analogue [voyez aussi J. Szilasi, *Lieb. Ann. Chem.*, **251**, 97, 1889; *Bull. Soc. Chim.*, (3), **3**, 317, 1890].

Gluckelberger [*Lieb. Ann. Chem.*, **213**, 182, 1882; *Bull. Soc. Chim.*, **39**, 33, 1882] a proposé les formules très compliquées suivantes :

Pour l'outremer bleu pauvre en silice :

$$S^{3} \lessgtr \begin{matrix} Si^{6}Al^{6}Na^{7}O^{24} \\ Si^{6}Al^{6}Na^{6}O^{23} \end{matrix}$$
$$S^{3} \lessgtr \begin{matrix} \\ Si^{6}Al^{6}Na^{7}O^{24} \end{matrix}$$

et pour l'outremer bleu riche en silice :

$$S^{3} \lessgtr \begin{matrix} Si^{6}Al^{4}S^{2}Na^{7}O^{21} \\ Si^{6}Al^{4}S^{2}Na^{6}O^{20} \end{matrix}$$
$$S^{3} \lessgtr \begin{matrix} \\ Si^{6}Al^{4}S^{2}Na^{7}O^{21} \end{matrix}$$

qui diffèrent à peine des formules plus simples : $Si^{6}Al^{6}Na^{7}S^{2}O^{24}$ ou $3[(SiO^{2})^{2}, Al^{2}O^{3}, Na^{2}O] + NaS^{2}$ et $Si^{6}Al^{4}Na^{7}S^{4}O^{21}$ ou $2[(SiO^{2})^{3}, Al^{2}O^{3}, Na^{2}O] + Na^{3}S^{4}O$.

J. Wunder [*Chem. Zeit.*, 1119, 1890; *Bull. Soc. Chim.*, (3), **6**, 537, 1891] donne $Si^{6}Al^{4}Na^{4}S^{4}O^{21}$, qu'on peut écrire : $2[(SiO^{2})^{3}, Al^{2}O^{3}, Na^{2}O] + S^{4}O$.

Brögger et H. Bäckstrom [*Jahresb.*, 454, 1891] admettent les combinaisons suivantes qui se remplaceraient homéomorphiquement :

A. $Si^{3}Al^{3}Na^{3}O^{12}$ que l'on peut écrire : $3[(SiO^{2})^{2}, Al^{2}O^{3}, Na^{2}O]$.

B. $Si^{4}Al^{2}Na^{2}O^{12}$ que l'on peut écrire : $(SiO^{2})^{4}, Al^{2}O^{3}, Na^{2}O$.

C. $Si^{3}Al^{3}Na^{5}SO^{12}$ que l'on peut écrire : $3[(SiO^{2})^{2}, Al^{2}O^{3}, Na^{2}O] + Na^{4}S^{2}$.

D. $Si^{3}Al^{3}Na^{5}S^{2}O^{12}$ que l'on peut écrire $3[(SiO^{2})^{2}, Al^{2}O^{3}, Na^{2}O] + Na^{4}S^{4}$.

E. $Si^{3}Al^{3}Na^{5}S^{3}O^{12}$ que l'on peut écrire : $3[(SiO^{2})^{2}, Al^{2}O^{3}, Na^{2}O] + Na^{4}S^{6}$.

Le blanc contiendrait surtout C, le vert A et E, le bleu A, B et D. L'haüyne, la sodalite et la noséane auraient la formule A.

D'après H. Puchner [*Centr. Bl.*, **1**, 1051, 1896] l'outremer bleu aurait la formule E, dont il groupe les éléments d'une autre manière.

Il est à peine besoin de faire remarquer l'analogie de ces formules (depuis celle donnée par Plicque en 1877). Il s'agit presque toujours d'un silico-aluminate de soude $(SiO^{2})^{2\ ou\ 3}, Al^{2}O^{3}, Na^{2}O$, uni à une dose variable d'un sulfure de sodium plus ou moins sulfuré, oxydé ou non. En fait, il est fort possible que, suivant le mode de préparation, le silico-aluminate contienne $(SiO^{2})^{2}$ ou $(SiO^{2})^{3}$ et une dose variable d'un sulfure de sodium plus ou moins sulfuré. Quant à la question de savoir si ce sulfure est oxydé et quelle dose d'oxygène il contient, il est difficile de la résoudre, l'oxygène ne se dosant que par différence et se traduisant par un déficit de 2 à 5 0/0 au plus dans les analyses. Beaucoup d'auteurs négligent cette petite différence qui peut en effet provenir en partie soit de l'accumulation des petites erreurs dans chaque dosage, soit de la présence des traces d'éléments non dosés. L'état dans lequel se trouve le composé $Na^{m}S^{n}O^{p}$ uni au silico-aluminate de sodium reste donc incertain.

Fabriques, statistiques et usages. — Actuellement, près de cent fabriques, la plupart en Allemagne, quelques-unes en France ou en Russie, livrent chaque année de 10 à 15000 tonnes d'outremer de sodium, surtout d'outremer bleu, ce qui représente près de 20 millions de francs. L'usine Guimet, du Fleurieu-sur-Saône (Rhône), la plus ancienne de toutes, date de 1831. Elle fournit le dixième de la production totale [V. Haller, *Les industr. chim. et pharm.*, 2, 283 et 340, 1903]. Ces chiffres varient d'ailleurs d'une année à l'autre. Les exportations françaises qui étaient de mille tonnes en 1900 atteignent deux mille tonnes en 1906 [Coffignier, *Rev. chim. Industr.*, 328, 1906]. Les autres fabriques françaises sont celles de MM. Deschamps à Vieux-Jean-d'Heur, Richter à Lille, et Robelin à Dijon. La valeur du kilogramme, qui était de 600 fr. en 1827, atteint à peine aujourd'hui 2 fr.

On emploie l'outremer bleu pour la peinture à l'huile artistique. Dès 1827, Ingres s'est servi de l'outremer Guimet pour une des peintures du musée Charles X. On l'utilise aussi pour l'aquarelle, pour la peinture murale, les impressions typographiques et lithographiques, la peinture sur porcelaine, l'azurage du papier, la fabrication des papiers de tenture, l'impression des tissus, etc. Restant longtemps en suspension dans l'eau, et résistant aux liqueurs alcalines, il peut être utilisé pour blanchir le linge (azurage), et aussi pour blanchir le sucre brut.

On a recommandé l'usage de l'outremer bleu comme agent thérapeutique, sous forme de pastilles, ce composé dégageant peu à peu de l'hydrogène sulfuré au contact des acides de l'estomac.

Les outremers verts, violets et roses de soude sont fréquemment employés comme colorants.

Avril 1907. R. de Forcrand.

OVALBUMINIQUE (ACIDE), OVIMUCOÏDE, OVOGLOBULINE, OVOFIBRINOGÈNE, OVOFIBRINE. — Voy. Œuf.

OXALACÉTIQUE (ACIDE) $CO^{2}H-CO-CH^{2}-CO^{2}H$. — *Préparation.* — 1° Nef [*Ann. Chem.*, **276**, 230, 1893] fait bouillir pendant quelques minutes l'éther éthylique de l'acide éthoxyfumarique $C^{10}H^{16}O^{5}$ avec une solution alcoolique de potasse. Il se forme des cristaux que l'on retire et qu'on dissout dans l'eau; on ajoute un peu de $SO^{4}H^{2}$ étendu et on épuise à l'éther.

2° Piutti [*Gazz. chim. ital.*, **17**, 520, 1887] fait agir 4 gr. de sodium sur un mélange de 25 gr. éther oxalique et 15 gr. éther acétique, dissous dans 4 fois son poids d'alcool absolu.

3° On oxyde, avec $MnO^{4}K$ en solution alcoolique, les acides itaconiques :

$$CO^{2}H(R.CH:)C.CH^{2}.CO^{2}H + O^{2}$$
$$= R.CHO + CO^{2}H.CO.CH^{2}.CO^{2}H$$

[Fittig, *D. chem. G.*, **33**, 1295, 1900].

4° On saponifie l'éther oxalacétique par HCl concentré : il suffit de dissoudre par agitation 1 p. d'éther dans 4 p. HCl du commerce; au bout de peu de temps l'acide libre se dépose [Simon, *C. R.*, **137**, 855, 1903].

5° On oxyde l'acide malique au moyen de l'eau oxygénée en présence d'un sel de fer [Denigès, *Chem. Soc.*, (3), **27**, 17, 1902].

6° Wohl et Œsterlin déshydratent l'anhydride diacétyltartrique au moyen de la pyridine [*D. chem. G.*, **34**, 1139, 1901].

7° Michaël et Bucher [*D. chem. G.*, **29**, 1792, 1896] l'ont obtenu à partir de l'acide acétylènedicarbonique et de l'éther dibromosuccinique symétrique.

Propriétés. — L'acide oxalacétique est très peu stable; il fond à 172° en se décomposant. Il est très soluble dans l'eau, l'alcool et l'éther, insoluble dans le chloroforme et le benzène.

Il est facilement réductible, en solution légèrement sulfurique, par l'électrolyse [Tafel et Friedrich, *D. chem. G.*, **37**, 1109, 1904].

La phénylhydrazine réagissant sur l'acide oxalacétique donne une *phénylhydrazone* $CO^2 . CH^2 . C(Az^2H . C^6H^5) . CO^2H$. : l'hydroxylamine donne naissance à l'*oxime* $CO^2H . CH^2 . C(AzOH) CO^2H$ [Fenton et Jones. *Chem. Soc.*, **79**, 91, 1901; *Chem. Soc.*, **77**, 77, 1900; *Proc. Chem. Soc.*, **15**, 224, 1901].

Oxalacétate de méthyle. — *Éther diméthylique*, $(CO^2 . CH^3)CO . CH^2 . CO^2 . CH^3$ [Wislicenus, Grossmann, *Ann. Chem.*, **277**, 375, 1893]. Il s'obtient comme l'éther diéthylique, en cristaux brillants, fusibles à 74-76°, bouillant à 137° sous 39 mm. Il bout à l'air en se décomposant un peu.

$NaC^6H^7O^5$, cristaux solubles dans l'alcool méthylique; $Cu(C^6H^7O^5)^2$, cristaux verts, brillants, fusibles à 214-215° [Wislicenus et Endres, *Ann. Chem.*, **321**, 372, 1902].

Oxalacétate d'éthyle. — *Éther monoéthylique*. $C^4H^3O^5 . C^2H^5$. — *Préparation*. — On laisse séjourner pendant 24 heures 3g,5 d'éther oxalacétique et 2g,5 de KOH dans 100 p. d'eau [Wislicenus, *Ann. Chem.*, **246**, 323, 1888]. On épuise à l'éther, après avoir acidulé, on évapore et on fait cristalliser le produit dans le benzène.

Il se présente sous la forme de gros cristaux étoilés, fusibles à 95-97°, se décomposant vers 140°, facilement solubles dans l'eau, l'alcool et l'éther.

Éther diéthylique, $C^2H^5 . CO^2 . CO . CH^2 . CO^2 . C^2H^5$. — Wislicenus [*Ann. Chem.*, **247**, 317, 1888] prépare d'abord l'éther sodé en faisant agir le sodium sur l'éther oxalique neutre, en dissolution dans l'éther ordinaire, et ajoutant peu à peu de l'éther acétique :

$$\begin{matrix} C^6H^5 . CO^2 \\ | \\ C^6H^5 . CO^2 \end{matrix} + \begin{matrix} CH^3 \\ | \\ CO^2 . C^2H^5 \end{matrix} + Na$$

$$= \begin{matrix} C^2H^5 . CO^2 . CHNa \\ | \\ C^2H^5 . CO^2 . CO \end{matrix} + CH^2OH + H.$$

La solution d'éther oxalacétique sodé, agitée avec SO^4H^2 dilué, puis distillée, donne l'éther oxalacétique lui-même.

Piutti [*Gazz. chim. ital.*, **17**, 520, 1887] fait agir 4 gr. de sodium sur 25 gr. d'éther oxalique et 15 gr. d'éther acétique dissous dans l'éther absolu.

Propriétés. — Liquide épais, bouillant à 131-132° sous 24 mm. Il colore une solution de chlorure ferrique en rouge foncé.

Insoluble dans l'eau, il est miscible à l'alcool et l'éther. L'ébullition avec SO^4H^2 dilué le décompose en CO^2, alcool et acide pyruvique,

$$C^2H^5 . CO^2 . CO . CH^2 . CO^2 . C^2H^5 + 2H^2O$$
$$= CH^3 . CO . CO^2H + 2C^2H^5OH + CO^2.$$

Les alcalis bouillants ou l'eau de baryte le décomposent en alcool, acide oxalique et acide acétique :

$$C^6H^5 . CO^2 . CO . CH^2 . CO^2 . C^2H^5 + 3H^2O$$
$$= CO^2H . CO^2H + CH^3 . CO^2H + 2C^2H^5OH.$$

L'amalgame de sodium le transforme en éther de l'acide malique inactif. Réduit par l'amalgame d'aluminium en présence d'éther, il donne l'éther de l'acide éthylmalique qui bout à 133-135° sous 12 mm. [Fichter et Goldhaber, *D. chem. G.*, **37**, 2382, 1904]. Avec l'hydroxylamine il donne un dérivé qui se transforme par l'amalgame de Na en acide aspartique inactif [Wislicenus, *Ann. Chem.*, **246**, 317, 1888].

Quand on distille l'éther oxalacétique, il se décompose en CO et malonate d'éthyle. Avec AzH^3, il se forme un composé d'addition : $C^8H^{15}O^5Az$ (oxalacétate d'Am). Les amines primaires et secondaires se comportent de même et donnent des produits d'addition qui se transforment en amines de formule complexe [Wislicenus, Beck, *Ann. Chem.*, **295**, 341, 1897].

Les hydrazines se combinent avec l'éther oxalacétique pour donner des éthers pyrazolones-carboniques

$$\begin{matrix} AzH - Az = C - CO^2 - C^2H^5 \\ | \qquad\qquad | \\ CO \text{———} CH^2 \end{matrix}$$

qui sont les amides des hydrazones formées d'abord. La phénylhydrazine donne un éther phénylpyrazolone-carbonique [Wislicenus, Schwanhaüser, *Ann. Chem.*, **297**, 98, 1897].

L'éther oxalacétique condensé avec les aldéhydes donne naissance par saponification ultérieure à des acides bibasiques-1.7-dicétoniques-2.6.

La condensation de 2 mol. d'éther oxalacétique et de 1 mol. d'aldéhyde formique donne l'acide dioxypimélique $CO^2H . CO . (CH^2)^3 . CO - CO . OH$ [Blaise et Gault. *Bull. Soc. Chim.*, (3), **31**, 958, 1904; *C. R.*, **142**, 452, 1906].

Condensation de l'éther oxalacétique avec l'urée et la guanidine [Müller, *J. prakt. Chem.*, (2), **56**, 475, 1897]; avec l'éther succinique et l'éther adipique [Wislicenus, Schwanhaüser, *Ann. Chem.*, **297**, 98, 1897]; avec l'éther chlorofumarique [Ruhemann, Henung, *Chem. Soc.*, **71**, 234, 1897]; avec le chloral [Schiff, *D. chem. G.*, **31**, 1306]; avec l'α-naphtol [Bartsch, *D. chem. G.*, **36**, 1966, 1903]; avec les aldéhydes et la β-naphtylamine ou la benzylidène-β-naphtylamine [Simon, *C. R.*, **138**, 1505, 1904; — Simon et Conduché, *C. R.*, **139**, 237, 1904; **139**, 211, 1904; *Bull. Soc. Chim.*, (3), **31**, 548, 825 et 948, 1904]; la réaction a lieu en présence d'AzH^3; avec l'aldéhyde benzylique on a la réaction : $C^2H^5 . CO^2 . CH^2 . CO . CO^2 . C^2H^5 + C^6H^5 - CHO + 2AzH^3 = C^2H^5OH + H^2O + C^{13}H^{13}AzO^4 - AzH^3$; on obtient facilement la substance acide correspondant au sel ammoniacal; cette substance serait un dérivé de l'acide cétopyrrolidine-carbonique.

On peut remplacer dans la réaction AzH^3 par une base primaire, comme la méthylamine ou l'aniline.

Condensation de l'éther oxalacétique avec les chlorures diazoïques et tétrazoïques [Wislicenus, Endres, *D. chem. G.*, **25**, 3450, 1892; — Rabischong, *Bull. Soc. Chim.*, (3), **31**, 78, 1904; **27**, 983, 1902]. En faisant agir le chlorure de diazobenzène sur un mélange d'oxalacétate d'éthyle et d'acétate de soude, Rabischong parvient à isoler deux isomères du phénylhydrazone-oxalacétate d'éthyle :

$$\begin{matrix} CO^2 - C^2H^5 - CO - C - CO^2 - C^2H^5 \\ | \\ Az - AzH - C^6H^5 \end{matrix}$$

Éther β.

$$\begin{matrix} CO^2 - C^2H^5 - CO - C - CO^2 - C^2H^5 \\ \| \\ C^6H^5 - AzH - Az \end{matrix}$$

Éther α.

La variété β est la forme stable.

En faisant réagir les chlorures tétrazoïques sur l'éther oxalacétique, il obtient le diphényldihydrazone-oxalacétate d'éthyle :

$$\begin{matrix} & H & \\ & | & \\ C^6H^4 - & Az - Az = C & \begin{matrix} \nearrow CO . CO^2 . C^2H^5 \\ \searrow CO^2 . C^2H^5 \end{matrix} \\ | & H & \\ | & | & \\ C^6H^4 - & Az - Az = C & \begin{matrix} \nearrow CO . CO^2 . C^2H^5 \\ \searrow CO^2 . C^2H^5 \end{matrix} \end{matrix}$$

qui fond à 130-131°.

Condensation de l'éther oxalacétique avec la paranitrobenzamidine *D. chem. G.*, **34**, 1983. 1901]: avec l'isocyanate de phényle [Michaël. *D. chem. G.*, **38**, 22, 1905].

Dérivés métalliques. — $NaC^8H^{11}O^5$ (Wislicenus, voir Acide oxalacétique). — En condensant l'éther oxalacétique sodé avec la dichloro-2.3-α-naphtoquinone, Michel [*D. chem. G.*, **33**, 2402, 1900] obtient le chloro-α-naphtoquinone-oxalacétate d'éthyle

$$C^{10}H^4O^2Cl \cdot CH \lessgtr \begin{matrix} CO \cdot CO^2 \cdot C^2H^5 \\ CO^2 \cdot C^2H^5 \end{matrix}$$

prismes jaunes, fusibles à 118°.

$NaC^8H^{11}O^5 + C^2H^5ONa$. — S'obtient en abandonnant pendant deux jours une solution alcoolique de 2 mol. éthylate de Na, 1 mol. oxalate d'éthyle et 1 mol. acétate d'éthyle [Wislicenus, *D. chem. G.*, **246**, 315].

$C^8H^{11}O^5 \cdot AzH^4$. — Se prépare par l'action de 1 mol. de AzH^3 en solution alcoolique sur l'oxalacétate d'éthyle [Wislicenus, *D. chem. G.*, **28**. 789; *Ann. Chem.*, **295**. 350; — Müller, *J. prakt. Chem.*, (2), **56**, 482, 1897]; il donne avec $BaCl^2$, un précipité blanc cristallin de $(C^8H^{11}O^5)^2Ba$.

$Fe(C^8H^{11}O^5)^3$. — Poudre rouge foncé, brillante, soluble dans l'eau et l'alcool [Hantsch et Desch, *Ann. Chem.*, **323**, 1, 1902].

$Cu(C^8H^{11}O^5)^2$. — Ce dérivé s'obtient en décomposant le dérivé sodé par le sulfate de cuivre [Wislicenus, *Ann. Chem.*, **246**, 315, 1888; — Wislicenus et Endres, *Ann. Chem.*, **321**, 372, 1902].

Si on traite ce corps, dissous dans l'alcool méthylique, par du méthylate de sodium, on obtient un précipité bleu cristallisé

$$\begin{matrix} CO^2 - CH^3 - CO - Cu\,O\,CH^3 \\ \| \\ CO^2 - C^2H^5 - CH \end{matrix}$$

qui traité par l'eau puis décomposé par SO^4H^2, donne l'éther monométhylique de l'acide oxalacétique.

Éther chloro-oxalacétique, $C^2H^5 \cdot CO^2 \cdot CO \cdot CHCl \cdot CO^2 \cdot C^2H^5$. — Il se forme en mélangeant peu à peu 20 gr. d'éther oxalacétique avec 15 gr. SO^2Cl^2 [Peratoner, *Gazz. chim. ital.*, (2), **22**, 38, 1892]. Liquide bouillant à 160-170° sous 120 mm.

Éther bromo-oxalacétique, $C^2H^5CO^2CO \cdot CHBr \cdot CO^2 \cdot C^2H^5$ [Wislicenus, *D. chem. G.*, **22**, 2914, 1889; — Bruhl, *D. chem. G.*, **36**, 1722, 1903; — Nef, *Ann. Chem.*, **276**, 492, 1893]. — On fait agir 1 mol. de Br dissous dans CS^2 sur 1 mol. d'oxalacétate d'éthyle. Liquide bouillant à 144-147° sous 8 à 12 mm.

Éther dibromo-oxalacétique, $(C^2H^5 \cdot CO^2)CO \cdot CBr^2 \cdot CO^2 \cdot C^2H^5$. — Il se produit par l'action de 1 mol. d'oxalacétate d'éthyle sur 2 mol. de Br. dissous dans CS^2 [Wislicenus, *D. chem. G.*, **22**, 2912, 1889]. Liquide huileux bouillant à 165-168° sous 20 mm. Avec la phénylhydrazine il forme la phényldihydrazide $C^2O^2(Az^2H^2 \cdot C^6H^5)^2$.

Éther cyanoxalacétique,

$$C^2H^5CO^2 \cdot CO \cdot CH \lessgtr \begin{matrix} CAz \\ CO^2C^2H^5 \end{matrix}$$

— Le sel de sodium de cet éther s'obtient en mélangeant 1 mol. d'éther oxalique et 1 mol. d'éther cyanacétique avec 1 mol. de sodium dissous dans l'alcool.

Éther méthyléthyloxalacétique, $C^2H^5CO^2 \cdot CO \cdot CH^2 \cdot CO^2 \cdot CH^3$. — Huile bouillant à 130° sous 22 mm. [Wislicenus, Grossmann, *Ann. Chem.*, **277**, 381, 1893].

$NaC^7H^9O^5$. — Cristaux solubles dans l'alcool méthylique.

$Cu(C^7H^9O^5)^2$. — Petits prismes verts fusibles à 134-135°.

OXALACÉTATE D'AMYLE, $C^5H^{11}CO^2 \cdot CO \cdot CH^2 \cdot CO^2 \cdot C^5H^{11}$. — On l'obtient comme l'éther diéthylique. Huile bouillant à 167° sous 23 mm. [Wislicenus, Grossmann, *Ann. Chem.*, **277**, 379, 1893].

$NaC^{14}H^{23}O^5$. — Petits cristaux solubles dans l'alcool chaud.

$Cu(C^{14}H^{23}O^5)^2$. — Cristaux brillants fusibles à 83-85°.

Oxalène amidoxime,

$$CO^2H - C \lessgtr \begin{matrix} AzOH \\ AzH^2 \end{matrix}$$

— Chauffée avec de l'anhydride et de l'acide acétique, à volumes égaux, elle donne de l'anhydride carbonique et de la cyanamide [Holleman, *Rec. Pays-Bas*, **15**, 148, 1896].

Oxalène anilidoximamidoxime,

$$\begin{matrix} H^2Az \\ HOAz \end{matrix} \gtrless C - C \lessgtr \begin{matrix} AzH - C^6H^5 \\ AzOH \end{matrix}$$

[Tiemann, *D. chem. G.*, **22**, 2942, 1889].

Oxaline p-crésylamidine-amidoxime,

$$\begin{matrix} C(AzH)(AzH \cdot C^7H^7) \\ | \\ C(AzOH)(AzH^2) \end{matrix}$$

fusible à 147-148° (Tiemann).

Décembre 1906. A. Bouchonnet.

OXALANTINE [Syn : Acide leucoturique. $C^6H^6Az^4O^6$. — Ce corps se forme par ébullition de l'acide alloxanique avec l'eau, ou par réduction de l'acide parabanique par le zinc et l'acide chlorhydrique [Schlieper, *Ann. Chem.*, **56**, 2, 1845; — Limpricht, *ibid.*, **111**, 134, 1859]. Cristaux durs, difficilement solubles dans l'eau, presque insolubles dans l'alcool. Sa solution dans KOH se décompose en AzH^3 et acide oxalurique. E. Lambling.

OXALBENZAMIQUE (ACIDE). — Voyez BENZAMOXALIQUE (ACIDE).

OXALÈNE DIAMIDOXIME. — Voyez BICARBAMIDOXIME.

OXALINES. — Voyez β-PYRAZOLS.

OXALIQUE (ACIDE). — *État naturel.* — L'acide oxalique est contenu dans certains lichens [Hesse, *J. f. prakt. Chem.*, **62**, 430, 1900], chez quelques plantes grasses [André, *C. R.*, **140**, 1709, 1905]. On en trouve également dans le corps des animaux [Marfori, *Central Blatt*, I, 1238, 1897].

On remarque que chez les lapins nourris à l'avoine, une partie du glucose se transforme en acide oxalique et cause les accidents toxiques observés [Hildebrandt, *Zeit. phys. Chem.*, **35**, 141, 1900; — Luzzato, *Zeit. phys. Chem.*, **38**, 518, 1901].

Synthèse. — Moissan [*C. R.*, **140**, 1210, 1905] a fait la synthèse de l'acide oxalique en faisant arriver un courant d'anhydride carbonique sec sur de l'hydrure de potassium porté à 80°. La réaction est la suivante :

$$2KH + 2CO^2 = C^2O^4K^2 + H^2.$$

Préparation. — L'acide oxalique se forme dans les circonstances suivantes :

1° Dans la fermentation du sucre avec l'Aspergillus niger [Wehmer, *Central Blatt*, I, 768, 1897; — Charpentier, *C. R.*, **141**, 367 et 429, 1905; — Wehmer, *Centr. Blatt f. Bakter.*, **15** II, 688, 1906; *D. chem. G.*, **24**, 381, 1906].

2° Par l'action de l'acide azotique sur de nombreuses combinaisons organiques, notamment sur les hydrates de carbone (sucre, glucoses, cellulose), les acides gras, l'acide citrique, l'acide malique [Merz, Weith. *D. chem. G.*, **15**. 1513. 1882].

3° Formation par les bactéries [Zopf. *D. chem. G.*, **18**. 32. 1885].

4° En traitant par la baryte l'acide coménique et l'acide méconique [Peratoner et Léonardi, *Gazz. chim. ital.*, **30**. 539. 1900; — Richelmann. *Centr. Bl.*, I. 5397. 1897].

Propriétés. — 100 cm³ de solution d'acide oxalique contiennent à 0°, 3gr,3; à 15°, 7 gr; à 20°, 8gr,6; à 50°, 25gr,4 [Lamouroux. *C. R.*, **128**. 998. 1899].

Solubilité dans l'éther [Miczynski, *Mon. f. Chem.*, **7**, 258, 1886]. Densités et points d'ébullition des solutions aqueuses [Gerlach. *Ann. Chem.*, **27**. 365, 1888; **26**. 465. 1887].

Point de fusion, poids moléculaire [Massol. *Bull. Soc. Chim.*, (3), **13**. 685, 1895]. Sublimation [Siegfried, *J. prakt. Chem.*, (2), **31**. 543. 1885].

Électrolyse [Petersen. *Centr. Blatt*, II, 519. 1897; — Avery, Dales. *D. chem. G.*, **32**. 2236. 1899; — Hemptinne, *Zeit. phys. Chem.*, **25**. 298. 1898; — Brochet et Petit, *Ann. Chim. Phys.*, (8). **5**, 240, 1905].

Stabilité des solutions d'acide oxalique [Jorrissen. *Centr. Blatt.* II. 1084, 1898; — Zulc. *Z. phys. Ch.*, **28**, 718, 1899].

Action de la lumière sur l'acide oxalique en présence des sels d'urane [Fay, *Am. Chem. Journ.*, **18**. 289, 1896].

Action des catalyseurs sur l'oxydation des solutions oxaliques [Jorrissen. Reichler, *Zeit. phys. Chem.*, **31**, 142. 1899].

Åkerberg [*Zeit. anorg. Chem.*, **31**, 161, 1902] a étudié la vitesse de décomposition électrolytique de l'acide oxalique en présence de SO^4H^2, en faisant usage d'électrodes en platine poli; la solution sulfurique d'acide oxalique ne subit qu'une électrolyse à peine perceptible.

L'électrolyse de l'acide oxalique à l'état de sel de potassium, en liqueur faiblement acide, ne donne que de l'H et CO^2 avec un peu d'O [Petersen. *Zeit. phys. Chem.*, **33**, 698. 1900; — Jahn. *Poggend.*, (2). **37**. 435, 1888].

L'eau de brome réagit lentement à froid, rapidement à chaud sur l'acide oxalique, suivant la réaction :

$$C^2O^4H^2 + Br^2 \rightleftarrows 2HBr + 2CO^2$$

[Richards et Stull, *Zeit. phys. Chem.*, **41**, 514, 1902].

Action de H^2O^2 [Roche, *Mon. scient.* (4). **15**. II. 694, 1901].

L'acide oxalique est peu oxydable; l'action prolongée de l'acide nitrique et des hydrates alcalins en fusion, à température élevée, détermine sa transformation en anhydride carbonique et eau :

$$CO^2H.CO^2H + O = 2CO^2 + H^2O.$$

La même réaction s'effectue presque instantanément avec MnO^4K, surtout en présence d'un excès de SO^4H^2. L'acide oxalique n'agit pas même à l'ébullition sur le permanganate additionné de potasse [Benedikt, Zsigmondy, *Zeit. anal. Chem.*, **25**, 588. 1886; — Georgieviés et Springer. *Mon. f. Chem.*, **21**, 413, 1900; — Schulow. *D. chem. G.*, **36**, 2735. 1903; — Ehrenfeld. *Zeit. anorg. Chem.*, **33**, 117. 1902; — Andrlik. *Zeit. f. Zuck. Ind.*, **25**, 139. 1901; — Villiers. *C. R.* **124**, 1349; — Skrabal, *Zeit. f. Elekt.*, **11**, 653, 1905; — Baxter et Zanetti. *Am. Chem. Journ.*, **33**. 500, 1905].

Oxydation par le peroxyde d'argent [Kempf. *D. chem. G.*, **38**, 3963. 1905].

L'acide oxalique réduit les sels d'or, l'acide iodique, l'acide chromique, etc. [Werner. *Chem. Soc.*, **53**, 607, 1888; — Prudhomme, *Bull. Soc. Chim.*, (3), **29**. 313, 1903].

A l'ébullition, il ramène au minimum d'oxydation les sels de fer au maximum [Lemoine, *Bull. Soc. Chim.*, (2). **46**. 289. 1886].

Le Zn et SO^4H^2 le transforment en acide glycolique, de même que l'H électrolytique [Balbiano. Alessi, *Gazz. chim. ital.*, **12**, 190, 1882; — Avay, Dales, *D. chem. G.*, **32**, 2236, 1899].

Action sur les chlorures métalliques [Benrath, *J. prakt. Chem.*, (2), **72**, 238, 1905].

L'acide oxalique décompose l'iodure d'azote en formant de l'acide carbonique [Chattaway et Stevens. *Am. Chem. Journ.*, **24**. 331, 1900].

En agissant sur $SOCl^2$, il donne l'anhydride correspondant [H. Meyer. *Mon. f. Chem.*, **22**, 415, 1901].

Action de l'anhydride sélénieux [O. de Coninck et Chauvenet. *Bull. Acad. Roy. Belg.*, 601, 1905].

Action de SO^4H^2 concentré [Bredig et Lichtg, *Zeit. f. Elekt.*, **12**, 459, 1906].

Quand on fait agir l'acide oxalique sur certains alcools, ceux-ci engendrent des carbures non saturés. Le cyclohexanol traité à 100° par l'acide oxalique déshydraté donne un tétrahydrobenzène [Zélinsky et Trélikoff, *Journ. Soc. phys. chim. russe*, **33**, 655, 1901].

L'acide oxalique fournit avec P^2O^5 un produit d'addition soluble dans l'éther [Bakounine, *Gazz. chim. ital.*, **30**, 340, 1900].

Condensation de l'acide oxalique avec la benzaldéhyde et la diméthylaniline [Anschütz, *D. chem. G.*, **17**, 1078, 1884]. Action sur les chlorures d'acides et les dérivés halogénés [Anschütz, *Lieb. Ann. Chem.*, **226**, 15, 1885]; sur l'eau régale [Longi, *Gazz. chim. ital.*, **11**, 506. 1881]; sur le ferrocyanure de plomb [Leuba, *Ann. Chim. anal. appl.*, **10**, 143, 1905].

Condensation avec le triéthycarbinol [Ipatiew, *J. f. prakt. Chem.*, **61**, 114, 1900]; avec la diacétyl-o-phénylènediamine [Manuelli, Gallani, *Gazz. chim. ital.*, **31**, 18. 1901]; avec la résorcine [Hewitt et Pitt. *Chem. Soc.*, **75**, 918, 1899; *Proc. Chem. Soc.*, **15**, 100, 1900]; avec la benzamide [Franz, Henle, *D. chem. G.*, **38**, 1873, 1905; — Thiterley, *Proc. Chem. Soc.*, **20**, 187, 1904; *Chem. Soc.*, **85**, 1673, 1904; avec la dihydrazide [Bülow, *D. chem. G.*, **38**, 3914, 1905; avec les amines aromatiques [Anselmino, *D. pharm. G.*, **15**. 422, 1905].

Acide oxalique anhydre. — On sait que l'acide oxalique cristallise dans l'eau en prismes rhomboïdaux obliques, contenant 2 molécules d'eau de cristallisation. Dans certains dissolvants, l'acide cristallise anhydre sous forme de dodécaèdres rhomboïdaux; il en est ainsi avec SO^4H^2.

L'acide anhydre fond vers 189°,5 en se décomposant [Lescœur, *Ann. Chem. Phys.*, (6), **19**, 58, 1890; — Villiers, *Bull. Soc. Chim.*, (2), **33**, 415, 1880; — Péter, *ibid.*, **38**, 406, 1882; — Fischer, *D. chem. G.*, **27**, 80, 1894; — Schmatolla, *Apoth. Ztg.*, **16**, 194, 1901; — Bamberger, Althausse. *D. chem. G.*, **21**, 1901, 1888; — Hess. *Poggend.*, (2), **35**, 419, 1888; — Staub, Schmidt. *D. chem. G.*, **17**, 1742, 1884].

Recherche et dosage de l'acide oxalique dans l'urine [Albahary, *C. R.*, **136**. 1681, 1903; — Salkowski, *Zeit. phys. Chem.*, **29**, 437, 1898; — Autenrieth et Barth, *ibid.*, **35**, 327, 1902].

SELS. — Décomposition des oxalates par la chaleur [A. Scott, *Proc. chem. Soc.*, **20**, 156, 1904].

Oxalates d'ammonium. — Stabilité des solutions d'oxalate d'ammonium [Gardner et North. *J. Soc. Chim. Ind.*, **23**, 593; — Miers et Isaac, *Proc. Chem. Soc.*, **22**, 9. 1906].

$(AzH^4)^2C^2O^4 + H^2O$. — Longs cristaux orthorhombiques [Anschütz, Hintze, *D. chem. G.*, **18**, 1395, 1885; — Engel, *Bull. Soc. Chim.*, (2), **45**, 315, 1886; — Joldbauer et Tappeiner, *D. chem. G.*, **38**, 2602, 1905; — Dupré, *The Analyst*, **30**, 266, 1905; — Ciamician et Silber, *D. chem. G.*, **38**, 1671; 1905; — Gardner et North, *J. Soc. Chem. Ind.*, **23**, 599, 1904; — Naumann et Rücker, *J. f. prakt. Ch.*, **74**, 249, 1906].

Combinaison, $4AzH^3OPtC^2O^4$. — [Alexandre, *Lieb. Ann. Chem.*, **246**, 247, 1888].

Oxalate acide d'hydrazine, $Az^2H^4H^2C^2O^4$. — Très peu soluble dans l'eau [Ssabanejew, *Journ. Soc. phys. chim. russe*, **31**, 378, 1897; *Centr. Blatt*, II, 32, 1899].

Oxalate de lithium, LiC^2O^4 [Stolba, *Jahresb. f. Chem.*, 283, 1880]; $LiHC^2O^4 + H^2O$ [Stolba; — Foote et Andrew, *Am. Chem. Journ.*, **34**, 153, 1905].

Oxalates de cæsium. — Foote et Andrew, *loc. cit.*

Oxalates de sodium. — $C^2O^4Na^2$ [Koepp, Brevet n° 161512, 1903]. L'emploi de l'oxalate de sodium comme étalon des acides normaux offre plusieurs avantages : c'est un sel anhydre, non hygroscopique, donc facile à conserver et à peser exactement [Sœrensen, *Zeit. anal. Chem.*, **42**, 333, 1903; **42**, 512, 1903; — Sœrensen et Andersen, *Zeit. f. anal. Chem.*, **44**, 156, 1905; **45**, 217, 1906; — Mac Callum, *Am. Journ. of Phys.*, **10**, 101, 1904; — Sebelien, *Chem. Ztg.*, **29**, 638, 1905; — Lunge, *Zeit. f. angew. Chem.*, **18**, 1520, 1905].

Oxalate acide de sodium, $HNaC^2O^4.H^2O$ [Foote et Andrew, *Am. Chem. Journ.*, **34**, 153, 1905].

Oxalates de potassium. — $K^2C^2O^4 + H^2O$ [Buisine, *Bull. Soc. Chim.*, **29**, 423, 1005, 1903]. — 100 parties d'eau dissolvent à 0°, 25 parties de ce sel anhydre [Engel, (2), *Bull. Soc. Chim.*, **45**, 318, 1886]. Poids spécifique des solutions aqueuses [Franz, *Zeit. f. anal Chem.*, **27**, 315, 1889]. Dissociation [Kummel, *Zeit. f. Elektr.*, **11**, 94, 1905].

$KH.C^2O^4 + H^2O$. — Cristaux monocliniques [Merz, Weith, *D. chem. G.*, **15**, 1512, 1882].

$KH.C^2O^4.C^2H^2O^4$. — Lorsqu'on laisse séjourner ce sel dans l'alcool absolu, il se décompose complètement en acide oxalique et KHC^2O^4 [Bischoff, *D. chem. G.*, **16**, 1347, 1883].

$H^3K(C^2O^4)^2.2H^2O$ et HKC^2O^4 [Foote et Andrew].

Tetraoxalate de potassium, — Son emploi comme substance titrée [Kühling, *Chem. Zeitg.*, **28**, 956, 1904; — Lunge, *Chem. Zeitg.*, **28**, 701, 1904].

Oxalates de glucinium. — $GlC^2O^4 + (AzH^4)^2C^2O^4$ [Shadwell, *Jahresb. f. Chem.*, 681, 1881]. — $GlC^2O^4 + 3H^2O$ — $GlC^2O^4H^2C^2O^4 + 5H^2O$ — $GlC^2O^4 + (AzH^4)^2.C^2O^4 + Gl(OH)^2 + 1\frac{1}{2}H^2O$ [Rosenheim, Woge, *Zeit. anorg. Chem.*, **15**, 286, 1897; — Philipp, *D. chem. G.*, **16**, 752, 1882; — Parsons et Robinson, *J. Amer. Ch.*, **28**, 555, 1906].

Oxalate de baryum. — BaC^2O^4. — Il cristallise avec 2 molécules d'eau [Mulder, *Rec. Pays-Bas*, **14**, 288, 1895].

L'oxalate neutre de baryum peut former plusieurs hydrates; le plus riche est $C^2O^4Ba + 7H^2O$ [Groschuff, *D. chem. G.*, **34**, 3313, 1901].

Solubilité des oxalates de Ba, Ca, Sr [Herz et Muhs, *D. chem. G.*, **36**, 3715, 1903]. Décomposition des oxalates alcalino-terreux par les sulfates alcalins [Cantoni, *Arch. Sc. phys.*, **21**, 368, 1906].

Oxalate de calcium. — Solubilité, entraînement de l'oxalate de magnésium par l'oxalate de calcium [Richards, Caffrey et Bisbée, *Zeit. anorg. Chem.*, **24**, 71, 1901; — Foote et Menge, *Amer. Chem. J.*, **35**, 432, 1906]

Sur le rôle de l'oxalate de calcium dans la nutrition des plantes [Amar, *C. R.*, **137**, 1301, 1904].

Transformation de l'oxalate de calcium en sulfate [Clark, *J. Chem. Soc.*, **26**, 110, 1904].

Oxalate de magnésium. — Propriétés [Knight, *Chem. News*, **89**, 146, 1904; — Kohlrausch et Mylius, *Sitzungber.*, 1223, 1904; — Korte, *J. Chem. Soc.*, **87**, 1503, 1905; *Proc. Chem. Soc.*, **21**, 229, 1905].

$Sc^2(C^2O^4)^3 + 6H^2O$ [Nilson, *D. chem. G.*, **13**, 1447, 1880].

Oxalates doubles de zinc et d'ammonium, $(AzH^4)^2Zn(C^2O^4)^3$; $(AzH^4)^2Zn(C^2O^4)^2$ [Kunschert, *Zeit. anorg. Chem.*, **41**, 337, 1904].

Oxalates d'aluminium. — $3(AzH^4)^2C^2O^4 + Al^2(C^2O^4)^3 + 5\frac{1}{2}H^2O$; $OHAl(C^2O^4.AzH^4)^2 + \frac{1}{2}H^2O$; $C^2O^4AlC^2O^4AzH^4 + 2\frac{1}{2}H^2O$, etc. [Rosenheim, Cohn, *Zeit. anorg. Chem.*, **11**, 182, 1896]; $3K^2C^2O^4 + Al^2(C^2O^4)^3 + 6H^2O$ [Kehrmann, Pickersgill, *Zeit. anorg. Chem.*, **4**, 134, 1893]; $OH.Al^2O^4(C^2O^4K)^5 + 7\frac{1}{2}H^2O$; $OHAl(C^2O^4K)^2 + H^2O$, etc. [Kehrmann, Pickersgill]; $AzH^4SrAl(C^2O^4)^3 + 5H^2O$; $3BaC^2O^4 + Al^2(C^2O^4)^3 + 6H^2O$; $AzH^4BaAl(C^2O^4)^3 + 2H^2O$ [Rosenheim, Cohn, *Zeit. anorg. Chem.*, **11**, 180, 1896].

Aluminoxalates, $Al^26C^2O^4(AzH^4)^6$, $6H^2O$; $Al^26C^2O^4K^6, 6H^2O$, etc. [Wyrouboff, *Bull. Soc. Minér.*, (3), **23**, 65, 1900; *Bull. Soc. Chim.*, (3), **27**, 666, 1902].

Oxalate de niobium. — Russ [*Zeit. anorg. Chem.*, **31**, 42, 1902] a préparé l'oxaloniobate de potassium : $Nb^2O^5, 3K^2O, 6C^2O^3.4H^2O$, qui est cristallisé et se présente en agglomérats. Le sel de sodium plus difficile à obtenir contient $8H^2O$; le sel d'AzH^4, $3H^2O$; celui de Rb, $4H^2O$. La décomposition du bioxalate de baryum par un excès d'acide niobique conduit à la formule du sel : $Nb^2O^5.5BaO, 10C^2O^3, 20H^2O$.

Oxalate d'ytterbium. — Clève [*Zeit. anorg. Chem.*, **32**, 129, 1902] a étudié les propriétés du sel $Yb^23C^2O^4 + 10H^2O$.

Oxalate de thallium. — Rabe et Steinmetz [*D. chem. G.*, **35**, 4447, 1902] ont préparé les oxalates thalliques :

$$(C^2O^4)^2TlH + 3H^2O; \quad (C^2O^4)^5Tl^2H^2 + 3H^2O;$$
$$C^2O^4Tl^2 + 3H^2O; \quad (C^2O^4)TlAzH^4, 2AzH^3.$$

Si l'on précipite par l'acide oxalique une solution de Tl^2O^3 dans l'acide acétique cristallisable, on a un oxalate acide $(C^2O^4)^2TlH + 3H^2O$, inaltérable par l'eau [Meyer et Goldschmidt, *D. chem. G.*, **36**, 238, 1903].

$Tl^2(C^2O^4)^3$; $Tl(C^2O^4)H.3H^2O$; $Tl(C^2O^4)^2Tl.3H^2O$, oxalate thalloso-thallique, poudre blanche; $Tl(C^2O^4)^2K.3H^2O$; $Tl^2(C^2O^4)^5H.6H^2O$; $Tl(C^2O^4)^2AzH^4.2H^2O$; $Tl(C^2O^4)^2(PyH)^3$; $Tl(C^2O^4)^2(AzO^2)^2K^3.H^2O$; $Tl(C^2O^4)^2(AzH^3)^2.AzH^4$ [Rabbe et Steinmetz, *Zeit. anorg. Chem.*, **37**, 88, 1903]. Voyez aussi Abegg et Spencer [*Zeit. anorg. Chem.*, **46**, 406, 1905].

Oxalates de titane, $2C^2H^2O^4 + TiO^2 + 2H^2O$. — Longs cristaux, solubles dans l'eau et l'alcool [Péchard, *Bull. Soc. Chim.*, (3), **11**, 30, 1894]; $2C^2HKO^4 + TiO^2 + H^2O$ [Dufet, *Zeit. Kryst.*, **27**, 633, 1897]; $(C^2O^4K^2)^2TiO + 2H^2O$, aiguilles; $[C^2O^4(AzH^4)^2]^2TiO + H^2O$, gros cristaux; $(C^2O^4)^2BaTiO + 2H^2O$; $C^2O^4TiO + C^2H^5OH$; $(C^2O^4TiO)^2O + 12H^2O$ [Rosenheim et Schutte, *Zeit. anorg. Chem.*, **26**, 239, 1902]; $Ti^2(C^2O^4)^3 + 10H^2O$, sesquioxalate; $(TiAzH^4)(C^2O^4)^2 + 2H^2O$, oxalate de titanammonium; $TiK(C^2O^4)^2 + H^2O$; $TiRb(C^2O^4)^2 + 2H^2O$ [Stähler, *D. chem. G.*, **38**, 2619, 1905; — Erban, *Chem. Zeit.*, **30**, 155, 1906].

Oxalates de zirconium. — $Zr(C^2O^4)^2 . 2Zr(OH)^4$; $2Zr(C^2O^4)^2 + 3Zr(OH)^4$; $Zr(C^2O^4)^2C^2H^2O^4 + 8H^2O$; $Zr(C^2O^4)^2 + 2(AzH^4)^2C^2O^4$; $Zr(C^2O^4)^2 + 3Na^2C^2O^4 + C^2H^2O^4 + 5H^2O$; $2Zr(C^2O^4)^2 + 2K^2C^2O^4 + C^2H^2O^4 + 8H^2O$ [Venable, Baskerville, *Am. Chem. Soc.*, **19**, 13, 1897] ; $Zr(C^2O^4K)^4 + 5H^2O$; $Zr(C^2O^4 . AzH^4)^4 + 6H^2O$ [Mandl, *Zeit. anorg. Chem.*, **37**, 252, 1903].

Oxalate de cérium. — Quand on électrolyse une solution nitrique d'oxalate de cérium, contenant 1 0/0 d'acide libre, on obtient de l'oxyde de cérium [Sterba, *C. R.*, **133**, 121, 1901].

Oxalates d'étain, $2C^2HKO^4 + SnO^2 + 5H^2O$. — Cristaux monocliniques [Péchard, *Bull. Soc. Chim.*, (3), **11**, 30, 1894] ; $3K^2O . 2SnO^2 . 7C^2O^3 . 5H^2O$, cristaux blancs solubles dans l'eau [Rosenheim, *Zeit. anorg. Chem.*, **20**, 308, 1899] ; $2BaO . SnO^2 . 4C^2O^3, 8H^2O$, aiguilles blanches (Rosenheim).

Oxalates de cadmium. — En traitant l'oxalate de cadmium par des solutions saturées et froides de KCl, KBr, AzO^2K, AzH^4Cl, on obtient successivement les sels suivants : $Cd^2[(C^2O^4)^3Cl^2]K^4 + 6H^2O$; $Cd^4(C^2O^4)^3Cl^{10}(AzH^4)^8 + 2H^2O$; $Cd^2[(C^2O^4)^3Br^2]K^4 + 2H^2O$; $Cd^2[(C^2O^4)^3(AzO^2)]K^4 + H^2O$. De la même manière on obtient $Hg^2[(C^2O^4)Cl^6]K^4$ et $Hg(AzO^2)^5K^3 + H^2O$ [Kohlschutter, *D. chem. G.*, **35**, 483, 1902].

Tanatar et Lévine [*Journ. Soc. phys. chim. russe*, **34**, 495, 1902] ont préparé l'oxalate basique : $3(C^2O^4Cd + CdO)$.

Oxalates de thorium. — $2Th(C^2O^4)^2H^2C^2O^4 + 9H^2O$; $Th(C^2O^4)^2 . 2(AzH^4)^2C^2O^4 + 4H^2O$; $Th(C^2O^4)^2 2(AzH^4)^2C^2O^4 + 7H^2O$; $2Th(C^2O^4)^2(AzH^4)^2C^2O^4 + 7H^2O$ [Brauner, *Chem. Soc.*, **73**, 951, 1898] ; $(C^2O^4)^2ThK^4, 4H^2O$; $(C^2O^4)^4ThNa^4, 6H^2O$ [Rosenheim, Samter et Davidsohn, *Zeit. anorg. Chem.*, **35**, 424, 1903].

Oxalates d'antimoine — $Sb^2(C^2O^4)^3 + 3K^2C^2O^4 + 8H^2O$ [Wagner, *D. chem. G.*, **22**, 288, 1889] ; $KSb(C^2O^4)^3 + 1 1/2 H^2O$ [Kay, *D. chem. G.*, **21**, 746, 1888] ; $C^2O^2(O . SbCl^4)^2$ [Anschutz, *Lieb. Ann. Chem.*, **239**, 293] ; $Sb^2O^3, 2C^2O^3, 1 1/2 H^2O$; $2Sb^2O^3 . 5C^2O^3, 7H^2O$; $(AzH^4)^2O Sb^2O^3 . 4C^2O^3, 12H^2O$; $2(AzH^4)^2O Sb^2O^3 . 6C^2O^3 . 6H^2O$, etc. [Rosenheim, *Zeit. anorg. Chem.*, **20**, 290].

Si l'on fait agir $SbCl^5$ (2 molèc.) sur l'acide oxalique, on obtient le composé $2SbCl^5 . C^2O^4H^2$ [Anschutz et Evans, *Lieb. Ann. Chem.*, **231**, 398, 1896].

Rosenheim et Stellmann [*D. chem. G.*, **34**, 3377, 1901], Rosenheim et Lœwenstamm [*D. chem. G.*, **35**, 1115, 1902] ont étudié l'action de $SbCl^5$ sur l'acide oxalique, l'oxalate diméthylique et l'oxalate d'éthyle ; ils ont obtenu successivement les composés : $C^2O^4H^2 . 2SbCl^5$; $SbCl^4CH^2 . CO^2 . CO^2 . CH^2 . SbCl^4$; $SbCl^4C^2H^5 . CO^2 . CO^2 . C^2H^5SbCl^4$.

Oxalates de bismuth. — $Bi^2O^3, 3C^2O^3, 7 1/2 H^2O$; $3(AzH^4)^2O Bi^2O^3 . 6C^2O^3 . 10H^2O$; $K^2O . Bi^2O^3 . 4C^2O^3 . 10H^2O$ [Rosenheim, *Zeit. anorg. Chem.*, **20**, 305, 1899] ; $Bi^2(C^2O^4)^3(AzO^3)^2H^2 + 11H^2O$ [Clève, *Bull. Soc. Chim.*, (2), **43**, 364, 1885 ; — Vanino, Hauser, *Zeit. anorg. Chem.*, **28**, 210, 1901].

Urbain et Lacombe [*Bull. Soc. Chim.*, (3), **29**, 1155, 1903] ont préparé un oxalonitrate de bismuth

$$Bi \lessgtr^{C^2O^4}_{AzO^3} + 3H^2O.$$

$Bi(C^2O^4)^3(AzH^4)^3C^2O^4, 8H^2O$ [Allan et Philipps, *J. Am. Soc.*, **25**, 728, 1903] ; $Bi(C^2O^4)^3 . 7K^2C^2O^4, 24H^2O$; $Bi(C^2O^4)^3 . 11K^2C^2O^4, 24H^2O$ [Allan et de Lury, *J. Am. Soc.*, **25**, 728, 1903] ; $(CO^2 . CO^2)^3Bi^2, H^2O$ [Vanino et Hartl, *J. f. prakt. Ch.*, (2), **74**, 142, 1906].

Oxalate de didyme. — $Di^2(C^2O^4)^3(AzO^3)^2H^2 + 11H^2O$ [Clève, *Bull Soc. Chim.*, (2), **43**, 364, 1885].

Oxalates de samarium, $Sm(C^2O^4)^3 + 10H^2O$. — Précipité blanc jaunâtre cristallin qui perd $6H^2O$ à 100° [Clève, *Bull. Soc. Chim.*, (2), **43**, 171, 1885] ; $KSm(C^2O^4)^2 + 2 1/2 H^2O$ (Clève).

Oxalates de vanadium, $3(AzH^4)^2C^2O^4 + C^2H^2O^4 + Vd^2O^5 + 3H^2O$. — Gros prismes jaunes se formant par saturation d'une solution aqueuse d'oxalate d'ammonium par de l'acide vanadique [Rosenheim, *Zeit. anorg. Chem.*, **4**, 368, 1893 ; — Ditte, *C. R.*, **102**, 1019, 1886].

$AzH^4C^2HO^4 + VdO^3H + 1^1/_2 H^2O$. — Prismes jaune clair [Ditte, *Ann. Chim. Phys.*, (6), **13**, 265, 1888].

Oxalates doubles de Va et AzH^4, Na, K. — [Rosenheim : Koppel et Goldmann, *Zeit. anorg. Chem.*, **36**, 281, 1903].

$(AzH^4)^3Vd(C^2O^4)^3 + 3H^2O$. — Cristaux verts [Piccini, Brizzi, *Zeit. anorg. Chem.*, **19**, 400, 1898] ; $3Na^2C^2O^4 + C^2H^2O^4 + Vd^2O^5 + 5H^2O$; $3K^2C^2O^4 + C^2H^2O^4 + Vd^2O^5 + 3H^2O$; $Vd^2O^5(C^2O^4)^4Ba^3 + 15H^2O$ [Rosenheim, *Zeit. anorg. Chem.*, **21**, 17, 1899] ; $K^3Vd(C^2O^4)^3 + 3H^2O$ (Piccini, Brizzi).

Oxalates de chrome. — $CrH(C^2O^4)^2 + 3AzH^3 + 3H^2O$ [Werner, *Chem. Soc.*, **53**, 409, 1888].

$(12AzH^3Cr^2)(C^2O^4)^3 + 4H^2O$. — Précipité cristallin, presque insoluble dans l'eau [Jörgensen, *J. prakt. Chem.*, (2), **30**, 28, 1884].

$[(OH)^3Cr^2 6AzH^3]^2H^4(C^2O^4)^5 + 2H^2O$. — Cristaux prismatiques rouge carmin [Jörgensen, *J. prakt. Chem.*, (2), 272, 1892] ; $CrK(C^2O^4)^2 + 5H^2O$; $K^2Cr(OH)(C^2O^4)^2$; $K(AzH^4)Cr^2(C^2O^4)^4 + 10H^2O$; $KCr(C^2O^4)^2 + 3AzH^3 + 3H^2O$ [Werner, *Chem. Soc.*, **53**, 405, 1888] ; $AzH^4K^5Cr(C^2O^4)^6 + 6H^2O$ [Werner, *Chem. Soc.*, **51**, 384, 1887] ; $Na^2KCr(Cr^2O^4)^3 + 4H^2O$ (Werner).

$Cr^2(C^2O^4)^3 + 6H^2O$. — Cristaux noirs déliquescents [Laprack, *J. prakt. Chem.*, (2), **47**, 312, 1893] ; $(AzH^4)^3K^2Cr^2(C^2O^4)^6 + 5H^2O$ (Laprack) ; $Cr(AzH^4)^3(C^2O^4)^3 + 3H^2O$; $CrNa^3(C^2O^4)^3 + 4 1/2 H^2O$, etc. [Rosenheim, Cohn, *Zeit. anorg. Chem.*, **11**, 204, 1896] ; $NaKCr(C^2O^4)^3 + 4H^2O$ [Kehrmann, Pickersgill, *Zeit. anorg. Chem.*, **4**, 135, 1893] ; $Cr(C^2O^4)^3SrAzH^4 + 5H^2O$; $Cr(C^2O^4)^3SrK + 4H^2O$, etc. [Rosenheim, *Zeit. anorg. Chem.*, **21**, 8, 1899 ; — Manchot et Wilhems, *Lieb. Ann. Chem.*, **325**, 125, 1903] ; $H^5Cr^4(C^2O^4)^6(OH)^5 + 4H^2O$; $K^2Cr(C^2O^4)^4 + 10H^2O$ [Werner, *Chem. Soc.*, **85**, 1438, 1904 ; *Proc. Chem. Soc.*, **20**, 186, 1904].

L'acide chromique, en réagissant sur l'acide oxalique, donne lieu à la réaction : $2CrO^4H^2 + 6C^2O^4H^2 = Cr^2(C^2O^4)^3 + 6CO^2 + 8H^2O$ [Faktor, *Pharm. Post.*, **38**, 191].

Wyrouboff [*Bull. Soc. Minér.*, **23**, 65, 1900 ; *Bull. Soc. Chim.*, **27**, 666, 1902] a décrit une série de chromoxalates de la forme $Cr^2 . 6C^2O^4(AzH^4)^6, 6H^2O$.

Rosenheim et Cohn [*Zeit. anorg. Chem.*, **28**, 337, 1901] ont décrit aussi une série de chromoxalates alcalins du type

$$\left[Cr \lessgtr^{(C^2O^4)^2}_{(H^2O)^2}\right]M + Aq$$

Oxalates de molybdène. — $C^2O^4MoO^2 + 3H^2O$ [Péchard, *C. R.*, **108**, 1052, 1889 ; — Rosenheim, *Zeit. anorg. Chem.*, **4**, 362, 1893] ; $AzH^4C^2O^4MoO^2OAzH^4 + H^2O$; $C^2O^4(MoO^2 . OAzH^4)^2$, etc. [Rosenheim, *Zeit. anorg. Chem.*, **21**, 16, 1899].

Bailhache [*Bull. Soc. Chim.*, (3), **29**, 161, 1903], en partant du sulfate de molybdène $Mo^2O^5, 2SO^3$, a préparé les oxalomolybdites de K, d'AzH^4, de Ba, qui, oxydés par AzO^3H, donnent les oxalomolybdates ; le type des oxalomolybdites est $MoO(OH)^3C^2O^3(OH)M$.

Bailhache [*Bull. Soc. Chim.*, (3), **33**, 439, 1903] a, en outre, préparé les sels suivants : $Mo^2O^3(OH)^4(C^2O^3)^2(OH)^2K^2.2H^2O$: $Mo^2O^3(OH)^4(C^2O^3)^2(OH)^2(AzH^4)^2.2H^2O$; $MoO(OH)^3C^2O^3(OH)K.H^2O$; $MoO(OH)^3C^2O^3(OH)AzH^4.H^2O$.

En dissolvant l'acide molybdique dans une liqueur chaude d'acide oxalique, évaporant à consistance sirupeuse et précipitant par addition de AzO^3H, on obtient l'acide dioxymolybdique $C^2O^4H^2(MoO^3)2.5H^2O$ [Rosenheim et Bertheim, *Zeit. anorg. Chem.*, **34**, 327, 1903].

Grossmann et Krämer [*Zeit. anorg. Chem.*, **41**, 43, 1904] ont obtenu l'oxalate de molybdène et de potassium, $K^2C^2O^4.2MoO^3$ et l'oxalate de Mo et de Na.

Oxalates d'uranyle. — $2UO^3C^2O^3,7H^2O$, poudre cristalline jaune : $(AzH^4)^2O.UO^3.2C^2O^3,2H^2O$; $Li^2O.UO^3.2C^2O^3.41/2H^2O$; $Na^2O.UO^3.2C^2O^3.4H^2O$; $K^2O.UO^3.2C^2O^3,31/2H^2O$; $K^2O.2UO^3.3C^2O^3,4H^2O$; $Cs^2O.2UO^3.3C^2O^3$; $BaO.UO^3.2C^2O^3.10H^2O$ [Rosenheim, *Zeit. anorg. Chem.*, **20**, 284, 1899].

Urano-oxalates. $2C^2O^4K^2(C^2O^4)^2U + 5H^2O$; $2C^2O^4Ba(C^2O^4)^2U + 9H^2O$ [Kohlschütter et Rossi, *D. chem. G.*, **34**, 1472, 1901].

Kohlschütter [*D. chem. G.*, **34**, 3619, 1901] a décrit une série d'oxalates uraneux, $(C^2O^4)^2U + 6H^2O$; $2(C^2O^4)^2U.C^2O^4H^2 + 8H^2O$; $(C^2O^4)^3Cl^2U^2 + 12H^2O$; $(C^2O^4)^3SO^4U^2 + 12H^2O$, etc.

Orlof [*Journ. Soc. phys. chim. russe*, **34**, 275, 1902] a obtenu les composés : $U(C^2O^4)^2.6H^2O$; $2(C^2O^4)^2K^2C^2O^3,8,5H^2O$ et $UCl^4.UO^2.2NaCl.6H^2O$.

Oxalates de tungstène. — $NaC^2O^4WoO^2.ONa + 3H^2O$; $KC^2O^4WoO^3K + H^2O$ [Rosenheim, *Zeit. anorg. Chem.*, **4**, 360, 1893] ; $Na^2WoO^3.C^2O^4$ [Grossmann, Krämer, *Zeit. anorg. Chem.*, **41**, 43, 1904].

Oxalates de manganèse et de potassium. — $K^3Mn(C^2O^4)^3 + 3H^2O$ [Kehrmann, *D. chem. G.*, **20**, 1595, 1887].

L'oxalate double de Mn et de K s'obtient rapidement en ajoutant à une solution d'oxalate de potassium de l'acétate manganique [Christensen, *Zeit. anorg. Chem.*, **27**, 321, 1901].

Oxalates de fer. — [Schäfer et Abbeg, *Zeit. anorg. Chem.*, **45**, 293, 1905]. $KFe(C^2O^4)^2 + 21/2H^2O$; $K(FeO^2Mo^2O^5)C^2O^4 + 5H^2O$ [Rosenheim, Cohn, *Zeit. anorg. Chem.*, **11**, 318, 1895] ; $K^2NaFe(C^2O^4)^3$ [Kehrmann, Pickersgill, *Zeit. anorg. Chem.*, **4**, 133, 1898] ; $Fe(C^2O^4)^3Sr AzH^4 + 6H^2O$; $[Fe(C^2O^4)^3]^2Ba^3 + 22H^2O$ [Rosenheim, *Zeit. anorg. Chem.*, **21**, 12, 1899] ; [Sheppard et Mees, *Proc. Chem. Soc.*, **22**, 105, 1906 ; — Sheppard, *J. Chem. Soc.*, **89**, 530, 1906].

Ferrioxalates. — $Fe^26C^2O^4K^6,6H^2O$; $Fe^26C^2O^4(AzH^4)^6,6H^2O$; $Fe^26C^2O^4Rb^6,6H^2O$, $Fe^26C^2O^4Tl^6,4H^2O$, etc. [Wyrouboff, *Bull. Soc. Minér.*, **23**, 65, 1900 ; *Bull. Soc. Chim.*, (3), **27**, 666, 1902].

Oxalates de cobalt. — $5AzH^3Co(AzO^3)C^2O^4$ [Jörgensen, *J. prakt. Chem.*, (2), **23**, 251, 1881] ; $CoK^3(C^2O^4)^3 + 3H^2O$ [Kehrmann, *D. chem. G.*, **19**, 3102, 1886 ; **24**, 2325, 1891]. $Co(AzH^3)^6(C^2O^4)^3 + 3H^2O$ [Marshall, *Chem. Soc.*, **59**, 769, 1891]. $CoK^3(C^2O^4)^3 + 3H^2O$; $3BaC^2O^4 + Co^2(C^2O^4)^3 + 12H^2O$ (Kehrmann, Pickersgill).

$Co(AzH^3)^2(AzO^2)^2(C^2O^4)K$. — Substance rouge bien cristallisée ; on connaît les sels identiques d'Ag, de Hg et de Pb [Werner, *Zeit. anorg. Chem.*, **25**, 143, 1897] ; $C^2O^4(OH)^2Co(AzH^3)^4Cl$ (Werner).

Copaux [*C. R.*, **134**, 1214, 1902 ; *Ann. Chim. Phys.*, (8), **6**, 508, 1905 ; *Bull. Soc. Minér.*, **29**, 67, 1906] a préparé un certain nombre d'oxalates doubles de Co et de K, Na, Rb, AzH^4 et Li, tels que $Co^2(C^2O^4)^6K^6 + 7H^2O$; $Co^2(C^2O^4)^6Rb^6 + 8H^2O$; $Co^2(C^2O^4)^6Na^6 + 10H^2O$, etc. Durrant a décrit aussi une série d'oxalates doubles de Co et de K ou Am [*Proc. Chem. Soc.*, **21**, 251, 1905 ; *Chem. Soc.*, **87**, 1781, 1905]. Action de l'hydrate d'hydrazine sur les sels de cobalt [Franzen et Mayer, *D. chem. G.*, **39**, 3377, 1906].

Oxalates dinitrodiaminocobaltiques. — $(AzO^2)^2Co(AzH^3)^2.C^2O^4.AzH^4 + H^2O$; $(AzO^2)^2Co(AzH^3)^2C^2O^4Na + 2H^2O$; $(AzO^2)^2Co^2(AzH^3)^2C^2O^4K + H^2O$, etc. [Jörgensen, *Zeit. anorg. Chem.*, **11**, 135, 451, 1896] ; $C^2O^4Co.3AzH^3Cl + 1/2H^2O$ (Jörgensen).

Oxalates tétraminopurpuréocobaltiques. — [Jörgensen, *Zeit. an. Chem.*, **7**, 299, 1894 ; **11**, 429, 1895], $C^2O^4.Co.4AzH^3.Cl$; $(C^2O^4.Co.4AzH^3Cl)^2PtCl^4 + H^2O$; $(C^2O^4.Co4AzH^3)^2SO^4 + 2H^2O$, etc.

Oxalates pentaminopurpuréocobaltiques. — [Jörgensen, *Zeit. anorg. Chem.*, **11**, 418, 1895 ; **17**, 460, 1898]. $C^2O^4(Co.5AzH^3)Cl.HCl$; $(C^2O^4.Co.5AzH^3Cl)^2PtCl^4 + 21/2H^2O$; $C^2O^4(Co.5AzH^3Br).HBr$; $(C^2O^4Co.5AzH^3)^2C^2O^4 + 4C^2O^4H^2$, etc.

Oxalate de cuivre. — $6CuC^2O^4 + H^2O$ [Bornemann, *Chem. Zeit.*, **23**, 565, 1898]. Oxalates doubles de cuivre et de potassium [Schäfer et Abegg, *Zeit. anorg. Chem.*, **45**, 293, 1905]. Oxalates doubles de cuivre et d'ammonium [Horn, *Am. Chem. J.*, **35**, 271, 1906].

Oxalates de mercure. — Par l'action des chlorures alcalins sur l'oxalate de mercure, Kistiakovsky [*Journ. Soc. phys. chim. russe*, **34**, 433, 1902] a obtenu des sels doubles de la forme $K^2Hg^2C^2O^4Cl^6$; ce dernier est en lamelles nacrées [Iodlbauer et Tappeiner, *D. chem. G.*, **38**, 2602, 1905].

Oxalates d'argent. — [Schäfer et Abegg, *Zeit. anorg. Chem.*, **45**, 293, 1905]. $Ag^2C^2O^4MoO^3$ (Péchard).

Oxalates de rhodium. — $Rh^2(C^2O^4)^3 + 3(AzH^4)^2C^2O^4 + 9H^2O$; $Rh^2(C^2O^4)^3 + 3K^2C^2O^4 + 9H^2O$; $Rh^2(C^2O^4)^3 + 3BaC^2O^4 + 6H^2O$ [Leidié, *Ann. Chem.*, (6), **17**, 309, 1899] ; $Rh^2(C^2O^4)^3 + 3K^2C^2O^4 + 9H^2O$ [Dufet et Leidié, *Ann. Chim. Phys.*, (6), **17**, 307] ; $Rh(AzO^2).5AzH^3.C^2O^4$ [Jörgensen, *J. prakt. Chem.*, (2), **34**, 422, 1886].

Oxalates de palladium. — $Pd(CO^2.CO^2H)^2$; $Pd(CO^2)^2K^2 + 3H^2O$ [Vèzes, *Bull. Soc. Chim.*, (3), **21**, 172, 1899].

Oxalate d'osmium. — $OsO^2(C^2O^4)4AzH^3$ [Gibbs, *Jahr. f. Chem.*, 309, 1881].

Oxalate d'iridium. — $Ir(AzH^3)^5Cl.C^2O^4$ [Palmaer, *D. chem. G.*, **23**, 3815, 1890].

Oxalates de platine. — $Pt(O.C^2O^2OH)^2 + 2H^2O$ [Söderbaum, *Bull. Soc. Chim.*, (2), **45** 1886 ; — Werner, *Zeit. anorg. Chem.*, **12**, 50, 1896] ; $K^2C^4PtO^8 + 2H^2O$ [Vèzes, *Bull. Soc. Chim.*, (3), **19**, 875, 1898] ; $K^3H(C^4O^8Pt)^2 + 6H^2O$ [Söderbaum, *Zeit. anorg. Chem.*, **6**, 47, 1894].

Sels doubles de Pt et de Sr, Ba, Cd, Zn, Yt, La, Ce, Th, etc. [Söderbaum, *D. chem. G.*, **21**, 4, 567, 1888]. Blondel [*Ann. Chim. Phys.*, (8), **6**, 81, 1905] a décrit les sels doubles $PtO(C^2O^4)^2K^2 + 2H^2O$, $PtO(C^2O^4)^2Ag^2 + 2H^2O$ et l'acide platoxalique $PtO(C^2O^4)^2H^2 + 5H^2O$.

Oxalate nitreux de platine et de potassium. — $Pt(CO^2.CO^2)(AzO^2)^2K^2 + H^2O$ [Vèzes, *C. R.*, **125**, 525, 1897 ; *Bull. Soc. Chim.*, (3), **21**, 143, 481, 1899 ; *Bull. Soc. Chim.*, (3), **27**, 231, 1902] ; $Pt(C^2O^4)(AzO^2)^2Ba + 5H^2O$; $Pt^2(C^2O^4)^2(AzO^2)^4BaK^2 + 4H^2O$; $Pt(C^2O^4)(AzO^2)^2K^2 + H^2O$ [Vèzes, *Bull. Soc. Chim.*, (3), **25**, 157, 1901].

Acide platooxalonitreux. — $Pt(C^2O^4)(AzO^2)^2H^2$ [Vèzes, *Bull. Soc. Chim.*, (3), **29**, 83, 1903].

Oxalate d'éthylène, $C^2O^4C^2H^4$. — Il fond à 142-143° [Bischoff, Walden, *D. chem. G.*, **27**, 2947, 1894].

Oxalate de benzamide. — $(C^6H^5COAzH^2)^2(CO^2H)^2$ [Henle, *D. chem. G.*, **38**, 1373, 1905].

Oxalate d'hydroxylamine $(AzH^2OH)^2C^2H^2O^4$. — Longs cristaux solubles dans l'eau chaude.

se décomposant vers 170° [Simon, *Bull. Soc. Chim.*, (3), **33**, 412, 1905].

Oxalates d'aniline, de toluidine, d'anisidine, de monométhylaniline, de diméthylaniline, de pyridine et de quinoléine [Anselmino, *D. pharm. G.*, **13**, 494, 1903: *ibid.*, **15**, 422, 1905].

Oxalate de m-nitraniline. — Cristallisé. Fond à 119° en se décomposant [*Mon. f. Chem.*, **25**, 375, 1904].

Oxalates de quinine [Berthelot et Gaudechon, *C. R.*, **136**, 128, 1903].

Oxalate de créatinine $(C^4H^7ONa^3)^2C^2H^2O^4$. — Prismes [Poulsson, *Arch. f. Pathol.*, **51**, 227].

Oxalate de mannamine $(C^6H^{13}O^5AzH^2)^2C^2O^4H^2$. — Lamelles brillantes, fusibles à 186° [Roux, *Bull. Soc. Chim.*, (3), **31**, 603, 1904].

Oxalate de menthol. — Il fond à 68° [Zélikow, *D. chem. G.*, **37**, 1374, 1904].

CHLORURE D'OXALYLE $C^2O^2Cl^2$. — On l'obtient par l'action de PCl^5 (2 mol.) sur l'oxalate diéthylique [Fauconnier, *D. chem. G.*, (2), **25**, 110, 1890]. Liquide fumant à l'air, bouillant à 70°.

ÉTHERS OXALIQUES [Wiens, *Lieb. Ann. Chem.*, **253**, 289, 1889].

ÉTHER MONOMÉTHYLIQUE (acide méthyloxalique) $OHC^2O^2.OCH^3$. — Il cristallise en lamelles, bout à 108-109° sous 12 mm. [Anschütz, Schönfeld, *D. chem. G.*, **19**, 1442, 1886].

$KC^3H^3O^4$ [Anschütz, *Lieb. Ann. Chem.*, **254**, 9, 1889].

$CH^3O.C^2O^2.OC^2H^5$. — Liquide, bout à 173° [Wiens, *Lieb. Ann. Chem.*, **253**, 295, 1889].

Éther diméthylique $C^2O^4(CH^3)^2$. — Il fond à 54° et bout à 163°,3 [Weger, *Lieb. Ann. Chem.*, **221**, 86, 1884: — Brunner, *D. chem. G.*, **27**, 2106, 1885: — Ampola, Rimatori, *Centr. Bl.*, I, 315, 1897: — Quartaroli, *Gazz. chim. ital.*, **33**, I, 497, 1903]. Action sur l'éther méthylique de l'acide diméthylacétique [Conrad, *D. chem. G.*, **33**, 343, 1900]. Action du chlorure sur l'éther cyanacétique [Trimbach, *Bull. Soc. Chim.*, (3), **33**, 372, 1905].

ÉTHER MONOÉTHYLIQUE (acide éthyloxalique) $OH.C^2O^2.OC^2H^5$. — 1 molécule de potasse caustique dissoute dans l'alcool absolu donne un précipité d'éthyloxalate de potassium, $KC^2H^5.C^2O^4$ [Mitscherlich, *Ann. Ph. Chem.*, **33**, 332, 1887].

On peut encore chauffer l'éther diéthylique avec une solution aqueuse d'acétate de potassium [Claisen, *D. chem. G.*, **24**, 127, 1891 : — Anschütz, *D. chem. G.*, **16**, 2413, 1883].

Action de l'acide éthyloxalique sur les dérivés organo-magnésiens [Grignard, *Bull. Soc. Chim.*, (3), **29**, 950; 1903] : sur l'éthylbenzène [Fournier, *C. R.*, **136**, 557, 1903].

Action des acides éthyl- et méthyl-chloroxaliques sur l'éther cyanacétique [Bertini, *Gazz. chim. ital.*, **31**, I, 578, 1901; *Centr. Bl.*, II, 625, 1905].

ÉTHER DIÉTHYLIQUE $C^2O^4(C^2H^5)^2$. — Préparation Duvillier, Buisine, *Ann. Chem.*, (5), **23**, 296, 1881 : — Schatzki, *Jahresb. int. Chem.*, (2), **34**, 500, 1882 : — Steyrer, Seng, *Mon. f. Chem.*, **17**, 614, 1896 : — Bæyer et Villiger, *D. chem. G.*, **34**, 2679, 1901].

Propriétés. — Densité = 1,0793 à 20°, bout à 184° sous 740 mm. [Brühl, *Lieb. Ann. Chem.*, **203**, 27, 1880]. Densité = 1,1030 à 0°, bout à 186° [Weger, *Lieb. Ann. Chem.*, **221**, 87, 1884]. Densité = 1,08563 à 15° [Perkin, *Chem. Soc.*, **45**, 508, 1883; — Bolle, Guye, *Jahresb. Ch.*, II, 3, 38, 1905]. Se congèle dans un mélange réfrigérent. Fond à — 41° (Franchimont, Rouffaer, *Rec. Pays-Bas*, **13**, 388, 1894; — Schneider, *Zeit. physiol. Chem.*, **19**, 157, 1895; **22**, 232, 1898). La lipase est susceptible d'hydrolyser très facilement l'oxalate d'éthyle [Kastle, *Am. Chem. Journ.*, **27**, 481, 1902; — Lorin, *Bull. Soc. Chim.*, (2), **49**, 345, 1888 ; — Ampola, Rimatori, *Gazz. chim. ital.*, **27**, I, 40, 56, 1897 : — Grassi, *ibid.*, **27**, I, 33; — Engler, Grimm, *D. chem. G.*, **30**, 2921, 1897].

Action du glycocolle et de la potasse [Kerp, Unger, *D. chem. G.*, **30**, 579, 1897]. Action de l'éthylate de sodium, de l'o-phénylène-diamine, de l'o-aminophénol [Reissert, *D. chem. G*, **30**, 1032, 1897] ; du camphre [B. et A. Tingle, *Am. Chem. Journ.*, **93**, 214, 1900]; de la glucamine [Roux, *Ann. Chim. Phys.*, (8), **1**, 72, 1904]; de l'acétone et de la méthyléthylcétone [Sielisch et Müller, *D. chem. G.*, **39**, 1328, 1906].

Condensation de l'oxalate d'éthyle avec l'éther monoéthylique de la quinacétophénone en présence de sodium [David et Kostancki, *D. chem. G.*, **35**, 2547, 1902]; avec l'o-oxyacétophénone [Heywank et Kostancki, *D. chem. G.*, **35**, 2887, 1902]; avec la méthylisopropylcétone [Lapworth et Hann, *Chem. Soc.*, **81**, 1485, 1902]; avec l'éther cyanacétique [Bertini, *Gazz. chim. ital.*, **31**, I, 578, 1901]: avec l'éther diméthylique de l'acide $\Delta_{1,4}$-dihydrotéréphtalique [Thiele et Giese, *D. chem. G.*, **36**, 842, 1903]; avec le diacétyle, avec l'uréthane [Hantzsch, *D. chem. G.*, **27**, 1250, 1894]; avec l'adipate d'éthyle [Naoumof, *Journ. Soc. phys. chim. russe*, **35**, 172, 1903]: avec le phénol [Tingle et Byrne, *Am. Chem. Journ.*, **21**, 261, 1899; **25**, 496, 1901; *Centr. Bl.*, I, 984, 1899]; avec certains nitriles [Bogert et Beaus, *Am. Chem. Journ.*, **26**, 469, 1901]; avec l'éther glutarique [Dieckmann, *D. chem. G.*, **35**, 3201, 1902]; avec l'isocyanate de phényle [Lambling, *Bull. Soc. Chim.*, (3), **27**, 709, 1902]; avec l'acide ferrocyanhydrique [Bæyer et Villiger, *D. chem. G.*, **34**, 2679, 1901]; avec le ββ-diméthylglutarate de méthyle [Komppa, *D. chem. G.*, **34**, 2472, 1901]; avec l'hydroquinone, avec l'aldéhyde cinnamique [Bæyer et Villiger, *D. chem. G.*, **35**, 1201, 1902]; avec l'éther glutaconique [Henrich, *D. chem. G.*, **35**, 1663, 1902]; avec le cyanure d'éthylène et le cyanure de triméthylène [Michael, *Am. Chem. Journ.*, **30**, 156, 1903]: avec le bromure de phénylmagnésium [Dilthey, Last, *D. chem. G.*, **37**, 2639, 1904]; avec le chlorure d'aluminium [Walker et Spencer, *Chem. Soc.*, **85**, 1106, 1904 ; *Proc. Chem. Soc.*, **20**, 135, 1904]; avec les dérivés dihalogénés (réaction de Grignard) [Ahrens et Stapler, *D. chem. G.*, **38**, 1296, 1905 : *Centr. Bl.*, I, 1366, 1905]; avec le triphénylméthyle [Gomberg, Cone, *D. chem. G.*, **38**, 1333, 1905]; avec l'éther tétrolique [Feist, *Lieb. Ann. Chem.*, **345**, 100, 1905].

$C^2O^4(C^2H^5)^2 + SnCl^4$. — Cristallisé [Leroy, *J. prakt. Chem.*, **37**, 480, 1888].

Chlorure d'éthyloxalyle $ClCO.CO^2.C^2H^5$. — Il bout à 133-135° sous 700 mm. [Diels, Nawiasky, *D. chem. G.*, **37**, 2672, 1904].

Action sur l'acétylacétone [Trimbach, *Bull. Soc. Chim.*, (5), **33**, 693, 1905]; sur l'éther cyanacétique [Trimbach, *Bull. Soc. Chim.*, (3), **33**, 372, 1905]; sur l'éther malonique sodé [Kurrein, *Mon. f. Chem.*, **26**, 373, 1905].

Éther méthyléthylique $CH^3O.C^2O^2.OC^2H^5$. — Liquide bouillant à 174° [Wiens, *Lieb. Ann. Chem.*, **253**, 295, 1889].

ÉTHERS PROPYLIQUES. — *Éther monopropylique* $OH.C^2O^2.O.C^3H^7$. — 1° Éther normal. Liquide bouillant à 118° sous 13 mm. [Anschütz, Schönfeld, *D. chem. G.*, **19**, 1442, 1886]. — 2° Éther isopropylique. Liquide bouillant à 111° sous 13 mm. (Anschütz, Schönfeld). $KC^5H^7O^4$ [Anschütz, *Lieb. Ann. Chem.*, **254**, 9, 1889].

ÉTHER DIBUTYLIQUE NORMAL $C^2O^4(C^4H^9)^2$. — Il bout à 243° [Wiens, *Lieb. Ann. Chem.*, **253**, 296, 1889].

Éther isobutylique [Schiff. *Zeit. physiol. Chem.*, 1. 381. 1888].

Éthers amyliques [Tingle, *Am. Chem. Journ.*, 20, 337, 1898; — Walden, *Journ. Soc. phys. chim. russe*, 30. 767, 1898; *Cent. Bl.*, I. 327. 1899].

Éther éthylheptylique normal $C^2H^5O.C^2O^2.O.C^7H^{15}$. — Il bout à 263°,7 (Wiens).

Éther propylheptylique normal $C^3H^7O.C^2O^2OC^7H^{15}$ — Il bout à 284° (Wiens).

Éther propyloctylique normal $C^3H^7OC^2O^2.O.C^8H^{17}$. — Il bout à 291° (Wiens).

Éther dimyricylique $C^2O^4(C^{30}H^{61})^2$. — Il fond à 91° (Gascard, cité par Beilstein, *Handb.*, 1, Suppl., 280.

Acide oxalylglycolique [$COOCH^2-CO^2H]^2$.

Éther diéthylique. — Il fond à 58° [Curtius, Schevan, *J. prakt. Chem.*, (2), 51, 360, 1895].

Oxalate de phényle $C^2O^4(C^6H^5)^2$. — Il fond à 136° et bout à 320° sous 15 mm. [von Bischoff et Hedenstroem. *D. chem. G.*, 35, 3437, 1902].

On connaît l'oxalate de m-nitrophényle.

Oxalate de dibenzyle $(C^6H^5.CH^2.CO^2)^2$. — Obtenu en chauffant à 100° de l'acide oxalique avec de l'alcool benzylique. Il fond à 81° et bout à 235° sous 14 mm. (Bischoff et Hedenstroem).

Oxalate des diphénols [Bischoff et von Hedenstroem, *D. chem. G.*, 35, 3452, 1902]. L'*oxalate de pyrocatéchine* se présente en aiguilles groupées en étoiles, fusibles à 185°. L'*oxalate de résorcine* fond à 260°. L'*oxalate d'hydroquinone* fond à 280°. On connaît aussi l'oxalate mixte d'éthyle et d'hydroquinone, fusible à 110°.

Oxalates de tolyle. — Le *dérivé ortho*, cristallisé en aiguilles, fond à 91°; le *dérivé méta* fond à 91°; le *dérivé para* fond à 149° [Bischoff et von Hedenstroem. *D. chem. G.*, 35, 3443, 1902].

Oxalates de xylyle. — Le *dérivé ortho* fond à 106°; le *dérivé méta* fond à 144°; le *dérivé para* fond à 111°. On connaît les éthers mixtes d'éthyle et de xylyle.

Oxalate de carvacryle. — P. F. : 64°.

Oxalate de thymyle. — P. F. : 61°.

Oxalate d'α-naphtyle. — P. F. : 161°.

Oxalate de β-naphtyle. — P. F. : 190°.

Oxalate de gayacyle. — P. F. : 127° (Bischoff et von Hedenstroem).

Oxalate de cholestérine $(C^{27}H^{43})^2(CO^2)^2$. — Il fond à 224° [Mauthner et Suida, *Mon. f. Chem.*, 24. 648, 1903].

ACIDE THIOOXALIQUE — *Éther diéthylique* $C^2H^5.S.C^2O^2OC^2H^5$. — On l'obtient en mélangeant à 0° des quantités équivalentes de chlorure d'éthyloxalyle et de mercaptan. Liquide bouillant à 217° [Morley, Saint, *Chem. Soc.*, 43. 400, 1882]. Décembre 1906. A. Bouchonnet.

OXALIQUE (ACIDE). — Physiologie. — A l'état normal l'acide oxalique existe dans l'urine normale de l'homme en petites quantités (depuis quelques milligrammes jusqu'à 0gr,02 et même 0gr,08 en 24 heures, s'il y a ingestion abondante d'aliments végétaux riches en acide oxalique) [Fürbringer. *D. Arch. klin. Med.*, 18. 143, 1876; — L. Leignes Bakhoven, *Jahresb. de Maly*, 32, 362, 1902]. L'urine le contient à l'état d'oxalate de calcium dissous à la faveur du phosphate acide de sodium [Modermann, *Schmidt's Jahrb.*, 125, 145, 1865] et l'abandonne souvent, même à l'état normal, sous la forme d'octaèdres ayant au microscope l'aspect d'enveloppes de lettres. On en trouve aussi de petites quantités dans presque tous les tissus et organes [Cippolino, *Berl. klin. Woch.*, 1901, 544].

Avec l'alimentation mixte ordinaire, l'acide oxalique provient en majeure partie de la partie végétale de notre alimentation. Mais même chez l'homme exclusivement nourri d'aliments animaux pratiquement exempts d'acide oxalique, ou chez le chien à l'état d'inanition depuis 13 à 20 jours, l'acide oxalique persiste en petite quantité dans l'urine [L. Mohr et H. Salomon, *D. Arch. klin. Med.*, 70, 486; — H. Luthje, *Zeit. klin. Med.*, 35, 271]. Une fraction seulement de l'acide oxalique urinaire, la plus importante, provient donc de l'alimentation et cette quantité est d'autant plus grande que le suc gastrique est plus acide et plus abondant. Lorsque la sécrétion de ce suc est supprimée (achylie), l'urine ne contient pour ainsi dire plus d'acide oxalique, même quand il y a ingestion d'épinards, mais cet acide reparaît si l'on fait ingérer en même temps de l'acide chlorhydrique (Dunlop, *Centralbl. med. Wiss.*, 1896, 230; — Mohr et Salomon, *D. Arch. klin. Med.*, 70, 486; — Klemperer et Tritzschler, *Zeit. klin. Med.*, 44, 337; — Rosenfeld, cité d'après Minkowski. *Handb. d. Ernährungstherapie de Leyden*, 1re éd., 2, 540].

On est très mal fixé sur l'origine de l'acide oxalique formé dans l'organisme. La substance mère ne paraît être ni les hydrates de carbone ni les graisses, puisque l'addition de ces deux aliments à la ration fait baisser chez l'homme et chez l'animal la quantité de cet acide [Mills. *Arch. de Virchow*, 99. 305; — Stradomsky, *ibid.*, 163. 405; — Luthje, *Zeit. klin. Med.*, 35. 271]. C'est avec l'alimentation carnée que le chien excrète le plus d'acide oxalique, et l'homme aussi en fournit plus dans ces conditions qu'avec des rations de graisses et d'hydrates de carbone, mais il n'existe aucun parallélisme entre l'azote et l'acide oxalique excrétés [Mills, Stradomsky, *loc. cit.*; — Lommel, *D. Arch. klin. Med.*, 63, 599]. L'addition de matières albuminoïdes pures (plasmon, eukasine) abaisse plutôt la quantité d'acide oxalique; seul le tissu conjonctif l'augmente; 40 grammes de gélatine produisent l'excrétion d'un surplus de 10 à 20 milligrammes d'acide oxalique. On a rattaché ce fait à la présence de grandes quantités de glycocolle dans la molécule de la gélatine, mais la question est encore en suspens [Klemperer et Tritzscher, *loc. cit.*]. Les expériences faites avec l'acide urique ou avec les nucléoprotéides producteurs d'acide urique (thymus, pancréas), avec la créatinine et l'allantoïne n'ont pas permis non plus de rattacher l'acide oxalique à ces corps.

On ne peut pas admettre que l'acide oxalique est un produit intermédiaire de la désassimilation, qui se produirait transitoirement dans l'organisme en quantité assez considérable pour être détruit ensuite, car l'acide oxalique ingéré résiste assez bien à l'oxydation intra-organique. Gaglio et Pohl le considèrent même comme résistant d'une manière absolue. D'autres auteurs n'en ont retrouvé que 30 à 40 0/0, mais il est possible qu'une partie de cet acide disparaisse dans l'intestin par fermentation [Gaglio, *Arch. exp. Path.*, 22, 233; Pohl, *ibid.*, 37, 413].

En résumé on a l'impression que l'acide oxalique résulte de quelque phénomène accessoire, d'un caractère contingent, peut-être d'un manque local d'oxygène [Magnus-Lévy, in C. von Noorden, *Pathol. d. Stoffwechsels*, 2e éd., Berlin, 1906, 157].

On est très mal renseigné sur les causes de l'augmentation pathologique de l'acide oxalique dans l'urine, augmentation que l'on a d'ailleurs déduite très souvent de l'apparition d'un sédiment d'oxalate de calcium, ce qui est tout à fait inexact. Pour les relations entre la glycosurie et l'oxalurie, voyez Hildebrandt [*Zeit. physiol. Ch.*, 35, 142, 1902] et Luzzatto [*Jahresb. de Maly*. 34, 239, 1904]; entre l'oxalurie et l'indoxylurie, Wesener [*ibid.*, 32, 422, 1902 et 33.

949, 1903] et W. von Moraczewski [*ibid.*, 950]. On ne connaît pas davantage les causes de la formation des calculs d'oxalate de calcium. Du moins peut-on veiller ici à introduire le moins d'acide oxalique alimentaire que possible. A. Gautier, a dressé d'après les dosages d'Esbasch, un tableau des quantités d'acide oxalique apportées par un grand nombre d'aliments végétaux [A. Gautier. *Chim. biol.*, Paris. 1892. 630.— Voyez aussi G. Pierallini. *Arch. de Virchow*, **160**, 173. 1900].

Le dosage de l'acide oxalique dans des liquides comme l'urine laisse encore à désirer. Beaucoup d'anciennes déterminations seraient à reprendre, en suivant les nouvelles indications de Salkowski [*Zeit. physiol. Ch.*, **29**. 437, 1900]. Voyez aussi Autenrieth et Barth [*ibid.*, **35**. 327. 1902]. Janvier 1906. E. Lambling.

OXALIQUE (ACIDE) (INDUSTRIE). — (Voyez Dict., **2**, 682).

Diverses modifications ont été apportées au procédé de MM. Roberts, Dale et Cie.

PROCÉDÉ CAPITAINE ET HERTLING. — MM. Capitaine et von Hertling [Brevet allemand, C. 5, 621. 22 mai 1895] additionnent d'hydrocarbures le mélange de sciure de bois et de lessive alcaline, de façon à modérer la réaction et à éviter une décomposition partielle de l'acide oxalique formé.

Comme hydrocarbures, on peut employer l'huile lourde de pétrole, la vaseline, etc. On fond ensemble un mélange de 40 parties d'hydrate de sodium, 20 parties de sciure de bois et 1 partie 1/2 d'huile ou de vaseline. La température de la réaction se trouve abaissée, et déjà avant 200° on constate un dégagement d'hydrogène et d'hydrocarbures.

On maintient la température de 200° jusqu'à ce que tout dégagement gazeux ait cessé, même sous l'action de l'eau ou de la vapeur d'eau. On dirige, en effet, à plusieurs reprises dans la masse, un jet de vapeur, ou bien l'on ajoute directement une petite quantité d'eau.

Pendant cette dernière opération, la masse se décolore peu à peu et reste finalement à peine jaunâtre. Elle contient 42 à 43 0/0 d'acide oxalique, ce qui correspond à un rendement de 140 d'acide pour 100 de sciure de bois.

L'opération se termine comme d'habitude par transformation en oxalate de calcium et décomposition de ce sel par l'acide sulfurique. On obtient ainsi un acide assez pur qui n'a pas besoin d'être purifié par une nouvelle cristallisation.

Pendant l'attaque du bois par la soude à 200°, il se dégage de l'alcool méthylique et de l'acétone que l'on condense au moyen d'un réfrigérant.

PROCÉDÉ ZACHER. — Ce procédé, qui a été appliqué en Allemagne et donnerait d'excellents résultats, consiste à opérer dans le vide à une température qui ne doit pas dépasser 180°.

Les matières cellulosiques, d'abord séchées à l'air libre, puis dans le vide à 70°, sont mélangées avec une lessive de potasse ou de soude chaude et concentrée. Cette opération se fait dans une marmite en fonte munie d'un agitateur et chauffée par un double fond. L'appareil étant chargé, on y fait le vide à l'aide d'une pompe, on met en marche l'agitateur et l'on élève la température jusqu'à 180°. Vers la fin de la réaction on ajoute un oxydant tel que du bioxyde de sodium, ou bien l'on injecte simplement de l'air.

On traite ensuite la masse par l'eau bouillante, on filtre la solution et l'on achève comme précédemment. On obtient de premier jet de l'acide pur [Brevet français 263 822, 8 février 1897].

PROCÉDÉ LIFSCHÜTZ. — Dans ce procédé on emploie, non plus des alcalis, mais des acides. On obtient en même temps de la cellulose pure.

Le mélange acide se compose de 32 0/0 d'acide sulfurique à 66° B., 20 0/0 d'acide azotique et 48 0/0 d'eau. Il a une densité de 1,35.

Le bois est découpé en petits cubes de 1 à 2 cm de côté et mis à digérer pendant 15 à 16 heures à la température de 50 à 60° avec 10 à 15 parties du mélange acide. Il est ensuite lavé à l'eau froide et bouilli avec du carbonate de sodium jusqu'à désagrégation complète. Le résidu, pressé et lavé, est constitué par de la cellulose pure très blanche.

Le liquide acide peut servir pour 4 ou 5 opérations en élevant la température de 5° pour chaque attaque.

La solution abandonne par refroidissement des cristaux d'acide oxalique. 100 parties de bois fournissent environ 30 parties d'acide oxalique et 40 parties de cellulose.

PROCÉDÉ BASSET. — Basset (1898) propose de saccharifier les matières cellulosiques par l'acide sulfurique de densité 1,075 soit à la température de 60°, soit à l'ébullition suivant l'état des matières.

Le résidu est ensuite traité par une des méthodes connues, par exemple par fusion alcaline, dans le but d'en extraire l'acide oxalique et l'alcool méthylique.

PROCÉDÉ COLSON [Brevet français 292 166, 30 avril 1899]. — Ce procédé consiste à oxyder le charbon végétal (tourbe) en présence de soude. Dans une lessive de soude composée de 150 parties d'eau et 100 parties d'hydrate de sodium, on introduit, par petites portions, 100 parties de charbon végétal finement divisé, de façon à former une pâte très homogène à laquelle on ajoute 2 à 3 0/0 d'un alcool triatomique destiné à éviter toute perte d'acide oxalique pendant le chauffage.

Cette pâte est étalée en couche mince sur la sole d'un four à réverbère.

Après la calcination la masse est lessivée à l'eau bouillante et l'on en extrait l'acide oxalique.

PROCÉDÉ GOLDSCHMIDT. — Le formiate de sodium obtenu par l'action de l'oxyde de carbone sur la soude est chauffé avec du carbonate de sodium, il se forme de l'oxalate de sodium et il se dégage de l'hydrogène :

$$HCO^2Na + CO^3Na^2 = C^2O^4Na^2 + NaOH.$$
$$HCO^2Na + NaOH = CO^3Na^2 + H^2.$$

La première équation correspond à une fixation d'oxyde de carbone sur le carbonate de sodium.

On fait un mélange intime de 4 parties de formiate pour 5 parties de carbonate de sodium et ce mélange est chauffé dans des marmites en fonte munies d'agitateur. Ces marmites plongent dans un bain de plomb à 400-410°. L'opération ne dure que 30 à 45 minutes.

Le rendement est meilleur lorsqu'on opère à l'abri de l'air.

Après refroidissement, on reprend la masse par l'eau à 33° qui dissout la plus grande partie du carbonate de sodium, on sépare le carbonate et l'oxalate de sodium par différence de solubilité. On obtient ainsi de l'acide oxalique très pur [Brevet allemand, 11 448, 4 mai 1897 et Brevet français, 272 084, 10 novembre 1897; — Robine et Lenglen, *Rev. gén. chim. pure et app.*, 1905, 185 et 217].

PROCÉDÉ FELDKAMP. — Ce procédé, qui est un perfectionnement du précédent, consiste à faire agir un mélange d'oxyde de carbone et d'anhydride carbonique (gaz à l'air, gaz à l'eau, etc.) sur un hydrate alcalin.

Il y a formation transitoire de formiate. Ce sel se décompose vers 360° en carbonate, oxyde de carbone et hydrogène :

$$2HCO^2Na = Na^2CO^3 + CO + H^2.$$

Mais vers 400-440°, il y a formation d'oxalate :

$$Na^2CO^3 + CO = Na^2C^2O^4.$$

On introduit dans un cylindre horizontal, muni d'un agitateur mécanique, 50 kg. NaOH. On chauffe à 220° et l'on met l'appareil en communication, d'une part avec un gazomètre contenant le mélange gazeux, d'autre part avec un deuxième gazomètre destiné à recevoir les gaz non absorbés ainsi que l'hydrogène produit. Avec un gaz à l'eau contenant 27 mc CO, 1 mc CO^2, 28 mc H et un peu d'azote, on obtient dans la 1re phase 80 kg. de formiate et 3 kg. de carbonate. On interrompt l'arrivée du gaz, on chauffe à 400-440°, il se dégage de l'hydrogène et l'on a finalement 79 kg. d'oxalate et 4 kg de carbonate. On traite le mélange par la chaux éteinte. On récupère ainsi la soude et l'on obtient un mélange d'oxalate et de carbonate que l'on décompose par l'acide sulfurique [Brevet français 358785; *Rev. chim. Ind.*, avril 1906].

Le bois épuisé qui a servi à l'extraction du tannin pourrait aussi être utilisé à la fabrication de l'acide oxalique.

APPLICATIONS. — L'acide oxalique est employé dans l'impression des tissus comme rongeant ou comme dissolvant de certaines couleurs telles que le bleu de Prusse. Il est employé pour le blanchiment de la paille, le nettoyage du cuivre, etc. L'eau de cuivre est une dissolution d'acide oxalique dans l'eau à 30 gr. par litre.

Avril 1907. A. Baud.

OXALURIQUE (ACIDE). (Voyez Dict., 2, 693 et 1er Suppl., 1114). — Sur la présence de l'acide oxalurique dans l'urine et l'influence qu'il peut exercer dans le dosage de l'acide oxalique, voyez Salkowski [*Zeit. physiol. Ch.*, **29**, 437, 1900] et Luzzatto [*Chem. Centralbl.*, 1903, **1**, 593]. La chaleur de combustion moléculaire à pression constante de l'acide oxalurique est de $207^{cal},7$ [Matignon, *Ann. Chim. Phys.*, (6), **28**, 112, 1893]. Pour la conductibilité électrique, voyez Ostwald [*Zeit. physik. Ch.*, **3**, 287, 1889]. — *Sel de calcium.*

$$Ca.CO^2.CO.Az.CO.AzH^2 + H^2O$$

précipité cristallin [Matignon, *loc. cit.*, 115]. — *Acide méthyloxalurique.*

$$AzH^2.CO.Az(CH^3).CO.CO^2H$$

prismes fondant à 180-190° avec décomposition [Behrend et Dietrich, *Ann. Chem.*, **309**, 271, 1899]. — *Acide formyloxalurique,*

$$CHO.AzH.CO.AzH.CO.CO^2H + 3H^2O$$

par l'acide oxalique et la formylurée. Aiguilles fondant à 175° avec bouillonnement [Gorski, *D. chem. G.*, **29**, 2048, 1896].

Oxaluramide. — Schenck a indiqué un moyen d'améliorer sa préparation [*D. chem. G.*, **38**, 559, 1905]. Elle se forme aussi dans l'oxydation de l'ovalbumine et de la gélatine par le permanganate de calcium [Kutscher et Schenck, *D. chem. G.*, **37**, 2928, 1904; — Seemann, *Zeit. physiol. Ch.*, **44**, 229, 1905]. E. Lambling.

OXALYLANTHRANILIQUE (ACIDE). — Voyez l'art. BENZOÏQUE (ACIDE), 2e Suppl., **1**, 540.

OXAMÉTHANE $AzH^2.CO.CO^2.C^2H^5$ (*oxamate d'éthyle*). — Voyez Dict. **2**, 687; 1er Suppl., 1111.

L'oxaméthane est décomposé lentement à froid, rapidement à chaud par les hypochlorites alcalins [O. de Coninck, *C. R.*, **122**, 907, 1896].

L'hydroxylamine réagit sur l'oxaméthane en donnant l'hydroxyloxamide $AzH^2.CO.CO.AzH.OH$ [H. Schiff et U. Monsacchi, *Ann. Chem.*, **288**, 313, 1895]. D'après A. Hollemann [*Rec. Pays-Bas*, **15**, 2, 148, 1895; *Bull. Soc. Chim.*, (3), **15**, 1228, 1896], ce corps pourrait bien être la forme anti de l'amidoxime oxamique

$$CO^2H-C\begin{matrix}\nearrow AzOH \\ \searrow AzH^2\end{matrix}$$

On a décrit un certain nombre de dérivés substitués à l'AzH^2 de l'oxaméthane. Voir : Dérivés p et m -aminophényliques, par H. Schiff et A. Ostrogowitch [*Ann. Chem.*, **293**, 371, 1896; *Bull. Soc. Chim.*, (3), **18**, 468, 1897]; Crésylène-oxaméthane, par H. Schiff et A. Vanni [*D. chem. G.*, **23**, 1817, 1890]; Uréides du phényloxaméthane par H. Schiff et A. Ostrogowich [*D. chem. G.*, **27**, 298, 1894].

Décembre 1906. M. Delépine.

OXAMIDE $AzH^2.CO.CO.AzH^2$. — Voyez Dict., **2**, 683; 1er Suppl., 1109. — Ce corps a pour densité de 1,627 à 1,667 [H. Schröder, *D. chem. G.*, **12**, 562, 1879]. L'oxamide traitée par l'hypobromite de soude ne libère que les trois quarts de son azote; le reste se retrouve sous forme de cyanate [W. Foster, *D. chem. G.*, **11**, 1695, 1878; **12**, 135, 1879. Voir aussi O. de Coninck, *C. R.*, **121**, 893, 1895. — Le mélange chromique l'attaque en donnant du gaz carbonique [O. de Coninck, *ibid.*, **128**, 503, 1899].

L'action d'AzO^3H réel [A. Franchimont, *Rec. Pays-Bas*, **4**, 195, 1885] dégage lentement un mélange gazeux de CO^2, CO et Az^2O en proportions volumétriques égales.

L'action de $POCl^3$ [O. Wallach et P. Pirath, *D. chem. G.*, **12**, 1065, 1879] n'engendre pas de cyanogène.

L'action de CH^2O [G. Pulvermacher, *D. chem. G.*, **26**, 957, 1893] est nulle.

L'oxamide réagit à 240-250° sur le carbonate de phényle en donnant de l'acide parabanique [P. Cazeneuve, *Bull. Soc. Chim.*, (3), **21**, 1080, 1899].

Cette diamide n'est saponifiée par aucun des ferments courants [M. Gonnermann, *Arch. de Pflüger*, **89**, 493, 1902].

OXAMIDES SUBSTITUÉES :

La *diméthyloxamide sym.* traitée par l'acide azotique réel donne un *dérivé dinitré* fusible à 124° [A. Franchimont, *Rec. Pays-Bas*, **4**, 195, 1885].

Nous ne faisons que donner les points de fusion des autres nouvelles oxamides à fonction simple :

Diamyloxamide $[-CO.AzH.CH^2.C(CH^3)^3]^2$ — Corps fusible à 136° [M. Freund et Lenze, *D. chem. G.*, **23**, 2865, 1890], à 165° [*ibid.*, **24**, 2150, 1891].

Dinonyloxamide $[-CO.AzH.CH^2.CH.(CH^3)C^6H^{13}]^2$. — Fusible à 92° [M. Freund et Schœnfeld, *ibid.*, **24**, 3350, 1891].

Difenoyloxamide $[-CO.AzH.C^{10}H^{17}]^2$. — Prismes [O. Wallach et Griepenkerl, *Ann. Chem.*, **269**, 347, 1892].

Dibenzyloxamide $[-CO.AzH.C^7H^7]^2$. — Fusible à 118° [W. Wislicenus et W. Beckh, *ibid.*, **295**, 339, 1897].

Tétrabenzyloxamide $[-CO.Az(C^7H^7)^2]^2$. — Fusible à 127-128° [Hammerich, *D. chem. G.*, **25**, 1825, 1892].

Diphényl-2.3-propyloxamide.1 $[-CO.AzH.CH^2-CH(C^6H^5).CH^2(C^6H^5)]^2$. — Fusible à 115-116° [M. Freund et Remse, *D. chem. G.*, **23**, 2859, 1890].

Diméthyl-2.2-butyloxamide.1 [-CO-AzH.CH². C(CH³)².C²H⁵]². — Fusible à 102° [P. Eschert et M. Freund, *ibid.*, **26**, 2491, 1893].

Trinitrophényloxamide AzH².CO.CO.AzH.C⁶H²(AzO²)³. [W. Mixter et F. Walther. *Am. chem. Journ.*, **9**, 355, 1887].

Les oxamides diaromatiques sont considérées comme dérivées de l'oxanilide (voyez ce mot).

Décembre 1906. M. Delépine.

OXAMIDO-ACÉTIQUE (ACIDE) (*acide glycyloxamique*) CO²H.CO.AzH.CH².CO²H. — On l'obtient en décomposant l'amide oxamido-acétique AzH².CO.CO.AzH.CH².CO²H par la baryte. Son *sel d'argent* est gélatineux. L'*amide* en question est en aiguilles fusibles à 228° avec décomposition, solubles dans l'eau; son *sel de potassium* s'obtient par mélange de solutions aqueuses de glycocollate de K et d'oxaméthane, il cristallise avec 2H²O. L'*éther diéthylique* est un liquide incolore : D_{20} = 1,180, bouillant à 197° sous 12 mm. [W. Kerp et K. Unger, *D. chem. G.*, **30**, 579, 1897].

Décembre 1906. M. Delépine.

OXAMIDO-BENZOÏQUE (ACIDE). — Voy. BENZAMOXALIQUE (ACIDE).

OXAMIDO-DIACÉTIQUE (ACIDE) (*amide oxalique du glycocolle*) [CO²H.CH².AzH.CO-]². — Le glycocolle (2 mol.) réagit sur l'éther oxalique (1 mol.) en présence d'un alcali pour donner le sel alcalin de cet acide qu'on précipite par l'acide sulfurique. Aiguilles blanches solubles dans l'eau, insolubles dans les solvants organiques, se décomposant à 250°. *Sel d'argent* C⁶H⁶Az²O⁶Ag² insoluble; *éther diméthylique* fusible à 140°; *éther monoéthylique*, fusible à 164-165° [W. Kerp et K. Unger, *D. chem. G.*, **30**, 579, 1897]. Décembre 1906. M. Delépine.

OXAMIDO-β-PROPIONIQUE (ACIDE) CO²H.CO.AzH.CH(CH³).CO²H. — L'*éther diéthylique* de cet acide s'obtient en faisant réagir le chlorure d'éthyloxalyle sur le chlorhydrate de l'alaninate d'éthyle en solution benzénique. C'est un liquide bouillant à 169-172° sous 14 millimètres [W. Kerp et K. Unger, *D. chem. G.*, **30**, 579, 1897].

Décembre 1906. M. Delépine.

OXAMINES (TRIAKYLS). — Voyez HYDROXYLAMINE. 2ᵉ Suppl., **5**, 634.

OXAMIQUE (ACIDE) CO²H.CO.AzH². — Voyez Dict. **2**, 687; 1ᵉʳ Suppl. 111.

On obtient facilement l'acide oxamique en transformant l'oxaméthane en oxamate d'ammoniaque par l'ammoniaque et décomposant ensuite par l'acide chlorhydrique [L. Oelkers, *D. chem. G.*, **22**, 1566, 1889]. On obtient un mélange d'oxamate d'ammonium et d'oxamide en maintenant pendant 4 heures à 170-175° de l'oxalate d'ammonium dans du nitrate d'ammonium fondu [E. Mathieu-Plessy, *C. R.*, **109**, 653, 1889].

On a encore indiqué que l'acide oxamique se formait en même temps que de l'acide cyanhydrique par ébullition de la solution acétique de la dinitrosoacétone [H. v. Pechmann, *D. chem. G.*, **21**, 2990, 1888]. L'oxamate d'ammonium se forme dans l'oxydation des albuminoïdes par le permanganate de calcium [F. Kutscher et M. Schenk, *D. chem. G.*, **37**, 2928, 1904].

L'acide oxamique fond à 210° et non à 173° (Oelkers).

Chauffé avec le chlorure et l'oxychlorure de phosphore, il donne l'*oxalimide*

CO — CO
\
AzH

[H. Ost et A. Mente, *D. chem. G.*, **19**, 3228, 1886].

L'action du chlorure de nitrosyle a été étudiée par Tilden et Forster [*Chem. Soc.*, **67**, 489, 1895].

Hydrazides oxamiques [C. Bülow, *D. chem. G.*, **35**, 3684, 1902].

Phénylhydrazides oxamiques [Decev, *J. prakt. Chem.*, (2), **48**, 78, 1893].

L'*oximide oxamique* HO.AzH².CO.CO.AzH² se forme dans la saponification sulfurique de la nitromalonamide [C. Ulpiani et C. Ferretti, *Gazz. chim. ital.*, **32**, I, 205, 1902].

L'acide oxamique donne de l'acide glyoxylique par réduction électrolytique [Kinzlberger et Cᵉ, D.R.P., 163842]. Décembre 1906. M. Delépine.

OXANILIDE (*diphényloxamide*) [C⁶H⁵AzH.CO-]². — Voir Dict., **2**, 685 et 1ᵉʳ Suppl., 1111. Elle se forme par isomérisation du dérivé oximidé C⁶H⁵.AzH.CO.C(AzOH)C⁶H⁵ [Beckmann et Koster, *Ann. Chem.*, **274**, 1, 1893]; dans l'action de l'aniline sur la dioxanilide ou diphényl-diacidihydropiazine [P. Abenius, *J. prakt. Chem.*, (2), **41**, 80, 1890].

L'oxanilide n'est pas saponifiée par les ferments ordinaires [M. Gonnermann, *Archiv. de Pflüger*, **89**, 493, 1902].

L'oxanilide et ses homologues, distillées avec la quantité moléculaire d'oxyde rouge de mercure, donnent les urées correspondantes avec dégagement de CO² [P. C. Taussig, *Mon. f. Chem.*, **25**, 375, 1904].

Dissoute dans l'acide sulfurique et additionnée de bichromate, l'oxamide donne une coloration violette, comme la strychnine [J. Tafe, *D. chem. G.*, **25**, 413, 1892].

L'action du perchlorure de phosphore, étudiée par O. Wallach et P. Pirath [*D. chem. G.*, **12**, 1065, 1879], donne des résultats peu nets.

Action de la chloracétamide [A. Bischoff et O. Nastvogel, *ibid.*, **23**, 2051, 1890].

DÉRIVÉS HALOGÉNÉS [J. O. Dyer et W. G Mixler. *Am. Chem. Journ.*, **8**, 309, 1886]. La *tétrachloroxanilide* (Cl⁴ méta) fond à 255°; la *p-dibromoxanilide*, au-dessus de 300°; la *p-diiodoxanilide* se décompose avant de fondre. La *m-cyanoxanilide* fond à 205-206° et la *di-m-cyanoxanilide* au-dessus de 300°.

DÉRIVÉS NITRÉS. — La *p-dinitrooxanilide* [-CO.AzH₍₁₎-C⁶H⁴.AzO²₍₄₎]² s'obtient avec un rendement théorique par nitration (densité de l'acide 1,4) au bain-marie [W. G. Mixter et O. Walther, *Am. Chem. Journ.*, **9**, 355, 1887].

La *tétranitrooxanilide* [-CO.AzH₍₁₎-C⁶H³.(AzO²)²₍₂.₄₎]² s'obtient en projetant l'oxanilide porphyrisée dans l'acide nitrique de densité 1,5, chauffant après première réaction, puis distillant l'excès d'acide. Ce corps ne peut être recristallisé que dans un mélange d'acides nitrique et acétique. L'acide sulfurique concentré et chaud, la potasse bouillante le saponifient en donnant la dinitraniline 1.2.4 [A. G. Perkin, *Chem. Soc.*, **61**, 458, 1892; — W. G. Mixter et O. Walther, *loc. cit.*].

L'*hexanitrooxanilide* [-CO.AzH₍₁₎.C⁶H².(AzO²)³₍₂.₄.₆₎]² s'obtient en nitrant la précédente par un mélange bouillant de SO⁴H² et AzO³H concentrés; elle fond à 255° (déc.). Sa saponification donne la trinitraniline 1.2.4.6 (*ibid.*).

Perkin a encore préparé la *dinitro-oxal-o-toluide* 1.2.5 fusible vers 260°, la *tétranitro-oxal-o-toluide* 1.2.3.5, la *tétranitro-oxal-p-toluide* 1.4.3.5 ainsi que la *dinitro-oxal-β-naphtalide* (AzH²₁, AzO²₂).

La *dinitrodibromoxanilide*, préparée par W. G. Mixter et C. P. Wilcox, fond à 285-288° [*Am. Chem. Journ.*, **9**, 361, 1887].

On connaît aussi une *thioxanilide* [A. Reissert, *D. chem. G.*, **37**, 3708, 1904].

Monoacétoxanilide. — Poudre peu soluble, fusible à 197-198° [G. Tassinari, *Gazz. chim. ital.*, **24**, 1, 444, 1894].

VINYLIDÈNE-OXANILIDE,

$$\begin{array}{l} CO-Az-C^6H^5 \\ | \qquad > C=CH^2 \\ CO-Az-C^6H^5 \end{array}$$

— C'est un corps en lamelles brillantes fusibles à 208-210°, produit par l'action de l'anhydride acétique sur l'oxanilide en présence d'acétate de sodium. Le dérivé bibromé (à la double liaison) fond à 189° [H. v. Pechmann, *D. chem. G.*, **30**, 2791, 1897]. Il a encore fait l'objet d'autres recherches fort étendues [*ibid.*, **33**, 613-621 ; 1297-1301, 1900].

L'*oxal-o-toluide*, l'*oxaloxylide* et l'*oxalopseudocumidide* sont des corps cristallisés obtenus par chauffage des acides R.AzH.CO.CO²H et fondant respectivement à 207-208°, 210° et 230° [J. Mauthner et W. Suida, *Mon. f. Chem.*, **9**, 736, 1888].

Décembre 1906. M. Delépine.

OXANILIQUE (ACIDE) (acide phényloxamique) $C^6H^5AzH.CO.CO^2H$ (voir Dict. **2**, 688 et 1er Suppl., 1112). — Pour préparer cet acide, on chauffe 90 gr. d'aniline avec 25 gr. d'acide oxalique à 130-140° et dissout la masse dans l'eau bouillante; par refroidissement, il se sépare de l'oxanilate d'aniline que l'on décompose par l'acide sulfurique. L'acide s'extrait par l'éther [O. Aschan, *D. chem. G.*, **21**, R. 288, 1888; **23**, 1820, 1890]. On a décrit les sels suivants : $C^8H^6AzO^3Ag$; $C^8H^7AzO^3 . C^8H^6AzO^3K$, H^2O ; $C^8H^7AzO^3, C^8H^6AzO^3Na, 3H^2O$ (*ibid.*).

CHLORURE D'OXANILYLE $C^6H^5AzH.CO.COCl$. — O. Aschan l'obtient par action du perchlorure de phosphore sur l'acide oxanilique sec. Il forme de grandes lames, d'éclat vitreux, fusibles à 82°,5, se décomposant au-dessus en CO : $AzC^6H^5 + CO + HCl$, d'où résulte un procédé avantageux d'obtention du carbanile (voyez 2e Suppl., **2**, 970). Il réagit avec facilité sur l'eau, l'ammoniaque, l'aniline [*D. chem. G.*, **23**, 1822, 1900]. En réagissant sur le thiocyanate de plomb, il donne $C^6H^5AzH.CO.CO.AzCS$ [A. Dixon, *Chem. Soc.*, **75**, 388, 1899].

On connaît l'acide *thioxanilique* [A. Reissert, *D. chem. G.*, **37**, 3708-33, 1904] et des hydroxylamides de l'acide phényloxamique $C^6H^5AzH.CO.CO.AzH(OH)$ [R. H. Pickard, C. Allen, W. A. Bowler et V. Carter, *Chem. Soc.*, **81**, 1563, 1902].

DÉRIVÉS HALOGÉNÉS. — Acide *m.-dichloroxanilique*, fusible à 122°; acide *p.-bromoxanilique*, fusible à 198° (déc.); acide *p.-iodoxanilique*, fusible à 197-200° [J.-O. Dyer et W. G. Mixter, *Am. chem. Journ.*, **8**, 309, 1886].

DÉRIVÉS NITRÉS. — L'acide *p.-nitroxanilique* est en aiguilles incolores contenant $1H^2O$, fondant anhydres à 210°, solubles dans l'eau bouillante, l'alcool : il forme des sels peu solubles; sa réduction donne la p-phénylène-diamine. Il a été obtenu par nitration directe [O. Aschan, *D. chem. G.*, **18**, 2936, 1885 : — A. G. Perkin, *Chem. Soc.*, **61**, 458, 1892].

L'acide *o-nitroxanilique* est en aiguilles jaune d'or, fusibles à 112°. Il s'obtient par l'action, à 130-140°, de l'acide oxalique sec sur l'o-nitraniline; sa réduction donne un anhydride de l'acide o-aminooxalique $C^8H^6Az^2O^2$, lequel forme des sels et fond au-dessus de 280° [O. Aschan, *loc. cit.*].

L'acide *dinitrooxanilique* $(AzO^2)^2_{(2.4)}.C^6H^3.AzH.CO.CO^2H$ est en tables incolores fusibles à 176°; l'acide *trinitroxanilique* $(AzO^2)^3_{(2.4.6)}.C^6H^2.AzH.CO.CO^2H$ est en aiguilles incolores fusibles à 120° (déc.) [A. G. Perkin, *loc. cit.*].

Voici encore quelques autres mémoires sur cet acide :

Sur l'acide oxanilique comparé aux acides anilsuccinique et anilpropionique [R. Anschütz, *D. chem. G.*, **22**, 731; — A. Reissert, *ibid.*, **22**, 2281, 1889].

Réaction colorée des éthers [J. Tafel, *ibid.*, **25**, 413, 1892].

Réduction en vue d'obtenir les glycocolles correspondants [D.R.P. 64909; *ibid.*, **26**, R. 31, 1893].

Sur certains dérivés aminés des éthers [H. Schiff et A. Ostrogowich, *Ann. Chem.*, **293**, 371, 1896; *Bull. Soc. Chim.*, (3), **18**, 468, 1897].

Des homologues sont connus : les acides *oxal-o-toluidique*, *oxaloxylidique*, *oxalopseudocumidique* ont été préparés par J. Mauthner et W. Suida [*Mon. f. Chem.*, **9**, 736, 1888]. Le premier se décompose dès 100°, le second avec $1H^2O$ fond à 85°, anhydre à 128-129°, le troisième perd son eau à 100° et fond anhydre à 167°. Ces corps donnent des sels; leur décomposition donne CO^2, CO, H^2O et l'oxanilide substituée correspondante [Voyez encore O. Anselmino, *Ber. deutsch. pharm. Gesells.*, **15**, 422, 1905].

Décembre 1906. M. Delépine.

OXANTHRANOL. — Voyez l'art. ANTHRACÈNE. 2e Suppl., **1**, 297.

OXAZOLS. — Voyez β-FURAZOLS. 2e Suppl., **4**. 381.

OXÉTONES. — La lactone de l'acide γ-oxybutyrique, chauffée pendant 3 heures à l'ébullition avec l'éthylate de sodium en solution alcoolique, donne la *dibutolactone*

$$\overbrace{CH^2-CH^2-CH^2-C}^{O} = \overbrace{C-CH^2-CH^2}^{CO\text{———}O}$$

fusible à 86°,5. Celle-ci, sous l'action de la lessive de soude, à la température de 80°, conduit à l'*acide oxétone-carbonique*

$$\overbrace{CH^2-CH^2-CH^2-C}^{O}\overbrace{-CH(CO^2H)-CH^2-CH^2}^{O}$$

fusible à 156°. Cet acide, chauffé au-dessus de son point de fusion, ou bien avec les acides dilués, fournit l'*oxétone*,

$$\overbrace{CH^2-CH^2 \quad CH^2-C}^{O}\overbrace{-CH^2-CH^2-CH^2}^{O} + H^2O.$$

liquide à odeur de menthe, distillant à 159°,4, qui réagit sur l'acide bromhydrique pour former le composé $C^7H^{12}Br^2O$, fusible à 34°,5 [Fittig et Ström, *Ann. Chem.*, **267**, 192, 1892].

La lactone λ oxyvalérique soumise aux mêmes réactions fournit la *diméthyloxétone*. Voyez ACIDE DIVALONIQUE, 2e Suppl., p. 316; voyez aussi Granichstadten et Werner [*Mon. f. Chem.*, **22**, 315, 1901].

La *tétraméthyloxétone*

$$(CH^3)^2 = \overbrace{C-CH^2-CH^2-C}^{O}\overbrace{-CH^2-CH^2-C}^{O} = (CH^3)^2 + 1,5H^2O,$$

a été obtenue d'une manière analogue, à partir de l'isocaprolactone, par l'intermédiaire de la *diisocaprolactone* (fusible à 103°,8) et de l'*acide tétraméthyloxétone carbonique* ou *acide diisohexonique*, $C^{12}H^{20}O^4 + 1,5H^2O$ (fusible à 81°; à 108° lorsqu'il est anhydre).

La tétraméthyloxétone est une huile distillant à 178°,5 [Ström, *J. prakt. Chem.*, **48**, 216, 1893; — Erdmann, *Ann. Chem.*, **228**, 189, 1885].

La *diéthyloxétone*

$$\overbrace{C^2H^5-CH \quad CH^2-CH^2-C}^{O}\overbrace{-CH^2-CH^2-CH-C^2H^5}^{O}$$

a été préparée de même, à partir de la caprolac

tone. Celle-ci a d'abord fourni la *dicaprolactone*, $C^{12}H^{18}O^3$, liquide huileux qui bout au-dessus de 200° en se décomposant partiellement; puis l'*acide diéthyloxétone-carbonique*, $C^{12}H^{20}O^4$, fusible à 106°, lequel sous l'action des acides dilués est transformé en *diéthyloxétone*, liquide huileux distillant à 209° [Fittig et Dubois, *Ann. Chem.*, **256**, 141, 1890]. P. Carré.

OXIMES. — Voyez les art. ALDOXIMES et HYDROXYLAMINE.

OXIMIDOACÉTYLACÉTIQUE (ACIDE). — A. Hantzsch et W. Wild [*Ann. Chem.*, **289**, 285, 1896] appellent ainsi le corps

$$\begin{array}{l} CH.CO^2H \\ \| \\ Az.O.CH^2CO^2H \end{array}$$

obtenu en faisant réagir 2 molécules d'acide chloracétique sur 1 d'hydroxylamine en présence de 3 molécules de potasse, ou l'acide oximacétique $CO^2H.CH:AzOH$ sur l'acide chloracétique. Il fond à 181° en dégageant de l'acide cyanhydrique. Il est soluble dans l'eau, l'alcool, l'acétone, moins dans l'éther, très peu dans le benzène et le chloroforme. Il forme des sels cristallisés; sa réduction donne du glycocolle.
Décembre 1906. M. Delépine.

OXIMIDOBENZYLIDÈNE-ACÉTYLACÉTIQUE (ACIDE), $CH^3-C(:AzOH)-C(:CH.C^6H^5)-CO^2H$. — Cet acide s'obtient en faisant réagir la soude sur le chlorhydrate de la β-benzylidène-γ-méthylisoxazolone, produit de l'action du chlorhydrate d'hydroxylamine sur l'éther benzylidène-acétylacétique. Il fond à 186°, est soluble dans les alcalis, l'alcool, l'acide acétique. *Sel ammoniacal* fusible à 194-196°, soluble dans l'eau. L'acide régénère l'isoxazolone si on le chauffe avec HCl concentré à 100° en vase clos :

$$\begin{array}{l} CH^3-C - C=CHC^6H^5 \\ \quad\;\; \| \quad\;\; | \\ \quad\; Az \quad CO^2H \\ \quad\;\; \diagdown \\ \quad\quad OH \end{array} = \begin{array}{l} CH^3-C - C=CH.C^6H^5 \\ \quad\;\; \| \quad\;\; | \\ \quad\; Az \quad CO \\ \quad\;\; \diagdown \; \diagup \\ \quad\quad O \end{array} + H^2O$$

[E. Knœvenagel et W. Renner, *D. chem. G.*, **28**, 2994, 1895]. Décembre 1906. M. Delépine.

OXIMIDOPROPIONYLACÉTIQUE (ACIDE). — A. Hantzsch et W. Wild [*Ann. Chem.*, **289**, 285, 1896] appellent acide oximidopropionacétique le corps

$$\begin{array}{l} CH^3-C-CO^2H \\ \quad\;\; \| \\ \quad Az-O-CH^2-CO^2H \end{array}$$

qui s'obtient par action de l'acide oximidopropionique sur l'acide chloracétique en présence de 3 molécules de potasse. Il fond à 130-132°, et possède les caractères de solubilité de l'acide oximidoacétylacétique. Sa réduction donne de l'alanine. Décembre 1906. M. Delépine.

OXIMIDOSULFONIQUE (ACIDE) (syn. HYDROXYLAMINE-DISULFONIQUE). — Voy. 2e Suppl. **5**, 627.

OXIMINONAPHTOL. — Voy. l'art. NAPHTOQUINONE.

OXINDOL. — (Syn. Lactame de l'acide o-amidophénylacétique),

$$C^6H^4 \begin{array}{l} \diagup^{(2)} AzH \diagdown \\ \diagdown_{(1)} CH^2 \diagup \end{array} CO$$

Suida, sur les indications de Baeyer, ayant montré [*D. chem. G.*, **11**, 584, 1880] que la réduction de l'isatine au moyen de l'amalgame de sodium donne l'oxindol, isomère de l'indoxyle, et que la réduction atteint celui des groupes CO qui est voisin du noyau benzénique, il en résulte que ce corps a la formule indiquée plus haut et qu'il doit se former par anhydrisation interne de l'acide o-amidophénylacétique.

Synthèse. — Elle a été réalisée par Baeyer [*D. chem. G.*, **11**, 582, 1880] en nitrant, par AzO^3H fumant, au bain-marie, l'acide phénylacétique, réduisant par Zn et HCl le mélange des isomères, et précipitant le zinc par H^2S. La liqueur, neutralisée par CO^3Ca, est bouillie avec du carbonate de baryte, les acides amidés se transforment en sels de baryum, sauf l'isomère ortho qui s'est anhydrisé et qui reste en solution : on l'extrait à l'éther.

Formule de constitution [Baeyer et Comstock, *D. chem. G.*, **16**, 1706, 1885]. — On peut hésiter entre les 3 formules :

$$\underset{(I)}{C^6H^4 \begin{array}{l} \diagup CH^2 \diagdown \\ \diagdown AzH \diagup \end{array} CO} \qquad \underset{(II)}{C^6H^4 \begin{array}{l} \diagup CH^2 \diagdown \\ \diagdown \;\; Az \;\; \diagup\!\!\diagup \end{array} C(OH)}$$

$$\underset{(III)}{C^6H^4 \begin{array}{l} \diagup \; CH \; \diagdown\!\!\diagdown \\ \diagdown AzH \diagup \end{array} C(OH)}$$

[*Ann. Chem. Pharm.*, **54**, 355] : lactame ou lactime de l'acide amidophénylacétique, ou isomère de l'indoxyle. A l'égard des alcalis, l'oxindol se comporte comme l'isatine, tout en étant moins acide et plus difficilement hydraté, puisqu'il nécessite l'emploi de la baryte à 150° : mais ceci ne donne pas de conclusions définitives : au contraire l'éthylation donnant un corps très stable s'est faite très probablement à l'azote, ce qui rend très vraisemblable la formule I.

Préparation. — L'oxindol s'obtient soit en réduisant l'isatine ou le dioxindol par l'amalgame de sodium (Suida), ou l'acide acétylhydrindique $CH^3-CO-AzH-C^6H^4-CH(OH)-CO^2H$ (produit de réduction de l'acide acétylisatinique) par l'amalgame de sodium ou HI + P [Suida, *D. chem. G.*, **11**, 586, 1880], soit par synthèse (Baeyer, voir plus haut), soit encore en décomposant à la distillation l'hydrazoisatine qui perd alors de l'azote sous forme gazeuse :

$$C^6H^4 \begin{array}{c} C(Az^2H^2) \\ \diagup \;\; \diagdown \\ \diagdown \;\; \diagup\!\!\diagup \\ Az \end{array} C(OH) \longrightarrow C^6H^4 \begin{array}{c} CH^2 \\ \diagup \;\; \diagdown \\ \diagdown \;\; \diagup \\ AzH \end{array} CO$$

[Th. Curtius, *D. chem. G.*, **22**, 2162, 1891].

Propriétés. — Aiguilles incolores fondant à 120°, douées de très faibles propriétés basiques (Baeyer et Comstock), légèrement solubles dans l'eau qui alors se colore peu à peu en rouge par oxydation spontanée à l'air; chauffé avec de la poudre de zinc, ce corps se transforme en indol; avec l'acide nitreux, il donne la coloration caractéristique du nitroso-oxindol.

L'oxindol, injecté dans l'organisme animal sous forme de solution aqueuse, ne se retrouve pas directement dans l'urine, mais il suffit d'évaporer celle-ci avec HCl, d'extraire à l'alcool, puis à l'éther pour obtenir un produit qui colore l'eau en rouge, comme cela se ferait par l'oxydation de l'oxindol [Nencki et Masson, *D. chem. G.*, **7**, 1594, 1876].

NITROSO-OXINDOL OU ISATOXIME. — Elle se forme par l'action de l'acide nitreux sur l'oxindol [Baeyer et Knap, *Ann. Chem.*, **140**, 29] ou par action de l'hydroxylamine sur l'isatine [Gabriel, *D. chem. G.*, **16**, 518, 1885]; l'identité des deux produits fondant à 202° avec décomposition a été établie par Baeyer et Comstock (*loc cit.*). Pour décider entre les deux formules correspondant à ces modes d'obtention :

$C = (AzOH)$	$C = (AzOH)$
$C^6H^4 \langle \quad \rangle C(OH)$	$C^6H^4 \langle \quad \rangle CO$
Az	AzH
Isatoxime.	Nitroso.

ces auteurs ont préparé un mono et un diéther qui tous deux se transforment facilement en isatine, ce qui montre qu'aucune éthylation n'a eu lieu sur un Az, la dénomination nitroso doit donc être rejetée comme celle d'isonitroso (Gabriel).

Éther éthylique de l'oxindol, $C^8H^6AzO(C^2H^5)$. — On l'obtient par l'oxindol, l'alcoolate de sodium et C^2H^5I [Baeyer et Comstock, *loc. cit.*], en chauffant 2 heures à l'ébullition. Huile d'odeur faible qui se solidifie lentement à froid ; elle n'est saponifiée par la baryte ni à l'ébullition, ni à 200° ; partiellement résinifiée par HCl à 140° mais non totalement détruite. Cette stabilité indique une éthérification à l'azote, donc un groupe AzH pour l'oxindol.

Acétoxindol. — Obtenu par Suida [*D. chem. G.*, **11**, 586, 1880 et **12**, 1327, 1881] en chauffant l'oxindol avec l'anhydride acétique en léger excès, à l'ébullition pendant 5 à 6 heures. L'anhydride éliminé par l'alcool, on obtient des aiguilles incolores fondant à 126°, de formule $C^{10}H^9AzO^2$, difficilement solubles dans la ligroïne et l'eau froide, facilement solubles dans l'éther aqueux, plus encore dans l'alcool. Chauffé avec la soude ou l'acide chlorhydrique, ce composé reproduit l'oxindol ; mais si la soude n'agit qu'à froid, il y a seulement hydratation, et on obtient l'acide o-amido-acétyl-phénylacétique (fusible à 142°). L'action d'un excès d'anhydride acétique sur l'oxindol donne des corps se colorant en un beau bleu sous l'action de $FeCl^3$, mais incomplètement étudiés (Suida).

Nitroxindol, $C^8H^6(AzO^2)AzO$. — Obtenu par Baeyer [*D. chem. G.*, **12**, 1313, 1881] par nitration directe en milieu sulfurique par AzO^3K. Il cristallise dans l'eau en aiguilles jaunes, qui fondent difficilement et se décomposent à 175° en donnant un sublimat incolore, et se dissolvent dans les alcalis en jaune rouge et facilement dans l'alcool.

Chlorure de chloroxindol.

$$C^6H^4 \langle {}^{CHCl}_{Az} \rangle C\,Cl$$

— Obtenu par Baeyer [*D. chem. G.*, **12**, 457, 1881] en traitant l'oxindol par PCl^5 avec un peu de $POCl^3$ vers 50-60° ; ce corps s'entraîne par la vapeur d'eau et se solidifie à froid. Sous l'eau, il fond vers 100° ; sec, il fond à 103-104° ; il est soluble dans les solvants organiques.

Sa constitution donnée plus haut résulte de ce qu'on peut l'obtenir à l'aide du dioxindol ; l'auteur admet qu'il y a d'abord chloruration du groupe COAzH qui devient

$$C \lessgtr {}^{Cl}_{Az}$$

puis une deuxième chloruration dans le noyau indolique.

Ce corps extrêmement stable a de faibles propriétés basiques, mais ne se combine pas à l'acide picrique. Réduit par HI fumant, il perd du chlore et donne le *rétinindol* [*D. chem. G.*, **12**, 1313, 1879 ; — voyez Dict., 1er Suppl., 1391].

Bz-4-amido-oxindol. — La réduction par l'étain et l'acide chlorhydrique de l'acide Bz-2.4-dinitro-phénylacétique [Ph. Bedson, *Chem. Soc.*, **1**, 90, 1880 ou *D. chem. G.*, **13**, 574, 1882] donne le bz-amidoxindol fondant au voisinage de 200°.

Acide oxindol-bz-carbonique,

$$CO^2H - C^6H^3 \langle {}^{CH^2}_{AzH} \rangle CO$$

— Obtenu par Cairola et Fileti [*Gazz. chim. ital.*, **22**, II, 239 ou *D. chem. G.*, **26**, *Ref.*, 89, 1895] en nitrant puis réduisant par $(AzH^4)^2S$ l'acide homotéréphtalique [*D. chem. G.*, **24**, *Ref.*, 211, 1893]. Ce composé, dont le CO^2H est sur le noyau bz, cristallise en prismes jaunes fondant à 313° ; il donne un *sel ammoniacal* avec $2H^2O$ et un *sel de baryum* jaune brun avec 3,5 H^2O, sel que la distillation avec du zinc transforme en indol.

α et β-Naphtoxindols. — Ils ont été obtenus par O. Hinsberg [*D. chem. G.*, **21**, 114, 1890] à partir de leurs dérivés sulfonés dans le noyau indolique ; les *sels de baryum* de ces acides sulfonés s'obtiennent en chauffant les naphtylamines α ou β avec le glyoxalsulfite de sodium au bain-marie en liqueur alcoolique. Ces sels, stables vis-à-vis de l'acide acétique, sont décomposés vers 80-90° par SO^4H^2 qui dégage SO^2 et donne les oxindols naphtyliques. Ceux-ci, chauffés avec de la baryte à 140°, s'hydratent et donnent les acides o-amidonaphtylacétiques. Traités par l'acide nitreux, ils donnent des colorations rouges, et réduits ils se transforment en isatines naphtylées (point de fusion : α 255° et β 248°).

	Az en α	Az en β
Acides naphtoxindolsulfones. $C^{10}H^6 \langle {}^{AzH}_{CH} \rangle C - SO^3H$	Sels de Na, Ag. Saveur sucrée. Acide inconnu (perd facilement SO^2).	Sels de Na, K, Ba, Ag, Hg, Fe.
Naphtoxindol, $C^{10}H^6 \langle {}^{AzH}_{CH^2} \rangle CO$	Az en 1 : CH^2 en 2 ou en 8. Incolore, fondant à 245°. Précipité noir avec $FeCl^3$. Coloration brune avec SO^4H^2.	Fond à 134°. Aiguilles verdâtres. Brunit à l'air. Coloration vert bleu avec SO^4H^2.
Dérivés nitrosés	Aiguilles rouges solubles dans les alcalis. Se ramollit à 230°, noircit et fond à 260°.	Aiguilles rouge jaunâtre. Fond à 240° (déc.). Précipité rouge brique avec AzO^3Ag.

Mai 1906.

P. Lemoult.

OXONIUM. — On a désigné sous le nom de sels d'oxonium les combinaisons avec les acides minéraux ou organiques d'un grand nombre de composés non azotés, dans lesquels l'oxygène manifeste des propriétés basiques et fonctionne, dans ces combinaisons, comme tétravalent. L'histoire des dérivés oxoniums étant beaucoup trop considérable pour être rapportée en peu de lignes, nous nous contenterons d'en indiquer la bibliographie.

1899. — Collie et Tickle, *Chem. Soc.*, **75**, 710 ; Kehrmann, *D. chem. G.*, **32**, 2601 ; Green, *D. chem. G.*, **32**, 3155.

1900. — Collie et Steele, *Chem. Soc.*, **77**, 1114.

1901. — Fosse, *C. R.*, **133**, 102, 881, 1218; Bülow, *D. chem. G.*, **34**, 2368, 3889, 3916; Baeyer et Villiger, *D. chem. G.*, **34**, 2679, 3612; Werner, *D. chem. G.*, **34**, 3300; Hewitt, *D. chem. G.*, **34**, 3819; Walker, *D. chem. G.*, **34**, 4115; Walden, *D. chem. G.*, **34**, 4185; Hewitt, *J. Soc. Ch. Ind.*, **22**, 127 et *C. Bl.*, I, 719.

1902. — Fosse, *C. R.*, **134**, 177; **135**, 39, 530; *Bull. Soc. Chim.*, **27**, 496; Browning, *D. chem. G.*, **35**, 93; Bredig, *D. chem. G.*, **35**, 271; Baeyer et Villiger, *D. chem. G.*, **35**, 1201, 3013; Sackur, *D. chem. G.*, **35**, 1242; Bülow, *D. chem. G.*, **35**, 1519, 1799; Walden, *D. chem. G.*, **35**, 2018; Cohen, *D. chem. G.*, **35**, 2673; Werner, *Lieb. Ann.*, **322**, 296; Hewitt et Tervet, *Chem. Soc.*, **81**, 663.

1903. — Fosse, *C. R.*, **136**, 379, 1568; **137**, 858; Zincke et Mülhausen, *D. chem. G.*, **36**, 129; Bülow, *D. chem. G.*, **36**, 190, 1941, 2292, 3607; v. Braun, *Nach. k. Ges. Wiss. Götting.*, 331 et *C. Bl.*, I, 867, 1904.

1904. — Fosse, *C. R.*, **138**, 282; Fosse et Bertrand, *C. R.*, **139**, 600; Decker, *D. chem. G.*, **37**, 2938; Cohen et Gatcliff, *Proc. Ch. Soc.*, **20**, 194; Mac Intosh, *Proc. Ch. Soc.*, **20**, 139; *Chem. Soc.*, **85**, 919; Blaise, *C. R.*, **139**, 1211.

1905. — Blaise, *C. R.*, **140**, 661; Fosse et Lesage, *C. R.*, **140**, 1402; Fosse et Robyn, *C. R.*, **140**, 1538; Tchélinzew, *D. chem. G.*, **38**, 3664; Homfray, *Proc. Ch. Soc.*, **21**, 226; *Chem. Soc.*, **87**, 1443; Mac Intosh, *Am. Ch. Journ.*, **27**, 26, 1013; *Proc. Ch. Soc.*, **21**, 64, 120; *Chem. Soc.* **87**, 784.

R. Marquis.

OXY.... — Pour les mots qui ne se trouvent pas ici à leur place alphabétique, voyez le mot qui suit ce préfixe.

OXYACANTHINE. — (Voy. Dict., **2**, 695; 1er Suppl., 1114). $C^{18}H^{19}AzO^{3}$ (Hesse), $C^{19}H^{21}AzO^{3}$ (Rudel, Pommerehne).

Cette base s'isomérise en diverses circonstances en oxyacanthine β.

Le point de fusion est 138-150° (Hesse) ou 208-214° (Hesse, *D. chem. G.*, **19**, 3190, 1886). Rudel donne 175-185° [*Arch. Pharm.*, **229**, 631, 1892]. Pommerehne [*Arch. Pharm.*, **233**, 127, 1895] reconnaît dans sa molécule la présence de 2 ($CH^{3}O$) et 1 (OH). Elle fixe $CH^{3}I$: c'est donc une base tertiaire.

M. Delacre.

OXYACRYLIQUE (ACIDE). — Voyez Formylacétique (Acide).

OXYADIPIQUES (ACIDES). — 1° Acide α. $CO^{2}H-(CH^{2})^{3}-CHOH-CO^{2}H$. — On le prépare en traitant l'acide α-bromoadipique par la lessive de soude. Il fond à 151° et se sublime sans décomposition. Il se dissout facilement dans l'eau, dans l'alcool et dans l'éther.

2° Acides-2.5-dioxyadipiques. — L'acide 2.5-dioxyadipique, $CO^{2}H-CHOH-CH^{2}-CH^{2}-CHOH-CO^{2}H$, existe sous deux formes isomères qui s'obtiennent par ébullition des acides dibromoadipiques correspondants avec l'eau de baryte. L'*acide A* fond à 173°; l'*acide B* fond à 132-134° [Rosenlew, *D. chem. G.*, **37**, 2090, 1904].

1er Janvier 1907. P. Carré.

OXYAMIDOSULFURIQUE (ACIDE). — Voyez l'art. Hydroxylamine. 2e Suppl., **5**, 626.

OXYBENZOÏQUES (ACIDES). — Nous n'étudierons ici que les isomères méta et para. L'acide ortho sera décrit à Acide salicylique.

Acide métaoxybenzoïque (1er Suppl., 1114). — Le procédé de préparation de Barth a été mis au point par Offermann [*Lieb. Ann. Chem.*, **280**, 67, 1894]. Le point de fusion de cet acide varie suivant les auteurs. Fischer a donné 200° [*Ann. Chem.*, **127**, 148]; Kellas, plus récemment, 188° [*Zeit. physik. Chem.*, **24**, 221, 1895]. La solubilité dans différents solvants a été déterminée par Walker Wood [*Chem. Soc.*, **73**, 621]; Ost [*J. prakt. Chem.*, (2), **17**, 232]; Fittica [*D. chem. G.*, **21**, 1208, 1888].

Un grand nombre de constantes physiques ont été déterminées : mentionnons la conductibilité électrique [Ostwald, *Zeit. physik. Chem.*, **3**, 347, 1889], les chaleurs de dissolution, de neutralisation [Berthelot, Werner, *Ann. Chim. Phys.*, (6), **7**, 148; — Massol, *C. R.*, **132**, 780; *Bull. Soc. Chim.*, (3), **19**, 250], de combustion [Stohmann, *J. prakt. Chem.*, (2), **50**, 389]. Berthelot a étudié l'action des décharges électriques sur un mélange de cet acide et d'azote [*C. R.*, **126**, 688, 1898].

La réduction électrolytique le transforme en alcool m-oxybenzylique [Carl Mettler, *D. chem. G.*, **38**, 1745, 1905]. En présence d'alcool absolu, l'amalgame de sodium fournit de l'acide hexahydro-m-oxybenzoïque [Einhorn et Coblitz, *Lieb. Ann. Chem.*, **291**, 299].

L'acide sulfurique fournit, suivant sa concentration et la température à laquelle on opère, soit un mélange des 3 dioxyanthraquinones 1.5 (anthrarufine), 2.6 (anthraflavine) et 1.7, soit de l'acide anthraflavique α_{1}-sulfonique [Schunck et Römer, *D. chem. G.*, **11**, 1176; — Offermann, *Lieb. Ann. Chem.*, **280**, 8, 1894]. En présence d'acide borique, on obtient de l'hexaoxyanthraquinone 1.2.5.8 [Bayer et Cie, Brevet allemand 81959]. Pour l'éthérification de l'acide métaoxybenzoïque, voyez Kellas [*Zeit. physik. Chem.*, **24**, 221]; — H. Meyer [*Mon. f. Chem.*, **24**, 840, 1904]; pour le spectre d'absorption, Magini [*J. Chim. Phys.*, **2**, 403, 1904].

L'acide se condense facilement en présence d'acide sulfurique. Un mélange d'acides métaoxybenzoïque et benzoïque fournit des dioxyanthraquinones mélangées d'o et de m-oxyanthraquinones. Par condensation avec l'acide cinnamique, on obtient l'acide anthracoumarique; avec le chloral, il se forme des dérivés phtalidiques (la réaction se produit avec les éthers de l'acide métaoxybenzoïque) :

$$CCl^{3}-COH + (R.O)C^{6}H^{4}-CO^{2}R$$

$$= ROH + RO.C^{6}H^{3}\begin{matrix} CO \\ \diagup\ \diagdown \\ \ \ \ \ \ \ O \\ \diagdown\ \diagup \\ CH.CCl \end{matrix}$$

[Fritsch, *Lieb. Ann. Chem.*, **296**, 344].

Sels métalliques. $Ca(C^{7}H^{5}O^{3})^{2} + 3H^{2}O$. — [Dembey, *Lieb. Ann. Chem.*, **148**, 223].

$Tl(C^{7}H^{5}O^{3})$ et $Tl^{2}(C^{7}H^{4}O^{3})$ [Kupferberg, *J. prakt. Chem.*, (2), **16**, 434].

$Bi(C^{7}H^{5}O^{3})^{3}$ [P. Thibault, *Bull. Soc. Chim.*, (3), **31**, 37, 1904].

Éthers.

$CH^{3}O-C^{6}H^{4}-CO^{2}H$. — Il s'obtient par oxydation de l'éther méthylique du métacrésol au moyen du permanganate [Oppenheim et Pfaff, *D. chem. G.*, **8**, 887], et aussi par décomposition au moyen d'alcool méthylique du sulfate de l'acide m-diazobenzoïque [Weida, *Am. Chem. Journ.*, **19**, 555]. Le *sel de chaux* renferme, d'après Oppenheim et Pfaff, $4H^{2}O$. Par distillation dans un courant d'hydrogène, il donne du phénol et l'éther diméthylique ci-dessous; il fond à 106-107°.

$(OH)-C^{6}H^{4}-CO^{2}-CH^{3}$. — Obtenu par éthérification de l'acide au moyen d'alcool méthylique et d'acide sulfurique. Aiguilles fondant à 70° [Tingle, *Am. Chem. Journ.*, **25**, 148; — Wegscheider et Bittner, *Mon. f. Chem.*, **21**, 651; — Auwers, *Zeit. physik. Chem.*, **30**, 300].

$CH^{3}-O-C^{6}H^{4}-CO^{2}-CH^{3}$. — Il bout à 236-238° [Hübner, *Mon. f. Chem.*, **15**, 721].

$C^{2}H^{5}.O-C^{6}H^{4}-CO^{2}H$. — Il peut s'obtenir comme l'éther méthylique en partant du sulfate de l'acide m-diazobenzoïque [Fittica, *D. chem. G.*, **11**, 1109; — Griess, *ibid.*, **21**, 979].

$(OH)-C^{6}H^{4}-CO^{2}C^{2}H^{5}$. — Il bout à 295° [Mazzara, *Gazz. chim. ital.*, **29**, (1), 376; — Bischoff, *D. chem. G.*, **33**, 1404].

$C^2H^5O - C^6H^4 - CO^2C^2H^5$. — Il bout à 172-173°, sous 50 millimètres [Fritsch, *Lieb. Ann. Chem.*, **296**, 351].

$CH^3O - C^6H^4 - CO^2C^2H^5$. — Il bout à 260°,5, à 163° sous 50 millimètres [Fritsch, *loc. cit.*; — Perkins, *Chem. Soc.*, **69**, 1238].

$(OH) - C^6H^4 - CH(CH^2Cl)^2$. — Longues aiguilles fusibles à 90°. Par chauffage avec de la potasse, cet éther fournit de l'épichlorhydrine.

$(OH) - C^6H^4CO^2 - CH^2 - CHCl . CH^2Cl$. — Point de fusion, 76-79°.

Ces deux éthers chloropropyliques prennent naissance par l'action du gaz chlorhydrique sur un mélange d'acide et de glycérine. L'un se forme à 86°, tandis que l'autre (dérivé normal) ne prend naissance que vers 140° [Göttig, *D. chem. G.*, **24**, 2742 et 3846].

Éther allylique, $C^3H^5O . C^6H^4 - CO^2H$. — Obtenu en traitant l'oxybenzoate d'éthyle par l'iodure d'éthyle et la potasse [Scichilone, *Gazz. chim. ital.*, **12**, 453]. Lamelles fusibles à 148°.

$C^6H^5 . O . C^6H^3 . CO^2H$. — On l'obtient en traitant par le phénol l'acide m-diazobenzoïque [Griess, *loc. cit.*]. Longues aiguilles fusibles à 145°. Le *sel de baryum* cristallise avec $3,5H^2O$.

Éther acétique, $C^2H^3 . O - OC^6H^4 . CO^2H$. — [Oddo et Manuelli, *Gazz. chim. ital.*, **26**, (2), 483]. Point de fusion, 127°.

Éther benzoïque éthylique, $C^6H^5.CO.OC^6H^4 - CO^2C^2H^5$. — On l'obtient en traitant l'oxybenzoate d'éthyle ou son sel de potassium par le chlorure de benzoyle. Aiguilles fusibles à 58°, facilement solubles dans l'alcool et l'éther [Limpricht, *Lieb. Ann. Chem.*, **290**, 170].

Dérivés halogénés.

Les dérivés chlorés ont été l'objet de travaux assez étendus dus en grande partie à Mazzara [*Gazz. chim. ital.*, **29**, (1), 378; **30**, (2), 84]. Plus récemment Coppadoro a étudié l'influence des substitutions sur la facilité avec laquelle l'acide peut entrer en réaction [*Gazz. chim. ital.*, **32**, (1), 637, 1902].

Dérivés monobromés.

COMPOSÉ $(CO^2H)_{(1)}(OH)_{(3)}Cl_{(2)}$. — Petites lamelles fusibles à 156-157°, obtenues par saponification du chlorooxybenzoate d'éthyle. Son *sel d'argent* forme une poudre cristalline de formule $C^7H^4O^3Cl . Ag$.

Éther, $(CO^2 . CH^3)(OH)Cl$. — Il se forme par éthérification $(SO^4H^2 + CH^3OH)$ de l'acide m-chloroxybenzoïque. Il cristallise en prismes fondant à 70-71°, retenant une molécule d'eau. Le sel anhydre fond à 62-65°.

Éther $(CO^2 . C^2H^5)(OH)Cl$. — C'est un des produits de chloruration du métaoxybenzoate d'éthyle par le chlorure de sulfuryle. On obtient en même temps le *dérivé monochloré* $(CO^2C^2H^5)_{(1)}(OH)_{(3)}Cl_{(6)}$.

En poursuivant plus loin la chloruration, il se forme le dichloro $Cl^2{}_{(2.6)}$ [Mazzara, Bertozzi, *Gazz. chim. ital.*, **30**, (II), 87, 1900]. Il cristallise avec 1 molécule d'eau, l'hydrate fond à 58° et se dissout bien dans l'alcool et l'éther. Il est hygrométrique ; il perd son eau un peu au-dessus de son point de fusion en donnant une substance huileuse.

Le chlorure d'acétyle donne un dérivé acétique $(CO^2.C^2H^5)(O . OC^2H^3)Cl$, en aiguilles fusibles à 48-59°.

Éther $(CO^2 . CH^3)(O . CH^3)Cl$. — Fond à 41-42° (Mazzara).

COMPOSÉ $(CO^2H)_{(1)}(OH)_{(3)} . Cl_{(4)}$. — C'est le produit de chloruration de l'acide métaoxybenzoïque par le chlore ou le chlorure de soufre en présence de chloroforme ou de sulfure de carbone [Merck, Brev. all. 74493].

COMPOSÉ $(CO^2H)_{(1)}(OH)_{(3)}Cl_{(6)}$. — Il se prépare par saponification de son éther éthylique (voyez ci-dessous) ou par réduction de l'acide chlorométhoxybenzoïque correspondant [Peratoner et Condorelli, *Gazz. chim. ital.*, **28**, (1), 214]; il fond à 178° (Mazzara).

Éther $(CO^2 . CH^3) . (OH)Cl$. — Obtenu par éthérification de l'acide précédent $(CH^3 . OH + SO^4H^2)$ en tablettes fusibles à 100°.

Éther $(CO^2 . C^2H^5)(OH)Cl$. — Voyez éther $(CO^2 , C^2H^5)_{(1)}(OH)_{(3)}Cl_{(6)}$.

Éther $(CO^2H)(OCH^3)Cl$. — Il s'obtient par oxydation au moyen du permanganate de l'éther méthylique du chloro-crésol correspondant. On peut aussi l'obtenir par méthylation et saponification ultérieure de l'éther $(CO^2CH^3)_{(1)} . (OH)_{(3)}Cl_{(6)}$. Aiguilles fusibles à 170-171°.

Dérivés dichlorés.

COMPOSÉ $(CO^2H)(OH)Cl^2{}_{(2.6)}$. — Il se forme par l'action du chlorure de sulfuryle sur l'éther éthylique $(CO^2C^2H^5)$ du dérivé monochloré en (2) ou les éthers correspondants du monochlorodérivé en 6. Les éthers obtenus sont ensuite saponifiés par la potasse. Il cristallise avec H^2O et fond à 122-124°. Il perd 1/2 H^2O à 100°, le reste à sa température de fusion.

Éther $(CO^2.CH^3)(OH)Cl_{(2.6)}$. — Il peut s'obtenir par éthérification directe $(CH^3 . OH + CH^3I + KOH)$. Il fond à 57°.

DÉRIVÉS CHLORÉS SUPÉRIEURS. — Ces dérivés polychlorés se forment en chlorant l'acide métaoxybenzoïque, en présence d'acide acétique, par le chlore gazeux. Suivant les conditions de l'expérience et en particulier la concentration de l'acide acétique, on peut obtenir les composés suivants :

$CO^2H_{(1)}(OH)_{(3)}Cl^3{}_{(2.4.6)}$. — Il fond à 143-144°. Le *sel d'argent* a été obtenu sous forme d'un précipité cristallin. Son *éther méthylique* est en aiguilles fusibles à 90°, son *dérivé acétylé* en tables fusibles à 65°.

$(CO^2H)(OH)Cl^4$. — Petits prismes, fusibles à 170-172°, très faciles à obtenir par décomposition de l'acide hexachlorocétohydrobenzoïque par ébullition avec de l'alcool absolu. Son *éther méthylique* est en aiguilles fusibles à 37-37°. Son *dérivé acétylé* fond à 150-151°. L'*éther méthylique du dérivé acétylé* $(CO^2CH^3)(O.OC^2H^3)Cl^4$ est en aiguilles fusibles à 68-69°.

La chloruration de ce composé en liqueur acétique conduit à l'octochlorocétobenzène C^6Cl^8O.

La chloruration de l'acide métaoxybenzoïque opérée dans des conditions déterminées en présence d'acide acétique conduit à la formation d'acide hexachlorocétohydrobenzoïque

```
CCl²—CO—CCl²
|         |
CHCl-CCl=C-CO²H
```

qu'on peut facilement isoler sous forme de tables fusibles à 190°.

Ces composés redonnent tous le trichlorodérivé par réduction au moyen du chlorure stanneux en solution chlorhydrique [Zincke, *Lieb. Ann. Chem.*, **261**, 236].

Dérivés bromés.

Les dérivés bromés s'obtiennent en général par l'action du brome sur l'acide métaoxybenzoïque. Ont été signalés les composés :

$(CO^2H)_{(1)}(OH)_{(3)}Br_{(6)}$. — Petites aiguilles fusibles à 221° [Coppadoro, *Gazz. chim. ital.*, **32**, (II),

332, 1902]. Son *éther méthylique* $(CO^2.CH^3)(OH)Br$ fond à 126°, son *éther éthylique* à 94°.

Le dérivé bromé en 4 s'obtient comme le composé chloré correspondant [Merck, Brev. allem. 71260].

$(CO^2H)_{(1)}(OH)_{(3)}Br^2_{(4.6)}$(?). — Il fond à 194-195°. Il fournit un éther méthylique fondant à 144-145°.

$(CO^2H)(OH)Br^3_{(2.4.6)}$. — Ce dérivé cristallise avec 0,5 H^2O. Les cristaux anhydres fondent à 146° [Coppadoro, *loc. cit.*; — Herzig, *Mon. f. Chem.*, **19**, 92; — Krause, *D. chem. G.*, **32**, 123, 1899; — Werner, *Bull. Soc. Chim.*, (2), **46**, 276, 1886]. Son *éther méthylique* fond à 119-121°. Martini [*Gazz. chim. ital.*, **31**, (II), 363, 1901] a signalé deux chlorobromures obtenus par l'action du chlore ou du brome sur les dérivés monobromo ou monochloro.

L'oxybenzoate d'éthyle chloré en 6 donne, lorsqu'on le traite par le brome, le chloro-6-bromo-2-benzoate d'éthyle; aiguilles fusibles à 101-102°. La chloruration du bromo-6-oxybenzoate d'éthyle donne le chlorobromo-2.6-éther. C'est un liquide difficilement entraînable par la vapeur d'eau. Par saponification, ces éthers fournissent les acides correspondants. Le chloro-6-bromo-2-acide fond à 194-195°, l'acide isomérique à 116-118°. Tous deux cristallisent avec 1 molécule d'eau.

Dérivés iodés.

Deux dérivés monoiodés ont été signalés. L'un s'obtient par l'ioduration directe de l'acide en présence d'oxyde de mercure et représente peut-être le *dérivé 4-iodo*. Il est en aiguilles peu solubles dans l'eau froide [Wieselsky, *Lieb. Ann. Chem.*, **174**, 105]. Le second dérivé iodé en 6 s'obtient à partir de l'acide amino-6-oxybenzoïque. Il est en aiguilles fusibles à 196° [Limpricht, *Lieb. Ann. Chem.*, **263**, 234, 1891].

L'ioduration de l'acide m-oxybenzoïque par l'iode en dissolution dans l'iodure de potassium a permis à Messinger et Wortmann de préparer un *dérivé triiodé*. C'est une poudre brun café [*D. chem. G.*, **22**, 2321, 1889].

Dérivés nitrés.

Voyez Dict. et 1er Suppl., Oxybenzoïques.

$(CH^3O)_{(3)}C^6H^3(AzO^2)_{(6)}CO^2H_{(1)}$. — Il s'obtient par oxydation de l'aldéhyde correspondante; il fond à 132-133° [Rieche, *D. chem. G.*, **22**, 1354].

$(OH)C^6H^4AzO^2_{(4)}.CO^2H$. — On l'obtient en même temps que l'acide de Gerland et le nitro-2 (voyez ci-dessous) par nitration directe de l'acide oxybenzoïque [Griess, *D. chem. G.*, **20**, 406. Voyez aussi *Lieb. Ann. Chem.*, **117**, 31].

Éther éthylique $(CO^2-C^2H^5)$. — Fond à 84°. Prismes jaunes [Thieme, *J. prakt. Chem.*, (2), **43**, 462].

Éther méthylique $(CO^2.CH^3)$. — Aiguilles fusibles à 92° [Einhorn et Pfyl, *Lieb. Ann. Chem.*, **311**, 44; Brev. allem. 97339].

Éther méthylique $(O.CH^3)$. — Fond à 208° [Rieche, *loc. cit.*].

Éther éthylique $(CO^2.CH^3)$. — Fond à 216°,5 [Thieme, *loc. cit.*].

Éther diéthylique $(OCH^3)(CO^2.CH^3)$. — Aiguilles fusibles à 60-61° (Thieme).

$(OH)C^6H^4.AzO^6_{(2)}.CO^2.C^2H^5$. — Fond à 124° (Thieme).

Éther méthylique (OCH^3). — Lamelles fusibles à 251°. Le *sel d'argent* est en lamelles brillantes solubles dans l'eau [Rieche, *loc. cit.*].

Éther éthylique (OC^2H^5) et *éther diéthylique* $(OC^2H^5)(CO^2.C^2H^5)$. — Ce dernier est en prismes ou en tables fusibles à 53-54°.

$(OH)C^6H^3(CO^2H)AzO^2_{(5)}$. — Cet acide est probablement celui signalé par Gerland. Son *sel de baryte* cristallise avec $6H^2O$ [Griess, *D. chem. G.*, **20**, 407, 1887]. Son *éther méthylique* (OCH^3) a été signalé par Rieche. Il fond à 233°.

Le sel de baryte du *dérivé iodé* (voyez 1er Supp., Oxybenzoïque, 1115) cristallise, non avec 3, mais avec $6H^2O$.

Dérivés halogénonitrés.

On ne connaît qu'un *dérivé iodonitré* $C^7H^4(AzO^2)O^3I$. On l'obtient par l'action de l'iode sur l'acide nitré en 5, en présence d'oxyde de mercure et d'alcool. C'est une poudre cristalline d'un jaune citron fournissant un *sel de baryum* en aiguilles microscopiques rougeâtres retenant 6 molécules d'eau [Weselsky, *Lieb. Ann. Chem.*, **174**, 109].

Dérivés aminés.

On a signalé les isomères :

OH	CO^2H	AzH^2
3	1	2
3	1	4
3	1	6

Acide aminé $OH_{(3)}.CO^2H_{(1)}AzH^2_{(2)}$. — On ne connaît que son *anhydride interne*

$$(OH)C^6H^3\begin{array}{l}\diagup AzH \\ \;| \\ \diagdown CO\end{array}$$

ou plus exactement l'*éther méthylique* correspondant. C'est une huile lourde donnant avec le sublimé une combinaison double cristallisée $C^8H^5O^2Az + HgCl^2$ [Friedländer et Schreiber, *D. chem. G.*, **28**, 1385].

Acide aminé $OH_{(3)}(CO^2H)_{(1)}AzH^2_{(4)}$. — Obtenu par réduction du dérivé nitré correspondant $(Sn + HCl)$. Lamelles fusibles à 216° [Einhorn et Pfyl, *Lieb. Ann. Chem.*, **311**, 43; *Centr. Bl.*, 1898, (II), 526]. Son *éther méthylique* est en lamelles fusibles à 120-121°. C'est un anesthésique énergique [voyez aussi Einhorn et Heintz, *Centr. Bl.*, 1897, (II), 672]. On lui a donné le nom d'*orthoforme* [Kossler, *Münch. mediz. Wochenschr.*, **44**, 931, 1897]. L'*éther éthylique* fond à 98°.

Plusieurs dérivés de substitution à l'azote ont été décrits :

Dérivé isoamylique $(AzH.C^5H^{11})$. — Il cristallise en aiguilles fusibles à 171-172°. L'*éther éthylique* correspondant fond à 108-109°. Le *dérivé nitrosé* $[Az(AzO)C^5H^{11}]$ est en lamelles microscopiques fusibles à 152-153° [Einhorn et Hütz, *Lieb. Ann. Chem.*, **311**, 75].

Dérivé acétaminé. — On connaît le composé

$$(AzH-CO-CH^2Cl)C^6H^3\begin{array}{l}\diagup OH \\ \diagdown CO^2CH^3\end{array}$$

aiguilles fusibles à 187-188° [Einhorn et Oppenheimer, *Lieb. Ann. Chem.*, **311**, 161; *Centr. Bl.*, 1900, (I), 883].

Dérivé glycylaminé. — On ne connaît que l'*éther éthylique*

$$[AzH-CO-CH^2Az(C^2H^5)^2]-C^6H^3\begin{array}{l}\diagup OH \\ \diagdown CO^2-CH^3\end{array}$$

petites lamelles fusibles à 157-158°, facilement solubles dans l'éther et l'acétone. Son *chlorhydrate* est en aiguilles fusibles à 95-96°. Ce dérivé prend naissance par l'action de la diéthylamine sur le dérivé acétaminé précédent.

En même temps que ce corps se forme, par élimination d'acide chlorhydrique, l'éther

$$AzH - CO - CH^2$$
$$\text{(noyau benzénique)} \cdot O$$
$$CO^2CH^3$$

en aiguilles fusibles à 253°, peu soluble dans les solvants organiques usuels. Par saponification cet ether conduit à l'acide correspondant, en aiguilles fusibles à 290° (Einhorn et Oppenheimer).

L'aminooxybenzoate de méthyle se combine au chloral pour donner des cristaux fusibles à 135° et correspondant a la formule

$$CCl^3CH = Az . C^6H^3(OH)(CO^2 . CH^3)$$

[Kalle et Cie, *Centr. Bl.*, 1900, (II), 791].

ACIDE AMINÉ $(OH)_{(3)}C^6H^3_{(1)}AzH^2_{(4)}$. — On l'obtient par réduction de l'acide m-oxybenzoïque-azobenzène [Limpricht, *Lieb. Ann. Chem.*, **263**, 234] ou par électrolyse d'une solution sulfurique d'acide o-nitrobenzoïque [Gattermann, *D. chem. G.*, **37**, 1933]. Prismes fondant à 130-135° avec décomposition. Son *chlorhydrate* et son *sulfate* sont bien cristallisés. Ses *éthers méthylique* et *éthylique* fondent respectivement à 153° et 146°.

Amide. — Nitrile et dérivés azotés divers.

OXYBENZAMIDE. $C^6H^4(OH)(CO^2 - AzH^2)$. — (Voyez Dict., art. OXYBENZOÏQUES). Il se forme régulièrement par l'action de l'ammoniac concentré sur l'oxybenzoate d'ethyle. Petites lamelles, à saveur sucrée, fusibles a 170°,5, facilement solubles dans l'eau chaude, l'alcool et l'éther [Schulernd, *J. prakt. Chem.*, (2), **22**, 290; — Remsen et Reid, *Am. Chem. Journ.*, **21**, 290, — Reid, *Am. Chem. Journ.*, **24**, 401 et 411; — Van Dam, *Rec. Pays-Bas*, **18**, 416]. Plusieurs dérivés de cette amide ont été décrits :

$OH . C^6H^4CO . AzH . C^6H^5$. — Aiguilles fusibles a 154-155° [Kupferberg, *J. prakt. Chem.*, (2), **16**, 442].

$CH^3 . O . C^6H^4 . CO . AzH . C^6H^5$. — Aiguilles fusibles à 120°, facilement solubles dans l'alcool.

$C^2H^5O . C^6H^4CO AzH . C^6H^5$. — Aiguilles fusibles à 104°.

$C^6H^5 . CH^2 . OC^6H^4 . CO AzH . C^6H^5$. — Aiguilles fusibles à 112° (Fabrique Mat. col. de Hœchst; Brev. all. 65 952].

$OH . C^6H^4 - CO . AzH . CH^2 . CO^2H$ (Ac. oxyhippurique). — [Griess, *D. chem. G.*, **1**, 190; — Conrad, *J. prakt. Chem.*, (2), **15**, 259; — Baumann et Herter, *Zeit. physiol. Chem.*, **1**, 260].

$(OH)_{(3)}C^6HBr^3_{(2,4,6)}(CO . AzH^2)_{(1)}$. — Fond à 221° [Van Dam, *loc. cit.*].

$C^2H^5 . O_{(3)} . C^6H^3(AzO^2)_{(4)}(CO - AzH^2)_{(1)}$. — Aiguilles d'un jaune d'or fusibles à 202° [Thieme, *J. prakt. Chem.*, (2), **43**, 463].

$$AzH^2 - CO - C^6H^3 \begin{cases} O - CH^2 \\ \quad\;\; | \\ AzH - CO \end{cases}$$

— Lamelles blanches fusibles à 270° [Eihhorn et Oppenheimer, *loc. cit.*].

NITRILE, $C^6H^4(OH)(CAz)$. — Ce nitrile s'obtient facilement par ébullition avec l'eau du sulfate de diazobenzonitrile [Griess, *D. chem. G.*, **8**, 859], par l'action de l'ammoniac sur l'acide oxybenzoïque vers 220-230° [Smith, *J. prakt. Chem.*, (2), **16**, 221] ou mieux par décomposition des sels de métadiazophénol par le cyanure de potassium et le sulfate de cuivre [Ahrens, *D. chem. G.*, **20**, 2953]. Lamelles ou prismes orthorhombiques fondant à 82°.

Le *dérivé acétylé* $C^2H^3O . C^6H^4 . CAz$ est en longues aiguilles fusibles à 60° [Clemm, *D. chem. G.*, **24**, 827]. Voyez aussi Auwers [*Zeit. f. phys. Chem.*, **30**, 300].

Le *nitrile tribromé* (2.4.6) est en petites aiguilles jaunes fusibles à 168°; son *dérivé acétylé* $CH^3 . CO . O . C^6HBr^3 . CAz$ est en lamelles d'un blanc jaunâtre fondant à 156-158° [Krause, *D. chem. G.*, **32**, 122].

Le *nitrile trichloré* (2.4.6) préparé par le même auteur fond à 157° et son *dérivé acétylé* à 82-83°.

Hydrazide. — Voyez 2e Suppl., art. HYDRAZINE, 291).

Azide, $OH . C^6H^4 . CO . Az^3$. — On l'obtient en traitant l'hydrazide par le nitrite de soude en présence d'acide nitrique. Cristaux fondant à 95°, que l'eau décompose à l'ébullition avec dégagement d'azote et de gaz carbonique [Struve et Radenhausen, *J. prakt. Chem.*, (2), **52**, 234].

Amidoxime

$$OH - C^6H^4 - \underset{\underset{\displaystyle Az - OH}{\|}}{C} - AzH^2$$

— On l'obtient en chauffant le nitrile avec du chlorhydrate d'hydroxylamine en présence de carbonate de soude. Petites aiguilles fusibles à 71° [Clemm, *D. chem. G.*, **24**, 829]. Clemm a signalé un certain nombre de dérivés :

$C^2H^5 . O . C^6H^4 . C(AzH^2) = Az . OC^2H^5$. — Aiguilles fusibles à 109°.

$OH . C^6H^4 . C(AzH^2) - AzO . OC^2H^3$. — Lamelles fusibles à 90°.

$$(OH)C^6H^4 - C \begin{matrix} \nearrow Az . O \searrow \\ \searrow \;\; Az \;\; \nearrow \end{matrix} C . CH^3$$

— C'est le produit de condensation de l'amidoxime et de l'anhydride acétique. Lamelles fusibles à 117°.

En remplaçant l'anhydride acétique par l'anhydride succinique, on obtient le composé

$$(OH) . C^6H^4 - C \begin{matrix} \nearrow Az . O \searrow \\ \searrow \;\; Az \;\; \nearrow \end{matrix} C - CH^2 - CH^2CO^2H$$

petites lamelles fusibles à 123°.

$$(OH) - C^6H^4 - C \begin{matrix} \nearrow Az . O \searrow \\ \searrow \;\; Az \;\; \nearrow \end{matrix} C - C^6H^5$$

— Lamelles sublimables fusibles à 163° [Voyez aussi Schöpff, *D. chem. G.*, **18**, 2475]. L'éther méthylique forme une masse cristalline fusible à 71° (Schöpff).

$$C^6H^5 - CO - O - C^6H^4 - C \begin{matrix} \nearrow Az . O \searrow \\ \searrow \;\; Az \;\; \nearrow \end{matrix} C \;\; OCO - C^6H^5$$

— Fond à 152,5°.

$$C^6H^5 - CO - O - C^6H^4 - C \begin{matrix} \nearrow Az . O \searrow \\ \searrow \;\; Az \;\; \nearrow \end{matrix} C - C^6H^5$$

— Aiguilles microscopiques fusibles à 146°.

DÉRIVÉS AZOÏQUES. — Ces composés s'obtiennent facilement par copulation de l'acide métaoxybenzoïque ou de ses dérivés avec des sels de diazoïques.

Acide métaoxybenzoïque + sel de diazobenzène. — Aiguilles jaune orangé fusibles d'après les auteurs à 205 ou 213° [Limpricht, *Lieb. Ann. Chem.*, **263**, 234; — Kostanecki et Zibell, *D. chem. G.*, **24**, 1696].

Acide métaoxybenzoïque + m-diazo de l'acide benzoïque. — Aiguilles orangées [Griess, *D. chem. G.*, **9**, 630; *J. prakt. Chem.*, (2), **1**, 106].

Acide benzoïque azo-oxybenzoïque + m-diazo

de l'acide benzoïque. — Aiguilles rouge brun (Griess).

DÉRIVÉS CONTENANT DU SOUFRE. — (Voyez OXYBENZOÏQUE. Dict. et 1er Suppl.). On a signalé 3 dérivés de formule brute $C^7H^6SO^6$ isomériques du composé décrit par Barth.

$(OH.SO^2).O.C^6H^4.CO^2H$. — Cet éther sulfurique, qui existe dans l'urine du chien et celle de l'homme, s'obtient par l'action du pyrosulfate de potassium sur l'oxybenzoate de potasse. Son *sel de potasse* est en aiguilles microscopiques anhydres et déliquescentes fondant à 220-225° avec décomposition [Baumann, *D. chem. G.*, **11**, 1915, 1878; — Baumann et Heiter, *Zeit. physiol. Chem.*, **1**, 244].

$(OH)_{(3)}C^6H^3.(SO^3H)_{(5)}.CO^2H_{(1)}$. — On l'obtient en chauffant avec de la potasse le 2,5-disulfobenzoate de potassium. Il est en aiguilles microscopiques fusibles à 120°. Son *sel de plomb* est en aiguilles soyeuses contenant 3,5 H^2O ; le *sel de potassium* est en prismes et retient $3H^2O$ [Hopfgartner, *Mon. f. Chem.*, **14**, 694].

Acides de Griess. — En dissolvant le sulfate de l'acide diazobenzoïque dans de l'acide sulfurique légèrement chauffé, Griess a obtenu des lamelles de formule $C^7H^6SO^6$ facilement solubles dans l'alcool. L'acide nitrique transforme ce composé en acide trinitrooxybenzoïque et acide sulfurique. Son *sel de baryum* est en prismes difficilement solubles et anhydres.

Si dans la préparation de ce corps, on opère non plus à température peu élevée, mais au-dessus de 100°, il se forme en même temps un acide stable de formule $C^{14}H^{10}SO^8$ soit

$$[C^7H^6SO^6 + C^7H^6O^3 - H^2O].$$

La Badische Anilin und Sodafabrik a signalé les corps du type

$$C^6H^3 \begin{cases} OH_{(3)} \\ CO^2H_{(1)} \\ SO^2R \end{cases}$$

(brev. 162322, 7.6.1903). Les dérivés benzéniques, o- et p-toluénique fondent respectivement à 114-116°, 162° et 144-146°. Jacob [*J. pharm. Chem.*, (6), **12**, 210, 1900] a étudié les sulfodérivés de l'acide oxybenzoïque-1.3-paraamidé. Il a pu isoler l'acide monosulfonique sous forme de fines aiguilles fusibles à 208-209° avec décomposition. Il a décrit les *sels de sodium* (crist. avec $1H^2O$), *de baryum* ($3H^2O$), *de calcium* ($0,5H^2O$), *de zinc* ($1H^2O$), *de cuivre* ($3H^2O$) et *l'éther méthylique*

$$C^6H^2 \begin{cases} AzH^2_{(4)} \\ OH_{(3)} \\ CO.CH^3_{(1)} \\ SO^3H \end{cases}$$

Acide disulfonique $(OH)C^6H^2(SO^3H)^2CO^2H$. — Cet acide est peu connu, il se forme vraisemblablement par décomposition du dérivé trisulfonique de Kretschy (voyez Dict., 1er Suppl., OXYBENZOÏQUE) au moyen de carbonate de baryte et d'eau bouillante. La sulfonation directe de l'oxybenzonitrile vers 110° paraît conduire au même composé [Smith, *J. prakt. Chem.*, (2), **16**, 229]. D'après Kretschy, son *sel de baryum* est en houppettes retenant $8H^2O$.

Acides thiooxybenzoïques, $C^6H^4(SH).CO^2H$. — Il s'obtient en réduisant par l'étain et l'acide chlorhydrique le *chlorure d'acide* $SO^2Cl.C^6H^4.COCl$. Lamelles fusibles à 146-147°. L'acide encore humide s'oxyde facilement à l'air en donnant l'acide dithioxybenzoïque. Ont été signalés les *sels* suivants : $(C^6H^4CO^2H.S)^2Ba + 2,5H^2O$; $(C^6H^4.CO^2H.S)^2Hg$; $(C^6H^4.CO^2H-S)^2Pb + 3H^2O$; $(C^6H^4CO^2H-S)Cu(OH)$ et $C^6H^4.CO^2H.S.Ag$ [Frerichs, *D. chem. G.*, **7**, 793].

En réduisant les chlorures d'acides bromés, $SO^2Cl.C^6H^3Br.COCl$, on obtient dans les mêmes conditions les acides thioxybenzoïques bromés.

L'acide bromé en 4 fond à 229-230°. Son *sel de baryte* est facilement soluble dans l'eau [Böttinger, *D. chem. G.*, **9**, 1787]. L'isomère bromé en 5 est en lamelles fusibles à 192-194° ; son *sel de plomb* constitue un précipité cristallisé jaune citron retenant $3H^2O$ [Frerichs, *loc. cit.*].

L'acide aminé en 4 a été obtenu par Kwaysser [*Lieb. Ann. Chem.*, **277**, 253] en chauffant à 220° avec de la potasse le composé

$$CAz.C^6H^3 \langle {}^{Az}_{S} \rangle C.OH$$

La réduction de l'acide bromo-5-nitro-2-benzoïque au moyen de sulfure d'ammonium fournit une poudre jaune cristalline de formule $C^6H^3(SH).AzH^2-CO^2H$. Son *sel de baryte* cristallise avec $3H^2O$ [Hübner, Ohly et Philipp, *Lieb. Ann. Chem.*, **143**, 241].

$[C^6H^4.(CO^2H).S]^2$ (acide dithiooxybenzoïque). — C'est le produit d'oxydation de l'acide thioxybenzoïque au contact de l'air en présence de l'eau. Comme agent oxydant on emploie de préférence l'eau de brome [Frerichs, Hübner et Upmann, *Zeit. f. Chem.*, 294, 1870]. Pour d'autres modes de formation, voyez aussi Griess [*J. prakt. Chem.*, (2), **1**, 102] ; — Ador [*D. chem. G.*, **4**, 622] ; — V. Meyer [*D. chem. G.*, **6**, 1150] ; — Gattermann, [*D. chem. G.*, **32**, 1151]. Aiguilles fusibles à 242-244°. Ont été préparés les sels suivants :

$$C^{14}H^8S^2O^4(AzH^4)^2, \quad C^{14}H^8S^2O^4Ca + 3H^2O,$$
$$C^{14}H^8S^2O^4Ba + 3H^2O, \quad C^{14}H^8S^2O^4Pb + H^2O,$$
$$C^{14}H^8S^2O^4[Cu(OH)]^2 + 5H^2O,$$
$$C^{14}H^8S^2O^4Ag^2,0,5H^2O.$$

Dérivé m-bromé, $C^{14}H^8Br^2S^2O^4$. — Il constitue vraisemblablement le produit de réduction du chlorure de l'acide m-bromosulfobenzoïque, signalé par certains auteurs [Hübner et Upmann, *loc. cit.* ; — Röters, *Zeit. f. Chem.*, 1871, 691]. C'est une masse cristalline fusible à 242-243° que l'amalgame de sodium transforme en un acide thioxybenzoïque fondant à 206°. Ont été préparé les sels suivants : $C^{14}H^6Br^2S^2O^4Ba$, $C^{14}H^6Br^2S^2O^4Zn$ et $C^{14}H^6Br^2S^2O^4Pb$.

ACIDE PARA-OXYBENZOÏQUE.

De nombreux modes de formation ont été signalés [Barth, *Lieb. Ann. Chem.*, **152**, 96 ; **154**, 359 ; **164**, 141 ; *Zeit. f. Chem.*, 650, 1866 ; — Barth et Schreder, *Mon. f. Chem.*, **3**, 802 ; — Ost, *J. prakt. Chem.*, (2), **20**, 208 ; — Kolbe, *J. prakt. Chem.*, (2), **11**, 24 ; — Reimer et Tiemann, *D. chem. G.*, **9**, 1285 ; — Hasse, *D. chem. G.*, **10**, 2186 ; — Heymann et Königs, *D. chem. G.*, **19**, 705].

Pour la préparation à partir du phénate de potassium et du gaz carbonique, voyez Heyden [Brev. all. 48356]. Prismes monocliniques fondant à 213-214° [Fels, *Zeit. f. Krist.*, **32**, 391 ; — Negri, *Gazz. chim. ital.*, **26**, (1), 65].

Un grand nombre de constantes physiques ou physicochimiques ont été déterminées : mentionnons la densité (1,495 d'après Colson) [Schröder, *D. chem. G.*, **12**, 1612 ; — Colson, *Bull. Soc. Chim.*, (2), **46**, 3 ; — Fels, *loc. cit.*], la conductibilité électrique [Ostwald, *Zeit. physik. Chem.*, **3**, 247], la chaleur de combustion, 725cal,9 [Stohmann, Kleber et Langbein, *J. prakt. Chem.*, (2), **40**, 130], les chaleurs de formation, de dissolution, de neutralisation [Berthelot et Werner, *Ann. Chim. Phys.*, (6), 7, 150 et 161; — Massol, *C. R.*, **132**, 780; *Bull. Soc. Chim.*, (3), **19**, 249], la solubilité dans l'eau [Ost, *J. prakt. Chem.*, (2), **17**, 232] et dans divers solvants. Dans ses dissolutions, l'acide peut être titré en employant comme indicateur le bleu Poirrier [Imbert et Astruc, *C. R.*, **130**, 36] ou le rouge Congo [Walker et Wood, *J. Chem. Soc.*, **73**, 622]. La vitesse d'éthérification a été étudiée par Kellas [*Zeit. physik. Chem.*, **24**, 221]. Pour la saponification, par les alcalis, des éthers et des amides de l'acide p-oxybenzoïque, voyez E. Fischer [*D. chem. G.*, **31**, 3275]. Action physiologique [voyez Pribram, *Arch. f. exp. Pathol. u. Pharm.*, **51**, 372, 1904].

SELS MÉTALLIQUES. — $C^7H^5O^3Na + 5H^2O$. — Chaleur de dissolution [Massol, *loc. cit.*].

$(C^7H^5O^3)^2Ca + 4H^2O$. — Par distillation sèche, ce sel fournit de nombreux produits : gaz carbonique, phénol, acide salicylique, acide α-oxyisophtalique, diphénylène-oxyde $C^{12}H^8O$ et carbonyldiphényloxyde, $C^{13}H^8O^2$ [Goldschmiedt et Herzig, *Mon. f. Chem.*, 3, 132; — Goldschmiedt, *ibid.*, **4**, 126].

Farmer a décrit les sels $KH(C^7H^5O^3)^2$, houppettes peu solubles dans l'alcool, et $AzH^4H(C^7H^5O^3)^2$ [*J. Chem. Soc.*, **83**, 1440, 1903]; Thibault, le *sel de bismuth* $Bi(C^7H^5O^3)^3$ [*Bull. Soc. Chim.*, (3), **31**, 36, 1904].

ÉTHERS-SELS. — Décomposition des éthers par chauffage avec l'acide phosphorique [P. N. Raikow et P. Tischkow, *Chem. Zeit.*, **29**, 1268, 1905].

$OH.C^6H^4.CO^2CH^3$. — Grosses tables fusibles à 131° [Hössle, *J. prakt. Chem.*, (2), **49**, 502; — Stohmann, *J. prakt. Chem.*, (2), **40**, 344; — Auwers, *Zeit. physik. Chem.*, **30**, 300; **32**, 46; — Tingle, *Am. Chem. Journ.*, **25**, 148].

$OH.C^6H^4.CO^2C^2H^5$. — [Graebe, *Lieb. Ann. Chem.*, **139**, 146; — Bischoff, *D. chem. G.*, **33**, 1404].

Ont été également préparés les composés suivants :

$C^7H^5O^3.C^3H^7$ (propyle). — [Stohmann, Rosatz et Herzberg, *J. prakt. Chem.*, (2), **36**, 368]. Fond à 96°,2.

$C^6H^4(OH).CO^2.(CH^2.CHCl.CH^2Cl)$. — Obtenu par Göttig par l'action du gaz chlorhydrique sur la solution saturée d'acide p-oxybenzoïque dans la glycérine [*D. chem. G.*, **25**, 811]; fond à 74-76°.

$C^7H^5O^3.C^6H^5$. — Tables orthorhombiques fusibles à 76° [Klepl, *J. prakt. Chem.*, (2), **28**, 214; — voyez aussi Nencki et Heyden, Brev. all. 46756].

Nencki et Heyden ont également signalé les p-oxybenzoates de gaïacol et de créosol fondant respectivement à 143° et 170° [Brev. all. 57941].

Acide méthoxybenzoïque, $CH^3O.C^6H^4.CO^2H$. — C'est l'acide anisique déjà décrit ainsi que ses dérivés dans le 2e supplément (voyez ANISILE, ANISIQUE, ANISONITRILE, ACIDES HYDROXAMIQUES...).

Acide éthoxybenzoïque, $C^2H^5.O.C^6H^4.CO^2H$. — [Fuchs, *D. chem. G.*, **2**, 624; — Gattermann, *Lieb. Ann. Chem.*, **244**, 63; — Griess, *D. chem. G.*, **21**, 980; — Remsen et Graham, *Am. Chem. Journ.*, **11**, 326]. Nencki et Heyden ont signalé les éthoxybenzoates de phényle, de gayacol et de créosol fondant à 110°, 97° et 119-120° [Brev. all. 46756 et 57941].

$C^3H^7.OC^6H^4.CO^2H$ (propyle). — Obtenu en chauffant l'alcool propylique avec le nitrate de l'acide p-diazobenzoïque [Remsen et Graham, *loc. cit.*]; il fond à 141°,5-142°,5 [voyez aussi Gattermann, *D. chem. G.*, **32**, 1126].

$C^3H^5.O.C^6H^4.CO^2H$ (allyle). — Tablettes fusibles à 123°. Son *éther éthylique* fond à 109° [Sitchilone, *Gazz. chim. ital.*, **12**, 451].

$C^6H^5.O.C^6H^4.CO^2H$. — Prismes fondant à 195°,5; par ébullition avec l'anhydride acétique il fournit facilement un *anhydride* fusible à 88°. Son *éther phénylique* est en houppettes brillantes fusibles à 73-78° [Klepl, *J. prakt. Chem.*, (2), **28**, 199; — Griess, *loc. cit.*].

Plusieurs dérivés de ce composé ont été décrits. Ce sont les dérivés nitrés et aminés du type $C^6H^4R.O.C^6H^4.CO^2H$. L'*acide orthonitré* est en aiguilles fusibles à 182-183°. Son *sel de baryte* cristallise avec 1,5 H^2O. Son *sel d'argent* fond à 220° [Cook et Hillyer, *Am. Chem. Journ.*, **24**, 528].

L'*acide paranitré* est en prismes fusibles à 236-237°. Son *sel de baryte* cristallise anhydre. Son *éther méthylique* est en petites lamelles fusibles à 108-109°. Par réduction (Sn + HCl), il donne l'*acide aminé* en lamelles fusibles à 193-194°. Le *sel de baryte* de cet acide est en aiguilles anhydres; le *chlorhydrate* est en houppes peu solubles dans l'eau froide. Son *sulfate* forme une poudre cristalline [Häussermann et Bauer, *D. chem. G.*, **29**, 2084].

Acide acétyloxybenzoïque, $C^2H^3O.OC^6H^4.CO^2H$. — Grandes lamelles fusibles à 185°, à peine solubles dans l'eau. Ses *éthers méthylique* et *phénylique* fondent respectivement à 85° et 84° [Klepl et Hössle, *J. prakt. Chem.*, (2), **49**, 502].

Benzoyloxybenzoate d'éthyle, $C^6H^5.CO.O.C^6H^4CO^2(C^2H^5)$. — Cristaux monocliniques fusibles à 89° [Limpricht et Saar, *Lieb. Ann. Chem.*, **303**, 276].

Éther phosphorique, $CO^2H-C^6H^4-O.PO(OH)^2$. — Lamelles fusibles à 200° [Anschütz et Moore, *Lieb. Ann. Chem.*, **239**, 345].

Éthers dérivés du glycol,

$$C^6H^5.O-CH^2-CH^2-O\quad C^6H^4.CO^2H$$

— Aiguilles fusibles à 196°. Son *sel de sodium* est en lamelles nacrées. Son *éther éthylique* fond à 81° [E. Wagner, *J. prakt. Chem.*, (2), **27**, 227]. Les dérivés nitrés $AzO^2.C^6H^4O.CH^2-CH^2-O.C^6H^4.CO^2H$ ont été également décrits. Le *dérivé ortho* fond à 205-207°. Son *éther méthylique* est en lamelles brillantes fusibles à 103°. Par réduction il donne un *acide aminé* en larges aiguilles fusibles à 185°. L'*acide p-nitré* est en paillettes jaunâtres fusibles à 218°. Son *sel de sodium*, peu soluble, retient 3 H^2O. L'*éther éthylique* est en aiguilles microscopiques fondant à 131°.

Dérivés halogénés

Acide métafluoroparaoxybenzoïque, $CO^2H.C^6H^3F.(OH)$. — On ne connaît que son éther méthylique (voyez ANISIQUE, 2e Suppl.).

Acide monochloré. — Le composé décrit (Dict. : paroxybenzoïque) est le dérivé chloré en méta. Il s'obtient par chloruration directe de l'acide au moyen du pentachlorure d'antimoine [Lössner, *J. prakt. Chem.*, (2), **13**, 432] ou en traitant l'o-chlorophénol par le tétrachlorure de carbone et la potasse [Hasse, *D. chem. G.*, **10**, 2192]. D'après Lössner, l'acide fond à 169-170°, d'après Hasse à 164-165°, d'après Auwers à 165-166° [*D. chem. G.*, **30**, 1474], d'après Mazzara [*Gazz. chim. ital.*, **29**, (I), 386] à 160-170°. Le *sel de baryte* retient 6 H^2O.

D'après Heyden (Brevet allemand 69116), cet acide peut se préparer facilement en chlorant l'acide par le chlorate de potasse en présence d'un mélange d'acides acétique et chlorhydrique. Voyez aussi A. Coppadoro [*Gazz. chim. ital.*, **32**, (I), 37, 1902].

Les éthers $(OH)C^6H^3Cl.CO^2R$ s'obtiennent par l'action de SO^2Cl^2 sur les éthers de l'acide para-oxybenzoïque : *éther méthylique*, aiguilles fusibles à 106-107°; *éther éthylique*, aiguilles fusibles à 77-78° [voyez aussi *Zeit. physik. Chem.*, **32**, 46].

Acide dichloré. — On ne connaît que le dichlorodérivé (3.5). Cet acide peut s'obtenir dans les mêmes conditions que le dérivé monochloré. On peut l'obtenir également par traitement à l'acide iodhydrique de l'acide dichloroanisique ou par fixation directe du gaz carbonique sur le dichloro-2.6-phénate de potassium [Lössner; Zincke, *Lieb. Ann. Chem.*, **261**, 250; — Bertozzi, *Gazz. chim. ital.*, **29**, (II), 39; — Tarugi, *Gazz. chim. ital.*, **30**, (II), 490; — Mazzara, *loc. cit.*]. Petites aiguilles fusibles à 257-258°.5 (Mazzara), 265° (Bertozzi).

L'éther méthylique est en aiguilles fusibles à 124° (Bertozzi); il fournit un dérivé acétylé fondant à 70-71°.

L'éther éthylique fond à 116° (Mazzara).

Sur la formation d'un acide dichloré isomérique du précédent, voyez Claus et Riemann [*D. chem. G.*, **16**, 1600] et Bertozzi [*loc. cit.*].

En chlorant l'acide para-oxybenzoïque, à 100°, par un courant de chlore, en milieu acétique, on provoque la rupture des liaisons du noyau benzénique et on obtient l'*acide cétotétrahydrobenzoïque pentachloré* :

$$\begin{array}{l} CO - CCl^2 - CHCl \\ \vert \qquad\qquad\quad \vert \\ CCl^2 - CH = CCO^2H \end{array}$$

en cristaux fondant à 180-181°. L'iodure de potassium le réduit avec formation d'acide dichloro-oxybenzoïque [Zincke, *loc. cit.*].

Acide monobromé. — La bromuration directe par le brome de l'acide para-oxybenzoïque ne conduit pas seulement en solution aqueuse au tribromophénol, comme l'ont signalé E. Comanducci et F. Marcello [*Gazz. chim. ital.*, **33**, (I), 68], Hlasiwetz et Barth [*Lieb. Ann. Chem.*, **134**, 276]. Comme en milieu acétique (Hähle, brevet allemand 60637), on peut obtenir l'acide 3-bromo-para-oxybenzoïque [Voyez aussi Pahl, *D. chem. G.*, **28**, 2411].

Il retient $1H^2O$. Le sel anhydre est en aiguilles fusibles à 148° (Pahl), à 156° (Comanducci et Marcello). *L'éther méthylique* fond à 107° et bout à 163-166° (H = 16mm) [Auwers et Reis, *D. chem. G.*, **29**, 2360; voyez aussi *Zeit. physik. Chem.*, **32**, 46].

Acide dibromé 3.5. — Il se forme par oxydation (MnO^4K) de l'aldéhyde correspondante [Paal et Kromschrœder, *D. chem. G.*, **28**, 3236]. Il fond à 268° [voyez aussi Balbiano, *Gazz. chim. ital.*, **13**, 69; — Alessi, *Gazz. chim. ital.*, **15**, 243]. Son *sel de chaux* est en petites tables retenant $3H^2O$. Son *éther méthylique* fond à 125° [Auwers et Reis].

Acide monoiodé. — Il fond à 173-174°,5 [Auwers, *D. chem. G.*, **30**, 1475]. Son *éther méthylique* fond à 155-156° [voyez Auwers, *Zeit. physik. Chem.*, **32**, 46]. C'est l'acide déjà décrit dans le Dictionnaire : il représente le dérivé $(OH)_{(4)}.C^6H^3I_{(3)}.CO^2H$.

Acide diiodé. — L'acide décrit est le diiododérivé 3.5. On l'obtient par oxydation au moyen du permanganate en solution alcaline de l'aldéhyde correspondante; il fond à 237° [Paal et Moher, *D. chem. G.*, **29**, 2303]. Son *chlorhydrate* est en longues aiguilles d'un jaune clair fusibles à 167° [Auwers et Reis, *D. chem. G.*, **29**, 2360].

Dérivés nitrés.

L'acide mononitré décrit dans le Dictionnaire, représente l'isomère $(OH)_{(4)}C^6H^3AzO^2_{(3)}.CO^2H_{(1)}$. Le meilleur procédé de préparation consiste à faire réagir au bain-marie sur l'acide para-oxybenzoïque un mélange de nitrite de soude et d'acide sulfurique [Denninger, *J. prakt. Chem.*, (2), **42**, 552]. On peut le purifier en le transformant en sel de baryte [Diepolder, *D. chem. G.*, **29**, 1757]. L'acide est en aiguilles jaunâtres fusibles à 185°. Le *sel de baryum* renferme d'après Griess $1H^2O$ [*D. chem. G.*, **20**, 408], d'après Diepolder $4H^2O$.

De nombreux *éthers* ont été préparés :

$(OH)C^6H^3(AzO^2).CO^2.CH^3$. — Aiguilles jaunes fusibles à 75-76° [Auwers et Röhrig, *D. chem. G.*, **30**, 991], à 70-71° [Einhorn, brevet allemand 97334].

$(OH)C^6H^3(AzO^2)CO^2.C^2H^5$. — Prismes d'un rouge clair fusibles à 69° [Thieme, *J. prakt. Chem.*, (2), **43**, 453], à 75-76° (Einhorn). Son *dérivé acétylé* $CH^3.CO.O.C^6H^3(AzO^2)CO^2C^2H^5$ est en lamelles fusibles à 39° [Einhorn et Pfyl, *Lieb. Ann. Chem.*, **311**, 67]. Le dérivé $(CH^3)^2.CH.CO.O.C^6H^3(AzO^2)CO^2C^2H^5$ forme une huile incolore.

$C^2H^5O.C^6H^3.(AzO^2)CO^2.C^2H^5$. — Lamelles ou aiguilles brillantes fusibles à 64° [Thieme, *loc. cit.*].

$C^6H^5.O.C^6H^3(AzO^2)CO^2H$. — Il fond à 174-175°. Son *sel de baryum* est en houppettes très peu solubles dans l'eau chaude [Häussermann et Bauer, *D. chem. G.*, **30**, 739]. Le *dérivé benzoylé* $C^6H^5.CO.O.C^6H^3(AzO^2)CO^2CH^3$ est en aiguilles fusibles à 95° [Einhorn et Pfyl, *loc. cit.*; — Einhorn et Heintz, *Chem. Centr. Bl.*, (II), 672, 1897].

Acide dinitré (3.5). — Il fond à 245-246°. Le *sel monoargentique* est en aiguilles orangées, le *sel diargentique* en aiguilles brunes. Le *sel de chaux* est cristallisé en octaèdres retenant $2H^2O$ [Voyez Thieme, *loc. cit.*; — Perkin, *Chem. Soc.*, **73**, 1025; — Jackson et Ittner, *Am. Chem. Journ.*, **19**, 33 et 199]. *L'éther monoéthylique* $C^2H^5O.C^6H^3(AzO^2)CO^2H$ fond à 192°.

Dérivés aminés.

Le seul acide aminé qui ait été l'objet d'études suivies est l'acide signalé par Barth (Voyez Dict. Paroxybenzoïque; comparer Diepolder, *loc. cit.*). C'est l'acide aminé en (3).

Les éthers s'obtiennent facilement par réduction des diazos des éthers de l'acide para-oxybenzoïque [Bayer et Cie, Brevet allemand 111932]. Par traitement à l'acide chlorhydrique, ces éthers fournissent l'acide aminé [Auwers et Röhrig, *D. chem. G.*, **30**, 992].

Pour les applications à la synthèse des matières colorantes, consulter les brevets allemands 55649, 58271, 60494, 62003, 86314 et 78409.

Les sels fournissent avec l'acide azotique concentré une solution rouge cerise foncé.

Par oxydation au moyen du mélange chromique, l'acide aminé perd en même temps du gaz carbonique et de l'hydrogène, et conduit à l'acide

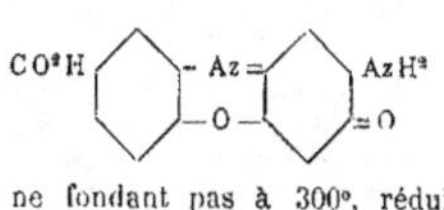

CO^2H — Az = — AzH^2 ; — O — ; = O

aiguilles ne fondant pas à 300°, réduisant la liqueur de nitrate d'argent (Diepolder). Son *sel d'ammonium* est anhydre, celui *de chaux* retient $5H^2O$.

Parmi les éthers de l'acide $(OH).C^6H^3(AzH^2)CO^2H$, qui ont été préparés, signalons les *dérivés méthylique* et *éthylique* :

$(OH).C^6H^3(AzH^2)CO^2CH^3$. — Cristaux blancs

dimorphes fondant, suivant leur forme, soit à 110-111°, soit à 142° [Auwers et Röhrig, *loc. cit.*; — Einhorn, brevets allemands 97 333 et 97 334]. Son *chlorhydrate* fond à 225°. Cet éther se condense avec le chloral, avec élimination d'une molécule d'eau, en donnant une combinaison fusible à 152° [Kalle, Brevet allemand 112 216].

$(OH)C^6H^3(AzH^2).CO^2C^2H^5$. — Dimorphe comme le précédent; il fond à 84° et 112° [Einhorn et Pfyl, *Ann. Chem.*, **311**, 47; — Einhorn et Heintz, *loc. cit.*].

$C^6H^5O.OC^6H^3(AzH^2)CO^2CH^3$. — Aiguilles fusibles à 157-158° [*Centr. Bl.*, (II), 672, 1897].

Les dérivés de l'acide aminé par substitution à l'azote ont été également étudiés par Einhorn et ses collaborateurs. Ce sont :

$(OH)C^6H^3(AzH.C^5H^{11})CO^2H$ (isoamyl), son *chlorhydrate*, l'*éther éthylique* $(-CO^2.C^2H^5)$, en aiguilles fusibles à 69-71° [*Ann. Chem.*, **311**, 76], et le *dérivé nitrosé* - $[Az(AzO)C^5H^{11}]$ en lamelles fusibles à 157-158°.

$(OH).C^6H^3.(AzH.COCH^3).CO^2C^2H^5$. — Cristaux rhombiques fusibles à 199°. Par traitement au chlorure de zinc, il fournit un *anhydride*

$$CH^3-C \lessgtr {}^{O}_{Az} \gtrless C^6H^3-CO^2C^2H^5$$

en aiguilles fusibles à 50° [Einhorn et Pfyl, *Ann. Chem.*, **311**, 68].

$(OH).C^6H^3.(AzH.COCH^2Cl)CO^2CH^3$. — Aiguilles fusibles à 191-192° [Einhorn et Oppenheimer, *Ann. Chem.*, **311**, 161; Brevet allemand 106 502]. Par traitement à la soude ou à la potasse diluée, ce corps perd de l'acide chlorhydrique et conduit au composé

$$CH^3.CO^2-C^6H^3 \begin{cases} O-CH^2 \\ AzH-CO \end{cases}$$

aiguilles fusibles à 193-194°. Par saponification cet éther donne l'acide correspondant en aiguilles fondant à 285°. Le *sel de sodium* de ce dérivé est en petits prismes difficilement solubles dans l'eau.

$(OH).C^6H^3[AzH.CO.CH^2Az(C^2H^5)^2]CO^2CH^3$. — Lamelles fusibles à 174°,5. Son *chlorhydrate* est en aiguilles très hygrométriques.

$(OH).C^6H^3(AzH.CO.C^3H^7).CO^2.C^2H^5$ (isobutyryle). — Aiguilles fusibles à 135-136°.

$$(CH^3)^2CH-C \lessgtr {}^{O}_{Az} \gtrless C^6H^3.CO^2C^2H^5$$

— Huile distillant sans décomposition dans le vide.

$(OH)C^6H^3(AzH.CO.C^6H^5).CO^2CH^3$. — Lamelles fondant à 241°. L'*anhydride*

$$C^6H^5-C \lessgtr {}^{O}_{Az} \gtrless C^6H^3-CO^2CH^3$$

fond à 157-158°.

AMIDES, NITRILES ET DÉRIVÉS AZOTÉS DIVERS.

Amide $(OH)C^6H^4COAzH^2+H^2O$. — On l'obtient en chauffant l'acide para-oxybenzoïque avec l'ammoniaque aqueuse à 130° [Hartmann, *J. prakt. Chem.*, (2), **16**, 50]. Aiguilles devenant anhydres à 100° et fondant à 162°. Elles se combinent à 2 molécules d'acide chlorhydrique en donnant une matière fusible à 205-206° [Voyez aussi van Dam, *Rec. Trav. chim. Pays-Bas*, **18**, 417]. — Son *dérivé métachloré* fond à 181-182° [H. Biltz, *D. chem. G.*, 37, 4031, 1904].

Acide oxybenzurique.

$$(OH).C^6H^4.CO.AzH.CH^2.CO^2H.$$

— C'est un produit physiologique. On le retrouve dans l'urine du chien, lorsque l'animal a absorbé soit de l'acide para-oxybenzoïque [Baumann et Herter, *Zeit. physiol. Chem.*, **1**, 260], soit de l'hydro-p-coumarate de sodium [Schotten, *Zeit. physiol. Chem.*, **7**, 26]. Petits prismes fusibles à 228° environ, avec décomposition.

Éthers, $C^2H^5.O.C^6H^4.CO.AzH^2$. — Gros prismes fusibles à 202° [Gattermann, *Ann. Chem.*, **244**, 63], à 206° [Pinner, *D. chem. G.*, **23**, 2954. Voyez aussi Reid, *Am. Chem. J.*, **24**, 401].

$C^3H^7O.C^6H^4.CO.AzH^2$ (isopropyle). — [Gattermann, *D. chem. G.*, **32**, 1120]. Aiguilles fusibles à 154°.

Le *dérivé glycolique*

$$\begin{array}{l} CH^2-OC^6H^4-CO-AzH^2 \\ | \\ CH^2-OC^6H^4-CO-AzH^2 \end{array}$$

est en cristaux confus, fondant à 280°, avec décomposition [Gattermann, *Ann. Chem.*, **244**, 70].

Oxybenzanilide $OH.C^6H^4.COAzH.C^6H^5$. — Lamelles jaunâtres fusibles à 196-197° [Kupferberg, *J. prakt. Chem.*, (2), **16**, 444]. Son *éther éthylique* fond à 170° [Leuckart, *J. prakt. Chem.*, (2), **41**, 313].

Le composé

$$C^2H^5O.C^6H^4.CO.AzH.C^6H^4.(OC^2H^5)_{(4)}$$

forme des aiguilles fondant à 171° [Gattermann, *J. prakt. Chem.*, (2), **59**, 588].

Amide

$$AzH^2-CO-C^6H^3 \begin{cases} O-CH^2 \\ AzH-CO \end{cases}$$

— Lamelles [Einhorn et Oppenheimer, *loc. cit.*].

NITRILE $OH.C^6H^4CAz$. — Tables rhombiques fusibles à 113°.

Son *sel de sodium* cristallise avec $3H^2O$ [Hartmann, *J. prakt. Chem.*, (2), **41**, 313]. — Son *dérivé métachloré* fond à 155° [H. Biltz, *D. chem. G.*, **37**, 4031, 1904].

Pour les propriétés physico-chimiques, voyez Hantsch [*D. chem. G.*, **32**, 3066] et Auwers [*Zeit. physik. Chem.*, **30**, 300].

Pour l'existence d'un para-cyanophénol, isomérique du précédent, voyez Ahrens [*D. chem. G.*, **20**, 2954].

Le *dérivé éthylique* $OC^2H^5.C^6H^4CAz$ [Pinner, *D. chem. G.*, **23**, 2953; — Reinders et Ringer, *Rec. Trav. Ch. Pays-Bas*, **18**, 328] fond, suivant les auteurs, à 57° ou à 69°. Il bout à 258°. Le *dérivé acétique* $CH^3CO.O.C^6H^4CAz$ est en aiguilles fusibles à 57° et bouillant à 265-266° [Lach, *D. chem. G.*, **17**, 1572]. — Son *dérivé métachloré* fond à 89-90° (H. Biltz). L'*éther benzylique* $C^6H^5.CH^2O.C^6H^4CAz$ est en aiguilles fusibles à 94-94°,5 [Auwers et Walker, *D. chem. G.*, **31**, 3041].

Auwers et Reis ont préparé quelques dérivés de substitution dans le noyau du nitrile para-oxybenzoïque :

$OHC^6H^2Cl^2_{(3.5)}CAz$. — Aiguilles fusibles à 146°. Son *dérivé acétylé* fond à 93°.

$(OH)C^6H^3Br_{(3)}CAz$. — Aiguilles fusibles à 155°. Le *dérivé acétylé* est en petites aiguilles très solubles dans l'alcool, fondant à 100-101°.

$(OH)C^6H^2I^2_{(3.5)}.CAz$. — Aiguilles fusibles à 205-206°. Son *dérivé acétylé* fond à 198° [*D. chem. G.*, **29**, 2359].

$(OH)C^6H^3AzO^2_{(3)}.CAz$. — Lamelles jaunâtres fusibles à 143-145° [Auwers et Röhrig, *D. chem. G.*, **30**, 997]. Son *dérivé acétylé* fond à 113-114°.

$(OH)C^6H^3AzH^2_{(3)}.CAz$. — Lamelles fusibles à 157-158°.

Azide, $(OH)C^6H^4COAz^3$. — Aiguilles fusibles

à 132° [Struve et Radenhausen. *J. prakt. Chem.*. (2). **52**. 237].

Dérivés azoïques et diazoïques.

Acide benzène-azo-p-oxybenzoïque,

$$C^6H^5Az^2 . C^6H^3(OH)(CO^2H).$$

— Lamelles jaunes fusibles à 219°,5-221°. Ses *éthers méthylique* et *éthylique* forment des aiguilles rouge orangé fondant respectivement à 116-117° et 105-106° [Auwers et Röhrig, *D. chem. G.*. **30**, 989].

Acide m-diazo-p-oxybenzoïque,

$$CO^2H - C^6H^3 \lessgtr^{Az \equiv}_{O} > Az$$

— Aiguilles jaunâtres déflagrant à 116-121° [Diepolder, *D. chem. G.*, **29**, 1758].

DÉRIVÉS CONTENANT DU SOUFRE.

Éther sulfurique de l'acide p-oxybenzoïque $(OH)SO^2 . OC^6H^4 . CO^2H$. — On ne le connaît qu'à l'état de sel potassique $C^7H^4SO^6K^2$: il se présente en lamelles ou en petites tables décomposables vers 250°.

Acides sulfoniques. — On connaît les dérivés monosulfonés en 2 et en 3 :

$C^6H^3 . (OH)(CO^2H)(SO^3H)_{(2)}$. — Masse déliquescente [Hedrick, *Am. Chem. Journ.*, **9**, 415].

Ont été signalés les sels $CaC^7H^4SO^6 + 5H^2O$, triclinique [Gill, *Am. Chem. Journ.*, **9**, 417], $Ba(C^7H^5SO^6)^2$ et $Ba^3(C^7H^4SO^6)^2$.

L'éther éthylique de la sulfamide correspondante ou plus exactement son *anhydride*

$$C^2H^5O - C^6H^3 \begin{matrix} \diagup CO \\ \quad \diagdown \\ \diagdown SO^2 - AzH \end{matrix}$$

est en longues aiguilles fusibles à 257-258° avec décomposition. Les *sels d'argent* et *de potassium* sont anhydres et bien cristallisés [Remsen et Palmer. *Am. Chem. Journ.*. **8**. 227].

$C^6H^3(OH)(CO^2H)SO^3H_{(3)}$. — C'est le composé résultant de la sulfonation directe de l'acide p-oxybenzoïque [Kölle. *Ann. Chem.*. **164**, 150]. Aiguilles déliquescentes.

Ont été signalés les *sels* suivants :

$$K^2 . C^7H^4SO^6 . + H^2O,\ K^3C^7H^3SO^6 + 2H^2O,$$
$$Ba . C^7H^4SO^6 . 3,5H^2O,\ Ba^3(C^7H^4SO^6)^2,$$
$$Cd . C^7H^4SO^6 + 3H^2O,\ CuC^7H^4SO^6,$$
$$Ag^2C^7H^4SO^6.$$

L'acide signalé par Klepl est vraisemblablement identique au précédent [*J. prakt. Chem.*, (2). **28**. 196].

L'éther éthylique de l'acide sulfamidé $C^2H^5O . C^6H^3(SO^2AzH^2) . (CO^2H)$ est en longues aiguilles fusibles à 230-231°, avec décomposition. Son *sel de baryte* cristallise avec $2H^2O$ [Metcalf. *Amer. Chem. Journ.*, **15**, 309].

Dans un brevet la Badische Anilin und Soda Fabrik (n° 162322) a signalé les composés du type

$$C^6H^3 \begin{matrix} \diagup OH_{(3)} \\ - CO^2H_{(1)} \\ \diagdown SO^2 . R \end{matrix}$$

qui appartiennent vraisemblablement à cette série.

Le *dérivé benzénique* fond à 170°, le *dérivé o-toluénique* à 168-170° et *l'isomère p-* à 168-170°.

ACIDE OXY-THIOBENZOÏQUE $C^6H^4(OH)(CS^2H)$. — L'acide libre est inconnu, mais indépendamment des dérivés de l'acide thioanisique, on connaît plusieurs dérivés de l'éther éthylique.

Benzanilide $C^2H^5O . C^6H^4 . CS . AzH . C^6H^5$. — Longues aiguilles jaune clair fusibles à 143°.

Par oxydation au moyen du ferricyanure de potassium, cette benzanilide donne le composé

$$C^2H^5O - C^6H^4 - C \lessgtr^{S}_{Az} > C^6H^4$$

en lamelles fusibles à 120° [Tust et Gattermann, *D. chem. G.*, **25**, 3529].

Le *dérivé chloré*

$$C^2H^5O . C^6H^4 . CS . AzH . C^6H^4Cl_{(4)}$$

fond à 194-195°, le *dérivé métabromé* à 139°, le *para-éthoxydérivé*

$$C^2H^5O . C^6H^4 . CS . AzH . C^6H^4OC^2H^5_{(4)}$$

à 151-152°. Ce dernier conduit par oxydation au composé

$$C^2H^5 . O . C^6H^4C \lessgtr^{S}_{Az} > C^6H^3O . C^2H^5_{(4)}$$

fusible à 163° [Gattermann, *J. prakt. Chem.*, (2), **59**. 587]. Ont encore été décrits par Gattermann [*loc. cit.*] les composés suivants :

$C^2H^5 . O . C^6H^4 . CSAzH . C^6H^4CH^3$. — *L'o-toluidide* est en aiguilles jaunes fusibles à 106°, les isomères *méta* et *para* fondent respectivement à 130 et 151°.

$$C^2H^5O - C^6H^4 - C \lessgtr^{S}_{Az} > C^6H^3 - OC^2H^5_{(4)}$$

— Lamelles fusibles à 170°.

$C^2H^5O . C^6H^4 . CS . AzH . C^6H^3(CH^3)^2_{(3 . 4)}$. — Aiguilles jaunes fusibles à 139-140°.

$C^2H^5O . C^6H^4 . CS . AzH . C^{10}H^7$. — L'isomère α fond à 156-157°. L'isomère β à 148-149°.

$$\left[\begin{matrix} CH^2 - OC^6H^4C . SAzH . C^6H^5 \\ | \end{matrix}\right]^2$$

— Lamelles jaunes fusibles à 255°.

$C^6H^5 . O . C^6H^4CSAzH . C^6H^5$. — P. F. 133°.

$C^2H^5 . O . C^6H^3Cl_{(3)}CSAzH . C^6H^5$. — P. F. 195°,5.

$C^2H^5 . OC^6H^3Br_{(3)} . CSAzH . C^6H^5$. — P. F. 204°.

$C^2H^5 . O . C^6H^3I_{(3)} . CSAzH . C^6H^5$. — P. F. 206°,5.

ACIDE PARA-THIOXYBENZOÏQUE, $C^6H^4(SH)(CO^2H)$. — L'acide libre est inconnu ; mais plusieurs composés décrits par Auwers et Beger paraissent appartenir à cette série *para*. Ce sont :

$C^2H^5 . S . C^6H^4 . CO^2H$. — Aiguilles fusibles à 146°.

$C^2H^5 . S . C^6H^4CO . AzH^2$. — Aiguilles fusibles à 169-170°.

$C^2H^5 . S . C^6H^4CO . AzHC^6H^5$. — Lamelles fusibles à 158° [Auwers et Beger, *D. chem. G.*, **27**, 1737].

Acide thiooxythiobenzoïque. — Deux dérivés de cet acide ont été signalés par Auwers et Beger [*loc. cit.*]. Ce sont :

$C^2H^5S . C^6H^4 . CS . AzH . C^6H^5$. — Lamelles fusibles à 140-141°.

$$C^2H^5S - C^6H^4C \lessgtr^{S}_{Az} > C^6H^4$$

— Aiguilles fusibles à 101-102°.

15 mai 1906. V. Thomas.

OXYBENZOÏQUES (ALDÉHYDES). — Nous ne décrirons ici que les isomères méta et para. L'isomère ortho sera décrit à *Salicylique*.

ALDÉHYDE M-OXYBENZOÏQUE, $C^6H^4(OH)(COH)$. — Le meilleur procédé de préparation consiste à partir de la nitrobenzaldéhyde. On la réduit à l'état d'amine ($SnCl^2$) qu'on diazote, et on décompose le chlorure de diazo par l'eau [Tiemann, *D. chem. G.*, **15**, 2045, 1882; voyez aussi Sandmann, *D. chem. G.*, **14**, 969; — Jowett, *Chem. Soc.*, **77**, 707, 1900].

Aiguilles fusibles à 108°, bouillant à 240°, et à 191° sous 50 mm., facilement solubles dans l'eau, l'alcool et le benzène [Fritsch, *Lieb. Ann. Chem.*, **286**, 6, 1895]. Cryoscopie [Auwers, *Zeit. physik. Chem.*, **30**, 300; **32**, 48, 1899].

La m-oxybenzaldéhyde ne se combine pas au diazobenzol [Borsche et Bolser, *D. chem. G.*, **34**, 2094, 1901].

Son *dérivé monoacétique* est liquide, il bout à 263°. Son *dérivé diacétique* fond à 76°.

ÉTHERS : *méthylique*. — Il bout à 230°, $D = 1,1187$ à 20°; $n_D = 1,5530$. L'acide azotique le transforme facilement en dérivés nitrés [Fritsch, *loc. cit.*, et Brevet all. 85566].

Éther éthylique. — Huile jaune bouillant à 245°. $D = 1,0768$; $n = 1,5408$ [Fritsch, *loc. cit.*, et Werner, *D. chem. G.*, **28**, 2001; Brevet all. 46384].

Sels. — Ces sels sont incolores mais fournissent des solutions aqueuses jaunes. Le *sel d'ammonium* est anhydre et se décompose aisément en aldéhyde et ammoniaque [A. Hantsch, *D. chem. G.*, **39**, 3080, 1906].

DÉRIVÉS NITRÉS. — La nitration de l'oxybenzaldéhyde et de son éther méthylique conduit aux deux mononitro-dérivés isomériques suivants :

$C^6H^3(OH)_{(3)}(COH)_{(1)}(AzO^2)_{(4)}$. — Petites lamelles jaunes, fusibles à 128°, difficilement solubles dans l'eau froide, facilement solubles dans l'alcool, l'éther, le benzène.

$C^6H^3(OH)_{(3)}(COH)_{(1)}(AzO^2)_{(6)}$. — Aiguilles fusibles à 166°, plus solubles dans l'eau que le précédent [Tiemann et Ludwig, *D. chem. G.*, **15**, 2052, 3052; — Pschorr et Seidel, *D. chem. G.*, **34**, 4000, 1901].

$C^6H^3(OCH^3)(COH)(AzO^2)_{(2)}$. — Tables rhombiques fusibles à 107°, volatiles avec la vapeur d'eau [Tiemann et Ludwig; Friedländer et Schreiber, *D. chem. G.*, **28**, 1385; — Rieche, *D. chem. G.*, **22**, 2350, 1889].

$C^6H^3(OCH^3)(COH)AzO^2_{(6)}$. — Lamelles fusibles à 82-83° (Rieche).

$C^6H^3(OCH^3)(COH)AzO^2_{(4)}$. — Aiguilles fusibles à 62-63°, très facilement entraînables par la vapeur d'eau, donnant avec l'acétone et la soude des cristaux fondant à 84° [Rieche, *loc. cit.*; — Ulrich, *D. chem. G.*, **18**, 2572, 1885].

$C^6H^3(OCH^3)(COH)(AzO^2)_{(5)}$. — Il fond à 97° (Ulrich), 104° (Rieche). Par traitement à l'acétone et à la soude, il donne des cristaux fondant à 124°.

En opérant la nitration de la méthoxybenzaldéhyde par un mélange de nitrate de potasse et d'acide sulfurique, on obtient deux dérivés dinitrés isomériques $C^6H^2(OCH^3)(COH)(AzO^2)^2$, fondant l'un à 110°, l'autre à 155°.

DÉRIVÉS AMINÉS. $C^6H^3(OCH^3)_{(3)}(COH)(AzH^2)_{(4)}$. — Aiguilles jaunes fusibles à 101-102°. La *phénylhydrazone* fond à 172-174° [Böhringer et Söhne, Brevet all. 108026; — Geigy et Cie, Brevet all. 103578]. L'*éther éthylique* correspondant fond à 67°.

DÉRIVÉS SULFONÉS. — E. et H. Erdmann ont signalé les deux acides sulfonés $C^6H^3(OH)_{(3)}(COH)_{(1)}(SO^3H)_{(4)}$ et $C^6H^3(OH)_{(3)}(COH)_{(1)}(SO^3H)_{(6)}$; le *sel de sodium* du p-sulfoné est en prismes retenant $2H^2O$; son *éther méthylique* donne des sels de sodium et de potassium retenant respectivement 4 et $1H^2O$ [*Lieb. Ann. Chem.*, **294**, 381; Brevet all. 64736 et 105006].

$C^6H^3(OH)(COH)(SO^2.C^6H^5)$. — Liquide.

$C^6H^3(OH)(COH)SO^2.C^6H^4(CH^3)_{(4)}$. — Fond à 66-68°.

$C^6H^3(OH)(COH)SO^2.C^6H^4(CH^3)_{(2)}$. — Fond à 65-66° (Brevet all. 162322).

DÉRIVÉS HALOGÉNÉS. — $C^6HCl^3_{(2.4.6)}.(OH)_{(3)}(COH)_{(1)}$. — Aiguilles blanches fusibles à 115-116° [Krause, *D. chem. G.*, **32**, 123].

$C^6Cl^4(OH)(COH)$. — Lamelles fusibles à 189-190°. Son *éther chlorhydrique* fond à 67-68°; son *dérivé acétylé* à 111-112° [Biltz et Kammann, *D. chem. G.*, **34**, 4128], 1901.

L'action du chlore sur l'oxybenzaldéhyde est complexe, par suite des phénomènes d'oxydation et de chloruration qui se produisent simultanément. Voyez entre autres Heinrich Beltz [*D. chem. G.*, **37**, 4003 et 4448, 1904].

La bromuration de l'oxybenzaldéhyde donne un *dérivé monobromé* fondant à 40-45° [Daum, Brevet all. 82078]. Krause [*loc. cit.*] a également signalé le tribromo $C^6HBr^3_{(2.4.6)}(COH)(OH)$, en aiguilles d'un blanc jaunâtre fusibles à 119° [Comparer brevet all. 68583].

PRODUITS DE CONDENSATION. — 1° *Avec les corps à fonction amine*. — Fritsch a signalé le produit de condensation $(OH)C^6H^4.CH{=}Az.CH^2CH(OC^2H^5)^2$, fusible à 71°; son *éther méthylique* (bouillant à 220° sous 15 millimètres. $D^{20}_4 = 1,0345$); son *éther éthylique* (ébullition à 208°,5 sous 50 mm., $D^{20}_4 = 1,0175$, $n_D = 1,5131$) (voyez aussi Brevet all. 86561 et les brevets all. 46384, 69199, 71156, 74014, 73717, 77135).

Ont été également signalés les produits de condensation avec l'aniline, fondant à 90°,5-91° [Bamberger et Müller, *Lieb. Ann. Chem.*, **313**, 112, 1900], 92-93° (Brevet all. 105006), et avec la p-toluidine, lamelles fusibles à 129° (brevet précédent);

2° *Avec le β-naphtol*. — On obtient trois produits fondant respectivement à 244-246°, 249-251° et 244-246° [Rogow, *J. prakt. Chem.*, (2), **72**, 315, 1905];

3° *Avec l'acide hippurique*. — [Em. Erlenmayer jun. et F. Wittenberg, *Lieb. Ann. Chem.*, **337**, 294, 1904];

4° *Avec l'aldéhyde isobutyrique*. — [Walther Subak, *Mon. f. Chem.*, **24**, 167, 1903].

AZINE $[CH^3.O.C^6H^4CH{=}Az-]^2$. — Lamelles jaune d'or fusibles à 152° [Bouveault, *Bull. Soc. Chim.*, (3), **17**, 944, 1897].

Semi-carbazone $(OH)C^6H^4CH{=}Az-AzH.CO.AzH^2$. — Aiguilles jaunâtres fusibles à 198° [Borsche et Bolser, *loc. cit.*].

Combinaison, $CO^2H.CH^2.O.C^6H^4.CHO$. — Elle fond à 148°. C'est le produit de condensation de la m-oxybenzaldéhyde avec l'acide chloroacétique en présence d'alcali. Son *éther éthylique* constitue une huile bouillant à 120°; son *dérivé monobromé* est en petites lamelles fusibles à 154° [Elkan, *D. chem. G.*, **19**, 3043, 1886].

THIOOXYBENZALDÉHYDE. — On connait le *trimère* $[OHC^6H^4CH]^3$. Ce sont des aiguilles fusibles à 212°, dont Kopp a décrit quelques dérivés, en particulier l'*éther méthylique* et le *dérivé benzoylé* qui fond à 146° [*Lieb. Ann. Chem.*, **277**, 346, 1893].

ALDÉHYDE P-OXYBENZOÏQUE. — *État naturel*. — [M. Bamberger, *Mon. f. Chem.*, **14**, 339; — Tschirsch et Hildebrandt, *Chem. Central Blatt*, (1), 421, 1897].

Préparation. — On fait passer pendant 4 heures un courant de gaz chlorhydrique sur un mélange de 20 gr. de phénol, 20 gr. d'acide cyanhydrique anhydre et 30 gr. de benzine maintenu à 40°. Sur la liqueur ainsi obtenue on fait réagir, en refroidissant dans un mélange réfrigérant, 30 gr. de chlorure d'aluminium [Gattermann et Berchelmann, *D. chem. G.*, **31**, 1766; Brevet all. 101333]. Pour d'autres procédés de préparation ou de formation, voyez Reimer et Tiemann, *D. chem. G.*, **9**, 824; — Tiemann et

Herzfeld, *D. chem. G.*, **10**, 63 et 123; — Bouveault, *Bull. Soc. Chim.*, (3), **17**, 948; — Walther et Bretschneider, *J. prakt. Chem.*, (2), **57**, 538; — Thiele et Winter, *Lieb. Ann. Chem.*, **311**, 357; — Geigy, Brevet all. 105 798].

Propriétés. — Aiguilles fusibles à 115-116°, se sublimant sans éprouver de décomposition en répandant une odeur aromatique; elles sont peu solubles dans l'eau froide, mais se dissolvent bien dans l'éther et l'alcool [Bücking, *D. chem. G.*, **9**, 528]. Cryoscopie [Auwers, *Zeit. Phys. Chem.*, **30**, 300; **32**, 48]. Chaleur de combustion [Delépine et Rivals, *C. R.*, **129**, 521]. Chaleur de neutralisation [Werner, *Journ. Soc. phys. chim. russe*, **17**, 410; — Berthelot, *Ann. Chim. Phys.*, (6), **7**, 173]. D = 1,1291; n_α = 1,157055 [Eykmann, *Chem. Central Blatt*, (1), 817, 1905].

L'oxybenzaldéhyde absorbe 1 mol. de gaz ammoniac pour donner une combinaison peu stable [Herzfeld, *D. chem. G.*, **10**, 170].

Son *dérivé monoacétylé* est liquide à —21°. Il bout à 264-265°. Tiemann et Herzfeld [*loc. cit.*] ont également signalé la combinaison $C^2H^3O^2.C^6H^4.CH(C^2H^3O^2)^2$, fondant à 93-94° [Thiele et Winther, *Lieb. Ann. Chem.*, **311**, 357]. Voyez aussi Richter [*D. chem. G.*, **34**, 4293]. Le *dérivé benzoylé* de Kopp [*Lieb. Ann. Chem.*, **277**, 350, 1893] fond à 72°.

Dosage volumétrique. — [Astruc et Murco, *C. R.*, **131**, 943, 1900; — H. Meyer, *Mon. f. Chem.*, **24**, 832, 1904].

Éthers : *Ether méthylique.* — C'est l'aldéhyde anisique, voyez 2e Suppl., Anisique.

Éther éthylique. — Il fond à 13-14°; et bout à 139-140° (H = 20 mm.); ébullition sous pression normale 255-256° [Gattermann, *D. chem. G.*, **31**, 1151, 1898; — Hildersheimer, *Mon. f. Chem.*, **22**, 499; — Kostanecki et Schneider, *D. chem. G.*, **29**, 1892].

Éther benzylique. — Petites aiguilles fusibles à 72° [Wörner, *D. chem. G.*, **29**, 142, 1896].

Cette aldéhyde fournit des sels incolores : les ions de ces sels sont eux aussi incolores [A. Hantsch, *D. chem. G.*, **39**, 3080, 1906].

Dérivés nitrés. — La nitration de l'oxybenzaldéhyde donne un *dérivé 3-mononitré*. Longues aiguilles jaunâtres fusibles à 139-140°,5, 131-133°, 141-142°, 142°, suivant les auteurs. Son *sel de potassium*, en tables dorées, retient $1H^2O$; son *sel d'argent* constitue un précipité jaune gélatineux [Mazzaro, *Jahresb.*, 617, 1877; — Schöpff, *D. chem. G.*, **24**, 3776; — Paal, *ibid.*, **28**, 2413; — Pinnow et Koch, *ibid.*, **30**, 2857; — Walther et Kausch, *J. prakt. Chem.*, (2), **56**, 119; — Bretschneider, *ibid.*, (2), **57**, 539, 1898; — Auwers et Röhrig, *Zeit. Phys. Chem.*, **30**, 996, 1899].

Dérivés sulfonés. — $C^6H^3(OH)_{(4)}(COH)_{(1)}(SO^2.C^6H^5)$. — Ce dérivé fond à 82°.

$C^6H^3(OH)_{(4)}(COH)_{(1)}SO^2.C^6H^4(CH^3)_{(2)}$. — Il fond à 61-62°.

$C^6H^3(OH)_{(4)}COH_{(1)}SO^2.C^6H^4(CH^3)_{(4)}$. — Il fond à 73-74° [Brevet allemand 162322].

Dérivés halogénés. — Le chlore fournit des produits de chloruration réguliers.

$C^6H^3Cl_{(3)}(OH)_4(COH)$. — Aiguilles fusibles à 139°. Sa *semi-carbazone* est en aiguilles jaunâtres fusibles à 210° avec décomposition [H. Biltz, *D. chem. G.*, **37**, 4031, 1904; — Pératouer, *Gazz. chim. ital.*, (1), **28**, 235; — Geigy, Brevet allemand 105798].

$C^6H^2Cl^2_{(3.5)}(OH)_4(COH)$. — Il fond à 158-159°. Sa *semi-carbazone* fond à 236-237° [H. Biltz, *loc. cit.*; — Auwers et Reis, *D. chem. G.*, **29**, 2356.

$C^6H^3Br_{(3)}(OH)(COH)$. — Il fond à 124° [Geigy, Brevet allemand 105798; — Paal, *D. chem. G.*, **28**, 2409].

$C^6H^2Br^2_{(3.5)}(COH)(OH)$. — Aiguilles fusibles à 181° [Werner, *Bull.*, **46**, 278; — Paal, *loc. cit.*].

$C^6H^3I_{(3)}(OH)(COH)$. — Il fond à 108° [Paal, Geigy].

$C^6H^2I^2_{(3.5)}(OH)(COH)$. — Il fond à 198-199° [Paal, Geigy; — Paal et Mohr, *D. chem. G.*, **29**, 2303, 1896].

Combinaisons avec les hydracides. — [Th. Zincke et G. Mühlausen, *D. chem. G.*, **38**, 753, 1905].

Produits de condensation. — 1° *Avec les corps à fonction amine*, $(OH)C^6H^4.CH = Az.C^6H^5$. Cristaux jaune clair fondant à 190-191° [Herzfeld, *loc. cit.*]. Le *dérivé monobromé* en 3 fond à 135° [Paal, *D. chem. G.*, **28**, 2410].

$(OH)C^6H^2Br^2_{(3.5)}.CH = Az.C^6H^5$. — Cristaux rouges, fondant à 147° [Paal et Kromschröder, *D. chem. G.*, **28**, 3235].

Les *dérivés mono* et *diiodés* correspondants fondent respectivement à 107-108° et 169°. Le monoiodo est en cristaux blancs microscopiques [Seidel, *J. prakt. Chem.*, (2), **59**, 146; le triiodo cristallise avec 1 mol. d'alcool et forme des tables violettes à éclat métallique [Paal et Mohr, *D. chem. G.*, **29**, 2304].

Le composé $(OH)C^6H^2I^2_{(3.5)}CH = Az.C^6H^4AzO^2_{(4)}$ forme une poudre rouge, fondant à 210° [Seidel, *loc. cit.*, 129].

De cette oxybenzalaniline, on peut rapprocher la combinaison de Dimroth et Zœppitz [*D. chem. G.*, **35**, 991], $OHC^6H^4CH(OH)Az.C^6H^5$, fondant à 170-175°; elle se combine à l'acide chlorhydrique pour donner un *monochlorhydrate* en aiguilles jaune clair, fondant à 215-217°. Le *chloroplatinate* fond à 208-210°.

$(OH)C^6H^4CH = Az-C^6H^4(CH^3)_{(4)}$. — Tablettes quadratiques orangées, fondant à 213° [Herzfeld, *loc. cit.*].

$(OH)C^6H^2Br^2_{(3.5)}CH = Az-C^6H^4(CH^3)_{(4)}$. — Petites houppes d'un bleu métallique, fondant à 157°.

$OHC^6H^2I^2_{(3.5)}CH = Az.C^6H^6(CH^3)_{(4)}$. — Lamelles bleues à éclat métallique [Paal et Mohr, *loc. cit.*; — Seidel, *Journ. prakt. Chem.*, (2), **57**, 205, 1898].

$(OH)C^6H^4CH = Az.CH^2.C^6H^5$. — Prismes fondant à 205-206° [Mason et Winder, *J. Chem. Soc.*, **65**, 192, 1894].

$OHC^6H^2Br^2_{(3.5)}CH = Az.C^{10}H^7_{(\alpha)}$. — Aiguilles fondant à 146° (Paal et Kronischröder).

$(OH)C^6H^2I^2_{(3.5)}CH = Az.C^{10}H^7_{(\alpha)}$. — Tables orange, fondant à 156°.

$(OH)C^6H^4.CH = Az-C^{10}H^7_{(\beta)}$. — Aiguilles jaunes, fondant à 220° [Emmerich, *Ann. Lieb.*, **241**, 356, 1887].

$(OH)C^6H^2I^2_{(3.5)}CH = Az.C^{10}H^7_{(\beta)}$. — Cristaux rouges, fondant à 165° (Paal et Mohr).

$(OH)C^6H^4-CH = Az_{(2)}.C^{10}H^6Cl_{(1)}$. — Lamelles jaune pâle, fondant à 191° [Morgan, *J. Chem. Soc.*, **77**, 1216].

$(OH)C^6H^4.CH = Az_{(2)}.C^{10}H^6Br_{(1)}$. — Lamelles jaunes, fusibles à 189-190°.

$(OH)C^6H^4.CH = Az-CH[C^6H^4CH^3_{(4)}]^2$. — Aiguilles fusibles à 187-188° [Gattermann et Schnitzspahn, *D. chem. G.*, **31**, 1773, 1898].

$(OH)C^6H^4-CH = Az-C^6H^4[CH^2.C^6H^5]_{(2)}$. — Lamelles jaunes fusibles à 110° [O. Fischer et Schmidt, *D. chem. G.*, **27**, 2787, 1894].

$(OH)C^6H^4-CH = Az.C^6H^4[CH^2(OH)]_{(2)}$. — Aiguilles fusibles à 137° [Paal et Landenheimer, *D. chem. G.*, **25**, 2971, 1892].

2° *Avec les corps à fonction phénol, naphtol*, etc.

Oxybenzaldéhyde + β-naphtol. — Aiguilles fusibles à 203-205°. Son *acétate* fond de 190 à 192°,5; son *benzoate* de 273,5-274°,5.

Oxybenzaldéhyde + vanilline. — Aiguilles fusibles à 249-251°; son *acétate* fond à 204-207°; son *benzoate* à 268,5-269°,5 [Rogow, *J. prakt. Chem.*, (2), **72**, 315, 1905].

3° *Condensation avec l'oxyhydroquinone.* — Le produit formé appartient au groupe de la phénylfluorone : c'est la phényltétroxyfluorone [C. Liebermann et S. Lindenbaum, *D. chem. G.*, **37**, 2728, 1904].

4° *Condensation avec la diphénylcétone.* — [Léopold Schimetschek, *Mon. f. Chem.*, **27**, 1, 1905].

5° *Condensation avec l'acétophénone.* — On obtient en présence d'alcali des aiguilles fusibles à 167° [M. Scholtz et L. Huber, *D. chem. G.*, **37**, 390, 1904].

Azine $[(OH).C^6H^4CH=Az-]^2$. — Elle fond vers 268°. Ont été décrits les *dérivés acétylé* et *benzoylé*, ainsi que les *p-benzosulfonyloxybenzalazine* (fondant à 167°) et *p-carboxéthyloxybenzalazine*, fusible à 170° [D. Vorländer, *D. chem. G.*, **39**, 803, 1906].

Thiooxybenzaldéhydes. $[(OH)C^6H^4.CSH]^3$. — Petites aiguilles hexagonales retenant facilement du solvant de cristallisation ($3C^2H^6O$, $2C^6H^6$ par ex.), fondant à 215° [Kopp, *Ann. Lieb.*, **277**, 349; — Wörner, *D. chem. G.*, **29**, 140, 1896].

On connaît deux éthers benzyliques isomériques fondant l'un à 127°, l'autre à 198-199°.

L'action de H^2S sur une solution alcoolique du dérivé benzoylé de l'oxybenzaldéhyde donne une matière amorphe fondant à 96-98°, de formule $[C^7H^5O^2.C^6H^4CHS]^x$ se décomposant facilement avec formation de $[C^7H^5O^2.C^6H^4CHS]^3$. Ce dernier est en fines aiguilles fusibles à 225°, très facilement solubles dans le chloroforme.

1er janvier 1907. V. Thomas.

OXYBENZOÏQUES (ANHYDRIDES). — Les acides oxybenzoïques sont susceptibles de perdre, dans des conditions déterminées, des quantités d'eau variables, en engendrant toute une série d'anhydrides.

Dérivés de l'acide méta-oxybenzoïque. — [Schiff, *D. chem. G.*, **15**, 2588]. Ils s'obtiennent par traitement de l'acide à l'oxychlorure de phosphore. Il se forme simultanément les deux composés :

$C^{14}H^{10}O^5$. — Cristaux microscopiques se liquéfiant vers 130-135°.

$C^{56}H^{34}O^{17}$. — Poudre amorphe fondant à 160-165°.

Dérivés de l'acide p-oxybenzoïque [Klepl, *J. prakt. Chem.*, (2), **28**, 206].

En chauffant vers 300-350° l'acide p-oxybenzoïque, on obtient une poudre amorphe de formule

$$\left[C^6H^4 \begin{matrix} \diagup O \\ \diagdown CO \end{matrix}\right]^x$$

insoluble dans les solvants usuels, et régénérant l'acide primitif par ébullition avec la potasse concentrée.

Par distillation, l'acide paraoxybenzoïque est susceptible de fournir d'autres anhydrides :

$CO^2H.C^6H^4-O.CO.C^6H^4.OH$. — Aiguilles microscopiques fusibles à 261°, facilement solubles dans l'alcool et l'éther. Le *sel de sodium* $NaC^{14}H^9O^5$, séché à 130°, est anhydre. Par ébullition avec un peu d'eau, ce sel se dédouble en acide p-oxybenzoïque, soude, et en un sel d'un acide plus condensé $NaC^{56}H^{33}O^{17}$.

Cet anhydride donne avec la baryte les *sels* $Ba(C^{14}H^{9}O^5)^2$ et $Ba(C^{14}H^{9}O^5)^2.xH^2O$; le *dérivé acétique* est en lamelles fusibles à 216°,5.

$CO^2H.C^6H^4.O-CO.C^6H^4.O.COC^6H^4.CO^2H$. — Poudre fondant à 280°. Traité dans certaines conditions par le carbonate de soude, il fournit un mélange des deux sels $Na.C^{28}H^{17}O^9$ et $Na.C^{14}H^9O^5$.

Le *sel de sodium* $Na.C^{21}H^{13}O^7$ est en aiguilles; le *dérivé acétique* $C^{23}H^{16}O^8$ cristallise dans l'acide acétique en aiguilles fusibles à 230°.

L'action de l'oxychlorure de phosphore sur l'acide paraoxybenzoïque conduit à un anhydride de formule $C^{28}H^{18}O^9$, poudre insoluble, décomposable sans fondre sous l'action de la chaleur [Schiff, *loc. cit.*]. 15 mai 1906. V. Thomas.

OXYBENZOÏQUES (CHLORURES D'ACIDES). — On connaît quelques dérivés de ces chlorures d'acides :

Dérivés de l'acide métaoxybenzoïque,

$$COCl.C^6H^4.OPCl^4.$$

— Liquide bouillant à 178° ($H = 11^{mm}$).

$COCl.C^6H^4.OPOCl^2$. — Liquide très réfringent, bouillant à 168-170° ($H = 11^{mm}$)

$$D_{4°}^{20°} = 1.54844.$$

Dérivé de l'acide p-oxybenzoïque

$$COCl.C^6H^4.O.POCl^2.$$

— Liquide très réfringent bouillant à 176° $H = 13\text{-}14^{mm}$. $D_{4°}^{20°} = 1,54219$ [Anschütz et Moore, *Lieb. Ann. Chem.*, **239**, 345].

15 mai 1906. V. Thomas.

OXYBENZURIQUE (ACIDE). — Voyez l'art. Oxybenzoïque, p. 642.

OXYBENZYLIDÈNEMALONIQUE. OXYBENZYLIDÈNEPYROTARTRIQUE (ACIDES). — Voyez l'art. Coumariques (acides), 2e Suppl., 2, 1402.

OXYBENZYLIQUES (ALCOOLS)

$$(OH).C^6H^4.CH^2.OH.$$

— Nous ne décrirons ici que les dérivés méta et para. L'o. dérivé sera décrit à l'article *saligénine*. Ces alcools résultent de la réduction des oxybenzaldéhydes.

Alcool méta-oxybenzylique. — Comme agent de réduction, on peut employer l'amalgame de sodium en milieu acide [Velden, *J. prakt. Chem.*, (2), **15**, 165] ou mieux réduire électrolytiquement [Carl Metter, *D. chem. G.*, **38**, 1745, 1905]. Cristaux fusibles à 67° d'après Velden, 73° d'après C. Metter, bouillant à 300° environ avec décomposition.

Il fournit deux *dérivés acétylés* : le dérivé monoacétylé fond à 55°, bout à 295-302°; le dérivé diacétylé est un liquide ne se solidifiant pas à — 18°, bouillant à 290°.

Alcool paraoxybenzylique. — On l'obtient en employant comme agent de réduction l'amalgame de sodium [J. Biedermann, *D. chem. G.*, **19**, 2374]. Au lieu de partir de l'aldéhyde, on peut réduire l'oxybenzamide [Hutchinson, *D. chem. G.*, **24**, 175]. Le traitement par la soude d'un mélange de phénol et d'aldéhyde formique fournit encore cet alcool [Manasse, *D. chem. G.*, **27**, 2411; — Lederer, *J. prakt. Chem.*, (2), **50**, 225]. Fines aiguilles fusibles à 110°. Pour l'éther monométhylique $CH^3O.C^6H^4.CH^2OH$ et ses dérivés, voyez Anisique. Biedermann a préparé les *éthers mono* et *diacétiques* en petites aiguilles fusibles à 84° et 75°. 15 mai 1906. V. Thomas.

OXYBUTYRIQUES (ACIDES). — Acide α-oxybutyrique, $CH^3-CH^2-CHOH-CO^2H$. — Pour préparer l'acide α-oxybutyrique on porte à l'ébullition, pendant 5 à 6 heures, 100 gr. d'acide α-bromobutyrique avec 500 cmc. d'eau et 1 mol. de carbonate de potassium [Bischoff et Walden, *Ann. Chem.*, **279**, 104, 1894]. L'acide ainsi obtenu bout à 225°. Il est inactif; il a été dédoublé par cristallisation fractionnée de son sel de brucine en ses isomères droit et gauche, par Guye et Jordan, qui en ont préparé de nombreux éthers [*Bull. Soc. Chim.*, **15**, 477, 492, 1896]; ce dédoublement peut aussi s'effectuer sous l'action de certaines bactéries [Mac Kenzie et Harden, *Chem. Soc.*, **83**, 424, 1903].

Conductibilité électrique [Ostwald, *J. prakt. Chem.*, **32**, 331, 1885].

Les éthers éthyliques des acides α-méthoxy-, α-éthoxybutyriques ont été préparés par réaction des alcoolates correspondants sur l'éther α-bromobutyrique [Bischoff, *D. chem. G.*, **32**, 1953, 1899].

Le *nitrate* de l'acide α-oxybutyrique fond à 45-45°,5 [Duval, *Bull. Soc. Chim.*, **29**, 679; **31**, 245, 1904].

Le *dérivé monoformalique*

$$CH^3-CH^2-CH \text{———} CO$$
$$O-CH^2-O$$

bout à 164° [L. de Bruyn et Ekenstein, *Rec. Pays-Bas*, **21**, 310, 1902].

La *phényluréthane*

$$CH^3-CH^2-CH-O-COAzH-C^6H^5$$
$$CO^2H$$

fond à 116°5-117°5; elle se déshydrate facilement par ébullition avec l'eau pour donner la *lactone*,

$$CH^3-CH^2-CH.O-CO-Az-C^6H^5$$
$$CO$$

fusible à 88° [Lambling, *Bull. Soc. Chim.*, **27**, 606, 1902].

La *phényluréthane de l'anilide* fond à 153-154° [Lambling, *Bull. Soc. Chim.*, **29**, 126, 1903].

L'*anhydride*,

$$CO.O.CH-C^2H^5$$
$$C^2H^5-CH-O-CO$$

se forme à côté de l'acide crotonique, par distillation de l'α-bromobutyrate de sodium dans le vide. Il fond à 21-22° et bout à 257-258° [Bischoff et Walden, *D. chem. G.*, **26**, 264, 1893].

Acide β-chloro-α-oxybutyrique, $CH^3-CHCl-CHOH-CO^2H$. — On l'obtient en traitant l'acide crotonique par l'acide hypochloreux, ou bien l'acide β-méthylglycidique par l'acide chlorhydrique. Il fond à 85-86° [Melikow, *Lieb. Ann. Chem.*, **234**, 205, 1886].

L'acide β-méthylisoglycidique fournit un acide *iso-β-chloro-β-oxybutyrique*, fusible à 125° [Melikow et Patrenko, *Lieb. Ann. Chem.*, **266**, 368, 1891]. Chaleur de neutralisation [Pisarjewsky, *Journ. Soc. phys. chim. russe*, **29**, 342, 1897].

Acide βγ-dibromo-α-oxybutyrique, $CH^2Br-CHBr-CHOH-CO^2H$. — Il résulte de la fixation du brome sur l'acide α-oxyisocrotonique. Il fond à 121-121°,5 [V. der Sleen, *Rec. Pays-Bas*, **21**, 209, 1902].

Acide β-oxybutyrique, $CH^3-CHOH-CH^2-CO^2H$. — L'acide β-oxybutyrique se rencontre dans l'urine des diabétiques [Külz, *Zeit. f. Biol.*, **20**, 165. — Minkowski, *Zeit. Anal. Chem.*, **24**, 163, 1885. — Magnus-Levy, *Arch. Path.*, **42**, 149. — Bergell, *Zeit. f. Phys.*, **33**, 310, 1901. — Darmstaedter, *Zeit. f. Phys.*, **37**, 355, 1903], et dans le sang des diabétiques [Hugounenq, *Bull. Soc. Chim.*, **47**, 545, 1887].

Il a été dédoublé en ses composants actifs par cristallisation fractionnée des sels de quinine et de strychnine [Mac Kenzie, *Chem. Soc.*, **81**, 1402, 1902] et par l'action des bactéries [Mac Kenzie et Harden, *Chem. Soc.*, **83**, 424, 1903].

Les *acides β-méthoxy-* et *β-éthoxy-butyriques* ont été préparés par Purdie et Marshall [*Chem. Soc.*, **59**, 476, 1891].

Le *nitrate*, $CH^3-CH(OAzO^2)-CH^2-CO^2H$, est une huile jaune [Duval, *Bull. Soc. Chim.*, **29**, 679; **31**, 245, 1904].

Le *monoformal* fond à 9° et bout à 190° [L. de Bruyn et Ekenstein, *Rec. Pays-Bas*, **21**, 310, 1902].

Le *β-oxybutyrate d'éthyle*, $CH^3-CHOH-CH^2-CO^2C^2H^5$ bout à 72-74° sous 8 mm.; son *éther acétique* bout à 92-94° sous 8 mm. [Tischschenko, *Journ. Soc. phys. chim. russe*, **38**, 355, 1906].

Acide α-chloro-β-oxybutyrique, $CH^3-CHOH-CHCl-CO^2H$. — Cet acide, obtenu en même temps que l'acide β-chloro-α-oxybutyrique, existe aussi sous deux formes isomères, fusibles à 62-63° [Melikow, *Lieb. Ann. Chem.*, **234**, 198, 1886; — Erlenmeyer et Müller, *D. chem. G.*, **15**, 49, 1882], et à 80°,5 [Melikow et Petrenko, *Lieb. Ann. Chem.*, **266**, 361, 1891].

Acide γ-chloro-β-oxybutyrique. — L'*éther éthylique*, $CH^2Cl-CHOH-CH^2-CO^2C^2H^5$, bout à 121-122° sous 14 mm. [Lespieau, *C. R.*, **127**, 966, 1898].

Acide γ-trichloro-β-oxybutyrique, $CCl^3-CHOH-CH^2-CO^2H$. — On l'obtient en chauffant pendant 25 à 40 heures à 100° le chloral avec l'acide malonique. Il fond à 118°,5 [Garzarolli, *Mon. f. Chem.*, **12**, 557, 1891].

L'*acide α-bromo-β-oxybutyrique*, $CH^3-CHOH-CHBr-CO^2H$, fond à 90° [Melikow, *Lieb. Ann. Chem.*, **234**, 207, 1886; — Erlenmeyer et Müller, *D. chem. G.*, **15**, 49, 1882].

Acide γ-oxybutyrique, $CH^2OH-CH^2-CH^2-CO^2H$. — La *butyrolactone*, $C^4H^6O^2$, se forme quand on réduit par l'amalgame de sodium le chlorure de succinyle [Saytzew, *J. prakt. Chem.*, **25**, 64, 1882] ou l'anhydride succinique [Fichter et Herbrand, *D. chem. G.*, **29**, 1192, 1896] ou encore l'acide butanaloïque [Perkin et Sprankling, *Chem. Soc.*, **75**, 17, 1899]; dans la distillation de l'acide éthylènemalonique [Fittig et Röder, *Lieb. Ann. Chem.*, **227**, 22, 1885]; quand on chauffe à 180-200° l'acide γ-chlorobutyrique avec l'eau [Henry, *Bull. Soc. Chim.*, **45**, 341, 1886]; par ébullition de l'acide γ-phénoxybutyrique avec l'acide bromhydrique [Bentley, Haworth et Perkin, *Chem. Soc.*, **69**, 168, 1896].

C'est un liquide volatil avec la vapeur d'eau qui bout à 206° (Saytzew), 203°,5-204° (Fichter). Conductibilité électrique de l'acide correspondant [Henry, *Zeit. Phys. Chem.*, **10**, 120, 1892].

Le *tribromure*, $C^4H^3O^2Br^3$, fond à 63-64° [Hill et Cornelison, *Am. Chem. Journ.*, **16**, 211, 1894].

L'acide *γ-éthoxybutyrique*, $C^2H^5O.CH^2-CH^2-CH^2-CO^2H$, est un liquide distillant à 231° [Fittig et Ström, *Lieb. Ann. Chem.*, **267**, 192, 1892; — Noyes, *Am. Chem. Journ.*, **19**, 775, 1897].

L'acide *β-chloro-γ-éthoxybutyrique* est un liquide bouillant à 144-145° sous 14 mm.; il fond à + 2° [R. Lespieau, *Bull. Soc. Chim.*, **33**, 468, 1902]. Le *nitrile* correspondant bout à 105° sous 19 mm.; l'*amide* fond à 64°.

L'*acide γ-amyloxybutyrique*, $C^5H^{11}OCH^2-CH^2-CH^2-CO^2H$, est un liquide huileux bouillant à 148° sous 15 mm. [J. Hamonet, *Bull. Soc. Chim.*, **33**, 534, 1905].

La *β-oxybutyrolactone* se forme par ébullition avec l'eau de l'acide β-γ-dibromobutyrique [Fichter et Sonneborn, *D. chem. G.*, **35**, 938, 1902].

Acide α-oxyisobutyrique, $(CH^3)^2:C(OH)-CO^2H$. — L'acide α-oxyisobutyrique se forme par oxydation manganique de l'acide isobutyrique [Meyer, *Lieb. Ann. Chem.*, **219**, 240, 1883], de l'oxyde de mésityle [Pinner, *D. chem. G.*, **15**,

591, 1882] ou de l'isopropyldiméthylpyrazoline [Franke, *Mon. f. Chem.*, **20**, 847, 1899]; dans la décomposition de la chloroformacétine $(CH^3)^2 : C(CCl^3)(OH)$ par les alcalis [Wilgerodt et Schiff. *J. prakt. Chem.*, **41**, 519, 1890; *D. chem. G.*, **15**, 2307, 1882]; quand on chauffe l'acide α-chloroisobutyrique avec l'eau à 180° [Ostropjatow, *Journ. Soc. phys. chim. russe*, **28**, 51, 1896].

L'acide α-oxyisobutyrique se sublime déjà vers 50°; il fond à 79° et bout à 212°. Conductibilité électrique [Ostwald, *Zeit. physik. Chem.*, **3**, 195; **1**, 101, 1889]. Chaleur de combustion moléculaire, 471,7 cal. [Louguinine, *Ann. Chim. Phys.*, **23**, 212, 1891], 472 cal. [Stohmann, *Zeit. physik. Chem.*, **10**, 416, 1892]. Chauffé avec l'anhydride phosphorique, il est décomposé en CO, aldéhyde acétique, acétone, acide acétique [Bischoff et Walden, *Lieb. Ann. Chem.*, **279**, 111, 1894].

L'éther éthylique a été préparé de nouveau par Schreyer [*Chem. Soc.*, **73**, 69, 1898].

Éther l-amylique [Walden, *Journ. Soc. phys. chim. russe*, **30**, 767, 1899].

Le *nitrate*, $(CH^3)^2 = C(OAzO^2) - CO^2H$, fond à 78° [Duval, *Bull. Soc. Chim.*, **31**, 246, 1904].

Le *monoformal* bout à 142° [L. de Bruyn et Ekenstein, *Rec. Pays-Bas*, **21**, 310, 1902].

La *phényluréthane de l'α-oxyisobutyranilide*

$$\begin{array}{l}(CH^3)^2 = C O \cdot CO - AzH - C^6H^5 \\ \qquad\quad\;\; | \\ \qquad\quad\; CO - AzH - C^6H^5\end{array}$$

fond à 155-156° [Lambling, *Bull. Soc. Chim.*, **29**, 127, 1903].

Acide éthoxyisobutyrique. — L'éther éthylique se décompose par distillation à la pression ordinaire, en alcool et en polymères de l'éther méthylacrylique [Bischoff, *D. chem. G.*, **32**, 1759, 1899].

Acide isobutoxyisobutyrique. — Liquide distillant à 141-144° sous 34 mm. [Gorbow et Kessler, *Journ. Soc. phys. chim. russe*, **19**, 436, 1886].

Acide monochlorooxyisobutyrique,

$$\begin{array}{l}CH^3 \searrow \\ CH^2Cl \nearrow\end{array} C(OH) - CO^2H.$$

Il se forme par fixation de l'acide hypochloreux sur l'acide méthylacrylique ou de l'acide chlorhydrique sur l'acide α-méthylglycidique.

Il fond à 106-107° et bout à 230-235° [Melikow, *Lieb. Ann. Chem.*, **234**, 210, 1886].

Acide tétrachlorooxyisobutyrique, $(CHCl^2)^2 : C(OH) - CO^2H$. — La tétrachloracétone fixe l'acide cyanhydrique pour former le *nitrile tétrachlorooxyisobutyrique* [Lévy et Curchod, *Lieb. Ann. Chem.*, **252**, 340, 1889], prismes monocliniques [Duparc et Le Royer, *Lieb. Ann. Chem.*, **252**, 341], fusibles à 112-114°. Celui-ci fournit par hydratation l'*amide* correspondante fusible à 156°, et enfin conduit à l'*acide tétrachlorooxyisobutyrique* fusible à 69-71° [Lévy et Curchod, *loc. cit.*].

Acide bromooxyisobutyrique.

$$\begin{array}{l}CH^3 \searrow \\ CH^2Br \nearrow\end{array} C(OH) - CO^2H$$

Fines aiguilles fusibles à 100-101° [Kolbe, *J. prakt. Chem.*, **25**, 376, 1882; — Melikow, *Lieb. Ann. Chem.*, **234**, 215, 1886].

ACIDE β-γ-DIOXYBUTYRIQUE. — *L'acide β-dioxybutyrique* est un sirop épais qui ne distille pas sans décomposition; son *éther éthylique* $C^2H^5O - CH^2 - CHOH - CH^2 - CO^2H$, bout à 120-121° sous 13 mm. Le *nitrate* correspondant est un liquide incolore bouillant à 243-245° sous 760 mm. [Lespieau, *Bull. Soc. Chim.*, **33**, 467, 1905].

ACIDES TRIOXYBUTYRIQUES. — (Voyez ÉRYTHRIQUES ACIDES). Décembre 1906. P. Carré.

OXYCELLULOSE. — Voyez l'art. HYDROCELLULOSE.

OXYCINNAMIQUES (ACIDES). — Voyez COUMARIQUES (ACIDES).

OXYCOMAZINE. — Krippendorff [*J. prakt. Chem.*, (2), **32**, 153, 1886] donne ce nom à une base qui prend naissance par la décomposition du coménamate d'ammonium par la chaleur :

$$2C^6H^8Az^2O^4 = 2CO^2 + AzH^3 + 3H^2O + C^{10}H^7Az^3O.$$

C'est un corps soluble dans l'alcool et dans les acides avec une faible fluorescence violacée; fondant vers 360° et sublimable au-dessus. On en a préparé le *chlorhydrate*, le *chloroplatinate*, le *sulfate*, l'*iodhydrate*, le *chloraurate*, le *nitrate*, le *dérivé argentique*. L'oxycomazine n'est pas altérée par l'acide chlorhydrique, par la potasse, par l'acide iodhydrique, par l'amalgame de sodium, l'acide nitreux ou l'acide nitrique. Traitée pendant 2 ou 3 jours au bain-marie par l'étain et l'acide chlorhydrique, elle donne un mélange de pipéridine et d'une amidoxypyridine $C^5H^3Az(OH)(AzH^2) + H^2O$. L'oxydation par le permanganate de potassium la convertit en *acide comazique* qu'on n'a pu purifier. L'auteur envisage l'oxycomazine comme ayant la constitution,

$$\begin{array}{l}C^5H^3Az - OH \\ \qquad\qquad \diagdown \\ C^5H^3Az \diagup\!\!\diagup\; O\end{array}$$

Janvier 1907. A. Hébert.

OXYCROTONIQUES (ACIDES). — ACIDE β-OXYCROTONIQUE, $CH^3 - C(OH) = CH - CO^2H$ (forme énolique de l'acide acétylacétique). — *L'acide β-méthoxycrotonique*, obtenu par condensation du méthylate de sodium avec l'acide β-chlorocrotonique [Friedrich, *Ann. Chem.*, **239**, 334, 1883], est vraisemblablement la modification *trans*,

$$\begin{array}{c}CH^3 - C - O . CH^3 \\ \| \\ H - C - CO^2H\end{array}$$

[Pechmann, *D. chem. G.*, **28**, 1628, 1895]. Il fond à 128°,5. — Son *éther méthylique*, $C^5H^7O^3.CH^3$, bout à 175°,8; son *éther éthylique* bout à 178°,4 [Enke, *Ann. Chem.*, **251**, 207, 1890].

L'éther éthylique de la modification *cis*,

$$\begin{array}{c}CH^3 . O - C - CH^3 \\ \| \\ H - C - CO^2C^2H^5\end{array}$$

bout à 187-188° sous 725 mm. [Pechmann, *loc. cit.*].

L'acide β-éthoxycrotonique, $CH^3 - C.(OC^2H^5) = CH - CO^2H$, fond à 137°,5 [Friedrich, *Ann. Chem.*, **219**, 328, 1883], à 141° [Nef, *Ann. Chem.*, **276**, 234, 1893]. Son *éther méthylique* fond à 12° et bout à 195°,7 [Enke, *Ann. Chem.*, **256**, 208, 1890]. Son *éther éthylique* fond à 30-30°,5 [Friedrich, *loc. cit.*], à 29°,5 et bout à 195° [Koll, *Ann. Chem.*, **249**, 324, 1889], à 31° et bout à 199-200° [Curtiss, *Am. Chem. Journ.*, **17**, 437, 1895; — Perkin, *Chem. Soc.*, **65**, 826, 1894; — Claisen et Hans, *D. chem. G.*, **33**, 3778, 1900]; la réduction de cet éther par la méthode de Bouveault et Blanc fournit de l'acide butyrique et l'alcool $CH^3 - CH(OC^2H^5) - CH^2 - CH^2OH$ [*Bull. Soc. Chim.*, **31**, 1212, 1904]. Action des dérivés organo-magnésiens [E. Blaise et M. Marie, *Bull. Soc. Chim.*, **33**, 683, 1905].

Pour les éthers de l'acide β-oxycrotonique, homologues des précédents, voyez Enke [*Ann. Chem.*, **256**, 208, 1890].

L'acide β-acétylcrotonique, $CH^3-C(O.C^2H^3O)=CH-CO^2H$, a été obtenu à l'état *d'éther éthylique*, $C^6H^7O^4.C^2H^5$, liquide distillant à 212-214° sous 12 mm. [Nef, *Ann. Chem.*, **266**, 103; **276**, 206, 1893; — Pechmann, *Ann. Chem.*, **278**, 225, 1894].

Acide γ-oxycrotonique, $CH^2OH-CH=CH-CO^2H$.

L'acide γ-éthoxy-crotonique, $C^2H^5O-CH^2-CH=CH-CO^2H$, fond à 45° et bout à 145-146° sous 26 mm. [R. Lespieau, *Bull. Soc. Chim.*, **33**, 469, 1905]. Son *éther éthylique* bout à 201-203° sous 760 mm. et 95-96° sous 19 mm.

Le *nitrile γ-éthoxycrotonique*, $C^2H^5O-CH^2-CH=CH-CAz$, obtenu par déshydratation du nitrile γ-éthoxy-β-oxybutyrique, est un liquide bouillant à 190-191° sous 750 mm., à 82°,5 sous 17 mm. [Lespieau, *loc. cit.*].

La *lactone crotonique*

```
CH²-CH=CH-CO
|          |
O ---------┘
```

se prépare en maintenant 30 minutes durant 15 gr. d'acide β-γ-dichlorobutyrique normal à 200-215° dans un ballon relié à un réfrigérant ascendant et traversé par un courant d'air lent [R. Lespieau, *Bull. Soc. Chim.*, **33**, 566, 1905]; elle se produit aussi par action du zinc et de l'acide sulfurique sur la lactone dibromocrotonique [Hill et Cornelison, *Am. Chem. Journ.*, **16**, 284, 1894]. C'est un sirop bouillant à 95-96° sous 13 mm. et fondant à + 4°.

La *lactone α-chlorocrotonique*

```
CH²-CH=CCl-CO
|           |
O ----------┘
```

fond à 52-53° [Hill et Cornelison, *Am. Chem. Journ.*, **16**, 291].

La *lactone-β-chlorocrotonique*

```
CH²-CCl=CH-CO
|           |
O ----------┘
```

fond à 25-28° et bout à 124-125° sous 18 mm.

La *lactone αβ-dichlorocrotonique*

```
CH²-CCl=CCl-CO
|            |
O -----------┘
```

se forme par ébullition de l'acide trichloropyromucique avec l'acide sulfurique à 50 0/0; ou par l'action de l'eau de brome sur l'acide βγ-dichlopyromucique. Elle fond à 150-151° et bout à 114-115° sous 18 mm. [Hill et Cornelison, *loc. cit.*].

La *lactone α-bromocrotonique*, $C^4H^3O^2Br$, fond à 77°; la *lactone-β-bromocrotonique* fond à 58° et bout à 140° sous 18 mm.

La *lactone αβ-dibromocrotonique*, $C^4H^2O^2Br^2$, se forme par ébullition de l'acide trichlorobropyromucique avec l'acide chlorhydrique concentré; dans l'action de l'eau de brome sur l'acide βγ-dibromopyromucique [Hill et Cornelison, *Am. Chem. Journ.*, **16**, 204, 1894. — Hill et Sanger, *Ann. Chem.*, **232**, 89, 1886]. Elle fond à 91-92° et bout à 145° sous 18 mm.

La *lactone α-iodo-β-chlorocrotonique*, $C^4H^2O^2ClI$, fond à 108-109° [Hill et Cornelison, *Am. Chem. Journ.*, **16**, 288, 1894].

La *lactone α-iodo-β-bromocrotonique*, $C^4H^2O^2BrI$, fond à 118-119° [Hill et Cornelison, *Am. Chem. Journ.*, **16**, 209].

Acide α-oxyisocrotonique, $CH^2=CH-CHOH-CO^2H$. — Le *nitrile*, $CH^2=CH-CHOH-CAz$, se prépare en condensant l'acide cyanhydrique avec l'acroléine; c'est un liquide qui ne peut être distillé sans décomposition, même dans le vide. Saponifié par l'acide chlorhydrique, il fournit l'acide α-oxyisocrotonique qui, purifié par l'intermédiaire de son *sel de zinc*, $(C^4H^5O^3)^2Zn + 3H^2O$, fond vers + 40° [Lobry, *Rec. Pays-Bas*, 4, 226, 1885]. Décembre 1906. P. Carré.

OXYDASES. — Diastases ayant la propriété de transporter l'oxygène de l'air sur des corps oxydables. Les mieux étudiées sont la *laccase*, la *tyrosinase*, l'*œnoxydase*.

Laccase. — Signalée pour la première fois en 1883 par Yoshida [*Chem. Soc.*, **43**, 472] dans le latex de l'arbre à laque (*Rhus vernicifera*), employé au Japon dans la préparation de la laque. D'après Yoshida, ce suc, désigné sous le nom de *urushi*, renferme un acide, $C^{14}H^{18}O^2$, l'acide *urushique*, une gomme et une matière azotée, précipitée en même temps que la gomme lorsqu'on traite le latex par l'alcool, et séparable de la gomme par traitement du précipité par l'eau. Cette substance azotée, moins riche en azote et plus riche en carbone que les matières protéiques, a la propriété de transformer l'acide urushique en acide *oxy-urushique*, $C^{14}H^{18}O^3$, lequel ne serait autre chose que le vernis japonais; cette propriété disparaît si la solution de diastase a été chauffée à 63°. L'humidité est nécessaire à la production et à la dessiccation de la laque; la température de 20° est la plus favorable, et, à partir de 60-63°, la laque ne sèche plus.

Dix ans plus tard, G. Bertrand étudia l'oxydase du suc de l'arbre à laque du Tonkin (*Rhus succedanea*) et lui donna le nom de *laccase*. Il confirme les recherches de Yoshida sur la composition du latex, et désigne l'acide urushique sous le nom de *laccol*; autant que permet de le dire l'étude de ce composé, dangereux à manier, le laccol serait essentiellement constitué par des phénols polyatomiques. Pour isoler l'oxydase du latex, Bertrand traite celui-ci par un excès d'alcool qui précipite une gomme fournissant par hydrolyse du galactose et de l'arabinose; on la purifie par plusieurs précipitations successives au moyen de l'alcool, et on en extrait la laccase par l'eau froide. La laccase dissoute fait noircir rapidement l'émulsion que la solution alcoolique de laccol fournit avec l'eau. Elle est encore active lorsqu'elle a été chauffée à 70°, mais perd toute activité à 100° [*C. R.*, **118**, 1215; *Bull. Soc. Chim.*, (3), **11**, 717].

Bertrand a spécialement étudié l'oxydation par la laccase de l'hydroquinone et du pyrogallol. Une solution d'hydroquinone, mise en présence de laccase dans une atmosphère limitée, se colore d'abord en rose; puis il se précipite des lamelles cristallines, d'un vert métallique, combinaison équimoléculaire de quinone et d'hydroquinone, ou quinhydrone. Le liquide cède de la quinone à l'éther. L'oxygène du récipient a entièrement disparu et la réaction est exprimée par la formule :

$$C^6H^4(OH)^2 + O = C^6H^4O^2 + H^2O.$$

Avec le pyrogallol on obtient, par une réaction analogue, de la purpurogalline.

La laccase oxyde d'autres polyphénols, mais surtout ceux qui renferment au moins deux groupements OH ou AzH^2 dans les positions ortho et para les uns par rapport aux autres, et particulièrement dans cette dernière position. L'oxydabilité d'un composé donné est étroitement liée à la facilité avec laquelle il peut se transformer en quinone [*C. R.*, **120**, 266, 1895; **122**, 1132, 1896; *Bull. Soc. Chim.*, (3), **15**, 791].

La presence de la laccase a été reconnue par Bertrand dans un très grand nombre de végétaux. Sa recherche est facilitée par l'emploi d'un réactif caractéristique, la solution alcoolique *fraîche* de résine de gaïac, dont l'oxydation par la laccase produit une coloration bleue; la quantité d'oxydase peut, jusqu'à un certain point, s'apprécier par l'intensité de cette coloration. C'est ainsi que la laccase a été trouvée dans le suc cellulaire de presque tous les végétaux à chlorophylle [*C. R.*, **121**, 166; *Bull. Soc. Chim.*, (3), **13**, 1096, 1895], chez un grand nombre de champignons [Bourquelot et Bertrand, *C. R.*, **121**, 783], dans le rhizome du balisier, la betterave, la tige d'asperge, les pétales de gardénia, la pomme et la poire (voyez plus loin Lindet), la pomme de terre, dans laquelle elle a été étudiée par Kastle et Loevenhart [*Am. Chem. Journ.*, **26**, 539, 1901], ainsi que par Kastle et Shedd [*ibid.*, **26**, 526], qui emploient comme réactif la phénolphtaline, et apprécient colorimétriquement sa transformation en phtaléine. La présence de laccase a également été signalée par Rey-Pailhade dans les graines en germination, particulièrement celles des légumineuses [*C. R.*, **121**, 1162].

Bertrand, étudiant plus récemment l'oxydation du gaïacol par la laccase [*Bull. Soc. Chim.*, (3), **31**, 185, 1904] a montré que ce corps est le véritable réactif de l'oxydase, qui le transforme en tétragaïacoquinone, poudre rouge pourpre foncé, par l'union de 4 mol. de gaïacol suivant la réaction :

$$4(C^6H^4 . OH . OCH^3) + 2O^2$$
$$= (C^6H^3 - O - O - CH^3)^4 + 4H^2O.$$

L'activité de la laccase est, d'après Bertrand, proportionnelle à la quantité de manganèse présent et aucun autre métal ne semble pouvoir jouer un rôle analogue. C'est ce que prouve l'étude de la laccase isolée de la luzerne au moment de la floraison; cette laccase, très pauvre en manganèse, produit, en présence de sulfate de ce métal, une oxydation de l'hydroquinone infiniment plus active que celle produite par l'oxydase seule ou par le sel de manganèse seul. Les sels manganeux, particulièrement ceux de certains acides organiques, comme par exemple le succinate, sont capables d'oxyder activement l'hydroquinone, ce qui a conduit Bertrand à considérer les oxydases comme des combinaisons de manganèse avec des corps protéiques à radical acide, dans lesquelles ce radical aurait juste l'affinité nécessaire pour maintenir le métal en solution; ce métal agirait comme transporteur d'oxygène, tandis que la matière protéique donnerait à l'oxydase ses autres caractères [*C. R.*, **124**, 1032 et 1355, 1897]. Au sujet du rôle du manganèse, voyez aussi Trillat [*C. R.*, **138**, 94 et 274].

L'étude des oxydases a permis de préciser leur rôle dans le changement de couleur des champignons, dont les substances chromogènes subissent une altération [Bourquelot et Bertrand, *Bull. Soc. Mycol. de France*, **12**, 18, 1896; *Journ. Pharm. et Chim.*, **63**, 177].

Bertrand a montré récemment [*Bull. Soc. Chim.*, (3), **27**, 455] que le bleuissement des champignons du genre *Boletus* est dû à l'oxydation diastasique d'un acide-phénol, le *bolétol*, qui est rouge à l'état cristallisé et jaune en solution étendue; son oxydation exige la présence simultanée d'eau, d'oxygène, de laccase et du manganèse qui l'accompagne, et d'un sel de métal alcalin ou alcalino-terreux.

Tyrosinase. — La coloration rose, puis noire, que prennent à l'air les sucs de divers végétaux (betterave, dahlia, pomme de terre, *Russula nigricans*) est due à l'action sur la tyrosine d'une oxydase spéciale, la *tyrosinase* [Bertrand, *Bull. Soc. Chim.*, (3), **15**, 793; *C. R.*, **122**, 1215, 1896], qui existe surtout chez un grand nombre de champignons, particulièrement les Russules et les Lactaires. La tyrosinase est toujours associée à la laccase; mais Bertrand a pu séparer les deux oxydases en partant du suc de *Russula delica* [*Bull. Soc. Chim.*, (3), **15**, 1218]. La tyrosinase est plus fragile que la laccase; elle est détruite à partir de 50°.

D'après Bourquelot, elle oxyde non seulement la tyrosine, mais aussi les crésols, la résorcine, le gaïacol, la métatoluidine, les xylènes, le thymol, le carvacrol, l'α- et le β-naphtol [*C. R.*, **123**, 315 et 423; *Journ. Pharm. et Chim.*, (6), **4**, 241 et 440, 1896; *Bull. Soc. Mycol. de France*, **13**, 65, 1897]. L'association de la laccase et de la tyrosinase, visée plus haut, se retrouve, comme l'a montré Gessard, dans la poche à noir de la seiche [*C. R.*, **136**, 631, 1903]. — Voyez aussi Tyrosinase de la mouche dorée [Gessard, *C. R.*, **139**, 644; *Soc. biol.*, **57**, 320].

Œnoxydase. — Cette oxydase joue un rôle important dans la décoloration des vins, désignée sous le nom de maladie de la *casse*. D'après Bouffard [*C. R.*, **118**, 827, 1894; **124**, 706, 1897] l'exposition du vin à une température de 60°, ou l'addition de traces d'acide sulfurique, arrête la maladie. Gouirand [*C. R.*, **120**, 887] a isolé de vins malades une substance capable de provoquer la maladie dans des vins sains, et la présence de cette *œnoxydase*, qui donne toutes les réactions de la laccase, a été reconnue dans les raisins et dans d'autres fruits en voie de maturation par Martinand, qui a étudié ses relations avec les transformations que le moût et le vin subissent à l'air [*C. R.*, **121**, 502; **124**, 512]. Ces faits ont été confirmés par Cazeneuve, qui a montré en outre que l'œnoxydase peut agir dans le vin sur l'alcool, les éthers, les essences, les tanins, et jouer un rôle important dans la production du bouquet [*C. R.*, **124**, 406]. Il faut rapprocher des observations de Martinand celles qui ont été faites antérieurement par Lindet sur l'oxydation du tanin de la pomme à cidre [*C. R.*, **120**, 370, 1895].

Le développement fréquent du *Botrytis cinerea* sur le raisin a permis à Laborde d'attribuer à cette moisissure l'origine de l'œnoxydase; elle produit, en effet, une diastase capable de provoquer la casse du vin, dont la résistance à la chaleur, dans ces cultures, est bien plus grande que dans le vin [*C. R.*, **126**, 536, 1898]. L'influence de la composition du milieu sur la température de destruction de l'œnoxydase avait d'ailleurs été signalée par plusieurs des expérimentateurs cités plus haut. — Voyez aussi Cornu [*Journ. Pharm.*, (6), **10**, 342, 1899]; — Bouffard et Semichon [*C. R.*, **126**, 423].

Autres oxydases et actions d'oxydases. — La présence d'oxydases a été signalée chez de nombreux animaux, organes ou liquides de l'économie.

Dans le sang, par Lépine et Barral [*C. R.*, **110**, 742 et 1314; **112**, 146 et 411; **113**, 1014; **120**, 139]; par Arthus [*Arch. de Physiol.*, (5), **3**, 425; *C. R.*, **114**, 605]; par Seegen [*Centralbl. Physiol.*, **5**, 821, 869]; par Abelous et Biarnès [*Bull. Soc. de Biol.*, 1894, 536 et 799], lesquels, comme Lépine, ont également montré l'existence d'oxydases dans le pancréas et dans d'autres organes, résultats confirmés et étendus par Spitzer [*Pflüger's Arch.*, **60**, 303; **67**, 615; **71**, 596], ainsi que par Jaquet [*Arch. Exp. Path.*, **29**, 386]; Salkowski et Katsusaburo Yamaguwa [*Virchow's Arch.*, **147**, 1]:

Dans le liquide cérébro-spinal, par Cavazzani [*Centralbl. Physiol.*, **14**, 473]:

Dans le pus, par Vitali [*L'Orosi*, **24**, 253, 1901]:

Chez divers mollusques acéphales, par Piéri et Portier [*C. R.*, **123**, 1314];

Dans divers organes, par Jones et Winternitz [*Zeit. physiol. Chem.*, **44**, 1, 1905];

Dans le lait de vache et le lait de femme, par Rullmann [*Zeit. Nahr. Genussmittel*, **7**, 81, 1904], dont les résultats sont contestés par Utz [*Chem. Centralbl.*, 1904, II, 1000].

On a également étudié les oxydases ou signalé leur existence dans un grand nombre de végétaux, entre autres :

Dans la racine de valériane [Carles, *Journ. Pharm.*, (6), **12**, 148, 1900]:

Dans le *Schinus mollé* (poivrier) : Sarthou [*Journ. Pharm.*, (6), **11**, 482; **13**, 464] donne le nom de *Schinoxydase* à cette diastase, qui renfermerait du fer et non du manganèse;

Dans les feuilles de thé : Aso [*Bull. Coll. Agr. Tokio*, **4**, 254, 1901] attribue la coloration noire que prend le thé à l'action d'une oxydase sur le tanin;

Dans l'aconit et la belladone : Lépinois [*Journ. Pharm.*, (6), **9**, 49];

Dans l'hellébore fétide : Vadam [*Journ. Ph.*, (6), **9**, 515, 1899];

Dans la digitale : Brissemoret et Joanne [*J. Pharm.*, (6), **8**, 481]:

Dans le colibacille : Roux [*C. R.*, **128**, 693]:

Dans le son de froment : Boutroux [*C. R.*, **113**, 203];

Dans les feuilles dans lesquelles l'oxydase détruirait la chlorophylle : Woods [*Centr. f. Bakt.*, (2), **5**, 745]:

Dans la levure : Tolomei [*Att. Ac. Lincei*, 1896] attribue à l'oxydase sécrétée par diverses levures la production du bouquet de certains vins, le muscat en particulier : l'existence d'oxydases chez la levure est également signalée, sous une forme plus ou moins hypothétique, par Effront [*C. R.*, **127**, 326] et par Buchner [*D. chem. G.*, **31**, 568] : ce dernier et ses élèves considèrent aussi l'action acétifiante des ferments acétiques comme le fait d'une oxydase [*D. chem. G.*, **36**, 634, 1903; *Woch. f. Brauerei*, 1905, 709]:

Dans le malt : Issaew [*Zeit. physiol. Chem.*, **44**, 1, 1905];

Dans les feuilles d'*Isatis alpina* et autres plantes indigofères : Bréaudat [*C. R.*, **127**, 769; **128**, 1478].

Nous rangeons dans une classe spéciale des oxydases qui agissent comme la laccase, mais ne donnent pas de réaction avec le gaïac. Telle est l'oxydase de la levure étudiée par Grüss [*Woch. f. Brauerei*, 1901, 310, 318, 335], qui emploie comme réactif le chlorhydrate de tétraméthylparaphénylène-diamine, avec lequel l'oxydase donne une coloration plus ou moins violette. Une diastase analogue a été trouvée par le même auteur dans l'embryon d'orge en germination [*ibid.*, 1899, 519] et semble jouer un rôle dans la formation de l'amidon transitoire [Voyez aussi *Ann. de la Brasserie*, 1899, 476; 1901, 385 et 409]. Il y aurait de même pour Aso [*Bull. Coll. Agr. Tokio*, **6**, 371, 1905] des oxydases capables de libérer l'iode de l'iodure de potassium, distinctes de celles qui réagissent sur le gaïac.

Au sujet des oxydations provoquées par l'oxydase des champignons, voyez encore Lerat [*Soc. biol.*, **55**, 1325, 1903] qui a transformé la vanilline en déhydrovanilline et la morphine en déhydromorphine. — Voyez aussi, au sujet de l'influence de l'eau oxygénée sur les réactions de la laccase et de la tyrosinase : Gessard [*Soc. biol.*, **55**, 637, 1903]. Voir également les travaux du même auteur sur les anti-oxydases [*C. R.*, **142**, 641, 1906].

Peroxydases. — Diastases oxydantes qui transportent l'oxygène combiné de certains composés, en particulier de *peroxydes*, ce qui leur permet d'agir en l'absence d'air, contrairement aux oxydases vraies. Leur réactif est la teinture de gaïac en présence de peroxyde d'hydrogène. Le nom de peroxydases (Linossier) a été considéré comme impropre et on a proposé de le remplacer par celui d'oxydases indirectes ou anaéro-oxydases (Bourquelot), ou par celui de peroxydiastases (Bertrand). L'étude de ces corps est encore trop obscure pour que nous puissions faire ici autre chose que d'en donner une bibliographie. Voir Hunger [*Ber. d. bot. Ges.*, **19**, 374, 1901] au sujet des substances qui gênent la réaction gaïac-eau oxygénée; Bach et Chodat [*Arch. Sc. phys. et nat.*, **17**, 477, 1904; *D. chem. G.*, **35**, 3943; **36**, 600 et 606; **37**, 36; *Monit. scient. Quesneville*, mai et août 1906].

Les peroxydases empruntant l'oxygène combiné sont capables de provoquer des phénomènes de réduction, comme, par exemple, la réduction des nitrates [Abelous et Gérard, *C. R.*, **129**, 56, 164; **130**, 420]. Mars 1907. A. Fernbach.

OXYDES MÉTALLIQUES (REPRODUCTION). — Les oxydes métalliques se rencontrent fréquemment dans les gîtes filoniens, et c'est des filons que viennent les plus beaux échantillons des collections, alors que dans les couches stratifiées on ne trouve le plus souvent que des oxydes amorphes ou confusément cristallins.

En examinant les produits trouvés dans les hauts fourneaux et dans les usines de toute espèce où se montrent des cristaux, les chimistes du commencement du dix-neuvième siècle ne tardèrent pas à constater qu'il y avait identité entre certaines de ces cristallisations et celles des géodes minérales. Gay-Lussac reproduisit dans tous ses détails la formation du fer oligiste qui se trouve au voisinage des fumerolles volcaniques, des lames cristallines de sesquioxyde de fer et des cristaux semblables au fer spéculaire.

I. — Un premier procédé consiste à opérer par voie de volatilisation; quand la température est suffisamment élevée pour volatiliser l'oxyde que l'on considère, la condensation des vapeurs donne souvent lieu à la formation de cristaux plus ou moins nets, et la température à laquelle les vapeurs se condensent peut exercer une influence notable sur la forme des cristaux ainsi obtenus : c'est ainsi que l'oxyde d'antimoine, qui se volatilise aisément, peut entre des limites peu écartées de température se déposer sous les deux formes très différentes de prismes orthorhombiques de *valentinite* ou de *sénarmontite* en octaèdres réguliers; la *sénarmontite* se dépose dans les régions les plus froides du tube à l'intérieur duquel on chauffe de l'antimoine dans un courant d'air lent. C'est bien vraisemblablement dans des circonstances analogues de refroidissement que s'est produit l'acide antimonieux de la province de Constantine où on le rencontre sous les deux formes, nettement espacées l'une de l'autre dans des veines distantes de 6 kilomètres environ.

II. — Un bon nombre d'oxydes peuvent aussi se dissoudre dans des matières en fusion et y cristalliser par un refroidissement progressif.

J'ai obtenu de fines aiguilles de cassitérite en chauffant au rouge blanc du bioxyde d'étain amorphe dans un bain de chlorure de calcium bien exempt de chaux. Debray a fait cristalliser l'alumine en dirigeant de l'acide chlorhydrique sur de l'aluminate de soude fortement chauffé; il se forme du sel marin qui dissout cette alumine et la transforme en cristaux de corindon. Ebelmen a fait usage de substances peu volatiles telles que l'acide borique, le borax, les phosphates alcalins, etc.; il dissout les oxydes qu'il veut faire cristalliser dans ces matières fondues, puis évapore ces dernières très lentement à la haute température d'un four à porcelaine. Bientôt le bain se trouve saturé, et l'évaporation continuant à se faire, la substance dissoute se dépose peu à peu en cristaux. Dans le borax l'alumine s'est déposée en rhomboèdres basés de corindon: dans le carbonate de soude, l'alumine a cristallisé en lames hexagonales; dans l'acide borique, l'acide titanique amorphe s'est changé en fines aiguilles, dans le sel de phosphore il s'est déposé en beaux prismes de *rutile* transparents, jaune d'or, pouvant atteindre un centimètre de longueur; de l'acide titanique amorphe chauffé avec une solution saturée d'acide carbonique a donné à de Sénarmont des cristaux de rutile et par le même procédé il a changé de la silice gélatineuse en quartz.

III. — On arrive à des résultats très importants à l'aide de méthodes fondées sur la production de réactions chimiques opérées entre diverses substances mises en présence, dans des conditions particulières.

Ainsi quand on dirige un courant d'oxygène sur du zinc chauffé on le change en oxyde qui, calciné pendant longtemps dans le courant de gaz, y prend la forme cristalline (Sidot); la cristallisation a lieu en quelques instants à la température du four électrique, et c'est par ce moyen que M. Moissan a récemment obtenu de nombreux oxydes cristallisés, chaux, magnésie, etc. sous l'influence d'une température élevée.

IV. — *Méthodes de H. Sainte-Claire-Deville.* — Ce savant a employé exclusivement les agents que l'on découvre chaque jour dans les émanations de toutes sortes, qui opèrent aujourd'hui comme autrefois pour déposer dans les fissures des terrains et dans les cheminées volcaniques les minerais des filons et des roches éruptives. Parmi ces matières gazeuses il en est quelques-unes qui, sans se fixer sur aucune des substances qu'elles touchent, les transportent et les transforment en matières minérales absolument semblables à celles que l'on rencontre dans la nature. C'est le rôle que joue l'hydrogène par exemple dans la formation de l'oxyde de zinc: ce sont ces substances que Deville appelle *agents minéralisateurs*, matières caractérisées par la perpétuité de leur action qui se continue indéfiniment jusqu'à ce qu'elles soient fixées par des matières autres que celles sur lesquelles elles sont appelées à agir, pour ainsi dire par leur seule présence. Outre la vapeur d'eau, l'hydrogène sulfuré, les anhydrides sulfureux et carbonique, l'hydrogène, le fluorure de silicium, on y trouve aussi du gaz acide chlorhydrique et cet acide l'a conduit à obtenir la cristallisation du sesquioxyde de fer tout semblable au fer oligiste de l'île d'Elbe, ou au fer spéculaire des volcans. Il a fait remarquer aux géologues combien les agents gazeux des émanations actuelles ont de puissance, avant lui inconnue, pour former les minéraux: et combien il était nécessaire d'étudier leurs effets.

a) L'action réductrice de l'hydrogène sur un oxyde ne donne pas toujours un métal: la réduction est corrélative de celle d'une certaine quantité de vapeur d'eau, et il peut arriver que, dans des conditions de température très voisines de sa séparation, le métal réagisse sur cette vapeur en régénérant l'oxyde. Dans ces circonstances ceux-ci cristallisent fréquemment et H. Sainte-Claire-Deville a montré que ces deux réactions inverses permettent de préparer un grand nombre d'oxydes. Si par exemple on place de l'oxyde de zinc amorphe dans une nacelle, au milieu d'un tube de porcelaine violemment chauffé et traversé par un courant lent d'hydrogène pur et sec, on constate que l'oxyde se volatilise entièrement et qu'il va se déposer en cristaux dans une région du tube plus froide que celle qu'il occupait tout d'abord. Il n'est cependant pas volatil dans ces circonstances, car il reste inaltéré dans la nacelle quand on remplace l'hydrogène par un courant d'air. Il a subi dans le tube ce que H. Deville appelle un phénomène de *volatilisation apparente*; l'oxyde a été réduit, et la vapeur de zinc transportée avec la vapeur d'eau et l'excès d'hydrogène dans les parties plus froides de l'appareil. En ces points, la réaction inverse s'effectue d'une manière complète, et si le courant gazeux est assez lent pour ne pas troubler ce phénomène inverse, la vapeur de zinc décompose la vapeur d'eau en donnant de l'hydrogène et de l'oxyde de zinc, qui se dépose en cristaux là où il s'est formé; il semble s'être déplacé à la suite d'une volatilisation alors que, comme on le voit, il s'est passé tout autre chose.

Si l'on ne considère que l'ensemble du phénomène, il semble que l'hydrogène n'ait joué aucun rôle, puisqu'après l'expérience, on retrouve la quantité de ce gaz qu'on avait introduite tout d'abord. Nous venons de voir qu'il est cependant loin d'être resté inactif et que, pour se rendre compte de ce qui s'est passé, il importe d'examiner non seulement le commencement et la fin de l'expérience, mais aussi les phases intermédiaires de la réaction. L'hydrogène s'est ici comporté comme un *agent minéralisateur*; leur action donne toujours lieu à la formation de réactions diverses et plusieurs méthodes générales de reproduction des oxydes métalliques sont fondées sur l'emploi de ces agents.

Action de l'acide chlorhydrique sur les oxydes. — Le gaz acide chlorhydrique a servi à H. Sainte-Claire-Deville pour préparer artificiellement un certain nombre d'oxydes cristallisés.

Lorsqu'on fait passer un courant très rapide de cet acide sur du sesquioxyde de fer amorphe porté au rouge vif dans un tube de porcelaine, il se forme du perchlorure de fer et de l'eau; mais, si le courant gazeux est lent, on ne recueille pas la moindre trace de chlorure, et l'oxyde amorphe est transformé tout entier en *fer oligiste* de la plus grande beauté. Ici encore la température du tube exerce sur les résultats une influence considérable: vers le point de fusion de l'argent, on obtient, sans transport sensible de l'oxyde, des rhomboèdres de 86° tout à fait semblables à ceux de l'île d'Elbe et irisés comme eux; au rouge sombre, on a des lames rhomboïdales aplaties comme le *fer spéculaire* des volcans. Ainsi l'acide chlorhydrique réagit à haute température sur le peroxyde de fer en donnant du sesquichlorure et de la vapeur d'eau et, dans les régions moins chaudes du tube, la réaction inverse s'accomplit avec régénération de sesquioxyde qui cristallise dans une atmosphère chargée de gaz chlorhydrique jouant le rôle de minéralisateur: l'oxyde de fer, fixe à la température de l'expérience, se transporte dans l'acide chlorhydrique, subit la volatilisation apparente, et son déplacement est facile à comprendre dès qu'on connaît les réactions inverses qui se produisent à l'intérieur de l'appareil. Quant au fait même de la cristallisation par l'action des agents minéralisateurs, la cause nous en échappe encore entièrement.

L'acide chlorhydrique agissant au rouge vif sur de la magnésie calcinée a donné à H. Deville des octaèdres réguliers de *périclase* incolores ou teintés de vert; un courant lent du même gaz passant au rouge vif sur du bioxyde d'étain amorphe produit des petits octaèdres quadratiques qui tapissent la nacelle; si le courant gazeux est plus rapide on observe la sublimation apparente de l'oxyde d'étain et les cristaux qui se produisent sont de magnifiques prismes quadratiques, terminés par le pointement octaédrique habituel de la *cassitérite*.

Le fait de la cristallisation des oxydes métalliques par de simples réactions de l'acide chlorhydrique gazeux pour donner de l'eau et des chlorures, puis l'action de la vapeur d'eau sur les chlorures formés pour régénérer l'acide chlorhydrique et l'oxyde primitifs, méritait d'être examiné dans tous ses détails. H. Deville a pu reproduire par ce procédé le *fer oxydulé*, la *périclase*, en octaèdres réguliers, la *hausmannite* en octaèdres à base carrée de 104° à 105° comme ceux de la hausmannite naturelle, le *protoxyde de manganèse* en octaèdres réguliers de 109°28′ ou en cubo-octaèdres, le *protoxyde de fer* en octaèdres réguliers, la *cassitérite* en octaèdres à base carrée, le *rutile* sous la même forme que l'on rencontre dans la nature, en prismes cannelés à huit faces portant les angles de 135° qui caractérisent le prisme droit à base carrée. Si la condition des deux réactions inverses n'est pas réalisable, il arrive en général qu'on n'obtient qu'une substance amorphe. C'est ce qui arrive à la *silice* qui provient de la décomposition du chlorure de silicium par la vapeur d'eau, car ici l'acide chlorhydrique n'agissant sur la silice à aucune température, la réaction inverse ne saurait avoir lieu.

c) *Action réciproque des vapeurs d'eau et de chlorures métalliques.* — On se trouvera, on le comprend, dans des conditions tout à fait comparables aux précédentes si l'on met en présence, à température élevée, non plus l'acide chlorhydrique et un oxyde, mais bien un chlorure volatilisé et de la vapeur d'eau; nous trouverons dans cette réaction un nouveau procédé général de reproduction des oxydes cristallisés naturels.

Gay-Lussac le premier, dès 1823, a préparé artificiellement le *fer oligiste* et rendu compte de sa formation dans les volcans; il lui a suffi de faire passer simultanément dans un tube porté au rouge sombre des vapeurs d'eau et de perchlorure de fer, pour obtenir de l'oxyde de fer et du gaz chlorhydrique qui s'est comporté comme minéralisateur. C'est à ce savant que revient le mérite d'avoir signalé un procédé de cristallisation qui, depuis lui, a permis de reproduire un grand nombre de minéraux; il n'a cependant acquis toute son importance qu'en 1861 le jour où H. Deville a transformé le sesquioxyde de fer amorphe en oxyde cristallisé sous l'influence d'un courant d'acide chlorhydrique comme on l'a précédemment expliqué.

En faisant réagir au rouge des vapeurs d'eau et de tétrachlorure d'étain, Daubrée a reproduit pour la première fois les cristaux de *cassitérite* en prismes quadratiques, qui sont plus beaux si l'on prend soin de diluer dans de l'acide carbonique la vapeur de chlorure d'étain; en répétant l'expérience de Daubrée, H. Deville a obtenu fréquemment la macle caractéristique, dite *bec d'étain*. Il a préparé aussi des cristaux de *périclase* par l'action de la vapeur d'eau sur celle du chlorure de magnésium.

d) Des réactions un peu plus complexes peuvent se ramener aisément à des réactions accomplies à l'aide d'actions inverses s'exerçant entre l'acide chlorhydrique et un oxyde, puis entre un chlorure et la vapeur d'eau; telle est la cristallisation de l'*oxyde de fer* étudiée par M. Ditte dans la calcination du sulfate de fer avec le sel marin.

On sait que quand on calcine un mélange de sulfate ferreux hydraté et de sel marin, l'oxyde qui provient de la destruction pyrogénée du sel ferreux cristallise au milieu de la masse saline en fusion et que des lavages à l'eau permettent d'en extraire des paillettes brillantes de peroxyde de fer, tout à fait semblables à celles que l'on rencontre fréquemment dans les fissures qui avoisinent les volcans et que dès 1823 Gay-Lussac a préparées artificiellement en décomposant au rouge le perchlorure de fer par la vapeur d'eau. Or il existe une disproportion très grande entre le poids d'oxyde ferrique cristallisé que l'on recueille, et celui que donnerait la décomposition du sulfate ferreux qui en formerait environ 10 fois plus; la majeure partie de ce sulfate ne se transforme donc pas en fer oligiste et en effet, les eaux de lavage de la matière calcinée contiennent de grandes quantités de chlorures ferrique et ferreux, capables de former avec le sel marin des sels doubles que la chaleur ne décompose pas facilement; car à une température un peu supérieure au point de fusion du sel marin les mélanges de ce dernier avec les chlorures de fer ne laissent pas dégager des quantités appréciables de chlorures métalliques en vapeurs. Comme la solubilité de l'oxyde ferrique dans le sel marin est très faible, qu'il en est de même quand le bain en fusion renferme de notables quantités de chlorures ferreux ou ferrique et même de sulfate de soude, la cristallisation de l'oxyde ferrique dans le sel marin ne peut être attribuée à sa solubilité dans cette matière fondue plus ou moins mélangée de chlorures de fer ou de sulfate de soude. Or on remarque aisément : 1° que la cristallisation de l'oxyde ferrique n'a lieu que quand on opère avec du sulfate ferreux hydraté; 2° qu'il ne se forme jamais qu'une petite quantité d'oxyde cristallisé. Or sous l'action de la chaleur le sulfate ferreux perd aisément la majeure partie de son eau, la dernière molécule ne se dégage que vers 300° en même temps que la décomposition du sel commence, si bien que la calcination de ce sulfate donnera de l'acide de Nordhausen en même temps que de l'anhydride sulfureux et du peroxyde de fer; l'acide sulfurique plus ou moins hydraté qui se produit au milieu d'une masse de sel marin fondu le décompose pour donner du sulfate de soude et de l'acide chlorhydrique, et celui-ci agit à son tour de deux façons différentes sur l'oxyde de fer : 1° il en change une partie en eau et chlorure ferrique qui, partiellement dissociable sous l'action de la chaleur, donne un mélange en proportions très variables de chlorures ferrique et ferreux dans lequel domine le premier de ces chlorures, et les chlorures de fer en s'unissant au sel marin forment des sels doubles plus stables que les sels simples et capables de se volatiliser en même temps que le chlorure de sodium ou de pénétrer avec lui dans les parois du creuset qui en demeurent fortement imprégnées; 2° l'acide chlorhydrique, en agissant sur le peroxyde de fer, donne lieu à la formation de vapeur d'eau et à celle de chlorure ferrique, et la réaction inverse du chlorure sur la vapeur d'eau est possible également; de l'oxyde de fer se trouve donc porté à haute température dans une atmosphère renfermant à la fois de l'acide chlorhydrique et de la vapeur d'eau, conditions éminemment favorables à sa cristallisation, comme H. Sainte-Claire-Deville l'a montré.

En somme, les vapeurs d'eau et d'acide chlorhydrique, mélangées à celles de chlorure ferrique et de sel marin, forment dans le creuset une atmosphère au sein de laquelle les réactions capables de donner de l'oxyde de fer cristallisé sont faciles; aussi c'est surtout à la surface de niveau du bain et sur les parois du creuset placées au-dessus d'elle, qu'on trouve les paillettes les plus belles et les plus abondantes. Il est manifeste que l'acide chlorhydrique a joué ici le rôle de minéralisateur et que la calcination du sulfate ferreux hydraté avec le sel marin réalise un cas particulier de l'action si magistralement étudiée par H. Sainte-Claire-Deville, que l'acide chlorhydrique exerce sur les oxydes métalliques à température élevée. Quand on opère avec du sulfate ferreux bien desséché ou avec du colcothar, la production de vapeurs chlorhydriques n'est plus possible, aussi rien de semblable ne peut avoir lieu et les résultats sont à peu près nuls: la cristallisation de l'oxyde ferrique est alors réduite à ce qui peut résulter de sa très faible solubilité dans le bain de sel marin en fusion.

La formation de paillettes de fer oligiste lors de la calcination d'un mélange de sel marin et de sulfate ferreux hydraté apparaît donc nettement comme n'étant qu'un cas particulier de la méthode générale indiquée par H. Sainte-Claire-Deville, pour faire cristalliser les oxydes amorphes sous l'influence d'un courant lent d'acide chlorhydrique porté à haute température.

e) *Minéralisation sous l'influence de vapeurs fluorées.* — L'acide fluorhydrique et les vapeurs de fluorures possèdent des propriétés minéralisatrices bien supérieures à celles de l'acide chlorhydrique, et leur emploi a conduit à de très intéressants résultats: l'acide fluorhydrique, en particulier, fonctionne comme agent minéralisateur à des températures relativement peu élevées, auxquelles le gaz chlorhydrique ne fait cristalliser encore aucun oxyde.

Si l'on soumet de l'alumine amorphe, portée au rouge vif dans un tube de platine, à l'action d'un courant lent de vapeur d'eau mélangée à de l'acide fluorhydrique dilué par de l'azote, on retrouve dans la partie la plus chaude du tube des lamelles hexagonales trémiées de *corindon*, tout à fait comparables aux lamelles de *fer spéculaire*, et d'autant plus belles que l'opération a été plus prolongée: les petits cristaux se détruisant alors au profit des plus gros.

M. Hautefeuille, à qui cette expérience est due, est parvenu à reproduire toutes les variétés connues de l'acide titanique, en faisant varier les conditions des réactions, ainsi que la nature des composés fluorés employés. La décomposition de vapeurs de chlorure de titane par de l'air saturé de vapeur d'eau lui a donné le *rutile aciculaire*; l'addition d'un peu d'acide fluorhydrique fournit des cristaux de *brookite*: le *rutile tabulaire* se produit quand on dirige un courant d'acide chlorhydrique sur un mélange d'acide titanique et de fluosilicate de potasse porté au rouge; les vapeurs d'eau et de fluorure de titane réagissant, à une température inférieure au point d'ébullition du cadmium, produisent de l'*anatase*, et si la vapeur d'eau est diluée dans un courant d'air, les cristaux incolores qui prennent naissance sont tout à fait semblables aux échantillons d'anatase du Brésil; enfin l'action d'un mélange de vapeurs d'eau et d'acide fluorhydrique sur du chlorure de titane donne des cristaux de *brookite* identiques à ceux de l'Oural. En somme, dans cet important travail, M. Hautefeuille a montré que l'acide fluorhydrique, capable de minéraliser l'acide titanique, le transforme à très haute température en prismes quadratiques de *rutile*; à température plus basse, en prismes orthorhombiques de *brookite*, et en octaèdres à base carrée d'*anatase* quand on ne dépasse pas le rouge sombre.

Ce n'est plus le fluorure de silicium, mais celui de bore qui joue le rôle de minéralisateur quand on décompose le fluorure d'aluminium par l'acide borique volatilisé. H. Sainte-Claire-Deville et Caron ont fait cristalliser l'alumine de cette manière; ils plaçaient du fluorure d'aluminium au fond d'un creuset de charbon au milieu duquel était suspendue une coupelle de platine remplie d'acide borique, et portaient le tout pendant une heure au rouge blanc. L'appareil, une fois refroidi, est tapissé intérieurement par de grandes et minces lamelles hexagonales de *corindon*; un peu de fluorure de chrome ajouté à celui d'aluminium donne des cristaux rouges de *rubis*; ce sont des lamelles bleues de *saphir* qui se produisent avec moins de sel de chrome, et des cristaux verts d'*émeraude orientale* quand le fluorure chromique est en proportion un peu notable.

Le même procédé, appliqué au fluorure de fer, permet de reproduire le *fer oxydulé* en cristaux souvent réunis en chapelet; celui de zirconium donne des petits cristaux de *zircone*;

C'est toujours l'emploi des vapeurs fluorées qui a conduit MM. Fremy et Verneuil à la reproduction du *rubis*. Pour l'obtenir, ces savants mettent un peu de fluorure de calcium, ou de baryum, dans un petit creuset de platine exactement recouvert d'une lame de même métal percée de trous imperceptibles, et placé lui-même au fond d'un grand creuset de terre; au-dessus du creuset de platine, on dispose une couche épaisse d'alumine amorphe mêlée avec des traces d'acide chromique ou de bichromate de potasse, et le creuset, bien luté, est chauffé au rouge blanc. Ces fluorures donnent lieu à la production de vapeurs fluorées grâce auxquelles une partie de l'alumine cristallise, et les cristaux se forment au milieu d'une gangue blanche et poreuse dont il est facile de les séparer: il suffit de jeter le produit dans un vase plein d'eau et d'agiter vivement, la gangue légère reste en suspension, les rubis plus lourds tombent au fond du vase.

La température et la durée de la calcination exercent d'ailleurs une grande influence sur la quantité et sur la grosseur des cristaux. En chauffant des creusets de plusieurs litres dans un four à gaz, en les maintenant pendant une semaine environ à la température de 1300°, MM. Fremy et Verneuil ont obtenu à chaque opération plus de 3 kilogrammes de rubis.

Nous remarquerons également que lorsqu'on calcine du sulfate ferreux avec 2 à 3 0/0 de fluorure de potassium, la réaction donne lieu à la formation de gaz fluorhydrique dont le pouvoir minéralisateur est bien supérieur à celui de l'acide chlorhydrique; il se forme alors de l'oxyde de fer cristallisé plus volumineux et plus brillant que celui qu'on retire de la calcination du sulfate avec du sel marin seul; l'opération se fait alors dans un creuset de platine en évitant de dépasser la proportion de 2 à 3 0/0 de fluorure alcalin, afin de ne pas s'exposer à rendre la masse difficile à désagréger, les fluorures ferreux et ferrique étant peu solubles dans l'eau et décomposés par l'eau aérée.

V. — *Cristallisation d'oxydes à l'aide de réactions plus complexes.* — Des oxydes cristallisés peuvent aussi prendre naissance sous l'action de phénomènes provoqués par une température élevée; je citerai comme exemple la cristallisation du *sesquioxyde de chrome* dans les circonstances ci-dessous indiquées.

Lorsqu'on calcine au rouge vif un mélange de bichromate de potasse et de sel marin, la masse refroidie abandonne à l'eau du sesquioxyde de chrome en paillettes minces, brillantes, adhérant aux doigts comme de la plombagine, et cependant le sesquioxyde de chrome est peu soluble dans le sel marin fondu. Il en est de même quand on remplace le bichromate de potasse par celui de soude, mais la cristallisation ne se fait pas avec du chlorure de potassium, on n'obtient qu'une masse fondue orangé clair, bien moins volumineuse qu'avec le sel marin et de laquelle on extrait seulement 2 à 3 grammes d'oxyde mal cristallisé, tandis qu'on retire environ 25 grammes de cristaux d'un mélange de 170 grammes de bichromate de potasse avec 100 grammes de sel marin. Le phénomène se relie à l'existence de l'oxychlorure de chrome CrO^2Cl^2 et à ses combinaisons avec le sel de sodium.

Peligot a montré, en effet, qu'en faisant agir à 80° dans des conditions convenables de l'acide chlorhydrique sur une solution saturée de bichromate de potasse, il se dégage du chlore et qu'il se dépose de grands cristaux d'un composé, le chlorochromate de potasse, auquel il attribuait la composition $2CrO^3,KCl,H^2O$, qui chauffé à douce température fond, puis se décompose en chlore, oxygène, et un mélange de chromate neutre et de sesquioxyde amorphe et vert.

On obtient plus facilement le chlorochromate de potasse en faisant agir de l'acide chromique sur une solution chaude de chlorure de potassium. La combinaison de l'acide avec le chlorure est immédiate et donne par refroidissement un sel jaune rougissant à la surface quand on l'évapore au contact de l'air. Ce sel chauffé fond avant le rouge sombre en un liquide foncé qui par le refroidissement se prend en une masse brune cristalline. Celle-ci portée au delà de son point de fusion perd d'abord de l'eau, puis plus haut dégage un mélange de chlore et d'oxygène et une très petite quantité de l'oxychlorure CrO^2Cl^2.

Avec le fluorure de potassium on observe également la formation d'un sel en aiguilles jaunes renfermant CrO^3KFl; le bromure de potassium donne par son mélange avec de l'acide chromique en solutions étendues froides un liquide rouge clair qui se décompose en dégageant du brome quand on essaie de le concentrer par la chaleur, et qui évaporé à froid se concentre en se fonçant, et se chargeant de brome; il se dépose cependant quelques cristaux transparents du composé CrO^3KBr. Avec l'iodure de potassium la réaction s'exagère et l'on ne peut mélanger, même à froid, deux solutions étendues d'acide chromique et de cet iodure sans que l'iode soit mis en liberté. Comme on l'a dit, les chlorochromate et fluochromate de potassium se forment avec facilité par l'union directe de l'acide chromique et du sel haloïde alcalin.

La substitution du sodium au potassium modifie complètement les phénomènes : l'acide chlorhydrique agissant sur une solution concentrée de bichromate de soude dégage du chlore, mais ne donne jamais lieu à la formation du composé $CrO^3.NaCl$. Le mélange d'acide chromique et de sel marin donne une liqueur rouge à froid, qui chauffée légèrement, devient presque noire, dégage du chlore et des vapeurs âcres de l'oxychlorure CrO^2Cl^2. Cette matière, desséchée peu à peu, laisse une substance noire attirant avec avidité l'humidité atmosphérique en régénérant le sirop noir, très déliquescent lui-même, et duquel il ne se dépose pas de cristaux.

La substance noire solide fond quand on la chauffe, elle dégage un mélange de chlore et d'oxygène et finalement laisse un résidu de chromate de soude avec du sesquioxyde amorphe, vert foncé presque noir.

Les fluorure, bromure et iodure de sodium donnent, en agissant sur des solutions d'acide chromique, des phénomènes analogues à ceux qui se produisent avec les sels de potassium. On voit donc que l'acide chromique est capable de se combiner directement avec les sels haloïdes de potassium et de sodium et que les composés bromés et iodés se détruisent bien plus aisément que ceux qui renferment du chlore et du fluor; en outre les corps engendrés par les sels haloïdes du sodium sont très différents de ceux que peut donner le potassium; les premiers sont déliquescents et en voie de décomposition à la température ordinaire, les seconds possèdent une stabilité de beaucoup plus considérable et dans cette différence de propriétés nous allons trouver l'explication de la cristallisation du sesquioxyde de chrome si facile quand on calcine le bichromate de potasse avec le sel marin, presque nulle quand on remplace ce dernier par du chlorure de potassium.

En effet considérons un mélange de bichromate de potasse avec un chlorure alcalin : il fond au rouge sombre en un liquide brun foncé qui se solidifie par refroidissement en une masse jaune rougeâtre à cassure cristalline. Plus haut, la matière se décompose, et dès que le bichromate commence à se dédoubler en chromate neutre et acide chromique, celui-ci se combine, au moins en partie, avec le chlorure au sein duquel il se produit; si c'est du chlorure de potassium, il forme du chlorochromate de potasse qui se détruit lentement au rouge en dégageant du chlore et de l'oxygène; si c'est du chlorure de sodium au contraire, le chlorochromate de sodium qui tend à se former se détruit immédiatement en donnant de l'oxygène, du chlore, et des vapeurs d'acide chlorochromique CrO^2Cl^2; ce dernier, en se dégageant dans la masse pâteuse, la remplit de bulles, produit une matière caverneuse entièrement remplie de sesquioxyde cristallin et celui-ci tapisse en entier l'intérieur des cavernes dans lesquelles les vapeurs d'oxychlorure CrO^2Cl^2 seront décomposées en déposant des cristaux contre leurs parois. Parfois une faible partie de ce mélange gazeux s'échappe à travers la masse saline en fusion, se répand dans l'atmosphère du creuset, et là, l'oxychlorure CrO^2Cl^2 se détruit en revêtant de cristaux les parois du creuset situées au-dessus du bain liquide et même la partie inférieure du couvercle : en ces points les cristaux au lieu d'être verts sont noirs et doués de l'éclat métallique comme ceux qu'on obtient en dirigeant dans un tube porté au rouge des vapeurs d'oxychlorure pur. Comme le chlorochromate de soude qui a pu se former donne des vapeurs abondantes d'acide chlorochromique, il en résulte une cristallisation, abondante aussi, d'oxyde chromique dans toute la masse, en paillettes d'un vert d'autant plus foncé qu'elles se sont formées à température plus haute, en petits cristaux métalliques noirs dans les régions les plus fortement chauffées, comme le sont les parois du creuset situées au-dessus du liquide en fusion.

Avec le chlorure de potassium il n'en sera plus de même; le chlorochromate de potasse qui peut se former quand l'acide chromique prend naissance au contact de ce chlorure étant bien plus stable que celui de soude, il ne se décompose que très incomplètement à la température des expériences, et on le retrouve en partie dans le liquide rouge plus ou moins foncé que l'on extrait de la masse refroidie; il y a donc une proportion bien moindre d'acide chromique isolé que dans le cas du sel marin, et comme d'autre part la décomposition du chlorochromate de potasse ne donne pas de vapeurs de l'oxychlorure CrO^2Cl^2 on ne trouve qu'une faible quantité de paillettes vert foncé, car elles se sont produites à température plus élevée que celles formées dans le sel marin.

On s'explique aisément ainsi comment la cristallisation de l'oxyde chromique se fait mal dans le chlorure de potassium et ne porte que sur peu de cet oxyde; on comprend bien du reste qu'il s'en puisse former un peu. Quand le bichromate de potasse se décompose au milieu du bain de chlorure de potassium fondu, il donne du chlorochromate de potasse qui se détruit à son tour en produisant du chlore, de l'oxygène et de l'oxyde chromique amorphe vert: or, dès 440° le chlore réagit sur cet oxyde en formant du sesquichlorure, et si au chlore on ajoute de la vapeur d'eau il se produit d'abondantes fumées rouges d'oxychlorure CrO^2Cl^2. Si donc, dans l'atmosphère du creuset, il s'est glissé des traces de vapeur d'eau, elles agissent concurremment avec le chlore pour donner un peu d'oxychlorure qui, en se décomposant, produira des cristaux. De plus, on sait que le chlore décompose au rouge les chromates alcalins en donnant de l'oxyde et du chlorure chromiques et dans une atmosphère renfermant à la fois du chlore, de l'oxygène, du chlorure chromique et des chlorures alcalins, de minimes proportions d'oxyde peuvent être, à température élevée, minéralisées et transformées en cristaux.

En définitive la cristallisation du sesquioxyde de chrome pendant la calcination d'un bichromate avec du sel marin trouve son explication dans les propriétés du chlorochromate de soude, elle ne tient en aucune façon à une solubilité de cet oxyde dans les chlorures alcalins en fusion.

On voit en résumé que diverses méthodes permettent d'obtenir des oxydes cristallisés par l'un ou l'autre des mécanismes que nous venons d'indiquer; il est probable que des procédés nouveaux conduiront à des résultats plus parfaits, mais dès à présent on peut considérer comme résolu le problème de la reproduction des minerais métallifères oxydés que l'on rencontre à l'intérieur des filons, par les agents qui se trouvent dans les fissures du sol et qui constituent les émanations qui y circulent.

Juin 1906. Alfred Ditte.

OXYDIMORPHINE. $C^{34}H^{36}Az^2O^6$ [Syn : oxymorphine, déhydromorphine, pseudomorphine]. — L'identité avec la pseudomorphine, alcaloïde contenu dans l'opium, a été démontrée par Hesse [*Lieb. Ann. Chem.*, **141**, 87; Suppl., **8**, 267]. Polstorff [*D. chem. G.*, **19**, 1760, 1886] a admis que l'oxydation de la morphine, fournissant de l'oxymorphine, doit être représentée par :

$$2C^{17}H^{19}NO^3 + O = (C^{17}H^{18}AzO^3)^2 + H^2O$$

Morphine. Oxymorphine.

L'électrolyse de la morphine donne de l'oxymorphine [*Arch. Pharm.*, **235**, 364, 1897].

M. Delacre.

OXYDIPHÉNYLACÉTIQUE (ACIDE). $OH.C^6H^4-CH.C^6H^5-CO^2H$. — Bistrzycki et Flatau [*D. chem. G.*, **28**, 989, 1895], en chauffant un mélange de 5 parties d'acide phénylglycolique $C^6H^5-CH.OH-CO^2H$ avec un excès de phénol (7 parties), et 20 parties de SO^4H^2 à 73 0/0, ont obtenu l'anhydride lactonique correspondant à cet acide. Le mélange, d'abord limpide, laisse déposer un corps huileux lorsqu'on le chauffe assez longtemps. En traitant ensuite par l'eau, cette huile se prend en une masse cristalline qu'on purifie par cristallisation dans l'alcool. Cette lactone fond à 113-114° et bout à 337° en se décomposant un peu. Elle est très soluble dans le chloroforme, le benzène et l'alcool chaud. Quand on la traite par la lessive de soude bouillante, elle fournit le sel de soude de l'acide (ortho probablement) oxydiphénylacétique. En précipitant par HCl l'acide lui-même et le cristallisant dans le benzène, on obtient des lames fusibles à 85-87°. Le *sel d'argent* est obtenu sous forme d'un précipité blanc $C^{14}H^{11}O^3Ag$ quand on traite la solution du sel ammoniacal par l'azotate d'argent. Mars 1907. J. Lavaux.

OXYGÈNE. — PRÉPARATION. — I. *Par électrolyse de l'eau.* — La majeure partie de l'oxygène produit industriellement pour des usages médicinaux est préparée par électrolyse de solutions alcalines, contenant 15 à 35 0/0 de soude caustique : les électrodes en fonte ou en nickel sont généralement séparées par un diaphragme en terre poreuse ou en toile d'amiante [Trowbridge, *Phil. Mag.* (6), **4**, 156, 1902; — Hammersmith et J. Hess, *Monit. Scient. de Quesn.* (4), **13**, 135, 1899]. On a décrit à l'article ÉLECTROCHIMIE [2e *Supp.*, **3**, 416] l'appareil de Renard, dont l'emploi est avantageux dans les laboratoires. Cet oxygène électrolytique ne contient pas d'ozone, mais il renferme parfois des proportions assez élevées d'hydrogène [S. Thomas, *Z. Angew. Chem.*, **16**, 964, 1903].

II. *A partir de divers sels oxygénés.* — 1° La méthode très usitée de préparation par calcination du *chlorate de potassium* a donné lieu à des travaux récents assez nombreux.

D'après Frankland et Dingwall [*Chem. News.*, **55**, 67, 1887], le chlorate, soumis seul à une calcination modérée, donnerait d'abord :

$$8KClO^3 = 5KClO^4 + 3KCl + 2O^2.$$

En chauffant davantage, on aurait :

$$2KClO^3 = KClO^4 + 2KCl + O^2.$$

La destruction du perchlorate ne pourrait être atteinte qu'au-dessus du ramollissement du verre et, par suite, ne saurait être poursuivie pratiquement que dans des cornues de grès ou de fonte.

L'utilité d'employer, pour faciliter cette décomposition, de l'oxyde brun de manganèse ou d'autres matières, a provoqué quelques études nouvelles. Certaines substances, tout à fait inertes au point de vue chimique, sable, kaolin, verre pilé, produisent un effet utile [Fowler et Grant, *Chem. News.*, **61**, 117, 1890]. D'après Veley [*Chem. News.*, **58**, 260 et 309, 1888; **59**, 63, 1889], 1 0/0 de sulfate de baryum activerait de 500 pour 100 la destruction du chlorate. Au contraire, Sodeau [*Proc. Chem. Soc.*, **17**, 149] a trouvé qu'il produit seulement 16 0/0 d'accélération, et il l'explique par la production temporaire de chlorate de baryum plus facile à détruire.

Il est vraisemblable que pour les oxydes de manganèse, il se produit un permanganate, qui se décompose en oxygène et manganate, ce dernier étant de nouveau oxydable par le chlorate qui lui est mélangé [Bellamy, *Monit. Scient. Quesn.*, (4), **1**, 1145, 1887; — Warren, *Chem. News.*, **58**, 247, 1888].

L'oxygène dégagé par le chlorate de potassium ne contient que très peu de chlore (0,03 0/0 au plus), si le sel employé est bien pur [Cook, *J. Chem. Soc.*, **65**, 802, 1898]. Contrairement à certaines assertions. il ne contient jamais d'ozone [Mac Leod. *J. Chem. Soc.*, **69**. 1015. 1896].

2° La méthode de préparation de l'oxygène par le *chlorure de chaux* a été modifiée par Denigès. qui opère en faisant tomber du brome goutte à goutte dans une solution bouillante de soude caustique additionnée d'un peu de sulfate de cuivre : le rendement atteint 90 0/0 de la dose théorique [*J. Pharm. Chim.*, (5), **19**. 303, 1889].

3° Le sulfate de calcium, calciné au rouge avec de la silice. fournit du silicate de calcium. et un mélange d'anhydride sulfureux et d'oxygène [Hélouis. *D. chem. G.*, **15**. 1221, 1882].

4° On peut préparer l'oxygène en arrosant 10 gr. de permanganate de potassium avec 40 à 50 cc. d'acide sulfurique et chauffant [Riggs, *Journ. Am. Chem. Soc.*, **25**. 876. 1903]: ou en mélangeant une solution de permanganate avec une solution de chlorure ferreux ou de sulfate cuivrique [A. Gawalowski, *Chem. Centr. Bl.*, (1). 1551, 1905].

III. *A partir de l'eau oxygénée.* — Le bioxyde d'hydrogène. qui est livré par l'industrie en solutions aqueuses à un prix peu élevé, est une source commode d'oxygène pour les laboratoires. Il suffit de le soumettre à l'action de substances capables d'en provoquer rapidement la décomposition catalytique. chlorure de chaux, bioxyde de manganèse, acide chromique. ferricyanure de potassium. permanganate. etc.

On peut placer dans un appareil de Kipp des cubes de chlorure de chaux. sur lesquels agira l'eau oxygénée acidulée d'acide nitrique ou chlorhydrique. Pour 300 gr. de chlorure de chaux à 35 0/0, on emploie 1 litre d'eau oxygénée à 8 0/0. additionnée de 57 cc. d'acide chlorhydrique de densité 1,17 [Wolhard, *Lieb. Ann. Chem.*, **253**. 246. 1889].

On peut employer comme agent catalytique du bioxyde de manganèse en grains de 2 mm., l'eau oxygénée à 3 0/0 étant additionnée par litre de 150 cc. d'acide sulfurique concentré [Baumann. *D. chem. G.*, **23**. 324. 1890].

Blau fait agir du bichromate de potassium sur l'eau oxygénée acidulée d'acide sulfurique [*Mon. f. Chem.*, **13**, 281 ; — Erdmann et J. Bedfort. *D. chem. G.*, **37**. 1184. 1904].

On opère assez commodément en ajoutant 100 gr. d'eau oxygénée à 3 0/0 dans une solution alcaline de 58 gr. de ferricyanure : il se dégage 2 litres d'oxygène [Kassner. *Chem. Zeit.*, **13**. 1303 et 1338].

En opposant à l'eau oxygénée une solution de permanganate de potassium. on a une production d'oxygène issu des deux composés [Gähring, *Chem. Zeit.*, **13**. 264. 1889].

L'eau oxygénée peut être remplacée dans les réactions qui précèdent par des systèmes capables de l'engendrer, tels que bioxyde de baryum et un acide, peroxydes de sodium ou de potassium et eau.

Newmann dispose dans l'appareil de Kipp des cubes formés avec un mélange de 2 p. de bioxyde de baryum. 1 p. de bioxyde de manganèse et 1 p. de plâtre : l'acide chlorhydrique, dilué de son volume d'eau. agit pour donner de l'eau oxygénée, qui se détruit aussitôt au contact du bioxyde de manganèse [*D. chem. G.*, **20**, 1584. 1887].

On peut faire réagir le bioxyde de baryum sur une solution aqueuse de ferricyanure : la réaction est [Kassner, *Zeit. Angew. Chem.*, 1890. 448] :

$$BaO^2 + 2\,FeK^3C^6Az^6 = O^2 + (FeK^3C^6Az^6)^2Ba.$$

L'industrie prépare sous le nom d'*oxylithes* des peroxydes de sodium et de potassium, qui, agglomérés par compression avec une trace de sel de nickel ou de cuivre, sont décomposés régulièrement par l'eau. en dégageant de l'oxygène pur. 1 kg de bioxyde de sodium peut fournir 158 litres d'oxygène. On peut opérer dans un appareil de Kipp [Jaubert, *C. R.*, **134**, 778, 1902].

IV. *Extraction de l'air atmosphérique.* — 1° L'inégale solubilité de l'azote et de l'oxygène dans divers liquides permet de réaliser dans une certaine mesure leur séparation plus ou moins parfaite. L'air dissous dans l'eau contient 33 0/0 d'oxygène : si cet air, extrait de l'eau par l'action du vide, est de nouveau mis au contact d'eau, le gaz dissous obtenu renferme 47,5 0/0 d'oxygène. Après huit opérations semblables. on arriverait à un gaz contenant 97,5 0/0 d'oxygène et pouvant, dans la pratique, être considéré comme de l'oxygène [Mallet. *Polyt. J. Ding*, **199**, 112, 1871]. En se servant de glycérine comme liquide absorbant, trois dissolutions successives conduisent à un gaz contenant 75 0/0 d'oxygène [Hélouis, *D. chem. G.*, **15**, 221, 1882].

2° Le caoutchouc laisse diffuser l'oxygène beaucoup plus aisément que l'azote : en dialysant de l'air à travers 4 feuilles successives de taffetas caoutchouté. Margis a pu atteindre un gaz renfermant 95 0/0 d'oxygène [*Chem. Centr. Bl.*, 1882, 697].

3° L'azote liquide étant notablement plus volatil que l'oxygène liquide, on conçoit que l'air liquide s'enrichit en oxygène par évaporation partielle. L'air liquide pratiquement fourni par les machines, contient environ 31 0/0 d'oxygène. En évaporant 61 0/0 de la masse. on arrive à un air liquide à 65 0/0. la perte en oxygène ayant été seulement de 6 0/0 [Forster. *J. Frankl. Inst.*, **155**. 357, 1903]. La liquéfaction partielle de l'air conduit de suite à des liquides riches en oxygène. Ainsi en soumettant à une compression faible, ne dépassant pas $0^{atm},7$. l'air refroidi à — 160° par passage au travers d'un serpentin immergé dans l'air liquide. G. Claude a pu, en liquéfiant le tiers de cet air. préparer un liquide contenant 57 0/0 d'oxygène : et il est arrivé dans des appareils industriels à obtenir régulièrement par heure 30 à 40 mètres cubes d'oxygène à 98 0/0 [*C. R.*, **133**. 1659 et **137**. 783. 1903]. Par rectification des gaz liquéfiés ainsi préparés, on peut arriver à de l'oxygène absolument pur [Claude, *C. R.*, **141**. 823. 1905.]

4° Les procédés d'extraction basés sur l'oxydation directe. et la décomposition des produits obtenus, ont été aussi l'objet de travaux récents.

L'oxyde cuivrique CuO, calciné au rouge vif donne de l'oxygène et un sous-oxyde, qui chauffé modérément à l'air régénère facilement l'oxyde primitif [Debray et Joannis, *C. R.*, **99**. 583. 1884 et **100**, 999. 1885 ; — Bailey et Hopkins, *Chem. News*., **61**. 116, 1890].

La méthode au bioxyde de baryum [*Dict.* **2**, (1), 710] a été rendue plus facile parce que Boussingault a observé que sous pression très réduite, une température de 450° suffit pour décomposer le bioxyde [*Ann. Chim. Phys.*, (5). **19**. 464, 1880]. Le procédé ainsi modifié a été appliqué industriellement par Brin qui opère dans l'air comprimé l'oxydation de la baryte. puis après élimination de l'azote non absorbé. réalise à la même température sous basse pression. la décomposition du bioxyde [*Mém. des Ing. civils.* 450, 1881].

Le procédé Stuart n'est qu'une modification de celui de Tessié du Mottay et Maréchal par le manganate : dans des cylindres verticaux de fonte. maintenus entre 500° et 600°, se trouve contenu un mélange de bioxyde de manganèse et d'un excès de soude caustique, sur lequel on injecte alternativement de l'air pendant 10 minutes et de la vapeur d'eau pendant 5 minutes.

Kassner a proposé une méthode basée sur la formation temporaire d'un plombate. En chauffant au rouge dans un courant d'air un mélange d'oxyde de plomb PbO et de carbonate de calcium, on obtient un plombate de calcium poreux PbO^4Ca^2. On laisse la température tomber au rouge sombre, et on fait passer un courant d'anhydride carbonique. La réaction :

$$PbO^4Ca^2 + 2CO^2 = O + PbO + 2CO^3Ca$$

a lieu avec dégagement de chaleur ; le mélange est ainsi élevé au rouge vif. Quand il ne se dégage plus d'oxygène, on dirige sur la masse incandescente de la vapeur d'eau, qui élimine de l'anhydride carbonique, puis un courant d'air qui régénère le plombate, et ainsi de suite indéfiniment [*Monit. Scient. Quesn.*, 503 et 614, 1890 ; — *Chem. Zeit.*, **24**, 615, 1900 ; — Schœfer, *Chem. Zeit.*, **24**, 464, 1900].

PROPRIÉTÉS PHYSIQUES. — 1° *Oxygène gazeux.* — Crafts a indiqué comme densité 1,10562 [*C. R.*, **106**, 1662, 1888], Leduc a trouvé 1,10523 à 1,10527 [*C. R.*, **113**, 186, 1891 et **123**, 805, 1896]. Le poids du litre d'oxygène à 0°, sous 760 mm., au niveau de la mer, sous 45° de latitude est 1gr,42906 [Thomsen, *Zeit. anorg. Chem.*, **2**, 1, 1896], 1gr,42900 [Morley, *Zeit. Phys. Chem.*, **20**, 68, 1896].

Pour la compressibilité de l'oxygène, voir Amagat [*C. R.*, **100**, 633, 1885] ; Walter Makower et H. Noble [*R. Soc. Proc.*, **72**, 379, 1903] et lord Rayleigh [*Proc. Roy Soc.*, **74**, 446, 1905].

Le rapport $\frac{Cp}{Cv}$ entre les deux chaleurs spécifiques est égal à 1,4025, entre 20°,6 et 16°,5 pour des pressions comprises entre 316 et 727 millimètres [Müller, *An. Ph. Ch. Wied*, **18**, 94, 1883].

La chaleur spécifique moléculaire à volume constant (pour $O = 32$) estimée 4,95 entre 0° et 200°, était regardée comme applicable jusqu'à 1600°. Au delà, et jusqu'à 4500°, d'après Berthelot et Vieille [*C. R.*, **98**, 770 et 852, 1884], elle est, pour chaque température, représentée par $4,95 + 0,00324\,(t - 1600)$. Voir aussi sur ce point Mallard et Lechâtelier [*C. R.*, **93**, 1014, 1881] et Clerk [*Chem. News.*, **53**, 207, 1886].

Ces dernières déterminations provenaient d'expériences faites sur des mélanges explosifs. En opérant par voie calorimétrique, Holborn et Austin ont trouvé pour la chaleur spécifique moléculaire à pression constante :

Entre 20° et 440°	7cal,17
— 20° et 630°	7cal,36

L'indice de réfraction de l'oxygène gazeux a été déterminé par Ramsay et Travers [*Proc. Roy. Soc.*, **62**, 223, 1897] pour le spectre visible, et pour l'infra-rouge par Koch [*Ann. Phys. Pogg.*, (4), **17**, 758, 1905].

L'oxygène gazeux, examiné sous la pression de 6 atmosphères dans les tubes longs de 60 mètres, fournit un spectre d'absorption dans le rouge [Egoroff, *C. R.*, **101**, 1133, 1885].

Par des compressions de plus en plus fortes, on arrive à manifester des bandes dans le rouge, le jaune et le bleu, et même l'indigo [Janssen, *C. R.*, **101**, 649, 1885 et **102**, 1352, 1886].

En observant l'arc voltaïque à travers une longueur de 165 centimètres d'oxygène comprimé à 85 atmosphères, Liveing et Dewar ont noté les bandes d'absorption de longueurs d'onde (en millionièmes de millimètre) 636 à 622,5. — 581 à 578,5 — 535 — 479,5 à 475. En portant la pression à 140 atmosphères, une bande apparaît dans l'indigo vers 447 [*Philos. Mag.*, (5), **26**, 286, 1888].

Le spectre d'émission de l'oxygène dans les tubes de Plücker, sous la pression de 28 millimètres, est constitué par une série de lignes brillantes dont les longueurs d'ondes exprimées en millionièmes de millimètre sont :

617,1	vive, orangé.
521	faible, verte.
492	*id.*
470,6 à 464,9	triple, bleue.
446,7	bleue.
441,8	*id.*
434,8	vive, indigo.
423 à 418	indigo.
411,9	violette.
408	triple, violette.

[A. Wüllner, *Ann. Ph. Chem. Pogg.*, **145**, 636 et **147**, 321, 1872 ; — Vogel, *D. chem. G.*, **12**, 332, 1879 ; — Smith, *Philos. Mag.*, (5), **13**, 330, 1882 ; — Schuster, *Proc. Roy. Soc.*, **27**, 383, 1878 ; — Grünwald, *Chem. News.*, **56**, 201, 223, 232, 1887 ; — Runge et Paschen, *Ann. Ph. Chem. Wied.*, **61**, 641, 1897].

Le pouvoir rotatoire magnétique de l'oxygène a été étudié par Becquerel [*C. R.*, **90**, 1407, 1880] et par Kundt et Röntgen [*An. Ph. Chem. Wied.*, **8**, 278, 1879 et **10**, 257, 1880].

La solubilité dans l'eau pure a été déterminée par Winkler de 0° à 100° [*D. chem. G.*, **22**, 1764, 1889 et **25**, 264, 1892] ; il a trouvé comme coefficients d'absorption (de 0° à 36°) :

$$\beta = 0,04890 - 0,0013413\,t + 0,0000283\,t^2 - 0,000000\,29534\,t^3.$$

L'accroissement de volume de l'eau par absorption de 1 volume d'oxygène est 0,00115 [Angström, *An. Ph. Chem. Wied.*, **15**, 297, 1882].

La solubilité dans l'alcool est d'après Timofejeff [*Zeit. phys. Chem.*, **6**, 141, 1890] variable avec la température, contrairement aux indications anciennes de Carius : le coefficient d'absorption est :

$$0,2337 - 0,00074688\,t + 0,000003288\,t^2.$$

La solubilité dans l'eau de mer est moindre que dans l'eau pure [F. Clowes et J. Biggs, *Roy. Soc. Proc.*, **68**, 361, 1901].

Le charbon de bois à 0° et sous 1800 millimètres absorbe rapidement par gramme 26 centimètres cubes d'oxygène [Joulin, *C. R.*, **90**, 741, 1880].

Contrairement à l'assertion de Regnault, le mercure, même sous des pressions atteignant 420 atmosphères, ne dissout pas d'oxygène [Amagat, *C. R.*, **91**, 812, 1880].

Certains métaux peuvent absorber des doses assez importantes d'oxygène. D'après Neumann [*Mon. f. Chem.*, **13**, 40, 1892], quand on les chauffe à 440° dans un courant d'oxygène,

L'argent absorbe	4vol,1 à 5vol,4	de gaz.
L'or	—	32vol,8 à 48vol,5	—
Le platine	—	63vol,0 à 77vol,0	—

Le noir de platine absorbe à froid 90 à 100 volumes d'oxygène : en chauffant jusque vers 350-400°, une nouvelle quantité, 30 à 40 volumes, peut être fixée. L'absorption par le métal froid dégage environ 17 000 calories par atome d'oxygène fixé, ce qui correspond à peu près à la chaleur de formation de l'oxyde platineux PtO. La dose absorbée sous pression n'est pas sensiblement supérieure ; elle est de 108 volumes sous 4,5 atmosphères. Pourtant dans le vide, tout le gaz est dégagé, ce qui est contraire à l'idée de la production de l'oxyde PtO [Mond, Ramsay et Shields, *Proc. Roy. Soc.*, **62**, 50, 1897, et *Zeit. Physiol. Chem.*, **25**, 657, 1898 ; — Ramsay et Shields, *Ph. Trans. Roy. Soc.*, **186**, 657]. D'après Engler et Wohler [*Zeit. anorg. Chem.*, **29**, 1), il se produirait là une véritable combinaison instable du platine et de l'oxygène.

Dans le cas du palladium, la fixation correspond bien réellement, non à un phénomène *d'occlusion* ou dissolution, mais à une vraie combinaison, qui serait un mélange des deux oxydes PdO et Pd^2O [Mond, Ramsay, et Shields, *Proc. Chem. Soc.*, **62**, 290].

C'est à des productions analogues qu'il convient de rattacher l'absorption de l'oxygène par le platine incandescent. Dans un espace rempli d'air, traversé par un fil de platine ou d'iridium porté au rouge par le passage d'un courant, la pression tombe en 20 minutes de 20.7 0/0, par suite de la disparition d'oxygène. Le métal ne tarde pas à devenir pulvérulent [A. Magnus, *Phys. Zeits.*, **6**, 12, 1905]. D'après R. Lucas [*Zeit. f. elekt. Chem.*, **11**, 182, 1905] l'absorption, qui n'a lieu qu'au-dessus de 650°, est due à la présence d'iridium qui s'oxyde, et elle n'a pas lieu avec le platine pur.

L'oxygène peut se diffuser à travers certains verres, à température élevée. Le verre ordinaire, à 650°, a laissé diffuser en deux heures 8 0/0 de l'oxygène qu'il contenait; tandis que la diffusion a été inappréciable en deux heures et demie à 800°, pour le verre d'Iéna [Berthelot, *C. R.*, **140**, 1286, 1905].

2° *Oxygène liquide.* — Ainsi qu'on l'a vu plus haut, la distillation fractionnée de l'air liquide permet d'arriver aisément à de l'oxygène liquide; mais à cause de la facilité avec laquelle il dissout l'azote, on ne peut atteindre de cette manière l'oxygène liquide absolument pur. On peut obtenir ce dernier, en faisant arriver dans un vase refroidi par de l'air liquide vers 192°, un courant d'oxygène pur [Erdmann et F. Bedford, *D. chem. G.*, **37**, 1184, 1904].

L'oxygène liquide est incolore en couche mince, mais bleu sous une épaisseur notable [Liweing et Dewar, *Phil. Mag.*, (5), **34**, 205, 1892].

Le point d'ébullition sous 760 millimètres, évalué par Wroblewski [*C. R.*, **98**, 304, 1884 et **100**, 979, 1885], à — 184°, est pour le liquide pur — 181°,2 [Ladenburg et Krügel, *D. chem. G.*, **32**, 1818, 1899]; — 181°,5 à — 182°,9 [J. Dewar, *Ann. Chim. Phys.*, (7), **23**, 417, 1901]; — 182°,9 [Travers, Senter et Jacquerod, *Chem. News*, **86**, 61, 1903; — 181°,8 [Erdmann et Bedfort, *D. chem. G.*, **37**, 1184, 1904].

La densité de l'oxygène liquide est à la température d'ébullition 1,110 à 1,137 [Olzewski, *An. Ph. Chem. Wied. Beibl.*, **10**, 686, 1886]; — 1,124 (Liweing et Dewar); — 1,134 (Ladenburg et Krügel); — 1,132 [Drugman et Ramsay, *J. Chem. Soc.*, **67**, 1228, 1894]. Pour les densités à — 198°,3 et — 193°,9, voir Inglis et Coates [*Chem. Soc.*, **89**, 886, 1906].

Cette densité diminue rapidement quand la température s'élève. Selon Olzewski [*Mon. f. Chem.*, **5**, 124], le coefficient de dilatation du liquide jusqu'à — 129°, est 0,01706.

D'après Hanssen [*Chem. News*, **92**, 172, 1905], au point d'ébullition, 1 volume d'oxygène liquide fournit 783,85 volumes de gaz.

Les tensions de vapeur de l'oxygène liquide au-dessous du point d'ébullition ont été déterminées par Travers, Senter et Jaquerod [*Zeit. physiol. Chem.*, **45**, 416] et par Travers et Fox [*Roy. Soc. Proc.*, **72**, 386].

D'après Erdmann et Bedford [*loc. cit.*], à — 192°,5, la tension est 231 millimètres.

La tension superficielle de l'oxygène liquide a été déterminée par Baly et Donnan entre — 183° et — 213°; ils en ont déduit pour la valeur du rapport d'Eoetwoës, $\frac{d\gamma(Mv)^{\frac{2}{3}}}{dt}$, 1,917, valeur peu différente de la valeur moyenne 2,12 obtenue pour les liquides à molécule non condensée. On peut conclure que la molécule est O^2 dans l'état liquide comme dans l'état gazeux [*Proc. Chem. Soc.*, **18**, 115, 1902; — *J. Chem. Soc.*, **81**, 907].

La température critique est — 113° [Wroblewski et Olzewski, *C. R.*, **96**, 1140 et 1225, 1883]; — 105° [Sarraut, *C. R.*, **97**, 489, 1883]; — 118° [Wroblewski, *Sitz. Akad. Wien.*, (2), **90**, 667, 1884]. La pression critique est voisine de 50 atmosphères.

La chaleur spécifique de — 200° à — 183° est 0,347 + 0,0014 [Alt, *Ann. Phys. Pogg.*, (4), **13**, 1010, 1904]. La chaleur d'évaporation a été évaluée par le même auteur à 50^{cal},97 [*Zeit. Phys.*, **6**, 346, 1905].

L'oxygène liquide fournit un spectre d'absorption caractérisé par une absorption assez intense des rayons orangés et jaunes, avec des raies plus faibles dans le vert et le bleu : il en résulte la transmission d'une lumière colorée en bleu. Les raies d'absorption ont comme longueurs d'onde (en millioniémes de millimètre) :

634 à 622	dans l'orangé.
582 à 573	dans le jaune.
535	dans le vert.
481	dans le bleu.

et diffèrent peu de certaines raies de l'état gazeux [Olzewski, *Mon. f. Chem.*, **8**, 75, 1887; — Liveing et Dewar, *Phil. Mag.*, (5), **34**, 205, 1892].

L'indice de réfraction de l'oxygène liquide est (pour la raie D) 1,2236 [Liveing et Dewar, *loc. cit.*].

L'oxygène liquide dissout le fluor liquide (Moissan et Dewar). D'après Erdmann et Bedfort [*D. chem. G.*, **37**, 1184 et 2545, 1904], il dissout facilement l'azote, ce qui abaisse son point d'ébullition. A. Stock a fait remarquer que ce n'est pas une vraie dissolution; on doit seulement constater que l'oxygène et l'azote liquides se mélangent en toutes proportions [*D. chem. G.*, **37**, 1432, 1904].

3° *Oxygène solide.* — L'oxygène se solidifie, dans l'hydrogène liquide, en un solide bleuâtre qui fond vers — 200°.

Propriétés chimiques. — Les réactions de l'oxygène sur les diverses matières, ou *oxydations*, ont été dans ces dernières années, au point de vue de leur mécanisme intime, l'objet de nombreuses recherches. On peut diviser les oxydations en plusieurs catégories distinctes :

1° Les oxydations qui ont lieu spontanément aussitôt que, dans certaines conditions physiques (température, pression, etc.), la matière oxydable et l'oxygène sont mis en présence.

2° Les oxydations qui sont provoquées par l'oxydation simultanée de certaines substances dites *autooxydateurs*.

3° Les oxydations provoquées par la présence de matières en apparence non transformées, dites *catalyseurs d'oxydation*.

I. Le premier groupe comprend une multitude de cas, et les circonstances du phénomène sont très variées. Parfois la réaction a lieu dès la température ordinaire (oxyde azotique, hydrate ferreux ou manganeux, hydrosulfites, pyrogallates alcalins, essence de térébenthine) : la chaleur dégagée peut amener l'inflammation vive (phosphure d'hydrogène liquide, siliciure d'hydrogène Si^2H^6, zinc-éthyle, phosphines, cacodyle, etc.).

Le plus souvent, il faut élever la température. Le charbon ne s'oxyde qu'au rouge à des températures d'autant plus hautes qu'il est plus compact [Moissan, *Bull. Soc. Chim.*, (3), **29**, 101,

1903]. Le sulfure de carbone commence à s'oxyder à 149°; l'hydrogène à partir de 180° [Gautier et Helier, *Bull. Soc. chim.*, (3), **15**, 468, 1896]; mais cette dernière oxydation est encore trop lente pour donner lieu à une flamme, qui ne se produit qu'au-dessus de 500°.

La lumière provoque un certain nombre d'oxydations directes : aux faits connus anciens, ajoutons l'oxydation du chlorure de carbone C^2Cl^4 qui, au soleil, donne $COCl^2$ et $Cl^3.COCl$; celle du trichlorure de phosphore, qui fournit assez rapidement l'oxychlorure $POCl^3$ [Besson, *C. R.*, **121**, 125, 1895].

La pression joue dans le phénomène un rôle parfois assez important. Le phosphore ne s'oxyde à froid, dans l'oxygène sec, qu'au-dessous de 330 mm. [W. Jorissen et Ringer, *Chem. News*, **92**, 150, 1905]. Au contraire, l'oxydation directe de l'argent ne peut être réalisée à 300° que sous une pression voisine de 15 atmosphères [Lechâtelier, *Bull. Soc. Chim.*, (2), **48**, 344, 1887].

La présence d'une certaine dose d'humidité joue dans beaucoup de ces phénomènes un rôle capital. Les oxydations sont généralement beaucoup plus difficiles à réaliser au moyen d'oxygène sec [Dixon, *Proc. Roy. Soc.*, **37**, 56, 1884]. On n'arrive pas à provoquer la détonation des mélanges absolument secs d'oxyde de carbone et d'oxygène. D'après Traube [*D. chem. G.*, **18**, 1890, 1885], une flamme d'oxyde de carbone s'éteint dans l'air tout à fait sec. Le carbone, et même le phosphore, refusent de brûler au rouge sombre dans l'oxygène parfaitement desséché [Baker, *J. Chem. Soc.*, **47**, 349, 1886].

L'hydrogène et l'oxygène exactement secs ne se combinent pas encore à 1000° [Baker, *Proc. Chem. Soc.*, **18**, 40, 1892]. L'oxygène ou l'air secs n'oxydent les métaux qu'à température beaucoup plus élevée, que l'air ou l'oxygène un peu humides. L'eau paraît jouer dans ces phénomènes un véritable rôle de catalyseur d'oxydation [Traube, *loc. cit.*].

II. Beaucoup de corps directement oxydables par l'oxygène ou l'air humides, entraînent par leur oxydation celle de corps qui, demeurant seuls, ne seraient pas directement oxydables.

Ainsi, l'hydrure de palladium, abandonné à l'oxydation spontanée dans un milieu aqueux, y détermine des oxydations intenses : l'indigo est décoloré; l'iodure de potassium est oxydé avec mise en liberté d'iode, puis d'acide iodique. L'ammoniaque passe à l'état de nitrate d'ammonium, le benzène à l'état de phénol. Le toluène donne de l'acide benzoïque. L'oxyde de carbone fournit de l'anhydride carbonique, réaction que l'ozone ou l'eau oxygénée sont incapables d'effectuer [Hope-Seyler, *D. chem. G.*, **12**, 1551, 1879; **16**, 1917, 1883; **20**, 2215, 1889. — Baumann, *D. chem. G.*, **16**, 2146, 1883; **17**, 283, 1884. — Leeds, *Chem. News*, **48**, 25, 1883. — Remsen et Keiser, *Am. Chem. J.*, **4**, 454, 1883 et **5**, 424, 1884].

Des oxydations analogues accompagnent l'oxydation spontanée du phosphore dans l'air humide, celle du pinène, des solutions aqueuses de pyrogallol, des sulfites alcalins, de l'aldéhyde benzoïque, de l'hydrate ferreux, de l'oxyde cuivreux ammoniacal. On a donné le nom d'*autoxydateurs* à ces matières et, dans tous les cas, l'expérience a montré que tous rendent *active*, c'est-à-dire apte à l'oxydation directe des substances non directement oxydables quand elles sont seules, exactement la même quantité d'oxygène qu'elles fixent elles-mêmes en s'oxydant [Engler et Wild, *D. chem. G.*, **30**, 1669, 1897. — Bach, *J. Soc. phys. chim. russe*, **29**, 373, 1897. — Engler, *Rev. de Chim. pure et appl.*, **6**, 288, 1903].

La cause du phénomène paraît être, dans tous les cas, la production aux dépens de l'autoxydateur d'un composé peroxydé, qui se détruit ensuite en oxydant la matière voisine.

Avec un autoxydateur A, considéré seul, on aurait :

$$A + \underset{\text{Oxygène.}}{O=O} = A\langle{}^{O}_{O}|$$

Puis au contact de la matière oxydable voisine :

$$\underset{\text{Instable.}}{A\langle{}^{O}_{O}|} + B = \underset{\text{Stable.}}{A=O} + \underset{\text{Stable.}}{B=O}.$$

En l'absence de la matière B, la deuxième réaction peut être réalisée par la substance A toute seule, et donner alors :

$$A\langle{}^{O}_{O}| + A = \underset{\text{Stables.}}{2(A=O)}.$$

Toutes les fois que cette dernière réaction sera suffisamment lente, on pourra, par action directe de l'oxygène sur l'autoxydateur A, seul, atteindre le peroxyde instable

$$A\langle{}^{O}_{O}|$$

qui, du reste, pourra fréquemment être obtenu directement par d'autres voies. Ainsi, le pinène agité avec un grand volume d'air donne lieu à du peroxyde capable ultérieurement de décolorer l'indigo, de bleuir le gaïac, de libérer l'iode de l'iodure de potassium. En opérant de même avec le diméthylfulvène C^8H^{10}, Engler et Frankenstein ont isolé un bioxyde $C^8H^{10}O^2$, qui détone à 130°, et jouit de propriétés oxydantes très actives [*D. chem. G.*, **34**, 2933, 1901].

Les divers autoxydateurs donnent des réactions semblables à celles qui viennent d'être décrites; mais avec des différences résultant de leur constitution propre. Nous citerons le cas des sels céreux, dont le rôle autoxydateur a été étudié par Job dans un travail important [*Ann. Chim. Phys.*, (7), **20**, 207, 1900; *C. R.*, **134**, 1032, 1902 et **136**, 43, 1903].

Les sels céreux dissous en présence de carbonate de potassium sont un autoxydateur incolore.

On a d'abord :

$$Ce(OH)^3 + \begin{matrix} O- \\ | \\ O- \end{matrix} + Ce(OH)^3$$
$$= \underset{\text{Peroxyde instable.}}{Ce(OH)^3-O-O-Ce(OH)^3}$$

L'eau réagit sur ce dernier

$$Ce(OH)^3-O-O-Ce(OH)^3 + H^2O$$
$$= \underset{\text{Hydrate cérique stable.}}{Ce(OH)^4} + \underset{\text{Peroxyde rouge sang.}}{Ce(OH)^3-O-OH}$$

Ce dernier tend à revenir à l'état d'hydrate cérique stable, s'il est au contact d'une matière oxydable par entraînement, telle que de l'arsénite de potassium; on verra alors réapparaître la teinte jaune des sels cériques.

III. Dans divers cas, la présence d'une petite quantité de matière suffit à provoquer l'oxydation directe de doses illimitées de substances oxydables : la matière active est alors dite un *catalyseur d'oxydation*.

Supposons que dans le cas d'un autoxydateur A. vis-à-vis d'une substance oxydable B. celle-ci puisse être oxydée par l'oxyde stable AO, on aura la succession de réactions :

$$\mathrm{A} + \mathrm{O}^2 = \mathrm{A}\left\langle\begin{matrix}\mathrm{O}\\ |\\ \mathrm{O}\end{matrix}\right.$$

$$\mathrm{A}\left\langle\begin{matrix}\mathrm{O}\\ |\\ \mathrm{O}\end{matrix}\right. + \mathrm{B} = \mathrm{A{=}O} + \mathrm{B{=}O}$$

$$\mathrm{A{=}O} + \mathrm{B} = \mathrm{B{=}O} + \underset{\text{Régénéré.}}{\mathrm{A}}$$

On voit que l'autoxydateur sera régénéré tout entier, et pourra servir de nouveau comme intermédiaire actif entre l'oxygène libre et la substance oxydable. Une dose limitée de A pourra servir à oxyder une quantité illimitée de B. c'est un *catalyseur*.

Cette condition se trouve réalisée par les sels céreux en solution alcaline vis-à-vis du glucose, parce que celui-ci est oxydé par les sels cériques (Job). Les sels manganeux employés à très faible dose peuvent de même servir à provoquer l'oxydation directe de quantités illimitées de pyrogallol, d'hydroquinone. etc. [Bertrand. *Bull. Soc. Chim.*, (3), **17**. 753. 1897. — Villiers, *Bull. Soc. Chim.*, (3), **17**. 675, 1897]. C'est certainement à un mécanisme identique qu'il convient de rapporter l'activité oxydante du platine, du palladium et de beaucoup d'autres métaux, surtout employés à l'état de mousse ou de poudre ténue. Le noir de platine provoque à froid l'oxydation directe de l'anhydride arsénieux en acide arsénique. celle de l'iodure de potassium [Engler et Wohler. *Zeit. anorg. Chem.*, **29**. 1, 1901]. Au contact de mousse de platine ou d'amiante platinée vers 500°. l'anhydride sulfureux est régulièrement oxydé en anhydride sulfurique, l'ammoniaque en acide azotique. Les analogies permettent de penser que le métal passe à l'état de peroxyde. qui cède aussitôt son oxygène à la matière oxydable, en laissant le métal prêt à une nouvelle réaction.

Le processus doit être visiblement le même pour les diverses *oxydases* plus ou moins complexes qui existent dans les milieux vivants (voyez l'article OXYDASES).

ANALYSE. — L'analyse de l'oxygène dans les mélanges gazeux a été décrite à l'article ANALYSE DES GAZ, Dict., **1**. 272.

On a proposé, comme absorbant de l'oxygène, le chlorure chromeux : mais ce réactif a l'inconvénient de dégager lentement un peu d'hydrogène [Berthelot, *C. R.*, **127**. 24. 1898; — R. Peters, *Zeit. phys. Chem.*, **26**. 193, 1898].

Pour ce qui concerne l'emploi du pyrogallate de potassium (Dict., **1**. 273). Berthelot a montré qu'il donne d'excellents résultats à condition d'opérer avec un excès de pyrogallol, le dégagement d'oxyde de carbone étant dans ces conditions absolument négligeable [*C. R.*, **126**, 1066. 1898]. Il convient de ne pas oublier que le pyrogallate de potassium absorbe aussi l'oxyde azotique.

La présence d'oxygène *actif*, fourni par certains catalyseurs ou par les autoxydateurs, tels que le térébenthène oxygéné, peut d'après Cazeneuve [*Bull. Soc. Chim.*, (3), **5**, 855, 1891] être indiquée par la solution alcoolique à 10/0 de métaphénylène-diamine, additionnée de quelques gouttes d'ammoniaque : on a de suite une coloration bleu indigo. L'eau oxygénée donne la réaction après quelques minutes. L'ozone fournit au contraire une teinte brune.

A côté du procédé institué par Schützenberger pour doser l'oxygène dissous, à l'aide de l'hydrosulfite de sodium (Dict., **2**, 712), il faut signaler l'emploi du tartrate ferreux, ajouté à la liqueur rendue alcaline : celle-ci ayant été colorée par la phénosafranine. le tartrate n'amène la décoloration, que lorsque tout l'oxygène dissous a été utilisé pour oxyder le tartrate [Linossier, *Bull. Soc. Chim.*, (3), **5**, 63, 1891].

On peut aussi se servir pour ce dosage de l'hydrate ferreux, qui fixe tout l'oxygène dissous, dont on évalue la proportion en dosant au permanganate le produit ferreux qui reste non peroxydé (Mohr, Blarez).

POIDS ATOMIQUE. — La plupart des chimistes ont adopté le poids atomique $O = 16$, comme base du système des poids atomiques.

VALENCE. — Dans la plupart des réactions, l'oxygène se comporte comme *divalent*, tandis que le soufre qui fait partie de la même famille naturelle de corps simples, manifeste dans un grand nombre de cas. une valence supérieure à 2, savoir 4 ou 6. Les analogies conduisent à admettre que la valence de l'oxygène doit être identique. et de fait, il a été indiqué, dans ces dernières années. beaucoup de faits favorables à cette manière de voir.

Un grand nombre de raisons amènent à penser que l'eau liquide est formée de molécules doubles H^4O^2 [Thomsen. *D. chem. G.*, **18**, 1088, 1883; — Ramsay et Shields, *Zeit. phys. Chem.*, **12**, 434. 1893: — Ph. Guye, *Journ. Soc. Phys.*, (2). **9**, 312, 1890; — Vant Hoff, *Leçons Chim. Phys.*, **2**, 56 et **3**. 44 et 55; — Vernon, *Chem. News*, **64**. 54, 1891]. L'existence de telles molécules n'est compatible qu'avec une valence de l'oxygène supérieure à 2.

La composition de beaucoup de produits organiques ne peut se concilier qu'avec une valence au moins égale à 4. Nous pouvons citer les très nombreux composés d'additions fournis avec les hydracides. le chlore, le brome ou l'iode, par des oxydes organiques. tels que l'oxyde d'éthyle [Meldola, *Phil. Mag.*, **162**. 403; — Mac Intosh, *Jour. Amer. Chem. Soc.*, **27**, 26, 1905 et *Proc. Chem. Soc.*, **21**, 64, 1905; — Archibald et Mac Intosh, *Journ. Chem. Soc.*, **85**, 919, 1904]. A ce même type, issu de la tétravalence de l'oxygène. se rattachent les corps obtenus par Blaise [*C. R.*, **139**, 1211, 1904], en faisant réagir l'iode sur le magnésium en présence d'éther anhydre, tels que :

$$\begin{matrix}C^2H^5\\ C^2H^5\end{matrix}>O\left\langle\begin{matrix}I & & I\\ & Mg & \end{matrix}\right\rangle O<\begin{matrix}C^2H^5\\ C^2H^5\end{matrix}$$

Certains produits d'oxydation de la diméthylpyrone peuvent être regardés comme issus d'un hydrate d'oxonium $H^3O - OH$, où la tétravalence de l'oxygène serait manifeste (Collie et Dickle, *Proc. Chem. Soc.*, **15**, 148, 1899].

D'ailleurs l'étude de la réfringence de l'eau oxygénée H^2O^2 a conduit Brühl [*D. chem. G.*, **33**, 1700, 1900] à la considérer comme ayant une triple liaison, qui implique la tétravalence de l'oxygène. Il en est de même pour l'oxyde de carbone qui se distingue de ce que serait le vrai carbonyle par son caractère de molécule difficile à compléter, et auquel on serait ainsi conduit à assigner la formule $C \equiv O$.

Le coefficient de réfraction atomique calculé d'après la formule de Lorenz, est pour l'oxygène divalent 1,52, 1,68 ou 2,29, selon la constitution du composé [Brühl, *Zeit. physiol. Chem.*, **7**, 101, 1901]. Pour l'oxygène tétravalent, il a une valeur de 2,73. d'après I. Frances Homfray [*Journ. Chem. Soc.*, **87**, 1443, 1905].

APPLICATIONS. — L'oxygène est généralement emmagasiné par les usines qui le fabriquent dans des récipients cylindriques en fer forgé, où sa pression atteint 120 atmosphères. On l'utilise en thérapeutique pour des inhalations. Fourni à bas prix par la liquéfaction de l'air, il pourra rendre de grands services dans la métallurgie, où il permettra d'atteindre des températures très hautes [Fletscher. *Journ. Soc. Chem. Ind.*, **7**, 182]. Des injections d'oxygène dans le verre pâteux en facilitent beaucoup la fusion [Villon, *Bull. Soc. Chim.*, (3), **9**, 632, 1893].

Mars 1907. Paul Sabatier.

OXYHYDROQUINONE. — L'*oxyhydroquinone* ou 1.3.4-*trioxybenzène* a pour composition $C^6H^3(OH)^3_{1.3.4}$.

Préparation. — 1° On fond l'hydroquinone avec 8 à 10 fois son poids de soude du commerce. Quand la mousse produite par un fort dégagement d'hydrogène est tombée, on traite par SO^4H^2 étendu, on filtre et on épuise avec de l'éther. Le résidu est soumis à la précipitation fractionnée par l'acétate de plomb et le précipité obtenu décomposé par H^2S. Cette opération est répétée jusqu'à ce que le résidu de la solution éthérée se prenne en masse par l'évaporation. On obtient ainsi l'oxyhydroquinone à l'état pur [L. Barth et J. Schreder. *Mon. f. Chem.*, **5**, 589, 1884].

2° On l'obtient encore par saponification du *triacétate* au moyen des acides HCl ou SO^4H^2 en solution alcoolique ou méthylique [J. Thiele. *D. chem. G.*, **31**, 1247, 1898; — L. Gattermann et M. Köbner. *D. chem. G.* **32**, 282, 1899].

Propriétés. — L'oxyhydroquinone fond à 140°.5. Elle se présente en cristaux monocliniques et est très soluble dans l'eau froide, l'éther, l'éther acétique, l'alcool. A l'état humide et en solution, elle brunit en se résinifiant. A l'air libre, cette altération est plus rapide et les alcalis l'augmentent encore. Elle produit sur la peau une tache noire.

En solution très étendue, elle donne avec $FeCl^3$ une coloration vert brun qui vire au bleu, puis au rouge vineux avec CO^3Na^2. En solution concentrée, il se forme un précipité foncé cristallin.

Traitée par le brome sec en excès, elle se transforme en *tribromooxyquinone* $C^6Br^3HO^3$, fusible à 206-207°. L'acide sulfurique concentré la dissout à froid avec coloration vert brunâtre devenant violette, puis rouge cerise à 100°; on n'a pas isolé l'acide sulfonique formé. L'acide azotique en solution aqueuse fournit des cristaux d'oxyquinhydrone $C^{12}H^{10}O^6$; l'acide concentré l'oxyde en acide oxalique. L'acide chromique donne un précipité foncé qui n'a pu être purifié.

Par réduction, il se forme de la dihydrorésorcine fusible à 104°.

Traitée par l'acide carbonique en présence de bicarbonate de soude, elle se transforme en *acide oxyhydroquinone carbonique*, fusible à 217-218° (*triacétate* fusible à 162-163°).

Dérivés halogénés. — La *trichloro-oxyhydroquinone* s'obtient par réduction de la *trichloro-o-oxy-p-quinone* correspondante. Elle fond à 160° (*dérivé acétylé* fusible à 171°) [T. Zincke et C. Schaum, *D. chem. G.*, **27**, 537, 1894].

La *tribromo-oxyhydroquinone* est en aiguilles rougeâtres se décomposant vers 120° (*triacétate* fusible à 189°) [J. Thiele et Jaeger. *D. chem. G.*, **34**, 2837, 1901].

Ethers-sels. — Le *triacétate d'oxyhydroquinone* s'obtient par l'action de l'anhydride acétique en présence d'acide sulfurique sur la quinone [J. Thiele. *loc. cit.*; — J. Thiele et E. Winter. *Lieb. Ann. Chem.*, **311**, 341] ou bien au moyen de l'oxyhydroquinone elle-même (L. Barth et Schreder). Il fond à 96°.5-97°.

En présence d'anhydride acétique, il fournit avec AzO^3H le *nitrotriacétate* fusible à 107-108° qui, par saponification, conduit à la *nitrooxyhydroquinone* se décomposant vers 200° (dérivé dibromé fusible à 164°).

Cet éther se prête à la plupart des condensations du phénol lui-même et est souvent employé de préférence.

Le *tribenzoate* fond à 120°.

Ethers-oxydes. — La *méthoxyhydroquinone* $C^6H^3(OCH^3)_3(OH)^2_{1.4}$, fournie par réduction de la quinone correspondante fusible à 140°, fond à 84° [N. Will, *D. chem. G.*, **21**, 604, 1888]. La *triméthoxyhydroquinone*, obtenue par méthylation du composé précédent, est une huile bouillant à 247° et donne avec AzO^3H concentré un *dérivé dinitré* fusible à 131°. Elle se forme aussi par distillation avec de la chaux de l'*asarone* $C^6H^2(C^3H^5)_1(OCH^3)^3_{3.4.6}$.

La dihydroasarone $C^6H^2(OCH^3)^3(C^3H^7)$ est une huile bouillant à 260° et à 160° sous 38 mm.

L'*éthoxyhydroquinone* $C^6H^3(OC^2H^5)_3(OH)^2_{1.4}$ fond à 112°.5 [Will et W. Pukall, *D. chem. G.*, **20**, 1133, 1887]. L'*éther diéthylique* fond à 65-67° [O. Wisinger, *Mon. f. Chem.*, **21**, 1007, 1900]. L'*éther triéthylique* fond à 33-34°.

Le *dérivé mononitré* fond à 108-109°, le *dérivé monobromé* à 51-52°, le *dérivé tribromé* à 72-73° [C. Breczina, *Mon. f. Chem.*, **22**, 347, 1901; — J. Herzig et Zeisel, *Mon. f. Chem.*, **10**, 149, 1889].

Condensations diverses. — L'oxyhydroquinone ou mieux son dérivé triacétylé se condensent en présence de SO^4H^2 ou de $ZnCl^2$ avec l'éther acétylacétique, l'éther acétyloxalique, en présence de pyridine avec l'éther malonique pour donner des dérivés de l'esculétine [H. v. Pechmann et E. v. Krafft. *D. chem. G.*, **34**, 423, 1901].

En présence d'acide sulfurique, elle se combine avec la benzaldéhyde pour donner la *phényltrioxyfluorone* $C^9H^{12}O^5$ fusible au-dessus de 300°; avec l'acétaldéhyde la *méthyltrioxyfluorone*, poudre rouge; avec la formaldéhyde la *méthylène bis-oxyhydroquinone* $C^{13}H^{12}O^6$ fusible à 227-230°; dérivé acétylé fusible à 152-155° [C. Liebermann et S. Lindenbaum, *D. chem. G.*, **37**, 1171, 1904].

Elle se condense avec la phénylacétylacétophénone [C. Bülow et H. Grotowsky. *D. chem. G.*, **35**, 1799, 1902], avec la méthylacétylacétone [C. Bülow et I. Deiglmayr, *D. chem. G.*, **37**, 1791, 1904], avec le dibenzoylméthane [C. Bülow et v. Sicherer. *D. chem. G.*, **34**, 3916, 1901], en donnant des dérivés du 1.4-benzopyranol.

Phtaléine ou dioxyfluorescéine $C^{20}H^{12}O^7$. — 1 mol. d'anhydride phtalique se condense avec 2 mol. d'oxyhydroquinone ou de son éther triacétique, soit à 185-190° pendant 5 heures, soit en présence d'acide sulfurique; le composé obtenu aurait, d'après W. Feuerstein et M. Dutoit [*D. chem. G.*, **34**, 2637, 1901], la constitution

OH OH

$C^6H^4 \cdot C$ O

CO - O

OH OH

et se présente en feuillets jaune verdâtre, solubles dans l'alcool avec fluorescence. Il donne un *dérivé dibromé* $C^{20}H^{10}O^7Br^2$, poudre rouge se décomposant à 200°. Le *tétraacétate* fond à 264°; le *tétrabenzoate* est en gros cristaux compacts. Chauffée avec de l'alcool et de l'acide sulfurique, la phtaléine se transforme en un *éther carboxylique* fusible à 326°, qui ne donne qu'un *dérivé triacétylé* fusible à 238-239°. Elle se fixe sur la laine, sur la soie en nuance orange, sur l'alumine en orangé, sur le fer en violet, sur le chrome en rouge [C. Liebermann, *D. chem. G.*, **34**, 2299; — J. Thiele et C. Jaeger, *ibid.*, **34**, 2617, 1901]. Chauffée avec de l'acide sulfurique concentré, elle donne un composé $C^{20}H^{10}O^6$ décrit sous le nom de *violéine*.

L'oxyhydroquinone se condense de même avec les anhydrides des acides 1.2-naphtaline-dicarbonique (poudre brune), hémipinique (poudre rouge), diphényltétrène-dicarbonique [C. Liebermann et F. Wölbling, *D. chem. G.*, **35**, 1782, 1902].

Bis-oxyhydroquinone. — Ce composé $C^{12}H^4(OH)^6$ se forme dans la fusion de l'hydroquinone avec de la soude en même temps que l'oxyhydroquinone. Son *dérivé acétylé* fond à 172° et est accompagné d'un *anhydride* fusible à 240-245°. L'*éther hexaéthylique* fond à 100-102° [Barth et Schreder; C. Brezina, *Mon. f. Chem.*, **22**, 590].

Éthyloxyhydroquinone. — Son *éther triéthylique* fond à 31-32° et bout à 157-160° sous 18 mm.

Oxyhydroquinone-aldéhyde. — Cette aldéhyde de formule $C^6H^2(OH)^3_{1.3.4}-CHO_6$ se forme par oxydation du trioxytoluène [Thiele et Winter, *Lieb. Ann. Chem.*, **311**, 341] ou par condensation de l'oxyhydroquinone avec l'acide cyanhydrique en présence de $ZnCl^2$ et de HCl.

Elle fond à 223°. Sa *phénylhydrazone* fond à 200°. Par acétylation, elle donne le *pentacétate de trioxybenzaldéhyde* fusible à 130° [L. Gattermann et M. Köbner, *D. chem. G.*, **32**, 278, 1899].
Mai 1906. F. March.

OXYISOPROPYLOXYBENZOÏQUE (ACIDE). — Voyez l'art. Cuminiques (acides), 2° Suppl., **2**, 1493.

OXYLITHE. — Voyez l'art. Oxygène, p. 657.

OXYMENTHYLIQUE (ACIDE). — Voyez l'art. Menthols, 2° Suppl., **6**.

OXYNITRAMIDE. — Voyez l'acide Hydroxylamine (nitro), 2° Suppl., **5**, 624.

OXYPHÉNYLACRYLIQUES (ACIDE). — Voyez Coumarique (acide).

OXYPHÉNYLCROTONIQUES (Syn. Propiocoumarique). — Voyez l'art. Coumariques (acides).

OXYPHTALIQUES (ACIDES). — L'isomérie de position fait prévoir 6 acides oxyphtaliques; tous sont connus.

ACIDE OXY-3-O-PHTALIQUE. $OHC^6H^3(CO^2H)^2$.

Préparation. — On l'obtient : 1° par fusion de l'acide sulfo-3-phtalique avec la potasse [Stokes, *Am. Chem. Journ.*, **6**, 282, 1884]; 2° par l'action de l'acide azoteux sur l'acide amino-3-phtalique [Bernthsen, Semper, *D. chem. G.*, **18**, 167, 1885]; 3° par oxydation du Juglon, au moyen de H^2O^2 en présence d'un alcali [Bernthsen, Semper, **20**, 937, 1887]; 4° à partir de l'acide hydrindène-sulfonique-4 [Moschner, *D. chem. G.*, **34**, 1257, 1901; — Miller, *Ann. Chem.*, **288**, 249, 1895; — Moschner, *D. chem. G.*, **33**, 742, 1900].

Éther éthylique. $C^8H^4O^5(C^2H^5)^2$. — Huile ne distillant pas (Miller).

Acide méthoxy-3-phtalique. $OH.C^6H^3(CO^2H)^2$. — Il se produit dans l'oxydation de la thébaolquinone, au moyen de MnO^4K [Freund, Göbel, *D. chem. G.*, **30**, 1357, 1392, 1897; — Moschner, *D. chem. G.*, **33**, 737, 1900]; il fond à 168-170° et se transforme en *anhydride* fusible à 93-96°.

Sel d'argent, $Ag^2C^9H^6O^5$.

Acide juglonique. $OH.C^6H.(AzO^2)^2(CO^2H)^2$. — On maintient pendant 8 à 10 heures à l'ébullition 10 gr. de juglone avec 200 gr. AzO^3H [Bernthsen, Semper, *D. chem. G.*, **18**, 210, 1885]. On connait les sels de K et d'AgH^4 de cet acide.

ACIDE OXY-4-O-PHTALIQUE. — On le prépare : 1° En chauffant pendant 1/2 heure à 175° du sulfo-4-phtalate de Na avec 2 p. 1/2 de soude [Graebe, *D. chem. G.*, **18**, 1130, 1885; — Rée, *Ann. Chem.*, **233**, 232, 1886]; 2° par fusion de l'acide méthoxy-4-phtalique avec la potasse caustique [Moschner, *D. chem. G.*, **33**, 741, 1900].

Sel d'aniline, $C^8H^6O^5.C^6H^7Az$. — Cristaux tabulaires, fusibles à 159° [Graebe, Buenzod, *D. chem. G.*, **32**, 1993, 1899].

Éther méthylique-2, $(HO)_4C^6H^3(CO^2H)_1(CO^2.CH^3)_2$. — On fait agir $CH^3OH + HCl$ sur l'acide oxy-4-phtalique [Wegscheider, Piesen, *Mon. f. Chem.*, **23**, 357, 397, 1902; — Wegscheider et Bondi, *Mon. f. Chem.*, **26**, 1039, 1905]; il fond à 166°.

Éther diméthylique, $HOC^6H^3.(CO^2.CH^3)^2$. — Fusible à 102° [Rée, *Ann. Chem.*, **233**, 233, 1886; — Wegscheider, Piesen, *Mon. f. Chem.*, **23**, 324, 1902].

Anhydride. $HO(C^6H^3)(CO)^2O$. — (Wegscheider, Piesen).

Oxy-4-phtalanile,

$$HOC^6H^3<{CO \atop CO}>Az.C^6H^5$$

— On l'obtient par fusion de l'oxy-4-phtalate d'aniline, fusible à 251° [Graebe, Buenzod, *D. chem. G.*, **32**, 1993, 1899].

Acide méthoxy-4-phtalique. $CH^3OC^6H^3(CO^2H)^2$. — On le prépare soit en chauffant, pendant 36 heures, du méthoxy-5-hydrindène avec de l'acide azotique, soit encore en partant des éthers de l'α-o-xylénol [Moschner, *D. chem. G.*, **33**, 741, 1900]; soit par oxydation du méthoxyphtalide [Fritsch, *Ann. Chem.*, **296**, 357, 1897]. Il fond à 163°. L'anhydride fond à 97° (Fritsch).

Acide éthoxy-4-phtalique, $C^2H^5.O.C^6H^3(CO^2H)^2$. — Il fond à 163° [Fritsch, *Ann. Chem.*, **286**, 25, 1895; *ibid.*, **296**, 357, 1897]. L'*éther diméthylique* fond à 44° et l'*anhydride* à 80° (Fritsch).

Méthylimide,

$$C^2H^5OC^6H^3<{CO \atop CO}>Az.CH^2$$

— Cristaux prismatiques, solubles dans l'alcool, fusibles à 110° [Fritsch, *Ann. Chem.*, **286**, 24, 1895].

ACIDE OXY-5-PHTALIQUE. — *Ether éthylique*, $OHC^6H^3(CO^2.C^2H^5)^2$. — [Onnertz, *D. chem. G.*, **34**, 3745, 1901]. Nitrile amino-4-dinitro-2.6-oxy-5-phtalique [Nietzki, Petri, *D. chem. G.*, **33**, 1788, 1900].

ACIDE OXY-2-ISOPHTALIQUE $OH.C^6H^3(CO^2H)^2 + H^2O$. — Miller [*Ann. Chem.*, **208**, 247, 1881] l'obtient en oxydant l'acétate d'α-naphtol par CrO^3 et l'acide acétique.

Sel d'argent (Miller).

Ether diéthylique. — Huile ne distillant pas (Miller).

Acide nitro-5-oxy-2-isophtalique, $HOC^6H^2(AzO^2)(CO^2H)^2$. — Hill l'a préparé en partant de l'aldéhyde malonique et de l'acide acétone-dicarbonique [*Am. Chem. Journ.*, **24**, 14, 1900]. — $Ag^2C^8H^3O^7Az$, petits cristaux jaunes.

Acide amino-5-oxy-2-isophtalique, $AzH^2.C^6H^2(OH)(CO^2H)^2 + H^2O$. — Préparé par électrolyse d'une solution d'acide nitro-5-isophtalique-1.3 dans 10 p. de SO^4H^2 [Gattermann, *D. chem. G.*, **26**, 1852, 1893].

Acide méthoxy-2-isophtalique. — Préparé par oxydation de l'aldéhyde méthylol-5-oxy-2-benzoïque [Stœrmer, Behn, *D. chem. G.*, **34**, 2, 455, 1901].

ACIDE OXY-4-ISOPHTALIQUE, $OHC^6H^3(CO^2H)^2$. — Barth et Schreder [*Mon. f. Chem.*, **3**, 803, 1882] en ont obtenu en fondant de l'acide benzoïque avec de la potasse.

ACIDE OXY-5-ISOPHTALIQUE, $OHC^6H^3(CO^2H)^2 + 2H^2O$.

Acide triamino-2.4.6-oxy-5-isophtalique, $HO.C^6(AzH^2)^3(CO^2H)^2$. — [Nietzki, Petri, *D. chem. G.*, **33**, 1796, 1900]. Préparé en réduisant avec $ZnCl^2$ l'acide (4.6)-diaminoquinone-imide-(5.2)-dicarbonique-(1.3).

Dérivé tétracétylique fusible à 208° (Nietzki, Petri).

Acide triacétyltriamino-2.4.6-cyano-3-oxy-5-benzoïque, $OHC^6(AzH.C^2H^3O)^3.CAz.CO^2H$.

Triamino-2.4.6-cyano-3-oxy-5-benzamide, $HOC^6(AzH^2)^3CAz.CO.AzH^2$ (Nietzki, Petri).

Nitrile amino-4-dinitro-2.6-oxy-5-phtalique (Nietzki, Petri, *D. chem. G.*, **33**, 1788, 1900).

ACIDE OXYTÉRÉPHTALIQUE, $HOC^6H^3(CO^2H)^2$. — Il se sublime sans fondre.

Sel de K, $KC^8H^5O^5 + H^2O$. — [Bittner, *Mon. f. Chem.*, **21**, 646, 1900].

Sel d'argent (Bittner).

ÉTHER MONOMÉTHYLIQUE-1, $(OH)_4C^6H^3(CO^2CH^3)_1(CO^2H)_4$. — Obtenu par l'action de CH^3I sur le sel acide de K [Wegscheider, Bittner, *Mon. f. Chem.*, **21**, 648, 1900], fusible à 206-208°.

Ether monométhylique-4, $(OH)_2C^6H^3(CO^2H)_1(CO^2CH^3)^4$, fusible à 177° [Wegscheider, Bittner, *Mon. f. Chem.*, **21**, 647, 1900; **23**, 333, 1902].

Sel d'argent $AgC^9H^7O^5$.

Ether diméthylique (W., B., 1902).

Acide méthoxytéréphtalique, $CH^3OC^6H^3(CO^2H)^2$.

Ether diméthylique. — *Préparation.* — On chauffe à 230°, on mélange 1 mol. oxytéréphtalate de méthyle, 1 mol. NaOH et $CH^3I + CH^3OH$ en excès [Breyer et Turin, *D. chem. G.*, **22**, 2187, 1889], fusible à 65°.

Acide benzoxytéréphtalique, $C^6H^5.CH^2O.C^6H^3(CO^2H)^2$, fusible à 230-260° (Baeyer et Turin).

Acide amino-5-oxy-2-téréphtalique, $AzH^2C^6H^2(OH)(CO^2H)^2$. — On électrolyse une solution sulfurique d'acide nitrotéréphtalique [Gattermann **26**, 1851, 1893]. Cristaux orangé clair.

ACIDE DIOXYTÉRÉPHTALIQUE (voy. 2ᵉ Suppl., 242). Décembre 1906. A. Bouchonnet.

OXYPROTÉINE-SULFONIQUE (ACIDE). — Voyez l'art. ALBUMINES, 2ᵉ Suppl., **1**, 126.

OXYPYRUVIQUE (ACIDE). $CH^2OH - CO - CO^2H$. — Il se forme par action de la potasse sur la nitrocellulose [Will, *D. chem. G.*, **24**, 401, 1891], et sur l'oxynitrocellulose [Leo Vignon, *Bull. Soc. Chim.*, **25**, 597, 1899; *C. R.*, **127**, 872].

L'acide oxypyruvique est un sirop facilement soluble dans l'eau et dans l'alcool, insoluble dans l'éther. D'après Will, il dévie à gauche le plan de polarisation de la lumière. Aberson a montré que cette activité était due à des impuretés [*Zeit. physik. Chem.*, **31**, 17, 1900]. Sa constitution est démontrée par l'étude du produit d'addition formé par l'acide cyanhydrique.

$$\begin{array}{c} CH^2OH \\ | \\ C{<}^{OH}_{CAz} \\ | \\ CO^2H \end{array} \rightarrow \begin{array}{c} CH^2OH \\ | \\ C{<}^{OH}_{CO^2H} \\ | \\ CO^2H \end{array} \rightarrow CO^2 + \begin{array}{c} CH^2OH \\ | \\ CHOH \\ | \\ CO^2H \end{array}$$

Sels. — $(C^3H^3O^4)^2Ca + 8H^2O$; $(C^3H^3O^4)^2Sr + 4H^2O$; $(C^3H^3O^4)^2Cd + 4H^2O$.

Janvier 1907. P. Carré.

OXYSALICYLIQUE (ACIDE) [Syn. : ac. gentisique]. — Voyez *Dict.*, **2**, 716. Cet acide prend naissance d'une façon régulière dans un grand nombre de réactions [Demole, *D. chem. G.*, **7**, 1438; — Goldberg, *J. prakt. Ch.*, (2), **19**, 371; — Miller, *Lieb. Ann. Ch.*, **220**, 124; — Rakowski et Leppert, *D. chem. G.*, **8**, 789; — Hlasiwetz et Habermann, *Lieb. Ann. Ch.*, **175**, 66]. On l'obtient encore par chauffage à 140° de 1 partie d'hydroquinone, 4 parties de CO^3HK et 4 parties d'eau en présence de sulfite de potasse [Senhofer et Sarlay, *Mon. f. Ch.*, **2**, 448]; par oxydation directe de l'acide salicylique, en milieu alcalin, au moyen du persulfate de potassium (Brevet all. 81 297). Voyez aussi Thiele et Mersenheimer [*D. chem. G.*, **33**, 676]. Il fond à 196-197° (Goldberg), 199-200° (Miller).

Conductibilité électrique [Ostwald, *Zeit. ph. Ch.*, **3**, 248]. — L'acide est insoluble dans le sulfure de carbone, le chloroforme, le benzène [Tiemann et Müller, *D. chem. G.*, **14**, 1988]. Il s'oxyde avec une grande facilité : il réduit facilement la liqueur de Fehling, la liqueur ammoniacale d'azotate d'argent. Le chlorure ferrique l'oxyde rapidement [Nef, *D. chem. G.*, **18**, 3499; — V. Juch, *Mon. f. Ch.*, **26**, 839, 1905]. Le bioxyde de manganèse et l'acide sulfurique donnent un dérivé de la phénanthrènequinone $C^{14}H^4O^4(OH)^2$ (Juch).

Transformation de l'acide dans l'organisme (Otto, Neubauer et W. Falta, *Zeit. physiol. Ch.*, **42**, 81, 1904].

Sels. — Ils ont été décrits par Senhofer et Sarlay, Hlasiwetz et Habermann, et par Miller. $C^7H^5O^4Na + 5,5H^2O$. Gros prismes perdant $3H^2O$ à l'air et retenant encore $0,5H^2O$ à 100°. $C^7H^5O^4K + H^2O$; $(C^7H^5O^4)^2Ca + 7H^2O$; $(C^7H^5O^4)^2Ba$; $(C^7H^5O^4)^2Pb + 2H^2O$; $(C^7H^5O^4)^2Cu + 4,5H^2O$.

Ether oxyde éthylique. — Il fond à 77° [V. Juch, *loc. cit.*].

ACIDE MÉTHOXYSALICYLIQUE. — On connaît le dérivé monométhoxy, $(OCH^3)_5(OH)_2(CO^2H)_{(1)}$ et le diméthoxyacide.

L'*acide monométhoxylé* se forme par l'action du gaz carbonique sur le p-méthoxyphénate de soude [Körner et Bertoni, *D. chem. G.*, **14**, 1997] ou par méthylation de l'acide hydroquinone carbonique [Kostanecki et Tambor, *Mon. f. Ch.*, **16**, 920]. Longues aiguilles, fusibles à 141-142° : peu solubles dans l'eau froide, beaucoup plus dans l'eau bouillante. Les sels de K, Na sont anhydres, celui de Ba retient $6H^2O$. Son *dérivé acétylé* a été décrit par Tiemann et Müller [*loc. cit.*].

L'*acide diméthoxy* résulte de l'oxydation de l'aldéhyde correspondante. Petites lamelles à éclat soyeux, fondant à 76°, facilement soluble dans l'eau chaude, l'alcool et l'éther.

L'*acide monoéthoxy* $(OC^2H^5)_{(5)}OH_{(2)}CO^2H_{(1)}$, fond à 164° (Kostanecki et Tambor).

Acide sulfoné, $(OH)^2C^6H^2(CO^2H)(SO^3H)$. — On sulfone par l'acide sulfurique à 130°, en présence d'anhydride phosphorique; petites aiguilles (Senhofer et Sarlay). $C^7H^4SO^7K^2 + H^2O$, prismes quadrangulaires. $(C^7H^4SO^7)Ba + 8.5H^2O$, aiguilles retenant $1H^2O$ à 130°; $(C^7H^4SO^7)Ba + 2H^2O$, lamelles retenant $0.5H^2O$ à 130°, $(C^7H^4SO^7)Pb + 2H^2O$, poudre cristalline retenant H^2O à 130°. 1ᵉʳ janvier 1907. V. Thomas.

OXYSALICYLIQUE (ALDÉHYDE) [Syn. : aldéhyde gentisique], $C^6H^3(OH)^2_{(2.5)}(COH)$. — On l'obtient par condensation de l'hydroquinone avec le chloroforme en présence de lessive de soude [Tiemann et Müller, *D. chem. G.*, **14**, 1986]. Voyez aussi Geigy et Cⁱᵉ, Brevet all. 105 798.

Longues aiguilles, fondant à 99°, solubles facilement dans les solvants usuels, peu solubles cependant dans la ligroïne. Les solutions aqueuses se colorent en rouge jaunâtre par les alcalis, en vert bleuâtre par le chlorure ferrique. La fusion alcaline le transforme en acide gentisique.

ÉTHERS. — $(CH^3O)_{(5)}C^6H^3.(OH)(CHO)$. — Il s'obtient par le procédé de Tiemann et Müller sous forme d'huile jaune à odeur aromatique, solidifiable dans un mélange réfrigérant : il fond à 4°, bout à 247-248°. Son *dérivé monoacétylé* est en aiguilles et fond à 63°. Son *dérivé triacétylé* fond à 63-70°.

$(CH^3O)^2C^6H^3(CHO)$. — Il s'obtient soit par éthérification de l'éther précédent, soit par oxydation de l'acide diméthoxycinnamique au moyen du permanganate [Schnell, *D. chem. G.*, **17**, 1387]. Voyez aussi Bouveault [*Bull. Soc. Chim.*, (3), **17**, 947]. Fines aiguilles, fondant à 51°, bouillant à 270°, et sous 10 mm. à 146°.

$(C^2H^5O)_{(5)}C^6H^3(OH)(CHO)$. — Petits prismes jaunes, fondant à 51°,5, bouillant à 230°, facilement volatils avec la vapeur d'eau, facilement solubles dans l'alcool, l'éther et le chloroforme, peu solubles dans l'eau. Les solutions se colorent en violet intense par le chlorure ferrique. La combinaison bisulfitique forme une bouillie cristalline [Hantsch, *J. prakt. Ch.*, (2), **22**, 464]. Son *dérivé monoacétylé* fond à 69° et bout avec décomposition à 285°. Son *dérivé mononitré* est en aiguilles jaunes, fondant à 129-130°.

$(C^2H^5O)^2C^6H^3(CHO)$. — Fines aiguilles fondant à 60°, bouillant à 280-285°.

Les *anilides* $C^6H^3(OH)^2CH=Az.CH^3$ et $C^6H^3(OCH^3)_{(5)}(OH)CH=AzC^6H^5$ sont en aiguilles rouges : la dernière fond à 59°.

ALDÉHYDE THIOXYSALICYLIQUE. — Wörner [*D. chem. G.*, **29**, 148] a obtenu en faisant réagir l'hydrogène sulfuré sur l'oxysalicylaldéhyde et son éther diméthylique des produits à base de soufre :

$[(OH)^2C^6H^3(CSH)]^3$. — Petites aiguilles se déposant dans l'alcool avec 2 molécules de solvant, fusibles à 190° avec décomposition.

$[(OCH^3)^2C^6H^3(CSH)]^3$. — Existe sous deux formes isomériques : l'une fondant à 95-96°, facilement soluble dans le chloroforme ; l'autre se déposant du benzène avec 2 molécules de solvant, fondant à 180°, très peu soluble dans le chloroforme, presque insoluble dans l'alcool.

1er janvier 1907. V. Thomas.

OXYTHIOCÉTONES. — Voyez DUPLOTHIOCÉTONES.

OXYTOLUIQUES (ACIDES). — Voyez CRÉSOTIQUES (ACIDES).

OZOKÉRITE [Voyez OZOCÉRITE, Dict. 2, 718]. — L'ozokérite est constituée par un mélange de carbures saturés (de $C^{22}H^{46}$ à $C^{30}H^{62}$) et de carbures éthyléniques (de $C^{24}H^{48}$ à $C^{30}H^{60}$).

La transformation du pétrole en ozokérite a dû se faire par oxydation, puis élimination d'eau sous l'influence d'une argile que l'on rencontre toujours au voisinage des gisements d'ozokérite.

Celle-ci fond de 60° à 66° et distille en commençant à se décomposer de 210° à 300° C.

Elle n'est attaquée que très légèrement par l'acide sulfurique concentré.

Voici quelques analyses :

Provenance.	C 0/0	H 0/0	Auteurs.
Boryslaw (Galicie).	84,94	14,87	Hofstadter.
Slanik (Roumanie)	84,43	14,39	Schrœtter.
Utah (États-Unis).	85,44	14,45	Smith.

L'ozokérite purifiée par une première fusion sur les lieux d'extraction est expédiée ensuite aux raffineries.

Raffinage. — Le procédé de raffinage dépend de l'usage auquel est destiné le produit.

Lorsqu'on a besoin d'une matière blanche, comme par exemple, pour la fabrication des bougies, on peut opérer de la façon suivante :

L'ozokérite est distillée dans un courant de vapeur d'eau ; le produit distillé est moulé, puis comprimé à la presse hydraulique de façon à éliminer la partie huileuse. Les pains sont de nouveau fondus, la masse fluide est traitée par l'acide sulfurique (5 0/0), dans des chaudières à double fond à vapeur.

Après ce traitement, l'ozokérite légèrement teintée en jaune est filtrée sur du noir animal. On obtient une cire dure blanche, représentant en poids 60 à 70 0/0 des pains obtenus par première fusion. On lui donne parfois le nom de *cérésine*. Elle est principalement employée à la fabrication des bougies. Elle ressemble à la cire d'abeilles.

La cérésine jaune sert à falsifier la cire pour parquets.

On distingue facilement la cire de la cérésine, car la première seule est attaquée par l'acide sulfurique concentré [Edgard Gosling, *The School of Mines Quarterly*, 1894 et *Moniteur Scientifique*, 449, 1895]. Avril 1907. A. Baud.

OZONE. — PRÉPARATION. — 1° *A partir de l'oxygène ordinaire*. — Tous les procédés qui amènent l'ionisation de l'oxygène peuvent être employés pour sa transformation plus ou moins imparfaite en ozone. Les méthodes les plus convenables résultent de l'application des décharges électriques, sous forme d'étincelles, d'aigrettes, et surtout d'effluves. Mais on peut aussi faire intervenir les radiations ultraviolettes, les hautes températures, les rayons spéciaux issus du radium, enfin certaines réactions chimiques d'oxydation directe.

Quelques observations avaient pu faire croire à la production d'un peu d'ozone, par abaissement extrême de la pression de l'oxygène : mais d'après Threlfall et Fr. Martin [*Chem. News.*, **76**, 283, 1897], cette opinion n'est nullement fondée.

α. *Formation par l'effluve électrique*. — Les appareils très nombreux qui servent à préparer l'ozone par l'effluve consistent essentiellement en deux électrodes séparées par un espace où circulent l'oxygène ou l'air qui doivent être ozonisés. Ces électrodes sont le plus souvent concentriques l'une à l'autre

L'électrode intérieure est formée tantôt par un simple fil de platine en contact direct avec le gaz, comme dans l'appareil Houzeau, qui a été décrit au Dict., **2**, 719, tantôt par une tige de charbon de cornue [Boillot, *C. R.*, **75**, 214, 1872], tantôt par un tube de métal verni comme dans l'appareil de Siemens et Halske décrit au 2e Supp., **3**, 440, fréquemment par un tube de verre rempli à l'intérieur de feuilles métalliques [Otto, *Ann. Chim. Phys.*, (7), **13**, 80, 1898] ou renfermant un liquide bon conducteur, mercure, acide chlorhydrique [Houzeau, *C. R.*, **74**, 1280, 1872], solution chlorhydrique de chlorure d'antimoine [A. Thénard, *C. R.*, **75**, 118, 1872], acide sulfurique concentré [Berthelot, *Ann. Chim. Phys.*, (5), **10**, 162, 1877].

L'électrode extérieure est le plus souvent constituée par un tube de verre recouvert d'une matière conductrice, feuille mince de métal (Houzeau, Otto), ou liquide conducteur (Houzeau, Thénard, Berthelot).

L'emploi des électrodes liquides séparées par des parois de verre est avantageux parce que leur état est moins modifié par la succession continue des décharges, qui dans le cas d'électrodes métalliques, finissent par produire en quelques points des étincelles disruptives au lieu d'effluve proprement dite [Houzeau, *C. R.*, **70**, 1286, 1870].

L'ozoniseur Berthelot, fréquemment employé dans les laboratoires, est d'un usage commode, et donne de bons résultats [*loc. cit.*].

Berthelot a établi que la formation d'ozone est déjà appréciable, quand il y a entre les deux électrodes une différence de potentiel de 7 volts [*C. R.*, **131**, 772, 1900]. Mais pour avoir des rendements élevés, il convient de recourir à de hautes tensions, allant de 4000 à 100000 et même 150000 volts [Villon, *Bull. Soc. Chim.*, (3), **9**, 750, 1893]. Les sources à haute fréquence, dépassant 600 interruptions par seconde, donnent les meilleurs résultats (Voy. Dict., 2e Suppl., **3**, 439). Voir à ce sujet l'ozoniseur à haute fréquence proposé par Guilleminot [*C. R.*, **136**, 1653, 1903].

En étudiant la production d'ozone dans les tubes ozoniseurs de Siemens, Gray a trouvé que la proportion formée est à peu près indépendante de la différence de potentiel, mais toutefois il a observé que la formation la plus avantageuse correspond au cas où cette différence est tout juste capable de faire apparaître l'illumination du gaz [*Ann. Phys. Pogg.*, (4), **15**, 606, 1904 et *Berl. Akad. Ber.*, 1903, 1016]. Shenstone avait fait des observations analogues [*Chem. News*, **63**, 938 et 961, 1891].

Comme l'avaient montré Hautefeuille et Chappuis (Dict., 1er Suppl., 1133), il est très avantageux d'opérer à température basse. Les expériences de Ladenburg ont fort bien vérifié cette influence considérable de la température [*D. chem. G.*, **34**, 3849, 1901]. Dans des conditions identiques de pression et d'effluve, la proportion d'ozone obtenue pour 100 a été :

à 0°	10,79
10°	8,53
15°	7,82
25°	6,54
30°	4,55

En opérant dans des milieux plus chauds, on supprime à peu près complètement la formation d'ozone : la dose d'ozone 0,0 obtenue avec un même appareil a été trouvée par Beill [*Mon. f. Chem.*, **14**, 71, 1893] :

à — 73°	10,4
— 20°	7,8
0°	6,8
59°	3
109°	0,7
176°	traces.

Il est donc important de refroidir les gaz le plus possible : on y arrive en refroidissant l'appareil tout entier, ainsi que l'oxygène qui s'y trouve conduit, ou simplement, quand l'électrode intérieure est un tube métallique, en y faisant circuler un courant d'eau glacée [Wills, *D. chem. G.*, **6**, 769, 1873 ; — Abraham et Marmier, *Brevet français*, 1897].

L'emploi d'oxygène humide paraît désavantageux, particulièrement parce que des étincelles visibles tendent à s'y produire au détriment du rendement en ozone [Shenstone et Cundall, *Chem. News*, **55**, 244, 1887].

β. *Formation par l'aigrette électrique.* — Au voisinage des machines électrostatiques en activité, on perçoit une odeur d'ozone provenant de l'action des aigrettes qui s'y manifestent aux extrémités des conducteurs et surtout sur les pointes. Certains ozoniseurs sont basés sur ce principe [Andreoli, *Brevet français*, 1892]. D'après Warburg, qui a étudié spécialement ce mode de formation, la proportion d'ozone est, dans le cas de faibles courants électriques, plus petite à l'aigrette positive qu'à l'aigrette négative ; tandis que c'est l'inverse pour des courants intenses. D'ailleurs, le rendement d'ozone par les pointes est 4 ou 5 fois moindre que dans les appareils où la décharge se produit entre des champs diélectriques [*Sitz. Preuss. Akad.*, 712, 1900 et 1011, 1903 ; — *Ann. Phys. Pogg.*, (4), **17**, 1, 1905].

γ. *Formation par les radiations ultra-violettes.* — L'ozonisation de l'oxygène ou de l'air par les radiations ultra-violettes a été indiqué pour la première fois par Lenard [*Ann. Phys.*, (4), **1**, 486, 1900], qui montra qu'une vive lumière ayant seulement traversé une lame de quartz ozonise, et au contraire ne produit aucun effet si elle a traversé une feuille de mica, qui arrête l'ultra-violet. Goldstein a observé que, lorsqu'à l'intérieur d'un tube de quartz contenant de l'air raréfié, on produit une effluve, l'air extérieur prend une forte odeur d'ozone, qui a été formé grâce aux radiations ultra-violettes qui ont traversé la paroi de quartz [*D. chem. G.*, **36**, 3042, 1903]. Fr. Fischer et Brœhmer ont vérifié la même formation, en faisant passer de l'oxygène dans un tube de quartz refroidi par circulation d'eau et éclairé par un arc à mercure : l'oxygène s'ozonise et la proportion d'ozone a atteint 0,26 0/0 [*D. chem. G.*, **38**, 2633, 1905].

δ. *Formation par l'action d'une haute température.* — D'après une observation déjà ancienne de Leroux [*C. R.*, **50**, 691, 1860], l'air s'ozonise au contact d'un fil de platine rendu incandescent par le passage d'un courant, et cet effet a été attribué à la température très haute. Mais divers chimistes ont trouvé que dans ces conditions on n'obtient que des oxydes d'azote sans ozone [Saint-Edme, *C. R.*, **52**, 408, 1861]. Tout récemment, en faisant circuler de l'oxygène pur au voisinage de filaments de Nernst atteignant la température de 2200°, Clément n'a observé aucune formation d'ozone [*Ann. Phys. Pogg.*, (4), **14**, 334, 1904]. Berthelot ayant chauffé à 1300° de l'oxygène dans un tube scellé en quartz, puis refroidi subitement à 0°, n'a pu constater aucune trace d'ozone [*C. R.*, **140**, 905, 1905].

Pourtant Troost et Hautefeuille ont observé que si de l'oxygène traverse un tube chauffé à 1300° ou 1400°, dont le centre était occupé par un tube d'argent refroidi par un courant rapide d'eau froide, il y a production d'ozone, démontrée par la formation caractéristique de peroxyde d'argent [*C. R.*, **84**, 946, 1877]. Tout récemment, F. Fischer et Brœhmer ont immergé dans de l'oxygène liquide, refroidi par un bain d'air liquide, des filaments incandescents de Nernst atteignant environ 2200° et ont observé une production nette d'ozone [*D. chem. G.*, **39**, 940, 1906].

Il est donc bien établi que de l'ozone prend naissance lorsque, dans un espace rempli d'oxygène, se trouvent juxtaposées des parties froides et des régions très chaudes. On peut admettre que, l'ozone ayant été formé sous l'action de la température élevée, le refroidissement très brusque a permis de le soustraire à la destruction extrêmement rapide que procurent les températures intermédiaires où la formation n'a plus lieu. Mais on peut aussi, avec Berthelot [*C. R.*, **131**, 772, 1900 et **142**, 1456, 1906], penser que l'ozone n'a pas été engendré aux parties les plus chaudes, mais que tout au contraire il prend naissance dans la région froide, par suite des états électriques qui proviennent de la variation très rapide de la température dans la masse du gaz.

On peut rattacher à l'action des hautes températures la production d'ozone au voisinage de diverses flammes. Signalée depuis longtemps par beaucoup d'observateurs [Böttger, *Rep. Pharm.*, **23**, 372, 1874 ; — Pincus, *An. Phys. Pogg.*,

144, 480, 1871; — Than, *J. prakt. Chem.*, (2), **1**, 415, 1870; — Cündall, *Chem. News*, **61**, 119, 1900], cette formation a été contestée par beaucoup d'autres, et particulièrement par Böcke [*Chem. News*, **22**, 57, 1870] et par Ilosvay de Ilosva [*Bull. Soc. Chim.*, (3), **8**, 360, 1892], qui ont constaté seulement la production d'oxydes d'azote. Elle paraît toutefois bien établie; Maquenne a indiqué un dispositif simple qui permet de la manifester très aisément dans la combustion du gaz d'éclairage : il suffit de diriger un courant d'air par de petits ajutages horizontaux sur le bord des flammes de petits brûleurs Bunsen [*Bull. Soc. Chim.*, (3), **33**, 510, 1905]. F. Fischer et Brœhmer, en faisant brûler au voisinage d'air liquide de l'hydrogène, de l'oxyde de carbone, de l'acétylène, du soufre, du charbon, du bois, ont constaté la production d'ozone qui se dissout dans l'air liquide en le colorant et peut être manifesté par ses diverses réactions. La formation a lieu tout aussi bien dans l'oxygène pur [*D. chem. G.*, **39**, 940, 1906].

Comme pour le tube chaud et froid, on peut l'expliquer, soit par l'effet des hautes températures, soit par les phénomènes électriques auxquels donne lieu la flamme [Berthelot, *loc. cit.*, 1457], soit par une sorte d'entraînement chimique à la suite de la réaction de combustion, soit enfin par l'effet des radiations ultra-violettes pouvant émaner de la flamme et qu'on a vu plus haut être aptes à ozoniser l'oxygène.

ε. *Formation par les rayons du radium.* — Les radiations émises spontanément par le radium ozonisent l'oxygène. L'air des flacons où se trouvent enfermés des fragments de sel très actif de radium contient de l'ozone [Curie, *C. R.*, **129**, 823, 1899].

ζ. *Préparation par l'oxydation lente de certaines matières.* — On a signalé depuis longtemps (Schœnbein) la formation d'ozone pendant l'oxydation lente du phosphore abandonné à la température ordinaire dans l'air humide. La température la plus favorable est 24°, la production n'ayant plus lieu au-dessous de 6° ni au-dessus de 38° [Leeds, *Ann. Chem. Pharm.*, **198**, 30, 1879]. Sous pression réduite, il y a encore ozonisation à 0° [Engel, *Bull. Soc. Chim.*, (2), **44**, 426, 1885].

Le phénomène n'a plus lieu dans l'air sec et il est empêché par la présence de gaz ammoniac, d'éthylène, d'anhydride sulfureux, de peroxyde d'azote et autres corps qui suppriment la phosphorescence du phosphore. On sait que l'air est fortement ionisé au contact du phosphore humide; cette ionisation a naturellement comme conséquence la production d'ozone [voyez sur le mécanisme possible de cette réaction, Guggenheimer, *Zeit. physik. Chem.*, **5**, 397, 1904].

D'après Kappel [*Arch. der Pharm.*, (3), **20**, 574, 1882], il paraît se former un peu d'ozone quand du cuivre est maintenu à l'air au contact d'alcalis chauds. Au contraire, l'oxydation lente du zinc au contact de l'eau ne donne pas d'ozone, mais seulement du bioxyde d'hydrogène [Engler et Wild, *D. chem. G.*, **30**, 1669, 1897].

2° Préparation a partir des composés oxygénés. — 1° *A partir de l'eau.* — α. On a déjà signalé (Dict., **2**, 719) la présence d'ozone dans l'oxygène issu de l'électrolyse de l'acide sulfurique ou de l'acide chromique dilués. La solution la plus convenable contient 1 vol. d'acide sulfurique pour 5 vol. d'eau [Hoffmann, *An. Phys. Chem. Pogg.*, **132**, 607, 1867]. Soret, en opérant à 5°, a pu atteindre de l'oxygène ayant 3 0/0 d'ozone. En refroidissant par un mélange de glace et de sel, il a obtenu un gaz à 6 0/0 [*C. R.*, **56**, 300, 1863]. D'après Kremann [*Zeit. anorg. Chem.*, **36**, 403, 1903], l'électrode positive de platine est remplacée avantageusement par une électrode de bioxyde de plomb.

L'électrolyse des solutions de sulfate de zinc fournit aussi de l'oxygène ozonisé : au contraire, il s'en forme très peu dans les solutions d'acide phosphorique (Berthelot). Dans les liqueurs alcalines de soude ou de potasse, on n'en obtient habituellement pas, sauf en opérant à température très basse avec des électrodes de platine [Kremann, *loc. cit.*].

β. L'action du fluor sur l'eau froide permet d'obtenir de l'oxygène ozonisé très pur, contenant jusqu'à 14,5 0/0 d'ozone. La préparation du fluor étant délicate, mais peu coûteuse, cette méthode pourrait devenir avantageuse pour préparer industriellement l'ozone [Moissan, *Ann. Chim. Phys.*, (6), **24**, 224, 1891].

On peut donc s'attendre à ce que l'électrolyse des solutions aqueuses d'acide fluorhydrique et de fluorures alcalins donne de l'oxygène fortement ozonisé. Mais à cause de l'attaque exercée sur les électrodes, la proportion d'ozone se trouve abaissée et, d'après Græfenberg [*Zeit. anorg. Chem.*, **36**, 355, 1903], on ne peut, dans le cas de l'acide fluorhydrique, dépasser une teneur en ozone de 5,2 0/0.

2° *Production à partir d'oxydes.* — α. La décomposition pyrogénée de certains oxydes dégage de l'oxygène plus ou moins chargé d'ozone. L'oxyde d'argent en donne 4 à 5 0/0; l'oxyde mercurique, le bioxyde de plomb en donnent aussi [Brunck, *D. chem. G.*, **26**, 1790, 1893]. Il en est de même de l'acide iodique ou de l'acide periodique : une solution aqueuse de ce dernier acide abandonne lentement de l'oxygène ozonisé [Rammelsberg, *D. chem. G.*, **1**, 73, 1868 et *Ann. Phys. Chem. Pogg*, **134**, 534, 1868].

β. La formation d'ozone par l'action de l'acide sulfurique sur le bioxyde de baryum ou sur le permanganate de potassium a été indiquée (Dict., **2**, 719). Mais Leeds a contesté la production à partir de ce dernier sel [*Chem. News*, **39**, 18, 1879], vérifiée au contraire plus récemment par Frye [*Chem. News*, **122**, 1894].

État naturel. — Les petites doses d'ozone qui existent dans l'air atmosphérique proviennent sans doute de l'action des radiations ultra-violettes sur les parties supérieures de l'atmosphère. Maurice de Thierry a indiqué que la dose croît vers l'altitude [*C. R.*, 1897]. Lespieau, en opérant dans le massif du Mont-Blanc à des altitudes très inégales, y a trouvé au contraire des proportions d'ozone identiques, savoir 4^{mg},5 par 100 k. d'air [*Bull. Soc. Chim.*, **35**, 616, 1906]. Voir aussi Henriet [*Rev. Gén. Sciences*, **18**, 188, 1907].

Propriétés physiques. — Les résultats de Soret relatifs à la densité de l'ozone ont été vérifiés par Brodie [*Proc. Roy. Soc.*, **21**, 472, 1872]. Une évaluation plus exacte a été effectuée récemment par Ladenburg, en appliquant la méthode de diffusion à un mélange gazeux très riche en ozone, obtenu par évaporation à température très basse d'ozone liquide : la teneur en ozone atteignait 84,4 0/0. La densité par rapport à l'oxygène était 1,3698, ce qui conduit pour l'ozone pur à la densité 1,469 par rapport à l'oxygène au lieu de 1,5 qui serait la valeur théorique pour la formule O^3 [*D. chem. G.*, **31**, 2508 et 2830, 1898 : **32**, 321, 1899 ; **34**, 1834, 1901].

La valeur du rapport des deux chaleurs spécifiques $\frac{Cp}{Cv}$ a été trouvée égale à 1,29 [F. Richarz, *Ann. Phys.*, (4), **19**, 639, 1906].

La solubilité de l'ozone dans l'eau, indiquée comme faible par certains auteurs [Berthelot, *Ann. Chim. Phys.*, (5), **21**, 176, 1880], comme assez forte par d'autres [Carius, *Ann. Chem. Pharm.*, **174**, 1, 1874], a été déterminée par Mailfert, qui a dosé l'ozone à la fois dans la liqueur et dans le gaz surnageant :

Température.	Poids de O^3 dans 1 litre de liquide.	Poids de O^3 dans 1 litre de gaz surnageant.	Coefficient d'absorption.
0°	$39^{mg},4$	$61^{mg},5$	0,64
12°	$25^{mg},9$	$56^{mg},8$	0,46
32°	$7^{mg},7$	$30^{mg},5$	0,19
47°	$2^{mg},4$	$31^{mg},2$	0,08
60°	$0^{mg},0$	$12^{mg},3$	0,00

A 0°, la solubilité est 15 fois plus grande que celle de l'oxygène. La solution possède l'odeur spéciale de l'ozone [*C. R.*, **119**, 951, 1894].

La liquéfaction de l'ozone a été réalisée par Hautefeuille et Chappuis, en comprimant à 125 atmosphères de l'oxygène ozonisé préparé par l'effluve à — 100° [*C. R.*, **94**, 1249, 1882]. On obtient très facilement l'ozone liquide sous la pression ordinaire, en faisant passer de l'oxygène ozonisé dans un récipient refroidi par l'air liquide [Olzewski, *Monatsh. Chem.*, **8**, 230, 1887 ; — Troost, *C. R.*, **126**, 1751, 1898 ; — Ladenburg, *D. Chem. G.*, **31**, 2508, 1898 ; — Erdmann, *D. chem. G.*, **37**, 4739, 1904]. C'est un liquide bleu très foncé, presque noir, qui bout à — 106° (Olzewski), à — 119° (Troost), à — 125° (Ladenburg), qui fait parfois explosion quand on le fait bouillir rapidement.

Le spectre d'absorption de l'ozone, étudié par Chappuis et par Hartley [Supp., **2**, 1133], l'a été récemment par Ladenburg et Lehmann, pour le liquide et pour le gaz : certaines raies n'existent dans le rouge qu'à partir d'une certaine pression, ce qui pourrait faire admettre l'existence d'un polymère instable de l'ozone [*D. chem G.*, **4**, 185, 1906].

L'ozone est beaucoup plus fortement magnétique que l'oxygène ordinaire [Schuhmeister, *Sitz. Akad. Wien.*, (2), **83**, 45, 1881 ; — H. Becquerel, *C. R.*, **92**, 348, 1881].

Propriétés chimiques. — L'ozone est formé à partir de l'oxygène ordinaire avec absorption de chaleur. Berthelot a évalué directement dans le calorimètre la chaleur dégagée en oxydant par l'ozone une solution d'acide arsénieux, et il en a déduit que la réaction : $3O^2 = 2O^3$ absorbe pour $3O^2$ (96 grammes) 61 400 calories [*Thermochimie*, **2**, 44, 1897]. D'après Van der Meulen [*Jahresber.*, 1883, 155], la chaleur absorbée sera 72600 calories. La destruction de l'ozone dégage une quantité de chaleur égale : aussi on ne saurait s'étonner de la grande instabilité de ce gaz, qui se détruit spontanément même aux températures les plus basses.

D'après les mesures de vitesse qui ont été effectuées à diverses températures la réaction de destruction serait bimoléculaire selon la formule $2O^3 = 3O^2$ [Clement, *Ann. Phys.*, (4), **14**, 334, 1904 ; — S. Jahn, *Zeit. anorg. Chem.*, **48**, 260, 1906].

D'après Stephanjahn [*Zeit. anorg. Chem.*, **48**, 260, 1906], la vitesse de décomposition est inversement proportionnelle à la pression de l'oxygène ; et la réaction comporterait deux phases, une première très rapide, selon : $2O^3 = 2O^2 + 2O$, et une seconde selon : $O^3 + O = 2O^2$.

Elle s'accélère beaucoup avec la température et est déjà très rapide à 100°. A 1000°, d'après Clément, la teneur en ozone d'un gaz à 1 0/0 ne met que 7 10000e seconde pour s'abaisser à 1/1000e 0/0. Le gaz échauffé brusquement peut donner lieu à une véritable explosion. En dirigeant de l'oxygène ozonisé dans un tube de verre bourré de tournure de fer, chauffé au voisinage du rouge, on observe une lumière assez vive [Schüller, *Ann. Phys. Ch. Wied. Beibl.*, **5**, 566, 1881].

Les aptitudes oxydantes de l'ozone ne se manifestent généralement que lorsqu'il est humide. L'ozone *absolument sec* n'oxyde pas l'argent, le cuivre, le zinc, le plomb, le thallium, l'arsenic, les iodures, les sulfures, l'anhydride sulfureux, le gaz ammoniac, non plus que les matières colorantes sèches. Mais il oxyde le mercure sec [Volta, *Gazz. chim. ital.*, **9**, 521, 1879 ; — Von Babo et Claus, *Ann. Chem. Pharm. Supp.* **2**, 297, 1863].

L'ozone oxyde l'iode en anhydride iodeux I^2O^3 ou en anhydride iodique [Ogier, *C. R.*, **85**, 957, 1877 et **86**, 722, 1878]. Le soufre sec fournit de l'anhydride sulfureux, le soufre humide donne de l'acide sulfurique [Pollacci, *Chem. Centr. Pl.* 1884, 484 ; — Mailfert, *C. R.*, **94**, 860 et 1186, 1182].

Les acides chlorhydrique, bromhydrique, iodhydrique sont oxydés avec production d'eau et mise en liberté de l'halogène. La réaction est quantitative pour l'acide bromhydrique [Kenneth Harold Inglis, *Chem. Soc.*, **83**, 1010, 1903]. L'hydrure de palladium fournit le métal et de l'eau (Volta). L'oxyde de carbone ne subit aucune action [Remsen, *Am. Chem. J.*, **4**, 50, 1882]. L'anhydride azoteux fournit rapidement du peroxyde d'azote et de l'anhydride azotique [Berthelot, *Ann. Chim. Phys.*, (5), **14**, 367, 1878]. En faisant agir l'ozone sur l'anhydride azoteux à température très basse, Helbig a obtenu un corps volatil, condensable en flocons dans l'air liquide [*Ac. Lincei*, (2), **11**, 311, 1902).

L'ozone agit sur la potasse sèche KOH pour donner une matière très instable brun orangé que Baeyer et Villiger considèrent comme le sel de potassium d'un acide ozonique qui serait O^3H^2O. La réaction, difficile avec la soude, a lieu facilement avec l'hydrate de rubidium [*D. chem. G.*, **35**, 3038, 1902]. Bach attribue à ce composé la formule KHO^4 [*D. chem. G.*, **35**, 3424, 1902].

L'hydrate ferrique en présence de potasse est changé en ferrate. Les sulfures de potassium, sodium, baryum, calcium, cuivre, zinc, cadmium, antimoine, sont transformés en sulfates ; ceux de cobalt et nickel donnent des sulfates, puis des peroxydes ; ceux de manganèse, de plomb, de palladium fournissent de l'acide sulfurique et les peroxydes correspondants [Mailfert, *C. R.*, **94**, 860 et 1186, 1882].

Avec l'iodure de potassium en solution concentrée, la réaction ne se borne pas à la production de potasse, mais il y a oxydation de l'iode, avec formation d'hypoiodite, iodate et periodate [Garzarolli-Thurnlack, *Monatsh. Chem.*, **22**, 955, 1901 ; — *Sitz. Akad. Wien.*, (2), **110**, 787, 1894]. Le brouillard qu'on observe quand on dirige un courant d'oxygène ozonisé dans une solution d'iodure de potassium est formé par de l'anhydride iodique très divisé [Engler et Wild, *D. chem. G.*, **29**, 1929, 1896].

Avec une solution de bromure de potassium, l'ozone fournit de l'hypobromite, puis du bromate.

Les solutions neutres des sels manganeux (nitrate, chlorure, sulfate, acétate) donnent immédiatement avec l'ozone un précipité brun de peroxyde. Les solutions diluées de sulfate manganeux, acidulées par 10 à 30 0/0 d'acide, ne donnent plus de précipité, mais se colorent en rose par production d'acide permanganique. Acidulées par des doses d'acide sulfurique supérieures à 30 0/0, elles donnent du sulfate manganique.

Le chlorure manganeux acidulé d'acide chlorhydrique fournit de l'acide permanganique qui se détruit au contact de l'acide, en dégageant du chlore [Maquenne, *C. R.*, **94**, 795, 1882].

Les sels mercureux (bromure, nitrate, sulfate) sont changés en sels mercuriques : le chlorure mercurique se transforme en oxychlorure mercurique rouge brun. Les sels neutres de plomb donnent lentement un dépôt d'oxyde puce, qui se forme plus vite avec les sels basiques. L'acétate et le formiate de plomb peuvent fournir des liqueurs brunes qui sont précipitées en brun plus ou moins clair par l'ammoniaque ou par les acides minéraux.

Les sels de sesquioxyde de chrome fournissent de l'acide chromique.

Le chlorure et le cyanure d'argent ne réagissent que très lentement : au contraire, le nitrate et le sulfate d'argent donnent l'oxyde noir Ag^2O^2. Le chlorure de palladium $PdCl^2$ et le nitrate fournissent l'oxyde palladique PdO^2 [Maillfert, *C. R.*, **94**, 860 et 1186, 1882].

L'action de l'ozone sur les matières organiques a été précisée par un assez grand nombre de travaux. Le méthane est oxydé lentement avec production d'aldéhyde et d'acide formique [Otto, *Ann. Chim.. Phys.*, (7). **13**. 112. 1898]. L'éthylène est attaqué énergiquement avec formation d'éthanal et d'acide acétique [Maquenne, *Bull. Soc. Chim.*, (2). **37**. 298. 1882. — Otto, *loc. cit.*].

L'acétylène réagit avec explosion en donnant du charbon et de l'eau. Les alcools primaires fournissent l'aldéhyde et surtout l'acide correspondant : le glycol et la glycérine sont attaqués lentement (Otto). L'éther (oxyde d'éthyle) est oxydé facilement en éthanal et acide acétique, en même temps qu'il se produit du peroxyde d'éthyle, liquide sirupeux, détonant par la chaleur, destructible par l'eau en alcool et bioxyde d'hydrogène, c'est sans doute $C^2H^5-O-O-C^2H^5$ [Berthelot, *C. R.*, **93**. 895. 1881].

Le benzène est oxydé avec production d'acides formique, acétique et oxalique, ainsi que d'un *ozonide*, blanc gélatineux, qui détone violemment quand il est sec, et que Houzeau et Renard avaient désigné sous le nom d'*ozobenzène* [Renard, *C. R.*, **120**. 1177. 1895]. Son existence, contestée par Leeds [*Chem. News*, **44**, 219, 1881] a été vérifiée par Otto et plus récemment par Harries et Weiss. Voyez l'art. OZONIDES, p. 640.

L'iodobenzène est changé en iodosobenzène [Harries, *D. chem. G.*, **36**, 2996. 1903].

Les phénols ne sont que peu attaqués. L'aniline fournit de l'azobenzène et de la quinone; la paratoluidine donne de l'azotoluène. Le pyrogallol, l'acide gallique, le tanin sont rapidement oxydés. L'eugénol, le safrol, l'estragol produisent les aldéhydes correspondantes : l'isoeugénol engendre la vanilline; l'isosafrol fournit du pipéronal (Otto).

L'action directe de l'ozone à basse température, sur beaucoup de composés organiques à double liaison, donne naissance à des ozonides instables et même explosifs (voyez OZONIDES). En présence de l'eau, il y a dédoublement à la double liaison, et formation d'aldéhydes ou d'acétones, en même temps que de bioxyde d'hydrogène, ces produits pouvant être regardés comme engendrés par l'action de l'eau sur l'ozonide formé tout d'abord. Ainsi l'oxyde de mésityle traité par l'ozone en présence d'eau donne de l'acétone et du glyoxal. Le stilbène fournit 2 molécules de benzaldéhyde [C. Harries, *D. chem. G.*, **36**, 1933, 3001, 3658, 1903 et **37**, 612, 839, 2708 et 3431. 1904].

Un papier imprégné d'essence de térébenthine s'enflamme quand on le place dans le gaz dégagé par l'ozone liquéfié [Erdmann, *D. chem. G.*, **37**. 4839. 1904].

Les couleurs végétales sont rapidement décolorées par l'ozone [Leeds, *Chem. News.*, **40**, 86, 1879, et Witz, *Ding. Polyt. J.*, **250**, 272, 1883].

Le caoutchouc est attaqué par l'ozone avec production d'un ozonide $C^{10}H^{16}O^6$ [Harries, *D. chem. G.*, **37**, 2708. 1905 et **38**. 1195, 1906]. Il en est de même de la gutta-percha [Harries, *D. chem. G.*, **38**, 3985, 1905].

L'ozone agit assez rapidement sur les plaques photographiques [Schaum, *Zeit. phys. Chem.*, **6**, 73, 1905].

PROPRIÉTÉS PHYSIOLOGIQUES. — L'ozone introduit dans les poumons en corrode les tissus et peut occasionner des crachements de sang [Dewar et Mac Kendrick, *Roy. Soc. Edimb.*, 1884, 1873]; il semble pourtant qu'on ait exagéré ses fâcheux effets, la corrosion initiale n'ayant pas habituellement de suites funestes [Ch. Bohr et Maar, *Skand. Arch. Phys.*, **16**, 41, 1904. — Sigmund, *Centr. Bl. f. Bakt. u. Parasit. K.*, (2). **14**. 400, 1905]. Il agit comme antiseptique sur un certain nombre de microorganismes [Filipow, *Arch. Phys. Pflüger*, **34**, 292, 1884. — H. de la Coux, *Rev. Chim. pure et appl.*, **8**, 125, 1905]; par suite il affaiblit plus ou moins l'activité des levures, ainsi d'ailleurs que celle des enzymes [Sigmund, *loc. cit.*].

RÉACTIFS DE L'OZONE. — L'incertitude des indications, fournies par le papier amidonné à l'iodure de potassium, a été confirmée par de nombreux observateurs [Leeds, *Chem. News.*, **33**, 224, etc., 1878. — Kingzett, *Chem. News.*, **38**, 249, 1878]. Quand l'iodure employé renferme des traces d'iodate, l'anhydride carbonique suffit pour produire la réaction [Potilitzin, *Jahresb.*, 1880, 246. — Papasogli, *Gazz. chim. ital.*, **11**, 277, 1881]. D'ailleurs un excès d'ozone fait disparaître le bleuissement, par suite de la transformation de l'iodure en iodate [Darenberg, *C. R.*, 1203 et 1346, 1878].

Le papier amidonné à l'iodure de zinc ou de cadmium, proposé par Kingzett, a les mêmes défauts que celui à l'iodure de potassium.

Le papier de tournesol rouge vineux à l'iodure de potassium, indiqué par Houzeau, peut être bleui en l'absence d'ozone par le bioxyde d'hydrogène, ainsi que par de petites quantités de vapeurs nitreuses.

Le papier imprégné d'hydrate thalleux noircit dans l'air ozonisé, par production de peroxyde de thallium : il a l'avantage de n'être pas modifié par le chlore ou par les vapeurs nitreuses, mais il noircit aussi par l'eau oxygénée ou par l'hydrogène sulfuré, et est beaucoup moins sensible que le papier Houzeau [Böttger, *J. prakt. Chem.*, **95**. 311, 1865. — Schöne, *D. chem. G.*, **13**. 1508, 1880. — Lamy, *Bull. Soc Chim.*, (2), **11**, 210, 1869].

On obtient des indications certaines en l'absence de chlore ou d'ammoniaque avec le papier au chlorure manganeux, qui brunit dans l'ozone par formation de bioxyde de manganèse. L'eau oxygénée et les oxydes de l'azote ne le modifient pas [Engler et Wild, *D. chem. G.*, **29**, 1940, 1896].

La formation d'un dépôt noir de bioxyde d'argent sur une surface d'argent poli est, en l'absence d'hydrogène sulfuré, très caractéristique de l'ozone; mais elle n'a plus lieu quand la proportion de ce dernier est inférieure à 0cc,32 par litre.

Un papier imprégné d'une solution alcoolique de benzidine, donne avec l'ozone seul, une coloration brune, tandis que la coloration est bleue avec les vapeurs nitreuses ou avec le brome; bleue, puis rouge brun avec le chlore; à peu près nulle avec l'eau oxygénée.

Un papier imprégné de tétraméthyldiaminodiphénylméthane donne, avec l'ozone, une teinte violette caractéristique : la teinte est jaune avec les produits nitrés, bleue avec le chlore ou le brome, nulle avec l'eau oxygénée. La réaction est plus sensible en présence d'acide acétique libre [Arnold et Mentzel, *D. chem. G.*, **35**, 1824, 1902].

Dosage. — Le dosage habituel de l'ozone par sa réaction sur une solution étendue d'iodure de potassium, ne donne pas de bons résultats quand l'absorption a lieu en liqueur acide, contrairement à l'opinion ancienne. La raison en est que l'ozone n'agit pas seulement par le tiers de sa molécule sur les solutions d'acide iodhydrique libre. La méthode pratiquée en liqueur neutre donne des résultats exacts [O. Brunck, *Zeit. angew. Chem.*, 896, 1903. — A. Ladenburg. *D. chem. G.*, **36**, 115, 1903].

La méthode de Thénard et Soret à l'acide arsénieux fournit habituellement des résultats trop faibles (Ladenburg). En se servant d'arsénite de sodium on obtient au contraire des résultats trop forts d'environ 1.3 0/0 [Worburg, *Ann. Phys.*, (4), 17, 1, 1905].

K.-H. Inglis a proposé de doser l'ozone en se servant de sa réaction quantitative sur l'acide bromhydrique : le brome mis en liberté est titré par l'iodure de potassium et l'hyposulfite de sodium [*Chem. Soc. J.*, **83**, 1610, 1903].

Constitution. — On peut regarder l'ozone comme issu d'une molécule de bioxyde d'hydrogène H – O = O – H, par remplacement de H^2 par O. Ce serait alors :

$$\begin{matrix} O \\ \vdots \quad O \\ O \end{matrix}$$

[Traube, *D. chem. G.*, **26**, 1476, 1893. — Brühl, *D. chem. G.*, **28**, 2847, 1895]. En s'appuyant sur la réfringence de l'ozone, Brühl a proposé aussi la formule symétrique à trois liaisons doubles :

$$\begin{matrix} O \\ O = O \end{matrix}$$

J. Meyer a proposé O = O = O [*J. prakt. Chem.*, (2), **72**, 278, 1905].

Applications. — Les principales applications de l'ozone ont été décrites à l'article Électrochimie (Dict., 2e Suppl., **3**, 441]. Nous devons y joindre son emploi pour la transformation industrielle de l'isoeugénol en vanilline, et de l'isosafrol en pipéronal (héliotropine) [Otto, *Ann. Chim. Phys.*, (7), **13**, 120, 1898]. On avait proposé de s'en servir pour le blanchiment des farines ; mais cet effet n'est, en réalité, réalisé que par les produits nitrés qui l'accompagnent, et l'ozone communique aux farines une odeur désagréable, en même temps qu'il diminue leur aptitude à la cuisson [K. Brahm, *Chem. Centr.*, (1), 113, 1905. — E. Fleurent, *Bull. Soc. Chim.*, **35**, 382, 1906].

L'usage de l'ozone pour la stérilisation des eaux destinées à l'alimentation publique est entré dans la pratique et donne d'excellents résultats, à condition que l'eau et l'air ozonisé soient mis en contact intime, résultat que l'on atteint facilement par l'emploi de l'émulseur Otto. La dépense en ozone est d'environ 0gr,6 par mc. d'eau, quand on se sert d'air très riche en ozone (ayant au moins 6 gr. d'ozone par mc.) ; elle atteint 1 à 2 gr. par mc. d'eau quand on emploie l'air faiblement ozonisé. Dans l'usine récemment installée à Nice, on traite de la sorte 240 mc. d'eau par heure. L'eau obtenue est stérilisée et ne conserve aucune odeur spéciale [Sénéguier et Le Baron, *Rev. de Chim. pure et app.*, **8**, 225, 1905 et **9**, 46, 1906. — Van Vaegeningh, *Chem. Centr.*, (1), 1664, 1905].

Mars 1907. Paul Sabatier.

OZONIDES. — Ce nom a été donné par Harries à une série de corps instables obtenus par l'action de l'ozone sec à température basse sur divers composés organiques. Ce sont des liquides sirupeux, incolores ou vert clair, d'odeur piquante, qui sont tous plus ou moins explosifs. Quelques-uns peuvent néanmoins être distillés sous pression réduite. Ils sont destructibles par l'eau, avec formation de bioxyde d'hydrogène et de produits du dédoublement de leur molécule.

Les ozonides se produisent surtout à partir de substances possédant au moins une double liaison. On peut formuler la réaction :

$$>C = C< \; + \; O^3 \;\; = \;\; \begin{matrix} >C & \text{—} & C< \\ | & & | \\ O & - O - & O \end{matrix}$$

l'action consécutive de l'eau s'exerçant selon la formule :

$$\begin{matrix} >C & \text{—} & C< \\ | & & | \\ O & - O - & O \end{matrix} + H^2O \;=\; H^2O^2 + CO< + CO<$$

Il y a donc production d'acétones ou d'aldéhydes dont le peroxyde d'hydrogène formé peut quelquefois poursuivre l'oxydation. Ainsi, l'oxyde de mésityle, bien refroidi, et soumis à l'action de l'ozone, donne l'ozonide huileux et explosif :

$$\begin{matrix} (CH^3)^2 - C & \text{—} & CH - CO - CH^3 \\ | & & | \\ O & - O - & O \end{matrix}$$

que l'eau détruit en propanone, méthylglyoxal, etc. [C. Harries, *D. chem. G.*, **37**, 839, 1904].

Avec le benzène, la substance blanche explosive, décrite par Renard, puis par Otto, est d'après Harriess et Weiss [*D. chem. G.*, **37**, 3431, 1904] un triozonide, représenté par la formule

$$\begin{matrix} & & O = O \\ & CH & \quad O \\ O \; \begin{smallmatrix} O \\ O \end{smallmatrix} & CH \quad CH & \\ & CH \quad CH & \\ & CH & \quad O \\ & & O = O \end{matrix}$$

L'action de l'ozone sur le caoutchouc en solution chloroformique fournit un ozonide incolore, qui séché dans le vide est une matière vitreuse, fondant vers 50° et représentée par la formule $C^{10}H^{16}O^6$. Par action de l'eau, elle donne comme terme final de sa destruction de l'aldéhyde lévulique [Harries, *D. chem. G.*, **37**, 2708, 1906 et **38**, 1195].

La gutta-percha fournit un diozonide $C^{10}H^{16}O^6$, de propriétés analogues [Harries, *D. chem. G.*, **38**, 3985, 1905].

Le peroxyde d'éthyle de Berthelot peut être regardé comme une sorte d'ozonide.

Mars 1906. Paul Sabatier.

P

PACHYMOSE. — (Voyez 1er Suppl., 1134). — Le pachymose est un glucoside analogue au paradextrane que Winterstein extrait du *Pachyma cocos* [*D. chem. G.*, **28**, 774, 1895; *Arch. Pharm.*, **233**, 398] par traitement à la soude et précipitation de cette liqueur sodée par l'acide chlorhydrique. C'est une poudre blanche, soluble dans les acides concentrés, dédoublée par l'acide sulfurique en donnant du glucose *d.* colorée en jaune par l'iode et par l'acide sulfurique.

1er mai 1907. A. Hébert.

PACHYPODIINE. — La pachypodiine est un glucoside contenu dans les tubercules du pachypodium Sealii, utilisé comme poison pour flèches. Ses propriétés physiologiques ont été étudiées par K. Helly. C'est un poison du cœur énergique [*Zeit. exp. Path. u. Ther.*, **2**, 247, 1905].

Avril 1907. E. Rengade.

PACHYRHIZIDE. $C^{30}H^{24}O^{10}$. — Poison stupéfiant des poissons, extrait des graines de *Pachyrhizus angulatus*, obtenu par l'épuisement éthéré de l'extrait alcoolique, et fusible à 81°. Ce corps donne par ébullition avec une solution alcoolique d'acide chlorhydrique un *anhydro-dérivé* $C^{30}H^{22}O^{9}$, cristallin, fusible à 182°, se combinant à la phénylhydrazine et contenant deux groupes méthoxylés [van Sillevoldt, *Chem. Centr. Bl.*, (2), 588, 1899; *Arch. Pharm.*, **237**, 595, 1899].

1er mai 1907. A. Hébert.

PAIN. — Voy. Panification.

PALABIÉNIQUE (ACIDE), PALABIÉNÉTIQUE (ACIDE), PALABIÉTINOLIQUE (ACIDE). — Voyez Résines (*pinus palustris*).

PALACHÉITE (Min.) (A. S. Eakle). — Sulfate ferrico-magnésien hydraté, $2MgO.Fe^2O^3.4SO^3,15H^2O$. Agrégats de petits cristaux clinorhombiques, rouge brique, trouvés à la mine de Redington, Knoxville, Californie. Poussière jaune. ensité = 2,075. L. Bourgeois.

PALLADIUM. — État naturel. — On a trouvé des alliages naturels d'or et de palladium [Wilm. *D. chem. G.*, **26**, 741, 1893; *Zeit. anorg. Chem.*, **4**, 300, 1893; — Seamon et Mallet, *Chem. News*, **46**, 216, 1882]. Trottarelli a découvert des traces de palladium dans un aérolithe [*Gazz. chim. ital.*, **20**, 611, 1890].

Extraction. — Voyez Iridium.

Propriétés physiques. — La température de fusion du palladium est égale à 1587° [Holborn et Wien, *Chem. Soc.*, **70**, 87, 1895]; à 1535°, 1540°, 1549° [Holborn et Henning, *Sitz. Akad.*, *Berlin*, 311, 1905]; à 1541° [Nernst et Wartenberg, *D. phys. G.*, **4**, 48, 1906].

Le palladium est volatilisé avec facilité au four électrique; la vapeur condensée sur un tube froid donne des sphérules et de petits cristaux. Quoique plus facilement fusible que le platine, le palladium ne paraît pas plus volatil [Moissan, *C. R.*, **143**, 189, 1906; *Bull. Soc. Chim.*, (3), **35**, 272; *Ann. Chim. Phys.*, (8), **8**, 145].

L'influence du champ magnétique sur le spectre du palladium a été étudiée par Purvis [*Proc. Chem. Soc.*, **21**, 241, 1905; *Proc. Cambridge Phil. Soc.* (8), **6**, 325, 1906].

Le palladium colloïdal a été obtenu par Bredig et Fortner [*D. chem. G.*, **37**, 798, 1904]. Castoro [*Zeit. anorg. Chem.*, **41**, 126, 1904] et Donau [*Monats. Chem.*, **27**, 71, 1906].

Winkelmann a émis l'hypothèse qu'à haute température, le palladium est traversé par les atomes, mais non par les molécules d'hydrogène [Winkelmann, *Ann. Phys. Wied.*, (4), **6**, 104, 1901].

Propriétés chimiques. — Le palladium dissout le carbone à la température du four électrique; il l'abandonne avant sa solidification sous forme de graphite; il ne fournit pas de carbure [Moissan, *C. R.*, **123**, 16, 1896].

Quand on chauffe du palladium dans un courant de gaz sulfureux, il se forme du sulfure palladeux et de l'anhydride sulfurique [Uhl, *D. chem. G.*, **23**, 2151, 1890].

Le bioxyde de sodium chauffé avec le palladium le transforme en oxyde [Leidié et Quenessen, *Bull. Soc. Chim.*, (3), **27**, 179, 1902; — Wöhler et König, *Zeit. anorg. Chem.*, **46**, 323, 1905].

Le couple zinc-palladium en présence d'acide chlorhydrique est un réducteur puissant [Zelinsky, *D. chem. G.*, **31**, 3203, 1898].

Propriétés catalytiques. — Le palladium détermine l'oxydation du gaz ammoniac [Kraut, *D. chem. G.*, **20**, 1113, 1887].

Quand on fait passer un mélange d'hydrogène et d'oxyde de carbone sur du palladium, il se forme de l'aldéhyde formique [Jahn, *D. chem. G.*, **22**, 989, 1889].

En présence de noir de palladium, l'hydrogène se combine à la vapeur de benzène pour former du tétrahydrobenzène [Lunge et Akunoff, *Zeit. anorg. Chem.*, **24**, 191, 1900].

On peut augmenter le pouvoir catalyseur du palladium en employant l'amiante palladiée [Philips, *Zeit. anorg. Chem.*, **6**, 213, 1894] ou l'oxyde de cuivre palladié [Campbell, *Am. chem. Journ.*, **17**, 681, 1895].

La différence des températures de combustion en présence d'amiante palladiée permet d'effectuer des séparations gazeuzes [Brunck, *Zeit. angew. Chem.*, **16**, 695, 1903].

Bredig et Fortner ont étudié la vitesse de décomposition de l'eau oxygénée au contact du palladium colloïdal [*D. chem. G.*, **37**, 798, 1904].

Absorption des gaz par le palladium. — Pour l'absorption de l'hydrogène, voyez Palladium hydrogéné.

Chauffé dans l'oxygène, le palladium très divisé absorbe jusqu'à 1000 fois son volume de ce gaz [Mond, Ramsay et Schields, *Chem. News*, **76**, 317, 1897; *Zeit. phys. Chem.*, **25**, 657, 1898].

Le palladium en mousse absorbe l'oxygène dans l'électrolyse de l'eau [Cailletet et Collardeau, *C. R.*, **119**, 830, 1894].

Le palladium absorbe l'oxyde de carbone [Harbeck et Lunge, *Zeit. anorg. Chem.*, **16**, 50, 1898].

L'hélium n'est pas absorbé par la mousse de palladium; on peut utiliser cette propriété pour le séparer de l'hydrogène [Ramsay, *Chem. Soc.*, **67**, 684, 1895; — Tilden, *Chem. Soc.*, **70**, 656, 1896; *Proc. roy. Soc.*, **59**, 218, 1896].

Palladium hydrogéné. — Schiff a indiqué un dispositif pour montrer que le palladium augmente de volume en absorbant l'hydrogène [*D. chem. G.*, **18**, 1727, 1885].

Le palladium compact absorbe environ 300 fois son volume d'hydrogène à 360° et sous 60 atmosphères [Dewar, *Chem. News*, **76**, 274, 1897].

Le palladium très divisé absorbe à la température ordinaire 852 fois son volume d'hydrogène; 98 0/0 se dégagent dans le vide à la température ordinaire et la totalité à une température un peu plus élevée [Mond, Ramsay et Shields, *Chem. News*, **76**, 317, 1897; *Zeit. phys. Chem.*, **25**, 657, 1898].

L'absorption de l'hydrogène par le palladium et la dissociation du palladium hydrogéné ont été étudiées par Thoma [*Zeit. phys. Chem.*, **3**, 69, 1889], par Krakau [*Zeit. anorg. Chem.*, **3**, 380, 1893; **8**, 395, 1895; *Zeit. phys. Chem.*, **17**, 689, 1895].

D'après Roozeboom et Hoitsema, l'étude des pressions du palladium hydrogéné doit faire rejeter l'hypothèse d'une combinaison chimique [Hoitsema, *Zeit. phys. Chem.*, **17**, 1, 1895; *Arch. néerl.*, **30**, 44, 1897].

En présence d'oxygène et d'eau, le palladium hydrogéné transforme l'oxyde de carbone en acide carbonique [Baumann, *Zeit. physiol. Chem.*, **5**, 244, 1881; *D. chem. G.*, **16**, 2146, 1883; — Traube, *D. chem. G.*, **15**, 222, 659, 2325, 2421, 2434 et 2854, 1882; **16**, 123, 463 et 1201, 1883; **18**, 1877, 1885; **22**, 1496, 1889].

Dans les mêmes conditions, le palladium hydrogéné transforme l'azote en azotite d'ammonium, le benzène en phénol, le toluène en acide benzoïque [Hoppe-Seyler, *D. chem. G.*, **12**, 1551, 1879; **16**, 117, 1208 et 1917, 1883; **22**, 2215, 1889].

Le palladium hydrogéné, chauffé à 250° dans l'oxyde azoteux ou à 200° dans l'oxyde azotique, donne de l'eau et de l'ammoniaque [Sabatier et Senderens, *C. R.*, **114**, 1430, 1892].

Tschirikoff a proposé l'emploi du palladium pour doser l'hydrogène dans certaines conditions [*Bull. Soc. Chim.*, (2), **38**, 171, 1882].

Keiser a utilisé l'absorption de l'hydrogène par le palladium pour étudier la composition de l'eau [*D. chem. G.*, **20**, 2323, 1887].

Engel a constaté que le palladium précipité par l'action de l'acide hypophosphoreux sur le sulfate palladeux retient de l'hydrogène et peut provoquer certaines oxydations et certaines décompositions [*C. R.*, **110**, 786, 1890; **129**, 518, 1899].

COMBINAISONS DU PALLADIUM AVEC LE FLUOR, LE CHLORE, LE BROME ET L'IODE.

Fluorure palladeux, PdF^2. — Le fluor n'attaque pas le palladium à froid; au rouge sombre, il y a formation d'un fluorure cristallisé se décomposant au rouge [Moissan, *Ann. Chim. Phys.*, (6), **24**, 249, 1891].

Sous-chlorure de palladium [Keiser et Breed, *Am. chem. Journ.*, **16**, 20, 1894].

Chlorure palladeux, $PdCl^2$. — On prépare le chlorure palladeux anhydre en chauffant de la mousse de palladium dans un courant de chlore à la température du rouge sombre [Keiser et Breed, *Am. chem. Journ.*, **16**, 20, 1894].

La solution de chlorure palladeux absorbe l'hydrogène [Campbell et Hart, *Amer. chem. Journ.*, **18**, 294, 1896; — Philips, *Zeit. anorg. Chem.*, **6**, 213, 1894; *Journ. amer. chem. Soc.*, **17**, 801, 1895]. Elle est réduite par différents autres gaz [Gore, *Chem. News*, **48**, 295, 1883; — Vulpius, *Arch. Pharm.*, 222, 268, 1884].

On a proposé l'emploi du chlorure palladeux pour la recherche dans l'air de très petites quantités d'oxyde de carbone [Potain et Drouin, *C. R.*, **126**, 938, 1898].

Combinaisons du chlorure palladeux avec les composés du phosphore :

Chlorure phosphopalladeux, $PCl^3, PdCl^2$.

Chlorure diphosphopalladeux, $2PCl^3, PdCl^2$.

Acide phosphopalladeux, $P(OH)^3, PdCl^2$.

Éthers phosphopalladeux [Fink, *C. R.*, **115**, 176, 1892; **123**, 603, 1896].

Combinaisons du chlorure palladeux avec l'oxyde de carbone :

Chloropalladite de carbonyle, $PdCl^2, CO$.

Chloropalladite de sesquicarbonyle, $2PdCl^2, 3CO$.

Chloropalladite de dicarbonyle, $PdCl^2, 2CO$ [Fink, *C. R.*, **126**, 646, 1898].

Bromure palladeux, $PdBr^2$.

$$Pd + Br^2 liq. = PdBr^2 sol. + 24^c,88.$$

Iodure palladeux, PdI^2.

$$Pd + I^2 sol. = PdI^2 sol. + 13^c,4,$$

[Joannis, *C. R.*, **95**, 296, 1882].

COMBINAISONS DU PALLADIUM AVEC L'OXYGÈNE.

Sous-oxyde de palladium [Neumann, *Mon. f. Chem.*, **13**, 47, 1892; — Wilm, *Bull. Soc. Chim.*, (2), **38**, 611, 1883; *D. chem. G.*, **25**, 220, 1892; — Wöhler et König, *Zeit. anorg. Chem.*, **46**, 323, 1905].

Oxyde palladeux anhydre, PdO. — Il se forme quand on chauffe la mousse de palladium au rouge sombre dans un courant d'oxygène [Wilm, *Bull. Soc. Chim.*, (2), **38**, 611, 1883; *D. chem. G.*, **25**, 220, 1892; — Wöhler, *Zeit. anorg. Chem.*, **46**, 323, 1905; *Zeit. Electroch.*, **11**, 836, 1905; **12**, 781, 1906].

Oxyde palladeux hydraté. — Le procédé le plus simple pour obtenir l'oxyde palladeux hydraté consiste dans l'hydrolyse d'une solution faiblement acide du nitrate [Wöhler et König, *Zeit. anorg. Chem.*, **46**, 323, 1905].

Oxyde palladique hydraté. — Il se forme par l'action de l'ozone sur le chlorure, le sulfate ou l'azotate de palladium [Mailfert, *C. R.*, **94**, 860 et 1186, 1882].

Belluci l'a obtenu en neutralisant par l'acide acétique une solution de chloropalladate de potassium dans la potasse [*Att. Ac. Lincei*, (5), **13**, 391, 1904; *Gazz. chim. ital.*, **35**, 343, 1905].

D'après Wöhler et König, le meilleur procédé de préparation consiste dans l'oxydation électrolytique de la solution faiblement acide d'azotate de palladium [Wöhler et König, *Zeit. anorg. Chem.*, **46**, 323, 1905; **47**, 287, 1905; **48**, 203, 1906].

COMBINAISONS DU PALLADIUM AVEC LE SOUFRE ET LE SÉLÉNIUM.

Sous-sulfure de palladium, Pd^2S. — On l'obtient en chauffant du chlorure de palladoammonium avec du soufre [Rœssler, *Zeit. anorg. Chem.*, **9**, 55, 1895].

Sulfure palladeux, PdS. — On le prépare par voie sèche en faisant passer un courant d'hydrogène sulfuré pur et sec sur du chlorure de palladoammonium bien desséché et chauffé [Smith et Keller, *D. chem. G.*, **23**, 3373, 1890].

On peut l'obtenir par voie humide en lavant et séchant le précipité formé par l'action de l'hydrogène sulfuré sur un sel palladeux [Petrenko-Kritschenko, *D. chem. G.*, **26** 279, 1893].

Séléniures de palladium. — En chauffant du sélénium et du chlorure de palladoammonium, Rœssler a obtenu les deux composés $PdSe$ et Pd^4Se [*Zeit. anorg. Chem.*, **9**, 55, 1895].

CYANURE PALLADEUX, $Pd(CAz)^2$.

$$Pd + 2CAz_{gaz.} = Pd(CAz)^2_{sol.} + 22^c,6.$$

[Joannis, *C. R.*, **95**, 295, 1882].

Sulfocyanate palladeux, $Pd(CAzS)^2$ [Belluci, *Att. Ac. Lincei*, (5), **13**, 386, 1904; *Gazz. chim. ital.*, **35**, 343, 1905].

ALLIAGES DE PALLADIUM. — *Antimoniure de palladium*, $PdSb^2$.

Alliage de palladium et de bismuth. $PdBi^2$ [Rœssler, *Zeit. anorg. Chem.*, **9**, 55, 1895].

Alliage de palladium et d'étain [Heycok et Neville. *Chem. Soc.*, **57**, 376 et 656, 1890].

Alliage de palladium et d'aluminium [Margot. *Arch. Sc. phys. nat.*, (4), **1**, 36, 1896].

Alliage de palladium et d'argent [Dewar et Fleming. *Phil. Magaz.*, (5), **34**, 326, 1892].

CHLORURES ET BROMURES DOUBLES. — *Chloropalladite de cæsium*, $PdCl^4Cs^2$. — *Chloropalladate de cæsium*, $PdCl^6Cs^2$. — *Bromopalladite de cæsium*, $PdBr^4Cs^2$. — *Bromopalladate de cæsium*, $PdBr^6Cs^2$ [Gutbier et Krell, *D. chem. G.*, **38**, 2385, 1905].

Chloropalladite d'ammonium, $PdCl^4(AzH^4)^2$ [Gutbier et Krell. *D. chem. G.*, **38**, 2385, 1905].

Bromopalladite d'ammonium, $PdBr^4(AzH^4)^2$. — Prismes orthorhombiques, brun olive [Smith et Wallace. *Zeit. anorg. Chem.*, **6**, 380, 1894; — Gutbier et Krell. *D. chem. G.*, **38**, 2385, 1905].

Bromopalladate d'ammonium, $PdBr^6(AzH^4)^2$. — Il se précipite quand on fait agir la vapeur de brome sur la solution froide et saturée de bromopalladite [Gutbier et Krell. *D. chem. G.*, **38**, 2385, 1905].

Bromopalladite de manganèse, $PdBr^4Mn, 7H^2O$ [Smith et Wallace, *Zeit. anorg. Chem.*, **6**, 380, 1894].

ACIDE PALLADOOXALIQUE ET PALLADOOXALATES. — *Acide palladooxalique* $Pd(C^2O^4)^2H^2, 6H^2O$. — On l'a isolé en traitant une solution de palladooxalate d'argent par la quantité équivalente d'acide chlorhydrique, puis filtrant et évaporant à 75°; l'acide cristallise par refroidissement [Loiseleur. *C. R.*, **131**, 262, 1900].

Palladooxalate d'ammonium, $Pd(C^2O^4)^2(AzH^4)^2$.

Palladooxalate de baryum, $Pd(C^2O^4)^2Ba, 3H^2O$. — Il se précipite quand on verse par petites portions du bromure de baryum dans une dissolution froide de palladooxalate de potassium.

Palladooxalate d'argent, $Pd(C^2O^4)^2Ag^2, 3H^2O$. — On l'obtient en versant une solution concentrée et chaude de palladooxalate de potassium dans une solution chaude d'azotate d'argent.

[Loiseleur, *C. R.*, **131**, 262, 1900].

AUTRES SELS DOUBLES. — *Sulfure double de palladium et d'ammonium*, $PdS^{11}(AzH^4)^2, \frac{1}{2}H^2O$ [Hofmann et Höchtlen. *D. chem. G.*, **37**, 255, 1904].

Palladosulfocyanate de baryum, $Pd(CAzS)^4Ba$.

Palladosulfocyanate d'argent. $Pd(CAzS)^4Ag^2$ [Belluci, *Att. Ac. Lincei*, (5), **13**, 86, 1904; *Gazz. chim. ital.*, **35**, 343, 1905].

COMPOSÉS AMMONIÉS DU PALLADIUM ET COMPOSÉS ANALOGUES. — *Chlorure de palladoammonium*. $Pd(AzH^3)^2Cl^2$. — Prismes quadratiques [Dufet. *Bull. Soc. Min.*, **18**, 419, 1895].

On a obtenu avec les sels de palladium et les amines, les phosphines, les arsines, les sulfines, des combinaisons analogues aux composés ammoniés du palladium [Gwosdarew, *Journ. Soc. phys. chim. russe*, **28**, 218, 1896; — Ardell, *Zeit. anorg. Chem.*, **14**, 143, 1897; — Rosenheim et Maas. *ibid.*, **18**, 331, 1898; — Kurnakow et Gwosdarew, *ibid.*, **23**, 384, 1900; — Gutbier et Krell, *D. chem. G.*, **38**, 2103 et 3869, 1905; **39**, 616 et 1292, 1906; — Richard Möllhau, *ibid.*, **39**, 861, 1906; Gutbier et Wœrnle, *ibid.*, **39**, 2716, 1906].

POIDS ATOMIQUE. — [Keiser, *Am. Chem. Journ.*, **11**, 398, 1889; — Bailey et Thornton Lamb, *Journ. Chem. Soc.*, **61**, 745, 1892; — Keller et Smith, *Am. Chem. Journ.*, **16**, 423, 1892; — Joly et Leidié. *C. R.*, **116**, 146, 1893; — Keiser et Breed. *Am. Chem. Journ.*, **16**, 20, 1894; — Hardin. *Journ. amer. chem. Soc.*, **24**, 943, 1899; — Amberg, *Ann. Chem. Pharm.*, **341**, 235, 1905].

La Commission internationale des poids atomiques a adopté le nombre 106,5 ($O = 16$) [Clarke, Moissan, Seubert et Thorpe, *Bull. Soc. Chim.*, (3), **35**, 1, 1906].

1er Janvier 1907. Albert Bouzat.

PALMELLINE. — Matière colorante rouge sang extraite par Phipson [*C. R.*, **89**, 316, 1879] de la *palmella cruenta*, petite algue terrestre. Cette substance est dichroïque, très analogue à l'hémoglobine, comme elle contenant du fer, soluble dans HCl, insoluble dans les solvants organiques, se coagulant par la chaleur, par l'alcool et l'acide acétique.

Janvier 1907. E. Rengade.

PALMERITE (Min.) (E. Casoria). — Phosphate alumino-potassique hydraté, $K^2O . 3Al^2O^3 . 3P^2O^5, 19H^2O$, poudre blanche onctueuse au toucher, insoluble dans l'acide acétique, soluble dans les acides forts ou dans le citrate d'ammonium, trouvé sous une couche de guano de chauves-souris, dans une caverne au mont Alburno, près Controne, prov. de Salerne, Italie.

L. Bourgeois.

PALMITAMIDINE. — Voy. l'art. IMINO-ÉTHERS, 2e Suppl., **6**, 32.

PALMITIQUE (ACIDE), $C^{16}H^{32}O^2$. — La présence de l'acide palmitique a été signalée dans l'huile de céleri [Ciamician et Silber, *D. chem. G.*, **30**, 494, 1897]; dans l'huile des semences de tabac [Ampola et Scurti, *Gazz. chim. ital.*, **34**, 315, 1904]; dans l'huile des grains de raisin [Ulzer et Zumpfe, *Osterr. Chem. Zeit.*, **8**, 121, 1905]; dans l'huile des noyaux de citron [Peters et Frerichs, *Arch. Pharm.*, **240**, 659, 1902]; dans l'huile de blé [Vulté et Gibson, *Ann. Chem.*, **25**, 1, 1901]; dans l'huile des semences d'asperge [Peters, *Arch. Pharm.*, **240**, 56, 1902]; dans l'huile de chaalmoogra [Power et Gornall, *Chem. Soc.*, **85**, 838, 1904]; dans la cire de lin [Hofmeister, *D. chem. G.*, **36**, 1047, 1903]; dans l'huile de cascarille [Fendler, *Arch. Pharm.*, **238**, 671, 1900]; dans l'huile de calamus [Thoms et Bœckstrom, *D. chem. G.*, **35**, 3187, 1902]; dans l'essence d'asarum [Miller, *Arch. Pharm.*, **240**, 371, 1902]; dans l'essence de badiane de Chine [Tardy, *Bull. Soc. Chim.*, **27**, 990, 1902]; dans l'essence de serpentaire [Power et Lees, *Chem. Soc.*, **81**, 59, 1902]; dans les poils de mouche [Heinisch et Zellner, *Mon. f. Chem.*, **25**, 537, 1904]; dans la bile d'ours [Zambusch, *Zeit. physiol. Chem.*, **35**, 426, 1902]; dans le chyle humain [Erben, *Zeit. physiol. Chem.*, **30**, 436, 1900]; à l'état de sel de calcium dans le sérum antidiphtérique [Zjierzowski, *Zeit. physiol. Chem.*, **28**, 65, 1899]; à l'état d'éther cholestérique dans l'urine albumineuse [Slose. *Bull. Assoc. Ch. belges*, **15**, 575, 1901].

L'acide palmitique se forme par oxydation de l'acide isooléique au moyen du permanganate de potassium [Ponzio, *Gazz. chim. ital.*, **35**, 569, 1906]; de la pentadécyléthylcétone [Ponzio et Gaspari, *ibid.*, **29**, 471, 1899]; dans la décomposition de la lixine par la vapeur d'eau surchauffée [Zwick, *Arch. Pharm.*, **238**, 58, 1900].

Pour le préparer on saponifie 3 parties de cire du Japon par 1 partie de potasse additionnée de 1 partie d'eau; on précipite par l'acide chlorhydrique, on distille dans le vide, et on le purifie par cristallisation dans l'alcool [Krafft, *D. chem. G.*, **21**, 2265, 1888]. Chittenden et Smith le préparent au moyen de la cire de myrica cerifera, qui renferme peu d'acide laurique [*Am. chem. Journ.*, **6**, 218, 1884].

Propriétés. — L'acide palmitique fond à 62°,6 [Scheij, *Rec. Pays-Bas*, **18**, 187, 1899]; à

62° [de Visser, *ibid.*, **47**, 185, 1898]. Élévation du point de fusion avec la pression [Heydweiler, *Ann. de Phys.*, **64**, 728]. Il distille à 138-139° sous 0 mm. [Krafft et Weilandt, *D. chem. G.*, **29**, 1324, 1896]; à 217°,5 sous 100 mm. [Krafft, *D. chem. G.*, **16**, 1721, 1883]. Réfraction moléculaire [Eykmann, *Rec. Pays-Bas*, **12**, 165, 1893]. Chaleur de fusion [Brüner, *D. chem. G.*, **27**, 2106, 1894]. Chaleur de combustion moléculaire, 2398cal,4 [Stohmann, *J. prakt. Chem.*, **49**, 107, 1894]; 2371cal,789 [Longuinine, *Ann. Chim. Phys.*, **11**, 223, 1887]. Solubilité dans l'alcool [Hehner et Mitchell, *Am. chem. Journ.*, **19**, 40, 1897].

Oxydé par le permanganate de potassium en liqueur alcaline, il fournit les acides acétique, butyrique, caproïque, oxalique, succinique, adipique, et les acides $C^5H^9O^3$ et $C^{16}H^{32}O^4$ [Gröger, *Mon. f. Chem.*, **8**, 497, 1887]. L'acide sulfurique le décompose vers 160-180° avec dégagement d'oxyde de carbone [Bistryzcki et Piemirachzky, *D. Chem. G.*, **39**, 51, 1906].

Action des enzymes [Bau, *Zeit. f. Spiritusindustrie*, **27**, 317, 1904]. Dosage, voyez Chittenden et Smith [*Am. chem. Journ.*, **6**, 223, 1884].

Sels. — Etude tonométrique des dissolutions de palmitate de sodium [A. Smits, *Zeit. physikal. chem.*, **45**, 608, 1903]. Hydrolyse du sel de sodium [R. Cohn, *D. chem. G.*, **38**, 3781, 1905; — Krafft, *Zeit. f. physiol. Chem.*, **47**, 5, 1906]. Solubilité des sels de plomb et de calcium Chittenden et Smith, *loc. cit.*].

L'électrolyse du sel de potassium fournit principalement le carbure $C^{30}H^{62}$ fusible à 66°, 1 [J. Petersen, *Zeit. f. Electrochem.*, **12**, 14, 1906].

Le *tétrapalmitate de plomb*, $(C^{16}H^{31}O^2)^4Pb$, fond à 88-91° [Colson, *Bull. Soc. Chim.*, **31**, 426, 1904].

Le *palmitate de méthylamine* fond à 62° [D. Gibbs, *Journ. Am. Chem. Soc.*, **28**, 1395, 1906].

Ethers palmitiques. — Le *palmitate d'éthyle*, $C^{16}H^{31}O^2 . C^2H^5$, fond à 24°, bout à 184°,5-185°,5 sous 10 mm. [Holzmann, *Arch. Pharm.*, **236**, 440]. Le *palmitate de β-chloroéthyle* fond à 44° et bout à 138° sous 0 mm.; le *palmitate de β-bromoéthyle* fond à 61° et bout à 144° sous 0 mm. [Krafft, *D. chem. G.*, **36**, 4340, 1903].

Le *dipalmitate d'éthylène*, $(C^{16}H^{31}O^2)^2C^2H^4$, fond à 72°, bout à 226° sous 0 mm. [Krafft, *loc. cit.*].

Le *palmitate d'isoamyle (actif)*, $C^{16}H^{31}O^2C^5H^{11}$, fond à 12-13°; $D^{20} = 0,854$; $n_D^{20} = 1,4487$; $\alpha_D^{20} = 1,28°$ [Guy et Chavanne, *Bull. Soc. Chim.*, **15**, 285, 1896].

Palmitate de duodécyle, $C^{16}H^{31}O^2 . C^{12}H^{25}$. — Il fond à 41° [Krafft, *D. chem. G.*, **16**, 3019, 1883].

Palmitate de tétradécyle, $C^{16}H^{31}O^2 . C^{14}H^{29}$. — Il fond à 48° [Krafft, *loc. cit.*].

Palmitate de pentadécyle, $C^{16}H^{31}O^2 . C^{15}H^{31}$. — Il fond à 57° [Simourin, *Mon. f. Chem.*, **14**, 85, 1893].

Palmitate de cétyle, $C^{16}H^{31}O^2 . C^{16}H^{33}$. — Il fond à 53°,5 [Krafft, *loc. cit.*]. Chaleur de combinaison moléculaire [Stohmann, *J. prakt. Chem.*, **31**, 305, 1885].

Palmitate d'octodécyle, $C^{16}H^{31}O^2 . C^{18}H^{37}$. — Il fond à 59° [Krafft, *loc. cit.*].

Palmitate de sitostérine $C^{16}H^{31}O^2 . C^{26}H^{43}$. — Il fond à 90° [Ritter, *Zeit. physiol. Chem.*, **34**, 461, 1902].

Tripalmitine (voy. Glycérine, 2e Suppl., 821).

La *palmitodistéarine* fond à 63°, se solidifie à 52° [Kreis et Hafner, *D. chem. G.*, **36**, 2767, 1903].

L'*oléodipalmitine* fond à 37° [Klimont, *Mon. f. Chem.*, **26**, 563, 1905].

Le *palmitate d'o-nitrophénol*, $C^{16}H^{31}O . C^6H^4AzO^2$, fond à 51-52° [Berg et Winternitz, *Lieb. Ann. Chem.*, **332**, 210, 1904].

Chlorure de palmityle, $C^{16}H^{31}OCl$. — Il fond à 12°, bout à 192°,5 sous 15 mm. [Krafft et Bürger, *D. chem. G.*, **17**, 1380, 1884. — Ipatieff et Granić, *Journ. Soc. phys. chim. russe*, **33**, 502, 1901]. Condensé avec le phénétol en présence de $AlCl^3$, il fournit la *p-oxypalmitophénone*, $OH . C^6H^4 - CO - C^{15}H^{31}$, fusible à 78° [Auwers, *D. chem. G.*, **36**, 3890, 1903]; avec le m-xylène il fournit la *métaxylylpalmitophénone* qui distille à 194-195° sous 17 mm. [Klages, *D. chem. G.*, **35**, 2245, 1902].

Anhydride palmitique, $(C^{16}H^{31}O)^2O$. — Il fond à 55-56° [Albitzky, *J. prakt. Chem.*, **61**, 98, 1900]; à 61° [Krafft et Rosiny, *D. chem. G.*, **33**, 3576, 1900].

Palmitamide, $C^{16}H^{31}OAzH^2$. — Elle fond à 104-105° [Hell et Jordanow, *D. chem. G.*, **24**, 991, 1891]; bout à 152-153° sous 0 mm. [Krafft et Weilandt, *D. chem. G.*, **29**, 1324, 1896]; à 235-236° sous 12 mm. [Eitner et Wetz, *D. chem. G.*, **26**, 2840, 1893]. Chaleur de combustion moléculaire 2472cal,9 [Stohmann, *J. prakt. Chem.*, **52**, 60, 1895]. Réduction [Sekeuble et Lœbl, *Mon. f. Chem.*, **25**, 341, 1904].

La *palmitylchloramide*, $C^{15}H^{31}CO . AzHCl$, fond à 70° [Jeffreys, *D. chem. G.*, **30**, 898, 1897].

Palmitanilide, $C^{15}H^{31} . COAzH . C^6H^5$. — Elle fond à 90°,5, bout à 282-284° sous 17 mm. [Hell et Jordanow, *D. chem. G.*, **24**, 943]; cryoscopie: Auwers [*Zeit. physik. Chem.*, **23**, 454]; chaleur de combustion moléculaire 4204cal,9 [Stohmann, *J. prakt. Chem.*, **52**, 60].

Acétylpalmitanilide, $C^{15}H^{31} . COAz - (C^2H^3O) C^6H^5$. — Elle fond à 60-61° [Wheeler, *Am. Journ.*, **18**, 701].

Hydrazide palmitique, $C^{16}H^{31} . O . AzH - AzH^2$. — Elle fond à 110°; *chlorhydrate*, fusible à 141°; *dérivé acétylé*, fusible à 129°; *dérivé benzoylé*, fusible à 108°.

Dipalmitine-hydrazide, fusible à 147°.

Azide palmitique, $C^{16}H^{33}O . Az^3$. — Elle fond à 49° [Delschafft, *J. prakt. Chem.*, **64**, 419, 1903].

Oxyanilide de l'acide palmitique, $C^{16}H^{31} . O . AzH - C^6H^4OH$. — Elle fond à 78-79° [Bergs et Winternitz, *Ann. Chem.*, **132**, 210, 1904].

Nitrile palmitique, $C^{15}H^{31}CAz$. — On l'obtient en déshydratant l'amide palmitique par l'anhydride phosphorique. Il fond à 31° et distille à 196° sous 15 mm. [Krafft et Moye, *D. chem. G.*, **22**, 811, 1889]; à 108° sous 0 mm. [Krafft et Weilandt, *ibid.*, **29**, 1324; — voyez aussi Hell et Jordanow, *ibid.*, **24**, 989; — Eitner et Wetz, *ibid.*, **26**, 2847].

Acides bromopalmitiques. — L'*acide α-bromopalmitique*, $C^{16}H^{31}BrO^2$, fond à 51°,5-52° [Hell et Jordanow, *D. chem. G.*, **24**, 938, 1891. — Krafft et Beddiès, *ibid.*, **25**, 484]. L'*éther éthylique* est une huile qui distille à 221°,5 sous 18 mm.

L'*acide dibromo-2.3-palmitique* fond à 66° [Ponzio, *Acad. d. Sc. di Torino*, **40**, 8, 1905].

Acide α-iodopalmitique, $C^{16}H^{31} . I . O^2$. — Il fond à 18° [Ponzio, *loc. cit.*].

Acide α-oxypalmitique, $C^{14}H^{29} - CHOH - CO^2H$. — Il fond à 82-83° [Hell et Jordanow, *loc. cit.* — Ponzio, *loc. cit.*].

Palmitone, $(C^{15}H^{31})^2CO$. — Elle fond à 82°,8 [Krafft, *D. chem. G.*, **15**, 1714, 1882]. Action de l'acide azotique [Fileti et Ponzio, *J. prakt. Chem.*, **55**, 194, 1897]. — La *palmitonoxime*, $(C^{15}H^{31})^2C = AzOH$, fond à 59° [Kipping, *Chem. Soc.*, **57**, 986, 1890].

Acide thiopalmitique, $C^{15}H^{31}COSH$. — Cet acide s'obtient en saponifiant le palmitate de phénol par le sulfhydrate de sodium à 180°. Il fond à 71° [Auger et Billy, *C. R.*, **136**, 555, 1903].

Janvier 1907. P. Carré.

PALMITOLÉIQUE (ACIDE). $CH^3-(CH^2)^7-C\equiv C-(CH^2)^3-CO^2H$. — On l'obtient en traitant par la potasse alcoolique à 20 0/0 le dibromure de l'acide hypogéique. Il fond à 47° et distille à 240° sous 15 mm. [Rodenstein, *D. chem. G.*, **27**, 3402]. L'acide sulfurique concentré le transforme en *acide cétopalmitique*, $CH^3-(CH^2)^7-CO-(CH^2)^6-CO^2H$, fusible à 74°.

P. Carré.

PALMITOMÉSITONE. — Voy. Mésityl-pentadécylcétone.

PALTREUBINE $C^{30}H^{50}O$. — Cette substance a été découverte par MM. Jungfleisch et Leroux dans les feuilles de *Palaquium Treubi*, sorte de gutta provenant des établissements hollandais de Buitenzorg.

Elle se présente en cristaux clinorhombiques incolores fondant à 260°, se sublimant à partir de 230°, presque insolubles dans les différents véhicules, sauf le benzène et le toluène chauds. Sa formule, $C^{30}H^{50}O$, en fait un isomère des amyrines de M. Westerberg, dont elle est cependant bien distincte.

L'anhydride acétique, en tubes scellés à 175°, la transforme en éthers acétiques de deux *alcools paltreubyliques* isomères de la paltreubine.

L'acétate de paltreubyle α, $C^{30}H^{49}CO^2CH^3$, cristallise dans le benzène en prismes clinorhombiques fondant à 235°. *L'alcool paltreubylique* α correspondant, $C^{30}H^{49}OH$, forme des aiguilles fusibles à 190°. Cet alcool et son acétate sont optiquement inactifs.

L'acétate de paltreubyle β se dépose du benzène en prismes clinorhombiques moins solubles que l'éther α. *L'alcool paltreubylique* β se sublime vers 270-275°. Il est facilement soluble dans le benzène chaud. Cet alcool n'existe pas dans la gutta du *Palaquium Treubi*, mais il se rencontre dans les feuilles des *P. gutta* et *P. Borneense*, etc., et en abondance dans certaines guttas industrielles.

Les alcools paltreubyliques sont bien distincts de la paltreubine, qui n'est certainement pas un mélange de ces deux corps, mais semble pouvoir être considérée comme un alcool terpénique qui s'isomérise dans deux directions lors de l'éthérification par l'anhydride acétique [Jungfleisch et Leroux, *Bull. Soc. Chim.*, (4), **1**, 327, 1907].

Mai 1907. E. Rengade.

PANCLASTITE. — Voy. l'art. Explosifs, 2e Suppl., **3**, 760.

PANCRÉATINE. — Voy. pancréatique (suc).

PANCRÉATIQUE (SUC). — (Voyez 1er Suppl., 186).

Les excitants de la sécrétion pancréatique. — L'excitant normal de la sécrétion pancréatique, c'est le chyme stomacal acide arrivant au contact de la muqueuse duodénale. Cette action est double. Elle est d'ordre réflexe, c'est-à-dire s'exerçant par l'intermédiaire du système nerveux, et d'ordre humoral, en ce sens que l'acide agit sur une substance spéciale contenue dans la muqueuse intestinale et inactive par elle-même, la *prosécrétine*, qu'elle transforme en *sécrétine*. C'est cette sécrétine qui, transportée par le sang jusqu'à la glande, provoque la sécrétion pancréatique. Cet agent n'a pas encore été isolé. Il résiste à l'ébullition, il est dialysable, quoique lentement; il n'est pas précipité par le tannin, ni entraîné par la vapeur d'eau (Pawlow, Bayliss et Starling). (Pour la bibliographie de ces questions qui sont plutôt d'ordre physiologique, nous renvoyons les lecteurs aux journaux de physiologie. Voyez aussi Hugounenq, *Rev. gén. des Sciences*, 1088, 1906). Les graisses et les savons alcalins provoquent aussi par leur arrivée dans le duodénum l'écoulement du suc pancréatique (Pawlow), les savons donnant lieu, dans la muqueuse intestinale, à la formation d'une substance, la *sapocrinine*, analogue à la sécrétine et qui, transportée par le sang, excite la sécrétion de la glande (Fleig). Enfin, les physiologistes ont constaté une adaptation qualitative et quantitative du suc pancréatique à la composition chimique de la ration alimentaire.

Obtention du suc pancréatique. — On n'obtient le suc pancréatique tel qu'il a été sécrété par la glande qu'en pratiquant la cathétérisation du canal de Wirsung et en évitant toute pollution, si minime qu'elle soit, avec les produits de la muqueuse intestinale (voyez plus loin). Quant à l'écoulement du suc, on le provoque par une injection d'acide chlorhydrique à 3 0/00 dans le duodénum (suc d'acide) ou par celle d'un liquide de macération de muqueuse intestinale introduit dans les veines (suc de sécrétine).

Composition du suc pancréatique. — Dans un suc pancréatique humain recueilli dans un cas de fistule chirurgicale, on a trouvé pour 1000 parties : matières solides 12,70; cendres 5,66; matières albuminoïdes coagulables 1,74; azote total 0,9 partie. A la 4e heure après le repas, l'alcalinité est maxima et équivaut à celle d'une solution de CO^3Na^2 à 5,3 0/00; mais mesurée à la méthode électrométrique (Foa), la concentration en ions oxhydriles est celle d'une solution de potasse normale au dix-millième. La quantité en 24 heures est de 500 à 800 cm³ et la densité 1007 [K. Glaessner, *Zeit. physiol. Ch.*, **40**, 478, 1904; — Schumm, *ibid.*, **36**, 298, 1902; — C. Foa, *Soc. de Biol.*, **58**, 867, 1905].

Action sur les matières albuminoïdes. — C'est sur ce point que nos connaissances se sont le plus profondément modifiées. Pawlow a d'abord montré que le pouvoir protéolytique du suc pancréatique est nettement augmenté par l'addition du suc intestinal, puis Delezenne et Frouin constatèrent que le suc pancréatique, recueilli par cathétérisme du canal de Wirsung et préservé de tout contact avec la muqueuse intestinale, est dénué de tout pouvoir protéolytique, mais que l'addition d'un peu de liquide de macération intestinale lui confère une activité considérable. L'agent fourni ici par le suc intestinal est de nature diastasique; Pawlow l'a appelé *entérokinase* [Pawlow, *Le travail des glandes digestives*, trad. de Pachon et Sabrazès, Paris, 1901; — Delezenne et Frouin, *Soc. de Biol.*, **54**, 691, 1902]. D'après Delezenne [*ibid.*, 281, 283, 590, 693], l'entérokinase est d'origine leucocytaire et provient des globules blancs des plaques de Payer. Toutefois, il est bien établi que la glande peut aussi sécréter un suc actif d'emblée, notamment après injection dans le sang de pilocarpine, de physostigmine, de peptone (Wertheimer, Camus et Gley), ce que Delezenne explique par ce fait que le suc de pilocarpine est très riche en globules blancs, tandis que le suc de sécrétine, inactif, est dépourvu de tout élément figuré. Il est vrai que la même démonstration devra être apportée pour les autres sucs actifs d'emblée.

On n'est pas d'accord non plus sur le mécanisme de cette action de l'entérokinase. Pawlow considère cette diastase comme un « ferment de ferment », c'est-à-dire comme un agent chargé de transformer en trypsine une *protrypsine* contenue dans le suc actif [Bayliss et Starling, *Journ. of Physiol.*, **30**, n° 1]. Pour Delezenne, la kinase agit non sur une protrypsine, mais sur la matière albuminoïde qu'elle prépare, comme par une sorte de mordançage, à l'action de la trypsine [*Soc. de Biol.*, **55**, 171,

1903]. Enfin, en utilisant pour l'analyse du phénomène l'action *antikinasique* des macérations d'ascarides, Dastre et Stassano ont abouti à cette conclusion que la protéolyse trypsique n'est pas une réaction en deux temps, avec arrêt facultatif entre les deux, ainsi que l'impliquent les théories ci-dessus; c'est une réaction à trois facteurs, kinase, protrypsine et trypsine, et qui exige l'intervention simultanée de ces trois agents [*Arch. int. de Physiol.*, **1**, 86, 1904]. Enfin, il reste encore à expliquer pourquoi les macérations de tissu pancréatique sont tantôt actives, tantôt inactives, selon le moment où l'extrait a été fait (glande fraîche ou exposée à l'air pendant quelque temps), selon le liquide employé (eau chloroformée ou fluorée). Il est vraisemblable que l'on assiste là à l'action de kinases provenant soit de globules blancs qui existent dans la glande, soit de bactéries venues du dehors. Notons aussi que la théorie de Delezenne ou de Dastre impliquerait la présence simultanée, dans toute trypsine commerciale active, d'une protrypsine et d'une kinase. Enfin le suc pancréatique inactif peut être activé aussi à l'aide de matières purement minérales, comme le chlorure de calcium [Delezenne, *Soc. de Biol.*, **59**, 476, 478, 614, 1905].

Le suc pancréatique est protéolytique surtout en milieu alcalin; mais il agit aussi très énergiquement en milieu neutre ou acide, à condition que l'acide ne « sature » que partiellement les matières albuminoïdes. On constate d'ailleurs *in vivo* que le contenu intestinal est le plus souvent légèrement acide jusqu'au niveau de la valvule iléo-cæcale. La bile ne confère aucune activité à un suc pancréatique inactif, mais elle améliore celle d'un suc déjà activé. L'ébullition de la bile ne supprime pas cette action [Delezenne, *Soc. de Biol.*, **54**, 592, 1902].

Les *produits de la protéolyse trypsique* sont des albumoses, des peptones et des produits abiurétiques, c'est-à-dire ne donnant plus la réaction du biuret.

Les albumoses se forment directement à partir de la matière protéique et sans produit intermédiaire analogue aux acidalbumines de la digestion gastrique. En outre, on voit apparaître d'emblée des albumoses secondaires, auxquelles succèdent très rapidement soit des peptones (voyez ce mot), soit des antipeptones et des acides aminés : acides monaminés, tels que la leucine et la tyrosine, particulièrement abondante, le glycocolle, l'alanine, la phénylalanine, les acides glutamique et aspartique, le tryptophane; acides diaminés comme la lysine, l'arginine, l'histidine, avec un peu d'ammoniaque, c'est-à-dire les produits de l'hydrolyse profonde des matières albuminoïdes sous l'action des acides chauds [Kutscher et Seemann, *Zeit. physiol. Ch.*, **34**, 528, 1902; — Abderhalden, *ibid.*, **44**, 32, 1905].

Avec une trypsine très active, on peut arriver à faire disparaître complètement (avec la fibrine déjà en 4 heures) la réaction du biuret, indicatrice des albumoses et des peptones [Siegfried, *ibid.*, **35**, 168, 1902], mais il ne faudrait pas conclure de là que toute la molécule a été conduite jusqu'au stade des produits cristallisables (acides aminés). En réalité il subsiste dans le liquide des produits intermédiaires aux peptones et aux acides aminés : ce sont les polypeptides de E. Fischer (peptoïdes de Hofmeister), produits amorphes, abiurétiques (ou biurétiques, selon que l'action a duré plus ou moins longtemps), et que l'acide chlorhydrique dédouble avec production de leucine, alanine, acides glutamique, aspartique, pyrrolidine-carbonique et phénylalanine [E. Fischer et Abderhalden, *ibid.*, **39**, 81, 1903; — Abderhalden, *ibid.*, **44**, 33, 1905].

En rangeant donc finalement par ordre de grandeur décroissante les fragments résultant de l'hydrolyse trypsique des protéiques, on obtient la série suivante :

Produits biurétiques.....	*Albumoses.* *Peptones.*
Produits abiurétiques....	*Polypeptides.* *Acides aminés.*

Les produits abiurétiques représentent ceux auxquels aboutit finalement toute l'opération. On verra à l'article PEPTONES quelle est l'interprétation physiologique que l'on peut donner à ces faits.

ACTION DU SUC PANCRÉATIQUE SUR LES GRAISSES. — La saponification des graisses par le suc pancréatique est considérablement activée par l'addition de bile et cette action est due aux sels biliaires [R. Magnus, *Zeit. Phys. Ch.*, **48**, 376, 1906]; le suc intestinal a aussi une action adjuvante [Bruno, *Jahresb. de Maly*, **27**, 441, 1897; — K. Glaessner, *Zeit. physiol. Ch.*, **40**, 478, 1904]. Cette action de la bile, qui est capitale, donne l'explication de la classique expérience de Cl. Bernard et de l'expérience inverse de Dastre, sur la nécessité d'une action simultanée de la bile et du suc pancréatique dans l'absorption des graisses. La saponification des graisses par la stéapsine pancréatique n'est pas complète. On sait du reste que la réaction est réversible, ce qui explique que nous la trouvions arrêtée par une certaine proportion des produits de dédoublement [Pottevin, *C. R.*, **136**, 1152, 1903]. Ce dédoublement des graisses n'est qu'un cas particulier de la propriété que possède la stéapsine pancréatique de saponifier les éthers (tribenzoïcine de la glycérine, salol, leucine éthylique, lécithine).

ACTION DU SUC PANCRÉATIQUE SUR LES HYDRATES DE CARBONE. — Le suc pancréatique pur saccharifie directement les amylacés, sans qu'il soit nécessaire de lui ajouter du suc intestinal (Wertheimer, Lintwarew). Toutefois cette addition, ainsi que celle de bile, aurait pour effet d'activer le phénomène.

On admet en général que *les produits de la saccharification* sont des *dextrines* et du maltose. Mais Maquenne a montré récemment que l'amidon naturel est un mélange d'une matière amylacée vraie, l'amylo-cellulose, et d'une matière mucilagineuse, l'amylopectine, le malt transformant la première intégralement en maltose, et la seconde en dextrines [*C. R.*, **140**, 441, 1305, 1065; — *Ann. Chim. et Phys.*, (8), **2**, 109; — *Bull. Soc. Chim.*, (3), **33**, 471, 1905]. Il est donc certain que nos connaissances sur l'action saccharifiante du pancréas se modifieront d'une manière correspondante.

Dans le suc pancréatique de l'homme, on n'a trouvé ni invertine, ni lactase, ni chymosine, ni prochymosine [K. Glaessner, *Zeit. physiol. Ch.*, **49**, 478, 1904]. Mais la *maltase* a été nettement caractérisée dans les macérations pancréatiques [Bourquelot, *Journ. Chim. et Pharm.*, (6), **2**, 97, 1895] et dans le suc de sécrétine du chien [Bierry et Terroine, *Soc. de Biol.*, **58**, 869, 1905]. On a soutenu aussi que le suc de chien adulte, qui est normalement exempt de lactase, contient cette diastase après une alimentation riche en lait ou en lactose, c'est-à-dire que l'on assisterait ici à une adaptation de la sécrétion pancréatique à la nature de l'aliment ingéré. Mais ces résultats sont nettement contredits par Bierry [*ibid.*, 702]. E. Lambling.

PANDERMITE (Min.) (Muck). — Borate de calcium hydraté, $2CaO.3Bo^2O^3,3H^2O$, voisin de la colemanite. Nodules saccharoïdes dans un gypse de Panderma, Asie Mineure.

L. Bourgeois.

PANICOL. — Corps en cristaux orthorhombiques, qui se dépose dans l'huile de millet et qui répond à la formule $C^{13}H^{20}O$. Cette substance est peu soluble dans l'éther, l'alcool, l'eau, très soluble dans le chloroforme, le sulfure de carbone, le benzène; elle fond à 285° et est inactive sur la lumière polarisée. Elle ne constitue pas un alcool et donne à chaud avec l'acide iodhydrique deux produits non encore définis [Kassner, *Arch. Pharm.*, (3) **25**, 395, 1887]. 1er mai 1907. A. Hébert.

PANIFICATION (PAIN). — Depuis l'apparition d'articles antérieurs de ce dictionnaire (**1**, 734; 2e suppl., **4**, 118), les progrès de nos connaissances relatives à la panification ont surtout été théoriques; on trouvera ces notions nouvelles, dont l'exposé exigerait de longs développements, dans l'ouvrage de M. E. Boutroux (*Le pain et la panification*; *Encycl. de Chim. industr.*, Paris, 1897).

D'après Fleurent [*C. R.*, **123**, 327, 1896], il convient d'envisager le gluten comme constitué par deux matières albumoïdes distinctes : 1° la *gluténine* ou gluten-caséine, insoluble dans l'alcool à 70°, conservant l'état pulvérulent en présence de l'eau; 2° la *gliadine* ou gluten-fibrine, soluble dans l'alcool à 70°, se prenant en masse comme la colle-forte et se comportant avec l'eau comme la gélatine. Au sujet des variations des divers éléments qui entrent dans la composition des farines, voir Balland [*C. R.*, **122**, 1496, 1896].

Les recherches de E. Boutroux [*C. R.*, **113**, 203, 1891] qui ont montré que la fermentation panaire consiste essentiellement dans une fermentation alcoolique par de la levure du sucre préexistant dans la pâte, ont été confirmées par divers expérimentateurs. W. E. Stone [*Off. exper. Stat. U. S. Agric. Dep. Bull.*, **34**, 7, 1896], étudiant comparativement les hydrates de carbone du blé, de la farine et du pain, a reconnu que le pain renferme toujours un peu moins de saccharose que la farine; il renferme aussi du sucre interverti, dont on ne trouve pas trace dans le grain ou la farine, et on peut en dire autant de l'amidon; de plus, il y a pendant la panification une diminution de l'amidon total et des pentosanes. Tous ces faits confirment la notion d'une fermentation alcoolique et d'une action des diastases produites par la levure ou existant dans la farine. Parenti [*Chem. Centr.*, **2**, 304, 1903] a constaté que, pendant la fermentation panaire, en dehors de la fermentation alcoolique du sucre, il y a transformation du gluten en matière protéique soluble par une diastase de la farine; l'amidon et la dextrine ne subiraient pas de changements.

Parmi les nombreuses bactéries qui peuvent produire des altérations du pain, J. König, A. Spieckermann et G. Tillmans [*Zeit. Nahr. Genussm.*, **5**, 737, 1902] ont étudié le *bac. viscosus I et II*, et le *bac. panis viscosus I Vogel*; ils ont reconnu que ces bactéries décomposent les matières protéiques, avec formation d'ammoniaque libre et augmentation de l'azote soluble; elles convertissent aussi l'amidon ou dextrine en sucre et augmentent l'acidité.

Au point de vue de la transformation du pain frais en pain rassis, il y a lieu de signaler les recherches de E. Roux [*C. R.*, **138**, 1356, 1904] qui ont établi que la diminution de digestibilité, si elle existe, n'est pas due à une formation d'amylocellulose (Voyez Saccharification).

Au sujet des causes de la mauvaise levée des farines bises, de qualité inférieure, voir Lindet et Ammann [*C. R.*, **141**, 56, 1905].

Avril 1907. A. Fernbach.

PANNAROL, PANNARIQUE (ACIDE). — Voy. l'art. Lichens.

PANNIQUE (ACIDE). — Corps retiré de l'extrait alcoolique des rhizomes de l'anna (*Aspidium athamanticum*, Kunze) par traitement à l'éther. Il est constitué par des prismes brillants, d'un jaune clair, fusibles à 187-192°, de formule $C^{11}H^{14}O^{4}$, peu solubles dans l'eau, solubles dans l'alcool, l'éther, l'acide acétique. La solution alcoolique se colore en vert foncé par le perchlorure de fer; l'acide sulfurique concentré dissout l'acide pannique en jaune citron et dégage par la chaleur une odeur d'acide isobutyrique; enfin, à chaud, l'acide pannique fond sous l'acide nitrique en un liquide rouge sang [Kursten, *Arch. Pharm.*, (3), **29**, 258, 1891]. 1er mai 1907. A. Hébert.

PAPAÏNE (Syn. *Papayotine*). Voy. 1er Suppl., 1138. — Dans le suc de Carica papaya la papaïne est accompagnée d'un alcaloïde (*carpaïne*), d'un glucoside (*caricine*), d'une diastase décomposant les glucosides et d'une diastase saccharifiante [Windmüller, *Diss.*, Rostock, 1903]. La papaïne sèche supporte une température de 100° sans être altérée. En solution aqueuse elle est détruite à 82°,5 [Harlay, *Soc. de Biol.*, **52**, 112, 1900]. Elle n'est pas atteinte sensiblement par la pepsine, tandis qu'en solution neutre ou faiblement acide la papaïne détruit partiellement la pepsine [Harlay, *Journ. pharm. et chim.*, (6), **11**, 466, 1900].

La papaïne aurait, d'après Hirschler [*Jahresb. de Maly*, **22**, 19, 1892], son optimum d'action en milieu acide (0,5 0/00 de HCl) et serait arrêtée déjà par 0,25 0/00 de KOH, tandis qu'Emmerling rapporte avoir produit des digestions très très actives en solution faiblement alcaline [*D. chem. G.*, **34**, 695, 1902]. Les produits de la digestion sont, outre une globuline qui apparaît transitoirement [Hirschler, *loc. cit.*], des albumoses (deutéro-, proto- et hétéro-albumoses), des peptones vraies et des acides aminés. La production de peptones a été niée par Gordon-Scharp; celles des acides aminés, par L.-B. Mendel et P. Underhill; mais elles paraissent néanmoins toutes deux bien démontrées. Les acides aminés sont la leucine, la tyrosine, le glycocolle, l'acide aspartique et l'alanine [Gordon-Sharp, *Chem. Centralbl.*, 1894, I, 512 et 830; — Chittenden, Mendel et Dermott, *Journ. of physiol.*, **1**, 255, 1899; — L.-B. Mendel et P. Underhill, *Jahresb. de Maly*, **32**, 392, 1902; — Emmerling, *D. chem. G.*, **34**, 695 et 1012, 1902]. Les produits sont donc les mêmes que ceux de la digestion trypsique avec cette différence qu'ils apparaissent plus lentement.

Dans une solution de peptone de Witte, la papaïne donne un précipité (*coaguloses* de Kurajeff) dont la nature est encore très mal établie (voyez au mot Plastéine) [Kurajeff, *Beitr. chem. Physiol. u. Pathol.*, **1**, 121, 1901 et **2**, 1411, 1902]. E. Lambling.

PAPAVÉRALDINE. — La papavéraldine,

CO
CH^3O — Az — OCH^3
CH^3O — CH — OCH^3
CH

est la cétone correspondant à la papavérine. Elle s'obtient par oxydation manganique de celle-ci [Godschmiedt, *Mon. f. Ch.*, **6**, 956, 1884]. Elle forme une poudre cristalline jaunâtre fondant à 210°. Fondue avec la potasse, elle donne de l'acide vératrique et de la diméthylisoquinoléine. Réduite par le zinc et l'acide acétique, elle donne le papavérinol [Goldschmiedt, Stuchlik, *Mon. f. Ch.*, **21**, 814, 1900]. Son *picrate* fond à 208-209°. Son *iodométhylate* fond à 136°. L'*oxime* de la papavéraldine existe sous deux modifications, l'une fondant à 235°, l'autre à 254° [Hirsch, *Mon. f. Ch.*, **16**, 830, 1895]. Cette oxime se forme quand on traite le chlorhydrate de papavérine par le nitrite de sodium [Pictet, Kramers, *loc. cit.*]. L'*hydrazone* de la papavéraldine fond à 80-81° (G.). Le *sulfate de papavéraldine*, réduit électrolytiquement en solution sulfurique, donne l'isotétrahydropapavérine [Freund, Beck, *D. chem. G.*, **37**, 3321, 1904].

Janvier 1907. R. Marquis.

PAPAVÉRINE.

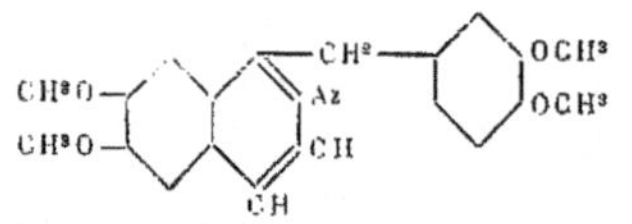

— La formule $C^{21}H^{21}AzO^4$, de Hesse, a été définitivement abandonnée pour revenir à l'ancienne formule $C^{20}H^{21}AzO^4$ de Merck [voy. à ce sujet : Hesse, *J. f. prakt. Chem.*, **68**, 190, 1903]. La constitution de la papavérine résulte des travaux de Goldschmiedt [*Mon. f. Chem.*, **4**, 704, 1883; **6**, 372, 667, 954, 1885; **7**, 485, 1886; **8**, 510, 1887; **9**, 42, 327, 778, 1888] qui ont pour objet l'étude des produits d'oxydation.

Soumise à l'oxydation manganique en solution neutre, la papavérine fournit les acides vératrique, hémipinique, diméthoxycinchonique, α-pyridine-tricarbonique, papavérique et une base : la papavéraldine $C^{20}H^{19}AzO^5$. L'oxydation du chlorobenzylate de papavérine, par le permanganate, donne de la papavéraldine et de l'isobenzylimide hémipinique qui par la potasse se scinde en benzylamine et acide hémipinique. L'acide hémipinique est un acide diméthoxy-o-phtalique dont la constitution résulte de ce fait que, fondu avec la potasse, il donne l'acide protocatéchique. D'autre part la fusion alcaline de la papavérine fournit de la diméthylbromopyrocatéchine, de l'acide protocatéchique et de la méthylamine. Enfin, chauffée avec de l'acide iodhydrique, la papavérine est scindée en 4 molécules d'iodure de méthyle et une molécule de papavéroline $C^{16}H^{13}AzO^4$. L'ensemble de ces faits justifie la formule de constitution ci-dessus qui fait de la papavérine un dérivé de l'isoquinoléine.

Un essai de synthèse a été tenté par Fritsche. Il a condensé la tétraméthoxydésoxybenzoïne,

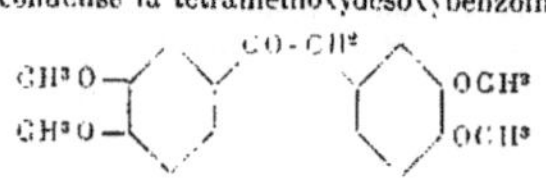

avec l'aminoacétal, pour obtenir le composé

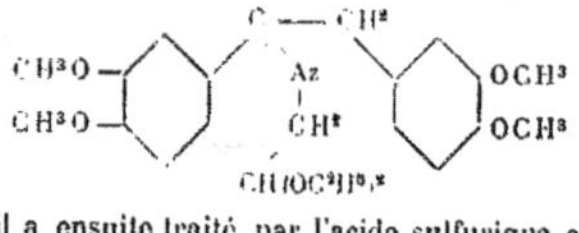

qu'il a ensuite traité par l'acide sulfurique concentré pour fermer la chaine azotée. Il a obtenu un produit fondant 15° plus haut que la papavérine [*Lieb. Ann. Chem.*, **329**, 913, 1903].

Propriétés. — La papavérine pure fond à 147-148° [G., *Mon. f. Chem.*, **6**, 667, 1885]; à 146-147° (Hesse, *loc. cit*). Elle est rhombique (G.). Solubilité dans l'alcool : 1 partie dans 86 parties d'alcool à 97 0/0 à 15° (H.); dans le tétrachlorure de carbone : 0g,203 dans 100 parties à 17° [Schindelmeiser, *Chem. Zeit.*, **25**, 129].

Chaleur de formation : + 131cal,9 [Leroy, *C. R.*, **129**, 220, 1899]; chaleur de combustion : 2478cal,8 à pression constante [Leroy, *Ann. Ph. Ch.*, (7), **21**, 110, 1900]. Spectre d'absorption : Dobbie, Lander [*Chem. Soc.*, **83**, 616, 1903]. La papavérine donne avec l'acide sulfurique une solution incolore qui, lorsqu'on chauffe, devient violet pourpre (Hesse). Chauffée avec de l'acide chlorhydrique, la papavérine perd $2CH^3$ et donne la diméthylpapavéroline. Son chlorhydrate, chauffé à 195-200°, perd $1CH^3$ et donne la triméthylpapavéroline. Ce chlorhydrate, traité en solution aqueuse par le nitrite de sodium, fournit la papavéraldoxime; traité en solution chloroformique par les vapeurs nitreuses, il donne une nitrosopapavérine [Pictet, Kramers, *Arch. Soc. phys. nat. Genève*, (4), **15**, 121, 1903].

Sels. — Voir Goldschmiedt [*Mon. f. Ch.*, **6**, 667, 1885], Jahoda [*ibid.*, **7**, 506, 1886], Hesse (*loc. cit.*).

Le *chlorhydrate* fond à 220-221° (G.), à 210-213° avec formation de protopapavérine (H.); il donne avec le méconate d'ammoniaque un précipité blanc [Valenti, *Boll. Chim. Farm.*, **44**, 373, 1905]. Le *bromhydrate* fond à 213-214°. L'*iodhydrate* fond à 200° (G.), à 196° (H.). Le *sulfate* et le *nitrate* sont monocliniques (G.). L'*oxalate* fond à 195° (H.); le *sulfocyanate* à 152° (H.); le *succinate* à 171°; le *benzoate* à 145°; le *salicylate* à 130°. Le *chlorocadmiate* $(C^{20}H^{21}AzO^4HCl)^2CdCl^2$, fond à 176°; le *chlorobromocadmiate* à 185°; le *chloroiodocadmiate* à 180° (Jahoda). Le *picrate* fond à 179° (G.).

Bromopapavérine, $C^{20}H^{20}BrAzO^4$. — Elle s'obtient en traitant le chlorhydrate de papavérine par l'eau de brome. Elle fond à 144-145° [Goldschmiedt, *Mon. f. Chem.*, **6**, 673, 1885]. Son *chlorhydrate* fond à 197°, son *picrate* fond à 125°. Sa constitution est la suivante :

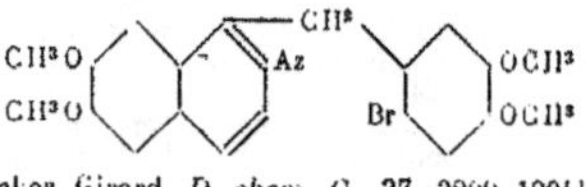

[Decker, Girard, *D. chem. G.*, **37**, 3809, 1904].

Nitropapavérine. — La nitropapavérine de Hesse a été obtenue à l'état de pureté par Pschorr [*D. chem. G.*, **37**, 1926, 1904], par nitration de la papavérine entre —5° et 0°. Elle fond à 186-187°. Son *iodométhylate* fond à 225°, son *bromométhylate* fond à 227°. L'iodométhylate, oxydé par le permanganate, donne l'acide 6-nitrovératrique; traité par la potasse, il est scindé en 6-nitrohomovératrol et 6-7-diméthoxyisoquinolone. La position du groupe AzO^2 est donc la même que celle du brome dans la bromopapavérine.

Aminopapavérine. — Elle cristallise avec 1 molécule d'alcool et fond à 116°; séchée, elle fond à 143°.

Son *dérivé acétylé* cristallise avec 1 molécule de benzène et fond à 125°; séché, il fond à 142° (Pschorr).

Diazopapavérine,

— Elle fond à 281°. Son *iodométhylate* fond à 198°. Son *méthylsulfométhylate* fond à 168-169° (Pschorr).

Nitroso-papavérine. — Elle se forme par l'action des vapeurs nitreuses sur le chlorhydrate de papavérine en solution chroformique. Elle fond à 181°,5; son *chlorhydrate* fond à 181°, son *nitrite* à 179°, son *nitrate* à 183° [Pictet. Kramers, *Arch. Soc. phys. nat. Genève* (4), **15**, 121, 1903].

Sels de papavérinium. — Les sels de papavérinium ou halogénoalcoylates de papavérine ont été préparés et étudiés par Claus et Huetlin [*D. chem. G.*, **18**, 1579, 1885]; Stransky [*Mon. f. Ch.*, **9**, 751, 1888]; Goldschmiedt [*ibid.*, **10**, 679, 1889]; Claus et Edinger [*J. f. prakt. Ch.*, **38**, 491, 1895]; Claus et Kassner [*J. f. prakt. Ch.*, **56**, 321, 1897]; H. Decker [*D. chem. G.*, **35**, 2591, 1902].

Decker a montré [*D. chem. G.*, **37**, 520, 3809, 1904; **38**, 2493, 1905] que ces sels (I) sous l'action de la potasse se transforment en base hydroxylée (II) qui se déshydrate spontanément pour former une alcoylisopapavérine (III) :

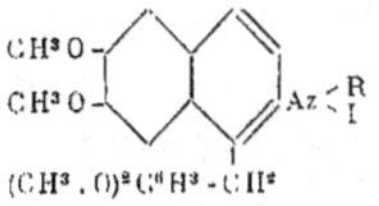

CH³O- ; CH³O- ; Az<R, I
(CH³.O)²C⁶H³-CH²

(I).

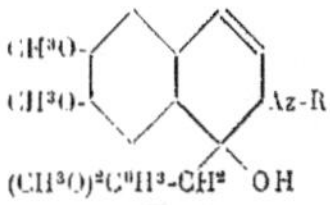

CH³O- ; CH³O- ; Az-R
(CH³O)²C⁶H³-CH² OH

(II).

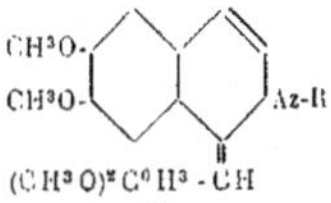

CH³O- ; CH³O- ; Az-R
(CH³O)²C⁶H³-CH

(III).

L'*iodométhylate* de papavérine fond à 55-60° quand il a 7H²O, à 195° anhydre [Cl., H.; Cl., E.; G.; voyez aussi Pictet. Athanasescu, *D. chem. G.*, **33**, 2347, 1900]. L'*iodéthylate* fond à 216°; l'*oxyde d'éthylpapavérinium* à 175-180° (Str.; Golds.). Le *chloropropylate* fond à 80° (Cl., K.). L'*iodisopropylate* à 93-94°. Le *chlorobutylate* à 131-132°. L'*iodisobutylate* à 171-172° (D). L'*oxyde de benzylpapavérinium* à 165° (Str.). Le *p-nitrochlorobenzylate* à 132° (D.). L'*o-nitrochlorobenzylate* a été préparé par Seutter [*Mon. f. Chem.*, **9**, 587, 1888]. Le *bromure de phénacylpapavérinium* se décompose à 194° (Seutter).

isopapavérine. — La *méthylisopapavérine*, obtenue en traitant l'iodométhylate de papavérine par la soude, est en cristaux jaunes fondant à 129-131°, déliquescents. Sa solution aqueuse est incolore et alcaline, elle contient l'hydrate de méthylpapavérinium. Traitée par les acides, elle donne les sels de méthylpapavérinium; le *picrate* fond à 129-130°. — *Ethylisopapavérine.* Prismes jaunes fusibles à 101°; elle attire l'humidité en donnant l'hydrate d'éthylpapavérinium. — *Benzylisopapavérine.* Elle fond à 139-140°; son *picrate* fond à 192°. Oxydée par l'air en solution alcaline, elle fournit la méthylvanilline, l'acide vératrique et la 6,7-diméthoxy-2-benzyl-1-isoquinolone

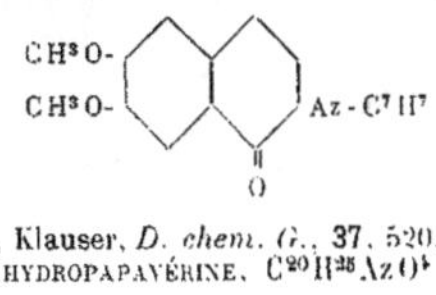

CH³O- ; CH³O- ; Az-C⁷H⁷
O

[Decker, Klauser, *D. chem. G.*, **37**, 520, 1904].

Tétrahydropapavérine, $C^{20}H^{25}AzO^4$ — Elle résulte de l'hydrogénation de la papavérine par l'étain et l'acide chlorhydrique [Goldschmiedt, *Mon. f. Ch.*, **7**, 495, 1886]. On connait les deux modifications actives et le racémique. La *base racémique* fond à 200-201°; son *chlorhydrate* fond à 290°; son *picrate* à 270°; son *d-tartrate* cristallise avec 17H²O [Goldschmiedt, *Mon. f. Ch.*, **19**, 323, 1898], $[\alpha]_D = +7°,44$ en solution aqueuse à 1 0/0 [Pope, Peachey, *Chem. Soc.*, **73**, 902, 1898; *Zeit. f. Kryst.*, **31**, 11, 1899]. Elle a été dédoublée à l'aide de l'acide d-α-bromocamphre-sulfonique.

La *base dextrogyre* fond à 223-224°; $[\alpha]_D = +153°,7$ en solution chloroformique (Pope, Peachey). La *base lévogyre* fond à 223-224°, $[\alpha]_D = -143°,4$ en solution chloroformique; le *d-α-bromocamphre-sulfonate* fond à 295-298°.

Le *dérivé nitrosé* de la tétrahydropapavérine fond à 180-182° [Goldschmiedt, *Mon. f. Ch.*, **19**, 327, 1898]. Janvier 1907. R. Marquis.

PAPAVÉRINOL, $C^{20}H^{21}AzO^5$. — Le papavérinol est l'alcool secondaire correspondant à la papavéraldine; il s'obtient en réduisant celle-ci par le zinc et l'acide acétique [Goldschmiedt, Stuchlik, *Mon. f. Ch.*, **21**, 814, 1900]. Il cristallise en prismes monocliniques. L'oxydation ménagée le transforme en papavéraldine. Son *chloroplatinate* fond à 168°; son *picrate* à 171°; son *iodométhylate* vers 188°; son *brométhylate* vers 167°; son *chlorobenzylate* vers 170°. Son *carbanilate* fond à 180°; le *picrate* de son dérivé *benzoylé* fond à 162°; son *dérivé p-bromobenzoylé* fond à 194°.

Janvier 1907. R. Marquis.

PAPAVÉRIQUE (ACIDE),

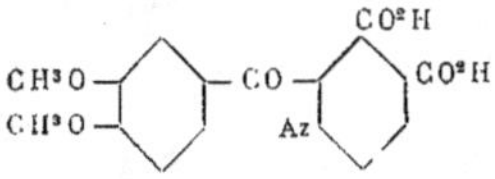

CO²H
CH³O- ; CH³O- ; -CO- ; Az ; CO²H

— L'acide papavérique s'obtient par oxydation manganique de la papavérine en même temps que d'autres acides (voyez Papavérine) [Goldschmiedt, *Mon. f. Ch.*, **6**, 380, 1885]. Il cristallise en tables microscopiques fusibles à 233°, en se décomposant en acide carbonique et acide pyropapavérique. Conductibilité électrique : [Ostwald *Zeit. f. phys. Ch.*, **3**, 398, 1889; — Bethmann, *ibid.*, **5**, 419, 1890; — Kirpal, *Mon. f. Ch.*, **18**, 466, 1897]. Chauffé avec de l'anhydride acétique, il donne l'anhydride papavérique. Fondu avec de la potasse, il donne de l'acide protocatéchique. Ses *sels* ont été préparés par Goldschmiedt [*loc. cit.*].

Ether monométhylique. — L'éther β fond à 153° [Goldschmiedt, Schranzhofer, *Mon. f. Ch.*, **13**, 698, 1892; — Goldschmiedt, Kirpal, *ibid.*, **17**, 497]; à 156°,5 [Wegscheider, *Mon. f. Ch.*, **23**, 635; — Kirpal, *ibid.*, **18**, 465, 1897]. L'éther γ fond à 195°. L'*éther diméthylique* fond à 121-122° (G. et S., G. et K.).

Ether monoéthylique. — L'éther β fond à 187-188° [G. et Strache, *Mon. f. Ch.*, **10**, 160, 1889; **13**, 699, 1892]. L'éther γ fond à 184° [Kirpal, *ibid.*, **18**, 466, 1897].

L'*anhydride* fond à 169-170° (G. et Strache). La *monoamide* s'obtient à l'état de sel ammoniacal en traitant l'anhydride par l'ammoniaque en solution benzénique [Goldschmiedt, Schranzhofer, *loc. cit.*]. Le sel d'aniline de la monoanilide fond à 119° (G. et Sch.).

L'*oxime* de l'acide papavérique fond à 154-157° (G. et Strache), la *phénylhydrazone* fond à 19° (G.).

Méthylbétaïne papavérique.

$$\begin{array}{l} \qquad\qquad\qquad CO^2H \quad CO\text{———}\,\rceil \\ (CH^3O)^2C^6H^3\text{-}CO\text{—}C^6H\quad\qquad | \\ \qquad\qquad\qquad Az\text{—————}O \\ \qquad\qquad\qquad CH^3 \end{array}$$

ou

$$\begin{array}{l} \qquad\qquad\qquad CO\text{—————}\,\rceil \\ \qquad\qquad\qquad\qquad CO^2H \quad | \\ (CH^3O)^2C^6H^3\text{-}CO\text{—}C^6H\quad\qquad | \\ \qquad\qquad\qquad Az\text{—————}O \\ \qquad\qquad\qquad CH^3 \end{array}$$

— Elle se forme par l'action de l'iodure de methyle sur l'acide papavérique ou ses éthers méthyliques. Elle forme des tables jaunes fusibles à 191° [Schranzhofer, *Mon. f. Ch.*, **14**, 521, 1893 ; — Goldschmiedt, Kirpal, *ibid.*, **17**, 504, 1896]. Elle est scindée par l'eau de baryte bouillante en acides vératrique et apophyllénique [Goldschmiedt, Honigschmidt, *Mon. f. Ch.*, **24**, 681, 1903 ; voyez aussi *D. chem. G.*, **36**, 1851, 1903].

Acide nitropapavérique. — Il fond à 215° [Goldschmiedt, *Mon. f. Ch.*, **6**, 931, 1885].

ACIDE PYROPAPAVÉRIQUE. — Il dérive de l'acide papavérique par perte de CO^2. Il fond à 230°. Son *éther méthylique* fond à 108°. Son *oxime* fond à 226° ; sa *phénylhydrazone* à 223° ; sa *méthylbétaïne* à 182° [Goldschmiedt, *Mon. f. Ch.*, **6**, 394, 1885 ; — G. et Strache, *ibid.*, **10**, 694, 1889 ; — G. et Kirpal, *ibid.*, **17**, 498, 1896 ; — G. et Honigschmidt, *ibid.*, **24**, 681, 1903].

Janvier 1907. R. Marquis.

PAPAVÉROLINE. — La papavéroline, $C^{16}H^{13}AzO^4$, est le produit de la déméthylation totale de la papavérine. Elle s'obtient en traitant celle-ci par l'acide iodhydrique [Goldschmiedt, *Mon. f. Ch.*, **6**, 967 ; — Krauss, *ibid.*, **11**, 351, 1890]. Poudre cristalline se décomposant avant de fondre. Chauffée avec du zinc en poudre, elle donne de la méthylisoquinoléine et de la benzylisoquinoléine. Son *chlorométhylate* fond à 235°, son *iodométhylate* à 77°, son *chloréthylate* à 215°, son *bromopropylate* à 140°, son *chlorobenzylate* à 158° [Claus, Kassner, *J. prakt. Chem.*, **56**, 342, 1897].

Diméthylpapavéroline. — Elle se forme quand on chauffe la papavérine avec de l'acide chlorhydrique concentré pendant 9 heures à l'ébullition. C'est une masse blanche qui verdit à l'air : elle est soluble dans les alcalis, se colore en vert jaune par le chlorure ferrique. Son *picrate* fond à 104° [Pictet, Kramers, *Arch. Soc. phys. nat. Genève*, (4), **15**, 121, 1903].

Triméthylpapavéroline. — Elle se forme quand on chauffe le chlorhydrate de papavérine à 195-200°. Elle cristallise en tables qui se décomposent à 240°. Son *chlorhydrate* fond, hydraté à 65°, anhydre à 192° ; son *chloroplatinate* fond à 231° ; son *chloromercurate* à 155° ; son *picrate* à 206°,5 ; son *iodométhylate* à 63-64°. Son *chlorométhylate* fond à 70-71° ; il donne, par réduction à l'étain et à l'acide chlorhydrique, l'isolaudanine [Pictet, Kramers, *loc. cit.*].

Tétrahydropapavéroline. — Elle se forme par déméthylation de la tétrahydropapavérine. Elle fond à 255°, est très oxydable et se colore en violet à l'air [Goldschmiedt, *Mon. f. Ch.*, **19**, 329, 1898]. Janvier 1907. R. Marquis.

PAPAYOTINE. — Voy. PAPAÏNE.

PAPIER (Voyez Dict. et 2ᵉ Suppl. HYDROCELLULOSE). — Le fait le plus saillant de l'industrie du papier dans ces dernières années a été sans contredit l'emploi de plus en plus grand des succédanés du chiffon et, en particulier, de la pâte de bois chimique. Cette industrie des pâtes chimiques de bois qui, du reste, s'est développée beaucoup plus vite à l'étranger que chez nous, a été dans ses grandes lignes décrite à l'article HYDROCELLULOSE, 2ᵉ Suppl., 506.

Les matières les plus employées actuellement comme succédanées du chiffon en papeterie sont :

1° Les pailles ;
2° L'alfa et le sparte ;
3° Les bois.

Quelles que soient les matières employées, le traitement auquel on doit les soumettre dépend avant tout de la qualité du papier que l'on veut obtenir. Le papiers peuvent, du reste, se ranger en trois catégories bien distinctes :

1° Papier constitué par de la cellulose pure ;
2° Papier constitué par des celluloses impures ;
3° Papier mixte constitué par des mélanges de cellulose pure et de cellulose impure.

La première catégorie de papier peut être désignée sous le nom général de papier de pâte chimique, ceux de la deuxième catégorie sous le nom de pâte mécanique. Tandis que, pour la préparation de la pâte de bois chimique, l'on doit, de la matière première, éliminer tout ce qui n'est pas cellulose, la préparation des pâtes de cellulose impures consiste le plus souvent en un un simple broyage mécanique de la matière première.

Traitement des pailles. — Les pailles les plus employées sont celles de seigle, de froment, d'avoine et d'orge. La valeur de ces différentes pailles est en rapport direct avec leur teneur en cellulose pure. Cette teneur varie dans des limites assez sensibles suivant les conditions de climat, de sol et de culture. Voici quelques chiffres dus à M. Beveridge :

Désignation des pailles. —	Teneur en cellulose 0/0 des fibres sèches.
Paille sèche de froment de France...	41,5
— — de Zélande.	40,9
— — de Hollande.	40,4
— d'avoine...............	41,7
— de seigle.............	45,9
— d'orge................	37,9

La paille de maïs dont la teneur en cellulose est beaucoup plus faible (29 0/0 environ), donne un très beau papier et trouve un débouché notable dans l'industrie papetière d'Autriche.

La préparation de pâte chimique à l'aide des pailles se fait encore actuellement sensiblement comme il a été dit à l'article PAPIER, du Dictionnaire. La préparation de pâte mécanique a pris aujourd'hui une grande importance. Elle se pratique depuis longtemps déjà dans la région limousine. Certaines fabriques ont un rendement de 4000 à 5000 kilogrammes de papier par 24 heures : presque toutes sont alimentées exclusivement par la paille du pays, le seigle, que l'on récolte en grande abondance sur les plateaux du Limousin assez rebelles à la culture du blé. Toute la pâte mécanique est employée pour la fabrication du papier jaune d'emballage. C'est une des raisons qui font préférer la paille de seigle à la paille de blé, car, si toutes deux sont peu cassantes et donnent un papier beaucoup plus résistant que les autres pailles, la paille de blé donne un papier moins jaune et de moins bel aspect que la paille de seigle.

La caractéristique de cette fabrication consiste en une sorte de gélatinisation de diverses impuretés de la paille, gélatinisation qui a pour effet de donner, après trituration, une sorte de pâte gluante qui imprègne toute la masse et sert à celle-ci de matière d'encollage.

Cette sorte de gélatinisation est obtenue par macération de la paille convenablement hachée, avec une lessive de chaux caustique à froid. La macération a lieu dans des fosses, le plus souvent cimentées, où l'on entasse en général de 8 à 10 mètres cubes de paille. La lessive employée contient environ 1 0/0 en chaux; la dépense pour 100 kg. de papier fabriqué est de 20 à 25 kg. de chaux. La température est un des facteurs qui intervient le plus dans la durée de macération: 24 heures quelquefois suffisent, tandis que par les jours d'hiver, il faut la prolonger souvent 8 et même 10 jours.

Il semble que l'on aurait avantage à aider à la gélatinisation par élévation ménagée de température. Quoique cette macération à la vapeur soit en usage dans certaines usines, elle ne s'est pas généralisée, car on reproche, non sans raison à notre avis, au papier ainsi obtenu d'être de couleur moins belle que le papier obtenu par macération à froid.

Après macération, la paille plus ou moins colorée en brun foncé s'en va aux meules. Ces meules sont en pierre et tournent autour d'un arbre vertical, dans une cuve destinée à recevoir la paille macérée. Le fond de cette cuve est en pierre, les rebords en tôle ou en fonte. Le dispositif rappelle tout à fait le système de meule utilisé actuellement pour le broyage des poudres noires; un système de relevage souple permet de ramener constamment le mélange sous les meules. Ce broyage a surtout pour but d'écraser les nœuds de la paille et de réduire la longueur de ses fibres. La charge d'une meule est variable, mais oscille en général de 100 à 125 kg de paille, ce qui correspond en chiffres ronds à une production de 25 à 30 kg. de papier; la durée moyenne du broyage est de 1 heure. Après broyage, la pâte va aux piles et chemine alors, comme il a été dit à l'article Papier, jusqu'à la machine à papier. Bien entendu, ces pâtes ne sont ni blanchies, ni encollées.

La paille rend environ 75 0/0 de son poids en papier; en prenant pour prix de la paille 4 fr. 50 les 100 kg., on peut admettre comme prix de revient une moyenne de 17 fr. par 100 kg.

Le papier est vendu comme papier d'emballage jaune. Ce n'est qu'exceptionnellement qu'on procède avec lui à la préparation de papier différemment coloré. Le papier naturellement jaune est alors le plus souvent vendu après coloration en brun ou en vert. Dans le premier cas, la teinture se fait par addition à la pâte de 6 à 10 0/0 de sulfate de fer. Pour obtenir du papier vert, on additionne la pâte de 3 0/0 d'extrait de campêche et 3 0/0 de sulfate de cuivre.

Traitement du sparte et de l'alfa (voyez Dict., article Papier). — L'alfa (*stipa tenacissima*), de la famille des graminées, a les plus grandes analogies avec le sparte. Son introduction en papeterie date de quelque trente ans. Aujourd'hui, il a remplacé en partie le sparte, car sa teneur en cellulose est plus élevée. Cette graminée croît dans le nord de l'Afrique (Algérie, Sahara, Tell) et y couvre des surfaces considérables, qu'on peut évaluer à plus de 25 millions d'hectares. C'est une plante mince exigeant un sol siliceux et ferrugineux, résistant d'une façon remarquable aux plus fortes chaleurs. La partie utilisée pour les papeteries sont les feuilles que l'on arrache sur les pieds vieux d'au moins une douzaine d'années, aux époques de grande sécheresse. Ces feuilles ne doivent être cueillies ni trop jeunes, ni trop mûres: trop jeunes, elles ne donnent qu'un faible rendement et le papier obtenu n'offre qu'une résistance relativement faible; trop mûres, elles sont trop chargées en silice et oxyde de fer, ce qui rend plus compliqués les traitements ultérieurs. Ces traitements sont identiques à ceux que l'on fait subir au sparte.

La France ne consomme que très peu de pâte d'alfa pour des raisons purement économiques. Par contre l'Angleterre, mieux placée au point de vue des matières premières telles que charbon, soude, chlorure de chaux, est le grand débouché pour l'alfa.

Blanchiment des pâtes à papier. — Le progrès le plus important à noter est l'introduction dans l'industrie papetière de l'électrolyseur Hermite et la disparition progressive, bientôt complète, du blanchiment au chlore gazeux. L'électrolyseur Hermite a été décrit à l'article Électrochimie (Dict., 2e Suppl.). Le blanchiment électrolytique exige beaucoup de soin, ce qui lui a valu de la part de beaucoup d'industriels une mauvaise réputation. Il n'en est pas moins vrai qu'il rend à ceux qui ont pu percer le côté quelque peu mystérieux de son allure, des services incontestables. Dans les conditions normales de marche, chaque électrolyseur peut produire par 24 heures de travail, un blanchiment égal à celui que donnerait une quantité de chaux égale à 1000 kg., avec un courant de 10 000 ampères sous une différence de potentiel de 6 à 7 volts. L'économie réalisée est considérable et pourrait atteindre 50 0/0 du prix du blanchiment par les anciens procédés.

Papier pour photographie. — La fabrication du papier, destiné à recevoir les émulsions sensibles, présente des difficultés considérables que beaucoup, malgré leur opiniâtreté et leur longue pratique, n'ont pu parvenir à vaincre. La production est assurée aujourd'hui, pour tous les pays de l'ancien et du nouveau continent, par trois maisons dont deux ont leur usine en France, et la troisième en Allemagne.

La pâte pour papier photographique est une pâte de chiffon. La difficulté consiste surtout dans l'élimination de toute parcelle métallique, ce qui nécessite quelques modifications des appareils usuels. Les lavages doivent être exécutés avec le plus grand soin. Après la préparation du papier proprement dit, on procède à l'opération du *barytage*. A l'aide de machines plus ou moins compliquées, on étend à la surface du papier une couche homogène de sulfate de baryte. C'est dans la pâte de barytage qu'on introduit la matière colorante. Le choix de cette matière colorante présente plus d'une difficulté, car elle doit satisfaire à cette condition fondamentale d'être tout à fait inerte vis-à-vis de la couche de mélange sensible que le papier doit ultérieurement recevoir.

Bibliographie. — Carl Hoffmann, *Traité pratique de la fabrication du papier.*
Burot, *Fabrication du papier de paille dans le Limousin*, mai 1883 (Mémoire de la Société des Ingénieurs civils).
V. Urbain, *Les succédanés du chiffon en papeterie.*

1er janvier 1907. V. Thomas.

PARA.... — Pour les mots qui ne se trouvent pas ici à leur place alphabétique, voyez le mot qui suit ce préfixe.

PARABANIQUE (ACIDE). — (Oxalylurée). Voy. Urées.

PARACONIQUES (ACIDES). — Voy. l'art. Itamaliques (acides).

PARACOTOÏNE, $C^{12}H^8O^4$

$$CH^2 \langle {O \atop O} \rangle C^6H^3 \langle {C : CH - CH \atop O . CO . CH} $$

(Voyez Suppl., p. 529). — Ciamician et Silber [*D. chem. G.*, **26**, 778 et 2340, 1893] ont remplacé la formule de Hesse $C^{19}H^{12}O^6$ par $C^{12}H^8O^4$.

D'après ces chimistes la paracotoïne ne donne pas de dérivés acétylés ou benzoylés et ne se combine pas à l'hydroxylamine.

La paracoumarhydrine de Jobst et Hesse, obtenue par l'action d'une lessive de soude concentrée, doit être considérée comme l'acétopipérone $CH^2O^2 \cdot C^6H^3 - CO - CH^3$.

L'acide bromhydrique se fixe sur la paracotoïne; le produit semi-solide perd HBr en régénérant la paracotoïne.

Dinitroparacotoïne $C^{12}H^6(AzO^2)^2O^4$.

Bromoparacotoïne $C^{12}H^7BrO^4$. — Fusible à 200 201°.

Phénylhydrazone, $C^{11}H^8O^3 . C = Az - AzHC^6H^5$. — Fusible à 200-201°.

La paracotoïne fixe 2 mol. d'aniline sans élimination d'eau: le produit fond à 162°.

La *diméthyl-paracotoïne* s'obtient par l'action de l'iodure de méthyle en présence de potasse; les groupes méthyle ne tiennent pas à la molécule par l'oxygène [*D. chem. G.*, **27**, 424, 1894].

M. Delacre.

PARAFFINE. — Voyez PÉTROLES.

PARAÏLMÉNITE (Min.). — Voyez PARACOLOMBITE. Dict., **2**, 766.

PARAISODEXTRANE. — Glucoside extrait par Winterstein [*D. chem. G.*, **28**, 774, 1895] du *Polyporus betulinus*, par un procédé analogue à celui qui a servi pour isoler le pachymose (voyez ce mot). C'est une masse blanche, insoluble dans l'eau, soluble dans les acides concentrés et les alcalis fixes étendus, dextrogyre, colorable en bleu par l'iode et par l'acide sulfurique concentré; dédoublable par les acides étendus en donnant du glucose *d*. La formule de ce glucoside serait $C^6H^{10}O^5$.

1er mai 1907. A. Hébert.

PARALAURIONITE (Min.) (G. F. H. Smith et G. T. Prior). — [Syn. : *Rafaëlite*, Arzruni]. Oxychlorure de plomb hydraté, PbCl . OH, dimorphe de la laurionite. Cristaux prismatiques ou tabulaires accompagnant celle-ci dans les anciennes scories du Laurium. Caractères chimiques de la laurionite. Densité = 6.05.

Forme cristalline. — Prisme clinorhombique: $a : b : c = 0{,}8811 : 1 : 0{,}6752$; $\beta = 62° 47'$. Macles. h^1. Clivage. p. Faces : $h^1, m, p, a^1, a^1{}_2, a^1/_4, a^1/_6, d^1/_2$.

L. Bourgeois.

PARALBUMINE. — Voy. MUCINES ET MUCOÏDES.

PARALDÉHYDE. — Nous compléterons ici l'histoire de l'aldéhyde acétique, qui n'a pas été mise à jour dans ce supplément.

I. — ALDÉHYDE ACÉTIQUE.

La présence de l'aldéhyde dans l'huile de fusels obtenue par distillation des glands a été signalée par Boudakof et Alexandrof [*Journ. Soc. phys. chim. russe*, **36**, 207, 1904].

MODES DE FORMATION. — *a*) *A partir des carbures.* — Il se forme de l'aldéhyde : 1° Quand on chauffe à 400° un mélange d'éthylène et d'acide carbonique [Schutzenberger, *Bull. Soc. Chim.*, (2), **31**, 482, 1879]. — 2° En soumettant le même mélange à l'action de l'effluve [Losanitsch, Jovitschitsch, *D. chem. G.*, **30**, 137, 1897], ou en soumettant à l'effluve un mélange de CO et de CH^4 [W. Löb, *Zeit. f. Elektroch.*, **12**, 282, 1906]. — 3° En dirigeant de l'acétylène dans une solution bouillante de 3 vol. d'acide sulfurique et de 7 vol. d'eau, ou en chauffant avec un acide dilué le dérivé mercurique de l'acétylène : $HgC \equiv CHg, AzO^3Hg, H^2O$ [Erdmann, Köthner, *Zeit. anorg. Chem.*, **18**, 48, 1898]; (Voyez aussi, plus bas, les dérivés mercuriques de l'aldéhyde). — 4° Par action de l'acétylène sur l'eau oxygénée [Cross, Bevan, Heiberg, *D. chem. G.*, **33**, 2015, 1900]. — 5° Dans la combustion de l'éthylène [Bone, Wheeler, *Chem. Soc.*, **85**, 1637, 1904]. — 6° Dans la combustion lente de l'éthane [Bone, Stocking, *Chem. Soc.*, **85**, 693, 1904]. — 7° Par réduction électrolytique de l'acétylène en présence d'acide sulfurique, ou dans l'action de l'acétylène sur l'acide azotique aqueux en présence de mousse de platine [Niewland, *J. f. Gasbel.*, **48**, 387, 1905]. — 8° Par la combustion incomplète de l'éthane en présence de cuivre ou de pierre ponce et d'asbeste cuivrées [Glock, *D. R. P.* 10915, 1899].

b) *A partir de l'alcool.* — 1° M. Berthelot a montré qu'il se formait de l'aldéhyde dans l'action à 100° de la potasse solide sur le nitrate d'éthyle [*C. R.*, **131**, 519, 1900]. — 2° L'oxydation de l'alcool avec formation d'aldéhyde a été réalisée par Ciamician et Silber en exposant à la lumière des solutions alcooliques de quinone, de nitrobenzène, de benzophénone, de benzaldéhyde, etc. [*D. chem. G.*, **33**, 2911, 1900; **34**, 1530, 1901]. — 3° Baeyer et Villiger ont observé la formation d'aldéhyde dans la décomposition, par l'argent moléculaire, du peroxyde de l'alcool éthylique [*D. chem. G.*, **34**, 738, 1901]. — 4° L'oxydation de l'alcool se fait dès 225° au moyen d'une spirale de platine portée au rouge; 50 cc. d'alcool donnent 16,8 0/0 d'aldéhyde et 2,3 0/0 d'acétal [Trillat, *Bull. Soc. Chim.*, **30**, 37, 1903]. — 5° La décomposition pyrogénée de l'alcool en CH^3CHO et H^2 a été réalisée par Grigorief [*J. Russe*, **33**, 179, 1901], puis par Ipatiew [*D. chem. G.*, **34**, 596, 3579, 1901; *J. Russe*, **33**, 85, 356, 632, 1901; **34**, 182, 442, 1902]. Ce dernier a montré que la réaction se faisait à 710-750° dans un tube de fer et qu'elle était favorisée par certains corps. Ainsi, dans un tube de verre, les 4/5 de l'alcool sont décomposés en aldéhyde et H, dans un tube de platine, les 6/7 de l'alcool sont décomposés; en présence de zinc, on obtient en aldéhyde 80 0/0 de l'alcool décomposé. En présence d'alumine, la température de la réaction s'abaisse à 580-600° [*J. Russe*, **35**, 449, 1903]. Enfin, MM. Sabatier et Senderens, ont montré que le dédoublement de l'alcool en aldéhyde et H se faisait régulièrement de 200 à 350° en présence de cuivre réduit et dès 178° en présence de nickel réduit; dans ce dernier cas, une partie de l'aldéhyde est détruite et donne CO et CH^4 [*C. R.*, **136**, 783, 921, 1903].

c) *A partir de l'acide acétique.* — 1° L'action du chlorure d'acétyle sur le couple Zn-Cu sec, en solution éthérée, fournit de l'aldéhyde [Freundler, *Bull. Soc. Chim.*, **23**, 809, 1900]. — 2° La réduction de l'imino-acétate d'éthyle en solution sulfurique par l'amalgame de sodium donne 40 0/0 d'aldéhyde [Henle, *D. chem. G.*, **35**, 3039, 1902].

d) *A partir du glycol ou de ses dérivés.* — 1° La distillation du glycol avec 4 0/0 d'acide sulfurique concentré donne, en même temps que de l'aldéhyde, un oxyde

$$\begin{array}{c} CH^2 - O - CH^2 \\ | \qquad\quad | \\ CH^2 - O - CH^2 \end{array}$$

qui, traité lui-même par le même acide donne

une grande quantité d'aldéhyde [Favorsky, *J. Russe*, **36**, 736, 1904]. — 2° Krassousky a obtenu de l'aldéhyde, soit en chauffant la monochlorhydrine du glycol avec de l'eau à 100° [*J. Russe*, **31**, 667, 1899; **34**, 287, 1902], soit en chauffant cette chlorhydrine seule à 185° [*J. Russe*, **32**, 85, 1900]. — 3° L'oxyde d'éthylène se transforme en aldéhyde à 400-420° [Nef, *Lieb. Ann.*, **335**, 191, 1904], à 500-600°, température qui s'abaisse à 200-300° en présence d'alumine. [Ipatiew, Léontovitsch, *J. Russe*, **35**, 606; *D. chem. G.*, **36**, 2016, 1903; au sujet du mécanisme de cette réaction voyez Krassousky, *J. Russe*, **34**, 556, 1902].

e) *Modes de formation divers.* — 1° Par combustion incomplète de diverses substances organiques [Mulliken, *Am. Chem. Journ.*, **25**, 111, 1900]. — 2° En chauffant l'acide acétylènedicarbonique avec 7 parties d'eau à 300° [Desgrez, *Ann. Chim. Phys.*, (7), **3**, 219, 1894]. — 3° En chauffant au-dessus de 50° l'acide $CHO-CH^2-CO^2H$ [Wohl et Emmerich, *D. chem. G.*, **33**, 2760, 1900]. — 4° Dans l'action de l'eau oxygénée sur l'éther, à la lumière [Berthelot, *C. R.*, **129**, 627, 1899]. — 5° En traitant le nitréthane sodé par l'acide sulfurique. Rendement 69,7 0/0 [Torrey, Black, *Am. Chem. J.*, **24**, 452, 1900]. — 6° Par oxydation du m-aminophénol par le réactif de Caro [Bamberger et Czersky, *J. f. pr. Ch.*, **68**, 473, 1903]. — 7° Par oxydation, au moyen du sulfate de cuivre, de diverses β-éthylhydroxylamines alcoylées [Bewad, *J. Russe*, **32**, 420, 455, 1900]. — 8° Par action de l'iodure de méthylmagnésium sur l'acide formique [Zélinsky, *J. Russe*, **36**, 194, 1904]. — 9° L'acétal de l'aldéhyde acétique se forme quand on traite l'iodure de méthylmagnésium par l'orthoformiate d'éthyle [Tschitschibabine, *D. chem. G.*, **37**, 186, 1904]. — 10° Il se forme de l'aldéhyde par oxydation de l'éthylamine par l'oxygène en présence de cuivre [W. Traube et A. Schönewald, *D. chem. G.*, **39**, 179, 1906]. — 11° L'aldéhyde se trouve en petite quantité dans les produits de la carbonisation du sucre [Trillat, *Bull. Assoc. ch. de Sucr. et Dist.*, **23**, 649, 1905]. — 12° Il se fait de l'aldéhyde dans l'action des alcalis sur le glucose : $C^6H^{12}O^6 = 2(CH^3CHO + HCO^2H)$ [Schade, *Zeit. f. physik. Chem.*, **57**, 1, 1906]. — 13° Sur la formation et le rôle de l'aldéhyde acétique pendant le vieillissement du vin, voyez Trillat [*C. R.*, **136**, 171, 1903].

Propriétés physiques. — Le point de fusion de l'aldéhyde est à — 120°,6 [Ladenburg, Krügel, *D. chem. G.*, **33**, 637, 1900]. — Sa densité à diverses températures a été déterminée par Perkin [*Chem. Soc.*, **45**, 475, 1884; **51**, 816, 1887]. Réfraction moléculaire : 18,83 [Kanonnikow, *J. f. pr. Ch.*, **31**, 361, 1885]. — Chaleur de combustion : à volume constant, 278^cal^,86; à pression constante, 279^cal^,16; chaleur de formation : 47^cal^,45 [Berthelot et Delépine, *C. R.*, **130**, 1046, 1900]. — Conductibilité spécifique à 0° : 0.120×10^{-5} ohms réciproques [Walden, *Zeit. Ph. Ch.*, **46**, 103, 1904]. — Coefficient d'acidité : + 33,93 [de Forcrand, *C. R.*, **131**, 36, 1900]. — Chaleur de transformation en aldéhyde crotonique : — 15^cal^,2 par molécule [Berthelot, *C. R.*, **129**, 687, 1899]. — Constante diélectrique [Voyez Drude, *Zeit. Ph. Chem.*, **23**, 308, 1897]. — Viscosité [Voyez Bribram et Handl, *Mon. f. Chem.*, **2**, 574, 1881]. — Etude des propriétés ionisantes [Walden, *Zeit. f. physik. Chem.*, **54**, 129, 1906]. — Constante de dissociation $K = 0{,}7 \times 10^{-4}$ à 0° [Euler, *D. chem. G.*, **39**, 346, 1906]. — Facteur d'association : $x = 1{,}46$ de 7 à 11°, et 0,88 de 18 à 21° [Carrara et Ferrari, *Gazz. chim. ital.*, **36**, I, 419, 1906].

Propriétés chimiques. — *Réduction.* — L'aldéhyde est transformée en alcool par l'hydrogène en présence de nickel réduit; la réaction se fait dès la température ordinaire, sa température optimum est 140° [Sabatier et Senderens, *C. R.*, **137**, 301, 1903]. — L'amalgame de magnésium donne avec l'aldéhyde une combinaison magnésienne

```
CH³-CH ——— CH-CH³
    |       |
    O - Mg - O
```

que l'eau décompose avec formation de butylglycol-2.3 [Meunier, *C. R.*, **134**, 472, 1902]. Ce résultat a été contesté par Tischtschenko et Woronkow [*J. Russe*, **38**, 547, 1906] qui ont obtenu dans cette réaction de l'aldol, de l'aldéhyde crotonique et de l'acétine du β-butylèneglycol (Voir plus loin à *réactions diverses*). — Le potentiel de réduction de l'aldéhyde a été déterminé par Baur [*D. chem. G.*, **34**, 3732, 1901].

Oxydation. — L'oxydation électrolytique de l'aldéhyde fournit principalement de l'acide acétique et un peu de méthane [Law, *Chem. Soc.*, **87**, 198, 1905]. L'oxydation en présence d'ammoniaque, par le réactif de Caro, donne de l'acide acéthydroxamique [Bamberger, Seligman, *D. chem. G.*, **36**, 817, 1903]. Traitée par l'eau oxygénée en présence d'acide sulfurique, l'aldéhyde forme un produit huileux qui se solidifie à basse température en une masse cristallisée très volatile, fusible au-dessous de 100°. On a affaire probablement à un hydrate de peroxyde [Baeyer, Villiger, *D. chem. G.*, **33**, 2479, 1900]. L'oxydation par le brome, en solution aqueuse étendue, a été étudiée par Bugarsky [*Zeit. f. phys. Ch.*, **48**, 63, 1904] qui a mesuré la vitesse de la réaction $C^2H^4O + H^2O + Br^2 = CH^3CO^2H + 2HBr$.

Action du chlore. — Le chlore à basse température forme un produit d'addition de formule probable $(CH^3CHO)^3Cl^2$, fusible à 11° [Mc. Intosh, *Proc. Chem. Soc.*, **21**, 64].

Action des acides. — L'acide chlorhydrique forme, avec l'aldéhyde maintenue froide, un *chlorhydrate* $CH^3.CHCl.OH$, liquide, bouillant à 25-30° sous 10 mm., qui se décompose peu à peu en eau et oxyde d'éthyle α.α-dichloré [Hanriot, *Ann. Chim. Phys.*, (5), **25**, 220, 1882]. — L'action de l'acide sulfurique fumant a été étudiée par M. Delépine qui a obtenu l'acide $CH(SO^3H)^2-CH(OH)^2$. L'hydrazone du sel de potassium de cet acide cristallise en prismes incolores contenant 2 H^2O. Les produits de condensation du sel de potassium avec l'aniline, la p-toluidine, la β-naphtylamine, cristallisent aussi avec 2 H^2O [Delépine, *Bull. Soc. Chim.*, **25**, 1012, 1901; **27**, 8, 1902]. Cet acide acétaldéhydedisulfonique avait été préparé antérieurement par Schrœter [*D. chem. G.*, **31**, 2189, 1898] en saturant l'acide sulfurique fumant par l'acétylène.

L'acide hypoazoteux naissant, tel qu'il se forme quand on chauffe une solution du sel de sodium de l'acide nitrohydroxamique

```
Az-OH
||
AzO²H
```

donne avec l'aldéhyde de l'acide acéthydroxamique :

$$CH^3-CHO + AzOH = CH^3-C \begin{cases} \!\!=AzOH \\ -OH \end{cases}$$

la réaction se fait déjà à froid [Angeli, Angelico, *Gazz. chim. ital.*, **30**, 593, 1900; *Atti Ac. Lincei*, **10**, 164, 1901].

L'acide phosphoreux se condense avec l'aldéhyde en donnant l'acide oxyéthylphosphinique

$$\begin{array}{c} CH^3 - C - OH \\ H \qquad PO(OH)^2 \end{array}$$

[Marie, *Thèse de Paris*, 72, 1904].

L'acide hypophosphoreux se condense d'une façon semblable [Ville, *Thèse de Paris*, 1890; — Marie, *Thèse de Paris*, 73, 1904] en donnant l'acide oxyéthylhypophosphoreux

$$\begin{array}{c} CH^3 - C - OH \\ H \qquad PO < {}^{OH}_{H} \end{array}$$

Ce dernier, oxydé au brome, conduit à l'acide oxyéthylphosphinique précédent. Cette réaction étant générale et s'appliquant à toutes les aldéhydes, permet de préparer tous les acides oxyphosphiniques [Marie, *loc. cit.*]. L'acide azotique provoque à froid la transformation de l'aldéhyde en paraldéhyde, puis il oxyde en formant du glyoxal [Liubawin, *J. Russe*, **13**, 496, 1881].

Action des alcalis. — La potasse alcoolique, ajoutée en petite quantité et en refroidissant, provoque la formation de métaldéhyde, de paraldéhyde et d'un peu d'aldéhyde crotonique [Perkin, *Chem. Soc.*, **43**, 88, 1883].

En abandonnant plusieurs jours un mélange de 2 p. d'aldéhyde, 25 p. d'eau et 1 p. de baryte cristallisée, Tollens a obtenu le sel de baryum de la gomme d'aldéhyde $C^{10}H^{18}O^4$. Celle-ci, mise en liberté par l'acide sulfurique, est un sirop épais, soluble dans l'eau et dans l'alcool [*D. chem. G.*, **17**, 660, 1884].

Réactions diverses. — L'aldéhyde est décomposée par les décharges de haute fréquence en CO et CH^4, en même temps qu'il se fait un peu d'acétylène et d'eau [Jackson, Laurie, *Chem. Soc.*, **89**, 1190, 1906]. — L'action de l'effluve sur l'aldéhyde en présence d'eau donne un mélange de CO et de CH^4 [W. Löb, *Landw. Jahrb.*, **35**, 541, 1906 et *Centr. Blatt.*, 1906, II, 692]. — Lumière et Seyewetz ont étudié l'action de l'aldéhyde sur les solutions d'hydrosulfite de sodium. Ces solutions sont alors beaucoup plus stables, mais leur action réductrice ne se manifeste plus qu'à 100° [*Bull. Soc. Chim.*, **33**, 941, 1905]. — La transformation de l'aldéhyde en aldéhyde crotonique, au moyen du sulfite de sodium, a été étudiée par Seyewetz et Bardin [*Bull. Soc. Chim.*, **33**, 675, 1312, 1905]. Voir aussi Grignard et Reif [*Bull. Soc. Chim.*, (4), **1**, 114, 1907]. — L'aldéhyde se condense avec le phénylacétylène sodé pour donner l'alcool acétylénique $C^6H^5 - C \equiv C - CH . OH - CH^3$ [Moureu, Desmots, *Bull. Soc. Chim.*, **27**, 371, 1902]. — Elle donne, avec les dérivés organomagnésiens, des alcools secondaires de la forme $CH^3 - CH(OH) - R$ [Grignard, *C. R.*, **130**, 336, 1901]; M. Bouveault a appliqué cette réaction à la préparation du méthylcyclohexylcarbinol [*Bull. Soc. Chim.*, **29**, 1050, 1903]. Avec le dérivé dibromomagnésien de l'acétylène, le produit, traité par l'eau, fournit le glycol acétylénique $CH^3 - CH(OH) - C \equiv C - CH(OH) - CH^3$ [Iotsitch, *J. Russe*, **35**, 430, 1903]. — En condensant l'aldéhyde avec l'éther bromisobutyrique en présence de zinc granulé, Réformatski et Ephrussi ont obtenu l'éther triméthyléthylénolactique

$$CH^3 - CH(OH) - C \begin{array}{l} \diagup CH^3 \\ - CO^2C^2H^5 \\ \diagdown CH^3 \end{array}$$

[*J. Russe*, **28**, 600, 1896]. En opérant de même avec l'éther α-bromopropionique, Blaise a obtenu l'éther α-méthyl-β-oxybutyrique $CH^3 - CH(OH) - CH(CH^3) - CO^2C^2H^5$ [*Bull. Soc. Chim.*, **30**, 330, 1903]. — L'alcoolate d'aluminium transforme l'aldéhyde en acétate d'éthyle : $2CH^3CHO = CH^3CO^2C^2H^5$. Il se forme successivement un grand nombre de produits parmi lesquels du β-oxybutyrate d'éthyle et son dérivé acétylé, et les acétines du β-butylène-glycol [Tischtschenko, *J. Russe*, **38**, 355, 1906]. — M. Henry [*C. R.*, **120**, 1265, 1895] a fait réagir l'aldéhyde sur le nitrométhane en présence de potasse alcoolique ou de carbonate de potasse. Il se produit dans ces conditions une espèce d'aldolisation avec formation d'alcool nitroisopropylique $CH^3 - CH(OH) - CH^2 - AzO^2$. La même réaction a été faite avec le nitroisopentane et a conduit à l'alcool $(CH^3)^2 = CH - CH^2 - CH(AzO^2) - CH(OH) \cdot CH^3$ [Mousset, *Rec. Tr. ch. Pays-Bas*, **21**, 95, 1902]. — L'aldéhyde se combine avec la diméthylaniline pour donner le tétraméthyldiaminodiphényléthane

$$CH^3 - CH < \begin{array}{l} C^6H^4 - Az(CH^3)^2 \\ C^6H^4 - Az(CH^3)^2 \end{array}$$

[Trillat, *Bull. Soc. Chim.*, **23**, 19, 1900]. L'opération se fait en employant l'acétal en solution sulfurique au 1/5 et chauffant à 50°. — Avec l'acide benzène-sulfohydroxamique $C^6H^5SO^2 . AzHOH$, l'aldéhyde réagit en donnant de l'acide acéthydroxamique et de l'acide benzène-sulfinique [Rimini, *Gazz. chim. ital.*, (2), **31**, 84, 1901]. — Avec l'acide p-toluène-sulfinique, il y a formation d'un composé d'addition, cristallisant en tables fusibles vers 72° [Kohler, Reimer, *Am. Chem. Journ.*, **31**, 163, 1904]. — Kœnigs [*D. chem. G.*, **34**, 4336, 1901], en condensant l'aldéhyde avec l'acide homonicotique, a obtenu deux produits lactoniques, l'un ayant la constitution

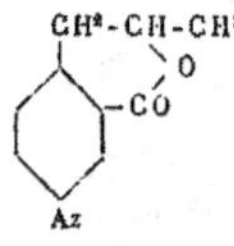

$$CH^2 - CH - CH^3 \quad \text{(O, CO ; noyau avec Az)}$$

l'autre la constitution

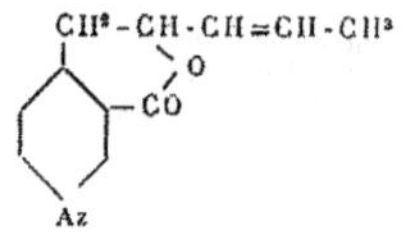

$$CH^2 - CH - CH = CH - CH^3 \quad \text{(O, CO ; noyau avec Az)}$$

L'aldéhyde se combine avec la sérum-albumine [Schwartz, *Zeit. f. physiol. Chem.*, **31**, 460, 1900]. — Elle réagit sur l'urochrome en solution alcoolique pour donner une substance ayant dans son spectre une bande d'absorption semblable à celle de l'urobiline [Garrod, *J. of physiol.*, **29**, 335].

Condensation avec les phénols. — En mettant en présence 1 mol. d'aldéhyde, 4 mol. de phénol et un peu d'acide chlorhydrique, on forme le composé $C^2H^4(C^6H^4 - OH)^2, C^6H^5 . OH$, qui perd du phénol pendant la dessiccation en donnant $C^2H^4(C^6H^4 - OH)^2$ [Liounac, *Journ. Soc. phys. chim. russe*, **35**, 712, 1903]. L'oxyhydroquinone, condensée en milieu sulfurique avec l'aldéhyde, donne la méthyltrioxyfluorone [Liebermann, Lindenbaum, *D. chem. G.*, **37**, 1171, 1904]. La résorcine en solution sulfurique forme l'aldéhyde-résorcine [Causse, *Bull. Soc. Chim.*, (2), **47**, 88, 1887]. La diméthylhydrorésorcine forme la pentaméthyloctohydroxanthènedione [Vœrlander, Kalkow, *Lieb. Ann.*, **309**, 356, 1899]. Le bleu d'alizarine, condensé avec l'aldéhyde en solution fortement acide, donne une matière colorante soluble dans le bisulfite et donnant des nuances variant du gris au noir [Farbenfab. vorm. Bayer, Brevet n° 159 724. 23. 3. 1904].

Réactions colorées et dosage. — D'après Simon [*C. R.*, **125**, 1105, 1897], une solution étendue d'aldéhyde (1/1000 à 1/25000) donne, par addition de quelques gouttes d'une solution aqueuse de triméthylamine, puis de quelques gouttes d'une solution étendue de nitroprussiate, une coloration. Lewin [*D. chem. G.*, **32**. 3388, 1899] a observé la même réaction en employant la pipéridine au lieu de triméthylamine; il donne comme sensibilité 1/12000. Voyez à ce sujet Rimini [*Centr. Blatt*, **2**, 277, 1898 et *Gazz. chim. ital.*, **30**, 279, 1900]. Ripper [*Mon. f. Chem.*, **21**. 1079, 1901] a proposé de doser l'aldéhyde au moyen d'une solution de bisulfite de sodium titrée, employée en excès: on détermine cet excès à l'iode, après la formation du dérivé bisulfitique. Stadler [*Am. Journ. Ph.*, **76**, 84. 1904] fonde le dosage sur la réaction suivante : $CH^3.CHO + 2Na^2SO^3 + 2H^2O = CH^3.CHO(NaHSO^3)^2 + 2NaOH$, et détermine acidimétriquement la soude libérée en se servant d'acide rosolique comme indicateur. Ekenstein et Blanksma [*Rec. Pays-Bas*, **24**, 33, 1905] pèsent l'aldéhyde à l'état de p-nitrophénylhydrazone. Seyewetz et Bardin [*Bull. Soc. Chim.*, **33**. 1000, 1905] emploient une méthode analogue à celle de Stadler: la solution d'aldéhyde est amenée à 7-8 0/0 environ, on mélange 100 cc. avec 40 cc. de sulfite en solution à 10 0/0, additionnés préalablement d'une goutte de solution alcoolique de phtaléine à 1/200 et neutralisés exactement. On ajoute ensuite de l'acide sulfurique titré jusqu'à décoloration : $2SO^3Na + 2CH^3CHO + SO^4H^2 = (SO^3NaH + CH^3.CHO)^2 + SO^4Na^2$.

II. — DÉRIVÉS DE L'ALDÉHYDE ACÉTIQUE.

COMBINAISONS AVEC LES SELS MINÉRAUX. — $SbCl^3.C^2H^4O$. Aiguilles blanc jaunâtre [Rosenheim, Stellmann, *D. chem. G.*, **34**, 3377. 1901]. — $ThCl^4.2(CH^3.CHO)$, aiguilles blanches [Rosenheim, *Zeit. anorg. Chem.*, **35**, 424, 1903].

Dérivés mercuriques. — Nef a obtenu un dérivé blanc en agitant une solution d'aldéhyde avec HgO et du carbonate de soude [*Lieb. Ann.*, **298**, 317. 1897]. Ce dérivé mercurique donnait de l'aldéhyde par les acides. Par action du nitrate mercurique, acidulé par AzO^3H, sur l'aldéhyde. il se forme un précipité blanc de composition $C^2Hg^2AzO^4H$; ce corps cristallise dans l'alcool en prismes incolores biréfringents, il détone quand on le chauffe. En traitant l'aldéhyde par HgO et un alcali en solution aqueuse. il se forme le mercabide $C^2Hg^6O^4H^2$ [Hoffmann. *D. chem. G.*. **31**, 2213, 1898; **32**, 874, 1899; **33**. 1328. 1900]. D'après Biltz et Mumm [*D. chem. G.*, **37**, 4417, 1904], la *trichloromercuriacétaldéhyde*, obtenue par l'action de l'acétylène sur $HgCl^2$, aurait la constitution $(HgCl)^3 \equiv C - CHO$: ce corps est décomposé par les acides avec formation d'aldéhyde. par Br et Cl avec formation de bromal ou de chloral. Burkard et Travers [*Chem. Soc.*, **81**. 1270, 1902], en traitant par l'acétylène l'acétate mercurique. en présence d'eau, ont obtenu le composé $3C^2Hg, 2HgO, 2H^2O$ qui. chauffé avec un acide, donne de l'aldéhyde. D'après Leys [*Bull. Soc. Chim.*, **33**, 1316, 1905], en ajoutant quelques gouttes d'aldéhyde à 10 cc. d'une solution de 1 gr. d'oxyde HgO dans 100 cc. de sulfite de sodium à 5 0/0. puis en ajoutant 10 cc. de lessive de potasse au 1/10, on obtient un précipité blanc, dense, de formule

$$Hg = CH - CH \langle {}^{O}_{O} \rangle Hg.$$

Enfin, M. Denigès [*C. R.*, **128**, 439, 1899] a signalé une combinaison d'aldéhyde et de sulfate de mercure,

$$C^2H^4O - Hg \langle {}^{OHg}_{OHg} \rangle SO^4.$$

Dérivé bisulfitique. — Sa vitesse de formation a été déterminée par Stewart [*Chem. Soc.*, **87**, 185, 1905].

OXIME, $CH^3-CH=AzOH$. — Elle se prépare en mélangeant l'aldéhydate d'ammoniaque avec 1 mol. de chlorhydrate d'hydroxylamine [V. Meyer, *D. chem. G.*, **15**, 1526, 1882; — Petraczek, *D. chem. G.*, **15**, 2784: — Dunstan, Dymond, *Chem. Soc.*, **61**, 473, 1892; **65**. 209, 1894]. Elle se forme par oxydation de l'éthylamine au moyen du réactif de Caro [Bamberger, *D. chem. G.*, **35**, 4293, 1903]. L'acétaldoxime forme des aiguilles fusibles à 47° [Franchimont, *Rec. Pays-Bas*. **10**, 236, 1891]; lorsqu'elle est maintenue longtemps fondue, le point de fusion de la masse solidifiée est descendu à 13°, il remonte au bout d'un certain temps à 46°,5 [Dunstan, Dymond, *loc. cit.*; — voyez aussi Carveth, *Central Blatt*, **2**, 178, 1898]. Point d'ébullition : 114-115°, densité à $20^\circ_4 = 0,9645$, à $47^\circ_4 = 0,940$, $n_D = 1,4270$ [Trapesonsjanz. *D. chem. G.*, **26**, 1432]; densité à l'état liquide à 47° = 0,9544 [Eyman, *Rec. Pays-Bas*, **12**, 180, 1893]. Rotation magnétique 3,4 [Perkin, *Chem. Soc.*, **65**, 211, 1894]. Chaleur de formation, voyez Landrieu [*C. R.*, **140**, 867, 1905].

M. Berthelot a étudié l'action de l'effluve sur l'acétaldoxime en présence d'azote [*C. R.*, **126**, 786, 1898]. L'hydrogénation catalytique, en présence de nickel réduit, donne de l'éthylamine, de la di- et de la triéthylamine [Mailhe, *Bull. Soc. Chim.*, **33**, 872, 962, 1905]. L'hydrogénation électrolytique donne de l'éthylamine avec un rendement de 60 0/0 [Tafel, Pfeffermann, *D. chem. G.*, **35**, 1510, 1902].

Oxydée par le réactif de Caro, l'acétaldoxime donne de l'acide acéthydroxamique, du nitréthane, de l'acide acétique et un dérivé nitrosé bleu [Bamberger, Scheutz, *D. chem. G.*, **33**, 178, 1901 ; **34**, 2023, 1901]. Traitée par le chlore, elle donne du chloronitrosoéthane, qui se transforme en chlorure acéthydroximique [Piloty, Steinbock, *D. chem. G.*, **35**, 3101, 1902]. Traitée par PCl^5, puis par l'eau, elle fournit de l'acétamide et un peu de méthylformiamide. L'anhydride acétique la transforme à basse température en un dérivé acétylé peu stable [Dunstan, Dymond, *Chem. Soc.*, **65**, 213, 1894, comp. Dollfus, *D. chem. G.*, **25**, 1914, 1892]. Condensée avec l'isatine, en solution alcaline, l'acétaldoxime conduit à l'acide cinchoninique [Pfitzinger, *J. prakt. Chem.*, **66**, 263, 1902]. Sur l'action des iodures alcooliques, voyez Dunstan et Goulding [*Chem. Soc.*, **71**, 577, 1897; **79**, 628, 1901].

PRODUITS DE CONDENSATION AVEC L'AMMONIAQUE ET LES AMINES. — *Aldéhydate d'ammoniaque.* — Sur les transformations de l'aldéhydate d'ammoniaque en solution aqueuse, voyez de Forcrand [*C. R.*, **126**, 248. 1898]. Ce corps doit être considéré comme l'hydrate de l'éthylidène-imine, $(CH^3-CH=AzH)^3, 3H^2O$ [Delépine, *Bull. Soc. Chim.*, **19**, 15, 1898; **21**, 58, 1899; *Ann. Phys. Chem.*, (7), **16**. 103, 1899]. Sa chaleur de combustion est de 347 calories à pression constante. Traité par l'acide hypochloreux il donne, suivant les conditions, soit de la chloroparaldimine, soit de la trichlorotriméthylhexahydrotriazine [Delépine, *loc. cit.*; comp. de Coninck, *C. R.*, **126**, 1042, 1898]. Sur l'action de l'acide cyanhydrique, voyez Delépine [*Bull. Soc. Chim.*, **29**, 1178, 1903], Ciamician et Silber [*D. chem. G.*, **38**, 1671, 1905]. Le cyanacétate d'éthyle et le diacétonitrile se combinent à l'aldéhydate d'ammoniaque [Riedel, *J. prakt. Chem.*, **54**, 554, 1896]. La phénylnitrosohydrazine donne, avec l'aldéhydate d'ammoniaque, un composé que Voswinckel avait pris pour le phényléthylidène-oxycyclotriazane, et qui est en réalité la phénylazoacétaldoxime

$$C^6H^5 - Az = Az - C \begin{matrix} \nearrow AzOH \\ \searrow CH^3 \end{matrix}$$

[*D. chem. G.*, **32**, 2481, 1899].

Ethylidène-imine. — Delépine [*loc. cit.*] lui donne la constitution

```
            CH-CH³
           /      \
        AzH        AzH
         |          |
CH³-CH  <            > CH-CH³
           \      /
             AzH
```

Il l'obtient en abandonnant deux ou trois jours dans le vide sulfurique l'aldéhydate d'ammoniaque cristallisé. Cristaux incolores, volatils, fusibles à 85°, bouillant à 123-124° avec légère décomposition. Traitée par H^2S en solution alcoolique, l'éthylidène-imine est transformée en thialdine; additionnée, en solution chloroformique, de sulfure de carbone, elle se transforme en carbothialdine. Traitée par l'acide cyanhydrique, elle engendre l'aminopropionitrile et l'iminopropionitrile. [Voir à ce sujet : Ciamician et Silber, *D. chem. G.*, **39**, 3942, 1906.]

Trinitroso-éthylidène-imine. — Ce corps a été préparé par Delépine en traitant l'éthylidène-imine en solution chloroformique, à 23°, par l'anhydride nitreux. Il cristallise dans l'acool en aiguilles opaques, blanc jaunâtre, dans le benzène ou le chloroforme en prismes orthorhombiques plats, fusibles à 161° (corr.). L'acide chaud le transforme en aldéhyde et azote [*C. R.*, **144**, 854, 1907.

Paraldimine. — [Curtius et Jay, *D. chem. G.*, **23**, 740, 1890]. On obtient cette base en traitant son dérivé nitrosé, au sein de l'éther, par HCl humide, puis on décompose le chlorhydrate formé par Ag^2O sec. Liquide bouillant à 73° sous 57 mm., à 88° sous 140 mm. Il est décomposé par l'eau ou l'alcool étendu en paraldéhyde et ammoniaque. Son *dérivé nitrosé* se forme quand on traite l'aldéhydate d'ammoniaque par l'acide nitreux (C. et J.). Sa constitution est

```
            CH³-CH
           /      \
          O        O
          |        |
CH³-CH   <          > CH³-CH
           \      /
            Az-AzO
```

[Delépine, *Bull. Soc. Chim.*, **21**, 60, 1899].

C'est un liquide jaune bouillant à 95° sous 35 mm. Réduit, il donne l'*aminoparaldimine* [C. et J., *loc. cit.*].

Chloroparaldimine. — Voyez Delépine [*loc. cit.*].

Hexaéthylidène-tétramine. — [Kudernatsch, *Mon. f. Chem.*, **21**, 137, 1900]. C'est l'homologue supérieur de l'hexaméthylène-tétramine. Elle se forme par l'action à 140-150° de l'ammoniaque aqueuse concentrée sur l'aldéhydate d'ammoniaque. Elle cristallise dans l'eau bouillante en aiguilles incolores fondant à 96°, de formule $C^{12}H^{24}Az^4 + 6H^2O$. Les $6H^2O$ s'échappent dans l'air sec, la base anhydre fond à 102°.

L'*iodométhylate* fond à 215-230°, le *bromhydrate* fond à 144°.

D'après Delépine [*C. R.*, **144**, 855, 1907], la base de Kudernatsch ne serait pas une hexaéthylidène-tétramine, mais est identique à la tricrotonylidène-tétramine de Wurtz.

Combinaisons diverses. — L'aldéhyde se combine avec l'o-toluidine pour donner deux bases de Schiff isomères [Eibner, Peltzer, *D. chem. G.*, **33**, 3460, 1900]. Elle se combine avec l'alcool aminoéthylique pour donner la μ-méthyloxazolidine [Knorr, Mathes, *D. chem. G.*, **34**, 3484, 1901]. Avec l'anthranilate de méthyle en solution éthérée, elle donne l'éther méthylène-dianthranilique [Mehner, *J. prakt. Chem.*, **63**, 241, 1901]. Condensée avec les amines et l'acide cyanhydrique, en présence ou non de bisulfite, elle fournit les nitriles d'acides α-aminosubstitués [voyez Steppes, *J. prakt. Chem.*, **62**, 481, 1900, et Knœvenagel, *D. chem. G.*, **37**, 4073, 4087, 1904]. Combinaison avec l'aminophénylguanidine, voyez Pellizari et Roncaglioro [*Gazz. chim. ital.*, (1), **31**, 513, 1901].

PRODUITS DE CONDENSATION AVEC LES HYDRAZINES. — *Ethylidène-azine*, $CH^3-CH=Az-Az=CH-CH^3$. — Elle se forme par condensation de l'aldéhyde avec l'hydrate d'hydrazine en solution éthérée. Liquide bouillant à 95-96° sous 760 mm., se combinant avec l'acide maléique pour donner la méthylpyrazoline [Curtius et Zinkeisen, *J. prakt. Chem.*, **58**, 325, 1898]. — *Dérivé tétrasulfoné*, voyez Schröter [*Lieb. Ann.*, **303**, 127, 1898].

Aldéhydate de diphénylhydrazine, $CH^3.CHO, 2C^6H^5.AzH-AzH^2$ [Causse, *Bull. Soc. Chim.*, **15**, 844, 1896].

Phénylhydrazone α. — Préparation par action directe de la phénylhydrazine sur l'aldéhyde [Bamberger et Pemsel, *D. chem. G.*, **36**, 56, 89, 1903]. Préparation à partir du dérivé β [Fischer, *D. chem. G.*, **29**, 796; — voyez aussi Miller et Plochl, *D. chem. G.*, **25**, 2058, 1892]; — Causse, *Bull. Soc. Chim.*, **17**, 245, 1897; **19**, 145, 1898; — Fischer, *D. chem. G.*, **30**, 1240, 1897]. D'après Lockeman et Liesche [*Lieb. Ann. Ch.*, **342**, 14, 1905], l'hydrazone α s'obtient en faisant cristalliser la forme β dans l'alcool à 75 °/° contenant un alcali, par exemple de l'ammoniaque. Longs prismes fusibles à 98°-101°. Se transforme à la longue en le dérivé β (Lockemann et Liesche). N'est pas oxydée par HgO à froid, en solution éthérée [Freer, *Am. Chem. J.*, **21**, 55, 1899].

Phénylhydrazone β. — Préparation à partir de la phénylhydrazine et de l'aldéhyde [Fischer, *Lieb. Ann.*, **190**, 136]. Formation par action de la chaleur sur l'hydrazone pyruvique [Fischer, Kugel, *D. chem. G.*, **16**, 2242, 1883]. Formation à partir de l'éthane-azobenzène par l'action de l'acide sulfurique [Fischer, *D. chem. G.*, **29**, 795, 1896]. La préparation de l'hydrazone de l'aldéhyde acétique a été réétudiée récemment par Lockemann et Liesche [*loc. cit.*] Ils obtiennent la forme β en additionnant de 30 gr. de phénylhydrazine une solution refroidie à 0° de 15 gr. d'aldéhyde dans 40 à 50 cc. d'éther de pétrole. Le précipité cristallin qui se forme est séché dans une atmosphère d'hydrogène, en présence d'anhydride phosphorique et de potasse solide. L'hydrazone β s'obtient aussi en faisant cristalliser la forme α dans l'alcool contenant de l'acide sulfureux. Paillettes fusibles à 57°, bouillant à 140-150° sous 10 mm. D'après Lockemann et Liesche, les produits décrits par Fischer, fondant à 63°-65° et 80°, sont des mélanges des deux formes α et β.

Chaleur de formation : 40 calories [Landrieu,

C. R., **141**, 358, 1905]. Étude du spectre d'absorption : Baly et Tuck [*Chem. soc.*, **89**, 982, 1906]. — L'oxydation à l'oxyde de mercure donne la diacétylosazone [voyez Pechmann, *D. chem. G.*, **31**, 2123, 1898, voyez aussi Freer, *loc. cit.*]. L'oxydation à l'air en solution alcaline donne de l'acétophénone [Biltz, Wienands, *Lieb. Ann.*, **308**, 16, 1899]. La réduction électrolytique en solution sulfurique donne de l'aniline et de l'éthylamine avec un rendement de 60 0/0 [Tafel, Pfeffermann, *D. chem. G.*, **35**, 1150, 1902]. Traitée par le chlorure de diazobenzène, cette hydrazone donne du formazylméthane ; avec le nitrite d'amyle, elle donne la phénylazoacétaldoxime [Bamberger, Pemsel, *loc. cit.*].

p-Bromophénylhydrazone. — Elle fond à 83° [Neufeld, *Lieb. Ann.*, **248**, 95, 1888]; à 87° [Freer, *Am. Chem. J.*, **21**, 31, 1899].

p-Iodophénylhydrazone. — Elle fond à 107° (Neufeld).

o-Nitrophénylhydrazone. — P. F. 124° [Ekenstein et Blanksma, *Rec. Pays-Bas*, **32**, 33, 1905].

m-Nitrophénylhydrazone. — P. F. 142° (E. et K.).

p-Nitrophénylhydrazone. — P. F. 128°,5 [Hyde, *D. chem. G.*, **32**, 1813, 1899].

2.4-Dinitrophénylhydrazone. — P. F. 147°.

2.4.6-Trinitrophénylhydrazone. — P. F. 119-120° [Purgotti, *Gazz. chim. ital.*, (1), **24**, 565, 1894].

Diphénylhydrazone. — P. F. 60-61° [Rohde, *D. chem. G.*, **25**, 2063, 1892].

Combinaisons avec l'hydrazobenzène et l'hydrazo-p-toluène [Rassow, *J. prakt. Chem.*, **64**, 136, 1901 ; **65**, 97, 1902].

Combinaisons avec les nitrobenzylidène-hydrazines. — [Curtius, Lublin, *D. chem. G.*, **33**, 2460, 1900].

Semicarbazone. — Elle fond à 156-158° en se décomposant [Grignard, *Bull. Soc. Chim.*, **31**, 754, 1904].

Thiosemicarbazone. — Elle fond à 146° [Freund, Schander, *D. chem. G.*, **35**, 2602, 1902].

Produits de condensation avec les alcools ; acétals. — Voyez 2e Suppl., **1**, 5. Sur la thermochimie des acétals, voyez Delépine [*Bull. Soc. Chim.*, **23**, 912, 1900]. Sur la formation et l'action des alcools, voyez Delépine [*Bull. Soc. Chim.*, **25**, 351, 578, 1901]. Sur le triacétal de la mannite, voyez Meunier [*Bull. Soc. Chim.*, **30**, 739, 1903]. Sur les acétals des acides tartrique et citrique, voyez Lobry de Bruyn et Ekenstein [*Rec. Pays-Bas*, **45**, 331, 1901].

Produits de condensation avec les mercaptans. — Voyez Autenrieth et Hennings [*D. chem. G.*, **35**, 1388, 1902]; Posner [*D. chem. G.*, **36**, 296, 1903].

Produits de condensation avec les composés méthéniques. — Ces corps, dont le type est l'éther éthylidène-bis-acétylacétique, seront décrits avec les substances dont ils dérivent.

Produits de condensation avec les aldéhydes. — MM. Grignard et Reiff [*Bull. Soc. Chim.*, (4), **1**, 114, 1907] ont donné un nouveau mode de préparation de l'aldol et de l'aldéhyde crotonique, fondé sur l'action du sulfite de soude en solution aqueuse saturée sur une solution éthérée d'aldéhyde (1:1). — On a préparé et décrit les aldols formés avec l'aldéhyde propionique [Schmalzhofer, *Mon. f. Ch.*, **21**, 671, 1990], avec l'aldéhyde isobutyrique [Wogrinz, *ibid.*, **24**, 245, 1903], avec l'aldéhyde α-oxyisobutyrique [Rœsler, *ibid.*, **22**, 527, 1901], avec l'aldéhyde isovalérique [Wogrinz, *ibid.*, **22**, 1, 1901], avec le formisobutyraldol [Weiss, *ibid.*, **25**, 1065, 1904 ; — Schachner, *ibid.*, **26**, 65, 1905]. La condensation de l'aldéhyde acétique avec les aldéhydes p-toluique et p-méthoxycinnamique a conduit aux aldéhydes p-méthylcinnamique et p-méthoxycinnamique [Scholtz, Wiedmann, *D. chem. G.*, **36**, 845, 1903].

Dérivés sulfurés. — *α-Trithioacétaldéhyde*, $(C^2H^4S)^3$. — Elle se forme quand on dirige de l'hydrogène sulfuré dans un mélange à parties égales d'aldéhyde, d'eau et d'acide chlorhydrique [Baumann, Fromm, *D. chem. G.*, **22**, 2602, 1889 ; **24**, 1464, 1891], ou bien quand on chauffe avec de l'eau le sulfocyanate de thialdine [Marckwald, *ibid.*, **19**, 1827, 1886 ; — Baumann et Fromm, *ibid.*, **24**, 1459, 1891. — Voyez aussi Klinger, *ibid.*, **32**, 2195, 1899 ; et Fromm, *ibid.*, **32**, 2650, 1899]. Elle cristallise en prismes fusibles à 101°, bouillant à 246-247°.

β-Trithioaldéhyde. — Elle cristallise en aiguilles fusibles à 125-126°, bouillant à 245-248° [Marckwald, *D. chem. G.*, **20**, 2817 ; — Baumann et Fromm, *ibid.*, **22**, 2600, 1899].

Sur l'action de l'hydrogène sulfuré sur l'aldéhyde, voyez aussi Drugman et Stocking [*Proc. Chem. Soc.*, **20**, 115, 1904].

III. — DÉRIVÉS DE SUBSTITUTION.

Aldéhyde aminée, AzH^2-CH^2-CHO. — Le chlorhydrate s'obtient par hydrolyse chlorhydrique de l'aminoacétal [Fischer, *D. chem. G.*, **26**, 93, 1892] ; par oxydation à l'ozone du chlorhydrate d'allylamine [Harries, Reichard, *D. chem. G.*, **37**, 612, 1904]. L'aldéhyde libre est instable, elle se forme à partir de l'uréthane dérivé de l'acide hippurylaspartique [Curtius, *J. prakt. Ch.*, **70**, 159, 1904]. Oxydée par $HgCl^2$, elle donne la pyrazine [Gabriel, Pinkus, *D. chem. G.*, **26**, 2207, 1893]. Le *chloroplatinate* fond à 125° (Fischer), à 185° (Harries).

L'*acétal* se prépare en chauffant le chloracétal avec de l'ammoniaque alcoolique [Marckwald, *D. chem. G.*, **25**, 2355, 1892 ; — Wolff, *ibid.*, **21**, 1481 ; — Wohl, *ibid.*, **21**, 617, 1888]. Il bout à 163°, est soluble dans l'eau, l'alcool, etc ; son *picrate* fond à 142-143° [Wohl, Marckwald, *ibid.*, **22**, 568, 1889].

Sur les aldéhydes acétiques alcoylaminées, voyez Störmer et Prall [*ibid.*, **30**, 1504, 1897].

Aldéhyde chlorée, $Cl.CH^2-CHO$. — Elle s'obtient en chauffant le chloracétal avec de l'acide oxalique sec [Natterer, *Mon. f. Ch.*, **3**, 446, 1882] ou en chauffant le dichlorolactate de sodium avec de l'eau [Reisse, *Lieb. Ann. Ch.*, **257**, 335, 1890]. Elle bout à 85°,5 (corr.), forme avec l'eau un hydrate cristallisé fondant entre 43° et 50° [Lang, *Mon. f. Ch.*, **3**, 450, 1882] et se transforme, sous l'action de l'acide sulfurique, en un *polymère* triple, cristallisé, fondant à 87°,5 (Lang), bouillant à 140° sous 10 mm., se transformant par distillation en chloraldéhyde [Natterer, *Mon. f. Ch.*, **6**, 521, 1885].

Le *semi-acétal* $CH^2.Cl-CH(OH)-OC^2H^5$ s'obtient en traitant l'éther dichloré par le marbre pulvérisé en présence de l'eau [Fritsch, Schupmacher, *Lieb. Ann. Ch.*, **279**, 305, 1894].

Chloroacétal. — Voyez 2e Suppl., **1**, 5. M. Freundler l'a préparé en chlorant la paraldéhyde entre 20 et 25° et traitant le produit chloré par l'alcool absolu, puis lavant et rectifiant [*Bull. Soc. Chim.* (4), **1**, 70, 1907].

Aldéhyde dichlorée, $CHCl^2.CHO$. — Elle se forme quand on chauffe avec de l'eau le trichlorolactate de sodium [Reisse, *loc. cit.*]; par combinaison de l'acétylène avec ClOH à 70-80° [Vittorf, *J. Soc. phys. chim. russe*, **32**, 88, 1900]. Elle bout à 88-90°. Elle forme un hydrate fondant à 43° [Friedrichs, *Lieb. Ann. Ch.*, **206**, 251, 1881], à 56-57°, bouillant à 118-121° [Denaro, *Gazz. chim. ital.*, **14**, 120, 1884]

ALDÉHYDE TRICHLORÉE. — Voyez CHLORAL.

ALDÉHYDE BROMÉE, $CH^2Br.CHO$. — On l'obtient à partir de l'acétal bromé [Fischer, Landsteiner, *D. chem. G.*, **25**, 2551, 1892]; par bromuration de l'acétal [Freundler, Ledru, *C. R.*, **140**, 794, 1905] ou de la paraldéhyde [Freundler, *C. R.*, **140**, 1693, 1905]. Elle bout à 80-105°.

Acétal. — Voyez 2° Suppl., **1**, 25; **4**, 892; — Freundler et Ledru [*loc. cit.* et *Bull. Soc. Chim.*, (4), **1**, 71, 1907].

ALDÉHYDE DIBROMÉE, $CHBr^2-CHO$. — Elle se forme par action de l'acide hypobromeux, à 0°, sur l'acétylène [Vittorf, *loc. cit.*]. Elle bout à 139°, son *chlorhydrate* fond à 58-60°, son *dihydrate* bout à 97-98°,5.

ALDÉHYDE TRIBROMÉE. — Voyez BROMAL.

ALDÉHYDE IODÉE. — Elle se forme par action de l'iode et de l'acide iodique sur l'aldéhyde en solution aqueuse. Elle se décompose à 80° [Chautard, *Ann. Chim. Phys.*, (6), **16**, 147, 1889].

ALDÉHYDE CYANÉE, $CAz.CH^2-CHO$. — Voyez Chautard [*loc. cit.*]. Son dérivé sodé se forme quand on traite l'isoxazol par l'alcool sodé [Claisen, *D. chem. G.*, **36**, 3664, 1903].

ALDÉHYDE NITRÉE. — La phénylhydrazone de l'aldéhyde acétique nitrée,

$$CH^3-C \begin{matrix} \nearrow AzO^2 \\ \searrow Az-AzHC^6H^5 \end{matrix}$$

se forme quand on traite le nitréthane sodé par le chlorure de diazobenzène [V. Meyer, Ambühl, *D. chem. G.*, **8**, 1073, 1876; — Bamberger, *ibid.*, **31**, 2629, 1898]. Voyez a ce sujet les travaux de Bamberger et ses elèves [*ibid.*, **35**, 54, 67, 82, 1082, 1902; **36**, 3833, 1903].

IV. — POLYMÈRES DE L'ALDÉHYDE.

MÉTALDÉHYDE. — Elle se prépare en dirigeant de l'acide chlorhydrique dans l'aldéhyde refroidie. Elle est presque insoluble dans les dissolvants froids, insoluble dans l'eau à 100°, soluble à 3 0/0 dans le phénol et le thymol. Son poids moléculaire, déterminé par cryoscopie dans ces solvants, indique une molécule plus que triple, plutôt quadruple. Chauffée à 200°, elle se transforme totalement en aldéhyde sans donner de paraldéhyde [Burstyn, *Mon. f. Ch.*, **23**, 731, 1902]. Voyez aussi Louguinine [*Zeit. phys. Ch.*, **3**, 612, 1889], Hanriot et Œconomidès [*Ann. Chim. Phys.*, (5), **25**, 227, 1882], Tröger [*D. chem. G.*, **25**, 3316, 1892], Zecchini [*Gazz. chim. ital.*, (2), **22**, 587, 1892], Friedel [*Bull. Soc. Chim.*, **9**, 385, 1893].

PARALDÉHYDE. — Elle bout à 123°,2-123°,5 sous 744 mm. $D_4^{20} = 0,9943$ [Brühl, *Lieb. Ann. Ch.*, **203**, 38, 1880]. Voyez aussi R. Schiff [*Lieb. Ann. Ch.*, **220**, 104, 1884], Perkin [*Chem Soc.*, **45**, 479, 1882]. — Constante capillaire au point d'ébullition : 3,539 [Schiff, *Lieb. Ann. Ch.*, **223**, 73, 1884]. — Chaleur de combustion : 813.173 [Louguinine, *Jahresb.*, 192, 1885]. — Action de l'effluve en présence d'azote [Berthelot, *C. R.*, **126**, 676, 1898]. — Equilibre avec la métaldéhyde [Bancroft, *Phys. Chemistry*, **5**, 182, 1901; Hollemann, *Zeit. phys. Ch.*, **43**, 129, 1903]. — Ferrocyanure [Baeyer, Villiger, *D. chem. G.*, **34**, 2718, 1901]. Action du chlorure d'acétyle en présence de $ZnCl^2$ [Descudé, *C. R.*, **132**, 1567, 1901]. — Action sur la mannite [Meunier, *Bull. Soc. Chim.*, **30**, 739, 1903].

L'action du brome et du chlore sur la paraldéhyde a été étudiée récemment par M. Freundler [*C. R.*, **140**, 1693, 1905 et *Bull. Soc. Chim.*, (4), **1**, 66, 1907]. Le produit de l'action du brome en excès est constitué par l'aldéhyde tétrabromobutyrique $CH^2Br-CHBr-CBr^2-CHO$; Le mécanisme de sa formation est le suivant

$$(CH^3-CHO)^3 = 3CH^3-CHO$$
$$CH^3-CHO + Br^2 = CH^2Br-CHO + HBr$$
$$CH^2Br-CHO + CH^2Br-CHO$$
$$= CH^2Br-CH{=}CBr-CHO + H^2O$$
$$CH^2Br-CH{=}CBr-CHO + Br^2$$
$$= CH^2Br-CHBr-CBr^2-CHO$$

Le produit de l'action du chlore est, comme l'avaient constaté MM. Pinner et Kraemer, l'aldéhyde trichlorobutyrique $CH^3-CHCl-CCl^2-CHO$ formée par fixation de Cl^2 sur l'aldéhyde α chlorocrotonique $CH^3-CH{=}CCl-CHO$, laquelle se produit par condensation d'une molécule d'aldéhyde avec une molécule d'aldéhyde monochlorée.

TÉTRALDÉHYDE. — Voyez Orndorff et White [*Am. Ch. J.*, **16**, 57, 1894].

Mars 1907. R. Marquis.

PARALDIMINE. — Voy. l'art. PARALDÉHYDE.

PARAMANNANE (ou mannane, ou séminine). — Cette substance n'a pas été isolée à l'état pur, mais son existence est démontrée par ce fait qu'un grand nombre d'organes végétaux fournissent du mannose quand on les soumet à l'hydrolyse acide [Reiss, *D. chem. G.*, **22**, 609, 1889]. Telles sont les noix de *phytelephas macrocarpa* (corrozo), de coco, la noix vomique, les graines de café, de caroubier, de sésame, d'*allium cepa*, d'*asparagus officinalis*, d'*iris pseudacorus* [Schulze, *D. chem. G.*, **23**, 2579, 1890; *Zeit. physiol. Chem.*, **16**, 422]; les tubercules de salep [Gaus, Stone et Tollens, *D. chem. G.*, **21**, 2148, 1888; *Lieb. Ann. Chem.*, **249**, 245; — Fischer et Hirschberger, *D. chem. G.*, **22**, 365, 1889], la racine d'igname [Lœw et Ischii, *Landw. Versuchstat.*, **45**, 433], le bois des gymnospermes [Bertrand, *Bull. Soc. Chim.*, (3), **7**, 648; — Lindsey et Tollens, *Lieb. Ann. Chem.*, **267**, 341], les cryptogames, le seigle ergoté [Voswinkel, *Pharm. Centr.*, 531, 1891; *Centr. Bl.*, **2**, 766, 1891], la gomme de levure [Hessenland, *Zeit. Vereins Rubenzück.-Ind.*, 671, 1892; — Salkowski, *D. chem. G.*, **27**, 497, 1894; *Zeit. physiol. Chem.*, **13**, 506].

La mannane est insoluble dans l'eau et ne s'hydrolyse que lentement; elle est soluble comme la cellulose dans la liqueur de Schweitzer et dans l'acide sulfurique concentré.

La mannane des graines semble disparaître peu à peu au cours de la germination; quant à sa production, elle semble être due aux mêmes causes qui déterminent celle des autres hydrates de carbone complexes.

Johnson a trouvé pour la mannane du *Phytelephas* la même formule $(C^6H^{10}O^5)^n$ que pour la cellulose [*Am. chem. Journ.*, **18**, 214].

1er mai 1907. A. Hébert.

PARAMÉLACONITE (Min.) (Kœnig). — Oxyde cuivrique, CuO, dimorphe de la ténorite. Petits cristaux noirs, à reflets violacés ou recouverts d'une patine verdâtre, opaques, à éclat adamantin, cassure conchoïde, avec footéite, limonite, cuprite, à la mine Copper Queen, Arizona.

Caractères. — Ceux de l'oxyde cuivrique. Dureté = 5. Poussière noire. Densité = 5,833.

Forme cristalline. — Prisme quadratique : $a : c = 1 : 1,6643$. Faces : $b^{1/2}, m, p$.

L. Bourgeois.

PARAMIDE. — Voy. l'art. MELLIQUE (ACIDE), 2° Suppl., **6**, 324.

PARANUCLÉINES, PARANUCLÉIQUES (ACIDES). — Voyez NUCLÉOALBUMINES.

PARATACAMITE (Min.) (Herbert Smith et G. T. Prior). — Oxychlorure de cuivre hydraté, $Cu^2Cl(OH)^3$, dimorphe de l'atacamite, en prismes hexagonaux et rhomboèdres ($a : c = 1 : 1,0248$), toujours maclés suivant la face du rhomboèdre : cependant les propriétés optiques sont celles d'une substance biaxe. Caractères de l'atacamite : par la chaleur, perd son eau un peu plus aisément que cette dernière. L. Bourgeois.

PARAVIVIANITE (Min.) (S. P. Popoff). — Variété de vivianite renfermant du manganèse et du magnésium $(PO^4)^2[Fe,Mn,Mg]_3 .8H^2O$, cristaux bleus, transparents, en agrégats rayonnants, dans la limonite au détroit de Kertch, Crimée, et à Taman, Russie. L. Bourgeois.

PARELLIQUE, PARMATIQUE, PARMÉLIALIQUE (ACIDES). — Voy. l'art. Lichens.

PARPÉVOLINE. — Voy. l'art. Pipéridine.

PARVOLINE. — Voy. l'art. Pyridine.

PASITOSTÉRINE. — Voy. Phytostérine.

PATCHOULÈNE. PATCHOULÉNOL. — (Voyez 1er Suppl., 1143). — L'alcool du patchouli, le patchoulénol $C^{15}H^{25}OH$, fondant à 56°, cède de l'eau sous les moindres influences et donne le patchoulène $C^{15}H^{24}$. Celui-ci bout à 254-256°, possède une densité de 0,939 à 23°. Son indice de réfraction pour la raie D est 1,50094. Il a l'odeur du cèdre et paraît ne contenir qu'une liaison éthylénique. Le patchoulénol est un alcool tertiaire ; ses éthers halogénés sont très instables [Wallach, *Lieb. Ann. Chem.*, **279**, 366, 391, 1894].

Voy. aussi Terpénique (série).

1er mai 1907. A. Hébert.

PAUCINE. — Cet alcaloïde se retire des noix de Pauço (*Pentaclethra macrophylla*) : il a pour formule $C^{27}H^{39}Az^5O^5 + 6.5H^2O$ et cristallise en paillettes jaunes, solubles dans l'eau et les alcalis, insolubles dans l'éther et le chloroforme et fondant vers 126° en se décomposant.

Le *chlorhydrate* $C^{27}H^{39}Az^5O^5 . 2HCl + 6H^2O$ est en aiguilles blanches, fusibles à 245-247°, peu solubles dans l'eau froide ; le *chloroplatinate* fond vers 185° en se décomposant et constitue des cristaux rouge brun de formule $C^{27}H^{39}Az^5O^5 . 2HCl . PtCl^4 + 6.5H^2O$; le *picrate* cristallise en prismes rouge grenat, peu solubles dans l'eau froide, se décomposant vers 220°.

La paucine se dédouble par l'acide chlorhydrique sous pression ou par la soude en dérivés pyridiques et en diméthylamine [*Annales de Merck*, 1894]. 1er mai 1907. A. Hébert.

PÉARCÉITE (Min.) (Penfield). — Sulfarséniite d'argent, fortement basique, avec cuivre et un peu de zinc et de fer, $9(Ag,Cu)^2S . As^2S^3$ correspondant à la polybasite, $9Ag^2S . Sb^2S^3$. Masses cristallines, friables, noires, vif éclat métallique, parfois beaux cristaux en tables hexagonales atteignant 3 centimètres de diamètre, avec quartz et calcite, à Mollie Gibson mine, Aspen, Colorado, et Drumlummon mine, Marysville, comté de Lewis et Clarke, Montana, États-Unis.

Caractères. — Attaqué et dissous par l'acide azotique. Au chalumeau, décrépite un peu, puis fond. Dans le tube bouché, donne un sublimé d'orpiment et de soufre. Réactions de l'arsenic, de l'argent et du cuivre. Dureté = 3. Poussière noire. Densité = 6,15.

Forme cristalline. — Prisme clinorhombique, très voisin d'un prisme hexagonal régulier : $a : b : c = 1.7309 : 1 : 1.6199$; $\beta = 89°51'$. Faces : p, prédominante, $m, h^1, h^1/_2, d^1/_2, b^1, a^1, a^1/_2, a^3/_2, a^1, o^1, o^2, g^1, h^2$, etc. Isomorphe avec la polybasite. L. Bourgeois.

PECKHAMITE (Min.) (L. Smith). — Silicate ferroso-magnésien, $4RO,3SiO^2$, en petits grains arrondis, jaune verdâtre, dans la météorite d'Estherville, comté d'Emmet, Iowa. Densité = 3,23. Ce n'est sans doute qu'un mélange d'enstatite et de péridot. L. Bourgeois.

PECTASE. — Diastase coagulante ayant la propriété de faire prendre en gelée le suc de certains fruits mûrs. La matière qui subit la coagulation est représentée par les corps pectiques, dont les formes successives sont : pectose, pectine, acides pectiques ; ces composés sont les uns neutres, les autres faiblement acides. D'après Bertrant et Mallèvre, qui ont extrait de la carotte la pectase et la pectine et ont reconnu la présence de pectase dans un très grand nombre de végétaux, la coagulation exige la présence de sels de calcium (ou de baryum, ou de strontium) et se traduit par la formation de pectate de chaux. Il peut aussi, dans certaines conditions, se former du pectinate de chaux, qui se distingue du pectate par sa solubilité dans l'acide chlorhydrique à 2 0/0. Cette interprétation du rôle de la chaux n'est pas entièrement acceptée par Duclaux (*Traité de microbiologie*) qui considère le rôle des sels de chaux comme étant le même que dans le fonctionnement des autres diastases coagulantes, c'est-à-dire celui de corps activants.

Bibliographie. — Frémy [*Bull. trav. Soc. Pharm. de Paris*, **26**, 368, 1840 ; *Ann. Chim. Phys.*, (3), **24**, 1, 1848]. — Scheibler [*D. chem. G.*, **1**, 58, 1868]. — Mangin [*Journ. de Bot.*, **5**, 400, 440, 1891 ; *ibid.*, **6**, 206, 235, 263, 1892 ; *ibid.*, **7**, 37, 121, 325, 1893]. — Bertrand et Mallèvre [*Journ. de Bot.*, **8**, 340, 1894 ; *ibid.*, **10**, 37, 1896 ; *C. R.*, **119**, 1012, 1894 ; *ibid.*, **120**, 110, 1895 ; *ibid.*, **121**, 726, 1895]. — De Haas et Tollens [*Ann. Chem.*, **286**, 278, 1895]. — Lepoutre [*C. R.*, **134**, 927, 1902]. — Mantz et Lainé [*Mon. Scient. Quesneville*, mars, 1906].

Avril 1907. A. Fernbach.

PECTÉNINE. — Base extraite du *Cereus pecten ab.*, qui en renferme 0,65 0/0 ; cet alcaloïde est tétanisant et tue le lapin à raison de 0,75 par kilo. Sa formule n'a pas été déterminée : son mode d'action rappelle beaucoup la lophophorine et l'anhalonine, autres alcaloïdes des Cactées [G. Heyl, *Arch. Pharm.*, **239**, 451, 1901]. 1er mai 1907. A. Hébert.

PECTOCELLULOSE. — Voy. l'art. Hydrocellulose.

PÉLARGONIQUE (ACIDE). $CH^3-(CH^2)^7 . CO^2H$. — L'acide pélargonique a été trouvé dans le goudron de Norvège [Striem, *Arch. Pharm.*, **217**, 525, 1899]. Il se forme : dans l'oxydation de l'alcool nonylique [Guerbet, *Bull. Soc. Chim.*, **27**, 1036, 1902] ; de l'acide érucique [Fileti et Ponzio, *Gazz. chim. ital.*, **23**, 383, 1894 ; **24**, 296] ; de l'acide dioxystéarique [Le Sueur, *Chem. Soc.*, **79**, 1313, 1901] ; par hydrogénation de l'acide hexylpropiolique [Moureu et Delange, *Bull. Soc. Chim.*, **29**, 664, 1903. Voyez aussi Ponzio, *Gazz. chim. ital.*, **33**, 412, 1902 ; — Grossmann, *D. chem. G.*, **26**, 641, 1893 ; — Spickermann, *ibid.*, **29**, 810, 1896. — May, *ibid.*, **22**, 2136, 1889 ; — Krafft, *ibid.*, **15**, 1691, 1882].

L'acide pélargonique bout à 185° sous 100 mm. [Krafft, *loc. cit.* ; — Kahlbaum, *Zeit. physik. Chem.*, **13**, 43, 1894]. Réfraction moléculaire [Eykman, *Rec. Pays-Bas*, **12**, 165, 1893]. Chaleur de combustion moléculaire 1287cal,352 [Louguinine, *Ann. Chim. Phys.*, **11**, 222, 1887].

Le *sel de Mg* cristallise avec 1,5 H^2O, et le *sel de Ca* avec H^2O [Fileti et Ponzio, *loc. cit.*]. Solubilité du *sel de Ba* [Grossmann, *loc. cit.*].

Pélargonate d'éthyle. — La réduction le

transforme en nonanol [Bouveault et Blanc, *Bull. Soc. Chim.*, **31**, 674, 1904].

Pélargonate d'isoamyle actif. — Il distille à 262-265° sous 727 mm. $D_4^{20} = 0,861$; $n_D^{20} = 1,4298$; $\alpha_D^{20} = 1,95$ [Guy et Chavanne, *Bull. Soc. Chim.*, **15**, 283, 1896].

CHLORURE DE PÉLARGONYLE, $C^9H^{17}OCl$. — Il fond à —17°, distille à 98° sous 15 mm. [Krafft et König, *D. chem. G.*, **23**, 2385, 1890]; 220° sous 749 mm.; $D^8 = 0,998$ [Henry, *Rec. Pays-Bas*, **18**, 253].

ANHYDRIDE PÉLARGONIQUE, $(C^9H^{17}O)^2O$. — Il fond à 16°, distille à 207° sous 15 mm. [Krafft et Rosiny, *D. chem. G.*, **33**, 3576, 1900].

AMIDE PÉLARGONIQUE, $C^9H^{17}OAzH^2$. — Elle fond à 99° [Hofmann, *D. chem. G.*, **15**, 984, 1882].

NITRILE PÉLARGONIQUE, $CH^3-(CH^2)^7-CAz$. — Il bout à 214-216° [Hell et Kitrosky, *D. chem. G.*, **24**, 985, 1891].

ACIDE α-BROMOPÉLARGONIQUE. — *L'α-bromopélargonate d'éthyle* est un liquide incolore, à odeur anisée, bouillant à 149-154° sous 20 mm. [E. Blaise et A. Luttringer, *Bull. Soc. Chim.*, **33**, 651, 1905.]

ACIDE α-OXYPÉLARGONIQUE, $CH^3-(CH^2)^6-CHOH-CO^2H$. — On l'obtient en traitant par la potasse l'acide α-bromopélargonique. Il fond à 70°; *l'éther éthylique* fond à 23-24°; *l'anilide* fond à 69-70°; le *dérivé acétylé* distille à 171-172° sous 10 mm. La chaleur le décompose avec formation d'octanal, d'un acide bouillant à 139-142° sous 17 mm. (probablement l'acide αβ-nonylénique) et de lactide oxypélargonique, fusible à 77° [Blaise, *Bull. Soc. Chim.*, **31**, 491, 1904].

Décembre 1906. P. Carré.

PÉLARGONIQUE (ALDÉHYDE), $CH^3-(CH^2)^7-CHO$. — L'aldéhyde pélargonique a été trouvée : dans la cannelle de Ceylan [Walbaum et Hutlig, *J. prakt. Chem.*, **66**, 47, 1902]; dans l'essence de citron [Soden et Rojahm, *D. chem. G.*, **34**, 2809, 1901].

La synthèse en a été effectuée par Bouveault [*Bull. Soc. Chim.*, **51**, 1326, 1904] par condensation de la diéthylformamide avec le dérivé magnésien de l'iodure d'octyle.

C'est un liquide incolore, d'odeur très forte, qui bout à 81° sous 14 mm., et qui s'oxyde rapidement à l'air. *Semicarbazone* fusible à 89°,5. Décembre 1906. P. Carré.

PELLITARINE. — Par traitement au pétrole, puis extractions à l'alcool et à l'éther, Dunstan et Garnett ont tiré des racines d'*anacyclus pyrethrum* (pyrèthre) une substance cristalline, la pellitarine, qui avait été déjà obtenue par Buchheim en 1876 et appelée par lui *pyréthrine*, et qui est extrêmement semblable à la *pipérovatine* extraite du *piper ovatum* par les mêmes auteurs. Cette substance est dénuée de propriétés acides ou basiques [*Chem. Soc.*, **67**, 100, 1895]. 1er mai 1907. A. Hébert.

PELLOTINE. — Par traitements successifs à l'alcool, à l'ammoniaque et au chloroforme, Heffter a pu extraire de l'*Anhalonium Williamsi* une base cristallisée qu'il a appelée *pellotine*, du nom *pellot*, servant à désigner la plante au Mexique. Ce corps, de formule $C^{13}H^{19}AzO^3$, est presque insoluble dans l'eau, soluble dans les solvants organiques, fusible à 110°; il donne les réactions des alcaloïdes; on en a préparé le *chloroplatinate*, le *chlorhydrate*, l'*iodométhylate*, le *chlorométhylate*, le *chlorure double de pellotine et de mercure*, le *dérivé benzoylé*, l'*iodhydrate* [Heffter, *D. chem. G.*, **27**, 2975, 1894; **29**, 216, 1896; **31**, 1193, 1898].

Kauder a signalé la présence de la pellotine dans l'*Anhalonium Lewinii* [*Arch. Pharm.*, **237**, 190, 1899]; mais Heffter conteste ce fait [*D. chem. G.*, **34**, 3004, 1901].

1er mai 1907. A. Hébert.

PELOSINE. — (Syn. de Berbérine) [Scholtz, *Arch. Pharm.*, **237**, 199, 1899].

PENFIELDITE (Min.) (Genth). — Oxychlorure de plomb, $2PbCl^2 . PbO$; cristaux hexagonaux très rares trouvés sur d'anciennes scories du Laurium, exposées à l'eau de mer.

L. Bourgeois.

PENTAALLYLÈNE. — MM. Orndoff et Young ont donné ce nom à un hydrocarbure bouillant à 280-282°, qui se forme parmi les produits de l'action de l'acide sulfurique concentré sur l'acétone ordinaire.

Cet hydrocarbure possède la composition C^3H^4 et sa formule est sans doute $(C^3H^4)^5$ [*Am. Chem. Journ.*, **15**, 249, 1892]. Juin 1906. A. Wahl.

PENTACOSANE, $C^{25}H^{52}$. — Ce carbure saturé a été retiré de la paraffine commerciale [Mabery, *Am. Chem. Journ.*, **33**, 251]. Il fond à 53-54° et a pour densité; à 60°, 0,7941. E. Baud.

PENTADÉCANE, $C^{15}H^{32}$. — Voyez 1er Suppl., **2**, 1144. Le palmitate d'argent traité par l'iode donne le palmitate de pentadécyle qui fournit, par saponification par la potasse alcoolique, l'*alcool pentadécylique*.

L'alcool pentadécylique est une masse cristalline jaune fusible à 43-44°. *L'acétate de pentadécyle* bout à 230° sous 70 millimètres [Panics, *Mon. f. Chem.*, **15**, 9]. E. Baud.

PENTADIÈNE (CYCLO),

$$\begin{matrix} CH=CH \diagdown \\ | \qquad\qquad CH^2 \\ CH=CH \diagup \end{matrix}$$

— Découvert par Kraemer et Spilker [*D. chem. G.*, **29**, 552] dans les produits de distillation de la houille, Étard et Lambert le retrouvèrent dans les liquides légers provenant de la distillation des huiles lourdes des schistes bitumineux et l'appelèrent *pyropentylène* [*C. R.*, **112**, 945, 1891]. — Il bout à 41°, — $D_4^{18} = 0,815$. Lorsqu'on le traite par le nitrite d'éthyle et l'éthylate de sodium, on obtient le *bisisonitrosocyclopentadiène*, poudre cristalline blanche qui fond à 185-186°. En remplaçant dans cette réaction le nitrite par le nitrate, on obtient le *nitrocyclopentadiène*, en aiguilles jaunes peu stables.

En condensant le cyclopentadiène avec l'acétone au moyen de l'éthylate de sodium, Thiele a obtenu un liquide orangé à odeur aromatique, bouillant à 46° sous 11 mm., qu'il appelle le *diméthylfulvène*,

$$\begin{matrix} CH=CH \diagdown \\ | \qquad\qquad C=C(CH^3)^2 \\ CH=CH \diagup \end{matrix}$$

considéré comme dérivant du groupe

$$\begin{matrix} CH=CH \diagdown \\ | \qquad\qquad C=CH^2 \\ CH=CH \diagup \end{matrix}$$

que Thiele appelle le *fulvène*, et dont le même auteur a décrit d'autres dérivés [*D. chem. G.*, **34**, 68-71, 1901].

ACIDE BICYCLOPENTADIÈNE-CARBONIQUE, $(C^5H^5CO^2H)^2$. — Tables ou prismes fusibles à 210°, solubles dans l'alcool et l'éther [Thiele, *loc. cit.*], donnant un *éther méthylique* qui fond à 85° et bout à 220°.

MÉTHYL-4-ÉTHYL-2-CYCLOPENTADIÈNE. — Il bout à 135° [Duden et Freydag, *D. chem. G.*, **36**, 944, 1903].

ACIDE MÉTHYL-4-CYCLOPENTADIÈNE-PROPIONIQUE-2. — Il fond à 64-65° [*loc. cit.*].

ACIDE MÉTHYL-4-CYCLOPENTADIÈNE-PROPIONIQUE-2-CARBONIQUE-1. — Il fond à 218°. Son *éther monoéthylique* fond à 103-104° [*loc. cit.*].

TRIPHÉNYLCYCLOPENTADIÈNE. — Il fond à 149°, et donne un *dérivé dibromé* en aiguilles jaunes fusibles à 157° [Newmann, *Lieb. Ann. Chem.*, **302**, 236, 1898].

TRIPHENYLDIMÉTHYLCYCLOPENTADIÈNE. — Il fond à 127-128° [Duncombe Abell, *Chem. Soc.*, **83**, 367, 1903].

TRIPHÉNYLMETHYLCYCLOPENTADIÈNE. — Il fond à 162-163° [*loc. cit.*].

TÉTRAPHÉNYLCYCLOPENTADIÈNE. — Il fond à 177-178° [Auerbach, *D. chem. G.*, **36**, 933, 1903]. Carpenter, par réduction du tétraphényl-1.2.3.5-cyclopentane-diol-1.2, a obtenu un tétraphénylcyclopentadiène donnant un produit de substitution dibromé cristallisé, fusible à 151°,5-152° [*Lieb. Ann. Chem.*, **302**, 223, 1898].

Décembre 1906. J.-B. Senderens.

PENTAÉRYTHRITE. — Voyez l'art. FORMIQUE (ALDÉHYDE). 2e Suppl., 4, 308.

PENTAÉTHYLBENZÈNE, $C^6H(C^2H^5)^5$. — On l'obtient en traitant le benzène par l'iodure d'éthyle en présence de chlorure d'aluminium. On le purifie comme le pentaméthylbenzène (voyez ce mot). Liquide non congelable à — 20°, bouillant à 277° [Jacobsen, *D. chem. G.*, **21**, 2814]. $D^{20,5}_4 = 0,8963$ [Eykman, *Rend.*, **12**, 175].

$C^6Cl(C^2H^5)^5$. — Il s'obtient par l'action de l'éthylène sur un mélange de chlorobenzène et de chlorure d'aluminium. Liquide bouillant à 290-295°. $D_D = 1,605$ [Istrati, *Ann. Ch. Ph.*, (6), **6**, 428]. Le *dérivé bromé* correspondant bout à 315° et fond à 47°,5 (Jacobsen).

$[C^6(C^2H^5)^5]^2SO^2$. — Obtenue comme la pentaméthylbenzène-sulfone. Prismes à 6 faces fondant à 76° [Jacobsen, *loc. cit.*].

$(C^2H^5)^5C^6SO^3H$. — Jacobsen a décrit les *sels d'ammonium* (crist. avec H^2O), *de sodium* ($4H^2O$), *de potassium* ($2H^2O$), *de baryum* ($9H^2O$).

1er janvier 1907. V. Thomas.

PENTAGLYCÉRINE. $CH^3-C(CH^2OH)^3$. — La pentaglycérine s'obtient par condensation de l'aldéhyde propionique avec l'aldéhyde formique. A cet effet, on chauffe un mélange de 20 gr. d'aldéhyde propionique, 80 gr. d'aldéhyde formique à 40 0/0, 900 gr. d'eau et 50 gr. de chaux éteinte [Hosaens, *Ann. Chem.*, **276**, 76, 1893]. Elle cristallise dans l'alcool en aiguilles fusibles à 199°, qui se subliment sans se décomposer.

DIMÉTHYLPENTAGLYCÉRINE,

$$(CH^3)^2=CH \cdot C(CH^2OH)^3.$$

— Ce composé se prépare d'une façon analogue au précédent, au moyen des aldéhydes formique et valérique. Il fond à 83-83°,5 et distille dans le vide ($h = ?$) à 185°. Le *triacétate*, fusible à 33-34°, distille dans le vide à 196-199°. Le *tribenzoate* fond à 55° [Marle et Tollens, *D. chem. G.*, **36**, 1341, 1903].

P. Carré.

PENTAGLYCOL. — Voy. FORMIQUE (ALDÉHYDE), 2e Suppl., 4, 309.

PENTAMÉTHÉNYLÈNE (*cyclopentène, pentaméthène*),

$$\begin{array}{l} CH-CH^2 \searrow \\ \| \qquad\qquad CH^2 \\ CH-CH^2 \nearrow \end{array}$$

1° Hentzschell et Wislicenus l'ont préparé en réduisant l'iodure de pentaméthényle ou iodocyclopentane par le zinc et HCl [*Lieb. Ann. Chem.*, **275**, 330, 1893].

2° Gaertner l'obtient en décomposant le même iodure par la potasse alcoolique [*ibid.*, **275**, 331]. Meiser traite par la potasse le bromure au lieu de l'iodure [*D. chem. G.*, **32**, 2049, 1899].

C'est une huile distillant à 50°,25-50°,75 (Wislicenus et Hentzschel), à 45° [Gaertner et Meiser, *loc. cit.*]. $D^{20,5} = 0,7506$. Son *bromure*, $C^5H^8Br^2$, obtenu par l'addition de brome à sa solution chloroformique, bout à 105-105°,5 sous 45 mm. [*Bull. Soc. Chim.*, (3), **12**, 149, 1894].

Δ-1-MÉTHYL-1-CYCLOPENTÈNE,

$$\begin{array}{l} CH^3-C-CH^2 \searrow \\ \quad\;\; \| \qquad\qquad CH^2 \\ \quad CH\;\; CH^2 \nearrow \end{array}$$

— Il y a quatre isomères possibles du méthylcyclopentène : 1.1, 1.2, 2.3 et 3.4.

Markownikoff a obtenu le 1.2 au moyen de l'alcool provenant de l'amine tertiaire, lequel se décompose facilement. Il a une odeur piquante différente de celle du carbure 2.3 obtenu par Semmler. Il bout à 72° sous 754 mm., $d^0_0 = 0,7879$. Le chlore agit rapidement sur ce carbure qui avec HCl fumant ne donne pas de chlorure [*Journ. Soc. phys. chim. russe*, **31**, 214, 1899].

Δ-2-MÉTHYL-1-CYCLOPENTÈNE,

$$\begin{array}{l} CH^3 \cdot CH-CH^2 \searrow \\ \qquad\;\; | \qquad\qquad CH^2 \\ \qquad CH=CH \nearrow \end{array}$$

— Obtenu d'abord par Semmler [*D. chem. G.*, **26**, 774, 1893]. Zelinsky l'a préparé par l'action de la potasse sur l'iodure correspondant. Il bout à 69° sous 765 mm. $[\alpha]_D = -59°,07$ [*D. chem. G.*, **35**, 2488, 1902].

Δ-2-MÉTHYL-2-CYCLOPENTÉNONE,

$$\begin{array}{l} \quad\;\; \nearrow CH^2 —— CH^2 \\ CO \qquad\qquad\quad\;\; | \\ \quad\;\; \searrow C(CH^3)=CH \end{array}$$

— Looft l'a recueillie dans la distillation de l'huile de goudron de bois, dans la portion passant à 158°. Liquide mobile, d'odeur vireuse, bouillant à 157°. $D^{16} = 0,98075$. L'*oxime* fond à 99° [*D. chem. G.*, **27**, 1538, 1894].

TÉTRAPHÉNYLCYCLOPENTÈNE (1.2.4.5) — Il fond à 300° [Henderson et Corstophine, *Chem. Soc.*, **79**, 1256, 1901].

TÉTRAPHÉNYLCYCLOPENTÉNOLONE,

$$\begin{array}{l} C^6H^5C ===== C-C^6H^5 \\ \quad\;\; | \qquad\qquad\quad > CO \\ C^6H^5C(OH)-CH-C^6H^5 \end{array}$$

— Obtenue par Henderson et Corstophine [*loc. cit.*], en condensant le benzile par la potasse caustique, elle fond à 167°; l'*hydrazone* fond à 168-169°. Par réduction au moyen du phosphore rouge et de HI en solution aqueuse, elle donne l'alcool suivant :

TÉTRAPHÉNYLCYCLOPENTÉNOL. — Il fond à 181-182°. Le *dérivé monobromé* fond à 215° et le *dérivé monochloré* à 181°. Par réduction il donne le tétraphénylcyclopentène [*loc. cit.*].

MÉTHYLDIPHÉNYLCYCLOPENTÉNONE,

$$\begin{array}{l} C^6H^5-C-CH(CH^3) \searrow \\ \qquad\;\; \| \qquad\qquad\qquad CO \\ C^6H^5-C —— CH^2 \nearrow \end{array}$$

— Prismes ou plaques fusibles à 77-88°; la phénylhydrazine fond à 145-152° [Japp et Meldrum, *Chem. Soc.*, **79**, 1024, 1901].

MÉTHYL-3-PENTACHLOROCYCLOPENTÉNONE. — Bergmann et Franck en ont décrit deux isomères α et β.

$$\begin{array}{l} \quad\;\; \nearrow CCl^2-C-CH^3 \\ CO \qquad\qquad\;\; \| \\ \quad\;\; \searrow CCl^2-C.Cl \end{array} \qquad\qquad \begin{array}{l} \quad\;\; \nearrow CCl^2-CCl.CH^3 \\ CO \qquad\qquad\;\; | \\ \quad\;\; \searrow CCl=CCl \end{array}$$

α bout à 160-165° sous 15 mm. β fond à 92°.

D = 1,608 [*Lieb. Ann. Chem.*, **296**, 159, 1897].

Prenntzell a décrit également une méthyl-2-pentachloro-cyclopenténone sous deux formes isomères [*Lieb. Ann. Chem.*, **296**, 180, 1897].

HEXACHLOROCYCLOPENTÉNONE. — Zincke et Kurster en ont préparé deux isomères

```
CCl ═ CCl ╲              CCl - CCl² ╲
|           CO           ‖           CO
CCl² - CCl² ╱            CCl - CCl² ╱
     βγ.                      γγ.
```

L'acide dérivé de la γγ-cétone est très instable, tandis que le dérivé de la βγ est stable [*D. chem. G.*, **26**, 2104, 1893].

DICHLORO-2.4-DICÉTO-1.3-CYCLOPENTÈNE,

```
          ╱ (1)CO - (4)CCl
CHCl(2)              ‖
          ╲ (1)CO - (5)CH
```

Il cristallise en aiguilles soyeuses fusibles à 89°, aisément sublimables [Zincke et Fuchs, *D. chem. G.*, **26**, 513, 1893].

DICHLORODICÉTO-MÉTHYLCYCLOPENTÈNE. — Il fond à 81° [Z. et F., *loc. cit.*].

TRICHLORO-2.2.4-DICÉTO-1.3-CYCLOPENTÈNE,

```
      ╱ CO - CCl
CCl²        ‖
      ╲ CO   CH
```

— Il fond à 69° [*loc. cit.*].

TRICHLORODICÉTOMÉTHYLCYCLOPENTÈNE. — Il fond à 64-65° [*loc. cit.*].

TRICHLORODICÉTOCYCLOPENTÈNE SYMÉTRIQUE.

```
      ╱ CO - CCl
CHCl        ‖
      ╲ CO - CCl
```

— Il fond à 49-50° [*loc. cit.*].

TÉTRACHLORODICÉTOCYCLOPENTÈNE. — Il fond à 76° [*loc. cit.*].

DICHLOROIMIDOCÉTOCYCLOPENTÈNE,

```
    ╱ CCl ═ CH
CO           |
    ╲ CHCl   C = AzH
```

— Obtenu par Zincke et Fuchs, en traitant par AzH^3 l'acide gras cétonique chloré $CHCl^2$-CO-CCl=CH-CCl²-CO²H, provenant de la transformation de la pentachlororésorcine. Aiguilles blanches fusibles à 174°. Les mêmes auteurs ont obtenu par le même procédé les dérivés

```
    ╱ CCl ═ CH
CO           |
    ╲ CCl² - C = AzH
```

longues aiguilles fusibles à 207°, et

```
    ╱ CCl ═ CCl
CO           |
    ╲ CCl² - C = AzH
```

aiguilles fusibles à 203°.

Ces diverses imidocétones sont transformées par HCl en acide acétylacrylique chloré [*D. chem. G.*, **26**, 1666, 1893].

Δ_4-DIBROMO-2.2-DICÉTO-1.3-CYCLOPENTÈNE. — Il cristallise en aiguilles fusibles à 137° [Wolff et Rudel, *Lieb. Ann.*, **294**, 183, 1897].

Δ_4-DIBROMO-2-4-DICÉTO-1.3-CYCLOPENTÈNE. — Il fond à 88° [W. et R., *loc. cit.*].

CYCLOPENTÈNE-MÉTHYLAL-1,

```
CH² - C - CHO
|       ≥ CH
CH² - CH²
```

— Préparé par Hans von Liebig, en chauffant l'acide dioxysubérique et l'oxyde de plomb avec un mélange d'acide acétique et d'acide phosphorique dilué. Liquide d'odeur analogue à celle de la benzaldéhyde, assez soluble dans l'eau, se décomposant rapidement.

La *semicarbazone* cristallise en paillettes hexagonales solubles dans l'eau et l'alcool, et fond à 208° en se décomposant. La *phénylhydrazone* est en paillettes incolores [*D. chem. G.*, **31**, 2106, 1898].

ACIDE CYCLOPENTÈNE-MONOCARBONIQUE (*Cyclopentène-méthyloïque*),

```
CH² — CH²
|       |
CH²    C - CO²H
  ╲   ╱╱
   CH
```

— Baeyer et von Liebig le préparent en chauffant au réfrigérant ascendant l'aldéhyde précédente avec Ag^2O humide. Paillettes hexagonales fusibles à 120°, solubles dans les dissolvants organiques.

Le *sel de cuivre* cristallise en tables bleues, le *sel d'argent* en paillettes hexagonales von Liebig, *loc. cit.*].

ACIDE BROMOCYCLOPENTÈNE-CARBONIQUE. — Il fond à 130° [Hawort et Perkin, *J. Chem. Soc.*, **65**, 978].

ACIDE Δ_1-CYCLOPENTÈNE-DICARBONIQUE-1.2,

```
           CH²
          ╱   ╲
       CH²     CH²
        |       |
CO²H . C ═════ C . CO²H
```

— Fond à 178°, soluble dans l'eau et l'alcool, se transforme par la potasse en acide adipique [Willstatter, *D. chem. G.*, **28**, 655, 1895; — Hawort et Perkin jun., *loc. cit.*].

ACIDE Δ_1-1.4-ÉTHYLCYCLOPENTÈNE-CARBONIQUE.

```
          ╱ CH² - C . CO²H
C²H⁵ - CH         ‖
          ╲ CH² - CH
```

— Produit impur fondant à 47-50° et bouillant à 254-260° [Einhort et Willstatter, *Bull. Soc. Chim.*, (3), **14**, 400, 1895].

ACIDE Δ_2-1.4-ÉTHYLCYCLOPENTÈNE-CARBONIQUE.

```
          ╱ CH² - CH - CO²H
C²H⁵ - CH          |
          ╲ CH ═ CH
```

— Huile incolore distillant entre 250-253°.

L'*amide* fond à 158° [Einhort et Willstatter, *loc. cit.*]. D'après Büchner, ces acides et l'amide seraient l'acide et l'amide subérène-carboniques [*D. chem. G.*, **31**, 2004, 1898].

ACIDE DIMÉTHYL-1.1-MÉTHYL-2-CYCLOPENTÈNE-Δ_2-MÉTHYLOÏQUE-3,

```
  CH³   CH³
    ╲  ╱
     C
   ╱   ╲
CH²     C - CH³
 |      ‖
CH ─── C . CO²H
```

— Blanc a montré que cet acide, exprimé par le schéma ci-dessus, représente la constitution de l'acide isolauronolique [*Bull. Soc. Chim.*, (3), **19**, 699, 1898].

ACIDE TRICHLORO-2.2.4-CYCLOPENTÈNE-Δ_3-DIOXY-1.3 MÉTHYLOÏQUE,

```
        CO²H
         |
        COH
      ╱     ╲
CCl²         CH²
  |           |
COH ═══════ CCl
```

— Obtenu par Hantzsch en faisant agir le chlore sur le phénol en solution alcaline [*D. chem. G.*, **22**, 1238, 1889].

ACIDE HEXACHLOROXYCYCLOPENTÈNE-CARBONIQUE (Δ_2-*hexachloro*-2.2.4.4.5.5-*cyclopenténol*-1-*méthyloïque*). — Zincke et Günther ont décrit deux isomères Δ_2 et Δ_3 [*Lieb. Ann. Chem.*, **272**, 243, 1892].

ACIDE DIBROMO-1-2-CYCLOPENTÈNE-DICARBONIQUE-1.2. — Il fond à 183-184° [Willstatter, *D. chem. G.*, **28**, 665, 1895].

Décembre 1906. J.-B. Senderens.

PENTAMÉTHYLBENZÈNE, $C^6H(CH^3)^5$. (Voyez 1er Suppl.). — On l'obtient à partir du mésitylène ou du pseudo-cumol et du chlorure de méthyle en présence de chlorure d'aluminium. On peut le purifier en le traitant par la monochlorhydrine sulfurique, puis ultérieurement par la soude. Il se forme un mélange de sulfone $(C^{11}H^{15})^2SO^2$ et de pentaméthylbenzène-sulfonate de soude que l'acide chlorhydrique transforme en pentaméthylbenzène fondant à 53° et bouillant à 230°. $D_4^{62,7} = 0,8472$ [Jacobsen, *D. chem. G.*, **20**, 896; **18**, 340; — Stohmann, *J. prakt. Chem.*, (2), **40**, 83; — Gottschalk, *D. chem. G.*, **20**, 3287; — Eykmann, *Rend.*, **12**, 175; — Dutoit et Friderich, *C. R.*, **130**, 328].

Il donne avec l'acide picrique un *picrate* en aiguilles jaune d'or fusibles à 131° [G. Schulz et K. Würth, *Zeit. f. Gasbel.*, **48**, 125, 152, 177, 200, 1905].

Le brome donne le *dérivé bromé* $C^6Br(CH^3)^5$ fondant à 160° [Ant. von Korczinski, *D. chem. G.*, **35**, 868, 1902].

Le *dérivé hydroxy* $C^6(OH)(CH^3)^5$ s'obtient en traitant le sulfate de pentaméthylbenzène-amine par l'acide azoteux. Fines aiguilles fusibles à 125° et bouillant à 267°. Son *éther méthylique* fond à 63-64° [Hoffmann, *D. chem. G.*, **18**, 1826].

L'*amine* $C^6(AzH^2)(CH^3)^5$ s'obtient soit en traitant par l'iodure de méthyle la diméthylamino-cumidine $(CH^3)^2Az.C^6H^2(CH^3)^3$1.2.4.5 (Hoffmann), soit en chauffant avec l'alcool méthylique le chlorhydrate du triméthyl-1.2.3-amino-5-benzène [Limpach, *D. chem. G.*, **21**, 645]. Elle fond à 151-152° et bout à 277-278°.

Un certain nombre de dérivés de l'amine ont été signalés. Ce sont le *chlorhydrate*, le *chloroplatinate*, cristallisant tous les deux anhydres, et les composés :

$C^{11}H^{15}AzH.CH^3$. — Houppes fusibles à 60-61° (Hoffmann).

$C^{11}H^{15}AzH(CHO)$. — Aiguilles soyeuses fusibles à 217° (Limpach).

$C^{11}H^{15}AzH(C^2H^3O)$. — Aiguilles fusibles à 213° (Hoffmann).

$C^{11}H^{15}Az=CS$. — Aiguilles fusibles à 86° (Hoffmann).

$C^{11}H^{15}AzH.CS.AzH^2$. — Aiguilles fusibles à 224° (Hoffmann).

$[C^{11}H^{15},AzH]^2CS$. — Aiguilles fusibles à 252° (Hoffmann).

Jacobsen a signalé un certain nombre de *dérivés sulfonés* :

$C^6(SO^3H)(CH^3)^5$. — On l'obtient par l'action de la monochlorhydrine sulfurique sur le pentaméthylbenzène. Ont été décrits les *sels de sodium*, *de calcium*, *de baryum*, *de cuivre* et *d'argent*, tous anhydres.

Le *chlorure d'acide* $C^6H(SO^2Cl)(CH^3)^5$ est en prismes fondant à 82°; l'*amide* $C^6(SO^2AzH^2)(CH^3)^5$ fond à 186° [*D. chem. G.*, **20**, 899].

PENTAMÉTHYLBENZOÏQUE (ACIDE). $(CH^3)^5.C^6.CO^2H$. — On le prépare à partir du pentaméthylbenzène et du gaz phosgène. Aiguilles ou lamelles fusibles à 210°,5. Son *sel de chaux* cristallise anhydre, celui *de baryum* avec 2 H^2O. L'*éther méthylique* bout à 299-300°, l'*amide* est en lamelles rhombiques fondant à 206°, le *nitrile* est en gros prismes fondant à 170°, bouillant à 294-295° [Jacobsen, *D. chem. G.*, **22**, 1222].

La *carbylamine* $(CH^3)^5.C Az \equiv C$ est en cristaux fusibles à 127-128°; sous l'action de la chaleur elle se transforme en *nitrile* isomérique $(CH^3)^5C^6 - CAz$ [Hoffmann, *D. chem. G.*, **18**, 1824].

1er janvier 1907. V. Thomas.

PENTAMÉTHYLÈNE (*Cyclopentane*),

$$CH^2\begin{cases} CH^2-CH^2 \\ \quad\quad | \\ CH^2-CH^2 \end{cases}$$

— La présence du pentaméthylène a été signalée par Poni dans les pétroles de Roumanie [*Bull. Soc. Chim.*, 1900]; par Young dans le pétrole américain [*Chem. Soc.*, 1898]; dans le naphte de Grosnyi par Markownikoff [*Journ. Soc. phys. chim. russe*, 1902]. Wislicenus et Hentzschell l'ont préparé à partir de la cyclopentanone qui par réduction donne le cyclopentanol, dont l'éther iodhydrique conduit au cyclopentane [*Ann. Chem. Pharm.*, **275**, 327, 1893]. Il s'obtient aussi au moyen du pentane dibromé 1-5.

Le pentaméthylène n'est attaqué qu'à 100° par AzO^3H concentré ou par le mélange sulfonitrique; il est transformé par AzO^3H en acide bibasique du même nombre d'atomes de carbone [Markownikoff, *D. chem. G.*, **32**, 1441, 1899]. Le pentaméthylène ne le solidifie pas à — 79° [Markownikoff, *Journ. Soc. phys. chim. russe*, 1899]. Il bout à 35°.

ALCOOL PENTAMÉTHYLÉNIQUE (*cyclopentanol*),

$$\begin{matrix} CH^2-CH^2 \\ | \\ CH^2-CH^2 \end{matrix} \Big> CHOH$$

— W. Hentzschell et J. Wislicenus [*Lieb. Ann. Chem.*, **275**, 322, 1893] ont préparé cet alcool en réduisant par le sodium la cétopentanone ou adipocétone dissoute dans l'éther en présence de l'eau. Le cyclopentanol est une huile incolore, très peu soluble dans l'eau, dont l'odeur rappelle celle de l'alcool amylique. Il distille à 139°; $D_4^{21} = 0,9395$. Son oxydation fournit l'acide glutarique et un peu d'acide succinique.

Iodure, C^5H^9I. — Huile distillant dans une atmosphère de CO^2 à 166-167°. $D_4^{22} = 1,6945$.

Le *bromure* distille à 136-138°. $D = 1,3720$.

AMINE $C^5H^9AzH^2$ (*Pentaméthénylamine*, *aminocyclopentane*). — Elle a été obtenue par Hentzschell et Wislicenus en quantité théorique en réduisant par le sodium la solution alcoolique de l'oxime adipocétonique. — Liquide épais, fumant à l'air, à odeur de marc, bouillant à 106-108°; il est soluble dans l'eau, attire CO^2 et l'humidité de l'air. Le *chlorhydrate* cristallise dans l'alcool en aiguilles déliquescentes. Le *chloroplatinate* est soluble dans l'eau. Le *sulfate* cristallise en aiguilles soyeuses [*Bull. Soc. Chim.*, (3), **12**, 148, 1894].

Ether oxyde, $C^5H^9-O-C^5H^9$. — Il bout à 126-127° (Meilser).

Phényluréthane. — Aiguilles fusibles à 132°,5 [Meilser, *D. chem. G.*, **32**, 2049, 1899].

CYCLOPENTANE-DIOL, $C^5H^8(OH)^2$. — Obtenu par Meilser [*D. chem. G.*, **32**, 2049, 1899] en traitant par CO^3K^2 le dérivé dibromé du cyclopentène. Il bout à 226-227° sous pression normale et à 126°,5-127°,5 sous 12 mm., fond à 48-49°,5; il est très soluble dans l'eau.

Diacétate. — Il bout à 224-226°.

Diuréthane. — Elle fond à 211-212°.

Monochlorhydrine $C^5H^8(OH)Cl$. — Elle bout à 81-82° sous 15mm,5 et s'obtient soit en traitant par HCl à 170-190° le cyclopentane-diol, soit en fixant ClOH sur le cyclopentène. — Sa *phényluréthane* fond à 107-108° [*Bull. Soc. Chim.*, (3), **24**, 468, 1900].

PENTAMÉTHYLÈNE-CÉTONE (*Cyclopentanone, pentaméthylène-(2)-adipocétone, cétone adipique*).

$$\begin{array}{lc} CH^2-CH^2\diagdown & \\ | & CO \\ CH^2-CH^2\diagup & \end{array}$$

— Elle se trouve en notable proportion dans certains échantillons d'huile de bois de hêtre [Metzner et Vorlander, *D. chem. G.*, **31**, 1885, 1898]. Le goudron de bois en fournit dans les produits distillant à 129-131°. L'huile de goudron de bois a fourni des quantités de cette acétone variant de 3 à 4 0/0 et par exception, 7.5 0/0 [*Bull. Soc. Chim.*, **12**, 148, 1894].

Hentzschell et Wislicenus ont préparé la cyclopentanone par la distillation sèche de l'adipate de calcium. Il se forme en même temps un produit $C^{10}H^{14}O$ qui représente la condensation de deux molécules de cyclopentanone avec élimination de H^2O.

D'après les mêmes auteurs [*Lieb. Ann. Chem.*, **275**, 322, 1893], la cyclopentanone est un liquide mobile à odeur de menthe, distillant à 130-135°, peu soluble dans l'eau, soluble dans l'éther. $D^{21}_{4}{}^{,8}=0{,}9416$. Elle donne avec SO^3NaH des cristaux lamellés. Son *oxime* C^5H^8AzOH cristallise dans l'éther de pétrole en longs prismes fusibles à 56°,5 et bouillant à 196-196°,5. Oxydée par l'acide azotique faible, la cyclopentanone fournit de l'acide glutarique $C^5H^8O^4$ avec un peu d'acide succinique.

La cyclopentanone se produit d'après Gustavson et Bulatoff lorsqu'on traite le bromure de vinyltriméthylène

$$\begin{array}{ll} CH^2\diagdown & \\ | & CH-CHBr-CH^2Br \\ CH^2\diagup & \end{array}$$

par l'eau et la litharge [*Journ. f. prakt. Chem.*, **56**, 93, 1897].

La cyclopentanone se combine avec les aldéhydes benzoïque, anisique, cinnamique. Avec le furfurol elle donne un composé identique à la pyroxanthine [Vorlander et Hobohm, *D. chem. G.*, **29**, 1836, 1896].

La cyclopentanone donne des produits de condensation provenant de deux molécules $C^{10}H^{14}O$, et de trois molécules $C^{15}H^{20}O$, avec élimination d'eau. En insistant au moyen de l'acide chlorhydrique sec, on obtient un carbure $C^{15}H^{18}$ [Wallach, *D. chem. G.*, **30**, 1094, 1897].

La *pinacone* de la cyclopentanone s'obtient par la réduction de cette cétone ; elle fond à 106,5-108°. Traitée par SO^4H^2 étendu, elle donne une *pinacoline* qui bout à 225-227° [Meiser, *D. chem. G.*, **32**, 2049, 1899].

DICÉTO-1.2-PENTAMÉTHYLÈNE (*Cyclopentanedione-1.2*).

$$\begin{array}{ll} & \diagup CO-CH^2 \\ CO & \qquad\quad | \\ & \diagdown CH^2-CH^2 \end{array}$$

— Dieckmann [*D. chem. G.*, **30**, 1470, 1897] l'a préparée par saponification de l'éther 1.2-dicétopentaméthylène-dicarbonique, obtenu lui-même par condensation des éthers oxalique et glutarique. Cristaux fusibles à 55°, très solubles dans l'eau et les dissolvants organiques. Son *oxime* fond à 210° avec décomposition. Elle fournit avec la phénylhydrazine une *osazone* fusible à 146°.

MÉTHYL-1-IODO-3-CYCLOPENTANE. — Il se prépare soit à partir de l'acide β-méthyladipique, soit par condensation de l'éther acétylacétique avec le bromure de triméthylène. Il bout à 78-80° : $[\alpha]_D = -2°{,}30$ [Zelinsky et Moser, *D. chem. G.*, **35**, 1902].

CHLORO-2-DICÉTO-1.3-PENTAMÉTHYLÈNE (*chloro-1-cyclopentane-dione-2.5*.

$$\begin{array}{ll} & \diagup CO-CH^2 \\ CHCl & \qquad\quad | \\ & \diagdown CO-CH^2 \end{array}$$

— Hantzsch l'a préparée en traitant par un courant de chlore une solution alcaline de phénol, en réduisant ensuite par l'amalgame de sodium, puis traitant par la soude. Cette dicétone a des propriétés acides en raison des trois groupes voisins CO-CHCl-CO.

Dichloro-2.2-dicéto-1.3-pentaméthylène. — Il se forme en même temps que le précédent lorsqu'on fait agir les alcalis et l'acide sulfurique sur l'acide trichloropentène-dioxycarbonique. Les amines primaires réagissent sur ces deux chlorodicétones dans la proportion de deux molécules d'amine pour une de dicétone [Hantzsch et Ince, *D. chem. G.*, **20** et **23**, 1887-1890].

Chloro-3-dicéto-1.2-pentaméthylène,

$$\begin{array}{ll} & \diagup CO-CHCl \\ CO & \qquad\quad | \\ & \diagdown CH^2-CH^2 \end{array}$$

— On l'obtient en même temps que les précédents. Traité par AzH^3, il donne une chloropyridine. Avec H^2S il donne l'aldéhyde thiophénique [Hantzsch, *D. chem. G.*, **21**, 2827, 1888].

Hexachloro-dicéto-1.3-pentaméthylène,

$$\begin{array}{ll} & \diagup CCl^2-CO \\ CO & \qquad\quad | \\ & \diagdown CCl^2-CCl^2 \end{array}$$

— Gros cristaux incolores, fusibles à 70° [Zincke et Rhode, *Lieb. Ann. Chem.*, **299**, 387, 1898].

Tribromo-hydroxy-dicéto-1.3-pentaméthylène.

$$\begin{array}{ll} & \diagup CO-CHBr \\ CBr^2 & \qquad\quad | \\ & \diagdown CO-CHOH \end{array}$$

— Prismes fusibles à 146°, très solubles dans l'éther, obtenus par Wolff et Rudel au moyen du tétrabromo-dicéto-pentaméthylène suivant.

Tétrabromo-2.2.4.5-dicéto-1.3-pentaméthylène. — Préparé par Wolff et Rudel en fixant Br^2 au cyclopentène dibromé. Aiguilles incolores, fusibles à 83°, solubles dans l'éther, le benzène et le chloroforme, qui par cristallisation donnent le composé précédent [*Lieb. Ann. Chem.*, **294**, 183, 1897].

Tétrabromo-2.4.5.5-dicéto-1.3-pentaméthylène. — Aiguilles fusibles à 87° [Wolff et Rudel, *loc. cit.*].

Tribromo-tricéto-pentaméthylène. — Corps peu stable, fusible à 189° [Landolt, *D. chem. G.*, **25**, 842, 1892].

MÉTHYLPENTAMÉTHYLÈNE (*méthylcyclopentane*).

$$\begin{array}{ll} CH^2-CH^2\diagdown & \\ | & CH-CH^3 \\ CH^2-CH^2\diagup & \end{array}$$

— Balbiano et Zeppo ont signalé sa présence dans les pétroles italiens [*Gazz. chim. ital.*, 1903]. Young l'a signalée dans les pétroles américains (1899).

Markownikoff l'a préparé par six méthodes différentes qui lui ont donné un carbure identique [*Journ. Soc. phys. chim. russe*, **31**, 214, 1899] :

1° La méthylpentaméthylène-acétone, obtenue

au moyen de l'acide β-méthyladipique, est transformée en alcool correspondant et celui-ci réduit à 205-210° par l'acide iodhydrique fumant.

2° On réduit par l'acide iodhydrique fumant à 250-260° le β-méthylamidopentaméthylène.

3° On réduit par le couple zinc et cuivre l'iodure de méthylpentaméthylène pur. C'est le produit que l'auteur regarde comme le plus pur, les précédents comme le suivant contiennent un peu d'hexane.

4° On réduit par l'acide iodhydrique à 250-260° l'amine tertiaire du méthylcyclopentane;

5° L'amidohexanaphtène;

6° Le chlorure d'hexanaphtène.

Précédemment, avec **Konovaloff**, il avait préparé le cyclopentane en réduisant par HI le méthylcyclopentanol [*Journ. Soc. phys. chim. russe*, **28**, 125, 1896]. Ces deux chimistes [*D. chem. G.*, 1895] l'avaient également obtenu en fractionnant le pétrole dans les produits bouillant vers 70°.

Zelinski a fait la synthèse totale du methylcyclopentane par l'action du magnésium sur l'iodure d'acétobutyle [*D. chem. G.*, **34**, 2084, 1902].

Le méthylcyclopentane est un liquide à odeur de benzène, ne se solidifiant pas à — 79°. Il bout à 71-72° sous 759 mm. $d_0^0 = 0{,}76406$. $D_4^{21} = 0{,}7474$ (Zelinski, *loc. cit*).

L'acide nitrique fumant agit lentement au-dessous de 0° et rapidement au-dessus de 0° en donnant surtout des acides glutarique et succinique. Le mélange sulfoazotique n'agit que faiblement même à la température de l'ébullition [*Journ. Soc. phys. chim. russe*, **31**, 214 et 346, 1899].

MÉTHYL-1-CYCLOPENTANOL,

$$\begin{array}{l} CH^2-CH^2\diagdown \\ \;| \qquad\qquad\quad C \begin{array}{l}\diagup CH^3 \\ \diagdown OH\end{array} \\ CH^2-CH^2\diagup \end{array}$$

— Alcool tertiaire préparé par Zelinsky et Namiotkine en traitant la cyclopentanone par CH^3MgI. Liquide d'odeur agréable, soluble dans les dissolvants organiques. Il bout à 82° sous 100 mm, cristallise en prismes fusibles à 36-37° [*Journ. Soc. phys. chim. russe*, **34**, 246, 1902]. Markownikoff a obtenu cet alcool tertiaire en traitant par AzO^2K le chlorhydrate de l'amine correspondant (voyez DÉRIVÉS AZOTÉS) mais on ne l'a pas parfaitement pur. Il bout à 135-136°. $D_4^{23,5} = 0{,}9044$. L'auteur pense qu'il doit former deux isomères.

Le *chlorure* tertiaire est un liquide incolore d'odeur piquante qui bout à 122-123° sous 747 mm. [*Journ. Soc. phys. chim. russe*, **31**, 214, 1899].

Méthyl-3-cyclopentanol,

$$\begin{array}{l} CHOH-CH^2\diagdown \\ \;| \qquad\qquad\qquad CH-CH^3 \\ CH^2 — CH^2\diagup \end{array}$$

— On l'obtient par la réduction de l'acétone correspondante [Zelinsky, *D. chem. G.*, **35**, 2490, 1902; — Markownikoff, *Chem. Centralbl.* **1**, 1212, 1899; — Semmler, *D. chem. G.*, **25**, 3519, 1893]. C'est un liquide épais peu soluble dans l'eau, qui bout à 148-149°. — Son *iodure* bout à 177-179° en se décomposant [Markownikoff, *Journ. Soc. phys. chim. russe*, **31**, 214, 1899].

Méthyl-2-cyclopentanone,

$$\begin{array}{l} CH^2-CH^2\diagdown \\ \;| \qquad\qquad\quad CH-CH^3 \\ CH^2-CO\diagup \end{array}$$

— Huile à odeur de menthe obtenue par Montemartini en chauffant l'acide α-méthyladipique avec la chaux calcinée et la limaille de fer. Elle bout à 142-144°. La *semicarbazone* fond à 171° [*Rendiconti di Lincei*, **2**, 228, 1896; *Chem. Centralbl.*, **2**, 1091, 1896].

Bouveault, qui l'a préparée en décomposant par HCl le méthylcyclopentanone-carbonate d'éthyle, a obtenu pour le point d'ébullition de cette acétone 139°, pour le point de fusion de la semicarbazone 184°. Il a préparé également l'*oxime*, liquide huileux bouillant à 103° sous 22 mm. [*Bull. Soc. Chim.*, **21**, 1019, 1898].

Méthyl-3-cyclopentanone,

$$\begin{array}{l} CH^2-CH^2\diagdown \\ \;| \qquad\qquad\quad CH-CH^3 \\ CO—CH^3\diagup \end{array}$$

— Semmler a préparé cette acétone en distillant l'acide β-méthyladipique avec le double de son poids de chaux sodée. Elle bout sous 13 mm. à 42,5°-44° et à 141-143° sous pression normale; odeur de phorone. Son *oxime* bout à 98-99° sous 12 mm. et fond à 60°. Elle est transformée par réduction au moyen de Na et de l'alcool en méthylamino-1.3-cyclopentane [*D. chem. G.*, **25**, 3513, 1892]. Markownikoff au moyen d'une méthylcyclopentanone pure a trouvé pour l'ébullition sous 742 mm. 143°,5, $d_0^0 = 0{,}9314$. L'*oxime* existerait sous deux formes difficiles à séparer complètement, fusibles à 87-89°,5 et 67-69° [*Journ. Soc. phys. chim. russe*, **31**, 214, 1899].

DIMÉTHYLCYCLOPENTANE-1.3,

$$\begin{array}{l} \qquad\quad CH^2-CH^2\diagdown \\ \qquad\quad\;| \qquad\qquad\quad CH-CH^3 \\ CH^3-CH—CH^2\diagup \end{array}$$

— Il existe dans le pétrole américain [Young, *Chem. Soc.*, **83**, 905, 1398]. Zelinsky l'a préparé en chauffant l'iodure de l'alcool correspondant à 220° avec un grand excès d'acide iodhydrique concentré. C'est un liquide à odeur de naphte agréable, bouillant à 93° sous 743 mm. $D_4^{20} = 0{,}7543$, $[\alpha]_D = 1°{,}78$. Il est oxydé par AzO^3H fumant [*Journ. Soc. phys. chim. russe*, **27**, 448, 1895; *D. chem. G.*, **29**, 403, 1896].

MÉTHYL-1-ÉTHYL-3-CYCLOPENTANE. — Il bout à 120,5-121°, $[\alpha]_D = 4°{,}34$ [Zelinsky, *Journ. Soc. phys. chim. russe*, **34**, 245, 1902]. On connait aussi le *méthyl-1-éthyl-2-cyclopentane*, qui bout à 124° [*Journ. Chem. Soc.*, **57**, 241, 1890].

MÉTHYL-1-MÉTHÉNYL-3-CYCLOPENTANE,

$$\begin{array}{l} CH^3-CH—CH^2\diagdown \\ \qquad\quad\;| \qquad\qquad\quad C=CH^2 \\ \qquad\quad CH^2-CH^2\diagup \end{array}$$

— Speransky l'a préparé par l'ébullition de l'acide cyclopentane-éthényloïque. Il bout à 96-97°, $d^{16} = 0{,}7750$ [*Journ. Soc. phys. chim. russe*, **33**, 626 et 729, 1901]. Un carbure de même constitution a été obtenu par Zelinsky et Goutta [*Journ. Soc. phys. chim. russe*, 1901] en partant du diméthyl-1.3-cyclopentanol, mais son point d'ébullition serait 93°,5 et son pouvoir rotatoire différent.

MÉTHYL-1-PROPYL-3-CYCLOPENTANE. — Liquide bouillant à 146-148°, $d_4^{17,5} = 0{,}7725$, $[\alpha]_D = +3°{,}10$ [Zelinsky et Tchélintsof, *Journ. Soc. phys. chim. russe*, **32**, 575, 1900].

DIMÉTHYL-2.5-CYCLOPENTANOL,

$$CHOH \begin{array}{l} \diagup CH(CH^3)-CH^2 \\ \qquad\qquad\qquad\quad\;| \\ \diagdown CH(CH^3)-CH^2 \end{array}$$

— Liquide soluble dans l'eau, obtenu par Zelinsky et Roursky en réduisant par l'alcool et le sodium l'acétone correspondante, bouillant à 154°; $D_0 = 0{,}9224$. Il donne l'*iodure* lorsqu'on le traite par l'acide iodhydrique de densité 1,96 [*D. chem. G.*, **29**, 403, 1896].

Diméthyl-1.3-cyclopentanol.

```
              CH² - CH²
CH³ - COH <        |
              CH² - CH - CH³
```

— Zelinsky l'a préparé en partant de la méthyl-1-cyclopentanone-3, au moyen de $MgICH^3$. Il bout à 88.5-89° sous 94 mm. et 143-145° sous la pression ordinaire [*D. chem. G.*, **34**, 3985, 1901].

Diméthyl-2.5-cyclopentanone.

```
       CH(CH³) - CH²
CO <         |
       CH(CH³) - CH²
```

— Obtenue par distillation sèche de l'acide diméthyladipique en présence de la chaux. Bout à 151-152°, insoluble dans l'eau, ne se combine pas avec le bisulfite : $D^{20}_4 = 0.891$, $[\alpha]_D = 123°.89$ [Zelinsky, *Journ. Soc. phys. chim. russe*, **35**, 564, 1903].

TRIMÉTHYLPENTAMÉTHYLÈNE-1.2.3 (*Triméthyl-cyclopentane-1.2.3*).

```
            CH(CH³) - CH - CH³
CH³ - CH <              |
            CH² ——————— CH²
```

— Liquide bouillant à 105-107° sous 742 mm. $d^{18}_4 = 0.7504$. — Oxydé facilement par AzO^3H concentré [Zelinsky et Tesner, *Journ. Soc. phys. chim. russe*, **34**, 107, 1902].

Triméthyl-1.2.4-pentaméthylène,

```
          CH(CH³) - CH²
CH³ - CH <          |
          CH² ——————— CH - CH³
```

— Liquide bouillant à 112.5-113°. $d^{20}_4 = 0.7565$ [Zelinsky, *Journ. Soc. phys. chim. russe*, **35**, 564, 1903].

Triméthyl-1.2.4-cyclopentanol,

```
            CH(CH³) - CH²
CH³ - COH <            |
            CH² ——————— CH - CH³
```

— Liquide bouillant à 157-158° sous 747 mm. $d^{21}_4 = 0.8850$ [Zelinsky, *Journ. Soc. phys. chim. russe*, **32**, 747, 1900].

Triméthyl-1.2.5-cyclopentanol,

```
            CH(CH³) - CH²
CH³ - COH <            |
            CH(CH³) - CH²
```

— Il se prépare en traitant la diméthyl-1.3-cyclopentanone-2 par le magnésium iodométhyle [Zelinsky et Tesner, *Journ. Soc. phys. chim. russe*, **34**, 107, 1902].

Triméthyl-2.2.3-cyclopentanone,

```
      C(CH³)² - CH - CH³
CO <               |
      CH² ——————— CH²
```

— Préparée par Blaise et Blanc en oxydant l'acide incomplet dihydrocampholinique $C^9H^{15}CO^2H$. Liquide incolore d'odeur à la fois de camphre et de menthe, insoluble dans l'eau, bouillant à 164-165°.

Son *oxime* $C^8H^{14} = AzOH$ cristallise en paillettes nacrées, solubles dans l'alcool et l'éther de pétrole.

Sa *semicarbazone* $C^8H^{14} = Az - AzH - CO - AzH^2$ s'obtient en petits cristaux insolubles dans l'eau, peu solubles dans l'alcool froid, plus solubles à chaud [*Bull. Soc. Chim.*, (3), **27**, 71 et **29**, 607, 1902-1903].

Triméthyl-2.3.3-cyclopentanone.

```
      CH(CH³) - C(CH³)²
CO <
      CH² ——————— CH²
```

— Obtenue par Noyes en oxydant l'acide α-oxy-dihydro-β-campholytique et synthétiquement en chauffant le αββ-triméthyladipate de calcium. Elle bout à 167-169°. Son *oxime* fond à 104°. $D^{20}_4 = 0.8946$ [*D. chem. G.*, **32**, 2288, 1899].

DIPENTAMÉTHÉNYLE, $(CH^2)^4CH - CH(CH^2)^4$. — Obtenu par Meiser en traitant la bromocyclopentanone par Na ; il bout à 189-191° [*D. chem. G.*, **32**, 2049, 1899].

DIPHÉNYL-1.2-CYCLOPENTANE,

```
C⁶H⁵ - CH ——————— CH - C⁶H⁵
        CH² - CH² - CH²
```

— Composé grenu, fusible à 108°, que l'alcool précipite de sa solution éthérée [Kuhn, *Lieb. Ann. Chem.*, **302**, 215, 1898].

Diphényl-1.2-cyclopentane-diol-1.2,

```
C⁶H⁵ - C(OH) ——— C(OH) - C⁶H⁵
        |              |
        CH² - CH² - CH²
```

— Il se produit dans la réduction du dibenzoylpropane en solution éthérée par le sodium. Réduit ensuite par HI et le phosphore, il fournit le diphényl-1.2-cyclopentane [*ibid.*].

TRIPHÉNYL-1.2.4-CYCLOPENTANE.

```
           CH² - CH - C⁶H⁵
C⁶H⁵CH <         |
           CH² - CH - C⁶H⁵
```

— Newmann l'a préparé en réduisant par HI le triphényl-1.2.4-cyclopentane-diol-1.2 (Voyez plus loin). Il bout à 285° sous 50 mm. Une réduction moins avancée de ce diol donne le triphénylcyclopentadiène [*Lieb. Ann. Chem.*, **302**, 236, 1898].

Triphényl-1.2.4-cyclopentane-diol-1.2,

```
              CH² - COH - C⁶H⁵
C⁶H⁵ - CH <          |
              CH² - COH - C⁶H⁵
```

— Obtenu par Newmann [*ibid.*], en chauffant la benzaldiacétophénone avec la poudre de zinc et l'acide acétique.

TRIPHÉNYL-1-3-5-MÉTHYL-2-CYCLOPENTANE. — Deux stéréoisomères, l'un soluble qui cristallise et fond à 121-122°, l'autre liquide qui bout à 260-262° sous 28 mm. [Duncombe Abell, *Chem. Soc.*, **83**, 367, 1903].

TRIPHÉNYL-1.3.5-MÉTHYL-2-CYCLOPENTANE-DIOL-1.5. — Produit impur fondant à 68-80° [*loc. cit.*].

TRIPHÉNYL-1.3.5-DIMÉTHYL-2.4-CYCLOPENTANE-DIOL-1.5. — Il fond à 143-144° [*loc. cit.*].

TÉTRAPHÉNYL-1.2.3.4-CYCLOPENTANE-DIOL-1.2. Cristaux pyramidés fusibles à 171° [Auerbach, *D. chem. G.*, **36**, 933, 1903].

Tétraphényl-1.2.3.5-cyclopentane-diol-1.2. — Dérivé par réduction au moyen du zinc et de l'acide acétique du dibenzoyl-diphényl-propane. Longues aiguilles fusibles à 138°. Par réduction au moyen de HI et P, on obtient le corps suivant :

TÉTRAPHÉNYL-CYCLOPENTANE-1.2.3.5. — Aiguilles fusibles à 80°,5-81° [Carpenter, *Lieb. Ann. Chem.*, **302**, 223, 1898].

DIBENZYLIDÈNE-CÉTOPENTAMÉTHYLÈNE.

```
CH² - C = CH - C⁶H⁵
|     |
|     CO
|     |
CH² - C = CH - C⁶H⁵
```

— Vorlaender et Hobohm l'ont préparé par l'action de la soude sur un mélange de cyclopentanone et d'aldéhyde benzoïque.

Aiguilles jaunes fusibles à 189°, peu solubles

dans l'alcool et l'éther, solubles dans le chloroforme, l'acide acétique et le benzène.

Il ne se combine ni à l'hydroxylamine, ni à la phénylhydrazine; il donne avec Br un *tétrabromure* fusible à 175° [*D. chem. G.*, **29**, 1836, 1896].

DIBENZYLIDÈNE-MÉTHYL-CÉTO-PENTAMÉTHYLÈNE. — Prismes jaunes fusibles à 149-151°, solubles dans l'alcool [Wallach, *D. chem. G.*, **29**, 1595, 1896].

MÉTHYL-3-MÉTHOPROPANOYL-5-CYCLOPENTANONE,

$$CH^3-CH\begin{array}{l}\diagup CH^2-CO\\ \qquad\quad\ \ |\\ \diagdown CH^2-CH-CO-CH\begin{array}{l}\diagup CH^3\\ \diagdown CH^3\end{array}\end{array}$$

— Huile incolore bouillant à 115-116° sous 25 mm. Saveur sucrée, insoluble dans l'eau [A. Baeyer et Oehler, *D. chem. G.*, **29**, 27, 1896].

ETHANOYL-2-MÉTHO-ÉTHYL-4-CYCLOPENTANONE [*loc. cit.*].

MÉTHO-ÉTHÈNE-2-MÉTHYL-5-CYCLOPENTANONE,

$$\begin{array}{ccc} & CO & \\ & \diagup \quad \diagdown & \\ CH^3-CH & & C=C\begin{array}{l}\diagup CH^3\\ \diagdown CH^3\end{array} \\ | & & | \\ CH^2 & — & CH^2 \end{array}$$

— Bouveault a réalisé la synthèse de ce composé qu'il a identifié avec la phorone du camphre [*Bull. Soc. Chim.*, (3), **23**, 160, 1900].

OXYMÉTHYLÈNE-CYCLOPENTANONE,

$$CH^2\begin{array}{l}\diagup CH^2-CO\\ \qquad\quad\ \ |\\ \diagdown CH^2-C=CHOH\end{array}$$

— Wallach et Steindorff la préparent en faisant agir Na sur un mélange de cyclopentanone et de formiate d'amyle. Elle fond à 72-73°. Sa *semicarbazone* fond à 175-177° [*Lieb. Ann. Chem.*, **329**, 109, 1903].

OXYMÉTHYLÈNE-1.3-MÉTHYL-CYCLOPENTANONE. — Elle fond à 53-54°, bout à 105-112° sous 22 mm. Sa *semicarbazone* fond à 115-116° [Wallach et Steindorff, *loc. cit.*].

ACIDE CYCLOPENTANE-VINYLIQUE.

$$\begin{array}{l}CH^2-CH^2\diagdown\\ |\qquad\qquad\quad C=CH-CO^2H\\ CH^2-CH^2\diagup\end{array}$$

— Obtenu par Spéransky, par condensation de la cyclopentanone avec l'éther bromacétique, il fond à 49-50°, et bout à 122° sous 11 mm. [*Journ. Soc. phys. chim. russe*, **33**, 626 et **34**, 17, 1902].

DÉRIVÉS AZOTÉS.

AMINOCYCLOPENTANE (*Cyclopentanamine, pentaméthylènamine, aminopentaméthylène*). — Voyez *Cyclopentanol* où cette amine a été décrite.

MÉTHYL-1-NITRO-1-CYCLOPENTANE,

$$CH^3\overline{C(AzO^2-CH^2-CH^2-CH^2-CH^2}$$

— Il se prépare à partir du méthylcyclopentane qui, ayant un H tertiaire, est facilement nitré par la méthode de Konovalof. Ce dérivé nitré tertiaire est un liquide incolore à odeur rappelant le camphre et le térébenthène; $d_0^0 = 1{,}0568$. Il bout à 179-180° avec décomposition partielle [Markownikoff, *Journ. Soc. phys. chim. russe*, **31**, 214, 1899].

MÉTHYL-1-AMINO-1-CYCLOPENTANE,

$$CH^3\overline{CAzH^2-CH^2-CH^2-CH^2-CH^2}$$

— Obtenu par réduction du dérivé nitré précédent. Liquide à odeur ammoniacale, fumant à l'air, qui bout à 114° sous 753 mm. $d_0^0 = 0{,}8367$.

Le *chlorhydrate* cristallise en longues aiguilles fusibles à 240°. Le *chloroplatinate* cristallise en octaèdres et tétraèdres allongés, efflorescents, solubles dans l'eau et l'alcool faible. Le *chloraurate* forme de longues aiguilles orangées. Le *bromaurate* est en lamelles noires semblables à l'iode, assez solubles dans l'eau [Markownikoff, *loc. cit.*].

MÉTHYL-1-NITRO-2-CYCLOPENTANE,

$$CH^3-\overline{CH-CHAzO^2.CH^2-CH^2-CH^2}$$

— Liquide à odeur rappelant l'anis et le nitrobenzène. Il bout à 184-185° avec décomposition partielle; $d_0^0 = 1{,}0462$ [*loc. cit.*].

MÉTHYL-1-AMINO-2-CYCLOPENTANE (ou *amine o-* ou *α-méthylpentaméthylénique*),

$$CH^3-\overline{CH-CHAzH^2-CH^2-CH^2-CH^2}$$

— Liquide à forte odeur ammoniacale, jaunit à l'air et attaque le bouchon. Bout à 121-122° sous 738 mm. $d_0^0 = 0{,}8179$. Dissout l'eau, mais y est peu soluble [Markownikoff, *loc. cit.*].

Le *chlorhydrate*, soluble dans l'eau, cristallise difficilement. Le *chloroplatinate* cristallise anhydre en cristaux granuleux jaune foncé ou en amas dendritiques selon les circonstances. Le *chloraurate*, soluble dans l'eau, contient H^2O. Lamelles brillantes jaune pâle [*Bull. Soc. Chim.*, (2), **22**, 733, 1899].

MÉTHYL-1-AMINO-3-CYCLOPENTANE (*amine m-* ou *β-méthylpentaméthylénique*),

$$CH^3-\overline{CH-CH^2-CHAzH^2-CH^2-CH^2}$$

— Il peut se préparer à partir de l'oxime correspondante (voyez plus haut *Méthyl-3-cyclopentanone*). C'est un liquide incolore ne fumant pas à l'air, miscible à l'eau en toutes proportions. Il bout à 124° sous 754 mm.; $d_0^0 = 0{,}8594$. Le *chlorhydrate* cristallise en petits granules blancs. Le *chloroplatinate* est en cristaux orangés anhydres assez solubles dans l'eau chaude. La *benzoylamine*

$$\underline{CH^3-CH-CH^2-CH(AzHC^7H^5O)CH^2-CH^2}$$

cristallise en aiguilles fusibles à 115-117°, insolubles dans l'eau, solubles dans l'alcool [Markownikoff, *Journ. Soc. phys. chim. russe*, **31**, 214, 1899].

AMINOHEPTACHLOROCYCLOPENTANONE,

$$CO\begin{array}{l}\diagup CCl^2-CCl^2\\ \qquad\quad\ \ |\\ \diagdown CCl^2-CCl.AzH^2\end{array}$$

— Prismes clinorhombiques fusibles à 72°, distillant à 165° sous 30 mm. [Zincke et Rhode, *Lieb. Ann. Chem.*, **299**, 387, 1898].

Décembre 1906. J.-B. Senderens.

PENTAMÉTHYLÈNE-CARBONIQUES (ACIDES). — ACIDE PENTAMÉTHYLÈNE-CARBONIQUE (*Cyclopentane méthyloïque, cyclopentane carbonique*),

$$\begin{array}{l}CH^2-CH^2\diagdown\\ |\qquad\qquad\quad CH.CO^2H\\ CH^2-CH^2\diagup\end{array}$$

— Gaertner l'a préparé : 1° en saponifiant le

cyanure de pentaméthylène, obtenu lui-même par l'iodure correspondant et HCAz.

2° En chauffant vers 200° l'acide oxypentaméthylène-carbonique avec HI de densité 1,70 et du phosphore, puis traitant le produit formé fortement induré par l'eau et l'amalgame de sodium [*Lieb. Ann. Chem.*, **275**, 333, 1893].

3° Stauss en a fait la synthèse suivante :

Il part du bromure de tétraméthylène, lequel chauffé au bain-marie en solution alcoolique avec l'éther malonique sodé donne la réaction :

$$\begin{matrix} CH^2-CH^2Br \\ | \\ CH^2-CH^2Br \end{matrix} + Na^2C \begin{matrix} \swarrow CO^2C^2H^5 \\ \searrow CO^2C^2H^5 \end{matrix}$$

$$= 2NaBr + \begin{matrix} CH^2-CH^2 \searrow \\ | \\ CH^2-CH^2 \nearrow \end{matrix} C \begin{matrix} \swarrow CO^2C^2H^5 \\ \searrow CO^2C^2H^5 \end{matrix}$$

Par saponification, on a l'acide pentaméthylène-dicarbonique, lequel chauffé à 180-190° perd CO^2 et donne l'acide cyclopentane-méthyloïque identique à celui de Gaertner [*D. chem. G.*, **27**, 1228, 1894].

L'acide cyclopentane-méthyloïque est un liquide se solidifiant à —7° et bouillant à 214-215°. Odeur désagréable de sueur [Gaertner, *loc. cit.*].

Sel de calcium $(C^6H^9O^2)^2Ca + 5H^2O$. Longs prismes se déshydratant à 100°. — *Sel de baryum* $+ H^2O$. Prismes clinorhombiques ne se déshydratant qu'à 140-150°. — *Sel d'argent*. Lamelles argentées peu solubles [Gaertner, *loc. cit.* et *Bull. Soc. Chim.*, (3), **12**, 149, 1894].

Acide α-oxypentaméthylène-carbonique,

$$\begin{matrix} CH^2-CH^2 \searrow \\ | \\ CH^2-CH^2 \nearrow \end{matrix} COH-CO^2H$$

— Gaertner l'a obtenu à partir de l'adipocétone qui fixe facilement HCAz, et le nitrile ainsi formé est ensuite saponifié par HCl. Il cristallise dans l'eau bouillante en petites aiguilles incolores fusibles à 103°, insolubles dans l'éther de pétrole. Il se sublime au-dessus de son point de fusion.

Le *sel de calcium* $(C^6H^9O^3)^2Ca + 6H^2O$, cristallise en aiguilles. Le *sel de zinc* $+ 2H^2O$ est en lamelles peu solubles. Le *sel d'argent* cristallise en lamelles [*Lieb. Ann. Chem.*, **275**, 331, 1893].

Acide méthyl-2-pentaméthylène-carbonique,

$$CH^3-CH \begin{matrix} \swarrow CH^2-CH^2 \\ \searrow CH-CH^2 \\ \quad | \\ \quad CO^2H \end{matrix}$$

— Découvert par Aschan dans les pétroles russes et identifié par Markownikoff; il bout à 215-216°; $d_0 = 0,9712$. Son *éther éthylique* bout à 163-164°; $d_0 = 0,9229$. L'*amide* fond à 121-123°,5 [*Journ. Soc. phys. chim. russe*, **29**, 47, 1897 et **31**, 241, 1899].

Acide méthyl-3-pentaméthylène-carbonique. — Obtenu par Zelinsky et Mosen en traitant le méthyl-1-iodo-3-cyclopentane par Mg et CO^2. Il bout à 115-116° sous 13 mm. [Zelinsky et Mosen, *D. chem. G.*, **35**, 2687, 1902].

Acide éthyl-3-cyclopentane-carbonique,

$$C^2H^5-CH \begin{matrix} \swarrow CH^2-CH-CO^2H \\ \qquad\qquad | \\ \searrow CH^2-CH^2 \end{matrix}$$

— Huile incolore très réfringente distillant sans décomposition à 245-248°. L'*amide* fond à 195°. L'*éther méthylique* bout à 200° [Einhorn et Willstätter, *Lieb. Ann. Chem.*, **280**, 96, 1894]. D'après Büchner et Jacobi, cet acide et cette amide seraient l'acide et l'amide subérane-carboniques [*D. chem. G.*, **31**, 2004, 1898].

Acide éthyl-3-bromo-1-cyclopentane-carbonique,

$$C^2H^5-CH \begin{matrix} \swarrow CH^2-CBr-CO^2H \\ \qquad\qquad | \\ \searrow CH^2-CH^2 \end{matrix}$$

— Aiguilles fondant à 94°, très solubles dans les solvants ordinaires [Einhorn et Willstätter, *loc. cit.* et *Bull. Soc. Chim.*, (3), **14**, 400, 1895]. D'après Büchner et Jacobi, ce composé serait l'acide bromosubérane-carbonique [*loc. cit.*].

Acide diméthyl-2.2-cyclopentanone-carbonique-3,

$$CO \begin{matrix} \swarrow C(CH^3)^2-CH(CO^2H) \\ \qquad\qquad | \\ \searrow CH^2 —— CH^2 \end{matrix}$$

— Obtenu par H. Perkin et Thorpe à partir de l'acide diméthylbutane-tricarbonique. Il fond à 109-110°. Son *éther éthylique* traité par MgICH³ provoque la formation de la campholactone [*Chem. Soc.*, **85**, 128, 1904].

Ether diméthyl-2.4-cyclopentanone-carbonique-2 (*éther éthylique*),

$$\begin{matrix} & CO & \\ \swarrow & & \searrow \\ CH^2 & & C \begin{matrix} \swarrow CH^3 \\ \searrow CO.OC^2H^5 \end{matrix} \\ | & & | \\ CH^3-CH & — & CH^2 \end{matrix}$$

— Il bout à 108-109° sous 13 mm. Soumis à l'ébullition, il donne la *diméthylcyclopentanone* [Zelinsky, *Journ. Soc. phys. chim. russe*, **34**, 564, 1903].

Cyclopentanone-carbonate d'éthyle-1.2,

$$\begin{matrix} & CO & \\ \swarrow & & \searrow \\ CH^2 & & CH-CO^2-C^2H^5 \\ | & & | \\ CH^2 & — & CH^2 \end{matrix}$$

— Obtenu par Bouveault à partir de l'adipate d'éthyle. Liquide huileux, incolore, bouillant à 113° sous 22 mm. $d_0 = 1,0976$. La *semicarbazone* fond à 143°.

Méthylcyclopentanone-carbonate d'éthyle. — Obtenu par l'action de CH^3I sur le dérivé sodé du précédent. Huile incolore bouillant à 108° sous 22 mm.; $d_0 = 1,0529$ [Bouveault, *Bull. Soc. Chim.*, (3), **21**, 1019, 1899].

Acide tétrachloro-cétotrioxypentaméthylène-carbonique,

$$\begin{matrix} C(OH)^2-CCl^2 \searrow \\ | \\ CO —— CCl^2 \nearrow \end{matrix} COH-CO^2H$$

— Préparé par Hantzsch en faisant agir un excès d'hypochlorite sur l'acide chloranilique.

Aiguilles blanches, solubles dans l'eau et l'alcool, fondant à 216° avec décomposition. Il cristallise avec $2H^2O$ qu'il perd sur l'acide sulfurique. Traité par un agent réducteur, il donne le *dérivé dichloré*, qui fond à 232° et est transformé à froid par la lessive de soude en acide oxalique [*D. chem. G.*, **22**, 2841, 1889].

Acide trichlorodicétopentaméthylène-oxycarbonique,

$$\begin{matrix} CO-CHCl \searrow \\ | \\ CO — CCl^2 \nearrow \end{matrix} COH-CO^2H$$

— Hantzsch le prépare par l'action de l'acide hypochloreux sur l'acide chloranilique [*loc. cit.*]. Par l'action de l'acide sulfurique, il se transforme en un isomère à chaîne normale $CHCl^2-CO-CO-CHCl-CO-CO^2H$.

ACIDE MONOCHLORODICÉTOPENTAMÉTHYLÈNE-OXY-CARBONIQUE. — Dérivé du précédent. Il fond à 147°. Il donne avec l'acide sulfurique concentré un isomère, l'acide *chlorodiacétylglyoxylique* $CH^2Cl-CO-CO-CH^2-CO-CO^2H$ [*Bull. Soc. Chim.*, (3), **3**, 547, 1890].

ACIDE TÉTRACHLORODICÉTOPENTAMÉTHYLÈNE-OXY-CARBONIQUE,

$$\begin{matrix} CO-CCl^2 \searrow \\ | \qquad\qquad C(OH)-CO^2H \\ CO-CCl^2 \nearrow \end{matrix}$$

— Il fond à 287°. Son *sel ammoniacal* fond à 145° [Landolt jun., *D. chem. G.*, **25**, 842, 1892].

ACIDE TRIBROMOPENTAMÉTHYLÈNE-CARBONIQUE,

$$CH^2 \begin{matrix} \nearrow CH^2-CBr^2 \\ | \\ \searrow CH^2-CBr(CO^2H) \end{matrix}$$

[Haworth et Perkin, *Chem. Soc.*, **65**, 978, 1894].

ACIDE DIPHÉNYLDIOXYPENTAMÉTHYLÈNE-CARBONIQUE,

$$CO^2H-CH \begin{matrix} \nearrow CH^2-C(OH)C^6H^5 \\ | \\ \searrow CH^2-C(OH)C^6H^5 \end{matrix}$$

— Pusch [*D. chem. G.*, **28**, 2102, 1895] l'a préparé en traitant par l'amalgame de sodium l'acide diphénylacylacétique. Il se présente sous deux formes stéréoisomères, l'une fusible à 200° en se décomposant, l'autre fusible à 162-164°.

ACIDES PENTAMÉTHYLÈNE-DICARBONIQUES.

ACIDE PENTAMÉTHYLÈNE-DICARBONIQUE (*acide cyclopentane-diméthyloïque*-1.2). — Perkin jun. a fait la synthèse de cet acide en partant du bromure de triméthylène qui, par le malonate d'éthyle et traitement ultérieur par le sodium et le brome, donne le pentaméthylène-tétracarbonate d'éthyle. Celui-ci, traité par l'acide acétique et l'acide sulfurique, donne l'acide pentaméthylène-dicarbonique [*Chem. Soc.*, **65**, 572, 1893].

Lorsqu'on le dissout dans la potasse faible, il se transforme en un stéréoisomère, plus soluble dans l'eau. Le premier est l'acide *trans*, le deuxième est l'acide *cis*, que l'acide chlorhydrique transforme complètement en acide trans lorsqu'on le chauffe 2 heures en tubes scellés. Les deux acides auraient les formules stéréoisomériques suivantes :

$$\begin{matrix} & H \quad CO^2H \\ & \searrow \swarrow \\ & \nearrow CH^2-C \\ CH^2 & | \\ & \searrow CH^2-C \\ & \swarrow \searrow \\ & CO^2H \quad H \end{matrix} \qquad \begin{matrix} & H \quad CO^2H \\ & \searrow \swarrow \\ & \nearrow CH^2-C \\ CH^2 & | \\ & \searrow CH^2-C \\ & \swarrow \searrow \\ & H \quad CO^2H \end{matrix}$$

Trans, fusible à 160°. *Cis*, fusible à 140°.

[*Bull. Soc. Chim.*, (3), **12**, 1300, 1894].

Pospischill [*D. chem. G.*, **31**, 1957, 1898] a signalé deux acides pentaméthylène-dicarbonique-1.3, obtenus par la décomposition du pentaméthylène-tétracarbonique-1.1.3.3. *L'acide cis* fond à 120-121°. *L'acide cis-trans* fond à 87-88°.

ACIDE DIBROMOPENTAMÉTHYLÈNE-DICARBONIQUE,

$$CH^2 \begin{matrix} \nearrow CH^2-CBr-CO^2H \\ | \\ \searrow CH^2-CBr-CO^2H \end{matrix}$$

— Cristaux fusibles à 183-184°. Convertis par la potasse en bromocyclopentène-carbonique [Haworth et Perkin jun., *Chem. Soc.*, **65**, 978, 1894].

ACIDE TRIMÉTHYL-1.5.5-PENTAMÉTHYLÈNE-DICARBONIQUE-1.2 (*acide triméthyl*-1.5.5-*diméthyloïque*-1.2),

$$\begin{matrix} & CO^2H \\ & | \\ \begin{matrix} CH^3 \searrow \\ CH^3 \nearrow \end{matrix} C & \begin{matrix} \nearrow C(CH)^3-CH-CO^2H \\ \qquad\qquad | \\ \searrow CH^2 \text{——} CH^2 \end{matrix} \end{matrix}$$

— Bouveault a montré que cet acide exprimé par le schéma ci-contre était l'acide camphorique [*Bull. Soc. Chim.*, (3), **17**, 990, 1897 ; — Blanc, *ibid.*, **19**, 1898].

ACIDE CÉTOPENTAMÉTHYLÈNE-DICARBONIQUE-3.4 — Auwers l'a obtenu dans l'action du sodomalonate d'éthyle sur l'aconitate d'éthyle. Octaèdres solubles dans l'eau chaude, l'alcool et l'acétone, peu solubles dans l'éther et insolubles dans le chloroforme. Il fond à 189° et distille dans le vide sans décomposition. Il a fourni les sels de Pb, Ag, Hg, Cu, Ba, Ca, Fe.

Son *éther diéthylique* est liquide à la température ordinaire ; son *éther diméthylique* cristallise en aiguilles et fond à 63-64° [*D. chem. G.*, **26**, 364, 1893].

ACIDE DIMÉTHYLÉTHYLÉTHOXYCÉTOPENTAMÉTHYLÈNE-DICARBOXYLIQUE,

$$(CH^3)^2C \begin{matrix} \nearrow C(OC^2H^5)CO^2H-C(C^2H^5)CO^2H \\ \qquad\qquad | \\ \searrow CH^2 \text{————} CO \end{matrix}$$

— Il fond à 175°. Perkin Jun. et Thorpe [*Chem. Soc.*, **79**, 729-791, 1901] ont décrit divers composés de ce genre. Tel est *l'acide diméthylcétodicyclopentane-carboxylique*,

$$(CH^3)^2C \begin{matrix} \nearrow C(CO^2H)-CH^2 \\ | \qquad\quad | \\ \searrow CH \text{——} CO \end{matrix}$$

qui fond à 180°.

MÉTHYLPENTAMÉTHYLÈNE-DICARBONATE D'ÉTHYLE,

$$CH^2 \begin{matrix} \nearrow CH^2-CH-CH^3 \\ | \\ \searrow CH^2-C(CO^2C^2H^5)^2 \end{matrix}$$

— Colman et W. H. Perkin l'ont préparé en traitant le dibromure de méthyltétraméthylène par le malonate d'éthyle sodé. Huile incolore bouillant sans altération à 243-244° [*D. chem. G.*, **21**, 739, 1888].

ACIDE MÉTHYLPENTAMÉTHYLÈNE-DICARBONIQUE. — Provenant du précédent, il cristallise en prismes qui se dédoublent à 190° en CO^2 et acide monocarbonique [*loc. cit.*].

MÉTHYL-4-DICÉTO-1.2-PENTAMÉTHYLÈNE-DICARBONATE D'ÉTHYLE-3.5,

$$CH^3-CH_{(4)} \begin{matrix} CO^2C^2H^5 \\ | \\ \nearrow {}_{(5)}CH-{}_{(1)}CO \\ \qquad | \\ \searrow {}_{(3)}CH-{}_{(2)}CO \\ | \\ CO^2C^2H^5 \end{matrix}$$

— Obtenu par Dieckmann en condensant l'éther oxalique avec l'éther β-alcoylglutarique. Prismes fondant à 108° [*D. chem. G.*, **32**, 1930, 1899].

PHÉNYL-4-DICÉTO-1.2-PENTAMÉTHYLÈNE-DICARBONATE D'ÉTHYLE-3.5. — Il fond à 160-161° [*loc. cit.*].

DIMÉTHYL-4.4-DICÉTO-1.2-PENTAMÉTHYLÈNE-DI-

CARBONATE D'ÉTHYLE-3.5. — Il fond à 96° [*loc. cit.*].

ACIDES PENTAMÉTHYLÈNE-TRICARBONIQUES

ACIDE PENTAMÉTHYLÈNE-TRICARBONIQUE-1.3.4 (*Acide cyclopentane-triméthyloïque*-1.3.4). — Il existe sous deux formes stéréoisomériques cis et trans :

```
H   CO²H                 CO²H  H
 \ /                        \ /
 C-CH²\                     C-CH²\
 |     CH-CO²H              |     CH·CO²H
 C-CH²/                     C-CH²/
 / \                        / \
H   CO²H                   H   CO²H
```

Cis, fond à 146-148°, se transforme facilement en anhydride. — *Trans*, fond à 154-156°.

Il se transforme facilement en anhydride. F. Bottomley et Perkin jun. l'ont retiré du corps suivant :

Pentaméthylène-tricarbonate-triméthylique. — Il bout à 164-166° sous 12 mm. Il a été préparé par les auteurs précédents au moyen du pentaméthylène-hexacarbonate d'éthyle (voyez plus loin) [*Chem. Soc.*, **77**, 294, 1900].

ACIDES PENTAMÉTHYLÈNE-TÉTRACARBONIQUES

ACIDE PENTAMÉTHYLÈNE-TÉTRACARBONIQUE-1.1.3.3,

```
          / CH² - C(CO²H)²
(CO²H)²C          |
          \ CH² · CH²
```

— Pospischill [*D. chem. G.*, **31**, 1917, 1898] l'a préparé en faisant réagir l'iodure de méthylène sur l'éther butane-tétracarbonique. Masse cristalline, soluble dans l'eau, qui fond à 186-188° en se décomposant en deux acides pentaméthylène-dicarboniques stéréoisomères (voyez plus haut).

PENTAMÉTHYLÈNE-TÉTRACARBONATE D'ÉTHYLE-1.1.2.2. — On traite par le brome le dérivé sodique du pentane-tétracarbonate d'éthyle, lequel résulte de l'action du sodomalonate d'éthyle sur le bromure de triméthylène $(CO^2C^2H^5)^2CNa(CH^2)^3-CNa(CO^2C^2H^5)^2$ [W. H. Perkin, *Chem. Soc.*, **51**, 240, 1888].

ACIDE PENTAMÉTHYLÈNE-TÉTRACARBONIQUE-1.1.2.2. — Obtenu par saponification de l'éther précédent. Chauffé à 200-220°, il perd $2CO^2$ et donne les deux acides dicarboniques cis et trans (voyez plus haut) [Perkin, *loc. cit.*].

PENTAMÉTHYLÈNE-HEXACARBONATE D'ÉTHYLE

```
           / CH² - C(CO²Ét.)²
(CO²Ét.)²C         |
           \ CH² - C(CO²Ét.)²
```

— Bottomley et W. H. Perkin [*Chem. Soc.*, **77**, 294, 1900] l'ont préparé par condensation de 3 molécules de malonate d'éthyle avec 2 molécules de formaldéhyde et traitant ensuite par l'éthylate de sodium et le brome. L'hydrolyse fournit l'acide correspondant qui fond à 210-212° en se décomposant.

Décembre 1905. J. B. Senderens.

PENTAMÉTHYLÈNE-DIAMINE. — Voy. CADAVÉRINE.

PENTAMÉTHYLÈNE-GLYCOL. — Voy. PENTANE-DIOL.

PENTAMIDOPENTOL. — Voy. CROCONIQUE (ACIDE).

PENTANAL, $CH^3(CH^2)^3CHO$. — (Voy. Dict., 3, 614).

Aminopentanal-1.5, $H^2Az(CH^2)^4CHO$. — R. Wolffenstein a obtenu ce corps en traitant à froid une molécule de pipéridine par une molécule d'eau oxygénée en solution à 3 0/0 :

```
     CH²                   CH²
    /   \                 /   \
 CH²     CH²           CH²     CH²
 |       |     + O  →   |       |
 CH²     CH²           CH²     CHO
    \   /                 \
     AzH                   AzH²
```

Après 24 heures on épuise la solution à l'éther. L'aminopentanal forme de beaux cristaux, qui fondent à 39° ; il distille à 110-111° sous 55 mm. Avec la phénylhydrazine, en présence d'acide acétique, il donne au bout de quelques jours des cristaux d'acétate d'hydrazone, qui, purifiés par cristallisation dans l'alcool bouillant, fondent à 130°.

Les oxydants transforment l'aminopentanal en acide glutarique, et les réducteurs (Zn + HCl) en pipéridine [R. Wolffenstein, *D. chem. G.*, **25**, 2777 et **26**, 2991].

1er juin 1906. J. Hamonet.

PENTANE, $CH^3CH^2CH^2CH^2CH^3$. — (Voy. Dict., HYDRURE D'AMYLE, **1**, 235).

Le pentane normal, dont la présence a été signalée dans le pétrole d'Amérique par Warren et par Young, dans le goudron du gaz par Schorlemmer, dans l'huile de résine par Renard, a été obtenu par l'action de l'acide iodhydrique concentré, soit sur la pipéridine chauffée à 300° [Hoffmann, *D. chem. G.*, **16**, 590, 1893], soit sur l'acétylacétone à 180° [A. Combes, *Ann. Chim.*, (6), **12**, 293]. Ces deux réactions établissent suffisamment sa constitution normale. Friedel et Gorgeu l'ont aussi préparé en faisant réagir $AlCl^3$ sur l'hexane normal [*C. R.*, **127**, 593]. C'est un liquide bouillant à 36°,3 ; $D_0 = 0,6475$.

Pentane monobromé-1. — (Voy. 2e Suppl., **1**, 256).

Pentane monobromé-2. — (Voy. 2e Suppl., **1**, 258).

Pentane dibromé-1.5, $Br(CH^2)^5Br$. — Pour obtenir ce corps, on sature d'acide bromhydrique gazeux un mélange à volumes égaux d'acide acétique cristallisable et d'éther oxyde du pentane-1.5 $RO(CH^2)^5OR$; on chauffe le tout, en tube scellé, au bain-marie, environ une heure ; on verse dans l'eau le produit de la réaction, on décante la partie inférieure, on la sèche au moyen de sulfate de sodium fondu, puis on sépare, par distillation fractionnée dans le vide, le bromure simple RBr du pentane dibromé :

$$RO(CH^2)^5OR + 4HBr = 2H^2O + 2RBr + Br(CH^2)^5Br$$

[J. Hamonet, *C. R.*, **138**, 1610 ; **20**, 6, 1904 et *Bull. Soc. Chim.*, (3), **33**, 530].

On peut également obtenir le pentane dibromé-1.5 en faisant réagir le pentabromure de phosphore sur la benzoyl-pipéridine $C^6H^5COAz(CH^2)^5$. On met dans un ballon une molécule de PBr^5 et une de pipéridine benzoylée, on chauffe quelque temps pour bien fondre le mélange et assurer l'achèvement de la réaction ; puis on distille dans le vide. Entre 70° et 100° sous 12 mm. il passe un liquide jaune et limpide. Quand apparaît dans le tube du réfrigérant un corps solide, on arrête la distillation. Le produit brut est traité par une petite quantité d'eau et la solution est soumise à l'ébullition pendant plusieurs heures. Quand tout le benzonitrile est hydraté, on lave le mélange à la soude pour enlever l'acide benzoïque, et on entraîne le dibromopentane par la vapeur d'eau

$$C^6H^5COAz \begin{matrix} \diagup CH^2-CH^2 \diagdown \\ \diagdown CH^5-CH^2 \diagup \end{matrix} CH^2$$

$$\rightarrow C^6H^5CBr^2Az \begin{matrix} \diagup CH^2-CH^2 \diagdown \\ \diagdown CH^2-CH^2 \diagup \end{matrix} CH^2$$

$$\rightarrow C^6H^5CAz + Br(CH^2)^5Br$$

[J. V. Braun, *D. chem. G.*, **37**, 3211; 5, 8, 1904 et **38**, 2339].

Le pentane dibromé-1.5 est un liquide à odeur éthérée, soluble dans l'alcool et l'éther. Refroidi par un mélange de neige carbonique et d'acétone, il donne des cristaux qui fondent vers 34-35°. Il bout à 110-112° sous 20 mm.; à 221° sous 760 mm. en se décomposant un peu (Hamonet) à 104-105° sous 14 mm. (J. V. Braun). $D_{18} = 1,706$. Chauffé pendant 30 à 40 minutes avec deux molécules de cyanure de potassium en solution alcoolique à 85°, il donne le nitrile pimélique $AzC.(CH^2)^5.CAz$, bouillant à 176° sous 14 mm. Celui-ci à son tour, par l'action de l'acide chlorhydrique concentré, fournit de l'acide pimélique fondant à 103° : ce qui prouve la constitution bi-primaire de ce dibromopentane [Hamonet, *C. R.*, **139**, 60]. (Voy. PENTANE-DIOL-1.5).

Pentane dibromé-1.4, $CH^3CHBrCH^2CH^2CH^2Br$. — Colman et Perkin l'ont obtenu en faisant passer de l'acide bromhydrique dans une solution aqueuse bouillante de pentane-diol-1.4 [*Journ. Soc. Chim.*, **53**, 91]. On peut également le préparer en chauffant à 100°, avec de l'acide bromhydrique fumant, le γ-oxypentène

$$\begin{matrix} CH^2-(CH^2)CH-CH^3 \\ \llcorner\!\!-\!-\!-\; O \;-\!-\!-\!\!\lrcorner \end{matrix}$$

[Lipp, *D. chem. G.*, **22**, 2570].

C'est une huile épaisse qui bout, non sans décomposition, à 145-147° sous 150 mm. (C., P.), et à 200-202° sous 718 mm. (L.). Elle donne, avec les amines, des méthylpyrolidines

$$\begin{matrix} CH^2-CH-CH^3 \\ | \qquad\quad > AzR \\ CH^2-CH^2 \end{matrix}$$

[Scholtz-Friedhehlt, *D. chem. G.*, **32**, 848; **10**, 4, 1899].

Pentane dibromé-2.2, $CH^3CBr^2CH^2CH^2CH^3$. — Corps obtenu par Bruylants au moyen de PCl^3Br^2 sur la pentanone-2 [*D. chem. G.*, **8**, 413]. Par ébullition, il se décompose en $HBr + C^5H^9Br$.

Pentane dibromé-2.3, $CH^3CHBrCHBrCH^2CH^3$. — Préparé par Wagner et Saytzew [*Ann. Chem.*, **179**, 308] au moyen du brome et du pentène-2. Ce corps est un liquide bouillant à 178°. $D_0 = 1.708$. $D^{14} = 1.686$.

Pentane chloré-1, $CH^3(CH^2)^3CH^2Cl$. — (Voy. Suppl., **1**, 258).

Pentane chloré-2, $CH^3CHClCH^2CH^2CH^3$. — Wagner et Saytzew l'ont préparé par l'action de l'acide chlorhydrique sur le pentène-2. Il bout à 103-105°. $D_0 = 0,912$. [*Ann. Chem.*, **179**, 321].

Pentane dichloré-2-2, $CH^3CCl^2CH^2CH^2CH^3$. — Il a été obtenu par l'action du perchlorure de phosphore sur la pentanone-2. Il ne bout pas sans décomposition à la pression ordinaire [Bruylants, *D. chem. G.*, **8**, 411].

Pentane dichloré-1.5, $CH^2Cl(CH^2)^3CH^2Cl$. — On peut le préparer en chauffant au bain-marie, en tube scellé, un volume de pentane-diol-1.5 et 4 ou 5 volumes d'acide chlorhydrique concentré (Hamonet).

Mieux vaut traiter la benzoyl-pipéridine par le perchlorure de phosphore, et décomposer par la chaleur le produit obtenu. Dans un ballon spacieux, relié à un réfrigérant ascendant muni d'un tube à chlorure de calcium, on chauffe doucement une molécule de benzoyl-pipéridine $C^6H^5COAz = (CH^2)^5$ avec une de perchlorure de phosphore. Quand le mélange fondu est devenu bien homogène, on distille. L'oxychlorure de phosphore passe d'abord, puis la température monte lentement jusqu'à 180-185°. On arrête la distillation, quand le liquide commence à se colorer en jaune. Le mélange recueilli contient de l'oxychlorure de phosphore, du nitrile benzoïque et du dichloropentane. On le traite par l'eau glacée pour décomposer l'oxychlorure, puis l'on entraîne les deux autres corps par la vapeur d'eau. Comme il serait à peu près impossible de séparer le nitrile du dichloropentane, mieux vaut sacrifier le premier en chauffant le mélange avec de l'acide chlorhydrique concentré. Après enlèvement de l'acide benzoïque, le dichloropentane sera de nouveau entraîné par la vapeur; on neutralisera le liquide obtenu, on l'épuisera à l'éther, et on isolera le dichloropentane par distillation. Le rendement est de 75 à 80 0/0 de la quantité théorique [J. V. Braun, *D. chem. G.*, **37**, 2915; 9, 7, 1904].

Le dichloropentane est un liquide limpide d'odeur agréable. Il est insoluble dans l'eau, mais se dissout dans l'éther et les autres solvants organiques. Il bout à 176-178° sous 760 mm., en se décomposant faiblement, et à 79-80° sous 21 mm. Chauffé avec de la benzylamine, il a donné de la benzylpipéridine (J. V. Braun).

Pentane monoiodé-1, $CH^3(CH^2)^3CH^2I$. — Voy. 2e Suppl., **1**, 256.

Pentane monoiodé-2, $CH^3CHI(CH^2)^2CH^3$. — Voy. 2e Suppl., **1**, 258.

Pentane monoiodé-3, $CH^3CH^2CHICH^2CH^3$. — Voy. 2e Suppl., **1**, 259.

Pentane diiodé-1.5, $CH^2I(CH^2)^3CH^2I$. — L'acide iodhydrique agit très vivement sur les éthers oxydes du pentane-diol $RO(CH^2)^5OR$. Il suffira donc de saturer une fois ou deux d'acide gazeux la diamyline du pentane-diol 1.5 et de chauffer le mélange en tube scellé, au bain-marie, pour assurer la transformation totale du diéther en iodure d'amyle et pentane diiodé. On lave et on rectifie comme pour le dibromure. Rendement presque intégral [J. Hamonet, *C. R.*, **138**, 1611, 1904].

On peut aussi l'obtenir en faisant bouillir une solution alcoolique de NaI avec le pentane dichloré-1.5. Rendement : 40 0/0 de la quantité théorique [J. v. Braun, *D. chem. G.*, **38**, 961, 1905].

Le pentane diiodé-1.5 est un liquide légèrement coloré quand on vient de le distiller, mais on peut l'avoir à peu près incolore en le faisant cristalliser dans un mélange de glace et de sel, et en essorant les cristaux formés avant la prise en masse de tout le liquide. Ces cristaux fondent à +9°. Le pentane diiodé bout à 149°, sous 20 mm. (Hamonet), à 135-136° sous 12 mm. (Braun). $D_{18} = 2,194$. — Le pentane diiodé-1.5 agit très facilement sur KCAz, CH^3COAg, sur les alcoolates et phénates alcalins.

Pentane diiodé-2.4, $CH^3CHICH^2CHICH^3$. — A. Combes l'a préparé en chauffant en tube scellé, au bain-marie, un mélange d'acide iodhydrique concentré et de pentane-dione 2.4. Il faut avoir soin d'enlever toutes les deux heures la couche huileuse qui s'est formée, afin d'empêcher qu'elle ne soit réduite à l'état de pentane iodé-2. C'est un liquide un peu coloré, qui bout non sans décomposition à 180-185° [*Ann. de chim. et de phys.*, (6), **12**, 235, 1885].

Pentane aminé-1, $CH^3(CH^2)^4AzH^2$. — Voy. 2e Suppl., **1**, 256.

Pentane aminé-2, $CH^3CH^2CH^2CH(AzH^2)CH^3$. — Voy. 2e Suppl., **1**, 258.

Pentane aminé-3, $CH^3CH^2CH(AzH^2)CH^2CH^3$. — Voy. 2e Suppl., **1**, 259.

Pentane bromé-aminé-1.5, $Br(CH^2)^5AzH^2$. — Pour obtenir ce composé, P. Blank a réduit par le sodium la solution alcoolique du crésoxypentane-nitrile : $C^7H^7O(CH^2)^4CAz \rightarrow C^7H^7O(CH^2)^5AzH^2$: il a ensuite chauffé à 150°, pendant quelques heures, le crésoxypentane aminé-1.5, avec de l'acide bromhydrique concentré. Le *picrate* du bromo-aminopentane fond à 108-110°. Chauffé avec une lessive de potasse, le bromo-aminopentane se transforme en piperidine [P. Blank, *D. chem. G.*, **25**, 3046, 1892].

J. v. Braun et A. Steindorff ont préparé le même pentane bromé-aminé, en chauffant à 150°, pendant quatre heures, le phénoxypentane aminé, $C^6H^5O(CH^2)^5AzH^2$, avec trois volumes d'acide bromhydrique concentré. — Le phénoxypentane aminé avait été obtenu par l'action à chaud du benzoylaminopentane chloré $C^6H^5COAzH(CH^2)^5Cl$ (dérivé de la pipéridine) sur le phénate de sodium en solution alcoolique. Le *chloroplatinate* du pentane bromé-aminé-1.5 fond à 205° en se décomposant [*D. chem. G.*, **38**, 175, 1904].

Pentane bromé-3-aminé-2, $CH^3CH^2CHBrCH(AzH^2)CH^3$. — Jässicki a préparé ce corps en chauffant en vase clos à 100° un mélange d'amino-2-butanol-3, $CH^3CH^2CHOH.CH(AzH^2)CH^3$, et d'acide bromhydrique concentré. Le *bromhydrate* obtenu cristallise en paillettes blanches, fondant à 139°, très solubles dans l'eau et dans l'alcool. Le *picrate* fond à 165° [Jässicke, *D. chem. G.*, **32**, 1102, 24, 4, 99].

Pentane chloré-aminé-1.5, $Cl(CH^2)^5AzH^2$. — Ce corps a été préparé par Gabriel, dans le dessein de réaliser la synthèse de la pipéridine. Le phénoxypentane-nitrile, $C^6H^5O(CH^2)^4CAz$, dissous dans l'alcool, a été transformé en amine par l'action du sodium. Le phénoxypentane aminé, $C^6H^5O(CH^2)^5AzH^2$, est un corps solide, cristallisant en masse feuilletée et fondant à la température de la main ; il bout à 274-275°. Son *chlorhydrate* fond à 138-140°, son *picrate* à 147-148°. En chauffant le phénoxypentane aminé pendant trois heures en tube scellé à 180°, avec une solution concentrée d'acide chlorhydrique, on obtient le *chlorhydrate du chloropentane aminé*-1.5 en écailles jaunâtres peu solubles dans l'eau et fondant à 155°. Le *picrate* fond à 123-125°.

Le chlorhydrate de chloropentane aminé-1.5, se transforme en pipéridine, quand on le chauffe au bain-marie pendant une demi-heure avec la quantité de soude nécessaire pour mettre la base en liberté :

$$CH^2 \begin{matrix} \nearrow CH^2-CH^2-Cl \\ \searrow CH^2-CH^2-AzH^2 \end{matrix}$$

$$\rightarrow HCl + CH^2 \begin{matrix} \nearrow CH^2-CH^2 \searrow \\ \searrow CH^2-CH^2 \nearrow \end{matrix} AzH$$

[Gabriel, *D. chem. G.*, **24**, 4321, 1891].

J. v. Braun a obtenu le même pentane chloré-aminé par une méthode inverse en partant de la benzoylpipéridine :

$$C^6H^5CO-Az=(CH^2)^5 \rightarrow C^6H^5C-Cl=Az-(CH^2)^5Cl$$
$$\rightarrow C^6H^5COAzH(CH^2)^5Cl \rightarrow H^2Az(CH^2)^5Cl$$

Dans un ballon muni d'un réfrigérant ascendant, on chauffe pendant quelque temps à 120-125° un mélange d'une molécule de benzoylpipéridine et d'une molécule de perchlorure de phosphore, comme pour transformer la pipéridine en dichloropentane. Mais au lieu de décomposer par la distillation le benzoylchloriminopentane chloré, $C^6H^5CCl=Az(CH^2)^5Cl$, on verse le contenu du ballon dans l'eau froide. Par un courant de vapeur on débarrasse le benzoylaminopentane chloré, $C^6H^5COAzH(CH^2)^5Cl$, du dichloropentane et du benzonitrile, qui ont pu se former en petite quantité. Il reste une huile brune qu'on fait cristalliser en la refroidissant fortement. Les cristaux, essorés d'abord sur la porcelaine poreuse, sont ensuite lavés à l'éther de pétrole, qui ne dissout que les impuretés.

Après complète dessiccation, on distille dans le vide à 230-240° sous 12 mm. Le produit obtenu est dissous dans l'acétone ou dans l'éther, d'où on le précipite par l'eau dans le premier cas, dans le second par la ligroïne.

Le benzoylaminopentane chloré est une poudre blanche cristalline fondant à 66°, soluble dans tous les solvants organiques, le pétrole excepté. Pour obtenir le chlorhydrate du pentane chloré-aminé, il suffit de chauffer à 170-180°, en tube scellé, le benzoylaminopentane chloré avec quatre volumes d'acide chlorhydrique concentré [*D. chem. G.*, **37**, 2918, 1904].

Pentane chloré-aminé (*benzoyl*), $C^6H^5COAzH(CH^2)^5Cl$ (voir ci-dessus 2e méthode de préparation du pentane chloré aminé 1.5).

Pentane iodé-aminé-1.5, $I(CH^2)^5AzH^2$. — Ce composé a été obtenu par J. v. Braun et A. Steindorff en chauffant à 150° le benzoylaminopentane iodé avec trois volumes d'acide iodhydrique concentré :

$$C^6H^5COAzH(CH^2)^5I + HI + H^2O$$
$$\rightarrow C^6H^5CO^2H + H^2Az(CH^2)^5I, HI.$$

Le *chloroplatinate* de la base fond à 189-190° [*D. chem. G.*, **38**, 175, 1905].

Pentane diaminé-1.5 ou *Cadavérine*, $H^2Az(CH^2)^5AzH^2$. — Voy. 2e Suppl., **1**, 833.

Pentane diaminé-2.4, $CH^3CH(AzH^2)CH^2CH(AzH^2)CH^3$. — Ce corps obtenu par C. Harries et T. Hagas se présente sous deux formes isomériques, suivant qu'il est préparé par la réduction de la dioxime de la pentane-dione-2.4, en milieu alcalin (sodium et alcool), ou en milieu acide (amalgame de sodium et acide acétique).

Dans le premier cas, le pentane diaminé α est un liquide bouillant à 46-47° sous 20 mm. Son *chlorhydrate* cristallise en prismes *non déliquescents, solubles dans l'alcool* : son *dérivé diacétylé* en prismes déliquescents fusibles à 167-168°. C'est la forme instable.

Dans le second cas, le pentane diaminé β est un liquide bouillant à 43-44° sous 12 mm. Son *chlorhydrate* forme des prismes *déliquescents non solubles dans l'alcool froid* ; son *dérivé diacétylé* est un corps visqueux soluble dans l'eau et dans l'alcool.

En chauffant au bain d'huile, avec deux molécules d'acétate de sodium, le chlorhydrate de chacun de ces pentanes diaminés, on obtient deux triméthyltétrahydropyrimidines isomères,

```
              CH²
            /     \
CH³.HC              CH.CH³
     |              |
    Az              AzH
            \\    /
              C
              |
             CH³
```

La première fond à 73°, la seconde à 102° [*D. chem. G.*, **31**, 1191, 1890].

MÉTHYLBUTANE, $(CH^3)^2CH-CH^2CH^3$ et dérivés halogénés. Voir Diction. **1**, 235. — Suppl. **1**, 130 à 133, 2e suppl. **1**, 256 à 259.

Juin 1906. J. Hamonet.

PENTANE-DIOLS-1.4, -2.4, -2.3. — Voyez 2e Suppl., **1**, 253.

PENTANE-DIOL-1.5, $CH^2OH.CH^2CH^2CH^2CH^2OH$. — M. Demjanow a essayé d'obtenir ce glycol par l'action de l'acide azoteux sur la cadavérine ou pentaméthylène-diamine-1.5, $H^2Az(CH^2)^5AzH^2$; mais il ne paraît pas admissible qu'il ait réussi à l'isoler, car les points d'ébullition qu'il lui assigne (260° sous la pression ordinaire et 165° sous 31 mm.), sont manifestement trop élevés. Il faut donc, comme pour le butane-diol-1.4, laisser de côté la réaction de AzO^2H sur la diamine correspondante, et suivre la méthode classique de Wurtz : transformer le pentane dibromé ou diiodé-1.5 en diacétine, et saponifier celle-ci en la distillant dans le vide avec un léger excès de chaux sodée.

La difficulté qui empêcha si longtemps de réaliser la synthèse du pentane-diol-1.5, résidait uniquement dans l'obtention des dérivés biprimaires du pentane, éthers oxydes ou dihalogénés (voyez plus haut *Pentane*).

Le pentane-diol-1.5 est un liquide visqueux soluble dans l'eau, insoluble dans l'éther et dans la solution de CO^3K^2. Sa saveur est amère et brûlante. Refroidi par un mélange de neige carbonique et d'acétone il prend l'aspect d'un solide blanc amorphe. Il faudrait probablement, pour le faire cristalliser, un refroidissement beaucoup plus lent. Il bout à 239° sous la pression de 760 mm., et à 155° sous 31 mm. $D_{18}=0,994$. [J. Hamonet, *C. R.*, **139**, 59, 1904].

Ethers du pentane-diol-1.5 (voyez aussi *Pentane*). *Diamyline*, $C^5H^{11}O(CH^2)^5OC^5H^{11}$. — Cet éther, qui a été le point de départ de la première préparation des composés dihalogénés biprimaires du pentane, et par conséquent de tous leurs dérivés, a été obtenu par l'action de la bromoamyline sur le composé magnésien de la bromoamyline tétraméthylénique (Voyez *Tétraméthylène-glycol*) :

$$C^5H^{11}O(CH^2)^4MgBr + BrCH^2OC^5H^{11} = MgBr^2 + C^5H^{11}O(CH^2)^5OC^5H^{11}.$$

C'est un liquide mobile, insoluble dans l'eau, à faible odeur de fruits. Il bout à 159-160° sous 20 mm., et à 276-277° sous la pression ordinaire. $D_{18}=0,841$. L'acide chlorhydrique est sans action sur lui à la température ordinaire. L'acide iodhydrique, même à froid, le transforme très facilement en pentane diiodé. Par l'action de l'acide bromhydrique on obtient, suivant le mode opératoire, soit du pentane-dibromé, soit de la bromo-amyline pentaméthylénique.

Bromoamyline, $C^5H^{11}O(CH^2)^5Br$. — Pour la préparer on fait absorber, à froid, à peu près 2 molécules d'acide bromhydrique par 1 molécule de diamyline. Après quelques heures on chasse l'acide qui n'a pas réagi, ou bien on lave le mélange, et enfin on rectifie, par distillation fractionnée, l'huile insoluble, qui se compose de bromure d'amyle, de pentane dibromé, de bromoamyline et de diamyline non transformée. L'eau de lavage peut contenir un peu de pentane-diol-1.5.

La bromoamyline pentaméthylénique est un liquide incolore, faiblement odorant, insoluble dans l'eau. Elle bout à 130-131° sous 20 mm. $D_{18}=1,13$. Comme la bromoamyline tétraméthylénique elle donne un dérivé magnésien, qui pourrait servir à préparer la diamyline et tous les dérivés biprimaires hexaméthyléniques [J. Hamonet, *C. R.*, **138**, 1610, 1904].

Diphénoxypentane-1.5, $C^6H^5O(CH^2)^5OC^6H^5$. — Si on fait réagir 1 molécule ou 1 molécule 1/2 de pentane dichloré ou dibromé sur 1 molécule de phénol sodé en solution alcoolique bouillante, il se forme à la fois de la diphényline et de la chloro ou bromophényline pentaméthylénique. Avec un excès de phénol sodé on obtiendrait principalement de la diphényline. Par distillation fractionnée on sépare les deux corps formés dans chaque réaction.

La diphényline du pentane-diol-1.5 est un corps solide cristallisé fondant à 48-49°, et bouillant à 215-217° sous 12 mm., et à 340° sous la pression ordinaire en se décomposant un peu. Très soluble dans l'éther, moins dans la ligroïne, elle se dissout difficilement dans l'alcool froid. Les acides iodhydrique et bromhydrique la transforment facilement en pentane diiodé ou dibromé [J. v. Braun, *D. chem. G.*, **38**, 959, 1905].

Bromophényline, $Br(CH^2)^5OC^6H^5$. — Ce corps, préparé comme il a été dit plus haut, est une huile limpide, à odeur aromatique agréable, bouillant à 162-163° sous 12 mm. (J. v. Braun).

Chlorophényline, $Cl(CH^2)^5OC^6H^5$. — C'est une huile incolore, bouillant à 155° sous 15 mm., et à 283-285° avec un peu de décomposition sous la pression ordinaire (J. v. Braun).

Iodophényline, $I(CH^2)^5OC^6H^5$. — J. v. Braun l'a obtenue en soumettant à une ébullition prolongée 1 molécule de chlorophényline avec 2 molécules d'iodure de sodium en solution alcoolique. C'est une huile limpide qui se colore peu à peu en brun, et qui bout à 172-179° sous 12 millimètres. Très facilement elle réagit sur le cyanure de potassium pour donner le *phénoxyhexane-nitrile* $C^6H^5O(CH^2)^5CAz$, solide blanc fondant à 36° [J. v. Braun, *ibid.*].

Diacétine du pentane-diol-1.5, $CH^3COO(CH^2)^5OCOCH^3$. — Dans une bouillie formée d'acétate d'argent et d'acide acétique cristallisable, on verse peu à peu le pentane diiodé ou dibromé; on chauffe ensuite le tout 1 heure ou 2 au bain-marie, on filtre le liquide à la trompe, on épuise le résidu 3 ou 4 fois à l'éther ou à l'acide acétique, et on sépare la diacétine par distillation.

La diacétine du pentane-diol-1.5 est un liquide incolore d'une agréable odeur de fruits. Refroidie par un mélange de glace et de sel elle se prend en cristaux blancs qui fondent à + 2°. Elle bout à 241° sous la pression de 760°. $D_{18}=1,025$ [J. Hamonet, *C. R.*, **139**, 59, 1902].

Juin 1906. J. Hamonet.

PENTANE-TÉTRACARBONIQUE (ACIDE), $(CO^2H)^2CHCH^2.CH^2.CH^2CH(CO^2H)^2$ ou *diméthyloïque*-2.6-*heptane-dioïque*. — Quand on traite à froid le malonate d'éthyle (2 mol.) par une molécule de propane dibromé-1.3, il se forme une huile qui distille à 259-262° sous 100 mm. C'est le pentane-tétracarbonate d'éthyle. Par saponification on obtient l'acide sous forme d'une huile brune qui, à 200°, perd $2CO^2$ et donne de l'acide pimélique ou heptane-dioïque [W.-H. Perkin, *Chem. Soc.*, **51**, 240].

ACIDE DIMÉTHYLOÏQUE-4.4-HEPTANEDIOÏQUE, $CO^2H.CH^2CH^2.C(CO^2H)^2.CH^2CH^2CO^2H$. — L'éther éthylique de cet acide a été obtenu par l'action du β-bromopropanoate d'éthyle sur le malonate d'éthyle sodé en solution alcoolique. On chauffe le mélange pendant une demi-heure, puis on distille l'alcool et on traite le résidu par l'eau. L'huile obtenue est rectifiée dans le vide et se sépare en deux portions. La plus abondante passe à 161° sous 12 mm.; c'est le carboxyglutarate d'éthyle. L'autre, le pentane-tétracarbonate d'éthyle, est un liquide épais qui bout à 215° sous 12 mm. $D_{20}=1,1084$ [W.-O. Emery, *D. chem. G.*, **24**, 282].

Juin 1906. J. Hamonet.

PENTANE-TRICARBONIQUE (ACIDE) ou *méthyloïque-4-heptane-dioïque*,

$$CO^2H . CH^2CH^2CH(CO^2H)CH^2CH^2CO^2H.$$

— Quand on chauffe avec HCl le produit de la saponification de l'éther pentane-tétracarbonique-1.3.3.5, on obtient un corps qui cristallise en aiguilles fusibles à 106-107°. C'est l'acide pentane-tricarbonique [W.-O. Emery, *D. chem. G.*, **24**, 282]. Juin 1906. J. Hamonet.

PENTANOÏQUES (ACIDES). — Voy. VALÉRIQUES (ACIDES).

PENTANOLS. — Voy. AMYLIQUES (ALCOOLS).

PENTATRICONTANE $C^{35}H^{72}$. — Habery [*Am. Chem. Journ.*, **33**, 251-292] l'a retiré des résidus de la distillation des pétroles de Pensylvanie. Il fond à 76°. Sa densité à 80° est 0.8069. Avril 1906. E. Baud.

PENTÈNE-1, $CH^3CH^2CH^2CH : CH^2$. — Voyez 2e Suppl., **1**, 251.

PENTÈNE-2, $CH^3CH^2CH : CH . CH^3$ — Voyez 2e Suppl., **1**, 252.

MÉTHYL-3-BUTÈNE-1,

$$CH^3 - CH - CH = CH^2$$
$$\quad\;\; | $$
$$\quad\;\; CH^3$$

— Voyez 2e Suppl., **1**, 252.

MÉTHYL-2-BUTÈNE-1,

$$CH^3 - CH^2 - C = CH^2$$
$$\qquad\qquad | $$
$$\qquad\qquad CH^3$$

— Voyez 2e Suppl., **1**, 252.

MÉTHYL-2-BUTÈNE-2,

$$CH^3 - CH = C - CH^3$$
$$\qquad\qquad | $$
$$\qquad\qquad CH^3$$

— Voyez 2e Suppl., **1**, 252.

PENTÈNE-1-CHLORÉ-2, $CH^3CH^2CH^2CCl : CH^2$. — Il a été obtenu par l'action de la potasse alcoolique sur le pentane dichloré-2.2. C'est un liquide bouillant à 95-97°. $D_8 = 0{,}872$ [Bruylants, *D. chem. G.*, **8**, 411].

PENTÈNE-2-DICHLORÉ-3.4. $CH^3CHCl.CCl : CHCH^3$. — Obtenu par l'action de PCl^5 sur le chloro-3-pentene-2-ol-4. Ce corps est un liquide plus lourd que l'eau, qui bout à 142-144° sous 736 mm. Traité par le brome, il donne un dibromo-2.3-dichloro-3.4-pentane, bouillant à 140-145° sous 31 mm. [Garzarolli-Thurnlackh, *Ann.*, **223**, 160-161]. Juin 1906. J. Hamonet.

PENTÉNOÏQUES (ACIDES). — Voy. ALLYLACÉTIQUE, ÉTHYLIDÈNE-PROPIONIQUE (ACIDES).

PENTÉNYLGLYCÉRINES, $C^5H^{12}O^3$. — 1° β-PENTÉNYLGLYCÉRINE, *trihydroxy-1.2.3-pentane*, $C^2H^5 - CHOH - CHOH - CH^2OH$. — On l'obtient en oxydant le vinyléthylcarbinol par le permanganate de potasse. Il forme un sirop qui bout à 192° sous 63mm,3, miscible à l'eau et l'alcool. Le *triacétate* bout à 177° sous 52 mm. [Wagner, *D. chem. G.*, **21**, 3349, 1888].

2° γ-PENTÉNYLGLYCÉRINE, *trihydroxy-2.3.4-pentane*, $CH^3 - CHOH - CHOH - CHOH - CH^3$. — Elle résulte de l'oxydation du méthylallylcarbinol; elle bout à 180° sous 27 mm.; le *triacétate* distille à 269-270° sous 740mm,4 [Wagner, *D. chem. G.*, **21**, 3351].

Le TRIHYDROXY-2.3.4-MÉTHYL-3-BUTANE, $CH^3 - CHOH - COH(CH^3) - CH^2OH$, distille à 163°,4-165°,4, sous 30 mm. [Lieben et Zeisel, *Mon. f. Chem.*, **7**, 68, 1886].

Le DIOXY-1.2-MÉTHYLOL-1-BUTANE, $(CH^2OH)^2 = CHOH - CH^2 - CH^3$, distille à 186-189° sous 68 mm. [Kondakow, *Journ. Soc. phys. chim. russe*, **23**, 186, 1882]. Décembre 1906. P. Carré.

PENTHIAZOLINES. — On a donné le nom de *penthiazoline* au noyau

```
            Az
          //  \
     CH  /μ   α\  CH²
        |       |
     S   \     /β CH²
          \ γ /
           CH²
```

Un certain nombre de dérivés de ce noyau ont été préparés en faisant réagir les sulfamides sur le chlorobromure de triméthylène :

```
     AzH    CHBr                         Az , HBr
     ||      |                 C⁶H⁵-C //   \ CH²
C⁶H⁵-C   +  CH²   =   HCl +          |      |
     |       |                      S \    / CH²
     SH     CH²Cl                        CH²
```

Bromhydrate de μ-phenylpenthiazoline.

ou encore l'ammoniac ou les amines sur la dibromopropylthiocarbimide :

$$CHBr \begin{matrix} \diagup CH^2 = C = S \\ \diagdown CH^2Br \end{matrix} + AzH^3$$

$$= CHBr \begin{matrix} \diagup CH^2 - Az \\ \diagdown CH^2 - S \end{matrix} \gtrless C - AzH^2 , HBr.$$

β-Bromo-μ-aminopenthiazoline.

Cette dernière réaction fournit des dérivés bromés dont le brome n'a pu être remplacé par l'hydrogène.

Les penthiazolines sont des bases faibles, volatiles avec la vapeur d'eau.

Chauffées à 200-210° avec l'acide chlorhydrique concentré, elles sont dédoublées en amidopropylmercaptan, $AzH^2 - CH^2 - CH^2 - CH^2 - SH$, et en l'acide correspondant au radical fixé en μ :

$$CH^2 \begin{matrix} \diagup CH^2 - Az \\ \diagdown CH^2 - S \end{matrix} \gtrless C - C^6H^5 + 2H^2O$$

$$= C^6H^5CO^2H + AzH^2 - CH^2 - CH^2 - CH^2 - SH$$

Si ce dédoublement est effectué sous l'action de l'eau de brome, on obtient l'acide amidopropylsulfonique ou *hémataurine* $AzH^2 - CH^2 - CH^2 - CH^2 - SO^3H$.

Les penthiazolines forment des chloroplatinates et des picrates peu solubles.

μ-AMINOPENTHIAZOLINE. — On en connaît les dérivés suivants :

La *β-iodo-μ-aminopenthiazoline* forme un *picrate* fusible à 176-177°.

La *β-bromo-μ-méthylaminopenthiazoline*,

$$CHBr \begin{matrix} \diagup CH^2 - Az \\ \diagdown CH^2 - S \end{matrix} \gtrless C - AzH - CH^3,$$

fond à 145-146°.

La *β-bromo-μ-diméthylaminopenthiazoline* fond à 144-146° [Dixon, *Chem. Soc.*, **69**, 17, 851, 1896]. Ces deux derniers composés ont été tout d'abord décrits par Gadamer [*Arch. d. Pharm.*, **233**, 646, 1895] comme produits d'addition du brome à la méthylallylthiocarbimide.

La *β-bromo-μ-paratolylaminopenthiazoline* fond à 124-125°.

La *β-bromo-μ-orthotolylaminopenthiazoline* fond à 134°,5-135°,5.

La *β-bromo-μ-α-naphtylaminopenthiazoline* n'a pas cristallisé.

La *β-bromo-μ-β-naphtylaminopenthiazoline* fond à 190-191°.

La *β-bromo-μ-méthylphénylaminopenthiazoline* fond à 183-184°.

La β-*bromo-μ-pipéridylaminopenthiazoline* fond à 189-190° [Dixon, *Chem. Soc.*. **69**, 17, 1896].

μ-Oxypenthiazoline. — La réaction des alcools sur la dibromopropylthiocarbimide fournit suivant Dixon des éthers β-bromés de la μ-oxypenthiazoline :

La β-*bromo-μ-méthoxypenthiazoline*,

$$CHBr < \begin{matrix} CH^2 - Az \\ CH^2 - S \end{matrix} \geqslant C . OCH^3,$$

fondant à 95-96°.

La β-*bromo-μ-éthoxypenthiazoline*, fondant à 96-97°.

La β-*bromo-μ-propyloxypenthiazoline*, fondant à 96-97° [Dixon, *Chem. Soc.*, **61**, 545; **69**. 7. 1896].

Suivant Gabriel et Colman [*D. chem. G*,. **39**, 2889, 1906], cette réaction fournit des éthers de la bromo-méthyloxythiazoline :

$$\begin{matrix} BrCH^2 - CH - BrS \\ \quad\ | \\ \ CH^2 - Az \end{matrix} \geqslant C + ROH$$

$$= HBr + BrCH^2 - CH - S \diagdown \atop CH^2 - Az \diagup \ C - OR$$

γ-Méthylpenthiazoline. — La γ-*méthyl-μ-mercaptopenthiazoline*,

$$CH^2 < \begin{matrix} CH^2 \text{——} Az \\ CH(CH^3) - S \end{matrix} \geqslant C - SH,$$

cristallise dans l'alcool en longues aiguilles. Son *chloroplatinate* fond à 151°. Son *éther éthylique* est un liquide distillant à 256° sous 754 mm.

La γ-*méthyl-μ-phénylaminopenthiazoline*,

$$CH^2 < \begin{matrix} CH^2 \text{——} Az \\ CH(CH^3) - S \end{matrix} \geqslant C - AzH - C^6H^5,$$

fond à 106°,5. Son *picrate* fond à 163-164° [Luchmann, *D. chem. G.*, **29**, 1420. 1896].

α-Diméthyl-γ-méthylpenthiazoline. — L'α-*diméthyl-γ-méthylpenthiazoline*.

$$CH^2 < \begin{matrix} C(CH^3)^2 - Az \\ CH(CH^3) - S \end{matrix} \geqslant CH.$$

fond à 34°. Son bromhydrate, traité par le sulfure de carbone en présence de soude, fournit l'α-*diméthyl-γ-méthyl-μ-mercaptopenthiazoline* qui cristallise en prismes fusibles à 180°.

L'α-*diméthyl-γ-méthyl-μ-phénylaminopenthiazoline* fond à 148° [Kahan, *D. chem. G.*, **30**, 1318, 1897].

μ-Méthylpenthiazoline,

$$CH^2 < \begin{matrix} CH^2 - Az \\ CH^2 - S \end{matrix} \geqslant C - CH^3.$$

— C'est un liquide incolore, miscible à l'eau, qui bout à 173° sous 757 mm. Son *picrate* fond à 138° [Pinkus, *D. chem. G.*, **26**, 1077. 1893].

μ-Phénylpenthiazoline,

$$CH^2 < \begin{matrix} CH^2 - Az \\ CH^2 - S \end{matrix} \geqslant C - C^6H^5$$

— Ce composé, obtenu comme il a été indiqué cidessus [Pinkus, *loc. cit.*], se forme aussi quand on traite la disulfodipropyldibenzoylamine [$C^6H^5 . COAzH . (CH^2)^3S]^2$, par le perchlorure de phosphore [Lehmann, *D. chem. G.*, **27**, 2172, 1894]. Elle cristallise en aiguilles fusibles à 44-45°. Son *chloroplatinate* fond à 185°. Son *chloromercurate* fond à 140-142°. Son *iodométhylate* fond à 184° (Pinkus).

La μ-*paraméthoxyphénylpenthiazoline* fond à 46°. Son *bromhydrate* fond à 197-198°. Son *picrate* fond à 107-108°. Son *chloroplatinate* fond à 204° [Rehlander, *D. chem. G.*, **27**, 2154, 1894].

μ-Benzylpenthiazoline. — C'est un corps huileux (Pinkus).

μ-Crésylpenthiazoline,

$$CH^2 < \begin{matrix} CH^2 - Az \\ CH^2 - S \end{matrix} \geqslant C - C^6H^3(CH^3)^2.$$

— Le dérivé *ortho* est huileux. Le dérivé *para* fond à 52-53° (Pinkus).

Naphtylpenthiazolines,

$$CH^2 < \begin{matrix} CH^2 - Az \\ CH^2 - S \end{matrix} \geqslant C - C^{10}H^7.$$

— Le dérivé α fond à 103°; son *chlorhydrate* se décompose vers 260°. Le dérivé β fond à 82°; son *picrate* fond à 169° [Saulmann, *D. chem. G.*, **33**, 2634, 1900]. Décembre 1906. P. Carré.

PENTHIOPHÈNE

$$\begin{matrix} & S & \\ \diagup & & \diagdown \\ CH & & CH \\ \| & & \| \\ CH & & CH \\ \diagdown & & \diagup \\ & CH^2 & \end{matrix}$$

— Victor Meyer [*D. chem. G.*, **19**, 632, 1886] a essayé sans succès de préparer ce composé. On en connaît cependant quelques dérivés. Le β-*méthylpenthiophène*

$$\begin{matrix} & S & \\ \diagup & & \diagdown \\ CH & & CH \\ \| & & \| \\ CH & & C - CH^3 \\ \diagdown & & \diagup \\ & S & \end{matrix}$$

se forme, d'après K. [Krekeler *D. chem. G.*, **19**, 3266, 1886], dans la distillation avec P^2S^3 de l'acide α-méthylglutarique. C'est une huile incolore bouillant à 134°. Il donne des réactions colorées semblables à celles du thiophène. Avec CH^3COCl et $AlCl^3$, il fournit la β-*méthylacétopenthiénone*

$$SC^5H^4 < \begin{matrix} CH^3 \\ COCH^3 \end{matrix}$$

bouillant à 233-235° (*oxime* fondant à 68°). Par oxydation, il donne de l'acide acétique et de l'acide oxalique. Janvier 1907. F. March.

PENTINE-1, $CH^3CH^2CH^2C \equiv CH$. — Ce corps a été obtenu par Ch. Friedel, en chauffant à 120° le dichloropentane-2.2 avec de la potasse alcoolique [*Zeit. f. Chem.*, 1869, 124], et par Faworsky, en chauffant à 100° avec du sodium le pentine-2, $CH^3CH^2C \equiv C . CH^3$ [*Journ. Soc. phys. chim. russe*, **19**, 554]. C'est un liquide bouillant à 48-49°. Il donne un précipité blanc avec AzO^3Ag en solution ammoniacale et un précipité jaune avec le chlorure cuivreux. Chauffé à 170° avec de la potasse alcoolique, il se transforme en pentine-2. C. Moureu et R. Delange ont obtenu, en traitant le pentine sodé par CO^2, l'acide propylpropiolique ou hexine-2-oïque, $CH^3CH^2CH^2C \equiv C . CO^2H$ [*Bull. Soc. Chim.*, (3), **29**, 652, 1903].

Pentine-2, $CH^3CH^2C \equiv C . CH^3$. — Faworsky l'a préparé en chauffant à 170° avec de la potasse alcoolique, soit du pentine-1, soit du dichloropentane-2.2, soit du dichloropentane-3.3 [*J. prakt. Chem.*, (2), **37**, 387]. C'est un liquide bouillant à 55-56°, qui ne donne pas de précipité métallique.

Chauffé à 100° avec du sodium, le pentine-2 se

transforme en pentine-1. Traité par SO^4H^2, il donne de la pentanone-2, et par ClOH, la dichloro-3.3-pentanone-2 [Favorsky, *J. prakt. Chem.*, (2), **51**, 534].

MÉTHYL-3-BUTINE 1, isopropylacétylène,

$$CH^3-\underset{\underset{CH^3}{|}}{CH}-C\equiv CH$$

Voy. Dict., **3**, 627 et Suppl., 1643.

MÉTHYL-3. BUTANEDIÈNE 1.2.

$$CH^3-\underset{\underset{CH^3}{|}}{C}=C=CH^2$$

Ce corps a été obtenu par Favorsky [*J. pr. Ch.* (2) **37**, 392] en chauffant à 150°, avec de la potasse alcoolique, le bromure de triméthyléthylène $(CH^3)^2CBrCHBrCH^3$. C'est un liquide bouillant à 40°-41°. L'action de SO^4H^2 à 50 0/0 le transforme en methylisopropylcétone, celle du sodium en isopropyl-acétylène (Favorsky), celle de l'acide bromhydrique en dibromométhylbutane

$$CH^3-\underset{\underset{CH^3}{|}}{CBr}-CH^2-CH^2-Br$$

(Ipatjew, *J. Soc. ph. chim. russe*, **27**, 362).

MÉTHYL-2. BUTANEDIÈNE 1.3.

$$CH^2=\underset{\underset{CH^3}{|}}{C}-CH=CH^2$$

(β-méthyldivinyle, isoprène). Voyez Dict., **2**, 165; Suppl. 967; 2ᵉ Suppl. TERPÉNIQUE (*série*).

Juin 1906. J. Hamonet.

PENTIQUE (ACIDE). — Voy. TÉTRIQUE (ACIDE).

PENTOSANES. $(C^5H^8O^4)^n$. — Les pentosanes sont des composés de l'ordre des glucosides, dédoublables en plusieurs molécules de sucres réducteurs, dont le poids moléculaire dépasse celui des hexatrises, mais n'est pas encore établi avec certitude. On les divise en *arabanes* et en *xylanes*, suivant que leur hydrolyse fournit de l'arabinose ou du xylose. On les rencontre dans les gommes (voyez cet article, 2ᵉ Suppl., p. 907). Décembre 1906. P. Carré.

PENTOSES. — Voy. GLUCOSES.

PENTOXAZOLINES. — On a donné le nom de *pentoxazoline* au noyau

Az
CH CH²
O CH²
CH²

L'action des chlorures d'acides sur les amines γ-bromées fournit des dérivés acidylés qui se condensent pour former des pentoxazolines :

$$CH^2Br-CH^2-CH^2-AzH-CO-R'$$
$$= HBr + CH^2 \begin{matrix} < CH^2-Az \geq \\ < CH - O > \end{matrix} C-R'$$

La μ-*phénylpentoxazoline*

$$CH^2 \begin{matrix} < CH^2-Az \geq \\ < CH^2 - O > \end{matrix} C-C^6H^5$$

est une huile jaunâtre insoluble dans l'eau. Son *picrate* fond à 151°. Son *chloroplatinate* fond à 185° [Gabriel et Elfeldt, *D. chem. G.*, **24**, 3213, 1891].

La μ-*métanitrophénylpentoxazoline* fond à 93-94°; son *picrate* fond à 123°; son *chloroplatinate* fond à 190°.

La μ-*méthoxyphénylpentoxazoline* forme un *bromhydrate* fusible à 143°, un *picrate* fusible à 131-133° et un *chloroplatinate* fusible à 187-188° [Rehlander, *D. chem. G.*, **27**, 2154, 1894].

La μ-*benzylpentoxazoline* est une huile dont le *picrate* fond à 139-140° (Gabriel et E.).

La μ-*cinnaménylpentoxazoline* fond à 55-56°; son *chloroplatinate* fond à 192-193° [Gabriel et Elfeldt, *D. chem. G.*, **24**, 3218].

La γ-*méthyl-μ-phénylpentoxazoline*

$$CH^2 \begin{matrix} < CH^2 — Az \geq \\ < CH(CH^3)-O > \end{matrix} C-C^6H^5$$

forme un *picrate* fusible à 146-148° [Lachmann, *D. chem. G.*, **29**, 1420, 1896].

L'α-*diméthyl-γ-méthyl-μ-phénylpentoxazoline*

$$CH^2 \begin{matrix} < C=(CH^3)^2-Az \geq \\ < CH(CH^3) — O > \end{matrix} C-C^6H^5$$

fond à 32° [Kahan, *D. chem. G.*, **30**, 1318, 1897].

Décembre 1906. P. Carré.

PENTYLAMINES. — Voy. AMYLIQUES (ALCOOLS), 2ᵉ Suppl., **1**, 258.

PENWITHITE (Min.) (Collins). — Bisilicate manganeux hydraté, $SiO^3Mn, 2H^2O$. Masses compactes, jaune foncé à brun rouge, avec quartz et diallogite, dans le district de Penwith, Cornouailles. Dureté = 3,5. Densité = 2,49.

L. Bourgeois.

PÉONOL (*p-méthoxy-o-oxyacétophénone*),

$$C^6H^3 \begin{matrix} \diagup OCH^3_{(1)} \\ - OH_{(3)} \\ \diagdown CO-CH^3_{(4)} \end{matrix}$$

— Le péonol a été extrait par Martin et Yagi, en 1878, de la racine de Pæonia Moutan (Chine-Japon) en l'épuisant par l'éther. Nagaï en a établi la constitution en la fondant avec la potasse, ce qui lui a fourni de la résacétophénone, et en formant de l'acide p-méthoxysalicylique par oxydation du dérivé acétylé, en solution acétique étendue, au moyen de MnO^4K. On peut l'obtenir en traitant la racine par l'éther et agitant celui-ci avec du carbonate de soude qui s'empare des impuretés. On reprend ensuite par une lessive de soude dans laquelle le péonol est soluble et on l'en précipite par l'acide sulfurique [Nagaï, *D. chem. G.*, **24**, 2847, 1891].

On peut l'obtenir synthétiquement comme l'a montré Tahara [*D. chem. G.*, **24**, 2459, 1891] en méthylant partiellement la résacétophénone. Pour cela on chauffe au bain-marie pendant 6 heures avec réfrigérant ascendant un mélange de résacétophénone, avec la quantité théorique de potasse et un petit excès d'iodure de méthyle, le tout en solution dans l'alcool méthylique. On s'arrête quand la réaction alcaline a disparu.

Le péonol à son tour peut être méthylé et donne le *méthylpéonol* fondant à 40°.

Le péonol, par cristallisation dans l'alcool, se présente sous la forme d'aiguilles brillantes fusibles à 50°.

Il ne se combine pas au bisulfite de soude, mais donne une *oxime* en fines aiguilles très solubles dans l'alcool, l'éther, le chloroforme, le benzène, mais peu dans l'eau et la ligroïne. Il fournit la *péonolphénylhydrazone* fusible à 107°, soluble dans l'alcool, l'éther, le benzène, le chloroforme.

Par l'anhydride acétique et l'acétate de Na, on obtient outre *l'acétylpéonol* fusible à 46° d'autres composés comme le *déhydrodiacétylpéonol*

$C^{13}H^{12}O^{4}$, fusible à 160°. Le péonol est très facilement entraîné par la vapeur d'eau, il est très soluble dans l'alcool, l'éther, le benzène, $CHCl^{3}$, CS^{2}. Enfin il présente la propriété de se colorer en rouge-violet intense quand on ajoute du perchlorure de fer à sa solution alcoolique.

Mai 1907. J. Lavaux.

PEPSINE. — Voy. Gastrique (Suc).

PEPTOÏDES. — Voy. Peptones.

PEPTONES. (Voy. Ier Suppl., 1148). — La définition des peptones telles qu'elles sont décrites dans l'article du Ier Suppl. est celle qui s'est exprimée dans la théorie bien connue de Schmidt-Mülheim. La matière albuminoïde primitive (ou l'acidalbumine résultant de l'action de l'acide chlorhydrique du suc gastrique) est transformée par la pepsine en albumose ou propeptone, puis en peptone. En réalité le phénomène est plus complexe comme l'a démontré l'école de Kühne. Lorsqu'après avoir débarrassé un liquide de digestion pepsique de toutes les substances coagulables (albumines et acidalbumines), on le sature de sulfate d'ammonium à l'ébullition successivement en milieu neutre, alcalin (par l'ammoniaque et le carbonate d'ammonium) et acétique, on précipite un *mélange d'albumoses* primaires et secondaires et le liquide contient la *peptone vraie* ou peptone de Kühne. Quant à la peptone de Schmidt-Mülheim, elle est en réalité un mélange de peptone vraie et d'albumoses (deutéro-albumoses).

Les peptones vraies ne sont précipitées que par l'alcool, le tannin acétique, le sublimé, les acides phosphotungstique et phosphomolybdique. Elles ne donnent pas de précipité avec l'acide azotique, avec le ferrocyanure acétique, l'acide acétique et le chlorure de sodium, l'acide picrique, l'acide trichloracétique, ce qui les distingue nettement des albumoses. Mais leur réaction spécifique est leur non-précipitation par le sulfate d'ammonium dans les conditions indiquées plus haut. Elles donnent la réaction au biuret.

Cette peptone pepsique traitée, la trypsine se dédouble d'après Kühne en une *antipeptone* qui résiste à l'action ultérieure de la trypsine et une *hémipeptone* (hypothétique), qui se décompose aussitôt avec formation d'acides aminés, leucine, tyrosine, arginine, etc. [voy. Pancréatique (suc)]. La peptone pepsique est donc une peptone double que Kühne appelle *amphopeptone* [Kühne et Chittenden, *Zeit. f. Biol.*, nouv. suite, **1**, 159, 1883; — Kühne, *Verhandl. d. nat.-med. Vereins zu Heidelberg*, nouv. suite, **3**, 286, 1885 et **11**, I et 308, 1892. La bibliographie des autres travaux sur cette question se trouve dans E. Zunz [*Ann. de la Soc. roy. des sciences méd. et nat. de Bruxelles*, **11**, fasc. 1, 1902].

Cette conception de la peptonisation a été modifiée peu à peu sur les points que voici :

1° La digestion pepsique ne s'arrête pas au stade peptone; elle va comme la digestion trypsique jusqu'aux acides aminés, c'est-à-dire jusqu'à des corps ne donnant plus la réaction du biuret (corps abiurétiques), avec cette différence qu'elle marche plus lentement et qu'elle ne fournit pas de tryptophane. De plus, la production de ces corps commence de très bonne heure, et elle se continue pendant toute la digestion [E. Zunz, *loc. cit.*; — Lawrow, *Zeit. physiol. Chem.*, **26**, 513, 1899 et **33**, 312, 1901; — Salaskin, *ibid.*, **32**, 592, 1901 et **38**, 567, 1903; — K. Kowalewski et L. Langstein, *Beitr. chem. Physiol. u. Pathol.*, **1**, 507, 1902 et **2**, 229, 1903]. Toutefois il faut ajouter que l'on n'a obtenu d'acides aminés dans la digestion pepsique que là où on s'est servi de pepsines commerciales, qui peuvent contenir de la trypsine, ou d'infusions chlorhydriques de muqueuses stomacales, dans lesquelles la pepsine peut être accompagnée aussi de trypsine (provenant du suc pancréatique reflué), ou de diastases protéolytiques d'origine cellulaire, autres que la pepsine. Avec du suc gastrique tout à fait pur recueilli par la méthode du petit estomac de Pawlow, Abdwhalden n'a pas trouvé d'acides aminés [*Zeit. Phys. Ch.*, **44**, 17, 1905].

2° Entre les peptones et les acides aminés s'intercalent d'autres produits abiurétiques, précipitables par l'acide phosphotungstique, et que les acides dédoublent en acides aminés (phénylalanine, acide pyrrolidine-carbonique, leucine, alanine, acides glutamique et aspartique). Ce sont les *polypeptides* de E. Fischer (*peptoïdes* de Hofmeister), que E. Fischer et ses élèves ont imités par voie de synthèse, en soudant les unes aux autres jusqu'à 10 molécules d'acides aminés identiques ou différents. Le plus simple des corps de synthèse est le glycocollyl-glycocolle $AzH^{2}.CH^{2}.CO.AzH.CH^{2}.CO^{2}H$ [E. Fischer et E. Abderhalden, *Zeit. physiol. Chem.*, **39**, 81, 1903; E. Abderhalden, *ibid.*, **44**, 17, 1905]. Pour la bibliographie déjà très étendue des peptides de synthèse, voyez L. Maillard, *Rev. gén. des Sciences*, 115, 1906].

3° Comme les peptones sont constituées par une association d'acides aminés (voy. plus loin), et que durant toute la digestion pepsique et trypsique la production d'acides aminés est un phénomène continu, celle des peptones apparaît corrélativement comme un effeuillement progressif de molécules, qui d'abord plus compliquées, engendrent des peptones de plus en plus simples à mesure que se continue le détachement et la mise en liberté des amino-acides [E. Fischer et E. Abderhalden, *loc. cit.*; — E. Abderhalden et B. Reinbold, *ibid.*, **44**, 284, 1905; **46**, 158, 1905]. Il se forme donc vraisemblablement toute une série de peptones pepsiques et trypsiques.

De fait l'amphopeptone de Kühne est sûrement un mélange [Fränkel et Langstein, *Sitzungsber. d. Akad. d. Wiss. z. Wien: Math.-nat. Kl.*, **110**, II b., 243; — Langstein, *Beitr. chem. Physiol. u. Pathol.*, **1**, 507, 1902 et **2**, 229, 1902]. Qu'il existe néanmoins une peptone pepsique dans le sens où l'entendait Kühne, c'est-à-dire un corps résistant à toute action ultérieure de la pepsine, c'est ce que semble démontrer ce fait que même prolongée au delà d'une année, la digestion pepsique laisse toujours subsister la réaction du biuret. Mais rien ne prouve que ce produit *final* ait été saisi déjà. Il est vraisemblable que l'on n'a étudié jusqu'à présent que des mélanges. Toutefois les deux peptones pepsiques, isolées par Siegfried et ses élèves à l'aide de la méthode à l'alun de fer ammoniacal, paraissent être des individus chimiques définis. Les deux variétés α et β fournies par la fibrine ont pour formule minima $C^{21}H^{34}Az^{6}O^{9}$ et $C^{21}H^{36}Az^{6}O^{10}$ et paraissent dériver l'une de l'autre par perte ou gain d'une molécule d'eau. Elles donnent la réaction du biuret et celle de Millon; elles présentent le caractère d'acide et sont dédoublées par la trypsine en arginine et acides monaminés et en deux antipeptones. Elles sont donc bien une amphopeptone au sens de Kühne, mais avec deux groupes *anti* au lieu d'un seul [M. Siegfried, *Zeit. physiol. Chem.*, **35**, 164, 1902 et **38**, 299, 1903; — C. Borkel, *ibid.*, **38**, 269, 1903; — Th. Krüger, *ibid.*, 320; — E.-P. Pick, *ibid.*, **24**, 267, 1898].

Pour les peptones trypsiques la question est encore plus compliquée. Depuis que Morochowetz, Siegfried et d'autres observateurs ont montré que par une digestion trypsique active on peut faire disparaître complètement la réaction du biuret, on peut dire avec Langstein, qu'au sens où l'entendait Kühne, il n'existe pas de peptone trypsique, c'est-à-dire de corps biurétique représentant un produit *final* de l'opération [Siegfried, *Zeit. physiol. Chem.*, **35**, 168, 1902; — Langstein, *Biochem. Centralbl.*, **2**, 97, 1903]. Les antipeptones ne sont donc que des produits de transition, qui dès lors ne peuvent être saisis qu'au passage, ce qui complique singulièrement la question, surtout s'il se forme, comme cela est vraisemblable, une série d'antipeptones. Néanmoins celles que Siegfried a isolées en partant de la fibrine présentaient une résistance remarquable, quoique relative à l'action de la trypsine. Ce sont des substances acides renfermant (α) $C^{10}H^{17}Az^3O^5$ et (β) $C^{11}H^{19}Az^3O^5$. Elles ne donnent plus la réaction de Millon, ne contiennent pas de tyrosine ni de soufre, et fournissent par hydrolyse, en présence des acides, de l'arginine, de la lysine, de l'acide glutamique et sans doute aussi de l'acide aspartique et de la sérine. Les résultats opposés de Kutscher, qui a nié l'existence même d'une antipeptone, tiennent à ce fait que ces deux auteurs ont étudié des produits provenant d'une digestion de durée et peut-être aussi d'activité diastasique différentes [Kutscher, *Zeit. physiol. Chem.*, **25**, 195, 1898; **26**, 110, 1898 et **28**, 88, 1899].

Comme les albumoses apparaissent, elles aussi, comme des fragments de la molécule, dont chacun ne contient plus qu'une partie des noyaux associés dans le protéique primitif, on voit finalement que la digestion pepsique et trypsique aboutit à la démolition des albumines en une série de produits à poids moléculaires décroissants, les uns biurétiques, les albumoses et les peptones, les autres abiurétiques, les polypeptides et les acides aminés, sans qu'on puisse dire que l'un d'entre eux, les peptones notamment, représente plutôt que les autres, le but physiologique de l'opération. De plus en plus les physiologistes sont conduits à admettre que la digestion n'a pas uniquement pour effet, comme on le croyait autrefois, de *préparer l'absorption* en transformant les protéiques en corps solubles et dialysables, mais encore de démolir plus ou moins profondément ces molécules, de telle façon que de l'autre côté de la paroi digestive l'organisme puisse avec ses fragments *reconstruire les protéiques propres à chaque espèce animale*.

Selon l'heureuse expression de Hugounenq, l'intestin est donc au point de vue chimique un *broyeur moléculaire*; au point de vue physiologique, il prépare non seulement l'absorption mais la reconstruction des protéiques. Il joue donc par là un rôle essentiel dans *le maintien de la spécificité des organismes*, laquelle est en dernière analyse d'ordre chimique (A. Gautier).

E. Lambling.

PER.... — Pour les mots qui ne se trouvent pas ici à leur place alphabétique, voyez le mot qui suit ce préfixe.

PERCYLITE (Min.) (Brooke-Websky). — Chlorure basique de plomb et de cuivre, PbCl(OH) + CuCl(OH); petits cristaux cubiques bleu de ciel, avec or natif au Mexique, et avec galène altérée et caracolite, à Caracoles, ainsi qu'à la mine Béatriz. Sierra Gorda (Chili). Faces : p, a^1, b^1.

L. Bourgeois.

PÉRÉZINONE. — L'oxypérézone, chauffée avec l'acide sulfurique concentré, donne par addition d'eau la pérézinone $C^{15}H^{18}O^3$, prismes obtus fusibles à 143-144°: solubles dans les solvants organiques, mais peu dans l'éther de pétrole et dérivant de l'oxypérézone par séparation d'une molécule d'eau. Cette matière se comporte comme un phénol monobasique. On en a préparé les *sels de sodium*, *potassium*, *ammonium*, *baryum*, *calcium*, *fer*, *plomb*, *cuivre*, *argent*; les premiers sont décomposables par l'acide carbonique de l'air [Mylius, *D. chem. G.*, **18**, 936, 1885]. 1er mai 1907. A. Hébert.

PÉRÉZONE ou ACIDE PIPITZAHOÏQUE. — Cette substance, préparée pour la première fois par Liebig en 1855, analysée par Weld [*Ann. Chim. Phys.*, **95**, 188] a été étudiée plus récemment par Mylius [*D. chem. G.*, **18**, 463 et 936, 1885] et par Anschütz et ses collaborateurs [*D. chem. G.*, **18**, 709 et 715; 1885; *Lieb. Ann. Chem.*, **237**, 90]. On l'extrait du *radix perezia* sous forme d'une matière en lamelles jaune d'or fusibles à 106-107° (Mylius), 102-103° (Anschütz) de formule $C^{15}H^{20}O^3$, facilement sublimables, décomposables par distillation, insolubles dans l'eau, solubles dans les solvants organiques, entraînables par la vapeur d'eau. Ce corps se comporte à la fois comme une quinone et comme un phénol; c'est une oxyquinone contenant le groupe C^9H^{17} substitué et à laquelle on peut attribuer la constitution :

$$C^6H(C^9H^{16})(O^2)_{1,4}(OH)_2.$$

On a préparé un assez grand nombre de dérivés de la pérézone : la *pérézonoxime*, de formule $C^{15}H^{21}AzO^3$, aiguilles violettes fusibles à 153-154°; l'*oxypérézone* $C^{15}H^{20}O^4$ obtenue par saponification du corps précédent, en tables jaune rouge fusibles à 129° (Anschütz); à 133-134° (Mylius); pouvant donner un chlorhydrate; la *méthylamidopérézone* $C^{15}H^{19}O^3AzH(CH^3)$, aiguilles bleues fondant à 112-114°; l'*anilidopérézone* $C^{15}H^{19}O^3AzH(C^6H^5)$, fusible à 138-139°; l'*acétylpérézone* $C^{15}H^{19}O^3(COCH^3)$, cristaux incolores fondant à 115°; l'*éthylpérézone* fondant à 141°; les *toluidopérézones*, etc.

Voir aussi J. Sanders, *Proc. chem. soc.*, **22**, 134; 1906. 1er mai 1907. A. Hébert.

PÉRIPLOCINE. — Lehmann a extrait [*Arch. d. Pharm.*, **235**, 157, 1897] de l'écorce de *Periploca graeca* un principe cristallisé de formule $C^{30}H^{48}O^{12}$ qu'il a appelé périplocine et que les acides étendus dédoublent en *périplogénine*, glucose et eau :

$$C^{30}H^{48}O^{12} = C^{24}H^{34}O^5 + C^6H^{12}O^6 + H^2O.$$

1er mai 1907. A. Hébert.

PÉRIPLOGÉNINE. — Voy. Périplocine.

PERLATINE, PERLATIQUE (ACIDE). — Voy. l'art. Lichens.

PEROXYDES ORGANIQUES. — Peroxyde d'acétyle. — Découvert par Brodie en traitant l'anhydride acétique par le bioxyde de baryum [Brodie, *Jahresberichte*, 1863, 317]. il s'obtient plus facilement par l'action du chlorure d'acétyle sur le peroxyde de sodium, ou en agitant l'eau oxygénée avec de l'anhydride acétique à — 10° [Vanino et Thiele, *D. chem. G.*, **29**, 1724, 1896].

C'est un liquide bouillant à 63° sous 21 millimètres et cristallisant en aiguilles fondant à 30° en dégageant une odeur d'ozone [Nef, *Ann. Chem.*, **298**, 202, 1897]. C'est un composé très explosif.

Peroxyde de propionyle. — Par l'anhydride propionique et le bioxyde de baryum. C'est un liquide se décomposant à 80° [Clover et G.-F. Richmond, *Am. Chem. Journ.*, **29**, 179, 1903].

Peroxyde de butyryle. — Ce composé ainsi que le peroxyde de valéryle sont décrits par Brodie comme étant des huiles incristallisables [*loc. cit.*].

Peroxyde de succinyle. — Solide fondant à 120° avec explosion [Pechmann et Vanino. *D. chem. G.*, **27**, 1510].

Peroxyde de fumaryle. — Poudre blanche fondant à 89° [Vanino et Thiele, *loc. cit.*].

Peroxyde de crotonyle. — Il cristallise en aiguilles fondant à 41° [Clover et Richmond, *loc. cit.*].

Peroxyde de benzoyle. — [Baeyer et Villiger, *D. chem. G.*, **33**. 1579, 1900].

Il se prépare comme les peroxydes des acides gras [Brodie, *loc. cit.*: — Sonnenschein, *Mon. f. Chem.*, **7**. 522: — Pechmann et Vanino, *loc. cit.*].

Le peroxyde de benzoyle est un composé cristallisé fondant à 103°,5 (Pechmann et Vanino), à 110°, d'après MM. Baeyer et Villiger. Quand on le chauffe il fait explosion: il est très peu soluble dans l'eau, soluble dans l'éther et le benzène, et dégage une odeur rappelant celle du chlorure de chaux.

Quand on agite sa solution éthérée avec de l'éthylate de sodium. il se forme le sel de sodium de l'acide peroxybenzoïque :

$$C^6H^5-CO-O-O-CO-C^6H^5 + C^2H^5ONa$$
$$= C^6H^5-COOONa + C^6H^5-CO^2C^2H^5$$

(Baeyer et Villiger). Le peroxyde de benzoyle n'est décomposé que lentement par les alcalis ou les acides étendus (Nef). il ne décompose pas l'acide chlorhydrique, ni l'acide fluorhydrique, mais déplace Br et I de leurs hydracides. Il fait explosion en présence de cyanure de potassium. L'acide sulfurique concentré provoque une réaction très vive. il se forme une liqueur verte et il se dépose du charbon.

L'acide nitrique donne un *dérivé nitré* $C^{14}H^8Az^2O^8$ fondant à 140-141° [Vanino, *D. chem. G.*, **30**. 2003, 1897]. Chauffé avec le benzène à 140°, il donne de l'acide carbonique, du benzoate de diphényle. et un peu de diphényle [Lippmann, *Mon. f. Chem.*, **5**. 562].

Les halogènes réagissent vivement en donnant de l'acide benzoïque et des dérivés chlorés [Vanino et Uhlfelder, *D. chem. G.*, **33**. 1045, 1900].

Acide peroxybenzoïque. $C^6H^5-CO^3H$. — On l'obtient en décomposant par un acide son sel de sodium, formé dans l'action de l'éthylate de sodium sur le peroxyde de benzoyle. C'est un composé cristallisé fondant à 41-43°, très volatil, bouillant à 97-110° sous 13-15 millimètres. Il est peu soluble dans l'eau et possède une odeur pénétrante. C'est un oxydant énergique qui décompose l'acide iodhydrique et décolore l'indigo. Il forme des sels de sodium et de baryum peu stables [Baeyer et Villiger, *D. chem. G.*, **33**, 1579, 1900].

Ce composé se forme transitoirement dans l'oxydation de l'aldéhyde benzoïque :

$$C^6H^5-CHO + O^2 = C^6H^5-COOOH$$
$$C^6H^5-COOOH + C^6H^5CHO = 2 . C^6H^5 . CO^2H$$

[Baeyer et Villiger, *loc. cit.*, et Jörissen, *Zeit. physik. Chem.*, **22**, 44].

Peroxyde de benzoylacétyle. — Il se forme en abandonnant à l'air un mélange d'anhydride acétique, d'aldéhyde benzoïque et de sable dans des capsules plates [Nef, *Ann. Chem.*, **298**. 280; — Baeyer et Villiger, *D. chem. G.*, **33**, 1583].

Composé cristallisant et fondant à 37-39°. Chauffé à 85-100° il détone violemment; il fait explosion au contact de l'acide sulfurique; l'acide nitrique donne un *dérivé nitré*. C'est un oxydant énergique; avec HCl il dégage du chlore.

Peroxyde d'orthotoluyle. — Il fond à 60° [Vanino et Thiele, *D. chem. G.*, **29**, 1724, 1896].

Peroxyde de phtalyle. — Il fond à 133°,5-136° [Pechmann et Vanino, *D. chem. G.*, **27**, 1510, 1894]. Il détone avec l'acide sulfurique concentré et ne réagit que lentement sur l'acide nitrique concentré pour donner de l'acide phtalique [Vanino, *D. chem. G.*, **30**, 2003, 1897; — Baeyer et Villiger. *ibid.*, **34**, 762, 1901].

Peroxyde de camphoryle. — C'est une huile incristallisable [Vanino et Thiele, *D. chem. G.*, **29**, 1724, 1896].

Un cas intéressant de la formation de peroxyde a été étudié par M. Gomberg, au sujet du triphénylméthyle. Le triphénylchlorométhane traité par les métaux perd son chlore et le radical $(C^6H^5)^3\equiv C$ - absorbe l'oxygène de l'air pour donner un *peroxyde de triphénylméthyle* solide et cristallisé [Gomberg. *D. chem. G.*, **33** 3154, 1900; **34**, 2726: **35**. 1822, 2397, 3914; **36**, 376, 3927, 1903: **37**. 1626. 3538, 1904; **38** 2447, 1905].

A. Wahl.

PEROXYLAMINE SULFONIQUE. — Voy. l'art. Hydroxylamine.

PEROXYPROTÉIQUE (ACIDE). — Voy. l'art. Albumines, 2e Suppl., **1**, 127.

PERSÉITE, **PERSÉOSE**. — Voy. Mannoheptites, Mannoheptoses, 316.

PERTUSARÈNE, **PERTUSARIDINE**, **PERTUSARINE**, voyez Pertusarique (acide).

PERTUSARIQUE (ACIDE). — Ce corps a été retiré par Hesse [*J. prakt. Chem.*, (2), **58**, 502, 1898] de Pertusaria communis, où il existe à côté de l'*acide cétrarique* (voyez l'art. Lichens). L'acide pertusarique est en feuillets rhombiques incolores, insipides quand ils sont bien purifiés, fondant à 103°, facilement solubles dans l'alcool et l'acétone, insolubles dans l'eau, de formule $C^{23}H^{36}O^6$ ou $C^{24}H^{38}O^6$. On a préparé ses sels de *baryum* et *d'argent*.

Avec l'acide pertusarique se rencontrent trois substances neutres, le *pertusarène* $C^{60}H^{100}$, la *pertusaridine* et la *pertusarine* $C^{30}H^{50}O^2$, celle-ci en paillettes incolores et insipides, fondant à 235°, difficilement solubles dans l'alcool et l'éther, insolubles dans les alcalis.

Janvier 1907. E. Rengade.

PÉTROLES [Voyez **2**, 782 et 1er Suppl., 1155].

Origine. — D'après Hunt, le pétrole résulterait de la décomposition des plantes et des animaux marins. Cette explication repose sur des observations faites en Amérique, où l'on rencontre du sel gemme en même temps que des débris organiques, dans les puits de pétrole.

Wall a reconnu, par l'examen microscopique, de nombreux débris végétaux dans l'asphalte de la Trinité; or, on sait que l'asphalte est un produit d'oxydation du pétrole.

Engler [*D. chem. G.*, **21**, 1816 et *Bull. Soc. Chim.*, 1889] a appuyé cette théorie par des expériences consistant à distiller sous pression des matières grasses provenant d'animaux marins. telles que l'huile de foie de morue: En distilant, 492 kilogrammes d'huile en vase clos sous une pression de 10 atmosphères et à la température de 320° à 400°, il a obtenu des gaz combustibles et une huile contenant des carbures non saturés et surtout des carbures saturés. Ces derniers ont donné par fractionnement le pentane, l'hexane et l'octane normaux.

Cette théorie de l'origine animale du pétrole n'est pas toujours satisfaisante, car il arrive assez souvent que le pétrole se trouve dans des terrains très anciens où la vie était très peu développée.

Berthelot, Moissan, Mendeléef attribuent, au

contraire, la formation du pétrole à l'action de la vapeur d'eau sur les carbures métalliques.

Les expériences de H. Moissan ont montré que certains carbures métalliques donnaient par l'action de l'eau des hydrocarbures saturés; c'est ainsi que le carbure d'aluminium donne du méthane. En partant de 4 kilogrammes de carbure d'uranium, H. Moissan a obtenu plus de 100 grammes de carbures liquides formés en grande partie de carbures éthyléniques et en petite quantité de carbures acétyléniques et de carbures saturés; il se produit, en outre, une forte proportion de méthane et d'hydrogène.

Cette décomposition se produisant à une température élevée et sous une forte pression aurait donné vraisemblablement des carbures saturés analogues aux pétroles, par fixation d'hydrogène sur les carbures non saturés.

Sabatier et Senderens ont obtenu des hydrocarbures identiques aux pétroles par l'action d'un mélange d'acétylène et d'hydrogène sur du nickel en poudre, à la température de 200° à 300°.

Suivant la proportion d'hydrogène et les conditions de l'expérience, ils obtiennent des carbures saturés (pétroles d'Amérique), des mélanges de carbures saturés et de naphtènes (pétrole du Caucase) ou des mélanges contenant des carbures aromatiques (pétroles de Galicie) [*C. R.*, **134**, 1185, 1902].

E. Baud, [*C. R.*, **130**. 1319. 1900 et *Thèse de la Faculté des Sciences de Paris*, 9, 1903] en condensant l'acétylène en présence du chlorure d'aluminium anhydre et en décomposant par la chaleur le produit de condensation, a obtenu des hydrocarbures $C^{10}H^{16}$ à odeur de pétrole.

Or, certains pétroles renferment des terpènes; de plus les terpènes, par hydrogénation énergique, se transforment en carbures $C^{10}H^{20}$, très analogues aux naphtènes des pétroles du Caucase.

D'après les théories basées sur la décomposition des carbures métalliques, la production du pétrole serait due à un phénomène continu se produisant encore de nos jours et par suite les sources de pétrole seraient inépuisables.

Enfin, il existe une troisième théorie qui attribue aux pétroles une origine volcanique. On a reconnu, en effet, que les débris volcaniques étaient fréquemment imprégnés de pétrole. En outre le soufre, qui est d'origine volcanique, se rencontre souvent dans les terrains pétrolifères. Cette théorie n'est pas incompatible avec la précédente.

Il résulte de tout cela que les pétroles sont probablement d'origines diverses.

PRODUCTION DES DIFFÉRENTS GISEMENTS. — La production totale du globe a atteint en 1903 environ 150 millions de barils de pétrole, qui se répartissent de la façon suivante :

Russie	78 350 562	barils[1].
États-Unis	64 352 705	—
Galicie	2 420 707	—
Roumanie	2 000 000	—
Sumatra	1 532 407	—
Japon	1 430 252	—
Canada	675 721	—
Allemagne	365 398	—

A l'encontre de ce qui existait il y a quelques années, c'est la Russie qui tient la tête de cette production.

C'est un fait d'ailleurs bien connu que les districts pétrolifères de *Pensylvanie* voient leur rendement diminuer notablement, et ce n'est que grâce à l'appoint des gisements de l'Indiana, de l'Ohio, de la Virginie occidentale, de la Californie, de New-York, du Texas, du Colorado, du Kansas, etc., que la production américaine a réussi à se maintenir au point où elle en est encore.

En *Russie*, au contraire, les rendements des territoires de Bakou, ainsi que ceux de Grosny et de Tschéleken, ne vont qu'en augmentant, et les régions à exploiter ultérieurement sont encore d'une étendue immense [A. Haller, *Rapport du Jury de la Classe 97 à l'Exposition universelle de 1900*, **2**, 107].

La péninsule d'Apchéron sur la mer Caspienne a produit :

1879	376 740	tonnes.
1884	1 458 000	—
1890	3 918 000	—
1895	6 487 000	—

Il y avait en 1891, dans cette région, 100 usines en activité. La production de la péninsule d'Apchéron représente les 99/100 de la production totale de la Russie.

Galicie. — La Galicie, bien que produisant peu, est l'un des pays où l'exploitation méthodique fut appliquée le plus tôt. Le gisement a 300 kilomètres de long sur 35 kilomètres de large. Le principal centre est à Boryslaw.

Roumanie. — Les exploitations roumaines semblent appelées à un grand avenir. Elles comprennent 2 centres principaux dont l'un s'étend de Tergowitz à Bacoul sur une longueur de 60 kilomètres.

Les principaux districts sont ceux de Bacoul, Buzoul, Dombrowitza. La production de ce pays augmente rapidement. Elle a atteint en 1904 496.000 tonnes.

Tunisie. — On a découvert en Tunisie de riches nappes de pétrole dans le voisinage d'Aïn-Zeft, au pied des montagnes de Dhara.

La production est actuellement de 50 tonnes environ, par jour.

Exploitation. — Le prix de revient du puits dépend de sa profondeur. En Amérique, celle-ci varie le plus souvent de 500 à 1000 mètres. Cependant, dans l'Ohio, certains n'ont que 20 mètres.

Pour un puits de 400 mètres, le prix de revient du forage, y compris le tubage, est de 20 à 25 000 francs.

En Amérique, le transport des puits aux raffineries ou aux ports d'embarquement se fait au moyen de canalisations en fer ou *pipes-lines*. On réalise ainsi une économie de 50 0/0 sur le transport par voie ferrée.

La presque totalité de ces canaux appartient à la Standard Oil C°. Celle-ci achète généralement directement le pétrole aux puits et ce sont ses prix qui servent presque exclusivement de base au marché du pétrole[1] [C. Chabrié, *La science au XX*ᵉ *siècle*, 15 février 1906].

PROPRIÉTÉS PHYSIQUES ET CHIMIQUES DES PÉTROLES. — Les propriétés des pétroles varient beaucoup d'un pays à l'autre, et même d'un puits à l'autre.

Les huiles brutes présentent toutes plus ou moins la fluorescence verte ou bleue. Les huiles d'Amérique sont généralement moins fluorescentes que celles de Russie.

La *densité* oscille de 0,766 à 0,975. Les pétroles américains sont plus légers, leur densité est comprise entre 0,790 et 0,903, tandis que pour les pétroles russes la densité oscille entre 0,845 et 0,972. D'après Istrati [*Bull. Soc. Chim.*, 7, 274. 1892] ce serait le pétrole roumain qui aurait la densité la plus faible (0,78).

1. Le baril est de 145 kg. environ.

1. Les opérations de la Standard Oil C° ou trust des pétroles ont été récemment déclarées illégales par les tribunaux américains.

Le *coefficient de dilatation* est relativement grand ($K = 0{,}0008$). C'est un fait important à connaître au point de vue de l'emmagasinage des huiles et des dimensions à donner aux fûts.

La *chaleur spécifique* varie de 0,45 à 0,50.

La *chaleur de vaporisation* vers 130° est d'environ $0^{Cal}{,}117$ pour 1 gr.

Le *pouvoir calorifique* qui varie de 8916 à 10180 Cal. est en général plus grand pour les huiles russes que pour les huiles américaines.

L'*indice de réfraction* est d'après Engler, à peu près constant pour une même provenance et les produits de la distillation ont un indice qui augmente avec la température d'ébullition de la fraction considérée.

Le *pouvoir rotatoire* des huiles augmente avec la densité, il atteint 3°,1 pour certaines huiles de graissage [Rakousine, *Journ. Soc. phys. chim. russe*, **36**, 671 et 777. 1904; — Miron, *Les huiles minérales*; — C. Chabrié, *Chimie appliquée*].

Par le froid, les huiles russes ne laissent pas déposer de paraffine comme le font les huiles américaines.

L'incongelabilité de l'éther de pétrole a permis à G. Claude de l'employer pour le graissage des appareils à air liquide [*C. R.*, sept. 1900, juin 1902 et nov. 1905].

Les pétroles sont des mélanges, en proportions variables suivant la provenance, de carbures d'hydrogène C^nH^{2n+2}, C^nH^{2n}, C^nH^{2n-2}, C^nH^{2n-6}, etc. On distingue ceux qui ont pour type le pétrole d'Amérique, ceux qui ont pour type le pétrole russe et enfin les pétroles intermédiaires.

PÉTROLES D'AMÉRIQUE. — Les pétroles d'Amérique sont constitués presque exclusivement par des carbures saturés C^nH^{2n+2} depuis les premiers termes jusqu'au composé $C^{26}H^{54}$. Mabery [*Am. Chem. Journ.*, **33**, 251 et *Bull. Soc. Chim.*, 1905], en distillant sous pression réduite les portions lourdes de ces pétroles, a isolé les carbures saturés depuis le terme en C^{13} jusqu'au terme en C^{26}. Tous ces corps bouillent au-dessus de 216° sous la pression de 50 mm.

Les *pétroles de Pensylvanie* ont donné pour la partie solide $C^{24}H^{50}$, $C^{31}H^{54}$, $C^{32}H^{66}$, $C^{34}H^{70}$, $C^{35}H^{72}$.

On sait depuis longtemps que ces pétroles renferment, en outre, de petites quantités de carbures benzéniques tels que le cumène, le mésitylène, le pseudocumène, le cymène, l'isocymène, le durène et l'isodurène.

On peut rapprocher des pétroles de Pensylvanie ceux du *Canada*, de l'*Ohio* bien qu'ils renferment une notable quantité de carbures C^nH^{2n} et des dérivés sulfurés qui pour les pétroles du Canada, répondraient d'après Mabery [*Am. Chem. Journ.*, **16**, 83 et 89] aux formules $C^7H^{14}S$, $C^8H^{16}S$, $C^9H^{18}S$, $C^{10}H^{20}S$, $C^{11}H^{22}S$, $C^{14}H^{28}S$ et $C^{18}H^{36}S$.

La proportion d'azote trouvée dans le pétrole est toujours faible, elle varie de 0,02 à 1,1 0/0. Carnegie a trouvé dans les gaz des puits de Pittsbourg des cristaux de carbonate d'ammoniaque.

PÉTROLES DE RUSSIE. — Les pétroles du Caucase sont constitués dans la proportion de 80 à 90 0/0 d'hydrocarbures cycliques saturés C^nH^{2n} ou *naphtènes* comprenant :

1° Des carbures hydrobenzéniques (hexahydrobenzène et homologues);

2° Des carbures polyméthyléniques et principalement le pentaméthylène et ses homologues.

Charitchkof [*Journ. Soc. phys. chim. russe*, **36**, 321, 1904] a analysé les produits du gisement de Bérékei dont l'exploitation est récente et fournit une énorme quantité de pétrole. Le gaz qui l'accompagne contient

CO^2	12,82 0/0
CH^4	65,84
C^2H^4	19,92

Les pétroles renferment de petites quantités de produits oxygénés.

Markownikoff a obtenu par distillation d'une huile russe une fraction bouillant entre 220 et 230° et contenant 5,25 0/0 d'oxygène.

Aschan a isolé du pétrole de Bakou, l'acide *hexanaphtène carbonique* $C^6H^{11}CO^2H$ bouillant de 215° à 217° et les acides *hepta* et *octanaphtène carbonique* [*D. chem. G.*, **23**, 867 et **24**, 2710 et *Bull. Soc. Chim.*, 1892].

Les pétroles de Californie ont beaucoup d'analogie avec ceux de Russie quoiqu'on y ait trouvé de l'hexane. On y rencontre, en effet, du benzène, du toluène, du xylène, du mésitylène, du pseudocumène, du durène, avec de l'hexaméthylène ou hexanaphtène, de hexahydrotoluène ou heptanaphtène et les carbures polyméthyléniques de C^6H^{12} à $C^{21}H^{42}$. Mais ils s'en distinguent par une plus forte proportion de bases. Ces bases de formules $C^{12}H^{17}Az$, $C^{13}H^{18}Az$, $C^{14}H^{19}Az$, $C^{15}H^{19}Az$, $C^{16}HAz^{19}$ et $C^{17}H^{21}Az$ paraissent être des composés hydropyridiques ou hydroquinoléïques. L'azote contenu dans ces pétroles varie de 0,9 à 2,39 0/0.

Les *pétroles du Texas* forment une catégorie à part. Ils renferment surtout des carbures C^nH^{2n-2} qui ne se combinent pas au brome et qu'on ne peut considérer ni comme des carbures acétyléniques de la série grasse, ni comme des naphtènes à un seul noyau.

Mabery et Buck pensent que ce sont des carbures polyméthyléniques à deux noyaux. On a isolé de ces pétroles les termes $C^{12}H^{22}$, $C^{14}H^{26}$ jusqu'au carbure $C^{25}H^{46}$. La teneur en soufre des échantillons analysés s'est élevée à 0,94 0/0.

Les *pétroles du Japon* se rapprochent de ceux de Californie.

PÉTROLES INTERMÉDIAIRES. — Les pétroles de Roumanie et surtout ceux de Galicie sont intermédiaires entre les huiles d'Amérique et celles de Russie.

Pétroles de Roumanie. — Ils ont été étudiés par Edeleanu, Filité, Saligny, Poin, etc. Ce dernier y a caractérisé l'éthane, le propane, le butane, l'isopentane, l'hexane, l'heptane, l'heptanène en grandes quantités, le pentaméthylène, le méthylpentaméthylène, le méthylhexaméthylène ou heptanaphtène, le benzène, etc.

Les *pétroles de Galicie* renferment des carbures saturés et des carbures polyméthyléniques. A. Haller [*loc. cit.*].

En distillant avec la chaux dans un courant de vapeur d'eau, les goudrons acides provenant du raffinage du pétrole de Boryslaw, Zaloziecki a obtenu des bases quinoléïques ainsi que des naphtènes et des terpènes [*Mon. f. Chem.*, **12**, 498 et *D. chem. G.*, **27**, 2081].

Combinaison avec la formaldéhyde. — Le pétrole purifié donne avec l'aldéhyde formique une masse noire qui s'épaissit assez pour qu'on puisse renverser le vase sans répandre le contenu. La combinaison formée purifiée à l'eau, puis à la benzine est jaune, amorphe, insoluble dans les solvants usuels. On lui a donné le nom de *formolite*. Elle se forme aux dépens des carbures éthyléniques et acétyléniques.

La quantité de formalite produite permet de caractériser les naphtes bruts et leurs produits de distillation. Cette réaction peut servir à séparer les carbures saturés des carbures non saturés [Nastukof, *Journ. Soc. phys. chim. russe*, **36**, 881, 1904].

DISTILLATION. — Les pétroles se comportent de façon différente à la distillation suivant leur provenance.

Les huiles américaines donnent une plus grande quantité de produits volatils que les huiles russes.

Voici quelques exemples de fractionnements d'huiles brutes (Miron, *Les huiles minérales*):

Huile légère de Pensylvanie. — $D_0 = 0,816$. ($C = 82$ 0/0, $H = 14.8$ 0/0, $O = 3,2$ 0/0).

Au-dessous de 100°	4.3 0/0	31 0/0
De 100 à 120°	6,4	
— 120 à 140°	5.3	
— 140 à 160°	7.7	
— 160 à 180°	5.0	
— 180 à 200°	2.3	

Huile lourde de Pensylvanie. — $D_0 = 0,886$. $C = 84,9$ 0/0, $H = 13.7$ 0/0, $O = 1.4$ 0/0).

Jusqu'à 230°	0 0/0
Jusqu'à 280°	12

Huile de Virginie. — $D_0 = 0.857$. ($C = 83,2$ 0/0, $H = 13.2$ 0/0, $O = 3.0$ 0/0).

Au-dessous de 100°	1.4 0/0	30.7 0/0
De 100 à 130°	4.1	
— 130 à 150°	4.6	
— 150 à 170°	6.4	
— 170 à 200°	4,6	
— 200 à 220°	2,3	
— 220 à 250°	7.3	

Huile de Bakou (Balakany).

Au-dessous de 100°	1,0 0/0	
De 100 à 160°	4.0	41,3 0/0
— 160 à 180°	4.3	
— 180 à 200°	4.7	
— 200 à 220°	1.3	
— 220 à 260°	13.7	
— 260 à 280°	8.0	
— 280 à 360°	4.3	

Action de la chaleur. — Vers la fin de la distillation, à partir de 300 ou 350°, il se produit une décomposition des hydrocarbures naturels qui se scindent en carbures moins condensés et par conséquent plus légers et utilisables pour l'éclairage. C'est à cette décomposition, qui est surtout importante dans les appareils industriels, que les Américains ont donné le nom de *cracking*.

Les produits de décomposition renferment des carbures éthyléniques, de l'hexylène au décylène, des carbures saturés, des naphtènes et des carbures aromatiques.

La paraffine dirigée sur du coke chauffé au rouge donne surtout des gaz contenant

CH^4	54,92 0/0
C^2H^4	28.91
H	5,65
CO	8,94
CO^2	0.82

RAFFINAGE DES PÉTROLES. — Le raffinage comprend la distillation et l'épuration chimique.

DISTILLATION. — *En Amérique*, la distillation se fait le plus souvent dans une chaudière à 16 foyers.

C'est une énorme chaudière en tôle (fig. 1 et 2) de 10 millimètres d'épaisseur et ayant 10 mètres de diamètre et 3m,33 de hauteur. Elle repose sur un massif en maçonnerie contenant 16 foyers, ce qui permet d'obtenir un chauffage plus régulier. Le fond de la chaudière est à double courbure, comme l'indique la figure.

Au-dessus de la chaudière se trouve un tambour recevant les vapeurs et les distribuant aux condenseurs par 40 tuyaux.

En France, on se sert généralement d'une chaudière cylindrique horizontale en forte tôle de 10 mètres de longueur et 3m,80 de diamètre et contenant 1200 hectolitres.

Le bâti en maçonnerie contient cette fois un seul foyer.

Cet appareil consomme moins de charbon et est plus facile à réparer que la chaudière à 16 foyers, mais il fournit des produits moins

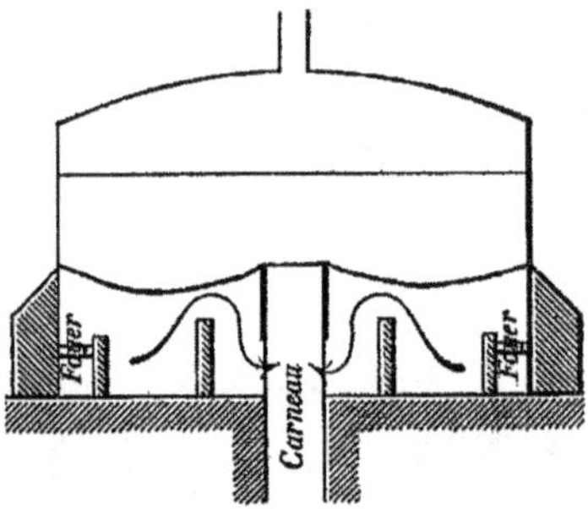

Fig. 1. — Coupe de la chaudière à 16 foyers.

purs et plus colorés, à cause de la surchauffe qui se produit en certains points.

On réunit souvent 2 ou 4 chaudières cylindriques dans un même massif en maçonnerie.

Les vapeurs se rendent dans un dôme qui surmonte la chaudière, puis par un tube, au réfrigérant, en passant par un *déflegmateur*.

C'est un cylindre en fer qui se trouve au-dessus

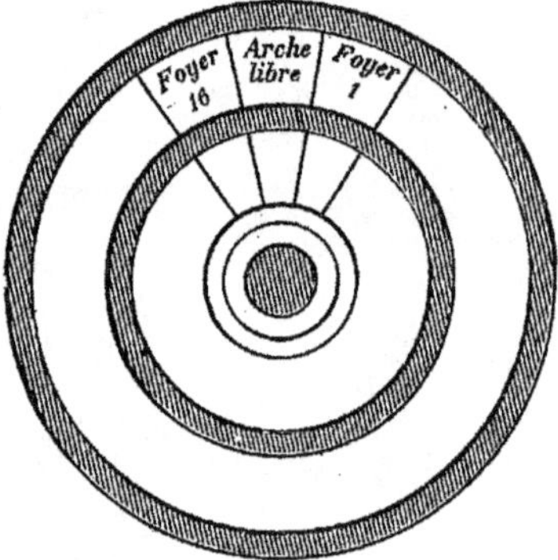

Fig. 2. — Plan de la chaudière à 16 foyers.

du serpentin et produit un fractionnement grossier.

Les vapeurs arrivent par *a* (fig. 3). Les parties les moins volatiles se condensent et se rendent dans un serpentin en passant sous une calotte plongeant de 8 à 10 cm dans le liquide. Cette fraction qui est la plus importante constitue le *grand jet*.

Par contre, les parties plus volatiles s'échappent par le haut et se rendent dans un autre serpentin contenu dans la même bâche : c'est le petit jet.

Dans une même chambre se trouvent réunis, sous la conduite de l'ouvrier distillateur, les tubes d'écoulement des réfrigérants de toutes les chaudières de la batterie.

Les liquides condensés, suivant leur densité, peuvent être envoyés dans l'un quelconque des

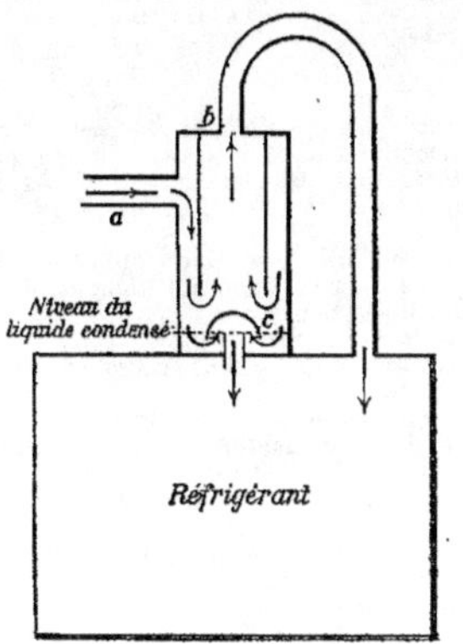

Fig. 3. — Déflegmateur.

réservoirs, par l'emploi de dispositifs très simples.

La conduite *a* (fig. 4) communique avec la partie inférieure du serpentin ; le tuyau *b* envoie les gaz non condensés dans un gazomètre d'où on les dirigera sous les chaudières ; le siphon *s* empêche la sortie des gaz ; la boîte *d* qui porte

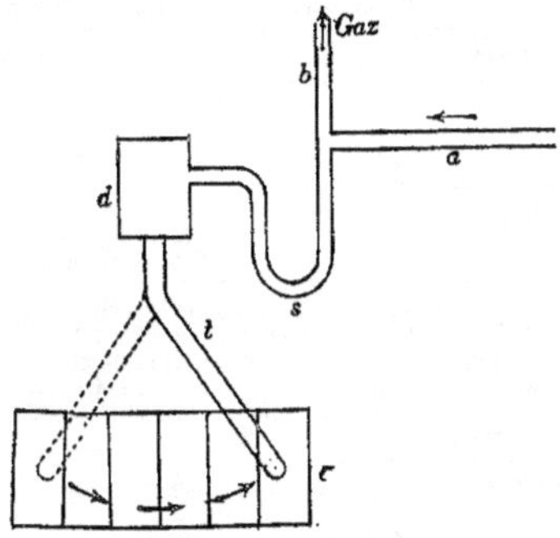

Fig. 4. — Appareil de distribution.

le nom de *lanterne* est munie d'une glace qui permet d'observer la couleur du liquide qui distille et la vitesse de la distillation, elle porte, en outre, un robinet pour la prise des échantillons et la détermination de la densité.

De la lanterne, le liquide est dirigé à volonté au moyen d'un tube articulé dans l'un des compartiments d'une caisse en tôle *c*.

Chaque compartiment communique avec un réservoir. Il y aura par exemple le réservoir à gazoline, le réservoir à essence, le réservoir à huile lampante, etc., et suivant la nature du liquide qui distillera, on placera l'orifice du tube d'écoulement dans tel ou tel compartiment.

Il n'y a ainsi aucune manœuvre de robinets.

En Roumanie, pour économiser l'eau et pour récupérer une partie de la chaleur, on fait circuler dans les réfrigérants le pétrole même qu'il s'agit de distiller. Celui-ci arrive ainsi déjà chaud dans la chaudière distillatoire. On utilise même dans certains appareils la chaleur abandonnée pendant la condensation des huiles lampantes ou lourdes pour distiller les essences.

Distillation continue. — Le pétrole peut être distillé d'une façon continue au moyen d'une batterie de 18 chaudières de 200 à 250 hectolitres.

L'huile arrive d'une façon continue dans la première, d'où elle passe dans la deuxième qui se trouve à un niveau inférieur et ainsi de suite en abandonnant des produits de moins en moins volatils, tandis que la température d'ébullition va en augmentant.

La 18ᵉ chaudière ne donne que des résidus.

De chaque chaudière les vapeurs se rendent aux condenseurs. Il faut un serpentin de 350 mètres de longueur et 16 centimètres de diamètre pour une chaudière de 100 hectolitres.

La *marche de la distillation* dépend de la nature des produits à obtenir. Les huiles américaines donnent 60 à 75 0/0 de produits propres à l'éclairage (huiles et essences) et 4 à 8 0/0 de paraffine.

On recueille d'abord ce qui passe au-dessous de 120°. Ce sont les *benzines* que l'on distille de nouveau dans une chaudière en tôle de 2000 hectolitres, chauffée à la vapeur. Elles donnent : 0,1 0/0 de gaz ou cymogène, 3 à 5 0/0 de gazoline et 20 à 75 0/0 d'essence minérale. Le reste est réuni aux huiles lampantes.

Après le départ des benzines, on élève la température et l'huile lampante distille. Elle représente en moyenne la 1/2 ou les 2/3 de la quantité totale.

Le résidu de la distillation encore chaud est évacué soit dans des bacs de dépôt, soit dans des chaudières. Il doit être refroidi par son passage dans un réfrigérant avant d'arriver dans les chaudières.

Celles-ci qui portent le nom de *black-pots*, sont cylindriques, verticales et à fond sphérique.

L'épaisseur qui est au fond de 10 centimètres va en diminuant à mesure qu'on s'en écarte. Le fond doit supporter une très haute température. Plusieurs black-pots sont réunis dans le même massif.

Il passe :

1° Des gaz que l'on brûle sous les chaudières.

2° Des huiles de densité 0,830 à 0,840 que l'on réunit aux huiles lampantes.

3° Des huiles à paraffine (densité 0,840 à 0,868).

4° Du coke.

C'est dans cette distillation que l'on produit le *cracking*, c'est-à-dire la transformation sous l'action de la chaleur d'une partie des carbures lourds en huile lampante.

L'*huile à paraffine* sera redistillée et donnera *l'huile lourde pour graissage* et la *paraffine*.

Le coke est utilisé par l'industrie électrique pour faire des électrodes, balais de dynamos, etc.

Distillation des huiles russes. — Ces huiles contenant plus de produits lourds que les huiles américaines, il faut injecter dans la chaudière à la fin de la distillation de la vapeur d'eau surchauffée, pour entraîner les parties lourdes et les protéger contre le contact direct des parois à température élevée.

La distillation des résidus se fait de même par l'action combinée d'un foyer à feu nu et de la vapeur d'eau surchauffée.

Procédé Ragosine. — Dans ce procédé, la distillation est faite non plus au moyen de la vapeur d'eau surchauffée, mais par des vapeurs de carbures légers. Ces vapeurs dissolvent les carbures lourds et abaissent le point d'ébullition du mélange. On obtient un meilleur rendement en produits légers. Si l'on veut produire le *cracking* on envoie les vapeurs dans une autre chaudière semblable, la pyrogénation se fait plus régulièrement et donne moins de gaz et de coke [Wagner, Fischer et Gautier, *Chim. Indust.*, et A. Haller, *loc. cit.*].

On donne en Russie le nom de *kérosine* à l'huile lampante, et celui de *mazout* au résidu.

Épuration chimique. — Tous les produits de la distillation sont traités à froid par l'acide sulfurique qui fixe les bases, détruit une partie des composés sulfurés, forme des dérivés sulfoconjugués avec les carbures éthyléniques, acétyléniques et aromatiques.

Cette opération est suivie de lavages à l'eau et à la soude.

L'*épurateur* ou *batteuse* est un grand cylindre vertical en tôle à fond conique et doublé intérieurement de plomb. Il contient 10000 hectolitres.

On ajoute d'abord au pétrole 1/10 de son poids d'acide sulfurique pour enlever l'eau qu'il peut contenir. On brasse la masse par barbottage d'air comprimé. On laisse reposer, on soutire l'acide.

On ajoute ensuite la moitié de l'acide nécessaire à l'épuration, on agite pendant 1 heure.

On ajoute la seconde moitié de l'acide, on brasse, on laisse reposer et l'on soutire l'acide à la partie inférieure.

On fait un lavage à l'eau, puis un lavage à la soude à 1 0/0, et l'on termine par un lavage à l'eau.

On emploie des quantités d'acide sulfurique variables, suivant l'origine du pétrole et la fraction que l'on traite.

Pour la gazoline on emploie 0.5 0/0 d'acide à 66° B. et 0,2 0.0 de soude à 36° B. Pour l'huile lampante 1,75 0/0 d'acide et 1 0 0 de soude, et pour l'huile à paraffine 5 0 0 d'acide et 1 0/0 de soude.

L'épuration de la gazoline ne doit pas être faite à l'air comprimé, à cause de la volatilité du produit. On se sert d'un cylindre clos muni d'un agitateur à palettes.

On enlève au pétrole les dernières traces d'eau en le faisant passer par simple différence de niveau à travers une couche de sel ou de sciure de bois.

Désulfuration. — Les composés sulfurés contenus dans le pétrole brut ne sont pas toujours complètement enlevés par les traitements précédents.

En Amérique on distille le pétrole, ou bien on le chauffe simplement sur un mélange d'oxyde de cuivre et d'oxyde de fer (Frasch). Le soufre est retenu à l'état de sulfure de cuivre. Ce dernier par grillage régénère l'oxyde.

On peut aussi employer de l'acide sulfurique additionné de 0.5 à 1 0/0 d'acide azotique ou du chlorure d'aluminium anhydre.

Voici, d'après Miron, les *pertes* dans le raffinage du pétrole brut américain :

Eau, pertes par évaporation et par déperdition dans les conduites...	1,20 0/0
Perte dans la 1re distillation......	2,10
— 2e —	1,00
— redistillation des produits légers	0,75
— redistillation des huiles lourdes.......	2,35
— travail d'épuration ..	1,85
Coke........................	2,00
Total.................	11,25 0/0

Degré d'inflammabilité. — Le degré d'inflammabilité se détermine au moyen des appareils Granier, Abel, Abel-Pinsky, etc. [Riche et Halphen, *Le Pétrole.* — Miron, *Les Huiles minérales*].

Le pouvoir calorifique se détermine au moyen de la bombe calorimétrique de Berthelot, modifiée par Mahler.

Goudrons acides. — On a cherché à utiliser les goudrons provenant de l'épuration par l'acide sulfurique.

L'acide chargé de ces goudrons est agité avec 10 0/0 d'eau, on soutire la couche inférieure qui contient l'acide en excès, et qui pourra servir à la fabrication du sulfate de fer ou du superphosphate.

Le goudron surnageant pourra, après neutralisation par la chaux, être brûlé dans les foyers des chaudières au moyen d'injecteurs.

Applications diverses. — Les essences de pétrole sont employées pour l'extraction du parfum des marcs de fleurs.

Plusieurs brevets ont été pris pour permettre l'emploi du *pétrole sous forme solide* pour le chauffage, et d'en rendre son transport plus facile. La plupart de ces procédés consistent à incorporer le pétrole à des savons d'acides gras ou de résines.

Schell [*Mon. Scient.*, 1901, 440] pense que les carbures des pétroles, et notamment les phtalènes, pourraient servir à faire des synthèses organiques telles que des synthèses de parfums.

Traitement des huiles lourdes. — *Huiles de graissage.* — Les huiles lourdes américaines contenant beaucoup de paraffine conviennent mal pour le graissage parce qu'elles se solidifient à zéro et deviennent, par contre, très fluides quand la température s'élève.

Les huiles russes ont l'avantage de contenir beaucoup moins de paraffine et de ne se solidifier qu'à une température assez basse. Ces huiles s'obtiennent par la distillation du mazout.

Le mazout lui-même peut être utilisé pour le graissage des essieux de wagons.

Les produits rectifiés portent le nom d'*oléonaphtes*. Leur densité varie de 0,895 à 0,914.

Lorsqu'on a en vue la fabrication de ces produits, on doit éviter dans la distillation le cracking qui prive les huiles de leurs qualités essentielles.

Les huiles provenant de la pression de la paraffine brute constituent de bonnes huiles de graissage.

La *viscosité* des huiles se détermine au moyen de l'appareil d'Engler [*D. chem. G.*, 189, 1885] ou de l'ixomètre Barbey [Riche et Halphen, *Le Pétrole*], ou les appareils Naugt, Thurston, Henderson, etc.

PARAFFINE.

(Voyez Dict., 2, 766 et 1er Suppl., 1140.)

1 hectolitre d'huile à paraffine purifiée fournit 10 kg. de paraffine brute.

L'argile est un bon agent de décoloration de la paraffine. On mélange l'argile chauffée à 300° avec la paraffine fondue.

Mabery [*Am. Chem. Journ.*, **33**, 251, 1905] a isolé de la paraffine commerciale :

Le tricosane $C^{23}H^{48}$ (F. 48°) $d_{60} = 0,7886$.
Le tétracosane $C^{24}H^{50}$ (F. 50-51°).
Le pentacosane $C^{25}H^{52}$ (F. 53-54°) $d_{60} = 0.7941$.
L'hexacosane $C^{26}H^{54}$ (F. 55-56°) $d_{60} = 0.7968$.
L'octocosane $C^{28}H^{58}$ (F. 60°).
Le nonocosane $C^{29}H^{60}$ (F. 62-63°).

VASELINE.

La vaseline ou pétroléine est un mélange d'hydrocarbures C^nH^{2n} et de carbures saturés que l'on rencontre dans les huiles lourdes.

On ne peut extraire à la fois des huiles lourdes la vaseline et la paraffine, mais seulement l'une d'elles.

Les huiles lourdes russes servent généralement à l'extraction de la vaseline, et les huiles américaines à celle de la paraffine.

Le traitement des huiles lourdes en vue de l'obtention de la vaseline peut se faire de deux façons différentes.

L'une consiste à évaporer la vaseline sous une hotte de fort tirage, dans des chaudières en fonte aussi remplies que possible, de façon que les vapeurs ne se condensent pas sur les parois du vase pour retomber dans la chaudière. C'est là un point essentiel, car ce sont ces produits qui donnent à la vaseline une odeur et une causticité qui diminuent considérablement sa valeur.

L'huile ainsi concentrée est filtrée deux ou trois fois sur du noir animal.

On peut aussi la purifier par un traitement à l'acide sulfurique pur ou additionné de bichromate de potassium.

Dans le second procédé de traitement des huiles lourdes, on additionne celles-ci de noir animal, et l'on fait une distillation au moyen de la vapeur d'eau surchauffée.

Le résidu de la distillation est décoloré comme ci-dessus.

La vaseline purifiée est blanche, neutre, insoluble dans l'alcool, soluble dans l'éther, le sulfure de carbone et le chloroforme.

Sa densité varie de 0,835 à 0,860. Elle se ramollit à 30°, et passe progressivement à l'état liquide lorsque la température s'élève.

Sa viscosité, celle de l'eau étant prise pour unité, est représentée par les nombres suivants : 5 à 45°, 4 à 50°, 2 à 75° et 1,1 à 100°.

Elle est inattaquable par les acides et les alcalis.

La vaseline dite *artificielle* est une pâte de paraffine et d'huile liquide. Lorsqu'on la chauffe elle fond brusquement. Elle s'oxyde davantage que la vaseline naturelle.

HUILE DE SCHISTE.

Les schistes bitumineux, comme les pétroles bruts, donnent à la distillation des gaz, des essences, des huiles lampantes, des huiles lourdes et de la paraffine. Ils fournissent, en outre, des eaux ammoniacales.

L'huile brute de schiste a une densité variant de 0,870 à 0,900; elle renferme, comme le pétrole, des hydrocarbures C^nH^{2n+2}, C^nH^{2n}, C^nH^{2n-6}, des hydrocarbures naphtaléniques, etc.

Les carbures saturés de C^8H^{18} à $C^{17}H^{36}$ se rencontrent surtout dans les fractions légères.

Les carbures non saturés C^nH^{2n} passent surtout de 80° à 350°.

L'huile de schiste s'écarte principalement de l'huile de pétrole par la forte proportion de carbures non saturés éthyléniques et acétyléniques qu'elle contient.

L'acide sulfurique absorbe jusqu'à 50 0/0 de l'huile brute.

Le résidu du traitement par l'acide sulfurique d'une fraction de l'huile de schiste distillant de 150° à 200°, traité par l'acide azotique, a fourni du décylène et du laurylène nitrés. La fraction bouillant à 150° contient 88,3 à 88,5 de carbone et 11,7 à 13,3 0/0 d'hydrogène.

Le goudron, résidu de la distillation du schiste, est noir et visqueux. Il renferme des bases pyridiques, des phénols et des produits sulfurés.

Un schiste fournit en moyenne 4 à 15 0/0 d'huile brute, 3 à 15 0/0 d'eau ammoniacale, 3 à 5 0/0 de gaz.

Distillation. — On emploie soit la *cornue française*, soit la *cornue écossaise*.

La première est un parallélipipède en fonte ayant pour la hauteur $3^m,50$ et pour les autres dimensions $1^m,56$ et $0^m,40$, placée dans un massif en maçonnerie.

La durée d'une distillation est de 24 heures.

A chaque cornue sont adjoints 2 condenseurs : l'un pour l'eau ammoniacale, l'autre pour l'huile.

L'*appareil écossais* est beaucoup plus compliqué. Quatre fours à cuve sont chauffés par un gazogène commun placé au centre du massif. On injecte dans la masse en distillation de la vapeur d'eau surchauffée et sous pression. L'emploi de la vapeur d'eau augmente considérablement le rendement en huile.

Raffinage. — L'huile brute est ensuite raffinée par distillation et épuration chimique. La distillation se fait, en France, dans des chaudières horizontales chauffées à feu nu. Les différentes fractions obtenues sont épurées par traitement à l'acide sulfurique, puis à la soude, comme cela a lieu pour le pétrole.

100 litres d'huile brute ont donné [Chesneau, *Annales des Mines*] :

Huile (d = 0,830)	58 litres.
Huile verte à gaz (d = 0,895)	23 —
Goudron (d = 0,960)	17 —
Pertes	2 —

L'huile employée à l'éclairage provient d'un nouveau fractionnement des portions de densité 0,830 et 0,895. Elle a pour densité 0,810 à 0,865. On l'utilise surtout pour l'éclairage des phares.

Des huiles lourdes écossaises on peut extraire la paraffine.

On distingue l'huile lampante de schiste de l'huile de pétrole à sa densité, qui est généralement plus élevée, à son odeur âcre due à des composés pyridiques et à des produits sulfurés, mais surtout à son action sur l'acide sulfurique. En effet, le pétrole agité avec son volume d'acide sulfurique concentré ne s'échauffe que de quelques degrés, 8° au plus, tandis qu'avec l'huile de schiste l'élévation de température peut atteindre 50° par suite de la présence de carbures éthyléniques et de carbures aromatiques.

Les schistes bitumineux sont distillés principalement à Autun (Saône-et-Loire), à Buxières-la-Grue (Allier) et en Ecosse.

Avril 1907. E. Baud.

PETTERDITE (Min.) (Twelvetrees). — Sorte de pyromorphite ou mimétèse $([P, As, Sb]O^4)^3Pb^5Cl$, avec 2,60 0/0 As^2O^5, 2,10 P^2O^5 et 0,5 Sb^2O^5, en minces lames hexagonales, à Lechan, Tasmanie. Densité = 7,16. L. Bourgeois.

PEUCÉDANINE. — Voy. Oroselone.

PHACELLITE (Min.) [(Scacchi). Syn. : *Kaliophilite* (Mierisch)]. — Orthosilicate d'aluminium et de potassium, $K^2O . Al^2O^3 , 2SiO^2$, ou néphéline potassique. Fines aiguilles blanches, transparentes, formées de prismes hexagonaux réguliers, d'après les propriétés optiques, clivables suivant la base, réunies en houppes soyeuses sur une lave augitique avec mica et calcite, à la Somma. Dureté = 6. Densité = 2,49.

L. Bourgeois.

PHARBITOSE. — Hydrate de carbone du groupe des saccharoses, contenu dans les semences du *pharbitis nil.* Son pouvoir rotatoire $[\alpha]_D = 109°,53$. L'hydrate de strontium le précipite de sa solution alcoolique en donnant une combinaison dédoublable par l'acide carbonique. On régénère ainsi une masse amorphe qui abandonne, par traitements répétés à l'éther, une poudre blanche hygroscopique. La phloroglucine et l'acide chlorhydrique donnent, avec ce sucre, une coloration rouge (Kromer, *Arch. d. Pharm.*, **234**, 459, 1896). 1er mai 1907. A. Hébert.

PHASÉLINE et **PHASÉOLINE.** — Noms donnés par Osborne à deux matières albuminoïdes retirées de plusieurs légumineuses (*Phaseolus vulgaris, Ph. radiatus, Vigna Catjang*). La phaséoline rentre nettement dans le groupe des globulines : la phaséline, bien qu'analogue aux globulines, est plus difficile à classer (Osborne, *Jahresb. de Maly*, **24**, 22, 1894; — Osborne et Campbell, *ibid.*, **27**, 22, 1897 et **28**, 641, 1898).

E. Lambling.

PHASES (LOI DES). — Si l'on se reporte à l'ouvrage de Gibbs sur l'équilibre des systèmes hétérogènes (traduction Le Chatelier, p. 68), on trouve tout d'abord de la *phase* la définition suivante :

« Dans l'étude des différentes masses homogènes qui peuvent être obtenues avec un même groupe de substances constituantes, il est commode d'avoir un terme qui vise seulement la composition et l'état thermodynamique de chaque masse, abstraction faite de sa grandeur et de sa forme. On appellera de semblables masses, envisagées seulement au point de vue de leur différence de composition et d'état, des *phases* différentes de la matière considérée, en envisageant toutes les masses qui diffèrent seulement par la grandeur et la forme comme des exemples différents d'une même phase. »

Deux cristaux de glace sont deux exemples d'une même phase : le système constitué par des cristaux de glace, de l'eau liquide et de la vapeur d'eau contient trois phases. Deux variétés d'un corps dimorphe, deux polymères d'une même substance, deux hydrates d'un même sel constituent également des phases différentes.

Quant à loi des phases elle-même elle permet de prévoir quel sera pour un système donné le nombre possible de variations indépendantes, quel sera le *degré de liberté* du système.

Ce degré de liberté n'est fonction que du nombre (r) de ses phases définies comme nous l'avons vu plus haut et du nombre (n) des constituants indépendamment variables du système. Ce nombre n exprime le nombre de variations chimiques différentes que l'on peut faire subir au système sans porter atteinte à l'état d'équilibre; il représente la différence entre le nombre (m) des substances différentes intéressées dans l'équilibre et le nombre (q) des réactions chimiques qui interviennent.

Dans le système constitué par le mélange fondu de KCl et de NaBr nous pouvons avoir les quatre sels suivants : KCl, NaCl, KBr, NaBr. Le nombre des substances présentes est de 4 ($m = 4$) et le nombre des réactions chimiques est égal à l'unité ($q = 1$), l'unique réaction possible étant la suivante :

$$KCl + NaBr = KBr + NaCl.$$

Nous avons alors pour le nombre n des constituants indépendants, la valeur

$$m - q = n \qquad 4 - 1 = 3.$$

Etant données ces définitions, l'expression de la loi des phases elle-même est alors la suivante :

Degré de liberté (*Variance*) $= n + 2 - r$,

ce qui correspond à cet énoncé :

Le degré de liberté (variance) d'un système matériel dont toutes les parties sont en équilibre chimique et physique est égal à l'excès du nombre des constituants indépendamment variables sur le nombre des phases, augmenté de deux unités.

Partant de cette notion on peut alors classer les systèmes en équilibre en groupes pour lesquels le degré de liberté aura la même valeur, et on est amené ainsi à considérer des systèmes invariants (ou non variants), ($n + 2 - r = 0$), monovariants ($n + 2 - r = 1$), divariants ($n + 2 - r = 2$), trivariants ($n + 2 - r = 3$), etc. Cette possibilité de classer méthodiquement les exemples d'équilibre constitue le principal avantage de la loi de Gibbs; elle permet en effet ainsi de rapprocher des systèmes souvent en apparence très différents si on s'en tenait aux propriétés chimiques des corps en présence, mais qui en réalité possèdent des analogies profondes et telles que l'étude de l'un d'entre eux, simple, permette ensuite d'aborder fructueusement celle des cas les plus complexes. Nous donnerons quelques exemples caractéristiques des principaux groupes ainsi définis[1].

I. Systèmes invariants. — Le degré de liberté est nul; on ne peut faire varier aucune des grandeurs (pression, température, etc.) dont dépend l'état du système sans détruire l'équilibre existant.

Mais pour cette valeur 0 du degré de liberté nous pouvons faire toutes les combinaisons possibles suivant les valeurs diverses que nous pouvons avoir pour r, le nombre de substances qui prennent part à l'équilibre. Nous sommes ainsi amenés à un classement nouveau dans l'intérieur même d'un groupe.

Pour les systèmes invariants nous aurons ainsi pour $n = 1$ un groupe contenant les équilibres où n'intervient qu'une seule substance, pour $n = 2$, les équilibres de deux corps, etc. Nous aurons, par exemple :

Pour $n = 1$, $r = 3$ et le système comporte trois phases : c'est le cas de l'eau qui à 0° donne un système en équilibre comportant à la fois de l'eau liquide, de la glace et de la vapeur. Pour le soufre qui est susceptible de donner quatre phases grâce à l'existence de deux formes cristallines, nous pouvons avoir plusieurs systèmes en équilibre suivant que nous ferons intervenir l'une ou l'autre de ces formes. Nous aurons ainsi les quatre systèmes invariants :

Soufre prismatique, S. octaédrique, vapeur à 96°.
S. prismatique, S. liquide, vapeur à 120°.
S. octaédrique, S. liquide, vapeur à 114°.
S. octaédrique, S. prismatique, liquide à 151°.

et l'on voit immédiatement que le nombre de systèmes possibles est égal au nombre de combinaisons arithmétiques triples des divers états physiques de la substance.

1. Ostwald dans son *Traité de Chimie générale*, 1902, Bakhuis Roozeboom, dans son *Traité des équilibres hétérogènes*, 1901-1903 et Bancroft, dans le *Journal of Physical Chemisty* ont adopté une classification différente de celle de Le Chatelier et de Duhem, employée dans cet article. Ils classent les équilibres d'après le nombre de leurs constituants.

Mais ces équilibres ne sont pas tous connus expérimentalement; c'est le cas de l'exemple suivant :

$n=2$, $r=4$; nous avons dans ce sous-groupe les dissolutions aqueuses d'un sel. Si le sel est susceptible d'hydrates divers le nombre des substances qui prennent part à l'équilibre devient considérable, et pour le sulfate de soude nous pouvons avoir par exemple ses deux formes anhydres α et β, ses hydrates à 7 et à 10 H^2O, la glace et la vapeur d'eau.

Parmi toutes les combinaisons possibles on n'a pu en réaliser expérimentalement qu'un certain nombre (4).

Dans le sous-groupe pour lequel $n=3$, ($r=5$) nous aurons les dissolutions plus complexes, contenant par exemple un sel double, ou un sel en présence de l'un de ses constituants. C'est à ce groupe qu'appartiennent les solutions de $FeCl^3 + HCl$ étudiées par Bakhuis Roozeboom et Schreinemakers.

Points multiples et représentations graphiques. — Dans tous les procédés de représentation géométrique des systèmes chimiques, les systèmes invariants sont représentés successivement par des points, puisque leurs coordonnées sont invariables. Dans les courbes de tension de vapeur de l'eau, le point invariant est le point où se coupent les deux courbes de tension de vapeur de l'eau liquide et de la glace.

Dans la figure 1 le point 𝔗 représente ainsi le point triple, le point de transformation du système eau, glace, vapeur; il correspond à la pression de 9mm,6 et à la température de $+0{,}0076°$. Pour l'exemple du soufre nous aurons de même pour chacun des systèmes en équilibre vus plus haut, un point triple dont le dernier correspond à une pression de 1320 atmosphères.

Fig. 1.

Pour les systèmes à deux constituants ($n=2$) nous aurons de même un point quadruple; c'est le cas d'une solution saline au point cryohydratique. En ce point nous avons en équilibre les quatre phases représentées par le sel solide, la glace, la solution et la vapeur. C'est également le cas pour le système constitué par deux hydrates d'un sel, la solution et la vapeur; pour le

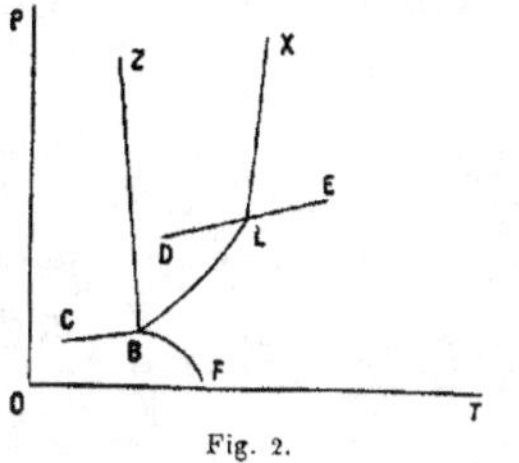

Fig. 2.

sulfate de soude à 32°,4 l'équilibre correspond à la coexistence des quatre phases, vapeur, solution, sel à $10H^2O$ et sel anhydre α.

La figure 2 représente ainsi les équilibres entre SO^2 et l'eau, d'après Roozeboom. Les deux points L et B correspondent à la coexistence de quatre phases qui pour L sont constituées par l'hydrate $SO^2, 7H^2O$, une solution de SO^2 dans l'eau, une solution d'eau dans SO^2 liquide et un mélange gazeux de $H^2O + SO^2$. La température correspondante est de $273 + 12°{,}0$ et la pression $p = 177^{cm}{,}3$.

Pour B les phases en équilibre sont la glace, l'hydrate $SO^2, 7H^2O$, la solution aqueuse de SO^2 $(H^2O + 0{,}0245 SO^2)$ et le mélange gazeux $SO^2 + H^2O$. La température correspondante est de $273° - 2°{,}6$ et la pression de $21^{cm}{,}1$.

Avec trois constituants ($n=3$) comme c'est le cas par exemple pour un sel double, ses deux constituants, la solution et la vapeur, les cinq phases peuvent coexister en un point quintuple. Nous en avons un exemple dans le système constitué par l'eau, le sulfate de soude et le sulfate de magnésie. A la température de 22°, d'après Roozeboom, peuvent coexister :

1° La vapeur d'eau V;

2° Un mélange liquide L, formé d'eau, de sulfate de sodium et de sulfate de magnésium;

3° Des cristaux N de $SO^3Na^2, 10H^2O$;

4° Des cristaux M de $SO^4Mg, 7H^2O$;

5° Des cristaux A d'Astrakanite $Na^2MgS^2O^8, 4H^2O$.

Les cinq courbes qui entourent le point 22° 𝔗 donnent la disposition de la figure 3.

Pour les systèmes plus complexes on aura de même des points multiples; si le système en

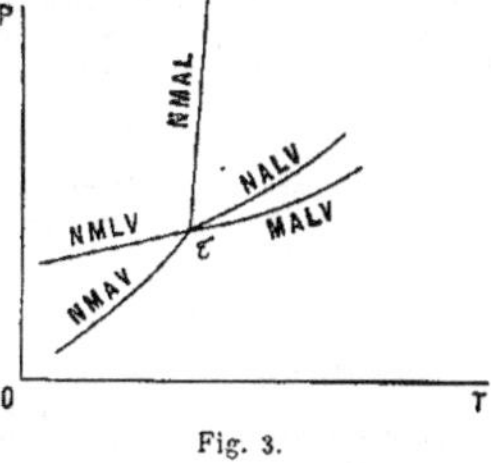

Fig. 3.

équilibre comporte n constituant, chacun de ces points sera le point de terminaison de $n+2$ courbes.

Points fixes. — Tous ces systèmes invariants correspondent à des températures parfaitement fixes et aussi rigoureusement déterminées que le point de fusion de la glace qui n'est d'ailleurs pas autre chose que le point invariant de l'eau. On a, par suite, proposé un certain nombre de ces points comme points thermométriques. Rapportés au thermomètre à hydrogène on a ainsi déterminé les points fixes suivants (Richards), qui correspondent aux systèmes formés par un hydrate cristallisé stable à la température ordinaire, l'hydrate suivant obtenu par une élévation de température, la dissolution saturée et la vapeur :

Chromate de soude	19°,85
Sulfate de soude	32°,38
Carbonate de soude	35°,10
Hyposulfite de soude	48°,00
Bromure de sodium	50°,70
Chlorure de manganèse	57°,80
Chlorure de strontium	61°,00
Phosphate de soude	73°,40
Hydrate de baryte	77°,90

Le système ternaire constitué par $NaCl$, SO^4Na^2 et l'eau donne également un point invariant à 17°,9 correspondant à l'équilibre entre les phases

NaCl. Na^2SO^4. $SO^4Na^2.10H^2O$, la solution saturée et la vapeur (Meyerhoffer et Saunders).

Pour déterminer ces points fixes, prenons par exemple l'eau et la vapeur d'eau, on ajoutera la troisième phase, ici la glace, jusqu'à ce que l'absorption de chaleur due à sa fusion abaisse la température suffisamment pour assurer un système invariant : glace, eau, vapeur. A partir de ce moment le thermomètre s'arrêtera au point cherché.

De même pour le point fixe du sulfate de soude on ajoutera au système constitué par l'hydrate ordinaire, l'eau et la vapeur, du sulfate anhydre jusqu'à ce que la température qui s'élève peu à peu se maintienne au point cherché (33°,38).

II. Systèmes monovariants. — Le degré de liberté ($n + 2 - r$) est égal à l'unité. On peut, dans tous les systèmes satisfaisant à cette condition, fixer arbitrairement une des variables définissant l'état du système, et toutes les autres grandeurs sont par ce fait même déterminées. Si on prend par exemple la température comme variable indépendante, à chaque valeur de la température correspondra une pression déterminée du système et une composition déterminée de chaque phase. Les représentations géométriques des propriétés du système seront des lignes limitées aux points invariants (si on fait abstraction des phénomènes de sursaturation). Nous avons des exemples de ces courbes dans les courbes de solubilité, dans les courbes de tension de vapeur, de tension de dissociation, etc. D'après les valeurs de n, d'après le nombre des constituants nous aurons les sous-groupes suivants :

$n = 1$; $r = 2$. — C'est le cas de l'eau et de sa vapeur, de la glace et de la vapeur, de l'eau liquide et de la glace. Les trois courbes représentatives de ces trois systèmes monovariants se coupent au point triple qui représente le système invariant.

$n = 2$, $r = 3$. — C'est le cas classique de la dissociation du carbonate de chaux qui comporte trois phases, CaO, CO^3Ca et CO^2, dont deux sont solides et une gazeuse. A chaque température correspond une tension déterminée : c'est le fait généralement connu sous le nom de *loi des tensions fixes de dissociation*. Pour qu'il en soit ainsi la présence des trois phases est nécessaire, si l'une disparaît il n'y a plus de tension fixe de dissociation ainsi que le montre entre autres exemples celui des hydrures alcalins.

A ce groupe appartiennent encore les systèmes constitués par deux liquides incomplètement miscibles, éther et eau par exemple.

$n = 3$, $r = 4$. — Nous avons un exemple d'un tel système dans le cas d'un sel décomposable par l'eau, comme le sulfate mercurique. Pour que l'état du système soit déterminé la présence de quatre phases est nécessaire ; elles sont représentées par le sulfate mercurique, le sous-sulfate insoluble, la solution acide du sulfate mercurique et la vapeur. Tant que la solution n'est pas saturée en sulfate mercurique, l'état du système, la quantité d'acide sulfurique libre, n'est pas déterminée par la température seule.

III. Systèmes divariants et systèmes supérieurs. — Comme exemple d'un système divariant ($n + 2 - r = 2$) nous aurons une dissolution saline en contact avec sa vapeur ($n = 2$ dans ce cas), et celui d'une dissolution en contact avec un excès de sel. La composition de la dissolution saline sera déterminée une fois la pression et la température déterminées ; si nous produisons une variation dans la température ou dans la pression, l'équilibre se rétablira soit par une évaporation, soit par une condensation de vapeur d'eau.

Comme système trivariant on ne peut concevoir qu'un système comportant au moins 2 constituants ; c'est le cas par exemple de la vapeur d'eau à l'état de dissociation : comme il n'y a qu'une phase, $r = 1$ et $n + 2 - r = 3$. Au delà de ce système on arrive rapidement à des cas trop complexes pour être étudiés expérimentalement.

Remarques. — 1° Dans tout ce qui précède nous avons toujours supposé qu'il s'agissait du système en équilibre réel ; par suite, dans tous les cas où cet équilibre ne s'établit qu'avec une grande lenteur, on pourra se croire en présence d'un cas exceptionnel. Il en est ainsi par exemple quand on observe le refroidissement d'une solution de borax. Il se dépose d'abord des cristaux à $5H^2O$ qui peuvent être volumineux et qui peuvent subsister par suite au-dessus de leur température de transformation en cristaux à $10H^2O$ (60°). En apparence, après le refroidissement complet, on se trouvera en présence de trois sortes de cristaux au lieu de deux et le système comportera les cinq phases, glace, sel à $5H^2O$, sel à $10H^2O$, dissolution et vapeur au lieu de quatre phases qu'il devait comporter. La contradiction n'est qu'apparente : nous n'avons plus là un système en équilibre et les formules des systèmes en équilibre réel ne peuvent pas s'y appliquer.

2° Dans les essais d'application aux piles électriques, l'expérience amène à conclure que le degré de liberté est inférieur d'une unité à celui donné par la formule générale. En réalité, l'établissement de la formule générale suppose expressément l'absence de tout phénomène électrique. Dans ce cas le nombre 2 qui représente les différentes actions physiques en jeu (actions mécaniques et calorifiques) doit être porté à 3 (Voir sur ce point, Nernst, *Theoretische Chemie*, 4e éd., 697, 1903).

Exemples d'application de la loi des phases. — Bakhuis Roozeboom a montré comment on pouvait, en se plaçant au point de vue de la loi des phases, étudier les phénomènes complexes qui accompagnent la solidification du fer et de l'acier.

Van t'Hoff et ses collaborateurs, et en particulier Meyerhoffer, ont, depuis une vingtaine d'années, déterminé les transformations multiples qui ont donné naissance aux divers sels de dépôts de Stassfurth. (Un résumé de ces travaux a été donné par van t'Hoff dans *La Chimie physique et ses applications*, Paris, 1903).

On trouvera enfin un certain nombre d'applications techniques à la distillerie, à l'industrie de la soude, etc., dans une conférence de Meyerhoffer. *Ueber einige technische Anwendungen der Phasentheorie*, Berlin, 1905.

Bibliographie. — Nous n'avons cité presque exclusivement que les ouvrages généraux, les articles ou les monographies publiés sur la règle des phases et ses applications. — Gibbs, *Trans. Connecticut Academy*, III, 1874 à 1876. Traduction allemande par W. Ostwald, 1892 ; *Equilibre des systèmes chimiques*. Traduit par H. Le Chatellier, 1899 ; — Bancroft, *The Phase Rule*, Ithaca, 1897 ; — Bakhuis Roozeboom, *Die Heterogener Gleichgewichte vom Stand punkte der Phasenlehre*, 1re partie, Systèmes à un constituant, 1901 ; 2e partie, Systèmes à deux constituants, 1904, Braunschweig ; — P. Duhem *Thermodynamique et Chimie*, Paris, 1902. Dans ce dernier ouvrage en particulier on trouvera un exposé simple, très clair et très suffisamment complet de la Théorie des phases ; — H. Le Chatellier (La loi des Phases) *Rev. gén. des Sciences*, 10, 759, 1899 ; — Meyerhoffer *Ueber einige technische Anwendungen der Phasenlehre*, publié dans les *Verhandlungen des Vereins zur Beförderung des Gewerbflusses*, Berlin, 1905 ; — J. H. van t'Hoff, *La chimie physique et ses appli-*

rations, 1903; — J. Meyer, *Die Phasentheorie und ihre Anwendung* (*Ahrens's Sammlung chemischer und chemisch-technischer Vorträge*, Stuttgard, 1905); — J.-H. van t'Hoff, *Cristallisation à température constante* (Rapports présentés au Congrès de Physique de 1900, vol. I. p. 464); — Roozeboom, *Rev. gén. des Sciences*, **11**, 1041, 1900; — Ostwald, *Lehrbuch der Allgemeinen Chem.*, 2ᵉ vol., 2ᵉ partie, 1902; — Reychler, *Les Théories physico-chimiques*, 3ᵉ édit., Bruxelles, 1903; — Roozeboom, *Z. f. Ph. Ch.*, **2**, 450, 1888; — Bakhuis Roozeboom et Schreinemaker, *Z. f. Ph. Ch.*, **15**, 588, 1894; — Meyerhoffer et Saunders, *Z. f. Ph. Ch.*, **28**, 4, 1898.

Janvier 1907. C. Marie.

PHASOL. — Voy. l'art. PHYTOSTÉRINE.

PHELLANDRÈNE. — Voyez TERPÉNIQUE (Série).

PHELLOGÉNIQUE (ACIDE). — Le liège, soumis à l'extraction au benzène, puis à l'alcool, est mis à bouillir avec du bisulfite de soude, puis avec de l'eau pour enlever les matières incrustantes; le produit ainsi purifié est traité par la potasse alcoolique à 3 0/0 bouillante au réfrigérant ascendant et filtré. La solution alcoolique renferme le sel de potassium de l'*acide phellonique*. Celui ci constitue de petits cristaux blancs, fusibles à 96°, de formule $C^{22}H^{42}O^3$ (Kügler) ne présentant qu'un rendement de 10 gr. par kilogramme de liège; c'est un acide monobasique donnant un *dérivé acétylé*, fondant à 80°.

Fondu avec la potasse à 250°, l'acide phellonique se transforme en un acide dont le sel de potassium est soluble dans l'eau. La solution, précipitée par l'acide phosphorique, laisse déposer des flocons qui, recristallisés dans l'acide acétique, fondent à 121° et présentent la composition $C^{21}H^{40}O^4$. C'est un acide bibasique qui a été appelé *acide phellogénique* et dont la formation s'explique par l'oxydation sous l'influence de l'oxygène de l'air : $C^{22}H^{41}O^3K + 3KOH + 3O^2 = C^{21}H^{38}O^4K^2 + CO^3K^2 + 3H^2O$.

Le même acide s'obtient directement par la fusion alcaline du liège. Traité par l'acide nitrique concentré, il donne l'acide subérique; par l'acide nitrique étendu d'acide acétique, il donne un mélange de deux acides qu'on sépare en passant par les sels de potassium. On obtient aussi un acide isomère de l'acide phellogénique, fusible à 100°, bibasique et qui a été désigné sous le nom d'*acide isophellogénique*.

L'acide phellonique donne, avec l'acide iodhydrique, un dérivé iodé, correspondant sensiblement à la formule $C^{22}H^{41}IO^2$ et qui, traité par le zinc en milieu alcoolique chlorhydrique, fournit un éther fusible à 52-53° donnant par saponification l'*acide isophellonique*, isomère de l'acide phellonique, fusible à 73°.

Schmidt, à qui on doit l'étude ci-dessus [*Mon. f. Chem.*, **25**, 277, 1904] propose pour l'acide phellonique la formule de constitution suivante :

```
           C⁷H¹⁵
             |
            CH
          /    \
   CH²              C(OH)-CH³
    |                 |
   CH²              CH-COOH
          \    /
            CH
             |
           C⁷H¹⁵
```

1ᵉʳ mai 1907. A. Hébert.

PHELLONIQUE (ACIDE). — Voyez PHELLOGÉNIQUE (ACIDE).

PHÉNACÉTINE. — Voy. l'art. PHÉNOL.

PHÉNACÉTURIQUE (ACIDE), $C^6H^5.CH^2.CO.AzH.CH^2-CO^2H$ (Voy. 1ᵉʳ Suppl., 1159). — On verse peu à peu dans une solution aqueuse fortement alcaline de glycocolle, du chlorure de phénylacétyle refroidi à — 15°. On dissout ensuite dans de la soude et on précipite par l'acide chlorhydrique [Hotter, *J. prakt. Chem.*, (2), **38**, 98, 1888]. L'acide est en paillettes ou en cristaux rhombiques, en forme de dés à jouer, fusibles à 143°, solubles à 11°,2 dans 136ᵖ,2 d'eau. Pour les *sels* et les *éthers*, voy. Hotter [*loc. cit.*]; Stöber [*J. prakt. Chem.*, (2), **38**, 102, 1888]. — *Amide*. Tablettes fusibles à 174°. — *Acide p-nitrophénacéturque*. Fines aiguilles fusibles à 173°. — *Acide p-aminophénacéturique*. Tablettes rhomboïdales décomposées à 200° (Hotter).

E. Lambling.

PHÉNACYLAMINE, PHÉNACYLANILINE, ETC. — Voy. l'art. ACÉTYLBENZÈNE, 2ᵉ Suppl., **1**, 76-77.

PHÉNACYLACÉTIQUE (ACIDE). — Voy. ACÉTOPHÉNONE-ACÉTYLACÉTIQUE (ACIDE).

PHÉNANTHRAZINE (*Diphénylènequinoxaline*)

```
      ╱ Az - C - C⁶H⁴                ╱ Az = C - C⁶H⁴
C⁶H⁴    |    ||   |        ou  C⁶H⁴         |     |
      ╲ Az - C - C⁶H⁴                ╲ Az = C - C⁶H⁴
```

— La phénanthrazine se prépare en condensant l'o-phénylènediamine avec la phénanthrènequinone. Elle cristallise en aiguilles jaune clair fusibles à 217° [Hinsberg, *Lieb. Ann. Chem.*, **237**, 340, 1887; **292**, 264, 1896].

L'*o-dibromophénanthrazine*

```
          ╱ Az - C - C⁶H⁴
C⁶H²Br²     |    ||   |
          ╲ Az - C - C⁶H⁴
```

fond à 286° [Schiff, *Mon. f. Chem.*, **11**, 340, 1890].

La *nitrophénanthrazine*, $C^{20}H^{11}(AzO^2)Az^2$, forme des aiguilles jaune citron fusibles à 251° [Heine, *D. chem. G.*, **21**, 2306, 1888].

La *p-oxyphénanthrazine*

```
           ╱ Az - C - C⁶H⁴
C⁶H³(OH)     |    ||   |
           ╲ Az - C - C⁶H⁴
```

cristallise dans l'acide acétique en aiguilles jaune soufre, fondant au-dessus de 300°. Son *éther éthylique*, $C^2H^5.O.C^6H^3.Az^2.C^{14}H^8$, fond à 210° [Autenrieth et Hinsberg, *D. chem. G.*, **25**, 497, 1892].

TOLUPHÉNANTHRAZINE.

```
               ╱ Az - C - C⁶H⁴
CH³ - C⁶H³       |    ||   |
               ╲ Az - C - C⁶H⁴
```

— Elle résulte de la condensation de la phénanthrènequinone avec la toluylènediamine 1.3.4 en solution acétique. C'est une masse cristalline jaune fusible à 212-213° [Hinsberg, *Ann. Chem.*, **237**, 341, 1887].

La *bromotoluphénanthrazine*, $CH^3C^6H^2Br.Az^2C^{14}H^8$, cristallise dans un mélange d'alcool et de chloroforme en aiguilles fusibles à 209-210° [Hartmann, *D. chem. G.*, **23**, 1050, 1890].

Décembre 1906. P. Carré.

PHÉNANTHRÈNE, $C^{14}H^{10}$. — Le phénanthrène se forme quand on fait passer dans un tube chauffé au rouge un mélange de vapeurs de benzène et de coumarone [Kraener et Spilker, *D. chem. G.*, **23**, 85, 1890]. Il se forme aussi dans la pyrogénation du 9-éthyl ou du 9-méthylfluorène [Graebe, *D. chem. G.*, **37**, 4145, 1904]. Vongerichten et Schrötter ont obtenu du phénanthrène en distillant la morphine avec de la poudre de zinc [*Lieb. Ann. Chem.*, **210**, 396, 1882.] Knorr en a obtenu en traitant de la même façon la méthylmorphiméthine [*D. chem. G.*, **27**, 1149, 1894].

Il fond à 103°,05 [Reissert, *D. chem. G.*, **23**, 2243, 1899]. Sa chaleur latente de fusion est de 25 calories [Robertson, *Chem. Soc.*, **81**, 1233, 1902]. Son pouvoir rotatoire magnétique est 109,9 à 16° [Perkin, *Chem. Soc.*, **69**, 1196, 1896]. — Pouvoir réfringent : voyez Chilesotti [*Gazz. chim. ital.*, **30**, I, 158, 1900].

L'action du chlorure de chromyle transforme le phénanthrène en phénanthrène-quinone [Henderson et Gray, *Chem. Soc.*, **85**, 1041, 1904].

Sur la recherche du phénanthrène dans l'anthracène, voyez H. Behrens [*Rec. Pays-Bas*, 252, 1902].

DÉRIVÉS DE SUBSTITUTION.

Nous emploierons, pour désigner les dérivés de substitution le numérotage suivant :

DÉRIVÉS CHLORÉS. — 9.10-*Dichlorophénanthrène.* — On l'obtient, soit en chauffant à 320° avec du chlorure de zinc ammoniacal le phénanthrène bromonitré 9.10, soit en traitant le phénanthrène par le chlore, en solution chloroformique en présence du phosphore rouge. Il forme des aiguilles blanches fusibles à 160-161° [Schmidt et Ladner, *D. chem. G.*, **37**, 4402, 1904].

2.9.10-*Trichlorophénanthrène.* — On l'obtient par l'action du chlore sur le phénanthrène en présence d'un peu d'iode. Cristallisé dans l'alcool absolu, il fond à 123-124°. Par oxydation, il donne la 2-chloro-phénanthrène-quinone [J. Schmidt et Schall, *D. chem. G.*, **39**, 3891, 1906].

DÉRIVÉS BROMÉS. — Le 9.10-*dibromophénanthrène* se forme quand on chauffe le dérivé bromonitré 9.10 avec du bromure d'ammonium à 300°. Il cristallise dans l'alcool en aiguilles blanches fusibles à 181-182° (Schmidt et Ladner).

3.9 ou 3.10-*Dibromophénanthrène.* — On l'obtient en traitant le phénanthrène par le brome en solution chloroformique. Il cristallise en aiguilles blanches fusibles à 146° [Schmidt et Ladner, *D. chem. G.*, **37**, 3576, 1904].

DÉRIVÉS NITRÉS. — 3-*Nitrophénanthrène.* — C'est le composé désigné autrefois par γ. Il fond à 170-171° [J. Schmidt, *D. chem. G.*, **34**, 3531, 1901].

9-*Nitrophénanthrène.* — Quand on traite le phénanthrène en solution benzénique par les vapeurs nitreuses résultant de l'attaque de As^2O^3 par AzO^3H, on obtient un oxyde de bismononitrodihydrophénanthrène en cristaux cubiques fusibles à 134-135°. Ce corps, chauffé avec de l'éthylate de sodium, donne le 9-nitrophénanthrène. Celui-ci cristallise dans l'alcool en aiguilles jaunâtres fusibles à 116-117°. L'acide sulfurique concentré le dissout en rouge-sang qui passe au vert quand on chauffe [Schmidt, *D. chem. G.*, **33**, 3251, 1900].

On le prépare encore en nitrant le phénanthrène par l'acide nitrique fumant ($d = 1{,}45$) en présence d'anhydride acétique. Son *picrate* fond à 98-99° [Schmidt et Ströbel, *D. chem. G.*, **36**, 2508, 1903]. Il donne par réduction électrolytique le 9-*azoxyphénanthrène* fusible à 254-255° et par réduction au zinc et à la soude le 9-*azophénanthrène*, aiguilles couleur de fraises sans point de fusion net. La réduction au zinc en poudre et à l'ammoniaque alcoolique donne le 9-*hydrazophénanthrène*, aiguilles blanches fusibles à 220-221°.

9.10-*Bromonitrophénanthrène.* — C'est le produit décrit par Anschutz. Sa constitution a été déterminée par Schmidt et Ladner [*D. chem. G.*, **37**, 3573, 1904]. Il fond à 206-207°.

DÉRIVÉS AMINÉS. — 2-*Amino-phénanthrène.* — Werner et Kunz ont obtenu son *dérivé acétylé* en chauffant sous pression à 280-300° le 2-oxyphénanthrène avec un mélange d'acétate de sodium, de chlorhydrate d'ammoniaque et d'acide acétique. Ce dérivé acétylé fond à 225-226°, il cristallise dans le xylène en feuillets blancs. Saponifié par l'acide chlorhydrique, il donne le *chlorhydrate* de la base. La base libre fond à 85°, elle forme des cristaux jaunâtres [Werner, Kunz, *D. chem. G.*, **34**, 2524, 1901; *Lieb. Ann. Chem.*, **321**, 248, 1902].

3-*Amino-phénanthrène.* — Il a été obtenu comme le dérivé 2-aminé (Werner et Kunz). Schmidt l'a préparé en réduisant le dérivé 3-nitré. Il cristallise dans la ligroïne en feuillets argentés fusibles à 87°,5 [*D. chem. G.*, **34**, 3531, 1901]. Werner et Kunz ont obtenu une seconde modification fusible à 143° en chauffant le 3-oxyphénanthrène à 200-220° avec un mélange d'ammoniaque aqueuse et de chlorhydrate d'ammoniaque. Son *dérivé acétylé* fond à 200-201°. Son *dérivé benzoylé* fond à 213-214°. La *phénylurée* correspondante fond au-dessus de 300° (Schmidt).

9-*Amino-phénanthrène.* — Il se forme, en même temps que la diphénanthrylamine $(C^{14}H^9)^2AzH$, quand on chauffe la phénanthrone (9-oxyphénanthrène) dans un courant d'ammoniac à 200-210° [Japp et Findlay, *Chem. Soc.*, **71**, 1123, 1897]. Schmidt et Ladner l'ont obtenu en réduisant par $SnCl^2$ le 9.10-bromonitrophénanthrène [*D. Chem. G.*, **37**, 3575, 1904]. Pschorr et Schröter l'ont préparé à partir de l'acide phénanthrène-9-carbonique par la méthode de Curtius [*D. chem. G.*, **35**, 2726, 1902]. Il se forme par réduction du dérivé 9-nitré. Il fond à 135-136°, est soluble dans l'éther, le benzène, l'éther acétique, le chloroforme. Son *chlorhydrate*, peu soluble dans l'eau, fond à 275°. Son *picrate* fond vers 190°. Le *dérivé acétylé* fond à 207-208°. Le *dérivé benzoylé* fond à 199°. La *phénylurée* correspondante fond vers 290°, la *phénylthiourée* vers 194-195° [Schmidt et Strobel, *D. chem. G.*, **34**, 1461, 1901].

Son *sulfate* fond à 230°, son *nitrate* à 163°, son *oxalate* à 215°. Le *dérivé monobenzènesulfonylé* fond à 194-195° et le *dibenzènesulfonylé* fond à 263-264° [Schmidt et Strobel, *D. chem. G.*, **36**, 2515, 1903].

Diphénanthrylamine, $(C^{14}H^9)^2AzH$. — Elle se forme à côté du 9-aminophénanthrène quand chauffe la phénanthrone à 200-210° dans un courant d'ammoniac. Elle cristallise en prismes jaune clair fusibles à 237°, insolubles dans l'éther [Japp et Findlay, *loc. cit.*].

9.10-*Diamino-phénanthrène.* — On l'a préparé par réduction de la dioxime de la phénanthrène-quinone. Paillettes jaunes fusibles à 160-166°, dont le *dérivé diacétylé* fond à 330° [Pschorr, *D. chem. G.*, **35**, 2733, 1902].

DÉRIVÉS HYDROXYLÉS. — 1-*Méthoxyphénanthrène.* — Il a été obtenu en enlevant CO^2 à l'acide 1-méthoxyphénanthrène-10-carbonique par distillation sous 150-200 mm. Il cristallise dans l'alcool en aiguilles fusibles à 105-106°. Son *picrate* fond à 153° [Pschorr, Wolfes et Buchow, *D. chem. G.*, **33**, 162, 1900].

2-*Oxyphénanthrène.* — Il a été préparé à partir de l'acide phénanthrène-2-sulfonique. Il fond à 168°, son *dérivé acétylé* fond à 141° [Pschorr, *D. chem. G.*, **34**, 3998, 1901]. Le *benzoate* fond à 139-140° [Werner, *Lieb. Ann. Chem.*, **321**, 248, 1902].

2-*Méthoxyphénanthrène*. — Obtenu par distillation de l'acide α-méthoxyphénanthrène-9-carbonique. Il cristallise dans l'alcool ou l'acétone en feuillets brillants fusibles à 99°. Son *picrate* fond à 124° (Pschorr). Il donne un *dérivé nitré* fusible à 190-191° (Werner).

3-*Oxyphénanthrène*. — Il a été obtenu : 1° en faisant bouillir le diméthylmorphol avec de l'acide iodhydrique et de l'acide acétique [Pschorr et Sumuleanu, *D. chem. G.*, **33**, 1810, 1900]; 2° en diazotant le 3-aminophénanthrène [Schmidt, *D. chem. G.*, **34**, 3531, 1901]; 3° en chauffant avec de la potasse l'acide phénanthrène-3-sulfonique [Pschorr, *D. chem. G.*, **34**, 3531, 1901; — Werner, *Lieb. Ann. Chem.*, **321**, 248, 1902]. — Il fond à 118-119° (Pschorr, Schmidt), à 122-123° (Werner). — *Picrate* fusible à 159°. *Dérivé acétylé*, fusible à 115-116°. *Dérivé benzoylé*, fusible à 119°. *Dérivé benzène-sulfonylé*, fusible à 105-107°. *Ether éthylique* fusible à 46°. *Ether benzylique*, fusible à 91-93° (Werner).

3-*Méthoxyphénanthrène*. — On l'obtient à partir de l'acide 10-carboxylé correspondant; il fond à 63°. Son *picrate* fond à 124°,5 [Pschorr, Wolfes et Buchow, *D. chem. G.*, **33**, 162, 1900]. Il donne par nitration en solution acétique un *dérivé nitré* en position 9 ou 10 fusible à 136°,5-137°, dont la réduction engendre un *dérivé aminé* fusible à 117-118° (Werner).

Amino-oxy-3-phénanthrène. — Il s'obtient par réduction du 3-oxyphénanthrène-azobenzène-sulfonate de Na. Il fond à 159-161°. Son *dérivé triacétylé* fond à 169-170° [Werner, *Lieb. Ann. Chem.*, **321**, 248, 1902].

4-*Oxyphénanthrène*. — On a obtenu son *dérivé acétylé* fusible à 58-59°.

4-*Méthoxyphénanthrène*. — Obtenu à partir de l'acide 9-carbonylé correspondant. Feuillets brillants fusibles à 68°. *Picrate* fusible à 187-188° [Pschorr et Jackel, *D. chem. G.*, **33**, 1826, 1900].

9-*Oxyphénanthrène*. — C'est le composé décrit sous le nom de *phénanthrone* [Lachowicz, *J. f. prakt. Chem.*, **28**, 168, 1883]. On l'obtient soit en diazotant le 9-aminophénanthrène [Schmidt et Strobel, *D. chem. G.*, **36**, 2517, 1903], soit par fusion alcaline de l'acide phénanthrène-9-sulfonique [Werner, *Lieb. Ann. Chem.*, **321**, 248, 1902]. Pschorr et Schröter l'ont obtenu en hydrolysant par l'acide chlorhydrique le phénanthryluréthane [*D. chem. G.*, **35**, 2728, 1902]. Il cristallise en aiguilles jaunes fondant à 149° [Schmidt et Strobel], en aiguilles rose clair fondant à 182°. *Picrate*, fusible à 183°. *Acétate*, fusible à 77°. *Propionate*, fusible à 95°. *Benzoate*, fusible à 96°,7. *Benzène-sulfonate*, fusible à 88°,5. Condensé avec le chlorure de diazobenzène, le 10-oxyphénanthrène donne le *benzène-azo-oxy-9-phénanthrène*, cristallisant en feuillets rouge foncé à reflets verts, fusibles à 162-163° (Werner).

10-*Amino-9-oxyphénanthrène* (*morphigénine*). — On l'obtient par réduction de l'hydrazone, de l'oxime ou de l'imide de la phénanthrène-quinone. Aiguilles brun jaune fusibles à 174°. Le *dérivé Az-acétylé* cristallise en aiguilles fusibles à 223-224°. Le *dérivé diacétylé* fond à 247°. La *phénylurée* fond à 241° [Pschorr, *D. chem. G.*, **35**, 2729, 1902. — Voyez aussi J. Schmidt, *D. chem. G.*, **35**, 3129, 1902].

2.3-*Diméthoxyphénanthrène*. — Feuillets fusibles à 131°. *Picrate* fusible à 127-128° [Pschorr, Buckow, *D. chem. G.*, **33**, 1829, 1900].

3-*Oxy-4-méthoxyphénanthrène*. — Obtenu par enlèvement de CO^2 à l'acide correspondant. Il est huileux. Son *dérivé acétylé* fond à 93-94°.

3.4-*Diméthoxyphénanthrène* (*diméthylmorphol*). — Il fond à 43-44° et bout à 298-303° sous 112 mm. Son *picrate* fond à 105-106°. Son *dérivé dibromé* fond à 124° [Pschorr et Sumuleanu, *D. chem. G.*, **33**, 1810, 1900].

8-*Bromo-3.4-diméthoxyphénanthrène*. — Il cristallise dans l'alcool méthylique en tables incolores fusibles à 81-82° [Pschorr, *D. chem. G.*, **39**, 3120, 1906].

1.5-*Diméthoxy-6-oxyphénanthrène* (*α-pseudothébaol*). — On l'obtient à partir de l'acide 10-carboxylé correspondant par chauffage à 220° avec de l'anhydride acétique. Lamelles rouge-brun fusibles à 164-165°. *Dérivé acétylé* en prismes fusibles à 96-97° [Pschorr, *D. chem. G.*, **33**, 176, 1900].

9.10-*Dioxyphénanthrène*. — Il se forme quand on réduit la phénanthrène-quinone par la phénylhydrazine en solution acétique, ou par l'hydrogène sulfuré. Il fond à 147-148° [J. Schmidt et Kämpf, *D. chem. G.*, **35**, 3124, 1902].

2-*Bromo-9.10-dioxyphénanthrène*. — On a préparé son *dérivé diacétylé* fusible à 179° [Schmidt et Junghans, *D. chem. G.*, **37**, 3558, 1904].

2-*Nitro-9.10-dioxyphénanthrène*. — On l'obtient en réduisant la 2-nitrophénanthrène-quinone par la phénylhydrazine. Il fond à 220°; son *dérivé acétylé* fond à 258° [Schmidt et Austin, *D. chem. G.*, **36**, 3732, 1903].

3-*Nitro-9.10-dioxyphénanthrène*. — Il a été obtenu par réduction de la 3-nitrophénanthrène-quinone par H^2S ou par la phénylhydrazine. Il forme des aiguilles rouges à reflets bleus, fusibles à 222-223°, solubles dans la soude en bleu (J. Schmidt et Kämpf). Le *dérivé monoacétylé* fond à 234-235°.

4-*Nitro-9.10-diacétoxyphénanthrène*. — Par réduction de la 4-nitrophénanthrène-quinone, on obtient le dérivé dihydroxylé correspondant, trop peu stable pour être isolé. Aiguilles blanches fusibles à 222-223° [Schmidt et Kämpf, *D. chem. G.*, **36**, 3736, 1903].

2.7-*Dinitro-9.10-dioxyphénanthrène*. — Il a été obtenu par réduction de la 2.7-dinitrophénanthrène-quinone. Aiguilles rouge brique, fusibles à 274°, solubles dans la soude en vert. *Dérivé monobenzoylé* fusible à 271°. *Dérivé diacétylé* fusible à 285° [J. Schmidt et Kämpf, *D. chem. G.*, **35**, 3126, 1902].

4.5-*Dinitro-9.10-dioxyphénanthrène*. — Il se forme par réduction de la dinitrophénanthrène-quinone au moyen de la phénylhydrazine. Il fond à 201°. *Dérivé benzoylé* fusible vers 210°. *Dérivé diacétylé* fusible à 258° [Schmidt et Kämpf, *D. chem. G.*, **36**, 3749, 1903].

4.5-*Diamino-9.10-dioxyphénanthrène*. — On a préparé son *chlorhydrate*. La base est très instable (Schmidt et Kämpf).

1.5.6-*Triméthoxyphénanthrène*. — Par méthylation de l'α-pseudothébaol. Lamelles fusibles à 135°. *Picrate* fusible à 126° [Pschorr, *D. chem. G.*, **33**, 176, 1900].

3.4.5-*Trioxyphénanthrène*. — Il se forme quand on fond le morphénol avec de la potasse à 250°. Cristallisé dans l'eau, il fond à 148°; il est soluble dans l'alcool, l'éther, le chloroforme; l'acide sulfurique concentré le colore en rouge. Son *dérivé triméthylé* fond à 90° et donne un *picrate* fusible à 166° [Vongerichten et Dittmer, *D. chem. G.*, **39**, 1718, 1906].

3.4.6-*Triméthoxyphénanthrène* (*méthylthébaol*). — Il a été obtenu synthétiquement par distillation de l'acide 9-carboxylé correspondant. Son *picrate* fond à 109-110°. Son *dérivé dibromé* fond à 122-123° [Pschorr, Seydel et Stöhrer, *D. chem. G.*, **35**, 4400, 1902].

3-*Méthoxy*-4.6-*diacétoxyphénanthrène*. — Il se forme par action à 150-160° de l'alcool sur l'iodométhylate de codéinone. Il fond à 161° [Knorr, *D. chem. G.*, **37**, 3501, 1904]. Un isomère de ce corps, le 3-méthoxy-4 9 (ou 4-10)-diacétoxyphénanthrène, se forme quand on traite par l'anhydride acétique l'oxyméthylmorphiméthine [Knorr et Schneider, *D. chem. G.*, **39**. 1410, 3252, 1906] ou la dichlorométhylmorphiméthine [Pschorr. *D. chem. G.*, **39**. 3137, 1906]. Il fond à 203°.

ACIDES PHÉNANTHRÈNE-SULFONIQUES.

La sulfonation du phénanthrène par l'acide sulfurique ordinaire ou l'acide pyrosulfurique donne toujours un mélange de 3 acides sulfonés. Lorsqu'on opère à 120-130°, on obtient principalement les acides 2 et 3 monosulfonés. A 99-100° on a surtout de l'acide 10-sulfonique [Werner, *Lieb. Ann. Chem.*, **321**, 248, 1902].

Acide phénanthrène-2-sulfonique. — Il s'obtient en même temps que l'isomère 3 en traitant le phénanthrène en solution chloroformique bouillante par la chlorhydrine sulfonique. On sépare les deux isomères par cristallisation des sels de plomb [Pschorr, *D. chem. G.*, **34**, 3998, 1901]. L'acide libre ne cristallise pas. Son *éther méthylique* fond à 96-98° (Werner).

Acide phénanthrène-3-sulfonique. — Il cristallise en aiguilles jaunes. Son *chlorure* fond à 108°,5. Son *anilide* fond à 161°. Son *éther méthylique* fond à 119-120° (Werner).

Acide phénanthrène-9-sulfonique. — Il cristallise en aiguilles blanc nacré. Son *chlorure* fond à 125°,5. Son *anilide* fond à 165° (Werner).

ACIDES PHÉNANTHRÈNE-CARBONIQUES.

Acide 3-oxyphénanthrène-2-carbonique. — Cet acide a été obtenu en chauffant sous pression à 130-150° le 3-oxyphénanthrène sodé avec de l'acide carbonique. Il cristallise dans l'acétone en prismes jaunes, fusibles à 303°. Son *dérivé acétylé* fond à 207-208°; son *éther méthylique* fond à 171° [Werner et Kunz, *D. chem. G.*, **35**, 4419, 1902].

Acide phénanthrène-3-carbonique. — Il fond à 269° et est identique à l'acide de Japp et Anschütz. Son *nitrile*, fusible à 101°, a été obtenu par l'action de CAzK sur le phénanthrène-3-sulfonate de potassium. L'*amide* fond à 228° [Werner, *Lieb. Ann. Chem.*, **321**, 248, 1902].

Acide 2-oxyphénanthrène-3-carbonique. — Il se prépare comme l'acide 3-oxyphénanthrène-2-carbonique. Il cristallise en aiguilles jaunes, fusibles à 277°. Son *dérivé acétylé* fond à 210°; son *éther éthylique* fond à 126° [Werner et Kunz, *D. chem. G.*, **35**, 4419, 1902].

Acide phénanthrène-9-carbonique. — C'est l'acide β-phénanthrène-carbonique de Japp. Pschorr l'a préparé par une méthode qui a permis depuis d'obtenir un grand nombre de dérivés substitués du phénanthrène. Cette méthode consiste à traiter par le cuivre en poudre le sulfate diazoïque dérivé de l'acide α-phényl-o-aminocinnamique, ou à chauffer à 75° la solution de ce sulfate

CH, C-CO²H, Az² SO⁴H

$= SO^4H^2 + Az^2 +$ CH, C-CO²H

[Pschorr, *D. chem. G.*, **29**, 496, 1896; **35**, 2726, 1902]. L'*éther éthylique* fond à 61°, l'*hydrazide* à 228°, l'*azide* à 94°. Werner a obtenu le *nitrile* de l'acide phénanthrène-9-carbonique en traitant l'acide 9-sulfonique par le cyanure de potassium. Ce nitrile fond à 103° [*Lieb. Ann. Chem.*, **321**, 248, 1902].

Acide 3-bromophénanthrène-9-carbonique. — Il s'obtient en chauffant avec de l'eau le diazoïque dérivé de l'acide α-p-bromophényl-2-aminocinnamique. Il cristallise en aiguilles jaunes, fusibles à 290-291° [Pschorr, *D. chem. G.*, **39**, 3118, 1906].

Acide 8-aminophénanthrène-9-carbonique. — Son *anhydride* se forme quand on traite par le cuivre en poudre le diazoïque dérivé de l'acide α-o-aminophényl-2-aminocinnamique. Il cristallise en prismes fondant à 231° (corr.). L'acide libre n'est pas connu (Pschorr).

Acide 2-oxyphénanthrène-9-carbonique. — Il s'obtient à partir de l'acide α-phényl-2-amino-5-oxycinnamique. Il fond à 278° (corr.). Son *dérivé acétylé* fond à 223° (corr.) (Pschorr).

Acide 2-méthoxyphénanthrène-9-carbonique. — Il a été préparé à partir de l'acide α-phényl-6-amino-3-méthoxycinnamique. Il cristallise dans l'alcool ou dans l'acide acétique en prismes brillants, fusibles à 228°. Ses solutions ont une fluorescence bleue [Pschorr, *D. chem. G.*, **34**, 3998, 1901].

Acide 4-méthoxyphénanthrène-9-carbonique. — Obtenu à partir de l'acide α-phényl-2-amino-3-méthoxycinnamique. Il fond à 124° [Pschorr et Jaekel, *D. chem. G.*, **33**, 1826, 1900].

Acide 6-méthoxyphénanthrène-9-carbonique. — Obtenu à partir de l'acide α-p-méthoxyphényl-o-aminocinnamique. Aiguilles fusibles à 239° [Pschorr, Wolfes et Buchow, *D. chem. G.*, **33**, 162, 1900].

Acide 6-éthoxyphénanthrène-9-carbonique. — Obtenu à partir de l'acide α-p-éthoxyphényl-o-aminocinnamique. Il cristallise dans l'alcool en feuillets blanc grisâtre fondant à 206° [Werner, *Lieb. Ann. Chem.*, **322**, 135, 1901].

Acide 8-méthoxyphénanthrène-9-carbonique. — On l'obtient en traitant par le cuivre en poudre le diazoïque dérivé de l'acide α-o-méthoxyphényl-o-aminocinnamique. Il forme des feuillets jaunâtres, fusibles à 215°, peu solubles dans l'eau (Pschorr, Wolfes et Buckow).

Acide 2.3-diméthoxyphénanthrène-9-carbonique. — On le prépare à partir de l'acide α-phényl-2-nitro-4.5-diméthoxycinnamique [Pschorr, Buckow, *D. chem. G.*, **33**, 1829, 1900].

Acide 3-méthoxy-4-oxyphénanthrène-9-carbonique. — Obtenu à partir de l'acide α-phényl-2-diazo-3-oxy-4-méthoxycinnamique. Il fond à 264°. Son *dérivé acétylé* fond à 244° [Pschorr et Vogtherr, *D. chem. G.*, **35**, 4414, 1902].

Acide 4-méthoxy-3-oxyphénanthrène-9-carbonique. — On l'obtient à partir de l'acide α-phényl-2-nitro-3-méthoxy-4-acétoxycinnamique. Il fond à 214-216° (corr.) [Pschorr et Sumuleanu, *D. chem. G.*, **33**, 1810, 1900].

Acide 3.4-diméthoxyphénanthrène-9-carbonique. — On l'obtient à partir de l'acide α-phényl-2-nitro-3.4-diméthoxycinnamique. Aiguilles jaunes fusibles à 227-228° (Pschorr et Sumuleanu).

Acide 3.4-*diméthoxyphénanthrène-carbonique*. — Obtenu par oxydation du diméthoxyvinylphénanthrène. il fond à 196° [Pschorr, Jaeckel et Fecht, *D. chem. G.*, **35**, 4392, 1902].

Acide 8-bromo-3.4-diméthoxyphénanthrène-9-carbonique. — On le prépare en partant de l'acide α-o-bromophényl-2-amino-3.4-diméthoxycinnamique. Il cristallise dans l'alcool bouillant en prismes incolores fusibles à 228-229°. Distillé dans le vide, il donne un mélange de diméthoxybromophénanthrène et de lactone de l'acide 3.4-diméthoxy-8-oxyphénanthrène-9-carbonique [Pschorr, *D. chem. G.*, **39**, 3119, 1906].

Acide 3.6-diméthoxy-4-oxyphénanthrène-9-carbonique. — Obtenu à partir de l'acide α-p-méthoxyphényl-2-amino-3-oxy-4-méthoxycinnamique. Il fond à 254-256° (corr.). Le *dérivé acétylé* fond à 201-203° (corr.) [Pschorr, Seydel et Stöhrer, *D. chem. G*, **35**, 4409, 1902].

Acide 3.4.6-triméthoxyphénanthrène-9-carbonique. — Il a été obtenu à partir de l'acide α-p-méthoxyphényl-2-amino-3.4-diméthoxycinnamique. Il fond à 203° [Pschorr, Seydel et Stöhrer, *D. chem. G.*, **35**, 4400, 1902].

Acide 3-oxy-4.8-diméthoxyphénanthrène-9-carbonique (*α-pseudothébaol-carbonique*). — On l'obtient à partir de l'acide α-o-méthoxyphényl-o-aminoacétylvanillacrylique; dont on traite le diazoïque par la poudre de cuivre. Petites tables à 6 pans fusibles à 231°. Le *dérivé acétylé* fond à 220-225° [Pschorr, *D. chem. G.*, **33**, 176, 1900].

Acide 3.4-diméthoxy-8-oxyphénanthrène-9-carbonique. — La *lactone* de cet acide s'obtient par distillation de l'acide 8-bromé correspondant. Cette lactone fond à 160° (corr.). L'acide lui-même fond à 193° (corr.) [Pschorr, *D. chem. G.*, **39**, 3120, 1906].

Acide phénanthrène-8.9-dicarbonique. — Il s'obtient en chauffant la solution du diazoïque dérivé de l'acide α-phényl-o-carbonique-2-aminocinnamique. Il n'a pu être obtenu à l'état de pureté, car il est toujours mélangé de son anhydride.

Ce dernier, que l'on obtient pur en faisant cristalliser l'acide brut dans l'acide acétique, forme des aiguilles fusibles à 283-284°. L'*imide* correspondante fond à 308-309° (corr.).

Acide 3.4-diméthoxyphénanthrène-8.9-dicarbonique. Son *anhydride* cristallise en aiguilles jaunes fusibles à 283-284° (corr.) [Pschorr, *D. chem. G.*, **39**, 3115, 1906].

HOMOLOGUES DU PHÉNANTHRÈNE.

1-Méthylphénanthrène. — On obtient ce carbure à partir de l'acide 10-carboxylé correspondant, par distillation sous 160 mm. Il cristallise dans l'alcool en paillettes fondant à 123° (corr.). Son *picrate* est en aiguilles jaunes fusibles à 139°. Par oxydation chromique, il donne la 1-méthylphénanthrène-quinone.

5.6-*Diméthoxy-1-méthylphénanthrène*. — Il se forme à partir de l'acide 10-carboxylé correspondant. Il fond à 68°.

Acide 1-méthylphénanthrène-10-carbonique. — Il se forme en traitant par le cuivre en poudre le sulfate diazoïque dérivé de l'acide α-o-tolyl-2-aminocinnamique. Il cristallise dans l'acide acétique en aiguilles qui fondent à 181-182° (corr.).

Acide 5.6-diméthoxy-1-méthylphénanthrène-10-carbonique. — Obtenu à partir de l'acide α-o-tolyl-2-amino-3.4-diméthoxycinnamique. Il fond à 178-180° (corr.). Chauffé sous 160 mm. il perd CO^2 [Pschorr, *D. chem. G.*, **39**, 3108, 1906].

3-Méthylphénanthrène. — Il s'obtient par distillation de l'acide 10-carboxylé correspondant. Il cristallise dans l'alcool étendu en bâtonnets fusibles à 65°, solubles dans les solvants organiques usuels. Son *picrate* fond à 141°. Traité par le brome en solution chloroformique, il donne un *dibromure* fusible à 86-87°.

5.6-*Diméthoxy-3-méthylphénanthrène*. — Il cristallise dans l'alcool méthylique en paillettes fusibles à 70-72°. Son *picrate* fond à 118-119°. Il donne un *dibromure* fusible à 126-127°.

Acide 3-méthylphénanthrène-10-carbonique. — Il s'obtient en traitant, soit par le cuivre en poudre, soit par le carbonate de sodium, le diazoïque dérivé de l'acide α-p-tolyl-2-aminocinnamique. Il cristallise dans l'acide acétique en aiguilles jaune clair fusibles à 238° (corr.).

Acide 5.6-diméthoxy-3-méthylphénanthrène-10-carbonique. — Obtenu à partir de l'acide α-p-tolyl-2-amino-3.4-diméthoxycinnamique. Il cristallise dans l'alcool méthylique en tablettes fusibles à 253° (corr.) [Pschorr, *D. chem. G.*, **39**, 3112, 1906].

Éthylphénanthrènes.—9-*Éthylphénanthrène*. — On le prépare à partir du 9 bromophénanthrène dont on condense le dérivé magnésien avec l'aldéhyde acétique. Le méthyl-9-phénanthrylcarbinol obtenu est distillé avec de la poudre de zinc. Aiguilles incolores fusibles à 61-63°. Son picrate fond à 124°.

α et β-*Éthylphénanthrènes*. — Ces corps prennent naissance simultanément par distillation du diméthoxyvinylphénanthrène avec de la poudre de zinc. Le dérivé α fond à 109-110°, son *picrate* fond à 138-140°. Le dérivé β fond à 172-173° [Pschorr, *D. chem. G.*, **39**, 3127, 3128, 1906].

Diméthoxyvinylphénanthrène. — On obtient ce corps à partir de la diméthylapomorphiméthine, par scission alcaline de son iodométhylate. Il cristallise dans l'alcool en tables rhombiques fusibles à 80°. Son *picrate* fond à 128° (corr.). Traité par le brome, il donne un dérivé tétrabromé fusible à 145-147°. L'oxydation manganique le transforme en acide diméthoxyphénanthrène-carbonique [Pschorr, Jaeckel et Fecht, *D. chem. G.*, **35**, 4391, 1902]. Par une oxydation plus ménagée, on obtient le *diméthoxyphénanthrylglycol*, fusible à 145°, dont le dérivé acétylé fond à 126-127°. Par distillation du diméthoxyvinylphénanthrène avec la poudre de zinc, on obtient deux éthylphénanthrènes [Pschorr, *D. chem. G.*, **39**, 3126, 1906].

Triméthoxyvinylphénanthrène. — On l'obtient en traitant par la soude l'iodométhylate de diméthylmorphobétaïne. Prismes fusibles à 60-61°. *Picrate* en aiguilles violet rouge fusibles à 125-126°. Donne par oxydation manganique un acide triméthoxyphénanthrène-carbonique en aiguilles jaunes fusibles à 201° [Knorr et Pschorr, *D. chem. G.*, **38**, 3157, 1905].

9.10-Diphénylphénanthrène. — Ce carbure a été obtenu par Klinger et Lonnes en réduisant la diphénylène-diphénylpinacoline [*D. chem. G.*, **29**, 2152, 1896]. Biltz l'a trouvé dans les produits de l'action du benzène sur le chloral en présence de chlorure d'aluminium et l'a préparé en traitant le tétraphényléthylène par le chlorure d'aluminium [*D. chem. G.*, **38**, 203, 1905]. Werner et Grob [*D. chem. G.*, **37**, 2887, 1904] ont déterminé sa constitution et l'ont obtenu en chauffant l'o-dibenzoyldiphényle avec de la poudre de zinc. Il forme des aiguilles incolores fusibles à 233-234°. Il donne par oxydation le dibenzoyldiphényle.

Janvier 1907. R. Marquis.

PHÉNANTHRÈNE-QUINONE $C^{14}H^8O^2$. — La phénanthrène-quinone se forme par réduction électrolytique de l'acide diphényle-dicarbonique : il se fait d'abord l'hydroquinone qui s'oxyde à l'air [C. Mettler, *D. chem. G.*, **39**, 2940, 1906]. Elle se forme par oxydation du phénanthrène au moyen du chlorure de chromyle [Henderson, Gray, *Chem. Soc.*, **85**, 1041, 1904].

La chaleur de combustion moléculaire de la phénanthrène-quinone est de 1548 cal. sous pression constante [Valeur, *Bull. Soc. Chim.*, **19**, 514, 1898]. Sur l'intensité de coloration des solutions, voyez Hantzsch et Glover [*D. chem. G.*, **39**, 4168, 1906].

Chauffée avec de l'acide iodhydrique et du phosphore, la phénanthrène-quinone est réduite : on obtient du 9-oxyphénanthrène en même temps que son oxyde [Japp, Findlay, *Chem. Soc.*, **71**, 1115, 1895]. Chauffée à l'ébullition pendant 20 minutes avec 45 cc. d'acide acétique et 15 cc. d'acide iodhydrique de densité 1,7, elle donne un corps $C^{30}H^{20}O^4$ qui fond à 203° [Lagodzinski, *D. chem. G.*, **38**, 2306, 1905]. La phénanthrène-quinone est oxydée par l'eau oxygénée, qui la transforme en acide diphénique [Hollemann, *Rec. Pays-Bas*, **23**, 169, 1904]. Elle est oxydée aussi quand on la fait passer en vapeur sur de l'oxyde de plomb chauffé et se transforme en diphénylènecétone [Wittenberg, V. Meyer, *D. chem. G.*, **16**, 502, 1883].

L'action de la potasse ou de la soude transforme la phénanthrène-quinone en acide diphénylèneglycolique ou 9-oxyfluorène-9-carbonique

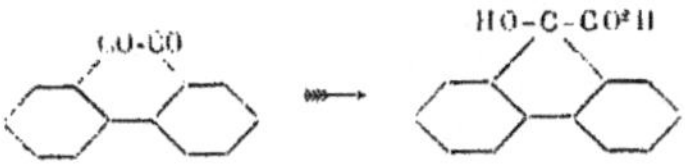

CO-CO ⟶ HO-C-CO²H

Cette réaction a été étudiée par Schmidt et Bauer sur un grand nombre de dérivés de substitution de la phénanthrène-quinone [*D. chem. G.*, **38**, 3737, 1905].

La potasse alcoolique transforme la phénanthrène-quinone en un corps jaune de formule $C^{16}H^{8}O^{3}$ qui cristallise en aiguilles orangées fusibles à 220-221°. Ce même corps se forme aussi quand on chauffe la phénanthrène-quinone avec de l'anhydride acétique et de l'acétate de sodium [Scharwin, *D. chem. G.*, **38**, 1270, 1905].

L'action du perchlorure de phosphore sur la phénanthrène-quinone donne le dichlorure

$$\begin{array}{ll} C^6H^4 & CCl^2 \\ | & | \\ C^6H^4 & CO \end{array}$$

[Lachowicz, *D. chem. G.*, **16**, 330, 1883].

Chauffée avec de la méthylamine, la phénanthrène-quinone donne le Az-méthyldiphénylène-imidazol. Avec la benzylamine, elle donne le diphénylène-μ-méthyloxazol [Japp et Davidson, *Chem. Soc.*, **67**, 46, 1893 ; **71**, 32, 1895]. Ce dernier corps se forme aussi par action de la phénylhydrazine [Japp et Davidson, *D. chem. G.*, **34**, 806, 1901 ; — voyez aussi Bamberger et Grob, *ibid.*, **34**, 533, 1901]. Sur l'action des bases sur la phénanthrène-quinone, voyez encore Mason [*D. chem. G.*, **19**, 112, 1886 ; *Chem. Soc.*, **67**, 1284, 1893], Strache [*ibid.*, **21**, 2362, 1888], R. Schiff [*Mon. f. Chem.*, **11**, 329, 1890], Autenrieth et Hinsberg [*D. chem. G.*, **25**, 497, 1892], Jedlicka [*J. prakt. Chem.*, **48**, 97, 1893]. Sur l'action de l'acétamide, voyez Mason [*Chem. Soc.*, **59**, 126, 1889]. Sur l'action de l'urée et de la thiourée, voyez Grimaldi [*Att. Ac. Lincei*, 1894, I, 129 ; *Gazz. chim. ital.*, **27**, I, 229, 1897].

La phénanthrène-quinone, traitée par de l'acétone en présence de potasse, donne un mélange d'anhydroacétone-phénanthrène-quinone et d'anhydrodiacétone-phénanthrène-quinone [Japp et Miller, *D. chem. G.*, **17**, 2826, 1884]. Traitée de même par l'éther acétylacétique, elle donne l'éther phénanthroxylène-acétylacétique [Japp et Streatfield, *D. chem. G.*, **16**, 275, 726, 1883].

Avec le bromure de phénylmagnésium, la phénanthrène-quinone réagit pour donner le dioxy-dihydrodiphénylphénanthrène [Acree, *Am. chem. Journ.*, **33**, 180, 1905].

Sur la condensation de la phénanthrène-quinone avec le thiophène et le méthylthiophène, voyez V. Meyer [*D. chem. G.*, **16**, 2971, 1883], Odernheimer [*ibid.*, **17**, 1338] ; sur la condensation avec le thiophtène, voyez Oster [*D. chem. G.*, **37**, 3348, 1904].

La phénanthrène-quinone donne, avec l'acide nitrique, un produit d'addition

$$\begin{array}{l} C^6H^4-CO\langle {H \atop OAzO^2} \\ |\qquad\quad | \\ C^6H^4-CO \end{array}$$

cristallisé en prismes jaune rouge. Elle donne de même un *sulfate* avec l'acide sulfurique [Kehrmann et Mattison, *D. chem. G.*, **35**, 343, 1902].

La *monoxime* de la phénanthrène-quinone a été préparée par Goldschmidt [*D. chem. G.*, **16**, 2178, 1883] et par Auwers et Meyer [*ibid.*, **22**, 1989, 1889]. Elle cristallise en aiguilles jaune d'or fusibles à 158°. Traitée par le chlorure benzène-sulfonique en solution alcaline ou pyridique, elle donne le nitrile diphénique [Werner, Piguet, *D. chem. G.*, **37**, 4295, 1904].

La *dioxime* fond vers 202°, son dérivé diacétylé fond à 184°. Elle forme un *anhydride* fusible à 181° (Auwers et Meyer).

Dérivés de substitution.

2-CHLOROPHÉNANTHRÈNE-QUINONE. — On l'obtient par oxydation du 2.9 10-trichlorophénanthrène. Elle cristallise dans l'acide acétique en aiguilles rouges fusibles à 235-237°. Sa *monoxime* fond à 140-141° [J. Schmidt et Schall, *D. chem. G.*, **39**, 3893, 1906].

DÉRIVÉS BROMÉS. — La phénanthrène-quinone mise en contact à 0° avec du brome et un peu d'eau donne un *dibromure* peu stable. Chauffée à 100° avec du brome et de l'eau, elle se transforme en 2-*bromophénanthrène-quinone*. Celle-ci cristallise en aiguilles jaune rouge fondant à 234°. Sa *monoxime* fond à 164°. Sa *monophénylhydrazone* fond à 172°. Sa *monoimide* fond à 169°. Par une bromuration plus avancée, à 160°, on obtient la 2.7-*dibromophénanthrène-quinone*, aiguilles jaune rouge à reflets métalliques fondant à 323°. Sa *monoxime* fond à 230°. Sa *monoimide* fond à 230° [Schmidt et Junghans, *D. chem. G.*, **37**, 3551, 3556, 3558, 3567, 1904].

Par oxydation chromique du 3.9 ou 3.10-dibromophénanthrène, on obtient la 3-*bromophénanthrène-quinone*, aiguilles brun jaune fondant à 268°. Sa *monoxime* fond à 198° [Schmidt et Ladner, *D. chem. G.*, **37**, 3572, 1904]. Ce dérivé bromé-3 s'obtient aussi par oxydation de l'acide 3-bromophénanthrène-9-carbonique [Pschorr, *D. chem. G.*, **39**, 3118, 1906].

DÉRIVÉS NITRÉS. — La phénanthrène-quinone chauffée 2 minutes à l'ébullition avec de l'acide nitrique de densité 1,45 donne deux dérivés mononitrés qu'on sépare au moyen de l'acide acétique. Le *dérivé nitré*-2 fond à 257-258° ; sa *monoxime* fond à 213° [Schmidt et Austin, *D. chem. G.*, **36**, 3730, 1903 ; — voyez aussi Werner, *Lieb. Ann. Chem.*, **321**, 248, 1902]. Le *dérivé nitré*-4 fond à 179-180° ; sa *monoxime* fond à 169-170° [Schmidt et Kämpf, *D. chem. G.*, **36**, 3734, 1903].

Lorsqu'on chauffe la phénanthrène-quinone avec de l'acide nitrique fumant ($d = 1,51$) et un peu d'acide sulfurique concentré, on obtient un mélange de dérivés dinitrés 2.7 et 4.5. On les sépare par cristallisation dans l'acide acétique. La 2.7-*dinitrophénanthrène-quinone* fond à 300-303°; sa *monoxime* fond à 246-248°; sa *monoimide* fond à 358-360° [Schmidt et Kämpf, *D. chem. G.*, **36**, 3738, 1903]. La 4.5-*dinitrophénanthrène-quinone* fond à 228°; sa *monoxime* fond à 190-191° [Schmidt et Kämpf, *loc. cit.*, 3745].

3-*Nitrophénanthrène-quinone*. — Elle s'obtient par oxydation du 3-nitrophénanthrène [J. Schmidt et Kämpf, *D. chem. G.*, **35**, 3117, 1902] ou par action de l'acide nitrique fumant sur le 10-bromophénanthrène [Werner, *loc. cit.*]. Elle cristallise en aiguilles orangées fusibles à 275° (Werner), à 279-280° (Schmidt et Kämpf). Sa *monoxime* fond à 240°.

Dérivés aminés. — 2-*Aminophénanthrène-quinone*. — Obtenue par réduction du dérivé nitré-2. Elle fond vers 200° en se décomposant [Anschütz, P. Meyer, *D. chem. G.*, **18**, 1943, 1885] au-dessus de 300° [Werner, *Lieb. Ann. Chem.*, **321**, 248, 1902].

3-*Aminophénanthrène-quinone*. — Elle fond à 254° [Werner, *Ann. Chem.*, **321**, 248, 1902].

4.5-*Nitroaminophénanthrène-quinone*. — On la prépare en réduisant par le chlorure stanneux la 4.5-dinitrophénanthrène-quinone. Il se forme d'abord la nitroaminohydrophénanthrène-quinone qu'on oxyde ensuite par un courant d'air. Poudre brune, se décomposant sans fondre, soluble dans l'acide sulfurique concentré avec une coloration brune, dans la soude avec une coloration jaune vert. Son *dérivé diacétylé* cristallise en aiguilles brunes fusibles à 280° [Schmidt et Leipprand, *D. chem. G.*, **38**, 3733, 1905].

2.7-*Diaminophénanthrène-quinone*. — On l'obtient en réduisant le dérivé dinitré-2.7. Elle cristallise en aiguilles violet noir fusibles vers 200-210° [Anschütz et P. Meyer, *loc. cit.*].

4.5-*Diaminophénanthrène-quinone*. — Par oxydation du diamido-9.10-dioxyphénanthrène. Elle fond vers 235° [Schmidt et Kämpf, *D. chem. G.*, **36**, 3750, 1903].

2-*Oxyphénanthrène-quinone*. — Elle a été préparée à partir de la 2-aminophénanthrène-quinone ou à partir du 2-acétoxyphénanthrène. Elle cristallise dans l'acide acétique en aiguilles violet foncé fusibles à 280-283°. *Dérivé acétylé* fondant à 215-216°. *Dérivé benzoylé* fondant à 240-242°. *Ether méthylique* fondant à 170-171°. *Ether éthylique* fondant à 160-161° [Werner, *Lieb. Ann. Chem.*, **322**, 135, 1902; — voyez aussi Anschütz et Meyer, *D. chem. G.*, **18**, 1943, 1885].

3-*Oxyphénanthrène-quinone*. — 1° Par oxydation du 3-acétoxyphénanthrène et saponification consécutive. Elle fond vers 330° [Pschorr, *D. chem. G.*, **34**, 3998, 1901]; 2° préparée à partir de la 3-aminophénanthrène-quinone. Aiguilles rouge brique sans point de fusion. Le *dérivé acétylé* fond à 199-201°. Le *dérivé benzoylé* fond à 224-226° [Werner, *Lieb. Ann. Chem.*, **322**, 135, 1902].

3-*Méthoxyphénanthrène-quinone*. — Elle se forme par oxydation de l'acide 3-méthoxyphénanthrène-10-carbonique. Aiguilles orangées fondant à 208° [Pschorr, Wolfes et Buchow, *D. chem. G.*, **33**, 162, 1900].

Elle a été obtenue aussi par oxydation du 3-méthoxyphénanthrène (Werner).

3-*Ethoxyphénanthrène-quinone*. — Obtenue par oxydation de l'acide 3-éthoxyphénanthrène-10-carbonique. Elle fond à 207-208° (Werner).

Nitro-3-oxyphénanthrène-quinone. — Elle se forme en chauffant la 3-oxyphénanthrène-quinone à 50° avec de l'acide nitrique de densité 1,4. Elle fond à 259-260°. Son *dérivé acétylé* fond à 217° (Werner).

Dinitro-3-oxyphénanthrène-quinone. — Elle fond à 263-265° (Werner).

Dibromo-4-méthoxyphénanthrène-quinone. — Obtenue par oxydation du dibromométhoxyphénanthrène, elle fond à 160° [Pschorr, Jæckel, *D. chem. G.*, **33**, 1828, 1900].

4.5-*Nitrooxyphénanthrène-quinone*. — On l'obtient à partir du composé nitroaminé par la voie diazoïque. Poudre brun rouge, fusible à 240°, cristallisant dans l'alcool étendu en aiguilles brun rouge [Schmidt et Leipprand, *D. chem. G.*, **38**, 3736, 1905]. Son *dérivé acétylé* fond vers 220°.

4.5-*Aminooxyphénanthrène-quinone*. — Elle se forme par réduction du dérivé nitré correspondant. Poudre brune, peu soluble dans les solvants usuels [Schmidt et Leipprand, *D. chem. G.*, **38**, 3736, 1905].

2.3-*Diméthoxyphénanthrène-quinone*. — Aiguilles rouge foncé, fusibles à 304°. Donne un *dérivé dibromé* fusible à 158° [Pschorr, Buckow, *D. chem. G.*, **33**, 1829, 1900].

2.7-*Dioxyphénanthrène-quinone*. — Préparée à partir du composé 2.7-diaminé. Poudre brun rouge, fusible au-dessus de 400°. Le *dérivé diacétylé* fond à 235-236° [Schmidt et Kämpf, *D. chem. G.*, **36**, 3741, 1903].

3.4-*Dioxyphénanthrène-quinone* (*morpholquinone*). — Elle s'obtient par saponification de son dérivé diacétylé, obtenu lui-même par oxydation du diacétylmorphol. Flocons rouges. Son *dérivé diacétylé* fond à 196° [Vongerichten, *D. chem. G.*, **32**, 1522, 1899; **33**, 352, 1900; — voyez aussi Pschorr et Sumuleanu, *ibid.*, **33**, 1810, 1900].

3-*Méthoxy-4-acétoxyphénanthrène-quinone* (*acétylméthylmorpholquinone*). — Obtenue synthétiquement par oxydation de l'acide méthoxyacétoxyphénanthrène-9-carbonique, elle fond à 208-209° (corr.) [Pschorr, Vogtherr, *D. chem G.*, **35**, 4415, 1902; — voyez aussi Vongerichten, *ibid.*, **31**, 52, 1898].

3.6-*Diméthoxy-4-oxyphénanthrène-quinone* (*thébaolquinone*). — Elle s'obtient par saponification de son dérivé acétylé. Elle cristallise en tables quadratiques fusibles à 233° [Freund et Göbel, *D. chem. G.*, 30, 1357, 1386, 1897]. Son *dérivé acétylé* a été obtenu par oxydation de l'acétylthébaol (F. et G.), et préparé synthétiquement par oxydation de l'acide 3.6-diméthoxy-4-acétoxyphénanthrène-9-carbonique. Il fond à 203° (corr. à 208°) [Pschorr, Seydel, Stöhrer, *D. chem. G.*, **35**, 4410, 1902] et donne un dérivé bromé fusible à 310° (F. et G.).

4.5-*Dioxyphénanthrène-quinone*. — Préparée à partir du dérivé diaminé correspondant. Cristaux rouge foncé, charbonnant sans fondre au-dessus de 400°. L'*éther diméthylique* fond à 190-191°. Le *dérivé dibenzoylé* fond vers 170° [Schmidt et Kämpf, *D. chem. G.*, **36**, 3750, 1903].

Dérivés sulfonés. — *Acide phénanthrène-quinone-3-sulfonique*. — Il a été préparé par oxydation du phénanthrène-sulfonate de potassium. Le sel de K est en aiguilles orangées. L'*éther méthylique* fond à 235° [Werner, *Lieb. Ann. Chem.*, **321**, 248, 1902].

Acide 2-bromophénanthrène-quinone-sulfonique et *Acide 2-bromophénanthrène-quinone-disulfonique*, voyez Schmidt et Junghans [*D. chem. G.*, **37**, 3564, 1904].

Acides phénanthrène-quinone-carboniques. — *Acide phénanthrène-quinone-2-carbonique*. —

Il fond au-dessus de 300°. Le *nitrile*, obtenu par oxydation du nitrile phénanthrène-carbonique, fond à 290° [Werner. *Lieb. Ann. Chem.*, **321**, 248, 1902].

Acide phénanthrène-quinone-3-carbonique. — Il fond à 310°. L'*amide* fond à 289-290°. Le *nitrile*, obtenu par oxydation du nitrile phénanthrène-carbonique, fond à 282-283° (Werner).

HOMOLOGUES DE LA PHÉNANTHRÈNE-QUINONE.

1-*Méthylphénanthrène-quinone.* — Se forme par oxydation chromique du 1-méthylphénanthrène. Paillettes rouge brique, fusibles à 196° (corr.) [Pschorr. *D. chem. G.*, **39**, 3111, 1906].

9-*Éthylphénanthrène-quinone.* — Obtenue par oxydation du carbure correspondant. Elle fond à 201-204°.

α-*Éthylphénanthrène-quinone.* — Elle fond à 187-188° (corr.) [Pschorr. *D. chem. G.*, **39**, 3127, 3129, 1906]. Janvier 1907. R. Marquis.

PHÉNANTHRIDINE.

$$\begin{array}{l} C^6H^4 - CH \\ \;| \qquad \| \\ C^6H^4 - Az \end{array}$$

— La phénanthridine est au phénanthrène ce que l'acridine est à l'anthracène. Elle est isomère de l'acridine, des naphtoquinoléines et des anthrapyridines.

La réaction de Skraup appliquée à la β-naphtylamine, qui devrait donner une acridine, donne une phénanthridine [Lellmann et Schmidt, *D chem. G.*, **20**, 3154 et *Bull. Soc. Chim.*, 1888].

Elle se forme lorsqu'on dirige dans un tube chauffé au rouge la benzylidene-aniline [Pictet et Ankersmit, *D. chem. G.*, **22**, 3339 et *Bull. Soc. Chim.*, 1890] :

$$\begin{array}{l} C^6H^5 - CH \\ \qquad\quad \| \\ C^6H^5 - Az \end{array} = H^2 + \begin{array}{l} C^6H^4 - CH \\ \;| \qquad \| \\ C^6H^4 - Az \end{array}$$

On purifie la base en la transformant en chloromercurate.

On obtient encore la phénanthridine en partant du phénanthrène, que l'on transforme en acide o-aminophénylbenzoïque. Celui-ci se déshydrate spontanément en donnant l'*oxyphénanthridine*, réductible à chaud par la poudre de zinc avec production de phénanthridine [Pictet et Ankersmit, *Bull. Soc. Chim.*, **5**, 138, 1891] :

$$\begin{array}{l} C^6H^4 \cdot COOH \\ \;| \\ C^6H^4 - AzH^2 \end{array} = H^2O + \begin{array}{l} C^6H^4 - C - OH \\ \;| \qquad \| \\ C^6H^4 - Az \end{array}$$

Pictet et Gonset [*Arch. Genève*, **3**, 38 et *Bull. Soc. Chim.*, 1897] ont obtenu la phénanthridine en déshydratant l'o-phénylbenzaldoxime :

$$\begin{array}{l} C^6H^4 - CH \\ \;| \qquad \| \\ C^6H^5 \quad Az \\ \qquad\quad | \\ \qquad\quad OH \end{array} = H^2O + \begin{array}{l} C^6H^4 - CH \\ \;| \qquad \| \\ C^6H^4 - Az \end{array}$$

L'o-formaminobiphényle $C^6H^5 - C^6H^4 - AzH - COH$ (1 partie) chauffé avec 3 à 4 parties de chlorure de zinc fournit également de la phénanthridine [Pictet et Hubert, *D. chem. G.*, **29**, 1183]. Cette dernière méthode permet aussi d'obtenir des alkylphénanthridines.

Propriétés. — La phénanthridine forme de longues et fines aiguilles fusibles à 104° et bouillant à 360°. Elle est peu entraînée par la vapeur d'eau. Elle est très soluble dans les solvants usuels, mais fort peu dans l'eau. Elle a une odeur piquante qui provoque l'éternuement. Elle ressemble beaucoup à l'acridine qui fond à 107°. Mais, tandis que le chloromercurate d'acridine fond à 225°, celui de phénanthridine fond à 190°.

Les sels de phénanthridine sont jaunes, leurs solutions possèdent une belle fluorescence bleue.

La base, réduite par l'étain et l'acide chlorhydrique, se transforme en dihydrophénanthridine

$$\begin{array}{l} C^6H^4 - CH^2 \\ \;| \qquad\;\; | \\ C^6H^4 - AzH \end{array}$$

[Pictet et Ankersmit, *Bull. Soc. Chim.*, 1891, et *Lieb. Ann.*, **266**, 138-153]. Celle-ci est plus alcaline que la dihydroacridine et cristallise en fines aiguilles fusibles à 90°.

Iodométhylate. — L'iodométhylate de phénanthridine a été préparé par Pictet et Patry [*D. chem. G.*, **35**, 2534 et *Bull. Soc. Chim.*, 1902]. Il fond à 202°.

L'*iodéthylate* fond à 253° [Pictet et Patry, *D. chem. G.*, **26**, 1967].

La *méso-chlorophénanthridine*,

$$\begin{array}{l} C^6H^4 - C \, . \, Cl \\ \;| \qquad \| \\ C^6H^3 - Az \end{array}$$

fusible à 116°,5, se produit par l'action du pentachlorure et de l'oxychlorure de phosphore sur la phénanthridine [Graebe et Wander, *Lieb. Ann.*, **276**, 245-253].

ALKYLPHÉNANTHRIDINES

Pictet et Hubert ont réalisé la synthèse de méso-alkylphénanthridines en partant de l'orthoaminophényle $C^6H^5 - C^6H^4 - AzH^2$.

On introduit d'abord dans cette molécule des radicaux acides et l'on chauffe le corps obtenu avec du chlorure de zinc anhydre :

$$\begin{array}{l} C^6H^5 \quad COR \\ \;| \qquad\quad | \\ C^6H^4 - AzH \end{array} \rightarrow \begin{array}{l} C^6H^4 - C - R \\ \;| \qquad \| \\ C^6H^4 - Az \end{array} + H^2O.$$

La *mésométhylphénanthridine* fond à 85° et le chlorhydrate à 285°. La *mésoéthylphénanthridine* à 54-55° et le chlorhydrate à 205°. La *mésophénylphénanthridine* à 109° et le chlorhydrate à 220°. La réaction paraît générale [Pictet et Hubert, *Arch. Sc. phys. et nat. Genève*, **32**, 493 : *Bull. Soc. Chim.*, 1895-1896 et *D. chem. G.*, **29**, 1182].

Méthylphénanthridines. — On obtient les ortho et paraméthylphénanthridine par les benzylidène-ortho et paratoluidine.

La *paraméthylphénanthridine*

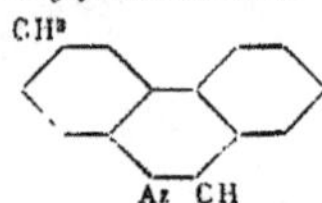

est en aiguilles fusibles à 131°. Le *chloroplatinate* cristallise avec 2H²O. Le *chloromercurate* fond à 215°.

L'*orthométhylphénanthridine* fond à 70°. Son *chloromercurate* fond à 196° et son *iodométhylate* à 187° [Pictet et Ehrlich, *Lieb. Ann.*, **266**, 153-169 et *Bull. Soc. Chim.*, 1893].

PHÉNANTHRIDONE

L'oxydation de la phénanthridine par le chlorure de chaux et l'azotate de cobalt fournit la phénanthridone

$$\begin{array}{l} C^6H^4 - CO \\ \;| \qquad\;\; | \\ C^6H^4 - AzH \end{array}$$

[Pictet et Patry, *D. chem. G.*, **26**, 1962 et *Bull. Soc. Chim.*, 1893].

Ce composé a été obtenu aussi par Graebe et Wander [*Lieb. Ann.*, **276**. 245-253 et *Bull. Soc. Chim.*, 1894] par décomposition de l'acide aminodiphénylcarbonique ou aminophénylbenzoïque :

$$\begin{array}{l} C^6H^4-CO.OH \\ | \\ C^6H^4=AzH^2 \end{array} = H^2O + \begin{array}{l} C^6H^4-CO \\ | \quad\quad | \\ C^6H^4-AzH \end{array}$$

Pictet et Hubert [*loc. cit.*] l'ont obtenu en petite quantité en fondant l'orthobiphényluréthane avec du chlorure de zinc :

$$\begin{array}{l} C^6H^5-COOC^2H^5 \\ | \\ C^6H^4-AzH^2 \end{array} = \begin{array}{l} C^6H^4-CO \\ | \quad\quad | \\ C^6H^4-AzH \end{array} + C^2H^5.OH$$

Enfin, Pictet et Gonset [*loc. cit.*], en dirigeant dans un tube chauffé au rouge des vapeurs de benzanilide, ont également recueilli de la phénanthridone.

Propriétés. — La phénanthridone fond à 293°. Elle ne se combine pas à la phénylhydrazine. Fondue avec la potasse, elle donne une combinaison potassique qui réagit sur les iodures alcooliques pour donner des az-alkylphénanthridones.

L'iodométhylate de phénanthridine traité par les alcalis donne l'*hydrate de méthylphénanthridinium* $C^{13}H^9Az.CH^3OH$ fusible à 109° qui, par oxydation, se transforme en *az-méthylphénanthridone*

$$\begin{array}{l} C^6H^4-CO \\ | \quad\quad | \\ C^6H^4-Az-CH^3 \end{array}$$

fusible à 108°.

L'*az-éthylphénanthridone*, qui s'obtient d'une façon analogue, fond à 88°,5. et l'*az-benzylphénanthridone*, à 115° (Pictet et Patry) ou 112°,5 (Graebe et Wander).

OXYPHÉNANTHRIDINE

$$\begin{array}{l} C^6H^4-COH \\ | \quad\quad | \\ C^6H^4-Az \end{array}$$

Cet isomère de la phénanthridone se produit lorsqu'on chauffe l'acide amino-o-phénylbenzoïque avec de l'ammoniaque et de la poudre de zinc [Pictet et Ankersmit, *Lieb. Ann.*, **266**, 144].

Il fond au-dessus de 340°, il est peu soluble dans l'alcool bouillant, insoluble dans l'éther, le benzène, les acides et les alcalis.

Distillé sur la poudre de zinc, il donne la phénanthridine. Avril 1907. E. Baud.

PHÉNANTHROLINES. — (Voyez 1er Suppl., 2, 1164).

La réaction de Skraup appliquée aux diamines dérivées du benzène donne des phénanthrolines se rattachant à l'un des types suivants :

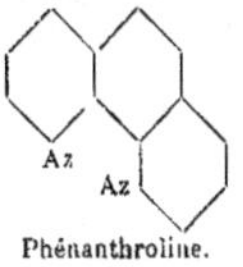

Az Az

Phénanthroline.

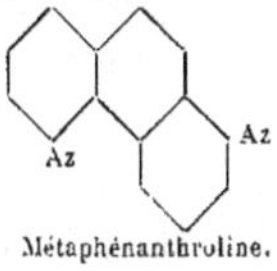

Az Az

Métaphénanthroline.

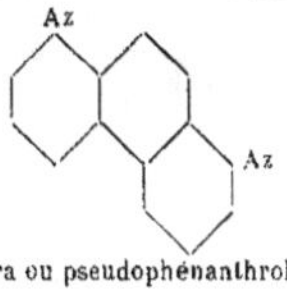

Az Az

Para ou pseudophénanthroline.

selon qu'il s'agit d'une ortho, d'une méta ou d'une paradiamine.

Skraup a obtenu une petite quantité de phénanthroline en appliquant sa méthode à la β-aminoquinoléine [*Mon. f. Chem.*, **5**, 531 et *Bull. Soc. Chim.*, 1885].

La réaction de Skraup appliquée à la métanitraniline donne, non pas une métanitroquinoléine, mais la *métaphénanthroline* et une petite quantité d'*oxyphénanthroline* $C^{12}H^7Az^2(OH)$ fusible à 160°. Cette dernière se dissout dans une solution de soude étendue et en est précipitée par l'anhydride carbonique [La Coste, *D. chem. G.*, **16**, 669 et *Bull. Soc. Chim.*, 1883]. La même réaction appliquée à la paranitraniline donne la *pseudophénanthroline* en même que de la paranitroquinoléine [Bornemann, *D. chem. G.*, **19**, 2377 et *Bull. Soc. Chim.*, 1886].

La *méthylmétaphénanthroline*

CH³ Az Az

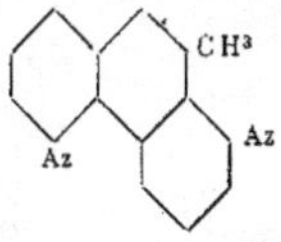

se produit dans la réaction de Skraup appliquée à la crésylène-diamine $C^6H^3CH^3_{(1)}-(AzH^2)^2_{(2.4)}$. On purifie la base par transformation en chromate.

Elle cristallise en prismes courts fondant à 95°, solubles dans l'eau et dans l'alcool. Elle distille sans décomposition à une température élevée.

Le *chloroplatinate*, $(C^{13}H^{10}Az^2)2HCl, PtCl^4 + 2H^2O$, est un précipité cristallin jaune clair presque insoluble dans l'eau.

La base oxydée par le mélange chromique se transforme en *acide phénanthroline-carbonique*. Cet acide est constitué par de petites aiguilles blanches, très peu solubles dans l'eau, l'alcool et l'acide acétique, solubles dans les acides minéraux, et fusibles en se décomposant à 277°. Chauffé avec la chaux, il fournit la phénanthroline [Skraup et Fischer, *Mon. f. Chem.*, **5**, 523 et *Bull. Soc. Chim.*, 1885].

Noelting et Trautmann [*Bull. Soc. Chim.*, **5**, 242, 1891] ont obtenu la même méthylphénanthroline en appliquant la réaction de Skraup à l'aminoorthotoluquinoléine, en employant l'acide picrique comme oxydant.

αα'-DIMÉTHYLMÉTAPHÉNANTHROLINE,

$CH^3.C$ γ' β' α' Az Az γ α β C.CH³

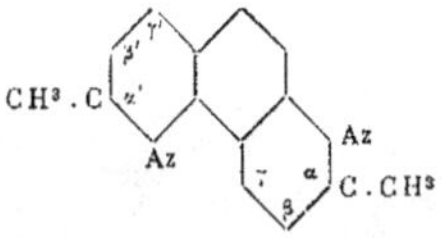

— Cette base se forme par condensation de la paraldéhyde avec la métaphénylène-diamine. Elle cristallise avec $2H^2O$ et perd son eau sur l'acide sulfurique. Hydratée, elle fond à 76-78°. Anhydre, elle fond à 97-98° et distille sans décomposition vers 360°.

On l'obtient aussi en partant de la métaminoquinaldine [v. Miller, *D. chem. G.*, **24**, 1799 et *Bull. Soc. Chim.*, 1891].

En remplaçant dans la réaction précédente la paraldéhyde par l'œnanthol, on obtient l'*αα'-dihexyl-ββ'-diamylphénanthroline* en aiguilles soyeuses fusibles à 50-51°, donnant un *picrate* fusible à 104°.

La réaction de Skraup appliquée à l'amino-αγ-diméthylquinoléine a fourni à Marckwal et Schmidt [*Ann. Chem.*, **274**. 331 et *Bull. Soc. Chim.*, 1893] la *αγ-diméthylphénanthroline* fusible à 106°-107°.

αα'-DIPHÉNYLPHÉNANTHROLINE. — Cette base se produit lorsqu'on distille sur la chaux sodée l'acide αα'-diphénylphénanthroline-γγ'-dicarbonique. C'est une huile jaune clair se décomposant à 100°. L'*acide αα'-diphénylphénanthroline-γγ'-dicarbonique* est le produit de la condensation de l'aldéhyde benzoïque avec l'acide pyruvique et la métaphénylène-diamine :

CO^2H
|
CO — CH
CH^3 / CH — CH
$C^6H^5.COH$ — C — C
AzH^2 — CH — AzH^2
$CO^2H.CO$ — $COH.C^6H^5$
CH^3

CO^2H
|
C — CH
CH — C — CH
→ $C^6H^5.C$ — C — C
Az — C — Az
$CO^2H.C$ — C^6H^5
CH

Cet acide cristallise dans l'alcool bouillant en aiguilles rouge brun fusibles à 235°. Les *sels d'argent, de zinc, de magnésium, de plomb, de cuivre* ont été préparés [Ferber, *Ann. Chem.*, **281**, 15 à 24 et *Bull. Soc. Chim.*, 1895].

Avril 1907. E. Baud.

PHÉNANTHRONE. — Voy. l'art. PHÉNANTHRÈNE, p. 721.

PHÉNAZINE. — Voy. les art. AZOPHÉNYLÈNE et DIAZINES, 2e Suppl., **3**, 138.

PHÉNAZONES. — Voy. l'art. DIAZINES, 2e Suppl., **3**, 119.

PHÉNAZONIME. — Voy. DIPHÉNOFURODIHYDROAZINES, 2e Suppl., **3**, 261.

PHÉNÉGOL. — On fait absorber assez facilement à l'acide orthonitrophénolparasulfonique un demi-atome de mercure par molécule de phénol. L'orthonitrophénolparasulfonate de mercure et de potassium ainsi obtenu a été désigné sous le nom de *phénégol*. Avec les acides sulfoniques dérivés du crésol et du thymol on prépare de même le *créségol* et le *thymégol*.

Les égols sont des composés très stables, dans lesquels le mercure est dissimulé. Leur absence de toxicité jointe à leur pouvoir bactéricide énergique les a fait proposer comme antiseptiques [Gautrelet, *C. R.*, **129**, 113, 1899].

Janvier 1907. E. Rengade.

PHÈNEPENTHIAZOLS. — On a donné le nom de phènepenthiazol au noyau

CH^2
S
CH
Az

Les phènepenthiazols s'obtiennent :

1° En faisant réagir le pentasulfure de phosphore sur les phènepentoxazols :

$$5C^6H^4\left\langle\begin{matrix}CH^2-O\\ \quad\ \ |\\ Az=C-R\end{matrix}\right. + P^2S^5 = 5C^6H^4\left\langle\begin{matrix}CH^2-S\\ \quad\ \ |\\ Az=C-R\end{matrix}\right. + P^2O^5$$

2° En faisant réagir une thio-amide sur le chlorure d'o-aminobenzyle :

$$C^6H^4\left\langle\begin{matrix}CH^2-Cl\\ AzH^2\end{matrix}\right. + R.CS.AzH^2 = AzH^4Cl + C^6H^4\left\langle\begin{matrix}CH^2-S\\ \quad\ \ |\\ Az=C-R\end{matrix}\right.$$

Les phènepenthiazols sont des bases faibles solubles dans les acides concentrés.

MÉTHYLPHÈNEPENTHIAZOL,

$$C^6H^4\left\langle\begin{matrix}CH^2-S\\ \quad\ \ |\\ Az=C-CH^3\end{matrix}\right.$$

— On l'obtient : en chauffant à 140-150° le méthylphènepentoxazol avec le pentasulfure de phosphore; en traitant l'éther diacétique de l'alcool o-aminobenzylique ou l'alcool acétamidobenzylique par le pentasulfure de phosphore; en chauffant le chlorhydrate de chlorotoluidine avec la thioacétamide; ou encore en traitant le sulfure d'acétamidobenzyle par le perchlorure de phosphore.

Le méthylphènepenthiazol cristallise en prismes fusibles à 45-46°, il distille presque sans décomposition à 265-267°. Son *chloroplatinate*, $(C^9H^9AzS)^2PtCl^6$, forme des aiguilles orangées. Son *picrate* fond vers 178°.

L'acide chlorhydrique fumant, à 180° le transforme en *sulfure d'o-aminobenzyle* $(AzH^2C^6H^4-CH^2)^2S$ fusible à 88-81° [Gabriel et Posner, *D. chem. G.*, **27**, 3509, 1894].

ETHYLPHÈNEPENTHIAZOL,

$$C^6H^4\left\langle\begin{matrix}CH^2-S\\ \quad\ \ |\\ Az=C-C^2H^5\end{matrix}\right.$$

— C'est un liquide distillant à 272° sous 751 mm.

Le *bromhydrate* cristallise en tables rhombiques blanches fusibles à 181°. Le *picrate* fond à 136°.

Chauffé à l'air il se transforme en *disulfure d'o-propionamidobenzyle* $(C^2H^5-CO-AzH.C^6H^4-CH^2-S)^2$, fusible à 191° [Kippenberg, *D. chem. G.*, **30**, 1141, 1897].

PROPYLPHÈNEPENTHIAZOL. — C'est un liquide distillant à 234° sous 27 mm. Son *picrate* cristallise en aiguilles jaunes fusibles à 143° (Kippenberg).

PHÉNYLPHÈNEPENTHIAZOL,

$$C^6H^4\left\langle\begin{matrix}CH^2-S\\ \quad\ \ |\\ Az=C-C^6H^5\end{matrix}\right.$$

— Le chlorure de benzoyle réagit sur le chlorhydrate d'o-chlorotoluidine pour former le *chlorure de benzoylamidobenzyle*,

$$C^6H^4\left\langle\begin{matrix}AzH-COC^6H^5\\ CH^2Cl\end{matrix}\right.$$

fusible à 124-125°. Celui-ci, chauffé à 150° avec le pentasulfure de phosphore, fournit le phénylphènepenthiazol.

Le phénylphènepenthiazol est une base faible qui cristallise en aiguilles jaunâtres fusibles à 55-58°. Les sels sont dissociés par l'eau. Le *picrate* fond à 176-177° [Gabriel et Posner, *loc. cit.*].

Le *p-méthoxyphénylphènepenthiazol*,

$$C^6H^4\left\langle\begin{matrix}CH^2-S\\ \quad\ \ |\\ Az=C-C^6H^4.OCH^3\end{matrix}\right.$$

fond à 129° (Kippenberg).

P-Tolylphènepenthiazol,

$$C^6H^4 \begin{matrix} \diagup CH^2-S \\ \\ \diagdown Az = C-C^6H^4-CH^3 \end{matrix}$$

— Il cristallise en aiguilles jaunâtres fusibles à 109-110°. — Son *picrate* fond à 157°.

L'*o-tolylphènepenthiazol* fond à 46° (Kippenberg). Décembre 1906. P. Carré.

PHÈNEPENTOXAZOLS. — On a donné le nom de *phènepentoxazol* au noyau

[formule développée : noyau benzénique accolé à un cycle CH², O, CH, Az]

Les dérivés du phènepentoxazol, de la forme

$$C^6H^4 \begin{matrix} \diagup CH^2-O \\ \\ \diagdown Az = C-R \end{matrix}$$

se préparent en faisant réagir un chlorure ou un anhydrique d'acide sur l'alcool o-aminobenzylique ou sur le chlorhydrate du chlorure d'o-aminobenzyle :

$$C^6H^4 \begin{matrix} \diagup CH^2Cl \\ \diagdown AzH^2HCl \end{matrix} + \begin{matrix} O-CO \\ OC \quad CH^3 \\ CH^3 \end{matrix}$$

$$= C^6H^4 \begin{matrix} \diagup CH^2-O \\ \\ \diagdown Az = C-CH^3, HCl \end{matrix} + HCl + CH^3CO^2H.$$

Méthylphènepentoxazol,

$$C^6H^4 \begin{matrix} \diagup CH^2-O \\ \\ \diagdown Az = C-CH^3 \end{matrix}$$

— La réaction précédente appliquée au bromhydrate de bromure d'o-aminobenzyle et à l'anhydride acétique fournit le *bromhydrate de méthylphènepentoxazol* fusible vers 170-171°. Décomposé par la potasse, celui-ci fournit la base correspondante, liquide jaunâtre, entraîné par la vapeur d'eau en se décomposant partiellement. Son *picrate* fond vers 146-149°.

La solution aqueuse du bromhydrate s'altère lentement pour donner par hydrolyse de l'acétate d'o-aminobenzyle. $C^6H^4.AzH^2.CH^2.O.CO-CH^3$ [Gabriel et Posner, *D. chem. G.*, **27**, 2509. 1864].

Éthylphènepentoxazol.

$$C^6H^4 \begin{matrix} \diagup CH^2-O \\ \\ \diagdown Az = C-C^2H^5 \end{matrix}$$

— On le prépare d'une façon analogue au précédent, en remplaçant l'anhydrique acétique par l'anhydride propionique.

Son *picrate* fond à 138-139°. P. Carré.

PHÉNÉTIDINE, PHÉNÉTOL. — Voy. l'art. Phénol, 2e Suppl.,

PHÉNO.... — Pour les mots qui ne se trouvent pas ici à leur place alphabétique, voyez le mot qui suit ce préfixe.

PHÉNOCYANINES. — Voy. Gallazines.

PHÉNODIAZINES. — Nous ne nous occuperons ici que des monophénodiazines, les diphénodiazines étant déjà décrites à l'article diazines.

Les monophénodiazines sont des bases que leurs modes de formation et leurs propriétés conduisent à représenter par des formules dans lesquelles on retrouve un noyau benzénique et un noyau diazine, accolés suivant un de leurs côtés.

Si nous considérons l'α-diazine, nous voyons que l'on est amené à prévoir l'existence de deux monophéno-α-diazines, l'α-β-*phéno-α-diazine*, connue sous le nom de *cinnoline*,

[formule développée : CH, Az, Az, CH, CH, CH, CH, CH ; positions 1-6, α, α', β, β', γ]

et la β-γ-*phéno-α-diazine*, connue sous le nom de *phtalazine*,

[formule développée : CH, CH, Az, Az, CH, CH, CH, CH]

Dans le cas de la β-diazine et de la γ-diazine, il n'y a qu'une seule substitution possible ; les phénodiazines correspondantes sont :

L'α-β-*phéno-β-diazine*, ordinairement appelé *quinazoline*,

[formule développée : CH, Az, CH, Az, CH, CH, CH, CH]

L'α-β-*phéno-γ-diazine* ou *quinoxaline*,

[formule développée : CH, Az, CH, CH, CH, CH, CH, Az]

Nous décrirons ces composés dans l'ordre où ils viennent d'être énoncés ; et nous adopterons pour les désigner les noms usuels (cinnoline, quinoxaline), qui sont les plus employés. Quant aux homologues et aux dérivés de substitution, il suffira de se reporter aux formules qui précèdent pour comprendre leurs dénominations.

α-β-Phéno-α-diazine (Cinnoline).

$$C^6H^4 \begin{matrix} \diagup Az = Az \\ \\ \diagdown CH = CH \end{matrix}$$

— La cinnoline se prépare en oxydant la dihydrocinnoline par l'oxyde de mercure. On fait bouillir pendant 3 heures 1 gr. de dihydrocinnoline en solution dans le benzène avec 20 gr. d'oxyde de mercure fraîchement préparé ; après filtration on ajoute une solution alcoolique d'acide chlorhydrique qui précipite le chlorhydrate de cinnoline [Busch et Rast, *D. chem. G.*, **30**, 524. 1897].

La cinnoline est une base forte, très soluble dans l'eau et les autres dissolvants usuels, qui fond à 39° après cristallisation dans la ligroïne ; elle se dépose de sa solution éthérée avec 1 molécule d'éther, en aiguilles fusibles à 24-25°. Elle ne distille pas sans décomposition. Elle est vénéneuse.

Son *chlorhydrate* $C^8H^6Az^2, HCl$ fond vers 190° ;

son *chloroplatinate*, $(C^8H^6Az^2HCl)^2PtCl^4$, fond à 280° en se décomposant; son *chloroaurate*, $(C^8H^6Az^2HCl)^2AuCl^3$, fond à 146°. Son *iodométhylate*, $C^8H^6Az^2CH^3I$, fond à 168° [Busch et Rast, *loc. cit.*].

γ-α-*Dihydrocinnoline*.

$$C^6H^4\left\langle\begin{array}{l}AzH-AzH\\ \qquad\quad|\\ CH=CH\end{array}\right.$$

— On l'obtient en réduisant la chlorocinnoline (5 gr.) par la tournure de fer (5 gr.) et l'acide sulfurique (100 cc. à 15 %).

Elle cristallise dans la ligroïne en aiguilles brillantes fusibles à 87-88°. Elle distille sans décomposition. C'est une base faible dont les sels sont décomposés par l'eau. Son *chlorhydrate* cristallise dans l'alcool en aiguilles fusibles à 149-150° en se décomposant [Busch et Rast, *D. chem. G.*, **30**, 523, 1897].

γ-*Chlorocinnoline*.

$$C^6H^4\left\langle\begin{array}{l}Az=Az\\ \qquad|\\ CCl=CH\end{array}\right.$$

— On la prépare de la façon suivante : On chauffe une heure au bain-marie 1 partie de γ-oxycinnoline avec 4 parties de pentachlorure de phosphore additionné d'un peu d'oxychlorure de phosphore; on coule le tout sur de la glace, on sature par la soude et enfin on extrait à l'éther.

La chlorocinnoline cristallise dans la ligroïne en longues aiguilles fusibles à 70°. Par ébullition avec l'eau, elle régénère l'oxycinnoline. Son *chlorhydrate* fond à 151°; son *chloroplatinate* forme de longs prismes jaunes insolubles dans l'eau [Busch et Klett, *D. chem. G.*, **25**, 2849, 1892].

γ-*Oxycinnoline*.

$$C^6H^4\left\langle\begin{array}{l}Az=\!=\!=Az\\ \qquad\quad|\\ C(OH)=CH\end{array}\right.$$

— Ce composé résulte de la décomposition de l'acide oxycinnoline-carbonique par la chaleur (à 260°). Il cristallise dans l'eau en petits prismes fusibles à 225° qui se subliment en flocons cristallins [Richter, *D. chem. G.*, **16**, 681, 1883]. Son *éther éthylique*, $C^{10}H^{10}Az^2O$, fond à 106° [Busch et Klett, *D. chem. G.*, **25**, 2853, 1892].

Acide γ-oxycinnoline-β-carbonique,

$$C^6H^4\left\langle\begin{array}{l}Az=\!=\!=Az\\ \qquad\quad|\\ C(OH)=C-CO^2H\end{array}\right.$$

— Il se produit quand on fait réagir l'acide azoteux sur l'acide o-aminophénylpropiolique :

$$AzH^2-C^6H^4-C\equiv C-CO^2H + AzO^2H = C^9H^6Az^2O^3 + H^2O.$$

On dissout 2 gr. d'acide o-aminophénylpropiolique dans 5 à 6 gr. d'acide chlorhydrique fumant additionnés de 15 à 20 gr. d'eau; puis on ajoute peu à peu, et à froid, 1 partie d'azotite de sodium dissous dans aussi peu d'eau que possible. On coule ensuite la solution dans 300 parties d'eau, et on chauffe à 70°. Il se sépare des cristaux qui, purifiés par cristallisation dans l'acide acétique, fondent à 260-265° en perdant du gaz carbonique pour donner l'oxycinnoline [Richter, *D. chem. G.*, **16**, 680, 1883].

β-γ-PHÉNO-α-DIAZINES.

PHTALAZINES. — Les phtalazines prennent naissance par condensation de l'hydrazine et des dérivés hydraziniques avec le tétrabromure ou le tétrachlorure d'o-xylène :

$$C^6H^4\left\langle\begin{array}{l}CHBr^2\\ \\ CHBr^2\end{array}\right. + \begin{array}{l}H^2Az\\ \ \ |\\ H^2Az\end{array} = 4HBr + C^6H^4\left\langle\begin{array}{l}CH=Az\\ \qquad\ |\\ CH=Az\end{array}\right.$$

On peut encore les obtenir par l'intermédiaire des phtalazones; celles-ci sont transformées en chlorures au moyen du pentachlorure de phosphore, puis ces chlorures sont réduits par l'acide iodhydrique et le phosphore :

$$C^6H^4\left\langle\begin{array}{l}CH=Az\\ \qquad\ |\\ CO=AzH\end{array}\right. \rightarrow C^6H^4\left\langle\begin{array}{l}CH=Az\\ \qquad\ |\\ CCl=Az\end{array}\right. \rightarrow C^6H^4\left\langle\begin{array}{l}CH=Az\\ \qquad\ |\\ CH=Az\end{array}\right.$$

La phtalazone se forme par condensation de l'hydrazine avec l'acide o-phtalaldéhydique :

$$C^6H^5\left\langle\begin{array}{l}CHO\\ \\ CO^2H\end{array}\right. + \begin{array}{l}H^2Az\\ \ \ |\\ H^2Az\end{array} = 2H^2O + C^6H^4\left\langle\begin{array}{l}CH=Az\\ \qquad\ |\\ CO=AzH\end{array}\right.$$

Les phtalazones substituées s'obtiennent en condensant l'hydrazine avec les acides o-cétoniques :

$$C^6H^4\left\langle\begin{array}{l}CO-C^2H^5\\ \\ CO^2H\end{array}\right. + \begin{array}{l}H^2Az\\ \ \ |\\ H^2Az\end{array} = 2H^2O + C^6H^4\left\langle\begin{array}{l}C(C^2H^5)=Az\\ \qquad\qquad\ |\\ CO——AzH\end{array}\right.$$

Les phtalazines sont des bases stables qui peuvent être distillées sans décomposition dans le vide.

L'hydrogénation les transforme en dérivés tétrahydrogénés.

Elles se comportent comme des bases tertiaires et peuvent fixer les iodures alcooliques, pour donner des iodométhylates que les alcalis décomposent avec formation d'une dihydrophtalazine substituée et d'une faible quantité de phtalazone substituée. Elles forment des combinaisons peu solubles avec le chlorure de platine et avec l'acide picrique.

PHTALAZINE,

$$C^6H^4\left\langle\begin{array}{l}CH=Az\\ \qquad\ |\\ CH=Az\end{array}\right.$$

— La phtalazine se produit quand on chauffe à 150° le 1'1'2'2'-tétrachloroxylène $C^6H^4(CHCl^2)^2_{1.2}$ avec une solution aqueuse d'hydrazine; ou par ébullition de l'aldéhyde o-phtalique avec l'hydrazine aqueuse [Gabriel et Pinkus, *D. chem. G.*, **26**, 2210, 1893].

Pour la préparer on fait bouillir, pendant 7 heures, 10 grammes de 1'1'2'2'-tétrabromoxylène avec 1 litre d'eau; on neutralise la solution, puis on ajoute 1 molécule de sulfate d'hydrazine et 2 molécules de potasse [Gabriel et Müller, *D. chem. G.*, **28**, 1831, 1895]. On la purifie par l'intermédiaire de son chlorhydrate.

Elle se forme encore quand on soumet à l'ébullition, pendant plusieurs heures, 1 partie de chlorophtalazine avec 10 parties d'acide iodhydrique et un peu de phosphore rouge [Gabriel et Eschenbach, *D. chem. G.*, **30**, 3024, 1897; — Paul, *D. chem. G.*, **32**, 2015, 1899].

La phtalazine cristallise dans l'éther en aiguilles fusibles à 90-91°. Elle bout à 175° sous

17 millimètres, à 189° sous 29 millimètres, et vers 315° à la pression ordinaire, mais alors en se décomposant. Son poids moléculaire a été vérifié par la cryoscopie [Padoa, *Att. Ac. Lincei*, (5), **12**, I, 393]. Elle se dissout facilement dans l'eau, l'alcool et le benzène; elle est peu soluble dans l'éther, insoluble dans la ligroïne. Sa réduction par le zinc et l'acide chlorhydrique fournit de l'o-xylylène-diamine $C^6H^4(CH^2AzH^2)^2$. Oxydée par le permanganate de potassium, elle fournit l'acide pyridazine-dicarbonique-4.5, fusible à 212-213°,5 [Gabriel, *D. chem. G.*, **36**, 3373, 1903].

Le *chlorhydrate*, $C^8H^6Az^2, HCl$, fond à 231°. Son *chloroplatinate*, $(C^8H^6Az^2 . HCl)^2 PtCl^4$, noircit sans fondre vers 260°. Son *chloroaurate*, $C^8H^6Az^2 . HCl, AuCl^3$, fond à 200°. Son *iodhydrate* fond à 203°. Son *picrate*, $C^8H^6Az^2 . C^6H^3Az^3O^7$, fond à 208-210°.

L'*iodométhylate*, $C^8H^6Az^2 . CH^3I$, obtenu par contact (12 heures) de la phtalazine avec un excès d'iodure de méthyle en solution dans l'alcool méthylique, cristallise en aiguilles jaunes fusibles à 235-240°. Cet iodométhylate décomposé par les alcalis fournit la *dihydrométhylphtalazine*,

$$C^6H^4 \begin{array}{l} \diagup CH = Az \\ \qquad\qquad | \\ \diagdown CH^2 - Az - CH^3 \end{array}$$

corps huileux, dont le *chlorhydrate* fond à 140-141°, le *picrate* à 93-95°, et l'*iodométhylate*, $C^9H^{10}Az^2, CH^3I$, à 153-154°; cette décomposition fournit aussi une petite quantité de *méthylphtalazone*

$$C^6H^4 \begin{array}{l} \diagup CO \text{———} AzH \\ \qquad\qquad\quad | \\ \diagdown C(CH^3) = Az \end{array}$$

[Gabriel et Müller, *D. chem. G.*, **28**, 1831, 1896].

L'*iodoéthylate*, $C^8H^6Az^2, C^2H^5I$, fond à 204-210°.

Le *chlorobenzylate*, $C^8H^6Az^2 . C^6H^5CH^2Cl$, fond à 97-99° [Gabriel et Müller, *D. chem. G.*, **28**, 1835].

Chlorophtalazine,

$$C^6H^4 \begin{array}{l} \diagup CH = Az \\ \qquad\quad | \\ \diagdown CCl = Az \end{array}$$

— On l'obtient en faisant bouillir, pendant 1/4 d'heure, 10 gr. de phtalazone ou phénopyridazolone avec 30 cmc. d'oxychlorure de phosphore. Elle cristallise dans l'éther en aiguilles fusibles à 113° [Gabriel et Neumann, *D. chem. G.*, **26**, 525, 1893]. Son *chloroplatinate* fond à 205°, et son *picrate* à 135° [Paul, *D. chem. G.*, **32**, 2015, 1899]. Traitée par le méthylate et par l'éthylate de sodium elle fournit la *méthoxyphtalazine*, fusible à 60-61° [Gabriel et Neumann, *loc. cit.*], et l'*éthoxyphtalazine*, fusible à 29-31° [Rothenburg, *J. prakt. Chem.*, **51**, 149, 1895].

La β-*iodophtalazine* fond à 78° [Gabriel, *D. chem. G.*, **36**, 3373, 1903].

Dioxy-1.6-*phtalazine*, $(OH)^2 = C^6H^4 = (CH)^2Az^2$. — La diméthoxyphtalazone, chauffée au bain-marie avec l'oxychlorure de phosphore, fournit la *diméthoxychlorophtalazine*, fusible à 145-152°, laquelle, réduite par l'acide iodhydrique et le phosphore rouge, donne la dioxy-1.6- phtalazine. Celle-ci forme des flocons orangés dont le *picrate* fond à 197° [Gabriel, *D. chem. G.*, **36**, 3373, 1903; — Liebermann et Bistrzycki, *D. chem. G.*, **26**, 534, 1893; — Jacobsen, *D. chem. G.*, **27** 1425].

PHTALAZONE,

$$C^6H^4 \begin{array}{l} \diagup CH = Az \\ \qquad\quad | \\ \diagdown CO - AzH \end{array}$$

— La condensation de l'hydrazine avec l'acide benzoylformique-o-carbonique fournit l'*acide phtalazone-α-carbonique*,

$$C^6H^4 \begin{array}{l} \diagup C(CO^2H) = Az \\ \qquad\qquad\qquad | \\ \diagdown CO \text{———} AzH \end{array}$$

dont le *chlorure*, R.COCl, fond à 186°, l'*éther méthylique* à 211° et l'*éther éthylique* à 169° [Fränkel, *D. chem. G.*, **33**, 2809, 1900]. Cet acide phtalazone-carbonique est décomposé par la chaleur avec formation de phtalazone [Rothenburg, *J. prakt. Chem.*, **51**, 150, 1895].

La *diméthoxy*-1.6-*phtalazone* ou *opiazone*,

$$(CH^3O)^2 . C^6H^2 \begin{array}{l} \diagup CH = Az \\ \qquad\quad | \\ \diagdown CO - AzH \end{array} + H^2O,$$

se prépare en condensant l'acide opianique avec l'hydrazine. Elle cristallise en aiguilles fusibles à 166°. Son *dérivé acétylé*, fond à 158-159° [Liebermann et Bistrzycki, *D. chem. G.*, **26**, 532]. Par nitration elle fournit la *nitropiazone*,

$$(CH^3O)^2_{(1.6)}C^6H . AzO^2_{(4)} \begin{array}{l} \diagup CH = Az \\ \qquad\quad | \\ \diagdown CO - AzH \end{array}$$

fusible à 248°; la méthylation de cette dernière fournit 2 isomères qui fondent respectivement à 186° et à 286° [Jacobson, *D. chem. G.*, **27**, 1423, 1894].

La *bromopiazone*,

$$(CH^3O)^2C^6HBr \begin{array}{l} \diagup CH = Az \\ \qquad\quad | \\ \diagdown CO - AzH \end{array}$$

fond à 231-232° [Bistrzycki et Fynn, *D. chem. G.*, **31**, 925, 1898]. L'*α-phénylopiazone*,

$$(CH^3O)^2 = C^6H^2 \begin{array}{l} \diagup CH = Az \\ \qquad\quad | \\ \diagdown CO - Az - C^6H^5 \end{array}$$

fond à 175° [Liebermann, *D. chem. G.*, **19**, 764; voyez aussi Bistrzycki, *ibid.*, **21**, 2519, 1888; — Tust, *ibid.*, **25**, 1999; — Elbel, *ibid.*, **19**, 2308; — Fock, *ibid.*, **19**, 2275; — Claus et Predari, *J. prakt. Chem.*, **55**, 179, 1897].

La *méthoxy-oxyphtalazone*,

$$(CH^3O) . (OH) . C^6H^2 \begin{array}{l} \diagup CH = Az \\ \qquad\quad | \\ \diagdown CO - AzH \end{array}$$

fond à 225° [Liebermann, *D. chem. G.*, **29**, 178, 1896].

L'α-phénylphtalazone,

$$C^6H^4 \begin{array}{l} \diagup CH = Az \\ \qquad\quad | \\ \diagdown CO - Az - C^6H^5 \end{array}$$

fond à 106° [Thiele et Fallk, *Lieb. Ann.*, **347**, 112, 1906].

L'*acide α-phénylphtalazone-α'-carbonique*,

$$C^6H^4 \begin{array}{l} \diagup C(CO^2H) = Az \\ \qquad\qquad\qquad | \\ \diagdown CO \text{———} Az - C^6H^5 \end{array}$$

fond à 214-215° [Henriques, *D. chem. G.*, **21**, 1610], à 221-222° [Schöpff, *D. chem. G.*, **26**, 1124, 1893; Gloglau, *Mon. f. chem.*, **25**, 391, 1904.]

TÉTRAHYDROPHTALAZINE,

$$C^6H^4 \begin{array}{l} \diagup CH^2 - AzH \\ \qquad\qquad | \\ \diagdown CH^2 - AzH \end{array}$$

— Pour l'obtenir on réduit le chlorhydrate de

phtalazine (1 gr.), dissous dans l'eau, par l'amalgame de sodium (10 gr. à 7 0/0).

C'est un corps huileux, qui, oxydé par l'oxyde de mercure, régénère la phtalazine. Elle donne avec l'acide azoteux un dérivé instable qui se transforme en une combinaison cristallisée. $C^8H^8AzO^2$. Son *chlorhydrate* fond à 231°, et son *picrate* fond à 159-160° en se décomposant. Son *dérivé dibenzoylé* fond à 207-208° [Gabriel et Pinkus, *D. chem. G.*, **26**, 2213, 1893].

Méthylphtalazine.

$$C^6H^4 \begin{cases} CH = Az \\ C(CH^3) = Az \end{cases}$$

— La méthylphtalazone, chauffée à 100° avec 2 parties d'oxychlorure de phosphore, est transformée en *méthylchlorophtalazine*,

$$C^6H^4 \begin{cases} CCl = Az \\ C(CH^3) = Az \end{cases}$$

fusible à 139°; celle-ci, réduite par l'acide iodhydrique et le phosphore rouge, fournit la méthylphtalazine.

La méthylphtalazine cristallise dans la ligroïne en aiguilles fusibles à 74°,5; elle bout à 204° sous 25 mm., 210-213° sous 40 mm. Son *chlorhydrate*, $C^9H^8Az^2HCl$, fond à 222-223°; son *chloroplatinate*, $(C^9H^8Az^2HCl)^2PtCl^4$, se décompose au-dessus de 240°; son *chloroaurate*, $C^9H^8Az^2HCl.AuCl^3$, fond à 175°. L'*iodhydrate*, $C^9H^8Az^2HI$, se décompose à 287°. Le *nitrate* se décompose à 159°. Le *picrate* fond à 204°.

L'*iodométhylate*, $C^9H^8Az^2CH^3I$, fond à 142-143°. Par ébullition avec les alcalis il fournit la *dihydrodiméthylphtalazine*,

$$C^6H^4 \begin{cases} CH^2 - Az - CH^3 \\ C(CH^3) = Az \end{cases}$$

dont le *chlorhydrate* fond à 245°, et la *diméthylphtalazone*,

$$C^6H^4 \begin{cases} CO - Az - CH^3 \\ C(CH^3) = Az \end{cases}$$

fusible à 109-110° [Gabriel et Neumann, *D. chem. G.*, **26**, 709, 1893; — Gabriel et Eschenback, *ibid.*, **30**, 3025, 1897].

La méthylphtalazine, chauffée 3/4 d'heure à 210° avec l'anhydride phtalique dans un courant de gaz carbonique, fournit la *méthylphtalazine-phtalone*,

$$C^6H^4 \begin{cases} CH = Az \\ C = Az \\ \quad \llcorner CH \begin{cases} CO \\ CO \end{cases} C^6H^4 \end{cases}$$

qui cristallise dans l'acide acétique en aiguilles jaunes fusibles à 260° [Gabriel et Eschenbach, *D. chem. G.*, **30**, 3034, 1897].

Éthylphtalazine.

$$C^6H^4 \begin{cases} CH = Az \\ C(C^2H^5) = Az \end{cases}$$

— On l'obtient en réduisant l'α-chloro-β-éthylphtalazine par le phosphore et l'acide iodhydrique.

Elle fond à 23°,5 et bout à 206° sous 23 mm. Son odeur rappelle celle des fleurs d'acacia. Son *chlorhydrate* fond à 216°; son *chloroplatinate* fond à 180° et son *chloroaurate* à 144°; son *iodhydrate* fond à 203°; son *picrate* à 175°; son *iodométhylate*, $C^{10}H^{10}Az^2, CH^3I$, à 129°; traité par la potasse, il fournit la *méthyl-β-éthyldihydrophtalazine*,

$$C^6H^4 \begin{cases} CH^2 - Az - CH^3 \\ C(C^2H^5) = Az \end{cases}$$

dont le *picrate* fond à 108°; il se forme aussi une petite quantité de *méthyléthylphtalazone*,

$$C^6H^4 \begin{cases} CO - Az - CH^3 \\ C(C^2H^5) = Az \end{cases}$$

fusible à 78-79°.

L'*α-chloro-β-éthylphtalazine*,

$$C^6H^4 \begin{cases} CCl = Az \\ C(C^2H^5) = Az \end{cases}$$

se prépare en faisant réagir l'oxychlorure de phosphore sur la β-éthylphtalazone. Elle fond à 93°; son *chlorhydrate* fond à 183-184°.

Chauffée en solution alcoolique avec les alcoolates ou les phénolates elle a fourni : l'*α-méthoxy-β-éthylphtalazine*, fusible à 49°; l'*α-éthoxy-β-éthylphtalazine* fusible à 53° et l'*α-phénoxy-β-éthylphtalazine* fusible à 89° [Daube, *D. chem. G.*, **38**, 206, 1905].

L'*α-iodo-β-éthylphtalazine* fond à 78°; son *chlorhydrate* fond à 173°.

La *β-éthylphtalazone*,

$$C^6H^4 \begin{cases} CO - AzH \\ C(C^2H^5) = Az \end{cases}$$

a été préparée en condensant l'hydrazine avec l'acide propiophénone-o-carbonique. Elle fond à 168-169° [Paul, *D. chem. G.*, **32**, 2016, 1899], à 170-172° [Daube, *D. Chem. G.*, **38**, 206, 1905.

La *γ-éthyl-β-éthylphtalazone*,

$$C^6H^4 \begin{cases} CO - Az - C^2H^5 \\ C(C^2H^5) = Az \end{cases}$$

fond à 49-50° [Daube, *loc. cit.*]. La γ-phényl-β-éthylphtalazone, obtenue comme la β-éthylphtalazone au moyen de la phénylhydrazine et de l'acide propiophéno-o-carbonique, fond à 102° [Gottlieb, *D. chem. G.*, **32**, 959, 1899.]

La β-éthylphtalazine, réduite par l'amalgame de sodium, fournit l'*éthyltétrahydrophtalazine*,

$$C^6H^4 \begin{cases} CH^2 - AzH \\ CH^2 - AzH \end{cases}$$

corps huileux dont le *chlorhydrate* fond à 168°; le *dérivé dibenzoylé* fond à 159°.

Propylphtalazine. — La *β-propyl-α-chlorophtalazine*,

$$C^6H^4 \begin{cases} CCl = Az \\ C(C^3H^7) = Az \end{cases}$$

cristallise dans l'alcool en aiguilles fusibles à 67° [Bromberg, *D. chem. G.*, **29**, 1438, 1896].

La *trichlorooxypropylphtalazine*,

$$C^6H^4 \begin{cases} CH = Az \\ C = Az \\ \quad \llcorner CH^2 - CHOH - CCl^3 \end{cases}$$

se forme par condensation de la méthylphtalazine avec le chloral. Elle cristallise dans l'alcool en prismes fusibles à 180° en se décomposant

[Gabriel et Eschenbach. *D. chem. G.*, **30**, 3034. 1897].

ISOBUTYLPHTALAZINE. — *L'isobutylphtalazine*.

$$C^6H^4 \begin{cases} CH = Az \\ | \\ C(C^4H^9) = Az \end{cases}$$

est une huile dont l'*iodhydrate* se décompose vers 100°; le *chloroplatinate* fond à 157°; le *chloroaurate* fond à 137° [H. Wölbling, *D. chem. G.*, **38**, 3925, 1905].

L'*isobutylchlorophtalazine* fond à 38°, son *chloroplatinate* à 216°; le *picrate* à 122° [H. Wolbling, *loc. cit.*; Bromberg, *D. chem. G.*, **29**, 1441, 1896].

L'*isobutyléthoxyphtalazine*, obtenue par l'action de l'éthylate de sodium sur l'isobutylchlorophtalazine, est une huile dont le *sulfate* fond à 109°. L'*isobutylphénoxyphtalazine* fond à 108° [H. Wolbling, *loc. cit.*].

ACIDE PHTALAZINE-ACÉTIQUE.

$$C^6H^4 \begin{cases} CH = Az \\ | \\ C = Az \\ \quad \llcorner CH^2 - CO^2H \end{cases}$$

— Son *éther éthylique*, $C^{10}H^7Az^2O^2.C^2H^5$, se forme par condensation de la phtalazine avec l'éther chloracétique. Il cristallise en aiguilles fusibles à 155-159°. Son *picrate* fond à 129-131° [Gabriel et Müller, *D. chem. G.*, **28**, 1835, 1895].

ACIDE PHTALAZINE-ACRYLIQUE.

$$C^6H^4 \begin{cases} CH = Az \\ | \\ C = Az \\ \quad \llcorner CH = CH - CO^2H \end{cases}$$

— Il provient de la décomposition de la trichlorooxypropylphtalazine par les alcalis. Il cristallise dans l'acide acétique en aiguilles fusibles à 200°. Son *chlorhydrate* fond à 218°; son *picrate* fond à 157-158° [Gabriel et Eschenbach. *D. chem. G.*, **30**, 3035, 1897].

PHÉNYLPHTALAZINE. — La *phénylphtalazine*.

$$C^6H^4 \begin{cases} C(C^6H^5) = Az \\ | \\ CO = AzH \end{cases}$$

obtenue en réduisant la phénylchlorophtalazine par l'acide iodhydrique et le phosphore, fond à 160-161°; son *iodhydrate* fond à 170-180°; son *chloroplatinate* fond à 223°, son *picrate* à 180° [A. Lieck, *D. chem. G.*, **38**, 3918, 1905].

La *phénylphtalazone*.

$$C^6H^4 \begin{cases} C(C^6H^5) = Az \\ | \\ CO - AzH \end{cases}$$

obtenue en chauffant l'acide o-benzylbenzoïque avec une solution alcoolique d'hydrazine, cristallise dans l'alcool en aiguilles fusibles à 236°. Son *dérivé az-méthylé* fond à 153°. Son *dérivé az-éthylé* fond à 109°. Son *dérivé az-acétylé* fond à 178-179° [Rothenburg. *J. prakt. Chem.*, **51**, 151, 1895]. L'*α-oxyphényl-β-phénylphtalazone* fond à 272° [Meyer. *Mon. f. Chem.*, **20**, 354, 1899].

Traitée par l'oxychlororure de phosphore, elle est transformée en *phénylchlorophtalazine*, fusible à 160-161°, laquelle par ébullition avec l'acide iodhydrique fournit la *phényliodophtalazine* fusible à 188-189°.

Chauffée avec l'aniline, la phénylchlorophtalazine donne la *phénylanilinophtalazine*, fusible à 231°.

La *phényltétrahydrophtalazine* donne un *chlorhydrate* se décomposant à 260° et un *dérivé dibenzoylé* fusible à 158-159° [Lieck, *loc. cit.*].

BENZYLPHTALAZINE. — La *benzylphtalazine*

$$C^6H^4 \begin{cases} C(CH^2C^6H^5) = Az \\ | \\ CH = AzH \end{cases}$$

fond à 81-82°; son *iodhydrate* se décompose à 110°; son *picrate* fond à 146° [Lieck, *D. chem. G.*, **38**, 3918, 1905].

Oxydée par le permanganate de potassium, elle est transformée en *benzoylphtalazine* fusible à 123-124°.

La *benzylphtalazone* fond à 196° [Gabriel et Neumann, *D. chem. G.*, **26**, 712, 1893; — Bromberg, *D. chem. G.*, **29**, 1434, 1896].

Traitée par l'oxychlorure de phosphore, elle fournit la *benzylchlorophtalazine* fusible à 141° [Gabriel et Neumann, *D. chem. G.*, **26**, 713]. Cette dernière, soumise à l'action de l'éthylate de sodium, donne la *benzyléthoxyphtalazine*, fondant à 84-86°; la *benzylphénoxyphtalazine* fond à 155° [Bromberg, *D. chem. G.*, **29**, 1435]. Chauffée avec l'aniline, elle fournit la *benzylanilinophtalazine* fusible à 180° (Lieck).

La *benzyltétrahydrophtalazine* forme un *chlorhydrate* se décomposant à 190-200°, et fournit un *dérivé dibenzoylé* $C^6H^5-CH^2-C^8H^7-Az^2(CO-C^6H^5)^2$ fusible à 135-136° [Lieck, *loc. cit.*].

L'*α-phényl-α'-benzylphtalazone*.

$$C^6H^4 \begin{cases} C(CH^2 - C^6H^5) = Az \\ | \\ CO - Az - C^6H^5 \end{cases}$$

fond à 126-127° [Onnertz, *D. chem. G.*, **34**, 3740, 1901].

o-TOLUBENZYLPHTALAZINE. — L'*α-phényl-α'-tolubenzylphtalazine*,

$$C^6H^4 \begin{cases} C(CH^2 . C^6H^4 . CH^3) = Az \\ | \\ CO - Az - C^6H^5 \end{cases}$$

fond à 177° [Bethmann, *D. chem. G.*, **32**, 931, 1899].

CINNAMÉNYLPHTALAZINE,

$$C^6H^4 \begin{cases} CH = Az \\ | \\ C = Az \\ \quad \llcorner CH = CH - C^6H^5 \end{cases}$$

— Elle résulte de la condensation de la méthylphtalazine avec la benzaldéhyde. Elle cristallise dans un mélange de chloroforme et de ligroïne en prismes fusibles à 115°. Son *chlorhydrate* fond à 220-221°. Sa réduction par l'acide iodhydrique fournit la *phénéthylphtalazine*,

$$C^6H^4 \begin{cases} CH = Az \\ | \\ C = Az \\ \quad \llcorner CH^2 - CH^2 - C^6H^5 \end{cases}$$

fusible à 112°,5-113°,5, dont l'*iodhydrate* fond à 212-220° [Gabriel et Eschenbach, *D. chem. G.*, **30**, 3036, 1897].

α-β-PHÉNO-β-DIAZINES.

QUINAZOLINES. — Le noyau quinazolique prend naissance :

Par déshydradation des dérivés acidylés de l'o-aminobenzylamine :

$$C^6H^4 \begin{cases} AzH^2 \\ CH^2 - AzH - CHO \end{cases}$$

$$= H^2O + C^6H^4 \begin{cases} Az = CH \\ | \\ CH^2 - AzH \end{cases}$$

Dihydroquinazoline.

$$C^6H^4 \begin{cases} AzH^2 \\ CH^2 \cdot AzH - CO \cdot CH^3 \end{cases}$$

$$= H^2O + C^6H^4 \begin{cases} Az = C - CH^3 \\ CH^2 - AzH \end{cases}$$

α-Méthyldihydroquinazoline.

Par condensation des acides o-aminés avec les amides :

$$C^6H^4 \begin{cases} AzH^2 \\ CO^2H \end{cases} + \begin{matrix} O = C - H \\ | \\ AzH^2 \end{matrix}$$

$$= 2H^2O + C^6H^4 \begin{cases} Az = CH \\ CO - AzH \end{cases}$$

Quinazolone.

Quand on traite les dérivés acidylés des aldéhydes o-aminées ou des cétones o-aminées par l'ammoniac alcoolique à 100° :

$$C^6H^4 \begin{cases} AzH - CO - CH^3 \\ CO - H \end{cases} + AzH^3$$

$$= 2H^2O + C^6H^4 \begin{cases} Az = C - CH^3 \\ CH = Az \end{cases}$$

α-Méthylquinazoline.

$$C^6H^4 \begin{cases} AzH - CO - CH^3 \\ CO - CH^3 \end{cases} + AzH^3$$

$$= 2H^2O + C^6H^4 \begin{cases} Az = C - CH^3 \\ C(CH^3) = Az \end{cases}$$

Diméthylquinazoline.

Les quinazolines sont des bases stables qui distillent sans décomposition. La réduction les transforme en dihydroquinazolines, puis en tétrahydroquinazolines. Oxydées par l'acide chromique en liqueur acétique, elles donnent des γ-oxyquinazolines, ou leurs tautomères des γ-cétoquinazolines, connues sous le nom de quinazolones. Ces dernières peuvent parfois servir de point de départ pour la préparation des quinazolines; il suffit pour cela de les transformer en chlorures par le pentachlorure de phosphore, et de réduire le chlorure obtenu.

Les quinazolines réagissent sur les iodures alcooliques. Leurs chloroplatinates et leurs picrates sont en général peu solubles dans l'eau.

QUINAZOLINE.

$$C^6H^4 \begin{cases} Az = CH \\ CH = Az \end{cases}$$

— On l'obtient en oxydant la dihydroquinazoline par le ferricyanure de potassium en liqueur alcaline [Gabriel, *D. chem. G.*, **36**, 808, 1903]. L'éthoxalyl-o-aminobenzaldéhyde, saponifiée par la potasse alcoolique, donne un acide, $C^9H^7AzO^4$, qui, chauffé pendant 3 heures à 150° avec une solution alcoolique d'ammoniac, fournit de la quinazoline [Bischler et Lang, *D. chem. G.*, **28**, 292, 1895].

Pour la préparer on condense l'o-nitrobenzaldéhyde avec la formiamide, ce qui fournit l'*o-nitrobenzylidène-diformiamide* (fusible à 177-178°). Celle-ci est ensuite réduite par le zinc en poudre et l'acide acétique :

$$C^6H^4 \begin{cases} AzO^2 \\ CH(AzH - CO - H)^2 \end{cases}$$

$$+ 3H^2 = C^6H^4 \begin{cases} Az = CH \\ CH = Az \end{cases} + 3H^2O + HCOAzH^2$$

[J. D. Riedel, Aktengesellschaft, *D. R. P.*, 174941; *Centr. Bl.*, (2) 1906, p. 1372].

La quinazoline cristallise dans l'éther de pétrole en lamelles fusibles à 48-48°,5; elle bout à 243° sous 772mm,5 (Gabriel).

Sa saveur est amère. Sa solution aqueuse est neutre. Son poids moléculaire a été vérifié par la cryoscopie [Padoa, *Att. Ac. Lincei*, (5), **12**, (I), 393]. Chauffée avec l'acide chlorhydrique, elle est décomposée lentement en o-aminobenzaldéhyde, acide formique et ammoniac.

Son *chloroplatinate*, $(C^8H^6Az^2 . HCl)^2PtCl^4$, forme des prismes orangés qui ne fondent pas encore à 250°. Son *chloroaurate*, $C^8H^6Az^2HCl$, $AuCl^3 + H^2O$, fond à 185°. Son *picrate* fond à 188-190°.

Son *iodométhylate* fond en se décomposant à 127°,5-128°; son *chlorométhylate* fond en se décomposant à 171-172° [Gabriel et Colman, *D. chem. G.*, **37**, 3643, 1904].

α-Chloroquinazoline,

$$C^6H^4 \begin{cases} Az = CCl \\ CH = Az \end{cases}$$

— On la prépare en soumettant à l'ébullition (1/2 heure), 1 gr. de quinazolone avec 6 cmc. d'oxychlorure de phosphore. Elle cristallise en aiguilles qui se subliment vers 100° et fondent à 108° [Gabriel et Stelzner, *D. chem. G.*, **29**, 1314, 1896].

γ-Chloroquinazoline,

$$C^6H^4 \begin{cases} Az = CH \\ CCl = Az \end{cases}$$

— Elle cristallise dans la ligroïne en aiguilles fusibles à 96° [Gabriel et Stelzner, *loc. cit.*].

Dichloroquinazoline,

$$C^6H^4 \begin{cases} CCl = Az \\ Az = CCl \end{cases}$$

— On l'obtient en chauffant à 150-160° 1 mol. d'o-benzoylénurée avec 2 mol. de pentachlorure de phosphore additionnés d'un peu de trichlorure :

$$C^6H^4 \begin{cases} CO - AzH \\ AzH - CO \end{cases} + 2PCl^5$$

$$= C^8H^4Cl^2Az^2 + 2POCl^3 + 2HCl$$

Elle se sublime facilement en longues aiguilles brillantes, fusibles à 115°. Elle est décomposée par l'eau en régénérant l'o-benzoylénurée. Avec le méthylate de sodium elle donne l'*αγ-diméthoxyquinazoline*, fusible à 66° [Abt, *J. prakt. Chem.*, **39**, 150, 1889]. Chauffée à 150° avec l'ammoniac en solution alcoolique, elle fournit l'*αγ-diaminoquinazoline*, fusible à 248-250° [Kötz, *J. prakt. Chem.*, **47**, 303, 1893]; avec la méthylamine on obtient une base, $C^6H^4C^2HAz^2 . AzHCH^3$. Avec le sulfhydrate de potassium alcoolique on obtient l'*αβ-disulfhydrylquinazoline*,

$$C^6H^4 \begin{cases} C(SH) = Az \\ Az = C(SH) \end{cases}$$

fusible au-dessus de 250° [Kötz, *loc. cit.*].

βγ-DIHYDROQUINAZOLINE,

$$C^6H^4 \begin{cases} Az = CH \\ CH^2 - AzH \end{cases}$$

— On l'obtient en réduisant par le zinc et l'acide chlorhydrique l'o-nitroformylbenzylamine :

$$C^6H^4 \begin{cases} AzO^2 \\ CH^2 - AzH - CHO \end{cases}$$

$$\rightarrow C^6H^4 \begin{cases} AzH^2 \\ CH^2 - AzH - CHO \end{cases}$$

$$\rightarrow C^6H^4 \begin{cases} Az = CH \\ \quad\;\; | \\ CH^2 - AzH \end{cases} + H^2O$$

[Gabriel et Janssen, *D. chem. G.*, **23**, 2814, 1890; **36**, 807, 1903]. Pour la préparer il est préférable de chauffer l'iodhydrate d'o-aminobenzylamine avec de l'acide formique anhydre et du formiate de soude [Gabriel et Colman, *D. chem. G.*, **37**, 3643, 1904]. Elle se forme aussi quand on réduit l'α-chloroquinazoline par l'acide iodhydrique et le phosphore [Gabriel et Stelzner, *D. chem. G.*, **29**, 1313, 1896].

Elle cristallise dans l'eau en aiguilles fusibles à 127°, et distille à 303-304° sous 769 mm., en se décomposant partiellement.

Son *chlorhydrate* forme avec le chlorure de zinc une combinaison $(C^8H^8Az^2HCl)^2ZnCl^2$, fusible à 184-185°. Son *picrate* fond vers 215°.

On connaît un grand nombre de composés semblables, de formule générale

$$C^6H^4 \begin{cases} Az = CH \\ \qquad\; | \\ CH^2 - Az - R \end{cases}$$

On les obtient d'une manière analogue à partir des o-nitroformylbenzylamines substitués à l'azote,

$$C^6H^4 \begin{cases} CH^2 - Az(R) - CHO \\ AzO^2 \end{cases}$$

La β-*méthyldihydroquinazoline*,

$$C^6H^4 \begin{cases} Az = CH \\ \qquad\; | \\ CH^2 - Az - CH^3 \end{cases}$$

fond à 91-92° et bout à 309° sous 775 mm. ; son *picrate* fond à 193-194° [Gabriel et Colman, *D. chem. G.*, **37**, 3643, 1904].

La β-*éthyldihydroquinazoline* est une huile dont le *chloroplatinate* fond en se décomposant vers 199-202°, et le *picrate* vers 170-172° [Wolff, *D. chem. G.*, **25**, 3039, 1892].

La β-*allyldihydroquinazoline* est une huile soluble dans l'alcool, insoluble dans la ligroïne. Son *chlorhydrate*, $C^{11}H^{12}Az^2, HCl$, cristallise en aiguilles fusibles à 165°. Son *chloroplatinate* fond à 191-192°. Son *bromhydrate* fond à 168°. Son *iodhydrate* fond à 199°.

L'*oxalate*, $C^{11}H^{12}Az^2, C^2O^4H^2$, fond à 172°, et le *picrate* fond à 172-173° [Paal et Stollberg, *J. prakt. Chem.*, **48**, 571, 1893].

La β-*phényldihydroquinazoline*, ou *orexine*,

$$C^6H^4 \begin{cases} Az = CH \\ \qquad\; | \\ CH^2 - Az - C^6H^5 \end{cases}$$

préparée tout d'abord comme il a été indiqué plus haut [Paal et Busch, *D. chem. G.*, **22**, 2686, 1889; D. R. P. 51712], s'obtient aussi par ébullition de l'o-aminobenzylaniline avec l'acide formique [Paal et Busch, D. R. P. 52647]; par action de la formanilide sur l'alcool o-aminobenzylique [Kall et Cie, *Centr. Blatt*, 615, 1900, (II); D. R. P., 113163]; par réduction de la β-phényl-γ-cétodihydroquinazoline [Kalisch, *Centr. Blatt*, 847, 1899 (I)].

La phényldihydroquinazoline cristallise dans l'alcool dilué en aiguilles fusibles à 95°. Son *chlorhydrate*, $C^{14}H^{12}Az^2HCl + 2H^2O$, fond à 80°; anhydre, il fond à 231°; il se combine au chlorure stanneux pour former le *chlorure double* $C^{14}H^{12}Az^2HCl \,.\, SnCl^2$, fusible à 130-134°. Son *chloroplatinate* fond à 208°. Le *sulfate*, $(C^{14}H^{12}Az^2)^2SO^4H^2 + 2H^2O$, fond à 70°; anhydre, il fond à 140-143°.

L'*iodométhylate*, $C^{14}H^{12}Az^2 \,.\, CH^3I$, fond à 170°.

La phényldihydroquinazoline, oxydée par le permanganate de potassium en liqueur alcaline, fournit la β-*phényl-γ-cétodihydroquinazoline*,

$$C^6H^4 \begin{cases} Az = CH \\ \qquad\; | \\ CO - Az - C^6H^5 \end{cases}$$

fusible à 139° [Paal, *D. chem. G.*, **22**, 2690; **24**, 3055].

La β-*p-chlorophényldihydroquinazoline*,

$$C^6H^4 \begin{cases} Az = CH \\ \qquad\; | \\ CH^2 - Az_{(1)} - C^6H^4Cl_{(4)} \end{cases}$$

cristallise dans l'alcool en aiguilles fusibles à 143°. Son *chlorhydrate*, $C^{14}H^{11}ClAz^2, HCl$, fond en se décomposant vers 240°; le chlorure double de zinc, $C^{14}H^{11}ClAz^2HCl, ZnCl^2$, fond à 89°; le chlorure double d'étain fond à 189°; le chloroplatinate fond à 317°.

Le *nitrate*, $C^{14}H^{11}ClAz^2, AzO^3H$, fond à 156°. Le *sulfate* fond à 185°, l'*oxalate* à 168° et le *picrate* à 192°.

La p-chlorophényldihydroquinazoline, oxydée par la permanganate de potassium en solution alcaline, fournit la β-*p-chlorophényl-γ-cétodihydroquinazoline*,

$$C^6H^4 \begin{cases} Az = CH \\ \qquad\; | \\ CO - Az - C^6H^4Cl \end{cases}$$

fusible à 177°, dont le *chlorhydrate* fond à 192° et le *chloroplatinate* à 315° [Paal et Krückeberg, *J. prakt. Chem.*, **48**, 544, 1893].

La β-*p-bromophényldihydroquinazoline*,

$$C^6H^4 \begin{cases} Az = CH \\ \qquad\; | \\ CH^2 - Az - C^6H^4Br \end{cases}$$

cristallise dans l'alcool en aiguilles brillantes ou en lamelles fusibles à 142°. Son *chlorhydrate* fond à 286°; son *chloroplatinate* fond à une température élevée en se décomposant; son *chloroaurate* fond à 200°. Le *picrate* fond à 202°.

Oxydée par le permanganate de potassium en liqueur alcaline, elle fournit la β-*p-bromophényl-γ-cétodihydroquinazoline*,

$$C^6H^4 \begin{cases} Az = CH \\ \qquad\; | \\ CO - Az - C^6H^4Br \end{cases}$$

fusible à 174° [Paal et Koch, *J. prakt. Chem.*, **48**, 551, 1892].

La β-*o-aminophényldihydroquinazoline*,

$$C^6H^4 \begin{cases} Az = CH \\ \qquad\; | \\ CH^2 - Az - C^6H^4 - AzH^2_{(2)} \end{cases}$$

est une poudre cristalline fusible à 165°. Son *picrate* fond à 184° [Kromschröder, *J. prakt. Chem.*, **54**, 270, 1896].

La β-*m-aminophényldihydroquinazoline* cristallise dans l'alcool dilué en aiguilles, et dans l'eau en lamelles fusibles à 147°. Son *chlorhydrate*, $C^{14}H^{13}Az^3, 2HCl$, fond à 230-232°; le *chlorure double d'étain*, $C^{14}H^{13}Az^3 2HCl, 2SnCl^2$ fond à 264°; le *chloroplatinate*, $C^{14}H^{13}Az^3 2HCl$,

$PtCl^4$, se décompose à 240°. *L'oxalate*, $C^{14}H^{13}Az^3C^2O^4H^2$, fond à 157-159°. Le *picrate*, $C^{14}H^{13}Az^3,2C^6H^3Az^3O^7$, fond à 180°. Le *diiodométhylate*, $C^{14}H^{13}Az^3, 2CH^3I$, fond à 153°; sous l'action de la soude il fournit une base qui cristallise dans l'eau en prismes fusibles à 185°. Le *dérivé benzoylé*, $C^{14}H^{12}Az^3 C^7H^5O$, fond à 82° [Paal et Neuburger, *J. prakt. Chem.*, **48**, 563, 1893].

La β-*p-aminophényldihydroquinazoline* cristallise dans l'alcool dilué en aiguilles fusibles à 175°. Le *chlorhydrate*, $C^{14}H^{13}Az^3 . 2HCl + 2H^2O$, cristallise dans l'acide chlorhydrique dilué en grosses aiguilles; le *chlorure double d'étain*, $C^{14}H^{13}Az^3 2HCl . 2SnCl^2$, fond à 242°; le *chloroplatinate* est un précipité jaune. *L'oxalate*, $C^{14}H^{13}Az^3C^2O^4H^2$, fond à 237°. Le *picrate*, $C^{13}H^{12}Az^3 . 2C^6H^3Az^3O^7$, fond à 199° [Poller, *J. prakt. Chem.*, **54**, 273, 1896].

La β-*o-méthoxyphényldihydroquinazoline*,

$$C^6H^4 \begin{array}{l} \diagup Az = CH \\ \qquad\qquad | \\ \diagdown CH^2 - Az_{(1)} - C^6H^4 - OCH^3_{(2)} \end{array}$$

est une huile facilement soluble dans l'alcool, insoluble dans la ligroïne. Son *chlorhydrate* fond à 128°; le *chlorure double d'étain*, $C^{15}H^{14}Az^2OHCl, SnCl^2$, fond à 140°. Son *picrate* fond à 197° [Schilling, *J. prakt. Chem.*, **54**, 281, 1896].

La β-*p-oxyphényldihydroquinazoline*,

$$C^6H^4 \begin{array}{l} \diagup Az = CH \\ \\ \diagdown CH^2 - Az_{(1)} - C^6H^4 - OH_{(4)} \end{array}$$

obtenue en saponifiant l'éther méthylique au moyen de l'acide bromhydrique concentré, cristallise dans l'alcool en petits prismes fusibles à 235°. *L'éther méthylique*, $C^7H^8Az^2 - C^6H^4OCH^3$, cristallise dans l'éther en tables épaisses fusibles à 115°; son *chlorhydrate* fond à 237° et son *picrate* fond à 181° [Schilling, *J. prakt. Chem.*, **54**, 285, 1896]. *L'éther éthylique* cristallise en lamelles fusibles à 109°; son *chlorhydrate* fond à 207°, le *chlorure double d'étain*, $C^{16}H^{16}Az^2O . HCl . SnCl^2$, à 132°; le *chloroplatinate* fond à 206°, le *chloraurate* fond à 179°; son *oxalate*, $C^{16}H^{16}Az^2O . C^2O^4H^2 + H^2O$ fond à 162° lorsqu'il est anhydre; son *picrate* à 194° [Paal et Küttner, *J. prakt. Chem.*, **48**, 557, 1893; *D. R. P.* 51712].

La β-*p-oxy-m-carboxyphényldihydroquinazoline*, ou *dihydroquinazoline-β-salicylique*,

$$C^6H^4 \begin{array}{l} \diagup Az = CH \\ \\ \diagdown CH^2 - Az_{(1)} - C^6H^3(OH)_{(4)}(CO^2H)_{(3)} \end{array}$$

est une poudre blanche [Kalle et Cie, *Centr. Bl.*, 463, 1900 (II); D. R. P., 112631].

La β-*o-tolyldihydroquinazoline*,

$$C^6H^4 \begin{array}{l} \diagup Az = CH \\ \\ \diagdown CH^2 - Az_{(1)} - C^6H^4 - CH^3_{(2)} \end{array}$$

est une huile dont le *chloroplatinate*, $(C^{15}H^{14}Az^2HCl)^2PtCl^4$, fond à 210° [Paal et Busch, *D. chem. G.*, **22**, 2701, 1889].

La β-*p-tolyldihydroquinazoline* cristallise dans l'éther en lamelles brillantes fusibles à 129°. Son *chlorhydrate*, $C^{15}H^{14}Az^2HCl + 2H^2O$, fond à 85°; anhydre, il fond à 251°; le *chlorure double d'étain*, $C^{15}H^{14}Az^2HCl . SnCl^2$, fond à 165°; le *chloroplatinate* à 216°, l'*iodométhylate*, $C^{15}H^{14}Az^2CH^3I$, à 186°.

Oxydée par le permanganate de potassium en liqueur alcaline, la p-tolyldihydroquinazoline fournit la β-*p-tolyl-γ-cétodihydroquinazoline*,

$$C^6H^4 \begin{array}{l} \diagup Az = CH \\ \qquad\qquad | \\ \diagdown CO - Az - C^6H^4 - CH^3 \end{array}$$

fusible à 146°, dont le *chlorhydrate* fond à 213-214°, et le *chloroplatinate* au-dessus de 300°. Il se forme en même temps un peu d'acide β-*p-phényldihydroquinazoline-carbonique*,

$$C^6H^4 \begin{array}{l} \diagup Az = CH \\ \qquad\qquad | \\ \diagdown CO - Az - C^6H^4 - CO^2H \end{array}$$

fusible au-dessus de 320° [Paal et Busch, *D. chem. G.*, **22**, 2695, 1889; D. R. P. 51712, 56214].

Quinazolones. — *α-Quinazolone*, *γ-α-dihydro-α-cétoquinazoline*,

$$C^6H^4 \begin{array}{l} \diagup AzH - CO \\ \qquad\qquad\quad | \\ \diagdown CH = Az \end{array}$$

— L'o-benzylène-pseudothiourée,

$$C^6H^4 \begin{array}{l} \diagup CH^2 - S \\ \qquad\qquad | \\ \diagdown AzH - C = AzH \end{array}$$

oxydée par le permanganate de baryum fournit un acide, $C^8H^6Az^2SO^3$, dont le sel d'argent, chauffé à 100° avec l'acide chlorhydrique ($D = 1,07$), fournit le chlorhydrate de quinazolone [Gabriel et Posner, *D. chem. G.*, **28**, 1035, 1895]. On l'obtient plus facilement en chauffant 10 minutes à 150-155° 1 gr. d'o-aminobenzaldéhyde avec 4 gr. d'urée [Gabriel et Stelzner, *D. chem. G.*, **29**, 1313, 1896]. C'est une poudre amorphe dont le *chlorhydrate*, $C^8H^6Az^2OHCl + H^2O$, cristallise en prismes jaunes citron qui ne fondent pas encore à 300°.

γ-Quinazolone, β-*γ-dihydro-γ-cétoquinazoline*, *γ-oxyquinazoline*,

$$C^6H^4 \begin{array}{l} \diagup Az = CH \\ \qquad\quad | \\ \diagdown CO - AzH \end{array} \quad \text{ou} \quad C^6H^4 \begin{array}{l} \diagup Az \equiv CH \\ \qquad\qquad | \\ \diagdown C(OH) = Az \end{array}$$

Ce composé se forme quand on chauffe 2 ou 3 heures à 170-180° la formyl-o-aminobenzamide [Knape, *J. prakt. Chem.*, **43**, 214, 1891]; dans la distillation du formyl-o-aminobenzoate d'ammoniaque [Bischler et Burkart, *D. chem. G.*, **26**, 1349, 1893]; par ébullition de l'acide cyanaminobenzoylcarbonique avec l'eau ou les acides [Griess, *D. chem. G.*, **18**, 2419, 1885]; quand on chauffe 3 heures à 125° l'acide anthranilique avec la formamide [Niementowski, *J. prakt. Chem.*, **51**, 565, 1895]; quand on oxyde par l'eau oxygénée, en liqueur alcaline, le produit qui résulte de l'action de l'acide formique cristallisable sur le nitrile anthranilique [Bogert et Hand, *Am. Chem. Soc.*, **24**, 1048, 1902].

Elle cristallise dans l'eau en lamelles brillantes fusibles à 211-212° (Knapp), ou à 209°, et bout vers 360° (Bischler et Burkart), ou 215°,5-216°,5 (Bogert et Hand), 214° [Gabriel et Colman, *D. chem. G.*, **37**, 3643, 1904]. Son *chloroplatinate*, $(C^8H^6Az^2OHCl)^2 PtCl^4 + H^2O$, est un précipité rouge orangé. Son *chromate* charbonne vers 200° [Niementowski, *D. chem. G.*, **29**, 1359, 1896]. Son *picrate* fond à 203°,5-204°,5 [Bogert et Hand, *loc. cit.*].

L'iodure de méthyle, en présence des alcalis, la transforme en β-*méthyl-γ-cétodihydroquinazoline*,

$$C^6H^4 \begin{array}{l} \diagup Az = CH \\ \qquad\qquad | \\ \diagdown CO - Az - CH^3 \end{array}$$

fusible à 71° [Knape, *J. prakt. Chem.*, **43**, 216, 1891].

La *m-bromoquinazolone* $C^6H^3Br-Az^2C^2OH^2$, fond à 272-273° [Bogert et Hand, *Jour. Am. Chem. Soc.*, **28**, 94, 1905].

La *β-amino-γ-quinazolone*,

$$C^6H^4 \left\langle \begin{array}{l} Az = CH \\ \quad | \\ CO - Az - AzH^2 \end{array} \right.$$

se forme en chauffant à l'ébullition un mélange équimoléculaire d'aminobenzylhydrazine et d'acide formique. Elle fond à 204°, son *dérivé benzylidénique* à 129° et son *dérivé oxybenzylidénique* à 205° [C. Thode, *Journ. f. prakt. Chem.*, **69**, 92, 1904].

La *β-phénylamino-γ-quinazolone* fond à 140°; son *dérivé nitrosé* se décompose à 78° (Thode).

Nous avons vu plus haut que d'autres produits de substitution à l'azote de la β-γ-dihydro-γ-cétoquinazoline ont été obtenus en oxydant par le permanganate de potassium les dihydroquinazolines correspondantes. On connaît également les dérivés suivants :

L'acide β-phényldihydroquinazoline o.-carbonique,

$$C^6H^4 \left\langle \begin{array}{l} Az = CH \\ \quad | \\ CO - Az_{(1)} - C^6H^4 - CO^2H_{(2)} \end{array} \right.$$

qui se forme quand on chauffe l'acide formylanthranilique à 190-200° dans le vide. Il cristallise dans l'acide acétique en aiguilles blanches, fusibles à 280-281° [Anschütz et Schmidt, *D. chem. G.*, **35**, 3475, 1902].

L'*α-chloro-β-phényl-γ-cétodihydroquinazoline*,

$$C^6H^4 \left\langle \begin{array}{l} Az = CCl \\ \quad | \\ CO - Az - C^6H^5 \end{array} \right.$$

obtenue en traitant par le chlore une solution chloroformique d'α-thio-β-phényl-γ-cétotétrahydroquinazoline. Elle forme des aiguilles fusibles à 131°.5 et distille à 245° sous 15 mm. [Mac Coy, *Am. Chem. Journ.*, **21**, 151, 1899].

Acide γ-céto-dihydroquinazoline-α-carbonique, acide cyanamidobenzoylcarbonique.

$$C^6H^4 \left\langle \begin{array}{l} AzH - C - CO^2H \\ \qquad\ \| \\ CO - Az \end{array} \right. + 1,5H^2O.$$

— L'acide o.-aminobenzoïque traité par le cyanogène fournit le nitrile cyanamidobenzoïque qui, par hydrolyse, conduit à l'acide cyanamidobenzoylcarbonique. Celui-ci fond anhydre à 115° [Griess, *D. chem. G.*, **18**, 2418, 1885].

TÉTRAHYDROQUINAZOLINE,

$$C^6H^4 \left\langle \begin{array}{l} AzH - CH^2 \\ \qquad | \\ CH^2 - AzH \end{array} \right.$$

— Elle se forme quand on réduit la dihydroquinazoline par l'amalgame de sodium [Gabriel, *D. chem. G.*, **36**, 811, 1903], ou la thiotétrahydroquinazoline,

$$C^6H^4 \left\langle \begin{array}{l} AzH - CS \\ \qquad | \\ CH^2 - AzH \end{array} \right.$$

par le sodium et l'alcool [Busch, *J. prakt. Chem.*, **51**, 129, 1895]. Le *chlorhydrate* s'obtient par action de l'acide chlorhydrique en solution alcoolique sur le produit de condensation de la formaldéhyde et de l'o-aminobenzylamine [Busch, *J. prakt. Chem.* **53**, 418, 1896].

La tétrahydroquinazoline cristallise en lamelles brillantes, fusibles à 81° (Busch), à 76° (Gabriel). Elle forme un *hydrate*, $C^8H^{10}Az^2 + H^2O$, fusible à 49-51°. Son *chlorhydrate*, $C^8H^{10}Az^2HCl$, fond à 192° (Busch), à 193-195° (Gabriel); son *chloroplatinate* fond au-dessus de 270°.

On connaît aussi les dérivés de substitution suivants à l'azote :

La *β-allyltétrahydroquinazoline*,

$$C^6H^4 \left\langle \begin{array}{l} AzH - CH^2 \\ \qquad | \\ CH^2 - Az - C^3H^5 \end{array} \right.$$

huile insoluble dans l'eau, distillant à 270-272°. Son *oxalate* fond à 164° [Paal et Stollberg, *J. prakt. Chem.*, **48**, 570, 1893];

La *β-phényltétrahydroquinazoline*, formant de fines aiguilles fusibles à 117°; elle distille sans décomposition. Chauffée avec la poudre de zinc, elle fournit de l'aniline et du benzo-nitrile. Oxydée par le permanganate de potassium, elle donne la β-phényl-γ-cétodihydroquinazoline [Paal et Busch, *D. chem. G.*, **22**, 2693, 1889; **25**, 2858; — Paal et Koch, *J. prakt. Chem.*, **48**, 554, 1893; — Busch, *D. chem. G.*, **27**, 2902, 1894; — Busch et Brunner, *J. prakt. Chem.*, **52**, 376, 1895; — Busch et Dietz, *ibid.*, **53**, 420, 1896; — Kalisch, *Centr. Bl.*, 847, 1899 (I)];

La *β-m-aminophényltétrahydroquinazoline*, fondant à 156°; son *chlorhydrate* se décompose à 210° [Paal et Neuberger, *J. prakt. Chem.*, **48**, 567, 1893];

La *β-p-aminophényltétrahydroquinazoline*, fusible à 138° [Poller, *J. prakt. Chem.*, **54**, 276, 1896];

La *β-anisyltétrahydroquinazoline* ou *o-méthoxyphényltétrahydroquinazoline*,

$$C^6H^4 \left\langle \begin{array}{l} AzH - CH^2 \\ \qquad | \\ CH^2 - Az_{(1)} - C^6H^4 - OCH^3_{(2)} \end{array} \right.$$

qui fond vers 141-142° [Busch et Dietz, *J. prakt. Chem.*, **53**, 423, 1896]. Un composé isomère (?), fusible à 96°, a été décrit par Schilling [*J. prakt. Chem.*, **54**, 283, 1896];

La *β-p-méthoxyphényltétrahydroquinazoline*, fusible à 134° (Schilling);

La *β-p-phénétyltétrahydroquinazoline*, fusible à 179° [Paal et Küttner, *J. prakt. Chem.*, **48**, 561, 1893; — Busch et Hartmann, *ibid.*, **52**, 399, 1895];

La *β-o-tolyltétrahydroquinazoline*,

$$C^6H^4 \left\langle \begin{array}{l} AzH - CH^2 \\ \qquad | \\ CH^2 - Az_{(1)} - C^6H^4 - CH^3_{(2)} \end{array} \right.$$

fondant à 140° [Busch et Dietz, *J. prakt. Chem.*, **53**, 421, 1896];

La *β-p-tolytétrahydroquinazoline*, qui fond à 127° [Busch et Dietz, *loc. cit.*].

La *β-o-aminobenzyltétrahydroquinazoline*,

$$C^6H^4 \left\langle \begin{array}{l} AzH - CH^2 \\ \qquad | \\ CH^2 - Az - CH^2_{(1)} - C^6H^4 - AzH^2_{(2)} \end{array} \right.$$

fusible à 88-89°. Son *chlorhydrate* se décompose au-dessus de 300°; son *chloroplatinate* fond au-dessus de 300° [Birk et Lehrmann, *J. prakt. Chem.*, **55**, 305, 1897];

La *β-naphtyltétrahydroquinazoline*, fusible à 155-158° [Busch et Brand, *J. prakt. Chem.*, **52**, 412];

α-CÉTOTÉTRAHYDROQUINAZOLINE,

$$C^6H^4 \left\langle \begin{array}{l} AzH - CO \\ \qquad | \\ CH^2 - AzH \end{array} \right.$$

— On l'obtient en faisant tomber goutte à goutte une solution d'oxychlorure de carbone dans une solution éthérée d'o-aminobenzylamine Elle fond vers 180° [Busch. *J. prakt. Chem.*, **51**, 126. 1895].

La β-*éthyl-α-cétotétrahydroquinazoline*,

$$C^6H^4\begin{array}{l}\diagup AzH - CO \\ \qquad\qquad | \\ \diagdown CH^2 - Az - C^2H^5\end{array}$$

obtenue d'une manière analogue, fond à 142° [Busch, *J. prakt. Chem.*, **51**, 134].

La β-*phényl-α-cétotétrahydroquinazoline* résulte de l'action de l'oxychlorure de carbone sur l'o-aminobenzylamine [Busch, *D. chem. G.*, **25**, 2856. 1892]. On l'obtient encore en chauffant jusqu'à commencement d'ébullition la diphényl-1.2. o-aminobenzylurée ou l'anilinophénylbenzylurée [Paal et Weil. *D. chem. G.*, **27**, 43, 1894]. Elle se forme à côté de la diphénylurée.1.2, quand on porte à l'ébullition pendant 5 heures 1 partie de phényliminocumazone

$$C^6H^4\begin{array}{l}\diagup CH^2 - O \diagdown \\ \diagdown AzH —\diagup\end{array} C = Az - C^6H^5$$

avec 4 p. d'aniline [Paal et Vanvolxem. *D. chem. G.*, **27**, 2424, 1894]; elle se forme encore par fusion de l'o-phényluréidobenzyldiphénylurée [Paal et Hildenbrand. *J. prakt. Chem.*, **55**, 243, 1897].

Elle cristallise dans l'éther acétique en tables fusibles à 189°.

La β-*o-chlorophényl-α-cétotétrahydroquinazoline*,

$$C^6H^4\begin{array}{l}\diagup AzH - CO \\ \qquad\qquad | \\ \diagdown CH^2 - Az - C^6H^4Cl\end{array}$$

fond à 207° [Busch et Brunner, *J. prakt. Chem.*, **52**, 377, 1895].

La β-*p-bromophényl-α-cétotétrahydroquinazoline* fond à 226° [Busch et Brünner, *loc. cit.*].

La β-*o-méthoxyphényl-α-cétotétrahydroquinazoline* fond à 217-218° [Busch, Brünner et Birk. *J. f. prakt. Chem.*, **52**, 403].

La β-*p-phénéthyl-α-cétotétrahydroquinazoline* fond à 223° [Busch et Hartmann, *J. f. prakt. Chem.*, **52**, 398].

La β-*o-tolyl-α-cétotétrahydroquinazoline*,

$$C^6H^4\begin{array}{l}\diagup AzH - CO \\ \qquad\qquad | \\ \diagdown CH^2 - Az - C^6H^4 - CH^3\end{array}$$

obtenue en faisant réagir l'oxychlorure de carbone sur l'o-aminobenzyl-o-toluidine, cristallise dans l'alcool en lamelles fusibles à 189-190° [Busch, *J. f. prakt. Chem.*, **51**, 174, 1895].

La β-*p-tolyl-α-cétotétrahydroquinazoline* a été obtenue par les mêmes procédés que la phénylcétotétrahydroquinazoline. Elle cristallise dans l'éther acétique en prismes fusibles à 219-220° [Busch, *D. chem. G.*, **25**, 2858, 1892; Paal et Weil, *ibid.*, **27**, 47, 1894; Paal et Vanvolxem, *ibid.*, **27**, 2425; Paal et Hildenbrand, *J. f. prakt. Chem.*, **55**, 247, 1897].

γ-CÉTOTÉTRAHYDROQUINAZOLINE. — L'*α-imino-γ-cétotétrahydroquinazoline*,

$$C^6H^4\begin{array}{l}\diagup AzH - C = Az - H \\ \qquad\qquad | \\ \diagdown CO - AzH\end{array}$$

paraît se former quand on chauffe la guanidine avec l'acide anthranilique; elle fond au-dessus de 200° [F. Kunckell, *D. chem. G.*, **38**, 1212, 1905].

α-γ-DICÉTOTÉTRAHYDROQUINAZOLINE. *o-benzoylènurée.*

$$C^6H^4\begin{array}{l}\diagup AzH - CO \\ \qquad\qquad | \\ \diagdown CO - AzH\end{array}$$

— On l'obtient en chauffant à 200° des quantités équimoléculaires d'o-aminobenzamide et d'urée [Abt. *J. f. prakt. Chem.*, **39**, 141, 1889]:

$$AzH^2 - C^6H^4 - COAzH^2 + CO(AzH^2)^2 = C^8H^6Az^2O^2 + 2\,AzH^3;$$

ou bien encore en chauffant la carboxéthyl o-aminobenzamide :

$$AzH^2 - CO - C^6H^4 - AzH.CO^2C^2H^5 = C^8H^6Az^2O^2 + C^2H^5OH.$$

Elle se produit quand on oxyde la cétotétrahydroquinazoline par le permanganate de potassium en liqueur alcaline [Paal et Weil. *D. chem. G.*, **27**, 44, 1894; Busch, *J. f. prakt. Chem.*, **51**, 128, 1895; Löderbaum et Widman, *D. chem. G.*, **22**, 2939, 1889]; quand on traite la phtalamide par l'hypobromite de potassium (1 molécule) et la potasse à 10 % (6 molécules) [Hoogewerff et Dorp, *Rec. Pays-Bas*, **10**, 9, 1891].

Elle se forme en faible quantité quand on oxyde la γ-oxyquinazoline par l'acide chromique en solution acétique [Niementowski, *D. chem. G.*, **29**, 1359, 1896].

L'o-benzoylènurée cristallise dans l'eau en longues aiguilles qui se subliment facilement en lamelles fusibles à 344°; 100 parties d'eau en dissolvent 0,34 parties à 99° [Hoogewerff et Dorp. *Rec. Pays-Bas*, **11**, 101, 1892]. Elle est soluble dans les alcalis.

La ν-*méthyl-α-γ-dicétotétrahydroquinazoline*, ou ν-*méthylbenzoylènurée*,

$$C^6H^4\begin{array}{l}\diagup Az(CH^3) - CO \\ \qquad\qquad | \\ \diagdown CO —— AzH\end{array}$$

cristallise dans l'eau en aiguilles qui se ramollissent vers 138-140°, et sont fondues à 147-148° [Abt, *J. f. prakt. Chem.*, **39**, 149, 1889].

La β-*méthylbenzoylènurée*,

$$C^6H^4\begin{array}{l}\diagup AzH - CO \\ \qquad\qquad | \\ \diagdown CO - Az - CH^3\end{array}$$

fond à 234° [Abt, *J. prakt. Chem.*, **39**, 147; Söderbaum, *D. chem. G.*, **23**, 2184, 1890].

La ν-β-*diméthylbenzoylènurée*,

$$C^6H^4\begin{array}{l}\diagup Az(CH^3) - CO \\ \qquad\qquad | \\ \diagdown CO —— Az - CH^3\end{array}$$

fond à 151° [Abt, *loc. cit*; Fortmann, *J. f. prakt. Chem.* **55**, 133, 1897].

La β-*éthylbenzoylènurée* fond à 195° [Söderbaum, *D. chem. G.*, **23**, 2186]; à 188° [Busch, *J. f. prakt. Chem.*, **51**, 136, 1895].

La β-*phénylbenzoylènurée*,

$$C^6H^4\begin{array}{l}\diagup AzH - CO \\ \qquad\qquad | \\ \diagdown CO - Az - C^6H^5\end{array} \quad ou \quad C^6H^4\begin{array}{l}\diagup Az = C.(OH) \\ \qquad\qquad | \\ \diagdown CO - Az - C^6H^5\end{array}$$

se forme quand on oxyde la β-phényl-α-cétotétrahydroquinazoline, ou le dérivé sulfuré correspondant, par le permanganate de potassium [Paal et Commerell, *D. chem. G.*, **27**, 1868, 1894; Busch, *J. f. prakt. Chem.*, **51**, 265, 1895; Paal et Weil, *D. chem. G.*, **27**, 44, 1894]; quand on traite par l'acide chlorhydrique gazeux la solution alcoolique d'acide o-phényluréidobenzoïque.

C^6H^5-AzH-CO-AzH-C^6H^4-CO^2H [Paal. *D. chem. G.*, **27**, 978, 1894; Stewart, *J. f. prakt. Chem.*, **49**, 318, 1894]; quand on décompose l'α-phénylamino-β-phényl-o-cétodihydroquinazoline,

$$C^6H^4 \begin{cases} Az=C-AzH-C^6H^5 \\ CO-Az-C^6H^5 \end{cases}$$

par l'acide chlorhydrique concentré à 170°, ou par la soude alcoolique [Mac Coy, *D. chem. G.*, **30**, 1687, 1897; *Am. Chem. Journ.*, **21**, 144, 1899]; quand on condense la monophénylurée avec l'acide anthranilique [Pawleski, *D. chem. G.*, **38**, 130, 1905; Kunckell, *ibid.*, **38**, 1212).

Elle cristallise dans l'alcool en aiguilles fusibles à 272° (Mac Coy), à 275-277° (Pawlesky); facilement solubles dans les alcalis; sa solution alcaline diluée possède une fluorescence violette.

La *β-m-bromophénylbenzoylènurée* fond à 295-298° [F. Kunckell, *D. Chem. G.*, **38**, 1212, 1905].

L'*α-méthoxy-β-phényl-benzoylènurée*,

$$C^6H^4 \begin{cases} Az=C.OCH^3 \\ CO-Az-C^6H^5 \end{cases}$$

fond à 134° [Mac Coy, *Am. Chem. Journ.*, **21**, 160, 1899].

La *ν-méthyl-β-phénylbenzoylènurée* fond à 224° [Mac Coy, *loc. cit.*; Fortmann, *J. f. prakt. Chem.*, **55**, 130, 1897].

La *β-o-tolylbenzoylènurée* fond à 241-242° [Busch, *J. prakt. Chem.*, **51**, 275, 1895]; 243-244° [F. Kunckell, *D. chem. G.*, **38**, 1212, 1905]. Sa solution alcaline possède une fluorescence bleue.

La *β-p-tolylbenzoylènurée* fond à 259-260° (Kunckell).

La *ν-méthyl-β-p-tolylbenzoylènurée* fond à 254° [Fortmann, *J. f. prakt. Chem.*, **55**, 131].

HOMOLOGUES DE LA QUINAZOLINE.

α-MÉTHYLQUINAZOLINE,

$$C^6H^4 \begin{cases} Az=C-CH^3 \\ CH=Az \end{cases}$$

Elle se produit quand on chauffe 2 heures à 100°, 1 partie d'o-acétaminobenzaldéhyde avec 4 parties d'ammoniac alcoolique concentré [Bischler, *D. chem. G.*, **24**, 507, 1891; — Bischler et Lang, *ibid.*, **28**, 280, 1895]; quand on oxyde l'α-méthyldihydroquinazoline par le ferricyanure de potassium en solution alcaline [Gabriel, *ibid.*, **36**, 810, 1903].

C'est une masse cristalline jaune, fusible à 33°,5 qui bout à 237-239° sous 722 millimètres (Bischler), fusible à 41-42°, distillant à 247°,5-248 sous 768mm,5 (Gabriel).

L'*α-méthyl-γ-chloroquinazoline* fond à 107-108° [Gabriel et Colman, *D. chem. G.*, **38**, 3559, 1905].

La *trichloro-α-méthyl-γ-chloroquinazoline*,

$$C^6HCl^3 \begin{cases} Az=C-CH^3 \\ CCl=Az \end{cases}$$

qui se forme quand on chauffe 12 heures à 170° 8 gr. d'α-méthyl-γ-oxyquinazoline avec 25 gr. de PCl^5 et 10 gr. de PCl^3, fond à 125° [Dehoff, *J. f. prakt. Chem.*, **43**, 352, 1890].

α-Méthyl-β-γ-dihydroquinazoline,

$$C^6H^4 \begin{cases} Az=C-CH^3 \\ CH^2-AzH \end{cases}$$

— Elle se forme quand on chauffe l'o-aminobenzylacétamide à 240°; on fractionne le résidu dans le vide. C'est une huile jaunâtre; son *chlorhydrate* ne fond pas encore à 250°; son *picrate* se ramollit vers 175°, il est fondu à 185-187° [Gabriel, *D. chem. G.*, **23**, 2812, 1890; **36**, 810, 1903].

L'*α-méthyl-β-amino-γ-céto-o-nitrodihydroquinazoline*,

$$C^6H^3(AzO^2)_{(1)} \begin{cases} Az=C-CH^3 \\ CO_{(2)}-Az-AzH^2 \end{cases}$$

fond à 152-153°. Son *chlorhydrate* fond à 253-254°. Son *dérivé diacétylé* fond à 233°. Traitée par le brome elle donne un *dérivé bromé*, $C^{13}H^{11}O^5Az^4Br$, fusible à 110°; elle réagit sur 2 molécules de phénylhydrazine pour donner le corps $C^{21}H^{19}O^2Az^7$ fusible à 124-125°. L'*α-méthyl-β-uramino-γ-céto-o-nitrodihydroquinazoline* fond à 266°, son *dérivé diacétylé* fond à 229-230° [Bogert et Seil, *Journ. amer. chem. Soc.*, **28**, 884, 1906].

L'*α-β-diméthyldihydroquinazoline*,

$$C^6H^4 \begin{cases} Az=C-CH^3 \\ CH^2-Az-CH^3 \end{cases}$$

fond à 75-77° et bout à 300-305° [Gabriel et Janssen, *D. chem. G.*, **24**, 3096].

L'*α-β-diméthyl-γ-céto-m-nitrodihydroquinazoline*,

$$C^6H^3(AzO^2)_{(1)} \begin{cases} Az=C-CH^3 \\ CO_{(3)}-Az-CH^3 \end{cases}$$

fond à 164-165° [Bogert et Cook, *Journ. amer. chem. Soc.*, **28**, 1449, 1906].

L'*α-méthyl-β-phényldihydroquinazoline*,

$$C^6H^4 \begin{cases} Az=C-CH^3 \\ CH^2-Az-C^6H^5 \end{cases}$$

fond à 80-82° et bout à 345-346° [Paal et Krecke, *D. chem. G.*, **24**, 3051, 1891; **23**, 2638; — Widman, *J. f. prakt. Chem.*, **47**, 360, 1893]. — L'*α-méthyl-β-p-bromophényldihydroquinazoline* est une base très instable [Widman, *loc. cit.*].

La *m-bromo-α-méthyl-β-phényl-γ-cétodihydroquinazoline* fond à 185-186°. La *m-bromo-α-méthyl-β-o-tolyl-γ-cétodihydroquinazoline* fond à 137-138° [Bogert et Hand, *loc. cit.*].

L'*α-méthyl-β-p-nitrophényldihydro-m-nitroquinazoline* est une poudre microcristalline, fusible à 268° [Stillich, *D. chem. G.*, **36**, 3115, 1903].

Elle fournit deux *acétylsulfates* isomères, se décomposant respectivement à 213 et à 268° [O. Stillich, *D. chem. G.*, **38**, 1241, 1905].

L'*α-méthyl-β-phényl-γ-céto-m-nitrodihydroquinazoline* fond à 219-220° [Bogert et Cook, *Journ. amer. chem. Soc.*, **28**, 1449, 1906].

L'*α-méthyl-β-p-tolyldihydroquinazoline* fond à 104-106° [Widman, *J. f. prakt. Chem.*, **47**, 361, 1893].

α-Méthyl-γγ-dihydroquinazoline,

$$C^6H^4 \begin{cases} AzH-C-CH^3 \\ CH^2-Az \end{cases}$$

— On l'obtient en chauffant l'o-acétaminobenzylamine avec le chlorure de zinc à 200° [Bischler, *D. chem. G.*, **26**, 1893, 1893]. C'est une huile qui distille à 260-270°; son *picrate* fond à 166-167°.

α-Méthyl-γ-cétodihydroquinazoline, α-méthyl-γ-oxyquinazoline,

$$C^6H^4 \begin{array}{l} \diagup Az = C - CH^3 \\ \qquad\quad | \\ \diagdown CO - AzH \end{array} \quad \text{ou} \quad C^6H^4 \begin{array}{l} \diagup Az = C - CH^3 \\ \qquad\quad | \\ \diagdown C(OH) = Az \end{array}$$

$$\text{ou} \quad C^6H^4 \begin{array}{l} \diagup AzH - C - CH^3 \\ \qquad\qquad \| \\ \diagdown CO - Az \end{array}$$

— Elle se forme par fusion de l'o-acétylaminobenzamide [Weddige, *J. f. prakt. Chem.*, **31**, 125; **36**, 143, 1887]; par distillation de l'o-acétaminobenzoate d'ammoniaque [Bischler et Burkart, *D. chem. G.*, **26**, 1350, 1893]; quand on chauffe l'acide anthranilique avec l'acétamide [Niementowski, *J. f. prakt. Chem.*, **51**, 567, 1895], ou avec l'acétonitrile [Bogert, *Am. Chem. Soc.*, **22**, 129, 522; **24**, 1041, 1048, 1902]; dans l'action de l'ammoniaque sur l'acétylanthranile [Anschütz, Schmidt et Greiffenberg, *D. chem. G.*, **35**, 3482, 1902]; par oxydation chromique de l'α-méthylquinazoline [Bischler et Lang, *D. chem. G.*, **28**, 282, 1895].

Elle cristallise dans l'alcool en aiguilles fusibles à 231°,5-232° (Weddige), à 235° (Anschütz), à 238-239° (Bogert).

Son *chlorhydrate* se sublime sans décomposition, il se décompose vers 336°. Son *nitrate* fond à 195°. Son *chromate* se décompose à 182°. Son *bichromate* détone vers 175-176°. Son *picrate* fond à 207°,5-208°,5.

La *m-bromo-α-méthyl-γ-oxyquinazoline*, $C^6H^3Br.Az^2.C^3H^4O$, fond à 298-300° [Bogert et Hand, *Journ. amer. chem. Soc.*, **28**, 94, 1905].

La *trichloro-α-méthyl-γ-oxyquinazoline*,

$$C^6HCl^3 \begin{array}{l} \diagup Az = C - CH^3 \\ \qquad\quad | \\ \diagdown C(OH) = Az \end{array}$$

fond à 206-207°; son *éther éthylique*, $C^9H^4Cl^3Az^2OC^2H^5$, fond à 75-76° [Dehoff, *J. f. prakt. Chem.*, **42**, 354, 1890].

La *nitro-α-méthyl-γ-oxyquinazoline*,

$$C^6H^3(AzO^2) \begin{array}{l} \diagup Az = C - CH^3 \\ \qquad\quad | \\ \diagdown C(OH) = Az \end{array}$$

est une poudre cristalline jaune (Dehoff, *loc. cit.*): elle fond au-dessus de 280° [Thieme, *J. f. prakt. Chem.*, **43**, 476, 1891].

L'*α-β-diméthyl-γ cétoquinazoline*,

$$C^6H^4 \begin{array}{l} \diagup Az = C - CH^3 \\ \qquad\quad | \\ \diagdown CO - Az - CH^3 \end{array}$$

fond à 107-109° [Weddige, *J. f. prakt. Chem.*, **36**, 147, 1887].

D'après Bogert et Gotthelf [*Am. Chem. Soc.*, **22**, 532, 1900], ce composé serait en réalité l'*α-méthyl-γ-méthoxyquinazoline*,

$$C^6H^4 \begin{array}{l} \diagup Az = C - CH^3 \\ \qquad\quad | \\ \diagdown C(OCH^3) = Az \end{array}$$

et fondrait à 110-111°.

Par nitration elle fournit un *dérivé mononitré* fusible à 165° [Dehoff, *J. f. prakt. Chem.*, **42**, 350, 1890].

La *ν-α-diméthyl-γ-cétoquinazoline*,

$$C^6H^4 \begin{array}{l} \diagup Az(CH^3) - C - CH^3 \\ \qquad\qquad\quad \| \\ \diagdown CO - Az \end{array}$$

fond à 199° (Weddige).

L'*α-β-diméthyl-γ-céto-o-nitroquinoxaline*, $C^6H^3AzO^2.Az^2C^4H^6O$, fond à 203°. — L'*α-méthyl-β-éthyl....* fond à 208°. — L'*α-méthyl-β-(n)-propyl....* fond à 204-206°. — L'*α-méthyl-β-isopropyl....* fond à 219-220°. — L'*α-méthyl-β-isobutyl....* fond à 202-203°. — L'*α-méthyl-β-isoamyl....* fond à 213-214°. — L'*α-méthyl-β allyl....* fond à 160-161° [Bogert et Seil, *Journ. amer. chem. Soc.*, **27**, 1305, 1905].

L'*α-méthyl-β-phényl-γ-cétoquinazoline*,

$$C^6H^4 \begin{array}{l} \diagup Az = C - CH^3 \\ \qquad\quad | \\ \diagdown CO - Az - C^6H^5 \end{array}$$

fond à 143° [Paal et Krecke, *D. chem. G.*, **24**, 3055, 1891]; à 146-147° [Körner, *J. f. prakt. Chem.*, **36**, 163, 1887]. Son *chlorhydrate* fond à 276° [Anschütz, Schmidt, *D. chem. G.*, **35**, 3482, 1902].

L'*α-méthyl-β-salicyl-γ-cétoquinazoline*,

$$C^6H^4 \begin{array}{l} \diagup Az = C - CH^3 \\ \qquad\quad | \\ \diagdown CO - Az - C^6H^4 - CO^2H \end{array}$$

fond à 248° [Anschütz et Schmidt, *D. chem. G.*, **35**, 3468, 3478, 1902. — Kowalski et Niementowski, *D. chem. G.*, **30**, 1188, 1897].

α-Méthyltétrahydroquinazoline,

$$C^6H^4 \begin{array}{l} \diagup AzH - CH - CH^3 \\ \qquad\qquad\ | \\ \diagdown CH^2 - AzH \end{array}$$

— On l'obtient en réduisant l'α-méthyldihydroquinazoline par l'amalgame de sodium [Gabriel, *D. chem. G.*, **36**, 812, 1903], ou par le sodium et l'alcool [Paal et Keecke, *D. chem. G.*, **24**, 3057, 1891]. C'est une huile dont le *picrate* fond à 179° après s'être ramolli à 175°.

L'*α-méthyl-β-phényltétrahydroquinazoline*,

$$C^6H^4 \begin{array}{l} \diagup AzH - CH - CH^3 \\ \qquad\qquad\ | \\ \diagdown CH^2 - Az - C^6H^5 \end{array}$$

fond à 94-95° (Paal et K.); son *dérivé acétylé* fond à 120°,5.

L'*α-oxy-α-méthyl-β-p-nitrophényltétrahydroquinazoline*,

$$C^6H^4 \begin{array}{l} \diagup AzH - C(OH) - CH^3 \\ \qquad\qquad | \\ \diagdown CH^2 - Az - C^6H^4 - AzO^2 \end{array}$$

fond à 243-246°; le *chlorure* (remplacement de OH par Cl), fond à 300° [Stillich, *D. chem. G.*, **36**, 3115, 1903].

γ-CÉTO-βγ-DIHYDRO-M-TOLUQUINAZOLINE,

$$CH^3.C^6H^3 \begin{array}{l} \diagup Az = CH \\ \qquad\quad | \\ \diagdown CO - AzH \end{array}$$

— On la prépare en chauffant l'amide homoanthranilique avec l'acide acétique. Elle fond à 237-238° [Niementowsky, *J. prakt. Chem.*, **40**, 12; **51**, 566, 1895]; à 239° [Bogert et Hofmann, *Journ. amer. chem. Soc.*, **27**, 1293, 1905].

L *γ-céto-β-γ-dihydro-o-toluquinazoline* fond à 251° [Findeklee, *D. chem. G.*, **38**, 3553, 1905].

La *γ-céto-β-γ-dihydro-p-toluquinazoline* fond à 255° [Ehrlich, *D. chem. G.*, **34**, 3366, 1901; Findeklee, *loc. cit.*].

La *β-m-tolyl-dihydro-p-toluquinazoline* fond à 158°. Son *chlorhydrate*, $C^{16}H^{16}Az^2HCl + 3H^2O$, fond à 212° (anhydre); son *sulfate* fond à 132°; son *nitrate* fond à 95°; son *picrate* fond à 201°; son *chloroplatinate* fond à 202°. Elle fixe une molécule de brome pour donner une combinaison $C^{16}H^{16}Az^2Br^3$ en aiguilles rouges

[Walther et R. Bamberg, *J. prakt. Chem*, **73**, 209, 1906].

Dicétotétrahydro-m-toluquinazoline, m-méthyl-o-uréamidobenzoyle,

$$CH^3.C^6H^4 \begin{cases} AzH - CO \\ \quad\quad | \\ CO - AzH \end{cases}$$

— On l'obtient en chauffant l'acide o-aminotoluylique avec l'urée à 180-200°. Elle cristallise dans l'acide acétique en lamelles fusibles à 317°. Par nitration elle fournit un *dérivé mononitré* $C^9H^8(AzO^2)O^2Az^2$, fusible à 326°, puis un *dérivé dinitré*, $C^9H^7(AzO^2)^2O^2Az^2$, fusible à 294°, la réduction de ces deux composés donne une *monoamine* fusible à 308° et une *diamine* fusible à 333° [Niementowsky, *J. prakt. Chem.*, **40**, 21; **51**, 511, 515, 1895].

La *γ-méthyl-β-m-tolyltétrahydro-p-toluquinazoline* fond à 155° [Walther et R. Bamberg, *loc. cit.*].

L'*α-céto-β-m-tolyl-tétrahydro-p-toluquinazoline* fond à 238-240° [Walther et Bamberg, *loc. cit*].

αγ-DIMÉTHYLQUINAZOLINE,

$$C^6H^4 \begin{cases} Az = C(CH^3) \\ \quad\quad | \\ C(CH^3) = Az \end{cases} + 2H^2O.$$

— On l'obtient en chauffant 6 heures à 150° 1 p. d'acétyl-o-aminoacétophénone avec 5 p. d'ammoniac alcoolique. Elle cristallise dans l'eau en aiguilles fusibles à 72°; la base anhydre est une huile qui bout à 249° sous 713 mm. Son *picrate* fond vers 170° [Bischler et Burkart, *D. chem. G.*, **26**, 1350, 1897, 1384, 1893]. Par réduction, elle fournit la *diméthyltétrahydroquinazoline*, huile distillant à 235-250°.

α-MÉTHYL-p-TOLUQUINAZOLINE,

$$CH^3.C^6H^4 \begin{cases} Az = C - CH^3 \\ \quad\quad | \\ CH = Az \end{cases}$$

— L'acide acétyl-p-méthylisatique (5 à 8 gr.), chauffé 2 heures à 120° avec 10 à 15 cmc. d'une solution saturée d'ammoniac alcoolique, fournit l'*acide α-méthyl-p-toluquinazoline-γ-carbonique*,

$$CH^3.C^6H^4 \begin{cases} Az = C - CH^3 \\ \quad\quad | \\ C(CO^2H) = Az \end{cases} + 2H^2O,$$

lequel fond vers 160-161°, avec perte de gaz carbonique et formation d'α-méthyl-p-toluquinazoline.

Celle-ci cristallise dans la ligroïne en lamelles fusibles à 79°; elle bout à 255° sous 726 mm. Son *chlorhydrate* se décompose vers 180°; son *picrate* fond à 145° [Bischler et Muntendam, *D. chem. G.*, **28**, 725, 1895]. Oxydée par l'acide chromique elle est transformée en :

α-Méthyl-γ-oxy-p-toluquinazoline,

$$CH^3.C^6H^3 \begin{cases} Az = C - CH^3 \\ \quad\quad | \\ C(OH) - Az \end{cases}$$

fusible à 255° [Bischler et M., *D. chem G.*, **28**, 730; comparez Niementowsky, *J. prakt. Chem.*, **51**, 567, 1895].

L'*α-méthyl-β-m-tolyl-dihydro-m-toluquinazoline* fond à 89-93°. Son *chlorhydrate* fond à 261°. Son *chloroplatinate* fond à 207° [Walther et R. Bamberg, *J. f. prakt. chem.*, **73**, 209, 1906].

L'*α-méthyl-γ-oxy-m-toludihydroquinazoline* fond à 255° [Bogert et Hoffmann, *Journ. amer chem. Soc.*, **27**, 1297, 1905].

α-Méthyl-γ-céto-m-xyloquinazoline,

$$(CH^3)^2.C^6H^2 \begin{cases} Az = C - CH^3 \\ CO - AzH \end{cases}$$

— Elle résulte de l'action de la soude sur le nitrile acétylaminomésitylénique. Elle fond à 271°,5-272°,5 [Bamberger et Weiler, *J. prakt. Chem.*, **58**, 347, 1898].

α-ÉTHYLQUINAZOZINE,

$$C^6H^4 \begin{cases} Az = C - C^2H^5 \\ \quad\quad | \\ CH = Az \end{cases}$$

— Elle résulte de l'action de l'ammoniac alcoolique à 100° sur l'o-propionylaminobenzaldéhyde. C'est une huile jaune qui bout à 247-249° sous 722 mm. [Bischler et Lang, *D. chem. G.*, **28**, 283, 1895].

L'*α-éthyl-γ-cétodihydroquinazoline* ou *α-éthyl-γ-oxyquinazoline*,

$$C^6H^4 \begin{cases} Az = C - C^2H^5 \\ \quad\quad | \\ CO - AzH \end{cases} \quad \text{ou} \quad C^6H^4 \begin{cases} Az = C - C^2H^5 \\ \quad\quad | \\ C(OH) = Az \end{cases}$$

se forme par oxydation chromique de la précédente (Bischler), quand on chauffe à 150° l'acide anthranilique avec la propionamide [Niementowski, *J. prakt. Chem.*, **51**, 568, 1895], ou avec le nitrile propionique [Gotthelf, *Am. Chem. Soc.*, **23**, 617, 1901], ou par action de l'anhydride propionique sur l'o-aminobenzonitrile [Bogert et Hand, *Am. Chem. Soc.*, **24**, 1042, 1049, 1902].

Elle cristallise dans l'alcool en aiguilles fondant à 225° (Niementowsky), 227-228° (Bischler), 234° (Bogert). Son *nitrate* fond à 173-174°; son *sulfate* fond à 240-241°; son *oxalate* fond à 180-181°, et son *picrate* à 193-194°.

La *m-bromo-α-éthyl-γ-cétodihydroquinazoline* fond à 267-268°,5 [Bogert et Hand, *Journ. amer. chem. Soc.*, **28**, 94, 1905].

L'*α-éthyl-β-méthyl-γ-oxyquinazoline*,

$$C^6H^4 \begin{cases} Az = C - C^2H^5 \\ \quad\quad | \\ CO - Az - CH^3 \end{cases}$$

fond à 121° [Gotthelf, *Am. Chem. Soc.*, **23**, 619].

L'*α-éthyltétrahydroquinazoline* fond à 86-88° [Wolff, *D. chem. G.*, **25**, 3033].

α-ÉTHYL-γ-MÉTHYLQUINAZOLINE,

$$C^6H^4 \begin{cases} Az = C - C^2H^5 \\ \quad\quad | \\ C(CH^3) = Az \end{cases}$$

— C'est une huile qui bout à 259-260° [Bischler et Howell, *D. chem. G.*, **26**, 1386, 1893].

α-ÉTHYL-p-TOLUQUINAZOLINE,

$$CH^3.C^6H^4 \begin{cases} Az = C - C^2H^5 \\ \quad\quad | \\ CH = Az \end{cases}$$

— On l'obtient d'une façon analogue à l'α-méthyl-p-toluquinazoline, par l'intermédiaire de l'*acide α-éthyl-p-toluquinazoline-γ-carbonique*, lequel fond à 154° en se décomposant en gaz carbonique et α-éthyl-p-toluquinazoline. Celle-ci fond à 38° et bout à 265-266° sous 730 mm. [Bischler et Muntendam, *D. chem. G.*, **28**, 734, 1895].

L'*α-éthyl-γ-oxy-p-toluquinazoline* fond à 240° [Niementowsky, *J. prak. Chem.*, **51**, 568, 1895; — Bogert et Hoffmann, *Journ. amer. chem. Soc.*, **28**, 1293, 1905].

α-(*n*)-PROPYLQUINAZOLINE.

$$C^6H^4 \left\langle \begin{array}{l} Az = C - C^3H^7 \\ CH = Az \end{array} \right.$$

— C'est une huile jaunâtre qui bout à 257-259° sous 722 mm. [Bischler et Lang, *D. chem. G.*, **28**, 285, 1895].

L'*α-(n)-propyl-γ-cétodihydroquinazoline*.

$$C^6H^4 \left\langle \begin{array}{l} Az = C - C^3H^7 \\ CO - AzH \end{array} \right.$$

fond à 205° (Bischler), 200-200°,8 [Bogert et Hand, *Am. Chem. Soc.*, **24**, 1049, 1900]. Son *dérivé az-méthylé* fond à 77-78° [Gotthelf, *Am. Chem. Soc.*, **23**, 620].

La *m-bromo-α-(n)-propyl-γ-cétodihydroquinazoline* fond à 255-256° [Bogert et Hand, *Journ amer. chem. Soc.*, **28**, 94, 1905].

α-ISOPROPYLQUINAZOLINE. — C'est une huile jaune qui bout à 253-255° sous 722 mm. [Bischler et Lang, *D. chem. G.*, **28**, 286, 1895].

L'*α-isopropyl-γ-cétodihydroquinazoline* fond à 195-196° (Bischler), à 224° [Niementowsky, *J. prakt. Chem.*, **51**, 569, 1895], à 231-232° [Gotthelf, *Am. Chem. Soc.*, **23**, 622, 1901; — Bogert et Hand, *Am. Chem. Soc.*, **24**, 1043, 1050, 1902]. Son *sulfate* fond à 219-220°. Son *picrate* fond à 208-208°,5. Son dérivé *az-méthylé* fond à 79° (Gotthelf).

La *m-bromo-α-isopropyl-γ-cétodihydroquinazoline* fond à 259-260°,5 [Bogert et Hand, *loc. cit.*].

γ-MÉTHYL-α-(*n*)-PROPYLQUINAZOLINE,

$$C^6H^4 \left\langle \begin{array}{l} Az = C - C^3H^7 \\ C(CH^3) = Az \end{array} \right.$$

— Huile distillant à 269-270° [Bischler et Howell, *D. chem. G.*, **26**, 1388, 1893].

La *γ-méthyl-α-isopropylquinazoline* bout à 268-269°.

L'*α-isopropyl-γ-oxytoluquinazoline*,

$$CH^3 . C^6H^3 \left\langle \begin{array}{l} Az = C - C^3H^7 \\ C(OH) = Az \end{array} \right.$$

fond à 228° [Niementowsky, *J. prakt. Chem.*, **51**, 570].

α-ISOBUTYLQUINAZOLINE. — L'*α-isobutyl-γ-cétodihydroquinazoline*,

$$C^6H^4 \left\langle \begin{array}{l} Az = C - C^4H^9 \\ CO - AzH \end{array} \right.$$

cristallise dans l'eau en aiguilles fusibles à 194-195°. Son *nitrate* fond à 171-172°. Son *sulfate* fond à 228-229°. Son *oxalate* fond à 204-205°. Son *picrate* fond à 192°. Son dérivé *az-méthylé* fond à 68-69° [Gotthelf, *Am. Chem. Soc.*, **23**, 624, 1901. — Bogert et Hand, *Am. Chem. Soc.*, **24**, 1043, 1050].

La *m-bromo-α-isobutyl-γ-cétodihydroquinazoline* fond à 253-254° [Bogert et Hand, *loc. cit.*].

α-ISOAMYLQUINAZOLINE. — L'*α-isoamyl-γ-cétodihydroquinazoline* fond à 184°. Son *nitrate* fond à 160-161°. Son *picrate* fond à 164-165°. Son dérivé *az-méthylé* fond à 40-41° [Gotthelf, *Am. Chem. Soc.*, **23**, 625, 1901].

La *m-bromo-α-isoamyl-γ-céto-dihydroquinazoline* fond à 253-263° [Bogert et Hand, *loc. cit.*].

α-PHÉNYLQUINAZOLINE,

$$C^6H^4 \left\langle \begin{array}{l} Az = C - C^6H^5 \\ CH = Az \end{array} \right.$$

— On l'obtient à côté de l'o-toluidine et du benzonitrile dans la distillation de l'o-aminobenzylbenzamide [Gabriel et Jansen, *D. chem. G.*, **23**, 2810, 1890]. Elle se forme aussi en faisant réagir l'ammoniac alcoolique sur la benzoyl-o-aminobenzaldéhyde [Bischler et Lang, *D. Chem. G.*, **28**, 288, 1895]. Elle cristallise dans l'alcool en aiguilles fusibles à 101°; elle bout au-dessus de 300°.

L'*α-phényldihydroquinazoline*,

$$C^6H^4 \left\langle \begin{array}{l} Az = C - C^6H^5 \\ CH^2 - AzH \end{array} \right.$$

cristallise en tables; son *chloroplatinate* fond vers 210° [Wolf, *D. chem. G.*, **25**, 3032, 1892].

L'*α-phényl-γ-oxyquinazoline* fond à 235-236° [Bischler et Lang, *D. chem. G.*, **28**, 289, 1895]; à 233-234° [Walther, *J. prakt. Chem.*, **67**, 445, 1903].

L'*α-phényltétrahydroquinazoline* fond à 101° [Wolf, *loc. cit.*; — Busch, *J. prakt. Chem.*, **51**, 126; **53**, 424].

γ-PHÉNYLQUINAZOLINE,

$$C^6H^4 \left\langle \begin{array}{l} Az = CH \\ C(C^6H^5) = Az \end{array} \right.$$

L'*α-méthyl-γ-phénylquinazoline*, oxydée par l'acide chromique, est transformé en *acide γ-phénylquinazoline-α-carbonique*, qui se décompose à 102° en CO^2 et γ-phénylquinazoline. Le *picrate* de cette dernière fond à 178° [Bischler et Barad, *D. chem. G.*, **25**, 3093, 1892].

L'*α-chloro-γ-phénylquinazoline* fond à 113° [Gabriel et Stelzner, *D. chem. G.*, **29**, 1310]. Sa réduction par l'acide iodhydrique fournit la *γ-phényldihydroquinazoline*,

$$C^6H^4 \left\langle \begin{array}{l} Az = CH \\ CH(C^6H^5) - AzH \end{array} \right.$$

fusible à 242-243°

La *γ-phénylquinazolone*.

$$C^6H^4 \left\langle \begin{array}{l} AzH - CO \\ C(C^6H^5) = Az \end{array} \right.$$

obtenue en chauffant une demi-heure à 195° 2 gr. d'o-aminobenzophénone avec 1 gr. de PCl^5, fond à 250-251° [Gabriel et Stelzner, *D. chem. G.*, **29**, 1310].

La *γ-phényltétrahydroquinazoline*,

$$C^6H^4 \left\langle \begin{array}{l} AzH - CH^2 \\ CH(C^6H^5) - AzH \end{array} \right.$$

est une poudre amorphe. Traitée par le brome, elle conduit à la *γ-phényl-α-bromodihydroquinazoline*, fondant à 165°. Cette dernière, par ébullition avec la soude, fournit la *γ-phényl-α-céto-tétrahydroquinazoline*,

$$C^6H^4 \left\langle \begin{array}{l} AzH - CO \\ CH(C^6H^5) - AzH \end{array} \right.$$

fusible à 187°, ne fondant plus qu'à 193° après solidification [Gabriel et Stelzner, *D. chem. G.*, **29**, 1306, 1896].

α-MÉTHYL-γ-PHÉNYLQUINAZOLINE,

$$C^6H^4 \left\langle \begin{array}{l} Az = C - CH^3 \\ C(C^6H^5) = Az \end{array} \right.$$

— Elle fond à 47-48° et bout à 349-353°; à 198-200° sous 23 mm. [Bischler et Barad, *D. chem. G.*, **25**, 3082, 1892].

γ-Méthyl-α-phénylquinazoline. — Elle fond à 90° [Bischler et Howell, *D. chem. G.*, **26**, 1391, 1893].

α-Phényl-p-toluquinazoline,

$$CH^3.C^6H^3\begin{cases} Az = C - C^6H^5 \\ \quad | \\ CH = Az \end{cases}$$

— Elle fond à 135° et bout au-dessus de 360° [Bischler et Muntendam, *D. chem. G.*, **28**, 738, 1895].

γ-Phényl-p-toludihydroquinazoline,

$$CH^3.C^6H^3\begin{cases} Az = CH \\ \quad | \\ CH(C^6H^5) - AzH \end{cases}$$

— Elle fond à 185-186° [Hanschke, *D. chem. G.*, **32**, 2024-2028, 1899].

γ-p-Tolylquinazoline. — La *γ-tolyl-α-céto-p-tolyldihydroquinazoline*,

$$C^6H^4\begin{cases} AzH - CO \\ \quad | \\ C(C^6H^4.CH^3) = Az \end{cases}$$

fond à 286° [Kippenberg, *D. chem. G.*, **30**, 1135, 1897].

α-Benzylquinazoline,

$$C^6H^4\begin{cases} Az = C - CH^2 - C^6H^5 \\ \quad | \\ CH = Az \end{cases}$$

— Elle fond à 50-60° et bout à 350-355° [Bischler et Lang, *D. chem. G.*, **23**, 289, 1895].

L'*α-benzyl-γ-céto-dihydroquinazoline* fond à 242°; l'*α-p-chlorobenzyl*.... fond à 246° et son *dérivé benzoylé* fond vers 210° [König, *J. f. prakt. Chem.*, **69**, 1, 1904].

γ-Méthyl-α-benzylquinazoline. — Elle fond à 76° [Bischler et Howell, *D. chem. G.*, **26**, 1393, 1893].

α-Éthyl-γ-phénylquinazoline.

$$C^6H^4\begin{cases} Az = C - C^2H^5 \\ \quad | \\ C(C^6H^5) = Az \end{cases}$$

— Elle fond à 83° [Bischler et Barad, *D. chem. G.*, **25**, 3086, 1892].

γ-Xylylquinazoline.

$$C^6H^4\begin{cases} Az = CH \\ \quad | \\ C[C^6H^3(CH^3)^2] = Az \end{cases}$$

— Les dérivés en ont été préparés par Drawert [*D. chem. G.*, **32**, 1262, 1899].

α-(n)-Propyl-γ-phénylquinazoline. — Elle fond à 99°. L'*α-isopropyl-γ-phénylquinazoline* fond à 99° [Bischler et Barad, *D. chem. G.*, **25**, 3087, 3089, 1892].

α-γ-Diphénylquinazoline.

$$C^6H^4\begin{cases} Az = C - C^6H^5 \\ \quad | \\ C(C^6H^5) = Az \end{cases}$$

— On l'obtient en chauffant à 170° l'o-benzylaminobenzophénone avec l'ammoniac alcoolique. Elle cristallise dans l'alcool en longues aiguilles fusibles à 119-120° [Bischler et Barad, *D. chem. G.*, **25**, 3091].

α-Benzylidène-γ-méthylquinazoline.

$$C^6H^4\begin{cases} Az = C - CH = CH - C^6H^5 \\ \quad | \\ C(CH^3) = Az \end{cases}$$

— Elle fond à 96° [Bischler et Howell, *D. chem. G.*, **26**, 1394].

α-Éthylène-bis-γ-cétodihydroquinazoline,

$$\left(C^6H^4\begin{cases} Az = C - CH^2 - \\ \quad | \\ CO - AzH \end{cases}\right)^2$$

— On l'obtient en chauffant à 145° l'acide anthranilique avec le cyanure d'éthylène. Elle cristallise dans l'acide acétique en aiguilles très fines fusibles au-dessus de 310° [W. König, *Journ. f. prakt. Chem.*, **69**, 1, 1904].

Thioquinazolines.

α-Mercaptoquinazoline,

$$C^6H^4\begin{cases} Az = C - SH \\ \quad | \\ CH = Az \end{cases}$$

— Ce composé se forme en faible quantité quand on chauffe l'α-chloroquinazoline avec une solution alcoolique de sulfhydrate de potassium à 100°. Il cristallise dans l'alcool en lamelles qui se ramolissent à 225° et sont fondues à 229-231° [Gabriel, *D. chem. G.*, **36**, 802, 1903].

α-γ-Dimercaptoquinazoline,

$$C^6H^4\begin{cases} Az = C - SH \\ \quad | \\ C(SH) = Az \end{cases}$$

— On l'obtient comme la précédente au moyen de la dichloroquinazoline. Elle fond au-dessus de 250° [Köty, *J. prakt. Chem.*, **47**, 303, 1893].

α-Thiotétrahydroquinazoline,

$$C^6H^4\begin{cases} AzH - CS \\ \quad | \\ CH^2 - AzH \end{cases}$$

— On la prépare en soumettant à l'ébullition une solution alcoolique d'aminobenzylamine avec le sulfure de carbone.

Elle cristallise dans l'alcool en lamelles brillantes fusibles à 210-212°. Sa réduction par le sodium et l'alcool fournit la tétrahydroquinazoline. Oxydée par le permanganate de potassium elle est transformée en dicétotétrahydroquinazoline, ou benzoylénurée [Busch, *J. prakt. Chem.*, **51**, 128, 1899].

La β-*méthyl-α-thiotétrahydroquinazoline*,

$$C^6H^4\begin{cases} AzH - CS \\ \quad | \\ CH^2 - Az - CH^3 \end{cases}$$

fond à 181°.

La *β-éthyl-α-thiotétrahydroquinazoline* fond à 185° [Busch, *J. prakt. Chem.*, **51**, 135].

La *γ-méthyl-β-éthyl-α-thiotétrahydroquinazoline*,

$$C^6H^4\begin{cases} Az(CH^3) - CS \\ \quad | \\ CH^2 - Az - C^2H^5 \end{cases}$$

forme un *iodhydrate* cristallisé en aiguilles [Busch, *loc. cit.*].

La *β-phényl-α-thiotétrahydroquinazoline* se forme par ébullition de la phénylcétotétrahydroquinazoline avec 3 parties de sulfure de carbone et un volume égal de potasse alcoolique [Busch, *D. chem. G.*, **25**, 2857, 1893]; par ébullition de la thiocumazone avec 4 parties d'aniline [Paal et Commerell, *D. chem. G.*, **27**, 1868, 2432, 1894]; par réduction de la chlorophénylthiotétrahydroquinazoline [Busch et Brunner, *J. prakt. Chem.*, **52**, 376, 1895]. Elle cristallise dans l'alcool en lamelles fusibles à 260°.

La β-*o-chlorophényl-α-thiotétrahydroquinazoline*,

$$C^6H^4 \begin{cases} AzH - CS \\ CH^2 = Az - C^6H^4Cl \end{cases}$$

obtenue par condensation du sulfure de carbone avec l'o-aminobenzyl-o-chloraniline, fond à 200° [Busch et Brenner, *J. prakt. Chem.*, **52**, 376].

La β-*m-chlorophényl-α-thiotétrahydroquinazoline* fond à 198-199° [Busch et Francis, *J. prakt. Chem.*, **52**, 379].

La β-*p-chlorophényl-α-thiotétrahydroquinazoline* fond à 228° [Busch et Volkening, *J. prakt. Chem.*, **52**, 384].

La β-*p-bromophényl-α-thiotétrahydroquinazoline* fond à 234° [Busch et Heinen, *J. prakt. Chem.*, **52**, 392].

La β-*o-méthoxyphényl-α-thiotétrahydroquinazoline* fond à 237° [Busch, Brunner et Birk, *J. prakt. Chem.*, **52**, 403].

La β-*p-phénylène-α-thiotétrahydroquinazoline*.

$$C^6H^4 \begin{cases} Az = CS \\ CH^2-Az \end{cases} C^6H^4$$

fond à 160-161° [Birk, *J. prakt. Chem.*, **55**, 372].

La β-*p-phénétyl-α-thiotétrahydroquinazoline*,

$$C^6H^4 \begin{cases} AzH - CS \\ CH^2 - Az - C^6H^4 . OC^2H^5 \end{cases}$$

fond à 238° [Busch et Hartmann, *J. prakt. Chem.*, **52**, 398].

La ν-*méthyl-β-phényl-α-thiotétrahydroquinazoline*,

$$C^6H^4 \begin{cases} Az(CH^3) - CS \\ CH^2 —— Az - C^6H^5 \end{cases}$$

fond à 92° [Busch, *J. prakt. Chem.*, **51**, 266].

La β-*o-tolyl-α-thiotétrahydroquinazoline*,

$$C^6H^4 \begin{cases} AzH - CS \\ CH^2 - Az - C^6H^4CH^3 \end{cases}$$

fond à 206° [Paal et Commerell, *D. chem. G.*, **27**, 1869, 1894; — Busch, *J. prakt. Chem.*, **51**, 275, 1895].

La β-*p-tolyl-α-thiotétrahydroquinazoline* fond à 252°.

La β-*phényl-ν-benzyl-α-thiotétrahydroquinazoline*,

$$C^6H^4 \begin{cases} Az(CH^2 . C^6H^5) - CS \\ CH^2 ———— Az - C^6H^5 \end{cases}$$

fond à 93° [Busch et Rögglen, *D. chem. G.*, **27**, 3245, 1894].

La β-α-*naphtyl-α-thiotétrahydroquinazoline*,

$$C^6H^4 \begin{cases} AzH - CS \\ CH^2 \quad Az - C^{10}H^7 \end{cases}$$

fond à 255°. — La β-β-*naphtyl*.... fond à 280° [Busch et Brand, *J. prakt. Chem.*, **52**, 409, 413, 1895].

La ν-*méthyl-β-α-naphtyl-α-thiotétrahydroquinazoline*,

$$C^6H^4 \begin{cases} Az(CH^3) - CS \\ CH^2 —— Az - C^{10}H^7 \end{cases}$$

cristallise en aiguilles; son *iodhydrate* fond vers 212°. — La ν-*méthyl-β-β-naphtyl*.... fond à 140° [Busch et Brand, *J. prakt. Chem.*, **52**, 414, 1895].

La β-*o-aminobenzyl-α-thiotétrahydroquinazoline*,

$$C^6H^4 \begin{cases} AzH - CS \\ CH^2 - Az - CH^2 - C^6H^4 - AzH^2 \end{cases}$$

fond à 212° [Birk et Lehrmann, *J. prakt. Chem.*, **55**, 362, 1897].

γ-Céto-α-thiotétrahydroquinazoline,

$$C^6H^4 \begin{cases} AzH — CS \\ CO — AzH \end{cases}$$

— Elle se forme quand on chauffe à 180-200° l'aminobenzamide avec la thiourée [Stewart, *J. prakt. Chem.*, **44**, 415, 1892]; quand on fait réagir l'isosulfocyanate de potassium sur le chlorhydrate de l'éther anthranilique [Rupe, *D. chem. G.*, **30**, 1098, 1897].

Elle cristallise en lamelles fusibles à 280-281° (Stewart); à 284° (Rupe).

La ν-β-*diméthyl-γ-céto-α-thiotétrahydroquinazoline*,

$$C^6H^4 \begin{cases} Az(CH^3) - CS \\ CO ——— Az - CH^3 \end{cases}$$

fond à 186° [Fortmann, *J. prakt. Chem.*, **55**, 133, 1897].

La β-*allyl-γ-céto-α-thiotétrahydroquinazoline*,

$$C^6H^4 \begin{cases} AzH - CS \\ CO — Az - C^3H^5 \end{cases}$$

fond à 198-199° [Stewart, *loc. cit.*].

La β-*phényl-γ-céto-α-thiotétrahydroquinazoline* se forme par condensation de l'isosulfocyanate de phényle avec l'acide anthranilique [Mac Coy, *D. chem. G.*, **30**, 1688, 1897; *Am. Chem. Journ.*, **21**, 151, 1899]; ou avec l'anthranilate de méthyle [Freundler, *Bull. Soc. Chim.*, **31**, 707, 882, 1904]; par condensation de la monophénylthiourée avec l'acide anthranilique [Pawlewsky, *D. Chem. G.*, **38**, 130, 1905].

Elle cristallise dans un mélange d'alcool et d'acétone en lamelles fondant au-dessus de 300°. M. Freundler a proposé d'utiliser l'insolubilité de ce composé dans les dissolvants usuels pour le dosage de l'anthranilate de méthyle.

La ν-*méthyl-β-phényl-γ-céto-α-thiotétrahydroquinazoline*,

$$C^6H^4 \begin{cases} Az(CH^3) - CS \\ CO ——— Az - C^6H^5 \end{cases}$$

fond à 288-289° [Fortmann, *loc. cit.*].

La β-*phényl-γ-céto-α-méthylthiodihydroquinazoline*,

$$C^6H^4 \begin{cases} Az = C - S - CH^3 \\ CO - Az - C^6H^5 \end{cases}$$

fond à 125° [Mac Coy, *D. chem. G.*, 30, 1690; *Am. Chem. Journ.*, **21**, 150, 1899].

La β-*phényl-γ-céto-α-éthylthiodihydroquinazoline* fond à 114° (Mac Coy).

α-Méthyl-γ-thiodihydroquinazoline,

$$C^6H^4 \begin{cases} Az = C - CH^3 \\ CS - AzH \end{cases}$$

— Elle se forme par action de l'anhydride acétique sur l'o-aminothiobenzamide; ou encore quand on chauffe en tube scellé l'o-aminobenzonitrile avec l'acide thioacétique. Elle cristallise dans l'alcool en aiguilles jaunes fusibles à 218-219° [Bogert, Breneman et Hand, *Am. Chem. Journ.*, **25**, 376, 1903].

α-Éthyl-γ-thiodihydroquinazoline. — Elle fond à 203-204° [Bogert, *loc. cit.*].

α-(n)-Propyl-γ-thiodihydroquinazoline. — Elle fond à 182-183°.

L'*α-isopropyl-γ-thiodihydroquinazoline* fond à 203-204° [Bogert, *Am. Chem. Soc.*, **25**, 379].

γ-Phényl-α-thiotétrahydroquinazoline.

$$C^6H^4 \left\langle \begin{array}{l} AzH - CS \\ CH(C^6H^5) - AzH \end{array} \right.$$

— Elle fond à 230° [Gabriel et Stelzner, *D. chem. G.*, **29**, 1305, 1896].

β-m-Tolyl-α-thiotétrahydro-p-toluquinazoline. — Elle fond à 258-260°. Son *sulfate* fond au-dessus de 275°; son *chlorhydrate* fond à 220-225°; son *chloroplatinate* fond à 250°; son *picrate* fond à 240°; son *acétate* fond à 257°. Son *iodométhylate* fond en se décomposant à 260°; il est décomposé par les alcalis avec formation d'*α-méthyl-β-tolyl-α-thiodihydro-p-toluquinazoline*, fusible à 87° [Walther et R. Bamberg, *J. f. prakt. Chem.*, **73**, 209, 1906].

γ-Phényl-α-thiotétrahydrotoluquinazoline,

$$CH^3 . C^6H^3 \left\langle \begin{array}{l} AzH - CS \\ CH(C^6H^5) - AzH \end{array} \right.$$

— Elle devient pâteuse vers 250° et fond en se décomposant à 265-270° [Hanschke, *D. chem. G.*, **32**, 2027, 1899].

γ-p-Tolyl-α-thiotétrahydroquinazoline,

$$C^6H^4 \left\langle \begin{array}{l} AzH - CS \\ CH(C^6H^4CH^3) - AzH \end{array} \right.$$

— Elle fond à 224° [Kippenberg, *D. chem. G.*, **30**, 1135, 1897].

γ-m-Xylyl-α-thiotétrahydroquinazoline. — Elle fond à 222-223° [Drawert, *D. chem. G.* **32**, 1264, 1899].

α-β-Phéno-γ-diazines.

Quinoxalines. — Le noyau de la quinoxaline se forme quand on condense une orthodiamine avec le glyoxal, ou avec un corps renfermant l'un des groupements $-CO-CHO$, $-CO-CO-$, $-CO-CO^2H$, $-CO-CH^2Cl$:

$$C^6H^4 \left\langle \begin{array}{l} AzH^2 \\ AzH^2 \end{array} \right. + \begin{array}{l} O=CH \\ O=CH \end{array} = 2H^2O + C^6H^4 \left\langle \begin{array}{l} Az=CH \\ Az=CH \end{array} \right.$$

Quinoxaline.

$$C^6H^4 \left\langle \begin{array}{l} AzH^2 \\ AzH^2 \end{array} \right. + \begin{array}{l} O=C-CH^3 \\ O=C-OH \end{array} = 2H^2O + C^6H^4 \left\langle \begin{array}{l} Az=C-CH^3 \\ Az=C-OH \end{array} \right.$$

α-Méthyl-β-oxyquinoxaline.

$$C^6H^5 \left\langle \begin{array}{l} AzH^2 \\ AzH^2 \end{array} \right. + \begin{array}{l} Cl-CH^2 \\ O=C-CH^3 \end{array} = HCl + H^2O + C^6H^4 \left\langle \begin{array}{l} AzH-CH^2 \\ Az=C-CH^3 \end{array} \right.$$

Méthyldihydroquinoxaline.

Il est facile de passer des oxyquinoxalines aux quinoxalines correspondantes, par un traitement au pentachlorure de phosphore, suivi de la réduction du dérivé chloré obtenu.

Les dihydroquinoxalines sont facilement transformées en quinoxalines par les oxydants faibles, le chlorure ferrique par exemple.

Lorsque, dans ces condensations, on emploie une o-diamine dont l'un des atomes d'hydrogène fixés à l'azote est substitué par un radical alcoolique, on obtient des dihydroquinoxalines substituées à l'azote, comme

$$C^6H^4 \left\langle \begin{array}{l} Az = C-C^6H^5 \\ Az(C^6H^5)-CH-C^6H^5 \end{array} \right.$$

que les oxydants faibles transforment en oxyquinoxalines de la forme,

$$C^6H^4 \left\langle \begin{array}{l} Az = C-C^6H^5 \\ Az(C^6H^5)-C(OH)-C^6H^5 \end{array} \right.$$

Ces dernières donnent des sels qui correspondent plutôt à la forme azonium :

$$C^6H^4 \left\langle \begin{array}{l} Az=C-C^6H^5 \\ Az=C-C^6H^5 \\ Cl \quad C^6H^5 \end{array} \right.$$

La réaction du cyanogène sur les o-diamines donne naissance à des aminoquinoxalines,

$$C^6H^4 \left\langle \begin{array}{l} AzH^2 \\ AzH^2 \end{array} \right. + \begin{array}{l} C\equiv Az \\ C\equiv Az \end{array} = C^6H^4 \left\langle \begin{array}{l} Az=C-AzH^2 \\ Az=C-AzH^2 \end{array} \right.$$

que l'acide chlorhydrique dilué transforme en dioxyquinoxalines :

$$C^6H^4 \left\langle \begin{array}{l} AzH^2 \\ AzH^2 \end{array} \right. + 2H^2O + 2HCl = 2AzH^4Cl + C^6H^4 \left\langle \begin{array}{l} Az=C-OH \\ Az=C-OH \end{array} \right.$$

La condensation des o-diphénols avec les diamines 1.2 de la série grasse fournit des tétrahydroquinaxolines :

$$C^6H^4 \left\langle \begin{array}{l} OH \\ OH \end{array} \right. + \begin{array}{l} H^2Az-CH^2 \\ H^2Az-CH^2 \end{array} = 2H^2O + C^6H^4 \left\langle \begin{array}{l} AzH-CH^2 \\ AzH-CH^2 \end{array} \right.$$

Les quinoxalines sont généralement solides, volatiles sans décomposition. Leur odeur rappelle l'odeur de la quinoléine. Elles sont solubles dans l'eau, l'alcool et l'éther. Les agents réducteurs les transforment en dihydroquinoxalines, puis en tétrahydroquinoxalines. Elles sont assez stables vis-à-vis des agents oxydants. Elles se comportent comme des bases faibles; ce caractère basique est affaibli chez les oxyquinoxalines, qui présentent en même temps les caractères phénoliques : elles se dissolvent dans les alcalis, mais pas dans l'ammoniaque.

Leurs chloroplatinates et leurs picrates sont peu solubles dans l'eau.

Quinoxaline,

$$C^6H^4 \left\langle \begin{array}{l} Az=CH \\ Az=CH \end{array} \right.$$

— On l'obtient en chauffant vers 50-60° une solution aqueuse d'o-phénylène-diamine avec un excès de combinaison bisulfitique du glyoxal

[Hinsberg, *Lieb. Ann. Chem.*, **237**, 334, 1886]; ou encore en oxydant la tétrahydroquinoxaline ou éthylène-o-phénylène-diamine par le ferricyanure de potassium [Merz et Ris, *D. chem. G.*, **20**, 1194, 1887].

La quinoxaline fond à 27° et bout à 225-226°, à 140° sous 40 mm. Pouvoir réfringent [Brühl, *Zeit. physikal. Chem.*, **22**, 391, 1897]. Cryoscopie [Padoa, *Att. dei Lincei*, (5), **12**, (I), 393]. Elle se mélange à l'eau, à l'alcool, à l'éther et au benzène; les alcalis concentrés la précipitent de ses solutions aqueuses. Par réduction elle fournit la tétrahydroquinoxaline. Elle est très stable vis-à-vis des agents oxydants; avec l'acide nitrique concentré elle donne seulement des dérivés nitrés. Elle donne avec le nitrate d'argent et avec le bichlorure de mercure des précipités blancs peu solubles dans l'eau.

Le *chlorhydrate*, $C^8H^6Az^2.HCl$, forme des aiguilles qui se ramollissent à 170° et se décomposent à 184°. Le *sulfate*, $C^8H^6Az^2.SO^4H^2$, fond à 186-187° après s'être ramolli.

L'*iodométhylate*, $C^8H^6Az^2.CH^3I$, fond à 175°. L'*iodoéthylate* fond à 146° [Hinsberg, *Lieb. Ann. Chem.*, **292**, 246, 1896].

α-β-*dichloroquinoxaline*,

$$C^6H^4 \begin{cases} Az = CCl \\ \quad\quad\; \vert \\ Az = CCl \end{cases}$$

— Elle se prépare en faisant réagir le pentachlorure de phosphore à 100° sur la dioxyquinoxaline [Hinsberg et Pollak, *D. chem. G.*, **29**, 784, 1896]; ou encore sur l'az-benzyldioxyquinoxaline [Hinsberg, *Lieb. Ann. Chem.*, **292**, 257, 1896]. Elle fond à 150°. Chauffée à 150° avec l'o-phénylène-diamine, elle donne la fluoflavine $C^{14}H^{10}Az^4$.

α-Oxyquinoxaline,

$$C^6H^4 \begin{cases} Az = C - OH \\ \quad\quad\; \vert \\ Az = CH \end{cases}$$

— La condensation de l'o-phénylène-diamine avec l'acide mésoxalique fournit l'*acide oxyquinoxaline-carbonique*,

$$C^6H^4 \begin{cases} Az = C - OH \\ \quad\quad\; \vert \\ Az = C - CO^2H \end{cases}$$

qui fond vers 265° en se décomposant pour donner l'oxyquinoxaline.

L'oxyquinoxaline fond à 265° [Hinsberg, *Lieb. Ann. Chem.*, **292**, 248; — Kühling, *D. chem. G.*, **24**, 2368, 1891].

α-β-Dioxyquinoxaline,

$$C^6H^4 \begin{cases} Az = C - OH \\ \quad\quad\; \vert \\ Az = C - OH \end{cases} + H^2O.$$

— On l'obtient en chauffant l'o-phénylène-diamine avec un excès d'acide oxalique à 160° [Hinsberg et Pollak, *D. chem. G.*, **29**, 784, 1896]; quand on chauffe le cyanure d'o-phénylène-diamine à 150° avec l'acide chlorhydrique [Bladin, *D. chem. G.*, **18**, 674, 1885].

Elle cristallise en aiguilles qui ne fondent pas encore à 290°. Ce composé est identique à l'o-phénylène-oxamide de Meyer et Seeliger [*D. chem. G.*, **29**, 2641], et à la dioxyéthénylphénylène-diamine de Aschan [*D. chem. G.*, **18**, 2939].

L'*az-acétyldioxyquinoxaline*,

$$C^6H^4 \begin{cases} Az(CO.CH^3) - CO \\ \quad\quad\quad\quad\quad\quad \vert \\ Az =\!=\!=\!=\!=\!= C - OH \end{cases}$$

fond à 184° [Manuelli et Galloni, *Gazz. chim. ital.*, **31**, 20, 1901].

L'*az-benzyldioxyquinoxaline* fond à 265° [Hinsberg, *Lieb. Ann. Chem.*, **292**, 256, 1896].

α-β-Diaminoquinoxaline,

$$C^6H^4 \begin{cases} Az = C - AzH^2 \\ \quad\quad\; \vert \\ Az = C - AzH^2 \end{cases}$$

— Lorsqu'on sature de gaz cyanogène une solution d'o-phénylène-diamine dans l'alcool méthylique, on obtient un composé que Bladin regardait comme une diiminodihydroquinoxaline,

$$C^6H^4 \begin{cases} AzH - C = AzH \\ \quad\quad\quad\; \vert \\ AzH - C = AzH \end{cases}$$

L'étude de la condensation de ce corps avec l'acide pyruvique, l'acide oxalique, le benzile montrent que ce doit être la diaminoquinoxaline [Hinsberg et Schwantes, *D. chem. G.*, **36**, 4039, 1903].

La *diéthylaminoquinoxaline*,

$$C^6H^4 \begin{cases} Az = C - AzH - C^2H^5 \\ \quad\quad\; \vert \\ Az = C - AzH - C^2H^5 \end{cases}$$

obtenue en chauffant à 120° la diéthylamine avec la dichloroquinoxaline, forme des aiguilles fusibles à 156° [Hinsberg, *loc. cit.*].

Acide quinoxaline-α-β-dicarbonique,

$$C^6H^4 \begin{cases} Az = C - CO^2H \\ \quad\quad\; \vert \\ Az = C - CO^2H \end{cases} + 2H^2O.$$

— Il résulte de la condensation de l'acide dioxytartrique avec l'o-phénylène-diamine. Il se décompose vers 190° [Hinsberg et König, *D. chem. G.*, **27**, 2185, 1894]. Chauffé avec l'anhydride acétique il est transformé en *anhydride* $C^{10}H^4Az^2O^3$, fusible à 251° [Philipps, *D. chem. G.*, **28**, 1656].

L'*amide-quinoxaline-carbonique*,

$$C^6H^4 \begin{cases} Az = C - CO.AzH^2 \\ \quad\quad\; \vert \\ Az = C - CO^2H \end{cases}$$

fond à 183°. Traitée par l'hypochlorite de soude elle fournit l'*acide aminoquinoxaline-carbonique*,

$$C^6H^4 \begin{cases} Az = C - AzH^2 \\ \quad\quad\; \vert \\ Az = C - CO^2H \end{cases}$$

fusible à 210° [Philipps, *D. chem. G.*, **28**, 1657].

Nitro-6-quinoxaline, $AzO^2.C^6H^3 = Az^2 = (CH)^2$. — Elle a été préparée en condensant le glyoxal avec la nitro-4-o-phénylène-diamine. Elle cristallise dans l'alcool dilué en aiguilles grisâtres fusibles à 177° [Hinsberg, *Lieb. Ann. Chem.*, **292**, 253, 1896].

Amino-6-quinoxaline, $AzH^2.C^6H^3 = Az^2 = (CH)^2$. — Elle a été obtenue en condensant le glyoxal avec le triamino 1.2.4 benzène. Elle cristallise dans l'éther en aiguilles jaunes fusibles à 158-159°. — Son *chlorhydrate*, $C^8H^7Az^3HCl$, se décompose vers 215° [Hinsberg, *Ann. Chem.*, **237**, 345, 1887].

Oxy-6-quinoxaline, $OH.C^6H^3 = Az^2 = (CH)^2$. — On l'obtient en condensant le glyoxal avec le diamino-3.4-phénol. Elle cristallise dans l'eau en aiguilles fusibles à 245° [Autenrieth et Hinsberg, *D. chem. G.*, **25**, 494, 1892]. — Son *éther méthylique* fond à 58° [Höchster Farbw., D.R.P. 38 322]. — Son *éther éthylique* fond à 81° (Autenrieth).

Oxy-6-α-β-dioxyquinoxaline. — Son *éther éthylique*, $C^2H^5O.C^6H^3.Az^2:(COH)^2$, a été préparé en condensant le diamino-3.4-phénétol avec l'acide oxalique; il fond à 280°. Hydrolysé par l'acide chlorhydrique concentré à 180°, il fournit l'oxy-6-α-β-dioxyquinoxaline, aiguilles très peu solubles [Autenrieth et Hinsberg, *D. chem. G.*, **25**, 500].

Acide oxy-6-quinazoline-α-β-dicarbonique. — Son *éther éthylique*, $C^2H^5O.C^6H^3:Az^2:(C.CO^2H)^2$ fond à 186° en se déshydratant [Autenrieth et H., *loc. cit.*].

β-Oxydihydroquinoxaline.

$$C^6H^4 \begin{array}{l} \diagup AzH - CH^2 \\ \\ \diagdown Az = C - OH \end{array} \quad \text{ou} \quad C^6H^4 \begin{array}{l} \diagup AzH - CH^2 \\ \qquad\quad | \\ \diagdown AzH - CO \end{array}$$

— Elle se forme quand on réduit l'o-nitrophénylglycine, $C^6H^4(AzO^2)(AzH-CH^2-CO^2H)$ par l'étain et l'acide chlorhydrique. Cristallisée avec 1 molécule d'eau, elle fond à 93-94°; anhydre elle fond à 130° [Plöchl, *D. chem. G.*, **19**, 8, 1886].

La *ν-phényl-α-céto-β-oxydihydro-m-nitroquinoxaline*,

$$C^6H^3(AzO^2) \begin{array}{l} \diagup Az(C^6H^5) - CO \\ \qquad\qquad\quad | \\ \diagdown Az = C - OH \end{array}$$

ne se décompose pas encore à 330°. Le *dérivé aminé* (AzH^2 remplace AzO^2) ne fond pas à 300° ainsi que son *dérivé diacétylé* [Reissert et Goll, *D. chem. G.*, **38**, 90, 1904].

Tétrahydroquinoxaline, *éthylène-o-phénylènediamine*,

$$C^6H^4 \begin{array}{l} \diagup AzH - CH^2 \\ \\ \diagdown AzH - CH^2 \end{array}$$

— On la prépare en chauffant pendant 15 heures à 200-210°, 3 gr. de pyrocatéchine avec 3gr,2 de chlorhydrate d'éthylènediamine; on lave le produit avec un peu d'eau froide et on fractionne dans un courant d'hydrogène [Merz et Ris, *D. chem. G.*, **20**, 1191, 1887]. Elle se forme quand on réduit la quinoxaline par le sodium et l'alcool.

Elle cristallise dans l'éther en lamelles fusibles à 96°,5-97°; elle bout à 288°,5-289°,5. En solution aqueuse concentrée elle donne une coloration violette avec le perchlorure de fer; en liqueur diluée la coloration devient bleue. — Le *chlorhydrate*, $2C^8H^{10}Az^2.3HCl$, fond en se décomposant au-dessus de 150° [Ris, *D. chem. G.*, **21**, 378, 1888].

L'*oxalate*, $(C^8H^{10}Az^2)^2.C^2O^4H^2$, fond à 184°. Le *picrate*, $(C^8H^{10}Az^2)^3$, $2C^6H^2(AzO^2)^3OH$, fond au-dessus de 120°.

La tétrahydroquinoxaline donne avec l'acide azoteux un *dérivé dinitrosé*, $C^6H^4=Az^2(AzO)^2=(CH^2)^2$ fusible à 168° [Hinsberg et Strupler, *Ann. Chem.*, **287**, 226, 1895]. Avec l'iodure de méthyle elle fournit un *dérivé monométhylé*,

$$C^6H^4 \begin{array}{l} \diagup Az(CH^3) - CH^2 \\ \qquad\qquad\quad | \\ \diagdown AzH \;\text{——}\; CH^2 \end{array}$$

liquide distillant à 273-275°; et un *dérivé triméthylé*, $C^6H^4=(AzCH^3)^2=(CH^2)^2$, CH^3I qui fond au-dessus de 200° en se décomposant pour donner le précédent [Ris, *D. chem. G.*, **21**, 379, 1888].

La *diacétyltétrahydroquinoxaline*, $C^6H^4=(AzC^2H^3O)^2=(CH^2)^2$ fond à 144° [Ris, *loc. cit.*].

L'*acide*,

$$C^6H^4 \begin{array}{l} \diagup Az(CH^2-CO^2H) - CO \\ \qquad\qquad\qquad\quad | \quad (?) \\ \diagdown AzH \;\text{————}\; CH^2 \end{array}$$

fond à 212°. Son *éther éthylique*, $C^{10}H^9Az^2O^3$, C^2H^5, se forme par condensation de l'o-phénylènediamine avec l'éther chloracétique; il fond à 163° [Hinsberg, *Ann. Chem.*, **292**, 252, 1896].

La *diphénylsulfone-tétrahydroquinazoline*, $C^6H^4=(AzSO^2C^6H^5)^2=(CH^2)^2$ fond à 180° [Hinsberg et Strupler, *Ann. Chem.*, **287**, 225, 1895].

La *ν-phényl-α-céto-tétrahydro-m-nitroquinoxaline*,

$$C^6H^3AzO^2 \begin{array}{l} \diagup Az(C^6H^5) - CO \\ \qquad\qquad\quad | \\ \diagdown AzH \;\text{——}\; CH^2 \end{array}$$

fond à 230°,5; le *dérivé aminé* correspondant fond à 158° et son *dérivé diacétylé* fond vers 130° [Reissert et Goll, *D. Chem. G.*, **38**, 90, 1904].

HOMOLOGUES DE LA QUINOXALINE.

α-Méthylquinoxaline,

$$C^6H^4 \begin{array}{l} \diagup Az = C - CH^3 \\ \qquad\quad | \\ \diagdown Az = CH \end{array}$$

L'*α-méthyl-β-oxyquinoxaline*,

$$C^6H^4 \begin{array}{l} \diagup Az = C - CH^3 \\ \qquad\quad | \\ \diagdown Az = C - OH \end{array}$$

se forme par condensation de l'o-phénylènediamine avec l'acide pyruvique [Hinsberg, *Ann. Chem.*, **292**, 249, 1896], ou par saponification de l'éther quinoxalonacétique [Ruhemann et Stapleton, *Chem. Soc.*, **77**, 249, 1900]. Elle fond à 245°.

L'*acide α-méthyl-β-oxyquinoxaline-m-carbonique*,

$$CO^2H.C^6H^3 \begin{array}{l} \diagup Az = C - CH^3 \\ \qquad\quad | \\ \diagdown Az = C - OH \end{array}$$

se décompose sans fondre à 330° [Zehra, *D. chem. G.*, **23**, 3629, 1890].

L'*α-γ-diméthyl-β-cétodihydroquinoxaline*,

$$C^6H^4 \begin{array}{l} \diagup Az \text{=====} C - CH^3 \\ \qquad\qquad\quad | \\ \diagdown Az(CH^3) - CO \end{array} + nH^2O,$$

fond à 63-64°; anhydre elle fond à 87° et bout à 308° [Kehrmann et Messinger, *D. chem. G.*, **25**, 1629, 1892; *J. prakt. Chem.*, **46**, 573].

L'*α-méthyl-γ-éthyl-β-cétodihydroquinoxaline*,

$$C^6H^4 \begin{array}{l} \diagup Az \text{=====} C - CH^3 \\ \qquad\qquad\quad | \\ \diagdown Az(C^2H^5) - CO \end{array} + 2H^2O,$$

fond à 77°; anhydre elle fond à 96-97° et bout à 303°.

L'*α-méthyl-γ-phényl-β-cétodihydroquinoxaline* fond à 195°.

L'*α-méthyl-γ-benzyl-β-cétodihydroquinoxaline* fond à 99-100° et bout en se décomposant partiellement au-dessus de 350° [Kehrmann et Messinger, *D. chem. G.*, **25**, 1628, 1892].

La *méthoxy* (5 ou 6)-*α-méthyl-β-oxyquinoxaline*,

$$CH^3O.C^6H^3 \begin{array}{l} \diagup Az = C - CH^3 \\ \qquad\quad | \\ \diagdown Az = C.OH \end{array}$$

fond à 197° [Hinsberg, *Ann. Chem.*, **292**, 250, 1896].

L'*éthoxy-α-méthyl-β-oxyquinoxaline* fond à

224° [Autenrieth et Hinsberg, *D. chem. G.*, **25**, 499].

L'*α-méthyltétrahydroquinoxaline*,

$$C^6H^4 \left\langle \begin{array}{l} AzH - CH - CH^3 \\ \quad\quad\ \ | \\ AzH - CH^2 \end{array} \right.$$

se prépare en chauffant à 200° 1 partie de pyrocatéchine avec 2g,6 de propylènediamine. Elle cristallise dans la ligroïne en lamelles fusibles à 72°; elle bout à 283-284°. Son *picrate* fond à 150-161° [Ris. *D. chem. G.*, **21**, 382, 1888].

L'*α-méthyl-β-céto-tétrahydroquinoxaline*.

$$C^6H^4 \left\langle \begin{array}{l} AzH - CH - CH^3 \\ \quad\quad\ \ | \\ AzH - CO \end{array} \right.$$

fond à 177° [Georgescu. *D. chem. G.*, **25**, 957].

Méthyl-5-quinoxaline, m-toluquinoxaline, $CH^3 . C^6H^3 = Az^2 = (CH)^2$. — On l'obtient en condensant le glyoxal avec la toluylènediamine 1.3.4 [Hinsberg, *Ann. Chem.*, **237**, 336, 1887]. Elle se prend en masse à — 1° et bout à 245°. Pouvoir réfringent [Brühl, *Zeit. physikal. Chem.*, **22**, 391, 1897]. Son *chloroplatinate* est un précipité jaune. L'*oxalate*, $2C^9H^8Az^2 . C^2H^2O^4$, fond à 135-136°. — L'*iodoéthylate*, $C^9H^8Az^2 . C^2H^5I$, fond vers 176° [Hinsberg. *Ann. Chem.*, **237**, 339; **292**, 246].

L'*α-chloro-m-toluquinoxaline*,

$$CH^3 . C^6H^3 \left\langle \begin{array}{l} Az - CCl \\ \quad\ \ | \\ Az = CH \end{array} \right.$$

fond à 77° [Leuckart et Hermann, *D. chem. G.*, **20**, 291, 1887].

L'*α-β-dichloro-m-toluquinoxaline*, $CH^3 . C^6H^4 = Az^2 = (CCl)^2$, fond à 114-115° [Hinsberg, *D. chem. G.*, **16**, 1532, 1883].

L'*α-oxy-m-toluquinoxaline*,

$$CH^3 . C^6H^3 \left\langle \begin{array}{l} Az = C - OH \\ \quad\ \ | \\ Az = CH \end{array} \right.$$

se forme par oxydation de l'α-cétotétrahydrotoluquinoxaline; elle fond à 266-267° [Hinsberg, *D. chem. G.*, **18**, 2872; **19**, 484; *Ann. Chem.*, **248**, 75, 1888]. — Son *éther méthylique* fond à 71°; son *éther éthylique* fond à 67° [Leuckart et Hermann, *D. chem. G.*, **20**, 30, 1887].

La *β-oxy-m-toluquinoxaline*,

$$CH^3 . C^6H^4 \left\langle \begin{array}{l} Az = CH \\ \quad\ \ | \\ Az = C - OH \end{array} \right.$$

obtenue en chauffant à 214° l'acide β-oxytoluquinoxaline carbonique fond à 241° [Hinsberg. *Ann. Chem.*, **237**, 357, 1887].

L'*α-β-dioxy-m-toluquinoxaline*, $CH^3 . C^6H^4 = Az^2 = (COH)^2 + 1/2H^2O$, se forme quand on réduit l'acide m-nitro-p-tolyloxamidoïque, $AzO^2 . C^7H^6 . AzH . CO . CO^2H$, par le zinc et l'acide acétique [Hinsberg, *D. chem. G.*, **15**, 2690, 1882]; quand on chauffe l'oxalate de toluylènediamine 1.3.4 à 160° [Hinsberg, *Ann. Chem.*, **237**, 248, 1887]; quand on porte 2 heures à l'ébullition la toluylènediamine 1.3.4 avec l'oxalate d'éthyle [Meyer, *D. chem. G.*, **29**, 2641; **30**, 768, 1897]; par ébullition de la solution aqueuse du chlorhydrate de toluylènediamine 1.3.4 avec l'acide parabanique [Kühling, *D. chem. G.*, **24**, 3032, 1891]; quand on chauffe à 150° la diimino-toluquinoxaline avec l'acide chlorhydrique concentré [Bladin, *Bull. Soc. Chim.*, **42**, 106, 1882].

Elle cristallise dans un mélange d'alcool et d'acide acétique en aiguilles fusibles à 346-347°. Elle se comporte comme un acide faible; elle est précipitée de ses solutions alcalines par le gaz carbonique.

α-β-Diimino-m-toluquinoxaline, ou *diamino-m-toluquinoxaline*, $CH^3 . C^6H^3 = (AzH)^2 = (CAzH)^2$ ou $CH^3 . C^6H^3 = Az^2 = (C . AzH^2)^2 + H^2O$. — Ce composé se forme quand on sature de gaz cyanogène une solution alcoolique de toluylènediamine 1.3.4.

Il devient anhydre à 100° et fond alors à 242-244°. Chauffé avec l'eau, il est décomposé en ammoniac et il fournit deux combinaisons isomères de formule

$$C^9H^9Az^3O = CH^3 . C^6H^3 \left\langle \begin{array}{l} Az = C - OH \\ \quad\ \ | \\ Az = C = AzH \end{array} \right. (?)$$

l'une de ces substances fond à 290°; l'autre charbonne sans fondre vers 290° [Bladin, *Bull. Soc. Chim.*, **42**, 106, 1882].

L'*α-cétotétrahydro-m-toluquinoxaline*,

$$CH^3 . C^6H^3 \left\langle \begin{array}{l} AzH - CO \\ \quad\quad\ \ | \\ AzH - CH^2 \end{array} \right.$$

se forme quand on chauffe plusieurs jours au bain-marie la toluylènediamine 1.3.4 avec 2 molécules d'éther chloracétique [Hinsberg, *Ann. Chem.*, **237**, 361, 1887]; quand on réduit la m-nitro-p-tolylglycine par l'étain et l'acide chlorhydrique [Plöchl, *D. chem. G.*, **19**, 10, 1886; — Leuckart et Hermann, *D. chem. G.*, **20**, 27, 1887; — Hinsberg, *Ann. Chem.*, **248**, 73]. Elle forme des aiguilles jaunes fusibles à 100-130°.

Acide β-oxy-m-toluquinoxaline-α-carbonique,

$$CH^3 . C^6H^3 \left\langle \begin{array}{l} Az = C - CO^2H \\ \quad\ \ | \\ Az = C - OH \end{array} \right.$$

— La condensation de l'alloxane avec la toluylènediamine en solution aqueuse fournit une *uréide*,

$$CH^3 . C^6H^3 \left\langle \begin{array}{l} Az = C - CO - AzH - CO - AzH^2 \\ \quad\ \ | \\ Az = C - OH \end{array} \right.$$

fusible à 258°; laquelle décomposée par les alcalis conduit à l'acide oxytoluquinoxaline carbonique [Hinsberg, *Ann. Chem.*, **237**, 356]. Cet acide se forme encore par condensation de la toluylènediamine 1.3.4 avec l'acide mésoxalique [Kühling, *D. chem. G.*, **24**, 2369, 1891; **32**, 1650]. Il cristallise dans l'alcool dilué en aiguilles jaunes qui se décomposent à 214° en CO^2 et β-oxytoluquinoxaline. Il se combine aux bases et aux acides. Sa solution aqueuse donne avec le perchlorure de fer une coloration rouge brune.

L'*acide m-toluquinoxaline-α-β-dicarbonique*, $CH^3 . C^6H^3 = Az^2 = (C - CO^2H)^2 + 1/2H^2O$, se forme par condensation de la toluylènediamine 1.3.4 avec l'acide dioxytartrique. Il cristallise dans l'eau en prismes qui deviennent anhydres à 100° et se décomposent à 145° avec départ de gaz carbonique [Hinsberg, *Ann. Chem.*, **237**, 353, 1887].

α-β-Diméthylquinoxaline,

$$C^6H^4 \left\langle \begin{array}{l} Az = C - CH^3 \\ \quad\ \ | \\ Az = C - CH^3 \end{array} \right.$$

— La *tétrachlorodiméthylquinoxaline*, $C^6H^4 = Az^2 = (C - CHCl^2)^2$, obtenue en condensant l'o-phénylènediamine avec le tétrachlorobiacétyle, cristallise dans le benzène en prismes tricliniques, fusibles à 177° [Lévy et Witte, *Lieb. Ann. Chem.*, **254**, 90, 1889].

La *diéthoxy-α-β-diméthylquinoxaline*, $(C^2H^5O)^2C^6H^2=Az^2=(C-CH^3)^2$, fond à 127° [Nietzki et Rechber, *D. chem. G.*, **23**, 1212, 1890].

La *diamino-1.5-α-β-diméthylquinoxaline*, $(AzH^2)^2C^6H^2=Az^2=(C-CH^3)^2$ fond à 228° [Nietzki et Hagenback, *D. chem. G.*, **30**, 541, 1897].

α-α-Diméthyl-β-cétotétrahydroquinoxaline,

$$C^6H^4\left\langle\begin{array}{l}AzH-C(CH^3)^2\\ \quad\quad\ \ |\\ AzH-CO\end{array}\right.$$

— Elle résulte de la condensation de l'o-phénylènediamine avec l'éther α-bromoisobutyrique. Elle cristallise dans l'alcool en lamelles fusibles à 177° [Hinsberg, *Lieb. Ann. Chem.*, **292**, 250, 1896].

TÉTRAMÉTHYLDIQUINOXALINE,

$$C^6H^2\left(\left\langle\begin{array}{l}Az\ \ C-CH^3\\ \quad\ \ \ \|\\ Az-C-CH^3\end{array}\right\rangle\right)^2$$

— On l'obtient en condensant le tétraminobenzène avec le biacétyle. Elle fond au-dessus de 300° [Nietzki et Müller, *D. chem. G.*, **22**, 444].

α-MÉTHYL-M-TOLUQUINOXALINE,

$$CH^3.C^6H^3\left\langle\begin{array}{l}Az=C-CH^3\\ \quad\quad\ |\\ Az=CH\end{array}\right.$$

— On l'obtient en condensant la chloracétine avec la toluylènediamine 1.3.4 [Hinsberg, *Lieb. Ann. Chem.*, **237**, 36, 1886], ou bien le méthylglyoxal avec la toluylènediamine 1.3.4 [Pechmann, *D. chem. G.*, **20**, 2544, 1887].

Elle fond à 54° et bout à 267-269°. Elle se mélange à l'eau froide, à l'alcool et à l'éther. Elle est précipitée de sa solution aqueuse par élévation de température ou par addition d'un alcali.

L'*α-méthyl-β-oxy-m-toluquinoxaline*,

$$CH^3.C^6H^3\left\langle\begin{array}{l}Az=C-CH^3\\ \quad\quad\ |\\ Az=C-OH\end{array}\right.$$

obtenue par condensation de l'acide pyronique avec la toluylènediamine 1.3.4, fond vers 220° [Hinsberg, *Lieb. Ann. Chem.*, **237**, 351].

β-Méthyl-α-oxy-m-toluquinoxaline,

$$CH^3.C^6H^3\left\langle\begin{array}{l}Az=C-OH\\ \quad\quad\ |\\ Az=C-CH^3\end{array}\right.$$

— La condensation de l'éther α-bromopropionique avec la toluylènediamine 1.3.4 fournit un composé, $C^{10}H^{12}Az^2O$, que l'oxydation par l'air en solution alcaline transforme en β-méthyl-α-oxytoluquinoxaline. Celle-ci fond à 238° [Hinsberg, *Lieb. Ann. Chem.*, **248**, 78, 1888].

L'*α-dibromométhyl-β-oxy-m-toluquinoxaline*,

$$CH^3.C^6H^3\left\langle\begin{array}{l}Az=C-CHBr^2\\ \quad\quad\ |\\ Az=C-OH\end{array}\right.$$

fond à 235° [Nastvogel, *Lieb. Ann. Chem.*, **248**, 91].

L'*α-méthyl-β-cétotétrahydro m-toluquinoxaline*,

$$CH^3.C^6H^3\left\langle\begin{array}{l}AzH-CH-CH^3\\ \quad\quad\ \ |\\ AzH-CO\end{array}\right.$$

cristallise dans l'alcool en lamelles fusibles à 157° [Hinsberg, *D. chem. G.*, **25**, 2417, 1892].

α-β-DIMÉTHYL-M-TOLUQUINOXALINE, $CH^3-C^6H^3=Az^2=(-C-CH^3)^2$ — On l'obtient en condensant le biacétyle avec la toluylènediamine 1.3.4. Elle cristallise dans la ligroïne en cristaux hexagonaux fusibles à 91°; elle bout à 270-271° [Pechmann, *D. chem. G.*, **21**, 1414, 1888].

L'*α-β-diméthyl-méthoxy.4-o-toluquinoxaline*, $(CH^3O)_{(4)}CH^3_{(1)}C^6H^2=Az^2=(C-CH^3)^2$, fond à 125° [Kaufler et Wenzel, *D. chem. G.*, **34**, 2240, 1901].

α-α-diméthyl-β-cétotétrahydro-m-toluquinoxaline,

$$CH^3.C^6H^3\left\langle\begin{array}{l}AzH-C(CH^3)^2\\ \quad\quad\ \ |\\ AzH-CO\end{array}\right.$$

— Elle fond à 227° [Hinsberg, *D. chem. G.*, **248**, 79, 1888].

ACIDE β-CÉTODIHYDROQUINOXALINE-α-ACÉTIQUE,

$$C^6H^4\left\langle\begin{array}{l}Az=C-CH^2-CO^2H\\ \quad\quad\ \ |\\ AzH-CO\end{array}\right.$$

— Son *éther éthylique* se forme par condensation de l'acétylènedicarbonate d'éthyle avec l'o-phénylènediamine; il fond à 210° [Ruhemann et Stapleton, *Chem. Soc.*, **77**, 248, 1900].

Acide oxy.5-α-oxyquinoxaline-β-acétique. — Son *éther diéthylique*,

$$C^2H^5O.C^6H^3\left\langle\begin{array}{l}Az=C-OH\\ \quad\quad\ |\\ Az=C-CO^2C^2H^5\end{array}\right.$$

obtenu en condensant l'éther éthylique du diaminophénol 1.3.4 avec l'éther oxalacétique, cristallise dans l'alcool en aiguilles jaunes, fusibles à 186° [Autenrieth et Hinsberg, *D. chem. G.*, **25**, 499, 1892].

ACIDE QUINOXALINE-α-β-DIACÉTIQUE, $C^6H^4=Az^2=(C-CH^2-CO^2H)^2$ — Son *éther diéthylique*, $C^{12}H^8Az^2O^4(C^2H^5)^2$, se forme quand on chauffe 1 à 2 heures à l'ascendant un mélange équimoléculaire d'o-phénylènediamine et d'éther kétipique, en solution alcoolique, dans une atmosphère d'hydrogène. Il cristallise dans la ligroïne en prismes fusibles à 58°,2. Les alcalis le transforment à froid en *éther monométhylique*, $C^{12}H^9Az^2O^4(C^2H^5)$, corps instable qui perd immédiatement une molécule d'eau pour donner le *benzo-β-cétopentaméthylèneazineméthyloate d'éthyle*,

$$C^6H^4\left\langle\begin{array}{l}Az=C-CH^2\\ \quad\quad\ |\quad\ \ >CO\\ Az=C-CH-CO^2C^2H^5\end{array}\right.$$

Ce corps se dissout dans les alcalis pour régénérer le sel de sodium de l'éther monoéthylique précédent [Thomas-Mamert et Striebel, *Bull. Soc. Chim.*, **25**, 712, 1901].

L'*acide m-toluquinoxaline-α-β-diacétique* a été obtenu d'une manière analogue à l'état d'*éther éthylique*, $C^{13}H^{10}Az^2O^4(C^2H^5)^2$, fusible à 59° [Thomas-Mamert et Striebel, *Bull. Soc. Chim.*, **25**, 720].

α-MÉTHYL-β-ACÉTOQUINOXALINE,

$$C^6H^4\left\langle\begin{array}{l}Az=C-CH^3\\ \quad\quad\ |\\ Az=C-CO-CH^3\end{array}\right.$$

— Elle résulte de la condensation du tricétopentane avec l'o-phénylènediamine. Elle cristallise dans l'alcool en aiguilles fusibles à 86°,5. Son *oxime* fond à 194°,5. Sa *semicarbazone* fond à 267-268°. Sa *phénylhydrazone* fond à 178° [Sachs et Barschall, *D. chem. G.*, **34**, 3054, 1901; Röhmer, *D. chem. G.*, **35**, 3312, 1902].

ISOPROPYLQUINOXALINE,

$$C^6H^4\left\langle\begin{array}{l}Az = C - CH = (CH^3)^2\\ \qquad\quad |\\ Az = CH\end{array}\right.$$

— C'est une huile dont l'odeur rappelle celle de la menthe. Elle bout à 269-270° [Conrad et Hock, *D. chem. G.*, **23**, 1208, 1890]. Sa réduction par le sodium et l'alcool fournit l'*isopropyltétrahydroquinoxaline*, fusible à 75°.

α-MÉTHYL-β-ISOPROPYLQUINOXALINE,

$$C^6H^4\left\langle\begin{array}{l}Az = C - CH^3\\ \qquad\quad |\\ Az - C - C^3H^7\end{array}\right.$$

— Elle fond à 97° et bout à 264° sous 752 mm. [Pauly et Lieck, *D. chem. G.*, **33**, 504, 1900].

L'*α-méthyl-β-isopropyl-γ-γ-dihydroquinoxaline*,

$$C^6H^4\left\langle\begin{array}{l}AzH - C - CH^3\\ \qquad\quad \|\\ AzH - C - C^3H^7\end{array}\right.$$

fond à 124°; son *dérivé dibenzoylé* se ramollit à 85-90° et se décompose à 175°; son *dérivé dinitrosé* fond à 177° [Ekeley et Wells, *D. Chem. G.*, **38**, 2259, 1905].

BUTYLTÉTROL-M-TOLUQUINOXALINE,

$$CH^3 . C^6H^3\left\langle\begin{array}{l}Az = C - (CHOH)^3 - CH^2OH\\ \qquad\quad |\\ Az = CH\end{array}\right.$$

— Elle se forme quand on chauffe une solution aqueuse de glycosone $C^7H^{10}O^6$ avec la toluylènediamine 1.3.4. Elle cristallise dans l'eau en fines aiguilles fusibles à 180° [E. Fischer, *D. chem. G.*, **22**, 93, 1889].

ACIDE α-OCTYLQUINOXALINE-β-DÉCYLOÏQUE,

$$C^6H^4\left\langle\begin{array}{l}Az = C - (CH^2)^7 - CH^3\\ \qquad\quad |\\ Az = C - (CH^2)^{11} - CO^2H\end{array}\right.$$

— Il se forme par condensation de l'acide béhénoxylique avec l'o-phénylènediamine. Il fond à 45° [Spieckermann, *D. chem. G.*, **29**, 812, 1896].

α-MÉTHYL-β-CINNAMYLQUINOXALINE,

$$C^6H^4\left\langle\begin{array}{l}Az = C - CH^3\\ \qquad\quad |\\ Az = C - CO - CH = CH - C^6H^5\end{array}\right.$$

— Elle résulte de la condensation de la méthylacétoquinoxaline avec l'aldéhyde benzoïque. Elle fond à 147° [Sachs et Röhmer, *D. chem. G.*, **35**, 3312, 1902].

ACIDE TRIMÉTHYLÈNE-QUINOXALINE-DICARBONIQUE,

$$C^6H^4\left\langle\begin{array}{l}Az = C - CH(CO^2H)\\ \\ Az = C - CH(CO^2H)\end{array}\right\rangle CH^2$$

— Son *éther diéthylique*, $C^{17}H^{18}O^4Az^2$, se forme quand on chauffe l'éther cyclopentadionedicarbonique avec l'o-phénylènediamine en solution alcoolique. Il cristallise dans l'alcool en aiguilles jaunes, fusibles à 204° [Dieckmann, *D. chem. G.*, **35**, 3208, 1902].

L'éther diéthylique de l'acide méthyltriméthylènequinoxaline-dicarbonique,

$$C^6H^4\left\langle\begin{array}{l}Az = C - CH(CO^2C^2H^5)\\ \\ Az = C - CH(CO^2C^2H^5)\end{array}\right\rangle CH - CH^3$$

fond à 160-161°.

L'éther diéthylique de l'acide diméthyltriméthylènequinoxaline-dicarbonique fond à 187-188° [Dieckmann, *D. chem. G.*, **32**, 1934, 1899].

PHÉNYLQUINOXALINE,

$$C^6H^4\left\langle\begin{array}{l}Az = C - C^6H^5\\ \qquad\quad |\\ Az = CH\end{array}\right.$$

— Pour la préparer on chauffe 1 à 2 heures au bain-marie 1 mol. d'o-phénylènediamine avec 1 mol. de bromoacétophénone. Elle cristallise dans l'alcool en aiguilles fusibles à 78° [Hinsberg, *Lieb. Ann. Chem.*, **292**, 246, 1896].

L'acide phénylquinoxaline carbonique $C^6H^4 = Az^2 = C^2H - C^6H^4 - CO^2H$, fond à 275°; à 350° il perd CO^2 et donne la phénylquinoxaline [O. Fischer et E. Schindler, *D. Chem., G.*, **39**, 2238, 1906].

L'*α-phényl-β-oxyquinoxaline*,

$$C^6H^4\left\langle\begin{array}{l}Az = C - C^6H^5\\ \qquad\quad |\\ Az = C - OH\end{array}\right.$$

fond à 247° [Buraczewski et Marchlewski, *D. chem. G.*, **34**, 4009, 1901].

L'acide-α-phényl-β-oxyquinoxaline carbonique, $C^6H^4 = Az^2 = C^2(OH) - C^6H^4 - CO^2H$, ou $C^6H^4 = Az^2 - C^2(CO^2H) - C^6H^4OH$, fond à 237° [O. Fischer et E. Schindler, *D. Chem. G.*, **39**, 2238, 1906].

L'*α-o-nitrophényl-β-oxyquinoxaline* fond à 295° (Buraczewski).

L'*α-o-oxyphényl-β-oxyquinoxaline*,

$$C^6H^4\left\langle\begin{array}{l}Az = C - C^6H^4 . OH\\ \qquad\quad |\\ Az = C - OH\end{array}\right.$$

fond à 296°. L'anhydride correspondant, ou *coumarophénazine*,

$$C^6H^4\left\langle\begin{array}{l}Az = C -\!\!-\!\!\diagdown\\ \qquad\quad | \qquad\quad C^6H^4\\ Az = C - O\diagup\end{array}\right.$$

fond à 173°,5 [Marchlewski et Sosnowski, *D. chem. G.*, **34**, 1110, 2296, 1901].

L'*α-o-oxyphényl-β-oxychloroquinoxaline*,

$$C^6H^3Cl\left\langle\begin{array}{l}Az = C - C^6H^4OH\\ \qquad\quad |\\ Az = C - OH\end{array}\right.$$

fond à 286-287°. Son anhydride ou *chlorocoumarophénazine* fond à 149-150° [Korczynski et Marchlewski, *D. chem. G.*, **35**, 4335, 1902].

L'*α-phényl-β-oxy-éthoxy-4-quinoxaline*,

$$C^2H^5O . C^6H^3\left\langle\begin{array}{l}Az = C - C^6H^5\\ \qquad\quad |\\ Az = C - OH\end{array}\right.$$

fond à 205° [Burackzewski et Marchlewski, *loc. cit.*].

L'*α-o-nitrophényl-β-oxy-éthoxy-4-quinoxaline* fond à 205° (Burackzewski et Marchlewski).

L'*α-o-oxyphényl-β-oxy-éthoxy-4-quinoxaline* fond à 215-216°, et son anhydride ou *éthoxycoumarophénazine* fond à 162°,5 [Marchlewski et Sosnowski, *D. chem. G.*, **34**, 2298].

L'*α-phényl-β-cétotétrahydroquinoxaline*,

$$C^6H^4\left\langle\begin{array}{l}AzH - CH - C^6H^5\\ \qquad\quad |\\ AzH - CO\end{array}\right.$$

obtenue par condensation de l'acide mandélique avec l'o-phénylènediamine, fond à 201-202° [Georgescu, *D. chem. G.*, **25**, 952, 1892].

β-PHÉNYL-M-TOLUQUINOXALINE,

$$CH^3 . C^6H^3\left\langle\begin{array}{l}Az = CH\\ \qquad\quad |\\ Az = C - C^6H^5\end{array}\right.$$

— On l'obtient en condensant la bromoacétophénone avec la toluylènediamine 1.3.4 [Hinsberg, *Lieb. Ann. Chem.*, **237**, 370, 1887], ou bien la benzoylformaldéhyde avec la toluylènediamine 1.3.4 [Pechmann, *D. chem. G.*, **20**, 2905, 1887]. Elle fond à 135°.

La *β-phényl-α-oxy-m-toluquinoxaline*,

$$CH^3.C^6H^3 \langle \begin{matrix} Az = C - OH \\ | \\ Az = C - C^6H^5 \end{matrix}$$

fond à 198° [Hinsberg, *Lieb. Ann. Chem.*, **237**, 352].

α-PHÉNYL-M-TOLUQUINOXALINE,

$$CH^3.C^6H^3 \langle \begin{matrix} Az = C - C^6H^5 \\ | \\ Az = CH \end{matrix}$$

— Elle a été préparée en réduisant la phénacétyl-m-nitro-p-toluidine par le chlorure stanneux. Elle forme des aiguilles fusibles à 79° [Lellmann et Donner, *D. chem. G.*, **23**, 170, 1890].

L'*α-o-nitrophényl-m-toluquinoxaline* fond à 293-294° [Buraczewski et Marchlewski, *D. chem. G.*, **34**, 4009, 1901].

L'*α-o-oxyphényl-m-toluquinoxaline* fond à 261° et son anhydride ou *méthylcoumarophénazine*,

$$CH^3.C^6H^3 \langle \begin{matrix} Az = C --- \\ | \\ Az = C - O \end{matrix} \rangle C^6H^4$$

fond à 133-134° [Marchlewski et Sosnowski, *D. chem. G.*, **34**, 1112, 1901].

α-MÉTHYL-β-PHÉNYL-M-TOLUQUINOXALINE,

$$CH^3.C^6H^3 \langle \begin{matrix} Az = C - CH^3 \\ | \\ Az = C - C^6H^5 \end{matrix}$$

— Elle fond à 46-48° et bout à 295° sous 216 mm. [Müller et Pechmann, *D. chem. G.*, **22**, 2130, 1889].

β-BENZYL-α-CÉTO-TÉTRAHYDRO-M-TOLUQUINOXALINE,

$$CH^3.C^6H^3 \langle \begin{matrix} AzH - CO \\ | \\ AzH - CH - CH^2C^6H^5 \end{matrix}$$

— Elle fond à 240° [Georgescu, *D. chem. G.*, **25**, 953, 1892].

β-CINNAMYL-α-CÉTO-TÉTRAHYDRO-M-TOLUQUINOXALINE,

$$CH^3.C^6H^3 \langle \begin{matrix} AzH - CO \\ | \\ AzH - CH - CH = CH - C^6H^5 \end{matrix}$$

— Elle fond à 185-186° [Georgescu, *loc. cit.*].

α-PHÉNYL-β-ACÉTOQUINOXALINE,

$$C^6H^4 \langle \begin{matrix} Az = C - C^6H^5 \\ | \\ Az = C - CO - CH^3 \end{matrix}$$

— Elle résulte de la condensation de la méthylphényltricétone avec l'o-phénylènediamine. Elle cristallise dans l'alcool méthylique en aiguilles incolores, fusibles à 99°,5. Son *dérivé benzylidénique* fond à 164°. Sa *semicarbazone* fond à 243°. Sa *phénylhydrazone* fond à 183° [Sachs et Röhmer, *D. chem. G.*, **35**, 3318, 1902].

DIPHÉNYLQUINOXALINE. $C^6H^4 = Az^2 = (C - C^6H^5)^2$ — On la prépare en condensant l'o-phénylènediamine avec le benzile [König, *D. chem. G.*, **27**, 2181, 1894; — Wolf, *J. prakt. Chem.*, **57**, 546, 1898], ou avec la benzoïne [O. Fischer, *D. chem. G.*, **24**, 720, 1891].

Elle cristallise en aiguilles fusibles à 124°. Einhorn, se basant sur la décomposition de la diphénylquinoxaline par les acides, pense que la formule de ce composé serait plutôt :

$$C^6H^4 \langle \begin{matrix} Az - C - C^6H^5 \\ | \quad \| \\ Az - C - C^6H^5 \end{matrix}$$

[*Lieb. Ann. Chem.*, **295**, 198, 1897].

La *dibromo-1.4-diphénylquinoxaline*, $C^6H^2Br^2.Az^2 = (C - C^6H^5)^2$, fond à 215-216° [Calhane et Wheeler, *Am. Chem. Journ.*, **23**, 458, 1900].

La *nitro-6-diphénylquinoxaline*, $C^6H^3(AzO^2):Az^2 = (C - C^6H^5)^2$, fond à 188°; par réduction elle fournit l'*amino-6-diphénylquinoxaline*, fusible à 175°; son *dérivé acétylé*, $C^{20}H^{14}(C^2H^3O)Az^3$, fond à 252° [Hinsberg, *Lieb. Ann. Chem.*, **292**, 254, 1896].

La *diamino-1.5-diphénylquinoxaline*, $C^6H.(AzH^2)^2 = Az^2 = (C - C^6H^5)^2$, obtenue en condensant le benzyle avec le tétraminobenzène 1.2.3.5, fond à 228° [Nietzki et Hagenbach, *D. chem. G.*, **30**, 541, 1897]; avec le tétraminobenzène symétrique on obtient une *diaminodiphénylquinoxaline* fusible à 245° [Nietzki et Müller, *D. chem. G.*, **22**, 445, 1889].

La *diméthylamino-3-6-diphénylquinoxaline* fond à 193-194° [Kaufmann et Beisswenger, *D. Chem. G.*, **37**, 2612, 1904].

Oxy-5-diphénylquinoxaline, $C^6H^3(OH):Az^2:(C - C^6H^5)^2$. — Elle fond à 251°; son *éther éthylique* fond à 150° [Autenrieth et Hinsberg, *D. chem. G.*, **25**, 495, 1892]. Son *éther méthylique* fond à 154-155° [Meldola et Eyve, *Chem. Soc.*, **81**, 991, 1902].

Oxy-6-diphénylquinoxaline. — Son *éther méthylique* fond à 191° (Meldola et Eyve).

La *chloro-oxydiphénylquinoxaline*, ou *lutéol*, $C^6H^2(Cl)(OH):Az^2 = (C - C^6H^5)$, fond à 246°: on a proposé de l'employer comme indicateur coloré.

Dioxy diphénylquinoxaline. — Son *éther diéthylique*, $(C^2H^5O)^2 = C^6H^2 = Az^2 = (C - C^6H^5)^2$, fond à 163° [Nietzki et Rechberg, *D. chem. G.*, **23**, 1212, 1890].

L'*acide diphénylquinoxaline-m-carbonique*, $CO^2H.C^6H^3 = Az^2 = (C - C^6H^5)^2$, fond à 288° [Zehra, *D. chem. G.*, **23**, 3627].

La *tétrachlorodioxydiphénylquinoxaline*, $C^6H^4 = Az^2 = (C - C^6H^2Cl^2OH)^2$, fond à 256-257°. — La *tétrabromodioxydiphénylquinoxaline* fond à 240° [Zincke et Fries, *Lieb. Ann. Chem.*, **325**, 89, 1903].

Dihydrodiphénylquinoxaline,

$$C^6H^4 \langle \begin{matrix} AzH - CH - C^6H^5 \\ | \\ Az = C - C^6H^5 \end{matrix}$$

— On l'obtient en condensant la benzoïne avec l'o-phénylènediamine [O. Fischer, *D. chem. G.*, **24**, 720, 1891]; ou en réduisant la diphénylquinoxaline par le chlorure stanneux [Hinsberg et König, *D. chem. G.*, **27**, 2181, 1894].

Elle cristallise dans la ligroïne en prismes jaune sombre, à reflets verdâtres, fondant à 148-149°. Son *dérivé nitrosé*, $C^{20}H^{15}Az^2.AzO$, fond à 138°.

La *ν-méthyl-α-β-diphényldihydroquinoxaline*,

$$C^6H^4 \langle \begin{matrix} Az(CH^3) - CH - C^6H^5 \\ | \\ Az = C - C^6H^5 \end{matrix}$$

fond à 133° [O. Fischer, *D. chem. G.*, **24**, 2682, 1891]. Les oxydants faibles ($FeCl^3$) la transforment en *ν-méthyl-α-β-diphényl-α-oxy-dihydroquinoxaline*,

$$C^6H^4 \langle \begin{matrix} Az(CH^3) - C(OH) - C^6H^5 \\ | \\ Az = C - C^6H^5 \end{matrix}$$

qui se décompose vers 70° : son *nitrate*, $C^{21}H^{17}Az^2 . AzO^3 + 3H^2O$, fond vers 120° [Kehrmann et Messinger, *D. chem. G.*, **25**, 1632, 1892].

La *γ-phényl-α-β-diphényldihydroquinoxaline*,

$$C^6H^4 \begin{array}{l} \diagup Az(C^6H^5) - CH - C^6H^5 \\ \qquad\qquad\qquad\quad | \\ \diagdown Az \; = \!=\!= \; C - C^6H^5 \end{array}$$

se forme par condensation du benzile avec l'o-phénylènediamine. Elle fond à 116-117° [Kehrmann et Messinger, *D. chem. G.*, **24**, 1240, 1875 ; **32**, 1043, 1899]. Oxydée par le perchlorure de fer elle fournit la *γ-phényl-α-β-diphényl-α-oxydihydroquinoxaline*,

$$C^6H^4 \begin{array}{l} \diagup Az(C^6H^5) - C(OH) - C^6H^5 \\ \qquad\qquad\qquad\quad | \\ \diagdown Az \; = \!=\!= \; C - C^6H^5 \end{array}$$

qui cristallise dans l'alcool en prismes jaunes, fusibles à 134-135°. La constitution des sels de cette dernière, du chlorure par exemple, correspond à la forme azonium.

$$C^6H^4 \begin{array}{l} \diagup Az(Cl)(C^6H^5) = C - C^6H^5 \\ \qquad\qquad\qquad\quad | \\ \diagdown Az \; = \!=\!= \; C - C^6H^5 \end{array}$$

[Kehrmann et Woulfson, *D. chem. G.*, **32**, 1043, 2425, 1899 ; — Hantzsch et Kalb, *D. chem. G.*, **32**, 3128].

Pour les composés analogues de la forme

$$C^6H^3.R) \begin{array}{l} \diagup Az(C^6H^5) - C(OH) - C^6H^5 \\ \qquad\qquad\qquad\quad | \\ \diagdown Az \; = \!=\!= \; C - C^6H^5 \end{array}$$

voyez [Jacobson, Jœnicke et Meyer, *D. chem. G.*, **29**, 2682, 1896 ; — Jacobson et Fischer, *ibid.*, **25**, 1009, 1010, 1892 ; — Jacobson et Strübe, *Lieb. Ann. Chem.*, **303**, 310, 1898 ; — Jacobson, Franz et Zaar, *D. chem. G.*, **36**, 3857, 1903 ; Kehrmann et Natcheff, *ibid.*, **31**, 2425, 1898].

Diphényltétrahydroquinoxaline,

$$C^6H^4 \begin{array}{l} \diagup AzH - CH - C^6H^5 \\ \qquad\qquad\; | \\ \diagdown AzH = CH - C^6H^5 \end{array}$$

La réduction de la diphénylquinoxaline par le sodium et l'alcool en excès fournit un mélange de deux diphényltétrahydroquinoxalines isomères. On les sépare en profitant de leurs différences de solubilité dans l'alcool.

Le *dérivé α*, qui est le plus soluble, fond à 105-106°, et son *dérivé diacétylé*, à 170° ; son *chlorhydrate* fond à 225°.

Le *dérivé β*, qui est le moins soluble, fond à 142°,5 et son *dérivé diacétylé* à 192°,5 ; son *chlorhydrate* fond à 228° [Hinsberg et König, *D. chem. G.*, **27**, 2183, 1894].

Tétraphényldiquinoxaline,

$$C^6H^2 \left(\begin{array}{l} \diagup Az - C - C^6H^5 \\ \qquad\quad \| \\ \diagdown Az - C - C^6H^5 \end{array} \right)^2$$

Elle se forme à côté de la diaminodiphénylquinoxaline quand on condense le benzile avec le tétraminobenzène symétrique. Elle cristallise dans l'acide acétique en aiguilles fusibles à 289° [Nietzki et Müller, *D. chem. G.*, **22**, 444, 1889].

Hexahydrodiphénylquinoxaline, $C^6H^{10} = Az^2 = (C - C^6H^5)^2$. — Elle résulte de la condensation du benzile avec l'hexahydro-o-phénylènediamine. Elle cristallise dans l'alcool en aiguilles jaune soufre, fusibles à 145°,5 [Einhorn et Bull, *Lieb. Ann. Chem.*, **295**, 220, 1897].

Diphényl-m-toluquinoxaline, $CH^3.C^6H^3 = Az^2 - (C - C^6H^5)^2$. — On l'obtient en condensant la toluylènediamine 1.3.4 avec le benzile [Hinsberg, *Lieb. Ann. Chem.*, **237**, 339, 1887], ou avec la désylanilide [Bischler et Fireman, *D. chem. G.*, **26**, 1348, 1893].

La *diphényl-bromo-4-m-toluquinoxaline*, $CH^3 = C^6H^2Br = Az^2 = (C - C^6H^5)^2$, fond à 153-154° [Hartmann, *D. chem. G.*, **23**, 1050, 1890].

Diphényldihydro-m-toluquinoxaline,

$$CH^3.C^6H^3 \begin{array}{l} \diagup AzH - CH^2 \\ \qquad\quad\; | \\ \diagdown Az = CH \end{array}$$

— Elle se forme par condensation de la benzoïne avec la toluylènediamine 1.3.4. Elle cristallise dans un mélange de ligroïne et de benzène en prismes fusibles à 143°. Oxydée par le perchlorure de fer, elle fournit la diphényltoluquinoxaline. Son dérivé *az-méthylé* fond à 135°. Son *dérivé az-éthylé* fond à 129° [O. Fischer, *D. chem. G.*, **26**, 192, 198, 203, 1893]. Pour divers autres dérivés voyez [O. Fischer, *D. chem. G.*, **24**, 721, 1891 ; — Täuber, *ibid.*, **25**, 1023].

Nitro-4-diphényl-m-amylquinoxaline, $C^6H^2(AzO^2)(C^5H^{11}) = Az^2 = (C - C^6H^5)^2$. — Elle fond à 189-190° [Anschütz et Rauff, *Lieb. Ann. Chem.*, **327**, 215, 1903].

Difurylquinoxaline, $C^6H^4 = Az = (C = C^4H^3O)^2$ — Elle se prépare en chauffant 4 heures à 150° l'o-phénylènediamine avec la furoïne. Elle cristallise dans l'alcool en aiguilles fusibles à 134° [O. Fischer, *D. chem. G.*, **25**, 2843].

Méthylcétotriméthylènequinoxaline,

$$C^6H^4 \begin{array}{l} \diagup Az = C - CH - CH^3 \\ \qquad\quad\; | \quad\;\; > CO \\ \diagdown Az = C - CH^2 \end{array}$$

— Elle fond à 317° [Diels, Sielisch et Müller, *D. Chem. G.*, **39**, 1328, 1906].

Retènequinoxaline, *résazine*,

$$C^6H^4 \begin{array}{l} \diagup Az = C - C^6H^4 \\ \qquad\quad\; | \quad\;\; | \\ \diagdown Az = C - C^6H^2(CH^3)(C^3H^7) \end{array}$$

— Elle fond à 164° [Bamberger et Hooker, *Lieb. Ann. Chem.*, **229**, 123, 1885].

Périnaphtylènequinoxaline,

$$C^6H^4 \begin{array}{l} \diagup Az = C \diagdown \\ \qquad\quad\; | \qquad C^{10}H^6 \\ \diagdown Az = C \diagup \end{array}$$

— On l'obtient en condensant l'acénaphtènequinone avec l'o.-phénylènediamine : c'est une masse blanche, fusible à 234° [Ampola et Recchi, *Atti dei Lincei*, (5), 8, (I), 210].

Décembre 1906. P. Carré.

PHÉNOFURAZOLS. — Les phénofurazols sont des furazols dont deux groupements CH contigus appartiennent au noyau benzénique. A l'α-furazol (isoxazol) et au β-furazol (oxazol) correspondent le phéno-α-furazol (benzisoxazol, indoxazène), de formule I, et le phéno-β-furazol (benzoxazol), de formule II :

$$\text{(I)} \quad C^6H^4 \begin{array}{l} < O > \\ < CH \geqslant \end{array} Az \quad \text{et} \quad C^6H^4 \begin{array}{l} < O > \\ < Az \geqslant \end{array} CH \quad \text{(II)}$$

I. — Phéno-α-furazol.

1° On ne connaît pas ce composé, mais plusieurs de ses dérivés.

Le *dérivé nitré* ou *nitroindoxazène*

$$C^6H^3(AzO^2) \begin{array}{l} < O > \\ < CH \geqslant \end{array} Az$$

s'obtient par décomposition de la nitro-o-chlorobenzaldoxime, et fond à 190° [V. Meyer, *D. chem.*

G., **26**, 1253, 1893]. — *Acide phéno-α-furazol-β-carbonique* [voyez Russanow, *D. chem. G.*, **25**, 3297, 1892].

2° Le β-(α)-*phényl-phéno-α-furazol*

$$C^6H^4 \begin{matrix} O \\ \diagup \quad \diagdown \\ \diagdown \quad /\!/ \\ C - C^6H^5 \end{matrix} Az$$

se forme à partir de l'o-chloro, bromo ou iodo-benzophénone-oxime [Cathcart et V. Meyer, *D. chem. G.*, **25**, 1498, 1892], ou par diazotation de l'o-amidobenzophénone-oxime [von Meyerburg, *D. chem. G.*, **26**, 1657, 1893]. Il fond à 83°; il donne par réduction le composé $C^6H^4(OH) . CH(C^6H^5) . AzH^2$ [V. Meyer, *loc. cit.*; — Cohn, *Mon. f. Chem.*, **15**, 653, 1894].

Le *dérivé β-p-bromophénylé* fond à 132-133°; Le *dérivé β-méthoxyphénylé* à 100-101°; le *dérivé β-éthoxyphénylé* à 59-61° [Heidenreich, *D. chem. G.*, **27**, 1454, 1894]. Le *dérivé dibromophénylé* fond à 148-149° (Cohn). L'acide *β-phényl-phéno-α-furazoldisulfonique* s'obtient par action de SO^4H^2 à 40 0/0 d'anhydride sur le phényl-phéno-furazol (Cohn).

3° Le *β-tolyl-phéno-α-furazol* ou *tolylindoxazène* fond à 81-82° et bout à 344-346°; il se forme à partir de l'o-bromophényltolylcétonoxime (Heidenreich).

4° Le *β-naphtyl-phéno-α-furazol* (naphtylindoxazène) fond à 92-93° [Knoll et Cohn, *D. chem. G.*, **28**, 1872, 1895].

II. — Phéno-β-furazol.

1° Le *phéno-β-furazol* [Syn. : Benzoxazol, méthénylamidophénol] s'obtient en chauffant l'o-amidophénol avec de l'acide formique [Ladenburg, *D. chem. G.*, **10**, 1124, 1877], ou avec de la formiamide [von Niementowski, *ibid.*, **30**, 3064, 1897] ou bien à partir du formylaminophénol à 160-170° [Bamberger, *ibid.*, **36**, 2042, 1903]. Il fond à 30°,5, et bout à 182°,5.

L'*α-chloro-phéno-β-furazol* (chlorure d'o-carbamidophénol)

$$C^6H^4 \lt \begin{matrix} O \\ Az \end{matrix} \geqslant C . Cl$$

se forme par l'action de PCl^5 ou de Cl sur l'α-mercapto-phéno-β-furazol. Il fond à 7° et bout à 201-202°. Le *dérivé dichloré*

$$C^6H^4 \lt \begin{matrix} O \\ AzH \end{matrix} \gt CCl^2$$

fond à 57-58° [Seidel, *J. prakt. Chem.*, **42**, 454, 1890; — Mac Coy, *Am. chem. Journ.*, **21**, 123, 1899]. L'*α-bromo-phéno-β-furazol* fond à 27° (Mac Coy).

2° L'*α-méthyl-phéno-β-furazol* (éthénylaminophénol)

$$C^6H^4 \lt \begin{matrix} O \\ Az \end{matrix} \geqslant CCH^3$$

formé par l'action de l'anhydride acétique [Ladenburg, *D. chem. G.*, **9**, 1524, 1876] ou de l'acétate d'éthyle [von Niementowski, *ibid.*, **30**, 3070, 1897] sur l'o-amidophénol, est liquide et bout à 200-201°; $d^0 = 1,1365$.

3° L'*α-phényl-phéno-β-furazol* (benzénylaminophénol) s'obtient de même ou bien par réduction (Sn + HCl) de l'o-nitrophénylbenzoate d'éthyle [Hübner, *Ann. Chem.*, **210**, 384, 1881]. On peut encore chauffer l'o-amidophénol avec de l'anhydride phtalique (Ladenburg), de la benzamide, du benzonitrile ou de l'éther méthylique de la benzimine [Wheeler, *Am. chem. Journ.*, **17**, 399, 1895]. Il fond à 103°, bout à 314-317°. Le *dérivé α-p-amidophénylé*, obtenu par réduction de l'éther o-nitrophénylique de l'acide p-nitrobenzoïque, fond à 173-174° [O. Kym, *D. chem. G.*, **33**, 2847, 1900].

L'*α-phényl-m-amido-phéno-β-furazol* fond à 151-152°. L'*α-phényl-m-diamidophéno-β-furazol* se forme par réduction du benzoate du trinitrophénol, et fond à 203-204°. Le *p-amido-α-phényl-m-amidophéno-β-furazol* fond à 229-230° [O. Kym, *D. chem. G.*, **32**, 1427, 1899]. L'*α-phényl-dinitrophéno-β-furazol* fond à 218-219° [Hübner, *Ann. Chem.*, **210**, 394, 1881; — Kym, *loc. cit.*].

4° L'*α-éthoxy-phéno-β-furazol*

$$C^6H^4 \lt \begin{matrix} O \\ Az \end{matrix} \geqslant C . OC^2H^5$$

bout à 225-230° [Sandmeyer, *D. chem. G.*, **19**, 2655, 1886; — Mac Coy, *Am. Chem. Journ.*, **21**, 122, 1899]. Spectre d'absorption [Hartley, *Chem. Soc.*, **77**, 840, 1900]. L'*α-phénoxy-phéno-β-furazol* fond à 56°, bout à 310° [Seidel, *J. prakt. Chem.*, **42**, 455, 1890].

5° L'*α-mercapto-phéno-β-furazol*

$$C^6H^4 \lt \begin{matrix} O \\ Az \end{matrix} \geqslant C . SH$$

(ou *thiocarbamidophénol*) se forme en chauffant avec CS^2 l'o-amidophénol [Dünner, *D. chem. G.*, **9**, 465, 1876], ou à partir de l'oxyphénylthiourée [Benedix, *ibid.*, **11**, 2264, 1878], ou bien en traitant par l'alcool étendu un mélange de chlorhydrate d'o-amidophénol et de xanthogénate de K [Kalckhoff, *D. chem. G.*, **16**, 1825, 1883]. Il fond à 193° ou 196° (le *dérivé acétylé* à 120°). Le *dérivé éthylique* fond à 36°, et bout à 265-270° [Chelmicki, *J. prakt. Chem.*, **42**, 444, 1890].

6° L'*α-amido-phéno-β-furazol* (phénylène-urée ou aminocarbamido-phénol)

$$C^6H^4 \lt \begin{matrix} O \\ Az \end{matrix} \geqslant C . AzH^2$$

s'obtient en chauffant avec de l'oxyde jaune de mercure l'oxyphénylthiourée (Benedix). Il fond à 129-130°. L'*α-anilido-phéno-β-furazol* se forme en chauffant avec de l'aniline le thiocarbamidophénol (Kalckhoff) ou l'oxyphénylthiourée, ou en traitant par l'oxyde jaune de mercure l'oxythiocarbanilide. Il fond à 173°. L'*α-méthyl-anilido-phéno-β-furazol* est un sirop à fluorescence bleue [Kalckhoff, *D. chem. G.*, **19**, 2951, 1886].

Dérivés de substitution dans le noyau benzénique.

1° 1-*Méthylphéno-β-furazol* (Syn : o-crésofurazol, méthénylamino-o-crésol)

$$CH^3_{(1)} - C^6H^3 \lt \begin{matrix} O_{(2)} \\ Az_{(3)} \end{matrix} \geqslant CH$$

— On l'obtient en distillant un mélange de 3-amino-o-crésol et de formiate de soude. Il fond à 38-39° et bout à 200° [Hoffmann et Miller, *D. chem. G.*, **14**, 570, 1881].

2° 1-*Méthylphéno-β-furazol*. — Le *dérivé oxy-5* ou *p-oxytoluoxazol*

$$CH^3_{(1)}(OH)_{(5)} - C^6H^2 \lt \begin{matrix} O_{(3)} \\ Az_{(2)} \end{matrix} \geqslant CH$$

se forme par distillation sèche du dérivé formylé de l'amido-orcine. Il fond à 162-163°. Son *dérivé α-méthylé* fond à 210° (*dérivé acétylé* fusible à 65°, *dérivé benzoylé* à 108-110°). L'*α-méthyl-méthoxytoluoxazol* fond à 71°,5-72°. Le *dérivé α-phénylé* fond à 239° ; son *éther benzoïque* se forme par l'action de C^6H^5COCl sur le chlorhydrate d'amido-orcine et fond à 133°. Son *éther oxyméthylique* fond à 96-97°,5. Le *dérivé dinitré* fond à 188-189° [Henrich, *Mon. f. Chem.*, **19**, 483, 1898 ; **22**, 232, 1902 ; *D. chem. G.*, **30**, 1104, 1897 ; **32**, 3419, 1899].

3° *3-Méthyl-phéno-β-furazol* (Syn. : p-crésofurazol ou méthénylamido-p-crésol),

$$CH^3_{(3)}-C^6H^3 \left\langle {O_{(4)} \atop Az_{(3)}} \right\rangle CH.$$

— Il fond à 45-46° (Hoffmann et Miller). Le *dérivé α-méthylé* bout à 218-219° sous 748 mm. [Nœlting et Kohn, *D. chem. G.*, **17**, 361, 1884]. L'*α-mercaptol* fond à 216-217° [Jacobson et Schenke, *D. chem. G.*, **22**, 3235, 1889]. Le *dérivé α-anilidé* fond à 205-206° [*ibid.*].

4° L'*α-phényl-aminothymo-β-furazol* ou *amidobenzamidothymol*,

$$(C^3H^7)(AzH^2)(CH^3)C^6H \left\langle {O \atop Az} \right\rangle C.C^6H^5,$$

formé par réduction du dinitrothymolate de benzoyle, fond à 106-108°. Le *dérivé benzylaminé* fond à 152°, le *dérivé benzoylé* à 174-175° [Mazzara, *Gazz. chim. ital.*, **20**, 142, 1890 ; — Mazzara et Léonardi, *ibid.*, **22**, 253, 1891] ; le *dérivé acétylé* fond à 207-208° [Sodori, *ibid.*, **25**, (2), 403, 1895].

5° L'*α-phényl-aminocarvacro-β-furazol* fond à 130-132° (Mazzara).

6° L'*α-méthyl-phéno-β-furazol-carbonate d'éthyle*, obtenu par réduction du p-acétyloxy-m-nitrobenzoate d'éthyle, fond à 50°. Le *dérivé α-phénylé* fond à 157-158° [Einhorn et Pfyl, *Ann. Chem.*, **311**, 66, 1900].

7° Naphto-β-furazols. — *Dérivés de l'α-naphtol* : Le *dérivé α-phénylé* ou *benzényl-2-aminonaphtol*

$$C^{10}H^6 \left\langle {O \atop Az} \right\rangle C.C^6H^5.$$

formé par réduction du β-nitroso-α-naphtol, fond à 122°. Le *dérivé α-anilidé* fond à 232-233°. L'*α-mercaptol* fond à 259-260° [Worms, *D. chem. G.*, **15**, 1816, 1882 ; — Jacobson et Schenke]. L'*α-méthyl-amidonitro-α-naphto-β-furazol* donne un *dérivé oxy* fondant à 163° [Meerson. *D. chem. G.*, **21**, 1197, 1888].

Dérivés du β-naphtol : Le *dérivé α-méthylé*

$$C^{10}H^6 \left\langle {O \atop Az} \right\rangle C.CH^3$$

bout à 300° [Böttcher, *D. chem. G.*, **16**, 1939, 1883 ; — Michel et Grandmougin, *ibid.*, **25**, 3430, 1892]. L'*α-mercaptol* se forme en chauffant l'amino-β-naphtol avec CS^2 et de l'alcool, et fond à 248-249° [Jacobson. *D. chem. G.*, **21**, 417, 1888]. Le *dérivé α-anilidé* fond à 167-168°.

Mai 1906. F. March et Weimann.

PHÉNO.... — Pour les mots qui ne se trouvent pas ici à leur place alphabétique, voyez le mot qui suit ce préfixe.

PHÉNOL. — Depuis la publication du 1er Supplément de ce dictionnaire, le phénol et ses dérivés ont été l'objet de nombreux travaux, et ont servi à préparer un nombre considérable de substances. La place restreinte dont nous disposons ne nous permettra pas d'être complet dans l'énumération de ces composés, et nous devrons souvent nous borner à ne mentionner que les plus importants.

Modes de formation. — *État naturel.* — Le phénol se forme quand on décompose par l'acide chlorhydrique dilué le produit résultant de la fixation de l'oxygène sur le phénylbromure de magnésium (voyez Phénols) : quand on soumet le benzène à l'action de l'eau oxygénée en présence du sulfate ferreux, à une température de 45° [Cross, Bevan et Heiberg, *D. chem. G.*, **33**, 2018, 1900] ; quand on distille le storésinol sur la poudre de zinc [Eschirch et Itallie, *Arch. Pharm.*, **239**, 506, 1901] ; dans la décomposition de la coumarine par l'acide sulfurique [Krœmer et Spilker, *D. chem. G.*, **34**, 1887, 1901].

L'acide sulfurique fumant réagit sur l'acétylène [Berthelot, *C. R.*, **127**, 908 ; **128**, 335, 1898 ; — Schröter, *D. chem. G.*, **31**, 648, 1898] ; et sur l'aldéhyde acétique [Berthelot, *C. R.*, **128**, 336] pour former des dérivés sulfoniques que la fusion alcaline transforme partiellement en phénol.

Le phénol se trouve à l'état de valérate et de caproate dans l'huile de bois [Fraps, *Ann. Chem.*, **25**, 26, 1901]. On le rencontre dans les produits de l'ioduration des matières albuminoïdes [Schmidt, *Zeit. physiol. Chem.*, **37**, 350, 1903]. Sa formation dans l'organisme a été de nouveau étudiée par Scholz [*Zeit. physiol. Chem.*, **38**, 513, 1903].

Le phénol peut être séparé de ses homologues par l'intermédiaire de son sel de baryum [Riehm, D.R.P. 53307].

Propriétés physiques. — Le phénol fond à 42°,5-43° et bout à 178°,5 [Béhal et Choay, *Bull. Soc. Chim.*, **11**, 603, 1894], 182°,6 [Perkin, *Chem. Soc.*, **69**, 1239, 1896] ; le point de fusion est abaissé par l'humidité [Paterno et Ampola *Gazz. chim. ital.*, **27**, 523, 1897], ainsi que par la pression [Hulett, *Zeit. physikal. Chem.*, **25**, 663, 1899]. Le point de fusion des mélanges en différentes proportions du phénol avec l'o- et la p-toluidine, la m-xylidine, la β-naphtylamine, la diméthylaniline, l'acide picrique, a été étudié par Kremann [*Mon. f. Chem.*, **28**, 91, 109, 1906]. La solubilité du phénol dans l'eau a été étudiée par Rothmund [*Zeit. physikal. Chem.*, **26**, 452, 1898] ; elle diminue en présence d'un sel conducteur [Rothmund et Wilsmore, *Zeit. physikal. Chem.*, **40**, 611, 1902] ; son augmentation en présence de la glycérine a été utilisée pour le dosage de cette dernière [Frehse, *Bull. Soc. Chim.*, **27**, 356, 1902]. La solution aqueuse saturée se solidifie à — 1°,179 [Emery et Cameron, *Zeit. physikal. Chem.*, **4**, 130, 1900 ; — Mueller, *Zeit. physikal. Chem.*, **43**, 109, 1903] ; pour le point critique de dissolution, voyez van Lee [*Zeit. physikal. Chem.*, **33**, 622, 1900] et Makers [*ibid.*, **35**, 459, 1900]. La solubilité dans le chloroforme, le bromoforme, le tétrachlorure de carbone et le sulfure de carbone a été étudiée par Herz et Lewy [*Centr. Bl.*, I, 1906, p. 1728]. Le coefficient de partage du phénol entre l'eau et l'alcool amylique a été déterminé par Herz et Fischer [*D. chem. G.*, **37**, 4746 ; **38**, 1138, 1905] ; entre l'eau et la triéthylamine par Meerburg [*Zeit. physikal. Chem.*, **40**, 641, 1902] ; le point de congélation des mélanges d'aniline et de phénol par Lidburg [*Zeit. physikal. Chem.*, **39**, 453, 1902] ; la tension de vapeur du mélange d'eau, d'acétone et de phénol, par Schreinemackers [*Zeit. physikal. Chem.*, **39**, 468 ; **40**, 440 ; **41**, 331, 1902]. Le phénol se dissout facilement dans le gaz sulfureux liquide [Walden, *D. chem. G.*, **32**, 2864, 1899].

On a déterminé les constantes suivantes du phénol : son coefficient de dilatation ($V = 1 + 0,0_3834\ t + 0,0_6 10732\ t^2 + 0,0_8 4446\ t^3$) [Pinette. *Ann. Chem.*, **243**, 33, 1887] ; sa chaleur de combustion, 734cal,2 [Berthelot et Louguinine, *Ann. Chem.*, **13**, 329, 1888], 731cal,9 [Stohmann et Langbein, *J. prakt. Chem.*, **45**, 305, 1892] ; sa chaleur de dissolution dans le benzène, dans le chloroforme et dans la pyridine [Timofejev, *Centr. Bl.*, II, 1905, p. 436]; sa chaleur de neutralisation par la soude, $7^{cal}.66$ [Werner, *Journ. Soc. phys. chim. russe*, **18**, 27, 1886]; sa conductibilité électrique [Walker et Cormack, *Chem. Soc.*, **77**, 20, 1900; *Zeit. physikal. Chem.*, **32**, 137, 1900; — Bartoli, *Gazz. chim. ital.*, **15**, 401, 1885]; sa constante diélectrique [Dewar et Fleming, *Centr. Bl.*, II, 1897, 564; — Drude, *Zeit. physikal. Chem.*, **23**, 310, 1897; — Philipp et Hayn, *Chem. Soc.*, **87**, 998, 1905].

Le poids moléculaire du phénol a été vérifié par la cryoscopie [Ampola et Rimatori, *Gazz. chim. ital.*, **27**, 45, 65, 1897; — Bruni, *ibid.*, **28**, 249]; et par l'ébullioscopie [Mamelli, *Gazz. chim. ital.*, **33**, 464, 1903].

Pour son emploi comme solvant cryoscopique, voyez Robertson [*Chem. Soc.*, **87**, 1574, 1905; **89**, 567, 1906]; comme solvant ébullioscopique, Beckmann et Gabel [*D. chem. G.*, **39**, 2611, 1906].

Le phénol est neutre à l'hélianthine et à la phtaléine et monoacide au bleu Poirrier [Imbert et Astruc, *C. R.*, **130**, 36, 1900]; il présente des propriétés intermédiaires entre celles des acides vrais et celles des pseudo-acides [Hantzch et Dollfus, *D. chem. G.*, **35**, 226, 1902].

Propriétés chimiques. — Le phénol chauffé vers 700 à 800° est entièrement décomposé en CO, H et C [Müller, *J. prakt. Chem.*, **58**, 27, 1898]. L'électrolyse du phénol en solution alcaline a été étudiée par : Drechsel [*J. prakt. Chem.*, **29**, 249, 1884; **33**, 67, 1888]; Bartoli et Papasogli [*Gazz. chim. ital.*, **14**, 103, 1884]. L'étincelle électrique décompose le phénol [Hemptinne, *Zeit. physikal. Chem.*, **25**, 298, 1898]; l'action de l'effluve en présence d'azote a été étudiée par Berthelot [*C. R.*, **126**, 622, 1898].

La réduction du phénol en présence du nickel réduit, à une température de 150°, fournit du cyclohexanol; vers 215-230°, il se forme surtout de la cyclohexanone [Sabatier et Senderens, *Bull. Soc. Chim.*, **31**, 101, 1904].

L'oxydation du phénol par l'eau oxygénée fournit de la pyrocatéchine, de l'hydroquinone et de la quinone [Martinon, *Bull. Soc. Chim.*, **43**, 156, 1885]; l'acide persulfurique agit d'une façon analogue [Schering, D.R.P. 81 068; — Bamberger et Csersky, *J. prakt. Chem.*, **68**, 486, 1903]; le permanganate de potassium transforme le phénol en acide oxalique avec un peu de diphénols et d'acide salicylique [Henriques, *D. chem. G.*, **21**, 1620, 1888]; en solution alcaline il se forme aussi de l'acide tartrique inactif [Döbner, *D. chem. G.*, **24**, 1755, 1891].

Par fusion du phénol avec la potasse il se forme un peu d'acide salicylique et d'acide m-oxybenzoïque [Grache et Kraft, *D. chem. G.*, **39**, 794, 1906].

Le mécanisme de la transformation du phénol en acide salicylique, par l'action du gaz carbonique, a été de nouveau étudié par L. de Bruyn et Tijmstra [*Rec. des Pays-Bas*, **23**, 385, 1904; *D. chem. G.*, **38**, 1375, 1905; — Tijmstra et Eggink, *D. chem. G.*, **39**, 14, 1906].

Le phénol chauffé à 220° avec l'hydrate d'hydrazine fournit du phénoldiammonium, $(C^6H^6O)^2AzH^2-AzH^2(C^6H^6O)^2$, fusible à 63-64°, avec une faible quantité de phénylhydrazine [Hofmann, *D. chem. G.*, **31**, 2910, 1898; — Cazeneuve et Moreau, *C. R.*, **529**, 1255, 1899].

La condensation du phénol avec le chlorure de benzyle en présence du chlorure de zinc fournit le *p-benzylphénol* [Liebmann, D.R.P. 18 977]; avec le chlorure de butyle tertiaire on obtient le *butylphénol* [Lewis, *Chem. Soc.*, **83**, 329, 1903]. L'éther ordinaire réagit en présence du chorure d'aluminium pour donner l'*éthylphénol* [Jannasch et Rathjein, *D. chem. G.*, **32**, 2391, 1899].

La condensation avec l'aldéhyde acétique conduit au *diphénoléthane*, fusible à 122°,9 [Louniac, *Journ. Soc. phys. chim. russe*, **35**, 712, 1903]; avec le triphénylcarbinol on obtient l'*oxytétraphénylméthane*, fusible à 282° [Bæyer et Williger, *D. chem. G.*, **35**, 3013, 1902]. Avec le dihydrure d'anthracène, il se forme le *dihydrure d'anthracène-γ-tétraphénylé monohydroxylé*, fusible à 308° [Haller et Guyot, *Bull. Soc. Chim.*, **33**, 379, 1905]. Condensation avec les nitriles acétyléniques, voyez Moureu et Lazennec [*C. R.*, **142**, 450, 1906]. Le chlorure de silicium, en solution éthérée et en présence d'alcool méthylique, fournit avec le phénol la *dichlorométhoxyphénoxysilicone*, $SiCl^2(OCH^3)(OC^6H^5)$, qui distille à 216° sous 752 mm [Kipping, *Chem. Soc.*, **79**, 449, 1901].

Le phénol se transforme partiellement dans le sang en acide phénylsulfurique [Emden et Glœssner, *Beitr. Chem. Phys. u. Path.*, **1**, 310, 1901; **2**, 591, 1902].

Il forme avec la laine une combinaison étudiée par Vorländer et Perold [*Ann. Chem.*, **345**, 288, 1906].

Recherche et dosage du phénol. — La coloration violette que donne le phénol avec le perchlorure de fer ne se produit pas en présence des acides minéraux [Klimmer, *J. prakt. Chem.*, **60**, 284, 1899] et en présence de plus de 2,53 0/0 d'alcool [Peters, *Zeit. f. angew. Chem.*, 1078, 1898; — voyez aussi Melzer, *Zeit. anal. Chem.*, **37**, 345, 1898]. La solution de phénol à 1 p. 100 donne avec l'acide azotique une coloration jaune qui devient rouge-brun par addition d'acide sulfurique [Sperling, *Z. Österr. Apoth.*, **44**, 51, 1906]. La solution ammoniacale de phénol, additionnée d'eau oxygénée et d'un peu de chlorhydrate d'hydroxylamine, donne une coloration bleue [Wurster, *D. chem. G.*, **20**, 2935, 1887; — Kühl, *Pharm. Zeit.*, **50**, 1001, 1905]. L'oxyde uranique donne avec le phénol une solution rouge [Aloy, *Bull. Soc. Chim.*, **33**, 614, 860, 1905]. Chauffée avec la saccharine et l'acide sulfurique à 160-170°, il donne une coloration rouge rosée [Kastle, *Centr. Bl.*, I, 1906, 1575]. Recherche microchimique [Behrens, *Zeit. anal. Chem.*, **42**, 141, 1903].

Le dosage du phénol par transformation en dérivé tétrabromé a déjà été décrit (1er Suppl., 1167). [Voyez aussi Landolt, Weinreb et Bondi, *Mon. f. Chem.*, 6, 506, 1885; — Kleinert, *Zeit. anal. Chem.*, **23**, 13, 1884; — Toth, *ibid.*, **25**, 162, 1886].

On peut encore se servir d'une liqueur titrée d'iode, qui en présence de la soude réagit conformément à l'équation :

$$C^6H^5OH + 3NaOH + 6I = C^6H^3I^2OI + 3NaI + 3H^2O$$

[Messinger, *D. chem. G.*, **23**, 2753, 1890; *J. prakt. Chem.*, **61**, 245, 1900; — O. Korn, *Zeit. f. anal. Chem.*, **45**, 552, 1906].

On a également proposé, pour titrer le phénol : l'emploi de la soude normale en présence du 1.3.5-trinitrobenzène comme indicateur [Bader, *Zeit. anal. Chem.*, **31**, 58, 1892]; sa pesée à l'état de p-nitrobenzène-azophénol [Riegler, *Centr. Bl.*, II, 1899, 322]; et son éthérification par l'anhydride acétique en présence d'une trace de pyridine [Verley et Bolsing, *D. chem. G.*, **35**, 3354, 1901].

Toxicité du phénol, voyez Bokorny [*Chem. Zeit.*, **30**, 554, 1906]; Cianci [*Centr. Bl.*, II, 1906, 897].

Sels. — La chaleur de dissolution des *phé-*

nates de Na et de K a été déterminée par de Forcrand [*Ann. Chim. Phys.*, **30**. 60. 1893]. La solution aqueuse du phénate de Na, additionnée de bichlorure de mercure, peut donner suivant les proportions de ces deux sels différentes combinaisons [Desesquelle, *Bull. Soc. Chim.*, **11**. 267. 1894 ; — Romei et Pourhet. *ibid.*, **49**, 982. 1888 ; — Dimroth. *D. chem. G.*, **31**. 2154 ; **32**. 761 ; **35**, 2853. 1902]. Le *phénate d'aluminium*, $(C^6H^5O)^3Al$, est décomposé par la chaleur en alumine, phénol, oxyde de phényle, et une faible quantité d'un corps, $C^{13}H^{10}O$, fusible à 97° [Gladstone et Tribe, *Chem. Soc.*, **39**, 9 ; **41**. 7. 1881] ; lorsqu'on fait réagir le chlorure d'aluminium sur le phénol en solution dans le sulfure de carbone, on obtient le composé $(C^6H^5O)^3Al, AlCl^3$ [Claus et Mercklin. *D. chem. G.*, **18**, 2933. 1885 ; — voyez aussi Cook, *Journ. Amer. Chem. Soc.*, **28**, 608, 1906] ; on peut aussi obtenir $C^6H^5OAlCl^3$ [Perrier, *Bull. Soc. Chim.*, **15**. 1181, 1896] ; le bromure d'Al fournit d'une manière analogue $(C^6H^5O)^3Al.AlBr^3$ [Gustavson. *Journ. Soc. phys. chim. russe*, **16**, 242, 1884]. Le chlorure de titane (1 mol.) donne avec le phénol (4 mol.) l'*hydrochlorophénate de titane*, $(C^6H^5O)^4Ti, HCl$ [Schumann, *D. chem. G.*, **21**. 1079, 1888].

Le *phénate de méthylaniline* forme des aiguilles fusibles à 8°,5-9° [Gibbs, *Journ. Amer. Chem. Soc.*, **28**, 1395, 1906].

Le *phénate de diéthylène-diamine*, $C^6H^5OH . C^4H^8(AzH)^2$, fond à 99-101° [Schmidt et Wichmann, *D. chem. G.*, **24**, 3242. 1891].

Le *phénate d'hexaméthylènamine*, $(C^6H^5OH)^2 . C^6H^{12}Az^4$, se décompose vers 115-124° [Moschatos et Tollens, *Ann. Chem.*, **272**. 280, 1892].

Le *phénate d'aniline*, $C^6H^5OH . C^6H^5AzH^2$ [Dale et Schorlemmer, *Ann. Chem.*, **217**, 388. 1883] fond à 30°,8 [Dyson, *Chem. Soc.*, **43**, 466. 1882], à 36-37° [Mylius, *D. chem. G.*, **19**, 1002. 1886].

Le *phénate de p-toluidine* fond à 31°,1 [Dyson, *loc. cit.*].

Produits d'addition. — Le phénol peut former des produits d'addition avec : l'acide orthophosphorique [Horgewcoff et Van Dorp, *Rec. Pays-Bas*, **21**, 349. 1902] ; le chlorure de Te, $TeCl^4, 2C^6H^6O$ [Rust, *D. chem. G.*, **30**, 2832. 1897] ; les chlorures d'étain [Rosenheim et Schnabel, *D. chem. G.*, **38**. 2777. 1905] ; le cyanure de nickel ammoniacal [Hofmann et Hœchtlen. *D. chem. G.*, **36**. 1149. 1903] ; l'urée [Eckenroth. *Jahresb.*, 548, 1886] ; l'imide succinique [van Breukeleveen, *Rec. Pays-Bas*, **19**, 33, 1900].

ÉTHERS PHÉNOLIQUES.

Nous étudierons successivement les éthers oxydes et les acetals, puis les éthers sels.

ÉTHERS OXYDÉS.

Anisol, voyez 2e Suppl., **1**, 287.

Phénétol, *oxyde de phényle et d'éthyle*, $C^2H^5 . O . C^6H^5$. — Le phénétol se prépare comme l'anisol [Krafpt, D.R.P. 76574 ; — Moureu. *Bull. Soc. Chim.*, **19**, 403, 1898 ; — Kolbe, *J. prakt. Chem.*, **27**. 424. 1883]. Le rendement est amélioré par la présence de l'iodure de potassium [A. Wohl. *D. chem. G.*, **39**, 1951, 1906]. On l'obtient aussi en faisant réagir l'éthylate de sodium sur le triphosphate de phényle [Morel, *C. R.*, **128**. 508, 1899] ; en décomposant le chlorure de diazobenzène en présence d'alcool éthylique [Hantzch et Jochem. *D. chem. G.*, **34**. 3337. 1901] ; quand on traite le phénol sodé par le chlorure ethylsulfonique [Wilcox, *Ann. Chem.*, **32**. 446, 1904].

Le phénétol fond à —33°,5 [Schneider, *Zeit. physikal. Chem.*, **22**, 233, 1897] et bout à 171°,5-172°,5 sous 762mm,4 [Schiff, *Ann. Chem.*, **220**. 105. 1884] ; à 60° sous 12 mm [Kahlbaum, *Liedenteny*, 87]. Diverses autres constantes physiques ont été déterminées [Eykman, *Rec. Pays-Bas*, **12**, 182 ; **14**, 188, 1895 ; — Perkin, *Chem. Soc.*, **69**. 1240, 1896 ; — Pinette, *Ann. Chem.*, **243**, 35. 1887 ; — Schiff, *Ann. Chem.*, **234**, 318, 1886 ; — Stohmann. *J. prakt. Chem.*, **35**, 405, 1887 ; — Tröger et Vasterling, *J. f. prakt. Chem.*, **72**, 323. 1905 ; — Mathews, *Journ. Physikal. chem.*, **9**, 641, 1905].

Chauffé vers 380-400°, le phénétol se décompose en phénol et éthylène [Bamberger, *D. chem. G.*, **19**. 1820, 1886]. Il forme avec $TeCl^4$ une combinaison d'addition [Rust, *D. chem. G.*, **30**, 2831. 1897].

L'*oxyde de phényle et d'éthyle chloré*, $CH^2Cl - CH^2 . O . C^6H^5$, fond à 25° [Henry, *Bull. Soc. Chim.*, **40**, 323, 1883] ; à 29° [Perkin, *Chem. Soc.*, **69**, 165, 1896], et bout à 220°. — Le *dérivé bromé* correspondant, $C^2H^4Br . O . C^6H^5$, fond à 35°, et bout à 144° sous 40 mm [Weddige, *J. prakt. Chem.*, **24**, 242, 1881 ; — Gabriel et Eschenbach, *D. chem. G.*, **30**, 810, 1897]. — Le *dérivé tétrabromé*, $CBr^3 . CHBr . O . C^6H^5$, fond à 58-59°, et le *dérivé pentabromé*, $CBr^3 . CBr^2 . O . C^6H^5$, à 103-106° [Sabanejew et Dworkowitsch, *Ann. Chem.*, **216**, 283, 1883].

L'*oxyde de phényle et d'éthylamine*, $AzH^2 - CH^2 - CH^2 . O . C^6H^5$, est une huile qui distille à 228-229° [Schreiber, *D. chem. G.*, **24**, 189, 1891 ; — Echenroth et Körppen, *D. chem. G.*, **30**. 1268, 1897]. — L'*éther oxyde iminé*, $AzH(CH^2 - CH^2 . O . C^6H^5)^2$, fond à 213° [Wedige, *loc. cit.* ; Gabriel et Eschenbach, *loc. cit.*].

L'*oxyde de phényle et de glycol*, $CH^2OH . CH^2 - O . C^6H^5$, est une huile distillant à 165° sous 80 mm [Perkin, *Chem. Soc.*, **69**, 167, 1503, 1896 ; — Roithner, *Mon. f. Chem.*, **15**, 674, 1894.

L'*oxyde de phényle et d'aldéhyde glyoxylique*, $CHO . CH^2 . O . C^6H^5$, bout à 118-119°, sous 30 mm [Pomeranz, *Mon. f. Chem.*, **15**, 744, 1894 ; — voyez aussi Autenrieth, *D. chem. G.*, **24**, 162, 1891].

L'*oxyde de phényle et d'acide glycolique*, ou *acide phénoxyacétique*, $CO^2H . CH^2 . O . C^6H^5$, fond à 96° et bout à 285° [Hantzch, *D. chem. G.*, **19**, 1296, 1886 ; — voyez aussi Pomeranz, *loc. cit.* ; — Stohmann et Langbein, *J. prakt. Chem.*, **50**, 390, 1894 ; — Ostwald, *ibid.*, **32**, 357, 1885]. Pour les dérivés de l'acide phénoxyacétique, voyez Morel [*Bull. Soc. Chim.*, **21**, 967, 1899] ; [Bayer et Cie, D.R.P. 85490] ; Vandevelde [*Centr. Bl.*, (I), 988, 1898] ; Lambling [*Bull. Soc. Chim.*, **17**, 359, 1897] ; Pomeranz [*loc. cit.*] ; Luchmann [*D. chem. G.* **24**, 1424, 1891] ; Bischoff [*ibid.*, **34**, 1835, 1901].

L'*oxyde de phényle et d'éthylène trichloré*, $CCl^2 = CCl . O . C^6H^5$, fond à 26°,5 et bout à 106-108° sous 12 mm [Michael, *J. prakt. Chem.*, **35**, 96. 1887].

L'*oxyde de phényle et d'éthylène monobromé*, $CHBr = CH . O . C^6H^5$, est une huile épaisse [Sabanejew, *Ann. Chem.*, **216**, 277, 1883]. — Le *dérivé dibromé*, $CBr^2 = CH . O C^6H^5$ (?), fond à 37-38°, et distille vers 240-250°.

L'*oxyde de phényle et d'acétylène*, $CH \equiv C . O . C^6H^5$, bout à 75° sous 35 mm [Slimmer, *D. chem. G.*, **36**, 289, 1903].

L'oxyde de phényle et de propyle, $C^3H^7 . O . C^6H^5$, distille à 183°,9 [Perkin, *Chem. Soc.*, **69**, 1240, 1896].

L'*oxyde de phényle et de propyle chloré*, $CH^2Cl . CH^2 . CH^2 . O . C^6H^5$, distille à 238-240° sous 745 mm. [Gabriel, *D. chem. G.*, **25**, 416, 1892], et fond à 11,8-12° [Henry, *Bull. Soc.*

Chim., **15**, 1224, 1896; — voyez aussi Günther, *D. chem. G.*, **31**, 2136, 1898; — Granger, *ibid.*, **28**, 1198, 1895]. Le *dérivé bromé*, $C^3H^6Br . O . C^6H^5$, bout à 211-212° sous 200 mm. [Lohmann, *ibid.*, **24**, 2632. — Solonina, *ibid.*, **26**, 2987, 1893].

L'oxyde de phényle et de propylamine, $AzH^2 . CH^2 . CH^2 . CH^2 . O . C^6H^5$, est une huile qui bout à 241-242° [Lohmann, *ibid.*, **24**, 2643].

L'éther-oxyde iminé, $AzH(CH^2-CH^2-CH^2 . O . C^6H^5)^2$, bout au-dessus de 300°.

La *phénoxyacétone*, $CH^3-CO-CH^2 . O . C^6H^5$, distille à 229-230° [Störmer, *D. chem. G.*, **28**, 1153, 1895].

L'acide α-phénoxypropionique, $CO^2H-CH(CH^3) . O . C^6H^5$, fond à 115-116° [Bischoff, *loc. cit.*; — voyez aussi Lambling, *Bull. Soc. Chim.*, **17**, 361, 1897; — Stœrmer et Altemstadt, *D. chem. G.*, **35**, 3560, 1902; — Bischoff, *D. chem. G.*, **34**, 1835, 2057, 1901; — Stœrmer, *D. chem. G.*, **39**, 2288, 1906].

L'acide β-phénoxypropionique, $CO^2H-CH^2-CH^2 . O . C^6H^5$, fond à 97°,5-98° [Bischoff, *D. chem. G.*, **33**, 928; **34**, 2057, 1907].

L'oxyde de phényle et de glycérine, $CH^2OH-CHOH-CH^2 . O . C^6H^5$, fond à 56° [Hantzsch et Vock, *D. chem. G.*, **36**, 2061, 1903; — voyez aussi Lindeman, *ibid.*, **24**, 2146, 1891; — Rössing, *ibid.*, **19**, 64, 1886].

L'OXYDE DE PHÉNYLE ET D'ISOPROPYLE, $(CH^3)^2CH . O . C^6H^5$, bout à 177°,2 [Perkin, *D. chem. G.*, **69**, 1240, 1896].

L'aldéhyde phénoxyisopropylique, $CHO-CH(CH^3) . O . C^6H^5$, bout à 99-101° sous 16 mm. [Störmer, *Ann. Chem.*, **312**, 272, 1900].

L'OXYDE DE PHÉNYLE ET D'ALLYLE, $CH^2=CH-CH^2 . O . C^6H^5$, bout à 191°,7 [Solonina, *Journ. Soc. phys. chim. russe*, **30**, 826, 1898; — voyez aussi Perkin, *Chem. Soc.*, **69**, 1247; — Funk, *D. chem. G.*, **26**, 2570, 1893].

L'oxyde de phényle et d'isoallyle, $CH^2=C(CH^3) . OC^6H^5$, bout à 160-162° [Autenrieth, *Ann. Chem.*, **254**, 242, 1889]. Pour les dérivés halogénés dans la chaîne allylique, voyez Michael [*Am. Chem. Journ.*, **9**, 212, 1887]; Sabanejew [*Lieb. Ann. Chem.*, **216**, 283, 1883]; Henry [*Bull. Soc. Chim.*, **40**, 224, 1883].

L'OXYDE DE PHÉNYLE ET DE BUTYLE, $C^4H^9 . O . C^6H^5$, bout à 210°,3 [Pinette, *Ann. Chem.*, **243**, 36, 1887].

L'oxyde de phényle et de butylamine, $AzH^2-(CH^2)^4 . O . C^6H^5$, distille à 254-257° [Gabriel, *D. chem. G.*, **24**, 3232, 1891].

L'acide γ-phénoxybutyrique, $CO^2H-(CH^2)^3 . O . C^6H^5$, fond à 60° [Lohmann, *D. chem. G.*, **24**, 2640], à 64-65° [Perkin, *Chem. Soc.*, **69**, 168; — voyez aussi Blank, *D. chem. G.*, **25**, 3043; — Bischoff, *D. chem. G.*, **34**, 1835, 2057, 1901].

L'acide α-phénoxybutyrique, $CO^2H-CH(C^2H^5) . O . C^6H^5$, fond à 99° [Luchmann, *D. chem. G.*, **29**, 1421, 1896], 82-83° [Bischoff, *D. chem. G.*, **33**, 931, 1900].

L'acide-α-phénoxy-isobutyrique, $CO^2H . C(CH^3)^2 . OC^6H^5$, a été obtenu en chauffant le phénol avec le chloroforme et la soude en solution dans l'acétone. Son *éther éthylique* bout à 160-165° sous 7 mm. [Bargellini, *Atti. R. Acad. dei Lincei*, **15**, 579, 1906].

L'OXYDE DE PHÉNYLE ET D'ISOBUTYLE bout à 199°,9 [Perkin, *Chem. Soc.*, **69**, 1240].

L'acide phénoxyisobutyrique, $CO^2H . C(CH^3)^2 . O . C^6H^5$, fond à 97°,5-98°,2 [Bischoff, *D. chem. G.*, **33**, 933].

L'OXYDE DE PHÉNYLE ET D'ISOAMYLE, $(CH^3)^2 : CH-CH^2 . CH^2 . O . C^6H^5$, bout vers 215-220° [Orndorff et Hopkins, *Am. Chem. Journ.*, **15**, 521; — Eykman, *Rec. Pays-Bas*, **12**, 182, 1893; — Welt, *Ann. Chim. Phys.*, 6, 138, 1895]. Pour les dérivés à fonctions diverses dans la chaîne isoamylique ou valérique (*n*), voyez [Granger, *D. chem. G.*, **28**, 1201; **30**, 1057, 1894. — Bischoff, *ibid.*, **33**, 937. — Gabriel, *ibid.*, **25**, 418, 1892. — Perkin et Bentley, *Chem. Soc.*, **69**, 172, 1896. — Günther, *D. chem. G.*, **31**, 2138, 1898].

L'OXYDE DE PHÉNYLE ET D'ÉTHYL-2-BUTANOL-2, $(C^2H^5)^2 : COH . CH^2 . O . C^6H^5$, est un liquide incolore qui bout à 140-142° sous 12 mm. [Béhal et Sommelet, *Bull. Soc. Chim.*, **31**, 308, 1904]

L'OXYDE DE PHÉNYLE ET D'HEPTYLE (*n*), $C^7H^{15} . O . C^6H^5$, bout à 266°,8 [Pinette, *Lieb. Ann. Chem.*, **243**, 36, 1887].

L'OXYDE DE PHÉNYLE ET D'OCTYLE (*n*), $C^8H^{17} . O . C^6H^5$, fond à 8° et bout à 285°,2 [Perkin, *Chem. Soc.*, **69**, 1240, 1896; — Pinette, *loc. cit.*]; pour les dérivés à chaînes grasses non saturées, voyez Solonina [*Journ. Soc. phys. chim. russe*, **30**, 826, 1898].

L'OXYDE DE PHÉNYLE ET DE CÉTYLE, $C^{16}H^{33} . O . C^6H^5$, fond à 41°,8 et bout à 200° sous 1 mm. [Eykman, *Rec. Pays-Bas*, **12**, 182, 1895].

L'OXYDE DE PHÉNYLE, $(C^6H^5)^2O$, se forme dans la distillation du phosphate triphénylique avec le salicylate de sodium [Richter, *J. prakt. Chem.*, **28**, 306, 1883]; quand on décompose le diazobenzène en présence de phénol [Hirsch, *D. chem. G.*, **23**, 3705, 1890]. On le prépare facilement en décomposant l'aluminate de phényle par la chaleur [Gladstone et Tribe, *Chem. Soc.*, **41**, 8, 1881; — Cook, *Journ. Amer. Chem. Soc.*, **28**, 608, 1906].

L'oxyde de phényle fond à 28° et bout à 259° sous 754 mm. [Ullmann et Sponagel, *D. chem. G.*, **38**, 2211, 1905]; la chaleur le décompose en benzène, phénol et oxyde de diphényle [Gräbe et Ullman, *D. chem. G.*, **29**, 1877, 1896]. L'action de SO^2Cl^2 a été étudiée par Peratoner [*Gazz. chim. ital.*, **28**, 237, 1898]; la condensation avec les chlorures d'acides en présence du chlorure d'aluminium, par Kipper [*D. chem. G.*, 38, 2490, 1905].

L'OXYDE DE PHÉNYLE ET DE NAPHTYLE (α), $C^{10}H^7 . O . C^6H^5$, fond à 55°; le *dérivé* β fond à 93° [Hœnigschmidt, *Mon. f. Chem.*, **23**, 823, 1902].

En outre des dérivés qui précèdent, il existe encore un très grand nombre d'oxydes mixtes de phényle et de radicaux à chaînes et à fonctions complexes; ces corps sont en général décrits avec les dérivés associés au radical phényle.

ACÉTALS.

L'acétal méthylique, $CH^2(OC^6H^5)^2$, fond vers 15° et bout à 205° sous 50 mm. [Perkin, *Chem. Soc.*, **69**, 167, 1896; — Henry, *Ann. Chim. Phys.*, **80**, 269, 1883; — Arnhold, *Lieb. Ann. Chem.*, **240**, 201, 1887].

L'acétal éthylique, $CH^3-CH(OC^6H^5)^2$, obtenu par réaction du chlorure d'éthylidène sur le phénol, fond à 10° et distille à 174-176° sous 27 mm. [Fosse, *C. R.*, **130**, 725, 1900]. *L'acide diphénoxyacétique*, $CO^2H-CH(OC^6H^5)^2$, fond à 97° [Auwers et Haymann, *D. chem. G.*, **27**, 2795, 1894].

L'acétal éthylénique, $CH^2=C . (OC^6H^5)^2$, fond à 95-96° [Biginelli, *Gazz. chim. ital.*, **21**, 261, 1891].

ORTHOÉTHERS.

L'orthoformiate de phényle, $CH(OC^6H^5)^3$, obtenu par réaction du chloroforme sur le phénate de sodium, fond à 76-77° [Auwers, *D. chem. G.*, **18**, 2657, 1885].

L'orthoacétate de phényle, $CH^3-C(OC^6H^5)^3$, fond à 98-98°,5 [Heiber, *D. chem. G.*, **24**, 3678, 1891].

Ethers diphénxyliques.

Le *diphénoxyéthane*, $C^{6}H^{5}.O.CH^{2}-CH^{2}.O.C^{6}H^{5}$, fond à 97-98° [Solonina, *Journ. Soc. phys. chim. russe*, **30**, 606, 1898].

Le *diphénoxypropane*, $C^{6}H^{5}.O.(CH^{2})^{3}.O.C^{6}H^{5}$, fond à 57° et bout vers 338-340° [Henry, *Bull. Soc. Chim.*, **15**, 1224, 1896. — Solonina, *loc. cit.*]; il fond à 61°, d'après Lohmann [*D. chem. G.*, **24**, 2632, 1891]. Le *dérivé chloré*, $C^{6}H^{5}.O.CH^{2}-CHCl-CH^{2}.OC^{6}H^{5}$, fond à 97° [Boyd, *Chem. Soc.*, **79**, 1221, 1901].

Les *diphénoxyhexanes* ont été décrits par Solonina [*Journ. Soc. phys. chim. russe*, **30**, 620, 822; *D. chem. G.*, **26**, 2987 : — voyez aussi Funk, *D. chem. G.*, **26**, 2570, 1893]; ainsi que les *diphénoxy-octanes* et *nonanes*.

ÉTHERS SELS.

SULFITE ACIDE DE PHÉNYLE, $SO(OH)OC^{6}H^{5}$. — Le *sel de sodium* s'obtient par fixation du SO^{2} sur le phénate de sodium sec : chauffé à 180° avec $CH^{3}I$, il fournit la rubbadine, $C^{44}H^{32}S^{4}O^{8}$, se décomposant vers 160° [Uhl, *D. chem. G.*, **25**, 1875, 1892; — Schall, *J. prakt. Chem.*, **48**, 243, 1893].

PHOSPHITES DE PHÉNYLE. — La réaction du trichlorure de phosphore sur le phénol peut fournir, selon que l'on fait réagir une, deux ou trois molécules de phénol sur une molécule de PCl^{3}, les composés :

$P(OC^{6}H^{5})Cl^{2}$. — Distillant à 90° sous 11 mm. [Naack, *Lieb. Ann. Chem.*, **218**, 85, 1883 : — Anschütz et Emery, *Lieb. Ann. Chem.*, **239**, 310, 1887 ; — voyez aussi Michaelis et Schuetter, *D. chem. G.*, **27**, 495, 1894].

$P(OC^{6}H^{5})^{2}Cl$. — Distillant à 172° sous 11 mm. Ces chlorures décomposés par l'eau fournissent les *phosphites mono-* et *diphénxyliques*.

$P(OC^{6}H^{5})^{3}$. — Masse vitreuse qui bout à 220° sous 11 mm. [Anschütz, *loc. cit.*]. Ce composé fixe ICH^{3} pour donner le dérivé $IP(CH^{3})(OC^{6}H^{5})^{3}$, fusible à 70-75° [Michaelis, *D. chem. G.*, **27**, 2557 ; **31**, 1049]; et se combine aux sels halogénés du cuivre [Arbousof, *Journ. Soc. phys. chim. russe*, **35**, 437, 1903].

PHOSPHATES DE PHÉNYLE. — Le *phosphate monophénylique* ou *acide monophénylphosphorique*, $OP(OC^{6}H^{5})(OH)^{2}$, forme une masse cristalline blanche hygroscopique, fusible à 89° [Genvresse, *C. R.*, **127**, 522, 1898 : — voyez aussi Rapp, *Lieb. Ann. Chem.*, **224**, 157, 1884 : — Belugou, *C. R.*, **426**, 1575, 1898]. Pour les dérivés halogénés, monophénylés, voyez Anschütz et Emery [*Lieb. Ann. Chem.*, **239**, 312; **253**, 110, 1889] : Oddo [*Gazz. chim. ital.*, **29**, 343, 1899]. Les *amides* de l'acide monophénylphosphorique ont été préparés par Stokes [*Am. Chem. Journ.*, **15**, 201, 1893 ; **16**, 126] et Michaelis et Silberstein [*D. chem. G.*, **29**, 721, 726, 1896]. Les phosphates mixtes $OP(OC^{6}H^{5})(OR)(OH)$, et $OP(OC^{6}H^{5})(OR)^{2}$, R étant un radical alcoolique acyclique, ont été préparés par Morel [*Bull. Soc. Chim.*, **21**, 491 : *C. R.*, **128** 508, 1899].

Le *phosphate diphénylique* ou *acide diphénylphosphorique*, $OP(OC^{6}H^{5})^{2}OH$, fond à 56° [Rapp, *Lieb. Ann. Chem.*, **224**, 158, 1884] : 61-62° [Autenrieth, *D. chem. G.*, **30**, 2373, 1897]. Pour les dérivés, voyez Anschütz, Stokes, Morel [*loc. cit.*]; Michaelis et Schulze [*D. chem. G.*, **27**, 2573 : **31**, 1049] : Otto [*D. chem. G.*, **28**, 618, 1895] : Guichard [*D. chem. G.*, **32**, 1579, 1899].

Le *phosphate triphénylique*, $OP(OC^{6}H^{5})^{3}$, s'obtient par action de $POCl^{3}$ sur le phénol [Heim, *D. chem. G.*, **16**, 1765, 1883], ou sur le phénate de Na [Autenrieth, *D. chem. G.*, **30**, 2372, 1897]; ou bien encore quand on fait réagir la combinaison pyridique du PCl^{5} sur le phénol, et qu'on décompose par l'eau le tétrachlorure $PCl^{4}.OC^{6}H^{5}$, ainsi formé [Freundler, *Bull. Soc. Chim.*, **31**, 617, 1904]. Il fond à 48-50° (Autenrieth), et bout à 245° sous 11 mm. [Anschütz et Emery, *Lieb. Ann. Chem.*, **253**, 110, 1889]. Le $K^{2}S$ le transforme en *thiophosphate triphénylique* [Kreysler, *D. chem. G.*, **18**, 1718, 1885].

Il est décomposé par les carbonates alcalins pour donner des pyrones phénylées symétriques [Fosse, *Bull. Soc. Chim.*, **29**, 714, 1903]. Il n'est pas vénéneux [de Vamossy, *Zeit. phys. Chem.*, **25**, 440].

Thiophosphates de phényle. — Le thiochlorure de phosphore peut réagir sur le phénol pour former les composés : $SPCl^{2}.(OC^{6}H^{5})$, liquide distillant à 132° sous 16 mm. $SPCl(OC^{6}H^{5})^{2}$, fusible à 66-67°, et aussi du thiophosphate diphénylique.

La décomposition des dérivés chlorés par les alcalis conduit à l'*acide monophénylthiophosphorique*, $SP(OH)^{2}(OC^{6}H^{5})$, corps sirupeux, et à l'*acide diphénylthiophosphorique*, $SP(OH)(OC^{6}H^{5})^{2}$, huile jaune peu stable [Autenrieth, *D. chem. G.*, **31**, 1104, 1898].

Le *thiophosphate triphénylique*, $SP(OC^{6}H^{5})^{3}$, fond à 49°, et bout à 245° sous 11 mm. [Anschütz et Emery, *Lieb. Ann. Chem.*, **253**, 118]; à 59° [Autenrieth, *loc. cit.*]; voyez aussi Michaelis et Kärsten [*D. chem. G.*, **28**, 1243, 1895].

L'ARSÉNITE TRIPHÉNYLIQUE, $As(O.C^{6}H^{5})^{3}$, est une huile qui distille à 275° sous 57 mm. [Fromm, *D. chem. G.*, **28**, 621, 1895].

Le SILICATE TÉTRAPHÉNYLIQUE, $Si(OC^{6}H^{5})^{4}$, fond à 47-48° et bout à 417-420° [Hertkorn, *D. chem. G.*, **18**, 1679, 1885]; — voyez aussi Stokes, [*Am. Chem., Journ.*, **14**, 545, 1892].

Le TITANATE TÉTRAPHÉNYLIQUE, $Ti(OC^{6}H^{5})^{4}$, a été obtenu par Leroy et Kling [*Bull. Soc. Chim.*, **19**, 190, 1898].

CARBONATES DE PHÉNYLE. — L'*acide phénylcarbonique*, $C^{6}H^{5}O.CO.OH$, a été obtenu à l'état de sel de Na en fixant CO^{2} sur le phénate de Na [Hentschel, *J. prakt. Chem.*, **27**, 41, 1883 ; — Schmitt, *ibid.*, **31**, 505, 1885]. On sait que sous l'action de la chaleur il se transforme en salicylate de sodium.

Le *chlorocarbonate de phényle*, $C^{6}H^{5}O.COCl$, obtenu par action du $COCl^{2}$ sur le phénate de sodium, est un liquide qui bout à 95° sous 20 mm. [Barral et Morel, *C. R.*, **128**, 1579, 1889] : à la pression ordinaire il se décompose partiellement en $COCl^{2}$ et $CO(OC^{6}H^{5})^{2}$ [Hentschell, *J. prakt. Chem.*, **36**, 316, 1887].

Le *carbamate de phényle*, $AzH^{2}.CO.O.C^{6}H^{5}$, fond à 141° [Gattermann, *Lieb. Ann. Chem.*, **244**, 43, 1888 ; — voyez aussi Scholl et Kacer [*D. chem. G.*, **33**, 53, 1900]. L'*acétylcarbamate de phényle*, $CH^{3}-CO-AzH-CO^{2}C^{6}H^{5}$, fond à 117° [Billeter, *D. chem. G.*, **36**, 3213, 1903]. Le *diéthylcarbamate de phényle*, $(C^{2}H^{5})^{2}Az.CO^{2}.C^{6}H^{5}$, bout à 270-271° [Seyewetz et Gibello, *Bull. Soc. Chim.*, **31**, 691, 1904]; à 150° sous 15 mm. [de la Roche, *Bull. Soc. Chim.*, **31**, 20, 1904]. Le *phénylcarbamate de phényle*, $C^{6}H^{5}.AzH-CO^{2}C^{6}H^{5}$, fond à 125°,5-126° [Hoffmann, *D. chem. G.*, **18**, 517, 1885 ; — Morel, *Bull. Soc. Chim.*, **21**, 827, 1899 ; — Eckenroth, *D. chem. G.*, **18**, 516 ; — Hantzsch et Mai, *D. chem. G.*, **28**, 980, 1895]. On a encore préparé de nombreux dérivés du carbamate de phényle : pour leur description, voyez en outre des auteurs déjà cités, Cazeneuve et Moreau [*C. R.*, **125**, 1183 ; **126**, 1804, 1895]; Leuckart [*D.*

chem. G., **18**, 875, 1885]; Lellmann et Benz [*ibid.*, **24**, 2108; **20**, 2122]; Eckenroth et Rückel [*ibid.*, **23**, 699, 1890]; Lumière et Perrin [*Bull. Soc. Chim.*, **33**, 710, 1905].

Le *carbonate diphénylique*, $CO(OC^6H^5)^2$, s'obtient en faisant réagir l'oxychlorure de carbone sur le phénate de sodium [Hentzchel, *J. prakt. Chem.*, **27**, 41, 1883; **36**, 316, 1887]. Il fond à 78° et bout à 301-302°; à 167-168° sous 15 mm. [Bischoff et Hedenstrœm, *D. chem. G.*, **35**, 3452, 1902]. Il est décomposé par les carbonates alcalins bien au-dessous de son point d'ébullition avec formation de CO^2, de phénol, d'acide phénoxy-o-benzoïque, et principalement de phénoxybenzoate de phényle [Fosse, *Bull. Soc. Chim.*, **29**, 714; **31**, 250, 1904]. La décomposition par l'éthylate de Na a été étudiée par Seifert [*J. prakt. Chem.*, **31**, 477, 1885], et par Morel [*C. R.*, **126**, 1871, 1898].

La chloruration systématique du carbonate de phényle a été effectuée par Barall [*Bull. Soc. Chim.*, **31**, 417, 1904], qui a ainsi obtenu un assez grand nombre de dérivés, depuis $CO(OC^6H^5)(OC^6H^4Cl)$, fusible à 95-96°, jusqu'à $CO(OC^6Cl^5)^2$, fusible à 258°.

Le *carbonate de méthyle et de phényle*, $CO(OCH^3)(OC^6H^5)$, bout à 123° sous 14 mm. [Cazeneuve et Morel, *C. R.*, **127**, 112, 1898].

Le *carbonate d'éthyle et de phényle*, $CO(OC^2H^5)(OC^6H^5)$, s'obtient en chauffant une solution alcoolique de carbonate diphénylique avec un peu de pyridine [Cazeneuve et Moreau, *C. R.*, **126**, 1871, 1898]. Il bout à 123° sous 30 mm. Voyez aussi Pawlewski [*D. chem. G.*, **17**, 1205, 1884]; Bender [*ibid.*, **19**, 2268, 1886]; Peratoner [*Gazz. chim. ital.*, **28**, 236, 1898]; Morel [*Bull. Soc. Chim.*, **21**, 822, 1899].

Pour les autres *carbonates mixtes* de phényle et d'alcools divers, voyez, outre les auteurs ci-dessus, Stieglitz et Upson [*D. chem. G.*, **31**, 458, 1903; *Am. Chem. Journ.*, **32**, 13, 1904].

L'*iminocarbonate diphénylique*, $AzH=C(OC^6H^5)^2$, obtenu par action du bromure de cyanogène sur le phénate de sodium en solution aqueuse, fond à 54° [Nef, *Lieb. Ann. Chem.*, **287**, 329, 1895; — Hantzsch et Mai, *D. chem. G.*, **28**, 319, 1895]; le *phényliminocarbonate*, $C^6H^5Az=C(OC^6H^5)^2$, fond à 137° [Hantzsch et Mai, *D. chem. G.*, **28**, 977].

Le *thiocarbonate diphénylique*, $CS(OC^6H^5)^2$, obtenu en faisant réagir le $CSCl^2$ sur le phénate de Na, fond à 106° et bout à 336-340° [Eckenroth et Kock, *D. chem. G.*, **27**, 1369, 3410, 1894; — Bergreen, *ibid.*, **21**, 346, 1888].

ÉTHERS-SELS ORGANIQUES. — Ces composés se préparent en faisant réagir 1 molécule de $POCl^3$ sur 3 molécules de phénol et 3 molécules d'acide gras [Nencki, *J. prakt. Chem.*, **25**, 282; — Seifert, *ibid.*, **31**, 467, 1885]; ou, ce qui revient au même, le chlorure d'acide gras sur le phénol.

Le *formiate de phényle*, $H.CO^2C^6H^5$, bout à 179-180° [Seifert, loc. cit.].

L'*acétate de phényle*, $CH^3.CO^2C^6H^5$, distille à 196°,7 [Perkin, *Chem. Soc.*, **69**, 1238, 1896]. Constante diélectrique [Löwe, *Ann. Pharm.*, **66**, 394; — Drude, *Zeit. physikal. Chem.*, **23**, 308, 1897; — Mathews, *Journ. of physical. chem.*, **9**, 641, 1905]. Action du brome [Seelig, *J. prakt. Chem.*, **39**, 174, 1889. — Voyez aussi Panof, *Journ. Soc. Chim. Phys., Russe*, **35**, 93, 1903; — Tlepson, *Am. Chem. Journ.*, **32**, 13, 1904].

Le *chloracétate de phényle*, $CH^2Cl-CO^2.C^6H^5$, fond à 44° et distille à 230-235° [Nencki, *Journ. Soc. phys. chim. russe*, **25**, 121, 1894; — voyez aussi Kunckell et Johannsenn, *D. chem. G.*, **30**, 1714, 1897; — Bakunin, *Gaz. chim. ital.*, **30**, 358, 1900; — Morel, *Bull. Soc. Chim.*, **21**, 958, 1899]. Le *dichloracétate de phényle* $CHCl^2.CO^2.C^6H^5$, fond à 33° [Kunckell, *D. chem. G.*, **31**, 171, 1898]. Le *bromacétate de phényle* fond à 32° [Kunckell et Scheven, *D. chem. G.*, **31**, 172]. Le *phénylglycocolate de phényle*, $C^6H^5AzH.CH^2.CO^2C^6H^5$, fond à 82-83° [Morel, *Bull. Soc. Chim.*, **21**, 964].

Le *propionate de phényle*, $C^3H^5O^2.C^6H^5$, fond à 20° et bout à 211° [Perkin, *Chem. Soc.*, **55**, 548; **69**, 1238]. Le *chloropropionate de phényle*, $CH^2Cl-CH^2-CO^2.C^6H^5$, bout à 154-157° sous 30 mm. [Moureu, *Bull. Soc. Chim.*, **9**, 417, 1893].

Le *butyrate de phényle*, $C^4H^7O^2.C^6H^5$, bout à 227-228° [Perkin, *loc. cit.*].

Le *laurate de phényle*, $C^{12}H^{23}O^2.C^6H^5$, fond à 24°,5 et bout à 210° sous 15 mm. Le *myristate* fond à 36° et bout à 230° sous 15 mm. Le *palmitate* fond à 45° et bout à 249°,5 sous 45 mm. Le *stéarate* fond à 52° et bout à 267° sous 15 mm. [Krafft et Bürger, *D. chem. G.*, **17**, 1379, 1884].

Le *benzoate de phényle*, $C^6H^5CO^2.C^6H^5$, fond à 68-69° et bout à 299° [Béhal et Choay, *C. R.*, **118**, 1211, 1894; — voyez aussi Bishop, Claisen, *Lieb. Ann. Chem.*, **281**, 381, 1894; — Stohmann, *Zeit. physik. Chem.*, **10**, 421, 1892; — Bakunin, *Gazz. chim. ital.*, **30**, 357, 1900; — Kauschke, *J. prakt. Chem.*, **51**, 212, 1895; — Bodroux, *Bull. Soc. Chim.*, **23**, 54, 1900; — Titherley, *Chem. Soc.*, **81**, 1520, 1903].

L'*oxalate neutre de phényle*, $(CO^2C^6H^5)^2$, bout à 190-191° sous 15 mm. [Bischoff et Hedenstroem, *D. chem. G.*, **35**, 3452, 1902; — Nencki, *loc. cit.*].

Le *malonate de phényle*, $CH^2(CO^2C^6H^5)^2$, fond à 50° et bout à 210° sous 15 mm. [Bischoff, *loc. cit.*]. *Succinate de phényle* [Bischoff et Hedenstroem, *D. chem. G.*, **35**, 4073, 1902]. *Fumarate*, *maléate* et *phtalate* de phényle [Bischoff, *D. chem. G.*, **35**, 4084].

Le *méthylsulfonate de phényle*, $CH^3.SO^2.O.C^6H^5$, fond à 61-62° et bout à 279° [Schall, *J. prakt. Chem.*, **48**, 244, 1893].

L'*éthylsulfonate de phényle*, $CH^3.CH^2.SO^2.O.C^6H^5$, fond à 34-35° et bout à 287-288° [Schall, *loc. cit.*].

Le *benzène-sulfonate de phényle*, $C^6H^5.SO^2.O.C^6H^5$, fond à 35° et ne distille pas sans décomposition [Otto, *D. chem. G.*, **19**, 1832; — Köbig, *D. chem. G.*, **19**, 1833, 1886].

Nous ne décrirons pas les nombreux éthers phénoliques dérivés d'acides à fonctions multiples (tartrique, salicylique, oxynaphtoïque...); ces composés seront décrits avec les acides correspondants.

PRODUITS DE SUBSTITUTION DU PHÉNOL.

Nous décrirons les dérivés de substitution du phénol dans l'ordre adopté pour le 1er Supp. (voyez p. 1168); en tenant compte de ce que les éthers méthyliques ont été décrits à l'article ANISOL (2e Supp.).

PHÉNOL FLUORÉ.

Le *p-fluorophénol*, $C^6H^4.Fl.OH$, a été obtenu par décomposition du diazoïque de la p-fluoraniline. C'est un corps solide qui bout à 186-188° [Wallach et Heusler, *Lieb. Ann. Chem.*, **243**, 228, 1887]. L'*éther éthylique*, ou *p-fluorophénétol*, bout à 197° [Valentiner et Schwartz, *Chem. Centr. Bl.*, I, 1898, 1224].

PHÉNOLS CHLORÉS.

MONOCHLOROPHÉNOLS, $C^6H^4Cl.OH$. — 1° *Dérivé ortho.* — On le prépare en faisant agir le chlore sur le phénol chauffé à 150-180° [Merck,

D.R.P. 76 597]. Il réagit sur le chlorure d'aluminium pour donner le composé $C^6H^4Cl.O.AlCl^2$ fusible à 207-210° [Perrier. *Bull. Soc. Chim.*, **15**, 1183, 1896]. Sa *pipéridyluréthane* fond à 119° et bout à 148-149° sous 273 mm. [de la Roche, *Bull. Soc. Chim.*, **27**, 451, 1902].

Son *éther bromoéthylique*, $Cl.C^6H^4.O.CH^2-CH^2Br$, bout à 141° sous 13 mm. [Stœrmer et Gœhl, *D. chem. G.*, **36**, 2873, 1903].

Le *carbonate*, $CO(OC^6H^4Cl)^2$, fond à 55° [Heyden, D.R.P. 81 375; — voyez aussi Cazeneuve et Moreau, *C. R.*, **126**, 1802, 1898].

2° *Dérivé méta*. — Il distille à 191-192° [Reverdin et Eckhard, *D. chem. G.*, **32**, 2626, 1899], à 193° [Cameron, *Am. Chem. Journ.*, **20**, 238, 1898; — voyez aussi Varnholt, *J. prakt. Chem.*, **36**, 27, 1887; — Lassar Cohn et Schultze, *D. chem. G.*, **38**, 3294, 1905]. Le *carbonate* fond à 121° [Heyden, *loc. cit.*].

3° *Dérivé para*. — On le prépare par chloruration du phénol au moyen de SO^2Cl^2 [Peratoner et Condorelli, *Gazz. chim. ital.*, **28**, 210, 1898]; on l'obtient aussi en traitant le p-bromophénol par SO^2Cl^2 [Peratoner et Vitale, *Gazz. chim. ital.*, **28**, 216]. La combinaison $C^6H^4Cl.O.AlCl^2$ fond à 185-187° [Perrier, *loc. cit.*]. Sa *pipéridyluréthane* fond à 65° et bout à 218-219° sous 23 mm. [de la Roche, *loc. cit.*].

L'*éther éthylique* fond à 20° et bout à 211°,6 sous 758 mm. [Peratoner, *loc. cit.*].

L'*acide p.-chlorophénoxyacétique*, $CO^2H.CH^2.O.C^6H^4Cl$, fond à 151-152° [Michael, *Am. Chem. Journ.*, **9**, 216, 1887; — Peratoner, *Gazz. chim. ital.*, **28**, 239].

Le *phosphite*, $P(OC^6H^4Cl)^3$, fond à 49° et bout à 290-297° sous 15 mm. [Michaelis et Rocholl, *D. chem. G.*, **31**, 1053, 1898].

Les *éthers phosphoriques* ont été préparés par Autenrieth [*D. chem. G.*, **30**, 2375, **31**, 1108, 1898]; de Vamossy [*Zeit. physiol. Chem.*, **25**, 446]; Hildebrandt [*D. chem. G.*, **31**, 1109]; Michaelis [*D. chem. G.*, **31**, 1055]. En particulier le *phosphate neutre*, $PO(OC^6H^4Cl)^3$, fond à 99-100°, le *thiophosphate* correspondant, à 113-114°, et le *séléniophosphate*, à 88°.

Le *carbonate*, $CO(OC^6H^4Cl)^2$, fond à 142-143° [Barral, *C. R.*, **126**, 908, 1898; *Bull. Soc. Chim.*, **31**, 417, 1904], à 154° [Heyden, D.R.P. 81 375; — voyez aussi Hantzsch et Mai, *D. chem. G.*, **28**, 979, 1895].

DICHLOROPHÉNOLS, $C^6H^3Cl^2.OH$. — 1° *Dérivé* 1.2.6. — Il se forme dans la chloruration de l'acide p-oxybenzoïque [Tarugi, *Gazz. chim. ital.*, **30**, 490, 1900]; à côté de son isomère 1.2.4 quand on traite le phénol par l'hypochlorite de chaux [Chandelon, *D. chem. G.*, **16**, 1752, 1883].

Le *carbonate*, $CO(OC^6H^3Cl^2_{(2,6)})$, fond à 88-89° [Barral, *Bull. Soc. Chim.*, **31**, 417, 1904].

2° *Dérivé* 1.2.4. — Il se forme dans la chloruration de l'acide salicylique [Tarugi, *loc. cit.*]. On le prépare en faisant réagir l'acide azoteux sur la p-dichloraniline. Il fond à 58° et bout à 211° sous 744 mm. [Nœlting et Kopp, *D. chem. G.*, **38**, 3506, 1905]. $K = 31 \times 10^{-7}$ à 25° [Hantzsch, *D. chem. G.*, **32**, 3066, 1899].

La *carbonate* fond à 122-123° [Barral, *loc. cit.*]. Pour les autres dérivés, voyez Bischoff [*D. chem. G.*, **33**, 1604, 1900]; Garzino [*ibid.*, **25**, 120, 1892]. *Sel de diéthylamine* [Peters, *D. chem. G.*, **39**, 2782, 1906].

3° *Dérivé* 1.3.5. — Il fond à 43° [Biltz et Stepf, *D. chem. G.*, **37**, 4030, 1904].

TRICHLOROPHÉNOLS, $C^6H^2Cl^3.OH$. — 1° *Dérivé* 1.2.4.6. — Il se forme quand on fait réagir l'anhydride hypochloreux sur le benzène [Scholl et Nori, *D. chem. G.*, **33**, 726, 1900]. Il fond à 68° et bout à 245° [Lassar Cohn et Schultze, *D. chem. G.*, **38**, 3294, 1905]. Sa solubilité dans l'eau a été déterminée par Daccomo [*D. chem. G.*, **18**, 1163, 1885]. $K = 100 \times 10^{-7}$ à 25° [Hantzsch, *D. chem. G.*, **32**, 3066; **35**, 1001, 1902]. Il est facilement ramené à l'état de phénol par l'hydrogène en présence du nickel [Sabatier et Mailhe, *Bull. Soc. Chim.*, **31**, 101, 1904]. Sa *pipéridyluréthane* fond à 75° [de la Roche, *Bull. Soc. Chim.*, **29**, 752, 1903]. Le *trichlorophénate de diméthylaniline* fond à 91° [Torrey et Gibbson, [*Amer. Chem. J.*, **35**, 246, 1906].

Le *carbonate* fond à 153-154° [Barral, *loc. cit.*].

Dérivés divers, voyez Daccomo [*D. chem. G.*, **18**, 1163, 1885]; Bischoff [*D. chem. G.*, **33**, 1605, 1900]; Edeleann et Enescu [*Bulet.*, **4**, 15, 1896]; Zaharia [*Bulet.*, **4**, 131].

2° *Dérivé* 1.2.3.5. — On l'obtient par ébullition du trichloro-p-diazophénol avec l'alcool absolu. Il fond à 53-54° et bout à 252-253°.

L'*éther éthylique* bout à 245-246° [Lampert, *J. prakt. Chem.*, **33**, 378, 1886].

TÉTRACHLOROPHÉNOLS, $C^6HCl^4.OH$. — *Dérivé* 1.2.3.4.6. — On l'obtient en faisant passer du chlore dans du phénol fondu à refus pendant 15 jours [Barral et Grosfillex, *Bull. Soc. Chim.*, **27**, 1176, 1902]; ou en décomposant l'acide tétrachloro-m.-oxybenzoïque par la chaux [Zincke, *Lieb. Ann. Chem.*, **261**, 246, 1891]. Il fond à 65°,5 [Zincke et Schaum, *D. chem. G.*, **27**, 549, 1894], 67°,5 [Barral et G., *loc. cit.*], 69-70° [Biltz et Giese, *D. chem. G.*, **37**, 4010, 1904]. Il se sublime à 150° dans le vide (Barral).

L'*éther éthylique* fond à 59-60°; le *benzoate* fond à 115°; l'*acétate* fond à 65-66°; la *phényluréthane* fond à 141-142° [Biltz, *loc. cit.*].

La chloruration de l'anisol a fourni à Hugounenq [*Ann. Chim. Phys.*, **20**, 536, 1890], un *tétrachloroanisol* fusible à 100°, qui, traité par l'acide iodhydrique, fournit un *tétrachlorophénol* fusible à 152° et bouillant à 278° sous 754 mm. Les constantes physiques de ce composé indiquent que sa constitution doit être différente du précédent.

PENTACHLOROPHÉNOL, $C^6Cl^5.OH$. — Il se forme quand on chauffe le perchlorobenzène avec la glycérine [Weber et Wolff, *D. chem. G.*, **18**, 335, 1885]. On le prépare en chlorurant le trichlorophénol-1.2.4.6 par le chlore, en présence de chlorure d'antimoine [Benedikt et Schmidt, *Mon. f. Chem.*, **4**, 606, 1883], ou en présence de chlorure ferrique [Barral et Jambon, *Bull. Soc. Chim.*, **23**, 822, 1900]. Il cristallise en prismes monocliniques fusibles à 190-191° [Fels, *Zeit. f. Krist.*, **32**, 369, 1899]. De nombreux sels ont été décrits par Barral [*loc. cit.*].

La *pipéridyluréthane* fond à 123° [de la Roche, *Bull. Soc. Chim.*, **27**, 452; **29**, 755, 1903].

L'*éther éthylique* fond à 89-90° [Biltz et Giese, *D. chem. G.*, **37**, 4010, 1904].

Un assez grand nombre d'*éthers sels* ont été préparés par Barral [*C. R.*, **131**, 681, 1901; *Bull. Soc. Chim.*, **13**, 342, 1895] en faisant réagir les chlorures d'acides sur l'hexachlorophénol ou *hexachlorocyclohexadiénone*. L'*acétate* cristallise en prismes monocliniques [Offret, *Zeit. f. Krist.*, **29**, 680, 1898], fusibles à 147-148° [Weber et Wolff, *loc. cit.*]. Le *benzoate* fond à 164-165° [Biltz et G., *loc. cit.*].

HEXACHLOROPHÉNOL, *hexachlorocyclohexadiénone*, $C^6Cl^6.O$. — Il se forme quand on traite le pentachlorophénol en suspension dans l'acide chlorhydrique par le chlore [Benedikt et Schmidt, *Mon. f. Chem.*, **4**, 607, 1883; — Barral, *Bull. Soc. Chim.*, **27**, 271, 1902]. Il fond à 46°. C'est un composé cétonique et non un phénol.

HEPTACHLOROPHÉNOL, C^6Cl^7OH. — Il se forme dans les mêmes conditions que le précédent [Barral, *Bull. Soc. Chim.*, **27**, 276, 1904]. Il fond à 98° et se décompose à 130° en hexachlorophénol et acide chlorhydrique.

PHÉNOLS BROMÉS.

MONOBROMOPHÉNOLS, $C^6H^4Br.OH$. — 1° *Dérivé ortho.* — On peut l'obtenir en traitant 1 mol. de phénol par 1 mol. de Br, mais il se forme surtout le dérivé para, et un peu de dérivés polybromés [Hewitt et Kenner, *Chem. Soc.*, **85**, 1225, 1904; — voyez aussi Merck, D.R.P. 76597; — Meldola et Streatfield, *Chem. Soc.*, **76**, 881, 1899; — Bruner, *Zeit. physikal. Chem.*, **41**, 413, 1902]. On le prépare au moyen de l'o-aminophénol, par substitution de Br à AzH^2 (Meldola, *loc. cit.*). Sa *pipéridyluréthane*, $C^5H^{10}Az.CO.OC^6H^4Br$, fond à 63° [de la Roche, *Bull. Soc. Chim.*, **29**, 753, 1903].

L'*éther éthylique* bout à 218° (Michaelis, *loc. cit.*), 222-226° [Hodurek, *D. chem. G.*, **30**, 479, 1897]. — L'*o-bromophénate de brométhyle*, $CH^2Br.CH^2OC^6H^4Br$, bout à 761° sous 16 mm. [Stœrmer, *D. chem. G.*, **36**, 2873, 1903]. — L'*acide o-bromophénoxyacétique*, $CO^2H-CH^2.O_1.C^6H^4Br_2$, fond à 142,5-143° [Auwers et Haymann, *D. chem. G.*, **27**, 2799, 1894].

2° *Dérivé para.* — Il se forme quand on chauffe le phénol avec le bromure de cyanogène [Scholl et Nöer, *D. chem. G.*, **33**, 1555, 1900]. On le prépare par bromuration directe du phénol en solution dans CS^2; l'absence d'eau et la présence d'un acide favorisent la formation de p-bromophénol [Hewitt et Kenner, *Chem. Soc.*, **85**, 1225, 1904; — Hantzsch et Mai, *D. chem. G.*, **28**, 978, 1895]. Chaleurs : de neutralisation [Werner, *Ann. Chem. Phys.*, **3**, 568, 1884], de formation [Berthelot et Werner, *Ann. Chim. Phys.*, **3**, 565, 1884]. Il forme des combinaisons équimoléculaires avec : l'acide orthophosphorique [Hoogewerf et van Dorp, *Rec. des P. B.*, **21**, 349, 1902], l'imide succinique [van Brenkeleveen, *Rec. des P.-B.*, **19**, 33, 1900]. La *pipéridyluréthane* fond à 66-67° (de la Roche, *loc. cit.*).

L'*éther éthylique* s'obtient par bromuration directe du phénétol, en solution dans CS^2 [Michaelis, *D. chem. G.*, **27**, 258, 1894], ou au moyen de la p.-phénétidine par substitution de Br à AzH^2 [Saunders, *Am. Chem. J.*, **13**, 489, 1891; — Reverdin et During, *D. chem. G.*, **32**, 160, 1899]. Il fond à 4° et bout à 227-233°. Pour les dérivés de l'acide p-bromophénoxyacétique, voyez Vandevelde [*Centr. Bl.*, I, 1898, 988].

Le *carbonate* fond à 169° [Eckenroth et Rückel, *D. chem. G.*, **23**, 695, 1890], à 171° [Hantzsch et Mai, *D. chem. G.*, **28**, 979, 1895]; pour les dérivés voyez Hantzsch et Mai [*D. chem. G.*, **28**, 978-983, 2469].

Le *thiocarbonate* fond à 177° [Eckenroth et R., *loc. cit.*].

L'*acide p-dibromodiphénoxyacétique*, $CO^2H-CH(O.C^6H^4Br)^2$, fond à 151° [Auwers et Haymann, *D. chem. G.*, **27**, 2797, 1894].

L'*orthoacétate*, $CH^3-C(OC^6H^4Br)^3$, fond à 132-133° [Heiber, *D. chem. G.*, **24**, 3680, 1891].

DIBROMOPHÉNOLS, $C^6H^3Br^2.OH$. — 1° *Dérivé* 1.2.6. — On l'obtient en traitant la dibromo-2.6-aniline par l'acide azoteux [Heinichen, *Lieb. Am. Chem.*, **253**, 281, 1889]. Il fond à 55-56° [Möhlau, *D. chem. G.*, **15**, 2494, 1882; — O. Wallach, *Centr. Bl.*, II, 1905, 676].

Son *benzoate* fond à 68° [Borsche et Ockinga, *Lieb. Am. Chem.*, **340**, 85, 1905].

2° *Dérivé*-1.2.4. — On l'obtient en décomposant l'acide dibromo-3.5-salicylique par l'acide sulfurique à 220-230° [Peratoner, *Gazz. chim. ital.*, **16**, 402, 1886], ou en traitant le phénol par un excès de brome, en présence d'acide sulfurique [Hewitt et Kenner, *Chem. Soc.*, **85**, 1225, 1904]. Il fond à 35-36° et bout à 238-239°, à 154° sous 11 mm. Chaleurs de fusion, de neutralisation [Werner, *Ann. Chim. Phys.*, **3**, 557, 1884]. Le *propionate* bout à 220-225° sous 142 mm. [Garzino, *D. chem. G.*, **25**, 120, 1892. — Voyez aussi Schryver, *Chem. Soc.*, **75**, 668, 1899].

3° *Dérivé* 1.3.4. — Il se prépare comme le précédent avec la dibromo-3.5-aniline. Il fond à 79-80° [Schiff, *Mon. f. Chem.*, **11**, 347, 1890; — Lassar-Cohn et Schultze, *D. chem. G.*, **38**, 3294, 1905].

4° *Dérivé* 1.3.5. — On le prépare en chauffant à 120-130° le tribromobenzène-1.3.5, avec le méthylate de Na, et en saponifiant ensuite l'éther méthylique formé. Le dibromophénol fond à 76°,5 [Blau, *Mon. f. Chem.*, **7**, 630, 1886].

TRIBROMOPHÉNOL-2.4.6, $C^6H^2Br^3.OH$. — Il se forme quand on traite la saligénine par un excès de brome [Auwers et Büttner, *Lieb. Ann. Chem.*, **302**, 132, 141, 1898]; quand on décompose le chlorure du diazoïque correspondant par l'alcool à 5 0/0 [Bamberger, *D. chem. G.*, **35**, 65; — Hantzsch, *D. chem. G.*, **35**, 998, 1902]. Il cristallise en prismes monocliniques fusibles à 96° [Fels, *Zeit. f. Krystall.*, **32**, 405, 1899; — Lassar-Cohn et Schultze, *D. chem. G.*, **38**, 3294, 1905], à 93-94° [Auwers et B., *loc. cit.*]. Chaleurs de fusion [Robertson, *Chem. Soc.*, **81**, 1233, 1902], de dissolution et de formation [Berthelot et Werner, *Ann. Chim. Phys.*, **3**, 552, 572, 1884]. Action du Cl [Benedikt, *Mon. f. Chem.*, **4**, 236, 604, 1883]. Il est plus antiseptique que le phénol et que le thymol [Purgotti, *Gazz. chim. ital.*, **16**, 526, 1886]. *Sels* [voyez Purgotti, *loc. cit.*, Heyden, D.R.P. 78889]. — La *pipéridyluréthane* fond à 60-61° [de la Roche, *Bull. Soc. Chim.*, **29**, 752, 1903]. Le *tribromophénate de diméthylaniline* cristallise en aiguilles rouges [Torrey et Gibbson, *Amer. Chem. J.*, **35**, 246, 1906].

L'*éther éthylique* fond à 69° [Purgotti, *loc. cit.*], à 72-73° [Varda, *Gazz. chim ital.*, **23**, 494, 1893]. — L'*acide tribromophénoxyacétique* fond à 200° [Bischoff, *D. chem. G.*, **33**, 1605, 1900].

Pour d'autres éthers, voyez Varda [*loc. cit.*]; Daccomo [*D. chem. G.*, **18**, 1174, 1885]; Schunck et Marchlewski [*Lieb. Ann. Chem.*, **278**, 347, 1894]; Auwers et Siegel [*D. chem. G.*, **35**, 425, 441, 1902].

Le *tribromophénol bromé* de Benedikt est en réalité la *tétrabromohexacyclodiénone* [Thiele et Eichwede, *D. chem. G.*, **33**, 673, 1900]; il fond à 131° [Auwers et Büttner, *Lieb. Ann. Chem.*, **302**, 133, 140, 1898], à 148-149°, et perd du brome vers 145° [Lewis, *Chem. Soc.*, **81**, 1001, 1902. — Voyez aussi Werner, *Bull. Soc. Chim.*, **43**, 373, 1885; — Kastle, *Am. Chem. Journ.*, **27**, 31, 1902; — Schall, *J. f. prakt. Chem.*, **48**, 246, 1893].

PENTABROMOPHÉNOL, C^6Br^5OH. — On l'obtient en traitant le phénol par le brome en présence de 1 0/0 d'aluminium [Bodroux, *C. R.*, **126**, 1283; — **127**, 186, 1898]; ou le tétrabromo-p-crésol par le brome humide [Auwers et Anselmino, *D. chem. G.*, **32**, 3596, 1899]. L'*acétate* fond à 196-197°.

CHLOROBROMOPHÉNOLS. — Le *chloro-2-dibromo-4.6-phénol* fond à 76° [Garzino, *D. chem. G.*, **25**, 111, 1892].

Le *dichloro-2.4-bromo-6-phénol*, obtenu en traitant le dichlorophénol-2.4 par le brome en solution acétique, fond à 68° et bout à 220° sous 200 mm. [Garzino, *Gazz. chim. ital.*, **17**, 495; *D. chem. G.*, **25**, 121, 1892].

Le *dichloro-2.6-bromo-4-phénol*, obtenu par action du SO^2Cl^2 sur le p-bromophénol, fond à 66°,5 [Ling, *Chem. Soc.*, **61**, 560, 1892].

Le *trichlorophénol bromé*, $C^6H^2Cl^3Br.O$,

fond à 99° [Benedikt. *Mon. f. Chem.*, **4**, 235, 1883].

Phénols iodés.

Monoiodophénols, $C^6H^4I.OH$. — On les obtient au moyen des iodoanilines correspondantes. — 1° L'*o-iodophénol* fond à 43° et bout à 186-187° sous 160 mm. [Neumann, Nölting, *Lieb. Ann. Chem.*, **241**, 68, 1887; *D. chem. G.*, **20**, 3019, 1887; — voyez aussi Schall, *D. chem. G.*, **16**, 1897; **20**, 3363].

L'*éther éthylique* bout à 245° sous 735mm,5 [Reverdin, *D. chem. G.*, **29**, 2596]; il fixe le chlore pour donner le composé $C^2H^5O.C^6H^4ICl^2$ [Jannasch et Naphtals, *D. chem. G.*, **31**, 1714, 1898].

2° Le *m.-iodophénol* fond à 40° [Nölting et Stricker, *D. chem. G.*, **20**, 3020; — Lassar-Cohn et Schultze, *D. chem. G.*, **38**, 3294, 1905].

3° Le *p-iodophénol* fond à 92° [Neumann, *loc. cit.*], à 93-94° [Nölting et Stricker, *loc. cit.*]. — L'*éther éthylique* fond à 129° et bout à 249-250° sous 729 mm. [Reverdin, *loc. cit.*].

Diiodophénols, $C^6H^3I^2.OH$. — 1° *Dérivé* 1.2.6. — Le diiodophénol fusible à 68°, obtenu par Schall [*D. chem. G.*, **16**, 1899, 1883], est le diiodophénol 1.2.6 [Brenans, *Bull. Soc Chim.*, **27**, 398, 1902; **31**, 834, 1904].

L'*éther méthylique* fond à 35°. — L'*éther éthylique* fond à 41-42°. — L'*éther propylphénylique* est liquide, et distille à 138-140° sous 62 mm. — L'*éther isopropylique* bout à 198-201° sous 62 mm. — L'*éther allylique* fond à 46°. — L'*éther benzylique* fond à 74°,5 [Brenans, *loc. cit.*].

2° *Dérivé* 1.2.4. — Il s'obtient dans l'action de l'acide sulfurique sur l'o- ou sur le p-iodophénol à — 10° [Neumann, *Lieb. Ann. Chem.*, **241**, 71, 1887], ou encore par action de l'iode sur le phénol [Brenans, *Bull. Soc. Chim.*, **25**, 630, 1901; **27**, 842; **31**, 974, 1904]. — L'*éther méthylique* fond à 68-69°. — L'*éther propylique* fond à 32°. — Le *benzoate* fond à 96-97° [Brenans, *Bull. Soc. Chim.*, **25**, 819, 1901]. — L'*acétate* fond à 76° (Neumann, *loc. cit.*).

3° *Dérivé* 1.3.6. — On le prépare au moyen de l'aniline diiodée 1.3.6; il fond à 99°. — L'*acétate* fond à 70° [Brenans, *Bull. Soc. Chim.*, **27**, 842, 1902].

4° *Dérivé* 1.3.4. — Il fond à 83°. — L'*éther éthylique* est une huile incolore, volatile avec la vapeur d'eau. — Le *benzoate* fond à 123° [Brenans, *Bull. Soc. Chim.*, **29**, 468, 605, 1903].

5° *Dérivé* 1.3.5. — Il fond à 103°. — L'*éther éthylique* fond à 29-30°. — L'*acétate* fond à 79° [Brenans, *Bull. Soc. Chim.*, **29**, 229, 1903].

Le *diiodophénol* de Hlasiwetz et Neselsky [*D. chem. G.*, **2**, 524] a été reconnu par Brenans comme un mélange de diiodophénol-1.2.4 et de triiodophénol-1.2.4.6 [*Bull. Soc. Chim.*, **27**, 842].

Triiodophénols, $C^6H^2I^3.OH$. — 1° *Dérivé* 1.2.4.6. — On l'obtient en faisant réagir l'iode sur le phénol en solution alcaline [Lepetit, *Gazz. chim. ital.*, **20**, 105, 1890]. Il fond à 156° [Brenans, *Bull. Soc. Chim.*, **25**, 630, 1901; — voyez aussi Messinger et Vortmann, *D. chem. G.*, **22**, 2313, 1889].

L'*éther méthylique* fond à 98-99°. — L'*éther éthylique* fond à 83°..... — L'*acétate* fond à 156°; et le *benzoate* fond à 137° [Brenans, *Bull. Soc. Chim.*, **25**, 820, 1901].

2° *Dérivé* 1.3.5.6. — On le prépare au moyen de l'aniline triiodée correspondante. Il fond à 114°. — L'*éther éthylique* fond à 120°. — L'*acétate* fond à 123° [Brenans, *Bull. Soc. Chim.*, **31**, 132, 1904].

Chloroiodophénols. — L'*éther méthylique* du *chloro-5-iodo-2-phénol*, fond à 48° [Jannasch et Hintershich, *D. chem. G.*, **31**, 1711, 1898]; l'*éther éthylique* bout à 273-278°.

Le *trichloro-2.3.5-iodo-4-phénol* fond à 79-80°; son *éther éthylique* fond à 60-61° [Lampert, *J. f. prakt. Chem.*, **33**, 391, 1886].

Bromoiodophénols. — L'*éther méthylique* du *bromo-4-iodo-2-phénol* fond à 68°; celui du *bromo-x-iodo-3-phénol* est un liquide bouillant à 163-164° dans le vide; celui du *bromo-2-iodo-4-anisol* fond à 89° [Kirtz, *D. chem. G.*, **29**, 1410, 1896]. La chloruration du bromo-x-iodo-3-anisol fournit un *chlorobromoiodoanisol* fusible à 111-112° (Hirtz, *loc. cit.*).

Les cyanophénols seront décrits avec les acides phénols correspondants.

Nitrosophénols. — Voyez Quinones (oximes).

Nitrophénols.

Mononitrophénols, $C^6H^4.AzO^2.OH$. — L'o-nitrophénol se forme : quand on traite le phénate de Na par le peroxyde d'azote en solution dans CS^2 [Schall, *D. chem. G.*, **16**, 1901, 1883]; quand on oxyde l'o-aminophénol par le bioxyde de Na, en solution aqueuse [O. Fischer et Trost, *D. chem. G.*, **26**, 3084, 1893]; quand on oxyde par l'air le sel disodique de la phénylhydroxylamine [Schmidt, *D. chem. G.*, **32**, 2917, 1899]; dans l'action de la potasse sur le nitrobenzène [Wohl, *D. chem. G.*, **32**, 3487, 1899]; quand on traite l'o-nitrophénol-p-sulfonique par la vapeur d'eau surchauffée [Bayer et Cie, D.R.P. 43515]; dans l'oxydation de l'aldéhyde o-aminobenzoïque [Bamberger, *D. chem. G.*, **36**, 2042, 1903]; dans l'action d'une solution aqueuse de cyanure de K sur le dinitrobenzène [L. de Bruyn et Geims, *Rec. Pays-Bas*, **23**, 26, 1904]; dans l'oxydation de la méthylène-dianiline par le réactif de Caro [Bamberger et Tschirner, *D. chem. G.*, **35**, 714, 1902].

Propriétés. — Changement du point de fusion avec la pression [Hulett, *Zeit. physikal. Chem.*, **28**, 665, 1899; — Heidweiler, *Ann. d. Ph.*, **64**, 728]. Cryoscopie [Auwers, *Zeit. physikal. Chem.*, **30**, 300, 1899; — Garelli et Calzolari, *Accad. dei Lincei*, (5), **8**, 61]. Constante d'ionisation [Hantzsch, *D. chem. G.*, **32**, 3066; — Hollemann et Wilhelmy, *Rec. Pays-Bas*, **21**, 432, 1902]. Conductibilité électrique [Franklin et Kraus, *Am. Chem. Journ.*, **23**, 295, 1906; — Ostwald, *J. prakt. Chem.*, **32**, 353, 1885]. Spectre d'absorption [Baly et Stewart, *Chem. Soc.*, **89**, 502, 1906]. Chaleurs de fusion [Brunner, *D. chem. G.*, **27**, 2106, 1894]; de combustion [Matignon et Deligny, *Bull. Soc. Chim.*, **13**, 1047, 1895]; de neutralisation [Alexejew et Werner, *Journ. Soc. phys. chim. russe*, **21**, 478, 1890]; de dissolution [Timofejew, *Centr. Bl.*, II, 1905, 436].

L'o-nitrophénol réagit sur le chlorure d'aluminium pour former le composé $C^6H^4AzO^2.O.AlCl^2$ [Perrier, *Bull. Soc. Chim.*, **15**, 1182, 1896].

Il se condense avec l'aldéhyde formique pour donner l'alcool oxynitrobenzylique-1.2.4 fusible à 97° [Stœrmer et Behn, *D. chem. G.*, **34**, 2455, 1901].

Sa *pipéridyluréthane* fond à 77° [de la Roche, *Bull. Soc. Chim.*, **29**, 753, 1903].

Sels divers. — Voyez Merz et Ris [*D. chem. G.*, **19**, 1752, 1886]; Monnet et Benda [*Bull. Soc. Chim.*, **19**, 690, 1898]; Frazer [*Am. Chem. Journ.*, **30**, 309, 1903].

L'*éther éthylique* se forme quand on traite l'o-dinitrobenzène par l'éthylate de sodium [Lulofs, *Rec. Pays-Bas*, **20**, 292, 1901]. L'*acide* *o-nitrophénoxyacétique*, $CO^2H.CH^2.O.C^6H^4.AzO^2$ fond à 156°,5 [Pratesi, *Gazz. chim. ital.*, **21**, 403, 1891; — Kym, *J. prakt. Chem.*, **55**, 123, 1897; — Duparc, *D. chem. G.*, **20**, 1944, 1887].

L'o-nitrophénoxyacétone, $CH^3-CO-CH^2.O.C^6H^4.AzO^2$, fond à 69° [Störmer et Brockerhöf, *D. chem. G.*, **30**, 1634, 1897; **31**, 753, 1898].

L'oxyde de phényle et d'o-nitrophényle, $C^6H^5.O.C^6H^4.AzO^2$, est une huile jaune qui bout à 205° sous 45 mm. [Häussermann et Beichmann, *D. chem. G.*, **29**, 1447, 1880, 1896]; à 198-200° sous 15 mm. [Ullmann et Sponagel, *D. chem. G.*, **38**, 2211, 1905].

L'oxyde d'o-nitrophényle, $(C^6H^4AzO^2)^2O$, fond à 114°,5 [Häussermann, *D. chem. G.*, **29**, 2084; **30**, 738].

L'orthoacétate, $CH^3-C(OC^6H^4AzO^2)^3$, fond à 167-168° [Heiber, *D. chem. G.*, **24**, 3680].

L'acétate fond à 40-41° [Böttcher, *D. chem. G.*, **16**, 1934, 1883].

L'aci-o-nitrophénate de méthyle, $O=C^6H^4AzO.OCH^3$, a été obtenu en faisant réagir l'iodure de méthyle sur l'o-nitrophénate d'argent [Hantzsch et Gorbe, *D. chem. G.*, **39**, 1073, 1906].

Ethers divers. — Voyez Bender [*D. chem. G.*, **19**, 2268]; Jenssen [*ibid.*, **24**, 2109]; Lellmann et Benz [*ibid.*, **24**, 2108, 1891]; Lellmann et Bonhöfer [*ibid.*, **20**, 2122]; Leppla [*ibid.*, **20**, 2123, 1887]; Mac Coy [*Am. Chem. Journ.*, **21**, 121, 1899]; Ransom [*ibid.*, **23**, 43]; Bischoff [*D. chem. G.*, **33**, 935, 1593, 1596, 1900; **35**, 4079, 1902]; Auwers [*Lieb. Ann. Chem.*, **332**, 159, 1904]; Bamberger et Rising [*D. chem. G.*, **34**, 228, 1901]; Reverdin et Crepieux [*Bull. Soc. Chim.*, **25**, 1044, 1901].

Sels de mercure [Hantzsch et Auld, *D. chem. G.*, **39**, 1105, 1906].

Le M-NITROPHÉNOL se forme par décomposition du diazoïque de l'acide m-nitroanthranilique-1.2.6 [Siedel, *D. chem. G.*, **34**, 4351, 1901].

Il cristallise en prismes hexagonaux, fusibles à 93° [Fels, *Zeit. f. Krystall.*, **33**, 374, 1900]. Cryoscopie [Auwers, *Zeit. physikal. Chem.*, **30**, 300, 1899]. Chaleur de neutralisation [Alexejew et Werner, *Journ. Soc. phys. chim. russe*, **21**, 479, 1890]. Conductibilité électrique [Ostwald, *J. prakt. Chem.*, **32**, 353, 1885].

L'acide persulfurique le transforme en nitropyrocatéchines 1.2.3 et 1.2.4 et en une huile d'odeur piquante, qui se décompose violemment par la chaleur, probablement un peroxyde succinique [Bamberger et Czerkis, *J. prakt. Chem.*, **68**, 480, 1903]. Il est partiellement transformé en m-aminophénol dans l'organisme [E. Meyer, *Zeit. f. physik. Chem.*, **46**, 497, 1906].

L'éther éthylique fond à 34° et bout à 190° sous 100 mm. [Wagner, *J. prakt. Chem.*, **32**, 71, 1885].

Ethers divers. — Voyez Wagner [*J. prakt. Chem.*, **27**, 201, 1883]; Lellmann et Benz [*D. chem. G.*, **24**, 2109, 1891]; Bischoff [*D. chem. G.*, **33**, 1598, 1900]; Schryver [*Chem. Soc.*, **75**, 667, 1899]; Georgesco [*Centr. Bl.*, I, 1900, 543].

Le P-NITROPHÉNOL se forme par condensation de l'aldéhyde nitromalonique avec l'acétone, en solution alcaline [Hill et Torrey, *Am. Chem. Journ.*, **22**, 109, 1899]. On peut le préparer en saponifiant l'o-nitro-p-toluène-sulfonate d'o-nitrophényle [Gilliard, Monnet et Cartier, D.R.P. 91 314]. Kolbrepf [*Lieb. Ann. Chem.*, **234**, 2, 1886] conseille de le purifier par cristallisation dans l'acide chlorhydrique concentré.

Cryoscopie [Auwers, *Zeit. physikal. Chem.*, **30**, 300, 1899]. Chaleurs : de neutralisation [Alexejew et Werner, *loc. cit.*], de combustion [Matignon et Deligny, *Bull. Soc. Chim.*, **13**, 1047, 1895]. Conductibilité électrique [Ostwald, *J. prakt. Chem.*, **32**, 353, 1899; — Franklin et Kraus, *Am. Chem. Journ.*, **24**, 88, 1900]. Constante de dissociation $= 2,3 \times 10^{-7}$ [Salm, *Zeit. f. Electrochem.*, **12**, 99, 1906].

L'acide persulfurique agit sur le p-nitrophénol, comme sur son isomère ortho [Bamberger et C., *loc. cit.*]. Les sulfites alcalins, en présence d'un sel de cuivre, le transforment en une matière colorante verte [Lepetit, Dollfus et Gausser, D.R.P. 101 577]. On a proposé de l'employer comme indicateur [Spiegel, *D. chem. G.*, **33**, 2641, 1900; — Cavalier, *Bull. Soc. Chim.*, **25**, 903, 1901]. Sa *pipéridyluréthane* fond à 94-95° [de la Roche, *Bull. Soc. Chim.*, **29**, 753, 1903].

Le p-nitrophénol est partiellement transformé dans l'organisme en p-aminophénol [E. Aleger, *Zeit. f. physiol. Chem.*, **46**, 497, 1906].

Le *sel de sodium* cristallise avec $4H^2O$ [Monnet et Benda, *Bull. Soc. Chim.*, **19**, 690, 1898; — Goldschmidt, *Zeit. physikal. Chem.*, **17**, 154, 1895]. Le composé $C^6H^4.AzO^2,OAlCl^2$, fond à 99-100° [Perrier, *Bull. Soc. Chim.*, **15**, 1183, 1896].

L'acide *p-nitrophénoxyacétique* fond à 183-184° [Pratesi, *Gazz. chim. ital.*, **21**, 403, 1891; — Kym, *J. prakt. Chem.*, **55**, 114, 1897; — voyez aussi Fuchs, D.R.P. 96 492; *Centr. Bl.*, I, 1898, 1252; *Act. Ges. f. anilin. F.*, D.R.P. 108 342, *Centr. Bl.*, I, 1900, 1177].

La *p-nitrophénoxyacétone* fond à 81° [Störmer et Brocherhof, *D. chem. G.*, **30**, 1633, 1897].

L'oxyde de phényle et de p-nitrophényle, $C^6H^5.O.C^6H^4AzO^2$, fond à 61° [Häussermann et Teichmann, *D. chem. G.*, **29**, 1446, 1896].

L'oxyde d'o-nitrophényle et de p-nitrophényle fond à 103°.5 [Häussermann et Bauer, *D. chem. G.*, **29**, 2083; **30**, 738].

L'*oxyde de p-nitrophényle* fond à 142°,5-143° [Häussermann et Teichmann, *D. chem. G.*, **29**, 1448, 1896].

Le *phosphate*, $PO^4(C^6H^4AzO^2)^3$, fond à 155° [Rapp, *Lieb. Ann. Chem.*, **224**, 162, 1884]. *Phosphates acides*, voyez Rapp [*loc. cit.*].

L'*acétate* fond à 81-82° [Grandmougin, Nölting et Michel, *D. chem. G.*, **25**, 3336, 1892].

Éthers divers. — Voyez Schall [*J. prakt. Chem.*, **48**, 247, 1893]; Lellmann et Benz [*D. chem. G.*, **24**, 2109, 1891]; Otto [*ibid.*, **20**, 2236, 1887]; Spiegel et Sabbath [*ibid.*, **34**, 1935, 1901]; Bischoff [*ibid.*, **33**, 1600]; Gilliard, Monnet et Cartier [D.R.P. 91 314]; Georgesco [*Centr. Bl.*, I, 1900, 543].

DINITROPHÉNOLS, $C^6H^3(AzO^2)^2.OH$. — Le DINITROPHÉNOL-1.2.3 se forme dans l'action du nitrite d'éthyle sur la dinitro-p-anisidine [Wender, *Gazz. chim. ital.*, **19**, 222, 1889]. Il fond à 144°.

Le DINITROPHÉNOL-1.2.4 se forme quand on chauffe le m-dinitro-p-chlorobenzène et l'acétamide en présence d'acétate de Na à 160° [Kym, *D. chem. G.*, **32**, 3540, 1899; **34**, 3311]; par action des vapeurs nitreuses sur le nitrosophénol [Oliveri-Tortorici, *Gazz. chim. ital.*, **28**, 306, 1898], et sur le phénol [Frankland et Farmer *Chem. Soc.*, **79**, 1356, 1901]; par nitration du p-nitrophénol [Pinnow et Koch, *D. chem. G.*, **30**, 2857, 1897] et du p-nitrosophénol [Robertson, *Chem. Soc.*, **81**, 1475, 1902]; par décomposition aqueuse à 150-160° du chlorure de dinitrophénylpyridine [Zincke, Heuser et Maller, *Lieb. Ann. Chem.*, **330**, 361, 1904].

Il cristallise dans l'acétone en prismes rhombiques fondant à 114-115° [Fels, *Zeit. f. Krystall.*, **32**, 381, 1899]; vitesse de cristallisation [Bogojawlensky, *Zeit. physikal. Chem.*, **27**, 597, 1898]. Ebullioscopie dans Az^2O^4 [Frankland et Farmer, *Chem. Soc.*, **79**, 1356, 1901]. Solubilités [Lobry, *Zeit. physikal. Chem.*, **10**, 784, 1892]. Chauffé avec le soufre et le sulfure de sodium, il donne un colorant noir pour coton [Vidal, D.R.P. 98437; *Centr. Bl.*, II, 1898, 912].

Le *sel d'Am* fond vers 220 [Diepolder, *D. chem. G.*, **29**, 1757, 1896].

Sels divers. — Voyez Lemoult [*Bull. Soc. Chim.*, **27**, 969, 1902]; Cook [*Journ. Amer. Chem. Soc.*, **28**, 608, 1906].

L'éther éthylique, fusible à 86-87°, se forme par action de l'éthylate de Na sur les dinitrobenzènes halogénés correspondants [Zulofs, *Rec. Pays-Bas*, **20**, 292, 1901].

Éthers divers. — Voyez Wilgerodt et Hüetlin [*D. chem. G.*, **17**, 1765, 1884]; Schall [*J. prakt. Chem.*, **48**, 248, 1893]; Pratesi [*Gazz. chim. ital.*, **22**, 213, 1892]; Werner [*D. chem. G.*, **27**, 1656, 1894].

Sels de mercure [Hantzsch et Auld, *D. chem. G.*, **39**, 1105, 1906].

Le DINITROPHÉNOL-1.2.5 fond à 108°; il est volatil avec la vapeur d'eau [Reverdin et Bucky, *D. chem. G.*, **39**, 2679, 1906].

Le DINITROPHÉNOL-1.3.5 se forme, à côté du tétranitro-3.5 azoxybenzène, par ébullition du trinitrobenzène-1.3.5 avec la soude diluée [Lobry de Bruyn, *Rec. Pays-Bas*, **9**, 209; **13**, 153]. Il fond à 122°.

L'éther éthylique fond à 97° [L. de Bruyn, *loc. cit.*; — Herzig et Aigner, *Mon. f. Chem.*, **21**, 443, 1900].

TRINITROPHÉNOL-1.2.4.6, *acide picrique*, $C^6H^2(AzO^2)^3.OH$. — L'acide picrique se forme dans l'action de l'azotite de soude sur le chlorure de picryle en solution dans l'acétone [Kym, *D. chem. G.*, **34**, 3311, 1901]; dans l'oxydation nitrique de l'aloïne [Tschirch et Klavenes, *Arch. Pharm.*, **239**, 231, 1901]; du diiodophénol-1.2.6 [Brenans, *Bull. Soc. Chim.*, **27**, 402, 1902]; quand on chauffe le benzène avec le nitrate de cuivre vers 170-190° pendant 12 à 18 heures [Wassilief, *Journ. Soc. phys. chim. russe*, **34**, 33, 1902]. On le prépare en traitant les acides mono-, di- ou trisulfoniques par l'acide nitrique fumant [Arche et Eisenmann, D.R.P. 51321; — Kohler, D.R.P. 67074; — L. de Berg, D.R.P. 51321].

L'acide picrique cristallise dans l'alcool en tables hémimorphes [Fels, *Zeit. f. Krystall.*, **32**, 385, 1899]; vitesse de cristallisation [Bogojawlensky, *Zeit physikal. Chem.*, **27**, 595, 1898]. Son poids moléculaire a été vérifié par la cryoscopie dans Az^2O^4 [Bruni et Berti, *Gazz. chim. ital.*, **30**, 151, 1900; — Frankland et Farmer, *Chem. Soc.*, **79**, 1356, 1901]. Solubilités: dans l'eau [Dolinski, *D. chem. G.*, **38**, 1835, 1905; — Findlay, *Chem. Soc.*, **81**, 1217, 1902]; dans l'éther [E. Cobet, *Apoth. Zeit.*, **20**, 1046; **21**, 74, 1906]; dans SO^2 liquide [Walden, *D. chem. G.*, **32**, 2864, 1899]; dans le cyanogène liquide [Tsentuerschwer, *Journ. Soc. phys. chim. russe*, **33**, 545, 1901]; dans divers solvants [Sisley, *Bull. Soc. Chim.*, **27**, 355, 904, 1902; — Marckwald, *D. chem. G.*, **33**, 1128, 1900]. En solution dans l'acide formique, il paraît dissocié [Kym, *D. chem. G.*, **33**, 76, 1900]. Coefficient de partage entre l'eau et l'alcool amylique [H. Fischer et Hey, *D. chem. G.*, **37**, 4746, 1904]; entre divers solvants, acides acétique et chloracétique d'une part, $CHCl^3$, $CHBr^3$, CCl^4, CS^2 d'autre part [Herz et Lewy, *Zeit. f. Electrochem.*, II, 818, 1905]. Réfraction moléculaire [Kannonikow, *J. prakt. Chem.*, **31**, 348, 1885]. Spectre d'absorption en solution alcoolique [Spring, *Rec. Pays-Bas*, **16**, 1, 1897]. Conductibilité électrique [Ostwald, *J. prakt. Chem.*, **32**, 354, 1885]. Chaleur de formation, 189 cal. [Tommasi, *Bull. Soc. Chim.*, **29**, 858, 1903]. Dissociation électrolytique [Rothmund et Drucker, *Zeit. physikal. Chem.*, **46**, 827, 1904].

En présence d'hélianthine et de phtaléine il se comporte comme un acide monobasique [Imbert et Astruc, *C. R.*, **130**, 36, 1900].

L'acide picrique traité par le cyanure de K fournit de l'isopurpurate de K [Varet, *Bull. Soc. Chim.*, **5**, 482, 1891; — Borsche et Bœcker, *D. chem. G.*, **37**, 4388, 1904]. Il peut former des produits d'addition avec différents carbures [Bruni et Carpené, *Gazz. chim. ital.*, **28**, 71, 1898; — Kurilow, *Zeit physikal. Chem.*, **23**, 676, 1897; Kaufmann, *D. chem. G.*, **29**, 76, 1896; — Töhl, *ibid.*, **21**, 905, 1888; — Jacobson, *ibid.*, **20**, 898; — Gödike, *ibid.*, **126**, 3043, 1893]. Chauffé avec les amines aromatiques et leurs chlorhydrates, il donne des matières colorantes [Brauns, D.R.P. 84293, 84294]. La *diphénylcarbazide*, $CO(AzH-AzH-C^6H^5)^2.O.C^6H^3(AzO^2)^3$, fond à 98° [Cazeneuve, *Bull. Soc. Chim.*, **25**, 453, 1901].

Pour doser l'acide picrique, on le précipite à l'état de picrate d'acridine [Anschütz, *D. chem. G.*, **17**, 439, 1884]. En solution très diluée l'acide picrique peut être précipité à l'état de picrate de « nitrone » [Busch et Mehrtens, *D. chem. G.*, **38**, 4049, 1905].

Sels. — Le *picrate de sodium* est soluble dans 80 parties d'alcool froid [Hager, *Zeit. anal. Chem.*, **21**, 408, 1882]; d'après Reichard [*Zeit. anal. Chem.*, **43**, 269, 1904] il serait précipité par un excès de carbonate de soude (?). Le *peroxyde*, $C^6H^2(AzO^2)^3O.ONa$, s'obtient en traitant le chlorure de picryle par le bioxyde de sodium; il forme des prismes fusibles à 154°, qui sont explosifs [Voswinkel, D.R.P. 96855; *Centr. Bl.*, II, 1898, 160].

Le *picrate d'Am* absorbe à 0° une molécule d'AzH^3 [Reychler, *D. chem. G.*, **17**, 2265, 1884]. Le *picrate d'ytterbium* cristallise avec $8H^2O$ [Clève, *Zeit. anorg. Chem.*, **32**, 129, 1902]. Le *picrate de thallium* est dimorphe [Rabe, *Zeit. physikal. Chem.*, **38**, 175, 1901].

Le *picrate de mercure* cristallise avec $2H^2O$; par ébullition avec l'eau il se transforme en une sorte d'anhydride,

$$O = C^6H^2(AzO^2)^2 \begin{matrix} \nearrow AzO \searrow \\ \searrow Hg \nearrow \end{matrix} O$$

dans lequel les réactions du mercure sont masquées, et que l'acide chlorhydrique transforme en *chloropicrate de mercure*, $KO.C^6H^2(AzO^2)^3.HgCl$, fusible à 118° [Hantzsch et Auld, *D. chem. G.*, **39**, 1105, 1906].

Le *picrate d'hydrazine* fond à 181° [Rothenburg, *D. chem. G.*, **27**, 660, 1894].

Nous ne décrirons pas les nombreux picrates de bases organiques qui sont des dérivés immédiats et caractéristiques de ces dernières.

Éthers. — Le *picrate d'éthyle* fond à 80° [Blanksma, *Rec. Pays-Bas*, **24**, 40, 1905]. Il forme une combinaison équimoléculaire avec l'éthylate de sodium [Jakson et Boos, *Am. Chem. Journ.*, **20**, 449, 1898].

Le *trinitrophénoxyacétate d'éthyle*, $C^6H^2(AzO^2)^3.O.CH^2.CO^2C^2H^5$, fond à 102° [Buchner, *D. chem. G.*, **27**, 3250, 1894].

Le *picrate de propyle* fond à 43°. Le *picrate d'isoamyle* fond à 68-69° [Jakson et Boos, *Am. chem. Journ.*, **20**, 451].

Le *picrate de phényle* fond à 153° [Jakson et Earle, *Am. chem. Journ.*, **29**, 212, 1903]. Le *picrate d'o-nitrophényle* à 172-173°; le *picrate de p-nitrophényle* à 153° [Willgerodt, *D. chem. G.*, **17**, 1766, 1884]. Le *picrate de pentanitrophényle* fond à 210° [Chem. Fabr. Griesheim, D.R.P. 81970].

L'acétate de picryle, fusible à 75-76°, réagit sur le diazométhane pour donner de l'*acétate de picryle triméthylénique*. $(CH^2)^3.(AzO^2)^3.C^6H^2.O.CO.CH^3$, fusible à 140-141°, et un dérivé du pyrazol [Heinke, *D. chem. G.*, **31**, 1400, 1898; — Pechmann, *ibid.*, **33**, 629, 1900].

L'*aci-trinitrophénate de méthyle*. $O=C^6H^2(AzO^2)^2.Az-O-OCH^3$, fond à 40-42°.

L'*aci-trinitrophénate d'éthyle* fond à 50-52° [Hantzsch et Gorke, *D. chem. G.*, **39**, 1073, 1906].

TÉTRANITROPHÉNOL-1.2.3.4.6, $C^6H(AzO^2)^4OH$. — Il se forme par oxydation nitrique de la quinone-trioxime. $C^6H^2:O.(AzOH)^3$; il cristallise en aiguilles jaune d'or fondant, souvent avec explosion, à 130° [Nietzki et Blumenthal, *D. chem. G.*, **30**, 184]; à 140° [Blanksma, *Rec. Pays-Bas*, **21**, 254, 1902]. Par ébullition avec l'eau il se transforme en trinitrorésorcine.

Tétranitrophénol-1.2.3.5.6. — *L'éther éthylique* fond à 115° [Blanksma, *Rec. Pays-Bas*, **24**, 40, 1905].

PENTANITROPHÉNOL. $C^6(AzO^2)^5.OH$. — On le prépare en nitrant le dinitrophénol-1.3.5. Il fond à 190°. L'eau bouillante le transforme en trinitrophloroglucine [Blanksma, *Rec. Pays-Bas*, **21**, 254, 1902].

CHLORONITROPHÉNOLS.

Chloro-4-nitro-2-phénol. — Le sel de Na réagit sur la chloracétone pour donner la chloronitrophénacétone. $AzO^2.C^6H^2.Cl.O.CH^2.CO-CH^3$, fusible à 86° [Störmer et Franke, *D. chem. G.*, **31**, 758, 1898].

Chloro-6-nitro-3-phénol. — Par chloruration du m-nitrophénol, Schlieper [*D. chem. G.*, **26**, 2466, 1893] a obtenu un chloronitrophénol fusible à 120°, qu'il envisage comme chloré en 2; ce composé serait en réalité chloré en 6 [Meldola, Wolcoot et Wrouz, *Chem. Soc.*, **69**, 1326, 1896]. *L'acétate* fond à 83-85°.

Chloro-2-nitro-4-phénol. — *L'éther éthylique* fond à 82° [Reverdin et Düring, *D. chem. G.*, **32**, 156, 1899]. *L'acétate* fond à 63° [Meldola, *loc. cit.*].

Chloro-4-nitro-3-phénol. — On l'obtient au moyen du nitro-3-amino-4-phénol, par substitution de Cl à AzH^2. Il fond à 126-127° [Meldola, *Chem. Soc.*, **69**, 1322]. *L'éther éthylique* cristallise en aiguilles jaunâtres [Reverdin et Düring, *D. chem. G.*, **32**, 157].

CHLORODINITROPHÉNOLS. — Le *chloro-4-dinitro-2.6-phénol* se forme comme produit secondaire dans la nitration du p-chloroanisol [Reverdin et Eckhard, *D. chem. G.*, **32**, 2623, 1899]. Il fond à 81°,5-82° [Fels, *Zeit. f. Krystall.*, **32**, 382, 1899].

Le *chloro-6-dinitro-2.4-phénol* a été reproduit au moyen de l'acide picramique; il fond à 109° [Aloy et Frébault, *Bull. Soc. Chim.*, **33**, 497, 1905]; à 96° [Zehenter, *Mon. f. Chem.*, **6**, 527, 1885].

Un *chloro-3-dinitro-(?)-phénol* a été obtenu à l'état d'éther méthylique, fusible à 102-104°, par nitration de l'anisol [Reverdin et Philipp, *D. chem. G.*, **38**, 3734, 1905].

Chloro-3-dinitro-4.6-phénol. — *L'éther éthylique*, $C^6H^2Cl(AzO^2)^2.O.C^2H^5$, se forme par action de la potasse alcoolique sur le chlorotrinitrobenzène [Nietzki et Zänker, *D. chem. G.*, **36**, 3953, 1903]; il fond à 63° [Blanksma, *Rec. Pays-Bas*, **21**, 287; **23**, 118, 1904].

Le CHLORO-3-TRINITRO-2.4.6-PHÉNOL, ou *chlorure de picryle*, $C^6HCl(AzO^2)^3.OH$, obtenu par nitration du m-chlorophénol, fond à 119° [Tijmstra, *Rec. Pays-Bas*, **21**, 292, 1902]. Il réagit sur les thiocyanates et les alcools pour donner des pseudothiouréthanes Pi. Az.C(SH)OX, qui sont transformés, par un excès de chlorure de picryle, en picriminothiocarbonates, Pi.AzH.CO.OX [Crocker et Louve, *Chem. Soc.*, **85**, 646, 1904].

Il forme avec les bases organiques divers produits d'addition [Sudborough et Pictou, *Chem. Soc.*, **89**, 583, 1906], ainsi qu'avec les hydrazones [Crusa et Agostinelli, *Atti R. Accad. dei Lincei*, **15**, 238, 1906].

Un *chloro-2-dinitro-(?)-phénol* a été obtenu à l'état d'*éther méthylique*, fusible à 79°, par nitration de l'o-chloroanisol [Reverdin et Philipp, *D. chem. G.*, **38**, 3774, 1905].

DICHLORONITROPHÉNOLS. — Le *dichloro-2.5-nitro-4-phénol* se forme par oxydation nitrique du dichloro-2.5-nitroso-4-phénol; il fond à 115-116° [Kehrmann, *D. chem. G.*, **21**, 3319, 1888].

Le *dichloro-4.6-nitro-2-phénol*, obtenu par chloruration de l'o-nitrophénol [Tarugi, *Gazz. chim. ital.*, **30**, 489, 1900], cristallise dans l'éther en prismes monocliniques [Fels, *Zeit. f. Krist.*, **32**, 398, 1900].

Le *dichloro-2.6-nitro*-4-phénol a été obtenu de nouveau par nitration du dichloro-2.6-phénol, et par chloruration du p-nitrophénol [Tarugi, *Gazz. chim. ital.*, **30**, 491, 1900].

Le *dichloro-2.5-nitro-6-phénol* (?) fond à 125° [Lassar-Cohn et Schultze, *D. chem. G.*, **38**, 3294, 1905].

Le DICHLORO-2.4-DINITRO-3.6-PHÉNOL (?) se forme dans la nitration du propionate de dichloro-2.4-phénol; il fond à 105-106 [Garzino, *D. chem. G.*, **25**, 120, 1892].

Le TRICHLORO-2.4.6-NITRO-3-PHÉNOL fond à 69° [Daccomo, *D. chem. G.*, **18**, 1164, 1173, 1885].

Le *trichloro-2.3.5-nitro-4-phénol*, obtenu par nitration du trichloro-2.3.5-phénol, fond en se décomposant à 146°. Son *éther éthylique* fond à 68-69° [Lampert, *J. f. prakt. Chem.*, **33**, 382, 1886].

BROMONITROPHÉNOLS,

Le *bromo-4-nitro-2-phénol* se forme par action de l'acide azoteux sur le p-bromophénol [Dahmer, *Ann. Chem.*, **333**, 346, 1904]. Son *éther éthylique* fond à 43° [Städel, *Ann. Chem.*, **217**, 57, 1883]; à 66° [Reverdin et Düring, *D. chem. G.*, **32**, 160, 1899].

Le *bromo-2-nitro-4-phénol*, obtenu par nitration de l'o-bromophénol, en solution acétique, fond à 112° [Meldola et Streatfield, *Chem. Soc.*, **73**, 685, 1898], 113-114° [Diels et Bunzl, *D. chem. G.*, **38**, 1486, 1905]. Son *éther éthylique* fond à 98° [Städel, *loc. cit.*; — Reverdin et D., *loc. cit.*; — Piutti, *D. chem. G.*, **30**, 1173, 1897].

Le *bromo-6-nitro-2-phénol* se forme en même temps que le précédent; il fond à 67-68° [Meldola et S., *loc. cit.*].

Le *bromo-x-nitro-3-phénol* se forme quand on traite le m-nitro-phénol par le brome; il fond à 147°. Son *éther éthylique* fond à 57° [Pfuff, *D. chem. G.*, **16**, 612, 1883; — Lindner, *D. chem. G.*, **18**, 612, 1885].

BROMODINITROPHÉNOLS. — Le *bromo-2-dinitro-4.6-phénol* se rencontre en faible quantité dans les produits de nitration de l'o-bromophénol [Meldola et S., *loc. cit.*].

Le *bromo-4-dinitro-2.6-phénol* se forme par bromuration du dinitro-2.6-phénol, à froid [Gordon, *D. chem. G.*, **25**, 746, 1892].

Le *bromo-6-dinitro-2.4-phénol* s'obtient en chauffant au bain-marie l'acide dibromo-3.5-salicylique avec du brome; il fond à 117° [Robertson, *Chem. Soc.*, **81**, 1475, 1902].

Le BROMO-3-TRINITRO-2.4.6-PHÉNOL, obtenu par nitration du m-bromophénol, fond à 144° [Tijmstra, *Rec. Pays-Bas*, **21**, 292, 1902].

DIBROMONITROPHÉNOLS. — Le *dibromo-4.6-nitro-2-phénol* se forme par nitration du dibromophénol [Zincke, *J. prakt. Chem.*, **61**, 565, 1900]; par action du nitrite d'éthyle sur le tribromophénol [Thiele et Eichwede, *Ann. Chem.*, **311**, 373, 1900]; et quand on traite l'o-nitrophénol par le brome en présence de 1 0/0 d'aluminium [Bodroux, *C. R.*, **126**, 1285, 1898]. Il fond à 117-118° [*Chem. Soc.*, **81**, 149; **55**, 61, 1889]. — Son *éther éthylique* fond à 46° [Städel, *Ann. Chem.*, **217**, 57, 1883].

Le *dibromo-2.6-nitro-4-phénol* s'obtient par bromuration du p-nitrophénol [Möhlau et Uhlmann, *Ann. Chem.*, **289**, 94, 1895; — Bodroux, *loc. cit.*]; et dans l'action du brome sur les acides nitro-3 et 5-salicyliques [Lellmann et Grothmann, *D. chem. G.*, **17**, 2731, 1884]. Il fond à 141°. — Son *éther éthylique* fond à 108° [Städel, *Ann. chem.*, **217**, 67, 1883], à 58-59° [Jackson et Fiske, *D. chem. G.*, **35**, 1130, 1902]. — Son *acétate* fond à 178°.5 [Nölting, Grandmougin et Michel, *D. chem. G.*, **25**, 3335, 1892].

Le *dibromo-2.5-nitro-6-phénol* fond à 77° [Jackson et Calhane, *Am. Chem. Journ.*, **28**, 451, 1903]. — Son *éther éthylique* fond à 45°.

Le *dibromo-2.4-nitro-6-phénol* fond à 117° [Dahmer, *Ann. Chem.*, **333**, 346, 1904].

Le *dibromo-4.6-nitro-3-(?)-phénol* fond à 90-91°. — Le *propionate* fond à 54-55° [Garzino, *D. chem. G.*, **25**, 120, 1892].

Le *dibromo-(?)-nitro-3-phénol*, obtenu en traitant le m-nitrophénol par le brome, fond à 91°. — Son *éther éthylique* fond à 110° [Lindner, *D. chem. G.*, **18**, 613, 1885].

L'*éther éthylique du dibromo-3.5-nitro-2* ou *4-phénol*, obtenu dans l'action de l'éthylate de sodium sur le tribromo-2.4.6-nitrobenzène, fond à 91°.5 [Jackson et Bentley, *Am. Chem. Journ.*, **14**, 364, 1892].

Le *dibromo-3.5-dinitro-2.6-phénol* a été obtenu par ébullition du tribromo-2.4.6-dinitrobenzène avec la soude aqueuse [Jackson et Warren, *Am. Chem. Journ.*, **16**, 33, 1893]. Il fond à 147-148°; à 146-146°.5 [Garzino, *D. chem. G.*, **25**, 120, 1892].

TRIBROMONITROPHÉNOLS. — Le *tribromo-2.4.6-nitro-3-phénol* se forme par action du brome sur le m-nitrophénol. Il fond à 85° [Lindner, *D. chem. G.*, **18**, 614, 1885], à 89° [Daccomo, *D. chem. G.*, **18**, 1167], ou à 90° [Jackson et Koch, *Am. Chem. Journ.*, **21**, 526, 1899]. — Son *éther éthylique* fond à 79° (Lindner).

Le *tribromo-2.3.4-nitro-6-phénol*, obtenu par ébullition du tribromodinitrobenzène avec la soude aqueuse, fond à 120-121° [Jackson et Fiske, *Am. Chem. Journ.*, **30**, 53, 1903].

Le *tribromo-2.5.6* ou *2.4.5-nitro-3-phénol* fond à 158° [Jackson et Gallivan, *Am. Chem. Journ.*, **20**, 188, 1898].

Le TRIBROMODINITROPHÉNOL fond à 194° [Jackson et Warren, *Am. Chem. Journ.*, **16**, 29, 1894]. — Son *éther éthylique* fond à 147° [Jackson et W., *Am. Chem. Journ.*, **13**, 187, 1891].

CHLOROBROMONITROPHÉNOLS. — Le *chloro-4-bromo-2-nitro-6-phénol* s'obtient en traitant le chloro-4-nitro-2 phénol par le brome, en solution acétique. Il fond à 152° [Ling, *Chem. Soc.*, **51**, 787; **55**, 60, 588, 1889].

Le *chloro-2-bromo-4-nitro-6-phénol* fond à 114° [Ling, *Chem. Soc.*, **51**, 789; **55**, 587, 590].

Le *chloro-2-bromo-6-nitro-4-phénol* fond à 197° [Ling, *Chem. Soc.*, **55**, 57; — Clark, *Am. Chem. Journ.*, **14**, 563, 1892].

Dichloro-2.4-bromo-6-nitro-x-phénol. — Le *propionate* fond à 88°.5-89° [Garzino, *D. chem. G.*, **25**, 121, 1892].

IODONITROPHÉNOLS.

Iodo-4-nitro-3-phénol. — On le prépare au moyen du nitro-3-amino-4-phénol. Il fond à 156° [Hähle, *J. f. prakt. Chem.*, **43**, 72, 1891]. — L'*éther éthylique* fond à 63°.5 [Hähle, *loc. cit.*; Reverdin, *D. chem. G.*, **29**, 2597, 1896]. — L'*acétate* fond à 107°,5.

Iodo-2-nitro-4-phénol. — L'*éther éthylique* fond à 96° [Reverdin, *D. chem. G.*, **29**, 2596].

Iodo-2-nitro-3-phénol (?). — Il a été obtenu en faisant réagir l'iode sur le m-nitrophénol en présence d'oxyde de mercure; il fond à 134° [Schlieper, *D. chem. G.*, **26**, 2467, 1893].

Iodo-6-nitro-2-phénol. — Ce composé se trouve dans les produits de nitration du diiodophénol-1.2.6. Il a d'abord été obtenu par Busch [*D. chem. G.*, **7**, 462], qui le regardait comme iodé en 5, et fusible à 90-91°. Sa constitution a été démontrée par Brenans [*Bull. Soc. Chim.*, **27**, 163, 401, 1902]; il fond à 110°. Son *acétate* fond à 96-97°.

Un *iodo-3-dinitro-(?)-phénol* a été obtenu à l'état d'éther méthylique fusible à 102° par nitration de l'anisol [Reverdin et Philipp, *D. chem. G.*, **38**, 3774, 1905].

DIIODO-2.6-NITRO-4-PHÉNOL. — Il a été obtenu de nouveau par nitration du diiodophénol-1.2.6 [Brenans, *loc. cit.*]. — Son *acétate* fond à 194-195°.

Le *diiodo-2.4-nitro-6-phénol* cristallise dans l'acétone en prismes monocliniques, fusibles à 110° [Fels, *Zeit. f. Krüst.*, **32**, 400, 1899].

AMINOPHÉNOLS.

ORTHO-AMINOPHÉNOL, $C^6H^4AzH^2{}_2OH_1$. — L'o-aminophénol se forme dans l'action de la lessive de soude sur le nitrosobenzène [Bamberger, *D. chem. G.*, **33**, 1939, 1900]; par ébullition aqueuse de l'o-nitrophénol avec la poudre de zinc [Bamberger, *D. chem. G.*, **28**, 251, 1895]; par action de l'acide sulfurique sur une solution alcoolique de phénylhydroxylamine [Bamberger et Lagutt, *D. chem. G.*, **31**, 150, 1898]; dans la réduction du nitrooxy-azoxybenzène [Bamberger et Hubner, *D. chem. G.*, **30**, 3803, 1903]; dans l'oxydation de l'aldéhyde o-aminobenzoïque par le réactif de Caro, en présence de magnésie [Bamberger, *D. chem. G.*, **36**, 2042, 1903]; par réduction du pipéridylcarbamate d'o-nitrophényle [de la Roche, *Bull. Soc. Chim.*, **29**, 756, 1903].

On le prépare en agitant pendant 3 à 4 heures 1 partie d'o-nitrophénol dissous dans 10 parties d'alcool additionnées de 2 à 3 parties d'eau, avec l'amalgame d'aluminium [Wislicenus et Kaufmann, *D. chem. G.*, **28**, 1326, 1895].

L'o-aminophénol est partiellement transformé en pyrocatéchine par une longue ébullition avec l'acide sulfurique à 20 0/0 [Meyer, *D. chem. G.*, **30**, 2569, 1897]. Oxydé par le ferricyanure de potassium ou par $FeCl^3$, il fournit de l'oxybenzène azoxindone [Diepolder, *D. chem. G.*, **35**, 2816, 1902]; oxydation par l'air [Kehrmann, *D. chem. G.*, **39**, 134, 1906]. L'acide monopersulfurique donne avec l'o-nitrophénol un corps en aiguilles rouges fusibles à 156°.5, et une huile brune soluble en vert dans les solvants organiques [Bamberger et Czerkeis, *J. prakt. Chem.*, **68**, 473, 1903]. Le bromure de cyanogène le transforme en isoorthophénylénurée,

$$C^6H^4 {<}^{AzH}_{O}{>} C = AzH$$

fusible à 129° [Pierron, *Bull. Soc. Chim.*, **31**, 842, 1904]. Condensé avec le biacétyle, il donne une combinaison, $C^{16}H^{16}O^2Az^2$, fusible à 239-240° [Kehrmann, *D. chem. G.*, **28**, 343, 1895; avec le nitrosobenzène il donne une dioxazone [Krause, *D. chem. G.*, **32**, 126, 1899; — voyez aussi Kehrmann et Barche, *D. chem. G.*, **33**, 3067, 1900]. Le *phosphate* est facilement soluble dans l'eau [Raikow et Schtarbanow, *Chem. Zeit.*, **25**, 245].

Le *p-tolylsulfonate* fond à 101°,5 [Bamberger et Rising, *D. chem. G.*, **34**, 228, 1901].

L'o-aminophénol est utilisé dans la préparation des matières colorantes [*Act. Ges.*, *f. anilinf.*, D.R.P. 59 964; — Vidal, D.R.P. 85 330; — Erdmann et Borgmann, D.R.P. 78 409]; pour la teinture des cheveux [*Act. Ges.*, D.R.P. 103 505].

L'oxyde de phényle et d'o-aminophényle, $C^6H^5.O.C^6H^4.AzH^2$, fond à 42°,5-43° et bout à 307-308° sous 728 mm. [Ullmann, *D. chem. G.*, **29**, 1881, 1896].

L'oxyde d'o-aminophényle, $O(C^6H^4AzH^2)^2$, fond à 60° [Häussermann et Bauer, *D. chem. G.*, **30**, 738, 1897].

o-Méthylaminophénol, $OH.C^6H^4.AzHCH^3$. — Il se forme par hydrolyse de l'o-méthylanisidine au moyen de l'acide chlorhydrique [Diepolder, *D. chem. G.*, **32**, 3519, 1899]. On le prépare en chauffant le carbonylméthylaminophénol à 180° avec HCl concentré [Ransom, *Am. Chem. Journ.*, **23**, 34, 1900]. Il fond à 80° [Seidel, *J. prakt. Chem.*, **42**, 453, 1890]. Il donne une coloration rouge foncée avec $FeCl^3$ [Wheeler et Barnes, *Am. Chem. Journ.*, **20**, 562, 1897].

o-Diméthylaminophénol, $OH.C^6H^4.Az(CH^3)^2$. — Il se forme quand on chauffe à 185° l'o-aminophénol avec HCl et l'alcool méthylique [Pinnow, *D. chem. G.*, **32**, 1405, 1899]; en faible quantité dans la diazotation de l'o-aminodiméthylaniline [Bamberger et Tschirner, *D. chem. G.*, **32**, 1895, 1907, 1899]. Il distille à 199-200° (Pinnow). — Dérivés, voyez Knorr [*D. chem. G.*, **32**, 733].

o-Éthylaminophénol, $OH.C^6H^4AzH(C^2H^5)$. — Il a été obtenu de même façon que l'o-méthylaminophénol, au moyen de l'o éthylanisidine [Diepolder, *D. chem. G.*, **31**, 495, 1898]. Il fond à 107°,5 [Seidel, *J. prakt. Chem.*, **42**, 449, 1890]. Son *éther éthylique* bout à 238° [Friedländer et Dinesmann, *Mon. f. Chem.*, **19**, 633, 1898].

L'aminoéthyl-o-aminophénol, $OH.C^6H^4.AzH.CH^2-CH^2.AzH^2$, fond à 154° et bout à 280-285° [Dieffenbach, *D. chem. G.*, **27**, 930, 1894].

Le *chloréthyl-o-aminophénol*, $OH.C^6H^4AzH.CH^2.CH^2Cl$, se forme quand on chauffe l'o-éthoxylanisidine avec HCl fumant à 160°. Par ébullition avec les lessives alcalines, il donne la *phénomorpholine* (voyez ce mot) [Knorr, *D. chem. G.*, **22**, 2096, 1889].

o-Diéthylaminophénol. — Son *éther éthylique*, $C^2H^5O.C^6H^4Az(C^2H^5)^2$, bout à 231-233° [Friedländer et Dinesmann, *Mon. f. Chem.*, **19**, 634].

o-Phénylaminophénol ou *α-oxydiphénylamine*, $OH.C^6H^4.AzH.C^6H^5$. — On le prépare en chauffant 24 heures à 180° 50 gr. d'aniline avec 50 gr. de pyrocatéchine et 35 gr. de CO^3Ca, dans un tube plein de gaz carbonique. Il fond à 68° [Deninger, *J. prakt. Chem.*, **50**, 89, 1894]. Dérivés nitrés, voyez Nietzki et Schündelen [*D. chem. G.*, **24**, 3588, 1891]; Schöppf [*D. chem. G.*, **22**, 900, 1889]; Turpin [*Chem. Soc.*, **59**, 720, 1891].

o-Dibenzylaménophénol — Son *chlorhydrate*, obtenu en faisant réagir le chlorure de benzyle sur l'o-aminophénol, fond à 200-205° [Bakunin, *Gazz. chim. ital.*, **36**, 211, 1906].

o-Formylaminophénol, $OH.C^6H^4.AzHCOH$. — On le prépare en faisant réagir l'anhydride mixte formo-acétique sur l'o-aminophénol [Béhal, *Ann. Chim. Phys.*, **20**, 428, 1900; D.R.P. 115 334]. Il fond à 125°. Ce composé se déshydrate facilement pour donner du *benzoxazol*, fusible à 30°,5 [Niementowsky, *D. chem. G.*, **30**, 3064]; (voyez Oxazols).

o-Acétylaminophénol, $OH.C^6H^4.AzH.CO.CH^3$. — Il se produit lorsqu'on dissout l'o-aminophénol dans l'anhydride acétique; il suffit ensuite de le précipiter par l'eau. Il cristallise dans l'aniline en aiguilles fusibles à 201° [Zincke et Hebebrand, *Ann. Chem.*, **226**, 69, 1885; — Niementowski, *D. chem. G.*, **30**, 3070, 1893]; à 205°,5 [Lees et Shedden, *Chem. Soc.*, **85**, 750, 1903]. Si l'o-aminophénol est traité par l'anhydride acétique à l'ébullition, on obtient l'éthénylaminophénol ou méthylbenzoxazol [Lumière et Barbier, *Bull. Soc. Chim.*, **33**, 784, 1905].

Son *éther éthylique*, ou *o-phénacétine*, fond à 79° [Reverdin et Düring, *D. chem. G.*, **32**, 159, 1899]. Le *chloracétaminophénol*, $OH.C^6H^4AzH-CO-CH^2Cl$, fond à 136° [Aschan, *D. chem. G.*, **20**, 1524, 1887].

o-Acrylaminophénol, $OH.C^6H^4.AzH.OC^3H^3$. — Il fond à 123-124° [Moureu, *Bull. Soc. Chim.*, **9**, 423, 1893].

o-az-Diacétyl-o-aminophénol, $C^2H^3.O^2.C^6H^4.AzH.OC^2H^3$. — Il fond à 123-124° [Meldola, Woolcott et Wray, *Chem. Soc.*, **69**, 1323, 1896].

L'o-laurylaminophénol, $OH.C^6H^4.AzH.COC^{11}H^{23}$, fond à 68-69°. *L'o-palmitylaminophénol* fond à 78-79° [Auwers, *Ann. Chem.*, **332**, 159, 1904].

L'o-benzoylaminophénol, $OH.C^6H^4.AzH.CO.C^6H^5$, fond à 167° [Böttcher, *D. chem. G.*, **16**, 630, 1883].

L'isobutyrate d'o-aminophénol, $(CH^3)^2.CH.CO.OC^6H^4.AzH^2$, fond à 112-115° et bout à 170° sous 23 mm. [Bischoff, *ibid.*, **30**, 2928, 1897].

Le *carbonate d'éthyle et d'o-aminophényle*, $C^2H^5.O.CO.O.C^6H^4AzH^2$, obtenu par réduction du dérivé nitré correspondant, est une huile qui se transforme spontanément en *o-oxyphényluréthane*, $OH.C^6H^4AzH.CO^2C^2H^5$, fusible à 77-78° [Ransom, *D. chem. G.*, **31**, 1055, 1268; *Am. Chem. Journ.*, **23**, 1, 1900].

Carbonylaminophénol ou *o-oxycarbanile*,

$$C^6H^4 \begin{matrix} \diagup AzH \diagdown \\ \diagdown O \diagup \end{matrix} CO \quad \text{ou} \quad C^6H^4 \begin{matrix} \diagup Az \diagdown\!\!\diagdown \\ \diagdown O \diagup \end{matrix} C-OH$$

— Le *carbonylaminophénol* se forme : quand on chauffe l'oxyphénylurée [Kalckhoff, *D. chem. G.*, **16**, 1828, 1883]; par action des alcalis sur l'o-oxydiphénylurée [Leuckart, *J. prakt. Chem.*, **41**, 327, 1890]; par distillation du carbonate d'éthyle et d'o-aminophényle [Bender, *D. chem. G.*, **19**, 2269, 2951, 1886]; par fusion de l'urée avec l'o-aminophénol, jusqu'à dégagement d'AzH^3 [Sandmeyer, *D. chem. G.*, **19**, 2656]; dans la réaction de l'oxychlorure de carbone sur l'o-aminophénol [Chetmicki, *D. chem. G.*, **20**, 177; — Jacoby, *J. prakt. Chem.*, **37**, 29, 1888]; quand on chauffe 8 à 10 heures à 190° le diphénylcarbamate d'o-aminophényle [Lellmann et Bonhöffer, *D. chem. G.*, **20**, 2126]; quand on chauffe la benzoyl-o-oxyphényluréthane [Ransom, *D. chem. G.*, **31**, 1063, 1268, 1898].

Il cristallise en lamelles fusibles à 141-142° [Leuckart]; à 137-139°,5 (Ransom). Son spectre d'absorption a été examiné par Hartley et Dobbie, *Chem. Soc.*, **77**, 840, 1900]; il indiquerait une constitution lactamique. Chauffé à 150° avec l'acide chlorhydrique concentré, il régénère l'o-aminophénol avec départ de CO^2. Le chlore le transforme en dérivés chlorés :

$$C^6H^4 \begin{matrix} \diagup AzCl \diagdown \\ \diagdown O \diagup \end{matrix} CO \quad , \quad C^6H^3Cl \begin{matrix} \diagup AzCl \diagdown \\ \diagdown O \diagup \end{matrix} CO \quad ,\ldots$$

La phénylhydrazine donne un dérivé $C^{13}H^{11}Az^{3}O$, fusible à 280°.

L'o-oxycarbanile est vénéneux.

Le *dérivé az-méthylé*,

$$C^{6}H^{4} \left\langle \begin{matrix} AzCH^{3} \\ O \end{matrix} \right\rangle CO$$

fond à 86° [Ransom, *Am. Chem. Journ.*, **23**, 33, 1900]. Le *dérivé az-éthylé* fond à 29° [Bender, *loc. cit.*]. Le *dérivé az-acétylé* fond à 95° [Kalckhoff, Bender, *loc. cit.*].

L'*éther éthylique*, de la forme lactimique

$$C^{6}H^{4} \left\langle \begin{matrix} Az \\ O \end{matrix} \right\rangle OC^{2}H^{5},$$

obtenu en faisant réagir l'éthylate de sodium sur le chlorométhénylaminophénol,

$$C^{6}H^{4} \left\langle \begin{matrix} Az \\ O \end{matrix} \right\rangle CCl,$$

[Mac Coy, *Am. Chem. Journ.*, **25**, 122, 1899], est un liquide volatil avec la vapeur d'eau, qui bout vers 215-230° [Sandmeyer, *loc. cit.*].

L'*éther phénylique* fond à 56° et bout à 310° [Seidel, *J. prakt. Chem.*, **42**, 455, 1890].

Le carbonylaminophénol a donné naissance à de nombreux dérivés pour lesquels nous renvoyons aux auteurs cités précédemment.

Le *ψ-thiocarbonylaminophénol*,

$$C^{6}H^{4} \left\langle \begin{matrix} Az \\ O \end{matrix} \right\rangle CSH$$

cristallise dans l'eau en aiguilles fusibles à 193° [Kalckhoff, *D. chem. G.*, **16**, 1825, 1883].

Le chlore le transforme en chlorométhénylaminophénol,

$$C^{6}H^{4} \left\langle \begin{matrix} Az \\ O \end{matrix} \right\rangle CCl$$

fusible à 7°, bouillant à 201-202° [Mac Coy, *Am. Chem. Journ.*, **21**, 123, 1899; — Seidel, *J. prakt. Chem.*, **42**, 454, 1890].

o-Oxyphenylglycine, $OH.C^{6}H^{4}.AzH.CH^{2}-CO^{2}H + H^{2}O$. — On prépare ce composé en faisant bouillir pendant une demi-heure 2 molécules d'o-aminophénol avec 1 molécule d'acide chloracétique et 20 fois son poids d'eau. Il cristallise en lamelles qui se transforment à 100-105° en *anhydride*,

$$\begin{matrix} O & \text{———} & CO \\ | & & | \\ C^{6}H^{4}. & AzH & -CH^{2} \end{matrix}$$

[Vater, *J. prakt. Chem.*, **29**, 289, 1884].

MÉTA-AMINOPHÉNOL. — Le m-aminophénol se forme quand on chauffe la résorcine (10 gr.) avec le chlorhydrate d'ammonium (6 gr.) et l'ammoniaque aqueuse (20 gr. à 10 0/0) pendant 10 heures à 200° [Ikuta, *Am. Chem. Journ.*, **15**, 40, 1893; — Leonhardt et Cie, D.R.P. 4906]. Il s'en forme aussi dans la réduction du m-oxyazobenzène [Jacobson, *D. chem. G.*, **36**, 4093, 1903].

On le prépare en fondant l'acide m-aminosulfonique avec la soude à 280-290° [Ges. f. Chem. Ind., D.R.P. 44792; — Meyer et Sundmacher, *D. chem. G.*, **32**, 2113, 1899]. On peut aussi l'obtenir à partir de la m-phénylène-diamine [Bad. Anil. u. Sodaf., D.R.P. 77131].

Le m-aminophénol cristallise dans le toluène en prismes fusibles à 122-123°, solubles dans l'eau chaude. Oxydé par l'acide monopersulfurique, il fournit du m-nitrophénol, du m-dioxyazobenzène et les nitropyrocatéchines-1.2.4 et 1.2.3 [Bamberger et Czerkis, *J. prakt. Chem.*, **68**, 473, 1903]. Par condensation avec les dicétones-1.3, il fournit, soit des benzopyranols, soit des dérivés quinoléiques hydroxylés [Bulow et Issler, *D. chem. G.*, **36**, 2447, 4013, 1903]; avec l'éther acétylacétique, il fournit la p-amino-β-phénylcoumarine, et des dérivés quinoléiques [Pechmann, *D. chem. G.*, **32**, 3686; — Schwarz, *D. chem. G.*, **32**, 3696, 3699, 1899]. Le *chlorhydrate*, $C^{6}H^{7}AzO.HCl$, fond à 229°; le *bromhydrate* fond à 224°; l'*iodhydrate* fond à 209°; le *sulfate* fond à 152° [Ikuta, *loc. cit.*]. Les phosphates ne sont pas cristallisés [Raikow et Schtarbanow, *Chem. Zeit.*, **25**, 245].

Le m-amidophénol sert à la préparation des rhodamines [Bad. anil. u. Sodaf., D.R.P. 44002; — Baeyer et Cie, D.R.P. 51983]; des matières colorantes azoïques [Bæyer et Cie, D.R.P. 65055; — Lauth, *Bull. Soc. Chim.*, **29**, 1134, 1903]; des matières colorantes sulfurées [Vidal, D.R.P. 107236].

L'*éther éthylique*, $AzH^{2}.C^{6}H^{4}OC^{2}H^{5}$, est un liquide bouillant à 180-205° sous 100 mm. [Wagner, *J. prakt. Chem.*, **32**, 73, 1885].

L'*éther éthylénique*, $(AzH^{2}C^{6}H^{4}O)^{2}C^{2}H^{4}$, fond à 135° [Wagner, *J. prakt. Chem.*, **27**, 209, 1883].

m-Méthylaminophénol, $OH.C^{6}H^{4}.AzH.CH^{3}$. — On le prépare en fondant l'acide m.-sulfonique de la méthylaniline avec un alcali [Bad. anil. u. Sodaf., D.R.P. 48151]. C'est une huile facilement soluble dans l'alcool.

m-Diméthylaminophénol, *m-oxydiméthylaniline*, $OH.C^{6}H^{4}.Az(CH^{3})^{2}$. — On le prépare en chauffant la résorcine avec la diméthylamine à 200° [Leonhardt et Cie, D.R.P. 49060; — Grimaux, *Bull. Soc. Chim.*, **25**, 217, 1901]; en chauffant le chlorhydrate de m-aminophénol avec l'alcool méthylique à 170° [Bad. Anil. u. Sodaf., D.R.P. 44002]; par décomposition du diazoïque de la m-aminodiméthylaniline; par fusion alcaline de l'acide m-diméthylaniline sulfonique [Ges. f. Chem. Ind., D.R.P. 44792]; au moyen de l'acide m-sulfanilique : on le traite tout d'abord par l'iodure de méthyle et la potasse, ce qui fournit le monométhylaminophénolsulfonate de K, ce dernier est ensuite chauffé à 170° avec une solution aqueuse de méthylsulfate de K [Bæyer et Cie, D.R.P. 82765]. Le m-diméthylaminophénol se purifie par distillation dans le vide [Meyenburg, *D. chem. G.*, **29**, 502].

Il cristallise dans la ligroïne en aiguilles fusibles à 85° [Biehringer, *J. prakt. Chem.*, **54**, 221, 1896], bouillant à 153° sous 15 mm. [Lefèvre, *Bull. Soc. Chim.*, **15**, 901, 1896]. Son *éther éthylique* est un liquide bouillant à 247° [Wagner, *J. prakt. Chem.*, **32**, 77, 1885; — Baur et Städel, *D. chem. G.*, **16**, 33, 1883].

Le m-diméthylaminophénol est également très employé dans l'industrie des matières colorantes; c'est ainsi qu'il se condense avec l'acide diéthylamido-m-oxybenzoylbenzoïque tétrachloré pour donner la *diméthyldiéthylrhodamine tétrachlorée*, cristaux violets bronzés, teignant la soie en violet rouge fluorescent [Haller et Umbgrove, *Bull. Soc. Chim.*, **25**, 747, 1901; — voyez aussi Séverin, *Bull. Soc. Chim.*, **29**, 60, 1903; — Liebermann, *D. chem. G.*, **35**, 2301; **36**, 2913, 1903; Bad. anil. u. Sodaf., D.R.P. 56018; — Leonhardt et Cie, D.R.P. 68557; Ges. f. Chem. Ind., D.R.P. 47375; — Bæyer et Cie, D.R.P. 49844; — Grimaux, *Bull. Soc. Chim.*, **25**, 215-219, 1901].

L'*iodométhylate du m-diméthylaminophénol*, $OH.C^{6}H^{4}Az(CH^{3})^{3}I$, fond à 182° [Hantzsch et Davidson, *D. chem. G.*, **29**, 1535, 1896].

m-Ethylaminophénol, $OH.C^{6}H^{4}.AzHC^{2}H^{5}$. — On le prépare d'une façon analogue au dérivé méthylé [Bad. anil. u. Sodaf., D.R.P. 48151; D.R.P. 76419; — Bæyer et Cie, D.R.P. 82765].

Il fond à 62° et bout à 176° sous 12 mm. [Gnehm et Scheutz, *Journ. prakt. Chem.*, **63**, 405, 1901].

m-Diéthylaminophénol, $OH.C^6H^4.Az(C^2H^5)^2$. — Ses procédés de préparation sont analogues à ceux du diméthylaminophénol.

Il cristallise en prismes fusibles à 78° [Wülfing, *D. chem. G.*, **29**, 502, 1896; — Biehringer, *J. prakt. Chem.*, **54**, 222, 1896], bouillant à 276-280° [Lefèvre, *Bull. Soc. Chim.*, **15**, 901, 1896], à 170° sous 15 mm. [Meyenburg, *D. chem. G.*, **29**, 502, 1896]. Chauffé avec l'alcool o-aminobenzylique, il fournit la diéthylamino-3 acridine [Ullmann et Boezner, *D. chem. G.*, **35**, 2670, 1902].

Il sert à la préparation des matières colorantes [Thauss et Scherler, D.R.P. 79168; Bad. anil. u. Sodaf., D.R.P. 81042; *Soc. St-Denis*, D.R.P. 75127].

m-Phénylaminophénol, *m-oxydiphénylamine*, $OH.C^6H^4AzH.C^6H^5$. — On le prépare en chauffant le m-aminophénol avec le chlorhydrate d'aniline pendant 8 heures à 210-215° [Bad. anil. u. Sodaf., D.R.P. 46869]. Il fond à 81°,5-82° et bout à 340°. Son *dérivé nitrosé*, $OH.C^6H^4Az(AzO)C^6H^5$ fond à 115° [Köhler, *D. chem. G.*, **21**, 909, 1888]. On l'utilise dans l'industrie des matières colorantes [Leonhardt et Cie, D.R.P. 50612; — Cassella et Cie, D.R.P. 61202, 66733; Bad. anil. u. Sodaf., D.R.P. 62539, 63260, 64217; — Piutti et Piccoli, *D. chem. G.*, **31**, 1331, 1898].

L'*o-tolyl-m-aminophénol* est une huile brune bouillant à 370-375° [Philipp, *J. prakt. Chem.*, **34**, 70, 1886; Bad. anil. u. Sodaf., D.R.P. 46869, 96668].

Le *p-tolyl-m-aminophénol* fond à 91° et bout à 350° [Hatschek et Zega, *J. prakt. Chem.*, **33**, 209, 1886].

Le *m-picrylaminophénol*, $OH.C^6H^4AzH.C^6H^2(AzO^2)^3_{2.4.6}$, fond à 203-204° [Wedekind, *D. chem. G.*, **33**, 433, 1900].

L'*acétyl-m-aminophénol*, $OH.C^6H^4.AzH.CO.CH^3$, fond à 148-149° [Ikuta, *Am. Chem. Journ.*, **15**, 41]; son *éther éthylique* fond à 96°,7 [Wagner, *J. prakt Chem.*, **32**, 75, 1885]. Le *diacétyl-m-aminophénol* fond à 101° [Ikuta, *loc. cit.*].

Le *benzoyl-m-aminophénol*, $OH.C^6H^4.AzH.CO.C^6H^5$, fond à 174°, et son *éther benzoïque*, $C^6H^5.CO.OC^6H^4.AzH.CO.C^6H^5$, à 153° [Ikuta, *loc. cit.*].

Le *carbonate de tétraméthyl-m-diaminophényle*, $CO[OC^6H^4Az(CH^3)^2]^2$, obtenu en faisant réagir l'oxychlorure de carbone sur le diméthyl-m-aminophénol, fond à 137-138° et bout à 265° sous 15 mm. [Meyenburg, *D. chem. G.*, **29**, 504, 1896].

Le *carbonate de tétréthyl-m-diaminophényle* fond à 67° et bout à 292° sous 5 mm. [Meyenburg, *D. chem. G.*, **29**, 506].

La *m-oxyphénylurée*, $AzH^2.CO.AzH.C^6H^4.OH$, fond à 180-181° [Meyer et Sundmacher, *D. chem. G.*, **32**, 2114, 1899].

La *m-oxyphénylthiourée*, $AzH^2.CS.AzH.C^6H^4OH$, fond à 183-184° [Meyer et Sundmacher, *loc. cit.*].

Para-aminophénol. — Le p-aminophénol se forme : par une longue ébullition du diazobenzène-imide avec l'acide sulfurique étendu de son volume d'eau [Griess, *D. chem. G.*, **19**, 314, 1886]; par électrolyse d'une solution sulfurique de nitrobenzène [Gattermann, *D. chem. G.*, **26**, 1847, 1893; D.R.P. 75260]; par réduction du p-nitrophénol au moyen de l'eau et du zinc [Bamberger, *D. chem. G.*, **28**, 251, 1895]; dans l'action de la lessive de soude sur le nitrosobenzène [Bamberger, *D. chem. G.*, **33**, 1934, 1900]; quand on isomérise la phénylhydroxylamine par l'acide sulfurique dilué [Bamberger, *D. chem. G.*, **31**, 1501; **33**, 3600; **34**, 61, 1901; — Wohl, D.R.P. 83433; voyez aussi Bamberger, *D. chem. G.*, **35**, 732, 3893, 1902]; par réduction du nitrobenzène au moyen du sulfure de sodium [Vidal, D.R.P. 95755]; dans l'oxydation de l'aniline par l'acide hypochloreux en présence d'aldéhyde formique [Bamberger et Tschirner, *D. chem. G.*, **31**, 1523, 1898]. Il résulte encore de la transformation dans l'organisme de l'acétanilide [Jaffé, *Zeit. physiol. Chem.*, **12**, 305; — Grégoire et Hendrick, *Bull. Soc. Chim. Belge*, **18**, 94, 1904] et de la formanilide [Kleine, *Zeit. physiol. Chem.*, **22**, 330].

On le prépare en réduisant le p-nitrophénol par le fer et l'acide chlorhydrique [Paul, *Zeit. angew. Chem.*, **10**, 172, 1897], par la poudre de zinc et le bisulfite [Goldenberger, *Centr. Bl.*, 1014, 1900 (II)], par la poudre de zinc et le chlorure de calcium [Lumière et Seyewetz, *Bull. Soc. Chim.*, **11**, 1043, 1894]. On le purifie par un traitement à l'acétone [Hantzsch et Freese, *D. chem.* G., **27**, 2531, 1894].

Le *p*-aminophénol, oxydé par l'oxyde d'argent, fournit la quinonemonoimine [Wilstaetter et Pfannenstiehl, *D. chem. G.*, **37**, 4605, 1904]. Il ne décolore pas sensiblement le permanganate au 1/100 [Hinsberg, *Journ. Soc. phys. chim. russe*, **35**, 623, 1903]. L'acide monopersulfurique en liqueur aqueuse le transforme en hydroquinone et en quinone [Bamberger, *J. prakt. Chem.*, **68**, 473, 1903]. Pouvoir réducteur, Sheppard [*Chem. Soc.*, **89**, 530, 1906].

Il a été condensé avec l'éther oxalique [Piutti et Piccoli, *D. chem. G.*, **31**, 331, 1898]; avec l'anhydride phtalique (il se forme l'acide p-oxyphénylphtalamique) [Piutti et Abati, *Gazz. Chim. Ital.*, **33**, 1, 1903]; avec la cyanoguanidine [Lumière et Perrin, *Bull. Soc. Chim.*, **33**, 206, 1905] etc.

Usages. — On l'emploie pour la teinture des cheveux [Erdmann, D.R.P. 51073], mais il ne faut pas oublier qu'il est toxique et caustique; pour le développement en photographie, sous le nom de *rhodinal* [Andresen, *D. chem. G.*, **25**, 305, D.R.P. 60174]; pour la recherche du formol dans le lait [Blanget et Marion, *C. R.*, **135**, 584, 1902]. Son usage le plus important est la fabrication de matières colorantes, azoïques [Bæyer et Cie, D.R.P. 79165], sulfurées [Vidal, *Centr. Bl.*, II, 1897, 748; D.R.P. 114802; — Ris, *D. chem. G.*, **33**, 798, 1900; — Vidal, D.R.P. 104105, 108496, 109736, 115003]; noires, par oxydation au bichromate [*Act. Ges. f. Anilinf.*, D.R.P. 51073; voyez aussi Vidal, D.R.P. 104105, 108496, 109736, 115003].

Le *phosphate* cristallise en aiguilles [Raikow et Schtarbanow, *Chem. Zeit.*, **25**, 245]. Le *bitartrate* fond à 216° [Hinsberg, *Lieb. Ann. Chem.*, **305**, 288, 1899]. Le *p-tolylsulfonate*, $C^6H^4OH.AzH^2.C^7H^7SO^3H$, fond vers 220-225° [Bamberger et Rising, *D. chem. G.*, **34**, 228, 1901].

Ether éthylique, p-phénétidine, $C^2H^5O.C^6H^4.AzH^2$. — Il se forme dans l'action de l'acide sulfurique sur la phénylhydroxylamine en solution alcoolique [Bamberger et Lagutt, *D. chem. G.*, **31**, 1501, 1898]; par réduction du p-azophénétol par Sn + HCl [Riedel, D.R.P. 48543]. On le prépare en hydrolysant la benzylidène p-phénétidine par les acides [Höchster Farbw., D.R.P. 69006].

La p-phénétidine fond à 2°,4 [Schneider, *Zeit. physik. Chem.*, **22**, 232, 1897] et bout à 244° [Bischoff, *D. chem. G.*, **22**, 1782, 1889], à 254°,2-254°,7 sous 760 mm. [Kinzel, *Arch. d. Pharm.*, **229**, 330]. Son *chlorhydrate* fond à 234° [Liebermann et Kostanecki, *D. chem. G.*, **17**, 884, 1884]; le *malate* fond à 150° [Campanaro, *Gazz. chim. Ital.*, **28**, 193, 1898]. La *phénétidide* *phosphorique*, $PO(AzH.C^6H^4OC^2H^5)^3$, fond à 168°; la *phénétidide thiophosphorique* fond à 152° [Autenrieth et Rudolph, *D. chem. G.*, **33**, 2109, 2114, 1900].

L'*éther propylique*, $C^3H^7O.C^6H^4.AzH^2$, est une huile volatile avec la vapeur d'eau, son *chlorhydrate* fond à 171° [Spiegel et Sabbath, *D. chem. G.*, **34**, 1935, 1901].

L'*éther allylique* est une huile rouge. L'*éther phénylique*, $C^6H^5.O.C^6H^4.AzH^2$, fond à 84° [Häussermann et Teichmann, *D. chem. G.*, **29**, 1447, 1896].

L'*oxyde de p-aminophényle*, $O(C^6H^4AzH^2)^2$, fond à 186-187° [Haussermann, *D. chem. G.*, **29**, 1449].

L'*éther éthylénique*, $C^2H^4(OC^6H^4AzH^2)^2$, fond à 168-172° [Wagner, *J. prakt. Chem.*, **27**, 206, 1883], à 176° [Kinzel, *Arch. d. Pharm.*, **236**, 261].

L'*éther méthylsulfurique*, $CH^3.SO^3.C^6H^4AzH^2$, fond à 89-90° [Schall, *J. prakt. Chem.*, **48**, 248, 1893].

p-Méthylaminophénol, $OH.C^6H^4.AzHCH^3$. — Il se forme quand on décompose la p-oxyphénylglycine par la chaleur à 245-247° [Paul, *Zeit. angew. Chem.*, **10**, 171, 1897]. Il fond à 85°. On l'emploie pour la teinture des cheveux et des plumes [Erdmann, D.R.P. 80814]; en photographie [Gourévich, *Journ. Ch. Russe*, **35**, 498, 1903; — P. Escot, *Bull. Soc. Chim.*, **31**, 357, 1904]. Son *éther éthylique* distille à 251° [Bischoff et Nastvogel, *D. chem. G.*, **22**, 1789, 1889].

p-Diméthylaminophénol, $OH.C^6H^4Az(CH^3)^2$. — On l'obtient en chauffant pendant 6 à 8 heures 50 gr. de p.-aminophénol avec 200 gr. d'iodure de méthyle, 130 gr. de soude et 750 gr. d'eau. Il fond à 74-76° [Pechmann, *D. chem. G.*, **32**, 3682], à 76-77° [Bamberger et Leyden, *D. chem. G.*, **34**, 12, 1901] et bout à 165° sous 30 mm. Son *éther éthylique* fond à 35-36°,5 [Knorr, *Lieb. Ann. Chem.*, **293**, 34, 1896]. L'*oxyde de diméthylaminophényle*, $O[C^6H^4.Az(CH^3)^2]^2$, fond à 119° [Holzmann, *D. chem. G.*, **21**, 2056, 1888]; le *dioxyde*, $O^2[C^6H^4Az(CH^3)^2]^2$, fond à 90°,5 [Merz et Weith, *D. chem. G.*, **19**, 1573].

p-Phénylaminophénol, *p-oxydiphénylamine*, $OH.C^6H^4.AzH.C^6H^5$. — On l'obtient en chauffant 1 mol. d'hydroquinone avec 4 mol. d'aniline et 2 mol. de chlorure de calcium à 250-260° [Calm, *D. chem. G.*, **16**, 2799; **17**, 2431]; ou encore en chauffant l'acide amino.5-salicylique avec l'aniline et le chlorhydrate d'aniline [Limpricht, *D. chem. G.*, **22**, 2909, 1889]. Il fond a 70° et bout à 330°. Oxydé par HgO, il se transforme en quinonephénylimide,

$$C^6H^4\begin{cases}O\\Az-C^6H^5\end{cases}$$

Son *éther éthylique* fond à 73-74° et bout à 348° [Jacobson, Henrich et Klein, *D. chem. G.*, **26**, 696, 1893].

Nitrophénylaminophénols. — L'*éther éthylique* du dérivé o-nitré, $C^2H^5O_4.C^6H^4AzH$; $C^6H^4AzO^2$, fond à 84° [Jacobson et Fischer, *D. chem. G.*, **26**, 683, 1891]. Le 2.4.*dinitrophényl-p-aminophénol*, $OH.C^6H^4.AzH.C^6H^3(AzO^2)^2$, fusible à 190° [Nietzki et Simon, *D. chem. G.*, **28**, 2973, 1895], est très utilisé dans l'industrie des matières colorantes. Le *picrylaminophénol*, $OH.C^6H^4AzHC^6H^2(AzO^2)^3$, fond à 174° [Turpin, *Chem. Soc.*, **59**, 718, 1891], 172-173° [Wedekind, *D. chem. G.*, **33**, 433, 1900].

p-Oxyphénylaminophénol, *dioxy.4.4.diphénylamine*, $AzH(C^6H^4OH)^2$. — On le prépare en chauffant l'hydroquinone avec l'ammoniaque ou avec le p-aminophénol [Schneider, *D. chem. G.*, **32**, 689, 1899]. Il fond à 174°,5. On l'utilise pour la fabrication des matières colorantes.

Tolyl-p-aminophénols, $OH.C^6H^4AzH.C^6H^4CH^3$. — On les obtient par condensation des toluidines avec l'hydroquinone.

L'*o-tolyl-p-aminophénol* fond à 90° et bout à 366-368° [Philipp, *J. prakt. Chem.*, **34**, 57, 1886]; son *éther éthylique* fond à 81-82° et bout à 354° [Jacobson et Henrich, *Lieb. Ann. Chem.*, **287**, 175, 1895]. Le *p-tolyl-p-aminophénol* fond à 122° et bout vers 350-360° [Hatschek et Zega, *J. prakt. Chem.*, **33**, 224, 1886].

Benzyl-p-aminophénol. — Il fond à 89-90°. Son *chloryarate* cristallise avec H^2O et fond vers 130° [Bakunin, *Gazz. Chim. Ital.*, **36**, 211, 1906]. L'*éther éthylique* de l'*o-nitrobenzyl-p-aminophénol*, $C^2H^5O.C^6H^4.AzH.CH^2.C^6H^4.AzO^2$, fond à 52° [Paal et Küttner, *J. prakt. Chem.*, **48**, 555, 1893].

Dibenzyl-p-aminophénol. — Il fond à 127°, son *chlorhydrate* fond à 124° [Bakunin, *Gazz. Chim. Ital.*, **36**, 211, 1906].

Le *cuminyl-p-aminophénol*, $OH.C^6H^4.AzH.CH^2.C^6H^4.CH(CH^3)^2$, fond en se décomposant à 107-108° [Uebel, *Lieb. Ann. Chem.*, **245**, 297, 1888].

La *méthylène-di-p-phénétidine*, $CH^2(AzH.C^6H^4OC^2H^5)^2$, fond à 89° [Bischoff et Reinfeld, *D. chem. G.*, **36**, 41, 1903].

La *méthényl-di-p-phénétidine*, $C^2H^5.O.C^6H^4.AzH.CH=Az.C^6H^4OC^2H^5$, fond à 115° [Goldschmidt, *Chem. Zeit.*, **23**, 1033; D.R.P. 97103].

Formyl-p-aminophénol. — L'*éther éthylique* ou *formyl-p-phénétidine* $C^2H^5.O.C^6H^4.AzH.CHO$, se prépare en faisant réagir l'anhydride mixte formoacétique sur la p-phénétidine [Béhal, *Ann. Chim. Phys.*, **20**, 429, 1900; D.R.P. 115, 334]. Il fond à 68°,5.

Acétyl-p-aminophénol, $OH.C^6H^4AzH.C^2H^3O$. — Il cristallise en prismes monocliniques, fusibles à 168-169° [Fels, *Zeit. f. Krist.*, **32**, 387, 1899], à 166° [Friedländer, *D. chem. G.*, **26**, 178, 1893], à 167-168° [Vignolo, *Accad. d. Lincei*, (5). **6**, 174], ou à 166° [Lumière et Barbier, *Bull. Soc. Chim.*, **33**, 784, 1903]. Son poids moléculaire a été vérifié par la cryoscopie [Auwers, *Zeit. physikal. Chem.*, **23**, 462, 1897].

L'*éther éthylique* ou PHÉNACÉTINE, $C^2H^5.O.C^6H^4.AzH.C^2H^3O$, se prépare en acétylant la p-phénétidine (Hinsberg, *Lieb. Ann. Chem.*, **305**, 278, 1899; — Pawlewski, *D. chem. G.*, **35**, 110, 1902] ou en éthylant l'acétyl-p-aminophénol par l'éthylsulfate de potassium [Täuber, D.R.P. 85988]. Il cristallise en lamelles blanches, fusibles à 135°, solubles dans 1500 p. d'eau froide et dans 70 p. d'eau bouillante. Il réagit sur l'iode en présence des acides libres pour donner une combinaison $C^{20}H^{25}O^4Az^2I^3$, connue sous le nom de *iodophénine* [Riedel, D.R.P. 58409]. Le *sulfate* de phénacétine n'est stable qu'en présence d'un assez grand excès d'acide sulfurique [Cohn, *Lieb. Ann. Chem.*, **309**, 233, 1899].

L'*o-bromophénacétine*, $CH^2Br.CH^2.O.C^6H^4.AzH.C^2H^3O$, fond à 130° [Hinsberg, *Lieb. Ann. Chem.*, **305**, 283, 1899; — Täuber, D.R.P. 85988].

La *thiophénacétine*, $C^2H^5O.C^6H^4.AzH.CS.CH^3$, fond à 99-100° [Sachs et Lœwy, *D. chem. G.*, **37**, 874, 1904].

L'*éther éthylénique de l'acétyl-p-aminophénol*, $C^2H^4(O.C^6H^4AzH.C^2H^3O)^2$, fond à 257° [Kinzel, *Arch. d. Pharm.*, **236**, 261], à 260° [Täuber, *loc. cit.*].

La *az-méthylphénacétine*, $C^2H^5O.C^6H^4Az(CH^3).C^2H^3O$, fond à 41° et bout vers 295-305° [Hinsberg, *Lieb. Ann. Chem.*, **305**, 280; D.R.P. 53753; — Bæyer et Cie, D.R.P. 57337].

Le *az-éthyl-acétyl-p-aminophénol*, $OH.C^6H^4.Az(C^2H^5)C^2H^3O$, fond à 187° [Hinsberg, *Lieb.*

Ann. Chem., **305**, 285; D.R.P. 79098]. Son *éther éthylique*, ou *az-éthylphénacétine*, fond à 38° (Hinsberg), 34°,5 et bout à 298° [Bæyer et Cie, D.R.P. 57338].

Diacétyl-p-aminophénol. — Son *éther éthylique*, ou *diacétyl-p-phénétidine*, $C^2H^5.O.C^6H^4Az(COCH^3)^2$, fond à 53°,5-54° et bout à 182° sous 12 mm. [Bistrzycki et Ulffers, *D. chem. G.*, **31**, 2788, 1898; D.R.P. 75611].

Benzoyl-p-aminophénol, $OH.C^6H^4.AzH.COC^6H^5$. — Il fond à 205-207° [Smith, *D. chem. G.*, **24**, 4042, 1891], 212-213° [Auwers et Sonnenstuhl, *D. chem. G.*, **37**, 3937, 1904], 214-215° [Reverdin et Dresel, *Bull. Soc. Chim.*, **31**, 1269, 1904]. Son *éther benzoïque*, $C^6H^5.CO^2C^6H^4.AzH.CO.C^6H^5$, fond à 233-234° [Reverdin et Dresel, *loc. cit.*; — Börnstein, *D. chem. G.*, **29**, 1484, 1896; — Hinsberg, *Lieb. Ann. Chem.*, **254**, 256].

Thiobenzoyl-p-aminophénol; son *éther éthylique*, $C^2H^5O.C^6H^4.AzH.CS.C^6H^5$, fond à 127° [Bechs et Lœwy, *D. chem. G.*, **37**, 874, 1904].

Carbonate acide du p-aminophénol, $AzH^2.C^6H^4.O.CO.OH$. — Il fond à 36° [Ransom, *Am. Chem. Journ.*, **23**, 48, 1900]. Dérivés divers, voyez [Hinsberg, *Lieb. Ann. Chem.*, **305**, 285; — Merck, D.R.P. 85803, 89595, 69328].

p-Oxyphénylurée, $OH.C^6H^4.AzH.COAzH^2$. — On l'obtient en faisant réagir le cyanate de K sur le chlorhydrate du p-aminophénol; elle fond à 168° [Kalckhoff, *D. chem. G.*, **16**, 376, 1883]. Son *éther éthylique*, ou *dulcine*, $C^2H^5O.C^6H^4.AzH.COAzH^2$, fond à 160° et possède une saveur sucrée très intense [Berlinerblau, *J. prakt. Chem.*, **30**, 103, 1884; voyez aussi Riedel, D.R.P. 73083, 77310, 76596, 77420, 79718; — Berlinerblau, D.R.P. 63485]. Dérivés divers, voyez [Auwers, Traun et Welde, *D. chem. G.*, **32**, 3308, 1899; — Struve et Radenhausen, *J. prakt. Chem.*, **52**, 238, 1895; — Cazeneuve et Moreau, *C. R.*, **124**, 1104, 1897; — Frerichs et Beckurts, *Arch. d. Pharm.*, **237**, 336; — Gattermann et Cantzler, *D. chem. G.*, **25**, 1090, 1892].

p-Oxyphénylthiourée, $OH.C^6H^4.AzH.CS.AzH^2$. — Elle fond à 214° [Kalckhoff, *D. chem. G.*, **16**, 375], à 219-220° [Dixon, *Chem. Soc.*, **67**, 559, 1895]. Dérivés, voyez [Riedel, D.R.P. 68706, 66550; — Hügershoff, *D. chem. G.*, **32**, 3660, 1899; — Doran, *Chem. Soc.*, **69**, 329, 1896].

Acide p-aminophénoxyacétique, $CO^2H.CH^2.O.C^6H^4AzH^2$. — On le prépare en réduisant l'acide p-nitrophénoxyacétique par Sn + HCl [Kym, *J. prakt. Chem.*, **55**, 118, 1897]. Il cristallise avec 1 mol. d'eau; anhydre il fond au-dessus de 300°. Son *éther éthylique* fond à 58° [Howard, *D. chem. G.*, **30**, 2107, 1896].

L'urée, $CO^2H.CH^2.O.C^6H^4AzH.CO.AzH^2$, fond à 159° [Howard, *D. chem. G.*, **30**, 547].

p-Oxyphénylglycine, $OH.C^6H^4.AzH.CH^2CO^2H$. — On la prépare en faisant réagir l'acide chloracétique sur le p-aminophénol [Vater, *J. prakt. Chem.*, **29**, 291, 1884]; elle brunit à 200°, se ramollit vers 220°, et est complètement fondue à 245-247°, elle se décompose alors en CO^2 et méthylaminophénol [Paul, *Zeit. f. angew. Chem.*, **10**, 174, 1897]. Son *éther éthylique*, $C^2H^5O.C^6H^4.AzH.CH^2.CO^2H$, fond à 163° [Bischoff et Nastvogel, *D. chem. G.*, **22**, 1788, 1889]; son dérivé *az acétylé*, $OH.C^6H^4Az(COCH^3).CH^2CO^2H$, fond vers 203° [Lumière et Barbier, *Bull. Soc. Chim.*, **33**, 784, 1905]. Dérivés divers, voyez Frerichs et Beckurts [*Arch. Pharm.*, **237**, 334, 341. — Täuber, D.R.P. 79868. — Bischoff, *D. chem. G.*, **30**, 2929, 1897].

Acide p-oxyphényloxamidoïque, $OH.C^6H^4.AzH.CO.CO^2H$. — *L'éther éthylique*, $OH.C^6H^4.AzH.CO.CO^2C^2H^5$, fond à 184-185° [Piutti et Piccoli, *D. chem. G.*, **31**, 331, 1898]. *L'éther diéthylique*, $C^2H^5.O.C^6H^4.AzH.CO.CO^2C^2H^5$, fond à 108-110° [Piutti et Piccoli, *D. chem. G.*, **31**, 334]; à 110-111° [Castellaneta, *Gazz. chim. ital.*, **25**, 534, 1895].

Acide p-oxyphénylmalonamidoïque. — *L'éther éthylique*, $C^2H^5O.C^6H^4.AzH.CO.CH^2CO^2H$, fond à 143° [Castellaneta, *Gazz. chim. ital.*, **25**, 541]; *l'éther diéthylique* fond à 109°.

p-Oxyphénylsuccinimide,

$$\mathrm{OH.C^6H^4Az}\left\langle\begin{array}{l}\mathrm{CO-CH^2}\\ \qquad\ |\\ \mathrm{CO-CH^2}\end{array}\right.$$

— On l'obtient en fondant des quantités équimoléculaires d'acide succinique et de p-aminophénol [Piutti, *D chem. G.*, **29**, 84. — Täuber, D.R.P. 88919. — Gilbody et Sprankling, *Chem. Soc.*, **81**, 787, 1902]. Elle fond à 275-276° (Piutti), 270° [Wirths, *Central Blatt*, **48**, 1897, (I)]. Son *éther éthylique* ou *pyrantine*,

$$\mathrm{C^2H^5.O.C^6H^4.Az}\left\langle\begin{array}{l}\mathrm{CO-CH^2}\\ \qquad\ |\\ \mathrm{CO-CH^2}\end{array}\right.$$

fond à 155° (Piutti), 158° (Wirths).

Méthylène-di-p-aminophénol. — *L'éther éthylique*, $(C^2H^5O.C^6H^4.AzH)^2CH^2$, obtenu par condensation de la p-phénétidine avec l'aldéhyde formique, fond à 80° [Bischoff, *D. chem. G.*, **31**, 3245, 1898].

DIAMINOPHÉNOLS, $C^6H^3(AzH^2)^2OH$. — 1° *Dérivé*-1.2.4. — Il se prépare en électrolysant une solution sulfurique de m-dinitrobenzène ou de m-nitraniline [Gattermann, *D. chem. G.*, **26**, 1848, 1893; D.R.P. 75260, 78829]. Il fond à 78-80°; son *picrate* fond vers 120° [Lumière et Seyewetz, *Bull. Soc. Chim.*, **9**, 595, 1893]; l'*hyposulfite* cristallise avec 1 molécule d'eau [Wahl, *Bull. Soc. Chim.*, **27**, 221, 1902]; l'*hydrosulfite* cristallise en paillettes blanches [Lumière et Seyewetz, *Bull. Soc. Chim.*, **33**, 67, 1905]; *le méthylsulfate* fond à 103-104° [Schall, *J. prakt. Chem.*, **48**, 249, 1893]. Oxydation par le perchlorure de fer [Kehrmann et Prager, *D. Chem. G.*, **39**, 3437, 1906].

On l'emploie pour la teinture des cheveux et des plumes [Erdmann, D.R.P. 80814]; pour la recherche du formol dans le lait [Nicolas, *C. R. Soc. Biol.*, avril 1905, 697]; pour la fabrication des matières colorantes [Vidal, D.R.P. 98437].

Le *diacétylaminophénol*, $C^6H^3(AzH.COCH^3)^2OH$, fond à 236-237° [Schall, *loc. cit.*]; 220-222° [Kehrmann et Bahatrian, *D. chem. G.*, **31**, 2399, 1898. — Lumière et Barbier, *Bull. Soc. Chim.*, **33**, 786, 1905].

L'acétate du diméthylamino-2-acétylamino-4-phénol, $CH^3.CO.OC^6H^3.(AzH.C^2H^3O).Az(CH^3)^2$, fond à 175° [Gattermann, *D. chem. G.*, **27**, 1932, 1894].

2° *Dérivé*-1.2.5. — Il se forme dans la réduction de la p-nitrosométhyl-o-anisidine [Best, *Lieb. Ann. Chem.*, **255**, 182, 1889], et du nitro-5-amino-2-phénol [Kehrmann et Betsch, *D. chem. G.*, **30**, 2098, 1897]. Il fond à 67-68°, son *éther éthylique* à 91°, et le dérivé *dibenzoylé* de ce dernier à 213° [Jacobson et Hœnigsberger, *ibid.*, **36**, 4124, 1903]. Le dérivé *diacétylé*, $OH.C^6H^3(AzHCOCH^3)^2$, fond à 265°, et son *acétate* à 234° [Kehrmann et Betsch, *loc. cit.*].

Le *phényldiaminophénol*-1.2.5, $OH.C^6H^3(AzHC^6H^5)AzH^2$, fond à 135° [Köhler, *D. chem. G.*, **21**, 910, 1888].

3° *Dérivé*-1.3.4. — On l'obtient en réduisant le nitro-3-amino-4-phénol [Hähle, *J. prakt. Chem.*, **43**, 70, 1891. — Kehrmann et Gauhe, *D. chem. G.*, **31**, 2403, 1898]. Il fond à 167-168°. Le *dérivé diacétylé* fond à 205-207°, et l'*acétate* de ce dernier à 184-185° [Kehrmann et Gauhe, *loc. cit.*]. Le *dérivé dibenzoylé* fond à 203-205°, et son *benzoate* à 225° [Jacobson et Hœnigsberger, *D. chem. G.*, **36**, 4093, 4124, 1903].

L'*éther éthylique du phényldiaminophénol*-1.3.4, $C^2H^5O . C^6H^3 . AzH^2AzH . C^6H^5$, fond à 79-80° [Jacobson, Fritsch et Fischer, *D. chem. G.*, **26**, 686, 1893 ; **25**, 995] ; voyez aussi Jacobson et Fischer [*D. chem. G.*, **25**, 1000. — Köhler, *J. prakt. Chem.*, **29**, 263, 1884].

4° *Dérivé*-1.3.5. — Il se forme quand on laisse en contact pendant plusieurs semaines, la phloroglucine avec l'ammoniaque concentrée [Pollak, *Mon. f. Chem.*, **14**, 425, 1893]. Il fond à 168-170°. L'*éther éthylique* a été préparé par Herzig et Aigner [*Mon. f. Chem.*, **21**, 335, 1900].

Le *bis-éthylaminophénol*, $OH . C^6H^3 . (AzH . C^2H^5)^2$, fond à 106-108°, et son *dérivé az-diacétylé* fond à 195° [Pollak, *Mon. f. Chem.*, **14**, 409].

Le *bis-phénylaminophénol*, $OH . C^6H^3 . (AzH . C^6H^5)^2$, fond à 192° [O. Fischer et Hepp, *Lieb. Ann. Chem.*, **256**, 260, 1890. — Minunni, *Gazz. chim. ital.*, **20**, 343, 1890] ; son dérivé *az-diacétylé* fond à 149-150°, et son dérivé *az-dibenzoylé* à 184-185° [Minunni, *loc. cit.*].

Le *bis-p-tolylaminophénol*, $OH . C^6H^3(AzH . C^6H^4CH^3)^2$, fond à 120-121°, et son dérivé *az-diacétylé* à 128-129° [Minunni, *Gazz. chim. ital.*, **20**, 321].

TRIAMINOPHÉNOLS, $C^6H^2(AzH^2)^3 . OH$. — *Dérivé*-1.2.4.6. — L'eau bouillante le décompose avec formation d'une faible quantité d'une substance non azotée fusible à 164° (probablement du tétraoxybenzène) [Kohner, *Mon. f. Chem.*, **20**, 927, 1899]. Le *sulfite*, $C^6H^9OAz^3 . SO^3H^2$, fond à 120-121° [Lumière et Seywetz, *D. chem. G.*, **26**, 493, 1893].

Le *dérivé triacétylé*, $OH.C^6H^2(AzH.COCH^3)^3$, se forme en même temps que les dérivés tétra- et hexacétylé, quand on chauffe à 145° le triaminophénol avec l'anhydride acétique. Il fond à 279° [Oettinger, *Mon. f. Chem.*, **16**, 263, 1895. — Bamberger, *D. chem. G.*, **16**, 2400, 1883]. Le dérivé *tétracétylé*, $C^2H^3O^2.C^6H^2(AzHCOCH^3)^3$, fond à 255°, et le *dérivé hexacétylé*, $C^2H^3O^2 . C^6H^2(AzH . COCH^3)[Az(COCH^3)^2]^2$, fond à 184°.

2° *Dérivé*-1.2.3.4 *ou* 1.2.3.6. — Il se forme quand on réduit la trioxime de la diquinone par $SnCl^2 + HCl$; son *dérivé triacétylé*, $C^{12}H^{15}O^4Az^3$, fond à 230° [Nietzki et Blumenthal, *D. chem. G.*, **30**, 183, 1897].

TÉTRAMINOPHÉNOL-1.2.3.4.5. — L'*éther éthylique*, $C^2H^5 . O . C^6H(AzH^2)^4$, a été obtenu en réduisant l'éther éthylique du trinitroaminophénol par $Sn + HCl$ [Köhler, *J. prakt. Chem.*, **29**, 285, 1884].

CHLORAMINOPHÉNOLS.

Chloro-4-amino-2-phénol. — L'*éther éthylique*, $C^2H^5O . C^6H^3 . Cl . AzH^2$, obtenu par réduction du dérivé nitré correspondant, au moyen de $SnCl^2$, fond à 42°, et son *dérivé acétylé* à 110° [Reverdin et Düring, *D. chem. G.*, **32**, 153, 1899] ; voyez aussi Reverdin et Eckhardt [*D. chem. G.*, **32**, 2623].

Chloro-2-amino-3-phénol. — Il fond à 85-87° [Schlieper, *D. chem. G.*, **26**, 2466, 1893].

Chloro-2-amino-4-phénol — Il fond à 153° [Kollrepp, *Lieb. Ann. Chem.*, **234**, 6, 1886]. Son *éther éthylique* fond à 66° [Reverdin et Düring, *D. chem. G.*, **32**, 155, 1899]. La condensation avec les chloronitrobenzènes et les chloronitrotoluènes a été étudiée par Reverdin [*Bull. Soc. Chim.*, **29**, 1060 ; **31**, 632, 1079, 1904].

Chloro-4-amino-3-phénol. — L'*éther éthylique* est liquide et volatil avec la vapeur d'eau, il ne se solidifie pas à — 12° ; son *dérivé acétylé* fond à 106° [Reverdin et Düring, *D. chem. G.*, **32**, 157, 1899].

Chloro-5-amino-2-phénol. — Il se forme quand on isomérise la p-chlorophénylhydroxylamine par l'acide sulfurique dilué [Bamberger, *D. chem. G.*, **33**, 3600, 1900. Voyez aussi Diepolder, *ibid.*, **32**, 3515].

Dichloro-2.6-amino-4-phénol, $C^6H^2Cl^2.AzH^2.OH$. — Il cristallise dans l'eau en longues aiguilles fusibles à 165-166° [Kollrepp, *Lieb. Ann. Chem.*, **234**, 12, 1886]. Le *chlorhydrate* fond à 230°.

Dichloro-(?)-amino-4-phénol. — La p-phénacétine traitée par $ClO^3Na + HCl$, en solution acétique, fournit une *dichloro-p-phénacétine*, fusible à 162° ; cette dernière, hydrolysée par l'acide chlorhydrique concentré, donne un dichloro-p-aminophénétol, $C^2H^5 . O . C^6H^2Cl^2 . AzH^2$, fusible à 63°,5-64°,5 [Reverdin et Düring, *D. chem. G.*, **32**, 154, 1899].

Tétrachloro-amino-2-phénol, $C^6Cl^4.AzH^2.OH$. — Il se forme, à côté de la dicétone chlorée $C^6Cl^6O^2$, quand on traite une solution acétique d'o-aminophénol par un courant de chlore. Il fond en se décomposant à 244° [Zincke et Küster, *D. chem. G.*, **21**, 2724, 1888].

BROMOAMINOPHÉNOLS.

Bromo-4-amino-2-phénol. — On le prépare en réduisant le bromo-4-nitro-2-phénol par $Sn + HCl$, il fond à 128° [Schütt, *J. prakt. Chem.*, **32**, 61, 1885], à 88° [Schlieper, *D. chem. G.*, **26**, 2469, 1893]. L'*éther éthylique* fond à 53° [Reverdin et Düring, *D. chem. G.*, **32**, 159, 1899], et le *dérivé acétylé* de ce dernier fond à 133°.

Bromo-2-amino-4-phénol. — On l'obtient en réduisant le bromo-2-nitro-4-phénol par $Sn + HCl$ [Hölz, *J. prakt. Chem.*, **32**, 65, 1885], ou la bromo-2-phénacétone par HI [Hodurek, *D. chem. G.*, **30**, 480, 1897] ; il se forme aussi dans l'électrolyse du m-bromonitrobenzène en solution sulfurique [Gattermann, *D. chem. G.*, **27**, 1931, 1894]. Il fond à 158° (Hölz), 155° (Hodurek).

L'*éther éthylique* ou *bromophénétidine*, $C^2H^5O . C^6H^3 . Br . AzH^2$, fond à 46° (Hodurek) ; 47°,2-47°,5 [Piutti, *D. chem. G.*, **30**, 1173], et bout à 200° sous 25 mm. Son *chlorhydrate*, fusible à 256-257°, est vénéneux ; il n'est pas dissocié par l'eau.

Le *dérivé acétylé*, $OH.C^6H^3.Br.AzH.COCH^3$, fond à 157° [Hölz, *loc. cit.*] ; 155° [Hodurek, *loc. cit.*]. L'*éther éthylique* ou *bromo-2-phénacétine*, $C^2H^5 . O . C^6H^3 . Br . AzH . COCH^3$, obtenu en traitant une solution acétique de phénacétine par le brome, fond à 114° [Hofmann et Schœtensack, *D. chem. G.*, **30**, 477. — Vaubel, *J. prakt. chem.*, **55**, 217, 1897. — Reverdin et Düring, *D. chem. G.*, **32**, 161, 1899].

Dibromo-4.6-amino-2-phénol. — Il résulte de la réduction du dérivé nitré correspondant ; il fond à 91-92° [Hölz, *J. prakt. Chem.*, **32**, 69, 1885] ; 99° [Thiele et Eichewede, *Lieb. Ann. Chem.*, **311**, 373, 1900]. Le *dérivé az-acétylé* fond à 186° [Hölz, *loc. cit.*].

Le *carbonyldibromoaminophénol*,

$$C^6H^2Br^2 \begin{matrix} \diagup O \diagdown \\ \diagdown AzH \diagup \end{matrix} CO$$

obtenu en traitant l'amide salicylique par l'hypobromite de sodium, fond à 250° [Mac Coy, *Am. Chem. Journ.*, **21**, 116, 1899] ; 255°,5 [van Dam, *Rec. Pays-Bas*, **18**, 408, 1899].

Dibromo-2.6-amino-4-phénol. — Il se forme quand on réduit le dibromo-2.6-nitroso-4-phénol par $Sn + HCl$ [Fischer et Hepp, *D. chem. G.*,

21, 674, 1888]; quand on traite la p-oxybenzamide par l'hypobromite de sodium [van Dam. *Rec. Pays-Bas*, **18**, 418]. Il fond à 190° [Lellmann et Grothmann, *D. chem. G.*, **17**, 2731, 1884]; 191° (van Dam), 191°,5-192°,5 [Möhlau et Ullmann, *Lieb. Ann. Chem.*, **289**, 95, 1895]. *L'éther éthylique* fond à 107° [Jackson et Fiske, *D. chem. G.*, **35**, 1130, 1902].

Le *dérivé acétylé* $OH.C^6H^2Br^2.AzHC^2H^3O + H^2O$ fond à 173-174° [Hölz. *J. prakt. Chem.*, **32**, 68].

Tribromo-2.4.6-amino-3-phénol. — Il fond à 115° [Daccomo, *D. chem. G.*, **18**, 1168]; à 117° [van Dam. *Rec. Pays-Bas*, **18**, 417]; voyez aussi Ikuta [*Am. Chem. Journ.*, **15**, 44, 1893]. Son *éther éthylique* est liquide [Lindner, *D. chem. G.*, **18**, 614, 1885]. Le *dérivé triacétylé*, $C^2H^3O^2.C^6HBr^3.Az(COCH^3)^2$, fond à 136° [van Dam, *loc. cit.*].

Iodoaminophénols.

Iodo-2-amino-3-phénol. — On l'obtient en réduisant le dérivé nitré correspondant par $SnCl^2 + HCl$; il fond vers 100° [Schlieper, *D. chem. G.*, **26**, 2468, 1893].

Iodo-2-amino-4-phénol. — *L'éther éthylique*, $C^2H^5O.C^6H^3.I.AzH^2$, fournit un *picrate* fusible à 180°, et un *dérivé acétylé*, fusible à 146° [Reverdin, *D. chem. G.*, **29**, 998, 1896].

Diiodo-2.6-amino-4-phénol. — Il fond à 221°,5 [Seifert, *J. prakt. Chem.*, **28**, 437, 1883].

Nitroaminophénols.

Nitro-4-amino-2-phénol. — Il se forme à côté du nitro-2-amino-4-phénol dans l'action de l'acide sulfurique sur la m-nitrodiazobenzène-imide [Kehrmann et Idzkowska, *D. chem. G.*, **32**, 1066; **30**, 2132; — Auwers et Röhrig, *ibid.*, **30**, 995, 1897]. Le *dérivé acétylé* de *l'éther éthylique*, $C^2H^5O.C^6H^3.AzO^2.AzH.COCH^3$, fond à 196° [Reverdin et Düring, *ibid.*, **32**, 164, 1899].

Nitro-5-amino-2-phénol. — Il se forme dans l'action de l'acide sulfurique sur la p-nitrodiazobenzène-imide; il fond à 201-202° [Friedländer et Zeitlin, *D. chem. G.*, **27**, 196, 1894]. *L'éther éthylique* fond à 90°, et son *dérivé acétylé*, $C^2H^5O.C^6H^3.AzO^2.AzH.CO-CH^3$, fond à 165° [Reverdin et Düring, *D. chem. G.*, **32**, 164, 1899]. *L'acétate du dérivé diacétylé*, $C^2H^3O^2.C^6H^3.AzO^2.Az(CO.CH^3)^2$, fond à 187° [Meldola, Woolcott et Wray, *Chem. Soc.*, **69**, 1325, 1896].

Nitro-4-amino-3-phénol. — Il fond à 185-186°, son *dérivé acétylé* fond à 266° [Meldola et Stephens, *Chem. Soc.*, **89**, 923, 1906].

Nitro-6-amino-3-phénol. — Il fond à 158°, son *dérivé acétylé* fond à 221° [Meldola et Stephens, *loc. cit.*].

Nitro-2-amino-4-phénol. — Il fond à 126-128°,5 [Friedländer et Zeitlin, *D. chem. G.*, **27**, 196, 1894; — Kehrmann et Idzkowska, *D. chem. G.*, **32**, 1066, 1899]. *L'éther éthylique*, obtenu par nitration de la p-phénétidine, fond à 170° [Höchster Farbw., D.R.P. 101778]. *L'acide nitro-2-amino-4-phénoxyacétique* fond à 196° [Howard, *D. chem. G.*, **30**, 2106, 1897].

Nitro-3-amino-4-phénol. — Il se forme dans l'action de l'acide sulfurique sur l'o-nitrodiazobenzène-imide [Kehrmann et Gauhe, *D. chem. G.*, **30**, 2137; **31**, 2403]; comparez Friedländer et Zeitlin [*D. chem. G.*, **27**, 195]. Il fond à 135-136° (Kehrmann); à 148° [Hähle, *J. prakt. Chem.*, **43**, 63, 1891]; à 154° [Reverdin et Delétra, *D. chem. G.*, **39**, 125, 1906].

Son *dérivé dibenzoylé*, $C^6H^3-OC^7H^5O-AzO^2.AzH.C^7H^5O$, fond à 147° [Reverdin et Delétra, *loc. cit.*].

L'éther éthylique fond à 109° [Scheidel, D.R.P. 36014; — Höchst. Farbw., D.R.P. 64510]; et le *dérivé diacétylé* de ce dernier, $C^2H^5O.C^6H^3.AzO^2.Az(CO.CH^3)^2$, fond à 146-147° [Hähle, *J. prakt. Chem.*, **43**, 63, 1891]; le *phosphate*, $PO(AzH.C^6H^3.AzO^2.OC^2H^5)^3$, fond à 126° [Autenrieth et Rudolph, *D. chem. G.*, **33**, 2110, 1900].

Dinitro-4.6-amino-2-phénol, acide picramique, $C^6H^2(AzO^2)^2.AzH^2.OH$. — L'acide picramique se forme dans la réduction de l'acide picrique par le zinc et l'ammoniac [Aloy et Frébault, *Bull. Soc. Chim.*, **33**, 496, 1905]; et par la diastase de l'organisme [Abelous et Aloy, *Bull. Soc. Chim.*, **31**, 143, 1904]. Il fond à 168-169° [Stuckenberg et Rudolph, *J. prakt. Chem.*, **48**, 425, 1893]; 100 p. d'eau en dissolvent 0g,14 à 22° [Dabney, *Am. Chem. Journ.*, **5**, 36, 1884]. Les sels de l'acide picramique ont été préparés par Girard et Smolka [*Mon. f. Chem.*, **8**, 391, 1887]. Il est très employé pour la fabrication de matières colorantes azoïques [Act. f. Anilinf., D.R.P. 112819, 113241; — Höchster Farbw., D.R.P. 111327, 112280; — Kalle et Cie, D.R.P. 110711.]. *L'éther éthylique* fond à 152-153° [Rudolf, *J. prak. Chem.*, **48**, 439, 1893]. Le *dérivé acétylé*, $C^6H^2(AzO^2)^2AzHCOCH^3.OH$, fond à 201° [Meldola et Wechsler, *Proceed. Chem. Soc.*, n° 227].

Dinitro-4.6-amino-3-phénol. — Il se forme quand on chauffe une solution alcoolique de dinitro-2.4-aniline avec le cyanure de potassium; il fond à 231°; les alcalis le décomposent à l'ébullition en AzH^3 et dinitrorésorcine [Lippmann et Fleissner, *Mon. f. Chem.*, **7**, **95**, 1886]. Son *dérivé acétylé* fond à 168° [Meldola et Stephens, *Chem. Soc.*, **89**, 923, 1906]. Le *dinitrodiméthylaminophénol* correspondant fond à 195° [Lippmann et Fleissner, *Mon. f. Chem.*, **6**, 808; — Ditscheiner, *Mon. f. Chem.*, **6**, 809, 1885].

Dinitro-2.6-amino-4-phénol, acide isopicramique. — L'acide isopicramique se forme : par hydrolyse de son dérivé benzoylé [Dabney, *Am Chem. J.*, **5**, 28, 1883]; par nitration de l'acétyl-p-aminophénol et hydrolyse du nitroacétylé formé [Reverdin et Dresel, *Bull. Soc. Chim.*, **33**, 567, 1905]. Il fond à 170°. Son *éther éthylique* fond à 145° et le *dérivé acétylé* de ce dernier à 206° [Wender, *Gazz. chim. ital.*, **19**, 220, 1889]. Le *dérivé benzoylé*, $C^6H^2(AzO^2)^2.OH.AzHCOC^6H^5$, obtenu par nitration de l'acide benzoylamino-5-salicylique, fond à 250° [Dabney, *loc. cit.*]; à 263° [Reverdin et Delétra, *D. chem. G.*, **39**, 125, 1906].

Dinitro-2-5-amino-4-phénol. — *L'acide dinitroacétylaminophénoxyacétique*, $C^2H^3O.AzH.C^6H^2(AzO^2)^2.O.CH^2.CO^2H$, fond à 205° [Howard, *D. chem. G.*, **30**, 2105, 1897]; voyez aussi Reverdin [*D. chem. G.*, **38**, 1903; **39**, 125, 2679, 1906].

Dinitro-3.5-amino-4-phénol. — Il fond à 230-231°, son *dérivé acétylé* fond à 182° et l'*acétate* de ce dernier, $C^6H^2(AzO^2)^2.AzHOC^2H^3.O.C^2H^3O$, à 223-224° [Reverdin et Dresel, *Bull. Soc. Chim.*, **33**, 562, 1905]. Le *dérivé dibenzoylé* analogue fond à 229° [Reverdin et Delétra, *D. chem. G.*, **39**, 125, 1906].

Dinitro-3.5-amino-2-phénol. — Son *éther éthylique* fond à 195°. *L'éther éthylique* du *dinitro-3.5-méthylamino-2-phénol*, $C^6H^2.(AzO^2)^2.AzHCH^3.OC^2H^5$, fond à 174°: *l'éther éthylique du dinitro-3.5-éthylamino-2-phénol* fond à 137° [Blanksma, *Rec. Pays-Bas*, **24**, 40, 1905].

Dinitro-?-amino-4-phénol. — La nitration du dibenzoyl-p-aminophénol fournit un dinitrodibenzoyl-p-aminodinitrophénol, dont l'hydrolyse conduit à un dinitro-p-aminophénol, fusible à 230-231°; le *dérivé acétylé* de ce dernier fond à 182° [Reverdin et Dresel, *Bull. Soc. Chim.*, **34**, 1170, 1904].

Trinitro-2.4.6-amino-3-phénol. — Il fond à 218°; son *sel d'Am*, fusible à 240°, s'obtient en faisant réagir l'ammoniaque sur le tétranitrophénol [Blanksma, *Rec. Pays-Bas*, **21**, 254, 1902]. — Le *trinitro-2.4.6-méthylamino-3-phénol* fond à 156°; et le *trinitro-2.4.6-éthylamino-3-phénol* fond à 115° (Blanksma).

Trinitro-?-amino-4-phénol. — La nitration de la p-éthoxyphényluréthane fournit une trinitro-p-éthoxyphényluréthane fusible à 211-212°: cette dernière chauffée avec l'acide sulfurique donne un *trinitro-p-éthoxyaminophénol*, $C^6H(AzO^2)^3.AzH^2.OC^2H^5$ [Köhler, *J. prakt. Chem.*, **29**, 283, 1883].

Trinitro-2.4.6-diamino-3.5-phénol. — Ce composé, fusible à 270°, se forme quand on fait réagir l'ammoniac sur le pentanitrophénol: le *dianilidotrinitrophénol* fond à 200° en se décomposant [Blanksma, *Rec. Pays-Bas*, **21**, 454, 1902].

Bromo-nitro-amino-phénol. — Le *bromo-6-nitro-4-amino-2-phénol* se forme quand on réduit le bromo-6-dinitro-2.4-phénol par le sulfure d'ammonium: il fond à 162-163° [Meldola, Woolcott et Wray, *Chem. Soc.*, **69**, 1326, 1896]. Le *dérivé acétylé* fond à 204°.

Le *bromo-4-nitro-6-amino-2-phénol* fond à 141-142° et son *dérivé acétylé* à 161-162° [Meldola et Streatfield, *Chem. Soc.*, **73**, 687, 1898].

Le *bromo-6-nitro-2-acétylamino-4-phénol* fond à 230°. — Le *bromo-2-nitro-6-benzoylamino-4-phénol* fond à 247° [Robertson, *Chem. Soc.*, **81**, 1475, 1902].

La *dibromo-2.6-nitro-4-phénétidine* fond à 58-59° [Jackson et Fiske, *Am. Chem. J.*, **30**, 53, 1903].

p-Hydroxylaminophénol. — Ce composé n'a pu être isolé. On connaît la *combinaison benzylidénique* de son *benzoate*, fusible à 205°, qui se forme quand on réduit le benzoate du p-nitrophénol par le zinc et le chlorure de calcium [Wohl, *D. chem. G.*, **36**, 4143, 1903]. On connaît encore son *dérivé glyoxylique*,

$$OH.C^6H^4-Az-CH-CH-Az-C^6H^4.OH \quad \text{(chaque Az-CH ponté par O)}$$

qui se forme quand on fait réagir le diazométhane sur le nitrosophénol [Pechmann et Seel, *D. chem. G.*, **31**, 298, 1898].

Le *p-hydroxylaminophénétol* fond à 91°,5-92° [Rising, *D. chem. G.*, **37**, 43, 1904].

Hydrazophénols.

o-Éthoxy-hydrazobenzène, $C^6H^5.AzH-AzH.C^6H^4OC^2H^5$. — Il se forme par réduction de l'azoïque correspondant: il fond à 66° [Jacobson, Franz et Hœnigsberger, *D. chem. G.*, **36**, 4069, 1903].

Benzène-hydrazo-p-phénol, $C^6H^5-AzH-AzH-C^6H^4.OH$. — L'*acétate* se prépare en réduisant l'azoïque correspondant par $Zn + CH^3CO^2H$, [Goldschmidt et Brubacher, *D. chem. G.*, **24**, 2309, 1891]; il fond à 114-115°. Le *benzoate* fond à 173° [Macpherson, *D. chem. G.*, **28**, 2417, 1895].

Acide o-hydrazophénoxyacétique $(-AzH.C^6H^4.O.CH^2.CO^2H)^2$. — On l'obtient en réduisant l'acide o-azophénoxyacétique par le sulfure d'ammonium; il se décompose à 225-227° sans fondre [Thate, *J. prakt. Chem.*, **29**, 172, 1884].

m-Hydrazophénétol, $(-AzH.C^6H^4OC^2H^5)^2$. — On le prépare en réduisant le m-azophénétol par Am^2S; il fond à 85° [Buchstab, *J. prakt. Chem.*, **29**, 300, 1884].

Azoxyphénols.

Benzène-azoxyphénols,

$$C^6H^5-\underset{\diagdown O \diagup}{Az-Az}-C^6H^4OH$$

— On les obtient par condensation de la phénylhydroxylamine avec les nitrosophénols. Le *dérivé para* fond à 156°,5. — Le *dérivé ortho* fond à 76°; l'*iso-benzène-o-azoxyphénol* fond à 108-108°,5 [Bamberger, *D. chem. G.*, **33**, 1939, 1900]. Ces composés se rencontrent aussi dans les produits qui résultent de l'action de la soude aqueuse sur le nitrosobenzène et sur le nitrosophénol. Oxydés par le permanganate de potassium, ils fournissent des isodiazoïques [Bamberger, *D. chem. G.*, **33**, 1957, 1900].

o-Azoxyphénol. — L'*acide o-azoxyphénoxyacétique*, $[CO^2H.CH^2.O.C^6H^4-Az-]^2O$, se forme quand on réduit l'acide o-nitrophénoxyacétique par l'amalgame de sodium en liqueur alcaline. Il cristallise avec $1\frac{1}{2}H^2O$; il devient anhydre vers 120-130° et fond à 186-187°. — Son *éther éthylique* fond à 113-114° [Thate, *J. prakt. Chem.*, **29**, 152, 1884].

p-Azoxyphénol,

$$OH.C^6H^4-\underset{\diagdown O \diagup}{Az-Az}=C^6H^4OH.$$

— Il se forme quand on mélange la phénylhydrazine avec le p-nitrosophénol en solution éthérée. Il cristallise avec 1 molécule d'eau; il devient anhydre à 100° et brunit vers 200° [O. Fischer et Wacker, *D. chem. G.*, **21**, 2616, 1888].

L'*éther diéthylique* ou *p-azoxyphénétol* se prépare en réduisant le p-nitrophénétol par la soude alcoolique; il fond à 134° [Gattermann et Ritschke, *D. chem. G.*, **23**, 1742, 1890]; à 137°,4-137°,9 [Rising, *D. chem. G.*, **37**, 43, 1904]; après avoir été fondu il se solidifie de nouveau [Rotarsky, *D. chem. G.*, **36**, 3153; *Centr. Bl.*, II, 1905, 130]. Le *diacétate* fond à 169° et le benzoate fond à 120-122° [Wohl, *D. chem. G.*, **36**, 4143, 1903].

L'*éther (n)-propylique* fond à 116°, se solidifie et fond de nouveau à 122° [Vorländer, *D. Chem. G.*, **39**, 803, 1006].

L'*azoxybenzène-dibromo-3.5-p-phénétol*

$$C^6H^5-\underset{\diagdown O \diagup}{Az-Az}-C^6H^2Br^2.OC^2H^5$$

fond à 163° [Jackson et Fiske, *Am. Chem. J.*, **30**, 53, 1903].

Le *dianilino-3.3-azoxy-4.4-phénétol*

$$[C^6H^5.AzH.C^6H^3(OC^2H^5)-Az-]^2$$

fond à 125° [Jacobson, Fertsch et Fischer, *D. chem. G.*, **25**, 685, 1893].

Azophénols.

Benzène-azo-phénols, *oxyazobenzènes*, $C^6H^5-Az=Az-C^6H^4OH$ (Griess). Les *dérivés ortho* et *para* se forment quand on copule le phénol avec le diazobenzène [Bamberger, *D. chem. G.*, **33**, 1938, 3188, 1900] et avec les diazoaminobenzènes [Heumann et Œconomides, *D. chem. G.*, **20**, 372, 1887]. On les rencontre encore dans les produits de décomposition du nitroso-benzène par la soude aqueuse. Le dérivé para se forme à côté d'une très faible quantité du dérivé ortho, quand on isomérise l'azoxybenzène par l'acide sulfurique concentré [Bamberger, *D. chem. G.*, **33**, 3192, 1900].

Les p-benzène-azophénols ne paraissent pas présenter la constitution quinonique [Mac Pherson, *Am. Chem. Journ.*, 22, 364, 1899; — Jacobson et Hœnigsberger, *D. chem. G.*, **36**, 4093, 1903]; cependant les acides forts peuvent les transformer en sels de quinophénylhydrazone [Hewitt, *Chem. Soc.*, **77**, 712, 1900].

Benzène-o-azophénol. — Il fond à 82°.5 [Bamberger, *D. chem. G.*, **33**, 1919, 3188, 1900]. — Son *éther éthylique* fond à 43-44° [Jacobson et Hœnigsberger, *D. chem. G.*, **36**, 4069, 1903].

Benzène-m-azophénol. — Il fond vers 116°; son *dérivé acétylé* fond à 67°.5 et son *dérivé benzoylé* fond à 91°.5-92° [Jacobson et Hœnigsberger, *D. chem. G.*, **36**, 4093, 1903].

Benzène-p-azophénol. — En outre des modes de formation précédemment indiqués, il a été obtenu en traitant la phénylbenzoylhydrazone de la quinone, $O:C^6H^4:Az^2(C^6H^5).C^7H^5O$, par l'acide sulfurique [Mac Pherson, *D. chem. G.*, **28**, 2417, 1895]. — Il cristallise en prismes orangés fusibles à 152°.

Son *éther éthylique*, $C^6H^5-Az=Az-C^6H^4OC^2H^5$, fond à 77-78° [Jacobson et Fischer, *D. chem. G.*, **25**, 994, 1892], à 85° et bout à 325-326° [Nägeli, *Bull. Soc. Chim.*, **11**, 897, 1894]. Sa réduction par $SnCl^2+HCl$ a été étudiée par Hewitt et Pope [*D. chem. G.*, **30**, 1629, 1897].

L'*o-chloro-benzène-p-azophénol*, $Cl.C^6H^4.Az=Az-C^6H^4OH$, fond à 96°; son *acétate* fond à 100° et son *benzoate* à 131° [Hewitt, *D. chem. G.*, **28**, 799; **30**, 1625, 1897].

Le *m-chloro-benzène-p-azophénol* fond à 135°; son *éther éthylique* fond à 51°, son *acétate* à 92° et son benzoate à 118° [Hewitt, *D. chem. G.*, **26**, 2977; **28**, 801; **30**, 1629].

Le *p-chlorobenzène-p-azophénol* fond à 151-152° [Heumann et Œconomides, *D. chem. G.*, **20**, 906, 1887; — Hewitt, *ibid.*, **16**, 2978; **30**, 1626]. — Son *éther éthylique* fond à 118°; son *acétate* à 160° et son *benzoate* à 154° [Hewitt et Pope, *D. chem. G.*, **30**, 1630; **26**, 2978].

Le *m-chlorobenzène-p-azophénol*, $Cl.C^6H^4.Az=Az-C^6H^3.Cl.OH$, fond à 114-115° [Schultz, *D. chem. G.*, **17**, 464, 1884].

L'*o-bromobenzène-p-azophénol*, $Br.C^6H^4.Az=Az-C^6H^4.OH$, fond à 85°; son *acétate* fond à 89° et son *benzoate* à 122-123° [Hewitt, Moore et Pitt, *D. chem. G.*, **31**, 2114, 1898]. L'*éther éthylique* fond à 39° [Jacobson, Franz et Zaar, *ibid.*, **36**, 3857, 1903].

Le *m-bromo-benzène-p-azophénol* cristallise dans l'alcool dilué avec $\frac{1}{2}H^2O$; son *acétate* fond à 112° et son *benzoate* à 122° [Hewitt, *D. chem. G.*, **28**, 802, 1895]. Son *éther éthylique* fond à 68° [Jacobson, Franz et Zaar, *loc. cit.*].

Le *p-bromobenzène-p-azophénol* fond à 157°; son *acétate* fond à 158° et son *benzoate* à 166° [Hewitt, Moore et Pitt, *D. chem. G.*, **31**, 2116, 1898].

Le *benzène-p-azo-dibromo-2.6-phénol*, $C^6H^5.Az=Az_4C^6H^2Br^2{}_{2.6}OH_1$, fond à 135°; son *acétate* fond à 143° et son *benzoate* fond à 120° [Hewitt et Aston, *Chem. Soc.*, **77**, 712, 1900].

Le *p-bromo-benzène-p-azo-dibromo-2.6-phénol* fond à 148°; son *acétate* fond à 167° et son *benzoate* fond à 129° [Hewitt et Aston, *Chem. Soc.*, **77**, 810, 1900].

L'*o-nitrobenzène-p-azophénol*, $AzO^2.C^6H^4.Az=Az-C^6H^4OH$ fond à 155-157° [Nölting, *D. chem. G.*, **20**, 2998; — Hewitt et Moore, *D. chem. G.*, **31**, 2121]. Son *acétate* fond à 109° [Goldschmidt et Brubacher, *D. chem. G.*, **24**, 2314, 1891].

Le *m-nitrobenzène-p-azophénol* fond à 146-147° (Nölting).

Le *p-nitrobenzène-p-azophénol* fond à 212-213° [Bamberger, *D. chem. G.*, **28**, 846, 1895], 207° [Pechmann et Frobenias, *ibid.*, **27**, 673; voyez aussi Nölting, *loc. cit.*; — Meldola, *Chem. Soc.*, **47**, 658, 1884].

Le *benzène-azo-p-nitrophénol*, $C^6H^5-Az=Az-C^6H^3.AzO^2.OH$, fond à 150-151° [Auwers et Röhrig, *D. chem. G.*, **30**, 995, 1897].

Le *m-nitrobenzène-p-azonitrophénol*, $AzO^2.C^6H^4-Az=Az-C^6H^3.AzO^2.OH$, fond à 172-173° [Klinger et Pitschke, *D. chem. G.*, **18**, 2552, 1885].

Le *p-aniline-p-azophénol*, $AzH^2.C^6H^4-Az=Az-C^6H^4OH$, fond à 181° [Meldola, *Chem. Soc.*, **47**, 659, 1884].

Acides benzènesulfoniques-p-azophénols, $SO^3H.C^6H^4.Az=Az.C^6H^4OH$; [voyez Kostanecki et Zibell, *D. chem. G.*, **24**, 1698, 1891; — Limpricht, *Lieb. Ann. Chem.*, **263**, 239, 1891; — Täuber, *D. chem. G.*, **26**, 1875, 1893].

Toluène-p-azophénols, $CH^3.C^6H^4.Az=Az.C^6H^4.OH$. — L'*o-toluène-p-azophénol* obtenu par condensation du chlorure de diazotoluène avec le phénol, en liqueur alcaline, fond à 102-103° [Nölting et Werner, *D. chem. G.*, **23**, 3257; — Paganini, *ibid.*, **24**, 366, 1891]. Son *éther éthylique* fond à 53°. Le *phosphate*, $PO(OC^6H^4.Az^2.C^7H^7)^2$, fond à 116°. Il forme avec HCl une combinaison, $C^{13}H^{12}Az^2O, HCl$, fusible à 141° [Hewitt et Pope, *D. chem. G.*, **30**, 1626, 1897].

Le *m-toluène-p-azophénol* fond à 141° [Paganini, *D. chem. G.*, **24**, 368, 1891], à 144-145° [Jacobson, *Lieb. Ann. Chem.*, **287**, 161, 1895]. Son *éther éthylique* fond à 65° (Jacobson). Sa combinaison chlorhydrique, $C^{13}H^{12}Az^2O.HCl$, fond vers 160-172° [Hewitt, Moore et Pitt, *D. chem. G.*, **31**, 2117, 1898].

Le *p-toluène-p-azophénol*, obtenu par condensation du diazoamino-toluène avec le phénol, fond à 151° [Heumann et Œconomides, *D. chem. G.*, **20**, 905, 1887]. Sa combinaison chlorhydrique, $C^{13}H^{12}Az^2O\ HCl$, fond à 169° [Hewitt et Pope, *ibid.*, **30**, 1626]. — Son *éther éthylique* fond à 121-122° [Nölting et Werner, *ibid.*, **23**, 3258]; l'*éther benzylique* fond à 128° [Jacobson, *Lieb. Ann. Chem.*, **287**, 162, 1895]. — Le *phosphate* $PO(OC^6H^4.Az^2.C^6H^4CH^3)^3$ fond à 150° [Paganini, *D. chem. G.*, **24**, 365, 1891]. L'*acétate* fond à 95° [Goldschmidt et Brubacher, *D. chem. G.*, **24**, 2410].

Le *bromo-3-p-toluène-p-azophénol*, $CH^3.Br.C^6H^4.Az=Az.C^6H^4OH$, fond à 104° [Hewitt et Stevenson, *D. chem. G.*, **31**, 1782, 1898]. Son *acétate* fond à 84-85° et son *benzoate* fond à 137-139°.

L'*o-toluène-p-azo-diméthylamino-3-phénol*, $CH^3.C^6H^4.Az=Az-C^6H^3[Az(CH^3)^2].OH$, fond à 125-127°. Le *p-toluène-p-azophénol* fond à 169-170° [Bülow et Wolfs, *D. chem. G.*, **31**, 492, 1898].

Le xylène-1.3.4-p-azophénol, $(CH^3)^2.C^6H^3.Az=Az-C^6H^4OH$, fond à 134°; son *éther éthylique* fond à 97° [Jacobson, *Lieb. Ann. Chem.*, **287**, 211, 1895]. — Le *xylène-1.3.4.p-azo-diméthylamino-3-phénol*, $(CH^3)^2.C^6H^3.Az=Az.C^6H^3[Az(CH^3)^2].OH$, fond à 166-168° [Bülow et Wolfs, *D. chem. G.*, **31**, 494, 1898].

Le pseudocumène-p-azophénol, $(CH^3)^3.C^6H^2.Az=Az-C^6H^4OH$, fond à 94° [Goldschmidt et Brubacher, *D. chem. G.*, **24**, 2313, 1891]; son *acétate* fond à 105°.

Naphtalène-p-azo-diméthylamino-3-phénols, $C^{10}H^7.Az=Az.C^6H^3[Az(CH^3)^2]OH$. — On les obtient en condensant le diméthylamino-3-phénol avec les diazonaphtalènes α et β; le *dérivé* α fond à 176° et le *dérivé* β fond à 196° [Bülow et Wolfs, *D. chem. G.*, **31**, 2777, 1898].

Le biphényl-p-azo-phénol, $C^6H^5-C^6H^4.Az=Az.C^6H^4OH$, se forme quand on diazote la benzidine en présence du phénol à une température de 45°. Il cristallise en lamelles bronzées [Wedekind, *Lieb. Ann. Chem.*, **300**, 255, 1898]. *Dérivé sulfoné*, voyez Cornelley et Schieselmann [*Chem. Soc.*, **49**, 381, 1886].

Le *phénol-azo-benzène-2-azo-toluène-4*,

$$OH_{(1)}.C^6H^4 \begin{array}{l} \diagup Az_{(2)} = Az.C^6H^5 \\ \diagdown Az_{(4)} = Az_{(4)}.C^6H^4.CH^3_{(1)} \end{array}$$

se forme quand on traite le toluène-azo-phénol par le chlorure de diazobenzène; il fond à 115-116°; son *acétate* fond à 130° [Goldschmidt et Pollak, *D. chem. G.*, **25**, 1337, 1892]. Le *phénol-azobenzène-5-azo-toluène-2*,

$$OH_{(1)}.C^6H^4 \begin{array}{l} \diagup Az_{(4)} = Az.C^6H^5 \\ \diagdown Az_{(2)} = Az_{(4)}.C^6H^4.CH^3_{(1)} \end{array}$$

déjà obtenu par Griess [1ᵉʳ Suppl., 1181], fond à 121°, et son *acétate* à 92° [Goldschmidt et Pollak, *loc. cit.*].

Phénol-bis-azotoluènes, $OH_1.C^6H^3[Az^2.C^6H^4.CH^3]^2_{2,4}$. — Le *dérivé o-toluylé* fond à 146° [Nölting et Werner, *D. chem. G.*, **23**, 3257, 1890], à 116-117° [Paganini, *ibid.*, **24**, 366, 1891]. Le *dérivé p-toluylé* fond à 170° et son *acétate* fond à 128° [Goldschmidt et Pollak, *ibid.*, **25**, 1334, 1892].

Azophénols, $OH.C^6H^4-Az=Az-C^6H^4.OH$. — *o-Azophénol*. — Sa chaleur de neutralisation par la soude est de 4ᶜᵃˡ.195 [Alexejew et Werner, *Journ. Soc. phys. chim. russe*, **41**, 481, 1890]. Lorsqu'on traite sa solution acétique par le chlore, on le transforme en *trichloroazophénol*, $C^{12}H^7Cl^3Az^2O^2$, fusible à 235° [Bohn et Heumann, *D. chem. G.*, **17**, 285, 1884]. — *L'éther diphénylique*, $[C^6H^5.O.C^6H^4-Az=]^2$, fond à 168-169° [Häussermann et Teichmann, *D. chem. G.*, **29**, 1448, 1896].

L'acide o-azophénoxyacétique, $[CO^2H.CH^2.O.C^6H^4-Az=]^2+2H^2O$, se forme dans la réduction de l'acide o-nitrophénoxyacétique par l'amalgame de sodium. Il cristallise dans l'eau en aiguilles orangées, qui deviennent anhydres à 110° et fondent à 162°. Son *éther diéthylique*, $C^{20}H^{22}Az^2O^6$, fond à 110-111° [Thaté, *J. prakt. Chem.*, **29**, 161, 171, 1884].

m-Azophénol. — On le prépare en décomposant le diazoïque de la m-azoaniline. Il cristallise dans l'alcool en paillettes jaune brun clair, fusibles à 205° [Elbs et Kirsch, *J. prakt. Chem.*, **67**, 265, 1903]. Son *éther diéthylique* fond à 91° [Buchstab, *J. prakt. Chem.*, **20**, 299, 1884]. Son *diacétate* fond à 137° et son *dibenzoate* à 129° (Elbs et K.). Par nitration il fournit le *nitro-m-azophénol*, $OH_3.C^6H^4-Az=Az_1-C^6H^3.AzO^2_6OH_3$, fusible à 205°, et dont la *diacétate* fond à 141° (Elbs et K.).

p-Azophénol. — Il forme des prismes tricliniques brun clair, fondant vers 200° avec un commencement de décomposition [Bohn et Heumann, *D. chem. G.*, **17**, 275, 1884]. Sa chaleur de neutralisation par la soude est de 7ᶜᵃˡ.096 [Alexejew et Werner, *Journ. Soc. phys. chim. russe*, **41**, 481, 1890].

Traité par l'oxyde d'argent, il est oxydé et transformé en quinone azine, laquelle par réduction régénère deux azophénols α et β qui sont probablement des isomères géométriques [Willstaetter et Bang, *D. chem. G.*, **39**, 3492, 1906].

Son *éther monoéthylique*, $C^2H^5O.C^6H^4-Az=Az-C^6H^4OH$, fond à 125-126° [Jacobson, *Lieb. Ann. Chem.*, **287**, 215, 1895]. Il peut conserver 1 molécule d'eau et fond alors à 105-110° [Hewitt, Moore et Pitt, *D. chem. G.*, **31**, 2119, 1898]; l'*acétate* de ce dernier, $C^2H^5.O.C^6H^4Az=Az.C^6H^4O.C^2H^3O$, fond à 114° et son *benzoate* fond à 127° [Hewitt, M. et P., *loc. cit.*].

L'éther éthylique, ou *p-azophénétol*, existe sous deux formes fusibles à 93°,65 et 159°,35 [Dreyer et Rotarski, *Centr. Bl.*, 1905, (II), 1016].

L'éther diphénylique, $[C^6H^5.O.C^6H^4.Az=]^2$, fond à 149°,5-150° [Häussermann et Teichmann, *D. chem. G.*, **29**, 1446, 1896].

o-p-Azophénol. — *L'éther monoéthylique*, $C^2H^5O_2C^6H^4.Az_1=Az_1.C^6H^4OH_4$, se forme par condensation du phénol en solution alcaline avec le chlorure de l'o-diazoéthoxybenzène à — 5°; il fond à 131° [Jacobson, *Lieb. Ann. Chem.*, **287**, 213, 1895]. Sa combinaison chlorhydrique, $C^{14}H^{14}Az^2O^2.HCl$, fond à 125-131° [Hewitt, Moore et Pitt, *D. chem. G.*, **31**, 2118]; son *benzoate* fond à 99°.

L'éther diéthylique, $[C^2H^5O,C^6H^4.Az=]^2$ fond, à 77-78° [Jacobson, *loc. cit.*].

m-p-Azophénol. — *L'éther monoéthylique* obtenu d'une façon analogue au précédent fond à 105-106° [Jacobson, *Lieb. Ann. Chem.*, **287**, 215]; il peut conserver 1/2 H^2O et fond alors à 89-91°; sa combinaison chlorhydrique fond à 140-150° [Hewitt, Moore et Pitt, *D. chem. G.*, **31**, 2119, 1898].

L'éther diéthylique fond à 70-71° [Jacobson, *loc. cit.*].

Diazophénols.

o-Diazophénol, $OH.C^6H^4.Az=Az.OH$. — Le chlorure d'o-diazophénol $OH.C^6H^4Az^2Cl$ peut se préparer en traitant une solution d'o-aminophénol refroidie à 0° par le nitrite d'amyle et l'acide chlorhydrique; on précipite ensuite par l'éther [Hantzsch et Davidson, *D. chem. G.*, **29**, 1528, 1896]. Il se décompose à 152° [Oddo, *Gazz. chim. ital.*, **25**, 337, 1895]. La solution aqueuse du diazoïque, obtenue en décomposant le chlorure par AgOH à 0°, traitée par un courant d'hydrogène sulfuré, fournit un sulfodiazoïque, $OH.C^6H^4.Az^2.SH+H^2S$, en aiguilles microscopiques qui se décomposent à 69-70°, et ne sont stables que pendant un temps très court à 0° [Hantzsch et Freese, *D. chem. G.*, **28**, 3250, 1895]. Le sulfite, réduit par $Zn+CH^3CO^2H$, fournit l'*acide diphénolhydrazine-sulfonique*, $OH.C^6H^4.AzH.AzH.SO^3H$ [Reisenegger, *Lieb. Ann. Chem.*, **221**, 315, 1884].

p-Diazophénol, $C^6H^6Az^2O^2+4H^2O$. — Le p-diazophénol libre peut être isolé en décomposant le chlorure par AgOH, à 0°; il forme de longues aiguilles jaunes, fusibles à 38-39°, détonant violemment vers 75°, lorsqu'elles sont anhydres [Hantzsch et Davidson, *D. chem. G.*, **29**, 1530, 1896]. Sa solution aqueuse traitée à 0° par l'hydrogène sulfuré, fournit le composé $OH.C^6H^4.Az^2.SH+H^2S$, qui fond en se décomposant à 74-75° [Hantzsch et Freese, *D. chem. G.*, **28**, 3250, 1895]. Le *chromate* explose vers 134° [Meldola et Eynon, *Chem. Soc.*, **87**, 1, 1905]. Le sulfite, réduit par $Zn+CH^3CO^2H$, fournit l'*acide p-phénolhydrazine-sulfonique*, $OH.C^6H^4.AzH.AzH.SO^3H$ [Reisenneger, *Lieb. Ann. Chem.*, **221**, 316, 1884].

Le *chlorure du p-diazophénétol*, $C^2H^5O.C^6H^4.Az^2.Cl$, fond vers 78° [Knœvenagel, *D. chem. G.*, **28**, 2056, 1895]. Le *sulfate* fond vers 140° [Knœvenagel, *D. chem. G.*, **28**, 2051]. Le sel de sodium du *sulfite*, $C^2H^5O.C^6H^4Az^2SO^3Na$, cristallise en lamelles jaunes [Altschul, *D. chem. G.*, **25**, 1843, 1892].

Le *cyanure du p-diazophénol*, $OH.C^6H^4.Az^2.CAz$, se forme par action du cyanure de potassium sur le chlorure; il détone vers 117-118° [Hantzsch et Davidson, *D. chem. G.*, **29**, 1532, 1896].

Dérivés de substitution du p-diazophénol. — Rappelons que ces composés se déshydratent très facilement pour donner des corps de la forme

$$R\begin{matrix}\diagup Az \geqslant \\ \diagdown O \diagup \end{matrix}Az$$

et que le plus souvent ces derniers seuls sont connus.

Le *trichloro-2.3.5-p-diazophénol*,

$$C^6HCl^3\begin{matrix}\diagup Az^2 \\ \quad | \\ \diagdown O\end{matrix}$$

explose à 137° [Lampert, *J. prakt. Chem.*, **33**, 375, 1886].

Le *dibromo-3.5-p-diazophénol*, $C^6H^2Br^2.OAz^2$ détone à 142° [Silberstein, *J. prakt. Chem.*, **27**, 107, 1883]. Le *dibromo-p-diazophénol* obtenu en traitant la solution aqueuse des sels de p-diazophénol par le brome, détone à 152° [Hantzsch et Davidson, *D. chem. G.*, **29**, 1531, 1896].

Le *bromo-2-nitro-4-diazo-6-phénol*, $C^6H^2Br.(AzO^2)OAz^2$ se décompose vers 152-153° [Meldola, Woolcot et Wray, *Chem. Soc.*, **69**, 1327, 1896].

Le *bromo-4-nitro-2-diazo-6-phénol* détone violemment vers 145° [Meldola et Streatfield, *Chem. Soc.*, **73**, 688, 1898].

Acide p-diazophénoldisulfonique. Le sel de potassium, $(SO^3K)^2.C^6H^2.OAz^2$, cristallise en aiguilles jaunes [Wilsing, *Lieb. Ann. Chem.*, **215**, 238, 1883].

L'*acide chloro-2-p-diazophénolsulfonique*,

$$OH.C^6H^2Cl\begin{matrix}\diagup Az^2 \\ \quad | \\ \diagdown SO^3\end{matrix} + 3H^2O,$$

devient anhydre à 100°, brunit à 130° et détone faiblement vers 170° [Kollrepp, *Lieb. Ann. Chem.*, **234**, 29, 1886].

ACIDES PHÉNOLSULFONIQUES.

ACIDES PHÉNOLMONOSULFONIQUES. $C^6H^4.SO^3H.OH$. — 1° *Acide* ORTHO. Il a été obtenu de nouveau par décomposition du diazoïque de l'acide o-sulfanilique [Kreis, *Lieb. Ann. Chem.*, **286**, 386, 1895]. Sa chaleur de neutralisation a été déterminée par Allain [*Bull. Soc. Chim.*, **47**, 879, 1887]. Il est plus antiseptique que le phénol ; on l'emploie sous le nom d'*aseptol* [Serrant, *Jahr. d. Thierch.*, 497, 1885].

L'*acide o-phénétolsulfonique*, $C^2H^5O.C^6H^4.SO^3H$, se forme quand on chauffe l'acide o-diazobenzène-sulfonique avec l'alcool éthylique [Franklin, *Am. Chem. Journ.*, **20**, 462, 1898] ; quand on oxyde l'acide o-phénétolsulfinique par le permanganate en solution alcaline [Gattermann, *D. chem. G.*, **32**, 1154, 1899]. Le *chlorure*, $C^2H^5O.C^6H^4.SO^2Cl$, fond à 65-66° (Gattermann) ; l'*amide*, $C^2H^5O.C^6H^4.SO^2AzH^2$ fond à 163° (Gattermann) ; à 156° (Franklin) ; l'*anilide* fond à 158°.

2° *Acide* MÉTA. — Le m-phénolsulfonate de potassium, traité en liqueur alcaline par l'iodure d'éthyle à 150-170°, fournit l'*o-phénétolsulfonate de potassium*, $C^2H^5O.C^6H^4.SO^3K+H^2O$. Le *chlorure*, $C^2H^5O.C^6H^4SO^2Cl$, fond à 38° [Delisle et Lagai, *D. chem. G.*, **23**, 3392 ; **25**, 1836, 1892]. L'*amide*, $C^2H^5O.C^6H^4.SO^2AzH^2$, fond à 131° (Delisle) ; à 126° [Shober et Kiefer, *Am. Chem. Journ.*, **17**, 456, 1895]. L'*anilide* fond à 80° (Delisle).

L'*acide m-disulfonique de la diphénylglycérine*, $[SO^3H.C^6H^4.O.CH^2]^2CHOH$, a été obtenu en traitant la diphénylglycérine par l'acide sulfurique concentré [Rössing, *D. chem. G.*, **19**, 66, 1886].

3° *Acide* PARA. — L'acide p-phénolsulfonique peut être obtenu cristallisé en aiguilles très fusibles [Allain, *Bull. Soc. Chim.*, **47**, 879, 1887] ; sa neutralisation par 1 mol. de soude dégage 13^{cal},439 ; l'addition d'une seconde molécule de soude dégage 8^{cal},960, soit au total 22^{cal},399 (Allain).

Par ébullition avec l'acide iodhydrique il est hydrolysé en phénol et acide sulfurique [Benedikt et Bamberger, *Mon. f. Chem.*, **12**, 4, 1891].

Il a été condensé avec l'aldéhyde formique [Goldschmidt, *Chem. Zeit.*, **22**, 374 ; D.R.P. 101191]. Il réagit sur l'isocyanate de phényle pour donner le p-phénolsulfonate d'aniline avec dégagement de gaz carbonique [Vallée, *Bull. Soc. Chim.*, **33**, 967, 1904].

Le *sel d'ammonium* peut cristalliser avec une molécule d'acide fluorhydrique [Weinland et Stille, *Lieb. Ann. Chem.*, **328**, 140, 1903]. Le *sel d'argent* se décompose à 120° [Zanardi, *Centr. Bl.*, 547, 1897 (II) ; 712, 1898 (II)]. Les combinaisons mercuriques peuvent être employées comme antiseptiques [Gautrelet, *Pharm. Centr.*, **38**, 888 ; — Hofmann, la Roche et Cie, D.R.P. 104904 ; *Centr. Bl.*, 1038, 1899 (II)].

L'*amide*, $OH.C^6H^4.SO^2AzH^2$, fond à 176-177° [Schreinemakers, *Rec. Pays-Bas*, **16**, 424, 1897].

L'*acide p-phénétolsulfonique* se forme dans l'oxydation de l'acide p-phénétolsulfinique par le permanganate de potassium [Gattermann, *D. chem. G.*, **32**, 1155, 1899] ; le sel de potassium a été préparé en faisant réagir l'iodure d'éthyle sur le p-phénolsulfonate de potassium en liqueur alcaline [Opl, Lippmann et Lagay, *D. chem. G.*, **25**, 1837, 1892] ; le *sel d'aniline* fond à 224°.

Le *chlorure*, $C^2H^5O.C^6H^4.SO^2Cl$, fond à 36°,5, 39° [Moody, *D. chem. G.*, **26**, 607, 1093] ; l'*amide*, $C^2H^5O.C^6H^4.SO^2AzH^2$, fond à 149° ; à 150° (Moody) ; l'*anilide* fond à 84° [Lagai, *D. chem. G.*, **25**, 1837].

L'*acide phénoxybutyramidosulfonique*, $SO^3H.C^6H^4.OCH^2.CH^2.CH^2.CO.AzH^2$, fond à 211° [Lohmann, *D. chem. G.*, **24**, 2640, 1891].

ACIDE PHÉNOLDISULFONIQUE-1.2.4 (?), $C^6H^3.(SO^3H)^2.OH$. — Le sel de sodium en solution aqueuse réagit sur l'oxyde de mercure pour donner le sel

$$C^6H^3\begin{matrix}\diagup O \\ \diagdown (SO^3Na)^2\end{matrix}\!\!\!\text{———}\, Hg \,\text{———}\!\!\!\begin{matrix}O \diagdown \\ (SO^3Na)^2 \diagup\end{matrix}C^6H^3$$

dans lequel les réactions du mercure sont masquées [Lumière et Perrin, *C. R.*, **132**, 635, 1901]. Le *sel de baryum* cristallise avec $4H^2O$ [Zingel, *Jahr. d. Chem.*, 1597, 1885].

ACIDE PHÉNOLTRISULFONIQUE-1.2.4.6, $C^6H^2.(SO^3H)^3.OH$. — On le prépare en chauffant à 100-110° le phénol avec la quantité calculée d'acide pyrosulfurique, en vase fermé [Arche et Eisenmann, D.R.P. 51321]. L'acide nitrique le transforme en acide picrique. Fondu à 230-260° avec les alcalis, il fournit la pyrocatéchine disulfonique [Tobias, D.R.P. 81210].

ACIDES CHLOROPHÉNOLSULFONIQUES. — L'*acide trichlorophénolsulfurique*, $C^6HCl^3OH.SO^3H$ (?), cristallise avec 1 1/2 H^2O [Noelting et Battegay, *D. chem. G.*, **39**, 79, 1906].

ACIDES BROMOPHÉNOLSULFONIQUES. — L'*acide o-bromophénol-p-sulfonique*, $OH.C^6H^3.Br.SO^3H$, cristallise en aiguilles avec $2H^2O$; sa chaleur de neutralisation par une molécule de soude est de 15^{cal},520, l'addition d'une seconde molécule de soude dégage 10^{cal},703 [Allain, *Bull. Soc. Chim.*, **47**, 880, 1887]. L'*acide dibromo-2.6-phénol-p-sulfonique* cristallise avec 1 mol. d'eau (Allain, *loc. cit.*).

ACIDE DIIODO-2.6-PHÉNOL-P-SULFONIQUE, OH.

$C^6H^2.I^2.SO^3H$. — On le prépare en traitant la solution chlorhydrique ou sulfurique de l'acide p-sulfonique par l'iode [Kehrmann, *J. prakt. Chem.*, **37**, 334, 1888; D.R.P. 45 226]. Il forme des prismes monocliniques [Kraatz, *J. prakt. Chem.*, **37**, 334], qui perdent leur eau de cristallisation à 100°, et fondent à 120° et perdent de l'iode à 190°. Le *sel de sodium* $OHC^6H^2I^2.SO^3Na + 2H^2O$ est connu sous le nom de *Sozojodol* [Ostermayer, *J. prakt. Chem.*, **37**, 215, 1888].

Acides nitrophénolsulfoniques. — L'*acide o-nitro-p-phénolsulfonique*, $OH_1C^6H^3.AzO^2_2SO^3H + 3H^2O$, cristallise en tables qui anhydres fondent à 141-142° [Gnehm et Knecht. *Journ. f. prakt. Chem.*, **73**, 519, 1906]. Il est tranformé en o-nitrophénol par la vapeur d'eau surchauffée [Bayer et Cie, D.R.P. 43515]; son *éther phénylique*, $C^6H^5O.C^6H^3.AzO^2.SO^3H$, fond à 89-90° [Häusserman et Bauer, *D. chem. G.*, **30**, 740, 1897].

L'*acide-o-nitrophénoltrisulfonique*, $OH_1-C^6H\,AzO^2_2(SO^3H)^3$, qui se forme par sulfonation de l'o-nitrophénol au moyen de l'acide sulfurique en présence du mercure à température élevée, a été isolé à l'état de sel de baryum [Gnehm et Knecht, *loc. cit.*].

L'*acide m-nitro-p-phénolsulfonique*, $OH_1C^6H^3.AzO^2_3.SO^3H_4$, se forme par décomposition du diazoïque de la nitraniline sulfonique correspondante [Nietzki et Helbach, *D. chem. G.*, **29**, 2451, 1896].

Un acide *m-nitrophénolsulfonique* (?) fusible à 105-107°, cristallisant avec $4H^2O$, a été obtenu par sulfonation du m-nitrophénol [Gnehm et Knecht, *Journ. f. prakt. Chem.*, **73**, 519, 1906].

L'*acide p-nitro-o-phénosulfonique* a été obtenu par sulfonation du p-nitrophénol [Gnehm et Knecht, *loc. cit.*].

L'*acide dinitro-2.6-phénol-p-sulfonique*, $OH_1C^6H^2.(AzO^2)^2_{2.6}SO^3H_4$ se prépare en traitant l'acide p-phénolsulfonique par l'acide nitrique fort [Beyer et Kegel, D.R.P. 27 271]. Par fusion avec les polysulfures alcalins, il fournit un colorant violet noir, substantif pour coton [Bad. anil. u. Sodaf. D.R.P. 114 529; *Centr. Bl.*, II, 1900, 1000].

Acides aminophénolsulfoniques. — L'*acide p-amino-o-phénolsulfonique*, $OH.C^6H^3.AzH^2_4SO^3H_2$, se forme par électrolyse d'une solution d'acide m-nitrobenzène-sulfonique [Gattermann, *D. chem. G.*, **27**, 1938, 1894; D.R.P. 81 621]; par électrolyse d'une solution sulfurique de p-nitrophénol, ou de p-chloronitrobenzène [Noyes et Dorrance, *D. chem. G.*, **28**, 2351, 1895]; quand on chauffe le p-aminophénol avec l'acide sulfurique concentré, au bain-marie [Cohn, *Lieb. Ann. Chem.*, **309**, 236, 1899]; quand on chauffe à 170° un mélange de résorcine, de nitrobenzène et d'acide sulfurique [Brunner et Krämer, *D. chem. G.*, **17**, 1867, 1884]. Il cristallise en petites aiguilles, qui ne fondent pas encore à 300°. $K = 0.000831$ [Ebersbach, *Zeit. physikal. Chem.*, **11**, 613, 1893]. On l'emploie pour la fabrication des couleurs azoïques [Bayer et Cie, D.R.P. 79 166].

L'*éther éthylique*, $C^2H^5O.C^6H^3.AzH^2.SO^3H$, cristallise en aiguilles très peu solubles dans l'eau [Cohn, *Lieb. Ann. Chem.*, **309**, 234; — Hoffmann, la Roche et Cie, D.R.P. 98 839; *Centr. Bl.*, II, 1898, 1189].

L'*acide amino-3-phénolsulfonique*-6 (?), $OH_1.C^6H^3.AzH^2_3SO^3H_6$, se prépare en fondant l'acide aniline-disulfonique avec un alcali [Œhler, D.R.P. 71 229, 74 111]. Il donne avec le perchlorure de fer une faible coloration rouge. Il est très employé dans la fabrication des couleurs azoïques [Œhler, D.R.P. 71 182, 71 228, 71 229, 71 230, 86 009; — Bayer et Cie, D.R.P. 78 625].

L'*acide m-amino-p-phénolsulfonique*, $OH_1C^6H^3.AzH^2_3SO^3H_4$, se forme quand on chauffe plusieurs heures le m-aminophénol avec 3 p. d'acide sulfurique concentré; ou encore quand on chauffe l'acide aminophénolsulfonique précédent avec l'acide sulfurique concentré pendant 5 heures au bain-marie [Œhler, D.R.P. 70 788]; quand on chauffe l'acide m-aminophénoldisulfonique avec cinq fois son poids d'acide sulfurique concentré au bain-marie [Bayer et Cie, D.R.P. 84 143]. Le sel de sodium cristallise avec 1 mol. d'eau, et le sel de baryum avec $3H^2O$.

L'*acide amino-3-phénolsulfonique*-5, $OH_1C^6H^3.AzH^2_3SO^3H_5$, se prépare en fondant l'acide aniline disulfonique-3.5, avec la soude, à 220° pendant 7 heures [Œhler, D.R.P. 79 120]. Son sel de sodium cristallise avec $2H^2O$.

L'*acide amino-4-phénolsulfonique*-3, $OH_1C^6H^3.AzH^2_4SO^3H_3$, noircit vers 270° et se décompose à 285°; le diazoïque correspondant fond à 189° [Schulze et Stable, *J. prakt. Chem.*, **69**, 334, 1904].

Les *acides p-aminophénoldisulfoniques*, $OH.C^6H^2.AzH^2.(SO^3H)^2$, se forment : quand on réduit l'acide oxyazobenzène-sulfonique par le sulfure d'ammonium [Wilsing, *Lieb. Ann. Chem.*, **215**, 237, 1884]; quand on chauffe le chlorhydrate de nitrosodiméthylaniline, ou le nitrosophénol avec le bisulfite de soude [Geigy et Cie, D.R.P. 65 236, 71 368]. La constitution de ces composés n'a pas été déterminée.

L'*acide m-aminophénoldisulfonique* se prépare en chauffant l'acide résorcine disulfonique avec l'ammoniaque [Bayer et Cie, D.R.P. 83 447; *D. chem. G.*, **28**, 963, 1895].

Acide chloro-2-amino-4-phénolsulfonique, $C^6H^6ClAz.SO^4 + 2\frac{1}{2}H^2O$. Il se forme quand on fait réagir une solution concentrée de bisulfite de soude sur les chlorimides des quinones mono- et dichlorées,

$$C^6H^3Cl(AzCl)O \qquad \text{et} \qquad C^6H^2Cl^2(AzCl)O$$

[Kollrepp, *Lieb. Ann. Chem.*, **234**, 21, 1886]. Il forme des prismes qui brunissent à 250°. $K = 0,00822$ [Ebersbach, *Zeit. physikal. Chem.*, **11**, 614, 1893].

Acides aminonitrophénolsulfoniques. — $OH.C^6H^2.AzH^2.AzO^2.SO^3H$.

L'*acide amino-2-nitro-6-phénolsulfonique* se prépare en traitant successivement l'o-aminophénol par l'acide sulfurique à chaud, et par l'acide nitrique à basse température [*Ges. f. Chem. Ind.*, D.R.P. 93 443]. Il cristallise en prismes jaune grisâtre.

L'*acide amino-4-nitro-2-phénolsulfonique*-6 résulte de la nitration du p-aminophénol-o-sulfonique [Bad. anil. u. Sodaf, D.R.P. 113 337, *Centr. Bl.*, **65**, 6, 1900 (II)]. Il cristallise en aiguilles peu colorées.

Janvier 1907. P. Carré.

PHÉNOLS. — On désigne sous le nom général de *phénols* des composés que leurs propriétés rapprochent à la fois des alcools et des acides, tout en constituant une fonction spéciale (voyez Dict., Aromatique (Série), **1**, 386, et Phénols, **2**, 828).

Les phénols n'ont pas eu jusqu'ici de nomenclature rationnelle; le besoin ne s'en est du reste pas fait sentir, car les dénominations attribuées aux phénols, qui rappellent tantôt leurs propriétés tantôt leur origine, ne prêtent pas à ambiguïté

Nous rassemblerons ici les modes de préparation et les propriétés générales des phénols ainsi que de leurs principaux dérivés (éthers et produits de substitution); en tenant compte de ce qui se trouve déjà dans la première partie du Dictionnaire, aux endroits cités plus haut.

Modes de préparation des phénols.

1° *Par fusion alcaline des dérivés sulfonés.* — [Würtz, Kékulé et Dusart, *Zeit. f. Chem.*, 299, 1867]. On fond le sel de sodium des acides sulfoniques avec un excès de soude caustique, et on maintient quelque temps la température à 268-300°. Dans le cas des acides monosulfoniques, la réaction est simple :

$$C^6H^5SO^3Na + 2NaOH = SO^3Na^2 + H^2O + C^6H^5ONa.$$

Lorsqu'il s'agit d'un dérivé polysulfoné, le polyphénol obtenu n'a pas toujours la même constitution que l'acide sulfonique dont il est dérivé, par suite de migrations moléculaires. C'est ainsi que pour les acides disulfoniques, il y a tendance à la formation du dérivé méta; cependant les monophénols sulfonés en para ne se transforment pas facilement en diphénols, l'acide paraphénolsulfonique, en particulier, ne réagit pas encore à 320° sur les alcalis. Dans les séries naphtalénique et anthracénique, la réaction se fait avec plus de facilité et est à peu près la seule employée.

Après la fusion alcaline, le phénol est mis en liberté par l'acide chlorhydrique et purifié par distillation, cristallisation ou entraînement à la vapeur d'eau.

2° *Au moyen des amines.* — Les composés diazoïques dérivés des amines sont facilement décomposés en solution aqueuse sous l'influence d'une faible élévation de température, pour donner naissance à un phénol :

$$C^6H^5.AzH^2 + AzO^2H = H^2O + C^6H^5.Az{=}Az.OH;$$
$$C^6H^5.Az{=}Az.OH = Az^2 + C^6H^5OH.$$

Cette réaction est applicable à la préparation des diphénols méta, au moyen des métadiamines; elle réussit plus difficilement avec les para [Knecht, *Ann. Chem.*, **215**, 92, 1882]; avec les orthodiamines elle fournit des dérivés azimidés :

$$C^6H^4 \begin{matrix} \diagup AzH^2_{(1)} \\ \diagdown AzH^2_{(2)} \end{matrix} + AzO^2H = C^6H^4 \begin{matrix} \diagup Az \\ \diagdown AzH \end{matrix} \geqslant Az + 2H^2O.$$

Les o-aminophénols ne conduisent pas non plus aux o-diphénols, à moins que le groupement phénolique ne soit éthérifié; c'est ainsi que l'o-anisidine peut être transformée en gaïacol :

$$C^6H^4 \begin{matrix} \diagup OCH^3_{(1)} \\ \diagdown AzH^2_{(2)} \end{matrix} + AzO^2H = Az^2 + H^2O + C^6H^4 \begin{matrix} \diagup OCH^3_{(1)} \\ \diagdown OH_{(2)} \end{matrix}$$

On dissout l'amine dans un léger excès d'acide sulfurique dilué; on refroidit avec de la glace, et on ajoute peu à peu une solution d'azotite de soude en quantité théorique. Après une heure de contact on verse la solution dans un excès d'acide sulfurique dilué de son demi-volume d'eau (environ 5 parties d'acide pour une partie d'amine), et on porte à l'ébullition jusqu'à ce qu'il ne se dégage plus d'azote [Schmitt, *Ann. Chem.*, **253**, 283, 1889].

La Société Chimique des Usines du Rhône effectue la décomposition du diazoïque en présence de sulfate de cuivre [D.R.P. 167211; *Centr. Blatt.*, I, 1905, 721].

Les diamines peuvent aussi être transformées en diphénols, sous l'action de l'acide chlorhydrique à 10 0/0, ou de l'acide sulfurique à 20 0/0, à une température de 160-250° [J. Meyer, *D. chem. G.*, **30**, 2569, 1897] :

$$C^6H^4(AzH^2)^2 + 2H^2O + 2HCl = C^6H^4(OH)^2 + 2AzH^4Cl.$$

3° *Au moyen des dérivés halogénés.* — Les dérivés monohalogénés de la série aromatique ne peuvent être transformés en phénols sous l'action des alcalis, même à la température de fusion de ces derniers.

La réaction devient possible lorsque la molécule renferme en même temps un groupement électronégatif ($Cl, Br, OH, AzO^2, SO^3H, CO^2H$). L'o-dichlorophénol, par exemple, fondu avec un alcali, fournit la pyrocatéchine.

Dans le cas des acides sulfoniques halogénés, il se produit des transpositions moléculaires en faveur de la position méta; c'est ainsi que les trois acides bromobenzène-sulfoniques conduisent à la résorcine.

Les dérivés monohalogénés peuvent être transformés en phénols par l'intermédiaire de leurs dérivés magnésiens. Le phénylbromure de magnésium, par exemple, fixe l'oxygène pour donner le composé $C^6H^5.O.Mg.Br$, que les acides minéraux décomposent avec formation de phénol [Bodroux, *C. R.* **136**, 158, 1903] :

$$C^6H^5.O.Mg.Br + HCl = MgClBr + C^6H^5OH.$$

4° *Au moyen des acides phénols.* — Les acides phénols sont décomposés par la chaleur, avec dégagement de gaz carbonique et formation de phénol. Les sels alcalins sont plus stables que les acides eux-mêmes. La réaction s'effectue facilement par ébullition de l'acide avec l'aniline; et la décomposition est d'autant plus facile que le nombre des oxhydriles phénoliques est plus grand; l'acide salicylique se décompose vers 220°, l'acide protocatéchique vers 130°, l'acide gallique vers 115° et son isomère l'acide pyrogallocarbonique vers 60° [Cazeneuve, *Bull. Soc. Chim.*, **7**, 549, 1892].

Les acides phénols substitués par les halogènes se décomposent encore plus facilement.

5° *Au moyen des quinones.* — La réduction des quinones peut servir à la préparation des polyphénols. Rappelons la préparation de l'hydroquinone par hydrogénation de la quinone; du tétraoxybenzène 1.2.4.5, et de l'hexaoxybenzène, par réduction de la dioxyquinone et du triquinoyle.

6° *Synthèses directes.* — Nous devons mentionner comme synthèses directes de composés phénoliques, la fixation de l'oxygène par le benzène en présence du chlorure d'aluminium [Friedel et Crafts, *Ann. Chim. Phys.*, **14**, 435, 1888]; et la réaction de l'oxyde de carbone sur le potassium qui fournit l'hexaphénate de potassium, $C^6(OK)^6$.

7° *Réactions pyrogénées.* — Le phénol, les crésols, les xylols, les naphtols.... se forment dans la distillation sèche des matières organiques oxygénées.

8° *Préparation des homologues phénoliques.* — On peut préparer les homologues phénoliques en chauffant du phénol avec un alcool de la série grasse en présence de chlorure de zinc, en vase clos, à une température de 200° [Liebmann, *D. chem. G.*, **14**, 1843, 1881; D.R.P. 18977] :

$$(CH^3)^2{=}CH{-}CH^2OH + C^6H^5OH = H^2O + (CH^3)^2{=}CH{-}CH^2.C^6H^4OH.$$

Ils se forment aussi, en faible proportion,

lorsqu'on fait passer un mélange de phénol et d'alcool sur la poudre de zinc chauffée à 270-280° [Dennstedt, *D. chem. G.*, **23**, 2569, 1890].

On peut aussi condenser un phénol avec un éther oxyde, en présence du chlorure d'aluminium [Jannasch et Rathzin, *D. chem. G.*, **32**, 2391, 1899] :

$$C^6H^5OH + (C^2H^5)^2O = C^2H^5.C^6H^4OH + C^2H^5OH,$$

ou encore un phénol avec un carbure halogéné, un chlorure ou un anhydride d'acide en présence du chlorure ferrique [Gouréwitch, *J. chim. russe*, **34**, 625, 1902].

On les obtient assez facilement par addition d'un carbure non saturé à un phénol, sous l'influence d'un mélange d'acide sulfurique et d'acide acétique :

$$C^5H^{10} + C^6H^5OH = C^5H^{11}.C^6H^4OH.$$

Les diphénols $C^nH^{2n-14}O^2$, par fusion avec la potasse, ou par action de l'acide chlorhydrique concentré à 100°, sont transformés en phénols, $C^nH^{2n-6}O$. Ainsi le diéthyl-p-diphénolméthane, $(C^2H^5)^2 : C : (C^6H^4OH)^2$, fournit le phénol $(C^2H^5)^2 : CH.C^6H^4OH$.

Les phénols de ce dernier type peuvent encore se préparer en chauffant un mélange de phénol et d'une acétone à 100° avec l'acide chlorhydrique concentré [Dicanin, *Journ. chim. russe*, **23**, 533, 1891].

État naturel. — Les phénols existent dans un certain nombre de plantes. Rappelons la présence du thymol dans l'essence de thym, de l'eugénol dans l'essence de girofle, de la vanilline dans la vanille, des tanins dans les écorces.

Le phénol ordinaire se rencontre aussi à l'état d'éther sulfurique acide dans l'urine de l'homme et du bœuf.

Propriétés des phénols.

Propriétés physiques. — Les phénols sont en général solides; cependant le métacrésol est liquide à la température ordinaire. Leur odeur est caractéristique, et le plus souvent désagréable. Ils sont peu solubles dans l'eau, les polyphénols sont plus solubles que les phénols monovalents; ils sont solubles dans les solvants organiques. Le coefficient de partage des phénols entre l'eau et les liquides organiques a été étudié par Vaubel [*J. prakt. Chem.*, **67**, 473, 1903]. Les phénols benzéniques sont facilement entraînables par la vapeur d'eau.

La conductibilité électrique des phénols a été étudiée par Bader [*Zeit. physik. Chem.*, **6**, 290, 1890]; la cryoscopie par Auwers [*Zeit. physik. Chem.*, **12**, 689; **18**, 595; **30**, 300; *D. chem. G.*, **28**, 2878; — Auwers et Orton, **21**, 341, 1896]. Au point de vue optique, les phénols se comportent comme des pseudo-acides [Muller et Bauer, *Bull. Soc. Chim.*, **31**, 946, 1904].

L'acidité des diphénols décroît du dérivé méta au dérivé ortho, en passant par le dérivé para, ainsi que le montrent les quantités de chaleur dégagées par la réaction de la soude sur ces composés [Berthelot et Werner, *C. R.*, **6**, 586].

Les diphénols, surtout le dérivé ortho et le dérivé para, sont plus facilement altérables à la lumière que les monophénols.

Les phénols benzéniques sont en général caustiques; les naphtols le sont peu ou pas. Ils sont toxiques; leur toxicité est moindre lorsqu'ils sont à l'état d'éthers sulfuriques, $R.O.SO^2.OH$ [Stonikow, *Zeit. Phys. Chem.*, **8**, 281].

Propriétés chimiques. — Les phénols sont des corps très faiblement acides qui forment des sels avec les bases; cette acidité est un peu plus accentuée chez les phénols qui possèdent plusieurs fois la fonction phénol, sans que cependant ils décomposent les carbonates; et chez ces derniers l'acidité peut encore varier pour différents isomères, suivant les positions relatives des oxhydriles phénoliques [Berthelot et Werner, *loc. cit.*].

Ils ne donnent pas de sels stables avec l'ammoniaque, mais ils en forment avec l'aniline [Hantzch, *D. chem. G.*, **32**, 3075].

La présence de groupements électro-négatifs au voisinage de l'oxhydrile phénolique peut augmenter notablement l'acidité des phénols ; quelques-uns, comme l'acide picrique, rougissent la teinture de tournesol et déplacent l'acide carbonique.

Les phénols de la forme suivante :

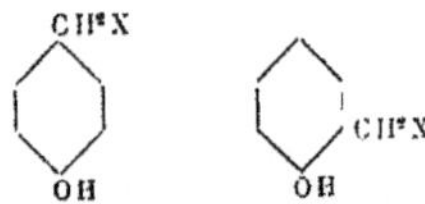

avec $X = Cl$, Br, I ou AzO^2, deviennent insolubles dans les alcalis; on les désigne sous le nom de *pseudophénols* [Auwers, *D. chem. G.*, **34**, 256, 1901]; Jacobson les nomme *kryptophénols*. Si $X = OH$, CO^2H, ou un radical organique, ils restent solubles dans les alcalis.

L'insolubilité des pseudophénols dans les alcalis, et le fait que ces corps sont des dérivés o. et p. rapproché de la facilité que possèdent les dérivés o. et p. de prendre la constitution quinonique, fait penser à représenter les pseudophénols par une formule quinonique :

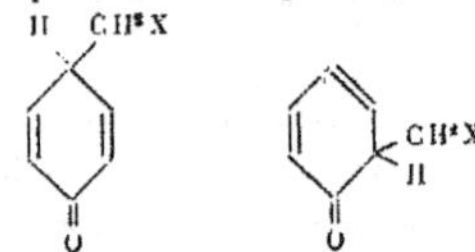

Cependant l'étude cryoscopique de ces composés n'a pas permis de différencier les phénols des pseudophénols [K. Auwers, *D. chem. G.*, **39**, 3160, 1906].

Les phénols peuvent aussi être rapprochés des alcools, et plus particulièrement des alcools tertiaires, ainsi que le montrent leurs vitesses d'éthérifications, qui sont très voisines [Menschutkine, *Lieb. Ann. Chem.*, **197**, 220; *D. chem. G.*, **35**, 1428. — Panof, *Journ. Soc. phys. chim. russe*, **33**, 170, 1901]. De même que les alcools, les phénols peuvent former des éthers sels et des éthers oxydes, mais pour ces derniers les modes de préparation sont différents de ceux utilisés dans le cas des éthers oxydes obtenus au moyen des alcools (voyez plus loin *Éthers phénoliques*). Les phénols renferment aussi un hydrogène remplaçable par un métal alcalin, mais les composés obtenus ne sont pas dissociés par l'eau ainsi que les alcoolates. Il existe aussi une certaine analogie dans l'action du pentachlorure de phosphore sur les phénols et les alcools; chacune de ses réactions donne en effet naissance au dérivé chloré correspondant :

$$C^2H^5OH + PCl^5 = C^2H^5Cl + POCl^3 + HCl;$$

$$C^6H^5OH + PCl^5 = C^6H^5Cl + POCl^3 + HCl.$$

Mais dans le cas des phénols la réaction dominante est la formation d'éthers phosphoriques :

$$3C^6H^5OH + POCl^3 = O : P(OC^6H^5)^3 + 3HCl.$$

De plus, les dérivés chlorés obtenus avec les phénols se différencient de ceux obtenus avec les alcools en ce qu'ils n'échangent pas leur chlore contre un oxhydrile sous l'action des alcalis.

Il faut également noter que l'oxhydrile phénolique est beaucoup plus stable que l'oxhydrile alcoolique; alors que les alcools tertiaires sont facilement déshydratés avec formation de carbures éthyléniques, il ne se produit rien de semblable avec les phénols. L'acide chlorhydrique ne les transforme pas en chlorures; et les acides sulfurique et azotique les transforment : le premier en acides sulfoniques, le second en dérivés nitrés, sans altérer la fonction phénolique.

Réduction des phénols. — L'hydrogénation des phénols en présence du nickel réduit fournit surtout les alcools hydroaromatiques correspondants, lorsqu'on opère vers 150°; si la température dépasse 170°, l'action catalytique du nickel sur les alcools dédouble ceux-ci en cétone et hydrogène [Sabatier et Senderens, *Bull. Soc. Chim.*, **31**, 101, 1904]. C'est ainsi que vers 150° le phénol fournit surtout du cyclohexanol, et vers 215-230°, surtout de la cyclohexanone.

L'hydrogénation des phénols par l'acide iodhydrique régénère d'abord les carbures correspondants; ensuite elle donne naissance aux dérivés hydrogénés de ces derniers et, finalement, elle peut donner des carbures de la série grasse, par suite de la rupture du noyau cyclique.

Le retour des phénols aux carbures peut aussi se produire quand on les chauffe avec la poudre de zinc [Baeyer, *Lieb. Ann. Chem.*, **140**, 295].

Oxydation des phénols. — L'oxydation des phénols peut, suivant le cas, donner des réactions très différentes :

Elle peut donner lieu à la formation de quinones.

Certains phénols monovalents peuvent être transformés en diphénols quand on les oxyde par le chlorure ferrique, l'acide chromique ou le permanganate :

$$2C^{10}H^{13}OH + 2FeCl^3 = OH.C^{10}H^{12}.C^{10}H^{12}OH + 2FeCl^2 + 2HCl.$$

Une réaction du même ordre peut être réalisée par la fusion alcaline :

$$2C^6H^5OH = OH.C^6H^4.C^6H^4.OH + H^2.$$

Les phénols qui possèdent plusieurs oxhydriles phénoliques dans le même noyau sont réducteurs; cette propriété est mise à profit dans le cas de l'hydroquinone et du pyrogallol dont il est inutile de rappeler les usages. L'oxydation catalytique des polyphénols par l'air en présence des chlorures alcalins et alcalino-terreux a été étudiée par G. Fouard [*C. R.*, **142**, 796 1906].

Lorsque les phénols renferment une chaîne latérale sur le noyau cyclique, celle-ci peut être oxydée et transformée en groupement acide; il est bon, pour réaliser cette oxydation, de protéger la fonction phénolique en la transformant en éther sel ou en éther oxyde :

$$CH^3.C^6H^4OCH^3 + O^3 = CO^2H.C^6H^4.O.CH^3 + H^2O.$$

L'oxydation après transformation en sulfate ou en phosphate donne de bons résultats [Haymann et Königs, *D. chem. G.*, **19**, 705, 3304, 1886].

On peut réussir l'oxydation des phénols libres par une fusion alcaline :

$$OH.C^6H^4.CH^3 + KOH + H^2O = OH.C^6H^4CO^2K + H^6$$

[Barth, *Lieb. Ann. Chem.*, **154**, 359. Voyez aussi Graebe et Kraft, *D. chem. G.*, **39**, 794, 1906]; oxydation qui fournit un meilleur rendement lorsque l'alcali est additionné d'un oxydant comme le chromate de sodium ou le chlorate de potassium [Rudolph, *Zeit. f. angew. Chem.*, **19**, 384, 1906].

Quand on oxyde les homologues du phénol par une fusion alcaline c'est, en général, la chaîne se trouvant la plus voisine de l'oxhydrile phénolique qui est oxydée la première :

Les produits successifs de l'oxydation du xylol-1.2.4.

OH, CH³, CH³ (formule cyclique)

seront

OH, CO²H, CH³ (formule cyclique) et OH, CO²H, CO²H (formule cyclique)

Le pseudocuménol,

CH³, CH³, OH, CH³ (formule cyclique)

donne tout d'abord

CH³, CH³, OH, CO²H (formule cyclique)

Cette règle peut ne plus s'appliquer lorsque la chaîne voisine de l'oxhydrile phénolique est plus longue; c'est ainsi que l'oxydation du thymol fournit tout d'abord le composé :

CO²H, OH, C³H⁷ (formule cyclique)

Action de l'ammoniac. — L'ammoniac réagit sur les phénols à haute température en présence de déshydratants pour donner des amines :

$$C^6H^5OH + AzH^3 = H^2O + C^6H^5AzH^2$$

[Merit et Wezh, *D. chem. G.*, **13**, 1298, 1880]. Cette réaction est plus facile avec les naphtols et avec les anthrols.

Action de l'acide azoteux. — L'acide azoteux transforme les phénols en quinones monoximes (nitrosophénols) :

$$C^6H^5OH + AzO^2H = H^2O + O : C^6H^4 : Az-OH.$$

Action des dérivés halogénés du phosphore. — L'action du trichlorure de phosphore sur les phénols peut donner, suivant la proportion de trichlorure employée, les composés, $P(OR)Cl^2$, $P(OR)^2Cl$ et $P(OR)^3$ [Noack, *D. chem. G.*, **218**, 96, 1883].

L'action du pentachlorure de phosphore a été mentionnée plus haut; l'oxychlorure peut donner naissance aux dérivés, $O:P(OR)Cl^2$, $O:P(OR)^2Cl$ et $O:P(OR)^3$. Le thiochlorure de phosphore agit d'une façon analogue à l'oxychlorure [Autenrieth et Hildebrandt, *D. chem. G.*, **31**, 1094, 1898].

Action des sulfures de phosphore. — Le pentasulfure de phosphore transforme les phénols en thiophénols :

$$5C^6H^5OH + P^2S^5 = 5C^6H^5SH + P^2O^5,$$

mais la réaction principale est ici encore la formation d'éthers phosphoriques.

Le trisulfure de phosphore ramène en partie les phenols à l'état de carbure :

$$8C^6H^5OH + P^2S^3 = 2C^6H^6 + 2PO^4(C^6H^5)^3 + 3H^2S.$$

Action du gaz carbonique en présence des alcalis. — Les phénols fixent le gaz carbonique en présence des alcalis pour donner des carbonates doubles de phényle et de sodium qui, sous l'influence de la chaleur, subissent une transposition moléculaire et fournissent le sel de sodium d'un oxyacide (voyez Acide salicylique). Le mécanisme de cette réaction a été de nouveau étudié par Tijmstra [*D. chem. G.*, **38**, 1375, 1905; **39**, 14, 1906]. Bargellini [*Gazz. chim. ital.*, **36**, 329, 1906] l'étudie en solution dans l'acétone.

La réaction réussit aussi bien avec les polyphénols qu'avec les phénols monovalents lorsqu'ils renferment deux oxhydriles en méta [Kostanecki, *D. chem. G.*, **18**, 3203, 1885].

Action du chloroforme en présence des alcalis. — Les phénols, traités par le chloroforme en présence des alcalis, fournissent des aldéhydes phénols (Reimer et Tiemann) :

$$C^6H^5OH + CHCl^3 + KOH = C^6H^4\left\langle\begin{matrix}CHO\\OH\end{matrix}\right. + 3KCl + H^2O.$$

Cette réaction peut s'interpréter par la suite des réactions suivantes :

$$C^6H^5OH + CHCl^3 + KOH = KCl + H^2O + HO.C^6H^4.CHCl^2;$$

$$HO.C^6H^4.CHCl^2 + 2KOH = 2KCl + HO.C^6H^4.CH\left\langle\begin{matrix}OH\\OH\end{matrix}\right. \longrightarrow H^2O + HO.C^6H^4CHO.$$

Ou :

$$C^6H^5ONa + CHCl^3 = NaCl + C^6H^5.O.CHCl^2;$$

$$C^6H^5.O.CHCl^2 + NaOH = NaCl + H^2O + C^6H^4\left\langle\begin{matrix}CHCl\\|\\O\end{matrix}\right.$$

$$C^6H^4\left\langle\begin{matrix}CHCl\\|\\O\end{matrix}\right. + 2NaOH = NaCl + C^6H^4\left\langle\begin{matrix}CH\left\langle\begin{matrix}OH\\OH\end{matrix}\right.\\ONa\end{matrix}\right. \longrightarrow H^2O + C^6H^4\left\langle\begin{matrix}CHO\\OH\end{matrix}\right.$$

Cette dernière interprétation est la plus vraisemblable, car les éthers oxydes phénoliques ne donnent pas naissance à l'aldéhyde homologue supérieur par cette réaction.

L'introduction d'un groupement aldéhydique dans la molécule des phénols ou des éthers phénoliques peut se faire par le procédé de Gattermann, qui consiste à traiter un phénol par l'acide cyanhydrique et l'acide chlorhydrique en présence du chlorure d'aluminium. Le mélange HCl + HCAz réagit comme le composé Cl-CH=Az pour donner tout d'abord une aldimine,

$$C^6H^5OCH^3 + Cl.CH=AzH = CH^3.O.C^6H^4-CH=AzH + HCl$$

dont l'hydrolyse fournit un aldéhyde phénol :

$$CH^3.O.C^6H^4-CH=AzH + H^2O = CH^3O.C^6H^4-CHO + AzH^3$$

[Gattermann, *Lieb. Ann. Chem.*, **347**, 347, 1906].

Le *tétrachlorure de carbone* en présence des alcalis transforme les phénols en acides phénols :

$$C^6H^5OH + 4KOH + CCl^4 = C^6H^4\left\langle\begin{matrix}CO^2H\\OH\end{matrix}\right. + 4KCl + 2H^2O.$$

Action de l'aldéhyde formique en présence des alcalis. — L'aldéhyde formique réagit sur les phénols en présence des alcalis pour donner des alcools phénols :

$$C^6H^5OH + H.CHO = OH.C^6H^4.CH^2OH$$

[Manasse, *D. chem. G.*, **27**, 2411, 1894; — Blumer. D.R.P. 172877].

Lorsqu'on opère en présence d'un sulfite, il se forme des composés du type HO.Ar.CH^2.SO^{3}H (Bayer et Cie, D.R.P. 87335); en présence des amines secondaires on obtient Ar O.CH^{2}AzR, (Bayer et Cie, D.R.P. 89979, 90907, 90908), ou OH.Ar.CH^{2}AzR^2 (Bayer et Cie, D.R.P. 92309); voyez aussi Auwers et Dombrowski [*Lieb. Ann. Chem.*, **344**, 280, 1906].

Action de l'isocyanate de phényle. — L'isocyanate de phényle réagit sur les phénols pour former des uréthanes :

$$C^6H^5Az.C=O + C^6H^5OH = O:C\left\langle\begin{matrix}AzH.C^6H^5\\OC^6H^5\end{matrix}\right.$$

Il suffit de chauffer à 150° des quantités équimoléculaires de phénol et d'isocyanate [Hofmann, *D. chem. G.*, **4**, 249].

Réactions analytiques des phénols. — La plupart des phénols donnent avec le *perchlorure de fer* une coloration qui peut être verte, bleue, violette, noire ou rouge. Le phénol donne une coloration bleu violet. Le métaxylol-1,3,5 ne donne rien. Un petit nombre de phénols, tels que le thymol et le naphtol, sont oxydés par le perchlorure de fer sans donner de coloration. Les diphénols renfermant leurs oxhydriles en para sont transformés en quinones; cependant lorsque l'un des oxhydriles est éthérifié, ils donnent une coloration avec le perchlorure de fer.

Pour faire cette réaction il faut employer une solution très diluée de perchlorure de fer, sans quoi les colorations obtenues peuvent disparaître.

L'*oxyde uranique* se dissout dans un grand nombre de phénols en donnant une coloration rouge [Aloy, *Bull. Soc. chim.*, (3), **33**, 614, 860, 1905].

La solution ammoniacale de *ferricyanure de potassium* donne avec la plupart des phénols une coloration brune [Candussio, *Chem. Zeit.*, **24**, 299].

L'*acide sulfurique nitreux* donne, avec les phénols, des colorations intenses. On dissout dans l'acide sulfurique froid 5 0/0 d'azotite de potassium; à 2 cm^3 de cette solution, on ajoute un peu de phénol et on chauffe doucement. Le phénol ordinaire donne une coloration brun jaune à chaud, vert bleu à froid [Liebermann, *D. chem. G.*, 7, 248, 806, 1098]. Les solutions diluées des phénols donnent, avec l'acide nitrique, des colorations caractéristiques [Sperling, *Zeit. Osterr. Apoth.*, **44**, 51, 1906].

Les phénols chauffés avec la saccharine et l'acide sulfurique donnent des colorations en général rouges [Kastle, *Centr. Bl.*, I, 1906, 1575].

Lorsqu'on chauffe doucement la solution chloroformique d'un phénol avec un morceau de potasse, celui-ci se colore fortement (on suppose qu'il se forme des aurines).

La plupart des phénols coagulent le collodion.

Recherche microchimique [voyez Behrens, *Zeit. anal. Chem.*, **42**, 141, 1903].

Dosage des phénols. — On dissout 2 gr. environ du phénol étudié dans la lessive de soude diluée : on ajoute un excès de liqueur d'iode décinormale dans la solution précédente chauffée vers 60° ; après refroidissement on acidule par l'acide sulfurique et on titre l'excès d'iode à l'hyposulfite [Messinger et Vortmann, *D. chem. G.*, **23**, 2753, 1890] :

$$C^6H^6O + 6I + 3NaOH = C^6H^3I^3O + 3NaI + 3H^2O.$$

Ce procédé est applicable aux acides phénols [Messinger, *J. prakt. Chem.*, **61**, 237, 1900].

Le dosage des phénols dans les essences peut se faire en les éthérifiant par l'anhydride acétique, en présence d'une trace de pyridine qui rend l'éthérification immédiate, et en déterminant ensuite la quantité d'acide acétique combiné [Verley et Bolsing, *D. chem. G.*, **34**, 3354, 1901].

Éthers phénoliques.

Éthers oxydes. — *Préparations.* — Nous étudierons successivement les préparations des éthers oxydes mixtes dérivés d'un phénol et d'un alcool, puis ceux des oxydes phénoliques proprement dits. Le remplacement de l'hydrogène phénolique par un radical gras est en effet beaucoup plus facile que par un radical aromatique, et les procédés qui sont applicables aux premiers ne le sont pas toujours aux seconds.

1° On peut faire réagir un iodure alcoolique sur le dérivé iodé du phénol :

$$C^6H^5ONa + C^2H^5I = C^2H^5.O.C^2H^5 + NaI.$$

On peut aussi, surtout dans les séries naphtalénique et anthracénique, traiter la solution alcoolique du phénol par l'acide chlorhydrique gazeux :

$$C^{10}H^7OH + C^2H^5OH = H^2O + C^{10}H^7.O.C^2H^5.$$

La préparation des éthers méthylés et éthylés se fait facilement en traitant le phénol par les sulfates de méthyle ou d'éthyle ; cette réaction conduit toujours au dérivé le plus méthylé [Ullmann, *Ann. Chem.*, **327**, 104, 1903].

La réaction de l'alcoolate de sodium sur le sel de sodium d'un acide sulfonique permet d'éviter la préparation du phénol correspondant [Moureu, *Bull. Soc. Chim.*, **19**, 403, 1898 ; — Lerat, *Bull. Soc. Chim.*, **29**, 258, 1903] :

$$C^6H^5SO^3Na + C^2H^5ONa = SO^3Na^2 + C^6H^5.O.C^2H^5.$$

On obtient encore ces oxydes en faisant passer des vapeurs d'alcool sur un mélange du phénol et d'un acide sulfonique (l'acide β-naphtalène-sulfonique) chauffés à 120-140° [Krafft, D.R.P. 76574].

2° Les oxydes phénoliques s'obtiennent par la distillation des sels d'aluminium des phénols [Gladstone et Tribe, *Chem. Soc.*, **41**, 8, 1881] :

$$2(C^6H^5O)^3Al = Al^2O^3 + 3(C^6H^5)^2 : O.$$

Le sel d'aluminium du thymol perd du propène et donne naissance à l'oxyde de métacrésyle :

$$2\left[\begin{matrix}C^3H^7 \\ CH^3\end{matrix} > C^6H^3 - O\right]^3 Al$$
$$= Al^2O^3 + 6C^3H^6 + 3(CH^3.C^6H^4)^2 : O$$

La réaction des phénols sur les diazoïques peut aussi donner naissance aux oxydes phénoliques :

$$C^6H^5OH + C^6H^5.Az = Az - OH = Az^2 + H^2O + (C^6H^5)^2 : O.$$

Propriétés. — Les éthers oxydes dérivés des phénols sont des liquides ou des solides, à odeur généralement agréable. Ils distillent sans décomposition et sont volatils avec la vapeur d'eau. Ils sont insolubles dans l'eau, solubles dans l'alcool et l'éther.

Les oxydes phénoliques ont conservé les propriétés du noyau. Les oxydes mixtes sont facilement hydrolysés par les acides iodhydrique et bromhydrique à 100° ; l'acide chlorhydrique ne réagit qu'à 150° :

$$C^6H^5.O.C^2H^5 + HI = C^6H^5OH + C^2H^5I.$$

Ils ne sont pas décomposés par les alcalis, de même que les oxydes de la série grasse.

Chauffés à 300-400° ils se décomposent en phénol et en carbure non saturé [Bamberger, *D. chem. G.*, **19**, 1819, 1886] :

$$C^6H^5.O.C^2H^5 = C^6H^5OH + C^2H^4.$$

Les halogènes, les acides sulfurique et nitrique agissent comme sur les carbures benzéniques.

Le chlorure de phosphore donne des dérivés halogénés du noyau [Autenrieth, *Ann. Chem.*, **233**, 26, 1886] :

$$C^6H^5.O.CH^3 + PCl^5$$
$$= C^6H^4 \begin{matrix} < OCH^3 \\ < Cl \end{matrix} + PCl^3 + HCl.$$

Le chlorure d'aluminium réalise une sorte de saponification (I), en même temps qu'une transposition moléculaire donne naissance à des homologues phénoliques (II) [Hartmann et Gattermann, *D. chem. G.*, **25**, 3531, 1892] :

$$3C^6H^5.O.C^4H^9 + AlCl^3 = (C^6H^5O)^3Al + 3C^4H^9Cl \quad (I).$$
$$C^6H^5.O.C^4H^9 = C^4H^9.C^6H^4.OH \quad (II).$$

Les éthers oxydes dérivés des polyphénols ayant conservé un groupement phénol libre donnent, avec les bases alcalino-terreuses, des sels très peu solubles ; cette insolubilité permet de les séparer facilement des phénols correspondants [Béhal et Choay, *Bull. Soc. Chim.*, **11**, 703, 1894].

Éthers sels. — Les éthers sels des phénols se forment par éthérification directe, mais avec un mauvais rendement.

On les prépare au moyen des chlorures ou des anhydrides d'acides :

$$C^6H^5OH + CH^3COCl = HCl + C^6H^5.O.COCH^3.$$

Cette réaction est favorisée par la présence d'un peu de chlorure de zinc [Schiaparelli, *Gazz. chim. ital.*, **11**, 69, 1881]. Elle réussit très facilement en présence de la pyridine. On peut aussi faire agir sur la solution pyridique du phénol et de l'acide l'oxychlorure de carbone qui transforme l'acide en chlorure d'acide [Einhorn et Hollandt, *Ann. Chem.*, **301**, 95, 1898]. Houben fait réagir les anhydrides d'acide sur les dérivés magnésiens obtenus par l'action des organo-magnésiens sur les phénols [*D. chem. G.*, **39**, 1736, 1906, D.R.P. 162863].

On obtient facilement ces éthers en faisant réagir l'oxychlorure de phosphore sur le mélange de phénol et d'acide [Rasinski, *J. prakt. Chem.*, **26**, 62, 1882].

Les éthers monophénoliques des acides bibasiques se préparent en faisant réagir le dérivé sodé du phénol sur l'anhydride d'acide [Schryver, *Chem. Soc.*, **75**, 661, 1899].

Les éthers sels phénoliques possèdent en général une odeur agréable. Ils distillent sans décomposition et sont entraînés par la vapeur d'eau.

Ils sont facilement saponifiés par la potasse alcoolique; les éthers des acides gras le sont plus facilement que ceux des acides aromatiques. Les éthers des acides gras, saponifiés par le sulfhydrate de sodium, conduisent aux thioacides correspondants; traités par les dérivés sodés des mercaptans, ils donnent du phénate de sodium et un thioéther sel :

$$C^2H^5SNa + C^6H^5.OC^2H^3O = C^6H^5ONa$$
$$+ C^2H^3O.SC^2H^5.$$

Le pentachlorure de phosphore les transforme en dérivés chlorés [Michael, *D. chem. G.*, **19**, 845, 1886] :

$$CH^3.CO^2C^6H^5 + 3PCl^5 = CCl^2 = CCl - C^6H^5$$
$$+ POCl^3 + 2PCl^3 + 3HCl.$$

Acétals. — Les acétals phénoliques ne peuvent en général s'obtenir par l'action directe des aldéhydes sur les phénols, qui donne des produits de condensation diphénoliques,

$$R-CH \begin{matrix} \diagup C^6H^4OH \\ \diagdown C^6H^4OH \end{matrix}$$

[Bayer, *D. chem. G.*, **5**, 26; — Borsche et Berkout, *Lieb. Ann. Chem.*, **230**, 82, 1903].

On les prépare en faisant réagir les chlorures aldéhydiques sur les phénols sodés :

$$R.CHCl^2 + 2C^6H^5ONa = 2NaCl$$
$$+ R.CH:(OC^6H^5)^2.$$

Dans le cas des diphénols, il est parfois possible d'obtenir un acétal par combinaison directe. C'est ainsi que M. Causse, en faisant réagir l'aldéhyde éthylique sur la résorcine en présence d'acide sulfurique dilué, a obtenu l'acétal

$$CH^3-CH:(OC^6H^4OH)^2.$$

Produits de substitution des phénols.

Une propriété caractéristique des phénols est la facilité avec laquelle leurs produits de substitution se laissent préparer. Les nitrophénols, par exemple, peuvent déjà se former par action de l'acide azotique étendu sur le phénol, tandis que la nitration des carbures exige un acide concentré. Il est également plus facile de chlorer et de bromer directement les phénols que les carbures correspondants. On peut en dire autant de la sulfonation des phénols.

Phénols halogénés. — *Phénols chlorés.* — Ils se préparent en faisant réagir le chlore, seul ou en présence d'un adjuvant ($SbCl^3$, I, $FeCl^3$) qui permet de pousser la chloruration plus loin. Barral et Grosfillex ont montré que la chloruration du phénol par le chlore seul peut aller jusqu'au dérivé tétrachloré [*Bull. Soc. Chim.*, **27**, 1175, 1902].

Cette action du chlore donne en général naissance à plusieurs isomères, le chlore pouvant se placer en ortho ou en para par rapport à l'oxhydryle phénolique.

La chloruration des phénols au moyen du chlorure de sulfuryle fournit des dérivés chlorés en para; si la position para est occupée, la chloruration se fait en ortho, mais jamais en méta.

La réaction du chlorure de sulfuryle sur les éthers oxydes dérivés des phénols est la même : il est sans action sur les benzoates et sur les acétates, ainsi que sur les phénols substitués par AzO^2, SO^3H, CO^2H [Peratoner, *Gazz. chim. ital.*, **28**, 197, 1898].

On peut encore obtenir les phénols chlorés au moyen des amines aromatiques chlorées, en utilisant la décomposition des diazoïques correspondants; ce procédé permet l'obtention des dérivés méta que la chloruration directe ne peut fournir.

Phénols bromés. — L'action du brome sur les phénols peut fournir, suivant la proportion de brome employée, les dérivés mono-, di-, tri- ou tétrabromés; en présence du bromure d'aluminium tous les hydrogènes du noyau benzénique sont remplacés par le brome.

Lorsqu'un phénol contient un groupe méthyle en para, l'action du brome *humide* donne finalement un dérivé bromé dans lequel le méthyle a disparu, c'est ainsi que le pseudocuménol est transformé en p-bromoxylol; le radical méthyle est stable s'il se trouve en ortho ou en méta [Auwers et Anselmino, *D. chem. G.*, **32**, 3587, 1899].

Lorsqu'une chaîne latérale est reliée au noyau par un carbone tertiaire, elle est détruite par l'action du brome qui prend sa place; le thymol par exemple est transformé en tétrabromocrésol, $C^6Br^4.CH^3.OH$ [Bodroux, *Bull. Soc. Chim.*, **19**, 756, 1898].

Les phénols bromés se préparent encore au moyen des amines bromées, d'une façon analogue aux phénols chlorés.

Phénols iodés. — Les phénols iodés ne peuvent se préparer par l'action de l'iode seul : celui-ci réagit en présence de l'oxyde de mercure, de l'acide iodique, ou encore en liqueur alcaline, c'est ainsi que l'iode réagit sur la solution alcaline du phénol ordinaire pour donner le triiodophénol 1.2.4.6 [Lepetit, *Gazz. chim. ital.*, **20**, 105, 1890].

On les prépare le plus souvent au moyen des amines iodées correspondantes.

Propriétés. — Les phénols halogénés sont d'autant plus acides que le nombre d'halogènes introduits dans leur molécule est plus grand.

Certains dérivés renfermant l'halogène dans une chaîne latérale peuvent devenir insolubles dans les alcalis (pseudophénols). Leur décomposition par les alcalis a déjà été étudiée (p. 780).

Leur réduction avec retour au carbure, sous l'action de l'acide iodhydrique et du phosphore, est plus facile que pour les dérivés halogénés des carbures [Klages et Liecke, *J. prakt. Chem.*, **61**, 307, 1900].

L'acide azoteux réagit sur leur solution acétique pour donner des nitrophénols halogénés [Zincke, *J. prakt. Chem.*, **61**, 563, 1900]; une partie des halogènes peut être remplacée par AzO^2. Lorsqu'on fait réagir le nitrite d'éthyle, l'atome de brome situé en ortho est toujours substitué par AzO^2 [Thiele et Eichwede, *Lieb. Ann. Chem.*, **311**, 363, 1900].

Nitrophénols. — La nitration directe des phénols fournit en général plusieurs isomères, dont les propriétés dépendent le plus souvent de la température à laquelle on opère; en général, les groupements nitrés se repoussent et se placent en méta dans la même molécule. La nitration par le mélange d'acides sulfurique et nitrique permet d'introduire dans la molécule des phénols un plus grand nombre de groupements nitrés, par suite de la facilité avec laquelle l'acide nitrique décompose les acides phénolsulfoniques en substituant un groupement nitré au groupement SO^3H. La nitration directe du phénol ne permet guère de dépasser l'acide picrique; mais en traitant le dinitrophénol-1.3.5 par le mélange sulfonitrique, on peut obtenir le pentanitrophénol.

Les nitrophénols peuvent aussi se préparer en décomposant par une lessive alcaline chaude les chloronitrophénols,

$$C^6H^4.Cl.AzO^2 + 2KOH = KCl + H^2O + C^6H^4.OK.AzO^2,$$

les nitrophénols plusieurs fois nitrés,

$$C^6H^4(AzO^2)^2 + KOH = AzO^2K + H^2O + C^6H^4.OK.AzO^2,$$

ou les dérivés nitrés des amines,

$$C^6H^4.AzH^2.AzO^2 + KOH = AzH^3 + C^6H^4.OK.AzO^2.$$

Propriétés. — Les nitrophénols sont des corps solides, plus acides que les phénols dont ils dérivent. Ils peuvent décomposer les carbonates alcalins, et cela d'autant plus facilement qu'ils renferment plus de groupements nitrés. L'acide picrique donne un chlorure $C^6H^2(AzO^2)^3Cl$, qui se comporte comme un véritable chlorure d'acide; il est décomposé par l'eau en régénérant l'acide picrique et de l'acide chlorhydrique.

Nous avons vu plus haut que les phénols dinitrés peuvent échanger l'un de leurs groupements nitrés contre un oxhydrile, par action des lessives alcalines; cet échange peut se faire par simple ébullition avec l'eau dans le cas où le nombre de groupements nitrés est plus grand, c'est ainsi que le tétranitrophénol est transformé en trinitrorésorcine [Blanksma, *Rec. Pays-Bas*, **21**, 254, 1902].

Les nitrophénols peuvent réagir avec les iodures alcooliques sous deux formes tautomères, suivant qu'on emploie le sel de sodium ou le sel d'argent. Avec le sel de sodium on obtient des éthers normaux, $Alk-O-Ar-AzO^2$, tandis qu'avec le sel d'argent il se forme des éthers d'*aci-nitrophénols* de constitution quinonique, $O{=}Ar{-}AzO{-}O{-}Alk$ [Hantzsch et Gorke, *D. chem. G.*, **39**, 1073, 1906].

Les nitrophénols réagissent sur le mélange d'iodure et d'iodate de potassium pour mettre l'iode en liberté; cette réaction peut être mise à profit pour leur dosage [Schwarz, *Mon. f. Chem.*, **19**, 139, 1898].

Les *sels de mercure* des nitrophénols sont décomposés par l'eau bouillante en nitrophénol et en une sorte d'anhydride

$$O{=}Ar \Big< {AzO \atop Hg} \Big> O$$

dans lequel les réactions du mercure sont masquées. Par ébullition avec l'acide chlorhydrique ils donnent des chloronitrophénates de la forme $AzO^2{-}Ar.OH\,HgCl$, que les alcalis transforment en bases correspondantes $AzO^2{-}Ar.OH.HgOH$, [Hantzsch et Auld, *D. chem. G.*, **39**, 1105, 1906].

Constitution des nitrophénols [Hantsch, *D. chem. G.*, **39**, 1084, 1906; Georgiewicz, *D. chem. G.*, **39**, 1536, 1906; Kaufman, *D. chem. G.*, **39**, 1959; Hantzsch, *D. chem. G.*, **39**, 3080].

Aminophénols. — Les aminophénols se préparent en réduisant les nitrophénols correspondants par l'étain et l'acide chlorhydrique ou encore par le zinc et l'eau [Bamberger, *D. chem. G.*, **28**, 250, 1895]; par l'hydrosulfite de sodium [Aloy et Rabaut, *Bull. Soc. Chim.*, **33**, 654, 1905]; par l'électrolyse [Haber et Russ, *Zeit. physikal. Chem.*, **47**, 257, 1904]; ou en fondant les acides phénols-sulfoniques avec l'amidure de sodium [Sachs, D.R.P. 173522; *Centr. Bl.*, **II**, 1906, 931].

Ils s'obtiennent encore en réduisant les oxyazoïques par la phénylhydrazine :

$$HO{-}R{-}Az{=}Az{-}C^6H^5 + 2C^6H^5AzH{-}AzH^2 = HO{-}R{-}AzH^2 + C^6H^5AzH^2 + 2C^6H^6 + 2Az^2$$

[Oddo et Puxeddu, *D. chem. G.*, **38**, 2752, 1905].

Les p-aminophénols se forment aussi dans la réduction électrolytique des dérivés nitrés des carbures aromatiques dont la position para est inoccupée [Gattermann, *D. chem. G.*, **26**, 1844, 1893; — Bamberger, *ibid.*, **33**, 3600, 1900] :

$$C^6H^5AzO^2 + 2H^2 = C^6H^5.AzHOH + H^2O \rightarrow AzH^2.C^6H^4.OH.$$

Les m-aminophénols s'obtiennent lorsqu'on chauffe les diphénols correspondants à 200° avec de l'ammoniaque. La résorcine donne ainsi le m-aminophénol.

Les m-aminophénols mono- et di-substitués se préparent en fondant avec un alcali à 200-220°, à l'abri de l'air, les amines sulfonées correspondantes; celles-ci se préparent facilement en faisant réagir l'acide sulfurique fumant sur les amines. La monométhylaniline conduit ainsi au m-méthylamidophénol.

Pour séparer les aminophénols de leurs sels, Lumière et Seyewetz [*D. chem. G.*, **26**, 493, 1893] conseillent d'employer le sulfite de sodium de préférence à la soude, qui peut provoquer une oxydation.

Propriétés. — Les aminophénols sont en général solides. Ils se colorent rapidement à l'air et à la lumière.

L'introduction de groupements aminés dans la molécule des phénols annule leurs propriétés acides; les aminophénols ne se combinent pas avec les bases, mais facilement avec les acides; la présence de groupements électronégatifs neutralise l'influence du groupement AzH^2, c'est ainsi que les aminophénols chlorés et nitrés se combinent de nouveau avec les bases.

Les ortho-aminophénols se distinguent par leur tendance à la formation de chaînes fermées, quand on les fait réagir sur différentes substances. Rappelons à ce propos quelques réactions de l'o-aminophénol :

L'acide azoteux ne le transforme pas en diphénol, mais en une sorte d'oxyazoïque interne, le diazophénol,

$$C^6H^4 \Big< {OH \atop AzH^2} + AzO^2H = 2H^2O + C^6H^4 \Big< {O \atop Az} \Big> Az$$

Il se condense avec la pyrocatéchine pour donner la phénoxazine :

$$C^6H^4 \Big< {OH \atop AzH^2} + C^6H^4 \Big< {OH \atop OH} = 2H^2O + C^6H^4 \Big< {O \atop AzH} \Big> C^6H^4.$$

Les dérivés az-acidylés se déshydratent facilement pour former des *oxazols* :

$$C^6H^4 \Big< {OH \atop AzH{-}COCH^3} = H^2O + C^6H^4 \Big< {O \atop Az} \Big> C{-}CH^3.$$

Les dérivés du type az-oxyéthyl-o-aminophénol fournissent des *morpholines*,

$$C^6H^4 \begin{cases} OH \\ AzH-CH^2-CH^2OH \end{cases}$$
$$= H^2O + C^6H^4 \begin{cases} O - CH^2 \\ \quad\quad\ \ | \\ AzH - CH^2 \end{cases}$$

Les aminophénols et leurs dérivés sont très utilisés par l'industrie des matières colorantes et des produits pharmaceutiques : il suffit de citer ici la préparation des *rhodamines* par condensation du m-aminophénol avec l'anhydride phtalique..., la préparation de la *phénacétine*, de la *dulcine*....

ACIDES PHÉNOLSULFONIQUES. — Les acides phénolsulfoniques se préparent en traitant les phénols par l'acide sulfurique. Avec l'acide sulfurique ordinaire on peut obtenir un dérivé mono ou disulfonique suivant que l'on opère à froid ou à chaud ; dans ce dernier cas il peut aussi se former des oxysulfones, $[SO^2(C^6H^4OH)^2]$. Avec l'acide sulfurique fumant, à une température de 190°, on peut obtenir un acide trisulfonique.

On peut obtenir les dérivés monosulfoniques en chauffant les sels des acides disulfoniques avec un alcali à 180° :

$$C^6H^4(SO^3K)^2 + 2KOH = SO^3K^2 + H^2O$$
$$+ C^6H^4.SO^3K.OK$$

ou en décomposant les dérivés diazoïques des acides aminosulfoniques.

Propriétés. — Les dérivés sulfoniques des phénols sont des acides forts.

Ils partagent avec les phénols la propriété d'être facilement substitués, quand on les traite par les éléments halogènes, l'acide azotique... : ils ne sont pas chlorés par le chlorure de sulfuryle [Peratoner, *Gazz. chim. ital.*, 28, 234, 1898]. La stabilité des groupements SO^3H est diminuée par la présence d'autres radicaux, et un excès de réactif déplace très souvent le radical SO^3H : cette réaction est particulièrement facile dans le cas de l'acide nitrique concentré qui substitue le radical AzO^2 au groupement SO^3H, nous avons vu qu'elle est mise à profit pour la préparation des nitrophénols.

L'action des alcalis a été étudiée (voyez la préparation des phénols, p. 779). P. Carré.

PHÉNOMALIQUE (ACIDE TRICHLORO-). — Ce composé serait en réalité l'acide p-trichloroacétylacrylique, $CCl^3-CO-CH=CH-CO^2H$ [Kékulé et Strecker, *Ann. Chem.*, **223**, 170, 1884 ; — voyez aussi Anschütz, *Ann. Chem.*, **254**. 152, 1889]. Décembre 1906. P. Carré.

PHÉNOMORPHOLINE, *Phénoxazine*,

$$C^6H^4 \begin{cases} O - CH^2 \\ \quad\quad\ \ | \\ AzH - CH^2 \end{cases}$$

— Ce composé se forme quand on chauffe l'éthylol-orthoanisidine,

$$C^6H^4 \begin{cases} O-CH^3 \\ AzH-CH^2-CH^2OH \end{cases}$$

avec l'acide chlorhydrique concentré à 160°. Il se produit une saponification de la fonction éther oxyde phénolique, suivie d'une condensation entre les groupements phénol et alcool :

$$C^6H^4 \begin{cases} OH \\ AzH-CH^2-CH^2OH \end{cases}$$
$$= H^2O + C^6H^4 \begin{cases} O - CH^2 \\ \quad\quad\ \ | \\ AzH - CH^2 \end{cases}$$

La phénomorpholine est une huile qui bout à 268°. Son *chlorhydrate* fond à 120° [Knorr, *D. chem. G.*, **22**, 2096, 1889].

L'*az-méthylphénomorpholine*,

$$C^6H^4 \begin{cases} O - CH^2 \\ \quad\quad\quad\quad | \\ Az(CH^3) - CH^2 \end{cases}$$

est un liquide distillant à 261°, dont le *chlorhydrate* fond à 162°. Avec l'iodure de méthyle, elle donne un iodométhylate

$$C^6H^4 \begin{cases} O - CH^2 \\ \quad\quad\quad\quad | \\ Az(CH^3)^2I - CH^2 \end{cases}$$

qui se décompose vers 200° [Knorr, *D. chem. G.*, **32**, 732, 1899 ; — Störmer, *D. chem. G.*, **31**, 754].

MÉTHYL-2-PHÉNOMORPHOLINE,

$$C^6H^4 \begin{cases} O - CH^2 \\ \quad\quad\ \ | \\ AzH - CH - CH^3 \end{cases}$$

— Elle se forme quand on réduit l'o-nitrophénacétol par l'étain et l'acide chlorhydrique, par suite de la condensation ultérieure de l'o-aminophénacétol.

Elle cristallise en gros prismes, et bout à 254-266° sous 760 mm, à 159-151° sous 24 mm. Son *chloroplatinate* fond à 197° ; son *picrate* fond à 141°.

L'*az-méthyl-méthyl-2-phénomorpholine* est liquide et bout à 259-261° ; son *chlorhydrate* fond à 170° ; son *picrate* fond à 136° ; son *iodométhylate* fond à 170°.

L'*az-nitrosométhyl-2-phénomorpholine*,

$$C^6H^4 \begin{cases} O - CH^2 \\ \quad\quad\quad\quad\ \ | \\ Az(AzO) - CH - CH^3 \end{cases}$$

est une huile dont l'odeur rappelle celle de la menthe.

L'*az-acétyl-méthyl-2-phénomorpholine* fond à 87°.

La *méthyl-2-nitrophénomorpholine*,

$$AzO^2-C^6H^3 \begin{cases} O - CH^2 \\ \quad\quad\ \ | \\ AzH - CH \cdot CH^3 \end{cases}$$

fond à 132° ; son *dérivé az-nitrosé* fond à 159° [Störmer et Brockerhoff, *D. chem. G.*, **30**. 1635, 1639 ; — Störmer et Franke, *D. chem. G.*, **31**, 753, 1898 ; — Lees et Shedden, *Chem. Soc.*, **83**, 750, 1903]. Décembre 1906. P. Carré.

PHÉNONAPHTOXANTHONE. — Voyez NAPHTYLÈNE-PHÉNYLÈNE-CÉTONE.

PHÉNONAPHTOXAZINE,

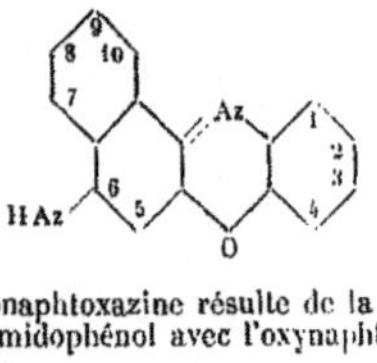

La phénonaphtoxazine résulte de la condensation de l'o-amidophénol avec l'oxynaphtoquinone-imide.

Elle cristallise en paillettes rouges fusibles à 242-243°. Quand on chauffe sa solution acétique au bain-marie, il se forme un peu de phénonaphtoxazone [Kehrmann, *D. chem. G.*, **28**, 353, 1895].

PHÉNONAPHTOXAZONE.

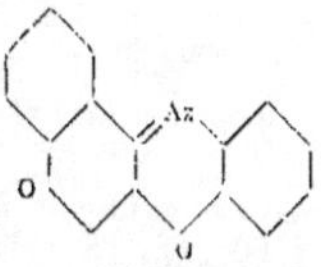

— On la prépare en chauffant au bain-marie 5 gr. de naphtoquinone avec 7 gr. d'o-amidophénol en présence d'acide acétique à 80 0/0.

Elle cristallise en prismes rougeâtres fusibles à 191-192°.

La *chloro-5-phénonaphtoxazone* fond à 194° [Kehrmann, *loc. cit.*].

Amino-2-phénonaphtoxazone,

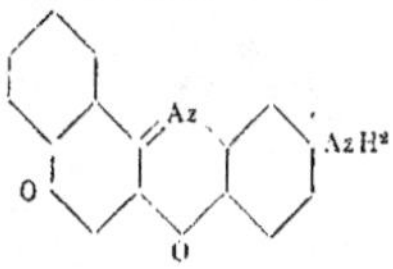

— On l'obtient en réduisant la nitrophénonaphtoxazone par le chlorure stanneux. Elle cristallise dans un mélange de benzène et d'alcool en aiguilles fusibles à 255-256° [Kermann et Gauhe, *D. chem. G.*, **30**, 2132, 1897].

L'*amino-3-phénonaphtoxazone*, obtenue d'une manière analogue, se décompose sans fondre vers 280°. Sa solution dans les acides minéraux dilués est bleu-violette et présente une fluorescence rouge.

L'*amino-(x)-phénonaphtoxazone*, obtenue par réduction du dérivé nitré résultant de la nitration de la phénonaphtoxazone, cristallise dans un mélange de benzène et d'alcool en aiguilles rouge sombre, fusibles à 211-212°. Les solutions dans les acides dilués sont jaune verdâtre, fluorescentes [Kehrmann et Gauhe, *D. chem. G.*, **30**, 2136].

Diméthylamino-3-phénonaphtoxazone,

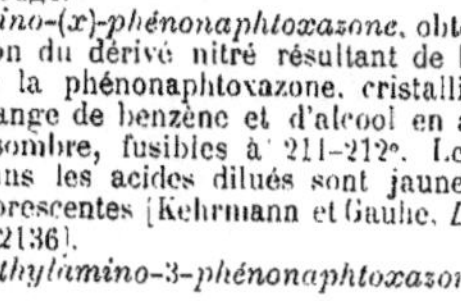

— Elle résulte de la condensation de l'α-naphtol avec le nitrosodiméthyl-m-amidophénol. Elle cristallise dans la pyridine en prismes brun rouge à reflets verdâtres, fusibles à 244° [Möhlau et Uhlmann, *Lieb. Ann. Chem.*, **289**, 124, 1895].

La *diéthylamino-3-phénonaphtoxazone* se prépare comme la précédente au moyen du nitrosodiéthyl-m-amidophénol. Elle fond à 205°.

Diméthylamino-3-oxy-9-phénonaphtoxazone (*muscarine*),

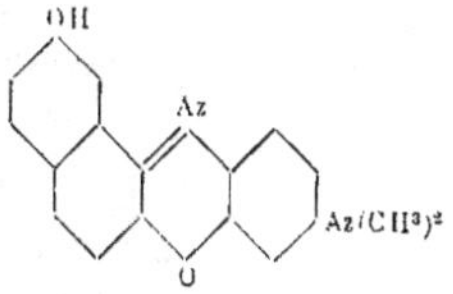

— Ce composé se forme par ébullition d'une solution alcoolique de nitrosodiméthylaniline avec le dioxy-2.7-naphtalène. C'est une poudre violette [Nietzki et Bossi, *D. chem. G.*, **25**, 3003, 1892].

NAPHTOPHÉNOXAZONE,

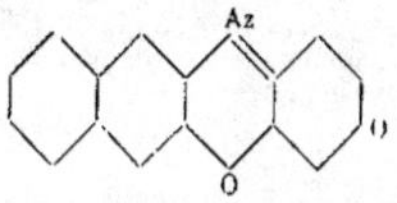

— Elle se forme par condensation du β-naphtol avec le p-nitrosophénol. Elle cristallise dans le benzène en aiguilles brunes fusibles à 211° [O. Fischer et Hepp, *D. chem. G.*, **36**, 1807, 1815, 1903].

P. Carré.

PHÉNOQUINOXAZONE. — Voy. DIHYDROFURODIAZINES.

PHÉNOSAFRANINES. — Voy. l'art. EURHODINES, 2e Suppl., **3**, 680.

PHÉNOTRIPYRIDINE

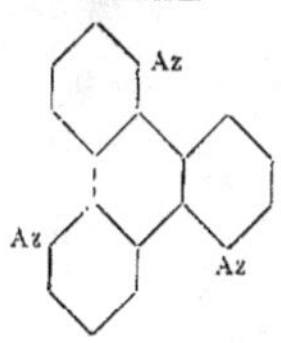

— Pictet et Barbier [*Bull. Soc. Chim.*, **13**, 28, 1895] ont appliqué la réaction de Skraup aux dérivés triaminés du benzène. Des trois triamino-benzènes, seuls les isomères 1.3.5 et 1.2.4 pouvaient se prêter à cette réaction. Le premier a fourni avec un bon rendement la phénotripyridine. Au lieu de partir du triaminobenzène sym. libre, on peut partir de son chlorostannate obtenu par réduction du trinitrobenzène par l'étain et l'acide chlorhydrique.

La phénotripyridine est extraite du produit de la réaction, par l'éther, puis purifiée par transformation en chlorhydrate, puis en chromate; isolée de ce dernier sel par l'ammoniaque et enfin cristallisée dans l'alcool. Elle fond à 236° et distille sans décomposition bien au-dessus de 360°. Elle est insoluble dans l'eau, soluble dans l'alcool, l'éther, le benzène, le chloroforme. Ses solutions présentent une légère fluorescence bleu violet. Elle résiste énergiquement à l'oxydation ou à la nitration. C'est une base faible.

Le *monochlorhydrate* $C^{15}H^9Az^3, HCl$ se forme en ajoutant de l'acide chlorhydrique à la solution alcoolique de la base.

Le *dichlorhydrate* est en cristaux jaune orangé anhydres $C^{15}H^9Az^3, 2HCl$.

Le *chloraurate* fond au-dessus de 250°, le *picrate* vers 240°.

Avril 1907. E. Baud.

PHÉNOXY.... — Pour les mots qui ne se trouvent pas ici à leur place alphabétique, voyez le mot qui suit ce préfixe.

PHÉNOXYACÉTIQUE (ACIDE), $C^6H^5O-CH^2-CO^2H$. (Acide phénoxylacétique, acide phényléthergylcolique). — Ce corps a été parfois désigné à tort sous le nom d'acide oxyphénylacétique [Fritsche, *Bull. Soc. Chim.*, **34**, 267, 1880], permettant ainsi de le confondre avec les véritables acides oxyphénylacétiques décrits dans le 1er supplément de cet ouvrage et répondant à la formule $OH-C^6H^4-CH^2-CO^2H$. Ce corps, découvert par Heintz dans la réaction du phénate de soude sur l'acide chloracétique à 150°, a eu sa préparation améliorée par Fritsche [*J. prakt.*

Chem., (2), **20**, 267]. Sabanejew et Dworkowitsch l'ont obtenu en chauffant à 160-170° le tribromoéthylène avec de l'alcool, de la potasse et du phénol [*Lieb. Ann. Chem.*, **216**, 284], ainsi que Hantzch [*D. chem. G.*, **19**, 1296, 1886] en chauffant avec de la lessive de potasse l'éther phénoxylacétylacétique.

$$\begin{array}{c} CH^3 - CO - CH - CO^2C^2H^5 \\ | \\ OC^6H^5 \end{array}$$

Pour le préparer on peut employer de préférence la méthode de Fritsche, qui consiste à chauffer dans une poêle plate un mélange de 10 parties de phénate et de 12 parties de monochloracétate de soude, puis à traiter par HCl le produit dissous dans l'eau, ce qui donne une huile brune qui se dépose et finit par cristalliser. L'acide est purifié par expression entre des feuilles de papier, puis par cristallisation dans l'eau chaude. On peut aussi utiliser la méthode de Giacosa [*J. prakt. Ch.*, (2), **19**, 326]. Pour cela on fond au bain-marie 1 partie d'acide monochloracétique et 1 partie de phénol, et on y ajoute peu à peu 4 parties de lessive de soude de densité 1,3. Il se précipite du phénoxyacétate de soude qu'on décompose par l'acide chlorhydrique.

Cet acide est formé de longues aiguilles blanches fusibles à 96°; il bout à 285° en se décomposant légèrement. Il est peu entraînable par la vapeur d'eau. Très soluble dans l'alcool et l'éther, il l'est aussi dans l'eau à un peu plus de 10 0/0. Le chlorure de fer le précipite en jaune et l'acide azotique étendu à l'ébullition le transforme en dinitrophénol.

Ce corps est un puissant antiseptique, d'après Fritsche, sans être vénéneux. Ses sels sont tous solubles dans l'eau, surtout les sels alcalins.

Le *sel sodique* $2(C^8H^7NaO^3) + H^2O$ se présente en aiguilles fines. Les *sels potassique* et *ammonique* sont anhydres. Le *sel de baryum* $(C^8H^7O^3)^2Ba + 3H^2O$ est moins soluble que celui *de calcium* $(C^8H^7O^3)^2Ca + 3\frac{1}{2}H^2O$. Enfin le *sel de cuivre* $(+ 2H^2O)$ et celui *d'argent* (anhydre) sont peu solubles.

On connaît de cet acide l'*éther méthylique*, liquide bouillant à 245°, et l'*éther éthylique* qui qui bout à 251°; l'*amide* fond à 101°,5, elle est peu soluble dans l'eau chaude, mais facilement à chaud dans l'alcool. L'*anilide* fond à 99°, elle est très soluble dans l'alcool. Le *nitrile* est liquide et bout à 235-238°. On connaît aussi une thioamide, $C^6H^5 - O - CH^2 - CSAzH^2$, qu'on prépare en chauffant un mélange du nitrile et d'un peu d'ammoniaque ammonique alcoolique. Elle est peu soluble dans l'eau et l'alcool froids, soluble dans l'éther, et fond à 111°.

Mai 1907. J. Lavaux.

PHÉNOXYACÉTIQUE (ANHYDRIDE), $(C^6H^5 - O - CH^2 - CO)^2O$ — [Chem. Fabrik auf Actien. Shering, D. R. P. 120 772: — Voyez *Chem. Soc.*, **30**, 1re part., 708, 1901]. L'anhydride phénoxyacétique a été obtenu en chauffant le phénoxyacétate de Na avec $POCl^3$ dissous dans le toluène. Il cristallise de la solution éthérée en aiguilles brillantes, et fond à 67-69°. Soluble dans les dissolvants organiques, il ne l'est pas dans l'eau qui ne l'attaque que lentement à l'ébullition. Mai 1907. J. Lavaux.

PHÉNOXYBUTANE-1-4 (DI), $C^6H^5O.(CH^2)^4.OC^6H^5$. — C'est la diphényline du butane-diol. Elle a été obtenue en petite quantité par Grignard [*Soc. Chim.*, **31**, 419, 1904] dans l'action du magnésium sur le bromophénéthol en présence d'éther anhydre à chaud. La formation de ce corps est due à une réaction secondaire connue qui détermine dans la plupart des cas la duplication du radical halogéné sur lequel on opère. La réaction principale donne au lieu du dérivé magnésien normal, $C^6H^5OCH^2 - CH^2MgBr$, que l'on devrait attendre, presque exclusivement de l'éthylène, et un composé cristallisé que l'eau décompose en donnant du phénol.

Le diphénoxybutane cristallise facilement dans l'éther. Il se présente sous forme de lamelles fusibles à 98°. Mai 1907. J. Lavaux.

PHÉNOXYFUMARIQUE (ACIDE), $CO^2H - C(OC^6H^5) = CH - CO^2H$. — Cet acide a été préparé par Ruhemann et Beddow, en appliquant une méthode générale de condensation des phénols avec les éthers de la série acétylénique [*Chem. Soc.*, **77**, 984 et 1119, 1900]. On dissout un atome de Na dans un excès de phénol chaud : au magma de phénolate formé on ajoute peu à peu une molécule de l'éther acétylénique que l'on veut mettre en réaction. L'opération effectuée, on laisse refroidir et on acidule par SO^4H^2, puis on épuise le produit par l'éther. On se débarrasse de l'excès de phénol en lavant cet éther avec une solution étendue de potasse, et on le sèche avec $CaCl^2$. Enfin on se débarrasse du dissolvant par distillation, et le résidu distillé dans le vide fournit l'éther éthylique de l'acide formé. Le produit ainsi obtenu dans la condensation du phénol avec l'acétylène-dicarbonate d'éthyle fournit comme portion principale le *phénoxyfumarate d'éthyle*,

$$\begin{array}{l} C(OC^6H^5) - CO^2C^2H^5 \\ \| \\ CH - CO^2.C^2H^5 \end{array}$$

C'est un corps bouillant à 183-184° sous 14 mm. et dont la densité à 20° est 1,1274.

En le saponifiant par la potasse alcoolique, on obtient l'*acide phénoxyfumarique*. C'est un corps formé de plaques jaunes qui fondent à 215° en se décomposant. Il est soluble dans l'eau bouillante qui peut servir à le cristalliser. Si on le chauffe dans le vide, sous 10 mm. de pression, l'acide phénoxyfumarique subit une décomposition partielle avec perte de CO^2, tandis qu'une portion distille à 197°. Le produit obtenu de la sorte est l'isomère stéréochimique, l'*acide phénoxymaléique*, que l'on peut purifier par cristallisation dans l'eau chaude, d'où il se sépare par refroidissement en aiguilles incolores fusibles à 168°. Ainsi les deux acides isomères se distinguent par leur couleur jaune ou blanche et leur aspect, plaques ou aiguilles, suivant qu'il s'agit de l'isomère fumarique ou maléique. De plus, le dérivé maléique donne un *sel de plomb* cristallisé, par addition d'acétate de plomb, ce qui n'a pas lieu avec le dérivé fumarique. Le phénoxyfumarate d'éthyle s'obtient encore, d'après les mêmes auteurs, quand on fait réagir le phénol sodé avec le chlorofumarate d'éthyle, ce qui leur a permis de vérifier la constitution du corps précédemment décrit.

Amide phénoxyfumarique. — On l'obtient sous l'aspect d'un corps blanc fusible à 235°, qui se forme quand on laisse en contact pendant deux jours l'éther éthylique avec une solution aqueuse concentrée d'ammoniaque.

Mai 1907. J. Lavaux.

PHÉNOXYMALÉIQUE (ACIDE). — Voy. PHÉNOXYFUMARIQUE (ACIDE).

PHÉNUVIQUE (ACIDE),

$$C^{12}H^{10}O^3 \quad \text{ou} \quad CO \begin{array}{l} \diagup CH = C - C^6H^5 \\ \qquad\qquad | \\ \diagdown CH^2 - CH - CO^2H \end{array}$$

— R. Fittig et Schlœsser, en condensant le succinate de soude avec le benzoylacétate d'éthyle sous l'influence d'anhydride acétique, ont obtenu l'éther éthylique d'un acide bibasique auquel ils ont donné le nom d'*acide phénythronique*. Cet acide, fusible à 193°, chauffé un peu au-dessus de son point de fusion, perd CO^2 et donne naissance à un acide monobasique, l'acide phénuvique, fusible à 144-145° et, en même temps, à un corps neutre, fusible à 40°, $C^{11}H^{10}O$ identique au phénylméthylfurfurane de Paal [*D. chem. G.*, **17**, 2762, 1884; — voyez Fittig et Schlœsser, *D. chem. G.*, **21**, 2133, 1888].

Ce dernier corps serait, d'après Fittig, non pas un dérivé du furfurane, mais le phényl-acéto-pentène provenant de la perte de CO^2 par l'acide phénuvique

```
C⁶H⁵-C — CH-CO²H        C⁶H⁵-C — CH-CO²H
     ‖     |                  ‖     |
CO²H-C    CH²      →         HC    CH²
      \   /                    \   /
       CO                       CO
Ac. phenythronique.        Ac. phénuvique.
```

Le phényl-céto-pentène, qui dérive de la pyrogénation de l'acide phénuvique, doit donc avoir la constitution

```
C⁶H⁵-C —— CH²
     ‖     |
    HC    CH²
      \   /
       CO
Phényl-céto-pentène.
```

Ces acides phénythronique et phénuvique sont les analogues de l'acide méthronique découvert par Eyern, et de l'acide uvique (pyrotritarique) d'Harrow, qui en dérive par perte de CO^2 :

```
CH³-C — C-CO²H        CH³-C — CH-CO²H
    ‖    |                ‖     |
CO²H-C  CH²              HC    CH²
     \  /                  \   /
      CO                    CO
Ac. méthronique.     Ac. uvique (pyrotritarique).
```

Pour préparer l'acide phénuvique, on partira donc de l'acide phénythronique, que l'on obtiendra en saponifiant par l'eau de baryte son éther éthylique préparé comme il a été dit. On distillera cet acide et le distillat, dissous dans un excès de soude, sera purifié par des lavages à l'éther; puis l'acide phénuvique en sera précipité par HCl. Enfin, on le cristallisera dans l'alcool faible, ce qui donnera des aiguilles brillantes fusibles à 144-145°.

On peut encore obtenir ce corps en faisant, puis saponifiant son éther éthylique suivant la méthode de Colefax [*Chem. Soc.*, **59**, 190] : On fait agir la chloracétone sur le composé sodique du benzoylacétate d'éthyle. Cette réaction donne, outre le phénuvate d'éthyle, un peu de phényl-céto-pentène, une forte proportion d'acétophénone et de l'acide benzoïque.

L'acide phénuvique est très peu soluble dans l'eau bouillante; il l'est au contraire facilement dans l'alcool, le benzène, la ligroïne.

Il fournit un *éther méthylique* fusible à 79° et constitué par de petites aiguilles microscopiques (Schweitzer, *D. chem. G.*, **24**, 549, 1891].

Le *phénuvate de calcium* $(C^{12}H^9O^3)^2Ca + 2H^2O$ cristallise en aiguilles incolores peu solubles dans l'eau. Le *sel de baryum* $(C^{12}H^9O^3)^2Ba + H^2O$ cristallise de même et est plus soluble. Enfin le *sel d'argent* $C^{12}H^9O^3Ag$ est un précipité amorphe [Schlœsser, *Lieb. Ann. Chem.*, **250**, 221, 1888]. Mai 1907. J. Lavaux.

PHÉNYL.... — Pour les mots qui ne se trouvent pas ici à leur place alphabétique, voyez le mot qui suit ce préfixe.

PHÉNYLACÉTAMIDE, $C^6H^5-CH^2-CO-AzH^2$ (Syn. : Amide α-toluique). — Purgotti a préparé la phénylacétamide en dissolvant le cyanure de benzyle (10 gr.) dans l'acide sulfurique de densité 1,82 (15 gr.). Il ne faut pas laisser la température dépasser 70°. Après refroidissement, la masse brune, semi-fluide, obtenue, traitée par l'eau, donne l'amide, sous forme d'un précipité blanc, qui cristallise dans l'alcool en lamelles fusibles à 154-155° [Purgotti, *Gazz. chim. ital.*, **20**, 172]. Le rendement maximum correspond à l'emploi d'une quantité de SO^4H^2 telle, qu'il contienne l'eau théoriquement nécessaire à la transformation du nitrile en amide.

La phénylacétamide peut aussi s'obtenir en faisant réagir sur le cyanure de benzyle l'eau oxygénée (rendement 25 0/0) ou mieux le bioxyde de sodium (rendement 65 0/0) d'après J. Deinert [*J. prakt. Chem.*, **52**, 431, 1895].

Ce corps fond à 154-155° et bout à 281-284°. Il est très peu soluble dans l'éther, le benzène froid et l'eau froide, mais l'est facilement dans l'eau chaude ainsi que dans l'alcool.

Il donne, quand on en traite 1 molécule, à froid, par 1 molécule de Br et 4 molécules de lessive de KOH, la *phénylacétobromamide* $C^6H^5-CH^2-CO-AzHBr$, en aiguilles fusibles à 123-125° [Hoogerwerff, Dorp, *Rec. Pays-Bas*, **6**, 384]. Il réagit sur le chloral anhydre pour donner la *chloralphénylacétamide* fusible à 145°, donne avec la phénylhydrazine à 125° la *phénylacétylhydrazine* fusible à 175-176° avec dégagement d'AzH^3. Enfin, la phénylacétamide réagissant à 150° avec dégagement d'AzH^3 donne avec l'aniline l'α-toluylanilide fusible à 116-117° et avec la paratoluidine, la phénylacétoparatoluidine fusible à 135-136°. Mai 1907. J. Lavaux.

PHÉNYLACÉTIQUE (ACIDE), $C^6H^5-CH^2-CO^2H$ (acide α-toluique). — L'acide phénylacétique (acide α-toluique) a été obtenu de diverses façons, par exemple dans la saponification par les alcalis du cyanure de benzyle (Cannizzaro), dans la fusion avec la potasse de l'acide atropique ou acide α-phénylacrylique $CH^2=C(C^6H^5)-CO^2H$, qui donne en même temps de l'acide formique. De même on l'obtient par réduction de l'acide phénylglycolique $C^6H^5-CH.OH-CO^2H$ par l'acide iodhydrique et le phosphore, dans la fusion de l'acide phénylmalonique $C^6H^5-CH=(CO^2H)^2$ qui se scinde en CO^2 et acide phénylacétique, et dans le traitement par l'eau de baryte bouillante de l'acide vulpique extrait du *Lichen Vulpius*,

```
C¹⁹H¹⁴O⁵   ou   C⁶H⁵-C=COH-C=C< C⁶H⁵
                      |        |   CO²CH³
                      CO ———— O
```

qui s'hydrate en donnant l'acide phénylacétique, de l'acide oxalique et de l'alcool méthylique :

$$C^{19}H^{14}O^5 + 4H^2O = 2C^8H^8O^2 + C^2H^2O^4 + CH^3OH.$$

Il se produit quand on chauffe à 180-200° l'éther chloracétique avec du bromobenzène en présence de cuivre, et dans la réduction par le phosphore rouge et l'acide iodhydrique à 160° de l'acide benzoylformique $C^6H^5-CO-CO^2H$. Enfin, en maintenant à 250° la benzophénone avec du sulfure d'ammonium jaune, il se forme de l'acide phénylacétique et de la phénylacétamide.

Pour préparer cet acide, Spiegel [*D. chem. G.*, **14**, 239, 1881] a recommandé la réduction à froid par la poudre de zinc de l'*acide phénylchloracétique* $C^6H^5-CHCl-CO^2H$, qu'il obtient en traitant le *nitrile phénylglycolique* $C^6H^5-CH.OH-CAz$ pendant 2 heures à une température de 130-140° par le double de son volume d'une solution saturée à 0° d'HCl. Ce nitrile lui-même est obtenu quantitativement en faisant réagir l'acide cyanhydrique (CAzK + HCl concentré) sur l'aldéhyde benzoïque à froid et en agitant souvent. En dehors de cette méthode, la préparation véritable de cet acide se fait de préférence à partir du chlorure ou du cyanure de benzyle. On la trouvera décrite dans la 1re partie et le 1er supplément de cet ouvrage. La place restreinte dont nous pouvons disposer ne nous permet que d'indiquer brièvement les principaux modes de formation publié dans ces derniers temps ainsi que quelques-uns des nombreux produits de condensation et dérivés de cet acide.

Erlenmeyer a décrit la formation d'acide phénylacétique par dédoublement d'un acide $C^{17}H^{17}AzO^3$ avec production de phénylalanine [*D. chem. G.*, **31**, 2238, 1898]. Le nitrile triphénylglutarique symétrique saponifié par HCl fumant donne l'acide correspondant, tandis que saponifié par la potasse il est décomposé en un acide fusible à 188-189° et acide phénylacétique [M. Henze, *D. chem. G.*, **31**, 3059, 1898].

Le bromophénylacétylène $C^6H^5 - C \equiv CBr$, traité par la potasse alcoolique ou l'alcoolate de Na, se convertit en phénylacétylène et acide phénylacétique [J.-U. Nef, *Lieb. Ann. Chem.*, **308**, 264 à 328, 1899]. La dibenzylcetone abandonnée dans un flacon à l'air et à la lumière a fourni à Fortey un mélange d'acide phénylacétique et de benzaldéhyde [*Chem. Soc.*, **75**, 870, 1899]. Les éthers de l'acide cinnaménylcarbamique saponifiés par la potasse alcoolique donnent de l'acide phénylacétique, de l'aldéhyde, AzH^3 et CO^2 [J. Thiele et R.-H. Pickard, *Lieb. Ann. Chem.*, **309**, 189, 1899]. H. Walbaum, en oxydant par le mélange chromique l'huile qu'on obtient par extraction à l'éther des feuilles de roses, a recueilli de l'acide phénylacétique [*D. chem. G.*, **33**, 2299, 1900]. Il en conclut que cette huile est formée principalement d'alcool phényléthylique dont il a obtenu la phényluréthane. J. Houben et L. Kesselkaul ont préparé avec un rendement de 60 0/0 de la théorie l'acide phénylacétique par l'action de CO^2 sur le benzylchlorure de magnésium ; le bromure correspondant ne donne qu'un rendement de 10 0/0 [*D. chem. G.*, **35**, 2519-2523, 1902].

L'acide phénylméthyltétronique

$$CH^3 - CH - COH = C(C^6H^5) - CO \quad (\text{CH et CO reliés par } O)$$

se scinde par l'eau de baryte en acide lactique et acide phénylacétique [O. Dimroth et H. Feuchter, *D. chem. G.*, **36**, 2251-2256, 1903]. L'acide phénylacétique a été trouvé parmi les constituants de l'essence de néroli par H. Walbaum et O. Hüthig [*J. prakt. Chem.*, **67**, 315-325, 1903].

Condensations de l'acide phénylacétique. — L'acide diphénylmaléique et l'acide phénylacétique chauffés de 165 à 220° en présence d'acétate de soude donnent le benzaldiphénylmaléide, fusible à 175-176°, et constitué par des aiguilles jaunes [S. Gabriel et G. Cohn, *D. chem. G.*, **24**, 3228, 1891] :

$$\begin{matrix} C^6H^5 - C - CO \diagdown \\ \| \qquad\quad O \\ C^6H^5 - C - CO \diagup \end{matrix} + \begin{matrix} CH^2 - CO^2H \\ | \\ C^6H^5 \end{matrix}$$

$$= CO^2 + H^2O + \begin{matrix} C^6H^5 - C - C = CH - C^6H^5 \\ \| \qquad\quad > O \\ C^6H^5 - C - CO \end{matrix}$$

Dans les mêmes conditions, l'isatine a donné à G. Gysae [*D. chem. G.*, **26**, 2478, 1893] un corps cristallisé en paillettes fusibles à 294-296° qu'il a nommé acide isaphénique (voyez ce mot).

La m-oxybenzaldéhyde se condense avec le phénylacétate de Na quand on fait bouillir plusieurs heures le mélange de ces corps avec un excès d'anhydride acétique. Il se produit l'acide m-oxystilbène-monocarbonique

$$\begin{matrix} C^6H^4 . OH - CH = C - CO^2H \\ \qquad\qquad\quad | \\ \qquad\qquad\quad C^6H^5 \end{matrix}$$

Ce corps est formé d'aiguilles blanches d'éclat soyeux, fusibles à 142° après une dessiccation préalable à 100° [Werner, *D. chem. G.*, **28**, 1997, 1895]. En présence d'anhydride acétique, le phénylacétate de Na donne avec l'aldéhyde cinnamique l'acide phénylcinnaménylacrylique [Thiele, Schleussner, *Lieb. Ann. Chem.*, **306**, 197-201, 1899], et avec l'éther méthylique de la nitrovanilline, l'acide α-phényl-2-nitro-4.5-diméthoxycinnamique [Pschorr et Buckow, *D. chem. G.*, **33**, 1829, 1900].

L'aldéhyde benzoïque et l'acide phénylacétique chauffés en tube scellé à 250° donnent le stilbène [R. von Walther et A. Wetzlich, *J. prak. Chem.*, **61**, 169].

Enfin la 2-nitroisovanilline donne l'acide α-phényl-2-nitro-3-acétoxy-4-méthoxycinnamique [Pschorr et Vogtherr, *D. chem. G.*, **35**, 4412, 1902]. Mai 1907. J. Lavaux.

PHÉNYLACÉTIQUE (ALDÉHYDE) (*Aldéhyde α-toluique*). — L'aldéhyde phénylacétique s'obtient dans la distillation d'un mélange de formiate et de phénylacétate de calcium (Cannizaro), par l'action du chlorure de chromyle sur l'éthylbenzène (Etard), et par celle de SO^4H^2 étendu sur le phénylglycol à chaud [Zincke, *Lieb. Ann.*, **216**, 310, 1882], sur l'acide α-phényllactique à 130° [Erlenmeyer, *D. chem. G.*, **13**, 304, 1880] ou enfin sur l'acide phényloxyacrylique, en distillant le mélange des produits [Baeyer, *D. chem. G.*, **13**, 304, 1880].

Pour la préparer on fait bouillir, en solution dans l'eau, 2 mol. de soude avec 1 mol. d'acide phénylchloro-β-lactique, $C^6H^5 - CHOH - CHCl - CO^2H$. On y ajoute ensuite de l'acide sulfurique étendu et l'on entraîne par la vapeur d'eau l'aldéhyde formée, tandis qu'il reste comme résidu de l'acide phénylglycérique en dissolution [Erlenmeyer, Lipp, *Lieb. Ann.*, **219**, 182, 1883].

La phénylacétaldéhyde a été obtenue à côté du diméthyldibenzyle dans l'oxydation de l'éthylbenzène par le persulfate de potassium, par Moritz et Wolffenstein [*D. chem. G.*, **32**, 432, 1899]. Ces auteurs en ont fait l'*hydrazone* fusible à 99°. Cette aldéhyde est un liquide qui ne se solidifie pas à — 10° et bout à 193-194°. Densité 1,085. Avec la potasse alcoolique, il donne de l'acide benzoïque ; avec l'acide nitrique de densité 1.47 à 1.50, il fournit vers — 10° ou — 15° l'ortho et la para-nitrophénylacétaldéhyde.

L'*oxime* est fusible à 97-99° Dollfus, [*D. chem. G.*, **25**, 1917, 1892].

L'*acétal méthylique* bout à 219-221° [E. Fischer et E. Hoffa, *D. chem. G.*, **31**, 1990, 1898].

Mai 1907. J. Lavaux.

PHÉNYLACÉTIQUES (ACIDES PSEUDO-) (voyez Suppl., 1180).

1° Isomère α ou [0.1.4]-bis-cycloheptadiène-2.4-carbonique 7,

$$\begin{matrix} CH = CH - CH \diagdown \\ | \qquad\qquad\quad CH - COOH \\ CH = CH - CH \diagup \end{matrix}$$

[Braren, *D. chem. G.*, **28**, 3454, 1895 ; **34**, 983, 1901 ; — Buchner, *ibid.*, **31**, 2243, 1898].

On obtient cet acide, d'après Einhorn et Tahara [*ibid.*, **26**, 329, 1893], lorsqu'on fait bouillir l'iodométhylate de l'éther anhydroecgonine-éthylique, ou bien l'acide p-diméthylhydrobenzyl amine-carbonique, avec de la lessive de soude diluée. Braren et Buchner [*ibid.*, **34**, 994, 1901] le préparent en réduisant l'acide 2.5-dibromo-Δ^3-norcarénique ou l'acide 2.3.4.5-tétrabromonorcara-7-carbonique par la poudre de zinc et l'acide acétique anhydre. Curtius [*ibid.*, **18**, 2379, 1885] le prépare en chauffant pendant 8 heures 4 cc. d'éther diazo-acétique avec 20 cc. de benzène à 130–135°. On obtient ainsi l'éther éthylique de l'acide pseudophénylacétique. Rendement : 12 à 15 gr. d'éther brut pour 50 gr. d'éther diazo-acétique employé.

Einhorn et Willstätter [*Ann. Chem.*, **280**, 122, 1894] chauffent 50 gr. d'anhydroecgonine avec 70 gr. d'alcool absolu et 125 gr. d'acide sulfurique pur pendant 3 heures, au bain-marie; puis ajoutent après refroidissement 175 gr. de carbonate de potasse, et abandonnent le mélange à lui-même pendant plusieurs jours.

L'acide cristallise en aiguilles fondant à 33-34°, assez facilement solubles dans l'eau chaude et les solvants organiques.

Il fixe le brome directement. Il est attaqué par l'amalgame de sodium. La potasse alcoolique, à chaud, le transforme d'abord en isomère β, puis en isomère γ.

Sels. — $NaC^8H^7O^2$. — Petites aiguilles très solubles dans l'eau, qui absorbent lentement l'oxygène [Buchner, *D. chem. G.*, **29**, 106, 1896].

$AgC^8H^7O^2$. — Aiguilles. La solution aqueuse soumise à l'ébullition dépose de l'argent.

Éther éthylique, $C^8H^7O^2(C^2H^5)$, (pour la préparation voyez à l'*Acide*). L'acide sulfurique concentré produit une coloration rouge cerise intense qui passe successivement au violet, bleu d'indigo à reflet cuivré, vert et, enfin, au jaune (voyez pour l'analyse spectrale de ce phénomène, Unger, *D. chem. G.*, **30**, 634, 1897]. Il bout à 225-227°.

L'amide $C^8H^7OAzH^2$, se présente en lamelles brillantes, fusibles à 125°.5 [Einhorn, Willstätter, *Ann. Chem.*, **280**, 124, 1894].

2° Isomère β. — Longues aiguilles fondant à 53° [Einhorn, Friedländer, *D. chem. G.*, **26**, 1490, 1893].

3° Isomère γ. — Liquide à — 18°, bout à 160° sous 20 mm., plus soluble que les précédents [Einhorn, Willstätter, *ibid.*, **27**, 2828, 1894].

Janvier 1907. M. Billy.

PHÉNYLACÉTIQUES (ACIDES ISO-) (voyez Suppl., **1**, 1181).

Acide α,

$$\begin{array}{l} CH = CH - CH^2 \diagdown \\ | \qquad\qquad\qquad\quad\ C.COOH \quad (?) \\ CH = CH - CH \diagup\!\!\diagup \end{array}$$

— Il se produit en faisant bouillir l'amide pseudophénylacétique avec de la lessive de soude [Buchner, *D. chem. G.*, **30**, 635, 1897]. Il cristallise dans l'eau en aiguilles jaune pâle fondant à 71°, et volatiles dans la vapeur d'eau. Il décolore aussitôt le permanganate en solution alcaline. Par addition d'hydrogène il se transforme en acide cycloheptane-carbonique. Il se combine avec le brome (dans l'acide acétique) à la température ordinaire, en formant lentement un *dihydrobromure* fondant à 164°. A chaud on obtient un *trihydrobromure* saturé, fondant à 199°, en même temps que de l'acide dibromotétrahydro-p-crésylique [Buchner, *ibid.*, **31**, 2246, 1898].

Il fixe en solution acétique 4 atomes de brome en formant deux *tétrabromures* différents [Buchner, Lingg, *D. chem. G.*, **31**, 2248, 1898; — Buchner, *ibid.*, **31**, 2242, 1898; — Buchner et Braren, *ibid.*, **34**, 987, 1901].

Sel d'argent, $AgC^8H^7O^2$. — Très sensible à la lumière et assez soluble dans l'eau.

Amide, $C^7H^7-CO-AzH^2$. — Elle se forme en incorporant le chlorure d'acide isophénylacétique dans de l'ammoniaque aqueuse concentrée [Buchner, *D. chem. G.*, **30**, 635, 1897]. En le faisant bouillir avec de la lessive de soude on régénère l'acide isophénylacétique.

Acide β,

$$\begin{array}{l} CH = CH - CH \diagdown \\ \| \qquad\qquad\qquad\quad\ C.COOH \quad (?) \\ CH - CH^2 - CH^2 \diagup\!\!\diagup \end{array}$$

— Il se forme lorsqu'on traite par l'acide sulfurique dilué, à froid, le sel obtenu par l'action de l'éthylate de sodium et de l'eau sur l'éther pseudophénylacétique, ou en chauffant l'acide pseudo en présence de l'eau à 160° [Braren, Buchner, *D. chem. G.*, **34**, 987, 1901].

Poudre cristalline fondant à 55-56°, très peu soluble dans l'eau; le permanganate l'oxyde immédiatement en solution alcaline [*ibid.*, **38**, 687, 1900]. L'amalgame de sodium donne de l'acide cycloheptane-carbonique. L'acide se combine avec l'acide bromhydrique et l'acide acétique anhydre, et il se forme le même dihydrobromure qu'avec l'acide α. On peut lui combiner 4 atomes de brome en le faisant bouillir pendant 48 heures. Avec une lessive de potasse alcoolique on obtient l'acide γ [Buchner, Lingg, *D. chem. G.*, **31**, 2248, 1898].

Sel d'argent, $AgC^8H^7O^2$. — Précipité assez sensible à la lumière (Buchner, Lingg).

Éther éthylique, $C^7H^7-CO^2-C^2H^5$. — On l'obtient en faisant chauffer l'éther pseudophénylacétylacétique pendant 4 heures dans le vide, à 150° [Buchner, Lingg, *D. chem. G.*, **31**, 402, 1898].

Amide, $C^7H^7-CO-AzH^2$. — Elle se forme lors de l'action de l'ammoniaque aqueuse sur le chlorure d'acide [Buchner, Lingg, *ibid.*, **31**, 453, 1898]. Elle cristallise dans un excès d'éther sous forme de lamelles fondant à 98° [Buchner, *ibid.*, **31**, 2243, 1898; *ibid.*, **34**, 987, 1901].

Acide γ. — C'est une huile qu'on obtient en faisant bouillir pendant 48 heures l'acide β-isophénylacétique avec une lessive de potasse alcoolique.

Amide, $C^7H^7-COAzH^2$. — Elle cristallise dans l'éther sous forme de lamelles fondant à 94-97°, que l'air colore peu à peu en jaune; l'acide sulfurique concentré les dissout avec une coloration jaune clair [Buchner, Lingg, *D. chem. G.*, **31**, 2249, 1898]. Janvier 1907. M. Billy.

PHÉNYLACÉTIQUES - CARBONIQUES (ACIDES). — Voyez Homophtaliques (Acides).

PHÉNYLACÉTONE. — Voyez Benzylméthylcétone.

PHÉNYLACÉTYLACÉTONE. — Voyez Benzylacétonylcétone.

PHÉNYLACÉTYLÈNE, $C^6H^5-C\equiv CH$. — Voyez Suppl., 1157. — *Préparation.* — Ce carbure peut être obtenu dans les opérations suivantes :

Faire passer sur de la chaux sodée au rouge naissant des vapeurs du chlorure $C^6H^5.CCl^2.CH^3$ obtenu avec PCl^5 et l'acétophénone [Peratoner, *Gazz. chim. ital.*, (2), **22**, 67, 1892].

Distiller un mélange sec de 10 gr. d'acide phénylpropionique $C^6H^5CH^2COOH$ avec 20 gr. de phénol [Hollemann, *D. chem. G.*, **20**, 3081, 1887].

Distiller lentement 10 gr. d'acide phénylpropionique avec 40 gr d'aniline [Hollemann, *C. R.*, **15**, 157, 1895].

Agiter l'aldéhyde phénylpropargylique ($C^6H^5.C\equiv C-COH$) en présence de lessive de soude [Claisen, *D. chem. G.*, **31**, 1023, 1898].

Chauffer, 8 heures à 135°, 150 gr. d'un bromostyrol ($C^6H^5CHBr.CH^2Br$) avec 150 gr. de potasse sèche et 132 gr. d'alcool absolu [Nef, *Arch. Pharm.*, **308**, 258, 1899].

Maintenir à 130° une molécule d'α-chlorostyrol en présence d'une molécule et demie d'éthylate de sodium (Nef).

Ch. Moureu recommande le procédé suivant qu'il emploie avec succès :

On fait agir le bromure d'éthyle sur le benzène en présence du chlorure d'aluminium pour préparer l'éthylbenzène $C^2H^5 . C^6H^5$.

Une molécule de ce composé maintenu à l'ébullition est bromée goutte à goutte par 2 mol. de brome sec.

Le ballon contient alors du bibromure de styrolène presque pur $C^6H^5.CHBr.CH^2Br$ qui fond vers 63°. 100 gr. de ce produit brut (presque blanc) dissous dans 100 gr. d'alcool à 95° sont décomposés lentement par une solution alcoolique de potasse (65 gr. KOH fondue dans 195 gr. d'alcool à 95°).

La réaction est très vive. On termine par une ébullition à l'ascendant pendant une 1/2 heure ; on verse dans l'eau et on épuise à l'éther trois fois, on sèche, on distille l'éther et on fractionne de 140-146°, le phénylacétylène est pur (le résidu est du styrolène monobromé), on le retraite par la potasse chaude, un 3e traitement est utile. Le phénylacétylène total obtenu est d'environ 50 0/0 [Hollemann, *D. chem. G.*, **20**, 3081, 1887 ; — Degrez, *Thèse Doct. Paris*, 1894 ; — Ch. Moureu et Delange, *Bull. Soc. Chim.*, (3), **25**, 311, 1901.

Propriétés physiques. — Le phénylacétylène bout à 138-142° (Ch. Moureu). $D_{23} = 0,927$. $D_0 = 0.94658$. Dilatation [Voy. Weger, *Ann. Chem.*, **221**, 70, 1884]; indice de réfraction $\mu = 1,5416$ [Bruhl, *Ann. Chem.*, **235**, 13, 1886].

Propriétés chimiques. — Le phénylacétylène chauffé avec l'eau ou de l'acide sulfurique dilué donne de l'acétophénone $C^6H^5.CO.CH^3$. Par l'acide azotique ou l'acide sulfurique concentré, il se résinifie.

Il se combine directement à 4 atomes de brome.

Chauffé avec la poudre de zinc et l'acide acétique, il est réduit en styrol [Aroustein, Hollemann, *Bull. Soc. Chim.*, **22**, 1184].

Avec l'acide bromhydrique on obtient l'α-bromostyrol $C^6H^5 - CH = CHBr$.

Traité par le chlorure de sulfuryle à la température ordinaire, il se forme de l'anhydride sulfureux et le chlorhydrate du chlorophénylacétylène $C^6H^5 - C \equiv CCl, HCl$.

Oxydé par l'hypobromite, il donne la ω-dibromoacétophénone $C^6H^5.CO - CHBr^2$ [Wittorf, *Journ. Soc. chim. russe*, **32**, 88 : *Central Blatt*, **2**, 29, 1900].

Si on attaque le mélange phénylacétylène et cétone par la potasse, on obtient un alcool tertiaire d'odeur agréable $(CH^3)^2 = C.(OH) - C \equiv C - C^6H^5$, qui fond à 52° [Favorsky et Skosarevsky, *Journ. Soc. phys. chim. russe*, **32**, 652, 1900].

Chauffé en tube scellé à 140°, avec la lessive de soude en présence d'alcool, il se produit de l'éther phénylvinylique $CH^2 = CH.O.C^6H^5$.

Avec l'iodure de méthyle en présence de potasse, il donne le phénylallylène [Nef, *Lieb. Ann. Chem.*, **310**, 333, 1899].

A la température ordinaire, il n'est pas attaqué par l'iodure d'éthyle et l'éthylate de sodium en solution alcoolique ; de même le chlorure de benzoyle est sans action à 160° et le chlorure d'acétyle n'agit pas à 100°.

Le phénylacétylène se combine à chaud au méthylate de sodium pour donner $C^6H^5 - CH = CH.(OCH^3)$ qui bout à 210-213° à 760°. Avec l'éthylate de sodium il donne $C^6H^5 - CH = CH (OC^2H^5)$ bouillant à 223-226°. Avec le propylate et le butylate, mêmes réactions [Ch. Moureu. *Bull. Soc. Chim.*, (3), **31**, 527, 1904].

Dérivés métalliques. — *Sodium phénylacétylène*, $C^6H^5.C \equiv C - Na$. — Ce sel s'obtient en introduisant du sodium en quantité théorique dans une solution éthérée de phénylacétylène à 10 0/0. Après évaporation de l'éther il reste une poudre blanche qui s'enflamme à l'air. L'eau la décompose en soude et phénylacétylène.

Bromure de magnésium phénylacétylène $C^6H^5 - C \equiv C - Mg - Br$. — Pour l'obtenir on prépare d'abord une molécule de bromure de magnésium éthyle par la méthode de Grignard [Voyez Magnésium (Dérivés organiques)], puis on y introduit lentement une molécule de phénylacétylène en liqueur éthérée, il se dégage une molécule d'éthane, on termine par l'ébullition à l'ascendant :

$$C^6H^5.C \equiv CH + C^2H^5.Mg.Br$$
$$= C^6H^5 - C \equiv C - Mg - Br + C^2H^6.$$

Ce composé est assez soluble dans l'éther ; l'eau le décompose en phénylacétylène, MgO et $MgBr^2$.

Ces sels sont très actifs. Le dérivé magnésien (Jotsich) semble plus actif que le dérivé sodé (Ch. Moureu). Ils ont servi de base à la préparation d'un grand nombre de composés. Nous indiquons sommairement leur action sur les différents composés.

Avec l'anhydride carbonique on obtient l'acide phénylpropiolique $C^6H^5C \equiv C - COOH$ (Jotsich).

L'action du cyanogène donne le nitrile phénylpropiolique $C^6H^5 - C \equiv C.CAz$ fondant à 38° [Moureu et Delange, *Bull. Soc. Chim.*, (3), **25**, 99, 1901].

Le formiate d'éthyle donne l'aldéhyde phénylpropiolique,

$$H.COO.C^2H^5 + C^6H^5.C \equiv C.Na$$
$$= \begin{matrix} H \\ NaO \end{matrix} > C < \begin{matrix} O.C^2H^5 \\ C \equiv C.C^6H^5 \end{matrix}$$

composé que l'acide acétique dilué (Charon et Dugougeon) scinde en C^2H^5OH et $C^6H^5.C \equiv C - OH$; avec 2 mol. de sodium phénylacétylène, on obtient l'alcool secondaire $C^6H^5 - C \equiv C - CHOH - C \equiv C - C^6H^5$ [Ch. Moureu et Delange, *Bull. Soc. Chim.*, **27**, 375, 1902 : **31**, 1329, 1904 ; — Jotsitch, *Journ. Soc. phys. chim. russe*, **35**, 1269, 1903].

Par des réactions analogues on forme des cétones en partant d'éthers sels quelconques [Moureu et Delange, *Bull. Soc. Chim.*, **27**, 383, 1902].

Avec l'éther de Kay $CH(OC^2H^5)^3$, on obtient l'acétal de l'aldéhyde phénylacétylénique $C^6H^5 - C \equiv C - CH.(OC^2H^5)^2$ qui bout à 144-145° sous 16 mm. [Ch. Moureu et R. Delange, *ibid.*, (3), **31**, 548, 1904].

En présence d'aldéhyde formique (trioxyméthylène), il se forme de l'alcool propiolique $C^6H^5.C \equiv C - CH^2OH$. Rendement 30 0/0. Liquide bouillant à 139° sous 16 mm. [Ch. Moureu et Desmots, *ibid.*, (3), **27**, 360, 1902 ; — Ch. Moureu, *ibid.*, **33**, 155, 1905 ; — Jotsich, *Journ. Soc. phys. chim. russe*, **34**, 100, 1902].

Avec les aldéhydes R.CHO on obtient un alcool secondaire $C^6H^5.C \equiv C - CHOH - R$.

Avec le chloral et les aldéhydes aromatiques les rendements sont de 100 0/0 (Ch. Moureu).

Avec les cétones on obtient des alcools tertiaires

$$C^6H^5 - C \equiv C - C(OH) \begin{matrix} < R_1 \\ < R_2 \end{matrix}$$

avec un rendement de 95 0/0.

Avec la méthycyclohexanone on a préparé l'alcool

$$CH^3-CH \begin{matrix} \diagup CH^2 — CH^2 \diagdown \\ \diagdown CH^2-C(OH) \diagup \\ \quad | \\ \quad C\equiv C.C^6H^5 \end{matrix} CH^2$$

bouillant à 98-99° [Jotsitch, *loc. cit.*].

Le chloral en solution éthérée à 0° donne un produit d'addition qui est décomposé par l'eau pour donner $CCl^3-CHOH-C\equiv C-C^6H^5$, bouillant à 165° sous 6 mm. [Ch. Moureu et Desmots, *Bull. Soc. Chim.*, (3), **27**, 360, 1902; Jotsitch, *Journ. Soc. phys. chim. russe*, **34**, 241, 1902].

Le nitrobenzène l'attaque avec formation d'un carbure cristallisé de formule $C^{10}H^{16}$ [Jotsitch, *ibid.*, **35**, 555, 1903].

Il réagit sur l'épichlorhydrine

$$\underbrace{CH^2-CH}_{O}-CH^2Cl$$

en solution éthérée, avec formation de chlorobromhydrine $CH^2Br-CHOH-CH^2Cl$ bouillant à à 190-191°. En même temps on trouve du tolane $C^6H^5-C\equiv C-C^6H^5$ et du phénylacétylène épichlorhydrine $C^6H^5-C\equiv C-CH^2-CHOH-CH^2Cl$ [Jotsitch, *ibid.*, **35**, 555, 1903; **36**, 6, 1904].

Il est facile de voir par ces exemples que *tous les composés halogénés* de la chimie organique réagiront sur les dérivés sodés ou magnésiens du phénylacétylène.

Dérivé cuivrique $(C^6H^5-C\equiv C)^2Cu$. — On l'obtient en précipitant une solution alcoolique de phénylacétylène par une solution ammoniacale de chlorure cuivreux, c'est un précipité floconneux qui explose par la chaleur; si on l'agite à l'air en présence d'une solution ammoniacale on obtient le phényldiacéténylc $C^{16}H^{10}$.

Dérivé argentique $C^6H^5-C\equiv C-Ag$. — Précipité blanc peu soluble dans l'alcool : il déflagre au-dessus de 100°.

$C^6H^5C\equiv C-Ag + AzO^3Ag$. — Précipité amorphe.

Dérivé mercurique $(C^6H^5C\equiv C-)^2Hg$. — On obtient ce composé en chauffant l'iodophénylacétylène avec le mercure à 100°. Il se forme aussi quand on traite la solution alcaline d'iodure double de potassium et de mercure par une liqueur alcoolique de phénylacétylène.

Il cristallise dans la ligroïne en feuillets incolores fondant à 125°. Avec l'iode en solution éthérée le sel de mercure donne l'iodophénylacétylène; le sel de Hg n'agit pas à 100° sur l'iodophénylacétylène.

Ces composés métalliques ont été préparés par Nef [*Ann. chem.*, **308**, 275, 298, 1899]; Lebermann et Damerow [*Bull. Soc. Chim.*, **25**, 1098, 1892].

DÉRIVÉS HALOGÉNÉS. — *Chlorophénylacétylène*, $C^6H^5-C\equiv C-Cl$. — On l'obtient en traitant le phénylacétylate d'argent ou de sodium par le chlorure de sulfuryle en solution alcoolique [Nef, *Ann. Chem.*, **308**, 316, 1899], ou en traitant le dichlorostyrol par la potasse en solution alcoolique à 100° (Nef).

C'est une huile d'odeur très agréable; à haute température, elle se polymérise en se résinifiant; elle bout à 74° sous 14 millimètres.

Si l'on mélange 1 molécule de chlorophénylacétylène avec 2 molécules d'éther malonique et 2 molécules d'éthylate de sodium à froid, le produit de la réaction, distillé vers 230° sous pression réduite, donne de l'acide carbonique, du 2-méthylnaphtol et la combinaison $C^{20}H^{22}O^7$ [Nef, *Ann. Chem.*, **308**, 321, 1899].

Bromophénylacétylène, $C^6H^5-C\equiv C-Br$. — Il se forme à partir du dibromostyrol $C^6H^5-CH=CBr^2$ ou du dibromophénylacétylène que l'on chauffe avec une molécule de potasse alcoolique à 100° [Nef, *Ann. Chem.*, **308**, 311, 1899] ou en chauffant le dibromocinnamate d'argent (Nef).

Huile incolore d'odeur très agréable, bouillant à 96° sous 15 mm. D = 1,456 à 24°. Elle se polymérise facilement par la chaleur sous une pression de 40 mm.; de même en la laissant à la température ordinaire, on obtient une résine rouge.

Le bromophénylacétylène est attaqué facilement par la poudre de zinc en solution alcoolique avec formation de phénylacétylène.

Le sodium ne l'attaque pas, même au bout de plusieurs jours, mais si on ajoute de l'éther absolu, il le transforme en phénylacétylène.

L'acide sulfurique concentré et froid (— 10°) le transforme en bromure de phénacyle.

Chauffé en tube scellé à 100-120° avec une solution alcoolique d'éthylate de sodium, il donne principalement de l'acide phénylacétique avec un peu de phénylacétylène.

L'aniline ne réagit pas à froid, mais chauffée à 100° elle donne l'aniline hydrobromée pendant que le bromophénylacétylène se polymérise en grande partie.

Iodophénylacétylène, $C^6H^5-C\equiv C-I$. — Ce composé se forme : en décomposant par la chaleur à 70° le diiodocinnamate d'argent [Liebermann et Sachse, *D. chem. G.*, (1), **24**, 4115, 1891; — Peratoner, *Gazz. chim. ital.*, (2), **22**, 94, 1892].

Pour le préparer on prend une solution de 119 gr. d'iode dans 350 cc. d'éther absolu, puis on ajoute 65 gr. de phénylacétylène et 14gr,7 de sodium en fil. On obtient ainsi une huile incolore d'odeur très agréable bouillant à 117° sous 15 mm. D = 1,75 à 23°.

Maintenu à froid avec l'acide iodhydrique en présence d'acide acétique, il donne le phénylacétylène iodé $C^6H^5-CI=CHI$.

Une solution aqueuse d'acide iodhydrique le transforme en acétophénone et triphénylbenzène.

Avec une solution ammoniacale de chlorure de cuivre on obtient le phénylacétylure de cuivre. Avec le zinc éthyle il se forme l'éthylphénylacétylène $C^6H^5-C\equiv C-C^2H^5$.

On obtient des produits d'addition avec l'ammoniaque, l'aniline, la méthylaniline et l'hydroxylamine [Nef, *Ann. Chem.*, **308**, 299, 1899]. Avec les amines tertiaires on n'obtient pas de combinaison.

Chauffé avec une solution alcoolique de potasse, d'éthylate de sodium ou de cyanure de potassium, ou avec la poudre de zinc et l'alcool à froid, il y a toujours formation de phénylacétylène.

Il n'est pas attaqué par le sodium même au bout d'une semaine; si on ajoute de l'éther absolu il se forme du phénylacétylure de sodium et pas de diphénylacétylène. Avec du mercure à 100°, on obtient le mercure-phénylacétylène.

En présence d'acide sulfurique et acétique il donne de l'iodacétophénone.

Avec 2 molécules d'éther malonique en présence d'une molécule d'éthylate de sodium en solution alcoolique on obtient l'éther de l'acide acétylène-tétracarbonique et du phénylacétylène. [Nef, *Lieb. Ann. Chem.*, **308**, 293, 1899].

PHÉNYLACÉTYLÈNES SUBSTITUÉS

MÉTHYLPHÉNYLACÉTYLÈNE (*p-tolylacétylène*) $CH^3_{(1)}.C^6H^4.C_{(4)}\equiv CH$. — Il s'obtient en réduisant le p-tolyldichloréthylène $CH^3_{(1)}C^6H^5-C_{(4)}Cl=CHCl$ par le sodium en présence d'éther [Kunckell, Gotsch, *D. chem. G.*, **33**, 2656, 1900].

Ce sont des prismes fondant à 23°; ils distillent à 60-70° sous 35 à 40 mm. D = 0,912 à 18°. Odeur d'anis ou de fenouil.

Méthylphénylacétylène chloré (p-tolylchloroacetylène) $CH^3.C^6H^4.C:CCl$. — On l'obtient en chauffant le p-tolyldichloréthylène avec la soude alcoolique. C'est une huile bouillant à 145-150° sous 55 mm. D = 1,442 à 18° (Kunckell).

p-ÉTHYLPHÉNYLACÉTYLÈNE. $C^2H^5_{(1)}.C^6H^4-C_{(4)}:CH$. — On l'obtient en traitant le para-éthyldichlorostyrol $C^2H^5.C^6H^4.CCl=CHCl$ par le sodium en présence d'éther (Kunckell et Koritzky, *D. chem. G.*, **33**, 3261, 1900). Huile à forte odeur d'anis bouillant à 110° sous 10 mm.

Le *dérivé chloré* $C^2H^5.C^6H^4.C\equiv CCl$ se forme quand on chauffe pendant 3 heures le p-éthyldichlorostyrol avec de la soude alcoolique (Kunckell). Huile odorante bouillant à 160-170° sous 35 mm.

DIMÉTHYLPHÉNYLACÉTYLÈNE $CH^3_{(1)}CH^3_{(4)}C^6H^3.C_{(2)}\equiv CH$. — Il s'obtient en traitant le diméthyldichlorovinylbenzène $(CH^3)_{(1)}(CH^3)_{(4)}C^6H^3.C_{(2)}Cl=CHCl$ par la soude alcoolique. C'est une huile bouillant à 135-140° sous 27 mm.

ISOPROPYLPHÉNYLACÉTYLÈNE $(CH^3)^2CH_{(1)}-C^6H^4-C_{(4)}\equiv CH$. — Il se forme par l'action du sodium sur une solution éthérée de para-isopropyldichlorostyrol $(CH^3)^2CH-C^6H^4-Cl=CHCl$. Huile bouillant à 110° sous 10 mm. (Kunckell et Koritzy).

Le *dérivé chloré* est préparé à partir du même composé de styrol, mais traité par la soude alcoolique. C'est une huile bouillant à 170-180° sous 30 mm.

TRIMÉTHYLPHÉNYLACÉTYLÈNE $(CH^3)_{(1)}(CH^3)_{(3)}(CH^3)_{(5)}=C^6H^2-C_{(2)}\equiv CH$. — Il se forme par réaction du sodium sur le dichlorovinylmésitylène correspondant. Huile d'odeur éthérée bouillant à 168-175° sous 20 mm. (Kunckell). Pour préparer le *triméthylphénylchloroacétylène*, on part du même corps que l'on traite par la soude alcoolique. C'est une huile bouillant à 180-190° sous 20 mm.

MÉTHYLISOPROPYLPHÉNYLACÉTYLÈNE $(CH^3)^2CH_{(1)}.C^6H^3.C_{(2)}=CH(CH^3)_{(4)}$. — Ce carbure se forme quand on traite la solution éthérée de méthylisopropyldichlorovinylbenzène correspondant par le sodium. C'est une huile bouillant à 128-130° sous 50 mm.

Le *dérivé chloré* se prépare en remplaçant le sodium par la soude alcoolique (Kunckell).

PARA-MÉTHOXYPHÉNYLACÉTYLÈNE $CH^3O-C^6H^4-C\equiv CH$. — Il se prépare en chauffant à 90° en tube fermé 5 gr. de para-méthoxy-α-β-dichlorostyrol avec 5 gr. de sodium en présence de 10 cc. d'éther absolu. La solution éthérée, séparée du sodium, est lavée, séchée et fractionnée.

Liquide à odeur d'anis, bouillant à 85-88° sous 11 mm. Il donne des sels métalliques instables.

Le *dérivé chloré* $CH^3O.C^6H^4.C\equiv CCl$ est obtenu à partir du même dichlorostyrol traité par KOH alcoolique à 10 0/0; il bout à 133-138° sous 20 mm. (Kunckell et Eras, *D. chem. G.*, **36**, 915, 1903).

PHÉNYLALLYLÈNE $C^6H^5-C\equiv C.CH^3$. — Ce carbure s'obtient : 1° en chauffant le phénylbromopropylène avec une solution de soude alcoolique (Korner, *D. chem. G.*, **21**, 276, 1888).

2° Quand on traite en tube scellé à 140° le phénylacétylène par l'iodure de méthyle en présence de potasse (Nef, *Ann. Chem.*, **310**, 333, 1900).

3° Par l'action de la potasse en poudre sur le bromure d'α-méthylstyrolène $C^6H^5C(H^3)C=CH.Br$ (Tiffeneau, *Bull. Soc. Chim.*, **27**, 1186, 1902).

C'est une huile incolore d'odeur aromatique, se colorant en jaune à l'air. Elle bout à 74-75° sous 14 mm. et à 181-182° sous 760 mm.

En bromant directement le phénylallylène, on obtient le *composé bibromé* $C^6H^5.CBr=CBr-CH^3$, bouillant à 254-255° avec dégagement d'acide bromhydrique (Korner).

Le *dérivé tétrabromé*, $C^6H^5.CBr^2-CBr^2.CH^3$ obtenu avec excès de brome fond à 75° (Korner).

ACÉTYLPHÉNYLACÉTYLÈNE $C^6H^5-C\equiv C-CO.CH^3$. — Ce composé se prépare en ajoutant peu à peu du chlorure d'acétyle pur étendu d'éther absolu dans une bouillie de phénylacétylène sodé délayé dans l'éther absolu ; l'action est vive, on refroidit, le ballon est muni d'un réfrigérant, on laisse 5 ou 6 heures à la température ordinaire, on verse lentement dans un excès d'eau, on décante la couche éthérée, on lave au carbonate, on sèche, on fractionne trois fois dans le vide (Moureu et Delange, *Bull. Soc. Chim.*, **25**, 311, 1901). Liquide à odeur piquante, bouillant à 115-117° sous 14 mm.

Il se combine à l'hydrazine pour donner le pyrazol correspondant :

$$C^6H^5-C\equiv C-COCH^3 + AzH^2-AzH^2$$
$$= H^2O + C^6H^5-C\equiv C-C\lessgtr^{CH^3}_{Az-AzH^2}$$
$$= \begin{array}{l} CH^3-C=Az \\ \quad | \qquad > AzH \\ CH=C-C^6H^5 \end{array}$$

Le méthyl-3-phényl-5-pyrazol fond à 127° (C. Moureu et M. Brachin, *Bull. Soc. Chim.*, (3), **31**, 172, 1904).

Avec l'hydroxylamine, il donne l'isoxazol correspondant par transposition moléculaire

$$C^6H^5.C\equiv C.COCH^3 + AzCH^2OH =$$
$$H^2O + C^6H^5-C\equiv C-C\lessgtr^{CH^3}_{Az(OH)}$$
$$= \begin{array}{l} CH^3-C=Az \\ \quad | \qquad > O \\ CH=C-C^6H^5 \end{array}$$

Ce dernier corps, cristallisé, fond à 68° et distille à 151-152° sous 19 mm. (Moureu et Brachin, *Bull. Soc. Chim.*, (3), **31**, 346, 1904).

L'acide sulfurique l'hydrate en benzoylacétone (Moureu et Delange).

L'acétylphénylacétylène est dédoublé par la soude étendue et chaude en acétate de soude et phénylacétylène; ce dernier est séparé par entraînement à la vapeur d'eau (Moureu et Delange, *Bull. Soc. Chim.*, (3), **25**, 418, 1901).

PROPIONYLPHÉNYLACÉTYLÈNE $C^6H^5\equiv C.CO.C^2H^5$. — On le prépare par l'action du phénylacétylène sodé (12 gr. de phénylacétylène, 2gr,30 de sodium, 80 gr. d'éther absolu) sur 13 gr. de chlorure de propionyle dissout dans l'éther absolu. La réaction dure 2 ou 3 heures, avec ébullition. Le mélange refroidi est versé dans l'eau acidulée d'acide acétique. On décante ensuite la couche éthérée, on lave au carbonate de soude, à l'eau, on sèche et on fractionne.

Le produit bout à 137-138° sous 16 mm. Il se combine à l'hydroxylamine pour donner l'*éthyl-3-phényl-5-isoxazol* bouillant à 157-158° sous 18 mm. (Ch. Moureu et M. Brachin, *Bull. Soc. Chim.*, (3), **31**, 172, 1903). Il se condense avec l'alcool en donnant après décomposition à l'eau la cétone $C^6H^5.CO.CH^2.CO.C^2H^5$ bouillant à 150-155° sous 18 mm. (Ch. Moureu et Brachin, *ibid.*, **33**, 139, 1905). On peut remplacer l'alcool par le phénol.

BUTYRYLPHÉNYLACÉTYLÈNE $C^6H^5.C\equiv C.CO.C^3H^7$. — Il se prépare en condensant le butyrate d'amyle avec le phénylacétylène, ou en traitant le phénylacétylène sodé par le chlorure de butyryle $CH^3CH^2.CH^2.COCl$; le carbure est ajouté peu à peu. Il bout à 142° sous 10 mm. (Moureu et Brachin, *Bull. Soc. Chim.*, (3), **33**, 134, 1905;

— Moureu et Delange, *ibid.*, (3), **27**, 374]. Il se combine à l'hydroxylamine pour donner le *propyl-3-phényl-5-isoxazol*

$$\begin{array}{l} C^3H^7 - C = Az \\ \quad | \qquad\quad > O \\ CH = C - C^6H^5 \end{array}$$

qui bout à 168-169° sous 18 mm. (Moureu et Brachin). Il se condense avec l'alcool pour donner la réaction suivante : $C^6H^5 - C \equiv C - CO\,C^3H^7 + C^2H^5 . OH = C^6H^5C(OC^2H^5) = CH - CO . C^3H^7$. Ce composé est scindé ensuite par l'eau acidulée bouillante en C^2H^5OH et butyrylacétophénone $C^6H^5 . COCH^2 . CO . C^3H^7$ bouillant à 152-155° (Moureu et Brachin).

Benzoylphénylacétylène $C^6H^5 - C \equiv C - COC^6H^5$. — On le prépare en traitant le phénylacétylène sodé par le chlorure de benzoyle ; la manipulation est semblable à la préparation de l'acétylphénylacétylène en terminant la réaction par une heure d'ébullition à l'ascendant. Après l'évaporation de l'éther, il reste du chlorure de benzoyle : une agitation à la soude aqueuse à 10 0/0 est nécessaire pour l'éliminer ; on recommence avec l'eau alcaline.

Purifié par fractionnement, on obtient des feuillets fondant à 48°, distillant à 200° sous 13 mm. [Ch. Moureu et Delange, *Bull. Soc. Chim.*, (3), **25**, 313, 1901]. Il forme avec l'hydrazine le pyrazol correspondant

$$\begin{array}{l} C^6H^5 - C = Az \\ \quad | \qquad\quad > AzH \\ CH = C - C^6H^5 \end{array}$$

fondant à 199-200°, se sublimant à 202° [Ch. Moureu et Brachin, *Bull. Soc. Chim.*, (3), **31**, 172, 1904]. Il se combine à l'hydroxylamine pour donner le *diphényl-3-5-isoxazol*, cristaux blancs fondant à 140-146° [Ch. Moureu et Brachin, *ibid.*, (3), **31**, 346, 1904].

L'acide sulfurique l'hydrate en dibenzoylméthane fondant à 87° (Ch. Moureu et Delange). Il est lentement attaqué par la potasse aqueuse avec formation de benzoate de potasse et acétophénone; la potasse alcoolique agit plus rapidement (Ch. Moureu et Delange). Voyez Ch. Moureu, *Les récents travaux sur les composés acétyléniques*, 1904; conférences du laboratoire de M. Haller. Pour les déterminations physiques, voyez Ch. Moureu [*Ann. Chim. Phys.*, (8), **7**, 1906].

Janvier 1907. M. Billy.

PHÉNYLACRYLIQUES (ACIDES). — Voy. Cinnamique et Atropique (Acides).

PHÉNYLALANINE. — Voyez Phénylpropionique-β (Acide).

PHÉNYLALLYLACÉTIQUE (ACIDE).

1° *Acide α-phénylallylacétique.*

$$\begin{array}{l} \qquad\qquad C^6H^5 \\ CH^2 = CH - CH^2 > CH - CO^2H \end{array}$$

— Ce corps a été obtenu par Wilhelm Wislicenus et Karl Goldstein [*Central Blatt*, **1**, 40, 1897] en même temps que l'*acide phénylallylmalonique*

$$\begin{array}{l} C^6H^5 \searrow C \swarrow CO^2H \\ C^3H^5 \nearrow \quad \nwarrow CO^2H \end{array}$$

lorsqu'on traite par la quantité théorique de sodium et d'eau l'éther phénylallylmalonique en solution alcoolique.

L'acide α-phénylallylacétique fond à 34° et bout à 159-160° sous 25 mm. et à 260° sous 760 mm. On l'obtient facilement en fondant l'acide phénylallylmalonique, ce qui a lieu à 145° avec perte de CO^2 et production d'acide phénylallylacétique. Le *sel de soude* $C^{11}H^{11}O^2Na$. est formé de longues aiguilles *Sel d'argent* $C^{11}H^{11}O^2Ag$. L'acide peut se bromer en solution sulfocarbonique en donnant l'*acide bromé* $C^{11}H^{11}BrO^2$ inattaquable par la soude bouillante et fusible à 75°.

2° *Acide γδ-diphénylallylacétique*, $C^6H^5CH = C . C^6H^5 - CH^2 - CH^2 - CO^2H$. — On l'obtient par condensation de l'acide phénylglutarique avec l'aldéhyde benzoïque en présence d'anhydride acétique à 155°. Il se dégage CO^2. La réaction peut s'exprimer ainsi :

$$C^6H^5 - CHO + CO^2H - CHC^6H^5 - CH^2 - CH^2 - CO^2H$$
$$= CO^2 + H^2O + C^6H^5 - CH - C.C^6H^5 - CH^2 - CH^2 - CO^2H.$$

C'est un corps formé d'aiguilles incolores fusibles à 106°. Sous l'influence de HBr en solution acétique, il donne à la température ordinaire la γδ-diphénylvalérolactone [Fichter, Merckens, *D. chem. G.*, **34**, 4174, 1901].

Mai 1907. J. Lavaux.

PHÉNYLALLYLÈNE. — Voyez l'art. Phénylacétylène.

PHÉNYLALLYLMALONIQUE (ACIDE). — Voy. l'art. Phénylallylacétique (Acide).

PHÉNYLAMINE. — (Voy. Suppl, 1187).

Modes de formation. — Indépendamment des modes d'obtention déjà décrits, l'aniline se forme encore dans les réactions suivantes :

Dans l'action de l'amidure de sodium sur le benzène-sulfonate de potassium [Jackson et Wing, *D. chem. G.*, **19**, 903, 1886].

En chauffant le phénol avec l'ammoniaque et du chlorure de zinc à 300° [Merz et Weith, *D. chem. G.*, **13**, 1298, 1880, et Merz et Muller, *ibid.*, **19**, 2916, 1886].

On la trouve parmi les produits de décomposition de la phénylhydroxylamine sous l'influence des acides sulfurique, chlorhydrique, bromhydrique en milieu alcoolique [Bamberger et Lagutt, *D. chem. G.*, **31**, 1501, 1898]. De même il s'en forme dans l'action des alcalis sur la phénylhydroxylamine et le nitrosobenzène [Bamberger et Brady, *ibid.*, **33**, 272; — Bamberger, *ibid.*, **33**, 1939, 1900].

L'aniline se forme encore en chauffant le bromobenzène avec du carbonate d'ammonium et de la chaux sodée à 360-380° [Merz et Paschkowetzky, *Journ. f. prakt. Chem.*, (2), **48**, 465]; dans la réduction électrolytique de l'azobenzène [Lœb, *D. chem. G.*, **33**, 2329, 1900]; dans la décomposition, sous l'influence de la lumière solaire, d'une solution alcoolique de nitrobenzène; il se fait en même temps de l'aldéhyde [Ciamician et Silber, *D. chem. G.*, **33**, 2911, 1900]; par la décomposition spontanée d'une solution benzénique de nitrosobenzène [Bamberger, *ibid.*, **35**, 1606, 1902]. MM. Abelous et Aloy [*C. R. Soc. biologie*, 1535, 1903] ont constaté que les tissus organiques renferment une diastase capable de réduire le nitrobenzène en aniline. MM. Sabatier et Senderens obtiennent l'aniline pure par la réduction du nitrobenzène passant avec de l'hydrogène sur du nickel ou du cuivre réduits [*Bull. Soc. Chim.*, **27**, 469, 1903].

L'aniline se forme encore par la condensation du chlorhydrate d'hydroxylamine avec le benzène [Graebe, *D. chem. G.*, **34**, 1778, 1901].

Propriétés. — L'aniline pure fond à 5°,96 [Ampolo et Rimatori, *Gazz. chim. ital.*, I, **27**, 62] et bout à 184°. $D_4^4 = 1{,}0342$ [Perkin, *Chem. Soc.* **69**, 1207, 1896]. Solubilité de l'aniline dans l'eau [Herz, *D. chem. G.*, **31**, 2671, 1898 : — Aignan et Ducas, *C. R.*, **129**, 644, 1899]. Tension de vapeur [Kahlbaum, *Zeit. Phys. Chem.*, **26**, 601, 1898]. Chaleur de volatilisation et de fusion [de Forcrand, *C. R.*, **136**, 945, 1903; — Kourbatof, *Journ. Soc. phys. chim. russe*,

34, 250, 1902]. Tension de vapeur du système eau-aniline [Schreinemakers, *Zeit. phys. Chem.*, 35, 459, 1900]. Constantes cryoscopiques en solution étendue [Loomis, *ibid.*, 32, 578; 37, 407]; en solution dans la diméthylamine [Ampolo et Rimatori, *Gazz. chim. ital.*, (1), 27, 35]. Constante diélectrique [Drude, *Zeit. phys. Chem.*, 23, 309; — Jahn et Muller, *ibid.*, 13, 388; — Turner, *ibid.*, 35, 417; — Dewar et Fleming, *Centr. Bl.*, II, 1897, 564]. Chaleur latente de vaporisation =104°,17. Chaleur spécifique = 0,5485 entre 176°,5 et 20°,5 [Louguinine, *C. R.*, 132, 88, 1901]. Chaleur spécifique, 0,5025 entre 78 et 180°, et 0,5301 entre 180 et 200° [Kourbakow, *Journ. phys. chim. russe*, 34, 766, 1902]. Conductibilité des solutions [Eastmann Patters, *Zeit. phys. Chem.*, 6, 554, 1890].

Tension superficielle [W. H. Whatmough, *Zeit. phys. Chem.*, 39, 129, 1901].

Action des oxydants. — L'aniline s'oxyde très facilement. Déjà en la faisant bouillir à l'air pendant plusieurs jours, M. Istrati a obtenu des composés cristallins de constitution inconnue: l'un fondant à 238-239°, un autre à 251° et un 3e fondant à 207-208° [*C. R.*, 135, 742, 1902].

En solution aqueuse elle est oxydée par le bioxyde de plomb ou de manganèse et donne d'abord de l'aminoquinone qui se condense avec un excès d'aniline et fournit la diphénylquinone-diimide $AzH^2.C^6H^3(Az.C^6H^5)^2$; en solution plus concentrée il se forme de l'azophénine [Börnstein, *D. chem. G.*, 34, 1268, 1901].

Oxydée par le peroxyde de sodium, elle est convertie en nitrobenzène [Otto Fischer et Trost, *D. chem. G.*, 26, 3083, 1893]. Le réactif de Caro la transforme en phénylhydroxylamine, puis en nitrosobenzène [Bamberger et Tschirner, *D. chem. G.*, 32, 1675, 1899].

L'aniline est oxydée en milieu sulfurique par le permanganate de potassium en présence d'aldéhyde formique et donne du nitrosobenzène, du nitrobenzène, de l'azoxybenzène, du p-amidophénol et d'autres produits mal définis [Bamberger et Tschirner, *loc. cit.*]. Si, dans cette réaction, on n'ajoute pas d'aldéhyde formique, il ne se fait pas de nitrosobenzène. Le permanganate en milieu neutre fournit du nitrobenzène, et en milieu alcalin de l'azobenzène, de l'ammoniaque et de l'acide oxalique [Glaser, *Ann. Chem.*, 142, 364; — Hoogewerff et van Dorp, *D. chem. G.*, 10, 1936 et 11, 1202, 1877-1878]. Le bioxyde d'hydrogène à l'ébullition fournit de l'azobenzène, de l'azoxybenzène, du p-amidophénol, du nitrobenzène et du dianilidoquinone-anile [Leeds, *D. chem. G.*, 14, 1384; — Prud'homme, *Bull. Soc. Chim.*, (3), 7, 622; — Schunck et Marchlewski, *D. chem. G.*, 25, 3574, 1892].

L'acide iodhydrique de densité 2,05 donne de l'hexaméthylène [Kijner, *J. f. prakt. Chem.*, (2), 56, 371]. Réduite par l'hydrogène en présence du nickel l'aniline donne de l'hexahydrophénylamine.

L'anhydride nitrique donne de la phénylnitramine (voy. ce mot).

Le perchlorure de phosphore réagit sur l'aniline et cette réaction a été étudiée par Gilpin [*Am. Chem. Journ.*, 27, 444, 1902] et par M. Lemoult [*C. R.*, 136, 1666, 1903 et *Bull. Soc. Chim.*, 35, 47, 1906]. Il se forme le chlorhydrate de trianilidophénylphosphimide (Lemoult).

Le trichlorure de phosphore donne l'oxyphosphazobenzène-anilide [Michaelis et Silberstein, *D. chem. G.*, 29, 716, 1896]; avec l'oxysulfure de phosphore on obtient une base sulfurée correspondante [Michaelis, Silberstein, *loc. cit.*, et Karsten, *ibid.*, 28, 1237, 1895].

Le chlorhydrate de l'acide cyanhydrique fournit la diphénylformamidine [Dains, *D. chem. G.*, 35, 2496, 1902].

Les dérivés dihalogénés CH^2X^2 donnent des arylméthylène-diamines $CH^2.(AzH.C^6H^5)^2$ [Senier et Goodwin, *Journ. Chem. Soc.*, 81, 280, 1902]. La vitesse de réaction des bromures de méthyle et d'allyle a été mesurée par M. Mentschoutkine [*Journ. Soc. phys. chim. russe*, 32, 46 et 34, 157]. De même la vitesse de l'acétylation a été déterminée par M. Tsyboulsky [*ibid.*, 35, 219].

Chauffée avec les éthers à 200-206°, l'aniline donne des anilides; cependant quand on remplace l'aniline par son chlorhydrate il se forme des dérivés alkylés [Niementowsky, *D. chem. G.*, 30, 3071, 1897].

Chauffée avec le nitrobenzène et la potasse elle donne de la phénazine [Wohl et Aue, *D. chem. G.*, 34, 2442 et 36, 4135].

Combinaisons avec les sels. — L'aniline réagit sur les composés organo-magnésiens de Grignard d'après l'équation :

$C^6H^5-AzH^2+C^2H^5MgI=C^6H^5.AzH.MgI+C^2H^6$ [Meunier, *Bull. Soc. Chim.*, 29, 315, 1903].

On peut préparer la phénylamide en chauffant l'amidure de sodium avec l'aniline dans un gaz inerte [Thitherley, *Journ. Chem. Soc.*, 71, 464]. C'est une masse amorphe grise. L'aniline se combine aux sels de magnésium, de calcium, de zinc, de cadmium pour donner des composés parfois cristallisés [Tombeck, *Ann. Chim. Phys.*, (7), 21, 383; *C. R.*, 124, 961 et 126, 967]. On connaît $A^4MgCl^2+6H^2O$ (A représentant l'aniline C^6H^7Az), $A^2Mg(AzO^3)^2$, — A^2MgSO^4, $A^4.CaCl^2$ déjà obtenu par Leeds [*Jahresb.*, 500, 1882], $A^2.CaBr^2$, A^2CaI^2. Les combinaisons avec les chlorure, bromure, iodure de zinc et de cadmium ont également déjà été préparées par Leeds (*loc. cit.*). L'aniline se combine au chlorure de titane pour donner $TiCl^4H^4.4(C^6H^5AzH^2)$ [Rosenheim et Schütte, *Zeit. anorg. Chem.*, 26, 239, 1901]: le chlorure de bismuth donne $BiCl^3.3A$ qui, dissous dans HCl à chaud, laisse déposer de longues aiguilles de $BiCl^3.3(A.HCl).3H^2O$ [Vanino et Hauser, *D. chem. G.*, 33, 2271; *ibid.*, 34, 416; — Hugo Schiff, *ibid.*, 34, 804, 1901]. Le chlorure d'antimoine donne $SbCl^3A^5$. Aiguilles fondant à 80°, SbI^3A^3, petites aiguilles jaunes. Les sels de palladium se combinent également aux sels d'aniline [Gutbier, *D. chem. G.*, 38, 2106, 1905].

Sels d'aniline. — Nous ne décrivons ici que les sels des acides minéraux, les sels des acides organiques se trouvant décrits généralement en même temps que ces acides.

Chlorhydrate. — M. Selivanof a montré qu'en évaporant sur la chaux une dissolution d'aniline dans du chlorhydrate de cette base on obtient de longues aiguilles d'un nouveau chlorhydrate $2C^6H^5.AzH^2,HCl$ [*Journ. Soc. phys. chim. russe*, 35, 436].

Le chlorhydrate normal, qui fond à 194°, est totalement dissocié pendant sa vaporisation [Kourbatof, *ibid.*, 32, 629]. Il bout à 243° sous 728 mm [Ullmann, *D. chem. G.*, 31, 1699].

Ce chlorhydrate forme des combinaisons doubles avec les chlorures métalliques: $2(A.HCl)SnCl^4$ [Hjörtdahl, *Jahresb.*, 513, 1882]; $(A.HCl)CuCl$ [Saglier, *ibid.*, 1064, 1888]; $2(A.HCl)TeCl^4$ [Lehner, *Am. Chem. Soc. J.*, 22, 139]; $2(A.HCl)ZnCl^2H^2O$; $3(A.HCl)HgCl^2.2H^2O$ [Base, *Am. Chem. J.*, 20, 646].

$2(A.HCl)HgCl^2$ [Swan, *ibid.*, 20, 613]; $A.HCl.HgCl^2$ (Swan), $A.HCl,2ZnCl^2$ (Swan); $3(A.HCl)TlCl^3$ [Meyer, *Zeit. anorg. Chem.*, 24, 349]; $2(A.HCl)SnCl^2$ [Stagle, *Am. Chem. J.*, 20, 633]; $A.HClSnCl^2.H^2O$.

Le *bromhydrate* forme également une série

de sels doubles [Richardson et Adams, *Am. Chem. J.*, **22**, 446].

Il semble que l'aniline se combine à l'acide carbonique, car M. Meunier a montré qu'en faisant passer un courant de CO^2 dans une dissolution de nitrite de soude renfermant de l'aniline, il se forme du diazoamidobenzène; en remplaçant le nitrite de soude par le nitrite d'argent, il se forme le sel d'Ag du diazoamidobenzène [*Bull. Soc. Chim.*, **31**, 152, 1904]. — L'aniline dissoute dans l'*acide sulfureux* se combine aux aldéhydes et les combinaisons qui prennent naissance sont de la forme $SO^3H^2.(A)^2$ (aldéhyde) [Speroni, *Ann. Chem.*, **325**, 354, 1902; *Gazz. chim. ital.*, **33**, 113, 1902]. L'aniline donne des *phosphates* $A^2PO^4H^3$ et $A^3PO^4H^3$ [Lewy, *D. chem. G.*, **19**, 1717, 1886; — Klages et Liekroth, *ibid.*, **32**, 1556].

Vanadates, $A.VdO^3H + \frac{1}{2}H^2O$,
$A.2VdO^3H + 3H^2O$,
$A^2(VdO^3H)^3 + 7\frac{1}{2}H^2O$.

[Ditte, *Ann. Chim. Phys.*, (6), **13**, 234].

Molybdates, $A^2.3MoO^3 + 5H^2O$ (Ditte).

Hyposulfite, $A^2.S^2O^3H^2$ [Wahl, *Bull. Soc. Chim.*, **27**, 1220].

DÉRIVÉS DE SUBSTITUTION

DÉRIVÉS FLUORÉS. — *Métafluoraniline*. — Liquide peu soluble dans l'eau. Son *chloroplatinate* $(C^6H^6FAz.HCl)^2.PtCl^4$ cristallise [Wallach, *Ann. Chem.*, **235**,266, 1886].

Parafluoraniline. — Par réduction du dérivé nitré correspondant. Liquide à odeur d'aniline bouillant à 185-189°. D = 1,153 à 25° [Wallach et Hensler, *Ann. Chem.*, **243**, 223, 1888].

DÉRIVÉS CHLORÉS. — *Orthochloraniline*. — Elle se forme dans l'électrolyse de la nitrobenzine en milieu chlorhydrique [Lœb, *D. chem. G.*, **29**, 1896]; dans l'action de HCl sur la phénylhydroxylamine [Bamberger et Lagutt, *D. chem. G.*, **31**, 1503, 1898]; par l'action de PCl^5 sur l'oxyazoxybenzène [Bamberger, *D. chem. G.*, **35**, 1614, 1902]. Nitration [voir Chattaway, Orton et Evans, *D. chem. G.*, **33**, 3061, 1900].

Métachloraniline. — Constantes physiques [Perkin, *Chem. Soc.*, **69**, 1244; — Kahlbaum, *Zeit. phys. Chem.*, **26**, 627; — Brühl, *ibid.*, **16**, 216].

Parachloraniline. — Elle se forme à côté de l'isomère ortho dans l'électrolyse du nitrobenzène en milieu chlorhydrique [Lœb, *loc. cit.*]; parmi les produits de l'action de HCl sur le nitrosobenzène [Bamberger, Büsdorf et Szolayski, *D. chem. G.*, **32**, 217, 1899] et sur la phénylhydroxylamine [Bamberger et Lagutt, *loc. cit.*]; en chauffant la p-nitrophénylhydrazine avec HCl à 200° [Hyde, *D. chem. G.*, **32**, 1817, 1898].

Constantes physiques [Perkin, *Journ. Chem. Soc.*, **69**, 1244]; chaleur de fusion [Brunner, *D. chem. G.*, **27**, 2106, 1894].

Le nitrate de la base traité par l'anhydride acétique donne un mélange de 4-chloro-2-nitraniline, de 4-chloro-phénylnitramine et d'acétyl-p-chloraniline [Stingelin, *D. chem. G.*, **30**, 1262, 1897; — Hoff, *Ann. Chem.*, **311**, 213].

2.4-*Dichloraniline*. — Elle se forme dans l'action de HCl sur le nitrosobenzène [Bamberger, Büsdorf et Szolayski, *loc. cit.*], ou par réduction du tétrachloroazobenzène [Zincke, *D. chem. G.*, **34**, 2853, 1901]. MM. Chattaway et Evans l'ont préparée en partant du dérivé acétylé obtenu en chlorant l'acétanilide [*Journ. Chem. Soc.*, **69**, 850].

2.5-*Dichloraniline*. — En chauffant l'acide 3.6-dichloramidobenzoïque à 230-240° [Graebe et Gomeritz, *D. chem. G.*, **33**, 2025, 1900].

3.4-*Dichloraniline*. — On obtient son *dérivé acétylé* en traitant par l'acide acétique le dérivé chloré à l'azote de l'acétylmétachloraniline [Chattaway, Orton et Hurtley, *Chem. Soc.*, **77**, 801].

2.4.6-*Trichloraniline*. — Par l'action du chlore sur l'aniline dissoute dans le sulfure de carbone ou le chloroforme [V. Meyer et Sudborough, *D. chem. G.*, **27**, 3151, 1894]; par le chlorure d'azote en solution dans le benzène et l'aniline ou son chlorhydrate [Hentschel, *ibid.*, **30**, 2643, 1897]; en chauffant la tribromaniline avec HCl à 200-240° [Wegscheider, *Mon. f. Chem.*, **18**, 333]; en partant de la dichlorobromaniline [Chattaway et Orton, *Chem. Soc.*, **78**, 822, 1901]; en partant de la trichlorophénylurée sym. [Chattaway et Orton, *D. chem. G.*, **34**, 1073, 1901].

3.4.5-*Trichloraniline*. — Par réduction du 3.4.5-trichloronitrobenzène [Zincke et Schaum, *D. chem. G.*, **27**, 547, 1894]. Aiguilles fondant à 100°.

2.4.5-*Trichloraniline*. — Elle fond à 96° [Graebe et Rostowzew, *D. chem. G.*, **34**, 2107, 1901].

2.3.4.6-*Tétrachloraniline*. — En décomposant par la potasse alcoolique le produit de l'action du chlorure d'azote sur la diméthylaniline [Hentschel, *D. chem. G.*, **31**, 248, 1897].

2.3.4 5-*Tétrachloraniline*. — Elle se forme dans l'action de Cl sur la pipéridylurée [Bouchetal de la Roche, *Bull. Soc. Chim.*, **31**, 23, 1904].

Pentachloraniline. — Par réduction du pentachloronitrobenzène et par chloruration de la 3.5-dichloraniline en solution éthérée [Langer, *Ann. Chem.*, **215**, 120, 1882].

DÉRIVÉS BROMÉS. — *Orthobromaniline*. — Elle se forme, entre autres produits, dans l'action de HBr sur la phénylhydroxylamine [Bamberger et Lagutt, *D. chem. G.*, **31**, 1504]; dans l'action de HBr en milieu acétique sur l'azobenzène [Tikhwinsky, *Journ. Soc. phys. chim. russe*, **35**, 667, 1903].

Métabromaniline. — Elle se forme dans la décomposition de la métabromodiphénylurée [Kjellin, *D. chem. G.*, **36**, 194, 1903]. Indice de réfraction [Brühl, *Zeit. phys. Chem.*, **16**, 216, 1895].

Parabromaniline. — Elle se forme dans l'action de HBr sur le nitrosobenzène [Bamberger, Büsddorf et Szolaysky, *loc. cit.*]; par décomposition de la p-bromophénylurée avec AzH^3 alcoolique [Chattaway et Orton, *D. chem. G.*, **34**, 1078, 1901]; par l'action de HBr sur l'azobenzène [Tikhvinsky, *Journ. Soc. phys. chim. russe*, **35**, 667, 1903].

Dibromaniline-2.4. — Dans l'action de HBr sur la phénylhydroxylamine ou le nitrosobenzène [Bamberger et Lagutt, Bamberger, Büsdorf et Szolayski, *loc. cit.*]; — Voir aussi [Chattaway et Orton, *D. chem. G.*, **34**, 1078, 1901; — Tikhwinsky, *loc. cit.*].

Dibromaniline-2.6. — Par réduction du dibromonitrobenzène [Claus et Weil, *Ann. Chem.*, **269**, 219]; par saponification de l'acide sulfonique correspondant [Heinichen, *ibid.*, **253**, 275]. Aiguilles fondant à 83-84° et bouillant à 262-264°. Le *chlorhydrate* fond à 126°.

3.4-*Dibromaniline*. — Par bromuration de la m-bromaniline [Wheeler et Valentine, *Am. Chem. Journ.*, **22**, 275].

3.5-*Dibromaniline* [Langer, *D. chem. G.*, **15**, 1329, 1882].

2.4.6-*Tribromaniline*. — Dans l'action de HBr sur la phénylhydroxylamine [Bamberger, Büsdorf et Szolayski, *loc. cit.*]; dans la décomposition de l'urée correspondante [Chattaway et Orton, *D. chem. G.*, **34**, 1078, 1901]; par bromuration de la pipéridylurée [Bouchetal de la Roche, *Bull. Soc. Chim.*, **31**, 23, 1904]. Nitration [voir Orton, *Chem. Soc.*, **81**, 490, 1902].

2.3.5-*Tribromaniline*. — Aiguilles fondant à 91° [Claus et Wallbaum, *J. prakt. Chem.*, (2), **56**, 60, 1897].

2.4.5-*Tribromaniline*. — Aiguilles fondant à 80° [Gallivan, *Am. Chem. Journ.*, **18**, 247], à 85-86° [Wheeler et Valentine, *ibid.*, **22**, 276].

Tétrabromaniline-2.3.4.6. — Elle fond à 116-117° [Wurster et Nœlting, *D. chem. G.*, **7**, 1564; — Claus et Wallbaum, *J. prakt. Chem.*, (2), **56**, 50, 1897]. Nitration [Orton, *Chem. Soc.*, **81**, 490, 1902]. Diazotation [Orton, *ibid.*, **83**, 796, 1903].

2.3.4.5-*Tétrabromaniline*. — Aiguilles fondant à 122° [Claus et Wallbaum, *loc. cit.*].

2.3.5.6-*Tétrabromaniline*. — Aiguilles fondant à 130° [Claus et Wallbaum, *loc. cit.*].

Pentabromaniline. — Par réduction du pentabromonitrobenzène [Jackson et Lœb, *D. chem. G.*, **33**, 705, 1900].

DÉRIVÉS CHLORO-BROMÉS. — 2-*chloro-4-bromaniline*. — Elle fond à 73° [Chattaway et Orton, *D. chem. G.*, **33**, 2398, 1900 et *Chem. Soc.*, **79**, 816, 1901; — Hurtley, *ibid.*, **79**, 1293]. Nitration [Orton, *Chem. Soc.*, **81**, 490, 1902].

2-*Chloro-5-bromaniline*. — Elle fond à 44°,5 [Clark, *Am. Chem. Journ.*, **14**, 561].

3-*Chloro-4-bromaniline*. — Elle fond à 66-68° [Wheeler et Valentine, *ibid.*, **22**, 272].

4-*Chloro-2-bromaniline*. — Aiguilles fondant à 69°, bouillant à 127° sous 20 mm. [Chattaway et Orton, *D. chem. G.*, **33**, 2397, 1900].

4-*Chloro-3-bromaniline*. — Tablettes incolores fondant à 78° [Wheeler et Valentine, *loc. cit.*].

4-*Chloro-2.6-dibromaniline*. — Le *dérivé acétylé* fond à 226-227° [Chattaway et Orton, *Chem. Soc.*, **79**, 916, 1901]. Nitration [Orton, *ibid.*, **81**, 490, 1902].

6-*Chloro-2.4-dibromaniline*. — [Chattaway, *Chem. Soc.*, **81**, 637, 1902].

3-*Chloro-2.4-dibromaniline*. — Elle fond à 88° [Hurtley, *ibid.*, **79**, 1293, 1901].

2-*Chloro-4.5-dibromaniline*. — Elle fond à 93° [Hurtley, *loc. cit.*].

2-*Chloro-3.4-dibromaniline*. — Elle fond à 91° (Hurtley).

4-*Chloro-2.6-dibromaniline* et 2-*chloro-4.6-dibromaniline* [Chattaway et Orton, *Chem. Soc.*, **79**, 822, 1901].

3-*Chloro-4.6-dibromaniline*. — Elle fond à 79-80° [Wheeler et Valentine, *loc. cit.*].

4-*Bromo-2.6-dichloraniline*. — Elle fond à 82° [Orton, *Chem. Soc.*, **79**, 816, 1901].

6-*Bromo-2.4-dichloraniline*. — Elle fond à 83°,5 et bout vers 273° (Orton).

DÉRIVÉS IODÉS. — 3.6-*Diiodaniline*. — Par réduction du diodonitrobenzène correspondant. Aiguilles incolores fondant à 88-89° [Brenans, *Bull. Soc. Chim.*, **27**, 965, 1902].

3.5-*Diiodaniline*. — Elle fond à 95-96° [Willgerodt et Arnold, *D. chem. G.*, **34**, 3343, 1901], ou à 103° [Brenans, *Bull. Soc. Chim.*, **29**, 229, 1903].

3.4-*Diiodaniline*. — Paillettes jaunes fondant à 74°,5 [Brenans, *Bull. Soc. Chim.*, **29**, 605, 1903].

2.6-*Diiodaniline*. — Aiguilles soyeuses fondant à 122° [Brenans, *Bull. Soc. Chim.*, **31**, 975, 1904].

2.4-*Diiodaniline*. — P. F. 96° [Brenans, *loc. cit.*, 979].

Triiodaniline. — Par l'action du chlorure d'iode sur le chlorhydrate d'aniline [Jackson et Behr, *Am. Chem. Journ.*, **26**, 55-61, 1901].

3.4.5-*Triiodaniline*. — Aiguilles blanches fondant à 78° [Willgerodt et Arnold, *D. chem. G.*, **34**, 3343, 1901].

2.3.4.5-*Tétraiodaniline*. — Aiguilles fondant à 92° (Willgerodt et Arnold).

On ne connaît pas de dérivés chloroiodés; la 4-*bromo-3-iodaniline* cristallise en tablettes incolores fondant à 77°; son *picrate* fond à 158-159° [Wheeler et Valentine, *Am. Chem. Journ.*, **22**, 278].

2.4-*Dibromo-5-iodaniline*. — Prismes fondant à 81° (Wheeler et Valentine).

2.4.6-*Tribromo-3-iodaniline*. — Prismes incolores fondant à 115-116° [Wheeler et Valentine, *loc. cit.*].

DÉRIVÉS NITRÉS

Orthonitraniline. — On l'obtient à côté des autres isomères dans la nitration de l'acétanilide en solution sulfurique [Turner, *D. chem. G.*, **25**, 986, 1892]; en chauffant l'o-dinitrobenzène avec AzH^3 alcoolique à 100° [Lobry de Bruyn, *Rec. Pays-Bas*, **13**, 131]; en nitrant l'acétanilide en milieu sulfurique [Nitzki et Benckizer, *D. chem. G.*, **18**, 295; — Primow et Müller, *ibid.*, **22**, 150; — Bruns, *ibid.*, **28**, 1954; — Weida, *Am. Chem. Journ.*, **19**, 547]; par réduction de l'o-dinitrobenzène par le sulfure de sodium [Blanksma, *Rec. Pays-Bas*, **20**, 121, 1901].

Constantes physiques [Löwenherz, *Zeit. phys. Chem.*, **25**, 407]. Cryoscopie [Auwers, *ibid.*, **23**, 452]. Constitution [Hirsch, *D. chem. G.*, **36**, 1898, 1903].

Métanitraniline. — Elle se forme dans l'action du peroxyde de sodium sur la métaphénylènediamine [Fischer et Troost, *D. chem. G.*, **26**, 3084, 1893]; par la décomposition de l'acide nitroanthranilique [Seidel, *ibid.*, **34**, 4351, 1901; — Seidel et Bittner, *Mon. f. Chem.*, **23**, 415, 1902]; par réduction du métadinitrobenzène par le chlorure de titane [Knecht, *ibid.*, **36**, 166, 1903]. Elle se forme encore par la réduction électrolytique de la métanitrothiourée [Elbs et Schlemmer, *J. prakt. Chem.*, **67**, 479, 1903].

Constantes physiques et dissociation [Löwenherz, *Zeit. phys. Chem.*, **25**, 413; — Auwers, *ibid.*, **23**, 452]. Constitution [Hirsch, *D. Chem. G.*, **36**, 1898, 1903].

Paranitraniline. — Elle se forme dans l'action du peroxyde de sodium sur la p-phénylène-diamine [O. Fischer et Troost, *D. chem. G.*, **26**, 3084]; par l'oxydation de la p-nitrosoaniline par le permanganate [Fischer, *Ann. Chem.*, **286**, 154]; dans l'action de l'acide nitrique sur la pipéridylurée [B. de la Roche, *Bull. Soc. Chim.*, **37**, 24, 1904]; par oxydation de la p-phénylène-diamine par le réactif de Caro [Bamberger et Hübner, *D. chem. G.*, **36**, 3827, 1903]. Dissociation [Lowenherz, *Zeit. phys. Chem.*, **25**, 405].

La paranitraniline a reçu une grande application dans la teinture par suite de la formation sur fibre du colorant azoïque résultant de la combinaison de son dérivé diazoïque avec le β-naphtol. Elle sert également de matière première à un grand nombre de matières colorantes.

2.3-*Dinitraniline*. — Aiguilles jaune orangé fondant à 127°, très solubles dans l'alcool, moins dans l'éther [Wender, *Gaz. chim. ital.*, **19**, 226, 1890].

2.4-*Dinitraniline*. — Elle se forme dans la transposition de l'acide o- ou p-nitrodiazobenzénique [Bamberger, Dietrichs et Voss, *D. chem. G.*, **30**, 1253, 1897. Voir aussi Kyms, *ibid.*, **32**, 3539, 1899]; dans la décomposition de la dichloroquinone-imide par l'acide sulfurique [Reverdin et Crépieux, *Bull. Soc. Chim.*, **29**, 1056, 1902]. Elle fond à 176°. La réduction par le sulfhydrate d'ammoniaque en milieu alcoolique fournit des nitro 1.2 et 1.4-phénylène-diamines.

2.5-*Dinitraniline.* — Aiguilles jaune orangé fondant à 137° [Wender].

2.6-*Dinitraniline.* — Dans la transposition de l'acide o-nitrodiazobenzénique par HCl [Hoff, *Ann. Chem.*, **311**, 108]. Elle fond à 138°.

3.4-*Dinitraniline.* — Fines aiguilles jaune citron fondant à 154° (Wender), très solubles dans l'alcool, moins solubles dans l'éther.

3.5-*Dinitraniline.* — Par la réduction du trinitrobenzène correspondant [Bader, *D. chem. G.*, **24**, 1654, 1891; — Cohen et Dakin, *Chem. Soc.*, **81**, 26, 1902]. Action de l'eau de brome [Blanksma, *Rec. Pays-Bas*, 254, 1902].

2.4.6-*Trinitraniline* (*picramide*). — Elle se forme dans l'action de l'ammoniaque sur le dérivé nitrosé [Bamberger et Müller, *D. chem. G.*, **33**, 107, 1900]. La réduction la transforme en tétraamidobenzène ou en dinitro-o-phénylènediamine, ou encore en 1.2.3-triamido-5-nitrobenzène [Nietzki et Hagenbach, *D. chem. G.*, **30**, 539, 1897]. La picramide se combine aux amines : l'α-naphtylamine donne une combinaison $AzH^2 . C^6H^2 . (AzO^2)^3, C^{10}H^7AzH^2$, fondant à 203°; l'isomère β fond à 161°,5 [Sudborough, *Chem. Soc.*, **79**, 522, 1901].

La combinaison avec le tétraméthyldiamidodiphénylméthane fond à 106° [Lemoult, *Bull. Soc. Chim.*, **27**, 970, 1902]. Action de l'amidure de potassium [Franklin et Stafford, *Am. Chem. Journ.*, **28**, 83, 1902].

Dérivés chloronitrés — a. *Monochlorés.* — 2-*Chloro-4-nitraniline.* — Par l'action de Cl sur la paranitraniline. Elle fond à 105°. Elle sert à la préparation de matières colorantes azoïques (Cassella et Cie).

2-*Chloro-5-nitraniline.* — Par nitration de l'o-chloraniline [Chattaway, Orton et Evans, *D. chem. G.*, **33**, 3062, 1900].

3-*Chloro-6-nitraniline.* — Action de Cu^2Cl^2 sur son dérivé diazoïque [Ullmann et Forgan, *D. chem. G.*, **34**, 3802, 1901].

4-*Chloro-2-nitraniline* [Bamberger et Stingelin, *D. chem. G.*, **30**, 1261, 1897; — Chattaway, Orton et Evans, *ibid.*, **33**, 3059].

4-*Chloro-3-nitraniline.* — Par réduction du chloro-2.4-dinitrobenzène [Claus et Stiebel, *D. chem. G.*, **20**, 1379, 1887]. Prismes jaunes fondant à 103° [Chattaway, Orton et Evans, *loc. cit.*]. Bromuration [Orton, *Chem. Soc.*, **81**, 500, 1902].

b. *Dichlorés.* — (Voir Suppl., **1**, 1190).

2.6-*Dichloro-4-nitraniline* et 2.4-*dichloro-6-nitraniline* [Orton, *Chem. Soc.*, **81**, 806, 1902].

c. *Monochlorodinitrés.*

4-*Chloro-2.6-dinitraniline.* — Par transposition de l'acide diazobenzénique correspondant [Bamberger et Stingelin, *D. chem. G.*, **30**, 1261].

3-*Chloro-4.6-dinitraniline.* — Aiguilles orangées fondant à 174° [Nietzki et Schedler, *ibid.*, **30**, 1666].

2.4.6-*Trichloro-1.3.5-dinitraniline.* — Elle fond à 162° [Blanksma, *Rec. Pays-Bas*, 1902, 254].

Dérivés bromonitrés. — 3-*Bromo-6-nitraniline.* — Bromuration [Claus et Walbaum, *J. prakt. Chem.*, (2), **56**, 54].

3-*Bromo-4-nitraniline.* — Grandes aiguilles jaunes fondant à 172° [Claus et Schenlen, *J. prakt. Chem.*, (2) **437**, 201]. Bromuration (Claus et Walbaum).

4-*Bromo-2-nitraniline.* — Par transposition de l'acide p-bromodiazobenzénique [Bamberger et Stingelmann, *D. chem. G.*, **30**, 1260, 1897. Voir aussi Chattaway, Orton et Evans, *ibid.*, **33**, 3059, 1900].

4-*Bromo-3-nitraniline.* — Par nitration de la bromaniline [Nölting et Collin, *D. chem. G.*, **17**, 266, 1884; Weeler, *Am. Chem. J.*, **17**, 616, 1895]. Aiguilles plates fondant à 131-132°.

2-*Bromo-6-nitraniline.* Par l'action de AzH^3 alcoolique sur l'éther du phénol correspondant [Meldola et Streatfield, *Chem. Soc.*, **73**, 686].

2-*Bromo-5-nitraniline.* — Par bromuration de la métanitraniline. Aiguilles jaunes fondant à 139-140° [Wheeler, *loc. cit.*].

2.4-*Dibromo-6-nitraniline.* — Diazotation [Claus et Walbaum, *J. prakt. Chem.*, **69**, 58].

2.6-*Dibromo-4-nitraniline.* — Par bromuration de la p-nitraniline (Claus et Walbaum); elle fond à 202°.

3.4-*Dibromo-6-nitraniline.* — Aiguilles jaune orangé fondant à 204-205°.

2.5-*Dibromo-6-nitraniline.* — Prismes bruns fondant à 174-175° [Jakson et Calhane, *Am. Chem. Journ.*, **28**, 451, 1903].

3.5-*Dibromo-2-nitraniline.* — Aiguilles jaunes fondant à 186° [Claus et Weil, *Ann. Chem.*, **269**, 218].

4-*Bromo-2.6-dinitraniline.* — Par l'action de l'ammoniaque sur le bromodinitroanisol [Meldola et Streatfield, *Chem. Soc.*, **73**, 688].

2.4.6-*Tribromo-3-nitraniline.* — Le produit décrit par Remmers est un mélange [Bentley, *Am. Chem. Journ.*, **20**, 472].

4.5.6-*Tribromo-2-nitraniline.* — Aiguilles jaunes fondant à 161°,4 [Körner, *Gazz. chim. ital.*, **4**, 364].

2.3.6-*Tribromo-4-nitraniline.* — Elle fond à 131° [Claus et Walbaum, *loc. cit.*]; à 155-155°,5 [Orton, *Chem. Soc.*, **81**, 495, 1902].

3.4.5-*Tribromo-2-nitraniline.* — Aiguilles orangé jaune fondant à 130° [Jakson et Gallivan, *Am. Chem. J.*, **20**, 184].

2.4.5-*Tribromo-6* (?)-*nitraniline.* — Elle fond à 130° (Jackson et Gallivan).

2.3.4-*Tribromo-6-nitraniline.* — Aiguilles jaunes fondant à 165-166° [Orton, *loc. cit.*].

Dérivés chlorobromonitrés. — 3-*Chloro-4-bromo-6-nitraniline.* — Prismes jaunes fondant à 202-203° [Wheeler et Valentine, *Am. Chem. Journ.*, **22**, 273].

4-*Chloro-2.6-dibromo-3-nitraniline.* — Elle fond à 103° [Orton, *Chem. Soc.*, **81**, 500, 1902].

3-*Chloro-4-bromo-2.6-dinitraniline.* — Elle fond à 169-170° (Wheeler et Valentine).

Dérivés iodonitrés. — 2-*Iodo-4-nitraniline.* — Par la p-nitraniline et le chlorure d'iode; elle fond à 105° [Willgerodt et Arnold, *D. chem. G.*, **34**, 3343, 1901].

La 4-*iodo-2-nitraniline* fond à 122° [Brenans, *Bull. Soc. Chim.*, **27**, 964, 1902].

La 6-*iodo-3-nitraniline* fond à 160°,5 [Brenans, *Bull. Soc. Chim.*, **31**, 973, 1903].

La 2.4-*diiodo-3-nitraniline* fond à 143°,5 [Michael et Norton, *D. chem. G.*, **11**, 112; — Brenans, *Bull. Soc. Chim.*, **31**, 973, 1903].

La 2.6-*diiodo-4-nitraniline* fond à 243-244° [Michael et Norton, Willgerodt et Arnold, *loc. cit.*].

La 2.6-*diiodo-3-nitraniline* fond à 149° [Brenans, *loc. cit.*].

La 4.6-*diiodo-2-nitraniline* fond à 144° [Brenans, *Bull. Soc. Chim.*, **27**, 964, 1902].

2-*Chloro-6-iodo-4-nitraniline.* — Lamelles brillantes fondant à 195° [Willgerodt, *J. prakt. Chem.*, (2), **59**, 203].

DÉRIVÉS SULFONIQUES

Acide aniline-orthosulfonique. — Il se forme dans la réduction du dérivé nitré de l'acide métabromobenzène-sulfonique [Thomas, *Ann. Chem.*, **186**, 128]; par l'action de SO^2 sur la phénylhydroxylamine [Bretschneider, *J. prakt. Chem.*, (2), **55**, 286]; par transposition moléculaire de l'acide phénylsulfamique [Bamberger et Kurz, *D. chem. G.*, **30**, 2277, 1897]; par la réduction de l'acide 4-bromoaniline-2-sulfonique [Gerilowsky,

D. chem. G., **29**. 1075, 1896]. Solubilité à 15°. $1^{gr},5$ d'acide dans 100 cc. d'eau [Kreis, *Ann. Chem.*, **286**, 386]. Conductibilité électrique [Ostwald. *Zeit. phys. Chem.*, **3**, 406]. Diazotation [Meunier, *Bull. Soc. Chim.*, **31**, 642, 1904].

Acide aniline-métasulfonique (*Acide métanilique*). — Par réduction de l'acide 4-bromaniline-3-sulfonique [Kreis, *loc. cit.*]. Conductibilité électrique [Ostwald, *loc. cit.*]. Solubilité à 9° : $1^{gr},9871$ dans 100 cc. d'eau (Kreis).

Acide aniline-parasulfonique (*Acide sulfanilique*). — Il se forme en chauffant à 180° le phénylsulfamate de baryum [Bamberger et Hindermann, *D. chem. G.*, **30**, 655, 1897]. En chauffant l'acide ortho avec l'acide sulfurique concentré il subit une transposition en acide sulfanilique [Bamberger et Kunz, *D. chem. G.*, **30**, 2277, 1897]. Cet acide se forme encore dans le dédoublement de l'acide parahydrazobenzène-disulfonique par H Cl [Wohlfahrt, *J. prakt. Chem.*, **66**, 551, 1902]. Dans la réduction de l'acide o-nitrobenzylaniline-sulfonique il se forme par suite d'une transposition moléculaire, à côté d'amidobenzaldéhyde [Cohn et Springer, *Mon. f. Chem.*, **24**, 87, 1903], ainsi que dans l'action de l'acide sulfurique sur la pipéridylphénylurée [Bouchetal de la Roche, *Bull. Soc. Chim.*, **31**, 24, 1904].

Cet acide est monobasique vis-à-vis de la phénolphtaléine, de l'orseille, de l'acide rosolique, etc. [Astruc, *C. R.*, **130**, 1563]. Condensation avec l'hydrol de Mischler [Guyot et Granderye, *Bull. Soc. Chim.*, **27**, 166 et 1246, 1902]. Diazotation [Meunier, *ibid.*, **31**, 642, 1904]. Son oxydation fournit des matières colorantes [Garros, *ibid.*, **31**, 1083]. Il peut servir au dosage de l'acide nitreux [Wegner, *Zeit. anal. Ch.*, **42**, 157, 1903].

Acide aniline-3.4-disulfonique (?). — Par la sulfonation de l'acide aniline-m-sulfonique [Zäder, *Ann. Chem.*, **198**, 21].

Acide aniline-3.5-disulfonique. — Par réduction de l'acide nitrobenzène-3.5-disulfonique [Heinzelmann, *Ann. Chem.*, **188**, 167].

Acide aniline-2.4-disulfonique. — (Voir Suppl., 1239). Il se forme dans l'action de l'ammoniaque alcoolique sur le bromobenzène disulfonique-2.4 [Fischer, *D. chem. G.* **24**, 3806, 1891].

Acide aniline-disulfonique-2.5. — Par réduction de l'acide 2-nitro-1.4-benzène-disulfonique [Badische Anilin et Sodafabrik, D.R.P. 77 192].

Dérivés chlorosulfonés. — *Acide 2-chloraniline-5-sulfonique.* — Longues aiguilles [Fischer, *D. chem. G.*, **24**, 3193, 1891]. Le *sel de baryum* renferme $4H^2O$.

Acide 3-chloraniline-2-sulfonique. — Feuillets peu solubles dans l'eau [Post et Meyer, *D. chem. G.*, **14**, 1607, 1881].

Acide 3-chloraniline-4-sulfonique. — [Claus et Bopp, *Ann. Chem.*, **265**, 106].

Acide 3-chloraniline-5-sulfonique. — Aiguilles soyeuses (Post et Meyer).

Acide 3-chloraniline-6-sulfonique. — Cristaux peu solubles dans l'eau [Claus et Bopp, *loc. cit.*; — Post et Meyer, *loc. cit.*].

Acide 4-chloraniline-3-sulfonique. — Par réduction du dérivé nitré correspondant [Claus et Mann, *Ann. Chem.*, **265**, 92, et Fischer, *D. chem. G.*, **24**, 3196].

Dérivés bromosulfonés. — *Acide 2-bromaniline-5-sulfonique.* — (Voy. Suppl., 1223).

Acide 4-bromaniline-2-sulfonique. — Par sulfonation de l'acétyl-p-bromaniline [Kreis, *Ann. Chem.*, **286**, 381]. Feuillets cristallins peu solubles dans l'eau. 100 cm^3 à 15° renferment $0^{gr},419$.

Acide 4-bromaniline-3-sulfonique. — Par sulfonation de l'acétyl-p-bromaniline avec l'acide fumant [Kreis, *loc. cit.*[.

Les acides dibromo et tribromoaniline sulfoniques sont décrits dans le 1er Suppl. (p. 1224 et suiv.).

Dérivés nitrosulfoniques. — *Acide 2-nitraniline-4-sulfonique.* — Par l'action de AzH^3 alcoolique sur l'acide 1-bromo-2-nitrobenzène-4-sulfonique [Goslich, *Ann. Chem.*, **180**, 102]. Par nitration de l'acétanilide sulfonique [Niezki et Benckiser, *D. chem. G.*, **18**, 294 et **21**, 3220]. L'acide libre ne cristallise pas, il est très soluble dans l'eau : le *chlorure* $AzH^2.C^6H^3(AzO^2)SO^2Cl$ cristallise en tablettes fondant à 59-60°; la *sulfonamide* correspondante fond à 206-207° [Fischer, *D. chem. G.*, **24**, 3788].

Acide 4-nitraniline-3-sulfonique. — L'acide libre cristallise en aiguilles jaunes solubles dans l'eau froide [Eger, *D. chem. G.*, **21**, 2581, 1888; — Thomas, *Ann. Chem.*, **186**, 132].

Acide 3-nitraniline-6-sulfonique. — Par sulfonation de la métanitraniline [*Ann. Chem.*, **205**, 102]. Conductibilité électrique [Ebersbach, *Zeit. Phys. Chem.*, **17**, 611].

Acide 3-nitraniline-4-sulfonique. — Par réduction du métadinitrobenzène au moyen du sulfite de sodium [Nietzki et Helbach, *D. chem. G.*, **29**, 2448].

Acide 4-nitraniline-2-sulfonique. — Cristaux jaunes [Fischer, *D. chem. G.*, **24**, 3789]; son *amide* fond à 210° (Fischer).

DÉRIVÉS SUBSTITUÉS A L'AZOTE

L'aniline peut donner des dérivés de substitution à l'azote très nombreux. La substitution peut être effectuée par le reste des molécules acides, il en résulte alors des *anilides*, $C^6H^5.AzH.(COR)$. Cette substitution peut être répétée deux fois et fournit des *diacylanilides*, $C^6H^5Az(COR)^2$. Les monoacylanilides peuvent échanger l'atome d'hydrogène fixé à l'azote contre des atomes de chlore, de brome, et même contre le groupement nitré, pour donner des *anilides az-chlorées, az-bromées, az-nitrées*, $C^6H^5-AzX(COR)$ qui peuvent encore être envisagées comme des *acylchloramines*, *acylbromamines*, *acylnitramines* de ce groupe.

Les dérivés se rapportant à l'acétanilide et à la propionanilide ont été étudiés principalement par M. Chattaway et ses élèves [Chattaway et Orton, *Chem. Soc.*, **77**, 789, 1900; **79**, 816, 1901; — Chattaway, *ibid.*, **81**, 637, 1902; — Orton, *ibid.*, **89**, 495].

Enfin il existe des composés dans lesquels les deux atomes d'hydrogène du groupement AzH^2 sont remplacés par des atomes différents d'halogènes ou par un halogène et le groupement nitré [Orton, *Chem. Soc.*, **81**, 1902].

AMINES SECONDAIRES DÉRIVÉES DE L'ANILINE

MONOMÉTHYLANILINE — (Voy. 1er Suppl., 1192).

La méthylaniline s'obtient, d'après un brevet de la maison Geigy et Cie, en réduisant par le zinc et les alcalis un des produits de condensation de l'aniline avec la formaldéhyde (D.R.P. 75 854). La monométhylaniline se forme dans l'action du sulfate neutre de méthyle sur l'aniline : il se précipite un méthylsulfate d'aniline et la monométhylaniline reste en solution :

$$2C^6H^5.AzH^2 + SO^4(CH^3)^2$$
$$= SO^4HCH^3, C^6H^5-AzH^2 + C^6H^5-AzH.CH^3$$

[Ullmann, *Ann. Chem.*, **327**, 104, 1903; — Ullmann et Wenner, *D. chem. G.*, **33**, 2476, 1900].

Elle se forme encore dans la décomposition du produit de la réaction de la méthylformanilide sur les dérivés organomagnésiens [Bouveault, *Bull. Soc. Chim.*, **31**, 1322, 1904].

C'est un liquide devenant solide sans cristalliser à — 80° [Schneider, *Zeit. phys. Chem.*, **22**, 233]. Constantes physiques [Kahlbaum, *ibid.*, **26**, 606]. Pouvoir rotatoire magnétique [Perkin, *Chem. Soc.*, **69**, 1244]. Réfraction et cryoscopie [Brühl, *Zeit. phys. Chem.*, **16**, 216; — Auwers, *ibid.*, **30**, 542]. Elle est réduite par l'hydrogène en présence du nickel divisé et donne l'*hexahydrométhylphénylamine* bouillant à 155° [Sabatier et Senderens, *Bull. Soc. Chim.*, **31**, 709, 1904]. Elle réagit avec les composés organomagnésiens de Grignard d'après l'équation :

$$C^2H^5MgI + C^6H^5\text{-}AzH.CH^3 = C^6H^5\text{-}Az\begin{cases}CH^3\\MgI\end{cases} + C^2H^6.$$

[Meunier, *ibid.*, **29**, 315, 1903].

Son *chlorhydrate* se forme par HCl sec en milieu éthéré absolu ou benzénique et constitue des aiguilles fondant à 121-122° [Scholl et Escales, *D. chem. G.*, **30**, 3134 ; — Mentschoutkine, *Journ. Soc. phys. chim. russe*, **30**, 252]. Combinaisons de ses sels avec ceux de palladium [Gutbier, *D. chem. G.*, **38**, 2106, 1905].

DÉRIVÉS CHLORÉS. — *o-Chlorométhylaniline.* — Liquide bouillant à 215-216° sous 764 mm. [Störmer et Hoffmann, *D. chem. G.*, **31**, 2532; — Friedländer et Dinesmann, *Mon. f. Chem.*, **19**, 638].

Métachlorométhylaniline. — Elle bout à 234.5-235°,5. $D_{11,5} = 1.174$ (Störmer et Hoffmann).

Parachlorométhylaniline. — Elle bout à 239-240° sous 764 mm. $D_{11,5} = 1,169$. Son *dérivé acétylé* fond à 92° [Chattaway et Orton, *Chem. Soc.*, **79**, 461].

2.4.6-*Trichlorométhylaniline.* — Elle fond à 28°,5, et bout à 260° [Hentzschel, *D. chem. G.*, **30**, 2645, 1897].

DÉRIVÉS BROMÉS. — (Voy. Suppl., 1192).

DÉRIVÉS NITRÉS. — *Orthonitrométhylaniline.* — Aiguilles rouges fondant à 26-28° [Hempel, *J. f. prakt. Chem.*, (2), **41**, 164; — Kehrmann et Messinger, *ibid.*, **46**, 565]; fondant à 35-36° [Bamberger, *D. chem. G.*, **27**, 378 : — Friedländer et Dienesmann, *Mon. f. Chem.*, **19**, 635].

Métanitrométhylaniline. — Elle fond à 65-66° [Noelting et Stricker, *D. chem. G.*, **19**, 548, 1886].

Paranitrométhylaniline. — Prismes bruns fondant à 152° [Meldola et Salmon, *Chem. Soc.*, **53**, 776 : — Bamberger, *D. chem. G.*, **27**, 379].

2.4-*Dinitrométhylaniline.* — Cristaux jaunes fondant à 175° [Leymann, *D. chem. G.*, **15**, 1234 : — Norton et Allen, *ibid.*, **18**, 1995; — Bamberger et Dietrich, *ibid.*, **30**, 1254 ; — Störmer et Hoffmann, *ibid.*, **31**, 2529].

2.6-*Dinitrométhylaniline.* — Elle fond à 106° [Bamberger et Voss, *D. chem. G.*, **30**, 1257].

2.4.6-*Trinitrométhylaniline.* — Aiguilles jaunes fondant à 110-111° [van Romburgh, *Rec. Pays-Bas*, **2**, 105 : — Bamberger et Müller, *D. chem. G.*, **33**, 108].

4-*Chloro-2-nitrométhylaniline.* — Cristaux brun-rouge fondant à 109-110° [Bamberger et Stingelin, *D. chem. G.*, **30**, 1261 ; — Störmer et Hoffmann, *ibid.*, **31**, 2532].

5-*Chloro-2-nitrométhylaniline* [Kehrmann et Muller, *D. chem. G.*, **34**, 1095].

2-*Chloro-4-nitrométhylaniline.* — Elle fond à 116-117° (Störmer et Hoffmann).

3-*Chloro-4-nitrométhylaniline.* — Elle fond à 106-107° (St. et H.).

4-*Chloro-2.6-dinitrométhylaniline.* — Aiguilles fondant à 100-100°,5 (St. et H.).

4-*Bromo-2-nitrométhylaniline.* — Elle fond à 100-101° [Bamberger et Stiegelmann, *D. chem. G.*, **30**, 1260].

DÉRIVÉS NITROSÉS. — *Méthylphénylnitrosamine.* — Par nitrosation de la méthylaniline. Elle fond à 12-15° [Reverdin et de la Harpe, *D. chem. G.*, **22**, 1006; — O. Fischer et Hepp, *ibid.*, **20**, 1252 : — O. Fischer, *ibid.*, **32**, 249; — Cohen et Calvert, *Chem. Soc.*, **73**, 164; — Bamberger, *D. chem. G.*, **27**, 1181].

Elle se transpose, quand on abandonne sa solution éthérée avec HCl sec, en *méthylparanitrosoaniline* fondant à 118° [Fischer et Hepp, *loc. cit.*; — Bamberger, *loc. cit.*; — Auwers, *Zeit. phys Chem.*, **32**, 53].

Nitrosométhylparanitrosoaniline. — Elle fond à 101° (Fischer et Hepp).

Orthonitronitrosométhylaniline. — Elle fond à 36° [Hempel, *J. f. prakt. Chem.*, (2), **41**, 164].

Métanitronitrosométhylaniline. — Elle fond à 68-70° [Nölting et Stricker, *D. chem. G.*, **19**, 548].

Paranitronitrosométhylaniline. — Elle fond à 104° [Fischer et Hepp, *D. chem. G.*, **19**, 2993 ; — Störmer et Hofmann, *ibid.*, **31**, 2528; — Bamberger et Müller, *ibid.*, **33**, 112, 1900].

ÉTHYLANILINE. — Elle se forme en petite quantité dans la réduction électrolytique de l'acétanilide [Baillie et Tafel, *D. chem. G.*, **32**, 72, 1899]; en chauffant le chlorhydrate d'aniline avec le formiate ou l'acétate d'éthyle à 225° [Niementowski, *ibid.*, **30**, 3072, 1897]. Purification, voyez Blume et Klöffer [*D. chem. G.*, **38**, 3276, 1905].

Elle se solidifie à — 80° sans cristalliser [von Schneider, *Zeit. phys. Chem.*, **22**, 233]. Constantes physiques, tension de vapeur [Kahlbaum, *ibid.*, **26**, 606]. Indice de réfraction [Brühl, *ibid.*, **16**, 218]. Combinaison de ses sels avec les sels de palladium [Gutbier et Krell, *D. chem. G.*, **38**, 3871, 1900].

m-Chloroéthylaniline. — Liquide bouillant à 243-244° [Stormer et Hoffmann, *D. chem. G.*, **31**, 2531, 1898].

o-Nitroéthylaniline. — Liquide ne distillant pas [Hempel, *J. prakt. Chem.*, (2), **41**, 163].

m-Nitroéthylaniline. — Aiguilles rouges fondant à 59-60° [Nœlting et Stricker, *D. chem. G.*, **19**, 546, 1886].

p-Nitroéthylaniline. — Prismes jaunes fondant à 95° [Weller, *D. chem. G.*, **16**, 31 ; — Nœlting et Collin, *ibid.*, **17**, 267; — Schweitzer, *ibid.*, **19**, 149, 1886].

2.4-*Dinitroéthylaniline.* — Cristaux jaunes fondant à 113-114° [Norton et Allen, *D. chem. G.*, **18**, 1997, 1885; — Störmer et Hoffmann, *ibid.*, **31**, 2533].

2.4.6-*Trinitroéthylaniline* (*éthylpicramide*). — Elle fond à 84°.

3-*Chloro-4-nitroéthylaniline.* — Aiguilles jaunes fondant à 75-76°.

DÉRIVÉS NITROSÉS DE L'ÉTHYLANILINE. — *Éthylphénylnitrosamine.* — Voyez 1er Suppl., 1193. Elle se transpose sous l'influence de HCl sec en *éthylnitrosoaniline*, cristallisant en feuillets verts, fondant à 78° [Fischer et Hepp, *D. chem. G.*, **19**, 2993, 1886]; la conductibilité de ce produit a été étudiée par M. Auwers [*Zeit. phys. Chem.*, **32**, 53].

p-Bromonitrosoéthylaniline. — Elle fond à 63-64° [Meldola et Streattfeld, *Chem. Soc.*, **55**, 423].

o-Nitronitrosoéthylaniline. — Elle fond à 30° [Hempel, *loc. cit.*].

m-Nitronitrosoéthylaniline. — Elle fond à 47° [Nœlting et Strecker, Meldola et Streattfield, *loc. cit.*].

p-Nitronitrosoéthylaniline. — Elle fond à 119° [M. et S. Störmer et Hoffmann, *D. chem. G.*,

31, 2531; — Baillie et Tafel, *ibid.*, **32**, 72, 1899].

PROPYLANILINE. — Liquide bouillant à 222°. D = 0,949 à 18° [Claus et Roques, *D. chem. G.*, **16**, 912; — Döbner et Miller, *ibid.*, **17**, 1717; — Pictet et Crépieux, *ibid.*, **21**, 1111; — von Braun, *ibid.*, **33**, 1450, 1900]. Son *chlorhydrate* fond vers 125°.

2.4-*Dinitropropylaniline*. — Aiguilles jaunes fondant à 95°.

2.4.6-*Trinitropropylaniline*. — Elle fond à 59° [van Romburgh, *Rec. Pays-Bas*, **4**, 191].

p-Nitrosopropylaniline. — Aiguilles bleu d'acier fondant à 59° [Walker, *Ann. Chem.*, **243**, 291].

ISOPROPYLANILINE. — Liquide bouillant à 212-213° sous 760 mm. [Pictet et Crépieux, *loc. cit.*, et Bischoff et Minz, *D. chem. G.*, **25**, 2334, 1892].

BUTYLANILINE NORMALE. — Liquide bouillant à 235° sous 720 mm. Son *chlorhydrate* est cristallisé, mais son *picrate* est huileux [Kahn, *D. chem. G.*, **18**, 3365, 1885].

Son *dérivé nitrosé* est liquide.

ISOBUTYLANILINE. — Elle bout à 232° sous 760 mm. D = 0,9262 à 15° [Gianetti, *Gazz. chim. ital.*, **12**, 268; — Pictet et Crépieux, *loc. cit.*]. Son *dérivé nitrosé* fond à 93-94° [Walker, *loc. cit.*].

BUTYL (TERTIAIRE) ANILINE. — Liquide bouillant à 208-210° [Nef, *Ann. Chem.*, **309**, 164].

ISOAMYLANILINE. — Liquide bouillant à 254°,5; D_{15} = 0,928 [Pictet et Crépieux, *loc. cit.*; — Eibner, *D. chem. G.*, **25**, 2043]. Son *dérivé nitrosé* est liquide.

HEXYLANILINE. — 2.4-*Dinitrohexylaniline*. — Aiguilles jaunes fondant à 38-39°,3 [van Erp, *Rec. Pays-Bas*, **14**, 36].

2.4.6-*Trinitrohexylaniline*. — Elle fond à 70-70°,5 (van Erp).

ALLYLANILINE. — Liquide bouillant à 208-209°, D_{25} = 0,982 [Wedekind, *D. chem. G.*, **32**, 521].

BENZYLANILINE, C^6H^5-AzH-CH^2-C^6H^5. — Elle se forme dans la réduction de la benzylidène aniline par le sodium et l'alcool [O. Fischer, *Ann. Chem.*, **241**, 330]; par l'action de la nitrosobenzoylbenzylamine sur l'aniline [Apitzsch, *D. chem. G.*, **33**, 3521, 1900]; par réduction électrolytique de la benzoylphénylhydrazone [Tafel et Pfefermann, *ibid.*, **35**, 1510, 1902]. C'est un liquide bouillant à 298-300°. D_{25} = 1,0647. Pouvoir rotatoire magnétique [Perkin, *Chem. Soc.*, **69**, 1245].

Elle s'unit aux acides gras α-bromés [Bischoff, *D. chem. G.*, **31**, 2672]. L'oxydation, par le réactif de Caro, fournit un mélange de nitrosobenzène, de nitrobenzène, d'azoxybenzène et d'acide benzoïque [Hübner, *ibid.*, **35**, 731, 1902].

Benzylphénylnitrosamine. — Aiguilles jaunes fondant à 58° [Autrick, *Ann. Chem.*, **227**, 360].

Le composé isomère, la *benzyl-p-nitrosoaniline*, fond à 129° [Böddinghaus, *Ann. Chem.*, **263**, 300].

o-Chlorobenzylaniline. — Liquide épais; son *chlorhydrate* fond à 186-187° [Bamberger et Müller, *Ann. Chem.*, **313**, 118]; la *nitrosamine* correspondante fond à 53,5-54°.

o-Nitrobenzylaniline. — Prismes rouges fondant à 74-76° [Kehrmann et Messinger, *J. prakt. Chem.*, (2), **46**, 565].

m-Nitrobenzylaniline. — Lamelles jaune d'or, fondant à 107° [Meldola et Streatfield, *D. chem. G.*, **19**, 3251].

p-Nitrobenzylaniline. — Elle fond à 142-143° (M. et S.); le *dérivé nitrosé* fond à 107°,5.

Phényl-o-nitrobenzylamine, C^6H^5-AzH-$CH^2_{(1)}$-C^6H^4-$(AzO^2)_{(2)}$. — Tablettes monocliniques fondant à 57° [Lellmann et Stickel, *D. chem. G.*, **19**, 1605, 1886; — Klein, *ibid.*, **19**, 1607].

Phényl-m-nitrobenzylamine. — Aiguilles orangées fondant à 84°,5 [Purgotti et Monti, *Gazz. chim. ital.*, **30**, II, 256].

Phényl-p-nitrobenzylamine. — Prismes orangés fondant à 72° [Paal et Sprenger, *D. chem. G.*, **30**, 69]; la *nitrosamine* correspondante fond à 75,5-76° [Bamberger et Müller, *Ann. Chem.*, **313**, 122].

2.4-*Dinitrobenzylaniline*. — Elle fond à 138° [Friedlander et Cohn, *Mon. f. Chem.*, **23**, 543, 1902].

m-Nitrophényl-o-nitrobenzylamine. — Aiguilles jaunes fondant à 142-143° [Paal et Neuburger, *J. prakt. Chem.*, (2), **48**, 561].

o-Nitrophényl-p-nitrobenzylamine. — Elle fond à 138° [Bamberger, *D. chem. G.*, **27**, 376; — Paal et Benker, *ibid.*, **32**, 1254, 1899].

p-Chlorophényl-o-nitrobenzylamine. — Prismes jaunes fondant à 85° [Paal et Krückenberg, *J. prakt. Chem.*, (2), **48**, 542].

Phényl-2-chloro-4-nitrobenzylamine. — Elle fond à 73° [Witt, *D. chem. G.*, **25**, 87].

o-Nitrobenzyl-p-bromaniline. — Elle fond à 84-85° [Nordenskiöld, *J. prakt. Chem.*, (2), **47**, 348; — Paal et Koch, *ibid.*, **48**, 549].

o-Nitrophényl-o-nitrobenzylamine — Feuillets fondant à 137° [Kromschröder, *J. prakt. Chem.*, (2), **54**, 265].

p-Nitrophényl-o-nitrobenzylamine. — Aiguilles fondant à 202° [Poller, *ibid.*, **54**, 271].

m-Nitrophényl-p-nitrobenzylamine. — Elle fond à 151° [Paal et Benker, *D. chem. G.*, **32**, 1255].

p-Nitrophényl-p-nitrobenzylamine. — Elle fond à 192° (Paal et Benker).

DIPHÉNYLAMINE. — (Voyez Suppl., 1193). La diphénylamine se forme en chauffant le bromobenzène avec l'aniline en présence de chaux sodée à 360-380° [Merz et Paschkowezky, *J. prakt. Chem.*, (2), **48**, 462]. En distillant la dicyclohexylamine ou la cyclohexylphénylamine à la pression ordinaire [Sabatier et Senderens, *Bull. Soc. Chim.*, **31**, 281, 1904]. Dans l'action du trichlorure de phosphore sur l'aniline [Lemoult, *ibid.*, **31**, 838]. En chauffant le phospham avec le phénol à 400° (Vidal).

Propriétés. — Cryoscopie [Auwers, *Zeit. phys. Chem.*, **30**, 542]. Chaleur de fusion [Stillmann et Swain, *ibid.*, **29**, 705]. Chaleur de combustion [Matignon et Deligny, *C. R.*, **125**, 1103]. Température critique des dissolutions [Tsentnerschwer, *Journ. Soc. phys. chim. russe*, **35**, 897, 1903]. La diphénylamine donne un *dérivé sodé* $(C^6H^5)^2$AzNa, cristallisé et fondant à 265° [Titherley, *Chem. Soc.*, **71**, 465]; le *dérivé potassique* est une poudre instable [Haussermann, *J. prakt. Chem.*, (2), **58**, 368]. La diphénylamine se combine au chlorure de picryle pour donner une combinaison $(C^6H^5)^2$AzH . 2 $C^6H^2Cl(AzO^2)^3$, fondant à 63-64° [Wedekind, *D. chem. G.*, **33**, 434, 1900].

Nitrosodiphénylamine. — Chaleur de combustion [Matignon et Deligny, *loc. cit.*]. Elle réagit sur l'acide chlorhydrique pour donner du chlorure de nitrosyle et de la diphénylamine [Lachmann, *D. chem. G.*, **33**, 1026, 1900].

DÉRIVÉS HALOGÉNÉS. — *p-Chlorodiphénylamine*. — Elle fond à 74° [Jacobson et Strübe, *Ann. Chem.*, **303**, 313]; son *dérivé nitrosé* fond à 88° [Ikuta, *ibid.*, **243**, 288]. *Dibromodiphénylamine*, prismes fondant à 107° [Lellmann, *D. chem. G.*, **15**, 830].

DÉRIVÉS NITRÉS. — *o-Nitrodiphénylamine*. — Tablettes rouges fondant à 75° [Schöpff, *D. chem. G.*, **23**, 1840; — Fischer, *ibid.*, **24**, 3796; — Fock, *ibid.*, **23**, 1841]; le *dérivé nitrosé* fond à 99-100°.

p-Nitrodiphénylamine. — Feuillets orangés

fondant à 133° [Lellmann, *D. chem. G.*, **15**, 826; — Bamberger, *ibid.*, **31**, 580, 1898]; son *dérivé nitrosé* fond à 130-130°,5 [Störmer et Hoffmann, *ibid.*, **31**, 2535, 1898].

2-4-*Dinitrodiphénylamine*. — Réduction par le sulfhydrate d'ammoniaque [Nietzki et Almenräder, *D. chem. G.*, **28**, 2971].

Dinitrodiphénylamines symétriques. — 2.2'-Dinitro et 4.4'-dinitro. Voyez Bamberger [*D. chem. G.*, **31**, 581] et Störmer et Hoffmann [*loc. cit.*].

Phényl-2.4.6-trinitrophénylamine (*Picrylaniline*). — Elle fond à 178-179° [Bamberger et Müller, *D. chem. G.*, **33**, 108, 1900].

2.4.6.3'-*Tétranitrodiphénylamine*. — Elle fond à 202-203° [Wedekind, *D. chem. G.*, **33**, 431].

2.4.6.4'-*Tétranitrodiphénylamine*. — Elle fond à 215-216° (Wedekind).

2.4.6.2'-*Tétranitrodiphénylamine*. — Elle fond à 220° (Wedekind).

Hexanitrodiphénylamine. — Ce corps peut être employé comme explosif [*Zeit.anorg. Chem.*, 509, 1891].

5-*Chloro-2.4-dinitrodiphénylamine*. — Elle fond à 120° [Nietzki et Schedler, *D. chem. G.*, **30**, 1667].

2.4.6-*Trinitro-2'-chlorodiphénylamine*. — Elle fond à 158-159° (Wedekind).

2.4.6-*Trinitro-3'-chlorodiphénylamine*. — Poudre cristalline fondant à 137-139°.

2.4.6-*Trinitro-4'-chlorodiphénylamine*. — Elle fond à 169-170°.

5-*Bromo-2-nitrodiphénylamine*. — Elle fond à 116° [Jacobson et Grosse, *Ann. Chem.*, **303**, 322].

Tribromo-2.3.4-nitro-6-diphénylamine. — Elle fond à 138-139° [Jackson et Fiske, *Am. Chem. Journ.*, **30**, 53, 1903].

5-*Iodo-2-nitrodiphénylamine*. — Cristaux rouges fondant à 111° [Feitzsch et Heubach, *Ann. Chem.*, **303**, 339].

Les dérivés de la diphénylamine ont acquis une grande importance industrielle; les dérivés polynitrohalogénés, polynitrohydroxylés, etc., fondus avec le soufre et les sulfures alcalins donnent des colorants directs noirs, bleus, violets ou bruns (voy. Noir Vidal), très solides à la lumière et au lavage. La plupart des diphénylamines substituées, nécessaires à leur préparation, se trouvent décrits dans les brevets relatifs à ces matières colorantes.

Les dérivés hydroxylés chloronitrés se trouvent décrits dans les mémoires suivants : Reitzenstein, *J. prakt. Chem.*, **68**, 251, 1903; — Reverdin et Delltra, *Bull. Soc. Chim.*, **31**, 637, 1904 : — Reverdin et Dressell, *ibid.*, **31**, 1079 ; — Blanksma, *Rec. Pays-Bas*, **23**, 118, 1904.

DÉRIVÉS AMIDÉS DE LA DIPHÉNYLAMINE.

I. Dérivés o-amidés. — Ces dérivés peuvent aussi bien se rattacher à l'o-phénylènediamine, dont ils constituent les dérivés phénylés.

o-Amidodiphénylamine. — Par réduction du dérivé nitré correspondant [Schöpff, *D. chem. G.*, **22**, 3287 et **23**, 1842, 1890]. En chauffant la phénylhydroxylamine avec l'aniline et son chlorhydrate [Bamberger et Lagutt, *ibid.*, **31**, 1506, 1898].

5-*Chloro-2-amidodiphénylamine*. — Aiguilles fondant à 99°; son *picrate* fond à 150°. Elle s'obtient aussi dans la transposition moléculaire du p-chlorohydrazobenzène [Jacobson et Strübe, *Ann. Chem.*, **303**, 309].

2-*Amido-4'-chlorodiphénylamine*. — Cristaux blancs fondant à 119° [Wilberg, *D. chem. G.*, **35**, 957].

2-*Amido-5.4'-dichlorodiphénylamine*. — Elle fond à 91° (Wilberg).

2-*Amido-5-bromodiphénylamine*. — Aiguilles se colorant à l'air, fondant à 106° [J. Grosse, *Ann. Chem.*, **303**, 322].

2-*Amido-5-iododiphénylamine*. — La base libre ne cristallise pas [Jacobson, Fertzsch et Heubach, *Ann. Chem.*, **303**, 335].

2-*Amido-4-nitrodiphénylamine*. — Aiguilles rouges fondant à 125°. Son *dérivé acétylé* fond à 163-164° [Nietzki et Almenräder, *D. chem. G.*, **28**, 2971; — Zincke, *Ann. Chem.*, **313**, 261].

2-*Amido-4'-nitrodiphénylamine*. — Aiguilles brunes fondant à 144° [Nietzki et Baur, *ibid.*, **28**, 2977].

2-*Amido-2'-nitrodiphénylamine*. — Aiguilles rouges fondant à 103° [Kehrmann et Steiner, *D. chem. G.*, **34**, 3091].

2-*Amido-5'-chloro-2'.4'-dinitrodiphénylamine*. — Cristaux orangés fondant à 232° [Nietzki et Slaboszewicz, *D. chem. G.*, **34**, 3729].

II. Dérivés métaamidés. — 3-*Amido-2'-nitrodiphénylamine*. — Condensation de la m-phénylènediamine et du nitrochlorobenzène. Aiguilles rouges fondant à 112° [Kehrmann et Steiner, *D. chem. G.*, **34**, 3090, 1901].

3-*Amido-2'.4'-dinitrodiphénylamine*. — Elle fond à 172° [Leymann, *ibid.*, **15**, 1237].

3-*Amido-3'.6'-chloronitrodiphénylamine*. — Aiguilles rouges fondant à 150-151° [Laubenheimer, *ibid.*, **11**, 1158].

3-*Amido-2'.4'.6'-trinitrodiphénylamine*. — Cristaux orangés fondant à 206-207° [Jaubert, *D. chem. G.*, **31**, 1181].

3-*Amido-2.4.6-trinitrodiphénylamine*. — Cristaux jaunes fondant à 186° [Blanksma, *Rec. Pays-Bas*, **21**, 325.

Métaphénylamidodiphénylamine. — Condensation de l'aniline avec la résorcine [Calms, *D. chem. G.*, **16**, 2795]; le *dérivé nitrosé* cristallise en prismes brun-rouge fondant à 153° [Fischer et Hepp, *Ann. Chem.*, **255**, 145 et **286**, 176].

III. Dérivés paraamidés. — *Paraamidodiphénylamine*. — Elle se prépare par réduction de la paranitrodiphénylamine; par réduction de la 4-nitrosodiphénylhydroxylamine [Bamberger, Büsdorf et Sand, *D. chem. G.*, **31**, 1514]; par réduction de la p-nitrosodiphénylamine [Ikuta, *Ann. Chem.*, **243**, 280; — Hencke, *ibid.*, **255**, 289]; dans l'action de l'aniline sur la phénylhydroxylamine [Bamberger et Lagutt, *D. chem. G.*, **31**, 1505]; par l'isomérisation de la phénylhydroxylamine sous l'influence du sulfate d'alumine [Bamberger et Brady, *Ann. Chem.*, **311**, 84]; dans l'oxydation de l'aniline par l'hypochlorite de soude [Bamberger et Tschirner, *D. chem. G.*, **31**, 1526].

4-*Amido-4'-chlorodiphénylamine*. — Feuillets incolores fondant à 71° [Jacobson et Strübe, *Ann. Chem.*, **303**, 312].

4-*Amido-4'-bromodiphénylamine*. — Feuillets blancs fondant à 79° [Jacobson et Grosse, *ibid.*, **303**, 329].

4-*Amido-2'.3-dibromodiphénylamine*. — Par réduction de la nitroso-2'.3-dibromodiphénylhydroxylamine [Bamberger, Büsdorf et Sand, *loc. cit.*].

4-*Amido-2'.4'-dinitrodiphénylamine*. — Condensation de la p-phénylènediamine avec le dinitrochlorobenzène [Nietzki et Ernst, *D. chem. G.*, **23**, 1852]. Son *dérivé acétylé* fond à 238°.

Un grand nombre de ces dérivés se trouvent décrits dans les brevets relatifs aux matières colorantes sulfurées.

AMINES TERTIAIRES DÉRIVÉES DE L'ANILINE.

DIMÉTHYLANILINE. — La diméthylaniline commerciale est généralement accompagnée de monométhylaniline et d'aniline. Hübner [*Ann.*

Chem., **224**, 347] conseille de la purifier par congélation. On peut aussi la purifier en la transformant en iodhydrate.

Elle fond à 1°,96, et bout à 192°. Son poids spécifique est 0,9553.

Indice de réfraction [Brühl, *Ann. Chem.*, **235**, 14]. Chaleur spécifique [Schiff, *Zeit. phys. Chem.*, **1**, 383]. Constantes physiques [Kahlbaum, *ibid.*, **26**, 606; — Ampola et Rimatori, *Gazz. chim. ital.*, **27**, I, 51; — Perkin, *Chem. Soc.*, **69**, 1244].

La diméthylaniline, traitée par le peroxyde d'hydrogène, donne un *oxyde* cristallisé, et fondant à 152-153° [Bamberger et Tschirner, *D. chem. G.*, **32**, 346 et 1890, 1899; — Bamberger et Rudolph, *ibid.*, **35**, 1082, 1902].

Réduction par le nickel divisé [Sabatier et Senderens, *Bull. Soc. Chim.*, **31**, 368, 1904].

Elle peut remplacer l'éther dans la préparation des dérivés organo-magnésiens de Grignard [Tschelintzeff, *D. chem. G.*, **37**, 2081, 1904].

Chauffée avec le chlorhydrate de diméthylformamidine, elle donne de l'hexaméthylparaleucaniline [Gattermann et Schintzspahn, *D. chem. G.*, **31**, 1774]. MM. Scholl et Escales ont obtenu un chlorhydrate cristallisé fondant vers 85-95° [*D. chem. G.*, **30**, 3134].

Nitrosodiméthylaniline. — Elle fond à 87°,8. Chaleur de combustion [Matignon et Deligny, *C. R.*, **125**, 1103]; cryoscopie [Auwers, *Zeit. Phys. Chem.*, **32**, 52]. La nitrosodiméthylaniline donne un *picrate* se décomposant à 140°, un *bromhydrate*, un *chloroplatinate* cristallisé et fondant en se décomposant à 207° [Torrey, *Am. Chem. Journ.*, **28**, 107, 1902]. Elle est capable de donner une foule de condensations intéressantes; notamment M. Sachs et ses élèves l'ont condensée avec les dérivés méthyléniques [Sachs et Barschall, *D. chem. G.*, **34**, 3047, 1901; — Sachs et Wolff, *ibid.*, **36**, 3221, 1903]. Elle donne des combinaisons perhalogénées, par exemple une combinaison $C^{16}H^{22}O^2Az^4Cl^5I$ [Samtleben, *ibid.*, **31**, 1145]. Action de l'hyposulfite (Wahl).

o-Chlorodiméthylaniline. — Liquide bouillant à 206-207° [Heidlberg, *D. chem. G.*, **20**, 149, 1889; — Friedlander et Dinesmann, *Mon. f. Chem.*, **19**, 638].

m-Chlorodiméthylaniline. — Liquide bouillant à 231-233° [Baur et Stadel, *D. chem G.*, **16**, 32, **19**, 1948; — Jaubert, *Bull. Soc. Chim.*, (3), **21**, 24].

p-Chlorodiméthylaniline. — Aiguilles plates fondant à 35°,5, bouillant à 230-231° [Heidlberg, *loc. cit.*].

2.4-*Dichlorodiméthylaniline.* — Elle bout à 234° [Wenghöffer, *J. prakt. Chem.*, (2), **16**, 462].

p-Bromodiméthylaniline. — Par l'action du bromure de cyanogène sur la diméthylaniline [Follin, *Am. Chem. Journ.*, **19**, 332]. Elle donne avec l'acide chlorhydrique iodé un composé $C^8H^{11}AzCl^2IBr$ [Samtleben, *D. chem. G.*, **31**, 1144].

p-Iododiméthylaniline. — Elle fond à 79° (Samtleben).

o-Nitrodiméthylaniline. — Huile mobile, bouillant à 151-153° sous 30-33 mm. et se solidifiant à — 20° [Pinnow, *D. chem. G.*, **32**, 1666, 1897; — Bamberger et Tschirner, *ibid.*, **32**, 1897, 1902, 1899; — Friedlander et Dinesmann, *loc. cit.*].

m-Nitrodiméthylaniline. — On l'obtient à côté de l'isomère para par la nitration de la diméthylaniline en milieu sulfurique [Groll, *D. chem. G.*, **19**, 198; — Stadel et Baur, *ibid.*, 1944; — Keller, *ibid.*]; par la méthylation de la m-nitraniline [Ullmann et Wenner, *ibid.*, **33**, 2476, 1900]. Gros cristaux rouges monocliniques fondant à 60-61°. Réduction [Nœlting et Fourneaux, *D. chem. G.*, **30**, 2930, 1897].

p-Nitrodiméthylaniline. — Elle se forme dans l'action de l'acide nitreux sur l'oxyde de diméthylaniline [Bamberger et Tschirner, *D. chem. G.*, **32**, 1896]. Elle fond à 163-164°.

2.4-*Dinitrodiméthylaniline.* — Elle se forme dans l'action de l'acide nitrique sur la diméthylaniline en milieu sulfurique [Pinnow, *loc. cit.*; — Pinnow et Schrister, *D. chem. G.*, **29**, 1053; — Pinnow et Koch, *ibid.*, **30**, 2851].

4-*Chloro-2-nitrodiméthylaniline.* — Aiguilles fondant à 56° [Heidlberg, *loc. cit.*]; elle avait été décrite par Koch comme le dérivé 3-nitré.

4-*Chloro-3-nitrodiméthylaniline.* — Elle fond à 81°,5-82°,5.

4-*Bromo-5-nitrodiméthylaniline.* — Elle fond à 72° (Koch).

4-*Chloro-2.6-dinitrodiméthylaniline.* — Prismes fondant à 111-112° (Pinnow).

DIÉTHYLANILINE. — Elle se forme à côté d'éthylaniline en chauffant le chlorhydrate d'aniline avec l'éther acétique à 225° [von Niementowski, *D. chem. G.*, **30**, 3072, 1897]. Liquide bouillant à 213°,5 sous 730 mm., fondant à — 38°,8 [Kahlbaum, *Zeit. Phys. Chem.*, **26**, 606; — von Schneider, *ibid.*, **19**, 157]. Constantes physiques, pouvoir rotatoire magnétique, tension superficielle [Perkin, *Chem. Soc.*, **69**, 1244; — Dutoit et Friderich, *C. R.*, **130**, 328]. La diéthylaniline se combine au chlorure de thionyle en solution benzénique pour donner un produit rouge cristallisé de composition $C^{20}H^{30}OAz^2Cl^2S$ [Michaelis et Schindler, *Ann. Chem.*, **310**, 153]. Elle forme, comme la diméthylaniline, un oxyde avec l'eau oxygénée, de formule $C^6H^5.Az(C^2H^5)^2O$, dont le *picrate* cristallise en prismes jaunes fondant à 156°,5-157° [Bamberger et Tschirner, *D. chem. G.*, **32**, 352].

Dérivés halogénés. — La plupart se trouvent décrits dans le 1er Suppl..

p-Iododiéthylaniline. — Elle cristallise en prismes fondant à 32° [Samtleben, *D. chem. G.*, **31**, 1144].

m-Nitrodiéthylaniline. — Huile jaune bouillant à 288-290° [Groll, *D. chem. G.*, **19**, 199, 1886; — Nölting et Stricker, *ibid.*, **19**, 550].

MÉTHYLÉTHYLANILINE. — Elle se forme dans l'action de l'iodure d'éthyle sur la méthylaniline. Liquide bouillant à 201°. Son *chlorhydrate* fond à 114° [Claus et Hirzel, *D. chem. G.*, **19**, 2789, 1886]. Son *dérivé p-bromé* bout à 265° et cristallise au dessous de 0° en aiguilles.

MÉTHYLPROPYLANILINE. — Elle bout à 212° [Claus et Hirzel, *loc. cit.*; — Strömer et Lepel, *ibid.*, **29**, 2112, 1896]. Son *dérivé nitrosé* fond à 105°.

MÉTHYLISOPROPYLANILINE. — Elle bout à 212-213°; son *chloroplatinate* fond à 196-197° [von Braun, *D. chem. G.*, **33**, 2733, 1900].

ÉTHYLPROPYLANILINE. — Elle bout à 216°. Son *chlorhydrate* fond à 131° (Claus et Hirzel).

ÉTHYLISOPROPYLANILINE. — Elle bout à 220° [Strömhalm, *D. chem. G.*, **31**, 2293, 1898; — von Braun, *loc. cit.*].

DIPROPYLANILINE. — *Dérivé p-nitré.* Cristaux verts fondant à 59° [Nogarnow, *Journ. Soc. phys. chim. russe*, **29**, 699].

DIISOPROPYLANILINE. — Son *bromhydrate* fond vers 199° (von Braun).

PROPYLISOPROPYLANILINE. — Elle bout à 216-217° (von Braun).

MÉTHYLALLYLANILINE. — Liquide bouillant à 213° [Wedekind, *D. chem. G.*, **32**, 521, 1899; — von Braun, *loc. cit.*] Son *picrate* fond à 91-92°.

ISOPROPYLALLYLANILINE. — Elle bout à 222° (von Braun).

MÉTHYLBENZYLANILINE. — Elle bout à 305-306° (Nœlting), à 210° sous 60 mm. [Wedekind, *D. chem. G.*, **32**, 519, 1899]. Son dérivé nitrosé, la *méthylnitrosophénylbenzylamine*, fond à 56° [Böddinghaus, *Ann. Chem.*, **263**, 311]. La *méthylphénylorthonitrobenzylamine* fond à 72° [Paal et Fritz, *D. chem. G.*, **28**, 932, 1895].

ÉTHYLBENZYLANILINE. — Elle bout à 285° sous 710 mm. [Friedländer, *ibid.*, **22**, 588].

ALLYLBENZYLANILINE. — Elle bout à 215-225° sous 42 mm. [Wedekind, *D. chem. G.*, **32**, 521, 1899].

DIBENZYLANILINE. — Elle cristallise en aiguilles fondant à 67° et bouillant en se décomposant au-dessus de 300° [Matzudaira, *D. chem. G.*, **20**, 1610, 1890; — Bischoff, *ibid.*, **31**, 2674; — Wedekind, *loc. cit.*].

La *p-nitrosophényldibenzylamine* fond à 91-92° (Matzudaira), la *p-nitrophényldibenzylamine* fond à 130° (Matzudaira), la *2.4-dinitrophényldibenzylamine* fond à 106° [Pinnow et Wiskott, *D. chem. G.*, **32**, 913], la *phényl-o-dinitrodibenzylamine* fond à 206° [Lellmann et Stickel, *ibid.*, **19**, 1608, 1890], la *phényldiparanitrodibenzylamine* fond à 169° [Paal et Sprenger, *ibid.*, **30**, 69], la *métanitrophényldi-p-nitrodibenzylamine* fond à 235° [Paal et Benker, *D. chem. G.*, **32**, 1256, 1899], la *phényl-2-dichloro-4-dinitrodibenzylamine* fond à 172° [Witt, *D. chem. G.*, **25**, 88].

MÉTHYLDIPHÉNYLAMINE. — Par méthylation au moyen du sulfate de méthyle de la diphénylamine [Ullmann, *Ann. Chem.*, **327**, 104, 1903]. Indices de réfraction [Brühl, *Zeit. phys. Chem.*, **16**, 218]. Point d'ébullition et densité [Perkin, *Chem. Soc.*, **69**, 1244]. La nitrosation ne donne qu'un dérivé *mononitrosé* fondant à 44° [Cloez, *C. R.*, **124**, 898].

Dérivés. — La *méthyl-2.4.6-trinitrodiphénylamine* fond à 108° [Wedekind, *D. chem. G.*, **33**, 434]: la *méthyl-2.4.2'.4'-tétranitrodiphénylamine* fond à 210° [Nietzki et Raillard, *D. chem. G.*, **31**, 1461, 1898].

ÉTHYLDIPHÉNYLAMINE. — Elle bout à 285-287° [Lippmann et Fleissner, *Mon. f. Chem.*, **4**, 797]. L'*éthyltrinitrodiphénylamine* fond à 105-107° [Wedekind, *loc. cit.*].

TRIPHÉNYLAMINE. — Préparée par la diphénylamine sodée et le bromure de phényle [Kleber, *D. chem. G.*, **18**, 2156, 1886]. Elle fond à 127°.

Dérivés. — La *mononitrotriphénylamine* fond à 139-140° [Herz, *ibid.*, **23**, 2537, 1890; — Häussermann et Bauer, *ibid.*, **31**, 2987]. La *dinitrotriphénylamine* fond à 206-207° (Herz). La *trinitrotriphénylamine* fond à 280° [Heydrich, *D. chem. G.*, **18**, 2157, et Herz, *loc. cit.*].

Juin 1906. A. Wahl.

PHÉNYLAMINOACÉTIQUE (ACIDE), $C^6H^5 - CHAzH^2 - CO^2H$. — Stöckenius, en chauffant l'acide phénylbromoacétique $C^6H^5 - CHBr - CO^2H$ avec de l'ammoniaque, a obtenu l'acide phénylaminoacétique [*D. chem. G.*, **11**, 2002, 1878]. On chauffe à 100-110° l'acide bromé avec 3 fois son poids d'ammoniaque aqueuse de densité 0,9. On évapore à sec le liquide clair et on reprend par un peu d'eau le résidu pour en séparer le bromure d'ammonium et le phénylglycolate d'ammonium produits en même temps. On le précipite à plusieurs reprises de sa solution ammoniacale pour le purifier. L'aldéhyde benzoïque et l'acide cyanhydrique se combinent en solution ammoniacale vers 60-80° pour donner le *nitrile phénylaminoacétique* $C^6H^5 - CHAzH^2 - CAz$ qui, traité à l'ébullition par SO^4H^2 étendu, donne l'acide libre [Tiemann, *D. chem. G.*, **13**, 383, 1880]. On peut encore obtenir cet acide, d'après Elbers [*Ann. Chem.*, **227**, 344, 1885] en traitant par l'amalgame de sodium la phénylhydrazone de l'acide benzoylformique. Il se produit en même temps de l'aniline.

L'acide phénylaminoacétique est très peu soluble dans la plupart des dissolvants. Il donne des écailles nacrées, fondant à 256° d'après Tiemann, tandis qu'il se sublimerait sans fondre vers 265°, d'après Elbers. Soumis à la distillation, il se scinde, à peu près complètement, en CO^2 et benzylamine [Tiemann, *D. chem. G.*, **14**, 1969, 1881]. Sous l'action de PCl^5 il fournit de l'aldéhyde benzoïque. Il donne deux sortes de sels par combinaison, soit aux bases, soit aux acides par sa fonction amine. On connaît parmi les premiers le *sel de magnésium* qui cristallise avec 1,2 molécule d'eau et se présente en feuillets très solubles dans l'eau chaude, les sels de Zn, Pb, Cu, Ag, sous forme de précipités cristallins; ce dernier est complètement insoluble. On connaît, dans la seconde série, les *chlorhydrate*, *azotate*, *sulfate*, *phosphate* et *oxalate*.

L'acide phénylaminoacétique, traité en solution dans l'alcool amylique bouillant par le sodium, se décompose partiellement, en donnant naissance à l'acide phénylisoamylaminoacétique $C^6H^5 - CH(AzH . C^5H^{11}) - CO^2H$ [A. Einhorn, *Central Bl.*, **1**, 418, 1900].

L'acide phénylaminoacétique forme deux catégories d'éthers. Par éthérification de sa fonction acide on obtient un éther conservant par le groupe AzH^2 une fonction basique, ou bien, en saturant par un acide cette fonction basique, on obtiendra un éther à fonction sel d'amine.

On connaît ainsi :

Ethers méthyliques, $C^9H^{11}O^2Az$. — Il fond à 32°. Peu soluble dans la ligroïne, mais assez dans l'alcool, l'éther, la benzine.

$C^9H^{11}O^2Az . HCl$. — Il fond à 224°, il est insoluble dans l'éther.

Ethers éthyliques, $C^{10}H^{13}O^2Az$. — Liquide huileux bouillant à 257°.

$C^{10}H^{13}O^2Az . HCl$. — Il fond à 197° et par un contact prolongé avec AzO^3Ag et de l'éther donne l'*azotite* $C^{10}H^{13}O^2Az . AzO^2H$ fusible à 56°.

Ethers isoamyliques, $C^{13}H^{19}O^2Az$. — Liquide huileux.

$C^{13}H^{19}O^2Az . HCl$. — Aiguilles fusibles à 154°.

L'*amide*, $C^6H^5 - CH . AzH^2 - CO - AzH^2$ s'obtient à froid par le contact du nitrile avec l'acide chlorhydrique concentré [Tiemann, Friedländer, *D. chem. G.*, **14**, 1968, 1881].

Cette amide se saponifie facilement par les acides ou les alcalis pour régénérer l'acide phénylaminoacétique. Elle donne avec HCl la combinaison saline $C^8H^{10}OAz^2 . HCl$.

Le *nitrile* s'obtient à partir du nitrile phénylglycolique $C^6H^5 - CH . OH - CAz$ par contact prolongé avec l'ammoniaque alcoolique. C'est une huile de couleur jaune, très altérable qui, peu à peu, se prend en masse cristalline [Tiemann et Friedländer, *loc. cit.*].

Enfin on connaît une sorte d'*anhydride* de l'acide phénylaminoacétique: c'est la *diamide* formée par l'union de 2 mol. d'acide et perte de 2 mol. d'eau.

Elle a pour formule

$$C^6H^5 - CH \begin{matrix} < CO\,AzH > \\ < AzH\,CO > \end{matrix} CH - C^6H^5$$

et s'obtient quand on maintient longtemps à 160° l'éther méthylique. C'est une poudre cristalline insoluble, qui fond à 274° en se décomposant.

Mai 1907. J. Lavaux.

PHÉNYLAMINOBUTYRIQUE (ACIDE), $C^6H^5 - CHAzH^2 - CH^2 - CH^2 - CO^2H$. — On obtient l'acide phényl-γ-aminobutyrique en faisant passer un courant de gaz ammoniac dans une solution d'anhydride de l'acide phényl-γ-oxybutyrique dans l'alcool absolu [Fittig, *D. chem. G.*, **17**, 202, 1884]. Sa solution aqueuse le laisse cristalliser avec une molécule d'eau qu'il perd sur l'acide sulfurique. Il cristallise anhydre dans l'alcool absolu et fond dans cet état à 85-86°. C'est un corps soluble dans le chloroforme, mais peu dans l'éther, qui se transforme, avec perte d'AzH^3, en anhydride phényloxybutyrique quand on le chauffe, soit seul, soit avec HCl étendu.

Mai 1907. J. Lavaux.

PHÉNYLAMINOCROTONIQUE (ACIDE). $C^6H^5-CH=CH-CHAzH^2-CO^2H$. — L'acide phényl-α-aminocrotonique se prépare en décomposant par CO^2 son sel de baryum, qui prend naissance lorsqu'on chauffe à 100° pendant 10 heures avec de l'eau de baryte saturée, le dérivé éthylique de la styrylhydantoïne :

$$C^6H^5-CH=CH-CH\begin{matrix} CO.AzC^2H^5 \\ AzHCO \end{matrix} + 2H^2O$$
$$= C^6H^5-CH=CH-CHAzH^2-CO^2H + CO^2 + C^2H^5AzH^2.$$

C'est un corps pulvérulent peu soluble dans l'eau et l'alcool, fusible à 240-250° en se décomposant. Il peut être sublimé.

Mai 1897. J. Lavaux.

PHÉNYLAMYLÈNES. — Voyez Aménylbenzènes.

PHÉNYLANTHRACÈNE (γ).

$$C^6H^4\begin{matrix} C^6H^5 \\ | \\ C \\ CH \end{matrix}C^6H^4$$

— Ce corps a été obtenu par Baeyer [*Ann. Chem.*, **61**, 202, 1880], en distillant sur la poudre de zinc le phénylanthranol. En remplaçant ce dernier par le diphénylphtalide ou l'acide triphénylméthane carbonique $C^{20}H^{16}O^2$, il en a obtenu de petites quantités.

Friedel et Crafts ont constaté sa formation parmi d'autres composés, comme l'anthracène, quand on fait réagir $AlCl^3$ sur un mélange de chloroforme et de benzène [*Ann. Chim. et Phys.*, (6), **1**, 495, 1884].

Linebarger l'a préparé par l'action de $AlCl^3$ (50 gr.) sur un mélange de triphénylméthane (50 gr.) et $CHCl^3$ (600 gr.) [*Am. Chem. Journ.*, **13**, 554].

Il s'obtient aussi facilement par condensation sous l'influence de SO^4H^2 concentré du diphényl-α.α'-benzo-β.β'-dihydro-α.α'-furfurane avec l'orthodibenzhydrylbenzène ou du diphényl-α-benzo-β.β'-dihydro-α'-furfurane et l'orthométhyloltriphénylcarbinol [J. Catel, *Thèse de doctorat*, 1905].

Le γ-phénylanthracène cristallisé dans l'alcool se présente en lamelles fusibles à 152-153° et bout à 417°. Il est très soluble à froid dans les dissolvants organiques avec une fluorescence bleue.

Il donne une *combinaison picrique* rouge et un *dihydrure* fusible à 120° qui s'obtient lorsqu'on le traite par l'acide iodhydrique et le phosphore. L'acide chromique en solution acétique le transforme en *phényloxanthranol*

$$C^6H^4\begin{matrix} CO \\ C \\ HO \quad C^6H^5 \end{matrix}C^6H^4$$

Ce phényloxanthranol a aussi été obtenu par MM. Haller et Guyot comme premier terme de la réaction du bromure de phénylmagnésium sur l'anthraquinone [*Soc. Chim.*, **31**, 795, 1904].

Diphénylanthracène (γγ),

$$C^6H^4\begin{matrix} C^6H^5 \\ | \\ C \\ | \\ C \\ | \\ C^6H^5 \end{matrix}C^6H^4$$

— MM. Haller et Guyot ont décrit un γγ-diphénylanthracène [*Soc. Chim.*, **31**, 712 et 795, 1904]. C'est un carbure jaune fusible vers 230°.

L'action du bromure de phénylmagnésium sur l'anthraquinone leur a donné d'abord le phényloxanthranol décrit plus haut, si l'anthraquinone est en excès, et comme second terme, si l'on emploie 2 mol. au lieu d'une de dérivé magnésien, pour une d'anthraquinone, le diol

$$C^6H^4\begin{matrix} HO \quad C^6H^5 \\ C \\ C \\ HO \quad C^6H^5 \end{matrix}C^6H^4$$

Ce diol, et plus facilement encore son éther dichlorhydrique, donnent le γγ-diphénylanthracène quand on les traite par les réducteurs en solution acétique bouillante. Tel est le cas pour la poudre de zinc. L'iodure de potassium luimême suffit à réduire le diol dans ces conditions, en perdant son iode.

Le diphénylanthracène, en suspension dans l'alcool, donne par l'amalgame de Na un *dihydrure* fusible vers 218°. Il n'a pas paru aux auteurs être identique à un dihydrure de diphénylanthracène décrit par Linebarger [*Am. Chem. Journ.*, **13**, 556] et qui s'obtient en traitant le triphénylméthane par le chlorure de benzylidène en présence d'$AlCl^3$. Ce dernier corps est, de par son mode de formation, un dérivé symétrique présentant ses 2 atomes d'hydrogène de dihydrure dans les positions γγ (ou méso). Il fond d'après l'auteur à 164°,2.

Mai 1907. J. Lavaux.

PHÉNYLAZOXAZOL. — Voyez l'art. Furodiazols, 2ᵉ Suppl., **4**, 404.

PHÉNYLBENZOÏNE, $(C^6H^5)^2=C(OH)-CO.C^6H^5$. — Petits cristaux orthorhombiques fondant à 87°,5-89° [Handel, Liebermann, *Ann. Chem.*, **133**, 20]. On l'obtient facilement d'après la méthode indiquée par Acrée [*Am. Chem. J.*, **29**, 588, 1903; *D. chem. G.*, **37**, 2753, 1904]. On décompose le dibenzoyle $C^6H^5.CO.CO.C^6H^5$ par le sodium phényle ou mieux le bromure de magnésium phényle C^6H^5MgBr. Avec le dérivé organomagnésien et en opérant en solution éthérée le rendement est sensiblement quantitatif.

L'ébullition avec du chlorure stanneux chlorhydrique ne transforme pas la benzoïne en $(C^6H^5)^2C=C(OH)C^6H^5$, comme l'a signalé Biltz [*D. chem. G.*, **32**, 650, 1899]. La potasse en dissolution dans l'alcool méthylique donne successivement à l'ébullition du benzhydrol $(C^6H^5)^2CH(OH)$, puis du benzoate de potasse. La décomposition de la benzoïne par le bromure C^6H^5-MgBr donne de la benzopinacone $[(C^6H^5)^2-C(OH)]^2$ (25 0/0 du rendement théorique).

Éther méthylique. — Tables hexagonales incolores fusibles à 94°.

Éther éthylique. — Aiguilles incolores fondant à 87-88° [A. Werner, *D. chem. Gesell*, **39**, 1278, 1906]. 1ᵉʳ janvier 1907. V. Thomas.

PHÉNYLBENZOÏQUES (ACIDES), $C^6H^5.C^6H^4.CO^2H$. — On connaît les 3 isomères.

Acide ortho (voyez Dict., Phénanthrène;

1er Suppl., DIPHÉNYLÈNE-CÉTONE). — Modes de formation [R. Richter, *J. prakt. Chem.*, (2), **28**. 305 ; — Kayser, *Ann. Chem.*, **257**. 100 ; — Oddo et Curatolo, *Gazz. chim. ital.*. **25**. (I). 133 : — Kerp, *D. chem. G.*, **29**. 231. — Jacobson et Nanninga, *ibid.*, **28**. 2552]. Le mode de préparation indiqué par Schmitz a été étudié par Pictet et Ankersmit [*Ann. Chem.*. **266**. 143] et par Græbe et Ratenau [*ibid.* **279**. 260]. Cet acide fond à 113°,5-114°,5 et bout à 343-344°.

Synthèse à partir du fluorène [Weger et Döring, *D. chem. G.*, **36**. 878. 1903 ; — C. Græbe et Hermann Kraft, *ibid.*, **39**, 794, 1906].

Ont été signalés : 1° les *sels de potassium* (crist. avec H^2O), *de baryum* (H^2O), *d'argent* (anhydre). *de lithium* (H^2O) [Duparc et Pearce, *Centr. Bl.*, 1897 (I). 1198]. *de sodium* (cristaux monocliniques renfermant H^2O) [Duparc et Pearce, *Z. Kryst.* **27**. 610] ;

2° Les *éthers méthylique* (liq. bouillant à 308°) et *éthylique* (liq. bouillant à 314°) (Græbe et Ratenau) :

3° L'*amide*, fondant à 177° [Græbe et Ratenau : — Hönigschmid. *Mon. f. Chem.*. **22**. 568] et son *anilide*. en prismes fusibles à 100° :

4° Un *dérivé dibromé*. $C^{12}H^8Br^2.CO^2H$. aiguilles fusibles à 212° [Holm. *D. chem. G.*, **16**. 1082] ;

5° Un *dérivé nitré* $C^{12}H^9AzO^2.CO^2H$, cristaux monocliniques fondant à 221-222°. son *sel de chaux* et son *sel de baryum* [Schmitz, *Ann. Chem.*. **193**, 123] :

6° La *diamine*,

$$AzH^2_{(4)}C^6H^4-C^6H^3 \begin{cases} CO^2H_{(2)} \\ AzH^2_{(4)} \end{cases}$$

aiguilles fusibles à 210° avec décomposition ; son *sel d'argent* et ses *mono* et *dichlorhydrates* [Pahl, *D. chem. G.*. **24**. 3062].

ACIDE MÉTA.— On l'obtient dans un grand nombre de réactions [Schmidt et Schultz, *Ann. Chem.*. **203**. 132 : — Adam. *Bull. Soc. Chim.*, (2), **49**, 98 : Perrier, *ibid.*. (3), **7**, 182 ; — Barth et Schreder, *Mon. f. Chem.*, **3**. 808 ; — Olgiati. *D. chem. G.*. **27**. 3390. — Jacobson et Lischke. *D. chem. G.*. **28**, 2547]. Il fond à 166°.

Ont été décrits les dérivés suivants :

1° *Sels d'ammonium*. de *sodium* ($2H^2O$). de *chaux* ($3H^2O$), de *baryum* ($3.5H^2O$). *d'argent* :

2° *Ether éthylique* : huile distillant avec décomposition ;

3° *Dérivé bromé*. $C^6H^5.C^6H^3Br.CO^2H$ (Olgiati) fondant à 242°. les *sels de baryum* ($7.5H^2O$). de *calcium* ($4H^2O$). *d'argent*. les *éthers méthylique* (fondant à 67°) et *éthylique* (liquide se prenant en masse dans un mélange réfrigérant).

ACIDE PARA.— Sa formation a été signalée dans maintes réactions [Dœbner, *Ann. Chem.*. **172**. 111 ; — Rassow. *ibid.*. **282**. 143 ; — Schultz. *ibid.*. **174**, 213 : — Carnelley. *D. chem. G.*. **8**. 1467 ; — Kayse. *loc. cit.* : — Barth et Schreder. *loc. cit.*]. Préparation [Gattermann, *D. chem. G.*, **32**. 1120]. Il fond à 228° [Ciamician et Silber, *D. chem. G.*, **28**, 1556].

Les dérivés suivants ont été décrits :

1° *Sels de magnésie*, *de chaux* et *de baryte* ;

2° *Ether éthylique* fondant à 46° ;

3° *Amide*, aiguilles fusibles à 222-223° (Gattermann) et son *anilide*. aiguilles fusibles à 212° [Leuckart, *J. prakt. Chem.*, (2), **41**, 309], à 224° [Koller, *Mon. f. Chem.*, **12**, 504] ;

4° *Nitrile*, fondant à 84-85° (Dœbner) :

5° *Dérivés bromés*.— $C^6H^4Br_{(4)}-C^6H^4.CO^2H$.— Aiguilles fusibles à 193-194° [Olgiati. *D. chem. G.*. **27**. 3394 ; — Carnelley et Thomson. *J. Chem. Soc.*, **51**. 88]. $C^6H^4Br_{(4)}-C^6H^3Br.CO^2H$. On connaît deux composés. le brome étant fixé en 2 ou 3 ; ils fondent à 202-204° et 231-232°. mais on ne sait pas lequel de ces deux composés a son deuxième atome en 2 ;

6° *Dérivés nitrés*. — $C^6H^4(AzO^2)_4.C^6H^4CO^2H$ fondant à 222-223° [Kühling, *D. chem. G.*, **29**, 166 ; comparer Kühling, *ibid.*, **28**, 525] ; $C^6H^4(AzO^2)_4.C^6H^3(CO^2H)(AzO^2)_3$, fondant à 252° ; son *éther méthylique* est en longues aiguilles fusibles à 156° [Strasser et Schultz, *Ann. Chem.*, **210**, 192] ;

7° *Dérivés aminés*.— $C^6H^4(AzH^2)_4.C^6H^4.CO^2H$ (Kühling). Aiguilles fusibles avec décomposition vers 106-110°. $C^6H^4(AzH^2)_4.C^6H^3(CO^2H)(AzH^2)_3$ (Strasser et Schultz).

1er janvier 1907. V. Thomas.

PHÉNYLBENZOYLACÉTIQUE (ACIDE),

$$C^6H^5-CO-CH(C^6H^5)-CO^2H$$

— Cet acide n'a pu être isolé, par suite de son instabilité, mais il est facile de l'obtenir sous forme d'éther. Il prend naissance en traitant la désoxybenzoïne sodique par le gaz carbonique et décomposant le produit formé par l'eau [Beckmann et Paul, *Ann. Chem.*, **266**, 20].

L'hydroxylamine donne le composé $C^{15}H^{11}AzO^2$ en aiguilles fusibles à 159°,5.

Ether méthylique. — C'est un liquide ne pouvant distiller sans décomposition et que les solutions alcooliques froides d'alcalis dédoublent en désoxybenzoïne, en benzoïne et benzhydrol [Rattner, *D. chem. G.*, **21**, 1321].

Ether éthylique. — Prismes rhombiques obtenus par décomposition de l'amide au moyen d'alcool et d'acide chlorhydrique, fondant à 90° [Walther et Schickler, *J. prakt. Chem.*, (2), **55**, 318].

AMIDE. — Obtenue par hydratation du nitrile. Aiguilles microscopiques fusibles à 172-173°.

NITRILE, $C^6H^5.CO.CH(C^6H^5).CAz$. — On le prépare par l'action du benzoate d'éthyle sur le cyanure de benzyle en présence d'éthylate de sodium [Walther et Schickler, *loc. cit.* ; — Meyer, *J. prakt. Chem.*, (2), **52**, 116]. Aiguilles blanches fusibles à 87-90°. Les acides étendus et bouillants le dédoublent en acide benzoïque et en acide phénylacétique. Les solutions ammoniacales précipitent les sels de baryte et de mercure et les sels ferriques. Son *dérivé acétylé* $C^{17}H^{13}O^2Az$ fond à 99°. L'ammoniac le transforme quantitativement en *imide* $C^6H^5.C(AzH).CH(C^6H^5)CAz$, lamelles fusibles à 146°. Le même composé prend naissance par condensation du benzonitrile avec le cyanure de benzyle en présence de sodium et d'éther.

OXIME, $C^6H^5C(AzOH)CH(C^6H^5)CO^2H$. — Préparée en traitant l'amide par le chlorhydrate d'hydroxylamine. Son *sel d'argent* forme une masse gélatineuse ; l'oxime fond à 138-139° [Walther et Schickler, *loc. cit.*]. En traitant directement l'acide par l'hydroxylamine, Beckmann et Paul ont obtenu un *anhydride* $C^{15}H^{11}AzO^2$ en aiguilles fusibles à 159°,5. En opérant sur ce nitrile, on obtient le *nitrile oxime* $C^{15}H^{12}OAz^2$ (fondant à 160-162°) dont le *dérivé diacétylé* est en aiguilles fusibles à 144-145°.

1er janvier 1907. V. Thomas.

PHÉNYLBENZOYLBENZOÏQUE (ACIDE)

CO²H
⬡ — CO — ⬡ — ⬡

$$= CO^2H-C^6H^4-CO-C^6H^4-C^6H^5$$

— On l'obtient en chauffant en présence de ligroïne et de chlorure d'aluminium un mélange de diphényle et d'anhydride phtalique [Elbs, *J. prakt. Chem.*, (2), **44**, 147 ; — Kayser, *Ann. Chem.*. **257**, 96]. Aiguilles fusibles de 220 à 225° suivant les auteurs. Kayser a décrit les *sels de* *chaux, de nickel, de cuivre, de plomb, d'argent.* L'*éther méthylique* fond à 85-90°, son *oxime* à 180° (Kayser). L'*acide sulfoné* $CO^2H - C^6H^4 - CO$ $C^6H^4 - C^6H^4 . SO^3H$ ainsi que son *sel de baryum* ont été signalés par Elbs.

1er janvier 1906. V. Thomas.

PHÉNYLBENZYLCÉTONE. — Voyez Désoxybenzoïne.

PHÉNYLBIAZOLONE. — Voyez l'art. ββ'-Furodiazol, 419.

PHÉNYLBIÉNYLCÉTONE. $C^6H^5 - CO - C^4H^3S^2$. — L. Lévi a donné le nom de *biophène*

S
CH CH
CH CH
S

Biophène.

au composé $C^4H^4S^2$ qu'il a obtenu en chauffant de l'acide thiodiglycolique, du trisulfure de phosphore et de l'éther en tube scellé. En traitant ce corps en solution dans l'éther de pétrole par $AlCl^3$ et des chlorures d'acide on obtient des cétones. Le chlorure d'acétyle donne l'*acétobiénone* $C^4H^3S^2 - CO - CH^3$.

Si l'on traite de même le chlorure de benzoyle on obtient la *phénylbiénylcétone* $C^6H^5 - CO - C^4H^3S^2$. C'est une huile de couleur brun foncé bouillant à 241° et soluble dans l'alcool et l'éther. On peut la nitrer par l'acide azotique en refroidissant avec un mélange réfrigérant et obtenir la *mononitrophénylbiénylcétone* cristallisant en longues aiguilles fusibles à 112° [*Chem. News*, **62**, 216].

Mai 1907. J. Lavaux.

PHÉNYLBUTANES ou *Butylbenzènes*. — Phénylbutane normal. $C^6H^5 - CH^2 - CH^2 - CH^2 - CH^3$. — Liquide bouillant à 183-185°. D = 0,876. Traité par le brome en quantité théorique en présence d'iode il donne le *monobromobutylbenzène*, bouillant à 240-242° sous 76 mm.. Saturé de brome on obtient $C^6H^4Br - CHBr - CHBr - CH^2 - CH^3$, cristaux retirés de l'alcool, fusibles à 76°,5 [J. Schramm, *D. chem. G.*, **24**, 1332, 1891].

Nitrophénylbutane, $C^6H^5.CH(AzO^2).CH^2.CH^2.CH^3$. — On l'obtient en chauffant en tube scellé à 100° et pendant deux jours 4 cm³ de carbure avec 20 cm³ d'acide azotique de densité 1,075.

On ouvre le tube avec précaution, on reprend par l'eau, puis par la potasse, et la liqueur est précipitée par l'anhydride carbonique; on entraîne à la vapeur d'eau.

Liquide huileux, bouillant à 151-152° sous 25 mm. D = 1,075. N^{20} = 1,507. Réfraction moléculaire, 50,36.

Le *sel de fer* est rouge, soluble dans l'éther et le benzène. Le *sel de cuivre* donne un *bromure* fondant à 55°.

Le *sel de sodium* passe au bleu par l'acide sulfurique en présence du nitrite de sodium [Konovalow, *Bull. Soc. Chim.*, (3), **16**, 521, 1896].

Aminophénylbutane, $C^6H^5.CH(AzH^2) - CH^2 - CH^2 - CH^3$. — On l'obtient par réduction du nitrocarbure avec l'acide chlorhydrique et l'étain.

C'est un liquide bouillant à 220° sous 748 mm. D_0 = 0,950.

Son *chlorhydrate* est soluble dans l'eau, le benzène, l'alcool et l'éther, il fond à 250°. Son *chloroplatinate*, $C^{10}H^{13}AzH^2.HCl.PtCl^4$, fond à 184°.

Phénylbutane (iso) ou *isobutylbenzène*, $C^6H^5 - CH^2 - CH = (CH^3)^2$. — Liquide bouillant à 170-176° sous 76 mm. D = 0,875.

Dérivé nitré, $C^6H^5.CH(AzO^2).CH(CH^3)^2$. — Il est préparé comme celui du carbure normal, il est soluble dans la potasse d'où il est précipité par l'acide carbonique; on le distille dans un courant de vapeur d'eau.

Liquide huileux bouillant à 145-146° sous 25 mm. D = 1,070. *Sel de sodium* peu soluble dans les alcalis étendus. On a préparé les sels de Al, Fe, Zn, Co, Ni, Pb, Ag, Hg, Cd, Cu.

Avec le brome, il donne un *monobromure* $C^{10}H^{12}BrAzO^2$. Le *chlorhydrate* soluble dans l'eau et l'alcool fond vers 275-277°. Le *picrate* fond à 166-168°. Le *chloroplatinate*, peu soluble dans l'eau, noircit sans fondre à 210°.

Avec l'acide sulfurique en présence de nitrite de sodium, le nitrocarbure donne la réaction des nitrols (Konovalow).

Amine, $C^6H^5.CH(AzH^2).CH(CH^3)^2$. — On l'obtient par réduction du nitrocarbure avec la poudre de zinc et la soude à chaud; elle bout à 213-115° sous 743 mm.

Son *chloroplatinate* $(C^{10}H^{13}AzH^2.HCl)^2PtCl^4$ est cristallisé en houppes jaunes, il est peu soluble dans l'eau.

Phénylbutane (pseudo), ou *butylbenzène tertiaire*. $C^6H^5 - C \equiv (CH^3)^3$. — Liquide bouillant à 166-168°.

Nitrobutylbenzène tertiaire, $C^6H^5.C(CH^3)^2 CH^2 - AzO^2$. — Il est preparé comme les précédents, mais avec de l'acide azotique de densité 1,2 et à 130°.

La pression est considérable à l'ouverture du tube scellé, on fait le *sel de sodium* qu'on précipite à chaud par l'acide borique.

Le brome donne une huile insoluble dans la potasse, $C^{10}H^{11}Br^2AzO^2$, qui devient solide à 34° et bout à 142° sous 15 mm.

Avec le nitrite de soude, l'acide sulfurique, puis la potasse on obtient la coloration rouge des acides nitroliques [Konovalow, *D. chem. G.*, **28**, 1852; *Bull. Soc. Chim.*, (3), **16**, 521, 1896].

Phénylbutanes substitués. — Voyez Klogs, *D. chem. G.*, **37**, 2301, 1904; — Bacon, *Am. Chem. Journ.*, **33**, 68, 1905].

Janvier 1907. M. Billy.

PHÉNYLBUTINE - DICARBONIQUE (ACIDE), $C^6H^5 - CH = CH - CH = C(CO^2H)^2$. — Stuart a obtenu cet acide en chauffant parties égales d'acide malonique, d'aldéhyde cinnamique et d'acide acétique à 100° pendant 9 heures. Après avoir lavé avec un peu de chloroforme la masse obtenue, on la cristallise dans l'alcool absolu [*J. Ch. Soc.*, **49**, 365]. Il est bon de faire l'opération à l'abri de la lumière d'après Liebermann [*D. chem. G.*, **28**, 1439, 1895]. Aiguilles jaunes fusibles vers 208° en se décomposant. A 210° ce corps perd CO^2 et donne naissance à deux acides cinnaménylacryliques. Il se transforme à la lumière solaire en un *acide isomère*, incolore, beaucoup plus soluble dans l'alcool que l'acide jaune primitif et fusible avec décomposition à 180°.

Mai 1907. J. Lavaux.

PHÉNYLBUTYLÈNE, $C^6H^5 - CH^2 - CH = CH - CH^3$. — Voyez 1er Suppl. 1199. — Il se forme par distillation sèche de l'acide phénylhomoitamalique $C^{12}H^{14}O^3$ avec perte de CO^2 [Perfeld, *Ann. Chem.*, **216**, 125, 1883]; il s'obtient aussi par réduction du phénylbutadiène [Klags, *Bull. Soc. Chim.*, (3), **30**, 498, 1904].

Si l'on condense l'iodure de magnésiumméthyle sur l'adéhyde cinnamique, on obtient le carbure $C^6H^5 - CH = CH - CH = CH^2$; ce dernier réduit par le sodium et l'alcool donne le phénylbutylène.

C'est un liquide bouillant à 172° sous 76 cm.; il donne un *dibromure* huileux qui se transforme à 170° sous l'influence de la potasse alcoolique en isomère $C^6H^5-CH=CH-CH^2-CH^3$ bouillant à 186° sous 747 mm. [Klags, *D. chem. G.*, **37**, 2301, 1904]. Oxydé par l'ozone en présence de CO^2 on obtient un ozonide détonant [Harrig et de Osa, *ibid.*, **37**, 842, 1904].

PHÉNYLBUTÈNE $C^6H^5-CH=CH-CH^2-CH^3$. — Quand on réduit la benzaldacétoxime $C^6H^5-CH=CH-C(CH^3).AzOH$ par le sodium et l'alcool, on obtient une amide; son phosphate distillé à sec donne les deux carbures $C^6H^5-CH^2-CH=CH-CH^3$ et $C^6H^5-CH=CH-CH^2-CH^3$ [Harrig et de Osa, *ibid.*, **36**, 2997, 1903].

On obtient aussi ce dernier en distillant à sec le produit $C^{10}H^{13}Br$ qu'on prépare par l'action du brome sur le butylbenzène ou en faisant bouillir l'acide éthylphényléthylène lactique avec l'acide sulfurique concentré [Andrews, *J. Soc. phys. chim. russe*, **28**, 89, 1896].

Il bout à 186° sous 747 mm.; il possède une odeur de cresson; on a préparé une *amine* dérivée $C^6H^5-CH=CH-CH(AzH^2)-CH^3$.

Phénylbutènes substitués. — [Voyez Klags, *D. chem. G.*, **37**, 2701, 1904].

Janvier 1907. M. Billy.

PHÉNYLBUTYRIQUE (ACIDE). — Voyez BENZYLPROPIONIQUE (ACIDE).

PHÉNYLBUTYROLACTONE. — (Voyez 1er Suppl., p. 1199).

$$\begin{array}{l} C^6H^5-CH-CH^2-CH^2 \\ \quad\quad\;\; | \qquad\qquad\quad | \\ \quad\quad\;\; O \longrightarrow CO \end{array}$$

— C'est l'anhydride de l'acide γ-phényl-γ-oxybutyrique. On l'obtient : 1° en faisant bouillir 10 gr. d'acide phénylparaconique avec 200 cm³ d'acide sulfurique à 39 0/0 (1 vol. + 3 vol. d'eau) [Lesser, *Ann. Chem.*, **288**, 193, 1895]; 2° en faisant bouillir l'acide phénylitaconique avec de l'acide sulfurique étendu [Fittig et Léoni, *ibid.*, **256**, 74, 1890]; 3° par ébullition de l'acide phénylcrotonique en solution chlorhydrique étendue [Fittig, *D. chem. G.*, **33**, 3519, 1900]; 4° en réduisant l'acide β-benzoylpropionique par l'amalgame de sodium [Ginsberg, *Ann. Chem.*, **299**, 14, 15, 1898].

La lactone fond à 38°. Si on la chauffe avec de l'éthylate de sodium on obtient le diphényldibutolactone $C^{20}H^{18}O^3$.

En faisant bouillir la lactone avec de l'acide iodhydrique et du phosphore rouge on obtient l'acide phénylbutyrique. Enfin, soit par réduction au moyen de l'étain et de l'acide chlorhydrique, soit par le zinc et l'acide acétique à chaud, il ne se forme que peu d'acide phénylbutyrique [Shields, *ibid.*, **288**, 206, 1895].

Ce composé cristallise en lamelles dans le sulfure de carbone; en aiguilles longues et plates dans l'alcool fondant à 37°, bouillant à 306° [Jayne, *ibid.*, **216**, 103, 1883]. Il est très peu soluble dans l'eau chaude; très soluble dans les solvants organiques.

Si on le fait bouillir avec la lessive ou le carbonate de soude il se transforme en acide phénylé (oxybutyrique dont il constitue l'anhydride). Il donne avec les acides halogénés des produits de substitution de l'acide phénylbutyrique; avec l'ammoniaque il fournit l'acide aminophénylbutyrique.

Dans l'organisme animal la phénylbutyrolactone passe inaltérée [*Bull. Soc. Chim.*, (3), **34**, 763, 1905].

Phénylbutyrolactones substituées. — [Voyez Hans Stobbe, *Ann. Chem.*, **321**, 83, 1902; — Erlenmeyer, *D. chem. G.*, **35**, 1903, 3767, 1902; **36**, 919, 1903; *Ann. Chem.*, **333**, 160, 1904].

Janvier 1907. M. Billy.

PHÉNYLCARBAMIDOXIME. — Voyez BENZÉNYLAMIDOXIME.

PHÉNYLCARBAMIQUES (ÉTHERS). — Voyez CARBANILIQUES (ÉTHERS).

PHÉNYLCARBAZINIQUE (ACIDE). — Voyez l'art. HYDRAZINES, p. 339 et suiv.

PHÉNYLCARBONIMIDE. — Voyez CARBANILE.

PHÉNYLCARBOXIME. — Voyez BENZALDOXIME.

PHÉNYLCARBOXIME-URÉE. — Voyez BENZÉNYLAMIDOXIME.

PHÉNYLCARBYLAMINE, $C^6H^5-Az\equiv C$ (*isocyanure de phényle*). — On chauffe, pour obtenir la phénylcarbylamine, au voisinage de 50° un mélange d'aniline (100 gr.), de chloroforme (214 gr.) et de potasse caustique (240 gr.) dissous dans l'alcool à 99° (800 cc.); puis, quand la réaction est effectuée, on chasse l'alcool par distillation au bain-marie et l'on ajoute au résidu 1 litre d'eau. On l'épuise ensuite par de l'éther qu'on lave avec de l'acide chlorhydrique étendu, puis qu'on distille. Enfin après avoir séché le résidu sur de la potasse en plaques on le distille dans le vide [Hoffmann, *Ann. Chem.*, **144**, 117, 1867; — Nef, *ibid.*, **270**, 274, 1892].

C'est un liquide verdâtre à reflets d'un bleu foncé qui bout en s'altérant vers 165-166° sous la pression ordinaire et à 64° sous 20 mm. Densité à 15° = 0.9775. Sa couleur bleu clair quelques minutes après sa production devient ensuite bleu foncé, puis au bout de trois mois il ne reste qu'une résine brune. C'est un corps à odeur pénétrante. La phénylcarbylamine donne avec l'éthylate de sodium la diphénylméthanamidine. Elle se combine directement à deux atomes de chlore, à $COCl^2$, au chlorure d'acétyle avec lequel elle forme la combinaison $C^6H^5-Az=CCl-CO-CH^3$. Inattaquable par les alcalis, elle se dédouble par les acides en aniline et acide formique. Si l'on chauffe à 200-220° la phénylcarbylamine, elle se transforme en son isomère le benzonitrile C^6H^5-CAz. Elle se combine avec les cyanures pour donner, comme avec le cyanure d'argent, des combinaisons cristallines. Avec H^2S on obtient directement la thioformanilide $C^6H^5-AzH-CHS$ et en la chauffant avec du soufre le phénylsénévol $C^6H^5-Az=CS$.

La phénylcarbylamine donne avec HCl introduit dans sa solution éthérée une combinaison $2C^7H^5Az, 3HCl$, poudre insoluble dans l'éther et la ligroïne, mais soluble dans $CHCl^3$.

Sa *combinaison avec le chlore* $C^6H^5-Az=CCl^2$, qu'on peut obtenir directement (Nef) ou par l'action du chlore sur le phénylsénévol, est un liquide bouillant à 209-210°, que H^2S transforme en phénylsénévol et l'oxyde d'argent en phénylcarbimide. Mai 1907. J. Lavaux.

PHÉNYLCÉTOBUTYRIQUE (ACIDE). (*Acide hydrocinnamylcarbonique, acide benzylpyruvique*) $C^6H^5.CH^2.CH^2.CO.CO^2H$. — Il a été signalé pour la première fois par M. N. Petkow [*Ann. Chem.*, **299**, 28].

Préparation. — On fait bouillir pendant 2 heures l'acide phényloxycrotonique $C^6H^5.CH^2$ $CH^2.CH(OH).CO^2H$ avec une solution de soude à 5 0/0. Le produit de la réaction est acidulé par de l'acide clhorhydrique et la substance huileuse d'une couleur jaunâtre qui se précipite est agitée avec de l'éther. On obtient ainsi un produit qui cristallise bientôt dans le vide, et facile à purifier par dissolution dans l'éther pur et addition de ligroïne.

En partant de 4 gr. d'acide phényloxycrotonique, on obtient 3^gr,9 d'acide hydrocinnamylcarbonique (Petkow).

On peut encore, d'après MM. Wislicenus et Münzesheimer [*D. chem. G.*, **31**, 555 et 3133], décomposer l'éther de l'acide benzyloxalacétique

$$C^6H^5.CH^2.CH \begin{smallmatrix} \diagup CO.OC^2H^5 \\ \diagdown CO.OC^2H^5 \end{smallmatrix}$$

par l'acide sulfurique. Le mieux est d'opérer de la façon suivante : l'acide benzyloxalacétique est traité à l'ébullition pendant une journée avec six fois son poids d'acide sulfurique. Après refroidissement, on trouve au fond du vase une huile presque insoluble dans l'eau qu'on fait congeler par refroidissement dans de la glace. La partie non solidifiable est traitée à nouveau par l'acide sulfurique, et se solidifie ensuite presque complètement après refroidissement. Le produit brut ainsi obtenu est réduit en poudre, puis agité avec une quantité considérable d'eau chaude à 50°. On obtient ainsi une solution concentrée d'où l'acide se dépose en cristaux caractéristiques.

Propriétés. — L'acide séché à l'air libre renferme 1mol,5 d'eau de cristallisation qu'il perd lorsqu'on l'abandonne longtemps dans le vide sur l'acide sulfurique. L'acide anhydre est très hygrométrique. L'acide hydraté fond d'après Fittig [*loc. cit.*] à 46°, à 48-50° (Münzesheimer), à 46-48° [Wislicenus, *D. chem. G.*, **31**, 3134]. Il est extrêmement soluble dans l'éther, le benzène et le chloroforme ; il se dissout difficilement dans le sulfure de carbone, il est presque insoluble dans la ligroïne. Du mélange d'éther et de ligroïne, il se dépose en cristaux tabulaires brillants.

Il se dissout bien dans l'eau chaude, mais, par refroidissement, il se sépare presque toujours sous forme de liquide huileux ne se prenant en masse que par le froid, ou bien lorsqu'on abandonne la solution aqueuse saturée à froid dans le vide. Il ne donne aucune réaction colorée avec le chlorure ferrique et n'est pas attaqué par une ébullition prolongée avec l'acide chlorhydrique à 10 0/0.

Son *oxime* est en aiguilles incolores fondant à 165° [Fr. Knoop et H. Hœssli, *D. chem. G.*, **39**, 1477, 1906].

La *phénylhydrazone* correspondante $C^{16}H^{16}Az^2O^2$ est en prismes presque incolores fondant à 144-145° [Fittig, *loc. cit.*]. D'après Wislicenus et Münzesheimer [*loc. cit.*], cette phénylhydrazone est en petits cristaux faiblement colorés en jaune pâle fondant à 149-151°. Bouillie avec une solution d'acide sulfurique à 10 0/0, elle donne l'éther de l'acide benzylindolcarbonique

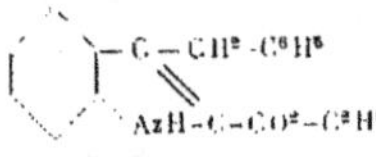
C — CH² - C⁶H⁵
AzH - C - CO² - C²H⁵

Fittig a préparé quelques sels de l'acide benzylpyruvique.

Sel de calcium $(C^{10}H^9O^3)^2Ca + H^2O$. — Obtenu en précipitant la solution du sel ammoniacal par le chlorure de calcium ou en neutralisant une solution d'acide étendu par le carbonate de chaux. Peu soluble dans l'eau froide, il est plus soluble à chaud et se dépose par refroidissement en belles lamelles qui perdent leur eau de cristallisation à 100-105°.

Sel de baryum $(C^{10}H^9O^3)^2Ba + H^2O$. — Peu soluble dans l'eau froide, il se dissout mieux à chaud. Par refroidissement on obtient de petites lamelles brillantes.

Sel d'argent $C^{10}H^9O^3Ag$. — Obtenu en précipitant la solution de l'acide additionnée d'ammoniaque jusqu'à neutralisation par l'azotate d'argent. Il est amorphe : lorsqu'on le chauffe avec de l'eau, il brunit et donne un miroir métallique. 1er janvier 1907. V. Thomas.

PHÉNYLCHLOROFORME, $C^6H^5-CCl^3$ (1.1.1-*trichlorotoluène*). — Le phénylchloroforme s'obtient soit dans la chloruration du chlorure de benzoyle par le perchlorure de phosphore [Schischkow, Rösing, *Jahr. Fort. Chem.*, 1858, 279], soit dans la chloruration à chaud du toluène directement par le chlore [Limpricht, *Ann. Chem.*, **135**, 50, 1865 et **139**, 323, 1866]. Il se forme d'abord du chlorure de benzyle, puis du chlorure de benzylidène, enfin du phénylchloroforme : il faut donc pousser à froid la chloruration en notant le poids du chlore absorbé. C'est un liquide qui par les mélanges réfrigérents peut se solidifier ; il fond alors à — 22°,5 [Haase, *D. chem. G.*, **26**, 1053, 1893]. Il bout à 213-214°. Il est à remarquer que ce point d'ébullition est le même que celui du chlorure de benzilidène $C^6H^5.CHCl^2$ qui se forme en même temps que lui dans la chloruration du toluène, et qu'on ne peut espérer l'en séparer par distillation. L'eau à 150° le transforme en acide benzoïque et HCl, tandis que l'alcool dans les mêmes conditions donne le benzoate d'éthyle et que l'alcoolate de Na donne l'éther $C^6H^5C\equiv(OC^2H^5)^3$, éther triéthylique de l'acide phényl-orthoformique ou acide orthobenzoïque. L'ammoniaque donne avec le phénylchloroforme de l'acide benzoïque, de la benzamide et du benzonitrile. Quand on le chauffe à 180° avec du chlorhydrate d'aniline, du nitrobenzène et de la limaille de fer, on obtient le diaminotriphénylcarbinol $(AzH^2.C^6H^4)^2 = C.OH-C^6H^5$. Avec le zinc éthyle il donne l'amylbenzène, avec AzO^3H fumant de l'acide m-nitrobenzoïque et avec $SO^4H^2 + 4,6$ 0/0 d'eau de l'anhydride benzoïque.

L'action du chlore à la lumière solaire sur le phénylchloroforme donne un *dérivé chloré* $C^{21}Cl^{26}$ fusible à 152-153°, soluble dans le chloroforme mais pas dans l'alcool.

Le phénylchloroforme réagit très facilement à chaud sur les phénols en donnant les alcools phénols. La réaction se passe en deux phases :

$$1° \quad C^6H^5-CCl^3 + 2C^6H^5-OH$$
$$= C^6H^5-CCl \begin{smallmatrix} \diagup C^6H^4.OH \\ \diagdown C^6H^4.OH \end{smallmatrix} + 2HCl ;$$

$$2° \quad C^6H^5-CCl \begin{smallmatrix} \diagup C^6H^4OH \\ \diagdown C^6H^4OH \end{smallmatrix} + H^2O$$
$$= C^6H^5-C.OH \begin{smallmatrix} \diagup C^6H^4.OH \\ \diagdown C^6H^4.OH \end{smallmatrix} + HCl.$$

Les OH phénoliques sont en para par rapport au groupe COH. Si la position para n'est pas libre, cette réaction n'aura pas lieu de la même façon, la soudure se faisant non par le carbone des noyaux mais par les atomes d'oxygène, de sorte qu'on obtiendra des dérivés éthérés. C'est ainsi que le β-naphtol donne dans une première phase la chlorhydrine

$$C^6H^5-CCl \begin{smallmatrix} \diagup O.C^{10}H^7 \\ \diagdown O.C^{10}H^7 \end{smallmatrix}$$

puis finalement l'éther oxyde

$$\begin{array}{c} C^6H^5-C \begin{smallmatrix} \diagup OC^{10}H^7 \\ \diagdown OC^{10}H^7 \end{smallmatrix} \\ | \\ O \\ | \\ C^6H^5-C \begin{smallmatrix} \diagup OC^{10}H^7 \\ \diagdown OC^{10}H^7 \end{smallmatrix} \end{array}$$

[Döbner, *D. chem. G.*, 217, 223, 1883].

En présence de lessive de soude la réaction sur le phénol donne le benzoate de phényle, l'orthooxybenzophénone et de la benzaurine [Heibner, *D. chem. G.*, **24**, 3084, 1891].

Les bases de la série $C^nH^{2n-5}Az$ réagissent

comme les phénols sur le phénylchloroforme en présence de chlorure de zinc.

C'est ainsi que la diméthylaniline donne la réaction :

$$C^6H^5-CCl^3 + 2C^6H^5-Az(CH^3)^2$$
$$= 2HCl + C^6H^5-CCl \begin{cases} C^6H^4-Az(CH^3)^2 \\ C^6H^4-Az(CH^3)^2 \end{cases}$$

Les amines tertiaires réagissent presque quantitativement. les secondaires et surtout les primaires. moins bien. Les composés chlorés ainsi obtenus dérivent du triphénylméthane et sont des matières colorantes vert émeraude avec les bases secondaires et violettes avec les bases primaires. C'est encore en para. comme pour les phénols, que se fait la soudure. et les bases qui ne possèdent pas de position para libre par rapport au groupe amidogène ne donnent pas de matière colorante. Juin 1907. J. Lavaux.

α-PHÉNYLCINNAMIQUE (ACIDE).

$$C^6H^5-CH=C-CO^2H$$
$$|$$
$$C^6H^5$$

— L'acide phénylacétique, à l'état de sel de soude, peut se condenser avec la benzaldéhyde en présence d'anhydride acétique quand on le chauffe vers 150-160°, pendant 8 heures, pour donner l'acide α-phénylcinnamique [Oglialoro, *Jahr. Fort. Chem.*. 1878, 820]. On peut encore pour obtenir cet acide, préparer son nitrile et le saponifier par la potasse alcoolique. Le nitrile s'obtiendra en chauffant ensemble chlorure de benzylidène, cyanure de benzyle et soude caustique. ou bien en maintenant à 170° un mélange de soude solide avec 1 mol. de cyanure de benzyle et 2 mol. de chlorure de benzyle. On l'obtient encore en faisant réagir l'éthylate de sodium sur un mélange de cyanure de benzyle et de benzaldéhyde.

L'acide α-phénylcinnamique obtenu par l'un ou l'autre de ces procédés sera purifié par cristallisation dans la ligroïne bouillante, puis enfin dans l'alcool faible qui donnera de longues et fines aiguilles, fusibles à 169-170° (ou 172° d'après Müller). C'est un corps susceptible d'être sublimé, très soluble dans l'alcool et l'éther, notablement moins dans l'eau.

Il peut être hydrogéné par l'amalgame de sodium en fournissant l'acide phényl-benzyl-acétique.

Il se combine, grâce à sa liaison éthylénique, avec HCl dès la température de 125°, mais ne fixe cependant pas le brome, tandis que son sel de soude s'y combine en donnant le bromostilbène.

Éthers. — L'acide α-phénylcinnamique donne un *éther méthylique* solide, fusible à 77-78°. cristallisable dans l'eau en longues aiguilles. tandis que son *éther éthylique* est liquide [Cabella, *Gazz. chim. ital.*, **14**, 115].

NITRILE. — Le nitrile obtenu comme il a été dit plus haut peut être cristallisé de sa solution alcoolique bouillante en feuillets fusibles à 86°. Il bout à 359-360°. Il se dissout peu dans l'alcool froid, mieux à chaud et facilement dans le chloroforme, le sulfure de carbone, l'éther, le benzène [V. Meyer, *Ann. Chem.*. **250**, 124, 1888; — Frost, *ibid.*, **250**, 157; — Janssen. *ibid.*. **250**, 129; — Neure, *ibid.*, **250**, 155].

Juin 1907. J. Lavaux.

PHÉNYLCRÉSYLCÉTONES (Syn. *Phényltolylcétone* ou *méthylbenzophénone*). — Voyez 1er Suppl., 1200.

PHÉNYLORTHOCRÉSYLCÉTONE. $C^6H^5-CO_{(1)}-C^6H^4-CH^3_{(2)}$. — Goldschmidt et Stöcker [*D. chem. G.*, **24**, 2805, 1891] préparent cette cétone en traitant par le chlorure d'aluminium un mélange de benzène et du chlorure de l'acide orthocrésylique $(CH^3)_{(1)}.C^6H^4.(COCl)_{(2)}$.

PHÉNYLCRÉSYLCÉTOXIME. — *Isomère* α,

$$CH^3-C^6H^4-C-C^6H^5$$
$$\|$$
$$AzOH$$

— On l'obtient, d'après Smith [*D. chem. G.*, **24**, 4046, 1895] en abandonnant ensemble pendant 10 jours une solution alcoolique de phénylorthocrésylcétone avec un excès de chlorhydrate d'hydroxylamine et de la soude. Elle fond à 105°; traitée par PCl^5, elle donne l'anilide de l'acide α-crésylique.

Isomère β,

$$C^6H^5-C-C^6H^4-CH^3$$
$$\|$$
$$AzOH$$

— Le même auteur prépare cet isomère en faisant bouillir pendant 10 heures une solution alcoolique de phényl-o-crésylcétone avec du chlorhydrate d'hydroxylamine et de la soude: il fond à 69°.

Phénylimide, $CH^3-C^6H^4-C(=AzC^6H^5)-C^6H^5$. — Ce corps se forme lorsqu'on chauffe ensemble pendant 5 à 6 heures, à 300°, 10 gr. de phényl-o-crésylcétone avec 30 gr. d'aniline. Prismes jaunes fusibles à 104°,5.

2-Méthyl-4-5-aminobenzophénone, $CH^3-C^6H^3(AzH^2)-CO-C^6H^5$. — Lorsqu'on chauffe la paracrésylphtalimide avec le chlorure de benzoyle, en présence du chlorure de zinc, on obtient la 6-phtalimino-3-méthylbenzophénone. qui, scindée par l'acide acétique et l'acide chlorhydrique, donne la méthylaminobenzophénone [Hanschke, *D. chem. G.*, **32**, 2029, 1899]. C'est une huile: on en connaît des sels solides, le *sulfate* anhydre fond à 147-149° et le *dérivé benzoylé* à 136-138°.

Diméthylaminophénylcrésylcétone, $(CH^3)^2Az-C^6H^3(CH^3)-CO-C^6H^5$. — Elle se prépare avec l'acide benzoïque et la diméthylorthotoluidine en présence de P^2O^5 [O. Fischer, *Ann. Chem.*, **206**, 91, 1881]. Elle fond à 67°, bout vers 350-360°.

PHÉNYLMÉTACRÉSYLCÉTONE $C^6H^5-CO_{(1)}-C^6H^4-CH^3_{(3)}$. — Elle se prépare en oxydant le métabenzyltoluène, $C^6H^5.CH^2.C^6H^4.CH^3$, par l'acide nitrique étendu. Liquide bouillant à 314-315° sous 745 mm. Le mélange chromique l'oxyde en produisant l'acide m-benzoylbenzoïque. Chauffé avec de l'acide iodhydrique et du phosphore, il revient au m-benzyltoluène.

Phényloxycrésylcétone, $C^6H^5CO_{(1)}C^6H^3(CH^3)_{(3)}(OH)_4$, *benzo-o-crésol*. — On la prépare en traitant le dérivé benzoïque par une lessive de soude. Elle fond à 172° [Bartolotti, *Gaz. chim.*, **30**, II, 231, 1900]. On obtient l'*éther méthylique*, $C^6H^5-CO-C^6H^3(CH^3)(O-CH^3)$, en chauffant à l'ébullition, pendant 4 heures, 2 gr. de cétone dissoute dans une solution de 1 gr. potasse fondue dans un mélange de 5 cm³ d'alcool méthylique et de 3gr,2 d'iodure de méthyle [*ibid.*, **30**, II, 233, 1907]. Il fond à 80°,5.

L'*acétate* $C^6H^5-CO-C^6H^3(CH^3)(CH^3-CO^2)$ est un liquide obtenu en chauffant pendant 4 heures à l'ébullition 2 grammes de la cétone avec 8 gr. d'anhydride acétique et de l'acétate de soude fondu (1gr,5).

Le *benzoate*, $C^6H^5-CO-C^6H^3(CH^3)(C^6H^5.COO)$ s'obtient en chauffant le benzoate d'orthocrésol (10gr,4) avec 7 gr. de chlorure de benzoyle, en présence du chlorure de zinc. Cristaux fondant à 99°,5 (Bartholotti).

PHÉNYLCRÉSYLCÉTOXIME, $C^6H^5-C(=AzOH)_{(1)}.C^6H^4-CH^3_{(3)}$. — Elle fond à 100-101° [Goldschmidt et Stöcker, *D. chem. G.*, **24**, 2807, 1895].

6-*Amino-3-méthylbenzophénone*, $CH^3(AzH^2)C^6H^3-CO-C^6H^5$. — On l'obtient en chauffant à 160° pendant 5 à 6 heures la 6-phtalimino-3-méthylbenzophénone (voir plus loin) avec l'acide chlorhydrique fumant [Hanschke, *D. chem. G.*, **32**, 2023, 1899]. Elle fond à 64°. Le *chlorure* fond à 179-180°, en se décomposant; il est décomposé par l'eau.

Le *picrate* fond à 145°.

6-*Phtalimino-3-méthylbenzophénone*,

$$CH^3.C^6H^3\left(Az<^{CO}_{CO}>C^6H^4\right)CO.C^6H^5$$

— On l'obtient en chauffant vers 170-180° la paracrésylphtalimide avec le chlorure de benzoyle en présence de $ZnCl^2$. Elle fond à 198-202° (Hanschke).

Dérivé 4,4-*diaminé* $AzH^2-C^6H^3(CH^3)CO-C^6H^4-AzH^2$. — Liebermann a obtenu ce produit simultanément avec beaucoup d'autres en chauffant la rosaniline avec de l'eau à 270° [*D. chem. G.*, **16**, 1929, 1883]. Aiguilles fondant mal un peu au-dessus de 220°. Son *dérivé dibenzoylé*, $C^6H^5-CO-AzH-C^6H^3(CH^3)-CO-C^6H^4.AzH-CO-C^6H^5$, est en aiguilles fondant à 226°.

Dinitrophénylcrésylcétone, $C^{14}H^{10}(AzO^2)^2O$. — Elle se forme en oxydant à l'ébullition le dinitrométabenzyltoluène avec l'acide chromique en solution acétique. Prismes brillants fondant à 145° [Senf, *Ann. Chem.*, **220**, 236, 1884].

PHÉNYLPARACRÉSYLCÉTONE, $C^6H^5-CO_{(1)}.C^6H^4CH^3_{(4)}$. — Weiler l'obtient en oxydant le paracrésylphénylméthane par le chlorure de chromyle CrO^2Cl^2 [*D. chem. G.*, **32**, 1053, 1899].

Bourcet la prépare en introduisant goutte à goutte 100 gr. de chlorure de benzoyle dans un mélange de toluène (1000 gr.) et 50 gr. de chlorure d'aluminium. On purifie le produit par une cristallisation dans la ligroïne [*Bull. Soc. Chim.*, (3), **15**, 945, 1896].

Elle se forme également en traitant le chlorure de benzoyle et le toluène par le chlorure d'aluminium [Elbs, *J. prakt. Chem.*, (2), **35**, 465, 1887]. Le sulfhydrate d'ammoniaque la réduit en paraphénylcrésylméthane, $C^6H^5-CH^2-C^6H^4-CH^3$ [Willgerodt, *D. chem. G.*, **20**, 2470, 1884].

PHÉNYLCRÉSYLCÉTOXIME, $C^6H^5-C(=AzOH)-C^6H^4-CH^3$. *Isomère* α. — On l'obtient avec le dérivé β, lorsqu'on abandonne pendant 12 heures une solution de phénylparacrésylcétone dans l'alcool étendu avec le chlorhydrate d'hydroxylamine et la soude caustique [Hantzch, *ibid.*, **23**, 2326, 1890]. Pour séparer les 2 isomères on dissout le produit brut dans l'acide acétique et l'on précipite par l'eau. Il fond à 153° [Auwers, *D. chem. G.*, **23**, 402, 1890].

L'acide acétique, mélangé d'anhydride acétique et saturé d'acide chorhydrique gazeux, le transpose en anilide paratoluique.

Chauffé à 140° avec le chlorhydrate d'hydroxylamine et l'alcool, il se transforme en dérivé β.

Son *éther benzylique* fond à 85°. Chauffé avec l'acide iodhydrique, il donne l'iodure de benzyle.

Isomère β. — Il fond à 115-116°; il est bien plus soluble que le dérivé α; le pentachlorure de phosphore, en solution éthérée, le transforme en anilide paracrésylique (Hantsch).

Ether benzylique, $C^6H^5-C(Az-OCH^2-C^6H^5)-C^6H^4-CH^3$. — Il fond à 51°.

Dérivé acétylé, $C^6H^5-C(AzOC^2H^3O)-C^6H^4-CH^3$. — Il fond à 118-122°: plus soluble dans l'acide acétique que l'α dérivé correspondant, il se transforme facilement en ce dérivé si on le chauffe avec de l'alcool.

Nitro-oxime, $C^6H^4(AzO^2)-C(AzOH)-C^6H^4-CH^3$. — Elle fond à 145° [Samietz, *Ann. Chem.*, **286**, 320, 1895].

4-OXY-MÉTHYLBENZOPHÉNONE ou *alcool parabenzoylbenzylique* $C^6H^5-CO-C^6H^4-(CH^2OH)_4$. — Bourcet la prépare en faisant bouillir pendant 6 heures 25 gr. de bromure de para-benzoylebenzyle avec 2 litres d'une solution de carbonate de potasse à 2 0/0 [*Bl. Soc. Chim.*, (3), **15**, 947, 1896]. Elle fond à 48°,3.

Son *acétate* s'obtient de la même manière en opérant dans une solution d'acétate de potasse à 3 0/0. Il fond à 36°.

Phénylcrésylcétone sulfonique, $C^6H^4-CO-C^6H^3(CH^3)_4SO^3H$. — Krannich [*D. chem. G.*, **33**, 3488, 1900] l'obtient en condensant l'anhydride o-sulfobenzoïque par le chlorure d'aluminium. Masse jaune, très soluble et hygroscopique. Par fusion avec la potasse, elle fournit l'acide paracrésylique.

Le *sel d'ammonium* hydraté fond à 53°, se déshydrate à 100°. Anhydre il fond à 248°. Le *sel de potassium* fond à 248°. Le *sel de baryum*, anhydre à 100°, fond à 215°.

Bromure de parabenzoyle-benzyle, $C^6H^5-CO-C^6H^4-CH^2Br$. — Il s'obtient en faisant couler goutte à goutte du brome sur la phénylcrésylcétone chauffée à 150°. Il fond à 196°. Oxydé par le permanganate de potasse, il fournit l'acide benzoylbenzoïque.

Bromure de parabenzoylbenzilidène, $C^6H^5CO-C^6H^4-CHBr^2$. — On le prépare en bromurant la phénylcrésylcétone chauffée à 170°. Il fond à 86°,8.

ORTHOBROMOPHÉNYLPARACRÉSYLCÉTONE, $C^6H^4Br-CO-C^6H^4-CH^3$. — On l'obtient en traitant le chlorure d'o-bromobenzoyle et le toluène par le chlorure d'aluminium. Elle fond à 92°. Son *oxime*, $C^{14}H^{11}Br=AzOH$, fond à 138-140°. Lorsqu'on la chauffe avec l'éthylate de sodium on obtient le tolylindoxazène $C^{14}H^{11}AzO$ [Herdenreich, *D. chem. G.*, **27**, 1452, 1894].

NITROPHÉNYLPARACRÉSYLCÉTONES, $C^6H^4(AzO^2)-CO-C^6H^4-CH^3$.

Dérivé méta. — Il se forme lorsqu'on chauffe à l'ébullition pendant plusieurs heures un mélange de chlorure de m-nitrobenzoyle avec du toluène et du sulfure de carbone, en présence de chlorure d'aluminium. Lamelles fusibles à 111°. Il distille par petites quantités sans se décomposer. Le mélange chromique l'oxyde et le transforme en acide nitrobenzoylbenzoïque, $AzO^2-C^6H^4-CO-C^6H^4-COOH$.

Dérivé para. — Samietz [*Ann. Chem.*, **286**, 321, 1893] l'obtient d'une manière analogue en partant du p-nitrobenzoyle. Il fond à 122-124°.

Chloro-3-nitrophénylcrésylcétone, $CH^3.C^6H^4.CO_{(1)}.C^6H^3Cl_{(3)}.AzO^2_{(3)}$. — Limprecht et Leuz l'obtiennent en faisant passer un courant de chlore dans la m-nitrophénylcrésylcétone chauffée à 150°. Elle fond à 96°. Le *dérivé bromé* correspondant se prépare en chauffant le même composé original avec une molécule de brome en solution acétique. Il fond à 116° [*ibid.*, **286**, 309, 1895].

Les mêmes auteurs préparent l'*aminocétone* correspondante par réduction au moyen du chlorure d'étain et de l'acide chlorhydrique [*ibid.*, **286**, 312, 1895]. Elle fond à 142°. Le *dérivé acétylé* $CH^3COAzH.C^6H^4-COC^6H^4.CH^3$ fond a 139°.

Amino-méthylbenzophénone, $(CH^3)_4-C^6H^4CO_{(1)}-C^6H^4-(AzH^2)_2$. — Obtenue par Kippenberg [*D. chem. G.*, **30**, 1133, 1897] en traitant l'amide p-crésyl-o-benzoïque par le brome et un alcali. Elle fond à 96°. L'amalgame de sodium en solution alcoolique la réduit en o-aminophénylparacrésylcarbinol, $(CH^3)_4-C^6H^4-CHOHC^6H^4(AzH^2)_2$. — Elle se combine à l'urée.

3-*Aminophénylcrésylcétoxime*, $AzH^2_{(3)}-C^6H^4-C(AzOH)-C^6H^4-CH^3$. — Elle fond à 146° (Limprecht et Lenz).

4-*Oxyphénylcrésylcétone*, $OH_{(4)}-C^6H^4-CO-$

$C^6H^4 - CH^3$. — On l'obtient lorsqu'on traite la 4-aminophénylcrésylcétone par l'acide azoteux.

Amino-oxyméthylbenzophénone, $(OH)_{(4)}C^6H^3(AzH^2)_3 - CO - C^6H^4 - (CH^3)_4$. — [Gattermann, *D. chem. G.*, **29**, 3036. 1896]. Elle fond à 93°.

Acide 3-nitrophénylcrésylcétone sulfonique, $C^6H^4(AzO^2)_{(3)} - CO - C^6H^3(SO^3H) - CH^3 + 3H^2O$. — Il s'obtient en chauffant pendant plusieurs jours à 160° la 3-nitrophénylcrésylcétone avec l'acide sulfurique fumant [Limprecht et Lenz, *Ann. Chem.*, **286**, 309. 1895]. Il fond à 140°.

Acide aminophénylcrésylcétone sulfonique. — Il s'obtient en chauffant l'amino-cétone avec l'acide sulfurique fumant à 100° (mêmes auteurs). Il fond au-dessus de 300° en se décomposant.

Nitrométhylbenzophénone. $(AzO^2)_3 - C^6H^4 - CO - C^6H^4 - (CH^3)_4$. — Electrolysée dans l'acide sulfurique, elle fournit la 3-amino-6-méthylbenzophénone.

Aminométhylbenzophénone $AzH^2 . C^6H^4 . CO . C^6H^4CH^3$. — Elle fond à 179° [Samietz, *Ann. Chem.*, **286**, 325. 1895].

Son *sulfate* (lamelles) fond à 210-216° en se décomposant.

Aucun travail d'ensemble n'a été fait sur ces composés. Janvier 1907. M. Billy.

PHÉNYLCRÉSYLÉTHANE. — Voyez Benzylcrésylméthane.

PHÉNYLCROTONIQUE (ACIDE) ou *4-phényl-3-butène-1-oïque*, $C^6H^5 - CH = CH - CH^2 - COOH$ (Voyez Suppl., p. 1200).

Il s'en forme lorsqu'on réduit l'acide phényl-α-oxycrotonique par l'amalgame de sodium [Fittig, Petkow, *Ann. Chem.*, **299**, 27, 1896 et Buchner et Denauer, *D. Chem. G.*, **25**, 1155, 1893].

Préparation. — On chauffe un mélange de 94 gr. d'aldéhyde benzoïque, 160 gr. de succinate de soude et 102 gr. d'anhydride acétique, pendant 6 heures à 108-110°. On dissout la masse obtenue dans l'eau bouillante, on chasse la benzaldéhyde en excès par la vapeur d'eau, et l'on filtre à chaud; puis on reprend le liquide filtré par l'acide chlorhydrique et l'on concentre au bain-marie. Le résidu repris par l'eau chaude est filtré, on acidule fortement le filtratum par l'acide chlorhydrique et on l'agite avec de l'éther qui dissout l'acide phénylcrotonique, et l'acide phénylparaconique qui s'est formé en même temps. On sépare ces deux acides par le sulfure de carbone, qui ne dissout que l'acide phénylcrotonique [Jayne, *Ann. Chem.*, **216**, 100, 1883; — Léoni, *ibid.*, **256**, 64, 1890].

Lors de la distillation ultérieure, l'acide phénylparaconique se décompose pour la plus grande partie en acide carbonique et en acide phénylcrotonique. On neutralise le liquide distillé par le carbonate de soude, on enlève les impuretés en épuisant à l'éther et l'on précipite la solution sodique par l'acide chlorhydrique. L'acide précipité est mis à cristalliser dans le sulfure de carbone [H. Erdmann, *ibid.*, **227**, 258, 1885].

Il se présente en aiguilles fusibles à 86°. Il distille à 302° presque sans décomposition, mais une longue ébullition le scinde en eau et en α-naphtol. Il est presque insoluble dans l'eau, il se dissout dans les solvants organiques.

Il est attaqué à l'ébullition par la lessive de soude à 10 0/0.

Si on le chauffe quelques instants avec l'acide sulfurique (volumes égaux d'acide et d'eau), on obtient l'anhydride isomère de l'acide phényloxybutyrique $C^{10}H^{17}O^3$.

Traité par l'acide nitrique concentré, il forme du phényl-nitro-éthylène $C^6H^5 - CH = CH - (AzO^2)$.

Par oxydation au permanganate, il donne l'acide phényldioxybutyrique.

Lorsqu'on le fait bouillir avec de l'acide chlorhydrique étendu, il se transforme en *phénylbutyrolactone* (voyez ce mot); cette réaction s'arrête lorsque 65 0/0 de l'acide se sont transposés; si l'on emploie l'acide chlorhydrique concentré, il n'y a pas seulement transposition, mais aussi polymérisation, et il se forme un acide $C^{20}H^{20}O^4$ (voyez ci-dessous) [Fittig, *D. chem. G.*, **33**, 3519, 1900].

Sels (Jayne). — Le *sel de calcium* cristallise avec $3H^2O$, lorsqu'on l'abandonne à l'évaporation spontanée. Il se décompose à 100°. Le *sel de baryum* est identique.

Acide p-chlorophénylcrotonique, $C^6H^4Cl - C^3H^4 - COOH$. Il se forme lorsqu'on chauffe l'acide p-chlorophénylparaconique [Erdmann, Schwechlen, *Ann. Chem.*, **260**, 65, 1890]. — Aiguilles fusibles à 108-109°. — Lorsqu'on le fait bouillir il donne le 7-chloro-1-naphtol. Le *sel de soude* cristallise avec $7H^2O$.

Acides dichlorophénylcrotoniques, $C^6H^3Cl^2 - C^3H^4 - COOH$. — Il y a 3 isomères, tous obtenus à partir des isomères correspondants de l'acide dichlorophénylparaconique.

L'*acide* 3.4 s'obtient en chauffant l'acide 3.4-dichlorophénylparaconique; il cristallise et fond à 63-64°. Il se décompose à la distillation en 7.8 et 6.7-dichloro-1-naphtols.

L'*acide* 2.4 se forme lorsqu'on chauffe l'acide 2.4-dichlorophénylparaconique. Prismes fondant à 120°; il fournit par décomposition le 5.7-dichloro-α-naphtol.

L'*acide* 3.4 cristallise en petites aiguilles fondant à 63-64°. Lors de la distillation, il se décompose en 7.8 et 6.7-dichloro-1-naphtols.

L'*acide* 2.5 est en prismes fondant à 148-149°; soumis à l'ébullition il fournit du 5.8-dichloro-α-naphtol.

Acide phényl-α-aminocrotonique, $C^6H^5 - CH = CH - CH(AzH^2) - COOH$. — Le *sel de baryum* se produit lorsqu'on chauffe à 100° pendant 10 heures 5 gr. d'éther éthylique de la styrylhydantoïne avec une solution concentrée de baryte hydratée (6 gr.) :

$$C^6H^5 - CH = CH - CH \begin{matrix} \diagup COAzC^2H^5 \\ \diagdown AzHCO \end{matrix} + 2H^2O$$
$$= C^{10}H^{11}AzO^2 + CO^2 + C^2H^5 - AzH^2.$$

On décompose le sel de baryum par l'acide carbonique. C'est une poudre sublimable fondant en se décomposant à 240-250°, peu soluble dans l'eau et l'alcool [Pinner, Spelker, *D. chem. G.*, **22**, 689, 1889].

Acide phényl-α-anilinocrotonique, $C^6H^5 - CH = CH - CH(AzH - C^6H^5) - CO^2H$. — Il s'obtient par saponification du nitrile. Aiguilles fondant à 154°, insolubles dans l'eau, solubles dans l'alcool, l'éther, les alcalis et les acides. Son *amide* $C^{16}H^{14}AzO - AzH^2$, s'obtient en traitant le nitrile par l'acide sulfurique fumant et en précipitant la solution par l'eau [Peine, *D. chem. G.*, **17**, 2116, 1884]. Le *nitrile* $C^6H^5 - CH = CH - CH(AzH - C^6H^5)CAz$ se forme lorsqu'on chauffe pendant quelques instants une solution alcoolique du nitrile phényl-α-oxycrotonique avec de l'aniline, ou bien encore en traitant 30 gr. d'anilide cinnamique à 0° par 35 gr. d'acide cyanhydrique à 90 0/0. Aiguilles fondant à 130-131° et insolubles dans l'eau.

Nitrile phényl-para-anisidocrotonique $C^6H^5 - CH = CH - CH(AzH - C^6H^4 - OCH^3)CAz$. — On l'obtient lorsqu'on abandonne ensemble l'aldéhyde anhydrocinnamique-p-anisidine $C^6H^5 - CH = CH - CH = Az - C^6H^4 - OCH^3$ avec de l'acide cyanhydrique concentré [Rohde, *D. chem. G.*, **25**, 2057, 1893]. Lamelles fondant à 126-127°.

Son *dérivé métanitrophénylé* $C^6H^4(AzO^2) - CH = CH - CH(AzH . C^6H^4OCH^3)CAz$ fond à 106°.

On l'obtient à partir de l'aldéhyde anhydro-méta-nitrocinnamique et de l'acide cyanhydrique.

ACIDE POLYPHÉNYLCROTONIQUE $C^{20}H^{20}O^4$ (?). — Cet acide fond à 179°. Le *sel de calcium* est très soluble dans l'eau, le *sel d'argent* est un précipité jaune [Erdmann, *Ann. Chem.*, **247**, 258, 1885; — Fittig, Léoni, *ibid.*, **256**, 74, 1890].

ACIDE α-β-PHÉNYLCROTONIQUE $C^6H^5-CH^2-CH=CH-COOH$, voir Fittig [*Ann. Chem.*, **283**, 302, 1894].

Il forme des lamelles fondant à 65°. Il n'est pas entraîné par la vapeur d'eau. Le *sel de calcium* cristallise avec $3H^2O$; le *sel de baryum* cristallise avec $1H^2O$.

Nitrile $C^6H^5-CH^2-CH=CH-CAz$ [Thiele, Salzberger, *Ann. Chem.*, **319**, 209, 1901]. Cristaux fondant à 59-60°, solubles dans les solvants organiques, réduisant à froid l'azotate d'argent ammoniacal.

Nitrile 1-chloro-β-naphtylaminophénylcrotonique $C^6H^5-CH=CH-CH(CAz)-AzH-C^{10}H^6Cl$. — Morgan a obtenu ce dérivé à partir de l'acide cyanhydrique et de la cinnamylidène-1-chloronaphtylamine. Il cristallise en lamelles fondant à 155° [*Chem. Soc.*, **77**, 1218, 1900].

Janvier 1907. M. Billy.

PHÉNYLÈNE ACÉTOPROPIONIQUE (ACIDE),

$$C^6H^4 \begin{matrix} \diagup CH^2-CO^2H_{(1)} \\ \diagdown CH^2-CH^2-CO^2H_{(2)} \end{matrix}$$

— On peut obtenir cet acide en traitant par le sodium, à chaud, l'acide naphtol-3-carbonique-2 en dissolution dans l'alcool amylique, ou encore en traitant de même l'acide naphtol-2-carbonique-1 en solution dans l'alcool absolu. C'est un corps cristallisable dans l'eau en prismes hexagonaux, fusible à 139°, très soluble dans l'alcool et l'éther. La distillation de son sel de calcium donne naissance au β-cétotétrahydronaphtalène $C^{10}H^{10}O$.

Sels : $CaC^{11}H^{10}O^4$. — Peu soluble dans l'eau. — BaA. — CuA. — Ag^2A.

Ether éthylique $C^{11}H^{10}O^4(C^2H^5)^2$. — C'est un liquide épais qui bout à 210-212° sous 40 mm.

Dérivé nitré,

$$AzO^2-C^6H^3 \begin{matrix} \diagup CH^2-CO^2H \\ \diagdown CH^2-CH^2-CO^2H \end{matrix}$$

— On peut nitrer l'acide phénylène acétopropionique en introduisant la quantité théorique d'azotate de potasse dans une solution bien refroidie de ce corps dans SO^4H^2. On obtient ainsi l'*acide nitrophénylène acétopropionique* formé de feuillets brillants fusibles à 172°, peu solubles dans l'eau froide, dont les *sels de chaux et d'argent* sont des précipités amorphes CaA et Ag^2A [Einhorn, Lumsden, *Ann. Chem.*, **286**, 268, 1895]. Juin 1907. J. Lavaux.

PHÉNYLÈNEDIAMINES.—(Voy. 1er Suppl., 1203).

ORTHOPHÉNYLÈNEDIAMINE. — Elle se forme dans la réduction de l'o-nitraniline par la poudre de zinc [Bamberger, *D. chem. G.*, **28**, 250, 1895], en milieu aqueux, ou par le zinc et les alcalis en milieu alcoolique [Hinsberg, *ibid.*, **28**, 2947]; en réduisant l'o-bromophénylènediamine [Sandmeyer, *ibid.*, **19**, 2654, 1886]; par la réduction électrolytique de l'o-nitraniline [Rohde, *Zeit. f. Electr. Ch.*, **7**, 340].

Elle fond à 102-103°. Chaleur de neutralisation [Vignon, *Bull. Soc. Chim.*, (3), **2**, 675]. Pouvoir rotatoire magnétique [Perkin, *Chem. Soc.*, **69**, 1245]. Action des effluves en présence de l'azote [Berthelot, *C. R.*, **126**, 784]. L'o-phénylènediamine est facilement oxydable. Griess le premier a constaté que le perchlorure de fer donne un composé $C^{12}H^{10}O^4$ [*Journ. f. prakt. Ch.*, (2), **3**, 142, 1860] que O. Fischer et Hepp ont caractérisé comme étant la diaminophénazine [*D. chem. G.*, **22**, 355, 1889; *ibid.*, **23**, 841, 1890; Fischer et Heyler, *ibid.*, **26**, 378, 1893; Fischer et Jonas, *ibid.*, **27**, 2782, 1894; Fischer, *ibid.*, **37**, 552, 1904].

Plus tard, Ullmann et Mauthner démontrèrent qu'il se forme en même temps de l'amino-oxyphénazine [*ibid.*, **35**, 4302, 1902; **36**, 4026, 1903]. Quand l'oxydation se fait en solution éthérée au moyen du bioxyde de plomb, il se forme de l'*o-azoaniline*, qui provient de la polymérisation de l'imide intermédiaire

2 C^6H^4 (= AzH, = AzH) = C^6H^4 (- AzH², — Az = Az —) AzH²- C^6H^4

[Willstätter et Pfannenstiehl [*D. chem. G.*, **38**, 2348, 1905].

Le brome fournit avec une solution éthérée d'o-phénylènediamine un *bromhydrate* bleu foncé d'une base dépourvue de brome; ce bromhydrate semble répondre à la formule $C^6H^4(AzH)^2HBr$ [Jackson et Calhane, *D. chem. G.*, **35**, 2495, 1902]. Le bromure de cyanogène donne l'*orthophénylèneguanidine* $C^7H^7Az^3$ [Pierron, *Bull. Soc. Chim.*, **31**, 842, 1904].

L'o-phénylènediamine se condense avec les α-dicétones, les éthers α-cétoniques. Elle se combine avec les acides bibasiques, succiniques, maloniques, avec les quinones, etc. [R. Meyer et J. Maier, *Am. Chem. J.*, **327**, 1, 1903]. Le cyanogène se combine à l'o-phénylènediamine en milieu méthylalcoolique. Il se forme la diamidoquinoxaline

C^6H^4 (Az = C - AzH², Az = C - AzH²)

[Hinsberg et Schwantes, *D. chem. G.*, **36**, 4039, 1903].

DÉRIVÉS SUBSTITUÉS DANS LE NOYAU.

4-*Chlorophénylènediamine*, 3.5-*dichloro 4-bromophénylènediamine* (Voir 1er Suppl., 1203).

3.6-*Dibromo-o-phénylènediamine*. — Par réduction du dinitré. Elle cristallise en aiguilles fondant à 94-95°, donne un chlorhydrate cristallisé [Calhane et Wheeler, *Am. Chem. J.*, **22**, 452].

4.5-*Dibromo-o-phénylènediamine*. — Aiguilles brillantes fondant à 137° [Schiff, *Mon. f. Ch.*, **11**, 338].

3.4.5-*Tribromo-o-phénylènediamine*. — Elle fond à 91°. Elle se condense avec la phénanthrènequinone pour donner la diphénylènetribromoquinoxaline [Jackson et Fiske, *Am. Chem. J.*, **32**, 53, 1903].

4-*Nitrophénylènediamine*. — Aiguilles rouges fondant à 195-198° [Kehrmann, *D. chem. G.*, **28**, 1707, 1895; — Heins, *ibid.*, **21**, 2305; — Pinnow et Wiskott, *ibid.*, **32**, 900].

3.5-*Dinitro-o-phénylènediamine*. — Aiguilles rouges fondant à 215° [Nietzki et Hagenbach, *ibid.*, **30**, 543, 1897; — Nietzki et Dietschy, *ibid.*, **34**, 58, 1901].

DÉRIVÉS SUBSTITUÉS A L'AZOTE.

MÉTHYL-O-PHÉNYLÈNEDIAMINE. — Par réduction de la méthyl-o-nitraniline [O. Fischer, *D. chem.*

G., **24**, 2682, 1891]. Liquide bouillant à 245-248° sous 736 mm. Son *chlorhydrate* fond vers 191°. Le perchlorure de fer donne un chlorhydrate $C^{14}H^{15}Az^4.Cl.HCl$.

4-nitro-2-amidométhylaniline. — Aiguilles brun rouge fondant à 177-178° [Kehrmann, *D. chem. G.*, **28**, 1708; Kehrmann et Messinger, *Journ. f. prakt. Ch.*, (2), **46**, 573].

5-chloro-2-amidométhylaniline. — Son chlorhydrate cristallise en feuillets altérables à l'air [Kehrmann et Müller, *D. chem. G.*, **34**, 1096].

DIMÉTHYL-O-PHÉNYLÈNEDIAMINE. — *Dérivé symétrique*, $AzH(CH^3)C^6H^4.AzH(CH^3)$. — Il se forme dans la décomposition de l'iodure de diméthylbenzimidazol par la soude [Fischer et Fussenegger, *D. chem. G.*, **34**, 937, 1901]. Prismes fondant à 34-35° et bouillant vers 250°. Le perchlorure de fer donne la réaction :

$$C^6H^4 \begin{matrix} \diagup AzH.CH^3 \\ \diagdown AzH.CH^3 \end{matrix} + HCl + O^3 = C^{16}H^{20}Az^4Cl^2 + 3H^2O$$

[O. Fischer, *D. chem. G.*, **37**, 552, 1904].

m-Nitrodiméthyl-o-phénylènediamine. — Prismes rouges fondant à 172° [Fischer et Hess, *ibid.*, **36**, 3967, 1903].

2-AMIDODIMÉTHYLANILINE. — Par réduction de l'o-nitrodiméthylaniline. Liquide à odeur de menthe bouillant à 217°,5, sous 751 mm. Son *chlorhydrate* fond vers 184-186°, le *picrate* à 138-140° [Bamberger et Tchirner, *D. chem. G.*, **32**, 1905].

4-Chloro-2-amidodiméthylaniline. — Liquide bouillant à 266°,5-267°,5. Son *picrate* fond à 190-191° [Pinnow, *D. chem. G.*, **32**, 1668].

TÉTRAMÉTHYL-O-PHÉNYLÈNEDIAMINE. — Par méthylation à refus de l'o-phénylènediamine. Liquide bouillant à 215-218°, très altérable. Son *chlorhydrate* fond vers 180° [O. Fischer, *D. chem. G.*, **25**, 2839; — Pinnow, *loc. cit.*].

DÉRIVÉS PHÉNYLÉS. — Ils ont été décrits à DIPHÉNYLAMINE.

ÉTHYLÈNEDIPHÉNYLÈNEDIAMINE (ou TÉTRAHYDROQUINOXALINE). — Par la pyrocatéchine et l'éthylènediamine [Mertz et Ris, *D. chem. G.*, **20**, 1191, 1887]. Feuillets brillants fondant à 96°,5-97°, bouillant à 288-289°.

Chlorhydrate : feuillets fondant à 150° [Ris, *ibid.*, **21**, 378, 1888]. *Picrate*, précipité jaune fondant au-dessus de 120°. Le *dérivé dinitrosé* cristallise en aiguilles microscopiques fondant à 168° [Hinsberg et Strupler, *Am. Chem.*, **287**, 226].

PROPYLÈNE-O-PHÉNYLÈNEDIAMINE. — Elle fond à 72° et bout à 283-284° [Ris, *loc. cit.*].

TRIMÉTHYLÈNE-O-PHÉNYLÈNEDIAMINE. — Feuillets fondant à 102°, bouillant à 290-300° [Hinsberg et Strupler, *loc. cit.*]. Son *dérivé nitrosé* fond à 120°.

MÉTHYLÉTHYLÈNE-O-PHÉNYLÈNEDIAMINE,

$$C^6H^4 \begin{matrix} \diagup Az(CH^3) \diagdown \\ \diagdown AzH \diagup \end{matrix} C^2H^4$$

— Liquide bouillant à 273-275° [Ris, *loc. cit.*]. On l'obtient par la méthylation de l'éthylènephénylènediamine; il se forme en même temps le *dérivé triméthylé* fondant au-dessus de 200°.

DÉRIVÉS ACYLÉS DE L'O-PHÉNYLÈNEDIAMINE.

MONOACÉTYL-O-PHÉNYLÈNEDIAMINE. — On l'obtient en chauffant le dérivé diacétylé avec l'acide oxalique desséché. Elle fond à 145° [Mannelli et Galloni, *Gazz. chim. ital.*, (1), **31**, 22].

DIACÉTYL-O-PHÉNYLÈNEDIAMINE. — Acétylation de la diamine par l'anhydride acétique. Fines aiguilles fondant à 185-186° [Bistrzicki et Ulffers, *D. chem. G.*, **23**, 1878, et Mannelli et Galloni]. Sous l'influence de l'acide hypochloreux il se forme le *dérivé dichloré* à l'azote, prismes fondant à 94° et subissant au sein de l'acide acétique une isomérisation dans laquelle le chlore se place dans le noyau [Chattaway et Orton, *D. chem. G.*, **34**, 162, 1901]. Le dérivé *az-dibromé* fond vers 76-80° avec explosion.

O-PHÉNYLÈNEOXAMIDE. — Par ébullition de l'éther oxalique avec l'o-phénylènediamine [R. Meyer et Seeliger, *D. chem. G.*, **29**, 2641].

BIS-O-AMIDOPHÉNYLSUCCINAMIDE,

$$\begin{matrix} AzH^2 - C^6H^4 - AzH - CO - CH^2 \\ | \\ AzH^2 - C^6H^4 - AzH - CO - CH^2 \end{matrix}$$

— Aiguilles peu solubles dans l'alcool [R. Meyer et J. Maier, *Ann. Chem.*, **327**, 21].

O-PHÉNYLÈNESUCCINAMIDE. — Écailles cristallines fondant à 237° [Anderlini, *Gazz. chim. ital.*, (1), **24**, 142; — R. Meyer et Maier, *loc. cit.*].

SUCCINYL-O-PHÉNYLÈNEDIAMINE, $AzH^2 - C^6H^4 - Az(COCH^2)^2$. — Aiguilles blanches fondant à 230° (R. Meyer et J. Maier).

BENZOYLPHÉNYLÈNEDIAMINE. — Par réduction de la benzoyl-o-nitranilide. Cristaux fondant à 140° [Mixter, *Am. Chem. J.*, **6**, 27].

4-NITROBENZOYL-O-PHÉNYLÈNEDIAMINE. — Aiguilles jaunes fondant à 200° [Walther et von Pulawski, *Journ. f. prakt. Chem.*, (2), **59**, 262].

O-AMIDOBENZOYL-O-PHÉNYLÈNEDIAMINE. — Aiguilles fondant à 129-130°. Le *chlorhydrate* fond à 201°; le *chloroplatinate* fond à 330° [von Niementowski, *D. chem. G.*, **32**, 1464].

DIBENZOYLPHÉNYLÈNEDIAMINE,

$$C^6H^4AzH(COC^6H^5)^2.$$

— Prismes fondant à 301° [Bamberger et Berlé, *Ann. Chem.*, **273**, 346; — Bistrzycki et Ulffers, *D. chem. G.*, **23**, 1878, 1890; — Walker et von Pulawski, *loc. cit.*]. Le *dérivé p-dinitrobenzoylé* cristallise dans l'acide acétique en aiguilles jaunes fondant à 265°. Le *dérivé métadinitrobenzoylé* fond à 240°.

PHTALYLPHÉNYLÈNEDIAMINE. — Aiguilles fondant à 278° [Anderlini, *loc. cit.*]. Le dérivé dissymétrique ou *phtalylphénylènediamine* fond à 184° (R. Meyer et J. Maier). En même temps que le dérivé symétrique il se forme aussi de l'*o-phénylènebisphtalimide* fondant à 292°.

MÉTAPHÉNYLÈNEDIAMINE. — On l'obtient par réduction du métadinitrobenzène. La réduction électrolytique a été l'objet d'un assez grand nombre de brevets. On recommande d'employer la cathode en cuivre ou en étain [Böhringer et Sœhne, D.R.P. 130742 et 116942].

La métaphénylènediamine fond à 63° et bout à 282-284°. Pouvoir rotatoire magnétique [Perkin, *Chem. Soc.*, **69**, 1245]. Chaleur de neutralisation [Vignon, *Bull. Soc. Chim.*, (3), **2**, 675].

Chauffée avec HCl alcoolique à 180°, elle donne de la résorcine [J. Meyer, *D. chem. G.*, **30**, 2569]. La solution alcaline est colorée en rouge par l'ozone [Erlwein et Weyl, *ibid.*, **31**, 3158].

La métaphénylènediamine réagit avec l'acide nitreux pour donner des produits différents suivant les conditions dans lesquelles on se place. Sans précautions spéciales il se forme le *brun Bismark* dont le composant principal est le triamidoazobenzène. En n'employant que la quantité d'acide chlorhydrique correspondant à 2HCl il se fait un dégagement d'azote [Täuber et Walder, *D. chem. G.*, **30**, 2111, et Möhlau et L. Meyer, *ibid.*, **30**, 2205, 1897].

En ajoutant rapidement le nitrite dans la solution de chlorhydrate de la base, il se forme à côté du brun Bismarck de la nitroso-m-phénylènediamine [Taüber et Walder, *ibid.*, **33**, 2116, 1900; — Bertels, *ibid.*, **37**, 2276, 1904].

La m-phénylènediamine se condense avec les acides bibasiques [R. Meyer et J. Maier, *Ann. Chem.*, **327**, 18]; avec les éthers β-cétoniques [Besthorn et Byvanck, *D. chem. G.*, **31**, 798, 2145].

DÉRIVÉS DE SUBSTITUTION.

4-*Chloro-m-phénylènediamine.* — Aiguilles plates fondant à 91° [Cohn et Fischer, *Mon. f. Chem.*, **21**, 268]. Son *chlorhydrate* se décompose vers 205°, le *sulfate* se décompose vers 155°, l'*oxalate* vers 185°.

5-*Chloro-m-phénylènediamine.* — Cristaux fondant à 105-106° [Cohn et Fischer, *loc. cit.*, et v. Lang, *ibid.*, **22**, 120].

2.5-*Dichloro-m-phénylènediamine.* — Aiguilles incolores fondant à 99-100°, se colorant en rose à l'air [Morgan, *Chem. Soc.*, **81**, 1382].

4.6-*Dichloro-m-phénylènediamine.* — Aiguilles incolores fondant à 136-137° [Morgan, *loc. cit.*].

5-*Bromo-m-phénylènediamine.* — Prismes monocliniques fondant à 93-94°; son *chlorhydrate* forme des cubes microscopiques [Jackson et Gallivan, *Am. Chem. J.*, **18**, 242; — Jackson et Calvert, *ibid.*, 486].

4-*Bromo-m-phénylènediamine.* — Cristaux fondant à 111-112° (Morgan).

6.4-*Dibromo-m-phénylènediamine.* — Fines aiguilles fondant à 135° [Jackson et Calvert, *loc. cit.*; Jackson et Cohoe, *ibid.*, **26**, 3].

2.4.6-*Tribromo-m-phénylènediamine.* — Longues aiguilles soyeuses fondant à 158° (Jackson et Calvert).

Tétrabromophénylènediamine. — Elle fond à 212-213° (Jackson).

4-*Nitro-m-phénylènediamine.* — (Voyez Suppl., 1204). — Elle s'obtient industriellement en traitant l'acide 4-nitraniline-3-sulfonique par l'ammoniaque sous pression. Elle sert à produire une grande variété de matières colorantes.

2.4-*Dinitrophénylènediamine.* — Aiguilles brun-jaune fondant en se décomposant partiellement à 250° [Barr, *D. chem. G.*, **21**, 1545, 1888].

4.6-*Dinitrophénylènediamine.* — Cristaux oranges fondant vers 300° [Nietzki et Hagenbach, *D. chem. G.*, **20**, 334, 1887; — Nietzki et Schedler, *ibid.*, **30**, 1667, 1897; — Blanksma, Meerum et Terwogt, *Rec. Pays-Bas*, **21**, 288].

2.4.6-*Trinitrophénylènediamine.* — Elle fond au-dessus de 250° [Nölting et Collin, *D. chem. G.*, **17**, 260; — Barr, *ibid.*, **21**, 1546; — Blanksma, *Rec. Pays-Bas*, **21**, 324].

Nitroso-m-phénylènediamine. — Feuillets grenats fondant à 210° [Tauber et Walder, Bertels, *loc. cit.*]. Son *chlorhydrate* forme des cristaux presque noirs.

DÉRIVÉS SUBSTITUÉS A L'AZOTE.

MÉTHYL-M-PHÉNYLÈNEDIAMINE. — On l'obtient par réduction de la m-nitrométhylaniline [Nölting et Stricker, *D. chem. G.*, **19**, 549]. C'est un liquide bouillant à 265-270°, et à 160-163° sous 10 mm. [Fischer, *Ann. Chem.*, **286**, 173].

DIMÉTHYL-M-PHÉNYLÈNEDIAMINE. — On la prépare par réduction de la m-nitrodiméthylaniline [Jaubert, *Bull. Soc. Chim.*, (3), **21**, 20]. Son *chlorhydrate* fond vers 218°.

DIMÉTHYL-M-PHÉNYLÈNEDIAMINE SYMÉTRIQUE. — Liquide bouillant à 275-280° sous 739 mm. Son *dérivé dinitrosé* fond à 109-110° (Fischer); par l'action de HCl alcoolique, il subit une transposition moléculaire en dérivé nitrosé dans le noyau.

4.6-*Dinitro-diméthylphénylènediamine.* — Cristaux jaunes fondant au-dessus de 280° [Blanksma, Meerum et Terwogt].

2.4.6-*Trinitro-diméthylphénylènediamine.* — Petits cristaux jaunes fondant à 235-240° [van Romburgh, *Rec. Pays-Bas*, **7**, 5; — Blanksma, *loc. cit.*].

2.4.6-*Trinitro-diméthylnitramine.* — Cristaux jaune d'or fondant à 192° [van Romburgh, *ibid.*, **8**, 279]; la *trinitro-diméthyldinitramine* s'obtient par nitration de la dinitro-diméthyl-m-phénylènediamine.

TRIMÉTHYL-M-PHÉNYLÈNEDIAMINE. — Liquide bouillant à 270-280° (Fischer); la *nitrosamine* correspondante est une huile jaune; elle se forme en même temps que son isomère nitrosé dans le noyau, qui cristallise en prismes fondant à 143°.

TÉTRAMÉTHYL-M-PHÉNYLÈNE DIAMINE. — Liquide bouillant à 262,5-263° [Pienow et Wegner, *D. chem. G.*, **30**, 3111 et Pinnow, *ibid.*, **32**, 1404].

ÉTHYL-M-PHÉNYLÈNEDIAMINE. — Liquide bouillant à 276° [Noelting et Strickler, *loc. cit.*].

MÉTAAMIDODIÉTHYLANILINE. — Liquide bouillant à 276-278° (N. et S.).

2.4.6-*Trinitro-diéthylphénylènediamine.* — Cristaux jaunes fondant à 144° [Blanksma, *loc. cit.*].

1.3-DIPHÉNYL-M-PHÉNYLÈNEDIAMINE. — On l'obtient par condensation de la résorcine avec l'aniline et le chlorure de zinc à 210°. Son *dérivé nitrosé* forme des prismes bruns fondant à 153° [O. Fischer et Hepp, *Ann. Chem.*, **255**, 145].

BENZYL-M-PHÉNYLÈNEDIAMINE. — Liquide. Son *chlorhydrate* est cristallisé [Meldola et Coste, *Chem. Soc.*, **55**, 597].

TÉTRAPHÉNYL-M-PHÉNYLÈNEDIAMINE. — Aiguilles microscopiques fondant à 137,5-138° [Haussermann et Bauer, *D. chem. G.*, **32**, 1914].

α-NAPHTYL-M-PHÉNYLÈNEDIAMINE. — Obtenue en chauffant la m-phénylènediamine avec l'α-naphtol à 270-300° [Merz et Strasser, *J. prakt. Chem.*, (2), **60**, 545]. Prismes fondant à 94,5-95°, bouillant à 275-280°.

DI-α-NAPHTYL-M-PHÉNYLÈNEDIAMINE (sym.). — Elle s'obtient comme la précédente avec un excès d'*α-naphtol*. Elle fond à 137,5-138° (Merz et Strasser).

β-NAPHTYL-M-PHÉNYLÈNEDIAMINE. — Aiguilles friables fondant à 128°, bouillant à 320° sous 40 mm. Son *dérivé acétylé* fond à 135°; le *diacétylé* fond à 147-148°; le *dérivé benzoylé* fond à 173° et le *dibenzoylé* à 213° [Gäss et Elsässer, *D. chem. G.*, **26**, 976].

β-DINAPHTYL-M-PHÉNYLÈNEDIAMINE. — Longues aiguilles fondant à 192° [Gass et Elsässer, et O. Fischer et Schütte, *D. chem. G.*, **26**, 3087].

Ces produits sont utilisés pour la fabrication des matières colorantes.

DÉRIVÉS ACYLÉS.

ACÉTYL-M-PHÉNYLÈNEDIAMINE, $AzH^2.C^6H^4.AzH(COCH^3)$. — Son chlorhydrate s'obtient en traitant le chlorhydrate de phénylènediamine par l'acétate de sodium [Schiff et Ostrogowitsch, *Ann. Chem.*, **293**, 382].

MONOACÉTYL-4-CHLORO-M-PHÉNYLÈNEDIAMINE. — Aiguilles fondant à 170° [Cohn et Fischer, *Mon. f. Chem.*, **21**, 273].

DIACÉTYL-M-PHÉNYLÈNEDIAMINE. — (Voy. Suppl., 1204).

DIACÉTYL-4.6-DIBROMO-M-PHÉNYLÈNE DIAMINE. — Elle fond à 259-260° [Jackson et Calvert, *Am. Chem. Journ.*, **18**, 481].

DIACÉTYL-2.4.6-TRIBROMO-M-PHÉNYLÈNEDIAMINE. — Elle fond au-dessus de 330°.

DIACÉTYL-5-CHLORO-M-PHÉNYLÈNEDIAMINE. — Elle fond au-dessus de 300° [Cohn et Fischer, *Mon. f. Chem.*, **22**, 121].

DIACÉTYLNITRO-M-PHÉNYLÈNEDIAMINE. — [Gllinck, *D. chem. G.*, **30**, 1912].

DIACÉTYL-4.6-DINITROPHÉNYLÈNE DIAMINE. — Aiguilles fondant à 228° [Nietzki, *D. chem. G.*, **20**, 2114, 1893 et Nietzki et Hagenbach, *ibid.*, **20**, 3341.

DÉRIVÉS HALOGÉNÉS A L'AZOTE. — En traitant les dérivés acétylés par l'hypochlorite de sodium il se forme des dérivés halogénés à l'azote [Morgan, *Chem. Soc.*, **77**, 1207; — Chattaway et Orton, *D. chem. G.*, **34**, 163].

DÉRIVÉS BENZOYLÉS. — Voir [Hübner, *Ann. Chem.*, **208**, 298; — Bamberger et Berlé, *ibid.*, **273**, 351; — Schiff et Ostrogovich, *ibid.*, **293**, 385; — Sachs et Goldman, *D. chem. G.*, **35**, 3342, 1902; — Morgan, *loc. cit.*; — Cohn et Fischer, *loc. cit.*].

DÉRIVÉS ACYLÉS DES ACIDES BIBASIQUES.

Acide oxalique. — [Schiff et Ostrogowich, *loc. cit.*; — Meyer et Seeliger, *D. chem. G.*, **29**, 2642, 1896; — Kohler, *ibid.*, **35**, 413, 1903].

Acide succinique. — [Richard Meyer et J. Maier, *Ann. Chem.*, **327**, 38].

Acide phtalique. — [R. Meyer et J. Maier, *loc. cit.*].

PARAPHÉNYLÈNEDIAMINE. — *Modes de formation.* — Par réduction de la p-nitraniline [Bamberger, *D. chem. G.*, **28**, 250, 1895]; en chauffant la phénylhydrazine avec HCl à 200° [Thiele et Wheeler, *ibid.*, **28**, 1539]; par réduction de l'acide p-nitrophénylhydrazinesulfonique [Hantzsch et Borghaus, *ibid.*, **30**, 91]; par réduction électrolytique de la p-nitraniline [Rohde, *Zeit. f. Chem.*, **7**, 339]. Dans l'industrie on prépare la p-phénylènediamine en solution par la réduction de l'amidoazobenzène [Paul, *Zeit. f. angew. Chem.*, 1897, 149].

Propriétés. — Cristaux tabulaires fondant à 140°, bouillant à 267°. Elle donne avec l'eau un *hydrate* cristallisé avec $2H^2O$ [Vignon, *Bull. Soc. Chim.*, (3), 2675] fondant à 80°. Chauffée avec HCl étendu à 180°, elle donne de l'hydroquinone [J. Meyer, *D. chem. G.*, **30**, 2569, 1897]. Chaleur de combustion [Berthelot et André, *C. R.*, **128**, 966].

Comme avec l'o-phénylènediamine, le brome donne dans ses solutions éthérées un précipité bleu d'un sel $C^6H^4(AzH)^2.HBr$ [Jackson et Calhane, *D. chem. G.*, **35**, 2496]. Citons parmi les sels nouvellement préparés le benzène sulfonate, $C^6H^8Az^2(C^6H^5.SO^3H)^2$, cristallisé en feuillets [Börnstein, *D. chem. G.*, **29**, 1486, 1896]; le p-chloro et le p-bromobenzène thiosulfonate [Tröger et Hurdelbrink, *J. f. prakt. Chem.*, (2), **65**, 90].

La p-phénylènediamine, oxydée par le réactif de Caro en solution aqueuse, donne un mélange de p-nitraniline, de p-p-dinitroazoxybenzène, et de p-dinitrobenzène. En solution éthérée il se forme de la p-nitraniline et de la p-nitrosoaniline [Bamberger et Hubner, *D. chem. G.*, **36**, 3827, 1903]. Oxydée en présence d'un excès d'hyposulfite de sodium, elle fournit des acides di et tétrathiosulfoniques employés à la préparation des matières colorantes [Green et Perkin, *Chem. Soc.*, **83**, 1201, 1903].

DÉRIVÉS DE SUBSTITUTION.

2-CHLORO-P-PHÉNYLÈNEDIAMINE. — Par réduction du dérivé nitré correspondant de la chloroquinonedioxime correspondante [Kehrmann et Grab, *Ann. Chem.*, **303**, 11]. Aiguilles fondant à 63-64°, donnant des sels cristallisés.

2.5-DICHLORO-P-PHÉNYLÈNEDIAMINE. — Elle s'obtient à côté du dérivé diméthylé non symétrique en chauffant la nitrosodiméthylaniline avec l'acide chlorhydrique [Möhlau, *D. chem. G.*, **19**, 2010, 1886]; ou par hydrolyse du 2.5-dichloro-1.4-bisacétaminobenzène [Chattaway et Orton, *D. chem. G.*, **34**, 14 et 166]. Elle fond à 170°.

2.5-DICHLORO-P-PHÉNYLÈNEDIAMINE. — Voyez Suppl., 1209, et Witt et Tœche-Mittler [*D. chem. G.*, **36**, 4390, 1903].

2.5-DIBROMO-P-PHÉNYLÈNEDIAMINE. — Cristaux fondant à 183-184°; oxydée elle donne la quinone correspondante [Jackson et Calhane, *Am. Chem. Journ.*, **28**, 451, 1903].

2.6-DIBROMOPHÉNYLÈNEDIAMINE. — Préparée par réduction du dibromonitrodiazobenzène-amide, elle fond à 138° [Nœlting-Grandmougin et Michel, *D. chem. G.*, **25**, 3334; — Jackson et Calhane, *ibid.*, **34**, 166, 1901].

2.6-DIIODO-P-PHÉNYLÈNEDIAMINE. — Par réduction de la diiodonitraniline. Aiguilles fondant à 108° [Willgerodt et Arnoldt, *ibid.*, **34**, 3351].

2.3.5.6-TÉTRAIODO-P-PHÉNYLÈNEDIAMINE. — En traitant le dérivé précédent par le chlorure d'iode. Cristaux fondant vers 152° (W. et A.).

2-NITRO-P-PHÉNYLÈNEDIAMINE. — Par la réduction de l'amidodinitroaniline [Kehrmann, *D. chem. G.*, **28**, 1707, 1895]. Cristaux foncés fondant à 134-135°. Son *chlorhydrate* est une poudre cristalline [Bülow et Mann, *D. chem. G.*, **30**, 985].

ACIDES THIOSULFONIQUES. — *Acide paraphénylène-diamine-dithiosulfonique.* — S'obtient sous forme de son sel de potassium en oxydant la diamine et l'hyposulfite par le bichromate et précipitant par KCl. Le *sel de potassium* cristallise avec $2H^2O$.

Acide p-phénylène-diamine-tétrathiosulfonique. — Son sel de K forme des cristaux rouges [Green et Perkin, *Chem. Soc.*, **83**, 1903].

DÉRIVÉS SUBSTITUÉS A L'AZOTE.

MÉTHYL-P-PHÉNYLÈNEDIAMINE. — Par réduction du p-méthyl-amidoazobenzolsulfonate de sodium [Bernthsen et Goske, *D. chem. G.*, **20**, 929, 1887]; voyez aussi [Thiele et Wheeler, *ibid.*, **28**, 1539; — Börnstein, *ibid.*, **29**, 1482]. Liquide bouillant à 257-259°, soluble dans l'eau.

3-*Nitro-1-amido-4-méthylaniline.* — Préparée par réduction de la dinitrométhylaniline [Kehrmann, *ibid.*, **28**, 1708, 1895], elle fond à 109-110°.

DIMÉTHYL-P-PHÉNYLÈNEDIAMINE (*amidodiméthylaniline*). — Voyez Suppl., 1209. Par réduction de la nitrosodiméthylaniline par le zinc et l'alcool [Paul, *Zeit. anorg. Chem.*, **23**, 1897]. Cristaux fondant à 41°, bouillant à 262°,3. Pouvoir rotatoire magnétique [Perkin, *Chem. Soc.*, **69**, 1246]. L'*hyposulfite* cristallisé est peu soluble dans l'eau [Wahl, *C. R.*, **133**, 1215].

TRIMÉTHYL-P-PHÉNYLÈNEDIAMINE. — Par l'action sur le dérivé formylé de la diméthyl-p-phénylènediamine de l'iodure de méthyle [Pinnow et Pistor, *D. chem. G.*, **27**, 603]. Son *dérivé nitrosé* forme des feuillets jaunes fondant à 98-99°.

TÉTRAMÉTHYL-P-PHÉNYLÈNEDIAMINE. — Par l'action de l'alcool méthylique sur le chlorhydrate de p-amidodiméthylaniline [Pinnow, *D. chem. G.*, **32**, 1405, 1899].

IODURE DE PENTAMÉTHYLPHÉNYLÈNEDIAMINE. $C^6H^4Az^2(CH^3)^5I$. — Feuillets fondant à 265° [Pinnow et Pistor, *loc. cit.*].

ETHYLPHÉNYLÈNEDIAMINE. — Obtenue par réduction de la nitroéthylaniline [Nœlting et Collin.

D. chem. G., **17**, 267; — Bernthsen et Goske. *ibid.*, **20**, 930].

DIÉTHYL-P-PHÉNYLÈNE-DIAMINE. — Liquide bouillant à 260-262° [Lippmann et Fleissner, *Mon. f. Chem.*, **4**, 297].

TÉTRAÉTHYLPHÉNYLÈNE-DIAMINE. — Tablettes fondant à 52°, bouillant à 280°, facilement solubles dans l'alcool (Lippmann et Fleissner).

DIMÉTHYLDIÉTHYL-P-PHÉNYLÈNE-DIAMINE. — Liquide bouillant à 263-265°.

IODURE DE DIÉTHYLTÉTRAMÉTHYLPHÉNYLÈNE-DIAMINE. — En chauffant le composé précédent avec de l'iodure de méthyle et de l'alcool méthylique. Aiguilles fondant à 218° (L. et F.).

PROPYL-P-PHÉNYLÈNE-DIAMINE. — Préparée par réduction du dérivé nitrosé correspondant [Wacker. *Ann. Chem.*, **243**, 295], elle bout à 281°.

ISOBUTYL-P-PHÉNYLÈNE-DIAMINE. — Elle fond à 39° (Wacker).

DIISOAMYL-P-PHÉNYLÈNE-DIAMINE. — Cristaux fondant à 49° [Baeyer et Noyes, *D. chem. G.*, **22**, 2173].

Pour les dérivés phénylés, voyez à *Diphénylamine* (Art. PHÉNYLAMINE).

DÉRIVÉS ACYLÉS.

DIFORMYL-P-PHÉNYLÈNE-DIAMINE. — Masse non cristalline fondant à 203°,5-204° obtenue par l'action de l'acide formique sur la p-phénylènediamine.

MONOACÉTYL-P-PHÉNYLÈNE-DIAMINE. — On l'obtient par réduction de l'acétyl-p-nitraniline, ou en traitant le chlorhydrate de p-phénylènediamine par l'acétate de sodium [Schiff et Ostrogowich, *Ann. Chem.*, **293**, 373]; par réduction électrolytique de la p-nitroacétanilide [Sonnborn, *Zeit. electr. Chem.*, **6**, 510]; par réduction de la p-nitroacétanilide par le fer et l'acide acétique [Bülow, *D. chem. G.*, **33**, 191, 1900; — Sachs et Goldmann, *ibid.*, **35**, 3341]. Longues aiguilles fondant à 162-162°,5.

DIACÉTYL-2,6-DIBROMO-P-PHÉNYLÈNE-DIAMINE. — Feuillets brillants fondant à 108° [Nœlting, Grandmougin et Michel, *D. chem. G.*, **25**, 3334].

DIACÉTYL-2-NITROPHÉNYLÈNE-DIAMINE. — Obtenue par nitration de l'acétyl-p-phénylène-diamine en milieu sulfurique [Bülow et Mann, *D. chem. G.*, **30**, 980, 1897]. Longues aiguilles fondant à 184°.

DIACÉTYLDINITROPHÉNYLÈNE-DIAMINE. — Obtenue par nitration de la diacétyl-p-phénylène-diamine [Nietzki et Hagenbach, *D. chem. G.*, **20**, 328, 1889]; elle fond à 258°.

ACIDE P-AMIDOPHÉNYLOXAMIQUE. — On chauffe l'acide oxalique avec une solution aqueuse de phénylène-diamine [Kaller, *D. chem. G.*, **36**, 113]. Aiguilles incolores fondant à 280°. Son *dérivé acétylé* fond à 270°, et l'*éther éthylique* correspondant à 193°.

L'acide acétyl-p-amidophénvloxamique nitré en milieu sulfurique donne un *dérivé o-nitré* fondant à 228°, dont l'*éther éthylique* fond à 174°; la nitration par l'acide nitrique donne le *dérivé m-nitré* fondant à 208°.

ACIDE P-PHÉNYLÈNE-DIOXAMIQUE. — Préparé par saponification de son *éther diéthylique*, lequel s'obtient en chauffant l'oxalate d'éthyle avec la p-phénylène-diamine [R. Meyer et Seeliger, *D. chem. G.*, **29**, 2643, 1896].

SUCCINYL-P-PHÉNYLÈNE-DIAMINE, $C^6H^4(AzH-CO-CH^2)^2$. — Écailles brillantes fondant à 237° [Anderlini, *Gazz. chim. ital.*, (1), **24**, 142].

ACIDE P-PHÉNYLÈNE-DIAMINE DISSUCCINAMIQUE. — Aiguilles fondant à 262° préparées par l'anhydride succinique et la p-phénylène diamine [R. Meyer et J. Maier, *Ann. Chem.*, **327**, 33]. En chauffant la base avec l'acide succinique il se forme de la p-amidophénylsuccinimide (R. M. et M.).

DIBENZOYLPHÉNYLÈNE-DIAMINE. — Feuillets brillants fondant au-dessus de 300° [Hinsberg et Udransky, *Ann. Chem.*, **254**, 254].

MONOPHTALYL-P-PHÉNYLÈNE-DIAMINE. — Par réduction du dérivé nitré correspondant. Aiguilles jaunes fondant à 250° [R. Meyer et J. Maier, *loc. cit.*].

Juin 1906. A. WAHL.

PHÉNYLÈNE DIPROPIONIQUES (ACIDES).

$$C^6H^4 \begin{cases} CH^2-CH^2-CO^2H \\ CH^2-CH^2-CO^2H \end{cases}$$

— On connaît les 3 isomères possibles ortho, méta et para.

Ils s'obtiennent par décomposition des acides correspondants ortho, méta ou para xylylènedimaloniques

$$C^6H^4 \begin{cases} CH^2-CH \begin{cases} CO^2H \\ CO^2H \end{cases} \\ CH^2-CH \begin{cases} CO^2H \\ CO^2H \end{cases} \end{cases}$$

sous l'influence de la chaleur. Il y a départ de CO^2 et formation d'acide phénylène dipropionique. Pour opérer la décomposition on chauffe, d'après Kipping, l'acide xylylènedimalonique méta ou para avec 3 fois son volume d'eau en tube scellé entre 100 et 120° puis entre 120 et 150°, puis enfin jusqu'à 180°, une heure chaque fois, en prenant la précaution d'ouvrir le tube entre chaque chauffe, de façon à expulser le gaz carbonique déjà formé et éviter le danger d'explosion. Pour obtenir l'acide ortho, Perkin produit la décomposition de l'acide orthoxylylènedimalonique en traitant son éther éthylique à l'ébullition pendant longtemps, par un excès de potasse alcoolique concentrée.

ACIDE ORTHOPHÉNYLÈNE DIPROPIONIQUE. — Cristallisé dans l'eau, ce corps se présente sous l'aspect d'aiguilles microscopiques fusibles à 160-162°. Son *sel d'argent* est anhydre. L'acide ortho a été de plus obtenu par Perkin en hydrogénant par l'amalgame de sodium l'acide orthophénylènediacrylique

$$C^6H^4 \begin{cases} CH=CH-CO^2H \\ CH=CH-CO^2H \end{cases}$$

Ce dernier corps traité par le brome donne l'acide *tétrabromoorthophénylènedipropionique*

$$C^6H^4 \begin{cases} CHBr-CHBr-CO^2H \\ CHBr-CHBr-CO^2H \end{cases}$$

corps pulvérulent peu soluble dans les dissolvants organiques (Perkin).

ACIDE MÉTAPHÉNYLÈNE DIPROPIONIQUE. — Tables brillantes fusibles à 146-147°, assez solubles dans l'alcool et l'éther, mais insoluble dans l'eau. Ce corps distille en se décomposant mais sans fournir d'anhydride. *Sel d'argent* : Ag^2A. On connaît l'*éther diméthylique* de cet acide, corps solide fusible à 51°; et l'*éther diéthylique*, liquide bouillant à 247-250° sous 60 mm.

ACIDE MÉTAPHÉNYLÈNE DIPROPIONIQUE. — Il se présente sous forme de croûtes fusibles à 223-224° quand on le fait cristalliser dans l'alcool méthylique. Il est insoluble dans l'eau et fort peu dans l'alcool. Il ne donne pas non plus d'anhydride à la distillation qui le décompose partiellement. *Sel d'argent* Ag^2A. L'*éther diméthylique* fond à 115°.

L'acide *tétrabromoorthophénylène dipropionique* s'obtient par un moyen analogue à celui qui donne l'isomère ortho, en chauffant avec le brome l'acide paraphénylènediacrylique [W.

Löw. *Ann. Chem.*, **231**, 378, 1885; — voy. Perkin, *J. Chem. Soc.*, **53**, 18; — Kipping, **20**, 37 à 40, 1887].

Juin 1907. J. Lavaux.

PHÉNYLÈNE-GUANIDINE. — La phénylène-guanidine proprement dite

$$C^6H^4 \begin{smallmatrix} \diagup AzH \diagdown \\ \diagdown AzH \diagup \end{smallmatrix} C = AzH$$

n'est pas connue; mais on connaît les dérivés de substitution; ils ont été préparés en faisant réagir les carbodiimides sur les o-diamines aromatiques :

$$R'' \begin{smallmatrix} \diagup AzH^2 \\ \diagdown AzH^2 \end{smallmatrix} + R.Az = C = Az.R$$

$$= R'' \begin{smallmatrix} \diagup AzH \diagdown \\ \diagdown AzH \diagup \end{smallmatrix} C = AzR + AzH^2R.$$

Il peut aussi se former des composés, résultant de l'addition d'une molécule de carbodiimide à la guanidine, de constitution

$$R'' \begin{smallmatrix} \diagup Az \text{———} \\ \quad > C = AzR \quad C \\ \diagdown Az \text{———} \end{smallmatrix} \begin{smallmatrix} \diagup AzHR \\ \\ \diagdown AzHR \end{smallmatrix}$$

[A. Keller, *D. chem. G.*, **24**, 2498, 1891; *Bull. Soc. Chim.*, (3), **6**, 995, 1891]. Avant Keller, Dahm et Gasiorowski [*Bull. Soc. Chim.*, (2), **41**, 333, 1884] et Ira Moore [*Ibid.*, (3), **3**, 431, 1890] avaient attribué aux guanidines la formule

$$R'' \begin{smallmatrix} \diagup AzH \diagdown \\ \diagdown AzH \diagup \end{smallmatrix} C \begin{smallmatrix} \diagup AzHR \\ \diagdown AzHR \end{smallmatrix}$$

Les corps décrits par eux n'avaient pas exactement les points de fusion de ceux de Keller transcrits ci-dessous; ils les préparaient en chauffant les deux matières ensemble à 210-220°. Ces guanidines forment des sels, se combinent aux carbimides, s'acidylent, etc.

	Fusion.
$C^6H^4(AzH)^2 : C : AzC^6H^5$	190°
Dérivé monoacétylé	160°
— dibenzoylé	171°
— avec carbodiphénylimide	188°
— avec carbo-di-p-tolylimide	187°
$C^6H^4(AzH)^2 : C : Az.C^6H^4.CH^3_{(p)}$	209°
Dérivé acétylé	152°
— dibenzoylé	191°
— bisphénylcarbimidé	254°
— avec carbo-di-p-tolylimide	188°
$C^7H^6_{(m)}(AzH)^2 : C : Az.C^6H^5$	166-167°
Dérivé monoacétylé	147°
— dibenzoylé	222°
— nitrosé	125°
— bisphénylcarbimidé	234°
— avec carbodiphénylimide	199-200°
$C^7H^6_{(m)}(AzH)^2 : C : Az.C^6H^4.CH^3_{(p)}$	197-198°
Dérivé monoacétylé	159°
— dibenzoylé	201°
— nitrosé	150° (déc.)
— bisphénylcarbimidé	232-233°
— avec carbodi-p-tolylimide	210°
— avec carbodiphénylimide	176°

Décembre 1906. M. Delépine.

PHÉNYLÉTHANES. — Nous étudierons ici les tri, tétra, penta et hexaphényléthane et leurs dérivés.

TRIPHÉNYLÉTHANE. $(C^6H^5)^3C^2H^3$.

COMPOSÉ $C^6H^5 - CH^2 - CH(C^6H^5)^2$. — Il se forme : 1° Par l'action du chlorure de benzyle sur le benzène, en présence du chlorure d'aluminium [Delacre, *Traité de Chim. org.*, Beilstein]; 2° par réduction du triphényléthénol $(C^6H^5)^2 : C : C(OH)(C^6H^5)$ au moyen du phosphore et de l'acide iodhydrique [Biltz, *Ann. Chem.*, **296**, 247]. Lamelles monocliniques fondant à 53°,5-54°,5, bouillant à 396-400°.

[Pour les modes de formation voyez aussi Waas, *D. chem. G.*, **15**, 1128; — Gardeur, *Chem. Centr. Bl.*, (1), 438, 1898; — Rawitzer, *Bull. Soc. Chim.*, (3), **17**, 477].

Dérivés halogénés. — $CHCl(C^6H^5).CH(C^6H^5)^2$. — Combes l'a obtenu par l'action du chloral sur le benzène en présence de chlorure d'aluminium [*Ann. Chim. Phys.*, (6), **12**, 272]. Aiguilles hexagonales fusibles à 84°.

$(C^6H^4Br)^3 - C^2Br^3$. — Il s'obtient par bromuration directe, au bain-marie, du triphényléthénol. Petites aiguilles fusibles à 245°, facilement solubles dans l'alcool [Biltz, *loc. cit.*].

Dérivés hydroxylés. — $(C^6H^5)^2.CH - CH(OH)C^6H^5$. — On l'obtient par réduction du benzoate de triphényléthénol au moyen de l'amalgame de sodium [Gardeur, *Chem. Centr. Bl.*, (II), 661, 1897] ou par réduction de la triphénylbromoéthanone par le zinc et l'acide acétique. Aiguilles fusibles à 87°. Le brome le transforme en triphénylbromoéthénol.

$(C^6H^5)^2C(OH) - CH(OH)(C^6H^5)$, *Triphénylglycol.* — C'est le produit de réduction de la triphényléthanolone $(C^6H^5)^2C(OH)CO(C^6H^5)$ au moyen de l'amalgame de sodium [Gardeur, *loc. cit.*]. Petites aiguilles fusibles à 164-167° [Acrée, [*D. chem. G.*, **37**, 2753, 1904]. Les agents de déshydratation le transforment en triphényléthénol; maintenu longtemps en fusion, ce triphénylglycol donne un mélange de benzaldéhyde et de benzhydrol. Acrée l'a obtenu par condensation du bromure $MgBr.C^6H^5$ avec le mandélate de méthyle [*loc. cit.*].

Son *dérivé diacétylé* forme une masse cristalline fondant à 214°.

La solution benzénique du triphénylglycol traitée par l'anhydride phosphorique fournit de petits cristaux fondant à 165°, stables en présence de liqueur alcaline : ces cristaux constituent l'*oxyde d'éthylène tryphénylique*

$$\begin{matrix} (C^6H^5)^2.C & — & CH.C^6H^5 \\ & \diagdown \; \diagup & \\ & O & \end{matrix}$$

En solution acide, il se transforme en triphényléthénol.

Dérivé aminé du triphénylméthylméthane, $(C^6H^5)^3C - CH^2 - AzH^2$[?]. Voyez Elbs, *D. chem. G.*, **17**, 700, 1886; — Elbs, *Ann. Chem.*, **296**, 253]. Il fond à 116°.

COMPOSÉ $(C^6H^5)^3C - CH^3$. — [Kuntze, Fechner, *D. chem. G.*, **36**, 472, 1902; — Gomberg et Cone, *ibid.*, **39**, 1461, 1906]. Aiguilles fusibles à 94-95°, solubles dans l'alcool. Traité par l'acide azotique fumant à — 10°, il donne un *dérivé trinitré* en aiguilles fusibles à 200-202°, qui fournit par réduction un *triamidophényléthane* en lamelles d'un rose clair fondant à 191-192° [Busch et A. Rinck, *D. chem. G.*, **38**, 1761, 1905].

TÉTRAPHÉNYLÉTHANE. — TÉTRAPHÉNYLÉTHANE SYMÉTRIQUE $(C^6H^5)^2CH.CH(C^6H^5)^2$. — Ce corps prend naissance dans un grand nombre de réactions : réduction de la benzophénone par la poudre de zinc [Stœdel, *Ann. Chem.*, **194**, 310], de la benzopinacone par le phosphore et l'acide iodhydrique [Græbe, *D. chem. G.*, **8**, 1055, 1875], de la benzopinacoline [Klinger et Lonnes, *D. chem. G.*, **29**, 2159; — Thörner et Zincke, *ibid.*, **11**, 67, 1878], ou par condensation du benzène avec des corps tels que le chloral en présence de chlorure d'aluminium [Combes, *Ann. Chim. Phys.*, (6), **12**, 272; — Anschütz, *Ann. Chem.*, **235**, 196, 1886]. Ce dernier fournit un bon mode de préparation [Biltz, *D. chem. G.*, **26**, 1953, 1893]. Grosses aiguilles orthorhombiques fusibles à 211° [Biltz, *Ann. Chem.*, **296**, 221, 1893]. Pour les modes de formation voyez aussi Nef [*Ann. Chem.*,

298, 236 ; — Knœvenagel et W. Heckel, *D. chem. G.*, **36**, 2823, 1903 ; — A. Reychler, *Bull. Soc. Chim.*, (3), **35**, 737, 1906].

Dérivé tétranitré $(C^6H^4AzO^2_{(4)})^2-CH-CH(C^6H^4AzO^2_{(4)})^2$. Ce dérivé déjà signalé (1er Suppl.) se dépose de ses solutions dans l'aniline avec 1 mol. de solvant en cristaux rhomboédriques. Le composé exempt d'aniline est dimorphe.

De l'aniline, on obtient un sel monoclinique, du nitrobenzène des cristaux tricliniques fondant à 337°,5-338°,5 [Biltz, *loc. cit.*].

Dérivés hydroxylés. — Les dérivés hydroxylés dans la chaîne grasse sont l'alcool benzopinacolique $(C^6H^5)^2C(OH).CH(C^6H^5)^2$ et la benzopinacone $(C^6H^5)^2COH.COH(C^6H^5)^2$.

Ces composés ont déjà été décrits dans le 2e Suppl. (Voyez BENZOPINACOLINE, BENZOPINACOLIQUE et BENZOPINACONE).

Dioxytétraphényléthane, $(C^6H^5)^2CH.CH(C^6H^4(OH))^2$. — On l'obtient en traitant le phénol par le diphényléthoxyethène $(C^6H^5)^2C=CH.OC^2H^5$ en présence d'acide acétique saturé de gaz chlorhydrique. Cristaux fondant à 230-232°. Son *diacétate* est en aiguilles fusibles à 155° [Buttenberg, *Ann. Chem.*, **279**, 331].

Tétraoxytétraphényléthane $[C^6H^4(OH)_{(4)}]^2CH.CH=[C^6H^4(OH)_{(4)}]^2$ (*dioxybenzhydrol*). — Obtenu par réduction de la dioxybenzophénone par la poudre de zinc en présence d'alcali [Bayer, *Ann. Chem.*, **202**, 133].

Son *dérivé tétracétylé* forme un aggloméрat de petits cristaux qui charbonnent lorsqu'on les chauffe (Bayer). Son *éther tétraéthylique* est en aiguilles fusibles à 163-164° [Gattermann, *D. chem. G.*, **28**, 2875, 1895].

TÉTRAPHÉNYLÉTHANE ASYMÉTRIQUE $(C^6H^5).CH^2-C(C^6H^5)^3$. Il fond à 140° [Hanriot et Saint Pierre, *Bull. Soc. Chim.*, (3), **1**, 778, 1889 ; — Klinger et Lonnes, *D. chem. G.*, **29**, 2154, 1896]. D'après Gomberg et Cone, il fond à 144° [*D. chem. G.*, **39**, 1461, 1906]. — $(C^6H^5)^2(C^6H^4Cl_{(4)})-C-CH^2.(C^6H^5)$. Cristaux fusibles à 156°. — $(C^6H^5).CH^2.C(C^6H^4Cl_{(4)})(C^6H^4Cl_{(4)})^2$, cristaux fusibles à 140°. Gomberg et Cone ont obtenu un *dérivé tétranitré* en tables jaunes fondant à 269° [*D. chem. G.*, **39**, 2957, 1906].

Il fournit *un dérivé monobromé* fondant à 177°.

Willgerodt et Schiff [*J. prakt. Chem.*, (2), **41**, 524] ont isolé un homologue de ce composé, qu'ils obtenaient par condensation, en présence de Al^2Cl^6, du benzène et du tétrachloroisobutane. Il correspond par suite à la formule $(CH^3)^2C(C^6H^5)-C=(C^6H^5)^3$. C'est une huile bouillant à 272°.

PENTAPHÉNYLÉTHANE. — Tables monocliniques fusibles à 175-180° [Gomberg et Cone, *loc. cit.*].

HEXAPHÉNYLÉTHANE. — Un composé correspondant à la formule brute de l'hexaphényléthane a été signalé par Ullmann et Borsum. On l'obtient en traitant le triphénylchlorométhane par le zinc, et soumettant ultérieurement le mélange à l'ébullition avec une petite quantité de chlorure stanneux chlorhydrique [*D. chem. G.*, **35**, 2877, 1902].

Schmidlin l'a obtenu également en traitant par le sodium un mélange de benzène chloré et de tétrachlorure de carbone en présence d'un excès de benzène [*C. R.*, **137**, 59, 1903].

Cet hexaphényléthane est en cristaux incolores fondant à 231°. Il a tous les caractères d'un composé saturé : il se nitre régulièrement en donnant un *dérivé hexanitré* fusant à 265° [Ull. et B.].

D'après Tschitschibabine [*D. chem. G.*, **37**, 4709, 1905], ce composé ne possède pas les propriétés qu'on doit attendre de l'hexaphényléthane. C'est ainsi qu'il résiste très bien à l'action des oxydants, au lieu de donner, comme on pouvait s'y attendre, du triphénylcarbinol. Le mode de formation lui-même semble indiquer un produit de condensation. De plus, traité par le brome, il fournit un *dérivé monobromé* susceptible d'échanger son halogène contre un groupe (OH). On obtient alors un alcool. Se basant sur ces propriétés, ce savant propose d'assigner à ce corps la formule $(C^6H^5)^3C-C^6H^4-CH(C^6H^5)^2$.

Il serait formé d'après l'équation $(C^6H^5)^3C(OH)+C^6H^5-CH(C^6H^5)^2=(C^6H^5)^3C.C^6H^4-CH(C^6H^5)^2+H^2O$.

Le *dérivé bromé* $(C^6H^5)^3C.C^6H^4.CBr(C^6H^5)^2$ forme une poudre cristalline rouge jaunâtre fondant à 240-242°. Le *dérivé hydroxy* correspondant fond à 220-220°,5 et se présente en petits agrégats cristallins, solubles dans l'alcool, l'acétate d'éthyle, presque insolubles dans l'éther et l'éther de pétrole.

(Voyez aussi TRIPHENYLMÉTHYLE).

1er novembre 1906. V. Thomas.

PHÉNYLÉTHYLÈNE (TÉTRA-). — $(C^6H^5)^2C=C=(C^6H^5)^2$. — Il se forme dans la distillation du diphénylbromométhane [Boissieu, *Bull. Soc. Chim.*, **49**, 681, 1888 ; — Nef, *Ann. Chem.*, **298**, 237, 1897] ; en faible quantité, dans la réaction du chloroforme sur le benzène en présence du chlorure d'aluminium [Schwarz, *D. chem. G.*, **14**, 1526, 1881] ; dans l'action du chloral sur le benzène en présence du chlorure d'aluminium [Biltz, *Ann. Chem.*, **296**, 229, 1897] ; dans l'action de la poudre de zinc sur le chlorure $(C^6H^5)^2CCl^2$ et un grand excès de toluène [Lohn, *D. chem. G.*, **29**, 1789, 1896] ; quand on chauffe la thiobenzophénone avec la poudre de cuivre [Gattermann et Schultz, *D. chem. G.*, **29**, 2945, 1896].

Pour le préparer on chauffe 10 heures à 240-250° le diphénylméthane avec du soufre :

$$2(C^6H^5)^2CH^2+2S=2H^2S+C^{26}H^{20}.$$

Il cristallise dans le benzène en prismes tricliniques [Hintze, *Ann. Chem.*, **235**, 222, 1886], fusibles à 223,5-224°,5.

Tétrabromo-4-tétraphényléthylène.

$$(Br_{(4)}C^6H^4_{(1)})^2=C=C(C^6H^4Br_{(4)})^2.$$

— Il se forme par action du brome sur le tétraphényléthylène, à la température du bain-marie. Il fond à 253°-255° [Biltz, *Ann. Chem.*, **296**, 235, 1897].

Tétranitro-4-tétraphényléthylène. — On l'obtient par nitration du tétraphényléthylène par l'acide nitrique de densité 1,46, entre 0 et 5° ; il fond vers 100° [Biltz, *loc. cit.*].

Janvier 1907. P. Carré.

PHÉNYLÉTHYLCÉTONE. — Voyez PROPIOPHÉNONE.

PHÉNYLÉTHYLÈNE. — Voyez CINNAMÈNE.

PHÉNYLÉTHYLIQUE (ALCOOL) — Voy. BENZYLCARBINOL.

PHÉNYLFURAZANE. — Voyez l'art. αα'-FURODIAZOLS, 2e Suppl., **4**, 404.

PHÉNYLGLUTACONIQUE (ACIDE).

$$C^6H^5-C \begin{cases} CH^2-CO^2H \\ CH-CO^2H \end{cases}$$

— Cet acide se forme d'après Michael [*J. prakt. Chem.*, (2), **49**, 22, 1894] quand on décompose par HCl le sel de baryum de l'acide

$$C^6H^5-C \begin{cases} CH \begin{cases} CO^2H \\ CO^2H \end{cases} \\ CH-CO^2H \end{cases}$$

Ce dernier corps lui-même prend naissance

dans la condensation de l'acide phénylpropiolique avec le dérivé sodé de l'éther malonique.

L'acide phénylglutaconique cristallise dans l'éther acétique en lames prismatiques très peu solubles dans l'eau et fusibles à 154-155°. Le *sel d'argent* est un précipité amorphe $Ag^2C^{11}H^8O^4$.

Juin 1907. J. Lavaux.

PHÉNYLGLYCÉRIQUE (ACIDE). $C^6H^5-CHOH-CHOH-CO^2H$. — L'acide phénylglycérique existe sous deux formes optiquement inactives, fusibles à 120-121° et à 141°; la variété fusible à 120-121° peut être dédoublée en deux modifications actives fusibles à 166-167°.

I. ACIDE PHÉNYLGLYCÉRIQUE FUSIBLE A 120-121°. — Il se forme à côté d'une faible quantité de l'acide fusible à 141°, quand on oxyde l'acide cinnamique par une solution diluée de permanganate de potassium à basse température [Fittig et Rür, *Ann. Chem.*, **268**, 27, 1892; Michael, *D. chem. G.*, **34**, 3665, 1901]; ou encore quand on traite l'acide phénylchlorolactique par la potasse [Lipp, *ibid.*, **16**, 1287, 1883; — Plöchl et Mayer, *ibid.*, **30**, 1601, 1607, 1897].

Il cristallise dans l'éther en aiguilles monocliniques fusibles à 120-121°. Il a été séparé en ses composants actifs par l'intermédiaire des sels de strychnine, et aussi par l'action du pænicillum glaucum sur sa solution alcoolique; les deux acides ainsi obtenus ne régénèrent pas le racémique, quand on mélange leurs solutions aqueuses (même a 115°). Le *sel de calcium* cristallise avec $3H^2O$.

Son *dérivé monoacétylé*, $C^{11}H^{12}O^5$, fond à 158° [Plöchl et Mayer, *D. chem. G.*, **30**, 1603].

Son *dérivé dibenzoylé*, $C^{23}H^{18}O^6$, fond à 187° [Lipp, *ibid.*, **16**, 1289; — Plöchl et Mayer, *ibid.*, **30**, 1612]. *L'éther méthylique* de ce dernier fond à 113°,5 et *l'éther éthylique* fond à 109° [Anschütz et Kinnicutt, *ibid.*, **12**, 538].

II. L'ACIDE D-PHÉNYLGLYCÉRIQUE fond à 166-167°; $[\alpha]_D = +31°,08$. Son *sel de zinc* cristallise avec $6H^2O$; son *sel de strychnine* fond à 144° [Plöchl et Mayer, *D. chem. G.*, **30**, 1608, 1897].

III. L'ACIDE L-PHÉNYLGLYCÉRIQUE fond à 166-167°; $[\alpha]_D = -30°,25$. Son *sel de zinc* cristallise avec $2H^2O$. Son *sel de strychnine* fond à 140° [Plöchl et Mayer, *loc. cit.*].

IV. ACIDE PHÉNYLGLYCÉRIQUE INACTIF, FUSIBLE A 141°. — Nous avons vu qu'il se forme en même temps que l'acide fusible à 120-121°. Ce dernier peut aussi être transformé dans son isomère fusible à 141°; à cet effet on le transforme en dérivé dibenzoylé qu'on saponifie par la soude [Plöchl et Mayer, *D. chem. G.*, **30**, 1612]. Il cristallise en prismes monocliniques [Hanshofer, *Jahr. d. chem.*, 1177, 1883], fusibles à 141-142°. Chauffé à 150° avec le chlorure de benzoyle, il fournit le dérivé dibenzoylé de l'acide fusible à 120-121°.

Son *dérivé acétylé* fond à 93°,5. *L'éther éthylique* de son *dérivé dibenzoylé* fond à 85° [Plöchl et Mayer, *D. chem. G.*, **30**, 1606].

La LACTONE,

```
C⁶H⁵ - CH - CHOH
             |
        O —— CO
```

cristallise en prismes fusibles à 83-84° [Erdmann, D.R.P. 107 228].

L'ACIDE P-NITROPHÉNYLGLYCÉRIQUE, $AzO^2.C^6H^4.CHOH-CHOH-CO^2H$, se forme par ébullition de l'acide p-nitrophényloxyacrylique avec 1 p. d'acide sulfurique et 3 p. d'eau. Il fond à 167-168° [Lipp, *D. chem. G.*, **19**, 2645, 1886].

ACIDE O-CARBOXYPHÉNYLOLYCÉRIQUE. — La *lactone*,

```
      ╱ C=O
C⁶H⁴     ╲
      ╲ CHO - CHOH - CO²H
```

a été obtenue en traitant la β-naphtoquinone par l'hypochlorite de chaux [Zincke et Schœfenberg, *D. chem. G.*, **25**, 405; — Bamberger et Kitschelt, *D. chem. G.*, **25**, 893, 1892]; elle fond à 202° (Zincke), à 204°,5 (Bamberger). Quand on la dissout dans les lessives alcalines chaudes, elle fournit les sels de l'acide o-carboxyphénylglycérique. Janvier 1907. P. Carré.

PHÉNYLGLYCIDIQUE (ACIDE),

```
C⁶H⁵ - CH - CH - CO²H
         ╲ ╱              =  C⁹H⁸O³
          O
```

(ou *phényl-α-β-oxypropionique*) et ACIDE PHÉNYLPYRUVIQUE. — Cet acide, isomère de l'acide phénylpyruvique $C^6H^5-CH^2-CO-CO^2H$, a été parfois confondu avec lui et la distinction en a été assez laborieuse. Plöchl [*D. chem. G.*, **16**, 2815, 1883 ou *Bull. Soc. Chim.*, (2), **42**, 606, 1884], chauffant de l'aldéhyde benzoïque, de l'acide hippurique et de l'anhydride acétique, obtint sous forme d'aiguilles jaunes le composé $C^{32}H^{24}Az^2O^5$ (pf°ⁿ 164-165°), anhydride d'un acide $C^{16}H^{13}AzO^3$, ne fixant pas l'acide bromhydrique, ne se nitrosant pas et se dédoublant par l'acide chlorhydrique, à 120°, en acide benzoïque, ammoniaque et un nouvel acide $C^9H^8O^3$ que l'auteur considère comme étant l'acide phénylglycidique, très énergique, se colorant en vert par le chlorure ferrique et fondant à 154-155° en perdant CO^2. Ce composé diffère de l'acide obtenu par Glaser [*D. chem. G.*, **8**, 114, 1875] en traitant par la potasse aqueuse l'acide phényl-α-bromolactique, et ce dernier serait d'après Plöchl l'acide phényl-β-oxycinnamique $C^6H^5-C(OH)=CH-CO^2H$; quant à la potasse alcoolique, elle donnerait avec l'acide phényl-α-bromolactique deux acides différents de celui de Glaser : l'acide phénylglycidique de Plöchl (ou phénylglycidique vrai)

```
C⁶H⁵ - CH - CH - CO²H
         ╲ ╱
          O
```

et l'acide phényl-α-oxycinnamique.

Cette conception est opposée à celle d'Erlenmeyer [*D. chem. G.*, **18**, 305, 1880] qui, reprenant les expériences de Glaser, avait attribué à l'acide Glaser la formule glycidique.

Erlenmeyer jun. [*D. chem. G.*, **19**, 2576, 1886 ou *Bull. Soc. Chim.*, **47**, 328, 1887], reprenant les expériences de Plöchl, émet l'hypothèse que l'acide Plöchl n'est autre que l'acide phénylpyruvique; celle-ci fut confirmée d'une manière indiscutable par Wislicenus qui réussit à faire la synthèse de l'acide phénylpyruvique par la méthode que représentent les réactions suivantes (la première en présence de sodium ou d'éthylate de sodium) [*D. chem. G.*, **20**, 591, 1887] :

```
C²H⁵ - CO² - CO - [OC²H⁵      H] - CNa - C⁶H⁵
                                     |
                                     CO²C²H⁵

perd CO² + C²H⁵OH
─────────────────→  C⁶H⁵ - CH² - CO - CO²H.
   par SO⁴H²
```

Cet acide fond à 153° et donne une phénylhydrazone fondant à 160-161° identique à celle de l'acide Plöchl. La démonstration est complétée par une nouvelle synthèse de l'acide phénylpyruvique par Erlenmeyer jun. [*D. chem. G.*, **22**. 1483. 1889] ainsi que par les recherches du même auteur [*ibid.*, **20**. 2465. 1887] montrant que l'acide Plöchl 1°) réagit avec la phenylhydrazine, avec l'hydroxylamine et le thiophene ; 2°) donne avec l'o-toluylènediamine un composé semblable à la quinoxaline que Hinzberg a obtenu [*Ann. Chem.*, **237**, 351, 1887] avec les acides pyruviques acycliques ; 3°) se comporte, apres condensation avec l'hydroxylamine et réduction, conformément à la réaction indiquée par Gutknecht [*D. chem. G.*, **13**. 1118, 1880]. Ces recherches montrent que les deux acides en question sont :

Acide Glaser :

$$C^6H^5 - CH - CH - CO^2H \quad (\text{pont } O)$$

phénylglycidique ou phényl-α.β-oxypropionique.

Acide Plöchl : $C^6H^5 - CH^2 - CO - CO^2H$, phénylpyruvique ou phényl-α-oxypropionique.

Au cours de la discussion, la conception de Plöchl avait été défendue par lui et par Lipp. Cet auteur [*D. chem. G.*, **19**, 2643, 1886 ; *Bull. Soc. Chim.*, (2), **48**, 179, 1887] se basant sur les experiences d'Erlenmeyer [*Bull. Soc. Chim.*, **35**, 234, 1881] aboutissant à la production d'un même acide glycidique de Mélikoff [*Bull. Soc. Chim.*, **34**, 577, 1880], à partir des deux acides α et β chlorolactiques, étudie les acides p. nitrophénylchlorolactiques en raison de leur stabilité. L'acide α traité par la potasse alcoolique donne l'acide p-nitrophényloxyacrylique en lamelles incolores stables en liqueur aqueuse bouillante, fondant à 186-188°, que Lipp considère comme un acide glycidique (et non β-oxy), car en fixant HCl il reproduit l'acide β-chloré (pf^on 167-168°) qui se distingue à peine physiquement de celui d'Erlenmeyer : acide α [*Bull. Soc. Chim.*, **37**, 13, 1883], mais s'en différencie chimiquement ; car, chauffé avec de l'eau et de l'acide chlorhydrique ou CO^3Na^2 pendant 2 heures à 150°, l'acide β est décomposé en HCl, CO^2 et résine rouge, tandis que l'acide α ne perd pas CO^2 et donne l'acide p-nitro-α-chlorocinnamique (pf^on 224°).

Le sel de baryum de l'acide β est décomposé par l'eau bouillante en CO^2 et aldéhyde p-nitrophényléthylique, pf^on 85-86°, tandis que le sel de l'acide α n'est pas altéré.

De plus l'acide p. nitrophényl-α-chlorolactique avec CO^3Na^2 donne l'acide p-nitrophényloxyacrylique (pf^on 186-188°), tandis que l'acide β chloré exige l'emploi d'un réactif plus énergique, la potasse alcoolique ; dans les deux cas l'acide obtenu est le même : p-nitrophénylglycidique :

$$AzO^2 - C^6H^4 - CH - CH - CO^2H \quad (\text{pont } O)$$

De son côté, Plöchl [*D. chem. G.*, **19**, 3167, 1886 ou *Bull. Soc. Chim.*, (2), **48**, 181, 1887], en dépit de la conception d'Erlenmeyer, maintient son opinion en remarquant que l'acide Plöchl sous l'action de l'air humide se décompose en donnant de la benzaldéhyde, ce qui est incompatible avec sa formule pyruvique, et que d'autre part, ce même acide Plöchl donne par HCl un corps fusible à 171° polymère de l'oxyde de phényléthylène, au lieu de donner de l'aldéhyde phényléthylique, conformément à la formule pyruvique. Enfin l'acide Plöchl abandonné au contact *d'acide bromhydrique* fumant se transforme lentement en acide phénylpyruvique qui cristallise de l'eau chaude en lamelles fondant à 160-161°.

Quant aux conclusions établies par Plöchl sur l'étude de la réaction de l'ammoniaque sur l'acide phénylpyruvique, Erlenmeyer jun. et Kunlin [*Ann. Chem.*, **307**, 146, 1899 ou *Bull. Soc. Chim.*, (3), **24**, 55, 1900] montrent qu'elles reposent sur des erreurs et que le produit de cette action est un composé $C^{17}H^{16}AzO^3$ fondant à 186°, amide que la saponification scinde en un acide dédoublé quantitativement par l'acide chlorhydrique en acide phénylacétique et phénylalanine ; cet acide est :

$$C^6H^5 - CH^2 - CH \begin{cases} CO^2H \\ AzH - CO - CH^2 - C^6H^5 \end{cases}$$

RÉACTIONS DE L'ACIDE PHÉNYLGLYCIDIQUE. — Erlenmeyer jun. [*D. chem. G.*, **22**, 1482, 1889] a montré que l'acide phényl-α.β-oxypropionique glycidique) se comporte vis-à-vis de l'acide chlorhydrique comme les acides glycidiques acycliques : il fixe l'ammoniaque et les amines en donnant des composés alcalins cristallisables dans l'alcool.

1°) Avec AzH^3, l'acide phénylamidolactique, $C^6H^5(C^2H^2)(OH)(AzH^2) - CO^2H$: décomposé à 220°.

2°) Avec la pipéridine, l'acide phénylpipéridyllactique $C^6H^5 - C^2H^2(C^5H^{10}Az)(OH) - CO^2H$.

3°) Avec l'aniline un produit cristallisé.

Acide p-nitrophénylglycidique. — Obtenu par Erlenmeyer jun. [*D. chem. G.*, **14**, 867, 1881 ou *Bull. Soc. Chim.*, **37**, 14, 1882] (à côté du p-nitrostyrolène et de l'acide p-nitrophényllactique) en traitant le p-nitro-cinnamate de sodium par l'acide hypochloreux. Petits cristaux stables qui fixent HCl en se transformant en acide p-nitrophényl-β-chloro-lactique.

RÉACTIONS DE L'ACIDE PHÉNYLPYRUVIQUE. — 1° Cet acide chauffé avec les acides minéraux perd CO^2 et donne une oxolactone

$$\begin{array}{l} C^6H^5 - CH - CH - CH^2 - C^6H^5 \\ \quad\;\; | \qquad\;\; >O \\ \quad CO - CO \end{array}$$

que la réduction par l'amalgame de sodium transforme en deux corps : l'un soluble dans le chloroforme et fondant à 118°, l'autre fondant à 153° ; la réduction par la poudre de zinc donne un acide fondant à 161° que l'acide chlorhydrique transforme en un autre acide fondant à 128° (Erlenmeyer jun., *D. chem. G.*, **35**, 1935, 1902).

2° Cet acide se condense avec les aldéhydes anisique et cuminique en donnant des oxolactones :

$$\begin{array}{l} C^6H^5 - CH - CH - C^6H^4 - OCH^3 \\ \qquad\quad / \qquad \backslash \\ \qquad CO \quad CO - O \end{array}$$

Cette réaction revient sans doute à la précédente où les acides minéraux donnent d'abord CO^2 et de l'aldéhyde phényléthylique.

La réduction transforme ces oxolactones, p. ex. la première, en deux lactones non saturées dont l'une, stable, fond à 122°, et l'autre instable, à 105° ; cette dernière à l'ébullition aqueuse donne la première

$$\begin{array}{l} C^6H^5 - C = CH - C^6H^4 - OCH^3 \\ \qquad\;\; \| \qquad | \\ \qquad CH - CO^2 \end{array}$$

$$\rightarrow \begin{array}{l} C^6H^5 - C = C - C^6H^4 - OCH^3 \\ \qquad\quad | \qquad\; | \\ \qquad\; CH^2 - CO^2 \end{array}$$

qui se condense avec la benzaldéhyde en donnant :

$$\begin{array}{l} C^6H^5 - C = C - C^6H^4 - OCH^3 \\ \qquad\quad | \qquad | \\ C^6H^5 - CH = C - CO^2 \end{array}$$

Pf^{on} 195° (Erlenmeyer jun., *D. chem. G.*, **36**, 919 et 2523, 1903 ou *Bull. Soc. Chim.*, (3), **30**, 1186, 1903).

Mars 1906. P. Lemoult.

PHÉNYLGLYCINE. — Voyez PHÉNYLGLYCOCOLLE.

PHÉNYLGLYCOCOLLE (*Ac. amido-acétique, phénylglycine*). — Ce corps et ses dérivés ont pris une grande importance industrielle depuis la découverte de Heumann et celle plus récente de Gold und Silber Scheide Anstalt qui en font les matières premières de la préparation synthétique de l'indigotine (voyez ce mot); on les obtient par la réaction des acides acétiques halogénés sur les amines.

Silberstein [*D. chem. G.*, **17**, 2660, 1884 ou *Bull. Soc. Chim.*, (2), **45**, 531, 1886], chauffant de l'acide monochloracétique, son éther éthylique ou son amide avec la diméthylaniline, a obtenu des composés du type

$$C^6H^5-Az\begin{cases}Cl\\ CH^2-COR\\ (CH^3)^2\end{cases}\quad (R=OH,\ OC^2H^5,\ AzH^2),$$

solides, cristallisables dans l'alcool, mais décomposés par la chaleur en perdant toujours CH^3Cl pour donner soit : $C^6H^5-Az(CH^3)-CH^2CO^2H$, salifiable par HCl en donnant un sel cristallisé dans l'alcool, que l'eau décompose dès 100° en CO^2 et diméthylaniline, soit $C^6H^5-Az(CH^3)-CH^2-COAzH^2$, lamelles soyeuses fondant à 163°, facilement saponifiables et facilement décomposées par l'eau en diméthylaniline, CO^2 et AzH^3. Le même auteur, avec l'acide trichloracétique, a obtenu la dichlorophénylbétaïne

$$C^6H^5-Az\begin{cases}Cl\\ CCl^2-CO^2H\\ CH^3\\ CH^3\end{cases}$$

Dennstedt [*D. chem. G.*, **13**, 228, 1880] a obtenu avec la bromaniline un *dérivé bromé* fondant à 98° et l'*éther éthylique* qui fond à 95-96°, et Schwebel [*D. chem. G.*, **11**, 1131, 1878] un *dérivé tribromé* en aiguilles blanches, par bromuration directe en milieu aqueux.

Vater [*J. prakt. Chem.*, (2), **29**, 286, 1884], avec les amidophénols ou leurs éthers, a obtenu des oxyphénylglycines et leurs éthers à l'oxhydryle, savoir :

OH en 2 : cristallisé avec H^2O; perd $2H^2O$ à 100-105° et donne un anhydride.

OH en 4 : indécomposé à 200°, donne un sel de sodium.

OCH^3 en 2 : lamelles étoilées fondant à 141°,5 ; sel avec HCl et sel de plomb amorphe.

OCH^3 en 4 : décomposé à 200°.

OC^2H^5 en 2 : pf^{on} 120°.

OC^2H^5 en 2 et C^2H^5 à l'azote : donne un chlorhydrate hygroscopique.

OC^2H^5 en 2 et C^2H^5, C^2H^5 et Cl à l'azote (avec l'o-diéthylamidophénol) : donne un chloroplatinate.

Ces oxyphénylglycines donnent avec le chlorure ferrique une coloration rouge sang, avec le sulfate de cuivre une coloration verte.

Kuhara et Chikasigé [*Am. Journ.*, **24**, 167, 1900] ont montré que la diphényldicétopipérazine fondue avec la potasse donne le phénylglycocolle, puis l'indigotine :

$$C^6H^5-Az\begin{matrix}\diagup CH^2-CO \diagdown\\ \diagdown CO-CH^2 \diagup\end{matrix}Az-C^6H^5$$

$$\xrightarrow{2\,KOH} 2(C^6H^5-AzH-CH^2-CO^2K).$$

Formylphénylglycocolle,

$$C^6H^5-Az\begin{cases}COH\\ CH^2-CO^2H\end{cases}$$

— Il a été obtenu par Vorländer et Humme [*D. chem. G.*, **34**, 1647, 1901 ou *Bull. Soc. Chim.*, **26**, 900, 1901] en oxydant à froid par le permanganate en présence de CO^3Na^2 l'acide anilidodiacétique; il se fait en outre de l'acide oxalique et CO^2. Le composé formé fond à 125°, est soluble dans l'eau et l'alcool, mais non dans le benzène. Le *dérivé o-tolylé* fond à 115°. Ces deux composés se forment également en chauffant avec l'anhydride formique les phényl et o. tolylglycocolles; fondus avec KOH, ils fournissent un peu d'indigotine.

Oxy-amide phénylglycocollique, $C^6H^5-AzH-CH^2-CO-AzH(OH)$. — Pf^{on} 118° avec décomposition. Obtenu en faisant réagir $AzH^2(OH)$ sur le phénylglycocollate d'éthyle; le *dérivé acétylé* fond à 107° [Pickard, Allen, *Chem. Soc.*, **81**, 1563, 1902 ou *Bull. Soc. Chim.*, **30**, 572, 1903].

Nitrosophénylglycocolle,

$$\begin{matrix}C^6H^5-Az-CH^2-CO^2H\\ |\\ AzO\end{matrix}$$

— Il a été obtenu par Schwebel [*D. chem. G.*, **11**, 1181, 1878] par action de l'acide nitreux en milieu sulfurique sur le phénylglycocolle : il se fait un précipité qu'on cristallise dans l'eau; il fond à 105° avec décomposition et en dégageant l'odeur de nitrobenzène; il est très soluble dans l'éther, l'alcool, l'ammoniaque aqueuse et donne des sels métalliques (-Na soluble; - Ag insoluble). Ce composé, dissous dans l'éther absolu, subit en présence d'alcool une modification importante [Fischer et Hepp, *D. chem. G.*, **20**, 2471, 1887 ou *Bull. Soc. Chim.*, **49**, 307, 1888] : la liqueur rougit et dépose des cristaux rouges explosifs se décomposant à froid en perdant de l'azote : c'est probablement le diazoïque de la phénylhydroxylamine, car bouilli avec l'alcool, ce corps perd de l'azote, donne l'odeur de benzaldéhyde et la biphényldihydroxylamine $(OH)AzH-C^6H^4-C^6H^4-AzH(OH)$, huile basique, réduisant AzO^3Ag et qui, sous l'action des réducteurs, donne la benzidine.

L'acide nitreux en milieu chlorhydrique transforme le phénylglycocolle en acide phénylchloracétique [Jochem. *Zeit. phys. Chem.*, **31**, 43 ou *Bull. Soc. Chim.*, (3), **26**, 333, 1901].

Isonitrosophénylglycocollate d'éthyle,

$$\begin{matrix}Az(OH)\\ \|\\ C^6H^5-AzH-C-CO^2H\end{matrix}$$

— Obtenu par Jovitchitch [*D. chem. G.*, **35**, 151, 1902 ou *Bull. Soc. Chim.*, **28**, 365, 1902], au moyen d'aniline et de l'éther chloroximidoacétique $OH-Az=CCl-CO^2R$ en présence de quelques gouttes d'acide chlorhydrique.

Action de la chaleur. — En chauffant le phénylglycocolle en vase ouvert vers 140-150°, P.-J. Meyer a obtenu un produit cristallisé soluble dans l'alcool, fondant à 263° et qu'il considère comme

$$\begin{matrix}CH^2\diagdown\\ |\qquad AzC^6H^5\\ CO\diagup\end{matrix}\quad \text{ou}\quad \begin{matrix}CH^2-AzHC^6H^5-CO\\ |\qquad\qquad\qquad |\\ CO-AzHC^6H^5-CH^2\end{matrix}$$

[*D. chem. G.*, **10**, 1967, 1877].

Action de l'alcoolate de sodium. — Ce réactif en présence du phénylglycocollate d'éthyle donne deux composés différents, qui sont tous deux des anhydrides, et qui dépendent du solvant employé : c'est tantôt l'azote iminique, tantôt le CH^2 qui participe à la réaction :

$$\begin{array}{l} C^6H^5 - Az - CH^2 - CO \\ \quad\quad | \quad\quad\quad\quad\quad | \\ \quad\quad CO - CH^2 - Az - C^6H^5 \end{array}$$

Milieu alcoolique.

$$\begin{array}{l} C^6H^5 - Az - CH^2 - C - OH \\ \quad\quad | \quad\quad\quad\quad \| \\ \quad\quad CO \text{———} C - AzHC^6H^5 \end{array}$$

ou

$$\begin{array}{l} C^6H^5 - Az - CH^2 - CO \\ \quad\quad | \quad\quad\quad\quad | \\ (OH)C = C - AzHC^6H^5 \end{array}$$

Milieu benzénique.

Vorländer et A. de Mumpred. *D. chem. G.*, **33**, 2467, 1900 ou *Bull. Soc. Chim.*, (3), **24**, 952, 1900).

Action de l'hydrogène naissant (sodium et alcool amylique). Il se forme comme l'ont montré Einhorn et Pfeiffer [*Ann. Chem.*, **310**, 218, 1899 ou *Bull. Soc. Chim.*, (3), **24**, 301, 1900], non pas le dérivé hexahydrogéné de l'acide phénylamidoacétique, mais l'acide phényl-isoamylamidoacétique

$$C^6H^5 - CH <^{AzH - C^5H^{11}}_{CO^2H}$$

Après la réduction, pour séparer le phénylglycocolle non altéré, on nitrose le produit de la réaction, ce qui donne le dérivé nitrosé de l'acide phénylisoamylamido-acétique soluble dans le benzène, d'où il cristallise, fondant à 109° et perdant AzO par l'action de l'acide chlorhydrique. L'acide non nitrosé est une poudre cristalline se décomposant vers 250° en CO^2 et benzylisoamylamine ; il se fait en outre un composé $C^8H^{14}O^3$, pf° 135°, de nature inconnue.

Colorants azoïques. — L'acide méthylphénylamidoacétique copule facilement avec les diazoïques d'aniline, de p. et m. sulfaniliques, de p. amidobenzoïque, de benzidine en donnant des colorants qui sont plus solubles et mieux résistants au savon que ceux de diméthylaniline, mais qui, à froid, perdent CO^2 sous l'influence de l'acide chlorhydrique et sont ramenés aux colorants dérivés de diméthylaniline. Avec le phénylglycocolle, la copulation se fait avec les mêmes diazoïques, mais avec le tétrazoïque de benzidine, une seule molécule d'acide phénylamidoacétique entre en copulation [Mai, Kahn, Hirmann. *D. chem. G.*, **35**, 582, 1902 ou *Bull. Soc. Chim.*, (3), **28**, 378, 1902).

Avril 1906. P. Lemoult.

PHÉNYLGLYCOL, *phényléthanediol*. $C^6H^5 - CHOH - CH^2OH$. — Pour le préparer on chauffe 3 à 4 heures 1 partie de bromure de styrolène avec 1/2 partie de carbonate de potasse et 2 parties d'eau ; et on extrait à l'éther [Zincke. *Ann. Chem.*, **216**, 293, 1883].

Il cristallise dans un mélange de ligroïne et de benzène en aiguilles fusibles à 67-68°. Il distille à 272-274° sous 754 mm. Il est très soluble dans l'eau, le benzène, l'alcool et l'éther. Par ébullition avec l'acide sulfurique à 15 0/0 il est transformé en *pinacoline*.

$$\begin{array}{c} \ulcorner \; O \; \urcorner \\ C^6H^5 - CH - CH^2 \end{array}$$

huile épaisse, insoluble dans l'eau, qui bout à 260° sous 50 mm. L'acide sulfurique à 20 0/0 le convertit au phényléthanol, et l'acide à 60 0/0, en un carbure $C^{16}H^{12}$. Oxydé par l'acide chromique, il fournit de la benzaldéhyde ; l'acide nitrique (D = 1,35) fournit un mélange de benzoylcarbinol, $C^6H^5 - CO - CH^2OH$ et d'acide benzoylformique, $C^6H^5 - CO - CO^2H$. Oxydation catalytique : Trillat [*Bull. Soc. Chim.*, **29**, 45, 1903].

Éther diformique, $C^6H^5 \cdot CH(O.COH) \cdot CH^2O.COH$. — On l'obtient en faisant réagir l'anhydride mixte formo-acétique sur le phénylglycol ; c'est une huile d'odeur agréable qui bout à 164-165° sous 25 mm. [Béhal, *Ann. Chim. Phys.*, **20**, 425, 1900].

Éther diacétique, $C^6H^5 - CH(C^2H^3O^2) - CH^2 . C^2H^3O^2$. — Huile épaisse, qui distille à 183-185° sous 25 mm. [Zincke, *loc. cit.*].

Acétal méthylénique,

$$\begin{array}{l} C^6H^5 - CH - CH^2 - O \\ \quad\quad\quad\; | \quad\quad\quad\quad | \\ \quad\quad\quad\; O \text{———} CH^2 \end{array}$$

— On le prépare en chauffant 50 gr. de phénylglycol avec 300 gr. d'eau et 100 gr. d'aldéhyde formique [Verley, *C. R.*, **128**, 316, 1899]. C'est une huile dont l'odeur rappelle celle du jasmin : $D_0 = 1,1334$; $n_D = 1,519$: il bout à 101° sous 12 mm. ; il est facilement volatil avec la vapeur d'eau [Hesse et Müller, *D. chem. G.*, **32**, 568, 1899].

Acétal éthylidénique,

$$\begin{array}{l} C^6H^5 - CH - CH^2 - O \\ \quad\quad\quad\; | \quad\quad\quad\quad\quad | \\ \quad\quad\quad\; O - CH(CH^3) \lrcorner \end{array}$$

— Il distille à 103° sous 12 mm. ; $D_0 = 1,062$. Son odeur rappelle celles de la rose et du jasmin [Verley, *loc. cit.*].

Acétal isobutylidénique,

$$\begin{array}{l} C^6H^5 - CH - CH^2 - O \\ \quad\quad\quad\; | \quad\quad\quad\quad\quad | \\ \quad\quad\quad\; O - CH(C^3H^7) \lrcorner \end{array}$$

— Il bout à 126° sous 15 mm., $D_0 = 1,0175$.

Acétal isoamylidénique,

$$\begin{array}{l} C^6H^5 - CH - CH^2 - O \\ \quad\quad\quad\; | \quad\quad\quad\quad\quad | \\ \quad\quad\quad\; O - CH(C^4H^9) \lrcorner \end{array}$$

— Il bout à 148° sous 28 mm. $D_{18} = 1,0138$. Son odeur rappelle celles du jasmin et de la pêche [Verley, *loc. cit.*].

p-Bromophénylglycol, $Br_4C^6H^4{}_1 - CHOH \cdot CH^2OH$. — Il s'obtient par action de la potasse aqueuse sur le dibromure de *p*-bromostyrolène. Il cristallise dans l'eau en aiguilles fusibles à 102° [Schramm, *D. chem. G.*, **24**, 1335, 1891].

MÉTHYLPHÉNYLGLYCOL,

$$\begin{array}{l} C^6H^5 \searrow \\ CH^3 \nearrow \end{array} COH - CH^2OH$$

— Il se prépare en hydrolysant le dibromure d'isopropénylbenzène par l'eau et le carbonate de baryte. Il fond à 37-38°. Sa *monochlorhydrine*,

$$\begin{array}{l} C^6H^5 \searrow \\ CH^3 \nearrow \end{array} COH - CH^2Cl$$

bout à 149-151° [Tiffeneau, *Bull. Soc. Chim.*, **27**, 292, 643, 767, 1902].

DIPHÉNYLGLYCOL ASYM. $(C^6H^5)^2 = COH - CH^2OH$. — Il a été obtenu par action du phénylbromure de magnésium sur le glycolate d'éthyle. Il fond à 120-121° [Tiffeneau, *C. R.*, **142**, 1537, 1906.)

DIPHÉNYLGLYCOL SYMÉTRIQUE, voyez HYDROBENZOÏNE.

TRIPHÉNYLGLYCOL $(C^6H^5)^2 = C(OH) - CHOH - C^6H^5$. — On le prépare en faisant réagir le bromure de phénylmagnésium sur la benzoïne. Il fond à 167° [Gardeur, *Bull. Acad. Roy. Belg.*, **34**, (3), 67 ; — F. Acrée, *D. chem. G.*, **37**, 2753, 1904].

Janvier 1907. P. Carré.

PHÉNYLGLYCOLIQUES (ACIDES), *acides mandéliques*, $C^6H^5-CHOH-CO^2H$. — I. ACIDE RACÉMIQUE. — Il se forme, quand on chauffe la benzoylformaldéhyde avec les alcalis [Pechmann, *D. chem. G.*, **20**, 2905, 1887]; quand on chauffe la dibromo 1.2 acétophénone avec une lessive alcaline étendue [Engler et Wöhrle, *D. chem. G.*, **20**, 2202, 1887]; dans l'hydrolyse de l'amygdaline [Walker, *Chem. Soc.*, **83**, 472, 1903].

Pour la préparation par saponification du nitrile phénylglycolique, voyez [Pape, *Chem. Zeit.*, **20**, 90; — Walden, *D. chem. G.*, **29**, 1700, 1896].

Chaleur de combustion, 890Cal,9 [Stohmann et Langbein, *J. prakt. Chem.*, **50**, 390, 1894]. Conductibilité électrique [Ostwald, *Zeit. physikal. Chem.*, **3**, 184, 272, 1889]. Solubilité dans l'eau [Rimbach, *D. chem. G.*, **32**, 2387, 1899; — Schlossberg, *D. chem. G.*, **33**, 1086, 1900]; dans l'alcool et dans l'éther [Lewkowitsch, *D. chem. G.*, **16**, 1566, 1883]. Chaleur de dissolution dans l'eau = —3Cal,1; chaleur de neutralisation par la soude = 13Cal,86 [Berthelot, *Ann. Chim. Phys.*, **7**, 185, 1886].

Il se dissout à froid dans l'acide sulfurique concentré, et vers 35° dégage de l'oxyde de carbone [Bistrzycki et Siemiradzki, *D. chem. G.*, **39**, 51, 1906]. La condensation avec l'oxychlorure de carbone en présence de pyridine fournit l'*anhydride dimoléculaire*, fusible à 240° [Einhorn et Pfeiffer, *D. chem. G.*, **34**, 2951; **35**, 3639, 1902]. Action de l'acide sulfurique [de Coninck, *Bull. Soc. Chim.*, **29**, 1098, 1903]. Condensation avec les phénols [Bistrzycki et Flatau, *D. chem. G.*, **30**, 124, 1897]; avec le naphtol et avec la résorcine [Simonis, *D. chem. G.*, **31**, 2821, 1898].

Sels. — Électrolyse du sel de potassium [Miller et Hofer, *D. chem. G.*, **27**, 469, 1894; — Walker, *Chem. Soc.*, **69**, 1279, 1896]. *Sel d'Am* [Duparc et Pearce, *Zeit. f. Kryst.*, **27**, 64, 1897]. *Sels alcalino-terreux, de zinc et de cadmium* [Mac Kenzie, *Chem. Soc.*, **75**, 969, 1899].

Mandélate de méthyle, $C^6H^5-CHOH-CO^2CH^3$. — Il fond à 58° et bout à 144° sous 20 mm. [S. F. Acree, *D. chem. G.*, **37**, 2764, 1904]; il bout à 246° sous la pression ordinaire [Michael et Jeanprêtre, *D. chem. G.*, **25**, 1684, 1892].

Mandélate d'éthyle, $C^6H^5-CHOH-CO^2C^2H^5$. — Aiguilles fusibles à 34° [Michael, *loc. cit.*]; à 37° [Mac Kenzie, *Chem. Soc.*, **75**, 755, 1899]; à 29° [Findlay et Turner, *Chem. Soc.*, **87**, 747, 1905]. Il distille à 253-255° [Beyer, *J. f. prakt. Chem.*, **31**, 389, 1885].

Chloromandélate d'éthyle, phénylchloracétate d'éthyle, $C^6H^5-CHCl-CO^2C^2H^5$. — Il distille à 143° sous 25 mm. [Findlay et Turner, *loc. cit.*].

Mandélate de propyle, $C^6H^5-CHOH-CO^2C^3H^7$. — Il fond à 14-15° et bout à 145° sous 12 mm. [Findlay et Turner, *Chem. Soc.*, **87**, 747, 1905].

Mandélate de l-bornyle. — Il fond à 45-47° et bout à 204° sous 14 mm.; $\alpha^{20} = -30°,4$ [Mac Kenzie et Thompson, *Chem. Soc.*, **87**, 1004, 1905].

Mandélate de l-menthyle. — Il fond à 86-85°,5; $\alpha = -73°,6$ [Mac Kensie, *Chem. Soc.*, **85**, 1249, 1904].

Acide méthoxymandélique, $C^6H^5-CH(OCH^3)-CO^2H$. — Il fond à 71-72° [Meyer et Boxer, *Lieb. Ann. Chem.*, **220**, 44, 1884]. Son *éther éthylique* bout à 141° sous 26 mm. [Findlay et Turner, *loc. cit.*].

Acide éthoxymandélique, $C^6H^5-CH(OC^2H^5)-CO^2H$. — Ses *sels de baryum* et *de zinc* cristallisent avec $3H^2O$ [Mac Kenzie, *Chem. Soc.*, **75**, 755, 1899]. Son *éther éthylique* bout à 134° sous 13 mm.; à 255° à la pression ordinaire [Findlay et Turner, *loc. cit*]. Son *éther l-menthylique* bout à 205° sous 17 mm. Son *éther l-bornylique*, bout à 204° sous 20 mm. [Mac Kenzie et Thompson, *Chem. Soc.*, **87**, 1004, 1905].

Acide propoxymandélique, $C^6H^5-CH(OC^3H^7)-CO^2H$. — C'est une huile jaune clair. Son *éther éthylique* bout à 144° sous 13 mm. [Findlay et Turner, *loc. cit.*].

Acide phénoxymandélique, $C^6H^5-CH(OC^6H^5)-CO^2H$. — Il fond à 108° [Meyer et Boxer, *loc. cit.*].

Monoformal,

$$\begin{array}{l} C^6H^5-CH\text{———}CO \\ \qquad\quad | \qquad\qquad | \\ \qquad\quad O-CH^2-O \end{array}$$

— Il bout à 223°, à 157° sous 27 mm.; il fond à 20° [L. de Bruyn et V. Ekenstein, *Rec. Pays-Bas*, **19**, 310, 1902].

La *phényluréthane*, $C^6H^5-CH(O.COAzH.C^6H^5)-CO^2H$, fond à 146°. — L'*éther éthylique* fond à 93° [Lambling, *Bull. Soc. Chim.*, **19**, 775; **27**, 450, 1902]; l'*anilide* fond à 163° [Lambling, *Bull. Soc. Chim.*, **29**, 127, 1903].

Amide mandélique, $C^6H^5-CHOH-COAzH^2$. — On l'obtient quand on traite le nitrile mandélique par l'acide chlorhydrique fumant [Tiemann, *D. chem. G.*, **14**, 1967, 1881; — Michael et Jeanprêtre, *D. chem. G.*, **25**, 1682, 1892; — Pulvermacher, *D. chem. G.*, **25**, 2212]. Il cristallise en lamelles fusibles à 131-132° [Biedermann, *D. chem. G.*, **24**, 4083, 1891]. — Son *dérivé benzoylé*, $C^6H^5-CH(O.COC^6H^5)-COAzH^2$, fond à 162° [Orton, *Chem. Soc.*, **79**, 1351, 1901].

Hydrazide mandélique, $C^6H^5-CHOH-CO-AzH-AzH^2$. — Elle fond à 132°; *chlorhydrate* fusible à 150°. — *Dihydrazide* $(C^6H^5-CHOH-CO)^2Az^2H^2$, fusible à 225° [Curtius et Müller, *D. chem. G.*, **34**, 2794, 1901].

Méthylamide mandélique. — Le *dérivé benzoylé*, $C^6H^5-CH(OCOC^6H^5)-CO-AzH.CH^3$, fond à 139° [Orton, *loc. cit.*].

Anilide mandélique, $C^6H^5-CHOH-COAzH C^6H^5$. — Elle fond à 151-152° [Reissert et Kayser, *D. chem. G.*, **23**, 3702, 1890; — Bischoff et Walden, *Lieb. Ann. Chem.*, **279**, 123, 1894]; à 146° [Verner et Piguet, *D. chem. G.*, **37**, 4295, 1904].

Toluidides mandéliques, $C^6H^5-CHOH-CO.AzH-C^6H^4-CH^3$. — Le dérivé *ortho* fond à 79°, le dérivé *para* fond à 172° [Bischoff et Walden, *loc. cit.*].

Naphtalides mandéliques, $C^6H^5-CHOH-COAzH.C^{10}H^7$. — Le dérivé α fond à 14°, le dérivé β fond à 109° [Bischoff et Walden].

Nitrile mandélique, $C^6H^5.CHOH-CAz$. — On le prépare en faisant réagir la solution aqueuse de cyanure de potassium sur la combinaison bisulfitique de la benzaldéhyde [Hofmann et Schœtensack, D.R.P. 852, 30].

Chauffé avec l'ammoniac il donne le phényloxyisocarbostyrile [Ulrich, *D. chem. G.*, **37**, 1685, 1904]. L'acide chlorhydrique en solution éthérée le transforme en un composé $C^{16}H^{12}OAz^2$ fusible à 200-203° [Minovici, *D. chem. G.*, **32**, 2206, 1899], que Japp et Knox [*Chem. Soc.*, **87**, 701, 1905] ont identifié avec la céto-3-diphényl-3.4-dihydro-1.4-diazine,

$$\begin{array}{l} \quad CH-Az=C-C^6H^5 \\ \qquad\quad \| \qquad\quad | \\ C^6H^5-C-AzH-CO \end{array}$$

fusible à 196-197°.

Condensation avec l'uréthane [Lehmann, *D. chem. G.*, **34**, 366, 1901]; avec la diéthylamine [Klages et Margolinsky, *D. chem. G.*, **36**, 4188, 1903]; avec l'aniline, la p-toluidine, l'α naphtylamine [Knœvenagel, *D. chem. G.*, **37**, 4073, 1904]; avec le phénol [Bistzysck et Simonis, *D. chem. G.*, **31**, 2812, 1898]; avec la benzaldéhyde [Schiff, *D. chem. G.*, **32**, 2701, 1899; — Stolle, *D. chem. G.*, **35**, 1590, 1902; — Lapworth, *Chem. Soc.*, **83**, 1003, 1903]: avec les amines aromatiques [Sachs et Goldmann, *D. chem. G.*, **35**, 3319, 1902]. Action de la lumière [Sachs et Hilpert, *D. chem. G.*, **37**, 3425, 1904].

Le *dérivé acétylé*, $C^6H^5-CH(C^2H^3O^2)-CAz$, est une huile qui distille à 152° sous 25 mm. [Michael et Jeanprêtre, *ibid.*, **25**, 1681, 1892].

Le *nitrile o. nitromandélique*, $AzO^2 . C^6H^4-CHOH-CAz$, fond à 95° [Heller, *D. chem. G.*, **37**, 938, 1904].

Acide p-chloromandélique, $ClC^6H^4-CHOH-CO^2H$. — Il fond à 112-113° [Collet, *Bull. Soc. Chim.*, **21**, 70, 1899; — Walther et Rætze, *J. f. prakt. Chem.*, **65**, 258, 1902].

Acide dichloro-2.5-mandélique, $Cl^2_{(2,5)}C^6H^3_{(1)}CHOH-CO^2H$. — Il fond à 84°: le *nitrile* correspondant fond à 93° [Gnehm et Schuele, *Lieb. Ann. Chem.*, **299**, 350, 1898].

Acide p-bromomandélique. — Il fond à 117-118° [Collet, *loc. cit.*; Soderbaum, *D. chem. G.*, **25**, 3467, 1892].

Acide p-iodomandélique. — Il fond à 135° [Schweitzer, *D. chem. G.*, **24**, 997].

Acides oxymandéliques. — Le dérivé *ortho*, $OH_{(2)}C^6H^4_{(1)}-CHOH-CH^2OH$, est une huile. $\alpha^{20}_D = +1{,}09$; l'*amide* correspondante fond à 213°, le *nitrile* à 162° [Fischer et Slimmer, *D. chem. G.*, **36**, 2575, 1903]. — Dérivé *para* [Dunstam et Henry, *Proc. of the Roy. Soc.*, 153, 1902].

Acides nitromandéliques. — $AzO^2C^6H^4-CHOH-CO^2H$. — Le dérivé *ortho* fond à 140° [Engler et Wöhrle, *D. chem. G.*, **20**, 2203; **22**, 208, 1889]. Conductibilité électrique [Ostwald, *Zeit. f. physikal. Chem.*, **3**, 185, 1889]: *éther méthylique* fusible à 74°,5. — Le dérivé *méta* fond à 119-120° [Plöchl et Loë, *D. chem. G.*, **18**, 1181, 1885; Beyer, *J. f. prakt. Chem.*, **31**, 395, 1885; — Engler et Wöhrle, *loc. cit.*]: *éther éthylique* fusible à 63° [Beyer, *loc. cit.*]. — Le dérivé *para* fond à 126° [Engler, *loc. cit.*]: *éther méthylique*, fusible à 87°: *éther éthylique* fusible à 75-76°.

Acide p-diméthylaminomandélique, $(CH^3)^2Az.C^6H^4-CHOH-CO^2H$: l'*amide* correspondante fond à 195°; le *nitrile* fond à 113-114° [Sachs et Lewin, *D. chem. G.*, **35**, 3569, 1902].

II. Acide gauche. — L'acide mandélique ordinaire, ou acide racémique, peut être dédoublé en ses deux composants actifs par l'intermédiaire des sels d'alcaloïdes, [Lewkowitsch, *D. chem. G.*, **16**, 1565, 1722, 1883; — Rimbach, *D. chem. G.*, **32**, 2387, 1899; — Schlossberg, *D. chem. G.*, **33**, 1086, 1900; — Adriani, *Zeit. f. physikal. Chem.*, **33**, 468, 1900; — Upiani et Condelli, *Gazz. chim. ital.*, **30**, 359, 1900; — Mac Kenzie, *Chem. Soc.*, **75**, 968, 1899; — Marckwald, *D. chem. G.*, **38**, 810, 1905]. Ce dédoublement peut aussi se faire en éthérifiant l'acide mandélique par une quantité insuffisante de menthol gauche, qui éthérifie l'acide mandélique droit avant le gauche [Marckwald et Mac Kenzie, *D. chem. G.*, **32**, 2130; **34**, 469, 1901; — Mac Kenzie, *Chem. Soc.*, **85**, 378, 1904]: ou encore par l'intermédiaire des l-menthylamides [Marckwald et Meth. *D. chem. G.*, **38**, 801, 1905]. On peut également le réaliser par les bactéries [Mac Kenzie et Harden, *Chem. Soc.*, **83**, 424, 1903].

L'hydrolyse de l'amygdaline donne presque exclusivement de l'acide l-mandélique [Dakin, *Chem. Soc.*, **85**, 1512, 1904].

$\alpha = -(212{,}52 - 0{,}5779\,t)$ [Lewkowitsch, *loc. cit.*]; $D = 1{,}341$ [Walden, *D. chem. G.*, **29**, 1700, 1896]. Pouvoir rotatoire en présence des sels d'uranium [Walden, *D. chem. G.*, **30**, 2892, 1897].

Sels. — Le sel de brucine fond à 97-98°; le sel de strychnine fond à 184-185°; le sel de cinchonine fond à 165°; le sel de quinine se décompose à 202°; voyez aussi [Mac Kenzie, *Chem. Soc.*, **75**, 769, 1899; — Rimbach, *D. chem. G.*, **32**, 2390, 1899].

Ether méthylique. — α_D à divers températures [Guye et Aston, *C. R.*, **124**, 196, 1887]; voyez aussi P. Valden [*Zeit. f. physikal. Chem.*, **55**, 1, 1906].

Le *l-mandélate de l-menthyle*, $C^6H^5-CHOH-CO^2C^{10}H^{19}$, fond à 81-82°; $\alpha_D = 138°{,}6$ en solution alcoolique à 17° [Mac Kenzie, *Chem. Soc.*, **85**, 1249, 1904].

Acide l-méthoxymandélique, $C^6H^5-CH(OCH^3)CO^2H$. — Il fond à 63-64°; $\alpha_D{}^{13} = -165{,}8$, en solution dans l'eau [Mac Kenzie, *Chem. Soc.*, **75**, 761]: conductibilité électrique [Roth, *Chem. Soc.*, **75**, 761].

Acide l-éthoxymandélique. — Liquide sirupeux [Mac Kenzie, *loc. cit.*], son *éther éthylique*, $C^6H^5-CH(OC^2H^5)-CO^2C^2H^5$, est une huile qui bout à 146-147° sous 17 à 20 mm.

III. Acide droit. — Le sel de brucine fond à 135-136°; le sel de strychnine fond à 115-116°: le sel de cinchonine fond à 79-86°: le sel de quinine se décompose à 180°. Le *d-mandélate de l-menthyle* fond à 99-100°; $\alpha_D = -7°6$ [Mac Kenzie]. En outre des autours cités pour l'acide gauche voir aussi [Traube, *D. chem. G.*, **32**, 2386, 1899; — Hollemann, *Rec. Pays-Bas*, **17**, 324, 1898; — Winther, *Zeit. f. physikal. Chem.*, **56**, 165, 1906]. Janvier 1907. P. Carré.

PHÉNYLGLYOXAL $C^6H^5-CO-CHO + H^2O = C^6H^5-CO-(CHOH)^2$. — L'aldéhyde phénylglyoxylique se forme : dans l'oxydation catalytique du phénylglycol, par la spirale de platine [Trillat, *Bull. Soc. Chim.*, **29**, 45, 1903]; dans la décomposition de la diiodoacétophénone, quand on abandonne sa solution chloroformique humide à la lumière [Wolf, *Lieb. Ann. Chem.*, **325**, 129, 1902]; dans l'action du bisulfite de soude sur l'isonitrosoacétophénone [A. Pinner, *D. chem. G.*, **38**, 1531, 1905]; dans la décomposition du benzoylcarbinol par les sels de cuivre à 35-50° [L. Evans, *Am. Chem. Journ.*, **35**, 115, 1906].

Pour le préparer on agite 30 gr. de nitrosoacétophénone avec 120 gr. d'une solution de bisulfite de soude à 35 0/0: on essore le précipité obtenu et on le fait bouillir avec 11 fois son poids d'acide sulfurique à 17 0/0, puis on extrait à l'éther [Pechmann, *D. chem. G.*, **20**, 2904; **22**, 2557, 1889; — Pinner, *ibid.*, **35**, 4132, 1902].

$$C^6H^5-CO-CH=AzOH + SO^3NaH$$
$$= C^6H^5-CO-CH.AzSO^3Na + H^2O;$$
$$C^6H^5-CO-CH=AzSO^3H + 2H^2O$$
$$= SO^4.AzH^4.H + C^6H^5-CO-CHO.$$

Le phénylglyoxal cristallise dans l'eau en aiguilles fusibles à 79°; il est volatil avec la vapeur d'eau. Il perd 1 molécule d'eau à 100° et distille ensuite à 142° sous 125 mm.

Oxydé par les oxydes d'argent et de mercure il fournit uniquement de l'acide benzoïque; le permanganate et le ferricyanure le transforment en acides benzoïque et phénylglyoxylique [L. Evans, *Am. Chem. Journ.*, **35**, 115, 1906].

Il réagit sur l'ammoniaque pour donner de la benzoylphénylglyoxaline,

$$\begin{matrix} C^6H^5-C-AzH \\ \| \\ CH-Az \end{matrix} \!\!\!> C-CO-C^6H^5,$$

fusible à 280°, et de la 1.4-diphényl-3-oxypyrazine,

$$\begin{array}{c} C^6H^5-C=Az-C-OH \\ | \qquad\quad \| \\ CH=Az-C-C^6H^5 \end{array}$$

fusible à 192-193° [Müller et Pechmann, *D. chem. G.*, **22**, 2559; — Pinner, *ibid.*, **35**, 4134; **38**, 1531, 1905]; avec l'ammoniac et l'aldéhyde formique, il fournit la monophénylglyoxaline fusible à 128-129° [Pinner, *ibid.*, **35**, 4131, 1902].

Avec l'hydroxylamine, il donne le composé $C^{16}H^{13}Az^3O^2$ fusible à 207-211° [Müller et Pechmann, *loc. cit.*], à 219° [Scholl, *D. chem. G.*, **23**, 3580, 1890].

Pour les *oximes* du phénylglyoxal, voyez NITROSOACÉTOPHÉNONES (2e Suppl., **1**, 74-77).

Le phénylglyoxal se condense avec la benzamidine pour donner une amidine $C^6H^5-CO-CH=Az-C(:AzH)-C^6H^5$ fusible à 224° [Kunckell et Bauer, *D. chem. G.*, **34**, 3024, 1901].

La *phénylhydrazone* $C^6H^5-C(:Az-AzHC^6H^5)-CHO$ fond à 142-143° [Müller et Pechmann, *D. chem. G.*, **22**, 2557, 1889].

La *phénylglyoxalosazone* $C^6H^5-C(:Az^2HC^6H^5)-CH:Az^2HC^6H^5$ fond à 152° [Laubmann, *Ann. Chem.*, **243**, 247, 1887], à 148° [Müller et Pechmann, *D. chem. G.*, **22**, 2558], à 156° [Trillat, *loc. cit.*]. Janvier 1907. P. Carré.

PHÉNYLGLYOXIMES. — Voyez l'art. ACÉTYLBENZÈNE, 2e Suppl., **1**, 77.

PHÉNYLGLYOXYLIQUE (ACIDE). $C^6H^5-CO-CO^2H$. — L'acide phénylglyoxylique se forme par oxydation manganique : de l'acide pulvinique [Spiegel, *D. chem. G.*, **14**, 1689, 1881]; des acides propénylphénylacétique et phénylméthyltétronique [Dimroth et Feuchter, *D. chem. G.*, **36**, 2238, 1903]; de l'acétophénone [Glücksmann, *Mon. f. Chem.*, **11**, 248, 1890]; de l'acide diméthylatropique [Blaise et Courtot, *Bull. Soc. Chim.*, **35**, 596, 1906]. On le rencontre à côté de l'acétophénone quand on décompose le nitrile de l'acide $C^{16}H^{10}O^4$ par une lessive alcaline concentrée [Buchka, *D. chem. G.*, **20**, 391, 1887]; à côté des acides benzoïque et phénylglycolique et de l'aldéhyde phénylglyoxylique quand on décompose le benzoylcarbinol par le sulfate de cuivre à 100° [L. Evans, *Am. Chem. Journ.*, **35**, 115, 1906].

On le prépare à l'état d'éther éthylique en condensant le chlorure d'éthoxalyle avec le benzène en présence du chlorure d'aluminium [Bouveault, *Bull. Soc. Chim.*, **15**, 1017, 1896; — Roser, *D. chem. G.*, **14**, 940, 1881].

L'acide phénylglyoxylique fond en se décomposant à 65-66°. Sa conductibilité électrique a été déterminée par Bader [*Zeit. physik. Chem.*, **6**, 313, 1890]. Réduit par l'hydrogène sulfuré, il fournit l'acide trithiodiphénylacétique,

$$\begin{array}{c} C^6H^5-CH-CO^2H \\ | \\ S \\ | \\ C^6H^5-CH-CO^2H \end{array}$$

fusible à 145-148° [Ulpiani et Giancarelli, *Lincei*, **12**, 219, 1903]. Oxydé par l'eau oxygénée à 30 0/0, il donne de l'acide benzoïque, du gaz carbonique et de l'eau [Hollemann, *Rec. des Pays-Bas*, **23**, 169, 1904].

Les sels d'aniline, d'o- et de p-toluidine, de xylidine 1.3.4 et de β-naphtylamine ont été préparés par Simon [*Ann. Chim. Phys.*, **9**, 509, 1896].

L'*éther éthylique*, $C^6H^5.CO-CO^2C^2H^5$, bout à 156° sous 15 mm. [Simon, *Ann. Chim. Phys.*, **9**, 509]. Sa condensation avec le méthylbromure de magnésium fournit le *phénylméthylglycolate d'éthyle*, bouillant à 129-130° sous 13 mm.; avec l'éthylbromure de magnésium il donne le *phényléthylglycolate d'éthyle*, bouillant à 142-145° sous 18 mm. [Grignard, *C. R.*, **135**, 627, 1902].

L'*éther l-menthylique*, $C^6H^5-CO-CO^2.C^{10}H^{19}$, fond à 73-74°; $\alpha_D = -44°$, en solution alcoolique à 20° (C = 4,7832) [Mac Kenzie, *Chem. Soc.*, **85**, 1249, 1904; **89**, 365, 1906].

La *méthylamide*, $C^6H^5.CO.CO.AzH.CH^3$, fond à 74° [Nef, *Ann. Chem.*, **280**, 292, 1894]. L'*anilide* fond à 63° [Beckmann et Köster, *ibid.*, **274**, 9, 1893]. L'*o-toluidide* fond à 108° [Nef, *ibid.*, **270**, 318, 1892]. La *méthoxybenzylamide*, $C^6H^5-CO-CO-AzH-CH(OCH^3)-C^6H^5$, fond à 105°; l'*éthoxybenzylamide* fond à 116° [Minovici, *D. chem. G.*, **29**, 2105, 1896].

Le *nitrile*, $C^6H^5-CO-CAz$, se présente sous forme dimoléculaire $(C^6H^5-CO-CAz)^2$, fusible à 99-100°, et sous une forme trimoléculaire $(C^6H^5-CO-CAz)^3$, fusible à 195° [Nef, *Ann. Chem.*, **287**, 305, 1895 : — Claisen, *D. chem. G.*, **31**, 1024, 1898; — Ehrlich et Sachs, *ibid.*, **32**, 2345, 1899].

L'*imide*, $C^6H^5-C(:AzH)-CO^2H$, se forme quand on oxyde la phényl-3-pyrazolone par le permanganate; elle fond à 59° [Rothenburg, *J. prakt. Chem.*, **52**, 36, 1895].

L'*anile*, $C^6H^5-C(:Az.C^6H^5)-CO^2H$, fond à 151-152° [Simon, *Ann. Chim. Phys.*, **9**, 517, 1896]. Le *nitrile* correspondant, $C^6H^5-C(:Az.C^6H^5)-CAz$, existe sous deux modifications fusibles à 72 et à 135° [Sachs, *D. chem. G.*, **34**, 501, 1901]. Pour les dérivés analogues obtenus avec les toluidines et la β-naphtylamine, voyez Simon [Sachs, *loc. cit.*].

La *phénylhydrazone*, $C^6H^5-C(:Az-AzH-C^6H^5)-CO^2H$, se dépose de sa solution acétique en cristaux jaunes qui fondent à 163° en se décomposant [Blaise et Courtot, *Bull. Soc. Chim.*, **35**, 596, 1906].

L'*acide hydrazone-phénylglyoxylique*, $C^6H^5-C(CO^2H):Az-Az:C(CO^2H)-C^6H^5$, cristallise en aiguilles jaunes qui perdent du gaz carbonique vers 150-180° [Bouveault, *Bull. Soc Chim.*, **17**, 367, 1897]. L'*éther éthylique*, $C^6H^5-C(CO^2C^2H^5):Az-Az:C(CO^2C^2H^5)-C^6H^5$, fond à 135° [Curtius et Lang, *J. prakt. Chem.*, **44**, 567, 1891].

L'*oxime phénylglyoxylique* se présente sous les deux formes, syn et anti; leur conductibilité électrique a été mesurée par Hantzsch et Miolati [*Zeit. physikal. Chem.*, **10**, 12, 1892; — Hantzsch et Gerilowski, *D. chem. G.*, **29**, 449, 1896]. Sous l'influence du chlorure de l'acide benzène-sulfonique elles sont transformées en nitrile benzoïque [A. Werner et A. Piguet, *D. chem. G.*, **37**, 4295, 1904].

Le *dérivé anti*,

$$\begin{array}{c} C^6H^5-C-CO^2H \\ \| \\ OH-Az \end{array}$$

se forme quand on fait réagir l'hydroxylamine sur l'acide phénylglyoxylique à 0°; il est très soluble dans l'eau, et se transforme peu à peu en son isomère syn. [Hantzsch, *D. chem. G.*, **24**, 42, 1891]. Son *acétate* fond à 118-119°.

Le *dérivé syn*,

$$\begin{array}{c} C^6H^5-C-CO^2H \\ \| \\ Az-OH \end{array}$$

s'obtient en laissant en contact, pendant deux jours, une solution alcaline d'hydroxylamine avec le phénylglyoxylate de sodium. Il fond en se décomposant vers 145° (Müller, *D. chem. G.*, **16**, 1619, 1883; — Hantzsch, *D. chem. G.*, **24**, 43); son *éther méthylique*, $C^6H^5-C(:AzOH)-CO^2CH^3$, fond à 138-139°; l'*éther diméthylique*, $C^6H^5-C(:Az.OCH^3)-CO^2CH^3$, fond à 55-56° (Müller, *D. chem. G.*, **16**, 2987). L'*éther éthylique* fond à 112-113° (Gabriel, *D. chem. G.*, **16**, 519, 1883). L'*acétate*, $C^6H^5-C(:AzOC^2H^3O)-CO^2H$, fond à 124-125° (Hantzsch, *D. chem. G.*, **24**, 45). L'*anilide*, $C^6H^5(:Az.OH)CO.AzHC^6H^5$, à 205-206° (Beckmann et Köster, *Ann. Chem.*, **274**, 10, 1893). Le *nitrile*, $C^6H^5-C(:AzOH)-CAz$, à 129° (Meyer, *D. chem. G.*, **21**, 1314, 1888; — Frost, *Ann. Chem.*, **250**, 163, 1889; — Sassanow, *D. chem. G.*, **24**, 3504, 1891; — Sachs, *ibid.*, **33**, 963, 1900).

L'acide phénylglyoxylique réagit sur le thiophénol pour donner un *composé d'addition*, $C^6H^5-C(OH)(SC^6H^5)-CO^2H$, fusible à 68°,5; et un *mercaptol*, $C^6H^5-C:(SC^6H^5)^2-CO^2H$, fusible à 143° (Baumann, *D. chem. G.*, **18**, 891; **19**, 1789, 1886).

DÉRIVÉS HALOGÉNÉS DANS LE NOYAU. — L'*acide p-chlorophénylglyoxylique*, $C^6H^4Cl.CO.CO^2H$, se forme par oxydation de la bromométhyl-p-chlorophénylcétone (Collet, *Bull. Soc. Chim.*, **21**, 70, 1899). Le *nitrile*, $C^6H^4Cl.CO.CAz$, fond à 40° (Zimmermann, *J. prakt. Chem.*, **66**, 353, 1902); et son *oxime* fond à 110° (Walther et Wetzlich, *J. prakt. Chem.*, **61**, 193, 1900).

L'*acide o-bromophénylglyoxylique* $C^6H^4Br.CO-CO^2H$ fond à 93-103°; l'*amide* fond à 136-137°; l'*oxime*, à 162-164° (Bussanow, *D. chem. G.*, **25**, 3298, 1892).

L'*acide p-bromophénylglyoxylique* fond à 108° (Rupe, *ibid.*, **28**, 259, 1895; — Collet, *Bull. Soc. Chim.*, **21**, 68, 1899); l'*oxime du nitrile* correspondant, $C^6H^4Br.C(:Az.OH).CAz$, fond à 131-132° (Frost, *Ann. Chem.*, **250**, 165, 1889).

ACIDES OXYPHÉNYLGLYOXYLIQUES. — L'*acide o-oxyphénylglyoxylique* $OH.C^6H^4-CO-CO^2H$ se prépare en décomposant le dérivé diazoïque de l'acide isatique (Bayer et Fritsch, *D. chem. G.*, **17**, 973, 1884); il se forme dans l'hydrolyse de l'isonitrosocoumarine (Stœrmer et Kochlert, *ibid.*, **35**, 1640, 1902). Il fond à 43-44° (Bayer), à 39°,5 (Stœrmer). La distillation le décompose en acide salicylique et gaz carbonique (Schad, *D. chem. G.*, **26**, 220, 1893). Il peut cristalliser avec 1 molécule d'eau (Fritsch, *ibid.*, **35**, 4346, 1902). Il se condense avec les o-diamines pour donner des quinoxalines (Marchlewski, *ibid.*, **34**, 2294, 4008; **35**, 4331, 1902).

L'*acide p-oxyphénylglyoxylique* fond à 172-173° (Bouveault, *Bull. Soc. Chim.*, **17**, 948; **19**, 75, 1898).

L'*acide p-méthoxyphénylglyoxylique* $CH^3O.C^6H^4.CO-CO^2H$ fond à 89° (Garelli, *Gazz. chim. ital.*, **20**, 693, 1890), à 93° (Bouveault, *Bull. Soc. Chim.*, **17**, 944), à 75° (Wallach et Pond, *D. chem. G.*, **28**, 2716, 1895), à 88-89° (Bougault, *Bull. Soc. Chim.*, **25**, 449, 1901). Son *éther éthylique* $CH^3.O.C^6H^4-CO-CO^2C^2H^5$ bout à 183° sous 20 mm. (Bouveault, *loc. cit.*). Son *oxime* $CH^3O.C^6H^4-C(:Az.OH)-CO^2H$ fond à 145-146° (Garelli, *Gazz. chim. ital.*, **21**, 186, 1891).

L'*acide dioxyphénylglyoxylique* $C^6H^3(OH)^2.CO-CO^2H$ se forme par l'action de la potasse concentrée sur l'acide oxy-7-phényl-2-benzoylpyranocarbonique-4; il fond à 194° (Bulow et Wagner, *D. chem. G.*, **36**, 1941, 1903).

L'*acide méthylène-dioxy-3.4-phénylglyoxylique* $CH^2O^2:C^6H^3-CO-CO^2H$ se forme quand on oxyde la méthylène-dioxy-3.4-acétophénone par le permanganate (Bougault, *Bull. Soc. Chim.*, **25**, 857, 1901).

ACIDE CARBOXYPHÉNYLGLYOXYLIQUE (voyez ACIDE PHTALONIQUE).

ACIDES NITROPHÉNYLGLYOXYLIQUES. — L'*amide de l'acide o-nitrophénylglyoxylique* $AzO^2.C^6H^4-CO-COAzH^2$ fond à 199° (Fehrlin, *D. chem. G.*, **23**, 1577, 1890). L'*oxime* $AzO^2.C^6H^4-C(:AzOH)-CO^2H$ se décompose par ébullition avec l'eau en gaz carbonique et o-nitrobenzonitrile (Meyer, *ibid.*, **26**, 1252, 1893). Son *éther éthylique* fond à 163° (Gabriel, *ibid.*, **14**, 826; **16**, 520, 1883, 1881).

L'*amide de l'acide m-nitrophénylglyoxylique* fond à 151-152°. Le *nitrile* $AzO^2.C^6H^4-CO-CAz$ distille à 230-231°,5 sous 142-147 mm. (Thompson, *D. chem. G.*, **14**, 1186).

Le *nitrile de l'acide p-nitrophénylglyoxylique* $AzO^2.C^6H^4-CO-CAz$ fond à 116°,5 (Zimmermann, *J. prakt. Chem.*, **66**, 353, 1902), à 95° (Hanssknecht, *D. chem. G.*, **22**, 328, 1889); l'*anile* $AzO^2.C^6H^4.C(:Az.C^6H^5)-CAz$ fond à 130° (Sachs, *D. chem. G.*, **34**, 500, 1901).

ACIDES AMINOPHÉNYLGLYOXYLIQUES. — L'*acide o-aminophénylglyoxylique* ou *acide isatique* $AzH^2-C^6H^4-CO-CO^2H$ se forme quand on soumet la phtalonamide $AzH^2-CO-C^6H^4-CO-CO^2H$ à la réaction d'Hoffmann (Gabriel et Colman, *D. chem. G.*, **33**, 1000, 1900). L'acide isatique est un corps très instable qui se déshydrate avec la plus grande facilité pour donner l'isatine. Il se condense avec les nitriles de la forme R.(CAzH).CH^2-CAz pour donner des acides cyanoquinoléine-carboniques (Walther, *J. prakt. Chem.*, **67**, 504, 1903). Sa condensation avec différentes cétones a été étudiée par Pfitzinger (*J. prakt. Chem.*, **56**, 283, 1897). Son *dérivé as-benzoylé* fond à 188° avec départ d'eau (Schotten, *D. chem. G.*, **24**, 773, 1891).

L'*acide p-aminophénylglyoxylique* se prépare en décomposant l'acide p-aminophényltartronique par ébullition avec l'eau (Böhringer, D.R.P. 117021, *Centr. Bl.*, 237, 1901, (I)). Il brunit à 170° et se ramollit à 190°. Sa *phénylhydrazone* fond à 163-164°. L'*acide p-méthylaminophénylglyoxylique* $CH^3.AzH.C^6H^4.CO.CO^2H$ se décompose à 155-157°; sa *phénylhydrazone* fond en se décomposant à 164°. L'*acide p-diméthylaminophénylglyoxylique* se décompose vers 195°; sa *phénylhydrazone* se décompose à 181°. L'*acide p-éthylaminophénylglyoxylique* se décompose à 116°. L'*acide p-diéthylaminophénylglyoxylique* fond à 114-116° en se décomposant (Böhringer, *loc. cit.*).

L'ACIDE P-ÉTHYLPHÉNYLGLYOXYLIQUE $C^2H^5-C^6H^4-CO-CO^2H$ a été obtenu à l'état d'éther éthylique par condensation de l'éthylbenzène avec le chlorure d'éthoxalyle en présence du chlorure d'aluminium. L'acide fond à 70-71° et son *éther éthylique* est un liquide incolore qui bout à 186-188° sous 30 mm. (Fournier, *C. R.*, **135**, 557, 1903).

Janvier 1907. P. Carré.

PHÉNYLGLYOXYLIQUE-O-CARBONIQUE (ACIDE). — Voyez CARBOXYPHÉNYLGLYOXYLIQUE (ACIDE).

PHÉNYLHEXYLÈNE (ISO-) $C^6H^5-C^6H^{11}$. — Le phénylisohexylène $C^6H^5-CH=CH-CH^2.CH(CH^3)^2$ s'obtient comme produit principal, lors qu'on soumet à la distillation un dérivé bromé huileux qui se forme si l'on fait agir le brome sur l'isohexylbenzène (Schramm, *Ann. Chem.*, **218**, 395, 1883). L'auteur ne décrit pas autrement ce corps. Il dit que sous l'action du brome il en a obtenu un *dibromure* $C^6H^5-CHBr-CHBr-CH^2-CH(CH^3)^2$ corps solide cristallisable dans l'alcool et fusible à 79-80°.

Juin 1907. J. Lavaux.

PHÉNYLHYDRAZINOACIDES. — On appelle ainsi des acides dont un H est remplacé par un résidu phénylhydraziné relié par l'un de ses atomes d'azote. Ce sont donc aussi des amino-acides dont l'hydrogène aminé est remplacé soit par $C^6H^5 . AzH-$, soit par C^6H^5 et AzH^2. Il y a deux sortes d'hydrazino-acides, *symétriques* ou *dissymétriques*, ne différant des hydrazines substituées qu'en ce que l'un des résidus est carboxylé. D'autre part, la place du carbone de support de la fonction hydrazine dans la molécule de l'acide fournit une distinction en acides α, β, γ... phénylhydrazinés. Ces définitions suffisent pour établir leur nomenclature. Exemple :

$$C^6H^5 . AzH . AzH . CH(CH^3)CO^2H$$

Acide α-phénylhydrazinopropionique sym. ou phénylhydrazo-α-propionique.

$$C^6H^5Az \begin{cases} AzH^2 \\ CH(CH^3)CH^2 . CO^2H \end{cases}$$

Acide β-phénylhydrazinobutyrique dissym.

Enfin, l'on conçoit encore que la molécule de phénylhydrazine puisse supporter plusieurs substitutions de résidus carboxylés; des corps de cette espèce sont connus dans le cas du résidu formique $-CO^2H$.

ACIDES PHÉNYLHYDRAZINOFORMIQUES. — Le composé *symétrique* est connu sous forme d'éthers $C^6H^5 . AzH . AzH . CO^2R$ qui se forment en même temps que les éthers *diformylés* $C^6H^5 . Az(CO^2R)-AzH . CO^2R$ dans l'action de l'éther chlorocarbonique sur la phénylhydrazine [Heller, *Ann. Chem.*, **263**, 282, 1891; — H. Rupe et H. Labhardt, *D. chem. G.*, **32**, 10, 1899].

L'*éther éthylique dissymétrique* $C^6H^5 Az(AzH^2 . CO^2C^2H^5$ a été préparé en traitant l'acétylphénylhydrazine-β par l'éther chloroxycarbonique et saponifiant le dérivé acétylé obtenu; c'est une huile formant un chlorhydrate soluble; l'*hydrazone benzylidénique* fond à 96-97°; l'*o-nitrobenzylidénique*, à 85-86°; la *semicarbazide*, à 165-166°; la *thiosemicarbazide*, à 221°; la *combinaison avec l'isocyanate de phényle*, à 159°. Le *dérivé acétylé*, fusible à 72-73°, perd H^2O en donnant la 1.phényl.4.méthyl.3.oxybiazolone :

$$C^6H^5-Az \begin{cases} Az = C - CH^3 \\ \qquad\qquad \diagdown OH \\ CO . O . C^2H^5 \end{cases}$$

Dérivé acétylé (tautomère).

$$= C^6H^5 . Az \begin{cases} Az = C - CH^3 \\ CO - O \end{cases} + C^2H^5 . OH$$

[H. Rupe, *D. chem. G.*, **29**, 829, 1896].

Le *chlorure d'acide de l'éther diformique* $C^6H^5Az(COCl)AzH . CO^2C^2H^5$ et le *diéther* ont servi de moyen de synthèse de dérivés du triazol et du tétrazol [M. Busch et C. Heinrichs, *D. chem. G.*, **33**, 455, 1900]. On connaît aussi l'*urée* $C^6H^5Az(CO^2C^2H^5) . AzH . CO . AzH^2$ [H. Pinner et Acree, *D. chem. G.*, **35**, 533, 1902; — H. Rupe et H. Labhardt, *ibid.*, **36**, 1104, 1903].

ACIDES PHÉNYLHYDRAZINOACÉTIQUES. — Des données inexactes ont été d'abord fournies sur l'acide symétrique par A. Reissert et W. Kayser [*D. chem. G.*, **24**, 1520, 1891] qui le préparaient en faisant réagir la phénylhydrazine sur l'éther chloracétique [voir encore A. Reissert, *ibid.*, **28**, 1230, 1895].

Depuis, M. Busch a montré que les éthers des deux acides phénylhydrazinoacétiques prenaient naissance dans cette réaction. On les sépare en transformant en oxalate le dérivé dissymétrique qui se salifie seul. D'autre part, en employant un chloracétate alcalin, le dérivé symétrique se forme seul [*D. chem. G.*, **36**, 3877, 1903; *Bull. Soc. Chim.*, (3), **32**, 1023, 1904].

L'*acide symétrique* $C^6H^5 . AzH . AzH . CH^2 . CO^2H$ a encore été obtenu par réduction de la phénylhydrazone glyoxylique [Elbers, *Ann. Chem.*, **227**, 340]: de l'acide n-phénylosotriazolcarbonique [von Pechmann et Jonas, *Ann. Chem.*, **262**, 277, 1891]. Il est en tables hexagonales fusibles à 157° (Elbers, Reissert); à 159° (von Pechmann et Jonas); à 172-173° en se décomposant (Busch); oxydé, il se change en phénylhydrazone glyoxylique; son *chlorhydrate* fond à 165° (déc.). L'*éther* est une huile; son *oxalate* fond à 156° (Busch); son *anilide* fond à 144° [O. Widmann, *D. chem. G.*, **26**, 946]; le *phénylhydrazinoacétate de phényle* $C^6H^5AzH . AzH . CH^2 . CO^2C^6H^5$ fond à 93-94° [A. Morel, *Bull. Soc. Chim.*, (3), **21**, 964, 1900].

L'*acide asymétrique* $C^6H^5Az(AzH^2) . CH^2 . CO^2H$ a encore été préparé en réduisant le dérivé nitrosé de l'éther phénylaminoacétique $C^6H^5 . Az(AzO)CH^2 . CO^2C^2H^5$ [Harries, *D. chem. G.*, **28**, 1223, 1895]. Il se présente en cristaux hexagonaux fusibles à 167° (Harries), à 168° (Busch); son *chlorhydrate* fond à 170° (déc.); l'acide donne des hydrazones, réagit sur les cyanates, les sénevols, le phosgène, etc. (Busch). Son *éther* liquide est distillable, il forme des sels cristallisés (Harries).

L'*amide* fond à 150° [H. Rupe et G. Heberlein, *D. chem. G.*, **29**, 622, 1896], l'*anilide* à 129° [*Id.* in *Ann. Chem.*, **301**, 58, 1898; *D. chem. G.*, **28**, 1717, 1895; **29**, 622, 1896]; la *phénylhydrazide* à 178° [G. Heberlein et A. Roesler, *Ann. Chem.*, **301**, 69, 1898]. Tous ces corps ont encore l'AzH^2 libre et réagissent sur les composés contenant CO [voir aussi O. Widmann, *D. chem. G.*, **26**, 946, 1893].

On a aussi préparé la *phénylhydrazide dissymétrique*

$$C^6H^5Az \begin{cases} AzH^2 \\ CH^2 . CO . Az \begin{cases} AzH^2 \\ C^6H^5 \end{cases} \end{cases}$$

et étudié ses dérivés en détail [G. Heberlein et A. Roesler, *Ann. Chem.*, **301**, 79, 1898]; de même pour le corps $C^6H^5Az(AzH^2)CH^2CO . AzH . C^6H^4 . Az(CH^3)^2$ [H. Rupe et J. Vsetecka, *ibid.*, 75]. La plupart de ces mémoires ont été résumés au *Bull. de la Soc. Chim.*, (3), **22**, 61 à 65, 1899.

ACIDES PHÉNYLHYDRAZINOPROPIONIQUES. — On connaît :

1° $C^6H^5AzH . AzH . CH(CH^3)CO^2H$

Ac. α-phénylhydrazopropionique ou Ac. α-phénylhydrazinopropionique sym.

2° $C^6H^5Az(AzH^2) . CH^2 . CH^2 . CO^2H$

Ac. β-phénylhydrazinopropionique dissym.

1° L'acide *α-phénylhydrazinopropionique sym.* a été obtenu par réduction de l'hydrazone pyruvique. Il fond non à 152-153° [E. Fischer et F. Jourdan, *D. chem. G.*, **16**, 2241, 1883], mais à 172° [F. Japp et F. Klingemann, *ibid.*, **20**, 2943, 3284, 1887; — A. Reissert, *ibid.*, **20**, 3110, 3286, 1887]; à 169-174° [W. von Miller et Plöchl, *ibid.*, **25**, 2020, 1892; *Bull. Soc. Chim.*, (3), **8**, 1209, 1892].

Le *nitrile* correspondant, obtenu en fixant l'acide cyanhydrique sur l'hydrazone éthylidénique, fond à 58-59°; l'*amide*, à 124-125° [W. von Miller et Plöchl].

Ce nitrile et cet amide sont identiques à ceux que fournit l'action de la phénylhydrazine sur la cyanhydrine de l'aldéhyde et auxquels A. Reissert [*D. chem. G.*, **17**, 1451, 1884; *Bull. Soc. Chim.*, (2), **44**, 476, 1885] avait attribué à tort la constitution des dérivés de l'acide dissymétrique $C^6H^5 . Az(AzH^2) . CH(CH^3) . CO^2H$ [voir encore *D. chem. G.*, **20**, 3110, 1887]. Cette constitution était basée sur l'obtention de l'acide α-phénylaminopropionique par réduction. Suivant A. Reissert, le nitrile, l'amide, l'acide et l'éther fondaient respectivement à 58°, 124°, 187°, 116°. D'après V. Miller et Plöchl [*D. chem. G.*, **25**, 2020, 1892], ce corps est bien le dérivé sym.; A. Reissert [*ibid.*, **25**, 2701, 1892] en a convenu.

2° L'éther éthylique de l'*acide β-phénylhydrazopropionique* $C^6H^5 . Az(AzH^2) . CH^2 . CH^2 . CO^2C^2H^5$ s'obtient en réduisant l'éther nitroso β-phénylaminopropionique: il bout à 174-175° sous 18 mm.; son *oxalate* fond à 107°; son *picrate* à 131-132°. On a aussi décrit la semicarbazide (f. 163-164°) et la phénylthiosemicarbazide (f. 71-74°) correspondantes [C. D. Harries et G. Loth, *D. chem. G.*, **29**, 515, 1896].

ACIDE α-DIPHÉNYLHYDRAZOPROPIONIQUE SYM. $(C^6H^5)^2Az.AzH . CH(CH^3)CO^2H$. — Le *nitrile* fond à 65° [V. Miller et Plöchl, *D. chem. G.*, **25**, 2020, 1892].

ACIDES PHÉNYLHYDRAZINOBUTYRIQUES. — On en connaît plusieurs ou leurs dérivés :

1° L'*acide α-phénylhydrazinobutyrique sym.* $C^6H^5 . AzH . AzH . CH(C^2H^5)CO^2H$ est connu sous forme de *nitrile* et d'*amide* fusibles respectivement à 37° et 79°; le nitrile s'obtient par CAzH et l'hydrazone propylidénique [W. de Miller et Plöchl, *D. chem. G.*, **25**, 2020, 1892].

2° L'*acide β-phénylhydrazinobutyrique sym.* $C^6H^5AzH . AzH . CH(CH^3) . CH^2CO^2H$ est en aiguilles fusibles à 96-97°, obtenues par ébullition de la 1-phényl-3-méthyl-5-pyrazolidone avec l'eau de baryte: il redonne celle-ci par perte d'eau [B. Prentice, *Chem. Soc.*, **85**, 1667, 1904].

Le *dérivé formylé* de son *éther éthylique* est une huile dont la saponification donne la même pyrazolidone [Meister, Lucius, Bruning, *D. chem. G.*, R, **27**, 687, 1894].

3° L'*acide α-phénylhydrazinoisobutyrique sym.* $C^6H^5 . AzH . AzH . C(CH^3)^2 . CO^2H$ s'obtient à partir du *nitrile* formé en fixant l'acide cyanhydrique sur l'acétone phénylhydrazone; il fond à 165-166°; son *amide* fond à 117°, le nitrile à 70° [F. Eckstein, *D. chem. G.*, **25**, 3319, 1892]. Il avait été préparé auparavant par A. Reissert [*ibid.*, **17**, 1459, 1884] et pris par lui pour un dérivé dissymétrique: d'après A. Reissert, il donne un *amide* intramoléculaire fusible à 175°. Voir aussi A. Bucherer et A. Grolée [*D. chem. G.*, **39**, 1005, 1906].

4° L'*acide β-phénylhydrazinobutyrique dissym.* $C^6H^5Az(AzH^2) . CH(CH^3)CH^2CO^2H$ constitue des lamelles brillantes fusibles à 111°, obtenues par le β-bromobutyrate de potassium et la phénylhydrazine; par perte d'eau, il se cyclise en

$$C^6H^5Az\begin{matrix} \diagup AzH \text{——} CO \\ \diagdown CH(CH^3)\text{-}CH^2 \end{matrix}$$

fusible à 127° [L. Lederer, *J. prakt. Chem.*, (2), **45**, 83, 1892; *Bull. Soc. Chim.*, (3), **8**, 846, 1892].

ACIDE-β-PHÉNYLHYDRAZINO-β-PHÉNYLLACTIQUE. — Erlenmeyer jun., *D. chem. G.*, **39**, 791, 1906].

ACIDE PHÉNYL-β-HYDRAZINOCROTONIQUE. — Suivant U. Nef, l'*éther éthylique* de ce corps ne serait autre que l'hydrazone de l'éther acétylacétique [*Ann. Chem.*, **286**, 52, 1885].

ACIDE 3.PHÉNYLHYDRAZINO.3.NITRILE BUTYRIQUE SYM. — L'*éther éthylique* $C^6H^5 AzH . AzH . C(CH^3)(CAz) CH^2 . CO^2H$ fond à 110° [W. von Miller et Plöchl, *D. chem. G.*, **25**, 2020, 1892].

ACIDE γ-OXY-α-PHÉNYLHYDRAZINOVALÉRIQUE SYM. $C^6H^5AzH . AzH . CH(CO^2H)CH^2 . CH(OH) . CH^3$ — Le *nitrile* de cet acide est huileux; sa *lactone* fond à 113° [V. v. Miller et J. Plöchl, *D. chem. G.*, **27**, 1295, 1894].

ACIDE PHÉNYLHYDRAZINOSUCCINIQUE (dihydrazide de l'). — Voyez 2e Suppl., **5**, 333.

ACIDE β-PHÉNYLHYDRAZINOBENZYLMALONIQUE SYM. $C^6H^5AzH . AzH . CH(C^6H^5) . CH(CO^2H)^2$. — L'*éther diéthylique*, fusible à 94°,5, s'obtient en fixant la phénylhydrazine sur le benzylidène-malonate d'éthyle [R. Blank, *D. chem. G.*, **28**, 147, 1895. — L. Goldstein, *ibid.*, 1451].

NITRILE ω-PHÉNYLHYDRAZINO-M-NITRO-P-TOLUIQUE. — Fusible à 207° [G. Banse, *D. chem. G.*, **27**, 2165, 1896].

ACIDE PHÉNYLHYDRAZINODIMÉTHYLNICOTIQUE [Voir A. Michaelis et K. v. Arend, *D. chem. G.*, **36**, 315, 1903]. Décembre 1906. M. Delépine.

PHÉNYLIMINOMÉTHANE — Voyez l'art. FORMIQUE (ALDÉHYDE), 2e Suppl., **4**, 295.

PHÉNYLISOAMYLACÉTIQUE (ACIDE). $C^6H^5 - CH(C^5H^{11})CO^2H$. — On ne connaît que son *nitrile* $C^6H^5 . CH(C^5H^{11})CAz$. On l'obtient en chauffant le cyanure de benzyle avec l'iodure d'isoamyle en présence de soude. C'est un liquide bouillant à 276° [Rossolymo, *D. chem. G.*, **22** 1236]. 1er Juin 1907. V. Thomas.

PHÉNYLISOBUTYLCÉTONE.

$$C^6H^5 - CO - CH^2 - CH \begin{matrix} \diagup CH^3 \\ \diagdown CH^3 \end{matrix}$$

— Cette cétone, obtenue par Popow en distillant un mélange d'isovalérate et de benzoate de calcium [*Ann. Chem.*, **162**, 153, 1872] et par Perkin et Calman en maintenant longtemps à l'ébullition avec de la potasse alcoolique faible l'éther éthylique de l'acide isopropylbenzoylacétique [*Journ. Chem. Soc.*, **49**, 165], peut se préparer par l'action du chlorure d'isovaléryle sur le benzène en présence d'$AlCl^3$ [Claus, *Journ. prakt. Chem.*, (2), **46**, 489, 1892]. C'est un liquide bouillant à 225-226°, de densité 0,993 à 17°,5, qui donne par le mélange chromique les acides benzoïque, isobutyrique et acétique, et qui fournit une *oxime* fusible à 74°.

Juin 1907. J. Lavaux.

PHÉNYLISOBUTYRIQUE (ACIDE),

$$\begin{matrix} C^6H^5 - CH^2 - CH - CO^2H \\ | \\ CH^3 \end{matrix}$$

— Désigné aussi sous les noms d'*acide α benzylpropionique*, *α phénylpropane carbonique*, il a été décrit sous le nom d'acide phénylbutyrique dans le 1er Suppl., p. 1199.

Éther méthylique, $C^6H^5CH^2 . CH(CH^3)CO^2 . CH^3$. — Il a été obtenu par Edeleanu. C'est un liquide bouillant à 232° [*Chem. Soc.*, **53**, 559].

Éther benzylique, $C^6H^5 . CH^2CH(CH^3)CO . OC^7H^7$ (Voyez 1er Suppl., 1199).

Dérivé chloré, $C^6H^4Cl_{(1)} . CH^2_{(3)} . CH(CH^3) . CO^2H$. — On réduit l'acide m. chlorophénylméthylacrylique par l'amalgame de sodium et l'eau. L'acide libre est précipité par addition d'acide sulfurique étendu, sous forme d'une huile jaunâtre passant à la distillation entre 292-296°. La solution de cet acide fournit un sel de sodium cristallisant difficilement. Elle précipite la solution de chlorure de baryum. Le précipité est soluble à chaud et se dépose cristallisé par le refroidissement. Le sulfate de cuivre donne un précipité amorphe d'un bleu verdâtre [Miller et Rohde, *D. chem. G.*, **23**, 1896].

Dérivé bromé. $C^6H^5 . CHBr . CBr(CH^3) . CO^2H$. — Il a été décrit sous le nom de bromure phénylcrotonique (1er Suppl., p. 1200). Il s'obtient par l'action du brome sur une solution sulfocarbonique d'acide phénylcrotonique [Conrad et Hodgkinson, *Ann. Chem.*, **193**, 316]. Par ébullition avec de l'eau, il fournit de l'acide bromhydrique, du phénylbromopropylène $C^6H^5 . CBr = CH . CH^3$, de l'acide carbonique et de l'acide phénylbromo-oxy-isobutyrique $C^6H^5 . CHBr . C$

$(OH)(CH^3).CO^2H$ [Körner, *D. chem. G.*, **21**. 2761.

DÉRIVÉS NITRÉS. — On connaît plusieurs dérivés nitrés qui ont été décrits par Edeleanu [*loc. cit.*].

Acide paramononitrophénylisobutyrique, $C^6H^4(AzO^2)_{(1)}CH^2_{(4)}.CH(CH^3)CO^2H$. — On l'obtient en ajoutant peu à peu l'acide phénylisobutyrique dans 6 fois son poids d'acide azotique de densité 1,52. Le dérivé nitré se précipite par addition d'eau. Il forme de petits prismes fondant à 121°, facilement solubles dans l'alcool et l'acide acétique, se dissolvant très difficilement dans le benzène et l'éther de pétrole. Les sels qu'il donne avec les alcalis, le baryum et le strontium se dissolvent facilement dans l'eau. Le *sel d'argent* est insoluble.

Par oxydation, à l'aide du permanganate, ce dérivé nitré fournit de l'acide p-nitrobenzoïque.

Acide orthomononitrophénylisobutyrique, $C^6H^4(AzO^2)_{(1)}CH^2_{(2)}.CH(CH^3)CO^2H$. — Il se forme en même temps que le dérivé para par l'action de l'acide azotique sur l'acide phénylisobutyrique. Il est liquide à température ordinaire et donne des sels analogues à ceux fournis par l'isomère précédent. Toutefois, ils sont moins stables. Le *sel d'argent* renferme une molécule d'eau de cristallisation.

L'oxydation par le permanganate fournit l'acide o. nitrobenzoïque.

Acide dinitrophénylisobutyrique, $C^6H^3(AzO^2)^2_{(1.3)}.CH^2_{(4)}-CH(CH^3)CO^2H$. — On chauffe l'éther méthylique correspondant (voyez ci-dessous) avec l'acide sulfurique pendant quelques minutes. L'acide se précipite par addition d'eau en prismes plats, à six faces, incolores, fondant à 89°, très solubles dans les solvants ordinaires.

Éther méthylique de l'acide dinitrophénylisobutyrique, $C^6H^3(AzO^2)^2_{(1.3)}.CH^2_{(4)}-CH(CH^3)CO^2CH^3$. — On nitre l'éther monométhylique de l'acide phénylisobutyrique par l'acide azotique de densité 1,54. On précipite par dilution avec beaucoup d'eau et on fait cristalliser dans l'éther. Longs prismes, fondant à 76°, facilement solubles dans les solvants usuels.

DÉRIVÉS AMINÉS. — *Acide m-aminophénylisobutyrique*, $C^6H^4AzH^2_{(1)}CH^2_{(3)}CH(CH^3)CO^2H$. — Il se prépare par réduction de l'acide aminophénylméthylacrylique correspondant à l'aide de l'acide iodhydrique et du phosphore. L'acide libre forme une huile brun rougeâtre donnant un *dérivé benzoylé* $C^6H^4(AzH.OC^7H^5)CH^2-CH(CH^3)CO^2H$ fusible à 147-148°. Il se dissout facilement à chaud dans le benzène [Miller et Rohde, *D. chem. G.*, **23**. 1900].

Acide nitroaminophénylisobutyrique, $C^6H^3(AzO^2)_{(3)}(AzH^2)_{(1)}.CH^2_{(4)}.CH(CH^3)CO^2H$. — On réduit l'acide dinitré correspondant par le sulfhydrate d'ammoniaque. Il cristallise de l'eau chaude en lamelles d'un rouge brillant qui fondent à 138° (Edeleanu).

Anhydride nitroaminophénylisobutyrique (para amidométhylhydrocarbostyrile)

$$CH^2-CH(CH^3)-CO \quad (\text{noyau benzénique}) \quad AzH \quad ; \quad AzH^2$$

— Ce dérivé s'obtient en traitant à l'ébullition pendant deux heures l'acide nitroamino précédent par le sulfhydrate d'ammoniaque. Il forme de fines aiguilles fondant à 216°, se dissolvant très difficilement dans l'alcool et l'éther de pétrole. Il est insoluble dans l'ammoniaque (Edeleanu). 1er janvier 1907. V. Thomas.

PHÉNYLISOPROPYLCÉTONE, $C^6H^5.CO.CH(CH^3)^2$. — *Préparation.* — En condensant l'aldéhyde isobutylique sèche sur l'acide benzoïque avec la potasse alcoolique, on obtient un glycol qui, oxydé par le permanganate, donne l'isopropylphénylcétone [Reck, *Monatsh.*, **18**. 198, 1897; — Fossel, *Bull. Soc. Chim.*, (3), **5**, 408, 1891]. Liquide bouillant à 215-217°. L'*hydrazone* en lamelles fond à 71°. L'*oxime* fond à 61°.

Réduite par le zinc en poudre elle donne la phénylisopropylpinacone fondant à 96°, et le phénylisopropylcarbinol, huile fluorescente bouillant à 300°.

Elle se combine au sodium pour donner un composé solide [Claus, *J. prakt. Chem.*, (2), **46**, 474, 1892].

Isopropylphénylcétone monobromée. — Bromée directement en solution chloroformique elle donne un dérivé huileux bouillant entre 146-148° sous 30 mm. Par oxydation (MnO^4K) on obtient l'acide benzoïque. En présence d'aniline on obtient l'*alinide* $C^3H^6(AzH.C^6H^5).CO.C^6H^5$, insoluble dans l'eau et soluble dans l'alcool chaud, fondant à 136-137° [Collet, *Bull. Soc. Chim.*, (3), **17**, 78, 1897]. M. Billy.

PHÉNYLLACTIMIDE. — Voyez l'art. PHÉNYLPROPIONIQUE-β (ACIDE).

PHÉNYLLACTIQUES (ACIDES). I. — ACIDE PHÉNYL-α-LACTIQUE, $C^6H^5.CH^2.CH(OH)CO^2H$. — Cet acide isomère de l'acide décrit par Glaser (voyez Dict., art. PHÉNYLLACTIQUE, 906 et ci-dessous), prend naissance dans un assez grand nombre de réactions, entre autres dans l'action de l'acide cyanhydrique et de l'acide chlorhydrique sur la phénacétaldéhyde et traitement du produit de réaction par l'eau [Erlenmeyer, *D. chem. G.*, **13**, 303].

L'acide benzyltartronique chauffé à 160-180° perd du gaz carbonique et donne l'acide α-phényllactique

$$C^6H^5-CH^2-C(OH)(CO^2H)^2$$
$$\longrightarrow C^6H^5.CH^2.CH(OH)-CO^2H + CO^2$$

[Conrad, *Ann. Chem.*, **209**, 247].

La réduction par l'amalgame de sodium du composé

$$O\begin{cases} CH-C^6H^5 \\ | \\ CH-CO^2H \end{cases}$$

[Plöchl, *D. chem. G.*, **16**, 2823] ou de la lactone

$$\begin{array}{c} C^6H^5-CH-CH-C^6H^5 \\ |\quad\;\; >O \\ CO-CO \end{array}$$

[Erlenmeyer jun. et Lux, *ibid.*, **31**, 2226], l'action de l'acide azoteux sur la phénylalanine [Th. Posner, *ibid.*, **36**, 4305, 1903] fournissent également de l'acide phényl-α-lactique. Il forme de gros prismes fondant à 97-98°, facilement solubles dans l'eau, l'acétone et l'alcool, peu solubles dans la benzine. Chauffé au-dessus de 130°, il se décompose en acide formique et aldéhyde toluique $C^6H^5.CH^2.CHO$. L'acide sulfurique étendu le transforme, vers 200°, en un produit de condensation de la phénylacétaldéhyde $C^{24}H^{20}O^2$, en même temps que se dégagent CO^2 et SO^2.

Cet acide est complètement oxydé dans l'organisme animal [Franz Knoop, *Beitr. z. Chem. Physiol. u. Pathol.*, **6**, 150, 1904].

Sel de baryte, $(A)^2.Ba + H^2O$. — (Conrad).

Éther phénylique, $C^6H^5.CH^2.CH(OC^6H^5)CO^2H$. — Il s'obtient par réduction de l'acide phénoxycinnamique correspondant au moyen de l'amalgame de sodium. Il fond à 81°. Cet éther est soluble dans l'alcool et l'eau chaude, mais insoluble dans l'eau froide [Vandevelde, *Chem. Centr. Bl.*, (I). 1120, 1897 ; — Bakunin, *Gazz. chim. ital.*, **30**, (II), 375].

DÉRIVÉS HALOGÉNÉS. — $C^6H^5.CHCl.CH(OH).CO^2H$. — On traite l'acide α-oxycinnamique par une solution éthérée de gaz chlorhydrique [Erlenmeyer, *Ann. Chem.*, **271**, 151] ou bien l'on éthérifie partiellement l'acide phénylglycérique [Loschorn, *ibid.*, **271**, 153]. Fines aiguilles fusibles à 141-142°, se dissolvant bien dans l'alcool et l'éther, beaucoup moins solubles dans la benzine, le chloroforme et la ligroïne. L'eau les dédouble à l'ébullition avec dégagement de CO^2, et formation de phénylacétaldéhyde.

$C^6H^5.CHBr.CH(OH).CO^2H$. — Ce dérivé s'obtient facilement à partir de l'acide phénylglycérique et de l'acide bromhydrique. L'acide phénylglycérique fondant à 141° donne un acide se déposant du chloroforme en cristaux fondant à 164-165° avec décomposition [Lipp, *D. chem. G.*, **16**, 1290 ; — Plöchl et Mayer, *ibid.*, **30**, 1605]. Les cristaux sont monocliniques [Haushofer, *Jahresb.*, 1882, 364].

Par contre, l'acide phénylglycérique inactif, fondant à 120-121°, fournit dans les mêmes conditions des cristaux fondant à 156-157° avec décomposition (Plöchl et Mayer).

Éther $C^6H^5.CHBr.CBr(O.C^6H^4CH^3_{(3)})CO^2CH^3$. — On l'obtient par fixation du brome sur le dérivé correspondant de l'acide oxycinnamique. Tables fusibles à 109°.

$C^6H^5.CHBr.CBr(OC^6H^4.CH^3_{(4)}).CO^2.CH^3$. — Tables fusibles à 124-125° [Oglialoro et Forte, *Gazz. chim. ital.*, **20**, 510].

DÉRIVÉS NITRÉS. — $C^6H^4(AzO^2)_{(2)}CH^2.CH(OH)CO^2H$. — On traite l'acide phényllactique par l'acide azotique concentré. On obtient un mélange d'ortho et de paranitro dérivé. Par réduction, il donne l'hydrocarbostyrile.

$C^6H^4(AzO^2)_4CH^2.CH(OH)CO^2H$. — Son *éther nitrique* $C^6H^4(AzO^2)CH^2(CH.OAzO^2)CO^2H$ est en aiguilles assez peu solubles dans l'eau, mais facilement solubles dans l'éther [Erlenmeyer et Lipp, *Ann. Chem.*, **219**, 228].

Les acides nitrooxycinnamiques traités par HCl ou HBr fixent ces hydracides en donnant les acides nitrohalogénophényllactiques correspondants :

$C^6H^4AzO^2_{(2)}CHCl.CH(OH).CO^2H$. — Aiguilles fusibles à 125-126° avec décomposition ; la potasse alcoolique détermine le départ de HCl, et conduit à l'acide nitrooxycinnamique [Lipp, *D. chem. G.*, **19**, 2649].

$C^6H^4(AzO^2)_{(4)}CHCl.CH(OH).CO^2H$. — Petits cristaux brillants fondant à 167-168° avec décomposition [Lipp, *loc. cit.* ; — Erlenmeyer, *D. chem. G.*, **14**, 1848].

$C^6H^4(AzO^2)_2.CHBr.CH(OH).CO^2H$. — Tables rhombiques fusibles à 135° [Morgan, *D. chem. G.*, **17**, 221].

$C^6H^3Br_{(3)}AzO^2_{(2)}.CH(OH).CHCl.CO^2H$. — C'est le produit de réaction de l'hypochlorite de soude sur l'acide bromonitrocinnamique. Lamelles brillantes fusibles à 147-148°, insolubles dans la ligroïne, facilement solubles dans l'alcool, l'éther et l'éther acétique [Einhorn et Gernsheim, *Ann. Chem.*, **284**, 149].

DÉRIVÉS AMINÉS. — $C^6H^4(AzH^2)_{(2)}.CH^2.CH(OH)CO^2H$. — On ne connaît que l'*anhydride*

$$
\begin{array}{c}
C^6H^4AzH-CO-CH(OH) \\
\diagdown \quad \diagup \\
CH^2
\end{array}
$$

Celui-ci prend naissance par réduction du nitrodérivé correspondant (Sn + HCl). Lamelles fusibles à 197-198°, peu solubles dans l'eau froide, l'alcool, l'éther [Erlenmeyer et Lipp, *Ann. Chem.*, **219**, 230].

$C^6H^4(AzH^2)_{(4)}CH^2.CH(OH).CO^2H$. — Il s'obtient comme le précédent. Il fond à 188-189°, sans décomposition, il se dissout dans l'eau et l'alcool, est insoluble dans l'éther ; son *chlorhydrate* forme une masse cristalline soluble dans l'eau sans décomposition.

$C^6H^5.CH^2.C(OH)(AzH^2)CO^2H$ (?) — [Plöchl, *D. chem. G.*, **16**, 2822 ; — Erlenmeyer junior, *ibid.*, **30**, 2977 ; — E. Kunlin, *Ann. Chem.*, **307**, 146].

$C^6H^5-CH(AzH^2)-CH(OH)-CO^2H$. — Obtenu par digestion du phényloxyacrylate de sodium avec l'ammoniac [Erlenmeyer, *Ann. Chem.*, **271**, 155]. Il se décompose vers 220-221°.

$C^6H^4(AzO^2)_2.CH(AzH.C^6H^5).CH(OH).CO^2H$. — On le prépare en abandonnant l'acide

$$
\begin{array}{c}
C^6H^4(AzO^2)-CH-CH-CO^2H \\
\diagdown \diagup \\
O
\end{array}
$$

en contact avec l'aniline. Aiguilles fusibles à 129°, insolubles dans le chloroforme, le benzène et la ligroïne, facilement solubles dans l'alcool et l'eau à chaud [Einhorn et Gernsheim, *Ann. Chem.*, **284**, 139].

NITRILE. $C^6H^5.CH^2-CH(OH).CAz$. — Il s'obtient par fixation du gaz cyanhydrique sur la phénylacétaldéhyde. Petites aiguilles fusibles à 57-58°. Il se combine à l'ammoniac pour donner le *nitrile aminé* $C^6H^5-CH^2-CH(AzH^2)-CAz$ [Erlenmeyer et Lipp, *Ann. Chem.*, **219**, 187].

ACIDE PHÉNYL-β-LACTIQUE, $C^6H^5.CH(OH)-CH^2-CO^2H$. — Cet acide est celui décrit dans le dictionnaire (voyez PHÉNYLLACTIQUE, note). On peut le préparer facilement par saponification de l'acide $C^6H^5-CHBr-CH^2-CO^2H$ (ébullition avec un excès d'eau) [Fittig et Binder, *Ann. Chem.*, **195**, 138].

Modes de formation. — Réduction par l'amalgame de sodium de l'éther β-phényloxyacrylique, $C^6H^5.C(OH)=CH.CO^2Et$ [Plöchl, *D. chem. G.*, **16**, 2823] ; de l'acide phényliodohydroacrylique, $C^6H^5-CHI-CH^2-CO^2H$ [Erlenmeyer, *Ann. Chem.*, **289**, 279] ; de l'éther benzoylacétylacétique, $C^6H^5CO.CH^2CO^2Et$ [Perkin, *J. Chem. Soc.*, **97**, 254].

Propriétés. — Introduit dans l'organisme, cet acide est éliminé sous forme d'acide hippurique [Franz Knoop, *Beit. z. Chem. Phys. u. Pathol.*, **6**, 150, 1904].

L'ébullition avec l'acide sulfurique étendu le dédouble rapidement avec formation d'acide cinnamique, en même temps que se produisent de petites quantités de styrol, d'anhydride carbonique et d'acide styrolcinnamique [Erlenmeyer, *D. chem. G.*, **13**, 304].

L'oxydation électrolytique d'une solution aqueuse du *sel de potassium* de cet acide conduit à la benzaldéhyde [Miller et Hofer, *ibid.*, **27**, 469].

Les *sels de baryte* et *de zinc*, tous deux difficilement solubles dans l'eau, cristallisent, d'après Fittig et Kast [*Ann. Chem.*, **206**, 26] avec $1,5H^2O$; d'après Posner, avec 1 mol. [*D. chem. G.*, **38**, 2316, 1905].

Par traitement à l'anhydride acétique, à 100°, on obtient un *dérivé acétylé* fusible à 100°,5, en petites houppes d'aspect perlé, facilement dédoublable en acide cinnamique et acide acétique [Slocum, *Ann. Chem.*, **227**, 59 ; — Th. Posner, *loc. cit.*].

DÉRIVÉS HALOGÉNÉS. — $C^6H^5.CH(OH).CHCl.CO^2H$. — C'est l'acide déjà décrit dans le Dictionnaire. Les cristaux sont constitués par des lames hexagonales monocliniques [Haushofer, *Jahresb.*, 364, 1882; — voyez aussi Erlenmeyer et Lipp. *Ann. Chem.*, **219**, 185; — Stieglitz, *D. chem. G.*, **22**, 3140].

$C^6H^5.CH(OH).CHBr.CO^2H$. — L'acide hydraté (voyez Dict.) fond à 120-122° avec perte d'eau.

Cet acide, qui renferme un carbone asymétrique, est inactif et représente par suite le *racémique*. Par cristallisation du sel de cinchonine dans l'alcool, Erlenmeyer est arrivé à séparer l'isomère droit de l'isomère gauche. L'*acide droit* est en cristaux fusibles à 119-120°. $\alpha_D = +21,46$ (2gr,4 de sel dans 100 cc. d'alcool) [Haushofer, *Jahresb.*, 364, 1882; — Stockmeyer, *Dissert.*, 1883; — Erlenmeyer, *D. chem. G.*, **24**, 2831; — Erlenmeyer et Möbes, *ibid.*, **32**, 2375].

$C^6H^5.C^2HBr^2(OH).CO^2H$. — On l'obtient par l'action de l'eau sur l'acide β-phényltribromopropionique [Kinnicutt et Palmer, *Am. Chem. Journ.*, **5**, 386]. Cristaux fondant à 184°, se dissolvant bien dans l'eau, l'éther, l'alcool, peu solubles dans le chloroforme, le sulfure de carbone et la benzine.

$C^6H^5.CH(OH).CHI.CO^2H$. — Cet acide prend naissance par l'action du chlorure d'iode sur l'acide cinnamique [Erlenmeyer et Rosenhek, *D. chem. G.*, **19**, 2464; — voyez aussi Erlenmeyer, *Ann. Chem.*, **289**, 276]. Cristaux prismatiques fondant à 140-142° avec décomposition, peu solubles dans l'eau froide, presque insolubles dans la ligroïne, se dissolvant bien dans l'alcool et la benzine à chaud. Traités par l'acide chlorhydrique à 38 0/0, ils donnent le composé

$$\begin{array}{l} C^6H^5-CH-CH^2-CO^2H \\ \quad\quad\;\; | \\ \quad\quad\;\; O-CO-CHI-CHCl-C^6H^5 \end{array}$$

en aiguilles fusibles à 110-115° avec décomposition.

$C^6H^5.CH(OCH^3)-CHI.CO^2H$. — Aiguilles fusibles à 164-165°, à peine solubles dans l'eau froide, se dissolvant bien dans l'alcool, l'éther, la benzine et le chloroforme.

$C^6H^5.CH(OC^2H^5)-CHI.CO^2H$. — Aiguilles fusibles à 138-139° avec décomposition. Ces deux éthers s'obtiennent par saponification, par la potasse en présence de l'alcool correspondant, de l'acide phényl-β-chloro-α-iodopropionique.

Dérivés nitrés. — On connaît les 3 mononitro dérivés dans le noyau, $C^6H^4(AzO^2).CH(OH).CH^2.CO^2H$.

Dérivé ortho. — Ce dérivé, qui prend naissance dans un certain nombre de réactions [Bayer et Drewsen, *D. chem. G.*, **16**, 2206; — Einhorn, *ibid.*, **16**, 2214], s'obtient facilement, comme l'a signalé Einhorn [*ibid.*, **17**, 2013], en décomposant par l'acide chlorhydrique étendu l'amide correspondante.

Prismes monocliniques fondant à 126°, donnant avec l'acide sulfurique concentré une solution bleue; ils sont facilement solubles dans l'eau, l'alcool et l'éther. Le *sel de baryum* cristallise avec $2H^2O$; l'*éther méthylique* fond à 51° [Einhorn, *loc. cit.*; — Einhorn et Prausnitz, *D. chem. G.*, **17**, 1660].

L'*anhydride*

$$C^6H^4(AzO^2)CH\left\langle\begin{array}{c}CH^2\\O\end{array}\right\rangle CO$$

ne peut s'obtenir à partir de l'acide, mais il se prépare facilement en traitant par un excès de soude carbonatée l'acide o-nitrophényl-β-bromopropionique. Cet anhydride forme des cristaux jaune clair fondant à 124° avec décomposition, se dissolvant bien dans l'acétone, le benzène le chloroforme, l'acide acétique; peu solubles par contre, dans l'éther et l'alcool absolu. Les alcalis le transforment en acide par hydratation. Par ébullition avec l'acide acétique il fournit de l'indigo. L'ammoniaque donne, à chaud, l'*acide aminé* correspondant.

Dérivé méta. — Il s'obtient dans les mêmes conditions que l'isomère précédent, et, en particulier, en décomposant par l'eau le sel de sodium de l'acide m-nitrophényl-β-bromopropionique. Lamelles à reflet gras fondant à 105°. Son *éther méthylique* est en cristaux fusibles à 56°. L'*anhydride* correspondant se dépose spontanément des solutions aqueuses concentrées de m-nitrophényl-β-propionate de soude; peu solubles dans l'acide acétique et l'alcool étendu, les cristaux se dissolvent bien dans l'alcool absolu, l'éther et le chloroforme [Prausnitz, *D. chem. G.*, **17**, 596; — Prausnitz et Einhorn, *ibid.*, **17**, 1660].

Dérivé para. — On l'obtient comme l'isomère méta, en cristaux fondant à 130-132°; son *éther méthylique* fond à 72-74°; son *éther éthylique* à 45-46°; son *anhydride* à 91°,9 [Baser, *D. chem. G.*, **16**, 3006; — Einhorn et Prausnitz, *loc. cit.*].

Tous ces dérivés nitrés o- m- et p- fixent facilement une molécule d'acide bromhydrique avec élimination d'une molécule d'eau pour donner l'acide nitrophényl-β-bromopropionique correspondant.

$C^6H^4(AzO^2)_{(4)}.CH(OH).CH(AzO^2).CO^2H$. — L'acide alcool est inconnu, mais Friedländer et Mähly ont signalé plusieurs dérivés.

Ether méthylique [$-CH(OCH^3)-$]. — Il provient de la décomposition par l'alcool méthylique bouillant de l'éther méthylique de l'acide p-nitrophényl-α-nitroacrylique [*Ann. Chem.*, **229**, 221]. Cristaux fondant à 117-118°.

Ether éthylique. — Il fond à 77°.

Ethers sels, $C^6H^4AzO^2.CH(OC^2H^5).CH(AzO^2).CO^2.CH^3$. — Prismes jaunes monocliniques [Haushofer, *Ann. Chem.*, **229**, 220] fondant à 110°. L'*éther éthylique* [$-CO^2.C^2H^5$] est en prismes monocliniques fondant à 52°.

Dérivés halogénonitrés. — On ne connaît que les dérivés halogénés des composés nitrés dans le noyau ortho et para.

Dérivés de l'acide o-nitro, $C^6H^4AzO^2.CH(OH).CHCl.CO^2H$. — Il résulte de l'action du chlore sur une solution dans le carbonate de soude dilué, d'acide o. nitrocinnamique. Masse blanche cristalline fondant à 119-120° [Bayer, *D. chem. G.*, **13**, 2261. Brevet allemand 11857].

$C^6H^3Cl_{(5)}AzO^2_{(2)}.CH(OH).CH^2.CO^2H$. — On l'obtient en projetant dans une solution bouillante de soude carbonatée de l'acide 5-chloro-2-nitrophényl-β-bromopropionique, ou mieux en partant de l'amide correspondante. Fines aiguilles fusibles à 152°, très solubles dans l'alcool et le chloroforme, moins solubles dans l'éther et la benzine, insolubles dans la ligroïne, solubles dans l'eau chaude, solubles en vert bleuâtre dans l'acide sulfurique. Les *sels d'argent* et *de calcium* sont solubles dans l'eau; le *sel de cuivre* forme de belles aiguilles bleues. Son *éther éthylique* [$-CH(O.C^2H^5)-$] est en tables brillantes fondant à 48°, son *anhydride* est en prismes fondant à 147° avec décomposition [Eichengrün et Einhorn, *Ann. Chem.*, **262**, 157].

$C^6H^4AzO^2.CH(OH).CHBr.CO^2H$. — On traite par le brome une solution aqueuse d'o-nitrocinnamate de soude en présence de carbonate de soude. Il fond à 145-147° [Morgan, *D. chem. G.*, **17**, 219].

$C^6H^3Br_{(5)}AzO^2_{(2)}.CH(OH).CH^2.CO^2H$. — Aiguilles soyeuses fusibles à 152°, facilement solubles dans l'alcool, l'acide acétique, l'éther acétique, l'eau chaude, insolubles dans la ligroïne [Einhorn et Gernsheim, *Ann. Chem.*, **284**, 152]; son *éther méthylique* [-(CH.OCH³)-] est en tables brillantes fondant à 74°,5.

Dérivé de l'acide p-nitro : $C^6H^4(AzO^2).CH(OH).CHCl.CO^2H$. — Préparé comme l'isomère ortho, à partir de l'acide p-nitrocinnamique. Petites lamelles orthorhombiques fondant à 165° [Beilstein et Kuhlberg, *Ann. Chem.*, **163**, 142; — Lipp, *D. chem. G.*, **19**, 2646].

Dérivés azotés divers, amides, amines, nitrile.

Amide, $C^6H^5.CH(OH).CH^2.CO.AzH^2$. — Elle résulte de l'action de HCl fumant et froid sur le nitrile. Cristaux fondant à 119-121° [Gabriel et Eschenbach, *D. chem. G.*, **30**, 1129; — Posner, *ibid.*, **38**, 2316, 1905].

Amide o-nitrée, $C^6H^4.(AzO^2).CH(OH).CH^2CO.AzH^2$. — On l'obtient facilement par l'action de l'ammoniaque sur l'acide o-nitrophényl-β-bromopropionique, l'anhydride nitrophényllactique ou l'o-nitrophényl-β-lactate d'éthyle [Einhorn, *D. chem. G.*, **16**, 2646; **17**, 2013].

L'anhydride acétique fournit un *dérivé acétamidé* en prismes fondant à 141-142°. En effectuant cette opération en présence d'acétate de soude, on obtient les deux *anhydrides* :

$$C^6H^4(AzO^2)CH < \begin{matrix} AzH \\ CH^2 \end{matrix} > CO$$

prismes transparents fondant à 80° environ, résistant bien à l'action des acides et des bases, et

$$C^6H^4(AzO^2)CH < \begin{matrix} Az-(C^2H^3O) \\ CH^2 \end{matrix} > CO$$

aiguilles fusibles à 172°, facilement décomposables par les alcalis en acide acétique et acide orthonitrocinnamique [Einhorn, *D. chem. G.*, **16**, 2646].

Amide p-nitrée. — Elle s'obtient dans les mêmes conditions que l'isomère ortho. Prismes fondant à 166°. Elle se combine au gaz bromhydrique en donnant une combinaison cristallisée en tables ou en aiguilles fusibles à 132-133°.

L'acétamidodérivé fond à 146-150°, l'*aniline* est en lamelles fondant à 176°, insolubles dans l'eau froide, se combinant aisément aux acides [Basler, *D. chem. G.*, **17**, 1502].

Acide α aminé, $C^6H^5.CH(OH).CH(AzH^2).CO^2H$. — On connaît deux acides stéréoisomères, l'un fond à 196°, l'autre à 187-188°. Le premier se dissout dans 38 parties d'eau à température ordinaire, le second dans 17 parties.

Les α acides se forment par décomposition au moyen d'acide acétique d'une solution aqueuse d'α benzalaminophényllactate de soude, ce dernier résultant lui-même de la condensation de la benzaldéhyde avec le glycocolle en présence d'une solution de soude dans l'alcool aqueux [Erlenmeyer et Früstück, *Ann. Chem.*, **284**, 41; — Erlenmeyer junior, *ibid.*, **307**, 84].

Le *dérivé acétylé* de l'isomère fondant à 196° fond avec décomposition à 169-170°. Son *sel de sodium* est en lamelles peu solubles.

L'isomère fondant à 187-188° donne un *sel de cuivre* en lamelles bleu clair très légèrement violacées, exigeant pour se dissoudre à température ordinaire 255 fois leur poids d'eau.

1er Janvier 1907. V. Thomas.

PHÉNYLLACTIQUES (ALDÉHYDES). — Ces aldéhydes ne sont pas connues; toutefois on connaît un certain nombre de dérivés du composé $C^6H^5.CH(OH).CH^2.CHO$.

En particulier, on obtient les trois aldéhydes nitrées dans le noyau (o- m- et p-) en combinaison avec l'acétaldéhyde, en traitant par une lessive alcaline très diluée, jusqu'à réaction alcaline, un mélange refroidi de nitrobenzaldéhyde et d'acétaldéhyde. Les combinaisons doubles correspondent à la formule $C^6H^4(AzO^2).CH(OH).CH^2.CHO + CH^3CHO$. — L'*o-dérivé* est en prismes monocliniques fondant à 125° avec départ d'aldéhyde acétique. La décomposition du *m-nitrodérivé* se produit vers 100°. Le *p-dérivé* fond vers 115° avec décomposition [Bayer et Drewsen, *D. chem. G.*, **16**, 2205; — Göhring, *ibid.*, **18**, 372, 720].

En effectuant la condensation avec les halogéno-(5)-nitro-(2)-benzaldéhydes, on obtient les aldéhydes phényllactiques chloro et bromo nitrées correspondantes.

Le *composé* $C^6H^3(AzO^2)_{(2)}Cl_{(5)}.CH^2OH.CH^2.CHO$ est liquide, le *dérivé bromé* est solide et fond à 92-93°. Comme les dérivés nitrés, ce bromonitro est susceptible de se combiner avec l'acétaldéhyde en donnant des lamelles $C^9H^8BrAzO^4.C^2H^4O$ perdant de l'acétaldéhyde dès la température de 87° [Eichengrün et Einhorn, *Ann. Chem.*, **262**, 166; — Einhorn et Gernsheim, *ibid.*, **284**, 150].

1er Janvier 1907. V. Thomas.

PHÉNYLLACTURAMIQUE (ACIDE) [Syn. 4-Méthylhydantoïne]. — Voyez l'art. Hydantoïnes.

PHÉNYLMÉTHANE. — Voyez Diphényl..., Triphényl..., Tétraphényl....

PHÉNYLMÉTHYLCARBINOL, $C^6H^5.CHOH.CH^3$. — Le méthylphénylcarbinol se forme quand on réduit l'acétophénone au moyen de l'alcool et du sodium [Klages et Allendorff, *D. chem. G.*, **31**, 1003, 1898]. C'est une huile épaisse qui bout à 203°,6 sous 754mm,4. L'acide phosphorique le décompose pour donner du styrol et du métastyrol [Klages et Allendorff, *D. chem. G.*, **31**, 1298]. Sa *phényluréthane*, $C^6H^5-(CHO.COAzH.C^6H^5)-CH^3$, fond à 94° [Klages *loc. cit.*].

Le *trichlorométhylphénylcarbinol*, $C^6H^5-CHOH-CCl^3$, se forme : par condensation du chloroforme avec la benzaldéhyde en présence de la potasse [Joutz, *Journ. Soc. phys. chim. russe*, **29**, 97; **30**, 922]; ou encore par condensation du chlore avec le benzène [Fritsch, *Ann. Chem.*, **296**, 347, 1897]. Il distille à 154-155° sous 25 mm. Son *acétate* fond à 86-88° et bout à 280-282° sous 765 mm.

Le *tribromométhylphénylcarbinol*, $C^6H^5-CHOH-CBr^3$, obtenu d'une façon analogue au dérivé chloré, fond à 78-78°,5; son *acétate* fond à 140° [Siegfried, *Journ. Soc. phys. chim. russe*, **30**, 914, 1898].

Le *méthyl-p-aminophénylcarbinol*, $AzH^2.C^6H^4-CHOH-CH^3$, obtenu par réduction de la p-aminoacétophénone au moyen de l'amalgame de sodium, fond à 93° et bout à 190° sous 18 mm. Son *dérivé diacétylé* fond à 192° [Rousset, *Bull. Soc. Chim.*, **11**, 321, 1894].

Le *trichlorométhyl-méthylaminophénylcarbinol*, $CH^3AzH.C^6H^4-CHOH-CCl^3$, résulte de la condensation du chloral avec la méthylaniline. Il fond à 112°; son *dérivé nitrosé* fond à 117-118° [Bössneck, *D. chem. G.*, **21**, 782, 1888].

Le *trichlorométhyl-p-diméthylaminophénylcarbinol*, $(CH^3)^2:Az.C^6H^4-CHOH-CCl^3$, fond à 111°; son *acétate* fond à 84-85° [Bössneck, *D. chem. G.*, **18**, 1518; **20**, 3193, 1887].

Le *trichlorométhyl-éthylaminophénylcarbinol*, $C^2H^5.AzH.C^6H^4.CHOH.CCl^3$, fond à 98° ; son *dérivé nitrosé* fond à 138° [Bössneck, *D. chem. G.*, **21**, 783].

Le *trichlorométhyl-diéthylaminophénylcarbinol*, $(C^2H^5)^2:Az.C^6H^4-CHOH-CCl^3$, est un corps huileux [Bössneck, *D. chem. G.*, **19**, 368].

Le *nitrométhyl-o-nitrophénylcarbinol*, $AzO^2.C^6H^4.CHOH.CH^2AzO^2$, obtenu par condensation de l'o-nitrobenzaldéhyde avec le nitrométhane, est une huile jaune. Son *acétate* fond à 109° [Thiele, *D. chem. G.*, **32**, 1294, 1899].

Le *dibromonitrométhyl-m-nitrophénylcarbinol* a été obtenu à l'état d'*éther éthylique*, $AzO^2.C^6H^4-CH(OC^2H^5)-CBr^2AzO^2$, en décomposant une solution alcoolique d'éther dinitro-1[2].3-cinnamique par l'hypobromite de sodium ; il fond à 98-99° ; l'*éther méthylique* correspondant fond à 145-146° [Friedländer et Lazarus, *Ann. Chem.*, **229**, 237, 1885].

Le *benzylaminométhyl-phénylcarbinol*, $C^6H^5.CH^2.AzH.CH^2.CHOH-C^6H^5$, se forme quand on traite la solution du chlorhydrate de β.μ-diphényloxazol dans l'alcool absolu par le sodium. Il fond à 100-101° [E. Fischer, *D. chem. G.*, **29**, 210, 1896].

Le *méthylphénylthiocarbinol*, $C^6H^5.CHSH.CH^3$, est un liquide bouillant à 119-120°. On l'obtient en réduisant par le zinc et l'acide acétique le *disulfure*, $[C^6H^5.CH(CH^3)]^2S^2$, lequel fond à 57-58°. Ce disulfure se forme quand on réduit l'acétophénone par le sulfhydrate d'ammonium [Baumann et Fromm, *D. chem. G.*, **28**, 910, 1895]. Janvier 1907. P. Carré.

PHÉNYL α-α-MÉTHYLÉTHYLCARBINOL

$$C^6H^5-COH{<}^{C^2H^5}_{CH^3}$$

— Ce composé se prépare en faisant réagir l'iodure d'éthylmagnésium sur l'acétophénone à froid, au sein de l'éther [Klages et Halm, *D. chem. G.*, **35**, 3506, 1902] ou de la diméthylaniline [Tschelinzeff, *D. chem. G.*, **37**, 2081, 1904].

C'est une huile incolore qui bout à 102° sous 14 mm. Traité par l'acide chlorhydrique à 0°, il donne le *chlorure* $C^6H^5C(CH^3)Cl(C^2H^5)$ qui se décompose déjà à la température ordinaire en dégageant de l'acide chlorhydrique pour donner le *méthylpropénylbenzène*, qui bout à 188-189° sous 760 mm. Ce dernier se forme directement quand on fait la réaction de l'iodure d'éthylmagnésium sur l'acétophénone à chaud [Klages, *loc. cit.*]. Janvier 1907. P. Carré.

PHÉNYL α-MÉTHYL-P-ÉTHYLCARBINOL $C^2H^5.C^6H^4-CHOH-CH^3$. — Cet alcool se prépare en réduisant l'acétyl-p-éthylbenzène. C'est une huile incolore qui distille à 119°.5 sous 14 mm. Sa *phényluréthane* fond à 72-73°. Le *chlorure* $C^2H^5.C^6H^4.CHCl.CH^3$ bout à 112°.5-113° sous 18 mm. [Klages, *D. chem. G.*, **35**, 2245, 1902]. Janvier 1907. P. Carré.

PHÉNYLNAPHTYLCARBINOL-(α) $C^6H^5-CHOH-C^{10}H^7$. — C'est un corps formé de croûtes cristallines fusibles à 86°.5, distillable au-dessus de 360°, obtenu par Lehne en traitant par l'amalgame de sodium la phényl-α-naphtylcétone [*D. chem. G.*, **13**, 359, 1880].

Cet alcool est très peu soluble dans la ligroïne, mais il se dissout bien dans le benzène, l'alcool et l'éther. Il se colore en bleu violet sous l'action de SO^4H^2 concentré ou de P^2O^5. En essayant de le condenser avec le benzène sous l'influence de l'acide sulfurique en tube scellé à 120°, Lehne n'a pas obtenu le diphénylnaphtylméthane, mais la *phényl-α-naphtylcétone*. On obtient cette dernière avec de bons rendements en vue de la préparation du carbinol, en traitant la naphtaline par le chlorure de benzoyle en présence de zinc.

Juin 1907. J. Lavaux.

PHÉNYLNITROMÉTHANE $C^6H^5-CH^2-AzO^2$. — Le phénylnitrométhane a été obtenu par Gabriel en décomposant par l'acide acétique très étendu la combinaison sodique que donne, lorsqu'on la chauffe avec une solution étendue de soude, la nitrobenzylidènephtalide. Cette combinaison $C^{15}H^9AzO^5Na^2$ possède la constitution suivante :

```
NaO      C . AzO² . Na . C⁶H⁵
   \   /
C⁶H⁴ < C  > O
     \ CO /
```

Sous l'influence de l'acide acétique très dilué, elle se scinde en anhydride phtalique et phénylnitrométhane [Gabriel, *D. chem. G.*, **18**, 1254, 1885].

Pour séparer et purifier le produit, on l'entraine à la vapeur d'eau, puis on le reprend par de l'éther qu'on agite avec le liquide distillé et qu'on chassera ensuite.

Cohn a obtenu le phénylnitrométhane en faisant bouillir avec de l'eau l'oxynitrobenzyldiphénylmaléïde, de formule

```
C⁶H⁵ - C - COH - CH . AzO² - C⁶H⁵
       ‖        > O
C⁶H⁵   C - CO
```

qui se scinde en phénylnitrométhane et anhydride diphénylmaléique [Cohn, *D. chem. G.*, **24**, 3867, 1891].

C'est un liquide jaune bouillant à 225-227° en subissant une décomposition partielle et qui peut être réduit par l'acide chlorhydrique et l'étain en benzylamine. Il donne un *sel de soude* insoluble dans l'alcool fort. Sous l'action de HCl concentré à 150° il se scinde en hydroxylamine et acide benzoïque. Juin 1907. J. Lavaux.

PHÉNYLOÉTHYLMÉTHYLCÉTONE. — Voyez BENZYLACÉTONE.

PHÉNYLOÉTHYLPHÉNYLCÉTONE. — Voyez BENZYLACÉTOPHÉNONE.

PHÉNYLOXYACRYLIQUES (ACIDES), $C^9H^8O^3$. — Outre l'acide phényloxyacrylique décrit dans la première partie de cet ouvrage, qui est l'acide β-phényloxyacrylique et répond vraisemblablement à la formule de constitution

```
C⁶H⁵ - CH - CH - CO²H
         \   /
          O
```

(ou peut-être $C^6H^5-COH=CH-CO^2H$?), on connait encore l'acide *α-phényloxyacrylique*, qui a pour formule $C^6H^5-CH=COH-CO^2H$.

L'acide β a été obtenu par Glaser [*Ann. Chem.*, **147**, 98, 1868] en traitant à froid l'acide $C^6H^5-CHOH-CHCl-CO^2H$, acide 1[2]-chlorophényllactique (ou bromo) par la potasse alcoolique en excès (Voyez Dict.).

L'acide α s'obtient en petite quantité en même temps que le précédent en traitant de la même façon l'acide 1[1]-bromo-phényllactique $C^6H^5-CHBr-CHOH-CO^2H$ [Plöchl, *D. chem. G.*, **16**, 2821, 1883]. Il se décompose facilement en produisant de la phénylacétaldéhyde et de l'acide phénylglycérique. Le sel de soude de l'acide α mis en suspension dans l'éther, se combine à HCl pour donner l'acide phényl-1[1]-chloro-α-lactique.

L'*acide α-éther-phénylique* $C^6H^5-CH=COC^6H^5-CO^2H$ s'obtient en condensant la benzaldéhyde avec le phénoxyacetate de Na en présence d'anhydride acétique (Ogliadoro). Il fond à 179-180°.

Notons enfin que Erlenmeyer a obtenu l'acide β en traitant par la lessive de soude l'acide 1^1-chlorophényllactique [*D. chem. G.* **271**, 153, 1892]. Cela parait imposer la 1re formule donnée pour l'acide β-phényloxyacrylique.

Juin 1907. J. Lavaux.

PHÉNYLOXYBENZOÏQUES (ACIDES),

$$C^6H^5-C^6H^3\begin{matrix}\diagup CO^2H\\ \diagdown OH\end{matrix}$$

On connait trois isomères. Ce sont :

1° [biphényle ; CO^2H — OH]

— [Stœdel, *D. chem. G.*, **28**, 112; — Heyl. *J. prakt. Chem.*, (2), **59**, 456]. Aiguilles fusibles à 159°. Ont été obtenus les *sels d'argent* et *de potassium* qui cristallisent anhydres, les *phényloxybenzoates de méthyle* (liquide) et *d'éthyle* (lamelles fusibles à 46-47°); et les acides *phénylméthoxy* et *éthoxybenzoïques*, tous deux liquides.

2° [biphényle ; CO^2H — OH]

— Cet acide et ses dérivés ont été étudiés par Græbe et Schestakow [*Ann. Chem.*, **284**, 316]. L'acide fond à 154°; son *sel de chaux*, anhydre, se dissout facilement dans l'eau. L'*éther méthylique* fond à 84-85°; l'*éther éthylique* à 111°; l'*amide* à 262-263°.

3° [biphényle ; OH — CO^2H]

— Il fond à 180° [Heyden. Brevet allemand 61 125]. On l'obtient par fixation du gaz carbonique sur l'ortho-oxybiphényle sodique $C^6H^5.C^6H^4.ONa$.

1er juin 1907. V. Thomas.

PHÉNYLOXYBUTYRIQUES (ACIDES). — ACIDE γ-PHÉNYL-γ-OXYBUTYRIQUE. — La *lactone*,

$$\begin{matrix}C^6H^5-CH & CH^2-CH^2\\ | & |\\ O & \text{———} CO\end{matrix}$$

se forme par ébullition des acides phényl-paraconique et phénylitaconique avec l'acide sulfurique dilué de 3 fois son volume d'eau [Lesser, *ibid.*, **288**, 193, 1895; — Fittig et Leoni, *ibid.*, **256**, 74, 1890]; ou encore quand on reduit l'acide β-benzoylpropionique par l'amalgame de sodium [Fittig et Ginsberg, *ibid.*, **299**, 14, 1897]. Elle fond à 38°.

ACIDE γ-PHÉNYL-α-OXYBUTYRIQUE, $C^6H^5-CH^2-CH^2-CHOH-CO^2H$. — On l'obtient en réduisant l'acide benzylpyruvique par l'amalgame de sodium. Il fond à 104°,5-105°,5 [Fittig et Petkow. *Ann. Chem.*, **299**, 32, 1897].

L'*acide γ-phényl-γ-bromo-α-oxybutyrique*, $C^6H^5-CHBr-CH^2-CHOH-CO^2H$, fond à 126° [Biedermann, *D. chem. G.*, **24**, 4074, 1891].

L'*acide γ-phényl-βγ-dibromo-α-oxybutyrique*, $C^6H^5-CHBr-CHBr-CHOH-CO^2H$, fond à 155° [Fittig et Petkow, *Ann. Chem.*, **299**, 27, 1897]; son *dérivé acétylé* fond vers 207° [Thiele et Mayer, *ibid.*, **306**, 192, 1899]. Le *nitrile* correspondant, $C^6H^5-CHBr-CHBr-CHOH-CAz$, fond en se décomposant vers 140° [Fischer et Stewart. *D. chem. G.*, **25**, 2556, 1892]; son *dérivé acétylé* fond à 166-167° [Thiele et Sulzberger, *Ann. Chem.*, **319**, 210, 1901].

Janvier 1907. P. Carré.

PHÉNYLOXYCROTONIQUE (ACIDE), $C^6H^5-CH=CH-CHOH-CO^2H$. — Le *nitrile phényloxycrotonique*, $C^6H^5-CH=CH-CHOH-CAz$, s'obtient en condensant l'acide cyanhydrique avec l'aldéhyde cinnamique [Pinner, *D. chem. G.*, **17**, 2010, 1884; — Peine, *ibid.*, **17**, 2113]. Après cristallisation dans l'alcool, il fond à 80-81° (Pinner), à 75° (Peine). Il se condense avec l'urée pour former le composé $C^6H^5-CH=CH(CAz)-AzH.CO-AzH^2$, fusible à 160° [Pinner et Lifschütz, *ibid.*, **20**, 2353, 1887].

Janvier 1907. P. Carré.

PHÉNYLPALMITYLCÉTONE. — Voyez PHÉNYLPENTADÉCYLCÉTONE.

PHÉNYLPENTADÉCYLCÉTONE $C^6H^5-CO-C^{15}H^{31}$. — On introduit peu à peu, pour obtenir cette cétone, du chlorure d'aluminium (1 p. ½) dans un mélange de chlorure de palmityle (1 p.) et de benzène (2 p.) [Krafft, *D. chem. G.*, **19**, 2982, 1886]. On obtient ainsi un corps qui, cristallisé dans l'alcool, se présente en grandes lames brillantes fusibles à 59°, et qui sous pression réduite à 15 mm. distille vers 251°. Assez soluble dans l'éther, cette cétone l'est très peu dans l'alcool à froid. Elle donne par oxydation au moyen du mélange chromique de l'acide benzoïque et du pentadécanoïque.

Juin 1907. J. Lavaux.

PHÉNYLPROPIOLIQUE (ACIDE) (Voyez Suppl., **1**, 1217) $C^6H^5.C{\equiv}C.COOH$. — Ce composé peut s'obtenir en traitant le chlorostyrol $Cl.C^6H^4.CH=CH^2$ par le sodium et l'anhydride carbonique :

$$Cl.C^6H^4.CH=CH^2+Na^2+CO^2$$
$$=NaCl+H^2+C^6H^5.C{\equiv}COOH$$

[Erlenmeyer, *D. chem. G.*, **16**, 152, 1883].

Pour le préparer on traite le phénylbromopropionate d'éthyle ($C^6H^5.CHBr.CHBr.COO.C^2H^5$) par 3 mol. de potasse alcoolique, on maintient pendant 8 heures à l'ébullition au réfrigérant ascendant, puis on distille l'alcool et le résidu est traité par l'acide sulfurique étendu; l'acide phénylpropiolique séparé est dissous dans la soude et reprécipité par l'acide sulfurique. L'acide pur cristallise dans l'eau [Perkin, *Chem. Soc.*, **45**, 172, 1885; — Liebermann, Sachse, *D. chem. G.*, **27**, 4113, 1894].

On introduit 1 mol. d'acide dibromocinnamique $C^6H^5.CHBr-CHBr.COOH$ dans une solution très étendue de potasse (2mol.5); on laisse agir quelques heures, puis on filtre, on précipite par l'acide sulfurique un isomère de l'acide α-bromocinnamique, il est séché et fondu une minute en présence de potasse à 200/0 (2mol,5 KOH pour 1 mol. d'acide) [Michael. *D. chem. G.*, **34**, 3648, 1901].

Propriétés physiques. — Sous l'eau, il est fondu à 80°; anhydre, il fond à 136-137° puis se sublime. Conductibilité électrique [Ostwald, Manthey. *Zeit. Ph. Ch.*, **3**, 279, 1889; *D. chem. G.*, **33**, 3084, 1900]. Il est très soluble dans l'alcool et l'éther.

Propriétés chimiques. — L'acide phénylpropiolique traité par la baryte au rouge se transforme en phénylacétylène (L. Claisen).

Réduit par la poudre de zinc et l'acide acétique il est transformé en acide cinnamique $C^6H^5.CH=CH.COOH$ [Aronstein et Hollemann. *D. chem. G.*, **22**, 1181, 1889].

Il est attaqué par l'oxychlorure de phosphore [Lauser, *ibid.*, **32**, 2478, 1899].

Le brome en solution éthérée le transforme en éther éthylique de l'acide dibromocinnamique, lequel donne par saponification deux stéréoisomères de $C^6H^5.CHBr.CHBr.COOK$.

La diéthylamine s'y combine pour donner l'acide diéthylaminecinnamique,

$$C^6H^5.C[Az(C^2H^5)^2]:CH.COOH$$

Avec la benzamidine $C^6H^5.CO.AzH^2$ on obtient la benzalphénylglyoxalidone $C^{16}H^{12}OAz^2$ [Ruhemann, Cunnington, *Chem. Soc.*, **75**, 954, 1899].

Avec l'anhydride acétique on obtient l'anhydride phénylacétique $C^{18}H^{10}O^3$ et l'anhydride mixte $C^6H^5.C\equiv C-CO-O-CO-CH^3$ [Michael, Bucher, *Am. Chem. J.*, **20**, 89, 1898].

L'éther éthylique s'y combine en présence du phénol pour donner des éthers oxydes phénoliques de l'acide β-oxycinnamique [Ruhemann et Beddow, *Chem. Soc.*, **77**, 984, 1900].

L'acide phénylpropiolique est attaqué par l'éthylate de sodium en présence d'urée pour donner la benzalhydantoïne

$$C^6H^5-CH\langle\begin{matrix}CO-AzH\\ |\\ AzH-CO\end{matrix}$$

[Ruhemann et Stapleton, *Chem. Soc.*, **77**, 246, 1900; — Cunnington, *ibid.*, **75**, 958, 1899].

On a préparé les sels métalliques et le sel d'aniline [Liebermann et Scholz, *D. chem. G.*, **25**, 951, 1892].

Éthers de l'acide phénylpropionique. — *Ether méthylique* $C^6H^5-C\equiv C-COO.CH^3$. — Huile bouillant à 159-160° sous 48 mm. [Liebermann et Sachse, *D. chem. G.*, **24**, 2589, 1891; — Baucke, *Rec. Trav. chim. P. B.*, **15**, 123, 1895].

Ether éthylique, $C^6H^5-C\equiv C-COO.C^2H^5$. — Il se prépare par l'action de l'acide phénylpropiolique sur l'alcool éthylique en présence de gaz chlorhydrique [Perrin, *Chem. Soc.*, **45**, 174, 1884].

On l'obtient aussi en traitant le dérivé sodé du phénylacétylène par le chlorocarbonate d'éthyle

$$CO^2\langle\begin{matrix}Cl\\ OC^2H^5\end{matrix}$$

en présence d'éther absolu [Nef, *Ann. Ch.*, **308**, 280, 1899].

Il bout à 260-270° sous 760 mm. et à 153° sous 22 mm. Il se combine à l'éther acétylacétique en présence d'éthylate de sodium [Ruhemann, Cunnington, *Chem. Soc.*, **75**, 954, 1899]. Il réagit en présence des hydrazines pour donner des pyrazolones (Rothenburg: Ch. Moureu et Lazennec).

Ether amylique, $C^6H^5-C\equiv C.COO.C^5H^{11}$. — Liquide bouillant à 210° sous 55 mm. $D_{20}=$ 1,0035. Pouvoir rotatoire pour la raie D. $[\alpha]_{20}=$ + 5°,58 [Walden, *Zeit. Ph. Ch.*, **25**, 580, 1896].

Chlorure de méthylpropiolyle. $C^6H^5.C\equiv C.COCl$. — Il se solidifie à froid, il bout à 130-133° sous 25 à 30 mm. [Stockhausen et Gattermann, *D. chem. G.*, **25**, 3537, 1892].

En présence d'anisol et avec $AlCl^3$ il donne $C^6H^5-C\equiv C-CO-C^6H^4.O.CH^3$ (Stockhausen).

Amide. $C^6H^5-C\equiv C-CO.AzH^2$. — Aiguilles monocliniques fondant à 99-100° [Stockhausen et Gattermann, *D. chem. G.*, **25**, 3537, 1892; — Baucke, *Rec. Trav. chim. P. B.*, **15**, 124, 1895].

Traitée par un excès d'hypobromite de potassium et à froid, reprise par l'eau glacée, puis par l'acide acétique à 1 0/0, elle donne l'*amide bromée* $C^6H^5.C\equiv C.CO.AzHBr$, dont on a fait le sel d'argent (Baucke).

Anilide. $C^6H^5.C\equiv C-CO.AzH.C^6H^5$. — Aiguilles cristallisées dans l'alcool fondant à 125-126° (Stockhausen et Gattermann).

Acide orthonitrophénylpropiolique, $AzO^2.C^6H^4.C\equiv C.COOH$. — Pour le préparer on laisse quelque temps en contact une solution d'acide o-nitrophénylpropionique avec un excès de lessive de soude puis on précipite à l'acide chlorhydrique [Bæyer, *D. chem. G.*, **13**, 2258, 1880; D.R.P. 11857].

Il cristallise dans l'eau en aiguilles. Conductibilité électrique [Ostwald, *Zeit. Ph. Ch.*, **3**, 280, 1889]. Il est soluble dans l'eau chaude, presque insoluble dans le sulfure de carbone ou la ligroïne [C. Muller, *Ann. Chem.*, **212**, 142, 1880].

Il est décomposé à l'ébullition en présence de l'eau en donnant CO^2 et l'orthonitrophénylacétylène $AzO^2.C^6H^5.C\equiv CH$. Avec les bases il donne dans les mêmes conditions de l'anhydride carbonique et de l'isatine.

Au contact de l'acide sulfurique il se transforme en un isomère de l'acide isatogénique

$$C^6H^4\langle\begin{matrix}CO-C-COOH\\ \diagup\ |\\ Az-CO\end{matrix}$$

[Bæyer, *D. chem. G.*, **14**, 1741, 1881].

L'acide o-nitrophénylpropiolique, additionné d'une solution sodique d'indoxyle ou d'acide indoxylique, donne de l'indigotine (Bæyer).

Avec les alcalis en présence de glucose on obtient l'indigotine. Traité par l'ammoniaque en présence de sulfate ferreux, il est réduit en acide aminopropiolique.

Sels. — Les sels alcalins cristallisent mal, ils sont solubles dans l'eau et précipités par la lessive de soude en excès.

Le *sel de fer* est incristallisable.

Le *sel d'argent*, blanc, explose par chauffage.

L'*éther éthylique* $AzO^2.C^6H^4.C\equiv C-COO.C^2H^5$ fond à 60-61° [Bæyer, *D. chem. G.*, **13**, 2258, 1880]. M. Billy.

PHÉNYLPROPIOLIQUES (ALCOOL ET ALDÉHYDE). — Voyez l'art. Phénylacétylène, p. 972.

PHÉNYLPROPIONIQUE-α (ACIDE), $CH^3-(C^6H^5)CH-CO^2H$ (*acide hydratropique*). — (Voyez Phénylpropionique, Dict. et 1er Supp.)

L'acide se forme par réduction (HI + P) du nitrile de l'acide atrolactique [Janssen, *Ann. Chem.*, **250**, 136]. Voyez aussi C. N. Priber, [*D. chem. G.*, **36**, 1404]. C'est un liquide ne se solidifiant pas à — 20° dont la conductibilité électrique a été étudiée par Ostwald [*Zeit. phys. Chem.*, **3**, 271]. Neure a signalé quelques sels et éthers : $(C^9H^9O^2)^2Ba + 2H^2O$, fines aiguilles. — Voyez aussi Goldstein et Wislicenus [*D. chem. G.*, **28**, 816].

Ether méthylique. — Liquide bouillant à 221°.

Ether éthylique. — Liquide bouillant à 230° [*Ann. Chem.*, **250**, 152].

Amide. — Lamelles fusibles à 91-93° [Janssen, *loc. cit.*].

Nitrile. — Liquide bouillant à 230-232°, donnant avec le chlorure de benzyle et la soude solide le composé $C^6H^5.C(CH^3)(C^7H^7).CAz$ [Jansson : V. Meyer, *Ann. Chem.*, **250**, 123 ; — Oliveri. *Gazz. chim. ital.*, **18**, 574].

Dérivés halogénés. — Le *dérivé chloré*, fondant à 73-74°, de Merling, représente le composé $(C^6H^5)CCl(CO^2H)(CH^3)$. Le composé signalé par Spiegel représente l'isomère $(C^6H^5)CH(CO^2H)CH^2Cl$, et se forme encore par l'action de HCl sur l'acide atropique.

Voyez aussi Ladenburg [*Ann. Chem.*, **277**, 77 ; *D. chem. G.*, **12**, 948].

$C^6H^5.CBr(CH^2Br)(CO^2H)$ [Fittig et Kast, *Ann. Chem.*, **206**, 30 ; — Ssemenow, *Journ. Soc. phys. chim. russe*, **31**, 246].

Dérivés nitrés. — En nitrant l'acide par AzO^3H fumant à froid, on obtient un mélange des deux isomères *o* et *p*. Le premier fond à 110°. Son *sel de chaux* est en aiguilles retenant $2H^2O$. Le *p*-dérivé fond à 87-88° ; ses *sels de chaux et de baryte* cristallisent avec $2H^2O$ [Trinius, *Ann. Chem.*, **227**, 262]. Par réduction, ces deux acides conduisent aux acides aminés correspondants.

Dérivés aminés. — a) *Dans le noyau* C^6H^5.

Orthodérivé. — Il ne peut exister à l'état libre, il se transforme immédiatement en *anhydride*

$$C^6H^4 \genfrac{}{}{0pt}{}{\diagup\!-\;AzH\;-\!\diagdown}{\diagdown CH(CH^3) \diagup} CO$$

petites aiguilles. D'après Brunner, ce corps existe sous deux modifications fondant respectivement à 113 et 123° [*Mon. f. Chem.*, **18**, 533].

Paradérivé. — Petites lamelles jaunes fusibles à 128° : son *chlorhydrate*, en petites aiguilles, est extrêmement soluble dans l'eau.

b) *Dans la chaîne grasse* : $CH^3.C(AzH^2)C^6H^5-CO^2H$. — On l'obtient par l'action de l'ammoniaque sur le nitrile de l'acide atrolactique. D'après les données de Tiemann et Köhler, ce composé est en aiguilles se sublimant sans fondre vers 260° ; ses sels sont facilement solubles dans l'eau ; celui *de cuivre* est en aiguilles d'un bleu clair. Ce sel cristallise avec $2H^2O$ [J. Jawelow, *D. chem. G.*, **39**, 1195, 1906]. Son *nitrile* constitue une huile jaune brunâtre assez stable [*D. chem. G.*, **14**, 1981] que l'acide chlorhydrique transforme en aiguilles jaunâtres fondant à 96-97°. L'*amide* $CH^3.C(C^6H^5)(COAzH^2)AzH^2$ donne un *chlorhydrate* en prismes fondant au-dessus de 250° (J. Jawelow). L'*anilide* $CH^3C(AzH-C^6H^5)(C^6H^5).(CO.AzH^2$ est en cristaux fondant à 119°. Son *nitrile* forme de grands prismes fusibles à 119° [Jacoby, *D. chem. G.*, **19**, 1515].

$CH^2(AzH^2)-CH(C^6H^5)-CO^2H$. — C'est l'acide de Merling identique du reste à celui de Fittig et Wurster et décrit dans le Dict., 1er Suppl.

1er novembre 1906. V. Thomas.

PHÉNYLPROPIONIQUE-β (ACIDE) (synonymes : *hydrocinnamique, homotoluique, cumolique, benzylacétique*). $C^6H^5.CH^2-CH^2-CO^2H$ [Voyez Dict., **2**, 900 et 1er Supp., 1219]. — On l'obtient facilement, d'après Marie, en réduisant électrolytiquement une solution acide d'acide cinnamique en présence d'une cathode de mercure [*C. R.*, **136**, 1331, 1903].

L'acide hydrocinnamique se dépose de l'alcool en prismes monocliniques [Fock, *D. chem. G.*, **23**, 148] et de ses solutions aqueuses en longues aiguilles. D'après Weger, cet acide fond à 48°,7 et bout à 279°,8. Le coefficient de dilatation est donné par la formule $V_t = 1 + 0{,}00070048(t - 48{,}7) + 0{,}000001 0869\,(t - 48{,}7)^2$. Pour $t = 279°{,}8$ on a par suite $V_t = 1{,}2206$. La densité de l'acide liquide à 48°,7 rapportée à l'eau prise à 0° est de 1,07115 d'où $D_{4/0} = 0{,}8780$ et V. spéc. $= 170{,}44$ [*Ann. Chem.*, **221**, 77]. La réfraction moléculaire est de 68,41 [Eykman, *Rec. Pays-Bas*, **12**, 184]. Chaleur de formation : 105^Cal^,5. Chaleur de combustion : 1084,6 à volume constant et 1085,6 à pression constante [Stohmann, Kléber et Langbein, *Journ. prakt. Chem.*, (2), **40**, 134]. Sa conductibilité électrique a été étudiée par Ostwald [*Zeit. phys. Chem.*, **3**, 271, 1889]. Données cristallographiques [Boeris, *Centr. Bl.*, 1904, (2), 1696].

Traité par le brome à 160°, l'acide hydrocinnamique ne donne pas de dérivé bromé, mais de l'acide cinnamique. Chauffé avec l'anhydride phosphorique, l'acide hydrocinnamique donne un carbure de formule $C^{18}H^{12}$. Introduit dans l'organisme, il s'élimine par l'urine, presque totalement, sous forme d'acide hippurique [E. et H. Salkowski, *Zeit. Physiol.*, **7**, 169]. La réduction de l'acide sulfocinnamique à l'aide de l'amalgame de sodium a pour résultat immédiat l'élimination du groupe sulfo, avec formation d'acide cinnamique, ou, si la réduction a été poussée assez loin, d'acide hydrocinnamique [J. Moore, *D. chem. G.*, **33**, 2014].

Les produits de substitution de l'acide hydrocinnamique se condensent facilement sous l'influence de l'acide sulfurique. Il y a élimination d'eau et formation de cétone :

$$R.C^6H^4 \genfrac{}{}{0pt}{}{-CH^2 \diagdown}{CO^2H \diagup} CH^2 = R.C^6H^3 \genfrac{}{}{0pt}{}{\diagup CH^2 \diagdown}{\diagdown CO \diagup} CH^2 + H^2O.$$

Cette réaction n'a pas lieu avec l'acide non substitué.

Aux sels déjà décrits, ajoutons les composés suivants :

Sel d'ammonium, $C^9H^9O^2.AzH^4$. — Le sel est en petites lamelles, très solubles dans l'eau et perdant de l'ammoniac avec une extrême facilité [Gjacosa, *Zeit. physiol. Hoppe-Seyler*, **8**, 109].

Sel de potassium, $C^9H^9O^2K$. — Cristallise anhydre en aiguilles brillantes très facilement solubles [Erlenmeyer, *Ann. Chem.*, **137**, 333].

Sel de calcium, $(C^9H^9O^2)^2Ca + Aq$. — D'après Fittig et Kiessow, il ne renferme que 1,5 molécule d'eau de cristallisation [*Ann. Chem.*, **156**, 250]. Le sel anhydre est peu soluble dans l'acétone en donnant des solutions se sursaturant facilement. 1 partie de sel se dissout dans 465 parties d'acétone à 19°, dans 527 parties à 14°.

Sel de baryum. — Le sel anhydre donne facilement avec l'alcool méthylique des solutions sursaturées. 1 partie de sel se dissout dans 8 à 10 parties d'alcool méthylique à 16° [Michael et Garner, *D. chem. G.*, **36**, 905, 1903].

Sel de zinc $(C^9H^9O^2)^2Zn$. — Obtenu par Stöckly en chauffant au bain-marie une solution alcoolique d'acide avec de l'oxyde de zinc. Par refroidissement, on obtient de petites lamelles brillantes anhydres [*Journ. f. prakt. Chem.*, (2), **24**, 20]. D'après Sélitremy, ce sel renfermerait $2H^2O$ de cristallisation [*Mon. f. Chem.*, **10**, 910].

Point de fusion d'un mélange d'acide hydrocinnamique et d'acide phénylacétique. — H. Salkowski a attiré l'attention sur les particularités que présente le mélange des acides hydrocinnamique et phénylacétique. Les points de fusion de ces deux acides étant respectivement d'environ 48 et 77°, le mélange présente un point de fusion minimum situé à 21° et correspondant à un mélange de 65 parties d'acide phénylpropionique et de 35 parties d'acide phénylacétique. Pour les séparer, le mieux est de neutraliser à l'aide de la soude la moitié des acides et de distiller. L'acide phénylpropionique, entraînable par la vapeur d'eau, passe immédiatement [*D. chem. G.*, **18**, 321].

Action de l'isocyanate de phényle [W. Dieckmann et Fr. Breest. *D. chem. G.*, **39**, 3052, 1906].

ÉTHERS DE L'ACIDE HYDROCINNAMIQUE.

Ether méthylique, $C^6H^5-CH^2.CH^2CO.OCH^3$. — D'après Weger [*loc. cit.*] il bout à 236°,6.

Action de l'acide phosphorique [Raikow et Tischkow. *Chemik. Zeit.*, **29**, 1268, 1905].

Ether éthylique, $C^6H^5-CH^2.CH^2CO.OC^2H^5$. — Il bout à 248°,1.

Ether propylique normal, $C^6H^5-CH^2-CH^2-CO.OC^3H^7$. — Préparé par l'action de l'alcool propylique normal sur l'acide phénylpropionique. Il bout à 262°,1 (Weger).

Ether isoamylique, $C^6H^5.CH^2-CH^2.CO.OC^5H^{11}$. — Préparé par Erlenmeyer (*loc. cit.*) et déjà signalé (Dict. II, 910). Il bout à 291-293°, sous 753^{mm},7. Sa densité à 0 est de 0,9807 et de 0,9520 à 49°.

Ether benzoïné.

$$C^6H^5-CH^2-CH^2-CO.O-\underset{\displaystyle C^6H^5}{\underset{|}{C}}H-CO-C^6H^5.$$

— Masse blanche fusible à 61-64° [E. Mohr, *Journ. prakt. Chem.*, (2), **71**, 305, 1905].

Ether benzylique, $C^6H^5.CH^2.CH^2.CO.OC^7H^7$. — Conrad et Hodgkinson l'ont obtenu en traitant l'acétate de benzyle par le sodium. Il forme un liquide légèrement coloré en jaune, bouillant entre 290-300°. Sa densité est de 1,074 à 21° par rapport à l'eau prise à 17°,5. Il possède une odeur aromatique agréable et se laisse difficilement saponifier par les alcalis. Lorsqu'on le chauffe avec du sodium, il se décompose avec formation de toluène et d'acide cinnamique [*Ann. Chem.*, **193**, 298 et suiv.]. D'après R.-F. Bacon [*Amer. Chem. Journ.*, **33**, 68, 1905], c'est une huile incolore bouillant à 190-195° ($H = 10^{mm}$).

DÉRIVÉS DE SUBSTITUTION HALOGÉNÉS DANS LA CHAINE LATÉRALE.

Les dérivés de substitution halogénés dans la chaine latérale ont été l'objet d'études assez étendues pendant ces dernières années par suite des différentes formes isomériques sous lesquelles ils peuvent exister.

Comme tous les dérivés de l'acide acrylique du type $R.CH = CH.CO^2H$, l'acide cinnamique est susceptible d'exister sous deux formes stéréoisomères correspondant aux acides fumarique et maléique, soit

$$\text{(I)}\quad \begin{matrix} C^6H^5-CH \\ \| \\ CO^2H-CH \end{matrix} \quad \text{et (II)} \quad \begin{matrix} C^6H^5-CH \\ \| \\ CH-CO^2H \end{matrix}$$

L'acide cinnamique correspondant au schéma (II) est l'acide cinnamique ordinaire connu longtemps et déjà décrit dans le Dictionnaire.

L'acide correspondant au schéma (I) a été signalé récemment par Liebermann, qui l'a décrit sous le nom d'acide allocinnamique.

Ces deux acides cinnamiques cis et cis-trans sont susceptibles de fixer deux atomes d'halogène. Selon la façon dont s'effectue cette addition de chlore ou de brome, la théorie permet de prévoir 4 isomères.

Parmi tous ces isomères que la théorie permet de prévoir, un certain nombre de représentants sont connus. Nous réserverons un paragraphe à part pour l'étude des dérivés de l'acide allocinnamique.

I. — DÉRIVÉS DE L'ACIDE CINNAMIQUE.

a) DÉRIVÉS CHLORÉS. — ACIDE β-CHLOROHYDROCINNAMIQUE, $C^6H^5-CHCl.CH^2.CO^2H$. — C'est l'acide de Glaser et de Erlenmeyer [voyez Dict. II, 910 et Suppl., 1220). Le carbonate de soude le décompose très facilement en acide carbonique, acide chlorhydrique et styrol.

ACIDES DICHLOROHYDROCINNAMIQUES, $C^6H^5-CHCl.CHCl.CO^2H$. — On connaît les deux isomères racémiques et les produits de dédoublement de l'un d'eux.

ACIDE D'ERLENMEYER. — Cet acide est celui décrit Dict. II, 910 et 1er Suppl., 1230.

D'après Liebermann, on le prépare facilement en suivant les indications suivantes : 60 gr. d'acide cinnamique finement pulvérisé sont mis en suspension dans 480 gr. de sulfure de carbone distillé et froid, puis on y fait arriver en présence de la lumière solaire directe un courant de chlore assez rapide. Sitôt que la solution s'est colorée en jaune verdâtre, on agite énergiquement afin de déterminer une rapide absorption de chlore. La décoloration de la liqueur demande en général de 2 à 3 heures. On y fait arriver à nouveau du gaz et on recommence ainsi jusqu'à ce que le chlore soit en léger excès et qu'une petite quantité reste inabsorbée. Vers la fin de l'opération, il arrive un moment où tout l'acide cinnamique passe en solution, tandis que le dérivé dichloré, peu soluble dans le sulfure de carbone, se précipite. Avec les quantités indiquées, l'opération dure 2 à 3 jours; le rendement est presque quantitatif, 87 gr. au lieu de 88^{gr},8. On termine par une cristallisation dans l'alcool aqueux.

A l'état de pureté il fond à 167-168°. Il se dissout difficilement dans le sulfure de carbone, le tétrachlorure de carbone et le benzène; il est plus soluble dans le chloroforme. Prismes monocliniques [Fock, *D. chem. G.*, **28**, 2244].

Sel d'aniline, $C^9H^8O^2Cl^2.C^6H^7Az$. — *Sel de quinoléine*, $C^9H^8O^2Cl^2.C^9H^7Az$. — Ces deux sels cristallisent facilement de leurs solutions alcooliques [Finkenbeiner, *D. chem. G.*, **27**, 889].

Ether méthylique, $C^9H^7OCl^2.OCH^3$. — Il fond à 100-101° (Finkenbeiner).

Ether éthylique, $C^9H^7OCl^2.OC^2H^5$. — Il est liquide (Finkenbeiner).

Les deux éthers sont facilement préparés par l'action de l'acide chlorhydrique sur une solution d'acide dans l'alcool correspondant (Finkenbeiner).

Cet acide dichloré, fondant à 167-168°, peut être facilement dédoublé en composés actifs comme l'ont montré Liebermann et Finkenbeiner.

Acide dichlorohydrocinnamique droit. — On dédouble l'acide inactif précédent à l'aide de la strychnine. Son pouvoir rotatoire est de $[\alpha]_D = +67,3$ [Liebermann et Finkenbeiner, *D chem. G.*, **26**, 833].

Acide dichlorohydrocinnamique gauche. — Obtenu par la même méthode que le précédent, $[\alpha]_D = -65,9$ [Liebermann et Finkenbeiner, *loc. cit.*; — Finkenbeiner, *D. chem. G.*, **27**, 889].

Ether méthylique. — Préparé à partir de l'acide droit, l'alcool et l'acide chlorhydrique, $[\alpha]_D = +61°,9$. Il est tout à fait semblable à l'éther inactif.

Ether éthylique. — Préparé comme le précédent, $[\alpha]_D = +64,1$ (Finkenbeiner).

ACIDE DE LIEBERMANN. — On prépare cet acide comme son isomère, mais on opère la chloruration en présence de tétrachlorure de carbone. On part de 60 gr. d'acide cinnamique et de 750 gr. de tétrachlorure de carbone. On abandonne au repos sans secousse, avec 31 gr. de chlore, en ayant soin de refroidir soigneusement avec de la glace et en opérant à l'abri de la lumière. Après un temps variant entre 8 et 14 jours, tout se dissout et on obtient une solution claire. On laisse ensuite dans le vide en présence de paraffine et de chaux sodée, dans l'obscurité et à froid. Après 3 ou 4 jours le chlore et le tétrachlorure de carbone sont éliminés et l'on obtient un liquide épais, huileux, insoluble dans l'eau froide et soluble sans résidu dans l'ammoniaque étendue et froide.

Ce liquide huileux constitue l'acide impur. Après des traitements appropriés on finit par l'obtenir en cristaux rhombiques fondant entre 84-86°.

Cet acide est beaucoup plus soluble dans tous les solvants (l'eau exceptée) que son isomère. De plus, il se sépare d'abord de ses sels sous forme huileuse et ne prend l'état solide qu'après un certain temps ou par introduction d'un germe dans la solution.

Il se détruit très facilement à la façon de son isomère en donnant du chlorostyrol et il s'oxyde très rapidement avec formation d'acide benzoïque. Le passage à l'acide de point de fusion 167-168° ne peut être effectué ni par chauffage, ni par exposition à la lumière de sa solution dans le benzène, additionnée d'iode.

Ether méthylique. — C'est une huile qui ne solidifie pas lorsqu'on y projette un cristal de l'éther isomérique fondant à 100-101° [Liebermann et Finkenbeiner, *D. chem. G.*, **28**, 2235].

b) DÉRIVÉS BROMÉS. — ACIDE MONOBROMÉ, $C^6H^5CH^2CHBr.CO^2H$. On l'obtient en chauffant au bain d'huile entre 120 et 130° l'acide benzylbromomalonique. C'est un liquide presque incolore, ne pouvant pas distiller dans le vide sans décomposition [E. Fischer, *D. Chem. G.*, **37**, 3062, 1904].

ACIDES DIBROMOHYDROCINNAMIQUES, $C^6H^5-CHBr.CHBr.CO^2H$. — On connaît un acide inactif et les deux dérivés qu'il fournit par dédoublement.

L'acide racémique a déjà été décrit (Dict. 2, 910). On peut l'obtenir, d'après Stockmeier, en traitant l'acide α-bromocinnamique dissous dans l'acide acétique par l'acide bromhydrique [*Dissertation*, 1883, 55], ou bien bromer l'acide cinnamique en présence de sulfure de carbone [Fittig et Binder, *Ann. Chem.*, **195**, 140].

Il forme des cristaux monosymétriques qui ont été déterminés par Fock [*D. chem. G.*, **28**, 2243]. D'après Stockmeier (*loc. cit.*), ils fondent à 201°. Ils se dissolvent facilement dans l'éther, très difficilement dans le sulfure de carbone.

On connaît un grand nombre de sels de cet acide :

Sel de sodium, $C^6H^5-CHBr-CHBr.CO^2Na$. — Il est facilement soluble dans l'eau, l'alcool et l'éther [Schmitt, *Ann. Chem.*, **127**, 320; — Fittig et Binder, *ibid.*, **195**, 140].

Sel de baryum, $(C^6H^5-CHBr.CHBr.CO^2)^2Ba$. — Il est assez facilement soluble dans l'eau froide, très soluble dans l'éther et l'alcool (Schmitt).

Sel d'aniline, $C^9H^8Br^2O^2.C^6H^7Az$. — Petites aiguilles fusibles à 112°, peu solubles dans l'eau, facilement dans l'alcool, l'éther et le benzène.

Sel neutre de p-toluidine, $C^9H^8Br^2O^2C^7H^9Az$. — Petites lamelles microscopiques fondant à 130°, obtenues par mélange en proportions moléculaires d'acide et de base en solution dans l'alcool absolu.

Sel acide de p-toluidine, $(C^9H^8Br^2O^2)^2.C^7H^9Az$. — On mélange 1 molécule de base avec 2 mol. d'acide en solution dans l'alcool absolu. Le sel fond à 133°.

Sel de quinoléine, $C^9H^8Br^2O^2.C^9H^7Az$. — Grands cristaux fondant à 118°, facilement solubles dans l'alcool, l'éther et le benzène.

Sel acide de pyridine, $(C^9H^8Br^2O^2)^2.C^5H^5Az$. — Cristaux rhombiques très solubles dans l'éther, l'alcool et le benzène, fusibles à 138°.

Sel de pipéridine, $C^9H^8Br^2O^2.C^5H^{11}Az$. — Cristaux mesurables, facilement solubles dans l'alcool, peu solubles dans le benzène et l'éther, fusibles à 120° avec décomposition.

Sel acide de pipéridine, $(C^9H^8Br^2O^2)^2.C^5H^{11}Az$. — Il se forme par mélange, en solution dans l'alcool absolu, de 2 mol. d'acide pour 1 mol. de base. Facilement soluble dans le benzène et l'alcool, très peu soluble dans l'éther, il fond à 125°.

Sel d'α-naphtylamine, $C^9H^8Br^2O^2.C^{10}H^9Az$. — Petits cristaux microscopiques fusibles à 115° et se dissolvant aisément dans l'alcool, l'éther et le benzène.

Sel de β-naphtylamine, $C^9H^8Br^2O^2.C^{10}H^9Az$. — Semblable au sel α mais ne fondant qu'à 142°. L'action de bases actives comme la cinchonine, la brucine, etc., permet de le dédoubler en ses composants actifs [Hirsch, *D. chem. G.*, **27**, 883].

Ether méthylique, $C^9H^7Br^2.O.OCH^3$ (voyez Suppl., 1219). — Il forme des prismes monocliniques isomorphes avec ceux du dérivé chloré correspondant [Fock, *loc. cit.*].

Ether éthylique, $C^9H^7Br^2O.OC^2H^5$ (voyez Suppl., 1219). D'après Aronstein et Hollemann [*D. chem. G.*, **22**, 1181] il fond à 74-75°. Il forme des cristaux monosymétriques.

Ether phénylique, $C^9H^7Br^2O-OC^6H^5$. — Obtenu en bromant l'éther phénylique de l'acide cinnamique en présence de sulfure de carbone. On obtient des aiguilles solubles dans le sulfure de carbone et l'alcool, et fusibles à 127° [Liebermann et Hartmann, *D. chem. G.*, **25**, 958].

Acide dibromohydrocinnamique droit. — On traite 1 partie de strychnine par 20 parties d'alcool à 92° et on ajoute une solution alcoolique renfermant 1 mol. d'acide inactif. De la solution se précipite d'abord le sel de strychnine de l'acide gauche, pendant que le sel de l'acide droit reste en solution [L. Meyer, *D. chem. G.*, **25**, 3122; — Liebermann, *ibid.*, **26**, 246, 1664]. On l'obtient facilement en introduisant dans la solution du sel de strychnine de l'acide inactif un cristal du sel de l'acide droit [Liebermann et Hartmann, *D. chem. G.*, **26**, 830].

On peut effectuer le dédoublement de l'acide inactif à l'aide de la brucine. Un mélange de 10 gr. de brucine, 13 gr. d'acide inactif et 280 cc. d'alcool absolu laisse après 24 heures déposer le sel droit, qu'on peut aisément purifier par cristallisation dans l'alcool et décomposer ensuite par l'acide chlorhydrique [Hirsch, *loc. cit.*].

L'acide possède un pouvoir rotatoire de $[\alpha]_D = +64°$.

Acide dibromohydrocinnamique gauche. — On peut l'obtenir d'une façon identique à l'isomère droit par l'emploi de la strychnine, ou bien, d'après Hirsch, en employant la cinchonidine comme agent de dédoublement. On prend 23 gr. d'acide inactif, 23 gr. de cinchonidine et 500 cc. de benzène. Après 24 heures, il se dépose 30 gr. de sel correspondant à l'acide gauche. On le purifie par cristallisation dans le benzène, puis on le décompose par HCl. $[\alpha]_D = -63,6$.

L'éther éthylique de l'acide droit se dépose

de sa solution sulfocarbonique en cristaux fondant à 71°. $[\alpha]_D = +59°,1$ [Liebermann et Hartmann, *D. chem. G.*, **26**, 1664].

ACIDE DIBROMOHYDROCINNAMIQUE DE GLASER. — Cet acide isomère du précédent n'a toujours pas sa constitution établie. Il est décomposé par la potasse alcoolique ou par l'eau à l'ébullition, avec mise en liberté d'acide bromhydrique et formation d'aldéhyde toluique $C^6H^5 - CH^2 - CHO$ [Erlenmayer, *D. chem. G.*, **13**, 308].

ACIDES TRIBROMOHYDROCINNAMIQUES. — Les deux isomères $C^6H^5 . CBr^2 . CHBr . CO^2H$ et $C^6H^5 . CHBr . CBr^2 . CO^2H$ sont connus.

Acide α.α-β-tribromohydrocinnamique. — C'est celui qu'on obtient en fixant du brome sur l'acide β-bromocinnamique $C^6H^5 - CH = CBr - CO^2H$ qui fond à 120°. Glaser a ainsi obtenu un acide fondant à 45-48° [*Ann. Chem.*, **143**, 338]. Toutefois ces résultats n'ont pas été confirmés par Kinnicut et Palmer. Ces chimistes ont, en effet, obtenu dans les mêmes conditions un acide totalement différent, qui, cristallisé du chloroforme, ne fond qu'à 151°. Il est soluble dans l'alcool, l'éther, le sulfure de carbone, le chloroforme et le benzène [*Am. Chem. Journ.*, **5**, 384]. Il se dépose de sa solution dans l'alcool aqueux, en fines aiguilles; de sa solution chloroformique, en cristaux monocliniques [Haushofer, *Jahresberichte*, 1883, 1176]. Chauffé avec de l'eau à 100°, il se décompose immédiatement avec formation d'acide α-monobromocinnamique, de dibromostyrol et d'acide phényldibromolactique.

Acide α.β.β-tribromohydrocinnamique. — C'est l'acide signalé dans le 1er Suppl. du Dict., **2**, 1220. Il avait déjà été décrit par Glaser, qui l'obtenait en fixant du brome sur l'acide α-bromocinnamique fondant à 130-131°.

Enfin on obtient un *dérivé bromé* qui paraît isomérique avec les précédents en bromant l'acide poly-β-bromocinnamique de point de fusion 159-160° [Stockmeyer, *loc. cit.*; — Michael et Brown, *D. chem. G.*, **19**, 1380]. Il se dépose du benzène en prismes monocliniques [Haushofer, *loc. cit.*]. Il fond, d'après Stockmeyer, à 138°, d'après Michael et Brown, à 148° avec décomposition (dégagement de HBr). Par refroidissement, il se solidifie à nouveau et fond alors au-dessous de 50°. Ce point de fusion est très voisin de celui de l'acide obtenu par Glaser. Il est très soluble dans l'alcool et l'éther, facilement soluble également dans le chloroforme chaud et le benzène, peu soluble dans le sulfure de carbone à froid. Il se décompose très facilement au contact de l'eau.

ACIDES CHLOROBROMOHYDROCINNAMIQUES. — On connaît plusieurs dérivés.

ACIDE α-CHLORO-β-BROMOHYDROCINNAMIQUE, $C^6H^5 . CHCl . CHBr . CO^2H$. — Obtenu par Glaser en chauffant longtemps, à 100°, de l'acide chlorhydrique fumant avec de l'acide phénylbromolactique [*Ann. Chem.*, **147**, 93]. Étudié aussi par Stockmeyer [*Dissertation*, 34, 1883]. Il se dépose de ses solutions chloroformiques en tables monocliniques qui fondent à 182° [Haushofer, *Jahresberichte*, 363, 1882]. Par une ébullition prolongée avec l'eau, il fournit de l'acide chlorhydrique et de l'acide phénylbromolactique. Il se forme en même temps de la phénylacétaldéhyde et du bromostyrol $C^6H^5 . CH : CHBr$.

Acide β-chloro-α-bromohydrocinnamique, $C^6H^5 . CHBr . CHCl . CO^2H$. — On l'obtient par l'action de l'acide bromhydrique, saturé à 0°, sur l'acide phénylchlorolactique, à une température de 50-60° (Glaser, Stockmeyer). Il forme des tables monocliniques (du chloroforme) (Haushofer). Il fond à 184°,5. Par ébullition avec de l'eau, il se dédouble plus facilement que le précédent en acide phénylchlorolactique, acide bromhydrique, phénylacétaldéhyde, chlorostyrol et acide carbonique.

ACIDE β-CHLORO-α.β-BROMOHYDROCINNAMIQUE, $C^6H^5 - CHBr . CBrCl - CO^2H$. — Il résulte de la fixation du brome sur l'acide phényl-α-chloroacrylique. Il se dépose de ses solutions aqueuses en tables incolores fusibles à 130°. La soude déjà, à température ordinaire, le décompose avec formation d'un produit huileux (vraisemblablement du bromostyrol) [Forrer, *D. chem. G.*, **16**, 855].

ACIDE CHLOROIODOHYDROCINNAMIQUE, $C^6H^5 - CHCl . CHI . CO^2H$. — On commence par préparer une solution éthérée de chlorure d'iode ICl (pour cela on agite une solution chlorhydrique de chlorure d'iode avec de l'éther), puis on la sèche sur du chlorure de calcium et on y ajoute de l'acide cinnamique en proportion un peu plus faible que celle exigée par le poids moléculaire. On ne remarque d'abord aucune réaction, mais en abandonnant la solution sur de l'acide sulfurique et de la potasse, au fur et à mesure que l'éther se vaporise, il se dépose des cristaux incolores. Ceux-ci, après dessiccation, sont dissous dans le chloroforme sec et chaud, et la solution est abandonnée au refroidissement après addition de ligroïne.

Chauffé dans un tube capillaire, l'acide chloroiodohydrocinnamique devient rouge déjà à 100° et fond à 122-123° avec décomposition. Il se dissout facilement dans le chloroforme et le benzène chauds, il est très peu soluble dans la ligroïne. L'alcool le dissout facilement et la solution ainsi obtenue ne tarde pas à se colorer en brun par suite de la mise en liberté d'iode.

L'eau à température ordinaire, et mieux à chaud, le décompose avec formation d'acide phényliodolactique. La même décomposition s'effectue en présence de potasse caustique ou de carbonate de soude. Si l'on opère la décomposition par le méthylate ou l'alcoolate de potasse (action de Kott en présence d'alcool) on obtient les éthers correspondants [Erlenmeyer, *Ann. Chem.*, **289**, 259 et suiv.].

Éther méthylique, $C^6H^5 . CHCl . CHI . COOCH^3$. — On l'obtient par l'action d'une solution aqueuse de chlorure d'iode à 10 0/0 sur l'éther méthylique de l'acide cinnamique. Il se dépose de sa solution dans la ligroïne en cristaux incolores. Ceux-ci brunissent au contact de l'air et fondent à 97-98°. Ils se dissolvent facilement dans l'éther, le benzène et le chloroforme. Les solutions dans l'alcool se colorent rapidement en brun.

Éther éthylique, $C^6H^5 - CHCl . CHI - CO . OC^2H^5$. — Il s'obtient comme le précédent. Il est en cristaux brunissant à la lumière et fondant à 69-70°.

ACIDE CYANHYDROCINNAMIQUE, $C^6H^5 - CH(CAz) - CH^2 - CO^2H$. — On l'obtient facilement en dissolvant 25 gr. d'éther de l'acide benzylène-malonique dans 150 cc. d'alcool à 95° et ajoutant 13 gr. de cyanure de potassium en solution dans 60 cc. d'eau :

$$C^6H^5 - CH = C \begin{matrix} \nearrow CO^2 . C^2H^5 \\ \searrow CO^2 . C^2H^5 \end{matrix} + 2KCAz + 3H^2O$$
$$= C^6H^5 - CH(CAz) - CH^2 - CO^2K + CO^3KH + 2C^2H^5 . OH$$

Après chauffage au bain-marie, on distille l'alcool.

Le résidu, repris par l'eau acidulée et l'éther, cède à ce dernier une huile jaunâtre qu'on peut facilement purifier en la transformant en sel de chaux. Le sel de chaux est dissous dans l'eau, puis la solution, après addition d'acide chlorhydrique, est à nouveau épuisée par l'éther. Par évaporation de ce dernier, on obtient une huile se prenant en masse après un certain temps.

L'acide est en fines aiguilles fondant à 150° sans décomposition. Il est difficilement soluble dans l'alcool, l'éther, ainsi que dans l'eau.

Sel de calcium, $(C^{10}H^8AzO^2)^2Ca + 3H^2O$. — Grosses aiguilles, difficilement solubles dans l'eau froide, facilement solubles à chaud. De ses solutions concentrées et chaudes, le sel se dépose avec 2 mol. d'eau.

Sel de baryum, $(C^{10}H^8AzO^2)^2Ba + 3H^2O$. — Petites aiguilles prismatiques peu solubles dans l'eau froide, facilement dans l'eau chaude.

Sel d'argent, $C^{10}H^8AzO^2Ag$. — Obtenu par précipitation du sel de calcium par le nitrate d'argent. Poudre blanche amorphe peu soluble dans l'eau froide, un peu plus dans l'eau chaude.

Ether éthylique, $C^6H^5 . CH(CAz) - CH^2 . CO^2C^2H^5$. — Il s'obtient de la même manière que l'acide, mais en employant une quantité de cyanure de potassium sensiblement 2 fois moindre :

$$C^6H^5 . CH = C \begin{cases} CO^2 . C^2H^5 \\ CO^2 . C^2H^5 \end{cases} + KCAz + 2H^2O$$

$$= C^6H^5 - \underset{\displaystyle CAz}{\underset{|}{CH}} - CH^2 - CO^2 - C^2H^5 + CO^3KH + C^2H^5OH$$

C'est une huile incolore qui ne se solidifie pas par refroidissement, et qui distille à 176° sous 16 mm. sans décomposition. Chauffé avec un excès de potasse concentrée, il donne de l'acide phénylsuccinique [Bredt et Kallen, *Ann. Chem.*, **293**, 343, 1896].

Acide phénylisonitrosopropionique $C^6H^5 . CH^2 . C(Az . OH) . CO^2H$. — Voyez Acide phénylpyruvique.

II. — DÉRIVÉS DE L'ACIDE ALLOCINNAMIQUE.

a) DÉRIVÉS CHLORÉS. — Acide dichlorohydrocinnamique, $C^6H^5 . CHCl . CHCl . CO^2H$. — Il a été décrit par Liebermann [*D. chem. G.*, **27**, 2040 et **28**, 2241].

Le chlore se fixe sur l'acide allocinnamique dans les mêmes conditions que le brome (voir plus bas). On obtient ainsi un mélange de deux dérivés chlorés correspondant l'un à l'acide allocinnamique, l'autre à l'acide cinnamique. Pour les séparer, on épuise le mélange par le sulfure de carbone qui dissout l'allochlorure. On dissout ensuite dans l'alcool et on jette dans l'eau. L'acide allocinnamique qui n'est pas rentré en réaction reste dissous, tandis que le dichlorure correspondant se précipite sous forme d'une huile épaisse incristallisable. Le rendement en dichlorure allocinnamique est très mauvais. Chauffé avec du zinc, ce composé fournit non pas l'acide allocinnamique, mais l'acide cinnamique.

En abandonnant pendant une semaine en présence de 150 gr. de tétrachlorure de carbone un mélange de 11 gr. d'allocinnamate de méthyle et de 8 gr. de chlore, on obtient, à côté d'une grande quantité d'acide dichlorhydrocinnamique ordinaire, une petite quantité d'un produit huileux qui représente vraisemblablement l'éther méthylique de l'acide précédent.

b) DÉRIVÉS BROMÉS. — Acides dibromohydrocinnamiques, $C^6H^5 . CHBr . CHBr . CO^2H$. — Ces acides sont beaucoup mieux connus que les dérivés chlorés correspondants. On connaît l'acide inactif et ses produits de dédoublement [Liebermann, *D. chem. G.*, **27**, 2040 et suiv.].

Acide inactif. — On dissout d'une part 8 gr. d'acide allocinnamique dans 64 gr. de sulfure de carbone, de l'autre 24 gr. de brome dans 50 gr. de sulfure. On mélange les deux solutions en l'espace de 2 heures et on agite pendant un certain temps à l'obscurité. On obtient ainsi un mélange de chlorures correspondant à l'acide allocinnamique et cinnamique : on épuise le produit brut par du sulfure de carbone froid qui dissout l'allochlorure et laisse environ 60 0/0 du chlorure isomérique insoluble. Après entraînement du solvant on obtient un liquide huileux qui, après un certain temps, se prend en une masse cristalline. On élimine la petite quantité de chlorure isomérique qu'elle renferme encore en recommençant le traitement au sulfure de carbone ; puis on la fait bouillir avec l'éther de pétrole ou le benzène et on précipite par addition de ligroïne. On obtient ainsi un produit pur fusible à 91-93°, se dissolvant bien dans le benzène et le sulfure de carbone, insoluble dans la ligroïne. Il est soluble dans le carbonate de soude, mais un excès de réactif le dédouble comme le fait l'eau à l'ébullition avec formation de bromostyrol. Il ne se transforme en dichlorure de l'acide cinnamique ni par chauffage de sa solution sulfocarbonique en présence d'iode, ni par exposition à l'air de sa solution benzénique.

Ether méthylique $C^9H^7Br^2O . OCH^3$. — Il se forme dans l'action du brome sur l'éther de l'acide allocinnamique. On obtient un mélange des dérivés isomériques. Le rendement du dérivé allo est de 10 à 30 0/0. La séparation des deux composés se fait avec le sulfure de carbone dans lequel l'alloéther se dissout plus facilement que son stéréoisomère. Cristallisé dans l'éther de pétrole bouillant, il forme des cristaux groupés en choux-fleurs et fusibles à 52-53°. Ils sont insolubles dans les alcalis et ne réduisent pas le permanganate [Liebermann, *D. chem. G.*, **24**, 1107].

On peut le préparer par éthérification de l'acide dibromohydrocinnamique au moyen de l'alcool et de l'acide chlorhydrique [*ibid.*, **27**, 2040]. Chauffé avec de l'alcool et du zinc, il fournit de l'acide cinnamique et de petites quantités d'allocinnamate de méthyle.

Acides actifs droit et gauche. — Le dédoublement de l'acide inactif se fait aisément à l'aide de la cinchonidine. Comme avec l'acide dibromé isomérique, c'est le sel de l'acide gauche qui se précipite le premier, le sel droit restant en solution. Le pouvoir rotatoire est élevé ; Liebermann a obtenu une rotation maxima de $[\alpha] = -83°,2$.

DÉRIVÉS DE SUBSTITUTION HALOGÉNÉS DANS LE NOYAU BENZÉNIQUE.

a) Dérivés chlorés. — Les dérivés monosubstitués ont été décrits par Gabriel et Herzberg [*D. chem. G.*, **16**, 2037 et suiv.], Miller et Rohde [*ibid.*, **23**, 1892] et Miersch [*ibid.*, **25**, 2112].

Acide o-chlorophénylpropionique, $C^6H^4Cl_{(2)} . CH^2_{(1)} - CH^2 - CO^2H$. — On traite l'acide o-chlorocinnamique par 10 fois son poids d'acide iodhydrique de point d'ébullition 127° en présence de phosphore rouge. Après une heure d'ébullition, on jette dans l'eau, ce qui détermine la précipitation d'une masse blanche qu'on dissout dans l'ammoniaque. Par acidification de la liqueur, l'acide se précipite en aiguilles ou en lamelles, fusibles à 96°,5. Elles sont beaucoup plus solubles dans les solvants usuels que l'acide o-chlorocinnamique (Gabriel et Herzberg). Le rendement est de 55 à 60 0/0.

Acide m-chlorophénylpropionique, $C^6H^4Cl_{(3)}$.

$CH^2_{(1)}.CH^2.CO^2H$. — On réduit l'acide chlorocinnamique correspondant en le chauffant une demi-heure avec de l'acide iodhydrique et du phosphore (Gabriel et Herzberg). Comme agent réducteur, on peut employer l'amalgame de sodium (Miller et Rhode). Petites lamelles facilement solubles, fusibles à 77-78°.

Acide p-chlorophénylpropionique, $C^6H^4Cl_{(4)}CH^2_{(1)}CH^2.CO^2H$. — On l'obtient par réduction de l'acide p-chlorocinnamique par l'acide iodhydrique et le phosphore (Gabriel et Herzberg).

On peut aussi traiter l'acide p-amidohydrocinnamique par la méthode de Gattermann en prenant les proportions suivantes : 10 gr. d'acide aminé (chlorhydrate), 200 gr. d'acide chlorhydrique, 3gr,5 de nitrite de soude et 20-25 gr. de poudre de cuivre. Le rendement est d'environ 65 0/0 [Miersch, *D. chem. G.*, **25**, 2112].

Cet acide fond à 124° d'après Gabriel et Herzberg; à 122°, d'après Miersch.

b) Dérivés bromés (voyez Dict., **2**, 910 et Suppl., 1220).

Acide p-bromophénylpropionique, $C^6H^4Br_{(4)}CH^2.CH^2.CO^2H$. — On peut l'obtenir par ébullition du nitrate de l'acide p-diazocinnamique avec 10 fois son poids d'acide bromhydrique concentré (d = 1,49).

Difficilement soluble dans l'eau bouillante, il se dissout bien dans l'éther et le sulfure de carbone [Gabriel, *D. chem. G.*, **15**, 2300 : — voyez aussi Glaser, *Ann. Chem.*, **143**, 341]. Il distille à 250° sous 30 mm. (Glaser).

Par oxydation il donne de l'acide p-bromobenzoïque [Glaser et Buchanan, *Zeit. f. Chem.*, [N. S], **5**, 193, 1868].

Les *sels de baryum* et *d'argent* ont été décrits. Le premier est en petits mamelons anhydres. Le second constitue un précipité amorphe qui chauffé à 170-180° avec de l'eau se décompose avec séparation de bromure d'argent.

Acide tribromophénylpropionique, $C^6H^2Br^3_{(2.4.6)}.CH^2_{(1)}.CH^2.CO^2H$. Fines aiguilles fondant à 150°. Son *éther éthylique* fond à 78° [Victor Meyer, *D. chem. G.*, **28**, 1268, 1895].

c) Dérivés iodés. — Les dérivés monoiodés ont été décrits par Gabriel et Herzberg [*loc. cit.*]. On les obtient comme les dérivés chlorés correspondants : réduction des acides iodocinnamiques.

Acide o-iodophénylpropionique, $C^6H^4I_{(2)}.CH^2_{(1)}.CH^2.CO^2H$. — Lamelles fusibles à 102-103°.

Acide m-iodophénylpropionique, $C^6H^4I_{(3)}.CH^2_{(1)}.CH^2.CO^2H$. — Lamelles incolores fusibles à 65-66°.

Acide p-iodophénylpropionique, $C^6H^4I_{(4)}.CH^2_{(1)}.CH^2.CO^2H$. — Il se dépose de sa solution aqueuse en prismes blancs fondant à 140-141°

d) Dérivés cyanés. — *Acide o-cyanohydrocinnamique*. — L'acide est inconnu à l'état de liberté. On connaît l'*éther éthylique* $CAz.C^6H^4.CH^2.CH^2.CO^2C^2H^5$: A une solution de 2gr,3 de sodium dans 50 cc. d'alcool absolu, on ajoute 13 gr. d'acétylacétate d'éthyle et 15 gr. de chlorure de benzyle o-cyané [Gabriel et Hausmann, *D. chem. G.*, **22**, 2017]. On l'obtient encore en substituant à l'éther acétylacétique l'éther diéthylique de l'acide malonique [Hausmann, *D. chem. G.*, **22**, 2019].

Il se dépose de ses solutions alcooliques en aiguilles ou en tables incolores qui fondent à 98-99°. Il se dissout bien dans l'acide chlorhydrique froid et concentré et est précipité de cette solution par addition d'eau. Après un certain temps cependant, cette solution chlorhydrique se décompose. Il y a dégagement d'acide carbonique, formation d'ammoniaque et transformation en hydrindone.

DÉRIVÉS NITRÉS ET BROMONITRÉS.

a) Dérivés nitrés dans la chaîne latérale. — On ne connaît aucun acide appartenant à cette série ; toutefois. Kinnicut et Moore ont signalé un éther dérivant de l'acide $C^6H^5.CH(AzO^2).CHBr.CO^2H$.

Ether éthylique, $C^6H^5.CH(AzO^2).CHBr.CO.OC^2H^5$. — On le prépare en faisant bouillir le phényl-αβ-dibromopropionate d'éthyle avec l'azotate d'argent et l'alcool. C'est un liquide qui ne distille pas et se décompose lorsqu'on le chauffe en acide bromhydrique, benzaldéhyde, et un produit huileux que la lessive de potasse transforme en acide α-bromocinnamique [*Am. Chem. Journ.*, **13**, 204].

b) Dérivés nitrés dans le noyau benzénique. — Les représentants de cette classe sont très nombreux (voyez Dict., **2**, 910; 1er Suppl., 1220).

Acide o-nitrohydrocinnamique $C^6H^4(AzO^2)_{(2)}CH^2_{(1)}.CH^2.CO^2H$. — Il se forme lorsqu'on chauffe l'o-nitrobenzylmalonate d'éthyle avec de l'acide chlorhydrique à 25 0/0. en tubes scellés à 140-150° [Reissert, *D. chem. G.*, **29**, 635]. Il forme des aiguilles jaunâtres fusibles à 115°. Le *sel d'argent*, $C^6H^4(AzO^2)_{(2)}CH^2_{(1)}.CH^2.CO^2Ag$, est en lamelles microscopiques facilement solubles dans l'eau chaude. L'*éther éthylique*. $C^6H^4AzO^2_{(2)}.CH^2_{(1)}.CH^2.CO^2H$, est un liquide huileux [Gabriel et Zimmermann, *D. chem. G.*, **13**, 1680].

Acide p-nitrohydrocinnamique. $C^6H^4(AzO^2)_{(4)}.CH^2.CH^2.CO^2H$. — Chauffé à 130° avec un excès d'eau, cet acide se dédouble en donnant vraisemblablement de l'acide p-nitrocinnamique [C. Miller, *Ann. Chem.*, **212**, 148].

Sel de calcium, $[C^6H^4(AzO^2)CH^2CH^2.CO^2]^2Ca + 2H^2O$. — Aiguilles microscopiques.

Sel de baryum, $[C^6H^4(AzO^2)CH^2.CH^2CO^2]^2Ba + H^2O$. — Très petites aiguilles difficilement solubles dans l'eau chaude [Beilstein et Kuhlberg. *Ann. Chem.*, **163**, 132].

Ether éthylique, $C^6H^4(AzO^2).CH^2.CH^2.CO^2.C^2H^5$. — Petits cristaux rhombiques fondant à 33-34° [Beilstein et Kuhlberg, *loc. cit.*].

Acide o-nitrophénylmonobromopropionique, $C^6H^4(AzO^2)_{(2)}CHBr_{(1)}.CH^2.CO^2H$. — On l'obtient en chauffant 10 gr. d'acide o-nitrocinnamique avec 100 gr. d'acide acétique saturé d'acide bromhydrique à 0°, pendant 1/2 heure au bain-marie. Par refroidissement, la majeure partie de l'acide se précipite. Celui qui reste en solution est facilement extrait par agitation avec du chloroforme. Le produit ainsi obtenu est traité par le benzène bouillant qui dissout les impuretés et laisse l'acide nitrohydrocinnamique. Finalement, on le fait cristalliser dans le chloroforme, d'où il se dépose en cristaux jaune pâle, monocliniques, fusibles à 139-140°.

Il se dissout bien dans les solvants usuels, cependant il se dissout difficilement dans le benzène. Il se dissout un peu dans l'eau chaude, mais il se décompose en même temps avec formation d'indoxyle. L'acide sulfurique concentré, même chaud, ne l'attaque pas. Un excès de lessive de soude le décompose en acide bromhydrique et acide nitrocinnamique. Le carbonate de soude donne à froid l'anhydride de l'acide nitrophényllactique; à chaud, il y a formation d'o-nitrostyrol, d'acide nitrophényllactique et d'acide nitrocinnamique [Einhorn, *D. chem. G.*, **16**, 2208].

Acide m-nitrophénylmonobromopropionique, $C^6H^4(AzO^2)_{(3)}CHBr_{(1)}.CH^2.CO^2H$. — On l'obtient en chauffant 1/2 heure en tubes scellés, au bain-marie, 1 p. d'acide nitrocinnamique pulvérisé avec 5 fois son poids d'acide acétique saturé à 0° avec de l'acide bromhydrique. Après l'opération, le contenu du tube est jeté dans l'eau glacée. On obtient ainsi une huile qui se solidifie après quelques heures. On purifie la masse solide ainsi obtenue en la dissolvant dans le benzène, et en la précipitant de cette solution à 0° par addition de ligroïne.

L'acide fond à 96°. Il est insoluble dans l'éther de pétrole, très difficilement soluble dans le toluène et la ligroïne bouillante, peu soluble dans le benzène et l'alcool aqueux, très soluble dans l'alcool absolu, l'acide acétique, le chloroforme et l'éther.

Par ébullition avec l'eau, il donne surtout du nitrostyrol et de petites quantités d'acide nitrocinnamique et d'acide nitrophényllactique. Par ébullition avec une solution de carbonate de soude, ajoutée jusqu'à réaction neutre, on obtient les mêmes produits; les proportions sont d'environ 30 0/0 de nitrostyrol, 10 0/0 d'acide nitrophényllactique, et 20 0/0 d'acide nitrocinnamique. En présence d'un excès d'alcali, on obtient de l'acide nitrocinnamique.

Il est soluble à froid, sans décomposition, dans l'acide sulfurique concentré; mais la décomposition se produit à chaud [Prausnitz, *D. chem. G.*, **17**, 596].

Acide p-nitrophénylmonobromopropionique. $C^6H^4.(AzO^2)_{(4)}.CHBr_{(1)}.CH^2.CO^2H$. — On l'obtient avec un rendement de 95 0/0 en traitant le p-nitrocinnamate d'éthyle cristallisé par 5 fois son poids d'acide acétique saturé à 0° d'acide bromhydrique. On chauffe en tube scellé au bain-marie, 2 à 3 heures. L'acide se précipite par addition d'eau. Les cristaux sont lavés avec de l'acide acétique étendu, puis à l'eau. On les sèche, puis on les purifie par cristallisation dans l'acétone ou l'alcool bien exempts d'eau.

Cet acide fond avec décomposition à 170-172°. Il se dissout bien dans l'alcool chaud, l'acétone et l'acide acétique, mais il est peu soluble dans le chloroforme, le benzène, la ligroïne, le sulfure de carbone et l'eau. L'acide sulfurique concentré le dissout à froid sans décomposition, l'acide dilué (1/4) le décompose par une ébullition prolongée en acide p-nitrocinnamique. L'eau à l'ébullition donne 27.5 0/0 de p-nitrostyrol, et 72 0/0 d'acide p-nitrophényllactique. On obtient seulement des traces d'acide nitrocinnamique. L'ébullition avec le carbonate de soude fournit 29 0/0 de nitrostyrol et 63 à 65 0/0 d'acide nitrophényllactique avec une très petite quantité d'acide nitrocinnamique. La potasse aqueuse à froid fournit la lactone nitrée; lorsqu'elle est employée en excès ou en en solution alcoolique on obtient surtout de l'acide p-nitrocinnamique.

L'ammoniaque en petite quantité fournit la lactone nitrée, un excès donne l'amide nitrophényllactique. L'aniline à chaud donne de l'acide nitrophényl-β-anilidopropionique.

Sel d'aniline. $C^9H^8BrAzO^4.(AzH^2.C^6H^5)$. — Aiguilles qu'on ne saurait faire recristalliser sans décomposition.

Ether éthylique. $C^6H^4.(AzO^2)CHBr.CH^2.CO^2C^2H^5$. — Il se prépare par digestion de l'anhydride p-nitrophényllactique avec de l'acide bromhydrique concentré et de l'alcool. Il est en lamelles fusibles à 80-81°. Il est très stable et ne se décompose que lentement par l'eau ou le carbonate de soude à chaud, avec formation d'acide nitrocinnamique [Basler, *D. chem. G.*, **16**, 3002 et **17**, 1494].

Acide o-nitrophényldibromopropionique. $C^6H^4(AzO^2)_{(2)}.CHBr.CHBr.CO^2H$. — L'acide décrit sous ce nom, Suppl., 1221, représente l'éther éthylique (voyez plus bas).

On l'obtient par l'action du brome sur l'acide o-nitrocinnamique. Il forme de petites aiguilles, fondant à 180° avec décomposition et formation d'une trace d'indigo. Il se dissout mal dans l'eau froide, mais facilement dans l'eau chaude. Chauffé avec une lessive de soude, il se décompose en acide bromhydrique, acide o-nitropropiolique et ensuite en isatine. Avec la soude carbonatée ou le carbonate de baryte, on obtient un peu de bleu d'indigo. Chauffé avec la poudre de zinc en solution alcaline, il donne l'indol.

Ether méthylique. $C^6H^4(AzO^2)_{(2)}.CHBr.CHBr.CO.OCH^3$. — Il fond à 98-99° [Bayer, *D. chem. G.*, **13**, 2257].

Ether éthylique. $C^6H^4AzO^2_{(2)}.CHBr.CHBr.CO.OC^2H^5$. — C'est le composé qu'on obtient en chauffant un mélange de 20 gr. d'o-nitrocinnamate d'éthyle, 300 gr. de sulfure de carbone et 15 gr. de brome. Il fond à 71°, et forme des cristaux monocliniques [Müller, *Ann. Chem. Pharm.*, **212**, 129; — Haushofer, *Jahresb.*, 1880, 865].

Il est très soluble dans l'alcool, l'éther, la ligroïne, le sulfure de carbone et le chloroforme. La potasse alcoolique le dédouble à chaud en acide bromhydrique, alcool et acide p-nitrophénylpropiolique. L'eau à 100° l'attaque peu, mais elle réagit à 130° et le transforme vraisemblablement en acide o-nitrocinnamique.

Acide p-nitrophényldibromopropionique. $C^6H^4(AzO^2)_{(4)}.CHBr.CHBr.CO^2H$. — On n'en connaît qu'un, c'est celui décrit dans le Suppl., p. 1220, comme fondant à 217-218°. Le composé décrit sous ce nom, et fondant à 110°, représente son éther éthylique.

Il se décompose en présence d'un excès de soude, en acides p-nitrocinnamique et p-nitrophénolpropiolique. La potasse alcoolique donne l'acide p-nitrophénylpropiolique. Le rendement est théorique.

Le *sel de calcium* cristallise en aiguilles anhydres [Drewsen, *Ann. Chem.*, **212**, 151].

Ether éthylique. $C^6H^4(AzO^2)_{(4)}CHBr.CHBr.CO.OC^2H^5$. — Il est en cristaux monocliniques [Haushofer, *Jahresb.*, 1880, 864].

Il se dissout facilement dans l'éther, l'alcool chaud, le chloroforme, le benzène, l'acide acétique. Il est peu soluble dans la ligroïne. Il est décomposé par la potasse alcoolique en donnant un mélange des éthers isomériques des acides nitrophénylbromacrylique et nitrophénylpropiolique. L'eau à 130° donne de l'acide p-nitrobrocinnamique [Müller, *Ann. Chem.*, **212**, 151, et Drewsen, *loc. cit.*].

Acide nitrochlorophénylbromopropionique. $C^6H^3Cl(AzO^2).CHBr.CH^2.CO^2H$. — On chauffe 10 gr. d'acide nitrochlorocinnamique finement pulvérisé avec 40 cc. d'acide acétique saturé d'acide bromhydrique à 0°, en tube scellé à 100°. Pour purifier le produit brut ainsi obtenu on fait bouillir sa solution alcoolique avec du noir animal. On obtient ainsi de fines aiguilles incolores fondant à 142°.5-143°.5.

Elles sont insolubles dans la ligroïne. Les solutions alcooliques se colorent lentement à chaud en vert, et abandonnent l'acide en aiguilles brunâtres. Il est soluble dans l'acide acétique, le chloroforme, le benzène et l'éther acétique. Il se dissout en vert foncé dans l'acide sulfurique concentré. L'ammoniaque en petite quantité le transforme en anhydride de l'acide chloronitrophényl-β-lactique, tandis qu'un excès de réactif donne le *sel ammoniacal* correspondant. En solution alcoolique on obtient l'amide du même acide [Eichengrün et Einhorn, *Ann. Chem.*, **262**, 155].

DÉRIVÉS AMINÉS.

Nous étudierons successivement les dérivés substitués dans la chaîne latérale et les dérivés substitués dans le noyau.

I. SUBSTITUTION DANS LA CHAINE LATÉRALE. — ACIDE β-AMINOHYDROCINNAMIQUE $C^6H^5.CH(AzH^2).CH^2.CO^2H$. — Un composé a été décrit sous ce nom par Posen et déjà signalé dans le 1er Suppl., p. 1220. L'acide obtenu est peu soluble dans l'eau froide, facilement soluble dans l'eau chaude et l'alcool. Il est presque insoluble dans l'éther et le sulfure de carbone. Ses propriétés basiques et acides sont peu accentuées. Il ne se combine pas avec les bases et, par ébullition avec l'acide chlorhydrique, il se décompose en acide cinnamique et ammoniaque.

Il se dépose de ses solutions aqueuses en gros cristaux appartenant au système monoclinique [Calderon, *Jahresb.*, 372, 1880].

Chlorhydrate $C^6H^5.CH(AzH^2).CH^2.CO^2H + HCl$. — On l'obtient en traitant l'acide par de l'acide chlorhydrique fumant dilué de son volume d'eau. On le précipite de la solution par addition de 2 à 3 volumes d'acide chlorhydrique fumant. Il forme des prismes brillants facilement solubles dans l'eau [Posen, *Ann. Chem.*, **200**, 97].

Action de l'acide sulfurique. — L'acide sulfurique ne fournit pas de sulfate. Lorsqu'on dissout l'acide aminé dans l'acide sulfurique étendu et qu'on précipite la solution, l'acide aminohydrocinnamique se dépose inaltéré. Si l'on emploie un acide dilué de son volume d'eau, il y a déshydratation vers 60-70° et l'on obtient un *dérivé imidé*, probablement

$$C^6H^5-CH\left\langle\begin{matrix}AzH\\CH^2\end{matrix}\right\rangle CO$$

Celui-ci cristallise de sa solution aqueuse bouillante en fines aiguilles soyeuses fondant à 146-147°. Il est presque insoluble dans l'eau froide, peu soluble dans l'eau bouillante. Par ébullition prolongée avec l'eau, il ne se transforme pas en acide aminohydrocinnamique. Il se dissout facilement dans l'alcool, l'éther et le sulfure de carbone [Posen, *loc. cit.*].

Th. Posner a montré depuis que l'acide de Posen n'était autre que le composé $C^6H^5.CH(OH).CH^2.CO.AzH^2$ sur lequel l'acide sulfurique réagit assez facilement pour donner non pas une imide, mais l'amide et l'acide cinnamique. L'acide β-aminohydrocinnamique fond à 231°, son *chlorhydrate* normal à 217-218°, le *sel acide* (Ac + 3HCl) au dessus de 300°. Le *sulfate* est en lamelles anhydre, le *sel de cuivre* retient $2H^2O$, le *sel d'argent* est anhydre et pulvérulent. Le *dérivé acétylé* fond à 161-162°, le *dérivé benzoylé* à 194-196°. L'*acide* $C^6H^5-CH(-AzH.CO.AzH^2).CH^2-CO^2H$ à 191°. Ce dernier se dédouble sous l'action de la chaleur en donnant

$$\begin{matrix}C^6H^5-CH-CH^2-CO\\ \qquad\qquad | \\ AzH-CO-AzH\end{matrix}$$

aiguilles fusibles à 216-217°. Chauffé avec KCyS, l'acide aminé donne le dérivé

$$\begin{matrix}C^6H^5-CH-CH^2-CO\\ | \qquad\quad | \\ AzH-CS-AzH\end{matrix}$$

en lamelles fondant à 240-242° [*D. chem. G.*, **38**, 2316, 1905].

ACIDE α-AMINOHYDROCINNAMIQUE INACTIF (*phénylalanine inactive*) $C^6H^5.CH^2.CH(AzH^2).CO^2H$. — Ce composé aminé se forme dans la décomposition, par l'acide chlorhydrique, du produit de condensation de l'aldéhyde $C^6H^5.CH^2.COH$ et de l'acide cyanhydrique. Son nitrile se forme par l'action de l'ammoniaque sur le nitrile de l'acide α-phényllactique $C^6H^5-CH^2.CH(OH).CO^2H$ [Erlenmayer et Lipp, *Ann. Chem.*, **219**, 194].

D'après Plöchl, on obtient l'acide par réduction à l'aide du chlorure stanneux (Sn + HCl) de l'acide aminocinnamique correspondant [*D. chem. G.*, **17**, 1623]. Le même agent réducteur permet de l'obtenir en partant de l'acide phénylisonitrosopropionique $C^6H^5-CH^2C(AzOH)CO^2H$ [Erlenmayer, *Ann. Chem.*, **271**, 169].

Pour le préparer, on mélange 20 gr. de nitrile phényllactique avec 28 gr. d'une solution alcoolique d'ammoniaque à 10 0/0. On chauffe le mélange 1/2 heure à 1 heure au bain-marie, on laisse l'alcool s'évaporer à l'air, puis on jette le produit ainsi obtenu dans 350 gr. d'acide chlorhydrique renfermant 1/3 d'acide de densité 1,10 ou 2/3 d'acide de densité 1,19. Il se forme un précipité blanc cristallin. On abandonne le tout, liqueur et précipité, 24 heures au repos, puis on chauffe pendant 2 heures. Par refroidissement on obtient un dépôt de chlorhydrate de phénylalanine. Les eaux-mères en renferment encore des quantités notables qu'on peut recueillir en évaporant la solution environ à moitié.

Le chlorhydrate ainsi obtenu est traité par l'ammoniaque et filtré si c'est nécessaire. L'acide se dépose par refroidissement. On le purifie en le dissolvant dans la plus petite quantité possible d'eau bouillante et ajoutant 3 à 4 volumes d'alcool. On obtient ainsi de petites lamelles brillantes fondant à 263-265° avec dégagement gazeux en un liquide huileux brun rougeâtre. — Voyez aussi Sörensen [*Chem. Centr. Bl.*, II, 1903, 33]. D'après E. Fischer on l'obtient avec un rendement de 60 0/0 par l'action de l'ammoniaque sur l'acide bromohydrocinnamique [*D. chem. G.*, **37**, 3062, 1904].

La phénylalanine est difficilement soluble dans l'eau froide, plus facilement dans l'eau chaude. Les solutions sont neutres et ont une saveur sucrée. Elle est très difficilement soluble dans l'alcool, même à l'ébullition, insoluble dans l'éther. L'ammoniaque la dissout en grande quantité et la solution par évaporation de l'ammoniaque laisse déposer la phénylalanine cristallisée.

Sous l'action de la chaleur, la phénylalanine se décompose d'une façon très incomplète; la plus grande partie se volatilise et échappe à la décomposition. Lorsque l'élévation de température se fait rapidement, on obtient de la phényléthylamine $C^6H^5.C^2H^4.AzH^2$ et de la phényllactimide C^9H^9AzO.

D'une façon générale, la phénylalanine est plus stable que l'isomère précédemment décrit. C'est ainsi qu'elle est inattaquée par ébullition avec une lessive de potasse, et peut être distillée avec l'acide chlorhydrique sans mise en liberté d'ammoniaque.

Un grand nombre de sels ont été décrits par Erlenmayer et Lipp [*loc. cit.*].

Chlorhydrate $C^9H^{11}AzO^2.HCl$. — On le prépare à l'état de pureté en dissolvant l'acide aminé pur dans l'acide chlorhydrique et évaporant la solution. Celui que l'on obtient dans la préparation de l'acide aminé (voyez ci-dessus) est coloré en jaune, mais il peut être facilement purifié en le dissolvant dans la plus petite quantité d'eau possible et additionnant la solution d'un volume égal d'acide chlorhydrique fumant. Après un certain temps, il se forme des prismes qu'on lave avec de l'acide chlorhydrique à 20 0/0 et qu'on sèche sur SO^4H^2 en présence de potasse caustique.

On peut encore le préparer à partir du nitrile phénylimidopropionique (voyez plus loin p. 850).

Il est facilement soluble dans l'eau et l'alcool aqueux, moins soluble dans l'alcool absolu, difficilement soluble dans l'acide chlorhydrique

($d = 1{,}10$) presque insoluble dans l'acide chlorhydrique fumant, insoluble dans l'éther.

Chloroplatinate ($C^9H^{11}AzO^2 . HCl)^2PtCl^4$. — Aiguilles jaune foncé, solubles dans l'eau en subissant une décomposition partielle, très solubles dans l'alcool absolu, insolubles dans l'éther.

Azotate $C^9H^{11}AzO^2 . AzO^3H$. — Petits cristaux, ou grosses aiguilles lorsqu'il est en présence d'un excès d'acide azotique. Il se dissout bien dans l'eau, plus difficilement dans l'alcool, presque pas dans l'éther, difficilement dans l'acide azotique de densité 1,2.

Sulfate $C^9H^{11}AzO^2 . SO^4H^2$. — Longues et fines aiguilles incolores facilement solubles dans l'eau, peu solubles dans l'alcool froid, beaucoup plus solubles à chaud, insolubles dans l'éther.

Sel de cuivre $(C^9H^{10}AzO^2)^2Cu + 2H^2O$. — On mélange une solution de phénylalanine (1 gr. dans 70 gr. d'eau bouillante) avec une solution d'acétate de cuivre (0gr,7 dans 20 gr. d'eau). Par refroidissement de la liqueur ainsi obtenue, il se forme de petits prismes bleus. Ce sel est peu soluble dans l'eau froide, plus soluble à chaud, presque insoluble dans l'alcool froid, soluble dans l'alcool chaud, insoluble dans l'éther. Il est décomposé par les acides, même par l'acide acétique.

Sel d'argent $C^9H^{10}AzO^2Ag$. — Préparé par l'action de l'oxyde d'argent humide sur une solution bouillante de phénylalanine. La liqueur filtrée abandonne par refroidissement une poudre blanche cristalline peu soluble dans l'eau froide, un peu plus à chaud: les solutions ont une réaction nettement alcaline. Ce sel est presque insoluble dans l'alcool, à froid comme à chaud.

Ethers. — Ils ont été décrits par Curtius et Muller [*D. chem. G.*, **37**, 1261, 1904] et E. Fischer [*ibid.*, **34**, 451].

Ether méthylique. — Liquide incolore bouillant à 141° sous 12 mm.; son *chlorhydrate* est en aiguilles jaunes fondant à 158°.

Ether éthylique. — Huile orangée, bouillant à 143° ($H = 11^{mm}$); son *chlorhydrate* fond à 127°; son *nitrite* forme une masse cristalline d'un blanc de neige, son *picrate* est en prismes fusibles à 156°,5.

Phényllactimide C^9H^9AzO. Probablement

$$C^6H^5-CH^2-CH\left\langle\begin{matrix}AzH\\ |\\ CO\end{matrix}\right.$$

On l'obtient en même temps que la phényléthylamine par distillation sèche de la phénylalanine inactive. Le résidu non volatil est purifié par un traitement à l'acide chlorhydrique suivi d'un traitement à l'alcool à douce température. La partie non soluble est constituée par une poudre blanche cristalline qu'on dissout dans l'alcool bouillant. Par refroidissement, on obtient de fines aiguilles soyeuses fusibles à 290-291° et sublimables sans décomposition. Elles sont presque insolubles dans l'eau froide ou chaude, dans les acides étendus ou concentrés, les alcalis, l'alcool froid. Elles sont plus solubles dans l'alcool chaud; elles se dissolvent un peu dans l'acide acétique à froid et beaucoup plus à chaud. Elles sont insolubles dans l'éther [Erlenmeyer, *loc. cit.*].

Acide α-benzoylaminohydrocinnamique

$$C^6H^5-CH^2-CH\left\langle\begin{matrix}CO^2H\\ AzH-CO-C^6H^5\end{matrix}\right.$$

— Il s'obtient par réduction de l'acide benzoylaminocinnamique par l'amalgame de sodium en solution aqueuse. On sépare l'acide benzoylaminocinnamique non réduit par ébullition avec de la soude à 10 0/0; l'acide α-benzoylaminohydrocinnamique n'est pas attaqué dans ces conditions, on le précipite par dilution convenable à chaud. Il forme de petites lamelles brillantes fusibles à 182-183° (Erlenmeyer), 187-188° [Fischer et Mouneyrat, *Bull. Soc. Chim.*, (3), **25**, 57] et restant inaltérées par traitement à 100° par l'anhydride acétique. L'action de l'acide chlorhydrique à 150° donne de l'acide benzoïque et de l'acide α-aminohydrocinnamique [Erlenmeyer, *Ann. Chem.*, **275**, 13].

Hermann Leuchs et Umetaro Suzuki ont décrit un grand nombre de dérivés de la phénylalanine du même type que le précédent [*D. chem. Gesell.*, **37**, 3306, 1904] :

$$C^6H^5-CH^2-CH(CO^2H)-AzH-CO-CHBr-C^4H^9$$
(isocapronyl)

cristaux microscopiques fusibles à 119-123°.

$$C^6H^5-CH^2-CH(CO^2H)AzH-CO[CH(AzH^2)C^4H^9]$$
(α-leucyl)

prismes retenant $1H^2O$ et fondant à 220-223°.

Le *phénylisocyanate* correspondant $C^{22}H^{27}O^4Az^3$ est en tables fusibles à 193-195°.

Le *chlorhydrate du dérivé éthylique* $C^{23}H^{26}O^3Az^2$ est en tables quadratiques fusibles à 193-195°.

Le *dérivé carbéthoxylé* $C^6H^5-CH^2-CH(CO^2H)AzH-CO-CH(C^4H^9)AzH(CO^2-C^2H^5)$ fond à 140-141°,5.

$$C^6H^5-CH^2-CH(CO^2H)AzH-CO$$
$$-[CH(C^4H^9)-AzH-CO-CHBr-C^4H^9]$$
(α leucyl)

fines aiguilles fondant à 163-165°.

$$C^6H^5-CH^2-CH(CO^2H)-AzH-CO$$
$$-CH(C^4H^9)-AzH-CO-CH(C^4H^9)AzH^2$$
(α-leucyl)

cristaux renfermant $2H^2O$ et fondant à 225-227°.

$C^6H^5-CH^2-CH(CO^2H)-AzH-CO$ [β leucyl] fond à 259°. *Son phénylisocyanate* fond à 183-184°.

$$C^6H^5-CH^2-CH(CO^2H)-AzH-CO-CHBr-CH^3$$

cristaux fondant à 132-133°.

$$C^6H^5-CH^2-CH(CO^2H)-AzH-CO-CH(AzH^2)-CH^3$$

prismes retenant $2H^2O$ et fondant à 241-243°.

$$C^6H^5-CH^2-CH(CO^2H)-AzH-COCH^2Cl$$

tables quadratiques qui fondent à 130-131°.

$$C^6H^5-CH^2-CH(CO^2H)-AzH-CO-CH^2AzH^2$$

cristaux fusibles vers 270°

$$C^6H^5-CH^2-CH(CO^2H)-AzH-CO-CH^2-AzH$$
$$-[CO-CHBr-C^4H^9]$$
(α-bromo-isocapronyl)

aiguilles fusibles à 163-164°.

$$C^6H^5-CH^2-CH(CO^2H)-AzH-CO-CH^2-AzH$$
$$-CO-CH(AzH^2)-C^4H^9$$

poudre cristalline fondant à 225-228°.

$$C^6H^5-CH^2-CH(CO^2H)-AzH-CO$$
$$-CH^2-AzH-CO-CH^2Cl$$

aiguilles fusibles à 151-152°.

$$C^6H^5-CH^2-CH(CO^2H)-AzH-CO-CH^2$$
$$-AzH-CO-CH^2AzH^2$$

aiguilles fondant à 238-239°.

ACIDE α-AMINOHYDROCINNAMIQUE DROIT (*phénylalanine droite*) $C^6H^5-CH^2-CH(AzH^2)-CO^2H$. — On l'obtient en hydrolysant le dérivé benzoylé correspondant fusible à 145-146° en le chauffant avec 120 fois son poids d'acide chlorhydrique à 10 0/0 au bain-marie, pendant 4 heures. Après refroidissement, on enlève l'acide benzoïque à l'aide de l'éther et on évapore à sec la solution chlorhydrique. Le résidu est dissous dans 4 fois son poids d'eau et décomposé par la quantité théorique d'une solution à 50 0/0 d'acétate de soude. La phénylalanine précipitée est dissoute dans 25 fois son poids d'eau et décolorée au noir animal. Elle se dépose par évaporation de sa solution en belles écailles fondant avec décomposition à 283-284°.

Une partie de phénylalanine droite exige pour se dissoudre à 16°. 35,3 p. d'eau. Elle est par suite beaucoup plus soluble que l'isomère racémique. $[\alpha]_D^{16} = +35°,08$ en solution aqueuse. En solution chlorhydrique à 18 0/0, le pouvoir rotatoire est beaucoup moindre. On a en effet $[\alpha]_D^{16} = +7°,07$ [E. Fischer et A. Mouneyrat, *Bull. Soc. Chim.*, (3), **25**, 58].

Acide d-α-benzoylamidohydrocinnamique,

$$C^6H^5 . CH^2 . CH \begin{cases} CO^2H \\ AzH . CO . C^6H^5 \end{cases}$$

— On l'obtient dans le dédoublement de la benzoylphénylalanine inactive à l'aide de la cinchonine [Fischer, *D. chem. G.*, **32**, 3646]. Elle forme une masse microcristalline fusible à 142-143° (145-146° corrigé). Sa déviation en solution alcaline est de $[\alpha]_D^{20} = -17,1$.

Phénylisocyanate de phénylalanine droite,

$$C^6H^5-CH^2-CH \begin{cases} CO^2H \\ AzH-CO-AzH-C^6H^5 \end{cases}$$

— On dissout 0gr,5 de diphénylalanine dans 4 cc. de lessive de soude et on ajoute peu à peu 0gr,4 d'isocyanate de phényle. Par acidification, le composé se dépose sous forme de masse incolore qu'on fait cristalliser dans 250 cc. d'eau bouillante. On obtient ainsi des aiguilles incolores fusibles à 180-181° (corrigé), presque insolubles dans l'eau froide, l'éther et la ligroïne, très facilement solubles dans l'alcool chaud; $[\alpha]_D^{20} = +61°,27$ (E. Fischer et Mouneyrat).

ACIDE α-AMINOHYDROCINNAMIQUE GAUCHE (phénylalanine gauche) $C^6H^5 . CH^2 . CH(AzH^2) . CO^2H$. — Ce composé a été trouvé dans le règne végétal par Schulze et Barbieri. On le rencontre en petite quantité dans les embryons du *Lupinus luteus* [*J. prakt. Chem.*, (2), **27**, 341] et de la *Vicia sativa* [Schulze, *Zeit. physiol. Chem.*, **17**, 209]. Elle se formerait aussi par décomposition de l'albumine à l'aide de la baryte, ou des substances albuminoïdes (graines de courge) à l'aide du chlorure de zinc chlorhydrique [Schulze et Barbieri, *D. chem. G.*, **16**, 1711].

L'acide ainsi obtenu est peu soluble dans l'eau froide, plus soluble à chaud; il se dissout difficilement dans l'alcool. En solution aqueuse, son pouvoir rotatoire est $[\alpha]_D = -35°,3$. Chauffé rapidement, il se décompose en même temps qu'il entre complètement en fusion entre 270-280°. On obtient comme produits de décomposition de l'eau, de l'acide carbonique, une base (la phényléthylamine $C^8H^9AzH^2$), et un composé C^9H^9AzO. Oxydé par le mélange chromique, il fournit de l'aldéhyde ou de l'acide benzoïque [Schulze et Barbieri, *loc. cit.*]. Baumann a montré que, par fermentation, il pouvait donner de l'acide o-toluique [*Zeit. phys. Chem.*, **7**, 284].

Chlorhydrate, $C^9H^{11}AzO^2 . HCl$. — Prismes brillants solubles dans l'alcool. Sa solution mélangée avec du chlorure de platine donne un *chloroplatinate* en cristaux jaune-rougeâtre.

Sel de cuivre, $(C^9H^{10}AzO^2)^2Cu$. — Obtenu en traitant une solution aqueuse de phénylalanine par l'oxyde de cuivre ou l'acétate. Il est en écailles d'un bleu terne insolubles dans l'eau (Schulze et Barbieri).

Acide α-benzoylamidohydrocinnamique gauche,

$$C^6H^5-CH^2-CH \begin{cases} CO^2H \\ AzH-CO-C^6H^5 \end{cases}$$

— Ce composé se trouve dans les eaux-mères desquelles on a retiré, à l'aide de la cinchonine, son antipode optique. Par neutralisation de ces eaux-mères à l'aide d'alcali, séparation de la cinchonine précipitée et neutralisation par l'acide chlorhydrique, la majeure partie de l'acide inactif est précipitée. La liqueur séparée du précipité retient le composé actif gauche. Par concentration dans le vide, celui-ci se dépose, mais il est toujours mélangé avec le composé racémique correspondant. Même après purification, on n'arrive pas ainsi à séparer les deux isomères. Les fines aiguilles incolores obtenues renferment encore environ 20 0/0 de racémique.

Par hydrolyse de ce composé avec l'acide chlorhydrique, on obtient la phénylalanine active impure [E. Fischer et Mouneyrat, *loc. cit.*].

Phényllactimide (?) C^9H^9AzO, peut-être

$$C^6H^5-CH^2-CH \begin{cases} CO \\ | \\ AzH \end{cases} (?)$$

— C'est le produit qui se forme par l'action de la chaleur sur la phénylalanine gauche. Il est en aiguilles fusibles à 280°, insolubles dans l'eau, les acides et les alcalis. Chauffé fortement, il se sublime avec une odeur de styrol. Il représente probablement le même composé que la phényllactimide obtenue à partir de la phényllalanine inactive [Schulze et Barbieri, *loc. cit.*].

Acide α-β-diaminohydrocinnamique, $C^6H^5 . CH(AzH^2)-CH(AzH^2) . CO^2H$. — Cet acide est inconnu, mais on a préparé l'anhydride correspondant au dérivé benzoylé, c'est-à-dire

$$\begin{array}{l} C^6H^5-CH — CH(AzH-COC^6H^5) \\ \quad\quad\;\; | \quad\quad | \\ \quad\quad AzH-CO \end{array}$$

Plöch l'a obtenu en chauffant avec une solution concentrée d'ammoniaque aqueuse l'acide benzoyliminocinnamique

$$\begin{array}{l} C^6H^5-CH-CH-CO^2H \\ \quad\quad\quad\; \diagdown \; \diagup \\ \quad\quad\quad Az-CO-C^6H^5 \end{array}$$

Il se produit en même temps de la benzamide et de l'acide α-benzoylaminocinnamique. Par cristallisation de l'anhydride dans l'alcool ou l'acide acétique à 50 0/0 on obtient des aiguilles fondant à 187°, insolubles dans l'eau, les acides et les alcalis étendus, peu solubles dans l'éther, mais se dissolvant facilement dans l'alcool chaud. Il se dédouble par chauffage avec l'acide chlorhydrique en ammoniaque et acide benzoyl-α-aminocinnamique $C^6H^5 . CH = CH(AzH . COC^6H^5) CO^2H$, celui-ci pouvant à son tour être décomposé en présence d'un excès d'acide chlorhydrique en acides benzoïque et aminocinnamique [*D. chem. G.*, **17**, 1616].

Acide nitrophényl-β-aminopropionique, $C^6H^4(AzO^2)_4 . CH_{(1)}(AzH^2) . CH^2-CO^2H$. — L'acide libre n'est pas connu. Basler [*D. chem. G.*, **17**, 1501] a décrit quelques-uns de ses dérivés :

Acide nitrophényl-β-phénylaminopropionique. $C^6H^4(AzO^2)_4.CH_{(1)}(AzH.C^6H^5).CH^2-CO^2H$. — On l'obtient en chauffant l'acide nitrophénylbromopropionique $C^6H^4(AzO^2).CHBr.CH^2.CO^2H$ avec un excès d'aniline en présence d'alcool absolu. Il se dépose de sa solution acétique en prismes d'un jaune orangé fusibles à 120-122°, facilement solubles dans l'alcool chaud. Il se combine avec les acides et les bases. Les combinaisons avec les acides sont dédoublables par l'eau.

Sel d'ammonium. — Petites aiguilles jaunâtres à reflets soyeux, à peine solubles dans l'eau froide, fusibles à 150-156°.

Ether méthylique. $C^{15}H^{14}Az^2O^3.OC^2H^5$. — Cet ether est en aiguilles jaune-orange, solubles dans l'alcool, fusibles à 78° (Bassler, *loc. cit.*).

Acide p-nitrophényl-α-aminopropionique. $C^6H^4(AzO^2)_4-CH^2_{(1)}-CH(AzH^2)-CO^2H$. — Il a été décrit par Erlenmeyer et Lipp [*Ann. Chem.*, **219**, 213]. Pour le préparer on dissout 1 partie de phénylalanine sèche dans 3 parties d'acide sulfurique concentré à une température de 30-40°. A la solution refroidie par de l'eau glacée, on ajoute ensuite la quantité nécessaire d'acide azotique de densité 1.51, soit pour 25 gr. de phénylalanine 11gr.5 d'acide. Après abandon du mélange au repos pendant 10 à 15 minutes, on jette dans 90-100 parties d'eau, on filtre et on chauffe à l'ébullition avec du carbonate de plomb jusqu'à ce que la solution soit neutre au méthylorange. On filtre, on précipite par H^2S et on concentre la liqueur filtrée. L'acide nitrophénylaminopropionique se précipite sous forme d'une poudre jaune ou de croûtes cristallines rougeâtres. 10gr.8 de phénylalanine fournissent 13gr.7 de produit brut. Celui-ci est purifié par dissolution dans le moins possible d'eau bouillante et addition d'alcool (3 à 4 vol.). On peut aussi transformer en chlorhydrate.

Des solutions aqueuses ou ammoniacales l'acide se dépose en prismes renfermant $1.5H^2O$ de cristallisation s'effleurissant rapidement au contact de l'air. Les cristaux qui se déposent de l'alcool sont anhydres.

La nitrophénylalanine est peu soluble dans l'eau et l'alcool froid, insoluble dans l'éther, facilement soluble dans l'ammoniaque. Elle se combine aux bases et aux acides, et dégage de l'ammoniaque par ébullition avec la potasse. Elle a une saveur aigre-douce. Chauffée dans un tube capillaire, elle brunit déjà à 220° et se décompose à 240-245° avec degagement gazeux. Oxydée par le mélange chromique, elle fournit de l'acide paranitrobenzoïque.

Chlorhydrate. $C^9H^{10}Az^2O^4.HCl$. — On dissout la nitrophénylalanine dans le moins possible d'acide chlorhydrique étendu et chaud, et on précipite par addition d'un même volume d'acide chlorhydrique fumant. Il se dissout facilement dans l'eau et l'alcool. Dans l'acide chlorhydrique à 20 0/0, il se dissout difficilement à froid, mais un peu plus à chaud et se dépose alors par refroidissement en cristaux du système rhombique. Il est insoluble dans l'éther.

Sel de cuivre $(C^9H^9Az^2O^4)^2Cu + 2H^2O$. — On melange une solution de 1 gr. d'acide dans 80 gr. d'eau bouillante avec une solution chaude de 0gr.5 d'acétate de cuivre dans 20 gr. d'eau. Précipité cristallin bleu verdâtre ne devenant anhydre que vers 130°. A 100° ou sur l'acide sulfurique, il perd H^2O et devient bleu pur. Il est à peine soluble dans l'eau froide, un peu plus à chaud ; insoluble dans l'alcool froid et l'éther.

II. SUBSTITUTION DANS LE NOYAU BENZÉNIQUE. — ACIDE O-AMINOHYDROCINNAMIQUE, $C^6H^4(AzH^2)_{(2)}.CH^2-CH^2.CO^2H$. — On ne connaît pas l'acide libre, mais seulement son *anhydride* auquel on a donné le nom d'*hydrocarbostyrile*. Ce composé qui a pour constitution

```
        CH      CH²
CH   /    \  /    \   CH²
    |      |       |
CH   \    /  \    /   CO
        CH      AzH
```

a déjà été signalé sous le nom d'hydrocarbostyrol dans le Dict., **2**, 910, et sous celui d'hydrocarbostyrile dans le 1er Suppl., 1360.

Pour le préparer, le mieux est de suivre les indications de Friedländer et Weinberg : on sature une solution alcoolique d'o-nitrocinnamate d'éthyle avec de l'acide chlorhydrique et on ajoute après refroidissement de la poudre de zinc jusqu'à ce qu'il se produise un abondant dégagement d'hydrogène. On filtre et on précipite la solution par addition d'eau [*D. chem. G.*, **15**, 1423].

Cristallisé dans l'alcool, l'hydrocarbostyrile donne des prismes fusibles à 163° [Abenius et Widman, *Journ. f. prakt. Chem.*, (2), **38**, 300].

Il est presque insoluble dans l'eau, mais il se dissout bien dans l'éther et l'acide chlorhydrique chaud et concentré.

C'est un corps très stable qui n'est pas attaqué à 150° par l'acide chlorhydrique [E. Fischer et Kuzel, *D. chem. G.*, **16**, 1453]. Chauffé à 100° avec un excès d'acide sulfurique concentré, il fournit un acide sulfoné. Le pentachlorure de phosphore à 140° donne la dichloroquinoléine.

Chloroplatinate $(C^9H^9AzO.HCl)^2PtCl^4 + 2H^2O$. — Tables jaunes obtenues en concentrant une solution renfermant l'hydrocarbostyrile et l'acide chloroplatinique. Ils perdent leur eau à 110° et fondent à 172° [Abenius et Widman, *loc. cit.*].

Par réduction de l'acide benzoyl-o-aminocinnamique A. Reissert a préparé l'acide benzoyl-o-amino-hydrocinnamique $(C^6H^5CO AzH)C^6H^4-CH^2-CH^2-CO^2H$ en petits cristaux fusibles à 170° [*D. chem. G.*, **38**, 3415, 1905].

Dérivé éthylique de l'hydrocarbostyrile. — En traitant l'éthylcarbostyrile par l'amalgame de sodium, on obtient un dérivé éthylique de l'hydrocarbostyrile [voy. 1er Suppl., 1360].

ACIDE MÉTAAMIDOHYDROCINNAMIQUE. — Voyez Dict., 1er Suppl., 1221.

ACIDE PARAMIDOHYDROCINNAMIQUE, $C^6H^4(AzH^2)_{(4)}.CH^2.CH^2-CO^2H$. — Il se forme régulièrement dans la réduction de l'acide nitré correspondant. Comme réducteur on peut employer, au lieu de l'étain et de l'acide chlorhydrique ou du sulfate de fer [Dict., 2, 911 et 1er Suppl., 1221], la poudre de zinc et l'acide chlorhydrique, ou réduire l'acide aminocinnamique correspondant par l'amalgame de sodium ou le phosphore et l'acide iodhydrique [Miersch, *D. chem. G.*, **25**, 2111].

Pour réduire par l'amalgame de sodium l'acide aminocinnamique, on emploie le double d'amalgame qu'indique la théorie. La réduction est terminée après douze jours. On neutralise l'alcali par addition de la quantité calculée d'acide sulfurique, on filtre et on concentre la solution. On purifie facilement l'acide en le transformant en sel de cuivre qu'on décompose ensuite par l'hydrogène sulfuré. Par évaporation de la solution, l'acide p-amidohydrocinnamique se dépose. Le rendement est d'environ de 60 0/0.

La réduction par le phosphore et l'acide iodhydrique ne donne qu'un rendement de 30 0/0.

D'après Stöhr, la réduction de l'acide nitré s'opère comme il suit : on dissout 1 partie de nitrocinnamate d'éthyle dans 3 parties d'alcool et on y ajoute peu à peu du zinc en poudre et de l'acide chlorhydrique. On termine la réaction le plus rapidement possible sans avoir besoin de refroidir. Après 24 heures de repos, on neutralise la solution filtrée par la soude et on précipite par addition d'acétate de soude, la combinaison chlorozincique de l'acide aminé [*Ann. Chem.*, **225**, 59].

On peut également, comme l'a indiqué Marie, réduire électrolytiquement l'acide p. nitrocinnamique [*C. R.*, **140**, 1248, 1905].

Traité par l'acide azoteux, il fournit l'acide hydroxylé correspondant. Il échange facilement son groupe AzH^2 contre un atome de brome.

Acide acétaminohydrocinnamique. $C^6H^4(AzH.COCH^3)_{(4)}CH^2_{(1)}CH^2-CO^2H$ (voyez Suppl., 1221).

Acide diaminohydrocinnamique $C^6H^3(AzH^2)_{(3.4)}CH^2.CH^2.CO^2H$. — Cet acide cristallise avec 1 mol. d'eau. L'acide déshydraté fond à 142-144° [Gabriel, *D. chem. G.*, **15**, 2290, 1882].

Acide diaminohydrocinnamique (voyez aussi 1er Suppl., 1221), $C^6H^3(AzH^2)^2_{(2.3)}CH^2_{(1)}CH^2.CO^2H$. — On connaît l'anhydride correspondant, l'*aminohydrocarbostyrile*,

$$C^6H^3(AzH^2)_{(4)}\begin{cases} CH^2_{(1)}-CH^2 \\ \quad\quad\quad\quad\;\; | \\ AzH_{(2)}-CO \end{cases}$$

On l'obtient en traitant l'acide dinitrohydrocinnamique-2.4 par l'étain et l'acide chlorhydrique [Gabriel et Zimmermann, *D. chem. G.*, **12**, 602]. Il forme de longues aiguilles ou de petits prismes courts et épais, fondant à 211°. Il se dissout facilement dans l'alcool chaud, l'eau bouillante, un peu moins dans l'éther; il est insoluble dans le sulfure de carbone. Il reste inaltéré par ébullition avec les alcalis. Son chlorhydrate $C^9H^{10}Az^2O.HCl$ cristallise en fines aiguilles anhydres. On connaît son *dérivé éthylique*.

Acide p-aminophényl-α-aminopropionique. $C^6H^4(AzH^2)_{(4)}CH^2_{(1)}-CH(AzH^2)CO^2H$. — Ce dérivé a été obtenu par Erlenmeyer et Lipp [*Ann. Chem.*, **219**, 219 et suiv.], par réduction soit de la nitrophénylalanine, soit de l'acide p-nitrophényl-α-nitroacrylique $C^6H^4(AzO^2).CH=C(AzO^2).CO^2H$.

La réduction de la nitrophénylalanine se fait facilement. Pour 25 gr. de dérivé nitré, on emploie 50 gr. d'étain et 130 gr. d'acide chlorhydrique fumant. On chauffe à 70°, puis, lorsque tout est dissous au bain-marie (1/2 heure après environ), on jette dans l'eau, et après séparation de l'étain, on concentre la liqueur au bain-marie. Le résidu représente le chlorhydrate $C^6H^4(AzH^2).CH^2.CH^2-CO^2H+2HCl$. 25 gr. de nitrophénylamine donnant 29 gr. de produit (au lieu de 30 gr.).

La réduction de l'acide p-nitrophényl-α-acrylique se fait d'une façon semblable. 50 gr. d'éther éthylique de cet acide sont traités par 50 gr. d'acide chlorhydrique et 250 gr. d'étain. La dissolution est lente (5 heures environ). Lorsqu'elle est totale, on chauffe 1/2 heure au bain-marie. On élimine l'étain par H^2S, on évapore à sec, on reprend par l'eau et on neutralise par AzH^3. Par agitation avec de l'éther, on retire un produit huileux qui, évaporé sur SO^4H^2, cristallise facilement. Le rendement est en moyenne le 1/3 du rendement théorique.

L'acide se dépose de ses solutions aqueuses en petits prismes courts renfermant une molécule d'eau de cristallisation. Sous l'action de la chaleur, il devient anhydre (à 140°) et se décompose ensuite en fondant. Chauffé dans un tube capillaire, la décomposition commence à 245-250°.

Il se dissout abondamment dans l'eau, même à froid. Sa saveur est sucrée, ses solutions sont neutres. La potasse caustique à l'ébullition ne donne pas d'ammoniaque, mais par traitement à l'acide azoteux il fournit de la tyrosine; en présence d'un excès d'acide, la tyrosine est accompagnée d'acide oxyphényllactique.

Chlorhydrate, $C^6H^4(AzH^2).CH^2-CH(AzH^2).CO^2H+2HCl$. — Il est en prismes courts et brillants, très solubles dans l'eau, un peu moins dans l'alcool.

Chloroplatinate, $[C^6H^4(AzH^2).CH^2-CH(AzH^2).CO^2H+2HCl].PtCl^4$. — On mélange une solution alcoolique renfermant 6 gr. de chlorhydrate avec 2 gr. d'acide chloroplatinique. Petites aiguilles solubles dans l'eau, insolubles dans l'alcool.

Sulfate. $C^6H^4(AzH^2).CH^2.CH(AzH^2).CO^2H+SO^4H^2$. — Il se dépose de ses solutions alcooliques en petites lamelles [Friedländer et Mähly, *Ann. Chem.*, **229**, 228].

Sel de cuivre, $(C^9H^{11}Az^2O^2)^2Cu$. — On l'obtient par ébullition d'une solution d'acide avec l'oxyde de cuivre. Il se dépose de sa solution aqueuse en lamelles de couleur améthyste. Il ne se dissout pas dans l'alcool froid et à peine dans l'alcool bouillant [Erlenmeyer et Lipp, *loc. cit.*].

ACIDES BROMO-AMINO HYDROCINNAMIQUE. — Parmi les dérivés des acides phénylpropioniques halogénés dans la chaîne latérale, on ne connaît que le dérivé dibromé de l'acide o-aminophénylpropionique de formule

$$C^6H^4\begin{cases} AzH^2_{(2)} \\ CHBr_{(1)}-CHBr-CO^2H \end{cases}$$

ou plus exactement un éther benzoylé de ce composé :

Acide benzoyl-o-aminophényl-αβ-dibromopropionique, $C^6H^4[(CHBr)^2.CO^2H]AzH.COC^6H^5$. — Ce composé se produit par l'action du brome sur l'acide benzoyl-o-aminocinnamique. Il est en cristaux violets, lentement décomposables par une solution de carbonate de soude à chaud, solubles dans le chloroforme, l'acide acétique et l'éther. Sous l'action de la chaleur, il se décompose vers 210-220° avant d'entrer en fusion, avec dégagement d'acide carbonique et formation d'acide benzoïque [G. Walter, *D. chem. G.*, **25**, 1266].

Les dérivés halogénés des acides aminophénylpropioniques renfermant l'halogène dans le noyau aromatique sont plus nombreux :

Acide bromo-4-amino-2-hydrocinnamique, $C^6H^3(AzH^2)_{(2)}Br_{(4)}.CH^2-CH^2.CO^2H$. — L'acide est inconnu, mais son anhydride a été étudié par Gabriel et Zimmermann [*D. chem. G.*, **13**, 1682]. C'est le *bromohydrocarbostyrile* déjà décrit dans le Dict. [1er Suppl., 1361].

Acide bromo-3-amino-4-hydrocinnamique. — Voyez 1er Suppl., 1221.

Acide bromo-4-amino-3-hydrocinnamique. — Voyez 1er Suppl., 1221.

Acide 2.4.6-tribromo-3-amido-hydrocinnamique. — Lamelles fondant à 188° [V. Meyer, *D. chem. G.*, **28**, 1268, 1895.

Acides bromo-diamino-2 4-hydrocinnamiques (dérivés bromés de l'aminohydrocarbostyrile). — On connaît un *dérivé monobromé* et un *dérivé dibromé* qui ont été étudiés par Gabriel et par Zimmermann [*D. chem. G.*, **12**, 600, 1879]. Le *dérivé monobromé* fond à 179° le *dérivé dibromé* à 218-219°.

DÉRIVÉS SULFONIQUES.

ACIDES HYDROCINNAMIQUES SULFONIQUES. — On connaît des dérivés renfermant le groupe SO^3H, soit dans la chaîne latérale, soit dans le noyau aromatique.

Acide phénylsulfopropionique. $C^6H^5.(C^2H^3.SO^3H).CO^2H$. — Le *sel de potassium* a été obtenu par Valet en faisant bouillir environ 12 heures un mélange d'une molécule d'acide cinnamique et d'une molécule de sulfite de potassium dissous dans 10 fois son poids d'eau. $C^9H^8O^2 + SO^3K^2 = C^9H^8K^2SO^5$.

Pour avoir l'acide libre, on traite le sel alcalin par l'hydrate d'oxyde de plomb. Le sel de plomb ainsi obtenu est ensuite décomposé par l'hydrogène sulfuré. La solution aqueuse l'abandonne en prismes incolores, solubles dans l'alcool et qui restent inaltérés par ébullition avec l'acide sulfurique étendu et l'acide chlorhydrique concentré. Les alcalis le dédoublent en acide cinnamique et acide sulfureux. L'acide azotique concentré l'attaque en donnant des produits nitrés : le mélange chromique l'oxyde facilement.

Les sels suivants ont été préparés :

$C^9H^9KSO^5$, petites aiguilles solubles dans 25g,9 d'eau à 15°, presque insolubles dans l'alcool froid, fusibles avec décomposition. — $C^9H^8K^2SO^5$, cristaux incolores, obtenus par neutralisation du précédent à l'aide de bicarbonate. — $C^9H^8Ca^1SO^5$ (à 120°), lamelles facilement solubles dans l'eau. — $C^9H^8BaSO^5 + H^2O$, croûtes cristallines peu solubles dans l'eau. — $C^9H^8SO^5.Zn + C^9H^8SO^5.K^2$, insoluble dans l'alcool. — $C^9H^8SO^5Ag + H^2O$, poudre cristalline blanche s'altérant un peu à la lumière, peu soluble dans l'eau, soluble dans l'ammoniaque.

Les *sels de sodium, d'ammonium, de plomb* et *de cuivre* ont aussi été étudiés [*Ann. Chem.*, **154**, 62].

Les dérivés sulfonés dans le noyau benzénique sont mieux connus.

Acide m-sulfohydrocinnamique.

$$C^6H^4 \begin{cases} SO^3H_{(3)} \\ CH^2-CH^2-CO^2H \end{cases}$$

déjà décrit [Dict., 1er Suppl., 1221]. Le *sel de calcium* est en petits cristaux tabulaires tricliniques, renfermant $5H^2O$.

Acide o-aminosulfohydrocinnamique. — Cet acide n'est pas connu, mais son anhydride a été décrit sous le nom d'*acide hydrocarbostyrile sulfonique*,

$$SO^3H-C^6H^3 \begin{cases} CH^2-CH^2 \\ AzH-CO \end{cases}$$

On l'obtient facilement en traitant 15 à 20 minutes au bain-marie l'hydrocarbostyrile par 8 à 10 fois son poids d'acide sulfurique. En neutralisant la solution par de la baryte caustique, le *sel barytique* reste en solution et se dépose par concentration sous forme de masse blanche cristalline insoluble dans l'alcool et l'éther. Séché à 125-130°, il a pour formule $[C^9H^8AzSO^4]^2Ba$ [Em. Fischer et H. Kuzel, *D. chem. G.*, **16**, 1453].

Acide bromo-4.3-sulfohydrocinnamique. $SO^3H_{(3)}.C^6H^3Br_{(4)}.CH^2_{(1)}-CH^2-CO^2H$, déjà décrit [1er Suppl., 1221].

Acide phénylalanine-4-sulfonique.

$$C^6H^4 \begin{cases} SO^3H_{(4)} \\ CH^2_{(1)}.CHAzH^2.CO^2H \end{cases} + H^2O.$$

— On dissout 20 gr. de phénylalanine dans 30 gr. d'acide sulfurique concentré, au bain-marie. Après refroidissement, on ajoute 25 gr. d'acide de Nordhausen et l'on termine la réaction en chauffant à nouveau une heure au bain-marie. L'acide sulfonique se précipite lorsqu'on étend la liqueur d'une fois et demi son volume d'eau. On le purifie en en faisant le *sel de plomb*. On obtient ainsi 24 gr. d'acide sulfonique.

Il est très soluble dans l'eau, peu soluble dans l'alcool, insoluble dans l'éther. Par fusion alcaline, il fournit de l'acide p-oxybenzoïque.

Sel de baryte, $(C^9H^{10}AzSO^5)^2Ba + 4H^2O$. — On l'obtient par l'action de l'acide libre sur le carbonate de plomb. Petits prismes plats facilement solubles dans l'eau. La solution a une réaction légèrement alcaline [Erlenmeyer et Lipp, *Ann. Chem.*, **219**, 209].

Acide hydrocarbostyrilsulfonique. — C'est l'anhydride de l'acide orthoaminosulfohydrocinnamique $C^9H^9SO^4Az$ (Voyez ci-dessus).

NITRILES, AMIDES, ETC., DE L'ACIDE HYDROCINNAMIQUE ET DE SES DÉRIVÉS.

NITRILE HYDROCINNAMIQUE, $C^6H^5.CH^2.CH^2.CAz$, déjà décrit [1er Suppl., **2**, 1219]. — D'après Dollfus, il se forme du nitrile hydrocinnamique lorsqu'on fait réagir sur l'aldoxime hydrocinnamique l'anhydride acétique ou le chlorure d'acétyle [*D. chem. G.*, **26**, 1971].

Nitrile dibromohydrocinnamique, $C^6H^5.CHBr.CHBr.CAz$. Il s'obtient par fixation du brome sur le nitrile cinnamique. Liquide épais, jaunâtre, sans odeur prononcée [E. Fiquet, *Ann. Chim. Phys.*, (6), **29**, 468].

Nitrile chlorohydrocinnamique. $C^6H^5-CHCl.CH^2-CAz$ (? [E. Fiquet, *loc. cit.*].

Nitrile aminohydrocinnamique, $C^6H^5.CH^2.CH(AzH^2).CAz$. — Il a été obtenu sous forme de chlorhydrate par Erlenmeyer et Lipp en traitant le nitrile phényllactique $C^6H^5.CH^2-CH.OH.CAz$ (20 gr.) par une solution alcoolique d'ammoniaque à 10 0/0 (28 gr.). On chauffe une demi heure à une heure au bain-marie. L'alcool est abandonné à l'évaporation et le résidu repris par l'acide chlorhydrique à 10 0/0. Le nitrile se dissout et son *chlorhydrate* se dépose par évaporation de la solution sur SO^4H^2 ou KOH, en prismes très brillants de formule $C^6H^5-CH^2-CH(AzH).CAz.HCl$. Ce chlorhydrate se dissout bien dans l'eau; il est un peu moins soluble dans l'alcool anhydre, insoluble dans l'éther. Sous l'action de la chaleur, il se décompose très facilement avec dégagement d'acide chlorhydrique [*Ann. Chem.*, **219**, 188].

Nitrile imidohydrocinnamique.

$$\begin{array}{c} C^6H^5-CH^2-CH-CAz \\ | \\ AzH \\ | \\ C^6H^5-CH^2-CH-CAz \end{array}$$

— Ce composé existe sous deux formes différentes : l'une fond à 86-87°, l'autre vers 106° [*Ann. Chem.*, **219**, 191].

AMIDE HYDROCINNAMIQUE, $C^6H^5.CH^2.CH^2.CO.AzH^2$. — On l'obtient en chauffant 5 heures à 230° l'hydrocinnamate d'ammoniaque. On fait cristalliser dans l'eau chaude. Le rendement est d'environ 64 0/0 du rendement théorique. De l'eau, elle se dépose en petits prismes durs fondant à 105° [Hofmann, *D. chem. G.*, **18**, 274]. D'après Hughes, elle se dépose de l'alcool chaud en petites aiguilles groupées ensemble fondant à 82° [*Proc. of the Chem. Soc.*, **7**, 71, 1891].

Action sur l'hydrocinnamide de l'hypochlorite, du brome et de l'alcoolate de sodium : Weermann et Jongkees [*Rec. Trav. Chim. P.-B.*, **25**, 258, 1906.

L'*anilide* correspondant est en petites lamelles jaunes fondant à 92° (Hughes), à 97° [Dieckmann, J. Hoppe et R. Stein, *D. chem. G.*, **37**, 4627, 1904].

La *benzylamide* fond à 84-85°, l'*α-phényléthylamide* à 89°, la *pipéridide* $C^6H^5-CH^2-CH^2-CO-Az=(C^5H^{10})$ forme une huile légèrement jaunâtre [E. Moher, *J. prakt Chem.*, (2), **71**, 305, 1905].

Le *dérivé benzoylé* $C^6H^5.CH^2.CH^2.CO.AzHCO.C^6H^5$ a été préparé par Colby et Dodge en chauffant vers 250° un mélange de benzonitrile et d'acide hydrocinnamique ; il est en fines aiguilles fondant à 106° [*Am. chem. J.*, **13**, 7].

Amide dibromohydrocinnamique, $C^6H^5.CHBr.CHBr.COAzH^2$, aiguilles soyeuses fusibles à 217° [Edeleanu et Zaharia, *Bulet*, **3**, 82].

Composé $C^6H^5-CH^2-CHBr-COAzH-CH^2-CO-AzH-CH^2-CO^2H$ prismes microscopiques fusibles à 157-158°.

Composé $C^6H^5-CH^2-CH(AzH^2)-CO-AzH-CH^2-CO-AzH-CH^2-CO^2H$, tables quadratiques.

Composé

$$C^6H^5-CH^2-CHBr-CO-AzH-\underset{\displaystyle CO^2H}{\underset{|}{CH}}-CH^2-C^6H^5$$

tables octogonales fondant à 174-175°.

Composé

$$C^6H^5-CH^2-CH(AzH^2)-CO-AzH-\underset{\displaystyle CO^2H}{\underset{|}{CH}}-CH^2-C^6H^5$$

prismes renfermant $2H^2O$ fusibles à 288° [E. Fischer, *D. chem. G.*, **37**, 3602, 1904].

Composé

$$C^6H^5-CH^2-CH(AzH^2)-CO-AzH-CH^2-CO^2H$$

cristaux incolores fondant à 273° [E. Fischer, *ibid.*, **38**, 2914, 1905].

DÉRIVÉS HYDROCINNAMIQUES DE L'HYDROXYLAMIME.

Ils ont été étudiés par Thiele et Pickard [*Ann. Chem.*, **309**, 189].

$$C^6H^5-CH^2-CH^2-\underset{\displaystyle AzOH}{COH}$$

— On dissout 23 gr. de sodium dans 300 cc. d'alcool absolu et on ajoute une solution renfermant 300 cc. d'alcool méthylique et 70 gr. de chlorhydrate d'hydroxylamine. Au mélange refroidi on ajoute successivement 178 gr. d'hydrocinnamate d'éthyle, et une solution de 34 gr. de sodium dans 500 cc. d'alcool absolu. On chauffe alors 4 heures vers 45-50°. Le corps qui a pris naissance est précipité par l'acétate de cuivre et le sel de cuivre décomposé par l'hydrogène sulfuré. On obtient ainsi une matière huileuse qu'on fait cristalliser dans le benzène. Le rendement est de 70 à 80 0/0 du rendement théorique.

Longues aiguilles ou tables, suivant le mode de cristallisation, fusibles à 78°, très solubles dans l'eau, l'alcool, l'éther et le benzène chaud. Les solutions aqueuses ont une réaction acide et donnent avec le chlorure ferrique une coloration rouge cerise intense.

Sel de cuivre.

$$C^6H^5-CH^2-CH^2-C\begin{matrix}\diagup OH \\ \diagdown Az-O-Cu(OH)\end{matrix}$$

Dérivé acétylé.

$$C^6H^5-CH^2-CH^2-C\begin{matrix}\diagup OH \\ \diagdown Az-O-COCH^3\end{matrix}$$

— Obtenu directement en chauffant l'acide avec l'anhydride acétique jusqu'à dissolution complète. Le dérivé se précipite par addition d'eau à la liqueur, sous forme d'un précipité cristallin incolore, qui recristallisé dans l'eau présente de grandes tables fondant à 99°. Il se dissout facilement dans l'alcool, l'éther, le chloroforme et l'eau chaude, difficilement dans le benzène et l'acide acétique. Le *sel de potassium* obtenu en précipitant sa solution alcoolique par une solution de potasse dans l'alcool méthylique est en petites aiguilles. Le *sel d'ammonium* est en petites aiguilles facilement solubles dans l'eau et l'alcool avec une réaction alcaline.

Dérivé benzoylé

$$C^6H^5-CH^2-CH^2-C\begin{matrix}\diagup OH \\ \diagdown AzO-CO-C^6H^5\end{matrix}$$

— Obtenu par l'action du chlorure de benzoyle sur l'acide, en présence d'acétate de soude. Le dérivé cristallisé de l'alcool dilué est en aiguilles brillantes fondant à 117°, solubles dans l'alcool, plus difficilement solubles dans l'éther, insolubles dans l'eau.

Les *sels de potassium* et d'*ammonium* s'obtiennent comme les sels correspondants du dérivé acétylé.

DÉRIVÉS D'ADDITION DE L'ACIDE AMINOHYDROCINNAMIQUE.

L'acide aminohydrocinnamique,

```
          CH
        /    \
     CH        CH - CH²- CH² - CO²H
     ‖          |
     CH        C - AzH²
        \    /
          CH
```

est susceptible de donner naissance, par suite de l'existence des doubles liaisons dans le noyau benzénique, à des dérivés qui peuvent différer par addition de H^2, H^4 ou H^6. Les seuls composés connus ne se forment pas directement à partir de l'acide hydrocinnamique, mais constituent des produits d'oxydation du noyau hydroquinoléique

```
          CH²     CH²
        /     \  /    \
     CH²        CH      CH²
      |         |        |
     CH²        CH      CH²
        \     /  \    /
          CH²     AzH
```

Il est facile de voir que de tels composés sont susceptibles d'exister sous deux formes isomériques correspondant réciproquement aux acides maléique et fumarique.

Acide benzoyl-o-aminohydrocinnamique hexahydrogéné (acide benzoyl-o-amino-octohydrocinnamique.

```
CH² - CH² - CH - CH² - CH² - CO²H
|            |
CH² - CH² - CH - AzH - CO - C⁶H⁵
```

Les deux formes isomériques ont été décrites.

Le *dérivé maléique* s'obtient dans l'oxydation à l'aide du permanganate de la benzoyldécahydroquinoléine. A cet effet, 3 gr. de dérivé benzoylé sont mis en suspension dans 420 gr. d'eau, puis dans le liquide agité continuellement à l'aide d'une turbine, on ajoute une solution renfermant 6 gr. de permanganate, 1gr,5 de carbonate de soude cristallisé et 170 gr. d'eau. Pendant toute l'opération, dont la durée est de 30 heures environ, la température doit être maintenue aux environs de 70°.

Après séparation de la benzamide formée dans

la réaction, on obtient l'acide cherché en longues aiguilles fusibles à 196°. Elles se dissolvent mal dans l'eau chaude, presque pas à froid. Le chloroforme et l'acide acétique froid les dissolvent difficilement; la solubilité dans le benzène et l'éther est encore plus faible. L'acide acétique à chaud les dissout facilement.

Cet acide est très stable vis-à-vis des alcalis. Chauffé à 160° avec de l'acide chlorhydrique concentré, il est converti en octohydrocarbostyrile $C^9H^{15}AzO$ (voir plus loin).

Sel d'argent, $C^{16}H^{20}AzO^3Ag$. — Précipité blanc gélatineux, très peu soluble dans l'eau.

Sel de plomb, $(C^{16}H^{20}AzO^3)^2Pb$. — Précipité floconneux et cristallin à peine soluble dans l'eau, facilement soluble dans l'acide acétique [Bamberger et Williamson, *D. chem. G.*, **27**, 1470].

Le *dérivé fumarique* est préparé en dissolvant l'hexahydro-hydrocarbostyrile dans une solution de soude à 15 0/0 et agitant avec un excès de chlorure de benzoyle. On obtient ainsi des aiguilles brillantes, longues et incolores fusibles à 205°, à peine solubles dans l'eau. Elles se dissolvent très facilement dans l'acide acétique, moins facilement dans l'alcool, difficilement dans l'éther.

Sel d'argent, $C^{16}H^{20}AzO^3Ag$. — Précipité blanc insoluble dans l'eau, à peu près stable à la lumière [Bamberger et Williamson, *loc. cit.*, p. 1475].

Octohydrocarbostyrile.

$$\begin{array}{l} CH^2-CH^2-CH-CH^2-CH^2-CO \\ \;| \qquad\qquad\quad | \\ CH^2-CH^2-CH-AzH \end{array}$$

— C'est l'anhydride de l'acide hexahydro-o-aminohydrocinnamique. Son *chlorhydrate* se forme avec un rendement à peu près théorique lorsqu'on chauffe l'acide benzoyl-o-aminooctohydrocinnamique avec 10 fois son poids d'acide chlorhydrique fumant à 160° pendant cinq heures. Par traitement du chlorhydrate à l'oxyde d'argent on obtient l'anhydride en cristaux blancs monocliniques très facilement solubles dans l'alcool, le chloroforme et l'eau chaude, difficilement dans l'éther [Bamberger et Williamson, *loc. cit.*, 1472], qui fondent à 151° et se subliment déjà à 100° [Haushofer, *D. chem. G.*, **27**, 1472].

L'octohydrocarbostyrile en solution aqueuse a une réaction neutre et une saveur légèrement amère. Il précipite en blanc par l'acide phosphotungstique et présente les autres réactions caractéristiques des alcaloïdes. D'après Filehne, il est toxique et se rapproche sous ce rapport de la brucine [*D. chem. G.*, **27**, 1473]. Son *chlorhydrate* $C^9H^{15}AzO.HCl$ se dépose du mélange éthéro-alcoolique en fines aiguilles fusibles à 174°.

Benzoyloctohydrocarbostyrile.

$$\begin{array}{l} CH^2-CH^2-CH-CH^2-CH^2-CO \\ \;| \qquad\qquad\quad | \\ CH^2-CH^2-CH-Az(COC^6H^5) \end{array}$$

— On l'obtient en faisant bouillir 4 heures au réfrigérant ascendant 2 gr. d'acide aminohexahydro-hydrocinnamique avec 6 gr. de chlorure d'acétyle. Il se dépose de l'alcool dilué en petites lamelles fusibles à 85°. Il est facilement soluble dans les solvants organiques usuels. Il ne se dissout dans l'eau qu'en très petite quantité. Chauffé à 160° avec de l'acide chlorhydrique concentré pendant plusieurs heures, il fournit de l'acide benzoïque et du chlorhydrate d'octohydrocarbostyrile. Bouilli pendant 10 minutes avec une solution de soude à 10 0/0, il donne l'isomère maléique de l'acide benzoyl-o-aminooctohydrocinnamique [Bamberger et Williamson, *loc. cit.*, 1474].

Acide benzoyl-o-aminohydrocinnamique tétrahydrogéné (?). — Bamberger et Williamson [*loc. cit.*, 1471] ont obtenu, dans l'oxydation de la décahydroquinoléine par le permanganate, une très petite quantité d'un acide bien cristallisé fondant à 153°,5. L'analyse de ce produit se rapproche de celle qu'exigerait un acide benzoylaminohydrocinnamique tétrahydrogéné. Chauffé avec HCl à 150-160°, il fournit de l'acide benzoïque et un *chlorhydrate* facilement soluble dans l'alcool et dans l'eau. Ce chlorhydrate, par traitement à l'oxyde d'argent, perd son chlore et donne des prismes fusibles à 127° qui précipitent en blanc par l'acide phosphotungstique.

1er novembre 1906. V. Thomas.

PHÉNYLPROPIONIQUE-α (ALDÉHYDE), (*aldéhyde hydratropique*) $CH^3(C^6H^5)CH.CHO$. — Cette aldéhyde se forme :

1° Par oxydation de l'isopropylbenzène au moyen du chlorure de chromyle [Miller et Rohde, *D. chem. G.*, **24**, 1359];

2° Par traitement du 1-phénylpropène par l'iode et l'oxyde de mercure [Bougault, *Ann. Chim. Phys.*, (7), **25**, 548];

3° Par traitement du 2-phénylpropanediol-1.2 par l'acide sulfurique [Tiffeneau, *C. R.*, **134**, 846; Comparez Tiffeneau, *C. R.*, **142**, 1537, 1906; — R. Stœrner, *D. chem. G.*, **39**, 2288, 1906].

4° Par traitement du 2-phényl-1-chloropropanol-2 par l'acétate de potassium [voyez Beilstein, Suppl., **3**, 41; — Klages, *D. chem. G.*, **38**, 693];

5° Par oxydation électrolytique du cumol [H.-D. Law et F. Molwo Perkin, *Chem. News*, **92**, 66, 1905];

6° Par l'action sur le méthoéthénylbenzène

$$\begin{array}{c} \quad O \\ \quad / \;\; \backslash \\ C^6H^5.C(CH^3)CH^2 \end{array}$$

des acides dilués [Tiffeneau, *C. R.*, **140**, 1458; voyez aussi Claisen, *D. chem. G.*, **38**, 693, 1905; — Tiffeneau, *C. R.*, **137**, 1260, 1904; — Béhal et Sommelet, brevets allemands n° 177614 et 177615; — A. Klages, *D. chem. G.*, **38**, 1969, 1905; — Fourneau et Tiffeneau, *C. R.*, **141**, 662, 1905.

C'est une huile bouillant à 204° ou à 91° sous 10 mm.; $D_0 = 1,019$. Son *oxime* bout à 124° sous $H = 7$ mm.; $D_0 = 1,0737$; sa *semicarbazone* fond à 156-157°.

L'*imine* $C^6H^5.C(CH^3)CH=AzH$ fond lorsqu'on la chauffe rapidement à 114° (Claisen).

1er juin 1907. V. Thomas.

PHÉNYLPROPIONIQUE-β (ALDÉHYDE), $C^6H^5.CH^2.CH^2.COH$ (*aldéhyde hydrocinnamique*). — Elle a été décrite par M. Étard [Dict., 1er supp., 1222]. C'est un liquide bouillant à 208°. [Voyez aussi Miller Rhode, *D. chem. G.*, **23**, 1082]. D'après Bouveault elle bout à 100-105° sous 12 mm. [*Bull. Soc. Chim.*, (3), **31**, 1322, 1904].

Elle existe vraisemblablement dans l'essence de cannelle de Ceylan, car, de cette essence, on peut isoler une semicarbazone fondant à 116-118°, et qui, purifiée par des cristallisations répétées dans l'éther bouillant, ne fond plus qu'à 126° (comparer ci-dessous); chauffée avec de l'acide sulfurique étendu, elle dégage l'odeur caractéristique de l'aldéhyde hydrocinnamique [Schimmel, *Bull. semestriel*, avril 1902, 14].

Oxime, $C^6H^5.CH^2.CH^2.CH=Az.OH$. — Elle se forme par digestion de l'aldéhyde avec une solution d'hydroxylamine. Elle cristallise de l'alcool et de l'éther en longs prismes fondant à 93-94°,5.

L'anhydride acétique et le chlorure d'acétyle la transforment en nitrile hydrocinnamique [Dollfus, *D. chem. G.*, 26, 1971].

Semicarbazone. — Le produit préparé avec de l'aldéhyde hydrocinnamique synthétique fond à 130-131° (Schimmel), à 127° d'après Bouveault, à 125° d'après A. Michel et Garner [*Am. Chem. Journ.*, 35, 258, 1906].

ALDÉHYDES CHLOROHYDROCINNAMIQUES. — On connaît seulement un dérivé dichloré dans la chaîne latérale $C^6H^5.CHCl.CHCl.CHO$, et un dérivé chloré dans le noyau $C^6H^4Cl_{(3)}.CH^2_{(1)}.CH^2.CHO$.

Aldéhyde phényldichloropropionique. — Cette aldéhyde, qui résulte de l'action du chlore sur une solution chloroformique d'aldéhyde cinnamique, forme une masse cristalline se dissolvant bien dans l'alcool et l'éther. Elle se dédouble très facilement en acide chlorhydrique et aldéhyde α-chlorocinnamique [Naar, *D. chem. G.*, 24, 247].

Aldéhyde m-chlorophénylpropionique. — Miller et Rohde l'ont obtenue sous forme d'une huile distillant vers 240° en distillant du m-chlorohydrocinnamate de chaux avec un excès de formiate [*D. chem. G.*, 23, 1082].

Aldéhyde bromohydrocinnamique, $C^6H^5.CHBr.CHBr.CHO$. — Elle a été décrite par Th. Zincke et v. Hagen [*D. chem. G.*, 17, 1814, 1884]. Masse blanche cristalline à odeur désagréable.

1er juin 1907. V. Thomas.

PHÉNYLPROPIONIQUE-β (CHLORURE D'ACIDE), $C^6H^5.CH^2.CH^2.COCl$ (*Chlorure d'hydrocinnamyle*). — Ce corps bout à 117-119° sous 13 mm. de pression. Il possède des propriétés tout à fait analogues à celle du chlorure de benzoyle, ce qui le différencie nettement du chlorure correspondant de l'acide cinnamique, corps tout à fait remarquable par son inertie vis-à-vis de l'eau ou des alcalis caustiques [Hughes, *Proc. Chem. Soc.*, 1891, 7, 71]. On l'obtient facilement par l'action de PCl^5 sur l'acide phénylpropionique en présence de $CHCl^3$ [Freundler, *Bull. Soc. Chim.*, (3), 13, 834, 1895. — Comparez Mohr, *J. prakt. Chem.*, (2), 71, 305, 1905].

Le chlorure d'hydrocinnamyle se condense en présence d'un solvant indifférent (CS^2), sous l'influence des chlorures métalliques anhydres ($FeCl^3$), avec formation d'hydrindone :

$$C^6H^5-CH^2-CH^2COCl \longrightarrow C^6H^4{<}{}^{CH^2}_{CO}{>}CH^2$$

[Edgard Wedekind, *Ann. Chem.*, 323, 246, 1902].

Les bases tertiaires enlèvent au chlorure de l'acide chlorhydrique, et le reste

$$\left[C^6H^5.CH^2-\overset{|}{C}H-CO-\right]$$

se polymérise en donnant $C^{27}H^{24}O^3$ [Wedekind, *loc. cit.*].

$C^6H^5.CH^2.CHBr.COCl$. — On l'obtient en chauffant l'acide bromhydrocinnamique avec PCl^5. Liquide incolore bouillant à 132-133° sous une pression de 12 mm. [E. Fischer, *D. chem. G.*, 37, 3062, 1904].

E. Fischer a également mentionné le *chlorure d'acide* $C^6H^5.CH^2.CH(AzH^2.HCl).COCl$, poudre incolore [*D. chem. G.*, 38, 2914, 1905].

1er novembre 1906. V. Thomas.

PHÉNYLPYRUVIQUE (ACIDE). — Voyez PHÉNYLGLYCIDIQUE (ACIDE).

PHÉNYLSULFOCARBAZINIQUES (ÉTHERS). — Voyez l'art. HYDRAZINES.

PHÉNYLTHIOCARBAZINIQUE (ACIDE). — Voyez l'art. HYDRAZINES, 2e Suppl., 5, 343.

PHÉNYLURAZOL. — Voyez les articles CARBAZIDES et PYRRODIAZOLS.

PHÉNYLURÉOACÉTIQUE (ACIDE) [Syn. Phénylhydantoïnes]. — Voyez HYDANTOÏNES.

PHÉNYLURÉODIMÉTHYLACRYLIQUE (ÉTHER). — Voyez l'art. HYDANTOÏNES.

PHÉNYLURÉOPROPIONIQUE (ÉTHER). — Voyez l'art. HYDANTOÏNES, 2e Suppl., 5, 197.

PHÉNYLURÉTHANES. — Voyez CARBANILIQUES (ÉTHERS).

PHÉNYLTOLYLACÉTIQUE (ACIDE),

$$\begin{matrix} C^6H^5 \searrow \\ CH^3-C^6H^4 \nearrow \end{matrix} CH-CO^2H$$

— Zincke, en faisant réagir la poudre de zinc sur l'acide phénylbromacétique et le toluène, a obtenu l'acide phényl-paratolylacétique. Il peut y avoir trois isomères, suivant la position du groupe CH^3 dans le radical tolyle; Zincke a isolé facilement et en grande quantité le dérivé para; il a constaté par la nature des produits d'oxydation qu'il se forme un peu d'ortho sans avoir pu l'isoler et qu'enfin il ne se forme pas de dérivé méta en proportion appréciable [Zincke, *D. chem. G.*, 10, 996, 1877]. On peut encore préparer cet acide en saponifiant son nitrile par une ébullition prolongée avec la potasse alcoolique. Ce nitrile pourra lui-même s'obtenir par la méthode de Michaël et Jeanprêtre, en faisant agir à 100° le nitrile mandélique (phénylglycolique) sur le toluène en présence de $SnCl^4$.

L'acide phényl-paratolyl-acétique se présente en feuilles minces, fusibles à 115°. Il est cristallisable dans l'eau où il n'est que très peu soluble à froid, tandis qu'il l'est facilement dans l'alcool, l'éther, CS^2, $CHCl^3$ et moins dans la ligroïne. Lorsqu'on l'oxyde par le mélange chromique il fournit d'abord la phényl-paratolyl-cétone, puis l'acide parabenzoylbenzoïque.

On en connaît divers sels, $C^{15}H^{13}O^2Na+6H^2O$ — $C^{15}H^{13}O^2K+4H^2O$ — $(C^{15}H^{13}O^2)^2Ca+2H^2O$.

L'*éther éthylique* fond à 34°. L'*amide* est fusible à 151°. Le *nitrile* peut s'obtenir comme il a été dit plus haut ou bien encore en faisant agir PCl^5 sur l'amide [Neure, *Ann. Chem.*, 250, 149, 1888]. Il se présente en aiguilles brillantes, soyeuses, qui cristallisent bien dans l'alcool étendu, où il est très soluble à chaud ainsi que dans l'éther. Il fond à 59° ou 61° (suivant les auteurs) et bout à 240° sous 40 mm.

Juin 1907. J. Lavaux.

PHÉNYLVINYLCÉTONE, $C^6H^5-CO-CH=CH^2$ (*vinylbenzoïle, propénoylbenzène*). — Ch. Moureu a obtenu la phénylvinylcétone en versant goutte à goutte dans 60 gr. de CS^2, additionnés de 20 gr. $AlCl^3$, un mélange de 20 gr. de chlorure d'acryle, avec 34 gr. de benzène. Après dégagement complet d'HCl, on verse le tout sur de la glace pilée. La couche inférieure du liquide ainsi obtenu est séparée de CS^2 par distillation, puis le résidu est entraîné par la vapeur d'eau. On épuise par le chloroforme les eaux d'entraînement, on distille; la partie passant entre 125 et 165°, sous 20 mm., est la cétone, sous l'aspect d'un sirop épais. On en fait, pour la purifier, une combinaison avec le bisulfite de soude, qu'on décompose ensuite par ébullition avec un excès de carbonate de soude. La cétone est entraînée par l'eau qui distille, et cristallise bientôt dans ce véhicule en longues et fines aiguilles fusibles à 42°.

Cette cétone est un peu soluble dans l'eau; elle l'est très facilement dans l'alcool, l'éther, le chloroforme, et s'entraîne bien par la vapeur d'eau. Elle se combine peu à peu au bisulfite de soude, malgré qu'elle ne contienne pas de groupe CH^3. Cette propriété est due sans doute à la fonction éthylénique.

Elle donne avec la phénylhydrazine une *hydrazone* fusible à 130° [*Ann. Ch. et Ph. der Z.*, 2, 199, 1894]. Juin 1907. J. Lavaux.

PHÉNYTHRONIQUE (ACIDE). — Voyez PHÉNUVIQUE (ACIDE).

PHÉOPHYLLE. — Voyez l'art. PHYCOPHÉINE.

PHÉSINE. — C'est un sulfodérivé de la phénacétine, $C^6H^3(OC^2H^5)(SO^3Na)(AzH-COCH^3)$, poudre brune amorphe soluble dans l'eau, employée comme antipyrétique [Z. von Vamossy et B. Fenyvessy, *Apoth. Zeit.*, **12**, 550, 1897].
E. Rengade.

PHILADELPHITE (Min.) (Carvill-Lewis). — Variété de jefferisite ou vermiculite de Philadelphie. L. Bourgeois.

PHILLIPSITE (Min.). — Voyez BORNITE, 2e Suppl., **1**, 786

PHILLIPSITE (Min.). — Voyez CHRISTIANITE, Suppl., **1**, 480.

PHILOCÉRÉINE. — Base alcaloïdique extraite du *Philocereus sergentianus* Orcutt, qui en renferme 5,80 0/0 : cette base a pour formule $C^{30}H^{44}Az^2O^4$ et est toxique pour le lapin à la dose de 0gr,1 par kilogramme : elle tue par arrêt du cœur en diastole [G. Heyl, *Arch. d. Pharm.*, **239**, 451, 1901]. 1er mai 1907. A. Hébert.

PHILOTHION. — Certaines cellules microbiennes, par exemple celles de la levure de bière, ou des macérations d'organes, mises en contact avec de la fleur de soufre, transforment partiellement le métalloïde en hydrogène sulfuré. De Rey-Pailhade a rapporté ce phénomène à l'action d'une diastase hydrogénante ou réductase qu'il appelle *philothion* [De Rey-Pailhade, *Recherches exp. sur le philothion*, Paris, 1891; *Le Philothion ou hydrogénase*, Toulouse, 1900; *Bull. Soc. Chim.*, (3), **31**, 987, 1904; **33**, 850, 1905; **35**, 1030, 1906 et (4), **1**, 165, 1907; — E. Pozzi-Escot, *Bull. Soc. Chim.*, (3), **29**, 1232, 1903]. Abelous et Ribaut ont montré, au contraire, que cette action persiste même après l'ébullition, qu'elle peut être obtenue avec de l'albumine desséchée, qu'il s'agit donc d'une simple action chimique et non diastasique [*Bull. Soc. Chim.*, (3), **31**, 698, 1904]. Hausmann et Hefftre qui ont étudié cette action chimique avec le blanc d'œuf, avec des extraits bouillis ou non bouillis de foie, de rein, avec du lait, du sang, confirment les résultats d'Abelous et Ribaut, mais ils ne croient pas que la réaction productrice de H^2S soit nécessairement la même à 100° qu'à 40°, car à 100° les matières albuminoïdes peuvent donner H^2S en l'absence du soufre, et d'autre part le soufre peut en donner, en l'absence d'albumine, par simple ébullition avec de l'eau [*Beitr. chem. Physiol. u. Pathol.*, **5**, 213, 1904].

En ce qui concerne le mécanisme de la réaction à 40°, de Rey Pailhade admet que certaines albumines (albumines philothioniques, auxquelles cet auteur persiste à attribuer une nature diastasique) possèdent des atomes d'hydrogène labiles, que le soufre enlève facilement pour donner H^2S, mais cette hypothèse devra être appuyée sur la détermination des groupements atomiques qui dans la molécule albumine entrent en jeu dans cette réaction. Ici Haussmann et Hefftер font remarquer que dans l'ovalbumine les deux tiers seulement du soufre sont à l'état de cystine ; le reste est représenté par des produits volatils, parmi lesquels figure peut-être un mercaptan. Or, le mercaptan éthylique traité par l'eau et le soufre abandonne H^2S à la température ordinaire. D'autres corps sulfurés, le benzylmercaptan, le thiophénol, l'acide thioglycolique en solution alcoolique fournissent aussi H^2S en présence du soufre. Pareillement, la phénylhydrazine abandonne H^2 au soufre à la température ordinaire en donnant H^2S, de l'aniline et de l'azote. Il est intéressant de constater, d'autre part, que la sérumalbumine et la sérumglobuline, qui ne donnent pas H^2S en présence du soufre, ne contiennent, d'après Mörner, que du soufre cystinique. C'est une étude approfondie de ces réactions et une connaissance précise des divers noyaux et principalement des noyaux sulfurés des matières albuminoïdes qui donneront la clef de cette réaction. En ce qui concerne l'hypothèse d'un *pseudo-philothion*, nous ne pouvons que renvoyer le lecteur aux travaux de de Rey-Pailhade cités plus haut.
Mars 1907. E. Lambling.

PHLOBAPHÈNE. — Voyez l'art. HOUBLON.

PHLORAMINE. — Voyez l'art. RÉSORCINE (m-amino).

PHLORÉTINE. — Voyez, Dict., **2**, 2e partie, 923 ; 1er Suppl., 1241. La phlorétine a été caractérisée par Rennie [*Chem. Soc.*, **49**, 857] comme un des produits de dédoublement de la glyciphylline.

Ciamician et Silber [*D. chem. G.*, **27**, 1627, 1894], traitant la phlorétine par l'anhydride acétique et l'acétate de soude, ont obtenu un composé différant par une molécule d'eau en moins de la combinaison acétylée correspondante. On aurait :

$C^{15}H^{14}O^5$	$C^{23}H^{22}O^9$	$C^{23}H^{20}O^8$
Phlorétine.	Tétracétyl-phlorétine.	Produit de condensation fondant à 173°.

Par action de l'acide iodhydrique sur les produits formés en même temps, on obtient un corps cristallisé fusible à 213°, de formule $C^{17}H^{14}O^5$, que l'anhydride acétique et l'acétate de sodium transforment dans la combinaison acétylée fondant à 173°. La phlorétine devrait être considérée plutôt comme un dérivé cétonique que comme un éther mixte.

Les mêmes auteurs ont obtenu [*D. chem. G.*, **28**, 1393, 1895] une *tétracétylphlorétine* $C^6H^2(OCOCH^3)^3CO.CH(CH^3).C^6H^4(OCOCH^3)$ en chauffant la phlorétine avec l'anhydride acétique, et un *dérivé triméthylé* $C^6H^2O^3(CH^3)^3.CO.CH(CH^3).C^6H^4OH$ par action de l'iodure de méthyle.

Un peu avant, Michael, par une action analogue [*D. chem. G.*, **27**, 2686, 1894], avait obtenu un *dérivé triacétylé* $C^{15}H^{11}O^5(C^2H^3O)^3$ prouvant que la phlorétine renferme 3 oxhydryles. En insistant sur la durée de l'opération, il avait obtenu un produit de condensation de la triacétylphlorétine fondant à 166-167°. La phlorétine serait un éther de la phloroglucine et de l'acide phlorétique, éther répondant à la constitution suivante :

$$C^6H^3 \begin{cases} (OH)^2 \\ O.OC.C^2H^4.C^6H^4OH \end{cases}$$

Perkin et Martin, considérant les résultats de Ciamician et Silber comme plus probants [*Chem. Soc.*, **71**, 1149, 1897], constatent que la phlorétine mettrait en défaut leur méthode de détermination du nombre d'oxhydryles présents dans la molécule par la préparation des dérivés diazobenzéniques.

Ils ont préparé les *phlorétine-disazobenzène*, *disazoparatoluène* et *disazoorthotoluène*.
1er mai 1907. A. Hébert.

PHLORIZINE (Voyez Dict., **2**, 2e partie, 927 ; 1er Suppl., 1242). — Rennie a caractérisé [*Chem.*

Soc., **51**, 634] pour du dextrose le sucre obtenu par hydratation de la phlorizine.

Dragendorff a indiqué [*Arch. d. Pharm.*, **234**. 55] comme réactions analytiques de la phlorizine : la coloration par l'acide sulfurique devenant jaune, puis rouge et enfin brune à chaud ; la coloration bleue, puis verte par le réactif de Fröhde ; la coloration verte, puis brune par l'acide azotique concentré ; la coloration rouge par l'acide azotique fumant ; la précipitation de ses solutions alcooliques par le bromure de potassium bromuré.

Chez les animaux intoxiqués par la phlorizine, le sucre urinaire provient de l'albumine qui, sous l'influence du toxique, est abondamment détruite [voyez Bendix, *Zeit. physiol. Chem.*, **32**. 479, 1901 ; — Lewin, *Beitr. chem. Phys. u. Path.*, **1**. 472, 1902].

Yokata a indiqué un procédé de dosage de ce corps dans l'urine [*Beitr. z. chem. Phys. u. Path.*, **5**. 313, 1904].

Rivière et Bailhache ont décelé la phlorizine dans les bourgeons de pommier et de poirier ; mais ces derniers n'en renferment que des traces [*Bull. Soc. Chim.*, (3) **31**. 1106. 1904].

1er mai 1907. A. Hébert.

PHLOROBROMINE (octobromacétylacétone) $C^5Br^8O^2$. — La phlorobromine s'obtient en traitant la phloroglucine (1 p.) par le brome (8 p.) dissous dans l'acide bromhydrique en solution aqueuse (100 p.) :

$$C^6H^6O^3 + 8Br^2 + H^2O = C^5Br^8O^2 + 8HBr + CO^2$$

Elle fond à 154-155° ; elle est insoluble dans l'eau, difficilement soluble dans le sulfure de carbone et la ligroïne, plus facilement dans l'éther, le chloroforme, l'acide acétique, le benzène. L'alcool chaud la transforme en pentabromacétone. L'eau à 140° donne aussi de la pentabromacétone, avec du bromoforme et de l'acide carbonique. L'ammoniaque donne de la tétrabromacétamide. Elle décompose les iodures avec mise en liberté d'iode [Benedickt, *Ann. Chem.*, **189**, 165, 1878 ; Zincke et Kegel, *D. chem. G.*, **23**, 1717, 1890]. Juin 1907. E. Rengade.

PHLOROGLUCINE. — La phloroglucine ou phénetriol, $C^6H^6O^3$, ou triphénol-1.3.5 (voyez Dict., **2**. 928 et suppl., 1242) est encore désignée sous le nom de *phlorotriol* ou de *phlorotrione* suivant qu'elle réagit sous la forme énolique ou sous la forme cétonique. Elle a été obtenue dans une foule de réactions :

1° En fondant avec les alcalis la *catéchine* retirée du Gambier catechus [Perkin et Yoshitake, *Chem. Soc.*, **81**, 160].

2° Par oxydation, à l'aide des alcalis fondus, du *résinotannol benzoylé* en solution alcaline. Il se fait des acides gras, de l'anhydride carbonique et de la phloroglucine [Tschirch et Klaveness, *Arch. der Pharm.*, **239**, 231. 1901].

3° La *cocacétine*, matière colorante jaune retirée des feuilles de coca, fondue avec la potasse, se dédouble en donnant de la phloroglucine [Hesse, *Journ. f. prakt. Chem.*, **66**. 410, 1902].

4° La *lotoflavine*, matière colorante qui prend naissance dans le lotus arabicus, traitée par la potasse fondue donne de la phloroglucine [Dunstan et Henry, *Proc. Chem. Soc.*, 375, 1901].

5° La *koussine*, extraite des fleurs de kousso, traitée par l'acide sulfurique concentré donne l'éther monométhylique de phloroglucine [Lobeck, *Arch. de Ph.*, **239**. 642].

6° L'action de l'acide chlorhydrique sur l'*hydrocoton* $C^9H^{12}O^3$, montre que ce corps est de la triméthyl-phloroglucine (Lobeck).

7° Enfin la *rhamnétine* et la *rhamnazine*, éthers mono et diméthylés de la quercétine, le *delphinium consolida* [Perkin et Wilkinson, *Chem. Soc.*, **81**, 585, 1902] fournissent par leur dédoublement de la phloroglucine ou ses dérivés.

Synthèses. — La phloroglucine a été préparée synthétiquement par diverses voies :

1° En réduisant le trinitrobenzène symétrique par l'étain et l'acide chlorhydrique concentré on obtient de la phloroglucine. Le trinitro-benzène symétrique du commerce est d'abord réduit et changé en dérivé triamidé. Le chlorhydrate de ce corps dissous dans l'eau privée d'air et soumis à l'ébullition pendant 8 heures se décompose intégralement en phloroglucine [Pollack, *Mon. f. Chem.*, **8**, 755].

2° En condensant au moyen du sodium le *pentanonedioate d'éthyle*, ou acétone-dicarbonate d'éthyle, on obtient un sel qui, traité par l'acide sulfurique fumant, fournit le composé $C^{12}H^{10}O^7$. Celui-ci, n'est pas un acide, bien qu'il décompose les carbonates, mais une olide, qui possède la propriété de fixer 1 molécule de méthanol. Traité à l'ébullition par l'eau de baryte, il se décompose en anhydride carbonique, éthanol, acide malonique et phloroglucine [*Chem. Soc.*, **71**, 1106, 1897].

3° On ajoute un atome de sodium à 2 molécules d'*éther malonique* $C^2H^5.CO^2.CH^2.CO^2C^2H^5$; en chauffant vers 110°, le métal se dissout facilement. A 145°, il se manifeste une réaction accompagnée de dégagement d'alcool. Au bout de 4 heures la réaction est achevée. On lave la masse cristalline à l'éther et on la décompose par l'acide sulfurique étendu. Il se sépare une huile qui, épuisée par l'éther, fournit par l'évaporation de ce solvant des aiguilles jaunes fondant à 104°. C'est le *phloroglucinetricarbonate d'éthyle* $C^6(OH)^3_{1.3.5}(CO^2.C^2H^5)^3_{2.4.6}$. Ce corps est fondu avec 5 parties de potasse ; il se dégage de l'alcool, de l'anhydride carbonique et on obtient de la phloroglucine pure. Ce mode de formation prouve que la phloroglucine a bien une formule symétrique [Baeyer, *D. chem. G.*, **18**, 3457].

4° En fondant le 3.5-dibromophénol avec la potasse [Blau, *Mon. für Chem.*, **7**, 632].

Propriétés. — La phloroglucine est en cristaux fondant à la température de 217°. Chauffée à 180°, elle est complètement dédoublée en anhydride carbonique, acide acétique et acétone [Combes, *Bull. Soc. Chim.*, **2**, 715, 1894]. Condensée avec le formol, la phloroglucine fournit la *méthylène-di-phloroglucine* $CH^2(C^6H^5O^3)^2$, cristaux fusibles à 225° [Boehm, *Ann. Chem.*, **329**. 269].

Traitée par une action réductrice, la phloroglucine se change en *phloroglucite* (Voy. plus bas p. 861).

L'*ammoniaque* et les *amines* réagissent très facilement sur la phloroglucine à la température ordinaire. Ce fait doit surprendre si on se rappelle que les phénols ne réagissent sur l'ammoniaque qu'à 300°. Pollack explique la réaction de la phloroglucine en admettant qu'elle réagit sous une forme tautomérique. L'action de l'ammoniaque fournit la *phloramine* $C^6H^7AzO^2$,

CAzH²
HC CH
HOC COH
CH

qui est un amido-dioxybenzène symétrique, corps très altérable. Chauffée à 110-120° en tube scellé avec une solution à 30 0/0 d'éthylamine, la phloroglucine donne un produit très altérable, qu'on peut arriver à purifier en ayant soin d'éviter l'air et la lumière : c'est un *diéthyldiaminophénol*-1.3.5. $C^6H^3OH(AzHC^2H^5)^2$, fondant à 106-108° [Pollak, *Mon. für Chem.*, **14**, 1011] :

$$CO,\ CH^2,\ CH^2,\ CO,\ CO,\ CH^2\ (\text{cycle}) + 2C^2H^5AzH^2$$

$$= 2H^2O + \left[C{=}AzC^2H^5,\ CH^2,\ CH^2,\ CO,\ C{=}AzC^2H^5,\ CH^2\right] \rightarrow \left[C\text{-}AzHC^2H^5,\ CH,\ CH,\ COH,\ CAzHC^2H^5,\ CH\right]$$

Chauffée sous pression avec un excès d'aniline ou de paratoluidine, la phloroglucine fournit le triamidobenzène triphénylé ou tricrésylé :

$$C^6H^3(OH)^3 + 3C^6H^5AzH^2 = 3H^2O + C^6H^3(AzH.C^6H^5)^3.$$

Ces corps cristallisent en aiguilles fines fondant, le dérivé phénylé à 193°, le dérivé crésylé à 186°. Ces deux dérivés sont des bases faibles.

La phloroglucine, saturée de gaz chlorhydrique et traitée par du fulminate de mercure, donne l'*oxime* $C^6H^2(OH)^3_{(1.3.5)}CH_{(2)}{=}AzOH$; ce sont des cristaux blancs à 1 molécule d'eau se décomposant vers 150° [*D. chem. G.*, **34**, 141].

L'*aldéhyde glycérique* s'unit à froid à la phloroglucine en présence de 2 ou 3 gouttes de SO^4H^2 en donnant naissance a la combinaison $C^{15}H^{18}O^8$ ou $(2C^6H^6O^3 + C^3H^6O^2)$. Ce sont des paillettes qui ne fondent pas à 280°, solubles dans l'eau chaude, l'alcool, et insolubles dans l'éther et la ligroïne [Wohl et Neuberg, *D. chem. G.*, **33**, 3101]. La *benzoïne* condensée avec la phloroglucine fournit le *benzohexaphényltrifurfurane* fusible a 360°, soluble dans le chlorure de méthyle. La *phénylacétylacétophénone* en solution acétique se condense avec la phloroglucine en présence d'acide chlorhydrique gazeux en donnant le 1.4-*benzopyranol*, cristallisant avec 1 mol. d'eau et fusible à 241° en se décomposant ; cette réaction est générale et se produit avec les β-dicétones et en particulier avec l'acétylacétone [Bulow et Wagner, *D. chem. G.*, **34**, 1190-1200]. De même, la *benzoylacétaldéhyde*, dans les mêmes conditions, fournit le *phényl-2-dioxy* 5.7-*benzopyranol* 1.4 en une poudre cristalline avec un rendement de 85 0/0 (Bulow et Wagner). Le *dibenzoylméthane* condensé avec la phloroglucine à l'aide de HCl gazeux fournit le chlorhydrate du *diphényl-2.4-dioxy-5.7-benzopyranol* en cristaux prismatiques rouges, brillants, se décomposant vers 200°. Le rendement est de 60 à 65 0/0 [*D. chem. G.*, **34**, 1190 et suiv., 1901]. La 3.5-diméthoxybenzoylacétophénone, sous l'influence du gaz chlorhydrique, se condense également avec la phloroglucine en solution acétique pour donner un benzopyranol en aiguilles rouges fusibles à 215-220°, et dont le chlorhydrate fond à 205° en se décomposant [*D. chem. G.*, **36**, 3607, 1903]. L'*hydroxylamine* réagit sur la phloroglucine en présence de carbonate de potasse en donnant une *trioxime* $C^3H^6(C{=}AzOH)^3$.

La phloroglucine agit sur les sucres pour donner avec élimination d'eau des combinaisons moléculaires. En dissolvant 6 gr. de dextrose et 5gr,4 de phloroglucine dans 30 cc. d'eau et faisant passer dans la solution refroidie un courant de gaz chlorhydrique, on obtient la *dextrose-phloroglucide*. Des produits de même nature dûs à la combinaison molécule à molécule sont formés avec le *mannose droit*, le *galactose*, le *lévulose*, l'*arabinose*. Tous ces produits se décomposent entre 200 et 250° [Councler, *D. chem. G.*, **28**, 24].

Une molécule de phloroglucine mise au contact de 3 molécules de *phénylhydrazine* dans l'alcool absolu donne des cristaux résultant de la fixation de 2 molécules de phénylhydrazine. Ce composé, qui fond à 143°, contient un oxhydryle. En présence d'acide chlorhydrique, la phloroglucine se combine au *furfurol* en donnant un composé de couleur sombre [Goodwing et Tollens, *D. Chem.*, **37**, 315]. La phloroglucine se combine avec l'isocyanate de phényle pour donner un composé cristallisé $C^6H^3(OCOAzHC^6H^5)^3$ fondant à 190° [Dieckmann, *D. chem. G.*, **37**, 4635].

En mélangeant deux solutions aqueuses contenant l'une 12gr,6 de phloroglucine et l'autre 18gr,8 d'*antipyrine*, il se sépare un liquide huileux qui finit par donner des cristaux impurs de *phloroglucine-antipyrine*. Ils fondent à 182°, sont très solubles dans l'alcool et le chloroforme et peu solubles dans l'eau et dans l'éther [*Bull. Soc. Chim.*, **15**, 1049].

Chauffée avec l'*anhydride phtalique*, la phloroglucine fournit la *phtaléine-phloroglucine*.

Réactions colorées de la phloroglucine. — 1° L'*α-glucoheptose*, chauffé en solution à 0,1 0/0 avec un égal volume d'acide chlorhydrique fumant et un peu de phloroglucine, donne une coloration rouge, puis bleue. Si on agite avec de l'alcool amylique la couleur devient violette [Wolgemuth, *Zeit. phys. Chim.*, **35**, 568].

2° L'*oxyfurfurol* $C^4H^2O(OH)(COH)$ donne, en présence d'acide chlorhydrique, une coloration rouge avec la phloroglucine [Cross, Bevan, Brighs, *D. chem. G.*, **33**, 3132, 1900].

3° Le *méthylfurfurol* se condense avec la phloroglucine à 12 0/0 en donnant un produit rouge cinabre.

4° Le bioxyde de sodium ajouté à une solution de phloroglucine dans l'alcool y produit instantanément une couleur bleu-violacé. Par addition d'eau, l'intensité de la coloration augmente, puis diminue lentement [Pinuera Alvarez, *Bull. Soc. Chim.*, **33**, 715].

5° Les gélatines de cartilage (glutéines), bouillies avec HCl concentré additionné de 1 vol. d'alcool et de phloroglucine, donnent une coloration brune avec pointe de rouge [Sadikoff, *Zeit. phys. Chem.*, **39**, 411].

DÉRIVÉS DE LA PHLOROGLUCINE.

Trichlorophloroglucine $C^6Cl^3(OH)^3$. — La phloroglucine pure, parfaitement desséchée et dissoute dans du chloroforme ou du tétrachlorure de carbone, donne par action du chlore sec la trichlorophloroglucine en cristaux fondant à 136°. [Webster, *Chem. Soc.*, **47**, 423].

Hexachlorophloroglucine $C^6Cl^6O^3$. — La trichlorophloroglucine en solution dans les solvants ($CHCl^3$ ou CCl^4) est transformée par un excès de chlore sec en dérivé hexachloré. Ce sont des lamelles d'odeur piquante fusibles à 48° et bouillant à 268°. Ce composé a la constitution d'une hexachlorotricétone. Traité par le chlorure stanneux, il est réduit à l'état de trichlorophloroglucine.

Tribromophloroglucine $C^6Br^3(OH)^3$. — On la prépare avec un rendement de 92 0/0, en faisant réagir le brome sur la phloroglucine au sein de l'acide acétique glacial. Elle fond à 148°. Lorsqu'on la traite par l'amalgame de sodium, elle régénère la phloroglucine. Traitée par la potasse, elle perd tout son brome, il se dégage CO^2 et il y a formation de produits colorés mal définis. La baryte provoque également le départ du brome et d'anhydride carbonique, mais le précipité de carbonate renferme un sel organique qui répond à la formule du sel de baryum du *dioxydicétopentaméthylène* $C^5H^4O^4Ba.1/2H^2O$

de Hantzch. On explique la formation de ce sel en admettant que le dérivé tribromé a la formule cetonique de la phloroglucine où le brome, par l'action de la baryte ou de la potasse, serait remplacé par OH, et ce composé par hydratation, rupture du noyau, puis perte de CO^2 donnerait le composé de Hantzch [Herzig et Krazerer, *Mon. f. Chem.*, **23**, 573, 1902].

Hexabromophloroglucine $C^6O^3Br^6$. — En faisant réagir le brome sur la phloroglucine très étendue d'eau, on obtient le dérivé hexabromé; on l'obtient encore par l'action d'un excès de brome sur la tribromophloroglucine. L'hexabromophloroglucine $C^6Br^3(OBr)^3$ est formée d'aiguilles jaunes fondant à 118°. Chauffées avec de l'étain et de l'acide chlorhydrique, elles se transforment en *hexahydrotrichlorophloroglucine* $C^6H^6Cl^3(OH)^3$ fondant à 125° [Hazara et Benedikt, *Mon. f. Chem.*, **6**, 702].

Trinitrophloroglucine $C^6(AzO^2)^3(OH)^3$. — En cherchant à nitrer le dérivé triacétylé de la phloroglucine avec l'acide azotique concentré, Nietzki et Moll ont obtenu le dérivé acétylé de la trinitrophloroglucine. Au contraire, la triméthylphloroglucine a donné par l'acide nitrique la trinitrophloroglucine, que l'on a isolée à l'état de sel de potassium [*D. chem. G.*, **26**, 2185].

Aldéhyde phloroglucique $C^6H^2(OH)^3COH$. — L'aldéhyde phloroglucique s'obtient synthétiquement selon le procédé de Gattermann en faisant agir l'acide cyanhydrique avec l'acide chlorhydrique sur la phloroglucine en présence de chlorure d'aluminium ou même sans la présence de ce dernier. Cette aldéhyde se colore fortement quand on la chauffe. Sa solution est douée d'une saveur amère et donne par action du perchlorure de fer une coloration rouge vineux. Traitée par l'alcool et l'acide chlorhydrique, elle donne des produits de polymérisation [Herzig et Wenzel, *Mon. f. Chem.*, **24**, 857, 1903].

Acide phloroglucinecarbonique $C^6H^2(OH)^3COH^2$. — L'acide phloroglucine monocarbonique a été obtenu en chauffant 1 p. de phloroglucine pure avec 4 p. de bicarbonate de potassium et 4 p. d'eau à 130° en tube scellé. Il cristallise avec 1 molécule d'eau et ressemble par son aspect à l'acide gallique. Il est insoluble dans la benzine, soluble dans l'alcool, très facilement dans l'éther. Traité par le perchlorure de fer, il donne une coloration bleue intense. L'eau bouillante décompose cet acide en phloroglucine et gaz carbonique. Il fournit par action de l'oxychlorure de phosphore l'*anhydride diphloroglucinecarbonique* $C^6H^2(OH)^3CO.O.C^6H^2(OH)^2CO^2H$ composé amorphe rouge brun très aisément soluble dans l'eau et dans l'alcool [*Ann. Chem.*, **40**, 245].

En chauffant au bain-marie le phloroglucine carbonate d'argent avec de l'iodure de méthyle, pendant 3 heures, on obtient l'éther méthylique, le *phloroglucinecarbonate de méthyle* $C^6H^2(OH)^3CO^2CH^3$, en aiguilles blanches fondant à 174° [*Mon. f. Chem.*, **22**, 137]. Herzig et Wenzel ont montré [*D. chem. G.*, **32**, 35] que dans cette réaction le carboxyle se trouve éthérifié à peu près quantitativement. Cependant, en reprenant la réaction en grand, ils ont reconnu qu'il se formait 3 corps : l'un fondant à 174° qui est l'éther cherché: un autre fondant à 138° qui est de l'*acide diméthylphloroglucine carbonique*, et enfin de l'*acide phloroglucine carbonique libre*.

Le phlorocarbonate d'éthyle a été préparé plus aisément en faisant agir le diazométhane sur l'acide mis en suspension dans l'éther anhydre: on emploie un léger excès d'acide: le rendement est presque théorique [Herzig et Wenzel, *Mon. f. Chem.*, **23**, 81, 1902].

L'éther méthylique de l'acide phloroglucine carbonique ne peut pas être éthérifié directement dans les oxhydryles, l'introduction du carboxyle semble donc diminuer l'acidité des OH; l'acétylation se fait aussi difficilement. Mais en faisant réagir le diazométhane (1 mol.) sur le phloroglucinecarbonate de méthyle mis en suspension dans l'éther anhydre, on obtient l'éthérification des groupes OH (Herzig et Wenzel).

L'éther monométhylique du phloroglucine carbonate de méthyle $C^6H^2(OH)^2(OCH^3)(CO^2CH^3)$ forme de fines aiguilles fusibles à 114-116°. Il est identique à celui que Wenzel a préparé d'une manière indirecte en traitant le sel de sodium de l'éther de la phloroglucine $C^6H^3(OCH^3)(OH)^2$ par CO^2 sous pression. Il se forme l'acide $C^6H^2(OCH^3)(OH)^2CO^2H$ qui s'éthérifie par l'alcool méthylique et l'acide chlorhydrique en donnant l'éther diméthylique.

Saponifié par la potasse, cet éther perd CO^2, tandis que par l'acide sulfurique il régénère l'acide [*Mon. f. Chem.*, **22**, 215].

L'éther triméthylique $C^6H^2(OCH^3)^2(OH)CO^2CH^3$, obtenu par action du diazométhane sur l'éther précédent (rendement 50 0/0), forme des aiguilles incolores fusibles à 107-109° [Herzig et Wenzel, *Mon. f. Chem.*, **23**, 105].

L'éther tétraméthylique $C^6H^2(OCH^3)^3CO^2CH^3$ se fait facilement par éthérification du dernier OH de l'éther triméthylique au moyen de l'iodure de méthyle et de la potasse au bain-marie. On l'obtient plus rapidement en condensant l'éther triméthylique de la phloroglucine avec le chlorocarbonate de méthyle en présence du chlorure d'aluminium (rendement 45 0/0). Il est cristallisé en fines aiguilles fondant à 67-70°.

Cet éther tétraméthylique saponifié par la potasse alcoolique fournit *l'éther triméthylique* de l'*acide phloroglucine carbonique* $C^6H^2(OCH^3)^3CO^2H$. Ce sont des cristaux blancs fusibles à 140-141° en se décomposant.

L'éther triméthylique $C^6H^2(OCH^3)^2(OH)CO^2CH^3$, chauffé au bain-marie à 80° avec de l'acide sulfurique, est saponifié en partie et transformé en *éther diméthylique de l'acide phloroglucine carbonique* $C^6H^2(OCH^3)^2CO^2H$, cristaux blancs, fondant à 150° en se décomposant [Herzig et Wenzel, *Mon. f. Chem.*, **23**, 81-117].

Le *phloroglucine carbonate d'éthyle* $C^6H^2(OH)^3CO^2C^2H^5$ a été obtenu comme l'éther méthylique correspondant par action de l'iodure d'éthyle sur le sel d'argent de l'acide phloroglucine carbonique.

Acide phloroglucinedicarbonique. — Il n'est pas connu, mais on connaît le dérivé bromé de son éther diéthylique, le *bromophloroglucinedicarbonate d'éthyle*, obtenu en faisant agir le brome dans une solution de phloroglucine tricarbonate d'éthyle dans le chloroforme [Bally, *J. prakt. Chem.*, **17**, 164]. Il fond à 128°.

Acide phloroglucinetricarbonique. — Son *éther triéthylique* $C^6(OH)^3(CO^2C^2H^5)^3$ a été obtenu par diverses voies : 1° En chauffant à 140° 2 mol. de malonate diéthylique avec 3 atomes de sodium [Baeyer, *D. chem. G.*, **18**, 3457]; 2° en faisant réagir à la température ordinaire le zinc méthyle ou le zinc éthyle sur l'éther malonique. Il se dégage du méthane ou de l'éthane et on obtient, après l'action de HCl et par épuisement à l'éther, des aiguilles blanches de l'éther triéthylique [Lang, *D. chem. G.*, **19**, 2038]: 3° l'éther acétonetricarbonate d'éthyle trisodé s'unit à l'éther malonique pour donner l'éther phloroglucine tricarbonique [Wilstätter, *D. chem. G.*, **32**, 1285].

Il fond à 104°; il est insoluble dans l'eau, presque insoluble dans l'alcool, soluble dans l'éther, le chloroforme et les alcalis. Par fusion avec la potasse, il est décomposé en phloroglucine, CO^2 et alcool. En dirigeant un courant de chlore dans la solution alcaline de cet éther, puis saturant par l'ammoniaque, il se forme la trichloracétamide [Bally, *D. chem. G.*, **21**, 1771]. La solution dans le chloroforme traitée par le brome fournit le bromophlorogIucinedicarbonate d'éthyle. En faisant bouillir 1 molécule de phloroglucinetricarbonate d'éthyle avec 5 molécules d'anhydride acétique, il se forme le dérivé triacétylé $C^6(OCOCH^3)^3(CO^2C^2H^5)^3$ qui fond à 75-76° [Bally, *D. chem. G.*, **21**, 1768].

ÉTHERS DE LA PHLOROGLUCINE. — La phloroglucine peut, dans certaines conditions, éthérifier ses groupes OH pour donner naissance à des corps qui sont 1, 2, 3 fois éthers.

Éther monométhylique, $C^6H^3(OCH^3)(OH)^2$. — On l'obtient : 1° lorsqu'on sature à froid par le gaz chlorhydrique une solution de phloroglucine dans l'alcool méthylique absolu [Weidel et Pollak, *Mon. f. Chem.*, **21**, 1531, 1900]. Mais il se forme surtout dans cette réaction l'éther diméthylique ; 2° en se basant sur ce fait que les dérivés symétriques du benzène échangent facilement les groupes amides quand on les fait bouillir avec l'eau, Aigner [*Mon. f. Chem.*, **21**, 433] après avoir réduit le dinitroanisol, préparé par la méthode de Lobry de Bruyn [*Rec. Pays-Bas*, **9**, 208] et l'avoir transformé à l'aide d'étain et d'acide chlorhydrique en chlorhydrate de diamidoanisol, a hydrolysé ce dernier en le faisant bouillir pendant 10 heures (10 gr. dans 4 à 5 litres d'eau). Le liquide obtenu a été évaporé dans le vide jusqu'à un volume de 1 litre puis épuisé 3 ou 4 fois à l'éther. Cet éther distillé a laissé un résidu qui, rectifié dans le vide, a fourni l'éther monométhylique de la phloroglucine. (Rendement 70 à 80 0/0 de la théorie).

Cet éther est un liquide bouillant à 188-189°, sous 12 mm. ; il cristallise par refroidissement et fond à 75°.

Traité par le brome, il donne un *dérivé tribromé* $C^6Br^3(OCH^3)(OH)^2$ très soluble dans l'eau, l'alcool et le chloroforme, et fondant à 123°. Bouilli avec de l'anhydride acétique en présence de soude, il donne le *dérivé diacétylé* correspondant $C^6Br^3(OCH^3)(OCOCH^3)^2$ cristallisant dans l'alcool en aiguilles blanches fusibles à 112-114°. L'éther *monométhyldibenzoylé* de la phloroglucine $C^6H^3(OCH^3)(OCOC^6H^5)$ cristallise dans l'alcool en aiguilles incolores fusibles à 96°. Le dérivé *diacétylé de l'éther monométhylique* $C^6H^3(OCH^3)(OCOCH^3)^2$ fond à 74° [*Mon. f. Chem.*, **21**, 433]. Traitée par l'azotite de potassium, la solution alcoolique de l'éther monométhylique de la phloroglucine fournit le *dérivé dinitrosé* en aiguilles jaunes fondant à 156°. Il a pour constitution :

```
            CO-CH³                        COCH³
          /   |   \                      //    \
AzOH = C      |     C = AzOH        CH          C = AzOH
        |     |     |          ou    |           |
       CO     |     CO              CO           CO
          \   |   /                      \    /
             CH                          C = AzOH
```

Traité par le chlorure stanneux ce dérivé dinitrosé se change en *2.4-diamino-3.5-dioxyanisol*.

```
            COCH³
          /  1  \
     CH  6       2  C . AzH²
        ||        |
   C.OH  5       3  C.OH
          \  4  //
            C . AzH²
```

Si on effectue la nitrosation de l'éther méthylique de la phloroglucine au moyen du nitrite d'amyle en solution alcoolique, on obtient un dérivé mononitrosé formé d'aiguilles rouges qui déflagrent à chaud. Réduit par l'étain et l'acide chlorhydrique il donne le *4-amino-3.5-dioxyanisol* dont le chlorhydrate est cristallisé [Herzig et Wenzel, *Mon. f. Chem.*, **23**, 947].

L'éther monométhylique, traité par le chlore, au sein du tétrachlorure de carbone froid, donne un *dérivé chloré* fusible à 72-74° [*Mon. f. Chem.*, **23**, 582].

Ether diméthylique, $C^6H^3(OCH^3)^2(OH)$. — En préparant l'éther monométhylique directement par action de HCl dans une solution de phloroglucine dans l'alcool méthylique, il se fait surtout l'*éther diméthylique*. C'est un liquide incolore bouillant à 172-173° sous 17 mm. et fondant à 36° [Pollak, *Mon. f. Chem.*, **18**, 736]. Traité par la soude et le chlorure de benzoyle, il fournit un dérivé benzoylé fusible à 41°. Avec le chlore il fournit un *dérivé chloré* fusible à 115-117°.

Ether triméthylique, $C^6H^3(OCH^3)^3$. — L'éther triméthylique de la phloroglucine peut s'obtenir soit en traitant par la potasse et l'iodure de méthyle, en solution dans le méthanol, l'éther diméthylique [Pollak, *Mon. f. Chem.*, **18**, 736], soit en éthérifiant directement dans certaines conditions la phloroglucine par l'alcool méthylique et l'acide chlorhydrique [Herzig et Kaserer, *Mon. f. Chem.*, **21**, 875].

C'est un composé fusible à 48° (Pollak), à 50-52° (Herzig), insoluble dans les alcalis mais soluble dans l'éther. Dans les deux cas les rendements sont faibles.

Par action du chlore sur l'éther triméthylique, au sein du tétrachlorure de carbone froid, on obtient le *dérivé trichloré* $C^6Cl^3(OCH^3)^3$ qui cristallise dans l'alcool et fond à 130-131° [*Mon. f. Chem.*, **23**, 582].

Ethers diéthyliques. — En dissolvant la phloroglucine dans l'alcool absolu et en saturant à froid par l'acide chlorhydrique sec, on obtient après avoir fait bouillir au réfrigérant ascendant 12 0/0 d'*éther monoéthylique* $C^6H^3(OH)^2(OC^2H^5)$ de la phloroglucine bouillant à 220° sous 30 mm. et fondant à 72° [Weidel et Pollak, *Mon. für Chem.*, **18**, 357] et 78 0/0 d'*éther diéthylique* $C^6H^3(OH)(OC^2H^5)^2$ qui bout à 188-190° sous 20 mm. et fond à 88°.

L'éther monoéthylique fournit un *dérivé diacétylé* bouillant à 194° sous 30 mm. [Pollak, *Mon. für Chem.*, **18**, 747].

MÉTHYLPHLOROGLUCINES. — MONOMÉTHYLPHLOROGLUCINE. $C^6H^2(CH^3)(OH)^3$. — Elle a été obtenue 1° en faisant bouillir avec l'eau, le triamidotoluène selon la méthode de Weidel [*Mon. f. Chem.*, **29**, 401] ; 2° en décomposant la *génistéine* méthylée provenant du genista tinctoria [Perkin et Horsfall, *Chem. Soc.*, **77**, 1310] ; 3° la *méthylène dicotoïne*, fondant à 128°, est décomposée par NaOH et la poudre de zinc en méthylphloroglucine [Bœhm, *Ann. Chem.*, **329**, 269].

Ce corps fond à 214° [Bohm, *Ann. Chem.*, **329**, 272]. Si après l'avoir soigneusement séché et mis en suspension dans le tetrachlorure de carbone sec, on sature à refus par du chlore sec, le tout se dissout. On distille ensuite sous pression réduite le tétrachlorure de carbone et on achève la distillation dans le vide. Le produit obtenu passe à 70-80° sous 26 mm. et constitue la *pentachlorométhylphloroglucine*

```
          CO
        /    \
   CCl²        C < CH³
                   Cl
    |           |
   CO          CO
        \    /
         CCl²
```

fondant à 50°.

Réduit par le chlorure stanneux en solution acétique, ce dérivé polychloré est transformé en *dichlorométhylphloroglucine* fusible à 112°. [Schneider, *Mon. für Chem.*, **20**, 407].

La *bromométhylphloroglucine* ne peut pas se préparer par bromuration directe, car il ne se fait que des dérivés di et polybromés. Mais l'acide méthylphloroglucinecarbonique $C^6H(CH^3)(OH)^3CO^2H$ fusible à 177°, traité par le brome donne un mélange de dérivés monobromé et dibromé qu'on sépare par CO^3HK, le sel de potassium du dérivé monobromé étant soluble tandis que celui du dérivé dibromé est insoluble et se précipite. La solution alcaline acidifiée laisse déposer l'acide *bromométhylphloroglucinecarbonique* en aiguilles blanches fusibles à 149°. Séché dans le vide, il fond à 159-161°. Cet acide bouilli avec de l'eau perd CO^2 et donne la *monobromométhylphloroglucine* fondant à 129° [*Mon. f. Chem.*, **25**, 311].

La *dibromomonométhylphloroglucine* cristallise dans le benzène en aiguilles brun clair fondant à 132-134° et cristallisant dans l'eau avec 3 molécules d'eau et fond à 110-120° [Herzig et Pollak; Röhm, *Mon. für Chem.*, **21**, 498]. Son *dérivé acétylé* $C^6Br^2CH^3(OC^2H^3O)^3$ cristallise dans l'alcool et fond à 166°. Le dérivé dibromé traité par les alcalis perd une partie de son brome; et les réducteurs comme le chlorure stanneux ne l'altèrent pas [Herzig et Pollak, *Mon. f. Chem.*, **21**, 498].

En faisant réagir l'*ammoniaque* aqueuse sur la méthylphloroglucine à froid et à l'abri de l'air, on obtient la *méthylphloramine* ou amidométhylrésorcine $C^6H^2CH^3(OH)^2AzH^2$ qu'on retire après évaporation de la solution dans le vide en cristaux qui purifiés par recristallisation dans l'éther acétique fondent à 149-150°.

Par l'action plus prolongée de l'ammoniaque on n'a pas pu isoler de dérivé diamidé. Mais par contre l'action de l'éthylamine en solution aqueuse à 130° fournit des cristaux très instables à l'air fondant vers 125°, constitués par le *biséthylamidocrésol* dont le chlorhydrate fond à 226-228°.

En faisant réagir la diéthylamine sur la méthylphloroglucine il se forme une combinaison moléculaire, un sel de *diéthylammonium* fusible à 86-87°. Ce sont des cristaux solubles dans l'eau, l'alcool, l'éther, l'éther acétique, décomposés par l'acide chlorhydrique en diéthylamine et méthylphloroglucine [Frield, *Mon. f. Chem.*, **21**, 483].

Acide méthylphloroglucinecarbonique. $C^6H(CH^3)(OH)^3CO^2H$. — Lorsqu'on fait réagir l'iodure de méthyle sur le sel d'argent de l'acide phloroglucine carbonique, il se forme à côté de l'éther méthylique $C^6H^2(OH)^3CO^2CH^3$ cité plus haut, de l'acide méthylphloroglucine carbonique.

Cet acide traité par le diazométhane donne l'*éther monométhylique* $C^6H(CH^3)(OH)^3CO^2CH^3$ fondant à 144-145°, dont le *dérivé triacétylé* fond à 103-104°. Avec un excès de diazométhane un des OH seulement s'éthérifie, et on obtient un *éther diméthylique* $C^6H(CH^3)(OCH^3)(OH)^2CO^2CH^3$ fusible à 96-98°. L'action du diazométhane s'arrête là [Herzig et Wenzel, *Mon. f. Chem.*, **23**, 81 et suiv.].

Aldéhyde méthylphloroglucique. $C^6H(CH^3)(OH)^3COH$. — Elle a été obtenue comme l'aldéhyde phloroglucique en faisant réagir $HCAz + HCl$ sur la méthylphloroglucine [Herzig et Wenzel, *Mon. f. Chem.*, **24**, 857]. Elle cristallise avec $\frac{1}{2}H^2O$ et se décompose à 130°. Par action de l'hydroxylamine elle fournit une *oxime* $C^6HCH^3(OH)^3CH=AzOH$ qui se décompose à 140° et charbonne à 170°. Son *dérivé acétylé* $C^6H(CH^3)(OCOCH^3)^3CH(OCOCH^3)^2$ cristallise en feuillets fondant à 144-145°.

L'*éther diméthylique* ou 2.4-*diméthylphlorotriol-5-al*, $C^6H^2(OCH^3)^2(OH)COH$, s'obtient facilement par l'action du diazométhane; la réaction est trop vive pour s'arrêter à l'éther monométhylique. L'éther diméthylique de l'aldéhyde phloroglucique est un corps cristallisé en feuillets blancs fusibles à 70-71°.

L'*éther monométhylique*, $C^6H(CH^3)(OCH^3)(OH)^2COH$ se prépare en appliquant la réaction de Gattermann ($HCAz + HCl$) à l'éther monométhylique de la phloroglucine. C'est un corps liquide se décomposant à 170°.

L'*éther triméthylique* $C^6HCH^3(OCH^3)^3COH$ s'obtient : 1° en traitant l'éther diméthylique précédent par l'iodure de méthyle et l'alcoolate de sodium; 2° beaucoup plus facilement en traitant l'éther triméthylique de la phloroglucine par la réaction de Gattermann.

C'est un composé cristallisé fondant à 118°. Son *oxime* cristallise en fines aiguilles fusibles à 201-203°. Cette aldéhyde oxydée par le permanganate de potasse donne l'éther triméthylique de l'acide méthylphloroglucique $C^6H(CH^3)(OCH^3)^3CO^2H$ fondant à 142-144°. Son *éther méthylique* $C^6H(CH^3)(OCH^3)^3CO^2CH^3$ fond à 68°. Son *éther éthylique* à 77-78° [Herzig et Wenzel, *Mon. für Chem.*, **24**, 757].

Éther monométhylique de la méthylphloroglucine, $C^6H^2(CH^3)(OCH^3)(OH)^2$. — Il a été obtenu : 1° par action de SO^4H^2 concentré sur la β-koussine provenant du dédoublement de la koussine du commerce que l'on retire des fleurs de kousso [Lobeck, *Arch. Pharm.*, **239**, 672]; 2° par décomposition de la lutéoline méthylée [Perkin et Hollsfalt, *Chem. Soc.*, **77**, 1314]; 3° par éthérification directe de la méthylphloroglucine à l'aide du méthanol et d'acide chlorhydrique.

C'est un corps bouillant à 195° sous 20 mm. et fondant à 124°. Par action de l'acide nitreux il se forme un produit dont toutes les propriétés correspondent à celles d'un *nitrosophénol* de formule

```
          C-CH³
   CO //     \ COH
   CH |      || C=AzOH
        \   //
         CO-CH³
```

ce qui montre que la constitution de l'éther monométhylique de la méthylphloroglucine est la suivante :

```
          C-CH³
   COH //    \ COH
    CH |     || CH
         \\  /
         CO-CH³
```

[Konya, *Mon. f. Chem.*, **21**, 422].

Ce dérivé isonitrosé fournit par réduction le chlorhydrate du 2-*méthyl*-3-*oxy*-5-*méthoxy*-4-*amidophénol* $C^6H(OCH^3)_5(CH^3)_2(AzH^2)_4.(OH)^2_{1.3}$. Traité par les agents oxydants il est transformé en *quinone* à la manière des paramidophénols. Cette quinone $C^6H(CH^3)(OCH^3)O^2.OH$ soumise à l'action des réducteurs donne l'*hydroquinone* (Konya).

Éther monoéthylique de la méthylphloroglucine, $C^6H(CH^3)(OH)^2OC^2H^5$ ou 1-méthyl-4-éthylphlorotriol. Il a été préparé par éthérification directe de la méthylphloroglucine à l'aide de l'éthanol et d'acide chlorhydrique. C'est un corps cristallisé qui fond à 136° et bout à 195-200° sous 13 mm. Son dérivé acétylé fond à 97° et répond à la formule $C^6H^2(CH^3)(OCOCH^3)^2OC^2H^5$ [*Mon. f. Chem.*, **23**, 563]. Son *dérivé dibromé* se forme par action directe du brome en solution acétique et cristallise dans l'éther de pétrole. Il fond à 11°5.

Diméthylphloroglucine. $C^6H(CH^3)^2(OH)^3$. —

Elle a été obtenue : 1° dans l'action de l'iodure de méthyle sur le sel d'argent de l'acide phloroglucine carbonique [Altmann. *Mon. für Chem.*, **22**, 137]. Cette réaction donne naissance à une certaine quantité de l'éther méthylique de l'acide diméthylphloroglucine carbonique. lequel saponifié a perdu, en même temps que le résidu méthyle. une molécule de CO^2, et a laissé la diméthylphloroglucine : 2° le trinitrométaxylène symétrique réduit à l'état de dérivé triamidé, bouilli avec de l'eau. fournit la diméthylphloroglucine [Weidel et Wenzel. *Mon. für Chem.*. **19**, 237].

Ce corps cristallise avec 1 molécule d'eau et fond à 164° [*Ann. Chem.*, **329**. 279]. Mis en suspension dans le tétrachlorure de carbone, il fournit par action du chlore la *diméthyltétrachlorocyclohexanetrione* qui bout à 149° sous 28 mm. et fond à 44°. Le chlorure stanneux et l'acide acétique la transforment en *monochlorodiméthylphloroglucine* $C^6Cl(OH)^3(CH^3)^2$ [Schneider. *Mon. f. Chem.*. **20**. 417].

Le brome fournit un *dérivé monobromé* difficile à purifier, dont le *dérivé acétylé* $C^6Br(CH^3)^2(OCOCH^3)^3$ fond à 168° [Herzig, Pollak et Rohm. *Mon. f. Chem.*, **21**. 498].

Acide diméthylphloroglucinecarbonique, $C^6(CH^3)^2(OH)^3CO^2H$. — Dans l'action de l'iodure de méthyle sur le phloroglucine carbonate d'argent, il se produit l'éther méthylique de l'acide diméthylphloroglucine carbonique qui fond à 138°. Saponifié par SO^4H^2 dans certaines conditions, il fournit l'acide sans départ de CO^2. Cet acide traité par le diazométhane donne de nouveau l'éther méthylique, lequel par l'action ultérieure du même réactif. éthérifie un groupe OH et fournit le composé $C^6(CH^3)^2(OH)^2(OCH^3)$. CO^2CH^3 fondant à 96-98°. L'action du diazométhane s'arrête là [Herzig et Wenzel, *Mon. f. Chem.*. **23**. 81 et suiv.]. Ce composé saponifié par la quantité théorique de potasse alcoolique donne un éther monométhylique de l'acide diméthylphloroglucine carbonique, $C^6(CH^3)^2(OH)^2(OCH^3)CO^2H$ qui forme des cristaux blancs fusibles à 156-157° en se décomposant.

Aldéhyde diméthylphloroglucique, $C^6(CH^3)^2(OH)^3COH$. — La diméthylphloroglucine traitée par l'acide cyanhydrique et l'acide chlorhydrique fournit l'*aldéhyde diméthylphloroglucique* cristallisée en aiguilles blanches se décomposant à 190°. Par action de l'hydroxylamine elle fournit une *oxime* $C^6(CH^3)^2(OH)^3CH = AzOH$ qui se décompose à 168°. Son *dérivé acétylé* fond à 152-153° [Herzig et Wenzel. *Mon. f. Chem.*, **24**, 863].

Quand on traite l'aldéhyde diméthylphloroglucique par la potasse et l'iodure de méthyle. on obtient l'*aldéhyde tétraméthylphloroglucique*

CO
C(CH³)² — C-CHO
CO — COH
C(CH³)²

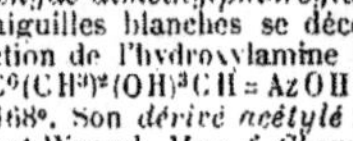

qui cristallise en prismes fusibles à 70-71°. Elle fournit une *oxime* fusible à 189-190° en se décomposant. Avec l'anhydride acétique et l'acétate de soude elle donne une *coumarine* fusible à 206° [*Mon. f. Chem.*, **26**. 1360]. Cette aldéhyde est toujours accompagnée d'un produit de condensation assez complexe.

Éthers de la diméthylphloroglucine. — Les éthers *mono* et *diméthylique* de la diméthylphloroglucine qu'on peut obtenir par éthérification directe avec le méthanol et l'acide chlorhydrique. ont été obtenus aussi : l'*éther monométhylique* $C^6H(CH^3)^2(OH)^2OCH^3$, par ébullition avec l'eau de l'éther monométhylique de l'acide diméthylphloroglucine carbonique $C^6(CH^3)^2(OH)^2OCH^3CO^2H$ qui perd CO^2 pendant cette réaction. C'est un corps cristallisé fondant à 147-148°.

L'*éther diméthylique* $C^6H(CH^3)^2OH(OCH^3)^2$, obtenu encore par action de l'iodure de méthyle et la potasse sur la diméthylphloroglucine. fournit par une alcoylation plus prolongée une *tétraméthylphloroglucine* fusible à 187° [Reisch. *Mon. f. Chem.*, **20**, 488], qui peut être considérée comme l'éther triméthylique de la méthylphloroglucine $C^6H^2CH^3(OCH^3)^3$. C'est un liquide mobile à faible odeur de fruit se solidifiant dans un mélange réfrigérant et fondant déjà à + 10°.

L'iodure d'éthyle réagissant sur l'éther diméthylique donne l'éther monoéthyldiméthylique $C^6H^2(CH^3)(OCH^3)^2OC^2H^5$ qui constitue de petits cristaux feutrés fusibles à 38° et bouillant à 149-151° sous 16 mm.

L'éthérification de la diméthylphloroglucine par l'alcool éthylique et l'acide chlorhydrique donne un mélange d'éther mono et diéthylique. L'*éther monoéthylique* $C^6H(CH^3)^2(OH)^2(OC^2H^5)$ cristallise dans le chloroforme. se présente sous forme d'une poudre cristalline fondant à 134°. Son point d'ébullition est 230° sous 30 mm. et 185° sous 13 mm. [Herzig et Hauser, *Mon. f. Chem.*. **21**, 866]. D'après les travaux de Bosse [*Mon. f. Chem.*, **21**, 1022] cet éther posséderait la constitution suivante :

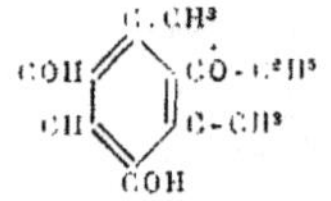

C.CH³
COH — CO-C²H⁵
CH — C-CH³
COH

Triméthylphloroglucine. $C^6(CH^3)^3(OH)^3$. — La *koussotoxine* traitée par le zinc en poudre et la soude, ou par l'acide sulfurique, fournit de la triméthylphloroglucine [Lobek, *Arch. d. Pharm.*, **239**. 680]. Elle se produit aussi dans l'action de l'iodure de méthyle sur la phloroglucine [Weidel et Wenzel. *Mon. f. Chem.*, **20**, 488]. La réduction du trinitromésitylène fournit le triamidomésitylène qui, bouilli avec de l'eau, fournit la triméthylphloroglucine [Weidel et Wenzel].

C'est un corps cristallisé fondant à 184°, insoluble dans la benzine, légèrement soluble dans les alcalis et les carbonates alcalins. Par action du chlore elle fournit un *dérivé trichloré* fondant à 49° et bouillant à 141° sous 26 mm. Il est réduit par le chlorure stanneux en triméthylphloroglucine.

Cette triméthylphloroglucine. traitée par 3 mol. de brome, donne un produit qui cristallise dans l'alcool absolu et fond à 88°. Ce produit a toutes les propriétés d'un tribromotriméthylcétohexaméthylène. Réduit par le chlorure stanneux il régénère la triméthylphloroglucine ; les alcalis lui enlèvent le brome déjà à froid. L'anhydride acétique n'agit pas à froid [Röhm. *Mon. f. Chem.*, **21**. 498].

Soumise à une alcoylation énergique par un iodure formènique et la potasse ou par l'alcool et l'acide chlorhydrique. elle ne donne jamais qu'un monoéther $C^6(CH^3)^3(OH)^2OR$.

Tétraméthylphloroglucine, $C^{10}H^{14}O^3$. — On l'obtient dans l'action de l'iodure de méthyle sur la phloroglucine dissoute dans la potasse alcoolique. Elle est soluble dans la benzine et bout à 187° ? [Reich, *Mon. für Chem.*, **20**, 493].

Pentaméthylphloroglucine $C^{11}H^{16}O^3$. — Elle se prépare par action de l'iodure de méthyle sur une solution de phloroglucine dans la potasse alcoolique [Reisch, *Mon. f. Chem.*. **20**, 486]. On l'obtient encore en versant peu à peu 6 mol. d'iodure de méthyle dans la solution méthylique de phloroglucine et de méthylate de sodium et chauffant le tout dans un appareil à reflux jusqu'à disparition de la réaction alcaline. Sa constitution est la suivante :

$$\text{CO} \quad \text{CH}^3\text{CH} \quad \text{C(CH}^3)^2 \quad \text{CO} \quad \text{CO} \quad \text{C(CH}^3)^2$$

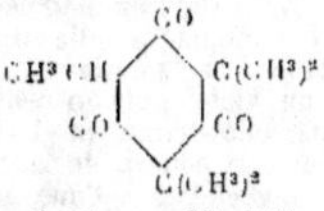

[Reisch, *Mon. f. Chem.*, **20**, 494].

Elle cristallise de la benzine en petites aiguilles fondant à 114° et bouillant à 261°, légèrement solubles dans la benzine, peu solubles dans les alcalis et les carbonates alcalins. Elle n'est pas attaquée non plus par l'acide iodhydrique, et ne renferme donc pas de groupe méthoxyle ni d'OH. Par action du brome sur la solution de pentaméthylphloroglucine dans l'alcool méthylique absolu, on obtient le *dérivé monobromé* qui fond à 75–76°.

HEXAMÉTHYLPHLOROGLUCINE. $C^{12}H^{18}O^3$. — Elle se produit dans les mêmes réactions qui fournissent la pentaméthylphloroglucine; ou encore en additionnant une solution alcoolique de triméthylphloroglucine de 12 mol. d'iodure de méthyle et de 12 mol. de potasse solide et chauffant jusqu'à neutralisation du liquide. Elle fond à 80°, bout à 247°,7 (corrigé) ou à 130° sous 22 mm. Sa constitution est la suivante :

$$\text{C(CH}^3)^2 \quad \text{CO} \quad \text{CO} \quad \text{C(CH}^3)^2 \quad \text{C(CH}^3)^2 \quad \text{CO}$$

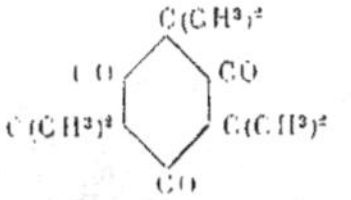

[Reisch, *Mon. f. Chem.*, **20**, 488 et suiv.].

ÉTHYLPHLOROGLUCINE, $C^6H^2(C^2H^5)(OH)^3$. — Lorsqu'on nitre l'éthylbenzène au moyen d'acide azotique fumant et d'acide sulfurique fumant, à 100°, on obtient le trinitroéthylbenzène qui réduit par l'étain donne le diaminophénol. Le chlorhydrate de ce diaminophénol s'hydrolyse facilement en donnant l'*éthylphloroglucine*. Ce sont des cristaux fondant à 119° et bouillant à 209° sous 12 mm. Le *dérivé triacétylé* $C^6H^2C^2H^5(OCOCH^3)^3$ est liquide et bout à 208° sous 15 mm. [Weisweiller, *Mon. f. Chem.*, **21**, 39].

PHLOROGLUCINEPHTALÉINE.

$$\text{C} \begin{cases} \text{C}^6\text{H}^2(\text{OH})^2 \\ \quad > \text{O} \\ \text{C}^6\text{H}^2(\text{OH})^2 \\ \text{C}^6\text{H}^4\text{CO} \\ \text{O} \end{cases}$$

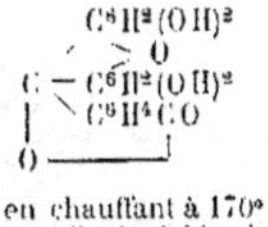

— On l'obtient en chauffant à 170° parties égales de phloroglucine et d'anhydride phtalique et reprenant par la soude la masse devenue dure et sèche, puis précipitant la solution alcaline par l'acide sulfurique. On obtient ainsi des flocons bruns qu'on épuise par l'eau; celle-ci dissout la phtaléine [Liebermann et Zerner, *D. chem. G.*, **36**, 1070, 1903].

Ne possédant pas comme la galléine ou la dioxyfluorescéine deux OH en ortho, cette phtaléine ne devrait pas teindre les mordants métalliques; c'est en effet ce qu'on constate.

Le *dérivé tétrabenzoylé* est amorphe; le *dérivé tétra-acétylé* fond à 230°. L'addition de potasse en excès communique à la phloroglucinephtaléine une fluorescence verte passagère, disparaissant par un grand excès d'alcali. Par elle-même cette phtaléine n'est pas fluorescente.

Avec le brome en milieu acétique, il se fait un *dérivé tétrabromé*. La méthylation par le sulfate de méthyle donne à l'ébullition l'*éther diméthylique*; à température plus basse et avec un excès de sulfate de méthyle on obtient l'*éther tétraméthylé*.

La solution alcaline de la phloroglucinephtaléine, traitée par la poudre de zinc et agitée après décoloration avec l'éther, donne par évaporation de ce dernier solvant une huile épaisse qui est la *phloroglucinephtaline* :

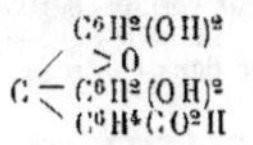

$$\text{C} \begin{cases} \text{C}^6\text{H}^2(\text{OH})^2 \\ \quad > \text{O} \\ \text{C}^6\text{H}^2(\text{OH})^2 \\ \text{C}^6\text{H}^4\text{CO}^2\text{H} \end{cases}$$

PHLOROGLUCINEBISAZOBENZOL.

$$C^6H \begin{cases} (OH)^3 \\ (Az = AzC^6H^5)^2 \end{cases}$$

— On l'obtient en mélangeant à froid une solution de nitrate d'aniline, de phloroglucine et de nitrite de potassium, ou encore par mélange à chaud d'une solution alcoolique de 1 mol. de phloroglucine et 2 mol. de diazoaminobenzène [*D. chem. G.*, **12**, 226]. Il fond à 228-230°.

Chauffé avec de l'anhydride acétique et de l'acétate de soude il donne l'*acétate* $C^6H(OH)^2(Az=AzC^6H^5)^2O.COCH^3$, qui fond à 222-223° [*Chem. Soc.*, **71**, 189].

Phloroglucinebisazotoluol, $C^6H(OH)^3[Az=AzC^6H^4CH^3]^2$. — On l'obtient dans les mêmes conditions que le précédent, par action du nitrate de toluidine et de nitrite de potassium sur la phloroglucine. Il est formé par des aiguilles rouges.

Phloroglucinetrisazoanisol, $C^6(OH)^3[Az=AzC^6H^4OCH^3]^3$. — On le prépare en mélangeant à chaud une solution alcoolique de phloroglucine et 3 mol. de diazoanisol [*Chem. Soc.*, **71**, 1155]. Il ne fond pas à 300°.

PHLOROGLUCITE. $C^6H^{12}O^3$. — Lorsqu'on traite la phloroglucine par une solution concentrée d'acide iodhydrique elle fournit le trioxyhexaméthylène symétrique ou 1.3.5-triolcyclohexane; c'est la phloroglucite. C'est un corps qui cristallise avec 2 mol. d'eau et qui fond à 115°. Elle ne donne pas les réactions colorées de la phloroglucine. Chauffée à 180° avec le chlorure de benzoyle elle fournit un benzoate cristallisé [*D. chem. G.*, **27**, 357].

GLUCOSE PHLOROGLUCINE. — La α-glucose apigénine provenant de l'apéine, se transforme par la soude concentré à chaud en α-glucose phloroglucine, qu'on isole en la précipitant sous forme de combinaison plombique. C'est une masse blanche amorphe qui chauffée avec HCl se dédouble en glucose et phloroglucine [Vengerichten et Muller, *D. chem. G.*, **39**, 245].

CONSTITUTION DE LA PHLOROGLUCINE.

De l'étude qui vient d'être faite, il résulte que la phloroglucine réagit vis-à-vis des divers agents tantôt comme un triphénol, tantôt comme une tricétone. Elle existe donc sous deux formes tautomériques auxquelles répondent les schémas :

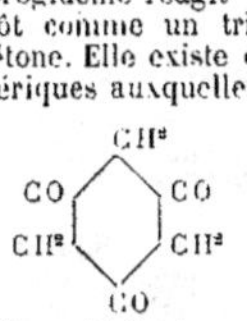

$$\text{CH}^2 \quad \text{CO} \quad \text{CO} \quad \text{CH}^2 \quad \text{CH}^2 \quad \text{CO} \qquad\qquad \text{COH} \quad \text{CH} \quad \text{CH} \quad \text{COH} \quad \text{COH} \quad \text{CH}$$

Forme tricétonique. 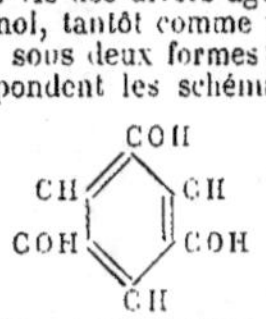 Forme triphénolique.

La synthèse au moyen des dérivés sulfonés conduit à la considérer comme un triphénol;

il en est de même de celle qui est réalisée par l'ébullition avec l'eau des dérivés amidés de la benzine et de ses homologues qui fournissent les méthylphloroglucines.

Mais la plupart de ses réactions et en particulier la formation d'une trioxime avec l'hydroxylamine, l'action de l'ammoniaque et des amines, la formation du dérivé hexachloré, conduisent à la considérer comme une tricétone. Si la forme tricétonique paraît être la plus stable, on connaît cependant pour certains dérivés les deux formes parfaitement distinctes qui sont capables de se changer l'une dans l'autre.

Avril 1907. A. Maillhe.

PHLOROGLUCITE. — Voy. l'art. PHLOROGLUCINE, 861.

PHLOROL. $C^6H^3(C^2H^5)(OH)_2$. — Il existe dans la créosote du goudron de bois [Béhal et Choay, *Bull. Soc. Chim.*, (3), **11**, 702]; ce phénol qui prend naissance dans un certain nombre de réactions [Ciamician, *D. chem. G.*, **12**, 1658; — Oliveri, *Gazz. chim. ital.*, **13**, 264; — Hlasiwetz, *Ann. Chem.*, **102**, 166; — Alexander, *D. chem. G.*, **25**, 2410; — Krämer et Spilker, *D. chem. G.*, **33**, 2259] peut s'obtenir en chauffant avec la chaux l'acide éthylbenzo-o-sulfonique (Beilstein et Kuhlberg), ou en réduisant l'o-nitroéthylbenzène [Suida et Plöhn, *Mon. f. Chem.*, **1**, 175], ce qui fixe sa constitution (comp. 1er Suppl.).

Point d'ébullition 206°,5-207°,5 : D = 1,0371. Son *sel de baryum* cristallise avec $2H^2O$. Par fusion avec les alcalis, il donne de l'acide salicylique et un peu d'acide m-oxybenzoïque.

ÉTHERS. — *Méthylique*, liquide bouillant à 185° (Oliveri); *éthylique*, liquide très réfringent à odeur éthérée, bouillant à 189-192° [Janasch et Hinrichsen, *D. chem. G.*, **31**, 1824]. Par bromuration il donne un *dérivé dibromé* $C^6H^2Br(C^2H^4Br)(O.C^2H^5)$ (Suida et Plöhn). On obtient un *dérivé tribromé* par bromuration de l'o-éthoxybromostyrol $C^6H^4(C^2H^5O)CH=CHBr$; il forme de gros prismes, fusibles à 51° [Fittig et Claus, *Ann. Chem.*, **269**, 5].

ACÉTAL. $C^6H^4(C^2H^5)O-CH^2-CH(OC^2H^5)^2$. — Huile à odeur de fruit. Point d'ébullition 275° [Störmer, *Ann. Chem.*, **312**, 299].

DÉRIVÉS NITRÉS. — $C^6H^3(OH)(AzO^2)(C^2H^5)$. Huile jaune bouillant à 212-215°, dont le *sel de baryte*, en lamelle jaune orange, cristallise avec H^2O (Suida et Plöhn).

Le *dérivé dinitré* $C^6H^2(OH)(AzO^2)^2(C^2H^5)$, obtenu par nitration directe du phlorol, donne un sel de baryte en lamelles jaunes. Le *sel de plomb* est insoluble et détone violemment, soit sous le choc, soit par traitement à l'acide sulfurique.

1er Juin 1907. V. Thomas.

PHLOROSE. $C^6H^{12}O^6$ (Dict., 1er Suppl.). — Le phlorose pur anhydre fond à 144-145°. Son identité avec le glucose dextrogyre ne paraît ni démontrée, ni infirmée. Voyez à ce sujet [*Ann. chem.*, **30**, 200; **176**, 114; **192**, 173; **277**, 302; *D. chem. G.*, **26**, 942].

1er juin 1907. V. Thomas.

PHŒNICÉINE. — Voyez PHŒNINE.

PHŒNINE. — C'est la matière colorante qui se trouve dans le bois du Copaïfera bracteata. Pour l'extraire, le bois pulvérisé est traité par l'alcool; l'extrait alcoolique évaporé à sec est repris par l'eau chaude et la liqueur agitée avec de l'éther acétique. Après purification la phœnine forme des cristaux microscopiques incolores de formule $C^{15}H^{16}O^7$. Elle se dissout en brun clair dans les alcalis.

Sous l'influence des acides étendus et chauds, ou simplement par chauffage direct, la phœnine perd 1 molécule d'eau et donne la *phœnicéine* $C^{15}H^{14}O^6$. Celle-ci se présente en bâtonnets microscopiques, solubles dans les alcools méthylique et éthylique, insolubles dans la plupart des autres solvants organiques. Chauffée, elle commence à fondre à 190°, en noircissant. Avec les alcalis et l'ammoniaque elle donne des sels bleus instables. La solution alcaline, d'abord bleue, vire au violet puis au brun. Avec l'acide chlorhydrique elle donne un dérivé d'addition. Les réducteurs, la poudre de zinc par exemple, donnent un *leucodérivé* d'une sensibilité très grande par rapport à l'oxygène de l'air; l'anhydride acétique donne un *dérivé triacétylé*, l'acide azotique donne de l'acide carbonique et de la trinitrorésorcine, les alcalis donnent du gaz carbonique et des composés phénoliques. Elle ne contient pas de groupe alcoylé; le brome donne un *dérivé bromé*; SO^4H^2 un *dérivé sulfoné*; le chlorure de benzoyle un *dérivé benzoylé* amorphe. Par distillation sèche elle dégage du gaz carbonique. De toutes ces propriétés, Estella Kleerekoper admet comme vraisemblable la formule :

OH — CO — OH, OH
CH
CO^2H

[*Rev. néerlandaise de Pharm., Ch. et Tox.*, **13**, 245, 284 et 303, 1901].

1er juin 1907. V. Thomas.

PHOLIDOLITE (Min.) (Nordenskiöld). — Écailles jaunes trouvées à la mine de Taberg, Wermland, Suède, avec diopside, grenat, épidote, sphène, apatite, magnétite, chlorite, galène. La composition s'exprimerait par $K^2O, 12(Fe, Mg)O, Al^2O^3, 13SiO^2, 5H^2O$. Densité = 2,408.

L. Bourgeois.

PHORONE (ISO) ou *isoacétophorone*,

$$(CH^3)^2 = C \begin{matrix} \diagup CH^2 - C \cdot CH^3 \\ \qquad\qquad \| \; CH \\ \diagdown CH^2 - CO \end{matrix}$$

[voir Suppl., **1**, 1243].

Formation. — Ce corps se forme dans la condensation de l'acétone avec les alcalis, le sodium métallique, l'éthylate de sodium ou l'amidure de sodium [Bredt et Rübel, *Ann. Chem.*, **289**, 10, 1895; **299**, 160, 1895; — Pinner, *D. chem. G.*, **16**, 1725, 1883].

Préparation. — *a*) Kerp choisit l'éthylate de sodium; l'emploi du sodium métallique produit trop de pinacone. On dessèche d'abord 100 gr. d'éthylate de sodium à 200° dans un courant d'hydrogène; puis on l'incorpore, tout en refroidissant énergiquement, dans 1 kg d'acétone; s'il se forme un précipité on redissout par l'acétone, puis on abandonne le mélange dans un endroit frais; au bout de 10 à 15 jours, on traite par l'eau le produit de condensation, de couleur foncée; l'huile brunâtre qui s'en est séparée, est traitée par l'acide sulfurique dilué; on reprend par l'eau, enfin on entraîne par la vapeur d'eau : on obtient ainsi 150 gr. d'une huile jaune, qu'on sèche sur le sulfate de soude calciné et qu'on fractionne sous 15 mm. Il passe alors de l'oxyde de mésityle entre 70 et 100°; entre 100 et 140° l'isophorone (rendement 60 gr.), et au-dessus du xylitone $C^{12}H^{18}O$. En soumettant la deuxième fraction à une nouvelle distillation, on la voit passer entre 95 et 110°. On peut encore enlever une notable proportion d'isophorone au mélange qui constitue la troisième portion en le traitant par une solution de semicarbazone. Dans ces conditions, 1 kg d'acétone fournit de 70 à 80 gr.

d'isophorone. Si on veut l'obtenir tout à fait pure, on décomposera son oxime par l'acide sulfurique dilué [Kerp. *Ann. chem.*, **290**, 137, 1896 ; — Kerp et Müller, *ibid.*, **299**, 194, 1898]. En employant l'amidure de sodium sur l'acétone, la condensation est immédiate avec dégagement de AzH^3 Freund et Speyer, *D. chem. G.*, **35**, 2321, 1902 ; — Farbwerke Höchst, D. R. P. 148080, 1902 ; — A.-W. Titherley, *Chem. Soc.*, **81**, 1520, 1902].

b) Knœvenagel prépare l'isophorone de la manière suivante. On mélange 1 mol. (100 gr.) d'oxyde de mésityle avec 1 mol. (133 gr.) d'éther acétylacétique, puis on les incorpore dans 282 gr. d'alcool absolu et on ajoute 23gr,5 de sodium métallique. On abandonne le mélange à lui-même pendant 8 jours, à une température de 5° environ ; enfin on chauffe 4 heures au bain-marie le produit de la condensation. Pour saponifier les éthers carboniques formés simultanément on traite le mélange par 100 gr. d'acide sulfurique à 20 0/0, puis on fait bouillir pendant 6 heures au réfrigérant à reflux. L'isophorone formée est ensuite entraînée avec l'alcool, par la vapeur d'eau. On la traite par la potasse et l'on obtient une solution alcoolique, dont on sépare l'isophorone en distillant l'alcool, puis en séchant sur le sulfate de soude. Enfin on distille dans le vide : à 17 mm. de pression la presque totalité de la phorone passe à 98° ; en répétant le fractionnement on obtient le produit pur ; le rendement est presque quantitatif [Knœvenagel, *Ann. Chem.*, **297**, 185, 1897].

Merling, Welde et Skita ne trouvent comme produits de réaction que de l'isophorone et de l'éthylcarbonate de soude [*D. chem. G.*, **38**, 979, 85, 1905].

L'isophorone est un liquide bouillant à 213° sous 76 cm., $D_4^{18} = 0,9288$, $n_D = 1,4766$, presque insoluble dans l'eau.

Elle ne se combine pas à la solution de bisulfite.

En la réduisant par le sodium on obtient le *dihydroisophorol* (trans)

```
CHOH - CH² - CH(CH³)
                 |
CH² - C(CH³)² - CH²
```

qui fond à 34°,5 et bout à 196°. Ce corps a l'odeur du menthol. La modification cis possède la même odeur et reste liquide à la température ordinaire.

Si l'on oxyde par le mélange chromique les deux corps qui viennent d'être décrits on obtient la *dihydroisophorone* ; c'est un liquide sentant la menthe et bouillant entre 188 et 189° ; il est stable vis-à-vis du brome et du permanganate de potasse ; on a préparé l'*oxime*, fondant à 58° et la *semicarbazone*, en cristaux fondant à 206°.

L'oxydation de l'isophorone fournit de l'acide formique et de l'acide acétique. Kerp, puis Bredt ont obtenu en outre un acide cétone $C^8H^{12}O^3$ fondant à 76°.

Si l'on distille l'isophorone avec l'anhydride phosphorique on obtient un carbure, C^9H^{12}, distillant à 139-141° sous 759 mm. C'est un liquide très mobile, limpide, dont l'odeur rappelle celle de la ligroïne. Il est insoluble dans l'eau et se décompose vers 160° ; il se résinifie facilement à l'air. Kerp en a préparé le *dérivé trinitré* $C^9H^9(AzO^2)^3$ qui fond entre 120 et 158° et le *dérivé tribromé* qui fond entre 228° et 231°.

Si l'on traite l'isophorone par le sulfate de semicarbazide en solution aqueuse concentrée, on obtient au bout de 24 heures la *semicarbazone*, en aiguilles blanches fondant à 186°.

L'*oxime* est en cristaux blancs fondant à 74-75° ; dissoute dans l'alcool et traitée par le sodium elle donne une base $C^9H^{15}AzH^2$, qui bout à 81-85°.

L'*uréide* $H^2Az-CO-AzC^9H^{15}$ cristallise en aiguilles blanches fondant à 185°.

Isoacétophorone bibromée $C^9H^{14}OBr^2$. — C'est une huile qu'on prépare avec les quantités théoriques des composés en liqueur acétique [Kerp et Muller, *Ann. Chem.*, **299**, 214].

Janvier 1907. M. Billy.

PHORONE (DU CAMPHRE), $C^9H^{14}O$. — Voy. Dict., **2**, 932 [Chautard, *Jahresb.*, 483, 1857 ; — Fittig, *Ann. Chem.*, **112**, 311 ; — Schewanert, *ibid.*, **123**, 298 ; — V. Meyer, *D. chem. G.*, **3**, 117 ; — Semmler, *ibid.*, **25**, 3520, 1892 ; — Kœnigs et Eppens, *ibid.*, **25**, 260 et **26**, 810 ; — Bredt et Rosenberg, *Ann. Chem.*, **289**, 1, 1895. — Kerp, *ibid.*, **290**, 143, 1896. — Harries et Matfus, *D. chem. G.*, **32**, 1343, 1899 ; — Wallach et Collmann, *Ann. Chem.*, **331**, 318, 1904 ; — L. Bouveault, *Bull. Soc. Chim.*, (3), **23**, 160, 1900].

La réaction qui exprime la décomposition du camphorate de calcium peut se représenter de la manière suivante :

```
CH² ——— CH ——— COO
|       |          \
|  CH³ - C - CH³     Ca
|       |          /
CH² ——— C ——— COO
        |
        CH³

          CH³   CH³
            \   /
              C
              ||
              C
            /   \
          CH²    CO
= CO³Ca +  |      |
          CH² — CH - CH³
```

Cette décomposition, qui exprime l'une des variantes de nombreuses migrations de la molécule du camphre, est rendue compréhensible par la synthèse de la phorone (Bv) :

Si l'on condense l'acétone avec l'α-méthylcyclopentanone au moyen de l'éthylate de soude, on obtient la phorone :

```
          CO
CH²  /        \  CH - CH³   +  CH³ >
     |        |                CH³ > CO
CH²  ——————————  CH²

                               CO
= H²O + CH³ > C = C   /        \  CH - CH³
        CH³ >          |        |
                  CH²  ——————————  CH²
```

— Cette cétone est un liquide mobile, d'odeur camphrée, bouillant à 200-205° ou 82°-83 (10 mm.) (K. et E.) ; 199-201° (W.) ; $D_{20} = 0,93$ et $n_D^{20} = 1,4807$. Ces chiffres correspondraient à la forme énolique de la cétone ; sous l'influence des alcalis, la phorone se scinde en acétone et α-méthylcyclopentanone, ce qui est assez naturel. La *phorone semicarbazone* fond à 197-198° ; elle fixe en solution acétique une seconde molécule de semicarbazide pour donner une combinaison fusible à 134° dont le picrate fond à 145° (W.). L'hydroxylamine réagit, selon les conditions, en donnant une *oxime* normale, huileuse (O.-W.) ou une *cétone hydroxylaminée* fondant à 119-120° (H. et M.)

```
            AzH - OH      CO
              |         /      \
CH³ > C ——— CH                  CH - CH³
CH³ >                  |        |
                 CH²   ——————————  CH²
```

L'oxydation de la phorone donne les acides

α-méthylglutarique, formique et acétique (K. et E.) :

$$\begin{matrix} CH^3 \\ CH^3 \end{matrix} > C = C \begin{matrix} CO \\ \diagup \quad \diagdown \\ CH^2 - CH^2 \end{matrix} CH - CH^3 \rightarrow CO^2H \quad \begin{matrix} CO^2H \\ CH^2 - CH^2 \end{matrix} CH - CH^3$$

Le brome fournit un *dérivé tribromé* fusible à 48°.

Mars 1906. G. Blanc.

PHORONIQUE (ACIDE).

$$\begin{matrix} CH^3 \\ CH^3 \end{matrix} > \underset{COOH}{C} - CH^2 - CO - CH^2 - \underset{COOH}{C} < \begin{matrix} CH^3 \\ CH^3 \end{matrix}$$

(voyez Suppl., 1244). — Pour le préparer on fixe à froid 2 molécules d'HCl sec sur 1 molécule de phorone; le produit digéré avec KCy en poudre, en presence d'alcool, se transforme en nitrile de l'acide phoronique, lequel est saponifié par HCl concentré. 10 gr. de phorone donnent 13 gr. d'acide phoronique pur [Anschütz et Monfort. *D. chem. G.*, **26**, 827 et 1176, 1893].

L'acide phoronique fond à 184°, il est peu soluble dans l'eau bouillante, soluble dans l'alcool.

Par oxydation (MnO^4K ou AzO^3H), il se transforme en acide diméthylmalonique.

Nitrile. $C^{11}H^{18}Az^2O^2$. — Il est obtenu en condensant l'acetone par le gaz chlorhydrique, et en traitant le produit par le cyanure de potassium pulvérisé en solution alcoolique.

Gros prismes cristallisant dans l'alcool bouillant et fondant au-dessus de 320°, en se sublimant.

Avec l'acide chlorhydrique fumant en excès, il donne un *produit d'addition* cristallisé : en insistant on obtient l'acide phoronique [Pinner. *D. chem. G.*, **15**, 585, 1882].

Janvier 1907. M. Billy.

PHOSPHATES (SUPER-). — Voyez l'art. Engrais.

PHOSPHINES. — Voyez Dict., **2**, 935; Suppl., 1244.

I. — PHOSPHINES ALIPHATIQUES.

Depuis Hofmann, ces composés ont été un peu abandonnés et nous n'avons que peu de produits nouveaux à décrire. On a pourtant fourni de nouvelles méthodes de préparation de ces dérivés qui permettent de les obtenir plus facilement que par la méthode de Hofmann.

Guichard [*D. chem. G.*, **32**, 1873, 1899] obtient les dichlorophosphines R P : Cl^2 en faisant réagir PCl^3 sur Hg : R^2.

Auger [*C. R.*, **139**, 639, 1904] obtient un mélange des dérivés phosphiniques primaires, secondaires et tertiaires, en chauffant en tube clos un mélange d'iodure alcoylé avec PCl^3 ou de bromure alcoylé avec P^2I^4. Les produits bruts obtenus sont des periodures du type $R.PCl^2.I^2$, $R^2PCl I^2$, R^3PI^2 et fournissent, par traitement avec AzO^3H concentré, les acides phosphiniques et l'oxyde de trialcoylphosphine correspondants. En faisant réagir les iodures alcoylés sur une solution de phosphore dans la soude alcoolique, le même auteur [*C. R.*, **139**, 671, 1904] obtient, avec CH^3I, de la monométhylphosphine : avec les iodures supérieurs, en même temps qu'un peu de mono-alcoylphosphine, des mélanges de sous-oxydes phosphiniques d'où l'on retire facilement par oxydation nitrique les acides mono- et di-alcoylphosphiniques correspondants.

Auger et Billy [*C. R.*, **139**, 597, 1904] font réagir, vers −40°, les composés R − Mg.Br sur PCl^3 et obtiennent des dérivés mono-, di- et triphosphiniques.

Partheil et van Haaren obtiennent des dérivés PR^3I en chauffant P^2Hg^3 avec les iodures alcoylés [*Arch. Pharm.*, **238**, 31, 1902].

PHOSPHINES PRIMAIRES.

Dérivés méthyliques. — *Acide méthylphosphinique*, $CH^3PO(OH)^2$. — On l'obtient par l'action de la soude alcoolique ou de l'acide nitrique sur son éther diphénylique, ou par chauffage du phosphite triéthylique avec CH^3I à 220° [Michaelis et Kähne, *D. chem. G.*, **31**, 1050, 1898].

Dérivés éthyliques. — *Éthyldichlorophosphine*, $C^2H^5PCl^2$. — Obtenue par la méthode de Guichard [*loc. cit.*]. Liquide bouillant vers 115°. Le chlore, le brome, le soufre donnent des dérivés d'addition correspondants. L'eau la transforme en acide éthylphosphineux. *Éthyl-tétrachloro-phosphine*, $C^2H^5PCl^4$. Masse jaune cristalline dissociée vers 135°. L'eau la transforme en *acide éthylphosphinique*, SO^2 lui enlève 2Cl et fournit l'*éthyloxychlorophosphine*. *Acide éthylphosphineux*. Sirop cristallisant à basse température, assez soluble dans l'eau et l'alcool. La chaleur le scinde en éthylphosphine et acide phosphinique. L'*éthyloxychlorophosphine*, préparée comme il a été dit plus haut, est un liquide jaune bouillant sous 50 mm. à 76°. L'eau la transforme en acide éthylphosphinique, l'alcool en *éther diéthylique*, bouillant à 198°. On obtient encore ce dernier en chauffant le sel de sodium du phosphate diéthylique avec CH^3I [Michaelis et Becker, *D. chem. G.*, **36**, 1006, 1897].

Éthylsulfochlorophosphine, $C^2H^5PSCl^2$. — Liquide provenant de l'action de S sur $C^2H^5.PCl^2$ [Guichard, *loc. cit.*], bouillant à 81° sous 50 mm. L'eau ne l'altère pas; les alcalis le transforment en sels de l'acide *éthylsulfophosphinique*.

Dérivés propyliques. — A. Partheil et Gronover [*Arch. Pharm.*, **241**, 40, 1904] ont obtenu, par la méthode de Hofmann, la *n-propylphosphine*, liquide bouillant à 53° et prenant feu à l'air. Guichard [*loc. cit.*] a préparé, comme on l'a vu plus haut, les dérivés suivants : *n-Propyldichlorophosphine* bouillant à 142°. *Propyloxychlorophosphine* bouillant à 89° sous 50 mm. *Acide propylphosphineux*, liquide. *Acide propylphosphinique*, fusible à 66°. *Isopropyldichlorophosphine*, bouillant à 137°. *Isopropyloxychlorophosphine*, bouillant à 83° sous 50 mm. *Acides isopropylphosphineux*, liquide, et *isopropylphosphinique*, fusible à 71°.

Dérivés butyliques. — Guichard a préparé l'*isobutyldichlorophosphine*, bouillant à 156°, l'*isobutyloxychlorophosphine*, bouillant à 106°, l'*isobutylsulfophophine*, bouillant à 112° : les acides : *isobutylphosphineux*, liquide, et *isobutylphosphinique*, fusible à 124°.

Dérivés isoamyliques. — L'*isoamylphosphine*, $C^5H^{11}PH^2$, liquide bouillant à 107°, obtenu par Guichard [*loc. cit.*], se forme en même temps que l'acide phosphinique correspondant par décomposition de l'acide phosphineux par la chaleur. L'*isoamyldichlorophosphine* bout à 182°. L'*isoamyloxychlorophosphine* bout à 124° sous 60 mm. *Acide isoamylphosphineux*, liquide, donne des *sels* de Am et de Fe. L'*acide isoamylphosphinique* fond à 165°. Son *anhydride* $C^5H^{11}PO^2$ a été obtenu par chauffage de l'acide avec l'isoamyloxychlorophosphine. Il fond à 122°. L'*éther diéthylique de l'acide isoamylsulfophosphinique*, $C^5H^{11}PS(OC^2H^5)^2$, est un liquide bouillant vers 255° et se décomposant légèrement.

Acide œnanthylphosphinique, $C^7H^{15}PO(OH)^2$. — Fossek [*Mon. f. Chem.*, **23**, 1888] l'a obtenu en réduisant par HI à 200° l'α-oxy-acide correspondant. Il est soluble dans l'alcool et l'éther, se gonfle à l'eau en gelée, fond à 108°.

PHOSPHINES SECONDAIRES.

Acide diéthylthiophosphinique. $(C^2H^5)^2PS.SH$: — Huile insoluble dans l'eau; on a préparé les sels d'AzH^4 et Ag.

Persulfure diéthylthiophosphinique,

$$\begin{matrix}(C^2H^5)^2PS.S\searrow \\ (C^2H^5)^2PS.S\nearrow\end{matrix} S$$

— Prismes très brillants, fusibles à 105° et que le sulfure d'ammonium transforme en sel ammoniacal de l'acide précédent. On l'obtient par l'action du soufre sur la diéthylphosphine [Hofmann et Mahla, *D. chem. G.*, **25**, 2439, 1892].

PHOSPHINES TERTIAIRES ET PHOSPHONIUMS.

Iodure de triméthyléthylphosphonium, $(CH^3)^3PC^2H^5I$. — Il se décompose par la chaleur en donnant un mélange de $(CH^3)^3PHI$ et de $(CH^3)^2P(C^2H^5)HI$ (Collie).

Méthyldiéthylphosphine. $(CH^3)(C^2H^5)^2P$. — Liquide bouillant à 111°. Son *chlorhydrate* a été obtenu par Collie [*Chem. Soc.*, **53**, 719, 1888] par distillation sèche de $(CH^3)P(C^2H^5)^3Cl$.

Diméthyléthylphosphine, $(CH^3)^2(C^2H^5)P$. — Liquide bouillant à 84°. Son *chlorhydrate* a été obtenu comme le précédent (Collie).

Iodure de diméthyldiéthylphosphonium. $(CH^3)^2P(C^2H^5)^2I$. — Produit d'addition de C^2H^5I avec la phosphine précédente.

Diéthylpropylphosphine, $(C^2H^5)^2PC^3H^7$. — Liquide bouillant vers 148°. Collie [*loc. cit.*] a obtenu son *chlorhydrate* par distillation sèche du sel $(C^2H^5)^3P.C^3H^7Cl$.

Chlorure de triéthyl-propyl-phosphonium. — Produit d'addition de $(C^2H^5)^3P$ et C^3H^7Cl à 130° (Collie).

DÉRIVÉS α-OXY-ALCOYL-PHOSPHINIQUES.

On connaît des représentants des types de combinaisons suivants :

(I) $\begin{matrix}R-CH(OH)\searrow \\ H\nearrow\end{matrix} PO.OH$;

(II) $[R-CH(OH)]^2=PO.OH$;

(III) $\begin{matrix}RR'C(OH)\searrow \\ H\nearrow\end{matrix} PO.OH$;

(IV) $[RR'C(OH)]^2=PO.OH$;

(V) $RCH(OH)PO(OH)^2$;

(VI) $RR'C(OH)PO(OH)^2$.

On obtient facilement ces dérivés par les méthodes générales suivantes : par chauffage d'une aldéhyde avec l'acide hypophosphoreux [Ville, *Ann. Chim. Phys.*, (6), **23**, 330, 1891], ce qui fournit les types (I) et (II). Les cétones fournissent les types (III) et (IV) [Marie, *C. R.*, **133**, 219, 818, 1901]. Le trichlorure de phosphore réagit sur les aldéhydes en fournissant des dérivés que l'eau décompose avec formation de composés du type (V). Exemple :

$$C^5H^{10}O + PCl^3 + 3H^2O = C^5H^{13}PO^4 + 3HCl$$

[Fossek, *Mon. f. Chem.*, **5**, 627, 1884]. Marie [*C. R.*, **136**, 48, 1903] les obtient en chauffant les aldéhydes avec l'acide phosphoreux. Comme, dans cette réaction, il se produit par les deux méthodes beaucoup de résines, Marie [*loc. cit.* et **134**, 847, 1900] préfère oxyder par $HgCl^2$, ou HgO, ou Br les acides du type (I).

Tous ces acides fournissent des sels bien cristallisés; les types (V) et (VI) peuvent donner deux séries de sels. Leur stabilité est beaucoup moindre que celle des acides phosphiniques proprement dits. En effet les acides dilués, vers 130°, les scindent en acides phosphorique ou phosphoreux et acétone ou aldéhyde. Chauffés seuls, ils se décomposent en perdant de l'aldéhyde ou de l'acétone et dégageant ensuite PH^3. L'acide iodhydrique les réduit à haute température.

DÉRIVÉ MÉTHYLIQUE. — *Acide oxyméthylphosphinique*, $CH^2(OH)PO(OH)^2$. Obtenu par Marie. Cristaux déliquescents à point de fusion bas.

DÉRIVÉS ETHYLIQUES. — *Acide oxyéthylphosphineux*, $CH^3.CH(OH)PHO(OH)$. — Sirop très soluble dans l'eau, décomposé vers 130°. *Sel de baryum*, très soluble dans l'eau (Ville).

Acide oxyéthylphosphinique, $CH^3CH(OH)PO(OH)^2$. — [Fossek, *loc. cit.*; — Marie, *C. R.*, **136**, 48, 1903]. Cristaux fusibles à 78°. *Sel de Ca*. Précipité cristallin.

DÉRIVÉS PROPYLIQUES. — *Acide oxy-propylphosphinique* [Fossek, *Monatsch.*, **7**, 29, 1886]. Lamelles ou tablettes monocliniques [Zepharowich, *l. c.*], fusibles à 162°, très solubles dans l'eau. *Sel de Ca*

Acide dioxyisopropylphosphinique, $[(CH^3)^2 : C(OH)]^2 : POOH$. — [Marie, *C. R.*, **133**, 219, 1901]. Acide fusible à 186°. On a préparé différents sels. Son *dérivé diacétylé* fond à 171°. Son *dérivé dibenzoylé* à 195°. Son *éther méthylique* à 92°; son *éther éthylique* à 96°.

Les acides ou les alcalis, à chaud, le décomposent. $HgCl^2$ l'oxyde en acide oxy-isopropylphosphinique $(CH^3)^2=C(OH)-PO(OH)^2$ [Voyez Marie, *C. R.*, **134**, 847 et 994; **135**, 106, 1902]. Cet acide fond à 175°. On a étudié plusieurs de ses *sels neutres et acides* : son *éther diméthylique* fond à 76°; son *éther diéthylique* est liquide; son *dérivé monobenzoylé* fond à 102°.

DÉRIVÉS BUTYLIQUES. — *Acide oxy-isobutylphosphinique* $(CH^3)^2 : CH.CH(OH)PO(OH)^2$. — [Fossek, *loc. cit.*]. Cristaux tabulaires fusibles à 169°. L'acide iodhydrique, en tube clos, le réduit en acide isobutylphosphinique. *Sel neutre* et *sel acide de baryum*.

Acide méthyl-éthyl-carbinol-phosphineux $((CH^3)(C^2H^5)C(OH)HPO(OH)$. — [Marie, *C. R.*, **136**, 234, 1903]. C'est un acide sirupeux que le brome oxyde en *acide phosphinique* correspondant, fusible à 159°. Chauffé avec de la benzaldéhyde, cet acide phosphineux fournit un *acide mixte* $[C^6H^5CH(OH)][(CH^3)(C^2H^5)C(OH)] : POOH$.

Acide di-oxyisobutyl-phosphineux $[(CH^3)^2 : CH.CH(OH)]^2POOH$. — [Ville, *loc. cit.*]. Cristaux tabulaires fusibles à 141°. Le *dérivé tétracétylé* cristallise en aiguilles.

DÉRIVÉS AMYLIQUES. — *Acide oxy-isoamylphosphineux* $(CH^3)^2 : CH.CH^2.CH(OH)HPOOH$. (Ville). Sirop décomposé vers 170°. *Sel de Ba* + $4H^2O$.

Acide oxy-isoamylphosphinique, $R-PO(OH)^2$. — (Fossek, Marie). Cristaux tabulaires nacrés fusibles à 191°. PCl^5 le transforme en *chlorure* $(CH^3)^2CHCH^2CHClPOCl^2$ bouillant à 106-109° sous 12 mm., que l'eau hydrolyse avec formation d'acide α-chloro-isoamylphosphinique cristallin $(CH^3)^2CHCH^2CHClPO(OH)^2$. L'acide iodhydrique le réduit en acide isoamylphosphinique (F.). On a décrit les *sels de Ba* et d'*Ag*. Le chlorure $C^5H^{10}POCl^3$ traité par l'alcool fournit le *chloro-isoamylphosphinate d'éthyle*, huileux.

Acide di-oxyisoamyl-phosphineux $[(CH^3)^2CH.CH^2.CH(OH)]^2 : PO.OH$. — (Ville). Cristaux fusibles à 160° en se décomposant, peu solubles dans l'eau. L'acide sulfurique dilué, vers 135°, l'hydrolyse en ses composants. Son *dérivé diacétylé* est sirupeux.

DÉRIVÉS HEXYLIQUES. — *Acide di-oxyœnanthyl-phosphinique*, $[C^6H^{13}CH(OH)]^2 : POOH$. — (Ville). Lamelles solubles dans l'alcool, décomposées vers 160°. On a préparé ses *sels de K, Ba, Pb*. Son *dérivé diacétylé* fond à 94°.

Acide oxyœnanthyl-phosphinique, $C^6H^{13}CH(OH).PO(OH)$. — Cristaux tabulaires fusibles vers 185° (Fossek).

Acide oxyœnanthyl-phosphineux, $C^6H^{13}.CH(OH)HPO(OH)^2$. — Lamelles fusibles à 56°. Son *dérivé acétylé* est sirupeux (Ville).

DÉRIVÉS β-OXYPHOSPHINIQUES. — On ne connaît que le *composé*

$$CH^2(OH).CH^2-\underset{\displaystyle Cl}{\underset{|}{P}} \equiv (C^2H^5)^3$$

ou *chlorure de β-oxyéthyl-triéthylphosphonium*, obtenu par A. Partheil et A. Gronover [*Arch. de Pharm.*, 241, 1903] en chauffant à 150° la chlorhydrine du glycol avec la triéthylphosphine. C'est une masse cristalline blanche qui, avec Ag^2O, se transforme en *base oxhydrylée* très alcaline. *Sels* : $A^2 : PtCl^6$; $A.AuCl^4$; $A.HgCl^3$.

DIVERS. — *Dichloro-acétyl-phosphide*, $CHCl^2.COPH^2$. — En faisant réagir PH^3 sur le chlorure d'acétyle dichloré, on obtient ce produit en poudre jaunâtre cristalline, décomposée à 200°. L'eau la décompose lentement avec formation de PH^3 [Evans et Vanderkleed, *Am. Chem. J.*, **27**, 142, 1902].

Acide phospho-tri-anhydro pyruvique,

$$P \equiv \left[-C \begin{matrix} \nearrow CH^3 \\ \searrow CO \end{matrix} \quad \llcorner O \right]^3$$

— Obtenu en faisant passer PH^3 dans une solution éthéro-chlorhydrique d'acide pyruvique. Aiguilles sublimables, solubles dans l'alcool. L'eau le décompose en ses constituants [Messinger et Engels, *D. chem. G.*, **21**, 2919, 1888].

DÉRIVÉS DE L'ACÉTONE. — [Michaelis, *D. chem. G.*, **18**, 899, 1885].

Di-acétone-chlorophosphine,

$$C^6H^{10}O^2PCl = \begin{matrix} (CH^3)^2 = C \;-\; O \\ \quad\quad\quad | \quad\quad\;\; | \\ CH^3 - CO - CH - P - Cl \end{matrix}$$

— Ce composé est obtenu en traitant un mélange d'acétone et PCl^3 par $AlCl^3$. La partie soluble dans la ligroïne le contient, et on le purifie par distillation dans le vide. C'est une masse cristalline fusible à 36°, bouillant à 154° sous 100 mm., fournissant avec l'eau l'acide diacétone-phosphinique. Le chlore le transforme en *chloro-trichlorure* fusible à 115°, le brome en *chloro-dibromure* $C^6H^{10}O^2PClBr^2$ fusible à 142°. Ces deux derniers sont décomposés par l'eau en H^3PO^4 et oxyde de mésityle.

Acide di-acétone-phosphinique (ou *isopropylacétonyl-phosphinique*) $(CH^3)^2 : CH.CH(COCH^3)PO(OH)^2 + H^2O$. — On l'obtient dans le résidu insoluble dans la ligroïne de l'opération précédente, ou en décomposant par l'eau la chlorophosphine correspondante. Aiguilles solubles dans l'eau et fusibles à 64°. L'eau de brome le décompose totalement à chaud.

On a préparé ses *sels neutres* et *acides de Am, K, Ba, Pb, Ag, Mg*. L'acide nitrique fumant le transforme en *acide isopropylphosphine-carbonique* $CH^3CH(CO^2H)CH^2-PO(OH)^2$ cristallin, très soluble dans l'eau, et dont on a décrit les *sels de Ba* et *d'Ag*.

II. — PHOSPHINES AROMATIQUES.

Généralités. — On peut dire que les phosphines aromatiques (aryliques) ont été étudiées, dans ces 20 dernières années, exclusivement par Michaelis et ses élèves. Pour éviter la répétition des renvois bibliographiques, nous noterons 1, 2, 3, les trois plus volumineux mémoires de ce chimiste : [(1) *Ann. Chem.*, **293**, 212, 1896 ; (2) *ibid.*, **294**, 48, 1896 ; (3) *ibid.*, **315**, 46, 1901. Voyez aussi, sur les Az phosphines : *Ann. Chem.*, **326**, 129, 1903].

Le point de départ le plus commode des différentes synthèses des phosphines est l'aryl-phospho-chlorure $R.PCl^2$. En dehors du chlorure de phosphényle $C^6H^5PCl^2$ qu'on obtient par chauffage à haute température de $C^6H^6 + PCl^3$, on obtient les phosphochlorures homologues soit en chauffant ensemble les mercure-aryles et le trichlorure de phosphore, $(CH^3.C^6H^4.)^2Hg + PCl^3 = CH^3.C^6H^4.PCl^2 + CH^3C^6H^4HgCl$, soit par une longue ébullition du carbure aromatique avec le chlorure d'aluminium et le chlorure de phosphore.

Prenons comme exemple les dérivés para du toluène ; nous pouvons, par les réactions les plus simples, obtenir successivement un nombre considérable de dérivés phosphineux et phosphiniques. Voici un tableau des principales réactions générales qu'on peut effectuer sur ces composés :

Ex. : Point de départ : $CH^3-C^6H^5 + PCl^3 = CH^3-C^6H^4-PCl^2$.

$CH^3-C^6H^4\ PCl^2$

$+ 2CAzAg = R.P=(CAz)^2$

$+ 2CAzSAg = R.P=(CAzS)^2$

$+ Zn(R')^2 = R.P \begin{matrix} \nearrow R' \\ \searrow R' \end{matrix}$

$+ AzC^5H^{11}$ (pipéridine)

$= RP(AzC^5H^{10})^2$

$+ ICH^3 = RP(AzC^5H^{10})^2.ICH^3$

et par hydrolyse :

$\begin{matrix} R \searrow \\ CH^3 \nearrow \end{matrix} P \begin{matrix} \nearrow O \\ \searrow OH \end{matrix}$ + pipéridine

$+ 2H^2O = RP \begin{matrix} \nearrow OH \\ \searrow OH \end{matrix}$ qui, distillé

$= 2R.PO(OH)^2 + R.P=H^2$

$+ 2C^2H^5OH = RP(OC^2H^5)^2$

$+ 2Cl = RPCl^4$, $+ 2Br = RPCl^2Br^2$; $+ SO^2 = RPOCl^2$

$RPCl^4 + 3R'AzH^2 = R-P-Cl \equiv (AzHR')^3$

$+ 3H^2O = RPO(OH)^2$

$RPOCl^2$

$+ RPO(OH)^2 = 2RPO^2$ Anhydride

$+ 2H^2O = RPO(OH)^2$

$+ 2AzH^2R' = RPO(AzHR')^2$

$+ HOC^6H^5 = RPO \begin{matrix} \nearrow Cl \rightarrow (OH), (AzH^2) \\ \searrow OC^6H^5 \end{matrix}$

$+ 2HOC^6H^5 = RPO(OC^6H^5)^2$

$CH^3-C^6H^4-PO(OH)^2$ oxydé

$= HO^2C.C^6H^4-PO(OH)^2$

PHOSPHINES PRIMAIRES.

DÉRIVÉS PHÉNYLIQUES. — *Chlorure de phosphényle* $C^6H^5PCl^2$. — On peut l'obtenir aussi en traitant C^6H^6 par PCl^3 et $AlCl^3$ [Michaelis, *Ann. Chem.*, **212**, 206, 1882].

Il bout à 141° sous 57 mm. [Michaelis et Lacoste, *D. chem. G.*, **18**, 2109, 1885]. Autres constantes : [V. Thorpe, *J. Chem. Soc.*, **37**, 347, 1879 et Tecchini, *Gazz. chim. ital.*, (1), **24**, 37, 1894]. Il fournit, avec la phénylhydrazine, la *phosphényl-phénylhydrazone* $C^6H^5P = Az - AzH$ C^6H^5 fusible à 152°; avec la p-tolylhydrazine, la *phosphényl-p-tolylhydrazone* fusible à 162°, et avec la benzyl-phénylhydrazine, la *phosphényl-benzyl-phénylhydrazone* fusible à 141° [Michaelis et Oster, *Ann. Chem.*, **270**, 129, 1892].

Dicyanure de phényl-phosphine $C^6H^5 - P:(CAz)^2$. — Ce produit se forme à 150° par double décomposition de $C^6H^5PCl^2$ et $2\,AgCAz$. C'est une huile bouillant à 145° sous 20 mm. Les alcalis la décomposent en acide cyanhydrique et acide phénylphosphineux [1].

Disulfocyanure de phénylphosphine $C^6H^5P(SCAz)^2$. — Obtenu avec $CSAzAg$. Huile bouillant à 206° sous 20 mm.

Acide phénylphosphineux $C^6H^5HPO(OH)$. — M. et O. [*loc. cit.*] en ont préparé les *sels hydraziniques* avec : *phénylhydrazine*, prismes fusibles à 135°; *p-tolylhydrazine* aiguilles fusibles à 148°; *phényl-benzyl-hydrazine*, prismes fusibles à 108°.

Dérivés aminés : $C^6H^5 - P:(AzR)^2$ [Michaelis, *D. chem. G.*, **31**, 1041, 1898].

Phénylphosphine-dipipéridide $C^6H^5 - P:(AzC^5H^{10})^2$. — Lamelles fusibles à 78°, obtenues par l'union de la pipéridine avec $C^6H^5PCl^2$. Les acides dilués les décomposent par hydrolyse. Ce corps se combine avec CS^2 en formant le *composé* $C^{16}H^{25}Az^2P.2CS^2$ fusible à 144°, perdant facilement CS^2 en donnant : $C^{16}H^{25}Az^2P.CS^2$, aiguilles jaunes fusibles à 137°.

Iodométhylate $C^6H^5.P(AzC^5H^{10})^2CH^3I$ fusible à 167°. Son *oxyde* obtenu au moyen de Ag^2O se scinde par la chaleur en donnant de l'acide méthyl-phényl-phosphinique. Le *chlorométhylate* fond à 130°; l'*iodéthylate* à 174°; le *chlorobenzylate* est cristallin.

Oxyde de phényl-phosphino-dipipéridide $C^6H^5.PO:AzC^5H^{10})^2$. — On l'obtient par union de $C^6H^5.POCl^2$ avec la pipéridine. Cristaux fusibles à 68°. Le *sulfure*, $C^6H^5PS(AzC^5H^{10})^2$ se prépare par l'union du soufre avec la phénylphosphino-dipipéridide. Aiguilles fusibles à 92°.

Phénylphosphino-ditétrahydroquinoléine $C^6H^5P(AzC^9H^{10})^2$. — Ce composé est obtenu par l'union directe du chlorure de phosphényle avec la tétrahydroquinoléine. Il fond à 150°, son *iodométhylate* est fusible à 136°. Son *oxyde* $C^6H^5PO(AzC^9H^{10})^2$ fond à 206°.

Amide phénylphosphinique, $C^6H^5.PO(AzH^2)^2$ [1]. — Lamelles solubles dans l'alcool, fusibles à 189°, obtenues par l'action de $C^6H^5POCl^2$ sur AzH^3. *Anilide*, $C^6H^5PO(AzHC^6H^5)^2$. Aiguilles fusibles à 211°. *Hydrazide*, $C^6H^5PO(AzH.AzHC^6H^5)^2$, fusible à 175°.

Acide aniline-phénylphosphinique, $C^6H^5PO(OH)(AzHC^6H^5)$. — On obtient le *chlorure* de cet acide par l'action de chlorhydrate d'aniline sur $C^6H^5POCl^2$. Ce chlorure, traité par l'eau, fournit le composé cherché, cristallin, fusible à 125°, insoluble dans l'eau. Le chlorure, traité par le phénol, fournit l'*éther phénylique* $C^6H^5PO(OC^6H^5)(AzHC^6H^5)$ fusible à 83°, bouillant à 235° sous 25 mm. [1].

Hydrate de phényl-trianil-phosphonium $(C^6H^5)(C^6H^5AzH)^3POH$. — Le tétrachlorure de phénylphosphine, traité par le chlorhydrate d'aniline à 200°, fournit le *chlorure* correspondant fusible à 250°. Le *bromure* fond à 235°, l'*iodure* fond à 165°, l'*hydrate* à 216° [Michaelis et Kühlmann, *D. chem. G.*, **28**, 2216, 1895].

Anhydride phénylphosphinique (*Phosphinobenzène*) $C^6H^5 - PO^2$. — Poudre cristalline très déliquescente, qu'on obtient par ébullition du chlorure $C^6H^5POCl^2$ et de l'acide $C^6H^5PO(OH)^2$ [Michaelis et Rothe, *D. chem. G.*, **25**, 1748, 1892].

DÉRIVÉS SUBSTITUÉS DANS LE NOYAU. — *p-Chloro-phénylphosphine* $Cl.C^6H^4.PH^2$. — Masse cristalline fusible à 17°, bouillant à 200°, insoluble dans l'eau et les acides. On l'obtient par distillation sèche de l'acide phénylphosphineux [1].

p-Chloro-chlorure de phosphényle $Cl.C^6H^4.PCl^2$. — Obtenu par ClC^6H^5, PCl^3 et $AlCl^3$. — Huile bouillant à 254°. Le chlore la transforme en *tétrachlorure* cristallin jaune $Cl.C^6H^4.PCl^4$. Le brome fournit un *chlorobromure* $Cl.C^6H^4.PCl^2Br^2$ fusible à 216°. La phénylhydrazine fournit une *hydrazone* fusible à 161°.

p-Bromo-phénylphosphine $Br.C^6H^4.PH^2$ fusible à 40°, bouillant à 196°, obtenue comme le dérivé *p*-chloré.

p-Bromo-chlorure de phosphényle $Br.C^6H^4.PCl^2$. — Liquide bouillant à 272°; son *tétrachlorure* fond à 55°.

p-Bromo-phosphényl-phénylhydrazone fusible à 160°.

p-Anisyl-chlorophosphine $CH^3O.C^6H^4.PCl^2$. — Obtenue par l'action de l'anisol sur PCl^3 en présence de chlorure d'aluminium commercial contenant de l'oxyde, ou bien avec $(CH^3OC^6H^4)^2Hg$ et PCl^3. Liquide bouillant à 130° vers 15 mm. Son *tétrachlorure* est fusible vers 40°.

p-Phénéthyl-chlorophosphine $C^2H^5O.C^6H^4.PCl^2$. — Liquide bouillant à 266°, obtenu comme le précédent.

Acide p-chloro-phénylphosphineux, $Cl.C^6H^4.HPO(OH)$. — On l'obtient en décomposant par l'eau son chlorure. Il est presque insoluble dans l'eau d'où il cristallise en lamelles ou en aiguilles, fusibles à 131°. *Sels* de AzH^4, Ba, Cu, $C^6H^5AzHAzH^2$.

Acide p-bromo-phénylphosphineux. — On le prépare comme le précédent; il fond à 143°. *Sels* : AzH^4; K; Ca; Ba; Pb; Cu; $C^5H^5AzH^2$; $C^6H^5AzH.AzH^2$ [Michaelis et Schenk, *Ann. Chem.*, **260**, 2, 1890].

p-Amino-chlorure de phosphényle. — On connaît les dérivés suivants : *Diméthylamino dérivé* $(CH^3)^2Az - C^6H^4PCl^2$, obtenu par action de $AlCl^3$ sur le mélange de diméthylaniline et PCl^3, ou au moyen du dérivé mercurique de la diméthylaniline et PCl^3. Cristaux fusibles à 66°, bouillant à 250° sous 120 mm. L'acide chlorhydrique gazeux le scinde en ses composants. L'eau l'hydrolyse en acide phényl-phosphineux. *Diethyl-amino dérivé*, $(C^2H^5)^2Az$, huile épaisse. *Méthyl-phényl-amino dérivé*, $(CH^3)(C^6H^5):Az$, huile décomposée vers 300°. *Éthyl-benzyl-amino dérivé*, $(C^2H^5)(C^6H^5CH^2):Az$, huile.

Acide p-diméthyl-amino-phénylphosphineux $(CH^3)^2Az - C^6H^4.HPO(OH)$. — On l'obtient en traitant le chlorure $R-PCl^2$ par un alcali [2]. Il cristallise en aiguilles solubles dans l'eau, fusibles à 162°. La chaleur le scinde en $(CH^3)^2AzC^6H^5$, PO^3H, P et PH^3. *Sels* : Na, Pb, Cu, et chlorhydrate.

Acide méthyl-phényl-amino-phénylphosphineux, $(CH^3)(C^6H^5)Az.C^6H^4.PHO(OH)$. — Aiguilles fusibles à 150°. *Sel de Na* [2].

Acide méthyl-benzyl-amino-phénylphosphineux $(CH^3)(C^6H^5CH^2)C^6H^4HPO(OH)$. — Aiguilles fusibles à 96°. *Sel de Na* [2].

Acide p-anisyl-phosphineux, $CH^3O.C^6H^4.PHO(OH)$. — Aiguilles fusibles à 112°. *Sels* : Pb ; $C^6H^5AzH.AzH^2$ [2].

Acide p-phénéthyl-phosphineux, $C^2H^5O-C^6H^4PHO(OH)$. — Fusible à 115° [2].

Dérivés de l'acide phényl-phosphinique, [1].

Acide p-chloro-phénylphosphinique $Cl.C^6H^4-PO(OH)^2$. — On l'obtient par hydrolyse du tétrachlorure ou de l'oxychlorure correspondant. Il cristallise de la solution aqueuse en aiguilles fusibles à 185°. *Sels* : Ba, Ag, Ag^2.

Chloro-phényl-dipipéridine-phosphine $(ClC^6H^4)(C^5H^{10}Az)^2P$. — Produit de l'action de la piperidine sur le dichlorure de chlorophénylphosphine : il fond à 95° (Michaelis et Röber, *D. chem. G.*, **31**, 1047, 1898). Ces auteurs ont préparé de même la *methoxyphényl-dipipéridine-phosphine* $(CH^3OC^6H^4)(C^5H^{10}Az)^2P$ fusible à 69°, et l'*éthoxy-dipipéridine-phosphine* $(C^2H^5OC^6H^4)(C^5H^{10}Az)^2P$ fusible à 84°.

Oxychlorure de p-chlorophénylphosphine, $Cl.C^6H^4.POCl^2$. — Liquide bouillant à 285° et obtenu par l'action de SO sur le tétrachlorure correspondant.

Anhydride p-chlorophénylphosphinique (*phosphino-p-chlorobenzène*). — Poudre cristalline fusible à 211°, obtenue par ébullition de l'oxychlorure précédent avec l'acide correspondant, en présence de benzène.

On a obtenu exactement de même les *dérivés bromés* : l'*acide* fusible à 202°. *Sels* : K, Ba, Ag, Ag^2. L'*oxychlorure*, liquide, bouillant à 291°. L'*anhydride* fusible à 185°. Michaelis a décrit encore un *isomère β de l'acide*, dont la constitution est inconnue, et qui cristallise en aiguilles fusibles a 265°.

Acide p-chloronitrophénylphosphinique, $ClAzO^2C^6H^3.PO(OH)^2$. — Obtenu par nitration directe de l'acide p-chloré. Il cristallise de la solution aqueuse en aiguilles fusibles à 167°. *Sels* : Na^2, K^2, Ca, Ba, Ag^2.

Acide p-bromonitrophénylphosphinique. — Préparé comme le précédent. Il cristallise en lamelles jaune clair fusibles à 185°. *Sel*, Ag^2.

Acide diméthylaminophénylphosphinique, $(CH^3)^2AzC^6H^4.PO(OH)^2$. — Il a été obtenu par oxydation avec $HgCl^2$, de l'acide phosphineux correspondant [2]. Il est cristallisé, soluble dans l'eau et l'alcool, et fond à 133°.

Acide p-chloronitroaminophénylphosphinique, $AzH^2ClC^6H^3PO(OH)^2$. — C'est le produit de réduction par Sn et HCl du dérivé nitré correspondant [1]. Il est peu soluble dans l'eau, et cristallise en aiguilles fusibles à 270°. *Sels* : Ba, Ag^2.

Acide p-anisylphosphinique, $CH^3O.C^6H^4.PO(OH)^2$. — On l'obtient par hydrolyse de l'oxychlorure correspondant. Il cristallise de la solution aqueuse en agrégats fusibles à 158°. *Sels* : K, Ba, Pb, Fe^2, Ni, Cu, Ag^2 ; $C^6H^5AzH.AzH^2$.

Son *oxychlorure*, $CH^3O.C^6H^4POCl^2$, est préparé en traitant par SO^2 le tétrachlorure correspondant. C'est une huile épaisse bouillant à 175° sous 15 mm. L'*anhydride* $CH^3O.C^6H^4.PO^2$, formé par réaction de l'acide et de l'oxychlorure, fond vers 52°. Il est amorphe.

Acide nitroanisylphosphinique $(CH^3O)(AzO^2)C^6H^3.PO(OH)^2$. — On l'obtient par nitration directe ; il fond à 187°. *Sels* : Ba, Cu, Co.

Acide p-phénéthylphosphinique, $C^2H^5OC^6H^4PO(OH)^2$. — On le prépare en traitant le tétrachlorure correspondant par l'eau. Il fond à 165°. *Sel*, Ag^2.

Dérivés benzyliques. — Voyez 2e Suppl., p. 659.

Acide benzylphosphinique, $C^6H^5CH^2-PO(OH)^2$. — On l'obtient par l'action de l'alcool benzylique sur l'iodure de phosphore [Lets et Blake, *Trans. Soc. Edinb.*, **35**, (2), 612]. Cet acide cristallise de l'acide acétique en prismes fusibles à 166°, solubles dans l'eau. Il s'anhydrise vers 230° en $(C^7H^7PO^2H)^2:O$. L'acide phosphoreux le réduit en benzylphosphine. *Sels* : K^2, Mg, Ca, Ba, Ba½, Zn½, Cd, Pb, Cu, Ag^2 (L. et B.).

Son *éther diphénylique*, $C^6H^5CH^2.PO(OC^6H^5)^2$, a été obtenu par Michaelis et Kähne [*D. chem. G.*, **31**, 1051, 1898] en chauffant le phosphite triphénylique avec $C^6H^5CH^2Cl$ à 175°. Ce composé cristallise de sa solution ligroïnique : il fond à 60°.

Dérivés tolyliques. — *Dichlorures de tolylphosphine*, $CH^3C^6H^4.PCl^2$. — On connaît les trois dérivés possibles : *Ortho*, obtenu par l'action de PCl^3 sur le mercure-o-ditolyle ; c'est un liquide bouillant à 244° [1]. *Méta*, liquide bouillant à 235°, obtenu avec le mercure m-ditolyle. *Para*, cristaux fusibles à 25°, bouillant à 245°, et obtenus comme les précédents, ou bien par l'action de PCl^3 sur $CH^3C^6H^5$ en présence d'$AlCl^3$ [Michaelis et Panneck, *Ann. Chem.*, **212**, 206, 1882].

Tétrachlorures de tolylphosphine, $CH^3.C^6H^4PCl^4$. — On les obtient par l'action du chlore sur les dichlorures. Le *dérivé ortho* fond à 65° [1] ; le *dérivé para* fond à 42° [M. et Panneck, *loc. cit.*] et [1].

Oxychlorures de tolylphosphine, $CH^3.C^6H^4.POCl^2$. — Obtenus par l'action de SO^2 sur les tétrachlorures. *Dérivé ortho*, liquide bouillant à 273°. *Dérivé méta*, bouillant à 275°. *Dérivé para*, bouillant à 295° [1].

Dicyanure de p-tolylphosphine, $CH^3.C^6H^4.P(CAz)^2$. — Obtenu par l'action du dichlorure sur le cyanure d'argent [1]. Liquide épais bouillant à 145° sous 50 mm.

Disulfocyanate de p-tolylphosphine, $CH^3.C^6H^4.P(SCAz)^2$. — Obtenu comme le précédent, avec le sulfocyanate d'argent [1]. Liquide rougeâtre, bouillant à 237° sous 40 mm.

Acides tolylphosphineux, $CH^3.C^6H^4.P(OH)^2$. — Les trois acides isomères sont obtenus par hydrolyse des dichlorures avec l'eau. *Acide ortho* [M. et Panneck, *loc. cit.*], huile épaisse. *Sels* : A^2Ca, A^2Pb, A^2Cu. *Acide méta* [1], sirop. *Sels* : $A.AzH^4$, A.K, A^2Ba, $A.C^6H^5AzH.AzH^3$. *Acide para* (M. et Panneck). Tables quadratiques fusibles à 105°. La chaleur le scinde en tolylphosphine et acide tolylphosphinique. *Sels* : $A.AzH^4$, A.K, A^2Ba, A^2Pb, A^2Cu, $A.C^6H^5AzH AzH^3$. Son *éther diéthylique* bout à 280°.

Acides tolylphosphiniques, $CH^3.C^6H^4.PO(OH)^2$. — Obtenus par décomposition des tétrachlorures ou des oxychlorures par l'eau. Ils sont solubles dans l'eau.

Acide ortho. — (M. et Panneck, [1]). Cristaux fusibles à 141°. *Sels* : $A.AzH^4$, A^2Ba, A.Pb, A.Cu, AAg^2. *Dianilide*, fusible à 234° [1].

Anhydride, $CH^3.C^6H^4.PO^2$ [1]. — Prismes solubles dans le benzène.

Acide méta [1]. — Aiguilles fusibles à 117°. *Sels* : A.K, A^2K, ABa, A.Ag, $A.Ag^2$.

Acide para. — (M. et Panneck). Aiguilles fusibles à 189°. L'eau de brome le scinde en p-bromotoluène et PO^4H^3. Le permanganate l'oxyde en acide benzophosphinique. *Sels* : A^2K, à peine soluble dans l'eau froide ; A^2Ca, A^2Ba, A.Ag, $A.Ag^2$. *Anhydride* $CH^3.C^6H^4PO^2$. Poudre cristalline fusible à 101° [Michaelis et Rothe, *D. chem. G.*, **25**, 1748, 1892].

Ethers et amides de l'acide p-tolylphosphinique [1].

Ether acide phénoxy-p-tolylphosphinique, $CH^3.C^6H^4.PO(OH)(OC^6H^5)$. — On obtient son sel d'AzH^4 en traitant par AzH^3 aqueux son *chlorure acide* $CH^3.C^6H^4POCl(OC^6H^5)$. Ce dernier, fusible à 55° et bouillant au-dessus de 38°, s'obtient en faisant réagir le phénol, à 125°, sur l'oxychlorure $R.POCl^2$.

Ether diphénoxy-p-tolylphosphinique, $CH^3.C^6H^4.PO(OC^6H^5)^2$. — Obtenu comme le précédent. avec un excès de phénol. Liquide épais bouillant vers 360°. *L'éther di-p-crésylique* est obtenu de même. ainsi que le *chlorure acide* $CH^3C^6H^4POCl(OC^6H^4CH^3)$. fusible à 60° et bouillant vers 360°.

Ether phénylène-p-dioxy-p-tolylphosphinique. — Obtenu avec la pyrocatéchine. Cristaux fusibles à 81°. Si l'on emploie 1/2 molécule de pyrocatéchine on obtient *l'éther-chlorure* $[CH^3.C^6H^4.POClO]^2C^6H^4$, fusible à 81°.

Ether amide-phénoxy-p-tolylphosphinique, $CH^3.C^6H^4\ POAzH^2(OC^6H^5)$. — Cristaux fusibles à 116°, obtenus par l'action de AzH^3 sur le chlorure correspondant.

Diamide-p-tolylphosphinique, $CH^3.C^6H^4PO(AzH^2)^2$. — Lamelles fusibles à 176°. obtenues par l'action de AzH^3 sur le chlorure correspondant.

Acide anilide tolylphosphinique, $CH^3.C^6H^4PO(AzHC^6H^5)(OH)$. — Poudre fusible à 105°, obtenue par l'action du chlorhydrate d'aniline sur l'oxychlorure correspondant. Son *éther phénylique* $CH^3.C^6H^4PO(AzHC^6H^5)(OC^6H^5)$ fond à 59° et bout à 283° sous 48 mm.

Dianilide-p-tolylphosphinique, $CH^3.C^6H^4PO(AzHC^6H^5)^2$. — Aiguilles fusibles à 209°. obtenues par l'action de l'aniline sur l'oxychlorure correspondant.

On a de même préparé. avec la p-toluidine, les dérivés correspondant aux anilides ci-dessus décrites : *L'acide toluide* fond à 208°, et son *éther phénylique* fond à 48° et bout à 280° sous 32 mm.; le *di-p-toluide* fond à 237°.

Diphénylhydrazide-p-tolylphosphinique, $CH^3.C^6H^4.PO(AzH.AzHC^6H^5)^2$. — Aiguilles fusibles à 171°.

Hydrazide phénoxy-p-tolylphosphinique, $CH^3.C^6H^4.PO(OC^6H^5)(AzHAzHC^6H^5)$. — Aiguilles fusibles à 173°.

p-Tolyldipipéridine-phosphine, $CH^3.C^6H^4.P(AzC^5H^{10})^2$. — Obtenu par l'action du dichlorure sur la pipéridine [Michaelis, *D. chem. G.*, **31**. 1046. 1898]. Cristaux monocliniques fusibles à 80°. Son *produit d'addition* avec $2CS^2$ fond à 139°; son *iodométhylate* à 186°; son *iodoéthylate* à 191°; son *iodopropylate* à 197°; son *iodobutylate* à 204°; son *chlorobenzylate* à 125°. Son *oxyde* fond à 60° et son *sulfure* a 88°.

p-Tolylditétrahydroquinoléine-phosphine, $CH^3.C^6H^4P(AzC^9H^{10})^2$. — Composé fusible à 140°. obtenu avec le dichlorure et la tétrahydroquinoléine.

Oxyde de p-tolyltrianilophosphonium, $CH^3.C^6H^4.P(AzHC^6H^5)^3(OH)$. — Si l'on fond ensemble le tétrachlorure $CH^3.C^6H^4.PCl^4$ avec le chlorhydrate d'aniline, on obtient le chlorure de p-tolyltrianilophosphonium fusible à 245°. La soude remplace Cl par OH, et fournit l'*oxyde* sous forme de poudre cristalline fusible à 240°. *Sels : nitrate. bromure. iodure. chloroplatinate.*

Bistétrahydroquinoléide p-tolylphosphinique $CH^3.C^6H^4.PO(AzC^9H^{10})^2$. — Aiguilles fusibles à 181°. obtenues avec l'oxychlorure correspondant [Michaelis et Freundlich, *D. chem. G.*, **31**, 1047].

Dérivés tolyliques substitués. — *Dichlorure de 2-chlorotolyl-4-phosphine*, $CH^3.C^6H^3Cl.P:Cl^2$. — On l'a obtenu par l'action de l'o-chlorotoluène sur PCl^3 en présence d'$AlCl^3$ [Melchiker, *D. chem. G.*, **31**. 2915, 1898]. Liquide bouillant à 266°. Traité par l'eau il se transforme en :

Acide o-chlorotolylphosphineux, $CH^3.C^6H^3Cl.P(OH)^2$. — Aiguilles fusibles à 70°. *Sels* : $A.AzH^4$, A^2Ba, $A.C^6H^5AzHAzH^3$.

Acides chlorotolylphosphiniques, $CH^3.C^6H^3Cl.PO(OH)^2$ [1].

Acide $CH^3_{(1)}Cl_{(4)}P_{(2)}$. — Obtenu par chloruration de l'acide tolylphosphinique correspondant. Il fond à 205°. *Sel*, A. Ag.

Acide $CH^3_{(1)}Cl_{(4)}P_{(3)}$. — Obtenu comme le précédent. Il fond à 176°. *Sel*, A. Ag.

Acide $CH^3_{(1)}Cl_{(2)}P_{(4)}$. — Obtenu par l'action de l'eau sur l'o-chlorotolyl-p-oxychlorophosphine [Melchiker, *loc. cit.*]. Lamelles fusibles à 190°. *Sels* : A^2Ba, A Ag, $A.Ag^2$, $A.C^6H^5AzH^3$.

Acide dichloro-o-tolylphosphinique, $CH^3.C^6H^3Cl^2.PO(OH)^2$. — Obtenu par chloruration prolongée de l'acide tolylphosphinique. Il fond à 240° [1].

Acide 2.4.5-trichloro-3-tolylphosphinique, $CH^3.C^6HCl^3.PO(OH)^2$. — Obtenu par chloruration de l'acide m-tolylphosphinique. Aiguilles fusibles à 240°, que la chaleur décompose en trichlorotoluène et HPO^3. *Sel* : A. Ag.

Acide 4-bromo-3-tolyl-phosphinique, $CH^3.C^6H^3Br.PO(OH)^2$. — Préparé par bromuration directe [1]. Aiguilles fusibles à 198°. La chaleur les scinde en bromotoluène et HPO^3. *Sel* : A. Ag.

Acides nitro-tolylphosphiniques, $CH^3.C^6H^3(AzO^2)PO(OH)^2$. — On les obtient par nitration directe [1].

Acide $AzO^2_{(4)}CH^3_{(2)}$. — Aiguilles jaunâtres fusibles à 174°. *Sels*. A. Ca; A. Ba. *Acide* $AzO^2_{(2)}CH^3_{(4)}$. Aiguilles fusibles à 191°. *Sels* : A. Ba; A. Pb; $A.Ag^2$; A. Cu. Le sel argentique chauffé avec C^2H^5I fournit un *éther diéthylique* huileux indistillable.

Acide 2.6-dinitro-4-tolylphosphinique, $CH^3.C^6H^2(AzO^2)^2PO(OH)^2$. — Obtenu par nitration avec le mélange sulfo-nitrique. Lamelles jaunes fusibles à 251°. *Sels* : A. Ba; A. Pb.

Acide 2-chloro-nitro-4-tolylphosphinique, $CH^3.C^6H^2(AzO^2)Cl.PO(OH)^2$. — Obtenu par nitration du dérivé chloré [Melchicker, *loc. cit.*]. Lamelles fusibles à 200°.

Acides amino-tolylphosphiniques, $CH^3.C^6H^3(AzH^2)PO(OH)^2$. — Obtenus par réduction des dérivés nitrés avec Sn et HCl [1].

Acide $AzH^2_{(4)}CH^3_{(2)}$. — Aiguilles. *Sel* : A. Ba. *Acide* $AzH^2_{(2)}CH^3_{(4)}$. Aiguilles décomposées vers 290°. *Sels* : A. Pb; $A.Ag^2$. *Ether diéthylique.*

Acides benzo-phosphiniques, $HO^2C.C^6H^4PO(OH)$. Les trois isomères sont obtenus par oxydation des acides tolylphosphiniques correspondants par le permanganate en solution alcaline [1].

Acide ortho. — Cristaux sublimables fusibles à 172°. *Sel* : $A.Ag^3$.

Chlorure d'acide, $ClOC-C^6H^4-POCl$. — Fusible à 54°.

Acide méta. — Aiguilles fusibles à 246°. *Sels* : A^2Pb^3; $A.Ag^3$. *Chlorure d'acide* fusible à 61°.

Acide para. — [Michaelis et Panneck, *D. chem. G.*. **14**, 405, 1881] et [1]. Aiguilles fusibles vers 300°, et se scindant à plus haute température en acide benzoïque et HPO^3. *Sels* : A. K; A^2K; A^2Ca; A^2Ba; A^2Cu^3; $A.Ag^3$. Son *éther triméthylique* est un liquide épais.

Ether monoéthylique ($C^2H^5O^2C-$). — Obtenu par éthérification au gaz chlorhydrique de la solution alcoolique de l'acide; il fond à 78°. *Sel* : A. Ag.

Chlorure, $ClOC.C^6H^4.POCl^2$. — Obtenu en traitant l'acide avec PCl^5. Cristaux très stables à l'eau, fusibles à 83°, bouillant à 315°. L'ammoniaque le transforme en *amide* $AzH^2OC.C^6H^4.PO(OH)^2$ fusible vers 300° et l'aniline fournit un *trianilide* $C^6H^5AzH^2-OC.C^6H^4.PO(AzHC^6H^5)^2$ fusible à 242°.

Acide 2-chloro-4-benzophosphinique, $HO^2C.C^6H^3Cl.PO(OH)^2$. — Obtenu comme les précédents [Melchicker, *loc. cit.*]. Lamelles fusibles à 254°. *Sel* : A^2Ba.

DÉRIVÉS DE L'ÉTHYLBENZÈNE [1].

p-Ethylbenzène-phosphine, $C^2H^5 . C^6H^4 . PH^2$. — Liquide bouillant à 200°, provenant de la distillation sèche de l'acide phosphineux correspondant; il s'oxyde rapidement à l'air. *Sels* : $A . HI$; $A^2 . PtCl^6$.

p-Ethylbenzène-di-chlorophosphine, $C^2H^5 . C^6H^4 . PCl^2$. — Obtenue par l'action de $C^2H^5C^6H^5 + PCl^3 + AlCl^3$. Liquide bouillant à 251°. Le *tétrachlorure* $R . PCl^4$ fond à 51° et fournit par l'action de SO^2, l'*oxychlorure* $RPOCl^2$, liquide bouillant à 294°.

Acide p-éthylbenzène-phosphineux, $C^2H^5 . C^6H^4 . P(OH)^2$. — Cristaux fusibles à 65° provenant de l'hydrolyse du dichlorure. Cet acide est à peine soluble dans l'eau; le permanganate le transforme en acide phosphinique. *Sels* : $A . AzH^4$; A^2Ba ; A^2Cu ; $A . C^6H^5AzH . AzH^3$. Sa *phénylhydrazone* $R - P = Az - AzHC^6H^5$, obtenue avec le dichlorure, est une poudre fusible à 139°.

Acide p-éthylbenzène-phosphinique, $C^2H^5 . C^6H^4 . PO(OH)^2$. — Aiguilles brillantes fusibles à 164°. On l'obtient par hydrolyse du tétrachlorure ou de l'oxychlorure. Son *anhydride* $C^2H^5 . C^6H^4 PO^2$ (phosphino-éthylbenzène), obtenu par action de l'oxychlorure sur l'acide, fond à 68°.

DÉRIVÉS DE L'ISOPROPYLBENZÈNE [2].

Dichlorure de cumylphosphine $(CH^3)^2CH . C^6H^4 . PCl^2$. Liquide bouillant à 269°, obtenu par la méthode générale avec PCl^3 et $AlCl^3$. —

Tétrachlorure de cumylphosphine $RPCl^4$. — Il fond à 53°.

Oxychlorure de cumylphosphine $RPOCl^2$. — Il fond à 35°, et bout à 183° sous 35 mm.

Acide cumylphosphineux $RP : (OH)^2$. — Huile épaisse peu soluble dans l'eau. *Sels* : A^2Ba ; $A . C^6H^5AzHAzH^3$; $A^2C^6H^5AzHAzH^3$.

Acide cumylphosphinique $R.PO(OH)^2$. — Aiguilles fusibles à 139°. Le permanganate l'oxyde en donnant successivement l'oxy-acide suivant, et des acides plus oxygénés mal étudiés.

Acide oxy-isopropylphosphinique, $(CH^3)^2 : C(OH) . C^6H^4 . PO(OH)^2$. — Liquide soluble dans l'eau, insoluble dans l'acide chlorhydrique. Chauffé à 115°, se transforme en *acide* $C^9H^{11}PO^3$.

DÉRIVÉS XYLYLIQUES. — *Dichlorures de xylylphosphines*, $(CH^3)^2 . C^6H^3 . PCl^2$.

Dérivé $CH^3_{(1)(3)}P_{(4)}$. — Liquide bouillant à 257°, obtenu au moyen du mercure di-xylyle [Weller, *D. chem. G.*, **20**, 1720, 1887] ou par la méthode au $AlCl^3$ [Weller, *loc. cit.*; — Michaelis et Panneck, *Ann. Chem.*, **212**, 236, 1882].

Dérivé $CH^3_{(1)(4)}P_{(2)}$. — Obtenu avec le p-xylène, PCl^3, $AlCl^3$ [Weller, *D. chem. G.*, **21**, 1494, 1888]. Il cristallise vers —30°, bout à 254°, son *tétrachlorure* $R . PCl^4$ fond à 60°, son *oxychlorure* $R . POCl^2$ est liquide et bout à 281° (W.).

Acide m-xylylphosphineux $(CH^3)^2C^6H^3 . P(OH)^2$. — Aiguilles fusibles vers 100°, peu solubles dans l'eau froide [Michaelis et Panneck, *loc. cit.*] et [1].

Acides xylylphosphiniques, $(CH^3)^2C^6H^3 . PO(OH)^2$. — Obtenus par hydrolyse des tétrachlorures.

Dérivé $CH^3_{(1)(3)}P_{(4)}$. — Aiguilles fusibles à 194°, peu solubles dans l'eau. L'eau de brome le scinde facilement en bromo-xylène et H^3PO^4. De même les alcalis à chaud le scindent en carbure et phosphate. Le permanganate alcalin l'oxyde en acide toluphosphinique. L'acide nitrique fournit deux acides *nitro-xylyl-phosphiniques* : l'un, facilement soluble, fond à 100°, l'autre, peu soluble, fond à 182°. *Sels* : $A . Ba$; $A^2 . Cd$; A^2Ni ; $A . Ag^2$ [Weller, *D. chem. G.*, **20**, 1723, 1887].

Dérivé $CH^3_{(1)(3)}P_{(5)}$. — Lamelles peu solubles dans l'eau, fusibles à 161°. Son *dérivé nitré* fond à 107° [Weller, *loc. cit.*].

Dérivé $CH^3_{(1)(4)}P_{(2)}$. — Aiguilles fusibles à 180°. *Sels* : $A . K$; $A . Ba$. Son *dérivé nitré* fond à 224° [Weller, *D. chem. G.*, **21**, 1495, 1888].

Acides toluphosphiniques, $(HO^2C)(CH^3)C^6H^3 . PO(OH)^2$ [Weller, *D. chem. G.*, **20**, 1724, 1887 et **21**, 1493, 1888]. — Obtenus par oxydation au permanganate des acides xylyliques correspondants.

Dérivé $CH^3_{(1)}CO^2H_{(3)}P_{(4)}$. — Prismes fusibles à 262°, décomposés à chaud en acide m-toluique et PO^3H. *Sels* : $A . Pb$; $A Ag^3$. Son *chlorure* $ClOC . C^6H^3(CH^3)POCl^2$ bout à 310°.

Dérivé $CH^3_{(1)}CO^2H_{(3)}P_{(5)}$. — Fusible à 220° : il diffère du précédent en ce que sa solution aqueuse ne précipite pas le sulfate de cuivre. *Sel* : $A . Ag^3$. *Chlorure* bouillant à 249° sous 147 mm.

Dérivé $CH^3_{(1)}CO^2H_{(2)}P_{(4)}$. — Aiguilles fusibles à 278°. *Chlorure* fusible à 62°.

DÉRIVÉS DU CYMÈNE [2].

Dichloro-cymylphosphine $(CH^3)^2CH . C^6H^3(CH^3) . PCl^2$. — Obtenue par l'action de PCl^3 et $AlCl^3$ sur le cymène. Liquide bouillant à 277°.

Acide cymylphosphineux $R.P(OH)^2$. — Liquide. *Sel* : A^2Ba.

Acide cymylphosphinique $RPO(OH)^2$. — Liquide. *Sels* : $A . Ag$; $A . Ag^2$; $A . C^6H^5AzHAzH^3$.

Acide méthyl-oxyisopropyl-phénylphosphinique $(CH^3)^2C(OH)C^6H^3 . (CH^3)PO(OH)^2$. — Obtenu par oxydation du précédent au permanganate. *Sel* : $A . Ag^2$.

DÉRIVÉS PSEUDOCUMÉNIQUES [2], $[R = (CH^3)^2_{(1.2.4)}C^6H^2]$.

1.2.4.5-*pseudocumylphosphine* $R . PH^2$. — Huile bouillant vers 210°, obtenue par distillation sèche de l'acide phosphineux correspondant. Elle s'oxyde rapidement à l'air. *Sel* : $A^2 . PtCl^6$.

Dichloro-pseudocumylphosphine $R . PCl^2$. — Préparée au moyen du pseudocumène PCl^3 et $AlCl^3$ ou avec le dérivé mercurique $+ PCl^3$ à 235°. Liquide bouillant à 280°. Son *tétrachlorure* fond à 74° et l'*oxychlorure* $RPOCl^2$ fond à 63° et bout à 308°.

Acide pseudocumylphosphineux $R . P(OH)^2$. — Obtenu par hydrolyse du dichlorure. Lamelles fusibles à 128°. *Sels* : $A . K$; A^2Ba ; A^2Pb ; $A . C^6H^5AzHAzH^3$. Son *éther diéthylique* $R . P(OC^2H^5)^2$, obtenu au moyen du dichlorure et de l'alcoolate de sodium, est un liquide à odeur de moutarde, bouillant à 233° sous 100 mm. L'eau l'hydrolyse lentement. *Ether diphénolique*, $R . P . (OC^6H^5)^2$, liquide très épais bouillant à 283° sous 40 mm.

Acide pseudocumylphosphinique, $R . PO(OH)^2$. — Lamelles ou aiguilles fusibles à 212°, très peu solubles dans l'eau. L'eau de brome le scinde en tribromopseudocumène et H^3PO^4. *Sels* : $A . K$; $A^2 . Ba$; $A^2 . Ni$; $A . Ag^2$. *Ether diphénylique*, $RPO(OC^6H^5)^2$, obtenu avec l'oxychlorure et le phénate de sodium. Cristaux fusibles à 62°,5 bouillant au-dessus de 360°. *Anhydride* (*phosphino-pseudocumène*) $R . PO^2$. On en connaît deux modifications : *anhydride-α*. Lamelles fusibles à 216°, obtenues par l'action de l'acide sur l'oxychlorure [Michaelis et Rothe, *D. chem. G.*, **25**, 1749, 1892]. *Anhydride* β. Il se forme par décomposition de l'acide di-pseudocumène-phosphinique, par la chaleur à 245°, dans un courant de CO^2. Il fond à 80° [1].

Dianilide pseudocumylphosphinique $R . PO(AzHC^6H^5)^2$. — Aiguilles fusibles à 197°, obtenues par l'action de l'aniline sur l'oxychlorure.

Trianilido-chlorure de pseudocumylphosphonium, $R . PCl(AzHC^6H^5)^3$. — Produit de l'action du tétrachlorure $RPCl^4$ sur un excès de chlorhydrate d'aniline, à 175°. Lamelles microcristallines fusibles à 247°, insolubles dans l'eau. On a préparé le *bromure*, l'*iodure*, le *nitrate*, le *dérivé hydroxylé*, fusible à 203°.

Diphénylhydrazide pseudocumylphosphinique, $R.PO(Az^2H^2C^6H^5)^2$. — Aiguilles fusibles à 208° provenant de l'action de l'oxychlorure sur la phénylhydrazine.

Dérivés substitués de l'acide pseudocumylphosphinique [2].

Acide 6-chloré, $RClPO(OH)^2$. — Aiguilles fusibles à 235°, obtenues par chloruration directe. *Sel* : $A.C^6H^5AzHAzH^3$.

Acide 3.6-dinitré, $R(AzO^2)^2PO(OH)^2$. — Aiguilles décomposées vers 239°, préparées par nitration directe. *Sels* : $A^2.Cu$; $A.Ag$; $A.Ag^2$; $A.C^6H^5AzH^3$; $A.C^6H^5AzHAzH^3$.

Acide 6-chloro-4-nitré, $RCl(AzO^2)PO(OH)^2$. — Il provient de la nitration du dérivé chloré. Longues aiguilles plates fusibles à 228° en se décomposant. L'acide nitrique fumant, à chaud, scinde ce corps en fournissant du chloro-dinitro-pseudocumène.

Acide xylophosphinique, $(CH^3)^2C^6H^3(CO^2H)PO(OH)^2$. — Acide peu soluble dans l'eau, fusible à 258° en se scindant en ses composants. On l'a obtenu par oxydation de l'acide pseudocumylphosphinique par le permanganate alcalin. *Sel* : $A.Ag^2$.

Acide 1-méthyl-2.5-téréphtalo-4-phosphinique, $CH^3.C^6H^2(CO^2H)^2PO(OH)^2$. — On l'obtient comme le précédent, en poussant plus loin l'oxydation. Il est jaunâtre, déliquescent et fond vers 185°. *Sel* : $A.Ag^4$.

Dérivés mésityliques, [2], $R=(CH^3)^3_{(1.3.5)}C^6H^2$.

Mésitylphosphine, $R.PH^2$. — On l'obtient par distillation, sous 40 mm. et dans un courant de CO^2, de l'acide phosphineux correspondant. Elle cristallise en belles aiguilles fusibles à 40°, bouillant à 125° sous 25 mm. *Sel* : A^2PtCl^6.

Dichloro-mésitylphosphine. $R.PCl^2$. — Obtenue par l'action du mésitylène sur PCl^3 et $AlCl^3$. Cristaux tabulaires fusibles à 36°, bouillant vers 274°. Son *tétrachlorure* fond à 70° et son *oxychlorure*, déliquescent fond à 92° et bout au-dessus de 360°.

Acide mésitylphosphineux, $RP(OH)^2$. — Cet acide est peu soluble dans l'eau, d'où il cristallise en aiguilles brillantes fusibles à 147°. *Sels* : $A.AzH^4$; $A.K$; $A^2.Ca$; $A^2.Ba$; $A^2.Cu$; $A.C^6H^5AzH^3$; $A.C^6H^5AzHAzH^3$; sa *phénylhydrazone* $RP=Az.AzH.C^6H^5$ fond à 135°.

Acide mésitylphosphinique. $R.PO(OH)^2$. — Longues aiguilles fusibles à 167°. *Sels* : $A.AzH^4$; $A^2.Ba$; $A.Ba$; $A^2.Ni$; $A.Ag^2$. Son *anhydride* $R.PO^2$ (*phosphinomésitylène*), préparé par l'action de l'acide sur l'oxychlorure, fond à 215° en se décomposant.

L'acide mésitylphosphinique, oxydé au permanganate, fournit successivement : l'*acide β-xylophosphinique* $(CH^3)^2C^6H^2(CO^2H)PO(OH)^2$ fusible à 245° et se décomposant au-dessus en acide mésitylique et PO^3H. *Sel* : $A.Ag^3$; l'*acide méthyl-isophtalophosphinique* $(CH^3)C^6H^2(CO^2H)^2PO(OH)^2$, amorphe, déliquescent, fusible à 255° et se décomposant plus haut en acide uvitique et PO^3H. *Sel* : $A.Ag^4$.

Dérivés du β-biphényle [3].

Dichlorure de biphénylyl-phosphine, $C^6H^5.C^6H^4PCl^2$. — Obtenu par l'action de PCl^3 et $AlCl^3$ sur le biphényle. Cristaux fusibles vers 5°, bouillant vers 210° sous 10 mm.

Acide biphénylphosphineux, $C^6H^5.C^6H^4.P(OH)^2$. Poudre microcristalline provenant de l'hydrolyse du précédent.

Dérivés du diphénylméthane. $R=C^6H^5.CH^2.C^6H^4$ [2].

Diphénylméthane-phosphine RPH^2. — C'est un produit cristallin fusible à 46°, bouillant à 184° sous 20mm, et provenant de la distillation sèche de l'acide phosphineux correspondant. *Sel* : $A.IH$. Son *dichlorure* $RPCl^2$ est un liquide épais, bouillant à 221° sous 20 mm., qui provient de l'action de PCl^3 et de $AlCl^3$ pur sur le diphénylméthane. Son *tétrachlorure* fond à 80° et son *oxychlorure* bout à 261° sous 20 mm.

Acide diphénylméthane-phosphineux, $RP(OH)^2$. — Cristaux fusibles à 84°, presque insolubles dans l'eau, provenant de l'hydrolyse du dichlorure. *Sels* : Na, Ba, $C^6H^5AzHAzH^3$.

Acide diphénylméthane-phosphinique, $RPO(OH)^2$. — Produit d'hydrolyse du tétrachlorure. Il forme des aiguilles fusibles à 196°, très peu solubles dans l'eau froide. Il se décompose au-dessus de 200° en ses composants. Par oxydation on peut le transformer en acide benzophénone-phosphinique. *Sels* : A^2Ba, A^2Ca, $A.C^6H^5AzHAzH^3$.

Son *anhydride* $R.PO^2$ est une poudre cristalline fusible à 169°, qu'on obtient en chauffant l'acide avec l'oxychlorure.

Acide benzophénone-phosphinique, $C^6H^5.CO.C^6H^4.PO(OH)^2$. — Lamelles presque insolubles dans l'eau, fusibles à 204°, et qu'on obtient en oxydant au permanganate l'acide diphénylméthanephosphinique. Au-dessus de son point de fusion, il y a scission en benzophénone et HPO^3. *Sel* : $A.Ag^2$. *Oxime* cristallisée. *Phénylhydrazone* fusible à 124°.

Oxychlorure de diphényl-dichlorométhane-phosphine $C^6H^5.CCl^2.C^6H^4.POCl^2$. — L'acide cétone précédent, traité par PCl^5, fournit ce chlorure fusible à 64° et bouillant à 258° sous 15 mm. L'eau l'hydrolyse et le ramène à l'acide-cétone primitif.

Dérivés du bibenzyle, $R=C^6H^5.CH^2.CH^2.C^6H^4$ [3]. — Tous ces produits sont obtenus par les mêmes méthodes que les précédents.

Bibenzylphosphine RPH^2, fusible à 75°, bouillant à 190° sous 45 mm. *Dichlorure*, $R.PCl^2$. Cristaux fusibles à 2°, bouillant à 250° sous 60 mm. *Tétrachlorure* $RPCl^4$, fusible à 65°. *Oxychlorure* $R.POCl^2$, fusible à 75°.

Acide bibenzylphosphineux $R.P(OH)^2$. Lamelles fusibles à 157°. *Acide bibenzylphosphinique* $R.PO(OH)^2$ fusible à 256°, se scindant en ses composants par la chaleur. L'oxydation le scinde en acide β-benzophosphinique et acide benzoïque.

Dérivés du dibenzylméthane, $R=(C^6H^5CH^2)^2=CH$ [Michaelis et Flemming, *D. chem. G.*, **34**, 1292, 1901].

Acide dibenzylméthane-phosphinique, $RPO(OH)^2$. — On l'obtient en chauffant la dibenzylcétone avec l'acide iodhydrique et le phosphore amorphe, à 180° [voyez aussi Graebe, *D. chem. G.*, 7, 1627, 1883]. Il cristallise en aiguilles épaisses fusibles à 142°, peu solubles dans l'eau froide. *Sels* : $A.Ag^2$, $A.C^6H^5AzH^3$, $A.C^6H^5AzHAzH^3$.

Oxychlorure dibenzylméthanephosphinique, $RPOCl^2$. — Liquide épais bouillant à 228° sous 20 mm. et qu'on obtient par l'action de PCl^5 sur l'acide. Il sert à préparer par les méthodes ordinaires les produits suivants :

Anhydride RPO^2. — Cristaux tabulaires fusibles à 151°.

Ether diéthylique $RPO(OC^2H^5)^2$. — Liquide épais bouillant à 240° sous 20 mm. *Ether diphénylique* $RPO(OC^6H^5)^2$. Fusible à 120°.

Monamide-acide, $R.PO(OH)(AzH^2)$. — Lamelles fusibles vers 240°.

Dianilide, $RPO(AzHC^6H^5)^2$. — Lamelles fusibles à 196°.

Bis-phénylhydrazide, $R.PO(AzH.AzH.C^6H^5)^2$, — Aiguilles fusibles à 164°.

ACIDES CAMPHÈNE-PHOSPHINIQUES. $C^{10}H^{15}PO(OH)^2$. — Marsh et Gardner [*Journ. Chem. Soc.*, **65**, 37, 1894] obtiennent, en traitant le camphène par PCl^5, un mélange de deux isomères :

Acide α cristallisant avec 1/2 H^2O, et soluble dans le chloroforme. A 100° il s'anhydrise en $C^{20}H^{32}P^2O^5$ fusible à 184°. *Sels* : A.AzH^4, A.Na, A^2Ba, A^2Zn.

Acide β, insoluble dans le chloroforme, fusible à 167° en se décomposant. *Sels* : A.AzH^4, A.Na.

DÉRIVÉS THIOPHÉNIQUES. — *Dichlorure de thiophène-phosphine*, $C^4H^3SPCl^2$. — Obtenu par chauffage prolongé au rouge sombre d'un mélange de vapeurs de thiophène et de PCl^3 [Sachs, *D. chem. G.*, **25**, 1514, 1892]. Huile bouillant à 218°, que l'eau hydrolyse facilement. *Tétrachlorure* $RPCl^4$; *oxychlorure* R.$POCl^2$ bouillant à 260°.

Acide thiophène-phosphineux, R.$P(OH)^2$, fusible à 70°.

Acide thiophène phosphinique, R.$PO(OH)^2$, fusible à 159°, facilement soluble dans l'eau. *Sel* : A.Ag^2.

Diéthyl-thiophène-phosphine, $(C^2H^5)^2(C^4H^3S)P$ — Huile obtenue par l'action du zinc-éthyle sur le dichlorure précédent, et bouillant à 225° ; son *iodométhylate* fond à 122°.

DÉRIVÉ DU 3-MÉTHYLPYRAZOL. *Acide 1-phényl-3-méthyl-5-chloro-pyrazol-4-phosphinique*,

$$C^6H^5Az\begin{cases} CCl = C - PO(OH)^2 \\ \quad\quad\quad | \\ Az = C - CH^3 \end{cases}$$

— Obtenu en chauffant l'antipyrine avec $POCl^3$ [Michaelis et Pasternack, *D. chem. G.*, **32**, 2411, 1899]. Lamelles fusibles a 191°, décomposées par la chaleur en H^3PO^4 et phényl-méthyl-chloropyrazol. *Sel* : A.Ag^2.

PHOSPHINES SECONDAIRES.

DÉRIVÉS PHÉNYLIQUES. — *Diphénylphosphine*, $(C^6H^5)^2PH$. — On obtient ce produit soit en decomposant par la soude son chlorure qui donne en même temps le diphénylphosphinate de sodium : $2(C^6H^5)^2PCl + 3NaOH = (C^6H^5)^2PH + 2NaCl + (C^6H^5)^2POONa + H^2O$ [Michaelis et Gleichmann, *D. chem. G.*, **15**, 801, 1882], soit en traitant ce chlorure par le zinc à 230°, ce qui donne le *composé* $(C^6H^5)^2PZnCl$ que l'eau décompose en ZnO, $ZnCl^2$ et phosphine [Dörken, *D. chem. G.*, **21**, 1508, 1888]. C'est une huile bouillant à 280°. Ses sels sont dissociés par l'eau. L'acide nitrique l'oxyde facilement en acide diphénylphosphinique. *Sels* : R.HCl, R^2PtCl^6, RHI, R^2CS^2 fusible à 157° [Dörken, *loc. cit.*].

Chlorure de diphénylphosphine, $(C^6H^5)^2PCl$. — Obtenu par chauffage du chlorure de phosphényle avec le mercure phényle [Michaelis et La Coste, *D. chem. G.*, **18**, 2109, 1885] ou par chauffage à 300° du chlorure de phosphényle [Dörken, *loc. cit.*]. Liquide bouillant à 215° sous 67 mm. [Michaelis et La Coste, *loc. cit.*]. L'air l'oxyde en oxychlorure $(C^6H^5)^2POCl$. On a vu plus haut l'action de NaOH et de Zn. Il se combine avec $C^6H^5CH^2Cl$ (Michaelis et La Coste). Le chlore le transforme en *trichlorure* $(C^6H^5)^2PCl^3$ cristallin, que l'eau hydrolyse facilement.

Phénoxy-diphénylphosphine $(C^6H^5)^2.P(OC^6H^5)$ — Obtenue par chauffage du chlorure avec du phenol dans un courant d'hydrogène (Michaelis et La Coste). C'est une huile épaisse bouillant à 270° sous 62 mm. L'air l'oxyde en diphénylphosphinate de phényle. L'eau ou la soude le décomposent comme le chlorure de diphénylphosphine. Il se combine au soufre, au sélénium et au brome.

Sulfure, $(C^6H^5)^2PS(OC^6H^5)$, prismes fusibles à 124°. *Séléniure*, aiguilles fusibles à 115° (Michaelis et La Coste).

Acide diphénylphosphinique, $(C^6H^5)^2PO(OH)$. *Ether phénylique*, $(C^6H^5)^2POOC^6H^5$. — Obtenu par l'action du phénol sur le chlorure de l'acide, ou par oxydation de la phénoxydiphénylphosphine. Aiguilles fusibles à 136°, bouillant audessus de 300° (Michaelis et La Coste).

Acide dinitro-diphénylphosphinique, $(AzO^2C^6H^4)^2POOH$. — Cristaux peu solubles dans l'eau, fusibles à 268°, obtenus par nitration directe de l'acide. *Sels* : A.AzH^4, A^2K, A^2Ba, A^2Pb, A.Ag.

Acide diamino-diphénylphosphinique, $(AzH^2C^6H^4)^2POOH$. — Produit de réduction du précédent, avec Sn et HCl. Cristaux brunâtres, fusibles en se décomposant vers 276°. *Sel* : A.HCl [Dörken, *D. chem. G.*, **21**, 1514].

Diéthylamide diphénylphosphinique, $(C^6H^5)^2POAz(C^2H^5)^2$. — On l'obtient en faisant agir le sodium sur un mélange de bromobenzène et de diéthylamino-oxychlorophosphine [Michaelis et Schall, *Ann. Chem.*, **326**, 183, 1903]. Cristaux fusibles à 138°, que les acides hydrolysent facilement en diéthylamine et acide diphénylphosphinique.

DÉRIVÉS BENZYLIQUES. — Voyez 2e Suppl., **1**. 660].

DÉRIVÉS TOLYLIQUES [3]. — *Acide méthyltolylphosphinique*, $(CH^3)(CH^3C^6H^4)POOH$. — Aiguilles fusibles à 120°. On l'obtient en décomposant par la chaleur l'oxyde provenant de l'action de Ag^2O sur l'iodure de p-tolyl-dipipéridine-méthyl-phosphonium [Michaelis, *D chem. G.*, **31**, 1046, 1898]. *Sel* : A.Ag.

Chlorure de di-p-tolylphosphine, $(CH^3.C^6H^4)^2PCl$. — Liquide huileux bouillant vers 350°, obtenu par traitement du mercure-tolyle par le dichlorure de p-tolylphosphine [3].

Acide di-p-tolylphosphinique, $(CH^3.C^6H^4)^2POOH$. — Aiguilles fusibles à 235°. L'acide nitrique le transforme en *acide dinitré* $(CH^3.C^6H^3AzO^2)^2POOH$. — Aiguilles jaunes fusibles à 194°.

Di-p-tolylsulfochlorophosphine, $(CH^3.C^6H^4)^2PSCl$. — On l'obtient en même temps que le dérivé mono-tolylique, en chauffant du toluène avec un mélange de $PSCl^3$ et $AlCl^3$. Aiguilles fusibles à 96°. L'eau lui enlève H^2S à 190° et le transforme en acide di-p-tolylphosphinique.

Di-p-tolyl-sulfoxyde de phosphore, $[(CH^3.C^6H^4)^2PS]^2O$. — Produit de l'action de l'eau à 140° sur la sulfochlorophosphine. Cristaux fusibles à 165°, peu solubles dans l'eau [3].

Dérivés de l'acide di-p-tolylsulfophosphinique, $(CH^3.C^6H^4)^2PS.OH$. — Préparés au moyen de la sulfochlorophosphine [3].

Ether éthylique, OC^2H^5. Cristaux fusibles à 42°. *Ether phénylique*, fusible à 135°.

Amide. — R-AzH^2. Fusible à 139°. *Diéthylamide*, -$Az(C^2H^5)^2$, fusible à 178°. *Anilide*, -$AzHC^6H^5$, fusible à 152°. *Pipéridide*, -AzC^5H^{10}, fusible à 124°. *Phénylhydrazide*, -$AzH-AzHC^6H^5$, fusible à 135°,5.

Chlorure de phényl-p-tolyl-phosphine, $(C^6H^5)(CH^3C^6H^4)PCl$ [3]. — Liquide bouillant vers 340°, obtenu en traitant par le mercure-phényle le dichlorure de p-tolylphosphine, à 270°. Son *trichlorure* $RPCl^3$ est cristallisé.

Anilide de phényl-p-tolyl-phosphine, $(CH^3.C^6H^5)(C^6H^5)P-AzHC^6H^5$. — Aiguilles fusibles à 124°, obtenues avec le chlorure et l'aniline.

Toluide, R.$AzHC^6H^4.CH^3$. — Aiguilles fusibles à 142°.

Acide phényl-tolyl-phosphinique, $(C^6H^5)(CH^3C^6H^4)POOH$ [3]. — Aiguilles fusibles à 116°, provenant de l'hydrolyse du trichlorure. L'acide azotique les transforme en *acide dinitré* fusible à 205° et cristallisé en aiguilles jaunes.

Acide benzyl-p-tolyl-phosphinique, $(C^6H^5CH^2)(CH^3C^6H^4)POOH$ [3]. — Aiguilles fusibles à 145°. On l'obtient en saponifiant son *éther phénylique* ROC^6H^5, qui est préparé en chauffant avec le chlorure de benzyle la diphénoxy-tolyl-phosphine $C^7H^7P(OC^6H^5)^2$ et traitant à la soude le chlorure de phosphonium formé. Cet éther fond à 120°.

Acide tolyl-benzo-phosphinique, $(CH^3C^6H^4)C^6H^4(CO^2H)POOH$ [3]. — Poudre cristalline fondant vers 300°, provenant de l'oxydation au permanganate de l'acide di-tolylphosphinique.

Dérivé de l'éthylbenzène [1]. — *Acide di-éthylbenzène-phosphinique*, $(C^2H^5.C^6H^4)^2POOH$. — Dans la préparation du chlorure d'éthylbenzène-phosphine, on obtient un produit insoluble dans la ligroïne; celui-ci, traité par l'eau, fournit l'acide cherché. Huile. *Sels* : A^2Cu; $A.Ag$.

Dérivé de l'isopropylbenzène [1]. — *Acide di-cumylphosphinique*, $[(CH^3)^2CH - C^6H^4]^2POOH$. — Obtenu comme le précédent, dans la préparation du chlorure de cumylphosphine. Produit amorphe, insoluble dans l'eau. *Sel* : A^2Cu [1].

Dérivés pseudocumyliques. — *Acide di-pseudocumylphosphinique*, $[(CH^3)^3C^6H^2]^2POOH$. — Obtenu comme les deux précédents [1]. Il est insoluble dans l'eau et fond à 203°. Chauffé à 245°, il se décompose en pseudocumène et β-anhydride de l'acide pseudocumène-phosphinique. *Sels* : $A.AzH^4$; $A.K$; A^2Ba; A^2Co; A^2Ni; A^2Pb; $A.Ag$; A^2Ag.

Acide di-xylophosphinique, $[CH^3.C^6H^3(COOH)]^2POOH$. — Poudre fusible à 185°, provenant de l'oxydation au permanganate de l'acide précédent. *Sel* : $A.Ag^3$.

Chlorure de phényl-pseudocumyl-phosphine, $(CH^3)^2C^6H^3(C^6H^5)PCl$. — Huile bouillant à 208° sous 10 mm. Son *trichlorure* $R.PCl^3$ est cristallin, jaune. L'*acide phényl-pseudocumyl-phosphinique* $R.POOH$ fond à 181°. *Sels* : Co; Cu; $C^6H^5AzHAzH^3$. Son *oxychlorure* $RPOCl$ bout vers 215° sous 10 mm. [3].

Diphosphine. — *Tétraphényl-diphosphine*, $(C^6H^5)^2:P-P:(C^6H^5)^2$. — Dörken [*D. chem. G.*, **21**, 1509, 1888] l'obtient en traitant la diphénylphosphine par son chlorure. Cristaux fusibles à 67° et bouillant à 400°. Les oxydants la scindent facilement en acide diphénylphosphinique.

PHOSPHINES TERTIAIRES ET PHOSPHONIUMS.

Dérivés phényliques. — *Diméthylaminophényl-diméthyl-phosphine*, $[(CH^3)^2PC^6H^4Az(CH^3)^2]$. — On l'obtient par l'action du zinc-méthyle sur le dichlorure de diméthylaminophénylphosphine. Cristaux fusibles à + 10°, bouillant à 165°. Elle s'oxyde à l'air, mieux en présence de HgO, et fournit l'*oxyde* $R\equiv PO + H^2O$, cristallisé en aiguilles fusibles à 62°. Le soufre donne un *sulfure* $R\equiv PS$, fusible à 155°. Le sulfure de carbone donne une *combinaison* $A.CS^2$, fusible à 162°, rouge. *Iodométhylate* $A.CH^3I$ fusible à 264°; *iodoéthylate* $A.C^2H^5I$ fusible à 199° [Michaelis et Schenk, *Lieb. Ann. Chem.*, **260**, 21, 1890].

Diéthyl-p-chlorophényl-phosphine, $(C^2H^5)^2P.C^6H^4Cl$ [1]. — Huile bouillant à 257°, obtenue par l'action du zinc-éthyle sur le dichlorure de p-chlorophényl-phosphine. Son *iodométhylate* fond à 97°.

Diéthyl-p-bromophényl-phosphine, $(C^2H^5)^2PC^6H^4Br$. — Huile obtenue de même, bouillant à 265°. *Sel* : $A^2.PtCl^6$. *Iodométhylate*, fusible à 135°.

p-Diéthyl-diméthylaminophényl-phosphine, $(C^2H^5)^2PC^6H^4Az(CH^3)^2$ (Michaelis et Schenk). — Obtenue comme les précédentes. Elle fond à 12°,5, bout à 298°. Son *iodométhylate* fond à 186°, son *iodéthylate* fond à 180°. Elle donne avec CS^2 la *combinaison* $A.CS^2$, fusible à 107°; lamelles rouges. Son *oxyde* $R\equiv PO$ cristallise en aiguilles fusibles à 65°. Son *sulfure* $R\equiv PS$ fond à 148° (Michaelis et Schenk).

p-Anisyl-diéthyl-phosphine, $(C^2H^5)^2:P.C^6H^4(OCH^3)$ [1]. — Liquide bouillant vers 206°, obtenu comme les précédents. *Sel* : A^2PtCl^6. *Iodométhylate* fusible à 91°. *Chloroplatinate du chlorométhylate* fusible à 142° [1]. *Iodéthylate* fusible à 65°. *Chloroplatinate du chloréthylate* fusible à 148°.

p-Phénéthyl-diéthyl-phosphine, $(C^2H^5)^2PC^6H^4OC^2H^5$ [1]. — Liquide bouillant à 275°, obtenu comme les précédents. *Iodométhylate* fusible à 60°. *Chloroplatinate de l'iodométhylate* fusible à 208°.

Iodure de méthyl-diphénylphénoxy-phosphonium, $(C^6H^5)^2P(OC^6H^5)CH^3I$. — Obtenu par l'action de CH^3I sur la phénoxydiphényl-phosphine. Cristaux fusibles à 135°, décomposés par l'eau en C^6H^5OH et oxyde de méthyl-diphénylphosphine [Michaelis et La Coste, *D. chem. G.*, **18**, 2116, 1885].

Chlorure de benzyl-diphényl-phénoxy-phosphonium, $(C^6H^5)^2P(OC^6H^5)CH^2C^6H^5I$. — Fusible vers 234°. Préparation et propriétés du précédent.

Oxyde de méthyl-diphénylphosphine, $CH^3.(C^6H^5)^2PO$. — On l'obtient par ébullition, avec l'eau et Ag^2O, de l'iodure de méthyl-triphénylphosphonium; il se forme du benzène provenant du détachement de C^6H^5 [Michaelis et Soden, *Ann. Chem.*, **229**, 316, 1885]. On l'obtient aussi par traitement à l'eau de l'iodure de méthyl-diphényl-phénoxy-phosphonium (Voy. plus haut). Prismes fusibles à 111°, bouillant au-dessus de 360°.

Oxyde d'éthyl-diphénylphosphine, $C^2H^5.(C^6H^5)^2PO$. — Prismes fusibles à 121°, obtenus par le même mécanisme que le précédent (Michaelis et Soden).

Oxyde d'isoamyl-diphénylphosphine, $C^5H^{11}(C^6H^5)^2PO$. — Fusible à 97°, obtenu comme les deux précédents.

Triphénylphosphine, $(C^6H^5)^3P$. — On la prépare soit par l'action du bromobenzène sur le chlorure de phosphényle en présence de sodium, soit par l'action du chloro- ou bromo-benzène sur PCl^3 en présence de sodium [Michaelis et Gleichmann, *D. chem. G.*, **15**, 802, 1882; — Michaelis et Reese, *ibid.*, 1610; — Michaelis et Soden, *Ann. Chem.*, **229**, 299, 1885]. On peut encore l'obtenir en faisant réagir sur le bromure de phényl-magnésium le trichlorure de phosphore [P. Pfeiffer, Heller et Pietsch, *D. chem. G.*, **37**, 4620, 1904; — Sauvage, *C. R.*, **139**, 674, 1904]. Tables monocliniques fusibles à 79°, bouillant au-dessus de 360°. Constantes physiques [Zecchini, *Gazz. chim. ital.*, (1), **24**, 34, 1894]. Cette phosphine se combine à S, Br^2, Cl^2, I^2. L'eau de chlore l'oxyde en $R^3P(OH)^2$. L'acide nitrique la transforme en trinitrophosphine-oxyde. Elle se combine aux iodures alcoylés. *Sels* [Michaelis et Soden, *loc. cit.*] : $A.HgCl^2$; $A^2.PtCl^6$; $A.HI$.

Dihydroxyde de triphénylphosphonium, $(C^6H^5)^3P(OH)^2$. — C'est le produit d'oxydation de la triphénylphosphine avec l'eau de chlore ou de brome (Michaelis et Gleichmann; Michaelis et Soden). Cristaux solubles dans l'alcool, insolubles dans l'eau, perdant à 100° de l'eau en fournissant l'*oxyde* $(C^6H^5)^3PO$, fusible à 153°, bouillant au-dessus de 360° [Michaelis et La Coste, *D. chem. G.*, **18**, 2120, 1885]. *Nitrate*, $R^3P(AzO^3)^2$, cristaux jaunes qui fondent à 85° et perdent AzO^3H à l'air en régénérant le dihydroxyde. Cet oxyde a été obtenu directement par Sauvage [*loc. cit.*] en faisant réagir $POCl^3$ sur $C^6H^5 . Mg.Br$.

Oxyde de trinitro-triphénylphosphine, $(AzO^2C^6H^4)^3PO$ (Michaelis et Soden). — Par nitration de la phosphine correspondante ou de son oxyde, on obtient un mélange de deux dérivés : *ortho*, fusible à 67°, amorphe, soluble dans l'acide acétique; *para*, cristallisé, fusible à 242°, peu soluble à froid dans l'acide acétique. Il fournit, par réduction à l'étain et HCl, le dérivé triamine qui suit.

Oxyde de p-triaminotriphénylphosphine $(H^2Az . C^6H^4)^3PO$ (M. et So.). — Prismes fusibles à 258°, peu solubles dans l'eau, insolubles dans la lessive de soude, très solubles dans l'acétone. L'eau de brome fournit un *dérivé hexabromé* $(AzH^2C^6H^2Br^2)^3PO$ fusible à 206°; l'anhydride acétique, un *dérivé triacétylé* $(CH^3COAzHC^6H^4)^3PO$ qui fond, anhydre, à 186°; le chlorure de benzoyle fournit un *dérivé tribenzoylé* $(C^6H^5CO AzHC^6H^4)^3PO$ fusible, anhydre, à 167°. Ces deux dérivés cristallisent avec 1 mol. H^2O. L'iodure de méthyle fournit successivement un *dérivé tétraméthylé* $[(CH^3)^2AzC^6H^4]^2PO . C^6H^4AzH^2$ fusible vers 184° et un *dérivé hexaméthylé* $[(CH^3)^2Az . C^6H^4]^3PO$ fusible à 150°.

Diméthylaminotriphénylphosphine $(CH^3)^2AzC^6H^4P(C^6H^5)^2$. — Obtenue par l'action du chlorobenzène sur la dichlorodiméthylaminophénylphosphine en présence de Na [Michaelis et Schenk, *Ann. Chem.*, **260**, 27, 1890]. Cristaux fusibles à 152°, décomposés par HCl à 230°, en fournissant de la méthylaniline, du chlorure de méthyle, de l'acide diphénylphosphinique et de la diphénylphosphine. Son *oxyde* fond à 183°,5. Son *sulfure* fond à 183°. On a préparé aussi son *iodométhylate* et son *phosphonium-oxyde* fusible à 146°.

Hexaméthyltriaminotriphénylphosphine $[(CH^3)^2Az . C^6H^4]^3 \equiv P$. — Obtenue soit par l'action de PCl^3 sur la diméthylaniline à 160° [Hanimann, *D. chem. G.*, **9**, 845, 1876], ou mieux, en présence de $AlCl^3$ (Michaelis et Schenk). Aiguilles fusibles à 274°.

Sulfure de triphénylphosphine $(C^6H^5)^3PS$. — Aiguilles fusibles à 157°, obtenues par l'action de S dissous dans CS^2 sur la phosphine (Michaelis et Soden).

Séléniure de triphénylphosphine $(C^6H^5)^3PSe$. — Fusible à 185°. Obtenu par action directe du Se sur la phosphine.

SELS DE TRIPHÉNYLPHOSPHONIUM.

Iodure de méthyltriphénylphosphonium R^3PCH^3I. — Lamelles fusibles à 183° (Michaelis et Soden). *Chlorure* $R^3PCH^3Cl . H^2O$, obtenu en chauffant avec la soude concentrée le chlorhydrate de l'éther éthylique de la triphénylphosphobétaïne [Michaelis et Gimborn, *D. chem. G.*, **27**, 273, 1894]. Il fond anhydre à 212°. Son *chloroplatinate* fond à 238°.

Iodure d'éthyltriphénylphosphonium $R^3PC^2H^5I$. — Lamelles fusibles à 165° (Michaelis et Soden).

Chlorure de β-oxéthyl-triphénylphosphonium (*chlorhydrate de triphénylphosphocholine*) $(C^6H^5)^3 \equiv PCl . CH^2CH^2OH$. — Lamelles fusibles à 130° obtenues en chauffant la phosphine tertiaire avec la chlorhydrine du glycol (Michaelis et Gimborn). *Chloroplatinate*, *bromure*, *iodure*.

Iodure de propyltriphénylphosphonium $C^3H^7IPR^3$. — Cristaux tabulaires monocliniques [Arzruni, *Ann. Chem.*, **229**, 311, 1885] fusibles à 201° (Michaelis et Soden).

Bromure de 2-bromoéthyltriphénylphosphonium $R^3PBrCH^2 . CH^2 . CH^2Br$. — Obtenu avec la base tertiaire et le 1.3-dibromopropane. Aiguilles fusibles à 227° (Michaelis et Gimborn). *Chloroplatinate*.

On a préparé aussi les dérivés : *iodoisopropylique* $R^3PICH(CH^3)^2$ fusible à 191°, cristallisant avec $2H^2O$ (Michaelis et Soden); *iodoisobutylique* $R^3PICH^2CH(CH^3)^2$ fusible à 177° (Michaelis et So.); *iodoisoamylique* $R^3PICH^2 . CH^2 . CH(CH^3)^2$ fusible à 174° (Michaelis et Soden); *iodométhylénique* $(R^3PI)^2CH^2$ fusible à 230° [Michaelis et Soden; — Michaelis et Gleichmann, *D. chem. G.*, **15**, 803, 1882]; *bromoéthylénique* $(R^3PBr)^2C^2H^4$ fusible au-dessus de 300° (Michaelis et Gleichmann).

Triphénylphosphobétaïne,

$$(C^6H^5)^3 \equiv P \langle {}^{CH^2}_{O} \rangle CO$$

— Ce composé est obtenu en laissant en contact le chlorhydrate de son éther éthylique avec la soude concentrée. Elle cristallise dans l'éther en tablettes fusibles à 125°. L'eau, à l'ébullition, la transforme, avec départ d'acide acétique, en dihydroxyde de triphénylphosphonium. On a préparé son *chloroplatinate* (Michaelis et Gimborn) et son *éther éthylique*. *Chlorhydrate* $(C^6H^5)^3PClCH^2CO^2C^2H^5$. Ce composé prend facilement naissance dans l'action du chloracétate d'éthyle sur la triphénylphosphine. C'est une poudre cristalline, fusible à 90°, décomposée vers 172° en ses composants. Chauffé longtemps à 100°, il perd C^2H^4 et CO^2 et fournit le chlorure de méthyltriphénylphosphonium. Ag^2O le transforme en dihydroxyde de triphénylphosphine. On a préparé ses *bromhydrate*, *iodhydrate*, *chloroplatinate*.

Triphénylméthylphosphocétobétaïne,

$$(C^6H^5)^3 \equiv P \langle {}^{CH^2}_{O} \rangle C \langle {}^{CH^3}_{OH}$$

— Aiguilles presque insolubles dans l'eau, fusibles à 201°, obtenues par traitement aux alcalis des sels de triphénylacétoxylphosphonium; les acides la ramènent à ce type primitif.

Chlorure de triphénylacétoxylphosphonium,

$$(C^6H^5)^3 \equiv P \langle {}^{CH^2 . CO . CH^3}_{Cl}$$

— Produit de l'action de l'acétone monochlorée sur la triphénylphosphine [Michaelis et Köhler, *D. chem. G.*, **32**, 1566, 1899]. Aiguilles solubles dans l'eau, décomposées vers 237° en fondant. *Chloroplatinate*. *Bromure*. *Picrate*.

DÉRIVÉS BENZYLIQUES. — (Voyez 2e Suppl., **1**, 658-661).

Chlorure de diméthylphényl-ω-chlorobenzylphosphonium $(CH^3)^2(C^6H^5)(C^6H^5CHCl)PCl$. — Précipité soluble dans l'eau, obtenu par chauffage de $C^6H^5CHCl^2$ ou de $C^6H^5COH + AlCl^3$ avec la diméthylphénylphosphine [Holle, *D. chem. G.*, **25**, 1520, 1892]. Son *chloroplatinate* fond à 50°.

DÉRIVÉS TOLYLIQUES.

Diméthyltolylphosphine $(CH^3)^2P . (CH^3C^6H^4)$ — Czimatis [*D. chem. G.*, **15**, 2014, 1882] l'obtient en traitant par le zinc-méthyle le dichlorure de p-tolylphosphine. Liquide bouillant à 210°, s'oxydant à l'air ou en présence de HgO en fournit l'oxyde. Il se combine molécule à molécule avec CS^2 en lamelles rouge clair, fusibles à 110°. L'acide azotique fournit un *dérivé nitré*. L'iodure de méthylène donne le *sel de phosphonium* $(C^7H^7)(CH^3)^2P(CH^2I)I$. Le bromure d'éthylène fournit le *sel de phosphonium* $(C^7H^7)(CH^3)^2P(CH^2CH^2Br)Br$.

Oxyde R^3PO [Czimatis, *loc. cit.*, [1], 283]. — Masse hygroscopique fusible à 95°. Le permanganate l'oxyde en acide carboxylé. On a préparé le sel $RPO, HgCl^2, H^2O$

Oxyde de diméthylnitrotolylphosphine $(AzO^2C^6H^3CH^3)(CH^3)^2PO$ [1]. — Obtenu par nitration directe; fusible à 175°. *Sel* : A.$HgCl^2$.

Sels de triméthyltolylphosphonium $(CH^3)^3(C^7H^7)PX$. — *Iodure* (Czimatis) fusible à 255°. *Chlorure*. On a oxydé ce sel au permanganate et obtenu la triméthylbenzophosphobétaïne. *Sels* : $A^2.PCl^6$; $A.H^2$ [Czimatis, *Jahresb.*, 1305, 1883].

Iodure de p-iodotriméthyltolylphosphonium $(C^7H^7)(CH^3)^2P(CH^2I)I$. — Fusible à 158° [Czimatis, *loc. cit.*]. Obtenu par addition de CH^2I^2 à la phosphine correspondante.

Bromure de p-diméthylbromoéthylphosphonium $(C^7H^7)(CH^3)^2P(CH^2.CH^2Br)Br$ [Czimatis, *loc. cit.*]. — Fusible à 194°. Obtenu par addition de $Br.CH^2CH^2Br$ à la phosphine correspondante. Ag^2O fournit une *base* très alcaline dont on a préparé le *sel de* Pt.

Diéthyl-o-tolylphosphine $(C^2H^5)^2(C^7H^7)P$. — Huile bouillant à 263° [1], obtenue en faisant réagir le zinc-éthyle sur le dichlorure de o-tolylphosphine. *Iodométhylate, iodoéthylate.*

Diméthyltolylphosphobétaïne,

$$(C^7H^7)(CH^3)^2P \genfrac{}{}{0pt}{}{\diagup CH^2 \diagdown}{\diagdown\ O\ \diagup} CO$$

— Masse cristalline fusible à 206°. On l'obtient en traitant par Az^2CO^3 ou Ag^2O le *chlorhydrate* de son *éther éthylique* $R^3PCl.CH^2CO^2C^2H^5$, fusible à 153° et préparé par l'union de la phosphine tertiaire avec le chloracétate d'éthyle [1]. *Chlorhydrate* de la bétaïne $R^3 \equiv PClCH^2CO^2H$, fusible à 172°, obtenu par l'union de l'acide monochloracétique et de la phosphine tertiaire.

Diéthyl-p-tolylphosphine. — Obtenue comme l'ortho [Czimatis, *D. chem. G.*, **15**, 2016, 1882]. Elle bout à 240°. Son *oxyde* fond à 74°; *sel mercurique* $C^{11}H^{17}PO,HgCl^2,1/2H^2O$ [1]. Le *dérivé nitré de l'oxyde* $(CH^3C^6H^3AzO^2)(C^2H^5)^2PO$ est huileux et son *sel* A.$HgCl^2$ fond à 105° [1].

Diéthyl-p-tolylméthylphosphocétobétaïne,

$$(C^2H^5)^2(CH^3C^6H^4)P \genfrac{}{}{0pt}{}{\diagup CH^2 \diagdown}{\diagdown\ O\ \diagup} C \genfrac{}{}{0pt}{}{\diagup CH^3}{\diagdown OH}$$

— La diéthyl-p-tolylphosphine se combine avec la chloro-acétone en fournissant le sel $R^3PCl.(CH^2COCH^3)$ que la soude transforme en bétaïne, fusible à 75°, très hygroscopique [3]. *Sels* : *chloroplatinate, picrate.*

Méthyl-di-p-tolylphosphine $(CH^3)(CH^3.C^6H^4)^2P$. — Liquide bouillant à 345°, préparé en traitant par un alcali l'iodure de méthyltri-p-tolylphosphonium [3]. Son *oxyde* R^3PO est fusible à 143°.

Ethylphényl-p-tolylphosphine $(C^2H^5)(C^6H^5)(CH^3.C^6H^4)P$. — Huile bouillant à 340°, obtenue par l'action du zinc-éthyle sur le chlorure de phényltolylphosphine [3]. Son *iodométhylate* fond à 138°. *Chloroplatinate.*

Chlorophényldi-p-tolylphosphine $(Cl.C^6H^4)(CH^3.C^6H^4)^2P$ [3]. — Obtenue par l'action de Na sur le p-bromotoluène et le dichlorure de chlorophénylphosphine; cristaux fusibles à 115°. Son *oxyde* fond à 130°, son *sulfure* à 149°, son *séléniure* à 172°. Son *iodométhylate* R^3PCH^3I fond à 135°; chauffé avec KOH, il se scinde en perdant C^6H^5Cl et en donnant l'oxyde de méthyl-di-p-tolylphosphine. Le *chlorométhylate* R^3PCH^3Cl cristallise avec $4H^2O$ et fond à 72°. L'*iodéthylate* $R^3P(C^2H^5)I$ cristallise anhydre et fond à 177°.

Tri-p-tolylphosphine, $(CH^3.C^6H^4)^3P$. — On l'obtient facilement en traitant par le sodium une solution éthérée de toluène-p-bromé et de PCl^3 [3]. Elle cristallise de la solution alcoolique en prismes fusibles à 146°. *Sel*, A.$HgCl^2$. *Oxyde* $R^3PO + 1/2H^2O$. Aiguilles fusibles à 145°. On l'obtient en traitant la phosphine avec l'hypobromite de sodium. *Trinitro-oxyde*, $(CH^3.C^6H^3AzO^2)^3PO$, obtenu par nitration de la phosphine par le mélange sulfonitrique. Aiguilles jaunes fusibles à 153° et détonant par la chaleur. Par réduction, il fournit le *triamino-oxyde* $(CH^3.C^6H^3AzH^2)^3PO$, qui cristallise dans l'alcool avec 1 molécule du solvant, en aiguilles fusibles à 235° [3]. *Sulfure*, R^3PS, obtenu par union directe des composants en solution sulfocarbonique. Aiguilles fusibles à 182° [3]. *Séléniure,* R^3PSe. Aiguilles fusibles à 193°, préparées par fusion ménagée de la phosphine avec du sélénium [3].

Dérivés phosphoniums [3], $(R = CH^3C^6H^4)$.

Iodure de tri-p-tolylméthylphosphonium, R^3PCH^3I. — Il cristallise avec $1H^2O$ ou $1C^2H^5OH$, fond à 108°; fournit par l'action des alcalis, à chaud, l'oxyde de méthyldi-p-tolylphosphine et du toluène. *Chlorure*, $R^3PCH^3Cl,2H^2O$; lamelles fusibles à 80°.

Iodoéthylate, $R^3PC^2H^5I$, fusible à 185°. *Iodopropylate*, $R^3PC^3H^7I$, fusible à 182°. *Iodoisopropylate*, aiguilles fusibles à 184°.

Chlorhydrate de l'éther éthylique de la tri-p-tolylphosphobétaïne, $R^3PClCH^2CO^2C^2H^5$. — Poudre cristalline obtenue avec le chloracétate d'éthyle.

Tri-p-tolylméthylphosphocétobétaïne,

$$R^3P \genfrac{}{}{0pt}{}{\diagup CH^2 \diagdown}{\diagdown\ O\ \diagup} C \genfrac{}{}{0pt}{}{\diagup CH^3}{\diagdown OH}$$

— La tritolylphosphine et l'acétone monochloré fournissent le chlorure de tri-p-tolylacétonyle phosphonium $R^3PClCH^2COCH^3$, fusible à 245°, que le carbonate de soude transforme en cétobétaïne fusible à 107°.

Autres sels, A.$AuCl^4$. — *Bromure, iodure, nitrate.*

DÉRIVÉS BENZOÏQUES, $HO^2C.C^6H^4$. — Formés par oxydation chromique, ou au permanganate alcalin, du ou des groupes CH^3 de la combinaison phosphinique correspondante.

Acide chlorophényldibenzophosphinique, $(ClC^6H^4)(HO^2C.C^6H^4)^2P{=}O$. — Obtenu par oxydation chromique [3]. Lamelles fusibles à haute température. *Sel*, A.Ag^2.

Acide p-tribenzophosphinique, $(HO^2C.C^6H^4)^3PO$ [3]. — Poudre cristalline fusible à 247°, sublimable. *Sel*, A.Ag^3.

Acide diméthyl-p-benzophosphinique, $(CH^3)^2(HO^2CC^6H^4)PO$ [1]. — Cristaux fusibles à 240°, bouillant sous 15 mm. au-dessus de 360°. *Sels* : A.AzH^4, $A^2.Cu$, A.$HgCl^2$, $A^2.PtCl^4$, A.$AuCl^4$. *Chlorure*, $(CH^3)^2PO.C^6H^4COCl$, huileux. *Anilide*, $(CH^3)^2POC^6H^4COAzHC^6H^5$, fusible à 235° [1].

Acide diéthyl-p-benzophosphinique, $(C^2H^5)^2(HO^2C.C^6H^4)PO$ [1]. — Huile distillable dans le vide. Son *anilide* fond à 198°.

Triméthylphosphobétaïne,

$$(CH^3)^3P \genfrac{}{}{0pt}{}{\diagup C^6H^4 \diagdown}{\diagdown\ O\ \diagup} CO, 3H^2O.$$

— Michaelis et Czimatis [*D. chem. G.*, **15**, 2019, 1882] ont obtenu son *chlorhydrate* par oxydation au permanganate du dérivé tolylique quaternaire correspondant. Elle cristallise en rhomboèdres efflorescents, et se décompose sous l'influence des alcalis en acide benzoïque et oxyde de triméthylphosphine. *Sulfate, chloroplatinate.*

DÉRIVÉS DE L'ÉTHYLBENZÈNE. — *p-Ethylbenzène-diéthylphosphine*, $(C^2H^5)^2(C^2H^5C^6H^4)P$ [1]. — Produit de l'action du zinc-éthyle sur le dichlorure de l'éthylbenzène-phosphine $C^2H^5.C^6H^4.PCl^2$. Huile bouillant à 270°. *Sel*, A^2PtCl^6. *Iodométhylate*, fusible à 135°. *Iodoéthylate*, dissocié à chaud, sans fondre, en IC^2H^5 et base tertiaire.

Tétraphénylphosphocétobétaïne.

$$(C^6H^5)^3P \lessgtr {CH^2 \atop O} \gtrless C \lessgtr {C^6H^5 \atop OH}$$

La 1^2-bromacétophénone réagit sur la triphénylphosphine en donnant le *bromure* $(C^6H^5)^3P Br CH^2 COC^6H^5$ cristallisé, fusible à 274°. Les carbonates alcalins le transforment en *cétobétaïne* fusible à 184°, soluble dans l'alcool, insoluble dans l'eau. *Chlorure*, fusible à 254°. *Iodure*, fusible à 257°. *Nitrate*, fusible à 185°.

On a préparé de même : la *diéthyl-p-tolylphénylphosphocétobétaïne*,

$$(C^2H^5)^2(CH^3C^6H^4)P \lessgtr {CH^2 \atop O} \gtrless C \lessgtr {C^6H^5 \atop OH}$$

huileuse. *Tri-p-tolylphénylphosphocétobétaïne*, fusible à 177°. *Chlorure*, fusible à 88°. *Bromure*, fusible à 248°. *Iodure*, fusible à 230°. *Sels* : $A.AuCl^4$, $A^2.PtCl^6$.

La *triphényl-p-tolylphosphocétobétaïne*,

$$(C^6H^5)^3P \lessgtr {CH^2 \atop O} \gtrless C \lessgtr {C^6H^4CH^3 \atop OH}$$

fond à 181°. *Chlorure*, fusible à 231°. *Bromure*, fusible à 261°. *Iodure*, fusible à 265°. *Nitrate*, fusible à 184°; *chloroplatinate*, A^2PtCl^6.

Dérivé du cymène. — *Diéthylcymylphosphine*, $(CH^3)^2CHC^6H^4.P(C^2H^5)^2$. — Huile obtenue par l'action du zinc-éthyle sur le dichlorure de cymylphosphine [2], et bouillant vers 265°.

Dérivés xyliques. — *Diméthyl*-1.3.4-*m-xylylphosphine*, $(CH^3)^2[(CH^3)^2C^6H^3]P$. — Liquide bouillant à 233°, obtenu par l'action du zinc-méthyle sur le dichlorure de xylylphosphine [Conen, *D. chem. G.*, **31**, 2919, 1900; — Czimatis, *ibid.*, **15**, 2016, 1882]. *Oxyde* (C.).

Iodures de triméthyl-m-xylylphosphonium, $(CH^3)^2C^6H^3PI(CH^3)^3$ (Conen). — On a préparé le *dérivé* $[CH^3]^2$ (1-3) P(4), fusible à 265°, et le *dérivé* $[CH^3]^2$ (1-3) P(5), fusible à 205°.

Diéthyl-1.3.4-*m-xylylphosphine*. — Liquide bouillant à 260°, obtenu comme le précédent (Czimatis). Son *iodométhylate* fond à 90°. Son *iodoéthylate* fond à 136°.

Trixylylphosphines (3). — *Dérivé* CH^3(1.3) P(4). — Obtenu par l'action du sodium sur une solution benzénique de PCl^3 et bromoxylène correspondant. Aiguilles fusibles à 154°. *Sel*, $A.HgCl^2$. *Sulfure*, fusible à 167°. *Iodométhylate*, fusible à 230°. *Iodoéthylate*, fusible à 225°. *Dérivé* CH^3(1.4)P(2), obtenu comme le précédent, aiguilles fusibles à 155°. *Sel*, $A.HgCl^2$. *Oxyde*, fusible à 173°. *Sulfure*, fusible à 170°. *Iodométhylate*, fusible à 169°. *Iodoéthylate*, fusible à 220°.

Sels d'o-xylylène-bistriéthylphosphonium, $[(C^2H^5)^3PXCH^2.]^2C^6H^4$. — Le *bromure*, fusible à 250°, est obtenu par l'action de la triéthylphosphine sur le bromure d'o-xylylène. *Sels* : $A.PtCl^6$, $A.2AuCl^4$. *Iodure* $+ 2H^2O$, fusible vers 247°.

Triméthyl-1.3-*tolu*-4-*phosphobétaïne*.

$$(CH^3)^3P \lessgtr {C^6H^3(CH^3) \atop O} \gtrless CO$$

— Obtenue par oxydation au permanganate du chlorure de triméthylxylylphosphonium [Conen, *D. chem. G.*, 2921, 1898]. Cristaux très hygroscopiques : *chlorure*, *chloroplatinate*, *nitrate*, *picrate*.

Acides triméthyl-1.3-*toluphosphobétaïne-carbonique*,

$$(C^6H^5)^3P \lessgtr {C^6H^3(CO^2H) \atop O} \gtrless CO$$

— *Dérivé* CO(1)CO^2H(3)P(4), fusible à 160°. *Chlorhydrate*, *sel de Cu*, *chloroplatinate*. *Dérivé* CO(1)CO^2H(3)P(5), aiguilles fusibles à 115°. On les prépare comme la bétaïne précédente, avec les chlorures de phosphonium correspondants [Conen, *loc. cit.*].

Dérivés du triméthylbenzène. — *Diéthylpseudocumylphosphine*, $(C^2H^5)^2P.C^6H^2(CH^3)^3$. — Huile bouillant vers 275°, obtenue par l'action du zinc-éthyle sur le dichlorure de pseudocumylphosphine [2]. *Iodométhylate*, fusible à 160°.

Éthylphénylpseudocumylphosphine, $(C^2H^5)(C^6H^5)PC^6H^2(CH^3)^3$. — Base bouillant à 352° [3].

Tripseudocumylphosphine, $[(CH^3)^3C^6H^2.]^3P$ [3]. — Aiguilles fusibles à 217° obtenues par l'action du sodium sur la solution éthérée du bromopseudocumène symétrique et PCl^3. Elle donne un *dibromure* cristallisé, un *oxyde* fusible à 222°, un *sulfure* fusible à 192°, un *iodométhylate* fusible à 291°.

Diéthylmésitylphosphine, $(C^2H^5)^2PC^6H^2(CH^3)^3$. — Huile bouillant à 170°, obtenue comme la phosphine pseudocumylique [2]. Son *iodométhylate* fond à 125° en se décomposant.

Trimésitylphosphine. $[(CH^3)^3C^6H^2]^3P$ [3]. — Poudre cristalline fusible à 206°, obtenue comme le dérivé du pseudocumène. Son *iodométhylate* fond à 269°.

Dérivé naphtylique. — *Oxyde de tri-α-naphtylphosphine*, $(C^{10}H^7)^3 \equiv PO$. — Poudre blanche insoluble obtenue par l'action de $POCl^3$ sur le bromure de naphtylmagnésium [Sauvage, *C. R.*, **139**, 674, 1904].

DÉRIVÉS α-OXYPHOSPHINIQUES ET CÉTOPHOSPHINIQUES.

Les acides phosphoreux et hypophosphoreux, ainsi que le trichlorure de phosphore et les chlorures de phosphines, se combinent aux aldéhydes et aux cétones aromatiques comme aux composés aliphatiques analogues, et dans les mêmes conditions. Les produits obtenus perdent de l'aldéhyde ou de l'acétone par chauffage à 130° avec l'acide sulfurique dilué.

Acide oxy-éthyl-phényl-phosphinique, $CH^3.CH(OH)(C^6H^5)POOH$. — Aiguilles fusibles à 104°, très solubles dans l'eau, obtenues en traitant le chlorure de phosphényle par l'aldéhyde acétique (1). *Sel* : A^2Ba.

Acide di-acétone-phénylphosphinique $(CH^3)^2CH.CH(COCH^3)(C^6H^5)POOH + H^2O$. — En additionnant de P^2O^5 un mélange de chlorure de phosphényle et d'acétone, et en traitant la masse par l'eau bouillante, l'acide cristallise par refroidissement du filtrat. Lamelles fusibles à 86°. *Sel* : A.Ag [Michaelis, *D. chem. G.*, **19**, 1010, 1886].

Acide oxybenzyl-phosphineux, $C^6H^5.CH(OH)HPOOH$. — Produit de condensation de l'aldéhyde benzoïque avec H^3PO^2 [Ville, *Ann. Chim. Phys.*, (6), **23**, 305, 1891]. Cristaux tabulaires déliquescents. Le brome, en solution aqueuse, l'oxyde en acide oxybenzyl-phosphinique [Marie, *C. R.*, **135**, 118, 1902]. *Sel* : $A.Ba^2$. *Dérivé acétylé* résineux.

Acide oxy-benzyl-phosphinique, $C^6H^5.CH(OH)PO(OH)^2$. — Voyez 2e Suppl., **1**, 659. Obtenu aussi par oxydation du précédent (Marie), ou enfin par condensation de l'acide phosphoreux sur l'aldéhyde benzoïque (Marie). Il fond à 195° et se décompose alors incomplètement en dégageant de l'aldéhyde benzoïque. *Sel* : $A.Ag^2$; A.Ba; A^2Ba. *Ether diméthylique* obtenu avec le sel d'argent et ICH^3, fusible à 99°. *Dérivé benzoylé* fusible à 93° (M.).

Acide o. oxy-oxybenzyl-phosphineux, $OH.C^6H^4.CH(OH)PHO(OH)$. — Obtenu par condensation de l'aldéhyde salicylique avec PH^3O^2

(Ville). Amorphe, résineux, soluble dans l'eau.

Acide di-o-oxy-oxybenzyl-phosphinique, $[OH.C^6H^4.CH(OH)]^2POOH$. — Obtenu par Ville, comme le précédent. *Sel* : $A^2.Ba$.

Acide phényl-oxybenzyl-phosphinique $(C^6H^5)(C^6H^5CH.OH)POOH$. — Obtenu au moyen de l'aldéhyde benzoïque et du chlorure de phosphényle [1]. Fusible à 113°. *Sel* : A^2Ba.

Acide p. diacétone-tolylphosphinique $(CH^3)^2CH.CH(COCH^3)(C^6H^4CH^3)POOH$. — Michaelis [*loc. cit.*] l'a préparé comme son analogue phénylique décrit plus haut. Lamelles fusibles à 103°. *Sel* : $A.Ag$.

Acide dichloracétophénone-phosphinique, $C^6H^5.CO.CCl^2.PO(OH)^2$. — Par condensation de l'acétophénone avec PCl^5, à froid. Aiguilles fusibles à 153°, décomposées par distillation en H^3PO^4 et $C^6H^5COCHCl^2$ [Béhal, *Bull. Soc. Chim.*, (2), **50**, 632, 1888].

Acide oxycumyl-phosphineux, $(CH^3)^2CH.C^6H^4CH(OH)HPOOH$. — Obtenu par condensation de l'aldéhyde cuminique avec H^3PO^2 (Ville). Cristaux tabulaires fusibles à 105°.

Acide di-oxycumylphosphinique $[(CH^3)^2CH.C^6H^4CH(OH)]^2POOH$. — Obtenu comme le précédent (Ville). Fusible à 140°. *Sel* : A^2Ba.

Acide oxy-méthylène campho-phosphinique, $C^{10}H^{14}O:CH.PO(OH)^2$. — Produit de condensation de l'oxy-méthylène-camphre avec PCl^3 [Claisen, *Ann. Chem.*, **281**, 363, 1894; — Michaelis et Flemming, *D. chem. G.*, **34**, 1298, 1901]. Aiguilles fusibles à 114°. *Sels* : $A.AzH^4$; $A.Pb$; $A.C^6H^5AzH^2$. *Dérivés* (M. et F.) : *Chlorure* $R.POCl^2$, obtenu par l'action de PCl^5 sur l'acide, cristaux tabulaires fusibles à 51°. *Ether diéthylique* $RPO(OC^2H^5)^2$ bouillant à 200° sous 20 mm. *Dianilide* $RPO(AzHC^6H^5)^2$, aiguilles jaunes fusibles à 288°. *Di-p. toluide* $RPO(AzHC^7H^7)^2$ fusible à 210° (M. et F.).

Acide oxy-phénanthrène quinone-phosphinique,

$$\begin{array}{l} C^6H^4-CO \\ \;|\qquad\;\; | \\ C^6H^4-C(OH)POOH \end{array}$$

— Obtenu par l'action de la quinone phénanthrénique sur PCl^3 (Fossek). Cristaux fusibles à 127°, solubles dans l'eau. *Sel* : $A.Ca$, précipité vert foncé.

COMBINAISONS DU PHOSPHORE AVEC LES AMINES.

On a dénommé les combinaisons dans lesquelles le phosphore est relié à l'azote des Az phosphines. Nous ne pouvons donner ici la description complète de tous ces composés, ce qui nous entraînerait trop loin. Nous nous contenterons de donner leur mode de formation et leurs propriétés principales avec l'indication bibliographique des travaux qui s'y rapportent. Michaelis et ses élèves [*Ann. Chem.*, **326**, 129 à 258, 1903] ont étudié très longuement l'action du chlorure de phosphore et des chlorophosphines aromatiques sur les amines grasses et aromatiques. Voici les principaux résultats obtenus :

PCl^3 réagit sur les amines aliphatiques primaires ou secondaires et fournit des *az-chlorophosphines* que l'eau décompose en régénérant les amines primitives et de l'acide phosphoreux. Ex : $R^2Az-PCl^2+3H^2O=R^2AzH+PO^3H^3+2HCl$.

En employant un excès d'amine, on obtient, avec les amines secondaires, des az-phosphines tertiaires, liquides, distillables, s'unissant aux iodures alcoylés $[R^2Az-]^3P+R'I=[R^2Az-]^3P:(CH^3)I$.

Les chlorophosphines aromatiques s'unissent à la pipéridine, et les phosphines tertiaires obtenues s'unissent à ICH^3 en donnant un sel de phosphonium qui, par chauffage avec l'eau, perd de la pipéridine en fournissant l'acide méthylphosphinique correspondant.

PCl^5 réagit sur les amines aliphatiques primaires ou secondaires ou leurs chlorhydrates en fournissant un sel double de tétrachloro-Az phosphine et de PCl^5. Ex. : $(C^2H^5)^2Az-PCl^4$, PCl^5.

PCl^3O fournit avec les amines aliphatiques et leurs sels, des *oxy-chloro-*(Az) *phosphines primaires* très stables. Ce sont des liquides d'odeur piquante; ceux qui dérivent des amines primaires s'unissent avec une seconde et une troisième molécule d'amine primaire en fournissant des *oxychloro-* (*di* Az) *phosphines secondaires*, et des *oxy-* (*tri* Az) *phosphines tertiaires*. On a ainsi : $RAzH-POCl^2$; $(RAzH)^2POCl$ et $(RAzH)^3PO$. Ces dernières peuvent, dans certaines conditions, perdre une molécule d'amine et donner des combinaisons cycliques nommées *oxy-phosphazodérivés*.

Les oxychloro- (Az) phosphines d'amines secondaires $R^2Az-POCl^2$ donnent facilement des *éthers oxydes* tels que $R^2AzPO(OC^6H^5)^2$ qui se décomposent à la distillation en $(R^2Az)^3PO$ et $PO(OC^6H^5)^3$.

Les amines agissent sur $C^2H^5O.POCl^2$ en fournissant des *éthoxy-* (Az) *oxychlorophosphines* qui perdent à 130° 1 C^2H^5Cl en donnant un *anhydride trimoléculaire* tel que $[(C^6H^5)^2Az-PO^2]^3$.

Avec un excès d'amine, on aura une éthoxy-(di Az) oxyphosphine telle que $[(C^2H^5)^2Az]^2PO(OC^2H^5)$.

Les amines secondaires en excès agissent sur $POCl^3$ ou sur les Az-oxychlorophosphines en donnant les (tri Az) *oxyphosphines tertiaires* telles que $[(C^2H^5)^2Az]^3PO$.

$PSCl^3$ agit comme $POCl^3$ et donne des *sulfochlorophosphines* et des sulfures tertiaires.

L'étude de l'action des amines aromatiques sur PCl^3 a été faite par Michaelis [*Ann. Chem.*, **279**, 334, 1894; **293**, 194, 1896; **294**, 11, 1896; **326**, 129, 1903; *D. chem. G.*, **27**, 2556, 1902].

Les chlorhydrates d'amines primaires aromatiques réagissent sur $POCl^3$ en donnant successivement les types $RAzHPOCl^2$; $(RAzH)^2POCl$; $(RAzH)^3PO$. Ces deux derniers types, chauffés, fournissent une *imino amine* du type $RAz=PO-AzHR$.

Ce composé peut être obtenu aussi directement par un long chauffage de l'amine aromatique primaire avec $POCl^3$.

Voyez aussi les travaux de R. M. Caver [*Chem. Soc.*, **81**, 1362, 1902; **83**, 1045, 1903] sur le même sujet et ceux de Gilpin [*Am. Chem. Journ.*, **9**, 352, 1897; **27**, 444, 1902] et de Lemoult [*C. R.*, **136**, 1666, 1903; **138**, 815, 1904; **139**, 206 et 409, 1904], sur les combinaisons des amines aromatiques primaires, en excès, sur le pentachlorure de phosphore.

Juin 1906. V. Auger.

PHOSPHO-CARNIQUE (ACIDE). — Voy. MUSCULAIRE (TISSU).

PHOSPHOCHOLINE. — Par addition de la triphénylphosphine à la chlorhydrine du glycol, on obtient le *chlorhydrate de la triphénylphosphocholine*

$$(C^6H^5)^3\equiv P\begin{matrix}\diagup Cl \\ \diagdown CH^2-CH^2-OH\end{matrix}$$

en cristaux brillants fusibles à 129-130°. Le *chloroplatinate* est en aiguilles jaunes, fusibles à 222-224°, le *bromhydrate* en cristaux jaunâtres fusibles à 114° et l'iodhydrate en cristaux fusibles à 185-186°. La *triphénylphosphocholine*, obtenue par l'action de l'oxyde d'argent sur le chlorhydrate, est en cristaux déliquescents, se carbonatant rapidement à l'air [A. Michaelis et H. V. Gimborn, *D. chem. G.*, **27**, 272, 1894].

E. Lambling.

PHOSPHOCRÉATIQUE (ACIDE). — Voyez Nucléone.

PHOSPHORE. — *État naturel.* — On rencontre dans la nature de nombreux gisements de phosphates amorphes et impurs, dont la composition est voisine de celle de l'apatite, et que l'on désigne sous le nom général de *phosphorites*. On les trouve abondamment en Espagne, en France, en Russie, en Allemagne, en Amérique et surtout en Algérie et en Tunisie où ils sont exploités en vue de leur transformation en superphosphates. Il existe aussi des phosphates de calcium naturels cristallisés, tels que la brushite et la metabrushite [Depéret, *C. R.*, **120**, 119, 1895; — A. Gautier, *C. R.*, **116**, 928, 1022, 1893; *Bull. Soc. Chim.*, (3), **9**, 884, 1893].

Certains oiseaux de mer ont accumulé, en des points déterminés, leurs déjections, les débris de leurs cadavres et ceux de leurs proies; on donne le nom de *guano* à ces amas, souvent très considérables, que l'on trouve en Australie et en Amérique, surtout au Pérou. Le guano contient beaucoup de phosphate de calcium et un peu de phosphate de magnésium, avec une petite quantité d'acide oxalique. Mac Ivor [*Chem. News*, **85**, 181, 1902] a montré qu'il s'y trouvait parfois certains minéraux bien définis : la struvite $PO^4MgAzH^4 + 6H^2O$, la newberyite $PO^4MgH + 3H^2O$, la dittmarite $PO^4MgAzH^4, 2(PO^4)^2Mg^2H^2 + 8H^2O$, la muellerite $(PO^4)^2Mg(AzH^4)^2H^2 + 4H^2O$, etc.

Le phosphore se rencontre aussi, à l'état de phosphates, dans certaines roches [Lechartier, *C. R.*, **91**, 820, 1880] et dans presque tous les minerais de fer; dans les eaux du sol en très petite quantité [Schlœsing, *C. R.*, **127**, 236, 327, 820, 1898] et dans la houille [Ad. Carnot, *C. R.*, **99**, 154, 1884]. D'après MM. Berthelot et André [*C. R.*, **105**, 1217, 1887], le phosphore se trouve, dans les plantes, à l'état de phosphates, phosphites, hypophosphites, phosphures, éthers de l'acide phosphorique et composés organiques.

Propriétés physiques. — 1° *Phosphore solide.* — Dureté = 0,5 [Rydberg, *Zeit. phys. Chem.*, **33**, 353, 1900]. D'après Bloch [*C. R.*, **135**, 1902, 1324; *Ann. Chim. Phys.*, (8), **4**, 25, 1905], l'air qui a passé sur du phosphore est devenu conducteur. Bokorny [*Chem. Zeit.*, 1022, 1896] a trouvé que le phosphore était légèrement soluble dans l'eau (0gr,2 par litre); l'iodure de méthylène est un bon dissolvant de ce métalloïde [Retgers, *Zeit. anorg. Chem.*, **3**, 343, 1892]. La courbe de solubilité du phosphore dans le sulfure de carbone présente un point anguleux à — 1°, la dissolution contient alors 83 0/0 de son poids de phosphore [Giran, *Journ. de phys.*, (4), **2**, 807, 1903]; sa chaleur de dissolution dans ce dissolvant est égale à — 0Cal,46 (Ogier). Au moment de sa fusion, le volume du phosphore augmente dans le rapport de $\frac{1,035}{1}$; M. Leduc [*C. R.*, **113**, 259, 1891] estime que ce changement de volume est absolument brusque.

2° *Phosphore liquide.* — D'après Hulett [*Zeit. phys. Chem.*, **28**, 666, 1899], la température de fusion du phosphore s'élèverait à 52°,80 sous la pression de 300 atmosphères. M. de Forcrand [*C. R.*, **133**, 513, 1901] a donné une expression théorique de la chaleur de fusion et de la chaleur de vaporisation du phosphore.

3° *Phosphore gazeux.* — La densité de vapeur du phosphore correspond, jusque vers 1000°, à la molécule P^4, dont la densité théorique est 4,29. Au delà de 1000°, il paraît y avoir un commencement de dissociation de la molécule, ainsi que l'indiquent les résultats suivants obtenus par V. Meyer et Biltz [*D. chem. G.*, **22**, 725, 1889] : $DV_{1480°} = 3,63$, $DV_{1670°} = 3,23$, $DV_{1700°} = 3,15$. Au rouge blanc, la densité de vapeur du phosphore correspondrait à P^2 [Mensching et Meyer, *D. chem. G.*, **20**, 1833, 1887].

La tétratomicité de la molécule de phosphore à des températures peu élevées est encore démontrée par l'élévation de la température d'ébullition de la dissolution dans CS^2 [Beckmann, *Zeit. phys. Chem.*, **5**, 76, 1890], ainsi que par l'abaissement du point de congélation de la dissolution dans le benzène [Hertz, *Zeit. phys. Chem.*, **6**, 358, 1890]; cependant, par cette dernière méthode, Paterno et Nasini [*D. chem. G.*, **21**, 2153, 1888] trouvent un poids moléculaire voisin de P^3. Enfin Schenk [*D. chem. G.*, **35**, 351, 1902] est arrivé, par des considérations théoriques, à ce résultat que, vers 180°, la molécule de phosphore ordinaire est P^4, soit

$$\begin{array}{c} \equiv P - P \equiv \\ \quad | \qquad | \\ \equiv P - P \equiv \end{array}$$

Jungfleisch [*C. R.*, **140**, 444, 1905] attribue la phosphorescence du phosphore, non à son oxydation, mais à celle des vapeurs d'un oxyde de phosphore qui serait beaucoup plus volatil que le phosphore lui-même.

Propriétés chimiques. — Le fluor se combine violemment avec le phosphore. La combustion du phosphore dans l'oxygène dégage P^2 sol. + 5 O = P^2O^5 sol. + 369Cal,4 [Giran, *C. R.*, **136**, 550, 1903; *Ann. Chim. Phys.*, (7), **30**, 203, 1903].

L'oxydation lente de ce métalloïde à l'air paraît donner naissance à un peu d'eau oxygénée [Leeds, *D. chem. G.*, **13**, 1066, 1880; — Ostwald, *Zeit. phys. Chem.*, **34**, 248, 1900]; d'après Russel [*Journ. Chem. Soc.*, **83**, 1263, 1903], l'oxydation du phosphore est plus rapide en présence d'une très petite quantité d'eau.

On connaît deux phosphures de bore : PB et P^3B^5, et deux phosphoiodures : PBI et PBI^2 [Moissan, *C. R.*, **113**, 624, 726 et 787, 1891; — Besson, *C. R.*, **113**, 78 et 772, 1891].

Les phosphures métalliques ont été l'objet de nombreux travaux : M. Moissan [*Bull. Soc. Chim.*, (3), **21**, 899, 923, 1899; *C. R.*, **128**, 787, 1899] a constaté que le calcium brûle dans la vapeur de phosphore et a préparé, au moyen du four électrique, un phosphure de calcium P^2Ca^3 cristallisé; M. Jaboin [*C. R.*, **129**, 762, 1899] a obtenu deux phosphures P^2Ba^3 et P^2Sr^3 qui sont également cristallisés; M. H. Gautier [*C. R.*, **128**, 1167, 1899] a préparé le phosphure P^2Mg^3 et M. Granger [*C. R.*, **124**, 190, 498, 896, 1897; *Bull. Soc. Chim.*, (3), **7**, 610, 612, 1892; *Ann. Chim. Phys.*, (7), **14**, 5, 1898] a fait connaître les phosphures de chrome, de manganèse, de cuivre, de mercure, d'or et d'argent. Ce dernier chimiste a aussi obtenu un phosphure de cuivre cristallisé Cu^2P [Granger, *C. R.*, **120**, 923, 1895; — Maronneau, *C. R.*, **128**, 936, 1899]. Enfin Partheil et van Haaren [*Arch. Pharm.*, **238**, 28, 1900] ont décrit un autre phosphure de mercure. Si on chauffe du phosphore sur une feuille de platine, ce métal est percé par suite de la formation de phosphures fusibles; M. Granger [*C. R.*, **123**, 1284, 1896] a décrit plusieurs phosphures de platine.

L'argent et l'or absorbent la vapeur de phosphore à une température un peu inférieure à celle de leur fusion; ils la laissent se dégager par le refroidissement en produisant le phénomène du rochage [Hautefeuille et Perrey, *C. R.*, **98**, 1378, 1884].

Le gaz ammoniac sec n'a pas d'action sur le phosphore, mais l'ammoniac liquéfié dissout ce métalloïde en donnant un liquide brun [Hugot, *Ann. Chim. Phys.*, (7), **21**, 5, 1900]. L'étude de cette réaction a été reprise par Stock [*D. chem. G.*, **36**, 1120, 1903]; ce chimiste a constaté que le phosphore blanc, mis en tube scellé en présence d'un excès d'ammoniac liquide, se transforme en une poudre noire qui, sous l'action de l'eau et des acides, vire à l'orangé intense. L'auteur admet comme probables les réactions suivantes :

$$7\,P + 3\,AzH^3 = 3\,P^2AzH^2 + PH^3$$
$$2\,P^2AzH^2 + H^2O = P^4O + 2\,AzH^3.$$

La vapeur de phosphore décompose, vers 500°, l'hydrure de calcium; le phosphore liquide, légèrement chaud, décompose les hydrures de rubidium et de cœsium en donnant des phosphures [Moissan, *Bull. Soc. Chim.*, (3), **21**, 878, 1899; **29**, 446, 1903].

L'anhydride sulfurique réagit violemment sur le phosphore; il se forme le composé $3\,P^2O^4.2\,SO^3$ [Adie, *Chem. News*, **63**, 102, 1891 : *Chem. Soc.*, **59**, 230, 1891].

Par l'action directe du phosphore blanc sur les alcools méthylique et éthylique, en tube scellé, à une température d'au moins 250°, on obtient de l'hydrogène phosphoré gazeux, un peu de phosphines, ainsi que les produits d'oxydation de ces corps, l'acide phosphorique et les acides phosphiniques; il se forme aussi une petite quantité des hydrates de tétraméthyl- et tétraéthylphosphonium [Berthaud, *C. R.*, **143**, 1166, 1906 et *Bull. Soc. Chim.*, (4), **1**, 146, 1907].

Fittica [*Chem. Zeit.*, **24**, 483, 1900] avait annoncé qu'il était possible de transformer le phosphore en arsenic en le chauffant avec de l'azotate d'ammonium. Winckler [*D. chem. G.*, **33**, 1693, 1900] a démontré que ce résultat était inexact et provenait de la présence d'impuretés, de l'arsenic en particulier, dans le phosphore employé.

Pour la recherche qualitative de très petites quantités de phosphore, M. Mauricheau Beaupré utilise la propriété que possèdent les vapeurs d'acide phosphorique de corroder et de dépolir le verre en fusion [*C. R.*, **142**, 1206, 1906].

Action physiologique. — Outre ses propriétés toxiques, le phosphore possède celle d'agir lentement sur l'organisme par les vapeurs qu'il dégage. Cette action, longtemps prolongée, finit par engendrer, surtout chez les individus atteints d'une lésion à la bouche, une carie particulière de l'os maxillaire pouvant occasionner la mort, et appelée la *nécrose*; le phosphore produit aussi le *phosphorisme*, qui est l'empoisonnement lent et chronique par les vapeurs phosphorées. Les ouvriers employés à la fabrication des allumettes au phosphore ordinaire sont particulièrement exposés à ces deux maladies; c'est pour les éviter que, dans cette fabrication, on remplace aujourd'hui le phosphore par son sesquisulfure. M. Magitot [*C. R.*, **124**, 295, 1897] préconise une ventilation énergique pour combattre le phosphorisme et la sélection ouvrière (suppression des ouvriers porteurs d'une lésion) pour combattre la nécrose.

États allotropiques. — 1° *Phosphore rouge.* — Les rayons émis par le radium transforment le phosphore ordinaire en phosphore rouge [H. Becquerel, *C. R.*, **133**, 709, 1901].

Il résulte des déterminations expérimentales de M. Giran [*C. R.*, **136**, 677, 1903; *Ann. chim. Phys.*, (7), **30**, 218, 1903] que la transformation du phosphore blanc en phosphore rouge et celle du phosphore rouge en phosphore violet cristallisé dégagent :

$$P_{\text{blanc sol.}} = P_{\text{rouge amorphe}} + 3^{\text{Cal}},96$$
$$P_{\text{rouge amorphe}} = P_{\text{violet cristall.}} + 0^{\text{Cal}},46.$$

On peut aussi évaluer indirectement la première de ces deux quantités de chaleur. Il suffit de calculer, au moyen de la formule de Clapeyron et en utilisant les tensions de vapeur du phosphore blanc et du phosphore rouge (tensions de transformation) mesurées par MM. Troost et Hautefeuille, les chaleurs de vaporisation de chacune des deux variétés de phosphore et de faire la différence de ces deux quantités. En appliquant cette méthode, M. Giran a trouvé que :

$$P_{\text{blanc sol.}} = P_{\text{rouge amorphe}} + 3^{\text{Cal}},71.$$

Le phosphore rouge, abandonné en présence de l'air, en absorbe l'humidité, non par suite d'une déliquescence propre, mais à cause de la formation d'acides phosphoreux et phosphorique, qui sont déliquescents.

Pedler [*Journ. Chem. Soc.*, **57**, 595, 1890; *Bull. Soc. Chim.*, (3), **4**, 653, 1890] a montré que l'oxydation spontanée du phosphore rouge donne naissance uniquement à de l'acide phosphorique, lequel est ensuite réduit par le phosphore avec production d'acide phosphoreux. Si on chauffe du phosphore rouge avec de l'eau, à 170°, en tube scellé, il se produit de l'hydrogène phosphoré et des acides hypophosphoreux et phosphoreux.

Le phosphore rouge exerce, ainsi que les phosphates, une action catalytique déshydratante sur les alcools, avec mise en liberté de carbure éthylénique [Senderens, *C. R.*, **144**, 1109, 1907].

Les considérations théoriques qui ont conduit Schenck [*D. chem. G.*, **35**, 351, 1902; **36**, 979, 1903] à admettre que la molécule de phosphore blanc était tétratomique, soit P^4, l'ont aussi amené à conclure que celle du phosphore rouge serait octoatomique, soit P^8. La molécule de phosphore rouge résulterait donc de la condensation de deux molécules de phosphore blanc en une seule.

La transformation du phosphore blanc en phosphore rouge a été étudiée très complètement par plusieurs expérimentateurs, en particulier par M. Lemoine [*Bull. Soc. Chim.*, **8**, 71, 1867 et **16**, 8, 1871; *Ann. Chim. Phys.*, (4), **24**, 185, 1871 et **27**, 289, 1872; *C. R.*, **73**, 990, 1871] qui en a indiqué les lois expérimentales et a donné une théorie de ce phénomène.

Siemens [*Zeit. f. angew. Chem.*, **20**, 233, 1907] a constaté que l'agitation ou le broyage du phosphore rouge ne peuvent pas le transformer en phosphore blanc.

2° *Modification de Hourton et Thompson.* — Ces chimistes pensent avoir obtenu une variété particulière de phosphore qui serait fusible à + 3°,3, inoxydable à l'air et non phosphorescente, en faisant bouillir du phosphore ordinaire avec une dissolution concentrée de potasse [*Arch. Pharm.*, (3), **6**, 49, 1875].

3° *Modification de Remsen et Kaiser.* — Sous cet état allotropique, le phosphore serait plus léger que l'eau et peu altérable à la lumière; on l'obtiendrait en distillant du phosphore ordinaire dans un courant d'hydrogène et refroidissant les vapeurs avec de l'eau glacée [*Am. Chem. Journ.*, **4**, 450, 1883].

Poids atomique. — Les déterminations les plus récentes sont dues à Van der Plaats [*C. R.*, **100**, 52, 1885] qui a employé trois méthodes différentes : précipitation du sulfate d'argent par le phosphore, analyse du phosphate triargentique et oxydation du phosphore; il a ainsi trouvé : 30,93, 31,01 et 30,98. En 1898, la Commission internationale pour la détermination des poids atomiques [Landolt, Ostwald et Seubert, *D. chem. G.*, **31**, 2762, 1898] a adopté le nombre $P = 31,0$.

HYDROGÈNES PHOSPHORÉS.

D'après Retgers [*Zeit. anorg. Chem.*, **7**, 265, 1894] quand on chauffe du phosphore dans un courant d'hydrogène, les trois phosphures d'hydrogène, gazeux, liquide et solide, prennent naissance.

HYDROGÈNE PHOSPHORÉ GAZEUX. — Pour préparer l'hydrogène phosphoré gazeux pur, non spontanément inflammable, Riban [*C. R.*, **88**, 581, 1879, et *Bull. Soc. Chim.*, **31**, 385, 1879] fait passer le gaz impur dans une dissolution chlorhydrique de sous-chlorure de cuivre. L'acide dédouble le phosphure liquide en phosphure gazeux et phosphure solide, le sous-chlorure absorbe le phosphure gazeux et l'hydrogène n'est pas arrêté. Il suffit ensuite de chauffer modérément la dissolution pour recueillir PH^3 pur.

Une méthode très élégante pour préparer de l'hydrogène phosphoré pur consiste à décomposer certains phosphures métalliques par l'eau ou par les acides. Elle a été appliquée pour la première fois par M. Moissan [*Bull. Soc. Chim.*, (3), **21**, 926, 1899] avec le phosphure de calcium cristallisé P^2Ca^3 obtenu au moyen du four électrique. MM. Fonzes-Diacon [*C. R.*, **130**, 1314, 1900] et Matignon [*C. R.*, **130**, 1391, 1900] emploient le phosphure d'aluminium. M. Bodroux [*Bull. Soc. Chim.*, (3), **27**, 568, 1902] se sert des phosphures d'aluminium et de magnésium. La décomposition des phosphures de rubidium et de cœsium par l'eau froide dégage aussi de l'hydrogène phosphoré [Moissan, *Bull. Soc. Chim.*, (3), **29**, 446, 1903].

M. Moissan [*Bull. Soc. Chim.*, (3), **31**, 719, 1904] prépare ce gaz à l'état pur en le solidifiant dans l'oxygène liquide, faisant le vide et laissant réchauffer lentement.

L'hydrogène phosphoré gazeux se liquéfie à — 90° sous la pression atmosphérique et se solidifie à — 133° [Olzewski, *Mon. f. Chem.*, **7**, 371, 1886]. Le gaz liquéfié possède un indice de réfraction égal à 1,317 pour la raie D [Bleckrode, *Rec. Pays-Bas*, **4**, 77, 1885].

Au contact de l'air, à la température ordinaire, l'hydrogène phosphoré s'oxyde lentement, en donnant de l'acide phosphoreux : $2PH^3 + CO = 2PO^3H^3$ [Van de Stadt, *Zeit. f. phys. Chem.*, **12**, 322, 1893].

L'hydrogène phosphoré ne se combine pas avec les composés halogénés de l'arsenic, mais il est décomposé par eux avec formation du phosphure PAs et d'un hydracide [Besson, *C. R.*, **110**, 1258, 1890]. Il donne, avec les dérivés halogénés du bore et du silicium, un certain nombre de combinaisons qui ont été étudiées surtout par Besson [*C. R.*, **110**, 80, 240 et 516, 1890 et **113**, 78, 1891]. Ce sont : $PH^3.2BF^3$; $PH^3.BCl^3$; $PH^3.BBr^3$ et $2PH^3.SiCl^4$; les trois premiers sont violemment décomposés par l'eau avec mise en liberté d'hydrogène phosphoré. D'après Cavazzi [*Gazz. chim. ital.*, **14**, 219, 1884], PH^3 agit sur le trichlorure de bismuth en donnant des composés encore mal étudiés.

L'hydrogène phosphoré gazeux réagit, à froid, sur SO^2Cl^2 et sur $SOCl^2$ avec dégagement d'acide chlorhydrique [Besson, *C. R.*, **122**, 467, 1896 et **123**, 884, 1896].

L'oxyde de carbone, en présence de la chaux sodée, et l'anhydride carbonique réagissent, au rouge vif, sur l'hydrogène phosphoré et donnent de l'hydrogène, de l'oxyde de carbone et du formène [Berthelot, *Ann. Chim. Phys.*, (3), **53**, 110 et 112, 1858].

Le potassammonium et le sodammonium se combinent avec l'hydrogène phosphoré gazeux en produisant des phosphidures cristallisés que la chaleur décompose suivant la réaction : $3PH^2K = 2PH^3 + PK^3$; l'eau les détruit aussi en mettant en liberté du gaz hydrogène phosphoré [Joannis, *C. R.*, **119**, 557, 1894].

L'hydrogène phosphoré réagit lentement sur la vapeur de nickel-carbonyle; il se produit un dépôt noir, miroitant, qui n'a pas été étudié [Berthelot, *Ann. Chim. Phys.*, (6), **26**, 567, 1892].

Suivant M. Joannis [*C. R.*, **128**, 1322, 1899] le dosage du gaz hydrogène phosphoré, par absorption au moyen du sulfate de cuivre, n'est possible qu'en l'absence de gaz absorbables par les sels cuivreux, parce que le sulfate de cuivre paraît donner naissance à des sels cuivreux en présence du phosphure d'hydrogène; il vaut mieux employer le chlorure cuivreux.

M. Lemoult [*C. R.*, **139**, 478, 1904] a montré récemment que l'iodure mercurique, dissous dans l'eau en présence de l'iodure de potassium, constitue un réactif très sensible du gaz hydrogène phosphoré; il donne immédiatement naissance à un précipité cristallin, jaune orangé ou brun.

Chlorure de phosphonium. — Sa dissociation a été étudiée par M. Briner [*C. R.*, **142**, 1416, 1906].

Bromure et *iodure de phosphonium.* — M. Besson [*C. R.*, **122**, 140 et 1200, 1896] a constaté que ces deux composés sont détruits par le chlorure de carbonyle, suivant les réactions :

$$6PH^4Br + 5COCl^2$$
$$= 10HCl + 6HBr + 5CO + 2PH^3 + P^4H^2.$$
$$4PH^4I + 8COCl^2 = 16HCl + 8CO + P^2I^4 + 2P.$$

L'iodure de phosphonium est aussi décomposé par le chlorure de thiophosphoryle.

Sulfate de phosphonium $(PH^4)^2SO^4$. — M. Besson [*C. R.*, **109**, 644, 1889] a constaté que, lorsqu'on fait passer un courant d'hydrogène phosphoré dans de l'acide sulfurique pur, refroidi à — 22°, ce gaz est absorbé en grande quantité, en même temps que le liquide devient sirupeux et qu'il se dépose, au fond du tube, une masse blanche, cristalline, très déliquescente. Cette matière n'est stable qu'à une température notablement inférieure à 0°; M. Besson pense que c'est du sulfate de phosphonium cristallisé.

HYDROGÈNE PHOSPHORÉ LIQUIDE. — L'étude de ce composé a été reprise par Gattermann et Hausknecht [*D. chem. G.*, **23**, 1174, 1890], qui l'ont préparé par la méthode de Thénard et ont vérifié l'exactitude des propriétés qui avaient été indiquées par ce chimiste. Ils ont déterminé sa densité (D = 1,011), son point d'ébullition (57-58°), mais ils estiment que sa densité de vapeur n'est pas déterminable par suite de sa décomposition sous l'action de la chaleur. Enfin, Gattermann et Hausknecht ont constaté que les expériences que l'on peut faire avec ce composé sont très dangereuses, parce qu'il se produit des explosions extrêmement violentes, même avec de très petites quantités de matière.

HYDROGÈNE PHOSPHORÉ SOLIDE. — On peut le préparer aisément par l'action de l'hydrogène phosphoré gazeux sur le trichlorure de phosphore à la température ordinaire, ou sur le tribromure dès la température de — 20° [Besson, *C. R.*, **111**, 272, 1890].

Amat [*Ann. Chim. Phys.*, (6), **24**, 289, 1891]

montré que, sous l'influence d'une température de 200°, l'hydrogène phosphoré solide se décompose en hydrogène phosphoré gazeux et phosphore rouge : $3P^4H^2 = 2PH^3 + 10P$.

Sa chaleur de formation a été mesurée par M. Ogier [*C. R.*, **89**, 707, 1879 et *Ann. Chim. Phys.*, (5), **20**, 9, 1880] en le décomposant par l'eau de brome :

$$P^4 + H^2 = P^4H^2_{sol.} + 35^{Cal},40.$$

Geuther et Michaelis [*D. chem. G.*, **11**, 885, 1878] ont découvert le dérivé $P^4H(C^6H^5)$; l'existence de ce composé, ainsi d'ailleurs que celle de l'hydrogène phosphoré solide hydroxylé $P^4H(OH)$ paraissent indiquer que la formule du phosphure solide doit être P^4H^2 et non P^2H.

Schenck et Buck [*D. chem. G.*, **37**, 915, 1904] ont déterminé le poids moléculaire de l'hydrogène phosphoré solide par cryoscopie dans le phosphore; ils ont trouvé un nombre très voisin de celui qui correspondrait à la formule $(P^4H^2)^3$ ou $P^{12}H^6$.

COMBINAISONS DU PHOSPHORE AVEC LES CORPS HALOGÈNES.

TRICHLORURE DE PHOSPHORE. — M. Riban prépare le trichlorure de phosphore en réduisant par le charbon, au rouge, l'oxychlorure, retiré lui-même du phosphate tricalcique : $POCl^3 + C = PCl^3 + CO$.

Le fluor décompose ce trichlorure avec production de pentafluorure et mise en liberté de chlore [Moissan, *Ann. Chim. Phys.*, (6), **24**, 224, 1891 et *Le Fluor et ses composés*, 134]. Le chlorate de potassium l'oxyde suivant la réaction : $3PCl^3 + ClO^3K = 3POCl^3 + KCl$ [Dervin, *C. R.*, **97**, 576, 1883]. Les métaux donnent, avec le trichlorure de phosphore, des chlorures et des phosphures; c'est ainsi que M. Granger [*C. R.*, **120**, 923, 1895 : **123**, 176, 1896] a pu obtenir les phosphures cristallisés : Cu^2P, Fe^4P^3, Ni^5P^2, Ni^2P et Co^2P.

L'eau, en petite quantité, donne, d'après M. Besson [*C. R.*, **125**, 771, 1897], de l'oxychlorure phosphoreux $POCl$:

$$PCl^3 + H^2O = 2HCl + POCl.$$

Le trichlorure de phosphore se combine avec certains chlorures métalliques pour donner des chlorures doubles, par exemple : Au^2Cl, PCl^3 obtenu par M. Lindet [*Bull. Soc. Chim.*, **42**, 70, 1884 et *Ann. Chim. Phys.*, (6), **11**, 177, 1887]. — M. Lemoult [*C. R.*, **133**, 1223, 1904] a étudié l'action du trichlorure de phosphore sur quelques amines primaires cycliques, à l'ébullition.

PENTACHLORURE DE PHOSPHORE. — Le poids moléculaire du perchlorure de phosphore, mesuré par ébullioscopie dans le tétrachlorure de carbone, correspond à la formule PCl^5 [Oddo et Serra, *Gazz. chim. ital.*, **29**, II, 343, 1899]. Dissous dans le tétrachlorure de carbone, le perchlorure de phosphore se combine au gaz ammoniac en donnant un corps blanc, $PCl^5, 8AzH^3$, décomposable par la chaleur avec production, d'abord de chloroazoture PCl^2Az, puis de phospham [Besson, *C. R.*, **111**, 972, 1890 et **114**, 1264, 1892]. Le pentachlorure de phosphore, comme le trichlorure, s'unit facilement aux chlorures de métalloïdes ou de métaux pour donner des chlorures doubles [Lindet, *Bull. Soc. Chim.*, **42**, 70, 1884, et *Ann. Chim. Phys.*, (6), **11**, 177, 1887]. M. Berger [*Bull. Soc. Chim.*, (3), **35**, 29, 1906] a étudié son action sur le β-naphtol.

TRIBROMURE DE PHOSPHORE. — On prépare plus commodément ce composé en remplaçant le phosphore blanc par le phosphore rouge; la réaction est alors bien moins violente [Schenck, *D. chem. G.*, **35**, 1902, 351]. Christomanos [*Zeit. anorg. Chem.*, **41**, 276, 1904] fait réagir le brome sur le phosphore sous une couche de benzène exempt de thiophène. Le tribromure de phosphore transforme, à — 20°, l'hydrogène phosphoré gazeux en hydrogène phosphoré solide [Besson, *C. R.*, **111**, 972, 1890]. Il se combine facilement aux bromures de métalloïdes ou de métaux pour donner des bromures doubles cristallisés, tels que : Au^2Br, PBr^3 [Lindet, *C. R.*, **101**, 164, 1885]; $Ir^2Br^3, 3PBr^3$ et $Ir^2Br^3, 2PBr^3$ [Geisenheimer, *C. R.*, **111**, 40, 1890]; BBr^3, PBr^3 [Tarible, *C. R.*, **116**, 1521, 1893].

PENTABROMURE DE PHOSPHORE. — Kastle et Beatty [*Am. Chem. Journ.*, **23**, 505, 1900] estiment qu'il n'existe qu'un seul pentabromure de phosphore, celui qui est jaune; la variété rouge, signalée par Baudrimont, serait, non du pentabromure, mais de l'heptabromure PBr^7.

La chaleur de formation du pentabromure de phosphore est [Ogier, *C. R.*, **92**, 83, 1881] :

$$P + 5Br_{liq.} = PBr^5_{sol.} + 63^{Cal},00.$$

Le perbromure de phosphore donne, avec le gaz ammoniac, un composé blanc, amorphe, assez stable à l'air : $PBr^5, 9AzH^3$ [Besson, *C. R.*, **111**, 972, 1890]; il possède, comme le tribromure, une grande tendance à former des bromures doubles cristallisés : Au^2Br^3, PBr^5 [Lindet, *C. R.*, **101**, 164, 1885] et BBr^3, PBr^5 [Tarible, *C. R.*, **116**, 1521, 1893].

SOUS-IODURE DE PHOSPHORE. — Ce composé, dont la formule serait P^4I, a été obtenu par M. Boulouch [*C. R.*, **141**, 256, 1905] en faisant agir la lumière solaire sur un mélange d'iode et de phosphore dissous dans le sulfure de carbone. C'est une poudre amorphe, d'une belle couleur rouge. M. Boulouch attribue à ce corps un rôle prépondérant dans la transformation du phosphore blanc en phosphore rouge en présence de l'iode.

BIIODURE DE PHOSPHORE. — M. Ogier [*C. R.*, **92**, 83, 1881] a mesuré sa chaleur de formation :

$$P^2_{sol.} + I^4_{gaz} = P^2I^4_{sol.} + 41^{Cal},36.$$

Il a constaté que ce composé se dissolvait dans le sulfure de carbone avec dégagement de chaleur. Le biodure de phosphore brûle dans la vapeur du peroxyde d'azote en dégageant de l'iode et de l'anhydride phosphorique [Thomas, *Bull. Soc. Chim.*, (3), **15**, 1090, 1896].

M. Besson [*C. R.*, **124**, 1346, 1897] a constaté que, quand on met du phosphore blanc fondu sous une couche de tétrachlorure de carbone saturé d'iode, ce phosphore blanc se recouvre peu à peu d'une couche de phosphore rouge. Il pense que la dissolution contient une combinaison instable P^3I^4 qui se décomposerait sous l'influence de la chaleur et de la lumière, suivant l'équation : $P^3I^4 = P^2I^4 + P$ rouge, puis se reformerait en vertu de la réaction : $P^2I^4 + P$ blanc $= P^3I^4$. Ce composé P^3I^4 serait le pivot de la transformation du phosphore blanc en phosphore rouge, sous l'influence de l'iode, signalée par Brodie.

TRIIODURE DE PHOSPHORE. — M. Besson [*C. R.*, **124**, 1346, 1897] prépare le triiodure de phosphore chimiquement pur en faisant agir l'acide iodhydrique sec sur le trichlorure de phosphore, soit seul, soit dissous dans le tétrachlorure de carbone.

Il obtient ainsi des cristaux fusibles à + 61°, décomposables par l'eau sans mise en liberté d'iode. La chaleur de formation de ce composé a été mesurée par M. Ogier [*C. R.*, **92**, 83, 1881] :

$$P + F^3_{gaz} = PF^3_{sol.} + 27^{Cal},1.$$

Chlorobromures de phosphore. — Prinvault [*C. R.*, **74**, 868, 1872] en a préparé trois, dont les formules sont : PCl^3Br^8, PCl^2Br^7 et PCl^3Br^4. Ce sont des corps cristallisés, décomposables par l'eau et dissociables à une température plus ou moins élevée.

COMBINAISONS OXYGÉNÉES DU PHOSPHORE.

Sous-oxyde de phosphore P^4O. — Michaelis et Pitsch l'ont préparé, soit en dissolvant du phosphore ordinaire dans une dissolution alcoolique de potasse et précipitant par l'acide chlorhydrique [*D. chem. G.*, **32**, 337, 1899], soit en deshydratant l'acide hypophosphoreux par l'anhydride acétique [*Ann. Chem.*, **310**, 45, 1900]; dans cette dernière méthode, l'anhydride P^2O, qui est instable, se décompose en $2P^2O = P^4O + O$, l'oxygène se porte sur PO^2H^3; on lave le précipité à l'eau et à l'alcool, puis on le dessèche dans le vide en présence de P^2O^5.

Ce composé se produit aussi dans l'action du phosphore sur l'eau, sous l'influence de la lumière solaire : $P^4 + H^2O = P^4O + H^2$ [Michaelis et Arend, *Ann. Chem.*, **314**, 259, 1901].

D'après Michaelis et Pitsch, l'alcool aqueux le dissout, mais cette dissolution s'altère peu à peu, conformément à la réaction : $P^4O + 7H^2O = 4PO^2H^3 + H^2$; ces chimistes attribuent au sous-oxyde de phosphore la formule de constitution suivante :

P — P ╲
P | O
P — P ╱

L'existence du sous-oxyde de phosphore est encore mise en doute par plusieurs chimistes [Chapmann et Lidburg, *Journ. Chem. Soc.*, **75**, 973, 1899; — Burgess et Chapmann, *Journ. Chem. Soc.*, **79**, 1235, 1901].

Oxyde phosphoreux P^2O. — Il a été découvert par M. Besson [*C. R.*, **124**, 763, 1897], qui le prépare en chauffant à 50°, en tubes scellés, un mélange de bromure de phosphonium et d'oxychlorure de phosphore : $PH^4Br + POCl^3 = 3HCl + HBr + P^2O$. On enlève l'excès d'oxychlorure de phosphore par filtration sur de l'amiante, puis par dessiccation dans le vide à 100°.

On peut encore la préparer, suivant M. Besson [*C. R.*, **125**, 1032, 1897], par l'un des procédés suivants :

1° On chauffe une dissolution concentrée d'acide phosphoreux avec un excès de trichlorure de phosphore, dans un appareil à reflux. M. Besson admet qu'il se produit successivement les deux réactions suivantes :

$$PCl^3 + PO^3H^3 = 3HCl + P^2O^3,$$
$$2P^2O^3 = P^2O + P^2O^5.$$

2° On fait passer lentement un courant d'air sec a travers une dissolution de phosphore dans le tétrachlorure de carbone légèrement chauffé.

C'est un corps solide, pulvérulent, jaune rougeâtre, stable sous l'action de la chaleur, jusqu'au delà de 100°; il est combustible.

Quoique sa composition soit celle d'un anhydride de l'acide hypophosphoreux on ne peut pas le considérer comme tel, car il ne s'hydrate pas à la température ordinaire et même, si on le chauffe en tube scellé, à 140°, en présence de l'eau, il se décompose en donnant de l'hydrogène phosphoré et un peu d'acide phosphoreux, mais pas du tout d'acide hypophosphoreux (Besson).

L'existence de l'oxyde phosphoreux, mise en doute par certains chimistes, a été confirmée, en 1901, par un nouveau travail de M. Besson [*C. R.*, **132**, 1556, 1901].

Anhydride phosphoreux P^4O^6. — L'anhydride phosphoreux a été préparé pour la première fois à l'état de pureté, en 1890, par Thorpe et Tutton [*Chem. News*, **61**, 212, 1890; **64**, 304, 1891 : *Journ. Chem. Soc.*, **57**, 545, 632, 1890; **59**, 1019, 1891] qui en ont publié une étude détaillée. Pour l'obtenir, on fait passer un courant d'air sec, pas trop lent, sur du phosphore également bien sec. Un tampon de coton de verre arrête tout l'anhydride phophorique, ainsi que le phosphore entraîné, et laisse passer l'anhydride phosphoreux qui va se condenser dans un tube en U plongeant dans un mélange réfrigérant. Le produit obtenu est conservé dans un flacon rempli d'anhydride carbonique.

Les propriétés suivantes ont été constatées par Thorpe et Tutton :

C'est un corps solide, blanc, semblable à de la cire et qui possède une odeur alliacée. Il fond à + 22°,5, se solidifie à + 21° et cristallise dans le système orthorhombique; il bout à 173°. Sa densité est égale à 1,936 et sa densité de vapeur correspond à la formule P^4O^6; la détermination cryoscopique de son poids moléculaire, en employant le benzène comme dissolvant, conduit au même résultat. Thilden et Barnett [*Journ. Chem. Soc.*, **69**, 154, 1896] lui attribuent la formule de constitution suivante :

O
P   P
O   O   O   O
P   P
O

L'anhydride phosphoreux est inaltérable jusqu'à 200°; au delà il se décompose, surtout à partir de 300°, en donnant du peroxyde de phosphore et du phosphore : $2P^4O^6 = 3P^2O^4 + P^2$. Il rougit à la lumière par suite de la formation de phosphore amorphe.

Le chlore le transforme en chlorure de phosphoryle $POCl^3$ et chlorure de métaphosphoryle PO^2Cl :

$$P^4O^6 + 4Cl^2 = 2POCl^3 + 2PO^2Cl.$$

Le brome donne lieu à une réaction analogue. L'iode réagit très lentement, et paraît donner P^2I^4 et P^2O^5.

L'anhydride phosphoreux s'oxyde spontanément, et avec phosphorescence, à l'air ou dans l'oxygène, en donnant de l'anhydride phosphorique; à 70° il se produit une combustion vive. Le soufre agit violemment à 160° en donnant un composé d'addition bien cristallisé $P^4O^6S^4$.

L'acide chlorhydrique est rapidement absorbé; il se forme du trichlorure de phosphore, de l'acide phosphoreux, de l'acide phosphorique et du phosphore.

Contrairement à ce que l'on croyait démontré, l'anhydride phosphoreux serait peu avide d'eau : l'affinité que l'on avait cru observer était due à la présence de l'anhydride phosphorique dans les échantillons employés. L'anhydride phosphoreux ne se dissout que très lentement dans l'eau froide, en donnant une dissolution d'acide phosphoreux. Avec l'eau chaude la réaction est violente : l'anhydride est décomposé; il y a formation de phosphore rouge ou d'oxyde rouge.

d'acide phosphorique et de phosphures d'hydrogène.

L'anhydride phosphoreux absorbe, à froid, de grandes quantités de gaz ammoniac, avec production de phosphore rouge ou de sous-oxyde de phosphore. Si l'on opère au sein d'un dissolvant, tel que le benzène, la réaction est bien plus régulière; il se produit une amide acide de l'acide phosphoreux $PO\,H(AzH^2)^2$.

L'anhydride phosphoreux est un réducteur; il transforme l'anhydride et l'acide sulfuriques en anhydride sulfureux avec production d'anhydride ou d'acide phosphorique.

En mélangeant à la température ordinaire, ou à 0°, de l'anhydride phosphoreux avec de l'alcool et distillant, Thorpe et Tutton ont préparé l'éther diéthylphosphoreux $P(C^2H^5O)^2OH$.

Ces mêmes chimistes pensent que la nécrose est produite par les vapeurs d'anhydride phosphoreux, plutôt que par celles du phosphore libre.

Peroxyde de phosphore P^2O^4. — Il a été obtenu par Thorpe et Tutton [*Chem. News*, **61**, 212, 1890, et **64**, 304, 1891; *Journ. Chem. Soc.*, **57**, 545 et 632, 1890 et **59**, 1019, 1891] en soumettant l'anhydride phosphoreux à l'action d'une température supérieure à 300°. Ces mêmes chimistes [*Journ. Chem. Soc.*, **49**, 833, 1886] l'ont aussi préparé, à l'état cristallisé, en sublimant le produit de la combustion lente du phosphore à 50°.

Ce n'est pas un anhydride de l'acide hypophosphorique parce que, au contact de l'eau, il ne donne pas cet acide, mais un mélange d'acides phosphoreux et phosphorique :

$$P^2O^4 + 3H^2O = PO^3H^3 + PO^4H^3.$$

Anhydride phosphorique. — La densité de vapeur de l'anhydride phosphorique conduit à lui donner la formule P^4O^{10} [Tilden et Barnett, *Journ. Chem. Soc.*, **69**, 154, 1896 et *Chem. News*, **73**, 103, 1896; — West, *Journ. Chem. Soc.*, **81**, 923, 1902]. Tilden et Barnett lui attribuent la formule de constitution suivante :

```
        O
      /   \
    P — O — P
   / | \   / | \
  O  O  O  O  O  O
   \ |   X   | /
    P — O — P
      \   /
        O
```

Soumis à une forte insolation, l'anhydride phosphorique présente une phosphorescence verdâtre qui pourrait bien être due à la présence de traces de P^4O^6 [Ebert et Hoffmann, *Zeit. phys. Chem.*, **34**, 80, 1900].

Il est réduit par le bore et par le silicium avec un très grand dégagement de chaleur, par le calcium avec incandescence et explosion au-dessous du rouge, et par la fonte de niobium au rouge sombre [Moissan, *Bull. Soc. Chim.*, (3), **21**, 897, 1899 et **27**, 429, 1902].

L'acide chlorhydrique et l'acide bromhydrique donnent la réaction : $2P^2O^5 + 3HCl = POCl^3 + 3PO^3H$; l'acide iodhydrique est sans action [Bailey et Fowler, *Chem. News*, **58**, 22, 1888].

Le gaz ammoniac sec se combine à l'anhydride phosphorique avec dégagement de chaleur; il se forme du sous-oxyde de phosphore P^4O, avec un peu de phosphore et d'hydrogène phosphoré [Biltz, *D. chem. G.*, **27**, 1257, 1894].

Le produit de la combustion du phosphore est formé de trois variétés différentes d'anhydride, qui sont trois états allotropiques de ce composé; l'anhydride *cristallisé*, l'anhydride *amorphe* et l'anhydride *vitreux* [Hautefeuille et Perrey, *C. R.*, **99**, 33, 1884]. L'anhydride cristallisé est très volatil; on le prépare en sublimant l'anhydride du commerce à 250°, dans un courant d'oxygène ou de gaz carbonique; il se présente sous l'aspect de flocons neigeux, très légers. L'anhydride amorphe s'obtient en chauffant le précédent à 440°. Quant à l'anhydride vitreux on le prépare en chauffant, au rouge naissant, l'une des deux variétés précédentes; à cette température l'anhydride fond; il se solidifie en une masse vitreuse et transparente, très fortement adhérente aux parois du tube de verre dans lequel on a fait l'opération.

L'anhydride cristallisé se dissout rapidement dans l'eau en produisant un sifflement aigu, sa dissolution n'exige que quelques minutes; l'anhydride amorphe se dissout assez lentement (une demi-heure environ); enfin, la dissolution de l'anhydride vitreux est extrêmement lente, elle peut durer plusieurs heures. Toutefois, le résultat final est toujours le même : les dissolutions récentes de ces trois variétés d'anhydride contiennent, à peu près uniquement de l'acide métaphosphorique [Giran, *C. R.*, **136**, 550, 1903 et *Ann. Chim. Phys.*, (7), **30**, 203, 1903].

Le produit de la combustion du phosphore est formé surtout d'anhydride amorphe (Giran).

Chaleurs dégagées dans les transformations réciproques de trois anhydrides :

	Hautefeuille et Perrey.	Giran. —
$P^2O^5_{crist.} = P^2O^5_{amorphe}$	$+ 6^{Cal},52$;	$+ 6^{Cal},98$
$P^2O^5_{amorphe} = P^2O^5_{vitreux}$		$+ 4^{Cal},72$
$P^2O^5_{crist.} = P^2O^5_{vitreux}$		$+ 11^{Cal},70$

Chaleurs de formation des trois anhydrides :

$$\begin{cases} P^2_{blanc\ sol.} + O^5_{gaz} = P^2O^5_{crist.} + 362^{Cal},97 \\ \quad " \qquad = P^2O^5_{amorphe} + 369^{Cal},95 \\ \quad " \qquad = P^2O^5_{vitreux} + 374^{Cal},67 \end{cases}$$

Chaleurs de dissolution :

$$\begin{cases} P^2O^5_{crist.} + aq. = 2PO^3H_{diss.} + 40^{Cal},79 \\ P^2O^5_{amorphe} + aq. = 2PO^3H_{diss.} + 33^{Cal},81 \\ P^2O^5_{vitreux} + aq. = 2PO^3H_{diss.} + 29^{Cal},09 \end{cases}$$

Acide hypophosphoreux, PO^2H^3. — Amat [*C. R.*, **111**, 676, 1890] a constaté que le permanganate de potassium oxyde l'acide hypophosphoreux et le change en acide phosphorique. Il a appliqué cette réaction à l'analyse de l'acide hypophosphoreux et des hypophosphites. Il suffit, après l'expérience, de doser le permanganate restant au moyen d'un réducteur, l'acide oxalique, par exemple; on en déduit la quantité d'oxygène qui a été fixée par l'acide hypophosphoreux pour sa transformation en acide phosphorique, transformation qui est toujours complète dans les conditions de cette expérience.

M. Marie [*C. R.*, **138**, 1216 et 1707, 1904] a repris récemment l'étude de l'acide hypophosphoreux. Il prépare cet acide, soit en décomposant le sel de baryum par l'acide sulfurique, soit en traitant l'hypophosphite de sodium par l'acide sulfurique concentré, reprenant par l'alcool qui dissout l'acide hypophosphoreux et faisant cristalliser. Cet acide fond à $+26°,5$; une température de 100° le décompose en donnant, non de l'acide phosphorique, mais de l'acide phosphoreux, $3PO^2H^3 = 2PO^3H^3 + PH^3$. M. Marie a aussi préparé un certain nombre d'acides phosphorés mixtes, dérivés de l'acide hypophosphoreux.

Acide phosphoreux, PO^3H^3. — Amat [*C. R.*,

108, 403, 1889 et *Ann. Chim. Phys.*, (6), **24**. 289, 1891] a confirmé les idées de Wurtz, relatives à la bibasicité de l'acide phosphoreux, en montrant que ce composé ne peut donner que deux espèces de sels, des sels acides PO^3H^2M et des sels neutres PO^3HM^2. La première fonction acide de l'acide phosphoreux est décelée par l'hélianthine, la seconde par la phtaléine du phénol [Berthelot, *C. R.*, **100**, 81, 1885] et par le bleu C4B de Poirrier [Engel, *Ann. Chim. Phys.*, (6), **8**, 564, 1886].

D'après Amat, sous l'action de la chaleur ou des déshydratants, l'acide phosphoreux se transforme d'abord partiellement en acide pyrophosphoreux, qui donne ensuite de l'hydrogène phosphoré solide plus ou moins décomposable, suivant les conditions de l'expérience, en phosphore rouge et hydrogène phosphoré gazeux. $3P^2H = 5P + PH^3$.

L'acide phosphoreux réduit l'acide chromique [Viard, *C. R.*, **124**, 148, 1897] et le permanganate de potassium (Amat). Cette dernière réaction a été utilisée par Amat, pour doser l'acide phosphoreux et les phosphites : on opère comme avec l'acide hypophosphoreux et les hypophosphites.

Kühling [*D. chem. G.*, **33**, 2914, 1900] dose volumétriquement l'acide phosphoreux au moyen d'une liqueur titrée de permanganate. Enfin, Rupp et Finck [*D. chem. G.*, **35**, 3691, 1902] dosent cet acide en l'oxydant au moyen d'une liqueur titrée d'iode en présence du carbonate de sodium ; on emploie un excès de cette liqueur titrée et l'on y dose l'iode restant par l'hyposulfite de sodium.

Acide pyrophosphoreux. $P^2O^5H^4$. — Menschutkine [*C. R.*, **59**, 295, 1864 ; *Bull. Soc. Chim.*, **2**. 122 et 241, 1864, et *Ann. Chem.*, **133**, 317, 1865] avait signalé depuis longtemps l'existence d'un acide acétopyrophosphoreux $P^2O^5(C^2H^3O)H^3$, qu'il préparait en traitant l'acide phosphoreux cristallisé par du chlorure d'acétyle, en tube scellé, à 120° :

$$2PO^3H^3 + 2C^2H^3OCl$$
$$= 2HCl + C^2H^4O^2 + P^2O^5(C^2H^3O)H^3.$$

L'étude de l'acide pyrophosphoreux est due surtout à Amat [*C. R.*, **106**, 1400, 1888 et **108**, 1056, 1889], qui en a préparé le sel disodique et l'acide libre en dissolution. Pour avoir de l'acide pyrophosphoreux, ce chimiste commence par préparer du pyrophosphite de baryum en déshydratant le phosphite acide ; il décompose ensuite ce sel par une quantité exactement équivalente d'acide sulfurique étendu. Il faut avoir soin d'opérer à 0°, en liqueur très étendue, et de laisser la dissolution obtenue dans un flacon entouré de glace. Malgré ces précautions, la liqueur ne se conserve pas, et se transforme rapidement (en quelques heures) en acide phosphoreux : à l'ébullition la transformation est immédiate.

M. Auger [*C. R.*, **136**, 814, 1903] a préparé de l'acide cristallisé en agitant violemment, pendant 5 heures, un mélange légèrement chauffé de trichlorure de phosphore et d'acide phosphoreux, $5PO^3H^3 + PCl^3 = 3P^2O^5H^4 + 3HCl$.

Il se forme aussi de l'acide pyrophosphoreux quand on chauffe de l'acide hypophosphorique [Joly, *C. R.*, **102**, 760, 1886 ; — Amat, *C. R.*, **108**, 403, 1889, et *Ann. Chim. Phys.*, (6), **24**, 289, 1891].

L'acide pyrophosphoreux est cristallisé en aiguilles incolores, fusibles à 38° et décomposables à 100°. Il est très déliquescent et se dissout dans l'eau en donnant immédiatement une solution d'acide phosphoreux. Cet acide est bibasique. C'est aussi un acide pyrogéné, ainsi que le montre le mode de préparation de son sel disodique $P^2O^5Na^2H^2$, qui a été obtenu par Amat en chauffant à 160° le phosphite monosodique PO^3NaH^2 ; sa formule de constitution est donc :

```
      ⁄ H
O = P – OH
      ⟍
        O
      ⁄
O = P – OH
      ⟍ H
```

La neutralisation de cet acide par une première molécule de soude dégage $+ 14^{Cal},51$ et, par une deuxième, $+ 14^{Cal},10$ (Amat).

Sous l'action de la chaleur, l'acide pyrophosphoreux donne de l'acide phosphorique et laisse déposer du phosphure d'hydrogène *solide*, ce qui le distingue de l'acide phosphoreux qui dégage du phosphure gazeux.

L'acide pyrophosphoreux ne précipite ni l'azotate d'argent, ni l'azotate de plomb à froid et en liqueur étendue, ce qui le distingue de l'acide phosphoreux qui donne des précipités avec ces deux réactifs. A chaud ou en liqueur concentrée, l'acide pyrophosphoreux donne, avec le nitrate de plomb, un précipité cristallin de nitrophosphite de plomb (Amat).

Amat a déterminé la composition de l'acide pyrophosphoreux par l'analyse de son sel disodique, en mesurant, au moyen d'une liqueur titrée de permanganate, la quantité d'oxygène qu'il doit absorber pour se transformer en acide phosphorique. Ces analyses lui ont montré que le pouvoir réducteur du pyrophosphite est le même que celui du phosphite acide qui a servi à le préparer.

Acide hypophosphorique, $P^2O^6H^4$. — La méthode de préparation de cet acide, imaginée par Salzer (Voyez 1er Suppl., **2**, 1258), a été perfectionnée par Joly [*C. R.*, **101**, 1058 et 1148, 1885], qui, en concentrant dans le vide la dissolution de l'acide hypophosphorique, a obtenu de grandes tables orthorhombiques, déliquescentes, de l'hydrate $P^2O^6H^4 + 2H^2O$. Ces cristaux fondent à 62° et se deshydratent dans le vide sec en donnant l'acide normal $P^2O^6H^4$. Joly [*C. R.*, **102**, 1065, 1886] a aussi isolé un autre hydrate $P^2O^6H^4 + 4H^2O$.

D'après Saenger [*Ann. Chem.*, **232**, 1, 1886] l'acide hypophosphorique prend naissance dans l'action de l'acide phosphoreux sur l'azotate d'argent ammoniacal, mais, dans ces conditions, il est instable et se transforme en acide phosphorique.

L'acide normal, qui est très déliquescent, se liquéfie à 70°, en même temps qu'il se dédouble en acides pyrophosphoreux et pyrophosphorique [Joly, *C. R.*, **102**, 110 et 760, 1886 ; — Amat, *C. R.*, **108**, 403, 1889 et *Ann. Chim. Phys.*, (6), **24**, 289, 1891] : $2P^2O^6H^4 = P^2O^5H^4 + P^2O^7H^4$. A une température plus élevée, l'acide pyrophosphoreux qui vient de se produire, se décompose seul en laissant un dépôt de phosphure d'hydrogène solide ; il se produit aussi de l'acide orthophosphorique et du phosphure d'hydrogène spontanément inflammable (Joly).

L'étude thermique de l'acide hypophosphorique a été faite par Joly [*C. R.*, **102**, 259, 1886] qui est arrivé aux résultats suivants :

$$P^2O^6H^4_{sol.} + aq. = P^2O^6H^4_{diss.} + 7^{Cal},70$$
$$P^2O^6H^4, 2H^2O_{sol.} + aq. = P^2O^6H^4_{diss.} - 2^{Cal},20$$
$$P^2O^6H^4_{diss.} + NaOH_{diss.} = P^2O^6NaH^3_{diss.} + 15^{Cal},14$$
$$\text{»} \quad + 2NaOH_{diss.} = P^2O^6Na^2H^2_{diss.} + 30^{Cal},10$$
$$\text{»} \quad + 3NaOH_{diss.} = P^2O^6Na^3H_{diss.} + 42^{Cal},72$$
$$\text{»} \quad + 4NaOH_{diss.} = P^2O^6Na^4_{diss.} + 54^{Cal},22$$

Les cristaux de l'acide hypophosphorique normal et ceux de son hydrate à $2H^2O$ sont parfaitement stables quand on les conserve à l'abri de l'air. Mis en présence d'une petite quantité d'eau, ils se détruisent en quelques jours, en donnant de l'acide phosphoreux et de l'acide orthophosphorique : $P^2O^6H^4 + H^2O = PO^3H^3 + PO^4H^3$.

D'après Amat [*C. R.*, **111**, 676, 1890], l'acide hypophosphorique réduit le bichlorure de mercure, mais seulement à chaud et en liqueur acide. Ce chimiste a utilisé cette réaction pour analyser cet acide. Dans ce but, il pèse le chlorure mercureux formé, d'où il déduit la quantité d'oxygène employée pour la transformation de l'acide primitif en acide phosphorique.

L'acide hypophosphorique se distingue des acides phosphoreux et hypophosphoreux par la faiblesse de ses propriétés réductrices.

Joly a préparé plusieurs hypophosphates très bien cristallisés et inaltérables.

Acide orthophosphorique, PO^4H^3. — A cause du prix élevé de l'acide phosphorique préparé par oxydation du phosphore, on a cherché à retirer cet acide des phosphates, préalablement purifiés par cristallisation.

M. Ditte [*C. R.*, **90**, 1163, 1880] emploie comme matière première le phosphate disodique PO^4Na^2H qu'il traite par l'acide chlorhydrique concentré; il se forme du chlorure de sodium, qui est insoluble dans l'acide concentré, et qui se dépose. Joly [*C. R.*, **102**, 316, 1886 et *Bull. Soc. Chim.*, **45**, 329, 1886] traitait d'une manière analogue le phosphate mono-ammonique $PO^4H^2AzH^4$. Enfin, M. Nicolas [*C. R.*, **111**, 974, 1890] précipite les phosphates de calcium naturels par de l'acide fluorhydrique étendu de son volume d'eau; le mélange est mis à digérer, à chaud, pendant quelques heures, puis filtré : on obtient ainsi un acide très pur, à cause de la très faible solubilité du fluorure de calcium dans l'acide phosphorique.

L'industrie prépare une grande quantité d'acide phosphorique en employant, comme matière première, soit les os calcinés, soit plutôt les phosphates naturels. Les procédés de fabrication sont nombreux; le plus souvent on opère de la manière suivante : le phosphate, préalablement analysé avec soin, est traité par la quantité d'acide sulfurique à 14°Bé exactement nécessaire pour précipiter toute la chaux. Il se forme du sulfate de calcium, à peu près insoluble, qui se dépose.

L'acide phosphorique formé est séparé au moyen de filtres-presse; il marque 10° à 12°Bé. On le concentre dans des chaudières en plomb, jusqu'à ce qu'il marque 50°Bé. La matière solide retenue par le filtre (tourteaux), qui est formée surtout de sulfate de calcium imprégné d'un peu d'acide phosphorique, est vendue à l'agriculture sous le nom de plâtre phosphaté [Dreyfus, *Bull. Soc. Chim.*, **42**, 219, 1884]. Le prix de revient de l'acide phosphorique préparé par cette méthode est d'environ 0f,50 le degré (kilogramme d'anhydride phosphorique). Warren [*Chem. News*, **68**, 66, 1893] a proposé un autre mode de préparation de l'acide phosphorique : il consiste à électrolyser du phosphate de cuivre dissous dans de l'acide phosphorique étendu.

En refroidissant une dissolution concentrée d'acide phosphorique, Joly [*C. R.*, **100**, 447, 1885] a obtenu l'hydrate $2PO^4H^3 + H^2O$, en cristaux clinorhombiques, fusibles à + 27°.

Sous l'action de la chaleur, l'acide orthophosphorique perd de l'eau à partir de 160° et se transforme en acides pyrophosphorique et métaphosphorique. MM. Berthelot et André [*C. R.*, **123**, 776, 1896 et *Ann. Chim. Phys.*, (7), **11**, 197, 1897] ont montré qu'il se produit des équilibres en vertu desquels, à une température déterminée, les trois acides peuvent coexister. La proportion d'acide méta croît avec la température et, au rouge sombre, il ne se produit plus que cet acide.

La chaleur de formation de l'acide orthophosphorique est : $P + O^4 + H^3 + PO^4H^3$ cristallisé $+ 302^{Cal},60$; fondu $+ 300^{Cal},08$; dissous $+ 305^{Cal},29$ [Thomsen, *Thermoch. Untersuch.*, **2**, 225, 1884]; $P + O^4 + H^3 = PO^4H^3$ cristallisé $+ 305^{Cal},84$; fondu $+ 303^{Cal},33$; dissous $+ 308^{Cal},54$ [Giran, *C. R.*, **136**, 550, 1903 et *Ann. Chim. Phys.*, (7), **30**, 203, 1903], et sa chaleur de neutralisation :

PO^4H^3	Thomsen (1)	Berthelot et Louguinine (2)
	—	
$+ NaOH_{diss.} = PO^4NaH^2_{diss.}$	$+ 14^{Cal},83$	$+ 14^{Cal},68$
$+ 2NaOH_{diss.} = PO^4Na^2H_{diss.}$	$+ 27^{Cal},08$	$+ 26^{Cal},33$
$+ 3NaOH_{diss.} = PO^4Na^3_{diss.}$	$+ 34^{Cal},03$	$+ 33^{Cal},59$

Ces résultats montrent que, *en dissolution*, la première fonction de l'acide orthophosphorique est celle d'un acide fort; la deuxième celle d'un acide faible et la troisième possède l'énergie d'un phénol. M. D. Berthelot [*C. R.*, **113**, 851, 1891 et *Ann. Chim. Phys.*, (6), **28**, 5, 1893] est arrivé au même résultat par la mesure des conductibilités électriques.

Ces trois fonctions acides se comportent aussi différemment vis-à-vis des réactifs colorés : l'orthophosphate monosodique est neutre à l'hélianthine [Thomson, *Chem. News*, **47**, 123, 1883; — Joly, *C. R.*, **94**, 529, 1882 et **100**, 55, 1885 et *Ann. Chim. Phys.*, (6), **5**, 137, 1885; — Berthelot, *Ann. Chim. Phys.*, (6), **6**, 506, 1885] et acide vis-à-vis du tournesol et de la phtaléine du phénol; l'orthophosphate disodique est alcalin à l'hélianthine et au tournesol et neutre à la phtaléine (Joly, Berthelot); enfin, l'orthophosphate trisodique est alcalin vis-à-vis de ces trois indicateurs et neutre au bleu C4B de Poirrier [Engel, *Ann. Chim. Phys.*, (6), **8**, 564, 1886 et *Bull. Soc. Chim.*, **45**, 321, 1886].

Les chaleurs de neutralisation que l'on obtient avec des corps qui sont tous dissous ne donnent pas une expression exacte de la véritable valeur thermique d'une fonction acide, car elles se compliquent des chaleurs de dissolution de l'acide, de la base et du sel. On obtient des résultats plus comparables si on considère tous les corps à l'état solide. M. de Forcrand [*C. R.*, **115**, 610, 1892] a calculé les quantités de chaleur que dégagerait l'acide orthophosphorique solide en se combinant avec 1, 2 et 3 molécules de sodium solide; il a trouvé :

$$PO^4H^3_{sol.} + Na_{sol.} = PO^4NaH^2_{sol.} + H + 60^{Cal},60$$
$$PO^4NaH^2_{sol.} + Na_{sol.} = PO^4Na^2H_{sol.} + H + 49^{Cal},20$$
$$PO^4Na^2H_{sol.} + Na_{sol.} = PO^4Na^3_{sol.} + H + 38^{Cal},33$$

Ces résultats paraissent indiquer une affinité graduellement décroissante. Néanmoins, M. de Forcrand admet que, dans l'acide orthophosphorique, les trois fonctions acides, mesurées thermiquement avec des corps tous solides, sont toutes identiques entre elles. Il explique les divergences observées par la formation et la destruction de combinaisons intramoléculaires de la manière suivante :

Désignons par Q la valeur thermique uniforme

(1) *Thermoch. Untersuch*, **1**, 179.
(2) *C. R.*, **81**, 1011 et 1072, 1875, et *Ann. de Ch. et de Ph.*, (5), **9**, 23, 1876.

que doit dégager chaque atome de sodium en se substituant à un atome d'hydrogène. Le premier atome de sodium se substitue à l'hydrogène de l'oxhydryle qui occupe la position (1) dans la formule

$$O = P \begin{array}{l} \diagup OH_{(1)} \\ - OH_{(2)} \\ \diagdown OH_{(3)} \end{array}$$

mais, en même temps, la nouvelle fonction ONa (1) ainsi formée se combinerait à la fonction voisine OH (2) pour donner une combinaison intramoléculaire exothermique. Cette seconde combinaison dégagerait q; de telle sorte que, en somme, quand on substituerait un atome de Na à un atome de H, ce que l'on observerait, ce serait la somme algébrique de ces deux phénomènes et le dégagement de chaleur serait $Q + q$. La deuxième substitution de Na se ferait dans OH (3) sans qu'il y ait production simultanée d'aucune autre combinaison; elle dégagerait par conséquent Q. Enfin, la troisième substitution aurait lieu dans OH (2); elle devrait tout d'abord être précédée de la destruction de la combinaison intramoléculaire formée au moment de la première substitution; le dégagement de chaleur serait donc $Q - q$.

Cette théorie explique la décroissance des résultats observés; elle montre que l'on doit considérer comme exprimant la véritable valeur thermique de l'acide orthophosphorique la moyenne des trois résultats observés, soit $+ 49^c,38$.

L'acide orthophosphorique se combine avec l'anhydride sulfurique en donnant un liquide visqueux de formule $PO^4H^3, 3SO^3$ ou $PO^4(SO^3H)^3$ [Adie, *Chem. News*, **63**, 102, 1891].

Chauffé à l'ébullition avec du chlorure de thionyle $SOCl^2$, l'acide orthophosphorique dégage SO^2 et HCl [Moureu, *Bull. Soc. Chim.*, (3), **11**, 767, 1894].

Il décompose l'iodure d'azote en donnant de l'ammoniaque et de l'acide hypoiodeux, lequel se transforme ensuite en iode et acide iodique [Chattaway et Stevens, *Am. Chem. Journ.*, **24**, 331, 1900]:

$$Az^2H^3I^3 + 3H^2O = 2AzH^3 + 3IOH;$$
$$15IOH = 6I^2 + 6H^2O + 3IO^3H.$$

L'acide orthophosphorique possède une grande tendance à s'unir aux oxydes de métalloïdes ou de métaux en donnant des composés qui sont généralement cristallisés. Avec l'acide iodique, il donne un acide phosphoiodique $P^2O^5, 18I^2O^5, 4H^2O$ en beaux cristaux prismatiques décomposables à l'air humide [Chrétien, *C. R.*, **123**, 178, 1896 et *Ann. Chim. Phys.*, (7), **15**, 358, 1898]. Il dissout, à chaud, les hydrates d'acide titanique, de zircone et d'acide stannique, pour donner les phosphates d'acide titanique, de zircone et d'acide stannique: P^2O^5, TiO^2; P^2O^5, ZrO^2 et P^2O^5, SnO^2, analogues au phosphate de silice P^2O^5, SiO^2 [Hautefeuille et Margottet, *C. R.*, **102**, 1017, 1886]. Enfin, l'acide orthophosphorique se combine directement avec l'acide vanadique pour donner deux composés cristallisés: $V^2O^5, P^2O^5, 14H^2O$ et $2V^2O^5, 3P^2O^5, 9H^2O$ [Ditte, *C. R.*, **102**, 757, 1886].

Quand on met deux bases, telles que la soude et la chaux, ou bien la soude et la baryte, en présence de l'acide phosphorique, il se produit des phénomènes d'équilibre, d'où résultent des sels mixtes dans la composition desquels entrent les deux bases. Des phénomènes analogues se produisent entre l'acide phosphorique et les chlorures alcalino-terreux [Berthelot, *C. R.*, **132**, 1277 et 1517, 1901, **133**, 5, 1901 et *Ann. Chim. Phys.*, (7), **25**, 145, 153 et 176, 1902].

Les éthers de l'acide orthophosphorique sont très nombreux et bien connus [Cavalier, *Ann. Chim. Phys.*, (7), **18**, 1899, 449]. L'acide phosphorique, mis en présence de l'éther ordinaire, donne lieu à des phénomènes de partage et d'équilibre chimique qui ont été étudiés par MM. Berthelot et André [*C. R.*, **123**, 1896, 344]. — M. Lemoult [*C. R.*, **139**, 409, 1904 et *Bull. Soc. Chim.*, (3), **35**, 60, 1906] a préparé plusieurs composés organiques dérivés de l'acide pentabasique normal $P(OH)^5$. Cet acide forme, avec l'albumine, des combinaisons qui ont été étudiées par Worms [*Journ. Soc. phys. chim. russe*, **29**, 680, 1897] et par Panormoff [*Journ. Soc. phys. chim. russe*, **31**, 556, 1899 et **32**, 249, 1900] qui a isolé trois composés solubles: Alb. $(PO^4H^3)^2$, Alb. $(PO^4H^3)^3$ et Alb. $(PO^4H^3)^4$.

M. Lemoult [*Bull. Soc. Chim.*, (3), **35**, 60, 1906] a préparé quelques dérivés de l'acide phosphorique normal $P(OH)^5$, du type:

$$R' - O - P \equiv (AzHR)^4, R'(OH)$$

ou $R' = CH^3$ ou C^2H^5 et $R =$ o.-tolyl ou as.-m.-xylyl.

Acide pyrophosphorique, $P^2O^7H^4$. — En 1872, Zettnow [*Ann. de Poggendorf*, **145**, 643, 1872] avait cru pouvoir conclure de ses analyses que les cristaux qui recouvrent les bâtons d'acide métaphosphorique du commerce conservés dans des flacons imparfaitement bouchés, étaient formés par de l'acide pyrophosphorique; M. Giran [*C. R.*, **134**, 711, 1902 et **135**, 961, 1902 et *Ann. Chim. Phys.*, (7), **30**, 203, 1903] a montré que ces cristaux étaient du diorthophosphate monosodique $P^2O^8NaH^5$.

L'acide pyrophosphorique sirupeux est en surfusion à la température ordinaire. On peut le faire cristalliser, soit par l'introduction d'un cristal déjà formé, soit par l'action d'un froid rigoureux et prolongé (— 10° pendant plusieurs semaines). La cristallisation est toujours extrêmement lente, à cause de la grande viscosité du liquide; quand elle est commencée, on la favorise par l'agitation et par une élévation modérée de la température (Giran).

Graham avait annoncé que la déshydratation de l'acide orthophosphorique à 215° donne naissance à de l'acide pyrophosphorique; MM. Berthelot et André [*C. R.*, **123**, 776, 1896 et *Ann. Chim. Phys.*, (7), **11**, 197, 1897] ont constaté qu'il se produisait, en même temps, de l'acide métaphosphorique. L'acide pyrophosphorique se produit aussi quand on décompose l'acide hypophosphorique par la chaleur [Joly, *C. R.*, **102**, 760, 1886; — Amat, *Ann. Chim. Phys.*, (6), **24**, 289, 1891]:

$$2P^2O^6H^4 = P^2O^5H^4 + P^2O^7H^4.$$

L'acide pyrophosphorique cristallisé est formé de petits grains blancs opaques ou de fines aiguilles; il est très dur et très déliquescent; il fond à + 61° (Giran).

Ses données thermiques sont les suivantes (Giran):

$$P^2O^7H^4_{sol.} + aq. = P^2O^7H^4_{diss.} + 7^{Cal},93$$
$$P^2O^7H^4_{liq.} + aq. = P^2O^7H^4_{diss.} + 10^{Cal},22$$
$$P^2O^7H^4_{sol.} = P^2O^7H^4_{liq.} - 2^{Cal},20$$
$$P^2O^7H^4_{sol.} + H^2O_{liq.} = 2PO^4H^3_{sol.} + 6^{Cal},97$$
$$P^2 + O^7 + H^4 = P^2O^7H^4_{crist.} + 535^{Cal},71;$$
$$_{liq.} + 533^{Cal},51; \quad _{diss.} + 543^{Cal},64.$$

L'acide pyrophosphorique est un acide tétrabasique dont on connaît les quatre sels de sodium

[Giran. *C. R.*, **134**, 1499, 1902 et *Ann. Chim. Phys.*, (7), **30**, 203, 1903]; il possède cependant une tendance très marquée à donner naissance, de préférence, aux sels $P^2O^7M^4$ et $P^2O^7M^2H^2$. Sa chaleur de neutralisation est :

	Thomsen (1)	Giran.
$P^2O^7H^4_{diss.}$		
$+ NaOH_{diss.} = P^2O^7NaH^3_{diss.}$	$+14^{Cal},38$	$+15^{Cal},29$
$+2NaOH_{diss.} = P^2O^7Na^2H^2_{diss.}$	$+28^{Cal},64$	$+29^{Cal},94$
$+3NaOH_{diss.} = P^2O^7Na^3H_{diss.}$	»	$+43^{Cal},05$
$+4NaOH_{diss.} = P^2O^7Na^4_{diss.}$	$+52^{Cal},74$	$+50^{Cal},91$

Ces résultats montrent que, *en dissolution*, les deux premières fonctions sont celles d'acides forts, la troisième celle d'un acide faible, et la quatrième est comparable à une fonction phénol.

Avec des corps tous solides, les dégagements de chaleur sont les suivants :

$$P^2O^7H^4_{sol.} + Na_{sol.} = P^2O^7NaH^3_{sol.} + H + 64^{Cal},95$$
$$P^2O^7NaH^3_{sol.} + Na_{sol.} = P^2O^7Na^2H^2_{sol.} + H + 60^{Cal},00$$
$$P^2O^7Na^2H^2_{sol.} + Na_{sol.} = P^2O^7Na^3H_{sol.} + H + 46^{Cal},46$$
$$P^2O^7Na^3H_{sol.} + Na_{sol.} = P^2O^7Na^4_{sol.} + H + 45^{Cal},18$$

L'examen de ces résultats et l'application de la théorie des combinaisons intramoléculaires de M. de Forcrand (voir à l'acide orthophosphorique) a conduit M. Giran à cette conclusion : *L'acide pyrophosphorique est un acide tétrabasique possédant quatre fonctions acide fort, toutes identiques entre elles.* La valeur thermique de chacune de ces fonctions acide est la moyenne des quatre résultats ci-dessus, soit $+54^c,15$. La formule de constitution suivante rappelle l'équivalence de ses quatre fonctions :

```
     ⁄OH
PO – OH
    ⟍
      O
    ⁄
PO – OH
    ⟍OH
```

Cette tétrabasicité de l'acide pyrophosphorique est conforme à un résultat obtenu antérieurement par Raoult [*C. R.*, **98**, 509, 1884]. Ce chimiste avait trouvé pour abaissement moléculaire du point de congélation du pyrophosphate neutre de sodium, le nombre 45,8 ; c'est une valeur normale pour un sel d'acide tétrabasique. Récemment, M. Cavalier [*C. R.*, **142**, 885, 1906] a confirmé la tétrabasicité de l'acide pyrophosphorique par la cryoscopie de ses éthers dans le benzène.

La transformation progressive de l'acide pyrophosphorique dissous en acide orthophosphorique a été étudiée par MM. Berthelot et André [*loc. cit.*], puis par M. Giran [*Ann. Chim. Phys.*, (7), **30**, 203, 1903] qui a trouvé qu'elle se produisait suivant la loi énoncée par M. Berthelot pour les réactions non limitées, à savoir que *la vitesse de transformation est à chaque instant, proportionnelle à la masse de substance transformable qui se trouve dans la liqueur.* Si l'on désigne par y la quantité de substance transformable qui se trouve, au temps t, dans la dissolution, ces deux quantités sont reliées par une expression de la forme : $y = ba^{-t}$.

L'acide pyrophosphorique donne, avec l'albumine, des combinaisons solubles : Alb. $(P^2O^7H^4)^3$ et 2 Alb. $(P^2O^7H^4)^7$ [Worms, *Journ. Soc. phys. chim. russe*, **30**, 310, 1898 ; — Panormoff, *Journ. Soc. phys. chim. russe*, **31**, 556, 1899 et **32**, 249, 1900].

(1) *Thermoch. Untersuch.*, **1**, 186.

MM. Berthelot et André [*C. R.*, **123**, 773, 1896 et **124**, 261, 1897] ont indiqué une méthode qui permet de doser l'acide pyrophosphorique en présence de l'acide orthophosphorique. Elle consiste à précipiter l'acide pyrophosphorique par un mélange de chlorure de magnésium, de chlorure d'ammonium et d'acétate d'ammonium, en présence d'un excès d'acide acétique. On fait digérer à 100° pendant quelques heures. Dans ces conditions, le pyrophosphate de magnésium se précipite, tandis que l'orthophosphate demeure dissous. Ce précipité doit être redissous, transformé en orthophosphate et précipité de nouveau à l'état de phosphate ammoniaco-magnésien.

Acide métaphosphorique, PO^3H. — L'acide métaphosphorique est un acide monobasique ; on lui donne habituellement la formule de constitution

$$O = P \begin{smallmatrix} \nearrow O \\ \searrow OH \end{smallmatrix}$$

Cependant, Tilden et Barnett [*Chem. News*, **73**, 103, 1896 et *Journ. Chem. Soc.*, **69**, 154, 1896], ayant trouvé que sa densité de vapeur, prise au rouge vif, correspond à la formule $P^2O^6H^2$, attribuent à cet acide la constitution suivante :

```
O = P — OH
    | ⟍
    O   O
    | ⁄
O = P — OH
```

Les données thermiques de l'acide métaphosphorique, mesurées par M. Giran [*C. R.*, **135**, 1333, 1902, *Ann. Chim. Phys.*, (7), **30**, 203, 1903] sont :

$$P + O^3 + H = PO^3H_{sol.} + 226^{Cal},62 ;\ _{diss.} + 236^{Cal},38$$
$$2PO^3H_{sol.} + H^2O_{liq.} = P^2O^7H^4_{sol.} + 13^{Cal},47$$
$$PO^3H_{sol.} + H^2O_{liq.} = PO^4H^3_{sol.} + 10^{Cal},22$$
$$PO^3H_{diss.} + NaOH_{diss.} = PO^3Na_{diss.} + 14^{Cal},51$$

[Thomsen, *Thermoch. Untersuch.*, **1**, 189, 1883]

$$= PO^3Na_{diss.} + 18^{Cal},84 \text{ (Giran, } loc.\ cit.)$$

C'est donc un acide fort. On arrive à la même conclusion par la considération des corps tous solides ; on trouve, dans ce cas :

$$PO^3H_{sol.} + Na_{sol.} = PO^3Na_{sol.} + H + 63^{Cal},03 \text{ (Giran).}$$

Si l'on compare ce résultat avec ceux que donnent les acides ortho et pyro, on voit que *les trois acides phosphoriques solides sont trois acides forts*, et que *leur acidité décroît régulièrement quand l'hydratation augmente.*

Les dissolutions d'acide métaphosphorique s'altèrent très rapidement en donnant, comme résultat final, de l'acide orthophosphorique. Cette transformation est activée par la concentration, l'élévation de température et la présence d'un acide fort [Montemartini et Egidi, *Gazz. chim. ital.*, **31**, 394, 1901]. Elle a été étudiée par un certain nombre de chimistes et a donné lieu à des hypothèses diverses. Berzélius pensait qu'il se formait de l'acide pyrophosphorique comme composé intermédiaire ; Graham estimait, au contraire, que l'acide méta passait directement à l'état d'acide ortho. M. Sabatier [*C. R.*, **106**, 63, 1888 et **108**, 738, 804, 1889 ; *Ann. Chim. Phys.*, (6), **18**, 409, 1889 ; *Bull. Soc. Chim.*, (3), **1**, 702, 1889], adoptant cette dernière hypothèse, a étudié avec beaucoup de soin cette transformation par la méthode des indicateurs colorés. MM. Berthelot et André [*C. R.*, **124**, 265, 1897 et *Ann. Chim. Phys.*, (7), **11**,

204, 1897] ont examiné comment variait la composition de cette dissolution en faisant, de temps en temps, des dosages d'acide pyrophosphorique; ils ont constaté que cet acide se forme réellement.

M. Giran [*Ann. Chim. Phys.*, (7), **30**, 203, 1903] a repris l'étude de ces transformations par la méthode thermique, en mesurant les quantités de chaleur qui se dégagent lorsque, à une molécule d'acide métaphosphorique en dissolution, on ajoute successivement une, deux et trois molécules de soude; les dégagements de chaleur qui se produisent dans ces trois cas sont, évidemment, en relation avec la composition du liquide et peuvent servir à la déterminer. Il résulte, en effet, des mesures de MM. Berthelot et Louguinine [*Ann. Chim. Phys.*, (5), **9**, 26, 1876] et de celles de M. Giran que :

$2PO^3H_{diss.} + 2NaOH_{diss.}$	dégage	$+ 29^{Cal},68$
$P^2O^7H^4_{diss.} + 2NaOH_{diss.}$	—	$+ 29^{Cal},94$
$2PO^4H^3_{diss.} + 2NaOH_{diss.}$	—	$+ 29^{Cal},36$
$2PO^3H_{diss.} + 4NaOH_{diss.}$	—	$+ 34^{Cal},54$
$P^2O^7H^4_{diss.} + 4NaOH_{diss.}$	—	$+ 50^{Cal},91$
$2PO^4H^3_{diss.} + 4NaOH_{diss.}$	—	$+ 52^{Cal},66$
$2PO^3H_{diss.} + 6NaOH_{diss.}$	—	$+ 34,^{Cal}64$
$P^2O^7H^4_{diss.} + 6NaOH_{diss.}$	—	$+ 56^{Cal},12$
$2PO^4H^3_{diss.} + 6NaOH_{diss.}$	—	$+ 67^{Cal},18$

Si donc on a une dissolution contenant, dans 100 cm³, un mélange de :

x^{gr} d'acide méta $(2PO^3H = 160)$
y^{gr} d'acide pyro $(P^2O^7H^4 = 178)$
z^{gr} d'acide ortho $(2PO^4H^3 = 196)$

et si l'on y ajoute successivement $2NaOH$, $4NaOH$ et $6NaOH$, les quantités de chaleur dégagées seront :

Avec $2NaOH$,

$$Q_1 = \frac{29,68}{160}x + \frac{29,94}{178}y + \frac{29,36}{196}z.$$

Avec $4NaOH$,

$$Q_2 = \frac{34,54}{160}x + \frac{50,91}{178}y + \frac{52,66}{196}z.$$

Avec $6NaOH$,

$$Q_3 = \frac{34,64}{160}x + \frac{56,12}{178}y + \frac{67,18}{196}z.$$

Réciproquement, si nous mesurons Q_1, Q_2 et Q_3, nous pourrons en déduire les valeurs de x, y et z, c'est-à-dire la composition du liquide. S'il ne se forme pas d'acide pyro, nous devrons trouver constamment $y = o$. Les trois équations précédentes, résolues par rapport à x, y et z en donnent les expressions suivantes :

$$x = +15,10Q_1 - 8,30Q_2 + 0,07Q_3$$
$$y = -12,16Q_1 + 25,58Q_2 - 15,17Q_3$$
$$z = +1,59Q_1 - 17,73Q_2 + 16,47Q_3$$

L'application de cette méthode a conduit M. Giran à représenter la variation de composition des liquides étudiés par des systèmes de courbes, du genre de celui qui est figuré ci-dessous, et qui correspond à une solution contenant 27gr,91 d'acide métaphosphorique par litre conservée à la température constante de + 19°.

M. Giran est arrivé aux conclusions suivantes :

1° Au début de la dissolution, l'acide *méta* diminue très rapidement en donnant naissance uniquement à de l'acide pyro; il a complètement disparu au bout de peu de jours.

2° L'acide *ortho* ne prend naissance que lorsque l'acide méta a presque entièrement disparu; il augmente d'abord très vite, puis de plus en plus lentement, jusqu'à ce que la transformation soit complète.

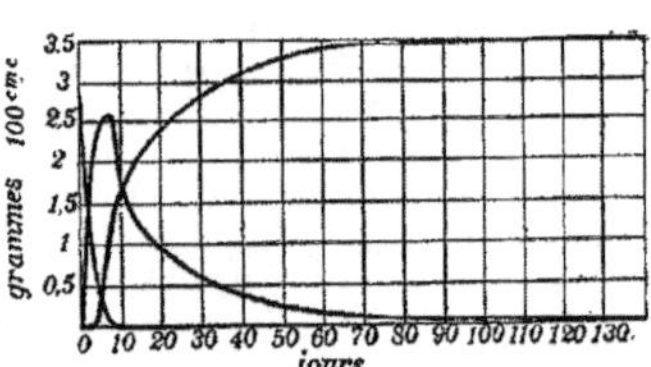

3° L'acide *pyro* se forme dès le début; il augmente très vite, passe par un maximum et décroît ensuite. Au moment de ce maximum, la dissolution ne contient qu'une très petite quantité des acides méta et ortho.

Toutes ces transformations sont d'autant plus rapides que les liqueurs sont plus concentrées et que leur température est plus élevée.

L'acide métaphosphorique, chauffé à l'ébullition avec du chlorure de thionyle $SOCl^2$, est attaqué avec dégagement d'anhydride sulfureux et d'acide chlorhydrique [Moureu, *Bull. Soc. Chim.*, (3), **11**, 767, 1894].

En chauffant, dans un creuset de platine, un mélange d'acide métaphosphorique et de silice, Hautefeuille et Margottet [*C. R.*, **96**, 1052, 1883] ont obtenu une combinaison cristallisée, le phosphate de silice P^2O^5, SiO^2.

L'acide métaphosphorique fondu, agissant sur le chlorure ou sur le bromure de thorium, donne des cristaux de métaphosphate de thorium $ThO^2, 2P^2O^5$ [Troost et Ouvrard, *Ann. Chim. Phys.*, (6), **17**, 227, 1889].

L'acide métaphosphorique ne donne pas de composé soluble avec l'albumine [Panormoff, *Journ. Soc. phys. chim. russe*, **31**, 556, 1899].

D'après Schlömann [*D. chem. G.*, **26**, 1020, 1893], cet acide est un réactif spécifique pour les amines primaires, car il précipite ces bases, tandis qu'il ne précipite pas les amines secondaires et tertiaires.

Acides polymétaphosphoriques. — La question des acides polymétaphosphoriques est des plus complexes et est encore loin d'être résolue. Il paraît bien certain qu'il existe des acides métaphosphoriques de condensations différentes, mais il est bien difficile d'affirmer quel est le degré de condensation de chacun d'eux. Il suffit, pour s'en convaincre, de constater les nombreuses contradictions que l'on rencontre chez les chimistes qui ont abordé cette délicate question. Ainsi, Jawein et Thillot [*D. chem. G.*, **22**, 654, 1889] ont trouvé, par la cryoscopie, que les sels réputés dimétaphosphates de sodium et d'ammonium et trimétaphosphate de sodium, ne seraient que des monométaphosphates, tandis que le sel réputé hexamétaphosphate de sodium ne serait qu'un tétramétaphosphate. Tammann [*Zeit. f. phys. Chem.*, **6**, 122, 1890 et *Journ. f. prakt. Chem.*, (2), **45**, 417, 1892] a déterminé les poids moléculaires de divers métaphosphates solubles par la mesure des conductibilités électriques de leurs dissolutions aqueuses. Il a trouvé que les trimétaphosphates de Fleitmann et Henneberg sont des dimétaphosphates et que les dimétaphosphates des mêmes auteurs sont des trimétaphosphates. Ce même chimiste a aussi signalé l'existence d'octo- et de décamétaphosphates, et même d'un métaphosphate de sodium et de magnésium à formule 14 fois condensée.

Tanatar [*Journ. Soc. phys. chim. russe*, **30**, 99, 1898] avait pensé pouvoir obtenir des résultats plus précis en transformant ces acides en éthers dont il comptait déterminer la densité de vapeur; mais il lui a été impossible de préparer ces éthers.

L'étude des polymétaphosphates a été de nouveau reprise par Warschauer [*Zeit. anorg. Chem.*, **36**, 137, 1903].

Hydrogène phosphoré solide hydroxylé. $P^4H(OH)$. — Ce composé a été découvert et étudié par Franke [*Journ. f. prakt. Chem.*, (2), **35**, 341. 1887] qui le prépare en faisant un mélange de 4 atomes de phosphore avec 2 atomes d'iode, préalablement dissous dans le sulfure de carbone. Par le refroidissement la couleur de l'iode disparaît et la dissolution prend une teinte jaune ambré. On la verse alors dans de l'eau que l'on porte à 80°; il se produit un abondant dépôt de flocons jaunes que l'on lave à l'eau et que l'on dessèche dans le vide, en présence de l'anhydride phosphorique. Franke exprime la formation de ce corps par la réaction suivante, qui se produit tout d'abord :

$$2P^4I^2 + 9H^2O = P^4H(OH)HI + 4PO^2H^3 + 3HI$$

puis, à 80°, le composé $P^4H(OH)HI$, se détruirait en donnant $P^4H(OH)$ et HI.

On peut encore le préparer en dissolvant de l'hydrogène phosphoré solide dans de la potasse alcoolique, et précipitant ensuite par l'acide acétique; il se produirait les deux réactions suivantes :

$$P^4H^2 + KOH = P^4H(OK) + H^2$$

$$\text{et } P^4H(OK) + C^2H^4O^2 = C^2H^3KO^2 + P^4H(OH).$$

C'est une poudre jaune, plus dense que l'eau, décomposable à l'air humide suivant la réaction :

$$3P^4H(OH) + 9H^2O$$
$$= 6PO^2H^3 + 2PH^3 + 4P \text{ rouge}.$$

On connaît un sel de potassium $P^4H(OK)$. Franke pense que le sous-oxyde de phosphore de Leverrier est identique avec son composé.

Oxychlorure de phosphore, $POCl^3$. — D'après M. Besson [*C. R.*, **122**, 814, 1896], l'oxychlorure de phosphore solide fond à + 2°.

Son poids moléculaire a été déterminé par plusieurs méthodes qui ont donné des résultats divergents. Par ébullioscopie dans le tétrachlorure de carbone et dans le benzène, on a trouvé $(POCl^3)^2$, tandis qu'avec le sulfure de carbone et le chloroforme employés comme dissolvants on est arrivé à la formule $POCl^3$; la cryoscopie dans le benzène conduit aussi à une formule simple [Oddo et Serra, *Gazz. chim. ital.*, **29**, II, 318, 1899; — Oddo, *ibid.*, **31**, II, 222, 1901].

L'oxychlorure de phosphore a été employé par Oddo [*ibid.*, **31**, II, 138, 1901], comme solvant en cryoscopie; sa constante cryoscopique est égale à 69. Il possède, comme l'eau, un pouvoir dissociant assez énergique sur les sels.

M. Besson [*C. R.*, **124**, 1099, 1897] a étudié l'action ménagée de l'eau sur l'oxychlorure de phosphore; il a trouvé que, suivant les conditions de l'expérience, il se forme, en proportions variables, la série des produits : $P^2O^3Cl^4$, PO^2Cl et PO^4H^3; dans tous les cas, il y a dégagement d'acide chlorhydrique.

Oxychlorure pyrophosphorique, $P^2O^3Cl^4$. — Ce composé prend naissance dans l'action de l'anhydride phosphorique, à chaud, sur l'oxychlorure [Huntly, *Journ. Chem. Soc.*, **59**, 202, 1891] ou sur le perchlorure de phosphore [Oddo, *Gazz. chim. ital.*, **29**, II, 330, 1899]. Il se forme aussi, comme produit accessoire, quand on prépare l'oxyde P^2O par l'action du bromure de phosphonium sur l'oxychlorure de phosphore [Besson, *C. R.*, **124**, 763, 1897].

Oxychlorure métaphosphorique, PO^2Cl. — M. Besson [*loc. cit.*] a constaté que ce composé, de même que le précédent, prend naissance, comme produit secondaire, quand on prépare l'oxyde P^2O par l'action du bromure de phosphonium sur l'oxychlorure de phosphore. Il se produit aussi quand on fait agir l'iodure de phosphonium sur l'oxychlorure de phosphore (quoique cette réaction ne donne pas naissance à l'oxyde P^2O).

Oxychlorure phosphoreux, $POCl$. — Ce composé a été découvert par M. Besson [*C. R.*, **125**, 771, 1897], qui l'a préparé en faisant agir une petite quantité d'eau sur le trichlorure de phosphore, $PCl^3 + H^2O = 2HCl + POCl$. L'oxychlorure reste en dissolution dans l'excès de trichlorure; on l'en retire en chassant le dissolvant au bain-marie, puis dans le vide.

C'est un corps solide, jaune ambré clair, ayant la consistance de la paraffine, très hygroscopique. Il se dissout dans l'eau en produisant le même bruit que l'anhydride phosphorique. Il est décomposable par la lumière. Le chlore le transforme lentement en oxychlorure $POCl^3$.

Oxybromure de phosphore, $POBr^3$. — Le poids moléculaire de ce composé a été déterminé par Oddo [*Gazz. chim. ital.*, **31**, II, 222, 1901] : la méthode d'ébullition, avec le benzène employé comme dissolvant, indique, chez l'oxybromure de phosphore, une légère tendance à la polymérisation, tandis que la méthode de congélation le désigne comme monomoléculaire.

Oxychlorobromure de phosphore, $POCl^2Br$. — M. Besson [*C. R.*, **122**, 814, 1896] a constaté que ce composé fondait à + 13°.

Oxybromochlorure de phosphore, $POClBr^2$. — Il résulte de l'action du chlorure de brome $BrCl$ sur l'oxybromure de phosphore [Besson, *C. R.*, **122**, 814, 1896]. C'est un corps solide, dont la densité est égale à 2,45, qui fond à + 30° et bout à 165° environ.

COMBINAISONS SULFURÉES DU PHOSPHORE.

Sulfures de phosphore. — P^4S^3. — M. Besson [*C. R.*, **122**, 467, 1896; **123**, 884, 1896, et **124**, 401, 1897] a obtenu du sesquisulfure de phosphore en traitant les oxychlorures $SOCl^2$ et $S^2O^5Cl^2$ par l'hydrogène phosphoré gazeux.

Le poids moléculaire de ce composé, déterminé par la cryoscopie, correspond à la formule P^4S^3 [Helff, *Zeit. phys. Chem.*, **12**, 196, 1893].

Le sesquisulfure de phosphore, chauffé à l'air à 50°, s'oxyde lentement et devient phosphorescent; au-dessus de 350°, dans un courant d'anhydride carbonique, il s'altère rapidement en donnant du phosphore rouge [Mai et Scheffer, *D. chem. G.*, **36**, 870, 1903].

La potasse, la soude et les sulfures alcalins le décomposent, à froid, avec dégagement d'hydrogène et d'hydrogène phosphoré et production de sulfoxyphosphites alcalins qui peuvent être considérés comme dérivés d'un acide phosphoreux sulfuré PO^2SH^3 [Lemoine, *C. R.*, **98**, 45, 1884].

Le sesquisulfure de phosphore est actuellement employé à la fabrication des allumettes chimiques; cette substitution du sesquisulfure au phosphore a été opérée dans le but d'éviter la nécrose aux ouvriers.

M. Léo Vignon [*C. R.*, **140**, 1449, 1905 et *Bull. Soc. Chim.*, (3), **33**, 805, 1905] a constaté que la présence du phosphore blanc libre dans le sulfure de phosphore industriel ne pouvait pas être caractérisée par la méthode de Mitscherlich, mais qu'elle était facilement mise en évidence par l'action d'un courant d'hydrogène qui n'agit que sur le phosphore libre.

Shenck et Scharft [*D. chem. G.*, **39**, 1522, 1906] ont montré que l'on pouvait rechercher la présence de traces de phosphore blanc dans le sesquisulfure de phosphore en utilisant la propriété que possède ce métalloïde de rendre l'air conducteur de l'électricité. Cette méthode est d'une sensibilité extrême; elle permet de déceler jusqu'à 4/1000 de milligr. de phosphore.

P^2S^3. — Isambert [*C. R.*, **102**, 1386, 1886] a trouvé expérimentalement que la densité de vapeur de ce sulfure est comprise entre 10,2 et 12, ce qui correspondrait à la formule P^4S^6. D'après M. Boulouch [*C. R.*, **143**, 41, 1906], le trisulfure P^2S^3 n'existe pas.

P^3S^6. — Dervin [*Bull. Soc. Chim.*, **41**, 433, 1884] a préparé ce composé en soumettant à l'action de la lumière une solution sulfocarbonique de soufre et de trisulfure P^2S^3. Il bout à 516-519° [Recklinghausen, *D. chem. G.*, **26**, 1514, 1893].

P^2S^5. — Une dissolution de soufre et de phosphore dans le sulfure de carbone, exposée aux rayons solaires, se trouble et laisse déposer lentement du pentasulfure de phosphore [Isambert, *C. R.*, **102**, 1386, 1886]. Stock et Thiel [*D. chem. G.*, **38**, 2719, 1905] préparent P^2S^5 en chauffant à 120-130°, pendant 12 heures, en tube scellé, une solution de 20 gr. de phosphore, 60 gr. de soufre et 0gr,5 d'iode dans 150 cmc. de CS^2.

Ce pentasulfure, traité par le gaz ammoniac à la température ordinaire, donne naissance au composé $P^2S^5, 6AzH^3$; avec l'ammoniac liquéfié, à −20°, il se produit $P^2S^5, 7AzH^3$. Ces deux composés, calcinés au rouge vif, dégagent du sulfure d'ammonium et laissent pour résidu de l'azoture de phosphore P^3Az^5 [Stock et Hoffmann, *D. chem. G.*, **36**, 314, 1903]. Stock et Thiel (*loc. cit.*) ont montré que le pentasulfure de phosphore pouvait exister sous trois états allotropiques différents : une modification vert bouteille, stable seulement au-dessous de — 100°, et deux modifications jaunes, stables au-dessus de cette température; elles se distinguent surtout par leur température de fusion et par leur solubilité dans CS^2. Le poids moléculaire, pris par la méthode des points d'ébullition, est P^4S^{10} pour la variété habituelle, qui est la moins soluble; quant à la variété la plus soluble, elle fournit des chiffres compris entre P^2S^5 et P^4S^{10}.

P^6S^{11}. — Signalé par Dervin [*Bull. Soc. Chim.*, **41**, 433, 1884], qui le considère comme la combinaison $P^4S^3, 2P^2S^4$.

D'après M. Boulouch [*C. R.*, **135**, 165, 1902], il n'existe pas de sulfure de phosphore composé défini, à une température inférieure à 100°. Si, au contraire, l'on observe les points de fusion des mélanges de soufre et de phosphore préalablement chauffés à 200°, on constate que la courbe représentative des résultats présente quatre maxima qui décèlent l'existence, dans ces conditions, de quatre composés définis, P^4S^3, P^2S^3, P^2S^5 et PS^6, et quatre minima qui correspondent à quatre eutectiques, dont les formules seraient voisines de P^2S, PS, PS^2 et PS^3 [Giran, *C. R.*, **142**, 398, 1906].

D'après M. Boulouch [*C. R.*, **142**, 1045, 1906], le premier eutectique serait plutôt voisin de la formule P^4S.

Acides thiophosphoreux et thiohyphosphoriques. — Il existe une série de composés qui dérivent des acides phosphoreux et phosphoriques par le remplacement de leur oxygène par un nombre égal d'atomes de soufre. Aucun de ces acides n'a été isolé; on ne les connait qu'à l'état de sels [Ferrand, *C. R.*, **122**, 621 et 886, 1896; *Bull. Soc. Chim.*, (3), **13**, 115, 1895 et *Ann. Chim. Phys.*, (7), **17**, 388, 1899; — Friedel, *C. R.*, **119**, 260, 1894; — Glatzel, *Zeit. anorg. Chem.*, **4**, 186, 1893]. Ces acides sont :

L'*acide thiophosphoreux*, PS^3H^3 (Ferrand).

L'*acide thiohypophosphorique*, $P^2S^6H^4$ (Friedel, Ferrand).

L'*acide thiophosphorique*, PS^4H^3 (Glatzel).

L'*acide thiopyrophosphorique*, $P^2S^7H^4$ (Ferrand).

Chlorosulfure de phosphore, $PSCl^3$. — M. Besson [*C. R.*, **123**, 884, 1896] l'a obtenu en traitant l'oxychlorure $SOCl^2$ par le gaz hydrogène phosphoré. Oddo [*Gazz. chim. ital.*, **31**. II, 222, 1901] a constaté que ce composé fondait à —35° et que son poids moléculaire, mesuré cryoscopiquement avec le benzène, correspondait à la formule simple $PSCl^3$.

L'acide bromhydrique attaque le chlorosulfure de phosphore avec formation des dérivés substitués : $PSCl^2Br$, $PSClBr^2$ et $PSBr^3$, tandis que l'acide iodhydrique donne naissance à l'iodure PI^3 et à un sulfoiodure qui paraît avoir pour formule P^2SI^2 [Besson, *C. R.*, **122**, 1057, 1200, 1896]. Le chlorosulfure de phosphore donne, avec les phénols, des produits qui ont pour formules générales $PS(OR)^3$, $PS(OR)^2Cl$ et $PS(OR)Cl^2$, dans lesquelles R représente un radical aromatique [Autenrieth et Hildebrand, *D. chem. G.*, **31**, 1094, 1898].

Iodosulfures de phosphore. — M. Ouvrard [*C. R.*, **115**, 1301, 1892; *Ann. Chim. Phys.*, (7), **2**, 212, 1894] a obtenu trois iodosulfures de phosphore $P^6S^3I^2$, $P^2S^2I^2$ et P^2SI^4 en traitant, à 110°, les iodures P^2I^4 et P^2I^3 par l'hydrogène sulfuré ou par le trisulfure de phosphore.

Ce sont des corps assez stables, facilement cristallisables et solubles dans le sulfure de carbone; on utilise cette solubilité pour les purifier. Ils sont inaltérables à l'air sec et dégagent de l'hydrogène sulfuré à l'air humide; l'eau froide n'a aucune action sur eux, tandis que l'eau bouillante les décompose rapidement.

L'iodosulfure $P^4S^3I^2$ a été aussi étudié par M. Besson [*C. R.*, **122**, 1057, 1200, 1896] qui l'a obtenu en prismes brillants, jaunes d'or, fusibles à 106°.

Chlorobromosulfure de phosphore, $PSBrCl^2$. — L'étude de ce composé a été reprise par M. Besson [*C. R.*, **122**, 1057, 1896]. C'est un liquide jaune clair, d'une odeur piquante et aromatique. Il bout à 150° en se décomposant, d'après la réaction :

$$2PSCl^2Br = PSCl^3 + PSClBr^2.$$

L'eau le décompose, à 150°, en donnant du soufre, de l'hydrogène sulfuré et des acides phosphorique, phosphoreux, chlorhydrique et bromhydrique.

Bromochlorosulfure de phosphore. $PSClBr^2$. — Il prend naissance lorsqu'on chauffe, à 150°, le chlorobromosulfure $PSBrCl^2$ [Besson, *loc. cit.*].

C'est un liquide vert clair, qui fond à — 6° et bout à + 95° sous une pression de 6 mm. Il est décomposable à 100° en donnant $PSBr^3$, $PSCl^2Br$ et $PSCl^3$. Sa densité est égale à 2,48.

Oxysulfures de phosphore. — On connait deux oxysulfures de phosphore : $P^2O^2S^3$ [Besson,

C. R., **124**, 151, 1897] et $P^4O^6S^4$ [Thorpe et Tutton, *Chem. News*, **64**, 304, 1891; *Journ. Chem. Soc.*, **59**, 1019, 1891]. Le premier se prépare en traitant l'oxychlorure de phosphore $POCl^3$ par H^2S à 0° :

$$2POCl^3 + 3H^2S = 6HCl + P^2O^2S^3;$$

le second, en chauffant de l'anhydride phosphoreux avec du soufre, dans un tube scellé, à 160°.

Ce sont des corps cristallisés, blancs ou blancs jaunâtres, solubles dans le sulfure de carbone. L'eau les décompose en donnant de l'hydrogène sulfuré ainsi que des acides phosphoreux et phosphorique.

Acide sulfoxyphosphoreux PO^2SH^3. — Cet acide n'est pas connu à l'état de liberté; on ne connaît que ses sels qui ont été découverts et étudiés par M. Lemoine [*C. R.*, **93**, 489, 1881].

Oxychlorosulfure de phosphore $P^2O^2SCl^4$. — On prépare ce composé en traitant l'oxychlorure de phosphore par l'hydrogène sulfuré, à 100° [Besson, *C. R.*, **124**, 1099, 1897] :

$$2POCl^3 + H^2S = P^2O^2SCl^4 + 2HCl.$$

C'est un liquide incolore, qui se solidifie au-dessous de 30°; il bout à 104° sous une pression de 10 mm. de mercure et à 119° sous une pression de 30 mm. Il est lentement décomposable à l'air.

COMBINAISONS AZOTÉES DU PHOSPHORE.

Phospham PAz^2H. — Les alcools méthylique et éthylique réagissent, à chaud, sur le phospham : il se forme des amines secondaires [Vidal, *C. R.*, **112**, 950, 1891; **115**, 123, 1892].

Amidure de phosphore $P(AzH^2)^3$. — M. Hugot [*C. R.*, **141**, 1235, 1905] a préparé ce composé en faisant agir le gaz ammoniac sur le tribromure ou sur le triiodure de phosphore, à — 70° :

$$15AzH^3 + PBr^3 = 3(AzH^4Br.3AzH^3) + P(AzH^2)^3.$$

Cet amidure est peu stable et se décompose déjà à partir de — 25°.

Chloroazotures de phosphore. — Il existe toute une série de polymères qui répondent à la formule générale $(PAzCl^2)^n$.

Le plus connu est le chloroazoture $P^3Az^3Cl^6$ de Wœhler et Liebig. Son étude a été complétée par Stokes [*Am. Chem. Journ.*, **17**, 275, 1895; **19**, 782, 1897; **20**, 740, 1898; *D. chem. G.*, **28**, 437, 1895]; ce chimiste a constaté que ce composé fond à + 114°, bout à + 256°,5 sous la pression de 760 mm. et qu'il donne, avec le gaz ammoniac, la combinaison $P^3Az^3Cl^4(AzH^2)^2$. Il a proposé la formule de constitution suivante :

$$\begin{array}{ccc} & PCl^2 & \\ Az & & Az \\ Cl^2P & & PCl^2 \\ & Az & \end{array}$$

MM. Besson et Rosset [*C. R.*, **143**, 37, 1906] ont constaté que le chloroazoture de phosphore $(PAzCl^2)^3$ se prépare le mieux en chauffant un mélange à poids égaux de PCl^5 et de AzH^4Cl. Le produit sublimé est lavé, séché, puis distillé sous pression réduite. La cryoscopie de ce corps dans le benzène indique un poids moléculaire correspondant à la formule $(PAzCl^2)^3$. Ce composé est détruit par l'eau, l'anhydride sulfurique et le peroxyde d'azote à des températures comprises entre 150° et 250°.

Le chloroazoture $PAzCl^2$ a été obtenu par M. Besson [*C. R.*, **114**, 1264, 1892] en chauffant, sous une faible pression, la combinaison PCl^5, $8AzH^3$.

Le polymère $(PAzCl^2)^4$ se produit dans les mêmes conditions que le chloroazoture $P^3Az^3Cl^6$ [Stokes, *loc. cit.*]. Il forme des prismes fusibles à 123° et assez stables sous l'action de la chaleur.

On connaît aussi les polymères $(PAzCl^2)^5$, $(PAzCl^2)^6$, $(PAzCl^2)^7$ et un autre d'indice supérieur à 11. Stokes prépare un mélange de tous ces polymères en chauffant, en tube scellé, du perchlorure de phosphore avec du chlorure d'ammonium :

$$PCl^5 + AzH^4Cl = PAzCl^2 + 4HCl;$$

il les sépare ensuite par distillation fractionnée.

Dans ce groupe de corps, il faut encore signaler un autre chloroazoture $P^6Az^7Cl^9$ [Stokes, *loc. cit.*] et un bromoazoture $PAzBr^2$ [Besson, *C. R.*, **114**, 1479, 1892], tous deux cristallisés et incolores.

Phosphomonamide. — Oddo [*Gazz. chim. ital.*, **29**, II, 330, 1899] a signalé l'existence d'un polymère de la phosphomonamide, de formule $(POAz)^2$.

Stokes [*Am. Chem. Journ.*, **15**, 198, 1893; **16**, 123, 154, 1894] a signalé l'existence de deux autres phosphamides :

$$PO \begin{cases} AzH^2 \\ OH \\ OH \end{cases} \quad \text{et} \quad PO \begin{cases} AzH^2 \\ AzH^2 \\ OH \end{cases}$$

et a décrit quelques-unes de leurs propriétés.

Fluorophosphamide $PF^3(AzH^2)^2$. — M. Poulenc [*C. R.*, **113**, 75, 1891] l'a obtenue en faisant agir le chlorofluorure PF^3Cl^2 sur le gaz ammoniac, à la température ordinaire :

$$PF^3Cl^2 + 4AzH^3 = PF^3(AzH^2)^2 + 2AzH^4Cl.$$

C'est un corps solide, blanc, léger, soluble dans l'eau.

Fluosulfophosphodiamide,

$$PS(AzH^2)^2F \quad \text{ou} \quad PS \begin{cases} (AzH^2)^2 \\ F \end{cases}$$

— Cette amide résulte de l'action du gaz ammoniac sec sur le fluosulfure PSF^3 :

$$PSF^3 + 4AzH^3 = 2AzH^4F + PS(AzH^2)^2F.$$

Elle est décomposable par l'eau [Thorpe et Rodger, *Chem. News*, **59**, 236, 1889].

Acide sulfophosphodiamique,

$$PSOAz^2H^5 \quad \text{ou} \quad PS \begin{cases} (AzH^2)^2 \\ OH \end{cases}$$

— Thorpe et Rodger [*loc. cit.*] l'ont préparé en décomposant par l'eau le composé précédent $PS(AzH^2)^2F$. On le connaît surtout à l'état de sels.

Juin 1907. H. Giran.

PHOSPHORE (INDUSTRIE). — *Fabrication industrielle du phosphore.* — Il y a quelques années encore, la consommation mondiale du phosphore était assurée par trois usines seulement : Albright et Wilson à Oldburg (près Birmingham), Coignet et fils à Lyon et Morrs Phillips à Philadelphie.

Toutes ces fabriques préparaient le phosphore au moyen des os et obtenaient un rendement très faible, ne dépassant pas 8 0/0.

L'explication du mauvais rendement des anciens procédés de fabrication se trouve dans ce fait qu'il est très difficile d'effectuer, sans pertes considérables, la distillation du phosphore ainsi que sa condensation.

Pour distiller le phosphore on chauffait la matière première dans des cornues en terre réfractaire de Hesse; or, les parois chaudes de ces cornues se laissent traverser par les vapeurs de phosphore et cela occasionne ainsi des pertes sensibles en phosphore. L'emploi des cornues en porcelaine présentait un autre inconvénient : les vapeurs de phosphore se condensaient dans le col de la cornue, l'obstruaient et produisaient souvent une explosion.

La condensation du phosphore ne s'effectue également pas sans difficultés ; on fait généralement barboter dans l'eau les vapeurs de phosphore, mélangées à divers gaz qui ont pris naissance dans la distillation. L'emploi de l'eau amène des pertes, plus ou moins fortes, de phosphore condensé. En effet, en présence de l'eau, le phosphore très divisé réagit partiellement et cette réaction est encore facilitée lorsqu'à l'eau viennent s'ajouter différents produits entraînés pendant l'opération. Enfin le lavage de ces gaz dans l'eau, même à plusieurs reprises, est insuffisant.

La consommation du phosphore augmentant tous les jours a provoqué dans ces dernières années un mouvement actif de recherches, tendant à rendre pratiques et économiques les anciens procédés de fabrication du phosphore. L'introduction de l'énergie électrique dans le domaine de l'industrie semble avoir facilité la résolution de ce problème.

Une quantité de brevets ont été pris à ce sujet en France et à l'étranger et je me propose de les faire passer en revue dans cet article.

Le *procédé de fabrication du phosphore par M. Joudrain* (brevet pris à Paris en 1906) consiste à extraire le phosphore d'un phosphure métallique, soit par dissociation dans le cas des phosphures tels que les phosphures de cuivre, de baryum, d'étain, de magnésium, etc., ou bien par déplacement par un autre corps, tel que le carbone, le silicium. Le phosphore se dégage à l'état de vapeurs : on le recueille simplement par condensation ; ou bien on le fait passer à l'état de phosphure métallique ou bien encore à l'état d'acide phosphorique ou d'autres composés oxygénés du phosphore.

Les phosphures métalliques peuvent être préparés au moyen des phosphates métalliques et du carbone ou de l'hydrogène ; on se sert pour cette opération du creuset électrique ou de tout autre chauffage approprié.

Quand on opère au creuset électrique, la production du phosphure et celle du phosphore peuvent avoir lieu simultanément.

Dans le *procédé du Dr Hibert*, à Biebrich-sur-Rhin et de *A. Frank* à Charlottenburg (brevets allemands, 1895 et 1896), on extrait le phosphore au moyen des matériaux phosphatés comme les phosphates minéraux, les scories phosphatées, les os.

En mélangeant ces matériaux phosphatés avec du charbon et en chauffant le tout à haute température, au four électrique, ou dans un four quelconque pouvant donner une température nécessaire, à l'abri de l'air, on obtient la formation des carbures métalliques et la mise en liberté du phosphore.

Ce dernier est recueilli en nature ou bien transformé aussitôt en acide phosphorique. Pour que l'opération réussisse bien il faut que les phosphates soient réduits en poudre fine, et que le charbon soit en quantité suffisante pour fixer l'oxygène à l'état d'oxyde de carbone et transformer le métal en carbure.

La réaction, applicable aux phosphates de calcium, d'aluminium, de fer, peut s'écrire de la manière suivante :

$$Ca^3(PO^4)^2 + 14\,C = 3\,CaC^2 + 2\,P + 8\,CO$$
$$5\,Al\,PO^4 + 19\,C = Al^4C^3 + 4\,P + 16\,CO.$$

Procédé de préparation électrolytique du phosphore par R. W. Strehlenert, à Stockholm (brevet suédois, janvier 1896).

Dans ce procédé on transforme, par le courant électrique faible, l'acide orthophosphorique en acide métaphosphorique ou en un autre acide phosphorique contenant peu d'eau.

On chauffe le produit obtenu avec du charbon et on le soumet à l'action d'un courant fort qui en dégage le phosphore.

L. Dill, à Francfort (brevet allemand, 1897) donne un autre *procédé électrolytique* de la préparation du phosphore ; il décompose par un courant électrique, au moyen d'électrodes en charbon, une solution concentré à 60-70° Bé d'acide phosphorique, dans laquelle il met en suspension des poussières de charbon de cornue ; ces poussières aident à la réduction de la liqueur, qui est maintenue dans un vase clos. On peut renouveler l'électrolyte sans démonter l'appareil.

Procédé de fabrication du phosphore au four électrique au moyen des phosphates naturels ou de scories de déphosphoration, par Gin et Leleux (brevet français, 1897).

Ce procédé consiste à décomposer, au four électrique, un mélange intime de phosphate de chaux avec 1/4 de coke, le tout finement pulvérisé. On chauffe jusqu'à ce que la masse devienne pâteuse, on ferme toutes les issues et on recueille le phosphore qui distille.

Dans le *procédé de M. Collardeau* (brevet français, 1897), on obtient, comme sous-produits de la fabrication du phosphore, de l'acétylène et de l'hydrogène.

Collardeau soumet du phosphate tribasique de chaux à l'action du charbon, au four électrique, et obtient ainsi du phosphure et du carbure de calcium. Il prend 310 parties de phosphate pour 110 parties de charbon. Le produit de l'opération, traité par l'eau, donne lieu à un dégagement d'acétylène et d'hydrogène phosphoré ; on décompose ce dernier, en lui faisant traverser un tube chauffé au rouge et contenant du charbon, en phosphore et en hydrogène.

On peut également décomposer le phosphure par la silice.

M. Boblique, dans son *procédé électrolytique de préparation du phosphore* (brevet français, 1897), prépare du phosphure de fer par fusion d'un sel de fer avec du phosphate de chaux, et soumet ensuite à l'électrolyse ce phosphure de fer fondu, qui contient 17 0/0 de phosphore. Le phosphore se dégage et il est entraîné par un courant de gaz inerte.

Le *procédé Readmann-Parker* est basé sur les indications de Wöhler, qui part directement du phosphate tricalcique pour préparer le phosphore. On chauffe pour cela, dans un four électrique, des phosphates naturels mélangés avec du charbon et un fondant convenable (silice par exemple). La chaleur produite est due à la résistance électrique des matières mises en œuvre et non pas à la formation de l'arc électrique, comme dans le four de Moissan. Les fours sont de petite dimension et produisent chacun 25 kilogrammes de phosphore par jour. Ces fours sont alimentés d'une façon continue ; une conduite placée à la partie supérieure dirige les vapeurs du phosphore vers des appareils de condensation ; la scorie est évacuée par un trou de coulée.

Si les matières premières contiennent du fer, le phosphore donne un phosphure ou un phosphosiliciure, qui ne distillent pas.

T.-Parker, de Wolverhampton (Staffordshire), a pris un brevet (en 1902) pour la production du phosphore en partant du minerai de Redonda ou d'un autre phosphate d'alumine. Il traite pour cela la matière première par l'acide sulfurique à chaud et décante la solution claire, qui contient de l'acide phosphorique et du sulfate d'alumine; il y ajoute un sulfate susceptible de former un alun et l'amène à cristalliser. On reprend la liqueur-mère, on la mélange avec des matériaux carbonatés et le mélange séché est réduit au four électrique. Le phosphore distille.

Le procédé Readmann a été dernièrement l'objet d'une étude par M. Neumann [*Zeit. angew. Chem.*, 1905] qui trouve que ce procédé n'est pas aussi pratique en réalité qu'il le semble au premier abord. L'emploi du phosphate tricalcique évite, il est vrai, les frais d'extraction, de concentration et de dessiccation: mais sa réduction, qui se fait à une température très élevée, entraîne non seulement des dépenses considérables pour le chauffage, mais encore l'usure rapide des fours électriques et la consommation des électrodes. Neumann met également en doute le rendement de 72 0/0 en phosphore accusé par Readmann, et prétend qu'en employant des phosphates naturels de bonne qualité et faisant usage d'énormes quantités d'énergie électrique on ne peut obtenir par ce procédé un rendement supérieur à 60 0/0.

Bradley et Jacobs (brevet anglais, 1898) s'appliquent surtout à la construction d'un appareil perfectionné, parfaitement clos, permettant de condenser et de recueillir le phosphore mis en liberté par la décomposition, au four électrique, d'un mélange de phosphate de chaux et de charbon. Les proportions indiquées par Bradley et Jacobs comme les meilleures sont : 310 parties de phosphate de chaux pour 200 parties de charbon. Le phosphore qui distille est rouge.

J. Holtmann, de Baltimore (brevet américain, 1899) donne également un nouvel appareil pour la préparation continue du phosphore.

L'Electric Reduction Company (brevet anglais, 1898) apporte un perfectionnement à la préparation du phosphore par les phosphates. Pour mettre en liberté le phosphore en décomposant les phosphates, elle propose d'employer un minéral comme le feldspath ou une argile contenant de l'alcali.

Si on ajoute du charbon en proportion insuffisante pour réduire la totalité du phosphore, on obtient une scorie utilisable comme engrais.

L' « Electric Reduction Company » de Londres (brevet allemand, 1898) a imaginé de chauffer le mélange du phosphate et du charbon par le rayonnement d'une résistance portée au blanc par le passage d'un courant. On peut éviter de cette manière le foisonnement excessif de la masse et l'entraînement des impuretés solides par les vapeurs de phosphore.

Méthode de condensation et de récolte du phosphore par L. Billaudot (brevet américain, 1899). — Billaudot, voulant éviter les pertes considérables en phosphore qu'entraîne le procédé de condensation sur l'eau, a basé sa méthode sur l'absence absolue de l'eau dans les appareils condenseurs; c'est la méthode de condensation sèche.

Elle consiste à recevoir les vapeurs de phosphore et les gaz qui les accompagnent dans des récipients de grande surface et de forme spéciale, favorisant le dépôt et le refroidissement des particules de phosphore condensé. L'installation, réalisant la méthode de Billaudot, comprend :

1° Un four électrique;
2° Un appareil de condensation;
3° Une série de tours de condensation;
4° Un appareil de récolte.

Le four électrique est d'un modèle connu; les matières à traiter y sont introduites et, sous l'action de l'arc, la réaction s'effectue et les vapeurs de phosphore mélangées à différents gaz, principalement à de l'oxyde de carbone, se dégagent.

Le four électrique est réuni à l'appareil condenseur au moyen d'un tuyau vertical; pour empêcher l'obstruction de ce tuyau par les matières entraînées hors du four, on a muni ce tuyau d'un dispositif spécial, poids à ailettes, qui est mis en mouvement par un volant placé à l'extérieur. L'appareil condenseur est formé de deux larges tuyaux inclinés et reliés entre eux par une série de tuyaux verticaux, de sections différentes et calculées de manière à ce que les gaz circulent avec la même vitesse dans chacun des tuyaux verticaux. Pendant le trajet à travers les tuyaux du condenseur, les vapeurs de phosphore s'y condensent par refroidissement et les gouttelettes fines, mélangées aux matières solides entraînées, restent à l'état liquide, car les parois du condenseur sont maintenues au-dessus de 50° de température. Ce mélange liquide, sous l'influence de la pesanteur, s'écoule vers une vanne, qui le reçoit. Quant aux gaz dépouillés de la plus grande partie de phosphore, ils se rendent vers les tours de condensation, qui sont disposées de manière à établir le contact le plus parfait possible et sur la plus grande surface entre ces gaz et un liquide absorbant destiné à retenir les dernières traces de phosphore. Ce liquide contient généralement un sel de cuivre; mais un sel de fer ou d'étain ou une lessive alcaline de soude ou de potasse pourrait remplir le même but.

Nous avons dit que le phosphore liquide, mélangé avec les matières étrangères, était reçu dans une vanne: pour faciliter l'écoulement de ce mélange, qui atteint parfois une consistance pâteuse, on établit de temps en temps un courant rapide d'oxyde de carbone; de là il est dirigé dans l'appareil récolteur, composé de un ou de plusieurs récipients de forme variable, et il y est soumis à la distillation.

Le phosphore, seul distillable, est recueilli dans une bâche, sous l'eau, dont la température est maintenue au-dessus du point de fusion du phosphore.

Pour la distillation, les récipients pourront être chauffés par l'oxyde de carbone provenant de l'opération, ou par tout autre méthode de chauffage, gaz, foyer de charbon ou électricité.

M. Frontin, chimiste (brevet français, 304 164, 1900) donne un procédé économique de fabrication du phosphore. Ce procédé consiste à faire passer du sulfure de carbone sur du phosphate de chaux chauffé au rouge, ou bien des vapeurs de soufre sur le dit phosphate mêlé de charbon. Le résultat de l'opération donne du phosphore et du sulfure de calcium.

MM. Kraus et *Best* (brevet français, 307 133, 1901) préparent le phosphore en décomposant le phosphure de fer, préparé au moyen des phosphates naturels, par le bisulfure de fer.

La *General Chemical C°*, à New-York (brevet américain, 733 316, 1902 et 1903) prépare le phosphore de la façon suivante :

On décompose les substances phosphatées par le courant électrique; il se forme des phosphures qui, traités par l'eau, donnent des hydrures de phosphore. Ces derniers sont dissociés par la chaleur ou par l'étincelle électrique.

La « *General Chemical C°* » a pris, la même année, un autre brevet, dans lequel est décrit l'appareil employé dans ce procédé.

Pour terminer, nous mentionnerons les *Recherches de M. Léo Vignon* [*C. R.*, **140**, 1449, 1905], sur la manière de déceler la présence du phosphore blanc libre dans le sulfure de phosphore industriel.

M. Vignon la met en évidence par l'action d'un courant d'hydrogène, alors que la méthode de Mitscherlich ne parvient pas à la caractériser.

En 1906, *M. Bals* a pris un brevet (350114, Paris) pour un procédé de traitement du phosphore jaune, en vue de le rendre inoffensif.

Pour cela on fait fondre, en chauffant, 30 p. d'hyposulfite de sodium; on y ajoute 20 p. de phosphore, en agitant très fortement le mélange pour provoquer l'émulsion, dans laquelle les deux corps sont à l'état de grande division. Puis on laisse refroidir. De cette manière, le phosphore est enrobé dans une gaine protectrice, l'isolant du contact de l'air.

Nous rappelons ici que M. Bals a donné aussi un procédé, rendant utilisable le phosphore amorphe, au lieu de phosphore blanc, dans la fabrication des allumettes (brevet allemand, 18722, 1896).

Il faisait fondre du soufre au bain de vapeur, de sable, de glycérine, etc., et il y délayait du phosphore amorphe dans la proportion de :

Phosphore rouge 100 à 150 gr.

Soufre 100 gr.

On règle la chaleur de façon à éviter la combinaison entre le soufre et le phosphore. Le produit obtenu peut être pulvérisé (après refroidissement) et servir à la préparation d'allumettes ordinaires.

La question de la fabrication du phosphore a trouvé de précieuses et intéressantes indications dans les recherches de M. Müller, entreprises sur les conseils de M. W. Hempel [*Zeit. angw. Chem.*, 1905].

L'auteur étudie scientifiquement le procédé Nicolas Pelletier, employé pour la fabrication du phosphore dans la plupart des usines allemandes. Il cherche à déterminer : les températures nécessaires pour la réduction des dérivés du phosphore dans les différentes phases de l'opération; la composition exacte des gaz dégagés pendant la distillation; la quantité d'acide sulfurique indispensable pour que la totalité d'acide phosphorique passe en dissolution et, enfin, le rendement en phosphore, pouvant être rassemblé par fusion et extrait du résidu impur.

Procédé de préparation électrolytique de phosphures métalliques, par L. Dill, de Francfort (brevet allemand, 1897).

On prend, comme électrolyte, une solution concentrée d'acide phosphorique ou d'un phosphate alcalin; l'anode est en charbon et la cathode est formée par une plaque du métal à phosphorer. Le courant électrique met en liberté le phosphore qui se combine au métal, en donnant naissance à un phosphure qui fond sous l'action de la chaleur dégagée dans cette combinaison. Mme C. Chabrié.

PHOSPHORESCENCE ET FLUORESCENCE. — Si quelques corps possèdent en eux-mêmes une source mal connue d'énergie lumineuse (soleil, étoiles, radium), par contre tous les autres sont par eux-mêmes obscurs et ne deviennent lumineux que dans certaines circonstances, que nous allons brièvement passer en revue :

1° *Lumière par la chaleur.* — A toute température autre que le zéro absolu, les corps rayonnent d'abord de la chaleur obscure (rayons infra-rouges); la proportion de ceux-ci, ainsi que leur réfrangibilité, croît à mesure que le corps est chauffé progressivement. Vers 500°, les radiations visibles apparaissent, à commencer par la partie la moins réfrangible du spectre (rouge sombre); la température s'élevant, le spectre se complète peu à peu, arrive aux radiations les plus réfrangibles, même à l'ultra-violet (blanc éblouissant). Tel est le phénomène normal et bien connu; rappelons que le spectre est le plus souvent continu ou discontinu, suivant qu'il s'agit soit d'un solide ou d'un liquide, soit d'un gaz ou vapeur.

Mais sur certains corps, la chaleur provoque un phénomène distinct du précédent : notablement au-dessous de 500°, la substance devient lumineuse par émission de radiations souvent très réfrangibles (fluorine, apatite, calcite, diamant, etc.). Ici le phénomène est passager et ne se renouvelle plus lors d'un second chauffage, ne reparaissant qu'après exposition prolongée à la lumière ou encore à des rayons cathodiques. Comme souvent la phosphorescence, cette propriété n'appartient jamais aux corps purs et ne se manifeste qu'en présence d'un peu de substances étrangères. Cette émission de lumière non accompagnée de chaleur sensible peut être appelée *thermoluminescence*. Certains corps, à l'inverse, deviennent lumineux par refroidissement (*psychroluminescence*); il est possible que le fait soit à rapporter à une des causes ci-dessous.

2° *Lumière par la lumière.* — Toutes les fois qu'un corps reçoit des rayons lumineux, une portion *a* de ceux-ci est réfléchie, une autre portion *b* peut ressortir du corps après l'avoir traversé, une troisième *c* semble perdue, elle est absorbée, c'est-à-dire que son énergie est transformée. Suivant l'état des surfaces, la réflexion ou réfraction peut être régulière (il y a en même temps polarisation) ou bien encore il y a diffusion. Les coefficients de partage entre *a*, *b* et *c* sont très variables avec les angles d'incidence, la longueur d'onde des radiations incidentes, la nature même des substances (couleurs propres des corps). Mais il est à retenir qu'on ne retrouve jamais dans les portions *a* et *b* de radiations autres que celles qui se rencontraient dans les rayons incidents. De plus, le phénomène est instantané, c'est-à-dire que toute émission de lumière réfléchie ou transmise cesse rigoureusement dès que s'éteint l'éclairage. Cependant, pour ce qui est de l'énergie *c* absorbée, celle-ci est en réalité convertie, au moins en partie, en chaleur obscure, dont le rayonnement, moins réfrangible, persiste plus ou moins longtemps (analogie avec la phosphorescence).

Tels sont les faits normaux et usuels; mais ici, comme dans le cas de la chaleur, certaines substances sous l'action de la lumière présentent exceptionnellement des faits de *photoluminescence*, qui vont faire l'objet du présent article. Cette photoluminescence se manifeste, soit par l'apparition de radiations non contenues dans la lumière incidente (transformation d'énergie), c'est la *fluorescence*; soit, de plus, par la persistance des radiations restituées après extinction des radiations incidentes, c'est la *phosphorescence*.

3° *Lumière par les actions mécaniques.* — Beaucoup de substances organiques (sucre) ou minérales (azotate d'urane, craie, chlorure de calcium, mica) émettent des lueurs lorsqu'on les triture. Or, la chaleur dégagée alors est bien trop faible pour éveiller les radiations fortement réfrangibles constatées; ici encore phénomène spécial, la *triboluminescence*.

4° *Lumière par la cristallisation.* — On observe dans l'obscurité des lueurs assez vives (*cristalloluminescence*) quand on fait cristalliser certains corps tels que l'anhydride arsénieux (à partir de l'état vitreux), SO^4KNa, NaF et même NaCl.

5° *Lumière par les actions chimiques.* — La production de lumière dans les actions chimiques est due, le plus souvent, au dégagement de chaleur (voyez 1°). Mais, en outre, on observe parfois une *luminescence chimique* sans élévation sensible de la température dans des actions lentes telles que l'oxydation à l'air du phosphore ou encore des métaux alcalins (acception primitive du terme *phosphorescence*).

6° *Lumière par la vie.* — On observe la production de lumière chez un assez grand nombre d'animaux appartenant aux classes les plus diverses (organes lumineux spéciaux chez les plus élevés) et aussi de certaines plantes, notamment moisissures, bactéries (*photobactéries*). Ces phénomènes de *bioluminescence* sont fréquents dans les matières organiques en décomposition (bois); autrefois on les regardait comme d'origine purement chimique.

7° *Lumière par l'électricité.* — En outre de la lumière électrique accompagnée de chaleur vive, suivant la loi de Joule (arc. lampes à incandescence, etc.), on voit des corps devenir lumineux sans élévation de température (*électroluminescence*) sous l'influence de décharges électriques (tubes de Geissler). de même sous celle des rayons cathodiques (tubes de Crookes), des rayons X, ou encore du radium.

Voir du reste, sur les luminescences. E. Wiedemann [*Wied. Ann.*, **41**, 209, 1890 et *über Luminescenz*, Erlangen, 1901].

Revenons maintenant avec détails aux faits de photoluminescence.

Fluorescence. — La fluorescence consiste en ce fait que certaines substances, exposées à des radiations d'une certaine nature, absorbent celles-ci et renvoient à leur place des radiations d'une autre nature, presque toujours moins réfrangibles (loi de Stokes). Dans la pure fluorescence, ce renvoi commence et cesse immédiatement avec l'illumination incidente. Par le mot *immédiatement*, nous n'entendons pas parler d'une durée mathématiquement nulle, mais simplement d'une durée trop courte pour être appréciée.

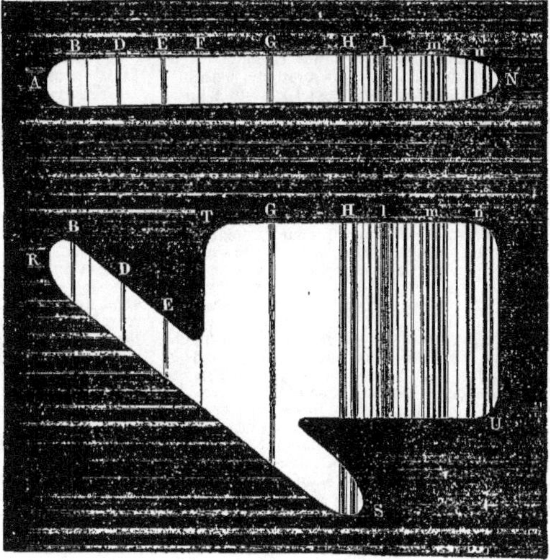

Fig. 1. — A N spectre complexe produit par la projection d'un spectre sur un écran enduit d'une substance fluorescente ou phosphorescente : RSTU, le même vu à travers un second prisme en croix par rapport au premier.

Elle est du reste proportionnelle, toutes choses égales d'ailleurs, à l'intensité des radiations incidentes [O. Knoblauch, *Akad. Wiss. Krakau*, 118, 1895]; aussi n'apparaît-elle que si celle-ci est suffisamment intense. Avec une lumière assez vive frappant une substance fluorescente transparente, soit incolore, soit colorée, on remarque que les premières couches traversées par la lumière renvoient une lueur de coloration variée, se manifestant surtout lorsqu'on regarde les substances par une face latérale perpendiculaire à la face d'entrée. La lueur semble émaner d'une poussière qui existerait seulement dans les couches de la surface (*diffusion superficielle* ou *épipolique* de Brewster). Avec une lumière extrêmement vive, les rayons excitateurs pénètrent plus profondément et on suit leur trajet dans la masse fluorescente. Expériences particulièrement brillantes avec les rayons solaires ou ceux de l'arc électrique tombant sur une solution de fluorescéine ou d'esculine, par exemple, après avoir traversé une lentille convergente : on voit un beau cône fluorescent ayant le foyer pour sommet.

Ce sont les rayons très réfrangibles, surtout les rayons ultra violets qui produisent la fluorescence, c'est-à-dire qu'en somme ce sont les rayons photochimiques (soleil, magnésium, étincelles électriques, arc voltaïque, lumière des tubes de Geissler); les rayons cathodiques excitent aussi une très vive fluorescence.

L'analyse spectrale permet de bien se rendre compte de la nature des phénomènes. Si l'on fait l'expérience de Newton, prisme à arête verticale dans une chambre obscure, et qu'on promène sur l'écran, dans le spectre, une substance fluorescente, on verra celle-ci s'illuminer dans la région du bleu au violet et même bien au-delà de ce dernier. On notera la lumière propre émise par la substance dans chaque position, et aussi, si elle est transparente, cette circonstance qu'elle paraît opaque dans les régions où elle se montre fluorescente, transparente dans les autres. Tel est le phénomène capital de l'absorption qui toujours accompagne la fluorescence et qui rend compte de ce qui a été dit plus haut[1]. Si la substance est pulvérulente ou liquide, on peut avec elle enduire l'écran de projection : le spectre alors s'y dessine avec une double origine, étant la superposition du spectre newtoniens et du spectre de fluorescence, ce dernier commençant en un certain point du spectre visible pour se prolonger au delà de l'extrémité violette (fig. 1, A N). Si la source est le soleil, on relève ainsi, comme sur un spectre photogra-

1. Interposée entre deux lames de verre colorées de nuances rigoureusement complémentaires, toute substance fluorescente rétablit le passage de la lumière (fluoroscope très sensible de Stokes). Mettre la nuance la plus réfrangible du côté de la lumière incidente.

phié, toute la série des raies de Fraunhofer. jusqu'à N.

Plus instructive encore est l'expérience des prismes croisés. Si l'on regarde le spectre horizontal projeté dans l'expérience précédente, en se servant d'un second prisme à arête horizontale, placée en haut, on aperçoit une image virtuelle composée (fig. 1) : 1° d'un spectre newtonien en forme de bande inclinée RS, prolongé au-delà du violet; 2° d'une bande TU, ayant à peu près la forme d'un rectangle à longs côtés horizontaux. C'est l'image de fluorescence sillonnée de raies verticales depuis l'origine de la fluorescence jusqu'à la raie N par exemple. Les deux portions de la figure adhèrent l'une à l'autre vers le bleu et les raies de Fraunhofer se prolongent en droite ligne de l'une dans l'autre, puisque les radiations correspondantes aux raies noires n'existent pas et ne sauraient provoquer de fluorescence. En réalité, l'image TU est un spectre dispersé de haut en bas, il est à peu près continu ; parfois il renferme des bandes horizontales. La figure ci-jointe est à dessein schématique; dans la pratique, les contours de TU sont très diffus et l'éclat n'y est pas uniforme de gauche à droite, ce qui doit être, puisque l'intensité de fluorescence varie avec la nature des radiations excitatrices.

La température exerce, elle aussi, une influence sur les phénomènes; telle substance inerte à la température ordinaire, devient fluorescente vers — 200° et inversement.

La fluorescence se remarque sur un très grand nombre de substances solides, liquides ou même gazeuses. Souvent elle est très faible et ne peut se constater qu'à l'aide de fluoroscopes très sensibles. Par contre, de belles fluorescences se voient, notamment sur la fluorine ou spathfluor (d'où le nom de fluorescence) (violet-bleu), l'esculine et les sulfates neutres de quinine et de quinidine (bleu), la chlorophylle (rouge, la substance est verte), la fluorescéine (vert), le pétrole (bleuâtre), le verre d'urane et divers sels d'urane (beau vert, les substances sont jaunes, il s'agit du reste d'une véritable phosphorescence). Les platino cyanures (bleu-violet) sont à la limite de la fluorescence pure et de la phosphorescence, l'instantanéité n'y est pas absolue.

Il est à remarquer que la fluorescence est souvent inhérente à des substances pures définies, et ne dérive pas d'impuretés (différence avec la phosphorescence, surtout celle de longue durée).

L'état d'agrégation exerce encore une influence marquee sur l'intensité des phénomènes : presque toujours, lorsqu'une substance est très fluorescente en solution, elle l'est peu ou point à l'état solide et sec. La nature des dissolvants se fait également sentir sur l'éclat de la fluorescence : le dissolvant peut être un solide.

Les gaz, eux aussi, se montrent parfois fluorescents : notamment les vapeurs d'iode [Lommel. *Wied. Ann.*, **19**, 356 1883], d'anthracène, d'anthraquinone, d'indigotine, de naphtalène, etc., des metaux alcalins [E. Wiedemann et G. Schmidt. *Wied.*, *Ann.*, **46**, 18 et 1876 : **57**, 447]. Tandis que les spectres de fluorescence des solides et des liquides sont continus, tout au plus avec bandes diffuses, ceux des corps gazeux sont en général cannelés (analogie avec les spectres d'absorption).

Quant à la constitution chimique des subtances, il est assez difficile de discuter son influence : car des substances de fluorescence analogue possèdent des compositions chimiques très diverses et inversement des substances voisines chimiquement sont très inégalement fluorescentes (le sulfate neutre de quinine est très actif, le sulfate basique, les autres sels, la base sont inertes). Cependant, nous pouvons, à ce sujet, renvoyer particulièrement aux travaux de MM. R. Meyer [*Zeit. physik. Chem.*, **24**, 468, 1897; *D. chem. G.*, **31**, 510, 1898 et **36**, 2967, 1904] et Hewitt [*Zeit. phys. Chem.*, **34**, 1, 1900]; la présence de noyaux hétérocycliques, en général hexagonaux, flanqués de noyaux benzéniques (*fluorophores* ou *lucigènes*) est favorable à l'apparition de la fluorescence, surtout si les hydrogènes des noyaux benzéniques ne sont pas remplacés par substitution.

Phosphorescence. — Si, en outre des faits précédemment décrits pour la fluorescence, on observe que la lumière restituée et transformée persiste un temps appréciable après l'extinction des rayons excitateurs, on dit qu'il y a *phosphorescence*. En pareil cas, il faut aussi un temps très court, mais non nul, pour que la phosphorescence s'allume. La substance agit donc ici en emmagasinant de l'énergie qu'elle restitue transformée dans un délai variable.

Les faits se constatent exactement comme on l'a fait pour la fluorescence; les radiations excitatrices les plus actives, sont, comme pour celle-ci, les radiations photochimiques. La loi de Stokes (voir plus haut) se vérifie encore. Tout cela se voit aisément à l'aide des expériences du prisme simple, ou encore des prismes croisés décrites plus haut.

Pour ce qui est de la durée de la rémanence, on peut, si elle est notable, opérer simplement par exposition de la substance, par exemple par insolation, on la rentre alors dans la chambre noire et on note la fin de la luminescence. Pour que l'œil conserve sa sensibilité maxima, il convient que l'insolation ne soit pas faite par l'observateur, mais par un aide, le premier ne quittant pas la chambre noire.

Si l'on veut comparer l'influence des diverses radiations, on procède de même, mais en faisant l'exposition de la substance dans telle ou telle région d'un spectre brillant.

Mais les durées de phosphorescence sont souvent beaucoup trop faibles pour être ainsi chronométrées ; dès qu'elles descendent au-dessous d'une fraction de seconde, il convient de faire usage de l'ingénieux *phosphoroscope* d'Ed. Becquerel (fig. 2). Cet appareil se compose de deux disques R et T égaux et parallèles, en tôle noircie

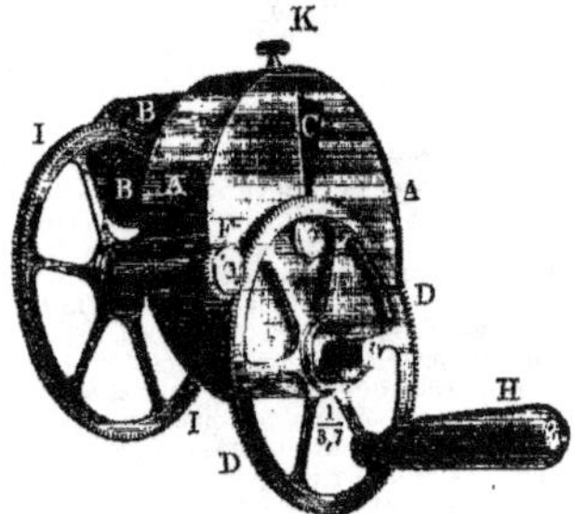

Fig. 2. — Phosphoroscope de Ed. Becquerel.

(fig. 3), tournant solidairement autour d'un axe horizontal passant par leur centre et perpendiculaire à leurs plans. Une manivelle et un jeu d'engrenages permettent de leur imprimer une vitesse angulaire de rotation, se mesurant avec précision par un moyen quelconque et susceptible d'atteindre une haute valeur. Chacun de ces disques est percé de quatre fenêtres égales, en forme de trapèzes circulaires, placées à égale distance de l'axe; elles sont sur chaque disque également espacées (à 90°), mais d'un disque à l'autre elles alternent en chicane (à 45°). Les disques mobiles sont inclus dans un tambour A à parois noircies, les deux bases de celui-ci sont per-

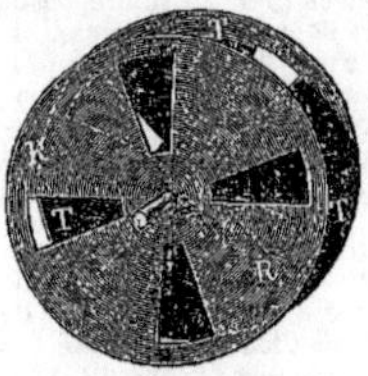

Fig. 3. — Disques tournants du phosphoroscope.

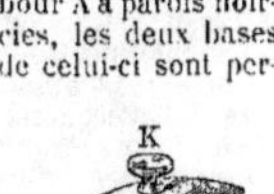

Fig. 4. — Support de la substance examinée.

cées chacune d'une fenêtre B et C, en regard l'une de l'autre et des fenêtres des disques tournants. Un support K (fig. 2 et 4) en forme d'étrier, introduit par une petite ouverture pratiquée dans le haut du pourtour de la boîte, permet de suspendre entre les disques un petit objet quelconque dans lequel on recherche la phosphorescence.

Ayant mis la fenêtre B contre l'orifice du volet d'une chambre obscure et y faisant tomber une vive lumière, supposons qu'on fasse tourner les disques avec des vitesses croissantes, en maintenant l'œil à la fenêtre opposée C. Il résulte de la disposition décrite que l'objet n'apparaîtra jamais éclairé directement; donc s'il est inerte ou simplement fluorescent, on aura obscurité complète quelle que soit la vitesse de rotation. Au contraire, dans le cas de la phosphorescence, une lueur d'apparence continue (par suite de la persistance des impressions) se manifestera dès que la vitesse angulaire atteindra une certaine valeur. Soit en effet n le nombre de tours des disques par seconde, α l'angle en degrés de chaque secteur formant les fenêtres de ceux-ci. la durée de l'éclairage de la substance pendant un temps t sera $\frac{4\alpha}{360}t$ ou $\frac{\alpha}{90}t$, indépendante de n; la durée de visibilité en C, pendant le même temps t a la même valeur $\frac{\alpha}{90}t$. Admettons que la phosphorescence se déclare instantanément, l'angle entre les deux bords voisins de deux fenêtres de R et de T est $90-\alpha$ et, dans leur rotation les disques décrivent cet angle en un temps $\frac{90-\alpha}{360\,n}$. Appelons x le temps en secondes que persiste la phosphorescence, après la cessation de l'éclairement, la substance ne sera donc lumineuse (par réflexion ou par transparence) que si

$$x > \frac{90-\alpha}{360\,n}, \quad \text{d'où} \quad n > \frac{90-\alpha}{360\,x}.$$

Ayant donc mesuré la moindre valeur de n qui rétablit la lumière, on en déduit ainsi la limite inférieure du temps cherché x. Dès qu'on dépasse cette valeur de n, l'objet se montre lumineux d'une façon continue, et même, si la phosphorescence était instantanée dans son apparition, l'éclat de la substance ne croîtrait pas avec n. Mais en réalité on remarque que cet éclat passe par un maximum, et peut disparaître pour une vitesse de rotation suffisamment élevée. En effet, à mesure que n grandit, la durée $\frac{\alpha}{360\,n}$ de chaque exposition décroît et si l'on désigne par y le temps extrêmement petit, nécessaire pour que la phosphorescence se manifeste on retrouvera l'obscurité pour $n > \frac{\alpha}{360\,y}$. Avec le phosphoroscope on arrive à apprécier des durées de phosphorescence x ne dépassant pas 0s,000125. Au-dessous de cette limite, on dira que la substance est, suivant le cas, soit inerte, soit fluorescente.

Ces durées de phosphorescence varient dans des limites très étendues. Les très courtes durées s'observent dans un grand nombre de substances, souvent des plus communes; on pourrait les appeler *fluophosphorescentes*. Signalons parmi elles le platinocyanure de baryum, où la phosphorence est très vive, mais ne dure que 0s,003. Pour l'azotate d'urane solide, cette durée est 0s,04; elle est du même ordre de grandeur dans les autres sels d'urane solides et les verres d'urane. La lueur persiste plus longtemps (jusqu'à quelques minutes), dans divers sels alcalino-terreux, dans le phosphate tricalcique, la craie, l'aragonite, la topaze, et surtout dans certaines fluorines, dans certaines calcites (spath d'Islande), et dans le diamant. Enfin les plus longues durées de phosphorescence (plusieurs heures) et aussi les plus intenses s'observent dans les sulfures de calcium, de strontium et de baryum, et aussi dans le sulfure de zinc; mais encore faut-il que ces corps soient préparés d'une certaine façon (voyez plus bas).

D'après Ed. Becquerel [*Ann. Chim. Phys.*, (4), 27, 539], l'éclat d'une substance rendue phosphorescente, par exemple un sel d'urane, décroît suivant une loi exponentielle. Si i_0 est l'éclat initial, c'est-à-dire le temps étant zéro, au sortir de l'insolation, l'éclat i au temps t est, en appelant a une constante spécifique positive,

$$i = i_0 e^{-at},$$

en sorte que l'énergie totale restituée depuis le temps zéro jusqu'au temps t est mesurée par

$$\int_0^t i\,dt = i_0 \int_0^t e^{-at}\,dt = -\frac{i_0}{a}e^{-at} = -\frac{i}{a}.$$

Les couleurs dont brillent les substances rendues phosphorescentes s'étudieraient par la méthode spectrale, ainsi qu'il a été dit pour la fluorescence; pour une même substance, elles varient non seulement avec le mode de préparation et l'état d'agrégation, mais aussi très notablement avec la température. Ainsi Ed. Becquerel a étudié la phosphorescence d'un sulfure de calcium qui, à la température ordinaire $+10°$, donnait une lueur violet bleu; la nuance était à $-20°$ violet foncé, à $+70°$ vert bleu, à $+100°$ jaune et à $+200°$ orangé pâle. La grandeur et le sens de ces variations diffèrent beaucoup suivant les substances considérées.

La température n'agit pas seulement sur la nature des radiations restituées, mais aussi et à un haut degré sur la durée du phénomène. On peut dire d'une façon générale que l'élévation de température favorise et accélère la restitution de l'énergie emmagasinée. Un froid de $-200°$ peut même faire disparaître toute phosphorescence; mais en réalité celle-ci ne fait alors que sommeiller et se réveille avec son éclat primitif dès que la substance est réchauffée. C'est du moins ce qu'on observe avec les corps très phosphorescents; avec d'autres, on observe des apparences inverses.

La pression, d'après Lenard et Klatt [*Drud.*

Ann., **12**, 439, 1903), agissant sur les sulfures alcalino-terreux, les rend moins phosphorescents, après un éclat passager, et agit donc dans le sens de la chaleur.

L'influence de la lumière elle-même sur la phosphorescence est très remarquable. Nous avons dit que, comme pour la fluorescence, c'étaient les radiations les plus réfrangibles qui, agissant sur une substance au repos, la rendaient phosphorescente, et que, au contraire, les rayons jaunes, rouges, à plus forte raison infra-rouges, n'agissent pas dans ces conditions. Mais ces mêmes rayons montrent au contraire une activité de nature spéciale si la substance a été au préalable rendue phosphorescente par les rayons très réfrangibles : les rayons les moins réfrangibles (rayons extincteurs) agissent à la façon d'une élévation de température, en donnant lieu, après une courte période d'accroissement d'éclat, à une rapide extinction de la phosphorescence. L'expérience est brillante et démonstrative, qui consiste à projeter la partie la moins réfrangible d'un spectre sur un écran enduit d'une substance phosphorescente, excité préalablement sur toute sa surface : on voit le jaune, le rouge et même la place de l'infra-rouge s'illuminer d'abord vivement, puis bientôt s'assombrir, alors que tout le reste de l'écran conserve son éclat primitif. Bien plus, opère-t-on sur le soleil, les raies de Fraunhofer se dessinent même dans l'infra-rouge, sur un fond obscur, avec la nuance primitive de phosphorescence. Cette belle expérience de Becquerel donne ainsi à l'œil la faculté de percevoir la région infra-rouge du spectre (de même que la photographie ou la fluophosphorescence font voir la région ultra-violette), alors que cette région ne peut s'étudier autrement que par des procédés très délicats et non visuels (pile de Melloni, bolomètre).

Pour ce qui est de l'état physique des corps phosphorescents, notons que les solides seuls jouissent de cette propriété. Les liquides et les gaz sont ou inertes, ou simplement fluorescents : les sels d'urane, fluorescents en solution, deviennent phosphorescents en prenant l'état solide.

La constitution chimique des substances joue ici, comme pour la fluorescence, un rôle assez obscur. Il est bien vrai que tous les sels d'urane sont très phosphorescents à courte durée. Le sulfure de zinc hexagonal ou wurtzite l'est aussi à un haut degré et avec une longue durée, mais à la condition d'être pur[1]. Les sulfures de calcium, de strontium et de baryum sont des corps phosphorescents par excellence, mais cette fois, il faut qu'ils soient impurs et préparés d'une certaine façon : autrement ils se montrent inertes

1. Cette belle phosphorescence jaune verdâtre du sulfure de zinc a été découverte par Ed. Becquerel [*C. R.*, **63**, 142, 1866] sur un produit préparé par Sidot [*C. R.*, **62**, 999, et **63**, 188, 1866] : ce chimiste calcinait au rouge blanc un sulfure de zinc quelconque dans un courant de gaz inerte (les meilleurs résultats s'obtiennent avec SO^2) : il recueillait un léger sublimé en aiguilles microscopiques de wurtzite très phosphorescente. Ce même produit s'obtient plus en grand par le procédé Ch. Henry [*C. R.*, **115**, 505, 1892] ; on précipite par l'ammoniaque du chlorure de zinc pur et on redissout le précipité dans un excès d'ammoniaque, puis on fait passer dans la liqueur un courant d'acide sulfhydrique *non en excès*. Le précipité de ZnS, lavé et séché très proprement, est disposé dans un creuset de terre réfractaire enfermé lui-même dans un creuset de graphite brasqué, puis calciné deux heures, au plus grand feu possible. L'intérêt de la wurtzite ou « blende » Sidot est que c'est un produit défini, pur et inaltérable par la plupart des agents, ce qui n'est pas le cas pour CaS et autres produits phosphorescents analogues. Voir encore pour ce qui est de l'influence antiphosphorescente des impuretés, notamment du soufre, dans ZnS, deux notes importantes de A. Verneuil [*C. R.*, **106**, 1104 et **107**, 101, 1888].

ou très peu actifs. On n'a signalé de phosphorescence notable ni chez la blende ou ZnS cubique, ni chez ZnO ou ZnSe, ni chez la greenockite CdS, ni chez les oxydes ou séléniures alcalino-terreux.

Cette phosphorescence des sulfures alcalino-terreux impurs est connue depuis fort longtemps : le phosphore de Canton se préparait en calcinant des écailles d'huîtres avec du soufre, et de même le phosphore de Bologne, en calcinant du carbonate de baryum avec du soufre : ces produits renferment donc non seulement des monosulfures, mais aussi des polysulfures et des sulfates. Ed. Becquerel a étudié avec grand succès [*Ann. Chim. Phys.*, (3), **55**, 5 ; *La lumière, ses causes, et ses effets*, Paris, 1869] ces phosphorescences des trois sulfures alcalino-terreux, et a reconnu qu'elles varient fortement comme éclat, comme nuance et comme durée avec le mode de préparation, l'état d'agrégation et la pureté des matières et aussi, comme nous l'avons dit, avec la température de l'expérience. A la température ordinaire, la couleur ordinaire de phosphorescence du sulfure de calcium varie du bleu violet au jaune, celle du sulfure de strontium est bleue et celle du sulfure de baryum varie du rouge orangé au vert jaunâtre. D'après Verneuil et Becquerel, CaS pur est à peine phosphorescent ; l'addition d'un peu de sels de sodium fait apparaître une lueur verte, et des traces de manganèse donnent une belle phosphorescence variant du jaune au bleu. M. Aug. Verneuil plus récemment [*C. R.*, **103**, 600, 1886 et **104**, 501, 1887], reprenant l'étude des diverses variétés du sulfure de calcium, et ayant trouvé des traces de bismuth dans un produit commercial très actif (enduit lumineux de Balmain), a fait voir que l'incorporation d'une petite quantité de ce métal au mélange de calcaire et de soufre confère au produit calciné une belle phosphorescence bleu violet. L'addition d'un peu de plomb fait de même apparaître une lueur jaune orangé. Il faut en outre que la préparation renferme un peu de chlorure et de carbonate de sodium pour que la masse soit légèrement frittée ; c'est indispensable pour que la phosphorescence se manifeste[1]. Des observations analogues ont été faites notam-

1. Voici la recette donnée par A. Verneuil [*C. R.*, **103**, 600, 1886], pour préparer un sulfure de calcium doué d'une belle et durable phosphorescence violette. On prend de la chaux provenant de la calcination d'un calcaire dense comme celle que fournit au rouge vif la coquille très dure de l'*Hippopus maculatus* Lamarck, communément appelée *bénitier* ; 20 gr. de cette chaux finement pulvérisée sont mélangés intimement avec 6 gr. de soufre en canon et 2 gr. d'amidon ; ce mélange est ensuite additionné de 8 cc. ajoutés goutte à goutte d'une dissolution contenant 0gr,05 de sous-nitrate de bismuth, 100 cc. d'alcool absolu et quelques gouttes d'acide chlorhydrique. On obtient ainsi une répartition convenable du bismuth dans la matière primitive. Lorsque la majeure partie de l'alcool est évaporée, ce qui a lieu après une demi-heure d'exposition du mélange à l'air, on le chauffe dans un creuset couvert, pendant 20 min., au rouge cerise clair, dans un four Perrot. Après refroidissement complet, on doit enlever la mince couche de plâtre qui recouvre le culot obtenu ; finalement, après pulvérisation, on calcine une seconde fois à la même température pendant un quart d'heure. Si l'on n'a pas trop chauffé, le produit obtenu est formé de petits grains à peine agglomérés ; on doit éviter une nouvelle pulvérisation qui diminuerait notablement la phosphorescence.

On a d'une façon analogue, d'après M. Mourelo [*C. R.*, **124**, 1025, 1897], un sulfure de strontium d'une magnifique phosphorescence bleu vert, en chauffant au rouge vif pendant 5 heures, sous une couche d'amidon, le mélange intime de 285 gr. carbonate de strontium, 62 gr. fleur de soufre, 4 gr. carbonate de sodium cristallisé, 2gr,5 chlorure de sodium et 0gr,4 sous-nitrate de bismuth ; ne pas pulvériser. Voir encore de nombreuses notes du même auteur [*C. R.*].

ment par MM. Klatt et Lenard [*Wied. Ann.*, **38**. 90. 1889 ; *Drud. Ann.*, **15**. 225. 425. 633. 1904], qui. après avoir constaté l'absence complète de phosphorescence des CaS, SrS, BaS purs, ont montré que ces corps deviennent lumineux par l'addition d'un peu d'un sel fusible d'une part, et d'autre part par l'addition simultanée d'un peu de métal excitateur qui peut être non seulement le manganèse ou le bismuth, mais aussi le cuivre, l'argent, le zinc, le nickel, l'antimoine.

Des faits analogues s'observent à l'égard du fluorure de calcium. M. G. Urbain, ayant constaté, dans des fluorines phosphorescentes ou chlorophanes, la présence en quantité appréciable de terres rares, oxydes de samarium, terbium, dysprosium, gadolinium, a étudié les spectres de phosphorescence cathodique ultraviolets et reconnu la part prise par chaque métal à la formation du spectre, puis reproduit synthétiquement cette phosphorescence. Des précipités de fluorure de calcium renfermant en proportion convenable des fluorures de métaux rares ont donné par fusion des masses cristallines de fluorines beaucoup plus phosphorescentes que le minéral de la nature. La chaux elle-même se conduit d'une façon analogue, mais avec moins d'intensité, vis-à-vis des terres rares [*C. R.*, **143**, 26, 1906 et **144**, 30, 1907 ; ce dernier en commun avec M. C. Scal].

Par contre, la phosphorescence de certaines fluorines (et leur thermoluminescence) sont dues à de tout autres causes, étant d'ordre chimique. M. G. Wyrouboff [*Bull. Soc. Chim.*, **5**, 334-347, 1860] avait remarqué que chez certaines fluorines, du reste intéressantes à plusieurs titres (dichroïsme, odeur vive, antozone de Schönbein), la phosphorescence est liée à la présence de matières bitumineuses et dérive de leur destruction comme l'oxydation lente ; elle disparaît par la calcination.

Applications. — La phosphorescence si vive et durable du sulfure de calcium impur (voyez plus haut) a été mise à profit (enduit lumineux de Balmain) pour faire des objets usuels lumineux pendant la nuit après insolation pendant le jour, tels que porte-allumettes, bougeoirs, cadrans de pendules.

Les substances fluorescentes ou phosphorescentes étant excitées non seulement par la lumière visible, mais aussi par les rayons X ou encore du radium, permettent de faire des examens radioscopiques. On enduit d'une matière fluorescente ou à très courte phosphorescence, comme le platinocyanure de baryum ou le tungstate de calcium préparé d'une façon particulière, une feuille de papier qu'on met sous verre à la façon d'une gravure, le fond étant formé d'une mince planchette de bois. Si l'on tourne cette dernière vers un tube de Crookes avec interposition d'un objet, l'œil placé derrière l'écran et le verre en perçoit la silhouette ; souvent l'écran est disposé au fond d'une boîte avec œilleton, pour bien écarter toute lumière étrangère. Ici la silhouette ne persiste pas ; mais si l'on veut des images qu'on puisse pendant quelques heures examiner à loisir, comme on ferait de photographies non fixées, on enduit le papier d'une substance à longue phosphorescence (écran Sidot à base de ZnS).

De même, à l'aide de substances fluorescentes déposées sur un écran, ainsi qu'il a été dit, on sait depuis plus longtemps étudier la partie ultraviolette des spectres, presque aussi nettement que si l'on avait recours à l'enregistrement photographique. Un dispositif très ingénieux est l'addition au spectroscope de l'*oculaire fluorescent* de M. Ch. Soret [*Arch. des Sc. phys. et nat.*, **49**, 338, 1874 et **57**, 319, 1876] (fig. 5). C'est un oculaire de Ramsden ; au foyer de l'objectif est placée une plaque *ff* de verre d'urane ou encore une couche d'un liquide fluorescent entre deux glaces à faces parallèles. Si l'on fait tomber sur cette plaque l'image nette d'un spectre et qu'on déplace un peu la lunette de

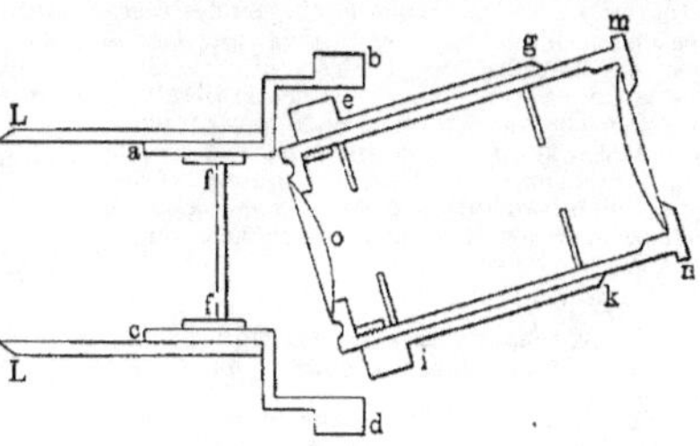

Fig. 5. — Oculaire fluorescent de Soret en coupe.

telle sorte que la région ultra-violette y prenne place, grâce à la fluorescence, les raies y apparaîtront visibles dans l'oculaire, surtout si on a soin de donner à celui-ci une position un peu oblique afin de voir l'image de côté.

Avec quelques substances comme la fluorescéine, la fluorescence se manifeste encore sur des solutions à un degré prodigieux de dilution : d'où une intéressante application à la physique du globe. En jetant de la fluorescéine dans des cours d'eau qui se perdent sous terre, on peut retrouver avec certitude les points de résurgence et ainsi se rendre compte du trajet souterrain des eaux[1]. Avril 1907. L. Bourgeois.

PHOSPHURANYLITE (Min.) (W.-C. Kerr et Genth). — Phosphate d'uranyle, $UO^3 . P^2O^5, 6H^2O$, en croûtes pulvérulentes jaune citron, formées de petites écailles rectangulaires nacrées, sur un granite, à Flat Rock Mine, comté de Mitchell, Caroline du Nord. L. Bourgeois.

PHOTOCHIMIE. — Dans la première partie du *Dictionnaire de chimie* (article Lumière), le regretté M. Salet a résumé les données acquises sur l'action chimique de la lumière. Nous essaierons surtout ici, d'après les recherches quantitatives faites depuis cette époque, de comparer l'action chimique de la lumière à celle de la chaleur dans l'obscurité.

La plupart des transformations chimiques se produisent sous l'influence de l'énergie provenant de la chaleur. La source d'où émane cette énergie est généralement à une température peu différente de celle du système matériel considéré : tel est le cas d'un corps qu'on décompose en le chauffant au bain d'huile pour définir la température de la transformation. Mais il y a des transformations chimiques qui se produisent sous l'influence de la lumière à une température où elles n'auraient pas lieu dans l'obscurité, ou tout au moins qui, à une température donnée, sont accélérées par l'influence de la lumière. La source d'où provient l'énergie manifestée sous forme lumineuse est alors à une température extrêmement supérieure à celle du système ma-

1. Les figures qui accompagnent cet article sont tirées du *Traité de Physique* de M. le professeur Chwolson (Paris, Hermann, 1906), et ont été obligeamment mises à notre disposition par les éditeurs de l'édition allemande, MM. Fr. Vieweg et fils.

tériel considéré. C'est ce qui a lieu pour la lumière provenant du soleil, de la combustion du magnésium, de l'arc électrique, etc. D'après différentes considérations de thermodynamique, l'effet produit est d'autant plus grand que la différence de température entre la source lumineuse et le système matériel est plus considérable [Potier, *Journ. de Phys.*, (2), **5**, 36; Pellat, *C. R.*, 2 juillet 1888 et *Thermodynamique*, 195].

On sait, par exemple, que la plupart des réactions photochimiques se produisent plus facilement par les radiations violettes et ultraviolettes, c'est-à-dire par celles où le nombre de vibrations de l'éther par seconde est le plus considérable : or ce sont celles qui apparaissent dans le spectre à mesure qu'on élève la température d'un corps.

Les effets produits dépendent ainsi de deux facteurs distincts : la *quantité* de lumière versée et la *qualité* de cette lumière.

TRANSFORMATIONS ENDOTHERMIQUES ET EXOTHERMIQUES.

Il faut distinguer, comme dans tout le reste de la chimie, les transformations qui absorbent de la chaleur, ou *endothermiques*, et celles qui dégagent de la chaleur, ou *exothermiques*. M. Berthelot, dans une série de travaux sur les relations entre les énergies lumineuses et les énergies chimiques, a beaucoup insisté sur cette distinction [notamment : *Ann. Chim. Phys.*, **18**, 1865; **15**, 1898; *Mécanique chimique*, II, 400; *C. R.*, **112**, 1891; **127**, 1898].

TRANSFORMATIONS ENDOTHERMIQUES. — Au premier abord, il semble que presque toutes les transformations effectuées sous l'influence de la lumière doivent être endothermiques : elles correspondraient alors à un travail moléculaire directement effectué par la lumière, qui céderait de son énergie à la matière pondérable.

Cependant on ne peut, sur toute la liste des substances impressionnables à la lumière, relever que quelques cas où il semble en être ainsi :

Décomposition de l'acide carbonique au soleil par les parties vertes des plantes ou plus exactement par la chlorophylle.

Décomposition éprouvée par le chlorure d'argent au soleil, réaction classique, étudiée en dernier lieu par M. Güntz [*C. R.*, **112** et **113**].

Décomposition de l'acide azotique concentré au soleil, donnant du peroxyde d'azote et de l'oxygène [Berthelot, *C. R.*, **127**, 1898] :

$$2AzO^3H = H^2O + 2AzO^2 + O.$$

Décomposition de l'acide iodique (I^2O^5 ou IO^3H) [Berthelot, *C. R.*, **128**, 1898].

TRANSFORMATIONS EXOTHERMIQUES. — Elles comprennent presque toutes celles qui s'effectuent sous l'influence de la lumière : phosphore ordinaire se changeant en phosphore rouge; mélange de chlore et d'hydrogène; iodure d'azote; sels de fer en présence des réactifs oxydants; acide chromique, etc.

Ces réactions tendent d'elles-mêmes à se produire, puisqu'il n'est pas nécessaire d'apporter une énergie extérieure; elles s'effectuent, pour la plupart, dans l'obscurité, par une élévation suffisante de température. D'après M. Berthelot, l'effet de la lumière est alors de briser « certains liens » empêchant les molécules de réagir entre elles : la lumière ne fait qu'effectuer un travail préliminaire souvent très petit par rapport au travail qui équivaudrait à la transformation chimique : elle joue seulement le rôle d'*excitateur*.

Ces transformations peuvent devenir explosives si la chaleur dégagée peut se transmettre rapidement de proche en proche. C'est ce qui a lieu pour le mélange de chlore et hydrogène.

Dans tous les cas, l'action de la lumière est extrêmement facilitée si, au corps déjà prêt à se décomposer, on en ajoute un autre qui tende à réagir sur les produits de la transformation. Ainsi la décomposition de l'acide iodhydrique gazeux à froid, à la lumière, devient beaucoup plus rapide en présence de l'oxygène. De même les matières organiques accélèrent l'action de la lumière sur les sels d'argent humides, sur l'acide chromique, etc., car elles tendent à s'oxyder. Ces corps sont des *sensibilisateurs*.

RELATION ENTRE L'INTENSITÉ DE LA LUMIÈRE ET LA QUANTITÉ DE MATIÈRE DÉCOMPOSÉE.

Pour obtenir un photomètre chimique, il faudrait théoriquement s'adresser aux transformations *endothermiques* où le travail moléculaire accompli est en relation directe avec l'énergie lumineuse apportée dans un temps donné par la lumière. Malheureusement les rares transformations satisfaisant à cette condition ne se prêtent guère à l'organisation de photomètres pratiques.

On peut cependant arriver au même résultat avec des transformations *exothermiques*, par des précautions spéciales, en s'arrangeant pour qu'elles ne prennent pas le caractère explosif, grâce au refroidissement extérieur, et pourvu qu'elles cessent sensiblement avec l'interruption de la lumière. Alors, avec les systèmes gazeux ou liquides, il y a *sensiblement proportionnalité entre l'intensité lumineuse et la quantité de matière décomposée* (loi de Bunsen et Roscoë).

Cette proportionnalité, pour une réaction exothermique, peut être interprétée de la manière suivante (G. Lemoine) :

On s'arrange, en atténuant la lumière ou en diluant les corps actifs dans un dissolvant, pour que la réaction soit à l'état de *régime permanent*, car la chaleur dégagée est incessamment absorbée par le milieu ambiant, par exemple par l'eau où est dissous le réactif.

Dans cette situation, une partie de l'énergie rayonnante de l'éther qui propage la lumière sert à ébranler les molécules matérielles qui, dans l'obscurité, resteraient sans réagir. Il y a donc une consommation d'énergie qui est en relation directe avec l'intensité de la lumière, et qui peut, comme première approximation, être regardée comme lui étant proportionnelle. D'autre part, cette consommation d'énergie est en relation directe avec la quantité de matière décomposée, puisque celle-ci dépend de cette consommation d'énergie et s'*arrête avec elle*. On a donc trois quantités qu'on peut considérer : la première comme proportionnelle à la seconde, et la troisième comme proportionnelle à la seconde : donc, la première quantité, l'intensité lumineuse, est, comme première approximation, proportionnelle à la troisième, la quantité de matière décomposée.

Ce rôle excitateur de la lumière dans une réaction exothermique, peut être comparé au mécanisme du tiroir dans une machine bien réglée : la marche du tiroir peut être confiée à un moteur spécial qui exige un petit travail; dans un régime permanent, la marche et le rendement du grand appareil dépendent de ce petit travail, lui sont consécutifs et sont en relation directe avec lui[1].

(1) Il est possible, suivant une remarque de M. Janssen, qu'avec des lumières trop faibles, la consommation d'énergie soit tellement petite qu'elle ne puisse plus produire de travail préliminaire, de même qu'un enfant ne

FORMULES GÉNÉRALES POUR LA VITESSE DE LA RÉACTION DANS LES SYSTÈMES HOMOGÈNES.

Considérons deux corps qui vont réagir : nous supposons qu'ils forment un *système homogène*, c'est-à-dire que ces corps et les produits de leur réaction soient tous gazeux, tous liquides, ou tous en solution. Rappelons d'abord comment la vitesse de la transformation peut être définie, lorsqu'elle se produit sous l'influence seule de la chaleur à une température déterminée.

La transformation peut être limitée ou illimitée.

I. — Si elle est illimitée, l'ensemble des expériences montre que la quantité de matière transformée pendant l'unité de temps est, pour chaque corps proportionnelle à une fonction exponentielle des concentrations (poids actuellement existant dans l'unité de volume),

$$C_1^{\mu_1} \times C_2^{\mu_2}$$

soit en appelant p le poids de matière à l'origine, y le poids transformé au temps t, K une constante

$$\frac{d\frac{y}{p}}{dt} = K\left(1-\frac{y}{p}\right)^{\mu_1}\left(1-\frac{y}{p}\right)^{\mu_2}$$

La plupart des déterminations conduisent à prendre pour μ_1 et μ_2 la valeur 1. On a ainsi pour la vitesse de transformation avec un seul corps, transformation *monomoléculaire* C_1

soit $$\frac{d\frac{y}{p}}{dt} = K\left(1-\frac{y}{p}\right).$$

Si deux corps réagissent l'un sur l'autre, la vitesse de transformation sera $C_1 \times C_2$, et s'ils sont à molécules égales et à concentrations égales, la vitesse sera *bimoléculaire* C_1^2

soit $$\frac{d\frac{y}{p}}{dt} = K\left(1-\frac{y}{p}\right)^2.$$

Si les deux corps réagissaient avec des nombres de molécules différents n et n', la vitesse de transformation serait $C_1^n \times C_2^{n'}$ soit (avec des concentrations égales) :

$$\frac{d\frac{y}{p}}{dt} = K\left(1-\frac{y}{p}\right)^n\left(1-\frac{y}{p}\right)^{n'}.$$

II. — S'il s'agit d'une transformation limitée, un équilibre se produit entre deux réactions inverses, et la vitesse de la transformation est la différence entre les vitesses partielles de deux réactions qui s'équilibrent, ainsi que l'éthérification en donne un exemple classique. La vitesse est alors de la forme

$$KC_1^{\mu_1} \times C_2^{\mu_2} - K'C'^{\mu'_1}_1 \times C'^{\mu'_2}_2$$

où le plus souvent on peut, comme tout à l'heure, prendre pour μ_1, μ_2, μ'_1, μ'_2, le nombre des molécules des divers corps.

Pour l'équilibre, on retrouve ainsi la formule connue établie par M. Van't Hoff et par M. le Chatelier d'après des considérations de thermodynamique.

III. — Lorsque c'est sous l'influence de la lumière que la transformation s'effectue, il est naturel d'admettre, *a priori*, sauf à le vérifier par l'expérience, des formules semblables ; mais alors elles s'appliquent seulement pour une couche infiniment petite dl, assez mince *pour que l'absorption n'y change pas sensiblement l'intensité de la lumière*. Si dS est le poids de matière transformée dans l'unité de temps dans cette couche infiniment mince, on écrir donc, sauf à modifier les valeurs des constantes a

$$\frac{dS}{dt} = KC_1^{m_1} \times C_2^{m_2} - K'C_1'^{m'_1} \times C_2'^{m'_2}$$

Cette formule générale sera applicable à une radiation donnée : les constantes y changeront avec chaque radiation.

Pour l'étendre à une épaisseur quelconque, il faudra tenir compte de l'absorption qu'éprouve la lumière à mesure qu'elle pénètre dans le système matériel considéré ; on devra pour cela remplacer les coefficients K par un coefficient Ki, où se trouve mise en évidence l'intensité lumineuse qui agit sur le système matériel, et qui décroît à mesure que l'absorption se fait sentir.

INFLUENCE DE LA RADIATION.

On a vu dans la première partie du *Dictionnaire* (art. LUMIÈRE) que la *qualité* de la lumière, c'est-à-dire la nature des radiations, modifie beaucoup les transformations photo-chimiques.

Pour étendre la formule précédente à une lumière ordinaire, il faudra donc prendre la somme des effets produits par toutes les radiations dont elle se compose :

$$\frac{dS}{dt} = K_0 + K_1 + K_2 + \ldots.$$

En pratique, on peut se borner à une formule à 3 ou 4 termes, ce qui revient à considérer la lumière blanche comme formée par 3 ou 4 radiations : chacune d'elles correspond à une absorption déterminée. Cette simplification équivaut aux reproductions trichromes en photographie, notamment celles de M. Lumière [*C. R.*, 1905] ; elle est analogue à celle qu'on emploie lorsque, pour calculer l'aire d'une courbe, on la remplace par une série de lignes droites.

On sait d'ailleurs qu'à la surface de la terre la lumière solaire, presque toujours employée pour les réactions photo-chimiques, n'a pas une composition constante. Cette composition varie suivant les circonstances atmosphériques ; il résulte des expériences de MM. Abney, Cornu, Crova, Janssen, Violle, etc., que cette influence de l'atmosphère dépend surtout de trois données : l'épaisseur atmosphérique traversée, son humidité, la quantité de matières en suspension.

INFLUENCE DE L'ABSORPTION DU MILIEU.

Beaucoup des réactions photo-chimiques qu'on utilise, par exemple pour les plaques photographiques, se passent dans des couches infiniment minces. Il arrive aussi quelquefois que l'absorption des radiations efficaces est tellement forte qu'elle se produit entièrement dès les premières couches, 1 millimètre d'épaisseur, par exemple. Alors, on peut presque s'en tenir aux formules précédentes.

Mais il est nécessaire d'aborder le problème général en considérant une épaisseur quelconque : il faut alors tenir compte de l'absorption pro-

pourrait pas manœuvrer la soupape d'une machine à vapeur ; alors il n'y aurait plus réaction, même pour un temps très long. M. Berthelot a observé pour plusieurs corps que l'action chimique ne commence qu'à partir d'une certaine intensité lumineuse.

gressive de la lumière. Elle varie suivant les radiations. On sait, d'après un principe dû à Herschell (loi dite de Vogel par les savants allemands), qu'*une substance colorée impressionnable à la lumière est impressionnée par les radiations lumineuses qu'elle absorbe*, c'est-à-dire par les radiations complémentaires de celles qu'elle réfléchit.

Cette absorption correspond à une transformation de l'énergie apportée par les vibrations de l'éther qui transmet la lumière. Ordinairement la plus grande partie se change en chaleur : ainsi, les verres colorés s'échauffent fortement au soleil. Mais, outre cette absorption d'ordre physique, il y a une absorption qu'on peut appeler d'ordre chimique, celle qui correspond au travail moléculaire produit (réactions endothermiques), ou excite (réactions exothermiques) par la lumière : c'est une *consommation d'énergie* employée à la communication du mouvement vibratoire entre l'éther lumineux et la matière pondérable.

RELATION ENTRE L'ABSORPTION PAR LE RÉACTIF ET SA DECOMPOSITION. — Supposons connue la loi de l'absorption à travers le réactif. La lumière primitive d'intensité I, après avoir trouvé une épaisseur l se réduit à i. La loi algébrique $i = f(l)$ peut être représentée par une courbe.

Dans une tranche très mince dl, traversée par la lumière, la quantité de matière décomposée dans un temps donné dépend de l'intensité lumineuse et lui est, comme première approximation, proportionnelle : elle est donc idl; elle est représentée géométriquement par le petit rectangle dont la base est dl, et dont la hauteur indique sur la courbe l'intensité i. Ceci étant

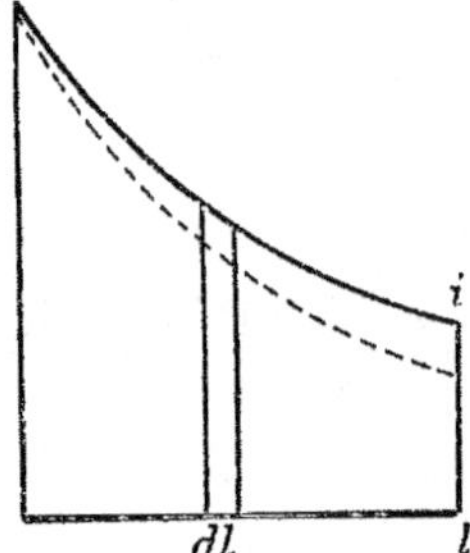

vrai pour toutes les tranches traversées par la lumière, on voit que, géométriquement, le *poids total de matière décomposée* S *est représentée par l'aire de la courbe*. En d'autres termes, algébriquement, on l'obtiendra par une intégration, soit à une constante près

$$S = \int_0^l i\,dl.$$

S'il s'agit d'une radiation simple, la loi de transmission peut, d'après une règle bien connue (Bouguer), être considérée comme exprimée par la formule exponentielle a^l; l'intégration se fait donc facilement, puisque

$$\int_0^l a^l = \frac{a^l}{La}.$$

S'il s'agit d'une radiation complexe, on n'a qu'à la décomposer en ses différentes radiations simples, et à faire la somme des effets partiels. Ainsi, supposons que la lumière incidente, égale à l'unité, soit $1 = n + n' + n''$ .... Après le trajet l, elle deviendra : $i = na^l + n'a'^l + n''a''^l$, et la quantité de matière décomposée sera

$$S = n\int_0^l a^l + n'\int_0^l a'^l + \dots.$$

Tout se réduit donc à mesurer l'absorption. On peut y arriver de plusieurs manières.

On doit, dans le raisonnement qui précède, faire intervenir l'absorption totale comprenant l'absorption physique et l'absorption chimique correspondant à la consommation d'énergie employée à la communication du mouvement vibratoire entre l'éther lumineux et la matière pondérable. L'absorption totale et l'absorption physique sont exprimées par des courbes distinctes : dans certains cas, la différence est assez faible.

EXPÉRIENCES SUR LES SYSTÈMES HOMOGÈNES

Parmi les déterminations sur lesquelles s'appuient les considérations précédentes, nous nous bornerons aux plus nettes.

CHLORE ET HYDROGÈNE. — [MM. Bunsen et Roscoë. *Ann. de Poggendorff*, t. C, 1857]. Ces mémorables recherches ont été exposées dans la 1re partie du Dictionnaire.

Rappelons seulement qu'elles ont, entre autres choses, établi l'absorption de lumière correspondant à la réaction photochimique : on la constate en comparant un mélange de chlore et d'air avec un mélange de chlore et d'hydrogène contenant le même volume de chlore, ce dernier étant soumis à l'influence d'une très faible lumière.

L'inertie observée au début (induction photochimique) a été interprétée par la présence de l'humidité (M. Prigsheim) ou de traces d'impuretés (MM. Chapman et Burgess). Mais cette inertie semble se retrouver dans plusieurs autres actions.

ACIDE OXALIQUE ET CHLORURE FERRIQUE. — [G. Lemoine, *Ann. Chim. Phys.*, **30**, 1893 et 6, 1895; *C. R.*, **112**, 1891; **116**, 1893; **118**, 1894; **120** et **121**, 1895; conférence à la Société chimique le 18 mai 1895]. Cette réaction a l'avantage de se prêter très bien à la comparaison des effets de la chaleur et de la lumière. En effet, le mélange équimoléculaire se décompose facilement soit à chaud dans l'obscurité, soit à froid à la lumière jusqu'à épuisement, formant ainsi un système homogène irréversible : le liquide se décolore en donnant la réaction :

$$Fe^2Cl^6 + C^2H^2O^4 = 2FeCl^2 + 2HCl + 2CO^2.$$

La fraction de la masse décomposée, c'est-à-dire le rapport de la décomposition effectuée à la décomposition possible, se mesure soit par le gaz dégagé, soit par le chlorure ferreux formé.

Réaction par la chaleur dans l'obscurité. — Cette réaction est très lente. Les déterminations se représentent par la formule des transformations monomoléculaires[1]

$$\frac{d\frac{y}{p}}{dt} = K\left(1 - \frac{y}{p}\right)$$

où p est le poids par litre primitif, y le poids détruit au temps t, K une constante.

1. Comme ici deux corps réagissent l'un sur l'autre, on aurait pu presumer qu'on aurait la formule bimoléculaire correspondant à $\left(1 - \frac{y}{p}\right)^2$.

S'il n'en est pas ainsi, c'est sans doute parce que le chlorure ferrique étant un peu décomposé par l'eau, la réaction immédiate de l'acide oxalique a lieu sur Fe^2O^3 mis en liberté.

A 100°, en une heure, il y a à peu près 16 0/0 de la masse décomposée.

Les variations de température modifient considérablement la vitesse de la réaction, comme pour presque tous les phénomènes chimiques : l'augmentation, observée depuis 15° jusque vers 124°, a les allures d'une fonction exponentielle. Aux basses températures la réaction est insignifiante, à tel point que vers 15° il faudrait *cent ans* pour décomposer 27 0/0 de la masse. Il résulte de là que, dans les expériences ordinaires sur l'action de la lumière solaire, la part de décomposition due à la chaleur seule est négligeable.

Réaction à la lumière. — Elle a été étudiée au moyen de la lumière solaire, naturelle ou modifiée par des écrans colorés, avec des cuves à faces parallèles ou des tubes de diverses dimensions. Cette action est tellement nette qu'un tube de 2 à 3 mm. de diamètre où l'on met le réactif déborde très vite, par suite du dégagement du gaz, quand on l'expose en plein soleil.

Des expériences préalables ont montré qu'il n'y a pas de retard appréciable au début de la réaction et qu'elle cesse brusquement avec la suppression de la lumière. D'ailleurs la température ne modifie que dans des proportions très restreintes la réaction effectuée par une même intensité lumineuse.

I. — Pour une étude complète il faut, avant tout, déterminer l'*absorption* exercée sur la lumière employée pour diverses épaisseurs.

On y est arrivé par une méthode chimique. Deux cuves identiques contenant le réactif sont exposées l'une directement, l'autre derrière un rideau du liquide absorbant. La comparaison des quantités décomposées dans les deux cas permet d'apprécier la proportion de lumière transmise à travers le liquide absorbant. La mesure serait immédiate si le réactif servant de témoin était pris sous une épaisseur infiniment mince. En fait, on réalise à peu près ces conditions et l'on a à peu près les transmissions réelles avec des cuves de 1 mm. seulement où l'on met un réactif très dilué (mélange de solutions $\frac{1}{10}$ normales, soit 2^{gr},8 de fer par litre de mélange). — Dans le cas le plus général on n'a dans cette expérience qu'une *transmission apparente* parce que la lumière employée n'est pas homogène et que, dès lors, les différentes radiations sont absorbées inégalement par le réactif servant de témoin; mais on peut relier cette transmission apparente à la transmission réelle par un calcul algébrique basé sur la loi de l'absorption : le cadre de cet article ne nous permet pas de le développer.

Comme l'acide oxalique est transparent, on peut admettre que l'absorption exercée par 1 volume de chlorure ferrique et 1 volume d'acide oxalique est la même que par 1 volume de chlorure ferrique et 1 volume d'eau, ce qui a été vérifié. Il suffit donc, pour avoir l'absorption dans notre réactif habituel, de faire les mesures d'absorption sur le chlorure ferrique diversement dilué.

Comme résumé des expériences, on peut dire que, dans la belle saison, par un ciel pur, la transmission i de lumière solaire sous une épaisseur l de chlorure ferrique demi-normal (28 gr. de fer par litre) oscille autour des résultats de la formule suivante :

$$i = 0,01\,(0,996)^l + 0,07\,(0,4)^l + 0,19\,(0,1)^l + 0,79\,(10^{-10})^l.$$

Des formules semblables ont été établies pour les lumières bleue, verte et jaune obtenues au moyen d'écrans appropriés. La réaction est très lente dans la radiation jaune, très rapide dans la radiation bleue; elle ne paraît pas augmenter beaucoup dans le violet et l'ultra-violet.

II. — La loi de l'absorption étant connue, on peut, à l'aide de la relation générale établie plus haut, calculer en détail les rapports entre les quantités de matière décomposées dans des vases de forme quelconque. Bornons-nous d'abord aux premiers moments de la réaction pour lesquels le réactif, n'étant pas épuisé, conserve à peu près le même degré de transparence.

Nous avons trouvé que si la loi de transmission i pour l'épaisseur l est représentée par une courbe, les quantités de matière décomposées sont représentées géométriquement par la surface de cette courbe. Algébriquement, si i est l'intensité lumineuse transmise à la tranche l, la quantité de matière décomposée entre 0 et l sera

$$R = \sigma \int_0^l i\,dl,$$

la constante σ étant proportionnelle à l'intensité de la lumière incidente primitive.

Nous ne connaissons pas cette intensité de la lumière. Mais nous pouvons prendre l'une des expériences comme terme de comparaison : par exemple un rectangle de 4 mm. d'épaisseur. Dès lors nous pouvons, avec cette décomposition, calculer celle de tous les vases possibles : cuves rectangulaires d'abord, tubes circulaires, tubes elliptiques (tubes inclinés sur les rayons solaires), car chacun d'eux peut être décomposé géométriquement en rectangles très minces.

Les expériences ont été faites : les calculs, si laborieux qu'ils soient, ont été faits, tant pour la lumière blanche que pour la lumière colorée. Il y a accord, pourvu, bien entendu, qu'on prenne l'absorption correspondant à l'instant considéré, absorption qui varie peu dans le milieu des belles journées.

III. — On peut aller plus loin, toujours d'après la même méthode, en reprenant la formule

$$\frac{d\frac{y}{p}}{dt} = K'i\left(1 - \frac{y}{p}\right)$$

où dans la constante on met à part l'intensité lumineuse. On peut suivre les progrès de la réaction dans un vase donné, en tenant compte des variations du pouvoir absorbant du mélange d'acide oxalique et de chlorure ferrique qui se décolore peu à peu à mesure que le chlorure ferrique se décompose. Il y a alors augmentation de la transparence en même temps que la masse active diminue.

Nous nous contenterons de mentionner cette autre série de calculs que vérifie l'expérience : il suffit d'indiquer qu'ils se déduisent de la formule générale.

IV. — Ces mêmes expériences permettent d'évaluer l'*intensité de la lumière*. Elle est proportionnelle à la constante des formules précédentes, c'est-à-dire à la proportion pour 100 $\frac{y}{p}$ de décomposition que l'on observerait en une minute dans une couche assez mince pour que l'absorption n'y soit pas sensible. On prend ainsi pour unité d'intensité lumineuse un certain poids de matière décomposée. On a vu, au commencement de cet article, comment se justifie cette mesure de l'intensité lumineuse. En fait, pour le mélange d'acide oxalique et de chlorure ferrique, la proportionnalité de l'intensité lumineuse à la quantité de matière décomposée a été vérifiée directement en modifiant à volonté l'intensité lumineuse par un appareil de polarisation de grandes dimensions [*C. R.*, **120**, 817, 1895].

V. — La *dilution* du mélange actif par différents excès d'eau intervient de deux manières : physiquement, en augmentant la transparence; chimiquement, en facilitant la décomposition, ce qui a lieu aussi dans les expériences réalisées avec la chaleur seule. L'influence physique de la dilution qui augmente la transparence peut être éliminée, car la loi d'absorption étant connue, on peut tout réduire par le calcul à ce qui se passerait dans une cuve d'épaisseur infiniment petite ou l'absorption serait nulle.

On peut donc déterminer l'influence purement chimique exercée par différents excès d'eau. On trouve par exemple qu'avec une dilution quatre fois plus grande, la décomposition est augmentée dans le rapport de 1 à 1,5 : ainsi l'eau active la décomposition a la lumière.

On peut comparer ces rapports à ceux qui résultent des expériences semblables faites avec la chaleur seule dans l'obscurité. En considérant des réactions faites à une même température très rapidement à la lumière, très lentement à l'obscurité, on constate que *ces rapports sont identiques*.

VI. — En définitive, en mettant de côté les effets de l'absorption, c'est-à-dire en réduisant tout à une couche infiniment mince, on trouve que les actions chimiques produites par la lumière et par la chaleur suivent les mêmes lois. Mais la lumière abaisse la température à laquelle se produit la réaction; cet abaissement, dans une belle journée de nos climats, est d'une centaine de degrés : en 15 ou 20 minutes au soleil, on a la même quantité de matière décomposée qu'en cent ans à l'obscurité pour la même température.

STYROLÈNE ET MÉTASTYROLÈNE. — [M. G. Lemoine, *C. R.*, **125**, 530 et **129**, 719]. Le styrolène C^8H^8, qui est liquide, se change sous l'influence de la chaleur ou sous celle de la lumière en un polymère solide, le métastyrolène : celui-ci à une température élevée régénère le styrolène : la transformation est donc réversible. On peut séparer les deux corps par distillation dans le vide. Le mélange reste homogène tant que la transformation n'est pas trop avancée, car le métastyrolène se dissout dans le styrolène en excès.

I. Sous l'influence de la chaleur seule, dans l'obscurité, la transformation réversible du styrolène en métastyrolène rappelle celle du phosphore, du cyanogène, de l'acide cyanique : les deux transformations inverses tendent vers une même limite, exprimée par une tension de vapeur, comme pour la dissociation.

II. Pour l'influence de la lumière, les expériences ont été conduites de la même manière qu'avec le mélange d'acide oxalique et de chlorure ferrique. Ce dernier liquide est coloré et absorbe rapidement les radiations visibles. Au contraire, le styrolène est sensiblement transparent et, de même que pour le chlorure d'argent, les radiations ultra-violettes l'impressionnent rapidement.

Les déterminations soit de l'absorption, soit de la transformation chimique en fonction de l'épaisseur traversée, ont été faites par les mêmes méthodes que pour le mélange d'acide oxalique et de chlorure ferrique; les difficultés matérielles sont plus grandes à cause de la grande lenteur de la transformation. La transmission i pour une épaisseur l est représentée à peu près par :

$$i = \frac{1}{3}(0,84)^l + \frac{2}{3}(10^{-10})^l$$

L'influence de la température sur la vitesse de la transformation est beaucoup plus accentuée que pour les mélanges d'acide oxalique et de chlorure ferrique.

On peut résumer ces expériences en disant que pour une même vitesse de transformation, l'abaissement de température réalisé par la lumière solaire avec le styrolène est environ de 50° ; cet abaissement est beaucoup moindre qu'avec les mélanges d'acide oxalique et de chlorure ferrique. Mais ici encore, le rôle principal de la lumière est d'*accélérer* une transformation *exothermique* qui se serait produite dans l'obscurité, à la même température, mais beaucoup plus lentement.

ANTHRACÈNE ET DIANTHRACÈNE. — [MM. Luther et Weigert, *Zeit. physik. Chem.*, **51**, 297, et **53**, 385-427, 1905]. L'anthracène gazeux, solide ou en dissolution est changé en dianthracène à la lumière; inversement à l'obscurité le dianthracène se change en anthracène. A la lumière, un certain équilibre se produit : il n'est pas influencé par le mode d'agitation du mélange.

Les déterminations étaient effectuées à la lumière électrique avec des solutions d'anthracène dans le phénéthol, l'anisol, la pyridine ; on obtenait des températures constantes en faisant bouillir ces solutions soit à la pression ordinaire, soit à des pressions réduites.

La transformation du dianthracène en anthracène à l'obscurité finit par devenir complète; sa vitesse augmente avec la température, elle est conforme à la formule des transformations monomoléculaires.

A la lumière, la transformation du dianthracène en anthracène et la transformation inverse tendent vers une même limite. Elle est effectuée surtout par les rayons ultra-violets. L'absorption des radiations efficaces est très considérable, car au delà de 1 millimètre, la proportion de matière transformée devient indépendante de l'épaisseur traversée. Aussi la limite (poids d'anthracène dans un litre) est pratiquement inversement proportionnelle au volume : elle est proportionnelle à l'intensité lumineuse et à la surface d'illumination, comme dans toutes les expériences du même genre. Elle augmente avec la température. Elle est à peu près la même pour les divers dissolvants employés.

La vitesse de la réaction a pu être représentée par une formule exprimant la différence des transformations effectuées dans l'obscurité et à la lumière.

RÉDUCTION DE L'ACIDE CHROMIQUE PAR LA QUININE [M. Goldberg, *Zeit. für physik. Chem.*, **41**, 1902]. On employait un mélange de sulfate de quinine et d'acide sulfurique ; l'acide était en excès; les solutions étaient très étendues.

A la lumière diffuse, il y a proportionnalité entre la décomposition et l'intensité lumineuse. D'après les résultats immédiats de l'observation, la vitesse de la réaction suit la formule des transformations monomoléculaires, mais si l'on tient compte de la variation de l'intensité lumineuse résultant des changements de concentration dus aux progrès de la réaction, on arrive à la formule des transformations bimoléculaires.

A l'obscurité, la réaction est tellement lente à froid qu'elle est négligeable. Vers 98° elle est mesurable, mais les produits de la réaction sont différents : le liquide devient vert, tandis que par la lumière il devient brun. Cette différence rend, suivant nous, toute comparaison impossible entre les effets de la chaleur et de la lumière pour la réaction étudiée.

CHLORE ET OXYDE DE CARBONE. — [M. Meyer Wildermann, *Zeit. physik. Chem.*, **42**, 257, 1902]. Ces expériences, faites à Londres au laboratoire de la Royal Institution, sont remarquables par la rare perfection des appareils et par la pureté des gaz employés.

La réaction n'a pas lieu à l'obscurité.

La source lumineuse était une lampe à acétylène. Les deux gaz, absolument secs, réagissaient, dans un cylindre fermé par deux plaques de quartz. Ils étaient employés en diverses proportions.

On constate une certaine *induction photochimique*, c'est-à-dire un certain retard après qu'on fait arriver la lumière; un phénomène inverse s'observe quand on la supprime : mais ces périodes sont très courtes.

Des traces d'air ou d'humidité changent considérablement la vitesse de la réaction, comme pour le chlore et l'hydrogène.

La vitesse de la réaction est proportionnelle au produit des masses réagissantes, de sorte que si x est le volume de chloroxyde de carbone $COCl^2$ formé au temps t, et si A et B sont les volumes des deux gaz primitifs, on a, en appelant K une constante :

$$\frac{dx}{dt} = K(A-x)(B-x)$$

La conclusion de M. Wildermann, d'après ses expériences et d'après ses théories, est la suivante : « La vitesse d'une réaction chimique qui est excitée ou influencée par l'énergie lumineuse suit à la lumière la même loi que dans l'obscurité où la réaction a lieu par suite des propriétés internes, permanentes de la matière, qui en sont inséparables et que nous appelons affinité chimique ou potentiel chimique. »

SOLUTION D'IODOFORME CHI^3 DANS LE CHLOROFORME. — [M. Béla Szilard, *C. R.*, 28 mai 1906]. Cette solution, en présence de très petites quantités d'oxygène, est extrêmement sensible à la lumière. Les solutions (20 gr. environ par litre) étaient placées dans une chambre noire éclairée seulement par une petite lampe électrique à incandescence. Les expériences ont duré jusqu'à 20 jours.

La marche du phénomène est très régulière. Soient y le poids d'iode mis en liberté dans un temps t, p le poids primitivement contenu dans la solution ; on a trouvé, b et a étant des constantes :

$$\frac{y}{p-a} = 1 - e^{-bt}$$

$$\frac{d\frac{y}{p-a}}{dt} = b\left(1 - \frac{y}{p-a}\right).$$

La transformation serait ainsi limitée, rappelant ce qui se passe avec l'anthracène.

La décomposition, une fois commencée, se produit spontanément dans l'obscurité. Si l'on mêle la solution une fois insolée et partiellement décomposée avec une solution non décomposée, cette dernière se décompose à son tour. D'après l'auteur, la transformation aurait ainsi la nature d'une réaction catalytique : il y aurait « autocatalyse. »

EXPÉRIENCES SUR LES SYSTÈMES HÉTÉROGÈNES

Pour l'action chimique de la lumière sur les systèmes hétérogènes, on ne peut guère citer, comme déterminations quantitatives, que les recherches récentes de M. Wildermann [*Philosophical Transactions*, 1906, et *Zeitschrift für physikalische Chemie*, 1907, **59**, 5e et 6e fascicules]. Il a repris au laboratoire de la Royal Institution avec des appareils d'une grande perfection et en les diversifiant beaucoup, les anciennes expériences d'Edmond Becquerel sur les courants électriques produits sous l'influence de la lumière [*La Lumière*, **2**, 121-165]. Dans une cuve fermée par une plaque de quartz, deux lames de 3 cm sur 4 cm, qui sont par exemple en argent parfaitement pur et bien poli, plongent dans une solution saline telle que l'azotate d'argent. La source lumineuse employée, flamme d'acétylène ou arc électrique, était bien constante. En exposant l'une des lames à la lumière, il se produit un courant électrique extrêmement faible (avec le galvanomètre employé, un déplacement de un centimètre sur l'échelle divisée correspond à 0volt,00001) : il est enregistré photographiquement.

La force électromotrice développée comprend deux parties distinctes : l'une due à un très minime échauffement, malgré les précautions excessives prises pour l'éviter; l'autre, beaucoup plus considérable, due exclusivement à la lumière, variant suivant les radiations, plus intense dans le bleu que dans le jaune et le rouge. On a pu séparer très nettement ces deux effets l'un de l'autre.

La force électromotrice propre à l'action de la lumière a été trouvée proportionnelle à l'intensité lumineuse.

Il y a, comme dans les expériences de Bunsen et Roscoe sur l'activité du chlore et de l'hydrogène, une période « d'induction », mais lorsqu'elle est passée, l'équilibre chimique nouveau dû à la lumière à une température donnée suit, d'après M. Wildermann, les mêmes lois que dans l'obscurité.

CONCLUSION GÉNÉRALE.

De toutes ces déterminations expérimentales on peut conclure qu'en définitive lorsqu'on met de côté les effets de l'absorption, les *actions chimiques produites par la lumière et par la chaleur suivent les mêmes lois.*

C'est à une conclusion semblable qu'arrive M. Meyer Wildermann dans ses recherches récentes résumées ci-dessus et portant les unes sur les systèmes homogènes, les autres sur les systèmes hétérogènes.

Suivant une idée émise par M. Berthelot, l'énergie manifestée sous forme lumineuse ne fait donc qu'abaisser la température à laquelle se produit une réaction, ou plus exactement qu'accélérer une réaction qui, sans elle, mettrait le plus souvent, un temps presque infini à se produire. C'est ce qui a lieu également pour beaucoup de réactions catalytiques produites par des corps poreux, agissant en condensant les gaz c'est-à-dire en augmentant la pression.

On voit en même temps que, dans plusieurs cas, le calcul a pu suivre dans tous les détails les résultats de l'expérience en tenant compte de l'absorption.

Les études qui viennent d'être résumées aideront, de même que celles des équilibres chimiques, à constituer la chimie générale, la chimie physique, sur des bases vraiment rationnelles.

Juin 1907. G. Lemoine.

PHOTOCHIMIE PHOTOGRAPHIQUE. — Nous résumons sous ce titre les principales recherches concernant les propriétés des plaques photographiques et plus particulièrement des plaques au « collodio-bromure » et au « gélatino-bromure d'argent. » La présence de ces véhicules qui, en certains cas, peuvent être eux-mêmes attaqués, donne aux phénomènes constatés sur ces plaques un caractère de complexité qui les différencie complètement des autres phénomènes photochimiques et s'est jusqu'à présent opposé à l'étude complète et précise de la question.

Effets de la lumière sur les préparations photographiques sensibles. — Dans certaines limites on peut pratiquement admettre que les effets photographiques sont égaux, toutes autres conditions restant les mêmes, quand les produits de l'éclairement par le temps, ou *luminations*, ont mêmes valeurs : en toute rigueur, cette loi, dite quelquefois loi de réciprocité, est inexacte : la plaque sensible n'absorbe dans la lumière incidente qu'une quantité de lumière dont le rapport à la totalité de la lumière incidente décroît avec la valeur de l'éclairement, et cela surtout avec les plaques peu sensibles (Abney, Bouasse, Eder). Par traitements identiques de divers échantillons d'une même plaque sensible, on obtiendrait des noircissements égaux pour des valeurs égales, non du produit $E \times t$, mais d'une expression de la forme $E \times (t^n)$ où l'exposant n, propre au temps t, a une valeur généralement voisine de $n = 0.86$ et peut, en certains cas, varier de $n = 0.78$ à $n = 0.90$ [Abney, *Photographic Journal*, 1893-1894 ; — Schwarzschild, *Publications de l'Observatoire Kuffner*, à Vienne, 1, 1899]. On peut noter aussi que l'effet d'un éclairement intermittent est toujours un peu plus faible que l'effet d'un éclairement continu égal à la somme des éclairements intermittents (Abney, Englisch, Schwarzschild).

Pour des luminations égales, l'effet photographique varie avec l'état d'humidité de la couche et surtout avec sa température, la sensibilité étant presque nulle vers — 200° centigrades (Dewar), tandis qu'un échauffement vers + 90° détermine spontanément une modification comparable à celle provoquée par la lumière (Abney).

Lorsque la lumination atteint, suivant la nature de l'émulsion expérimentée, de 10000 à 20000 fois la valeur minima correspondant à la formation d'une image latente développable, le noircissement obtenu après développement passe par un maximum, puis décroît pour s'annuler sensiblement lorsque la lumination dépasse 1000000 de fois ledit minimum [Janssen, *C. R.*, 90, 1880].

Talbot avait d'ailleurs antérieurement signalé (1851) le renversement de l'image par surexposition.

La courbe figurative des « densités » (logarithmes des opacités) déterminées soit par dosage de l'argent réduit, soit par méthode photométrique, en fonction des logarithmes des luminations dont elles résultent, ou courbe caractéristique de l'émulsion expérimentée [Drieffield et Hurter, *J. Soc. Chem.*, 1890 et *Photographie française*, 1901 et 1902 ; — Eder, *Sensitométrie des plaques photographiques* (traduction E. Belin), Gauthier-Villars, 1902][1] part tangentiellement de l'axe des luminations, d'un point qui représente, en bougies-mètres-seconde, la « limite inférieure de sensibilité » de l'émulsion : la courbe s'élève progressivement, se confondant sur une certaine longueur avec la tangente en son point d'inflexion, puis la courbe s'infléchit, passe par un maximum, et décroît pour rejoindre l'axe des luminations, la courbe étant sensiblement symétrique relativement à la droite menée par son maximum parallèlement à l'axe des densités.

La portion de la courbe caractéristique qui se confond avec la tangente au point d'inflexion, correspond à un intervalle de luminations très variable d'une plaque à une autre ; entre ces limites, les opacités seront proportionnelles aux luminations, et fourniront donc une image pratiquement correcte ; l'étendue de cette portion rectiligne donne donc une idée des tolérances admissibles dans le choix de la durée de pose (*élasticité de l'émulsion*).

La portion descendante de la courbe exprime le phénomène d'inversion de l'image, celle-ci se développant avec des opacités qui varient en sens inverse des luminations, formant ainsi directement une image positive au lieu d'une image négative.

Le coefficient angulaire de la région rectiligne ascendante de la courbe caractéristique croît avec la durée du développement, d'où le nom qui lui est quelquefois donné de « constante de développement ; » le prolongement de cette région rectiligne rencontre l'axe des luminations en un point que quelques auteurs ont supposé être un point fixe pour des durées variables du développement (Drieffield et Hurter) : son expression en bougies-mètre-seconde est considérée comme inversement proportionnelle à la sensibilité de l'émulsion et est alors désignée sous le nom d' « inertie » de la plaque expérimentée ; il semble actuellement établi que le point fixe d'intersection de ces prolongements *entre eux* est situé au-dessous de l'axe [Houdaille, *Congr. intern. de photographie*, 1905. Rapports et documents]. La quantité de lumière qui, dans les conditions de développement donnant à la région rectiligne de la courbe caractéristique l'inclinaison de 45°, permet l'obtention de l'opacité 10 (transmettant 1/10e de l'intensité incidente) est actuellement considéré comme une mesure de la sensibilité réelle de la plaque expérimentée.

Hypothèses sur la nature de l'image latente. — *a. Théorie chimique.* En dépit des recherches entreprises à cet effet par de nombreux expérimentateurs, la nature de l'image latente n'a pu encore être nettement déterminée. L'une des théories, la plus généralement acceptée, est celle dite des *sous-haloïdes*, supposant que — même aux très faibles luminations — le bromure d'argent abandonne une certaine quantité de brome formant un ou plusieurs sous-bromures $Ag^m Br^{m-n}$, parmi lesquels le sous-bromure Ag^2Br analogue au Ag^2Cl connu ; la quantité de brome qui serait ainsi libérée a échappé à toutes les tentatives de contrôle ; les partisans de cette hypothèse s'appuient sur la façon dont se comporte l'image latente vis-à-vis de divers réactifs et de la comparaison des résultats constatés avec les propriétés des sous-haloïdes synthétiques, et particulièrement du sous-chlorure de Guntz. (Une bibliographie très complète de cette question est annexée à une revue critique de ces hypothèses, publiée par Eder dans la *Revue des Sciences photographiques*, mars et avril 1906).

Si l'image latente sur plaque au collodio-bromure est détruite par l'acide nitrique concentré en quelques minutes, aux points faiblement impressionnés, elle n'est qu'affaiblie aux points fortement impressionnés, bien que dans

[1] On trouvera dans cet ouvrage une bibliographie très complète des questions de sensitométrie.

les mêmes conditions de l'argent métallique finement divisé soit entièrement dissous, ce qui exclut l'idée de la présence d'argent libéré dans l'image latente. Après traitement par une solution d'hyposulfite, la plaque, complètement débarrassée du bromure d'argent initial et ne renfermant plus, soit à l'examen microscopique, soit par dosage, de traces appréciables d'un sel d'argent quelconque, peut encore fournir une image par développement physique, c'est-à-dire par précipitation d'argent; mais cette expérience perd quelque peu de sa valeur quand on constate que toute modification d'ordre mécanique, pression locale ou autre, crée, avant ou après dissolution des sels d'argent, une image développable. Le produit de décomposition du sous-bromure par l'hyposulfite semblerait devoir être de l'argent métallique; or, certains expérimentateurs ont constaté qu'en attaquant l'image latente résiduelle par l'acide nitrique concentré, l'image peut encore être développée, bien que très atténuée; en revanche cette image résiduelle est détruite par les agents chlorurants (Englisch, Eder). L'ammoniaque se comporte comme l'hyposulfite de soude, tandis qu'après traitement de la plaque insolée par le cyanure de potassium, l'image latente résiduelle est entièrement dissoute par l'acide nitrique. Toutes ces propriétés sont indépendantes de la longueur d'onde des radiations qui ont créé l'image latente.

b. Théorie physique. — Divers expérimentateurs voient dans l'image latente le résultat, soit d'une modification purement physique de la substance sensible, soit d'une transformation allotropique; mentionnons entre autres l'hypothèse d'une phosphorescence de la couche sensible, émise par Carey Lea [*Bull. de l'Assoc. belge de Photographie*, 1868]. Cette interprétation est basée notamment sur les observations suivantes : Une plaque sensible non exposée à la lumière, maintenue pendant un temps suffisant au contact d'une autre plaque sensible fortement impressionnée peut, au développement, fournir, bien que très atténuée, la même image qu'aurait donné le développement de la couche sensible insolée. D'autre part, une lame d'argent, débarrassée de toute impureté superficielle peut, après exposition suffisamment prolongée à la lumière sous une silhouette partiellement opaque, fournir, par développement physique ou par les modes de développement utilisés jadis au daguerréotype, l'image de cette silhouette (Waterhouse, *Chem. News*, 1900; — Buisson, *Ann. Chim. Phys.*, 1901).

Orthochromatisme. — Une substance sensible ne pouvant réagir que sous l'action des radiations qu'elle absorbe, la couche de gélatino-bromure d'argent, jaune verdâtre en transparence, n'est pas affectée par les radiations rouges, jaunes et vertes, et n'est effectivement sensible qu'au bleu, au violet et à l'ultra-violet; l'addition à l'émulsion sensible, dans des conditions déterminées, de certaines matières colorantes généralement choisies dans les dérivés de la fluorescéine et de la cyanine, confère à l'émulsion une certaine sensibilité pour les radiations peu réfrangibles ou pour quelques-unes seulement de ces radiations. Cette sensibilité chromatique additionnelle varie considérablement, tant en étendue qu'en intensité, suivant le colorant choisi et suivant les conditions d'emploi de ce colorant : son maximum ne coïncide pas avec le maximum d'absorption du colorant, mais avec celui de l'émulsion teintée, quelque peu décalé, relativement au précédent, vers l'extrémité rouge, par le fait, probablement, des différences de pouvoir réfringent.

Notons cependant que rien ne peut faire préjuger, *a priori*, si un colorant est doué ou non du pouvoir sensibilisateur, aucune règle n'ayant encore pu être précisée. L.-P. Clerc.

PHOTOGRAPHIE. — Bien que l'invention de la photographie remonte à 1839, époque à laquelle Niepce et Daguerre inventèrent le daguerréotype, l'art photographique n'a véritablement pris tout son essor qu'à partir de 1880. Avant cette époque, les plaques et les papiers photographiques devaient, en effet, être préparés par les photographes eux-mêmes et ne conservaient pas longtemps leurs propriétés. La découverte du procédé au gélatino-bromure d'argent, qui a permis de fabriquer des plaques sèches conservant pendant un temps en quelque sorte indéfini leur sensibilité, a donné à la photographie un développement énorme.

On sait que Gaudin fit, en 1853, les premiers essais d'émulsion à la gélatine, et il décrivit en 1861 [*La Lumière*, t. **21**, 1861] un procédé d'émulsion à l'iodure d'argent. Il développait l'image au tanin. Cette découverte fut vite oubliée.

Dix ans plus tard, Maddox [*Brit. Journ. Photogr.*, 8 septembre, 1871] préparait de nouveau une émulsion à la gélatine et au bromure de cadmium; mais celle-ci était très peu sensible et voilait facilement.

En 1873, King [*ibid.*, 542, 1873] substitua le bromure de potassium au bromure de cadmium. La même année, Johnston [*ibid.*, 544, 1873] eut l'idée de laver l'émulsion, opération que Wratten et Weinwright arrivèrent à simplifier [*Yearbock of Photography*, 108, 1878]. Mais l'émulsion restait toujours peu sensible et c'est en 1878 que Ch. Benett [*Brit. Journ. Phot.*, 146, 1878] montra qu'on en augmentait considérablement la sensibilité en la maintenant pendant un certain temps à une température de 30°. L'année suivante, von Monckoven [*Bull. Soc. Franç. Phot.*, 204, 1879], étudiant cette maturation de l'émulsion, découvrit qu'elle était due à un changement moléculaire du bromure et pouvait être obtenue par addition d'ammoniaque. Le procédé au gélatino-bromure d'argent était dès lors découvert et permettait de préparer des plaques sèches beaucoup plus rapides que les plaques au collodion.

Des perfectionnements successifs furent apportés dans la préparation de l'émulsion, à la suite des travaux d'Eder, d'Abney, de Vogel, des Frères Lumière, etc. De nombreuses usines furent fondées dans différents pays pour la préparation de ces plaques qui furent adoptées par tous les photographes. Il suffisait, en effet, d'être au courant des manipulations très simples du développement de l'image pour obtenir des résultats qui jusqu'alors étaient restés entre les mains de quelques spécialistes.

L'extrême sensibilité des plaques au gélatino-bromure, permettant la photographie instantanée, a eu pour conséquence une transformation complète du matériel photographique et notamment l'apparition d'une foule d'appareils portatifs, la création de nombreux types d'obturateurs et des perfectionnements considérables dans la construction des objectifs.

Les plaques ordinaires rendaient d'une manière inexacte les valeurs relatives des couleurs. Ce défaut a été corrigé par les plaques *orthochromatiques*.

On chercha également à remplacer la plaque de verre, lourde et fragile, par un support souple et léger en celluloïd; ainsi furent créées les *pellicules* photographiques et toute une série d'appareils furent imaginés pour les utilise . Une application fort intéressante des pellicules photographiques est la *Cinématographie* qui a permis de fixer sur une bande sensible toutes les attitudes successives d'un objet en mouvement et de les projeter sur un écran en reconstituant les mouvements de cet objet.

Une autre conséquence de l'emploi des plaques au gélatino-bromure a été l'augmentation du nombre des réactifs employés en photographie et la création d'une nouvelle branche de l'industrie chimique.

Signalons enfin la découverte de procédés permettant la reproduction photographique des objets avec leurs couleurs naturelles : d'une part des méthodes indirectes susceptibles également d'applications à l'impression photomécanique, d'autre part des méthodes directes qui ne paraissent encore pouvoir être considérées jusqu'ici que comme des curiosités scientifiques.

Le procédé découvert par MM. Lumière en 1905 et qui est entré, dès 1907, dans la pratique courante, met à la portée de tous la photographie des couleurs.

La fabrication des papiers photographiques pour positifs a suivi un développement comparable à celui des plaques. Tandis qu'autrefois le photographe devait sensibiliser lui-même ses papiers, qui ne se conservaient que très peu de temps, des usines considérables préparent maintenant des papiers photographiques dont la conservation est très longue. Ce sont des papiers aux sels d'argent par noircissement direct ou par développement, des papiers au platine, les uns lents, les autres rapides, qui fournissent les résultats les plus variés et répondent à toutes les exigences des amateurs.

Les procédés photomécaniques se sont aussi considérablement perfectionnés et ont conquis une place de plus en plus grande dans l'illustration du livre. Parmi ces divers procédés, l'un surtout a pris un très grand développement : c'est la simili-gravure, méthode des plus ingénieuses, qui permet de reproduire les objets avec leurs demi-teintes et cela d'une façon très économique.

La photographie présente ainsi d'importantes applications industrielles. Elle est devenue, enfin, l'auxiliaire indispensable de toutes les sciences et rend les plus grands services en histoire naturelle, en médecine, en astronomie, etc.

Un article sur la photographie a été publié dans la première édition de ce Dictionnaire qui porte la date de 1876 ; nous ne nous occuperons ici que des perfectionnements apportés depuis cette époque.

Nous diviserons cet article en quatre chapitres dans lesquels nous étudierons successivement :

1° Les objectifs.
2° Les procédés négatifs.
3° Les procédés positifs.
4° Les applications diverses de la photographie.

Ouvrages généraux a consulter. — Braun, *Dictionnaire de chimie photographique*, 1904. — Davanne, *La photographie*, traité théorique et pratique, 1888. — Eder, *Jahrbuch der Photographie und Reproductionstechnik* (publication annuelle). — Fabre, *Traité encyclopédique de photographie* (et suppléments). — Fabre, *Aide-mémoire de photographie* (publication annuelle). — Fourtier, *Dictionnaire pratique de chimie photographique*, 1892. — Londe, *La photographie moderne*, 1896. — Namias, *Chimie photographique*, 1902. — Pabst, *La photographie* (Encyclopédie chimique), 1889.

I. — OBJECTIFS

Nous nous bornerons à donner ici quelques renseignements sur la composition et les propriétés des objectifs qui ont été construits postérieurement à 1876.

Objectifs nouveaux. — *Antiplanats.* — Les aplanats ou rectilinéaires à grande ouverture présentent, par le fait de leur construction symétrique, une corrélation inéluctable entre la courbure du champ et la correction des aberrations d'astigmatisme. En abandonnant la construction symétrique, le Dr. Ad. Steinheil, de Münich, a reconnu, le premier, la possibilité de réduire beaucoup l'astigmatisme tout en conservant un champ relativement plat. Il a construit ainsi un nouveau type d'objectif appelé *Antiplanat*, destiné particulièrement aux groupes, portraits et instantanés. Ces objectifs fonctionnent avec une ouverture de *f*/4,5 ; ils sont formés de deux combinaisons séparées par le diaphragme : la combinaison frontale est constituée par une lentille biconvexe en flint accolée à une lentille biconcave en crown ; la combinaison arrière comprend une lentille biconcave en flint suivie d'une lentille biconvexe en crown très épaisse ; les deux combinaisons sont extrêmement rapprochées et laissent entre elles juste la place nécessaire au diaphragme. Les antiplanats donnent des images très brillantes et d'une très grande finesse.

Anastigmats. — [Voir Ch. Fabre, *Traité encyclopédique de photographie*, 1er Suppl., 1892]. Vers 1889, l'opticien C. Zeiss, d'Iéna, guidé par les recherches scientifiques des Drs Abbe [Dr. S. Czapski, *Theorie der Optischen Instrumente*, 1893] et Rudolph [Dr. H. Schroeder, *Die Elemente der photographischen Optik*, 1891], a mis en construction une série nouvelle d'objectifs dénommés *Anastigmats*, dont les lentilles sont constituées par des verres spéciaux fabriqués pour la première fois par la Maison Schott, d'Iéna. Il nous est impossible d'entrer ici dans le détail des propriétés de ces nouveaux verres ; il nous suffira de dire que, par leur emploi, la Maison Zeiss est parvenue à livrer au commerce des objectifs d'une grande luminosité et parfaitement corrigés d'astigmatisme et d'aberration chromatique [Voy. Miethe, *Optique photographique*, 1896, 25]. Ces objectifs ont été d'ailleurs complètement remaniés dans ces dernières années et l'on possède aujourd'hui des instruments merveilleux comme netteté et luminosité. La Maison Zeiss, qui, d'ailleurs, a cédé des licences de fabrication dans différents pays, livre aujourd'hui au commerce les séries suivantes :

a. Les Planars.
b. Les Unars.
c. Les Tessars.
d. Les Protars.

Les *Planars* [Eder, *Jahrbuch für Photographie*, 1898] sont composés de six lentilles formant deux combinaisons symétriques. L'ouverture relative varie en *f*/3,6 et *f*/6,3 ; le champ est de 70° environ. Ces objectifs très rapides ont pour caractéristique une netteté et une finesse extrêmes et un champ bien plan, dépourvu d'astigmatisme.

Les *Unars* [P. Rudolph, *Photogr. Mitteil.*, novembre 1900] sont composés de quatre lentilles formant deux combinaisons non symétriques ; ils joignent à une bonne clarté une correction parfaite des aberrations de sphéricité et d'astigmatisme. L'ouverture relative est comprise entre *f*/4,5 et *f*/6,3 ; le champ est supérieur à 65°.

Les *Tessars* [P. Rudolph, *Photogr. Mitteil.*, avril 1902] sont composés de quatre lentilles formant deux combinaisons non symétriques ; ils possèdent une grande ouverture relative (*f*/6,3) et ils embrassent un champ assez grand, parfaitement net dans toute son étendue.

Les *Protars* [P. Rudolph, *Photogr. Wochenblatt*, 1892 ; — Eder, *Jahrbuch für Photogr.*,

1891] appartiennent au type primitif d'anastigmats créés en 1889. Diverses séries appropriées à des buts divers ont été calculées. Ce sont les suivantes :

Série II_a ; ouverture relative $f/8$
— III_a ; — $f/9$
— V ; — $f/18$
— VII ; — $f/6,3$ à $f/40$.

L'objectif de la série VII est l'élément constitutif des objectifs universels de la série dite série VII_a connue sous le nom de série *Double-Protar*, laquelle résume l'objectif universel par excellence.

La Maison Goertz de Berlin, a construit, avec les verres de Schott, une série d'objectifs connus sous le nom de *Double-anastigmats* qui ont des qualités comparables à celles des anastigmats Zeiss. Ils sont composés de deux combinaisons symétriques formées de deux crowns convergents séparés par un flint divergent ; l'ouverture varie entre $f/7.7$ et $f/12$. Les *Lynkeioscopes* de la même maison constituent des objectifs extra-rapides admettant une ouverture maximum de $f/5$ avec un champ de 70°

La maison Steinheil a créé sous le nom d'*Orthostigmats* un type d'objectifs très rapides exempts d'aberrations sphériques et d'astigmatisme. Ce sont des aplanats perfectionnés à six lentilles, composés de deux moitiés symétriques dont chacune est corrigée isolément. Ils admettent $f/6.8$ comme ouverture maximum avec un champ de 70°.

La maison Voigtländer, de Brunswick, construit une série d'anastigmats, connus sous le nom de *Collinéaires*, admettant des ouvertures variant de $f/6,3$ à $f/11$, et une autre série d'objectifs spéciaux dénommés *Euryscopes*. Cette maison a repris et modifié la forme de Petzval et livre des objectifs à portraits possédant une ouverture maximum de $f/2,3$.

Un grand nombre d'autres maisons, dont plusieurs françaises, sont entrées dans la voie ouverte par les travaux d'Abbe, Rudolph et Zeiss ; elles livrent aujourd'hui au commerce des instruments qui méritent la plus grande confiance.

Matériel nouveau. — L'extrême sensibilité des nouvelles émulsions au gélatino-bromure a nécessité un remaniement complet des anciennes chambres noires. Avec les nouveaux objectifs, les durées d'exposition pourront être extrêmement courtes (dans certains cas elles sont inférieures au 1/100e de seconde) : on a imaginé une catégorie d'instruments, appelés *obturateurs*, permettant d'obtenir mécaniquement des poses de durée variable à volonté. Parmi eux, les uns sont placés sur l'objectif, soit à l'avant, soit à l'arrière, soit entre les lentilles ; les autres sont placés tout près du châssis négatif et portent le nom d'obturateurs de plaque. Ces derniers sont constitués par une sorte de rideau opaque, dans lequel est pratiquée une fente de largeur variable, et qu'un mécanisme spécial permet de dérouler plus ou moins rapidement. Ils peuvent donner des poses extrêmement courtes, inférieures au 1/1000e de seconde. Ils conviennent pour les grands instantanés et possèdent un rendement lumineux bien supérieur à celui des obturateurs d'objectifs

La chambre noire a subi d'importantes transformations. Si l'on se sert encore aujourd'hui de l'ancien modèle dans les ateliers et pour les reproductions, par contre, pour le travail de l'amateur, au dehors, on emploie à peu près exclusivement des appareils plus légers et portatifs, connus sous le nom de *détectives*, *appareils à main*, etc. Ces appareils de tous les formats jusqu'au 13 × 18 comprennent : une chambre noire, pliante ou rigide, munie de son objectif et de son obturateur, et une boîte-châssis, dite *magasin*, pourvue d'un dispositif qui permet de changer les plaques en pleine lumière sans être obligé de rentrer au laboratoire. Tous ces appareils sont complétés par un viseur destiné à mettre le sujet à photographier dans le champ du cliché et un réglage de mise au point qui supprime l'emploi du verre dépoli.

La nomenclature de ces appareils est impossible à donner ici, car il faudrait citer les noms de tous les fabricants d'appareils photographiques. Nous dirons seulement que quelques-uns de ces appareils sont disposés pour l'utilisation des pellicules photographiques qui, substituées aux plaques, permettent d'employer des produits sensibles sous un volume et un poids très réduits.

Du choix des instruments. — Les différents sujets qu'on peut avoir à photographier sont :

1° Les vues animées, ou instantanés ;
2° les portraits et groupes ;
3° les paysages ;
4° les panoramas, monuments, intérieurs ;
5° les reproductions, agrandissements.

Le choix des objectifs doit être approprié à chacun de ces cas. On emploiera :

1° Pour les *vues animées*, les objectifs à grande ouverture : anastigmats ; double-anastigmats ; orthostigmats ; collinéaires ; symétriques rapides. Pour les chambres à main, les unars, les tessars, etc., conviennent tout particulièrement.

2° Pour les *portraits et groupes*, les objectifs spéciaux à portraits, genre Petzval ; les antiplanats ; les planars ; les euryscopes.

3° Pour les *paysages*, les objectifs simples, les lentilles simples anastigmatiques, les aplanats, les rectilinéaires, les trousses d'objectifs qui permettent d'obtenir, sur place, plusieurs foyers différents.

4° Pour les *monuments*, *intérieurs*, etc., les objectifs à court foyer spéciaux désignés sous le nom de grands-angulaires, pantoscopes, etc.

5° Pour les *reproductions*, *agrandissements*, *projections*, l'emploi du *planar* est tout indiqué ; les genres aplanats, rectilinéaires, etc., fortement diaphragmés conviennent également bien.

Outre les traités généraux cités plus haut, on pourra consulter :

Colson, *La photographie sans objectif*, 1891. — Cote, *Treatise on photographic optics.* — Demarçay, *Note sur la théorie des obturateurs photographiques*, *Bull. Soc. franç. Photogr.*, 243, 1891. — De la Beaume-Pluvinel, *La formation des images photographiques*, 1891. — Miethe, *Optique photographique*, 1896. — Moessard, *L'optique photographique*, 1898. — Moessard, *L'objectif photographique*, 1899. — Soret, *Optique photographique*, 1891. — Wallon, *Traité élémentaire de l'objectif photographique*, 1891. — Wallon, *Choix et usage des objectifs photographiques*, 1903.

II. — PROCÉDÉS NÉGATIFS

Plaques au gélatino-bromure d'argent. — Avant de décrire la préparation de l'émulsion au gélatino-bromure d'argent, il est indispensable de signaler certaines propriétés du bromure d'argent. Ce corps peut se présenter, en effet, sous quatre états physiques différents qui correspondent à des sensibilités différentes à la lumière. Ce sont :

1° l'état floconneux, peu sensible ;
2° l'état pulvérulent, peu sensible ;
3° l'état granulaire, très sensible ;
4° l'état cristallisé ou fondu, peu sensible.

Lorsqu'on forme, par double décomposition, du bromure d'argent dans une solution de gélatine, le précipité que l'on obtient est du bromure floconneux, qui est peu sensible à la lumière. Si l'on vient à chauffer ce bromure, surtout en présence d'alcali, il passe à l'état granulaire et l'on constate que le grain, d'abord très fin, devient de plus en plus volumineux et très sensible à la lumière. Ces changements d'état du bromure peuvent s'apprécier facilement par l'examen de la coloration qu'il présente. Le bromure floconneux récemment formé et peu sensible est jaunâtre par réflexion et orangé par transparence; au fur et à mesure que la sensibilité augmente, la coloration devient bleue par reflexion et jaunâtre par transparence, et lorsqu'elle atteint son maximum, le bromure est verdâtre par réflexion et bleu par transparence. D'autre part, une émulsion qui renferme du bromure à l'état floconneux donne, après dessiccation, une couche presque transparente, tandis que lorsque le grain du bromure a grossi et que l'émulsion est devenue très sensible, la couche que l'on obtient est opaque et mate.

La préparation d'une émulsion au gélatino-bromure d'argent est très simple. Lorsqu'à une dissolution chaude de gélatine contenant du bromure de potassium, on ajoute une dissolution aqueuse de nitrate d'argent, dans une proportion telle que le mélange final renferme un léger excès de bromure, il se produit du bromure d'argent qui, au lieu de se précipiter, forme une émulsion d'un blanc laiteux, tandis que le liquide renferme du nitrate de potasse. Le mélange se prend en masse par le refroidissement; un lavage permettra d'éliminer le nitrate de potasse et l'excès de bromure.

L'émulsion ainsi obtenue ne peut pas être employée telle quelle, car elle est très peu sensible et les particules de bromure sont extrêmement fines. Pour lui donner l'extrême sensibilité qu'elle peut acquérir, il faut lui faire subir une *maturation* pendant laquelle les particules de bromure s'agglomèreront en grains plus gros. Cette maturation s'obtient, soit par l'action de la chaleur, soit par l'action de l'ammoniaque, soit à l'aide de ces deux moyens réunis. Ainsi, si l'on ajoute à l'émulsion 1 à 2 0/0 d'ammoniaque et qu'on chauffe à 40° pendant une heure, on obtient une émulsion extrêmement sensible. Si la maturation était trop prolongée, l'émulsion voilerait au développement, c'est-à-dire qu'elle serait réduite par le révélateur sans l'intervention de la lumière. L'addition d'une petite quantité d'iodure au bromure, dans la proportion de 1 d'iodure pour 25 ou 50 de bromure, permet de prolonger la maturation sans crainte de voile et donne des négatifs plus brillants.

Lorsque l'émulsion a suffisamment mûri, il suffit de l'étendre sur des glaces ou plaques de verre nettoyées très soigneusement, pour obtenir, après séchage à une température de 20° environ dans l'air sec, des plaques très sensibles.

Bien entendu, ces opérations doivent être faites à l'obscurité dans des salles éclairées à l'aide d'une lumière rouge ou verte très faible.

Influence de la matière organique sur la sensibilité du bromure d'argent. — La matière organique (gélatine) qui sert de substratum à l'halosel d'argent ne paraît pas exercer sur celui-ci d'action chimique particulière, mais pourtant sa nature influe sur l'état physique du sel d'argent, duquel dépend la plus ou moins grande sensibilité de ce dernier à la lumière.

On a reconnu que, dans l'émulsion au gélatino-bromure d'argent la plus sensible, on pouvait par des lavages suffisants, éliminer totalement la gélatine, et isoler le bromure d'argent pur. Ce fait paraîtrait indiquer que la gélatine ne forme pas de combinaison avec le sel d'argent, comme on pourrait être tenté de le croire *à priori*, en considérant que tous les excipients organiques ne sont pas susceptibles de donner des émulsions ayant la même sensibilité à la lumière.

D'autre part, si l'on essaie d'incorporer dans du collodion le bromure d'argent le plus sensible préparé au sein de la gélatine, on constate qu'il n'est plus possible de l'émulsionner, car les grains devenus trop gros se déposent dans le collodion et la sensibilité est amoindrie.

Le même phénomène se produit quand on cherche à augmenter par la maturation, comme dans la gélatine, la grosseur des grains de bromure d'argent émulsionnés dans du collodion, afin d'exalter la sensibilité. Dès que les grains ont atteint une grosseur déterminée, l'émulsion ne persiste plus. Or, comme le grossissement des grains de bromure d'argent détermine l'augmentation de la sensibilité, celle-ci semble donc se trouver alors limitée par la nature même de l'excipient, le bromure d'argent ne restant plus émulsionné dès que les grains ont atteint une grosseur déterminée.

Enfin, il n'est pas possible d'augmenter la sensibilité à la lumière des halosels d'argent, en les additionnant de substances organiques réductrices : le glucose, les acides oxalique, tartrique, etc., n'exercent aucune action sur cette sensibilité.

Formules pour la préparation de l'émulsion. — Les différentes formules de préparation sont généralement tenues secrètes par les fabricants. En voici une très simple qui a été indiquée par M. Davanne [*La photographie*, **1**, 342] :

A 300 gr. d'eau distillée, ajouter 18 gr. de bromure de potassium, 13 gr. de gélatine, et chauffer au bain-marie.

Quand la gélatine est fondue, verser lentement une solution tiède de nitrate d'argent à raison de 27 gr. de nitrate dans 150 cc. d'eau. Chauffer le tout au bain-marie à l'ébullition pendant 20 à 30 minutes. Ajouter 15 gr. de gélatine sèche préalablement gonflée et laisser prendre en gelée.

Diviser la masse en la faisant passer en pressant au travers d'un tissu résistant, à très grosses mailles, et laver l'émulsion, puis ajouter 15 gr. de gélatine sèche préalablement gonflée; mélanger le tout à 40° et étendre sur des verres.

Voici deux formules un peu différentes de la précédente qui peuvent aussi donner de bons résultats :

	Von Monckoven.	Eder.
Eau................	100 cc.	100 cc.
Bromure d'ammonium.	$2^{gr},8$	»
Bromure de potassium.	»	$3^{gr},83$
Nitrate d'argent.......	$4^{gr},4$	$4^{gr},80$
Gélatine..............	4^{gr}	8^{gr}

Préparation industrielle. — Dans l'industrie, la préparation des plaques au gélatino-bromure nécessite de vastes locaux. Le coulage de l'émulsion sur les plaques se fait à la machine et assure à la couche une régularité absolue. Les plaques, préalablement nettoyées et séchées mécaniquement, sont placées sur des courroies sans fin, montées sur des rouleaux animés d'un mouvement de rotation parfaitement uniforme. Elles passent sous un déversoir d'où s'écoule l'émulsion maintenue à une température convenable. Celle-ci se répand en une nappe régulière dont l'épaisseur est déterminée par le réglage de l'écoulement du liquide.

Pour assurer la prise rapide de l'émulsion,

on fait passer les plaques sur des rouleaux refroidis ou sous un recouvrement garni de glace, de telle sorte que les plaques peuvent être enlevées rapidement et portées dans un séchoir où l'air, très sec, est maintenu à une température de 20° environ. Une fois sèches, les plaques sont coupées aux formats voulus, puis placées dans des boîtes doublées de papier noir.

Les fabriques de plaques livrent en général plusieurs qualités de plaques correspondant à des rapidités différentes d'émulsion : extra-rapides, rapides, moyennes, lentes, etc.

OUVRAGES A CONSULTER. — Colson, *La plaque photographique*. — Davanne, *La photographie*. 1. — Eder, *Die Photographie mit Bromsilber-Gelatine*. — Fabre, *Traité encyclopédique de photographie*.

PLAQUES ORTHOCHROMATIQUES.

Les clichés obtenus par les émulsions ordinaires peuvent rendre d'une façon précise les lignes et les contours des objets qu'ils représentent, mais ils reproduisent les diverses couleurs avec des valeurs relatives inexactes. Le rouge, par exemple, est traduit sur l'épreuve positive par du noir; le bleu, au contraire, est traduit par du blanc. Cet effet est dû à ce que les plaques photographiques ordinaires sont sensibles surtout aux rayons très réfrangibles du spectre.

On peut augmenter la sensibilité des plaques photographiques pour certaines applications spéciales, soit en les plongeant dans des solutions contenant diverses matières colorantes, soit mieux, en mélangeant à l'émulsion elle-même, ces substances colorantes. On a reconnu, par exemple, que l'érythrosine augmente la sensibilité des émulsions pour les rayons jaunes et verts, que la cyanine rendait l'émulsion sensible aux rayons orangés, etc. Les plaques ainsi sensibilisées pour certains rayons du spectre sont appelées *orthochromatiques* [Voyez : De la Baume-Pluvinel, *La théorie des procédés photographiques*; — Vidal, *Manuel pratique d'Orthochromatisme*].

On a constaté que les matières colorantes sensibilisatrices n'agissent pas en teignant simplement la gélatine, car parmi les matières colorantes qui peuvent avoir le même spectre d'absorption, un très petit nombre seulement possède l'effet sensibilisateur [A. et L. Lumière, *Moniteur de la Photographie*, 1895]. En comparant la composition chimique de ces substances, on constate qu'elles appartiennent à un petit nombre de familles chimiques dans chacune desquelles se trouvent un groupement commun qui a été appelé *groupe sensibilisateur*.

Les matières colorantes susceptibles d'orthochromatiser les plaques appartiennent à la classe des dérivés du diphénylméthane, du triphénylméthane, de l'acridine, de la phénylacridine, de la quinoléine, ou sont des dérivés thiazoliques, azothiazoliques ou azoïques.

Les fabricants de plaques photographiques livrent, depuis plusieurs années déjà, des plaques orthochromatiques obtenues en mélangeant à l'émulsion elle-même des substances colorantes convenables, et ces plaques sont tantôt plus particulièrement sensibles à certaines régions du spectre, tantôt sensibles à toutes les régions du spectre : ces dernières sont appelées plaques « *panchromatiques* ». La manipulation des plaques orthochromatiques exige certaines précautions en ce qui concerne l'éclairage du laboratoire. Les plaques sensibles au vert et au jaune ne devront être manipulées qu'à la lumière rouge, et les plaques sensibles au rouge, à la lumière verte. Pour les plaques panchromatiques, on utilisera une lumière verte très atténuée, et on aura soin de recouvrir la cuvette pendant le développement.

D'importants progrès ont été réalisés récemment dans le domaine de l'orthochromatisme, grâce à la découverte de nouveaux sensibilisateurs chromatiques de la série des cyanines.

En utilisant les propriétés sensibilisatrices de la quinaldine-quinoléine-éthylcyanine découverte en 1883 par Spatelholz [*D. chem. G.*, **16**, 1847, 1883], qui l'a isolée à l'état pur (rouge d'éthyle), le Dr Miethe a fourni le point de départ des travaux entrepris par les manufactures de matières colorantes, pour préparer de nouveaux sensibilisateurs de la série des cyanines. Sous ce dernier nom, on désigne les matières colorantes bleues obtenues en chauffant un mélange d'iodoalcoolates de quinoléine et de quinaldine avec un alcali caustique en solution alcoolique. Les cyanines sensibilisent pour le jaune et le rouge, et dans le cas des lépidines-cyanines bleues, l'action sensibilisatrice s'étend au delà de la raie C dans le rouge du spectre, tandis que les quinaldines-cyanines violet rouge ne sensibilisent que jusqu'à D 1/2 C dans l'orange.

Les quinaldines-cyanines possèdent plusieurs avantages sur les lépidines-cyanines au point de vue photographique, mais, comme la sensibilisation jusqu'au rouge est fort désirée, on a cherché à produire des quinaldines-cyanines de nuance plus bleue, rendant la plaque photographique plus sensible au rouge. Le Dr Kœnig (de la fabrique Meister Lucius et Brüning) a essayé d'employer les quinoléines substituées pour obtenir de nouvelles cyanines [Dr Kœnig, *Photograph. Korrespond.*, 1903], mais toutes ne s'y prêtent pas, et l'on n'en obtient que par le mélange d'iodométhylates de quinaldine et de quinoléine substitués en ortho. Par contre, les iodométhylates substitués en méta et para donnent des cyanines d'une couleur plus bleue que les quinaldines-cyanines antérieurement connues.

Le Dr Kœnig a indiqué, comme les plus intéressantes, les cyanines suivantes :

p-Toluquinaldine-quinoléine-méthylcyanine;

p-Toluquinaldine-p-toluquinoléine-éthylcyanine;

p-Toluquinaldine-p-chloroquinoléine-éthylcyanine;

p-Toluquinaldine-p-bromoquinoléine-éthylcyanine.

La maison Meister Lucius et Brüning fabrique industriellement le deuxième corps sous le nom d'*orthochrome T*. Ce colorant a une action sensibilisatrice plus complète que le rouge d'éthyle, car elle s'étend non seulement à l'orangé, au jaune et au vert, mais aussi au rouge.

Le *pinachrome* et le *pinaverdol* sont deux autres cyanines introduites dans le commerce par la même maison. Le *pinachrome* exerce son action sensibilisatrice pour les radiations les moins réfrangibles du spectre jusque vers la raie B, et permet d'opérer avec une grande rapidité, quand on emploie l'écran rouge-orangé, pour obtenir le négatif du bleu dans la photographie trichrome.

Le *pinaverdol* exerce surtout son action dans la région verte et jaune du spectre, et son emploi donne particulièrement de bons résultats avec les émulsions au collodiobromure.

La maison Baeyer a fait breveter, sous le nom d'*homocol*, un sensibilisateur qui n'est autre que l'éther méthylsulfurique de l'orthochrome. Par l'action du sulfate de diméthyle ou de diéthyle sur la quinaldine, on obtient des combinaisons ammoniées telles que :

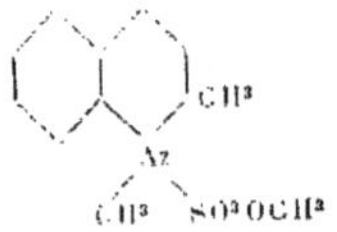

CH^3

Az

CH^3 SO^3OCH^3

qui se transforment en matières colorantes rouges et violettes de la classe des cyanines, par chauffage avec les alcalis caustiques ou alcalino-terreux.

Ces nouveaux sensibilisateurs ne résolvent évidemment pas d'une façon complète le problème du panchromatisme, mais leur action est notablement supérieure à celle des colorants dont on disposait jusqu'ici [A. Seyewetz, *Rev. générale des Sc.*, p. 320, 1906].

Emploi des plaques orthochromatiques. — Les préparations orthochromatiques sont utilisées toutes les fois que dans le sujet à photographier les couleurs inactiniques devront être obtenues avec leur valeur relative : paysages, tableaux, dessins, etc. L'orthochromatisme trouve aussi une application très importante dans la reproduction photographique des couleurs (voy. ci-dessous, *Photographie des couleurs*).

IMAGE LATENTE. THÉORIE DU DÉVELOPPEMENT.

On a émis plusieurs hypothèses sur la formation de l'image latente : les uns l'expliquent par des réactions purement physiques, les autres par des réactions d'ordre entièrement chimique.

On sait qu'on appelle *image latente* l'image invisible que porte une plaque photographique aux sels haloïdes d'argent lorsqu'elle a été exposée pendant un temps très court à la lumière. La modification que subissent les sels d'argent sous cette influence ne peut pas être décelée par l'analyse chimique : elle ne peut être mise en évidence qu'en la traitant par certains réactifs appropriés appelés développateurs.

Théorie physique. — Dans la théorie physique, on admet généralement que la formation de l'image invisible est due à un phénomène moléculaire, qui rend le sel haloïde d'argent susceptible d'être réduit par les révélateurs. On suppose que sa composition, après exposition à la lumière, est la même que celle du composé normal, mais qu'il a seulement acquis un surcroît d'énergie qu'il conserve après l'action de la lumière, et grâce auquel les développateurs peuvent le réduire.

Bien que cette théorie admise pendant longtemps permette, dans une certaine mesure, d'expliquer les diverses réactions que sont susceptibles de subir les sels haloïdes d'argent qui ont été exposés à la lumière, on peut également ramener les modifications que la lumière peut faire subir à ces substances à des phénomènes chimiques.

Théorie chimique. — Les arguments qui plaident en faveur de cette hypothèse sont les suivants :

1° Les sels haloïdes d'argent ne peuvent jamais fournir seuls une image latente. L'action latente de la lumière ne se manifeste que sous l'influence de certains corps appelés *sensibilisateurs*, que l'on peut considérer comme nécessaires pour absorber l'halogène provenant de la décomposition. Dans l'ancien procédé au collodion humide, le nitrate d'argent était le sensibilisateur. Dans d'autres cas, l'excipient même du bromure d'argent joue le rôle de sensibilisateur ; ainsi, la gélatine, dans le procédé au gélatino-bromure d'argent, remplit la même fonction ;

2° On peut détruire l'image latente, formée sur une préparation sensible, en faisant agir sur elle un halogène qui régénère le sel haloïde primitif.

Il est possible d'expliquer ainsi facilement, pourquoi on a pu remarquer que, dans certains cas spéciaux, des plaques impressionnées et conservées pendant un temps très long ne sont pas développables. L'halogène qui avait été absorbé par le sensibilisateur peut, de nouveau, être cédé à la longue au sel haloïde d'argent, qui reprend alors sa composition primitive. C'est sans doute pour ce motif qu'il a été possible d'augmenter considérablement la durée de conservation de l'image latente dans les cas précédents, en lavant la couche sensible après son exposition à la lumière. On élimine ainsi le brome ou l'iode absorbé par le sensibilisateur ;

3° On a pu, enfin, dans certains cas particuliers, caractériser la présence de l'halogène dans le sensibilisateur.

Pour être admissible, la théorie chimique doit pouvoir expliquer le changement de composition que subit le sel d'argent en perdant une partie de son élément halogène. Diverses hypothèses ont été émises à ce sujet : la plus vraisemblable est la théorie des *photosels* de *Carey-Lea*. Cet auteur suppose que le bromure d'argent se transforme partiellement, par l'action de la lumière, en sous-bromure (Ag^2Br ou Ag^3Br), qui peut s'unir en proportions variables avec le bromure non altéré pour donner des composés analogues aux laques qu'il désigne sous le nom de photosels. Le bromure d'argent est, en effet, susceptible de former de véritables combinaisons avec des quantités variables, même très petites, de matières colorantes et divers sels métalliques. M. Carey-Lea a obtenu de nombreuses variétés de photosels en réduisant partiellement les sels haloïdes d'argent par le sulfate ferreux, le sucre de lait, l'hypophosphite de soude, etc.

Il paraît y avoir des rapports étroits entre ces photosels et les produits de l'action de la lumière sur les sels haloïdes d'argent, car on peut, dans tous les cas, reproduire les phénomènes auxquels donne lieu l'action de la lumière, aux moyens des réactifs susceptibles de donner naissance aux photosels. Ainsi, l'hypophosphite de sodium, agissant pendant un temps très court sur une plaque au gélatino-bromure d'argent, peut, de même qu'une faible action de la lumière, ne pas produire d'action apparente sur le sel haloïde d'argent, mais provoquer la réduction de l'argent par le révélateur. Lorsqu'on traite une plaque au gélatino-bromure d'argent, après exposition à la lumière, par l'acide nitrique, ce dernier corps n'a pas pour effet d'empêcher, mais seulement de ralentir la réduction de l'argent par le révélateur. Dans le cas où l'action de la lumière a été remplacée par celle de l'hypophosphite de sodium, le même phénomène de retard dans la réduction se produit.

Enfin, on peut également obtenir, par l'action de l'hypophosphite de sodium, la production d'un phénomène auquel donne lieu une action prolongée de la lumière sur la substance sensible, et qui, pendant longtemps, avait été considéré comme un des arguments de la théorie physique : c'est la *réversibilité* de l'image.

Carey-Lea a montré d'une façon très rationnelle qu'il était possible de produire le phénomène de la réversibilité de l'image sans faire intervenir l'action de la lumière, en ajoutant, par exemple, à du bromure d'argent préparé dans l'obscurité, une quantité déterminée de sous-bromure, Ag^2Br, obtenu à l'état de pureté par le procédé connu [Carey-Lea, *Bull. Soc. belge de Photographie*, 1887]. En incorporant au bromure d'argent des quantités variables de sous-bromure, on peut produire identiquement les phénomènes que détermine l'action de la lumière sur le bromure d'argent.

D'après Carey-Lea, ce serait donc à la présence d'une quantité plus ou moins grande de ce sous-bromure formé par l'action de la lumière, que seraient dus ces divers phénomènes.

Signalons enfin d'intéressantes expériences de Guntz [*Rev. d. Sc. photogr.*, 1904], qui tendraient à faire prévaloir de nouveau la théorie physique. Guntz a pu préparer à l'état pur les sous-chlorure, sous-bromure et sous-iodure d'argent qui n'avaient pu être obtenus jusqu'alors sous forme de composés définis par Welzlar, Becquerel ou Carey-Lea. Il obtient ces corps à partir du sous-fluorure d'argent, sel bien cristallisé qu'il prépare en chauffant vers 60° à 80° une solution saturée neutre de fluorure d'argent avec de l'argent en poudre fine. Le sous-fluorure d'argent, chauffé à plusieurs reprises dans un courant d'acide chlorhydrique, bromhydrique ou iodhydrique, donne les sous-sels correspondants.

Le sous-chlorure d'argent constitue une poudre rouge, qui, dans l'obscurité, est insoluble dans l'acide nitrique étendu, mais lui abandonne de l'argent si on opère à la lumière; la proportion d'argent dissous augmente jusqu'à une certaine limite. En effet, d'après Guntz, le sous-chlorure d'argent se décompose lui-même à la lumière en argent et chlore. L'argent se dissout dans l'acide nitrique, et le chlore précipite une partie de l'argent dissous. L'acide nitrique concentré attaque lentement le sous-chlorure. Dans toutes les réactions en présence de l'eau, le sous-chlorure d'argent paraît se comporter comme un mélange d'argent et de chlorure d'argent, l'eau semblant décomposer les sels de sous-oxyde en argent et en sels de protoxyde. On n'a donc pas, comme le pensait Carey-Lea, une combinaison de sous-chlorure d'argent avec une proportion variable de chlorure d'argent, une espèce de laque colorée de chlorure d'argent (photosel), mais bien un simple mélange; l'insolubilité du chlorure d'argent qui protège la couche contre l'action ultérieure des réactifs suffit pour expliquer leur action sur les photosels de Carey-Lea.

Voici, d'après Guntz, comment ces résultats permettent d'expliquer l'action de la lumière. Lorsqu'on expose du chlorure d'argent, il ne se colore que très peu dans les premiers instants de l'action lumineuse, mais quand on le plonge dans un révélateur, il est réduit à l'état d'argent métallique. La modification susceptible d'être réduite par le révélateur s'est donc faite sans perte de chlore, puisque le chlorure est resté blanc. Elle a lieu sans doute avec absorption de chaleur, ce qui explique la réaction par le révélateur. Guntz a pu, d'ailleurs, obtenir, en l'absence de toute lumière et par simple ébullition avec l'eau, un chlorure d'argent réductible par le révélateur, sans que sa couleur ait été modifiée. L'action du révélateur sur le chlorure d'argent n'est possible, d'après Guntz, que dans des conditions physiques convenables, et la lumière est capable de les réaliser, vu le peu d'énergie nécessaire à la transformation.

On comprend, en outre, que le chlorure d'argent étant faiblement transparent, cette transformation peut se produire jusqu'à une certaine distance de la surface, variable avec l'éclairement.

C'est pour ce motif que le chlorure d'argent noircit en proportions inégales sous l'influence du révélateur, suivant l'intensité lumineuse. Guntz rejette donc l'hypothèse de la formation du sous-chlorure d'argent par perte de chlore, et admet la production d'une modification physique du chlorure d'argent. La faible perte de chlore du chlorure d'argent serait due, d'après lui, à deux causes :

1° La décomposition de $2AgCl$ en $Ag^2Cl + Cl$ absorbe $28^{Cal},7$. La lumière produit donc un travail considérable et on comprend comment les substances capables d'absorber le chlore avec dégagement de chaleur peuvent faciliter l'action de la lumière.

2° La faible transparence du chlorure d'argent pour la lumière explique pourquoi la décomposition n'est pas proportionnelle à la quantité de lumière reçue, et diminue très rapidement quand augmente la durée d'exposition.

Guntz a pu, en exposant le chlorure d'argent à la lumière pendant un temps suffisamment long, obtenir la réduction superficielle complète du sous-chlorure. La surface sensible est alors constituée par trois couches superposées, l'argent métallique, le sous-chlorure d'argent et le chlorure d'argent inaltéré.

Il a séparé l'argent du mélange par l'acide nitrique étendu qui est sans action sur le sous-chlorure, mais l'argent n'est décelable qu'après une exposition suffisante pour produire la décomposition du sous-chlorure.

Guntz considère l'action de la lumière comme un phénomène de dissociation. Pour le démontrer, il a introduit dans des tubes de verre du chlorure d'argent pur et sec préparé dans l'obscurité, et les a remplis de chlore sec sous des pressions variables 0, 25, 50, 75, 100 millimètres, puis de 50 en 50 millimètres, jusqu'à 750 millimètres; ces tubes sont ensuite exposés à la lumière diffuse. Les tubes contenant peu de chlorure noircissent et la coloration décroît à mesure que la tension du chlore augmente. Dans la série des tubes, il en existe toujours deux dont l'un est légèrement coloré, l'autre parfaitement blanc. Dans une expérience, cette limite s'est trouvée à 250 millimètres. Elle varie suivant l'intensité de la lumière, mais reste constante pour une même luminosité. Si l'on porte les tubes dans l'obscurité, ils blanchissent tous, même celui qui ne renferme pas de chlore : il y a donc régénération du chlorure d'argent. En les exposant à la lumière solaire intense, ils se colorent tous, même celui qui renferme du chlore à la pression atmosphérique, mais ce dernier est faiblement coloré et blanchit rapidement si on le porte dans un endroit peu éclairé.

La tension du chlore dégagé du chlorure d'argent dépasse donc 760 millimètres.

Pour obtenir la vraie limite, il faudrait pouvoir exposer pratiquement une couche mince de chlorure d'argent dans un espace suffisamment petit pour que la tension du chlore dégagé pût atteindre 760 millimètres.

Quantité minima de lumière pouvant impressionner le bromure d'argent. — Il était intéressant de savoir si, dans la production de l'image latente, une quantité quelconque de lumière, si faible soit-elle, peut agir sur le bromure d'argent et si une série d'impressions lumineuses discontinues, insuffisantes pour provoquer isolément une réduction de sel d'argent par le développateur, peuvent s'ajouter pour donner lieu, par développement, à un résultat identique à celui que produirait une action lumineuse continue, agissant un temps égal à la somme des actions discontinues. La question a été résolue en employant un disque tournant très rapidement devant une plaque sensible au gélatino-bromure, de façon qu'à chaque tour, la plaque se trouve exposée à une lumière artificielle pendant 1/24000 de seconde [A. et L. Lumière, *Bull. Soc. franç. de Photographie*, 1887].

L'expérience a montré que l'effet produit par la lumière est le même, que l'exposition ait lieu pendant 6 secondes en une pose continue, ou en 6 secondes en 24000 fois. Comme la source lumineuse employée ne donnait après 6 secondes de pose qu'une réduction du bromure d'argent à peine perceptible, on peut conclure que le gélatino-bromure d'argent est sensible à une lumière 24000 fois moins intense que celle qui donne une image à peine visible avec les révélateurs connus.

Théorie du développement de l'image latente. — Si l'on n'est pas encore fixé d'une façon certaine sur la nature des réactions que nous venons de décrire, il n'en est pas de même de celles qui constituent le développement de l'image latente. On sait, en effet, qu'elles sont dues à un phénomène de réduction totale du sel haloïde d'argent ayant subi l'action de la lumière qui met en liberté l'argent métallique. Les révélateurs sont donc des réducteurs. On le démontre facilement.

Si nous prenons le bromure d'argent et que nous supposions que la lumière l'ait ramené à l'état de sous-bromure Ag^2Br, l'action du développateur pourra être représentée par l'équation : $Ag^2Br = 2Ag + Br$.

Pour expliquer la réduction par le développateur d'une quantité relativement grande de bromure d'argent, après une très courte exposition à la lumière, on peut supposer que l'argent, libéré dans la réduction du sous-bromure s'unit aux particules de bromure les plus voisines pour donner un sous-bromure moins facilement réductible que le premier et renfermant une moins grande quantité d'argent $2AgBr + Ag = Ag^3Br^2$.

La quantité plus faible d'argent que libère ce composé sous l'action du révélateur donnera, avec les particules de bromure d'argent les plus voisines, un sous-bromure moins riche en argent et plus difficilement réductible que le précédent, $3AgBr + Ag = Ag^4Br^3$.

On aura donc d'après cette hypothèse, successivement les sous-bromures suivants : Ag^2Br, Ag^3Br^2, Ag^4Br^3, Ag^5Br^4 de plus en plus difficiles à réduire par le révélateur et finalement non réductibles à la limite du développement.

L'action réductrice du révélateur peut s'exercer, soit en fournissant l'hydrogène nécessaire pour l'élimination du brome comme dans les révélateurs organiques (R = radical organique) :

$$\underset{\text{Révélateur.}}{R\begin{matrix}\diagup H\\ \diagdown H\end{matrix}} + \underset{\text{Sous-bromure d'argent.}}{2Ag^2Br} = \underset{\text{Produits de réduction du révélateur.}}{R + 2HBr} + Ag^4$$

soit, comme cela a lieu dans les révélateurs minéraux oxygénés, en absorbant l'oxygène de l'eau dont l'hydrogène fixe le brome du bromure (R' = radical minéral) :

$$\underset{\text{Sel au minimum.}}{R'O} + 2H^2O + 2Ag^2Br = \underset{\text{Sel au maximum.}}{R'O^2} + 2HBr + Ag^4$$

[A. Seyewetz, *Le développement de l'image latente*, Gauthier-Villars et fils, Paris].

Action du révélateur et action de la lumière.

Il résulte de cette théorie du développement que le révélateur ne continue pas, à proprement parler, le travail de la lumière, mais le rend seulement apparent.

Dans la plaque dont la pose a été courte, la lumière a impressionné un moins grand nombre de particules de bromure d'argent que dans une plaque ayant posé longtemps, et la quantité d'argent susceptible d'être libérée par le révélateur varie toujours avec la quantité de lumière ayant impressionné la plaque, sans que l'énergie du réducteur puisse jamais se substituer à l'action de la lumière et modifier la quantité d'argent susceptible d'être réduite dans l'image.

Du moins, c'est ce que la pratique semble montrer jusqu'ici, car aucun révélateur, quelle que soit la rapidité avec laquelle son énergie réductrice se manifeste, ne peut rien tirer de plus que les autres d'une plaque insuffisamment posée.

Classement des réducteurs. — Tous les réducteurs ne sont pas des développateurs. A ce point de vue, on peut distinguer trois classes de réducteurs :

1° Ceux qui sont sans action sur les halosels d'argent exposés à la lumière.

2° Ceux qui ne réduisent les halosels d'argent qu'après exposition à la lumière.

3° Ceux qui sont susceptibles de réduire les halosels d'argent aussi bien dans l'obscurité qu'à la lumière.

Il est évident que les corps appartenant aux première et troisième classes ne peuvent être utilisés comme développateurs. Nous citerons au nombre des premiers l'acide sulfureux, l'acide hypophosphoreux et les hypophosphites, et, parmi les derniers, le chlorure stanneux. Quant à ceux de la deuxième classe, ils ne sont susceptibles d'être utilisés que s'ils réalisent les conditions suivantes :

1° Ils ne doivent pas décomposer l'eau directement, sans quoi l'hydrogène ne pourrait pas agir sur le sel d'argent, mais ils doivent, d'autre part, être suffisamment avides d'oxygène pour que la décomposition de l'eau puisse se produire sous l'influence du brome du bromure d'argent.

2° Les produits d'oxydation du développateur ne doivent pas détruire l'image latente. En outre, ils ne doivent pas tendre à provoquer une réaction inverse de celle du révélateur, car cette action peut devenir prédominante et arrêter le développement.

Ainsi, si nous plongeons une plaque photographique, après exposition à la lumière, dans une solution ammoniacale de chlorure cuivreux, le développement s'effectue avec production du chlorure cuivrique. Or, ce chlorure cuivrique détruit l'image latente et tend à donner avec l'argent réduit du chlorure cuivreux et du chlorure d'argent : $2CuCl^2 + 2Ag = Cu^2Cl^2 + 2AgCl$, réaction inverse de celle qui constitue le développement [A. et L. Lumière, *Les développateurs organiques en photographie et le paramidophénol*, 1893, Paris, Gauthier-Villars et fils]. Ces deux réactions inverses peuvent avoir lieu simultanément : c'est la prédominance de l'une d'elles qui détermine le résultat final. Ceci explique le manque d'intensité des clichés développés à l'aide du chlorure cuivreux ammoniacal. Au début, avant qu'il se soit produit une quantité suffisante de sel cuivrique, la réduction du bromure d'argent est énergique, mais bientôt elle devient de plus en plus difficile et finit par cesser complètement, lorsque le chlorure cuivrique formé est en quantité suffisante pour produire une action compensative.

Un phénomène analogue se produit, mais d'une manière moins marquée, dans l'action développatrice énergique du triamidophénol (1.2.4.6) et de la triamidorésorcine (1.2.3.4.5) que leur constitution désignait comme devant être des révélateurs très actifs. Par oxydation, ces corps donnent naissance à des composés amidés qui détruisent l'image latente [A. et L. Lumière et Seyewetz, *Bull. de la Soc. franç. de Phot.*, 1897], et l'action réductrice puissante qui se manifeste au début du développement cesse après très peu de temps.

Les autres conditions pratiques auxquelles doit satisfaire un développateur sont les suivantes :

3° Présenter une solubilité dans l'eau aussi grande que possible ;

4° Donner des solutions incolores ou peu colorées et, de plus, des produits d'oxydation sans action sur l'image latente et ne colorant pas d'une façon persistante le substratum de la substance sensible ;

5° Fonctionner autant que possible en l'absence de corps tels que les alcalis qui altèrent la gélatine ou exercent une action caustique sur l'épiderme des mains.

6° En outre, un bon développateur devra posséder des propriétés telles qu'il soit facile, par l'addition d'un réactif, d'augmenter ou de diminuer à volonté son activité réductrice, pour qu'il permette de tirer parti le plus avantageusement possible des clichés surexposés ou manquant de pose.

Classement des développateurs. — On peut diviser les développateurs de l'image latente en deux grandes classes :

1° Les développateurs minéraux ou appartenant à la chimie inorganique : ils sont en nombre très limité et fonctionnent toujours en solution neutre ou acide.

2° Les développateurs organiques, qui sont des corps classés dans la chimie organique et plus particulièrement dans la série aromatique. Ils fonctionnent le plus souvent en solution alcaline, et, pour cette raison, ils sont plus généralement connus sous le nom de développateurs alcalins, mais un certain nombre d'entre eux peuvent exercer pourtant leur action réductrice en solution neutre et même acide.

1° Développateurs minéraux. — Les réducteurs minéraux pratiquement utilisables comme développateurs sont en très petit nombre, parce que le plus généralement, leurs produits d'oxydation tendent à donner une réaction inverse de celle du développement. C'est ce qui a lieu, comme nous l'avons montré plus haut, pour le chlorure cuivreux. Avec les sels chromeux, par exemple, on a à redouter les mêmes inconvénients. Parmi les réducteurs minéraux, il n'y a que l'oxalate ferreux et l'hydrosulfite de sodium qui ont pu recevoir jusqu'ici une application pratique dans le développement de l'image latente.

Développement à l'oxalate ferreux. — Lorsqu'on plonge une plaque sensible au bromure d'argent par exemple, après exposition à la lumière, dans une solution d'oxalate ferreux dans l'oxalate de potasse (sulfate ferreux et oxalate de potasse), le brome du bromure d'argent décompose l'eau du révélateur et en absorbe l'hydrogène en formant de l'acide bromhydrique. L'oxygène se porte sur l'oxalate ferreux qu'il transforme en oxalate ferrique, avec mise en liberté du sesquioxyde de fer qui se dissout dans l'acide bromhydrique pour former du bromure ferrique. L'équation de la réaction peut donc être représentée par la suivante :

$$6\left(\begin{matrix}COO\\COO\end{matrix}>Fe\right) + 6AgBr$$
$$= 2\left(\begin{matrix}COO\\COO\end{matrix}\right)^3 Fe^2 + Fe^2Br^6 + 6Ag.$$

Comme l'oxalate ferreux est insoluble dans l'eau, on le dissout dans l'oxalate de potassium.

Pour éviter l'altération du sulfate ferreux, on l'additionne de 0,5 0/0 d'acide tartrique qu'on dissout dans la liqueur qui est ensuite exposée à la lumière. L'acide tartrique s'oxyde aux dépens du sel ferrique qui se forme, et le ramène à l'état ferreux.

Développement à l'hydrosulfite de soude. — Dans ces derniers temps, la préparation de l'hydrosulfite de soude anhydre, réalisée industriellement par la Badische Anilin und Soda Fabrik sous forme d'un produit stable, a permis d'utiliser ce puissant réducteur dans le développement.

Les propriétés révélatrices de cette substance, signalées en 1887 [A. et L. Lumière, *Bull. de la Soc. franç. de Photogr.*, 1887], ne présentaient alors aucun intérêt pratique. Le révélateur donnait un voile intense, et, en outre, la nécessité de le préparer au moment même de son emploi le rendait inutilisable. Le nouvel hydrosulfite, associé en proportions convenables au bromure de potassium et au bisulfite de soude, a pu donner un bon révélateur doué d'un pouvoir réducteur énergique [A. et L. Lumière et Seyewetz, *Bull. de la Soc. franç. de Photogr.*, 1904].

Par contre, les hydrosulfites organiques, tels que l'hydrosulfite de diamidophénol, bien que formés par la combinaison de deux substances révélatrices, l'une minérale, l'autre organique, n'ont pas présenté de propriétés réductrices intéressantes.

2° Développateurs organiques. — Parmi les révélateurs organiques, l'acide pyrogallique fut le premier mis en usage en 1872 et il fut l'objet d'études nombreuses.

En 1880, le capitaine Abney [Abney, *Photographie News*, 1880, p. 345] utilisa le premier les propriétés de l'hydroquinone qui fut aussitôt étudiée par Eder, Toth, Pizzighelli, puis par Balagny.

Le Dr Eder a aussi reconnu les propriétés développatrices de la phénylhydrazine [Carey-Lea, *British Journal of Photography*, janvier 1869].

Plus tard, le Dr Andresen fit breveter l'emploi des paraphénylène-diamines pour révéler l'image latente. Sous le nom d'*iconogène*, il a désigné l'amido-β-naphtol-monosulfonate de sodium, auquel il a trouvé d'intéressantes propriétés révélatrices. C'est aussi le Dr Andresen qui a reconnu le premier le pouvoir développateur du paramidophénol, mais ses propriétés remarquables lui échappèrent et elles ne furent mises en lumière que plus tard [A. et L. Lumière, *Bull. de la Soc. franç. de Photogr.*, 1890].

Jusqu'en 1891, l'essai des corps de la chimie organique au point de vue de leurs propriétés révélatrices n'était guidé par aucune loi. Tout était livré au hasard : le seul critérium qui permettait de prévoir la propriété révélatrice était le pouvoir réducteur des corps, mais parmi les nombreux corps susceptibles de s'oxyder facilement, quelques-uns seulement possédaient la propriété de révéler l'image latente.

C'est alors que MM. A. et L. Lumière [*Rev. générale des sc. pures et appliquées*, juillet 1891] examinèrent méthodiquement l'influence qu'exercent, sur le développement de l'image latente, les diverses fonctions chimiques des substances organiques. Après avoir classé et comparé les résultats obtenus, MM. Lumière furent conduits à en déduire une série de lois que, jusqu'à présent, l'expérience a pleinement confirmées. Ces lois permirent non seulement de reconnaître immédiatement, parmi les milliers de corps de la chimie organique, ceux qui possèdent des propriétés révélatrices, mais aussi de rejeter un certain nombre de substances, comme la résorcine, la phloroglucine, auxquelles on avait attribué à tort des propriétés analogues par suite d'impuretés renfermées dans ces corps [A. et L. Lumière, *Les développateurs organiques en photographie*, 1893, Paris, Gauthier-Villars et fils].

Voici les conclusions auxquelles les auteurs sont arrivés :

1° Pour qu'une substance de la série aromatique soit un développateur de l'image latente, il faut qu'elle renferme soit deux groupes hydroxylés, soit deux amidogènes, ou bien un hydroxyle et un amidogène dans le noyau aromatique.

2° Cette condition ne suffit que dans la parasérie et, généralement, dans l'orthosérie; elle n'a aucune valeur dans la métasérie. C'est lorsque les groupements hydroxylés et amidés sont en position para que le pouvoir développateur est maximum. Ainsi, aucun des phénols monoatomiques ne développe l'image latente, et parmi les trois phénols diatomiques dérivés du benzène, l'hydroquinone et la pyrocatéchine seuls sont des révélateurs, l'hydroquinone étant le plus énergique des deux.

Les homologues de ces corps développent également : par exemple la toluhydroquinone $C^6H^3(CH^3)(OH)^2{}_{1.2.5}$ est un révélateur.

Dans la série naphtalique, il faut en général, pour que le développement puisse avoir lieu, que les deux hydroxyles soient dans un même noyau benzénique. Ainsi la dioxyquinoléine est un développateur.

Le Dr Andresen a trouvé quelques exceptions à cette règle pour des composés de la série de la naphtaline.

Parmi les monoamines, aucune n'a de propriétés révélatrices, tandis que, parmi les diamines, l'ortho et la paraphénylène sont des développateurs. De même, pour les amidophénols, le dérivé méta, bien que réducteur énergique, ne développe pas l'image latente, tandis que ses deux isomères, particulièrement celui de la parasérie, sont d'excellents révélateurs.

3° Les propriétés révélatrices peuvent persister quand il y a dans la molécule plus de deux groupes OH et AzH^2.

Ainsi l'acide pyrogallique $C^6H^3(OH)^3{}_{1.2.3}$ et l'oxyhydroquinone $C^6H^3(OH)^3{}_{1.2.5}$ développent l'image latente, tandis que la phloroglucine $C^6H^3(OH)^3{}_{1.3.5}$ est sans action sur elle. Le diamidophénol $C^6H^3(OH)(AzH^2)^2{}_{1.2.4}$ et le triamidophénol $C^6H^2(OH)(AzH^2)^3{}_{1.2.4.6}$ sont d'excellents révélateurs.

4° Le pouvoir développateur est en général conservé, lorsque l'hydrogène du noyau aromatique est remplacé par d'autres groupements que les oxhydryles et les amidogènes, pourvu qu'il reste au moins deux OH, deux AzH^2, ou un OH et un AzH^2 dans la molécule, et que ces dernières substitutions soient en position para ou ortho, l'une par rapport à l'autre. Ainsi, les corps suivants sont des développateurs :

Diamidocrésol $C^6H^2(CH^3)(OH)(AzH^2)^2{}_{1.2.3.5}$
Hydrophlorone $C^6H^2(CH^3)^2(OH)^2{}_{1.3.2.5}$
Hydrotoluquinone $C^6H^3(CH^3)(OH)^2{}_{1.2.5}$
Paramidocrésol $C^6H^3(CH^3)(OH)(AzH^2)_{1.2.5}$.

Mais si les substitutions dans le noyau du corps développateur n'exercent en général aucune influence sur le pouvoir réducteur, elles influent souvent sur leurs propriétés, à tel point qu'elles deviennent décisives relativement à leur utilisation pratique.

On peut rendre quelquefois ces corps suffisamment solubles par la sulfonation; l'iconogène du Dr Andresen, qui est utilisé dans la pratique, se trouve dans ce cas

$$C^{10}H^5 \begin{cases} AzH^2 & (\alpha) \\ OH & (\beta) \\ SO^3Na & (\beta) \end{cases}$$

En général, les autres fonctions, telles que ces fonctions aldéhydiques, acides, ne détruisent pas davantage le pouvoir développateur, pas plus que la sulfonation.

Ainsi les corps suivants développent l'image latente :

Acide amidosalicylique $C^6H^3(CO^2H)(OH)(AzH^2)_{1.2.3}$.
Acide caféique $C^6H^3(OH)^2(CH=CH-CO^2H)_{1.2.5}$.
Acide paramidophénolsulfonique $C^6H^3(OH)(AzH^2)(SO^3H)_{1.4.5}$.
Aldéhyde protocatéchique $C^6H^3(CHO)(OH)^2{}_{1.3.4}$.

Influence du groupe carboxyle. — Toutefois, quand la molécule contient le groupe CO^2H, le pouvoir développateur ne se manifeste qu'en présence d'une base énergique : les carbonates alcalins sont insuffisants, et encore cette remarque n'est-elle pas absolument générale dans le cas des composés dont la fonction développatrice est uniquement formée par des oxhydryles et dont le groupe carboxylique est substitué directement dans le noyau aromatique.

Ainsi : l'acide gallique $C^6H^2(CO^2H)(OH)^3{}_{1.3.4.5}$ et l'acide protocatéchique $C^6H^3(CO^2H)(OH)^2{}_{1.3.4}$ ne développent pas, bien qu'ils contiennent deux hydroxyles en ortho.

On a recherché [A. et L. Lumière, *Les développateurs organiques en photographie*, p. 44, 1893, Paris, Gauthier-Villars et fils] si cette exception devait être attribuée à la présence du groupe COOH, et, pour cela, on a réalisé dans ce groupe des substitutions méthyliques et éthyliques.

On a obtenu alors les éthers suivants qui développent parfaitement : gallate de méthyle, $C^6H^2(CO^2CH^3)(OH)^3$; gallate d'éthyle $C^6H^2(CO^2C^2H^5)(OH)^3$.

Influence du groupe cétonique. — Le groupe cétonique, substitué dans un noyau aromatique renfermant une ou plusieurs fonctions phénoliques développatrices, ne modifie pas sensiblement les propriétés que lui confèrent ces fonctions lorsque ce groupe cétonique est soudé d'autre part à un résidu gras ou à un noyau aromatique ne renfermant pas d'oxhydryle.

Ainsi :

La chinacétophénone $C^6H^3(OH)^2(COCH^3)_{1.4.3}$.
la gallacétophénone $C^6H^3(OH)^3(COCH^3)_{1.2.6.4}$.
la trioxybenzophénone $C^6H^2(OH)^3(COCH)^5)_{1.2.6.4}$
développent l'image latente.

Par contre, le pouvoir révélateur est détruit dès qu'une ou plusieurs substitutions hydroxylées ont lieu dans le deuxième noyau aromatique, quelle que soit la position relative des oxhydryles [A. et L. Lumière et Seyewetz, *Bull. de la Société franç. de Photographie*, p. 415, 1897]. Les tétraoxybenzophénones, par exemple,

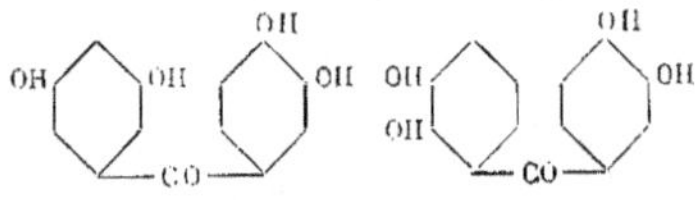

OH OH OH — CO — OH ; OH OH — CO — OH OH

les penta et hexaoxybenzophénones ne sont pas des révélateurs.

Ainsi, l'hexaoxybenzophénone, produit de condensation de l'acide pyrogallique avec l'acide gallique, qui peut être considérée comme formée de deux molécules d'acide pyrogallique reliées entre elles par un carboxyle.

OH OH
OH OH OH OH
— CO —

n'a aucune action développatrice sur l'image latente.

Influence des substitutions alkylées dans les groupes de la fonction développatrice. — On a également reconnu que dans les polyphénols, lorsqu'on effectue des substitutions dans les groupements hydroxylés qui constituent la fonction développatrice, le pouvoir développateur est détruit, s'il ne reste plus intacts dans la molécule au moins deux groupements hydroxylés en position ortho ou para [A. Lumière et Seyewetz, *Bull. de la Société franç. de Photographie*, p. 158, 1898]. Ainsi le gaïacol $C^6H^4(OCH^3)(OH)_{1.2}$, l'éthylhydroquinone $C^6H^4(OC^2H^5)(OH)_{1.4}$ ne développent pas.

Dans les polyamines, les substitutions effectuées dans les groupes amidogènes de la fonction développatrice ne détruisent jamais le pouvoir développateur [A. Lumière et Seyewetz, *Bull. de la Société franç. de Photographie*, p. 158, 1898]. Ainsi la diméthyl et la tétraméthylparaphénylène-diamine sont des révélateurs.

Enfin, dans les amidophénols, le pouvoir développateur n'est détruit que si la substitution porte sur l'oxhydryle de la fonction développatrice et s'il ne reste pas dans la molécule au moins un OH intact en position ortho ou para relativement à l'amidogène, que celui-ci soit substitué ou non. Ainsi : le diméthylparamidophénol $C^6H^4(OH)[Az(CH^3)^2]_{1.4}$ développe l'image latente, tandis que le méthoxyparamidophénol $C^6H^4(OCH^3)(AzH^2)_{1.4}$ n'est pas un révélateur.

Fonction développatrice dans les noyaux aromatiques soudés. — Quand la molécule résulte de la soudure de deux ou de plusieurs noyaux aromatiques, les remarques précédentes ne sont applicables que si les groupes hydroxylés et amidés existent dans un même noyau aromatique.

Ainsi, la benzidine $C^6H^4 - AzH^2 - AzH^2 - C^6H^4$ et la tolidine ne développent pas.

Il y a quelques exceptions à cette règle dans la série naphtalique.

Eau oxygénée, hydrazine et hydroxylamine. — Les groupements

$$\begin{matrix} OH & AzH^2 & AzH^2 \\ | & | & | \\ OH & AzH^2 & OH \end{matrix}$$

qui constituent l'eau oxygénée, l'hydrazine et l'hydroxylamine ne développent l'image latente que si les groupes qui constituent ces fonctions sont substitués par un radical aromatique [A. et L. Lumière, *Bull. de la Société franç. de Photographie*, mai 1896].

Ainsi, la phénylhydroxylamine $C^6H^5 - AzH^2OH$ [A. et L. Lumière et Seyewetz, *Bull. de la Société franç. de Photographie*, p. 392, 1894], la phénylhydrazine $C^6H^5 - AzH - AzH^2$ sont des révélateurs.

Combinaisons des phénols avec les diamines. — Les combinaisons de paraphénylène-diamine avec le phénol, la résorcine, la pyrocatéchine et l'hydroquinone, c'est-à-dire d'une diamine possédant la fonction développatrice avec des substances phénoliques, dont les unes, comme l'hydroquinone et la pyrocatéchine, sont des développateurs, les autres, comme le phénol et la résorcine, n'ont aucune action réductrice sur l'image latente, constituent des développateurs fonctionnant en solution neutre, dont l'énergie est d'autant plus grande que le phénol, combiné à la paraphénylène-diamine, possède, à un plus ou moins haut degré, la fonction développatrice [A. et L. Lumière et Seyewetz, *Annales de la Société d'Agriculture, Sciences et Industrie de Lyon*, 1893].

Dans ces combinaisons, qui sont apparemment des dérivés salins des phénols comparables aux phénates alcalins, la fonction acide du phénol étant détruite par le caractère basique de l'amine, il n'y a rien de bien surprenant à ce que ces composés puissent réduire le bromure d'argent en solution neutre.

Ces diverses considérations montrent que, pour apprécier l'énergie développatrice d'une substance organique, il y a lieu de tenir compte non seulement du nombre et de la position des groupes hydroxylés et amidés, mais aussi de la présence du carboxyle et de l'influence basique du groupement AzH^2.

Développement en liqueur neutre et acide. — Parmi les nombreuses substances que nous avons signalées plus haut, les unes développent en solution alcaline, les autres en solution neutre et même acide.

On a pu établir avec certitude les conditions que doit remplir une substance révélatrice pour pouvoir développer sans addition d'alcali [A. et L. Lumière et Seyewetz, *Bull. de la Société franç. de Photographie*, mai 1896].

1° Pour qu'une substance puisse révéler l'image latente sans addition d'alcali, en présence de sulfite alcalin, il suffit qu'elle renferme une seule fonction développatrice dont un des groupes soit un amidogène. Celui-ci peut être substitué ou non, pourvu que la substitution ne détruise pas le caractère basique de l'amidogène. Il faut, en outre, que la substance soit suffisamment soluble dans le sulfite alcalin.

2° Le pouvoir réducteur se trouve considérablement renforcé, dans le cas où il y a deux fois la fonction développatrice, si celle-ci renferme deux groupes amidogènes. Le révélateur peut alors être utilisé pratiquement sans alcali.

3° Le pouvoir réducteur est augmenté aussi, quoique plus faiblement, si la ou les fonctions basiques du révélateur sont salifiées par les oxhydryles d'un composé phénolique possédant lui-même des propriétés développatrices. Le révélateur est alors également utilisable pratiquement sans addition d'alcali.

Développement alcalin sans emploi d'alcali. — Les avantages qui résultent de la suppression des alcalis dans les révélateurs sont, comme on le sait, multiples. Aussi a-t-on essayé de remplacer ces alcalis par toute une série de sels à réaction fortement basique, et l'on a trouvé que les sels alcalins des acides tribasiques, comme les acides phosphorique et arsénique provenant de la saturation totale des trois fonctions acides par le potassium ou le sodium, se comportent avec divers révélateurs, notamment avec l'hydroquinone et l'acide pyrogallique, comme de véritables alcalis caustiques sans avoir les inconvénients de ceux-ci [A. et L. Lumière et Seyewetz, *Bull. de la Société franç. de Photographie*]. Ce caractère était, du reste, parfaitement justifié par les propriétés de ces corps qui présentent certains points communs avec les alcalis caustiques : notamment ils absorbent l'acide carbonique de l'air humide en fournissant un carbonate alcalin.

Il est facile d'expliquer comment ces corps peuvent remplacer les alcalis dans le développement. La molécule d'alcali, si facilement libérable par un acide aussi faible que l'acide carbonique, saturera, au fur et à mesure du développement, l'acide bromhydrique formé, et le développement aura lieu comme en présence d'un alcali caustique, mais les inconvénients présentés par les alcalis seront supprimés. En effet, l'alcali ne prendra naissance qu'autant qu'il pourra être saturé au fur et à mesure par l'hydracide produit dans le développement et, dans ces conditions, il devient inoffensif.

Les sels alcalins d'un caractère basique plus faible que les phosphates ou arséniates tribasiques n'ont pas donné des résultats assez satisfaisants pour pouvoir être utilisés pratiquement [Lumière frères et Seyewetz, *Bull. de la Société franç. de Photographie*, 1895]. Néanmoins, plusieurs d'entre eux, notamment les sels alcalins d'acides tribasiques, provoquent lentement le développement de l'image latente. Dans ce cas, l'hydracide provenant du développement transforme ces composés en sels acides.

C'est le phosphate tribasique de soude qui est le plus apte à être substitué aux alcalis dans les développements alcalins.

Emploi des aldéhydes et acétones en présence du sulfite de soude. — Dans un autre ordre d'idées, on a remarqué que les aldéhydes et les acétones en présence du sulfite de soude peuvent jouer le même rôle que les alcalis vis-à-vis des développateurs organiques renfermant des groupements phénoliques [Lumière frères et Seyewetz, *Bull. de la Soc. française de Photogr.*, 1896].

Cette action particulière aux aldéhydes et acétones est due apparemment à leur propriété de former des combinaisons avec le bisulfite de soude, combinaisons qui tendent à se produire toutes les fois que l'on met en présence du sulfite de soude une aldéhyde ou une acétone, et un composé phénolique. La présence de ce dernier corps est indispensable pour que la décomposition du sulfite s'effectue, car il absorbe l'alcali libéré dans la réaction. On peut, avec l'hydroquinone, par exemple, représenter cette réaction par l'équation suivante :

$$2CH^3\text{-}CO\text{-}CH^3 + 2Na^2SO^3 + C^6H^4(OH)^2$$

Acétone. Sulfite de soude. Hydroquinone.

$$= 2NaHSO^3 + 2(CH^3\text{-}CO\text{-}CH^3) + C^6H^4(ONa)^2$$

Combinaison bisulfitique d'acétone.

En résumé, dans ces conditions, on libère de l'alcali caustique naissant, mais en quantité strictement suffisante pour saturer les groupements phénoliques du développateur. Malgré cette quantité relativement faible d'alcali qui entre ainsi en réaction, le révélateur présente néanmoins, avec des proportions bien choisies des divers réactifs et avec certains développateurs, une énergie comparable à celle que leur donne l'addition directe d'un excès d'alcali caustique.

On a essayé de substituer un grand nombre d'aldéhydes et d'acétones grasses et aromatiques [A. et L. Lumière et Seyewetz, *Bull. Soc. franç. de Photogr.*, 578, 1897] aux alcalis carbonatés et caustiques dans les principaux révélateurs, mais aucune aldéhyde ou acétone aromatique n'a pu être employée avantageusement en présence du sulfite comme succédané des alcalis. Il n'en est pas de même des aldéhydes et acétones grasses, parmi lesquelles l'acétone ordinaire, la formaldéhyde et l'aldéhyde ordinaire possèdent, avec certains révélateurs, des avantages très appréciables sur les alcalis.

L'acétone et le sulfite de soude, par exemple [A. et L. Lumière et Seyewetz, *Bull. Soc. franç. de Photogr.*, novembre 1897], utilisés à la place de l'alcali dans le développateur à l'acide pyrogallique, conservent non seulement à ce dernier toutes ses qualités, mais lui confèrent en outre divers avantages.

La formaldéhyde, utilisée en présence du sulfite de soude, donne, à dose plus faible que l'acétone (2 cm³ d'aldéhyde commerciale à 40 0/0 pour 100 cm³ de révélateur), des résultats comparables à ceux que fournit le révélateur à l'hydroquinone et à la potasse caustique.

Signalons enfin toute une série d'essais qui ont été faits avec les développateurs dans lesquels on emploie le sulfite de soude seul à la place des alcalis, dans le but de substituer à ce corps des substances à réaction alcaline faible, telles que le borax, les acétates et tungstates de soude ou de potasse, les divers sels de soude ou de potasse à acide organique, le phosphate neutre et l'arséniate neutre de soude, le bicarbonate de soude, etc. [Lumière frères et Seyewetz, *Bull. Soc. fr. de Photog.*, 1895]. La plupart de ces corps fonctionnent bien à peu près comme le sulfite de soude en tant qu'alcalis, car les acides faibles qui entrent dans leur composition sont facilement déplacés par l'hydracide énergique qui prend naissance pendant le développement, mais aucun d'eux n'empêche l'altération des solutions à l'air d'une façon aussi parfaite que le sulfite.

Altérations du sulfite de soude dans les révélateurs. Antioxydants. — Le rôle principal du sulfite de soude étant de retarder l'oxydation à l'air des substances révélatrices, il était intéressant, d'une part, de déterminer le mécanisme de l'oxydation de ses solutions, d'autre part, de rechercher les limites de leur conservation et par quel moyen on peut la prolonger [Namias, *Bull. Soc. suisse de Photogr.*, 513, 1903; — Hauberisser, *Das Atelier der Photographen*, 129, 1903]. On a trouvé que l'altération des solutions est uniquement produite par la dissolution de l'oxygène de l'air qui se renouvelle au fur et à mesure de la transformation du sulfite en sulfate. Cette oxydation a lieu beaucoup plus rapidement en solution étendue que concentrée [A. et L. Lumière et Seyewetz, *Bull. Soc. fr. de Photogr.*, 226, 274, 1904].

Un certain nombre de réducteurs organiques, ajoutés aux solutions du sulfite alcalin en quantités très faibles, en ralentissent considérablement l'oxydation. Ces substances réductrices ont été désignées sous le nom d'*antioxydants*. Ainsi, quelques décigrammes de chlorhydrate de paramidophénol ou d'hydroquinone, 2 à 3 gr. de trioxyméthylène pour 1 litre de sulfite de soude à 30 gr. par litre, évitent pratiquement l'oxydation [A. et L. Lumière et Seyewetz, *Bull. Soc. Chim.*, **23**, 444, 1905].

On croyait que la cause la plus importante de l'altération des révélateurs au diamidophénol consistait dans la facilité avec laquelle les solutions diluées de sulfite absorbent l'oxygène de l'air. On peut, en effet, supposer que le sulfite de soude jouant le rôle d'alcali dans le révélateur, lui fait perdre son pouvoir développateur dès qu'il ne fonctionne plus comme alcali. Il a été reconnu que cette hypothèse généralement admise est inexacte et que l'altération des révélateurs au diamidophénol n'est pas due à la destruction du sulfite de soude, mais à l'oxydation à l'air du diamidophénol, retardée, mais non empêchée, par la présence du sulfite [A. et L. Lumière et Seyewetz, *Bull. Soc. fr. de Photogr.*, 126, 1905].

Influence de la nature des révélateurs sur la grosseur du grain d'argent réduit. — On a admis pendant longtemps que le grain de l'argent réduit par les divers révélateurs possède une grosseur sensiblement uniforme, quel que soit le révélateur employé. Cette question a été reprise avec la plupart des révélateurs connus, non seulement en les utilisant avec leur composition normale, mais aussi en étudiant, pour un même révélateur, l'influence de son degré de dilution, de la durée de son action, de sa température et de son alcalinité [A. et L. Lumière et Seyewetz, *Bull. Soc. fr. de Photogr.*, 297, 1904]. On a également étudié les modifications que déterminent les variations du temps de pose, ainsi que les résultats obtenus suivant qu'on développe faiblement ou fortement l'image.

Voici les principales conclusions tirées de ces expériences :

1° La grosseur du grain d'argent réduit par les révélateurs à composition normale utilisés dans la pratique est sensiblement constante;

2° La température des révélateurs, leur concentration, la durée de leur action ne paraissent pas avoir d'influence sur la grosseur du grain de l'argent réduit;

3° L'excès d'alcali ou de bromure alcalin semble provoquer un accroissement très faible de la grosseur du grain;

4° La surexposition paraît être un des facteurs de la diminution de grosseur du grain;

5° La paraphénylène-diamine et l'orthoamidophénol, employés en présence du sulfite de soude seul, donnent de l'argent réduit d'une couleur gris violacé, et dont le grain est beaucoup plus fin que celui que fournissent les autres substances révélatrices;

6° La couleur de l'argent réduit semble être en relation avec le grain de l'argent réduit.

Pour former des images à grains fins [A. et L. Lumière et Seyewetz, *Bull. Soc. fr. de Photogr.*, 422, 1904], il paraît indispensable de réaliser deux conditions :

1° Développer lentement, soit en ajoutant dans le révélateur des substances retardant la venue de l'image, soit en diluant convenablement la solution; 2° introduire dans le révélateur un dissolvant du bromure d'argent.

Le chlorure d'ammonium employé à raison de 15 à 80 gr pour 100 cm³ de révélateur, réalise ces conditions. Elles sont aussi réalisées dans les révélateurs à la paraphénylène-diamine et à l'orthoamidophénol, car ils ont à la fois une faible énergie révélatrice et dissolvent des quantités appréciables de bromure d'argent.

Développateurs utilisés dans la pratique. — En se guidant sur les considérations que nous venons d'exposer, on a pu prévoir une quantité considérable de développateurs, mais un petit nombre d'entre eux seulement ont pu être utilisés pratiquement. En effet, nous avons vu que les développateurs doivent non seulement être aussi solubles que possible dans l'eau, mais leurs solutions doivent être incolores ou au moins ne pas communiquer à l'excipient de la matière sensible une teinte persistante; de plus, les produits de leur oxydation doivent jouir également de ces dernières qualités.

Or, on ne doit pas perdre de vue que lorsqu'une molécule organique se complique, le corps ainsi formé tend à devenir insoluble ou coloré. C'est donc, en général, parmi les substances les plus simples que l'on a trouvé les développateurs les plus pratiques.

Nous donnerons, pour terminer (voir p. 920 et suiv.), la liste des principaux développateurs organiques qui ont trouvé jusqu'ici emploi dans la pratique, en indiquant leurs principales propriétés et la composition du bain normal le plus habituellement employé avec ces révélateurs.

Les différentes formules de développement données dans ces tableaux peuvent être modifiées dans une certaine mesure suivant les résultats que l'on veut obtenir. C'est, en effet, la substance alcaline (ou le sulfite de soude dans les développateurs non alcalins) qui détermine l'apparition des détails, tandis que la substance réductrice *fait monter* le cliché, donne de l'intensité et accentue les contrastes. L'addition d'une certaine quantité de substance alcaline ou de ses succédanés accélère le développement, tandis que l'addition de réducteur le ralentit. Si donc le cliché a été surexposé et que l'image vienne trop vite, on pourra y remédier en ajoutant du réducteur au bain; au contraire, si le cliché manque de pose et vient trop lentement, on ajoutera de l'alcali ou du sulfite. Suivant que l'on voudra obtenir des détails très fouillés ou que l'on désirera une grande intensité ou des contrastes marqués, on augmentera la proportion de substance alcaline ou de réducteur.

L'addition d'une petite quantité de bromure de potassium ralentit également le développement.

Les opérations du développement doivent se faire dans un laboratoire éclairé à une lumière verte ou rouge dont on aura préalablement vérifié l'inactinisme en exposant à 1 m. de la lanterne pendant un quart d'heure, une plaque extra-rapide. Celle-ci ne devra montrer au développement qu'un voile négligeable.

On a indiqué sous le nom de *Chrysosulfite*, [A. et L. Lumière et Seyewetz, *Bull. de la Soc. franç. de Photographie*, 1903, p. 103] un sulfite de soude coloré par le picrate de magnésium, qui, ajouté au révélateur, donne des solutions inactiniques et permet le développement en pleine lumière.

Accélérateurs. — Les accélérateurs sont, comme on le sait, des substances qui rendent plus rapide la réductibilité du bromure d'argent par le développateur.

Une même substance ne peut pas être indifféremment utilisée comme accélérateur par les divers révélateurs. Avec l'oxalate ferreux, par exemple, on accélère le développement en plongeant quelques instants la plaque dans une solution d'hyposulfite de soude à 0,5 0/0 avant de la soumettre à l'action du révélateur. La nature de cette réaction est encore douteuse : on l'attribue à l'action réductrice qu'exerce l'hyposulfite de soude sur le bromure et l'oxalate ferrique qui sont tous deux d'énergiques retardateurs du développement.

Avec les développateurs organiques, on accélère le développement en augmentant le degré d'alcalinité de la liqueur. On sait, en effet, que les matières organiques facilement oxydables, comme les phénols ou les amines, absorbent beaucoup plus facilement l'oxygène en présence des alcalis qu'à l'état neutre ou en présence des acides.

Retardateurs. — Contrairement aux accélérateurs, un certain nombre de corps ralentissent le développement. Au nombre de ceux-ci, nous pouvons citer les oxydants, comme l'eau oxygénée, le permanganate de potassium, les sels ferriques, etc. Employés en grande quantité, ils peuvent même empêcher complètement le développement de l'image latente. Les acides qui tendent à former des sels avec l'argent réduit sont aussi des modérateurs. Il en est de même des substances qui peuvent reformer du bromure d'argent avec l'argent réduit. Ainsi, le brome, les bromures ferriques et cuivriques jouent le rôle de modérateurs.

D'après divers auteurs, les bromures alcalins qui, eux, n'existent qu'à l'état de protobromures, agiraient d'une toute autre manière. Ils formeraient avec le bromure d'argent des bromures doubles plus difficilement réductibles par le dé-

CARACTÈRES ET PROPRIÉTÉS DES PRINCIPAUX RÉVÉLATEURS.

Noms.	Formule. Forme cristalline et point de fusion.	Solubilité.	Action des acides.	Action des alcalis.	Réactions caractéristiques.	Composition d'un révélateur normal.
DIAMIDOPHÉNOL (Synonymes : amidol; chlorhydrate de diamidophénol-1.2.4).	$C^6H^3 \begin{cases} OH & (1) \\ AzH^2(HCl) & (2) \\ AzH^2(HCl) & (4) \end{cases}$ Aiguilles incolores. Se décompose par la chaleur sans fondre.	Facilement soluble dans l'eau; presque insoluble dans l'alcool et dans l'éther.	L'acide chlorhydrique concentré en excès précipite le chlorhydrate de diamidophénol de sa solution aqueuse.	Les solutions sulfitées additionnées de carbonate de potassium se colorent en bleu; additionnées d'alcalis caustiques, en rouge-bordeaux.	Coloration rouge-sang avec le perchlorure de fer, passant au brun avec le ferricyanure de potassium, rose foncé avec le sulfate ferreux.	Eau.............. 1000 gr. Sulfite de soude anhydre.......... 30 gr. Diamidophénol.... 5 gr.
DIAMIDORÉSORCINE (chlorhydrate de diamidorésorcine-1.2.3.4).	$C^6H^2 \begin{cases} OH & (1) \\ AzH^2(HCl) & (2) \\ OH & (3) \\ AzH^2(HCl) & (4) \end{cases}$ Tables rhomboédriques. Se décompose par la chaleur sans fondre.	Facilement soluble dans l'eau; difficilement soluble dans l'alcool et dans l'éther.	Se précipite de sa solution aqueuse par addition d'acide chlorhydrique concentré à l'état de chlorhydrate.	Les solutions aqueuses sulfitées, additionnées de carbonate de potasse se colorent en jaune brun; additionnées d'alcalis caustiques, elles se colorent en bleu.	Coloration violette passant au brun avec le perchlorure de fer et avec le ferricyanure de potassium, rose avec le sulfate ferreux.	Eau.............. 1000 cc. Sulfite de soude anhydre.......... 30 gr. Diamidorésorcine . 10 gr.
ÉDINOL (chlorhydrate d'oxyméthylparamidophénol).	$C^6H^3 \begin{cases} OH & (1) \\ CH^2OH & (2) \\ AzH^2 & (5) \end{cases}$ (HCl) Poudre cristalline blanc jaunâtre.	Facilement soluble dans l'eau, peu soluble dans l'alcool, insoluble dans l'éther.	Sans action caractéristique.	Les sulfites ne précipitent pas la base de la solution aqueuse comme pour le chlorhydrate de paramidophénol. Les alcalis caustiques et carbonatés ne précipitent pas non plus la base, mais la solution se colore en brun rougeâtre par absorption d'oxygène de l'air.	Coloration violet-rouge avec le perchlorure de fer. Pas de coloration avec l'acide nitrique.	Eau.............. 700 gr. Édinol.......... 10 gr. Sulfite de soude anhydre.......... 40 gr. Carbonate de potasse.......... 80 gr.
GLYCINE (paraoxyphénylglycine).	$C^6H^4 \begin{cases} OH & (1) \\ AzH & (4) \end{cases}$ | CH^2-COOH Lamelles ressemblant au mica. Fond en se décomposant.	Difficilement soluble dans l'eau et dans l'alcool, insoluble dans l'éther.	Forme en présence d'acides minéraux des sels solubles dans l'eau, mais non en présence d'acide acétique.	Les sulfites, les alcalis carbonatés et caustiques la transforment en un sel très soluble.	Coloration jaune-rougeâtre avec l'acide nitrique, rouge-brun passant au vert puis au violet avec le chlorure ferrique, jaune avec le ferricyanure de potassium.	A. Eau........... 1000 cc. Sulfite de soude anhydre..... 15 gr. Glycine........ 10 gr. B. Eau........... 500 cc. Carbonate de potasse........ 100 gr. Employer 100 cc. de A et 25 cc. de B.
HYDRAMINE (combinaison d'hydroquinone et de paraphénylènediamine).	$C^6H^4 \begin{cases} OH(1) \\ OH(4) \end{cases} + C^6H^4 \begin{cases} AzH^2(1) \\ AzH^2(4) \end{cases}$ Paillettes blanc nacré. Fond à 194-195°.	Très peu soluble dans l'eau froide, un peu plus soluble dans l'eau chaude, soluble dans l'alcool, peu soluble dans l'éther.	Les acides dissolvent l'hydramine en formant de l'hydroquinone, qu'on peut extraire par l'éther et le sel correspondant de paraphénylène-diamine.	Les solutions alcalines dissolvent facilement l'hydramine en donnant des liquides incolores qui se colorent peu à peu à l'air en brun-rouge.	Coloration verte passant au brun et au violet avec le perchlorure de fer; précipité brun foncé avec le ferricyanure de potassium et le sulfate ferreux.	Eau.............. 1000 cc. Sulfite de soude anhydre.......... 15 gr. Lithine caustique . 3 gr. Hydramine....... 5 gr.
HYDROQUINONE (paradioxybenzène).	$C^6H^4 \begin{cases} OH(1) \\ OH(4) \end{cases}$ Aiguilles ou longs prismes hexagonaux. Fond à 169°.	Facilement soluble dans l'alcool, dans l'éther et dans l'eau chaude, plus difficilement soluble dans l'eau froide, très difficilement soluble dans le benzène froid.	Sans action caractéristique.	En présence d'alcalis caustiques et en solution aqueuse, l'éther n'extrait pas l'hydroquinone, celle-ci s'extrait après addition d'acide.	Coloration rouge foncé tournant au jaune avec l'acide nitrique; coloration brune avec le chlorure ferrique.	Eau.............. 1000 cc. Sulfite de soude anhydre.......... 40 gr. Hydroquinone.... 10 gr. Carbonate de soude anhydre........ 55 gr.
ICONOGÈNE (sel sodique de l'a ideamidonaphtolsulfonique).	$C^{10}H^5 \begin{cases} OH & (\beta) \\ SO^3Na & \\ AzH^2 & (\beta) \end{cases}$ Tables rhomboédriques. Perd à 110° 2 mol. 1/2 d'eau de cristallisation. Chauffé au delà, il se décompose sans fusion préalable.	Facilement soluble dans l'eau chaude, peu soluble dans l'eau froide, presque insoluble dans l'alcool et dans l'éther.	Les acides, ajoutés aux solutions d'iconogène, précipitent l'acide libre sous forme de fines aiguilles blanches.	Les solutions alcalines possèdent une coloration jaune d'or.	Coloration rouge foncé avec l'acide nitrique, brun rougeâtre avec le chlorure ferrique, rouge violet avec le sulfate de fer.	Eau.............. 1000 cc. Sulfite de soude anhydre.......... 30 gr. Carbonate de potasse.......... 35 gr.
MÉTOL (sulfate de méthylparamidophénol).	$C^6H^4 \begin{cases} OH & (1) \\ AzH(CH^3) & (4) \end{cases} \left(\frac{SO^4H^2}{2}\right)$ Aiguilles ou prismes. Se décompose sans fondre préalablement. La base libre cristallise en longues aiguilles et fond à 87°.	Facilement soluble dans l'eau, très difficilement soluble dans l'éther et dans l'alcool. La base libre est facilement soluble dans l'alcool, dans l'éther et dans l'eau chaude, moins facilement soluble dans l'eau froide.	Sans action caractéristique.	Les solutions aqueuses de métol contenant une forte proportion de sulfite ou d'alcalis carbonatés renferment le métol sous forme de base libre.	Coloration rouge sombre avec l'acide nitrique, rouge brun avec le chlorure ferrique, rouge jaunâtre avec le ferricyanure de potassium; le sulfate de fer ne donne rien.	A. Eau........... 1000 cc. Sulfite de soude anhydre..... 50 gr. Métol......... 10 gr. B. Eau........... 1000 cc. Carbonate de soude....... 10 gr. Employer 50 cc. de A et 25 cc. de B.
MÉTOQUINONE (combinaison de métol (base) et d'hydroquinone).	$2\left(C^6H^4 \begin{cases} OH & (1) \\ AzH(CH^3) & (4) \end{cases}\right) + C^6H^4(OH)^2$ Poudre blanche ou petites lamelles fondant à 135°.	Peu soluble dans l'eau froide (1 0/0 à 10°), plus soluble à chaud (10 0/0 à 100°). Cristallise facilement par refroidissement. Très soluble dans l'alcool froid. Peu soluble dans l'éther et dans le benzène.	Les acides dissolvent facilement la métoquinone en formant du métol et de l'hydroquinone qui peut être extraite par l'éther.	L'eau additionnée d'alcali dissout plus facilement la métoquinone que l'eau pure. Les solutions de métoquinone additionnées de sulfite ne se colorent que très lentement à l'air, quand on les additionne d'alcali.	Coloration jaune avec l'acide nitrique; coloration brune puis précipité avec le perchlorure de fer et le ferricyanure de potassium; coloration verte puis précipité brun avec le sulfate ferreux.	Eau.............. 1000 cc. Sulfite de soude anhydre.......... 60 gr. Métoquinone...... 9 gr.

Noms.	Formule. Forme cristalline et point de fusion.	Solubilité.	Action des acides.	Action des alcalis.	Réactions caractéristiques.	Composition d'un révélateur normal.
PARAMIDOPHÉNOL (base libre).	$C^6H^4 < {OH\ (1) \atop AzH^2\ (4)}$ Base libre. $C^6H^4 < {OH \atop AzH^2 (HCl)}$ Chlorhydrate. Le chlorhydrate cristallise en prismes. La base libre cristallise en lamelles. ——— Chauffé, le chlorhydrate se décompose sans fondre. La base libre fond à 184° en se décomposant.	Le chlorhydrate est facilement soluble dans l'eau, difficilement soluble dans l'alcool et dans l'éther. La base libre est facilement soluble dans l'eau chaude; plus difficilement dans l'eau froide; assez soluble dans l'alcool et difficilement soluble dans l'éther.	L'acide chlorhydrique ajouté à la solution aqueuse concentrée, précipite du chlorhydrate de paramidophénol.	Les sulfites et les alcalis carbonatés, ajoutés aux solutions concentrées de chlorhydrate, précipitent la base libre. Les alcalis caustiques agissent de même, mais un excès redissout la base sans formation de phénate.	Coloration jaune avec l'acide nitrique, précipité brun avec le perchlorure de fer, le ferricyanure de potassium et le sulfate ferreux.	Eau.......... 1000 cc. Sulfite de soude anhydre.......... 75 gr. Lithine caustique.. 5 gr. Paramidophénol... (base) 10 gr.
PARAPHÉNYLÈNE-DIAMINE (base libre). (Développateur pour l'obtention d'images à grains fins).	$C^6H^4 < {AzH^2\ (1) \atop AzH^2\ (4)}$ Chauffé, le chlorhydrate se décompose sans fondre. La base libre fond à 140°. ——— Tablettes tricliniques.	Le chlorhydrate est facilement soluble dans l'eau, peu soluble dans l'alcool, insoluble dans l'éther. ——— La base libre est facilement soluble dans l'alcool et dans l'éther, moins facilement soluble dans l'eau.	L'acide chlorhydrique, ajouté à la solution aqueuse concentrée, précipite du chlorhydrate de paraphenylène-diamine.	S'extrait à l'éther en solution alcaline-caustique.	Coloration vert-brun, passant au brun et donnant un précipité brun foncé avec le ferricyanure de potassium et le sulfate ferreux.	Eau.............. 1000 cc. Sulfite de soude anhydre.......... 60 gr. Paraphénylène-diamine....... ... 10 gr.
PYROCATÉCHINE (orthodioxybenzène).	$C^6H^4 < {OH\ (1) \atop OH\ (2)}$ Lamelles larges (cristallise dans le benzène). Aiguilles prismatiques (cristallisé dans l'eau).	Facilement soluble dans l'eau, dans l'alcool et dans l'éther. Soluble dans le benzène froid.	Sans action caractéristique.	L'éther n'extrait pas la pyrocatéchine de sa solution aqueuse en présence d'alcalis caustiques, mais bien de sa solution préalablement acidulée.	Coloration jaune rougeâtre avec l'acide nitrique, vert sombre avec le chlorure ferrique.	A. Eau........... 300 cc. Sulfite de soude anhydre..... 20 gr. Pyrocatéchine.. 10 gr. B. Eau.......... 500 cc. Carbonate de potasse.... ... 10 gr. Employer 50 cc. de solution A et 50 cc. de solution B.
PYROGALLOL (acide pyrogallique, 1.2.3-trioxybenzène).	$C^6H^3 \begin{matrix} OH\ (1) \\ OH\ (2) \\ OH\ (3) \end{matrix}$ Aiguilles brillantes incolores. Fond à 126°.	Facilement soluble dans l'eau, dans l'alcool et dans l'éther.	Sans action caractéristique.	Les solutions sulfitées additionnées d'acide pyrogallique brunissent lorsqu'on y ajoute une goutte d'un alcali caustique.	Coloration rouge sombre avec l'acide nitrique, bleue tournant au brun avec le chlorure ferrique, rouge foncé avec le ferricyanure de potassium.	A. Eau........... 1000 cc. Sulfite de soude anhydre..... 100 gr. Acide pyrogallique........ 40 gr. B. Acétone. Pour développer prendre : 75 cc. eau, 25 cc. A et 10 cc. B.

veloppateur que le bromure d'argent seul : ainsi, le bromure de potassium donnerait naissance au composé : AgBr.2KBr. Cette hypothèse n'a pas encore reçu de sanction expérimentale.

L'action retardatrice du bromure de potassium, qui est très marquée pour le développateur à l'oxalate ferrique, est bien moins sensible pour les révélateurs organiques, probablement à cause de leur plus grand pouvoir réducteur.

Fixage. — Lorsque le développement est terminé, la plaque est lavée rapidement et fixée dans une solution d'hyposulfite de soude [voyez *Bull. Soc. franç. Photogr.*, 1902, p. 270] :

Eau	1000 cc.
Hyposulfite de soude	250 gr.
Bisulfite de soude commercial liquide	25 gr.

Pour assurer la conservation du cliché, on doit le débarrasser aussi complètement que possible de l'hyposulfite qui l'imprègne en procédant, soit à un lavage abondant dans de l'eau fréquemment renouvelée, soit à un lavage sommaire suivi d'un traitement par une solution susceptible de détruire l'hyposulfite, telle qu'un mélange de persulfate d'ammoniaque et d'une substance à réaction alcaline (borax, acétate de soude). Les plaques sont ensuite séchées dans un local sec, bien aéré et à l'abri des poussières.

Accidents du développement. — Il peut arriver, au cours du développement d'une plaque, certains accidents qui tiennent, soit à un manque ou à un excès de pose, soit à toute autre cause, et auxquels il est possible de remédier dans une certaine mesure.

Un cliché heurté, manquant de pose, sera amélioré par un traitement au persulfate d'ammoniaque.

Un cliché trop posé, uniforme, gris et sans vigueur, devra être renforcé.

Les inégalités de développement indiquent que la plaque n'a pas été mouillée uniformément.

Les décollements de gélatine se produisent dans un bain trop alcalin ou trop chaud, et on y remédie en plongeant la plaque dans un bain d'alun.

Les taches transparentes, en forme de cratères, peuvent se produire lorsqu'un cliché a séché dans une atmosphère humide.

Des piqûres très fines connues sous le nom de « trous d'aiguilles » se produisent fréquemment lorsque des poussières se déposent sur la couche avant le développement. Cet accident arrive surtout dans les appareils à escamotage et ne peut être empêché que par un nettoyage très minutieux de l'appareil et des châssis.

Les plaques présentent assez souvent des voiles de diverses natures. Le voile proprement dit est dû à la pénétration accidentelle de la lumière.

On observe parfois un autre voile appelé *voile dichroïque* consistant en une double coloration du cliché, jaune par réflexion et rose par transparence. Ce voile est dû à l'introduction d'hyposulfite dans le révélateur ou au contraire, de révélateur dans le bain d'hyposulfite ; il peut aussi être dû à un développement trop prolongé. On fait disparaître ce voile dichroïque plus ou moins complètement en plongeant la plaque dans une solution de permanganate de potasse à 1 0/00, puis dans une solution de bisulfite.

Positifs sur verre. — Les plaques au gélatino-bromure peuvent aussi servir à l'obtention d'épreuves positives sur verre (vitraux photographiques, épreuves pour projections, etc.). L'industrie livre des plaques spécialement préparées dans ce but et dont l'émulsion est à grain très fin. Elles sont ordinairement au gélatino-chlorure d'argent et peuvent donner directement des tonalités très variées suivant le développement.

Contre-types. — On donne le nom de contre-types à un négatif obtenu à l'aide d'un premier négatif original. On peut naturellement faire, à l'aide d'un négatif, un positif dont on tirera ensuite un négatif, mais il est possible d'obtenir directement le négatif en employant certains procédés dont le meilleur est le suivant :

La plaque au gélatino-bromure d'argent, et de préférence anti-halo, est, après exposition normale, développée comme à l'ordinaire, plutôt au diamidophénol. Après lavage, on l'expose à la lumière pendant un temps très court, quelques secondes au plus. Le bromure d'argent non réduit au développement se trouve ainsi plus ou moins impressionné, l'argent réduit formant écran. On dissout alors l'argent réduit dans le bain suivant :

Eau	100 cc.
Bichromate de potasse	0,35 gr.
Acide sulfurique à 66° B	10 gouttes.

Ce bain est suffisant pour une plaque 13×18, mais ne doit servir qu'une fois.

Lorsque l'argent réduit est complètement éliminé, on lave la plaque et on passe dans une solution de sulfite de soude anhydre à 5 0/0, puis après lavage, on la développe dans un bain de diamidophénol. On lave et on fixe comme d'habitude. Toutes ces opérations doivent évidemment se faire à la lumière inactinique du laboratoire.

Plaques anti-halo. — L'emploi du verre comme support de la couche sensible offre, entre autres inconvénients, celui de provoquer le phénomène connu sous le nom de « halo photographique », et qui consiste en la formation d'auréoles plus ou moins accentuées autour de l'image des objets très lumineux. En effet, lorsque la couche sensible est soumise à l'action d'un rayon lumineux très intense, celui-ci peut ne pas être absorbé complètement par la couche, et la partie résiduelle se réfléchira sur la face postérieure du verre pour impressionner la couche en un point voisin de l'impression première.

On peut réduire la formation du halo dans une très forte proportion en enduisant la face non gélatinée des plaques d'une composition susceptible d'absorber les rayons réfléchis, par exemple un mélange d'essences ayant l'indice de réfraction du verre, auxquelles on incorpore du noir de fumée. Ce procédé a le double inconvénient d'obliger l'opérateur à faire lui-même ce vernissage et de nettoyer la plaque avant le développement.

Le procédé le plus efficace jusqu'ici pour éviter le halo est celui qui a été breveté par la Société Lumière et par la Société A. G. F. A. de Berlin. Il consiste à interposer entre la couche sensible et le verre une sous-couche transparente d'une couleur inactinique. Les rayons lumineux, après s'être réfléchis sur la face postérieure de la plaque, ne laissent arriver jusqu'à la couche sensible que des radiations inactiniques, les autres étant absorbées par la couche colorée. Le halo ne peut donc plus se produire.

La matière colorante qui teinte la sous-couche doit avoir une coloration convenable pour que l'absorption des radiations actiniques soit aussi complète que possible ; elle ne doit pas agir sur la sensibilité de l'émulsion, et, en outre, elle doit être facile à détruire ultérieurement pour ne pas s'opposer au tirage des positifs.

Renforcement.

Le renforcement a pour but d'augmenter l'intensité des images. On peut obtenir ce résultat par deux procédés :

1° En substituant à l'argent de l'image un composé plus opaque.

2° En faisant déposer sur toutes les particules métalliques constituant l'image une couche d'argent plus ou moins dense.

Le premier procédé, qui constitue le renforcement chimique, est le seul qui puisse être employé pratiquement avec les émulsions rapides.

Le deuxième procédé, désigné sous le nom de renforcement physique, n'est utilisable qu'avec les émulsions lentes.

Renforcement chimique. — Les principaux modes de renforcement chimique utilisent le bichlorure de mercure, l'iodure mercurique et les ferricyanures d'urane ou de cuivre.

Le renforcement au bichlorure de mercure s'emploie lorsqu'il s'agit de rendre un cliché très vigoureux par création de fortes oppositions, l'épreuve devant présenter un dessin franchement noir sur blanc. Les autres modes de renforcement chimique s'emploient lorsqu'il s'agit d'améliorer un cliché trop posé en lui donnant, par une légère augmentation de contrastes, le relief qui lui manque, mais sans nuire à la gamme de ses demi-teintes.

Renforcement au bichlorure de mercure. — L'opération consiste à substituer à chaque molécule d'argent de l'image une ou plusieurs molécules d'un composé plus opaque. En effet, lorsqu'on plonge un négatif dans une solution de chlorure mercurique, ce sel perd la moitié de son chlore qui se porte sur l'argent et se transforme en chlorure mercureux :

$$(HgCl^2)^2 + Ag^2 = Hg^2Cl^2 + 2AgCl.$$

Les deux chlorures formés sont *blancs*; le cliché blanchit par conséquent à la suite de ce traitement. La plaque est retirée de la solution lorsqu'on juge le renforcement suffisant, elle est lavée avec soin pour éliminer toute trace de chlorure mercurique qui peut imprégner la couche, puis elle est plongée dans l'eau ammoniacale à 10 0/0. L'ammoniaque dissout le chlorure d'argent et forme avec le chlorure mercureux un composé ammonié noir très opaque, qui, en se substituant à l'argent de l'image, intensifie le cliché.

On peut remplacer l'ammoniaque par une solution de sulfite de soude.

Le bain mercurique est ordinairement *une solution de bichlorure de mercure à* 5 0/0 qu'on conserve à l'abri de la lumière. Cette solution convient pour les renforcements partiels; lorsque le renforcement doit être complet, il est préférable de faire usage d'une solution saturée, c'est-à-dire à 7 0/0; il est même facile, en ajoutant un peu d'alcool, d'augmenter le titre du bain. Avant de procéder au renforcement du négatif, il est indispensable que la couche soit bien débarrassée de l'excès d'hyposulfite de soude ayant servi au fixage. Sans cette précaution, on déterminerait un précipité de soufre au sein de la gélatine. Le cliché renforcé doit être bien lavé, avant le traitement par l'ammoniaque.

Renforcement à l'iodure mercurique. — Dans le renforcement au chlorure mercurique, on ne peut juger de l'intensification de l'image que lors de la deuxième partie de l'opération (traitement par l'ammoniaque ou le sulfite). Avec l'iodure mercurique, ainsi qu'avec les autres renforçateurs indiqués plus bas, on peut suivre directement l'intensification de l'image pendant le renforcement. Dans ce procédé on emploie une dissolution de sulfite anhydre à 10 0/0 dans laquelle on dissout 1 gr. d'iodure mercurique [A. et L. Lumière et Seyewetz. *Bull. de la Société française de Photographie*, 1899, p. 472].

On peut admettre qu'il se forme dans cette solution un sel double répondant à la formule :

$$(Na^2SO^3)^2 + HgI^2.$$

Dans l'action du renforçateur sur l'argent du cliché, il est probable que la réaction a lieu en deux phases que l'on peut exprimer par les équations suivantes :

$$2HgI^2 + 2Ag = Hg^2I^2 + 2AgI;$$
$$Hg^2I^2 + 2(SO^3Na^2) = Hg + HgI^2(SO^3Na^2)^2.$$

On peut également utiliser comme renforçateur la solution d'iodure mercurique dans l'hyposulfite de soude [Edwards. *Phot. News*, 1879, 514; — Vogel, *Photogr. Mitteilungen*, **16**, 240]. L'emploi de l'hyposulfite de soude présente divers inconvénients qui sont supprimés par l'emploi du sulfite de soude. L'image renforcée à l'hyposulfite de soude jaunit à la longue sous l'influence de l'air humide. Ce jaunissement est dû vraisemblablement à l'oxydation du mercure sous l'influence de l'humidité et à la formation d'une combinaison double HgO, AgI de couleur jaune [A. et L. Lumière et Seyewetz. *Bull. Soc. franç. de Photogr*, 1899]. On peut empêcher ce jaunissement en plongeant les clichés renforcés dans un réducteur de l'iodure d'argent, tel qu'un révélateur, qui transforme l'iodure d'argent en argent métallique, sans que l'intensité relative du cliché soit modifiée.

Enfin, si l'image est trop renforcée, elle peut être affaiblie, avant d'être traitée par un révélateur, en la plongeant dans une solution d'hyposulfite de soude qui dissout sans doute l'iodure d'argent.

Les autres dissolvants de l'iodure mercurique, tels que l'iodure de potassium et le chlorure d'ammonium, donnent également des solutions renforçatrices, mais celles-ci sont inutilisables, car elles sont dissociées par un excès d'eau qui produit ainsi un précipité jaune rougeâtre au sein de la gélatine.

Renforcement à l'urane et renforcement au cuivre. — Dans ces procédés, on utilise l'argent de l'image pour réduire le ferricyanure de potassium et former un ferrocyanure double d'argent et de potassium insoluble, qu'on transforme ensuite soit en ferrocyanure double d'argent et d'uranium qui est d'une couleur rouge sanguine, soit en ferrocyanure double d'argent et de cuivre dont la couleur est rouge violacé.

Ces deux composés, surtout le premier, sont beaucoup plus opaques que l'argent initial et ils intensifient l'image.

On peut effectuer ce renforcement soit en une seule opération, soit en deux.

Dans le renforcement à l'urane, on ajoute au renforçateur un acide destiné à dissoudre le ferricyanure d'argent formé par l'action du ferricyanure de potassium en excès sur le sel d'argent soluble qui prend naissance pendant le renforcement.

Avec le sel de cuivre, on mélange du citrate de potassium qui dissout le ferricyanure de cuivre insoluble dans l'eau résultant de l'action du sel de cuivre sur le ferricyanure de potassium.

La détermination de la composition des images ainsi renforcées a montré [A. et L. Lumière et Seyewetz, *Bull. Soc. franç. de Photogr.*, 1905] qu'elles renferment du fer, de l'argent, du potassium et de l'uranium ou du cuivre, mais sans que cette composition corresponde à des formules définies.

Voici les formules les plus usitées pour ces renforçateurs à l'urane et au cuivre :

Renforçateur à l'urane.

Eau	100 cc.
Ferricyanure de potassium	1 gr.
Nitrate d'urane	1 gr.
Acide acétique	10 cc.

Renforçateur au cuivre.

Eau	100 cc.
Ferricyanure de potassium	1 gr.
Sulfate de cuivre	1 gr.
Citrate de potasse	10 gr.

RENFORCEMENT PHYSIQUE. — Le principe de ce procédé de renforcement, utilisé seulement avec les émulsions lentes, est basé sur la précipitation de l'argent à la surface des particules métalliques qui constituent l'image. On obtient ce résultat en plongeant le cliché dans une solution de nitrate d'argent additionnée d'un réducteur convenable. Ce réducteur doit être mélangé au nitrate d'argent sans en précipiter l'argent immédiatement, mais doit pouvoir produire à la longue cette précipitation. Les particules d'argent du cliché ont pour effet d'accélérer beaucoup la réduction, mais celle-ci ne se produit que sur les portions de la solution qui recouvre ces particules, ce qui produit l'intensification de l'image.

Cette méthode de renforcement présente le grave inconvénient de donner facilement des voiles colorés et d'être d'une exécution délicate.

Voici une formule de renforcement physique :

Eau	1000 cc.
Acide pyrogallique	3 gr.
Acide citrique	3 gr.

Au moment de l'emploi, ajouter 15 cc. de nitrate d'argent pour 100 cc. de la solution précédente.

AFFAIBLISSEMENT.

L'affaiblissement des clichés, c'est-à-dire l'opération qui a pour but de diminuer l'intensité et la vigueur d'une épreuve, est obtenu à l'aide de procédés assez nombreux qui peuvent se ranger en deux catégories, suivant qu'ils agissent d'une façon uniforme sur les différentes parties de l'image, ou que leur action s'exerce surtout sur les parties les plus opaques de celle-ci.

1° AFFAIBLISSEURS AGISSANT UNIFORMÉMENT SUR LES DIFFÉRENTES PARTIES DE L'IMAGE. — Les composés de cette première catégorie utilisent l'argent du cliché pour ramener au minimum un composé au maximum, ce qui produit un sel argentique qui est tantôt insoluble dans l'eau, mais soluble dans l'hyposulfite de soude, et tantôt soluble dans l'eau. De là, deux groupes distincts de ces substances :

1er *groupe*. — Substances donnant un composé argentique insoluble dans l'eau et soluble dans l'hyposulfite de soude.

Dans ce premier groupe d'affaiblisseurs, on distingue, d'une part, ceux qui ne peuvent être mélangés à l'hyposulfite de soude sans oxyder immédiatement ce corps (d'où la nécessité d'employer deux bains successifs) ; d'autre part, ceux pouvant être mélangés à l'hyposulfite de soude sans réagir immédiatement sur ce composé. Néanmoins, dans tous les cas, ce mélange du corps oxydant avec l'hyposulfite ne peut être conservé sans altération, car à la longue, les deux composés réagissent toujours l'un sur l'autre. A la première subdivision appartiennent les procédés basés sur l'emploi simultané des chlorures, bromures et iodures ferriques ou cuivriques, et de l'hyposulfite de soude ; à la deuxième appartiennent les procédés utilisant l'oxalate ferrique ou le ferricyanure de potassium mélangé à l'hyposulfite de soude.

Le mélange de ferricyanure de potassium et d'hyposulfite connu sous le nom de liquide de Farmer appartient aussi à ce groupe. Ce mélange ne se conserve pas, et au bout de très peu de temps, il est hors d'usage, le ferricyanure étant à la longue réduit par l'hyposulfite de soude.

2e *groupe*. — Affaiblisseurs fournissant un composé argentique directement soluble dans l'eau.

Un certain nombre de sels métalliques au maximum, dont les acides peuvent fournir un sel d'argent soluble dans l'eau, possèdent la propriété de pouvoir dissoudre directement l'argent d'une image photographique sans nécessiter l'emploi de l'hyposulfite de soude. Tels sont les sels ferriques, manganiques, titaniques, mercuriques et cériques. Les sels cériques sont seuls utilisés pratiquement.

Sels cériques. — Le sulfate et le nitrate cériques affaiblissent très rapidement les images, sans avoir l'inconvénient de teinter la gélatine en jaune comme les autres sels au maximum [A. et L. Lumière et Seyewetz, *Bull. Soc. franç. de Photogr.*, 103, 1900]. Le sulfate cérique est le plus commode et il offre de nombreux avantages. La facilité avec laquelle il se dissout dans l'eau, la grande stabilité de ses solutions acidulées par l'acide sulfurique, la rapidité avec laquelle il peut dissoudre l'argent lorsqu'il est en solution concentrée, son action très régulière à tous les degrés de concentration, enfin la possibilité d'utiliser les solutions jusqu'à épuisement, et de les conserver indéfiniment, font de cet affaiblisseur un réactif très pratique. La solution qui convient le mieux est la solution à 10 0/0 additionnée de 4 cc. d'acide sulfurique par 100 cc. de solution. La rapidité de l'action peut être réglée en diluant plus ou moins la solution.

2° AFFAIBLISSEURS DONT L'ACTION S'EXERCE PRINCIPALEMENT DANS LES PARTIES OPAQUES. — On peut rattacher à cette catégorie deux procédés d'affaiblissement différents.

Dans un premier procédé, qui a été indiqué par Eder, on transforme tout l'argent du cliché en chlorure par le chlorure ferrique, puis on développe l'image avec un révélateur agissant lentement, et l'on arrête le développement avant que le cliché devienne trop opaque ; on dissout ensuite le chlorure non réduit dans l'hyposulfite de soude. Cette méthode, basée sur un principe très intéressant, est d'une application quelque peu délicate, en raison de l'incertitude dans laquelle on se trouve lorsqu'il s'agit d'arrêter l'action du développateur.

Affaiblisseur au persulfate d'ammoniaque. — [A. et L. Lumière et Seyewetz, *Bull. Soc. franç. de Photogr.*, 395, 1898]. Il est préférable d'employer des corps peroxydés, tels que les persulfates, notamment le persulfate d'ammoniaque, qui peuvent jouer à la fois le rôle d'oxydants et de réducteurs, suivant les conditions dans lesquelles on les utilise.

On emploie le persulfate d'ammoniaque en solution à 4 0/0.

Le persulfate d'ammoniaque dissout l'argent en donnant du sulfate double d'argent et d'ammoniaque SO^4AgAzH^4, et cette dissolution se produit avec une intensité décroissante depuis le fond de la couche jusqu'à la surface où elle est sensiblement nulle. Pour expliquer ce phénomène, on peut admettre qu'une réaction inverse de celle qui détermine la dissolution de l'argent se produit extérieurement en présence de l'excès de persulfate. Ce dernier corps, en présence du sulfate double d'argent et d'ammoniaque formé, tend à donner de l'argent réduit, et, par suite, à compenser l'action dissolvante. Avec ce réactif, on peut donc, dans le cas d'un cliché manquant de pose, pousser le développement à fond sans se préoccuper de la dureté de l'épreuve obtenue, de façon à faire venir le maximum des détails, puis on affaiblit le cliché jusqu'au point convenable dans la solution de persulfate d'ammoniaque, sans craindre, comme avec le ferrocyanure ou les sels de cérium, d'atténuer les demi-teintes correspondant aux parties sombres de l'objet photographié.

Divers cas où l'on a à affaiblir les clichés. — Trois cas peuvent se présenter pour les affaiblissements :

1° *Le cliché terminé est trop opaque sur toute sa surface.* — Son manque général de transparence rend le tirage des épreuves positives trop long ou même impossible. Il faut, dans ce cas, agir simultanément sur toutes les portions de l'image, sans altérer les rapports des demi-teintes. On emploiera dans ce but un *bain d'hyposulfite* contenant très peu de *ferricyanure de potassium*, ou bien une solution diluée d'affaiblisseur au cérium, de façon que le liquide puisse pénétrer complètement la couche avant d'agir notablement à la surface, l'intensité sera diminuée proportionnellement à la durée de l'immersion, sans que les valeurs relatives de tons soient modifiées.

2° *Le cliché est trop opaque par suite d'un voile.* — On le plonge à l'état sec dans un affaiblisseur énergique qui n'agit que sur la surface.

3° *Le cliché est trop vigoureux tout en conservant la transparence dans certaines parties.* — Ce défaut se présente lorsque le cliché manque de pose et que le développement a été trop poussé. Si l'on appliquait à ce cliché le traitement indiqué ci-dessus, on supprimerait le peu de détails des parties transparentes et le but ne serait pas atteint. Il faut pouvoir agir sur la partie inférieure de la couche et ne dissoudre que les parties trop opaques, en commençant par le côté qui est en contact avec le verre. C'est ce que réalise l'affaiblisseur au persulfate d'ammoniaque.

Pellicules.

L'emploi du verre comme support de l'émulsion sensible présente plusieurs inconvénients : il est lourd, encombrant et fragile; de plus, ainsi qu'il l'a été dit plus haut, il est la cause du halo sur les épreuves. Aussi a-t-on cherché à remplacer le verre par un support transparent léger, imperméable et incassable, constitué par du collodion ou du celluloïd sur lequel l'émulsion est étendue, de manière à faire ce que l'on appelle une *pellicule* photographique.

La préparation des pellicules transparentes fut réalisée pour la première fois en 1867, par Woodbury, qui faisait évaporer sur des glaces une couche de collodion, et détachait celle-ci après dessiccation et sensibilisation. Malgré quelques essais pour l'emploi du celluloïd, le procédé de Woodbury est toujours suivi de nos jours.

Si les pellicules offrent de grands avantages, elles offrent aussi quelques inconvénients qui en restreignent l'emploi. Les pellicules sont assez chères, et leur manipulation est parfois un peu plus délicate que celle des plaques, en raison de leur souplesse. Néanmoins, l'usage des pellicules tend à se généraliser de plus en plus, en raison de leur utilisation dans les appareils à main. Enfin, une application fort importante des pellicules est la cinématographie, dont il sera question plus loin.

Les pellicules photographiques sont préparées, tantôt sur support épais : ce sont les *vitroses* qui possèdent une certaine rigidité et se traitent comme les plaques ordinaires; tantôt sur support mince, et elles sont alors livrées par l'industrie en bobines ou en rouleaux, qui, grâce à certains artifices, peuvent être introduits en plein jour dans les appareils photographiques.

Les pellicules photographiques se développent comme les plaques ordinaires, et les formules de développateur qui ont été données plus haut leur sont applicables. Le séchage seul des pellicules réclame certaines précautions. Au sortir de la dernière eau de lavage, on les égoutte et on les suspend par une de leurs extrémités à l'aide de deux épingles au bord d'une tablette saillante. On aura soin d'enlever, avec du papier buvard, les grosses gouttes d'eau qui peuvent s'accumuler en certains points. Lorsque les pellicules sont sèches, elles sont recroquevillées et tordues sur elles-mêmes. Pour les ramener à l'état de planéité, il suffit de les enrouler autour d'un cylindre de faible diamètre, tel qu'un crayon, la couche en dehors. Au bout de quelques heures la pellicule peut être déroulée, et elle conservera sa planéité.

On a parfois conseillé de passer les pellicules, avant de les sécher, dans une solution de glycérine à 5 0/0. Les pellicules ainsi traitées conservent, à la vérité, une souplesse particulière, mais la couche est rendue très hygroscopique, et pourrait déterminer la formation de taches ou d'adhérences sur le papier sensible.

Le tirage des positifs s'effectue avec les pellicules comme avec les plaques. Les pellicules offrent aussi l'avantage de pouvoir fournir des images nettes, même lorsqu'on applique contre le papier la face non émulsionnée, ce qui est parfois commode dans les procédés aux encres grasses qui exigent des clichés retournés.

PHOTOGRAPHIE DES COULEURS.

On peut diviser en deux catégories les méthodes qui permettent d'obtenir la représentation photographique en couleurs des objets : les méthodes non pigmentaires et les méthodes pigmentaires.

Méthodes non pigmentaires. — M. Lippmann a pu obtenir la photographie directe des couleurs en employant une couche sensible absolument continue et en adossant cette couche à une surface réfléchissante formée par du mercure [*C. R.*, février 1891 et octobre 1892]. Ce savant employait une émulsion sans grain, soit à l'albumine, au collodion ou à la gélatine, et la plaque, une fois sèche, était placée dans un châssis creux que l'on remplissait de mercure. Ce mercure formait une surface réfléchissante en contact avec la couche sensible.

La théorie de l'expérience est la suivante :

« La lumière incidente qui forme l'image dans la chambre noire, dit M. Lippmann, interfère avec la lumière réfléchie par le mercure. Il se forme, par suite, dans l'intérieur de la couche sensible un système de franges, c'est-à-dire de maxima lumineux et de minima obscurs. Les maxima seuls impressionnent la plaque; à la suite des opérations photographiques, ces maxima demeurent marqués par des dépôts d'argent plus ou moins réfléchissants, qui occupent leur place. Les couches sensibles se trouvent partagées par ces dépôts en une série de lames minces qui ont pour épaisseur l'intervalle qui séparait deux maxima. c'est-à-dire une demi-longueur d'onde de la lumière incidente. Ces lames minces ont donc précisément l'épaisseur nécessaire pour reproduire par réflexion la couleur incidente.

« Les couleurs visibles sur le cliché sont ainsi de même nature que celles des bulles de savon. Elles sont seulement plus pures et plus brillantes, du moins quand les opérations photographiques ont donné un dépôt bien réfléchissant. Cela tient à ce qu'il se forme dans l'épaisseur de la couche sensible un très grand nombre de lames minces superposées; environ 200 si la couche a. par exemple, 1/20 de millimètre. Pour les mêmes raisons, la couleur réfléchie est d'autant plus pure que le nombre des couches réfléchissantes augmente. Ces couches forment, en effet, une sorte de réseau en profondeur, et. pour la même raison que dans la théorie des réseaux par réflexion, la pureté des couleurs va en croissant avec le nombre des miroirs élémentaires ».

M. Lippmann n'avait d'abord photographié que le spectre solaire; mais en employant des plaques orthochromatiques et un écran convenable. on peut arriver à reproduire tous les différents objets de la nature avec leurs couleurs naturelles.

Malheureusement, la méthode interférentielle présente plusieurs inconvénients plus ou moins sérieux : les images sont miroitantes comme les anciens daguerréotypes, et les couleurs changent avec l'incidence sous laquelle on examine l'épreuve. En outre, les plaques photographiques sans grain sont toujours peu sensibles. Enfin, les résultats fournis par cette méthode ne sont pas constants, et en opérant dans des conditions aussi identiques que possible, on n'est pas sûr d'obtenir les mêmes résultats : il y a des éléments de variations qui échappent encore.

Plus récemment, M. Rheinberg a indiqué le principe d'une autre méthode permettant également la reproduction photographique des couleurs [*British journal of Photography*, 7, 1904].

M. Lippmann, qui n'avait pas eu connaissance de l'invention de M. Rheinberg, crut avoir découvert ce procédé en 1906 et il le décrivit à l'Académie des sciences [*C. R.*, 1906]. L'appareil qu'il emploie est un spectroscope photographique à l'aide duquel il obtient une épreuve positive de la lumière qui tombe sur la fente : « Supposons, dit M. Lippmann, que la plaque sensible ait été développée, puis remise en place, et considérons d'abord le cas où l'on aurait ainsi obtenu un positif. Si la fente F a été éclairée par des rayons rouges, par exemple, ces rayons ont donné dans le spectre une image R de la fente. Cette image est transparente sur l'épreuve positive et constitue une sorte de fente qui, lorsque la plaque a été remise en place. est l'image F conjuguée de la fente. Inversement, F est l'image conjuguée de R, d'après le principe de la marche inverse des rayons. Il faut entendre que cette double condition est satisfaite pour les rayons rouges qui ont fourni l'image et pour ceux-là seulement; les rayons d'une autre réfrangibilité auraient une marche différente et ils ne retomberaient ni sur F, ni sur R. Il s'ensuit que, si l'on éclaire F avec de la lumière blanche, la région transparente R ne reçoit que les rayons qui l'ont formée et ne laisse passer que ceux-là. Si l'on fait marcher la lumière en sens inverse, c'est-à-dire si l'on éclaire l'épreuve par de la lumière blanche, la fente ne reçoit et ne laisse passer que les rayons qui ont marqué leur trace sur R.

« Le raisonnement s'applique à des rayons de réfrangibilité quelconque et coexistants. »

Pour opérer, M. Lippmann remplace la fente unique du spectroscope par une série de fentes très rapprochées. Ce sont des lignes fines transparentes au nombre de cinq par millimètre. L'image à reproduire est projetée sur la trame, puis la plaque sensible est développée et remise en place. L'appareil étant éclairé en lumière blanche, on revoit l'image qui avait posé avec ses couleurs.

On voit que dans ce procédé on est obligé de placer l'épreuve dans l'appareil même qui l'a fournie, toutes les fois que l'on veut revoir les couleurs, car, vue à la main, l'épreuve est noire et blanche comme une épreuve ordinaire. Cette nécessité constitue évidemment un gros inconvénient de la méthode et s'oppose à son utilisation pratique.

Méthodes pigmentaires. — Les méthodes indirectes permettent d'obtenir une reproduction photographique des couleurs, en employant, les unes trois négatifs, les autres un seul négatif.

Méthode à trois négatifs. — Le principe de cette méthode a été énoncé en 1869 par Ch. Cros et Ducos du Hauron. Elle est basée sur ce fait qu'un mélange de trois couleurs convenablement choisies. dites couleurs fondamentales, peut reproduire tous les objets polychromes de la nature. Ces couleurs sont le bleu, le jaune et le rouge.

« Si on décompose, disait Ducos du Hauron, en trois tableaux distincts. l'un rouge, l'autre jaune, l'autre bleu, le tableau, en apparence unique, qui nous est offert par la nature, et si de chacun de ces trois tableaux on obtient une image photographique séparée qui en reproduise la couleur spéciale, il suffira de confondre ensuite en une seule image les trois images ainsi obtenues pour jouir de la représentation exacte de la nature, couleur et modelé tout ensemble. »

Ce procédé, en apparence assez simple, rencontre dans la pratique des difficultés qui n'ont pu être surmontées que dans ces dernières années [A. et L. Lumière, *C. R.*, 22 avril 1895 et *Revue générale des Sciences*, 15 décembre 1895]. L'obtention d'une épreuve en couleur comporte, en effet, trois groupes d'opérations :

1° La sélection des couleurs, c'est-à-dire la représentation sur trois négatifs séparés des radiations élémentaires rouges, jaunes et bleues réfléchies par l'objet, sorte d'analyse des couleurs;

2° Le tirage des trois monochromes positifs colorés respectivement en rouge, jaune et bleu et correspondant aux négatifs;

3° La superposition de ces trois monochromes, constituant la synthèse définitive des couleurs.

Comme il s'agit d'obtenir des négatifs des trois monochromes, jaune, bleu et rouge, on emploiera des plaques dont la sensibilité aura été exaltée non pas pour le monochrome à reproduire, mais pour la couleur complémentaire de celui-ci. Ainsi, pour obtenir le négatif du monochrome bleu, on emploiera des plaques aussi sensibles que possible à l'orange, et pour les monochromes jaune et rouge, on choisira des plaques respectivement sensibles au vert et au violet. De plus, il est indispensable d'interposer, sur le trajet des rayons impressionnant chaque plaque, un écran coloré ne laissant passer que les radiations pour lesquelles cette plaque est sensibilisée. Ainsi les négatifs du jaune, du rouge et du bleu seront obtenus derrière des écrans respectivement colorés en violet, en bleu et en orange. Ces écrans sont préparés d'après les formules suivantes :

Bain vert :

Solution de bleu de methylène N à 1/2 0/0.	5 cc.
— d'auramine G à 1/2 0/0...	30 cc.

Bain bleu violet :

Solution de bleu de méthylène à 1/2 0/0...	20 cc.
Eau..................................	20 cc.

Bain orange :

Solution d'érythrosine à 1/2 0/0..........	18 cc.
Solution de jaune metanile saturé à 15 0/0	20 cc.

On déterminera par tâtonnements les temps de pose relatifs pour chaque plaque.

Une fois les trois négatifs obtenus, on tire de chacun d'eux une épreuve positive sur un papier gélatiné, sensibilisé au bichromate comme dans la méthode au charbon. Après exposition, les trois épreuves sont reportées sur verre, puis colorées en les immergeant dans des bains de teinture respectivement rouge, jaune et bleu, en ayant soin, bien entendu, de ne pas confondre les monochromes.

Voici les formules des bains de teinture :

Bain rouge	Eau..................	1000 cc.
	Solution à 3 0/0 d'erythrosine J..........	25 cc.
Bain bleu.	Eau..................	1000 cc.
	Solution de bleu pur diamine F à 3 0/0.......	50 cc.
	Solution de colle forte à 15 0/0..............	70 cc.
Bain jaune.	Eau	1000 cc.
	Chrysophenine G	4 cc.
	Faire dissoudre à 70° et ajouter : alcool.....	50 cc.

Après une superposition provisoire, on corrige, s'il y a lieu, les intensités relatives des images en les immergeant de nouveau dans les bains de teinture ou au contraire en les affaiblissant par un lavage. Le bleu qui a servi à colorer le monochrome bleu résiste à l'eau froide et à tous les dissolvants, mais il présente cette singulière propriété de dégorger avec une facilité extrême lorsqu'on le plonge dans l'eau contenant une faible proportion de gélatine ou mieux de colle forte à 1 0/0 ou même à 0,5 0/0.

Ces corrections une fois effectuées, on procède à la superposition définitive des trois monochromes. Pour cela, on commence d'abord par coller un papier sur le monochrome jaune. Après séchage complet, on décolle le papier qui entraîne avec lui la pellicule jaune et on l'applique successivement sur les monochromes bleu et rouge. On obtient ainsi sur papier l'image complète avec toutes ses couleurs.

Cette épreuve sur papier peut être en dernier lieu reportée sur verre pour être examinée par transparence ; il suffit pour cela de coller l'épreuve sur un verre bien propre.

On peut aussi obtenir une synthèse temporaire des couleurs à l'aide d'appareils nommés *chromoscopes*, dont il existe de nombreux types, qui permettent d'examiner ou de projeter simultanément les trois monochromes. Le même résultat s'obtient également en faisant défiler rapidement les trois monochromes devant l'œil de l'observateur (brevet Lumière).

Méthodes à un seul négatif. — Ducos du Hauron avait indiqué en 1869 un procédé permettant d'obtenir sur une plaque unique la reproduction des couleurs. Une surface transparente, recouverte de raies alternativement rouge-orangé, vertes et bleu-violet, est placée contre une surface sensible panchromatique dans la chambre noire, de manière que, lors de la pose, la lumière avant d'atteindre la surface sensible traverse le réseau polychrome à travers lequel se fait le tirage des couleurs. Du négatif obtenu dans ces conditions on tire un positif transparent sur verre ; il suffit d'examiner celui-ci en plaçant contre lui un réseau polychrome identique au précédent pour voir une reproduction polychrome de l'image.

Ce procédé a été repris par Joly [*Moniteur de la photographie*, 358, 1895] et perfectionné par Tripp qui a pu, en traçant les lignes à la machine à diviser, en obtenir quarante par millimètre tandis que Joly n'en avait que six.

Outre les difficultés qu'offre leur préparation, de telles plaques ne donnent pas des colorations intenses et de plus les objets paraissent vus à travers un grillage. Ces inconvénients n'existent pas dans le procédé de MM. Lumière, qui permet d'obtenir de la manière la plus rigoureuse et à l'aide de manipulations très simples l'infinie variété des couleurs que présentent les objets naturels.

Procédé A. et L. Lumière.

Si l'on dispose à la surface d'une plaque de verre et sous forme d'une couche unique, mince, un ensemble d'éléments microscopiques, transparents et colorés en rouge-orangé, vert et violet, on peut constater, si les spectres d'absorption de ces éléments et si les éléments sont en proportions convenables, que la couche ainsi obtenue, examinée par transparence, ne semble pas colorée, car elle absorbe seulement une fraction de la lumière transmise.

Les rayons lumineux traversant les écrans élémentaires orangés, verts et violets reconstitueront, en effet, la lumière blanche, si la somme des surfaces élémentaires pour chaque couleur et l'intensité de la coloration des éléments constitutifs se trouvent établies dans des proportions relatives bien déterminées.

Cette couche mince trichrome ainsi formée est ensuite recouverte d'une émulsion sensible panchromatique.

Si l'on soumet alors la plaque préparée de la sorte à l'action d'une image colorée en prenant la précaution de l'exposer par le dos, les rayons lumineux traversent les écrans élémentaires et subissent, suivant leur couleur et suivant les écrans qu'ils rencontrent, une absorption variable. On a ainsi réalisé une sélection qui porte sur des éléments microscopiques et qui permet d'obtenir, après développement et fixage, des images colorées dont les tonalités sont complémentaires de celles de l'original.

Considérons, par exemple, une région de l'image colorée en rouge. Ces rayons lumineux rouges seront absorbés par les éléments verts de la couche, tandis que les éléments orangés et violets laisseront traverser ces radiations. La couche de gélatino-bromure panchromatique sera donc impressionnée sous les éléments violets et orangés, tandis qu'elle restera inaltérée sous les écrans élémentaires verts.

Le développement réduira le bromure d'argent de la couche et viendra masquer les éléments orangés et violets, tandis que les éléments verts apparaîtront ensuite après fixage, le bromure d'argent de l'émulsion qui les recouvre n'ayant pas été réduit. On a donc, dans ce cas, un résidu coloré vert, complémentaire des rayons rouges considérés.

Les mêmes phénomènes se produiront pour les autres couleurs ; c'est ainsi que sous la lumière verte, les éléments verts seront masqués et que la couche paraîtra colorée en rouge. Dans la lumière jaune, l'image sera violette, etc.

On conçoit qu'un négatif de couleur complémentaire ainsi obtenu puisse, par contact, donner avec des plaques préparées de même manière des épreuves positives, qui seront complémentaires des négatifs, c'est-à-dire qu'elles reproduiront les couleurs de l'original. On peut aussi, après le développement de l'image négative, ne pas fixer et inverser cette image pour obtenir, par le procédé connu, un positif direct qui présentera alors la coloration de l'objet photographié.

Les difficultés que les auteurs ont rencontrées dans l'application de cette méthode sont nombreuses, considérables même, mais après de laborieuses recherches, ces difficultés ont pu être surmontées. L'exposition s'effectue à la manière ordinaire dans un appareil photographique en prenant toutefois la précaution de retourner la plaque de façon que la lumière venant de l'objectif traverse les particules colorées avant d'atteindre la couche sensible. Il faut également interposer un écran jaune spécial destiné à compenser l'accès d'activité des radiations violettes et bleues. L'absorption due à l'interposition des éléments colorés conduit, quoique MM. Lumière soient arrivés à préparer des émulsions spéciales très sensibles, à un temps de pose plus long que pour la photographie ordinaire. Toutefois, il est possible d'obtenir au soleil des images en 1/5 de seconde à l'aide d'objectifs très lumineux (f/3).

Le développement s'effectue comme s'il s'agissait d'une photographie ordinaire. Si l'on se contente de fixer l'image à l'hyposulfite de soude, on obtient, comme on l'a dit plus haut, un négatif présentant par transparence les couleurs complémentaires de l'objet photographié. Mais il est préférable de rétablir l'ordre des couleurs sur la plaque elle-même en inversant chimiquement l'image. Pour cela on dissout l'argent réduit par le révélateur au moyen d'un bain approprié, puis on procède à un deuxième développement qui a pour effet de noircir le complément de l'image négative du premier développement.

Ces opérations s'effectuent de la manière suivante :

La plaque exposée est retirée du châssis, avec précaution, de façon à ne pas rayer la couche, puis développée dans le révélateur suivant :

Préparer les solutions :

A. —	Acide pyrogallique pur	3 gr.
	Alcool	100 c. c.
B. —	Eau	85 c. c.
	Bromure de potassium	3 gr.
	Ammoniaque (densité 0,92)	15 c. c.

Pour développer une plaque 13×18, prendre :

Eau	100 gr.
Solution A	10 —
— B	10 —

Ne verser la solution B, dans la cuvette, qu'au moment ou on va y introduire la plaque à développer; le révélateur étant très oxydable, il ne peut d'ailleurs servir qu'une fois, et il devient tout à fait noir à la fin de l'opération.

Le développement doit durer exactement deux minutes et demie, et il est recommandé expressément de ne pas modifier cette durée, qui est uniforme dans tous les cas.

On devra se garder d'examiner l'épreuve au cours du développement, car elle voilerait infailliblement, et *la moindre trace de voile empêcherait l'obtention de bonnes images*. Cet examen est du reste inutile, puisque le développement s'opère en deux minutes et demie, dans tous les cas : l'opérateur n'a donc qu'à observer exactement cette durée sans sortir la plaque du bain.

Au bout de deux minutes et demie, on lave la plaque sommairement, sous l'eau courante, pendant quelques secondes, et on la traite par la solution suivante :

Eau	1000 c. c.
Permanganate de potasse	2 gr.
Acide sulfurique	10 c. c.

Pour préparer cette solution, on ajoute d'abord l'acide sulfurique à l'eau, puis ensuite le permanganate.

Dès que le liquide a été versé sur la plaque, on peut sortir du laboratoire, et effectuer toutes les manipulations suivantes en plein jour. Le premier développement seul exige l'abri de la lumière; mais cette condition doit être remplie d'une façon absolue, sous peine d'insuccès complet.

L'action du bain au permanganate, qui a la propriété de dissoudre l'argent métallique réduit par le révélateur, est prolongée pendant une à deux minutes. On peut d'ailleurs suivre la dissolution de l'argent en examinant la plaque par transparence. Quand cette dissolution est complète, l'image est déjà visible avec ses couleurs; mais ces dernières augmenteront d'éclat pendant les manipulations suivantes.

Lorsque le dépouillement de l'image est terminé, on lave pendant quelques secondes sous l'eau courante, puis on traite par le deuxième révélateur suivant, toujours en pleine lumière (il est même indispensable d'opérer en pleine lumière, pour obtenir les couleurs) :

Eau	1000 c. c.
Sulfite de soude anhydre	15 gr.
Diamidophénol	5 gr.

On laissera ce révélateur agir pendant deux minutes environ. Les couleurs seront alors bien apparentes; mais il est indispensable de renforcer l'image, pour lui donner tout l'éclat qu'elle est susceptible d'acquérir.

Le renforcement doit être précédé d'un lavage sommaire, pendant quelques secondes, à l'eau courante, suivi d'un traitement nouveau par le bain de permanganate, *très dilué* (une partie de solution de permanganate pour 50 parties d'eau).

On lave encore sommairement, puis on traite la plaque par le renforçateur suivant :

A. —	Eau	1000 c. c.
	Acide pyrogallique	3 gr.
	Acide citrique	3 gr.
B. —	Eau	100 c. c.
	Nitrate d'argent	5 gr.

Prendre pour une plaque 13×18 :

Solution A	100 c. c.
— B	10 c. c.

Ce mélange jaunit peu à peu, et finit par se troubler; il doit être rejeté dès que le trouble commence à apparaître. En général, le renforcement est suffisant avant que cette limite ne soit atteinte; mais si, par suite de la nécessité de renforcer davantage, il convenait de pousser plus loin l'opération, il faudrait préparer un nouveau bain, et procéder à un deuxième traitement : les deux traitements étant séparés par un passage dans la solution *très diluée* de permanganate, après un lavage sommaire.

Après le renforcement, il convient de passer une dernière fois la plaque dans une solution de permanganate de potasse à 1 pour 1000, et ne contenant pas d'acide sulfurique, puis, après un lavage rapide, sous un jet d'eau, on la fixe dans le bain suivant :

Eau	1000 c. c.
Hyposulfite de soude	150 gr.
Bisulfite (solution commerciale)	50 c. c.

Laver de nouveau pendant trois à quatre minutes, dans l'eau courante, puis sécher rapidement la plaque. Après séchage, l'épreuve sera vernie à l'aide de la solution suivante :

Benzine cristallisable	100 gr.
Gomme Dammar	20 —

Il est recommandé de la façon la plus expresse, *de ne jamais traiter les plaques par l'alcool ou par des solutions alcooliques*, soit pour vernir la plaque, ou tout autre but. L'alcool amènerait la disparition totale des couleurs.

Méthode photographique de tirages en couleurs. — Il existe enfin différents procédés qui ne constituent, à proprement parler, que des méthodes de tirage en couleurs et qui paraissent susceptibles de recevoir par la suite des applications pratiques. C'est la méthode aux leucobases par recoloration du Dr. König et celle par décoloration du Dr Neuhauss. Voici sommairement le principe de ces méthodes.

Méthodes des leucobases. — On sait qu'un grand nombre de matières colorantes peuvent donner des leucobases sous l'action des réducteurs. Gross [*Photographische Rundschau*, 1903] a signalé que les leucobases se recolorent sous l'action de la lumière, mais cette coloration est assez faible. Le Dr König [*Deutsche Photographen Zeitung*, 1904] a constaté qu'en mélangeant ces leucobases avec différents éthers nitriques des alcools polyatomiques, notamment avec la nitrocellulose, la nitromannite, etc., la recoloration sous l'action de la lumière devient beaucoup plus rapide et considérablement plus intense. Il a reconnu que l'oxygène de l'éther nitrique participe à l'oxydation de la leucobase. Les éthers nitreux et leurs isomères, les dérivés nitrés, ne se comportent pas comme les éthers nitriques, tandis que les nitrosamines agissent comme ces derniers, quoique plus faiblement. C'est pour cette raison qu'il a dissous les leucobases dans un collodion, ce qui a fourni en même temps la nitrocellulose servant d'accélérateur et l'excipient permettant d'étendre la couche sensible sur un support tel que du papier. L'addition de nitromannite au collodion en accroît encore la sensibilité.

Le fixage a pu être obtenu par l'emploi de l'acide monochloracétique, qui constitue le meilleur dissolvant de la plupart des leucobases, tandis qu'elles sont à peine solubles dans l'acide acétique et les dérivés trichlorés.

Le maximum de sensibilité s'obtient en exposant à travers des verres d'une couleur complémentaire de celle que l'on veut obtenir, et le minimum avec des verres de même couleur. On peut utiliser pour l'exposition les écrans colorés qui servent pour l'obtension des négatifs.

Méthode par décoloration. — Cette méthode d'abord étudiée par Vallon [*Moniteur de la photographie* 318, 1895] et Lumière frères, puis par Wood [*Moniteur de la photographie*, 135, 1899], a été perfectionnée par le Dr Neuhauss [*Photographische Rundschau*, 1903] : elle est basée sur la décoloration que subissent certaines matières colorantes sous l'action des radiations colorées. Jusqu'ici le manque de sensibilité des préparations a limité les essais à l'impression à travers des images transparentes colorées. L'impression directe à la chambre noire exige un temps de pose tellement considérable (six à huit heures au soleil avec un objectif à $f/3$) que la méthode est impraticable. Voici comment opère le Dr. Neuhauss :

Dans 100 cc. d'une solution de gélatine à 10 0/0, il ajoute en agitant fortement :

4 cc. d'une solution de bleu méthylène (0gr,1 dans 50 cc. d'eau distillée);

2 cc. d'une solution d'auramine (0gr,1 dans 50 cc. d'alcool);

1cc,5 d'une solution d'érythrosine (0gr,25 dans 50 cc. d'eau distillée).

Le mélange filtré est maintenu quatre à cinq heures à 40° C, puis étendu sur des plaques de verre opale : les plaques, après avoir été séchées, sont sensibilisées au moment de les utiliser en les immergeant pendant environ cinq minutes dans une solution éthérée d'eau oxygénée obtenue en agitant 15 cm. d'eau oxygénée à 30 vol. avec 200 cc. d'éther.

On expose ensuite la surface ainsi sensibilisée sous l'image transparente colorée à reproduire. La durée d'exposition est d'environ un quart d'heure au soleil, mais les couleurs obtenues sont beaucoup plus vives à la lumière diffuse. La sensibilité peut être augmentée par l'addition de diverses substances, telles que le persulfate d'ammoniaque, l'hydrate de chloral, mais cette augmentation a lieu aux dépens de l'éclat des couleurs.

III. — PROCÉDÉS POSITIFS.

Papiers. — La préparation des positifs se fait sur papiers sensibilisés le plus souvent aux sels d'argent et que l'industrie livre tout préparés. Les photographes n'ont plus à les sensibiliser eux-mêmes, ainsi que cela arrivait autrefois avec les papiers salés ou albuminés.

On classe les papiers photographiques en deux catégories principales :

1° Les papiers par noircissement direct;
2° Les papiers par développement.

1° Papiers par noircissement direct.

Ces papiers produisent une image visible dont on peut suivre peu à peu l'impression et ils exigent pour le tirage la lumière du jour ou une source artificielle très intense.

Ils comprennent :

A. Les papiers aux sels d'argent solubles qui se subdivisent eux-mêmes en deux catégories : ceux qui ne renferment pas de développateur dans la couche et ceux qui en renferment.

B. Les papiers sans sels d'argent solubles.

A. — Papiers par noircissement direct aux sels d'argent solubles.

1° *Papiers sans développateur.* — Le principe de la préparation de ces papiers a été indiqué vers 1848 par Humbert de Molard [*Bull. de la Société franç. de photographie*, p. 124, 1855]; mais c'est Abney qui, en 1882, publia le premier une formule d'émulsion pour papier par noircissement direct.

Le principe de la préparation est le suivant : on verse dans une solution chaude de gélatine renfermant du chlorure de sodium ou d'ammonium et de l'acide citrique ou du citrate de potasse, une solution de nitrate d'argent. Lorsque l'émulsion est formée, on la traite comme nous l'avons vu pour les plaques; puis on l'étend sur du papier couché, c'est-à-dire recouvert d'une couche imperméable et très brillante de sulfate de baryte et de gélatine alunée qui isole l'émulsion.

Voici la formule indiquée par Abney :

Préparer les trois solutions suivantes :

A. —	Citrate de potassium	4 gr.
	Chlorure de sodium	4 gr.
	Eau	48 cc.
B. —	Gélatine	16 gr.
	Eau	168 cc.
C. —	Nitrate d'argent	15 gr.
	Eau	48 cc.

L'émulsion est préparée comme d'habitude et lorsqu'elle est lavée, on l'additionne de 12 cc. d'une solution de 1 gr. d'alun de chrome dans 60 cc. d'eau.

Il existe une quantité de formules de préparation de l'émulsion, mais toutes sont combinées en vue de former par double décomposition du chlorure d'argent qui noircira sous l'action de la lumière et de laisser un excès de sels d'argent solubles absolument indispensable, car, sans cet excès, la lumière ne produirait qu'un effet pratiquement insuffisant. Actuellement, l'industrie livre des qualités très nombreuses de papiers par noircissement direct permettant d'obtenir des épreuves mates ou brillantes et offrant les teintes les plus variées.

Tous ces papiers s'exposent sous le cliché et dans un châssis-presse suivant les procédés ordinaires, à la lumière du jour. Il est recommandé d'exposer à l'ombre si le cliché est grisâtre et uniforme, ou au contraire au soleil s'il offre des contrastes trop accentués. On prolonge l'exposition de manière que l'épreuve arrive à un ton bien plus foncé que celui qu'elle doit avoir une fois terminée, les opérations ultérieures affaiblissant l'image.

Les épreuves ainsi exposées doivent être virées et fixées. Ces deux opérations peuvent se faire simultanément ou séparément.

Virage et fixage combinés. — Ce mode de traitement offre l'avantage d'une très grande rapidité. Voici une formule qui donne d'excellents résultats :

Solution A. —	Eau bouillante	1000 cc.
	Hyposulfite de soude	250 gr.
	Alun ordinaire	15 gr.
	Acétate de plomb	2 gr.
Solution B. —	Eau distillée	100 cc.
	Chlorure d'or	1 gr.

Pour préparer le bain normal, ajouter à 100 cc. de la solution A 6 cc. de la solution B.

Les épreuves doivent être plongées une à une dans le bain en ayant soin d'effacer les bulles d'air adhérentes à la surface du papier. Le bain de virage doit être abondant et sa température comprise entre 18 et 20°. On termine par un lavage abondant.

Virage et fixage séparés. — Préparer la solution :

Eau distillée	1000 cc.
Craie lavée	5 gr.
Solution de chlorure d'or à 1 0/0	100 cc.

Cette solution, filtrée après 24 heures, constitue un bain de réserve. Pour constituer le virage définitif, prendre pour 100 cc. d'eau, 15 cc. de ce bain.

Laver les épreuves et les plonger une à une dans le virage.

Au sortir du virage, laver rapidement et plonger dans :

Eau	1000 cc.
Hyposulfite de soude	150 gr.
Bisulfite de soude commercial	15 gr.
Alun	3 gr.
Solution d'acétate de plomb à 1 0/0	15 cc.

Renouveler souvent le bain de fixage.

Voici une autre formule de virage à l'or et une au platine.

Virage à l'or. — Préparer les deux solutions :

Solution A. —	Eau	100 cc.
	Chlorure d'or	1 gr.
Solution B. —	Eau	50 cc.
	Thiourée	1 gr.

A 25 cc. de la solution A, on ajoute la quantité nécessaire de solution B pour que le précipité qui se forme au début finisse par se dissoudre. Il faut environ 14 à 15 cc. de solution. On ajoute ensuite 0gr,5 d'acide citrique et 10 gr. de chlorure de sodium. Le liquide obtenu est étendu de la quantité d'eau nécessaire pour faire un litre.

Virage au platine. — Employer le bain suivant :

Eau distillée	1000 cc.
Acide citrique	10 gr.
Chloroplatinite de potassium	1 gr.

Fixer ensuite dans l'hyposulfite de soude à 15 0/0, ou mieux encore dans le bain de virage fixage combiné indiqué plus haut.

Une très grande propreté doit être apportée dans toutes les manipulations du papier. Des traces d'hyposulfite occasionneraient des taches indélébiles; l'humidité provoque aussi des taches.

Au lieu de prolonger l'exposition du papier jusqu'à ce que l'image soit jugée suffisante, on peut se contenter de l'exposer jusqu'à ce que les contours seulement commencent à apparaître et l'on procède à un développement dans l'un des bains acides suivants :

Développateur à l'acide gallique. — Quantité maximum pour une épreuve 13 × 18 :

Eau	20 cc.
Solution d'acide gallique à 3 0/0	20 cc.
Solution saturée d'acétate de soude fondu	2 cc.
Solution de gomme arabique concentrée	3 cc.

Développateur au métol :

Eau	100 cc.
Métol	1 gr.
Eau gommée concentrée	10 cc.

C'est un véritable développement physique qui a lieu dans ces conditions. La solution acide agit sur l'excès de sels d'argent solubles du papier et donne de l'argent réduit qui se fixe sur l'image dont l'impression a été commencée par l'action de la lumière.

2° *Papier renfermant un développateur.* — Ce papier est désigné sous le nom de « Takis ». Il se développe par simple immersion dans l'eau. On avait souvent essayé d'introduire directement la substance révélatrice dans l'émulsion servant à la préparation des papiers. Mais cette addition provoquait toujours la réduction rapide du sel d'argent soluble. On est arrivé à remédier à cet inconvénient par l'addition d'acide sulfureux [A. et L. Lumière, Brevet français du 25 avril 1906]. Dans une solution alcoolique d'acide gallique à 20 0/0, on introduit 10 cc. d'acide sulfureux liquide pour 100 cc. de solution, puis on ajoute dans l'obscurité 50 cc. de solution ainsi obtenue à 100 cc. d'émulsion au citrate préparée comme précédemment.

Le papier émulsionné de la sorte ne s'altère pas et il réunit à la fois les avantages des papiers par noircissement direct et des papiers par développement.

Il suffit d'exposer le papier sous le négatif jusqu'à ce que l'image commence à apparaître et on développe l'épreuve simplement dans l'eau jusqu'à ce que l'image atteigne l'intensité suffisante. Les épreuves ainsi obtenues sont virées et fixées par les procédés ordinaires.

B. — Papier sans sels d'argent solubles. — Tous les papiers renfermant des sels d'argent solubles offrent certains inconvénients : leur conservation est très limitée et ils s'altèrent sous l'influence de la chaleur et de l'humidité. De plus, le support doit être très pur et exempt de particules métalliques. Enfin, ces papiers, sous l'influence de l'humidité, déterminent souvent des taches sur les clichés avec lesquels ils sont mis en contact, et ils ne sont en général pas très sensibles à la lumière.

Certaines substances réductrices, et notamment les phénols polyatomiques, telles que la résorcine, possèdent la propriété de favoriser le noircissement du chlorure d'argent en l'absence de tout sel d'argent soluble; on les utilise, dans la proportion d'un quart du poids de chlorure d'argent, pour la préparation d'un papier [A. et L. Lumière, *Bull. de la Société franç. de photographie*, 1905] désigné sous le nom d'« Actinos », dépourvu des inconvénients signalés plus haut, et pouvant, notamment, se conserver indéfiniment. Il se traite comme les autres papiers par noircissement direct.

Réactions qui s'effectuent dans le virage-fixage. — Les réactions qui se produisent au sein du bain de virage-fixage sont très compliquées.

Les principales substances qui entrent dans la composition de ce bain sont l'hyposulfite de sodium, l'alun, l'acétate de plomb et le chlorure d'or. L'action de l'hyposulfite sur l'alun ou plutôt sur le sulfate d'aluminium est assez complexe et n'a lieu que très lentement. Voici comment on peut l'expliquer [Seyewetz et Chicandard, *Bull. Soc. Chim. de Paris*, **12**. 15] :

1° Le sulfate d'aluminium réagit d'abord sur l'hyposulfite de sodium pour donner du sulfate de sodium et de l'hyposulfite d'aluminium :

$$3\left(SO^2 \begin{smallmatrix} ONa \\ SNa \end{smallmatrix}\right) + Al^2(SO^4)^3$$
$$= 3SO^4Na^2 + Al^2(S^2O^3)^3.$$

2° L'hyposulfite d'aluminium, corps très instable, est décomposé lentement au contact de l'eau en donnant du sulfate d'aluminium et de l'hydrogène sulfuré :

$$Al^2(S^2O^3)^3 + 3H^2O = 3H^2S + Al^2(SO^4)^3.$$

3° Enfin l'hydrogène sulfuré en présence d'un excès d'hyposulfite de sodium se décompose très lentement en donnant du bisulfite de sodium, du sulfure acide de sodium et un dépôt de soufre

$$SO^2 \begin{smallmatrix} SNa \\ ONa \end{smallmatrix} + H^2S = SO^2 \begin{smallmatrix} OH \\ ONa \end{smallmatrix} + NaHS + S$$

(Réaction très lente).

Ces réactions expliquent pourquoi les virages-fixages contenant de l'hyposulfite de sodium et de l'alun déposent pendant longtemps du soufre, sans perdre leur propriété de durcir la gélatine, puisque le sulfate d'aluminium qui prend peu à peu naissance ultérieurement, par l'action de l'hyposulfite de sodium sur l'alun, a les mêmes propriétés tannantes que celui-ci.

L'acétate de plomb et le chlorure d'or réagissent également sur l'hyposulfite de sodium, l'alun et leurs produits de décomposition et finalement on peut supposer que le bain de virage renferme les corps suivants : sulfate d'aluminium, sulfate et chlorure de sodium, acétate d'aluminium, acétate de potassium et de sodium, hyposulfite double d'or et de sodium, hyposulfite double de sodium et de plomb, bisulfite de sodium, sulfure acide de sodium et pentathionate de sodium [A. et L. Lumière et Seyewetz, *Bull. Soc. Chim.*, 1902].

On a pu établir avec quelque certitude la nature des réactions qui se produisent dans le virage et fixage combiné des épreuves sur papier au chloro-citrate d'argent [A. et L. Lumière et Seyewetz, *Bull. Soc. Chim.*, 1902].

L'hyposulfite de sodium n'a pas seulement pour rôle de dissoudre le chlorure d'argent : on peut supposer qu'il agit aussi sur le sel d'or et sur le sel de plomb pour donner des hyposulfites doubles qui deviennent les agents actifs du virage.

L'influence du plomb est complexe. On sait qu'une faible quantité de sel de plomb suffit pour agir. D'autre part, si dans la formule habituelle du virage-fixage on supprime le plomb et qu'on emploie seulement l'hyposulfite de sodium, l'alun et le chlorure d'or dissous dans l'eau froide, le virage devient très lent. Si l'alun et l'hyposulfite de sodium ont été dissous dans l'eau bouillante, le virage est beaucoup plus rapide, mais l'image a un aspect rougeâtre.

Pour expliquer le mode d'action du plomb, on peut supposer qu'il sert d'agent de transport de l'or sur l'argent et se redissout au fur et à mesure que l'or se précipite. Une quantité faible de plomb pourrait donc théoriquement favoriser le dépôt d'une grande quantité d'or.

A l'état où il se trouve dans le viro-fixage, le plomb paraît être facilement déplacé par l'argent. On peut donc supposer que l'argent de l'image, après s'être recouvert d'une couche de plomb, décompose plus facilement le sel d'or : le plomb joue donc le rôle de catalyseur. Il est assez vraisemblable que l'or soit déplacé plus facilement par le plomb que par l'argent, puisque dans la liste de classification des métaux, l'or est plus proche de l'argent que le plomb.

Parmi les autres métaux, l'étain seul donne des résultats comparables à ceux que donne le plomb.

L'analyse des images virées dans le bain de virage-fixage tend à montrer que le plomb n'entre pas dans leur composition, contrairement aux hypothèses de divers auteurs.

En ce qui concerne l'action de l'alun, on constate que si le virage est préparé à froid, l'action de l'alun est limitée à sa propriété tannante bien connue, et le virage ne peut avoir lieu qu'en présence du sel de plomb. Mais si l'on dissout l'alun et l'hyposulfite de sodium dans l'eau bouillante, et qu'on abandonne le mélange à lui-même jusqu'au lendemain, le virage peut se produire en l'absence du plomb. Cela tient à ce qu'il se forme dans ces conditions de l'acide pentathionique provenant de l'action de l'acide sulfureux qui se produit lorsque l'alun et l'hyposulfite sont en présence sur l'hydrogène sulfuré dû à la décomposition de l'hyposulfite.

Enfin, si l'on ajoute un excès d'acide au virage-fixage exempt de plomb, on obtient un virage aussi rapide que le virage-fixage au plomb. Ce dernier fait est dû probablement à la formation d'acide pentathionique. Ce qui semble prouver cette hypothèse, c'est que si l'on remplace la solution d'alun et d'hyposulfite dans l'eau bouillante par la solution aqueuse d'acide pentathionique, on obtient les mêmes résultats qu'avec l'alun et l'hyposulfite de soude [A. et L. Lumière et Seyewetz, *Bull. de la Soc. chim.*, 1902].

Les images obtenues par noircissement direct, bien qu'elles aient subi l'opération du virage, s'altèrent à l'air, dans certains cas, avec une rapidité variable. Cette altération se traduit par le jaunissement plus ou moins complet de l'image qui peut devenir à peine visible. Elle se produit aussi bien avec les épreuves virées et fixées simultanément qu'avec celles dans lesquelles ces deux opérations sont distinctes. On a reconnu que la cause principale de l'altération des épreuves au chloro-citrate d'argent est la présence dans la couche gélatinée d'hyposulfite de soude incomplètement éliminé, mais l'altération de l'image ne se produit qu'en présence de l'humidité [A. et L. Lumière et Seyewetz, *Bull. Soc. franç. photo.*, 1902]. L'aspect jaunâtre des images paraît être dû à la formation du soufre provenant de la décomposition lente de l'hyposulfite de soude. Ce soufre peut être soit à l'état libre, soit combiné avec la gélatine.

Lavage. — Pour éviter l'altération des épreuves virées, il y a donc grand intérêt à éliminer toute trace de l'hyposulfite de soude qu'elles peuvent retenir. Cette élimination ne peut être obtenue qu'incomplètement par des lavages prolongés, la pâte du papier et la couche gélatinée retenant énergiquement l'hyposulfite. On a pu obtenir une élimination complète en employant de faibles quantités d'eau pour les lavages, mais en renouvelant plusieurs fois ces lavages et en faisant suivre chacun d'eux d'un pressage des épreuves en tas, puis en rejetant le liquide exprimé [A. et L. Lumière et Seyewetz, *Moniteur scientifique de Quesneville*, 412, 1902].

On peut obtenir une élimination très rapide en employant, concurremment au pressage, un oxydant qui détruira l'hyposulfite de soude. Il n'y a qu'un petit nombre d'oxydants qui peuvent être employés, car ces corps doivent être sans action sur l'argent de l'image. Ceux qui peuvent être utilisés le plus efficacement sont l'eau oxygénée, le percarbonate de potassium et le persulfate d'ammoniaque commercial exactement neutralisé ou mélangé à diverses substances à réaction alcaline.

2° Papiers par développement.

Il était tout naturel de songer à étendre sur un support de papier une émulsion au gélatino-bromure d'argent analogue à celle qui sert à la fabrication des plaques photographiques, pour obtenir un papier sensible ne nécessitant qu'une très courte exposition à la lumière. Un tel papier peut être impressionné à l'aide d'une lumière artificielle quelconque, mais l'image ainsi formée est latente et n'apparaît qu'à la condition d'être développée.

Mauradley paraît avoir eu le premier l'idée de ce procédé [*Yearbock of Phot.*, 116, 1874] et Swan, en 1880, a préparé industriellement un papier de ce genre [*Phot. News*, 318, 1880].

La préparation des papiers au gélatino-bromure s'effectue très simplement en étendant sur un papier une émulsion assez semblable à celle qui sert pour la préparation des plaques, mais généralement moins sensible. On peut aussi remplacer le bromure par un chlorure de sodium ou d'ammonium, et obtenir une émulsion au gélatino-chlorure, comme l'ont indiqué Eder et Pizzighelli en 1881 [*Bull. Ass. belge Photog.*, 225, 1881].

L'industrie livre de nombreuses qualités de ce papier qui diffèrent par la variété de l'émulsion, la qualité du support, la couleur de l'image, etc.

Tous ces papiers doivent, après exposition convenable, être développés puis fixés.

Les révélateurs que nous avons indiqués pour le développement des plaques conviennent généralement.

Voici une formule de révélateur et de bain de fixage.

Révélateur :

Eau	1000 cc.
Sulfite de soude anhydre	20 gr.
Diamidophénol	5 gr.
Solution de bromure de potassium à 2 0/0	10 cc.

Fixateur :

Eau	1000 cc.
Hyposulfite de soude ordinaire	200 gr.
Bisulfite de soude commercial	10 cc.

Après fixage, les épreuves sont lavées, séchées, coupées, etc... comme d'habitude.

En général les images fournies par les papiers par développement sont noires; mais leur couleur peut être modifiée par des virages aux sels d'urane, de fer, de cuivre, comme ceux qu'on prépare dans l'industrie sous le nom de « chromogènes » dont la composition est analogue à celle des renforçateurs qu'on prépare avec les sels d'urane et de cuivre (voyez plus haut).

Les papiers par développement, en raison de leur sensibilité, se prêtent tout particulièrement aux épreuves par agrandissement.

Une très grande propreté doit être apportée dans les manipulations des papiers par développement. On aura soin d'éviter les bulles d'air lors de l'immersion dans le révélateur et de ne pas manipuler les papiers avec des mains souillées d'hyposulfite.

La durée de l'exposition et la durée du développement doivent être exactement calculées pour obtenir des épreuves très brillantes et avec des blancs très purs.

Autres procédés positifs.

1° Papiers au charbon. — Les procédés de tirage qui utilisent l'action de la lumière sur la gélatine bichromatée n'ont pas subi depuis l'article publié [Dict., 2e partie, 1006], de modifications importantes. L'étude de la réaction servant de base à la photographie au charbon, qui avait été en 1878 l'objet d'un travail resté classique publié par Eder [Eder, *C. R. de l'Acad. des Sc. de Vienne* et *Photographische Correspondenz*, 1878] a été reprise récemment [A. et L. Lumière et Seyewetz, *Bull. de la Soc. chimique de Paris*, **33**, 1032, 1905]. On a déterminé si la lumière agissant sur la gélatine imprégnée de bichromate de potassium le réduit seulement à l'état de sesquioxyde de chrome, ou s'il se forme, avec l'excès de bichromate, du chromate de chrome comme l'avait indiqué Eder. On a également étudié si la composition de la gélatine bichromatée correspond à une combinaison définie ou bien si elle varie avec la concentration de la solution de bichromate et la durée d'exposition à la lumière.

Les résultats de ces recherches tendent à prouver que, dans une première phase de l'action de la lumière sur la gélatine bichromatée, il se forme du sesquioxyde de chrome avec libération de potasse, qui donne à son tour du chromate neutre avec l'excès de bichromate. Ce chromate neutre, dont la proportion augmente peu à peu, ralentit au fur et à mesure la réduction du bichromate par la lumière. La formation du chromate de chrome a été confirmée, mais l'analyse n'a pas pu prouver que sa composition répond à celle du chromate de chrome normal. La quantité de chrome que fixe la gélatine bichromatée insolubilisée par la lumière varie avec la concentration de la solution de bichromate et la durée d'exposition à la lumière. Sa teneur en chrome peut varier de 0,40 à 10 grammes pour 100 grammes de gélatine.

L'oxyde de chrome que renferme la gélatine insolubilisée parait formé de deux parties : l'une fixe, comparable à l'oxyde que retient la gélatine dans l'insolubilisation par les sels de sesquioxyde de chrome, l'autre variable avec la durée d'exposition et provenant de la réduction directe du bichromate par la matière organique.

L'acide chromique et le bichromate d'ammoniaque qui ne donnent pas naissance, comme les bichromates alcalins, à un chromate stable[1], sont beaucoup plus facilement réductibles par la lumière que le bichromate de potassium. Avec ce dernier, on obtient, en effet, après 7 heures d'exposition, une quantité de chrome voisine de 10 0/0 et qui atteint 20 0/0 après trois jours, tandis qu'avec les premiers cette quantité est déjà supérieure a 10 0/0 après 1 heure d'exposition.

2° Ozotypie. — Parmi les procédés de tirage du positif se rattachant au précédent, nous citerons le procédé ozotype de Manly [*Bull. Soc. franç. de Photographie*, 361, 1889]. Il utilise, comme le procédé au charbon, la gélatine insolubilisée, mais il en diffère en ce que l'insolubilisation n'a pas lieu directement par insolation, mais au moyen d'une épreuve obtenue par l'action de la lumière sur un mélange d'un sel de manganèse et de bichromate de potassium. On imprime donc à travers un cliché un papier ainsi sensibilisé : il se forme une image brune constituée par du sesquioxyde de chrome et du peroxyde de manganèse, que l'on débarrasse facilement de l'excès de bichromate et des autres sels solubles. On prend alors un papier gélatiné qu'on imbibe d'une solution à 5 0/0 d'acide acétique additionnée d'une substance telle que l'hydroquinone (1 gr. par litre) destinée à tanner la gélatine, puis on y applique l'image à l'oxyde de manganèse. L'acide acétique tend à dissoudre cet oxyde et le sel manganique formé se décompose au contact de la gélatine; toutes les parties mouillées par le sel de manganèse s'insolubilisent et d'autant plus profondément que la couche de peroxyde de manganèse est plus grande. Il ne reste plus qu'à dépouiller l'image à l'eau chaude, comme dans la photographie au charbon, pour dissoudre la gélatine restée soluble et faire apparaître l'image qui, comme dans ce dernier procédé, est constituée par des reliefs de gélatine.

3° Katatypie. — Nous citerons enfin un procédé de tirage curieux dans lequel on ne fait pas intervenir la lumière, mais où l'on substitue à son action celle d'un métal très divisé (comme celui qui constitue une image au platine) agissant comme catalyseur. D'où le nom de *katatypie* donné par le Dr Gross, à la nouvelle méthode de tirage dont il est l'auteur [*Bull. Soc. franç. Photogr.*, 144, 1904].

Si l'on mélange l'acide pyrogallique à un corps oxydant, tel que le bromate de potassium, le mélange brunit très lentement par suite de l'oxydation de l'acide pyrogallique aux dépens du bromate. On peut produire cette action d'une façon très rapide par l'emploi d'un catalyseur. Le platine peut jouer ce rôle. En effet, si l'on imprègne une feuille de papier du mélange précédent et qu'on y applique, en pressant fortement, une épreuve au platine, le noircissement de l'acide pyrogallique sera suffisamment accéléré dans les parties en contact avec le platine pour fournir une copie de l'épreuve au platine. La réaction sera d'autant plus rapide que la couche de platine en contact sera plus épaisse, c'est-à-dire que les noirs de l'image seront plus intenses. On peut donc obtenir ainsi une reproduction en noir de l'image au platine.

Le Dr Gross a fait une autre application de la catalyse, en utilisant l'eau oxygénée. On sait que ce corps laisse facilement dégager son oxygène sous l'action des métaux très divisés. Si donc on en imprègne une épreuve photographique formée par de l'argent ou du platine, l'oxygène se dégagera dans toutes les parties en contact avec le métal, c'est-à-dire dans les parties noires, et l'eau oxygénée subsistera dans les parties blanches.

On peut reporter par contact sur une feuille de papier ordinaire ou gélatinée cette image invisible, qui constitue un véritable négatif puisque l'eau oxygénée ne subsiste que dans les parties blanches de l'image. Celle-ci est rendue visible par divers réactifs donnant des produits insolubles et colorés par les oxydants. Un mélange de chlorure de cuivre, d'acétate de soude et de ferricyanure de potassium donne une image brune de ferrocyanure de cuivre, l'eau oxygénée agissant ici comme réducteur. Avec du sulfate double de fer et d'ammoniaque, il se forme, en présence de l'eau oxygénée, du sulfate ferrique qui peut être développé en violet avec l'acide gallique.

En pratique, on emploie une solution éthérée d'eau oxygénée dont on imprègne un négatif sur papier au platine de préférence. Après évaporation de l'éther, le négatif est mis une minute environ dans le châssis-presse en contact avec une feuille de papier gélatiné. Le positif invisible d'eau oxygénée qui passe sur cette feuille est ensuite développé avec une solution de sel de manganèse par exemple.

On peut enfin insolubiliser la gélatine comme le ferait le bichromate en présence de la lumière. Le négatif au bromure d'argent est recouvert d'une solution éthérée d'eau oxygénée et, après évaporation de l'éther, mis en contact pendant 30 secondes au châssis-presse avec le papier gélatiné. L'eau oxygénée restée dans les ombres du négatif passe dans la gélatine. Le papier est ensuite plongé dans un sel ferreux qui est transformé en sel ferrique par l'eau oxygénée. Cette transformation est d'autant plus profonde qu'il s'est fixé plus d'eau oxygénée. Le sel ferrique insolubilise la gélatine, de sorte qu'après un simple lavage, l'image peut être dépouillée à l'eau chaude et à la sciure de bois comme dans le procédé à la gomme bichromatée.

4° Procédés positifs basés sur la réduction par la lumière de sels au maximum. — Un grand nombre de composés métalliques autres que les sels d'argent et existant dans deux états d'oxydation sont sensibles à la lumière qui les réduit à l'état de sels au minimum. Tels sont les sels de platine, de fer, de manganèse, de cobalt, de cérium, de mercure, de vanadium, de plomb, de cuivre, etc.

1. On peut supposer que l'ammoniaque libéré dans la décomposition du bichromate se dégage peu à peu au fur et à mesure de la décomposition du bichromate d'ammonium, par suite de l'instabilité du chromate neutre d'ammonium.

Parmi ces sels, nous n'examinerons que ceux de platine, de fer, de manganèse, de cobalt, et de cérium qui sont les seuls ayant reçu des applications.

Platine. — Les sels de platine ne sont pas utilisés directement comme les sels d'argent pour l'obtention d'images positives, car ils sont peu sensibles à la lumière. On les mélange avec un sel ferrique qui, sous l'action de la lumière, se transforme en sel ferreux. Ce dernier réduit alors le sel de platine à l'état de platine métallique très divisé sous forme d'une poudre noire qui constitue l'image. On emploie un mélange de chloroplatinite de potassium et d'oxalate ferrique, qui, après s'être transformé en oxalate ferreux, réagit sur le sel de platine d'après l'équation suivante :

$$6(FeC^2O^4) + 3(K^2PtCl^4) = 3Pt + 2(Fe^2[C^2O^4]^3) + Fe^2Cl^6 + 6KCl.$$

Au tirage, le sel ferreux ne réagit que faiblement sur le sel de platine. La réduction complète n'a lieu qu'en plongeant l'image dans une solution chaude d'oxalate de potassium qui dissout l'oxalate ferreux. On emploie une solution chaude pour accélérer la réduction et éviter la diffusion du sel de platine avant qu'il soit totalement réduit. Si l'on ajoute de l'oxalate de potassium au mélange de sels de fer et de platine utilisés pour la préparation du papier, ou bien si l'on emploie au lieu d'oxalate ferreux, l'oxalate ferrico-potassique, l'image peut être développée à froid et apparaît déjà d'une façon assez intense pendant le tirage. Pour fixer l'image, il suffit de la laver avec de l'eau acidulée par de l'acide oxalique qui élimine le sel ferrique non transformé. Le papier au platine ne peut être conservé qu'à l'abri de l'humidité.

Fer. — Les procédés aux sels de fer qui sont utilisés sur une très grande échelle pour la reproduction des dessins industriels ont été décrits sommairement dans la première édition, tome 2, p. 1005.

On peut préparer un papier très sensible, mais d'une durée de conservation qui n'excède pas 8 à 10 jours, en employant comme substance sensible le mélange suivant :

Eau	100 cc.
Acide tartrique	25 gr.
Solution de perchlorure de fer à 45° B.	45 gr.
Ammoniaque du commerce	2 cc.

Puis on ajoute à la solution :

Eau	100 cc.
Ferricyanure de potassium	22 gr.

Le mélange s'échauffe, on le laisse refroidir et on filtre.

Ce procédé donne des dessins blancs sur fond bleu. On est arrivé à produire des dessins bleus sur fond blanc en se basant sur la propriété que possèdent les sels ferreux de coaguler certains mucilages tels que la gomme, la gélatine, ce qui les rend imperméables aux réactifs pendant quelque temps.

Voici la composition d'un mélange sensibilisateur.

Dissoudre :

Gomme arabique	170 gr.
Eau	600 cc.

Ajouter ensuite :

Eau	100 cc.
Perchlorure de fer à 45° B	120 cc.
Acide tartrique	40 gr.

Après exposition sous le calque à reproduire, les parties qui ont subi l'action de la lumière s'étant transformées en sels de protoxyde de fer, sont devenues peu perméables aux réactifs par suite de l'insolubilisation de la gomme arabique.

Si l'on plonge alors l'épreuve dans une solution de cyanure jaune, celui-ci n'agit que sur les parties non décomposées par la lumière et les colore en bleu. On rince ensuite à l'eau, puis on élimine les sels de fer en plongeant l'image dans une solution d'acide sulfurique à 3 0/0.

Sels de manganèse, de cobalt et de cérium. — Les sels manganiques, cobaltiques et cériques sont réduits par la lumière à l'état de sels au minimum. Pour fixer les images que l'on peut former en utilisant cette propriété, on se base sur le pouvoir oxydant énergique des sels au maximum qui n'ont pas subi l'action de la lumière [A. et L. Lumière, *Bull. de la Soc. franç. de photogr.*, 1892-1893].

Ces sels peuvent transformer des amines, des phénols ou des amidophénols en matières colorantes insolubles.

Comme sels manganiques, on peut utiliser le phosphate, mais il est peu sensible à la lumière. Les sels manganiques à acides organiques : oxalate, citrate, tartrate, lactate, obtenus par l'action des divers acides organiques en excès sur le permanganate de potassium ou sur le bioxyde de manganèse hydraté, sont beaucoup plus sensibles, mais moins stables que le phosphate. C'est le lactate manganique qui donne les meilleurs résultats.

Parmi les sels cobaltiques, l'oxalate seul a pu être utilisé [A. et L. Lumière, *C. R.*, 1893]. On l'obtient en dissolvant le peroxyde de cobalt dans l'acide oxalique. La solution cobaltique verte devient rose sous l'action de la lumière.

En ce qui concerne les sels cériques, on utilise le sulfate et le nitrate cériques [A. et L. Lumière, *C. R.*, 1893] préparés en dissolvant l'hydrate cérique dans l'acide sulfurique ou l'acide nitrique. La fixation des images a lieu en immergeant les épreuves dans des solutions diverses d'amines, de phénols ou d'amidophénols qui fournissent des tonalités variables suivant la substance employée pour ce fixage.

Avec les sels cobaltiques, ce procédé de fixage donne des résultats insuffisants, car la plupart des matières colorantes que l'on peut former sont solubles dans l'eau. On remédie à cet inconvénient en traitant l'épreuve, sans la laver, par une solution de ferricyanure de potassium qui ne réagit que sur le sel cobalteux et donne un ferricyanure insoluble. Par lavage, on élimine le sel cobaltique, puis on transforme le ferricyanure de couleur rouge en sulfure noir au moyen d'un sulfure alcalin.

Procédés photo-mécaniques.

Les procédés de tirages mécaniques qui utilisent la photographie sont nombreux. Ils peuvent se ranger dans trois catégories distinctes, suivant la méthode employée :

Impressions sur surfaces planes;
Impressions sur surfaces en creux;
Impressions sur surfaces en relief.

Nous ne pouvons indiquer ici que d'une façon très brève les principes de ces divers procédés, qui ne rentrent pas, à proprement parler, dans le domaine de la chimie.

1° *Impressions sur surfaces planes.* — Le procédé le plus répandu est la *phototypie* ou *photocollographie*. Il est fondé sur la propriété bien connue de la gélatine bichromatée, qui, lorsqu'elle est rendue légèrement humide après avoir subi l'action de la lumière, retient l'encre d'imprimerie dans les parties insolées, et la repousse au contraire dans les parties non insolées. La couche de gélatine est étendue, soit sur un support rigide, verre, métal, etc..., soit sur un support souple.

La phototypie permet la reproduction des images au trait aussi bien que des demi-teintes. Son prix d'établissement relativement peu élevé la rend très pratique pour un petit tirage (au bout d'un millier de tirages les planches doivent être remplacées par de nouvelles).

Le deuxième procédé, appelé *photo-lithographie*, dérive de la lithographie ordinaire, et la photographie n'intervient qu'au début des opérations. Pour obtenir les dessins à reproduire soit sur pierre, soit sur métal, zinc ou aluminium, on peut réaliser l'impression directement sur un support convenablement préparé, ou reporter sur pierre ou sur zinc l'image préalablement obtenue sur un support souple. La photolithographie ne permet que la reproduction des images au trait et ne donne pas les demi-teintes. Ses applications sont donc assez restreintes.

2° *Impressions sur surfaces en relief.* — Dans le procédé le plus employé ou *photo-typographie*, l'image positive imprimée offre, en relief, toutes les parties qui devront prendre l'encre et s'imprimer en noir, tandis que les parties correspondantes aux blancs sont en contre-bas et ne seront pas atteintes par le rouleau encreur. Le support est une plaque de métal, zinc, cuivre ou laiton, et le relief est obtenu par une morsure à l'eau-forte.

La photographie permet la reproduction d'images au trait aussi bien que des demi-teintes. Pour les premières, on emploie le procédé dû à M. Gillot, et auquel on a donné le nom de *gillotage*, qui est universellement employé et donne d'excellents résultats.

Il est plus difficile de reproduire des sujets à teintes continues, puisque la photo-typographie ne permet la reproduction que du blanc et du noir. On arrive à obtenir les demi-teintes par une méthode qui consiste à placer, pendant l'exposition et immédiatement devant la glace sensible, un réseau très fin qui transforme les teintes continues et produit sur le négatif des points ou des traits plus ou moins gros, qui, suivant leur grosseur et leur rapprochement, produiront les ombres et les lumières dans l'impression. Cette méthode s'appelle la simili-gravure.

Ces différents procédés ne peuvent donner que des épreuves noires ou de la couleur de l'encre employée; mais la photographie permet encore les tirages mécaniques d'épreuves en couleurs, en fournissant trois monochromes, bleu, rouge et jaune, qui sont superposés et se tirent par la méthode ordinaire de la photo-lithographie. Cette branche de l'industrie a reçu le nom de *photo-chromolithographie*.

3° *Impressions sur surfaces en creux.* — Dans l'*héliogravure*, l'image offre des creux plus ou moins profonds, dans lesquels on fait pénétrer l'encre à l'aide d'un tampon. Si l'on presse fortement sur la surface ainsi préparée, une feuille de papier, celle-ci s'emparera de l'encre et reproduira le dessin. L'établissement de ces planches est un travail des plus délicats et des plus compliqués. Les tirages sont relativement longs et coûteux, et exigent beaucoup de soins et des ouvriers expérimentés. Ce procédé a été spécialement utilisé pour les éditions de grand luxe, et il donne de véritables œuvres artistiques.

Bibliographie. — J. Allgeyer, *Handbuch über das Lichtdruck*, — Balagny, *La photocollographie*. — Bonnet, *Manuel d'héliogravure et de photogravure*. — W. R. Burton, *Photo-mechanical printing Processes*. — Davanne, *La photographie*, 2. — Ducos du Hauron, *La triplice photographique des couleurs et l'imprimerie*. — Dr. J.-M. Eder, *Der Pigmentdruck und die Heliogravure*. — Fabre, *Traité encyclopédique de photographie*, 3, *et suppléments*. — Fritz, *Photo-lithography*. — F. Hesse, *La chromolithographie et la photochromolithographie*. — Monnet, *Procédés de reproduction graphiques appliquées à l'imprimerie*. — Moock, *Traité pratique d'impression photographique aux encres grasses, de phototypographie et de photogravure*. — Poitevin, *Traité des impressions photographiques*. — Roux, *Traité pratique de zincographie*. — Schiltz, *Manuel d'héliogravure en taille-douce*. — L. Tranchant, *La photocollographie simplifiée*. — Truta, *Impressions photographiques aux encres grasses*. — L. Vidal, *Cours de reproductions industrielles*.

IV. — APPLICATIONS DE LA PHOTOGRAPHIE.

1° Cinématographie. — Parmi les nombreuses applications de la photographie, l'une des plus importantes est la *cinématographie* en raison de la vogue considérable qu'a prise cette branche et des appareils particuliers qu'elle utilise.

La première tentative faite pour décomposer les mouvements des objets et en fixer, par la photographie, les phases successives, remonte à 1873. C'est à cette époque que M. Jansen étudia, à l'aide de son revolver photographique, le passage de Vénus sur le soleil. Vers la même époque, Muybridge obtint des séries de photographies d'un objet en mouvement au moyen de quarante chambres noires munies d'objectifs dont les obturateurs étaient déclanchés électriquement à des intervalles convenables.

A l'apparition du gélatino-bromure, la question fut reprise en France par M. Marey. Grâce à la rapidité des nouvelles préparations, grâce surtout à la précision des appareils ingénieux imaginés par lui, cet habile physiologiste a pu obtenir des vues très remarquables d'un très grand nombre d'animaux en mouvement, et on peut dire que Marey est le véritable créateur de cette branche de la photographie, à laquelle on a donné le nom de *chronophotographie* [Marey, *La méthode graphique*, Paris, 1885; *La Chronophotographie*, *Revue générale des sciences*, 1891].

L'emploi des pellicules vint d'ailleurs donner à cette méthode des facilités nouvelles. Parmi les expérimentateurs qui ont fait des travaux importants sur la chronophotographie, nous citerons : MM. Anschutz, Sebert, Demeny, Londe, etc. Tous ces auteurs se sont généralement attachés à obtenir une analyse, une décomposition du mouvement, et les épreuves devaient être étudiées isolément. On s'était peu préoccupé de la reconstitution, de la synthèse de ces mouvements, ou tout au plus avait-on fait quelques tentatives dans la recomposition de 25 ou 30 épreuves.

Le premier appareil qui réalisa d'une manière convenable cette opération basée sur la persistance des impressions sur la rétine, fut le « Kinétoscope » d'Edison. Les images étaient obtenues sur une bande pelliculaire animée d'un mouvement continu et chaque épreuve, pour donner une impression nette, ne pouvait être vue que pendant un temps très court; aussi l'éclairement était-il extrêmement faible. De plus le Kinétoscope ne permettait de saisir que des scènes se déroulant sur une faible profondeur.

MM. A. et L. Lumière [*Revue générale des Sciences*, 1894] sont arrivés à réaliser un appareil auquel ils ont donné le nom de « Cinématographe » et qui permet de montrer facilement à toute une assemblée, en les projetant sur un écran, des scènes fort longues. Le mécanisme est très simple et permet aussi bien d'obtenir des images négatives que d'imprimer des positifs et de les projeter sur un écran.

Les images successives sont reproduites sur un ruban pelliculaire sensible à la lumière, de 15 mètres de longueur ou plus. Ce ruban est perforé sur ses bords de trous circulaires équidistants, qui servent à l'entraînement de la pellicule. Un dispositif, basé sur une propriété des excentriques triangulaires, détermine le mouvement alternatif d'une pièce qui porte, perpendiculairement à son plan, des doigts métalliques. Ces doigts, à l'aide de mobiles convenables, viennent s'enfoncer, au sommet de leur course, dans les trous de la pellicule et entraînent cette dernière, en produisant un déplacement vertical de deux centimètres pour chaque épreuve. Arrivés au bas de leur course, ils abandonnent la pellicule et remontent librement pour saisir les trous suivants. La pellicule est attaquée et abandonnée lorsqu'elle est entièrement au repos; c'est grâce à la réalisation de cette condition que l'on peut obtenir l'équidistance rigoureuse des épreuves, équidistance qui est indispensable à la fixité des images.

Le temps nécessaire au déplacement n'est que le tiers du temps total, la bande pelliculaire reste donc immobile pendant les deux tiers du temps, aussi bien pour l'obtention des négatifs que pour la production des images. Il suffit alors d'avoir quinze épreuves par seconde pour que l'œil puisse avoir une impression continue, le temps pendant lequel chaque épreuve peut être vue immobile est donc d'environ un vingt-cinquième de seconde.

En même temps que la pellicule est déplacée, un disque obturateur percé d'une fenêtre et animé d'un mouvement de rotation solidaire du mouvement de l'excentrique, est réglé de telle sorte que la fenêtre démasque l'objectif au moment où la pellicule est en repos.

2° Applications de la photographie aux sciences. — Les applications de la photographie à diverses sciences sont nombreuses et importantes. Nous ne pouvons les indiquer ici que d'une façon très sommaire.

Applications à la médecine. — Les services que la photographie rend à la médecine et à l'histoire naturelle sont fort nombreux. Sans parler des applications ordinaires, et en quelque sorte banales, dans lesquelles la photographie intervient comme simple mode de reproduction rapide et fidèle, toute une série de dispositifs spéciaux ont été imaginés pour mettre la photographie au service de la physiologie, de la médecine. On a pu ainsi photographier les parties internes de l'organisme, de l'œil, du larynx, de l'oreille, etc.... La cinématographie a permis l'étude complète du mouvement des êtres vivants. Elle permet aussi aux médecins d'enregistrer les modifications pathologiques des attitudes et des gestes dans les maladies nerveuses.

La photographie des couleurs est appelée à rendre les plus grands services dans l'étude des maladies de la peau, que les descriptions et les dessins ordinaires ne peuvent faire connaître d'une manière suffisante.

Une autre application est la *microphotographie* qui nécessite une installation particulière pour laquelle des outillages très perfectionnés ont été créés. Il est bon cependant de savoir qu'avec un appareil photographique ordinaire, un simple microscope muni d'un bon objectif, on peut obtenir d'excellents résultats à la condition d'observer certaines conditions importantes.

Sans entrer dans les détails, signalons seulement les points suivants : Les objectifs devront avoir une grande ouverture angulaire; le condensateur devra envoyer sur la préparation un cône lumineux suffisamment ouvert; enfin, les appareils devront avoir un centrage parfait. On n'opérera que dans la lumière monochromatique jaune, ou tout au moins dans une lumière, dans laquelle la prépondérance des rayons chimiques aura été atténuée par un verre jaune ou une solution de bichromate de potasse : ainsi se trouvera supprimé l'inconvénient du foyer chimique des objectifs microscopiques ordinaires. Enfin, on utilisera des plaques orthochromatiques. La mise au point offre parfois de grandes difficultés, surtout avec les forts grossissements. Le grain du verre dépoli doit être extrêmement fin. Quant au temps de pose, on le recherchera par tâtonnements.

Tout récemment, on a appliqué la cinématographie à la microphotographie, et on a pu obtenir des épreuves, d'ailleurs assez imparfaites encore, d'objets microscopiques en mouvement.

Le pouvoir séparateur des objectifs est augmenté dans une proportion très sensible lorsqu'on éclaire l'objet, non plus à la lumière monochromatique jaune, mais à la lumière violette. Zeiss a même imaginé récemment un dispositif qui permet d'obtenir des microphotographies en lumière ultra-violette, c'est-à-dire avec une longueur d'onde de 0,275. Dans ces conditions on arrive à séparer des distances n'ayant que 0,005 micron [Voir pour les applications de la photographie à la médecine : Marey, *La méthode graphique et le développement de la méthode graphique par la photographie*, Paris, 1885; — Marktanner, Turneretscher. *Die Mikrophotographie*. Halle, 1890; — R. Kœhler, *Application de la photographie aux sciences naturelles*. Paris, 1893; — Londe, *La photographie médicale*, Paris, 1893; — Burais, *Application de la photographie à la médecine*; — Stein, *Die photographische Technik für wissenschaftliche Zwecke*; — A. Kœhler, *La microphotographie en lumière ultra-violette, Rev. gén. des sciences*, p. 147, 1905].

Radiographie. — La radiographie ou photographie aux rayons X rend les plus grands services aux chirurgiens. Les rayons sont généralement produits par une bobine pouvant donner des étincelles de 30 cm. de longueur; on règle le courant à l'aide d'un rhéostat. Les tubes ou ampoules sont choisis plus ou moins pénétrants, suivant l'épaisseur des tissus à radiographier. Il est bon d'entourer l'objet de feuilles de plomb pour éviter la diffusion des rayons. Les plaques employées sont à couche épaisse; on peut aussi se servir de pellicules ou de cartons photographiques qu'on superpose; dans ce cas, on obtiendra simultanément plusieurs épreuves. La plaque est enveloppée dans deux feuilles de papier noir opaque, et placée immédiatement au-dessous de l'objet. On aura soin de tourner la couche de gélatine du côté du tube, le verre, surtout s'il est plombeux, arrêtant les rayons X. Le tube lui-même est placé à 40 ou 50 cm. de la plaque.

Le temps de pose varie dans des limites très étendues : quelques secondes pour une main, 4 à 6 minutes pour un bassin d'adulte par exemple.

Le développement s'effectue comme d'habitude.

Il faut avoir soin de placer les plaques sensibles loin de l'endroit où l'on produit les rayons. Il faut se rappeler aussi que les rayons X peuvent produire sur la peau des inflammations. On les évitera à l'aide d'écrans en plomb ou en cristal riche en plomb [Buguet, *Technique médicale des Rayons X*; — Eder et Valenta, *Versuche über Photographie mittels der Roentgens-*

chen Strahlen; — Ch. Henry, *Les rayons Roentgen*; — Santini, *La Photographie à travers les corps opaques*; — Londe, *Traité pratique de Radiographie et de Radioscopie*].

Photographie astronomique. — Les services que l'art photographique peut rendre à l'astronomie ont déjà été signalés par Arago. Fizeau et Foucault obtinrent sur plaques daguériennes une photographie du soleil ayant 8 centimètres.

Des essais intéressants ont été faits à New-York en 1887 par Lewis Rutherfurd; mais des résultats vraiment importants n'ont pu être obtenus que par l'emploi des plaques au gélatino-bromure.

Sans parler des superbes photographies du soleil qui ont été obtenues par M. Jansen, et de la lune par les frères Henry et par MM. Loewy et Puiseux, c'est dans l'établissement des cartes du ciel que la photographie a rendu les plus grands services à l'astronomie. Un Congrès international, en 1887, a décidé qu'une carte du ciel serait exécutée avec le concours des astronomes du monde entier.

Les négatifs sont faits sur plaques au gélatino-bromure à l'aide d'un objectif à grande distance focale et le temps de pose varie suivant la grandeur des étoiles dont on veut obtenir l'image.

La plaque photographique permet, avec un temps de pose suffisamment prolongé, d'obtenir l'image d'étoiles que les objectifs les plus puissants ne permettent pas de voir directement. [Voir: Mouchez, *La Photographie astronomique à l'Observatoire de Paris*, 1888; — *Bull. du Comité international permanent pour l'exécution photographique de la carte du ciel*; — *Bull. Astronomique*, *passim*; — *Institut de France : Réunion du Comité de la Carte du ciel*; — Konkoly, *Prakt. Anleitung zur Himmels Photographie*].

La photographie peut également être d'un grand secours pour le lever des plans :

L'image d'un paysage sur la glace dépolie d'un appareil photographique est une perspective conique et jouit de toutes les propriétés de ces perspectives. On conçoit donc que l'on puisse l'utiliser. Cette application qu'Arago avait prévue en 1833 a été principalement étudiée et rendue pratique par le colonel Laussedat [Laussedat, *Mémorial de l'officier du génie*, n° 17; — Le Bon, *Les levers photographiques et la photographie en voyage*].

Le matériel employé est très simple et n'exige comme instrument supplémentaire qu'un cercle horizontal fixé à l'axe principal autour duquel tournent la chambre noire et le niveau. Nous ne pouvons entrer ici dans l'exposé de la méthode imaginée par M. Laussedat.

Afin de simplifier et de rendre les mesures plus parfaites, le colonel Moessard [Moessard, *Le Cylindrographe*, 1889] a eu l'idée de recevoir l'image formée par l'objectif, non plus sur une glace plane, mais sur une surface cylindrique : tel est le principe du *cylindrographe*, dans lequel les négatifs sont obtenus sur pellicules. Les constructions et les mesures sont ainsi beaucoup simplifiées.

La photographie en ballon et la photographie par cerf-volant donneront également d'utiles renseignements [Batut, *La photographie aérienne par cerf-volant*; — Tissandier, *La photographie en ballon*].

Une autre application de la photographie est la *téléphotographie* qui a été beaucoup étudiée ces dernières années.

Cette branche offre un grand intérêt au point de vue militaire en permettant la photographie des ouvrages de défense dont l'approche est interdite, et, dans ce but, on a modifié l'objectif photographique ordinaire en lui associant un système divergent.

Mais les opérations sont assez délicates et il est difficile d'obtenir de bonnes épreuves. L'état de l'atmosphère, en effet, a une très grande influence; il suffit que les rayons lumineux traversent des couches d'air ayant des températures différentes pour que l'image soit floue. Même en opérant par un temps très clair et très calme, pendant une journée pas trop chaude, il est bien rare que l'atmosphère offre l'homogénéité nécessaire à la réussite de l'opération [Houdaille, *Bull. Soc. Franç. Photogr.*, 354, 1893; — Roster, *Note pratiche sulla Telefotografia*; — Rudolph, *Guide pour l'usage des objectifs téléphotographiques*; — Boutreaux, *La Téléphotographie*].

Parmi les nombreuses applications de la photographie à la physique, nous signalerons : l'enregistrement photographique appliqué dans un très grand nombre d'appareils de mesure; l'étude du spectre ultra-violet et l'analyse spectrale; la photographie des projectiles, l'étude des vibrations, des phénomènes électriques, de la trajectoire des lignes magnétiques, etc.

Est-il enfin nécessaire de rappeler les services que la photographie peut rendre à l'archéologie, à l'histoire, à la géographie, et dans l'enseignement de toutes les sciences en général? [Voir Fabre, *Traité encyclopédique de photographie, et suppléments*, *passim*].

Mai 1907. A. et L. Lumière

PHRÉNINE. — Voy. NERVEUX (TISSU).

PHRÉNOSINE. — Voy. NERVEUX (TISSU) et CÉRÉBRINE.

PHTALACÈNE, $C^{21}H^{16}$. — *Préparation.* — On chauffe pendant 3 heures à 170-175°, 1 p. d'éther phtalacone-carbonique avec 7 p. d'acide iodhydrique (bouillant à 127°) et 1 p. de P rouge. On a la réaction $C^{21}H^{11}O^2CO^2C^2H^5 + 9HI = C^{21}H^{16} + C^2H^5I + CO^2 + 2H^2O + 8I$ [Gabriel, *D. chem. G.*, **17**, 1390, 1884].

Propriétés. — Long cristaux solubles dans l'acide acétique chaud, assez difficilement solubles dans l'alcool chaud, fusibles à 173°. Oxydé par CrO^3 et l'acide acétique, ce corps fournit l'*oxyde de phtalacène*, $C^{21}H^{14}O$; chauffé avec la chaux sodée, il donne l'*acide phtalacénique* $C^{21}H^{16}O^2$.

Phtalacène bromé, $C^{21}H^{15}Br$. — On l'obtient en mélangeant en parties égales des solutions acétiques de phtalacène et de brome [Gabriel, *D. chem. G.*, **17**, 1397, 1885].

Le phtalacène bromé constitue des aiguilles brillantes solubles dans l'acide acétique et fondant à 184-185°. Quant on l'oxyde par CrO^3, on obtient l'*oxyde de bromophtalacène*.

Phtalacène dinitré, $C^{21}H^{14}(AzO^2)^2$. — On le prépare en faisant agir l'acide nitrique fumant sur une solution acétique de phtalacène; on refroidit en même temps [Gabriel, *D. chem. G.*, **17**, 1398, 1884]. Petits cristaux de couleur fauve.

OXYDE DE PHTALACÈNE, $C^{21}H^{14}O$. — On l'obtient en chauffant à la température du bain-marie une solution acétique de 2 p. de phtalacène avec 1p,5 de $Cr^2O^7K^2$ [Gabriel, *loc. cit.*].

Cristaux jaune citron fusibles à 211-214°. Avec l'hydroxylamine on a l'*oximinophtalacène*. En chauffant l'oxyde de phtalacène avec la chaux sodée on obtient l'acide phtalacénique $C^{21}H^{16}O^2$.

Oxyde de bromophtalacène, $C^{21}H^{13}BrO$. — On l'obtient en faisant agir 8gr,5 de $Cr^2O^7K^2$ sur une solution chaude de 12 gr. de phtalacène bromé dans 600 cc. d'acide acétique (Gabriel). Cristaux plats, jaunes, fondant vers 200°.

Oximidophtalacène, $C^{21}H^{15}(AzOH)$. — On

chauffe à 150-160° en tube scellé de l'oxyde de phtalacène (1 molée.) avec du chlorhydrate d'hydroxylamine (2 mol.), de l'alcool et quelques gouttes d'HCl. Cristaux brillants fondant à 265-266°. Décembre 1906. A. Bouchonnet.

PHTALACÉNIQUE (ACIDE). $C^{20}H^{13}-CO^2H$. — On l'obtient en chauffant vers 350°, en tube scellé pendant 6 à 7 heures, 1 p. d'oxyde de phtalacène avec 80 p. de chaux sodée [Gabriel, *D. chem. G.*, **17**, 1399, 1884]. Cristaux fondant à 245-247°. Décembre 1906. A. Bouchonnet.

PHTALACONE-CARBONIQUE (ACIDE). $C^{21}H^{11}O^2-CO^2H$. — *Préparation.* — Quand on chauffe vers 150° pendant 3 heures, au bain d'huile, un mélange de 200 gr. d'anhydride phtalique, 200 gr. d'éther acétylacétique et 20 gr. d'acétate de sodium, on obtient le *phtalacone-carbonate d'éthyle*; il se forme en même temps un peu d'o-tribenzoylène-benzène $C^6(C^6H^4CO)^3$, d'après la réaction :

$$2C^6H^4(CO)^2O + 2CH^3.CO.CH^2.CO^2.C^2H^5$$
$$= C^{22}H^{11}O^4.C^2H^5 + C^2H^5OH + 3H^2O + 2CO^2$$

[Gabriel, *D. chem. G.*, **17**, 1389, 1884].

On dissout le produit dans 3 ou 4 vol. d'alcool, on fait bouillir et on laisse refroidir. On filtre et on traite le produit insoluble (cristaux jaunes et soyeux) par l'acide acétique bouillant. L'éther phtalacone-carbonique se dissout pendant que le tribenzoylène-benzène reste insoluble. On décompose ensuite l'éther éthylique en le chauffant pendant 1/2 heure au bain-marie avec SO^4H^2 étendu. On précipite par l'eau le produit, de la solution acide; on obtient enfin l'acide libre après trois cristallisations successives dans l'alcool, l'acide acétique et l'alcool.

Propriétés. — Cristaux microscopiques jaunes, fusibles à 280-281°, assez solubles dans l'alcool chaud.

Chauffé avec HI et P, il se décompose en $C^2H^5I.CO^2$ et phtalacène. Il est réduit par la poudre de zinc et la lessive de soude en *acide hydrophtalacone-carbonique* $C^{22}H^{16}O^4$.

L'acide phtalacone-carbonique se combine avec l'hydroxylamine et donne l'*acide dioximido-phtalacone-carbonique* $C^{21}H^{11}(AzOH)^2CO^2H$, qui se présente sous la forme de cristaux jaunes fondant à 272-273° [Gabriel, *D. chem. G.*, **17**, 1395, 1884]. Gabriel a obtenu l'*éther éthylique* de ce dernier acide en chauffant à 180° 1 p. d'éther phtalacone-carbonique avec 1/2 p. de chlorhydrate d'hydroxylamine et un peu d'acide chlorhydrique.

On connaît les sels de K et de Na de l'acide phtalacone-carbonique; ce sont des cristaux jaunes qui cristallisent avec 1 mol. d'eau.

Acide dinitrophtalacone-carbonique. — L'éther $C^{22}H^9(AzO^2)^2O^4C^2H^5$ se prépare en faisant agir l'acide azotique fumant sur le phtalacone carbonate d'éthyle. On précipite par l'eau, on fait bouillir le précipité avec l'acide acétique et on le dissout dans le nitrobenzène bouillant. Cristaux fins, jaune brun, fondant au-dessous de 280°, peu solubles dans l'acide acétique bouillant.

Hydrophtalacone carbonate d'éthyle, $C^{21}H^{13}(OH)^2CO^2C^2H^5$. — Il fond à 211-213°.

Décembre 1906. A. Bouchonnet.

PHTALALDÉHYDIQUE (ACIDE O-).

$$C^6H^4 \begin{cases} CHO \\ CO^2H \end{cases}$$

— *Préparations.* — 1° On fait bouillir 1 p. de bromophtalide avec 5 p. d'eau [Racine, *Ann. Chem.*, **239**, 81, 1887] :

$$C^6H^4 \begin{cases} CHBr \\ CO \end{cases} O + H^2O = C^6H^4 \begin{cases} COH \\ CO^2H \end{cases} + HBr;$$

2° on chauffe à 180° l'acide phénylglyoxyl-o-carbonique [Graebe, Trümpy, *D. chem. G.*, **31**, 370, 1898]; 3° on traite par l'eau un xylène pentachloré $CCl^3_1-C^6H^4-CHCl^2_2$ (Colson et Gautier); 4° on oxyde par le permanganate alcalin l'acide o-cinnamylcarbonique $CO^2H_1-C^6H^4-CH=CH-CO^2H_2$ (Ehrlich).

Cristaux lamellaires fondant à 97°,2 très solubles dans l'eau, l'alcool et l'éther. Il ne peut être distillé sans décomposition. Oxydé par le permanganate il fournit l'acide o-phtalique. Il réduit le nitrate d'argent ammoniacal [Colson, Gautier, *Bull. Soc. Chim.*, (2), **45**, 509, 1886; — Drory, *D. chem. G.*, **24**, 2571, 1891; — Ehrlich, *Mon. f. Chem.*, **10**, 576, 1889; — Soret, *Jahresb. über Chem.*, 1453, 1886; — Stabil, *D. chem. G.*, **31**, 371, 1898; — Hamburger, *Mon. f. Chem.*, **19**, 430, 1898; — Wegscheider, Bondi, *Mon. f. Chem.*, **26**, 1039, 1231, 1905; — Bulow, *D. chem. G.*, **38**, 474, 1905]. Condensation avec les hydrazides [Wedel, *D. chem. G.*, **33**, 766, 1900]. Action des organomagnésiens [Simonis, Marbeu et Mernod, *D. chem. G.*, **38**, 3981, 1905].

On connaît les sels de Cu et d'Ag.

L'éther méthylique fond à 44° [Meyer, *Mon. f. Chem.*, **25**, 491, 1904]. *L'éther éthylique* fond à 66° (Racine, Meyer).

Anhydride.

```
        CH —— O —— CH
C6H4 <      > O      O <      > C6H4
        CO             CO
```

— Il se produit quand on chauffe l'acide phtalaldéhydique à 240-250° [Graebe, Stabil, *D. chem. G.*, **31**, 371, 1898]. Il fond à 221° [Racine, *Ann. Chem.*, **239**, 90, 1887; — Graebe, Trümpy, *D. chem. G.*, **31**, 371, 1898].

Dérivé acétylé.

$$C^6H^4 \begin{cases} CH(OC^2H^3O) \\ CO \end{cases} O$$

— Il fond à 60-63° [Racine, *Ann. Chem.*, **339**, 84, 1887; *D. chem. G.*, **21**, 353, 1888].

Dihydrodiphtalyldiimide.

```
        CH ————————— CH
C6H4 <      > AzH    AzH <      > C6H4
        CO                 CO
```

— Cristaux solubles dans l'acide acétique, fondant à 281° en se décomposant [Liebermann, Bistzrycki, *D. chem. G.*, **26**, 539, 1896; — Gabriel, Stelzner, *D. chem. G.*, **29**, 2745, 1896].

Dérivé

```
        C ═══════════ C
C6H4 <      > Az     Az <      > C6H4
        COH               COH
```

— Cristaux microscopiques solubles dans l'acide acétique (Liebermann, Bistrzycki).

Anilide phtalaldéhydique,

$$C^6H^4 \begin{cases} CO \\ CH.AzH.C^6H^5 \end{cases} O$$

— On décompose une solution alcoolique d'acide phtalaldéhydique par une solution alcoolique d'anilide en excès [Racine, *Ann. Chem.*, **239**, 89, 1887]. Fond à 174° [Gilliard, Monnet et Cartier, *Centr. Blatt*, **1898**, II, 524].

La *méthylanilide phtalaldéhydique*,

$$C^6H^5 \begin{cases} CO \\ CH.Az(CH^3)C^6H^5 \end{cases} O$$

fond à 150° [Glogauer, *D. chem. G.*, **29**, 2039, 1896]. La *p-toluidide phtalaldéhydique*,

$$C^6H^4 \left\langle \begin{array}{l} CO \\ \quad > O \\ CH . AzH . C^7H^7 \end{array} \right.$$

fond à 149° (Glogauer).

Acide phtalaldéhyde-p-toluidique $CO^2H . C^6H^4 . CAz = Az . C^7H^7$ (Glogauer).

α-Naphtylamide phtalaldéhydique,

$$C^6H^4 \left\langle \begin{array}{l} CO \\ \quad > O \\ CH . AzH . C^{10}H^7 \end{array} \right.$$

— Obtenue en mélangeant des solutions alcooliques d'acide o-phtalaldéhydique et d'α-naphtylamine. Cristaux solubles dans l'alcool, fondant à 155-159°. En précipitant une solution alcaline de ce produit par l'acide acétique, il se forme l'*acide phtalaldéhyde-α-naphtylamique* $CO^2H . C^6H^4 . CH = Az . C^{10}H^7$ (Glogauer).

β-Naphtylamide phtalaldéhydique. — Analogue au dérivé α (Glogauer).

HYDRAZONE,

$$C^6H^4 \left\langle \begin{array}{l} CH = Az \\ \\ CO . Az . C^2H^5 \end{array} \right.$$

[Paul, *D. chem. G.*, **32**, 2014, 1899].

Acide urobenzoylcarbonique $CO^2H . C^6H^4 . CH = Az . CO . AzH^2$. — Obtenu en mélangeant des solutions aqueuses d'acide phtalaldéhydique et d'urée [Racine, *D. chem. G.*, **21**, (2), 253, 1888].

o-Cyanobenzaldoxime $HCC^6H^4 . CH = AzOH$. — Elle fond à 173° [Posner, *D. chem. G.*, **30**, 1696, 1897].

OXIME, $CO^2H . C^6H^4 . CH : Az . OH$. — Obtenue en mélangeant des solutions aqueuses d'acide phtalaldéhydique et de chlorhydrate d'hydroxylamine [Racine, *Ann. Chem.*, **239**, 85, 1887].

ANHYDRIDE,

$$C^6H^4 \left\langle \begin{array}{l} CO . O \\ \qquad | \\ CH = Az \end{array} \right.$$

— Cristallisé ; il se transforme à 120° en phtalimide [Allendorff, *D. chem. G.*, **24**, 2347, 1891].

Combinaison $CO^2H . C^6H^4 . CH = Az^2H^2CH^3$. — Cristallisée ; elle fond à 179° [Gabriel, Neumann, *D. chem. G.*, **26**, 707, 1893].

ACIDE DIPHTALALDÉHYDHYDRAZONIQUE $CO^2H . C^6H^4 . CH = Az . Az = CH . C^6H^4 . CO^2H$. — Cristaux microscopiques, insolubles dans l'alcool, fondant à 211° [Liebermann, Bistrzycki, *D. chem. G.*, **26**, 535, 1893]. On connaît le *sel d'argent*.

Anhydride diphtalaldéhydhydrazonique,

$$C^6H^4 \left\langle \begin{array}{c} CH = Az . Az = CH \\ CO . O . CO \end{array} \right\rangle C^6H^4$$

— Il fond à 219° [Gabriel, Eschembach, *D. chem. G.*, **30**, 3024, 1897].

Acide phtalaldéhydique semicarbazone $CO^2H - C^6H^4 - CH = Az . AzH . CO . AzH^2$. — Cristallisé ; il fond à 202° [Liebermann, *D. chem. G.*, **29**, 179, 1896].

o-Carboxylbenzal-o-oxyméthylbenzhydrazide, $OH . CH^2 . C^6H^4 . CO . AzH : CH . C^6H^4 . CO^2H$. — Elle fond à 115° [Wedel, *D. chem. G.*, **33**, 770, 1900].

ACIDE ISOPHTALALDÉHYDIQUE, $COH_3 - C^6H^4 CO^2H_1$. — Il a été obtenu en hydratant, par l'acide chlorhydrique, l'aldéhyde benzoïque métacyanée, $COH_3 \; CH^4 - CAz_1$ [Reinglass, *D. chem. G.*, **24**, 2423, 1891].

Il constitue des aiguilles fusibles à 166°. Son *sel de cuivre* est en cristaux bleu foncé.

Son *oxime* $OH . Az = CH . C^6H^4 . CO^2H$ fond à 165° en s'altérant ; sa *phénylhydrazone* $C^6H^5 - AzH - Az = CH . C^6H^4 - CO^2H$ fond à 115° (Reinglass).

ACIDE TÉRÉPHTALALDÉHYDIQUE, $CO^2H_4 . C^6H^4 - CO^2H_1$ [Löw, *Ann. Chem.*, **231**, 366, 1885 ; *D. chem. G.*, **18**, 2074, 1885 ; — Reinglass, *ibid.*, **24**, 2423, 1891].

On peut le préparer en oxydant modérément l'aldéhyde téréphtalique par l'acide chromique. Il cristallise en aiguilles, fond à 246° et se sublime à plus haute température. On connaît son *sel de cuivre* et son *éther éthylique*. Son *oxime* fond à 210° et sa *phénylhydrazone* à 226°.

Chlorure. — Par l'action du chlorure de thionyle [Meyer, *Mon. f. Ch.*, **22**, 777, 1902].

Amide. — Elle se forme par condensation de l'aldéhyde p-cyanobenzoïque avec l'anhydride acétique [Moser, *D. chem. G.*, **33**, 2623, 1904] : elle fond à 105°.

La *benzoylhydrazone* fond à 180° [Bystrzycki, Herbst, *D. chem. G.*, **34**, 1010, 1901].

Acide nitrotéréphtalaldéhydique, $COH - C^6H^3 (AzO^2) CO^2H$. — L'*acide nitro-2* fond à 160° ; l'*acide nitro-3* fond à 184° (Löw).

Décembre 1906. A. Bouchonnet.

PHTALAMIDE (O-),

$$C^6H^4 \left\langle \begin{array}{l} CO - AzH^2 \\ CO - AzH^2 \end{array} \right.$$

— On obtient ce composé :

1° En laissant en contact, à froid, pendant plusieurs heures, l'ammoniaque avec le phtalimide [Aschan, *D. chem. G.*, **19**, 1399, 1886] ;

2° En faisant réagir à froid l'ammoniac en solution alcoolique sur le phtalate neutre d'éthyle [Hoogewerf, Dorp, *Rec. Tr. ch. Pays-Bas*, **11**, 100, 1892].

Il cristallise en rhomboèdres microscopiques. Il fond à 219-220° en perdant de l'ammoniac [Bülow, *Ann. Chem.*, **236**, 188, 1886 ; — Bülow et Koch, *D. chem. G.*, **37**, 588, 1904].

Il se décompose quand on le chauffe avec de l'eau ou de l'alcool en dégageant AzH^3 et en donnant le phtalimide. Chauffé à 100°, avec une solution d'aldéhyde formique, il donne l'*acide méthylène-phtalamique*, $CO^2H . C^6H^4CO . Az = CH^2$. Action sur la phénylhydrazine [*Ann. Chem. Soc.*, **27**, 1091, 1905].

Bromodiéthylphtalamide, $C^2H^5AzH . CO . C^6H^4CO . AzH . C^2H^4Br$. — On dissout 14 gr. de β-bromoéthylphtalimide dans 70 cc. d'alcool chaud, on refroidit à 0° et on décompose peu à peu avec 16 cc. d'une solution d'éthylamine à 33 0/0 [Ristenpart, *D. chem. G.*, **29**, 2528, 1896]. Elle fond à 127°.

Vinyléthylphtalamide, $C^2H^5 . AzH . CO . C^6H^4 . CO . AzH . CH = CH^2$. — Cristaux solubles dans l'alcool et la ligroïne, fondant à 107° [Ristenpart, *D. chem. G.*, **29**, 2528, 1896]. $PtCl^4(C^{12}H^{14}O^2Az^2 . HCl)^2$ fond à 195-196°. $AuCl^3C^{12}H^{14}O^2Az^2 . HCl$ fond à 125-127°.

Le *picrate* $C^{12}H^{14}O^2Az^2 . C^6H^3O^7Az^3$ fond à 172°.

o-Nitrophtalanilide $C^6H^4[CO . AzH . C^6H^4(AzO^2)]^2$. — On fait réagir 1 mol. de chlorure de phtalyle sur 2 mol. de o-nitraniline [Pawlewski, *D. chem. G.*, **28**, 1120, 1895]. Fond à 180-184°.

Dérivé para. — Fond à 232-234° (Pawlewski).

Diphénylphtalamide, $C^6H^4(CO . AzH . C^6H^5)^2$. — On l'obtient soit en décomposant par l'eau à l'ébullition l'isophtalanilate de méthyle [Van der Meulen, *Rec. Tr. ch. Pays-Bas*, **15**, 345, 1896], soit en laissant en contact, dans un mélange réfrigérant, de chlorure de phtalyle et de l'aniline, en solution alcoolique [Rogow, *D. chem.*

G., **30**, 1442, 1897; — Hoogewerf et Van Dorp, *Rec. Tr. ch. Pays-Bas*, **21**, 339, 1902]. Petits cristaux fusibles vers 250° en se décomposant.

Diméthyldiphénylphtalamide, $C^6H^4[CO\,Az\,.\,(CH^3)\,.\,C^6H^5]^2$. — On l'obtient en faisant réagir le chlorure de phtalyle sur le méthylaniline (Rogow). Elle fond à 177°.

Diéthyldiphénylphtalamide, $C^6H^4[CO\,.\,Az(C^2H^5)C^6H^5]^2$. — Cristaux prismatiques fusibles à 140° [Piutti, *Ann. Chem.*, **227**, 187, 1885].

Tetraphénylphtalamide, $C^6H^4[CO\,.\,Az(C^6H^5)^2]^2$. — On l'obtient, soit par l'action du chlorure de phtalyle sur la diphénylamine [Lellmann, *D. chem. G.*, **15**, 580, 1882], soit en traitant 1 mol. d'anhydride phtalique par 2 mol. de diphénylamine [Piutti, *loc. cit.*; *Gazz. chim. ital.*, **14**, 470, 1884]. Elle fond à 238°.

Diéthylditolylphtalamide, $C^6H^4[CO\,.\,Az\,.\,(C^2H^5\,.\,C^7H^7)]^2$ (Piutti).

Phtalpseudocumidamide, $AzH^2\,.\,CO\,.\,C^6H^4\,.\,CO\,AzH\,.\,C^6H^2(CH^3)^3$. — Elle fond à 218° [Fröhlich, *D. chem. G.*, **17**, 1807, 1884].

Phtalpseudocumidméthylamide, $AzH\,.\,(CH^3)\,.\,CO\,.\,C^6H^4\,.\,CO\,.\,AzH\,.\,C^9H^{11}$. — Elle fond à 215° (Fröhlich).

Phtalallylamide pseudocumide, $AzH\,.\,(C^3H^5)\,.\,C^8H^4O^2\,.\,AzH\,.\,C^9H^{11}$ (Fröhlich).

Dipseudocumylphtalamide, $C^6H^4[CO\,.\,AzH\,.\,C^6H^2(CH^3)^3]^2$. — Préparée par le chlorure de phtalyle et le pseudocumidine. Elle fond à 227° [Rogow, *D. chem. G.*, **30**, 1442, 1897].

Ethylène phtalamide,

$$C^8H^4O^2\begin{cases}AzH-CH^2\\ \quad\quad\ \ |\\ AzH-CH^2\end{cases}$$

— Elle fond à 125° en se décomposant [Anderlini, *Gazz. chim. ital.*, (1), **24**, 405, 1894].

Diphtalyléthylènediimide,

$$\begin{array}{l}C^6H^4(CO^2)=Az\,CH^2\\ \qquad\qquad\qquad\quad\ |\\ C^6H^4(CO^2)=Az\,CH^2\end{array}$$

— Ce corps fond à 243-244° (Anderlini).

Phtaluréide,

$$C^6H^4\begin{cases}CO\,.\,AzH\\ CO\,.\,AzH\end{cases}CO$$

— Elle se forme quand on chauffe de l'acide phtalurique avec $POCl^3$ [Piutti, *Ann. Chem.*, **214**, 23, 1882]. *Sel d'argent* $Ag\,C^9H^5Az^2O^3$.

Diphtalsuccinanilide. — Cristaux prismatiques fondant à 267° en se décomposant [Roser, *D. chem. G.*, **18**, 3123, 1885].

Diphtalsuccinodéhydranilide, $C^{30}H^{20}Az^2O^2$ (Roser).

o-Phénylène-phtalamide, $C^6H^4:(CO.AzH)^2:C^6H^4$. — [Anderlini, *D. chem. G.*, **26**, 600, 1894; **27**, 397, 1895; — Meyer, *Ann. Chem.*, **347**, 17, 1906].

Phtalylpipérazine trimoléculaire,

$$\left[\begin{array}{ccc} & Az & \\ C^2H^4 & C^6H^4=C^2O^2 & C^2H^4\\ & Az & \end{array}\right]^3$$

— On fait réagir le chlorure de phtalyle sur une solution alcaline de pipérazine [Rodalsky, *J. prakt. Chem.*, (2), **53**, 22, 1896]. Précipité amorphe.

O-PHTALAMIDE DISSYMÉTRIQUE.

$$C^6H^4\begin{cases}C\begin{cases}AzH^2\\AzH^2\end{cases}\\ \quad\ \ >O\\ C=O\end{cases}$$

On l'obtient en versant goutte à goutte le chlorure de phtalyle dans une solution d'ammoniaque aqueuse et concentrée. Le produit de la réaction évaporé à sec, à froid, en présence de SO^4H^2, est repris par l'alcool absolu qui ne dissout pas le chlorure d'ammonium. Ce corps fond vers 90°, puis perd de l'ammoniaque et fond alors vers 228°, point de fusion de la phtalimide. Il est très soluble dans l'eau et l'alcool chaud [Auger, *Ann. Chim. Phys.*, (6), **22**, 289, 1891].

ISOPHTALAMIDE (Voyez ACIDE ISOPHTALIQUE).

TÉRÉPHTALAMIDE (Voyez ACIDE TÉRÉPHTALIQUE). Décembre 1906. A. Bouchonnet.

PHTALAMIDONE. — Les acides amidine-o-carboniques, qui prennent naissance par l'action des o-diamines sur les acides o. aldéhydiques, donnent par ébullition avec l'anhydride acétique des anhydrides internes particuliers que Bistrzycki [*D. chem. G.*, **24**, 627, 1891] a désignés par le nom de *phtalamidones*.

Il a préparé d'abord la *toluylène-diméthoxyphtalamidone*. Bistrzycki et Cybulski [*D. chem. G.*, **25**, 1984, 1892] ont obtenu la *toluylène-phtalamidone*

$$CH^3-C^6H^3\begin{cases}Az\geqq C\\ Az\begin{cases}\\ CO\end{cases}\end{cases}C^6H^4$$

fusible à 188°, en partant de l'acide toluylène amidine-benzényle-o-carbonique.

Son *dérivé bromé* fond à 235°.

La *bromotoluylène-diméthoxyphtalamidone* fond à 212-213°.

L'α-β-*naphthylène-diméthoxyphtalamidone* cristallise dans l'alcool et fond à 191-192°.

Les phtalamidones donnent par réduction, au moyen de la poudre de Zn des produits hydrogénés renfermant 4 atomes de plus que le produit primitif.

La *tétrahydrotoluylène-phtalamidone* $C^{15}H^{14}Az^2O$ ainsi obtenue est en aiguilles microscopiques fusibles à 186-187°, et la *tétrahydro-toluène-diméthoxyphtalamidone* $C^{17}H^{18}Az^2O^3$ en cristaux blancs, fusibles à 248°.

Décembre 1906. A. Bouchonnet.

PHTALAMIQUE (ACIDE),

$$C^6H^4\begin{cases}CO-AzH^2\\ CO^2H\end{cases}$$

— *Préparation*. — Le phtalamate de potassium se forme lorsqu'on met en contact la phtalimide avec une lessive de potasse à 25 0/0 :

$$C^6H^4\begin{cases}CO\\ CO\end{cases}AzH + KOH = C^6H^4\begin{cases}CO-AzH^2\\ CO^2K\end{cases}$$

La solution de phtalamate acidulée par HCl abandonne des aiguilles d'acide phtalamique [Aschan, *D. chem. G.*, **19**, 1402, 1884].

On obtient encore l'acide phtalamique en hydratant la phtalimide au moyen de l'eau de baryte [Kuhara, *Am. Chem. Journ.*, 3, 29, 1882].

Propriétés. — L'acide phtalamique fond à 148-149°; il se décompose à 155° en phtalimide et eau. Il est assez soluble dans l'eau froide et l'alcool, peu dans l'éther et la benzine; insoluble dans la ligroïne. L'eau bouillante le décompose rapidement en donnant le phtalate acide d'ammonium.

Sels. — Le *phtalamate de K* se présente sous la forme de petits prismes très solubles dans l'eau [Kuhara, Landsberg, *Ann. Chem.*, **215**, 197, 1883].

Le *sel de Ba* est amorphe; l'alcool le précipite de sa solution aqueuse (Kuhara). D'après Landsberg, on l'obtient sous forme d'une masse cristalline en traitant par $BaCl^2$ le *sel d'Ag*, qu'on prépare sous forme de petits cristaux décomposables par l'eau bouillante, presque insolubles dans l'eau et l'alcool (Landsberg).

Éther méthylique $AzH^2.CO.C^6H^4.CO^2.CH^3$. — On l'obtient par l'action du phtalamate d'argent sur l'iodure de méthyle dans l'acétone [Hoogewerf, van Dorp, *Rec. Pays-Bas*, **18**, 364, 1900]. Il fond à 98-102° et se décompose vers 140° en phtalimide et alcool méthylique.

Quand on dissout à chaud 5 gr. de brométhylphtalimide $C^8H^4O^2.Az.C^2H^4Br$ et 3 gr. KOH dans 10 cc. d'eau et qu'on décompose par 20 cc. HCl, il se dépose des cristaux fusibles à 85°.5, très solubles dans l'eau et l'alcool, qui répondent à la formule $OH.C^2H^4.AzH.CO.C^6H^4.CO^2H$. [Gabriel, *D. chem. G.*, **21**, 572, 1888].

Acide nitrophtalamique [Lesser, *Berlin*, brevet all. n° 148 874, 14 octobre 1902].

Acide méthylphtalamique-méthylammonium, $C^6H^4(CO.AzHCH^3)(CO^2AzH^3CH^3)$ [Gibbs, *J. Chem. Soc.*, **28**, 1395, 1906].

Acide oxéthylphtalamique et dérivés [Gabriel, *D. chem. G.*, **38**, 2384, 2405, 1905].

Acide phénoxéthylphtalamique $C^6H^5.OC^2H^4.AzH.CO.C^6H^4.CO^2H$. — Il se prépare en chauffant de la phénoxéthylphtalimide avec la lessive de potasse [Schmidt, *D. chem. G.*, **22**, 3255, 1889]. Cristaux fondant à 125°. Chauffés à 140° ils donnent la phénoxéthylphtalimide.

Acide acétylphtalamique, $CO^2H.C^6H^4.CO.AzH.CO.CH^3$. — Cristaux lamellaires fusibles à 164° [Thiterley, Hicks, *Proc. Chem. Soc.*, **22**, 106, 1906; *J. Chem. Soc.*, **89**, 708, 1906].

Acide phénylphtalamique et dérivés (voyez acide phtalanilique).

Acide benzylphtalamique $HO.OC.C^6H^4.COAzH.CH^2.C^6H^5$. — On l'obtient en faisant bouillir pendant 1/2 heure la benzylphtalimide avec une quantité suffisante de lessive concentrée de potasse [Gabriel, Landsberger, *D. chem. G.*, **31**, 2740, 1898]. Cristaux solubles dans l'alcool et fondant à 154°.

Le *sel d'argent* constitue des cristaux microscopiques se décomposant vers 138° et se colorant en violet sous l'action de la lumière.

Acide m-cyano-benzylphtalamique $CO^2H.C^6H^4.CO.AzH.CH^2.C^6H^4.CAz$. — Il fond à 175° en donnant de la phtalimide [Ehrlich, *D. chem. G.*, **34**, 3366, 26, 1901].

Acide p-crésoéthylphtalamique $CH^3.C^6H^4OC^2H^4.AzH.COC^6H^4CO^2H$. — On le prépare en faisant bouillir de la p-crésoéthylphtalimide avec une lessive de potasse très concentrée [Schreiber, *D. chem. G.*, **24**, 191, 1891]. Ce produit fond à 137°. On connaît le *sel d'argent* correspondant.

Acide benzoylphtalamique, $CO^2H.C^6H^4.CO.AzH.CO.C^6H^5$. — Cristaux fusibles à 123-124° [Thiterley et Hicks, *Proc. Chem. Soc.*, **22**, 106, 1906; *J. Chem. Soc.*, **89**, 708, 1906].

Acide o-benzoylaminoéthylbenzoïque $(C^2H^5O)^2CH.CH^2.AzHCO.C^6H^4.CO^2H + H^2O$ [Alexander, *D. chem. G.*, **27**, 3103, 1894]. — Cristaux solubles dans la ligroïne et l'éther, fondant à 100° en se décomposant.

Acide styrylphtalamique $C^6H^5.CH=CH.CH^2.AzH.CO.C^6H^4.CO^2H$ [Posner, *D. chem. G.*, **26**, 1857, 1893]. — Il fond à 132°, est insoluble dans l'eau. Le *sel d'argent* est floconneux.

Acide 1.3.4-*xylénoxéthylphtalamique* $(CH^3)^2.C^6H^3.OCH^2.CH^2AzH.CO.C^6H^4.CO^2H$. — On chauffe au bain-marie de la 1.3.4-xylénoxéthylphtalimide avec une lessive de soude concentrée [Schrader, *D. chem. G.*, **29**, 2400, 1898]. Cristaux solubles dans le benzène, fondant à 130-131°, insolubles dans l'eau et la ligroïne.

Acide amylphtalamique. — Il se présente en paillettes solubles dans le benzène, fondant à 123° [Marckwald, *D. chem. G.*, **37**, 1038, 1904].

Acide isoamylphtalamique $AzH.CH^2.CH^2.CH(CH^3)^2[CO.C^6H^4.CO^2H]$. — On l'obtient en faisant bouillir de l'isoamylphtalimide avec de la lessive de potasse [Neumann, *D. chem. G.*, **23**, 998, 1890]. Il fond à 114°. On connaît son *sel d'argent*.

Acide γ-phénoxylpropylphtalamique $C^6H^5O.CH^2-CH^2AzH-CO.C^6H^5.CO^2H$. — Il fond à 134°. Soluble dans l'alcool, insoluble dans l'éther.

$AgC^{17}H^{16}AzO^4$. — Précipité gélatineux [Lehmann, *D. chem. G.*, **24**, 2633, 1891].

Acide pinène phtalamique,

$$C^6H^4 \begin{cases} CO^2H \\ COAzHC^{10}H^{16} \end{cases}$$

— On l'obtient en traitant la pinène phtalimide par une lessive chaude de potasse caustique. Par refroidissement, le sel de K se dépose en cristaux incolores. En le décomposant par HCl, on obtient l'acide libre. Cristaux en forme de mamelons, fusibles à 107-110° et très altérables.

Acide méthylènephtalamique $CO^2H.C^6H^4.COAz=CH^2$. — On chauffe à 100°, pendant 5 h., de la phtalimide avec une solution d'aldéhyde formique à 40 0/0 [Pulvermacher, *D. chem. G.*, **26**, 957, 1893]. Baguettes prismatiques, très solubles dans l'alcool et l'acide acétique, peu solubles dans l'eau. On a obtenu le *sel d'argent*.

Acide éthylènediphtalamique $C^2H^4(AzH.CO.C^6H^4.CO^2H)^2$. — Gabriel et Weiner [*D. chem. G.*, **21**, 2670, 1888] ont obtenu cet acide en faisant bouillir de l'éthylènediphtalimide avec une lessive de potasse.

Acide triméthylènediphtalamique $CH^2(CH^2.AzH.CO.C^6H^4.CO^2H)^2$. — On chauffe de la triméthylènediphtalamide avec de la lessive de potasse concentrée [Gabriel, Weiner, *D. chem. G.*, **21**, 2670, 1888]. On connaît le *sel d'argent*.

Göderkmeyer [*D. chem. G.*, **21**, 2690, 1888] a préparé l'*acide β-oxytriméthylènediphtalamique* $OH.CH(CH^2.AzH.C^6H^4.OH)^2$ et son *sel d'argent*.

Acide β-benzylsulfoneallylphtalamique,

$$C^6H^4 \begin{cases} CO^2H \\ CO.AzH-CH=C(CH^3)-SO^2.CH^2.C^6H^5 \end{cases}$$

[Posner et Rahrenhorst, *D. chem. G.*, **32**, 2749, 1899].

Acide carboxybenzylphtalamique $CO^2H.C^6H^4.CO.AzH.CH^2.C^6H^4.CO^2H$. — Le *dérivé méta* fond à 228° [Reinglass, *D. chem. G.*, **24**, 2420, 1891]. Le *dérivé para* fond à 255° [Gunthe, *D. chem. G.*, **23**, 1059, 1890].

Acide o-carboxycarbanilylphtalamique. — L'*éther méthylique* $CH^3.CO^2.C^6H^4AzH.CO.AzH.CO.C^6H^4.CO^2.CH^3$ fond à 142-143° [Bredt, Hof, *D. chem. G.*, **33**, 26, 1900].

ACIDES HYDROPHTALAMIQUES [voir Piutti et Abati, *D. chem. G.*, **36**, 996, 1903].

ACIDE TÉRÉPHTALAMIQUE. — Voyez PHTALIQUE (ACIDE). Décembre 1906. A. Bouchonnet.

PHTALANILE (*phénylphtalimide*)

$$C^6H^4 \begin{cases} CO \\ CO \end{cases} Az.C^6H^5$$

— *Préparation*. — Piutti chauffe la phtalimide avec l'aniline [*D. chem. G.*, **16**, 1323, 1884; — Piutti et Abati, *ibid.*, **36**, 996, 1903]. On en obtient aussi par l'action du permanganate de potassium sur l'o-cyanobenzylaniline dissoute dans l'acétone [Landsberger, *D. chem. G.*, **31**, 2884, 1889], ou par l'ébullition de la dianilide phtalique avec 95 0/0 d'acide acétique [Rogow, *D. chem. G.*, **30**, 1443, 1897] ou encore en chauffant, à 160-200°, de l'acide phtalique ou de l'aniline [Gräbe, *D. chem. G.*, **29**, 2804, 1896]. Michael et Palmer [*Am. chem. Journ.*, **9**, 202, 1887] ont obtenu de la phtalanile en abandonnant pendant plusieurs jours une solution aqueuse d'aniline et d'acide phtalique. Dunlop et Cummer [*J. Am. Soc.*, **25**. 612, 1903] chauffent pendant 6 heures, en tube scellé, à 200° un mélange de 1 mol. de phtalate de sodium sec et 2 mol. de chlorhydrate d'aniline.

Il s'en forme encore dans l'action du chlorure de phtalyle sur l'aniline à la température ordinaire [Kuhara et Fukui, *Am. Chem. Journ.*, **26**, 454, 1901] ou à partir de la quinophtalone [Eibner, Merkel, *D. chem. G.*, **35**, 2297, 1902].

Ce corps fond à 203° [Hoogewerff et van Dorp, *Rec. Pays-Bas*, **21**, 339, 1903].

4-Chlorophtalanile,

$$ClC^6H^3 \genfrac{<}{}{0pt}{}{CO}{CO}\!\!> Az.C^6H^5$$

[Gräbe, Buenzod, *D. chem. G.*, **32**, 1993, 1899]. — Obtenu en chauffant de l'aniline 4-chlorophtalique à 160-170°; fusible à 174°; assez difficilement soluble dans l'alcool.

Dichloro-3.6-phtalanile $Cl^2.C^6H^2.(CO)^2.Az.C^6H^5$. — Gräbe [*D. chem. G.*, **32**. 1994. 1889; *ibid.*, **33**. 2019, 1900] a préparé ce produit en chauffant le sel d'aniline correspondant à 120-130°. On en obtient aussi en chauffant l'anhydride 3.6-dichlorophtalique avec l'aniline [Gräbe, Gourewitz. *D. chem. G.*, **33**. 2024. 1890]. Le 3.6-dichlorophtalanile se présente en cristaux solubles dans l'alcool, fondant à 191°. Le *dérivé*-3-5 fond à 150° [Graebe, Buenzod, *D. chem. G.*, **32**, 1994, 1889].

Tétrachlorophtalanile,

$$C^6Cl^4 \genfrac{<}{}{0pt}{}{CO}{CO}\!\!> Az.C^6H^5$$

— Il se forme quand on décompose par la chaleur le tétrachlorophtalate d'iniline [Graebe Buenzod, *loc. cit.*]. Il fond à 268-269°.

Oxyphtalanile $C^6H^4.C^2O^2=Az.C^6H^4OH$. — *Dérivé para.* — Préparé par Meyer [*Mon. f. Chem.*, **20**, 348, 1899] en faisant bouillir l'oxime de la phtaléine du phénol avec du chlorhydrate d'hydroxylamine, il fond à 292° [Piutti et Abati, *D. chem. G.*, **36**, 996. 1903]. L'*acétate* $C^8H^4O^2:Az.C^6H^4.O.C^2H^3O$ fond à 226° [Wirths, *Centr. Blatt*, 1897 I, 49; — Piutti, *Gazz. chim. ital.*, **16**, 252, 1886]; le *propionate* fond à 158°; le *butyrate* fond à 156°; le *benzoate* fond à 256° (Wirths).

Dérivé méta. — Il fond à 161°.5 (Piutti et Abati).

Hydrophtalanile et dérivés (Piutti et Abati).

Trinitrooxyphtalanile $C^8H^4O^2=Az.C^6H(AzO^2)^3OH$. — Obtenu en traitant le p-oxyphtalanile par l'acide azotique [Piutti. *Gazz. chim. ital.*, **16**, 253, 1883]. Il fond à 210°.

Dibromoparaoxyphtalanile

CO — Az — Br, OH, Br — CO

[Mayer. *Mon. f. Chem.*, **21**, 263. 1900].

Méthyl-o-oxyphtalanile. — Fond à 250° [Niementowski. *Mon. f. Chem.*, **12**, 620. 627, 1891].

p-Méthoxyphénylphtalimide $C^{15}H^{11}O^3Az$. — Ce corps cristallise sous deux formes : dans le benzène, sous la forme *a*. incolore, rhombique, passant au jaune vers 144-145°, redevenant blanc à 155° et fusible à 162°. Il forme des solutions jaunes avec les autres solvants usuels, d'où il se sépare sous la forme *b* jaune, passant à la forme *a* vers 160° [Piutti et Abati, *D. chem. G.*, **36**, 996, 1903].

p-Éthoxyphénylphtalimide $C^{16}H^{13}O^3Az$. — Ce dérivé fond à 206°, et existe aussi sous deux modifications (Piutti et Abati).

Nitrophtalanile

$$C^6H^4 \genfrac{<}{}{0pt}{}{CO}{CO}\!\!> Az.C^6H^4.AzO^2$$

— Le *dérivé ortho* se prépare en chauffant l'o nitroaniline avec du chlorure de phtalyle en excès. On obtient de petits cristaux solubles dans l'acide acétique, fondant à 200-203° [Pawlewsky, *D. chem. G.*, **28**, 1120, 1896]. Le *dérivé méta* s'obtient comme le précédent en partant de la m-nitroaniline [Pawlewsky, *D. chem. G.*, **27**. 3430, 1894; **28**, 1119, 1895]; ce sont de longues aiguilles solubles dans l'acide acétique, peu solubles dans l'alcool, l'éther et le benzène, fusibles à 242-243°. Le *dérivé para* se décompose sous l'action de la chaleur en phtalanile et nitraniline [Lefser, Berlin (Brev. allem., n° 141.893) 1903].

Les *dérivés nitrés dans le noyau phtaliqne* sont décrits avec les acides o-phtaliques (nitro).

Phénylphtalanyluréthane $Az(C^6H^5)COC^6H^4=Az.C^8H^4O^2$. — Le *dérivé ortho* fond à 160-165° [Leuckardt, *J. prakt. Chem.*, (2), **41**, 329, 1890]. Le *dérivé para* fond à 287-288° [Piutti, *Gazz. chim. ital.*, **16**, 255, 1883].

Picrylphtalimide

$$C^6H^4 \genfrac{<}{}{0pt}{}{CO}{CO}\!\!> Az.C^6H^2(AzO^2)^3$$

— On la prépare par l'action du chlorure de picryle sur la phtalimide potassique [Schmidt, *D. chem. G.*, **22**, 3257, 1889] ou sur l'aniline trinitrée [Rouffaer, *Rec. Pays-Bas*, **11**, 275, 1892]. Elle fond à 259°.

Amidophtalanile [Meyer, *Lieb. Ann. Chem.*, **327**, 1. 1903; **347**, 17, 1906].

ISOPHTALANILE (*phénylphtalisoimide*)

$$C^6H^4 \begin{cases} CO \\ \quad > O \\ C=Az.C^6H^5 \end{cases}$$

— On obtient le *chlorhydrate* en chauffant à 60° pendant 5 heures, 5 gr. d'acide phénylphtalamique et 30 gr. de chlorure d'acétyle [van der Meulen, *Rec. Pays-Bas*, **15**, 286, 1897].

Cristaux solubles dans l'éther, fondant à 120-122° [Hoogewerf, von Dorp, *Rec. Pays-Bas*, **21**, 341, 1903]. En chauffant le produit au-dessus de 240°, il se transforme en phtalanile.

Si on fait agir l'aniline sur le chlorhydrate en suspension dans l'éther, on obtient la *phtaldianilide*.

HOMOLOGUES DU PHTALANILE (voyez PHTALIMIDE).

Décembre 1906. A. Bouchonnet.

PHTALANILE CARBONIQUE (ACIDE) ou *acide phtalimidobenzoïque*

$$C^6H^4 \begin{cases} CO^2H \qquad CO \\ \qquad\qquad O < \quad > C^6H^4 \\ Az = C \end{cases}$$

Acide ortho.

— L'*acide ortho* s'obtient en chauffant des poids moléculaires égaux d'acide o-aminobenzoïque et de chlorure de phtalyle [Pawlewski, *D. chem. G.*, **29**, 2679, 1896]. C'est une poudre soluble dans l'acide acétique et fondant à 242° en se décomposant.

Acide méta. — Piutti l'obtient en chauffant le phtalanile avec l'acide m-aminobenzoïque [Piutti, *D. chem. G.*, **16**, 1320, 1883]. Il fond à 282-284° [Schiff. *Ann. Chem.*, **218**, 194, 1883].

L'éther éthylique de l'acide para ($C^8H^4O^2 . Az . C^6H^4 . CO^2 . C^2H^5$) a été préparé en faisant agir du chlorure d'aluminium sur un mélange de chlorure de phtalyle et d'éther phtalyl-di-p-aminobenzoïque [Limpricht. Saar. *Ann. Chem.*, **303**. 279, 1898] ou en faisant agir du phtalate d'éthyle sur l'acide m-aminobenzoïque [Pellizzani, *D. chem. G.*, **18**. 216. 1885]. Cristaux incolores solubles dans l'acide acétique.

L'amide $AzH^2 . CO . C^6H^4 . Az = C^8H^4O^2$ fond à 240-241° (Schiff).

Anilide $AzH(C^6H^5) . CO . C^6H^4 . Az = C^8H^4O^2$. — Obtenue en fondant 7 p. d'anhydride phtalique avec 6 p. de m-aminobenzanilide [Piutti, *D. chem. G.*, **16**, 1322. 1883].

Phtalyl-bis-aminobenzoate d'éthyle $C^8H^4O^2(AzH . C^6H^4 . CO^2 . C^2H^5)^2$. — *Le dérivé méta* fond à 191°. Le *dérivé para* fond à 188° [Limpricht. Saar. *Ann. Chem.*, **303**. 278. 1898].

Décembre 1906. A. Bouchonnet.

PHTALANILIQUE (ACIDE); ou *acide phénylphtalamique* $AzH(C^6H^5).CO - C^6H^4.CO^2H$. — Il se prépare en faisant agir l'anhydride phtalique et l'aniline dans une solution chaude de toluène [Meyer. Sundmacher. *D. chem. G.*, **32**. 2123. 1900]. On peut encore l'obtenir en chauffant à 130° l'anhydride phtalique avec la thiocarbanilide [Dunlop. *Am. Chem. Journ.*, **18**. 337. 1896]. Un autre procédé consiste à faire bouillir de la phénylphtalimide avec de l'eau de baryte [Kuhara, Tukui. *Am. Chem. Journ.*, **26**. 457. 1901].

Thorp [*D. chem. G.*, 1261. 1894] chauffe en tube scellé l'oxime de l'acide o-benzoylbenzoïque

$$C^6H^4 \begin{cases} CO . OH \\ C \begin{matrix} C^6H^5 \\ Az . OH \end{matrix} \end{cases}$$

avec du chlorhydrate d'hydroxylamine.

Piutti et Abati [*D. chem. G.*, **36**, 996, 1903] font agir l'anhydride phtalique sur l'aniline en solution dans l'acétone.

D'après Zincke et Cooksey [*Ann. Chem.*, **235**, 375, 1889], l'acide phtalanilique fondrait à 158° en se décomposant. Plus récemment, on a rectifié le point de fusion qui est 169-169°,5. Ce corps est peu soluble dans l'eau froide, soluble dans le chloroforme et le benzène.

Le *sel de baryum* a été obtenu cristallisé par Kuhara et Tukui. Les mêmes [*Am. Chem. Journ.*, **26**, 458, 1901] ont obtenu un dérivé nitrosé $CO^2H . C^6H^4 . CO Az(AzO)C^6H^5$ par l'acide phénylphtalamique et l'acide azoteux en solutions éthérées. Cristaux jaune clair.

Phtalanilate de méthyle. a-méthyléther normal $AzH(C^6H^5)CO . C^6H^4 . CO^2 . CH^3$. — Il se forme en même temps que le chlorhydrate de l'isométhyléther en dissolvant du chlorhydrate d'isophtalanile dans l'alcool méthylique: en traitant la solution refroidie par l'éther anhydre, il se sépare alors du chlorhydrate de l'isométhyléther. On agite la solution filtrée avec de l'eau et on fait évaporer la solution éthérée [Van der Meulen. *Rec. Pays-Bas.* **15**, 347. 1897; *C. R.*, I. 251. 1899; *Rec. Pays-Bas.* **18**. 365. 1900]. Cristaux solubles dans l'éther et le benzène, fusibles à 111-112°,5.

Isométhyléther,

$$C^6H^4 \begin{cases} C . AzH . C^6H^5)OCH^3 \\ \quad > O \\ CO \end{cases}$$

— Il se forme quand on décompose le monométhyléther normal par l'eau froide; on dissout l'éther précipité dans l'alcool et on reprécipite par l'eau. Cet éther se décompose vers 123° avec formation de phénylphtalimide [Van der Meulen, *Rec. Pays-Bas*, **15**, 343. 1897].

On a préparé les dérivés $AgC^{15}H^{12}O^3Az$, cristallisé, et $C^{15}H^{13}O^3Az . HCl$ qui, par ébullition de sa solution aqueuse, se sépare en diphtaldianilide.

Acide éthylphtalanilique $CO^2H . C^6H^4 . CO . Az(C^2H^5) . C^6H^5$. — Il se forme quand on dissout 1 molécule d'anhydride phtalique dans 2 molécules d'éthylaniline; on acidule avec HCl et on épuise à l'éther [Piutti, *Ann. Chem.*, **227**, 185, 1885].

Huile au sein de laquelle il se forme des cristaux au bout d'un temps très long; très soluble dans l'alcool et l'éther. Le *sel de Cu* a été obtenu sous forme d'une poudre bleuâtre, peu soluble dans l'eau froide; sous l'action de la chaleur, il se transforme en éthylaniline et phénylphtalimide.

Si on fait agir 1 mol. d'anhydride phtalique sur 2 mol. d'éthylaniline, on obtient le composé $C^{16}H^{15}AzO^3 + C^6H^5AzH(C^2H^5)$ [Piutti, *Ann. Chem.*, **227**, 187, 1885].

Acide phénylphtalanilique. — (Voyez 2ᵉ Suppl., **3**, 276).

Acide a-tolylphtalamique $CO^2H . C^6H^4 . CO . AzH . C^6H^4 . CH^3$. — On fait bouillir pendant plusieurs heures de l'o-tolylphtalimide avec de l'ammoniaque concentrée. On précipite par HCl [Kuhara, *Am. Chem. Journ.*, **9**, 53, 1887]. Soluble dans l'eau et l'alcool. On connaît les sels de Ba, de Pb et Ag.

Par l'action de l'acide o-tolylphtalamique et de l'acide azoteux, en solution éthérée, on obtient un *dérivé nitrosé* $CO^2H . C^6H^4 . CO . Az(AzO) . C^6H^4 . CH^3$ [Kuhara, Tukui, *Am. Chem. Journ.*, **26**, 459, 1901].

Acide xylylphtalamique $CO^2H . C^6H^4 . CO . AzH . CH^2 . C^6H^4 . CH^3$. — On l'obtient par une longue ébullition de l'o-xylylphtalimide avec une lessive de potasse et précipitation par HCl [Strassmann, *D. chem. G.*, **21**, 577, 1888; — Brömme, *ibid.*, **21**, 2700, 1888], en cristaux fins, solubles dans l'alcool, fusibles à 156°. On connaît *le sel d'argent*.

Acide ω-mésitylphtalanilique $CO^2H . C^6H^4 . CO AzH . CH^2 . C^6H^3 (CH^3)^2$. — On chauffe l'ω-mésitylphtalimide avec une lessive de potasse à 10 0/0 [Landau, *D. chem. G.*, **25**, 3012, 1892]. Cristaux solubles dans l'alcool et l'acide acétique, fondant à 152°. — $AgC^{17}H^{16}AzO^3$. Précipité cristallin, se décomposant au-dessus de 182°.

Acide oxyphtalanilique $CO^2H . C^6H^4 . CO AzH . C^6H^4OH$. — Le *dérivé ortho* fond à 223°. — Le *dérivé méta* se prépare par le m-aminophénol et l'anhydride phtalique dissous dans le toluène [Meyer. Sundmacher, *D. chem. G.*, **32**, 2119, 1899]. Cristaux solubles dans l'alcool et l'éther, fondant à 227-228°. — Le *dérivé para* s'obtient en traitant le p-oxyphtalanile par la lessive de potasse [Piutti, *Gazz. chim. ital.*, **16**, 252, 1883]. Il fond à 220-225° en se transformant en p-oxyphtalanile [Piutti et Abati, *D. chem. G.*, **36**, 996. 1903]. Dérivés [voyez Piutti et Abati, *Gazz. chim. ital.*, **33**, (2), 1, 1903].

Acide méthyl-o-oxyphtalanilique.

$$C^6H^3(CH^3) \begin{cases} CO^2H \\ CO AzH . C^6H^4OH \end{cases}$$

— Aiguilles blanches fusibles à 200° [Niementowski, *Mon. f. Chem.*, **12**, 620, 627, 1899].

Acide oxydiphénylphtalamique $CO^2H . C^6H^4 . CO Az . (C^6H^5)C^6H^4OH$. — *L'acide para* se forme quand on chauffe, à 150-155°, des quantités équimoléculaires d'anhydride phtalique et de p-oxydiphénylamine [Piutti, Piccoli, *D. chem.*

G., **31**, 1329, 1898]. Cristaux prismatiques solubles dans l'alcool et l'éther, fondant à 191-192°. *L'éther éthylique* fond à 166-168°.

On obtient *l'acide méta* en partant de la m-oxydiphénylamine [Piutti, Piccoli, *D. chem. G.*, **31**, 1331, 1898]. Cristaux se colorant en violet vers 185° et fondant vers 191-192°.

On connait les *sels d'argent* et *de cuivre* de cet acide, ainsi que *l'éther éthylique* (Piutti, Piccoli).

Acide p-méthoxyphtalanilique $C^{15}H^{13}O^4Az$. — Il fond à 185°. On l'obtient au moyen de l'imide et d'un alcali.

Acide p-éthoxyphtalanilique. — Aiguilles fusibles à 160-165° [Piutti et Abati, *D. chem. G.*, **36**, 996, 1903].

Acide méthoxydiphénylphtalamique $CO^2H.C^6H^4.CO.Az(C^6H^5).C^6H^4.O.CH^3$. — *L'acide méta* fond à 95-98° [Piutti, Piccoli, *D. chem. G.*, **31**, 1322, 1898]. *L'acide para* fond à 90-92° [Piutti, Piccoli, *D. chem. G.*, **31**, 1330, 1898].

Acide éthoxydiphénylphtalamique $CO^2H.C^6H^4.CO.Az.(C^6H^5).C^6H^4OC^2H^5$. — *L'acide méta* fond à 90-92°. *L'acide para* fond à 80-82° [Piutti, Piccoli, *loc. cit.*].

On connait les *sels d'argent* de ces deux acides.

Décembre 1906. A. Bouchonnet.

PHTALAZINE. — Voyez les articles HYDRAZINES, 2e Suppl., **5**, 264 et 268, et PHÉNODIAZINES, **6**, 730.

PHTALAZONE,

$$C^6H^4 \begin{cases} CO - AzH \\ \quad\quad | \\ CH = Az \end{cases}$$

Gabriel, Neumann, *D. chem. G.*, **26**, 523 ; **26**, 708, 1893 ; — Liebermann, Bistrzycki, *ibid.*, **26**, 535, 1893 ; — Liebermann, *ibid.*, **29**, 180, 1896 ; — Paul, *ibid.*, **32**, 2020, 1899 ; — Rothenburg, *J. prakt. Chem.*, (2), **51**, 130, 151, 1895 ; — Fränkel, *D. chem. G.*, **33**, 1809, 1900 ; — Gabriel, *ibid.*, **36**, 3373, 1903 ; — Lieck, *ibid.*, **38**, 3918, 1905].

L'acétate d'hydrazine, en solution dans l'eau froide, change l'acide o-phtalaldéhydique en hydrazide interne de l'hydrazone correspondante, en *phtalazone*, fusible à 183°. L'acétate de phénylhydrazine donne de même, non pas la phénylhydrazone correspondante, mais une phénylhydrazide interne, cyclique, la *phénylphtalazone*, fusible à 105° :

$$C^6H^4 \begin{cases} CO^2H \\ COH \end{cases} + \begin{matrix} H^2Az \\ | \\ H^2Az \end{matrix} = C^6H^4 \begin{cases} CO.AzH \\ \quad\quad | \\ CH = Az \end{cases} + 2H^2O$$

$$C^6H^4 \begin{cases} CO^2H \\ COH \end{cases} + \begin{matrix} H.Az.C^6H^5 \\ | \\ H^2Az \end{matrix}$$

$$= C^6H^4 \begin{cases} CO.Az.C^6H^5 \\ \quad\quad | \\ CH = Az \end{cases} + 2H^2O$$

La phtalazone cristallise dans l'eau en longues aiguilles.

Le *sel d'Ag* se présente sous forme de cristaux microscopiques ; le *sel de K* est en lamelles [Gabriel, Müller, *D. chem. G.*, **28**, 1835, 1895].

La *méthylphtalazone*,

$$C^6H^4 \begin{cases} CH = Az \\ \quad\quad | \\ CO.Az - CH^3 \end{cases}$$

fond à 114° (Gabriel, Müller, Rothenburg).

L'éthylphtalazone fond à 55°, bout à 175° (Paul, Rothenburg).

Acétylphtalazone,

$$C^6H^4 \begin{cases} CO.Az.CO.CH^3 \\ \quad\quad | \\ CH = Az \end{cases}$$

Elle fond à 132-133° (Liebermann, Bistrzycki).

Phényléthylphtalazone,

$$C^6H^4 \begin{cases} C(C^2H^5) = Az \\ \quad\quad\quad | \\ CO \text{———} Az.C^6H^5 \end{cases}$$

Elle fond à 102° [Gottlieb, *D. chem. G.*, **32**, 958, 1899].

Phénylphénoxyphtalazone [Meyer, *Mon. f. Chem.*, **20**, 337, 1899].

α-o-Xylylphénylphtalazone. — Elle fond à 177° [Bethmann, *D. chem. G.*, **32**, 1104, 1899].

Décembre 1906. A. Bouchonnet.

PHTALÉINES. — Les phtaléines ont été l'objet, dans le 2e Suppl. du Dict., de deux articles importants, l'un compris sous le titre COLORANTES (MATIÈRES), l'autre sous celui de FLUORESCÉINES ; nous ne nous occuperons ici que de la phtaléine du phénol (voyez 1er Suppl., art. PHTALÉINES) et de ses homologues, en complétant toutefois la bibliographie des travaux relatifs à la constitution des phtaléines.

On peut admettre comme correspondant assez bien à l'ensemble des faits connus, les formules proposées par H.-N. Mc. Coye, à la suite de son travail sur les constantes d'ionisation des phtaléines :

Phénolphtaléine incolore.	Sels rouges de phénolphtaléine.
$C^6H^4 \begin{cases} CO \\ C \end{cases} O$; $C = [C^6H^4(OH)]^2$	$C^6H^4 \begin{cases} CO - OH \\ C = C^6H^4 - O \end{cases}$; $C - C^6H^4.OH$
Formule lactonique.	Formule quinonique.

Sels incolores de phénolphtaléine.

$$C^6H^4 \begin{cases} CO.ONa \\ C - OH \end{cases} \quad C = (C^6H^4ONa)^2$$

Dérivés du carbinol.

[*Am. Chem. Journ.*, **31**, 503, 1904].

Consultez aussi les travaux de Richard Meyer et Oskar Spengler [*D. chem. G.*, **38**, 1318, 1905 ; **36**, 2949, 1903 ; — Richard Meyer, *D. chem. G.*, **36**, 2967, 1903 ; — Arthur G. Greene, *Zeit. f. Farben et Textilchemie*, **1**, 413, 1902 ; — Richard Meyer, *Naturw. Rundsch.*, **19**, 121, 1903 ; — Arth. G. Green et Arth. G. Perkin, *Proc. Chem. Soc.*, **20**, 50 ; *Chem. Soc.*, **85**, 398 ; — Ad. Bayer, *D. chem. G.*, **38**, 569, 1905 ; — Herzig et Pollak, *Monat. f. Chem.*, **23**, 709, 1902 et **20**, 337 ; — A. G. Perkin et E. King, *D. ch. Gesell.*, **39**, 2365, 1906].

PHTALÉINE DU PHÉNOL.

Constante de dissociation $8{,}0 \times 10^{-10}$ [Ed. Salm, *Zeit. f. Electr.*, **12**, 99, 1906]. Indice de réfraction [Anderlini, *Gazz. chim. ital.*, (2), **25**, 142].

Chauffée, la phtaléine se sublime, dans le vide, sans décomposition [W. Scharwin et Kusnezoff, *D. chem. G.*, **36**, 2020, 1903].

Les solutions de phtaléine colorées par les hydrates alcalins sont décolorées par l'addition de sels ammoniacaux. D'une façon inverse, les solutions colorées en rose par l'ammoniaque se teintent en rouge foncé par addition du chlorure de sodium ou de potassium [Doyer, van Cleeff,

Rec. Pays-Bas, **20**, 198, 1901]. Voyez aussi sur la décoloration des solutions de phtaléine, Winter [*Zeit. phys. Chem.*, **56**, 465, 1906] et R. Colin (décolor. par addition d'alcool) [*Zeit. f. Angew. Chem.*, **19**, 1389, 1906].

La phtaléine, très pratique dans certains cas comme indicateur coloré, a été l'objet de nombreux travaux. D'une façon générale, on peut l'employer en acidimétrie ou en alcalimétrie chaque fois qu'on peut effectuer le dosage à chaud et en l'absence de chlorhydrate d'ammoniaque. L'acétate de soude ne gêne pas; si l'on opère en l'absence d'acide carbonique on peut titrer à froid [Hildebrandt, *Woch. für Brauerei*, **22**, 69, 1905; — M. Scholtz, *Am. Chem. Journ.*, **32**, 476, 1904; — W. Salessky, *Zeit. f. Electr.*, **10**, 204, 1904; — Bruno Fels, *ibid.*, **10**, 208, 1904; — Hirsch, *D. chem. G.*, **35**, 2874; — C.-A. Jungelaussen, *Arch. d. Pharm.*, **239**, 353, 1901; *Pharm. Zeit.*, **46**, 476, 1901; *Apoth. Zeit.*, **16**, 595, 1901; — Schmatolla, *D. chem. G.*, **35**, 3905, 1902; *Pharm. Zeit.*, **46**, 592, 1901; — A. Boidin, *Bull. Ass. Chim. Sucrerie et Distillerie*, **22**, 112, 1904; — Giraud, *Bull. Soc. Chim.*, (3), **29**, 594, 1904; — Julius Stroegligtz, *Am. Chem. Journ.*, **25**, 1112, 1903].

Avec certaines substances, la phtaléine donne des réactions colorées susceptibles d'applications, voyez entre autres Utz [*Milch Zeit.*, **32**, 722, 1903].

L'ammoniaque réagit sur la phtaléine en fournissant, comme produit principal, l'imine correspondante. Le soufre et les sulfures alcalins donnent, vers 280 à 300°, une matière colorante tirant directement sur coton [*Soc. fr. Coul. d'Anil.*, Pantin, brevet all. 114 268].

Chauffée longtemps avec la résorcine, vers 180 à 209°, la phtaléine donne de la fluorescéine et du phénol [Richard Meyer et Herm. Pfotenhauer, *D. chem. G.*, **38**, 3958, 1905].

Action sur l'organisme : J.-H. Kastle, *Chem. Central Blatt*, (I), 1906, 1559].

SELS. — Les sels sont peu connus. En ajoutant une solution de soude à un excès de phénolphtaléine, on obtient une liqueur qui précipite par l'acide sulfurique dilué. Le précipité correspond à la formule du *sel disodique* $C^{20}H^{12}O^4Na^2$ [Rich. Meyer et Osk. Spengler, *loc. cit.*].

ANHYDRIDE (?) (*fluorane*), voyez R. Meyer et Friedland [*D. chem. G.*, **31**, 1740; — Fritz Ullmann et Jacob Tschierniack, *D. chem. G.*, **38**, 4110, 1905].

ETHERS. — *Monoéthylique.* — On l'obtient en méthylant par $CH^3I + CH^3(OH)$ le sel de sodium précédent. Aiguilles incolores fusibles à 140-142°. Maintenues longtemps à 100°, elles se colorent en rouge.

Diéthylique. — On l'obtient soit comme le précédent, soit en condensant l'anhydride phtalique avec l'anisol en présence de chlorure d'aluminium [Grande, *Gazz. chim. ital.*, **26**, (I), 223; — Herzig et Meyer, *Mon. f. Chem.*, **17**, 430; — Bayer, *Ann. Chem.*, **202**, 75]. Petites lamelles incolores fusibles de 97 à 101°, suivant les auteurs; par ébullition avec la potasse, cet éther fixe les éléments de l'eau et donne l'acide correspondant $(CH^3O.C^6H^4)^2C(OH)(C^6H^4CO^2H)$ [Grande, *loc. cit.*].

Dérivé dibenzoylé.

$$C^6H^4 \left\langle \begin{matrix} CO \\ \\ C=(C^6H^4O.C^7H^5O^2)^2 \end{matrix} \right\rangle O$$

— Prismes retenant de la benzine de cristallisation, fondant à 169° (Bistrzycki et Nencki, *D. chem. G.*, **29**, 132).

DÉRIVÉS HALOGÉNÉS. — Le *dérivé tétrabromé* décrit dans le 1er Suppl., de formule

$$C^6H^4 \left\langle \begin{matrix} CO \\ \\ C=(C^6H^2Br^2OH)^2 \end{matrix} \right\rangle O$$

a ses groupes (OH) et ses atomes de brome dans les positions $(OH):Br^2:C = 5:4:3:1$ [A. Meyer, *Ann. Chem.*, **202**, 168]. Son *éther monoéthylique* de formule quinonique cristallise de la benzine en prismes jaunes retenant du solvant de cristallisation. Cristallisé dans l'alcool il est d'un rouge sang fondant à 210-215°. Il teint les fibres animales en bleu violacé. Son *sel de potassium* s'obtient facilement par oxydation au moyen du ferricyanure de l'éther éthylique de la tétrabromophénolphtaline [Nietzki et Burckhardt, *D. chem. G.*, **30**, 176]. Par saponification, il se transforme facilement en *éther lactonique*, aiguilles incolores fusibles à 237°.

Les deux *éthers diéthyliques* correspondants fondent, le *dérivé lactonique* à 175°, le *dérivé quinonique* à 150-151°. Le *dérivé acétylé* de la forme lactonique fond à 110-111°.

Lorsqu'on brome une solution alcoolique d'éther diméthylique de la phtaléine, on obtient un *éther dibromé* fondant à 160-161° (Grande).

Les *dérivés iodés* ont été décrits par Classen et Löb [*D. chem. G.*, **28**, 1606], par ioduration directe de la phtaléine au moyen d'une solution d'iode dans les alcalis. On obtient ainsi une poudre amorphe, qui par cristallisation fournit de petits cristaux se décomposant sans fondre à 220°. C'est l'*anhydride*

$$C^6H^4 \left\langle \begin{matrix} CO \\ \\ C=(C^6H^2I^2OH)^2 \end{matrix} \right\rangle O$$

donnant toute une série de sels alcalins amorphes, brun clair lorsqu'ils sont anhydres, bleu lorsqu'ils sont hydratés. Un excès d'alcali transforme ces sels par fixation d'eau, en sels incolores de formule $M^2C^{20}H^{10}I^4O^5$.

La *tétraiodophtaléine*, traitée elle-même à — 5° par de l'acide chlorhydrique, donne l'*acide* correspondant $(C^6H^2I^2OH)^2=C(OH)(C^6H^4CO^2H)$, précipité brun jaunâtre, perdant facilement les éléments de l'eau sous l'influence de la chaleur (Comp. aussi brevet all. 85 030, 87 785, 88 390, 86 069).

DÉRIVÉS NITRÉS, $C^{20}H^{12}O^4(AzO^2)^2$. — Aiguilles jaunes fondant à 195-196°, peu solubles dans l'alcool, solubles en jaune orangé dans les alcalis [Hall, *Proc. Chem. Soc.*, n° 118; — Gattermann, *D. chem. G.*, **32**, 1131; — Errera, *Gazz. chim. ital.*, **26**, (I), 265; brevet all., 52 211].

Son *éther monométhylique* est amorphe, jaune, et fond à 90-92°. Son *éther diméthylique* est en aiguilles jaunes fondant à 130-132° [Errera et Berté, *Gazz. chim. ital.*, **26**, (I), 271].

En nitrant la tétrabromophtaléine, on obtient un *dérivé dinitré* renfermant le groupe AzO^2, comme l'indique la formule $[C^6HBr_{(5)}AzO^2_{(3)}(OH)_{(4)}]^2$. Prismes microscopiques jaunes fondant à 235-236°, fournissant facilement un *diacétate*, poudre jaune amorphe fondant à 145°.

$C^{20}H^{10}O^4(AzO^2)^4$. — On l'obtient en nitrant la phtaléine par le mélange sulfonitrique. Masse cristalline fondant à 244-245° [Hall, brevet all. 52 211].

DÉRIVÉS AMINÉS. — On ne connaît que le *dérivé diaminé* provenant de la réduction du dérivé dinitré précédent. C'est une poudre cristalline d'un gris clair, donnant avec les alcalis une coloration bleue très intense, mais très instable. Son *éther diméthylique* est amorphe; son *dérivé dibromé*, également amorphe, se combine à 2HCl pour donner un corps facilement décomposable sous l'action de la chaleur en cristaux tabulaires.

DÉRIVÉ IMINÉ,

$$\begin{array}{l}(C^6H^4.OH)^2C — C^6H^4 \\ \qquad\qquad AzH - CO\end{array}$$

— Il a été étudié surtout par Errera et Gasparini [*Gazz. chim. ital.*, **24**, (I), 71]. Aiguilles fusibles à 262° avec décomposition, solubles dans les alcalis, insolubles dans le benzène, l'eau et les acides dilués. Le *diacétate* fond à 254-256°. Le *dérivé tétrabromé* vers 310° avec décomposition. Le *dérivé triacétyltétrabromé* est en octaèdres microscopiques fusibles à 176-178°, facilement solubles dans l'acétone [voyez aussi Herzig et H. Meyer, *Mon. f. Chem.*, **17**, 438; **20**, 358].

L'*anilide* ($-Az(C^6H^5)-$) est en aiguilles brillantes fusibles à 279°, facilement solubles dans l'alcool absolu. Son *éther diméthylique* est en octaèdres fusibles à 192° [Albert, *D. chem. G.*, **27**, 2793]. L'*anhydride*

$$\begin{array}{l}C^6H^4 - C(C^6H^4)^2 = O \\ CO — AzC^6H^5\end{array}$$

est en prismes brillants fondant à 242°.

L'étude du composé diiminé a été reprise par Errera et Gasparini [*loc. cit.*].

OXIME. — Poudre jaune cristalline fusible à 212° avec décomposition. Son *chlorhydrate* est en cristaux jaunes, facilement solubles dans l'alcool [Friedländer, *D. chem. G.*, **26**, 174]. Son *éther tétraméthylique* est en aiguilles incolores fondant à 145-146°. Par saponification au moyen de potasse alcoolique, il se transforme aisément en *éther diméthylique*, aiguilles fusibles à 178° [R. Meyer et Oskar Spengler, *D. chem. G.*, **36**, 2949; — voyez aussi Herzig et Meyer, *Mon. f. Chem.*, **17**, 439; — H. Meyer, *ibid.*, **20**, 347].

En traitant l'oxime par l'acide sulfurique et la poudre de zinc, on obtient une *combinaison* en aiguilles fusibles 256° et à laquelle H. Meyer attribue la formule

$$C^6H^4 \begin{array}{l}\nearrow CH - C^6H^4(OH) \\ \qquad > Az . C^6H^4(OH) \\ \searrow CO\end{array}$$

Son *dérivé diacétylé*, en aiguilles, fond à 205-208°, son *dérivé dibenzoylé* à 242-244°.

L'action du chlorhydrate d'hydroxylamine sur la tétrabromophtaléine conduit à une oxime tétrabromée [Friedländer et Stange, *D. chem. G.*, **26**, 2260; — H. Meyer, *loc. cit.*].

PHTALINE. — La facilité avec laquelle la phtaline du phénol s'oxyde peut être mise à profit pour la recherche des substances diverses telles que l'acide cyanhydrique en présence de sulfate de cuivre [A. S. Lœwenhart, *D. chem. G.*, **39**, 130, 1906; — Weehnizen, *Pharm. Weekblad*, **42**, 271] et les ferments oxydants [J.-H. Kastle, *Chem. Centr. Bl.*, 1), 1555, 1906; — J.-H. Kastle et O.-M. Scheldl, *Am. Chem. Journ.*, **26**, 526, 1902].

CRÉSOLPHTALÉINES. — *Dérivé para* [R. Meyer, *Zeit. phys. Chem.*, **24**, 478].

MÉTHYLCRÉSOLPHTALÉINE,

$$\begin{array}{l}[(OH)C^6H^3(CH^3)]^2C . C^6H^3(CH^3) \\ \qquad\qquad O — CO\end{array}$$

— Poudre brune amorphe [Cazeneuve, *C. R.*, **127**, 1021].

ÉTHYLPHÉNOLPHTALÉINE,

$$\begin{array}{l}[(C^2H^5)(OH)C^6H^3]^2C - C^6H^4 \\ \qquad\qquad\qquad O - CO\end{array}$$

— Poudre cristalline grise [Auer, *D. chem. G.*, **17**, 671]. 1er décembre 1906. V. Thomas.

PHTALHYDRAZINE. — Voyez 2e Suppl., **5**, 296 et 335.

PHTALIDANILE. — Voyez l'art. PHTALIMIDINE, p. 956.

PHTALIDE,

$$C^6H^4 \begin{array}{l}\swarrow CH^2 \searrow \\ \searrow CO \swarrow\end{array} O$$

— Le phtalide est un éther interne (ou lactone γ) dérivé de l'acide orthoxyméthylbenzoïque,

$$C^6H^4 \begin{array}{l}\swarrow CH^2OH \\ \searrow CO^2H\end{array}$$

Il se forme en même temps que d'autres corps par l'action de la poudre de zinc et de l'acide acétique sur l'anhydride phtalique [Wislicenus, *D. chem. G.*, **17**, 2181, 1884].

On en obtient aussi en chauffant de la nitrosophtalimidine avec 500 cm³ de lessive de soude à 10 0/0 [Graebe, *Lieb. Ann. Chem.*, **247**, 292, 1887], ou en chauffant de l'acide phtalide carbonique au-dessous de 180° [Scherks, *D. chem. G.*, **18**, 382, 1885; — Gräbe, Trumpy, *ibid.*, **31**, 374, 1898; — Zincke et Fries, *Ann. Chem.*, **334**, 342, 1904].

On peut encore saturer une solution de chlorure d'o-cyanobenzyle dans 30 cm³ d'acide acétique avec HCl gazeux et chauffer pendant 8 heures [Gassuer, *D. chem. G.*, **25**, 3021, 1892].

Propriétés. — Le phtalide fond à 73°, bout à 290° [Fischer, Wolfenstein, *D. chem. G.*, **37**, 3215, 1904].

Le chlore n'a pour ainsi dire pas d'action sur le phtalide, mais PCl^5 réagit facilement pour donner le *chlorure* $C^8H^4Cl^4O$. Avec le brome à 140°, il se forme le *phtalide bromé* [Wislicenus, *D. chem. G.*, **20**, 2062, 1887].

Quand on le réduit par le sodium dissous dans l'alcool amylique, il donne l'acide hexahydro-o-toluique en même temps qu'un peu d'acide 1-méthylcyclohexanecarbonique [Einhorn, *Ann. Chem.*, **300**, 172, 1898. Voyez aussi Semmler, *D. chem. G.*, **39**, 2851, 1906].

Avec l'ammonium, le phtalide donne la *phtalimidine*, C^8H^7AzO. Avec l'aniline, on obtient la *phtalidanile*. Si on le chauffe avec de l'anhydride phtalique ou avec de l'anhydride thiophtalique, il se forme du *biphtalyle*, $C^{16}H^8O^4$ [Wislicenus, *D. chem. G.*, **20**, 2062, 1887].

Si on distille le phtalide avec de la chaux, on obtient de l'anthracène et du benzène [Krezmar, *Mon. f. Chem.*, **19**, 456, 1899]. Par l'action de la diamide, il se forme l'oxyméthylbenzhydrazide [Wedel, *D. chem. G.*, **33**, 768, 1900].

Dichlorophtalide,

$$C^6H^2Cl^2 \begin{array}{l}\swarrow CH^2 \searrow \\ \searrow CO \swarrow\end{array} O$$

Le 3.6-*dichlorophtalide* se forme, en même temps que la dichloronaphtoquinone, quand on traite le dichloronaphtalène par CrO^3 et l'acide acétique [Guareschi, *D. chem. G.*, **19**, 1155, 1886]. — Bâtonnets courts fusibles à 163°, sublimables, peu solubles dans l'eau, solubles dans l'alcool et l'éther.

Royer [*Ann. Chem.*, **238**, 355, 1887] a préparé

l'*isodérivé* en traitant le chlorure dichlorophtalique

$$C^6H^2Cl^2 < \frac{CCl^2}{CO} > O$$

par Sn + HCl; le produit obtenu se présente en cristaux solubles dans l'alcool et fusibles à 122°.

Tétrachlorophtalide.

$$C^6Cl^4 < \frac{CH^2}{CO} > O$$

— On verse une partie 1/2 de poudre de zinc dans une solution bouillante de 1 partie d'anhydride tétrachlorophtalique pour 10 parties d'acide acétique [Graebe, *Ann. Chem.*, **238**, 330, 1887]. Il s'en forme aussi en chauffant à 230°, de l'acide tétrachlorophtalique avec de l'acide iodhydrique et du phosphore (Graebe). Cristaux fusibles à 208°,5, à peine solubles dans l'alcool froid, facilement solubles dans l'acide acétique, insolubles dans l'ammoniaque et la soude.

Bromophtalide,

$$C^6H^3Br < \frac{CH^2}{CO} > O$$

— Il se forme en même temps que deux acides bromotoluiques en chauffant de l'acide orthotoluique avec du brome et de l'eau à 140° [Racine, *Ann. Chem.*, **239**, 76, 1887]. — Longs cristaux fusibles à 98-100°; se sublimant facilement, très peu solubles dans l'eau bouillante, facilement solubles dans l'alcool et l'éther.

Racine [*loc. cit.*] a préparé le *dérivé bromé*

$$C^6H^4 < \frac{CHBr}{CO} > O$$

en faisant agir la vapeur de brome, à 140°, sur le phtalide. On obtient des cristaux cubiques ou tabulaires solubles dans l'éther et fusibles à 85-86°. Si on chauffe le produit dans l'alcool absolu, il se forme l'*éther*

$$C^6H^4 < \frac{CH.O.C^2H^5}{CO.O}$$

Dibromophtalide,

$$C^6H^2Br^2 < \frac{CH^2}{CO} > O$$

— Il se forme en même temps que la p-dibromo-α-naphtoquinone, en traitant le 1.4-dibromonaphtalène par CrO^3 et l'acide acétique [Guareschi, *Ann. Chem.*, **222**, 282, 1882]. — Cristaux prismatiques fusibles à 180-185° [Hill, *Am. Journ.*, **25**, 439, 1901].

Brück [*D. chem. G.*, **34**, 2741, 1901] a préparé le *4.5-dibromophtalide* à partir de la dibromophtalimidine.

Chlorobromophtalide,

$$C^6H^2ClBr < \frac{CH^2}{CO} > O$$

— On le prépare par oxydation du chlorobromonaphtalène avec CrO^3 et l'acide acétique. Le produit fond à 179° [Biginelli, *D. chem. G.*, **19**, 1159, 1886].

Nitrophtalide,

$$C^6H^3(AzO^2) < \frac{CH^2}{CO} > O$$

— On le prépare en versant lentement et en refroidissant une solution de 120 gr. AzO^3K dans 80 gr. SO^4H^2 dans une autre solution contenant 20 gr. de phtalimidine pour 200 gr. SO^4H^2 [Hönig, *D. chem. G.*, **18**, 3447, 1885]. On abandonne le mélange pendant quelques heures et on précipite par l'eau.

Gabriel et Landsberger [*D. chem. G.*, **31**, 2734, 1898] ont préparé le nitrophtalide en chauffant pendant plusieurs heures du chlorure nitrocyanobenzylique avec de l'acide acétique et HCl à 140-150°. Ils en ont obtenu également en chauffant la solution aqueuse du chlorhydrate de la 5-nitropseudophtalimidine.

Le nitrophtalide est constitué par de longs cristaux solubles dans l'alcool chaud, dans le benzène et l'acide acétique, insolubles dans l'eau froide et l'ammoniaque. Il est oxydé à 140° par l'acide azotique concentré et donne l'*acide 4-nitrophtalique*. Avec l'étain et l'acide chlorhydrique, on obtient l'*aminophtalide*. L'acide iodhydrique donne l'*acide 5-amino-o-toluique*.

En le traitant par une lessive chaude de potasse on obtient l'acide aminooxyméthylbenzoïque $OH.CH^2.C^6H^3(AzH^2)$ (Hönig).

Oxyphtalide,

$$OH.C^6H^3 < \frac{CH^2}{CO} > O$$

— Pour préparer l'oxyphtalide, on part de l'oxyphtalimide; ce produit est obtenu en faisant passer un courant d'ammoniac dans de l'acide 4-oxyphtalique fondu, on réduit par Sn + HCl, on précipite l'étain dissous par le zinc et on ajoute AzO^2Na. On chauffe le dérivé nitrosé qui se dépose avec une lessive de soude, et on précipite par HCl [Rée, *Ann. Chem.*, **233**, 235, 1886].

Petits cristaux solubles dans une grande quantité d'eau chaude, difficilement solubles dans l'alcool froid et l'éther, fusibles à 222°.

5-*Aminophtalide*,

$$C^6H^3(AzH^2) < \frac{CH^2}{CO} > O$$

On verse peu à peu 30 cm³ HCl dans un mélange chaud de 100 gr. de 5-nitrophtalide, 100 gr. d'étain et 300 cm³ d'alcool [Hönig, *D. chem. G.*, **18**, 3448, 1885].

Prismes fusibles à 178°. Son *chloroplatinate* $(C^8H^7AzO^2HCl)^2PtCl^4$ est en cristaux microscopiques.

1-*Aminophtalide*,

$$C^6H^4 < \frac{CH(AzH^2)}{CO} > O$$

— On l'obtient en faisant passer un courant d'ammoniac sec dans une solution éthérée ou benzénique de phtalide monobromé [Racine, *Ann. Chem.*, **239**, 91, 1887]. Cristaux fusibles à 167° en se décomposant.

Dinitrodiphénylphtalide,

$$(C^6H^4.AzO^2)^2C < \frac{C^6H^4}{O} > CO$$

— On connaît 2 isomères qui se forment quand on fait agir AzO^3H sur la phtalophénone [Baeyer, *Ann. Chem.*, **202**, 66, 1880].

Thiophtalide,

$$C^6H^4 < \frac{CO}{CH^2} > S$$

et dérivés, voy. [Graebe, *Ann. Chem.*, **247**, 298, 1888; — Day, Gabriel, *D. chem. G.*, **23**, 1480, 1890; — Hönig, *ibid.*, **18**, 3453, 1885].

Dithiophtalide,

$$C^6H^4 < {CH^2 \atop CS} > S$$

[Gabriel, Leupold, *D. chem. G.*, **31**, 2647, 1898].

Dithiodiphénylphtalide,

$$\begin{matrix} C^6H^4 - C(C^6H^5)^2 \\ | \quad\quad | \\ CS - S \end{matrix}$$

— On chauffe à 130° parties égales de diphénylphtalide et de P^2S^5 [Meyer, Szanecki, *D. chem. G.*, **33**, 2579, 1900]. Cristaux prismatiques rouges fondant à 161-162°.

Sélénophtalide [Drory, *D. chem. G.*, **24**, 2569, 1891].

Bi-thiophénol-phtalide,

$$C^6H^4 \begin{matrix} \diagup C = (SC^6H^5)^2 \\ \quad > O \\ \diagdown CO \end{matrix}$$

— On fait réagir le chlorure de phtalyle sur le thiophénolate de Pb. Il fond à 84-85° [Troeger et Hornung, *J. prakt. Chem.*, **66**, 345, 1902].

Bi-thionaphtol-phtalide. — Il fond à 153-154°.

Bi-phénylsulfone-phtalide.

$$C^6H^4 \begin{matrix} \diagup C = (SO^2 . C^6H^5)^2 \\ \quad > O \\ \diagdown CO \end{matrix}$$

— Fond à 193-194°.

Bi-p-tolylsulfone-phtalide. — Ce composé fond à 239° (Troeger et Hornung).

Décembre 1906. A. Bouchonnet.

PHTALIDE CARBONIQUE (ACIDE). — Voyez l'art. PHTALONIQUE (ACIDE).

PHTALIMIDE. — La phtalimide, dérivé de l'acide o-phtalique, existe sous deux formes isomériques. L'une symétrique, connue depuis longtemps, correspond au chlorure symétrique; l'autre est dissymétrique et correspond au chlorure dissymétrique [Auger, *Ann. Chim. Phys.*, (6), **22**, 289, 1891] :

$$C^6H^4 \begin{matrix} \diagup C = O \\ \quad > AzH \\ \diagdown C = O \end{matrix} \qquad C^6H^4 \begin{matrix} \diagup C = O \\ \quad > O \\ \diagdown C = AzH \end{matrix}$$

Phtalimide symétrique. Phtalimide dissymetrique.

PHTALIMIDE SYMÉTRIQUE. — *Préparations.* — 1° On chauffe parties égales d'acide phtalique et de sulfocyanate d'ammonium [Aschan, *D. chem. G.*, **19**, 1398, 1886];

2° Il s'en forme par transformation moléculaire de son isomère l'acide o-cyanobenzoïque, opérée par simple fusion :

$$C^6H^4 < {CAz_{(2)} \atop CO^2H_{(1)}} = C^6H^4 < {CO_{(1)} \atop CO_{(2)}} > AzH$$

[Hoogewerff et van Dorp, *Rec. Pays-Bas*, **11**, 93, 1892];

3° On traite par le gaz ammoniac le chlorure o-phtalique ou l'anhydride phtalique [Kuhara] :

$$C^6H^4 < {CO.Cl \atop CO.Cl} + 3AzH^3 = C^6H^4 < {CO \atop CO} > AzH + 2AzH^4Cl$$

$$C^6H^4 < {CO \atop CO} > O + AzH^3 = C^6H^4 < {CO \atop CO} > AzH + H^2O$$

4° Dunlap [*Am. Chem. Journ.*, **18**, 333, 1896] chauffe à 150° 25 gr. d'anhydride phtalique et 10 gr. d'urée ou 35 gr. de thiourée;

5° Mathews fait réagir le nitrile propionique sur l'acide phtalique [*Am. Soc.*, **18**, 680, 1896; **20**, 654, 1898];

6° On fait réagir les alcalis sur l'oxime CAz.C^6H^4.CH : AzOH [Posner, *D. chem. G.*, **30**, 1697, 1897]; ou l'hydroxylamine sur l'acide phtalonique [Graebe, Trumphy, *D. chem. G.*, **31**, 373, 1898].

Propriétés. — La phtalimide cristallise dans l'éther en aiguilles hexagonales fusibles à 238° et se sublime en lamelles [Graebe, *Ann. Chem.*, **247**, 294, 1888].

Au contact de l'ammoniaque aqueuse concentrée, elle se change en phtalamide; par ébullition de sa solution avec l'hydrate d'hydrazine, elle produit la phtalylhydrazide $C^6H^4 = C - COAzH - AzH^2)^2$, fusible à 161°; avec la phénylhydrazine, elle donne la phtalphénylhydrazide $C^6H^4 = (-CO.AzH.AzH.C^6H^5)^2$ fusible à 178°. L'hydrogène naissant la transforme en phtalimidine,

$$C^6H^4 < {CO \atop CH^2} > AzH$$

et le brome (en liqueur alcaline) en acide ortho-aminobenzoïque $AzH^2_{(2)}.C^6H^4.CO^2H_{(1)}$. Chauffée avec de la chaux, elle donne le benzonitrile; avec l'acide m. amino-benzoïque, l'acide phtalimino-benzoïque. Avec l'hypobromite de K et une lessive de potasse, on obtient l'acide anthranilique.

Chauffée à 100°, avec une solution aqueuse de formol, la phtalimide donne l'*oxyméthylphtalimide* [Sachs, *D. chem. G.*, **31**, 3230, 1899].

Oxydée par $CrO^4K^2 + SO^4H^2$, elle fournit CO^2 pur sans azote; oxydée par H^2O^2 en liqueur alcaline, elle fournit lentement CO^2 et AzH^3 [O. de Coninck, *C. R.*, **128**, 503, 1898].

En faisant agir l'iodosobenzène, en présence de potasse, sur la phtalimide, on obtient de l'acide anthranilique :

$$C^6H^4 < {CO \atop CO} > AzH + C^6H^5IO + 3KOH$$

$$= C^6H^4 < {AzH^2 \atop CO^2K} + C^6H^5I + CO^3K^2 + H^2O$$

[Tscherniac, *D. chem. G.*, **36**, 218, 1903].

Condensation de l'α-picoline avec la phtalimide [Huber, *D. chem. G.*, **36**, 1653, 1903].

Condensation avec les dérivés organo-magnésiens [Beis, *C. R.*, **138**, 987, 1904; — Sachs et Ludwig, *D. chem. G.*, **37**, 385, 1904].

Electrolyse de la phtalimide [Panaiani, *Gazz. chim. ital.*, **35**, II, 94, 1905].

Dérivés métalliques. — De même que les succinimides, la phtalimide forme des dérivés métalliques, l'hydrogène du groupe = AzH étant remplacé par un métal : elle présente par là, dans une certaine mesure, le caractère d'un acide.

$NaC^8H^4O^2Az$. — Blacher [*D. chem. G.*, **28**, 2353, 1895] l'a obtenu en faisant réagir 1 molécule de sodium dissoute dans l'alcool absolu sur 1 molécule de phtalimide.

Quand on mélange des poids moléculaires égaux de phtalimide et de potasse, en solution alcoolique, il se précipite la *phtalimide potassique*, $C^6H^4 = (CO)^2 = AzK$ [Cohn, *Ann. Chem.*, **205**, 1880], qui par double décomposition avec les solutions aqueuses des sels métalliques, fournit les autres phtalimides métalliques. On connaît les sels de Mg, Ba, Hg, Ag.

En chauffant à 160° le dérivé potassique avec l'éther α-bromopropionique, on obtient l'*éther α-phtalimidopropionique*

$$C^6H^4 < {CO \atop CO} > AzH(CH^3)CO^2C^2H^5$$

fusible à 61-63° [Gabriel et Colman, *D. chem. G.*, **33**, 980, 1900]; avec l'éther α-bromobutyrique, il se forme l'*α-phtalamidobutyrate d'éthyle.*

La phtalimide potassique chauffée à 180° avec la pseudodichloracétone donne la *pseudodiphtalimidoacétone*, fusible à 220° [Posner, *D. chem. G.*, **32**, 1239, 1899]: elle se condense avec la méthyl-α-chloréthylcétodiéthylsulfone [Posner, Fahrenhorst, *D. chem. G.*, **32**, 2749, 1899].

p-Dioxyphtalimide.

$$(HO)^2C^6H^2 < {CO \atop CO} > AzH + 3H^2O$$

— On prépare ce produit en traitant, au bain-marie, par SO^4H^2 concentré, la dicyanohydroquinone $C^6H^2(CAz)^2(OH)^2 + 2H^2O$. Il cristallise en aiguilles jaunes: sa solution aqueuse jaune est douée d'une fluorescence verte [Thiele et Meisenheimer, *D. chem. G.*, **33**, 675, 1900].

Chlorophtalimide.

$$C^6H^4 < {CO \atop CO} > AzCl$$

— Bredt et Hof [*D. chem. G.*, **33**, 24, 1900] l'ont obtenue par l'action à basse température du chlore gazeux sur la phtalimide en solution aqueuse. Cristaux se ramollissant à 170°, fusibles à 183-185°, solubles dans le benzène [Lucius et Brüning, brevet allemand n° 139.553, 15/12, 1901: 28/2, 1903].

4-*Chlorophtalimide.* $C^8H^4ClAzO^2$. — Obtenue en faisant passer un courant d'ammoniac dans l'anhydride fondu [Rée, *Ann. Chem.*, **233**, 238, 1886].

3.6-*Dichlorophtalimide.*

$$C^6H^2Cl^2 < {CO \atop CO} > AzH$$

— On évapore avec de l'ammoniaque l'éther monométhylique de l'acide 3.6-dichlorophtalique, et on chauffe le résidu à 240-250° [Gräbe, Gourewitz, *D. chem. G.*, **33**, 2024, 1891]. Cristaux solubles dans l'alcool, fusibles à 242°.

3-5-*Dichlorophtalimide.* — Elle cristallise dans l'alcool en aiguilles jaunes fusibles à 208° [Crossley et Le Sueur, *Chem. Soc.*, **81**, 1533, 1902].

4-5-*Dichlorophtalimide.* — Elle fond à 191° [Royer, *Ann. Chem.*, **238**, 355, 1887].

Trichlorophtalimide.

$$C^6HCl^3 < {CO \atop CO} > AzH$$

— Préparée par Graebe et Rostowsew [*D. chem. G.*, **34**, 2107, 1901] en dissolvant l'acide trichlorophtalique, ou son anhydride, dans l'ammoniaque concentrée, évaporant et chauffant le résidu à 240-250°. Elle fond à 236°.

La *tetrachlorophtalimide*,

$$C^6Cl^4 < {CO \atop CO} > AzH$$

[Graebe, *Ann. Chem.*, **238**, 332, 1887], fond à 300°.

ε-*Bromophtalimide.*

$$C^6H^4 < {CO \atop CO} > AzBr$$

— Elle a été préparée par Bredt et Hof [*D. chem. G.*, **33**, 24, 1900; *Central Blatt*, (1), 1260, 1899] de la même façon que le dérivé chloré correspondant. Elle cristallise dans le benzène et fond à 206-207°.

4.5-*Dibromophtalimide.* — Obtenue en chauffant le sel d'ammonium de l'éther monoéthylique [Brück, *D. chem. G.*, **34**, 2741, 1901]. Elle fond à 242-244°.

Iodophtalimide.

$$C^6H^4 < {CO \atop CO} > AzI$$

— Elle s'obtient par l'action de l'iode sur un sel métallique de la phtalimide, en présence de Br ou de Cl [Bayer et Cie, *Central Blatt*, (1), 1260, 1899]. Cristaux incolores solubles dans le benzène et le chloroforme, décomposables par la chaleur et par l'eau.

L'*iodo-3-phtalimide*, $C^6H^3I(CO)^2AzH$, fond à 238°. L'*iodo-4-phtalimide* fond à 222-224° [Edinger, *J. prakt. Chem.*, **53**, 386, 1896; — Edinger et Willgerodt, *D. chem., G.*, **29**, 1575, 1896].

Nitrophtalimides. — Voyez *Acides nitrophtaliques.*

Az- Aminophtalimide,

$$C^6H^4 < {CO \atop CO} > Az.AzH^2 \text{ ou } C^6H^4 < {C(=Az.AzH^2) \atop CO} > O.$$

— On porte à l'ébullition 1 mol. phtalimide et 1 mol. hydrate d'hydrazine en solution alcoolique [Rothenburg, *D. chem. G.*, **27**, 691, 1894]. Elle fond à 250-251°.

Az- Isopropylèneaminophtalimide.

$$C^6H^4 < {C(=Az.Az=C(CH^3)^2) \atop CO} > O$$

— Elle fond à 200° (Rothenburg).

Amino-3-phtalimide. — Elle cristallise dans l'eau et fond à 256-257° [Kauffmann, Beiswenger, *D. chem. G.*, **36**, 2494, 1903].

Phtalyl-p-aminobenzène,

$$C^6H^4 < {CO \atop CO} > Az.C^6H^4Az^2C^6H^5$$

— Il fond à 250° [Wielezynski, *D. chem. G.*, **35**, 1431, 1902].

Voyez aussi l'article PHTALIQUE (ACIDE O-), p. 958 et suivantes.

PHTALIMIDE DISSYMÉTRIQUE,

$$C^6H^4 \begin{array}{l} \nearrow C=AzH \\ \quad > O \\ \searrow C=O \end{array}$$

— Ce corps, qui correspond au chlorure dissymétrique, s'obtient en faisant réagir 1 mol. de HCl sur 1 mol. de phtalamide dissymétrique. Chauffé brusquement, il fond vers 145°, mais en chauffant lentement, il s'isomérise et se transforme en phtalimide symétrique fusible à 233°. Il cristallise dans l'alcool en fines aiguilles [Auger, *Ann. Phys. Chim.*, (6), **22**, 289, 1898].

Il s'en forme une petite quantité quand on fait agir le chlorure de phtalyle sur l'ammoniaque aqueuse [Kubara et Fukui, *Pharm. Zeit.*, **46**, 915, 1902; — Hoogewerf et van Dorp, *Rec. Tr. chim. Pays-Bas*, **21**, 339, 1903].

HOMOLOGUES DE LA PHTALIMIDE.

MÉTHYLPHTALIMIDE,

$$C^6H^4 < {CO \atop CO} > AzCH^3$$

Préparation. — On peut faire réagir l'iodure de méthyle sur la phtalimide potassique à 150°, ou la methylamine sur l'anhydride phtalique [Graebe, Pictet, *Ann. Chem.*, **247**, 302, 1888].

On peut aussi laisser pendant deux semaines en contact une solution alcoolique contenant 65 gr. de brométhylphtalimide avec une solution de méthylamine à 33 0/0 [Ristenpart, *D. chem. G.*, **29**, 2530, 1896].

Pechmann [*D. chem. G.*, **28**, 859, 1895] verse de la phtalimide pulvérisée dans une solution éthérée de diazométhane.

Sachs [D. chem. G., **31**, 3134. 3280, 1898] chauffe en tube scellé, à 100°, l'oxyméthylphtalimide [D. chem. G., **31**, 3230, 1898] avec la pipéridine et le formol, en présence d'une petite quantité d'alcool étendu; Sachs obtient encore la méthylphtalimide en distillant le phtalate acide de méthylamine [Freund et Beck. D. chem. G., **37**. 1942. 1904].

Longues aiguilles brillantes blanches, fusibles à 132°, bouillant à 285°, se sublimant en feuilles; à peine solubles dans l'eau froide, très solubles dans l'alcool. Avec Sn + HCl, elle donne la base C^9H^9AzO [Graebe. Pictet. D. chem. G., **17**, 1174. 1884].

Chlorométhylphtalimide,

$$C^6H^4 \begin{smallmatrix} \nearrow CO \searrow \\ \searrow CO \nearrow \end{smallmatrix} Az \,.\, CH^2Cl$$

— Elle se forme par une longue ébullition de l'oxyméthylphtalimide avec $POCl^3$ [Sachs, D. chem. G., **31**, 1232. 1898]. Cristaux fusibles à 132-133°.

Bromométhylphtalimide. — Obtenue par Sachs en faisant agir le brome sur la méthylphtalimide chauffée à 160-170°. Elle cristallise dans le benzène et le chloroforme en prismes orthorhombiques fondant à 149-150°. Chauffée avec l'alcool elle donne l'éthoxyméthylphtalimide; avec l'eau, l'oxyméthylphtalimide.

Anilinométhylphtalimide.

$$C^6H^4 \begin{smallmatrix} \nearrow CO \searrow \\ \searrow CO \nearrow \end{smallmatrix} Az CH^2 \,.\, AzH \,.\, C^6H^5$$

— [Sachs, D. chem. G., **31**, 3235, 1898]. Cristaux tabulaires ou allongés jaunes, solubles dans l'alcool, fondant à 144-145°.

Oxyméthylphtalimide,

$$C^6H^4 \begin{smallmatrix} \nearrow CO \searrow \\ \searrow CO \nearrow \end{smallmatrix} Az \,.\, CH^2OH$$

— On l'obtient par l'ébullition de la bromométhylphtalimide avec l'eau [Sachs, D. chem. G., **31**, 1231, 3232. 1898; Central Blatt. **2**, 952. 1899]. Elle cristallise dans le toluène et fond à 141-142°. Très peu soluble dans l'eau froide, l'alcool et le benzène, elle se décompose à 184°, ou par une longue ébullition en solution aqueuse, en phtalimide et formol.

$C^9H^7O^3Az \,.\, HI$. — Il cristallise dans le chloroforme et le tétrachlorure de carbone en prismes monocliniques fusibles à 148-150°, insolubles dans l'eau, se colorant en brun à l'air.

Méthoxyméthylphtalimide,

$$C^6H^4 \begin{smallmatrix} \nearrow CO \searrow \\ \searrow CO \nearrow \end{smallmatrix} Az \,.\, CH^2 \,.\, O \,.\, CH^3$$

— Préparée en chauffant la bromométhylphtalimide avec $CH^3 \,.\, OH$ [Sachs, D. chem. G., **31**, 1230. 1898]. Cristaux solubles dans l'alcool, fusibles à 120-121°.

Ethoxyméthylphtalimide,

$$C^6H^4 \begin{smallmatrix} \nearrow CO \searrow \\ \searrow CO \nearrow \end{smallmatrix} Az \,.\, CH^2 \,.\, O \,.\, C^2H^5$$

— Elle fond à 83° et bout à 325° (Sachs).

Diphtalimidodiméthyléther.

$$O \left(CH^2 \,.\, Az \begin{smallmatrix} \nearrow CO \searrow \\ \searrow CO \nearrow \end{smallmatrix} C^6H^4 \right)^2$$

— Cristaux prismatiques solubles dans l'acide acétique, fondant à 207° (Sachs).

Acétoxyméthylphtalimide,

$$C^6H^4 \begin{smallmatrix} \nearrow CO \searrow \\ \searrow CO \nearrow \end{smallmatrix} Az \,.\, CH^2 \,.\, O \,.\, CO \,.\, CH^3$$

— Préparée par l'action de l'anhydride acétique sur l'oxyméthylphtalimide, elle fond à 118° (Sachs).

MÉTHYLPHTALIMIDE DISSYMÉTRIQUE,

$$C^6H^4 \begin{smallmatrix} \nearrow CO \\ \quad > O \\ \searrow C = Az - CH^3 \end{smallmatrix}$$

On l'obtient en faisant réagir le chlorure d'acétyle sur l'acide méthylphtalamique [Hoogewerff, von Dorp, Rec. Pays-Bas, **13**. 98, 1894]. Elle cristallise dans l'éther et la ligroïne, et fond à 76,5-78.5. L'eau la décompose rapidement en acide méthylphtalamique.

α-MÉTHYLPHTALIMIDE.

$$C^6H^3(CH^3) \begin{smallmatrix} \nearrow CO \searrow \\ \searrow CO \nearrow \end{smallmatrix} AzH$$

— Cristallisée en aiguilles fusibles à 196° [Niementowski, Mon. f. Chem., **12**, 620, 627, 1891]

ETHYLPHTALIMIDE.

$$C^6H^4 \begin{smallmatrix} \nearrow CO \searrow \\ \searrow CO \nearrow \end{smallmatrix} Az \,.\, C^2H^5$$

— Graebe et Pictet [Ann. Chem., **247**, 302, 1888] préparent ce produit en faisant réagir C^2H^5I sur la phtalimide potassique. On peut encore chauffer à 190° de l'éthylsulfate de potassium avec la phtalimide sodique pulvérisée [Blacher, D. chem. G., **28**, 2358, 1895]; il s'en forme aussi dans la distillation du phtalate acide d'éthylamine [Sachs, D. chem. G., **31**, 1228, 1898].

L'éthylphtalimide bout à 282°,5 sous 726 mm. [Graebe, Pictet, Wallach et Kawonski, D. chem. G., **14**, 171, 1881], et à 285° sous 758 mm. (Sachs).

Chloréthylphtalimide,

$$C^6H^4 \begin{smallmatrix} \nearrow CO \searrow \\ \searrow CO \nearrow \end{smallmatrix} Az \,.\, CH^2 \,.\, CH^2Cl$$

— Obtenue en chauffant pendant 3 heures à 190° 15 gr. de phtalimide potassique avec 75 gr. de chlorure d'éthylène [Seitz, D. chem. G., **24**, 2626, 1891. Elle fond à 78-81. L'acide chlorhydrique concentré la décompose à 180° en acide phtalique et chloroéthylamine $CH^2Cl \,.\, CH^2AzH^2$ [Gabriel, D. chem. G., **38**, 2389, 1905].

β-Brométhylphtalimide,

$$C^6H^4 \begin{smallmatrix} \nearrow CO \searrow \\ \searrow CO \nearrow \end{smallmatrix} Az \,.\, CH^2 \,.\, CH^2Br$$

— Elle se forme quand on fait bouillir pendant 7 heures 100 gr. de phtalimide potassique avec 300 gr. de bromure d'éthylène [Gabriel, D. chem. G., **21**, 566, 1888; **22**, 1137, 1888; **38**, 2389, 1905]. Longs cristaux solubles dans l'eau, fusibles à 82-83°. Chauffés à 180-200°, avec HBr concentré, ils se décomposent en acide phtalique et bromoéthylamine: avec la lessive de potasse on obtient l'oxyéthylphtalimide.

Si l'on distille la brométhylphtalimide dans un courant d'acide carbonique, on obtient de la phtalimide et de l'ethylphtalimide [Gabriel, D. chem. G., **24**, 1119, 1891].

L'ammoniac alcoolique, donne l'oxéthylphtalimide; la méthylamine, la méthylphtalimide; l'ammoniac gazeux, la *triphtaliminoéthylamine* $[CH^4(CO^2)Az \,.\, C^2H^4]^3Az$.

Si on chauffe à 100° de la diéthylamine avec la brométhylphtalimide, il se forme la *diéthylaminoéthylphtalimide*

$$C^6H^4 \begin{smallmatrix} \nearrow CO \searrow \\ \searrow CO \nearrow \end{smallmatrix} Az \,.\, C^2H^4Az(C^2H^5)^2$$

[Ristenpart, D. chem. G., **29**, 2526, 1896]. Avec la diéthylamine et l'alcool on obtient l'oxéthylphtalimide.

Tribromoéthylphtalimide,

$$C^6H^4 \begin{smallmatrix} CO \\ CO \end{smallmatrix} Az . C^2H^2Br^3$$

— Obtenue par Sachs [*D. chem. G.*, **31**, 1225, 1233, 1898], en versant goutte à goutte du brome dans l'éthylphtalimide. Elle fond à 190-191°.

Anilinoéthylphtalimide,

$$C^6H^4 \begin{smallmatrix} CO \\ CO \end{smallmatrix} Az . CH^2 . CH^2AzH . C^6H^5$$

— Elle se forme, en même temps que la diphtalyldiéthylène-phényltriamine $(C^8H^4O^2 = Az . C^2H^4)^2 Az . C^6H^5$, en chauffant pendant 10 minutes à 100° la bromćthylphtalimide avec de l'aniline [Gabriel, *D. chem. G.*, **22**, 1224, 1889]. Cristaux fins, jaune citron, fondant à 99-100°.

Méthylanilinoéthylphtalimide, $C^6H^5 . Az(CH^3) CH^2 . CH^2 . Az = C^8H^4O^2$. — On l'obtient en portant à 160-170° un mélange de 16 gr. de méthylamine et de 20 gr. de bromethylphtalimide [Newmann, *D. chem. G.*, **24**, 2199, 1891]. Elle fond à 104°.

2-Anilinoamylphtalimide, $C^6H^5 . AzH . (CH^2)^5 . Az = C^8H^4O^2$. — Cristaux jaune clair, fondant à 113-116° [Manasse, *D. chem. G.*, **35**, 1367, 1902].

o-Anisidoéthylphtalimide,

$$C^6H^4 \begin{smallmatrix} CO \\ CO \end{smallmatrix} Az . CH^2 . CH^2 . AzH . C^6H^4 . O . CH^3$$

— On chauffe, pendant 10 minutes, 109 gr. d'o-anisidine avec 103 gr. de brométhylphtalimide [Dieffenbach, *D. chem. G.*, **27**, 929, 1894]. Cristaux jaunes fondant à 118-119°.

Toluidoéthylphtalimide,

$$C^6H^4 \begin{smallmatrix} CO \\ CO \end{smallmatrix} Az . CH^2 . CH^2 . AzH . C^6H^4 . CH^3$$

— *Dérivé ortho*. — On fait réagir 16 gr. d'o-toluidine à 130° sur 20 gr. de brométhylphtalimide [Newmann, *D. chem. G.*, **24**, 2194, 1891]. Ce dérivé fond à 153°.

Dérivé para. — Il se forme en même temps que la diphtalyldiéthylène-tolyltriamine $CH^3 . C^6H^4Az(C^2H^4Az = C^8H^4O^2)^2$, en portant à 140° un mélange de 16 gr. de p-toluidine et 20 gr. de brométhylphtalimide. Cristaux jaune clair, fusibles à 96°, solubles dans l'alcool.

m-Xylidoéthylphtalimide, $(CH^3)^2C^6H^3AzH . CH^2 . CH^2 . Az = C^8H^4O^2$. — Ce dérivé fond à 123° (Newmann).

Pseudocumidoéthylphtalimide, $(CH^3)^3C^6H^2 . AzH . CH^2 . CH^2Az = C^8H^4O^2$. — Elle fond à 143° (Newmann).

Naphtylaminoéthylphtalimide,

$$C^{10}H^7 . AzH . CH^2 . CH^2 . Az \begin{smallmatrix} CO \\ CO \end{smallmatrix} C^6H^4$$

— Le *dérivé* α fond à 158°; le *dérivé* β fond à 141° [Newmann, *D. chem. G.*, **24**, 2198, 2199, 1891].

β-Oxéthylphtalimide,

$$C^6H^4 \begin{smallmatrix} CO \\ CO \end{smallmatrix} Az . CH^2 . CH^2OH.$$

— *Préparation*. — On chauffe au bain-marie la brométhylphtalimide avec de la lessive de potasse [Gabriel, *D. chem. G.*, **21**, 571, 1888; **38**, 2389, 1905]. On peut encore faire réagir à l'ébullition la diéthylamine sur la brométhylphtalimide en solution alcoolique. On chasse l'alcool en excès et on chauffe à 150° [Ristenpart, *D. chem. G.*, **29**, 2528, 1896].

Phénoxéthylphtalimide.

$$C^6H^5 . O . CH^2 . CH^2 . Az \begin{smallmatrix} CO \\ CO \end{smallmatrix} C^6H^4$$

— *Préparation*. — On chauffe, pendant 2 heures, à 190-200°, 1 molécule de phtalimide potassique avec 1 molécule de bromophénétol $C^6H^5O . CH^2CH^2Br$ [Schmidt, *D. chem. G.*, **22**, 3255, 1889]. Tables fusibles à 129-130°.

p-Crésoéthylphtalimide.

$$C^6H^4 \begin{smallmatrix} CO \\ CO \end{smallmatrix} Az . C^2H^4 . OC^6H^4 . CH^3$$

— On l'obtient par l'action de la phtalimide potassique sur le p-crésol-β brométhyléther à 220° [Schreiber, *D. chem. G.*, **24**, 190, 1891]. Cristaux jaune clair, fondant à 135°.

Dinitro-p-crésoéthylphtalimide,

$$C^6H^4 \begin{smallmatrix} CO \\ CO \end{smallmatrix} Az . C^2H^4O . C^6H^2(AzO^2)^2 CH^3$$

— Elle fond à 88° (Schreiber). Feuillets brillants, jaunes, obtenus en faisant réagir l'acide azotique fumant sur le produit précédent.

1.3.4-*Xylénoéthylphtalimide*,

$$C^6H^4 \begin{smallmatrix} CO \\ CO \end{smallmatrix} Az . CH^2 . CH^2 . O . C^6H^3(CH^3)^2$$

— Préparée en chauffant, pendant 1 heure à 235°, 1 molécule de phtalimide potassique avec 1 molécule de β-brométhyl-1.3.4-xylénoléther [Schrader, *D. chem. G.*, **29**, 2399, 1896]. Elle fond à 113-114°.

Dérivés sulfurés. — Voyez [Gabriel, *D. chem. G.*, **22**, 1138, 1889; **24**, 1111, 1891; — Michels, *D. chem. G.*, **25**, 3055, 3049, 1894].

Phtalyltaurine,

$$C^6H^4 \begin{smallmatrix} CO \\ CO \end{smallmatrix} Az . CH^2 . CH^2 . SO^3H + 1{,}5H^2O.$$

— Obtenue par Pelizzari et Matteucci [*Chem. Soc.*, **54**, 1303, 1888; *Ann. Chem.*, **248**, 159, 1888], en chauffant à 160° de la taurine potassique avec de l'anhydride phtalique. On peut encore faire agir, à la température du bain-marie, 1 p. du dérivé

$$C^6H^4 \begin{smallmatrix} CO \\ CO \end{smallmatrix} Az . CH^2 . CH^2 . S . CH^2 . C^6H^5$$

avec 4 p. d'AzO^3H [Gabriel, *D. chem. G.*, **24**, 1116, 1891]. Cristaux solubles dans l'acétate d'éthyle, l'eau et l'alcool, fondant à 100°. Le *sel de potassium* cristallise avec 1/2 molécule d'eau dans le système clinorhombique.

Dérivés sulfurés. — [Michel, *D. chem. G.*, **25**, 3052, 1892; — Gabriel, *D. chem. G.*, **24**, 1112, 3100, 1891; — Coblentz, Gabriel, *D. chem. G.*, **24**, 1112, 1891].

$$C^6H^4 \begin{smallmatrix} CO \\ CO \end{smallmatrix} Az . CH^2 . CH^2 . SCAz$$

— Fond à 108°; le *dérivé sélénié* correspondant fond à 124-125° [Coblenz, *D. chem. G.*, **24**, 2131, 2133, 1891].

Propylphtalimide, $C^{11}H^{11}AzO^2$. — *Propylphtalimide normale*,

$$C^6H^4 \begin{smallmatrix} CO \\ CO \end{smallmatrix} Az . CH^2 . CH^2 . CH^3$$

On la prépare en faisant agir le bromure de propyle en excès sur la phtalimide potassique : on opère à 150-160° [Gabriel, *D. chem. G.*, **24**, 3105, 1891]. On l'obtient encore dans la distillation du phtalate acide de propylamine [Sachs, *D. chem. G.*, **31**, 1228, 1898].

Cristaux allongés ou tabulaires fondant à 66°, bouillant à 282-283°

Isopropylphtalimide,

$$C^6H^4 < \begin{matrix} CO \\ CO \end{matrix} > Az . CH(CH^3)^2$$

— Obtenue en faisant agir à 190° le bromure d'isopropyle sur la phtalimide potassique [Gabriel, *D. chem. G.*, **24**, 3106, 1891], ou en distillant le phtalate acide d'isopropylamine (Sachs).
Larges cristaux solubles dans l'alcool, fusibles à 85°, bouillant à 272-273°.

γ-*Chloropropylphtalimide,* $C^6H^4(CO)^2AzC^3H^6Cl$. — Cristaux prismatiques fondant à 67-68° [Gabriel, *D. chem. G.*, **38**, 2389, 1905].

Dichloropropylphtalimide,

$$C^6H^4 < \begin{matrix} CO \\ CO \end{matrix} > Az . CH^2 . CHCl . CH^2Cl$$

— Elle se forme dans l'action du chlore sur l'allylphtalimide [Neumann, *D. chem. G.*, **23**, 1000, 1890]; elle fond à 93°.

Bromopropylphtalimide. — Dérivé β,

$$C^6H^4 < \begin{matrix} CO \\ CO \end{matrix} > Az . CH^2 \; CHBr . CH^3$$

— Ce dérivé, préparé par l'action de HBr sur l'allylphtalimide, à 0° [Seitz, *D. chem. G.*, **24**, 2627, 1891], fond à 105°.

Dérivé γ,

$$C^6H^4 < \begin{matrix} CO \\ CO \end{matrix} > Az . CH^2 . CH^2 . CH^2Br$$

— On chauffe, pendant 3/4 d'heure, à 170°, 70 gr. de phtalimide potassique avec 210 gr. de bromure de triméthylène [Gabriel, Weiner, *D. chem. G.*, **21**, 2671, 1888; — Gabriel, *D. chem. G.*, **38**, 2389, 1905; **38**, 630, 1905]. Larges cristaux fusibles à 72-73°.

Dibromopropylphtalimide,

$$C^6H^4 < \begin{matrix} CO \\ CO \end{matrix} > Az . CH^2 . CHBr . CH^2Br$$

— Action de Br sur l'allylphtalimide [Neumann, *D. chem. G.*, **23**, 1000, 1890]. Fond à 113-114°.

Tétrabromoisopropylphtalimide,

$$C^6H^4 < \begin{matrix} CO \\ CO \end{matrix} > Az . C^3H^3Br^4$$

— Obtenue par l'action du brome sur l'isopropylphtalimide, elle fond à 155-156° (Sachs).

γ-*Iodopropylphtalimide,*

$$C^6H^4 < \begin{matrix} CO \\ CO \end{matrix} > Az . CH^2 . CH^2 . CH^2I$$

— On fait réagir CH^3I sur la γ-p-toluidinopropylphtalimide; il se forme en même temps de la méthyl-p-toluidine [Fränkel, *D. chem. G.*, **20**, 2504, 2506, 1887]. Elle fond à 88°. Gabriel [*D. chem. G.*, **38**, 1692, 1005] l'a transformée en γ-nitropropylphtalimide par l'action du nitrite d'argent.

Anilinopropylphtalimide, $C^7H^{16}Az^2O^2$. — *Dérivé* β,

$$C^6H^4 < \begin{matrix} CO \\ CO \end{matrix} > Az . CH^2 . CH(AzH . C^6H^5)CH^3$$

— Ce produit se forme en même temps que beaucoup de phtalanile quand on fait bouillir 9 gr. de β-bromopropylphtalimide avec 9 gr. d'aniline [Seitz, *D. chem. G.*, **24**, 2630, 1891]. Cristaux jaunes fusibles à 93°.

Dérivé γ,

$$C^6H^4 < \begin{matrix} CO \\ CO \end{matrix} > Az . CH^2 . CH^2 . CH^2 . AzH . C^6H^5$$

— Il se forme quand on chauffe, pendant 1/4 d'heure, à 150°, 54 gr. de γ-bromopropylphtalimide avec 37 gr. d'aniline; il y a en même temps production de diphtalylditriméthylènephényltriamine, $C^6H^5Az(CH^2.CH^2.CH^2.Az = C^8H^4O^2)^2$ [Goldenring, *D. chem. G.*, **23**, 1168, 1890]. Cristaux jaunes confus, fondant à 87-89°, très solubles dans l'alcool et le benzène.

γ-p-*Toluidinopropylphtalimide,*

$$C^6H^4 < \begin{matrix} CO \\ CO \end{matrix} > Az . C^3H^6 . AzH . C^6H^4 . CH^3$$

— Elle se prépare en chauffant à 150° 1 molécule de γ-bromopropylphtalimide avec 2 molécules de p-toluidine. Cristaux jaune citron, fusibles à 134-136° [Fränkel, *D. chem. G.*, **30**, 2498, 1897].

Méthyl-p-toluidinopropylphtalimide,

$$C^6H^4 < \begin{matrix} CO \\ CO \end{matrix} > Az . (CH^2)^3 . Az(CH^3) . C^6H^4 . CH^3$$

— Obtenue par l'action de la méthyl-p-toluidine sur le γ-bromopropylphtalimide, elle fond à 125°. $[C^6H^4(CO)^2Az.C^3H^6]^2Az.C^6H^4.CH^3$. Fond à 124° [Fränkel, *D. chem. G.*, **30**, 2498, 2505, 1897].

γ-*Oxypropylphtalimide,*

$$C^6H^4 < \begin{matrix} CO \\ CO \end{matrix} > Az.CH^2.CH^2.CH^2OH$$

— Elle se forme dans l'action de la potasse sur la γ-bromopropylphtalimide [Gabriel, Lauer, *D. chem. G.*, **23**, 87, 1890; — Gabriel, *ibid.*, **38**, 630, 1905].

γ-*Phénoxypropylphtalimide,*

$$C^6H^4 < \begin{matrix} CO \\ CO \end{matrix} > Az.CH^2.CH^2.CH^2.O.C^6H^5$$

— On porte pendant 1 heure à 220° 1 partie de phtalimide potassique avec 1 partie d'éther γ-bromopropylphénylique [Lehmann, *D. chem. G.*, **24**, 2633, 1891]. Elle fond à 88°.

Dérivés sulfurés [Lehmann, *D. chem. G.*, **27**, 2174, 1894; — Seitz, *ibid.*, **24**, 2629, 1891; — Gabriel, Lauer, *ibid.*, **23**, 88, 1890].

Sulfocyanopropylphtalimide. — Dérivé β,

$$C^6H^4 < \begin{matrix} CO \\ CO \end{matrix} > Az.CH^2.CH(SCAz).CH^3$$

Il fond à 89-93° [Seitz, *D. chem. G.*, **24**, 2628, 1891].

Dérivé γ,

$$C^6H^4 < \begin{matrix} CO \\ CO \end{matrix} > Az.CH^2.CH^2.CH^2SCAz$$

Il fond à 96-98° [Gabriel, Lauer, *D. chem. G.*, **23**, 89, 1890].

Sélénocyanopropylphtalimide. — Dérivé γ,

$$C^6H^4 < \begin{matrix} CO \\ CO \end{matrix} > Az.CH^2.CH^2.CH^2SeCAz$$

Il fond à 192°. On l'obtient par l'action de KSeCAz sur la γ-bromopropylphtalimide [Coblentz, *D. chem. G.*, **24**, 2134, 1891].

BUTYLPHTALIMIDE NORMALE,

$$C^6H^4 < \begin{matrix} CO \\ CO \end{matrix} > Az.C^4H^9$$

— Elle se produit dans la distillation du sel de cuivre de l'acide phtalylaminocaproïque $C^8H^4O^2 = Az.CH(C^4H^9)CO^2H$ [Reese, *Ann. Chem.*, **242**, 16, 1887]. Cristaux tabulaires solubles dans l'alcool. Elle fond à 65°, bout à 311°,8. Il s'en forme encore dans la cristallisation du phtalate acide de butylamine [Sachs, *D. chem. G.*, **31**, 1228, 1898].

Isobutylphtalimide.

$$C^6H^4 \left\langle \begin{matrix} CO \\ CO \end{matrix} \right\rangle Az.CH^2.CH(CH^3)^2$$

— Neumann l'a obtenue en chauffant à 210° un mélange de bromure d'isobutyle et de phtalimide potassique [*D. chem. G.*, **23**, 999, 1890]. Elle fond à 93°, bout à 293-295°.

δ-Bromobutylphtalimide.

$$C^6H^4 \left\langle \begin{matrix} CO \\ CO \end{matrix} \right\rangle Az.CH^2.CH^2.CH^2.CH^2Br$$

— On part de HBr et de la δ-phénoxybutylphtalimide, on chauffe en vase clos pendant 2 heures [Gabriel, Maas, *D. chem. G.*, **32**, 1269, 1899]. Elle fond à 80°.5.

δ-Phénoxybutylphtalimide,

$$C^6H^4 \left\langle \begin{matrix} CO \\ CO \end{matrix} \right\rangle Az.CH^2.CH^2.CH^2.CH^2.O.C^6H^5$$

— On fait réagir, à 200°, des quantités équimoléculaires d'anhydride phtalique et de δ-phénoxybutylamine [Gabriel, Maas, *D. chem. G.*, **32**, 1261, 1899]. Prismes rhombiques fusibles à 101°.

Amylphtalimide. — Elle bout à 303° [Marckwald, *D. chem. G.*, **37**, 1038, 1904].

ε-Phénoxyamylphtalimide. — Elle a été préparée en chauffant l'ε-phénoxyamylamine $C^6H^5O(CH^2)^5.AzH^2$ de Gabriel [*D. chem. G.*, **25**, 419, 1892], avec de l'anhydride phtalique à 200°. Elle fond à 72-73°. HBr réagit à 100° en donnant l'*ε-bromoamylphtalimide* [Manasse, *D. chem. G.*, **35**, 1367, 1902]. Ce dérivé bromé traité par le malonate d'éthyle sodé donne l'*éther ε-phtalimideamylmalonique* $(C^2H^5.CO^2)^2CH.(CH^2)^5.Az = C^8H^4O^2$.

Isoamylphtalimide.

$$C^6H^4 \left\langle \begin{matrix} CO \\ CO \end{matrix} \right\rangle Az.CH^2.CH^2.CH(CH^3)^2$$

— Elle bout à 307-308° [Neumann, *D. chem. G.*, **23**, 998, 1890].

Allylphtalimide.

$$C^6H^4 \left\langle \begin{matrix} CO \\ CO \end{matrix} \right\rangle Az.C^3H^5$$

— Préparée par Kay [*D. chem. G.*, **26**, 2580, 1893] en chauffant l'acide ou l'anhydride phtalique avec de l'essence de moutarde. Cristaux tabulaires fusibles à 70-71° [Wallach, Kamenski, *D. chem. G.*, **14**, 171, 1881]. Elle bout à 295° [Neumann, *D. chem. G.*, **23**, 999, 1890]. Combinaison :

$$C^6H^4 \left\langle \begin{matrix} CO \\ CO \end{matrix} \right\rangle Az.CH^2.C^2H^3(AzO^2)OH$$

(Neumann).

Octylphtalimide.

$$C^6H^4 \left\langle \begin{matrix} CO \\ CO \end{matrix} \right\rangle Az.C^8H^{17}$$

— Obtenue en faisant réagir à 200° l'iodoctane normal sur le phtalimide potassique. Elle fond à 48-49° [Mugdan, *Ann. Chem.*, **298**, 145, 1897].

Phénylphtalimide (voyez Phtalanile).

Benzylphtalimide.

$$C^6H^4 \left\langle \begin{matrix} CO \\ CO \end{matrix} \right\rangle Az.CH^2.C^6H^5$$

— On fait réagir, à 180°, le chlorure de benzyle sur la phtalimide potassique [Gabriel, *D. chem. G.*, **20**, 2227, 1888]. Larges cristaux fusibles à 115-116° que l'acide chlorhydrique décompose, à 200°, en benzylamine et en acide phtalique [Jaeger, *Zeit. f. Krist.*, **40**, 371, 1905]. La potasse, après 2 heures d'ébullition, les transforme en acide benzylnaphtalamique $C^7H^7AzH.CO.C^6H^4-CO^2H$ [Gabriel et Landsberger, *D. chem. G.*, **31**, 2632, 1898]. Action de l'éthylate de Na [Gabriel et Colman, *D. chem. G.*, **33**, 2630, 2634, 1900].

Nitrobenzylphtalimide, $C^8H^4O^2.Az.CH^2.C^6H^4AzO^2$. — *Dérivé ortho.* — On le prépare en chauffant vers 120°, 34 gr. de phtalimide potassique avec 31gr.5 de chlorure de nitrobenzyle [Gabriel, *D. chem. G.*, **20**, 2227, 1887]. On peut encore maintenir pendant 3/4 d'heure à 150° un mélange de 40 gr. de chlorure d'o-nitrobenzyle, 50 gr. de phtalimide potassique et 135 gr. de sel marin fondu [Wolff, *D. chem. G.*, **25**, 3031, 1892]. Beck [*J. prakt. Chem.*, (2), **47**, 398, 1893] fait bouillir, pendant 40 heures, 200 gr. de chlorure d'o-nitrobenzyle dissous dans l'alcool absolu avec 20 gr. de phtalimide potassique.

Ce dérivé cristallise dans l'acide acétique en prismes brillants fondant à 217-219°.

Dérivé méta. — On l'obtient en partant du chlorure de m-nitrobenzyle et de la phtalimide potassique [Gabriel, Hendess, *D. chem. G.*, **20**, 2869, 1887]. Cristaux solubles dans l'alcool, fusibles à 115°.

Dérivé para. — Obtenu en chauffant très lentement à 130° du chlorure de p-nitrobenzyle avec de la phtalimide potassique [Salkowski, *D. chem. G.*, **22**, 2162, 1889]. Prismes jaunes fusibles à 175°.

Cyanobenzylphtalimide, $C^8H^4O^2 = Az.CH^2.C^6H^4.CAz$. — *Dérivé ortho.* — On fait réagir le chlorure d'o-cyanobenzyle et la phtalimide potassique. Gros prismes fondant à 181-182°. L'acide chlorhydrique les décompose en acide phtalique et cyanobenzylamine.

Dérivé méta. — Il fond à 147° [Reinglass, *D. chem. G.*, **24**, 2418, 1891].

Chauffé 20 minutes, avec une solution alcoolique étendue de potasse caustique, il donne après neutralisation par HCl l'*acide m-cyanobenzylphtalimique*, $CO^2H.C^6H^4.CO.AzH.CH^2.C^6H^4CAz$, qui se dissout facilement dans l'ammoniaque et fond à 195° en régénérant la phtalimide [Etalich, *D. chem. G.*, **34**, 3366, 1901].

Dérivé para. — Il fond à 183-184° [Günther, *D. chem. G.*, **23**, 1058, 1890].

4-Méthylbenzylphtalimide. — Elle a été préparée par Curtius et Springer [*J. prakt. Chem.*, **62**, 83, 1900] en faisant agir la phtalamide potassique sur la 4-méthylbenzylhydrazine. Longues aiguilles blanches fondant à 116-117°.

Benzylphtalisoimide,

$$C^6H^4 \left\langle \begin{matrix} CO \\ \quad > O \\ C = Az.C^7H^7 \end{matrix} \right.$$

— On la prépare en portant à 60° un mélange de 10 gr. de chlorure d'acétyle et de 3 gr. d'acide benzylphtalamique [Hoogewerff, Dorp, *Rec. Tr. Ch. Pays-Bas*, **13**, 99, 1894]. Elle fond à 81-82°.5 (Jaeger).

Tolylphtalimide,

$$C^6H^4 \left\langle \begin{matrix} CO \\ CO \end{matrix} \right\rangle Az.C^6H^4.CH^3$$

Dérivé ortho. — Piutti [*Ann. Chem.*, **227**, 205, 1885] l'a préparé en partant de l'anhydride phtalique et de l'o-toluidine. Cristaux solubles dans l'acide acétique, fondant à 182° [Frölich, *D. chem. G.*, **17**, 2679, 1884; — Kuhara, *Am. Chem. Journ.*, **9**, 52, 1887].

Dérivé méta. — Petits cristaux fusibles à 153° [Fröhlich, *D. chem. G.*, **17**, 2679, 1884].

Dérivé para. — On le prépare en faisant agir le chlorure de benzoyle sur l'o-benzo-phtal-p-toluide en présence de $ZnCl^2$: il se forme en même temps un peu du dérivé méta [Hanschke, *D. chem. G.*, **32**, 2021, 1899].

o-TOLYLPHTALIMIDE DISSYMÉTRIQUE,

$$C^6H^4 \begin{array}{l} \diagup CO \\ \quad > O \\ \diagdown C = Az . C^7H^7 \end{array}$$

— Kuhara et Fukin [*Am. Chem. Journ.*, **26**, 454, 1901] ont obtenu ce produit en faisant réagir à — 10° le chlorure de phtalyle sur l'o-toluidine. Aiguilles soyeuses fusibles à 201°, insolubles dans l'eau, solubles dans l'alcool chaud.

XYLYLPHTALIMIDE. $C^8H^4O^2 = Az - CH^2 - C^6H^4(CH^3)$.

Dérivé ortho. — On le prépare en partant du bromo-o-xylène $CH^3.C^6H^4CH^2Br$ et de la phtalimide potassique [Strassmann, *D. chem. G.*, **21**, 576, 1888]. Il fond à 148-149°.

Dérivé méta. — Cristaux hexagonaux fondant à 118° [Brömme, *D. chem. G.*, **21**, 2700, 1888].

Dérivé para. — Il cristallise dans le sulfure de carbone dans le système orthorhombique et fond à 116-117° [Lustig, *D. chem. G.*, **28**, 2987, 1895 ; — Curtius, Sprenger, *J. prakt. Chem.*, (2), **62**, 111, 1900].

Chloro-o-xylylphtalimide. $C^8H^4O^2 = Az.CH^2.C^6H^4.CH^2Cl$. — Elle cristallise dans l'alcool sous forme de bâtonnets fondant à 140°, se décomposant vers 200° sous l'action de HCl [Strassmann, *D. chem. G.*, **21**, 580, 1888].

ω-MÉSITYLPHTALIMIDE. $(CH^3)^2C^6H^3 . CH^2 . Az = C^8H^4O^2$. — On fait réagir 1 partie de phtalimide potassique sur 1 partie de méthylène bromé $(CH^3)^2.C^6H^3.CH^2Br$ [Landau, *D. chem. G.*, **25**, 3011, 1892]. Elle fond à 157°.

Phtalmésidile, $C^8H^4O^2 = Az . C^6H^2(CH^3)^3$. — On fait bouillir de la mésidine avec de l'anhydride phtalique [Eisenberg, *D. chem. G.*, **15**, 1017, 1882]. Longs cristaux bleus fusibles à 157°.

Phtalnitromésidile, $C^8H^4O^2 = Az . C^9H^{10}(AzO^2)$. — Fond à 171°.

Phtaldinitromésidile, $C^8H^4O^2 = Az . C^9H^9(AzO^2)^2$. — Fond à 210° (Eisenberg).

PHTALPSEUDOCUMIDIDE. $C^8H^4O^2 = Az . C^6H^2(CH^3)^3$. — On prépare ce dérivé en chauffant à l'ébullition des poids moléculaires égaux d'anhydride phtalique et de pseudocumidine [Fröhlich, *D. chem. G.*, **17**, 1802, 1884]. Il fond à 148°.

$C^8H^4O^2 = Az . C^{10}H^{13}$. — Obtenue en faisant réagir poids égaux d'anhydride phtalique et de m. isocymidine [Kelbe, Warth, *Ann. Chem.*, **221**, 169, 1884]. Elle fond à 145°. Le *dérivé nitré* fond à 167° (Kelbe, Warth).

STYRYLPHTALIMIDE,

$$C^6H^4 < \begin{matrix} CO \\ CO \end{matrix} > Az.CH^2.CH = CH.C^6H^5$$

— Elle fond à 153° : elle est très peu soluble dans l'eau [Posner, *D. chem. G.*, **26**, 1857, 1893]. — On connaît deux *dérivés dibromés* isomères (Posner).

PINÈNE-PHTALIMIDE,

$$C^6H^4 < \begin{matrix} CO \\ CO \end{matrix} > Az . C^{10}H^{15}$$

— Fusible à 99-100° : insoluble dans l'eau et l'alcool [Pesci, *Gazz. chim. ital.*, **21**, 175, 1891].

NAPHTYLPHTALIMIDE.

$$C^6H^4 < \begin{matrix} CO \\ CO \end{matrix} > Az.C^{10}H^7$$

— *Dérivé α.* Piutti l'a préparé en fondant de l'anhydride phtalique avec de l'α-naphtylamine [*Gazz. chim. ital.*, **15**, 480, 1885]. Il s'en forme aussi quand on décompose par la chaleur le phtalate acide d'α-naphtylamine [Gräbe, *D. chem. G.*, **29**, 2804, 827, 1896].

Dérivé β. Cristaux fondant à 216° (Piutti).

$C^8H^4O^2 = Az . C^{10}H^6 . SO^3H$ [Pellizari, Matteucci, *Ann. Chem.*, **248**, 157, 1888].

PHTALYL-O-AMINODIPHÉNYLMÉTHANE,

$$C^6H^4 < \begin{matrix} CO \\ CO \end{matrix} > Az . C^6H^4 . CH^2 . C^6H^5$$

— Fischer, Schmidt [*D. chem. G.*, **27**, 2786, 1894]. Il fond à 139°.

1-ÉTHOXYNAPHTYL-2-PHTALIMIDE,

$$C^6H^4 < \begin{matrix} CO \\ CO \end{matrix} > Az . C^{10}H^6 . O . C^2H^5$$

— Elle fond à 189° [Guhem, Gausser, *J. prakt. Chem.*, (2), **63**, 80, 1903].

PHTALYL-β-OXYTÉTRAHYDRONAPHTYLAMINE,

$$C^6H^4 \begin{array}{l} \diagup CH^2 . CH . Az = C^8H^4O^2 \\ \qquad\quad | \\ \diagdown CH^2 . CH . OH \end{array}$$

— On fait réagir la tétrahydronaphtylène-chlorhydrine sur la phtalimide potassique [Bamberger, Lodter, *Ann. Chem.*, **288**, 132, 1895]. Elle fond à 217-218°.

MÉTHYLÈNE-DIPHTALIMIDE, $(C^8H^4O^2 = Az)^2CH^2$. — On l'obtient en partant de l'iodure de méthylène et du phtalimide potassique. Elle fond à 226° [Neumann, *D. chem. G.*, **23**, 1002, 1890].

ÉTHYLÈNE-DIPHTALIMIDE. $(C^8H^4O^2 = Az)^2C^2H^4$. — On maintient pendant 2 heures à 200°, 10 gr. de phtalimide potassique avec 12 gr. de bromure d'éthylène [Gabriel, *D. chem. G.*, **20**, 2225, 1887]. Elle fond à 243-244° [Anderlini, *Gazz. chim. ital.*, I, **24**, 405, 1894].

TRIMÉTHYLÈNE-DIPHTALIMIDE, $CH^2(CH^2 = Az . C^8H^4O^2)^2$. — Gabriel et Weiner [*D. chem. G.*, **21**, 2669, 1888] ont obtenu ce produit en chauffant à 170° 2 mol. de phtalimide potassique et 1 mol. de bromure de triméthylène. Il fond à 197-198°.

β-*Chlorotriméthylène-diphtalimide*, $(C^8H^4O^2 = Az . CH^2)^2CHCl$ [Gabriel, Michels, *D. chem. G.*, **25**, 3056, 1892]. Elle fond à 208-209°.

1.2.3-*Triphtalimidopropane*, $(C^8H^4O^2 = Az . CH^2)^2CHCl$. — Il fond à 226-227° [Gabriel, Michels, *D. chem. G.*, **25**, 3057, 1892].

β-*Oxytriméthylène-diphtalamide*, $OHCH(CH^2 = Az . C^8H^4O^2)^2$. — Elle fond à 205° [Gödeckemeyer, *D. chem. G.*, **21**, 2690, 1888 ; — Gabriel, *D. chem. G.*, **22**, 224, 1889].

$CO^2H . C^6H^4 . COAzH . C(AzH^2) = AzH$. — Fond à 202° [Michaël, *Am. Chem. Journ.*, **9**, 220, 1887].

o-XYLÈNE-DIPHTALIMIDE, $C^6H^4(CH^2.Az.C^8H^4O^2)^2$. — On la prépare en faisant réagir le 1.2-dibromoxylène $C^6H^4(CH^2Br)^2$ sur la phtalimide potassique [Strassmann, *D. chem. G.*, **21**, 579, 1888]. Elle fond à 266° [Gabriel, Pinkus, *D. chem. G.*, **26**, 2213, 1893].

o-PHÉNYLÈNE-DIPHTALIMIDE $C^6H^4[Az : (CO)^2 = C^6H^4]^2$.

o-TOLUYLÈNE-DIPHTALIMIDE $CH^3{}_1C^6H^3(C^8H^4O^2Az)^2{}_{3,4}$ [Meyer, *Ann. Ch.*, **347**, 57, 1906].

$C^{20}H^{13}AzSO^7$. — On chauffe, à 100°, 1 mol. phtalimide, 2 mol. résorcine et un poids égal de SO^4H^2 [Ostersetzer, *Mon. f. Chem.*, **11**, 425, 1890].

ACÉTYLPHTALIMIDE.

$$C^6H^4 < \begin{matrix} CO \\ CO \end{matrix} > Az . C^2H^3O$$

— Aschan [*D. chem. G.*, **19**, 1400, 1886] la prépare en faisant bouillir pendant longtemps la phtalimide avec l'anhydride acétique

Octaèdres fusibles à 132-135°, insolubles dans l'eau froide, très solubles dans l'acide acétique bouillant et le benzène [Titherley et Hicks, *J. Chem. Soc.*, **89**, 708, 1906; *Proc. Chem. Soc.*, **22**, 106, 1906].

m. Bromo-p-éthoxyphénylphtalimide $(C^8H^4O^2Az)_1C^6H^3(Br)_3(OC^2H^5)_4$. — Obtenue en chauffant, à 200°, de l'o. bromophénétidine avec de l'anhydride phtalique [Piutti, *Gazz. chim. ital.*, **30**, 1173, 1897]. Elle fond à 195-196°.

Dibromo-p-oxyphénylphtalimide, $C^8H^4O^2Az.C^6H^2Br^2OH$. — On fait réagir le chlorhydrate d'hydroxylamine en excès sur la tétrabromophénolphtaléine [Meyer, *Mon. f. Chem.*, **21**, 263, 1900].

BENZOYLPHTALIMIDE $C^{15}H^9O^3Az$. Cristaux prismatiques incolores fusibles à 168° [Titherley et Hicks].

Décembre 1906. A. Bouchonnet.

PHTALIMIDINE.

$$C^6H^4 \left< \begin{matrix} CH^2 \\ CO \end{matrix} \right> AzH$$

Préparation. — 1° On réduit la phtalimide par Sn + HCl :

$$C^6H^4 \left< \begin{matrix} CO \\ CO \end{matrix} \right> AzH + 4H = C^6H^4 \left< \begin{matrix} CO \\ CH^2 \end{matrix} \right> AzH\,;$$

on peut encore chauffer le phtalide

$$C^6H^4 \left< \begin{matrix} CO \\ CH^2 \end{matrix} \right> O$$

dans un courant de gaz ammoniac [Graebe, *D. chem. G.*, **17**, 2598, 1884].

2° On maintient, pendant 3 heures à 230°, l'o. cyanobenzylamine avec HCl concentré [Gabriel, Landsberger, *D. chem. G.*, **31**, 2732, 2739, 1898].

3° On chauffe vers 225-230° l'acide benzylamine-o-carbonique (fusible à 217-220°) :

$$C^6H^4 \left< \begin{matrix} CH^2.AzH^2 \\ CO.OH \end{matrix} \right. = C^6H^4 \left< \begin{matrix} CH^2 \\ CO \end{matrix} \right> AzH + H^2O$$

[Wegscheider et Glogan, *Mon. f. Chem.*, **24**, 915, 1903].

La phtalimidine forme des aiguilles fusibles à 150°, très solubles dans l'éther, l'alcool et le chloroforme; elle bout à 337° sous 730 cc. Le permanganate la change en phtalimide par oxydation.

Sels. AgC^8H^6AzO. — Précipité à peine soluble dans l'eau bouillante.

NaC^8H^6OAz [Wheeler, *Am. Chem. Journ.*, **23**, 465, 1900].

$C^8H^7AzO.HCl$. — Obtenu en faisant arriver un courant de HCl dans une solution de phtalimidine dans $CHCl^3$.

$(C^8H^7AzO)^2.HCl.AuCl^3$. — Cristaux jaune foncé, fusibles à 175-176°.

Picrate, $C^8H^7AzO.C^6H^3(AzO^2)^3O$. — Cristaux tabulaires ou allongés, fusibles à 140° [Graebe, *Ann. Chem.*, **247**, 295, 1888].

Bromure, $(C^8H^7AzO)^2Br^3$. — On l'obtient par l'action du brome sur une solution chloroformique de phtalimidine. Il fond à 150° en se décomposant. Traité par AzO^3H, il donne du phtalide et de l'acide phtalique (Graebe).

La phtalimidine traitée par HI, avec addition d'iode libre, donne au bout de quelque temps de belles paillettes mordorées (surtout en présence de $CHCl^3$) d'un *periodure* $2C^8H^7OAz.HI.I^2$ [Werner, *D. chem. G.*, **36**, 147, 1903].

Nitrosophtalimidine. — Quand on additionne de nitrite de sodium une solution chlorhydrique de phtalimidine, il se précipite de la nitrosophtalimidine [Graebe, *Ann. Chem.*, **247**, 297, 1888] en petits cristaux jaune clair, fusibles à 156°. Si on traite ce produit à chaud par une lessive de soude au 1/10°, il se dégage de l'azote et on obtient un sel de l'acide orthoxyméthylbenzoïque :

$$AzO.C^6H^3 \left< \begin{matrix} CO \\ CH^2 \end{matrix} \right> AzH + NaOH$$

$$= 2Az + OH.CH^2.C^6H^4.CO^2Na$$

Orthoxyméthylbenzoate de sodium.

Dichlorophtalimidine.

$$C^6H^2Cl^2 \left< \begin{matrix} CH^2 \\ CO \end{matrix} \right> AzH$$

— On réduit (Sn + HCl) l'o-dichlorophtalimide $C^6H^2Cl^2(CO)^2AzH$ [Royer, *Ann. Chem.*, **238**, 356, 1887]. Cristaux fusibles à 210°.

Dibromo-4.5-phtalimidine. — Obtenue en réduisant une solution alcoolique de la dibromophtalimide. Aiguilles brillantes à reflets verdâtres, fusibles à 279-280°. Elle donne par l'action de l'acide nitreux un *dérivé nitrosé* qui se dépose de la solution alcoolique en aiguilles jaunes, fusibles à 183-185° [Bruck, *D. chem. G.*, **34**, 2741, 1901].

Nitrophtalimidine,

$$C^6H^4 \left< \begin{matrix} CO \\ CH(AzO^2) \end{matrix} \right> AzH$$

— On chauffe, pendant 1 à 2 heures, à 30-40°, 1 p. phtalimidine avec 5 p. SO^4H^2 et 8 p. AzO^3H concentré [Graebe, *Ann. Chem.*, **247**, 300, 1888]. Feuillets jaune clair.

MÉTHYLPHTALIMIDINE,

$$C^6H^4 \left< \begin{matrix} CH^2 \\ CO \end{matrix} \right> Az.CH^3$$

— On réduit (Sn + HCl) la méthylphtalimide [Graebe, Pictet, *Ann. Chem.*, **247**, 303, 1888]. Cristaux monocliniques [Duparc, *Jahresb.*, 683, 1883], fusibles à 120°, bouillant à 300°, très solubles dans l'eau, l'alcool et l'éther.

Chloraurate, $C^9H^9AzO.HCl.AuCl^3$. — Bâtonnets jaune d'or. — *Bromure*, $(C^9H^9AzO)Br^3$. Cristaux couleur orange, fusibles à 150°. *Iodure* [Werner, *D. chem. G.*, **36**, 870, 1903].

ETHYLPHTALIMIDINE,

$$C^6H^4 \left< \begin{matrix} CH^2 \\ CO \end{matrix} \right> Az.C^2H^5$$

— Elle s'obtient par réduction de l'éthylphtalimide [Graebe, Pictet). Elle fond à 145°.

PHÉNYLPHTALIMIDINE (PHTALIDANILE),

$$C^6H^4 \left< \begin{matrix} CH^2 \\ CO \end{matrix} \right> Az.C^6H^5$$

— Ce produit se forme, en même temps que de l'ammoniaque, en réduisant par Sn + HCl la phénylhydrazine $C^{14}H^{10}Az^2O$ dérivée de l'acide phtalaldéhydique [Racine, *Ann. Chem.*, **239**, 87 1887]. On peut encore réduire une solution alcoolique de phtalanile [Graebe, Pictet, *ibid.*, **247**, 306, 1888].

Feuillets brillants, fusibles à 160°, très solubles dans l'eau bouillante et le benzène.

p-OXYBENZYLPHTALIMIDINE,

$$C^6H^4 \left< \begin{matrix} CO \\ CH^2 \end{matrix} \right> Az.C^6H^4.CH^2OH$$

— On décompose une solution chlorhydrique de 1 p. $\frac{1}{2}$ de p. aminobenzylphtalimidine $C^8H^6O = AzC^6H^4CH^2AzH^2$ par une solution d'azotite de soude très concentrée [Haffner, *D. chem. G.*, **23**, 344, 1890]. Longs cristaux rouges fusibles à 187-188°.

Base, $C^8H^9AzO^2$ (Haffner). — *Chloroplatinate*, $(C^8H^9AzO^2 . HCl)^2PtCl^4$, cristaux se décomposant à 225°.

ACÉTYLPHTALIMIDINE, $C^8H^6AzO . C^2H^3O$. — Préparée par Graebe [*Ann. Chem.*, **247**, 297, 1888] en partant de la phtalimidine et de l'anhydride acétique. Elle fond à 151°.

PSEUDOPHTALIMIDINE.

$$C^6H^4 \left\langle \begin{array}{l} CH^2 \\ C(=AzH) \end{array} \right\rangle O$$

— *Préparation.* — Si on chauffe pendant 1/2 heure à 150–160° l'amide de l'acide chloro-o-toluique, elle se transforme en chlorhydrate de pseudophtalimidine :

$$CH^2Cl . C^6H^4 . COAzH^2 = C^8H^7HO . HCl$$

[Gabriel, *D. chem. G.*, **20**, 2234, 1887].

On peut encore faire agir SO^4H^2 sur le 1-éthoxyl-o-tolunitrile, $C^2H^5O . CH^2 . C^6H^4 . CAz$ [Cassirer, *D. chem. G.*, **25**, 3020, 1892].

Liquide : l'anhydride acétique donne, à l'ébullition, le *phtalide*, $C^8H^7AzO . HCl$, cristaux jaunes, hygrométriques [Gabriel, Landberger, *D. chem. G.*, **31**, 2736, 1898].

Chloroplatinate, $(C^8H^7AzO . HCl)^2PtCl^4 + 2H^2O$. — Cristaux pointus, jaune orangé.

Picrate, $C^8H^7AzO . C^6H^3(AzO^2)^3O$ — Précipité cristallin, fondant à 220° (Gabriel).

Chlorure, $C^8H^4Cl^4O$. — *Dérivé* α. — On le prépare en faisant agir PCl^5 sur le phtalide [Gerichten, *D. chem. G.*, **13**, 417, 1880]. Haller et Guyot [*Bull. Soc. Chim.*, (3), **17**, 874, 1897] ont préparé les dérivés α et β en partant de PCl^5 et du dichlorure de phtalyle; deux produits se forment simultanément : ils donnent au dérivé α la constitution

$$C^6H^4 \left\langle \begin{array}{l} CCl^2 \\ CCl^2 \end{array} \right\rangle O$$

Il fond à 88° et bout à 275° en se décomposant faiblement.

Dérivé β. — Il se forme en même temps que le dérivé α quand on chauffe à 200–210° des poids moléculaires égaux de PCl^5 et de chlorure de phtalyle [Gerichten, *D. chem. G.*, **13**, 419, 1880]. On l'obtient plus facilement en maintenant pendant 15 heures à 245° de l'anhydride phtalique (1 mol.) avec du PCl^5 (2 mol.) D'après Haller et Guyot, ce dérivé a la constitution

$$C^6H^4 \left\langle \begin{array}{l} C \equiv Cl^3 \\ CO . Cl \end{array} \right.$$

Il forme des cristaux tabulaires fusibles à 47°.

Anilide,

$$C^6H^4 \left\langle \begin{array}{l} C(Az . C^6H^5) \\ CO \end{array} \right\rangle Az(C^6H^5)$$

— Obtenue en partant de l'aniline et du dérivé α ou du dérivé β précédent (Gerichten), elle fond à 152–153°.

5-*Nitropseudophtalimidine*,

$$AzO^2 . C^6H^3 \left\langle \begin{array}{l} CH^2 \\ C(=AzH) \end{array} \right\rangle O$$

— Obtenue en chauffant pendant 1/2 heure à 110° l'amide 1-chloro-5-nitrotoluique $CH^2Cl . C^6H^3(AzO^2)CO . AzH^2$ [Gabriel, Landsberger, *D. chem. G.*, **31**, 2735, 1898], elle cristallise dans l'acétone ou l'acide acétique, et fond à 158°. *Chlorhydrate*, très peu soluble dans l'eau; *chloroplatinate* $(C^8H^6O^3Az^2 . HCl)^2, PtCl^4$, prismes jaune orangé : *picrate*, $C^8H^6O^3Az^2 . C^6H^3O^7Az^3$, cristaux fusibles à 158°.

THIOPHTALIMIDINE.

$$C^6H^4 \left\langle \begin{array}{l} C(AzH) \\ CH^2 \end{array} \right\rangle S$$

— Petits cristaux fusibles à 62°, très solubles dans l'alcool et l'éther [Day, Gabriel, *D. chem. G.*, **23**, 2480, 1890; — Gabriel, Léopold, *D. chem. G.*, **31**, 2646, 1898].

$C^8H^7 . HS . HCl$, cristaux très solubles dans l'alcool et l'éther; $(C^8H^7 . HS . HCl)^2PtCl^4$, prismes jaune orangé; $C^8H^7 . HS . HI$, cristaux (Day, Gabriel).

Ether méthylique, $CAz . C^6H^4 . CH^2 . SCH^3$ (Day, Gabriel).

MÉTHYLTHIOPHTALIMIDINE,

$$C^6H^4 \left\langle \begin{array}{l} C(Az . CH^3) \\ CH^2 \end{array} \right\rangle S$$

— Huile distillant sans décomposition (Day, Gabriel).

Sulfure di-o-cyanobenzylique, $S(CH^2 . C^6H^4 . CAz)^2$, fusible à 111° (Gabriel, Léupold).

Bisulfure di-o-cyanobenzylique, fusible à 124° (Day, Gabriel).

Combinaison : $C^{16}H^{10}S^3$ (Day, Gabriel).

Décembre 1906. A. Bouchonnet.

PHTALIMIDYLACÉTIQUE (ACIDE),

$$C^6H^4 \left\langle \begin{array}{l} C = CH . CO^2H \\ \quad > AzH \\ CO \end{array} \right.$$

— Il se forme quand on précipite par HCl une solution ammoniacale d'acide phtalylacétique [Gabriel, Michael, *D. chem. G.*, **10**, 1556, 1877]. Cristaux brillants, fusibles vers 200° en se décomposant.

On connaît les sels de Ca, de Ba et d'Ag [Roser, *D. chem. G.*, **17**, 2623, 1884].

Acide phtalméthimidylacétique,

$$C^6H^4 \left\langle \begin{array}{l} C = CH . CO^2H \\ \quad > Az . CH^3 \\ CO \end{array} \right.$$

— On l'obtient en laissant séjourner pendant 24 heures un mélange de 1 p. d'acide méthylaminobenzoylacétocarbonique avec 10 p. de SO^4H^2. Il commence à se décomposer vers 200° et fond à 212° [Gabriel, *D. chem. G.*, **18**, 2453, 1885]. Le *sel d'argent* est cristallisé.

Méthylène-phtalméthimidine,

$$C^6H^4 \left\langle \begin{array}{l} C = CH^2 \\ \quad > Az . CH^3 \\ CO \end{array} \right.$$

— Ce composé se produit quand on chauffe l'acide méthylaminobenzoylacétocarbonique au-dessus de son point de fusion (Gabriel).

Combinaison : $C^{11}H^{11}AzO C^{12}H^{11}AzO^3 + H^2O$ [Mertens, *D. chem. G.*, **19**, 2368, 1886], fusible à 129°.

Acide phtaléthimidylacétique,

$$C^6H^4 \left\langle \begin{array}{l} C = CH - CO^2H \\ \quad \diagdown \\ CO . Az . C^2H^5 \end{array} \right.$$

— Cristaux jaunes, fusibles vers 180° [Mertens, *D. chem. G.*, **19**, 2370, 1886]. Le *sel d'argent* est un précipité cristallin.

Méthylène-phtaléthimidine,

$$C^6H^4 \left\langle \begin{array}{l} C = CH^2 \\ \quad \diagdown \\ CO . Az . C^2H^5 \end{array} \right.$$

— Liquide [Mertens, *D. chem. G.*, **19**, 2360, 1886].

Méthylène-phtalphène-imidine,

$$C^6H^4 \begin{cases} C = CH^2 \\ \\ CO.Az.C^6H^5 \end{cases}$$

— Fusible à 100° (Mertens).

Acide éthylidène-phtalimidylacétique,

$$C^6H^4 \begin{cases} C = CH.CH^3 \\ \quad > Az.CH^2.CO^2H \\ CO \end{cases}$$

— Il fond à 205-207° [Gottlieb, *D. chem. G.*, **32**, 958, 1899]. Décembre 1906. A. Bouchonnet.

PHTALIQUES (ACIDES). — Voy. Dict., **2**, 1010 et **3**, 324. 1er Suppl., 966, 1274 et 1524.

ACIDE ORTHOPHTALIQUE,

$$C^6H^4 \begin{cases} CO^2H_{(1)} \\ CO^2H_{(2)} \end{cases}$$

— Il se forme de l'acide o-phtalique :

1° Quand on chauffe à 200-300° de la naphtaline avec SO^4H^2 et Hg, avec SO^4Hg [Graebe, *D. chem. G.*, **29**, 2806, 1896] ;

2° Par l'oxydation, au permanganate, de l'acide pseudophénylacétique

$$\begin{matrix} CH = CH - CH \diagdown \\ | \qquad\qquad | \qquad CH - CO^2H ; \\ CH = CH - CH \diagup \end{matrix}$$

on obtient en même temps de la benzaldéhyde, de l'acide benzoïque et de l'acide téréphtalique [Braren, Buchner, *D. chem. G.*, **34**, 995, 1901] ;

3° En chauffant en tube scellé, avec HCl le nitrile trichloro-o-toluique $CCl^3 . C^6H^4 . CAz$ [Gabriel, Weise, *D. chem. G.*, **20**, 3198, 1887] ;

4° A partir de l'isonaphtazarine et du tétracétohydronaphtalène [Zincke, Ossenbeck, *Ann. Chem.*, **307**, 21, 1899] ;

5° En oxydant par AzO^3H le phéno-α-cétoheptaméthylène [Kipping et Hunter, *Chem. Soc.*, **79**, 602, 1901].

On prepare généralement l'acide o.phtalique en oxydant a 300° de la naphtaline avec SO^4H^2 et un peu de mercure. L'acide sulfureux qui se forme est recueilli et transformé de nouveau en acide sulfurique [Bad. Anilin., D.R.P. 91 202 ; *Frdl.*, IV, 164].

Propriétés. — Il fond vers 195° (Graebe) et se décompose vers 196-199° en anhydride. Il est peu soluble dans l'eau et dans l'éther à froid [Graebe, *Ann. Chem.*, **238**, 321, 1887], insoluble dans le chloroforme [Zincke, Breuer, *ibid.*, **226**, 53, 1885].

Acidité à l'hélianthine et à la phtaléine, voyez Astruc [*C. R.*, **130**, 253, 1900].

L'iode agit à la longue à 120° sur l'acide o-phtalique et donne HI, IO^3H et de l'anhydride phtalique [Birnbaum, Reinherz, *D. chem. G.*, **15**, 460, 1882]. Avec l'acide iodhydrique, il parait se former de l'acide tétrahydrophtalique [Guye, *Dissertat.*, Genève, 39, 1884].

Avec la soude caustique au-dessus de 300° on obtient de l'acide benzoïque (Graebe).

Action de SO^4H^2 [Œschner de Coninck et Raynaud, *C. R.*, **136**, 1067, 1903].

Condensation avec la phénylaminoguanidine [Cunéo, *Gazz. chim. ital.*, **29**, 89, 1898] ; avec la taurine [Tauber, *Beitr. chem. Physiol. und Pathol.*, **4**, 325, 1903] ; avec la naphtaline [Ditz, *Chem. Zeit.*, **29**, 581, 1905].

Sels. $Na^2C^8H^4O^4$. — Il précipite par l'alcool d'une solution aqueuse en feuillets nacrés [Wislicenus, *Ann. Chem.*, **242**, 89, 1887]. $Na^2C^8H^4O^4 + 3H^2O$ [Salzer, *D. chem. G.*, **30**, 1496, 1897]. $NaC^8H^5O^4 + 2H^2O$. Longs cristaux prismatiques (Wislicenus). $NaC^8H^5O^4$ anhydre (Salzer) $K.C^8H^5O^4$ [Volhard, *Ann. Chem.*, **267**, 53, 1892]. $K^2C^8H^4O^4$ [Wislicenus, *ibid.*, **224**, 30, 1887].

$Ca(C^8H^5O^4)^2$. — Cristaux octaédriques, se décomposant vers 140°, avec formation d'anhydride phtalique (Salzer) ; $Ca(C^8H^5O^4)^2 + 5H^2O$, cristaux perdant leur eau de cristallisation vers 80-120° et donnant à 140° de l'acide phtalique : $Ca . C^8H^4O^4 + H^2O$ (Salzer).

$$\left(C^6H^4 \begin{cases} CO^2 \\ CO^2 \end{cases}\right)^3 Bi^2 + 1/2\, Bi^2O^3$$

[Thibault, *Bull. Soc. Chim.*, (3), **31**, 135, 1904].

Phtalate acide de bismuth $(CO^2H . C^6H^4 . CO^2)^3Bi$. Cristaux tabulaires quadratiques, insolubles dans l'eau [Vanino et Hartl, *J. prakt. Ch.*, (2), **74**, 142, 1906.]

Ethers phtaliques. — L'acide pthalique donne naissance à deux classes d'éthers. Les uns, obtenus en faisant réagir le phtalate d'argent sur les iodures alcooliques, répondent à la formule générale

$$C^6H^4 \begin{cases} CO^2R \\ CO^2R \end{cases}$$

ce sont des *éthers symétriques*. Les autres, préparés en faisant réagir le chlorure de phtalyle sur les alcools, répondent à la formule générale

$$C^6H^4 \begin{cases} C \begin{cases} OH \\ - OH \end{cases} \\ \quad > \\ C = O \end{cases}$$

et représentent les *éthers dissymétriques* [Graebe, *D. chem. G.*, **16**, 860, 1883].

Les éthers éthyliques préparés par ces deux méthodes ne présentent aucune différence sensible : mais l'éther méthylique a des poids spécifiques différents suivant qu'il a été obtenu en partant du phtalate d'argent ($d = 1{,}2058$ à 16°) ou du chlorure de phtalyle ($d = 1{,}974$ à 16°) [Graebe, Meyer, *D. chem. G.*, **28**, 1577, 1895 : — Meyer, Jugilewitsch, *ibid.*, **30**, 787, 1897].

Monométhyléther, $CO^2H . C^6H^4 . CO^2 . CH^3$. — Cristaux brillants fusibles à 82°,5 [Walcker, *Chem. Soc.*, **61**, 717, 1892 ; — Gabriel, *D. chem. G.*, **36**, 570, 1903].

Phtalate de méthylammonium $C^6H^4(CO^2AzH^3CH^3)^2$. Cristaux incolores [Gibbs, *Amer. Chem. Soc.*, **28**, 1395, 1906].

Phtalate de méthyle et de *tétraméthylammonium*, $CH^3 . CO^2 . C^6H^4 . CO^2Az(CH^3)^4$, fusible à 150° [Willstätter et Kahn, *D. chem. G.*, **35**, 2757, 1902].

Chlorure. — [Meyer, *Mon. f. Chem.*, **22**, 577, 1901].

Diméthyléther, $C^8H^4O^4(CH^3)^2$. — Liquide bouillant à 282° [Stohmann, Kléber, Langbein, *J. prakt. Chem.*, (2), **40**, 347, 1889 ; — Meyer, *Mon. f. Chem.*, **25**, 1201, 1905].

Condensation avec le bromure de phénylmagnésium [Haller et Guyot, *Bull. Soc. Chim.*, **31**, 981, 1904].

Ether monoéthylique, $CO^2H . C^6H^4 . CO^2 . C^2H^5$. — Huile lourde assez soluble dans l'eau (Walker).

En faisant agir PCl^5 (1 mol.) sur une solution benzénique de cet éther (3 mol.), on obtient le chlorure $C^2H^5 . O . CO . C^6H^4 . CO . Cl$ [Zélinsky, *D. chem. G.*, **20**, 1011, 1887].

Condensation avec la triméthylamine [Willstätter et Kahn, *D. chem. G.*, **35**, 2757, 1902].

Ether diéthylique, $C^6H^4(CO^2C^2H^5)^2$. — Il bout à 98° ; densité à 15° : 1,1268 [Perkin, *Chem. Soc.*, **69**, 1238, 1896]. Condensation avec le glutarate d'éthyle [Dieckmann, *D. chem. G.*, **32**, 2227, 1899]. — Réduction électrolytique [Tafel, Friedriechs, *D. chem. G.*, **37**, 3187, 1904].

Chlorure, $C^6H^4(CO^2C^2H^5)(COCl)$. — [H. Meyer, *Mon. f. Chem.*, **22**, 409, 1901].

Ether méthyléthylique, $C^6H^4(CO^2CH^3)(CO^2C^2H^5)$. — Huile incolore qui bout à 185-187° (H. Meyer).

Ether diisopropylique, $C^6H^4[CO.O.CH(CH^3)^2]^2$. — Il se décompose à la distillation en propylène et anhydre phtalique [Gucci, *Gazz. chim. ital.*, **28**, II, 1898].

Ether monocétylique, $C^6H^4(CO^2H)CO^2CH^2.C^{15}H^{31}$. — Obtenu en faisant agir le chlorure de phtalyle sur l'alcool cétylique [Meyer, Jugilewitsch, *D. chem. G.*, **30**, 780, 1897]. Il fond à 130-131°.

Ether dicétylique, $C^6H^4(CO^2C^{16}H^{33})^2$. — On le prépare en partant du phtalate d'argent et de l'iodure de cétyle ou de chlorure de phtalyle et de l'alcool cétylique. Il fond à 42-43° (Meyer, Jugilewitsch).

Ethers monomyricique et dimyricique. — (Gascard, Privatmitt), $CO^2H.C^6H^4CO^2.C^{30}H^{61}$ et $C^8H^4O^4(C^{30}H^{61})^2$.

Ether monophénylique. — Il s'obtient par dissolution dans le carbonate de soude du mélange fondu de l'anhydride et de phénol. Aiguilles fondant à 103° [Bichoff, Hedenstrom, *D. chem. G.*, **35**, 4084, 1902].

Ether diphénylique, $C^8H^4O^4(C^6H^5)^2$. — On le prépare en faisant agir le chlorure de phtalyle sur le phénol [Pawlewski, *D. chem. G.*, **28**, 108, 1895]. Cristaux prismatiques fusibles à 70° [Gerichten, *D. chem. G.*, **13**, 419, 1880].

$C^8H^4O^4(C^6H^4Cl)^2$. — Le *dérivé ortho* fond à 95° [Mosso, *Jahresb. Fortsch. Chem.*, 1301, 1887].

Le *dérivé para* fond à 111° (Mosso).

$C^8H^4O^4(C^6H^3Cl^2)^2$. — Il fond à 108° (Mosso).

$C^8H^4O^4(C^6H^2Cl^3)^2$. — Il fond à 193-194° [Daccomo, *D. chem. G.*, **18**, 1164, 1885].

$C^8H^4O^4(C^6H^2Cl^2Br)^2$. — Il fond à 216-217° [Garzino, *Gazz. chim. ital.*, **17**, 501, 1887].

Ether p-crésylique, $C^6H^4(CO^2.C^6H^4.CH^3)^2$. — Cristaux tabulaires monocliniques [Kloos, *D. chem. G.*, **26**, 209, 1893] fusibles à 83-84° [Meyer, *D. chem. G.*, **26**, 208, 1893].

Ether 1.2.4.5-pseudocuminique, $C^6H^4[CO.O.C^6H^2(CH^3)^3]^2$. — Il fond à 118-119° [Meyer, *D. chem. G.*, **26**, 208, 1893].

Ethers thymiques. — $CO^2H.C^6H^4.CO.O.C^{10}H^{13}$. On fait agir l'anhydride phtalique sur le thymol sodé et l'on fait cristalliser dans l'éther de pétrole [Schryver, *Chem. Soc.*, **75**, 664, 1899]. — $C^8H^4O^4(C^{10}H^{13})^2$. On chauffe 2 molécules de thymol avec 1 molécule de chlorure de phtalyle [Jakimowicz, *D. chem. G.*, **28**, 1876, 1895]. Cet éther fond à 84-85°.

Ether de l'eugénol, $C^6H^4[CO^2.C^6H^3(O.CH^3)C^3H^5]^2$. — Il fond à 100-101° [Thoms, *P. C. H.*, **32**, 606 ; — Rogow, *Journ. Soc. phys. chim. russe*, **29**, 196, 1897 ; *D. chem. G.*, **30**, 1796, 1897].

Ether du β-binaphtol,

$$\begin{matrix} C^{10}H^6.O.CO \searrow \\ | \qquad\qquad\qquad C^6H^4 \\ C^{10}H^6.O.CO \nearrow \end{matrix}$$

— Il fond à 150° [Fosse, *Bull. Soc. Chim.*, (3), **21**, 656, 1899].

Ether monobenzylique, $CO^2H.C^6H^4.CO^2.CH^2.C^6H^5$. — Il se forme, en même temps que l'éther dibenzylique, quand on fait agir l'iodure de benzyle sur le phtalate d'argent. Il fond à 102-104° [Meyer, Jugilewitsch, *D. chem. G.*, **30**, 780, 1897 ; — Bischoff et von Hidenstrom, *D. chem. G.*, **35**, 4084, 1902 ; — Walbaum, *J. prakt. Chem.*, (2), **68**, 235, 1903].

Ether dibenzylique, $C^8H^4O^4(CH^2.C^6H^5)^2$. — Gros prismes fusibles à 42-44° [Meyer, *D. chem. G.*, **28**, 1577, 1895], très solubles dans l'éther (Meyer et Jugilewitsch, Bischoff et von Hedenstrom).

Ether dinitrobenzylique, $C^6H^4(CO^2.CH^2.C^6H^4AzO^2)^2$. — On le prépare au moyen du phtalate d'argent et de l'iodure p-nitrobenzylique, ou du chlorure de phtalyle et de l'alcool p-nitrobenzylique. Il fond à 154-155° (Meyer, Jugilewitsch).

Ether monophène-éthylique, $CO^2H.C^6H^4.CO^2.CH^2.CH^2.C^6H^5$. — Il fond à 188-189° [Soden, Rojahn, *D. chem. G.*, **33**, 1723, 1900].

Phtalylméthyltartrimide,

$$C^6H^4 \begin{matrix} \swarrow CO.O.CH.CO \searrow \\ \nwarrow CO.O.CH.CO \nearrow \end{matrix} Az.CH^3$$

— On chauffe au bain-marie le chlorure de phtalyle avec la méthyltartrimide [Kling, *D. chem. G.*, **30**, 3041, 1897].

Phtalyl-m-oxybenzoate d'éthyle, $C^8H^4O^2(OC^6H^4.CO^2.C^2H^5)^2$. — Il cristallise dans l'éther, dans le système triclinique ; il fond à 66° [Limpricht, Saar, *Ann. Chem.*, **303**, 276, 1898].

Phtalyl-p-oxybenzoate d'éthyle. — Il fond à 97° (Limpricht, Saar).

Phtalate acide de bornyle,

$$C^6H^4 \begin{matrix} \swarrow CO^2C^{10}H^{17} \\ \nwarrow CO^2H \end{matrix}$$

— [Minguin, *Bull. Soc. Chim.*, **27**, 688, 1902].

Ether cholestérique, $C^8H^4O^4(C^{27}H^{45})^2$. — Cristaux lamellaires, fondant à 182°,5 [Obermüller, *Zeit. phys. Chem.*, **15**, 43, 1892].

Ether acide du cyclohexanol, $C^6H^{11}.CO^2.C^6H^4.CO^2H$. — Cristaux incolores, fondant à 99°, solubles dans l'alcool [Brunel, *Bull. Soc. Chim.*, (3), **33**, 271, 1905].

Ether neutre de cyclohexanol, $C^6H^{11}CO^2.C^6H^4CO^2C^6H^{11}$. — Il fond à 66° (Brunel).

PRODUITS DE SUBSTITUTION DE L'ACIDE O-PHTALIQUE.

ACIDES CHLOROHTALIQUES. — *Acide chloro-3-phtalique*, $C^6H^3Cl(CO^2H)^2$. — On l'obtient, soit en oxydant l'acide chloro-6-o-toluique par MnO^4K [Krüger, *D. chem. G.*, **18**, 1759, 1885], soit en oxydant, avec CrO^3 et l'acide acétique, le dichloro-1.5-naphtalène [Guareschi, *Gazz. chim. ital.*, **17**, 120, 1887]. Cristaux fusibles à 179-181° (Guareschi).

Sels. — $Ba.C^8H^8ClO^4 + H^2O$ (Krüger). $Ag^2C^8H^8ClO^4$ (Guareschi).

Anhydride, $C^6H^3ClO^3$. — Il fond à 122° (Krüger) ou fond à 124-125° (Guareschi).

Auerbach [*Jahresb. f. Fortsch. Chem.*, 862, 1880] aurait préparé un acide chloro-3-phtalique en faisant passer un courant de chlore dans une lessive alcaline concentrée d'acide phtalique. Cet acide fond à 149°-150° [Zincke, Schmidt, *D. chem. G.*, **27**, 741, 1894]. On connait son *sel de sodium* et l'*anhydride* correspondant.

Acide chloro-4-phtalique. — On le prépare : 1° En oxydant, par MnO^4K, l'acide chloro-5-o-toluique [Krüger, *D. chem. G.*, **18**, 1759, 1885] ; 2° en oxydant, par AzO^3H, le chloro-β-naphtol [Claus, Dehne, *D. chem. G.*, **15**, 321, 1882] ; 3° en chauffant à 200-220° le dérivé trichloré de l'acide sulfo-4-phtalique avec PCl^5 ; dans ce cas, on obtient un dérivé dichloré de l'acide chloro-4-phtalique, suivant la réaction :

$$SO^2Cl.C^6H^3 \begin{matrix} \swarrow CCl^2 \searrow \\ \nwarrow CO \nearrow \end{matrix} O + PCl^5$$

$$= C^6H^3Cl \begin{matrix} \swarrow CCl^2 \searrow \\ \nwarrow CO \nearrow \end{matrix} O + SOCl^2 + POCl^3.$$

On traite ensuite le dérivé formé par une lessive de potasse [Rée, *Ann. Chem.*, **233**, 236, 1886]; 4° en traitant par AzO^3H étendu, la p-chlorhydrindone [Miersch. *D. chem. G.*, **25**. 116, 1892].

Cristaux fusibles à 148-150°, solubles dans l'alcool et dans l'eau. — $Ba(C^8H^4ClO^4)^2 + H^2O$ (Krüger). — Le *sel d'aniline*, $C^8H^5ClO^4 . C^6H^7Az$, fond à 151° [Gräbe. Buenzod. *D. chem. G.*, **32**, 1893, 1899].

L'*éther diméthylique* fond à 37°; l'*éther diéthylique* à 300-305° (Rée).

Trichlorure.

$$C^6H^3Cl < \begin{matrix} CCl^2 \\ CO \end{matrix} > O$$

— Liquide bouillant à 275-276° [Rée].

Anhydride. $C^6H^3Cl(CO)^2O$. — Prismes tricliniques [Soret, *Jahr. f. Fortsch. Ch.*, 1653, 1886] fondant à 98°,5 [Miersch. *D. chem. G.*, **25**. 2116, 1892], bouillant à 294°,5 sous 720 mm. (Rée).

Acides dichlorophtaliques. — *Acide dichloro-3.6-phtalique*, $C^6H^2Cl^2(CO^2H)^2$. — [Gräbe, *D. chem. G.*, **33**. 2019, 1900].

Acide dichloro-3.4-phtalique. — Ferrand [*C. R.*, **133**, 169, 1901] a obtenu cet acide par oxydation du dichloro-3.4-o-xylène. Claus et Philipson [*J. prakt. Chem.*, (2), **43**, 61, 1891] l'ont préparé en portant à 180° la dichloro-5.8-naphtylamine-2. Ferrand [*C. R.*, **133**, 169, 1901] l'obtient par oxydation de l'o-xylène-dichloré-3.6.

Acide dichloro-3.5-o-phtalique. — L'oxydation du dichloro-3.5-o-xylène $C^6H^2Cl^2(CH^3)^2$, en chauffant avec AzO^3H en tube scellé jusqu'à disparition de liquide huileux, fournit l'acide dichloro-3.5-o-phtalique, qui cristallise dans HCl en aiguilles fusibles à 164°, très solubles dans l'alcool et l'eau. Son *sel ammoniacal* est insoluble; son *sel d'argent* est un précipité amorphe.

Ether diéthylique, $C^8H^2O^4Cl^2(C^2H^5)^2$. — Il bout à 312-313°.

Anhydride,

$$C^6H^2Cl^2 < \begin{matrix} CO \\ CO \end{matrix} > O$$

— On l'obtient soit par l'action de la chaleur, soit par l'action de l'anhydride acétique sur l'acide. Il fond à 89°.

Sel d'aniline, $C^8H^4O^4Cl^2 . 2C^6H^7Az$. — Précipité cristallin, qui fond à 163° en se décomposant [Gräbe, Buenzod. *D. chem. G.*, **32**, 1994, 1899].

Ether monoéthylique. $CO^2H . C^6H^2Cl^2 . CO^2 . C^2H^5$. — On le prépare en saturant avec HCl une solution refroidie de l'acide dans 10 p. d'alcool [Gräbe, *D. chem. G.*, **33**, 2022, 1900]. Il fond à 128-130° en se décomposant. Il est très soluble dans l'alcool, peu soluble dans l'eau (Weyscheider); *sels d'ammonium* et *d'argent* [Gourewitz, *D. chem. G.*, **33**, 2024, 1900].

Ether diéthylique. $C^6H^2Cl^2(CO^2C^2H^5)^2$. — On chauffe le sel d'argent de l'acide dichloro-3.6-phtalique ou de son éther monoéthylique [Gourewitz, *D. chem. G.*, **33**, 2024, 1900].

Anhydride,

$$C^6H^2Cl^2 < \begin{matrix} CO \\ CO \end{matrix} > O$$

— Il se forme quand on porte à 200° l'éther monométhylique de l'acide dichloro-3.6-phtalique [Gräbe, *D. chem. G.*, **33**, 2022, 1900]. Il fond à 191°. Condensation avec le m-diméthylaminophénol [Séverin, *Bull. Soc. Chim.*, **29**, 60, 1903]; transformation en dichlorodioxyfluorescéine [Osorovitz, *D. chem. G.*, **36**, 1076, 1903].

Acide dichloro-4.5-phtalique. — On le prépare en chauffant à 200° le dichloro-4-5-o-xylène avec AzO^3H [Claus, Kantz, *D. chem. G.*, **18**, 1370, 1885; — Claus, Groneweg, *J. prakt. Chem.*, (2), **43**, 253, 1891], ou en oxydant le dichloro-4.5-o-xylène [Ferrand, *C. R.*, **133**, 169, 1901]. Petits cristaux fusibles à 183°, se sublimant déjà partiellement vers 130°, et se transformant en anhydride. On connaît les *sels* de Ca, de Ba et d'Ag.

L'*anhydride* $C^8H^2Cl^2O^3$ est constitué par de longs cristaux fusibles à 143° [Claus, Philipson, *J. prakt. Chem.*, (2), **43**, 61, 1891; — Claus, Groneweg].

Claus et Schmidt [*D. chem. G.*, **19**, 3175, 1886] ont obtenu un *acide β-dichlorophtalique* en traitant à 210° le dichloro-2.3.7-naphtalène par AzO^3H. Ils en ont préparé les *sels* de Ba, de Pb et d'Ag de cet acide.

Acide β-dichlorophtalique [Gräbe, *D. chem. G.*, **33**, 2021, 1900]. — Le Royer [*Ann. Chem.*, **238**, 350, 1887] prétend avoir obtenu cet acide en oxydant du naphtalène chloré. Séverin [*Bull. Soc. Chim.*, **23**, 375, 1900; *ibid.*, **25**, 499, 1901] a indiqué d'abord la position 3.4, puis la formule de constitution

Cl
1
2 6 CO.OH
3 5 CO.OH
4
Cl

qui serait la plus vraisemblable. Il fond à 118°, est très soluble dans l'alcool et l'eau chaude. On connaît les *sels* d'AzH^4, de Ba, d'Ag et de Ca.

Ethers mono- et di-éthyliques (Royer).

Anhydride, $C^8H^2Cl^2O^3$. — Il fond à 149-151° [Royer, *Lieb. Ann. Chem.*, **238**, 351, 1887]. Condensation avec la diméthylaniline (Séverin) et la diéthylaniline [Séverin, *Bull. Soc. Chim.*, **23**, 686, 1900].

Le *chlorure*,

$$C^6H^2Cl^2 < \begin{matrix} CCl^2 \\ CO \end{matrix} > O$$

fond à 50° et bout à 312-316°, le *dichlorure*,

$$C^6H^2Cl^2 < \begin{matrix} CCl^2 \\ CCl^2 \end{matrix} > O$$

fond à 117° (Royer).

Acide trichlorophtalique-3.4.6, $C^6HCl^3(CO^2H)^2$. *Préparation*. — On fait agir, à chaud, AzO^3H sur le trichloro-o-xylène [Claus et Kantz, *D. chem. G.*, **18**, 370, 1885]. Séparation de l'acide dichloré 3.6 [Graebe et Rostowzew, *D. chem. G.*, **34**, 2107, 1901].

L'*anhydride* fond à 148°.

L'*éther méthylique acide*,

$$C^6HCl^3 < \begin{matrix} CO^2 . CH^3 \\ CO^2H \end{matrix}$$

fond à 84-86°.

L'*éther méthylique neutre* est une huile qui ne se concrète pas à — 18°.

Acide tétrachlorophtalique. — *Préparation*. — 1° On traite le β-heptachloronaphtalène ou le β-pentachloronaphtalène par AzO^3H concentré [Claus, Wenzlik, *D. chem. G.*, **19**, 1166, 1886]; 2° on chauffe avec de la lessive de soude l'acide heptachloroacétylbenzoïque [Zincke, Günther, *Ann. Chem.*, **272**, 266, 1892]; 3° on fait passer un courant de chlore dans un mélange, maintenu à 200°, de 1 p. d'anhydride phtalique et 6 p. de $SbCl^5$, et on fractionne le produit [Gnehm, *Ann. Chem.*, **238**, 320, 1887].

Propriétés. — Il fond à 250° avec formation d'anhydride [Graebe, *Ann. Chem.*, **238**, 321, 1887]; il est très soluble dans l'alcool et l'éther. En solution alcoolique, l'amalgame de sodium le transforme en acide phtalique [Claus, Spruck, *D. chem. G.*, **15**, 1403, 1882]. La potasse alcoolique, à 200°, donne l'acide trichlorooxyphtalique. Avec HI et P, à 230°, il se forme de l'oxyde tétrachloroxylénique $C^6Cl^4(CH^2)^2O$ et du tétrachlorophtalide $C^8H^2Cl^4O^2$. Transformation en tétrachlorodioxyfluorescéine [Osorovitz, *D. chem. G.*, **36**, 1076, 1903].

Sels de K, Ba, Pb, Cu, Ag — (Graebe).

Sel d'aniline, $C^8H^2O^4Cl^4.2C^6H^7Az$. — Il fond à 263° [Graebe, Buenzod, *D. chem. G.*, **32**, 1994, 1899].

Ethers. — D'après Meyer et Jugilewitsch [*D. chem. G.*, **30**, 780, 1897], par l'action des iodures alcooliques sur le tétrachlorophtalate d'argent on obtient les mêmes éthers qu'en faisant agir l'alcool correspondant sur le chlorure de tétrachlorophtalyle.

Ether monométhylique. — Cristaux fusibles à 142° [Meyer, Sudborough, *D. chem. G.*, **27**, 3149, 1894].

Ether diméthylique. — Gros prismes fusibles à 92° [Graebe, *Ann. Chem.*, **238**, 328, 1887].

L'éther monoéthylique fond à 94-95° (Graebe).

L'éther diéthylique fond à 60-60°,5 (Graebe).

Ethers amyliques. — [Marckwald, *D. chem. G.*, **35**, 1602, 1902].

Ether dicétylique, $C^6Cl^4(CO^2.C^{16}H^{33})^2$. — On fait réagir l'iodure de cétyle sur le tétrachlorophtalate d'argent, ou le chlorure de tétrachlorophtalyle sur le cétylate de sodium. Il fond à 49-50° [Meyer, Jugilewitsch, *D. chem. G.*, **30**, 786, 1897].

L'éther monobenzylique, $C^6Cl^4(CO^2H)(CO^2.CH^2.C^6H^5)$, fond à 130-131°. *L'éther dibenzylique*, $C^6Cl^4(CO^2.CH^2.C^6H^5)^2$ fond à 92-93°. *L'éther di-p-nitrobenzylique*, $C^6Cl^4(CO^2.CH^2.C^6H^4.AzO^2)^2$ fond à 179-180° (Meyer, Jugilewitsch).

Anhydride,

$$C^6Cl^4 < \begin{matrix} CO \\ CO \end{matrix} > O$$

[Juvalta, brevet all. n° 50177; *Frdl.*, II, 93].

Cristaux insolubles dans l'eau froide, peu solubles dans l'éther. Les alcalis engendrent l'acide tétrachlorophtalique [Soret, *Jahr. f. Fortsch. Ch.*, 465, 1884]. — Condensation avec les diméthyl- et diéthylanilines [Haller et Umbgrove, *Bull. Soc. Chim.*, **25**, 599, 1901]; avec le m-diéthylaminophénol [Haller et Umbgrove, *Bull. Soc. Chim.*, **25**, 747, 1907]; avec C^6H^6 et $AlCl^3$ [Tétry, *Bull. Soc. Chim.*, **27**, 184, 1902].

Chlorure.

$$C^6Cl^4 < \begin{matrix} CCl^2 \\ CO \end{matrix} > O$$

On maintient pendant une demi-heure à 200-220° 1 molécule de PCl^5 avec 1 mol. d'anhydride tétrachlorophtalique [Graebe, *Ann. Chem.*, **238**, 328, 1887]. Cristaux tabulaires, fusibles à 118°.

Tétrachlorure.

$$C^6Cl^4 < \begin{matrix} CCl^2 \\ CCl^2 \end{matrix} > O$$

— On chauffe pendant 6 heures, à 200°, 2 molécules PCl^5 avec 1 molécule d'anhydride tétrachlorophtalique (Graebe). Il cristallise dans l'éther dans le système triclinique [Duparc, Pearce, *Central. Blatt.* I, 1198, 1897].

ACIDES BROMOPHTALIQUES. — *Acide bromo-3-phtalique*, $C^6H^3Br(CO^2H)^2$. — Il se forme dans l'oxydation :

1° De l'acide bromo-3-o-toluique [Racine, *Ann. Chem.*, **239**, 76, 1887];

2° Du bromo-5-nitro-1-naphtalène [Guareschi, *Ann. Chem.*, **222**, 292, 1884];

3° Du dibromo-1.5-naphtalène [Guareschi, *D. chem. G.*, **19**, 135, 1886];

4° De la dibromo-β-naphtylamine [Meldola, *Chem. Soc.*, **47**, 511, 1884];

5° De l'o- ou du m-bromohydrindène [Miersch, *D. chem. G.*, **25**, 2114, 1892].

Petits cristaux prismatiques fusibles à 178°,5 avec formation d'anhydride. Sel de Ba (Guareschi).

L'anhydride, $C^8H^3BrO^3$, fond à 132-134° (Guareschi, Miersch).

Acide bromo-4-phtalique. — Il se forme dans l'oxydation : 1° De l'acide bromo-5-o-toluique [Nourrisson, *D. chem. G.*, **20**, 1017, 1887]; 2° du p-bromohydrindène [Miersch, *D. chem. G.*, **25**, 2113, 1892]; il fond à 168° (Nourrisson), à 170° (Miersch).

L'anhydride, $C^8H^3O^3Br$ (Nourrisson), fond à 113° [Störmer, *Ann. Ch.*, **313**, 1894, 1900].

Acide dibromo-3.6-phtalique, $C^6H^2Br^2(CO^2H)^2$. — Obtenu en maintenant pendant un quart d'heure à l'ébullition 30 gr. AzO^3H avec 25 gr. de dibromo-1.4-naphtalène [Guareschi, *Ann. Ch.*, **222**, 274, 1884], il fond à 135° en donnant l'*anhydride* correspondant.

Acide dibromo-4.5-phtalique. — Blümlein [*D. chem. G.*, **17**, 2490, 1884] et Juvalta [D.R.P. 50117; *Frdl.*, II, 94] ont préparé un acide m-dibromophtalique (?), fusible à 206° en se transformant en *anhydride*. Sels de Ca, Ba et Ag (Blümlein): Bruck [*D. chem. G.*, **34**, 2741, 1901] a déterminé la constitution de cet acide qui correspond à la formule

(5) Br, (4) Br, CO^2H, CO^2H (noyau benzénique)

et a préparé les *éthers éthylique* et *méthylique* [Zincke et Fries, *Ann. Chem.*, **334**, 342, 1904].

Acide tribromophtalique, $C^6HBr^3(CO^2H)^2$. — On chauffe, pendant 6 heures, à 150°, la tétrabromo-β-naphtoquinone avec AzO^3H [Flessa, *D. chem. G.*, **17**, 1482, 1884]. Cristaux lamellaires fusibles à 190-191°, très solubles dans l'alcool et l'éther; à plus haute température ils se transforment en *anhydride*. Sels de Ba, Ca et Ag (Flessa).

Acide tétrabromophtalique, $C^6Br^4(CO^2H)^2$. — Petits cristaux fusibles à 266°, très peu solubles dans les solvants habituels [Blümlein, *D. chem. G.*, **17**, 2494]. On connaît les sels de Ca et de Ba.

Ether méthylique, $C^8HBr^4O^4CH^3$. Il fond à 267° [Rupp, *D. chem. G.*, **29**, 1633, 1896]. *Sel d'argent*, $AgC^9H^3O^4Br^4$.

Anhydride, $C^8O^3Br^4$. — Il fond à 258° (Blümlein): à 270° [Juvalta, D.R.P. 50117; *Frdl.*, II, 94; — Rupp, *D. chem. G.*, **29**, 1633, 1896].

Acide chloro-4-bromo-5-phtalique, $C^6H^2Cl.Br(CO^2H)^2$. — Cristaux plats nacrés, fusibles à 205°; se sublimant déjà à 120°, en se transformant partiellement en *anhydride*; très solubles dans l'eau, l'alcool et l'éther [Claus, Groneweg, *J. prakt. Chem.*, (2), **43**, 258, 1891]. On connaît les sels de Na et de Ba.

Acide dichloro-3.5-bromo-4-phtalique. — [Crossley, *Chem. Soc.*, **85**, 264, 1984]. Cristaux tabulaires, commençant à se décomposer à 100° et à se transformer en anhydride à 140° [Wegscheider, *Mon. f. Chem.*, **23**, 325, 1901]. Séparation de l'acide trichloré 3.4.6 [Graebe et Rostowzew, *D. chem. G.*, **34**, 2107. 1901].

Anhydride dichlorodibromophtalique.

$$C^6Cl^2Br^2 < \begin{matrix} CO \\ CO \end{matrix} > O$$

— On l'obtient par l'action de Br sur l'anhydride dichlorophtalique dissous dans l'acide sulfurique fumant (Juvalta). Il fond à 261°.

ACIDES IODO-PHTALIQUES. — *Acide iodo-3-phtalique.* $C^6H^3I(CO^2H)$. — Préparé par Edinger [*J. prakt. Chem.*, **53**, 386, 1896] en partant de l'iode et de l'acide amino-4-phtalique, il cristallise dans l'eau avec 3 molécules d'eau et fond à 206°. Sels de Ba, K, Cu (Edinger).

L'éther diéthylique fond à 70°. *L'anhydride*, $C^8H^3O^3I$, fond à 153°.

Acide iodo-4-phtalique. — Il se forme en même temps que l'acide diiodophtalique quand on oxyde l'iodo-4-o-xylène par l'acide azotique [Goldberg, *D. chem. G.*, **33**, 2880, 1900; — [Edinger, Willgerodt, *ibid.*, **29**, 1575, 1896]. Sels de Ba et de Cu.

L'anhydride, $C^8H^3O^3I$, fond à 123°.

Acide diiodophtalique, $C^6H^2I^2(CO^2H)^2$. — Il fond à 195° [Edinger, Goldberg, *D. chem. G.*, **33**, 2880, 1900].

Acide tétraiodophtalique, $C^6I^4(CO^2H)^2$. — On obtient l'*anhydride* de cet acide quand on chauffe de l'acide phtalique (ou de l'anhydride phtalique) avec de l'iode et de l'acide sulfurique fumant [Juvalta, D.R.P. 50117; *Frdl.*, II, 94: — Rupp, *D. chem. G.*, **29**, 1634, 1896]. Cristaux très peu solubles dans l'éther et l'alcool, solubles dans le nitrobenzène, fusibles à 327°.

L'éther méthylique, $C^6I^4(CO^2H)CO^2.CH^3$, préparé en faisant réagir l'acide sur l'alcool méthylique et HCl (Rupp), fond à 298° en se décomposant.

ACIDES NITROPHTALIQUES. — *Acide nitro-3-phtalique*, $AzO^2(C^6H^3)(CO^2H)^2$ [Wegscheider, *Mon. f. Chem.*, **23**, 320, 1902; — Marckwald et Mackenzie, *D. chem. G.*, **34**, 485, 1901]. Formation à partir de l'acide nitro-aldéhydo-phtalique [Wegscheider, Dubrov, *Mon. f. Chem.*, **24**, 805, 1903].

Il donne avec SO^2Na^2 l'acide amino-3-phtalsulfonique [Walter, *Central Blatt*, II, 408, 1900].

Sel d'aniline, $C^8H^5O^6Az.C^6H^7Az$. — Lamelles jaune clair fondant à 180-181°, presque insolubles dans l'eau froide et l'éther [Graebe, Buenzod, *D. chem. G.*, **32**, 1992, 1899].

Ethers monométhyliques. — 1° $(AzO^2)_3C^6H^3(CO^2H)_2(CO^2CH^3)_1$. — On l'obtient par éthérification de l'acide 3-nitrophtalique, en présence de HCl [Wegscheider, Lipschitz, *Mon. f. Ch.*, **21**, 787, 1901; — Wegscheider, *D. chem. G.*, **34**, 680, 1901]. Il fond à 157-158°. Le *sel d'argent* se décompose vers 200° en donnant CO^2 et de l'acide m-nitrobenzoïque.

2° $(AzO^2)_3C^6H^3(CO^2H)_1(CO^2CH^3)_2$. — On peut le préparer par saponification partielle de l'éther diméthylique (Wegscheider, Lipschitz). Il cristallise avec 1 molécule d'eau. Il fond à 144-145° en perdant son eau de cristallisation. Le *sel d'argent* se décompose comme ci-dessus.

L'éther diméthylique, $(AzO^2)C^6H^3(CO^2.CH^3)^2$, fond à 67-68° (Wegscheider, Lipschitz).

L'éther monoéthylique, $AzO^2C^6H^3(CO^2H)CO^2C^2H^5$, cristallise dans l'eau avec 1 molécule d'eau en longues aiguilles. Il fond à 50° [Edinger, *J. prakt. Chem.*, (2), **53**, 382, 1896].

L'éther amylique neutre, $AzO^2.C^6H^3(CO^2H)CO^2.CH^2.CH(CH^3)(C^2H^5)$ fond à 113°,5-114°,5 [Marckwald, Mac Kenzie, *D. chem. G.*, **34**, 489, 1901; — Marckwald, *D. chem. G.*, **37**, 1038, 1904].

Nitro-3-phtalate acide d'amyle. — Il cristallise dans le benzène et fond à 156-158° [Mac Kenzie, *Chem. Soc.*, **79**, II, 35, 1901].

Ether isoamylique neutre, $AzO^2.C^6H^3(CO^2H)CO^2.CH^2.CH^2.CH(CH^3)^2$. — Il fond à 95° (Marckwald, Mac Kenzie).

L'éther acide fond à 165-166° (Mac Kenzie).

Anhydride 3-nitrophtalique. — Il s'obtient en chauffant l'acide avec le chlorure d'acétyle [Wegscheider, Lipschitz, *Mon. f. Chem.*, **21**, 793, 1900]. Il fond à 163° [Graeff, *D. chem. G.*, **15**, 1127, 1882; — Kahn, *D. chem. G.*, **35**, 471, 1902].

3-*Nitronaphtalanile*,

$$AzO^2.C^6H^3 < \begin{matrix} CO \\ CO \end{matrix} > Az.C^6H^5$$

— On décompose par la chaleur le 3-nitrophtalate d'aniline [Graebe, Buenzod, *D. chem. G.*, **32**, 1992, 1899]. Il fond à 134°.

Nitro-3-phtalimide. — Elle fond à 216° [Kahn, *D. chem. G.*, **35**, 471, 1902; — Seidel, *D. chem. G.*, **34**, 4351, 1901].

Acide nitro-4-phtalique, $C^8H^5AzO^6 + H^2O$.

Préparation. — 1° En maintenant, pendant 4 heures à 140°, le p-nitrophtalide avec AzO^3H étendu [Hönig, *D. chem. G.*, **18**, 3448, 1885];

2° Par l'action de AzO^3H sur l'acide nitro-4 ou 5-homophtalique [Heusler, Schieffer, *D. chem. G.*, **32**, 33, 1899];

3° Par l'oxydation du trinitro 2.4.7-naphtol, au moyen de l'acide azotique concentré [Kehrmann, Haberkant, *D. chem. G.*, **34**, 2491, 1901. — Wegscheider, *Mon. f. Chem.*, **23**, 323, 1902];

4° Par l'oxydation de l'acide nitro-4-aldéhydobenzoïque [Wegscheider, *Mon. f. Ch.*, **24**, 805, 1903].

Le sel d'aniline fond à 181-182° [Graebe, Buenzod, *D. chem. G.*, **32**, 1993, 1899].

L'éther monométhylique, $AzO^2C^6H^3(CO^2H).CO^2-CH^3$, fond à 129° [Wegscheider, Lipschitz, *Mon. f. Ch.*, **21**, 787, 1900; **23**, 323, 1901]. *L'éther diméthylique*, $AzO^2.C^6H^3(CO^2.CH^3)^2$, fond à 65-66° [Wegscheider, Lipschitz, *Mon. f. Ch.*, **21**, 801, 1900].

Nitro-4-phtalimide,

$$AzO^2.C^6H^3 < \begin{matrix} CO \\ CO \end{matrix} > AzH$$

— Elle fond à 194-195° [Fränkel, *D. chem. G.*, **33**, 2811, 1900].

Nitro-4-phtalanile, $AzO^2.C^6H^3(CO)^2Az.C^6H^5$. — On décompose par la chaleur le nitro-4-phtalate d'aniline. Il fond à 192° [Graebe et Buenzod, *D. chem. G.*, **32**, 1993, 1899].

Imide [Onnertz, *D. chem. G.*, **34**, 3735, 1901; — Seidel, *D. chem. G.*, **34**, 4351, 1901].

Acide dinitro-3.5-phtalique, $C^6H^2(AzO^2)^2(CO^2H)^2$. — On l'obtient par l'action de l'acide azotique, soit sur le tétranitro-α-naphtol [Merz, Weilh, *D. chem. G.*, **15**, 2726, 1882], soit sur l'acide dinitro-4.6-o-toluique [Racine, *Ann. Chem.*, **239**, 77, 1887], soit sur la tétranitro-1.3.6.8-naphtaline [Will, *D. chem. G.*, **28**, 369, 1895]. Il cristallise dans l'eau sous forme de gros prismes, fusibles à 236°, très solubles dans l'alcool, l'eau et l'éther.

L'éther monoéthylique fond à 186-187° [Racine, *Ann. Chem.*, **239**, 77, 1887].

Acide dinitro-3.6-phtalique. — *Préparation.* — On oxyde au moyen de l'acide azotique :

1° Le bromo-tétranitro-1.3.5.8-naphtalène [Merz, Weith, *D. chem. G.*, **15**, 2727, 1882];

2° Le dinitro-1.5-naphtalène [Will, *D. chem. G.*, **28**, 369, 1895] ou le tétranitro-1.3.5.8-naphtalène (Will).

Longs cristaux, fusibles à 220°.

Acide bromo-3-nitro-6-phtalique, $C^6H^2Br(AzO^2)(CO^2H)^2$ [Guareschi, *Ann. Chem.*, **222**, 277, 1884]. *Le sel de sodium* est une poudre jaune cristalline.

ACIDES AMIDO-PHTALIQUES. $C^6H^3(AzH^2)(CO^2H)^2$ [Baeyer, D.R.P. 58271. 58415; *Frdl.*, III, 614, 622. 626, 629].

Acide amido-3-phtalique [Ouvertz, *D. chem. G.*, **34**, 3476, 1901].

Anhydride acétylamido-3-phtalique, $CH^3.CO.AzH.C^6H^3(CO)^2O$. Cristaux jaunes fusibles à 181° [Kahn, *D. chem. G.*, **36**. 2535, 1903].

Combinaison, $C^8H^9AzO^4-ZnC^2H^3O^2$ [Bernthsen, Semper, *D. chem. G.*, **19**, 166, 1886].

Acide amido-4-phtalique. — Il cristallise dans l'alcool en aiguilles et fond à 280° [Seidel, *D. chem. G.*, **34**, 4351. 1901].

Acide amido-5-phtalique: acide amido-6-phtalique [Onnertz, *D. chem. G.*, **34**. 3735, 1901].

DÉRIVÉS DES AMINOPHÉNOLS ET DES AMINOACIDES.

Acide picramine-triphtalylique $OH.C^6H^2(AzH.CO.C^6H^4.CO^2H)^3$. — Cristaux microscopiques solubles dans l'alcool, fondant à 300° [Piutti, *Gazz. chim. ital.*, **16**. 254, 188, 1886].

Triphtalylpicramide $OH.C^6H^2(Az.C^2O^2.C^6H^4)^3$. — On chauffe de l'anhydride phtalique avec le chlorhydrate de triamino-2.4.6-phénol (Piutti).

Phtalylaminothiophénol.

$$C^6H^4 < {Az \atop S} > C.C^6H^4.C < {Az \atop S} > C^6H^4$$

— Gros cristaux prismatiques, solubles dans l'alcool, fusibles à 112° [Hoffmann, *D. chem. G.*, **13**. 1233, 1880].

Diphtalyl-2.6-diaminohydroquinone-1.4 $(OH)^2C^6H^2(Az=C^8H^4O^2)^2$ [Piutti, *Gazz. chim. ital.*, **16**, 254, 1886].

Sulfure de p-diaminobenzylphtalide $(C^8H^4O^2=Az.C^6H^4.CH^2)^2S$. — Il fond à 225° [Fischer, *D. chem. G.*, **28**, 1339, 1895].

Acide phtalimidiséthionique $C^8H^4O^2=AzC^2H^4.SO^3H$. — Le sel de K se forme quand on chauffe pendant 1 heure à 160° de la taurine potassique avec de l'anhydride phtalique [Pellizzari, Matteucci, *Ann. Chem.*, **248**, 159, 1888]. $K.C^{10}H^8AzSO^3+1/2H^2O$ [Brugnatelli, *ibid.*, **248**, 160. 1888].

Phtalyle disarcosine $C^8H^4O^2[Az(CH^3)CH^2.CO^2H]^2$. — Fond à 168° [Reese, *D. chem. G.*, **21**, 278, 1888].

Acide phtalyl-aminopropionique ou *phtalylalanine*. — Il fond à 61-63° [Gabriel, Colman, *D. chem. G.*, **33**, 994. 1900; — Gabriel, *ibid.*, **38**, 630, 1905]. *L'éther éthylique* fond à 65°. *L'éther phénylique* fond à 99° [Andreasch, *Mon. f. Chem.*, **25**. 774, 1904].

Nitrile phtalyl-γ-aminobutyrique $C^8H^4O^2.AzCH^2.CH^2.CH^2.CAz$. — Il fond à 80-81°,5 [Gabriel, *D. chem. G.*, **22**, 3337, 1889; — Gabriel, Colman, *ibid.*, **33**, 994, 1900; — Kusel, *ibid.*, **37**, 1971, 1904].

Acide phtalyl-δ-amino-α-bromovalérianique $C^6H^4=C^2O^2=Az.CH^2.CH^2.CH^2.CHBr.CO^2H$. — Il fond à 127-128° [Fischer, *D. chem. G.*, **34**, 461, 1901].

Acide γ-phtalylaminopropyl-bromomalonique $C^6H^4=C^2O^2=Az.CH^2.CH^2.CH^2.CBr(O^2H)^2$. — Il fond à 140° [Fischer, *D. chem. G.*, **34**, 460, 1901]; le *diéthyléther* fond à 51°.

β-Phtalimidoéthylmalonate d'éthyle $C^8H^4O^2=Az.CH^2-CH^2.CH.(CO^2.C^2H^5)^2$. — Il fond à 42-46° [Aschan, *D. chem. G.*, **24**, 2449, 1891].

Acide di-γ-phtalimidopropylmalonique,

$$\left(C^6H^4 < {CO \atop CO} > Az.CH^2.CH^2.CH^2\right)^2.C(CO^2H)^2$$

— *L'éther diéthylique* fond à 155°,5 [Reissert, *D. chem. G.*, **26**, 2140, 1893].

γ-Phtalimidopropylmalonate d'éthyle $C^8H^4O^2=Az.CH^2.CH^2.CH^2.CH(CO^2.C^2H^5)^2$. — Il fond à 46-48° [Gabriel et Fock, *D. chem. G.*, **23**, 1768, 1890]. *Le γ-phtalimidopropyléthylmalonate d'éthyle*, $C^8H^4O^2=Az.CH^2.CH^2.C(C^2H^5)(CO^2.C^2H^5)^2$, fond à 62° [Aschan, *D. chem. G.*, **23**, 3692, 1890]. *Le γ-phtalimidopropylmalonate d'éthyle*, $C^8H^4O^2=Az.CH^2.CH^2.CH^2.C(C^3H^7)(CO^2C^2H^5)^2$ fond à 57° (Aschan).

Acide δ-phtalimido-α-bromovalérianique $C^8H^4O^2Az.CH^2.CH^2.CH^2.CHBr.CO^2H$. — Il fond à 127-128° [Fischer, *Central Blatt.*, I, 251, 1901].

Acide α-phtalimidoisovalérianique. — *L'éther éthylique* bout à 332° sous 762 mm. [Ulrich, *D. chem. G.*, **37**, 1685, 1904].

Acide γ-phtalimido-α-bromobutyrique $C^6H^4.(CO)^2=Az.CH^2.CH^2.CHBr.CO^2H$. — Il fond à 154-155° [Fischer, *D. chem. G.*, **34**, 2900, 1901].

Acide phtalimidobenzoïque. — Voir ACIDE PHTALANILE CARBONIQUE.

Nitrocyanobenzylphtalimide,

$$C^6H^4 < {CO \atop CO} > Az-CH^2.C^6H^3(AzO^2)CAz$$

— Elle fond à 194° [Bause, *D. chem. G.*, **27**, 2165].

γ-Phtalimidopropylbenzylmalonate d'éthyle $C^8H^4O^2=Az.CH^2.CH^2.CH^2.C(CH^2-C^6H^5)(CO^2.C^2H^5)^2$. — Cet éther fond à 108-110° [Aschan, *D. chem. G.*, **23**, 3695, 1890].

Phtalyldiaminoaldéhyde $C^6H^4(CO.AzH.CH^2.COH)^2$. L'*acétal éthylique* [Alexander, *D. chem. G.*, **27**, 3103, 1894] fond à 90°.

Acétonylphtalimide,

$$C^6H^4 < {CO \atop CO} > Az.CH^2.CO.CH^3$$

— On l'obtient par l'action de la chloracétone sur la phtalimide potassique [Gödeckemeye, *D. chem. G.*, **21**, 2683, 1888; — Gabriel, Colman, *D. chem. G.*, **35**, 3805, 1902] ou du méthylate de sodium sur le 4-oxy-3-acétylisocarbostyrile [Gabriel, Colman, *D. chem. G.*, **33**, 2631, 1900].

Sels. — *Chlorhydrate, oxalate, chloroplatinate, chloraurate, picrate* [Gabriel, Colman, 1902; — Gabriel, Pinkus, *D. chem. G.*, **26**, 2198, 1893]. Condensation avec les mercaptans [Gabriel et Posner, *D. chem. G.*, **27**, 1042, 1894; — Posner, *ibid.*, **32**, 1239, 1899; — Posner et Fahrenhorst, *ibid.*, **32**, 2749, 1899].

Diphtalimidoacétone $C^8H^4O^2=Az.CH^2.CO.CH^2.Az=C^8H^4O^2$. — Elle fond à 264-268° [Gabriel, Posner, *D. chem. G.*, **27**, 1042, 1894].

Pseudo-diphtalimidoacétone,

$$C^6H^4 < {CO \atop CO} > Az.\underbrace{CH-CH}_{O}.CH^2.Az < {CO \atop CO} > C^6H^4$$

[Posner, *D. chem. G.*, **32**, 1250, 1899].

Phtalylaminobenzophénone. — Elle fond à 140° [Elbs et Brand, *Zeit. f. Elektr.*, **8**, 783, 1902].

Dérivés de l'hydrazine. — Voir 2e Suppl., p. 293.

Dérivés de l'hydroxylamine. — Voir HYDROXYLAMINE, ACIDES HYDROXAMIQUES.

Biphtalyle et dérivés. — Voir 2e Suppl., **1**, 730.

ACIDE MÉTAPHTALIQUE (ou *acide isophtalique*). — *Préparation*. — 1° On traite le xylène dibromé-1.4 par le mélange chromique [Kipping, *D. chem. G.*, **20**, 46, 1887];

2° On transforme l'éther dibromhydrique du glycol xylylénique $CH^2Br \cdot C^6H^4 - CH^2Br$ en éther diacétique, par l'acétate de sodium dissous dans l'alcool, puis on oxyde l'éther acétique par le permanganate alcalinisé [Villiger, *Ann. Chem.*, **276**, 256, 1893];

3° On chauffe avec de la lessive de potasse l'acide m-cyanobenzoïque [Sandmeyer, *D. chem. G.*, **18**, 1499, 1885] ou l'acide o-p-benzophénone-dicarbonique [Limpricht, *Ann. Chem.*, **309**, 96, 1899].

On oxyde l'o-dichlorocyclohexane ou le m-dicyclohexylbenzène [Koursanof, *Journ. Soc. phys. chim. russe*, **33**, 527, 1901; **33**, 685, 1901; **35**, 1019, 1903].

Propriétés. — Longues et fines aiguilles fusibles à 300°, se sublimant sans se décomposer et sans former d'anhydride. Chaleur de formation $=768^{Cal},8$ [Stohmann, Kleber, Langbein, *J. prakt. Chem.*, (2), **40**, 758, 1889]. Acidité à l'hélianthine et à la phtaléine [Astruc, *C. R.*, **130**, 253, 1900].

Sels. — L'acide isophtalique ne donne aucun sel d'aniline [Graebe, Buenzod, *D. chem. G.*, **32**, 1992, 1899]. — $BaC^8H^4O^4 + 6H^2O$. Cristaux tricliniques [Heintze, *J. fortsch. Ch.*, 1885, 1502; — Rahnenführer, *Ann. Chem.*, **266**, 30, 1891; — Kelbe, *Ann. Chem.*, **210**, 20, 1882]. — $CaC^8H^4O^4 + 3H^2O$. Prismes orthorhombiques [Salzer *D. chem. G.*, **30**, 1498, 1897]. — $Ag^2C^8H^4O^4$. Précipité amorphe (Kelb). — $[C^6H^4(CO^2)^2]^3Bi^2 + \frac{1}{2}Bi^2O^3$ [Thibault, *Bull. Soc. Chim.*, **31**, 135, 1904].

Ether diméthylique, $C^8H^4O^4(CH^3)^2$. — Fusible à 67-68° [Baeyer, *D. chem. G.*, **31**, 1404, 1898; — Meyer, *Mon. f. Chem.*, **25**, 1201, 1905 Raikow, Tischkow, *Chem. Zeit.*, **29**, 1268, 1906].

Ether diéthylique, $C^8H^4O^4(C^2H^5)^2$. — Fusible à 11°,5 [Perkin, *Chem. Soc.*, **69**, 1238, 1896].

Isophtalamide, $C^6H^4(CO.AzH^2)^2$. — Fusible à 265°; très peu soluble dans l'alcool bouillant, presque insoluble dans les autres solvants [Beyer, *J. prakt. Chem.*, (2), **22**, 352, 1880; — Luckenbach, *D. chem. G.*, **17**, 1431, 1884].

Isophtalyldiamidoacétal, $C^6H^4[CO.AzH.CH^2.CH(OC^2H^5)^2]^2$. — Analogue au phtalyldiamidoacétal [Alexander, *D. chem. G.*, **27**, 3105, 1894]. Il fond à 75°.

Acide isophtalyldiamidoacétique, $C^6H^4(CO.AzH.CH^2.CO^2H)^2$. — Obtenu en partant de la glycine, du chlorure d'isophtalyle et de la lessive de soude [Alexander, *D. chem. G.*, **27**, 3105, 1894]. Il fond à 210° en se décomposant.

Acide isophtalhydroxamique, $C^6H^4[C(Az.OH)OH]^2$. — Il fond à 192° en se décomposant [Lossen, *Ann. Chem.*, **281**, 177, 1894].

Acide isophtalbenzhydroxamique. — On l'obtient par l'action du chlorure de benzyle sur l'acide isophtalhydroxamique [Lossen, *Ann. Chem.*, **281**, 227, 1894]; il fond à 162°. *Sel de potassium* $K^2C^{24}H^{18}Az^2O^6$.

Isophtalène-diamidoxime, $C^6H^4[C(Az.OH)AzH^2]^2 + xH^2O$. — Prismes fusibles à 193° en se décomposant [Goldberg, *D. Chem. G.*, **22**, 2976].

Isophtaliminodiméthyléther,

$$C^6H^4\left(C \lessgtr {AzH \atop OCH^3}\right)^2$$

— Fusible à 59-62° [Luckentach, *D. Chem. G.*, **17**, 1430, 1884].

Isophtaliminodiéthyléther,

$$C^6H^4\left(C \lessgtr {AzH \atop OC^2H^5}\right)^2$$

— Fusible à 66° (Luckenbach). *Chlorhydrate* $C^{12}H^{16}Az^2O^2.2HCl$, fusible à 270°.

Isophtalhydrazide, $C^6H^4(CO.AzH.AzH^2)^2$. — Préparée en chauffant au bain-marie 1 mol. d'éther isophtalique avec un peu plus de 1 mol. d'hydrate d'hydrazine dissous dans l'alcool absolu, ou encore en partant du chlorure d'isophtalyle et de Az^2H^4 [Davids, *J. prakt. Chem.*, (2), **54**, 74, 1896]. — $C^{18}H^{10}O^2Az^4, 2HCl$. — $C^8H^{10}O^2Az^4.2HCl.PtCl^4$.

Dérivé: $C^6H^4[CO.AzH.Az=C(CH^3)CH^2-CO.C^2H^5]^2$. — Obtenu en faisant agir à chaud, l'éther acétique en excès sur l'isophtalhydrazide [Davids, *J. prakt. Chem.*, (2), **54**, 77, 1896].

Isophtalazide, $C^6H^4(COAz^3)^2$. — Prismes fusibles à 56°, solubles dans l'acétone et l'éther (Davids).

Acides chloroisophtaliques. — *Acide chloro-4-isophtalique.* — Il s'en forme dans l'oxydation, au moyen de MnO^4K, du chloro-m-acétyltoluène, $CH^3.C^6H^3Cl.CO.CH^3$ [Claus, *J. prakt. Chem.*, (2), **43**, 538, 1891].

Acide chloro-5-isophtalique, $C^8H^5ClO^4 + \frac{1}{2}H^2O$. — [Beyer, *J. prakt. Chem.*, (2), **25**, 506, 1882]. Il se forme en même temps qu'un peu d'acide oxyisophtalique, par oxydation de l'acide chloro-5-m-toluique avec MnO^4K en solution alcaline [Klages, Knœvenagel, *D. chem. G.*, **28**, 2045]. Longs cristaux très fins, fusibles à 278°, assez solubles dans l'eau. Desséchés au-dessus de SO^4H^2, ils retiennent 1/2 molécule d'eau. On connaît les *sels* de K, Mg, Ca, Sr, Ba, Cd, Cu et Ag (Beyer).

L'éther diéthylique, $C^8H^3O^2ClO^4(C^2H^5)^2$, fond à 45° (Beyer).

Acide dichloro-4.6-isophtalique, $C^6H^2Cl^2(CO^2H)^2$. — On le prépare en chauffant à 200°, avec 20 p. d'AzO^3H, 1 p. de dichloro-4.6-m-xylène [Claus, Burstert, *J. prakt. Chem.*, (2), **41**, 558, 1890]. Il fond à 223° [Ferrand, *C. R.*, **133**, 169, 1901]. $BaC^8H^2Cl^2O^4 + H^2O$, en lamelles; $Ag^2C^8H^2Cl^2O^4$, précipité.

Acide trichloro-2.4.6-isophtalique, $C^6HCl^3(CO^2H)^2$. — Obtenu par l'action de AzO^3H sur le trichloro-m-xylène; on opère à 200° (Claus, Burstert). On connaît les *sels* d'Ag et de Ba.

Acide tétrachloroisophtalique, $C^6Cl^4(CO^2H)^2$. — Rupp [*D. chem. G.*, **29**, 1632, 1896] l'a préparé par l'oxydation du tétrachloro-2.4.5.6-xylène-1.3. Il s'en forme aussi en même temps que beaucoup de perchlorobenzène quand on fait agir l'acide sulfurique fumant et le chlore sur l'acide isophtalique. Cristaux fusibles à 267-269°, très solubles dans l'alcool. — *Sel d'argent* $Ag^2C^8O^4Cl^4$.

Acides bromoisophtaliques. — *Acide bromo-4-isophtalique*, $C^6H^3Br(CO^2H)^2$. — Il se forme: 1° quand on oxyde, au moyen du permanganate, le bromo-m-acétyltoluène $CH^3.C^6H^3Br.CO.CH^3$ [Claus, Burstert, *J. prakt. Chem.*, (2), **41**, 560, 1890], ou le bromo-4-m-xylène; dans ce cas, il se forme en même temps un peu d'acide oxyisophtalique [Schöpff, *D. chem. G.*, **24**, 3777, 1891]. Il fond à 283°. *Sel d'ammonium* $(AzH^4)^2C^8H^3BrO^4$; prismes monocliniques [Fock, *D. chem. G.*, **24**, 3780, 1891]; *sel de baryum*, $BaC^8H^3BrO^4 + H^2O$ (Claus).

Acide tétrabromoisophtalique, $C^6Br^4(CO^2H)^2$. — Cristaux fusibles à 288-292°, insolubles dans le benzène, un peu solubles dans l'eau bouillante [Rupp, *D. chem. G.*, **29**, 1631, 1896].

Acides iodoisophtaliques, $C^6H^3I(CO^2H)^2$. — *Acide iodo-4-isophtalique.* — Grahl l'a obtenu en faisant bouillir pendant 5 heures, avec MnO^4K, une solution alcaline d'acide iodo-6-m-toluique [*D. chem. G.*, **28**, 89, 1895]. Cristaux fusibles à 285-286°, très solubles dans l'alcool et l'éther. — *Sel d'argent*, précipité amorphe.

Acide iodo-5-isophtalique. — Grahl a préparé cet acide, fusible à 288-289°, en partant de l'acide nitro-5-isophtalique, par échange de l'I et de AzO^2. Il a obtenu également son *sel d'argent*.

Klingel [*D. chem. G.*, **18**, 2701, 1885] a préparé un acide iodoisophtalique (?), fusible à 203°, en traitant l'acétyl-5-iodo-2-toluène par un mélange de CrO^3 et d'acide acétique.

Acide iodoso-4-isophtalique, $C^8H^3(IO)(CO^2H)^2$. — Fusible à 269° en se décomposant. On connaît ses *sels de sodium* et *d'argent* [Grahl, *D. chem. G.*, **28**, 89, 1895].

Acide diiodoisophtalique, $C^6H^2I^2(CO^2H)^2$. — On l'obtient par l'oxydation au moyen de l'acide azotique fumant, de l'iodo-4-m-xylène [Edinger, Goldberg, *D. chem. G.*, **33**, 2879, 1900]. Il fond à 190°.

Acide tétraiodoisophtalique, $C^6I^4(CO^2H)^2$. — Il se forme en même temps que l'hexaiodobenzène, par l'action de l'iode sur l'acide isophtalique, dissous dans l'acide sulfurique fumant [Rupp, *D. chem. G.*, **29**, 1632, 1901]. Il est fusible à 308-312° en se décomposant, très peu soluble dans l'éther et l'acide acétique; *sel d'argent*, $Ag^2C^8O^4I^4$.

Acides nitroisophtaliques. — [Noyes, *Am. Soc.*, **10**, 485, 1888].

Acide nitro-4-isophtalique. $C^8H^5AzO^6 + 3H^2O$. — Il fond à 246° [Claus, Wyndham, *J. prakt. Chem.*, (2), **38**, 318, 1888]. — *Sel d'aniline*, $C^8H^5O^6Az.C^6H^7Az$, fusible à 192-193° [Graebe, Buenzod, *D. chem. G.*, **32**, 1995, 1899].

Acide nitro-5-isophtalique. $C^8H^5AzO^6 + 1\frac{1}{2}H^2O$. — Cristaux lamellaires fusibles à 248-249°, solubles dans l'alcool. Cet acide et la plupart de ses sels ont été préparés par Beyer [*J. prakt. Chem.*, (2), **25**, 470, 1882. Voir aussi Wroblewsky, *D. chem. G.*, **15**, 1022, 1882].

Ether diméthylique (Beyer), fusible à 121°,5.

Acide dinitroisophtalique. $C^6H^2(AzO^2)^2(CO^2H)^2 + 5H^2O$. — Il fond à 215° [Claus et Wyndham, *J. prakt. Chem.*, (2), **38**, 314, 1888]. On connaît ses *sels* de Na, K, Mg, Ba et Ag.

Acide nitro-5-iodoisophtalique, $C^6H^2I(AzO^2)(CO^2H)^2$. — [Grahl, *D. chem. G.*, **28**, 86, 1895].

Acides amidoisophtaliques. — *Acide amido-4-isophtalique*. — Il fond à 300° [Lövenherz, *D. chem. G.*, **25**, 2795, 1892; — Ullmann et Uzbachian, *D. chem. G.*, **36**, 1797, 1903].

Acide acétamidoisophtalique, $(CO^2H)^2.C^6H^3.AzH(C^2H^3O)$. — Il se décompose en fondant vers 270° (Löwenherz). — *L'éther éthylique*, $CH^3.COAzH.C^6H^3(CO^2.C^2H^5)^2$, fond à 108° [Höchster Farbw., D.R.P. 102 894; *Friedl.*, **5**, 667].

Acide amido-4-nitro-6-isophtalique. — Il fond à 280° en se décomposant. On connaît ses *sels* de Pb et d'Ag et son *éther diméthylique* [Errera et Maltesse, *Gazz. chim. ital.*, **33**, 277, 1903].

Acide acétylamido-4-nitro-6-isophtalique. — Il fond à 264° (Errera et Maltesse).

Acide amido-5-isophtalique. $C^8H^7AzO^4 + 2H^2O$. — Il cristallise dans l'alcool ou l'acide acétique en prismes volumineux, fusibles à 300°, se sublimant sans décomposition. On connaît la plupart de ses sels [Beyer, *J. prakt. Chem.*, (2), **25**, 491, 1892].

Ether diméthylique, fusible à 176°; *éther diéthylique*, fusible à 118° (Beyer).

Acide diamidoisophtalique, $C^6H^2(AzH^2)^2(CO^2H)^2 + 1\frac{1}{2}H^2O$. — Cristaux fusibles au-dessus de 300° [Claus, Wyndham, *J. prakt. Ch.*, (2), **38**, 316, 1888].

Acide tétramidoisophtalique, $(AzH^2)^4C^6(CO^2H)^2$. — [Nietzki, Petri, *D. chem. G.*, **33**, 1797, 1900].

Acide dithioisophtalique. — *Ether diéthylique*. $C^6H^4(CO.SC^2H^5)^2$. — On l'obtient en décomposant par l'eau le chlorhydrate du dithioisophtaliminodiéthyléther :

$$C^6H^4\left(C\begin{smallmatrix}\leqslant AzH \\ \diagdown SC^2H^5\end{smallmatrix}\right)^2, 2HCl + 2H^2O$$
$$= C^{12}H^{14}O^2S^2 + 2AzH^4Cl$$

[Luckenbach, *D. chem. G.*, **17**, 1429, 1884].

Dithioisophtalamide, $C^6H^4(CSAzH^2)^2$. — Elle fond à 200° (Luckenbach).

Acide p-phtalique (ou Acide téréphtalique). — *Préparation*. — Il se forme de l'acide téréphtalique : 1° quand on chauffe l'acétate $C^6H^4(CH^2.O.C^2H^3O)$ avec une lessive de soude étendue, et qu'on ajoute peu à peu une solution de MnO^4K à 10 %; on chauffe ensuite au bain-marie, pendant 3 heures [Baeyer, *Ann. Chem.*, **245**, 139, 1888; **251**, 284, 1889]; 2° dans l'oxydation, au moyen de MnO^4K, de l'acide p-toluique [Hell, Rockenbach, *D. chem. G.*, **22**, 508, 1889], ou encore de l'acide pseudo-phénylacétique [Braren, Buchner, *D. chem. G.*, **34**, 995, 1901]; 3° quand on chauffe l'acide aldéhyde-propionique $CHO.CH^2.CH^2.CO^2H$ avec une lessive de soude étendue [Perkin, Sprankling, *Chem. Soc.*, **75**, 18, 1899]; 4° par oxydation de l'acide p-toluypicolinique [Fulda, *Mon. f. Chem.*, **21**, 981].

Propriétés. — Acidité à la phtaléine et à l'hélianthine [Astruc, *C. R.*, **130**, 253, 1900]. L'amalgame de sodium le transforme d'abord en acide dihydro-, puis en acide tétrahydrotéréphtalique [Guye, *Dissert. Genève*, **40**, 1884]. Il ne donne pas d'anhydride; par l'action du chlorure d'acétyle sur le téréphtalate d'argent, on obtient de l'anhydride acétique et de l'acide téréphtalique [Nowaschin, *Journ. Soc. phys. chim. russe*, **13**, 141, 1881]; action sur le menthol [Zélikow, *D. chem. G.*, **37**, 1374, 1904].

Par l'ébullition de l'acide téréphtalique avec l'aniline, on n'obtient pas d'anilide [Michael, Palmer, *D. chem. G.*, **19**, 1376, 1886]. On ne connaît non plus aucun sel d'aniline [Graebe, Buenzod, *D. chem. G.*, **32**, 1992, 1899].

Sels d'AzH^4, Ca, Sr. — [Hell, Rockenback, *D. chem. G.*, **22**, 508, 1889].

Ether monométhylique. — [Baeyer, *Ann. Chem.*, **245**, 161, 1888].

Ether diméthylique [Muthmann, *Ann. Chem.*, **245**, 141, 1888; — Knœvenagel et Bergdolt, *D. chem. G.*, **36**, 2857, 1903; — Ullmann et Schlaepfer, *D. chem. G.*, **37**, 2001, 1904].

Acide téréphtalamique, $AzH^2CO.C^6H^4.CO^2H$. — Il fond à 214°, est soluble dans l'alcool et l'éther. Chauffé avec de la lessive de soude il se décompose en AzH^3 et acide téréphtalique [Sandmeyer, *D. chem. G.*, **18**, 1498, 1885].

Téréphtalthiamide, $CO^2H.C^6H^4CSAzH^2$. — Cristallisée, soluble dans l'acétone; elle fond à 247° [Kattwinkel et Wollfenstein, *D. chem. G.*, **37**, 3221, 1904].

Téréphtalyldiaminoacétal, $C^6H^4[CO.AzH.CH^2.CH(O.C^2H^5)^2]^2$. — Il fond à 165° [Alexander, *D. chem. G.*, **27**, 3102, 1894].

Acide téréphtalyldiamidoacétique, $C^6H^4(CO.AzH.CH^2.CO^2H)^2$ (Alexander). *Sel d'argent*, précipité caséeux.

Acide téréphtalhydroxamique, $C^6H^4[C(AzOH)OH]^2$. — Analogue à l'acide isophtalhydroxamique, il fond à 232° en se décomposant. On connaît ses *sels* de K et Na [Lossen, *Ann. Chem.*, **281**, 178, 1894]. *L'acide téréphtalbenzhydroxamique*, $C^6H^4[C(Az.O.C^7H^5O).OH]^2$, fond à 198° (Lossen).

Diperacide téréphtalique, $C^6H^4(CO.O.OH)^2$. — On l'obtient par l'action de H^2O^2 et de NaOH sur le chlorure de phtalyle. On connaît le *sel de*

Na et l'*éther diéthylique* [Bayer, Williger, *D. chem. G.*, **34**, 766, 1901].

Téréphtalodiperoxyde d'éthyle, $C^6H^4=(CO.O.OC^2H^5)^2$. — Il fond à 37° et fait explosion sous l'action de la chaleur ou d'un choc [Baeyer et Villiger, *D. chem. G.*, **34**, 738, 1901].

Téréphtalhydrazide, $C^6H^4(CO.AzH.AzH^2)^2$. — Cristaux peu solubles dans l'eau, insolubles dans l'alcool et l'éther : le *chlorhydrate*, $C^8H^{10}O^2.Az^4.2HCl$, fond au-dessus de 270°. L'*éther éthylique* fond à 164-165° [Davidis, *J. prakt. Chem.*, (2), **54**, 79 à 84, 1896].

Dérivés, $C^6H^4[CO.AzH.Az=C(CH^3)CH^2.CO^2.C^2H^5]^2$: fond à 240° ; $C^6H^4[CO.AzH.Az=CH^2]^2$, fond au-dessus de 300° ; $C^6H^4[CO.AzH.Az=C(CH^3)^2]^2$, fond à 261-262° (Davidis).

Téréphtaldiazide, $C^6H^4(CO.Az^3)^2$. — Analogue à l'isophtalazide ; cristallise dans l'acétone en tables tricliniques, fondant à 110° ; $C^6H^4(CO^2.C^2H^5)CO.Az^3$, fond à 37° [Davidis, *J. prakt. Chem.*, (2), **54**, 84, 1896].

Dérivés halogénés. — *Acide chlorotéréphtalique*, $C^6H^3Cl(CO^2H)^2$. — Il se forme dans l'oxydation du chloro-3-cymène [Fileti, Crosa, *Gazz. chim. ital.*, **18**, 313, 1888]. Cristaux fusibles au-dessous de 300° [Ahrens, *D. chem. G.*, **19**, 1637, 1886] ; *sel d'argent*. L'*éther diméthylique* fond à 60° (Ahrens). *Amide*, $C^6H^3Cl(CO.AzH^2)^2$ (Ahrens).

Acide dichloro-2.5-téréphtalique, $C^6H^2Cl^2(CO^2H)^2$. — Il se forme, en même temps que l'acide dichloronitrotéréphtalique, par une courte ébullition de l'acide dichlorohydrotéréphtalique avec AzO^3H [Lévy, Andreocci, *D. chem. G.*, **21**, 1467, 1959, 1886]. Bocchi [*Gazz. chim. ital.*, **26**, II, 406, 1896] chauffe à 190° le dichloro-2.5-cymène avec l'acide azotique. Il fond à 305-306°. Sel de Ba, sel d'Ag (Lévy, Andreocci).

L'*éther diméthylique*, obtenu en faisant passer un courant de HCl dans une solution de l'acide précédent dans l'alcool méthylique (Lévy, Andreocci), est en feuillets brillants, nacrés, fondant à 137-138° [Lévy, Curchod, *D. chem. G.*, **21**, 2111, 1887 ; — Fels, *Zeit. Krys.*, **32**, 411, 1900].

Le *chlorure*, $C^6H^2Cl^2(CO.Cl)^2$, fond à 80°,5-81° [Lévy, Curchod, Le Royer, Duparc, *D. chem. G.*, **22**, 2110, 1888].

Amide, $C^6H^2Cl^2(CO.AzH^2)^2$. — Petits cristaux un peu solubles dans l'eau bouillante, insolubles dans C^6H^6 et CS^2 (Lévy, Curchod).

Acide tétrachloro-2.3.5.6-téréphtalique, $C^6Cl^4(CO^2H)^2$. — On l'obtient en faisant agir MnO^4K sur l'acide tétrachloro-p-toluique en solution alcaline [Rupp, *D. chem. G.*, **29**, 1628, 1896]. Cristaux prismatiques, fusibles à 279-281° ; *sel d'argent*, $Ag^2C^8O^4Cl^4$.

Acide bromotéréphtalique, $C^6H^3Br(CO^2H)^2 + H^2O$. — On oxyde le bromocymène avec AzO^3H [Fileti, Crosa, *Gazz. chim. ital.*, **16**, 297, 1886]. Cristaux microscopiques fondant à 301-303° [Fileti, *Gazz. chim. ital.*, **16**, 285, 1886 ; — Wegscheider, Bittner, *Mon. f. Chem.*, **21**, 638, 1900 ; **23**, 330, 1902].

Ether méthylique-1, $C^6H^3(CO^2CH^3)_1Br_2(CO^2H)_4$. — Il se prépare par saponification partielle de l'éther diméthylique ; il fond à 145° [Wegscheider, Bittner, *Mon. f. Chem.*, **21**, 643, 1900 ; **23**, 330, 1902]. *Sel d'argent*, $AgC^9H^6O^4Br$.

Ether méthylique-4, $(CO^2H)_1.C^6H^3Br_2(CO^2.CH^3)_4$. On chauffe en tube scellé, à 15°, l'acide avec de l'alcool méthylique. Il fond à 233° (Wegscheider, Bittner).

Ether diméthylique, $C^6H^3Br(CO^2CH^3)^2$. — Il fond à 59° [Herb, *Ann. Chem.*, **258**, 1890 ; — Wegscheider, Bittner].

Acide dibromo-2.5-téréphtalique, $C^6H^2Br^2(CO^2H)^2$. — *Préparation*. — 1° On oxyde, par MnO^4K en solution alcaline, l'acide dibromo-p-toluique [Schultz, *D. chem. G.*, **18**, 1762, 1885] ; 2° on chauffe pendant 8 heures, à 150°, 1 p. de dibromocymène avec 20 p. de AzO^3H [Claus, *J. prakt. Chem.*, (2), **37**, 22, 1888].

Propriétés. — Feuillets brillants solubles dans l'alcool, l'éther et l'acide acétique, fondant à 316-317° [Fileti, Crosa, *Gazz. chim. ital.*, **18**, 309]. *Sels* de Ca, Ba et Ag.

L'*éther diméthylique* fond à 123-125° [Mazzara, *Gazz. chim. ital.*, **18**, 519, 1888]. L'*éther diéthylique* fond à 121° (Schultz, Fileti, Crosa). Le *chlorure*, $C^6H^2Br^2(COCl)^2$, fond à 80-81° (Claus).

Amide, $C^6H^2Br^2(COAzH^2)^2$ (Claus).

Acide chlorobromo-2.5-téréphtalique, $C^6H^2ClBr(CO^2H)^2$. — Il fond à 308-310°. L'*éther diéthylique* $C^8H^2ClBrO^4(C^2H^5)^2$ fond à 115-116° [Plancher, *Gazz. chim. ital.*, (2), **23**, 71, 1893 ; Wolfien, *J. prakt. Chem.*, (2), **39**, 410, 1889].

Acide tétrabromo-2.3.5.6-téréphtalique, $C^6Br^4(CO^2H)^2$. — Il a été préparé par oxydation du tétrabromo-p-xylène. Il fond à 300° en se décomposant [Rupp, *D. chem. G.*, **29**, 1626, 1896]. *Sel d'argent*, $Ag^2C^8O^4Br^4$.

Acide iodotéréphtalique, $C^6H^3I(CO^2H)^2$. — Obtenu en faisant agir MnO^4K sur l'acide iodo-2-p-toluique, il fond à 274-276° [Abbes, *D. chem. G.*, **26**, 2951, 1896]. *Sels* de Ca, de Ba et d'Ag.

L'*éther monométhylique* fond à 186°. L'*éther diméthylique* à 77° (Abbes).

Acide tétraiodo-2.3.5.6-téréphtalique, $C^6I^4(CO^2H)^2$. — Il cristallise dans l'acide acétique en prismes fusibles à 315-320° en se décomposant, solubles dans l'alcool, l'éther et le benzène [Rupp, *D. chem. G.*, **29**, 1629, 1896]. *Sels* de Mg, Ca, Sr, Ba, Cd, Cu [Lütgens, *D. chem. G.*, **29**, 2836, 1896].

Le *diméthyléther*, $C^8O^4I^4(CH^3)^2$, fond à 310-312°. Le *diéthyléther* fond à 262°,5 ; l'*éther dipropylique*, à 239° (Lütgens). Le *chlorure*, $C^6I^4(CO.Cl)^2$, à 279° (Lütgens).

Acide iodosotéréphtalique, $C^6H^3(IO)(CO^2H)^2$. On le prépare en versant peu à peu 10 grammes d'acide iodotéréphtalique dans 100 cc. d'acide azotique fumant [Abbes, *D. chem. G.*, **26**, 2953, 1893]. Sels de Na, Ca, Ba et Ag.

Ether monométhylique. — (Abbes).

Acide diiodosotéréphtalique, $C^6H^2(IO)^2(CO^2H)^2$. — Poudre jaune citron, insoluble dans l'alcool [Lütgens, *D. chem. G.*, **29**, 2838, 1896].

Acide cyanotéréphtalique, $CAz.C^6H^3(CO^2H)^2$. — Masse jaune amorphe, soluble dans l'eau, l'alcool et l'éther [Ahrens, *D. chem. G.*, **19**, 1635, 1886].

Acide nitrotéréphtalique, $C^6H^3(AzO^2)(CO^2H)^2$. — On l'obtient, soit par l'oxydation du nitro-p-xylène [Noyes, *Am. Soc.*, **10**, 483, 1888], soit en traitant l'acide téréphtalique par un mélange d'acide azotique et d'acide pyrosulfurique [Wegscheider, *Mon. f. Chem.*, **21**, 622, 1900]. Il fond à 262-263°. *Sel d'argent* [Skraup, Brunner, *Mon. f. Chem.*, **7**, 148, 1886]. *Sels* de Pb, de K (Wegscheider). Le *sel d'aniline*, $C^8H^5O^6Az.C^6H^7Az$, fond à 191° [Graebe, Buenzod, *D. chem. G.*, **32**, 1994, 1899].

L'*éther méthylique-1*, $(CH^3.O^2C)_1C^6H^3(AzO^2)_2(CO^2H)_4$ fond à 174-175°. L'*éther méthylique-4*, $(CO^2H)_1C^6H^3(AzO^2)_2(CO^2.CH^3)_4$, fond à 134-135° [Wegscheider, *Mon. f. Chem.*, **23**, 406, 1902 ; *D. chem. G.*, **34**, 680, 1901].

L'*éther diméthylique* fond à 74° [Ahrens, *D. chem. G.*, **19**, 1636, 1886 ; — Wegscheider, *Mon. f. Chem.*, **21**, 627, 1900]. L'*éther dipropylique* fond à 228-230° (Wegscheider).

Acide dinitro-2.3-téréphtalique. — On oxyde, avec 20 p. d'AzO^3H, 1 p. de dinitro-2.3-xylène-1.4 ou d'acide dinitro-2.3-p.toluique ; on chauffe pendant 10 heures à 170° [Häussermann, Martz,

D. chem. G., **26**, 2982, 1893]. Il fond à 290° en se décomposant.

Acide dinitro-3.5-téréphtalique. — On part du dinitro-3.5-p-xylène ou de l'acide dinitro-3.5-p-toluique qu'on traite comme précédemment (Häussermann, Martz). Sel de Ba.

Ethers éthyliques de l'acide dinitro 2.3 et de l'acide dinitro-3.5-téréphtalique, voyez Häussermann et Martz [*D. chem. G.*, **26**, 2983, 1893].

Acide dichloro-2.5-nitrotéréphtalique, $C^6H(AzO^2)Cl^2(CO^2H)^2$. — Il fond à 225-226° [Lévy, Andreocci, *D. chem. G.*, **21**, 1961, 1888]. *Sels* d'AzH^4 et de Ca. *L'éther diméthylique* fond à 207-208° (Lévy, Andreocci).

Acide dibromo-2.3-nitro-5-téréphtalique, $C^6HBr^2(AzO^2)(CO^2H)^2$. — Il fond à 280-281° [Fileti, Crosa, *Gazz. chim. ital.*, **21**, 40, 1891].

L'acide dibromo-3.6-nitro-2-téréphtalique fond à 257-258° (Fileti, Crosa).

Acide chlorobromonitrotéréphtalique, $AzO^2.C^6HClBr(CO^2H)^2$. — Il fond à 300° [Willgerodt, *J. prakt. Chem.*, (2), **39**, 412, 1889]. Sel de Ba.

Acide amidotéréphtalique, $C^6H^3(AzH^2)(CO^2H)^2$. — *L'éther diméthylique* $C^8H^5AzO^4(CH^3)^2$ est en cristaux solubles dans l'éther et fusibles à 126°; *chlorhydrate* $C^{10}H^{11}AzO^4.HCl$; *chloroplatinate* $(C^{10}H^{11}AzO^4.HCl)^2.PtCl^4$ [Ahrens, *D. chem. G.*, **19**, 1636, 1886].

L'éther dibenzylique, $AzH^2.C^6H^3(CO^2.C^7H^7)^2$ fond à 99-101° [Wegscheider, *Mon. f. Chem.*, **21**, 629, 1900].

Acide diamido-2.5-téréphtalique, $(AzH^2)^2C^6H^2(CO^2H)^2$. — Cristaux prismatiques vert foncé, insolubles dans la plupart des solvants ordinaires [Baeyer, *D. chem. G.*, **19**, 430, 1886; — Böniger, *D. chem. G.*, **21**, 1765, 1888]. *Chlorhydrate*, $C^6H^8Az^2O^4.2HCl$.

L'éther diéthylique fond à 168° [Baeyer, Häussermann, Martz, *D. chem. G.*, **26**, 2984, 1893]

Amide dithiotéréphtalique, $C^6H^4(CS.AzH^2)^2$. — On sature avec H^2S une solution alcoolique de AzH^3 et de nitrile téréphtalique. Poudre jaune qui fond à 263° [Luckenbach, *D. chem. G.*, **17**, 1430, 1884].

Décembre 1906. A. Bouchonnet.

PHTALIQUES (ACIDES HYDRO-). — ACIDES DIHYDROORTHOPHTALIQUES. — Ces composés offrent des exemples remarquables de stéréo-isoméries qui les rapprochent des acides fumarique et maléique. On en connait quatre, dont l'un se présente sous deux états, la forme fumaroïde et la forme malénoïde.

Acide $\Delta_{1.4}$-dihydro-o-phtalique,

$$\begin{array}{l} CH.CH^2.C.CO^2H \\ \| \qquad\qquad\; \| \\ CH.CH^2.C.CO^2H \end{array}$$

L'anhydride de cet acide s'obtient en faisant bouillir pendant 5 à 6 minutes 1 partie d'acide $\Delta_{2.4}$ dihydrophtalique avec 2 parties d'anhydride acétique [Baeyer, *Ann. Chem.*, **269**, 204, 1892]. Gros cristaux fusibles à 153°, peu solubles dans l'eau. *L'anhydride* fond à 134°.

L'acide $\Delta_{1.4}$ se transforme, après une demi-heure d'ébullition dans une lessive de soude à 10 0/0, en acides $\Delta_{2.4}$ et $\Delta_{2.6}$.

Acide $\Delta_{2.4}$-dihydro-o-phtalique,

$$\begin{array}{l} CH.CH^2.CH.CO^2H \\ \| \qquad\qquad\;\; | \\ CH.CH=C.CO^2H \end{array}$$

— Cristaux prismatiques, fondant à 179-180°, plus solubles dans l'eau que l'acide $\Delta_{2.6}$. La lessive de soude les transforme à l'ébullition en acide $\Delta_{2.6}$.

L'anhydride fond à 102-104° [Baeyer, *Ann. Chem.*, **269**, 199, 1892].

Acide $\Delta_{2.6}$-dihydro-o-phtalique,

$$\begin{array}{l} CH^2.CH=C.CO^2H \\ | \qquad\qquad\;\; | \\ CH^2.CH=C.CO^2H \end{array}$$

[Astié, *Ann. Chem.*, **258**, 188, 1890; — Baeyer, *ibid.*, **269**, 194, 1892; — Proost, *D. chem. G.*, **27**, 3185, 1894; — Smith, *Zeit. Ph. Ch.*, **25**, 193, 1898].

Il se forme quand on fait bouillir, avec la lessive soude, soit l'acide $\Delta_{2.4}$, soit l'acide $\Delta_{3.5}$ dihydrophtalique; il y a transformation isomérique. On peut encore hydrogéner l'acide o-phtalique par l'amalgame de sodium, en milieu alcalin.

Cristaux tricliniques fondant à 215°, peu solubles dans l'eau froide, davantage dans l'eau bouillante; le permanganate les transforme en acide phtalique et acide oxalique. Le chlorure d'acétyle donne naissance à l'anhydride correspondant. On connait les *sels* de Ba et de Cu et l'*éther diméthylique*. L'*anhydride* fond à 83°.

Acide trans-$\Delta_{3.5}$-dihydro-o-phtalique, $C^6H^6(CO^2H)^2$. — Longs cristaux prismatiques, fusibles à 210°, solubles dans l'eau bouillante. Par l'ébullition avec l'anhydride acétique, il se transforme en acide cis-$\Delta_{3.5}$-dihydrophtalique. — *Sel de plomb*, précipité floconneux [Baeyer, *Ann. Chem.*, **269**, 189, 1892; — Messler, *D. chem. G.*, **39**, 2933, 1906].

Acide cis-$\Delta_{3.5}$-dihydro-o-phtalique. — Il fond à 173-175°. Son *anhydride* s'obtient en maintenant longtemps à l'ébullition l'acide avec l'anhydride acétique. Il fond à 99-100° (Baeyer).

Acide dihydroisophtalique (?). — Il aurait été obtenu par Goodwin et Perkin [*Chem. Soc.*, **87**, 841, 1905] en traitant l'acide dibromo-1.3-trans-hexahydroisophtalique par la potasse alcoolique [Perkin, Lickles, *Proc. Chem. Soc.*, **21**, 75, 1905].

ACIDES DIHYDROTÉRÉPHTALIQUES. — On peut prévoir, dans l'hypothèse de l'isomérie de position, 4 acides dihydroparaphtaliques, qui sont connus; l'un d'eux donne lieu en outre à une stéréo-isomérie malénoïde ou fumaroïde.

Acide $\Delta_{1.3}$-dihydrotéréphtalique,

$$CO^2H.C \lesssim \begin{array}{c} CH \;.\; CH \\ CH^2.^2CH \end{array} \gtrsim C.CO^2H$$

[Baeyer, *Ann. Chem.*, **251**, 302, 1889; — Herb, **258**, 23, 1890].

On le prépare en chauffant l'acide α-α_1-dibromohexahydrotéréphtalique auquel on enlève 2HBr avec la potasse alcoolique. Cristaux microscopiques, solubles dans l'eau chaude.

L'anhydride fond à 58° [Abati, Bernardinis, *Rend. della Acad.*, 10, 1905].

L'éther diméthylique fond à 85° [Herb, Baeyer, *loc. cit.*; — Muthmann, *Ann. Chem.*, **251**, 304, 1889]. *L'éther diphénylique* fond à 175° (Herb).

Acide $\Delta_{1.4}$-dihydrotéréphtalique,

$$CO^2H.C \lesssim \begin{array}{c} CH.CH^2 \\ CH^2.CH \end{array} \gtrsim CH.CO^2H$$

— Il se forme quand on fait bouillir l'acide $\Delta_{1.3}$ avec une lessive de soude [Baeyer, *Ann. Chem.*, **251**, 272, 1889; **245**, 143, 1888] ou quand on réduit, par l'amalgame de Na, l'acide p-dichloro-1.4-dihydrotéréphtalique [Lévy, Curchod, *D. chem. G.*, **22**, 2112, 1889; — Mettler, *D. chem. G.*, **39**, 2933, 1906].

Sel de Ba [Herb, *Ann. Chem.*, **258**, 31, 1890].

L'éther monométhylique fond à 223-224° [Baeyer, *Ann. Chem.*, **245**, 146, 1888; — Stollé,

D. chem. G., **33**, 392, 1900]. L'*éther diméthylique* fond à 130° (Muthmann; Baeyer); l'*éther monoéthylique* fond à 178-179° (Stollé); l'*éther diphénylique* fond à 191° (Herb).

Acide p-dichloro-$\Delta_{1.4}$-dihydrotéréphtalique, $C^6H^4Cl^2(CO^2H)^2$ [Lévy, Andréocci, *D. chem. G.*, **21**, 1464, 1888; — Lévy, Curchod, *D. chem. G.*, **22**, 2106, 1889].

On maintient pendant 2 heures, à 100°, 25 gr. de succinylsuccinate d'éthyle et 81gr,6 de PCl^5; la réaction est la suivante :

$$C^8H^6O^6(C^2H^5)^2 + 4PCl^5 + 2H^2O$$
$$= C^8H^6Cl^2O^4 + 2C^2H^5Cl + 4POCl^3 + 4HCl.$$

Il fond à 272-275° en se décomposant.

Sels de Na, Ca, Ba et Ag (Lévy, Andréocci, Curchod). *Sel d'aniline* [Graebe, Buenzod, *D. chem. G.*, **32**, 1995, 1899].

L'*éther diméthylique* fond à 109-110° [Fock, *D. chem. G.*, **21**, 1964, 1888; — Lévy, Andréocci]. L'*éther diéthylique* fond à 70-71° (Lévy, Andréocci).

ACIDE $\Delta_{1.3}$-DIHYDROTÉRÉPHTALIQUE.

$$CO^2H.C \lessgtr \begin{matrix} CH.CH^2 \\ CH = CH \end{matrix} > CH.CO^2H$$

— Baeyer [*Ann. Chem.*, **251**, 298, 1889] l'a obtenu en faisant bouillir l'acide $\Delta_{2.5}$-dihydrotéréphtalique avec de la soude caustique.

Sel de Ba [Muthmann, *Ann. Chem.*, **258**, 22, 1890; — Herb, *ibid.*, **258**, 21, 1890].

Ether diméthylique (Baeyer, Herb).

ACIDE $\Delta_{2.5}$-DIHYDROTÉRÉPHTALIQUE,

$$CO^2H.CH < \begin{matrix} CH = CH \\ CH = CH \end{matrix} > CH.CO^2H$$

— Par la réduction de l'acide téréphtalique, au moyen de l'amalgame de sodium, on obtient deux isomères (acide cis, acide trans) de l'acide $\Delta_{2.5}$-dihydrotéréphtalique [Baeyer, *Ann. Chem.*, **251**, 264, 1889; — Mettler, *D. chem. G.*, **39**, 2933, 1906]. Ces deux acides se comportent de la même façon vis-à-vis des différents réactifs [Muthmann, *Ann. Chem.*, **251**, 291, 1889].

Ether diphénylique (Herb). *Ether diméthylique* [Baeyer, Knoevagel et Bergdolt, *D. chem. G.*, **36**, 2857, 1903].

ACIDES TÉTRAHYDRO-O-PHTALIQUES. — On en connaît quatre : deux d'entre eux sont considérés comme la forme malénoïde et la forme fumaroïde d'un même composé : on envisage les autres comme des isomères de position. Les formules suivantes leur ont été attribuées par Baeyer :

CH^2 ; H^2C — $C.CO^2H$; H^2C — $C.CO^2H$; CH^2

Acide Δ_1.

CH^2 ; H^2C — $CH.CO^2H$; H^2C — $C.CO^2H$; CH

Acide Δ_2.

CH^2 ; HC — $C<^{H}_{CO^2H}$; HC — $C<^{H}_{CO^2H}$; CH^2

Acide Δ_4 *cis*.

CH^2 ; HC — $C<^{CO^2H}_{H}$; HC — $C<^{H}_{CO^2H}$; CH^2

Acide Δ_4 *trans*.

L'acide Δ_3 n'est pas connu.

Acide Δ_1 [Baeyer, *Ann. Chem.*, **166**, 346]. — Il a été obtenu d'abord sous la forme d'anhydride en chauffant pendant 1 heure, à 220°, l'acide Δ_2-tétrahydrophtalique [Baeyer, *Ann. Chem.*, **258**, 203, 1890], ou en décomposant par la chaleur l'acide hydropyromellique, $C^6H^6(CO^2H)^4$ qui perd $2CO^2$ et H^2O. — Il fond à 120° en se changeant déjà en *anhydride*; ce dernier fond à 74° [Abati et Bernardinis, *Rend. della Acad.*, 10, 1905].

ACIDE Δ_2. — Il se produit en même temps que l'acide Δ_4-trans par l'action de l'amalgame de Na sur l'acide phtalique en solution alcaline ou sur l'acide $\Delta_{2.6}$-dihydrophtalique [Baeyer, *Ann. Chem.*, **258**, 119, 1890]. Il fond à 217° [Ciamician, Silber, *D. chem. G.*, **30**, 504, 1897].

Ether diméthylique (Baeyer).

Anhydride. — On fait réagir le chlorure d'acétyle sur l'acide (Baeyer). Il fond à 78-79°.

Acide tétrahydrophtal-n-butylamique,

$$C^6H^8 < \begin{matrix} CO.AzH.C^4H^9 \\ CO^2H \end{matrix}$$

— Prismes incolores, fusibles à 171° (Ciamician, Silber).

ACIDE CIS-Δ_4. — L'anhydride Δ_4 trans-tétrahydroorthophtalique, soumis à l'action prolongée de la chaleur, se change en anhydride Δ_4 cis-tétrahydrophtalique fusible à 59°; ce dernier, en s'hydratant au contact de l'eau chaude, fournit l'acide qui cristallise en fines aiguilles, fusibles à 174° et très solubles dans l'eau [Baeyer, *Ann. Chem.*, **258**, 212, 1890; **269**, 202, 1892].

ACIDE TRANS-Δ_4. — Il a été préparé en réduisant l'acide dihydrophtalique par l'amalgame de sodium [Baeyer, *loc. cit.*, **258**, 211, 1890]. Il se forme en même temps de l'acide Δ_2; on sépare les 2 acides en se fondant sur ce que le chlorure d'acétyle ne change pas à froid l'acide Δ_4-trans en anhydride, comme il le fait pour l'acide Δ_2. Il est cristallisé et fond à 210°.

L'*éther diméthylique* fond à 39-40°. L'*anhydride* à 140° (Baeyer).

Acide dibromotétrahydrophtalique, $C^8H^8Br^2O^4$. Il fond à 185° [Astié, *Ann. Chem.*, **258**, 194, 1890].

ACIDES TÉTRAHYDROISOPHTALIQUES.

ACIDE Δ_2. — Il fond à 168°. Il est soluble dans l'eau. Son *anhydride* fond à 78°.

Acide Δ_3. — On l'obtient par réduction de l'acide trans-hexahydro. Il fond à 244°.

Acide cis-Δ_5. — Il fond à 165°.

Acide trans-Δ_5. — Il fond à 225-227°. [Goodwin, Perkin, *Chem. Soc.*, **87**, 307, 1905; **87**, 841, 1905; *Proceedings Chem. Soc.*, **21**, 75, 1905].

ACIDES TÉTRAHYDROTÉRÉPHTALIQUES. — A l'acide p-phtalique se rattachent de même 3 acides tétrahydro; l'un d'eux serait de forme malénoïde, l'autre de forme fumaroïde (Baeyer).

ACIDE Δ_2-TÉTRAHYDROTÉRÉPHTALIQUE,

$$CO^2H.CH < \begin{matrix} CH^2.CH^2 \\ CH = CH \end{matrix} > CH.CO^2H$$

— Il existe sous deux formes isomériques, qui se produisent en hydrogénant à froid l'acide $\Delta_{1.3}$ ou $\Delta_{1.5}$-dihydrotéréphtalique par l'amalgame de sodium, ou l'acide dibromo-2.3-hexahydrotéréphtalique par la poudre de zinc et l'acide acétique. On sépare les deux stéréo-isomères en se fondant sur ce que l'acide trans est beaucoup plus soluble dans l'eau que l'acide cis [Baeyer, *Ann. Chem.*, **251**, 306, 1889]. L'acide trans fond vers 300°; l'acide cis à 150°.

Les deux variétés se comportent de la même façon vis-à-vis des réactifs.

Oxydé par le permanganate, cet acide donne l'acide succinique [Herb, *Ann. Chem.*, **258**, 46, 1890].

L'*éther diméthylique* fond à 3° (Baeyer).

L'*éther diphénylique* fond à 107° [Herb, Hanshofer, *Ann. Chem.*, **258**, 40, 1890].

Amide [Muthmann, *ibid.*, **251**, 307, 1889].

ACIDE Δ_1-TÉTRAHYDROTÉRÉPHTALIQUE,

$$CO^2H.C \lessgtr^{CH\,.\,CH^2}_{CH^2.CH^2} \gtrless CH.CO^2H$$

— On l'obtient en faisant bouillir l'acide Δ_2-tétrahydrotéréphtalique avec une solution de soude [Baeyer, *Ann. Chem.*, **245**, 160, 1888; **251**, 281, 1889] ou en hydrogénant à chaud, par l'amalgame de sodium, l'acide p-phtalique.

Cristaux prismatiques, épais, ne fondant qu'au-dessus de 300° en se sublimant, peu solubles dans l'eau froide, davantage dans l'eau bouillante. Le permanganate en liqueur alcaline transforme cet acide à froid en acide oxalique. Le brome (4 atomes) engendre, à 200°, l'acide téréphtalique [Einhorn, Willstätter, *Ann. Chem.*, **280**, 94, 1894]. *Sel* de Ba [Muthmann, *ibid.*, **245**, 161, 1888].

L'éther diméthylique fond à 39° (Baeyer).

L'éther diphénylique fond à 145° [Muthmann, Herb, *Ann. Chem.*, **258**, 32, 1890].

Acide dibromotétrahydrotéréphtalique. — *L'éther diméthylique*,

$$CH^3O.CO.CBr \lessgtr^{CHBr.CH}_{CH^2.CH^2} \gtrless C.CO^2.CH^3$$

a été préparé par l'action du brome sur l'acide $\Delta_{1.3}$-dihydrotéréphtalique, tous deux dissous dans le chloroforme [Herb, *Ann. Chem.*, **258**, 23, 1890]. Il fond à 64°.

Acide $\Delta_{1.4}$-dibromodihydrotéréphtalique. — Obtenu en saturant, à 0°, l'éther méthylique par HBr. La potasse alcoolique le transforme à chaud en acide téréphtalique [Baeyer, *Ann. Chem.*, **245**, 156, 1888].

L'éther diméthylique, $C^8H^6Br^2O^4(CH^3)^2$ fond à 90°; il donne avec le brome la *combinaison*

$$C^9H^9Br^3O^4 = CBr \lessgtr^{CHBr.CH^2}_{CH^2\,.\,CH} \gtrless CBr.CO^2.CH^3$$

(CO—O bridging)

(Baeyer).

Acide $\Delta_{1.5}$-dibromodihydrotéréphtalique. — Poudre cristalline soluble dans l'acide acétique [Herb, *Ann. Chem.*, **258**, 20, 1890].

Acide $\Delta_{2.5}$ cis-trans dibromodihydrotéréphtalique. — *L'éther diméthylique*,

$$CH^3O.CO.CH \lessgtr^{CHBr.CHBr}_{CH = CH} \gtrless CH.CO^2.CH^3$$

est en cristaux tabulaires, solubles dans la ligroïne, fondant à 110°. La poudre de zinc et l'acide acétique redonnent l'acide $\Delta_{2.5}$-dihydrotéréphtalique [Muthmann, *Ann. Chem.*, **258**, 12, 1890].

ACIDES HEXAHYDROPHTALIQUES. — Ces acides présentent aussi entre eux des relations du même genre que celles qui rattachent l'acide maléique à l'acide fumarique; autrement dit, ils constituent deux à deux la forme fumaroïde et la forme malénoïde d'un même acide. Ces faits s'interprètent, comme précédemment, par une stéréo-isomérie géométrique, analogue à celle développée par l'acide maléique et l'acide fumarique.

ACIDE TRANS-HEXAHYDRO-O-PHTALIQUE (forme fumaroïde),

$$\begin{array}{l} CH^2.CH^2.CH.CO^2H \\ | \qquad\qquad | \\ CH^2.CH^2.CH.CO^2H \end{array}$$

a) *Modification racémique* [Ciamician, Silber, *D. chem. G.*, **30**, 505, 1897; — Einhorn, *Ann. Chem.*, **300**, 171, 174, 1898; — Werner, Conrad, *D. chem. G.*, **32**, 3048, 1899].

On le prépare en faisant agir l'acide iodhydrique en solution acétique sur l'acide Δ_2-tétrahydroorthophtalique et traitant le produit obtenu par l'amalgame de sodium.

Cristaux lamellaires fondant à 221°, presque insolubles dans l'eau. Il distille sans décomposition. On a préparé son *sel de quinine*, ses *sels alcalins* et son *sel de calcium*.

b) *Modification-d.* — Poudre cristalline fusible à 179-183°, plus soluble que l'acide racémique (Werner, Conrad). *Sels de quinine, sels alcalins.*

c) *Modification-l.* — Elle fond à 179-183° (Werner Conrad). On connaît le *sel de quinine*.

Ethers monométhyliques (3 modifications).

L'éther racémique fond à 96°. Les *éthers des acides d* et *l* fondent à 39° (Werner, Conrad).

Ethers diméthyliques (2 modifications: éther-*d*, éther-*l*) (Werner, Conrad).

Anhydride,

$$C^6H^{10} \lessgtr^{CO}_{CO} \gtrless O$$

— On l'obtient en chauffant l'acide actif avec 4 parties de chlorure d'acétyle. Il fond à 164° [Werner, Conrad; — Astié, *Ann. Chem.*, **258**, 216, 1890].

L'amide de l'acide racémique, $OH.OC.C^6H^{10}.CO.AzH^2$ (Werner, Conrad), fond à 196°.

Acide dibromo-3.6-transhexahydrophtalique [Astié, *Ann. Chem.*, **258**, 193, 1890; — Baeyer, *ibid.*, **269**, 197, 1892; **258**, 217, 1890].

ACIDE CIS-HEXAHYDRO-O-PHTALIQUE (forme malénoïde), $C^6H^{10}(CO^2H)^2$.

Il se forme en même temps que l'acide trans quand on hydrogène, à chaud, l'acide Δ_1-tétrahydrophtalique par l'amalgame de sodium [Baeyer, *Ann. Chem.*, **258**, 217, 18, 1890; — Werner, Conrad, *D. chem. G.*, **32**, 3054, 1899]. Il est cristallisé, fusible à 192°, plus soluble dans l'eau que son isomère. On connaît les *sels de K, de Ba, de Zn* et *de quinine*.

Anhydride. — Il fond à 32° et bout à 145° sous 18 millimètres (Baeyer). Il se forme quand on chauffe l'acide au-dessus de son point de fusion.

ACIDE HEXAHYDROISOPHTALIQUE,

$$\begin{array}{l} CO^2H-CH-CH^2-CH-CO^2H \\ \qquad\quad | \qquad\qquad | \\ \qquad CH^2-CH^2-CH^2 \end{array}$$

— On connaît 2 isomères qui se forment quand on traite, à 50°, l'acide isophtalique en solution alcaline par l'amalgame de sodium [Villiger, *Ann. Chem.*, **276**, 259, 1893; — Perkin, *Chem. Soc.*, **60**, 1891].

L'acide trans est séparé de son isomère en se fondant sur la solubilité de son sel de calcium dans l'eau. Il fond à 119°. Il est plus soluble que l'acide cis. Celui-ci fond à 163°.

L'anhydride cis fond à 189° et peut être distillé sans décomposition.

Dérivés bromés [Goodwin, Perkin, *J. Chem. Soc.*, **87**, 841, 1905; — Perkin, Lickles, *Proc. Chem. Soc.*, **21**, 75, 1905].

Acide hydroxy-trans-hexahydroisophtalique. — Il fond à 160° (Goodwin, Perkin).

ACIDE HEXAHYDROTÉRÉPHTALIQUE,

$$CO^2H.CH \lessgtr^{CH^2-CH^2}_{CH^2-CH^2} \gtrless CH.CO^2H$$

— [Hermann, *D. chem. G.*, **21**, 1954, 1888; — Perkin, *Chem. Soc.*, **85**, 416, 1904].

Acide trans-hexahydrotéréphtalique (forme fumaroïde), $C^6H^8H.CO^2H.CO^2H.H.$ — On l'obtient soit par réduction de l'acide tétrahydrotéréphtalique au moyen de HI [Baeyer, *D. chem.*

G., **19**, 1086, 1886], soit en versant peu à peu de la poudre de zinc dans une solution acétique chaude d'acide bromohexahydrotéréphtalique [Baeyer, *Ann. Chem.*, **245**, 170, 1888], soit en chauffant à 220° l'acide hexaméthylène-tricarbonique,

$$CO^2H \cdot CH \begin{matrix} \diagup CH^2 \cdot CH^2 \diagdown \\ \diagdown CH^2 \cdot CH^2 \diagup \end{matrix} C(CO^2H)^2$$

[Mackensie, Perkin, *Chem. Soc.*, **61**, 275, 1892].

Il fond à 300°. Il est assez soluble dans l'eau bouillante, très soluble dans l'alcool et l'acétone. Chauffé avec 6 atomes de brome, à 200°, il donne l'acide téréphtalique [Einhorn, Willstätter, *Ann. Chem.*, **280**, 95, 1894].

Sels acides. — [Smith, *Zeit. physiol. Chem.*, **25**, 193, 1898]

L'*éther diméthylique* fond à 58° [Baeyer, Muthmann, *Ann. Chem.*, **245**, 171, 1888; — Herb, *ibid.*, **258**, 41, 1890].

L'*éther diphénylique* fond à 151° (Muthmann, Herb).

Acide cis-hexahydrotéréphtalique (forme malenoïde), $C^6H^8 \cdot H \cdot CO^2H \cdot H \cdot CO^2H$. — [Knœvagel et Bergdolt, *D. chem. G.*, **36**, 2857, 1903].

Il se produit dans la réduction de l'acide dibromohexahydrotéréphtalique [Baeyer, *Ann. Chem.*, **245**, 172, 1888] ou des dérivés hydrobromés de l'acide tétrahydroparaphtalique. Il fond à 161-162°. Son *éther diméthylique* est liquide.

Acide bromohexahydrotéréphtalique $C^6H^9Br(CO^2H)^2$ et dérivés (Voyez Baeyer, Muthmann, Herb).

Acide dibromohexahydrotéréphtalique. $C^6H^8Br^2(CO^2H)^2$ et dérivés [Baeyer, Herb, Muthmann; — Hanshofer, *Ann. Chem.*, **258**, 37, 1890].

Acide tétrabromohexahydrotéréphtalique. $C^6H^6Br^4(CO^2H)^2$ et dérivés (Herb, Muthmann).

Dérivé iodé. $C^8H^{11}IO^4$. — [Herb, *Ann. Chem.*, **258**, 42, 1890].

Décembre 1906. A. Bouchonnet.

PHTALIQUES (ALDÉHYDES) — ALDÉHYDE-O-PHTALIQUE. — *Préparation.* — 1° On fait bouillir le tétrachloro-o-oxylène avec de l'eau [Colson, Gautier, *Ann. Chim. Phys.*, (7), **11**, 26, 1897]. On neutralise avec CO^3K^2 et on épuise à l'éther.

2° On saponifie partiellement le tétraacétate-o-phtalaldéhyde avec SO^4H^2 à 5 0/0 et on distille dans un courant de vapeur d'eau [Thiele, Winter, *Ann. Chem.*, **311**, 360, 1900].

Cristaux jaunes sentant la benzaldéhyde, fondant à 55-56°, assez solubles dans l'eau et les solvants organiques. L'o-phtalaldéhyde est oxydée par CrO^3 et donne peu à peu l'acide phtalique.

Tétraacétate $C^6H^4[CH(OC^2H^3O)^2]^2$. — On l'obtient par oxydation de l'o-xylène. Cristaux fusibles à 132-133° (Thiele et Winter).

PHTALALDOXIME $C^6H^4(CH = AzOH)^2$. — Elle fond à 245° [Münchmeyer, *D. chem. G.*, **20**, 509, 1887].

ALDÉHYDE M-PHTALIQUE — Longs cristaux fondant à 89-90° [Meyer, *D. chem. G.*, **20**, 2005; — Baeyer, D.R.P. 121788; *Centr. Blat.*, II, 70, 1991].

Tétraacétate $C^6H^4[CH(O \cdot C^2H^3O)^2]$. — Cristaux prismatiques solubles dans l'alcool méthylique, fondant à 101°.

ISOPHTALALDOXIME $C^6H^4(CH = Az \cdot OH)$. — Cristaux lamellaires solubles dans l'alcool [Münchmeyer, *D. chem. G.*, **20**, 508, 1887], fondant à 180° [Meyer, *ibid.*, **20**, 2005, 1887].

L'éther diméthylique $C^8H^6Az^2(O \cdot CH^3)^2$ fond à 77°. — *L'éther diéthylique* $C^8H^6Az^2(OC^2H^5)^2$ fond à 165° (Münchmeyer).

ALDÉHYDE P-PHTALIQUE ou TÉRÉPHTALIQUE. — *Préparation.* — 1° On fait agir l'acide azotique fumant sur le dibromo-1.4-p-xylène [Löw, *D. chem. G.*, **18**, 2073].

2° On fait bouillir, pendant 6 à 8 heures, 1 p. de tétrachloro-p-xylène avec 150 p. d'eau et on neutralise ensuite avec la soude [Colson, Gautier, *Bull. Soc. Chim.*, (2), **45**, 508, 1886; — Colson, *ibid.*, **42**, 154, 1885].

3° On porte à l'ébullition 1 p. de dibromo-1.4-p-xylène avec 3 p. SO^4H^2 et 20 p. d'eau, on précipite par SO^4Na^2 et on filtre. L'aldéhyde cristallisée est lavée à la soude [Löw, *Ann. Chem.*, **231**, 363, 1885].

4° On porte à 130° 1 p. de tétrabromoxylène avec 3 p. de SO^4H^2 et on verse le produit de la réaction dans l'eau [Hönig, *Mon. f. Chem.*, **9**, 1153, 1888].

5° On fait bouillir le tétraacétate correspondant avec HCl étendu [Thiele et Winter, *Ann. Chem.*, **311**, 358, 1901].

Propriétés. — Chauffée avec de l'anhydride acétique et de l'acétate de sodium, elle fournit l'acide p-phénylène-diacrylique $C^6H^4(CH = CH \cdot CO^2H)^2$ [Ephraïm, *D. chem. G.*, **34**, 2779, 1901]. Condensation avec l'oxyhydroquinone [Heintschel, *D. chem. G.*, **38**, 2878, 1905].

Tétraacétate $C^6H^4[CH(OC^2H^3O)^2]^2$. — Cristaux lamellaires solubles dans l'alcool, fondant à 164° [Thiele et Winter; — Claussner, *D. chem. G.*, **38**, 2860, 1905].

Aldéhyde nitrotéréphtalique $C^6H^3(AzO^2)(CHO)^2$. — Cristaux rhomboédriques fondant à 86° [Löw, *Ann. Chem.*, **231**, 364, 1885].

Hydrobenzamide-trialdéhyde $Az^2(CH \cdot C^6H^4 \cdot CHO)^3$. — Poudre formée de cristaux microscopiques, insolubles dans l'alcool, l'eau et l'éther [Oppenheimer, *D. chem. G.*, **11**, 575, 1884].

p-Xylylidènediamine $C^6H^4(CH = AzH)^2$. — On l'obtient en faisant passer un courant d'ammoniac dans une solution alcoolique d'aldéhyde téréphtalique (Oppenheimer).

TÉRÉPHTALALDOXIME $C^6H^4(CH = Az \cdot OH)^2$. — Cristaux fusibles à 200° [Westenberger, *D. chem. G.*, **16**, 2995, 1883]. *L'éther diéthylique* $C^6H^4(CH = Az - OC^2H^5)^2$ fond à 55°. Le *diacétate* $C^6H^4(CH \cdot Az \cdot O \cdot C^2H^3O)^2$ fond à 155° (Westenberger).

La *combinaison* $C^6H^4(CH^2 \cdot O \cdot CHBr \cdot C^6H^4 \cdot CHO)^2$ [Löw, *D. chem. G.*, **18**, 2073, 1884] fond à 80°. Décembre 1906. A. Bouchonnet.

PHTALIQUE (ANHYDRIDE),

$$C^6H^4 \begin{matrix} \diagup CO \diagdown \\ \diagdown CO \diagup \end{matrix} O$$

[Fittig, Salomon, *Ann. Chem.*, **314**, 74, 1901; — Dunlap, *Am. Ch. Journ.*, **16**, 337, 1896; — Lackowicz, *D. chem. G.*, **17**, 1283, 1884].

Préparation. — Il a été obtenu :

1° En chauffant, à 170°, du nitrosite d'α-γ-dicétohydrindène [Schmidt, *D. chem. G.*, **33**, 547, 1900];

2° En portant à 200° de l'acide phtalonique [Graebe, Trumphy, *D chem. G.*, **31**, 370, 1898];

3° En faisant agir P^2O^5 sur l'acide phtalique dissous dans le phénol [Bakunine, *Gazz. ch. ital.*, **30**, II, 361, 1904];

4° En agitant une solution de phtalate de sodium avec 2 fois son poids d'anhydride acétique [Oddo, Manuelli, *Gazz. ch. ital.*, **26**, II, 482, 1896];

5° En décomposant par la chaleur l'acide dimétylaniline-phtaloylique,

$$C^6H^4 \begin{matrix} \diagup CO^2H \\ \diagdown CO \cdot C^6H^4Az(CH^3)^2 \end{matrix}$$

[Limpricht, *Ann. Ch.*, **307**, 305, 1899];

6° En chauffant, au-dessus de 237°, la chrysoquinone; on obtient en même temps du diphtalyle [*Ann. Chem.*, **311**, 257, 1900].

Propriétés. — Il fond à 128°, bout à 276° sous 760 mm. [Graebe, *D. chem. G.*, **17**, 1176, 1884]. Action de l'eau [v. der Stadt, *Zeit. phys. Chem.*, **41**, 353, 1902; **31**, 250, 1900]. L'anhydride phtalique chauffé avec de la pyrocatéchine et de l'acide sulfurique donne de l'hystazarine $C^{14}H^{6}O^{2}(OH)^{2}$ et un peu d'alizarine. Il se combine avec l'éther acétique et fournit le tribenzoylbenzène et l'éther phtalaconecarbonique [Gabriel, *D. chem. G.*, **17**, 1389, 1884].

Si l'on chauffe doucement un mélange d'anhydride et d'acétate de sodium, il se forme de l'éthine diphtalide $C^{18}H^{10}O^{4}$; en élevant davantage la température, on obtient un mélange d'éthine diphtalide, d'isoéthine diphtalide, de phtalyléthylidène et l'anhydride $C^{11}H^{8}O^{4}$ d'un acide $C^{11}H^{10}O^{5}$ [Piutti, *Gazz. ch. ital.*, **16**, 251, 1886].

L'eau oxygénée le transforme en *monoperacide phtalique* $CO^{2}H.C^{6}H^{4}.CO.O.OH$ et *acide peroxyde phtalique* $CO^{2}H.C^{6}H^{4}.CO.O.O.CO.C^{6}H^{4}CO^{2}H$ [Baeyer et Villiger, *D. chem. G.*, **34**, 763, 1901].

Avec l'iodure d'isopropyle et la poudre de zinc, on obtient de l'isopropylphtalide et d'autres produits [Gucci, *D. chem. G.*, **28**, II, 501, 1898].

Il s'unit facilement aux alcools terpéniques primaires et donne des éthers phtaliques acides; avec les alcools secondaires, la réaction est plus lente et incomplète; avec les alcools tertiaires pas de réaction.

Chauffé avec l'acide tricarballylique et de l'acétate de soude, il donne la cétodilactone de l'acide β-phtaloxylglutarique [Fittig, Salomon, *Ann. Ch.*, **314**, 74, 1901].

Avec la thiocarbanilide, il fournit entre autres produits, à 130°, de l'acide phtalanilique, et à 170° du phtalanile [Dunlap, *Am. Soc.*, **18**, 337, 1896]. Il réagit sur l'iodure d'isopropyle, en présence de zinc, et donne l'isopropylphtalide [Gucci, *Atti dei Lincei*, **10**, 473, 1901].

Action de I et de KI [Clover, *Am. Ch. Journ.*, **31**, 256, 1903].

Il se combine avec $SbCl^{5}$ [Rosenheim, *D. chem. G.*, **34**, 3377, 1901; — Rosenheim, Lœwenstamm, *ibid.*, **35**, 1115, 1902].

Avec la benzidine, il donne l'*acide biphénylène-4-4-diamidophtalique*,

$$C^{6}H^{4}\Big\langle\begin{matrix}CO.AzH.C^{6}H^{4}\\ |\\ CO.AzH.C^{6}H^{4}\end{matrix}$$

Koller, *D. chem. G.*, **36**, 2880, 1904].

Action sur les composés organo-magnésiens, voyez Bauer [*D. chem. G.*, **38**, 240, 1905] et Pickles, Weizmann [*Proc. Chem. Soc.*, **20**, 201, 1904].

Action sur les diamines aromatiques [Koller, *D. chem. G.*, **37**, 2880, 1904].

Action sur la phénylhydrazine et le chlorhydrate de semicarbazide [Wegscheider et Bondi, *Journ. Am. Chem. Soc.*, **27**, 1091, 1905].

Condensation avec les diméthyl-, diéthyl- et éthylbenzyl-anilines [Haller et Guyot, *Bull. Soc. Ch.*, **25**, 168, 1901]; avec les éthers des m-dialcoylaminophénols [Grimaux, *Bull. Soc. Ch.*, **25**, 215, 1901]; avec le cyanure o-tolylacétique [Golberg, *D. chem. G.*, **33**, 2818, 1900]; avec le p-aminophénol [Meyer, *Mon. f. Chem.*, **21**, 263, 1900]; avec l'oxyhydroquinone [Liebermann, *D. chem. G.*, **34**, 2299, 1901]; avec les m-méthyl, éthyl- et benzyl-aminophénols [Schentz, Gnehm, *Journ. prakt. Chem.*, **63**, 1405, 1901]; avec l'hydroquinone [Thiele, Jaeger, *D. chem. G.*, **34**, 2647, 1901]; avec la méthyl-3-pyridazine [Poppenberg, *D. chem. G.*, **34**, 3257, 1901]; avec la quinaldine [*D. chem. G.*, **35**, 2297, 1902]; avec l'oxy-4-isocarbostyrile [Gabriel, Colman, *D. chem. G.*, **35**, 2421, 1902]; avec le nitrométhane [Gabriel, *D. chem. G.*, **36**, 570, 1903]; avec les diamines [Meyer, *Ann. Ch.*, **327**, 1, 1903]; avec l'acénaphtène [Graebe, *ibid.*, **327**, 77, 1903]; avec les phénylène-diamines et les nitranilines [Meyer, *ibid.*, **327**, 1, 1903]; avec la thalline [Renz, Hoffmann, *D. chem. G.*, **37**, 1962, 1904]; avec la lutidine [Scholtze, *ibid.*, **38**, 2806, 1905]; avec l'épichlorhydrine [Weinschenck, *Chem. Zeit.*, **29**, 1311, 1905].

PEROXYDE DE PHTALYLE,

$$C^{6}H^{4}\Big\langle\begin{matrix}CO-O\\ |\\ CO-O\end{matrix}$$

— Il fond à 133°,6 [Pechmann, Vanino, *D. chem. G.*, **27**, 1511, 1894; — Vanino, *ibid.*, **30**, 2005, 1897]. Le corps des animaux en contient [Nenek, Zaleski, *Zeit. f. phys. Ch.*, **27**, 497, 1902].

Anhydride borophtalique, $(C^{6}H^{4}C^{2}O^{4})^{3}B^{2}$. — Il cristallise dans l'acétone ou le chloroforme en prismes, fondant à 165° [Pictet, Geleznoff, *D chem. G.*, **36**, 2219, 1903].

Les dérivés de substitution de l'anhydride o-phtalique sont décrits avec les acides correspondants. Décembre 1906. A. Bouchonnet.

PHTALIQUES (NITRILES), $C^{6}H^{4}(CAz)^{2}$. — NITRILE O-PHTALIQUE. — Cristaux très peu solubles dans l'eau froide, solubles dans l'alcool, l'éther et le chloroforme [Pinnow, Samaun, *D. chem. G.*, **29**, 630, 1896; — Posner, *ibid.*, **30**, 1698, 1897].

NITRILE ISOPHTALIQUE, $C^{6}H^{4}(CAz)^{2}$. — Kaufler, [*Mon. f. Chem.*, **22**, 1073, 1902] l'obtient en chauffant la m-phénylène-dicarbylamine. Il fond à 162° [Reinglass, *D. chem. G.*, **24**, 2416, 1891; — Bogert, *J. Am. Chem. Soc.*, **26**, 464, 1904; — Billeter, Steiner, *D. chem. G.*, **20**, 231, 1887; — Kaufler, *D. chem. G.*, **34**, 1577, 1901].

NITRILE TÉRÉPHTALIQUE. — On l'obtient par saponification de l'acide p-cyanobenzoïque [Kattwinkel et Wollfenstein, *D. chem. G.*, **34**, 2423, 1901], ou en chauffant à 250° la p-phénylène-dicarbylamine [Kaufler, *Mon. f. Chem.*, **22**, 1073, 1902]. *Combinaison* $C^{6}H^{4}(Cl^{2}.AzH^{2})^{2}$, précipité rouge foncé [Biltz, *D. chem. G.*, **25**, 2543, 1892]. Décembre 1906. A. Bouchonnet.

PHTALONAMIQUE (ACIDE). — Voy. l'art. PHTALONIQUE (ACIDE).

PHTALONES. — [Huber, *D. chem. G.*, **36**, 1653, 1903; — Eibner, *ibid.*, **36**, 1860, 1903; **37**, 3605, 1904].

Les bases pyridiques et quinoléiques donnent naissance à une série de matières colorantes, par l'action de l'anhydride phtalique. Ces matières colorantes ont été nommées phtalones [Jacobsen, Reimer, *D. chem. G.*, **16**, 2602, 1883].

Phtalone de l'éthénylaminothiophénol. — Jacobsen [*D. chem. G.*, **21**, 2624, 1888] a préparé cette phtalone en chauffant, à 180-200°, pendant 4 heures, un mélange en proportions moléculaires de mésométhylbenzothiazol et d'anhydride phtalique, avec un peu de chlorure de zinc.

On reprend la masse fondue par HCl et on fait cristalliser dans l'acide acétique. Cette combinaison fond au-dessus de 230° et se sublime presque sans décomposition. Sa constitution est :

$$C^{6}H^{4}\Big\langle\begin{matrix}Az\\ S\end{matrix}\Big\rangle C.CH=C^{2}O^{2}=C^{6}H^{4}$$

Le jaune de quinoléine est constitué par la *quino-phtalone*,

$$C^{6}H^{4}\Big\langle\begin{matrix}C=CH.C^{9}H^{6}Az\\ \quad >O\\ CO\end{matrix}$$

— [Eibner et Lange, *Ann. Chem.*, **315**, 305, 1901].

L'o-méthylquinophtalone,

$$C^6H^4 < \begin{matrix} CO \\ CO \end{matrix} > CH \cdot C^{10}H^8Az$$

provient de la condensation, en présence de $ZnCl^2$, d'o-méthylquinaldine et d'anhydride phtalique. Aiguilles jaunes fusibles à 117°. On connaît le *monobromure* et le *tétrabromure* [Gaebelé, *D. chem. G.*, **36**, 3913, 1903 ; — Beyer, *J. prakt. Chem.*, (2), **33**, 407, 1886].

— Condensation avec les amines primaires : le *dérivé*

$$C^6H^4 \begin{array}{l} \diagup CO \\ \quad\quad > CH \cdot C^{10}H^8Az \\ \diagdown C=Az \cdot CH^3 \end{array}$$

fond à 198° [Gaebelé, *D. chem. G.*, **36**, 3913, 1903].

La *p-méthylquinophtalone*, $C^{19}H^{13}AzO^2$, est obtenue en chauffant à 200° un mélange de p. méthylquinaldine, d'anhydride phtalique et de chlorure de zinc. Elle fond à 50° (Jacobsen).

La *picoline phtalone* $C^{14}H^9AzO^2$ se prépare en faisant agir de l'anhydride phtalique sur la picoline. Aiguilles fusibles à 100° (Jacobsen).

Phtalone de la lutidine, $C^{15}H^{11}AzO^2$. — Elle provient de la condensation de l'α-p-lutidine avec l'anhydride phtalique ; elle fond à 262° [Langer, *D. chem. G.*, **38**, 3704, 1905].

p-Toluquinophtalone,

$$C^6H^4 \begin{array}{l} \diagup C=CH \cdot C^9H^5Az \cdot CH^3 \\ \quad\quad >O \\ \diagdown CO \end{array}$$

— Elle cristallise dans l'alcool chaud en longues aiguilles jaune d'or fondant à 231-232°.

On connaît les dérivés *mono-* et *tribromés* et un *dérivé nitré*.

L'*anilido p-toluquinophtalone*, prismes jaune brun, fond à 132° [Eibner et Simon, *D. chem. G.*, **34**, 2303, 1901].

Phtalone de la diméthylquinoléine,

$$C^6H^4 < \begin{matrix} C(=CH \cdot C^9H^5AzCH^3) \\ CO \end{matrix} > O$$

— Elle fond à 237°.

Phtalone de la méthoxydiméthylquinoléine. — Elle fond à 272° [Kœnigs, Mengel, *D. chem. G.*, **37**, 1322, 1904].

p-Tolu-α-quinophtaline,

$$C^6H^4 \begin{array}{l} \diagup C=CH \cdot C^9H^5 \cdot AzCH^3 \\ \quad\quad >O \\ \diagdown C=AzH \end{array}$$

— On l'obtient par l'action de AzH^3 en solution alcoolique sur la phtalone à 200°. Elle cristallise dans l'alcool en aiguilles rouge brique fondant à 270-271°.

p-Tolu-β-quinophtaline,

$$C^6H^4 \begin{array}{l} \diagup C=CH \cdot C^9H^5 \cdot AzCH^3 \\ \quad\quad >C=AzH \\ \diagdown O \end{array}$$

— Elle fond à 209° [Eibner et Simon, *D. chem. G.*, **34**, 2303, 1901].

PYROPHTALINES. — Les pyrophtalines proviennent de la condensation des phtalones avec les amines primaires ou avec AzH^3.

L'*α-pyrophtaline*

$$C^6H^4 \begin{array}{l} \diagup C=CH \cdot C^5H^4Az \\ \quad\quad >O \\ \diagdown C=AzH \end{array}$$

s'obtient en faisant agir l'isopyrophtalone

$$C^6H^4 \begin{array}{l} \diagup CO \\ \quad\quad >O \\ \diagdown C=CH \cdot C^5H^4Az \end{array}$$

sur l'ammoniac en solution alcoolique, en tube scellé à 200°. Aiguilles rouges fondant à 185°.

On obtient une phtaline isomère en condensant l'α-picoline avec la phtalimide, en présence de $ZnCl^2$; c'est la *β-pyrophtaline*, fusible à 255°.

On connaît les *chloroplatinates*, *chloraurates*, *chlorhydrates*, *picrates*, *sulfates* de ces deux phtalines [Huber, *D. chem. G.*, **36**, 1653, 1903].

L'*α-phénylpyrophtaline*

$$C^6H^4 \begin{array}{l} \diagup CO \\ \quad\quad >CH \cdot C^{10}H^8Az \\ \diagdown C=AzH \end{array}$$

qui provient de la condensation de la méthylquinophtalone avec AzH^3, se présente en lamelles rouges fondant à 307°.

Le *dérivé Az éthylique* $(=Az \cdot C^2H^5)$ fond à 194° ; le dérivé butylique normal fond à 168° ; le *dérivé benzylique* fond à 211° ; le dérivé *mésitylique* fond à 230° [Gaebelé, *D. chem. G.*, **36**, 3913, 1903].

PYROPHTALONES. — La *pyrophtalone symétrique*

$$C^6H^4 < \begin{matrix} CO \\ CO \end{matrix} > C=CH \cdot C^5H^4Az$$

a été préparée avec d'excellents rendements en chauffant des quantités équimoléculaires d'anhydride phtalique et d'α-picoline, au bain d'huile à 200°, avec du chlorure de zinc. La pyrophtalone cristallise en feuillets jaunes, fondant à 260°.

Le *chlorhydrate* fond à 72° ; le *nitrate* à 135° ; le *chloroplatinate* à 175° ; le *chloraurate* à 146-147° ; le *picrate* à 126° ; l'*iodométhylate* à 130° ; le *benzoate* à 36-37°.

Anile et *phénylhydrazone* de la phtalone [Eibner et Löbering, *D. chem. G.*, **39**, 2447, 1906].

On obtient l'*isopyrophtalone* ou pyrophtalone dissymétrique,

$$C^6H^4 \begin{array}{l} \diagup C=CH \cdot C^5H^4Az \\ \quad\quad >O \\ \diagdown CO \end{array}$$

en chauffant l'anhydride phtalique avec l'α-picoline, en tube scellé, à 230° ; on la prépare également en traitant l'α-picoline par le chlorure de phtalyle en milieu benzénique.

Elle forme des feuilles jaune orangé, fondant à 280°, plus solubles dans l'alcool que la pyrophtalone.

On connaît les *dérivés monobromé*, *tribromé*, *tétrabromé* et *mononitré* de cette phtalone ; elle donne aussi une *oxime* fondant à 240°, une *phénylhydrazone* fondant à 123-127° [Huber, *D. chem. G.*, **36**, 1653, 1903 ; — Eibner et Löbering, *D. chem. G.*, **39**, 2447, 1906].

Réduites en solution alcaline par la poudre de zinc, les pyrophtalones sym. et dissym. donnent toutes les deux l'acide dihydrostilbazol-o-carbonique

$$C^6H^4 \begin{array}{l} \diagup CH^2-CH^2 \cdot C^5H^4Az \\ \quad\quad >O \\ \diagdown CO \end{array}$$

[Gaebelé, *D. chem. G.*, **36**, 3913, 1903].

γ-Pyrophtalone. — Cette phtalone a été obtenue par Düring [*D. chem. G.*, **38**, 161, 1903] en chauffant des quantités équimoléculaires de γ-picoline et d'anhydride phtalique, avec un peu de $ZnCl^2$, pendant 5 heures, à 200°. Elle contient une molécule d'eau de cristallisation qu'elle perd à 105°; elle fond au-dessous de 300° et est soluble dans l'acide acétique et l'alcool.

L'*α-méthyl-α-pyrophtalone*

$$C^6H^4 \begin{cases} C = CH \cdot C^5H^3AzCH^3 \\ > O \\ CO \end{cases}$$

se forme quand on chauffe 1 mol. de lutidine avec 2 mol. d'anhydride phtalique, en présence de $ZnCl^2$, à 170°. Cristaux rouges fondant à 210-211° [Scholtz, *D. chem. G.*, **38**, 2806, 1905].

L'*α-phénylpyrophtalone* $C^{20}H^{13}AzO^2$ a été préparée par condensation de l'anhydride phtalique avec l'α-méthyl-α'-phénylpyridine. Poudre jaune d'or fondant à 263°. Le *tétrabromure* fond à 237°; le *monobromure* à 131°; le *chlorhydrate* à 177°; le *chloromercurate* à 98°; le *benzoate* à 155° [Gaebelé, *D. chem. G.*, **36**. 3913, 1903].

PHTALONIQUE (ACIDE) ou Acide carboxyphénylglyoxylique,

$$C^6H^4 \begin{cases} CO^2H \\ CO \cdot CO^2H \end{cases}$$

— Il se forme quand on oxyde, par le permanganate, le naphtalène ou l'acide naphtalénique [Graebe, Bossel, *D. chem. G.*, **26**, 1797, 1893; — Ullmann, Uzbachian, *ibid.*, **36**, 1797, 1903]. On l'obtient encore à partir de l'acide acétophénone o-carbonique [Gabriel, *ibid.*, **36**, 570, 1903]; ou du bis-dicétohydrindène [Gabriel, Leupold, *ibid.*, **31**, 115, 1898]; ou encore par l'action lente de AzO^3H sur le tétrachlorocétohydrindène [Zincke et Fries, *Ann. Chem.*, **334**, 342, 1904].

L'acide phtalonique cristallise avec 2 mol. d'eau qu'il perd lentement à 80-100° et plus rapidement à 110-120°; l'acide anhydre fond à 144°,5 [Süss, *Mon. f. Chem.*, **26**, 1331, 1905]. Lorsqu'on chauffe l'acide phtalonique, il se forme non seulement de l'acide phtalique, mais encore de l'acide phtalaldéhydique.

Traité par l'amalgame de sodium, il se transforme en *acide phtalide carbonique*,

$$C^6H^4 \begin{cases} CH \cdot CO^2H \\ > O \\ CO \cdot O \end{cases}$$

[Graebe, Trumpy, *D. chem. G.*, **31**, 369, 1899].

L'hydroxylamine fournit, suivant les conditions, une *oxime*

$$C^6H^4 \begin{cases} C \begin{cases} CO^2H \\ = Az \end{cases} \\ | \\ CO \cdot O \end{cases}$$

ou de la phtalimide.

Condensation avec l'o. phénylène diamine [Mannelli et Silvestri, *Gazz. chim. ital.*, **34**, I, 493, 1904; — Mannelli et Maselli, *ibid.*, **35**, II, 572, 1905].

Ether méthylique. — Il fond à 66-68° [Wegscheider, Glogau, *Mon. f. Chem.*, **24**, 915, 1903; — Glogau, *ibid.*, **25**, 391, 1904].

Imide,

$$C^6H^4 \begin{cases} CO - AzH \\ | \\ CO - CO \end{cases}$$

— Cristaux jaunes solubles dans l'eau [Gabriel, Colman, *D. chem. G.*, **35**, 2421, 1902; **33**, 996, 1900]. Cette imide se forme en oxydant l'oxyisocarbostyrile par l'acide azotique fumant.

Elle fond à 220° en se décomposant. Elle se dissout dans la soude; un léger excès d'acide chlorhydrique précipite l'*acide phtalonamique*,

$$C^6H^4 \begin{cases} CO \cdot CO^2H \\ CO \cdot AzH^2 \end{cases}$$

Si on laisse séjourner le chlorhydrate de phénylènediamine avec une solution bouillante de phtalimide, on obtient la réaction :

$$C^6H^4 \begin{cases} AzH^2 \\ AzH^2 \end{cases} + \begin{matrix} OC \text{———} C^6H^4 \\ | \qquad\qquad | \\ OC - AzH - CO \end{matrix}$$

$$C^6H^4 \begin{cases} Az = C \text{———} C^6H^4 \\ \qquad\quad | \qquad\quad | \\ Az = C - AzH - CO \end{cases} + 2H^2O$$

Le produit formé se présente en petits cristaux jaunes, fusibles à 267°.

Décembre 1906. A. Bouchonnet.

PHTALOPHÉNONE (Diphénylphtalide),

$$C^6H^4 \begin{cases} C = (C^6H^5)^2 \\ | \\ CO^2 \end{cases}$$

(Voyez 1er Suppl., 658). [Friedel et Crafts, *Ann. Phys. Chim.*, (6), **1**, 523, 1884; — Graebe, Léonhardt, *Ann. Chem.*. **290**, 234, 1896; — Hans Meyer, *Mon. f. Chem.*, **25**, 1177, 1904].

La phtalophénone est une lactone que l'on obtient en faisant réagir à chaud le benzène, en présence du chlorure d'aluminium anhydre, sur le chlorure orthophtalique. Elle se forme aussi quand on distille l'acide dibenzoyl-2.3-benzoïque.

Elle cristallise dans l'alcool en lamelles fondant à 115° [Pechmann, *D. chem. G.*, **14**, 1805, 1881; — Meyer, *ibid.*, **33**, 2570, 1900]. Elle bout à 419-428° [Bauer, *ibid.*, **38**, 240, 1905]. A 150°, l'argent en poudre la change en diphtalyle. Condensation avec la phénylhydrazine [Wedel, *D. chem. G.*, **33**, 766, 1900].

Anilide,

$$C^6H^4 \begin{cases} C(C^6H^5)^2 \\ CO \text{———} \end{cases} Az \cdot C^6H$$

— On la prépare en maintenant pendant 7 heures à l'ébullition 1 p. de phtalophénone avec 2 p. chlorhydrate d'aniline [Fischer, Hepp, *D. chem. G.*, **27**, 2793, 1896]. Elle fond à 184°.

Décembre 1906. A. Bouchonnet.

PHTALOYLIQUE (ACIDE).

Acide glycine-phtaloylique, $CO^2H \cdot C^6H^4 \cdot COAzH \cdot CH^2 \cdot CO^2H + H^2O$. — Préparation : On verse, jusqu'à neutralité, de la phtalylglycine dans une lessive chaude de soude [Reese, *Ann. Chem.*, **242**, 6, 1887]. — On peut encore porter à l'ébullition 1 mol. de l'éther éthylique de la phtalylglycine avec 2 mol. de potasse (en solution à 10 0/0) [Gabriel, Kroseberg, *D. chem. G.*, **22**, 427, 1889]. Il fond à 105-106°.

On a décrit les sels de Na et d'Ag.

Acide leucine-phtaloylique, $CO^2H \cdot C^6H^4 \cdot COAzH \cdot CHC^4H^9 \cdot CO^2H$. — On l'obtient par l'action du chlorure de phtalyle sur la leucine, en présence de potasse alcoolique [Reese, *Ann. Chem.*, **242**, 17, 1887; — *D. chem. G.*, **21**, 277, 1888]. Il fond à 130-132°.

On connaît les sels de Na, K, Ba, Ag et Pt.

L'*acide méthylrésorcine-phtaloylique*,

$$C^6H^4 \begin{cases} CO \cdot C^6H^3(OCH^3)^2 \\ CO^2H \end{cases}$$

fond à 164-165° [Quenda, *Gazz. chim. ital.*, **20**, 127, 1890].

Acide phénétol-phtaloylique,

$$C^6H^4 \begin{cases} CO \cdot C^6H^4 \cdot OC^2H^5 \\ CO^2H \end{cases}$$

— Il fond à 135-136° [Grande, *Gazz. chim. ital.*, **20**, 124, 1890].

Acide phtaloylsalicylique.

$$C^6H^4 \begin{matrix} \nearrow CO.C^6H^3(OH)CO^2H \\ \searrow CO^2H \end{matrix}$$

— Cristaux fondant à 115° [Limpricht, *Ann. Chem.*, **303**, 274, 1898].

Acide mésitylène-phtaloylique, $C^6H^2(CH^3)^3.CO.C^6H^4.CO^2H$. — On l'obtient en faisant agir l'anhydride phtalique sur le mésitylène, en présence de chlorure d'aluminium. Il fond à 212° [Gresly, Meyer, *D. chem. G.*, **15**, 639, 1882].

Acide xylène-phtaloylique. — [Gresly, *Ann. Chem.*, **234**, 234, 1887].

Acide p-crésyl-phtaloylique (Gresly).

Acide diméthylaniline-phtaloylique,

$$C^6H^4 \begin{matrix} \nearrow CO.C^6H^4Az(CH^3)^2 \\ \searrow CO^2H \end{matrix}$$

— Il se produit par l'action de l'anhydride phtalique sur un mélange de diméthylaniline et de CS^2 : on ajoute $AlCl^3$ par petites portions [Limpricht, *Ann. Chem.*, **300**, 228, 1898]. Il fond à 205°. On connait les sels de Ba et d'Ag.

L'acide nitrosodiméthylaniline-phtaloylique, $C^6H^4(CO^2H)CO-C^6H^3(AzO)Az(CH^3)^2$, fond à 112-120° ; il cristallise dans l'éther.

Acide nitrosophénolphtaloylique. — Il fond à 188°. On connait son *dérivé nitrosé* (Limpricht).

Acide nitrodiméthylaniline-phtaloylique. $CO^2H.C^6H^4-CO-C^6H^3(AzO^2)Az(CH^3)^2$. — Il fond à 114-115°. On en connait le *sel d'argent* et l'*éther méthylique* [Limpricht, *Ann. Chem.*, **307**, 305, 1899].

Acide diméthylaniline-hydrophtaloylique (Limpricht).

Acide anisolphtaloylique.

$$C^6H^4 \begin{matrix} \nearrow CO.C^6H^4OCH^3 \\ \searrow CO^2H \end{matrix}$$

— [Nourrisson, *Bull. Soc. Chim.*, (2), **46**, 1886]. Il fond à 141-143°.

On connait ses sels de Na, K, Ca, Ba, Ag, Cu.

Décembre 1906. A. Bouchonnet.

PHTALURIQUE (ACIDE) $CO^2H.C^6H^4.CO.AzHCOAzH^2$. — *Préparation.* — On chauffe à 110-120° des poids moléculaires égaux d'anhydride phtalique et d'urée, jusqu'à ce que l'acide carbonique commence à se dégager. Le produit obtenu est lavé à l'eau froide, puis à l'éther et mis à cristalliser dans l'eau bouillante [Piutti, *Ann. Chem.*, **214**, 19, 1882].

Propriétés. — Cristaux tabulaires, insolubles dans l'eau froide, solubles dans l'alcool. Sous l'action de la chaleur, l'acide phtalurique se décompose en CO^2, AzH^3 et phtalimide. On connait les sels de Na, Ba et Ag.

Dérivé de la guanidine $CO^2H.C^6H^4.COAzH.C(AzH)AzH^2$. — Prismes orthorhombiques, solubles dans l'eau chaude, fondant à 202-203° [Michael, *J. prakt. Chem.*, (2), **49**, 42, 1894].

ACIDE THIOPHTALURIQUE $CO^2H.C^6H^4.CO.AzH.CS.AzH^2$. — On l'obtient en chauffant à 130° 1 p. de thiourée avec 2 p. d'anhydride phtalique. Il fond à 171-172° [Piutti, *Ann. Chem.*, **214**, 24, 1882]. Le sel de Ba cristallise avec 7 mol. d'eau.

Décembre 1906. A. Bouchonnet.

PHTALYL.... — Pour les mots qui ne se trouvent pas ici à leur place alphabétique, voyez le mot qui suit ce préfixe.

PHTALYLACÉTIQUE (ACIDE).

$$C^6H^4 \begin{matrix} \nearrow C = CH - CO^2H \\ \quad >O \\ \searrow CO \end{matrix}$$

[Gabriel, *D. chem. G.*, **17**, 2526, 1884 ; — Bulow, *D. chem. G.*, **38**, 474, 1905].

Préparation. — On chauffe 30 gr. d'anhydride phtalique avec 40 gr. d'anhydride acétique et 20 gr. d'acétate de sodium fraîchement fondu, d'abord au bain-marie, puis au bain d'huile pendant 10 minutes à 150-160°, on verse après refroidissement 100 cc. d'eau chaude dans le mélange et on filtre. On lave le contenu du filtre d'abord avec de l'eau chaude et ensuite avec de l'alcool :

$$C^6H^4 \begin{matrix} \nearrow CO \searrow \\ \searrow CO \nearrow \end{matrix} O + O \begin{matrix} \nearrow CO.CH^3 \\ \searrow CO.CH^3 \end{matrix}$$

$$= C^6H^4 \begin{matrix} \nearrow C = CH.CO^2H \\ \quad >O \\ \searrow CO \end{matrix} + CH^3.CO^2H$$

[Gabriel, Neumann, *D. chem. G.*, **26**, 952, 1893].

Propriétés. — Longs cristaux fusibles vers 260°, se décomposant vers 276° [Roser, *D. chem. G.*, **17**, 2620, 1884], insolubles dans l'eau, l'alcool et le benzène, assez solubles dans l'acide acétique chaud.

Ce corps se combine avec l'éthylamine pour donner la *combinaison* $C^{23}H^{24}Az^2O^5$; avec l'aniline, on obtient l'*anilide* $C^{15}H^{13}AzO^2$ [Mertens, *D. chem. G.*, **19**, 2373, 1886]. *Sel d'argent* $AgC^{10}H^5O^4$ (Gabriel, Neumann).

Acide méthylaminobenzoylacétocarbonique $Az(CH^3)CO.C^6H^4.CO.CH^2-CO^2H$. — Il fond à 145° en se décomposant [Gabriel, *D. chem. G.*, **18**, 2452, 1885].

Acide phtalylchloracétique $C^8H^4O^2 = CCl.CO^2H$ [Tincke, Cooksey, *Ann. Chem.*, **255**, 378, 1889].

Cyanophtalylacétate d'éthyle $C^8H^4O^2 = C.(CAz)CO^2.C^2H^5$). — Le *dérivé* α fond à 190-192° [Müller, *Ann. Chim. Phys.*, (7), **1**, 480, 1894]. Le *dérivé* β fond à 140-142°.

Acide β-éthoxyphtalylacétique [Unnertz, *D. chem. G.*, **34**, 3735, 1901].

Décembre 1906. A. Bouchonnet.

PHTALYLAMINOACÉTIQUE (ACIDE) ou PHTALYLGLYCINE,

$$C^6H^4 \begin{matrix} \nearrow CO \searrow \\ \searrow CO \nearrow \end{matrix} Az.CH^2.CO^2H$$

— On l'obtient en faisant agir 1 p. de glycine sur 2 p. d'anhydride phtalique fondu [Drechsel, *J. prakt. Chem.*, (2), **27**, 418, 1883 ; — Reese, *Ann. Chem.*, **242**, 1, 1887] :

$$AzH^2.CH^2CO^2H + C^6H^4(CO)^2O = C^{10}H^7AzO^4 + H^2O.$$

Longs cristaux fusibles à 191-192°, très peu solubles dans l'eau froide, solubles dans l'eau chaude. Après une longue ébullition ce corps se décompose en glycine et acide phtalique.

On connait les sels de Na, Ca, AzH^4, Cu et Pt.

Ether éthylique. — Il fond à 104-105° [Reese, Gödeckemyer, *D. chem. G.*, **21**, 2688, 1888 ; — Radenhausen, *J. prakt. Chem.*, (2), **52**, 441, 1895 ; — Gabriel, Colman, *D. chem. G.*, **33**, 981, 1900].

Gabriel et Colman [*D. chem. G.*, **35**, 2421, 1902] ont préparé le *dérivé β-éthoxylé*

$$C^2H^5.O.C^6H^3 \begin{matrix} \nearrow CO \searrow \\ \searrow CO \nearrow \end{matrix} Az.CH^2.CO^2H$$

fusible à 179° [Johnson, Clapp, *Am. Chem. Journ.*, **32**, 130, 1904].

Phtalylphénylglycine $C^{16}H^{11}O^4Az$. — Feuillets orthorhombiques fondant à 168°, solubles dans l'alcool, l'éther et le chloroforme [Ulrich, *D. chem. G.*, **37**, 1685, 1904].

PHTALYLAMINOCAPROÏQUE (ACIDE).

$$C^6H^4 \begin{matrix} \nearrow CO \searrow \\ \searrow CO \nearrow \end{matrix} Az.CH(CO^2H)C^3H^6.CH^3$$

— On le prépare en faisant réagir 9 p. de leucine

sur 10 p. d'anhydride phtalique fondu [Reese, *Ann. Chem.*, **242**, 9, 1887].

Cristaux brillants, fusibles à 115-116°, solubles dans l'alcool et l'éther. L'acide chlorhydrique concentré décompose cet acide en acide phtalique et leucine. Il se dissout dans une lessive de soude concentrée en donnant l'*acide leucine-phtaloylique*. On connaît les sels d'Am, de Cu et de Pt.

Acide α-phtalylaminoisocaproïque, — Cristaux lamellaires orthorhombiques, fondant à 142°. L'*éther méthylique* fond à 66° [Ulrich, *D. chem. G.*, **37**, 1685, 1904].

Décembre 1906. A. Bouchonnet.

PHTALYLE (CHLORURE D'O-).

$$C^6H^4 \begin{array}{l} < CCl^2 > \\ < CO \; > \end{array} O$$

[Vorländer, *D. chem. G.*, **30**, 2269, 1897: — Claus, Hoch, *D. chem. G.*, **19**, 1187, 1886; — Graebe, *Ann. Chem.*, **238**, 329, 1887]. — Auger [*Ann. Chim. Phys.*, (6), **22**, 295, 1899] l'obtient en chauffant, pendant 6 à 8 heures, à 280° de l'anhydride phtalique avec un excès de PCl^5.

Il se solidifie vers 0°; bout à 275°,4 sous 726 mm. D = 1,4089 à 20° [Brühl, *Ann. Chem.*, **235**, 14, 1886]. En solution acétique il est réduit par l'amalgame de sodium, et il se forme de l'alcool o-phtalique $C^6H^4(CH^2OH)^2$. Réduit par le zinc et l'acide acétique, il donne le phtalide

$$C^6H^4 \begin{array}{l} < CH^2 > \\ < CO \; > \end{array} O$$

[Claus, Hoch, *D. chem. G.*, **19**, 1190, 1886].

Chauffé avec la résorcine, il fournit l'allofluorescéine

$$C^6H^4 \begin{array}{l} / CO \\ \quad > O \\ \backslash C = O^2 . C^6H^4 \end{array}$$

produit fusible à 140° [Pawlewski, *D. chem. G.*, **28**, 2630, 1895].

Il réagit sur l'aniline et l'o-toluidine, à froid, pour donner la phénylphtalimide et l'o-tolylphtalimide [Kuhara, Fukui, *Am. Ch. Journ.*, **26**, 454, 1901; — Dunlap et Cummer, *Am. Ch. Journ.*, **25**, 612, 1903; — Rogof, *J. Soc. phys. chim. russe*, **29**, 145, 1897].

Action sur l'acétylacétone [Bülow, Deseniss, *D. chem. G.*, **37**, 4379, 1904].

Action des aldoximes [Beckmann, *D. chem. G.*, **37**, 4136, 1904].

Condensation avec la phénylamino-guanidine [Cunéo, *Gazz. chim. ital.*, **29**, 89, 1898].

Action sur le β-naphtol [Fosse, *Bull. Soc. Chim.*, (3), **22**, 1070].

Action sur le zinc méthyle et le zinc éthyle [Osipoff, *Bull. Soc. Chim.*, (3), **1**, 165, 1889]; sur l'éther sodomalonique [Wislicenus, *Ann. Chem.*, **242**, 23, 1887]; sur les phénols [Meyer, *D. chem. G.*, **24**, 2600, 1891; **26**, 204, 1893; — Pawlewski, *D. chem. G.*, **28**, 108, 1895]; sur les nitranilines [Dobreff, *D. chem. G.*, **28**, 939, 1895]; sur les dinitrodiazoamidobenzène [Pawlewski, *D. chem. G.*, **27**, 3430, 1894]; sur le thymol [Jakimowicz, *D. chem. G.*, **28**, 1876, 1895]; sur l'acétylphénylhydrazine [Freund, Wischewiansky, *D. chem. G.*, **26**, 2494, 1893]; sur l'acide o-aminobenzoïque [Pawlewski, *D. chem. G.*, **29**, 2679, 1896]; sur les xylènes en présence de $AlCl^3$ [Danis, *Bull. Soc. Chim.*, (3), **19**, 596, 1898].

Tétrachlorure de phtalyle. — Il existe sous deux modifications; l'une fond à 88°, l'autre à 48°. Ces deux composés se forment simultanément dans l'action du perchlorure de phosphore sur le dichlorure de phtalyle. On admet que l'un de ces chlorures possède la formule symétrique (1); l'autre la formule dissymétrique (2),

$$\text{I. } C^6H^4 \begin{array}{l} / C = Cl^2 \\ \quad > O \\ \backslash C = Cl^2 \end{array} \qquad \text{II. } C^6H^4 \begin{array}{l} / C \begin{array}{l} / Cl \\ - Cl \\ \backslash Cl \end{array} \\ \backslash COCl \end{array}$$

[Haller et Guyot, *Bull. Soc. Chim.*, (3), **15**, 989, 1896; (3), **17**, 873, 966, 982, 1897].

Dichlorométhylène phtalyle.

$$C^6H^4 \begin{array}{l} / CO \\ \quad > O \\ \backslash C = CCl^2 \end{array}$$

— Ce corps cristallise en aiguilles fondant à 129° [Zincke, *Ann. Chem.*, **267**, 257, 1892].

Nitrométhylène phtalyle,

$$C^6H^4 \begin{array}{l} / CO \\ \quad > O \\ \backslash C = CHAzO^2 \end{array}$$

(Zincke).

CHLORURE DE M-PHTALYLE, $C^8H^4O^2Cl^2$. — On fait agir PCl^5 sur l'acide en tube scellé; on chauffe à 200° [Münchmeyer, *D. chem. G.*, **19**, 1849, 1886]. Il fond à 41° et bout à 276°.

CHLORURE DE P-PHTALYLE, $C^8H^4O^2Cl^2$. — Locher [*Bull. Soc. Chim.*, (3), **11**, 927, 1894] l'a préparé en chauffant, pendant 6 heures, à l'ébullition, de l'acide téréphtalique avec un mélange de PCl^5 et $POCl^3$. Il fond à 77-78° et bout à 258-259°. *Combinaisons* $Al^2Br^6.C^6H^4(COCl)^2$; $Al^2Cl^6.C^6H^4(COCl)^2$ [Kohler, *Am. Chem. Journ.*, **27**, 241, 1902]. Action sur l'éther cyanacétique [Locher, *C. R.*, **119**, 162, 1894].

Décembre 1906. A. Bouchonnet.

PHYCOCYANINE. — La phycocianine est un pigment bleu qui, mêlé à de la chlorophylle, donne aux *Cyanophycées* (algues bleues) leur couleur bleu verdâtre. Cohn, en se basant sur ses propres recherches et sur des expériences de Kützing et de Nägeli [Cohn, *F. Beiträge Z. physiol. der Phycochromaceen und Florideen*; *M. Schultze's Archiv. für mikroskopische Anatomie*, **3**, 19, 1867] et plus tard Hansen [*Stat. zool. Naples*, **11**, 297, 1893], ont émis l'idée que la phycocyanine était une substance albuminoïde. Molisch [*Bot. Ztg.*, 131, 1895] a prouvé l'exactitude de cette hypothèse. Il a obtenu la phycocyanine à l'état de cristaux d'un beau bleu indigo, appartenant probablement au système monoclinique. La cristallisation, comme pour les matières albuminoïdes animales, n'est possible que si l'on ajoute un sel (ici le sulfhydrate d'ammoniaque). La phycocyanine est soluble dans l'eau; la solution a une couleur bleue avec une belle fluorescence rouge. Elle est précipitée par l'alcool absolu, l'éther, le benzène, le sulfure de carbone et les acides étendus. Les cristaux traités par l'alcool ou l'eau bouillante perdent leur solubilité dans l'eau (coagulation). Ils présentent les réactions caractéristiques des matières albuminoïdes (réaction xanthoprotéique, réaction de Millon, coloration par l'iode, l'éosine, la fuchsine, le violet de gentiane, après décoloration préalable par la vapeur de brome ou par l'action prolongée du soleil).

La nature albuminoïde de la phycocyanine est certaine; mais des réactions de décomposition, qui n'ont pu encore être faites faute de matériaux suffisants, seraient nécessaires pour montrer si elle constitue une substance albuminoïde proprement dite, ou si elle est formée par un noyau différent uni à un noyau albuminoïde comme c'est le cas pour l'hémoglobine.

Il faut encore signaler une étude de Nadson sur la phycocyanine des *Oscillariées* et ses relations avec les autres pigments végétaux [*Scripta botanica*, vol. IV, 1892, fasc. 1, p. 12, en russe avec résumé en allemand].

Avril 1907. Jean Friedel.

PHYCOÉRYTHRINE. — La *phycoérythrine*, découverte par Schütt [*D. botan. G.*, **36**, 51, 1888], est le pigment qui donne aux Floridées (algues rouges) leur couleur caractéristique. Elle existe chez ces végétaux, associée à la chlorophylle qu'elle masque complètement. La phycoérythrine est une substance rouge à belle fluorescence orangée. Molisch [*Bot. Ztg.*, 176, 1894] a observé la formation de cristaux dans des cellules mortes ; ces cristaux sont des prismes hexagonaux d'un beau rouge. La phycoérythrine, par toutes ses propriétés physiques et chimiques, se rapproche de la phycocyanine. C'est une substance albuminoïde comme Hansen l'avait pressenti et comme Molisch l'a démontré. En précipitant une solution aqueuse de phycoérythrine par l'alcool, puis en reprenant le précipité par l'eau, on obtient un beau liquide carmin à fluorescence orangée. On fait cristalliser la phycoérythrine par une méthode tout à fait semblable à celle qui a été indiquée pour la phycocyanine.

Les cristaux observés dans certaines algues rouges par Cramer, Cohn et d'autres auteurs et appelés par eux *rhodospermine* sont identiques à la phycoérythrine.

Avril 1907. Jean Friedel

PHYCOPHÉINE. — La *phycophéine*, découverte par Schütt [*D. bot. G.*, 259-274, 1887], est le pigment qui donne aux algues brunes leur couleur caractéristique. Elle existe chez ces végétaux associée à la chlorophylle qu'elle masque complètement. La phycocyanine, la phycoérythrine et la phycophéine modifient notablement le spectre d'absorption de la chlorophylle et ont ainsi une influence importante sur la biologie des algues. Jusqu'à ces derniers temps, on admettait que, dans les algues brunes, la phycophéine était superposée à la chlorophylle. Au congrès de Botanique, tenu à Vienne, en juin 1905, Molisch a fait une importante communication dans laquelle il montre que la phycophéine ne se forme qu'après la mort de l'algue. Il existe dans la plante vivante un pigment brun, la *phéophylle*, de composition analogue à celle de la chlorophylle. Si l'on jette une algue dans de l'eau bouillante, la phéophylle se transforme en chlorophylle et l'algue devient verte. Après un séjour prolongé dans l'eau bouillante, l'algue redevient brune, la chlorophylle s'étant transformée à son tour en phycophéine. [Voyez l'art. de Molisch, dans le volume publié sur le Congrès de Vienne, par l'Association internationale des botanistes, p. 186, et Molischh. *Bot. Ztg.*, **1**, 131, 1905].

Avril 1907. Jean Friedel.

PHYLLOCYANIQUE (ACIDE). Voyez les articles CHLOROPHYLLES. — On a vu que d'après les travaux de Frémy, l'acide phyllocyanique serait la partie bleue de la chlorophylle dédoublée ; elle y existerait en réalité à l'état de phyllocyanate de potassium [Frémy, *C. R.*, **84**, 983, 1878]. Guillemare a du reste préparé l'acide phyllocyanique et quelques-uns de ses sels [*C. R.*, **126**, 426, 1898]. 1er mai 1907. A. Hébert.

PHYLLOÉRYTHRINE. — Substance en beaux cristaux rhombiques aplatis, d'un brun violet foncé obtenue en traitant des excréments de vache uniquement nourrie d'herbe fraîche par le chloroforme. Cette solution présente quatre bandes d'absorption [Marchlewski, *Zeit. phys. Chem.*, **41**, 33, 1904]. Cette phylloérythrine est distincte de la scatocyanine de Schunck [*Proc. Roy. Soc.*, **69**, 307]. Elle n'existe pas dans les excréments de vaches recevant une alimentation exempte de chlorophylle.

D'après le même auteur, elle serait identique à la cholehématine et à la bilipurpurine [*Zeitsch. f. physiol. Chem.*, **43**, 464, 1905].

1er mai 1907. A. Hébert.

PHYLLOPORPHYRINE. — La phyllotaonine chauffée à 190° avec la potasse alcoolique, ou la phyllocyanine fondue avec la soude donnent la phylloporphyrine, se présentant en cristaux microscopiques rouge violet foncé, peu solubles dans l'alcool et l'éther, plus solubles dans le chloroforme avec une couleur rouge et une fluorescence tirant au bleu par l'addition d'un acide [Schunck et Marchlewski, *Ann. Chem.*, **284**, 81].

Les travaux exécutés sur cette substance dans ces dernières années tendent surtout à démontrer ses rapports avec l'*hématoporphyrine* de Nencki et Sieber, qui dérive de l'hémoglobine [*Mon. f. Chem.*, **9**, 115]. Schunck et Marchlewski font observer [*Ann. Chem.*, **290**, 306] que les deux substances présentent des propriétés physiques semblables et des spectres à peu près identiques; mais la potasse dissout seulement l'hématoporphyrine. Pour ces auteurs, ce dernier corps serait une dioxyphylloporphyrine, les formules des deux substances étant respectivement $C^{16}H^{18}Az^2O^3$ et $C^{16}H^{18}Az^2O$ [*D. chem. G.*, **29**, 1347, 1896]. L'action du brome donne dans les deux substances des modifications assez semblables au point de vue spectroscopique [Marchlewski et Schunck, *Chem. Soc.*, **77**, 1080, 1900; — *J. prakt. Chem.*, **62**, 247].

La phyllocyanine soumise, sous forme de sel double avec l'acétate de cuivre, à l'action réductrice de l'acide iodhydrique et de l'iodure de phosphonium, donne de l'hémopyrrol, ce qui confirmerait les rapports de l'hémato- et de la phylloporphyrine [Nencki et Marchlewski, *D. chem. G.*, **34**, 1687, 1901], car Nencki et Zaleski avaient en effet obtenu le même corps par l'action des mêmes agents sur l'hémine [*D. chem. G.*, **34**, 997, 1901]; enfin l'oxydation chromique de la phylloporphyrine fournit l'anhydride de l'acide hématique [Marchlewski, *J. prakt. Chem.*, **65**, 161, 1902].

Les solutions équimoléculaires de sels de phylloporphyrine donnent des spectres d'absorption identiques, ce qui montre que ces sels sont dissociés en solution [Kuster, *D. chem. G.*, **35**, 1268, 1902]. 1er mai 1907. A. Hébert.

PHYLLOTAONINE. — L'herbe bouillie avec de la soude alcoolique (méthylique) donne une solution qui, saturée par l'acide chlorhydrique, donne la *méthylphyllotaonine* qui cristallise en aiguilles étoilées pourpres par réflexion, brunes par transmission, fusibles à 210°; le *dérivé éthylé* est obtenu d'une façon analogue.

Ces éthers sont saponifiés par la soude alcoolique en donnant une combinaison sodée semi-cristalline d'où l'acide acétique sépare la phyllotaonine. Celle-ci se présente en lamelles opaques bleu d'acier, dont la solution éthérée offre le spectre d'absorption de la phyllocyanine [Schunck et Marchlewski, *Ann. Chem.*, **278**, 329]. La formule de la phyllotaonine, d'après les mêmes auteurs serait $C^{40}H^{40}Az^6O^6$ [*Ibid.*, **288**, 209]. La production de ce corps proviendrait d'une hydratation de l'alcachlorophylle $C^{52}H^{57}Az^7O^7$, composé vert bleu foncé. La phyllotaonine, par action des alcalis, donne la phylloporphyrine [*Ibid.*, **284**, 81].

1er mai 1907. A. Hébert.

PHYLLOXANTHINE. — La phylloxanthine

de Frémy est un mélange de matières colorantes jaunes et d'un dérivé brun de la chlorophylle pour lequel le nom de phylloxanthine a été conservé [Schunck et Marchlewski, *Proc. Roy. Soc.*, 1885, 1886, 1888, 1891, 1894]. L'action de l'acide chlorhydrique transforme la phylloxanthine en phyllocyanine [Schunck et Marchlewski, *Ann. Chem.*, **284**, 81; *D. chem. G.*, **29**, 1347, 1896]. Tschirch admet qu'il est possible de réaliser la transformation inverse [*Berichte d. deutsch. botan. Gesell.*, 1896, 76]; mais Schunck et Marchlewski contestent ce fait.

1er mai 1907. A. Hébert.

PHYSCIANINE, PHYSCIHYDRONE, PHYSCIOL, PHYSCIONE, PHYSCIONIQUE (ACIDE), PHYSODALINE, PHYSODIQUE (ACIDE), PHYSOL. — Voy. l'art. Lichens.

PHYTOSTÉRINE. $C^{26}H^{44}O + H^2O$. — C'est le nom donné à la cholestérine végétale que l'on trouve dans un grand nombre de graines (pois, haricots, amandes, maïs, colchique, fève de Calabar), dans la betterave, etc. [Benecke, *Ann. Chem.*, **122**, 249; — Hesse, *ibid.*, **192**, 175, et *J. prakt. Chem.*, (2), **58**, 479; — Paschkis, *Zeit. physiol. Chem.*, **8**, 356, 1884; — von Lippmann, *D. chem. G.*, **20**, 3201, 1887 et **32**, 1210, 1899; — voy. aussi 2e Suppl. aux mots Cholestérine et Ergostérine]. On la prépare en extrayant les pois par la ligroïne qui l'abandonne en cristaux anhydres, tandis que ceux de l'alcool sont hydratés. Elle fond à 132-133°; $[\alpha]_D = -34°,2$ pour 1gr,636 de produit anhydre dans 100 cc. de chloroforme. Sur la recherche de la phytostérine dans la graisse de porc falsifiée, voyez E. Polenske [*Chem. Centr.*, **1905**, II, 1130 et 1132].

Paraphytostérine $C^{24}H^{40}O + H^2O$ ou $C^{26}H^{44}O + H^2O$. — Se trouve dans les enveloppes des graines de *Phaseolus vulgaris*. Tables brillantes fusibles à 149-150°; $[\alpha]_D = -44°.10$ pour 0gr,345 de substance anhydre dans 10 cc. de chloroforme. Son *benzoate* fond à 142-143° [Likiernik, *Zeit. physiol. Chem.*, **15**, 430, 1891].

Sitostérine $C^{27}H^{44}O + H^2O$. — On l'extrait des graisses provenant des germes des grains de froment et de seigle [Burian, *Mon. f. Chem.*, **18**, 551, 1897]. Ce sont des paillettes blanches fusibles à 137°,5; $[\alpha] = -26,71$ en solution éthérée.

Parasitostérine $C^{27}H^{44}O + H^2O$. — On la trouve à côté de la sitostérine dans le froment. Elle fond à 127°,5; $[\alpha]_D = -20°,8$ en solution éthérée (Burian).

Phasol $C^{15}H^{24}O$. — Se trouve à côté de la paraphytostérine dans le *Phaseolus vulgaris*. Tables brillantes fondant à 189-190°; $[\alpha]_D = +30°,6$ pour une solution chloroformique à 3,671 0,0 (Likiernik).

Spongostérine. — Cette cholestérine, extraite de *Suberites domuncula*, cristallise de l'éther en cristaux allongés ou en gros rhomboèdres fusibles à 119-120° et contenant de l'eau qui ne s'en va qu'au moment de la fusion. A ce moment, le corps contient $C^{19}H^{32}O$; $[\alpha]_D^{25} = -19°,59$ [Henze, *Zeit. physiol. Chem.*, **41**, 109].

Caulostérine. — Existe dans les plantules de lupin étiolées. Fond à 158-159°; $[\alpha]_D = -49°,6$ [Schulze et Barbieri, *J. prakt. Chem.*, (2), **25**, 165].

E. Lambling.

PIASÉLÉNOLS. — Les piasélénols sont les produits de l'action de SeO^2 sur les orthodiamines aromatiques. On a proposé pour ces corps les formules

$$R'' \langle {}^{Az}_{Az} \rangle Se \quad \text{et} \quad R'' \begin{matrix} \diagup Az \diagdown \\ | \\ \diagdown Az \diagup \end{matrix} Se$$

Le *piasélénol*

$$C^6H^4 \begin{matrix} \diagup Az \diagdown \\ | \\ \diagdown Az \diagup \end{matrix} Se$$

obtenu avec l'o-phénylène-diamine, fond à 76°. Le *méthylpiasélénol* fond à 72-73° et bout vers 267°. Le *méthylchloropiasélénol* $C^6H^2Cl(CH^3) = Az^2Se$ fond à 149-150°. L'*éthoxypiasélénol* $C^6H^3(OC^2H^5) = Az^2Se$ fond à 103-104°. L'*amidopiasélénol*, obtenu avec le chlorhydrate de triamidobenzène-1.2.4, fond à 149-150° [O. Hinsberg, *D. chem. G.*, **22**, 862, 2897, 1889; **23**, 1395, 1890].

Le *naphtopiasélénol*

$$C^{10}H^6 \begin{matrix} \diagup Az \diagdown \\ | \\ \diagdown Az \diagup \end{matrix} Se$$

en aiguilles, fond à 128-129°. Ses sels sont décomposés par l'eau (O. Hinsberg).

Décembre 1906. F. March et Weimann.

PIAZINES. — Voyez l'art. Diazines, p. 66.

PIAZTHIOL

$$C^6H^4 \begin{matrix} \diagup Az \diagdown \\ | \\ \diagdown Az \diagup \end{matrix} S$$

— Il se produit par l'action de SO^2 sur l'o-phénylène-diamine à 200° [Hinsberg, *D. chem. G.*, **22**, 2899, 1889] ou bien de SO^2Cl^2 sur son chlorhydrate en présence de benzène [Michaelis, *Ann. Chem.*, **274**, 262]. Il fond à 44° et bout à 206°; c'est une base très faible.

Le *p-oxypiazthiol* $OH.C^6H^3.Az^2S$ se produit à l'état d'*éther éthylique* (aiguilles fusibles à 76-77°) par l'action de SO^4NaH à 170° sur la 4-éthoxy-o-phénylènediamine et fond à 157-158° [Autenrieth et Hinsberg, *D. chem. G.*, **25**, 501, 1892].

Méthylpiazthiol $C^6H^3(CH^3) = Az^2S$. — Obtenu avec la m-p-toluylène-diamine, il fond à 34° et bout à 233-234°; le *chloroplatinate* est décomposable par l'eau. Le *dérivé bromé* fond à 98°, le *dérivé nitré* fond à 154-156° (O. Hinsberg).

Naphtopiazthiol,

$$C^{10}H^6 \begin{matrix} \diagup Az \diagdown \\ | \\ \diagdown Az \diagup \end{matrix} S$$

— Obtenu de même avec la 1.2-naphtylène-diamine, il fond à 81° [Hinsberg, *D. chem. G.*, **23**, 1393, 1890; — Michaelis et Erdmann, *D. chem. G.*, **28**, 2204, 1895].

Décembre 1906. F. March et Weimann.

PICÉINE, $C^{14}H^{18}O^7 + H^2O$. — La picéine est un glucoside qui se trouve dans la feuille de sapin épicea (*pinus picea*).

Pour l'en extraire, on le traite comme suit : les ramilles, finement pulvérisées, sont portées à l'ébullition avec de l'eau additionnée de bicarbonate de soude. Le liquide est traité par le sous-acétate de plomb, puis par l'acétate de plomb ammoniacal. Ce dernier précipité est décomposé par l'acide sulfurique, et la liqueur, saturée de magnésie, est évaporée à sec et épuisée par l'éther acétique. L'extrait convenablement purifié laisse déposer la picéine.

La picéine cristallise dans l'eau en aiguilles qui contiennent 1 molécule d'eau de cristallisation. Elle fond anhydre à 194°. Elle est peu soluble dans l'alcool et l'éther acétique; $[\alpha]_D = -84°$ en solution aqueuse. Elle se dédouble facilement en glucose et picéol par hydratation sous l'influence de l'émulsine ou des acides minéraux à l'ébullition. Sa solution aqueuse précipite par le sulfate de magnésie et aussi par l'acétate de plomb en présence d'ammoniac. Dans ce dernier cas, on obtient le composé $C^{14}H^{14}O^{7}Pb^{2}$. La picéine donne un *dérivé tetracétylé* fusible à 170°, insoluble dans l'eau [Tanret, *Bull. Soc. Chim.*, (3), **11**, 944, 1894]. Mars 1907. G. Blanc.

PICÈNE.

$$C^{22}H^{14} =$$

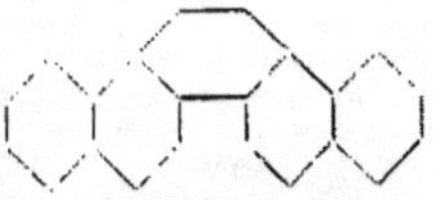

— (Voy. Dict. 1er Suppl., 1280).

Le picène a été rencontré dans les produits de l'action du bromure d'éthylène sur le naphtalène en présence du chlorure d'aluminium [Lespieau, *Bull. Soc. Chim.*, (3), **6**, 238, 1891]; on l'obtient aussi par la distillation de l'α-dinaphtostilbène [Hirn, *D. chem. G.*, **32** 3341, 1892] et en distillant le picène quinone avec de la poudre de zinc [Bamberger, Chattaway, *Ann. Chem.*, **284**, 61, 1895]. Sa solution dans le xylène n'est pas fluorescente. Oxydé par le mélange chromique acétique, il fournit la picène quinone, l'acide picène quinone carbonique et un peu d'acide phtalique. Réduit par l'acide iodhydrique et le phosphore rouge, il donne deux hydrures. Le premier, $C^{22}H^{34}$, est l'*eikosihydrure*: c'est un liquide bouillant au-dessus de 360°. Le second, le *perhydrure*, $C^{22}H^{36}$, fond à 175° [Liebermann, Spiegel, *D. chem. G.*, **22**, 780, 1889].

Le *dérivé bibromé*,

$$\begin{array}{l} C^{10}H^{6}-C.Br \\ \quad | \qquad \| \\ C^{10}H^{6}-C.Br \end{array}$$

distillé sur la litharge, fournit la picylène cétone. Mars 1906. G. Blanc.

PICÈNE CARBONIQUE (ACIDE). — Voyez PICÉNIQUE (ACIDE).

PICÈNE QUINONE.

$$C^{22}H^{12}O^{2} = \begin{array}{l} \beta.C^{10}H^{6}.CO \\ \quad | \qquad\quad | \\ \beta.C^{10}H^{6}.CO \end{array}$$

— Cette quinone se prépare en oxydant le picène par l'acide chromique en milieu acétique [Burg, *D. chem. G.*, **13**. 1836, 1880; — Bamberger, Chattaway, *Ann. Chem.*, **284**, 64, 1895]. Poudre cristalline rouge, sublimable avec décomposition partielle, très peu soluble dans les dissolvants ordinaires; elle se combine avec le bisulfite. Quand on la distille avec de la chaux sodée, on obtient du picène et du ββ-binaphtyle. La distillation sur la litharge dans le vide fournit de la picylène cétone, du picène et des hydrures de ce carbure. La fusion alcaline donne la picylène cétone et l'acide picénique. Mars 1906. G. Blanc.

PICÈNE QUINONE CARBONIQUE (ACIDE). — Voyez PICÉNIQUE (ACIDE).

PICÉNIQUE (ACIDE),

$$C^{21}H^{14}O^{2} = \begin{array}{l} \beta C^{10}H^{7} \\ \ | \\ \beta C^{10}H^{6}-CO^{2}H \end{array}$$

— On l'obtient en chauffant à 260° la picylène cétone avec de la potasse très concentrée, ou en fondant la picène quinone avec de la potasse [Bamberger, Chattaway, *Ann. Chem.*, **284**, 71, 1895]. Il fond à 201°.

Très peu soluble dans les solvants usuels. Dissous dans l'acide sulfurique, il se convertit en picylène cétone; la même transformation se produit en chauffant son sel d'argent. Par distillation dans le vide du sel de calcium on obtient le β-binaphtyle.

ACIDE PICÈNE CARBONIQUE, $C^{23}H^{14}O^{2}$ ou $C^{23}H^{16}O^{2}$. — On l'obtient en réduisant par l'acide iodhydrique et le phosphore rouge l'acide picène quinone carbonique (Bamberger, Chattaway). Il fond à 245°.

ACIDE PICÈNE QUINONE CARBONIQUE,

$$C^{23}H^{12}O^{4} = \begin{array}{l} CO^{2}H.C^{10}H^{5}-CO \\ \qquad\qquad | \qquad\quad | \\ \qquad\quad C^{10}H^{6}-CO \end{array}$$

— Cet acide se prépare en oxydant le picène par le mélange chromique (Bamberger, Chattaway). Poudre rouge à peu près semblable dans tous les dissolvants, qui ne fond pas sans décomposition. Son *sel d'argent* chauffé donne la picène quinone; la distillation dans le vide du sel de calcium fournit du picène. Le permanganate le convertit en acide phtalique. G. Blanc.

PICÉOL, $C^{8}H^{8}O^{2}$. — On l'obtient en hydrolysant la picéine par les acides minéraux étendus à l'ébullition, ou par l'émulsine. Il se forme en même temps du glucose:

$$C^{14}H^{18}O^{7} + H^{2}O = C^{8}H^{8}O^{2} + C^{6}H^{12}O^{6}.$$

Le picéol cristallise dans l'eau en aiguilles fusibles à 109° en se décomposant. Il est peu soluble dans l'eau, très peu dans l'alcool, l'éther et le chloroforme. Il donne avec les métaux alcalins des dérivés tels que $KC^{8}H^{7}O^{2}$ et $Ba(C^{8}H^{7}O^{2})^{2}$. Son *benzoate* $C^{8}H^{7}O^{2}.C^{7}H^{5}O$ fond à 134° [Tanret, *Bull. Soc. Chim.*, (3), **11**, 948, 1894].

D'après Charon et Zamanos [*C. R.*, **133**, 741], le picéol est identique à la p-oxyacétophénone. Mars 1906. G. Blanc.

PICOLINE, PICOLIQUE (ACIDE). — Voyez PYRIDIQUES (BASES).

PICRAMINE. — Voyez PHÉNYLAMINE (TRINITRO 2.4.6).

PICRAMINIQUE. — Voyez PHÉNOL (DINITROAMINO).

PICRAMIQUE, PICRIQUE (ACIDES). — Voyez l'art. PHÉNOL.

PICRASMINE. — Par traitements raisonnés et successifs à l'alcool, au chloroforme et à l'éther, Massute a extrait du *picrasma excelsa* [*Arch. d. Pharm.*, (3), **28**, 147] un précipité cristallin de picrasmine. Celle-ci par cristallisation se scinde en deux fractions : l'une en aiguilles fusibles à 204° de formule $C^{35}H^{46}O^{10}$; l'autre en prismes fusibles à 209-210°, de formule $C^{36}H^{48}O^{10}$.

Le premier de ces corps chauffé à 80° avec de l'acide chlorhydrique donne de l'*acide picrasmique* $C^{33}H^{42}O^{10},5H^{2}O$, cristallisant en longs prismes fusibles à 230-231°, solubles dans l'alcool, peu dans l'eau, dont on a fait le *sel de baryum* et qui serait un acide bibasique.

La méthode de Zeisel indique pour la picrasmine, fusible à 204°, la présence de deux méthoxyles dans la molécule.

1er mai 1907. A. Hébert.

PICRASMIQUE (ACIDE). — Voyez PICRASMINE.

PICRO.... — Pour les mots qui ne se trouvent pas ici à leur place alphabétique, voyez le mot qui suit ce préfixe.

PICROACONITINE. — [Syn. : *Isoaconitine*] $C^{31}H^{43}AzO^{11}$ (Dunstan), $C^{32}H^{45}AzO^{10}$ (Freund et Beck). Elle se trouve dans l'aconit Napel; elle doit être considérée comme un produit de scission de l'aconitine qui serait l'acétyl-picroaconitine :

$$C^{33}H^{45}AzO^{12} + H^{2}O = C^{31}H^{43}AzO^{11} + C^{2}H^{4}O^{2}$$
(Dunstan).

$$C^{34}H^{47}AzO^{11} + H^{2}O = C^{32}H^{45}AzO^{10} + C^{2}H^{4}O^{2}$$
(Freund).

Aconitine Picro-aconitine.

Poudre amorphe fusible vers 125°: soluble dans l'alcool, peu soluble dans l'eau.

$$C^{31}H^{43}AzO^{11} + H^2O = C^{24}H^{39}AzO^{10} + C^7H^6O^2$$
$$C^{32}H^{45}AzO^{10} + H^2O = C^{25}H^{41}AzO^9 + C^7H^6O^2$$
Picroaconitine. Aconine.

L'eau à 140°, les alcalis et les acides minéraux scindent la picroaconitine en aconine et acide benzoïque.

On connaît quatre dérivés acétylés de la picroaconitine: de plus elle contient quatre méthoxyles. Elle répondrait à la formule :

$$\left.\begin{matrix} C^{20}H^{21} \\ \text{ou} \\ C^{19}H^{19}O \end{matrix}\right\} \begin{cases} (OH)^4 \\ (OCH^3)^4 \\ (O.COC^6H^5) \\ Az.CH^3 \end{cases}$$

L'acétylation de la picroaconitine en vue de régénérer l'aconitine n'a pas réussi [Dunstan, *Journ. Chem. Soc.*, 271, 1891; 385. 395, 1892; 443, 491, 991, 994, 1893; — Freund et Beck, *D. chem. G.*, **27**. 433, 720, 1894; — Ehrenberg et Purfürst, *J. prakt. Chem.*, **45**, 604, 1892].
M. Delacre.

PICROCROCINE, $C^{38}H^{66}O^{17}$ (*amer de safran*). — On extrait le safran par l'éther et on fait cristalliser. Cristaux fusibles à 75°, solubles dans l'eau et l'alcool. Chauffée avec les acides, la picrocrocine se scinde en glucose et safranol :

$$C^{38}H^{66}O^{17} + H^2O = 2C^{10}H^{16} + 3C^6H^{12}O^6$$

[Kayser, *D. chem. G.*, **17**, 2233; *Central Bl.*, 1902, II, 383]. M. Delacre.

PICROÉPIDOTE (Min.) (Damour, des Cloizeaux). — Variété d'épidote riche en magnésie, avec outremer natif, du Lac Baïkal.
L. Bourgeois.

PICROLONIQUE (ACIDE). — Voyez l'art. PYRAZOLS, p. 146.

PICROMÉRITE (Min.) [Syn. *Picroméride* (Scacchi), *Schœnite* (Reichardt)]. — Sulfate double de potassium et de magnésium hydraté. $SO^4K^2.SO^4Mg,6H^2O$: c'est le type des sulfates doubles de la série magnésienne. Croûtes cristallines blanches, rarement cristaux bien formés, avec cyanochroïte, au Vésuve, sur des laves de l'éruption de 1855; ou bien avec kaïnite à Stassfurt, à Aschersleben et aussi à Kalusz, Galicie.

Caractères. — Soluble dans l'eau sans décomposition. Perd son eau à 132°. Réactions des composants. Densité = 2,10-2,20.

Forme cristalline. — Prisme clinorhombique : $a : b : c = 0.7438 : 1 : 0.4861$; $\beta = 108° 10'$. Faces : $m p a^1/_2 g^1 h^1 e^1 b^1/_2 d^1/_2 g^3 g^2 g^5$.
L. Bourgeois.

PICROTÉPHROÏTE (Min.) (Paikull). — Variété de téphroïte riche en magnésium, $SiO^4[Mn,Mg]^2$, de Langban, Suède. L. Bourgeois.

PICROTINE, $C^{15}H^{18}O^7$. — Elle donne des dérivés mono et bi acétylés ou benzoylés [*D. chem. G.*, **31**, 2958, 1898]. M. Delacre.

PICROTOXINE (Voyez Suppl., p. 1283). — Meyer a constaté que dans la scission de la picrotoxine en picrotoxinine et picrotine, il ne se forme que 34 0/0 de cette dernière; il représente la picrotoxine par

$$2C^{15}H^{16}O^6.C^{15}H^{18}O^7 = C^{45}H^{50}O^{19}$$
Picrotoxine. Picrotine.

[*Centr. Bl.*, 1897, I, 500]: puis Meyer et Bruger [*D. chem. G.*, **31**, 2958, 1898] considèrent comme peu vraisemblable l'individualité chimique de la picrotoxine. La détermination du poids moléculaire ne donne pas $C^{30}H^{34}O^{13}$. M. Delacre.

PICROTOXININE. — Elle s'obtient pure par réduction de la bromo-picrotoxinine au moyen de l'acide acétique et de la poudre de zinc. Pour certains dérivés, voyez Meyer et Bruger [*D. chem. G.*, **31**, 2958, 1898]. La picrotoxinine contient deux hydroxyles alcooliques et un oxygène lactonique. M. Delacre.

PICROTOXINIQUE (ACIDE), $C^{15}H^{18}O^7$. — On dissout la picrotoxinine bromée dans la soude et on ajoute la quantité calculée d'amalgame de sodium.

Aiguilles fusibles à 229-230°, agissant comme réducteur.

L'*acide monobromé* fond à 245° [*D. chem. G.*, **31**, 2958, 1898]. M. Delacre.

PICYLÈNE. — Voyez BINAPHTYLÈNE.

PICYLÈNE CÉTONE,

$$\left.\begin{matrix} \beta.C^{10}H^6 \diagdown \\ | \\ \beta.C^{10}H^6 \diagup \end{matrix}\right. CO$$

— On obtient en distillant dans le vide sur de la litharge la picène quinone ou l'acide picène quinone carbonique [Bamberger, Chattaway, *Ann. Chem.*, **284**, 66, 1895]; ou bien encore par distillation du picénate de chaux, ou encore en laissant en contact pendant longtemps une dissolution d'acide picénique dans un grand excès d'acide sulfurique.

Poudre cristalline jaune d'or fondant à 185°,5, très peu soluble dans le benzène chaud, ne se sublimant pas sans décomposition. La fusion alcaline donne l'acide picénique. Réduite par l'acide iodhydrique et le phosphore rouge, elle fournit le picylène méthane,

$$\left.\begin{matrix} C^{10}H^6 \diagdown \\ | \\ C^{10}H^6 \diagup \end{matrix}\right. CH^2$$

Mars 1906. G. Blanc.

PILARITE (Min.) (Kramberger). — Variété de chrysocole du Chili. Voyez Dict., 1, 399.

PILINITE (Min.) (von Lasaulx). — Silicate hydraté de calcium, avec un peu de lithium, etc., en fibres asbestiformes dans le granite de Striegau. Inattaquable aux acides; fusible au chalumeau avec bouillonnement. Densité = 2,363. Orthorhombique, clivage basique. L. Bourgeois.

PILLIJANINE $C^{15}H^{24}OAz^2$. — Alcaloïde extrait par Arata et Canzoneri [*Gazz. Chim. ital.*, **22**, (I), 149, 1892] du Lycopodium Saururus de l'Amérique du sud. Il cristallise dans la ligroïne en prismes fondant à 64-65°. On a préparé son *chloroplatinate* $(B.HCl)^2PtCl^4$, écailles jaunes très solubles dans l'eau et l'alcool, son *chloraurate* $(B.HCl)AuCl^3$, et son *sulfate* $B^2.SO^4H^2$, 2 1/2 H^2O, difficilement soluble dans l'alcool. Juin 1907. E. Rengade.

PILOCARPÉIQUE (ACIDE), **PILOCARPIDINE**. — Voy. l'art. PILOCARPINE.

PILOCARPINE, $C^{11}H^{16}O^2Az^2$ (Voy. 1er Suppl., 1284). — La pilocarpine a été obtenue à l'état solide par Pinner et Schwartz; elle fond à 34°. — Pouvoir rotatoire $\alpha_D = +106°$, à 18° C en solution aqueuse à 2 0/0 (Petit et Polownosky).

Distillée dans le vide, elle se transforme partiellement en son isomère l'isopilocarpine (Jowett).

La solution aqueuse de pilocarpine donne avec $HgCl^2$ un précipité $C^{11}H^{16}O^2Az^2HgCl^2$, qui fond à 145° mais se décompose dès 127°.

Constitution. — La constitution de la pilocarpine a été étudiée par Jowett et par Pinner et Schwartz, qui sont arrivés séparément à des conclusions extrêmement voisines; leurs travaux conduisent à admettre que la pilocarpine contient un noyau de méthylglyoxaline uni à un noyau oxyfuranique éthylé :

```
C²H⁵-CH ┌────┐ CH ─── CH²
  CO    │    │         |
         \  /  CH²    C—Az(CH³)\
          O            ‖          > CH
                      CH ───── Az /
```

Pilocarpine.

La pilocarpine est une base bitertiaire : mais un seul des azotes est basique et susceptible de se combiner aux acides ou aux iodures alcooliques.

Elle possède un groupe méthyle attaché à l'un des azotes, comme l'a montré la méthode de déméthylation de Herzig et Meyer.

Oxydée par le permanganate à 80°, la pilocarpine donne les acides *pilopique* $C^7H^{10}O^4$ et *homopilopique* $C^8H^{12}O^4$ (Jowett). Ces deux acides sont lactoniques ; car, en présence des alcalis, ils sont monobasiques à froid et bibasiques à chaud : il y a, en effet, hydrolyse par les alcalis à chaud et formation des acides $C^7H^{12}O^5$ et $C^8H^{14}O^5$.

Enfin l'acide homopilopique, fondu avec la potasse, donne un acide tribasique qui a été caractérisé comme étant l'acide α-éthyltricarballylique,

```
C²H⁵ — CH —— CH —— CH²
        |      |      |
      CO²H   CO²H   CO²H
```

Jowett attribue à l'acide homopilopique la formule

```
C²H⁵ — CH —— CH —— CH²
        |      |      |
       CO     CH²   CO²H
         \   /
           O
```

et, par suite, comme la pilocarpine se comporte également comme une lactone en présence des alcalis à chaud, il admet qu'elle contient le radical

```
C²H⁵ — CH —— CH —— CH²
        |      |      |
       CO     CH²     C'''
         \   /
           O
```

D'autre part, la présence d'un groupe glyoxaline est rendue vraisemblable par les faits suivants :

1° La pilocarpine, distillée avec de la chaux sodée, donne de la 1-méthylglyoxaline, de la 1.4 ou 1.5 diméthylglyoxaline, et de la 1.4 ou 1.5 méthylamylglyoxaline (J.).

2° L'oxydation de la pilocarpine produit en petite quantité du cyanure de méthyle, ce qui indique la présence du groupe

```
C< Az(CH³) -
   Az =
```

qui s'est scindé sur l'un des azotes.

3° Enfin la pilocarpine présente les propriétés générales des dérivés de la glyoxaline, en particulier la faible oxydabilité par l'acide chromique (voyez Acide pilocarpique), la facile oxydabilité par le permanganate, la stabilité vis-à-vis des alcalis, qui n'en détachent point d'azote, tandis que la base quaternaire dérivée de l'iodométhylate de pilocarpine se détruit facilement par les alcalis en donnant des bases azotées et des traces de carbylamines.

La formule la plus rationnelle pour expliquer les faits connus est celle indiquée ci-dessus (Jowett, Pinner et Schwartz).

Sels de pilocarpine. — *Chlorhydrate*, $C^{11}H^{16}O^2Az^2HCl$. — Il fond à 205° (J.), à 200° selon Petit et Polonowsky. Pouvoir rotatoire $\alpha_D = +91°,74$ (en solution aqueuse, C = 9,924).

Le *chloroplatinate*, fond à 118° en se décomposant.

Iodométhylate, $C^{11}H^{16}O^2Az^2CH^3I$. — On l'obtient en chauffant la pilocarpine avec un excès de CH^3I (Harnack et Meyer).

L'*iodoéthylate* s'obtient de même (Pinner et Schwartz), il fond à 114° (J.).

Dibromopilocarpine, $C^{11}H^{14}O^2Az^2Br^2$. — On l'obtient en traitant le bromhydrate de son perbromure (voir plus loin) par l'ammoniaque concentrée (J.), ou, directement, par l'action de deux atomes de brome sur la pilocarpine en solution chloroformique anhydre et à froid (Pinner et Schwartz).

Bromhydrate de perbromure de pilocarpine, $C^{11}H^{16}O^2Az^2HBr^3$. — On l'obtient en ajoutant lentement une solution acétique de brome à une solution de pilocarpine. Il fond à 109° (Pinner et Kohlhammer).

Acide pilocarpinique, $C^{11}H^{18}O^3Az^2$. — C'est l'acide-alcool provenant de l'hydrolyse de la fonction lactonique de la pilocarpine au moyen des alcalis en solution concentrée et chaude.

Pour l'obtenir pur, on en fait le sel de baryte, qu'on décompose par SO^4H^2. C'est une masse sirupeuse, soluble dans l'eau et l'alcool, insoluble dans l'éther et le chloroforme. En solution aqueuse acide, il perd lentement de l'eau et régénère la pilocarpine.

Isopilocarpine, $C^{11}H^{16}Az^2O^2$. — L'isopilocarpine est une base bitertiaire isomère de la pilocarpine. Elle semble exister dans les feuilles de Jaborandi à côté de la pilocarpine (J.). On peut l'obtenir en partant de la pilocarpine, soit par l'action de la soude aqueuse ou alcoolique sur la base libre (Petit et Polonowski), soit en chauffant le chlorhydrate pendant 15 minutes à 200° et régénérant ensuite par un alcali. Jowett a démontré que la première de ces réactions est réversible, et tend vers un état d'équilibre entre la pilocarpine et l'isopilocarpine.

L'isopilocarpine est une huile incolore bouillant à 261° sous 10 millimètres.

Pouvoir rotatoire $[\alpha]_D = +50°$ en solution aqueuse à 2 0/0.

Le chlorhydrate d'isopilocarpine, contrairement à celui de pilocarpine, précipite par une solution de $HgCl^2$. Le précipité fond à 164°.

L'isopilocarpine ne subit pas de réduction par l'acide iodhydrique, la poudre de zinc, le sodium et l'alcool, ou l'électrolyse. Oxydée par le permanganate, elle donne AzH^3, $AzH^2(CH^3)$, et les acides pilopique et homopilopique.

L'isomérie de la pilocarpine et de l'isopilocarpine est, selon Jowett d'ordre stéréochimique.

Chlorhydrate d'isopilocarpine ($C^{11}H^{16}O^2Az^2HCl)^2H^2O$. — Séché à l'air, il possède la formule ci-dessus et fond à 127°. Anhydre, il fond à 159°. Pouvoir rotatoire $[\alpha]_D = +38°,8$ (en solution aqueuse à 4,974 0/0).

Chloroplatinate, $(C^{11}H^{16}O^2Az^2HCl)^2PtCl^4H^2$. — Il fond à 226-227°.

Nitrate. — Il fond à 159°. Pouvoir rotatoire $[\alpha]_D = 35°,68$ (en solution aqueuse à 6,586 0/0).

Dibromoisopilocarpine. — Elle s'obtient de la même manière que la dibromopilocarpine, son isomère. Elle fond à 135°, et ne possède pas le pouvoir rotatoire.

Hydrolysée par l'eau de baryte, elle donne l'acide dibromoisopilocarpinique, identique à celui obtenu en partant de la dibromopilocarpine, et qui est formé par ouverture de la chaîne lactonique.

Acide isopilocarpinique $C^{11}H^{18}O^3Az^2$. — Il

s'obtient par l'hydrolyse de l'isopilocarpine au moyen des alcalis. Il diffère de l'acide pilocarpinique : 1° en ce qu'il est lévogyre et non dextrogyre, et 2° en ce qu'il cristallise et fond à 180°, tandis que l'acide pilocarpinique est sirupeux. Mais, de même que ce dernier, il régénère lentement la fonction lactone en milieu acide et redonne l'isopilocarpine (Petit et Polonowsky ; Pinner et Schwartz).

MÉTAPILOCARPINE. $C^{11}H^{16}Az^2O^2$. — Si l'on chauffe le chlorhydrate de pilocarpine pendant 1 à 2 heures à 225-235°, on obtient, après régénération par les alcalis, un mélange de métapilocarpine, isopilocarpine et pilocarpine ; on sépare la première par le chloroforme, où elle est insoluble (Pinner).

Elle diffère de la pilocarpine et de l'isopilocarpine en ce que, notamment, les bases quaternaires alcoylées qui en dérivent ne perdent par les alcalis qu'un seul azote en donnant un acide azoté.

PILOCARPIDINE, $C^{11}H^{14}Az^2O^2$. — La pilocarpidine existe dans les feuilles du Jaborandi. Pour l'extraire on fait cristalliser le nitrate de pilocarpine brute ; le nitrate de pilocarpidine se concentre dans les eaux-mères. On achève la purification en faisant le chloraurate, qu'on fait cristalliser dans l'acide acétique cristallisable (Merck).

La pilocarpidine est un liquide sirupeux, soluble dans l'eau et dans l'alcool. Pouvoir rotatoire $[\alpha]_D = 81°.3$ (en solution aqueuse à 1,53 0/0). En présence d'un alcali, ce pouvoir rotatoire devient plus faible (Jowett).

Le *chloroplatinate* $C^{11}H^{14}Az^2O^2, PtCl^6H^2.4H^2O$ fond à 88-89° ; anhydre, il fond à 187°.

Le *chloraurate* fond à 124-125°.

La méthode de déméthylation de Herzig et Meyer n'a décelé la présence d'aucun méthyle à l'azote.

PRODUITS D'OXYDATION DE LA PILOCARPINE ET DE L'ISOPILOCARPINE.

1° ACIDES AZOTÉS. — ACIDE PILOCARPÉIQUE $C^{11}H^{15}O^5Az^2 + H^2O$. — On l'obtient par oxydation de la pilocarpine par le mélange chromique, au bain-marie. Il a l'aspect gommeux. Oxydé par le permanganate il donne de l'acide pilomalique, et les acides malonique et oxalique.

L'oxydation de l'isopilocarpine par le mélange chromique, en vue d'obtenir l'acide pilocarpéique ou un isomère, n'a conduit à aucun produit défini.

Acide bromocarpinique, $C^{11}H^{15}O^4Az^2Br^2$. — Il s'obtient en chauffant 4 heures à 100° le chlorhydrate de pilocarpine (5 gr.) avec 50 gr. d'eau et 20 gr. de brome. Il fond à 209°.

ACIDE PILOPINIQUE. $C^8H^{11}O^4Az$. — On le prépare en oxydant la dibromoisopilocarpine par MnO^4K. Il fond à 98°. L'oxydation ultérieure donne l'acide pilopique ainsi que de l'ammoniaque et de l'acide carbonique (Jowett).

2° ACIDES NON AZOTÉS. — Lorsque l'oxydation est assez énergique pour détacher les deux azotes de la molécule, la pilocarpine et l'isopilocarpine conduisent à des produits exempts d'azote identiques dans les deux cas.

ACIDE PILOPIQUE $C^7H^{10}O^4$. — On l'obtient en oxydant la dibromoisopilocarpine par MnO^4K (J.), ou bien en oxydant par le même réactif les alcaloïdes naturels. Il se forme en même temps d'autres acides, que l'on sépare en éthérifiant le mélange par l'alcool et rectifiant le mélange d'éthers obtenu. Il fond à 104°, bout à 210-220° sous 10 mm. (J.). Il est soluble dans l'eau, l'alcool et le benzène. Pouvoir rotatoire $[\alpha]_D = +36°.1$ (en solution aqueuse à 3,32 0/0). Il neutralise à froid 1 molécule d'alcali, à chaud 2 molécules, ce qui démontre sa fonction lactonique. Hydrolysé par l'eau de baryte à chaud, il donne un acide $C^7H^{12}O^5$, isomère de l'acide pilomalique. Fondu avec de la potasse, il donne de l'acide butyrique.

Le *pilopate de méthyle* bout à 275°, et à 155-160° sous 10 mm. Le *pilopate d'éthyle* bout à 299°.

ACIDE PILOMALIQUE, $C^7H^{12}O^5$. — Il se forme dans l'oxydation du pilocarpéate de baryte par MnO^4K^2. Il perd de l'eau à chaud, en donnant une lactone $C^7H^{10}O^4$ isomère de l'acide pilopique.

ACIDE HOMOPILOPIQUE. $C^8H^{12}O^4$. — Il se forme à côté de l'acide pilopique dans l'oxydation de la pilocarpine ou de l'isopilocarpine. On sépare les deux acides en fractionnant leurs éthers éthyliques. C'est un liquide huileux bouillant à 235-237° sous 20 mm. Hydrolysé par l'eau de baryte à chaud, il donne l'acide homopilomalique (J.). Constitution (voir Pilocarpine).

ACIDE HOMOPILOMALIQUE $C^2H^5-CH(CO^2H)-CH(OH)-CH^2-CO^2H$. — On l'obtient directement par oxydation de la pilocarpine ou de l'isopilocarpine par MnO^4K ou H^2O^2 (Pinner, Kohlhammer) ou en hydrolysant l'acide homopilopique. Son *éther monoéthylique* bout à 181-183° sous 26 mm.

ALCALOÏDES DU FAUX JABORANDI. — Le pilocarpus spicatus (faux jaborandi) contient 2 alcaloïdes, la *pseudopilocarpine* et la *pseudojaborine*, qui semblent voisins de la pilocarpine. Ils sont tous deux sans action sur la lumière polarisée. Ils ont été étudiés partiellement par Petit et Polonowsky.

BIBLIOGRAPHIE. — Christensen, *Journ. f. prakt. Chem.*, (2), 45, 368, 1892. — Chastaing, *Bull. Soc. Chim.*, 37, 522, 1882 ; 38, 250, 1881 ; 42, 296, 1884. — *C. R.*, 94, 223, 968, 1882 ; 97, 1435, 1883 ; 100, 1593, 1885 ; 101, 507, 1885. — Dobbie, *Chem. Soc.*, 83, 453, 1903. — Gerard, Hardy, *D. chem. G.*, 1875, 845. — Hardy, Calmets, *C. R.*, 102, 1116, 1251 et 1562, 1886 ; 103, 277, 1886 ; 105, 68, 1887 ; *Bull. Soc. Chim.*, 48, 220, 825, 1887 ; *D. chem. G.*, 46, 1479. — Harnack, *Ann. Chem.*, 238, 234, 1887. — Herzig, Meyer, *Mon. f. Chem.*, 16, 606. — Jowett, *Chem. Soc.*, 77, 473, 853, 1900 ; 79, 583, 1331, 1901 ; 83, 438, 1903 ; 87, 794, 1905 ; *Proc. Chem. Soc.*, 16, 123 ; 17, 56, 199 ; 19, 54. — Knudsen, *D. chem. G.*, 25, 2985, 1892 ; 28, 1762, 1895. — Maclean, *Chem. Soc.*, 86, 758, 1904. — Parodi, *D. chem. G.*, 1875, 844. — Petit et Polonowsky, *Bull. Soc. Chim.*, (3), 17, 553 et 704, 1897. — Pinner, *D. chem. G.*, 38, 1518, 1905. — Pinner et Kohlhammer, *D. chem. G.*, 33, 2357, 1428, 1900 ; 34, 728, 1901. — Pinner, Schwartz, *D. chem. G.*, 35, 196, 2441, 1902. — Pöhl, *Jahresb. der Chem.*, 1880, 993 et 1073 ; *Dissert. Saint-Pétersb.*, 1879, 28. — Sollmann, *Chem. Soc.*, 864, 182, 1904.

Ch. Moureu.

PILOCARPINIQUE, PILOPINIQUE, PILOPIQUE, PILOMALIQUE (ACIDES). — Voy. l'art. PILOCARPINE.

PILOCÉRÉINE $C^{30}H^{44}O^4Az^2$. — Cet alcaloïde, extrait du Pilocereus Sargentianus, est une poudre blanche, amorphe, fondant vers 82-86°, insoluble dans l'eau, très soluble dans la plupart des solvants organiques. Les réactifs habituels des alcaloïdes, excepté le tannin, donnent avec la solution aqueuse de son chlorhydrate des précipités amorphes. On n'a pu obtenir ses sels cristallisés. Elle donne un *chloroplatinate*, $(B.2HCl)PtCl^4$ et un *chloraurate* $(B.2HCl)2AuCl^3$ [Heyl, *Arch. Pharm.*, 239, 455, 1901]. Ses propriétés physiologiques ont été étudiées par Heffter [*ibid.*, 239, 459].

Juin 1907. E. Rengade.

PILOLITE (Min.) (Heddle). — Variété d'asbeste, appelée vulgairement cuir ou liège de montagne, renfermant de l'alumine et de l'eau.

L. Bourgeois.

PIMARIQUE (ACIDE). (Voyez Dict., 2. 2e partie, 1022; 1er Suppl., 1285). — D'après Liebermann [*D. chem. G.*, **17**, 1884, 1884], l'acide pimarique, préparé au moyen du galipot, serait isomère avec l'acide sylvique dont il diffère par la solubilité, le point de fusion, le pouvoir rotatoire et la forme cristalline. Par l'acide iodhydrique et le phosphore rouge, ces deux acides fournissent le même hydrocarbure $C^{10}H^{16}$, distillant à 320-330°.

S. Haller a constaté [*D. chem. G.*, **18**, 2165, 1885] que l'acide pimarique pur est inactif.

Vesterberg [*D. chem. G.*, **18**, 3331, 1885], en épuisant le galipot par l'alcool dans certaines conditions, obtient un acide plus pur que celui de Cailliot, fondant à 130-140°. En traitant la masse par la soude à 3 0/0 [*D. chem. G.*, **19**, 2167, 1886; **20**, 3248, 1887], il obtient un mélange de sels de soude d'un *acide dextropimarique* et d'un *acide lévopimarique*, le dernier étant le plus soluble.

L'*acide dextropimarique* fond à 210-211°, il est soluble dans l'alcool, l'acide acétique cristallisable, peu soluble dans l'éther de pétrole; le rendement est de 1 à 2 0/0 de la résine employée. Son pouvoir rotatoire $[\alpha]_D = +72°,5$.

On a obtenu les *sels de potassium* $C^{20}H^{29}O^2K$, de *sodium* $C^{20}H^{29}O^2Na + 5H^2O$, d'*ammonium*, $C^{20}H^{29}O^2AzH^4$, d'*argent* $C^{20}H^{29}O^2Ag$, les *éthers éthylique* et *méthylique* et le *chlorure d'acide* $C^{20}H^{29}OCl$.

L'*acide lévopimarique* est insoluble dans l'eau, soluble dans les autres solvants organiques; son pouvoir rotatoire $[\alpha]_D = -272°$; il fond à 140-150°; on a préparé les *sels de sodium*, d'*ammonium*, de *plomb*.

L'acide pimarique inactif a été trouvé dans le goudron de Norvège [Ström, *Arch. d. Pharm.*, **237**, 525, 1899], dans la résine de sandaraque [Henry, *Chem. Soc.*, **79**, 1144, 1901], dans la résine de pin transylvanienne [Tschirch et Koch, *Arch. d. Pharm.*, **240**, 272, 1902].

[Voir aussi sur ces acides : Dieterich et Docommun, *Chem. Zeit.*, 1591, 1885; — Mach, *Mon. f. Chem.*, **14**, 186; **15**, 640; — Tschirch et Brünning, *Arch. d. Pharm.*, **238**, 623, 636; *D. chem. G.*, **38**, 4125; 1905.

1er mai 1907. A. Hébert.

PIMÉLIQUE (ACIDE) (Voyez Suppl., 1285).

ACIDE NORMAL OU HEPTANEDIOÏQUE, $CO^2H.(CH^2)^5-CO^2H$. — *Préparation*. — 1° On le prépare synthétiquement au moyen de l'éther malonique sodé et du bromure de triméthylène normal :

$$2\,CHNa\begin{smallmatrix}\diagup CO^2C^2H^5\\ \diagdown CO^2C^2H^5\end{smallmatrix} + BrCH^2-CH^2-CH^2Br$$

Sodopropanedioate d'éthyle. Propane dibromé.

$$= \begin{smallmatrix}C^2H^5O^2C\diagdown\\ C^2H^5O^2C\diagup\end{smallmatrix}CH-CH^2-CH^2-CH^2-CH\begin{smallmatrix}\diagup CO^2.C^2H^5\\ \diagdown CO^2.C^2H^5\end{smallmatrix}$$

Heptanedioate d'éthyle-diméthyloate d'éthyle.

$$+ 2NaBr.$$

Cet éther saponifié donne un sel qui perd deux molécules de CO^2 quand on met l'acide en liberté, en donnant l'acide pimélique [Perkin, Prentice, *Chem. Soc.*, **59**, 1891].

2° Il s'en forme, en même temps que d'autres produits, dans l'oxydation de l'huile de ricin par AzO^3H [Gautter, Hell, *D. chem. G.*, **17**, 2213, 1884].

3° On traite le cyclohexanone-2.1-carbonate d'éthyle $C^7H^9O^3.C^2H^5$, ou le gaïacol carbonate d'éthyle, par le sodium et l'alcool amylique [Einhorn, Lumsden, *Ann. Chem.*, **286**, 266, 1897].

4° Villstätter [*D. chem. G.*, **31**, 1550, 1898] réduit énergiquement, au moyen de l'amalgame de sodium, de l'acide pipérylènedicarbonique.

5° Wislicenus, Goldstein et Münzesheimer [*D. chem. G.*, **31**, 626, 1898] chauffent pendant plusieurs heures à 200° du cétooxypimélate d'éthyle avec HI et du phosphore rouge.

6° Bayer et Villiger [*D. chem. G.*, **33**, 858, 1900] saponifient et oxydent de l'oxyœnanthylate d'éthyle.

7° Il s'en forme encore dans l'oxydation de la subérone par AzO^3H en tube scellé, chauffé à 100° [Markownikoff, *Ann. Chem.*, **327**, 59, 1903].

8° On obtient de bons rendements en opérant de la façon suivante : dans un mélange bouillant de 50 gr. d'alcool amylique et 10 gr. de sodium, on verse peu à peu une solution de 5 gr. d'acide salicylique dans 100 gr. d'alcool amylique. Quand tout le sodium est dissous, on ajoute progressivement 7 à 10 gr. de sodium et on ne laisse pas la température s'élever au-dessus de 170°. On refroidit à 100°, on agite avec un peu d'eau; on acidule avec HCl et on épuise à l'éther [Einhorn, Lumsden, *Ann. Chem.*, **286**, 260, 1895].

Propriétés. — L'acide pimélique fond à 105° [Volhard, *Ann. Chem.*, **267**, 81, 1891]; il bout à 212° sous 10 mm. [Krafft, Nordlinger, *D. chem. G.*, **22**, 218, 1889]. 100 cc. d'une solution aqueuse contiennent à 20° 5 p. d'acide [Lamouroux, *C. R.*, **128**, 999, 1899]. 200 gr. d'acide pimélique donnent par distillation sèche avec 400 gr. de chaux du cétohexaméthylène

$$CH^2\begin{smallmatrix}\diagup CH^2-CH^2\diagdown\\ \diagdown CH^2-CH^2\diagup\end{smallmatrix}CO$$

[Zélinsky, *D. chem. G.*, **34**, 2799, 1901]. Ebullioscopie de l'acide pimélique [Mamelli, *Gazz. chim. ital.*, **33**, (1), 464, 1903]. Sels acides [Smith, *Zeit. phys. Chem.*, **25**, 193, 1902].

Par la distillation sèche de son sel de calcium, l'acide pimélique donne la cyclohexanone $C^9H^{10}O$ [Bethmann, *Ann. Chem.*, **275**, 360, 1893; — Walden, *Ann. Chim. Phys.*, **8**, 491, 1896]. Séparation de l'acide pimélique des produits d'oxydation des graisses [Bouveault, *Bull. Soc. Chim.*, (3), **19**, 562, 1898].

Le *sel de chaux*, $CaC^7H^{10}O^4$, contient 1 mol. d'eau [Mager, *Ann. Chem.*, **275**, 361, 1893].

Éther monoéthylique. — Huile incolore, peu soluble dans l'eau, facilement miscible aux différents solvants organiques [Walker, Lumsden, *Chem. Soc.*, **79**, 1197, 1901]. L'électrolyse de cet éther fournit un mélange contenant surtout le n-décane dicarboxylate d'éthyle $CO^2.C^2H^5(CH^2)^{10}CO^2H^5$ [Walker et Lumsden, *loc. cit.*].

Éther diéthylique $C^7H^{10}O^4(C^2H^5)^2$ [Hjelt, *D. chem. G.*, **31**, 1846, 1898; — Perkin, Prentice, *Chem. Soc.*, **59**, 825, 1889]. — Huile d'une odeur pénétrante, qui bout à 192-194° sous 100 mm.

Acide 2.6-dibromopimélique $CH^2(CH^2.CHBr.CO^2H)^2$. — On l'obtient au moyen du brome et de l'acide pimélique. Cristaux prismatiques, fusibles à 140-142°, très solubles dans l'alcool et l'éther, assez difficilement dans le chloroforme [Willstätter, *D. chem. G.*, **28**, 659, 1895]. L'*éther diéthylique* est une huile bouillant à 224° sous 28 mm. (Willstätter); traité à froid par l'ammoniac liquéfié, cet éther se transforme en un mélange de deux diamides pipéridine-dicarboniques-1.5 [Fischer, *D. chem. G.*, **34**, 2549, 1901].

Acide 2.3-dibromopimélique $CO^2H.CH^2.CH^2.CH^2.CHBr.CHBr.CO^2H$. — Il a été préparé par Willstätter [*D. chem. G.*, **31**, 1550, 1898] par l'action de la vapeur de brome sur l'acide dihydropipérylènedicarbonique fondant à 120-121°. Aiguilles brillantes incolores, peu solubles dans l'eau froide, fusibles à 140°.

Acide 3.4-dibromopimélique $CO^2H.CH^2.CH^2.CHBr.CHBr.CH^2.CO^2H$. — Préparé au moyen du brome et de l'acide dihydropipérylènedicarbonique fondant à 91°. Cristaux prismatiques, fusibles à 130° (Willstätter).

Acide 2.3.4.5-tétrabromopimélique $CO^2H . CHBr . CHBr . CHBr . CHBr . CH^2 . CO^2H$. — Cristaux en forme de mamelons, très solubles dans l'alcool et l'éther, fondant à 218°. Cet acide se forme quand on fait agir le brome sur l'acide pipérylènedicarbonique (Willstätter).

Dérivés aminés de l'acide pimélique [voyez Dieckmann, *D. chem. G.*, **38**, 1654, 1905].

ANHYDRIDE PIMÉLIQUE. — Préparé par Voerman [*Rec. Pays-Bas*, **23**, 265, 1904] en faisant réagir le chlorure d'acétyle sur l'acide pimélique. Il fond à 55°.

NITRILE PIMÉLIQUE $CAz(CH^2)^5CAz$. — Il a été préparé par Hamonet [*C. R.*, **139**, 59, 1904] avec un rendement presque théorique en faisant réagir, à la température du bain-marie, le diiodopentane, additionné d'alcool à 85°, sur 2 molécules de KCAz finement pulvérisé.

C'est un liquide assez mobile qui bout à 175-176° sous 14 mm. Il se laisse facilement saponifier en donnant l'acide pimélique normal [Braun, *D. chem. G.*, **37**, 3568, 1904].

Quand on fait réagir du bromure de triméthylène sur le cyanacétate sodé, il se forme, en même temps que d'autres produits, de l'α-α₁-cyanopimélate diéthylique $CO^2 . C^2H^5 . CHCAz . (CH^2)^3 . CHCAzCO^2 . C^2H^5$ [Carpentier, Perkin, *Chem. Soc.*, **75**, 921, 1899].

ACIDE α-OXIMIDOPIMÉLIQUE $C^7H^{11}O^5Az$. — Il fond à 142-143°, est peu soluble dans l'eau froide et l'éther, soluble dans l'alcool; il se colore en rouge brun avec $FeCl^3$. L'*éther éthylique* est une huile lourde, faiblement colorée [Dieckmann, *D. chem. G.*, **33**, 579, 1900].

ACIDE ISOPIMÉLIQUE.

$$\begin{array}{l} CH^3 . C(C^2H^5) . CO^2H \\ CH^2 . CO^2H \end{array}$$

— [Auwers, *Ann. Chem.*, **298**, 149, 1897]. On le prépare en faisant bouillir, pendant 3 jours, 450 gr. de bromure d'amylène avec 300 gr. de KCAz (à 99 0/0), et 1 litre 1/2 d'eau [Hell, *D. chem. G.*, **24**, 1390, 1891].

Cristaux prismatiques brillants, fusibles à 103-104° [Auwers, Fritzweiler, *Ann. Chem.*, **298**, 166, 1897; — Auwers, *ibid.*, **292**, 154, 182; Walden, *Ann. Chim. Phys.*, **8**, 492, 1896].

On connaît les sels d'AzH^4, Ca, Sr, Ba, Zn, Cd, Pb, Ni, Cu, Ag (Hell, Auwers et Fritzweiler).

ANHYDRIDE, $C^7H^{10}O^3$. — On l'obtient en chauffant l'acide à 200°, dans un courant d'air. Huile faiblement colorée en jaune, qui bout à 239-245° sous 745 mm. [Auwers, Fritzweiler, *Ann. Chem.*, **298**, 170, 1897; — Hell, *D. chem. G.*, **24**, 1393, 1891].

ACIDE M-PIMÉLIQUE. — D'après Bauer [*Mon. f. Chem.*, **4**, 345, 1883], il se produit, en même temps que l'acide isopimélique, quand on décompose par un alcali le nitrile $C^5H^{10}(CAz)^2$ (provenant de l'action de KCAz sur le bromure d'amylène). C'est un corps amorphe, vitreux, qui se comporte en général comme l'acide isopimélique. *Sel de chaux*, $CaC^7H^{10}O^4$, poudre.

D'après Auwers [*Ann. Chem.*, **292**, 153, 1896], l'acide m-pimélique ne serait que de l'acide isopimélique impur.

ACIDE β-PIMÉLIQUE. — Il se forme en même temps que l'acide oxalique et d'autres acides, dans l'oxydation de l'huile de ricin par l'acide azotique [Gantter, Hell, *D. chem. G.*, **17**, 2213, 1884]. Gros cristaux tabulaires en forme de faisceaux. Cet acide se rapproche beaucoup de l'acide pimélique normal. On connaît ses sels de Ba, Pb, Cu et Ag.

ACIDE γ-PIMÉLIQUE, $CO^2H . CH^2 . CH^2 . CH(CH^3) . CH^2 . CO^2H$.

ACIDE DROIT. — Il se forme en même temps que l'acide oxymenthylique et d'autres acides dans l'oxydation du menthol ou de la menthone par le permanganate [Arth, *Ann. Phys. Chim.*, (6), **7**, 455, 1886; — Manasse, Rupe, *D. chem. G.*, **27**, 1818, 1894].

On en obtient aussi en chauffant l'acide oxymenthylique avec une solution alcaline de permanganate [Beckmann, Mehrländer, *Ann. Chem.*, **289**, 378, 1895], ou en oxydant le citronellal ou l'acide citronellique par le permanganate, ensuite avec le mélange chromique [Tiemann, Schmidt, *D. chem. G.*, **29**, 908, 1896; — Semmler, *ibid.*, **26**, 2257, 1893].

On peut encore traiter la pulégone par une solution concentrée de permanganate [Semmler, *D. chem. G.*, **25**, 3516, 1892], ou oxyder l'isopulégol [Tiemann, Schmidt, *D. chem. G.*, **30**, 25, 1897; — Baeyer, Œhler, *ibid.*, **29**, 30, 1896].

Cristaux solubles dans les différents solvants organiques, fusibles à 84°,5 [Wagner, *D. chem. G.*, **27**, 1642, 1894]. L'acide γ-pimélique ne donne pas d'anhydride; distillé avec de la chaux sodée, il fournit le méthyl-1-cétopentaméthylène-3 $C^6H^{10}O$. On connaît les sels de Ba, Cu et Ag de cet acide.

Éther diéthylique, $C^7H^{10}O^4(C^2H^5)^2$. — Huile d'une odeur éthérée, bouillant à 126°,5 sous 10 mm. [Semmler, *loc. cit.*; — Guye, Aston, *C. R.*, **124**, 196, 1897].

Éther dipropylique, $C^7H^{10}O^4(C^3H^7)^2$. — Liquide bouillant à 156° sous 25 mm. [Freundler, *Bull. Soc. Chim.*, (3), **13**, 824, 1895; — Guye, Aston, *loc. cit.*].

Éther diisobutylique, $C^7H^{10}O^4[CH^2.CH(CH^3)^2]^2$. — Liquide bouillant à 169-171° sous 15 mm. (Freundler).

Chlorure, $C^7H^{10}O^2Cl^2$. — Liquide bouillant à 117-119° sous 10 mm. [Semmler, *D. chem. G.*, **26**, 774, 1893].

ACIDE GAUCHE. — Il se produit dans l'oxydation du citronellal, d'abord par MnO^4K, ensuite avec CrO^3 [Tiemann, Schmidt, *D. chem. G.*, **29**, 923, 1896]. Il fond à 84°,5.

ACIDE INACTIF. — Il se forme par l'oxydation du citronellol (de l'huile de pélargonium) [Tiemann, Schmidt, *D. chem. G.*, **29**, 925, 1896]. Cristaux solubles dans le benzène, fusibles à 93-94°.

ACIDE OXYPIMÉLIQUE (Heptanoldioïque), $CO^2H . CH^2 . CH^2 . CHOH . CH^2 . CH^2 . CO^2H$. — [Willstätter, *D. chem. G.*, **31**, 1553, 1898]. Le sel d'Ag est un précipité floconneux soluble dans l'eau bouillante.

ACIDE DIOXYPIMÉLIQUE, $CO^2H . CO . (CH^2)^3 . CO . CO^2H$. — Il fond à 127° [Blaise et Gault, *C. R.*, **139**, 137, 1904].

Décembre 1906. A. Bouchonnet.

PIMPINELLINE. — Cette substance a été retirée par Heut [*Arch. Pharm.*, **236**, 162, 1898] des racines de Pimpinella saxifraga. Elle se présente en aiguilles brillantes ressemblant à de l'amiante, d'une saveur brûlante, fondant à 106°. Elle se dissout dans les alcalis, d'où elle est précipitée par l'acide carbonique. Sa composition répond approximativement à la formule $C^{14}H^{12}O^5$. Juin 1907. E. Rengade.

PINACOLINE, $C^6H^{12}O$. — Produit de déshydratation de la pinacone auquel on a attribué successivement les formules de constitution suivantes :

$$(CH^3)^2C \underset{O}{\diagdown\!\diagup} C(CH^3)^2 \quad \text{(Friedel).}$$

$$(CH^3)^3C . CO . CH^3 \quad \text{(Butlerow)}$$

$$(CH^3)^2C \underset{O}{\diagdown\!\diagup} C(CH^3)^2 \rightleftarrows (CH^3)^3C . CO\ CH^3 \quad \text{(Delacre).}$$

Bibliographie. — (Voyez PINACONE).

Obtention. — Synthèse au moyen de $(CH^3)^3C.COCl$ [Butlerow, *Ann. Chem.*, **174**, 125]. Delacre a fait remarquer que la pinacoline peut avoir une origine symétrique ou dissymétrique. On l'obtient soit par la pinacone (sym.), soit par l'acide trichloracétique (dissym.), soit par KOH *dans les mêmes conditions* sur $(CH^3)^2CBr.CBr(CH^3)^2$ (Exp. 99. p. 95) ou sur $(CH^3)^3C.CBr^2.CH^3$ (Exp. 94). — Par réduction de l'acétone au moyen de l'amalgame de magnésium et action de la chaleur sur le produit pulvérulent. Rendement 21 0/0 [Couturier et Meunier, *C. R.*, **140**, 721, 1905]. La pinacone se déshydrate par les solutions des acides oxalique, tartrique, phosphorique [Vorländer, *D. chem. G.*, **30**, 2261, 1897]. La calcination de l'isobutyrate de chaux ne donne pas de pinacoline [Glücksmann, *Mon. f. Chem.*, **16**, 897, 1896].

Préparation. — La déshydratation de la pinacone par l'acide sulfurique dilué (Friedel) donne un produit impur; on peut le purifier par solution dans l'acide chlorhydrique concentré suivie, après quelques jours, de distillation à la vapeur et de rectification (D.).

L'acide sulfurique concentré (1 p.) donnerait avec la pinacone (1 p.) [Scholl et Schibig, *D. chem. G.*, **28**, 1364, 1895] de meilleurs rendements que la méthode de Friedel. D'après Delacre les rendements sont les mêmes, mais le produit peut être obtenu pur sans traitement par HCl concentré. Rendement en pinacoline brute 40 à 60 0/0.

La purification de la pinacoline exige 8 rectifications au déphlegmateur Le Bel. Ces opérations éliminent des traces d'un produit de tête à odeur particulière (les têtes représentent après lavage à l'eau au total 3 0/00 du poids de la pinacone) et les résidus (env. 50 0/0 de la pinacoline brute). Rendement en pinacoline pure à partir de la pinacone environ 27 à 30 0/0.

Pureté de la pinacoline. — Elle doit distiller sans donner de produit à odeur étrangère au début; le résidu du fractionnement est incolore et se réduit au minimum qu'exige une opération de ce genre. La pinacoline se dissout sans aucune coloration dans l'acide chlorhydrique concentré. La solution se maintient incolore après 24 heures, bien qu'il se sépare toujours des *traces* d'huile surnageante. Elle ne donne aucun précipité par HBr conc.

Propriétés. — La pinacoline bout entre 106°,2 et 106°,4 (P. 767 mm.). Dens. à 0°, 0,824 (D. p. 169). Elle a une odeur très délicate, différant sensiblement de l'odeur de la pinacoline rectifiée une fois. Réaction [Denigès, *Bull. Soc. Chim.*, 598, 1903]. Vitesses de réaction avec l'hydroxylamine ou le bisulfite [Stewart, *Proc. Chem. Soc.*, **21**, 13 et 84, 1905].

Action de PCl^5. — (D.). A froid, on pourrait admettre la réaction classique donnant le chlorure de Favorski $(CH^3)^3C.CCl^2.CH^3$.

A chaud, le produit de la réaction est liquide. On en retire 50 0/0 de $(CH^3)^3C.CCl=CH^2$ par distillation. Le résidu distillé à la vapeur d'eau donne, à côté d'un résidu non volatil :

1° Du chlorure solide $(CH^3)^3C.CCl^2.CH^3$.

2° Une huile qui se scinde par KOH en :

a) Un isomère du chlorure non saturé, soit $(CH^3)^3C.CH=CHCl$.

b) Des produits bouillant vers 270° (2 à 4 0/0 de la pinacoline).

c) Un carbure éb. 70-80° (5 0/00 de la pinacoline). Celui-ci n'est pas le tétraméthyléthylène, mais certaines analogies le rapprochent du carbure de M. Couturier (D., Exp. 127).

Tous ces dérivés correspondent à la formule cétonique de la pinacoline; il y a des restrictions à faire seulement pour les deux derniers dont la constitution est inconnue.

Action du sodium. — Voyez PINACOLIQUE (ALCOOL). Le produit qui se forme dans cette réaction, à côté de l'alcool pinacolique, a été appelé par Friedel et Silva, pinacone de la pinacoline $C^{12}H^{26}O^2$ (Dict., p. 1025). Couturier a scindé ce produit par l'acide sulfurique dilué en pinacoline et tétraméthyléthylène. Delacre [*Bull. Soc. Chim.*, (4), **1**, 1907], en faisant agir sur lui l'anhydride acétique, a obtenu la pinacoline et l'acétate de l'alcool pinacolique secondaire. Le tétraméthyléthylène est donc, dans la réaction de Couturier, le résultat d'une isomérisation, et la pinacone de la pinacoline est une combinaison du type dissymétrique.

Oxydation. — Contrairement aux indications de Friedel et Silva, les rendements en acide triméthylacétique sont loin d'être théoriques (D.). Par le permanganate en solution alcaline, on obtient l'acide triméthylpyruvique $(CH^3)^3C.CO.COOH$ [Glucksmann, *Mon. f. Chem.*, **10**, 770, 1890].

Condensation par KOH ou $Zn(C^2H^5)^2$ (D.).

DÉRIVÉS DE LA PINACOLINE. — *Benzal-pinacoline* (fus. à 41°, éb. à 154°), obtenue par $C^6H^5.COH$ en présence de soude [Vorländer et Kalkow, *D. chem. G.*, **30**, 2268, 1897].

Cyanhydrine, semicarbazone phénylhydrazone, p-bromophénylhydrazone [Carlinfanti, *Gazz. chim. ital.*, **27**, II, 387, 1897; **29**, I, 269, 1899. — Henry, *C. R.*, **143**, 20, 1906].

Combinaison avec les trichloro, tribromo-acétates [Koboseff, *J. russ. Chem.*, **35**, 652, 1903].

Par la méthode de Grignard, avec CH^3MgBr, la pinacoline donne le pentaméthyléthanol $(CH^3)^3C.C(OH)(CH^3)^2$ [Henry, *C. R.*, **143**, 20.

DÉRIVÉS CHLORÉS DE LA PINACOLINE. — $(CH^3)^3C.CCl^2.CH^3$ (chlorure de Favorski). — Il donne exclusivement $(CH^3)^3C.C\equiv CH$ par la potasse alcoolique en quantité suffisante (D.).

Chlorure non saturé $(CH^3)^3C.CCl=CH^2$ obtenu par action directe de PCl^5 sur la pinacoline à chaud, ou par action d'une quantité insuffisante de KOH alc. sur le chlorure de Favorski à 150° en tubes scellés [Delacre, *Bull. de l'Ac. de Belgique, cl. des Sciences*, 1906, p. 4]. Le point d'ébullition de ce chlorure est situé entre 97°,0 et 97°,8 sous une pression de 760 mm. environ; liquide incolore à odeur aromatique légère. Dens. à 0° environ 0,895. Par le sodium à sec et à froid, il donne un carbure acétylénique et le pseudobutyléthylène. Il est très faiblement attaqué par l'eau à 150°; très lentement attaqué à 100° en vase clos par l'acide chlorhydrique concentré, en donnant un chlorure solide, probablement celui de Favorski. Avec PCl^5 il donne $C^6H^{11}Cl^3$. Le sodium, en présence de l'eau donne $(CH^3)^3C.CH=CH^2$ sans traces de tétraméthyléthylène: la potasse alcoolique, $(CH^3)^3C.C\equiv CH$ sans tétraméthyléthylène.

$(CH^3)^3C.CH=CHCl$ (voyez plus haut *action de* PCl^5). — Mêmes réactions que le précédent avec KOH et Na. Point d'ébullition vers 93°.

Dérivés bromés de la pinacoline, $(CH^3)^3C.CBr^2.CH^3$. — On l'obtient par action de PBr^5 sur la pinacoline *à froid*, on complète la réaction à chaud, puis on essore le bromure solide; le liquide lavé à l'eau contient de grandes quantités de pinacoline probablement régénérée. Le bromure solide, traité par la potasse solide, donne $(CH^3)^3C.C\equiv CH$ et la pinacoline.

CARBURES DE RÉDUCTION DE CES DÉRIVÉS HALOGÉNÉS. — *Pseudobutyléthane*, $(CH^3)^3C.CH^2.CH^3$ retiré par Markownikow [*D. chem. G.*, **32**, 1445, 1899] du pétrole. On l'obtient aussi par l'action de $Zn(C^2H^5)^2$ sur $(CH^3)^3CI$ [Goriainow, *Ann. Chem.*, 165], ou par action du sodium à sec sur le produit d'addition de HBr au pseudobutyléthylène (D.).

Il bout à 50-51°. Il donne un *dérivé nitré* $(CH^3)^3C.CH(AzO^2).CH^3$, d'où l'on peut passer à la pinacoline (M). Par l'action du brome et de KOH, on obtient un carbure acétylénique (D.).

Pseudobutyléthylène $(CH^3)^3C.CH=CH^2$. — On l'obtient par action du sodium sur $(CH^3)^3C.CCl=CH^2$; il se forme en même temps 15 0/0 de carbure acétylénique [*Bull. acad. de Belgique, cl. des Sciences*, 1906, 7], qu'on élimine aisément par AzO^3Ag en présence d'alcool.

Liquide incolore à odeur spéciale bouillant à 41°. Densité à 0° du carbure non privé d'acétylénique 0,6739 à 0,6742. Il n'est pas modifié par KOH alc. à 150°. L'action successive du brome et de la potasse donne exclusivement du carbure acétylénique. Il fixe très difficilement HCl en donnant $(CH^3)^2CCl.CH(CH^3)^2$ incapable de donner un dérivé à triple soudure. HI donne directement, sans l'intermédiaire de KOH, du tétraméthyléthylène. HBr agit différemment suivant que l'on opère sur le carbure privé ou non d'acétylénique. Pour le second cas, voyez ALCOOL PINACOLIQUE PRIMAIRE. Dans le cas du carbure pur, la bromhydrine traitée par l'acétate de potasse donne uniquement du tétraméthyléthylène.

CONSTITUTION DE LA PINACOLINE. — [Poméranz, *Mon. f. Chem.*, **18**, 575, 1898; — Acree, *Am. Chem.*, **33**, 180, 1905; — Vorländer et Kalkow, *D. chem. G.*, **30**, 2268, 1897].

L'alcool de la pinacoline étant probablement, malgré toutes ses réactions analytiques, l'alcool secondaire et dissymétrique $(CH^3)^3C.CH(OH).CH^3$, il pourrait paraître à un observateur superficiel que la formule de Butlerow est parfaitement établie.

L'auteur de cet article ne pense pas cependant que la formule d'équilibre, en tous cas plus large, doive être rejetée. Il est évident que celle-ci s'imposerait s'il était prouvé par exemple que PCl^5 donne naissance même à des traces de combinaison symétrique, ou que la pinacone de la pinacoline est un dérivé symétrique.

Les deux questions expérimentales sont encore pendantes; c'est elles seules qui pourront expliquer ces faits curieux que la pinacone a une tendance impérieuse à donner des dérivés dissymétriques, tandis que l'alcool de la pinacoline (dissymétrique) donne quantitativement des dérivés symétriques.

Note additionnelle. — Depuis la rédaction de la première partie de cet article nous avons acquis au sujet de la pinacone de la pinacoline les résultats rappelés ci-dessus (action du sodium). Résumant nos travaux antérieurs, nous avons constaté [*Bull. Soc. Chim.*, (4), **1**, 535, 1907] que la pinacoline agissant sur PCl^5 se comporte comme dérivé dissymétrique dans la proportion de 97 0/0 environ, les 3 0/0 restants étant représentés par un carbure bouillant à 270°. Nous avons constaté aussi que la réduction de la pinacoline donne environ 94 0/0 de composés dissymétriques, les 6 0/0 restants se trouvant être une huile qui accompagne la pinacone de la pinacoline.

Si l'on rapproche de ces chiffres le résultat rappelé à l'article « alcools pinacoliques » que le bromure de $(CH^3)^3C.CH(OH).CH^3$ ne donne que 6 0/0 d'un composé agissant en partie comme dissymétrique, il semble bien que l'on doive se montrer circonspect avant de décider que la pinacoline répond exclusivement à la formule dissymétrique. Pour conclure en ce qui concerne l'individualité chimique de la pinacoline, seule question litigieuse, nous estimons prudent d'attendre, ou bien que l'on ait établi la structure des dérivés qui complètent le rendement de 94 ou 97 à 100 0/0, ou bien que l'on ait donné une explication expérimentale de la transposition moléculaire inverse que l'on constate dans la série de la pinacoline.

Nous avons formulé différents cycles admettant deux « transpositions moléculaires » inverses [*Bull. Soc. Chim.*, (3), **35**, 1087, 1906] et il semble évident d'après cela que la notion de transposition dans le sens de la plus grande stabilité de tel édifice carboné n'est pas applicable ici.

D'autre part le composé

$$(CH^3)^2=C\underset{O}{\diagdown\!\!\diagup}C=(CH^3)^2$$

par une constatation qui demande à être confirmée [*Bull. Soc. Chim.*, (4), **1**, 1907] se transformerait en $(CH^3)^3C.CO.CH^3$ sous l'action de HCl, et il est démontré que $(CH^3)^3C.CH=CH^2$ s'isomérise complètement en $(CH^3)^2C=C(CH^3)^2$ sous l'influence du même agent. L'influence isomérisante des acides dans un sens, des alcalis dans un autre, semble donc aussi devoir être écartée pour expliquer cette isomérisation inverse qui constitue le fait saillant de l'histoire de la pinacoline. N'ayant à rendre compte ici que des résultats acquis par l'expérience, nous n'examinerons pas les hypothèses par lesquelles on pourrait expliquer cette apparente anomalie.

Mai 1907. M. Delacre.

PINACOLIQUES (ALCOOLS). — *Bibliographie*, voyez PINACONE.

ALCOOL PINACOLIQUE TERTIAIRE. — Cet alcool a été décrit par plusieurs savants russes, mais, outre que les méthodes utilisées par eux donnaient des rendements souvent très mauvais, elles ne permettaient pas une comparaison sûre avec l'alcool de la pinacoline. L'auteur de cet article s'est attaché à préparer ces deux alcools par la méthode de Grignard (action du bromure d'isopropyle sur l'acétone, du bromure de pseudobutyle sur l'aldéhyde) [Delacre, *Bull. Acad. Belg.*, janvier 1906]. Simultanément[1], M. Henry a utilisé la méthode de Grignard en partant de l'isobutyrate de méthyle [*Ibid.*, décembre 1905] pour préparer l'alcool tertiaire.

Liquide à odeur d'alcool pinacolique, bouillant de 116 à 117° (H.), de 118°,8 à 119°,6 sous 748 mm. (D.), se solidifiant à —12° (D.). Par $CH^3.COCl$, il donne un *chlorure* bouillant à 112-114°, tandis que l'alcool secondaire fournit un acétate (H.). Ce chlorure est identique au chlorure de l'alcool de la pinacoline et à la chlorhydrine du tétraméthyléthylène (D.). L'*acétate* obtenu par le chlorure d'acétyle, en présence de sodium, régénère l'alcool tertiaire (D.). L'alcool, chauffé au bain-marie à reflux avec de l'acide sufurique à 5 0/0, se transforme complètement en tétraméthyléthylène. Dans ces mêmes conditions l'alcool de la pinacoline n'est pas sensiblement attaqué (D.). Son *éther bromhydrique* se comporte comme l'éther bromhydrique de l'alcool secondaire en donnant du tétraméthyléthylène.

L'oxydation de l'alcool tertiaire par le brome en présence d'eau et à froid ne donne pas de pinacoline. Il se forme aussi des bromures solides $C^6H^{11}Br^3$. A part ceux-ci on ne retrouve dans les produits insolubles dans l'eau que de l'alcool non attaqué ni transformé [*Bull. Soc. Chim.*, (4), **1**, 1907].

Acétate. — Il s'obtient facilement par ébullition (3 p.) avec l'anhydride acétique pur (4 p.).

1. Je crois pouvoir employer ce terme puisque les notes publiées à l'Académie de Belgique ne paraissent que deux mois après leur dépôt et que j'étais absent à la séance de décembre 1905 lorsque M. Henry a déposé la sienne.

C'est un liquide incolore à odeur aromatique, bouillant à 139-143°. Chauffé avec l'acétate de potasse à 200° il se transforme complètement en tétraméthyléthylène (différence avec l'acétate secondaire) [Delacre, *Bull. Soc. Chim.*, (4), 1, 1907].

Phényluréthane. — Poids égaux (5 gr.) d'alcool tertiaire et d'isocyanate de phényle abandonnés ensemble à la température ordinaire ne donnent lieu qu'à un dépôt de quelques cristaux isolés, petits prismes d'une très grande limpidité. Il est difficile d'amener la masse à un état solide complet par la chaleur. Cette masse lavée à l'éther de pétrole puis cristallisée dans ce dissolvant fond à 65-66°.

ALCOOL PINACOLIQUE SECONDAIRE, ALCOOL DE LA PINACOLINE. $(CH^3)^3C.CH(OH).CH^3$. — La réduction de la pinacoline par le sodium donne 90 0/0 d'alcool, elle se fait en une opération avec 60 0/0 de sodium, et sans aucune perte, si on a soin d'ajouter une certaine proportion d'éther (D.).

Liquide incolore, épais, à forte odeur aromatique. Ebullition 120°,2 à 120°,5 (751^{mm},5); 120°,9 à 121°,0 (763 mm.); 121°,2 à 121°,3 (776 mm.) (D., Exp. 208). Congélation + 5°,4.

Outre cet alcool, la réduction de la pinacoline donne 10 0/0 d'un mélange dont la partie solide est constituée par $C^{12}H^{26}O^2$ (fus. à 72-73°); celui-ci est accompagné d'un produit liquide, peut-être dû aux impureté de la pinacoline (D.) [*Bull. Soc. Chim.*, (4), 1, 1907].

L'alcool de la pinacoline régénère la pinacoline par oxydation. Différentes méthodes ont été employées par Delacre qui s'est arrêté à l'oxydation par le brome en présence d'eau; le brome disparaît rapidement, tandis qu'avec l'alcool tertiaire il est nécessaire d'ajouter de l'alcali. Il se forme en même temps un *bromure* $C^6H^{11}Br^3$.

L'éther chlorhydrique est identique aux produits d'addition de l'acide chlorhydrique au tétraméthyléthylène et au pseudobutyléthylène. L'éther bromhydrique soumis à la bromuration, puis à l'action de KOH, ne donne pas trace de carbure acétylénique; traité en grandes masses par différents réactifs hydrolysants (KOH sec, KOH aq., MgO, PbO, $C^2H^3O^2K$, $C^2H^3O^2Ag$), il donne exclusivement des carbures symétriques (tétraméthyléthylène et carbure de Couturier). Voyez aussi Zelinski et Zelikow [*D. chem. G.*, 34, 3249, 1901]. Chaleur de combustion [Zuboff, *Journ. Soc. phys. chim. russe*, 35, 815, 1903].

Dans une note récente [*Bull. Soc. Chim.*, (4), 1, 1907] « sur le point d'isomérisation des dérivés des alcools pinacoliques secondaires et tertiaires », Delacre a démontré que le bromure dérivé de $(CH^3)^3C.CH(OH).CH^3$, tout comme celui dérivé de $(CH^3)^2C=C(CH^3)^2$, régénère par hydrolyse détournée, au moyen de l'acétate, une petite proportion de $(CH^3)^2C(OH).CH^2(CH^3)^2$. Le produit principal est, dans les deux cas, le tétraméthyléthylène. Entre les deux bromures il n'y a de différence qu'en ce que le premier contient une petite quantité d'un bromure isomère difficilement attaquable, probablement dissymétrique et qui en perdant HBr donne un carbure du type du pseudobutyléthylène dont le rendement est en tous cas très faible. Voici la proportion de ces trois produits :

	Tetraméthyléthylène.	Alcool tertiaire.	Bromure dissymétrique.
Bromure d'alcool......	84 0/0	10 0/0	6 0/0
Brombydrine du tétraméthyléthylène......	84 0/0	16 0/0	0 0/0

Ce bromure dissymétrique serait le premier dérivé normal de l'alcool pinacolique secondaire et du pseudobutyléthylène $(CH^3)^3C.CHBr.CH^3$.

Acétate. — Friedel avait obtenu un acétate par l'action de l'acétate d'argent sur l'iodure de l'alcool secondaire. Delacre n'a pas réussi à l'obtenir de cette manière [*Bull.*, (3), 35, 1092, 1906]. Henry [*Bull. Acad. Belg.*, *cl. des Sciences*, 1905, p. 537] l'a obtenu par l'action de CH^3.COCl sur l'alcool secondaire. La constitution de ce dernier a été établie par Delacre, qui en a régénéré l'alcool secondaire par la potasse.

C'est un liquide incolore à odeur aromatique bouillant à 139-143°. Chauffé à 200° avec de l'acétate de potasse fondu, il est à peine attaqué et donne une petite quantité de carbure dissymétrique.

Phényluréthane. — Poids égaux d'alcool secondaire et d'isocyanate de phényle, par simple mélange à la température ordinaire, se prennent très rapidement en une masse sèche. L'expérience peut se faire sur 1 cc. d'alcool et nous semble très caractéristique [Delacre, *Bull. Soc. Chim.*, (4), 1, 1907]. Le produit, lavé à l'éther de pétrole et dissous à chaud dans ce dissolvant pour le séparer d'une substance insoluble, fond à 76-77°.

CONSTITUTION. — On n'aurait pu invoquer jusqu'à ces derniers temps à ce sujet que les constantes d'éthérification déterminées par M. Couturier. Au point de vue analytique il n'y avait absolument aucun document. C'est Delacre qui a donné le premier par l'étude de l'hydrolyse du bromure; celui-ci donne 6 0/0 d'un composé qui est probablement dissymétrique, car il fournit une petite proportion de carbures de ce type.

La classification résout cette question : l'alcool de la pinacoline n'est pas symétrique, puisque la place est occupée par un autre produit, individu chimique nettement différent, et qui se rapproche *plus* que lui du tétraméthyléthylène. Cette conclusion ne tient pas compte des isoméries qui pourraient dépendre de l'asymétrie du carbone, question qui n'a pas encore été étudiée jusqu'aujourd'hui.

ÉTHERS HALOÏDES DE L'ALCOOL DE LA PINACOLINE. — (Nous plaçons sous cette rubrique les produits dérivés empiriquement de cet alcool, bien qu'ils doivent être rattachés par leur constitution à l'alcool tertiaire.)

Chlorure. — Liquide incolore à odeur aromatique non piquante. Ebullition 110°,6 à 111°,4 (746 mm.), 111°,6 à 112°,2 (767 mm.), 112°0 à 112°,6 (766 mm.), 111°,8 à 112°,6 (761 mm.). Congélation — 5°,5 à — 6°,5. On l'obtient par l'action de HCl sur l'alcool pinacolique, le tétraméthyléthylène, le carbure de Couturier, le pseudobutyléthylène, l'alcool pinacolique tertiaire. Il ne donne pas de carbure acétylénique par action du brome, puis de la potasse. La potasse aqueuse donne le tétraméthyléthylène; la potasse sèche, le carbure de Couturier; l'acétate de potasse, le tétraméthyléthylène (D.).

Bromure. — Préparé par action de HBr sur l'alcool pinacolique (C.), fusible à + 24-25° (C.), environ à + 12° (D.), ébullition à 132° avec légère décomposition (C.). Le même bromure se forme par l'action de HBr sur le tétraméthyléthylène, le carbure de Couturier, le pseudobutyléthylène, et probablement l'alcool pinacolique tertiaire (D.).

Le bromure de l'alcool pinacolique donne avec le sodium à sec le tétraméthyléthane (D., Exp. 336); traité par la potasse aqueuse, il donne le tétraméthyléthylène; par la potasse sèche, le carbure de Couturier. L'acétate de potasse, l'acétate d'argent, la magnésie, les oxydes métalliques donnent des réactions dans le même sens;

dans celles qui ont été étudiées en grand, les carbures que l'on obtient ne contiennent pas trace de dérivés dissymétriques (D.) [Zelinski et Zelikow, *D. chem. G.*, **34**, 2856, 1901].

Avec l'acétate de potasse il se forme en très petite quantité des éthers dont l'étude n'est pas encore faite (D.).

CARBURES DÉRIVÉS DE L'ALCOOL DE LA PINACOLINE (par l'intermédiaire des éthers haloïdes). — L'action de la potasse sur le bromure de l'alcool de la pinacoline a donné à Couturier deux carbures, le tétraméthyléthylène et un produit qu'il a considéré comme le pseudobutyléthylène (ébullition 56 à 58°). Delacre a démontré qu'il n'est pas possible, par ce moyen, d'obtenir l'un des carbures à l'exclusion de l'autre, et que l'on peut à volonté les transformer l'un dans l'autre. Leurs bromures sont en effet identiques et donnent, suivant les conditions de l'opération, soit le premier, soit le second. Aucun des deux ne donne de carbure acétylénique.

Tétraméthyléthylène. $(CH^3)^2C=C(CH^3)^2$. — Voyez 1er Suppl., 915. On l'obtient par réduction du bromure de pinacone au moyen du zinc en milieu acétique [Thiele, *D. chem. G.*, **27**, 454, 1894]. Il se prépare par l'action de la potasse aqueuse sur le bromure de l'alcool de la pinacoline (D.). Pour les autres modes de production, voyez ci-dessus.

Ébullition 72 à 75° (C.), 73° (Th.), 71 à 73° (D.). Obtenu par les éthers haloïdes, il contient toujours du carbure de Couturier (D.). Par oxydation, au moyen de permanganate, il donne l'acétone et la pinacone (C.). Par l'acide hypochloreux, la monochlorhydrine de la pinacone (voyez PINACONE). Le *bromure* fond à 170-175° (C.) en se sublimant (Voir *bromure de pinacone*).

Nitrosochlorure de tétraméthyléthylène. — [Thiele, *loc. cit.*].

Carbure de Couturier,

$$(CH^3)^2CH \cdot C \begin{matrix} \nearrow CH^2 \\ \searrow CH^3 \end{matrix}$$

(D.), $(CH^3)^3.C.CH=CH^2$ (C.). — Il se prépare par l'action de la potasse sèche en excès (C.).

Ébullition 56 à 59° (C.), probablement 59 à 65° (D.). Ce produit n'est jamais exempt de tétraméthyléthylène (D.). Densité à 0°, 0.6795 (C.), 0.717 à 0.719 (D.). Le bromure traité par la potasse ne donne pas la réaction des carbures acétyléniques (D.). Par oxydation au moyen du permanganate, Couturier a obtenu un *glycol* $C^6H^{12}(OH)^2$, bouillant à 197°, dont le *diacétate* bout à 217-218°.

ALCOOL PINACOLIQUE PRIMAIRE, $(CH^3)^2C.CH^2.CH^2OH$. — HBr agissant sur le pseudobutyléthylène contenant 15 0/0 d'acétylénique donne 60 à 80 0/0 de l'acétine de l'alcool primaire (ébullition à 155°); il suffit de chauffer celle-ci à reflux avec 3 p. de KOH, et de distiller pour obtenir exclusivement l'alcool primaire.

Liquide incolore à odeur aromatique faible, ébullition 142°.6 à 143°.6 (757 mm.). Congélation entre —60 et —65°. Le chlorure d'acétyle donne l'*acétate* (ébullition vers 155°) qui régénère le même alcool. Le *bromure* donne par l'acétate le même éther qui régénère également l'alcool. Le bromure traité par le brome, puis la potasse, donne la réaction par le nitrate d'argent alcoolique; avec la potasse il ne donne pas de tétraméthyléthylène, mais le pseudobutyléthylène.

L'oxydation par CrO^3 donne successivement un produit à odeur très désagréable, bouillant vers 110°, probablement $(CH^3)^3C.CH^2.COH$, puis un acide bouillant entre 185 et 190° et se congelant à —11° $[(CH^3)^3C.CH^2.COOH]$ [Delacre. *Bull. Ac. Belgique, cl. des Sc.*, 18, 1906].

Mai 1907. M. Delacre.

PINACONE, $(CH^3)^2C(OH).C(OH)(CH^3)^2$. — Voyez Dict., 2, 1025; Suppl., 915; 2e Suppl., **1**, 106, 127. On l'obtient par le méthyliodure de magnésium sur l'éther oxalique [Valeur, *C. R.*, **132**, 833, 1901], par réduction de l'acétone avec l'amalgame de magnésium [Couturier et Meunier, *C. R.*, **140**, 721, 1905] (1).

Préparation. — Par électrolyse d'une solution sulfurique d'acétone. Rendement 20 0/0 [Merck, *Central Blatt.*, **2**, 794, 1900]. Delacre (p. 19 à 28) emploie la méthode de Friedel, modifiée par Thiele (KOH au lieu de CO^3K^2), avec cette différence qu'il laisse le mélange s'échauffer; on traite ainsi 9 litres d'acétone en un jour. Rendement environ 15 0/0.

Si on lave le produit de la réaction à l'eau acidulée avant de le distiller, on n'obtient ni pinacone ni pinacoline.

Tissier [*Ann. Chim. Phys.*, (6), **29**, 376, 1893] a isolé des produits accessoires l'oxyde de mésityle et la phorone.

La pinacone n'est pas attaquée par la soude à froid, ni à 120-130° par une solution de carbonate de soude [Vorländer, *D. chem. G.*, **30**, 2261, 1897].

MONOCHLORHYDRINE, $(CH^3)^2C(OH).CCl(CH^3)^2$. — Par ClOH sur le tétraméthyléthylène [Eltekow, *D. Chem. G.*, **16**, 399, 1883]; par HCl sur la pinacone à froid (Friedel). Eltekow, au moyen de la potasse, a obtenu un produit qui agit énergiquement sur l'eau pour donner l'hydrate de pinacone : c'est l'oxyde de tétraméthyléthylène

$$(CH^3)^2C \underset{O}{\diagdown\!\diagup} C(CH^3)^2$$

Delacre [*Bull. Soc. Chim.*, (4), **1**, 1907] a refait cette opération d'après la méthode de Friedel; le produit de la réaction semble assez complexe et parait contenir, outre l'oxyde d'Eltekow, un liquide bouillant à la même température mais n'agissant pas sur l'eau; il renfermerait également de la pinacoline, un produit bouillant vers 110-115° et donnant de l'alcool tertiaire par réduction, enfin des corps bouillant vers 70°.

CHLORURE DE PINACONE, $(CH^3)^2CCl.CCl(CH^3)^2$. — Kondakow [*J. prakt. Chem.*, (2), **62**, 189] l'obtient par HCl concentré à —14° sur la pinacone. Il est très difficile à obtenir dans les conditions ordinaires (C.); ces difficultés sont expliquées par ce fait, que PCl^5 agissant sur le tétraméthyléthylène *fixe spontanément du chlore*, et *en même temps* dégage HCl (D., p. 100).

BROMURE DE PINACONE $(CH^3)^2CBr.CBr(CH^3)^2$. — On l'obtient par PBr^3 sur la pinacone (C.). Il se prépare par l'action de l'acide bromhydrique fumant sur la pinacone [Thiele, *D. chem G.*, **27**, 455, 1894]; on essore le bromure. Le liquide contient probablement de la pinacoline; lorsqu'on le fait servir à d'autres opérations, ou qu'on le conserve, on ne peut en retirer que des produits résineux.

Les produits voisins de l'oxyde de tétraméthyléthylène donnent ce même bromure par HBr concentré [Delacre, *Bull. Soc. Chim.*, (4), **1**, 1907].

1. BIBLIOGRAPHIE. — Deux mémoires d'ensemble ont été faits sur la pinacone et ses dérivés depuis les recherches de Friedel et Silva et de Butlerow et son école : 1° Couturier, *Ann. ch. et phys.*, (6), **26**, 433, 1891; 2° Delacre, *Recherches sur la notion de l'individualité chimique à propos de la constitution de la pinacoline* (Bruxelles, Lamertin, éditeur. 1 vol., 296 pages). Nous mentionnerons ces deux mémoires au cours de cet article, respectivement par (C) et (D).

Citons aussi quelques notes par Delacre [*Bull. Soc. Chim.*, 1907].

Cristaux blancs en feuilles de fougères se sublimant sans fondre vers 170°.

Traité par la potasse alcoolique, il donne du tétraméthyléthylène (C.); de même par le zinc et l'acide acétique (Thiele). Par Ag^2O il donne de la pinacoline; le carbonate de potasse en solution donne le mélange pinacone + pinacoline: il ne donne pas d'oxime, contrairement à ce qui se passe pour le chlorure de la pinacoline (C.). Avec la potasse solide en tube scellé, Delacre a obtenu du tétraméthyléthylène et de la pinacoline; il en conclut que si ce bromure n'a pas donné d'oxime, c'est que les conditions de formation de cette dernière n'ont pas été réalisées.

Le bromure de pinacone, avec PbO, donne 57 0/0 de pinacone [Krassouski, *Journ. Soc. phys. chim. russe*, **33**, 791, 1902].

Combinaisons de la pinacone avec le méthylal, l'acétal, le chloracétal [Delépine, *C. R.*, **132**, 968, 1901; *Bull. Soc. Chim.*, (3), **25**, 574].

Mai 1907. M. Delacre.

PINAKIOLITE (Min.) (G. Flink). — Borate de magnésium et de manganèse $3MgO.MnO.Mn^2O^3.2Bo^2O^3$, ne différant de la ludwigite (voy. ce mot 2° Suppl., **5**, 247) que par la substitution du manganèse au fer, et du reste isomorphe avec ce minéral. Petits cristaux tabulaires noir métallique, transparents en lame très mince, très friables, formant des bandes zonées dans une dolomie grenue et magnésifère, avec hausmannite, téphroïte, etc., à Langbanshyttan, Wermland, Suède.

Caractères. — Soluble dans l'acide chlorhydrique concentré chaud, avec dégagement de chlore. Au chalumeau, les éclats fondent difficilement sur les bords en scorie noire, non magnétique. Réactions du bore et du manganèse. Dureté = 6. Poussière gris brunâtre. Densité = 3,381.

Forme cristalline. — Prisme orthorhombique : $h^1h^1 = 148°56'$; $e^1e^1 = 119°5'$. Faces : g^1 prédominante, h^1. Macles e^1. Clivage g^1, assez facile.

L. Bourgeois.

PINASTRIQUE (ACIDE). — Voyez l'art. LICHENS.

PINÈNE ET DÉRIVÉS (dérivés halogénés, produits d'hydratation et d'oxydation, etc.). — Voyez TERPÉNIQUE (SÉRIE).

PINÈNE-GLYCOL, PINÉNOL, PINÉNONE, PINIQUE (ACIDE). — Voyez TERPÉNIQUE (SÉRIE).

PINITE. — Voyez INOSITE.

PINNOÏTE (Min.) (Staute). — Borate de magnésium hydraté, $Bo^2O^4Mg,3H^2O$, en masses jaunes ou verdâtres, un peu fibreuses, à Stassfurt. Soluble dans les acides, difficilement fusible. Dureté = 3 à 4. Densité = 2,27.

L. Bourgeois.

PINOCAMPHONE, PINOCAMPHORONE. — Voyez TERPÉNIQUE (SÉRIE).

PINOL, PINOLGLYCOL, HYDRATE DE PINOL. — Voyez TERPÉNIQUE (SÉRIE).

PINONIQUE (ACIDE), PINONONIQUE (ACIDE), PINOYL-FORMIQUE (ACIDE). — Voyez TERPÉNIQUE (SÉRIE).

PINYLAMINE. — Voyez TERPENIQUE (SÉRIE).

PIPÉCOLINE. — Voyez l'art. PIPÉRIDINE (MÉTHYL).

PIPÉRAZINES, PIPÉRAZONES. — Voyez l'art. DIAZINES, 2° Suppl., **3**, 98.

PIPÉRIDINE (IMINOPENTANE, HEXAZANE).

$$CH^2 \left< \begin{matrix} CH^2 - CH^2 \\ CH^2 - CH^2 \end{matrix} \right> AzH$$

— *Préparation.* — On l'obtient : 1° en chauffant le chlorhydrate de pentaméthylène-diamine :

$$CH^2 \left< \begin{matrix} CH^2.CH^2.AzH^3Cl \\ CH^2.CH^2.AzH^3Cl \end{matrix} \right.$$

$$= AzH^4Cl + CH^2 \left< \begin{matrix} CH^2 - CH^2 \\ CH^2 - CH^2 \end{matrix} \right> AzH.HCl$$

[Ladenburg, *D. chem. G.*, **18**, 3101, 1885];

2° En hydrogénant le dicyanure de triméthylène, $CAz.CH^2.CH^2.CH^2.CAz$ [Ladenburg, *Ann. Chem.*, **247**, 53, 1888];

3° Par l'électrolyse de la pyridine en solution sulfurique étendue [Ahrens, *D. chem. G.*, **29**, 1122, 1896];

4° En chauffant avec de la potasse l'amyline chlorée ou bromée,

$$CH^2 \left< \begin{matrix} CH^2.CH^2.AzH^2 \\ CH^2.CH^2Cl \end{matrix} \right.$$

$$= HCl + CH^2 \left< \begin{matrix} CH^2 - CH^2 \\ CH^2 - CH^2 \end{matrix} \right> AzH$$

[Gabriel, *D. chem. G.*, **25**, 421, 1892];

5° En hydrogénant l'amino-5-pentanal [Wolffenstein, *D. chem. G.*, **26**, 2992, 1893];

6° Par l'action de l'acide iodhydrique sur l'acide picolinique [Seyffath, *J. prakt. Chem.*, (2), **34**, 242, 1886];

7° Par oxydation électrolytique de la nitrosopipéridine en solution sulfurique; il se forme en même temps d'autres produits [Ahrens, *D. chem. G.*, **31**, 2275, 1898];

8° Par réduction électrolytique de la pyridine [Merck, *Central Blatt.*, (2), 982, 1899; — Pinkussohn, *J. Am. Chem.*, **14**, 395, 1897; — Tafel, *Zeit. phys. Chem.*, **34**, 220, 1900];

9° En hydrogénant l'α-pipéridone [Wallach, *Ann. Chem.*, **324**, 286, 1902].

Préparation de la pipéridine pure. — [Vörlander, Wallis, *Ann. Chem.*, **345**, 277, 1906].

Propriétés. — La pipéridine se congèle à — 17° [Altschüll, Schneider, *Zeit. phys. Chem.*, **16**, 24, 1903]. Elle bout à 17° sous 19 mm. et à 105°,7 sous 760 mm. [Louguinine, *C. R.*, **128**, 367, 1899]. Densité = 0,8619 à 19° [Schiff, *D. chem. G.*, **19**, 566; — Guye, Mallet, *Central Blatt.*, **1**, 1314, 1903].

Hydrogénée par l'acide iodhydrique à 300°, la pipéridine est changée en ammoniaque et pentane normal.

$$CH^2 \left< \begin{matrix} CH^2 - CH^2 \\ CH^2 - CH^2 \end{matrix} \right> AzH + 4H$$

$$= AzH^3 + CH^2 \left< \begin{matrix} CH^2 - CH^3 \\ CH^2 - CH^3 \end{matrix} \right.$$

[Spindler, *Journ. Soc. phys. chim. russe*, **23**, 40, 1891]. L'eau oxygénée la transforme d'abord en amino-5-pentanal, puis donne de l'oxy-2-pipéridine en même temps qu'il se forme d'autres produits. Le chlorure de soufre SCl^2, en solution éthérée, donne la *thiopipéridine* $(C^5H^{10}Az)^2S$ [Schenk, *Ann. Chem.*, **290**, 178, 1896].

Chauffée avec de la benzaldéhyde à 240°, la pipéridine donne de la dibenzyl-3.5-pyridine, de la tribenzylpyridine et de l'acide benzoïque [Rugheimer, *Ann. Chem.*, **280**, 41, 1894].

Action du sodium et de l'iode [Ahrens, *D. chem. G.*, **31**, 2278, 1898; — Schmidt, *Arch. d. Pharm.*, **237**, 562, 1899].

Action de la pipéridine sur l'hydroquinone, la pyrocatéchine, le pyrogallol, l'acide gallique, le β-naphtol, les quinones, etc. [OEchsner, *Bull. Soc. Chim.*, (2), **43**, 177, 1885; *C. R.*, **124**, 563, 1897]; sur une solution ammoniacale d'un sel d'argent [Morgan, Micklethwath, *Central Blatt*, **1**, 72, 1903]; sur un acide aminosulfonique [Paal, Hubaleck, *D. chem. G.*, **34**, 1757,

1901]; sur l'acide α-bromosébacique et ses éthers [Bischoff, *D. chem. G.*, **31**, 2839, 1898]; sur les éthers des acides à carbures acétyléniques et éthyléniques [Ruhemann, Browning, *Chem. Soc.*, **73**, 723, 1898]; sur l'hydroquinone, la pyrocatéchine, le gaïacol, l'acide pyrogallique, l'o- et le p-nitrophénol, le dinitro-α-naphtol [Turner et C°, *Central Blatt.*, **2**, 836, 1898]; sur les éthers carboniques des phénols [Cazeneuve, Moreau, *C. R.*, **125**, 1107, 1897]; sur le tannin [Œchsner de Coninck, *C. R.*, **124**, 506, 562, 1897]; sur le chlorocodide [Vongerichten et Müller, *D. chem. G.*, **36**, 1590, 1903]; sur le nitrile glycolique [Klages, Margolinky, *D. chem. G.*, **36**, 4188, 1903]; sur les tartramides [Frankland, Orwerd, *Chem. Soc.*, **83**, 1342, 1903]; sur les cétones-β-anilinées [Mayer, *Bull. Soc. Chim.*, (3), **33**, 958, 1905]; sur la 3.3 et la 4.3-dibromodinitrobenzophénone [Kunckell, *D. chem. G.*, **37**, 3484, 1904]; sur la benzylidène-acétylacétone et le benzylidène-acétate d'éthyle [Ruhemann, Wattson, *Chem. Soc.*, **85**, 1170, 1904]; sur l'isocyanate de bromyle [Forster, Atwell, *Chem. Soc.*, **85**, 1188, 1904]; sur les dérivés bisulfitiques des aldéhydes formique, acétique, benzoïque, et sur CAzK [Knœvagel, *D. chem. G.*, **37**, 4073, 1904]; sur la camphorylcarbiamide [Forster, Fierz, *Chem. Soc.*, **87**, 110, 1905]; sur l'aldéhyde formique [Eschweiler, *D. chem. G.*, **38**, 880, 1905]; sur le bromure de benzyle-3.5-acetoxylé 2 [Auwers, *Ann. Chem.*, **332**, 214, 1904]; sur l'iodure de dibromo-3.5-méthoxy-4-pseudocumyle [Auwers, Reickel, *Ann. Chem.*, **334**, 264, 1904]; sur les phénols et les pseudophénols [Auwers, *D. chem. G.*, **37**, 1470, 1904; — Auwers et Schöter, *Ann. Chem.*, **344**, 141, 227, 1906]; sur l'aldéhyde formique et les phénols [Auwers et Dombrowski, *ibid.*, **344**, 280, 1906]: sur le phosphure d'hydrogène P^4H^2 [Schenk, *D. chem. G.*, **36**, 4202, 1903]; sur l'acide azoteux [Angeli, Angelico, *Gazz. chim. ital.*, **33**, 245, 1903]; sur la pentaméthylène-diamine [Braun, *D. chem. G.*, **37**, 3583, 1904]; sur le phénoxyacrylate de sodium [Erlenmeyer, *D. chem. G.*, **39**, 791, 1906]: sur l'éther tétrolique [Feist, *Ann. Chem.*, **343**, 100, 1905]; sur les acides ferrocyanhydrique, ferricyanhydrique et cobalticyanhydrique [Wagner et Tollens, *D. chem. G.*, **39**, 410, 1906]; sur les organomagnésiens [Schrœter et Herzberg, *D. chem. G.*, **38**, 3389, 1905]; sur le chlorure de dinitrophénylpyridinium [Zincke, Winker, *Ann. Chem.*, **341**, 365, 1905]; sur la cholesténone [Windaus, *D. chem. G.*, **39**, 518, 1906; — Knœvenagel, *D. chem. G.*, **37**, 4461, 4464, 1904; — Pinner et Franz, *D. chem. G.*, **38**, 1539, 1905; — Hildebrandt, *Zeit. phys. Chem.*, **43**, 249, 1904; — Eschweiler, *D. chem. G.*, **38**, 880, 1905; — von Braun, Steindorff, *D. chem. G.*, **38**, 2336, 1905; — Walker, Mac Intosh, *Proc. chem. Soc.*, **20**, 134, 1904; *Chem. Soc.*, **85**, 1098, 1904].

SELS ET DÉRIVÉS D'ADDITION. — *Chlorhydrate*, $C^5H^{11}Az.HCl$. — Il fond à 237° [Ladenburg, *Ann. Chem.*, **247**, 55, 1888; — Colson, *C. R.*, **124**, 504, 1897]; action sur l'acide nitrohydroxamique [Angeli et Angelico, *Gazz. chim. ital.*, (2), **33**, 51, 1903]:

$C^5H^{11}Az + ZnCl^2$ — [Werner, *Zeit. an. Chem.* **15**, 12, 1897].

$C^5H^{11}Az + ZnCl^2 + ZnO$. — [Lachowicz, Bandrowski, *Mon. f. Chem.*, **9**, 517, 1888].

$C^5H^{11}Az + CdCl^2$. — (Verner).

$(C^5H^{11}Az)^6NbCl^5$. — [Renz, *Zeit. anorg. Chem.*, **36**, 100, 1903].

$3C^5H^{11}Az.HCl.TlCl^3$. — [Renz, *D. chem. G.*, **35**, 2770, 1902].

$2C^5H^{11}Az.HgCl^2$; $2C^5H^{11}Az.HgBr^2$; $C^5H^{11}Az.HgI^2$; $2C^5H^{11}Az.Hg(CAz)^2$. — [Varet, *D. chem. G.*, (2), **26**, 6, 1893].

$3C^5H^{11}Az.2HgCl^2$. — Cerdelli, *Gazz. chim. ital.*, (1), **27**, 21, 1897].

$(C^5H^{11}.Az.HCl)^2PtCl^4$. — Longs cristaux orangés, très solubles dans l'eau, fondant à 191° [Wallach, Lehmann, *Ann. Chem.*, **237**, 241, 1887].

$2C^5H^{11}Az.PdCl^2$. — [Hardin, *Am. Soc.*, **21**, 946, 1899].

$2C^5H^{11}Az.AgCl$. — [Varet, *D. chem. G.*, (2), **25**, 743, 1892; — Wuth, *D. chem. G.*, **35**, 2420, 1902].

$2C^5H^{11}Az.AgCAz$. — (Varet).

$(C^5H^{11}Az.HCl)^3.AgCl$. — (Wuth).

$C^5H^{11}Az.HCl.AuCl^3$. — [Ladenburg; Fenner, Tafel, *D. chem. G.*, **32**, 3220, 1899].

Bromhydrate, $C^5H^{11}Az.HBr$. — Il fond à 235° [Bischoff, *D. chem. G.*, **31**, 2841, 1898; — Wedekind, Fock, *D. chem. G.*, **32**, 1409, 1899].

$(C^5H^{11}Az.HBr)^2$. — [Lehner, *Am. Soc.*, **20**, 577, 1898].

$(C^5H^{11}Az)^3.CdBr^2$. — (Werner).

$(C^5H^{11}Az)^2AgBr$. — (Werner, Varet).

$(C^5H^{11}Az.HBr)^3.AgBr$. — (Wuth).

Iodhydrate, $C^5H^{11}Az.HI$. — Longs cristaux; $(C^5H^{11}Az.HI)^3 2BiI^3$ [Kraut, *Ann. Chem.*, **210**, 319, 1882].

$(C^5H^{11}Az)^2CdI^2$. — (Werner).

$C^5H^{11}Az.AgI$ (Werner, Varet). — $(C^5H^{11}Az.HI)^3 AgI$ (Wuth).

$C^5H^{11}Az.ClI$. — Fond à 143° [Pictet, Krafft, *Bull. Soc. Chim.*, (3), **7**, 74, 1892].

$C^5H^{11}Az.ClI.HCl$. — Fond à 90°.

Hydrate, $C^5H^{11}Az + H^2O$. — Il se congèle dans un mélange réfrigérant et fond vers —14° (Henry).

Azotate, $C^5H^{11}Az.AzO^3H$. — (Cerdelli).

$5C^5H^{11}Az + AzO^3Ag$; $3C^5H^{11}Az + SO^4Cu$. — (Werner).

$2C^5H^{11}Az + SO^4Hg + 6H^2O$. — (Cerdelli).

Phosphate, $C^5H^{11}Az.PO^4H^3$. — Cristaux très solubles dans l'eau [Raikow, Schtarbanow, *Chem. Zeit.*, **25**, 280].

Borate. — [L. et T. Spiegel, *D. Pharm. G.*, **14**, 350, 1904].

Perchromate, $C^5H^{11}Az.CrO^5H$. — [Wide, *D. chem. G.*, **31**, 3143, 1898].

Acide pipéridylaminosulfonique, $C^5H^{11}Az.SO^3H(AzH^2)$. — Cristaux tabulaires hygroscopiques, fondant à 62° (Paal, Hubaleck).

Schenk [*D. chem. G.*, **36**, 993, 4204, 1903] a étudié l'action de la pipéridine avec PH^3.

Michaelis et Luxembourg [*D. chem. G.*, **29**, 711, 1896] ont préparé le composé $C^5H^{10}AzPCl^2$ en partant de PCl^3 et de la pipéridine. C'est un liquide bouillant à 94° sous 10 mm.

Acétate, $C^5H^{11}Az.C^2H^4O^2$. — Il fond à 106° [Zoppellari, *Gazz. chim. ital.*, (1), **26**, 297, 1897].

Oxalate, $(C^5H^{11}Az)^2C^2H^2O^4$; $2C^5H^{11}Az.C^8H^6O^6$. — Il fond à 145° [Kaltwasser, *D. chem. G.*, **29**, 2275, 1896].

Oxalacétate, $C^5H^{11}Az.C^8H^{12}O^5$. — Il fond à 74° [Wislicenus, Beck, *Ann. Chem.*, **295**, 357, 1897].

Picrate. — Il fond à 151-152° [Bœris, *Atti del. Soc. Ital.*, **41**, 29, 1904; *Zeit. f. Krist.*, **40**, 104, 1904].

$(C^5H^{11}Az.HCAz)^2 + 3H^2O$. — [Hjortdahl, *Jahresb. Chem.*, 512, 1886].

$C^5H^{11}Az.CAz.HS$. — [Gebhardt, *D. chem. G.*, **17**, 3041, 1884].

$Az^2H^6.Cr(SCAz)^3 + SCAzH.C^5H^{11}Az$. — [Nordenskjöld, *Zeit. An. Chem.*, **1**, 135, 1892]; $Az^2H^6.Cr(SCAz)^3 + C^5H^{11}Az + H^2O$; $(C^5H^{11}Az.HS.CAz)^2Pt(SCAz)^4$ (Guareschi).

Phényl-α.β-dibromopropionate, $C^5H^{11}Az.C^9H^8Br^2O^2$. — Il fond à 120° [Hirsch, *D. chem. G.*, **27**, 886, 1894]; le *sel acide* $C^5H^{11}Az.2C^9H^8Br^2O^2$ fond à 125° (Hirsch).

Avec le *nitrosomésitylène* on obtient la combinaison $C^5H^{11}Az + (CH^3)^2C^6H^3CH^2.AzO^2$ [Konowalow, *Journ. Soc. phys. chim. russe*, **32**, 75, 1901]. Avec le *diphénylnitrométhane*, Konowalow a préparé le composé $C^5H^{11}Az + (C^6H^5)^2CHAzO^2$.

Pipéridine-o-nitrophénol, $C^5H^{11}Az + C^6H^4(AzO^2)OH$. — Prismes orangés fusibles à 83°, très solubles dans l'eau, l'alcool et l'éther [Rosenheim, Schidrowitz, *Chem. Soc.*, **73**, 143, 1898].

Pipéridine-p-nitrophénol. — Cristaux rhomboédriques, jaune citron, fusibles à 110°.

Picrate, $C^5H^{11}Az.C^6H^3O^7Az^3$. — Fusible à 145° (R., S.).

La *pipéridine-2.4-dinitronaphtol* a été obtenue sous forme de cristaux orangés fusibles à 205° (R., S.).

La *pipéridine-pyrocatéchine*, $C^5H^{11}Az(C^6H^6O^2)^2$, se prépare en mélangeant les solutions éthérées des deux corps réagissants; on obtient des tablettes brillantes, incolores, fusibles à 80° (R., S.).

Pipéridine-gaïacol, $C^5H^{11}Az-2C^7H^8O^2$. — Fusible à 79° [Rosenheim, Schidrowitz; Turner, Brevet allemand 98 465; *Centr. Bl.*, **2**, 836, 1898; — Tunnicliffe, *Chem. Soc.*, **73**, 145, 1898].

La *pipéridine-hydroquinone* fond à 102°; elle donne à l'air la dipipérylbenzoquinone (Rosenheim, Schidrowitz).

Pipéridine-pyrogallol, $C^5H^{11}Az-C^6H^6O^3$. — Cristaux blancs, fusibles à 171° (R., S.).

Pipéridine-vanilline, $C^5H^{11}Az + OHC^6H^3(O-CH^3)COH$. — Fusible à 70° (R., S.).

Vulpate, $C^5H^{11}Az.C^{19}H^{14}O^5$. — Longs cristaux jaunes, fusibles à 139-142° [Volhard, *Ann. Chem.*, **282**, 14, 1894].

$C^{18}H^{10}O^5(CH^3)^2 + 2C^5H^{11}Az + H^2O$. — Fusible à 147° [Schenk, *Ann. Chem.*, **282**, 41, 1894]; *l'éther méthylique* fond à 153° (Schenk).

Acide pipéridylfurfuracrylique, $C^5H^{11}Az.C^7H^6O^3$. — Fusible à 120° [Liebermann, *D. chem. G.*, **28**, 131, 1895]. *Acide pipéridylallofurfuracrylique*, fusible à 130-132° (Liebermann).

Sulfate d'alloxane-pipéridine, $C^5H^{11}Az + SO^4H^2 + C^4H^2Az^2O^4$ [Pellizzarri, *Ann. Chem.*, **248**, 150, 1888].

Isonitrosoacétopipérone-pipéridine, $C^{10}H^9AzO^4 + C^5H^{11}Az$. — Fusible à 134° [Angeli, Rimini, *Gazz. chim. ital.*, (1), **26**, 9, 1896].

Pipéridine-chloracétylpyrogallol, $(OH)^3C^6H^2.CO.CH^2Cl + C^5H^{11}Az$. — Fusible à 101° [Dzierzgowski, *Journ. Soc. phys. chim. russe*, **25**, 290, 1893].

DÉRIVÉS DE LA PIPÉRIDINE.

CHLOROPIPÉRIDINE.

$$CH^2 \begin{matrix} < CH^2 - CH^2 > \\ < CH^2 - CH^2 > \end{matrix} AzCl$$

— C'est une huile incolore, d'une odeur piquante, bouillant à 55° sous 30 mm., très soluble dans l'alcool, l'éther et l'acide acétique. Après une longue ébullition en présence d'eau, elle se transforme en pipéridine [Bally, *D. chem. G.*, **21**, 1775; **21**, 1924, 1888; — Lellmann, Geller, *D. chem. G.*, **19**, 1922, 1886; — Willstätter, Iglanes, *D. chem. G.*, **33**, 1641, 1900; — Delépine, *C. R.*, **126**, 1795, 1898].

NITROSOPIPÉRIDINE, $C^5H^{10}Az(AzO)$. — On l'obtient en versant peu à peu une solution de 1 p. de pipéridine dans 1 p. d'eau et 3 p. de SO^4H^2 (à 30 0/0) dans une solution refroidie de 2 p. de nitrite de sodium; on épuise à l'éther [Knorr, *Ann. Chem.*, **222**, 298, 1884; — Schotten, *D. chem. G.*, **15**, 425, 1882; — Vörlander, Vallis, *Ann. Chem.*, **345**, 277, 1906].

On prépare encore ce composé par l'action de $AzOCl$ sur la pipéridine [Solonina, *Journ. Soc phys. chim. russe*, **30**, 449, 1899].

C'est un liquide bouillant à 215° sous 721 mm. [Bamberger, Kirpal, *D. chem. G.*, **28**, 536, 1895; — Brühl, *Zeit. phys. Ch.*, **16**, 216; — Ahrens, *D. chem. G.*, **31**, 2272, 1898].

NITROPIPÉRIDINE, $C^5H^{10}Az(AzO^2)$. — Franchimont et Klobbie [*Rec. Pays-Bas*, **8**, 302, 1890] l'ont préparée en versant de l'acide azotique concentré dans de la pipéridine-urée refroidie à —10°. Elle fond à —5° et bout vers 245° en se décomposant partiellement [Bamberger, Kirpal, *D. chem. G.*, **28**, 537, 1895; *Rec. Pays-Bas*, **15**, 72, 1297; — Brühl, *Zeit. phys. Ch.*, **22**, 373, 1903].

OXYPIPÉRIDINE. — Elle fond à 129° [Wolffenstein, *D. chem. G.*, **25**, 1784, 1892].

THIOPIPÉRIDINE, $(C^5H^{10}Az)^2S$. — Elle cristallise dans l'alcool en longs cristaux prismatiques fusibles à 74° [Michaelis, *D. chem. G.*, **28**, 1013, 1895].

Dithiopipéridine, $(C^5H^{10}Az)^2S^2$. — Fusible à 64° [Michaelis, Luxembourg, *D. chem. G.*, **28**, 166, 1895].

DÉRIVÉS ALCOYLÉS A L'AZOTE. — Quelques composés, tels que la penténydiméthylamine, la penténydiéthylamine, la penténylméthylbenzylamine, ont été considérés primitivement comme des dérivés de la pipéridine et appelés incorrectement diméthyl..., diéthyl..., méthylbenzyl..., pipéridines.

Comme l'indiquent leurs formules, ces bases sont en réalité des amines grasses et non des pipéridines.

PENTÉNYLDIMÉTHYLAMINE, $CH^2=CH.(CH^2)^3-Az=(CH^3)^2$. — Appelé improprement *diméthylpipéridine*, ce corps s'obtient en chauffant pendant 10 heures à 250° 10 gr. de chlorhydrate de pipéridine avec 10 gr. d'alcool méthylique; le produit obtenu est décomposé par l'oxyde d'argent et on distille [Ladenburg, *Ann. Chem.*, **247**, 56, 1888; — Mugdan, Brzostowicz, *ibid.*, **279**, 352, 1894]. Il s'en forme aussi quand on distille l'hydroxyde de diméthylpipéridinium $C^5H^{10}=Az(CH^3)^2OH$.

C'est un liquide bouillant à 118°, densité 0,7634 à 15° [Magdan, Brzostowicz, *loc. cit.*; — Hoffmann, Ladenburg, Eykman, *D. Chem. G.*, **25**, 3071, 1892; — Wedekind, *ibid.*, **33**, 365, 1900).

Chlorhydrate, $C^7H^{15}Az.HCl$ [Hjordahl, *Ann. Chem.*, **247**, 57, 1888]. *Bromhydrate*, *iodhydrate* [Wedekind, Oechslen, *D. Chem. G.*, **35**, 1076, 1902].

Chloroplatinate fusible à 210° [Ladenburg; Mugdan et Brzostowicz; Hjortdahl, *loc. cit.*; — Braun, *D. chem. G.*, **33**, 2735, 1900].

Chloraurate fusible à 180° [Hjordahl, *loc. cit.*; — Köhler, *Ar. der Pharm.*, **240**, 239, 1902].

$C^7H^{15}AzI^2$; C^7H^8AzClI; $C^7H^{18}AzClI.AuCl^3$ [Ladenburg, *Ann. Chem.*, **247**, 58, 1888].

$CH^2Br.CHBr.(CH^2)^3.Az(CH^3)^2$. — Appelée improprement *dibromodiméthylpipéridine*; huile à réaction fortement alcaline [Merling, *D. chem. G.*, **17**, 2139, 1884; **19**, 2629, 1886; — Wedekind, *D. chem. G.*, **33**, 372, 1900].

Iodure de triméthylpipéridinium [Hoffmann, *D. chem. G.*, **14**, 660, 1881].

PENTÉNYLDIÉTHYLAMINE, $CH^2=CH(CH^2)^3Az(C^2H^5)^2$ (autrefois = *diéthylpipéridine*).

On connait trois dérivés bouillant entre 165° et 175° [Dennstedt, *D. chem. G.*, **25**, 2572, 1892].

Les picrates ont été obtenus bien cristallisés; le *dérivé* α fond à 105°; le *dérivé* β à 89° et le *dérivé* γ à 75° [Fock, *D. chem. G.*, **23**, 2572, 1890].

PENTÉNYLMÉTHYLBENZYLAMINE. — $CH^2=CH.(CH^2)^3Az.(CH^3)(C^7H^7)$. Elle bout à 245° [Schotten.

D. chem. G., **15**, 423, 1882). Bromo camphre sulfonate [Barrowcliff, Kipping, *Chem. Soc.*, **83**, 1141, 1903].

Az-Méthylpipéridine. — Eschweiler [*D. chem. G.*, **38**, 880, 1905] l'a obtenue par condensation de l'aldéhyde formique avec la pipéridine [Ladenburg, *Ann. Chem.*, **247**, 56, 1888; Merling, *D. chem. G.*, **264**, 322, 1891; **25**, 3123, 1892; — Wernick, Wolffenstein, *ibid.*, **31**, 1553, 1898; — Willstätter, Iglauer, *ibid.*, **33**, 1641, 1900; — Braun, *ibid.*, **33**, 2735, 1900]. On connaît les *combinaisons* $C^6H^{13}Az.HCl.AuCl^3$ et $(C^6H^{13}Az.HCl)^2AuCl^3$ [Fenner, Tafel, *D. chem. G.*, **32**, 3226, 1899].

Oxyméthylpipéridine, $C^5H^{10}Az.CH^2OH$. — On la prépare en laissant pendant plusieurs jours la méthylpipéridine en contact avec de l'eau oxygénée [Merling, *D. chem. G.*, **25**, 3124, 1892; — Wernick, Wolffenstein, *ibid.*, **31**, 1553, 1898; **31**, 1555, 1898].

Hydroxyde de diméthylpipéridinium, $C^5H^{10}=Az(CH^3)^2OH$. — L'iodure de méthyle réagit à la longue sur la méthylpipéridine pour donner l'*iodure de diméthylpipéridinium*, qui fournit lui-même par l'oxyde d'argent l'hydroxyde de diméthylpipéridinium $C^5H^{10}=Az(CH^3)^2OH$ [Hofmann, *D. chem. G.*, **14**, 660, 1881; — Ladenburg, *Ann. Chem.*, **247**, 56, 1888; — Wedekind, Oechslen, *D. chem. G.*, **35**, 1076, 1902].

Bromure de diméthylbromopipéridinium,

$$CH^2 \begin{matrix} \diagup CHBr-CH^2 \diagdown \\ \diagdown CH^2-CH^2 \diagup \end{matrix} Az(CH^3)^2Br$$

[Merling, *Ann. Chem.*, **264**, 316, 1891; *D. chem. G.*, **17**, 2139, 1884; **19**, 2028, 1886].

Az-Éthylpipéridine, $C^5H^{10}=Az.C^2H^5$. — Elle se prépare comme la méthylpipéridine [Dennstedt, *D. chem. G.*, **23**, 2570, 1890; — Brereton, Evans, *Chem. Soc.*, **71**, 522, 1897].

Le *chloroplatinate* $(C^7H^{15}Az.HCl)^2PtCl^4$ est en prismes orangés, fusibles à 202°. — Le *chloraurate* $C^7H^{15}Az.HCl.AuCl^3$ fond à 106°. — Le *picrate* $C^7H^{15}Az.C^6H^3Az^3O^7$ fond à 163° [Dennstedt, Baeyer, Villiger, *D. chem. G.*, **34**, 747, 1891].

Bromocamphosulfonate [Barrowcliff, Kipping, *Chem. Soc.*, **83**, 1141, 1903].

Oxyéthylpipéridine, $C^5H^{10}=Az(=O)C^2H^5$. — Cristaux hygroscopiques décomposables par la chaleur en éthylène et oxypipéridine [Wernick, Wolfenstein, *D. chem. G.*, **31**, 1555, 1898; — Baeyer, Villiger]. — $C^7H^{15}OAz.HBr$; $(C^7H^{15}OAz)^2HI$; $C^7H^{15}OAz.HI$; *picrate* $C^7H^{15}OAz.C^6H^3O^7Az^3$ (Wernick, Wolffenstein).

La *chloréthylpipéridine*, $C^5H^{10}Az.CH^2.CH^2Cl$ a été étudiée par Marckwald et Frobenius [*D. chem. G.*, **34**, 3556, 1901], qui ont décrit également ses combinaisons avec HCl, $AuCl^3$ et l'acide picrique.

Dinitroéthylpipéridine-1.2 et *dérivé acétylé* [Duden, Bock, *D. chem. G.*, **38**, 2036, 1905].

Aminoéthylpipéridine. — Liquide bouillant à 183-184° [Gabriel, *D. chem. G.*, **24**, 1121, 1891].

L'*oxaminoéthylpipéridine* fond à 218° (Duden, Bock).

Az-Propylpipéridine, $C^5H^{10}.Az-C^3H^7$. — Auerbach et Wolffenstein [*D. chem. G.*, **32**, 2512, 1899] l'ont préparée en faisant agir l'acide chlorhydrique fumant sur l'az-oxypropylpipéridine. Ils ont décrit le *chlorhydrate* (fusible à 212°), le *chloroplatinate* (179°) et le *picrate* qui fond à 121°, ou à 108° d'après Brereton et Evans [*Chem. Soc.*, **71**, 522, 1897], ainsi que le *composé*

$$\begin{matrix} C^5H^{10}Az.C^3H^7 \\ \diagdown \\ O —— SO^2 \end{matrix}$$

fusible à 131°.

L'*oxypropylpipéridine*, $C^5H^{10}Az(=O)C^3H^7$, s'obtient par l'action de l'eau oxygénée sur la az-propylpipéridine [Auerbach et Wolffenstein]. Cristaux confus, hygroscopiques. Le *picrate* fond à 105°.

L'*iodure d'éthylpropylpipéridinium* $C^5H^{10}Az(C^2H^5)(C^3H^7)I$ fond à 275° [Brereton, Evans, *Chem. Soc.*, **71**, 522, 1897].

Gabriel et Stelzner [*D. chem. G.*, **29**, 2931, 1896] ont obtenu les *dérivés chloré* et *bromé* $C^5H^{10}Az.(CH^2)^3Cl.HCl$ (fusible à 220°) et $C^8H^{16}Az.Br.HBr$ (fusible à 212°).

Amino-az-propylpipéridine, $C^5H^{10}=Az(CH^2)^3AzH^2$. — Liquide bouillant à 204° sous 751 mm.; le *picrate* fond à 228° [Lehmann, *D. chem. G.*, **27**, 2177, 1894].

Pipéridinoamylamine, $C^5H^{10}=Az(CH^2)^5.AzH^2$. — Liquide bouillant à 238°; le *picrate* se présente en cristaux jaune d'or [Manasse, *D. chem. G.*, **35**, 1370, 1902].

Az-Isoamylpipéridine, $C^5H^{10}Az.C^5H^{11}$. — Ce produit et ses dérivés ont été étudiés par Auerbach et Wolffenstein [*D. chem. G.*, **32**, 2514, 1899].

Az-Allylpipéridine, $C^5H^{10}Az.C^3H^5$. — On la prépare en chauffant au bain-marie une solution benzénique de 15 gr. de pipéridine et 10 gr. de bromure d'allyle [Menschutkin, *Journ. Soc. phys. chim. russe*, **31**, 43, 1898; — Wedekind, *D. chem. G.* **35**, 182, 1902]. Fusible à 151°.

Pipéridylméthoxybenzostyrol [Watsoon, *Proc. Ch. Soc.*, **20**, 181, 1904; *Chem. Soc.*, **85**, 1319, 1904].

Pipéridylcyclopentène, $C^5H^{10}Az.C^5H^7$. — Huile jaune bouillant à 94° sous 23 mm. [Nöldechen, *D. chem. G.*, **33**, 3353, 1900]. On en connaît le *chlorhydrate*.

Az-Phénylpipéridine, $C^5H^{10}Az.C^6H^5$. — Elle s'obtient en chauffant pendant 24 heures à 250° 2 mol. de pipéridine avec 3 mol. de benzène bromé [Lehmann, Geller, *D. chem. G.*, **21**, 2279, 1888]. Huile jaune clair, bouillant à 250°. Le *chloroplatinate* cristallise avec $2H^2O$.

On connaît les *dérivés bromé*, *mono-*, *bi-* et *trinitrés* [Lellmann, Just, *D. chem. G.*, **24**, 2100, 1891; — Lellmann, Geller, *ibid.*, **21**, 2281, 1888; — Schotten, Schlömann, *ibid.*, **24**, 3688, 1891; — Wedekind, *ibid.*, **33**, 430, 1900; — Franchimont, Taverne, *Rec. Pays-Bas*, **15**, 74, 1897; — Turpin, *Chem. Soc.*, **59**, 716, 1891].

Tolylphénylpipéridine [Scholtz et Wiedman, *D. chem. G.*, **36**, 845, 1903].

Benzylpipéridine, $C^5H^{10}Az.CH^2.C^6H^5$. — [Schotten, *D. chem. G.*, **15**, 423, 1882; — Tchitschibabin, *ibid.*, **36**, 26, 1903]. Baillie et Tafel [*ibid.*, **32**, 74, 1899] l'ont préparée par réduction électrolytique de la benzoylpipéridine en solution sulfurique. Auerbach et Wolffenstein [*ibid.*, **32**, 2517, 1899] chauffent, pendant 4 heures à 160°, de l'oxy-az-benzylpipéridine avec HCl. Elle bout à 245°. Le *chloroplatinate* fond à 191-193°.

L'*oxybenzylpipéridine* est en cristaux étoilés, fusibles à 148° (Auerbach, Wolffenstein). La *dibromo-4.5-oxy-1-benzylpipéridine* fond à 98°; la *dibromo-4.6-acétoxy-1-benzylpipéridine*, à 86° [Auwers, *Ann. Chem.*, **332**, 224, 1904].

La *nitrobenzylpipéridine* forme 3 dérivés dont on connaît les *chlorhydrates* et les *chloroplatinates* [Lellmann, Pekrun, *Ann. Chem.*, **259**, 46, 1891].

Iodure de méthylbenzylpipéridinium,

$$CH^2 \begin{matrix} \diagup CH^2-CH^2 \diagdown \\ \diagdown CH^2-CH^2 \diagup \end{matrix} Az(CH^3)(C^7H^7)I$$

— Il fond à 147° (Schotten).

Bromure d'allylbenzylpipéridinium [Wedekind, *D. chem. G.*, **35**, 182, 1902].

Tétrahydronaphtylpipéridines-5.6.7.8,

$$C^5H^{10}Az.C^6H^3\begin{cases}CH^2.CH^2\\ |\\ CH^2.CH^2\end{cases}$$

— Le *dérivé* α est une huile jaune clair, bouillant à 218° sous 63 mm. [Abel, *D. chem. G.*, **28**, 3108, 1895]; les combinaisons avec HCl, PtCl⁴, AuCl³ ont été étudiées par cet auteur.

Le *dérivé* β bout à 274° sous 749 mm. [Roth, *D. chem. G.*, **29**, 1177, 1896]. On connait les combinaisons de ce produit avec HCl.PtCl⁴.AuCl³ et l'acide picrique.

Naphtylpipéridines, $C^5H^{10}Az.C^{10}H^7$. — Le *dérivé* α est une huile jaune bouillant à 215° sous 35 mm.; le *dérivé* β cristallise dans la ligroïne en prismes fusibles à 57° [Lellmann, Büttner, *D. chem. G.*, **23**, 1383, 1890; — Abel, *ibid.*, **28**, 3107, 1895; — Roth, **29**, 1175, 1896].

Autres dérivés a l'azote. — Chlorure d'éthylène-pipéridinium, [Marckwald, Frobenius, *D. chem. G.*, **34**, 3557, 1901].

Ethylène-dipipéridine [André, *C. R.*, **126**, 1797, 1898; — Aschan, *D. chem. G.*, **32**, 993, 1899; — Scholtz, *D. chem. G.*, **31**, 3051, 1902; — Aschan, *Zeit. phys. Ch.*, **46**, 293, 1904].

Ethylène-dipipéridine-diamine [Ladenburg, *D. chem. G.*, **17**, 155, 1884; — Brühl, *Zeit. phys. Ch.*, **16**, 218, 1895].

Diéthylène-dipipéridinium: bromure (Brühl); iodure [Aschan, *D. chem. G.*, **32**, 991, 1899].

Az-Propylène-dipipéridine [André, *C. R.*, **126**, 1798, 1898; — Aschan, *D. chem. G.*, **32**, 991, 1899].

Méthylène-dipipéridine [Ehrenberg, *J. prakt. Chem.*, (2), **36**, 126, 1887; — Schmidt, Köhler, *Ar. der Ph.*, **240**, 282; — Knœvenagel, *D. chem. G.*, **31**, 2586, 1898; — v. Braun, Rover, *D. chem. G.*, **36**, 1198, 1903].

Dibenzylaminométhylène-pipéridine [Henry, *Bull. Soc. Chim.*, (3), **13**, 158, 1895]. — Phtalaminométhylène-pipéridine [Sachs, *D. chem. G.*, **31**, 3233, 1898].

Az-Triméthylène-dipipéridine [Tohl, *D. chem. G.*, **28**, 2219, 1895; — André, *C. R.*, **126**, 1798, 1898; — Scholtz, *D. chem. G.*, **35**, 3052, 1902; — Aschan, *Zeit. phys. Ch.*, **46**, 293, 1904].

Dihydroxyde de triméthylène-pipéridinium [Gabriel, Stelzner, *D. chem. G.*, **29**, 2390, 1896].

Tétraméthylène-dipipéridine (Tohl).

Dipipéridino-α.γ-nitro-β-isobutyl-β-propane [Mousset, *Centr. Bl.*, **1**, 399, 1902].

Orthoformylpipéridine; ethénylpipéridine [Busz, Kékulé, *D. chem. G.*, **20**, 3247, 1887].

Pipéridine-benzène-sulfamide [Hinsberg, *Journal Soc. Phys. Chim. russe*, **35**, 623, 1903; Ginzberg, *D. chem. G.*, **36**, 2703, 1903].

Composés dérivés de la guanidine. — Phényldipipéridine-guanidine [Hantzsch, Mai, *D. chem. G.*, **28**, 1014, 1895].

Pipéridinocaféine [Einhorn, Baumeister, *D. chem. G.*, **31**, 1150, 1898].

Dérivés dans lesquels entre un radical acide.

Az-Thionylpipéridine [Michaëlis, *D. chem. G.*, **28**, 1014, 1895].

Pipéridine-az-oxéthylchlorophosphine; dipipéridine-az-oxéthylphosphine [Michaelis, Mottek, *Ann. Chem.*, **326**, 157, 1903].

Pipéridine-az-oxychlorophosphine; éther diphénylique de l'acide monopipéridine-orthophosphorique [Michaëlis, *Ann. Chem.*, **326**, 187, 186, 1903].

Ether monoéthylique de l'acide diéthylamide-pipéridine-orthophosphorique [Ratzlaff, *ibid.*, **326**, 195, 1903].

Acide pipéridyl-di-o-toluide-orthophosphorique; dipipéridine-az-oxychlorophosphine [Kahnemann, *ibid.*, **326**, 187, 196, 1903].

Pipéridine-az-sulfochlorophosphine: éther diéthylique de l'acide monopipéridylthiophosphorique; dianilide du même acide [Steinkopf, *ibid.*, **326**, 213, 1903].

Ether éthylique de l'acide dipipéridylorthophosphorique [Kahnemann, *ibid.*, **326**, 196, 166, 1903; — Ahrend, **326**, 196, 1903]; éther phénylique; anilide du même acide; o-toluidide (Kahnemann); bromanilide [Silberstein, *ibid.*, **326**, 233, 1903]; o-p-dibromanilide [Aschner, *ibid.*, **326**, 236, 1903]; méthylanilide [Danziger, *ibid.*, **326**, 255, 1903].

Dipipéridine-az-sulfochlorophosphine [Steinkopf, *ibid.*, **326**, 217; éther éthylique de l'acide dipipéridylthiophosphorique; éther phénylique (Steinkopf); éthylamide [Mentzel, Muller, *ibid.*, **326**, 205, 1903]; isobutylamide (Mentzel, Muller); anilide [Michaëlis, Steinkopf, *ibid.*, **326**, 217, 1903].

Tripipéridine-az-phosphine [Michaëlis, Luxembourg, *D. chem. G.*, **28**, 2207, 1895]. Hydroxyde de méthyltripipéridine-phosphonium; iodéthylate du même composé; iodisobutylate (Michaëlis, Luxembourg). Oxyde de tripipéridine-az-phosphine [Michaëlis, *D. chem. G.*, **28**, 1017, 1895; — Steinkopf, *Ann. Chem.*, **28**, 326, 218].

Oxyde de diphénylamine-dipipéridine-az-phosphine [Otto, *D. chem. G.*, **28**, 616, 1895].

Sulfure de tripipéridine-az-phosphine [Michaëlis, Luxembourg, *D. chem G.*, **28**, 2211, 1895; — Michaëlis, Steinkopf, *Ann. Chem.*, **326**, 218, 1903].

Thiophosphazobenzène-pipéridine; thiophosphazotoluène-pipéridine [Michaëlis, Schrœtter, Karsten, *D. chem. G.*, **27**, 494, 1894; **28**, 1244, 1246, 1895].

Formylpipéridine [Wallach, Lehmann, *Ann. Chem.*, **237**, 252, 1886; Lachowicz, *Mon. f. Ch.*, **9**, 700, 1897; — Ahrens, *D. chem. G.*, **27**, 2090, 1894; Auerbach, Wolffenstein, *ibid.*, **32**, 2518, 1899; **34**, 2410, 1901].

Acétylpipéridine [Schotten, *D. chem. G.*, **15**, 426, 1882; — Wallach, *Ann. Chem.*, **214**, 238, 1882; — Ahrens, *D. chem. G.*, **27**, 2088, 1894; — Hofmann, *ibid.*, **16**, 588, 1883; — Auerbach, Wolffenstein, *ibid.*, **32**, 2519 1899; — Young, Clark, *Chem. Soc.*, **73**, 366, 1898; — Vorlander, Blau et Vallis, *Ann. Chem.*, **345**, 261, 1906].

Dichloroacétylpipéridine [Bally, *D. chem. G.*, **21**, 1775, 1888]. Trichloroacétylpipéridine [Franchimont, Taverne, *Rec. Pays-Bas*, **15**, 70, 1896]. Cyanacétylpipéridine (Guareschi, Privatmitth).

Az-Propionylpipéridine [Auerbach, Wolffenstein, *D. chem. G.*, **32**, 2519, 1899]; α-bromopropionylpipéridine; bromobutyrylpipéridine; bromoisobutyrylpipéridine [Bischoff, *D. chem. G.*, **31**, 2845, 1898].

Az-Isovalérylpipéridine [Wolffenstein, Auerbach, *D. chem. G.*, **34**, 2410, 1901; **32**, 2519, 1899]; bromoisovalérylpipéridine (Bischoff).

Acide pipéridine-az-carbonique [Cazeneuve, *Bull. Soc. Chim.*, (3), **25**, 632, 1901]; chlorure [Wallach, Lehmann, *Ann. Chem.*, **237**, 249, 1886]; éther éthylique (pipérylurétbane) [Bouveault, Bongert, *C. R.*, **133**, 105 1901; — Schotten, *D. chem. G.*, **15**, 425, 1882; **16**, 644, 648, 1883]; éther méthylique [Schotten, *D. chem. G.*, **16**, 647, 1883]; éther phénylique [Cazeneuve, Moreau, *C. R.*, **125**, 1107, 1897]; éthers chlorophényliques [de la Roche, *Bull. Soc. Chim.*, (3), **27**, 451, 1902]; éthers crésyliques et thymylique (de la Roche); éther β-naphtylique (Cazeneuve, Moreau); éthers de la pyrocatéchine, de la résorcine et de l'hydroquinone [Einhorn, *Ann. Chem.*, **300**, 153, 1898]; éthers du gaïacol (Cazeneuve, Moreau); de l'eugénol (de la Roche).

Amide de l'acide pipéridine-az-carbonique (pipéridine-urée) [Franchimont, Klobbie, *Rec. Pays-Bas*, **9**, 301, 1890; — Young, Clarke, *Chem. Soc.*, **73**, 366, 1898; — de la Roche, *Bull. Soc. Chim.*, **31**, 21, 1904]. — Pipéridine-phénylurée [Gebhardt, *D. chem. G.*, **17**, 3040, 1884; — Wallach, Lehmann, *Ann. Chem.*, **237**, 250, 1886; — Manuelli, Comanducci, *Gazz. chim. ital.*, (2), **29**, 145, 1899; — de la Roche, *Bull. Soc. Chim.*, (3), **29**, 410, 1903]; pipéridine-nitrophénylurée; pipéridine-tolylphénylurée; pipéridine-p-crésylurée; pipéridine-nitrophénylurée; urées mixtes [de la Roche, *Bull. Soc. Chim.*, **31**, 21, 1904]. — Pipéridine-benzylurée [Kühn, Riesenfeld, *D. chem. G.*, **24**, 3818, 1891]. — Dipipéridylcarbamide [Wallach, Lehmann; — Kühns, *D. chem. G.*, **33**, 2900, 1900]; acide dipipéridyldithiocarbonique [Maas, Wallach, *D. chem. G.*, **31**, 2689, 1898; — Ladenburg, Roth, *D. chem. C.*, **17**, 514, 1884; — Ehrenberg, *J. prakt. Chem.*, (2), **36**, 128, 1887]; éther méthylique de l'acide pipéridine-dithiocarbonique [Delépine, *C. R.*, **134**, 715, 1902; *Bull. Soc. Chim.*, (3), **27**, 592, 1902]. — Diphénylpipéridine-isourée [Hantzsch, Mai, *D. chem. G.*, **28**, 993, 1895]; dérivé bromé (Hantzsch, Mai).

Pipéridine-thiourée [Dixon, *Chem. Soc.*, **79**, 559, 1901; — Doran, *Proc. Chem. Soc.*, **21**, 77, 1905]; méthylpipéridine-thiourée [Gebhardt, *D. chem. G.*, **17**, 3040; — Hecht, *D. chem. G.*, **23**, 287, 1890]; éthyl- [Dixon, *Chem. Soc.*, **55**, 625, 1889]; a-b-propyl- [Hecht, *D. chem. G.*, **25**, 816, 1892]; butyl- [Urban, *Arch. der Pharm.*, **242**, 51, 1904]; allyl- [Avenarius [*D. chem. G.*, **24**, 262, 1891]; chlorallyl- [Dixon, *Chem. Soc.*, **79**, 559, 1901; **69**, 30, 1896]. — Pipéridine-phénylthiourée [Gebhardt, *D. chem. G.*, **17**, 3039, 1884; — Skinner, Ruhemann, *Chem. Soc.*, **53**, 558, 1888; — Bamberger, Einhorn, *D. chem. G.*, **30**, 28, 1897]. — Pipéridine-carboxyméthyl- et carboxyéthyl-thiourée [Doran, *Chem. Soc.*, **79**, 911, 1896; **69**, 332, 1901]. — Pipéridine-tolylthiourée (Gebhardt); pipéridine-benzyl- [Dixon, *Chem. Soc.*, **59**, 568, 1891]. — Ether méthylique de la thiodipipéridine-ammeline; tripipéridine-mélamine [Hoffmann, *D. chem. G.*, **18**, 2779, 1885].

Sulfure de dipipéridylthiurane [v. Braun et Stechele, *D. chem. G.*, 36, 2275, 1903].

Az-Pipéridylbenzoyluréthane [v. Braun, *D. chem. G.*, 36, 3520, 1903]; pipéridylbenzoyldithiouréthane; pipéridylanisoyldithiouréthane (v. Braun).

Acide truxillpipéridique; éther méthylique; truxillpipéridine et dérivés [Herstein, *D. chem. G.*, 22, 2263, 1889].

Pipéridylrhodamine [Lellmann, Büttner, *D. chem. G.*, 23, 1387, 1891].

Acides pipéridylsulfoniques [Wolffenstein, *D. chem. G.*, 26, 2992, 1893; — Paal, Hubaleck, *D. chem. G.*, 24, 2758, 1901]. — Dérivés [Lapworth, *Chem. Soc.*, 73, 406, 1898; 75, 572, 1899; — Armstrong, Lowry, *Chem. Soc.*, 81, 1449, 1902].

Alcools et phénols dérivés de la pipéridine.

Piperidylméthanol [Henry, *Bull. Soc. Chim.*, (3), 13, 158, 1895; — Maas, *Centr. Bl.*, I, 179, 1899; — Henry, *D. chem. C.*, 38, 2027, 1905].

Oxéthylpipéridine [Ladenburg, *D. chem. G.*, 14, 1877, 1881; 15, 1146, 1882; — Roithner, *Mon. f. Ch.*, 15, 667, 1894; — Marckwald, Frobenius, *D. chem. G.*, 34, 3557, 1901]. — Aminophénoléther (Bayer, brevet allemand n° 88502).

Alcool pipéridylméthyldiéthylique [Hörleie, Kneisel, *D. chem. G.*, 39, 225, 1906].

Naphtoxéthylpipéridine (Marckwald, Frobenius).

Phénoxypropylpipéridine [Stelzner, *D. chem. G.*, 29, 2388, 1896].

Acétylpropylalkéine [Ladenburg, *D. chem. G.*, 14, 2409, 1881; 15, 1144, 1882]; phénylglycolate (Ladenburg); benzoate [Laun, *D. chem. G.*, 17, 681, 1884].

Dipipéridyl-2.3-propanol-1; dipipéridyl-1.3-propanol-2 [André, *C. R.*, 126, 1799, 1898].

Alcool β-nitro-γγ'-dipipéridylisobutylique [Henry, *Centr. Bl.*, I, 1154, 1899].

Alcool γ-nitro-δδ'-dipipéridylisoamylique [Henry, *Centr. Bl.*, II, 337, 1897].

Chlorhydrine-pipéridine et dérivés [Niemilowicz, *Mon. f. Ch.*, 15, 119, 1894].

Pipéridotribromoxylénol [Auwers, Ziegler, *D. chem. G.*, 29, 2354, 1897].

Pipéridodibromopseudocumol, éther benzoïque [Auwers, Marwedel, *D. chem. G.*, 28, 2907].

Pipéridyltétrahydronaphtylalkine [Bamberger, Lodter, *Ann. Chem.*, 288, 125, 1895].

1-Pipéridylméthyl-5-bromophénol-2; 1-pipéridylméthyl-3.5-dibromophénol-2 [Auwers, Huttner, *Ann. Chem.* 302, 145, 1898].

Pipéridylméthyl-acétaminophénol (Baeyer, brevet allemand, n° 92309-104).

1-Pipéridylméthyl-2-méthyl-3.5.6-tribromophénol-4; 1.3-dipipéridylméthyl-2.5.6-tribromophénol-4; 2-pipéridylméthyl-1.4-diméthyl-6-bromophénol-5 [Auwers, Rowaart, Hampe, Ecklentz, *Ann. Chem.*, 302, 103, 122, 1898; *D. chem. G.*, 32, 3014, 1899].

Ethers du crésol (Baeyer, brevet allemand, n° 89979-99); du carvacrol [Hildebrandt, *Archiv. f. exp. Path. und Pharm.*]; du thymol (Hildebrandt, Baeyer); du naphtol (Baeyer, brevets allemands 89979-99, 90907-101, 90908-102); du dioxynaphtalène-2.6 (Baeyer, brevet allemand 89979-99).

Combinaison : $C^5H^{10}Az.CH^2.Az{=}C(SH).C(SH){=}Az.CH^2.Az\,C^5H^{10}$ [Wallach, *Centr. Bl.*, II, 1025, 1899].

Dibromo-p-oxyméthylpipéridine et dérivé acétylé [Auwers, Allendorff, *ibid.*, 302, 78, 83, 1898].

Isosafrolpipéridine [Angelli, *Gazz. chim. ital.*, (2), 22, 467, 1893].

Az-Cyanopipéridine [v. Braun, *D. chem. G.*, 33, 2735, 1900; — Slosson, *Am. Ch. J.*, 29, 302, 1903; — v. Braun, Roser, *D. chem. G.*, 36, 1198, 1903; — Wallach, *ibid.*, 32, 1873, 1899].

Pyrocatéchine-acétopipéridine [Ludwig, *J. prakt. Chem.*, (3), 61, 630, 1900].

Acide pipéridocinéolique [Elkeles, *Ann. Chem.*, 271, 21, 1892].

Dérivé de l'acide p-tolyldichoromaléique [Anschütz, Günther, *ibid.*, 295, 52, 1897]; dérivé de l'acide chlorogalactonique [Ruff, Franz, *D. chem. G.*, 35, 947, 1902]; dérivé du l-méthylphosphinate d'éthyle [Michaëlis, *Ann. Chem.*, 326, 167, 1903].

Acide piperidylbenzosulfonique [Schotten, Schlömann, *D. chem. G.*, 24, 3689, 1891].

Benzoylpipéridine [Schotten, *ibid.*, 17, 2545, 1882; 21, 2238, 1888; — Rugheimer, Herzfeld, *Ann. Chem.*, 280, 60, 1896; — Wolffenstein, *D. chem., G.*, 34, 3410, 1901; — v. Braun, *ibid.*, 37, 3588, 3583, 2915, 3216, 1904]. Bromo-, nitro-, amino-benzoylpipéridine [Schotten, *ibid.*, 21, 2251, 1888; — Tenne, *ibid.*, 21, 2245, 1888].

Pipéridine-benzoylthiourée [Dixon, *Chem. Soc.*, 55, 623, 1889].

o-Chlorobenzénylpipéridoxime; nitro- [Werner, *D. chem. G.*, 27, 2849; — Werner, Bloch, *ibid.*, 32, 1981, 1899].

Cinnamylpipéridine [Herstein, *ibid.*, 22, 2265, 1889; — Knœvagel, *ibid.*, 37, 4073, 1904; — Vörlander, Hermann, *Centr. Bl.*, I, 730, 1899]. — Dérivé de l'acide phényldibromopropionique (Vörlander, Hermann).

Dérivés de l'acide 1-méthyl-5-bromophénol-2-carbonique et de l'acide 1-méthyl-5-nitrophénol-2-carbonique [Fortner, *Mon. f. Ch.*, 22, 953, 1901].

Oxybenzoylpipéridine [Schotten, *D. chem. G.*, 21, 2252, 1888].

Dipipéridine-isatine et dérivés [Schotten, *ibid.*, 24, 1367, 1891].

Acides dérivés de la pipéridine.

Méthylpipéridobétaïne [Klages, Margolinsky, *D. chem. G.*, 36, 4188, 1903].

Ethylpipéridobétaïne [Krüger, *J. prakt. Chem.*, (2), 43, 473, 1891]; éther éthylique (Krüger).

Dérivés chlorés, bromés et iodés des benzylpipéridinium acétates de méthyle et d'éthyle [Wedekind, Œckslen, *D. chem. G.*, 35, 181, 1076, 1902; *Ann. Chem.*, 318, 106, 1902; *D. chem. G.*, 32, 515, 526, 1899].

β-pipéridyléthylate d'éthyle [Knorr, Hörlein, Roth, *D. chem. G.*, 38, 314, 1905].

Pipéridylalanine (acide pipéridylpropionique); éther éthylique (Bischoff). β-Pipéridylpropionate d'éthyle [Wedekind, *D. chem. G.*, 32, 727, 1899].

Acide α-pipéridylbutyrique [Blank, *D. chem. G.*, 25, 3042, 1892; — Bischoff, *ibid.*, 31, 2842, 1898]; éther éthylique (Bischoff); nitrile (Blank).

Acide α-pipéridylisobutyrique; éther éthylique (Bischoff).

Acide pipéridyloxyisobutyrique [Stœrmer, Dzimski, *D. chem. G.*, 28, 2221, 1895].

Acide α-pipéridylisovalérianique (Bischoff); éther éthylique (Bischoff).

β-Pipéridylcrotonate d'éthyle [Knœvenagel, *D. chem. G.*, 31, 742, 1898].

γ-Pipéridyl-α-diméthylacétate de méthyle [Conrad, Gast, *ibid.*, 32, 139, 1899]; iodométhylate (Conrad, Gast).

Acide pipéridine-diéthylsulfone-valérianique [Posner, *D. chem. G.*, 32, 2811, 1899].

Oxalylpipéridine [Schotten, *D. chem. G.*, 15, 427, 1882; — Kamensky, *Ann. Chem.*, 214, 278, 1882].

Dérivé de l'oxalate diéthylique [Anschütz, Stiepel, *Ann. Chem.*, 306, 15, 1899].

Acide pipéridyloxamique; éther éthylique; pipéridyloxamide; nitrile pipéridyloxamique [Wallach, Lehmann, *ibid.*, 237, 247, 1886].

Pipéridylsuccinate d'éthyle; pipéridyltartrate d'éthyle; pipéridyléthylène-dicarbonate d'éthyle [Ruhemann, Browning, *Chem. Soc.*, 73, 724, 1898; — Ruhemann, Hemmy, *D. chem. G.*, 30, 2025, 1897].

P-tolyl-pipéridylmaléate d'éthyle [Anschütz, Günther, *Ann. Chem.*, 295, 49, 1897].

Pipéridylcarballylate-triéthylique [Ruhemann, Browning, *Chem. Soc.*, 73, 725, 1898].

Dipipéridylquinone-bicarbonate d'éthyle [Guinchard, *D. chem. G.*, 32, 1744, 1899]; 3-pipéridyl-1.4-naphtoquinone-2-malonate d'éthyle [Liebermann, Lauser, *ibid.*, 34, 1552, 1901].

Pipéridylcarbamate d'éthyle; acide pipéridylthiocarbamique [v. Braun, *D. chem. G.*, 36, 3520, 1903].

Acide pipéridylbenzylamine-carbonique et dérivés [Einhorn, *Ann. Chem.*, 343, 207, 1905].

Ether pipéridylpropylphénylique [Hörlein, Kneisel, *D. chem. G.*, 39, 1429, 1906].

Acide pipéridylphényllactique [Erlenmeyer, *Ann. Chem.*, 271, 157, 1892].

Acide pipéridylphtalaldéhydique [Glogauer, *D. chem. G.*, 29, 2039, 1896].

Acide pipéridylméthylène-caféique [Scholtz, *ibid.*, 28, 1196, 1895].

Acide β-phénylglutarpipéridique [Vörlander, Hermann, *Centr. Bl.*, I, 730, 1899].

Acide phénylglutarpipéridylcarbonique (Vörlander, Hermann).

Acide pipéridylfuralphénylacétique [Röhmer, *D. chem. G.*, 31, 282, 1898].

Phtalylpipéridine [Piutti, *Ann. Chem.*, 227, 197, 1885].

Pipérine [Kley, *Rec. Pays-Bas*, 22, 367, 1903; — Reichard, *Pharm. Centr.*, 46, 935, 1906].

Méthylpipérine; éthylpipérine; phénylpipérine [Scholtz, *D. chem. G.*, 28, 1196, 1895]. — Pipéridylméthyl-diéthylmalonamide; -isovaléramide; -salicylamide [Einhorn, *Ann. Chem.*, 343, 207, 1905].

Acide pipéridyldipéridophénylmaléique [Gysae, *D. chem. G.*, 26, 2480, 1893].

Acide pipéridylbenzylmalonique [Goldstein, *D. chem. G.*, 29, 814, 1896]; éther éthylique (Goldstein).

Acide pulvine-pipéridique [Schenk, *Ann. Chem.*, **282**, 32, 1894].

β-Pipéridylfuralmalonate d'éthyle [Goldstein, *D. chem. G.*, **29**, 816, 1896].

Sulfopipéridine, dérivés tetrachlorés et tétrabromés [Töhl, Framm, *D. chem. G.*, **27**, 2012, 1894].

Aldéhydes dérivées de la pipéridine.

Pipéridylacétol : iodométhylate ; iodoéthylate [Stœrmer, Burkert, *D. chem. G.*, **27**, 2016, 1894 ; **28**, 1247, 1895]. — Pipéridinoacétaldéhyde ; semicarbazone [Stœrmer, Schneider, *D. chem. G.*, **31**, 2542, 1898] ; pipéridinoacétaldéhydoxime (Stœrmer, Schneider).

Combinaisons avec l'acétaldéhyde et l'acide rubérythique ; avec la valeraldéhyde [Wallach, *Centr. Bl.*, II, 1899, 1025].

Pipéridylméthylsalicylaldéhyde [Baeyer, brevet allemand, nº 121 051 ; *Centr. Bl.*, I, 1394, 1901].

Furfurolpipéridine [Chalmot, *Ann. Chem.*, **271**, 14, 1892].

Cétones et cétoximes dérivées de la pipéridine.

Pipéridylacétone ou pipéridone [Störmer, Burkert, *D. chem. G.*, **28**, 1250, 1895 ; — Petrenko, Kritschenko, Zonew, *ibid.*, **39**, 1358, 1906 ; — Schmidt, Knuttel, *Ar. der. Pharm.*, **236**, 598, 1904 ; — Semmler et Hoffmann, *D. chem. G.*, **37**, 234, 1904 ; — Stœrmer, Dzimski, *ibid.*, **28**, 220, 1895] ; iodométhylate [Störmer, Burkert] ; chlorométhylate (Schmidt, Knuttel) ; oxime [Störmer, Burkert, Mathaiopoulos, *ibid.*, **31**, 2398, 1898].

β-Pipéridyléthyléthylcétone [Blaise et Maire, *C. R.*, **142**, 215, 1906].

Pipéridylméthylisopropylcétone [Wallach, *Ann. Chem.*, **248**, 173, 1888].

Phénylpipéridone [Mayer, *Bull. Soc. Chim.*, (3), **31**, 953, 987, 1904].

Pipéridylbenzylacétylcétone [Ruhemann, Watson, *Chem. Soc.*, **85**, 1170, 1904].

Pipéridyl-1-isonitroso-2-butyl-3-cétone et éther pipéridométhylique : pipéridyl-1-isonitrosoéthylphénylcétone [Duden, Bock, *D. chem. G.*, **38**, 2036, 1905].

Amylène nitrolpipéridine [Wallach, *Ann. Chem.*, **241**, 303, 1887 ; **248**, 172, 1888 ; — Ksantz, *Jahr.*, 682, 1888 ; — Tilden, Forster, *Chem. Soc.*, **65**, 325, 1894].

α-Cyclogéraniolnitrolpipéridine [Wallach, Scheunert, *Centr. Bl.*, I, 1295, 1902 ; *Ann. Chem.*, **324**, 103, 1902].

Pulégone-nitrolpipéridine [Colmann, Wallach, Thede, *Centr. Bl.*, I, 1295, 1902 ; *Ann. Chem.*, **327**, 132, 1903].

4-Pipéridyl-3-bromodinitrobenzophénone [Kuncell, *D. chem. G.*, **37**, 3484, 1904].

Pipéridylacétophénone ; iodométhylate [Schmidt, van Ark, *Arch. der Pharm.*, **238**, 330, 1887].

Bromure de diphénacylpipéridinium (Schmidt, van Ark).

Pipérylbenzylidène-acétophénone [Watson, *Chem. Soc.*, **85**, 1319, 1904 ; *Proc. Chem. Soc.*, **20**, 181, 1904].

Pipéridylacétopyrocatéchine [Dzierzgowski, *J. Soc. phys. chim. russe*, **25**, 288, 1893 ; — v. Heyden, brevet allemand 71 312-859 ; — Dakin, *Proc. Roy. Soc. London*, 498, 1905].

Pipéridylacétopyrogallol (v. Heyden).

Acides dérivés de la pipéridone. — Acide α-pipéridone-carbonique ; acide méthyl-α-pipéridone-carbonique. [Dieckmann, *D. chem. G.*, **38**, 1654, 1905].

Nitrile dérivé de la pipéridine. — Pipéridine-acétonitrile [Klages, Morgolinsky ; Knœvagel, *D. chem. G.*, **37**, 4073, 1904].

Dérivés des terpènes [Wallach, *Ann. Chem.*, **241**, 320, 1887 ; **245**, 253, 1888 ; **252**, 13, 125, 1889 ; **277**, 121, 1893 ; **253**, 263, 1889 ; — Stephane, *J. prakt. Chem.*, (2), **62**, 531, 1900 ; — Chapmann, *Chem. Soc.*, **67**, 54, 780, 1895].

Dérivés des quinones. — Dipipéridylbenzoquinone [Lachowicz, *Mon. f. Ch.*, **9**, 506, 1881].

Pipéridylanthraquinone [Baeyer, brevet allemand 136 777 ; *Centr. Bl.*, II, 1372, 1902] ; pipéridyl-1-nitroanthraquinone-8 ; pipéridyl-1-diméthylanthraquinone-8 ; dipipéridylanthraquinone-1.5 (Baeyer).

Pipéridobromindénone [Roser, Haselhoff, *Ann. Chem.*, **247**, 149, 1888].

Dérivés des alcaloïdes [Vongerichten, Müller, *D. chem. G.*, **36**, 1590 et 1593, 1903].

DÉRIVÉS DES AZOÏQUES.

Pipéridine azobenzène $C^6H^5Az^2-AzC^5H^{10}$. — Cristaux jaunes fusibles à 43°, se décomposant à 230° en benzène, diphényle, pipéridine, oxygène, isopipéridine et un peu d'aniline [Heussler, *Ann. Chem.*, **260**, 239, 1890 ; — Wallach, **235**, 242, 1887 ; — Nölting, Binder, *D. chem. G.*, **20**, 3016, 1887].

Pipéridine-azo-p-fluorobenzène $C^6H^4F.Az=Az.AzC^5H^{10}$. — On le prépare en faisant agir le chlorure de p-nitrodiazobenzène sur la pipéridine [Wallach, Heussler, *Ann. Chem.*, **243**, 223, 1887].

Pipéridine azo-p-bromobenzène. — Cristaux jaunes fusibles à 55° [Wallach, *Centr. Bl.*, II, 1050, 1899].

Pipéridine azo-p-nitrobenzène $C^6H^4(AzO^2)Az^2.AzC^5H^{10}$. — Longs cristaux jaune d'or fusibles à 96°, obtenus en faisant réagir le chlorure de p-nitrodiazobenzène sur la pipéridine en présence de potasse [Wallach, *Ann. Chem.*, **235**, 263, 1885 ; — Bamberger, *D. chem. G.*, **28**, 841, 1885 ; — Fels, *Zeit. f. Krist.*, **37**, 489].

Pipéridine azo-p-oxybenzène $OH.C^6H^4.Az=Az.AzC^5H^{10}$. — Fond à 87° [Wallach, *Cent. Bl.*, II, 1050, 1899].

Pipéridine azo-p-méthoxybenzène $CH^3.O.C^6H^4.Az=Az.AzC^5H^{10}$. — Cristaux jaunes fusibles à 33° (Wallach).

Pipéridine azo-p-aniline $AzH^2.C^6H^4Az^2.AzC^5H^{10}$. — [Wallach, Heusler, *Ann. Chem.*, **243**, 229, 1887].

Pipéridine azo-p-acétanilide — [Wallach, *Ann. Chem.*, **235**, 266, 1886].

Acide pipéridyl-azo-p-benzosulfonique $SO^3H.C^6H^4.Az^2.AzC^5H^{10}$. — Wallach [*ibid.*, **235**, 270, 1886 ; *Centr. Bl.*, II, 1050, 1899] l'a obtenu en bromant une solution aqueuse refroidie de perbromure de dibromo-2.4-diazobenzène.

Pipéridine p-azotoluène $CH^3.C^6H^4.Az^2.AzC^5H^5$. — On traite la p-toluidine d'abord par AzO^2H, puis par la pipéridine (Wallach). Cristaux prismatiques fusibles à 41°.

Pipéridine azo-bromotoluène. — Ce corps fond à 52° (Wallach).

Pipéridine azonitrotoluène. — Il fond à 50° (Wallach).

Pipéridine azo-4-acétotoluène-2 $AzH(C^2H^3O)C^6H^3(CH^3)Az^2.AzC^5H^{10}$. — Il cristallise dans l'alcool et fond à 154°.

Pipéridine azonitro-1.3-xylène-4. — Cristaux jaune d'or, solubles dans l'alcool, fusibles à 51° [Chalmot, *Ann. Chem.*, **271**, 17, 1892].

Pipéridine azopseudocumène $(CH^3)^2C^6H^2Az^2.Az.C^5H^{10}$. — Ce composé fond à 50° [Wallach, Heussler, *Ann. Chem.*, **243**, 231, 1887].

Pipéridine azobenzidine $C^5H^{10}.Az=Az.Az.C^6H^4.C^6H^4Az.Az=Az.C^5H^{10}$. — Elle se prépare par diazotation de la benzidine et de la pipéridine en excès (Wallach, Heussler).

Pipéridine azocarboxybenzène $CO^2H.C^6H^4.Az=Az.AzC^5H^{10}$. — Le *dérivé ortho* fond à 840° ; le *dérivé méta* à 123° ; le *dérivé para* à 158° [Wallach, *Centr. Bl.*, II, 1050, 1899].

HOMOLOGUES DE LA PIPÉRIDINE.

MÉTHYLPIPÉRIDINE-α (*Pipécoline-α*),

$$CH^2 \left< \begin{matrix} CH^2.CH(CH^3) \\ CH^2 \text{———} CH^2 \end{matrix} \right> AzH$$

Préparation. — 1° En traitant par le sodium une solution de picoline-α dans l'alcool absolu [Ladenburg, *Ann. Ch.*, **247**, 62, 1888]. On ajoute de l'eau et on distille ; les vapeurs d'alcool passent d'abord avec la pipécoline-2 [Bunzel, *D. chem. G.*, **22**, 1053, 1889].

2° Il s'en forme aussi quand on chauffe l'acide δ-aminocaproïque avec de la poudre de zinc [Zellner, *Mon. f. Chem.*, **15**, 35, 1894].

3° Par l'électrolyse de la picoline-2 en solution

sulfurique étendue [Ahrens, *D. chem. G.*, (2), **29**, 1122, 1896].

4° En traitant la méthyl-2 tétrahydropyridine-1.4.5 par $Sn + HCl$ [Lipp, *Ann. Chem.*, **289**, 210, 1895].

5° Par oxydation électrolytique de la nitroso-α-pipécoline en solution sulfurique [Widera, *D. chem. G.*, **31**, 2277, 1898].

Propriétés. — C'est une base secondaire; elle est liquide, très soluble dans l'eau et présente une odeur pénétrante; sa densité $= 0{,}862$ à 0°; elle bout à 120°. Sa formule possède un carbone asymétrique: elle est inactive par compensation et se dédouble en deux corps actifs sur la lumière polarisée quand on la combine à l'acide tartrique et qu'on fait cristalliser le tartrate acide (Ladenburg). Oxydée par H^2O^2, elle donne l'aldéhyde δ-aminocaproïque (Wolffenstein).

La *méthylpyridine-α dextrogyre* et la *méthylpyridine-α lévogyre* ont des pouvoirs rotatoires de 30° environ. Leurs sels présentent des propriétés assez analogues, mais diffèrent du sel correspondant de la base inactive par compensation : les chlorhydrates actifs fondent à 190°, alors que le chlorhydrate inactif fond à 205° [Lipp, *Ann. Ch.*, **289**, 215, 1895; — Hohenemser, Wolffenstein, *D. chem. G.*, **32**, 2522, 1899 : — Ladenburg, *ibid.*, **26**, 860, 1893; *Zeit. El. Ch.*, **34**, 3015; — Ladenburg, Bobertag, *D. chem. G.*, **36**, 1649, 1903; — Hildebrandt, *Zeit. f. phys. Ch.*, **46**, 935, 1905].

$C^6H^{13}AzH.HCl$. — Fond à 210° (Lipp, Widera).

$(C^6H^{13}Az.HCl)^2PtCl^4$. — Fond à 202° en se décomposant [Lipp, Marckwald, *D. chem. G.*, **29**, 46, 1896].

$C^6H^{13}Az.HCl.AuCl^3$. — Fond à 118° (Marckwald).

$C^6H^{13}Az.HBr$ (Lipp), $(C^6H^{13}Az.HI)^2CdI^2$. — Fond à 131° (Marckwald).

$(C^6H^{13}Az)^2CS^2$ (Marckwald).

Sels de l'acide pyroracémique [Traube, *D. chem. G.*, **27**, 76, 1894; — Lipp, *D. chem. G.*, **27**, 857, 1894; — Fock, *ibid.*, **29**, 47, 1896].

Nitrosopipécoline. — Elle bout à 123° sous 317 mm. [Balicki, *D. chem. G.*, **35**, 1780, 1902].

Az-Méthylpipécoline, $C^5H^9(CH^3)Az.CH^3$. — Elle bout à 186° sous 750 mm. [Merling, *Ann. Ch.*, **264**, 339, 1891; — Lipp, *ibid.*, **289**, 225, 1895 : — Eykmann, *D. chem. G.*, **25**, 3071, 1892].

Chlorométhylate, $C^7H^{13}Az.CH^3Cl$ [Ladenburg, *D. chem. G.*, **31**, 292, 1898.

Iodométhylate, $C^6H^{12}Az(CH^3)^2I$ (Merling, Lipp).

Oxyméthylpipécoline, $C^6H^{12}Az.CH^2OH$ [Merling, *D. chem. G.*, **25**, 3124, 1892].

Éthyl-α-pipécoline, $C^5H^9(CH^3)Az.C^2H^5$. — Deux dérivés : l'un *inactif*, bout à 147°; l'autre *dextrogyre*, $[\alpha]_D = +101°{,}6$ [Ladenburg, Krügel, *Ann. Ch.*, **304**, 56, 1899 : Hohenemser, Wolffenstein, *D. chem. G.*, **32**, 2522, 1899].

Az-Propyl-α-pipécoline, $C^5H^9(CH^3).Az.(CH^2)^2CH^3$. — Deux dérivés [Ladenburg, Theodor, *Ann. Chem.*, **304**, 76, 1899; — Hohenemser, Wolffenstein, *D. chem. G.*, **32**, 2523, 1899].

Amylpipécoline. — Huile bouillant à 200° sous 250 mm.: $[\alpha]_D = +3°{,}34$.

Iodoamylate de méthylpipécoline-α. — Il fond à 214° [Scholtz, *D. chem. G.*, **34**, 3017, 1901].

Isoamylpipécoline. — Un dérivé inactif, qui bout à 204° sous 774 mm.; l'autre lévogyre, $[\alpha]_D = -88°{,}80$ (Hohenemser, Wolffenstein).

Phénylméthylpipéridine-1, $C^6H^5Az.C^6H^{12}$ [Lipp, *Ann. Ch.*, **189**, 245, 1895].

o-p-Dinitrophénylméthylpipéridine [Lellmann, Just, *D. chem. G.*, **24**, 2106, 1891].

β-Naphtylpipécoline-α, $C^{10}H^7Az.C^5H^9.CH^3$. — Elle bout à 186° sous 10 mm. [Roth, *D. chem.* **29**, 1180, 1896].

Acide méthylpipéridylthiocarbamique. — $Az(C^6H^{12})CS.SH$ [Ladenburg, *Ann. Chem.*, **247**, 63, 1888].

Benzoylpipécoline, $C^6H^{12}Az.CO.C^6H^5$. — Fond à 45° [Bunzel, *D. chem. G.*, **22**, 1054, 1899].

Oxypipécoléine (Bunzel).

PIPÉCOLINE-β *ou méthylpipéridine-3*,

$$CH^2 \begin{matrix} \diagup CH^2 \text{———} CH^2 \diagdown \\ \diagdown CH(CH^3).CH^2 \diagup \end{matrix} AzH$$

[Hesckiel, *D. chem. G.*, **18**, 911, 1885; *Ann. Chem.*, **247**, 67, 1888; — Ahrens, *D. chem. G.*, **23**, 2707; — Funk, *ibid.*, **26**, 2573, 1893; — Wolffenstein, *ibid.*, **28**, 1466, 1895; — Stöhr, *J. prakt. Ch.*, (2), 45, 33, 25, 1892; *D. chem. G.*, **20**, 2732, 1887; — Fischer, *J. prakt. Ch.*, (2), **48**, 17, 1893; — Ladenburg, *D. chem. G.*, **27**, 76, 1894; — Traub, *ibid.*, **27**, 1409, 1894 : — Franke, Kohn, *Mon. f. Ch.*, **23**, 883, 1902; — Ladenburg, Bobertag, *D. chem. G.*, **36**, 1649, 1903].

La pipécoline-β résulte de l'hydrogénation de la méthylpyridine-β. Elle se rencontre en petites quantités dans les produits de la distillation de la vératrine avec la chaux (Ahrens). On obtient son chlorhydrate en chauffant le chlorhydrate de β-méthyl-ε-chloramylamine avec la potasse, en vase clos, à 100° (Funk) :

$$CH^2 \begin{matrix} \diagup CH.(CH^3).CH^2 \diagdown \\ \diagdown CH^2.CH^2Cl \end{matrix} AzH^2$$

$$= HCl + CH^2 \begin{matrix} \diagup CH(CH^3).CH^2 \diagdown \\ \diagdown CH^2 \text{———} CH^2 \diagup \end{matrix} AzH$$

Elle forme un liquide à odeur de pyridine, fumant à l'air, bouillant à 125°, miscible à l'eau. L'eau oxygénée la transforme en aldéhyde δ-aminoisocaproïque. Elle peut être dédoublée en ses composants actifs sous la forme de tartrates acides.

Méthyl-1-pipécoline-β. — Huile bouillant à 126° [Jacobi, Merling, *Ann. Chem.*, **278**, 6, 1894].

Oxyméthylpipécoline-β [Merling, *D. chem. G.*, **25**, 3124, 1892].

Diméthylpipécoline-β. — *L'iodure* $C^6H^{12}(CH^3)Az.CH^3I$ fond à 191° [Hesckiel, *D. chem. G.*, **18**, 3099, 1885; — *Ann. Chem.*, **247**, 69, 1888; — Jacobi, Merling, *ibid.*, **278**, 5, 1894].

Méthyl-β-p-nitrophénylpipéridine. — Elle fond à 61° [Lellmann, Büttner, *D. chem. G.*, **23**, 1839, 1884].

Méthyl-β-o-p-dinitrophénylpipéridine. — Elle fond à 67° (Lellmann, Büttner).

PIPÉCOLINE-γ *ou méthylpipéridine-4*,

$$CH^3.CH \begin{matrix} \diagup CH^2.CH^2 \diagdown \\ \diagdown CH^2.CH^2 \diagup \end{matrix} AzH$$

— Préparée en hydrogénant la méthylpyridine-γ. Liquide bouillant à 126°, fumant à l'air, sans action sur la lumière polarisée [Ladenburg, *Ann. Chem.*, **247**, 69, 1888].

ÉTHYLPIPÉRIDINE-α,

$$CH^2 \begin{matrix} \diagup CH^2.CH(C^2H^5) \diagdown \\ \diagdown CH^2 \text{———} CH^2 \diagup \end{matrix} AzH$$

— On la produit quand on hydrogène l'éthylpyridine-α ou la vinylpyridine. C'est une huile de densité 0,866 à 0°, bouillant à 143°. Sa formule présente un carbone asymétrique : la base est inactive par compensation et dédoublable par cristallisation, sous forme de tartrate acide, en deux bases actives. Le pouvoir rotatoire des bases actives $[\alpha]_D$ est voisin de 7° [Ladenburg, *Ann. Chem.*, **247**, 70, 1888 : *D. chem. G.*, **31**, 290, 1888 : — Lipp, *ibid.*, **33**, 3153, 1900; — Freese, *ibid.*, **33**, 3484, 1900].

MÉTHYL-α-ÉTHYLPIPÉRIDINE-Az, [$C^7H^{14}Az.CH^3$. — Liquide bouillant à 152° [Ladenburg, *Ann. Chem.*, **247**, 71; *D. chem. G.*, **31**. 291, 1898; — Heiderich, *ibid.*, **34**, 1891. 1901: — Lipp, *ibid.*, **33**, 3516, 1900].

Chlorure de diméthyl-α-éthylpipéridinium, $C^7H^{14}Az(CH^3)^2Cl$ (Lipp).

Ethylpipéridine benzoylsulfone, $C^6H^5SO^2Az.C^7H^4$. — Elle fond à 64° (Lipp).

Méthyl-2-iodéthylpipéridine-az,

$$\begin{matrix}(CH^2.CH^2I) \\ C^5H^9\end{matrix} > AzCH^3$$

[Heidrichs, *D. chem. G.*, **34**, 1892, 1901].

ETHANOL-2-PIDÉRIDINE (*α-pipécoline-alkine*),

$$CH^2 \begin{matrix} \nearrow CH^2.CH.CH^2.CH^2OH \\ \qquad > AzH \\ \searrow CH^2.CH^2 \end{matrix}$$

— Cette base fond à 39-40° [Ladenburg, *D. chem. G.*, **22**, 2585, 1881; **24**, 1621, 1883; *Ann. Chem.*, **301**, 129, 1898; — Königs, *D. chem. G.*, **35**, 1356, 1902; — Happe, *ibid.*, 1348.

Acetylpipécoline-alkine-α. — *Chlorhydrate*, $C^2H^3O.O.CH^2.CH^2.C^5H^9 = AzH.HCl$ [Ladenburg, *Ann. Chem.*, **301**, 130, 1898].

Benzoylpipécoline-alkine-α [Ladenburg, *D. chem. G.*, **24**, 1622; *Ann. Chem.*, **301**, 130].

MÉTHYLPIPÉCOLINE-α-ALKINE (*Hydrotropine*),]

$$CH^2 \begin{matrix} \nearrow CH^2.CH.CH^2.CH^2OH \\ \qquad > Az.CH^3 \\ \searrow CH^2.CH^2 \end{matrix}$$

— Liquide incolore, sirupeux, bouillant à 233° [Lipp, *D. chem. G.*, **25**, 2199, 1884; — Ladenburg, *ibid.*, **24**, 1623, 1883; *Ann. Chem.*, **301**, 132, 1898; **295**, 373, 1897].

Chlorure de diméthylpipécoline-alkine (Ladenburg).

La *méthyl-1-pipécoline-alkine-az* de Lipp [*Ann. Chem.*, **294**, 141, 1896] est vraisemblablement la *méthyl-α-pipécoline-β-alkine* de Ladenburg [*D. chem. G.*, **31**, 288, 1898].

ETHYLPIPÉCOLINE-α-ALKINE-Az, $OH\,CH^2.CH^2.C^5H^9Az.C^2H^5$. — Liquide incolore, sirupeux, bouillant à 241°,5, très soluble dans l'eau et l'alcool. On connait les combinaisons : $C^9H^{19}OAz.HCl.6HgCl^2.3H^2O$ et $HO.CH^2.CH^2.C^5H^9Az(C^2H^5)^2Cl$ (chloréthylate) [Ladenburg, *Ann. Chem.*, **301**, 137, 138, 1898].

PROPYLPIPÉCOLINE-α-ALKINE-Az. — Base fortement alcaline qui bout à 246° : son *chlorométhylate* fond à 157° (Ladenburg).

Isopropylpipécoline-α-alkine-az. — Elle bout à 235°; densité 0,959 à 20°. *Chlorométhylate et dérivé* (Ladenburg).

BENZYLPIPÉCOLINE-α-ALKINE-Az, $OH.CH^2.CH^2.C^5H^9Az.CH^2.C^6H^5$. — Liquide bouillant à 318°; densité 1,03 (Ladenburg).

ÉTHYLPIPÉRIDINE-β,

$$CH^2 \left< \begin{matrix} CH(C^2H^5) - CH^2 \\ CH^2 \text{———} CH^2 \end{matrix} \right> AzH$$

— C'est une base huileuse, bouillant à 155°. Sa formule contient un carbone asymetrique [Stöhr, *J. prakt. Ch.*, (2). **45**, 44. 1892; — Wyschnegradsky, *D. chem. G.*, **13**, 2041, 1880; — Fischer, *J. prakt. Ch.*, (2). **48**, 18, 1893; — Ladenburg, *Ann. Chem.*, **301**, 149, 1898; — Gunther, *D. chem. G.*, **31**, 2140, 1898].

MÉTHYLÉTHYLPIPÉRIDINE-β. — Elle bout à 153° pour 756 mm. [Ladenburg, *D. chem. G.*, **31**, 289, 1898; *Ann. Ch.*, **301**, 147. 1898].

DIÉTHYLPIPERIDINE-1.3 (Wyschnegradsky).

ÉTHYLPIPÉRIDINE-γ,

$$CH^3CH^2.CH \left< \begin{matrix} CH^2 - CH^2 \\ CH^2 - CH^2 \end{matrix} \right> AzH$$

— On l'obtient en hydrogénant l'éthylpyridine-4. Elle bout à 158° [Ladenburg, *Ann. Chem.*, **247**, 72, 1888].

DIMÉTHYLPIPÉRIDINES, $(CH^3)^2 = C^5H^8 = AzH$. — A chaque diméthylpyridine correspond par hydrogénation, une diméthylpipéridine. Ces bases sont isomériques avec les hexahydro-éthylpyridines.

DIMÉTHYLPIPÉRIDINE-2.4 (*Lupétidine α-γ*),

$$AzH \left< \begin{matrix} CH(CH^3)CH^2 \\ CH^2 \text{——} CH^2 \end{matrix} \right> CH.CH^3$$

— Elle bout à 142°; elle se dédouble en deux corps actifs sur la lumière polarisée quand on la combine à l'acide tartrique pour faire le bitartrate acide [Ladenburg, Roth, *Ann. Chem.*, **247**, 87, 1888; — Engels, *D. chem. G.*, **33**, 1088, 1900].

Diméthylpipéridylhydrazine-2.4. — Obtenue par réduction de la nitrosodiméthylpipéridine [Ahrens et Gorgow, *D. chem. G.*, **37**, 2062, 1904].

DIMÉTHYLPIPÉRIDINE-2.6 (*Lupétidine*),

$$AzH \left< \begin{matrix} CH(CH^3)CH^2 \\ CH(CH^3)CH^2 \end{matrix} \right> CH^2$$

— Elle s'obtient, en même temps que l'isolupétidine, quand on réduit par le sodium, en présence d'alcool, la diméthylpyridine 2.6 [Ladenburg, Roth; — Marckwald, *D. chem. G.*, **27**, 1329, 1894; — Marcuse, Wolffenstein, *ibid.*, **32**, 2528, 1899].

Combinaisons avec les acides carbanilique, thiocarbanilique, benzoïque, benzosulfonique (Marcuse, Wolffenstein).

ISOLUPÉTIDINE. — Stéréoisomère de la diméthylpipéridine 2.6. Elle bout à 132° (Marcuse et Wolffenstein). Mêmes combinaisons que ci-dessus.

DIMÉTHYLPIPÉRIDINE-2.3,

$$CH^2 \left< \begin{matrix} CH(CH^3)CH(CH^3) \\ CH^2 \text{————} CH^2 \end{matrix} \right> AzH$$

[Ladenburg, Krügel, *Ann. Chem.*, **304**, 59, 1899]. — Liquide incolore, bouillant à 220°.

Chlorure de diéthylpipécoline-alkine et dérivés (Ladenburg, Krügel).

Propylpipécoline-α-alkine-β-az et dérivés [Theodor, *Ann. Chem.*, **304**, 78, 1898].

Isopropyl-4-diméthyl-2.3-pipéridine (Wallach, *Ann. Chem.*, **336**, 247, 1904].

DIMÉTHYLPIPÉRIDINE-2.5,

$$CH^2 \left< \begin{matrix} CH^2.CH(CH^3) \\ CH(CH^3).CH^2 \end{matrix} \right> AzH$$

— On l'obtient en réduisant la diméthylpyridine-2.5. Elle bout à 140° [Ahrens, Gorgow, *Centr. Bl.*, I, 1034, 1903; *D. chem. G.*, **37**, 2062, 1904].

Hexaméthylènimines et dérivés [Wallach, Jäger, *Ann. Chem.*, **324**, 297, 1902].

PROPYLPIPÉRIDINE-α *ou Conicine* (syn. Cicutine), voy. 2e Suppl., **2**, 1138.

PROPYLPIPÉRIDINE-β,

$$CH^2 \left< \begin{matrix} CH^2 \text{———} CH^2 \\ CH(C^3H^7).CH^2 \end{matrix} \right> AzH$$

— Elle s'obtient synthétiquement en chauffant la β-propyl-ε-chloramylamine avec la soude à 100°.

C'est un liquide brunissant à l'air, présentant l'odeur de la conicine, de densité 0,8475 à 20°, bouillant à 174°. Inactive par compensation, la propylpipéridine-β se dédouble par cristallisation, après transformation en tartrate droit acide $C^8H^{17}Az = C^4H^6O^6 + H^2O$, le tartrate droit acide de la propylpipéridine-β gauche étant moins soluble que celui de la propylpipéridine-β droite; $[\alpha]_D = \pm 6°,39$ [Granger, *D. chem. G.*, **28**, 1903, 1895; *ibid.*, **30**, 1060, 1897; — Wolffenstein, *ibid.*, **34**, 2410, 1901].

Combinaison avec l'acide thiocarbanilique (Granger).

ISOPROPYLPIPÉRIDINES. — DÉRIVÉ α,

$$CH^3 \left\langle \begin{matrix} CH^2 - CH - CH = (CH^3)^2 \\ \quad > AzH \\ CH^2 - CH^2 \end{matrix} \right.$$

— On l'a obtenu en hydrogénant l'isopropylpyridine-α. Il bout à 159°,5. Bien qu'il soit peu soluble dans l'eau froide, sa dissolution aqueuse se trouble quand on la chauffe [Ladenburg, *Ann. Chem.*, **247**, 73, 1888; *Zeit.*, **7**, 816; — Hjortdahl, *Ann. Chem.*, **247**, 74, 1888].

Méthylisopropylpipépidine-α: acide isopropylpipéridinethiocarbamique et dérivés (Ladenburg).

Oxyisopropylpipéridine-α [König, Happe, *D. chem. G.*, **35**, 1344, 1902; — Ladenburg, Adam, *D. chem. G.*, **24**, 1674, 1891].

DÉRIVÉ γ,

$$(CH^3)^2 = CH . CH \left\langle \begin{matrix} CH^2 . CH^2 \\ CH^2 . CH^2 \end{matrix} \right\rangle AzH$$

— Il est huileux et soluble dans l'eau; il bout à 170° (Ladenburg).

DIMÉTHYL-2.6-PROPYL-4-PIPÉRIDINE (*propyllupétidine*).

$$AzH \left\langle \begin{matrix} CH(CH^3) . CH^2 \\ CH(CH^3) . CH^2 \end{matrix} \right\rangle CH . C^3H^7$$

Liquide bouillant à 180° [Jäckle, *Ann. Chem.*, **246**, 46, 1888].

MÉTHYL-2-ÉTHYL-5-PIPÉRIDINE *ou hexahydrocollidine*,

$$AzH \left\langle \begin{matrix} CH(CH^3)CH^2 \\ CH^2.CH(C^2H^5) \end{matrix} \right\rangle CH^2$$

— Elle dérive par hydrogénation de l'aldéhyde collidine et est connue sous 6 modifications diverses : 2 optiquement actives et 4 inactives (copellidine et isocopellidine). On explique ce fait par les stéréo-isoméries correspondant aux deux carbones asymétriques de la formule [Lévy, Wolffenstein, *D. chem. G.*, **28**, 2270, 1895; **29**, 1960, 1896; — Kundsen, *D. chem. G.*, **28**, 1764, 1895].

COPELLIDINE. — Ce composé correspond à la collidine. C'est un liquide d'une odeur fortement ammoniacale, de densité 0,836, bouillant à 162° [Lévy, Wolffenstein: — Knudsen, Durkoff, *Ann. Chem.*, **247**, 90, 1888].

La *méthylcopellidine* est une huile bouillant à 164° (Durkoff). Cet auteur a décrit en outre la *diméthyl-* et l'*acétylcopellidine*. On connaît aussi la *benzocopellidine*, $C^6H^5COOAz = C^5H^8(CH^3)(C^2H^5)$ la *benzosulfocopellidine* [Marcuse, Wolffenstein, *D. chem. G.*, **34**, 2430, 1901]; *l'acide copellidine sulfonique* [Lévy, *D. chem. G.*, **28**, 2274, 1895] et un dérivé de l'acide carbanilique (Marcuse, Wolffenstein).

L'isocopellidine, qui comprend comme la copellidine 3 modifications, se forme en même temps que la copellidine dans la réduction de l'aldéhyde collidine par le sodium et l'alcool (Lévy et Wolffenstein).

Marcuse et Wolffenstein ont décrit la *benzoylisocopellidine*, la *benzoylsulfoisocopellidine* [*D. chem. G.*, **34**, 2429, 1901].

MÉTHYL-2-ÉTHYL-3-PIPÉRIDINE,

$$CH^2 \left\langle \begin{matrix} CH(C^2H^5)CH(CH^3) \\ CH^2 \text{———} CH^2 \end{matrix} \right\rangle AzH$$

— Ladenburg et Brandt [*Ann. Chem.*, **304**, 81, 1899] ont préparé ce composé en réduisant la pipécoline-alkine correspondante par le sodium et l'alcool. Cristaux fusibles à 30°; densité 0,966 à 19°.

Ethyl-α-pipécoline-β-méthylalkine. — Chloréthylate [Ladenburg, Rosenweig, *Ann. Chem.*, **304**, 65, 1899].

TRIMÉTHYLPIPÉRIDINES, $(CH^3)^3 \equiv C^5H^7 = AzH$. — Deux ont été étudiées, c'est la triméthylpipéridine symétrique 2.4.6 et la triméthylpipéridine-2.3.3.

TRIMÉTHYLPIPÉRIDINE-2.4.6,

$$AzH \left\langle \begin{matrix} CH(CH^3) . CH^2 \\ CH(CH^3) . CH^2 \end{matrix} \right\rangle CH . CH^3$$

— Base liquide de densité 0,843 à + 4°, bouillant à 146°. On l'obtient par réduction de la triméthylpyridine-2.4.6 [Dürkopf *D. chem. G.*, **21**, 275, 1888].

Oxy-4-triméthyl-2.2.6-pipéridine [Schering, *Centr. Blatt*, I, 1093, 1899; brevet allemand, n° 101 332].

Benzoylvinyldiacétonealkamine (β-eucaïne et dérivés) [Schering, brevet allemand 96 672; *Centr. Blatt.*, II, 693, 1898; — Vinci, *Centr. Bl.*, II, 597, 1897].

Benzoylméthylvinyldiacétonealkamine (Schering).

Dérivé de l'acide phénylglycolique [Harries, *Ann. Chem.*, **296**, 337, 1897].

Phénylglycolyl-az-éthylvinyldiacétone alkamine (Schering).

Triméthyl-2.2.6-γ-pipéridone-diphénylmercaptol [Pauly, *D. chem. G.*, **31**, 3149].

TRIMÉTHYLPIPÉRIDINE-3.3.3,

$$\begin{matrix} (CH^3)^2 = C . CH^2 . CH^2 \\ | \qquad\qquad | \\ CH^3 . C . AzH . CH^2 \end{matrix}$$

— Elle bout à 166°; densité à 19°, 0,859 [Wallach, Gilbert, *Ann. Chem.*, **319**, 79, 1901; — Jacobi, *Centr. Blatt.*, I, 1092, 1903].

Wallach et Gilbert ont décrit plusieurs bases dérivées de la triméthyl- et de la tétraméthylpipéridine.

BUTYLPIPÉRIDINE. — Liquide bouillant à 242° [Matzdorff, *D. chem. G.*, **23**, 2712, 1890].

ISOBUTYLPIPÉRIDINE. — Elle bout à 181° [Jacobi, Stöhr, *D. chem. G.*, **26**, 949, 1893].

DIMÉTHYL-2.6-ISOBUTYLPIPÉRIDINE (*isobutyllupétidine*. — Elle bout à 197° [Jäckle, *Ann. Chem.*, **246**, 47, 1888].

DIMÉTHYL-2.2-ISOBUTYL-6-PIPÉRIDINE (*dérivé oxybenzoïque*) [Schering, *Centr. Blatt.*, II, 237, 1798].

DIÉTHYLPIPÉRIDINES. — DIÉTHYLPIPÉRIDINE-3.4,

$$AzH \left\langle \begin{matrix} CH^2 . CH(C^2H^5) \\ CH^2 \text{———} CH^2 \end{matrix} \right\rangle CH . CH^2 . CH^3$$

— Huile lourde [Königs, *D. chem. G.*, **35**, 1355, 1902].

DIÉTHYLPIPÉRIDINE-2.4,

$$AzH \left\langle \begin{matrix} CH(C^2H^5) . CH^2 \\ | \\ CH^2 . CH^2 . CH . C^2H^5 \end{matrix} \right.$$

— Liquide bouillant à 174° [Ladenburg, *Ann. Chem.*, **247**, 97, 1888].

DIÉTHYLPIPÉRIDINE-2.5. — Huile bouillant à 190° [Prausnitz, *D. chem. G.*, **25**, 2396, 1892].

DIÉTHYLPIPÉRIDINE-2.3 [Kœnigs, Bernhart, *D.*

chem. G., **38**, 3049, 1905]; p-nitrotoluène-sulfopipéridine (Kœnigs, Bernhart).

MÉTHYL-ÉTHYLPIPERIDINE-ALKINE (Prausnitz).

PARPEVOLINE. — On désigne sous ce nom tantôt la *diméthyl-2.6-éthyl-4-pipéridine* qui bout à 160°, tantôt la *tétraméthylpipéridine* liquide bouillant à 150° [Jäckel, *Ann. Chem.*, **246**, 45, 1888; — Durkopf, Göttsch, *D. chem. G.*, **23**, 685, 1890; — Ciamician, Anderlini, *ibid.*, **21**, 1860, 1888].

Ether phénylique de la tétraméthyl-2.2.6.6-thiopipéridone [Pauly, *D. chem. G.*, **31**, 3150, 1898].

DIMÉTHYL-2.2-(NORMAL) HEXYL-6-PIPÉRIDINE (dérivé oxybenzoïque) [Schering, *Centr. Bl.*, II, 237, 1898; brevet allemand, 97 009].

DIMETHYL-2.6-HEXYL-4-PIPÉRIDINE (*hexyllupétidine*).

$$AzH \left\langle \begin{matrix} CH(CH^3).CH^2 \\ CH(CH^3).CH^2 \end{matrix} \right\rangle CH.C^6H^{13}$$

— On l'obtient en réduisant l'hexyllutidine [Jäckle, *Ann. Chem.*, **246**, 48, 1888].

ACIDES DÉRIVÉS DE LA PIPÉRIDINE.

ACIDE PIPÉRIDINE CARBONIQUE-3 (*Acide hexahydronicotinique ou acide isonipécotinique*).

$$AzH \left\langle \begin{matrix} CH^2 \text{———} CH^2 \\ CH^2.CH(CO^2H) \end{matrix} \right\rangle CH^2$$

[Ladenburg, *D. chem. G.*, **25**, 2768, 1892; — Besthorn, *ibid.*, **28**, 3153, 1895]. — On l'obtient par réduction de l'acide nicotinique. Ses cristaux durs et réfringents sont fusibles à 250°, très solubles dans l'eau, insolubles dans l'alcool. Les sels formés avec les acides sont plus stables que ceux produits avec les bases.

Ether méthylique; dérivé nitrosé (Ladenburg).

Acide méthylhexahydronicotinique — Il fond à 162° [Jahns, *Arch. Pharm.*, **229**, 686].

Ether méthylique (dihydroarécoline) (Ladenburg et Jahns). *Chlorométhylate, iodométhylate* [Willstätter, *D. chem. G.*, **30**, 730, 1897].

ACIDE PIPÉRIDINE CARBONIQUE-4 (*Acide iso-hexahydronicotinique* ou *acide isonipécotinique*).

$$AzH \left\langle \begin{matrix} CH^2.CH^2 \\ CH^2.CH^2 \end{matrix} \right\rangle CH.CO^2H$$

[Ladenburg et Karan, *D. chem. G.*, **25**, 2772, 1892; — Milch, *ibid.*, **25**, 2773, 1892].

Il forme des cristaux arborescents très solubles dans l'eau, insolubles dans l'alcool absolu. Il se détruit sans fondre vers 320°.

Dérivé nitrosé (Ladenburg).

ACIDE PIPERIDINE CARBONIQUE-4 (*Acide hexahydropicolinique; acide pipécolinique-α*). — [Ost, *J. prakt. Chem.*, (2), **27**, 288, 1883; — Ladenburg, *D. chem. G.*, **24**, 640, 1891; — Willstätter, **29**, 390, 1896; **34**, 3168, 1901; — Jander, *ibid.*, **24**, 64, 1891; — Mende, *ibid.*, **29**, 2887, 1896].

Il est très soluble dans l'eau, cristallise en lamelles soyeuses et fond à 264°. Il forme un beau *sel de cuivre*, soluble dans l'eau. Cet amino-acide est un racémique: la cristallisation de son tartrate droit dépose d'abord le tartrate droit de l'acide α-pipécolinique-*d*, moins soluble, tandis que le tartrate droit de l'acide α-pipécolinique-*l* est au contraire plus soluble que le droit (Mende). Les *acides pipécoliniques actifs* cristallisent en grandes tablettes, fusibles à 270°.

Ether méthylique (Ladenburg)

Ether éthylique (Willstätter).

Acide méthylpipécolinique-az, $CH^3Az.C^5H^9.CO^2H$; *éther éthylique* (Willstätter).

Acide nitrosopipécolinique (Willstätter); *éther méthylique* (Ladenburg).

ACIDES MÉTHYLPIPÉRIDINE CARBONIQUES. — On en connait trois [Auerbach, *D. chem. G.*, **25**, 3491, 1892; — Marino, Zuco, *Gazz. chim. ital.*, (1), **25**, 259, 1895; — Skraup, *Mon. f. Chem.*, **17**, 370, 1896].

ACIDE PIPÉRIDYLACÉTIQUE, $C^5H^{10}=Az.CH^2.CO^2H$. — Il fond à 214° en perdant de l'anhydride carbonique [Königs, Hoppe, *D. chem. G.*, **35**, 1348, 1902; **36**, 2904, 1903; — Bischoff, *ibid.*, **31**, 2841, 1898; — Fock, *ibid.*, **32**, 724, 1899; — Wedekind, *ibid.*, **32**, 723, 1899; — Klages, Margolinsky, *ibid.*, **36**, 4188, 1903]. *Sel de cuivre* [Ley, *C. R.*, **139**, 1180, 1904]. *Chlorhydrate* (Wedekind).

Ether méthylique [Wedekind, *D. chem. G.*, **35**, 181, 1902]; *éther éthylique* (Bischoff).

Acide pipéridylamino-acétique; acide pipéridylamino-α-phényllactique; acide pipéridylamino-α-propionique; acide pipéridylaminostyrylacétique [Knœvagel, *D. chem. G.*, **37**, 4073, 1904].

Acide pipéridine-pipéridylacétique [Hinsberg, Rosenzweig, *ibid.*, **27**, 3255, 1893].

Acide triméthyl-2.2.6-oxy-4-pipéridine carbonique.

$$AzH \left\langle \begin{matrix} CH(CH^3).CH^2 \\ C(CH^3)^2.CH^2 \end{matrix} \right\rangle C(OH).CO^2H$$

[Schering, brevet allemand, 91121, 1220].

Acide tétraméthyl-2.2.6.6-oxy-4-pipéridine carbonique,

$$AzH \left\langle \begin{matrix} C(CH^3)^2.CH^2 \\ C(CH^3)^2.CH^2 \end{matrix} \right\rangle C(OH).CO^2H$$

[Schering, brevet allemand 91121, 1219]. — Il fond à 285° en se décomposant.

Ethers méthylique et *éthylique, nitrile, méthyliminoéther* (Schering).

Acide pentaméthyl-1.2.2.6.6-oxy-4-pipéridine carbonique [Tietze, *Centr. Bl.*, II, 1081, 1898; — Schering, brevet allemand 91121, 1219]. — *Ether méthylique* (Schering); *éther méthylique de l'acide pentaméthyl-1.2.2.6.6-méthoxy-4-pipéridine carbonique* [Schering, *Centr. Bl.*, I, 1081, 1900].

Acide pentaméthyl-1.2.2.6.6-acétoxy-4-pipéridine carbonique. — *L'éther méthylique* [Schering, Brevet allemand 92589, 1226] fond à 61°; le *dérivé de l'acide carbanilique* [Schering, *Centr. Bl.*, I, 1081, 1900] fond à 132°.

Acide tétraméthyl-2.2.6.6-benzoyl-4-oxypipéridine carbonique [Schering, brevet allemand 92588, 1228]. — Ether méthylique (Schering).

Acide pentaméthyl-1.2.2.6.6-benzoyloxypipéridine carbonique. — Chlorhydrate. Ethers méthylique (eucaïne α) et éthylique [Schering, brevets allemands 92588, 1288; 90245, 1224; — Parsons, *J. Am. Soc.*, **23**, 887, 1901].

Ether méthylique de l'acide éthyl-1- (propyl-1 et allyl-1) tétraméthyl-2.2.6.6-benzoyl-4-oxypipéridine carbonique; éther méthylique de l'acide tétraméthyl-2.2.6.6 (et pentaméthyl-1.2.2.6.6) toluyl-4-oxypipéridine carbonique; éthers méthyliques de l'acide pentaméthyl-1.2.2.6.6-phényl-4-chloracétoxypipéridine carbonique et de l'acide pentaméthyl-1.2.2.6.6-cinnamoyl-4-oxypipéridine carbonique [Schering, brevet allemand 92589].

ACIDE PIPÉRIDINE DICARBONIQUE-2.3.

$$CH^2 \left\langle \begin{matrix} CH^2.CH(CO^2H) \\ CH^2 \text{———} AzH \end{matrix} \right\rangle CH.CO^2H$$

[Besthorn, *D. chem. G.*, **28**, 3155, 1895; **29**, 62, 1896].

Ether diéthylique, dérivé nitrosé (Besthorn).

ACIDE PIPÉRIDINE DICARBONIQUE-3.4.

$$AzH \begin{smallmatrix} < CH^2 . CH(CO^2H) > \\ < CH^2 \text{———} CH^2 > \end{smallmatrix} CH . CO^2H$$

— Il fond à 256° en se décomposant [Königs, Wolff, *D. chem. G.*, **29**, 2187, 1896; — Königs, *ibid.*, **30**, 1326, 1897].

Dérivé nitrosé (Königs, Wolff).

Acide méthylpipéridinedicarbonique [Königs, Wolff, Skraup, Picoli, *Mon. f. Chem.*, **23**, 274, 1902]. — Ether diéthylique et son iodométhylate (Skraup, Picoli).

ACIDE PIPÉRIDINE DICARBONIQUE-2.6.

$$CH^2 \begin{smallmatrix} < CH^2 . CH(CO^2H) > \\ < CH^2 . CH(CO^2H) > \end{smallmatrix} AzH$$

— Deux dérivés : l'*acide* α s'obtient en portant à l'ébullition la diamide correspondante avec de l'eau de baryte. Cette *diamide* se forme, en même temps que la combinaison β-stéréoisomère, quand on fait agir l'ammoniaque sur le dibromo-2.6-pimélate d'éthyle; elle cristallise en tablettes avec 1 mol. d'eau [Fischer, *D. chem. G.*, **34**, 2546, 1901].

L'*acide* β se prépare d'une façon analogue au précédent. Il fond vers 281° et est soluble dans l'eau : sa *diamide* cristallise en prismes fusibles à 225° (Fischer).

L'*éther diméthylique* de l'*acide méthylpipéridine carbonique*-2.6 est un liquide incolore, bouillant à 140° sous 13 mm.; l'*iodométhylate* cristallise en prismes monocliniques fusibles à 167° [Willstätter, Lessing, *D. chem. G.*, **35**, 2072, 1892].

ACIDE PIPÉRIDINE CARBONIQUE-2-ACÉTIQUE-6.

$$AzH \begin{smallmatrix} < CH(CO^2H) \text{———} CH^2 > \\ < CH(CH^2 . CO^2H) . CH^2 > \end{smallmatrix} CH^2$$

— Cristaux prismatiques fusibles à 270° [Piccinini, *Att. Ac. Lincei*, (5), **8**, 397; *Gazz. chim. ital.*, I. **29**, 415, 1899].

Acide méthylpipéridinecarbonique-2-acétique-6. — Ether diméthylique; iodométhylate de l'éther diméthylique [Piccinini, *Gazz. chim. ital.*, II, **29**, 104, 1899].

Acide diméthyl-2.6-pipéridine dicarbonique-3.5,

$$\begin{matrix} HO^2C . CH . CH^2 . CH . CO^2H \\ | \qquad\qquad | \\ CH^3 . CH . AzH . CH . CH^3 \end{matrix}$$

— L'*éther diéthylique* se forme en même temps que le lutidine carbonate d'éthyle quand on traite le dihydrolutidinedicarbonate d'éthyle par l'acide chlorhydrique concentré.

Cristaux cubiques fusibles à 92°, très solubles dans les solvants organiques. Le *dérivé nitrosé* de cet éther fond à 54° [Knoevagel, Fuchs, *D. chem. G.*, **35**, 1789, 1902].

BASES DÉRIVÉES DE LA PIPÉRIDINE.

PIPÉRIDÉINES OU TÉTRAHYDROPYRIDINES.

Elles peuvent être envisagées comme résultant de la fixation de 2 H² sur la pyridine ou les alkylpyridines; cependant cette fixation n'a pas été réalisée directement. On les obtient d'ordinaire soit en enlevant H² aux hexahydropyridines ou pipéridines, soit par élimination de H²O aux dépens d'oxy-amines à chaines ouvertes, obtenues synthétiquement.

La première de ces méthodes peut être mise en œuvre par l'action sur les hexahydropyridines d'un oxydant; l'oxyde d'argent en présence d'iode [Ladenburg, *Ann. Chem.*, **247**, 59, 1888] ou le brome en présence d'un alcali [Hoffmann, *D. chem. G.*, **14**, 660, 1881]; l'hydrogène enlevé forme de l'eau.

La seconde méthode peut être appliquée en faisant agir sur les acétones bromées l'ammoniaque ou les amines [Lipp, *Ann. Chem.*, **289**, 99, 1895] qui donnent d'abord un alcali-acétone qui se déshydrate ensuite :

$$Br(CH^2)^4 . CO . CH^3 + 2 AzH^3$$

Butylméthylcétone bromée.

$$= AzH^4Br + AzH^2 . (CH^2)^4CO . CH^3.$$

Aminobutylcétone.

$$CH^2 \begin{smallmatrix} < CH^2 . CO(CH^3) \\ < CH^2 . CH^2 . AzH^2 \end{smallmatrix}$$

Aminobutylcétone.

$$= H^2O + CH^2 \begin{smallmatrix} < CH = C(CH^3) > \\ < CH^2 \text{——} CH^2 > \end{smallmatrix} AzH$$

Tétrahydrométhylpyridine-α.

Elle peut l'être également par élimination d'eau, effectuée sous l'action de la chaleur ou des agents de déshydratation, aux dépens des acétone-alkines, alcalis-alcools résultant de l'hydrogénation des bases cétoniques :

$$CO \begin{smallmatrix} < CH^2 . C(CH^3)^2 > \\ < CH^2 . C(CH^3)^2 > \end{smallmatrix} AzH + H^2$$

Triacetonamine.

$$= OH . CH \begin{smallmatrix} < CH^2 . C(CH^3)^2 > \\ < CH^2 . C(CH^3)^2 > \end{smallmatrix} AzH$$

Triacétone alkine.

$$OH - CH \begin{smallmatrix} < CH^2 . C(CH^3)^2 > \\ < CH^2 . C(CH^3)^2 > \end{smallmatrix} AzH$$

$$= H^2O + CH \begin{smallmatrix} < CH^2 . C(CH^3)^2 > \\ < CH . C(CH^3)^2 > \end{smallmatrix} AzH$$

Tétraméthylpipéridéine.

Les pipéridéines sont des liquides volatils, à odeur forte, assez stables. Alcalis monoammoniacaux secondaires, ils constituent des bases énergiques, produisant des sels stables. L'hydrogène naissant les change en pipéridines, par fixation de H². Oxydées, elles donnent les bases pyridiques par perte de H⁴.

PIPÉRIDÉINE,

$$CH^2 \begin{smallmatrix} < CH^2 . CH^2 > \\ < CH = CH > \end{smallmatrix} AzH$$

ou *tétrahydropyridine* ou *hexazène*. — Elle se forme par déshydratation, quand on chauffe seule, ou mieux avec la potasse, l'aldéhyde δ-aminovalérique [Wolffenstein, *D. chem. G.*, **25**, 2782, 1892].

C'est une huile fortement alcaline, absorbant le gaz carbonique de l'air, altérable à l'ébullition vers 109°. Son *chlorhydrate* est cristallisé et fond à 230°.

PIPÉCOLÉINE-α,

$$CH^2 \begin{smallmatrix} < CH^2 . CH . (CH^3) > \\ < CH \text{====} CH > \end{smallmatrix} AzH$$

ou *méthylpipéridéine*-α ou *tétrahydrométhylpipéridéine*. — Elle prend naissance dans l'action de l'ammoniaque aqueuse ou alcoolique sur la butylméthylcétone-δ-bromée $CH^2Br . (CH^2)^3 . CO . CH^3$. C'est un liquide incolore, mobile, bouillant à 132°, soluble dans l'eau chaude, brunissant à l'air. Oxydé, il donne la méthylpyridine-α. Son *chloroplatinate* est anhydre et fond à 194°. Base secondaire, elle forme avec l'acide azoteux une *nitrosamine* [Ladenburg, *D. chem. G.*, **20**, 1645, 1887].

Dérivé méthylique,

$$CH \begin{smallmatrix} < CH \text{====} CH > \\ < CH^2 . CH(CH^3) > \end{smallmatrix} Az . CH^3$$

— Liquide huileux. Le *chloraurate* fond à 212°; le *picrate* se présente en longs cristaux, difficilement solubles dans l'eau [Einhorn, *D. chem. G.*, **22**, 1362, 1889].

MÉTHYL-2-TÉTRAHYDRO-1.4.5.6-PYRIDINE.

$$AzH \left\langle \begin{matrix} C(CH^3)=CH \\ CH^2 - CH^2 \end{matrix} \right\rangle CH^2$$

ou *méthylpipéridéine-2*. — Elle se forme quand on laisse séjourner pendant 2 jours, dans l'ammoniac en solution alcoolique, de la bromo-6-hexanone-2 [Lipp, *Ann. Chem.*, **289**, 99, 1895]. C'est un liquide bouillant à 131°.

Dérivé méthylique (à l'azote). — [Ladenburg, *D. chem. G.*, **31**, 288, 1898; — Lipp]. *Iodométhylate* (Lipp).

Dérivé éthylique. — Liquide bouillant à 163° [Krügel, *Ann. Chem.*, **304**, 54, 1899].

Dérivé propylique. — Il bout à 184° [Théodor, *ibid.*, **304**, 74, 1899].

Dérivé phénylique [Lipp, *ibid.*, **289**, 239, 1895]. — *Thiocarbamate* (Lipp).

Az-méthyl-α-pipécoléine-β-alkine,

$$CH^3Az \left\langle \begin{matrix} C(CH^3)=C(CH^2OH) \\ CH^2 \text{———————} CH^2 \end{matrix} \right\rangle CH^2$$

— Elle se prépare en réduisant la az-méthyl-α-pipécoline-β-alkine [Ladenburg, *D. chem. G.*, **31**, 288, 1898; *Ann. Chem.*, **301**, 122, 1898].

Az-éthyl- et *propyl-pipécoléines alkines* (Ladenburg).

DIMÉTHYLPIPÉRIDÉINE $CH^2=CH.CH^2.CH=CH$ $Az=(CH^3)^2$. — Liquide bouillant à 137-140° [Ladenburg, *Ann. Chem.*, **247**, 59, 1888; — Merling, *D. chem. G.*, **17**, 2142, 1884; **19**, 2028, 1886; — Wedekind, *D. chem. G.*, **33**, 372, 1900]. *Iodométhylate* (Ladenburg).

ÉTHYLPIPÉRIDÉINE. — Liquide d'une odeur rappelant la conicine, bouillant à 149-151° [Ladenburg, *D. chem. G.*, **20**, 1646, 1887].

VINYLPIPÉRIDÉINE $CH^2=CH.C^5H^9AzH$. — Liquide bouillant à 146-148° [Ladenburg, *D. chem. G.*, **22**, 2587, 1889]; *dérivés méthyliques* et *éthyliques* [Ladenburg, *D. chem. G.*, **26**, 1061, 1893; **31**, 289, 1898; *Ann. Chem.*, **301**, 136, 123, 1898; — Lipp, *ibid.*, **294**, 150, 1896; — Heidrich, *D. chem. G.*, **34**, 1890, 1901].

AZ-ÉTHYL-ÉTHYLÈNE-α-β-PIPÉRIDÉINE,

$$\begin{matrix} & CH^2 - CH^2 & \\ & | \quad\quad | & \\ CH^2 \left\langle \right. & \begin{matrix} CH - CH \\ CH^2 - CH^2 \end{matrix} & \left. \right\rangle Az.C^2H^5 \end{matrix}$$

— Elle bout à 178° [Ladenburg, Krügel, *Ann. Chem.*, **304**, 61, 1899].

CONICÉINES OU ISOPROPYLPIPÉRIDÉINES. — Voy. 2e Suppl., 1371. Janvier 1907. A. Bouchonnet.

PIPÉRILE. — Voyez PIPÉRONYLOÏNE.

PIPÉRINE. — (Voy. Dict., **2**, 1031. — 1er Sup., **2**, 1288).

Propriétés physiques. — (Voir Kley, *Rec. Pays-Bas*, **22**, 367, 1903). Chauffée à 180° pendant une heure, la piperine se change en une forme colloïdale stable, possédant un pouvoir réfringent et un pouvoir dispersif très élevés [Madan, *Chem. Soc.*, **79**, 922, 1901].

Réactions colorées. — Un mélange de sulfate de cuivre finement pulvérisé et de pipérine prend une coloration verte par addition d'acide chlorhydrique. Les acides chlorhydrique et sulfurique donnent, avec la pipérine, une coloration jaune caractéristique; différentes colorations sont obtenues avec $HgCl^2$, $SbCl^3$, KCAzS, le métavanade de sodium, l'acide titanique, l'α-nitroso-β-naphtol, l'α-naphtol et le sulfate d'α-naphtylamine [C. Reichard, *Cent. Blatt.*, 1906, I, 290].

Dosage. — G. Teyxeira et B. Ferruccio [*Cent. Blatt.*, 1900, II, 736] ont dosé la pipérine dans le poivre en mélangeant intimement 10 gr. de poivre pulvérisé avec 20 gr. de chaux vive, agitant avec de l'eau distillée pour faire une bouillie, chauffant dix minutes, extrayant le résidu avec de l'éther et évaporant. En faisant digérer l'extrait alcoolique avec de la soude concentrée, on sépare la pipérine, insoluble, de la résine.

Janvier 1907. F. March.

PIPÉRIQUE (ACIDE). — (Voyez Dict., **2**, 1031; 1er Suppl., **2**, 1288).

L'acide pipérique se forme encore en faisant bouillir, pendant 6 heures, la *pipéronylacroléine* avec de l'acétate de sodium fondu et de l'anhydride acétique [Ladenburg et Scholtz, *D. chem. G.*, **27**, 2959, 1894].

Par oxydation à l'aide du permanganate de potassium en solution neutre, au-dessous de 4°, il fournit du pipéronal, de l'acide pipéronylique, les acides tartrique racémique, oxalique et carbonique [Döbner, *D. chem. G.*, **28**, 2375, 1896].

Le *chlorure*, aiguilles jaunâtres, fond à 180°; l'*éther méthylique* fond à 140° [H. Meyer, *Mon. f. Chem.*, **22**, 777, 1901].

Janvier 1907. F. March.

PIPÉROÏNE. — Voyez PIPÉRONYLOÏNE.

PIPÉRONAL [Syn. *Aldéhyde pipéronylique*. — Voyez Dict, **2**, 1033; 1er Suppl., **2**, 1288].

Formation. — Le pipéronal se forme : 1° à partir de l'aldéhyde proto-catéchique par l'action de CH^3OH, KOH et CH^2I^2 [Wegscheider, *Mon. f. Chem.*, **14**, 288, 1893]; 2° par oxydation du safrol ou de l'isosafrol au moyen de l'ozone [Otto et Verley, *Centr. Blatt.*, II, 693, 1898].

Chaleur de combustion $= 870^{Cal},6$ [Stohmann, *Phys. Chem.*, **10**, 415].

Il se résinifie à la lumière en solution dans le nitrobenzène [Ciamician et Silber, *Lincei*, (5), **14**, 375, 1905].

Bromopipéronal, $CH^2.O^2.C^6H^2Br.CHO$ [Voy. Dict. **2**, 1033]. On l'obtient encore par action du brome sur le pipéronal en solution dans CS^2 [Œlker, *D. chem. G.*, **24**, 2594, 1891]. Son *dérivé nitré* fond à 90°; le *dérivé dinitré* fond à 173°.

Nitropipéronal. — Le 6-*nitropipéronal* se transforme par la lumière en acide nitrosopipéronylique [Ciamician et Silber, *Lincei*, I, (5), **11**, 280].

Dans l'action du nitropipéronal sur l'acétone, il se produit un certain nombre de dérivés à côté du *pipéronal indigo* [Herz, *D. chem. G.*, **38**, 2853, 1905].

Une solution alcoolique de pipéronal à — 15° additionnée d'HCl et saturée de H^2S fournit le *trithiopipéronal* $(CH^2.O^2.C^6H^3.CHS)^3$ sous deux modifications : l'une α fusible à 183°, l'autre β fusible à 236° [Wörner, *D. chem. G.*, **29**, 146, 1896].

Le pipéronal se combine avec HCl et HBr à basse température [Vorländer, *Ann. Chem.*, **341**, 1, 1905]. D'après F. Moore [*Am. Chem. J.*, **28**, 1188, 1906], il fixe HCl gazeux en se liquéfiant, mais le liquide laissé à l'air abandonne de nouveau le pipéronal. Avec SO^4H^2 il donne la combinaison $2C^8H^6O^3 + 3SO^4H^2$ fusible à 70-79° [Hoogewerff et van Dorp, *Rec. des Pays-Bas*, **21**, 356]. Il a une réaction neutre d'après H. Meyer [*Mon. f. Chem.*, **24**, 832, 1903] tandis qu'Astruc et Murco [*C. R.*, **131**, 944, 1901] avaient indiqué qu'il pouvait être titré par la potasse comme un acide monobasique.

Chauffé avec 4 fois son poids d'acide chlorhydrique alcoolique, à 100° [E. Fischer et Giebe, *D. chem. G.*, **30**, 3058, 1897] ou bien traité par le chlorhydrate de l'éther formino-méthylique dans l'alcool méthylique refroidi [Claisen, *D. chem. G.*, **31**, 1016, 1898], il donne le *pipéronal-*

diméthylacétal $CH^2.O^2.C^6H^3CH(OCH^3)^2$ bouillant à 271-272° sous 757 mm. (F.), à 267-269° (Cl.): $d = 1.206$. Le *dérivé éthylique* correspondant bout à 153-154° sous 11 mm.: $d = 1.129$ (Cl.).

COMBINAISONS AVEC LES BASES. — [Voy. 1er Suppl., II, 1588]. Le *chlorhydrate de pipéronalimide* $CH^2.O^2.C^6H^3.CH = AzH.HCl$ fond à 229-230° avec décomposition [Busch et Wolff, *J. prakt., Chem.*, (2), **60**, 201].

La *pipéronalméthylimide* ou *pipéronalméthylamine* $C^9H^9O^2Az$ fond à 68° et bout à 148° sous 16 mm.: le *dérivé saturé* bout à 146° sous 12 mm [C. Andrée. *D. chem. G.*, **35**, 420, 1902]. La *pipéronaléthylimide* fond à 51°, la *pipéronyléthylamine* bout à 149° sous 20 mm. (Busch et Wolff).

Le *pipéronalaminoacétal* $CH^2.O^2.C^6H^3CH = AzCH^2CH(OC^2H^5)^2$ bout à 238°,5 sous 50 mm. [Fritsch. *Ann. Chem.*, **286**, 7, 1895]. L'*alcool pipéronal-o-aminobenzylique* fond à 78° [Paal et Landenheimer. *D. chem. G.*, **25**, 2972, 1892]. Le *pipéronal-p-aminophénol* fond à 208-209°, la *pipéronal-p-anisidine* à 121° [Rogow, *ibid.*, **31**, 875, 1898], la *pipéronal-p-phénétidine* à 105° [Goldschmidt. *ibid.*, **29**, 2328, 1896].

La *pipéronal-benzylamine* $CH^2.O^2.C^6H^3CH = AzCH^2C^6H^5$ se forme par action du nitrosite d'isosafrol sur la benzylamine; elle fond à 76° [Angeli et Rimini. *Gazz. chim. ital.*, (I), **26**, 7 et *D. chem. G.*, **29**. (R), 302, 1896].

Avec la β-naphtylamine on obtient une *combinaison* $C^{18}H^{13}O^2Az + C^2H^6O$ fusible à 115°; avec l'o-phénylènediamine. le dérivé obtenu fond à 115-116° [Scholtz et Kipke, *D. chem. G.*, **37**. 390. 1904].

Avec la r-isodiphényloxéthylamine, il donne une *combinaison* fusible à 131° [E. Erlenmeyer et Arnold. *Ann. Chem.*, **337**, 329, 1904].

L'α-picoline, en présence de $ZnCl^2$, fournit la *pipéronyl-α-picoline* $C^{14}H^{11}AzO^2$ fusible à 109°; la *pipéronylpipécoline* $C^{14}H^{19}AzO^2$ bout à 180-182° sous 100 mm. [Thiemich, *D. chem. G.*, **30**. 1578. 1897].

La p-aminoacétophénone donne avec le pipéronal : 1° en présence de potasse alcoolique, le composé $CH^2.O^2.C^6H^3CH = Az - C^6H^4CO.CH = CH.C^6H^3.O^2.CH^2$ fusible à 189°; 2° sans agent de condensation, le composé $CH^2.O^2.C^6H^3.CH = Az - C^6H^4COCH^3$ fusible à 147° [Scholtz et Huber, *D. chem. G.*, **37**. 390, 1904].

L'acide anthranilique forme une *combinaison* $CO^2H.C^6H^4Az = CHC^6H^3.O^2.CH^2$ fusible à 192-193° [Pawlewski, *D. chem. G.*, **38**, 1683, 1905].

L'*oxime* du pipéronal fond à 104°; la *semicarbazone* à 230-233° [Ott, *Mon. f. Chem.*. **26**. 335, 1904]; la *thiosemicarbazone* fond à 185° [Neuberg et Neimann, *D. chem. G.*. **35**, 2049, 1902]. L'oxime n'est pas transformée en hydrazone par la phénylhydrazine [H. Fulda, *Mon. f. Chem.*, **23**. 907, 1902]; ébullioscopie [Mameli, *Gazz. chim. ital.*. (I). **33**, 464. 1903]. Traitée par Az^2O^4 elle fournit du *pipéronyldinitrométhane* $CH^2.O^2.C^6H^3.CHAz^2O^4$ fusible à 72° [G. Ponzio, *Lincei*, (5), **15**, II, 42, 118, 1906]. L'oxime fusible à 111° se forme à partir du β-nitroisosafrol [Wallach, *Ann. Chem.*. **332**, 305, 1904].

Le pipéronal se combine encore avec la thiotolylaniline [E. v. Meyer et Heiduschka. *Gazz. chim. ital.*. (2), **33**. 60. 1903], avec l'α-méthylindol [Freund, *D. chem. G.*. **37**. 322. 1904; — Freund et Lebach. *ibid.*, **38**, 2640. 1905; — Renz et Lœw. *ibid.*, **36**. 4326. 1903]; avec la camphoryl ψ-semicarbazide et la phénylhydroxylamine [Plancher et Piccinini. *Lincei*, (5). **14**. 36. 1905].

Il donne une *méthylphénylhydrazone* fusible à 85° [Goldschmidt, *D. chem. G.*, **29**, 2328, 1896]; une *méthylisoxazolone* fusible à 220° [Schiff et Betti, *ibid.*, **30**, 1337, 1897]. La *phénylpseudothiohydantoïne* fond à 256-261° [Wheeler et Jamieson, *Am. Chem. Journ.*, **25**, 366, 1903].

La *pipéronalazine* $(CH^2O^2.C^6H^3CH = Az-)^2$ fond à 202-203° et donne avec le chlorure de picryle la *trinitrophénylhydrazone du pipéronal* en cristaux rouges fondant à 169° [E. Cinsa et C. Agostinelli, *Lincei*, (5), **15**, II, 238, 1906].

COMBINAISONS AVEC LES CÉTONES. — Le pipéronal se combine avec le camphre en donnant le *pipéronalcamphre droit* fondant à 159°; l'*isomère gauche* se forme à l'aide du bornéol sodé et fond à 159°,5. — Le *pipéronylcamphre* fond à 70° et se forme par réduction en même temps que du *pipéronylate de pipéronyle* fusible à 97° [A. Haller, *C. R.*, **128**, 1370, 1899; **130**, 688, 1900].

Il se condense également avec la menthone, la méthylnaphtylcétone, la dibenzylcétone [R. Hertzka, *Mon. f. Chem.*, **26**, 227, 1905], la thuyone et l'isothuyone (A. Haller).

La *pipéronalacétone* se condense avec la benzoïne [Garner, *Am. chem. Journ.*, **31**, 143, 1904]; avec SO^2 en solution aqueuse [Knœvenagel, *D. chem. G.*, **37**, 4038, 1904]. Elle se forme aussi en chauffant à 280° l'oxyde d'isosafrol et bout à 149-151° sous 10 mm. (l'*oxime* fond à 87-88°) [Hœring, *D. chem. G.*, **38**, 3477, 1905].

La *pipéronalacétophénone* donne un *dipicrate* fondant à 126-128°; la *dipipéronal-acétone* donne un *monopicrate* [Vorländer, *Ann. Chem.*, **341**, 1, 1905].

COMBINAISONS AVEC LES ÉTHERS. — Le pipéronal se condense avec l'acétate d'éthyle [Baude et Reychler, *Bull. Soc. Chim.*, (3), **17**, 616, 1897] avec l'éther acétylacétique [Knœvenagel et Hoffmann, *Ann. Chem.*, **303**, 223, 1898; — Scholtz et Kipke, *D. chem. G.*, **37**, 1699, 1904] avec l'éther cyanacétique en présence d'ammoniaque [Piccinini, *Centr. Bl.*, II, 713, 1903], avec l'éther bromoisobutyrique en présence de zinc [P. Muschinski, *Journ. Soc. phys. chim. russe*, **34**, 370, 1902].

CONDENSATIONS DIVERSES. — *Acide pipéronalacrylique.* — Par condensation du pipéronal avec l'acide malonique en présence d'acide acétique, on obtient l'*acide pipéronalacrylique*, $C^{10}H^8O^4$ fondant à 242°, et non l'*acide pipéronalmalonique*. dont le sel de chaux $C^{11}H^6O^6Ca + 2,5H^2O$ se forme par décomposition de la pipéronalcyanacétamide avec l'eau de chaux [Piccinini, *Centr. Blat.*, I. 880, 1904]. L'acide fond à 190-195° [Knœvenagel, *D. chem. G.*, **31**, 2585, 1898].

L'acide pipéronalacrylique (*éther méthylique* fondant à 68-69°, *éther éthylique* fondant à 67-68°) peut être transformé en *pipéronylacétylène* $CH^2O^2.C^6H^3 - C \equiv CH$ et en *acétopipérone* $CH^2O^2-C^6H^3COCH^3$, fusible à 87-88°, qui se forme aussi par oxydation (MnO^4K) de la protocotéine [Ciamician et Silber, *D. chem. G.*, **24**. 2989, 1891; — Feuerstein et Heimann, *ibid.*, **34**. 1468, 1901].

Le pipéronal réagit encore avec le diacétonitrile [Mohr, *J. prakt. Chem.*, (2), **56**, 124, 1897], avec l'acide phénylpyrotartrique [Erlenmeyer, *Ann. Chem.*, **333**, 160, 1904], avec l'éther monoéthylique de la résacétophénone [Emilewicz et v. Kostanecki. *D. chem. G.*, **31**, 696, 1898; **32**, 309, 1899], avec le thiophénol [Baumann, *ibid.*, **18**, 886, 1885], avec l'acide benzènesulfonehydroxamique [E. Rimini, *Lincei*, (5), **10**. 355, 1901; — Angelico et Farrara, *Gazz. chim. ital.*, II, **31**, 15, 1901], avec l'acéto-1-naphtol [v. Kostanecki, *D. chem. G.*, **31**, 705, 1898; *Centr. Blatt.*, II, 1000. 1898].

L'*indogénide*, (C^8H^5OAz) = $CH.C^6H^3.O^2.CH^2$, fond à 221° [Noelting, *Centr. Blatt.*, I, 34, 1903]. Avec le reste AzOH le pipéronal donne un *acide hydroxamique* $C^8H^7O^4Az$ [Angelico et Angeli, *Gazz. chim. ital.*, II, **33**, 239, 1904]. Il se combine avec le nitrométhane [Voyez PIPÉRONYLIQUES (COMPOSÉS HOMO-)], [Bouveault et Wahl, *C. R.*, **135**, 41, 1902; — *Bull. Soc. Chim.*, (3), **29**, 521, 1903]; avec le phénylnitrométhane, le nitroéthane [Knœvenagel et Walter, *D. chem. G.*, **37**, 4502, 1904]. Le *pipéronyl-β-nitropropylène* $CH^2O^2.C^6H^3CH = C(AzO^2)CH^3$, obtenu à partir de l'isosafrol, fond à 98° [Angeli, *Lincei*, (5), **8**, 398, 1899].

Avec CH^3IMg on obtient l'*alcool méthylpipéronylique* $CH^2.O^2.C^6H^3.CHOH.CH^3$ bouillant à 137-138° sous 15 mm., donnant par oxydation l'acétopipérone fusible à 87°, le *pipéronyléthylène* bouillant à 223-225° et l'*éther* [$CH^2.O^2.C^6H^3CH^3.CH]^2O$ [Klages et Eppelsheim, *D. chem. G.*, **36**, 3584, 1903; — Béhal, *Bull. Soc. Chim.*, **25**, 275, 1901; — Mameli, *Gazz. chim. ital.*, I, **34**, 358, 1904; *Lincei*, (5), **13**, I, 717, 1904]; avec C^2H^5MgI il se forme l'alcool *éthylpipéronylique* bouillant à 172-175°, se transformant par la chaleur en *isosafrol* et par oxydation en *propiopipérone* fusible à 39° (Mameli). L'*alcool propylpipéronylique* bout à 170-173° sous 20 mm. et fournit de même le *pipéronylbutylène* et la *pipéronylpropylcétone* fusible à 47° [Mameli et Alagna, *Lincei*, (5), **14**, I, 170, 1905]. Avec le bromure de diéthyl-β-bromoéthylmagnésiumoxonium on obtient une poudre fusible à 210° [Ahrens et Stapler, *D. chem. G.*, **38**, 3259, 1905].

La *dibromhydrine* $CH^2.O^2.C^6H^3Br.CHOH.CH^2Br$ fond à 160° [Mameli, Baeyer et Jowett, *Chem. Soc.*, **87**, 967, 1905]. F. March.

PIPÉRONYLIQUE (ACIDE). — (Voyez *Dict.*, **2**, 1032 et *Supp.*, 1289). Spectre d'absorption [Dobbie et Lander, *Proc. Chem. Soc.*, **19**, 7, 1903]. — Le *nitrile pipéronylique* $CH^2.O^2.C^6H^3.CAz$, formé à partir de l'oxime du pipéronal, donne avec H^2O^2 l'*amide* fusible à 169° [Rupe et Majewski, *D. chem. G.*, **33**, 3401, 1900].

Ce nitrile se forme encore par décomposition à l'aide de KCAz et SO^4Cu de la solution du diazoïque fourni par le sulfate d'aminométhylènepyrocatéchine [E. Mameli, *Lincei*, (5), **15**, II, 101, 1906].

L'*éther éthylique* se condense en présence de sodium avec l'éther triméthylique de la phloracétophénone [v. Kostanecki, Rozycki et Tambor, *D. chem. G.*, **33**, 3410, 1900].

Acide pipéronalcyanacétique. — L'*éther éthylique* fond à 190°; l'*amide* à 212-213° [Piccinini, *Centr. Blatt.*, II, 622, 1905].

Piperonylacroléine. — [Voyez *D. chem. G.*, **28**, 1187 et 1368, 1895].

La pipéronylacroléine se combine avec les o-m- et p-toluidines, l'acétylacétone, la méthyl-p-tolylcétone, la p-aminoacétophénone. La *semicarbazone* fond à 226° (Scholtz et Kipke).

Mai 1906. F. March.

PIPÉRONYLIQUE (ALCOOL). — (Voyez *Dict.* **2**, 1032). L'alcool pipéronylique se forme par action de la potasse sur le pipéronal [H. Deckere et Koch, *D. chem. G.*, **38**, 1739, 1905]. Il fond à 51-52° (A. Haller). Le *chlorure* est en aiguilles. F. March.

PIPÉRONYLIQUES (COMPOSÉS HOMO-). — M. Moureu [*C. R.*, **126**, 1426, 1898] a désigné sous le nom d'*homopipéronal* le composé

$$\begin{matrix} CH^2-O \searrow \\ \vdots \\ CH^2-O \nearrow \end{matrix} C^6H^3-CHO$$

fusible à 50-51°,5, qu'il a obtenu par l'action du bromure d'éthylène sur l'aldéhyde protocatéchique disodée (voyez ce mot). Le terme d'*homopipéronylique* a été cependant réservé, en général, à l'aldéhyde, à l'alcool et à l'acide dérivés du pipéronal et répondant aux formules :

$$CH^2 \langle {O \atop O} \rangle C^6H^3-CH^2CHO$$

$$CH^2 \langle {O \atop O} \rangle C^6H^3-CH^2-CH^2OH$$

$$CH^2 \langle {O \atop O} \rangle C^6H^3-CH^2-COOH$$

Ce sont ces composés que nous décrirons ci-dessous.

Homopipéronal.

L'homopipéronal n'a pas été décrit. Son *oxime* a été obtenue par MM. Bouveault et Wahl [*Bull. Soc. chim.*, **29**, 525, 1903] à côté d'un composé fusible à 150°, dans la réduction du pipéronylidènenitrométhane :

$$CH^2 \langle {O \atop O} \rangle C^6H^3-CH=CH-AzO^2$$

Elle fond à 120°. Traitée par l'anhydride acétique, elle fournit soit le *dérivé acétylé* correspondant fusible à 96°, soit le *nitrile de l'acide homopipéronylique* (voir ci-dessous) [P. Medinger, *Mon. f. chem.*, **27**, 237, 1906].

Alcool homopipéronylique.

Cet alcool bout à 164° sous 18 mm. (P. Médinger).

Acide homopipéronylique.

L'acide α-homopipéronylique se forme quand on traite le safrol par une solution aqueuse, chauffée à 70-80°, de permanganate de potasse et d'acide acétique. On le sépare de l'acide pipéronylique par l'eau bouillante dans laquelle il se dissout facilement. Il se produit aussi par oxydation de l'éther 3,4-dioxybenzylglycolméthylénique [Tiemann, *D. chem. G.*, **24**, 2883, 1891] ou de la *nitropipérylacétone* $CH^2O^2.C^6H^3.CH^2.CO.CH^2AzO^2$ [Angeli et Rimini, *Gazz. ital.*, **25**, II, 204].

Il fond à 127-128°. L'*éther méthylique*, huileux, bout à 278-280°, l'*éther éthylique* à 291° (Tiemann); l'*amide* fond à 172-173°; le *dérivé nitré* fond à 188°.

Le *nitrile*, formé par l'action de l'anhydride acétique sur l'oxime de l'homopipéronal, fond à 42° et bout à 159° sous 14 mm.; l'*homopipéronylamine* bout à 145° sous 17 mm. (*chlorhydrate* fusible à 197°) (P. Medinger).

Le *sel de sodium* se condense avec les trois méthoxybenzaldéhydes en présence d'anhydride acétique à 150-170° en donnant les trois *acides monométhoxy-3'. 4'-méthylènedioxytilbène β-carboniques* isomères

$$CH^3O.C^6H^4.CH = C(CO^2H)-C^6H^3.O^2.CH^2$$

[St. v. Kostanecki et J. Sulser, *D. chem. G.*, **38**, 941, 1905].

L'*acide bromohomopipéronylique* $CH^2.O^2.C^6H^2Br.CH^2.CO^2H$ se forme en chauffant la bromonitropipérylacétone avec une solution aqueuse de permanganate et fond à 190-191° (Angeli et Rimini).

L'*acide homopipéronylhydroxamique* $CH^2.O^2.C^6H^3.CH^2.COAzHOH$ fond à 166° avec décomposition (Angeli et Rimini).

Janvier 1907. F. March.

PIPÉRONYLOÏNE. — La *pipéronyloïne* ou *pipéroïne* $CH^2.O^2.C^6H^3.CHOH.CO.C^6H^3.O^2.CH^2$ résulte de l'action du cyanure de potassium sur une solution alcoolique de pipéronal. Elle fond à 120° [F.-M. Perkin. *Chem. Soc.*, **59**, **1**, 150. 1891], à 118° [Smith, *Ann. Chem.*, **289**, 324, 1895]. Par oxydation électrolytique, elle ne donne qu'un produit résineux [Herbert Drake Law. *Chem. Soc.*, **89**. 1437. 1906].

PIPÉRILE. — Par oxydation en solution alcoolique bouillante à l'aide de la liqueur de Fehling, ou bien en liqueur alcaline par oxydation à l'air, elle donne naissance au *pipérile*

$$\begin{array}{c} CH^2-O^2-C^6H^3-C=O \\ | \\ CH^2-O^2-C^6H^3-C=O \end{array}$$

prismes jaune clair fusibles à 171°,5.

Le pipérile fournit une β-*osazone* fusible à 219-220°, identique au produit de transposition de la *pipéril-α-osazone* fusible à 183-184° et résultant de l'oxydation de la pipéronal phénylhydrazone [H. Biltz et Wienands. *Ann. Chem.*, **308**, 11. 1899]. Cette β-osazone se forme encore par l'action du chlorure de benzoyle sur la *dipipéronaldiphénylhydrotétrazone* $C^{28}H^{22}Az^4O^4$ fusible à 148-149° [Minunni et Angelico. *Gazz. chim. ital.*, **29**, II, 420. 1899].

La *monoxime* du pipérile fond à 199° (*acétate* fusible à 124°); la *dioxime* fond à 244° avec décomposition (H. Biltz et Wienands). La monosemicarbazone n'a pas pu être isolée; la *disemicarbazone* fond à 250° [H. Biltz. *Ann. Chem.*, **339**, 272. 1905]. Janvier 1907. F. March.

PIPÉROVATINE. $C^{16}H^{21}AzO^2$. — Cet alcaloïde se trouve dans le piperovatum. On extrait le principe par l'éther. Aiguilles fondant avec décomposition vers 123°; insolubles dans l'eau et les acides dilués; difficilement solubles dans l'éther et l'alcool [Dunstan et Carr. *J. Chem. Soc.*, **67**. 97]. M. Delacre.

PIPÉRYLÈNE. — Voyez ALLYLÉTHYLÈNE.

PIPITZAHUIQUE (ACIDE). — Voyez PÉRÉZONE.

PIRSSONITE (Min) (Northup). — Carbonate sodico-calcique hydraté ($CO^3Na^2.CO^3Ca.2H^2O$, c'est-à-dire de la gaylussite moins $3H^2O$), trouvé à l'état de rares cristaux au lac Borax, Californie. Petits prismes incolores à l'état de pureté, très fragiles, cassure conchoïdale, éclat vitreux, très nettement pyroélectriques. Caractères semblables à ceux de la gaylussite; décrépite par la chaleur. Dureté = 3 à 3,5. Densité = 2,352.

Forme cristalline. — Prisme orthorhombique : $mm = 120°5\ 8'$; $h^1{}_2b^1{}_2$ (sur m) = 117°. Faces : $m^1g^1b^1/_2(b^1{}_2b^1{}_4g^1)(b^1/_2h^1/_4h^1)$. Les cristaux sont tantôt raccourcis, tantôt allongés suivant l'arête de la zone mm, laquelle constitue pour les faces pyramidales un axe d'hémiédrie à faces inclinées (hémimorphisme).

L. Bourgeois.

PISCIDIQUE (ACIDE). — Corps extrait par P.-C. Freer et A.-M. Clover [*Am. Journ.*, **25**. 390. 1901] de la pulpe de la racine de cornouiller de la Jamaïque. Cet acide, de formule $C^9H^{10}O^3(CO^2H)^2$, cristallise dans la méthylpropylcétone en lamelles fusibles à 185° en se décomposant, solubles dans l'eau, insolubles dans le chloroforme, le benzène et la ligroïne; oxydé par le permanganate, il se décompose en acides oxalique, formique et carbonique; fondu avec de la résorcine et du chlorure de zinc, il donne une matière fluorescente.

L'*éther éthylique acide* cristallise dans l'eau bouillante en aiguilles fusibles à 207-208°, solubles dans le carbonate de sodium; le *sel d'aniline* est en lamelles blanches fusibles à 149°, et par chauffage à 180° se transforme en *dianilide* $C^{23}H^{22}Az^2O^5$, aiguilles blanches, fusibles à 196°, solubles dans l'alcool et l'éther.

L'acide piscidique ne renferme pas de groupement méthoxylé; l'éther éthylique acide et l'anhydride acétique à 100° donnent un *dérivé diacétylé* $C^{17}H^{20}O^9$ en lamelles rhombiques, fondant vers 149-151°.

La potasse fondante détruit l'acide piscidique; le brome le transforme en *dibromure* $C^{11}H^{10}O^7Br^2$, aiguilles soyeuses solubles dans l'eau chaude, fusibles vers 234-236° en se décomposant.

1er mai 1907. A. Hébert.

PITTACALLE, en allemand PITTAKAL. — Sels alcalins de l'acide eupittonique, doués d'une couleur bleue intense. Pour préparer ce produit on traite par une solution de carbonate alcalin à 20 0/0 le mélange des éthers diméthylique de l'acide pyrogalliques et de l'acide méthylpyrogallique, mélange que l'on retire du goudron de bois. M. Delacre.

PITURI. — Voyez JAUNE INDIEN NATUREL.

PIVALIQUE (ACIDE). — Voyez l'art. VALÉRIANIQUES (ACIDES).

PLACODINE, PLACODIOLINE. — Voyez l'art. LICHENS.

PLANOFERRITE (Min.) (L. Darapsky). — Sulfate ferrique basique, $Fe^2O^3.SO^3,15H^2O$. — Petits cristaux tabulaires, probablement orthorhombiques, vert jaunâtre à brun, clivage basique parfait, décomposables par l'eau en déposant un sulfate plus basique. Trouvé avec copiapite, coquimbite, etc., à la mine Lautaro, Morro Moreno, près Antofagasta, Chili.

PLASMIQUE (ACIDE). — Voyez NUCLÉOPROTÉIDES.

PLASTÉINES. — On a donné ce nom aux précipités que donnent les solutions d'albumoses (peptones de Witte) avec des solutions de chymosine, et qui possèdent les caractères extérieurs d'une matière albuminoïde. La papaïne donne des précipités analogues appelés *coaguloses* [Okunew, *Jahresb. de Maly*, **25**, 291, 1895; — Lawrow et Salakin, *Zeit. physiol. Chem.*, **36**, 277, 1902; — Sawjalow. *Arch. de Pflüger*, **85**, 171. 1901; — Kurajeff. *Beitr. chem. Physiol. u. Pathol.*, **1**. 121. 1902; **2**, 411, 1903 et **4**, 476, 1904]. Ce précipité ne résulte pas, comme on l'avait cru d'abord, d'une retransformation des albumoses en albumine: les substances précipitées appartiendraient au groupe des peptoïdes (polypeptides) [Bayer, *ibid.*, **4**, 554, 1904].

E. Lambling.

PLATINE. — *Gisements.* — De nouveaux gisements de platine ont été découverts au Canada, en Colombie, en Nouvelle-Zélande et dans la Nouvelle-Galles du Sud [Hoffmann, *Chem. Soc.*, **56**. 109. 1889; — De Launay, *Ann. Min.*, (9), **5**, 523. 1894; *ibid.*, (9), **7**, 265, 1895]. La production annuelle du platine est évaluée à 5300 kg. environ [Katterfeld, *Centr. Bl.*, 367, 1885; — Helmhacker. *Zeit. angew. Chem.*, **4**, 301. 1891].

Propriétés physiques. — Le platine a été obtenu cristallisé en décomposant au rouge le fluorure de platine [Moissan, *C. R.*, **109**, 807, 1889] et en distillant le métal au four électrique [Moissan. *C. R.*, **134**, 136, 1902; *C. R.*, **142**, 189, 1906]. Il se forme des cristaux octaédriques par sublimation lente lorsque le métal est fortement échauffé par un courant électrique [Guntz et Basset, *Bull. Soc. Chim.*, **38**, 1306, 1905]. On a aussi signalé la structure cristalline du platine compact [Kalischer, *D. chem. G.*, **15**, 702, 1882]. Le coefficient de dilatation moyen du platine entre 0° et 1000° est 0,0000105 [Le Chatelier, *C. R.*, **108**, 1096, 1889]. La fusion d'une lame mince de platine peut être obtenue dans un four à vent brûlant du graphite [V. Meyer, *D. chem. G.*, **29**, 850, 1886]. D'après l'étude d'un couple thermoélectrique platine et platine rhodié, la température de fusion du platine serait 1780° [Holborn et Wien, *Wiedm. Ann.*, (2), **56**, 360, 1895]. Holman, Lawrence et Barr ont trouvé 1760° [*Ph. Mag.*, **42**, 37, 1896], Harker 1710° *Chem. News*, **91**, 262, 1905] et Nernst et Wartenberg 1777° [*D. phys. G.*, **4**, 2872, 1905]. Le platine subit un commencement de volatilisation appréciable dans l'air à 900° au bout de quelques heures; ce phénomène qui ne se produit pas dans le vide paraît lié à l'existence d'un oxyde volatil, instable au-dessous de 800° [Hulett et Berger *J. Am. Chem. Soc.*, **26**, 1512, 1904]. A la haute température du four électrique le platine se volatilise avec facilité [Moissan, *C. R.*, **142**, 189, 1906].

La résistance électrique spécifique est $R = 15,3(1 + \alpha t)$ entre 0° et 375°, $\alpha = 0,0022$ [Barns, *Bull. Soc. géol. E. U.*, **54**, 1889]; $R = 11,2 (1 + \alpha t)$ entre 0° et 1000°, $\alpha = 0,002$ [Le Chatelier, *Mesure des temp. élevées*, 115]; $R = 7,9 (1 + \alpha t)$ entre 0° et 1000°, $\alpha = 0,0028$ [Holborn et Wien, *Wiedm. Ann.*, (2), **47**, 107, 1892; *ibid.*, **56**, 360, 1895]; Cailletet et Bouty ont trouvé 0,0034 comme coefficient moyen d'augmentation de résistance entre — 100° et 0° [*C. R.*, **100**, 1188, 1885]; Dewar et Fleming, 0,00354 [*Ph. Mag.*, (5), **34**, 326, 1892].

Le platine au rouge est poreux pour l'hydrogène, mais le passage du gaz est assez lent [W. Randall, *Am. Chem. Journ.*, **19**, 682, 1897]. On peut attribuer cette perméabilité du platine à une dissociation physique de l'hydrogène [Winckelman, *Wiedm. Ann.*, (4), **6**, 104, 1901; *Ann. d. Physik.*, (47), **19**, 1045, 1905].

Le noir de platine absorbe 114 fois son volume d'hydrogène [Berthelot, *Ann. Chim. Phys.*, (5), **30**, 519, 1883] et 110 fois lorsqu'il est rigoureusement privé d'oxygène [Mond, Ramsay et Shields, *Phil. Trans.*, **186**, 675, 1896]. Le platine absorbe peu à peu l'hélium dans un tube de Plücker [Travers, *Proc. Roy. Soc.*, **60**, 449, 1897]. Il absorbe de 63 à 77 volumes d'oxygène à 450° [Neumann, *Mon. f. Ch.*, **13**, 40, 1892]. Le noir de platine en absorbe environ 108 volumes sous une pression de 4mm,5 [Mond, Ramsay et Shields, *Proc. Roy. Soc.*, **62**, 50, 1897; — Engler et Wöhler, *Zeit. anorg. Chem.*, **29**, 1, 1902]. L'absorption diminue aux basses pressions [De Hemptinne, *B. Ac. Belg.*, (3), **36**, 255, 1898], mais le noir de platine ne perd complètement les gaz occlus que dans le vide et au rouge [Mond, Ramsay et Shields, *Zeit. anorg. Chem.*, **10**, 178, 1895]. L. Wöhler a montré qu'il y avait formation d'oxyde platineux dans l'absorption de l'oxygène par la mousse et le noir de platine au rouge [*D. chem. G.*, **36**, 3475, 1903]. Bodländer a étudié cette absorption au voisinage de 800° [*Zeit. f. Elektr.*, **9**, 790, 1903]; elle a été constatée dans des tubes de Plüker [Goldstein, *D. chem. G.*, **37**, 4147, 1904; — A. Magnus, *Physik. Zeit.*, **6**, 12, 1905]. Cette absorption n'aurait pas lieu dans le platine pur [Lucas, *Zeit. f. Elektr.*, **11**, 182, 1905]. Le platine absorbe aussi d'autres gaz tels que l'anhydride sulfureux, l'oxyde de carbone et l'anhydride carbonique [Mond, Ramsay et Shields, *loc. cit.*; — Harbeck et Lunge, *Zeit. anorg. Chem.*, **16**, 50, 1898].

Actions catalytiques. — Le noir de platine n'enflamme pas le gaz tonnant rigoureusement desséché [French, *Chem. News*, **81**, 292, 1900]. Les solutions de platine colloïdal ont une action catalytique sur le mélange d'hydrogène et d'oxygène [Ernst, *Zeit. physik. chem.*, **37**, 448, 1901]. Les vapeurs d'alcool mélangées d'air sont oxydées avec formation d'aldéhyde par le platine légèrement chauffé [Trillat, *Bull. Soc. Chim.*, **27**, 797, 1902]. L'iodure de potassium, l'anhydride arsénieux fixent l'oxygène de l'air en présence du noir de platine par une action pseudo-catalytique [Engler et L. Wöhler, *Zeit. anorg. Chem.*, **29**, 1, 1901; — V. Mulder, *Rec. Pays-Bas*, **2**, 44, 1883]. Le platine divisé provoque la réduction par l'hydrogène des oxydes azotiques, des solutions de chlorates et de nitrates, des ferricyanures, du nitrobenzène et de l'indigo [Cooke, *Chem. News*, **58**, 103, 1888]. Le noir de platine décompose le nitrite d'ammonium et l'ammoniaque; lorsqu'il est rigoureusement exempt d'oxygène, il réduit l'acide azoteux [R. Vondracek, *Zeit. anorg. Chem.*, **39**, 24, 1904]. Les solutions colloïdales de platine, même très étendues, décomposent l'eau oxygénée. La décomposition est accélérée par des traces d'alcali, ralentie par des quantités plus grandes et arrêtée par des traces de composés toxiques [Bredig et Muller, *Zeit. f. physik. Chem.*, **31**, 258, 1899; — Bredig et Ikeda, *ibid.*, **37**, 1, 1901; — Bredig et Reinders, *ibid.*, **37**, 323, 1901]. L'acide persulfurique et l'eau oxygénée qui n'ont aucune action l'un sur l'autre, réagissent en présence d'une solution colloïdale de platine avec dégagement d'oxygène [Price et Friend, *Proc. Chem. Soc.*, **20**, 187, 1904]. Nernst a émis l'hypothèse que la rapidité des réactions dans les solutions colloïdales était due à la rapidité de la diffusion; la catalyse de l'eau oxygénée a été étudiée à ce point de vue [Senter, *Proc. Roy. Soc.*, **74**, 566, 1905; — Sand, *ibid.*, **74**, 356, 1905; — voir encore: Wöhler, *D. chem. G.*, **36**, 3475, 1903; — Loew et Azo, *Bull. coll. of Tokyo*, **7**, 1, 1906].

Dosage et séparation. — Le platine est généralement dosé à l'état métallique, soit par calcination du chloroplatinate d'ammonium, soit par dépôt électrolytique à chaud et en présence d'acide sulfurique ou d'oxalate d'ammoniaque avec de très faibles densités de courant. On a proposé pour la précipitation du platine métallique l'emploi des sels d'hydrazine [Jannasch et Stephan, *D. chem. G.*, **37**, 1980, 1904], d'hydroxylamine [Jannasch et Mayer, *D. chem. G.*, **38**, 2130, 1905], du magnésium [Nordenskjöld, *Svensk Kemisk Tidskrift*, 1905; — Faktor, *Pharm. Post.*, **38**, 175, 1905]. L'hydrosulfite de sodium ramène les sels platiniques à l'état de sels platineux et permet de séparer le platine de l'or, qui est précipité [Brunck, *Ann. Chem.*, **336**, 281, 1904].

Applications. — La porosité du platine au rouge pour l'hydrogène le fait employer dans la construction d'osmorégulateurs pour les ampoules à rayons X [Villard, *C. R.*, **126**, 1413, 1898]. Les fils de platine et de platine iridié et rhodié sont employés pour la mesure des températures élevées et le platine, sous une forme spéciale, est utilisé comme catalyseur dans certains procédés nouveaux de fabrication de l'acide sulfurique. La photographie emploie le chloroplatinite de potassium, et le platinocyanure de baryum sert à la fabrication des écrans fluorescents pour la radioscopie.

Poids atomique. — Seubert, par l'analyse des chloroplatinates de potassium et d'ammonium, a trouvé Pt = 194,96 (pour O = 16) [*Ann. Chem.*, **207**, 1, 1881; *D. chem. G.*, **21**, 2179, 1888]. Halberstadt, par l'analyse des chloroplatinates, des bromoplatinates et du bromure platinique, a trouvé le même nombre à 1/1500e près [*D. chem. G.*, **17**, 2962, 1884]. La Commission internationale a adopté la moyenne 194,8. Dittmar et J. M. Arthur, en interprétant les analyses de Seubert, ont proposé 195,5 et 196 [*Trans. Roy. Soc. Edimbourg*, **33**, 561, 1888].

Traitement de la mine de platine. — Heræus a conseillé d'opérer l'attaque de la mine de platine par l'eau régale en vase clos sous pression [*Zeit. anal. Chem.*, **31**, 319, 1892]. De nombreux procédés ont été proposés pour séparer le platine des métaux qui l'accompagnent [Willm, *D. chem. G.*, **18**, 2536, 1885]. L'emploi du chlorhydrate d'hydroxylamine a été indiqué par Mylius et Dietz [*D. chem. G.*, **31**, 3187, 1898], pour vérifier la pureté du platine commercial. Une méthode a été fondée sur l'étude des azotites doubles des métaux du platine [Joly et Leidié, *C. R.*, **112**, 1259, 1891; — Leidié, *C. R.*, **131**, 888, 1900; — Leidié et Quenessen, *Bull. Soc. Chim.*, **25**, 840, 1901; — Quenessen, *C. R.*, **141**, 258, 1905].

Préparation du noir de platine. — Pour éviter les projections et l'adhérence du platine précipité aux parois du vase, on recommande de verser la solution platinique à réduire dans la solution bouillante de formiate de soude [Corenwinder et Contamine, *Bull. Soc. Chim.*, **35**, 649, 1881].

Préparation du platine colloïdal. — On obtient des solutions colloïdales de platine pures en faisant jaillir l'arc électrique entre les électrodes de platine dans l'eau distillée maintenue froide [Bredig et Müller, *Zeit. physik. Chem.* **31**, 258, 1899].

Fluorure platineux. — Ce corps, dont la composition n'a pas été déterminée, se forme en même temps que le fluorure platinique en faisant passer du fluor sur du platine à 500° dans un tube de fluorine. Le platine lavé à l'eau froide reste recouvert d'une couche jaune verdâtre de fluorure décomposable par la chaleur [Moissan, *Ann. Chim. Phys.*, **24**, 282, 1891].

Fluorure platinique, PtF^4. — Petits octaèdres jaunes très hygroscopiques, donnant avec l'eau une solution instable, décomposés au rouge en fluor et platine cristallisé (Moissan).

Le platine est légèrement attaqué par l'acide chlorhydrique en présence de l'air ou d'un sel facilement oxydable [Berthelot, *C. R.*, **138**, 1297, 1904; — Mallet, *Am. Chem. Journ.*, **25**, 430, 1901].

Chlorure platineux, $PtCl^2$. — Ce composé se forme en même temps que le chlorure platinique, dans l'action directe du chlore sur la mousse ou sur le noir de platine chauffés vers 360° [Pigeon, *Ann. Chim. Phys.*, (7), **2**, 433, 1894]. Il donne des composés d'addition avec les sulfures alcooliques [Blomstrand, *J. prakt. Chem.*, (2), **27**, 189, 1883].

Chlorure platineux et éthylène, $PtCl^2.C^2H^4$. — (Dict., 2, 1041). Cette combinaison donne des composés d'addition avec le chlorure de platodiamine [Jörgensen, *Zeit. anorg. Chem.*, **24**, 153, 1900].

Chlorure platineux et oxyde de carbone. — (Dict., **2**, 1040). La solution chlorhydrique du composé $2PtCl^2.3CO$ possède des propriétés réductrices, et donne des sels doubles avec les chlorures solubles et les chlorhydrates des bases organiques [Mylius et Fœrster, *D. chem. G.*, **24**, 2424, 1891].

$PtCOS$. — Précipité brun, instable, obtenu dans l'action de l'hydrogène sulfuré sur la solution chlorhydrique du composé $PtCl^2.CO$ (Mylius et Fœrster).

Acide chloroplatineux. — L'acide $PtCl^4H^2$, dont on connaît les sels, les chloroplatinites n'a pu être isolé. L'évaporation de la solution obtenue en traitant le chloroplatinite de baryum par l'acide sulfurique donne un acide différent $PtCl^2,HCl.2H^2O$, dont on connaît les sels insolubles de plomb et d'argent [$PtCl^3(OH)Ag^2$ [Miolati et Pendini, *Zeit. anorg. Chem.*, **33**, 264, 1903].

Chloroplatinites. — On peut les préparer en réduisant les chloroplatinates par le chlorure cuivreux en présence de poudre de zinc [Gröger, *Zeit. angew. Chem.*, **152**, 1897], ou par l'oxalate de potassium [Vèzes, *Bull. Soc. Chim.*, **19**, 879, 1898]. On peut encore réduire le chloroplatinate de baryum par le dithionate de baryum [Pigeon, *C. R.*, **120**, 681, 1895].

Chloroplatinite de potassium, $PtCl^4K^2$. — On a proposé, pour la préparation de ce sel, l'emploi comme réducteur du sulfite acide de potassium, ou d'un hypophosphite alcalin [Carey-Lea, *Am. Journ. Soc.*, (3), **48**, 397, 1894]. Le chloroplatinite de potassium, très employé en photographie, se prépare en réduisant le chloroplatinate en suspension dans l'eau par l'oxalate de potassium (Vèzes).

Chlorure platinique, $PtCl^4$. — [On peut le préparer en chauffant l'acide chloroplatinique à 165°, dans un courant d'acide chlorhydrique sec [Pullinger, *Chem. Soc.*, **61**, 422, 1892], ou dans un courant de chlore sec à 360° [Pigeon, *Ann. Chim. Phys.*, (7), **2**, 433, 1894], et même à 275° [Rosenheim et Löwenstamm, *Zeit. anorg. Chem.*, **37**, 394, 1903]. On l'obtient encore dans l'action du chlore sur le platine en présence de chlorure sélénique (Pigeon).

Hydrates. — $PtCl^4, 8H^2O$ ou $7H^2O$ (Pigeon). — Il se forme par cristallisation dans l'eau du chlorure anhydre et des autres hydrates [Blondel, *Ann. Chim. Phys.*, (8), **6**, 81, 1905]. Aiguilles rouges.

$PtCl^4, 5H^2O$. — Cristaux rouges [Jörgensen, *J. prakt. Chem.*, (2), **16**, 345, 1877].

$PtCl^4, 4H^2O$. — Engel, *Bull. Soc. Chim.*, (2), **50**, 100, 1888].

$PtCl^4, H^2O$ (Pigeon). — La dernière molécule d'eau n'est enlevée que dans le vide en présence de potasse.

La solution aqueuse de chlorure platinique contient l'acide tétrachloroplatinique [$PtCl^4(OH)^2]H^2$ (voy. ce mot). — L'ammoniaque donne, avec elle, du chloroplatinate et une solution brune d'acide bichloroplatinique [$PtCl^2(OH)^4]H^2$ [Miolati et Pendini, *Zeit. anorg. Chem.*, **33**, 254, 1903].

Acide chloroplatinique, $PtCl^6H^2, 6H^2O$. — On l'obtient pur en attaquant la mousse de platine par le chlore en solution dans l'acide chlorhydrique [Dittmar et Mac Arthur, *Trans. Roy. Soc. Edimb.*, **33**, 2, 561, 1888]. On peut encore traiter par le chlore le chloroplatinate d'ammonium en suspension dans l'eau bouillante (Pigeon).

La conductibilité électrique des solutions aqueuses des chloroplatinates les fait ranger parmi les sels d'acides bibasiques [Walden, *Zeit. physik. Chem.*, **2**, 49, 1888].

L'abaissement du point de congélation des solutions de chloroplatinate de sodium correspond à $PtCl^6Na^2$, et non à une combinaison moléculaire $PtCl^4 + 2NaCl$ [Raoult, *C. R.*, **99**, 914, 1884].

Les solutions d'acide chloroplatinique sont réduites par le phosphore et la plupart des métaux [Barfœd, *J. prakt. Chem.*, (2), **38**, 465, 1888: — Seubert et Schmidt, *Ann. Chem.*, **267**, 218, 1892]. Avec le phosphure d'hydrogène elles donnent tantôt un hypophosphite platineux, tantôt le composé $Pt^2P^2H^2$ [Gavazzi, *Gazz. chim. ital.*, **13**, 324, 1883]. L'acide oxalique ne les précipite pas à chaud, mais seulement à la lumière [Duclaux, *C. R.*, **104**, 294, 1887].

Chloroplatinate d'argent, $PtCl^6Ag^2$. — Précipité jaunâtre, décomposé par l'eau en chlorure d'argent et acide tétrachloroplatinique [Pigeon, *Ann. Chim. Phys.*, (7), **2**, 433, 1894].

Chloroplatinate d'erbium, $PtCl^4,ErCl^3.10,5H^2O$. — Cristaux tabulaires déliquescents [Clève, *C. R.*, **91**, 381, 1880].

Chloroplatinate de gadolinium, $PtCl^4.GdCl^3$, $10H^2O$. — Prismes jaune orange [Benedicks, *Zeit. anorg. Chem.*, **22**, 393, 1900].

Chloroplatinate de potassium. — Solubilité dans l'alcool : 0gr,6 dans 1 litre d'alcool à 50° ; 0gr,1 dans 1 litre d'alcool à 90° ; 0gr,03 dans 1 litre d'alcool à 95° à la température de 20° [Peligot, *Monit. Scient.*, (4), **6**, 872, 1892].

Chloroplatinate de praséodyme, $PtCl^4.PrCl^3$, $12H^2O$. — Grands prismes jaunes [C. von Scheele, *Zeit. anorg. Chem.*, **18**, 352, 1898].

Chloroplatinatate de samarium, $PtCl^4,SmCl^3$, $10,5H^2O$. — Longs prismes orangés déliquescents [Clève, *Bull. Soc. Chim.*, (2), **43**, 162, 1885].

Chloroplatinate de thorium. $PtCl^4.ThCl^4$, $12H^2O$. — Cristaux tabulaires rouge orangé, déliquescents (Clève).

Chloroplatinate de vanadyle, $PtCl^6VO$, 10,5 H^2O. — Cristaux tabulaires clinorhombiques [Brauner, *Mon. f. Chem.*, **3**, 58, 1882].

Chloroplatinate d'ytterbium, $PtCl^4,2YbCl^3$, $22H^2O$. — Tables orthorhombiques rouge brun [A. Clève, *Zeit. anorg. Chem.*, **32**, 129, 1902].

Acide pentachloroplatinique, $[PtCl^5(OH)]H^2$, H^2O. — On l'obtient en chauffant à 100° dans le vide, en présence de potasse, l'acide chloroplatinique cristallisé [Pigeon, *Ann. Chim. Phys.*, (7), **2**, 433, 1894 ; — Pullinger, *Chem. Soc.*, **61**, 422, 1892 ; — Miolatti et Bellucci, *Zeit. anorg. Chem.*, **26**, 209, 1901 ; — Kohlrausch, *Wiedm. Ann.*, **63**, 423, 1897 ; — Wagner, *Zeit. phys. Chem.*, **28**, 66, 1899 ; — Hittorff et Salkowski, *Zeit. phys. Chem.*, **28**, 546, 1899 ; — Miolatti, *Zeit. anorg. Chem.*, **22**, 445, 1900].

Pentachloroplatinate d'argent, $PtCl^5(OH)Ag^2$. — Précipité jaune, stable en présence de l'eau bouillante (Miolati et Bellucci).

Pentachloroplatinate de baryum, $[PtCl^5(OH)]Ba,4H^2O$. — Longs prismes d'un jaune orangé (Miolati et Bellucci).

Pentachloroplatinate basique de plomb, $PtCl^5(OH)Pb.Pb(OH)^2$. — Précipité jaune (Miolati et Bellucci).

Pentachloroplatinate de thallium, $Pt(OH)Cl^5Tl^2$. — Précipité rose pâle, insoluble (Miolati et Bellucci).

Acide tétrachloroplatinique, $[PtCl^4(OH)^2]H^2$. — Son existence est démontrée par l'étude de la conductibilité des solutions d'acide chloroplatinique pures ou additionnés de soude (Pigeon, Kohlrausch, Wagner, Hittorff et Salkowski, Miolati).

Tétrachloroplatinate d'argent, $PtCl^4(OH)^2Ag^2$. — Précipité jaune chamois (Miolati).

Tétrachloroplatinate de thallium. — Précipité jaune chamois (Miolati).

Acide bichloroplatinique, $[PtCl^2(OH)^4]H^2$. — Donne un sel d'argent insoluble [Miolati et Pendini, *Zeit. anorg. Chem.*, **33**, 254, 1903].

Bichloroplatinate d'argent, $PtCl^2(OH)^4Ag^2$. — Précipité jaune brun (Miolati et Pendini).

Bichloroplatinate mercurique, $PtCl^2(OH)^4Hg$. — Précipité rouge (Miolati et Pendini).

Bichloroplatinate de plomb, $PtCl^2(OH)^4Pb$. — Précipité rougeâtre (Miolati et Pendini).

Acide monochloroplatinique. $[PtCl(OH)^5]H^2$. — Les solutions alcalino-terreuses, sous l'influence de la lumière solaire, remplacent par des oxhydryles 5 atomes de chlore seulement dans l'acide chloroplatinique [Miolati et Bellucci, *Zeit. anorg. Chem.*, **33**, 258, 1903].

Monochloroplatinate d'argent. $PtCl(OH)^5Ag^2$. — Précipité floconneux brun (Miolati et Bellucci).

Monochloroplatinate de baryum, $[PtCl(OH)^5]Ba.H^2O$. — Feuillets jaunes soyeux insolubles dans l'eau, obtenus par l'action de la lumière solaire sur un mélange d'eau de baryte et d'acide chloroplatinique (Miolati et Bellucci).

Monochloroplatinate de calcium, $[PtCl(OH)^5]Ca$, H^2O. — Feuillets jaunes soyeux.

Monochloroplatinate mercurique, $PtCl(OH)^5Hg$. — Précipité floconneux brun (Miolati et Bellucci).

Monochloroplatinate basique de plomb, $PtCl(OH)^5Pb,Pb(OH)^2$. — Précipité floconneux brun (Miolatti et Bellucci).

Monochloroplatinate de strontium, $[PtCl(OH)^5]Sr.H^2O$. — Feuillets jaunes soyeux (Miolati et Bellucci).

Monochloroplatinate de thallium, $PtCl(OH)^5Tl^2$. — Précipité floconneux brun (Miolati et Bellucci).

Bromure platineux, $PtBr^2$. — On le prépare en chauffant l'acide bromoplatinique assez longtemps à 280°. Il s'unit à l'oxyde de carbone en donnant le composé $PtBr^2CO$ [Pullinger, *Chem. Soc.*, **59**, 598, 1891 ; — Mylius et Fœrster, *D. chem. G.*, **24**, 2424, 1891].

Bromure platineux et oxyde de carbone, $PtBr^2CO$. — Aiguilles rouges hygroscopiques obtenues par combinaison directe à 180° (Mylius et Fœrster, Pullinger).

Acide bromoplatineux, $PtBr^4H^2$. — Il n'a pas été isolé. On connaît le *sel de potassium* obtenu en réduisant le bromoplatinate ; il cristallise en octaèdres rhombiques presque noirs, très solubles dans l'eau [Billmann et Anderson, *D. chem. G.*, **36**, 1565, 1903].

Bromure platinique, $PtBr^4$. — On le prépare en chauffant l'acide bromoplatinique à 180° [V. Meyer et Züblin, *D. chem. G.*, **13**, 404, 1880 ; — Halberstadt, *D. chem. G.*, **17**, 2962, 1884]. Sa solution contient l'acide tétrabromoplatinique $[PtBr^4(OH)^2]H^2$ (Miolati et Bellucci).

Acide bromoplatinique, $PtBr^6H^2,9H^2O$. — On le prépare en dissolvant la mousse de platine dans une solution d'acide bromhydrique chargée de brome (V. Meyer et Züblin, Halberstadt, Pullinger, Billmann et Anderson).

Bromoplatinate d'ammonium. — Solubilité : 100 gr. de la solution saturée à 20° en contiennent 0gr,59 (Halberstadt).

Bromoplatinate d'argent, $PtBr^6Ag^2$. — Précipité rouge brun insoluble qui se distingue du chloroplatinate par sa stabilité (Halberstadt ; Miolati et Bellucci ; Pigeon).

Bromoplatinate de potassium. — Solubilité dans l'eau : 100 gr. de la solution saturée à 15° en contiennent 2gr,02 (Halberstadt) ; à 100°, il est soluble dans 10 fois son poids d'eau [Pitkin, *Chem. News*, **41**, 118, 1880].

Bromoplatinate de praséodyme $PtBr^4PrBr^3$, $10H^2O$. — Cristaux rouges déliquescents (C. v. Scheele).

Bromoplatinate d'ytterbium $(PtBr^6H^2)^3YbBr^3$, $30H^2O$. — Tables orthorhombiques, rouge foncé, déliquescentes. Sel acide décomposant les carbonates (Astrid Clève).

Chlorobromoplatinates de potassium. — On prépare le composé $PtCl^4Br^2K^2$ en précipitant une solution d'acide chloroplatinique par le bromure de potassium. En chauffant des solutions de chloroplatinate et de bromoplatinate, on obtient les composés $PtBrCl^5K^2$, $PtBr^3Cl^3K^2$, $PtBr^4Cl^2K^2$, $PtBr^5ClK^2$ [Pitkin, *Chem. News*, **41**, 118, 1880]. En faisant bouillir une solution de chlorure platinique avec du bromure de potassium, on obtient $PtClBr^4K^2$ (Pigeon). En partant du chloroplatinite de potassium, on obtient

$PtCl^4Br^2K^2$ [Miolati. *Zeit. anorg. Chem.*, **14**, 237, 1897]. Ces corps ne sont peut-être que des mélanges de sels isomorphes [Herty, *Journ. Am. Chem. Soc.*, **18**, 130, 1896].

ACIDE TÉTRACHLOROPLATINIQUE, $[PtBr^4(OH)^2]H^2$. — La mesure de la conductibilité des solutions aqueuses de bromure platinique a montré l'existence de cet acide, dont on connaît les sels suivants [Miolati et Bellucci, *Zeit. anorg. Chem.*, **26**, 222, 1901] :

Tétrabromoplatinate d'argent $PtBr^4(OH)^2Ag^2$. — Précipité brun (Miolati et Bellucci).

Tétrabromoplatinate mercurique $PtBr^4(OH)^2Hg$. — Précipité brun (Miolati et Bellucci).

Tétrabromoplatinate basique de plomb $PtBr^4(OH)^2Pb, Pb(OH)^2$. — Précipité brun (Miolati et Bellucci).

Tétrabromoplatinate de thallium $PtBr^4(OH)^2Tl^2$. — Précipité brun (Miolati et Bellucci).

IODURE PLATINEUX ET OXYDE DE CARBONE PtI^2CO. — Cristaux rouges [Mylius et Fœrster, *D. chem. G.*, **24**, 2424, 1891].

IODURE PLATINIQUE PtI^4. — On le prépare en dissolvant la mousse de platine dans une solution d'acide iodhydrique chargée d'iode (Pullinger). Il émet des vapeurs d'iode dans le vide à la température ordinaire (Pigeon). D'après Pullinger, il serait stable à une température assez élevée.

ACIDE TÉTRAIODOPLATINIQUE $[PtI^4(OH)^2]H^2$. — On en connaît les *sels d'argent, de mercure, de plomb* et *de thallium*. Ce sont des précipités, rouge sombre pour l'argent, rouge pour le mercure, rouge brique pour le thallium. Le sel de plomb, rougeâtre, est basique [Bellucci, *Gazz. chim. ital.*, **33**, 147, 1903].

PLATINE ET OXYGÈNE. — On a pu mettre en évidence l'oxydation d'une lame de platine employée comme anode dans l'électrolyse des solutions alcalines ou acides [Marie, *C. R.*, **145**, 117, 1907].

HYDRATE PLATINEUX $PtO.2H^2O$. — On le prépare en précipitant à l'ébullition une solution de chloroplatinite de potassium par la soude [Thomsen, *J. prakt. Chem.*, **15**, 295, 1877]. Cette méthode a été critiquée [Mond, Ramsay et Shields, *Zeit. phys. Chem.*, **25**, 684, 1898]. Elle peut cependant donner un produit pur [L. Wöhler, *Zeit. anorg. Chem.*, **40**, 423, 1904].

HYDRATE PLATINIQUE OU ACIDE HEXAOXYPLATINIQUE $PtO^2.4H^2O$. — L'action des alcalis sur l'acide chloroplatinique donne les platinates que l'on traite par un acide faible. Le précipité colloïdal d'hydrate est impur [Prost, *Bull. Soc. Chim.*, (2), **46**, 156, 1886; — Rosenheim, *D. chem. G.*, **24**, 2394, 1891]. On peut l'obtenir exempt de chlore, mais contenant encore de l'alcali; il est alors commode de le séparer par centrifugation [L. Wöhler, *loc. cit.*; — Bellucci, *Zeit. anorg. Chem.*, **44**, 168, 1905].

L'hydrate platinique se dissout dans les acides en donnant des acides complexes [Blondel, *Ann. Chim. Phys.*, (8), **6**, 81, 1905]. Il se dissout dans les alcalis et par évaporation on obtient des cristaux jaunes de platinates, tels que $Pt(OH)^6K^2$. Ce sont les sels de l'acide $[Pt(OH)^6]H^2$, car ils ne perdent de l'eau qu'en se décomposant à partir de 160° et, traités par l'azotate d'argent, ils donnent un précipité stable de $Pt(OH)^6Ag^2$ que l'on peut sécher à 100°.

Hydrate $Pt^2O^3.3H^2O$. — On le prépare par l'action de la soude à l'ébullition sur une solution d'acide sesquioxyplatisulfurique (Blondel).

Platinate d'argent $Pt(OH)^6Ag^2$. — Poudre blanc jaunâtre (Bellucci).

Platinate de baryum $2PtO^2.3BaO$. — On l'obtient en chauffant vers 1100° un mélange de baryte et de chlorure de baryum avec du platine ou mieux du chlorure platinique [Rousseau, *C. R.*, **109**, 144, 1889].

Platinate de potassium $Pt(OH)^6K^2$. — Cristaux jaune d'or, isomorphes du stannate et du plombate de potassium [Bellucci; — Bellucci et Parravano, *R. C. dei Lincei*, **14**, fasc. 8, 1905].

Platinate de sodium $Pt(OH)^6Na^2$. — Cristaux jaune d'or (Bellucci). Il se forme les platinates de sodium cristallisés en chauffant à 1000° un mélange de soude, de chlorure de sodium et de platine (Rousseau), ainsi que dans l'attaque du platine par le bioxyde de sodium fondu [Leidié et Quenessen, *Bull. Soc. Chim.*, (3), **27**, 179, 1902; — Dudley, *Am. Chem. Journ.*, **28**, 59, 1902].

Platinate de thallium $Pt(OH)^6Tl^2$. — Poudre insoluble blanc jaunâtre (Bellucci).

SULFURE PLATINIQUE PtS^2. — On le prépare en précipitant à chaud par l'hydrogène sulfuré les solutions d'acide chloroplatinique et des chloroplatinates [Antony et Lucchesi, *Gazz. chim. ital.*, **26**, 211, 1896]. C'est un corps noir insoluble dans les sulfures alcalins à moins qu'il ne soit en présence de sulfures d'arsenic, d'antimoine, d'étain ou d'or [Riban, *Bull. Soc. Chim.*, (2), **28**, 241, 1877].

Sulfoplatinate d'ammonium $PtS^{15}(AzH^4)^2, 2H^2O$. — Pyramides orthorhombiques rouges, obtenues en précipitant une solution de sulfure d'ammonium saturée de soufre par l'acide chloroplatinique [Hoffmann et Höchtlen, *D. chem. G.*, **36**, 3090, 1903].

Sulfoplatinates de sodium. — $Pt^4S^6Na^2$. Poudre cristalline gris bleu obtenue en fondant un mélange de mousse de platine, de carbonate de sodium et de soufre [Schneider, *J. prakt. Chem.*, (2), **48**, 411, 1893].

$Pt^3S^6Na^4$. — Aiguilles rouge cuivre très instables à l'air, décomposées par l'eau bouillante en donnant le composé $Pt^3S^6Na^2$, poudre microcristalline brune oxydable par l'air humide (Schneider).

Sulfostannoplatinate de sodium $Pt^3SnS^6Na^4$. — Poudre cristalline obtenue comme les composés précédents en ajoutant du sulfure stannique au mélange.

SULFATES DE PLATINE. — Scheurer-Kestner avait indiqué que le platine se dissolvait légèrement dans l'acide sulfurique contenant des produits nitreux [*Bull. Soc. Chim.*, (3), **7**, 165, 190, 1892]. L'acide sulfurique pur attaque le platine à 350°; l'influence de petites quantités de produits nitreux est insignifiante; une élévation de température et la présence de sulfate de potassium facilitent l'attaque; le sulfate d'ammonium la retarde [Delépine, *C. R.*, **141**, 886, 1013, 1905]. L'attaque a lieu plus facilement en présence de l'oxygène que dans le vide; le platine impur du commerce est plus facilement attaqué que le platine pur. Dans le vide, à haute température, avec l'acide sulfurique très concentré, c'est l'anhydride sulfurique en solution dans l'acide qui fournit l'oxygène nécessaire pour l'oxydation du platine [Quenessen, *C. R.*, **142**, 1341, 1906]. Le platine est attaqué par l'acide sulfurique concentré sous l'influence du courant alternatif [Margulès, *Wiedm. Ann.*, (2), **65**, 540; **66**, 540, 1898; — Glaser, *Zeit. elektr. Chem.*, **9**, 11, 1903; — Ruer, *Zeit. elektr. Chem.*, **9**, 11, 1903; *Zeit. physik. Chem.*, **44**, 95, 1903].

Le produit gommeux obtenu par Davy en dissolvant à chaud l'hydrate platinique dans l'acide sulfurique est transformé peu à peu par l'eau en composés moins riches en acide sulfurique [Post, *Bull. Soc. Chim.*, (2), **46**, 156, 1886].

$Pt(SO^4)^2, 4H^2O$. — Précipité cristallin jaune rougeâtre soluble dans l'eau, obtenu par dissolution de platine dans l'acide sulfurique sous l'influence du courant alternatif [Margulès, Stuchlik, *D. chem. G.*, **37**, 2913, 1904].

$Pt(OH)^4SO^4H^2, H^2O$. — Aiguilles microscopiques obtenues en dissolvant à 0° l'hydrate platinique dans l'acide sulfurique étendu et précipitant ensuite par un excès d'acide sulfurique concentré en évitant l'élévation de température [Blondel, *Ann. Chim. Phys.*, (8), **6**, 81, 1905].

ACIDE SESQUIOXYPLATISULFURIQUE. $Pt^2O^3, 3SO^3, SO^4H^2 + 11,5H^2O$. — Grands prismes tricliniques solubles dans l'eau, dans lesquels l'acide sulfurique est masqué, obtenus en dissolvant l'hydrate platinique dans l'acide sulfurique et réduisant par l'acide oxalique [Blondel, *Ann. Chim. Phys.*, (8), **6**, 81, 1905].

Sel de baryum $Pt^2O^3, 3SO^3, SO^4Ba, 8H^2O$. — Gros cristaux orangés très solubles (Blondel).

Sel de potassium $Pt^2O^3, 3SO^3, SO^4K^2, 2H^2O$. — Fines aiguilles jaunes (Blondel).

Sel de sodium $Pt^2O^3.3SO^3.SO^4Na^2, 8H^2O$. — Prismes rouge orangé clinorhombiques (Blondel).

PLATOHYPOSULFITES DE SODIUM. $Pt(S^2O^3)^7Na^{12}, 19H^2O$ et $Pt(S^2O^3)^9Na^{16}, 18H^2O$. — Obtenus dans l'action de l'acide chloroplatinique sur l'hyposulfite de sodium.

$Pt(S^2O^3)^5Na^8, 10H^2O$. — Obtenu en faisant cristalliser dans l'alcool absolu le sel $Pt(S^2O^3)^4Na^6, 10H^2O$ obtenu par Schottlander en 1866 [Jochum, *Jahresb.*, **395**, 1885].

SÉLÉNIURE PLATINEUX. PtSe. — Masse fondue brillante, gris foncé, obtenue en chauffant à 1000° un mélange de platine et de sélénium sous une couche de borax [Rössler, *Zeit. anorg. Chem.*, **9**, 31, 1895].

Sélénostannoplatinate de potassium, $Pt^3SnSe^6K^2$. — Poudre cristalline gris bleu obtenue en chauffant un mélange de mousse de platine, de sélénium, de séléniure stannique et de carbonate de potassium [Schneider, *J. prakt. Chem.*, (2), **44**, 507, 1891].

Sélénostannoplatinate de sodium $Pt^3SnSe^6Na^2$. — Poudre cristalline gris bleu (Schneider).

TELLURURE PLATINEUX. PtTe. — Il a été obtenu en fondant au chalumeau le tellurure platinique, qui perd du tellure [Rössler, *Zeit. anorg. Chem.*, **15**, 405, 1897].

TELLURURE PLATINIQUE. $PtTe^2$. — Poudre cristalline grise obtenue en chauffant légèrement le mélange des composants. Un traitement à la soude à chaud ou à l'acide azotique à froid élimine l'excès de tellure (Rössler).

ACIDE PLATONITREUX. — *Platonitrites* [Lang, Nilson, Tapsoë, voyez 1er Suppl., **2**, 1291].

Platonitrite de potassium $Pt(AzO^2)^4K^2$. — Il donne avec le peroxyde d'azote liquide un composé vert $Pt(AzO^2)^6K^2$ [Miolati, *Atti Ac. Lincei*, (5), **5**, II, 335, 1896].

Triplatohexanitrite acide de potassium $Pt^3O(AzO^2)^6K^2H^4, 3H^2O$. — Fines aiguilles rouges obtenues en traitant le platonitrite de potassium par l'acide sulfurique [Vèzes, *Ann. Chim. Phys.*, (6), **29**, 145, 1893].

Platochloronitrites de potassium $Pt(AzO^2)^3ClK^2, 2H^2O$ et $Pt(AzO^2)^2Cl^2K^2$. — Obtenus respectivement dans l'action de l'acide chlorhydrique et du chloroplatinite de potassium sur le platonitrite (Vèzes).

Platobromonitrites de potassium $Pt(AzO^2)^3BrK^2, 2H^2O$ et $Pt(AzO^2)^2Br^2K^2, H^2O$. — Cristaux jaunes (Vèzes).

Platichloronitrites de potassium, $Pt(AzO^2)^4Cl^2K^2$, $Pt(AzO^2)^3Cl^3K^2$, $Pt(AzO^2)Cl^5K^2, H^2O$. — Composés cristallisés obtenus respectivement dans l'action du chlore, de l'acide chlorhydrique étendu et du gaz chlorhydrique sur le platonitrite de potassium (Vèzes).

Platibromonitrites de potassium, $Pt(AzO^2)^4Br^2K^2$, $Pt(AzO^2)^3Br^3K^2$, $Pt(AzO^2)^2Br^4K^2$. — Obtenus dans l'action du brome sur le platonitrite de potassium (Vèzes).

Platiiodinitrites de potassium, $Pt(AzO^2)^2I^4K^2$ et $Pt(AzO^2)I^5K^2$. — Obtenus dans l'action de l'iode sur le platoiodonitrite de potassium (Vèzes).

PHOSPHURES DE PLATINE. — PtP^2. — Masse grise, fusible, cristallisée en cubes, obtenue en chauffant du platine divisé dans la vapeur de phosphore au-dessous du rouge [Granger, *C. R.*, **123**, 1284, 1896].

Pt^3P^5. — Composé cassant, blanc d'argent, obtenu dans l'action du phosphore sur le platine compact. Soluble dans l'eau régale (Granger).

PtP. — D'après Clarke et Joslin [*Am. Chem. Journ.*, **5**, 231, 1883] le composé précédent laisserait un résidu de formule PtP dans l'attaque par l'eau régale.

Pt^2P. — Composé soluble dans l'eau régale obtenu en chauffant les composés précédents qui perdent du phosphore.

PtP^2H^2. — Précipité jaune, inflammable, obtenu en faisant passer un courant d'hydrogène phosphoré dans une solution d'acide chloroplatinique [Gavazzi, *Gazz. chim. ital.*, **13**, 324, 1883].

$Pt(PO^2H^2)^2$. — Précipité jaune obtenu par l'action de l'hydrogène phosphoré sur une solution alcoolique froide d'acide chloroplatinique [Engel, *C. R.*, **91**, 1068, 1880].

P^2O^7Pt. — Poudre amorphe jaune verdâtre obtenue en sublimant de l'anhydride phosphorique sur de la mousse de platine dans un courant d'oxygène [Barnett, *J. Chem. Soc.*, **67**, 513, 1895],

Chlorure phosphoplatineux, $PtCl^2, PCl^3$. — Obtenu en chauffant en tubes scellés un mélange de trichlorure de phosphore et de chlorure platineux [Rosenheim et Löwenstamm, *Zeit. f. anorg. Chem.*, **37**, 394, 1903].

ARSÉNIURE DE PLATINE, $PtAs^2$. — L'arséniure de platine naturel ou sperrylite a été reproduit en cristaux dérivés du système cubique [Rössler, *Zeit. f. anorg. Chem.*, **9**, 31, 1895].

Hydroxyarséniure de platine, PtAsOH. — Précipité noir obtenu par l'action de l'hydrogène arsénié sur une solution d'acide chloroplatinique [Tivoli, *Gazz. chim. ital.*, **14**, 487, 1884].

On a signalé les composés $4As^2O^3, 6PtO, 5(AzH^4)^2O, 7H^2O$; $As^2O^3, 2PtCl^2, K^2O, 2H^2O$ [Gibbs, *Am. Chem. Journ.*, **8**, 289, 1886]; $PtO^2.As^2O^3$ [Reichard, *D. chem. G.*, **27**, 1019, 1894]; $(AsO^3)^4Pt^3$ [Stavenhagen, *J. prakt. Chem.*, (2), **51**, 1, 1895].

ANTIMONIURE DE PLATINE, $PtSb^2$. — Cubo-octaèdres obtenus en fondant du platine avec un grand excès d'antimoine (Rössler).

COMBINAISONS SULFOCARBONIQUES. — Pt^2CS^3. — Masse noire insoluble dans les acides, obtenue en faisant passer au rouge naissant des vapeurs de sulfure de carbone sur la mousse de platine [Schützenberger, *C. R.*, **111**, 391 1890].

$Pt(AzH^3)^2CS^3, H^2O$. — Prismes rouges insolubles, obtenus dans l'action du sulfure de carbone sur une solution ammoniacale de chloroplatinite. On obtient en même temps le composé $Pt^2(AzH^3)^4Cl^2CS^3$ [Hoffmann, *Zeit. f. anorg. Chem.*, **14**, 279, 1897].

PLATOCYANURES. — On les obtient facilement par dissolution du platine dans les cyanures sous l'action du courant alternatif [Berthelot, *C. R.*, **138**, 1130, 1904; — Brochet et Petit, *Bull. Soc. Chim.*, (3), **31**, 659, 1904; *Ann. Chim. Phys.*, (8), **3**, 460, 1904].

Platocyanure de baryum, $Pt(CAz)^4Ba, 4H^2O$. — On peut obtenir ce composé en traitant un mélange de baryte et d'acide chloroplatinique simultanément par l'acide cyanhydrique et l'acide sulfureux [Bergsoë, *Zeit. f. anorg. Chem.*, **19**,

318, 1899]. On le prépare aujourd'hui facilement en dissolvant le platine dans le cyanure de baryum sous l'action du courant alternatif. Ce sel cristallise en prismes monocliniques jaunes à reflets bleu violacé. Les cristaux obtenus par électrolyse sont dichroïques et peu fluorescents. Ils deviennent fluorescents par une nouvelle cristallisation (Brochet et Petit). Le platocyanure de baryum est très employé dans la fabrication des écrans fluorescents pour la radioscopie.

Platocyanure de gadolinium $[Pt(CAz)^4]^3Gd^2$, $18H^2O$. — Cristaux orthorhombiques, rouges par transparence, verts par réflexion [Benedickts, *Zeit. anorg. Chem.*, **22**, 393, 1900].

ACIDE PLATOXALIQUE, $Pt(C^2O^4)^2, 2H^2O$. — Lorsqu'on dissout le platinate de sodium dans une solution chaude d'acide oxalique, il se dégage de l'acide carbonique; la solution refroidie laisse déposer des aiguilles d'un rouge de cuivre dans lesquelles le platine et l'acide oxalique sont masqués, et dont la composition répond à la formule $Pt(C^2O^4)^2Na^2, 4H^2O$ [Söderbaum, *Bull. Soc. Chim.*, (2), **45**, 188, 1886]. A partir du platoxalate de sodium on peut préparer l'acide platoxalique et les platoxalates des autres métaux. L'acide s'obtient en décomposant le sel d'argent par la quantité exactement théorique d'acide chlorhydrique. La solution de l'acide, évaporée dans le vide, laisse une masse cristalline rouge que l'on peut sécher à 100°. Les platoxalates acides sont des sels de couleur foncée, mais ils se transforment en cristaux d'un jaune clair lorsqu'on les fait recristalliser dans une solution légèrement alcaline. Les platoxalates clairs se transforment de nouveau en platoxalates de couleur foncée sous l'action de petites quantités d'un halogène [Werner, *Zeit. f. anorg. Chem.*, **12**, 46, 1896; **21**, 377, 1899], ainsi que sous l'action de l'eau acidulée ou d'une addition d'acide platoxalique [Blondel, *Ann. Chim. Phys.*, (8), **6**, 81, 1905].

Platoxalate d'ammonium, $Pt(C^2O^4)^2(AzH^4)^2$, $2H^2O$. — Variété claire : prismes jaunes; variété foncée : aiguilles rouges (Söderbaum).

Platoxalate d'argent, $Pt(C^2O^4)^2Ag^2, 2H^2O$. — Poudre cristalline jaunâtre (Söderbaum).

Platoxalate de baryum, $Pt(C^2O^4)^2Ba, 2H^2O$. — Variété claire : cristaux microscopiques orangés; variété foncée : précipité vert brunâtre (Söderbaum).

Platoxalates de cadmium, $Pt(C^2O^4)^2Cd, 4H^2O$, aiguilles orangées; $Pt(C^2O^4)^2Cd, 5H^2O$ et $4,5H^2O$, aiguilles vertes (Söderbaum).

Platoxalates de calcium, $Pt(C^2O^4)^2Ca, 8H^2O$, prismes jaune orangé (Werner) ou aiguilles jaunes (Söderbaum). $Pt(C^2O^4)^2Ca, 4H^2O$, feuillets rouges (Werner, Söderbaum). $Pt(C^2O^4)^2Ca$, $6,5H^2O$; variété foncée, aiguilles de couleur vert foncé (Söderbaum).

Platoxalate de cérium, $[Pt(C^2O^4)^2]^3Ce^2, 16H^2O$. — Prismes jaune foncé [Nilson, *J. f. prakt. Chem.*, (2), **21**, 172, 1880].

Platoxalate de cobalt, $Pt(C^2O^4)^2Co, 8H^2O$. — Aiguilles cuivrées (Söderbaum).

Platoxalate de cuivre, $Pt(C^2O^4)^2Cu, 6H^2O$. — Cristaux microscopiques d'un beau gris (Söderbaum).

Platoxalate ferreux, $Pt(C^2O^4)^2, 6H^2O$. — Aiguilles cuivrées (Söderbaum).

Platoxalate de lanthane $[Pt(C^2O^4)^2]^3La^2$, $20H^2O$. — Aiguilles jaunes (Nilson).

Platoxalate de manganèse, $Pt(C^2O^4)^2Mn$, $7H^2O$. — Aiguilles cuivrées (Söderbaum).

Platoxalates mercureux. — $Pt(C^2O^4)^2Hg^2$, $2H^2O$, précipité amorphe jaune clair; $Pt(C^2O^4)^2Hg^2$, $1,5H^2O$; poudre jaune (Söderbaum).

Platoxalate de nickel, $Pt(C^2O^4)^2Ni, 7H^2O$. — Aiguilles d'un vert brunâtre (Söderbaum).

Platoxalates de plomb, $Pt(C^2O^4)^2Pb, 3H^2O$, précipité cristallin rouge: $Pt(C^2O^4)^2Pb, 3H^2O$, précipité brun amorphe (Söderbaum).

Platoxalates de potassium, $Pt(C^2O^4)^2K^2, 2H^2O$. — Cristaux jaunes ou aiguilles d'un rouge cuivre (Söderbaum). On obtient ce sel plus facilement par l'action de l'oxalate de potassium en excès à chaud sur le chloroplatinite ou le chloroplatinate [Vèzes, *Bull. Soc. Chim.*, (3), **19**, 875, 1898].

$[Pt(C^2O^4)^2]^3K^5H, 6H^2O$. — Aiguilles d'un rouge cuivre (Söderbaum).

$[Pt(C^2O^4)^2]^3K^5H, 12H^2O$. — Aiguilles d'un rouge bronzé (Werner).

$3[Pt(C^2O^4)^2K^2], Pt(C^2O^4)^2H^2$. — Cristaux aciculaires violets (Blondel).

Platoxalates de sodium, $Pt(C^2O^4)^2Na^2, 4H^2O$. — Aiguilles rouge cuivre ou prismes jaune d'or (Söderbaum).

$Pt^5(C^2O^4)^{10}Na^8, 20H^2O$. — Cristaux prismatiques d'un rouge bronzé (Werner).

Platoxalate double de lanthane et de sodium, $[Pt(C^2O^4)^2]^2LaNa, 12H^2O$. — Aiguilles brunâtres (Nilson).

Platoxalates de strontium, $Pt(C^2O^4)^2Sr, 3H^2O$. — Cristaux jaune orangé (Söderbaum): $Pt(C^2O^4)^2$ $Sr, 3,5H^2O$, prismes bruns; $Pt(C^2O^4)^2Sr, 6,5H^2O$, aiguilles gris violacé.

Platoxalates de thorium, $Pt(C^2O^4)^2Th, 6H^2O$, — Poudre cristalline orangée; $[Pt(C^2O^4)^2]^2Th$, $18H^2O$, précipité cristallin brun foncé (Söderbaum).

Platoxalate d'yttrium $[Pt(C^2O^4)^2]^2YH, 12H^2O$. — Aiguilles cuivrées (Söderbaum).

Platoxalate double d'yttrium et de potassium, $Pt(C^2O^4)^2]^2YK, 12H^2O$. — Cristaux microscopiques d'un brun noirâtre (Söderbaum).

Platoxalate double d'yttrium et de sodium, $[Pt(C^2O^4)^2]^2YNa, 12H^2O$. — Aiguilles rouge cuivre (Söderbaum).

Platoxalate de zinc, $Pt(C^2O^4)^2Zn, 7H^2O$. — Aiguilles cuivrées (Söderbaum).

ACIDE PLATIOXALIQUE, $PtO(C^2O^4)^2, 5H^2O$. — Cet acide se forme dans l'oxydation de l'acide platoxalique par l'eau oxygénée étendue. Il détone avec violence sous l'action de la chaleur (Blondel).

Platioxalate d'argent, $PtO(C^2O^4)^2Ag^2, 2H^2O$. — Précipité insoluble.

Platioxalate de potassium. — Grosses tables rhombiques jaunes, solubles dans l'eau, altérables à la lumière, obtenues en saturant l'acide par la potasse (Blondel).

Platichlorooxalate de calcium, $PtCl^2(C^2O^4)^2Ca$, $6H^2O$. — Petits cristaux jaune foncé (Werner).

ACIDE PLATOXALONITREUX, $PtC^2O^4(AzO^2)^2$. — Cet acide n'a été obtenu qu'en solution. Les platoxalonitrites se préparent par l'action de l'acide oxalique sur les platonitrites, ou de l'azotite de potassium sur les platoxalates. Le chlore et le brome, les acides chlorhydrique et bromhydrique les transforment en chloro et bromoplatinates [Vèzes et Goguel, *Bull. Soc. Chim.*, (3), **21**, 481, 1889; — Vèzes, *ibid.*, (3), **25**, 157, 1901; **27**, 931, 1902; **29**, 83, 1903].

Platoxalonitrite d'argent et de potassium, $PtC^2O^4(AzO^2)^2AgK, H^2O$. — Fines aiguilles très peu solubles dans l'eau (Vèzes).

Platoxalonitrite de baryum, $PtC^2O^4(AzO^2)^2$ $Ba, 5H^2O$. Cristaux jaune d'or (Vèzes).

Platoxalonitrite de baryum et de potassium, $Pt^2(C^2O^4)^2(AzO^2)^4BaK^2, 4H^2O$. — Petits prismes jaune brun.

Platoxalonitrite de potassium. — Prismes monocliniques jaune citron, perdant une molécule d'eau à 110° et se décomposant à 240° [Vèzes et Goguel).

Platoxalonitrite de sodium $[Pt(AzO^2)]^2 C^2O^4Na^2, H^2O$. — Cristaux tricliniques jaunes (Vèzes).

Siliciures de platine. — Les composés Pt^2Si et Pt^3Si^2 ont été préparés en chauffant du platine au milieu de noir de fumée dans un creuset de terre, par un phénomène de diffusion du silicium [Colson, *C. R.*, **94**, 26, 1882; — Schützenberger et Colson, *C. R.*, **94**, 1710, 1882].

PtSi. — Le composé Pt^2Si ne constitue pas la limite supérieure de la combinaison directe des éléments : on obtient, en chauffant du platine avec un excès de silicium dans un four électrique à résistance, le composé PtSi, inattaquable par les acides fluorhydrique, chlorhydrique et azotique et par les solutions alcalines faibles, attaquable par l'eau régale ; il cristallise facilement dans l'argent [Lebeau et Novitzki, *C. R.*, **145**, 241, 1907].

Alliage de platine et d'aluminium, Pt^3Al^{10}. — Cristaux durs, de couleur bronzée, résidu de l'attaque par l'acide chlorhydrique d'un alliage contenant 1 partie de platine pour 6 d'aluminium [O. Brunck, *D. chem. G.*, **34**, 2733, 1901]. On a aussi étudié des alliages jaunes contenant de 30 à 50 0/0 de platine [Margot, *Arch. Sc. ph. nat. Genève*, (4), **1**, 34, 1896; — Campbell et Mathews, *J. Am. Chem. Soc.*, **24**, 256, 1902].

Platine et argent. — Thompson et Miller ont étudié ces alliages et décrit une méthode d'analyse [*Journ. Am. Chem. Soc.*, **23**, 1115, 1906].

Platine et bismuth. — En dissolvant du platine divisé dans un excès de bismuth, on obtient des cristaux quadratiques feuilletés dont la composition est voisine de $PtBi^2$ [Rössler, *Zeit. f. anorg. Chem.*, **9**, 31, 1895].

Platine et cadmium, $PtCd^2$. — Alliage cristallin blanc, très cassant, obtenu en chauffant du platine à côté de cadmium dans un courant d'hydrogène [Hodgkinson, Waring et Desborough, *Chem. News*, **80**, 185, 1899].

Platine et cuivre. — Le platine s'allie au cuivre, et il suffit de 1/20 de platine pour donner au cuivre une couleur rosée et une cassure à grains fins. En traitant par l'acide nitrique un alliage de cuivre et de platine, il reste un résidu noirâtre explosif contenant du cuivre, de l'oxygène et de l'azote [Debray, *C. R.*, **104**, 1470, 1887].

Platine et étain, Pt^2Sn^3. — Extrait d'un alliage par traitement à l'acide chlorhydrique [Schützenberger, *C. R.*, **98**, 985, 1894].

Pt^4Sn^3. — Lamelles brillantes obtenues en attaquant le platine par un mélange fondu de carbonate de soude et de bioxyde d'étain [Lévy et Bourgeois, *C. R.*, **94**, 1365, 1882].

Amalgame de platine. — La mousse de platine se dissout dans le mercure légèrement chauffé ; le platine compact s'amalgame plus difficilement. Il faut nettoyer le platine à l'acide azotique bouillant, puis le chauffer au rouge blanc [Krouchkoll, *J. de Phys.*, (3), **3**, 139, 1884]. La combinaison se fait aussi sous l'acide sulfurique ou chlorhydrique dilué, en présence de zinc [Casanova, *Am. Chem. J.*, **6**, 540, 1884]. L'amalgame de platine possède la propriété de s'émulsionner dans l'eau et dans certains liquides organiques en donnant une masse butyreuse analogue à l'amalgame d'ammonium [Moissan, *C. R.*, **144**, 593, 1907 ; Lebeau, *ibid.*, 843, 1907].

Platine et potassium. — Le platine se combine à chaud au potassium ; on obtient une masse cassante décomposée par l'eau ; une élévation de température la transforme en une poudre jaune qui dégage de l'oxygène lorsqu'on continue à chauffer [V. Meyer, *D. chem. G.*, **13**, 392, 1880].

Platine et magnésium, $PtMg^2$. — Alliage cristallisé obtenu comme celui de cadmium [Hodgkinson, Waring et Desborough].

Platine et sodium. — A haute température, le platine forme un alliage avec le sodium (V. Meyer). Le composé PtNa a été obtenu par compression de l'alliage [Spring, *D. chem. G.*, **15**, 595, 1882]. Il se forme des alliages de platine et de sodium dans la pulvérisation cathodique [Haber, *Zeit. electr. Chem.*, **8**, 245, 1902 ; — Sack, *Zeit. anorg. Chem.*, **34**, 286, 1903].

Platine et plomb. — On peut préparer un alliage contenant 78 0/0 de platine et 22 0/0 de plomb, très dur, très cassant, fondant vers 1000° [Deville et Debray, **90**, 1195, 1880]. L'abaissement du point de solidification du plomb ayant dissous du platine a été étudié par Heycock et Neville [*J. Chem. Soc.*, **61**, 904, 1892].

Platine et zinc, PtZn. — Alliage cassant, cristallin, obtenu comme ceux de magnésium et de cadmium (Hodgkinson, Waring et Desborough).

Acide platimolybdique. — Il s'obtient en cristaux verdâtres en traitant le sel d'argent par l'acide chlorhydrique.

Platimolybdates. — Les platimolybdates alcalins s'obtiennent en dissolvant l'hydrate platinique, préparé par la méthode de Frémy, dans les molybdates acides [W. Gibbs, *D. chem. G.*, **10**, 1384, 1877 ; *Am. Chem. Journ.*, **8**, 229, 1886 ; **17**, 73, 1895].

Platimolybdate de potassium. — Petits cristaux jaunes solubles dans l'eau chaude sans décomposition.

Platimolybdates d'ammonium, $8MoO^3, 2PtO^2, 3(AzH^4)^2O, 12H^2O$. — Cristaux jaune citron.

$4MoO^3, 2PtO^2, 2(AzH^4)^2O, 19H^2O$. — Masse rouge brun foncé.

Acide platitungstique. — Cristaux verdâtres obtenus en décomposant le sel d'argent par l'acide chlorhydrique.

Platitungstates. — Ils s'obtiennent comme les platimolybdates (W. Gibbs).

Platitungstate de potassium, $10TuO^3, PtO^2, 4K^2O, 9H^2O$. — Cristaux jaunes.

Platitungstate d'ammonium, $10TuO^3, PtO^2, 4(AzH^4)^2O, 12H^2O$. — Cristaux jaunes.

Platitungstates de sodium, $10TuO^3, PtO^2, 4Na^2O, 25H^2O$; $10TuO^3, PtO^2, 6Na^2O, 28H^2O$; $20TuO^3, PtO^2, 9Na^2O, 58H^2O$; $30TuO^3, PtO^2, 12Na^2O, 72H^2O$; $30TuO^3, 2PtO^2, 15Na^2O, 89H^2O$.

COMPOSÉS AMMONIÉS DU PLATINE.

Depuis les travaux de Clève et de Blomstrand (Dict., 4, 1052), de nouveaux composés ammoniés du platine ont été découverts, les uns plus riches en ammoniac, et dont le type est $Pt(AzH^3)^6Cl^4$ (Drechsel, Gerdes), les autres moins riches, correspondant à $Pt(AzH^3)Cl^2$ et $Pt(AzH^3)Cl^4$ (Cossa). D'autre part, les derniers travaux de Blomstrand et surtout de Jörgensen ont montré qu'il ne pouvait y avoir de groupements ammoniums substitués aux atomes d'hydrogène de AzH^3 dans les molécules des composés ammoniés du platine. Jörgensen a en effet préparé des composés dans lesquels l'ammoniac est remplacé par la pyridine, amine tertiaire dans laquelle on ne peut faire de substitution à l'azote.

Le tableau des composés ammoniés du platine qui ne contiennent qu'un seul atome du métal doit être modifié de la façon suivante (voyez Dict., 4, 1052).

I. *Série des platosamines* (Pt bivalent) :

1. $$\mathrm{Pt}\left\langle\begin{matrix}\mathrm{AzH^3-X}\\ \mathrm{X}\end{matrix}\right.$$

Sels de platosemiamine.

2. $$\mathrm{Pt}\left\langle\begin{matrix}\mathrm{AzH^3-X}\\ \mathrm{AzH^3-X}\end{matrix}\right.$$

Sels de platosamine.

3. $$\mathrm{Pt}\left\langle\begin{matrix}\mathrm{AzH^3-AzH^3-X}\\ \mathrm{X}\end{matrix}\right.$$

Sels de platosemidiamine (isomères des précédents).

4. $$\mathrm{Pt}\left\langle\begin{matrix}\mathrm{AzH^3-AzH^3-X}\\ \mathrm{AzH^3-X}\end{matrix}\right.$$

Sels de platomonodiamine.

5. $$\mathrm{Pt}\left\langle\begin{matrix}\mathrm{AzH^3-AzH^3-X}\\ \mathrm{AzH^3-AzH^3-X}\end{matrix}\right.$$

Sels de platodiamine.

II. *Série des platinamines* (Pt tétravalent) :

6. $$\left.\begin{matrix}\mathrm{X}\\ \mathrm{X}\end{matrix}\right\rangle\mathrm{Pt}\left\langle\begin{matrix}\mathrm{AzH^3-X}\\ \mathrm{X}\end{matrix}\right.$$

Sels de platisemiamine.

7. $$\left.\begin{matrix}\mathrm{X}\\ \mathrm{X}\end{matrix}\right\rangle\mathrm{Pt}\left\langle\begin{matrix}\mathrm{AzH^3-X}\\ \mathrm{AzH^3-X}\end{matrix}\right.$$

Sels de platiamine.

8. $$\left.\begin{matrix}\mathrm{X}\\ \mathrm{X}\end{matrix}\right\rangle\mathrm{Pt}\left\langle\begin{matrix}\mathrm{AzH^3-AzH^3-X}\\ \mathrm{X}\end{matrix}\right.$$

Sels de platisemidiamine (isomères des précédents).

9. $$\left.\begin{matrix}\mathrm{X}\\ \mathrm{X}\end{matrix}\right\rangle\mathrm{Pt}\left\langle\begin{matrix}\mathrm{AzH^3-AzH^3-X}\\ \mathrm{AzH^3-X}\end{matrix}\right.$$

Sels de platimonodiamine.

10. $$\left.\begin{matrix}\mathrm{X}\\ \mathrm{X}\end{matrix}\right\rangle\mathrm{Pt}\left\langle\begin{matrix}\mathrm{AzH^3-AzH^3-X}\\ \mathrm{AzH^3-AzH^3-X}\end{matrix}\right.$$

Sels de platidiamine.

11. $$\left.\begin{matrix}\mathrm{X}\\ \mathrm{X}\end{matrix}\right\rangle\mathrm{Pt}\left\langle\begin{matrix}\mathrm{AzH^3-AzH^3-AzH^3-X}\\ \mathrm{AzH^3-AzH^3-AzH^3-X}\end{matrix}\right.$$

Sels de platitriamine.

Les sels isomères de platosamine et de platosemidiamine auquel on avait d'abord attribué respectivement les formules 2 et 3, correspondraient d'après les travaux de Jörgensen, les premiers à la formule 3, les seconds à la formule 2. De même les sels isomères de platiamine et de platisemidiamine correspondraient respectivement aux formules 8 et 7. Jörgensen a proposé pour ces corps les noms de :

Sels de s-platosamine (s signifie symétrique), formule 2.

Sels de a-platosamine (a signifie asymétrique), formule 3.

Sels de s-platinamine, formule 7.

Sels de a-platinamine, formule 8.

Les formules de structure précédentes ne rendent pas compte de toutes les propriétés des corps qu'elles représentent. Par exemple, dans les combinaisons doubles du chlorure de platosemiamine avec les chlorures alcalins, $\mathrm{Pt(AzH^3)Cl^3M}$, le chlore n'est pas précipité par l'azotate d'argent : il faudrait donc le considérer comme lié directement à l'atome de platine. Les deux atomes de chlore du chlorure d'a-platosamine

$$\mathrm{Pt}\left\langle\begin{matrix}\mathrm{AzH^3-AzH^3Cl}\\ \mathrm{Cl}\end{matrix}\right.$$

ne devraient pas jouer le même rôle ; ils sont pourtant également remplaçables.

Werner a proposé d'admettre que tout atome ou radical, dissimulé aux réactifs habituels, doit être considéré comme formant avec le métal auquel il est directement lié un nouveau radical complexe. Il a étendu cette hypothèse aux groupements $\mathrm{AzH^3}$ et admis l'existence de deux radicaux $\mathrm{[Pt(AzH^3)^4]''}$ bivalent et $\mathrm{[Pt(AzH^3)^6]''''}$ tétravalent. Les molécules d'ammoniac des radicaux précédents peuvent être remplacées par des atomes ou des radicaux monovalents dont les propriétés sont alors masquées. Werner suppose qu'à chaque substitution la valence du radical complexe obtenu et son caractère électrochimique varient de la façon suivante :

$\mathrm{[Pt(AzH^3)^4]''}$ est électropositif et bivalent.
$\mathrm{[Pt(AzH^3)^3X]'}$ est électropositif et monovalent.
$\mathrm{[Pt(AzH^3)^2X^2]}$ est neutre et saturé.
$\mathrm{[Pt(AzH^3)X^3]'}$ est électronégatif et monovalent.
$\mathrm{PtX^4}$ est électronégatif et bivalent (chloroplatinites).
$\mathrm{[Pt(AzH^3)^6]''''}$ est électropositif et tétravalent.
$\mathrm{[Pt(AzH^3)^5X]'''}$ serait électropositif et trivalent mais ses sels ne sont pas connus.
$\mathrm{[Pt(AzH^3)^4X^2]''}$ est électropositif et bivalent.
$\mathrm{[Pt(AzH^3)^3X^3]'}$ est électropositif et monovalent.
$\mathrm{[Pt(AzH^3)^2X^4]}$ est neutre et saturé.
$\mathrm{[Pt(AzH^3)X^5]'}$ est électronégatif et monovalent.
$\mathrm{PtX^6}$ est électronégatif et bivalent (chloroplatinates).

Avec ces hypothèses les composés isomères de la s-platosamine et de la a-platosamine peuvent être représentés par les schémas :

$$\left.\begin{matrix}\mathrm{X}\\ \mathrm{X}\end{matrix}\right\rangle\mathrm{Pt}\left\langle\begin{matrix}\mathrm{AzH^3}\\ \mathrm{AzH^3}\end{matrix}\right. \quad\text{et}\quad \left.\begin{matrix}\mathrm{X}\\ \mathrm{AzH^3}\end{matrix}\right\rangle\mathrm{Pt}\left\langle\begin{matrix}\mathrm{AzH^3}\\ \mathrm{X}\end{matrix}\right.$$

Les composés isomères de la s-platinamine et de la a-platinamine seront représentés par les schémas :

$$\left.\begin{matrix}\mathrm{X}\\ \mathrm{X}\end{matrix}\right\rangle\underset{\mathrm{X}}{\overset{\mathrm{X}}{\mathrm{Pt}}}\left\langle\begin{matrix}\mathrm{AzH^3}\\ \mathrm{AzH^3}\end{matrix}\right. \quad\text{et}\quad \left.\begin{matrix}\mathrm{X}\\ \mathrm{AzH^3}\end{matrix}\right\rangle\underset{\mathrm{X}}{\overset{\mathrm{X}}{\mathrm{Pt}}}\left\langle\begin{matrix}\mathrm{AzH^3}\\ \mathrm{X}\end{matrix}\right.$$

Ces formules s'accordent avec les déterminations de la conductibilité électrique des solutions ; elles expliquent le fait que les solutions des composés du type $\mathrm{Pt(AzH^3)^2X^2}$ et $\mathrm{Pt(AzH^3)^2X^4}$ ne sont pas conductrices, mais elles ne représentent pas encore d'une façon complète les propriétés de certains atomes substitués entrant dans le radical complexe et qui ne sont que partiellement dissimulés à leurs réactifs habituels.

COMPOSÉS PLATOSAMMONIÉS. — I. COMPOSÉS DE LA PLATOSEMIAMINE, $\mathrm{[Pt(AzH^3)X^3]M}$. — On les prépare en traitant les sels de s-platosamine par l'acide chlorhydrique étendu et chaud. Un certain nombre de composés dérivent de la platosemiamine par substitution de l'oxyde de carbone ou de l'éthylène à l'ammoniac [Cossa, *Gazz. chim. ital.*, **17**, 1. 1887 ; **20**. 725, 1890 ; **25**. 505, 1895 ; *D. chem. G.*, **23**, 2503, 1890 ; Jörgensen, *Zeit. anorg. Chem.*, **24**, 153, 1900].

Sel de potassium, $\mathrm{Pt(AzH^3)Cl^3K,H^2O}$. — On le prépare en traitant le sel correspondant de platodiamine par le chloroplatinite de potassium ; après séparation du chloroplatinite de platodiamine insoluble et évaporation, on obtient des prismes orthorhombiques jaune orangé solubles dans l'eau. L'ammoniaque les transforme en chlorures de s-platosamine, de platomonodiamine et de platodiamine. L'action des halogènes donne le sel correspondant de la platisemiamine (Cossa).

Sel d'ammonium. — On le prépare comme le sel de potassium. Prismes rouge orangé (Jörgensen).

Sel d'argent. — Précipité jaune chamois obtenu en traitant le sel de potassium par l'azotate d'argent (Jörgensen).

II. COMPOSÉS DE L'A-PLATOSAMINE,

$$\begin{array}{c} X \\ AzH^3 \end{array} > Pt < \begin{array}{c} AzH^3 \\ X \end{array}$$

(Dict., **4**, *Composés de platosammonium*, 1053). — On les obtient en chauffant les sels correspondants de platodiamine; ils redonnent ces sels en se dissolvant dans l'ammoniaque.

Sulfite d'a-platosamine et de sodium, $Pt(AzH^3)^2SO^3, SO^3Na.4$ ou $5H^2O$. — On l'obtient en traitant le platosulfite de sodium en solution chlorhydrique par l'ammoniaque jusqu'à redissolution du précipité formé. Il se dépose des cristaux incolores [Haberland et Hanekop, *Ann. Chem.*, **245**, 235, 1888].

III. COMPOSÉS DE LA S-PLATOSAMINE,

$$\begin{array}{c} X \\ X \end{array} > Pt < \begin{array}{c} AzH^3 \\ AzH^3 \end{array}$$

[Dict., **4**, *Isomères des composés de platosammonium*, 1054; — Jörgensen. *Zeit. anorg. Chem.*, **24**, 153, 1900].

$[Pt(AzH^3)^2]^2Cl^2CO^3 + 2Pt(AzH^3)^2Cl^2$. — Précipité bleu foncé, obtenu en précipitant par l'alcool une solution de chloroplatinite de potassium traitée par le bicarbonate d'ammoniaque et l'anhydride carbonique [Schon, *Zeit. anorg. Chem.*, **13**, 36, 1896].

IV. SELS DE PLATOMONODIAMINE, $[Pt(AzH^3)^3X]X$ (Dict., **4**, *Composés de platosomonodiammonium*, 1055]. — On obtient de bons rendements dans la préparation du chloroplatinite de platomonodiamine, à partir duquel on peut préparer le chlorure et les autres sels, par le procédé suivant : on traite à chaud une solution de chlorure de platodiamine par l'acide chlorhydrique, on sépare par filtration le chlorure de s-platosamine formé et on ajoute à la solution du chloroplatinite de potassium; le chlorure de platodiamine non décomposé est précipité; on filtre et par évaporation le chloroplatinite de platomonodiamine cristallise (Cossa).

V. SELS DE PLATODIAMINE, $[Pt(AzH^3)^4]R^2$ (Dict., **4**. *Combinaisons de platosodiammonium*, 1055).

Chlorure, $Pt(AzH^3)^4Cl^2, H^2O$. — Jörgensen a indiqué des modifications à la préparation de Reiset [*Zeit. anorg. Chem.*, **24**, 153, 1900].

Chloroplatinate, $PtCl^6.Pt(AzH^3)^4$. — On l'obtient en mélangeant à froid les solutions de chloroplatinate de sodium et de chlorure de platodiamine; il se forme un précipité jaune qui se décompose lentement à la température ordinaire, plus rapidement à l'ébullition en donnant le chloroplatinite de platidiamine $PtCl^4.Pt(AzH^3)^4Cl^2$ (Cossa).

Chlorure de platodiamine et de platosemiamine, $Pt(AzH^3)^4Cl^2, 2PtAzH^3Cl^2$. — Ce sel se forme dans l'action d'une solution bouillante d'azotate d'ammonium sur le chloroplatinite de platodiamine, en même temps que le chlorure d'a-platosamine et que le chloronitrate de platidiamine. On peut aussi le préparer en chauffant du chlorure de s-platosamine jusqu'à dissolution dans l'acide chlorhydrique étendu et en traitant la solution obtenue par le chlorure de platodiamine. On obtient des paillettes jaunes brillantes peu solubles dans l'eau. Un excès d'ammoniaque transforme ce sel en chlorure de platodiamine (Cossa).

$Pt(AzH^3)^4Cl^2, 2PtC^2H^4Cl^2$. — En faisant bouillir du chloroplatinate de sodium avec de l'alcool absolu jusqu'à ce que le chlorure d'ammonium ne donne plus de précipité, et en traitant la liqueur filtrée refroidie par du chlorure de platodiamine, on obtient des tablettes monocliniques jaune pâle, très peu solubles dans l'eau (Jörgensen).

Sulfites. — On a signalé un sel dont la composition correspondrait à $3[Pt(AzH^3)^4SO^3] + SO^3Pt + 4H^2O$ [Oskar Carlgreen et Clève, *Zeit. anorg. Chem.*, **1**, 65, 1892].

Nitratosulfate de platodiamine et sulfate de platodiamine, $[Pt(AzH^3)^4]^2(AzO^3)^2SO^4 + Pt(AzH^3)^4SO^4$. — Combinaison cristallisée (Carlgreen et Clève).

COMPOSÉS PLATIAMMONIÉS. — I. COMPOSÉS DE LA PLATISEMIAMINE $[Pt(AzH^3)R^5]M$. — On connaît seulement les deux sels suivants préparés et décrits par Cossa :

Chlorure de platisemiamine et de potassium, $Pt(AzH^3)Cl^5K, H^2O$. — On prépare ce sel par l'action du chlore sur le composé analogue de la platosemiamine ou sur le chlorure double de platodiamine et de platosemiamine; le chlorure de platidiamine formé se précipite et il reste une solution à laquelle on ajoute du chlorure de potassium. On obtient des cristaux tricliniques.

Chlorure de platisemiamine et de platodiamine, $[PtAzH^3Cl^5]^2Pt(AzH^3)^4$. — Aiguilles rouges, instables, obtenues en mélangeant les solutions des deux chlorures constituants (Cossa).

II. SELS DE PLATIDIAMINE $[Pt(AzH^3)^4R^2]R^2$. — (Voy. Dict., **4**, composés de platinodiammonium, 1059).

Chloroplatinite, $PtCl^4[Pt(AzH^3)^4Cl^2]$. — Obtenu dans l'action de l'acide chloroplatinique sur le chlorure de platodiamine (Cossa).

Sels d'hydroxyloplatidiamine, $[Pt(AzH^3)^4(OH)^2]R^2$. — Ces sels s'obtiennent par l'action de l'eau oxygénée sur les sels de platodiamine (Carlgreen et Clève).

Chlorure, $Pt(AzH^3)^4(OH)^2Cl^2$. — Tablettes incolores clinorhombiques solubles dans l'eau bouillante, obtenues en traitant le chlorure de platodiamine par l'eau oxygénée.

Bromure. — Prismes incolores peu solubles dans l'eau bouillante.

Iodure. — Prismes hexagonaux très peu solubles.

Sulfate, $[Pt(AzH^3)^4(OH)^2]SO^4$. — Longues aiguilles préparées avec 4 molécules d'eau, devenant anhydres par efflorescence. Dans ce sel, le radical SO^4 est entièrement précipitable, ce qui permet de le distinguer d'un sulfate isomère obtenu par Clève.

Azotite. — Aiguilles solubles détonant par une élévation de température.

Azotate. — Tables rhombiques plates, solubles, détonant par une élévation de température.

Bichromate. — Poudre jaune citron, détonant par une élévation de température.

III. SELS DE PLATITRIAMINE, $Pt(AzH^3)^6R^4$. — Sous l'influence du courant alternatif, le platine se dissout dans les solutions de carbonate d'ammonium en donnant des composés ammoniés [Drechsel, *J. prakt. Chem.*, (2), **20**, 378, 1879]. A basse température il se forme du carbonate de platitriamine [Gerdes, *J. prakt. Chem.*, (2), **26**, 257, 1882; *Bull. Soc. Chim.*, (2), **39**, 34, 1883]. On prépare les autres sels en partant du carbonate.

Chlorure. — Aiguilles ou rhomboèdres, jaune d'ambre, solubles.

Chloroplatinate. — Octaèdres jaunes, peu solubles.

Hydrate. — La solution de chlorure, chauffée avec l'oxyde d'argent, donne une liqueur fortement alcaline qui laisse déposer des tablettes hexagonales peu solubles dans l'eau, déplaçant l'ammoniac et fixant l'anhydride carbonique.

Sulfate. — Poudre blanche amorphe presque insoluble.

Azotate. — Aiguilles incolores solubles.

SELS DE DIPLATIDIAMINE. — En traitant par l'ammoniaque l'iodure ou l'azotate d'iodoplatidiamine et l'azotate de bromoplatidiamine, Clève avait obtenu des composés qu'il représentait par les formules suivantes :

$$Pt^2I^2 \begin{cases} Az^2H^6I \\ Az^2H^6 > O \\ Az^2H^6 \\ Az^2H^6I \end{cases}, \quad Pt^2I^2 \begin{cases} Az^2H^6AzO^3 \\ Az^2H^6 > O \\ Az^2H^6 \\ Az^2H^6AzO^3 \end{cases},$$

$$Pt^2Br^2 \begin{cases} Az^2H^6AzO^3 \\ Az^2H^6 > O \\ Az^2H^6 \\ Az^2H^6AzO^3 \end{cases}$$

Jörgensen les représente par des schémas ne contenant qu'un atome de platine.

$$IPt \begin{cases} Az^2H^6I \\ AzH^3 \\ AzH \end{cases} \quad . \quad IPt \begin{cases} Az^2H^6 \,.\, AzO^3 \\ AzH^3 \\ AzH \end{cases}$$

$$BrPt \begin{cases} Az^2H^6, AzO^3 \\ AzH^3 \\ AzH \end{cases}$$

[Jörgensen, *J. prakt. Chem.*, (2), **25**, 421, 1882, (2), **33**, 489, 1886; *Zeit. f. anorg. Chem.*, **25**, 353, 1900].

L'acide azotique donne avec ces sels des azotates, avec élimination d'eau d'après Clève, par simple fixation d'après Jörgensen :

$$PtI(AzH^3)^3AzH, AzO^3 + AzO^3H = PtI(AzH^3)^3 AzH^2(AzO^3)^2.$$

Les solutions de ces azotates sont précipitées par les acides chlorhydrique et sulfurique, par l'iodure, le phosphate et le chromate de potassium.

SELS OXYAMMONIÉS DU PLATINE. — L'hydroxylamine donne avec les sels de platine des composés analogues aux composés ammoniés : on connaît des composés du type de la platodiamine et des α et a-platosamines. On ne connaît pas de sels oxyammoniés correspondant aux platiamines à cause des propriétés réductrices de l'hydroxylamine.

SELS DE PLATOXAMINE. $Pt(AzH^2 \,.\, OH)^2R^2$. — [Lossen, *Ann. Chem.*, **160**, 242, 1871; — Alexander, *ibid.*, **246**, 239, 1888; — Uhlenhut, *ibid.*, **311**, 120, 1900].

Chlorure. — Aiguilles jaunes peu solubles, obtenues en traitant le chlorure de platadioxamine par l'acide chlorhydrique chaud en excès.

SELS DE PLATOXAMINEAMINE, $Pt(AzH^2 \,.\, OH)^2 (AzH^3)^2R^2$.

Chlorure. — Aiguilles incolores, très solubles, obtenues par l'action de l'ammoniaque sur le chlorure de platoxamine.

SELS DE PLATODIOXAMINE, $Pt(AzH^2OH)^4R^2$.

Hydrate. — Cristaux blanc de neige, insolubles dans l'eau, solubles dans les acides, non caustiques et ne fixant pas l'anhydride carbonique : obtenus en traitant une solution d'hydroxylamine par l'acide chloroplatinique étendu, puis en faisant bouillir jusqu'à décoloration.

Les sels s'obtiennent par dissolution de la base dans les acides.

COMBINAISONS COMPLEXES DU PLATINE ET DES BASES ORGANIQUES (Dict., **4**, 1063).

Un grand nombre de ces combinaisons ont été étudiées par Jörgensen pour fixer les formules de constitution des composés ammoniés du platine.

BIBLIOGRAPHIE. — Jörgensen, *J. prakt. Chem.*, (2), **33**, 489, 1886; (2), **39**, 1, 1889; (2), **41**, 440, 1890; *Zeit. f. anorg. Chem.*, **25**, 353, 1900; **19**, 109, 1899; **48**, 374, 1905. — Cossa, *Zeit. f. anorg. Chem.*, **2**, 182, 1892; **6**, 338, 1894; **14**, 367, 1897. — Hedin, *D. chem. G.*, **20**, 108, 1887. — Blomstrand, *J. prakt. Chem.*, (2), **38**, 345, 352, 497, 523, 1888. — Klason, *D. chem. G.*, **28**, 1489, 1895; **37**, 1349, 1904. — Kurnakow, *J. prakt. Chem.*, (2), **50**, 481, 1894; **51**, 234, 1895; — Balbiano, *Att. Ac. Lincei.*, (4), **7**, 26, 1891. — Kruger, *J. prakt. Chem.*, (2), **14**, 193, 1876. — Hoffmann et Rabe, *Zeit. f. anorg. Chem.*, **14**, 293, 1897. — Werner, *D. chem. G.*, **34**, 2584, 1901.

1er juillet 1907 A. Binet du Jassonneix.

PLÉOPSIDIQUE, PLICATIQUE (ACIDES). — Voyez l'art. LICHENS.

PLOMB. — *Minerais, gîtes plombifères, leur formation.* — On n'emploie aujourd'hui dans l'industrie comme minerais que les galènes et très rarement les carbonates ; les principaux gîtes exploités se trouvent en Espagne (région de Linarès), aux Etats-Unis (Colorado), en Allemagne, en Bohême, en Angleterre, en Pologne, en Italie (Toscane et Calabre), en Grèce ; quelques-uns sont en France, surtout dans l'Ille-et-Vilaine, l'Aveyron, l'Ariège et les Hautes-Pyrénées (au total, en 1899, la production française a été de 18000 tonnes de minerai). Presque toujours, le plomb est accompagné d'argent et le prix du minerai varie de 33 à 200 francs la tonne. On admet aujourd'hui que le plomb s'est déposé au début sous forme de galène et que les autres sels naturels, carbonates, sulfates, phosphates, chlorures, etc., sont dus à des altérations toujours superficielles [Fuchs et de Launay, *Gîtes minéraux et métallifères*, Baudry, 1893, 467]. Parmi ces sels, il faut signaler la bröggerite, trouvée à Raade (Norwège) et qui contient de l'uranium, du thorium et de l'yttrium [Hofmann et Heidepriem, *D. chem. G.*, **34**, 914 a, 1901].

Les recherches de M. Berthelot ont montré que le plomb et l'argent qui l'accompagne étaient utilisés par les Egyptiens pour la bijouterie et qu'au moyen âge on le retrouve parmi les corps employés par les alchimistes [*Ann. Chim. Phys.*, (7), **12**, 451, 1897; **15**, 433, 1898; (6), **30**, 285, 1893; *C. R.*, **127**, 259, 1898].

Métallurgie. — Cette opération n'a subi que très peu de modifications ; toutefois on recueille maintenant avec soin les fumées et les poussières qui se produisent pendant le grillage, en les conduisant dans des couloirs munis de chicanes et dans de grandes chambres de dépôt ; les produits récupérés, parfois cristallisés [Brand, *Bull. Soc. Chim.*, (3), **3**, 703, 1890] contiennent de l'argent, du plomb, du cadmium et quelques autres éléments.

Le principe de la métallurgie par grillage et réaction a été mis en doute par Hannay [*Chem. News*, **67**, 291, 1893; **69**, 195, 1894; **70**, 43, 1894], qui attribue un rôle prépondérant à un corps volatil S^2O^2Pb et formule diverses réactions aux températures successives de 750°, 900° et 1000° ; cette manière de voir est basée sur une erreur, car Jenkins et Smith [*Chem. Soc.*, **71**, 72, 606] ont montré que le seul composé volatil plombifère que l'on trouve lors du grillage est le sulfure entraîné par l'anhydride sulfureux ; d'autre part, Lodin [*C. R.*, **120**, 1164, 1895] n'a pu constater la présence du composé de Hannay S^2O^2Pb ; en opérant dans une atmosphère d'azote (l'anhydride carbonique est à exclure parce qu'il pourrait être réduit), il a montré que la galène se volatilise dès 860° avant de fondre, que la réaction de la galène sur l'oxyde de plomb donne uniquement $SO^2 + Pb$ à 710° avec le rendement intégral et qu'enfin l'action de la galène sur le sulfate de plomb, qui commence à 670°, est intégrale au bout de 3 heures quand on porte le tout à 820° ; là encore il se fait uniquement de l'anhydride sulfureux et du plomb. Il n'y a donc pas à modifier les réactions classiques qui représentent la métallurgie du plomb.

Diverses modifications, comme celle de Gross et Wells [*D. chem. G.*, **17**, 293 c, 1884], consistant à séparer le plomb des autres métaux, Zn, Cu, Ag, sous forme de sulfates, comme celle de Fry [*D. chem. G.*, **29**, 884 d, 1897] basée sur la formation d'acétates et sur leur décomposition par des oxydes de fer, comme celle de Havemann [*D. chem. G.*, **19**, 271 c, 1886; **21**, 116 c, 1888; 904 c, 1888] consistant à traiter les minerais de plomb par du fer fondu, et quelques autres [Fitz Gérald, *D. chem. G.*, **10**, 721, 1887; — Prost, *Bull. Soc. Chim.*, (2), **49**, 666, 1897], ne paraissent pas avoir modifié la pratique métallurgique usuelle.

De même les tentatives d'utilisation de l'énergie électrique pour décomposer soit les galènes (associées à la blende) plongées dans un bain d'azotate de plomb [Blas et Miest, *Application de l'électrolyse à la métallurgie*, 1881], soit le chlorure de plomb fondu [Lorenz, *Zeit. anorg. Chem.*, **10**, 78, 1895] obtenu par l'action de l'acide chlorhydrique, sur les minerais ou par décomposition du sulfate de plomb par le chlorure de sodium [Lyte, *D. chem. G.*, **27**, 279 d, 1894] ne paraissent pas avoir réussi.

La désargentation du plomb d'œuvre a été perfectionnée de diverses manières [Honold, *D. chem. G.*, **22**, 518 c, 1899; **24**, 539 c, 1891; — Swan, *D. chem. G.*, **29**, 191 d, 1896; — Mays, *D. chem. G.*, **28**, 398 c, 1895], mais le perfectionnement le plus important est celui de Rœssler Edelman [*Bull. Soc. Chim.*, (3), **9**, 1033, 1893; *D. chem. G.*, **24**, 604 c, 1891] qui consiste à remplacer le zinc par un alliage de zinc et d'aluminium (0.5 0/0 d'Al): la présence de ce dernier métal empêche la formation des oxydes de plomb et de zinc et donne des alliages d'argent et de zinc bien fondus, tandis qu'avec l'emploi du zinc seul, l'écume surnageante contient outre le zinc et l'argent accompagnés de plomb, des oxydes de zinc et de plomb qui rendent la liquation du plomb plus difficile, abaissent la teneur en argent et rendent cette écume peu propre au moulage. La seule précaution est d'éviter la présence du cuivre: on emploie alors 1 ou 1,2 ou 1,4 ou 1,7 d'alliage Zn-Al pour 0,1 ou 0,2 ou 0,4 ou 0,7 0/0 d'argent aux températures respectives: 450°, 480°, 510°, 550° qui doivent être bien réglées. Le plomb désargenté ne contient pas d'aluminium.

On a proposé la séparation de l'argent et du plomb par leurs chlorures avec électrolyse ultérieure [*D. chem. G.*, **28**, 398 c, 1895] ou par l'électrolyse des sels fondus [Borschers, voir *Electrométallurgie de Minet*, 306, Béranger, 1891], ou par l'électrolyse d'une liqueur obtenue par le sulfate de plomb et l'acétate de sodium dans l'eau chauffée à 38°, ce qui permet de préparer du plomb à 99,9 0/0 avec 0,00097 0/0 d'argent (teneur initiale 96,36 0/0 de Pb et 0,554 0/0 d'Ag) [Heith, voyez *Electrométallurgie de Borschers* (trad. franç. Gautier), 362].

Statistique. — La production mondiale du omb a atteint 782 260 tonnes en 1899, répartie urtout entre les Etats-Unis (201000 tonnes en 1898), l'Espagne (167 400), l'Allemagne (132 000), le Mexique, l'Angleterre, l'Italie (25 000), la Grèce (20000) et divers autres pays (74000 ensemble) dont environ 10500 tonnes pour la France [De Currières de Castelnau, *Rapports du Jury international de 1900*, 83, 1, 62; — Lodin, *ibid.*, 64, 65, 372].

En 1902, la production aux Etats-Unis s'est élevée à 240000 tonnes [*Geological Survey mineral ressource*, 1902, 206].

Le plomb industriel élaboré avec soin, à cause de l'intérêt qu'il y a à enlever l'argent contenu, est généralement très pur: il contient de 99,995 à 99,982 0/0 de plomb; ses impuretés sont suivant l'origine: Cu, Ag, Zn, Sb, Ni, Fe, Cd, Bi. Le prix moyen est assez variable et il était en mars 1906 de 32 francs à Londres: en France, il y a un droit d'entrée de 3fr,50 à 4 francs.

Plomb spongieux. — Obtenu par Tommasi [*Bull. Soc. Chim.*, (3), **29**, 905, 1903] en électrolysant une solution aqueuse d'acétate de plomb et de sodium, la cathode étant un disque métallique qui tourne entre deux frotteurs qui enlèvent le produit déposé. Ce plomb spongieux, formé d'une multitude de petits cristaux, est employé à la confection des accumulateurs [*D. chem. G.*, **27**, 52 d, 1894].

Plomb lanugineux et plomb colloïdal. — Quand on électrolyse une liqueur sulfurique à 4 gr. par litre avec une anode en platine et une cathode en plomb récemment coupée, celle-ci se détériore (pulvérisation des cathodes) et le métal qui lui est enlevé prend l'aspect d'une laine noire, très oxydable et d'une grande réactivité chimique; le phénomène s'arrête assez vite, mais reprend quand on renouvelle la surface du plomb [Bredig et Haber, *D. chem. G.*, **31**, 2741, 1898]. En employant des cathodes formées de plomb déposé sur des métaux non pulvérisables Billitzer a obtenu du plomb colloïdal [*D. chem. G.*, **35**, 1933 b, 1902].

Propriétés physiques. — Spring a montré que le plomb s'agglomère facilement par compression: après une compression de 2000 atm., de la limaille de plomb s'est transformée en un bloc homogène où on ne distingue plus, même au microscope, les particules initiales; à 5000 atm., le plomb coule, comme un liquide, des fissures de l'appareil; les autres métaux sont beaucoup plus difficiles à agglomérer [*Ann. Chim. Phys.*, (5), **22**, 184, 1881; — Halstein, *Zeit. phys. Chem.*, **42**, 369, 1902]. La résistance du plomb à la rupture s'abaisse quand la température s'élève et inversement: à —185°, elle est double de ce qu'elle est à 15° [Dewar, *Proc. Roy. Inst.*, **14**, 393, 1894].

Waren [*Chem. News*, **61**, 183, 1890] a obtenu le plomb cristallisé en octaèdres réguliers par précipitation lente de ses solutions salines, au moyen de zinc entouré d'amiante.

Le plomb distillé dans le vide et cristallisé a pour densité $D_{20} = 11,3415$, et 11,3470 après compression [Kahlbaum, *Zeit. anorg. Chem.*, **29**, 177, 1902]. Le point de fusion du plomb, très variable suivant les conditions de pureté, varie habituellement entre 330 et 335°; Callendar et Griffith ont trouvé 329° [*Phil. Trans.*, **178**, 161, 1888]; le liquide obtenu distille dans le vide à 1180° [Krafft, *D. chem. G.*, **36**, 1703 b, 1713 b, 1903; — Schuller, *Zeit. anorg. Chem.*, **37**, 69, 1903; *Bull. Soc. Chim.*, (3), **32**, 1287, 1904].

Sa chaleur latente de fusion 6,45 fait exception à la règle $\frac{A\omega}{T\sqrt{V}} = C^{te}$ ($A\omega$ = ch. atom. de fusion, V = vol. atom., T = p. fus. abs.); les écarts pouvant atteindre 25 0/0, tandis qu'ils sont pour les autres métaux d'environ 10 0/0 [Robertson, *Chem. News*, **85**, 309, 1902].

La chaleur spécifique est de 0,030887 entre 15° et 100° [Stracciati et Bartoli, *Gaz. chim. ital.*, **25**, 1, 389, 1895], le nombre de Regnault étant 0,0314.

La réfraction atomique a été évaluée par Ghira [*Att. Ac. Lincei*, (3), **3**, 332, 1894] à 25,2 sur l'acétate de plomb et à 22,4 sur le plomb tétréthyle.

A 900° le zinc et le plomb qui jusque-là se dissolvaient réciproquement deviennent miscibles, mais le zinc est trop volatil pour permettre des mesures exactes [Spring et Romanoff, *Zeit. anorg. Chem.*, **13**, 29, 1897]. Le plomb dissout le silicium et la solubilité qui augmente entre 1250° et 1550° reste toujours inférieure à 1 0/0 [Moissan et Siemens, *C. R.*, **138**, 657, 1904; *Bull. Soc. Chim.*, (3), **31**, 1010, 1904].

Krouchkoll [*Ann. Chim. Phys.*, (6), **17**, 170, 1889] et Christy [*Chem. Soc.*, **27**, 354, 420; 1902] ont déterminé la force électromotrice de contact entre le plomb d'une part et l'argent ou le mercure d'autre part.

Le plomb est susceptible d'absorber de l'hydrogène par occlusion [Shields, *Chem. News*, **65**, 195, 1892] et celle-ci, qui peut atteindre 11 0/0 du volume du métal [Neumann et Streintz, *Mon. f. Chem.*, **12**, 642, 1891], joue sans doute un certain rôle dans le fonctionnement des accumulateurs.

Propriétés chimiques. — Le plomb est attaqué, même à froid, par le fluor et peut être entièrement combiné (Moissan); il l'est également par les acides, même l'acide nitreux [Veley, *Bull. Soc. Chim.*, **8**, 206, 1891]; l'acide nitrique le dissout plus facilement qu'il ne dissout le cuivre en produisant beaucoup d'oxyde azoteux et peu d'oxyde azotique [Higley, *Chem. Soc.*, **17**, 18, 1895]; cependant la présence du plomb ralentit l'attaque du zinc par les acides [Ericson, Aurén et Palmaer, *Zeit. phys. Chem.*, **39**, 1, 1901] et elle ralentit également l'oxydation du fer en présence d'eau [Lindet, *Bull. Soc. Chim.*, (3), **31**, 1300, 1904].

Dans certains cas, le plomb a une action catalysante [Rohland, *Zeit. anorg. Chem.*, **29**, 159, 1902; — Trillat, *Bull. Soc. Chim.*, (3), **29**, 943, 1903] et ceci joint à sa solubilité dans l'ammoniaque explique peut-être son action sur les huiles siccatives qu'il améliore [Endemann, *Chem. Soc.*, **19**, 890, 1897].

L'action physiologique des sels de plomb a été l'objet d'un grand nombre de recherches auxquelles il faut ajouter [Bedson, *J. Soc. chem. Ind.*, **13**, 610, 1891; — Moissan, *B. Ac. Méd.*, **24**, 738, 1890]; certains animaux inférieurs paraissent insensibles à l'action pourtant généralement nocive de ces sels [Hogg, *Chem. News*, **71**, 223, 1895].

Caractères et dosage. — Aux caractères bien connus des sels de plomb, on a ajouté un certain nombre de réactions très sensibles, en particulier la coloration rosée que donne la diphénylcarbazide en solution benzénique après une longue agitation [Cazeneuve, *Bull. Soc. Chim.*, (3), **23**, 701, 1900], la formation de PbO^2 décelable en présence d'une leucobase qu'il oxyde en la colorant [Trillat, *C. R.*, **136**, 1205, 1903]. Parmi les procédés de dosage, on a signalé la méthode colorimétrique applicable par la transformation en sulfure aux très faibles doses de plomb [Lucas, *Bull. Soc. Chim.*, (3), **15**, 2, 1896]; la formation du sulfure qu'on a soin de protéger contre l'oxydation [Antony et Benelli, *Gazz. chim. ital.*, **26**, 218, 1896; — Muller, *Bull. Soc. Chim.*, (3), **31**, 1300, 1904]; la transformation en molybdate [Smith et Bradbury, *D. chem. G.*, **24**, 2930 b, 1891], en phosphomolybdate [Beuf, *Bull. Soc. Chim.*, (3), **3**, 852, 1890], en oxalate [Ruoss, *Zeit. anal. Chem.*, **37**, 426, 1898], en ferrocyanure [Low, *Chem. Soc.*, **15**, 548, 1893], en bioxyde [Schlossberg, *Zeit. anal. Chem.*, **41**, 735, 1902; — Medicus, *D. chem. G.*, **25**, 2490 b, 1892] ou en plomb métallique [Rœssler, *Zeit. anal. Chem.*, **24**, 1, 1885].

Parmi les méthodes volumétriques, il faut citer celle de Lindemann et Motten [*Bull. Soc. Chim.*, (3), **9**, 812, 1893], de Baumann [*Zeit. ang. Chem.*, **328**, 450, 1891], de Marchlewski [*ibid.* 392, 1891] et de Lescœur et Delsaux [*Bull. Soc. Chim.*, (3), **17**, 49, 132, 1897] basée sur la transformation en chromate par un chromate titré avant et après l'opération.

La méthode électrolytique déjà employée par Riche [*C. R.*, **85**, 226, 1878] donne, d'après Hollard, des résultats excellents, tout en étant d'application facile; elle ramène le plomb soit à la forme PbO^2, soit à la forme métallique [Hollard, *C. R.*, **123**, 1003 et 1065, 1896; — Hollard et Bertiaux, *Bull. Soc. chim.*, 3, **31**, 1124, 1904] et s'applique aux cas les plus courants comme par exemple l'analyse d'un plomb pur, d'alliages de plomb et étain ou étains commerciaux, de cuivres, de laitons et de zinc commercial. Dans le cas où il y a de l'antimoine, la méthode ne s'applique plus car le bioxyde de plomb déposé à l'anode entraîne de l'antimoine [Piloty, *D. chem. G.*, **27**, 280 a, 1894; — Wortmann, *D. chem. G.*, **24**, 2749, 1891; — Marie, *Bull. Soc. Chim.*, (3), **23**, 355 et 563, 1900; — Heidenreich, *D. chem. G.*, **29**, 1585 b, 1896; — Speransky et Goldberg, *Journ. Soc. phys. chim. russe*, **32**, 797, 1900; — Arth et Nicolas, *Bull. Soc. chim.*, (3), **29**, 633, 1903; — Kreichgrauer, *Zeit. anorg. Chem.*, 9, **89**, 1895; — Neumann, *Chem. Zeit.*, **20**, 381, 1896 et *Resc. Zeit. Elekt.*, **2**, 586, 598 et 618].

En raison des très nombreuses applications du plomb et de la diversité des métaux qui l'accompagnent, soit dans ses minerais, soit dans les échantillons commerciaux, on a imaginé des méthodes diverses, applicables aux cas les plus usuels comme par exemple : 1° plomb et bismuth [Remmler, *D. chem. G.*, **24**, 3554 b, 1891; — Benkert et Smith, *Chem. Soc.*, **72**, 435, 1897; — O. Stein, *Zeit. anorg. Chem.*, 350, 1895; — Wynn et Stahl, *D. chem. G.*, **27**, 829 d, 1894; — Bull, *Zeit. anal. Chem.*, **41**, 653, 1902; — Jannasch et Röttgen, *Zeit. anorg. Chem.*, **3**, 302, 1895]; 2° plomb avec l'un des métaux suivants : Zn, Ni, Cu, Sb [Hollard et Bertiaux, *loc. cit.*, 1132 et 901, 1904; — Jannasch et Etz, *D. chem. G*, **24**, 3746, 1891; **25**, 124, 736, 1892; — Jannasch et Remmler, *D. chem. G.*, **26**, 1422, 1893; — Jannasch et Lezinski, *D. chem. G.*, **26**, 2331, 1893; — Rassing, *Zeit. anal. Chem.*, **41**, 11, 1902; — Lorenz, *D. chem. G.*, **28**, 860 R, 1895; — Jannasch et Rose, *D. chem. G.*, **28**, 792 Ref., 1895; — Schwartz, *Chem. Zeit.*, **12**, 52, 1888; — Prost et Lecoq, *Bull. Soc. Chim.*, (3), **32**, 348, 1904; — Jannasch, *J. prakt. Chem.*, **40**, 230, 1889]; 3° plomb et chrome [O. Mayer, *D. chem. G.*, **36**, 1743 b, 1903]; 4° plomb et mercure [Jannasch et Cloedt, *D. chem. G.*, **28**, 905, 1895]; 5° plomb et thallium [Cushmann, *J. Am. Chem. Soc.*, **24**, 222, 1900]; 6° plomb et métaux à sulfures insolubles [Knœvenhagel et Ebler, **35**, 3055, 1902; — Linn, *Bull. Soc. Chim.*, (3), **32**, 255, 1904]; 7° plomb et argent dans les galènes, avec accidentellement d'autres métaux [Johnston, *Chem. News*, **60**, 309, 1889; — Benedikt et Ganz, *Chem. Zeit.*, **16**, 181, 1892; — Aubin, *Bull. Soc. Chim.*, (3), **7**, 184, 1892; — Jannasch et Aschoff, *J. prakt. Chem.*, **45**, 103, 1892; — Jannasch et Bickes, *ibid.*, **45**, 111, 1892; — Jannasch et Kammerer, *D. chem. G.*, **28**, 1409, 1895; — Lunge et Schmid, *Zeit. anorg. Chem.*, **2**, 451, 1892; — Boucher, *Bull. Soc. Chim.*, (3), **29**, 934, 1903; — Meade, *J. Am. chem. Soc.*, **19**, 374, 1897; — Giorgis, *Gazz. chim. ital.*, **26**, 522, 1896; — Jannasch, *D. chem. G.*, **26**, 1500 b, 1893; — F. Jean, *Bull. Soc. Chim.*, (3), **9**, 254, 1893; — Hampe, *Chem. Zeit.*, **14**, 1777, 1890; — P. Laurie, *Chem. News*, **68**, 211, 1893; — Pope, *Am. Chem. Journ.*, **18**, 737, 1896].

Le poids atomique du plomb a été fixé par la

Commission internationale à 206,9 [*Bull. Soc. Chim.*, (3), **34**, 6, 1905; — voir aussi van der Plaats, *Ann. Chim. Phys.*, (6), **7**, 449, 1886].

Alliages du plomb. — Ils sont très nombreux et quelques-uns d'entre eux ont des applications importantes: dans un grand nombre de cas, on peut par distillation séparer le plomb des métaux auxquels il est allié [Moissan et O'Farrelley, *C. R.*, 138, 1659; *Bull. Soc. Chim.*, (3), **31**, 1023, 1904].

Pb et Mg. — Ces alliages s'obtiennent directement: l'un d'eux Mg^2Pb s'altère à l'air et se réduit en poudre, les autres sont plus stables [Kournakof et Stepanof, *Bull. Soc. Chim.*, (3), **30**, 676, 1903]; leur fusibilité a été étudiée par Heycock et Neville [*Chem. Soc.*, **61**, 888, 1892].

Pb et Cd. — Alliages très ductiles étudiés par Sack [*loc. cit.*] et P. Laurie [*Chem. Soc.*, **55**, 677, 1889].

Pb et Al. — Ces deux métaux s'allient quand on les fond ensemble ou quand on traite PbO par l'aluminium en poudre: il y a alors explosion; les alliages sont inattaquables par l'eau à 100° [Campbell et Matthews, *Bull. Soc. Chim.*, (3), **28**, 627, 1902; — Péchard, *C. R.*, 138, 1042, 1904; — Wright, *D. chem. G.*, **23**, 759 Ref., 1900 et **27**, 492 Ref., 1894]. Ces alliages ont été étudiés par Heycock et Neville [*loc. cit.*] comme aussi les alliages ternaires de plomb, aluminium et antimoine [Sack, *loc. cit.*; — Wright, *loc. cit.*].

Pb et Sn. — Ces alliages, dont quelques-uns d'emploi courant, ont été étudiés par Sack [*loc. cit.*], par Kuppfer [*Ann. Chim. Phys.*, (2), **40**, 285, 1829] au point de vue de leur fusibilité, et par Hollard et Bertiaux [*Bull. Soc. Chim.*, (3), **31**, 1129, 1904] au point de vue analytique.

Pb, Sn et Bi. — La fusibilité et la constitution de ces alliages ternaires a été étudiée par Charpy [*C. R.*, **126**, 1569, 1898]; l'eutectique ternaire se solidifie à 96° et contient 32 0/0 de plomb, 52,5 0/0 de bismuth et 15,5 d'étain. En outre, Sheperd [*Zeit. phys. Chem.*, **45** Ref., 715, 1903 et **43** Ref., 759, 1903] a montré par la méthode de Bancroft [*Zeit. phys. Chem.*, **12**, 289, 1893] que l'étain cristallise pur de cet alliage, le bismuth avec 4 0/0 de plomb et le plomb avec 5 0/0 de bismuth.

Pb et Mo. — Le composé MoPb a été obtenu par voie aluminothermique [Stavenhagen et Schuchard, *Bull. Soc. Chim.*, (3), **28**, 518, 1902].

Pb, Bi et Tl. — L'alliage obtenu par Carstanjen [*Jahresb.*, 278, 1867] au moyen de 6 de plomb, 6 de bismuth et 1 de thallium fond à 130°.

COMPOSÉS DU PLOMB.

Fluorure plombeux. — Chaleur de formation 107Cal,6 [Guntz, *Ann. Chim. phys.*, (6), **3**, 41, 1884]. Il a été obtenu par l'action directe du fluor sur le métal [Moissan, *Le fluor et ses composés*] ou par l'action de l'acide fluorhydrique sur le carbonate ou l'hydrate du métal [Jaeger, *Zeit. anorg. Chem.*, **27**, 22, 1901], ou encore sous forme cristallisée, par dissolution du fluorure amorphe dans le fluorhydrate de fluorure de potassium [Poulenc, *Ann. Chim. Phys.*, (7), **2**, 68, 1894].

Ce composé fond sans altération en un liquide jaune [Moissan, *Ann. Chim. Phys.*, (6), **6**, 433, 1885], mais chauffé avec du phosphure de cuivre ou du phosphore rouge, il donne PF^3 [Moissan, *C. R.*, **99**, 655, 1884], tandis qu'avec du PS^5 il donne un gaz incolore PSF^3 [Thorpe et Rodger, *Chem. Soc.*, 766, 1888]. Il est réduit avec incandescence par l'hydrure de sodium [Moissan, *Bull. Soc. Chim.*, (3), **27**, 1143, 1147, 1902] et réagit aussi très énergiquement avec le carbure de calcium [Moissan, *Ann. Chim. Phys.*, (7), **9**, 258, 1896].

Il donne très vraisemblablement un *fluorure double* avec celui de potassium.

Fluorure plombique PbF^4. — Découvert par Brauner [*Bull. Soc. Chim.*, (3), **12**, 1060, 1894 ou *D. chem. G.*, **27**, 563 d, 1894 ou *Chem. Soc.*, **65**, 393, 1894] en décomposant le fluoplombate de potassium $PbF^4, 3KF, HF$ qu'il obtenait en traitant PbO^2 par l'acide fluorhydrique et le fluorure de potassium. La décomposition se fait par l'acide sulfurique concentré dans un mortier revêtu de platine; il se dégage de l'acide fluorhydrique et il reste un liquide jaune pâle à odeur d'acide hypochloreux, qui vers 100-110° dépose une poudre jaune citron; celle-ci régénère avec l'acide perdu l'acide fluoplombique et donne par la chaleur le fluorure plombeux et du fluor; au cours de l'opération, il s'est fait du sulfate plombique $(SO^4)^2Pb$ que l'eau transforme en SO^4Pb et PbO^2.

Ce même fluorure a été obtenu en décomposant par l'acide fluorhydrique le tétracétate de plomb [Hutchinson et Pollard, *Chem. Soc.*, **69**, 212].

Chlorure plombeux $PbCl^2$. — Chaleur de formation 83Cal,9 sol. crist. et 77Cal,9 diss. [Berthelot, *Ann. Chim. Phys.*, (6), **4**, 163, 1875]. Bunsen et Varenne ont montré que l'acide nitrique, comme l'acide chlorhydrique (Ditte), augmentent la solubilité dans l'eau du chlorure de plomb [*C. R.*, **92**, 1459, 1881].

Ende a montré que ses solutions sont presque totalement ionisées; à 25°,2 il ne reste que 0,0388 mol. gr. de sel formé par litre; la décomposition a lieu à raison de 50,1 0/0 en PbCl — Cl et 43,7 0/0 en Pb — Cl^2 [*Zeit. anorg. Chem.*, **26**, 129, 1901].

Le chlorure est décomposé à chaud par l'hydrogène [Potilitzine, *J. Soc. russe*, (4), **10**, 137, 1872] ainsi que par l'oxygène [Potilitzine, *ibid.*, **11**, 86, 1879]; il donne avec le sulfammonium des cristaux qui noircissent à l'air [Moissan, *C. R.*, **132**, 510, 1901] et est réduit par le carbure de calcium dès qu'on chauffe [Moissan, *Ann. Chim. Phys.*, (7), **9**, 258, 1896].

Le chlorure se dissout dans l'hyposulfite de sodium, et quoique insoluble dans l'alcool, il y favorise la dissolution du bleu de Prusse [Coffignier, *Bull. Soc. Chim.*, (3), **27**, 697, 1902]; il ne se dissout pas dans l'acétone, mais se dissout dans la pyridine [Naumann, *D. chem. G.*, **37**, 4328 et 4609, 1904].

On avait cru observer des anomalies en électrolysant ce sel fondu, comme d'ailleurs l'iodure, mais elles sont dues à des phénomènes accessoires variables avec les électrodes [Auerbach, *Zeit. anorg. Chem.*, **28**, 1, 1901; — Appelberg, *ibid.*, **36**, 93, 1903].

Le chlorure de plomb forme des sels doubles:

1° Avec le cœsium $PbCl^2, 4CsCl$ aiguilles blanches; $PbCl^2, CsCl$ jaune pâle; $2PbCl^2, CsCl$ aiguilles blanches et $PbCl^2, 2CsCl$, obtenus par dissolution de $PbCl^2$ dans des liqueurs aqueuses à diverses concentrations de CsCl. Ces sels sont très peu solubles et leur formation permet d'isoler le cœsium de ses solutions salines aqueuses [Wells, *Zeit. anorg. Chem.*, **3**, 195, 1892; — B. Sacch, *Bull. Soc. Chim.*, (3), **26**, 1054, 1901; *Am. Chem. Journ.*, **26**, 265, 1901].

2° Avec le rubidium $2PbCl^2, RbCl$ [Wells, *Zeit. anorg. Chem.*, **4**, 335, 1894].

3° Avec le potassium $PbCl^2, KCl$ ou $PbCl^3K$ (chloroplombite de potassium) par $PbCl^2$ et AzO^3K aqueux, obtenu sous forme d'aiguilles blanches anhydres [Hertz, *Am. Chem. Journ.*, **14**, 107, 1892] ou hydratées avec $3/2 H^2O$ [Wells, *loc. cit.*, **3**, 195, 1892].

4° Avec l'ammonium. De toutes les combinaisons de ce groupe qu'on a décrites

(1er Suppl., 1294), il semble que deux seulement soient des composés définis, les autres étant des mélanges : ce sont $2PbCl^2.AzH^4Cl$, prismes clinorhombiques, et $PbCl^2.2AzH^4Cl$, lamelles irisées du système quadratique [Randall, *Am. Chem. Journ.*, **15**, 494, 1893; — Fonzes-Diacon, *Bull. Soc. Chim.*, **3**, **17**, 346, 1897]. Leur existence est conforme à la loi de Remsen [*Am. Chem. Journ.*, **11**, 291, 1889].

5° Avec le baryum : ce chlorure double, préparé par Becquerel, a été récemment étudié par Ruff [*D. chem. G.*, **36**, 26, 306, 1903].

6° Avec le magnésium : $PbCl^2, 2MgCl^2, 13H^2O$. Obtenu par Otto et Drewes par mélange des liqueurs des deux composants : cristaux hygroscopiques [*Arch. der Pharm.*, **228**, 495, 1890 et **229**, 585, 1891].

Chlorure plombique, $PbCl^4$. — Ce composé dont l'existence était prévue par les expériences de W. Fisher, Ditte, Nicklès, etc., a été obtenu par Friedrich [*D. chem. G.*, **26**, 1434, 1893] en décomposant par l'acide sulfurique concentré et froid le composé $PbCl^4.2AzH^4Cl$ (voyez plus loin); il se fait un liquide huileux, jaune, réfringent : $D_{10}^{0} = 3,18$, se solidifiant à $-15°$ et dont la composition correspond à $PbCl^4$. On l'obtient aussi par l'acide chlorhydrique et le tétracétate de plomb [Hutchinson et Pollard, *Chem. Soc.*, **69**, 212, 1896] ou par ce même acide et le peroxyde de plomb [Nikolugine, *Journ. Soc. phys. chim. russe*, **17**, 207, 1885].

Ce corps se dédouble facilement par la chaleur, mais il a pu être distillé à 105° dans un courant de chlore. Il se combine à l'ammoniac en solution chloroformique et donne $PbCl^4.4AzH^3$ [Mattews, *Am. Chem. Journ.*, **20**, 815, 1899]; il se combine aussi aux chlorures.

$PbCl^4.2HCl$. — [Friedrich, *loc. cit.*].

$PbCl^4, 2RbCl$. — Il se prépare comme le composé ammoniacal correspondant sous forme d'une poudre jaune cristalline facilement décomposable. On a essayé d'utiliser ce corps pour séparer le rubidium du potassium qui donne un composé analogue moins stable; mais on n'y parvient pas; le rubidium séparé contient toujours 2 à 3 0/0 de potassium [Erdmann et Kœthner, *Bull. Soc. Chim.*, **3**, 18, 616, 1897; — Erdmann, *Arch. der Pharm.*, **232**, 23, 1894; — Friedrich, *Mon. f. Chem.*, **14**, 505, 1893].

$PbCl^4, 2KCl$. — Analogue au sel ammoniacal [Friedrich, *loc. cit.*].

$PbCl^4, 2AzH^4Cl$. — On l'obtient par combinaison des deux constituants [Classen et Zahorski, *Zeit. anorg. Chem.*, **4**, 102, 1893] ou en saturant de chlore une solution aqueuse chlorhydrique de $PbCl^2 + 2AzH^4Cl$, le rendement est de 63 0/0 [Friedrich, *loc. cit.*]; ou bien en dissolvant du peroxyde de plomb dans HCl concentré, ce qui donne $PbCl^4$ auquel on ajoute AzH^4Cl et un excès d'acide, le rendement est 70 0/0 [Seyewetz et Trawitz, *Bull. Soc. Chim.*, **3**, 29, 455, 1903]; ou bien en oxydant par le persulfate d'ammoniaque une solution de $PbCl^2$ dans l'acide chlorhydrique, le rendement est intégral [Seyewetz et Biot, *Bull. Soc. Chim.*, **3**, 29, 183, 231, 260, 1903]. Petits cristaux jaunes solubles dans l'eau froide, décomposés par l'eau chaude ou par la chaleur sèche à 110°, employés comme agent de chloruration [Seyewetz, *loc. cit.*].

Bromure plombeux $PbBr^2$. — Chaleur de formation, Br liq. : $66^{Cal},3$ sol. ; $56^{Cal},3$ diss. (Thomsen), Br gaz. : $73^{Cal},7$ sol. : $63^{Cal},7$ diss.

Il est soluble dans l'eau froide, mais fortement ionisé par elle [Ende, *Zeit. anorg. Chem.*, **26**, 129, 1901]; il est plus soluble à chaud et se dépose à froid en beaux cristaux fondant à 490° sans décomposition en un liquide rouge [Tarhardt, *Ann. Ph. Chem. Pogg.*, **24**, 215, 1885]; la lumière solaire l'altère en mettant le métal en liberté; même sous l'eau, il brunit légèrement [Norris, *Am. chem. J.*, **17**, 189, 1895]; il se dissout dans l'acétone et la pyridine [Naumann, *loc. cit.* à $PbCl^2$].

Le bromure plombeux donne :

1° Avec le bromure de cœsium les mêmes composés que les combinaisons chlorées correspondantes [Wells, *Zeit. anorg. Chem.*, **3**, 195, 1892].

2° Avec le bromure de potassium :

$2PbBr^2, KBr$ [Wells, *Zeit. anorg. Chem.*, **4**, 335, 1894]. $PbBr^2KBr, H^2O$; obtenu par le bromure de potassium et l'azotate de plomb ou par ce bromure et l'iodure ou le bromure de plomb [Herty, *Am. chem. J.*, **14**, 107, 1062 et **15**, 357, 1893; — Wells, *Zeit. anorg. Chem.*, **3**, 195, 1892]. $PbBr^2, 2KBr$; octaèdres très solubles dans l'eau [Wells, *loc. cit.*]. $PbBr^2, 2KBr, H^2O$; $PbBr^2, 3KBr$; $2PbBr^2, KBr$; obtenus tous trois par Wells [*Zeit. anorg. Chem.*, **3**, 195, 1892].

3° Avec AzH^4Br.

Fonzes-Diacon [*Bull. Soc. Chim.*, (3), **17**, 346, 1897] pense qu'il n'y a parmi les diverses combinaisons décrites que les deux composés définis : $2PbBr^2, AzH^4Br$, aiguilles blanches, et $PbBr^2, 2AzH^4Br$, lamelles irisées ressemblant à l'acide borique.

4° Avec $MgBr^2$.

$PbBr^2, 2MgBr^2, 16H^2O$. Cristaux clinorhombiques, se déshydratant vers 100-140° et se décomposant ensuite en perdant du brome [Otto et Drewes, *Arch. der Pharm.*, **228**, 495, 1890 et **229**, 585, 1891].

Bromure plombique $PbBr^4$. — Il n'a pas été isolé, mais se forme dans les mêmes conditions que $PbCl^4$, sauf toutefois par l'action de l'acide bromhydrique sur le tétracétate de plomb où il se fait $PbBr^2$ et Br^2 (Hutchinson et Pollard) [Friedrich, *D. chem. G.*, **26**, 1434, 1893]. Il donne avec KBr le *bromoplombate de potassium* $PbBr^4, 2KBr$ (Friedrich).

Iodure plombeux PbI^2. — Chaleur de formation, PbI^2 cristallisable avec l'iode gaz. $53^{Cal},4$; avec l'iode crist., $39^{Cal},8$.

Il fond à 375° [Tarhardt, *Ann. Phys. Chem. Pogg.*, **24**, 215, 1885], et n'a plus qu'une très légère coloration jaune dans l'air liquide [Kastle, *Am. Chem, J.*, **23**, 500, 1900]; il est presque complètement ionisé par l'eau [Ende, *Zeit. anorg. Chem.*, **16**, 129, 1901]; il est insoluble dans l'acétone, mais un peu soluble dans la pyridine [Naumann, *D. chem. G.*, **37**, 4328 et 4609, 1994].

Le fluor le décompose à froid et produit une incandescence (Moissan); avec le sulfure d'azote Az^4S^4 dans l'ammoniac liquide, il forme des prismes vert olive ou oranges quand ils sont secs; c'est un composé de formule $PbAz^2S^2, AzH^3$ que la chaleur ménagée ou les acides décomposent en donnant un produit noir explosif, le *plomb dithiodiimide*, $PbAz^2S^2$ [Ruff et Giesel, *D. chem. G.*, **37**, 1573, 1904].

L'existence de l'*iodure plombique* est très douteuse : en tout cas, on ne l'obtient pas par l'acide iodhydrique et le tétracétate de plomb (Hutchinson et Pollard).

Iodures doubles. — *a*) Avec le potassium. On a décrit un grand nombre de ces corps, mais leur existence a été mise en doute par Wells [*Zeit. anorg. Chem.*, 3, 195, 1892] et par Herty [*Am. chem. J.*, **18**, 280, 1896], qui ne reconnaissent qu'un seul de ces corps, $PbI^2, 2KI, 2H^2O$, obtenu par l'action de 15 gr. d'iodure de potassium dans 19 cm^3 d'eau et 4 gr. d'azotate de plomb dans 15 cm^3 d'eau; ce sont des aiguilles blanches soyeuses que l'eau décompose; entre 144 et 203° cependant ses solutions aqueuses sont stables : en deçà et au delà il y a décomposition [Schreinemackers. *Zeit. phys. Chem.*, **9**. 57 et **10**, 467. 1892]. Mais les affirmations de Herty pour les sels halogénés mixtes du plomb ayant été reconnues inexactes par Thomas (voyez plus loin), l'opinion de Herty n'est peut-être pas définitive ici non plus ; voici les sels doubles décrits depuis le 1er Suppl. :

$3PbI^2, 4KI, 6H^2O$ [Berthelot. *C. R.*, **95**. 952. 1881].

$3PbI^2, 4KI$ [Mosnier. *D. chem. G.*, **28**, 221 : *Ref.* 1895, ou *Ann. chim. phys.*. (7), **12**, 174, 1897].

$PbI^2, 2KI, 2.5H^2O$ [Schreinemackers, *loc. cit.* et Talmadge. *Bull. Soc. Chim.*. (3). **18**, 1067, 1897].

b) Avec l'ammonium. On a décrit divers composés qui sont :

$PbI^2, AzH^4I, 4H^2O$ [Ditte. *C. R.*. **92**, 1343, 1881] ; — $3PbI^2, 4AzH^4I$ [Field. *J. Chem. Soc.*. **63**. 640] et $3PbI^2, 4AzH^4I, 6H^2O$ [Mosnier. *loc. cit.* et Herty, *Am. chem. Journ.*, **17**. 296. 1896].

Fonzes-Diacon pense que ce dernier composé en longues aiguilles jaunes est le seul défini de cette série [*Bull. Soc. Chim.*. (3). **17**. 346. 1897], mais cette opinion n'est pas conforme à celle de Herty, qui préfère la formule $PbI^2, AzH^4I, 2H^2O$ (*loc. cit.*).

c) Avec le sodium. Ont été décrits comme nouveaux : $PbI^2. 2NaI$ (Ditte, *loc. cit.*) et le même avec $4H^2O$ (Mosnier).

d) Avec le lithium : $PbI^2, 2LiI, 4H^2O$. Aiguilles jaunes [Mosnier. *C. R.*, **120**. 444. 1395]. $PbI^2, LiI, 5H^2O$ [Bogorodsky. *Journ. Soc. phys. chim. russe.* **26**. 216. 1894] décomposé par l'eau, perdant H^2O dans le vide sur l'acide sulfurique ou à 100°, et toute son eau à 190° ; le sel devient gris jaunâtre et reprend peu à peu son eau.

e) Avec le calcium : $2PbI^2, CaI^2, 7H^2O$, cristallisé [Mosnier. *loc. cit.*]. Même sel avec le strontium.

f) Avec le magnésium. $PbI^2, 2MgI^2, 16H^2O$. — Cristaux rhombiques jaune miel décomposés par l'eau, qui perdent leur eau à 140° et deviennent jaune citron ; au delà ils perdent de l'iode [Otto et Drewes. *Arch. der Pharm.*. **228**. 495 et **229**, 585, 1891].

Le cyanure double de plomb et cobalt ne paraît pas exister car l'acétate de plomb ne donne aucune réaction avec le cobalticyanure de potassium, pas plus d'ailleurs qu'avec le chromicyanure [Muller. *Bull. Soc. Chim.*, (3), **29**. 30, 1903].

Sels de plomb à plusieurs halogènes. L'existence de ces combinaisons, niée par certains auteurs [Herty et Boggs. *J. Am. Chem. Soc.*. **19**, 820, 1897 ; — Herty et Black. *Am. chem. J.*. **18**, 847. 1896] ne paraît plus faire de doute maintenant.

Fluochlorure de plomb Pb.F.Cl. Obtenu par PbF^2 et AzH^4Cl : cristaux quadratiques [Fonzes-Diacon. *loc. cit.*] fondant sans décomposition.

Fluobromure de plomb, PbF.Br. Analogue au précédent (Fonzes-Diacon).

Chlorobromures. — $3PbCl^2, PbBr^2$. — Obtenu par Thomas [*Bull. Soc. Chim.*, (3), **19**, 488 et 598, 1898] en ajoutant une solution bouillante de bromure de potassium au 1/10 à 5 parties de $PbCl^2$ dissous dans 240 d'eau : les dépôts successifs à des températures variables de 20° à 60° ont toujours la même composition [Thomas. *ibid.*, (3), **21**. 532, 1899] ; ce composé n'est pas altéré par le peroxyde d'azote [voyez Iles. *Chem. News*, **43**. 216, 1881].

PbBrCl. — Obtenu par Thomas (*loc. cit.*) en traitant PbICl par le brome : il fond en un liquide jaune, inaltérable à la lumière.

Chloroiodure PbClI. — Obtenu par l'acide chlorhydrique en excès et PbI^2 (Thomas) et non par l'acide iodhydrique et $PbCl^2$ qui donne seulement PbI^2 ; ou bien par un chlorure ou iodure alcalin et un sel halogène du plomb, ou bien par mélange des deux composants ; il est formé d'aiguilles jaunes ou de cristaux verts. L'action du peroxyde d'azote démontre l'existence de ce corps car ce réactif n'attaque ni $PbCl^2$, ni $PbBr^2$, mais décompose PbI^2 en donnant PbO et de iode ; or, le chloroiodure est partiellement altéré et dégage la quantité d'iode qui correspond à la formule donnée ; d'autre part, PbI^2 et $PbCl^2$ ne peuvent donner de mélanges isomorphes [voyez Thomas. *Bull. Soc. Chim.*, (3), **21**. 532, 1899 ; — Field. *Chem. News*, **67**, 157. 1893 et *J. chem. Soc.*, **63**, 540, 1893].

Sels de plomb et ammonium à divers halogènes. — Parmi les plus récents se trouvent :

$PbCl^2, 2AzH^4Cl, 4H^2O$ [Mosnier. *C. R.*, **120**, 444. 1895].

$PbI^2, AzH^4Cl, 2H^2O$. — Aiguilles jaunâtres clinorhombiques [Fonzes-Diacon, *loc. cit.*]. Cet auteur ramène ces différents composés aux types : PbX^3A, PbX^4A^2, PbX^5A, dont les hydrates sont conformes aux lois de Remsen [*Am. chem. Journ.*, **11**. 291. 1889].

OXYDES DE PLOMB. — SOUS-OXYDE : Pb^2O. — Il a été obtenu pur par Tanatar [*Zeit. anorg. Chem.*. **27**. 304, 1801].

PROTOXYDE ANHYDRE PbO. — Chaleur de formation : 50Cal,8 (Thomsen) ; chaleur de neutralisation par HCl. diss. : 23Cal,3 ; — par HBr diss. : 27Cal,3 ; — par HI diss. : 31Cal,6 (sels solides) (Berthelot).

On l'obtient sous forme jaune en favorisant la combustion du plomb par un courant d'air surchauffé [Bradley, *D. chem. G.*. **22**. 510c, 1889 : — Newel, *ibid.*, **21**, 685 c. 1888], ou bien encore en empruntant l'oxygène aux oxydes azoteux et azotique [Sabatier et Senderens. *C. R.*, **120**, 618. 1885], ou enfin par décomposition du plombate de calcium par le plomb [Kassner, *D. chem. G.*. **28**. 576. *Ref.*, 1895].

Cet oxyde, extrêmement peu soluble dans l'eau (1/7000) l'est davantage en présence d'ammoniaque [Dover et Van Cleef. *Rec. des Pays-Bas*, **20**, 198, 1901]. Il est facile à réduire par l'hydrogène, dès 190-195° [Glaser, *Zeit. anorg. Chem.*. **36**. 1, 1903] ; par le charbon, à 300° pour la litharge [Schlagdenhaufen et Pagel, *C. R.*. **128**. 309, 1899] ; par le tungstène [Delépine et Hallopeau, *Bull. Soc. Chim.*, (3), **21**, 948. 1899] ; le molybdène [Delépine. *ibid.*, (3), **29**. 1167. 1903] ; la fonte de niobium [Moissan, *C. R.*, **134**, 1871, 1902 ou *Bull. Soc. Chim.*, (3), **27**. 1143 et 1147. 1902] ; le magnésium [Winkler, *D. chem. G.*, **24**. 873. 1891] et les hydrures de métaux alcalins [Moissan. *C. R.*, **133**. 20, 1901 et **134**. 1871. 1902]. Le carbure de calcium à 1400° réduit énergiquement, mais ne donne pas de carbure de plomb [Tarugi. *Gazz. chim. ital.*. **29**. 1509. 1899], ni d'alliage de calcium et plomb ; le carbure d'aluminium réduit aussi énergiquement l'oxyde de plomb [Moissan, *Le Four élect.*] ; avec les sulfures métalliques, il se produit parfois de l'anhydride sulfureux [Moissan. *Bull. Soc. Chim.*. (3). **19**, 874. 1898].

Ses propriétés basiques ont été étudiées par Kühling [*D. chem. G.*, **34**, 3941. 1901] ; mais l'oxyde a aussi de faibles propriétés acides [Kühling. Sackur et Bœdlander. *D. chem. G.*. **35**, 1242. 1902 ; — Sackur. *ibid.*, **35**, 94. 1902 ; — Bœdlander. *ibid.*, **35**. 99. 1902 et Hertz. *Zeit. anorg. Chem.*, **31**, 454, 1898] ; car il donne avec les alcalis des plombites [Carrara et Vespignani. *Gazz. chim. ital.*, **30**. 235., 1900] employés comme mordants [Bennet. *C. R.*, **117**. 518, 1893].

La décomposition du sel ammoniac en présence de l'oxyde de plomb a été étudiée par Isambert [*C. R.*, **102**, 1313, 1886].

Hydrate de protoxyde. — On l'obtient par précipitation de l'acétate avec l'ammoniaque [Hertz, *Zeit. anorg. Chem.*, **31**, 450, 1902] ou quand on électrolyse du nitrate de potassium dissous avec une anode en plomb [Lorenz, *Zeit. anorg. Chem.*, **12**, 436, 1897].

Les divers hydrates sont des bases énergiques [Miyers, *Rec. Pays-Bas*, **12**, 313, 1893].

Oxyde salin ou minium Pb^3O^4. — Il a été obtenu en peroxydant le protoxyde par le persulfate d'ammoniaque [Seyewetz et Trawitz, *Bull. Soc. Chim.*, (3), **29**, 869, 1903]; fabrication industrielle [voyez Larronij, *D. chem. G.*, **24**, 869c, 1891 et Lewis, *D. chem. G.*, **16**, 814, 1883]. La purification du minium commercial par une liqueur bouillante d'azotate de plomb enlève les traces de plomb, d'oxyde, de carbonate et donne le composé Pb^4O^5 [Löwe, *Polyt. J. Dingler*, **271**, 472, 1889] : la teneur en minium des échantillons commerciaux varie de 44 à 92 0/0 de Pb^3O^4 [Woodmann, *Am. Chem. J.*, **39**, 339]. Ce composé dissous dans l'acide acétique donne du tétracétate de plomb [Colson, *C. R.*, **136**, 676, 1903]: il est facilement réduit, par exemple par l'oxyde de carbone à 215° [Schlagdenhaufen et Pagel, *C. R.*, **128**, 309, 1899].

D'après les expériences d'Hutchinson et Pollard [*J. Chem. Soc.*, **69**, 212, 1896], Colson [*Bull. Soc. Chem.*, (3), **31**, 422, 1904] considère le minium comme le sel de plomb de l'hydrate normal $Pb(OH)^4$ et non comme un sel de l'acide de Frémy $PbO(OH)^2$.

Bioxyde de plomb, PbO^2. — Chaleur de formation : 63^Cal^,4 [Tscheltzow, *C. R.*, **100**, 1458, 1885]. Ce composé s'obtient anhydre dans l'électrolyse d'une solution d'azotate neutre ou acide [Leuchs, *D. chem. G.*, **20**, 152c, 1887], ou bien en oxydant le protoxyde par le persulfate d'ammoniaque [Salenger, *Zeit. anorg. Chem.*, **33**, 322, 1903]; cette oxydation est employée industriellement pour obtenir l'oxyde puce de plomb [Brockhoff et Eahlberg, *D. chem. G.*, **18**, 395 Ref., 1885; — Griesheim Fabrik, *Chem. Centr. Blatt*, **12**, 102, 1901].

Ce bioxyde résiste à la chaleur jusqu'à 300° [*D. chem. G.*, **30**, 2515 c, 1897], mais il est réduit soit par les acétylures acétyléniques alcalins [Moissan, *Bull. Soc. Chim.*, (3), **31**, 552 et 553, 1904], soit par la fonte de niobium (Moissan), soit par le carbure de calcium qui donne du plomb associé à du calcium (Moissan), soit par l'hydrogène sulfuré sec [Russel, *J. Chem. Soc.*, **77**, 352, 1900] ou humide [Vanino et Hauser, *D. chem. G.*, **33**, 625, 1900; — Bogdan, *Bull. Soc. Chim.*, (3), **29**, 595, 1993], soit par des sulfures métalliques comme MoS^2 [Guichard, *Ann. Chim. Phys.*, (7), **23**, 538, 1901], soit par l'ammoniaque [Michel et Grandmougin, *D. chem. G.*, **26**, 2565, 1893] ou par le sulfhydrate d'ammonium, qui est entièrement détruit [Bogdan, *loc. cit.*], soit par des composés peu oxygénés comme l'anhydride sulfureux sec en présence d'eau [Russel, *J. Chem. Soc.*, **77**, 352, 1900; — Vanino et Hauser, *loc. cit.*] qui donne SO^4Pb. Les matières organiques peuvent, suivant les conditions de réaction, être plus ou moins complètement oxydées [Kastle et Lœwenhardt, *Am. Chem. J.*, **26**, 539; — Morawski, *Mon. f. Chem.*, **10**, 578, 1899]: par exemple la formaldéhyde est transformée en formiate de plomb [Geisow, *D. chem. G.*, **37**, 517, 1904] et la transformation en matières colorantes des leucodérivés du triphénylméthane est une des plus importantes applications industrielles du bioxyde de plomb : de même on a proposé son emploi pour la purification des alcools mauvais goût [Russel et Smith, *J. Chem. Soc.*, **77**, 340, 1900], pour l'absorption des halogènes, des vapeurs nitreuses, de l'anhydride sulfureux [Lyte, *D. chem. G.*, **16**, 318, 1883].

Le bioxyde de plomb favorise la formation d'ozone [Kremann, *Zeit. anorg. Chem.*, **36**, 403, 1903] et son action sur l'eau oxygénée, découverte par Schönbein, a été reprise par Piccini [*Zeit. anorg. Chem.*, **12**, 169, 1896] et Tanatar, [*D. chem. G.*, **33**, 205, 1900]; avec le réactif de Caro, il donne de l'oxygène ozonisé [Bamberger, *D. chem G.*, **33**, 1959, 1900]

On dose le bioxyde par l'action sur l'iodure de potassium, ou sur le sulfate ferreux, mais ce dernier procédé est parfois défectueux [Ebell, *D. chem. G.*, **19**, 364, 1886]. Comme réactif, on a signalé le chlorure de cobalt [Klobb, *Bull. Soc. Chim.*, (3), **25**, 146 et 1023, 1901].

Peroxyde de plomb. — [Hollard, *Bull. Soc. Chim.*, (3), **29**, 146 et 151, 1903; — Tenney, *Am. Chem. J.*, 413, 1884]. L'électrolyse d'une liqueur d'azotate donne non pas le composé PbO^2, mais une substance plus riche en oxygène dont l'excès augmente avec la dilution du bain. Le rapport $\frac{Pb}{PbO^2} = 0{,}866$ pour les dosages de plomb sous forme de bioxyde est donc trop élevé et on a dressé des tables qui enregistrent les variations du facteur en question, allant de 0,866 à 0,740. Les corps formés sont de nature variable et mal connus; cependant avec une anode en platine dépoli, le facteur d'analyse prend la valeur fixe 0,853 [Hollard, *Bull. Soc. Chim.*, (3), **31**, 289, 1904].

Plombites et plombates. — L'existence des plombites que l'on fait dériver de l'acide plombeux

$$\begin{matrix} H \\ O \end{matrix} \gtrless Pb(OH)$$

est rendue douteuse par les expériences de Rubenhauer et Hantsch [*Zeit. anorg. Chem.*, **30**, 330] car les solutions alcalines d'hydrate de plomb ne sont stables qu'en présence d'un grand excès d'alcali et contiennent des quantités de protoxyde variables avec la concentration alcaline. Ces solutions sont employées dans le mordançage parce qu'elles déposent sur la fibre l'oxyde blanc PbO non oxydant (tandis que les plombates déposent PbO^2 coloré et oxydant) qui forme des laques avec les extraits de bois, les cachous, les sels métalliques [Bonnet, *C. R.*, **117**, 518, 1893].

Les plombates de Frémy forment deux catégories : les uns dérivent de l'acide métaplombique $O=Pb(OH)^2$, et quelques-uns de leurs hydrates, comme $PbO^3K^2.3H^2O$, peuvent être regardés comme étant $Pb(OH)^6K^2$, ce qui les rattache aux stannates et aux platinates [Belluci et Parabana, *Att. Ac. Lincei*, (5), **14**, 278, 1905]. A cette catégorie appartiennent $PbO^3HNa,3H^2O$ [Hœbnel, *Arch. Pharm.*, **284**, 397, 1896 et **232**, 222, 1894]; — $PbO^3Ca.4H^2O$ [Hœbnel, *loc. cit.*]; — $(PbO^3)^2H^2Ca$ [*ibid.*]; — $PbO^3Zn,3H^2O$ [*ibid.*]. Les autres, ou orthoplombates, correspondent à $PbO^2.2M^2O$ (M métal monovalent) et le sel de plomb de cette série

$$PbO^2,\ 2PbO \quad \text{ou} \quad Pb \begin{matrix} O \\ O \end{matrix} Pb \begin{matrix} O \\ O \end{matrix} Pb$$

serait le minium [Kassner, *Arch. Pharm.*, **228**, 171, 1890 ou *D. chem. G.*, **23**, 192c et 321c, 1890]. Ces orthoplombates, préparés industriellement en faisant intervenir l'oxygène atmosphérique, par exemple $PbO^4Ca^2,4H^2O$, (ou anhydre, PbO^4Ca^2), etc. [Kassner, *D. chem. G.*, **23**, 517c,

1890; — Marquart et Schultz, *ibid.*, **27**, 280c. 1894; — Marx, *ibid.*, **28**. 439 Ref., 1895; — Hullu, *ibid.*, **29**. 392d. 1896; — Romignieres, *ibid.*, **22**. 826c, 1889], sont employés pour préparer le bioxyde [Bonnet, *C. R.*, **117**, 518, 1893], pour produire l'oxygène [Kassner et Schultze, *D. chem. G.*, **29**, 1910, 1896] ou pour oxyder les matières organiques [Wedemeyer. *Arch. Pharm.*, **230**, 263, 1893 et Krasnick, *ibid.*, **228**, 178, 1890].

OXYCHLORURES DE PLOMB. — Le composé $PbCl^2, PbO, H^2O$, déjà connu, a été obtenu par Mailhe dans l'action de l'hydrate de cuivre sur $PbCl^2$ dissous [*Bull. Soc. Chim.*, (3), **27**, 178, 1902] ou par l'action de l'eau à 200° sur $PbCl^2, 3AzH^4Cl, H^2O$ (André).

L'hydrate $PbCl^2.3PbO, H^2O$ a été obtenu par Mailhe [*loc. cit.*]; avec $4H^2O$ par Tommasi dans l'action du magnésium en fils sur $PbCl^2$ dissous [*Bull. Soc. Chim.*, (3), **21**. 886. 1899], ou par Voigt dans l'action de PbO sur $MgCl^2$ [*Chem. Zeit.*, **13**. 695, 1889].

Les oxychlorures mixtes de plomb et calcium ou de plomb et baryum, par exemple $2PbO, CaCl^2, CaO, 4H^2O$, sont dus à André [*C. R.*, **104**, 36, 1887].

Oxyiodure, $PbI^2.PbO, H^2O$. — Déja connu et obtenu a nouveau en traitant PbI^2 par PbO ou par l'ammoniaque [Wood et Barden, *J. Am. Chem. Soc.*, **6**, 218, 1884].

Oxyiodure ioduré ou *iodohypoiodite de plomb*. — Filhol a obtenu à côte des composés déjà connus le corps $PbI^2, PbO, I^2, 4CO^3Pb$ en précipitant l'acétate de plomb en présence de carbonate, par l'iodure de potassium iodure. Groger [*Mon. f. Chem.*, **13**. 510. 1892] en mélangeant des liqueurs alcooliques d'iode et d'acétate de plomb, puis filtrant et étendant d'eau, obtient un précipité d'abord brun, puis violet à l'air, dont la composition est $PbI^2.PbO, I^2$ ou (IO) $PbI.PbI^2$, iodohypoiodite de plomb combiné à l'iodure, et qui est extrêmement peu stable.

CHLORATE DE PLOMB $(ClO^3)^2Pb, H^2O$. — Ce composé soluble dans l'eau permet d'obtenir une liqueur de densité 1.947 [Mylius et Funk, *D. chem. G.*, **30**. 1718b, 1897]; il est soluble dans l'alcool.

PÉRIODATES DE PLOMB. — Obtenus par Kimmins [*Chem. Soc.*, **51**. 356. 1887 et **55**, 348, 1887] ou par Giolitti [*Gazz. chim. ital.*, **32**. 340. 1902] par double décomposition; le produit de Giolitti, blanc, jaunit et se deshydrate totalement à 140°; il se forme alors une poudre orangée insoluble dans l'eau, de composition $I^2O^{10}Pb^3$ qui, chauffée avec l'acide azotique en faible quantité, se transforme en I^2O^8Pb.

SULFURES DE PLOMB. — L'existence des sous-sulfures Pb^4S et Pb^2S est très douteuse [Mourlot, *C. R.*, **123**. 54, 1896].

SULFURE PbS. — Il a été obtenu cristallisé [Meyer *D. chem. G.*, **36**, 2978, 1903], par l'action sur le protoxyde de quelques sulfures métalliques [Emerson-Reynolds, *J. Chem. Soc.*, **45**. 167. 1884] ou par reduction du sulfate par le charbon [Boudouard. *Bull. Soc. Chim.*, (3). **25**, 284. 1901], ou encore par une compression prolongée des deux composants [Spring, *D. chem. G.*, **16**, 1001, 1883], ou enfin par combinaison rapide au four électrique [Mourlot, *loc. cit.*].

Ce composé fond et cristallise à froid [Mourlot, *loc. cit.*]; sa résistance électrique à — 187°,2 est inférieure au quart de sa valeur à + 20°,7 [Van Aubel, *C. R.*, **135**, 734, 1902].

Le sulfure est totalement réduit par l'hydrogène à chaud [Emerson-Reynolds, *loc. cit.*] et par le carbure de calcium qui donne du sulfure de calcium et du plomb [Gelmuyden, *C. R.*, **130**, 1026, 1900]; l'oxygène electrolytique l'oxyde en sulfate [Smith, *D. chem. G.*, **23**, 2276 b, 1890]; de même l'ozone [Mailfert, *C. R.*, **94**, 860, 1186, 1882]; l'eau à 200° le décompose [Böhm, *Sitz. Akad. Wien.*, **85**, II, 554, 1882]; de même quelques chlorures métalliques, comme ceux de zinc et cadmium [Viard, *Bull. Soc. Chim.*, (3), **29**, 455, 1903]; de même aussi le carbonate de sodium employé en excès, qui donne du plomb [Mourlot, *loc. cit.*].

POLYSULFURE. — L'hydrogène sulfuré réagissant sur le tétracétate de plomb ne donne que PbS + S [Hutchinson et Polard, *J. Chem. Soc.*, **69**, 212. 1896], mais l'action de nitrate de plomb au 1/100 à 0° sur du polysulfure de calcium donne un composé de formule à peu près constante PbS^5, instable et décomposable en $PbS + S^4$ [Bodroux, *Bull. Soc. Chim.*, (3), **23**, 501, 1900].

COMBINAISONS SULFOHALOGÉNÉES — Parmentier [*C. R.*, **114**, 298. 1892] a obtenu par H^2S et $PbCl^2$, en opérant avec précaution, un composé rouge, peu stable, de formule $PbS, PbCl^2$, identique au composé naturel. Le bromosulfure a été obtenu de même, mais plus facilement; quant à l'iodosulfure il se forme aussi, mais n'a pas été isolé [Voyez Lescher, *J. Am. Chem. Soc.*, **17**, 511 et **23**, 680].

D'autre part, Hofmann et Wölfl [*D. chem. G.*, **37**. 249, 1904 ou *Bull. Soc. Chim.*, (3). **32**, 766, 1904] ont obtenu des composés mixtes de même nature en abandonnant à la lumière une solution étendue et d'abord limpide de chlorure de plomb et de thiosulfate de sodium; il se fait d'abord un trouble coloré, puis un produit microcristallin rouge $Pb^4S^6Cl^2$; avec l'iodure on a un composé plus rouge encore $Pb^3S^4I^2$, facilement altérable, qui noircit à 100° et qui à toute température donne par sublimation du soufre et de l'iodure de plomb.

Sulfochlorure de plomb et bismuth. — Obtenu par Ducatte [*Bull. Soc. Chim.*, (3), **27**, 763, 1902 ou *C. R.*, **134**, 1061. 1902] en fondant les dérivés halogénés ou thiohalogénés du plomb avec du sulfure de bismuth.

Le type de ces corps est $PbS, Bi^2S^3, 2BiSCl$ aiguilles gris d'acier, décomposées par l'eau et par les acides, oxydables en donnant SO^2, PbO et $BiCl^3$; on a obtenu le composé bromé et le composé iodé.

THIOSULFATE. — On l'obtient cristallin par le thiosulfate de sodium et l'acétate de plomb [Fogh, *C. R.*, **110**, 522, 1890 ou *Ann. Chim. Phys.*, (6), **21**, 45, 1890] ou par décomposition spontanée du pentathionate mixte de sodium et de plomb [Lumière et Seyewetz, *Bull. Soc. Chim.*, (3), **27**, 793, 1902]. Ce corps donne avec l'acétate de plomb une combinaison cristallisée, peu soluble dans l'eau $S^2O^3Pb, 2(CH^3CO^2)^2Pb$ [Lemoult, *C. R.*, **139**, 422. 1904]. Il est employé comme virofixateur, mais a peu d'action [Lumière et Seyewetz, *loc. cit.*].

Le thiosulfate de plomb forme des sels doubles, par exemple avec celui de sodium; les deux sels entrent ensemble en solution et la liqueur employée comme viro-fixateur donne des images inaltérables; elle-même s'altère peu à peu assez rapidement [Lumière et Seyewetz, *loc. cit.*], à moins qu'on ait eu la précaution d'y ajouter un peu d'acide borique [Jouve, *Bull. Soc. Chim.*, (3), **27**, 863, 1902].

Le sel double peut être isolé par addition d'alcool, et il cristallise peu à peu; il ressemble beaucoup au sel correspondant de potassium; Fogh [*C. R.*, **110**, 571, 1890] lui attribue la formule $S^2O^3Pb, 2S^2O^3Na^2$; cependant cette composition n'est pas invariable et Fogh signale les composés : $S^2O^3Pb, 4S^2O^3Na^2, 15H^2O$ et $18S^2O^3Pb, 10S^2O^3Na^2, 35H^2O$ [Voyez aussi : H. Euler, *D. chem. G.*, **37**, 1707, 1904].

Le sel double de plomb et de baryum n'a pas été obtenu pur et contient toujours un excès de thiosulfate de baryum.

Dithionate de plomb. — Il ne se produit pas par action de l'anhydride sulfureux sur de l'eau tenant bioxyde de plomb en suspension [Meyer, *D. chem. G.*, **34**, 3606 c, 1901 et Carpenter, *J. Chem. Soc.*, (81), **1**, 14, 1902], mais par neutralisation de l'acide; il est employé comme virofixateur, mais s'altère vite [Lumière et Seyewetz, *loc. cit.*], car l'eau le décompose dès 5° en donnant du sulfite et une liqueur acide (Carpenter).

Le tri, le tétra et le pentathionate de plomb sont employés comme viro-fixateurs; le premier est peu stable même à sec; le second dissous dans l'eau se dépose sous forme hydratée : $S^4O^6Pb.2H^2O$; le troisième associé au thiosulfate de sodium donne en photographie des résultats comparables à ceux que donne le chlorure d'or, mais la liqueur est peu stable [Lumière et Seyewetz, *loc. cit.*]. Il en est de même du pentathionate double de plomb et de sodium [Lumière et Seyewetz, *loc. cit.*].

Sulfite de plomb. — On l'obtient cristallisé par double décomposition entre le sulfite de sodium et le pentathionate de plomb [Lumière et Seyewetz, *loc. cit.*] ou par l'anhydride sulfureux et l'acétate de plomb [de Schulten, *Bull. Soc. Chim.*, (3), **29**, 726, 1903]. Il donne un sel basique, de préparation industrielle facile : $2SO^3Pb, PbO, H^2O$, qui peut remplacer la céruse [Fell, D.R.P. 50134].

Sulfate de plomb. — Obtenu cristallisé par formation très lente [de Schulten, *loc. cit.*]; il est extrêmement peu soluble dans l'eau [Kohlrausch, *Zeit. Phys. Chem.*, **44**, 197, 1903], mais soluble dans le chlorure stanneux chlorhydrique [de Jong, *Zeit. anal. Chem.*, **41**, 596, 1902]. Il est décomposé par le soufre [Senderens et Filhol, *C. R.*, **93**, 152, 1881] et partiellement par l'acide chlorhydrique [Colson, *C. R.*, **124**, 81, 1897], mais il déplace à chaud l'acide des nitrates alcalins et cette propriété permet de doser les nitrates [Permann, *Chem. News.*, **83**, 193, 1901]. Il forme quelques sels basiques dont $3(SO^4Pb).2PbO$ poudre jaune rougeâtre que Frankland [*Proc. Roy. Soc.*, **46**, 304, 1890] considère comme la portion active des accumulateurs et $3(SO^4Pb), PbO^2, 2H^2O$ également actif; le premier de ces corps est obtenu avec du plomb finement divisé, l'autre avec du bioxyde de plomb.

On a proposé d'employer les sulfates basiques comme succédanés de la céruse et imaginé des procédés pour les obtenir industriellement [Willenz, *B. ass. belge chim.*, 15, 1901; — Grégory, *D. chem. G.*, **29**, 1031, 1896; — Hannay, *ibid.*, **24**, 77 c, 1891; — White Lead Company, *ibid.*, **28**, 35, 1895 et Hannay, **24**, 177, Ref. 1891; — Hyalt, D.R.P. 81008].

Le sulfate de plomb forme aussi des sulfates acides, entre autres $SO^4Pb.SO^4H^2.H^2O$ ou pyrosulfate de plomb, $S^2O^7Pb.2H^2O$, qui paraît prendre naissance dans l'action du soufre sur le sulfate neutre [Senderens et Filhol, *C. R.*, **93**, 152, 1881].

Le sulfate de plomb forme quelques sulfates doubles comme celui de plomb et potassium, qui peut fausser les dosages de plomb par sulfate, quand il y a de la potasse en présence [Belton, *Chem. News.*, **91**, 191, 1905].

Le sel double de plomb et d'aluminium $2SO^4Pb, (SO^4)^3Al^2, 20H^2O$ est cristallisé en octaèdres réguliers, inaltérables à l'air, perdant leur eau dès 150° et entièrement à 250° [Bailey, *J. Soc. Chem. Ind.*, **6**, 415, 1887].

Le *persulfate de plomb* $(SO^4)^2Pb, 3H^2O$ ne paraît jouer aucun rôle dans le fonctionnement des accumulateurs [Marshall, *J. Soc. Chem. Ind.*, **16**, 396, 1897].

Séléniure de plomb. — Il a été reproduit cristallisé par sublimation au four électrique du séléniure amorphe [Fonzes-Diacon, *Bull. Soc. Chim.*, (3), **23**, 721, 1900]; il est décomposé par l'acide sulfurique qui donne SO^4Pb, SO^2 et une liqueur verte tenant en suspension du sélénium (Fonzes-Diacon).

Sous-séléniure. — Composé d'existence douteuse qui ne se forme pas par réduction de séléniate par le charbon (Fonzes-Diacon).

Chloro-séléniure. — Précipité rouge lie de vin, obtenu par Fonzes-Diacon (*loc. cit.*) par l'action de H^2Se sur l'acétate de plomb; on le prépare encore par PCl^3 et PbSe; il est alors rouge pourpre. Ce corps est peu stable.

Sélénite. — Il a été obtenu par Fonzes-Diacon en oxydant le séléniure par l'acide nitrique.

Séléniate. — On l'a reproduit sous forme cristalline en dissolvant le sel amorphe dans un mélange de nitrates de sodium et de potassium [Michel, *Thèse de Doct.*, Paris, 1889]; il est facilement réduit par l'hydrogène ou le charbon [Fonzes-Diacon, *loc. cit.*].

Tellure de plomb. — Chaleur de formation : 6Cal,2 [Fabre, *Ann. Chim. Phys.*, (6), **14**, 110, 1888]. Sa formation par le tellure et le plomb a été étudiée après Margottet par Jay et Gillson [*Am. chem. J.*, **27**, 81, 1902].

Azoture de plomb (azothydrate), Az^6Pb. — Ce corps d'existence longtemps douteuse paraît se faire dans l'action de l'acide azothydrique sur le plomb [Beilby et Henderson, *J. Chem. Soc.*, **79**, 1245, 1901] et se produit à coup sûr par double décomposition d'un azothydrate avec l'acétate de plomb [Curtius, *D. chem. G.*, **24**, 3341 *b*, 1891]; c'est un corps cristallisé en aiguilles, explosif, et décomposé par l'eau bouillante qui le transforme en un sel basique stable.

Nitrite de plomb, nickel et potassium. — Précipité jaune orangé, fort peu soluble, qui se forme quand on ajoute à une liqueur de nitrite de potassium et d'acétate de nickel, de l'acétate ou de l'azotate de plomb. Sa composition est variable; sa formation empêche la séparation du nickel et du cobalt, et il faut avoir soin pour cette opération de prendre un nitrite exempt de plomb [Baubigny, *Ann. chim. phys.*, (6), **17**, 110, 1889 ou Przibylla, *Zeit. anorg. Chem.*, **15**, 419, 1897].

Azotites basiques : *a*) $Az^2O^4Pb, 3PbO, H^2O$. — On l'obtient par action prolongée du plomb sur une solution chaude d'azotate [Peters, *Zeit. anorg. Chem.*, **11**, 116, 1896].

b) $Az^2O^4Pb.PbO, H^2O$. — Prismes jaune d'or obtenus par Peters (*loc. cit.*) en réduisant par le plomb le nitroso-nitrate pentabasique.

Azotates. — Quelques sels basiques se forment d'après Sabatier et Senderens [*C. R.*, **120**, 618, 1895] par union à 500° du protoxyde de plomb et du peroxyde d'azote, et d'après Auden et Fowler [*Chem. News*, **73**, 163, 1895] par le bioxyde de plomb et le bioxyde d'azote.

a) $Az^2O^6Pb, 5PbO, H^2O$. — Obtenu, après Berzélius, par Athanasesco [*Bull. Soc. Chim.*, (3), **13**, 177, 1895 et **15**, 1078, 1895] et par Ditte en traitant le sel neutre par la potasse [*C. R.*, **94**, 1180, 1882].

b) Az^2O^6Pb, PbO, H^2O ou AzO^3-PbOH. — Peters (*loc. cit.*) l'a obtenu par le plomb et l'azotate neutre et Ditte (*loc. cit.*) en abandonnant plusieurs mois le précipité que l'ammoniaque donne avec le sel neutre. Athanasesco (*loc. cit.*) n'admet pas l'équivalence des deux formules ci-dessus et pense qu'on pourrait aussi adopter la formule AzO^4PbH, sel acide de l'acide AzO^4H^3 (orthoazotique ou normal).

e) $Az^2O^6Pb, PbO, 2H^2O$. — Obtenu par Mailhe [*Bull. Soc. Chim.*, (3), **27**, 178, 1882] par le sel neutre et l'oxyde brun de cuivre; ce même corps a été décrit par André [*C. R.*, **100**, 639, 1885].

Athanasesco (*loc. cit.*) nie l'existence d'un certain nombre de sels basiques décrits antérieurement.

On a proposé pour représenter ces sels basiques, de les dériver de trois acides nitriques différents : AzO^4H^3; $Az^2O^7H^4$ et AzO^3H analogues aux trois acides phosphoriques. Par exemple le sel $Az^2O^6Pb, PbO, 1,5H^2O$ perd 1/3 seulement de son eau à 100°, et se déshydrate complètement à 200° avec légère décomposition; on doit donc l'écrire $[Az^2O^6Pb, PbO, H^2O]$ $0,5H^2O$, ce qui en fait le composé $Az^2O^8Pb^2H^2, {}^1/_2H^2O$ ou $AzO^4PbH, {}^1/_4H^2O$: orthoazotate [Senderens, *Bull. Soc. Chim.*, (3), **11**, 1165, 1894].

d) Az^2O^6Pb. — Le sel neutre en solution aqueuse attaque le plomb à l'abri de l'air, et le recouvre de cristaux très oxydables pendant que la liqueur jaunit par la formation de nitrite, de nitrates basiques et de nitrosonitrates [Senderens, *Bull. Soc. Chim.*, (3), **11**, 424, 1894]. Maumené [*C. R.*, **97**, 45 et 1215, 1883] a étudié les mélanges équimoléculaires des azotates de plomb et de sodium : point de fusion 282°; et Guthrie, le même mélange avec en plus le sel de potassium : point de fusion 186° [*Phil. Mag.*, (5), **17**, 462, 1884]. L'azotate de plomb est soluble dans l'acétone et dans la pyridine [Naumann, *D. chem. G.*, **37**, 4328 et 4609, 1904].

Nitroso-nitrates de plomb. — Les composés de formule générale

$$m Az^2O^6Pb, n Az^2O^4Pb, p PbO, q H^2O,$$

ont été décrits en grand nombre, mais Peters affirme [*Zeit. anorg. Chem.*, **11**, 116, 1896] que ce sont des mélanges variables des divers composés isomorphes correspondant aux systèmes suivants : 1° $m = n = 1$, $p = q = 2$ et 2° $m = n = 1$, $p = 4$, $q = 2$. Le type de la réaction génératrice est l'action du plomb sur son nitrate qui a donné à Lorenz [*Mon. f. Chem.*, (2), 810] 14 corps différents, ou celle de Senderens (*loc. cit.*) qui obtient le composé

$$\begin{matrix} AzO^2 \\ AzO^3 \end{matrix} > Pb.PbO$$

(Berzélius, Péligot) par les systèmes de corps suivants : $Pb + AzO^3Ag$; $Pb + (AzO^3)^2Cu$; $Cd + (AzO^3)^2Pb$; $Al + (AzO^3)^2Pb$; sa formation s'accompagne de celle des oxydes Az^2O, AzO, d'azote et d'ammoniaque.

Phosphure de plomb. — Granger [*Ann. Ch. Ph.*, (7), **14**, 74, 1898] n'a pu combiner le phosphore et le plomb, ni faire réagir le phosphore sur le chlorure ou le protoxyde de plomb, ce qui rend douteuse l'existence signalée antérieurement des phosphures de plomb.

Phosphite neutre PO^3HPb. — Amat l'a obtenu par double décomposition [*C. R.*, **110**, 901, 1890] et a déterminé sa chaleur de formation : 227^{Cal},7.

Le *phosphite acide* $(PO^3H^2)^2Pb$ a été préparé sous forme cristalline par le sel neutre et l'acide en solution aqueuse [Amat, *loc. cit.*].

Pyrophosphite, $P^2O^5H^2Pb$. — Obtenu en maintenant le précédent à 140° dans le vide [Amat, *loc. cit.*], il reprend facilement de l'eau.

Orthophophates mixtes $(PO^4R^2)^2Pb$, avec R = alcoyle. — Ces corps ont été obtenus par Cavalier [*C. R.*, **138**, 762, 1904 ou *Bull. Soc. Chim.*, (3), **31**, 828, 1904], ils fondent très régulièrement et sont analogues aux phosphates [Cavalier et Prost, *Bull. Soc. Chim.*, (3), **23**, 679, 1900].

Ouvrard a obtenu quelques phosphates mixtes, 1° $P^2O^8K^2Pb^2$ formé d'aiguilles cristallines; 2° PO^4PbNa, préparé en dissolvant l'oxyde ou le carbonate de plomb dans le pyrophosphate de plomb et qui cristallise en prismes brillants [*C. R.*, **110**, 1353, 1890]; 3° $9P^2O^5, 10PbO, 8Na^2O$ par le métaphosphate de sodium et l'oxyde de plomb.

Pyrophosphate, $P^2O^7Pb^2$. — Obtenu sous forme de cristaux transparents orthorhombiques ($d = 5,8$) par Ouvrard [*C. R.*, **110**, 1333, 1890].

Métaphosphate $(PO^3)^2Pb$. — Warschauer l'a obtenu en chauffant à 400° l'acide phosphorique et l'oxyde de plomb [*Zeit. anorg. Chem.*, **36**, 137, 1903 ou *Bull. Soc. Chim.*, **3**, 32, 654, 1904].

Tétraphosphate $(PO^4H)^2Pb$. — Composé qui n'a pas été obtenu pur, mais qui se forme dans l'action de l'acide phosphorique sur le tétracétate de plomb [Hutchinson et Polard, *J. Soc. chem. Ind.*, **69**, 212]; il est soluble dans l'eau, mais se décompose et la solution a des propriétés oxydantes.

Thiohypophosphate, $P^2S^6Pb^2$. — Ch. Friedel [*Bull. Soc. Chim.*, (3), **11**, 1057 et 1061, 1894] a obtenu ce composé par l'action à haute température en tubes scellés, du plomb, du phosphore rouge et du soufre (ou de P^2S^5). Ce produit jaune orangé cristallisé diffère de ceux de Berzélius.

Bromophosphate, $3(P^2O^8Pb^3), PbBr^2$, obtenu par Ditte [*C. R.*, **96**, 846 et 1227, 1883] en fondant à l'abri de l'air les bromures de plomb et de sodium avec du phosphate; prismes hexagonaux jaune d'or. De même on a obtenu l'*iodophosphate* [Ditte, *Ann. Chim. Phys.*, (6), **8**, 532, 1882].

Nitrophosphite $PbO^3HPb, (AzO^3)^2Pb$. — Découvert par Amat [*C. R.*, **110**, 901, 1890] qui l'obtient cristallisé par l'acide nitrique, l'azotate et le phosphate de plomb. Stable jusqu'à 110°, il se décompose au delà avec explosion; ce corps permet de distinguer les phosphites des pyrophosphites.

Arséniure. — Spring [*D. chem. G.*, **16**, 334, 1883] l'a obtenu par compression de $Pb + As^2$ et Heycock et Neville ont fait l'étude de la fusibilité des mélanges d'arsenic et de plomb [*Proc. Chem. Soc.*, **6**, 158, 1890].

Arsénite. — Reichard l'a obtenu par double décomposition entre le sel de potassium et l'acétate de plomb; ce corps est blanc, mais noircit à la lumière [*D. chem. G.*, **27**, 1019, 1894]; de même l'arsénite acide de potassium lui a donné le composé $As^2O^5Pb^2$.

Pyroarséniate, $As^2O^7Pb^2$. — Obtenu par Lefèvre en dissolvant l'oxyde dans le métaarséniate de potassium fondu. Lamelles incolores isomorphes des pyroarséniates alcalino-terreux [*Ann. ch. ph.*, (6), **27**, 25, 1892].

Bromoarséniate. — Ditte l'a obtenu en fondant des mélanges de bromures de plomb et de sodium avec de l'arséniate de plomb : c'est une poudre jaune clair [*Ann. ch. ph.*, (6), **8**, 532, 1886].

Antimoniate de plomb, Sb^2O^6Pb. — Ce composé, obtenu par l'acide dissous et l'acétate de plomb, contient après dessication à l'air $9H^2O$; après séjour en présence d'acide sulfurique il perd $7H^2O$ et le nouvel hydrate à $2H^2O$ perd son eau au rouge sombre sans s'altérer autrement, mais cette opération est très lente et ceci explique les divergences constatées autrefois au sujet des antimoniates diversement hydratés [Senderens, *Bull. Soc. Chim.*, (3), **21**, 57, 1899].

Vanadates de plomb. — Étudiés par Ditte

[*C. R.*, **104**, 1705, 1887 et **138**, 1303, 1904] qui a obtenu, en particulier, le pyrovanadate $V^2O^7Pb^2$ cristallisé dans le système rhombique.

Ditte a obtenu également le *bromovanadate* en feuillets brillants, jaune d'or et de formule $3V^2O^8Pb^3$. $PbBr^2$ [*C. R.*, **96**, 575, 846, 1883].

BORATE ACIDE. $B^2O^4Pb.3B^2O^3$. — Il a été préparé par Le Chatelier en fondant l'acide borique avec du carbonate de plomb et lavant à l'eau pour enlever l'acide excédent [*Bull. Soc. Chim.*, (3), **21**, 35, 1899].

CARBONATES DE PLOMB. — Lacroix [*Bull. Soc. Min.*, **8**, 35, 1885] a trouvé à Vanlockead (Ecosse) sous forme d'écailles nacrées hexagonales avec double réfraction le carbonate basique $CO^3Pb.PbO.H^2O$, espèce minérale très rare.

CÉRUSE. — Bourgeois [*Bull. Soc. Chim.*, (2), **47**, 81, 1887] a reproduit artificiellement la cérusite $2CO^3Pb.PbO.H^2O$ en faisant réagir à l'ébullition le carbonate d'ammoniaque sur le sous-acétate de plomb (1 mol. acétate et au moins 1/2 mol. d'oxyde) : dans la liqueur refroidie, on ajoute de l'urée et on chauffe en tubes scellés à 130° environ : il se fait en abondance des feuillets hexagonaux dont la composition est la même que celle de la plupart des céruses industrielles.

La préparation de ces céruses a donné lieu à un grand nombre de brevets les plus divers [voyez *Traité chimie minérale de Moissan* : art. PLOMB, 1029, Lemoult] dont quelques-uns faisant intervenir l'énergie électrique paraissent, dans certains cas, pouvoir concurrencer les anciens procédés [Minet, *Electrochimie*, Béranger, Paris, 1900, 436].

En 1898 la production mondiale de la céruse a été de 160 000 tonnes, dont 90 080 pour les Etats-Unis et 20 000 pour la France.

Colson a étudié la décomposition par la chaleur du carbonate neutre; elle est réversible quand on a soin, par la présence d'une trace d'eau, d'empêcher la polymérisation de l'oxyde de plomb [*C. R.*, **140**, 865, 1905].

Friedel et Sarazin [*Bull. Soc. Min.*, (6), **121**, 1883] ont reproduit cristallisée la phosgénite, de même que les composés bromés et iodés correspondants : $CO^3Pb.PbOX^2$ (X = halogène) ; de même ils ont reproduit le sulfato-carbonate $3CO^3Pb.SO^4Pb$ ou leadhillite et suzannite.

Ditte a obtenu des carbonates mixtes : 1° $CO^3K^2.CO^3Pb$ poudre cristalline et 2° un sel basique contenant en outre de l'iode : $3CO^3K^2$. $2PbO$, PbI^2. $2H^2O$ formé de beaux cristaux obtenus en ajoutant du carbonate de potassium à une solution d'iodure de potassium contenant du bioxyde de plomb [*C. R.*, **94**, 1180 et 1310, 1882].

D'autre part, André a préparé le sel mixte de sodium : $4CO^3Pb.CO^3Na^2$, en précipitant l'azotate de plomb par le carbonate sodique en excès et faisant bouillir le précipité [*C. R.*, **104**, 350, 1887].

OXYCYANURE, $PbCy^2.2PbO.H^2O$. — Obtenu par Joannis [*Ann. Chim. Phys.*, (5), **26**, 502, 1882] en traitant l'acétate de plomb par le cyanure de potassium, lavant à l'abri de l'air et séchant dans le vide, ou bien en traitant l'oxyde par l'acide dissous. Sa chaleur de formation est 18c,0.

Chlorocyanure, $2PbCy^2,PbCl^2$. — Composé peu stable brunissant rapidement et obtenu par Thorp [*Am. Chem. J.*, **10**, 229, 1888].

SULFOCYANATE. — Ce composé est souvent employé pour introduire dans une molécule le groupe SCAz qui remplace un atome de chlore préexistant : par exemple $POCl^3$ donne le thiocyanate de phosphoryle $PO(SCAz)^3$; $COCl^2$ donne $CO(SCAz)^2$ et les chlorures d'acides RCOCl deviennent R-CO(SCAz) [Dixon et Doran, *J. Chem. Soc.*, **68**, 565, 1896; — Rosenheim et Cohn, *Zeit. anorg. Chem.*, **26**, 239, 1901; — Dixon, *J. Chem. Soc.*, **79**, 541, 1901].

Ce composé donne des sels doubles avec les métaux alcalins et avec le calcium, mais ils sont altérables; par exemple $Pb(CAzS)^2$, $3Cs(CAzS)$; $Pb(SCAz)^2$,KSCAz et $Pb(SCAz)^2$,6KSCAz,$2H^2O$ [Rosenheim et Cohn, *D. chem. G.*, **33**, 111, 1900 et Wells, *Bull. Soc. Chim.*, (3), **32**, 147, 1904; — Cioci, *Gazz. chim. ital.*, (1), **29**, 1300, 1899].

Il donne également des sels doubles avec $PbCl^2$, $PbBr^2$ et PbI^2; le type de ces corps est $PbCl^2$, $Pb(CAzS)^2$ cristallisé [Grissom et Thorpe, *Am. Chem. J.*, **10**, 229, 1888].

SILICIURE DE PLOMB. — Ce corps ne semble pas exister; la réaction entre les deux constituants paraît être une simple dissolution [Moissan et Siemens, *C. R.*, **138**, 657, 1904].

SILICATE DE PLOMB. — Il forme des verres que les sels de radium décomposent en les colorant en noir ou en violet [Berthelot, *C. R.*, **133**, 659, 1901]. Simmonds a étudié l'action de l'hydrogène sur ces silicates [*Chem. News*, **83**, 1448, 1903 ou *Bull. Soc. Chim.*, (3), **32**, 840, 1904].

FERROCYANURE DE PLOMB, $FeCy^6,Pb^2,3H^2O$. — [Wyrouboff, *Ann. Chim. Phys.*, (5), **8**, 480, 1876]. Précipité blanc insoluble dans l'eau, soluble dans l'ammoniaque et le sel ammoniac surtout à chaud; on l'obtient par double décomposition; il se déshydrate à chaud, puis se décompose en Az, C, Fe et Pb; il est détruit par le fluor avec incandescence [Moissan, *Ann. Chim. Phys.*, (6), **24**, 259, 1891].

FERRICYANURE DE PLOMB, $(FeCy^6)^2Pb^3.16H^2O$. — Cristaux orthorhombiques obtenus également par double décomposition [Wyrouboff, *loc. cit.*], détruits par le fluor en formant du cyanogène qui brûle [Moissan, *loc. cit.*].

Avec le ferricyanure de potassium, il donne un sel double cristallisé en lames minces d'un rouge rubis, s'altérant à l'air, de formule $(FeCy^6)^2K^2Pb^2.3H^2O$, perdant leur eau à 100° et se décomposant au delà en donnant du cyanogène (Wyrouboff).

CHROMATES DE PLOMB. — *a*. $CrO^4Pb.2PbO$. — Lachaud et Lepierre [*Bull. Soc. Chim.*, (3), **6**, 212, 230, 1891] l'ont obtenu sous forme de prismes hexagonaux brillants d'un rouge rubis en maintenant pendant 2 heures au rouge vif un mélange de chlorure de sodium et de chromate neutre; ces cristaux sont analogues à l'espèce naturelle qu'on appelle mélanochroïte ou phénicite.

b. $CrO^4Pb.PbO$. — Les mêmes auteurs l'ont obtenu en aiguilles prismatiques orangées en faisant bouillir le sel neutre avec de la potasse étendue.

c. CrO^4Pb. — Reproduit cristallisé avec sa forme naturelle (crocoïse ou plomb rouge) par Lachaud et Lepierre [*loc. cit.*] en le préparant lentement par diffusion ou mieux par Bourgeois [*Bull. Soc. Chim.*, (2), **47**, 833 et 883, 1887] en dissolvant à l'ébullition le composé amorphe dans l'acide nitrique étendu de 5 à 6 vol. d'eau et laissant refroidir; on obtient de plus beaux cristaux encore en chauffant en tubes scellés à 150°; ils sont de couleur rouge jacinthe, clinorhombiques et très réfringents. Ce corps est détruit par la potasse qui le dissout et donne suivant sa concentration un sel basique ou de l'oxyde, ou bien si on va jusqu'à la fusion du chromate de potassium et du bioxyde de plomb [Lachaud et Lepierre, *loc. cit.*]; avec l'acide chromique, il ne se fait pas de bichromate.

Le chromate est un oxydant très énergique

qu'on associe à l'oxyde de plomb pour brûler les matières organiques [de Roode, *Am. Chem. J.*, **12**, 226, 1890 ; — Ritthausen, *J. prakt. Chem.*, **25**, 141, 1882] et qu'on utilise aussi en impression pour obtenir des jaunes résistant à l'oxydation [Cazeneuve, *Bull. Soc. Chim.*, (3), **25**, 761, 1901]. Il est employé pour doser volumétriquement le plomb en présence d'étain [Roux, *Bull. Soc. Chim.*, (2), **35**, 596, 1881 ; — P. Laurie, *Chem. News*, **68**, 211, 1893 ; — Pope, *Am. Chem. J.*, **18**, 737, 1896].

Bichromate, Cr^2O^7Pb. — Son existence, longtemps douteuse, est affirmée par O. Mayer [*D. chem. G.*, **36**, 1742, 1903]. Si on met du chlorure de plomb dans une liqueur bouillante de bichromate de potassium on obtient des aiguilles prismatiques rouge brun CrO^4Pb. Cr^2O^7Pb mais si on chauffe de l'anhydride chromique et de l'acétate de plomb avec de l'acide nitrique pendant quelques heures on a des aiguilles de même nuance contenant 48,9 0/0 de plomb et 24,63 0/0 de Cr, c'est donc Cr^2O^7Pb (48,45 et 25,91).

Ces expériences confirment celles de Preys et Reymann [*D. chem. G.*, **13**, 340, 1880] qui avaient été niées par Autenrieth [*D. chem. G.*, **35**, 20, 576, 1902], cet auteur n'ayant pu obtenir ni le bichromate de plomb, ni son hydrate à $2H^2O$ que les auteurs précédents avaient préparées par le chromate neutre et l'acide chromique.

Cazeneuve [*loc. cit.*] a obtenu en beaux prismes le carbonato-chromate de plomb.

VANADOMOLYBDATE. — Il a été étudié par Schrauf [*Proc. Roy. Soc.*, **19**, 451 ou *D. chem. G.*, **35**, 911, 1902]. Mai 1906. P. Lemoult.

PLUMBOFERRITE (Min.) (Igelström). — Ferrite de plomb et de fer, appartenant au groupe des spinelles, Fe^2O^4[Pb, Fe, Mn], trouvé en masses feuilletées, non magnétiques, gris d'acier, ressemblant à de l'oligiste, dans un calcaire grenu à Jakobsberg, Wermland, Suède. Aisément attaquable par l'acide chlorhydrique avec dépôt de chlorure de plomb. Réactions du fer et du plomb. Dureté < 5. Poussière rouge vif. L. Bourgeois.

PLUMBOJAROSITE (Min.) (Hillebrand et Penfield). — Sulfate basique plombico-ferrique, $SO^4Pb . (SO^4)^3Fe^2 . 2Fe^2(OH)^6$, de la famille de l'alunite. Poudre cristalline brillante, forme de très petits rhomboèdres aplatis suivant les bases, à Cook's Peak, Nouveau Mexique. Rapport $a : c = 1 : 1.1216$. Faces a^1 dominante, p, e^1.
L. Bourgeois.

PLUMBOMANGANITE (Min.) (Hannay). — Sulfure de manganèse et de plomb, $3MnS . PbS$. Cristaux confus, gris d'acier, dans les cavités d'un gneiss, probablement du Harz. Densité $= 4,01$. L. Bourgeois.

PLUMBONACRITE (Min.) (Heddle). — Carbonate basique de plomb hydraté, $CO^3Pb . 3PbO . H^2O$, de Leadhills. Pourrait bien être identique avec l'hydrocérusite. L. Bourgeois.

PLUMBOSTANNITE (Min.) (Raimondi). — Sulfure de plomb, d'étain et d'antimoine, en masses ressemblant à du plomb, du district de Mocho, province de Huancane, Pérou.
L. Bourgeois.

PLUMIÉRIDE (Voyez 1er Suppl., 1295). — Substance extraite de l'écorce du *Plumiera acutifolia* par Merck [*Abstr. Chem. Soc.*, (1), 1897, 167], fusible à 157° et donnant la matière anhydre quand on le fait cristalliser dans l'acétate d'éthyle. C'est un glucoside dédoublable par hydrolyse en glucose et en un corps amorphe brun, insoluble.

Par traitement à la potasse, la plumiéride se transforme en *acide plumiéridique*, lévogyre, décomposable au-dessous de 200°, peu soluble dans l'alcool méthylique et dédoublable par hydrolyse de la même façon que la plumiéride [Franchimont, *Rec. Trav. Chim.*, **18**, 334, 1899].

La plumiéride est identique à l'agoniadine du *P. lancifolia* de Peckolt [*Arch. d. Pharm.*, (2), **142**, 40, 1870] [Franchimont, *Proc. K. Akad. Wetensch. Amsterdam*, 1900, **3**, 35].
1er mai 1907. A. Hébert.

PLUMIÉRIDIQUE (ACIDE). — Voyez PLUMIÉRIDE.

FIN DU SIXIÈME VOLUME

58 150. — Imprimerie LAHURE, rue de Fleurus, 9, à Paris.

www.ingramcontent.com/pod-product-compliance
Lightning Source LLC
Chambersburg PA
CBHW061633080726
47818CB00058B/563
9782013409957